D0948996

DUDEN

Das große Wörterbuch
der deutschen Sprache
Band 5: O–So

DUDEN

Das große Wörterbuch der deutschen Sprache

in sechs Bänden

Herausgegeben und
bearbeitet vom Wissenschaftlichen Rat
und den Mitarbeitern der
Dudenredaktion unter Leitung von
Günther Drosdowski

Band 5: O–So

Bibliographisches Institut Mannheim/Wien/Zürich
Dudenverlag

Schlußbearbeitung:
Dr. Günther Drosdowski

Bearbeitung:
Dr. Rudolf Köster, Dr. Wolfgang Müller

Mitarbeiter an diesem Band:
Dr. Brigitte Alsleben, Dr. Gerda Berger,
Ariane Braunbehrens M. A., Dr. Maria Dose,
Wolfgang Eckey, Regine Elsässer, Heidi Eschmann,
Jürgen Folz, Gabriele Gassen M. A.,
Dr. Heribert Hartmann, Dieter Mang, Karin Sattler,
Dr. Charlotte Schrupp, Olaf Thyen

CIP-Kurztitelaufnahme der Deutschen Bibliothek

Duden „Das große Wörterbuch der deutschen Sprache": in 6 Bd. / hrsg. u. bearb. vom Wissenschaftl. Rat u. d. Mitarb. d. Dudenred. unter Leitung von Günther Drosdowski. [Bearb.: Rudolf Köster; Wolfgang Müller]. - Mannheim, Wien, Zürich: Bibliographisches Institut.
ISBN 3-411-01354-0

NE: Drosdowski, Günther [Hrsg.]; Köster, Rudolf [Bearb.]; Das große Wörterbuch der deutschen Sprache

Bd. 5. O - So / [Mitarb. an diesem Bd.: Brigitte Alsleben . . .]. - 1980.
ISBN 3-411-01359-1

NE: Alsleben, Brigitte [Mitarb.]

Satz: Bibliographisches Institut AG und
Zechnersche Buchdruckerei, Speyer (Mono-Photo-System 600)
Druck: Klambt-Druck GmbH, Speyer
Einband: Großbuchbinderei Lachenmaier, Reutlingen
Printed in Germany
Gesamtwerk: ISBN 3-411-01354-0
Band 5: ISBN 3-411-01359-1

O

o, O [o:, ↑a, A], das; -, - [mhd., ahd. o]: *fünfzehnter Buchstabe des Alphabets, vierter Laut der Vokalreihe a, e, i, o, u:* ein kleines o, ein großes O schreiben; **ö, Ö** [ø:; ↑a, A], das; -, - [mhd. œ, ö]: *Umlaut aus o, O.*

ω, Ω: ↑Omega.

o! [o:] ⟨Interj.⟩ [mhd. ō]: Ausruf der Freude, der Bewunderung, der Sehnsucht, der Ablehnung, des Schreckens, meist in Verbindung mit einem anderen Wort: o weh!; o Gott!; o welche Freude!; o wäre er doch schon hier!; o ja!; o nein!; o Wunder!; in der Anrede in Verbindung mit Namen: O Pelegrin! Glaube kein Wort (Frisch, Cruz 90).

Oase [o'a:zə], die; -, -n [spätlat. Oasis < griech. Óasis, eigtl. = bewohnter Ort, aus dem Semit.]: *Stelle mit einer Quelle, mit Wasser u. üppiger Vegetation inmitten einer Wüste:* die Karawane erreichte die O.; sie rasteten im Schatten der Palmen einer O.; Ü eine O. *(eine [noch vorhandene] Stätte)* der Ruhe, der Gastlichkeit.

[1]ob [ɔp] ⟨Konj.⟩ [mhd. ob(e), ahd. obe]: **1.** leitet einen indirekten Fragesatz, Sätze, die Ungewißheit, Zweifel ausdrücken, ein: er fragte sie, ob sie noch käme; ich weiß nicht, ob die Zeit dafür noch reicht; er will wissen, ob es geklappt hat; ob es wohl regnen wird?; ob das wahr ist, bleibt dahingestellt. **2.** in Verbindung mit „als" (↑[1]als II, 2) zur Einleitung einer irrealen vergleichenden Aussage: sie taten so, als ob nichts passiert sei; sie benahm sich so, als ob sie das alles nichts anginge. **3.** in Verbindung mit „auch"; (veraltend) *selbst wenn:* Soldaten ..., die nichts mehr kennen als blinden Gehorsam, ob er auch in den Tod führt (Kaiser, Villa 27). **4. a)** in Verbindung mit „oder"; *sei es [daß]:* sie mußten sich fügen, ob es ihnen paßte oder nicht; Ob nun am Berg oder auf einer Rundstrecke: das Prinzip ist das gleiche (Frankenberg, Fahren 101); **b)** ⟨als Wortpaar:⟩ ob – ob *sei es, es handele sich um ... oder um ...:* ob arm, ob reich, ob Mann, ob Frau, alle waren betroffen. **5.** in Verbindung mit „und" zum Ausdruck einer selbstverständlichen Bejahung, Bekräftigung: „Kommst du mit?" „Und ob!"; Und ob wir daran geglaubt haben – mit allem, was dazugehört (Spiegel 13, 1975, 110).

[2]ob [-] ⟨Präp.⟩ [mhd. ob(e), ahd. oba]: **1.** ⟨mit Gen., selten auch Dativ⟩ (geh., veraltend) *wegen:* sie fielen ob ihrer sonderbaren Kleidung auf; er war ganz gerührt ob solcher Zuneigung. **2.** ⟨mit Dativ⟩ (schweiz., sonst veraltet) *über, oberhalb von:* ob dem Podium.

Obacht ['o:baxt], die; - [aus ↑[2]ob (2) u. ↑[3]Acht, eigtl. = Acht über etwas] (südd.): *Vorsicht, Achtung:* O., da kommt ein Auto; Sie empfahl Pauline O. über das Haus an (R. Walser, Gehülfe 57); * **auf jmdn., etw. O. geben,** (seltener:) **haben** *(achten, aufpassen).*

Obdach ['ɔpdax], das; -[e]s [mhd., ahd. ob(e)dach = Überdach, (Vor)halle] (Amtsspr., sonst veraltend): *[vorübergehende] Unterkunft, Wohnung:* kein O. haben; O. suchen, finden; niemand wollte ihnen O. geben, gewähren.

ọbdach-, Ọbdach- (meist Amtsspr.): **~los** ⟨Adj.; o. Steig.; nicht adv.⟩: *[vorübergehend] ohne Wohnung:* -e Flüchtlinge; durch die Überschwemmungen sind Tausende o. geworden; ⟨subst.:⟩ **~lose,** der u. die; -n, -n ⟨Dekl. ↑Abgeordnete⟩: *jmd., der obdachlos ist,* dazu: **~losenasyl,** das: *Heim, Unterkunft für Obdachlose,* **~losenbaracke,** die: vgl. ~losenasyl, **~losenfürsorge,** die: *staatliche Fürsorge für Obdachlose,* **~losenheim,** das; **~losigkeit,** die; -.

Obduktion [ɔpdʊk'tsio:n], die; -, -en [lat. obductio = das Verhüllen, Bedecken, zu: obducere, ↑obduzieren; wohl nach dem Verhüllen der Leiche nach dem Eingriff] (Med., jur.): *[gerichtlich angeordnete] Öffnung einer Leiche zur Feststellung der Todesursache:* die O. ergab, daß die Frau vergiftet worden war; eine O. anordnen, durchführen; ⟨Zus.:⟩ **Obduktionsbefund,** der; **Obduktionsbericht,** der; **Obduzent** [ɔpdu'tsɛnt], der; -en, -en (Med., jur.): *Arzt, der eine Obduktion vornimmt;* **obduzieren** [ɔpdu'tsi:rən] ⟨sw. V.; hat⟩ [lat. obducere = verhüllen, bedecken] (Med., jur.): *eine Obduktion vornehmen:* eine Leiche o.

O-Beine ⟨Pl.⟩ (ugs.): *Beine mit nach außen gebogenen Unterschenkeln:* O. haben; vom Reiten bekommt man O.; ⟨Abl.:⟩ **O-beinig** ⟨Adj.; nicht adv.⟩ (ugs.): *O-Beine habend.*

Obelisk [obe'lɪsk], der; -en, -en [lat. obeliscus < griech. obelískos, zu: obelós = Spitzsäule; (Brat)spieß]: *frei stehende, rechteckige, spitz zulaufende Säule.*

oben ['o:bn̩] ⟨Adv.⟩ [mhd. oben(e), ahd. obana = von oben her] (Ggs.: unten): **1. a)** *an einer höher gelegenen Stelle, an einem [vom Sprechenden aus] hochgelegenen Ort:* o. rechts, links; die Gläser stehen o. im Schrank; o. auf dem Dach; er schlug den Nagel ein Stückchen weiter o. ein; er schaute nach o.; die neuesten Zahlen weichen nach o. ab *(sind höher);* der Taucher kam wieder nach o. *(an die Oberfläche);* von o. hörte man Stimmen; sie sah mich prüfend von o. [her] an; sie ist o. sehr wohlgeformt (verhüll.; *hat wohlgeformte Brüste*); R o. hui und unten pfui *(die äußere Gepflegtheit entspricht nicht dem ungepflegten Darunter);* * **o. ohne** (ugs. scherzh.; *mit unbedecktem Busen*): in dieser Bar wird o. ohne bedient; * **nicht [mehr] wissen, wo o. und unten ist** (↑hinten); **von o. bis unten** *(ganz u. gar):* ich war von o. bis unten mit Öl verschmiert; er musterte sie von o. bis unten; **von o. herab** (↑herab); **b)** *am oberen Ende:* den Sack o. zubinden; er sitzt immer o. am Tisch; **c)** *an der Oberseite:* der Tisch ist o. furniert; **d)** *von einer Unterlage abgewandt:* die glänzende Seite des Papiers muß o. sein; er lag mit dem Gesicht nach o. auf dem Bett; **e)** *in großer Höhe:* auf den Bergen o. liegt noch Schnee; hoch o. am Himmel flog ein Adler; von hier o. sehen die Häuser wie Spielzeug aus; **f)** *in einem vom Sprecher aus höheren Stockwerk:* er ist noch o.; nimm bitte die Koffer mit nach o. **2.** (ugs.) *im Norden* (orientiert an der aufgehängten Landkarte): in Dänemark o.; o. ist das Klima rauher; er ist auch von da o. **3. a)** (ugs.) *an einer höheren Stelle in einer Hierarchie:* die da o. haben doch keine Ahnung; der Vorschlag wurde o. angenommen; der Befehl kam von o.; R nach o. buckeln und nach unten treten; **b)** *an einer hohen Stelle in einer gesellschaftlichen o. ä. Rangordnung:* nach einigen Jahren harten Trainings war sie o.; er wollte nach o.; der Weg nach o. war jetzt offen; * **sich o. halten** *(trotz Schwierigkeiten erfolgreich bleiben).* **4.** *weiter vorne in einem Text:* wie bereits o. erwähnt; siehe o.; an o. angegebener Stelle.

ọben-: ~an ⟨Adv.⟩: *an der Spitze:* sein Name steht o. auf der Liste; Ü O. steht das Erfordernis der „Invarianz" (Noelle, Umfragen 41); **~auf** ⟨Adv.⟩: **1.** (landsch.) svw. ↑~drauf: einen Zettel o. legen. **2. a)** *gesund, guter Laune:* nach der Krankheit ist er jetzt wieder ganz o.; **b)** *sich seiner Stärke bewußt, selbstbewußt:* er ist immer o.; Dann, als wir schon wieder ganz arriviert waren und o. (Simmel, Stoff 224); **~drauf** ⟨Adv.⟩: *auf alles andere, auf allem anderen:* das Buch liegt o.; er setzte sich o.; o. [auf dem Brötchen] waren Tomatenscheiben; **~drein** ⟨Adv.⟩: *überdies, außerdem, noch dazu:* er hat mich o. noch ausgelacht; **~drüber** ⟨Adv.⟩: *über etw. darüber:* o. streichen; **~durch** ⟨Adv.⟩: *oben durch etw. hindurch:* Kette und Schuß, einmal o., einmal untendurch (Augustin, Kopf 414); **~erwähnt** ⟨Adj.; o. Steig.; nur attr.⟩: *weiter vorne [im Text] erwähnt:* der -e Grund; an -er Stelle; ⟨subst.:⟩ der, die, das Obenerwähnte; **~genannt** ⟨Adj.; o. Steig.; nur attr.⟩: vgl. ~erwähnt; **~herum** ⟨Adv.⟩ (ugs.): *im oberen Teil eines Ganzen, bes. im Bereich der oberen Körperpartie:* sie ist o. recht füllig; **~hin** ⟨Adv.⟩: *flüchtig, oberflächlich:* etw. o. ansehen, tun, sagen; er antwortete nur [so] o. *(ohne näher auf die Frage einzugehen);* ich hatte die Frage nur o. *(beiläufig)* gestellt; **~hinaus** ⟨Adv.⟩ in der Wendung **o. wollen** (svw. hoch hinauswollen; ↑hoch 4); **~rum** ⟨Adv.⟩ (ugs.): svw. ↑~herum; **~stehend** ⟨Adj.; o. Steig.; nur attr.⟩: vgl. ~erwähnt; **~zitiert** ⟨Adj.; o. Steig.; nur attr.⟩: vgl. ~erwähnt.

Oben-ohne-Badeanzug, der; -[e]s, ...anzüge: *Badeanzug für Frauen, bei dem die Brust unbedeckt ist.*

ober ['o:bɐ] ⟨Präp. mit Dativ⟩ (österr.): svw. ↑über: Junda klammert sich fest an den Griff o. dem Seitenfenster (Zenker, Froschfest 92).

Ober [-], der; -s, - [1: gek. aus ↑Oberkellner]: **1.** *Kellner:* ein freundlicher, mürrischer O.; Herr O., bitte ein Bier, bitte zahlen!; nach dem O. rufen. **2.** *der Dame entsprechende Spielkarte im deutschen Kartenspiel.*

ober... [-] ⟨Adj.; o. Komp.; Sup. ↑oberst...; nur attr.⟩ [mhd. obere, ahd. obaro, Komp. von ↑[2]ob] (Ggs.: unter...): **1. a)** *(von zwei od. mehreren Dingen) über dem/den anderen gelegen, befindlich; [weiter] oben liegend, gelegen:* er drückte auf den -en Knopf; die -e Reihe; am -en Rand des Briefbogens; die -en Zweige erreichte man nur mit der Leiter; die -en Luftschichten der Atmosphäre; das oberste Stockwerk; die oberste Stufe; Ü die Wahrheit ist oberstes *(wichtigstes, höchstes)* Gebot; * **das Oberste zuunterst kehren** (ugs.; *alles durchwühlen, durcheinanderbringen*); **b)** *der Quelle näher gelegen:* die -e Elbe; am -en Teil des Rheins. **2.** *dem Rang nach, in einer Hierarchie o. ä. über anderem, anderen stehend:* die -en Schichten der Gesellschaft; die -en Klassen sind in einem anderen Gebäude untergebracht.

ober-, Ober-: ~**arm,** der: *Teil des Armes vom Ellenbogen bis zur Schulter;* ~**arzt,** der: *Arzt, der an einem Krankenhaus den Chefarzt vertritt od. eine Spezialabteilung leitet;* ~**aufseher,** der; ~**aufsicht,** die; ~**bau,** der ⟨Pl. -bauten⟩: **1.** *oberer Teil eines Bauwerks o. ä.* **2. a)** (Straßenbau) *Tragschichten u. Belag einer Straße;* **b)** (Eisenb.) *Schienen, Schwellen u. Bettung von Eisenbahngleisen;* ~**bauch,** der: *oberhalb des Nabels gelegener Teil des Bauches;* ~**befehl,** der: *höchste militärische Befehlsgewalt:* den O. haben, dazu: ~**befehlshaber,** der (Milit.): *höchster Befehlshaber;* ~**begriff,** der: *übergeordneter, alles Untergeordnete umfassender Begriff;* ~**bekleidung,** die: *über der Unterwäsche getragene Kleidung;* ~**bergamt,** das: *höchste Dienststelle der Bergbehörde;* ~**bett,** das: *Deckbett, Federbett;* ~**bewußtsein,** das (Psych.): *das wache Bewußtsein, dessen Inhalte jederzeit abrufbar sind* (Ggs.: Unterbewußtsein); ~**boden,** der: svw. ↑Mutterboden; ~**bootsmann,** der ⟨Pl. ...leute⟩: *bei der Bundesmarine ein dem Oberfeldwebel entsprechender Dienstgrad;* ~**bundesanwalt,** der (Bundesrepublik Deutschland): *oberster Bundesanwalt;* ~**bürgermeister,** der: *hauptverantwortlicher Bürgermeister in größeren Städten;* ~**deck,** das: **a)** *Deck, das einen Schiffsrumpf nach oben abschließt;* **b)** *Obergeschoß eines zweistöckigen Omnibusses;* ~**deutsch** ⟨Adj.; o. Steig.⟩ (Sprachw.): *die Mundarten betreffend, die in Süddeutschland, Österreich u. der Schweiz gesprochen werden;* ~**dorf,** das: *oberer Teil eines Dorfes;* ~**faden,** der: *von oben geführter Faden bei einer Nähmaschine;* ~**faul** ⟨Adj.; o. Steig.; nicht adv.⟩ (ugs.): *sehr anrüchig, bedenklich:* das ist eine -e Angelegenheit; die Sache ist o.; ~**feldwebel,** der; ~**fläche,** die: **1.** *Fläche als obere Begrenzung einer Flüssigkeit:* die ölige, schmutzige O. des Sees; Blasen steigen an die O.; Fett schwimmt auf der O.; Ü das Gespräch plätscherte an der O. dahin *(ging nicht sehr in die Tiefe);* der Streit glomm noch unter der O. *(war noch nicht ausgebrochen).* **2.** *Gesamtheit der Flächen, die einen Körper von außen begrenzen:* eine rauhe, glatte, blanke, polierte O.; die O. der Erde, des Mondes, dazu: ~**flächenbehandlung,** die, ~**flächenbeschaffenheit,** die, ~**flächenhärtung,** die (Technik): *das Härten der Oberfläche von Werkstücken,* ~**flächenspannung,** die: *Spannung an der Oberfläche von Flüssigkeiten:* dieser Zusatz setzt die O. des Wassers herab, ~**flächenstruktur,** die: **1.** *Struktur einer Oberfläche.* **2.** (Sprachw.) *Form eines Satzes, wie sie in der konkreten Äußerung erscheint* (Ggs.: Tiefenstruktur), ~**flächig** ⟨Adj.; o. Steig.⟩ (selten): svw. ↑~flächlich (1), ~**flächlich** [-flɛçlɪç] ⟨Adj.⟩: **1.** ⟨o. Steig.⟩ (meist Fachspr.) *sich an od. auf der Oberfläche befindend:* ein frischer, -er Bluterguß; Kalkböden mit einer -en, dünnen Sandschicht. **2. a)** *nicht gründlich, flüchtig:* bei -er Betrachtung; ihre Bekanntschaft war ganz o.; etw. o. betrachten, lesen, ansehen; **b)** *am Äußeren haftend; ohne geistig-seelische Tiefe:* ein -er Mensch; ihr Freund ist sehr o., zu 2: ~**flächlichkeit,** die; -, -en ⟨Pl. selten⟩; ~**förster,** der; ~**forstmeister,** der; ~**gärig** ⟨Adj.; o. Steig.; nicht adv.⟩: *(von Hefe) bei geringer Temperatur gärend u. nach oben steigend:* -e Hefe; -es Bier *(mit obergäriger Hefe gebrautes Bier);* ~**gefreite,** der (Milit.); ~**gericht,** das (schweiz.): svw. ↑Kantonsgericht; ~**geschoß,** das: *Stockwerk, das höher als das Erdgeschoß liegt;* ~**gewalt,** die (veraltet): *höchste Macht, [Befehls]gewalt;* ~**gewand,** das (geh.): vgl. ~bekleidung; ~**grenze,** die: *oberste Grenze;* ~**haar,** das: svw. ↑Deckhaar; ~**halb:** ↑oberhalb; ~**hand,** die [mhd. oberhant, aus: diu obere hant = Hand, die den Sieg davonträgt] in den Wendungen **die O. gewinnen/bekommen/erhalten** *(sich als der Stärkere erweisen, sich gegen etw., jmdn. durchsetzen);* **die O. haben** *(der Stärkere, Überlegene sein);* **die O. behalten** *(der Stärkere, Überlegene bleiben);* ~**haupt,** das (geh.): *jmd., der als Führer, Leiter, höchste Autorität an der Spitze von etw. steht:* das O. der Familie, des Staates, der katholischen Kirche; er war das O. der Verschwörung; ~**haus,** das: **a)** *erste Kammer eines aus zwei Kammern bestehenden Parlaments;* **b)** ⟨o. Pl.⟩ *erste Kammer des britischen Parlaments;* ~**haut,** die (Biol., Med.): svw. ↑Epidermis; ~**hemd,** das: *von Männern getragenes Wäschestück aus leichterem Stoff, das einen Kragen u. Ärmel hat u. vorne geknöpft wird;* ~**herrschaft,** die: *oberste Herrschaft* (1): er beansprucht die O. über das ganze Reich; er hat in dieser Gruppe die O. (scherzh.; *die Leitung, Führung*); ~**hirte,** der (geh.): *geistliches Oberhaupt (in einem Bereich), über anderen stehender kirchlicher Würdenträger;* ~**hitze,** die: *von oben kommende Hitze in einem Backofen;* ~**hoheit,** die: vgl. ~herrschaft; ~**ingenieur,** der; ~**inspektor,** der; ~**irdisch** ⟨Adj.; o. Steig.⟩ (meist Fachspr.): *über dem Erdboden liegend; sich über dem Erdboden befindend:* -e Rohrleitungen; die -en Teile einer Pflanze; Kabel o. verlegen; ~**kante,** die: *obere Kante:* die O. des Tisches ist weiß gestrichen; * **jmdm. bis [zur] O. Unterlippe stehen** (salopp; *jmdm. zuwider sein, bis zum Hals stehen; jmdn. anwidern, anekeln:* diese Streitereien stehen mir bis O. Unterlippe; ~**kellner,** der: *Kellner, der mit den Gästen abrechnet; Zahlkellner;* ~**kiefer,** der: *oberer Teil des* [1]*Kiefers;* ~**kirchenrat** [auch: --'---], der: **a)** *höchstes Verwaltungsorgan verschiedener evangelischer Landeskirchen;* **b)** *Mitglied eines Oberkirchenrats* (a); ~**klasse,** die: **1.** *obere Schulklasse.* **2.** svw. ↑~schicht (1); ~**kleidung,** die: svw. ↑~bekleidung; ~**kommandierende,** der; -n, -n ⟨Dekl. ↑Abgeordnete⟩: vgl. ~befehlshaber; ~**kommando,** das: **a)** vgl. ~befehl; **b)** *oberster militärischer Führungsstab einer Armee;* ~**körper,** der: *oberer Teil des menschlichen Körpers:* ein brauner, muskulöser O.; er beugte den O. nach vorn; sie mußten den O. frei machen; mit nacktem O.; ~**kreisdirektor** [auch: --'----], der: *leitender Verwaltungsbeamter eines Kreistages;* ~**land,** das ⟨o. Pl.⟩: *höher gelegener Teil eines Landes* (meist nur noch in Namen): das Berner O., dazu: ~**länder** [-lɛndɐ], der; -s, -: *Bewohner des Oberlandes;* ~**landesgericht** [auch: --'----], das: *oberes Gericht der Länder in der Bundesrepublik Deutschland;* ~**länge,** die (Schriftw.): *Teil eines Buchstabens, der über die obere Grenze bestimmter Kleinbuchstaben hinausragt* (Ggs.: Unterlänge): ihre Schrift zeigt ausgeprägte -n; ~**lastig** ⟨Adj.⟩ (Seemannsspr.): *(von Schiffen) zu hoch beladen:* ein -er Schleppkahn; ~**lauf,** der: *der Quelle am nächsten verlaufender Teil eines Flusses;* ~**leder,** das: *Leder des Oberteils eines Schuhs;* ~**lehrer,** der: **a)** (früher) svw. ↑Studienrat; **b)** (früher) *Titel für ältere Volksschullehrer;* **c)** (DDR) *Ehrentitel für einen Lehrer,* zu a: ~**lehrerhaft** ⟨Adj.; Steig. ungebr.⟩: *in der Weise eines Oberlehrers, kleinlich krittelnd u. belehrend:* sein -es Gerede geht mir auf die Nerven; ~**leitung,** die: **1.** *oberste Leitung:* er hat die O. übernommen. **2.** *über der Fahrbahn aufgehängte elektrische Leitung für Straßenbahnen u. Busse,* zu 2: ~**leitungsmast,** der, ~**leitungsomnibus,** der; Kurzwort: Obus; ~**leutnant,** der: **a)** ⟨o. Pl.⟩ *Offiziersrang zwischen Leutnant u. Hauptmann;* **b)** *Träger dieses Ranges;* ~**licht,** das: **a)** ⟨o. Pl.⟩ *von oben in einen Raum einfallendes Licht:* das Zimmer hat gutes O.; **b)** ⟨Pl. -lichter, selten: -lichte⟩ *oben in einem Raum befindliches Fenster:* die -er öffnen; **c)** ⟨Pl. -lichter⟩ *Deckenlampe;* ~**lid,** das: *oberes Augenlid;* ~**liga,** die (Sport): *zweithöchste Spielklasse bei Sportarten, in denen es eine Bundesliga gibt,* dazu: ~**ligist,** der; ~**lippe,** die; ~**maat,** der: **a)** ⟨o. Pl.⟩ *Unteroffiziersrang bei der Kriegsmarine;* **b)** *Träger dieses Ranges;* ~**mann,** der: **1.** (Ringen) *Ringer, der sich im Bodenkampf oben befindet.* **2.** (Kunstkraftsport) *Athlet über od. auf dem Untermann;* ~**material,** das: vgl. ~leder; ~**matrose,** der (DDR): **a)** *dem Gefreiten entsprechender Dienstgrad der Kriegsmarine;* **b)** *Träger dieses Dienstgrades;* ~**offizial,** der (österr.): **a)** ⟨o. Pl.⟩ *Amtstitel im Verwaltungsdienst;*

b) *Träger dieses Titels;* ~**pfarrer,** der (kath. Kirche); ~**postdirektion** [–'––––], die: *dem Postminister unterstellte Verwaltungsbehörde;* ~**priester,** der; ~**prima,** die (veraltend): *letzte Klasse des Gymnasiums,* dazu: ~**primaner,** der (veraltend): *Schüler der Oberprima,* ~**primanerin,** die: w. Form zu ↑~primaner; ~**realschule,** die (früher): svw. ↑Realgymnasium; ~**regierungsrat,** der; ~**richter,** der; ~**schenkel,** der: *Teil des Beines zwischen Hüfte u. Knie,* dazu: ~**schenkelbruch,** der, ~**schenkelhals,** der: *oberer Teil des Oberschenkelknochens,* ~**schenkelhalsbruch,** der, ~**schenkelhalsfraktur,** die, ~**schenkelknochen,** der, ~**schenkelkopf,** der: *rundliche Verdickung am oberen Ende des Oberschenkelknochens;* ~**schicht,** die: **1.** *Bevölkerungsgruppe, die das höchste gesellschaftliche Prestige genießt* (Ggs.: Unterschicht 1): der O. entstammen. **2.** (selten) *obere Schicht von etw.:* Die Adern lagen blau unter der dünnen O. (Remarque, Triomphe 119); ~**schlächtig** [-ʃlɛçtɪç] ⟨Adj.; o. Steig.⟩ [zu ↑schlagen] (Fachspr.): *(von einem Wasserrad) von oben her angetrieben;* vgl. mittel-, rücken-, unterschlächtig; ~**schlau** ⟨Adj.; o. Steig.⟩ (ugs. iron.): *sich für besonders schlau, pfiffig haltend, ohne es zu sein:* ein -er Einfall; das war wirklich o. von dir; o. daherreden; ~**schnabel,** der: vgl. ~lippe; ~**schule,** die: **1.** (meist ugs.) Bez. für verschiedene Typen der höheren Schule. **2.** (DDR) *für alle Kinder verbindliche, allgemeinbildende Schule,* dazu: ~**schulbildung,** die ⟨o. Pl.⟩; ~**schüler,** der: *Schüler einer Oberschule;* ~**schülerin,** die: w. Form zu ↑~schüler; ~**schulrat,** der: *hoher Beamter der Schulaufsichtsbehörde;* ~**schwester,** die: *leitende Krankenschwester eines Krankenhauses od. einer Station;* ~**seite,** die: *nach oben gewandte, sichtbare Seite:* die rauhe, glatte, glänzende O. eines Stoffes; die O. der Kiste ist verziert; ~**seits** ⟨Adv.⟩: *an der Oberseite;* ~**sekunda,** die (veraltend): *siebte Klasse des Gymnasiums,* dazu: ~**sekundaner,** der (veraltend): vgl. ~primaner, ~**sekundanerin,** die: w. Form zu ↑~sekundaner; ~**spielleiter,** der (Theater): *leitender Regisseur, der auch über Engagement u. Besetzung mitentscheidet;* ~**staatsanwalt,** der: *erster Staatsanwalt an einem Landgericht;* ~**stabsfeldwebel,** der: *Unteroffizier des höchsten Ranges;* ~**stadt,** die: vgl. ~dorf; ~**stadtdirektor,** der: *Leiter einer städtischen Verwaltung* (Amtsbezeichnung); ~**ständig** ⟨Adj.; o. Steig.⟩ (Bot.): *(von Fruchtknoten) oberhalb der Ansatzstelle der Blütenhülle u. der Staubblätter gelegen;* ~**steiger,** der (Bergbau): *leitender Steiger;* ~**stimme,** die (Musik): *höchste Stimme eines mehrstimmigen musikalischen Satzes;* ~**stock,** der: svw. ↑~geschoß; ~**stübchen,** das (ugs.): *Kopf:* was wohl in seinem O. vorgeht?; meist in der Wendung **nicht [ganz] richtig im O. sein** *(geistig nicht ganz normal sein);* ~**studiendirektor** [auch: ––'––––], der: **1.** *Direktor eines Gymnasiums.* **2.** (DDR) *höchster Ehrentitel für einen Lehrer;* ~**studienrat** [auch: ––'–––], der: **1.** *Beförderungsstufe für einen Studienrat.* **2.** (DDR) *Ehrentitel für einen Lehrer;* ~**stufe,** die: *die drei höchsten Klassen in Realschulen u. Gymnasien,* dazu: ~**stufenreform,** die: *Umgestaltung des Unterrichts in der Oberstufe, bei der die Schüler nach einem Kurssystem die Unterrichtsfächer frei wählen können;* ~**tasse,** die: *Tasse ohne Untertasse;* ~**taste,** die: *schwarze Taste am Klavier;* ~**teil,** das, auch: der: *oberes Teil:* das O. des Kleides ist grün; der O. des Hauses muß neu verputzt werden; ~**tertia,** die (veraltend): *fünfte Klasse des Gymnasiums,* dazu: ~**tertianer,** der (veraltend): vgl. ~primaner, ~**tertianerin,** die: w. Form zu ↑~tertianer; ~**titel,** der: *übergeordneter Titel, der die Titel einzelner Kapitel o. ä. zusammenfaßt;* ~**ton,** der ⟨meist Pl.⟩ (Physik, Musik): *über dem Grundton (bes. eines Musikinstruments) liegender u. kaum hörbar mitklingender Teilton, der die Klangfarbe bestimmt;* ~**wasser,** das ⟨o. Pl.⟩: *oberhalb einer Schleuse, eines [Mühl]wehrs gestautes Wasser:* das O. ist, steht zu niedrig; * **[wieder] O. haben** (ugs.; *[wieder] im Vorteil, obenauf sein*); **[wieder] O. bekommen** (ugs.; *[wieder] in eine günstige Lage kommen*); ~**weite,** die: **1.** *Brustumfang:* der Pullover paßt für O. 92; die O. messen. **2.** (ugs. scherzh.) *Busen:* sie hatte eine imponierende, beachtliche O.; ~**zeile,** die: svw. ↑Dachzeile.

Obere ['o:bərə], der; -n, -n ⟨Dekl. ↑Abgeordnete⟩: **1.** *jmd., der in einer Hierarchie an hoher Stelle steht:* Diese -n streben gemäß ihrem herrscherlichen Charakter nach Repräsentation (Reinig, Schiffe 130). **2.** *Geistlicher in leitender, bestimmender Position:* er wurde -r eines Klosters.

oberhalb [mhd. oberhalbe, eigtl. = (auf der) obere(n) Seite; vgl. -halben]: **I.** ⟨Präp. mit Gen.⟩ *höher als etw. gelegen, über:* o. des Dorfes beginnt der Wald; er band den Arm o. des Ellbogens ab; er hängte das Bild o. der Tür auf. **II.** ⟨Adv.⟩ (in Verbindung mit „von") *über etw., höher als etw. gelegen:* das Schloß liegt o. von Heidelberg;

Oberin, die; -, -nen: **1.** svw. ↑Oberschwester: sie arbeitet als O. in einem großen Krankenhaus. **2.** *Leiterin eines Nonnenklosters, eines von Ordensschwestern geführten Heimes o. ä.*

Obers ['o:bɐs], das; - (österr.): *Sahne, Rahm.*

Oberst ['o:bɐst], der; -en u. -s, -en, seltener: -e: **a)** ⟨o. Pl.⟩ *höchster Dienstgrad der Stabsoffiziere;* **b)** *Träger dieses Dienstgrades;* **oberst...** ['o:bɐst...] ⟨Adj.; Sup. von ↑ober...⟩; ⟨Zus.:⟩ **Oberstleutnant** [auch: ––'––], der: **a)** ⟨o. Pl.⟩ *Offiziersrang zwischen Major u. Oberst;* **b)** *Träger dieses Offiziersranges.*

obgenannt ⟨Adj.; o. Steig.; nur attr.⟩ (österr. Amtsspr., sonst veraltet): svw. ↑obengenannt.

obgleich ⟨Konj.⟩: svw. ↑obwohl: er kam sofort, o. er nicht viel Zeit hatte; o. es ihm selbst nicht gutging, half er mir; der Fahrer, o. angetrunken, hatte keine Schuld.

Obhut, die; - [zu ↑²ob (2) u. ↑²Hut] (geh.): *fürsorglicher Schutz, Aufsicht:* sich jmds. O. anvertrauen; sich in jmds. O. befinden; bei ihm sind die Kinder in guter O.; sie nahmen die Waise in ihre O.; unter jmds. O. stehen.

Obi ['o:bi], der od. das; -[s], -s [jap. obi]: **1.** *zum japanischen Kimono getragener breiter Gürtel.* **2.** (Judo) *Gürtel der Kampfbekleidung.*

obig ['o:bɪç] ⟨Adj.; o. Steig.; nur attr.⟩ [zu ²ob (2)]: *obenerwähnt, -genannt:* schicken Sie die Ware bitte an -e Adresse; die -e Beschreibung ist genau zu beachten.

Objekt [ɔp'jɛkt], das; -s, -e [mhd. objec(h)t < lat. obiectum, 2. Part. von: obicere = entgegenwerfen, vorsetzen]: **1. a)** *Gegenstand, auf den das Interesse, das Denken, das Handeln gerichtet ist:* ein geeignetes, untaugliches O.; ein lohnendes O. der Forschung; Diese Sporen stellen biologisch hochinteressante -e dar (Medizin II, 126); etw. am lebenden O. demonstrieren; Ü die Frauen waren nur -e für ihn; er wurde zum O. ihrer Späße; jmdn. zum O. seiner Aggressionen machen; **b)** (Philos.) *unabhängig vom Bewußtsein existierende Erscheinung der materiellen Welt, auf die sich das Erkennen, die Wahrnehmung richtet* (Ggs.: Subjekt 1). **2. a)** (bes. Kaufmannsspr.) *etw. mit einem bestimmten Wert, das angeboten, verkauft wird; Gegenstand eines Geschäfts, eines [Kauf]vertrages* (z. B. ein Grundstück, Haus): ein günstiges, größeres, geeignetes O.; in der Auktion sind einige interessante -e; **b)** (österr. Amtsspr.) *Gebäude;* **c)** (DDR) *für die Allgemeinheit geschaffene Einrichtung, betriebswirtschaftliche Einheit, bes. Verkaufsstelle, Gaststätte o. ä.:* In ... 59 -en wurden vorbildliche Bedingungen ... geschaffen (Freiheit 24. 6. 78, 1). **3.** (Kunstwiss.) *aus verschiedenen Materialien zusammengestelltes plastisches Werk der modernen Kunst:* kinetische -e; der Künstler stellte Zeichnungen und -e aus. **4.** (Sprachw.) *Satzglied, das von einem Verb als Ergänzung gefordert wird:* affiziertes, effiziertes O.; ein Satz mit mehreren -en.

Objekt-: ~**erotik,** die (Psych.): vgl. ~libido; ~**glas,** das ⟨Pl. -gläser⟩: svw. ↑~träger; ~**kunst,** die: *moderne Kunstrichtung, die sich mit der Gestaltung von Objekten* (3) *befaßt;* ~**libido,** die (Psych.): *auf Personen u. Gegenstände, nicht auf das eigene Ich gerichtete Libido;* ~**satz,** der (Sprachw.): *Objekt* (4) *in Form eines Gliedsatzes, Ergänzungssatz;* ~**schutz,** der: *polizeilicher, militärischer o. ä. Schutz für Objekte (Gebäude, Anlagen usw.)* (Ggs.: Personenschutz); ~**sprache,** die (Sprachw.): *Sprache als Gegenstand der Betrachtung, die mit der Metasprache beschrieben wird;* ~**steuer,** die (Steuerw.): *Steuer, die nur nach bestimmten Merkmalen des zu besteuernden Objekts erhoben wird* (Ggs.: Subjektsteuer); ~**tisch,** der: *Teil des Mikroskops zum Auflegen, Befestigen des Präparats;* ~**träger,** der: *Glasplättchen, auf das ein zu mikroskopierendes Objekt gelegt wird.*

Objektemacher, der; -s, -: *Künstler, der Objekte* (3) *gestaltet;*

objektiv [ɔpjɛk'ti:f] ⟨Adj.⟩ (bildungsspr.): **1.** *unabhängig von einem Subjekt u. seinem Bewußtsein existierend; tatsächlich:* die -en Gegebenheiten, Tatsachen; die -en Bedingungen erkennen; Sie (= solche Auffassungen) ... bedeuten o. eine Hilfeleistung für den Faschismus (Leonhard, Revolution 193). **2.** *nicht von Gefühlen, Vorurteilen bestimmt; sachlich, unvoreingenommen, unparteiisch* (Ggs.: subjektiv 2): eine -e Untersuchung, Entscheidung; ein -er Berichterstatter; sein Urteil ist nicht o.; etw. o. darstellen, untersuchen; **Objektiv** [-], das; -s, -e [...i:və]: *die dem zu beobachtenden Gegenstand* *zugewandte[n] Linse[n] eines optischen Gerätes:* das O. einer Kamera, eines Fernrohrs; das O. auf etwas richten; die Brennweite des -s verändern; **Objektivation** [ɔpjɛktiva'tsi̯o:n], die; -, -en (bildungsspr.): *objektivierte* (1) *Darstellung;* **objektivierbar** [...'vi:ɐ̯ba:ɐ̯] ⟨Adj.; o. Steig.; nicht adv.⟩ (Physik): *sich objektivieren* (2) *lassend;* **objektivieren** [...'vi:rən] ⟨sw. V.; hat⟩: **1.** (bildungsspr.) *etw. in eine bestimmte, der objektiven Betrachtung zugängliche Form bringen; etw. von subjektiven, emotionalen Einflüssen befreien:* Wahrnehmungsprozesse o.; scheinbar objektivierte Beziehungen. **2.** (Physik) *etw. so darstellen, wie es wirklich ist, unbeeinflußt vom Meßinstrument od. vom Beobachter:* physikalische Vorgänge o.; ⟨Abl.:⟩ **Objektivierung,** die; -, -en: *das Objektivieren* (1, 2); **Objektivismus** [...'vɪsmʊs], der; -: **1.** (Philos.) *erkenntnistheoretische Denkrichtung, die davon ausgeht, daß es vom erkennenden u. wertenden Subjekt unabhängige Wahrheiten u. Werte gibt* (Ggs.: Subjektivismus 1). **2.** (marx. abwertend) *wissenschaftliches Prinzip, das davon ausgeht, daß wissenschaftliche Objektivität unabhängig von den Wertvorstellungen des Betrachters, von gesellschaftlichen Realitäten existieren kann;* **Objektivist** [...'vɪst], der; -en, -en: *Anhänger, Vertreter des Objektivismus* (1, 2); **objektivistisch** ⟨Adj.; o. Steig.⟩: *dem Objektivismus* (1, 2) *eigentümlich, in der Art des Objektivismus* (1, 2); **Objektivität** [...tivi'tɛ:t], die; -: *objektive* (2) *Darstellung, Beurteilung o. ä.:* wissenschaftliche O.; sich um O. bemühen.

Oblast ['ɔblast], die; -, -e [russ. oblast]: *größeres Verwaltungsgebiet in der Sowjetunion.*

Oblate [o'bla:tə], die; -, -n [mhd., ahd. oblāte < mlat. oblata (hostia) = (als Opfer) dargebrachtes (Abendmahlsbrot), zu lat. offere (↑offerieren) u. hostia, ↑Hostie]: **1.** *dünne, aus einem Teig aus Mehl u. Wasser gebackene Scheibe, die in der katholischen u. evangelischen Kirche als Abendmahlsbrot gereicht wird.* **2. a)** *dünne Scheibe aus einem Teig aus Mehl u. Wasser, die als Unterlage für verschiedenes Gebäck verwendet wird;* **b)** *waffelähnliches, flaches, rundes Gebäck:* Karlsbader -n. **3.** (landsch.) *kleines Bildchen, das in ein Poesiealbum o. ä. eingeklebt wird.*

Obleute: Pl. von ↑Obmann.

obliegen [auch: –'––] ⟨st. V.; liegt ob/(auch:) obliegt, lag ob/(auch:) oblag, hat obgelegen, obzuliegen⟩ [mhd. obe ligen, ahd. oba ligan = oben liegen, überwinden]: **a)** (geh.) *jmdm. als Pflicht, Aufgabe zufallen:* die Beweislast liegt der Anklagebehörde ob/obliegt der Anklagebehörde; diese Pflichten hatten ihr obgelegen; ⟨unpers.:⟩ es obliegt mir/ ihm, dies zu tun; **b)** (veraltet) *sich einer Sache, Aufgabe widmen, sich mit einer Sache eingehend beschäftigen:* An zwei ... Klapptischen lag man dem Spiele ob (Th. Mann, Zauberberg 120); **Obliegenheit** [auch: –'–––], die; -, -en ⟨meist Pl.⟩ (geh.): *Pflicht, Aufgabe:* seine -en zur Zufriedenheit erfüllen, versehen; es gehört zu seinen -en, ...

obligat [obli'ga:t] ⟨Adj.; o. Steig.; meist attr.; nicht adv.⟩ [lat. obligātus, 2. Part. von: obligāre = an-, verbinden, verpflichten]: **1.** (bildungsspr.) **a)** (veraltend) *unerläßlich, erforderlich:* ... stellt der Genuß ... einer bestimmten Menge Frischkost ... die -e Grundlage dar (Bruker, Leber 127); **b)** (meist spött.) *regelmäßig dazugehörend, mit etw. auftretend; üblich, unvermeidlich:* er brachte ihr den -en Blumenstrauß mit; es gab mal wieder den -en Gänsebraten an Weihnachten; und dann rauchte er seine -e Sonntagszigarre. **2.** (Musik) *als selbständig geführte Stimme für eine Komposition unentbehrlich:* eine Arie mit -er Violine; **Obligation** [obliga'tsi̯o:n], die; -, -en [1: lat. obligātio]: **1.** (Rechtsspr. veraltet) *Verpflichtung, persönliche Verbindlichkeit.* **2.** (Wirtsch.) *von einem Unternehmen od. einer Gemeinde ausgegebenes festverzinsliches Wertpapier;* **Obligationär** [...tsi̯o'nɛ:ɐ̯], der; -s, -e (schweiz.): *Besitzer von Obligationen* (2); **Obligationenrecht,** das; -[e]s (schweiz.): svw. ↑Schuldrecht; Abk.: OR; **obligatorisch** [...'to:rɪʃ] ⟨Adj.; o. Steig.; nicht adv.⟩ [1: lat. obligātōrius] (bildungsspr.): **1.** *durch ein Gesetz o. ä. vorgeschrieben, verbindlich; Pflicht..., Zwangs...* (Ggs.: fakultativ): eine -e Vorlesung; -e Unterrichtsfächer; für diese Ausbildung ist das Abitur o.; o. zu belegende Fächer. **2.** (meist spött.) svw. ↑obligat (1 b): Die Idiotie des -en Smalltalk (Adorno, Prismen 97); **Obligatorium** [...'to:ri̯ʊm], das; -s, ...ien [...i̯ən] (schweiz.): *Verpflichtung, Pflichtfach, -leistung;* **Obligo** ['o:bligo, 'ɔb...], das; -s, -s [ital. ob(b)ligo] (Wirtsch.): **1.** *Verpflichtung.* **2.** *Gewähr:* O. für etw. übernehmen; ohne O. (Abk. o. O.).

oblique [ɔ'bli:k, attr.: ...kvə] meist in der Fügung **-r Kasus** (↑Casus obliquus).

Obliteration [oblitera'tsi̯o:n, ɔpl...], die; -, -en [1: lat. obliterātio = das Vergessen; 2: zu lat. oblitum, ↑obliterieren (2)]: **1.** (Wirtsch.) *Tilgung.* **2.** (Med.) *durch entzündliche Veränderungen o. ä. entstandene Verstopfung von Hohlräumen, Kanälen, Gefäßen des Körpers;* **obliterieren** [oblite'ri:rən, ɔpl...] ⟨sw. V.; hat⟩ [1: lat. oblit(t)erāre = überstreichen, (aus dem Gedächtnis) löschen, vergessen; 2: zu lat. oblitum, 2. Part. von: oblinere = be-, überstreichen, verstopfen]: **1.** (Wirtsch.) *tilgen.* **2.** (Med.) *(von Hohlräumen, Kanälen u. Gefäßen) verstopfen.*

oblong [ɔp'lɔŋ] ⟨Adj.; o. Steig.; meist präd.⟩ [lat. oblongus] (veraltet): **a)** *länglich;* **b)** *rechteckig.*

Obmann, der; -[e]s, -männer u. -leute [mhd. obemann = Schiedsmann, -richter, zu ↑²ob (2)]: **1.** (bes. österr.) *Vorsitzender eines Vereins o. ä.* **2.** (Sport) *Vorsitzender des Kampfgerichts;* **Obmännin** ['ɔpmɛnɪn], die; -, -nen: w. Form zu ↑Obmann.

Oboe [o'bo:ə], die; -, -n [ital. oboe < frz. hautbois, eigtl. = hohes (=hoch klingendes) Holz]: **1.** *leicht näselnd klingendes Holzblasinstrument mit einem Mundstück aus Rohrblättern, Löchern u. Klappen.* **2.** *ein Orgelregister;* **Oboe da caccia** [- da 'katʃa], die; - - -, - - - [ital. = Jagdoboe]: *eine Quint tiefer stehende Oboe;* **Oboe d'amore** [- da'mo:rə], die; - -, - - [ital. = Liebesoboe], **Oboe d'amour** [- da'mu:ɐ̯], die; - -, -n - [frz. = Liebesoboe]: *eine Terz tiefer stehende Oboe mit zartem, mildem Ton;* **Oboer** [o'bo:ɐ], der; -s, -: svw. ↑Oboist; **Oboist** [obo'ɪst], der; -en, -en: *jmd., der berufsmäßig Oboe spielt.*

Obolus ['o:bolʊs], der; -, - u. -se [lat. obolus < griech. obolós]: **1.** *kleine altgriechische Münze.* **2.** (bildungsspr.) *kleiner Beitrag, kleine Geldspende für etw.:* seinen O. entrichten; jmdm. seinen O. reichen, einen O. abknöpfen.

Obrigkeit ['o:brɪçkai̯t], die; -, -en [spätmhd. oberecheit, zu ↑ober...] (veraltend): *Träger weltlicher od. geistlicher Macht; Träger der Regierungsgewalt:* die weltliche, geistliche O.; sich bei seiner O. (scherzh.; *seinen Vorgesetzten*) beschweren; **obrigkeitlich** ⟨Adj.; o. Steig.; nicht präd.⟩ (veraltend): *die Obrigkeit betreffend, von ihr ausgehend:* -e Verordnungen, Befehle; die -e Willkür.

obrigkeits-, Obrigkeits-: **~denken,** das; -s: *Denkweise, die eine Obrigkeit kritiklos anerkennt;* **~glaube,** der: vgl. ~denken, dazu: **~gläubig** ⟨Adj.⟩; **~hörig** ⟨Adj.⟩: -e Beamte; **~staat,** der: *absolutistischer, monarchistischer, nicht demokratisch regierter Staat,* dazu: **~staatlich** ⟨Adj.; o. Steig.⟩.

Obrist [o'brɪst], der; -en [eigtl. veraltete Form von ↑oberst...]: **1.** (veraltet) *Oberst.* **2.** (abwertend) *Mitglied einer Militärjunta:* die griechischen -en.

obschon ⟨Konj.⟩ (geh.): *obwohl:* er kam, o. er krank war.

Obsequien [ɔp'ze:kvi̯ən] ⟨Pl.⟩ [mlat. obsequiae, unter Einfluß von lat. exsequiae (↑Exequien) zu lat. obsequium = (letzter) Dienst, Gefälligkeit]: svw. ↑Exequien.

Observanz [ɔpzɛr'vants], die; -, -en [mlat. observantia < lat. observantia = Beobachtung, Befolgung, zu: observāre, ↑observieren]: **1.** (bildungsspr.) *Ausprägung, Form:* er ist Sozialist strengster O. **2.** (jur.) *örtlich begrenztes Gewohnheitsrecht.* **3.** *Befolgung der eingeführten Regel [eines Mönchsordens]:* der (=Papst Gregor VII.) seit zwei Jahrzehnten unerbittlich die Idee der alleinherrschenden Kirche in strengster O. vertreten hatte (Goldschmit, Genius 57); **Observation** [ɔpzɛrva'tsi̯o:n], die; -, -en [lat. observātio]: **1.** *wissenschaftliche Beobachtung [in einem Observatorium].* **2.** *das Observieren* (2): Nach längerer O. konnten drei Amerikaner ... gestellt und festgenommen werden (MM 14. 11. 72, 4); **Observatorium** [ɔpzɛrva'to:ri̯ʊm], das; -s, ...ien [...i̯ən; zu lat. observātor = Beobachter]: *astronomische, meteorologische od. geophysikalische Beobachtungsstation; Stern-, Wetterwarte;* **observieren** [ɔpzɛr'vi:rən] ⟨sw. V.; hat⟩ [lat. observāre]: **1.** *wissenschaftlich beobachten.* **2.** *der Verfassungsfeindlichkeit, eines Verbrechens verdächtige Personen[gruppen] polizeilich überwachen:* jmd. o. [lassen]; er wurde seit Wochen observiert; eine Wohnung, ein Haus o.; ⟨Abl. zu 2:⟩ **Observierung,** die; -, -en.

Obsession [ɔpzɛ'si̯o:n], die; -, -en [lat. obsessio = das Besetztsein, Blockade] (Psych.): *meist mit einer bestimmten Furcht verbundene Zwangsvorstellung od. -handlung, Besessenheit;* **obsessiv** [ɔpzɛ'si:f] ⟨Adj.; Steig. ungebr.⟩ [engl. obsessive] (Psych.): **a)** *von einer Zwangsvorstellung geleitet;* **b)** *in der Art einer Zwangsvorstellung od. -handlung.*

obsiegen [auch: '−−−] ⟨sw. V.; obsiegt/(auch:) siegt ob, obsiegte/(auch:) siegte ob, hat obsiegt/(auch:) obgesiegt, zu obsiegen/(auch:) obzusiegen⟩ [spätmhd. obsigen, zu ↑²ob (2)] (geh., veraltend): *siegen, siegreich sein:* er obsiegte endlich in der letzten Instanz; die Kräfte des Guten obsiegten; bessere Einsicht hatte doch obgesiegt.

obskur [ɔps'kuːɐ̯] ⟨Adj.; meist attr.; nicht adv.⟩ [lat. obscūrus, eigtl. = bedeckt] (bildungsspr.): *[nicht näher bekannt u. daher] fragwürdig, anrüchig, zweifelhaft:* eine -e Gestalt, Person; ein -es Geschäft, Hotel, Lokal; diese Geschichte ist ziemlich o.; **Obskurantismus** [ɔpskuran'tɪsmʊs], der; - [zu lat. obscūrāre = verdunkeln] (bildungsspr.): *Bestreben, die Menschen bewußt in Unwissenheit zu halten, ihr selbständiges Denken zu verhindern u. sie an Übernatürliches glauben zu lassen;* **Obskurität** [...ri'tɛːt], die; - [lat. obscūritās] (bildungsspr.): *das Obskursein.*

obsolet [ɔpzo'leːt] ⟨Adj.; -er, -este; nicht adv.⟩ [lat. obsolētus] (bildungsspr.): *nicht mehr gebräuchlich, nicht mehr üblich; veraltet:* ein -es Wort; die ... -en Bestandstücke der Kultur (Adorno, Prismen 237); die Kontroverse war o. geworden.

Obsorge, die; - [aus ↑²ob (2) u. ↑Sorge] (österr. Amtsspr., sonst veraltet): *sorgende Aufsicht, Fürsorge:* Sie nahmen die O. für die Hospitäler und die heiligen Stätten in die Hand (Werfel, Bernadette 468).

Obst [oːpst], das; -[e]s [mhd. obeȝ, ahd. obaȝ, eigtl. = Zukost]: *eßbare süße, meist saftige Früchte von bestimmten Bäumen u. Sträuchern:* frisches, saftiges, [un]reifes, eingemachtes, rohes, gedörrtes O.; O. pflücken, auflesen, einmachen, ernten, schälen; eine Schale mit O.; R [ich] danke für O. und Südfrüchte (ugs.; *davon will ich nichts wissen, das möchte ich nicht haben*).

obst-, Obst-: **~anbau,** der ⟨o. Pl.⟩; **~bau,** der ⟨o. Pl.⟩, dazu: **~baugesellschaft,** die; **~baum,** der: ein blühender O., dazu: **~baumgarten,** der; **~blüte,** die: *Blütezeit der Obstbäume;* **~diät,** die: *Diät, bei der hauptsächlich od. ausschließlich Obst gegessen wird;* **~ernte,** die; **~essig,** der: *Essig aus Obst;* **~fleck,** der: -e müssen sofort entfernt werden; **~frau,** die (ugs.): *Frau, die [auf dem Markt] Obst verkauft;* **~garten,** der; **~gehölz,** das ⟨meist Pl.⟩ (Fachspr.): *Holzgewächs, das Obst liefert;* **~geist,** der: svw. ↑~wasser; **~handel,** der; **~händler,** der; **~horde,** die: ¹*Horde (a) für Obst;* **~jahr,** das: ein gutes O.; **~kern,** der; **~konserve,** die; **~korb,** der; **~kuchen,** der: *Kuchen mit Obst, bes. mit frischem od. konserviertem Obst belegter u. mit Tortenguß überzogener Kuchen;* **~kultur,** die; **~kur,** die: vgl. ~diät; **~markt,** der; **~messer,** das: *kleines Messer zum Schälen u. Schneiden von Obst;* **~most,** der; **~pflücker,** der: **1.** *zum Pflücken von Baumobst dienende lange Stange, an deren einem Ende ein gewellter Metallring mit einem Stoffsäckchen befestigt ist.* **2.** *jmd., der gegen Bezahlung Obst pflückt;* **~plantage,** die; **~reich** ⟨Adj.; nicht adv.⟩: *reich an Obst:* ein -es Jahr; **~saft,** der; **~salat,** der; **~schale,** die: **1.** *Schale* (1) *bestimmter Früchte.* **2.** *Schale* (2) *für, mit Obst;* **~schaumwein,** der: vgl. ~wein; **~schnaps,** der; **~schwemme,** die: *Überangebot an Obst;* **~sekt,** der: vgl. ~wein; **~sorte,** die; **~spalier,** das; **~steige,** die; **~tag,** der: vgl. ~diät; **~teller,** der: *kleiner Teller, von dem Obst gegessen wird;* **~torte,** die: *mit Obst belegte Torte;* **~trester,** der (landsch.): svw. ↑~wasser; **~verkäufer,** der; **~wasser,** das: *aus vergorenem Obst hergestellter Branntwein;* **~wein,** der: *Wein aus Beeren-, Kern- od. Steinobst;* **~zeit,** die: *Jahreszeit, in der Obst geerntet wird;* **~züchter,** der.

obstinat [ɔpsti'naːt] ⟨Adj.; -er, -este⟩ [lat. obstinātus = darauf bestehend, hartnäckig] (bildungsspr.): *starrsinnig, unbelehrbar:* ein -es Kind; er beharrte o. auf seiner Idee.

Obstipation [ɔpstipa'tsi̯oːn], die; -, -en [spätlat. obstīpātio = Gedrängtsein] (Med.): *Stuhlverstopfung;* **obstipieren** [...'piːrən] ⟨sw. V.; hat⟩ (Med.): *zu Stuhlverstopfung führen.*

Obstler ['oːpstlɐ], der; -s, - (landsch.): **1.** svw. ↑Obstwasser. **2.** svw. ↑Obsthändler; **Öbstler** ['øːpstlɐ], der; -s, - (österr.): svw. ↑Obsthändler; **Obstlerin, Öbstlerin,** die; -, -nen: w. Form zu ↑Obstler (2), Öbstler.

obstruieren [ɔpstru'iːrən] ⟨sw. V.; hat⟩ [lat. obstruere = versperren]: **1.** (bildungsspr. veraltet) *etw. zu verhindern suchen, hemmen.* **2.** (Parl.) *die Arbeit eines Parlaments durch Dauerreden, zahllose Anträge o.ä. erschweren u. dadurch Parlamentsbeschlüsse verhindern;* **Obstruktion** [ɔpstruk'tsi̯oːn], die; -, -en [lat. obstrūctio; 2: engl. obstruction]: **1.** (bildungsspr. veraltet) *das Obstruieren* (1): er denkt an ... O. der volkswirtschaftlichen Planung, an Sabotage der Versorgung (Kant, Impressum 126). **2.** (Parl.) *das Obstruieren* (2): die Zustimmung dieser in der O. geübten Partei (Augstein, Spiegelungen 11); ⟨Zus. zu 2:⟩ **Obstruktionspolitik,** die; **Obstruktionstaktik,** die.

obszön [ɔps'tsøːn] ⟨Adj.⟩ [lat. obscoenus, obscēnus, H. u.]: **1.** (bildungsspr.) *in das Schamgefühl verletzender Weise auf den Sexual-, Fäkalbereich bezogen; unanständig, schlüpfrig:* eine -e Fotografie; -e Witze; ein -er Film, Roman; einige Stellen in dem Buch sind sehr o.; etw. o. darstellen. **2.** (Jargon) *[moralisch-sittliche] Entrüstung hervorrufend:* dieses Lokal hat -e Preise; dieser Kriegsfilm ist o.; **Obszönität** [ɔpstsøni'tɛːt], die; -, -en: **1.** ⟨o. Pl.⟩ *das Obszönsein:* die O. einer Darstellung, seiner Worte. **2.** *obszöne Darstellung, Äußerung:* ein Buch voller -en.

Obus ['oːbʊs], der; -ses, -se: **O**berleitungsomni**bus**.

obwalten [auch: -'−−] ⟨sw. V.; waltet ob/(seltener:) obwaltet, waltete ob/(seltener:) obwaltete, hat obgewaltet, obzuwalten⟩ [aus ↑²ob (2) u. ↑walten] (geh., veraltend): *vorhanden, gegeben sein, bestehen:* hier walten andere Regeln, Gründe ob; Eifersucht scheint hier obzuwalten von seiten der Landeskinder (Th. Mann, Joseph 588); ⟨häufig im Part. Präs.:⟩ bei, unter den obwaltenden Verhältnissen.

obwohl ⟨Konj.⟩ [spätmhd. obe... wohl, zu ↑²ob (2) u. ↑wohl]: leitet einen konzessiven Gliedsatz ein; *wenn auch; ungeachtet der Tatsache, daß ...:* er hat das Paket nicht mitgenommen, o. ich ihn darum gebeten habe; o. es regnete, ging er spazieren; sie trat, o. schwer erkältet, auf.

obzwar ⟨Konj.⟩ (geh.): svw. ↑obwohl: Glücklicherweise lebt Venedig, o. es eine sterbende ... Stadt ist (Zwerenz, Kopf 211); o. daß Frau Pastor eine Bauerntochter war ..., sie hatte etwas an sich ... (Löns, Hansbur 55).

Occamismus: ↑Ockhamismus.

Occasion [ɔka'zi̯oːn]: österr., schweiz. für ↑Okkasion (2); ⟨Zus.:⟩ **Occasionsangebot,** das (österr., schweiz.): *Gelegenheit* (3); **occasionsweise** ⟨Adv.⟩ (schweiz.): *umständehalber.*

Occhiarbeit, die; -, -en, **Occhispitze** ['ɔki-], die; -, -n: ↑Okkiarbeit, -spitze.

Ocean-Liner ['oʊʃənlaɪnə], der; -[s], -s [engl. ocean liner]: svw. ↑Liner.

och [ɔx] ⟨Interj.⟩ (ugs.): svw. ↑ach: „Na, und was geschah dann?" „Och, nichts weiter". (Leonhard, Revolution 116).

Ochlokratie [ɔxlokra'tiː], die; -, -n [...iːən; griech. ochlokratía, zu: óchlos = Pöbel u. krateĩn = herrschen] (in der altgriechischen Staatsphilosophie): *Herrschaft durch den Pöbel (als eine entartete Form der Demokratie); Pöbelherrschaft;* ⟨Abl.:⟩ **ochlokratisch** [...'kraːtɪʃ] ⟨Adj.; o. Steig.⟩.

Ochrea ['ɔkrea], die; -, Ochreae [...reɛ; lat. ocrea = Beinschiene, -schutz] (Bot.): *den Pflanzenstengel wie eine Manschette umhüllendes, tütenförmiges Nebenblatt.*

Ochs [ɔks], der; -en, -en (südd., österr., schweiz. u. ugs.): svw. ↑Ochse; **Öchschen** ['œksçən], das; -s, -: ↑Ochse (1); **Ochse** ['ɔksə], der; -n, -n [mhd. ohse, ahd. ohso, urspr. = Samenspritzer, also eigtl. = Zuchtstier]: **1.** ⟨Vkl. ↑Öchschen⟩ *kastriertes männliches Rind:* ein abgemagerter O.; der O. brüllt; die -n vor den Pflug spannen; mit -n pflügen; Spr du sollst dem -n, der [da] drischt, nicht das Maul verbinden (*jmdm., der eine schwere Arbeit verrichtet, sollte man auch Erleichterungen zugestehen;* nach 5. Mos. 25, 4); *** dastehen wie der O. vorm neuen Tor/vorm Scheunentor/ vorm Berg** (↑Kuh); **zu etw. taugen wie der O. zum Seiltanzen** (ugs.; *für eine bestimmte Sache nicht zu gebrauchen sein*); **einen -n auf der Zunge haben** (ugs.; *Hemmungen haben, etw. auszusprechen, eine Frage zu stellen*); **den -n hinter den Pflug spannen/den Pflug vor die -n spannen** (ugs.: *eine Sache verkehrt anfangen*). **2.** (Schimpfwort, meist für männliche Personen) *Dummkopf, dummer Mensch:* du blöder O.!; Wenn du O. dich gleich wieder fangen läßt, dafür kann ich nichts (Fallada, Jeder 212); **ochsen** ['ɔksn̩] ⟨sw. V.; hat⟩ [urspr. Studentenspr., eigtl. = schwer arbeiten wie ein als Zugtier verwendeter Ochse] (ugs.): *mit Fleiß u. [stumpfsinniger] Ausdauer etw. lernen, was man nicht ohne Schwierigkeiten begreift; büffeln:* für sein Examen o.; ich mußte gestern noch Vokabeln, Mathematik o.

Ochsen-: **~auge,** das [1: LÜ von frz. oeil-de-boeuf; 2: LÜ von griech. boúphthalmon, nach der Form der Blüte]: **1.** (Archit.) *rundes od. ovales Dachfenster, bes. an Bauten der Barockzeit.* **2. a)** (landsch. scherzh.) *Spiegelei;* **b)** (landsch.) *mit einer halbierten Aprikose belegtes Gebäckstück.* **3.** *(zu den Korbblütlern gehörende) bes. im Alpenraum wachsende Staudenpflanze mit unverzweigtem Stengel u.*

einer großen, gelben Blüte. **4.** *ziemlich großer, zu den Tagfaltern gehörender Schmetterling, bei dem das Männchen auf der Unterseite der Hinterflügel schwarzgelb umrandete, augenähnliche Flecken hat;* **~blut,** das; **~brust,** die (Kochk.): *Brustfleisch vom Ochsen;* **~fiesel** ['fi:zl], der; -s, - [südd. (Fi(e)sel = Penis des Ochsen] (landsch.): svw. ↑~ziemer; **~fleisch,** das; **~frosch,** der (Zool.): *in Nord-, Südamerika u. Indien lebender, sehr großer Frosch, der mit Hilfe einer bes. Schallblase laute Brülltöne hervorbringt;* **~fuhrwerk,** das: vgl. ~karren; **~galle,** die (Med.): *aus der Gallenblase frisch geschlachteter Rinder entnommene Flüssigkeit mit gallentreibender Wirkung;* **~gespann,** das: vgl. ~karren; **~herz,** das (Med.): *stark vergrößertes Herz bei Herzhypertrophie;* **~karren,** der: *von einem od. zwei Ochsen gezogener Karren;* **~kopf,** der [die Form ähnelt einem (stilisierten) Ochsenkopf] (Geom.): *Deltoid;* **~maul,** das: *[gepökeltes] Fleisch der Lefzen des Ochsen,* dazu: **~maulsalat,** der (Kochk.): *Salat aus dünnen Scheiben od. Streifen von gepökeltem, gekochtem Ochsenmaul;* **~schlepp,** der (österr.): svw. ↑~schwanz, dazu: **~schleppsuppe,** die: svw. ↑~schwanzsuppe; **~schwanz,** der: *(Fleisch vom) Schwanz des Ochsen,* dazu: **~schwanzsuppe,** die [LÜ von engl. oxtail soup] (Kochk.): *Suppe aus gekochtem, kleingeschnittenem Ochsenschwanz, angeröstetem Mehl u. Gewürzen [unter Zusatz von Madeira od. Sherry];* **~tour,** die (ugs. scherzh.): **a)** *mühevolle, anstrengende Arbeit:* „Dagegen ist die Fernseharbeit eine O.", stöhnte der altgediente Theatermime (Hörzu 27, 1973, 14); **b)** *langsamer beruflicher Aufstieg, mühevolle Laufbahn (bes. eines Beamten):* eine politische O.; er will auf der O. nach oben; **~wurzel,** die: svw. ↑Schminkwurz; **~ziemer,** der [2. Bestandteil entw. umgeb. aus Sehnader od. zu ↑Ziemer]: *schwere Klopfpeitsche (als Züchtigungswerkzeug);* **~zunge,** die [2a: nach der rauhen Behaarung der Blätter; 2b: nach der Form u. Farbe]: **1.** (Kochk.) *als Speise zubereitete Zunge des Ochsen:* O. in Madeira. **2.** (landsch.) **a)** *Borretsch;* **b)** *Leberpilz.*

Ochserei [ɔksəˈrai̯], die; -, -en (ugs.): **a)** *dauerndes Ochsen:* diese O. fürs Examen macht mich noch ganz krank; **b)** *Dummheit, Eselei;* **ochsig** [ˈɔksɪç] ⟨Adj.⟩ (ugs.): *wie ein Ochse* (2); *grob, plump.*

Öchsle [ˈœkslə], das; -s, - [nach dem dt. Mechaniker F. Öchsle (1774–1852)] (Winzerspr.): *Maßeinheit für das spezifische Gewicht des Mostes:* 90° Ö.; Qualitätswein muß ... ein Mostgewicht von 65 Grad Ö. haben (MM 23. 2. 1967, 2); ⟨Zus.:⟩ **Öchslegrad,** der: svw. ↑Öchsle; **Öchslewaage,** die: *auf Öchslegrad geeichte Mostwaage.*

ocker [ˈɔkɐ] ⟨Adj.; o. Steig.; nur präd.⟩ (selten): *von der Farbe des Ockers; gelbbraun;* **Ocker** [-], der od. das; -s, (Arten:) - [mhd. ocker, ogger < ital. ocra < lat. ōchra < griech. ōchra]: **a)** *aus bestimmten eisenoxydhaltigen Mineralien gewonnenes Gemisch von gelbbrauner Farbe;* **b)** *gelbbraune Malerfarbe;* **c)** *Gelbbraun.*

ocker-, Ocker-: **~braun** ⟨Adj.; o. Steig.; nicht adv.⟩; **~farbe,** die; **~farben, ~farbig** ⟨Adj.; o. Steig.; nicht adv.⟩: *von der Farbe des Ockers* (a); **~gelb** ⟨Adj.; o. Steig.; nicht adv.⟩: *von dunklerem Gelb;* **~rot** ⟨Adj.; o. Steig.; nicht adv.⟩: *von einem Rot, das sich im Ton dem Ocker* (b) *nähert.*

Ockhamismus [ɔkaˈmɪsmʊs, auch: ɔkɛ...], der; - (Philos.): *Lehre des engl. Theologen W. v. Ockham (1285–1350).*

Ockiarbeit, Ockispitze: ↑Okkiarbeit, -spitze.

Octan: ↑Oktan (1).

Od [o:t], das; -[e]s [zu anord. ōðr = Gefühl; gepr. von dem dt. Chemiker u. Naturphilosophen C. L. v. Reichenbach (1780–1869)]: *angeblich vom menschlichen Körper ausgestrahlte, das Leben lenkende Kraft.*

öd [ø:t] (geh.; drückt stärker als öde die emotionelle Abwertung aus): svw. ↑öde.

Odal [ˈo:da:l], das; -s, -e [anord. ōðal]: *Sippeneigentum eines adligen germanischen Geschlechts an Grund u. Boden.*

Odaliske [odaˈlɪskə], die; -, -n [frz. odali(s)que < türk. odalık, zu: oda = Zimmer] (früher): *weiße Sklavin in einem türkischen Harem.*

Odd Fellow, Oddfellow [ˈɔdfɛloʊ], der; -s, -s ⟨meist Pl.⟩ [engl. Odd Fellow, Oddfellow, aus: odd = sonderbar, seltsam u. fellow, ↑Fellow]: *Mitglied einer (ursprünglich englischen) ordensähnlichen, in Verfassung u. Bräuchen den Freimaurern ähnlichen Gemeinschaft.*

Odds [ɔts, engl.: ɔdz] ⟨Pl.⟩ [engl. odds] (Sport): **a)** engl. Bez. für *Vorgaben (bes. bei Pferderennen);* **b)** *(bei Pferdewetten) das vom Buchmacher festgelegte Verhältnis des Einsatzes zum Gewinn.*

Ode [ˈo:də], die; -, -n [lat. ōdē < griech. ōdḗ = Gesang, Lied]: *gedanken- u. empfindungsreiches, meist reimloses Gedicht in gehobener, oft pathetischer Sprache:* die -n des Horaz; diese O. ist in freien Rhythmen geschrieben.

öde [ˈø:də] ⟨Adj.; nicht adv.⟩ /vgl. öd/ [mhd. œde, ahd. ōdi, urspr. = von etw. weg, fort]: **1.** (emotional) *verlassen, ohne jede (erhoffte) Spur eines Menschen, menschenleer:* eine ö. Gegend; ö. nächtliche Straßen; im Winter ist der Strand ö. und leer. **2.** *unfruchtbar [u. daher den Menschen nicht anziehend, nicht von ihm bebaut]:* eine ö. Gebirgs-, Karstlandschaft. **3.** *wenig gehaltvoll od. ansprechend u. daher ein Gefühl der Langeweile hervorrufend; inhaltslos:* das ö. Einerlei des Alltags; ö. Gespräche; das Faschingsfest war, verlief ziemlich ö.; sein Dasein erschien ihm ö.; **Öde** [-], die; -, -n [mhd. œde, ahd. ōdī]: **1.** ⟨Pl. selten⟩ *Einsamkeit, Verlassenheit von etw.:* eine trostlose Ö.; die winterliche Ö.; die endlose Ö. des Ozeans. **2.** ⟨Pl. selten⟩ *unfruchtbares, unwirtliches Land:* vor ihnen lag eine Ö.; in dieser Ö. kann man nicht leben. **3.** ⟨o. Pl.⟩ *Leere, Langeweile:* geistige Ö.; die Ö. zwischen diesem Weib und mir (Frisch, Stiller 400); dies bürgerliche, konventionelle Leben ist von einer tödlichen Ö. (Maass, Gouffé 58).

Odeen: Pl. von ↑Odeon, Odeum.

Odeion [oˈdai̯ɔn], das; -s, Odeia [↑Odeon]: svw. ↑Odeum.

Odem [ˈo:dəm], der; -s [Nebenf. von ↑Atem] (dichter. veraltend): svw. ↑Atem: jmdm. den O. des Lebens einhauchen.

Ödem [øˈde:m], das; -s, -e [griech. oídēma = Geschwulst] (Med.): *krankhafte Ansammlung von Flüssigkeit im Gewebe* (2) *infolge von Eiweißmangel od. Durchblutungsstörungen:* ein offenes Ö.; -e in der Lunge; ⟨Abl.:⟩ **ödematisch** [ødeˈma:tɪʃ], **ödematös** [ødemaˈtø:s] ⟨Adj.; o. Steig.; nicht adv.⟩ (Med.): *ein Ödem aufweisend.*

öden [ˈø:dn̩] ⟨sw. V.; hat⟩ [zu ↑öde; 1: urspr. Studentenspr.]: **1.** (ugs.) *langweilen:* du ödest mich mit deinem Gerede; ... rechts lag das italienische Paar ..., das sich ödete (Frisch, Gantenbein 385). **2.** (landsch.) svw. ↑roden.

Odeon [oˈde:ɔn], das; -s, Odeen [oˈde:ən; frz. odéon = Musiksaal < griech. ōdeĩon, zu: ōdḗ, ↑Ode] (bildungsspr.): als Name gebrauchte Bez. für einen größeren Bau, der für musikalische o. ä. Aufführungen, Filmvorführungen, Tanzveranstaltungen bestimmt ist. Vgl. Odeum.

oder [ˈo:dɐ] ⟨Konj.⟩ [mhd. oder, ahd. odar]: **1. a)** drückt aus, daß von zwei od. mehreren Möglichkeiten jeweils nur eine in Frage kommt (vgl. entweder ... oder): wohnt er in Hamburg o. in Lübeck?; hast du das Geld genommen, ja o. nein?; sollst du o. ich zu ihm kommen?; er ist Arzt o. Chemiker; **b)** *auch ... genannt:* die Anemonen o. Buschwindröschen gehören zu den Hahnenfußgewächsen; **c)** verbindet zwei od. mehrere Möglichkeiten, die zur Wahl stehen, in Frage kommen können: rechts o. links?; fährst du heute o. morgen?; ich werde ihn anrufen o. ihm schreiben; trinkst du den Kaffee nur mit Milch o. mit Milch u. Zucker o. schwarz? **2.** stellt eine vorangegangene Aussage in Frage; drückt aus, daß auch eine Variante möglich sein kann: er hieß Schymanski o. so *(oder so ähnlich);* es war ein Betrag von 100 DM o. so *(nicht viel mehr od. weniger als 100 DM);* Ich hätte ebensogut im Louvre sein können. O. *(das heißt, eigentlich)* nein, das hätte ich nicht (Rilke, Brigge 34). **3.** drückt eine mögliche Konsequenz aus, die als Folge eines bestimmten Verhaltens, Geschehens, einer bestimmten Handlung eintreten kann; *andernfalls, sonst:* du kommst jetzt mit mir, o. es passiert etwas!; wir müssen nach Hause, o. wir bekommen Ärger. **4. a)** drückt bei [rhetorischen] Fragen aus, daß ein Einwand des Gesprächspartners zwar möglich ist, aber nicht erwartet wird od. nicht ernst gemeint sein kann: natürlich hat er es getan. O. glaubst du es etwa nicht?; Wir müssen endlich Heizöl bestellen, o. willst du im Winter im Kalten sitzen?; **b)** ⟨nachgestellt⟩ (ugs.) drückt bei [rhetorischen] Fragen aus, daß ein Einwand des Gesprächspartners möglich ist, eigentlich aber eine Zustimmung erwartet wird: du gehst doch mit zum Schwimmen, o.?; die Geschichte ist zwar erlogen, aber sie hört sich doch gut an, o.?

Odermennig [ˈo:dɐmɛnɪç], der; -[e]s, -e [mhd. odermenie, spätahd. avarmonia, entstellt aus lat. agrimōnia < griech. argemṓnē, argemṓnion]: *Pflanze mit gefiederten Blättern u. gelben, in ährenförmiger Traube angeordneten Blüten, die häufig an Feld- u. Wegrändern wächst; Ackermennig.*

Odeum [o'de:ʊm], das; -s, Odeen [o'de:ən; lat. ōdēum < griech. ōdeĩon, ↑Odeon]: *(im Altertum) runder, dem antiken Theater ähnlicher Bau für musikalische u. schauspielerische Aufführungen.* Vgl. Odeon.

Odeur [o'dø:ɐ̯], das; -s, -s u. -e [frz. odeur < lat. odor = Geruch, Duft]: **a)** (bildungsspr.) *wohlriechender Stoff; Duftstoff* (b): desodorierendes O.; **b)** (ugs. abwertend) *seltsamer Geruch:* was ist das für ein O.?

Ödgartenwirtschaft, die; - [zu ↑öde] (Landw.): svw. ↑Feldgraswirtschaft; **Ödheit,** die; - (seltener:) **Ödigkeit** ['ø:dɪç-kait], die; -: *öde Beschaffenheit, Verlassenheit:* eine Landschaft von bedrückender Ödheit.

odios [o'di̯o:s; lat. odiōsus], (seltener:) **odiös** [o'di̯ø:s; frz. odieux < lat. odiōsus, zu: odium, ↑Odium] ⟨Adj.; -er, -este; nicht adv.⟩ (bildungsspr. veraltend): *widerwärtig, unausstehlich, verhaßt:* -e Namen; ⟨Abl.:⟩ **Odiosität** [odi̯o-zi'tɛ:t], die; -, -en (selten).

ödipal [ødi'pa:l] ⟨Adj.; o. Steig.; nicht adv.⟩ (Psychoanalyse): *vom Ödipuskomplex bestimmt:* die -e Phase; **Ödipuskomplex** ['ø:dipʊs-], der; -es [nach dem thebanischen Sagenkönig Ödipus] (Psychoanalyse): *bei männlichen Personen auftretende zu starke Bindung an die Mutter, verbunden mit Eifersucht gegenüber dem Vater [wodurch bei dem Sohn Schuldgefühle ausgelöst werden].* Vgl. Elektrakomplex.

Odium ['o:di̯ʊm], das; -s [lat. odium = Haß, Feindschaft] (bildungsspr.): *Anrüchigkeit, übler Beigeschmack:* das O. des Verrats, seiner kriminellen Vergangenheit haftet ihm an; auf ihm ruht das O. der Feigheit; Sie werden nie das O. eines Verräters oder auch eines Leichtsinnigen auf sich laden (Fallada, Herr 91); von einem O. loskommen.

Ödland, das; -[e]s, -länder [zu ↑öde] (Forstw., Landw.): *Land, das auf Grund seiner Bodenbeschaffenheit weder forst- noch landwirtschaftlich genutzt werden kann, unbebaut ist;* **Ödnis,** die; - (geh.): svw. ↑Öde.

odonto-, Odonto- [odɔnto-; zu griech. odoús (Gen.: odóntos)] ⟨Best. in Zus. mit der Bed.⟩: *Zahn* (z. B. Odontoblast, odontogen); **Odontoblast** [...'blast], der; -en, -en [zu griech. blastós = Sproß, Trieb] (Med., Biol.): *Zelle, in der das Dentin* (1) *gebildet wird;* **odontogen** ⟨Adj.; o. Steig.; nicht adv.⟩ [↑-gen] (Med.): *(von Krankheiten) von den Zähnen ausgehend;* **Odontom** [...'to:m], das; -s, -e (Zahnmed.): *von den Zahnkeimen ausgehende Geschwulst, die bes. am Unterkiefer auftritt u. knochen- od. zahnsteinähnliches Gewebe bildet;* **Odontometer,** der; -s, - [↑-meter] (Philat.): svw. ↑Zähnungsschlüssel; **Odontometrie,** die; -, -n [...i:ən; ↑-metrie] (Gerichtsmedizin): *Verfahren zur Identifizierung [unbekannter Toter] durch Abnehmen eines Kieferabdrucks.*

Odor ['o:dɔr, auch: 'o:do:ɐ̯], der; -s, -es [o'do:re:s; lat. odor] (Med.): *Geruch, Duft;* **odorieren** [odo'ri:rən, auch: odɔ...] ⟨sw. V.; hat⟩ [lat. odōrāre = riechend machen] (Chemie): *geruchsfreie od. nur schwach riechende Gase mit Odoriermitteln anreichern;* ⟨Zus.:⟩ **Odoriermittel,** das (Chemie): *intensiv riechende chemische Substanz, die zur Odorierung verwendet wird;* ⟨Abl.:⟩ **Odorierung,** die; -, -en (Chemie).

Ödung ['ø:dʊŋ], die; -, -en (selten): svw. ↑Ödland.

Odyssee [odʏ'se:], die; -, -n [...e:ən; frz. odysée < lat. odyssēa < griech. odýsseia, nach dem Epos des altgriech. Dichters Homer (2. Hälfte des 8. Jh.s v. Chr.), in dem die abenteuerlichen Irrfahrten des Sagenhelden Odysseus geschildert werden] (bildungsspr.): *lange Irrfahrt; lange, mit vielen Schwierigkeiten verbundene, abenteuerliche Reise:* das war ja die reinste O.; eine [lange, abenteuerliche] O. hinter sich haben; **odysseisch** ⟨Adj.; o. Steig.; nicht adv.⟩: *eine Odyssee betreffend; in der Art einer Odyssee.*

Oesophagus: ↑Ösophagus.

Œuvre ['ø:vrə, 'ø:vɐ, frz.: œ:vr], das; -, -s [-; frz. œuvre < lat. opera = Mühe, Arbeit] (bildungsspr.): *Gesamtwerk eines Künstlers:* das literarische Œ. des Malers Kubin; ein umfangreiches Œ. hinterlassen.

Öfchen ['ø:fçən], das; -s, -: ↑Ofen (1); **Ofen** ['o:fn̩], der; -s, Öfen ['ø:fn̩; mhd. oven, ahd. ovan]: **1.** ⟨Vkl. ↑Öfchen⟩ *aus Metall od. feuerfesten keramischen Baustoffen gefertigte [viereckige] Vorrichtung mit einer Feuerung* (1 b), *in der durch Verbrennung von festen, flüssigen od. gasförmigen Brennstoffen od. durch elektrischen Strom Wärme erzeugt wird, die zum Heizen, Kochen od. Backen dient:* ein großer, [guß]eiserner, gekachelter O.; der O. glüht, brennt schlecht, zieht [gut, schlecht], raucht; der O. ist ausgegangen, brennt nicht mehr, ist kalt; den O. heizen, putzen, schüren, anzünden, (ugs.:) anmachen; Abfälle in den O. werfen; Ü wenn du nur immer hinter dem O. hockst *(immer zu Hause bleibst, nie ausgehst)*, wirst du nie ein Mädchen kennenlernen; * **ein heißer O.** (salopp, bes. Jugendspr.: 1. *Personenwagen mit sehr leistungsstarkem Motor.* 2. svw. ↑Feuerstuhl: Uli ist dabei, sein Motorrad zu einem „heißen O." umzufrisieren [Hörzu 1, 1977, 45]); **der O. ist aus** (salopp; *damit ist Schluß; das ist vorbei, da ist nichts mehr zu machen*): wenn sie uns erwischen, ist der O. aus; jetzt ist bei mir der O. aus *(jetzt habe ich aber genug)*. **2.** (landsch.) svw. ↑Kochherd: einen Kessel, Topf auf den O. stellen, vom O. nehmen.

ofen-, Ofen-: ~**bank,** die ⟨Pl. -bänke⟩ (früher): *um einen großen [gekachelten] Ofen herum gebaute* [1]*Bank* (1); ~**bauer,** der; -s, - (landsch.): svw. ↑~setzer; ~**blech,** das: **1.** *rechteckiges Blech vor dem Ofenloch* (1) *zum Schutz des Fußbodens vor herausfallender Glut.* **2.** (landsch.) svw. ↑Kuchenblech; ~**ecke,** die: *Ecke* (2 a), *die die Seite eines [großen] Ofens mit der Wand eines Zimmers bildet;* ~**farbe,** die: svw. ↑Eisenschwarz (3); ~**fertig** ⟨Adj.; o. Steig.; nicht adv.⟩: *zum Verbrennen im Ofen vorbereitet, zerkleinert:* -es Kleinholz; Brennholz o. schneiden; ~**feuer,** das; ~**frisch** ⟨Adj.; o. Steig.; nicht adv.⟩: *frisch aus dem Backofen kommend; frisch gebacken [u. noch warm]:* -es Brot; Knäckebrot o. verpackt und eingesiegelt; Ü ein -er Formel-I-Wagen; ~**füllung,** die (Hüttenw.): svw. ↑Charge (4); ~**gabel,** die (landsch.): svw. ↑Schürhaken; ~**glanz,** der: svw. ↑~farbe; ~**haken,** der (landsch.): svw. ↑Schürhaken; ~**heizung,** die: *Heizung* (1 a), *die mit einem Ofen betrieben wird;* ~**hokker,** der (ugs. abwertend): svw. ↑Stubenhocker; ~**kachel,** die; ~**kitt,** der; ~**klappe,** die: **1.** *Klappe* (1), *mit der die Luftzufuhr an einem Ofen geregelt wird.* **2.** vgl. ~tür; ~**knie,** das: *Knie* (2) *eines Ofenrohrs;* ~**lack,** der: *schwarzer, glänzender Lack zum Lackieren eines Ofenrohrs;* ~**loch,** das: **1.** *Öffnung in der Ofenplatte, durch die das Brennmaterial eingefüllt wird.* **2.** *in die [Kamin]wand gehauenes Loch, in das ein Ofenrohr eingesetzt werden kann;* ~**platte,** die: svw. ↑Herdplatte (b); ~**ring,** der: svw. ↑Herdring; ~**rohr,** das: *Rohr, das einen Ofen durch ein Ofenloch* (2) *mit dem Kamin verbindet u. so den Abzug des Rauchs ermöglicht;* ~**röhre,** die: vgl. Bratröhre; * **in die O. gucken** (↑Röhre 3); ~**sau,** die ⟨o. Pl.⟩ [Bergmannsspr. Sau = Schlacke, die noch Metall enthält] (Hüttenw.): *Ablagerung am Boden eines Hoch-, Schmelzofens;* ~**schirm,** der: *metallener Wandschirm, der bes. Wände u. Tapeten vor zu großer Hitze, die ein Ofen ausstrahlt, schützen soll;* ~**schwärze,** die: svw. ↑~farbe; ~**setzer,** der: *männliche Fachkraft, die [Kachel]öfen u. Kamine baut u. instand setzt* (Berufsbez.); ~**stein,** der: svw. ↑Schamottestein; ~**tür,** die: *Tür an der Feuerung* (1 b) *eines Ofens;* ~**warm** ⟨Adj.; o. Steig.; nicht adv.⟩: *gerade aus dem [Back]ofen kommend u. noch [sehr] warm:* -es Brot; der Kuchen ist noch o.; ~**wärme,** die; ~**winkel,** der: vgl. ~ecke.

off [ɔf] ⟨Adv.⟩ [engl. off, eigtl. = fort, weg] (Ferns., Film, Theater; Ggs.: on): **a)** *(von einem Sprecher) außerhalb der Kameraeinstellung zu hören;* **b)** *hinter der Bühne;* **Off** [-], das; - (Ferns., Film, Theater): *das Unsichtbarbleiben eines kommentierenden Sprechers* (Ggs.: On).

off-, Off-: ~**Beat** [auch: –'–], der (mit Bindestrich) [engl.-amerik. offbeat, aus engl. off = neben- u. ↑Beat] (Jazz): *Technik der Rhythmik im Jazz, die die melodischen Akzente zwischen die einzelnen betonten Taktteile setzt;* ~**Kommentar,** der (mit Bindestrich): vgl. ~stimme; ~**shore-Bohrung** [-ʃo:ɐ̯-], die (mit Bindestrichen) [nach engl.-amerik. offshore drilling, aus: off shore = vor der Küste u. drilling = Bohrung] (Technik): *von Plattformen aus in Küstennähe durchgeführte Bohrung nach Erdöl od. Erdgas;* ~**side** [-zait] ⟨Adv.⟩ [engl. offside] (Sport): svw. ↑abseits (b); ~**Sprecher,** der (mit Bindestrich; Ferns., Film, Theater): *aus dem Off kommentierender Sprecher* (Ggs.: On-Sprecher); ~**Stimme,** die (mit Bindestrich; Ferns., Film, Theater): *[kommentierende] Stimme aus dem Off* (Ggs.: On-Stimme); ~**white** [-wait] ⟨indekl. Adj.; o. Steig.; nicht adv.⟩ [engl. offwhite]: *weiß mit leicht grauem od. gelbem Schimmer.*

offen ['ɔfn̩] ⟨Adj.⟩ [mhd. offen, ahd. offan]: **1.** ⟨o. Steig.; nicht adv.⟩ **a)** *so beschaffen, daß jmd., etw. heraus- oder hineingelangen kann; nicht geschlossen; geöffnet; offenstehend:* eine -e Tür; aus dem -en Fenster schauen; bei -em Fenster schlafen; mit -em Mund atmen; mit -en Augen unter Wasser schwimmen; die Zimmertür war einen Spaltbreit o., so daß er alles genau hören konnte; er lag auf dem Rücken und hatte die Augen o.; die Bahnschranken sind o. *(hochgezogen);* ihre Bluse war am Hals o. *(nicht zugeknöpft);* Toll sah er aus – nichts auf dem Kopf, den Mantel o. (Plievier, Stalingrad 169); laß die Weinflasche nicht o. auf dem Tisch stehen, sonst verfliegt die Blume; das Buch lag o. *(aufgeschlagen)* vor ihm; er legte eine Münze in die -e Hand des Bettlers; sie trägt ihr Haar o. *(nicht zusammengebunden);* eine -e Narbe *(Narbe, bei der die Wundränder [noch] nicht zusammengeheilt sind);* -e *([noch] nicht verschorfte)* Wunden; -e Beine *(Beine mit nur sehr schlecht heilenden Ödemen an den Unterschenkeln);* Ü mit -en Augen *(blindlings)* ins Verderben rennen; mit -en Augen, Sinnen *(mit wachen Sinnen, aufmerksam beobachtend)* durch die Welt, durchs Leben gehen; **o. für/gegenüber etw., gegenüber jmdm. sein** *(bestimmten Dingen gegenüber aufgeschlossen, zugänglich sein, gegenüber jmdm. aufgeschlossen sein):* für Probleme, gegenüber Problemen von Minderheiten o. sein; **b)** *nicht ab-, zugeschlossen, nicht verschlossen:* ein -er *(nicht zugeklebter)* Umschlag; nimm dir, was du brauchst, der Schrank ist o.; bei uns ist immer alles o. *(wird nichts abgeschlossen);* dieser Laden hat/ist auch sonntags o. *(hat auch am Sonntag geöffnet);* eine -e Anstalt *(Heil- od. Strafanstalt, deren Insassen sich in einem bestimmten Rahmen frei bewegen dürfen);* Ü eine Politik, die den Wandel zur -en Gesellschaft wagt *(zu einer Gesellschaft, in der die Grenzen zwischen den Klassen fließend sind u. für den einzelnen kein Hindernis darstellen;* Börsenblatt 16, 1968, 1136); er hat ein -es Haus *(ist sehr gastfrei);* meine Tür ist immer für dich o. *(du kannst zu mir kommen, wann du willst);* **c)** *nicht bedeckt; nicht ab-, zugedeckt:* an einem -en *(nicht zugeschütteten)* Grab stehen; ein -er Wagen *(Wagen ohne Verdeck);* sie trägt -e Schuhe *(Schuhe mit durchbrochenen Kappen od. Seiten);* er läuft in -en Schuhen (ugs.; *mit offenem, nicht zugebundenem Schnürsenkel*). **2.** ⟨o. Steig.; nicht adv.⟩ **a)** *durch kein Hindernis versperrt; frei [zugänglich]:* -es *(nicht zugefrorenes)* Fahrwasser; die klare Winterluft gewährte einen -en Ausblick ins Tal; Sie gingen durch -e Säulengänge (Brecht, Geschichten 133); das Zelt war an der Seite o.; aufs -e Meer, auf die -e See hinausfahren *(so weit hinausfahren, daß man vom Festland nichts mehr sieht);* sie gelangten auf -es Gelände *(ohne dichten Bewuchs od. Häuser, Zäune o. ä.);* die Heere trafen in -er Feldschlacht aufeinander *(standen sich auf freiem Feld in fester Schlachtordnung gegenüber);* Einmal platzt ihm ein Reifen auf -er Strecke (*ziemlich weit von einer Ortschaft entfernt;* Frisch, Gantenbein 371); die Pässe in den Alpen sind wieder o. *(schneefrei u. wieder befahrbar);* die Jagd ist o. (Jägerspr.; *nach dem Ende der Schonzeit wieder freigegeben*); Ü Der „Merkur" ist eine nach allen Seiten hin -e *(an keine Weltanschauung od. [politische] Interessengruppe gebundene)* Zeitschrift (Börsenblatt 12, 1968, 857); **b)** *(von sportlichen Wettbewerben) durch keine speziellen Vorbehalte, Grenzen o. ä. eingeschränkt, eingeengt:* ein -er Wettbewerb; die Teilnahme an der Meisterschaft ist für Amateure und Berufssportler o.; **c)** *nicht in sich zusammenhängend, nicht geschlossen* (b): eine -e Bauweise; Geschwindigkeitsbeschränkung in -en Ortschaften. **3.** ⟨o. Steig.; nicht adv.⟩ **a)** *(von [alkoholischen] Flüssigkeiten) nicht in Flaschen abgefüllt; nicht in einer Flasche serviert:* -er Wein *(vom Faß);* Und wenn ich nur zwei -e Drinks bestelle, servieren sie mir weiß Gott was (Simmel, Stoff 342); **b)** (landsch.) *nicht abgepackt, lose:* Zucker o. verkaufen. **4.** ⟨o. Steig.; nicht adv.⟩ **a)** *[noch] nicht entschieden; ungewiß:* es bleiben noch viele -e Fragen; ein Kampf mit -em Ausgang; die Meisterschaft war bis zum Schluß o.; die Antwort auf meine Frage ist noch o.; **b)** *[noch] nicht bezahlt; [noch] nicht erledigt:* eine -e Rechnung; in der Bilanz sind noch einige Posten o. *(noch nicht [genau] aufgeführt);* **c)** *nicht besetzt, frei* (4a): -e Stellen, Arbeitsplätze; bei uns sind noch Stellen o.; ich lasse diese Zeile o. *(fülle sie nicht aus).* **5. a)** *(in bezug auf seine Gefühle o. ä.) nichts verbergend, freimütig [geäußert]; aufrichtig:* ein -es Wort, Gespräch, Bekenntnis; er hat ein -es Gesicht; Gerda hatte immer noch ihr altes, -es Lächeln (Remarque, Obelisk 177); sei o. zu mir!; etw. o. bekennen, eingestehen, zugeben; o. seine Meinung sagen; o. gesagt, ich bin müde; sich ganz o. über etw. unterhalten; ⟨subst.:⟩ er hat etwas Offenes in seinem Wesen *(wirkt vertrauenerweckend);* **b)** ⟨Steig. ungebr.; nicht präd.⟩ *klar u. deutlich zutage tretend u. so für jeden erkennbar:* -er Protest wurde laut; -e Feindschaft; eine -e Kampfansage; zum -en Widerstand, zur -en Meuterei aufrufen; es liegt doch o. auf der Hand, daß er lügt; er drohte ihm o. mit Prügeln; seine Abneigung o. *(unverhohlen)* zeigen; etw. o. zur Schau stellen, tragen; **c)** ⟨o. Steig.; nicht präd.⟩ *vor den Augen der Öffentlichkeit; nicht geheim:* er wurde in -er Abstimmung gewählt; o. abstimmen; jmdn. in -em Kampf *(in fairem Kampf Mann gegen Mann)* besiegen; -e Wertung (Sport; *Wertung, bei der bekannt wird, wie der einzelne Kampfrichter gewertet hat*). **6.** ⟨Steig. ungebr.⟩ (Sport, bes. Ballspiele) *nicht genügend auf Deckung* (2a, 6a) *achtend u. so dem Gegner die Möglichkeit zum erfolgreichen Gegenangriff gebend:* ein -es System spielen; Kölns Abwehr spielte zu o. und mußte so zwei Gegentreffer hinnehmen. **7.** ⟨o. Steig.⟩ (Sprachwiss.): **a)** *(von Vokalen) mit weiter geöffnetem Mund u. weniger gewölbtem Zungenrücken gesprochen:* ein -es e, o; **b)** *(von Silben) auf einen/mit einem Vokal endend.*

offen-, Offen-: **~bleiben** ⟨st. V.; ist⟩: **1.** *geöffnet bleiben, nicht ab-, zugeschlossen werden:* das Fenster, diese Tür muß o.; der Mund ist ihm vor Staunen offengeblieben. **2.** *nicht geklärt werden [können]; ungewiß, ungelöst bleiben:* diese Frage blieb offen; die Entscheidung ist offengeblieben; **~halten** ⟨st. V.; hat⟩: **1. a)** *[für einen anderen] geöffnet halten:* [jmdm.] die Haustür, die Wagentür o.; die Augen, den Mund o.; ***die Hand o.** (ugs.; svw. die ↑Hand 1 aufhalten); Ü sich einen Ausweg, den Rückzug o.; **b)** *zugänglich halten, nicht schließen:* eine Gaststätte auch am Feiertag o. **2.** ⟨o. + sich (Dativ)⟩: *vorbehalten:* sich eine Antwort, eine Entscheidung über etw. o.; er hat sich offengehalten, die Schuldigen zu bestrafen, dazu: **~haltung,** die ⟨o. Pl.⟩; **~herzig** ⟨Adj.⟩: **a)** *zu freimütiger Äußerung der eigenen Meinung bereit; unverhohlen innerste Gedanken mitteilend:* eine -e Äußerung; ein -es Gespräch; o. reden; **b)** (iron., veraltend) *[sehr] frei über persönliche Dinge redend, mitteilsam:* o. wie sie war, konnte sie nichts für sich behalten; Ü sie trug ein sehr -es (scherzh.; *tief ausgeschnittenes*) Kleid, dazu: **~herzigkeit,** die; -: *offenherziges Wesen;* **~kundig** [auch: --'--] ⟨Adj.⟩: **a)** *für jeden ersichtlich, klar [erkennbar], [sehr] deutlich:* eine -e Lüge; ein -er Irrtum; -e Tatsachen; es war o. Verrat; **b)** in den Verbindungen **o. werden** (veraltend; *bekannt werden*), **o. machen** (veraltend; *bekannt machen*), dazu: **~kundigkeit,** die; -; **~lage,** die: *das Offenliegen, Offenlegung:* O. der Verzeichnisse land- und forstwirtschaftlicher Betriebe (MM 3. 4. 70, 23); **~lassen** ⟨st. V.; hat⟩: **1.** *geöffnet lassen; nicht ab-, zu-, verschließen:* ein Fenster, die Tür o.; laß die Gartentür bitte offen; ich habe den Briefumschlag offengelassen *(nicht zugeklebt);* Ü sich alle Wege o. **2. a)** *nicht besetzen; nicht [an jmdn.] vergeben:* eine frei gewordene Arbeitsstelle o.; **b)** *nicht ausfüllen, frei lassen:* eine Zeile, eine Reihe, eine Spalte [in einem Formular] o.; tragen Sie ihren Namen bitte in das offengelassene Feld ein; **c)** *unentschieden, ungeklärt lassen:* eine Frage o.; er hat offengelassen, ob er kommt oder nicht; **~legen** ⟨st. V.; hat⟩ (Amtsdt.): *klar u. deutlich darlegen, für jeden einsichtig machen:* Ursachen, Zusammenhänge, seine Vermögensverhältnisse o.; etw. statistisch o.; die Parteien müssen ihre Einnahmen o., dazu: **~legung,** die: *das Offenlegen,* dazu: **~legungspflicht,** die ⟨o. Pl.⟩ (Bankw.); **~liegen** ⟨st. V.; hat⟩ (Amtsdt.): *zur Einsichtnahme, Ansicht od. Benutzung ausliegen:* die Bebauungspläne werden ab Juni im Rathaus o.; **~marktpolitik,** die [LÜ von engl.-amerik. open market policy] (Wirtsch.): *durch An- u. Verkauf von festverzinslichen Wertpapieren seitens einer staatlichen Notenbank bewirkte Erhöhung des Geldumlaufs zur steuernden Beeinflussung der Konjunktur;* **~sichtlich** [auch: --'--]: **I.** ⟨Adj.⟩ *klar [erkennbar], [sehr] deutlich, offenkundig:* ein -er Irrtum, Betrug; es ist o., daß er uns belogen hat; er hat mich o. betrogen. **II.** ⟨Adv.⟩ (selten) *dem Anschein nach, anscheinend:* er hat o. nicht mehr daran gedacht; **~stall,** der (Landw.): *überdachter, nach einer Seite hin offener Stall zur Unterbringung von Rindern, bes. von Jungtieren;* **~stehen** ⟨unr. V.; hat⟩: **1. a)** *geöffnet, nicht ab-, zugeschlossen sein:* die Tür, ein Fenster steht offen; laß den Kühlschrank nicht so lange o.!; der Mund stand ihm vor Staunen offen; sein Hemd stand am Hals offen *(war nicht bis zum Kragen zugeknöpft);* Ü nach ihrem olympischen Sieg standen der jungen Sportlerin alle Türen offen; **b)** *zur Benutzung freigegeben sein; zur Verfügung stehen:* die Stadtbibliotheken, die öffentlichen Anlagen der Stadt stehen allen Bürgern offen; Ü alle Möglichkeiten stehen dir offen, eine große Künstlerin zu werden. **2. a)** *nicht besetzt, frei sein:* im Handwerk stehen noch viele Lehrstellen offen; offenstehende Stellen; **b)** *jmds. Entscheidung überlassen sein, bleiben; freistehen* (1): es steht dir offen, zu kommen oder nicht [zu kommen]; es sollte jedem o., den Beruf zu wählen, den er für den geeigneten hält. **3.** *[noch] nicht bezahlt, [noch] nicht erledigt sein:* auf Ihrem Konto stehen noch 1 000,- DM offen; offenstehende Rechnungen.

offenbar ['ɔfnba:ɐ̯, auch: ––'–; mhd. offenbar, ahd. offanbār]: **I.** ⟨Adj.; Steig. ungebr.; nicht adv.⟩ *offen zutage tretend, klar ersichtlich:* ein -er Irrtum, eine -e Lüge; seine Absicht war o., wurde allen o.; einen Sachverhalt, den Sinn o. machen; dieser Brief macht o., daß er gelogen hat. **II.** ⟨Adv.⟩ *dem Anschein nach, wie es scheint:* er ist o. sehr begabt; der Zug hat o. Verspätung, läuft o. später ein; ⟨Abl.:⟩ **offenbaren** [ɔfn̩'ba:rən] ⟨sw. V.; hat⟩ [mhd. offenbæren] (meist geh.): **1. a)** *etw., was bisher verborgen war, nicht bekannt war, offen zeigen, enthüllen:* ein Geheimnis, Gefühle, seine Schuld o.; Gott offenbart uns seine Güte, Gnade; Die Niederlage der Revolution offenbarte die Schwäche der liberalen Parteien (Fraenkel, Staat 247); **b)** ⟨o. + sich⟩ *sich [in einer bisher nicht bekannten Art u. Weise] zu erkennen geben, deutlich erkennbar werden:* seine Worte offenbarten sich als Lüge; sie hat sich in ihrem neuesten Werk als große Lyrikerin offenbart. **2.** *sich jmdm. anvertrauen; jmdm. vertraulich seine Probleme schildern:* er hat sich mir, seinen Eltern offenbart; Da offenbarte sich Anne, teilte ihr Geheimnis mit (Fries, Weg 332); ⟨Abl.:⟩ **Offenbarung,** die; -, -en [mhd. offenbārunge]: **1.** (meist geh.) *das Offenbaren* (1 a): die O. eines Geheimnisses, seiner Absichten; jmds. -en [keinen] Glauben schenken. **2.** (Rel.) *[auf übernatürlichem Wege stattfindende] Mitteilung göttlicher Wahrheiten od. eines göttlichen Willens:* nach christlichem Glauben wird in der Bibel den Menschen die O. des Wortes Gottes zuteil; die O. des Johannes *(letztes Buch des N.T.);* Ü Marrs Schriften wurden damals als höchste O. der Sprachwissenschaft gepriesen (Leonhard, Revolution 73); Bouillon mit Markklößchen. Erstklassig! Und Rotkohl mit Sauerbraten. Eine O.! (scherzh.; *etwas ganz Großartiges;* Remarque, Obelisk 81); ⟨Zus.:⟩ **Offenbarungseid,** der (jur.): *Eid, mit dem ein Schuldner [auf Verlangen des Gläubigers] erklärt, seine Vermögensverhältnisse wahrheitsgemäß dargelegt zu haben u. nicht in der Lage zu sein, seiner Zahlungspflicht nachzukommen:* den O. leisten; jmdn. zum O. zwingen; Ü die Regierung sah sich gezwungen, den O. zu leisten *(zuzugeben, daß sie mit ihrer Politik am Ende sei).*

Offenheit, die; -: **1.** *freimütige Wesensart; rückhaltlose Ehrlichkeit:* deine O. schadet dir noch; die O. ihres Wesens, ihres Blicks; etwas in schonungsloser, rücksichtsloser, aller O. sagen; von einer erfrischenden, entwaffnenden, kindlichen O. sein. **2.** *Aufgeschlossenheit; Bereitschaft, sich mit jmdm., etw. unvoreingenommen auseinanderzusetzen:* O. für Probleme besitzen, gegenüber Problemen zeigen.

offensiv [ɔfɛn'zi:f, auch: 'ɔf...] ⟨Adj.⟩ [zu lat. offēnsum, 2. Part. von: offendere = anstoßen, verletzen] (Ggs.: defensiv a, c, inoffensiv): **a)** *angreifend, den Angriff bevorzugend:* -e Kriegführung; ein -es Bündnis; mit -er Taktik vorgehen; **b)** (Sport) *im Spiel den Angriff, das Stürmen bevorzugend:* die Verteidiger übernahmen -e Aufgaben; o. spielen.

Offensiv-: **~allianz,** die: svw. ↑~bündnis; **~boxer,** der: *den Angriff bevorzugender Boxer* (Ggs.: Defensivboxer); **~bündnis,** das: *zum Zwecke eines Angriffs geschlossenes Bündnis* (Ggs.: Defensivbündnis); **~krieg,** der: *Angriffskrieg* (Ggs.: Defensivkrieg); **~spiel,** das (Sport): *ganz auf Angriff eingestelltes Spiel* (Ggs.: Defensivspiel), dazu: **~spieler,** der (Ggs.: Defensivspieler); **~stellung,** die: *Angriffsstellung* (Ggs.: Defensivstellung): eine O. beziehen, einnehmen; **~taktik,** die: *auf Angriff eingestellte Taktik;* **~verteidiger,** der (bes. Fußball): *Verteidiger, der sich häufig in den Angriff einschaltet, häufig stürmt.*

Offensive [ɔfɛn'zi:və], die; -, -n [frz. offensive] (Ggs.: Defensive): **1.** *den Angriff bevorzugende Kampfweise, Kriegführung; Angriff:* eine O. planen, einleiten, durchführen; die O. scheiterte; aus der Defensive in die, zur O. übergehen; Ü eine O. gegen den Drogenmißbrauch. **2.** ⟨o. Pl.⟩ (Sport) *auf Angriff (Stürmen) eingestellte Spielweise:* die O. bevorzugen; aus der O. spielen; zur O. übergehen.

öffentlich ['œfn̩tlɪç] ⟨Adj.; o. Steig.⟩ [mhd. offenlich, ahd. offanlīh]: **1.** *für jeden hörbar u. sichtbar; nicht geheim:* eine -e Verhandlung, Hinrichtung; ein -es Ärgernis; ein -es *(längst allgemein bekanntes)* Geheimnis; die Abstimmung ist ö.; die Verlobung ist bereits ö. *(offiziell bekanntgegeben);* ö. über etw. abstimmen; etw. ö. anprangern, erklären, verkünden; ö. hervortreten; sie tritt zum erstenmal ö. *(vor einem Publikum)* auf. **2.** *für die Allgemeinheit zugänglich, benutzbar:* -e Anlagen, Bibliotheken; eine -e Feier, Kundgebung veranstalten; ein -er Fernsprecher *(Fernsprechautomat);* Das sind ganz -e Damen (verhüll.; *Prostituierte;* Schnabel, Marmor 149). **3. a)** *die Gesellschaft allgemein, die Allgemeinheit betreffend, von ihr ausgehend, auf sie bezogen:* die -e Meinung; das -e Wohl; das -e Interesse an der Aufklärung des Mordfalles war groß; eine Person des -en Lebens; im -en Leben stehen; **b)** *die Verwaltung eines Gemeinwesens betreffend; kommunal:* -e Gelder, Ausgaben; die Verschuldung der -en Haushalte nimmt zu; die Privatisierung -er Unternehmen fordern; Im West-Berliner Abgeordnetenhaus geben die ö. bediensteten SPD-Parlamentarier den Ton an (Spiegel 12, 1976, 57); ⟨Abl.:⟩ **Öffentlichkeit,** die; -: **1.** *als Gesamtheit gesehener Bereich von Menschen, in welchem etwas allgemein bekannt [geworden] u. allen zugänglich ist:* die Ö. erfährt, weiß nichts von diesen Dingen; die Ö. von einer Verhandlung ausschließen; etw. einer breiten Ö. zugänglich machen; im Blickpunkt der Ö. stehen; unter Ausschluß der Ö. tagen; etw. an die Ö. bringen, vor der Ö. verheimlichen; das darf ja gar nicht an die Ö. kommen (Innerhofer, Schattseite 222); sie küßten sich in aller Ö. *(vor allen Leuten);* ***die Flucht in die Ö. antreten** *(durch Unterrichtung der Öffentlichkeit über Dinge, die [noch] nicht bekanntwerden sollen, etw. zu erreichen versuchen).* **2.** *das Öffentlichsein; das Zugelassensein für die Öffentlichkeit* (1): das Prinzip der Ö. in der Rechtsprechung; die Ö. einer Gerichtssitzung anberaumen, wiederherstellen.

öffentlichkeits-, Öffentlichkeits-: **~arbeit,** die ⟨o. Pl.⟩ [viell. nach engl.-amerik. public relations]: **1.** *das Bemühen von Organisationen od. Institutionen (z. B. Regierung, Parteien, Unternehmen o. ä.), der Öffentlichkeit* (1) *eine vorteilhafte Darstellung der erbrachten Leistungen zu geben, um so ein Vertrauensverhältnis zu schaffen [das den eigenen Zwecken förderlich ist]:* unternehmenspolitische Ö.; Ö. machen, betreiben; die Ö. verstärken. **2.** (DDR) *von der staatlichen Leitung ausgehende Informationen über Vorgänge in den Bereichen des öffentlichen Lebens, die der Meinungsbildung in der Bevölkerung dienen u. so zur Mitarbeit an Lösungsmöglichkeiten für die verschiedenen Probleme anregen sollen;* **~grundsatz,** der ⟨o. Pl.⟩ (jur.): *Grundsatz der Rechtsprechung, nach dem Gerichtsverhandlungen (mit bestimmten Ausnahmen) der Allgemeinheit zugänglich sein müssen;* **~referent,** der: *in der Öffentlichkeitsarbeit tätiger Referent;* **~scheu** ⟨Adj.⟩: *die Öffentlichkeit scheuend;* **~scheu,** die.

öffentlich-rechtlich ⟨Adj.; o. Steig.⟩ [zu: öffentliches Recht] (jur.): *(von Verwaltungseinrichtungen) mit eigener Rechtspersönlichkeit u. einem bestimmten Nutzungszweck:* Arbeitsgemeinschaft der -en Rundfunkgesellschaften; -er Vertrag *(Vertrag, der sich auf Verhältnisse des öffentlichen Rechts bezieht).*

Offerent [ɔfe'rɛnt], der; -en, -en [lat. offerēns (Gen.: offerentis), 1. Part. von: offerre, ↑offerieren] (Kaufmannsspr.): *jmd., der eine Offerte macht;* **offerieren** [ɔfə'ri:rən] ⟨sw. V.; hat⟩ [(frz. offrir <) lat. offerre = anbieten]: **a)** (bes. Kaufmannsspr.) *zum Handel vorschlagen; anbieten* (2 b): ein Sonderangebot [in der Zeitung] o.; Rohstoffe [zu einem günstigen Preis] auf dem Weltmarkt o.; die Arbeiten wurden an die Firma vergeben, die am günstigsten offeriert hatte; Je nach Interesse seiner Kunden offerierte Pippo ... Theater-Billets, ... geschmuggelte ... Zigarren (Bieler, Mädchenkrieg 38); **b)** (veraltend) *[jmdm.] etw. anbieten* (1 a): eine Zigarette, einen Kognak o.; darf ich dir dieses Buch o.?; **c)** ⟨o. + sich⟩ (schweiz., sonst veraltend) *sich für einen bestimmten Zweck zur Verfügung stellen, anbieten* (1 b): Beobachtungen ... ergaben, daß der Verhaftete ... viermal ... gesehen wurde und sich auch als Zeuge offerierte (Vaterland 15. 10. 68, 12); **Offert** [ɔ'fɛrt], das; -[e]s, -e (österr.): svw. ↑Offerte; **Offerte** [ɔ'fɛrtə], die; -, -n [frz. offerte, subst. 2. Part. von: offrir, ↑offerieren] (Kaufmannsspr.): *[schriftliches] Kaufangebot:* eine günstige, unverbindliche O.; jmdm. eine O. machen, unterbreiten; die -n in der Zeitung lesen; **Offertingenieur,** der; -s, -e (Wirtsch.): *Sachbearbeiter für den Entwurf von detaillierten Angeboten bei großen Objekten, bes. in der Elektro- u. Werkzeugmaschinenindustrie;* **Offertorium** [ɔfɛr'to:ri̯ʊm], das; -s, ...ien [...i̯ən; mlat. offertorium = (Auf)opferung, zu lat. offerre, ↑offerieren] (kath. Kirche): *Gebet während der Darbringung von Brot u. Wein in der* [1]*Messe* (1).

[1]**Office** ['ɔfɪs], das; -, -s ['ɔfɪsɪs, engl.: 'ɔfɪsɪz; engl. office < lat. officium, ↑Offizium]: engl. Bez. für *Büro;* [2]**Office** ['ɔfɪs], das; -, -s ['ɔfɪs; frz. office < lat. officium, ↑Offizium] (schweiz.): **a)** *Anrichteraum im Gasthaus;* **b)** (selten) *Büro;* **Officium** [ɔ'fi:tsi̯ʊm], das; -s, ...ia: **1.** svw. ↑Offizium (1). **2.** svw. ↑Offizium (2); **Officium divinum** [- di'vi:nʊm], das; - - [mlat., zu lat. officium (↑Offizium) u. divinus = gottesdienstlich; göttlich] (kath. Kirche): svw. ↑Offizium (1 b); **Offiz** [ɔ'fi:ts], das; -es, -e (veraltet): svw. ↑Offizium (2); **Offizial** [ɔfi'tsi̯a:l], der; -s, -e [spätlat. officiālis = Amtsdiener, zu: officiālis = zum Dienst, Amt gehörig, zu lat. officium, ↑Offizium]: **1.** (kath. Kirche) *Vertreter des [Erz]bischofs als Vorsteher des Offizialats.* **2.** (österr.) *Beamter im mittleren Dienst.*

Offizial- (jur.): **~delikt,** das: *Straftat, deren Verfolgung von Amts wegen eintritt;* **~maxime,** die: svw. ↑~prinzip; **~prinzip,** das: *Verpflichtung des Gerichts* (1 a), *Ermittlungen in einer Sache über die von den Beteiligten vorgebrachten Tatsachen hinaus von Amts wegen anzustellen;* **~vergehen,** das: svw. ↑~delikt; **~verteidiger,** der: svw. ↑Pflichtverteidiger.

Offizialat [ɔfitsi̯a'la:t], das; -[e]s, -e [mlat. officialatus] (kath. Kirche): *von einem Offizial* (1) *geleitete [erz]bischöfliche Kirchenbehörde.*

Offiziant [ɔfi'tsi̯ant], der; -en, -en [mlat. officians (Gen.: officiantis), zu: officiare = ein Amt versehen, zu lat. officium, ↑Offizium]: **1.** (veraltet) *Zelebrant.* **2. a)** (veraltet) *Beamter des einfachen Dienstes;* **b)** (südd.) *Hausmeister einer Schule:* In der Schule wurde Wilhelm Leer vom -en ... ein zweites Mal übergelegt (Sommer, Und keiner 81); **offiziell** [ɔfi'tsi̯ɛl] ⟨Adj.; o. Steig.⟩ [frz. official < spätlat. officiālis] (Ggs.: inoffiziell): **1. a)** *in amtlichem Auftrag; dienstlich:* die -e Reise des Kanzlers nach Peking; die Verhandlungen werden jetzt o. geführt; jmdn. o. mit der Geschäftsführung betrauen; etw. o. ankündigen, verbieten; ⟨subst.:⟩ bei der Eröffnung der Olympischen Spiele marschieren mehr Offizielle als Sportler ein; **b)** *von einer Behörde, einer Dienststelle ausgehend, bestätigt [u. daher glaubwürdig]; amtlich:* eine -e Verlautbarung; seine -e Ernennung zum Staatssekretär; eine Anordnung von -er Seite, Stelle; vom -en Kurs abweichen; es kam zum -en Bruch; das -e Bonn *(die Bonner Regierungsstellen);* die Kabinettsliste ist jetzt o.; etw. o. bestätigen; ich kann dir jetzt o. *(als [amtlich] verbürgt)* sagen, daß du die Prüfung bestanden hast. **2.** *förmlich:* eine -e Feier; die -e Namengebung findet morgen statt; plötzlich wurde der sonst so joviale Abteilungsleiter ganz o. *(unpersönlich, kühl);* **Offizier** [ɔfi'tsi:ɐ̯, österr.: ɔfi'si:ɐ̯], der; -s, -e [frz. officier < mlat. officiarius]: **1. a)** ⟨o. Pl.⟩ *militärische Rangstufe, die die Dienstgrade vom Leutnant bis zum General* (a) *umfaßt:* O. werden; O. vom Dienst *(vorübergehend für den Wach- u. Ordnungsdienst in einem bestimmten Bereich [z. B. Kaserne] verantwortlicher Offizier od. Unteroffizier mit Portepee;* Abk.: OvD, O. v. D.); **b)** *jmd., der den Dienstgrad eines Offiziers* (a) *trägt* (z. B. Leutnant, Major). **2.** *Sammelbezeichnung für diejenigen Schachfiguren, die größere Beweglichkeit als die Bauern haben* (z. B. Turm, Läufer, Springer).

Offiziers- (militär. meist: Offizier-): **~anwärter,** der: *Anwärter auf den Offiziersrang* (Abk.: OA); **~aufstand,** der; **~ausbildung,** die; **~bursche,** der (früher): *Bursche* (2); **~dienstgrad,** der; **~familie,** die: Heinrich v. Kleist entstammte einer preußischen O.; **~kasino,** das: svw. ↑Kasino (2 a); **~korps,** das: **a)** *Gesamtheit der Offiziere der Streitkräfte eines Landes;* **b)** (früher) *Gesamtheit der Offiziere eines Regiments;* **~kreise** ⟨Pl.⟩: in -n verkehren; **~laufbahn,** die; **~lehrgang,** der; **~matratze,** die (Soldatenspr. abwertend): *Mädchen, das sich speziell mit Offizieren einläßt u. mit ihnen geschlechtlich verkehrt;* **~messe,** die: vgl. [3]Messe; **~puff,** der (derb); **~rang,** der; **~schärpe,** die: *bis zum 19. Jh. zur Offiziersuniform (u. später noch zur Paradeuniform) getragene Schärpe; Feldbinde;* **~schule,** die: **a)** *Einrichtung zur Ausbildung von Offiziersanwärtern;* **b)** *Einrichtung zur Weiterbildung von Offizieren,* dazu: **~schüler,** der; **~stellvertreter,** der (österr.): *Dienstgrad in der Gruppe der Unteroffiziere;* **~uniform,** die.

Offizin [ɔfi'tsi:n], die; -, -en [mlat. officina = Wirtschaftsgebäude, Vorratsraum < lat. officīna = Werkstatt, zu: officium, ↑Offizium]: **1. a)** (Pharm.) *Arbeitsräume einer Apotheke;* **b)** (veraltet) *Apotheke:* Hat Er dagegen kein Mittel in Seiner O.? (B. Frank, Tage 119). **2.** (veraltet) *[größere] Buchdruckerei;* **offizinal** [ɔfitsi'na:l], **offizinell** [...'nɛl] ⟨Adj.; o. Steig.⟩ (Pharm.): *arzneilich, als Arzneimittel anerkannt;* **offiziös** [ɔfi'tsi̯ø:s] ⟨Adj.; o. Steig.⟩ [frz. officieux, auch = dienstfertig < lat. officiōsus, zu: officium, ↑Offizium] (bildungsspr.): svw. ↑halbamtlich (Ggs.: inoffiziös): eine -e Nachricht, Zeitung; ⟨Abl.:⟩ **Offiziosität** [...i̯ozi'tɛ:t], die; - [1: zu ↑offiziös; 2: spätlat. officiōsitās, zu lat. officium, ↑Offizium]: **1.** (bildungsspr. selten) *Anschein der Amtlichkeit, des Offiziellen* (1 b). **2.** (veraltet) *Dienstfertigkeit;* **Offizium** [ɔ'fi:tsi̯ʊm], das; -s, ...ien [...i̯ən; lat. officium = Pflicht; öffentliches Amt, zu: opus (↑Opus) u. facere = machen]: **1.** (kath. Kirche) **a)** ⟨o. Pl.⟩ frühere Bez. für *die höchste kuriale Behörde:* das Heilige O.; **b)** [1]*Messe* (1) *bes. an hohen Feiertagen:* die Offizien des Osterfestes zelebrieren; **c)** *Chorgebet;* **d)** *das Amt u. die damit verbundenen Verpflichtungen eines Priesters.* **2.** (veraltet) *Dienstpflicht.*

off limits! ['ɔf 'lɪmɪts; engl., eigtl. = weg von den Grenzen, aus: off (↑off) u. limit (↑Limit)]: *Zutritt verboten!:* ... hat Handke die Dreharbeiten allen Medien gegenüber für off l. *(zur Sperrzone)* erklärt (Spiegel 19, 1977, 180); **off line** ['ɔf 'laɪn; engl., eigtl. = ohne Verbindung, zu: line = (Verbindungs)linie, Leitung] (Datenverarb.): *(von bestimmten Geräten in der EDV) getrennt von der Datenverarbeitungsanlage, dezentral arbeitend* (Ggs.: on line).

öffnen ['œfnən] ⟨sw. V.; hat⟩ [mhd. offenen, ahd. offinōn, zu ↑offen]: **1. a)** *bewirken, daß etw. offen ist* (Ggs.: schließen 1): die Tür, das Fenster ö.; die Rolläden, Fensterläden, das Verdeck, Schiebedach ö.; eine Schublade, ein Schließfach ö.; einen Brief[umschlag], ein Paket, die Verschnürung, Verpackung [eines Pakets] ö.; eine Dose, Kiste [mit einem Stemmeisen] ö.; einen Kasten, eine Tafel Schokolade ö.; ein mit Fußdruck zu öffnender Deckel; einen Wasserhahn, ein Ventil ö. *(aufdrehen);* er öffnete das Buch *(schlug es auf);* das Visier einer Rüstung ö. *(hochklappen);* den Mantel, die Bluse, den Kragenknopf ö. *(aufknöpfen);* den Reißverschluß ö. *(aufziehen);* die Bahnschranken ö. *(hochziehen);* den Regenschirm ö. *(aufspannen);* die Augen ö. *(aufschlagen);* mit geöffnetem Mund atmen; die Faust, die Hand ö.; ein Geschwür, einen Abszeß ö. *(aufschneiden);* die Arme weit ö. *(ausbreiten);* eine Leiche ö. (Jargon; *obduzieren*); Ü die Grenzen ö.; Heraklits großer Gegner ... öffnet mit der Seinslehre den Weg in ein neues Zeitalter (Thieß, Reich 128); **b)** *jmdm., der Einlaß begehrt, die [Haus- od. Wohnungs]tür aufschließen, aufmachen:* jmdm. ö.; die Hausfrau hat ihm selbst geöffnet; wenn es klingelt, mußt du ö.; niemand öffnete [mir]; Ü sie öffnete ihm ihr Herz (geh.; *schenkte ihm ihre Zuneigung*); **c)** *mit der Geschäftszeit, den Dienststunden* (2) *beginnen; aufmachen* (Ggs.: schließen 7 a): das Geschäft wird um acht Uhr, ist ab acht Uhr geöffnet; dieser Schalter öffnet erst um 15 Uhr; wir öffnen erst am Nachmittag. **2.** ⟨ö. + sich⟩ **a)** *geöffnet werden* (Ggs.: schließen 2 a): die Tür öffnet sich [automatisch]; das Fenster öffnete sich durch den Luftzug; ihre Lippen öffneten sich zu einem Lächeln; **b)** *sich entfalten, sich auseinanderfalten:* die Blüten öffnen (Ggs.: schließen 2 b) sich; der Fallschirm hat sich nicht geöffnet; nach Norden hin öffnet sich das Tal *(wird es breiter);* Ü vor ihnen öffnete sich *(breitete sich aus, erstreckte sich)* eine weite Ebene; der Himmel öffnet sich (geh.; *es beginnt zu regnen*); **c)** *sich einem Menschen, einer Sache innerlich aufschließen; aufgeschlossen sein für jmdn., etw.* (Ggs.: verschließen 2 a): sich einer Idee, neuen Eindrücken, fremdem Einfluß ö.; sich jmdm. ö. (geh.; *anvertrauen*); **d)** *sich jmdm. erschließen, darbieten, auftun:* neue Märkte öffnen sich der, für die Industrie; hier öffnen sich uns völlig neue Wege *(ergeben sich neue, bisher nicht gekannte Möglichkeiten);* Ü ... daß ich bin wie eins von diesen ... Weibern ...: abends sich öffnend der Umarmung eines ... Trunkenbolds (Böll, Und sagte 98); ⟨Abl.:⟩ **Öffner,** der; -s, -: **1.** *kleines Gerät od. Werkzeug, mit dem etw. geöffnet wird:* das Glas, die Dose mit dem Ö. aufmachen. **2.** svw. ↑Türöffner; **Öffnung,** die; -, -en [mhd. offenunge, ahd. offanunga]: **1.** ⟨o. Pl.⟩ **a)**

das Öffnen, das Sichöffnen: die Ö. des Ventils, Fallschirms, der Zugänge; die Ö. (Jargon; *Obduktion*) des Leichnams; er tritt für die Ö. der Grenzen ein; **b)** *das Sichöffnen, Aufgeschlossensein:* die Ö. der Kirche für Reformen; eine Ö. der Partei nach links. **2.** *Stelle, wo etw. offen ist, etw. hinaus- od. hineingelangen kann:* eine schmale, kreisrunde, kleine Ö. [in der Wand]; die Ö. muß erweitert werden; (Fot.:) die Ö. der Blende einstellen; sich durch die Ö. zwängen; eine dünne Schicht mit vielen feinen -en.

Öffnungs-: **~frist,** die: vgl. ~zeit; **~winkel,** der (Optik, Fot.): *Winkel zwischen dem durch den Rand einer Öffnung bzw. Blende gehenden Strahl u. der Achse eines optischen Systems;* **~zeit,** die: *Zeitraum, in dem etw. geöffnet ist.*

Offsetdruck ['ɔfsɛt-], der; -[e]s, -e [engl. offset, eigtl. = das Abziehen]: **1.** ⟨o. Pl.⟩ *Flachdruckverfahren, bei dem der Druck indirekt von der Druckplatte über ein Gummituch auf das Papier erfolgt.* **2.** (selten) *im Offsetdruck* (1) *hergestelltes Druckerzeugnis;* ⟨Zus.:⟩ **Offsetdruckmaschine,** die; **Offsetdruckverfahren,** das: svw. ↑Offsetdruck (1); **Offsetpapier,** das; -s, -e (Druckw.): *gut geleimtes, nicht faserndes Papier, das bes. gut für den Mehrfarbendruck geeignet ist.*

O-förmig ⟨Adj.; o. Steig.; nicht adv.⟩: *in der Form eines O.*

oft [ɔft] ⟨Adv.; ↑öfter, am öftesten⟩ [mhd. oft(e), ahd. ofto]: **a)** *sich wiederholt ereignend; immer wieder; mehrfach* (Ggs.: selten): oft krank sein; der Zug hielt oft; eine schon oft besprochene Angelegenheit; ich habe ihm zu oft geglaubt; wie oft muß ich dir das denn noch sagen?; er war oft genug gewarnt worden; ich habe ihm das schon soundso oft gesagt, aber er hört nicht; so oft wie sie hat noch keine gefehlt; Den Film habe ich schon oft und oft gesehen (*sehr oft;* Reinig, Schiffe 115); sein Name wurde öfter genannt; (seltener im Sup.:) in dieser ... Stimmung befand sich Ulrich jetzt am öftesten (Musil, Mann 1207); **b)** *in vielen Fällen, recht häufig:* es ist oft so, daß ...; so etwas gibt es oft; das läßt sich oft gar nicht entscheiden; Schmerzen vergehen oft von allein; **c)** *in kurzen Zeitabständen:* dieser Bus verkehrt ziemlich oft; die Anfälle kommen jetzt immer öfter, öfter als früher; **öfter** ['œftɐ] ⟨Adv.⟩ [mhd. ofter, ahd. oftor]: **1.** ⟨absoluter Komparativ⟩ **a)** *mehrmals, hier u. da, bei verschiedenen Gelegenheiten, verhältnismäßig oft:* ich habe ihn schon ö. besucht; dieser Fehler kommt ö. vor; ö. mal was anderes, Neues! (Werbeslogan); **b)** ⟨ugs. als attr. Adj.⟩ *mehrmalig, häufig:* seine -en Besuche; bei -er Verwendung; man ... brät den Fisch ... unter -em Begießen mit dem eigenen Saft (Kronen-Zeitung 15. 12. 67, 4); ***des -en** (nachdrücklich; *zu wiederholten Malen*): man hat ihn schon des -en ermahnt. **2.** Komparativ zu ↑oft; **öfters** ['œftɐs] ⟨Adv.⟩ (regional): *öfter* (1 a): Er meint das ö. beobachtet zu haben (Th. Mann, Unordnung 691); **oftmalig** ⟨Adj.; o. Steig.; nur attr.⟩ (Papierdt.): *häufig [vorkommend], mehrmalig:* ein -es Thema zwischen Vater und mir (Sobota, Minus-Mann 63); **oftmals** ⟨Adv.⟩: *mehrmals, zu wiederholten Malen:* das habe ich schon o. gesagt.

ogival [ogi'va:l, oʒi...] ⟨Adj.; o. Steig.; nicht adv.⟩ [frz. ogival, zu: ogive = Spitzbogen < arab. (mundartl.) al-ǧibb = Zisterne] (Kunstwiss.): *spitzbogig:* ein -es Fenster; ⟨Zus.:⟩ **Ogivalstil,** der (Kunstwiss.): *[Bau]stil der [französischen] Gotik.*

ogottogott! [o'gɔtogɔt] ⟨Interj.⟩ [zusgez. aus zweimaligem „o Gott!"] (ugs.): übertreibend-emphatischer Ausruf der Ablehnung, des Schreckens, Entsetzens. Vgl. igittigitt!

oh! [o:] ⟨Interj.⟩: **a)** Ausruf der Überraschung, der Verwunderung o. ä. (vgl. auch: o!): oh, wie schön! oh, wie schrecklich!; oh, Verzeihung, das konnte ich nicht wissen!; **b)** Ausruf der Ablehnung, Ab-, Zurückweisung: oh, wie ich das hasse!; oh, diese Männer!; oh, oh!; ⟨subst.:⟩ **Oh,** das; -s, -s: die Ohs und Ahs der Zuschauer; **oha!** [o'ha] ⟨Interj.⟩ (ugs.): Ausruf des [bewundernden od. leicht tadelnden] Staunens: oha, das ging aber schnell!; oha, das war aber knapp!

Oheim ['o:haim], der; -s, -e [mhd., ahd. ōheim, urspr. = Bruder der Mutter] (veraltet): *Onkel.*

OH-Gruppe [o:'ha:-], die; -, -n (Chemie): *Hydroxylgruppe.*

oh, là, là [ola'la] ⟨Interj.⟩ [frz.]: Ausruf der Verwunderung, der Anerkennung: oh, là, là, das ist eine Frau!

[1]**Ohm** [o:m], das; -[e]s, -e ⟨aber: 3 Ohm⟩ [mhd. āme, ōme < mlat. ama, ein Weinmaß < lat. (h)ama = Feuereimer < griech. ámē = Eimer, Schaufel] (früher): *Hohlmaß von etwa anderthalb Hektoliter (in den einzelnen deutschen Ländern schwankend) bes. für Wein.*

[2]**Ohm** [-], das; -[s], - [nach dem dt. Physiker G. S. Ohm (1789–1854)] (Physik): *Maßeinheit für den elektrischen Widerstand;* Zeichen: Ω.

[3]**Ohm** [-], der; -[e]s, -e [zusgez. aus ↑Oheim] (veraltet, noch mundartl.): *Onkel;* **Öhm** [ø:m], der; -[e]s, -e (westd.): svw. ↑[3]Ohm: Meine -e ... aus Belgien (Küpper, Simplicius 20).

Öhmd [ø:mt], das; -[e]s [mhd. üemet, ahd. uomāt, zu ahd. uo = nach u. mad, ↑Mahd] (südwestd.): svw. ↑Grummet; ⟨Abl.:⟩ **öhm[d]en** ['ø:mdn̩, 'ø:mən] ⟨sw. V.; hat⟩ (südwestd.): *Grummet machen.*

Ohmmeter, das; -s, - [zu ↑[2]Ohm] (Physik): *Gerät zum Messen elektrischer Widerstände;* **ohmsch** [o:mʃ] ⟨Adj.⟩ in der Fügung **-er Widerstand** (Physik; *durch das Ohmsche Gesetz definierter elektrischer Widerstand*).

ohne ['o:nə; mhd. ān(e), ahd. āno]: **I.** ⟨Präp. mit Akk.⟩ **1.** bezeichnet allg., daß etw. (an dieser Stelle, zu dieser Zeit) nicht vorhanden ist; *nicht ausgestattet mit, frei von:* o. Geld, o. Mittel; er ist [seit vier Wochen] o. Arbeit; o. jmdn. nicht leben können; er war lange o. Nachricht von seiner Familie; o. Gnade, Furcht, Hoffnung; o. Ansehen der Person urteilen (Rechtsgrundsatz); er war o. Schuld; es geschah o. sein Zutun; alle o. Unterschied; o. mich! (Ausruf der Ablehnung; *ich mache bei dieser Sache nicht mit, will nichts damit zu tun haben*); o. jede Möglichkeit zu helfen; o. viel *(mit wenig)* Mühe; nicht o. Schönheit *(recht schön);* ⟨mit Unterdrückung des folgenden Subst.:⟩ Gibt es hier was „o."? (*ohne [Lebensmittel]marken;* Kempowski, Uns 107); er schläft am liebsten o. *(ohne Schlafanzug; nackt);* oben o. (↑oben); ***nicht [so] o. sein** (ugs.: 1. *nicht so harmlos sein, wie man denken könnte:* eine verschleppte Erkältung ist gar nicht so o. 2. *besser, stärker, bedeutender sein, als man meinen sollte:* dieser Mann, der Vorschlag ist durchaus nicht o.). **2.** (Ggs.: mit 2) **a)** drückt aus, daß etw. Zugehöriges nicht dabei ist od. weggelassen wurde: ein Kleid o. Ärmel; ein Topf o. Deckel; o. Hut, o. Mantel gehen; ein Zimmer o. Frühstück; diese Wohnungen sind nur für Ehepaare o. Kinder; er kam o. seine Frau; das Gesicht o. Seife waschen; (Rudern:) Vierer o. [Steuermann]; **b)** drückt ein Ausgeschlossensein aus; *nicht mitgerechnet, ausschließlich:* Gewicht o. Verpackung; Preise o. Mehrwertsteuer, o. Bedienung, o. Pfand; o. mich sind es 10 Teilnehmer. **II.** ⟨Konj. in Verbindung mit „daß" od. dem Inf. mit „zu"⟩ gibt an, daß etw. nicht eintritt od. eingetreten ist od. daß jmd. etw. unterläßt, nicht tut: o. daß der Hebel angerührt wurde, flammten die Scheinwerfer auf; er nahm Platz, o. daß er gefragt hätte; helfen, o. zu zögern; natürlich nicht, o. einen giftigen Kommentar anzufügen (doppelte Verneinung: *mit einem giftigen Kommentar;* Dönhoff, Ära 96).

ohne-, Ohne-: **~dem** ⟨Adv.⟩ (veraltet): svw. ↑~hin; **~dies** ⟨Adv.⟩: svw. ↑~hin; das habe ich o. schon gewußt; das Bündnis ..., das o. schon kurz vor dem Bruch steht (Leonhard, Revolution 191); **~gleichen** ⟨Adv.⟩ [↑-gleichen]: *so [geartet, beschaffen], daß nichts dem gleichkommt, es mit nichts verglichen werden kann:* mit einer Frechheit o.; ihre Freude war o.; **~haltflug,** der: svw. ↑Nonstopflug; **~hin** ⟨Adv.⟩: *auch ohne den vorher genannten Umstand, sowieso:* das hätte uns o. nichts genützt; damit schüchterte er die o. verängstigten Kinder noch mehr ein; **~mich-Bewegung** (mit Bindestrichen), die: vgl. ~mich-Standpunkt; **~michel,** der [zu „ohne mich" in Anlehnung an ↑Michel (1)] (ugs. scherzh.): *Anhänger des Ohne-mich-Standpunkts;* **~mich-Standpunkt** (mit Bindestrichen), der: *Standpunkt eines Menschen, der sich ganz auf sein Ich u. sein persönliches Leben zurückziehen u. sich für keinerlei Aufgaben der Öffentlichkeit u. der Gesellschaft engagieren will;* **~weiters** ⟨Adv.⟩ (österr.): *ohne weiteres.*

Ohnmacht ['o:nmaxt], die; -, -en [unter Anlehnung an „ohne" zu mhd., ahd. āmaht, zu mhd., ahd. ā- = fort, weg u. ↑Macht]: **1.** *vorübergehende Bewußtlosigkeit, das Ohnmächtigsein:* eine tiefe, schwere O.; eine plötzliche O. befiel, überkam ihn; mir wurde schwarz vor den Augen, und ich fühlte mich einer O. nahe; aus der O. erwachen; in tiefer O. liegen; er neigt zu plötzlichen -en; in O. fallen, (geh.:) sinken *(ohnmächtig werden);* **aus einer O. in die andere fallen** (ugs. scherzh.; *sich ständig aufs neue entsetzen [u. sehr aufgebracht sein]*). **2.** *Schwäche, Machtlosigkeit, Unmöglichkeit zu handeln:* die politische, wirtschaftliche O. eines Landes; er erkannte seine O. gegenüber dem

Staat; ⟨Abl.:⟩ **ohnmächtig** ⟨Adj.⟩ [mhd. āmehtec, ahd. āmahtīg]: **1.** ⟨o. Steig.; nicht adv.⟩ *vorübergehend, eine kürzere Zeit ohne Bewußtsein:* er wurde o.; halb o. vor Wut klammerte er sich ... an das Geländer (Plievier, Stalingrad 169); ⟨subst.:⟩ einem Ohnmächtigen Erste Hilfe leisten. **2.** *nicht fähig zu handeln, machtlos:* -e Wut hatte ihn erfaßt; o. mußte sie zusehen, wie sich das Feuer ausbreitete.

Ohnmachts-: **~anfall,** der: einen O. haben, bekommen; **~happen,** der (ugs. scherzh.): *kleiner Imbiß zwischendurch (damit man nicht vor Hunger in Ohnmacht fällt);* **~schnaps,** der: vgl. ~happen.

oho! [o'ho:] ⟨Interj.⟩: **1.** Ausruf des Unwillens, der Entrüstung: o., so geht das nicht! **2.** ***klein, aber o.!** (↑klein 1).

Ohr [o:ɐ̯], das; -[e]s, -en ⟨Vkl. ↑Öhrchen⟩ [mhd. ōre, ahd. ōra]: *(paarweise auftretendes) Gehörorgan bei Mensch u. Wirbeltier, dessen äußerer Teil je ein meist seitlich am Kopf ansitzendes, mehr od. weniger abstehendes, bei Tieren häufig bewegliches, muschelartig gebogenes, knorpeliges Gebilde ist, mit einer Öffnung zum Gehörgang hin:* kleine, große, anliegende, abstehende -en; die -en schmerzen mir; mein O. läuft *(sondert Sekret ab);* die -en dröhnen ihm vom Lärm; auf Paßbildern muß ein O. frei sein; rote -en bekommen; gute, scharfe, schlechte -en haben *(gut, schlecht hören können);* sich die -en zuhalten; lauschend das O. an die Wand legen; liebliche Töne trafen ihr O.; das Tier spitzt seine -en; das Pferd legt die -en an; jmdn. am O. ziehen; den Hörer ans O. halten; auf dem linken O. ist er taub; jmdn. bei den -en packen; für heutige -en *(moderne Menschen)* klingt das altmodisch; das ist etwas für geschulte -en; ich stopfe mir Watte in die -en; ein Sausen in den -en verspüren; er hat Wasser ins O. bekommen; jmdm. etwas ins O. flüstern; er kann mit den -en wackeln; der Wind pfiff mir um die -en; R es gibt [gleich] rote -en! (ugs.; scherzh. Drohung, jmdm. ein paar Ohrfeigen zu geben); dir fehlt bald ein Satz -en (salopp; scherzh. Drohung, jmdn. fürchterlich zu verprügeln); Ü wo hast du denn deine -en? (ugs.; *kannst du nicht aufpassen?; wirst du wohl zuhören!*); das Kind hat [anscheinend] keine -en (ugs.; *will nicht hören, kann nicht gehorchen*); * **ganz O. sein** *(sehr aufmerksam, gespannt zuhören);* **jmdm. klingen die -en** (ugs.; *jmd. spürt, daß andere an ihn denken od. über ihn sprechen*); **ein [feines] O. für etw. haben** *(etw. [nach dem Klang] genau beurteilen können, ein feines Empfinden für etw. haben);* **-en wie ein Luchs haben** *(sehr scharf hören);* **lange -en machen** (ugs.; *neugierig lauschen*); **die -en auftun/aufmachen/aufsperren** (ugs.; *genau zuhören*); **die -en spitzen** (ugs.; *aufmerksam horchen, lauschen*); **die -en auf Empfang stellen** (ugs. scherzh.; *genau zuhören*); **die -en auf Durchfahrt/Durchzug stellen** (ugs. scherzh.; *eine Ermahnung nicht in sich aufnehmen, nicht beherzigen*); **jmdm. sein O. leihen** (geh.; *jmdm. zuhören*); **ein offenes O. für jmdn. haben** *(jmds. Bitten u. Wünschen zugänglich sein);* **bei jmdm. ein geneigtes/offenes/williges O. finden** *(gehört, verstanden werden u. Hilfe zugesagt bekommen);* **[vor jmdm.] die -en verschließen** *(unzugänglich für jmds. Bitten sein);* **jmdm. die -en kitzeln/pinseln** (ugs.; *jmdm. Schmeicheleien sagen*); **sich** ⟨Dativ⟩ **die -en melken lassen** (ugs.; *auf Schmeicheleien hereinfallen u. dabei übervorteilt werden*); **die -en steifhalten** (ugs.; *sich nicht unterkriegen lassen; nicht den Mut verlieren;* gew. nur als Wunschformel beim Abschied): also, halt die -en steif!; **die -en anlegen** (ugs.; *die Kräfte anspannen, um möglichst ohne Schaden eine schwierige, gefährliche Situation zu bestehen*); **die -en hängen lassen** (ugs.; *niedergeschlagen, mutlos sein*); **jmdm. die -en langziehen** (ugs.; *jmdn. scharf zurechtweisen, heftig tadeln [u. ihn dabei an den -en ziehen]*); **jmdm. die -en voll jammern** (ugs.; *jmdm. durch ständiges Klagen lästig fallen, zusetzen*); **jmdm. die -en voll blasen** (ugs. *jmdm. durch ständiges Reden lästig fallen, zusetzen*); **jmdm. ein O./die -en abreden** (ugs.; *soviel auf den Partner einreden, daß dieser schließlich gar nicht mehr richtig hinhört*); **tauben -en predigen** *(jmdn. ermahnen u. dabei merken, daß er nichts einsehen will);* **seinen -en nicht trauen** (ugs.; *über etw., was man hört, völlig überrascht sein*); **jmds. -en schmeicheln** *(jmdm. angenehm klingen, schmeichelhaft für jmdn. sein);* **sich aufs O. legen**/(salopp:) **hauen** (ugs.; *schlafen gehen*); **auf den -en sitzen** (ugs.; *nicht aufpassen, nicht hören, wenn jmd. etwas sagt*); **auf dem/diesem O. nicht/schlecht hören** (ugs.; *von einer bestimmten Sache nichts wissen wollen*); **jmdn. bei den -en nehmen** (vgl. jmdm. die -en langziehen); **nichts für fremde -en sein** *(nur für einen kleinen [Familien- od. Freundes]kreis bestimmt sein);* **nichts für zarte -en sein** (ugs.; *recht derb klingen, so daß zartbesaitete Gemüter, bes. weibliche Zuhörer, daran Anstoß nehmen könnten*); **jmdm. eins/ein paar hinter die -en geben** (ugs.; *jmdn. ohrfeigen*); **eins/ein paar hinter die -en bekommen** (ugs.; *geohrfeigt werden*); **sich** ⟨Dativ⟩ **etw. hinter die Ohren schreiben** (ugs.; *sich etw. gut merken, damit man nicht wieder einen Tadel bekommt, geohrfeigt wird;* nach einem alten Rechtsbrauch wurden bes. bei Grenzfestlegungen Knaben als Zeugen hierfür an den Ohren gezogen od. geohrfeigt, damit sie sich der Bedeutung des Aktes bewußt wurden); **noch feucht/noch nicht trocken hinter den -en sein** (ugs.; *noch nicht alt genug sein, um etw. von der Sache zu verstehen u. mitreden zu können;* nach dem Bild des neugeborenen Kindes); **es [faustdick/knüppeldick] hinter den -en haben** (ugs.; *schlau, gerissen, auch schalkhaft u. schlagfertig sein [bei harmlosem Aussehen];* nach altem Volksglauben soll der Sitz der Verschlagenheit hinter den Ohren liegen u. werde dort durch dicke Wülste kenntlich); **jmdm. [mit etw.] in den -en liegen** (ugs.; *jmdm. durch ständiges Bitten zusetzen*); **etw. im O. haben** (1. *sich an etw. [wörtlich] erinnern.* 2. *eine Melodie, ein Musikstück innerlich genau hören*); **ins O. gehen/im O. bleiben** *([von einer Melodie] leicht zu merken, sehr eingängig, gefällig sein);* **mit den -en schlackern** (ugs.; *vor Überraschung, Schreck sprachlos, ratlos sein*); **mit halbem O. zuhören/hinhören** *(ohne rechte Aufmerksamkeit zuhören);* **jmdn. übers O. hauen** (ugs.; *jmdn. übervorteilen, betrügen;* urspr. aus der Fechtersprache); **bis über die -en in der Arbeit/in Schulden o. ä. sitzen, stecken** (ugs.; *sehr viel Arbeit haben, hoch verschuldet sein; nach dem Bild eines Ertrinkenden od. im Sumpf Versinkenden*); **bis über die/über beide -en verliebt sein** (ugs.; *sehr verliebt sein*); **viel um die -en haben** (ugs.; *sehr viel Arbeit u. Sorgen haben*); **um ein geneigtes O. bitten** (geh.; *um Gehör, um wohlwollendes Anhören bitten*); **von einem O. zum anderen strahlen** (ugs.; *sich sehr freuen [u. dabei den Mund so breit ziehen, daß er fast bis zu den Ohren reicht]*); **jmdm. zu -en kommen** *(jmdm. [als unerfreuliche Tatsache] bekannt werden, obwohl eigentlich nicht darüber gesprochen werden sollte);* **zum einen O. herein-, zum anderen wieder hinausgehen** (ugs.; *[von Ermahnungen, Erklärungen u. ä.] nicht richtig aufgenommen, sofort wieder vergessen werden*); **Öhr** [ø:ɐ̯], das; -[e]s, -e ⟨Pl. selten⟩ [mhd. œr(e), ahd. ōri, eigtl. = ohrartige Öffnung]: *kleines [längliches] Loch am oberen Ende der Nähnadel zum Durchziehen des Fadens.*

ohr-, Ohr- (vgl. auch: ohren-, Ohren-): **~feige,** die [spätmhd. ōrfīge, 2. Bestandteil wohl zu ↑fegen, vgl. Dachtel]: *Schlag mit der flachen Hand seitlich ins Gesicht, auf die Backe des andern:* eine schallende, saftige O.; jmdm. eine O. geben, verpassen; -n einstecken (ugs.; *bekommen*); Ü damit versetzte ein König seiner Justiz eine schallende O. (Mostar, Unschuldig 82), dazu: **~feigen** [-fai̯gn̩] ⟨sw. V.; hat⟩: *jmdm. eine Ohrfeige geben:* er ohrfeigte sie vor allen Leuten; das Kind ist wiederholt geohrfeigt worden; R dafür hätte ich mich [selbst] o. können/mögen (ugs.; *ich ärgere mich nachträglich sehr über meine eigenen Worte, mein eigenes Tun*), **~feigengesicht,** das (salopp abwertend): *unsympathisches, dümmlich-provozierendes Gesicht (das man am liebsten ohrfeigen möchte);* **~fluß,** Ohrenfluß, der ⟨o. Pl.⟩ (Med.): *[eitrige] Absonderung aus dem Ohr;* **~gehänge,** das: *größeres herabhängendes Schmuckstück am Ohr;* vgl. ~klipp, ~ring; **~klipp,** Ohrenklipp, der: vgl. Klipp (1); **~läppchen,** das: *unterer, aus fleischigem Gewebe bestehender Zipfel der [menschlichen] Ohrmuschel;* **~locke,** die: *über das Ohr hängende Haarlocke;* **~luftdusche,** die (Med.): vgl. Luftdusche; **~marke,** die (Landw.): *metallene Marke, die als Erkennungszeichen bei Zuchtrindern u. -schafen durch die Ohrmuschel gezogen wird;* **~muschel,** die: *äußerer, knorpeliger Teil des Ohres;* **~perle,** die: *am Ohrläppchen getragene Perle;* **~pfropf,** der (Med.): *zu einem Pfropf verdichtetes Ohrenschmalz im Gehörgang;* **~ring,** der: *Schmuckstück, das durch ein in das Ohrläppchen eingestochenes Loch befestigt od. an das Ohrläppchen festgeklemmt wird;* **~schmuck,** der; **~speicheldrüse,** die (Anat.): *(bei Mensch u. Säugetier) zwischen Unterkiefer u. äußerem Gehörgang liegende Speicheldrüse,* dazu: **~speicheldrüsenentzündung,** die (Med.): svw. ↑Mumps; **~spülung,** die (Med.); **~trompete,** die: svw. ↑Eustachische Röhre; **~waschel** [...vaʃl̩], das; -s, -n (bayr., österr.): svw. ↑~läppchen; **~wurm,** der [1: mhd. ōrwurm nach der volkst. Vorstellung, daß das Insekt gern in Ohren kriecht]: **1.** *kleines, bes. in Ritzen u. Spalten lebendes, meist braunes Insekt mit kurzen Vorderflügeln u. zwei zangenartig ausgebildeten Schwanzborsten am hinteren Körperende.* **2.** (veraltend abwertend) *Schmeichler, Kriecher:* Jetzt war Lobedanz wieder ganz O. (Fallada, Trinker 66). **3.** *beliebter Schlager, Hit, der leicht ins Ohr geht, einem im Ohr bleibt.*

Öhrchen ['ø:ɐ̯çən], das; -s, -: ↑Ohr.

ohren-, Ohren- (vgl. auch: ohr-, Ohr-): **~arzt,** der: kurz für ↑Hals-Nasen-Ohren-Arzt; **~beichte,** die (kath. Rel.): *im Beichtstuhl abgelegte persönliche Beichte;* **~betäubend** ⟨Adj.; o. Steig.⟩ (ugs. übertreibend): *übermäßig laut:* ein -er Lärm; mit -em Knall die Schallmauer durchbrechen; er schrie o.; **~bläser,** der (abwertend veraltend): *jmd., der jmdm. etw. einflüstert, jmdn. heimlich verleumdet,* dazu: **~bläserei,** die; **~entzündung,** die: *Otitis;* **~fällig** ⟨Adj.; nicht adv.⟩ [nach augenfällig]: *deutlich hörbar, in die Ohren fallend:* das -ste Beispiel; diese Maschine ist ganz o. zu laut; **~fluß,** der: ↑Ohrfluß; **~heilkunde,** die: *Otiatrie;* **~klappe,** die: *je rechts u. links an einer Mütze angebrachtes, als Kälteschutz über die Ohren zu klappendes Seitenstück;* **~klingeln, ~klingen,** das; -s: vgl. ~sausen; **~klipp,** der: vgl. Klipp (2); **~krankheit,** die; **~kriecher,** der (ugs.): svw. ↑Ohrwurm (1, 2); **~laufen,** das; -s: svw. ↑Ohrfluß; **~leiden,** das; **~mensch,** der (ugs.): *jmd., der Eindrücke am leichtesten vom Hören her (auditiv) gewinnt;* **~robbe,** die: *Vertreter einer Familie von Robben mit kleinen, spitzen Ohrmuscheln;* **~sausen,** das; -s: *Empfinden eines klingenden, sausenden Geräusches im Ohr:* O. haben, bekommen; **~schmalz,** das: *Sekret im äußeren Gehörgang;* **~schmaus,** der (ugs.): *etw., was sehr schön klingt, eine Freude für die Ohren ist:* die Übertragung aus Salzburg war ein O.; **~schmerz,** der ⟨meist Pl.⟩: *meist stechender Schmerz im Ohr; Otalgie;* **~schützer** ⟨Pl.⟩: *zwei ovale Klappen aus Stoff od. Wolle, die als Kälteschutz die Ohrmuscheln bedecken u. an einem über den Kopf zu legenden Metallbügel befestigt sind;* **~sessel,** der: *Sessel mit hoher Rückenlehne, an der seitlich noch Stützen für den Kopf angebracht sind; Großvatersessel;* **~spiegel,** der: *Otoskop;* **~stuhl,** der: vgl. ~sessel; **~wärmer** ⟨Pl.⟩: svw. ↑~schützer; **~zeuge,** der: *jmd., der etw. selbst gehört, mit angehört hat [u. es deshalb bezeugen kann].*

oje!, ojemine! [o'je:(mine)] ⟨Interj.⟩ [vgl. jemine] (veraltend): Ausrufe der Bestürzung, des Erschreckens: „Oje, oje!" rief er bestürzt (Bredel, Väter 42); **ojerum** [o'je:rʊm] ⟨Interj.⟩ [entstellt aus lat. o Jesu] (veraltet): svw. ↑ojemine.

Okapi [o'ka:pi], das; -s, -s [aus einer afrik. Sprache]: *im Kongogebiet heimische, dunkelbraune Giraffe mit weißen Querstreifen an den Oberschenkeln, sehr großen, breiten Ohren u. einem kürzeren, gedrungeneren Hals.*

Okarina [oka'ri:na], die; -, -s u. ...nen [ital. ocarina, zu: oca, über das Vlat. zu lat. auca = Gans]: *Blasinstrument (bes. für Kinder) aus Ton od. Porzellan in Form eines Gänseeis mit einem Schnabel zum Anblasen u. 8–10 Grifflöchern.*

okay [o'ke:, engl.: 'oʊ'keɪ] ⟨Adv.⟩ [amerik. okay; H. u.] (Abk.: o. k., O. K.): **I.** ⟨Adv.⟩ (ugs.) *abgemacht, einverstanden:* o., das machen wir so; du gehst vor, o.?; abgeblaßt: o. *(also),* gehen wir. **II.** ⟨Adj.; o. Steig.; nicht attr.⟩ **a)** (ugs.) *in Ordnung, gut:* es ist alles o.; seine Arbeit macht er ganz o.; das Mädchen ist wirklich o. *(verhält sich kameradschaftlich);* gestern ging es mir reichlich mies, aber heute bin ich, fühle ich mich wieder o.; **b)** (Flugw. Jargon) *[geprüft u. daher] bestätigt:* Ihr Flug *(die Buchung des Fluges)* nach Kairo ist, geht o.; ⟨subst.:⟩ **Okay** [-], das; -[s], -s (ugs.): *Einverständnis, Zustimmung:* sein O. geben.

Okeanide [okea'ni:də], die; -, -n ⟨meist Pl.⟩ [griech. Ōkeanís (Gen.: Ōkeanídos)] (antike Myth.): *(als Tochter des Meergottes Okeanos angesehene) Meernymphe.*

Ökelname ['ø:kl̩-], der; -ns, -n (nordd.): svw. ↑Ekelname.

Okkasion [ɔka'zi̯o:n], die; -, -en [frz. occasion < lat. occāsio]: **1.** (veraltet) *Gelegenheit, Anlaß.* **2.** (Kaufmannsspr.) *[Sonderangebot für einen] Gelegenheitskauf:* eine günstige, einmalige O.; **Okkasionalismus** [...zi̯ona'lɪsmʊs], der; -, ...men: **1.** ⟨o. Pl.⟩ (Philos.) *von dem frz. Philosophen R. Descartes (1596–1650) ausgehende Theorie, nach der die Wechselwirkung zwischen Leib u. Seele auf direkte Eingriffe Gottes „bei Gelegenheit" zurückgeführt wird.* **2.** (Sprachw. veraltend) *bei einer bestimmten Gelegenheit, in einer bestimmten Situation gebildetes (nicht lexikalisiertes) Wort;* **Okkasionalist,** der; -en, -en: *Vertreter, Anhänger des Okkasionalismus* (1); **okkasionalistisch** ⟨Adj.; o. Steig.⟩: *den Okkasionalismus* (1) *betreffend;* **okkasionell** [...'nɛl] ⟨Adj.; o. Steig.⟩ [frz. occasionnel] (Wissensch.): *gelegentlich [vorkommend], Gelegenheits...* (Ggs.: usuell).

Okkiarbeit ['ɔki-], die; -, -en [zu ital. occhi = Knospen, eigtl. = Augen, nach den Knoten]: *mit Schiffchen ausgeführte Handarbeit, bei der aus kleinen, auf Fadenschlingen dicht nebeneinander aufgereihten Knoten Bogen u. Ringe gebildet werden, die zu einer Spitze vereinigt werden;* **Okkispitze,** die; -, -n: *als Okkiarbeit hergestellte Spitze.*

okkludieren [ɔklu'di:rən] ⟨sw. V.; hat⟩ [lat. occlūdere (2. Part.: occlūsus)] (veraltet): *einschließen, verschließen:* die Fremdkörper werden vom Gewebe okkludiert; **Okklusion** [...u'zi̯o:n], die; -, -en [1, 2: spätlat. occlūsio]: **1.** (veraltet) *Einschließung, Verschließung.* **2.** (Med.) *krankhafter Verschluß eines Hohlorgans* (z. B. des Darms). **3.** (Zahnmed.) *normale Stellung, lückenloses Aufeinandertreffen der Zähne von Ober- u. Unterkiefer beim Biß.* **4.** (Met.) *Zusammentreffen von Kalt- u. Warmfront (wobei die Warmfront immer mehr eingeschnürt wird);* **okklusiv** [...'zi:f] ⟨Adj.; o. Steig.⟩: *verschließend, die Okklusion betreffend; zur Okklusion dienend;* ⟨subst.:⟩ **Okklusiv** [-], der; -s, -e [...i:və] (Sprachw.): svw. ↑Verschlußlaut; ⟨Zus.:⟩ **Okklusivpessar,** das (Med.): *den Muttermund fest verschließendes Pessar zur Empfängnisverhütung;* **Okklusivverband,** der (Med.): *dicht schließender Verband, z. B. mit Gips- od. Stärkebinden.*

okkult [ɔ'kʊlt] ⟨Adj.; o. Steig.; nicht adv.⟩ [lat. occultus]: *(von übersinnlichen Dingen) verborgen, geheim:* -e Kräfte, Fähigkeiten, Mächte; ⟨Abl.:⟩ **Okkultismus** [...'tɪsmʊs], der; -: *Lehre von vermuteten übersinnlichen, nach den Naturgesetzen nicht erklärbaren Kräften u. Dingen;* **Okkultist,** der; -en, -en: *Anhänger des Okkultismus;* **okkultistisch** ⟨Adj.; o. Steig.⟩: *den Okkultismus betreffend, zu ihm gehörend; übersinnlich;* **Okkultologe,** der; -n, -n [↑-loge]: *Wissenschaftler, der sich mit den Problemen des Okkultismus befaßt.*

Okkupant [ɔku'pant], der; -en, -en ⟨meist Pl.⟩ [russ. okkupant, zu lat. occupāns (Gen.: occupantis), 1. Part. von: occupāre = besetzen (4)] (abwertend): *jmd., der an einer Okkupation teilnimmt; [Angehöriger einer] Okkupationsmacht;* **Okkupation** [...pa'tsi̯o:n], die; -, -en [lat. occupātio]: **1.** (abwertend) *[militärische] Besetzung fremden Hoheitsgebietes:* Hitlers -en; sich an einer O. beteiligen. **2.** (jur. veraltend) *[widerrechtliche] Aneignung, bes. von herrenlosem Gut;* ⟨Abl.:⟩ **okkupationistisch** [...tsi̯o'nɪstɪʃ] ⟨Adj.; o. Steig.⟩ (veraltend): *eine Okkupation* (2) *betreffend.*

Okkupations- (meist abwertend): **~behörde,** die; **~gebiet,** das; **~heer,** das; **~macht,** die: *Staat, der eine Okkupation unternommen hat u. das okkupierte Gebiet beherrscht;* **~politik,** die; **~truppe,** die.

Okkupativ [ɔkupa'ti:f], das; -s, -e [...i:və] (Sprachw.): *Verb des Beschäftigtseins* (z. B. lesen, tanzen); **okkupatorisch** [...'to:rɪʃ] ⟨Adj.; o. Steig.⟩ [lat. occupātōrius]: *in Besitz nehmend, in der Art einer Okkupation* (1, 2): in einer -en, weitgehend regel- u. planlosen Nutzung des Holzes und anderer Walderzeugnisse (Mantel, Wald 128); **okkupieren** [ɔku'pi:rən] ⟨sw. V.; hat⟩ [lat. occupāre]: **1.** (abwertend) *fremdes Gebiet [militärisch] besetzen:* das Land wurde okkupiert; okkupierte Gebiete befreien. **2.** (jur. veraltet) *sich [widerrechtlich] aneignen; als herrenloses Gut in Besitz nehmen:* vom Staat okkupierte Liegenschaften; (noch scherzh. Ü) Sie okkupiert den Platz der Rupp (= ihrer Schwiegertochter) in der Stube, am Herd, bei den Kindern, beim Mann (Baum, Paris 32); ⟨Abl.:⟩ **Okkupierung,** die; -, -en: *das Okkupieren* (1, 2).

öko-, Öko- [øko-; zu griech. oĩkos = Haus(haltung)]; **Ökologe,** der; -n, -n [↑-loge]: *Wissenschaftler, Fachmann auf dem Gebiet der Ökologie;* **Ökologie,** die; - [↑-logie]: **1.** *Wissenschaft von den Wechselbeziehungen zwischen den Lebewesen u. ihrer Umwelt (als Teilgebiet der Biologie), Lehre vom Haushalt der Natur:* Probleme der Ö.; er ist Fachmann auf dem Gebiet der Ö. **2.** *die Wechselbeziehungen zwischen den Lebewesen u. ihrer Umwelt, der ungestörte Haushalt der Natur:* die Ö. [in einem Moor] stören; Ü was ihm vier Wochen Lazarett einbrachte und die Ö. (scherzh.; *das innere Gleichgewicht)* im Hause Fanselow ins Wanken brachte (Lentz, Muckefuck 303); ⟨Abl.:⟩ **ökologisch** ⟨Adj.; o. Steig.⟩: **1.** *die Ökologie* (1) *betreffend:* -e Untersuchungen. **2.** *die Wechselbeziehungen zwischen den Lebewesen u. ihrer Umwelt betreffend:* der -e Kreislauf; Störungen des -en Gleichgewichts; dieses Gebiet ist ö. noch gesund;

Ökonom [...'no:m], der; -en, -en [spätlat. oeconomus < griech. oikonómos = Haushalter, Verwalter; b: nach russ. ekonomist] (veraltend): **a)** *Landwirt, Verwalter [landwirtschaftlicher Güter]*; **b)** (bes. DDR) *Wirtschaftswissenschaftler;* **Ökonometrie** [...nome'tri:], die; - [↑-metrie]: *Teilgebiet der Wirtschaftswissenschaften, auf dem mit Hilfe mathematisch-statistischer Methoden wirtschaftstheoretische Modelle u. Hypothesen auf ihren Realitätsanspruch untersucht werden;* **Ökonomie** [...no'mi:], die; -, -n [...i:ən; lat. oeconomia = gehörige Einteilung < griech. oikonomía = Haushaltung, Verwaltung]: **1.** (veraltend) *Wirtschaftswissenschaft, -theorie:* Ö. studieren; Vorlesungen über Ö.; politische Ö. *(Wirtschaftswissenschaft [die außer den wirtschaftlichen auch politische, soziale u. kulturelle Faktoren in ihrer Wechselwirkung untersucht]).* **2.** *Wirtschaft, wirtschaftliche Struktur (eines bestimmten Gebietes):* Internationale -n erzwingen internationale Bürokratien (Stamokap 30). **3.** ⟨o. Pl.⟩ *Wirtschaftlichkeit, Sparsamkeit; sparsames Umgehen mit etw., rationelle Verwendung od. rationeller Einsatz von etw.:* künstlerische, sprachliche Ö.; die Ö. eines Motors. **4.** (österr., sonst veraltet) *landwirtschaftlicher Betrieb;* ⟨Zus.:⟩ **Ökonomierat,** der (österr.): **a)** ⟨o. Pl.⟩ *Ehrentitel für einen verdienten Landwirt;* **b)** *Träger dieses Titels;* **Ökonomik** [...'no:mɪk], die; - [zu lat. oeconomicus, ↑ökonomisch]: **1.** *Wirtschaftswissenschaft, Wirtschaftstheorie.* **2. a)** *Wirtschaft, wirtschaftliche Verhältnisse (in einem Land, einem Sektor der Volkswirtschaft u. ä.):* die Ö. eines Betriebes untersuchen; **b)** (DDR) *Produktionsweise od. ökonomische Struktur einer Gesellschaftsordnung:* sozialistische Ö. **3.** (DDR) *wissenschaftliche Analyse eines Wirtschaftszweiges;* **Ökonomin,** die; -, -nen: w. Form zu ↑Ökonom; **ökonomisch** ⟨Adj.⟩ [lat. oeconomicus < griech. oikonomikós = zur (Haus)wirtschaft gehörig]: **1.** ⟨o. Steig.⟩ *die Wirtschaft betreffend, in bezug auf die Wirtschaft, Wirtschafts...:* ein -er Sachverständiger; -e Belastungen; das -e System des Sozialismus; einen Betrieb ö. unterstützen. **2.** *sparsam; mit möglichst großem Nutzen bei möglichst geringem Einsatz od. Verbrauch:* eine -e Arbeitsweise; ... ist ... das Druckverfahren -er (Bild. Kunst 3, 89); ö. arbeiten; **ökonomisieren** [...nomi'zi:rən] ⟨sw. V.; hat⟩: *ökonomisch gestalten, auf eine wirtschaftliche Basis stellen;* ⟨Abl.:⟩ **Ökonomisierung,** die; -, -en; **Ökonomismus** [...no'mɪsmʊs], der; - (polit. Ökonomie): *Überbetonung ökonomischer* (1) *Faktoren [bei der Betrachtung der gesellschaftlichen Entwicklung];* **ökonomistisch** [...tɪʃ] ⟨Adj.⟩: *den Ökonomismus betreffend;* **Ökosystem** ['ø:ko-], das; -s, -e: *kleinste ökologische Einheit eines Lebensraumes u. der in ihm wohnenden Lebewesen:* ein See, der Wald als Ö.; **Ökotop** [øko'to:p], das; -s, -e [zu griech. tópos = Ort, Gegend]: *kleinste ökologische Einheit einer Landschaft;* **Ökotrophologe,** der; -n, -n [' Trophologe]: *Wissenschaftler auf dem Gebiet der Ökotrophologie;* **Ökotrophologie,** die; - [↑Trophologie]: *Ernährungswissenschaft, Hauswirtschaftslehre;* **Ökotrophologin,** die; -, -nen: w. Form zu ↑Ökotrophologe; **Ökotypus,** der; -, ...pen (Biol.): *an die Bedingungen eines bestimmten Lebensraums angepaßte Sippe einer Pflanzen- od. Tierart.*

Oktaeder [ɔkta'|e:dɐ], das; -s, -: [griech. oktáedron] (Math.): *von acht [gleichseitigen] Dreiecken begrenzter Vielflächner, Achtflächner;* ⟨Abl.:⟩ **oktaedrisch** [...'|e:drɪʃ] ⟨Adj.; o. Steig.; nicht adv.⟩ (Math.): *achtflächig;* **Oktagon**: ↑Oktogon; **Oktan,** (chem. fachspr.:) Octan [ɔk'ta:n], das; -s, -e [zu lat. octō = acht; im Molekül sind jeweils acht Kohlenstoffatome gebunden]: **1.** *in verschiedenen Isomeren als farblose, leicht brennbare Flüssigkeit im Erdöl u. im Benzin enthaltener Kohlenwasserstoff.* **2.** (Kfz.-T.) ⟨in ungebeugter Form o. Art. hinter Zahlen zur Angabe der Oktanzahl⟩ dieser Motor braucht [ein Benzin von] mindestens 92 Oktan; **Oktant** [ɔk'tant], der; -en, -en [lat. octāns (Gen.: octantis)]: **1.** (Math.) **a)** *achter Teil eines Kreises; Kreissektor, dessen Fläche* $^1/_8$ *der Kreisfläche beträgt;* **b)** *der von drei senkrecht aufeinanderstehenden Ebenen begrenzte achte Teil des Raumes in einem kartesianischen Koordinatensystem.* **2.** *nautisches Winkelmeßgerät in der Form eines Achtelkreises mit zwei Spiegeln;* **Oktanzahl,** die; -, -en [↑Oktan]: *Kennzahl für die Klopffestigkeit von Kraftstoffen:* bei Flugbenzin werden -en über 100 gebraucht; Abk.: OZ; **[1]Oktav** [ɔk'ta:f], das; -s [zu lat. octāvus = der achte; der Druckbogen wurde urspr. so gefalzt, daß sich 8 Blätter ergaben]: *Buchformat mit bestimmten Ober- u. Untergrenzen (von Kleinoktav bis Großoktav);* Zeichen: 8°; **[2]Oktav** [-], die; -, -en [...a:vn̩; 3: eigtl. = die achte von acht Verteidigungspositionen]: **1.** (landsch., bes. österr.) svw. ↑Oktave (1). **2.** (kath. Kirche) **a)** *achttägige Festwoche nach den hohen Festen* (Weihnachten u. Ostern); **b)** *die Nachfeier am achten Tag nach einem solchen Fest.* **3.** (Fechtsport) *eine bestimmte Haltung, bei der eine gerade Linie von der Schulter bis zur Spitze der nach unten gerichteten Klinge entsteht.*

Oktav- ([1]Oktav): **~band,** der ⟨Pl. -bände⟩: *in [1]Oktav gebundenes Buch;* **~bogen,** der: vgl. Quartbogen; **~format,** das: *aus der dreimaligen Falzung eines Bogens entwickeltes Papierformat;* **~heft,** das: vgl. ~band; **~seite,** die.

Oktava [ɔk'ta:va], die; -, ...ven [lat. octāva = die achte] (österr.): *achte Klasse eines Gymnasiums;* ⟨Abl.:⟩ **Oktavaner** [ɔkta'va:nɐ], der; -s, - (österr.): *Schüler einer Oktava;* **Oktave** [...və], die; -, -n [mhd. octāv < mlat. octava (vox)]: **1.** (Musik) **a)** *achter Ton einer diatonischen Tonleiter vom Grundton an;* **b)** *Intervall von acht diatonischen Tonstufen:* eine O. höher, tiefer; -n [auf dem Klavier] greifen; in -n spielen; ein Stimmumfang von mehr als drei -n; vgl. all'ottava. **2.** svw. ↑[1]Stanze; ⟨Zus. zu 1:⟩ **Oktavenzeichen,** das (Musik): *Zeichen in der Notenschrift, durch das angegeben wird, daß die betreffende Stelle eine Oktave höher od. tiefer zu spielen od. zu singen ist;* ⟨Abl.:⟩ **oktavieren** [ɔkta'vi:rən] ⟨sw. V.; hat⟩: *(ein Blasinstrument) überblasen, so daß der Ton jeweils eine Oktave höher klingt;* **Oktett** [ɔk'tɛt], das; -[e]s, -e [latinis. aus ital. ottetto zu: otto < lat. octō = acht]: **1.** (Musik) **a)** *Komposition für acht solistische Instrumente od. (seltener) für acht Solostimmen;* **b)** *Vereinigung von acht Instrumentalsolisten:* es spielt das O. des Philharmonischen Orchesters. **2.** (Kernphysik) *Gruppe von acht Elektronen in der äußeren Schale eines Atoms;* **Oktober** [ɔk'to:bɐ], der; -[s], - [mhd. octōber < lat. (mēnsis) Octōber = achter Monat (des röm. Kalenders), zu octō = acht]: *zehnter Monat des Jahres;* Abk.: Okt.; vgl. April; **Oktode** [ɔk'to:də], die; -, -n [2. Bestandteil zu griech. hodós = Weg, Bahn]: svw. ↑Achtpolröhre; **Oktogon** [ɔkto'go:n], Oktagon [ɔkta'go:n], das; -s, -e [lat. octōgōnum, 2. Bestandteil zu griech. gōnía = Winkel, Ecke]: **a)** *Achteck;* **b)** *Gebäude mit achteckigem Grundriß;* ⟨Abl.:⟩ **oktogonal** [...go'na:l] ⟨Adj.; o. Steig.; nicht adv.⟩: *achteckig;* **Oktonar** [ɔkto'na:ɐ̯], der; -s, -e [lat. octōnārius] (antike Verslehre): *aus acht Versfüßen bestehender Vers;* **Oktopode** [ɔkto'po:də], der; -n, -n ⟨meist Pl.⟩ [zu griech. oktṓpous (Gen.: oktṓpodos) = achtfüßig] (Biol.): *Vertreter einer Ordnung großer Kopffüßer mit acht kräftigen, mit Saugnäpfen versehenen Fangarmen; Achtfüßer.*

oktroyieren [ɔktroa'ji:rən] ⟨sw. V.; hat⟩ [urspr. = landesherrlich) bewilligen, bevorrechten < frz. octroyer < afrz. otroier < mlat. auctorizare = bewilligen < spätlat. auctōrāre, zu lat. auctor = Förderer, Urheber; vgl. Autor] (bildungsspr.): seltener für ↑aufoktroyieren.

okular [oku'la:ɐ̯] ⟨Adj.; o. Steig.⟩ [spätlat. oculāris = zu den Augen gehörig] (Fachspr.): *das Auge betreffend, für das Auge; Augen...:* ein -er Gichtanfall; die Störung wird o. sichtbar; **Okular** [-], das; -s, -e [gek. aus Okularglas]: *die dem Auge zugewandte Linse od. Linsenkombination eines optischen Geräts:* das O. einstellen; durch das O. sehen; ein Mikroskop mit verschiedenen -en; ⟨Zus.:⟩ **Okularlinse,** die; **Okulation** [...la'tsjo:n], die; -, -en [zu ↑okulieren]: *das Veredeln von Pflanzen durch Einsetzen eines Auges* (2); **Okuli** ['o:kuli] ⟨o. Art.; indekl.⟩ [lat. oculi, Pl. von: oculus = Auge, nach dem ersten Wort des Eingangsverses der Liturgie des Sonntags, Ps. 25, 15] (ev. Kirche): *der dritte Sonntag in der Passionszeit;* **okulieren** [oku'li:rən] ⟨sw. V.; hat⟩ [nlat. oculāre für gleichbed. lat. inoculāre, ↑inokulieren] (Gartenbau, Landw.): *veredeln, indem man ein von einer hochwertigen Sorte stammendes Reis mit einem Auge* (2) *unter der mit einem T-förmigen Schnitt geöffneten Rinde anbringt u. die Stelle fest mit Bast umwickelt:* die Rosen o.; okulierte Apfelbäume; Ü Ich okuliere durch meine Erzählung Realität (Fichte, Versuch 14); ⟨Zus.:⟩ **Okuliermesser,** das: *spezielles Messer zum Ritzen der Rinde;* **Okulierreis,** das; ⟨Abl.:⟩ **Okulierung,** die; -, -en.

Ökumene [øku'me:nə], die; - [(spät)lat. oecūmenē < griech. oikouménē (gē̃) = bewohnt(e Erde)]: **1.** (Geogr.) *die bewohnte Erde als menschlicher Lebens- u. Siedlungsraum.* **2.** (Theol.) **a)** *Gesamtheit der Christen u. der christlichen Kirchen;* **b)** *Bewegung zum gemeinsamen Handeln der christlichen Kirchen in der Verkündigung u. im Dienst an der Welt:* eine Konferenz von Vertretern der Ö.; ⟨Abl.:⟩ **öku-**

menisch ⟨Adj.; o. Steig.⟩: **1.** (Geogr.) *die gesamte Ökumene* (1) *betreffend, umfassend.* **2.** (kath. Kirche) *die katholischen Christen auf der ganzen Welt betreffend:* ein -es Konzil. **3.** (Theol.) **a)** *die Gemeinsamkeiten, das gemeinsame Vorgehen der christlichen Kirchen u. Konfessionen in der Welt betreffend:* -e Arbeit; die -e Bewegung (vgl. Ökumene 2 b); **b)** *gemeinsam von Katholiken u. Protestanten veranstaltet, von Vertretern beider Konfessionen getragen:* ein -er Gottesdienst; sich ö. *(unter Mitwirkung von Geistlichen beider Kirchen)* trauen lassen; **Ökumenismus** [...me'nɪsmʊs], der; - (kath. Kirche): *Streben nach interkonfessioneller Einigung aller Christen.*

Okzident ['ɔktsidɛnt, auch: --'-], der; -s [mhd. occident(e) < lat. (sōl) occidēns (Gen.: occidentis)]: **1.** (bildungsspr.) *Abendland* (Ggs.: Orient): Orient und O. **2.** (veraltet) *Westen;* ⟨Abl.:⟩ **okzidental,** (seltener:) **okzidentalisch** [...'ta:l(ɪʃ)] ⟨Adj.; o. Steig.⟩ [lat. occidentālis]: **1.** (bildungsspr.) *abendländisch.* **2.** (veraltet) *westlich.*

Öl [ø:l], das; -[e]s, (Sorten:) -e [mhd. öl[e], ahd. oli < lat. oleum = (Oliven)öl < griech. élaion]: **1.** (allg.) *mehr od. weniger dicke, fettige Flüssigkeit:* reines, klebriges, wohlriechendes Öl; Fette und -e; Öl ist leichter als Wasser und löst sich nicht darin auf; ***Öl auf die Lampe gießen** (ugs.; *einen od. mehrere Schnäpse o. ä. trinken;* vgl. [1]Lampe 1); **Öl auf die Wogen gießen** (*vermittelnd, ausgleichend, besänftigend [in eine Auseinandersetzung] eingreifen;* Wellen werden durch daraufgegossenes Öl geglättet); **Öl ins Feuer gießen** (ugs.; *etw. noch schlimmer machen*). **2.** kurz für **a)** *Erdöl:* der Tanker hat Öl geladen; nach Öl bohren; **b)** *Heizöl:* Öl für den Winter kaufen; mit Öl heizen; **c)** *Schmieröl:* Öl wechseln; die Maschine mit Öl schmieren; **d)** *Pflanzenöl:* ätherische -e; **e)** *Speiseöl, Salatöl, Tafelöl:* Öl zum Kochen verwenden; in Öl gebratener Fisch; Salat mit Essig und Öl anmachen; dieser Wein ist wie Öl; R das geht mir runter wie Öl (ugs.; *es ist mir sehr angenehm, das zu hören*); **f)** *Sonnenöl:* reibe dich gut mit Öl ein, sonst bekommst du einen Sonnenbrand. **3.** in der Fügung **in Öl** (*mit Ölfarben* 2): er malt in Öl.

öl-, Öl-: ~**abscheider,** der (Verfahrenstechnik): *Gerät zum Abscheiden von Öl* (1) *aus Wasser od. Dampf;* ~**alarm,** der: *Alarm, der gegeben wird, wenn ausfließendes Öl* (2 a–c) *die Trinkwasserversorgung o. ä. bedroht;* ~**anstrich,** der: *Anstrich mit Ölfarbe;* ~**artig** ⟨Adj.; o. Steig.⟩; ~**bad,** das (Med.): *medizinisches Bad, dem (bes. zur Behandlung trokkener Haut) Öl zugesetzt ist;* ~**baron,** der (veraltend): *jmd., der Land besitzt, auf dem Erdöl gefunden wurde;* ~**baum,** der: *[sehr] hoher Baum mit knorrigem Stamm, schmalen, länglichen, ledrigen, an der Unterseite silbergrauen Blättern u. Oliven als Früchten;* ~**bedarf,** der: *Bedarf an Öl* (2 a, b); ~**behälter,** der; ~**bild,** das: svw. ↑~gemälde; ~**bohrung,** die; ~**boykott,** der: svw. ↑~embargo; ~**druck,** der: **1.** svw. ↑~farbendruck. **2.** (Kfz-T.) *Druck, durch den das Schmieröl von der Ölpumpe in den Motor befördert wird;* ~**druckbremse,** die (Kfz.-T.): *Bremse, die dadurch ausgelöst wird, daß auf ein mit Öl gefülltes Leitungssystem Druck ausgeübt wird;* ~**druckkontrollampe,** die (Kfz.-T.): *Kontrollampe, die aufleuchtet, wenn der Öldruck* (2) *zu niedrig ist;* ~**embargo,** das: *Embargo* (2) *für Öl* (2 a); ~**export,** der; ~**exportierend** ⟨Adj.; o. Steig.; nur attr.⟩: die -en Länder; ~**fang,** der: vgl. ~abscheider; ~**farbe,** die: **1.** *ölhaltige, stark glänzende Farbe zum Anstreichen.* **2.** *vom [Kunst]maler verwendete, aus Pigmenten u. Ölen gemischte, sehr haltbare u. lichtechte Farbe,* zu 2: ~**farbendruck,** der: *mit Ölfarben im Druckverfahren hergestellte Reproduktion eines Ölgemäldes;* ~**feld,** das: svw. ↑Erdölfeld; ~**feuerung,** die: *Feuerung* (2), *bei der Öl* (2 b) *als Brennstoff verwendet wird;* ~**film,** der: *Film* (1) *aus Öl;* ~**fleck,** der; ~**förderung,** die: *Förderung von Öl* (2 a), ~**frucht,** die: vgl. ~pflanze; ~**funzel,** die (salopp): svw. ↑~lampe; ~**gas,** das: *aus Mineralöl od. Fetten gewonnenes Gas;* ~**gemälde,** das: *mit Ölfarben* (2) *gemaltes Bild;* ~**gesellschaft,** die: svw. ↑Mineralölgesellschaft; ~**gewinnung,** die; ~**götze,** der [viell. gek. aus „Ölberggötze", volkst. Bez. für die häufig bildlich dargestellten schlafenden Jünger Jesu auf dem Ölberg (vgl. Matth. 26, 40 ff.)] (salopp abwertend): *unbewegt, teilnahms- u. verständnislos wirkender Mensch:* steif, unbeweglich wie ein Ö.; er sitzt, steht da wie ein Ö.; ~**hafen,** der: *Hafen, in dem nur Öltanker be- od. entladen werden;* ~**haltig** ⟨Adj.; o. Steig.; nicht adv.⟩: *Öl enthaltend;* ~**haut,** die: **1.** vgl. ~film. **2.** *mit Öl imprägniertes, wasserdichtes Gewebe aus Leinen od. Baumwolle;* ~**heizung,** die: Heizung mit Ölfeuerung; ~**höffig:** svw. ↑erdölhöffig; ~**import,** der; ~**industrie,** die: vgl. Mineralölindustrie; ~**käfer,** der: *großer, schwarzer Käfer, der, wenn er sich gestört fühlt, aus den Gelenken der Beine gelbe, Giftstoffe enthaltende Blutströpfchen ausscheidet;* ~**kanister,** der; ~**kanne,** die; ~**konzern,** der: *Konzern, der [Mineral]öl vertreibt;* ~**krise,** die: *Krise, die durch Verknappung von Rohöl entsteht;* ~**krug,** der; ~**kuchen,** der: *in Platten od. Brocken gepreßte Rückstände ausgepreßter, ölhaltiger Samen;* ~**lack,** der: *Lack, dessen wichtigste Bestandteile Öle u. Harze sind;* ~**lager,** das; ~**lampe,** die: vgl. Petroleumlampe; ~**leitung,** die: *Rohrleitung für Öl;* ~**löslich** ⟨Adj.; o. Steig.; nicht adv.⟩: *in Öl löslich; sich in Öl lösend;* ~**luftpumpe,** die (Technik): *mit Öl abgedichtete mechanische Luftpumpe;* ~**magnat,** der: *einflußreiche Persönlichkeit der Mineralölindustrie;* ~**malerei,** die: *das Malen mit Ölfarben* (2); ~**meßstab,** der ([Kfz.-]Technik): *Stab (mit Markierungen), mit dem festgestellt werden kann, wieviel Schmieröl vorhanden ist;* ~**motor,** der (veraltet): *Dieselmotor;* ~**mühle,** die: *Mühle, in der aus Ölsaat Öl* (2 e) *gepreßt wird;* ~**multi,** der ⟨meist Pl.⟩ (ugs.): vgl. Multi; ~**ofen,** der: vgl. ~heizung; ~**palme,** die: *Palme, aus deren Früchten u. Samen Fett gewonnen wird;* ~**papier,** das: *mit Öl imprägniertes, wasserdichtes Papier;* ~**pest,** die: *meist durch (aus einem beschädigten Tanker auslaufendes) Rohöl verursachte Verschmutzung von Stränden, Küstengewässern;* ~**pflanze,** die: *Pflanze, aus deren Früchten od. Samen Öl* (2 e) *gewonnen wird;* ~**preis,** der; ~**presse,** die: vgl. ~mühle; ~**produzent,** der: **1.** (selten) *jmd., der Öl* (2 e) *produziert.* **2.** *Erdölerzeuger;* ~**produzierend** ⟨Adj.; o. Steig.; nur attr.⟩: *erdölproduzierend;* ~**pumpe,** die (Kfz.-T.): *Pumpe, die das Motoröl fördert;* ~**quelle,** die: *Stelle, an der Öl* (2 a) *durch Bohrung erschlossen wird, austritt;* ~**raffinerie,** die: svw. ↑Erdölraffinerie; ~**saat,** die: *Samen der Ölpflanze;* ~**sardine,** die: *in Öl* (2 e) *eingelegte Sardine;* ~**säure,** die: *in Ölen u. Fetten vorkommende ungesättigte Fettsäure;* ~**scheich,** der: *Scheich, der durch die Förderung von Erdöl in seinem Herrschaftsgebiet zu Reichtum gekommen ist;* ~**schicht,** die: vgl. ~film; ~**schiefer,** der: *dunkles, dem Schiefer ähnliches Gestein, aus dem Öl u. Gas gewonnen wird;* ~**sockel,** der: *mit Ölfarbe* (1) *gestrichener Sockel (einer Wand o. ä.);* ~**spur,** die: *durch auslaufendes Öl verursachte Spur;* ~**stand,** der: *Menge des Schmieröls im Motor (einer Maschine o. ä.):* den Ö. prüfen; ~**süß,** das (veraltet): *Glyzerin;* ~**tank,** der; ~**tanker,** der: *Schiff zum Transport von Öl* (2 a); ~**tuch,** das: vgl. ~papier; ~**verbrauch,** der; ~**versorgung,** die; ~**vorkommen,** das; ~**wanne,** die ([Kfz.-]Technik): *(am unteren Teil des Gehäuses von Maschinen od. Motoren angebrachte) Wanne aus Metall zum Auffangen des Schmieröls;* ~**wechsel,** der (Kfz.-T.): *Erneuerung des Schmieröls im Motor;* ~**zeug,** das: *wasserdichte Oberbekleidung (für Seeleute);* ~**zweig,** der: *Zweig des Ölbaums (als Symbol des Friedens).*

Oldie ['oʊldɪ], der; -s, -s [engl.-amerik. oldie, zu engl. old = alt] (ugs.): **a)** *etw. (bes. Schlager, Film), was nach langer Zeit, nachdem es schon vergessen war, wieder aktuell ist:* -s der Beatles sind ein großer Erfolg; **b)** *jmd., der einer älteren Generation angehört:* ein Tanz für unsere -s; **Oldtimer** ['oʊldtaɪmə], der; -s, - [engl.-amerik. old-timer, zu engl. oldtime = aus alter Zeit]: **1. a)** *altes, gut gepflegtes Modell eines Fahrzeugs (bes. eines Autos) mit Sammler- od. Liebhaberwert:* ein Rennen für O.; ein Museum mit -n; **b)** *etw., was nach dem Vorbild des Alten hergestellt wurde (z. B. Telefon, Möbel usw.).* **2.** (scherzh.) **a)** *jmd., der über viele Jahre bei einer Sache (einem Beruf o. ä.) dabei ist u. deshalb das nötige Wissen, die nötige Erfahrung u. den nötigen Überblick hat; zuverlässiger, altbewährter Mitarbeiter, Spieler u. a.:* er ist einer der O. in der Fußballmannschaft; er gehört zu den -n in der Redaktion; **b)** *älterer Mensch, meist Mann:* Heimorgeln ... Für Nesthäkchen und O. (Spiegel 46, 1975, 139); **Oldtimer-** (meist mit Bindestrich): drückt in Zus. mit Subst. aus, daß das im Grundwort Genannte ein Oldtimer (1) ist, z. B. Oldtimer-Modell, Oldtimer-Rennen; **Oldy:** ↑Oldie.

olé! [o'lɛ] ⟨Interj.⟩ [span. olé < arab. wa-'llāh(i) = bei Gott]: span. Ausruf mit der Bed. *los!; auf!; hurra!*

Olea: Pl. von ↑Oleum.

Oleander [ole'andɐ], der; -s, - [ital. oleandro, unter Einfluß von lat. olea = Olivenbaum entstellt aus mlat. lorandum, zu lat. laurus = Lorbeerbaum, wohl nach den Blättern]:

(als Zierpflanze in Kübeln kultivierter) Strauch mit länglichen, schmalen, ledrigen Blättern u. verschiedenfarbigen, in Dolden wachsenden Blüten; ⟨Zus.:⟩ **Oleanderschwärmer,** der: *großer Schmetterling mit vielfarbiger, kontrastreicher Zeichnung, dessen Raupen die Blätter des Oleanders fressen.*

Oleat [ole'a:t], das; -[e]s, -e [zu lat. oleum, ↑Öl] (Chemie): *Salz der Ölsäure;* **Olefin** [ole'fi:n], das; -s, -e [aus frz. oléfiant = Öl machend] (Chemie): *ungesättigter Kohlenwasserstoff;* **Olein** [ole'i:n], das; -s, -e [frz. oléine] (Chemie): *ungereinigte Ölsäure;* **ölen** ['ø:lən] ⟨sw. V.; hat⟩ [mhd. öl(e)n = Speisen mit Öl zubereiten, salben]: **a)** *(zum Zwecke der besseren Gleitfähigkeit) [Schmier]öl zuführen, mit [Schmier]öl versehen:* eine Maschine, das Fahrrad, ein Schloß, ein Uhrwerk ö.; die Tür muß geölt werden, sie quietscht; **b)** svw. ↑einölen (a): den Fußboden ö.; Er sitzt im heißen Sand und ölt sich die Schultern (Frisch, Gantenbein 379); **Oleum** ['o:leʊm], das; -s, Olea [lat. oleum, ↑Öl] (Chemie): *farblose od. dunkelbraune ölige Flüssigkeit, die sich u. a. zum Ätzen eignet; rauchende Schwefelsäure.*

olfaktorisch [ɔlfak'to:rɪʃ] ⟨Adj.; o. Steig.⟩ [zu lat. olfactum, 2. Part. von: olfacere = riechen] (Med.): *den Geruchssinn, den Riechnerv betreffend.*

Olifant ['o:lifant, auch: oli'fant], der; -[e]s, -e [(a)frz. olifant < lat. elephantus, ↑Elefant; Name des elfenbeinernen Hifthorns Rolands in der Karlssage]: *aus dem Zahn eines Elefanten geschnitztes, reich verziertes mittelalterliches Jagd- od. Signalhorn.*

ölig ['ø:lɪç] ⟨Adj.⟩: **1.** ⟨nicht adv.⟩ **a)** *mit Öl durchsetzt, bedeckt, beschmiert:* ein -er Lappen; Vorsicht, meine Hände sind ö.!; **b)** *Öl enthaltend, ölhaltig:* eine -e Substanz, Lösung. **2.** *fett u. dickflüssig wie Öl; im Aussehen dem Öl ähnlich; wie Öl:* eine -e Flüssigkeit; ö. glänzen. **3.** (abwertend) *unaufrichtig sanft [u. mit falschem Pathos]; salbungsvoll:* er hat eine -e Stimme; ö. lächeln, sprechen.

olig-, Olig-: ↑oligo-, Oligo-; **Oligämie** [oligɛ'mi:], die; -, -n [...i:ən; zu griech. haĩma = Blut] (Med.): *akute Blutarmut* (z. B. nach starkem Blutverlust); **Oligarch** [oli'garç], der; -en, -en [griech. oligárchēs] (bildungsspr.): **a)** *jmd., der mit wenigen anderen die politische Herrschaft ausübt;* **b)** *Anhänger der Oligarchie;* **Oligarchie,** die; -, -n [...i:ən; griech. oligarchía] (bildungsspr.): **1.** ⟨o. Pl.⟩ *Staatsform, in der eine kleine Gruppe die politische Herrschaft ausübt.* **2.** *Staat, Gemeinwesen, in dem eine Oligarchie* (1) *besteht;* **oligarchisch** ⟨Adj.; o. Steig.⟩ [griech. oligarchikós] (bildungsspr.).

oligo-, Oligo-, (vor Vokalen:) olig-, Olig- [olig(o)-; griech. olígos] ⟨Best. in Zus. mit der Bed.⟩: *wenig, gering* (z. B. Oligopol, oligophag, Oligarchie); **Oligodynamie** [...dyna'mi:], die; - [zu griech. dýnamis = Kraft] (Chemie): *keimtötende Wirkung von Metallionen (z. B. des Silbers) in Flüssigkeiten;* **oligodynamisch** ⟨Adj.; o. Steig.⟩ (Chemie): **a)** *die Oligodynamie betreffend;* **b)** *in kleinsten Mengen wirksam;* **oligophag** [...'fa:k] ⟨Adj.; o. Steig.⟩ [zu griech. phageĩn = fressen] (Zool.): *(von bestimmten Tieren) in der Ernährung auf einige wenige Pflanzen- od. Tierarten spezialisiert;* **Oligophrenie** [...fre'ni:], die; -, -n [...i:ən; zu griech. phrēn = Gemüt] (Med.): *auf erblicher Grundlage beruhender od. im frühen Kindesalter erworbener Schwachsinn;* **Oligopol** [...'po:l], das; -s, -e [geb. nach ↑Monopol] (Wirtsch.): *Form des Monopols, bei der der Markt von einigen wenigen Großunternehmern beherrscht wird* (Ggs.: Oligopson); **oligopolistisch** [...po'lɪstɪʃ] ⟨Adj.; o. Steig.⟩ (Wirtsch.): *die Marktform des Oligopols betreffend;* **Oligopson** [...gɔ'pso:n], das; -s, -e [zu griech. opsōnía = Einkauf] (Wirtsch.): *das Vorhandensein nur weniger Nachfrager auf einem Markt* (Ggs.: Oligopol); **oligotroph** [...go'tro:f] ⟨Adj.; o. Steig.; nicht adv.⟩ [zu griech. trophḗ = Nahrung] (Biol., Landw.): *(von Böden od. Gewässern) nährstoffarm;* **oligozän** [...'tsɛ:n] ⟨Adj.; o. Steig.; nicht adv.⟩ (Geol.): *das Oligozän betreffend;* **Oligozän** [-], das; -s [zu griech. kainós = neu; eigtl. = die weniger junge Abteilung bezogen auf das Eozän] (Geol.): *jüngste Abteilung des Paläogens.*

Olim ['o:lɪm] in den Wendungen **seit/zu -s Zeiten** (scherzh.; *seit/vor sehr langer Zeit;* lat. olim = ehemals).

oliv [o'li:f] ⟨indekl. Adj.; o. Steig.; nicht adv.⟩: *die Farbe der reifen Olive aufweisend; von stumpfem, bräunlichem Gelbgrün:* ein o. Kleid; wir haben den Stuhl o. gestrichen; ⟨ugs. auch gebeugt:⟩ eine -ene Jacke; ⟨subst.:⟩ **Oliv** [-], das; -s, -, ugs.: -s: *oliv Farbe:* ein Kleid in hellem O. **oliv-** (vgl. auch: oliven-, Oliven-): **~braun** ⟨Adj.; o. Steig.; nicht adv.⟩; **~farben, ~farbig** ⟨Adj.; o. Steig.; nicht adv.⟩: svw. ↑oliv; **~grau** ⟨Adj.; o. Steig.; nicht adv.⟩; **~grün** ⟨Adj.; o. Steig.; nicht adv.⟩.

Olive [o'li:və], die; -, -n [lat. olīva = Ölbaum; Olive < griech. elaía; schon mhd. olīve = Ölbaum]: **1.** *ungefähr kirschgroße, ovale, fest-fleischige, ölhaltige, meist stumpf bräunlich-gelbgrün gefärbte Frucht des Ölbaums.* **2.** *Ölbaum mit Oliven* (1) *als Früchten.*

oliven-, Oliven- (vgl. auch: oliv-): **~baum,** der: svw. ↑Ölbaum; **~ernte,** die; **~farben, ~farbig** ⟨Adj.; o. Steig.; nicht adv.⟩: svw. ↑oliv; **~holz,** das: *Holz der Olive* (2); **~öl,** das: *aus der Olive* (1) *durch Pressen gewonnenes [Speise]öl.*

Olivin [oli'vi:n], das; -s, -e [zu ↑Olive, nach der Farbe] (Geol.): *glasig glänzendes, durchscheinendes, flaschengrünes bis gelbliches, in Kristallen vorkommendes Mineral; Peridot.*

oll [ɔl] ⟨Adj.; nicht adv.⟩ [niederd. oll, o(o)ld, mniederd. old, olt] (landsch. salopp): **1.** ⟨o. Steig.⟩ svw. ↑alt (1): Der -e Bruhn mit dem Vollbart bringt sie selber raus (Fallada, Mann 41); R je -er, je doller! **2.** ⟨o. Steig.⟩ svw. ↑alt (3 b): Ich trage nun mal lieber meine -en Blue jeans (Bernstorff, Leute 16). **3.** ⟨o. Steig.; nur attr.⟩ **a)** (fam.) in vertraulicher Anrede: na, -er Seebär, wie fühlst du dich?; **b)** (abwertend) verstärkend bei negativ charakterisierenden Personenbez. u. Schimpfwörtern: dieser -e Geizkragen!

Olla podrida ['ɔla po'dri:da], die; - - [span. olla podrida]: *spanisches Gericht aus Fleisch, Kichererbsen u. geräucherter Wurst, die als Eintopf gekocht werden.*

[1]**Olle** ['ɔlə], der; -n, -n ⟨Dekl. ↑Abgeordnete⟩ (landsch. salopp): svw. ↑[1]Alte (1–5); [2]**Olle** [-], die; -n, -n ⟨Dekl. ↑Abgeordnete⟩ (landsch. salopp): **1.** svw. ↑[2]Alte (1–4). **2.** *Mädchen, Freundin:* ich hab' meine feste O. in Berlin.

Olm [ɔlm], der; -[e]s, -e [mhd., ahd. olm; H. u.]: *im Wasser lebender Schwanzlurch mit verkümmerten, kleinen, dünnen Gliedmaßen, der mit der Lunge od. durch Kiemen atmet.*

Ölung, die; - [mhd. ölunge] (selten): *das Ölen:* ***die Letzte Ö.** (kath., orthodoxe Kirche; *Krankensalbung*).

Olymp [o'lʏmp], der; -s [griech. Ólympos = Name eines Berges in Griechenland]: **1.** (griech. Myth.) *Wohnsitz der Götter; Götterberg:* Ü denen ..., die da hin und wieder vom O. ihrer bürgerlichen Welt herabstiegen (Thielicke, Ich glaube 199). **2.** (ugs. scherzh.) *Galerie[platz] im Theater o. ä.:* Nur mit Mühe bekam er einen Platz auf dem O. (Grass, Hundejahre 206); **Olympia** [o'lʏmpi̯a], das; -[s] ⟨meist o. Art.⟩ [griech. Olýmpia, nach der altgriech. Kultstätte in Olympia (Elis) auf dem Peloponnes, dem Schauplatz der altgriech. Olympischen Spiele] (geh.): svw. ↑Olympiade (1).

olympia-, Olympia-: **~auswahl,** die; **~delegation,** die; **~dorf,** das: *Wohnanlage, in dem die an der Olympiade* (1) *teilnehmenden Sportler u. ihre Betreuer untergebracht sind;* **~jahr,** das: im O. 1976; **~kämpfer,** der; **~mannschaft,** die; **~medaille,** die; **~norm,** die: *bestimmte sportliche Leistung, die erforderlich ist, um an einer Olympiade* (1) *teilzunehmen;* **~qualifikation,** die; **~reif** ⟨Adj.⟩: *(von einer sportlichen Leistung) so gut, daß man damit eine Gewinnchance bei der Olympiade* (1) *hat;* **~sieg,** der; **~sieger,** der: *Sieger bei den Wettkämpfen der Olympiade* (1); **~siegerin,** die: w. Form zu ↑~sieger; **~stadion,** das; **~stadt,** die: *Stadt, die eine Olympiade* (1) *ausrichtet od. ausgerichtet hat;* **~teilnehmer,** der; **~verdächtig** ⟨Adj.; nicht adv.⟩ (meist scherzh.): *sportlich hervorragend:* du bist ja, dein Ritt war o.

Olympiade [olʏm'pi̯a:də], die; -, -n [1, 2: griech. Olympiás (Gen.: Olympiádos); 3: nach russ. olimpiada]: **1.** *alle vier Jahre stattfindende sportliche Wettkämpfe mit Teilnehmern aus aller Welt:* an der O. teilnehmen; er hat auf/bei der letzten O. zwei Medaillen gewonnen. **2.** (selten) *Zeitraum von vier Jahren (nach deren jeweiligem Ablauf im Griechenland der Antike die Olympischen Spiele gefeiert wurden).* **3.** (bes. DDR) *Wettbewerb (von Schülern, Amateuren auf einem Wissensgebiet od. in einer Fachrichtung);* **-olympiade** [-olʏmpi̯a:də], die; -, -n: in Zus. mit Subst. auftretendes Grundwort, das ausdrückt, daß auf dem im Best. genannten Gebiet ein der Olympiade (1) ähnlicher Wettbewerb stattfindet, z. B. Schlagerolympiade, Bücherolympiade; **Olympier** [o'lʏmpi̯ɐ], der; -s, - [zu ↑Olymp] (bildungsspr. veraltend): *(Ehrfurcht gebietende) überragende Persönlichkeit;* **Olympionike** [olʏmpi̯o'ni:kə], der; -n, -n [1: griech. olympioníkēs]: **1.** *Sieger bei den Olympischen Spielen.* **2.** *Teilnehmer an den Olympischen Spielen;* **Olympionikin,** die; -, -nen: w. Form zu ↑Olympionike; **olympisch** [o'lʏmpɪʃ]

⟨Adj.; o. Steig.⟩: **1.** ⟨nur attr.⟩ *den Olymp* (1) *betreffend:* -er Nektar. **2.** ***Olympische Spiele** (↑Olympiade 1). **3.** ⟨meist nur attr.⟩ *die Olympiade* (1) *betreffend, zu ihr gehörend:* eine -e Disziplin; ein -er Wettkampf; einen -en Rekord aufstellen; der -e Gedanke *(Gedanke der absoluten Fairneß u. des Bewußtseins, daß die Teilnahme wichtig ist u. nicht der Sieg);* den -en Eid schwören *(schwören, sich an den olympischen Gedanken zu halten);* das -e Feuer *(Feuer, das im Tempelbezirk von Olympia entzündet u. von Fackelträgern zum Austragungsort der Olympiade* 1 *gebracht wird);* olympische Ringe *(fünf ineinander verschlungene Ringe in verschiedenen Farben, die die durch die Olympischen Spiele verbundenen Kontinente symbolisieren);* einen -en Sieg, eine -e Medaille erringen *(bei der Olympiade* 1 *siegen);* eine -e *(olympiareife)* Leistung; ein -er Sommer, Winter *(Sommer, Winter, in dem eine Olympiade* 1 *stattfindet);* auf -em Boden *(dort, wo eine Olympiade* 1 *stattfindet od. stattfand);* das -e Dorf (svw. ↑Olympiadorf). **4.** ⟨nicht adv.⟩ (geh.) *göttergleich erhaben u. majestätisch; hoheitsvoll:* ein fast -es Wesen, das alles wußte (Kant, Impressum 106); o. blicken.

Oma ['o:ma], die; -, -s [Umbildung aus Großmama]: **1.** (Kinderspr.) *Großmutter:* die Kinder besuchen ihre O.; wir fahren zur O. **2. a)** (ugs., oft scherzh. od. abwertend) *alte, ältere Frau:* Dann kam ... eine alte O. zu mir. Eine Rentnerin (Spiegel 41, 1976, 127); Ü einmal Urlaub wie O. und Opa *(wie früher)* machen; Omas Steintopf *(der Steintopf, der in vergangenen Zeiten im Haushalt vielfach verwendet wurde)* ist wieder aktuell; **b)** (Jugendspr.) *weiblicher Erwachsener, Frau:* eine beleibte O., die einen Hund zum Rinnstein schleifte (Fels, Sünden 73); **Omama** ['o:mama], die; -, -s (Kinderspr.): *Großmutter.*

Ombré [õ'bre:], der; -[s], -s [frz. ombré, zu: ombrer, ↑ombriert]: *Gewebe od. Tapete mit schattierender Farbwirkung;* **ombriert** [õ'bri:ɐ̯t] ⟨Adj.; o. Steig.; nicht adv.⟩ [zu frz. ombrer = schattieren]: *(von Textilien, Tapeten, auch Glas o. ä.) durch genaue Abstufungen des gleichen Farbtons eine schattierende Farbwirkung aufweisend.*

Ombrograph [ɔmbro'gra:f], der; -en, -en [zu griech. ómbros = Regen u. ↑-graph] (Met.): *Gerät zum Aufzeichnen einer Niederschlagsmenge;* **Ombrometer** [ɔmbro-], das; -s, - [↑-meter] (Met.): *Regenmesser.*

Ombudsmann ['ɔmbʊts-], der; -[e]s, ...männer u. ...leute [schwed. ombudsman, eigtl. = Treuhänder]: *jmd., der die Rechte des Bürgers gegenüber den Behörden wahrnimmt:* O. werden; ... auch für die Länder und den Bund Ombudsleute einzusetzen (MM 26. 8. 71, 5).

Omega ['o:mega], das; -[s], -s [griech. õ méga, eigtl. = großes (d. h. langes) o]: *letzter (24.) Buchstabe des griechischen Alphabets* (Ω, ω).

Omelett [ɔm(ə)'lɛt], das; -[e]s, -e u. -s [frz. omelette, H. u.]: svw. ↑Eierkuchen; **Omelette** [-], die; -, -n (Fachspr., auch landsch.): svw. ↑Eierkuchen.

Omen ['o:mən], das; -s, - u. Omina [lat. ōmen] (bildungsspr.): *(günstiges od. ungünstiges) Vorzeichen; Vorbedeutung:* ein glückliches, freundliches, schlechtes, gutes O.

Omentum [o'mɛntʊm], das; -s, ...ta [lat. ōmentum] (Anat.): *Teil des Bauchfells, der aus der vor dem Darm hängenden Bauchfellfalte (großes Netz) u. derjenigen zwischen Magen u. unterem Rand der Leber (kleines Netz) besteht.*

Omi ['o:mi]: Kosef. von ↑Oma (1).

Omikron ['o:mikrɔn], das; -[s], -s [griech. ò mikrón, eigtl. = kleines (d. h. kurzes) o]: *15. Buchstabe des griechischen Alphabets* (Ο, ο).

ominös [omi'nø:s] ⟨Adj.; -er, -este⟩ [frz. omineux < lat. ōminōsus, zu: ōmen, ↑Omen]: **a)** *von schlimmer Vorbedeutung; unheilvoll:* ein -es Schweigen; sein -es Lächeln erschreckte uns; **b)** *bedenklich, zweifelhaft; berüchtigt:* ein -er Beigeschmack; die -e 7. Runde (beim Boxen); Statt des -en Kübels befand sich in der Zelle ... ein Wasserklosett (Niekisch, Leben 301).

Omnibus ['ɔmnibʊs], der; -ses, -se [frz. (voiture) omnibus, eigtl. wohl = Wagen für alle, < lat. omnibus = Dat. Pl. von: omnis = jeder]: *großer Kraftwagen mit vielen Sitzen zur Beförderung von Personen:* ein doppelstöckiger O.; der O. verkehrt nicht mehr, fällt aus; den O. nehmen, verpassen; in den O. steigen, klettern; mit dem O. fahren.

Omnibus-: **~bahnhof,** der: *einem Bahnhof ähnliche Anlage als Ausgangspunkt od. Endstation verschiedener Buslinien;* **~fahrt,** die; **~haltestelle,** die; **~hof,** der: *Platz (mit Hallen) zum Abstellen u. Warten von Omnibussen;* **~linie,** die: svw. ↑Buslinie; **~reise,** die; **~schaffner,** der.

Omnien: Pl. von ↑Omnium; **omnipotent** [ɔmni-] ⟨Adj.; o. Steig.; nicht adv.⟩ [lat. omnipotēns (Gen.: omnipotentis)] (bildungsspr.): *allmächtig:* ein -er Herrscher; das -e Wissen über all diese Dinge (MM 30. 3. 73, 48); **Omnipotenz,** die; - [spätlat. omnipotentia] (bildungsspr.): **a)** *göttliche Allmacht;* **b)** *absolute Machtstellung:* die O. der Wirtschaftsbosse; **omnipräsent** ⟨Adj.; o. Steig.; nicht adv.⟩ [zu lat. omnis = all- u. ↑präsent] (bildungsspr.): *allgegenwärtig;* **Omnipräsenz,** die; - (bildungsspr.): *[göttliche] Allgegenwart;* **Omnium** ['ɔmniʊm], das; -s, Omnien [...iən; lat. omnium = (Rennen) aller, für alle, Gen. Pl. von: omnis = jeder]: **1.** (Radfahren) *aus mehreren Bahnwettbewerben bestehender Wettkampf.* **2.** (Reiten) *Galopprennen, bei dem alle Pferde zugelassen sind;* **omnivor** [ɔmni'vo:ɐ̯] ⟨Adj.; o. Steig.; nicht adv.⟩ [zu lat. omnis = alles u. vorāre = fressen] (Zool.): *(von bestimmten Tieren) pflanzliche wie tierische Nahrung fressend, sich davon ernährend;* ⟨subst.:⟩ **Omnivore,** der; -n, -n ⟨meist Pl.⟩: *Allesfresser;* **Omnizid** [...'tsi:t], der, auch: das; -[e]s [zu lat. caedere (in Zus. -cidere) = töten] (bildungsspr.): *Vernichtung allen menschlichen Lebens:* der nukleare O.

on [ɔn] ⟨Adv.⟩ [engl. on, eigtl. = an, auf] (Ferns., Film, Theater; Ggs.: off): **a)** *(von einem Sprecher) im Fernsehbild beim Sprechen sichtbar;* **b)** *auf der Bühne [sichtbar];* **On** [-], das; - (Ferns., Film, Theater): *das Sichtbarsein eines kommentierenden Sprechers* (Ggs.: Off).

Onager ['o:nagɐ], der; -s, - [lat. onager, onagrus < griech. ónagros; 2: nach der einem Esel gleichenden Form]: **1.** *in Südwestasien heimischer Halbesel.* **2.** *(im antiken Rom) Wurfmaschine.*

Onanie [ona'ni:], die; - [älter engl. onania, Neubildung zum Namen der biblischen Gestalt Onan (1. Mos. 38, 8 f.)]: *geschlechtliche Selbstbefriedigung [durch manuelles Reizen der Geschlechtsorgane]:* Ü geistige O. betreiben; vgl. Masturbation; **onanieren** [ona'ni:rən] ⟨sw. V.; hat⟩: **1.** *sich durch Onanie befriedigen:* heimlich o. **2.** (selten) svw. ↑masturbieren (2): Jürgen ... beginnt den Mann zu o. (Chotjewitz, Friede 119); **Onanist** [ona'nɪst], der; -en, -en: *jmd., der onaniert;* **onanistisch** ⟨Adj.; o. Steig.; nicht adv.⟩: *die Onanie betreffend, zu ihr gehörend.*

on call [ɔn 'kɔ:l; engl.] (Kaufmannsspr.): *[Kauf] auf Abruf.*

ondeggiamento [ɔndɛdʒa'mɛnto], **ondeggiando** [ɔndɛ'dʒando; ital., eigtl. = wogend, zu: onda < lat. unda = Welle, Woge] (Musik): gibt für Streichinstrumente an, daß der Ton durch regelmäßige Verstärkung od. Verminderung des Bogendrucks rhythmisch an- u. abschwellen soll.

Ondit [õ'di:], das; -[s], -s [frz. on-dit, eigtl. = man sagt] (bildungsspr.): *Gerücht:* einem O. zufolge werden Scheidungen in getrennten Schlafzimmern geboren.

Ondulation [ɔndula'tsio:n], die; -, -en [frz. ondulation, zu spätlat. undula = kleine Welle] (veraltend): *das Ondulieren;* **ondulieren** [ɔndu'li:rən] ⟨sw. V.; hat⟩ [frz. onduler] (veraltend): **a)** *Haare mit einer Brennschere wellen:* onduliertes Haar; **b)** *jmdm. die Haare mit einer Brennschere wellen:* sich o. lassen; die Friseuse hat sie onduliert; ⟨Abl.:⟩ **Ondulierung,** die; -, -en (veraltend): svw. ↑Ondulation.

One-man-Show ['wʌn'mæn'ʃoʊ], die; -, -s [engl.; ↑Show]: *Soloauftritt eines Sängers, Musikers o. ä.*

Onestep ['wʌnstɛp], der; -s, -s [engl. one-step]: *um 1900 in den USA entstandener Tanz im* $^2/_4$*- od.* $^6/_8$*-Takt.*

[1]Onkel ['ɔŋkl̩], der; -s, -, ugs.: -s [älter: Onkle, Oncle < frz. oncle < lat. avunculus = Bruder der Mutter]: **1.** *Bruder od. Schwager der Mutter od. des Vaters:* sein O. finanzierte ihm das Studium; morgen besuchen wir O. Karl; es waren alle O. und Tanten eingeladen. **2. a)** (Kinderspr.) *[bekannter] männlicher Erwachsener:* ein freundlicher O.; schon manchem Kind ist ein sogenannter guter O. zum Verhängnis geworden; sag dem O. guten Tag!; zum O. Doktor gehen; **b)** (ugs. abwertend) *Mann:* hat einer den O. schon informiert?; dieser komische O. wollte uns linken; **[2]Onkel** [-] in der Fügung **dicker O.** (ugs.; *große Zehe*); in der Wendung **über den großen O. gehen/latschen** (ugs.; *die Fußspitzen (beim Gehen) einwärts setzen;* zu frz. ongle = Finger-, Zehennagel, fälschl. an [1]Onkel angelehnt); **-onkel** [-ɔŋkl], der; -s, -s: in Zus. mit Subst. auftretendes, ugs. abwertend gebrauchtes Grundwort mit der Bed. „männliche Person, Mensch“: ein beliebtes Vergnügungsetablissement für Provinzonkels (Spiegel 18, 1978, 223).

Onkelehe, die; -, -n (ugs.): *Zusammenleben einer verwitweten Frau [u. ihrer Kinder] mit einem Mann, den sie nicht heiratet, um ihre Witwenrente o. ä. nicht zu verlieren;* **onkelhaft** ⟨Adj.; -er, -este⟩ (meist abwertend): *freundlich u. gutmütig wie ein* [1]*Onkel; gönnerhaft [u. herablassend]:* er hat ein -es Gehabe an sich; er klopfte mir o. auf die Schulter; **onkeln** [ˈɔŋkl̩n] ⟨sw. V.; hat⟩ [zu ↑[2]Onkel] (ugs.): *(beim Gehen) die Fußspitzen einwärts setzen.*

onkogen [ɔŋkoˈge:n] ⟨Adj.; o. Steig.; nicht adv.⟩ [zu griech. ógkos = geschwollen u. ↑-gen] (Med.): *eine bösartige Geschwulst erzeugend;* **Onkogenese** [ɔŋko-], die; -, -n (Med.): *Entstehung von [bösartigen] Geschwülsten;* **Onkologe**, der; -n, -n [↑-loge]: *Facharzt auf dem Gebiet der Onkologie;* **Onkologie**, die; - [↑-logie]: *Teilgebiet der Medizin, das die Lehre von den Geschwülsten umfaßt.*

on line [ˈɔn ˈlaın; engl. = in Verbindung, aus: on (↑on) u. line = (Verbindungs)linie, Leitung] (Datenverarb.): *(von bestimmten Geräten in der EDV) in direkter Verbindung mit der Datenverarbeitungsanlage arbeitend* (Ggs.: off line).

Onomasiologie [onomazi̯oloˈgi:], die; - [zu griech. onomasía = Benennung u. ↑-logie] (Sprachw.): svw. ↑Bezeichnungslehre (Ggs.: Semasiologie); ⟨Abl.:⟩ **onomasiologisch** ⟨Adj.; o. Steig.⟩ (Sprachw.): *die Onomasiologie betreffend, zu ihr gehörend;* **Onomastik** [onoˈmastık], die; - [griech. onomastikḗ (téchnē) = (Kunst des) Namengeben(s)] (Sprachw.): svw. ↑Namenkunde; **Onomastikon** [...tikɔn], das; -s, ...ken u. ...ka [griech. onomastikón]: **1.** *in der Antike od. im Mittelalter erschienenes Namen- od. Wörterverzeichnis.* **2.** *[kürzeres] Gedicht auf den Namenstag einer Person;* **Onomatologie** [onomatoloˈgi:], die; - [zu griech. ónoma (Gen.: onómatos) = Name u. ↑-logie] (Sprachw.): svw. ↑Onomastik; **onomatopoetisch** [...poˈe:tıʃ] ⟨Adj.; o. Steig.⟩ (Sprachw.): svw. ↑lautmalend; **Onomatopöie** [...pøˈi:], die; -, -n [...i:ən; spätlat. onomatopoeïa < griech. onomatopoiía] (Sprachw.): *Lautmalerei.*

Önometer [øno-], das; -s, - [zu griech. oĩnos = Wein u. ↑-meter]: *Meßinstrument zur Bestimmung des Alkoholgehalts im Wein.*

Önorm [ˈø:-], die; - [Kurzwort aus **Ö**sterreichische **Norm**]: *(dem deutschen DIN entsprechende) österreichische Norm.*

On-Sprecher, der; -s, - [↑On] (Ferns., Film, Theater): *im Bild bzw. auf der Bühne erscheinender [kommentierender] Sprecher* (Ggs.: Off-Sprecher); **On-Stimme**, die; -, -n (Ferns., Film, Theater): *Stimme eines im Bild bzw. auf der Bühne erscheinenden On-Sprechers* (Ggs.: Off-Stimme).

Ontarioapfel [ɔnˈta:ri̯o-], der; -s, ...äpfel [nach der kanad. Provinz Ontario]: *großer, saftiger, süßsäuerlicher Apfel mit leicht gerippter Oberfläche u. teils grünlichgelber, teils rötlicher Schale mit kleinen, gelbgrünlichen Punkten.*

on the rocks [ɔn ðə ˈrɔks; engl., eigtl. = auf (Fels)brocken]: *(von Getränken) mit Eiswürfeln.*

ontisch [ˈɔntıʃ] ⟨Adj.; o. Steig.⟩ (Philos.): *als seiend, unabhängig vom Bewußtsein existierend verstanden; dem Sein nach;* **Ontogenese** [ɔnto-], die; - [zu griech. ṓn (Gen.: óntos), 1. Part. von: eĩnai = sein] (Biol.): *Entwicklung des Individuums von der Eizelle zum geschlechtsreifen Zustand;* **ontogenetisch** ⟨Adj.; o. Steig.⟩ (Biol.): *die Ontogenese betreffend;* **Ontogenie** [...geˈni:], die; - [↑-gen] (Biol.) *Ontogenese;* **Ontologe** [...ˈlo:gə], der; -n, -n [↑-loge] (Philos.): *Wissenschaftler auf dem Gebiet der Ontologie;* **Ontologie** [...loˈgi:], die; - [↑-logie] (Philos.): *Lehre vom Sein, von den Ordnungs-, Begriffs- u. Wesensbestimmungen des Seienden;* **ontologisch** ⟨Adj.; o. Steig.⟩ (Philos.): *die Ontologie betreffend.*

Onyx [ˈo:nyks], der; -[es], -e [lat. onyx < griech. ónyx, eigtl. = (Finger)nagel, wohl nach der einem Fingernagel ähnlichen Färbung]: **1.** (Mineral.) *aus unterschiedlich gefärbten (meist schwarzen u. weißen) Lagen bestehende Abart des Quarzes, die als Schmuckstein verwendet wird.* **2.** (Med.) *Abszeß auf der Hornhaut in Form eines Nagels.*

Oogamie [oogaˈmi:], die; - [zu griech. ōón = Ei u. gamós = Befruchtung] (Biol.): *geschlechtliche Fortpflanzung durch Vereinigung einer unbeweglichen weiblichen Eizelle mit einem beweglichen männlichen Gameten;* **Oogenese**, die; -, -n (Med., Biol.): *Entwicklung der weiblichen Eizelle, Eireifung;* **oogenetisch** ⟨Adj.; o. Steig.⟩ (Med., Biol.): *die Oogenese betreffend;* **Oolith** [ooˈli:t, auch: ...lıt], der; -s u. -en, -e[n] [↑-lith]: svw. ↑Erbsenstein; **Oologie** [oolo'gi:], die; - [↑-logie] (Zool.): *Teilgebiet der Vogelkunde, das die Erforschung der Vogeleier zum Gegenstand hat; Eierkunde.*

OP [o:ˈpe:], der; -[s], -[s]: kurz für ↑**Op**erationssaal.

Opa [ˈo:pa], der; -s, -s [Umbildung von Großpapa]: **1.** (Kinderspr.) *Großvater:* die Kinder besuchen ihren O.; wir fahren zum O. **2. a)** (ugs., oft scherzh. od. abwertend) *alter, älterer Mann:* Von jungen Männern ... bis zum 70jährigen O. ... sind sie am Start (Gast, Bretter 15); Ü -s Kino, Theater *(das Kino, Theater vergangener Zeiten);* Hat -s *(die traditionelle)* Ehe Zukunft? (Ruthe, Partnerwahl 177); **b)** (Jugendspr.) *männlicher Erwachsener:* was will denn der O.!

opak [oˈpa:k] ⟨Adj.; o. Steig.; nicht adv.⟩ [lat. opācus = schattig, dunkel] (Fachspr.): *undurchsichtig, lichtundurchlässig:* -es Glas; die mit Deckweiß o. gemachte Gouachemalerei (Bild. Kunst 3, 13); vgl. Opazität; ⟨Zus.:⟩ **Opakglas**, das ⟨o. Pl.⟩: *gegossenes opakes Glas.*

Opal [oˈpa:l], der; -s, -e [lat. opalus < griech. opállios < aind. úpala-ḥ = Stein]: **1.** *glasig bis wächsern glänzendes, milchig-weißes od. verschieden gefärbtes Mineral, das eine Abart des Quarzes darstellt u. auch als Schmuckstein verwendet wird.* **2.** *durch Spezialbehandlung milchig-trüb schimmernder Batist;* ⟨Abl. zu 1:⟩ **opalen** [oˈpa:lən] ⟨Adj.; o. Steig.; nicht adv.⟩: **a)** *aus Opal* (1) *bestehend;* **b)** *wie Opal* (1) *durchscheinend, schimmernd:* ein -es Blau; **opaleszent** [opalɛsˈt̮sɛnt] ⟨Adj.; o. Steig.⟩ [vgl. frz., engl. opalescent]: *Opaleszenz aufweisend, opalisierend;* **Opaleszenz** [...nt̮s], die; - [vgl. frz., engl. opalescence] (Optik): *durch Beugung des Lichts hervorgerufenes rötlich-bläuliches Schillern von trüben Medien;* **opaleszieren** [...ˈt̮si:rən] ⟨sw. V.; hat⟩ (Optik): *Opaleszenz zeigen;* **Opalglas**, das ⟨o. Pl.⟩: *schwach milchiges, opalisierendes Glas;* **opalisieren** [...liˈzi:rən] ⟨sw. V.; hat⟩ [viell. unter Einfluß von frz. opalisé = opalartig]: *in Farben schillern wie ein Opal:* opalisierendes Glas.

Opanke [oˈpaŋkə], die; -, -n [serbokroat. opanki, Pl. von: opanak]: *[durch gekreuzte Lederriemchen am Knöchel od. an der Wade gehaltener] absatzloser, leichter Schuh, dessen Sohle rundherum hochgezogen ist.*

Opapa [ˈo:papa], der; -s, -s: svw. ↑Opa (1).

Op-art [ˈɔp|a:ɐ̯t], die; - [amerik. op art, gekürzt aus: optical art, eigtl. = optische Kunst]: *moderne illusionistisch-dekorative Kunstrichtung, die durch meist mit Lineal u. Zirkel geschaffene geometrische Abstraktionen (in blassen, hart konturierten Farben) charakterisiert ist, deren optisch wechselnde Erscheinung durch Veränderung des Standorts des Betrachters erfahren werden soll;* **Op-Artist** [ˈɔp|a:ɐ̯tıst], der; -en, -en [amerik. op(tical) artist] (Jargon): *Vertreter der Op-art;* ⟨Abl.:⟩ **op-artistisch** ⟨Adj.; o. Steig.⟩.

Opazität [opat̮siˈtɛ:t], die; - [lat. opācitās = Beschattung, Schatten, zu: opācus, ↑opak]: **1.** (Optik) *[Maß für die] Lichtundurchlässigkeit.* **2.** (Med.) *Trübung, undurchsichtige Beschaffenheit* (z. B. der Hornhaut).

Open-air-Festival [ˈoʊpn ˈɛ:ə -], das; -s, -s [engl. open-air = Freiluft-]: *im Freien stattfindende kulturelle Großveranstaltung (für Folklore, Popmusik o. ä.);* **Open-air-Film**, der; -[e]s, -e: *im Freien gedrehter Film.*

open end [ˈoʊpn ˈɛnd; engl., eigtl. = offenes Ende]: *das Ende (der angekündigten Versammlung) ist nicht auf einen bestimmten Zeitpunkt festgesetzt;* ⟨Zus.:⟩ **Open-end-Diskussion**, die.

Open Shop [ˈoʊpn ˈʃɔp], der; - -[s], - -s [engl.-amerik. open shop, eigtl. = offener Laden]: **1.** (Datenverarb.) *Betriebsart eines Rechenzentrums, bei der der Benutzer, der die Daten anliefert u. die Resultate abholt, zur Datenverarbeitungsanlage selbst Zutritt hat* (Ggs.: Closed Shop 1). **2.** *Unternehmen in den USA, für dessen Betriebsangehörige kein Gewerkschaftszwang besteht* (Ggs.: Closed Shop 2).

Oper [ˈo:pɐ], die; -, -n [ital. opera (in musica), eigtl. = (Musik)werk < lat. opera = Arbeit; Werk]: **1. a)** ⟨o. Pl.⟩ *Gattung von musikalischen Bühnenwerken mit Darstellung einer Handlung durch Gesang (Soli, Ensembles, Chöre) u. Instrumentalmusik:* die italienische, französische, deutsche O.; die komische O. *(volkstümlich-heitere Oper des deutschen Biedermeiers als Variante der Opera buffa);* **b)** *einzelnes Werk der Gattung Oper* (1 a): eine O. von Verdi; morgen wird eine O. gegeben, aufgeführt, gespielt; eine O. komponieren, schreiben, inszenieren, dirigieren, hören; das Libretto einer O.; sie sangen Arien aus verschiedenen -n; die Ouvertüre zu einer O.; * **-n erzählen/reden** (salopp; *weitschweifig Unsinn reden*); **c)** *Aufführung einer Oper:* nach der O. gingen sie noch in ein Restaurant. **2.** ⟨o. Pl.⟩ **a)** kurz für ↑Opernhaus: die O. wurde nach dem Krieg wieder aufgebaut, ist heute geschlossen; **b)** *Unternehmen, das*

Opern aufführt; Opernhaus als kulturelle Institution: eine städtische, private O.; an eine O. gehen, verpflichtet werden; zur O. gehen *(Opernsänger werden);* **c)** *Ensemble, Mitglieder, Personal eines Opernhauses:* die Hamburger O. gastiert an der Met, ging auf Tournee; **Opera**: Pl. von ↑Opus; **operabel** [opəˈra:bl̩] ⟨Adj.; o. Steig.; nicht adv.⟩ [frz. opérable, zu: opérer < lat. operāri, ↑operieren]: **1.** (Med.) *so beschaffen, daß eine Operation* (1) *durchgeführt werden kann; operierbar* (Ggs.: inoperabel). **2.** (Fachspr.) *so beschaffen, daß man mit der betreffenden Sache arbeiten, operieren kann:* operable Unterrichtsplanung; **Operabilität** [opərabiliˈtɛ:t], die; - (Med.): *operable* (1) *Beschaffenheit; Operierbarkeit;* **Opera buffa** [ˈo:pəra ˈbʊfa], die; - -, ...re buffe [...re ...fe; ital., zu: buffo = komisch, vgl. Buffo]: *heiter-komische Oper;* **Opéra comique** [ɔperakɔˈmik], die; - -, -s -s [ɔperakɔˈmik; frz. opéra-comique]: *Sprechstück mit liedhaften Musikeinlagen als französische Form des Singspiels;* **Operand** [opəˈrant], der; -en, -en [lat. operandum, Gerundivum von: operāri, ↑operieren] (Datenverarb.): *Information, die der Computer mit anderen zur Durchführung eines bestimmten Arbeitsganges heranzieht;* **operant** [-] ⟨Adj.; o. Steig.⟩ [zu lat. operāns (Gen.: operantis), 1. Part. von: operāri, ↑operieren] (bes. Psych., Soziol.): *eine bestimmte Wirkungsweise in sich habend:* -es Verhalten *(Reaktion, die nicht von einem auslösenden Reiz abhängt, sondern von den Auswirkungen dieser Reaktion);* **Opera seria** [ˈo:pəra ˈze:ri̯a], die; - -, ...re ...rie [...re ...ri̯e; ital. opera seria, aus: opera (↑Oper) u. seria = ernst < lat. sērius]: *ernste, repräsentative Nummernoper;* **Operateur** [opəraˈtø:ɐ̯], der; -s, -e [frz. opérateur < lat. operātor, ↑Operator]: **1.** *Arzt, der eine Operation* (1) *durchführt.* **2.** (veraltend) *Kameramann.* **3.** *jmd., der Filme im Kino vorführt.* **4.** (selten) *Operator* (2); **Operation** [...ˈtsi̯o:n], die; -, -en [lat. operātio = das Arbeiten; Verrichtung]: **1.** *chirurgischer Eingriff in den Organismus:* eine komplizierte, schwere, kosmetische O.; eine O. ausführen, durchführen, vornehmen, überstehen; sich einer O. unterziehen; einen Patienten auf die, zur O. vorbereiten; R O. gelungen, Patient tot (ugs.; *trotz perfekter Durchführung von etw. hat man das eigentliche Ziel nicht erreicht*). **2. a)** (Milit.) *nach einem Plan genau abgestimmter Einsatz von Streitkräften, militärische Unternehmung eines Truppen- od. Schiffsverbandes mit genauer Abstimmung der Aufgabe der einzelnen Truppenteile od. Schiffe:* militärische, taktische -en; eine O. durchführen, leiten; das Mißlingen einer O.; **b)** (bildungsspr.) *Handlung, Unternehmung:* die zweite ... Gesellschaft, die ... ihre -en *(ihre Tätigkeit)* eingestellt hat (St. Galler Tagblatt 563, 1968, 7). **3. a)** (Math.) *Rechenvorgang nach bestimmten mathematischen Gesetzen* (z. B. Addition, Division); **b)** (Fachspr.) *wissenschaftlich nachkontrollierbares Verfahren, nach bestimmten Grundsätzen vorgenommene Prozedur;* **operational** [...tsi̯oˈna:l] ⟨Adj.; o. Steig.; nicht adv.⟩ (Fachspr.): *sich durch Operationen* (3 b) *vollziehend;* **operationalisieren** [...naliˈzi:rən] ⟨sw. V.; hat⟩: **1.** (Fachspr.) *durch Angabe der Operationen* (3 b) *präzisieren, standardisieren.* **2.** (Päd.) *(Lernziele) in Verhaltensänderungen der Lernenden umsetzen, die durch Tests o. ä. zu überprüfen sind;* **Operationalismus** [...ˈlɪsmʊs], der; - (Wissenschaftstheorie): *Auffassung, nach der wissenschaftliche Begriffe nur dann von Bedeutung sind, wenn sie mit Hilfe bestimmter Operationen* (3 b) *gewonnen u. durch die Angabe dieser Operationen definiert werden;* **operationell** [...ˈnɛl] ⟨Adj.; o. Steig.; nicht adv.⟩: svw. ↑operational; **Operationismus** [...ˈnɪsmʊs], der; -: svw. ↑Operationalismus.

Operati̯ons-: **~basis,** die: *Basis für Operationen* (2); **~bericht,** der (Med.); **~dauer,** die; **~feld,** das: **1.** (Med.) *(freigelegter) Bereich, in dem die Operation vorgenommen wird.* **2.** *Bereich für bestimmte Operationen* (2 b); **~gebiet,** das (Milit.): *Gebiet, in dem eine Operation* (2 a) *stattfindet;* **~lampe,** die: *Arbeitslampe in einem Operationssaal;* **~narbe,** die; **~plan,** der: vgl. ~basis; **~raum,** der: svw. ↑~saal; **~risiko,** das: *bei einer Operation* (1) *bestehendes Risiko für den Patienten;* **~saal,** der: *Raum (in einer Klinik o. ä.) mit der für Operationen* (1) *erforderlichen Einrichtung;* **~schwester,** die: *bei einer Operation* (1) *assistierende Schwester;* **~team,** das: *Team von Ärzten u. Schwestern, das eine Operation* (1) *ausführt;* **~tisch,** der: *verstellbarer Tisch, auf dem der Patient während der Operation* (1) *[angeschnallt] liegt;* **~trakt,** der: *Trakt, in dem die chirurgische Abteilung untergebracht ist;* **~ziel,** das: vgl. ~basis.

Operations-Research [ɔpəˈreɪʃənzrɪˈsə:tʃ], die; - [engl.-amerik. operations research, aus: operations = Operation (3 b) u. research, ↑Research]: *Unternehmensforschung;* **operativ** [opəraˈti:f] ⟨Adj.; o. Steig.; nicht präd.⟩: **1.** (Med.) *die Operation* (1) *betreffend; auf dem Wege der Operation erfolgend:* die -e Arbeit; -e Möglichkeiten, Methoden, Eingriffe; dringende -e *(eine Operation erfordernde)* Fälle; den Blinddarm o. entfernen. **2.** (Milit.) *eine Operation* (2 a) *betreffend; strategisch:* die -en Maßnahmen unserer Truppen (Spiegel 48, 1965, 47). **3.** (bildungsspr.) *als konkrete Maßnahme unmittelbar wirkend:* was der Kaffee für einen -en Eingriff in diese Naturen (= Engländer) bedeutete (Jacob, Kaffee 98); Tätigkeit als Leiter des -en *(konkrete Maßnahmen festlegenden)* Führungsorgans der KPD (Neues D. 25. 3. 78, 10); etw. o. einsetzen; **Operativismus** [...tiˈvɪsmʊs], der; -: *Operationalismus;* **Operativität** [...viˈtɛ:t], die; - (bildungsspr.): *operative* (3) *Beschaffenheit, unmittelbare Wirksamkeit:* die O. von Werbemethoden steigern; **Operator** [opəˈra:tɔr, auch: ...to:ɐ̯], der; -s, -en [...raˈto:rən; 1: lat. operātor = Arbeiter, Verrichter; 2: engl. operator]: **1.** (Fachspr., bes. Math., Sprachw.) *Mittel, Verfahren, Symbol o. ä. zur Durchführung linguistischer, logischer od. mathematischer Operationen* (3). **2.** [auch: ˈɔpəreɪtə], der; -s, -[s] *Fachkraft für die selbständige Bedienung von elektronischen Datenverarbeitungsanlagen* (Berufsbez.); **Operatorin** [opəraˈto:rɪn], die; -, -nen: w. Form zu ↑Operator (2); **Operette** [opəˈrɛtə], die; -, -n [ital. operetta, Vkl. von: opera (↑Oper), eigtl. = Werkchen]: **a)** ⟨o. Pl.⟩ *Gattung von leichten, unterhaltenden musikalischen Bühnenwerken mit gesprochenen Dialogen, [strophenliedartigen] Soli u. Tanzeinlagen:* die klassische, Wiener O.; **b)** *einzelnes Werk der Gattung Operette* (a): das Textbuch einer O.; -n komponieren; **c)** *Aufführung einer Operette:* ihre Eltern nahmen sie mit in die O.

Operẹtten-: **~film,** der: *verfilmte Operette;* **~führer,** der: *Nachschlagewerk mit Inhaltsangaben u. Erläuterungen zu Operetten;* **~konzert,** das: *Konzert mit Operettenmusik;* **~melodie,** die ⟨meist Pl.⟩: *Melodie* (1 c) *aus einer Operette;* **~musik,** die: vgl. ~melodie; **~sänger,** der: *auf die Operette spezialisierter Sänger;* **~sängerin,** die: w. Form zu ↑~sänger; **~schlager,** der: vgl. ~melodie; **~staat,** der (scherzh.): *kleiner, unbedeutender Staat (wie er z. B. [als Phantasiegebilde] oft als Schauplatz einer Operette vorkommt u. hier mit seinem Staatsapparat karikiert wird);* **~tenor,** der: vgl. ~sänger; **~theater,** das: *Theater, an dem vorwiegend Operetten gespielt werden.*

operẹttenhaft ⟨Adj.; -er, -este⟩: *in der Art der Operette, ähnlich wie in einer Operette;* **operierbar** [opəˈri:ɐ̯ba:ɐ̯] ⟨Adj.; o. Steig.; nicht adv.⟩: svw. ↑operabel (1); ⟨Abl.:⟩ **Operi̯erbarkeit,** die; -; **operieren** [opəˈri:rən] ⟨sw. V.; hat⟩ [lat. operāri = arbeiten, sich abmühen, zu: opus, ↑Opus]: **1.** *an jmdm., etw. eine Operation* (1) *vornehmen:* einen Patienten [am Magen] o.; der Tumor muß sofort operiert werden; sich von einem Spezialisten o. lassen; einen Herzfehler o. *(durch eine Operation beseitigen);* ⟨auch o. Akk.-Obj.:⟩ der Arzt hatte schon den ganzen Tag über operiert; ⟨subst.:⟩ ein frisch Operierter. **2.** (Milit.) *Operationen* (2 a) *durchführen:* die Truppen operieren zur Zeit mit einer Stärke von 80 000 Mann; Acht Boote ... sollten mit Höchstfahrt auf das gemeldete Geleit o. (Ott, Haie 260); die nördlich operierende Front; Ü als Libero, an der Außenlinie o. **3.** (bildungsspr.) **a)** *in einer bestimmten Weise handeln, vorgehen:* erfolgreich, vorsichtig, geschickt o.; sie haben gemeinsam gegen ihn operiert; **b)** *mit etw. umgehen, arbeiten:* mit bestimmten Begriffen, Faktoren, Tricks, mit hohen Summen o.; Männer ... operierten mit schweren Maschinen (Koeppen, New York 16).

Opern-: **~arie,** die; **~ball,** der: [2]*Ball in einem Opernhaus;* **~bühne,** die: *Opernhaus als kulturelle Institution;* **~direktor,** der: *Direktor* (1 b), *Oberspielleiter einer Oper* (2 b); **~film,** der: *verfilmte Oper;* **~freund,** der; **~führer,** der: *Nachschlagewerk mit Inhaltsangaben u. Erläuterungen zu Opern;* **~glas,** das: *kleines Fernglas mit geringer Vergrößerung, das im Theater od. Konzertsaal benutzt wird;* **~gucker,** der (ugs.): svw. ↑~glas; **~haus,** das: *Theater, an dem Opern aufgeführt werden;* **~komponist,** der; **~konzert,** das: *Konzert mit Opernmusik;* **~musik,** die: *Musik aus Opern;* **~regie,** die; **~regisseur,** der; **~sänger,** der: *auf die Oper spezialisierter Sänger;* **~sängerin,** die: w. Form zu ↑~sänger; **~text,** der.

opernhaft ⟨Adj.; -er, -este⟩: *in der Art der Oper, sich mit ähnlich großem Aufwand wie in einer Oper vollziehend.*

Opfer ['ɔpfɐ], das; -s, - [mhd. opfer, ahd. opfar, rückgeb. aus ↑opfern]: **1. a)** *das Opfern, in einer kultischen Handlung vollzogene Hingabe von jmdm., etw. an eine Gottheit:* ein O., ein Tier als O. [am Altar] darbringen; den Göttern O. bringen *(opfern);* sie glaubten, die Götter durch O. zu versöhnen; die Priester, welche ursprünglich mit dem Gesicht zur Gemeinde das O. vollziehen (*den Kreuzestod Christi in der Eucharistie vergegenwärtigen;* Bild. Kunst 3, 17); Ü die Bestie Publikum ... will ihr O. haben (Thieß, Legende 196); ***jmdm. etw. zum O. bringen** *(jmdm. etw. opfern):* er brachte der Partei seine Überzeugung zum O.; **b)** *Opfergabe:* ein Tier als O. auswählen; auf den Altären brannten noch die O. **2.** *durch persönlichen Verzicht mögliche Hingabe von etw. zugunsten eines andern:* alle O. waren vergeblich; für etw. O. an Geld und Zeit bringen, auf sich nehmen; jmdm., sich große O. auferlegen; diese Arbeit verlangt persönliche O.; er hätte ihnen nicht das kleinste O. gebracht; die Eltern scheuen keine O. für ihre Kinder; unter persönlichen -n; für sie war diese kleine Spende bereits ein O. *(ihnen fiel sie angesichts ihrer finanziellen Lage bereits sehr schwer).* **3.** *jmd., der durch jmdn., etw., Tier, das durch ein anderes umkommt od. Schaden erleidet:* die O. eines Verkehrsunfalls, einer Lawine, des Faschismus, eines Regimes; das Erdbeben, die Überschwemmung forderte viele O.; die Angehörigen der O.; Aber die Spinne stürzt sich nicht gleich auf das O. (Radecki, Tag 35); Sie sind also das arme O. (ugs. scherzh.; *Sie hat man sich also für diese unangenehme Sache ausgesucht*); Ü der Bauernhof wurde ein O. der Flammen *(brannte nieder);* er wurde das O. einer Täuschung, der Verhältnisse; er ist ein O. seines Berufes; ***jmdm., einer Sache zum O. fallen** *(durch jmdn., etw. umkommen, vernichtet werden; das Opfer einer Person od. Sache werden):* einem Verbrechen, einer Säuberung, einer Kugel zum O. fallen; einer Einbildung, einem Irrtum, einer Täuschung, der Vergessenheit zum O. fallen *(sich etw. Bestimmtes einbilden, sich irren, sich täuschen, etw. vergessen);* das alte Häuserviertel ist der Spitzhacke zum O. gefallen *(ist abgerissen worden);* dem Rotstift zum O. fallen *(gestrichen werden).*

opfer-, Opfer-: **~bereit** ⟨Adj.; -er, -este; nicht adv.⟩: *in selbstloser Weise zu Opfern* (2) *bereit:* ein -er Mensch; sie war immer o.; o. für etw. eintreten, dazu: **~bereitschaft,** die; **~bereitung,** die (kath. Kirche): *Bereitstellung von Brot u. Wein zu Beginn der eigentlichen Eucharistiefeier; Opferung* (1 b); **~büchse,** die: *im Gottesdienst verwendete Sammelbüchse;* **~freudig** ⟨Adj.; nicht adv.⟩: *gern in selbstloser Weise Opfer* (2) *bringend,* dazu: **~freudigkeit,** die; **~gabe,** die: *zum Opfer* (1) *bestimmte, beim Opfer dargebrachte Gabe;* **~gang,** der: **1.** (kath. Kirche) *Brauch, im Gottesdienst eingesammeltes Opfergeld zur Gabenbereitung zum Altar zu tragen.* **2.** (geh.) *Gang, bei dem man sich für jmdn., etw. opfert:* einen O. antreten; **~geist,** der ⟨o. Pl.⟩: *geistige Haltung der Opferbereitschaft, -freudigkeit;* **~geld,** das: *im Opferstock od. während des Gottesdienstes gesammeltes Geld;* **~kult,** der; **~lamm,** das: **1. a)** vgl. ~gabe: wie ein O. (ugs. emotional; *ergeben*) stillhalten, hinter jmdm. hergehen; **b)** ⟨o. Pl.⟩ *Christus, der sich für die Menschheit geopfert hat.* **2.** (ugs. emotional) *jmd., der schuldlos durch jmdn., etw. leiden muß:* das O. sein; Ihnen (= den Arbeitern), als schuldlosen Opferlämmern, verführt von den bösen Intellektuellen (MM 11. 9. 70, 3); **~messer,** das: *beim Opfer* (1) *verwendetes Schlachtmesser;* **~mut,** der (geh.): *Mut, sich für andere, für etw. zu opfern;* **~pfennig,** der: *kleine Geldspende in der Kirche;* **~rauch,** der: *beim Brandopfer aufsteigender Rauch;* **~schale,** die: *Schale zum Auffangen des Blutes der Opfertiere od. für ein Trankopfer;* **~stätte,** die: frühgeschichtliche -n; **~stock,** der ⟨Pl. -stöcke⟩: *in Kirchen aufgestellter, abgeschlossener Behälter für Geldspenden:* Geld in den O. legen, werfen; **~tier,** das: vgl. ~gabe; **~tod,** der (geh.): *freiwilliger Tod, mit dem man sich für andere, für etw. opfert;* **~wille,** der: *Wille, Opfer* (2) *auf sich zu nehmen,* dazu: **~willig** ⟨Adj.; nicht adv.⟩: *willig, Opfer* (2) *auf sich zu nehmen,* **~willigkeit,** die.

opfern ['ɔpfɐn] ⟨sw. V.; hat⟩ [mhd. opfern, ahd. opfarōn, urspr. = etw. Gott als Opfergabe darbringen < (kirchen)-lat. operāri = einer Gottheit durch Opfer dienen; Almosen geben; vgl. operieren]: **1.** *in einer kultischen Handlung jmdn., etw. einer Gottheit darbringen, hingeben:* ein Lamm [am Altar] o.; bei den Azteken wurden der Gottheit auch Menschen geopfert; ⟨auch o. Akk.-Obj.:⟩ dann opfert der Priester dem Herrn *(vergegenwärtigt er den Kreuzestod Christi in der Eucharistie);* Ü Was kann meine Generation dafür, daß sie einem Götzen opfert? (Ott, Haie 344). **2.** *zugunsten eines andern, einer Sache etw. Wertvolles hingeben, wenn es einem üblicherweise auch nicht leichtfällt:* Geld, seinen Urlaub, seine Gesundheit, sein Leben für etw. o.; jmdm. seine Freizeit o.; im Krieg wurden Tausende sinnlos geopfert; seine besten Freunde o.; während Jim meine Hände verband, dafür sogar den Ärmel seines eigenen Hemdes opferte (Frisch, Stiller 197). **3.** ⟨o. + sich⟩ **a)** *sein Leben für jmdn., etw. hingeben, ganz einsetzen:* sich für andere, für seine Familie o.; die Mutter opfert sich für ihre Kinder; selbst wenn sich Barnabas gänzlich dem Dienst opfert (Kafka, Schloß 176); **b)** (ugs. scherzh.) *an Stelle eines andern etw. Unangenehmes auf sich nehmen:* ich habe mich geopfert und den Brief für ihn geschrieben. **4.** kurz für ↑Neptun opfern; ⟨Abl.:⟩ **Opferung,** die; -, -en [mhd. opferunge, ahd. opfarunga]: **1. a)** *das Opfern* (1); **b)** (kath. Kirche veraltend): *Opferbereitung.* **2.** *das Opfern* (2).

Ophthalmiatrie [ɔftalmia'tri:], **Ophthalmiatrik** [...'mia:trɪk], die; - [zu griech. ophthalmós = Auge u. iatreía (bzw. iatrikḗ [téchnē]) = Heilkunst]: svw. ↑Ophthalmologie; **Ophthalmologe** [...mo'lo:gə], der; -n, -n [↑-loge] (Med.): *Augenarzt;* **Ophthalmologie** [...lo'gi:], die; - [↑-logie] (Med.): *Lehre von den Erkrankungen des Auges u. ihrer Behandlung; Augenheilkunde;* **Ophthalmoskop** [...'sko:p], das; -s, -e [zu griech. skopeĩn = betrachten] (Med.): svw. ↑Augenspiegel.

Opiat [o'pia:t], das; -[e]s, -e [spätmhd. opiät < mlat. opiata (Pl.), zu lat. opium, ↑Opium]: *Arzneimittel, das Opium enthält.*

Opinio communis [o'pi:nio kɔ'mu:nɪs], die; - - [lat.] (bildungsspr.): *allgemeine Meinung;* **Opinion-Leader** [ɔ'pɪnjən -], der; -[s], - [engl.-amerik. opinion leader]: *Meinungsbildner.*

Opium ['o:piʊm], das; -s [lat. opium < griech. ópion]: *als schmerzstillendes Arzneimittel u. als Rauschgift verwendeter, eingetrockneter milchiger Saft von unreifen Fruchtkapseln des Schlafmohns:* O. rauchen, nehmen, schmuggeln; das Buch wirkte als O. (Nieklsch, Leben 135).

Opium-: **~handel,** der; **~höhle,** die (abwertend): *Ort, wo Opium geraucht wird;* **~pfeife,** die; **~raucher,** der; **~rausch,** der; **~schmuggel,** der; **~sucht,** die: *Sucht nach Opium;* **~vergiftung,** die: *Vergiftung durch Opium.*

[1]**Opossum** [o'pɔsʊm], das; -s, -s [engl. opossum < Algonkin (Indianerspr. des nordwestl. Nordamerika) oposom]: **1.** *in Nord- u. Südamerika heimische, auf Bäumen lebende, etwa katzengroße Beutelratte, mit dichtem, meist grauem od. weißlichem Fell u. langem Schwanz.* **2.** *Fell des Opossums* (1); [2]**Opossum** [-], der, auch: das; -s, -s: *aus dem Fell des* [1]*Opossums* (1) *gearbeiteter Pelz.*

Opponent [ɔpo'nɛnt], der; -en, -en [lat. oppōnēns (Gen.: oppōnentis), 1. Part. von: oppōnere, ↑opponieren]: *jmd., der eine gegenteilige Anschauung vertritt; Gegner in einem Streitgespräch:* ein streitbarer O.; in einer politischen Auseinandersetzung jmds. O. sein; **opponieren** [...'ni:rən] ⟨sw. V.; hat⟩ [lat. oppōnere = entgegensetzen; einwenden]: *eine gegenteilige Anschauung vertreten; in einer Auseinandersetzung gegen jmdn., etw. Stellung beziehen; sich jmdm., einer Sache widersetzen:* sie wollen immer nur o.; gegen jmdn., eine Sache, einen Plan o.; so wagten sie, dem Frauenberger in diesem Punkt zäh zu o. (Feuchtwanger, Herzogin 123); opponierende Fraktionsmitglieder; **opponiert** ⟨Adj.; o. Steig.; nicht adv.⟩ [2. Part. von ↑opponieren] (Biol.): **1.** *eine Blattstellung aufweisend, bei der an einer Sproßachse ein Blatt einem andern gegenübersteht.* **2.** *als Daumen den übrigen Fingern gegenübergestellt.*

opportun [ɔpɔr'tu:n] ⟨Adj.; nicht adv.⟩ [lat. opportūnus] (bildungsspr.): *in der gegenwärtigen Situation angebracht, von Vorteil* (Ggs.: inopportun): eine -e Handlungsweise; etw. scheint außenpolitisch o., zur Zeit nicht o.; etw. für nicht o. halten; ⟨Abl.:⟩ **Opportunismus** [...tu'nɪsmʊs], der; - [frz. opportunisme]: **1.** (bildungsspr.) *allzu bereitwillige Anpassung an die jeweilige Lage um persönlicher Vorteile willen, unter Verleugnung der eigenen Überzeugung u. eigener Wert- u. Zielvorstellungen:* ein politischer, notwendiger O.; etw. aus O. tun. **2.** (marx.) *bürgerliche ideologische Strömung, die dazu benutzt wird, die Arbeiterbewegung zu spalten u. Teile der Arbeiterklasse an das kapitalistische System zu binden;* **Opportunist** [...'nɪst], der; -en, -en [frz.

opportuniste]: **1.** (bildungsspr.) *jmd., der sich aus Nützlichkeitserwägungen schnell u. bedenkenlos der jeweils gegebenen Lage anpaßt.* **2.** (marx.) *Anhänger, Vertreter des Opportunismus* (2); **opportunistisch** ⟨Adj.⟩: **1.** *den Opportunismus* (1, 2) *betreffend.* **2.** *in der Art eines Opportunisten* (1, 2) *handelnd;* **Opportunität** [...ni'tɛ:t], die; -, -en [frz. opportunité < lat. opportūnitās] (bildungsspr.): *Zweckmäßigkeit in der gegenwärtigen Lage* (Ggs.: Inopportunität).

Opposition [ɔpozi'tsi̯o:n], die; -, -en [spätlat. oppositio = das Entgegensetzen, zu: oppositus, 2. Part. von: oppōnere, ↑opponieren; 2: nach engl., frz. opposition]: **1.** (bildungsspr.) *sich in einem entsprechenden Verhalten o. ä. äußernde gegensätzliche Einstellung zu jmdm., etw.; gegen jmdn., etw. empfundener, sich äußernder Widerstand:* eine aktive, offene O.; in vielen Kreisen der Bevölkerung regte sich O.; seine O. gegen jmdn. aufgeben; O. betreiben, treiben, (ugs.:) machen *(opponieren);* etw. aus bloßer O. tun; sich gegen eine starke O. durchsetzen; zu jmdm., einem System in O. stehen; nach den Wahlen ging die Regierungspartei in die O. *(wurde sie zur Gegenpartei).* **2.** *Partei[en], Gruppe[n], deren Angehörige die Politik der herrschenden Partei[en], Gruppe[n] ablehnen:* die politische, parlamentarische, klerikale O.; eine innerparteiliche O.; die außerparlamentarische O. (z. B. Bürgerinitiativen, Verbandsproteste, Apo); aus den Reihen der O. **3.** (Astron.) *Konstellation, in der, von der Erde aus gesehen, der Längenunterschied zwischen Sonne u. Gestirn 180° beträgt:* Uranus steht am 3. in O. zur Sonne (Kosmos 2, 1965, 53). **4.** (Sprachw.) **a)** *Gegensatz, gegensätzliche Relation sprachlicher Gebilde* (z. B. warm: kalt); **b)** *paradigmatische Beziehungen sprachlicher Einheiten, die in gleicher Umgebung auftreten können u. sich dann gegenseitig ausschließen* (z. B. grünes Tuch/rotes Tuch). **5.** (Anat.) *durch Einwärtsdrehen erreichbare Gegenstellung des Daumens zu den anderen Fingern.* **6.** (Schach) *Stellung, bei der sich die beiden Könige auf derselben Linie od. Reihe so gegenüberstehen, daß nur ein Feld dazwischenliegt.* **7.** (Fechten) *auf die gegnerische Klinge ausgeübter Gegendruck;* ⟨Abl.:⟩ **oppositionell** [...tsi̯o'nɛl] ⟨Adj.; nicht adv.⟩ [2: nach engl. oppositional]: **1.** (bildungsspr.) *auf Grund einer gegensätzlichen Einstellung zu jmdm., etw. Widerstand leistend [od. erkennen lassend]:* -e Kreise, Strömungen, Zeitschriften, Gefühle; o. eingestellte Jugendliche; dem Regime o. gegenüberstehen. **2.** ⟨o. Steig.⟩ *die Opposition* (2) *betreffend, dazu gehörend:* -e Parteien; ⟨subst.:⟩ Gruppen von Oppositionellen.

Oppositions-: **~führer,** der: *Führer der Oppositionspartei:* der englische, liberale O.; **~parade,** die (Fechten): *Parade mit Opposition* (7), *so daß man die gegnerische Klinge beherrscht; Gegendruckparade;* **~partei,** die: *Partei der Opposition* (2); **~politiker,** der: *Politiker der Opposition* (2); **~wort,** das ⟨Pl. ...wörter⟩ (Sprachw.): *Gegensatzwort.*

oppositiv [ɔpozi'ti:f] ⟨Adj.; o. Steig.⟩ (Sprachw.): *eine Opposition* (4) *beinhaltend; auf einer Opposition* (4) *beruhend.*

OP- [o:'pe:-] (OP): **~Raum,** der: kurz für ↑Operations*raum;* **~Saal,** der: kurz für ↑Operations*saal;* **~Schwester,** die: kurz für ↑Operations*schwester.*

Optant [ɔp'tant], der; -en, -en [lat. optāns (Gen.: optantis), 1. Part. von: optāre, ↑optieren]: *jmd., der (für etw.) optiert, eine Option ausübt;* **optativ** ['ɔptati:f] ⟨Adj.; o. Steig.⟩ [spätlat. optātīvus] (Sprachw.): *den Optativ betreffend; einen Wunsch ausdrückend;* **Optativ** [-], der; -s, -e [...i:və] (Sprachw.): *Modus des Verbs, der einen Wunsch, die Möglichkeit eines Geschehens bezeichnet;* **optieren** [ɔp'ti:rən] ⟨sw. V.; hat⟩ [lat. optāre = wählen]: **1.** *sich auf völkerrechtlicher Grundlage frei für eine bestimmte Staatsangehörigkeit entscheiden:* die Bewohner der abgetretenen Gebiete haben damals für Polen optiert; Ü Ich bin gar kein Jud ... Ich habe für die heilige Jungfrau optiert *(bin katholisch geworden;* Werfel, Tod 14). **2.** (jur.) *vom Recht der Voranwartschaft auf Erwerb einer Sache od. dem Recht zur künftigen Lieferung einer Sache Gebrauch machen:* Übersetzungsrechte o.; auf ein Grundstück optieren.

Optik ['ɔptɪk], die; -; -en [lat. opticē < griech. optikḗ (téchnē) = das Sehen betreffend(e Lehre), zu: optikós, ↑optisch]: **1.** ⟨o. Pl.⟩ *Wissenschaft vom Licht, seiner Entstehung, Ausbreitung u. seiner Wahrnehmung:* die physikalische, physiologische O. **2.** (Jargon) svw. ↑Objektiv: die O. einer Kamera, eines Fernglases; Ü daß sie (= meine Kolkraben) ... eine bessere O. des Auges besitzen (Lorenz, Verhalten I, 31). **3.** ⟨o. Pl.⟩ *optische Darstellung in einer bestimmten Weise:* Für die einprägsame O. sorgte der Kameramann (MM 21. 11. 59, 6); Ü aus der veränderten O. *(Sicht)* unserer Zeit (Welt 15. 12. 62, 17); etw. in subjektiver O. *(Sehweise)* wiedergeben. **4.** ⟨o. Pl.⟩ *einen bestimmten optischen Eindruck, eine optische Wirkung vermittelndes äußeres Erscheinungsbild:* die O. von etw. betonen; Möbel ... reizvoller O. (Augsburger Allgemeine 29. 4. 78, XLIII); Ü es macht sich für die politische O. so gut, wenn man plakative Großmaßnahmen startet (Gute Fahrt 4, 1974, 4); ⟨Abl.:⟩ **Optiker,** der; -s, -: *Fachmann für Anfertigung, Prüfung, Wartung u. Verkauf von optischen Geräten* (bes. Brillen; Berufsbez.).

Optima: Pl. von ↑Optimum; **optima fide** ['ɔptima 'fi:də; lat.] (bildungsspr.): *im besten Glauben;* **optima forma** [-'fɔrma; lat.] (bildungsspr.): *in bester Form;* **optimal** [ɔpti'ma:l] ⟨Adj.; o. Steig.⟩ [zu ↑Optimum]: *(unter den gegebenen Voraussetzungen, im Hinblick auf ein zu erreichendes Ziel) bestmöglich, so günstig wie nur möglich:* -e Meßgeräte; eine -e Sicherung, Nutzung, [Motor]leistung; -er Schutz; der -e Zeitpunkt; das -e Material für etw.; einen Kunden o. beraten; ein Problem o. lösen; **optimalisieren** [...mali'zi:rən] ⟨sw. V.; hat⟩ (bildungsspr.): svw. ↑optimieren (a); **Optimat** [...'ma:t], der; -en, -en [lat. optimās (Gen.: optimātis), ↑Optimum]: *im antiken Rom Angehöriger der herrschenden Geschlechter u. Mitglieder der Senatspartei;* **optimieren** [...'mi:rən] ⟨sw. V.; hat⟩ (Ggs.: minimieren; bildungsspr.): **a)** *optimal gestalten:* die Erziehung in der Gruppe o.; (Math.:) eine Funktion o.; **b)** ⟨o. + sich⟩ *sich optimal gestalten:* Die kapitalistische Wirtschaft optimiert sich mit Hilfe des freien Marktes (Spiegel 42, 1976, 74); ⟨Abl.:⟩ **Optimierung,** die; -, -en (Ggs.: Minimierung; bildungsspr.): *das Optimieren:* die O. der schriftlichen Kommunikation; **Optimismus** [...'mɪsmʊs], der; - [nach frz. optimisme, zu lat. optimus, ↑Optimum] (Ggs.: Pessimismus): **a)** *Lebensauffassung, die alles von der besten Seite betrachtet; heitere, zuversichtliche, lebensbejahende Grundhaltung:* der O. des Bürgers; sich seinen O. bewahren; **b)** *philosophische Auffassung, wonach die bestehende Welt die beste aller möglichen ist, in der Welt alles gut u. vernünftig ist od. sich zum Besseren entwickelt:* der fortschrittsgläubige O. der Aufklärung; **c)** *heiter-zuversichtliche, durch positive Erwartung bestimmte Haltung angesichts einer Sache, hinsichtlich der Zukunft:* ein kindlicher, leichtsinniger, übertriebener, durch nichts gerechtfertigter, gedämpfter O.; Eine Welle von O. ging durch unser Studentenheim (Leonhard, Revolution 91); **Optimist** [...'mɪst], der; -en, -en: **1.** *von Optimismus* (a, c) *erfüllter Mensch* (Ggs.: Pessimist): ein unverbesserlicher O. sein; du bist vielleicht ein O.! *(du unterschätzt die sich ergebenden Schwierigkeiten o. ä.).* **2.** (Segeln) *kleines Einmannboot (Jolle) für Kinder* (Kennzeichen: die schwarzen Buchstaben OP im Segel); **Optimistin,** die; -, -nen: w. Form zu ↑Optimist; **optimistisch** ⟨Adj.⟩ (Ggs.: pessimistisch): **a)** *von Optimismus* (a) *erfüllt:* ein stark -er Grundzug lag in seinem Wesen; er gehört zu denen, die alles im Leben o. betrachten; **b)** *von Optimismus* (c) *erfüllt od. eine entsprechende Haltung ausdrückend:* eine -e Umschreibung; ihre Folgerung, Prognose ist mir zu o.; diese Nachricht hatte mich wieder recht o. gestimmt; **Optimum** ['ɔptimʊm], das; -s, ...ma [lat. optimum, Neutr. von: optimus = bester, hervorragendster, Sup. von: bonus = gut]: **1.** *(unter den gegebenen Voraussetzungen, im Hinblick auf ein Ziel) höchstes erreichbares Maß, höchster erreichbarer Wert:* das Gerät bietet ein O. an Präzision, Leistung, Wirtschaftlichkeit; ein O. an Wohlstand für die Bürger sichern. **2.** (Biol.) *günstigste Umweltbedingungen für ein Lebewesen* (Ggs.: Pessimum).

Option [ɔp'tsi̯o:n], die; -, -en [lat. optio = freier Wille, Belieben]: **1.** *das Optieren* (1): die O. für einen Staat. **2.** (jur.) *Recht der Voranwartschaft auf Erwerb einer Sache od. Recht zur künftigen Lieferung einer Sache:* -en für etw. vergeben; auf die O. verzichten.

optisch ⟨Adj.; o. Steig.⟩ [griech. optikós = das Sehen betreffend]: **1.** *die Optik* (1), *die Technik des Sehens betreffend, darauf beruhend:* -e Eindrücke; o. vergrößernde Instrumente; er ist mehr o., sein Freund dagegen mehr akustisch veranlagt; o. [nicht] wahrnehmbar sein; dieser Vorgang wird o. signalisiert. **2.** *die Wirkung auf den Betrachter betreffend:* die -e Gestaltung, Belebung eines Raumes; dadurch wirkt der Raum o. größer, weiter; Optisch *(vom Aussehen, Äußeren her)* und musikalisch haben sie das

Zeug dazu (Freizeitmagazin 12, 1978, 37); **Optoelektronik** [ɔpto-], die; -: *modernes Teilgebiet der Elektronik, das die auf der Wechselwirkung von Optik u. Elektronik beruhenden physikalischen Effekte zur Herstellung besonderer elektronischer Schaltungen ausnutzt;* **optoelektronisch** ⟨Adj.; o. Steig.⟩: *die Optoelektronik betreffend, auf ihren Prinzipien beruhend;* **Optometer** [ɔpto-], das; -s, - [↑-meter] (Med.): *Gerät zur Messung der Sehweite;* **Optometrie** [...me'tri:], die; - [↑-metrie] (Med.): **1.** *Messung der Sehweite mit Hilfe eines Optometers.* **2.** *Prüfung der optimalen Sehschärfe durch Vorsetzen von unterschiedlichen Linsen;* **Optronik** [ɔp'tro:nɪk], die; -: kurz für *Optoelektronik;* **optronisch** ⟨Adj.; o. Steig.⟩: kurz für *optoelektronisch.*

opulent [opu'lɛnt] ⟨Adj.; -er, -este; nicht adv.⟩ [lat. opulentus, zu: ops = Macht, Vermögen] (bildungsspr.): **a)** *(von Essen u. Trinken) sehr reichlich u. von vorzüglicher Qualität:* ein -es Mahl; o. speisen; **b)** (veraltet) *mit großem Aufwand gestaltet:* Der ... Stil des Hauses war zugleich zwanglos und o. (K. Mann, Wendepunkt 14); ein stattlicher Band, ... o. ausgestattet (K. Mann, Wendepunkt 338); **Opulenz** [...nts], die; - (bildungsspr.): **a)** *opulente* (a) *Art;* **b)** (veraltet) *opulente* (b) *Art.*

Opuntie [o'pʊntsi̯ə], die; -, -n [nach dem Namen der antiken griech. Stadt Opoũs (Gen.: Opoũntos) in Lokris, weil eine Art im ganzen östlichen Griechenland wild wuchs]: *(in vielen Arten verbreiteter) baum- od. strauchartiger Kaktus mit kleinen, rasch abfallenden Blättern u. meist gelben od. roten trichterförmigen Blüten; Feigendistel.*

Opus ['o:pʊs], das; -, Opera ['o:pəra; lat. opus = Arbeit; erarbeitetes Werk]: **a)** *künstlerisches (bes. musikalisches, literarisches) od. auch wissenschaftliches Werk:* das neueste O. des Schriftstellers, Filmregisseurs; ein großformatiges O.; Spätestens hier ... gibt man doch ein solches O. (iron.; *Machwerk*) dem Buchhändler ... zurück (Deschner, Talente 123); **b)** *musikalisches Werk (in Verbindung mit einer Zahl zur Kennzeichnung der chronologischen Reihenfolge der Werke eines Komponisten):* Beethovens Streichquartette O. 18, [Nummer] 1–6; Abk.: op.

ora et labora! ['o:ra ɛt la'bo:ra; lat.] (bildungsspr.): *bete und arbeite!* (alte christliche Maxime, bes. der [Benediktiner]mönche); **Orakel** [o'ra:kl̩], das; -s, - [lat. ōrāculum, eigtl. = Sprechstätte, zu: ōrāre, ↑Orans]: **a)** *Stätte (bes. im alten Griechenland), wo bestimmte Personen (Priester, Seherinnen) Weissagungen verkündeten od. [rätselhafte, mehrdeutige] Aussagen in bezug auf gebotene Handlungen, rechtliche Entscheidungen o. ä. machten:* das O. von Delphi; das, ein O. befragen; Ü das O. Montesquieu (bildungsspr. veraltend; *Montesquieu als Autorität, deren Rat, Urteil man sich unterwirft*); **b)** *durch das Orakel* (1 a) *erhaltene Weissagung, [rätselhafte, mehrdeutige] Aussage in bezug auf gebotene Handlungen, rechtliche Entscheidungen o. ä.:* das O. erfüllte sich; ein O. deuten, falsch auslegen; Ü was sie sagte, war ein O. für mich *(war rätselhaft u. schwer zu deuten);* in -n *(Rätseln, dunklen Andeutungen)* sprechen; ⟨Abl.:⟩ **orakelhaft** ⟨Adj.; -er, -este⟩: *in der Art eines Orakels* (1 b): seine Bemerkung klang reichlich o., dazu: **Orakelhaftigkeit,** die; -; **orakeln** [o'ra:kl̩n] ⟨sw. V.; hat⟩ (ugs.): *in der Art eines Orakels* (1 b) *in dunklen Vermutungen u. Andeutungen von etw. [Kommendem] sprechen; weissagen:* man orakelte, daß ...; er ... orakelte auf den Tag genau Kurseinbrüche (Grass, Hundejahre 66); er ... orakelte mit dem Müller Matern über die Zukunft (Grass, Hundejahre 201); ⟨Zus.:⟩ **Orakelspruch,** der: svw. ↑Orakel (1 b); **Orakelstätte,** die: svw. ↑Orakel (1 a); **oral** [o'ra:l] ⟨Adj.; o. Steig.⟩ [zu lat. ōs (Gen.: ōris) = Mund]: **1.** (Med.) **a)** *durch den Mund zu verabreichen:* -e Verhütungsmittel; **b)** (Anat.) *zum Mund gehörend, den Mund betreffend:* die -e Phase (Psychoanalyse; *der analen Phase vorausgehende, durch Lustgewinn im Bereich des Mundes gekennzeichnete erste Phase der Libidoentwicklung*). **2.** (Sprachw.) *(von Lauten) mit nach oben geschlossenem Gaumensegel, zwischen Lippen u. Gaumenzäpfchen artikuliert* (bes. Vokale). **3.** (Sexualk.) *mit dem Mund [geschehend]:* -er Verkehr; mit jmdm. o. verkehren. **4.** (Fachspr.) *mündlich (im Unterschied zu schriftlich):* das Zusammenfallen der -en Traditionen Afrikas mit den literarischen Traditionen der Neuen Welt (Spiegel 48, 1977, 222); **oral-genital** ⟨Adj.; o. Steig.⟩ (Sexualk.): *die Berührung u. Stimulierung der Genitalien mit dem Mund betreffend;* ⟨Zus. zu 3:⟩ **Oralverkehr,** der.

orange [o'rã:ʒ(ə), auch: o'raŋʒ(ə)] ⟨indekl. Adj.; o. Steig.; nicht adv.⟩ [frz. orange]: *von der Farbe der Orange:* o. Blüten; der Untergrund ist o.; ⟨ugs. auch gebeugt:⟩ ein -s Chiffontuch; ⟨subst.:⟩ [1]**Orange** [-], das; -, -, ugs.: -s: *Farbe der* [2]*Orange;* [2]**Orange** [o'rã:ʒə, auch: o'raŋʒə], die; -, -n [(älter: Orangeapfel < niederl. oranje appel <) frz. (pomme d') orange, viell. unter volksetym. Anlehnung an: or = Gold < span. naranja < arab. nāranǧ = bittere Orange, aus dem Pers.] (bes. südd., österr., schweiz.): svw. ↑Apfelsine; **Orangeade** [orã'ʒa:də, auch: oraŋʒ...], die; -, -n: *[mit Kohlensäure versetztes] Erfrischungsgetränk unter Verwendung von Orangensaft;* **Orangeat** [...'ʒa:t], das; -s, (Sorten:) -e: *[zum Backen verwendete, in Würfel geschnittene] kandierte Orangenschale.*

orange-, Orange- (vgl. auch: orangen-, Orangen-): **~buch,** das [nach dem Vorbild der englischen ↑Blaubücher] (Dipl.): *mit orangefarbenem Einband od. Umschlag versehenes Farbbuch des zaristischen Rußland;* **~farben, ~farbig** ⟨Adj.; o. Steig.; nicht adv.⟩: *von der Farbe der* [2]*Orange;* **~filter,** der, fachspr. meist: das (Fot.): *orangegefärbter Filter* (2) *mit stark die Farbe Blau dämpfenden Eigenschaften;* **~gelb** ⟨Adj.; o. Steig.; nicht adv.⟩: vgl. ~rot; **~rot** ⟨Adj.; o. Steig.; nicht adv.⟩: *von orangefarbenem Rot.*

orangen [o'rã:ʒn̩, auch: o'raŋʒn̩]: svw. ↑orange.

orangen-, Orangen- (vgl. auch: orange-, Orange-): **~baum,** der: svw. ↑Apfelsinenbaum; **~blüte,** die, dazu: **~blütenöl,** das; **~farben, ~farbig**: ↑orangefarben, -farbig; **~haut,** die (Med.): **1.** *orangefarbene Haut.* **2.** *menschliche Haut mit apfelsinenschalenähnlicher Oberfläche;* **~kern,** der; **~konfitüre,** die; **~marmelade,** die; **~renette,** die: svw. ↑Cox' Orange; **~saft,** der; **~schale,** die; **~scheibe,** die.

Orangerie [orãʒə'ri:, auch: oraŋʒ...], die; -, -n [...i:ən; frz. orangerie]: *[in die Anlage barocker Schlösser einbezogenes] Gewächshaus in Parkanlagen des 17. u. 18. Jh.'s zum Überwintern von exotischen Gewächsen, bes. Orangenbäumen.*

Orang-Utan ['o:raŋ'|u:tan], der; -s, -s [malai. orang (h)utan = Waldmensch]: *in den Regenwäldern Borneos u. Sumatras auf Bäumen lebender Menschenaffe mit kurzen Beinen, langen Armen u. langhaarigem, dichtem braunem Fell.*

Orans ['o:rans], **Orant** [o'rant], der; Oranten, Oranten, **Orante** [...tə], die; -, -n [lat. ōrāns (Gen.: ōrantis) = der, die Betende, 1. Part. von: ōrāre = beten, bitten] (bild. Kunst): *männliche od. weibliche stehende Gestalt der frühchristlichen Kunst in antiker Gebetshaltung mit erhobenen Armen;* ⟨Zus.:⟩ **Orantenhaltung,** die; -, **Orantenstellung,** die; -; **ora pro nobis!** ['o:ra pro: 'no:bɪs; lat.]: *bitte für uns!* (in der katholischen Liturgie formelhafte Bitte, die [in Litaneien] an Maria u. die Heiligen gerichtet wird); **Oration** [ora'tsi̯o:n], die; -, -en [(kirchen)lat. ōrātio = Gebet, eigtl. = Rede] (kath. Kirche): *formal strenges Abschlußgebet des Priesters nach allgemeinen Gebeten u. Gesängen;* **Oratio obliqua** [o'ra:tsi̯o o'bli:kva], die; - - [lat., vgl. oblique] (Sprachw.): *indirekte Rede* (↑Rede); **Oratio recta** [- 'rɛkta], die; - - [lat.] (Sprachw.): *direkte Rede* (↑Rede); **Orator** [o'ra:tɔr, auch: ...to:ɐ̯], der; -s, -en [ora'to:rən; lat. ōrātor]: **1.** *Redner in der Antike.* **2.** (bildungsspr. selten) *Redner;* **Oratorianer** [orato'ri̯a:nɐ], der; -s, - [nach dem ersten Versammlungsort, einem röm. ↑Oratorium (2)]: *Mitglied einer katholischen Gemeinschaft von Weltpriestern;* **oratorisch** [ora'to:rɪʃ] ⟨Adj.; o. Steig.⟩: **1.** (bildungsspr.) *jmds. Fähigkeiten als Redner zum Ausdruck bringend [ohne eine andere Funktion od. Bedeutung zu haben]:* rein -e Leistungen (Hesse, Sonne 30). **2.** *in der Art des, eines Oratoriums* (1); **Oratorium** [...'to:ri̯ʊm], das; -s, ...ien [...i̯ən; kirchenlat. ōrātōrium = Bethaus, zu lat. ōrāre = bitten, beten; das Musikwerk war urspr. zur Aufführung in der Kirche bestimmt]: **1. a)** ⟨o. Pl.⟩ *Gattung von opernartigen Musikwerken ohne szenische Handlung mit meist religiösen od. episch-dramatischen Stoffen;* **b)** *einzelnes Werk der Gattung Oratorium* (1 a): ein O. von Händel, Strawinsky. **2. a)** *[Haus]kapelle;* **b)** *gegen den Hauptraum durch Fenster abgeschlossene Chorempore für Kirchenbesucher hohen Standes.* **3. a)** *Betsaal, Versammlungsort, Niederlassung der Oratorianer;* **b)** ⟨o. Pl.⟩ *Gesamtheit der Oratorianer.*

Orbis ['ɔrbɪs], der; - [lat. orbis]: **1.** lat. Bezeichnung für ↑Kreis: O. pictus [- 'pɪktʊs; lat. = gemalte Welt] *(im 17./18. Jh. beliebtes Unterrichtsbuch des Theologen u. Pädagogen Comenius [1592–1670]);* O. terrarum [- tɛ'ra:rʊm; lat.] *(Erdkreis, bewohnte Erde).* **2.** (Astrol.) *Umkreis od. Wirkungsbereich, der sich aus der Stellung der Planeten zueinander ergibt;* **Orbit** ['ɔrbɪt], der; -s, -s [engl. orbit

< lat. orbita = (Kreis)bahn] (Raumf.): *elliptische Umlaufbahn eines Satelliten, einer Rakete o. ä. um einen größeren Himmelskörper;* ⟨Abl.:⟩ **orbital** [ɔrbi'ta:l] ⟨Adj.; o. Steig.; nicht adv.⟩ [engl. orbital]: *den Orbit betreffend;* ⟨subst.:⟩ **Orbital** [-], das; -s [engl. orbital] (Physik, Quantenchemie): **a)** *Bereich, Umlaufbahn um den Atomkern od. um die Atomkerne eines Moleküls;* **b)** *energetischer Zustand eines Elektrons innerhalb der Atomhülle.*

Orbital-: ~**bahn**, die: svw. ↑Orbit; ~**bombe**, die (Milit.): *Bombe, die von einer Trägerrakete zunächst in eine Erdumlaufbahn gebracht u. dann auf das Ziel gesteuert wird;* ~**rakete**, die (Milit.): *Interkontinentalrakete, die einen Teil ihrer Flugstrecke auf einem Abschnitt der Erdumlaufbahn zurücklegt;* ~**station**, die: svw. ↑Raumstation.

Orbiter ['ɔrbitɐ], der; -s, - [amerik. orbiter] (Raumf.): *Teil eines Raumflugsystems, der in einen Orbit gebracht wird.*

Orchester [ɔr'kɛstɐ, auch: ɔr'çɛ...], das; -s, - [ital. orchestra, frz. orchèstre < lat. orchēstra = für die Senatoren bestimmter Ehrenplatz vorn im Theater; Erhöhung auf der Vorderbühne, auf der die Musiker u. Tänzer auftreten < griech. orchēstra = Orchestra (a), eigtl. = Tanzplatz]: **1.** *größeres Ensemble* (1 a) *aus Instrumentalisten, in dem bestimmte Instrumente mehrfach besetzt sind u. das unter der Leitung eines Dirigenten spielt:* ein kleines, großes O.; das O. probt, spielt in voller Besetzung; ein O. dirigieren, verstärken; die Mitglieder eines [philharmonischen] -s; Werke für O. *(Orchesterbesetzung)* schreiben; im O. [mit]spielen; Ü in dem ununterbrochenen Heulen des Sturms und dem Gedonner der See, einem chaotischen O. (Ott, Haie 280). **2.** svw. ↑Orchestergraben.

Orchester-: ~**begleitung**, die; ~**besetzung**, die; ~**fassung**, die; ~**graben**, der: *in einem Opernhaus o. ä. zwischen Bühne u. Publikum eingelassener Raum für das Orchester;* ~**instrument**, das; ~**klang**, der; ~**konzert**, das; ~**leiter**, der; ~**loge**, die: *Loge über dem Orchestergraben;* ~**musik**, die, dazu: ~**musiker**, der: svw. ↑Musiker (b); ~**sitz**, der: *Sitz der vordersten Stuhlreihe am Orchestergraben.*

Orchestra [ɔr'çɛstra], die; -, ...ren [griech. orchḗstra, ↑Orchester]: **a)** *im antiken griechischen Theater für den Chor bestimmter halbrunder Raum zwischen Bühne u. Zuschauerreihen;* **b)** *im Theater des 15./16. Jh.s Raum zwischen Bühne u. Zuschauerreihen als Platz für die Hofgesellschaft;* **c)** *im Theater des 17. Jh.s Raum zwischen Bühne u. Zuschauerreihen als Platz für die Instrumentalisten;* **orchestral** [ɔrkɛs'tra:l, auch: ɔrçɛ...] ⟨Adj.; Steig. ungebr.⟩: *das Orchester betreffend, dazu gehörend, dafür typisch:* ein -es Divertimento; eine -e Klangfülle; der Solist wurde o. *(von einem Orchester)* begleitet; **Orchestration** [...ra'tsio:n], die; -, -en (Musik): **a)** svw. ↑Instrumentation (a); **b)** *Ausarbeitung einer Komposition für Orchesterbesetzung;* **orchestrieren** [...'tri:rən] ⟨sw. V.; hat⟩ (Musik): **a)** svw. ↑instrumentieren (1 a): die Komposition muß orchestriert werden; Ü eine Reihe gut orchestrierter Solidaritätskundgebungen (Zeit 32, 1967, 1); **b)** *eine Komposition für Orchesterbesetzung umarbeiten:* ein Klavierquartett o.; ⟨Abl.:⟩ **Orchestrierung**, die; -, -en (Musik); **Orchestrion** [ɔr'çɛstriɔn], das; -s, ...ien [...iən; zu ↑Orchester (1)]: *größeres mechanisches Musikinstrument [mit dem Klang von Orgel, Klavier, Geige].*

Orchidee [ɔrçi'de:(ə)], die; -, -n [frz. orchidée, zu griech. órchis = Hoden; nach den hodenförmigen Wurzelknollen]: *in den Tropen u. Subtropen in zahlreichen Arten vorkommende, in Gewächshäusern als Zierpflanze gezüchtete Pflanze mit länglichen [fleischigen] Blättern, farbenprächtigen, kompliziert gebauten einzelnen od. in Ähren od. Trauben angeordneten Blüten;* [1]**Orchis** ['ɔrçɪs], der; -, ...ches [...çe:s; griech. órchis] (Med.): *Hoden;* [2]**Orchis** [-], die; -, - [nach dem hodenförmigen Wurzelknollen] (Bot.): *Knabenkraut;* **Orchitis** [ɔr'çi:tɪs], die; -, ...itiden [...çi'ti:dn̩] (Med.): *entzündliche Erkrankung der Hoden, Hodenentzündung.*

Ordal [ɔr'da:l], das; -s, -ien [-iən; mlat. ordalium < aengl. ordāl, eigtl. = das Ausgeteilte]: *Gottesurteil.*

Orden ['ɔrdn̩], der; -s, - [1: mhd. orden < lat. ōrdo (Gen.: ōrdinis) = Reihe; Ordnung; Rang, Stand; 2: nach den (Ab)zeichen, die bes. die Zugehörigkeit zu einem Orden (1) kennzeichneten]: **1.** *[klösterliche] Gemeinschaft, deren Mitglieder nach Leistung bestimmter Gelübde unter einem gemeinsamen Oberen u. nach bestimmten Vorschriften leben:* der Deutsche O.; der O. der Benediktiner; einen O. stiften, gründen; einem O. angehören, beitreten; aus einem O. austreten; in einen O. eintreten; ***Dritter O.** (kath. Kirche; *Tertiarierorden*). **2.** *Ehrenzeichen, Abzeichen für besondere militärische, künstlerische, wissenschaftliche u. a. Verdienste:* einen O. stiften, erhalten, tragen, anlegen; jmdm. einen O. verleihen, anheften, (ugs. abwertend:) anhängen; der Träger, Inhaber eines -s; jmdn. mit einem O. auszeichnen; er war mit vielen O. geschmückt, dekoriert.

Ordens-: ~**band**, das ⟨Pl. ...bänder⟩: **1.** [1]*Band* (I 1), *an dem ein Orden* (2) *getragen wird.* **2.** *großer Schmetterling mit leuchtend roten, gelben, blauen od. weißen, schwarzgebänderten Hinterflügeln;* ~**bruder**, der: *Mitglied eines Mönchsordens;* ~**burg**, die: *Burg eines Ritterordens;* ~**frau**, die (geh., veraltet): svw. ↑~schwester; ~**geistlicher**, der: *Geistlicher, der zugleich Mitglied eines Mönchsordens ist;* ~**gemeinschaft**, die; ~**kette**, die: vgl. ~band; ~**kleid**, das (geh.): svw. ↑~tracht; ~**kreuz**, das: *Orden* (2) *in Form eines Kreuzes;* ~**mann**, der ⟨Pl. ...männer u. ...leute⟩ (geh., veraltet): svw. ↑~bruder; ~**provinz**, die: *Provinz eines katholischen Ordens (mit eigener Leitung u. eigenem Aufgabenbereich);* ~**regel**, die: *verschiedene Vorschriften umfassende [mönchische] Regel für die Mitglieder eines Ordens* (1); ~**ritter**, der: *Mitglied eines Ritterordens;* ~**schnalle**, die: vgl. ~spange; ~**schwester**, die: *Mitglied eines Frauenordens;* ~**spange**, die: *Spange am Uniformrock zum Befestigen von Orden* (2); ~**stern**, der [2: nach der sternförmigen Blüte]: **1.** vgl. ~kreuz. **2.** svw. ↑Stapelia; ~**tracht**, die: *Tracht einer Ordensgemeinschaft;* ~**verleihung**, die.

ordentlich ['ɔrdn̩tlɪç; mhd. ordenlich, ahd. ordenlīch(o); zu ↑Orden]: **I.** ⟨Adj.⟩ **1. a)** *auf Ordnung haltend; ordnungsliebend:* er ist ein sehr -er Mensch; in seiner Arbeit ist er sehr o.; [nicht sehr] o. veranlagt sein; **b)** *geordnet, in eine bestimmte Ordnung gebracht, wie es sich gehört; von Ordnung[sliebe] zeugend:* ein -es Zimmer; eine -e Handschrift; die Bücher o. ins Regal stellen. **2.** *den geltenden bürgerlichen Vorstellungen entsprechend; anständig, rechtschaffen:* -e alteingesessene Familien; das ist ein -es Mädchen; ein -es Leben führen; ein -er Mensch zu werden versuchen. **3.** ⟨o. Steig.; nicht präd.⟩ *nach einer bestimmten Ordnung eingesetzt, erfolgend o. ä.; planmäßig:* ein -er Arbeitsvertrag; ein -es Gerichts-, Strafverfahren; -es Mitglied eines Vereins sein; ein -es Gericht (*Gericht für Straf- u. Zivilprozesse;* im Unterschied zum Sonder-, Ausnahmegericht); er ist -er Professor (Amtsbezeichnung; *Inhaber eines Lehrstuhls an einer wissenschaftlichen Hochschule;* Abk.: o. Prof.). **4.** (ugs.) **a)** *richtig; wie man sich etw. wünscht od. vorstellt:* ohne Musik ist das kein -es Fest; der Fußballplatz hat einen -en Rasen; stell dich o. hin!; das Wasser muß vorher o. gekocht haben; **b)** *gehörig, in ausreichendem, vollem Maße:* er nahm einen -en Schluck; greif nur o. zu!; an dem Gemüse hat er o. verdient; dem hat er es o. gegeben!; **c)** *[ganz] gut:* ein -es Mittel; sein Aufsatz war recht o.; er hat seine Arbeit ganz o. gemacht; ihr Mann verdient ganz o. *(hat ein ganz gutes Einkommen).* **II.** ⟨Adv.⟩ (ugs.) *geradezu, regelrecht:* ich war o. gerührt; du bringst einen o. in Verlegenheit; Man hörte o. durch die Dunkelheit, wie es in ihren Schädeln knirschte (Tucholsky, Werke II, 313); **Order** ['ɔrdɐ], die; -, -s u. -n [frz. ordre < lat. ōrdo, ↑Orden]: **1.** *[militärischer, dienstlicher] Befehl; Anweisung:* O. geben, bekommen, haben, den Abmarsch vorzubereiten; Sie haben ... seine -s ausgeführt (Simmel, Stoff 642); ***O. parieren** (veraltend; *einen Befehl ausführen; gehorchen;* vgl. [2]parieren). **2.** ⟨Pl. -s⟩ (Kaufmannsspr.) *Bestellung, Auftrag:* telegrafisch erteilte -s.

Order-: ~**buch**, das ⟨meist Pl.⟩ (Kaufmannsspr.): *Buch, in dem laufende Aufträge verzeichnet werden, Auftragsbuch;* ~**klausel**, die (Bankw.): *Vermerk auf Wertpapieren, mit dem eine andere Person als der eigentlich berechtigte Empfänger benannt werden kann;* ~**papier**, das (Bankw.): *mit der Orderklausel versehenes Wertpapier.*

ordern ['ɔrdɐn] ⟨sw. V.; hat⟩ (Kaufmannsspr.): *einer Firma o. ä. einen Auftrag über eine bestimmte [größere] Menge, Anzahl von etw. erteilen; (eine Ware) bestellen:* Geschenkartikel ... und Neuheiten wurden vom Handel zügig geordert (MM 5. 9. 68, 21); ⟨auch o. Akk.-Obj.:⟩ Bitte ordern Sie ohne Verzögerung (Börsenblatt 35, 1959, 1605); **Ordinale** [ɔrdi'na:lə], das; -[s], ...lia ⟨meist Pl.⟩ [spätlat. (nōmen) ordināle, eigtl. = eine Ordnung anzeigend(es Wort)]: svw. ↑Ordinalzahl; **Ordinalzahl**, die; -, -en: *Zahl, die die Reihenfolge kennzeichnet, die Stelle, an der etw. in einer nach bestimmten Gesichtspunkten geordneten Menge steht;* **ordinär** [...'nɛ:ɐ̯] ⟨Adj.⟩ [frz. ordinaire = gewöhnlich, ordentlich < lat. ōrdinārius, ↑Ordinarius] (bildungsspr.): **1. a)** (meist abwertend) *in seinem Benehmen, seiner Ausdrucksweise, Art sehr unfein, die Grenzen des Schicklichen mißachtend:* eine -e Person; eine -e Visage, Art haben; -e Verse, Redensarten; sie ist ziemlich, so herrlich o.; o. wirken, lachen; jmdn. o. finden; **b)** *von schlechtem, billigem Geschmack [zeugend]:* ein -es Parfüm; der teuere und -e Brillantring, den er ausgerechnet auf dem kleinen Finger ... trug (Habe, Namen 12). **2.** ⟨nur attr.⟩ *ganz alltäglich, ganz gewöhnlich, nicht irgendwie besonders geartet:* wo es sich doch meist um ganz -e Interessenkonflikte handelt (Dönhoff, Ära 225); Das Inventar war aus -stem Tannenholz (A. Kolb, Daphne 17); **Ordinariat** [...na'ri̯a:t], das; -[e]s, -e [zu ↑Ordinarius]: **1.** (kath. Kirche) *oberste Verwaltungsstelle eines katholischen Bistums.* **2.** *Amt eines ordentlichen Professors an einer wissenschaftlichen Hochschule;* **Ordinarium** [...'na:ri̯ʊm], das; -s, ...ien [...i̯ən; mlat. ordinarium, zu lat. ōrdinārius, ↑Ordinarius]: **1.** (kath. Kirche) *[handschriftliche] Gottesdienstordnung.* **2.** (Amtsspr.) *Haushalt [eines Staates, Landes, einer Gemeinde] mit den regelmäßig wiederkehrenden Ausgaben u. Einnahmen;* **Ordinarium missae** [- 'mɪsɛ], das; - - [kirchenlat.] (kath. Kirche): *die Vertonung des ↑Ordo missae;* **Ordinarius** [...'na:ri̯ʊs], der; -, ...ien [...i̯ən; 1, 3: gekürzt aus: Professor ordinarius, zu lat. ōrdinārius = ordentlich, zu: ōrdo, ↑Orden; 2: mlat. ordinarius = zuständiger Bischof]: **1.** *ordentlicher Professor, Inhaber eines Lehrstuhls an einer wissenschaftlichen Hochschule.* **2.** (kath. Kirchenrecht) *Inhaber von Kirchengewalt auf territorialer* (z. B. Papst, Diözesanbischof, Abt) *od. personeller Ebene* (z. B. Oberer eines Ordens). **3.** (veraltet) *Klassenlehrer an einer höheren Schule;* **Ordinärpreis,** der; -es, -e [zu ↑ordinär (2)] (Kaufmannsspr.): *der vom Verleger festgesetzte Verkaufspreis eines Buches;* **Ordinate** [...'na:tə], die; -, -n [zu lat. (līnea) ōrdināta = geordnet(e Linie); vgl. ordinieren] (Math.): *Abstand von der horizontalen Achse (Abszisse), gemessen auf der vertikalen Achse eines rechtwinkligen Koordinatensystems;* ⟨Zus.:⟩ **Ordinatenachse,** die (Math.): *(y-)Achse eines Koordinatensystems, auf der die Ordinate abgetragen wird;* **Ordination** [...na'tsi̯o:n], die; -, -en [(kirchen)lat. ōrdinātio = Anordnung; Einsetzung (in ein Amt); Weihe eines Priesters]: **1. a)** (ev. Kirche) *feierliche Einsetzung eines Pfarrers in sein Amt;* **b)** (kath. Kirche) *sakramentale Weihe eines Diakons, Priesters, Bischofs.* **2.** (Med.) **a)** *ärztliche Verordnung;* **b)** (veraltet) *ärztliche Sprechstunde;* **c)** (österr.) *Arztpraxis* (a); ⟨Zus.:⟩ **Ordinationshilfe,** die (Med. österr.): *Sprechstundenhilfe;* **Ordinationszimmer,** das (Med. veraltet): *Sprechzimmer;* **Ordines**: Pl. von ↑Ordo; **ordinieren** [...'ni:rən] ⟨sw. V.; hat⟩ [1: (kirchen)lat. ōrdināre]: **1. a)** (ev. Kirche) *einen Pfarrer feierlich in sein Amt einsetzen;* **b)** (kath. Kirche) *zum Kleriker weihen:* jmdn. zum Priester o. **2.** (Med.) **a)** *(eine Arznei) verordnen;* **b)** *Sprechstunde halten.*

ordnen ['ɔrdnən] ⟨sw. V.; hat⟩ [mhd. ordenen, ahd. ordinōn < lat. ōrdināre, ↑ordinieren]: **1. a)** *(etw., was Bestandteil einer bestimmten Menge ist) in einer bestimmten Weise in eine bestimmte, für das Genannte vorgesehene Reihenfolge, Lage o. ä. bringen; anordnen:* Bücher, Akten, Papiere o.; etw. sorgfältig, chronologisch o.; die einzelnen Teile der Größe nach, die Karteikarten nach dem Alphabet o.; Blumen zu einem Strauß o.; das Material in die Mappen o. *(nach einer bestimmten Ordnung hineintun);* **b)** *(etw., was in einem bestimmten abstrakten Zusammenhang steht) nach bestimmten Gesichtspunkten, Überlegungen, Vorstellungen o. ä. systematisieren, übersichtlich zusammenfassen:* seine Gedanken o.; der Islam, der ... alle Aspekte des bürgerlichen Lebens ... ordnet (Dönhoff, Ära 164); der ordnende Verstand; **c)** *(etw., was in Unordnung [geraten] ist) [wieder] in einen ordentlichen Zustand bringen:* seinen Anzug, die Kleider o.; sie versuchte, ihr wirres Haar zu o. **2.** *in ordentlicher Weise, wie es für das Genannte angemessen, erforderlich, richtig ist, regeln* ⟨meist im 2. Part.⟩: seinen Nachlaß o.; einen geordneten Geschäftsablauf sichern; in geordneten Verhältnissen leben; ein geordneter (Milit.; *planmäßiger*) Rückzug. **3.** ⟨o. + sich⟩ *sich in einer bestimmten Reihenfolge aufstellen; sich formieren:* sich zum Festzug o.; der Demonstrationszug ordnet sich; Ü alles hatte sich sinnvoll geordnet *(zusammengefügt);* **Ordner** ['ɔrdnɐ], der; -s, - [mhd. ordenære]: **1.** *jmd., der dafür zu sorgen hat, daß eine Veranstaltung mit vielen Menschen geordnet verläuft:* die O. mußten einschreiten; er wurde von -n gepackt und abgeführt. **2.** *Hefter mit steifen Deckeln, breitem Rücken u. einer mechanischen Vorrichtung zum Abheften von gelochten Blättern:* einen neuen O. anlegen; das Zimmer war mit -n angefüllt, die Zeitungsausschnitte enthielten; ⟨Zus.:⟩ **Ordnerbinde,** die: *den Ordner* (1) *kennzeichnende, von ihm um den Arm getragene Binde* (1 b); **Ordnung** ['ɔrdnʊŋ], die; -, -en ⟨Pl. selten⟩ [mhd. ordenunge, ahd. ordinunga]: **1.** ⟨o. Pl.⟩ *durch Ordnen* (1) *hergestellter Zustand, das Geordnetsein, ordentlicher, übersichtlicher Zustand:* eine mustergültige, peinliche O.; hier herrscht ja eine schöne O.! (iron.; *ein fürchterliches Durcheinander*); durch sie kam etwas mehr O. ins Haus; alles muß seine O. haben; es gelang ihm nicht, O. in die Papiere zu bringen; O. halten, machen, schaffen; sich an O. gewöhnen müssen; auf O. achten, bedacht sein; die Kinder zur O. erziehen *(anhalten, ordentlich zu sein);* ich frage nur der O. halber, wegen *(weil es sich so gehört u. um Mißverständnisse zu vermeiden);* ***etw. in O. bringen** (ugs.: 1. *etw. [wieder] in einen brauchbaren, ordentlichen Zustand bringen.* 2. *einen unangenehmen Vorfall o. ä. zur Zufriedenheit aller Beteiligten klären*); **jmdn. in O. bringen** (ugs.; *dafür sorgen, daß jmd. wieder [physisch od. psychisch] gesund wird*); **in O. kommen** (ugs.; *[wieder] in einen ordentlichen, zufriedenstellenden Zustand gebracht werden*): ihre Ehe ist wieder in O. gekommen; **in O. sein** (ugs.: 1. *einwandfrei* (1 a) *sein:* ist dein Paß in O.?; das Fleisch ist nicht ganz in O.; dein Verhalten war nicht in O.; hier ist etwas nicht in O. 2. *gesund sein; sich wohl fühlen*); **jmd. ist in O.** (ugs.; *jmd. ist ein Mensch, mit dem man gut auskommen u. auf den man sich verlassen kann*): der Neue ist ganz in O.; **in schönster/bester O.** (ugs.; *so, wie es sein soll; so, wie man es sich wünscht*): alles, das Haus in bester O. vorfinden; **in O. gehen** (ugs.; *so, wie abgemacht, versprochen, auftragsgemäß erledigt werden*): das geht schon in O.; **etw. [ganz] in [der] O. finden** (ugs.; *etw. für völlig richtig, angebracht halten*); **in O.!** (ugs.; *[ein]verstanden!*): in O., ich komme mit. **2.** ⟨o. Pl.⟩ (selten) *das Ordnen* (1, 2, 3): die O. des Nachlasses übernehmen; er hatte Mühe mit der O. des Materials. **3.** ⟨o. Pl.⟩ **a)** *geordnete Lebensweise:* ein Kind braucht seine O.; ich will Ihre häusliche O. nicht stören; aus seiner gewohnten O. herausgerissen werden; **b)** *Einhaltung der Disziplin, bestimmter Regeln im Rahmen einer Gemeinschaft:* es gelang ihm nicht, O. in die Klasse zu bringen; ***jmdn. zur O. rufen** *(zurechtweisen, offiziell zur Disziplin ermahnen);* **c)** *auf bestimmten Normen beruhende u. durch den Staat mittels Verordnungen, Gesetzgebung o. ä. durchgesetzte u. kontrollierte Regelung des öffentlichen Lebens:* Ruhe und O. stören, wiederherstellen; die verfassungsmäßige O. gewährleisten, gefährden. **4.** ⟨o. Pl.⟩ **a)** svw. ↑Gesellschaftsordnung; **b)** svw. ↑Gesetz (3): die kirchliche, sittliche, kosmische O.; das ist, verstößt gegen jede O. **5. a)** ⟨o. Pl.⟩ *Art u. Weise, wie etw. geordnet, geregelt ist; Anordnung* (1): eine alphabetische, chronologische, vorbildliche O.; man kann die Stücke in beliebiger O. zusammenstellen; **b)** svw. ↑Formation (2 a): so ausgezeichnet hat die militärische O. noch nie geklappt (Ott, Haie 133). **6.** (Biol.) *größere Einheit, die aus mehreren verwandten Tier- od. Pflanzenfamilien besteht:* die O. der Raubtiere. **7.** ⟨o. Pl.⟩ (Math.) *Bestimmung mathematischer Größen, die nach bestimmten Einteilungen gegliedert sind:* Kurven, Ableitungen erster, zweiter O. **8.** (Mengenlehre) *Struktur einer geordneten Menge* (2). **9.** ⟨o. Pl.⟩ *bestimmte Stufe einer nach qualitativen Gesichtspunkten gegliederten Reihenfolge:* Straßen dritter, fünfter O.; Ü ein Mißerfolg erster O. (ugs.; *ein gewaltiger Mißerfolg*).

ordnungs-, Ordnungs-: **~amt,** das: **a)** *städtische Behörde, die für die Erfassung aller für die ordnungsgemäße Regelung des öffentlichen Lebens notwendigen Daten, Angaben o. ä. u. für die Ausgabe von entsprechenden Ausweisen, Genehmigungen o. ä. zuständig ist;* **b)** *Gebäude, in dem ein Ordnungsamt* (a) *untergebracht ist;* **~dienst,** der: **a)** *Tätigkeit eines Ordners* (1): den O. beim Fußballspiel übernehmen, versehen, besorgen; **b)** *jmd., der den Ordnungsdienst* (a) *übernommen hat;* **~fimmel,** der (ugs. abwertend): *übertriebene Ordnungsliebe;* **~gemäß** ⟨Adj.; o. Steig.⟩: *einer bestimmten Ordnung entsprechend; in der Weise, wie es von der Sache her vorgesehen ist:* etw. o. anmelden; o. vorgehen; die Tür war o. verschlossen; **~halber** ⟨Adv.⟩: *weil es sich so gehört:* ich habe nur o. gefragt; **~hüter,** der (scherzh., auch iron.): *Polizeibeamter;* **~liebe,** die: *ausgeprägte Nei-*

gung, Ordnung (1) *zu halten;* **~liebend** ⟨Adj.; nicht adv.⟩: *voller Ordnungsliebe, sehr ordentlich;* **~macht,** die (Politik): *staatliche Institution* (1), *die für die Aufrechterhaltung u. Verteidigung der bestehenden Ordnung* (3c) *zuständig ist, bes. Polizei, Militär o. ä.;* **~mäßig** ⟨Adj.; o. Steig.⟩: **1.** *nach einer bestimmten Ordnung:* verschiedene Arten von Pflanzen o. einteilen. **2.** (ugs.) svw. ↑~gemäß; **~polizei,** die: *Verkehrs- u. Vollzugspolizei;* **~prinzip,** das: *Prinzip, nach dem etw. geordnet ist, das einer bestimmten Ordnung zugrunde liegt;* **~ruf,** der: *offizielle Ermahnung zur Disziplin, Zurechtweisung eines Versammlungsteilnehmers durch den Vorsitzenden:* einen O. erhalten; jmdm. einen O. erteilen; **~sinn,** der: vgl. ~liebe; **~strafe,** die (jur.): *[Geld]strafe für eine Ordnungswidrigkeit:* eine O. erhalten, verhängen; jmdn. mit einer O. belegen; **~system,** das: vgl. ~prinzip; **~widrig** ⟨Adj.; o. Steig.⟩ (jur.): *gegen eine Verordnung, amtliche Vorschrift verstoßend:* -es Verhalten im Verkehr, dazu: **~widrigkeit,** die; **~zahl,** die: svw. ↑Ordinalzahl.

Ordo ['ɔrdo], der; -, Ordines ['ɔrdine:s; lat. ōrdo, ↑Orden]: **1.** *(im antiken Rom) Stand, Klasse* (2): die O. der Ritter. **2.** ⟨o. Pl.⟩ (Biol.) *verwandte Familien zusammenfassende Einheit.* **3.** *Ordination* (1b); **Ordo missae** [- 'mɪsɛ], der; - - [kirchenlat.] (kath. Kirche): *Meßordnung für die gleichbleibenden Teile der* [1]*Messe* (1); **Ordonnanz** [ɔrdɔ'nants], die; -, -en [< frz. ordonnance, zu: ordonner < lat. ōrdināre, ↑ordinieren] (Milit.): **1.** *Offiziersanwärter, der im Offizierskasino bedient.* **2.** (veraltet) *Befehl;* ⟨Zus.:⟩ **Ordonnanzoffizier,** der (Milit.): *Offizier, der in höheren Stäben den Stabsoffizieren zugeordnet ist.*

Or doublé [ɔrdu'ble], das; - - [frz. or doublé]: *Dublee* (1).

Ordovizium [ɔrdo'vi:tsiʊm], das; -s [benannt nach dem kelt. Volksstamm der Ordovices im heutigen nördlichen Wales wegen der hier gemachten Funde] (Geol.): *auf das Kambrium folgende Formation des Paläozoikums.*

Ordre ['ɔrdɐ], die; -, -s [frz. ordre]: frz. Form von ↑Order.

Öre ['ø:rə], das; -s, -, auch: die; -, - [dän., norw. øre, schwed. öre < lat. (nummus) aureus = Golddenar]: *Währungseinheit in Dänemark, Norwegen u. Schweden* (100 Öre = 1 Krone). Vgl. Krone (11).

Oreade [ore'a:də], die; -, -n ⟨meist Pl.⟩ [lat. orēas < griech. oreiás (Gen.: oreiádos) = die zum Berg Gehörende] (griech. Myth.): *auf einem Berg lebende Nymphe.*

Oregano [o're:gano], der; -: ↑Origano.

oremus! [o're:mʊs; lat.]: *laßt uns beten!* (Gebetsaufforderung des katholischen Priesters [in der lateinischen Messe]).

Orfe ['ɔrfə], die; -, -n [mhd. orfe, ahd. orvo < lat. orphus < griech. orphós]: svw. ↑Aland.

Organ [ɔr'ga:n], das; -s, -e [lat. organum = (Musik)instrument, Orgel < griech. órganon, auch = Körperteil; 3, 4: wohl nach frz. organe]: **1.** *aus verschiedenen Geweben zusammengesetzter einheitlicher Teil des menschlichen, tierischen u. pflanzlichen Körpers mit einer bestimmten Funktion* (1 a): die inneren -e; ein lebenswichtiges, empfindliches, gesundes O.; ein natürliches O. durch ein künstliches ersetzen; ein O. verpflanzen, einpflanzen, spenden; * **[k]ein O. für etw. haben** *([nicht] zugänglich, empfänglich für etw. sein).* **2.** (ugs.) *Stimme:* ein lautes, schrilles, angenehmes O. haben. **3.** ⟨Pl. selten⟩ (bildungsspr.) *Zeitung od. Zeitschrift, in der die offizielle Auffassung, der [politische] Standpunkt einer bestimmten Partei, eines bestimmten [Interessen]verbandes o. ä. dargelegt wird:* das wöchentlich erscheinende O. der Gewerkschaft; diese Zeitung ist eben ein O. von Kapitalisten und lebt von deren Anzeigen (Dönhoff, Ära 16). **4.** (bildungsspr.) *[offizielle] Einrichtung od. [offiziell beauftragte] Person mit einer bestimmten Funktion als Teil eines größeren Ganzen:* ein beratendes, übergeordnetes, ausführendes O.; -e der Arbeiterschaft, Gesetzgebung, Verwaltung.

Organ-: **~auspflanzung,** die: svw. ↑Explantation; **~bank,** die ⟨Pl. -banken⟩ (Med.): *Einrichtung, die der Aufbewahrung u. Abgabe von Organen* (1) *od. Teilen davon für Transplantationen dient;* **~behandlung,** die (Med.): svw. ↑Organotherapie; **~einpflanzung,** die (Med.): svw. ↑Implantation; **~empfänger,** der (Med.): *jmd., dessen eigenes erkranktes Organ* (1) *operativ durch ein fremdes gesundes ersetzt wird;* **~entnahme,** die (Med.); **~fett,** das (Biol., Med.): *Fett, das für den Zellstoffwechsel notwendig ist; Zellfett;* **~funktion,** die; **~gesellschaft,** die (Wirtsch., Steuerw.): *rechtlich selbständige Tochtergesellschaft, die wirtschaftlich, finanziell u. organisatorisch abhängig in ein anderes Unternehmen eingegliedert ist;* **~gymnastik,** die (Sport): *Gymnastik, die der Kräftigung aller Organe* (1) *dient;* **~konserve,** die (Med.): *konserviertes Organ* (1); **~mandat,** das (österr. Amtsspr.): *Strafe, die von der Polizei ohne Anzeige u. Verfahren verhängt wird,* dazu: **~mandatsweg,** der ⟨o. Pl.⟩ (österr. Amtsspr.): *direkte Verhängung einer Strafe durch die Polizei;* **~präparat,** das: *Präparat, Arzneimittel, das aus einem tierischen Organ* (1) *gewonnen worden ist;* **~schwund,** der (Med.): svw. ↑Atrophie; **~spender,** der (Med.): *jmd., der ein eigenes, gesundes Organ* (1) *für eine Transplantation zur Verfügung stellt;* **~therapie,** die (Med.): svw. ↑Organotherapie; **~transplantation,** die (Med.); **~übertragung,** die (Med.); **~verpflanzung,** die (Med.).

Organa: Pl. von ↑Organum; **organal** [ɔrga'na:l] ⟨Adj.; o. Steig.⟩ [spätlat. organālis = zur Orgel gehörend] (Musik): **1.** *das Organum* (1) *betreffend.* **2.** *orgelartig.*

Organdin [ɔrgan'di:n], der; -s (österr.): svw. ↑Organdy; **Organdy** [ɔr'gandi], der; -s [engl. organdy < frz. organdi, H. u.; vgl. Organsin]: *milchig durchscheinendes u. gemustertes feines Baumwollgewebe in Pastellfarben.*

Organell [ɔrga'nɛl], das; -s, -en, **Organelle,** die; -, -n [zu ↑Organ] (Biol.): **a)** *in seiner Bedeutung mit einem Organ* (1) *vergleichbares Gebilde des Zellplasmas eines Einzellers;* **b)** *Feinstruktur einer tierischen od. pflanzlichen Zelle.*

Organigramm [ɔrgani'gram], das; -s, -e [Kunstwort, ↑-gramm]: *Schema in Form eines Stammbaums, das den Aufbau einer [wirtschaftlichen] Organisation erkennen läßt u. über Arbeitseinteilung od. über die Zuweisung bestimmter Aufgabenbereiche an bestimmte Personen Auskunft gibt;* vgl. aber Organogramm; **Organiker** [ɔr'ga:nikɐ], der; -s, -: *Spezialist auf dem Gebiet der organischen Chemie.*

Organisation [ɔrganiza'tsio:n], die; -, -en [frz. organisation, zu: organe, ↑organisieren]: **1.** ⟨o. Pl.⟩ *das Organisieren* (1): eine gute, reibungslose O.; ihm oblag die O. der Veranstaltung; die O. klappte gut; das ist alles nur eine Frage der O. **2.** ⟨o. Pl.⟩ *der Funktionstüchtigkeit einer Institution o. ä. dienende [planmäßige] Zusammensetzung, Struktur, Beschaffenheit:* die O. der Gemeinden, der Polizei; der Konzern erhält eine neue O. **3. a)** *das [Sich]zusammenschließen zur Durchsetzung bestimmter ([sozial]politischer) Interessen, Zielsetzungen:* die O. der Arbeiter; durch die O. weiter Bevölkerungsschichten konnte der Bau des Kernkraftwerks verhindert werden; **b)** *einheitlich aufgebauter Verband, Zusammenschluß von Menschen zur Durchsetzung bestimmter ([sozial]politischer) Interessen, Zielsetzungen o. ä.:* eine politische, revolutionäre, internationale, illegale O.; eine O. gründen, aufbauen, verbieten; einer O. beitreten, angehören; sich in einer O., zu einer O. zusammenschließen.

Organisations-: **~büro,** das: **1.** *Büro, das für die Organisation* (1) *von etw. zuständig ist.* **2.** *das Büro einer Organisation* (3b); **~fehler,** der; **~form,** die: *Art u. Weise, wie etw. organisiert ist;* **~gabe,** die: vgl. ~talent; **~grad,** der: *Grad* (1 a) *der Organisiertheit;* **~plan,** der (Wirtsch.): *graphische Darstellung von Organisationsstrukturen u. Arbeitsabläufen;* **~struktur,** die: vgl. ~form; **~talent,** das: **1.** *Talent zum Organisieren.* **2.** *jmd., der Organisationstalent* (1) *besitzt.*

Organisator [ɔrgani'za:tɔr, auch: ...to:ɐ̯], der; -s, -en [...za'to:rən]: **1. a)** *jmd., der etw. [verantwortlich] organisiert:* geschickte, findige -en; die -en des Festivals haben versagt; **b)** *jmd., der Organisationstalent besitzt:* er war ein ausgezeichneter, ausgesprochener O. **2.** (Biol.) *bestimmter Teil eines Embryos, der die Entwicklung des Gewebes steuert;* **organisatorisch** [...za'to:rɪʃ] ⟨Adj.; o. Steig.⟩: *im Hinblick auf die Organisation* (1) *von etw.:* -e Aufgaben, Vorbereitungen, Mängel; die -e Leitung übernehmen; die Schwierigkeiten sind rein -er Natur; o. begabt sein; sich o. betätigen; **organisch** [ɔr'ga:nɪʃ] ⟨Adj.; o. Steig.⟩ [nach lat. organicus < griech. organikós = mechanisch]: **1.** ⟨meist attr.⟩ (Ggs.: anorganisch 1 a) **a)** (bildungsspr.) *zum belebten Teil der Natur gehörend, ihn betreffend:* -e Substanzen; Bodenschätze, die keinen -en Ursprung haben; **b)** (Chemie) *die Verbindungen des Kohlenstoffs betreffend:* die -e Chemie. **2.** (Med., Biol.) *ein Organ* (1) *od. den Organismus betreffend:* ein -es Leiden; -e Veränderungen; er ist o. gesund. **3.** (bildungsspr.) *einer bestimmten [natürlichen] Gesetzmäßigkeit folgend* (Ggs.: anorganisch 2): ein -es Wachstum; eine o. verlaufende Entwicklung. **4.** (bildungsspr.) *[mit etw. anderem] eine Einheit bildend; sich harmonisch in ein größeres Ganzes einfügend:* -e Bestandteile von etwas; der Aufbau des Romans ist nicht sehr o.; etw. fügt sich o. in etw. ein; Das ... o. eingebaute Autoradio ist für Sie das Richtige (Auto 8, 1965, 61); **organisierbar** [ɔrgani'ziːɐ̯baːɐ̯] ⟨Adj.; o. Steig.; nicht adv.⟩: *geeignet, organisiert* (2 a) *zu werden;* ⟨Abl.:⟩ **Organisierbarkeit,** die; -; **organisieren** [...'ziːrən] ⟨sw. V.; hat⟩ [frz. organiser, zu: organe < lat. organum, ↑Organ]: **1. a)** *etw. sorgfältig u. systematisch vorbereiten [u. für seinen reibungslosen, planmäßigen Ablauf sorgen]:* eine Party, Ausstellung, Demonstration o.; den Widerstand o.; man kann die Arbeit besser o.; es ist alles ganz großartig organisiert; das war organisierter Massenmord; das organisierte Verbrechen bekämpfen; ⟨o. + sich:⟩ der Widerstand organisiert sich; **b)** *etw. sorgfältig u. systematisch aufbauen, für einen bestimmten Zweck einheitlich gestalten:* die Armee, das Schulwesen neu o.; die Verwaltung soll straff organisiert werden; die neu organisierten Kriminalbehörden. **2. a)** *in einer Organisation* (3 b), *einem Verband o. ä. od. zu einem bestimmten Zweck zusammenschließen:* die Mitglieder in Zellen o.; gewerkschaftlich, genossenschaftlich organisierte Arbeiter, Bauern; **b)** ⟨o. + sich⟩ *sich zur Durchsetzung bestimmter ([sozial]politischer) Interessen, Zielsetzungen zusammenschließen:* sich zum Widerstand o.; die meisten Betriebsangehörigen haben sich inzwischen gewerkschaftlich organisiert; die Jugendlichen organisieren sich zu Banden; er will sich o. *(Mitglied in einer gewerkschaftlichen, politischen Organisation werden)*; gewerkschaftlich organisiert sein. **3.** (ugs.) *[auf nicht ganz korrekte Art] beschaffen:* Zigaretten, Schokolade o.; ich habe mir/für mich ein Fahrrad organisiert; Ich klau doch nicht, ..., ick organisier bloß manchmal ein bißchen (Fallada, Jeder 20). **4.** (Med.) *in gesundes Gewebe verwandeln:* Löst sich ein Thrombus nicht vom Orte seiner Entstehung ab, so wird er organisiert (Medizin II, 167); **Organisiertheit,** die; -: *das Organisiertsein* (vgl. organisieren 1, 2); **Organisierung,** die; -, -en ⟨Pl. selten⟩: *das Organisieren;* **organismisch** [ɔrga'nɪsmɪʃ] ⟨Adj.; o. Steig.⟩ (bildungsspr.): *zum Organismus gehörend;* **Organismus** [...'nɪsmʊs], der; -, ...men [frz. organisme]: **1. a)** *das gesamte System der Organe* (1): der menschliche, tierische, pflanzliche O.; der lebende O.; durch die Grippe wird der gesamte O. geschwächt; **b)** ⟨meist Pl.⟩ (Biol.) *tierisches od. pflanzliches Lebewesen:* Bakterien sind winzige Organismen. **2.** ⟨Pl. selten⟩ (bildungsspr.) *größeres Ganzes, Gebilde, dessen Teile, Kräfte o. ä. zusammenpassen, zusammenwirken:* ein politischer, sozialer O.; Eine Stadt ist ein O., der um ein pulsierendes Herz, ein Zentrum ... gewachsen ... ist (K. Mann, Wendepunkt 169); **Organist** [...'nɪst], der; -en, -en [mhd. organist(e) < mlat. organista, zu lat. organum, ↑Organ]: *jmd., der berufsmäßig Orgel spielt* (Berufsbez.); **Organistin,** die; -, -nen: w. Form zu ↑Organist; **organogen** [ɔrgano'geːn] ⟨Adj.; o. Steig.⟩ [zu ↑Organ u. ↑-gen]: **1.** (Chemie) *am Aufbau organischer Substanzen beteiligt.* **2.** (Biol.) *Organe* (1) *bildend;* **Organogramm,** das; -s, -e [↑-gramm] (Psych.): *schaubildliche Wiedergabe der Verarbeitung von Informationen im Organismus;* vgl. aber Organigramm; **Organographie,** die; -, -n [...iːən; ↑-graphie]: **1.** (Med., Biol.) *Teilgebiet der Organologie, auf dem man sich mit der Beschreibung der äußeren Gestalt der Organe befaßt.* **2.** (Musik) *Lehre vom Bau der Musikinstrumente;* **organographisch** ⟨Adj.; o. Steig.⟩: *die Organographie betreffend;* **Organologie,** die; - [↑-logie]: **1.** (Med., Biol.) *Lehre vom Bau u. der Funktion von Organen.* **2.** svw. ↑Organographie (2); **organologisch** ⟨Adj.; o. Steig.⟩: *die Organologie betreffend;* **Organotherapie,** die; -, -n [...iːən] (Med.): *Behandlung von Krankheiten mit Arzneimitteln, die aus tierischen Organen od. Sekreten gewonnen werden;* **Organschaft,** die; -, -en (Wirtsch., Steuerw.): *das Eingegliedertsein einer Organgesellschaft in ein anderes Unternehmen.*

Organsin [ɔrgan'ziːn], der od. das; -s [frz. organsin, viell. (über das Ital.) zum Namen der Stadt Urgentsch (Usbekistan, Sowjetunion)] (Textilind.): *bei Seidengeweben als Kettgarn verwendeter Zwirn aus Naturseide.*

Organtin [ɔrgan'tiːn], der od. das; -s (österr.): ↑Organdin.

Organum ['ɔrganʊm], das; -s, ...na [lat. organum] (Musik): **1.** *mehrstimmige Musik des Mittelalters.* **2.** *(in der mittelalterlichen Musik) Musikinstrument, bes. Orgel.*

Organza [ɔr'gantsa], der; -s [ital. organza; vgl. Organsin]: *steifes, sehr dünnes Gewebe aus Seide.*

Orgasmus [ɔr'gasmʊs], der; -, ...men [griech. orgasmós, zu: orgãn = heftig verlangen]: *Höhepunkt der sexuellen Lust (an den sich ein angenehmes Gefühl der Befriedigung anschließt):* einen O. haben; den O. auslösen; zum O. kommen; **orgastisch** [ɔr'gastɪʃ] ⟨Adj.; o. Steig.⟩ (bildungsspr.): *den Orgasmus betreffend, auf ihn bezüglich.*

Orgel ['ɔrgl̩], die; -, -n [mhd. orgel, ahd. orgela (organa) < (kirchen)lat. organa; eigtl. = Nom. Pl. von: organum, ↑Organ]: *meist in Kirchen aufgebautes, sehr großes Tasteninstrument mit mehreren Manualen, einer Klaviatur für die Füße u. verschieden großen Pfeifen, die Registern zugeordnet sind, die die verschiedensten Instrumente nachahmen u. die verschiedensten Klangfarben erzeugen können:* eine mechanische, elektrische O.; die O. braust; eine O. bauen.

Orgel-: **~bauer,** der; -s, -: *jmd., der Orgeln baut* (Berufsbez.); **~klang,** der; **~konzert,** das; **~musik,** die; **~pfeife,** die: *rundes od. viereckiges [spitz zulaufendes] Rohr (aus Holz od. Metall) als Teil eines Orgelregisters, durch das ein bestimmter Ton in einer bestimmten Klangfarbe erzeugt wird:* ***[dastehen] wie die -n** *(in einer Reihe der Größe nach [dastehen];* gew. von Kindern); **~prospekt,** der: svw. ↑Prospekt (4); **~punkt,** der (Musik): *lang ausgehaltener* (4) *Ton im Baß* (4 a); **~register,** das; **~spiel,** das; **~spieler,** der; **~ton,** der; **~werk,** das: *Komposition für die Orgel.*

orgeln ['ɔrgl̩n] ⟨sw. V.; hat⟩ [1 a: mhd. orgel[e]n]: **1. a)** *Drehorgel spielen;* **b)** (landsch. abwertend) *langweilige, erbärmliche Musik machen.* **2.** (ugs.) *tief u. brausend, gurgelnd [er]tönen:* in den Bäumen orgelt der Wind; man hörte die Geschosse orgeln; ⟨subst.:⟩ das Orgeln des Anlassers. **3.** (derb) *koitieren.* **4.** (Jägerspr.) *(vom Hirsch) brünstig schreien.*

Orgiasmus [ɔr'gi̯asmʊs], der; -, ...men [griech. orgiasmós, zu: orgiázein = ein Fest orgiastisch feiern, zu: órgia, ↑Orgie]: *zügelloses, ausschweifendes Feiern [bes. altgriechischer Feste];* **orgiastisch** [ɔr'gi̯astɪʃ] ⟨Adj.⟩: *zügellos, hemmungslos:* -e Tänze; **Orgie** ['ɔrgi̯ə], die; -, -n [lat. orgia = nächtliche Bacchusfeier < griech. órgia = (geheimer) Gottesdienst]: *Fest mit hemmungslosen [sexuellen] Ausschweifungen:* eine wilde, wüste, dionysische O.; nächtliche -n feiern, veranstalten; Ü -en des Hasses; Es war eine O. in Kitsch (Salomon, Boche 45); ***[wahre] -n feiern** *(keine Grenzen kennen, maßlos sein).*

Orient ['oːri̯ɛnt, auch: o'ri̯ɛnt], der; -s [mhd. ōrīent < lat. (sōl) oriēns (Gen.: orientis), eigtl. = aufgehend(e Sonne)]: **1.** *vorder- u. mittelasiatische Länder* (Ggs.: Okzident). **2.** (veraltet) *Osten;* **Orientale** [ori̯ɛn'taːlə], der; -n, -n: *Bewohner des Orients* (1); **Orientalin,** die; -, -nen: w. Form zu ↑Orientale; **orientalisch** ⟨Adj.; o. Steig.⟩: *die Orientalen, den Orient betreffend, aus ihm stammend;* **orientalisieren** [...tali'ziːrən] ⟨sw. V.; hat⟩: **a)** *orientalische Einflüsse aufnehmen:* orientalisierende Kunst; **b)** *einer Gegend o. ä. ein orientalisches Gepräge geben:* Kreuzberg ... mit der schon ... orientalisierten Naunynstraße (MM 10. 11. 73, 57); **Orientalistik** [...'lɪstɪk], die; -: *Wissenschaft von den orientalischen Sprachen u. Kulturen;* **orientalistisch** ⟨Adj.; o. Steig.⟩: *die Orientalistik betreffend, zu ihr gehörend;* **Orientbeule,** die; -, -n [nach dem häufigen Vorkommen bes. im Vorderen Orient]: *mit einem borkigen Geschwür verbundene Tropenkrankheit der Haut; Jerichobeule.*

orientieren [ori̯ɛn'tiːrən] ⟨sw. V.; hat⟩ [frz. (s')orienter, zu: orient = Orient, urspr. = die Himmelsrichtung nach der aufgehenden Sonne bestimmen; 3 b: nach russ. orientirowat na...]: **1.** ⟨o. + sich⟩ *die richtige Richtung finden; sich (in einer unbekannten Umgebung) zurechtfinden:* sich in einer Stadt schnell, leicht o. können; ich orientierte mich an den Markierungen, am Stand der Sonne, an Hand, nach der Karte. **2.** (bildungsspr.) **a)** *[jmdn.] in Kenntnis setzen, unterrichten:* jmdn. schlecht, falsch, unvollkommen o.; er hat mich über Einzelheiten, die augenblickliche Lage orientiert; ⟨auch o. Akk.-Obj.:⟩ er orientierte über neue Tendenzen in der Literatur; **b)** ⟨o. + sich⟩ *sich einen Überblick verschaffen; sich erkundigen, umsehen:* sich über die wirtschaftliche Lage der Bauern, über den Stand der Verhandlungen o.; ich habe mich bereits orientiert, warum es nicht weitergeht. **3. a)** ⟨o. + sich⟩ (bildungsspr.) *sich, seine Aufmerksamkeit, Gedanken, seinen Standpunkt o. ä. an, nach jmdm., etw. ausrichten:* sich am Gesamtwohl des Volkes o.; sich an bestimmten Leitbildern o.; die Jungen orientierten sich allmählich mehr nach dem Vater *(nahmen allmählich mehr den Vater zum Vorbild);* gewerkschaftlich orientierte Interessen; **b)** (DDR) *auf etw. zielen, lenken; etw. im Auge haben; sich auf etw. konzentrieren:* Auch das neue Budget orientiert bei wichtigen Bereichen auf ausländische Finanzquellen (Horizont 12, 1977, 19); 〈auch o. + sich:〉 mancher Betrieb wird sich nicht sofort auf industriemäßige Produktion o.; **-orientiert** [-|ori̯ɛnti:ɐ̯t] 〈Suffixoid〉: (auf das im ersten Bestandteil Genannte) *ausgerichtet, eingestellt:* konsumorientiert; linksorientiert; praxisorientiert; **Orientiertheit,** die; -: *das Orientiertsein;* **Orientierung,** die; - (Ggs.: Desorientierung): **1.** *Fähigkeit, sich zu orientieren* (1): er hat eine gute O.; jede O. verlieren. **2.** (bildungsspr.) *das Orientieren* (2): die öffentliche O. über dringende Gemeindegeschäfte. **3. a)** (bildungsspr.) *das Sichorientieren* (3a), *[geistige] Einstellung, Ausrichtung:* die O. der Bundesregierung auf die Außenpolitik, an der Politik der USA; **b)** (DDR) *das Orientieren* (3b).

orientierungs-, Orientierungs-: **~daten** 〈Pl.〉 (Wirtsch.): *Daten u. Aussagen über die wirtschaftliche Entwicklung [eines Staates];* **~hilfe,** die: die gelben Lampen, diese Zitate sind als O. gedacht; **~lauf,** der (Sport): *Wettbewerb, bei dem die Teilnehmer mit einem Kompaß zu Fuß od. auf Skiern bestimmte, auf einer Karte angegebene Punkte im Gelände passieren müssen;* **~los** 〈Adj.; o. Steig.; nicht adv.〉; **~punkt,** der; **~sinn,** der: *Fähigkeit, sich zu orientieren* (1): einen guten O. besitzen; **~stufe,** die (Schulw.): svw. ↑Förderstufe; **~vermögen,** das: vgl. ~sinn.

Orientteppich, der; -s, -e: *handgeknüpfter Teppich aus Wolle mit türkischen od. persischen Mustern.*

Origano [o'ri:gano], der; - [ital. origano < lat. origanum < griech. oríganon]: *als Gewürz verwendete getrocknete Blätter u. Zweigspitzen des Origanums;* **Origanum** [o'ri:ganʊm], das; -[s]: svw. ↑Dost.

original [origi'na:l] 〈Adj.; Steig. selten〉 [lat. orīginālis = ursprünglich, zu: orīgo (Gen.: orīginis) = Ursprung]: **1.** 〈meist attr.〉 *im Hinblick auf Beschaffenheit, [genannten] Ursprung od. [genannte] Herkunft echt u. unverfälscht; nicht imitiert, nachgemacht:* o. indische Seide; o. Schweizer Käse; dieser Stoff ist o. englisch; eine -e griechische Plastik; der Text, die Urkunde ist o. *(von niemandem geändert od. kopiert).* **2.** *in seiner Art eigenständig u. schöpferisch:* In der Gruppe der „Neuen" ist er der Mann mit der -sten Sprachkraft (Börsenblatt 97, 1967, 7009); Der Feuilletonist versucht, unentwegt originell zu sein, deshalb ist er nie o. (Marek, Notizen 132). **3.** *im Hinblick auf die Umstände ursprünglich, unmittelbar:* Historienstücke werden oft in der -en Umgebung *(direkt am Ort der dargestellten Begebenheit)* gespielt; der Rundfunk überträgt die zweite Halbzeit o. *(direkt vom Ort der Aufnahme);* (als adv. Bestimmung ugs. verstärkend:) Man hatte einen o. *(wirklich)* Verrückten gefunden (Kant, Impressum 430); **Original** [-], das; -s, -e [1: mlat. = originale (exemplar)]: **1.** *das vom Künstler, Verfasser o. ä. selbst geschaffene, unveränderte Werk, Exemplar o. ä.:* das O. eines Zeugnisses, einer Handschrift, Partitur, eines Entwurfs; die Vase ist ein O. aus dem 18. Jahrhundert; das Bild ist eine Fälschung, das O. hängt im Louvre; eine Kopie des -s anfertigen; er las Homer im O. *(in der Sprache, in der Homer geschrieben hat).* **2.** (bildungsspr.) *Modell* (2a): sie war das O. des Gemäldes. **3.** (ugs.) *jmd., der unabhängig von der Meinung anderer in liebenswerter Weise durch bestimmte [originelle] Besonderheiten auffällt, die oft auch in der Lebensweise u. im Auftreten in der Öffentlichkeit zum Ausdruck kommen:* er ist ein richtiges, Berliner O.

original-, Original-: **~aufnahme,** die: **1.** *Aufnahme auf Tonband, Schallplatte od. Filmstreifen, die nicht kopiert ist.* **2.** *Foto, das keine Kopie ist;* **~ausgabe,** die: *(von einem Druckwerk) die erste, vom Autor selbst betreute Ausgabe eines Werkes;* **~beitrag,** der: *Beitrag* (3), *der von einem Autor eigens für eine bestimmte Zeitung, Zeitschrift o. ä. geschrieben worden ist;* **~dokument,** das: vgl. ~aufnahme; **~druck,** der: vgl. ~ausgabe; **~fassung,** die: vgl. ~ausgabe; **~flasche,** die: *Flasche, die vom Erzeuger des entsprechenden Getränks abgefüllt wird;* **~gemälde,** das: vgl. ~aufnahme; **~getreu** 〈Adj.; o. Steig.〉: *mit dem Original* (1) *übereinstimmend:* eine -e Wiedergabe der Zeichnung; **~packung,** die: *Packung, die vom Hersteller eines bestimmten Arzneimittels abgepackt wird;* Abk.: OP; **~sprache,** die: *ursprüngliche Sprache eines übersetzten Textes;* **~text,** der: vgl. ~ausgabe; **~übertragung,** die (Rundf., Ferns.): svw. ↑Direktsendung; **~zeichnung,** die: vgl. ~aufnahme.

Originalität [originali'tɛ:t], die; -, -en 〈Pl. selten〉 [frz. originalité, zu: original < lat. orīginālis, ↑original] (bildungsspr.): **1.** *Echtheit:* an der O. des Dokumentes, Bildes zweifelt niemand. **2.** *[auffällige] auf bestimmten schöpferischen Einfällen, eigenständigen Gedanken o. ä. beruhende Besonderheit; einmalige Note:* die O. ihres Stils, einer Reportage; dem Schriftsteller fehlt es an O.; O. *(Einfallsreichtum)* ist für die Mode ein Segen (Dariaux [Übers.], Eleganz 82); **originär** [...'nɛ:ɐ̯] 〈Adj.〉 [frz. originaire < lat. orīginārius] (bildungsspr.): *grundlegend neu; eigenständig:* -e Denkleistungen, Erfindungen; o. erarbeitete Werke (Börsenblatt 18, 1960, 948); **originell** [...'nɛl] 〈Adj.〉 [frz. originel, zu: origine < lat. orīgo, ↑original]: **1.** *voller Originalität* (2): ein scharfsinniger und -er Kopf; deine Geschichte ist nicht gerade o.; o. schreiben. **2.** (ugs.) *sonderbar, eigenartig, komisch:* ein -er Kauz; er machte die -sten Bewegungen, Grimassen.

Orkan [ɔr'ka:n], der; -[e]s, -e [niederl. orkaan < span. huracán, ↑Hurrikan]: *äußerst starker Sturm:* ein furchtbarer O.; ein O. brach los, erhob sich, tobte; der Sturm entwickelte sich, steigerte sich zum O.; Ü ein O. des Beifalls, der Leidenschaft, der Entrüstung; 〈Zus.:〉 **orkanartig** 〈Adj.; o. Steig.〉: ein -er Sturm; Ü -er Beifall; **Orkanstärke,** die: Böen, die O. erreichen.

Orkus ['ɔrkʊs], der; - [lat. orcus, H. u.] (röm. Myth.): svw. ↑Hades: ***jmdn., etw. in den O. schicken/stoßen/befördern o. ä.** (bildungsspr., geh.; *jmdn., etw. vernichten, beseitigen o. ä.*).

Orlean [ɔrle'a:n], der; -s [frz. orléan, nach der frz. Namensform des span. Entdeckers F. de Orellana (etwa 1511 bis 1549)]: *rotgelber Naturfarbstoff zum Färben von Geweben u. Lebensmitteln;* 〈Zus.:〉 **Orleanstrauch,** der: *in tropischen Ländern wachsender Strauch, dessen Samen eine fleischige Außenschicht haben, aus der Orlean gewonnen wird.*

Orlon ® ['ɔrlɔn], das; -[s] [Kunstwort]: *eine synthetische Faser.*

Ornament [ɔrna'mɛnt], das; -[e]s, -e [spätmhd. ornament < lat. ōrnāmentum = Ausrüstung; Schmuck, Zierde, zu: ōrnāre, ↑Ornat] (Kunst): *(skulptierte, eingelegte, gemalte o. ä.) Verzierung eines Gegenstandes mit meist geometrischen od. pflanzlichen Motiven:* eine Vase mit linearen -en; -e aus Silberdraht.

ornament-, Ornament-: **~artig** 〈Adj.; o. Steig.〉; **~stich,** der (Graphik): *Kupferstich mit dem Entwurf eines Ornaments als Vorlage für Bildhauer, Baumeister o. ä.;* **~stil,** der.

ornamental [...'ta:l] 〈Adj.; o. Steig.〉 (Kunst): *mit Ornamenten versehen:* Fassaden mit -er und figürlicher Dekoration; **ornamentieren** [...'ti:rən] 〈sw. V.; hat〉 (Kunst): *mit Ornamenten versehen:* etw. mit Gold o.; reich ornamentierte Krüge; **Ornamentik** [...'mɛntɪk], die; - (Kunst): **1.** *Gesamtheit der Ornamente im Hinblick auf ihre innerhalb einer bestimmten Stilepoche o. ä. od. für einen bestimmten Kunstgegenstand typischen Formen:* keltische O. **2.** *Kunst der Verzierung:* die O. des Barock.

Ornat [ɔr'na:t], der; -[e]s, -e [mhd. ornāt < lat. ōrnātus, zu: ōrnāre = ausrüsten; schmücken] (bildungsspr.): *feierliche [kirchliche] Amtstracht:* im O. einziehen; **ornativ** [ɔrna'ti:f] 〈Adj.; o. Steig.〉 [spätlat. ōrnātīvus = schmückend] (Sprachw.): *das Ornativ betreffend, darauf bezüglich:* -e Verben; **Ornativ** [-], das; -s, -e [...i:və] (Sprachw.): *Verb, das ein Versehen mit etw. od. ein Zuwenden ausdrückt* (z. B. kleiden = mit Kleidern versehen).

Ornis ['ɔrnɪs], die; - [griech. órnis (Gen.: órnithos) = Vogel] (Zool., Biol.): *Vogelwelt einer bestimmten Landschaft;* **Ornithogamie** [ɔrnitoga'mi:], die; - [zu griech. gamós = Befruchtung] (Biol.): *Befruchtung von Blüten durch Vögel;* **Ornithologe,** der; -n, -n [↑-loge]: *Wissenschaftler auf dem Gebiet der Ornithologie;* **Ornithologie,** die; - [↑-logie]: svw. ↑Vogelkunde; **ornithologisch** 〈Adj.; o. Steig.〉: *die Ornithologie betreffend, vogelkundlich;* **Ornithophilie** [...fi'li:], die; - [zu griech. philía = Liebe]: svw. ↑Ornithogamie.

oro-, Oro- [oro-; griech. óros] 〈Best. in Zus. mit der Bed.〉: *Berg, Gebirge* (z. B. orographisch, Orogenese); **orogen** 〈Adj.; o. Steig.〉 [↑-gen] (Geol.): *durch Orogenese entstanden;* **Orogenese,** die; -, -n (Geol.): *in kurzen Zeiträumen ablaufende [starke] Verformung begrenzter Bereiche der Erdkruste;* **orogenetisch** 〈Adj.; o. Steig.〉 (Geol.): *die Orogenese betreffend;* **Orographie,** die; -, -n [...i:ən; ↑-graphie] (Geogr.): *beschreibende Darstellung des Reliefs der Erdoberfläche;* **orographisch** 〈Adj.; o. Steig.〉 (Geogr.): **a)** *die Orographie betreffend;* **b)** *die Ebenheiten u. Unebenheiten der Erdoberfläche betreffend.*

Orphik ['ɔrfɪk], die; - [griech. tà Orphiká, zu: Orphikós = zu Orpheus (Sohn des Apoll, mythischer Dichter u. Sänger) gehörend]: *religiös-philosophische Geheimlehre in der griechischen Antike, die Erbsünde u. Seelenwanderung lehrte;* **Orphiker,** der; -s, -: *Anhänger der Orphik;* **orphisch** ['ɔrfɪʃ] ⟨Adj.; o. Steig.⟩: **a)** *die Orphik betreffend;* **b)** (bildungsspr.) *geheimnisvoll, mystisch.*

[1]**Ort** [ɔrt], der; -[e]s, -e u. Örter ['œrtɐ; mhd., ahd. ort = Spitze; äußerstes Ende, auch: Gegend, Platz]: **1.** ⟨Vkl. ↑Örtchen⟩ **a)** ⟨Pl. -e, Seemannsspr., Math., Astron.: Örter⟩ *lokalisierbarer, oft auch im Hinblick auf seine Beschaffenheit bestimmbare Stelle, bestimmbarer Platz [an dem sich jmd., etw. befindet od. an dem etw. geschehen ist od. soll]:* O. und Zeit werden noch bekanntgegeben; für das Treffen einen neutralen, geeigneten O. vorschlagen; die Einheit von O. und Zeit ist in diesem Drama streng gewahrt; an einem dritten *(neutralen)* O.; an öffentlichen -en *(auf Straßen, Plätzen);* etw. an seinem O. *(da, wo es steht, liegt, hingehört)* lassen; sich an einem vereinbarten O. treffen; an den O. des Verbrechens zurückkehren; Ü er ist jetzt am rechten O. *(richtig)* eingesetzt; es ist hier nicht der O. *(nicht angebracht)*, etwas dazu zu sagen; ***geometrischer O.** (Math.: *Punktmenge* [z. B. Linie, Kreis o. ä.], *die gleichen geometrischen Bedingungen genügt*); **astronomischer O.** (Astron.; *durch Koordinaten angegebene Lage eines Gestirns am Himmelsglobus*); **an O. und Stelle** (1. *an der für etw. vorgesehenen Stelle:* die Turbinen waren endlich an O. und Stelle. 2. *unmittelbar, direkt am Ort des Geschehens; sofort:* jmdn. an O. und Stelle verprügeln); **höheren -[e]s** *(bei einer höheren [Dienst]stelle);* **am angegebenen**/(veraltet:) **angezogenen O.** (Schrift- u. Druckw.; *in dem bereits genannten Buch;* Abk.: a. a. O.); **der gewisse/stille/bewußte** o. ä. **O.** (ugs. verhüll.; *Toilette; Örtchen* 2); **b)** ⟨Pl. -e⟩ *im Hinblick auf seine Beschaffenheit besondere Stelle, besonderer Platz (innerhalb eines Raumes, eines Gebäudes o. ä.):* ein windgeschützter, kühler, gespenstischer, vielbesuchter O.; ein O. des Schreckens. **2. a)** ⟨Pl. -e, Vkl. ↑Örtchen⟩ *Ortschaft, Stadt o. ä.:* ein größerer, mondäner, menschenleerer O.; ein O. im Gebirge, an der Grenze; am O. *(hier, nicht außerhalb)* leben, wohnen; sie wohnen mitten im O.; **b)** *Gesamtheit der Bewohner eines Ortes* (2a): der ganze O. lachte darüber. **3.** ⟨auch: das; Pl. -e⟩ (schweiz. früher) *Kanton:* die fünf inneren -e (Uri, Schwyz, Unterwalden, Luzern, Zug); die acht/dreizehn alten -e (die Glieder der Eidgenossenschaft 1353–1481 bzw. 1513–1798); [2]**Ort** [-], der, auch: das; -[e]s, -e [eigtl. = Spitze, vgl. [1]Ort] (veraltet): *Ahle, Pfriem;* [3]**Ort** [-], das; -[e]s, Örter ['œrtɐ] (Bergmannsspr.): *[das Ende einer] Strekke* (3): meist in der Wendung **vor O.** (1. Bergmannsspr.; *im Bergwerk; an dem Punkt in der Grube, wo abgebaut wird:* vor O. arbeiten, liegen, sitzen. 2. ugs.; *unmittelbar, direkt am Ort des Geschehens:* Kameraleute von ARD und ZDF drehten vor O. [Hörzu 49, 1976, 8]); **Örtchen** ['œrtçən], das; -s, -: **1.** ↑[1]Ort (1, 2). **2.** (fam. verhüll.) *Toilette:* ein stilles, gewisses Ö.; aufs Ö. müssen; **orten** ['ɔrtn̩] ⟨sw. V.; hat⟩ (bes. Flugw., Seew.): *die augenblickliche Position, Lage von etw. ermitteln, bestimmen:* eine Rakete, ein U-Boot, Heringsschwärme o.; Ü Diesen Kommissar ... hatte er sofort als seinen Gegentyp geortet (Zwerenz, Quadriga 18); ⟨Abl.:⟩ **Orter,** der; -s, -: *jmd., der mit dem Orten beauftragt ist;* **örtern** ['œrtɐn] ⟨sw. V.; hat⟩ [zu ↑[2]Ort] (Bergmannsspr.): *Strecken* (3) *anlegen.*

orth-, Orth-: ↑ortho-, Ortho-; **Orthese** [ɔr'te:zə], die; -, -n (Med.): *Prothese, der zum Ausgleich von Funktionsausfällen der Extremitäten od. der Wirbelsäule eine Stützfunktion zukommt* (z. B. bei spinaler Kinderlähmung); **Orthetik** [ɔr'te:tɪk], die; - (Med.): *medizinisch-technischer Wissenschaftszweig, der sich mit der Konstruktion von Orthesen befaßt;* **Orthikon** ['ɔrtikɔn], das; -s, -e [...'ko:nə], auch: -s [engl. orthicon, zusgez. aus: orth- (↑ortho-, Ortho-) u. iconoscope = Ikonoskop] (Ferns.): *speichernde elektronische Röhre für die Aufnahme von Fernsehbildern;* **ortho-, Ortho-,** (vor Vokalen auch:) orth-, Orth- ['ɔrt(o)-; griech. orthós] ⟨Best. in Zus. mit der Bed.⟩: *gerade, aufrecht; richtig, recht* (z. B. orthographisch, Orthopädie, orthonym, Orthoptik); **Orthochromasie** [...kroma'zi:], die; - [zu griech. chrõma = Farbe] (Fot.): *Fähigkeit einer fotografischen Schicht, alle Farben außer Rot richtig wiederzugeben;* **orthochromatisch** ⟨Adj.; o. Steig.⟩ (Fot.): *die Orthochromasie betreffend;* **orthodox** [...'dɔks] ⟨Adj.; -er, -este⟩ [1: griech. orthódoxos]: **1.** ⟨o. Steig.⟩ (Rel.) *rechtgläubig, strenggläubig.* **2.** ⟨o. Steig.⟩ svw. ↑griechisch-orthodox: ***-e Kirche** *(die seit 1054 von Rom getrennte morgenländische christliche Kirche, Ostkirche).* **3. a)** (bildungsspr.) *der strengen Lehrmeinung gemäß; strenggläubig:* ein -er Rabbi; der -e Marxismus; **b)** (bildungsspr. abwertend) *starr, unnachgiebig:* das -e Festhalten an Dogmen; eine -e Position beziehen; **Orthodoxie** [...dɔ'ksi:], die; - [1: griech. orthodoxía]: **1.** (Rel.) *Rechtgläubigkeit.* **2.** (ev. Theol.) *Richtung, die das Erbe der reinen Lehre (z. B. Luthers od. Calvins) zu wahren suchte (bes. in der Zeit nach der Reformation).* **3.** (bildungsspr. abwertend) *[engstirniges] Festhalten an Lehrmeinungen;* **Orthodrome** [...'dro:mə], die; -, -n [zu griech. orthodromeĩn = geradeaus laufen] (Nautik): *kürzeste Verbindungslinie zwischen zwei Punkten der als Kugel idealisierten Erdoberfläche;* **Orthoepie** [...|e'pi:], (auch:) **Orthoepik,** die; - [griech. orthoépeia] (Sprachw.): *Lehre von der richtigen Aussprache der Wörter;* **Orthogneis,** der; -es, -e (Geol.): *aus magmatischen Gesteinen hervorgegangener Gneis;* **Orthogon** [...'go:n], das; -s, -e [lat. orthogōnium < griech. orthogṓnion] (Geom.): *Rechteck;* **orthogonal** [...go'na:l] ⟨Adj.; o. Steig.; nicht adv.⟩ (Geom.): **a)** *das Orthogon betreffend; rechtwinklig;* **b)** *senkrecht;* **Orthographie,** die; -, -n [...i:ən; lat. orthographia < griech. orthographía]: *Rechtschreibung;* **orthographisch** ⟨Adj.; o. Steig.⟩: *die Orthographie betreffend, rechtschreiblich:* -er Fehler *(Rechtschreibfehler);* **Orthoklas** [...'kla:s], der; -es, -e [zu griech. klásis = Bruch, nach der fast senkrecht verlaufenden Spaltungsebene der einzelnen Kristalle] (Geol.): *zu den Feldspäten gehörendes, farbloses bis rötlichbraunes, gesteinsbildendes Mineral; Kalifeldspat;* **orthonym** [...'ny:m] ⟨Adj.; o. Steig.⟩ [zu griech. ónyma = Name] (bildungsspr.): *mit dem richtigen Namen des Autors versehen;* **Orthopäde** [...'pɛ:də], der; -n, -n: *Facharzt für Orthopädie;* **Orthopädie** [...pɛ'di:], die; - [frz. orthopédie, 2. Bestandteil zu griech. paideía = Erziehung]: *Wissenschaft von der Erkennung u. Behandlung angeborener od. erworbener Fehler des menschlichen Bewegungsapparats;* ⟨Zus.:⟩ **Orthopädiemechaniker,** der: *Handwerker, der künstliche Gliedmaßen, Korsetts u. a. für Körperbehinderte herstellt* (Berufsbez.), **Orthopädieschuhmacher,** der: *Handwerker, der (nach Anweisung eines Facharztes für Orthopädie) maßgefertigte Schuhe, Einlagen u. a. herstellt* (Berufsbez.); ⟨Abl.:⟩ **orthopädisch** [...'pɛ:dɪʃ] ⟨Adj.; o. Steig.⟩: *die Orthopädie betreffend:* -e Schuhe *(von einem Orthopädieschuhmacher nach Maß gefertigte Schuhe);* -es Turnen *(spezielle Turnübungen zur Behebung von Haltungsschäden);* **Orthopädist** [...pɛ'dɪst], der; -en, -en: *Hersteller orthopädischer Apparate u. Geräte;* **Orthoptere** [ɔrtɔp'te:rə], die; -, -n, **Orthopteron** [ɔr'tɔpterɔn], das; -s, ...pteren [ɔrtɔp'te:rən] ⟨meist Pl.⟩ [zu griech. pterón = Flügel, nach der Stellung der Flügel] (Zool.): *Vertreter einer Ordnung der Insekten mit zum Kauen ausgebildeten Mundwerkzeugen, mehrgliedrigen Fühlern u. zwei Paar Flügeln, zu der u. a. Heuschrecken u. Grillen zählen; Geradflügler;* **Orthoptik** [ɔr'tɔptɪk], die; - (Med.): *Behandlung des Schielens durch Training der Augenmuskeln;* **Orthoptistin** [ɔrtɔp'tɪstɪn], die; -, -nen: *Helferin des Augenarztes, die insbes. Prüfungen der Sehschärfe vornimmt u. das Training der Augenmuskeln bei schielenden Kindern durchführt;* **Orthoskop** [ɔrto'sko:p], das; -s, -e [zu griech. skopeĩn = betrachten]: *Gerät für kristallographische Beobachtungen;* **Orthoskopie** [...sko'pi:], die; -: *unverzeichnete, winkeltreue Abbildung durch Linsen;* **orthoskopisch** [...'sko:pɪʃ] ⟨Adj.; o. Steig.⟩: **a)** *die Orthoskopie betreffend;* **b)** *das Orthoskop betreffend;* **Orthozentrum,** das; -s, ...ren (Geom.): *Schnittpunkt der Höhen eines Dreiecks.*

örtlich ['œrtlɪç] ⟨Adj.; o. Steig.⟩: **1.** *auf eine bestimmte Stelle beschränkt, begrenzt:* -e (Med.; *auf die zu operierende Stelle beschränkte*) Betäubung. **2.** *nur einen bestimmten* [1]*Ort* (2) *betreffend; nur in einem bestimmten* [1]*Ort* (2): -e Zusammenschlüsse, Besonderheiten; ö. begrenzte Kampfhandlungen; das ist ö. *(in den einzelnen Orten)* verschieden; ⟨Abl.:⟩ **Örtlichkeit,** die; -, -en: **1. a)** *Gelände, Gegend:* mit der Ö., den -en vertraut sein; **b)** svw. ↑[1]Ort (1). **2.** (fam. verhüll.) *Toilette.*

Ortolan [ɔrto'la:n], der; -s, -e [ital. ortolano, zu spätlat. (h)ortulānus = Garten-]: *(zu den Ammern gehörender) Vogel mit olivgrünem Kopf u. Hals u. gelber Kehle.*

orts-, Orts-: **~ablage,** die (schweiz.): *örtliche Zweigstelle o. ä. von etw.;* **~älteste,** der (Bergbau): *Bergmann vor* [3]*Ort* *in der Stellung eines Vorarbeiters;* **~angabe,** die; **~ansässig** ⟨Adj.; o. Steig.; nicht adv.⟩; **~ausgang,** der: am O. auf jmdn. warten; **~bestimmung,** die: **1.** (Geogr.) *Ermittlung der genauen Lage eines Ortes auf der Erdoberfläche durch Messungen bestimmter Gestirnspositionen.* **2.** (Grammatik) *Umstandsangabe des Ortes, lokale Umstandsangabe;* **~beweglich** ⟨Adj.; o. Steig.; nicht adv.⟩ (Technik): *(von Maschinen o. ä.) nicht eingebaut* (Ggs.: ~fest): -e Relais; **~eingang,** der; **~fest** ⟨Adj.; o. Steig.; nicht adv.⟩ (Technik): *(von Maschinen o. ä.) eingebaut; nicht beweglich* (Ggs.: ~beweglich): -e Lautsprecher; **~fremd** ⟨Adj.; o. Steig.; nicht adv.⟩: **a)** *nicht ortsansässig; nicht aus der Gegend stammend:* -e Personen; **b)** *nicht ortskundig:* o. sein; **~gedächtnis,** das: ein gutes O. besitzen; **~gespräch,** das: *örtliches Telefongespräch* (Ggs.: Ferngespräch); **~gruppe,** die: *organisatorische Einheit auf örtlicher Ebene als Teil einer bestimmten Partei, eines Verbandes o. ä.;* **~kenntnis,** die; **~klasse,** die ⟨meist Pl.⟩: *je nach Höhe der verschiedenen Lebenshaltungskosten vorgenommene Einstufung einer bestimmten Gemeinde, nach der die Höhe der Ortszuschläge für Beschäftigte im öffentlichen Dienst bemessen wird;* **~krankenkasse,** die (Versicherungsw.): *Pflichtkrankenkasse auf der bezirklichen Ebene eines Stadt- od. Landkreises;* **~kundig** ⟨Adj.⟩; **~name,** der, dazu: **~namenforschung, ~namenkunde,** die: *Toponomastik, Toponymik;* **~netz,** das: **a)** (Fernspr.) *örtliches Telefonnetz;* **b)** *örtliches Netz von Rohren u. Leitungen zur Elektrizitätsversorgung,* zu 1: **~netzkennzahl,** die (Fernspr.): *Zahlenfolge, mit der bei einem Ferngespräch das gewünschte Ortsnetz* (a) *erreicht wird;* **~polizei,** die; **~präsident,** der (schweiz.): *Vorsitzender des Stadtrats;* **~sinn,** der: svw. ↑Orientierungssinn; **~teil,** der; **~üblich** ⟨Adj.; o. Steig.⟩: -e Mieten; **~vektor,** der (Geom., Physik): svw. ↑Leitstrahl (2 a, b); **~wechsel,** der: sie braucht dringend einen O.; **~wehr,** die (schweiz.): *Gesamtheit der in einem* [1]*Ort* (2) *wehrfähigen Männer;* **~zeit,** die: *von der Greenwicher Zeit abweichende Sonnenzeit eines* [1]*Ortes* (2); **~zulage,** die: svw. ↑~zuschlag; **~zuschlag,** der: *nach der Ortsklasse bemessener Zuschlag zum [Tarif]gehalt der Beschäftigten im öffentlichen Dienst.*

Ortschaft, die; -, -en [zu ↑[1]Ort]: *kleinere Gemeinde.*

Ortung ['ɔrtʊŋ], die; -, -en (bes. Flugw., Seew.): *das Orten.*

Oscar ['ɔskar], der; -[s], -[s] [amerik.; H. u.]: *jährlich verliehener amerikanischer Filmpreis für die beste künstlerische Leistung (in Form einer vergoldeten Statuette):* er bekam den O. für die männliche Hauptrolle, für das beste Drehbuch; einen Film für den O. nominieren.

Öse ['ø:zə], die; -, -n [spätmhd. (md.) ōse, wohl verw. mit ↑Ohr]: **1.** *meist aus Metall bestehende kleine Schlinge (an Textilien, Lederwaren o. ä.), kleiner [Metall]ring, der die Ränder eines Loches gegen Einreißen sichert, zum Einhängen eines Hakens, zum Durchziehen einer Schnur o. ä.* **2.** (Seemannsspr.) **a)** svw. ↑Auge (5 a); **b)** svw. ↑Auge (5 b). **3.** svw. ↑Auge (6).

ösen ['ø:zn̩] ⟨sw. V.; hat⟩ [mniederd. osen; vgl. mhd. œsen, ahd. ōs(j)an] (nordd.): *in ein Boot eingedrungenes Wasser mit einem Gefäß ausschöpfen.*

Oskar ['ɔskar] in der Fügung **frech wie O.** (↑frech a).

Oskulation [ɔskula'ts̮i̯o:n], die; -, -en [lat. ōsculātio = das Küssen] (Math.): *Berührung zweier Kurven;* ⟨Zus.:⟩ **Oskulationskreis,** der: svw. ↑Krümmungskreis; **oskulieren** [...'li:rən] ⟨sw. V.; hat⟩ (Math.): *eine Oskulation bilden.*

Osmium ['ɔsmiʊm], das; -s [zu griech. osmḗ = Geruch, wegen des eigentümlichen, starken Geruchs]: *seltenes, sehr schweres, sprödes, bläulichweißes Metall (chemischer Grundstoff);* Zeichen: Os; **Osmologie** [ɔsmolo'gi:], die; - [zu griech. osmḗ = Geruch u. ↑-logie]: *Lehre von den Riechstoffen u. vom Geruchssinn.*

Osmose [ɔs'mo:zə], die; -, -n [zu griech. ōsmós = Stoß, Schub] (Chemie, Bot.): *das Durchdringen eines Lösungsmittels (z. B. Wasser) durch eine durchlässige, feinporige Scheidewand in eine gleichartige, aber stärker konzentrierte Lösung, bewirkt durch das natürliche Bestreben, in beiden Lösungen einen Ausgleich der Konzentration des gelösten Stoffes herzustellen;* ⟨Abl.:⟩ **osmotisch** [ɔs'mo:tɪʃ] ⟨Adj.; o. Steig.; nicht adv.⟩ (Chemie, Bot.): *Osmose bewirkend, auf Osmose beruhend, zu ihr gehörend:* -er Druck.

Ösophagus, (Anat. fachspr.:) Oesophagus [ø'zo:fagʊs], der; -, ...gi [griech. oisophágos, zu: oísein = tragen u. phágēma = Speise] (Anat.): *Speiseröhre.*

Ossarium [ɔ'sa:ri̯ʊm], Ossuarium [ɔ'su̯a:ri̯ʊm], das; -s, ...ien [...i̯ən; 1: mlat. oss(u)arium; 2: spätlat. oss(u)ārium, eigtl. = Urne]: **1.** (MA.) *Beinhaus auf Friedhöfen.* **2.** *(bes. im alten Palästina) Miniatursarg aus Stein od. Keramik zur Aufbewahrung der Gebeine eines Toten;* **Ossifikation** [ɔsifika'ts̮i̯o:n], die; -, -en [zu lat. os (Gen.: ossis) = Knochen u. facere = bewirken] (Med.): *Bildung von Knochen; Verknöcherung;* **ossifizieren** [...'ts̮i:rən] ⟨sw. V.; hat/ist⟩ (Med.): *verknöchern* (2); **Ossuarium:** ↑Ossarium.

Ost [ɔst, verdeutlichend bei Angabe der Himmelsrichtung im Funkverkehr o. ä. auch: o:st], der; -[e]s, -e [spätmhd. ōst, geb. in Analogie zu Nord u. Süd] (Ggs.: West): **1.** ⟨o. Pl.; unflekt.; o. Art.⟩ **a)** (bes. Seemannsspr., Met.) svw. ↑Osten (1) (gewöhnlich in Verbindung mit einer Präp.): der Wind kommt aus/von O.; nach O.; die Menschen kamen aus O. und West; die Grenze zwischen O. und West *(zwischen östlichen u. westlichen Gebieten, Landesteilen o. ä.);* der Konflikt zwischen O. und West (Politik; *zwischen den kommunistischen Ländern Osteuropas u. Asiens u. den kapitalistischen Ländern Westeuropas u. Nordamerikas*); **b)** als nachgestellte nähere Bestimmung bei geographischen Namen o. ä. zur Bezeichnung des östlichen Teils od. zur Kennzeichnung der östlichen Lage, Richtung: er wohnt in Neustadt (O)/Neustadt-O.; die Autobahnausfahrt Frankfurt-O.; die Arbeiter kamen aus dem Tor O.; Abk.: O **2.** ⟨Pl. selten⟩ (Seemannsspr., dichter.) *Ostwind:* es wehte ein kühler O.

ost-, Ost-: **~agent,** der: *Agent, der für ein sozialistisches Land Osteuropas od. Asiens tätig ist;* **~block,** der ⟨o. Pl.⟩ (bes. Bundesrepublik Deutschland): *Gruppe von sozialistischen Staaten Osteuropas u. Asiens, die sich politisch zusammengeschlossen haben,* dazu: **~blockstaat,** der ⟨meist Pl.⟩ (bes. Bundesrepublik Deutschland): *dem Ostblock angehörender Staat;* **~deutsch** ⟨Adj.; o. Steig.; nicht adv.⟩: **a)** (veraltet) *den östlichen Teil des früheren Deutschlands betreffend, dazu gehörend, von dort stammend, kommend:* -e Landschaften, Flüsse; **b)** (Bundesrepublik Deutschland veraltend) *die DDR betreffend, dazu gehörend, von dort stammend, kommend;* **c)** (Bundesrepublik Deutschland veraltet) *den Teil des früheren Deutschlands jenseits der Oder-Neiße-Linie betreffend, dazu gehörend, von dort stammend;* **~flanke,** die: *östliche Seite (bes. eines Hoch-, Tiefdruckgebietes);* **~flüchtling,** der: *Flüchtling aus einem der sozialistischen Länder Osteuropas u. Asiens, bes. aus der DDR;* **~flügel,** der: **a)** *östlicher Flügel* (4) *eines Gebäudes;* **b)** *östlicher Flügel* (3 a) *einer Armee o. ä.;* **~front,** die: *(bes. im ersten u. zweiten Weltkrieg) im Osten verlaufende Front* (2); **~gebiet,** das: **1.** ⟨meist Pl.⟩ *im Osten gelegenes Gebiet einer Stadt, eines Landes o. ä.* **2.** ⟨Pl.⟩ (Bundesrepublik Deutschland veraltet) *zum früheren Deutschland gehörende Gebiete jenseits der Oder-Neiße-Linie;* **~geld,** das: vgl. ~mark; **~grenze,** die: *Grenze nach Osten;* **~hang,** der: *östlicher Hang (eines Berges o. ä.);* **~kirche,** die: *christliche Kirche in Osteuropa u. Vorderasien, die sich von der römisch-katholischen Kirche getrennt hat u. das Primat des Papstes nicht anerkennt;* **~küste,** die; **~mark,** die; -, - (Bundesrepublik Deutschland ugs.): *Mark der Deutschen Demokratischen Republik;* **~nordost** [–-'–], der: **1.** ⟨o. Pl.; unflekt.; o. Art.⟩ (Seemannsspr., Met.) svw. ↑~nordosten (gewöhnlich in Verbindung mit einer Präp.); Abk.: ONO **2.** ⟨Pl. selten⟩ (Seemannsspr.) vgl. Ost (2); **~nordosten** [–-'–-], der ⟨meist o. Art.⟩: *Richtung zwischen Osten u. Nordosten* (gewöhnlich in Verbindung mit einer Präp.); Abk.: ONO; **~politik,** die (bes. Bundesrepublik Deutschland): *Politik gegenüber den sozialistischen Staaten Osteuropas u. Asiens:* die deutsche O.; **~punkt,** der (Geogr.): *in exakt östlicher Richtung liegender (gedachter) Punkt am Horizont;* **~rand,** der: *östlicher Rand (bes. eines Gebietes, eines Gebirges, einer Stadt):* am O. der Stadt, des Parks; **~seite,** die: *östliche Seite:* an der O. des Hauses, des Sees, des Berges, dazu: **~seitig** ⟨Adj.; o. Steig.; nicht präd.⟩: *an, auf der Ostseite [gelegen, befindlich]:* während es noch heftig regnete, hellte sich der Himmel o. wieder auf; **~spitze,** die: *östliche Spitze (bes. einer Insel, eines Sees o. ä.);* **~südost** [–-'–], der: **1.** ⟨o. Pl.; unflekt.; o. Art.⟩ (Seemannsspr., Met.) svw. ↑~südosten (gewöhnlich in Verbindung mit einer Präp.); Abk.: OSO **2.** ⟨Pl. selten⟩ (Seemannsspr.) vgl. Ost (2); **~südosten** [–-'–-], der ⟨meist o. Art.⟩: *Richtung zwischen Osten u. Südosten* (gewöhnlich in Verbindung mit einer Präp.); Abk.: OSO; **~teil,** der: *östlicher Teil (eines Gebäudes, Gewässers, Landes, einer Stadt o. ä.);* **~ufer,** das: *östliches Ufer (eines Sees, Flusses, einer Bucht o. ä.);* **~wand,**

die: *östliche Wand (eines Gebäudes, Berges o. ä.);* **~wärts** ⟨Adv.⟩ [↑-wärts]: **a)** *in östliche[r] Richtung, nach Osten:* o. ziehen, blicken; in einem Zug, der sie o. brachte (Böll, Haus 13); **b)** (seltener) *im Osten:* ein o. gelegener Baum; o. [am Horizont] wetterleuchtete es; **~West-Dialog,** der (mit Bindestrichen) (Politik): *die Probleme des Ost-West-Konflikts betreffender, dem Streben nach Bewältigung dieser Probleme dienender Dialog* (b) *zwischen den sozialistischen Ländern Osteuropas u. Asiens u. den kapitalistischen westlichen Ländern;* **~West-Gegensatz,** der (mit Bindestrichen) (Politik): vgl. ~West-Konflikt; **~West-Gespräch,** das (mit Bindestrichen) ⟨meist Pl.⟩ (Politik): vgl. ~West-Konflikt; **~West-Konflikt,** der (mit Bindestrichen) (Politik): *Gegensätze, die sich aus den unterschiedlichen politischen, wirtschaftlich-sozialen o. ä. Auffassungen der kapitalistischen westlichen Länder u. der sozialistischen Länder Osteuropas u. Asiens nach dem zweiten Weltkrieg ergeben haben;* **~westlich** ⟨Adj.; o. Steig.⟩: *von Osten nach Westen [verlaufend]:* in -er Richtung; **~westrichtung,** die: *ostwestliche Richtung:* in O. verlaufen; **~wind,** der: *aus Osten wehender Wind;* **~zonal** ⟨Adj.; o. Steig.; nicht adv.⟩ (Bundesrepublik Deutschland veraltend): *die Ostzone betreffend, dazu gehörend, von dort stammend, kommend;* **~zone,** die: **a)** (veraltet) *(nach dem zweiten Weltkrieg durch die Aufteilung Deutschlands in Zonen entstandene) sowjetische Besatzungszone;* **b)** (Bundesrepublik Deutschland veraltend, oft abwertend) *DDR.*

Ostealgie [ɔsteal'gi:], die; -, -n [...i:ən; zu griech. ostéon ≙ Knochen u. álgos = Schmerz] (Med.): *von den Knochen ausgehender Schmerz.*

osten ['ɔstn̩] ⟨sw. V.; hat⟩ (Bauw. selten): *(von einem Bauwerk) nach Osten ausrichten:* eine Kirche, einen Chor o.; **Osten** ['ɔstn̩, verdeutlichend bei Angabe der Himmelsrichtung im Funkverkehr o. ä. auch: 'o:stn̩]; der; -s [mhd. ōsten, ahd. ōstan]: **1.** ⟨meist o. Art.⟩ *Himmelsrichtung, in der (bei Tagundnachtgleiche) die Sonne aufgeht* (gewöhnlich in Verbindung mit einer Präp.; Ggs.: Westen): wo ist O.?; die Grenze im O.; im O. zieht ein Gewitter auf; es dämmert, lichtet sich im O. *(der Morgen dämmert);* das Zimmer geht nach O.; der Wind kommt von O.; Abk.: O **2.** *gegen Osten* (1), *im Osten gelegener Bereich, Teil (eines Landes, Gebietes, einer Stadt o. ä.):* der O. des Landes, des Bezirks; das Haus steht im O. der Stadt, im O. Frankfurts. **3. a)** *die Länder Osteuropas u. Asiens:* die Völker des -s; Überlieferungen, Märchen, Lieder aus dem O.; ***der Ferne O.** *(die östlichen Gebiete Asiens, bes. Japan u. China);* **der Mittlere O.** *(die südlichen Gebiete Asiens von Iran bis Birma);* **der Nahe O.** *(die südwestlichen Gebiete Asiens, der Vordere Orient);* **b)** (Bundesrepublik Deutschland) *die sozialistischen Länder Osteuropas u. Asiens, bes. die Ostblockstaaten im Unterschied zu den kapitalistischen westlichen Ländern:* er hat für den O. spioniert.

ostensibel [ɔstɛn'zi:bl̩] ⟨Adj.; ...bler, -ste⟩ [frz. ostensible, zu lat. ostēnsus, 2. Part. von: ostendere = zeigen] (bildungsspr.): *auffällig, zur Schau gestellt:* Ostensibler kann die Heuchelei nicht sein (Habe, Parforcejagd 3); **ostensiv** [...'zi:f] ⟨Adj.⟩ (bildungsspr. veraltend): **a)** *augenscheinlich, offensichtlich, offenkundig;* **b)** svw. ↑ostentativ; **Ostentation** [...ta'tsio:n], die; -, -en [lat. ostentātio = Schaustellung, Prahlerei, zu: ostentāre = darbieten, prahlend zeigen] (bildungsspr.): *das Zurschaustellen, das Großtun, Renommieren;* **ostentativ** [...'ti:f] ⟨Adj.⟩ (bildungsspr.): *bewußt herausfordernd, zur Schau gestellt, betont; in provozierender, herausfordernder Weise:* obwohl die durchschnittliche Weiblichkeit ... von einer -eren Männlichkeit angezogen wird (Habe, Namen 7); er schwieg o., wandte sich o. ab.

osteo-, Osteo- [ɔsteo-; griech. ostéon] ⟨Best. in Zus. mit der Bed.⟩: *Knochen* (z. B. osteoplastisch, Osteologie); **osteogen** [...'ge:n] ⟨Adj.; o. Steig.⟩ [↑-gen] (Med.): **a)** *(von Geweben) knochenbildend;* **b)** *(von bestimmten Krankheiten) vom Knochen ausgehend;* **Osteologie** [...lo'gi:], die; - [↑-logie]: *Lehre vom Knochenbau als Teilgebiet der Anatomie;* **Osteom** [...'o:m], das; -s, -e (Med.): *gutartige Knochengeschwulst;* **Osteomalazie,** die; -, -n [...i:ən] (Med.): *Knochenerweichung;* **Osteomyelitis** [...mye'li:tɪs], die; -, ...itiden [...li'ti:dn̩; zu griech. myelós = Knochenmark] (Med.): *Knochenmarkentzündung;* **Osteoplastik,** die; -, -en (Med.): svw. ↑Knochenplastik; **osteoplastisch** ⟨Adj.; o. Steig.; nicht präd.⟩ (Med.): *die Osteoplastik betreffend;* **Osteoporose** [...po'ro:zə], die; -, -n [zu griech. porós, ↑Pore] (Med.): *stoffwechselbedingte, mit einem Abbau von Knochensubstanz einhergehende Erkrankung der Knochen;* **Osteotomie** [...to'mi:], die; -, -n [...i:ən; zu griech. tomḗ = das Schneiden, Schnitt] (Med.): *operative Durchtrennung eines Knochens.*

Oster- ['o:stɐ-]: **~blume,** die (volkst.): *Frühlingsblume verschiedener Art, bes. Osterglocke, Kuhschelle;* **~brauch,** der: *zu Ostern geübter Brauch;* **~ei,** das: *gefärbtes, bunt bemaltes gekochtes Hühnerei, Ei aus Schokolade, Marzipan o. ä., das zu Ostern verschenkt wird:* -er verstecken, suchen; ein Nest mit bunten -ern; **~feiertag,** der: der erste, zweite O.; **~fest,** das: svw. ↑Ostern; **~glocke,** die: *Narzisse mit leuchtendgelber, glockenförmiger Blüte;* **~hase,** der: *Hase, der nach einem Brauch in der Vorstellung der Kinder zu Ostern die Ostereier bringt;* **~lamm,** das: **a)** *Lamm, das zu Ostern geschlachtet u. gegessen wird;* **b)** *zu Ostern gebakkenes, als kleines Lamm geformtes Backwerk;* **~luzei** [auch: ---'–], die; -, -en [mhd. ostirlucie, spätahd. astrinza, unter lautlicher Anlehnung an „Ostern" < mlat. aristo-, astrolocia < lat. aristolochia < griech. aristolochía]: *oft verwildert wachsende Pflanze mit herzförmigen Blättern u. grünlichen od. gelblichen, einer kleinen Tabakspfeife ähnlichen, in Büscheln wachsenden Blüten;* **~marsch,** der: *zur Osterzeit stattfindender, bes. gegen Krieg u. Atomrüstung gerichteter Demonstrationsmarsch,* dazu: **~marschierer,** der: *Teilnehmer an einem Ostermarsch;* **~monat, ~mond,** der ⟨Pl. selten⟩ [mhd. ōstermānōt, ahd. ōstarmānōth] (veraltet): *April;* **~montag,** der: *Montag des Osterfestes, zweiter Osterfeiertag;* **~putz,** der: *gründlicher Hausputz vor Ostern;* **~samstag,** der (bes. südd., österr., schweiz.), **~sonnabend,** der (bes. nordd.): *Sonnabend vor dem Osterfest;* **~sonntag,** der: *Sonntag des Osterfestes, erster Osterfeiertag;* **~spiel,** das (Literaturw.): *mittelalterliches geistliches Drama, das das dem Osterfest zugrunde liegende biblische Geschehen, bes. die Auferstehung Christi, zum Inhalt hat;* **~verkehr,** der: *[starker] Verkehr, bes. Straßenverkehr, zur Osterzeit;* **~woche,** die: *Woche vor Ostern;* **~zeit,** die: *Zeit um Ostern, bes. vor dem Osterfest.*

Osteria [ɔste'ri:a], die; -, -s, (auch:) **Osterie** [...'ri:], die; -, -n [...i:ən; ital. osteria, zu: oste = Wirt < afrz. oste < lat. hospes (Gen.: hospitis)]: *(in Italien) meist kleinere Gaststätte, Wirtshaus.*

österlich ['ø:stɐlɪç] ⟨Adj.; o. Steig.⟩ [mhd. ōsterlich, ahd. ōstarlīh, zu ↑Ostern]: *Ostern, das Osterfest betreffend, zu ihm gehörend; an Ostern geschehend, an Ostern üblich:* die -e Zeit; -er Blumenschmuck; der -e Verkehr; das in der Bibel beschriebene -e *(dem Osterfest zugrunde liegende, bes. die Auferstehung Christi beinhaltende)* Geschehen; das Zimmer war ö. geschmückt; **Ostern** ['o:stɐn], das; -, - ⟨meist o. Art.; bes. südd., österr. u. schweiz. u. in bestimmten Wunschformeln u. Fügungen auch als Pl.⟩ [mhd. ōsteren, ahd. ōstarūn (Pl.); wohl nach einer germ. Frühlingsgöttin (zu ahd. ōstar = östlich; im Osten, d. h. in der Richtung der aufgehenden Sonne, des [Morgen]lichts)]: *Fest der christlichen Kirche, mit dem die Auferstehung Christi gefeiert wird:* O. fällt, ist dieses Jahr sehr früh; es ist bald O.; was habt ihr [nächste] O. vor?; vorige, letzte O. war er in Paris; wir hatten ein schönes O./schöne O.; ich wünsche euch frohe O.!; dieses Jahr hatten wir weiße O. *(Ostern mit Schnee);* nächstes Jahr O./(bes. nordd.:) nächstes Jahr zu O./(bes. südd.:) nächstes Jahr an O. wollen sie verreisen; bis O. ist es noch lange; kurz nach O.; was willst du den Kindern zu O. schenken?; ***wenn O. und Pfingsten/Weihnachten zusammenfallen, auf einen Tag fallen** (ugs.; *niemals, keinesfalls, unter keinen Umständen*).

ostinat [ɔsti'na:t] ⟨Adj.; o. Steig.; nicht adv.⟩ [ital. ostinato = hartnäckig < lat. obstinātum, 2. Part. von: obstināre = beharren] (Musik): *ständig wiederholt, immer wiederkehrend:* ein -es Thema im Baß; ein -er Baß; **Ostinato** [ɔsti'na:to], der, auch: das; -s, -s u. ...ti (Musik): svw. ↑Basso ostinato (vgl. Basso).

ostisch ['ɔstɪʃ] ⟨Adj.; o. Steig.; meist attr.⟩: *einem europiden Menschentypus angehörend, entsprechend, der bes. in westeuropäischen Gebirgen vorkommt u. für den untersetzter Körperbau u. dunkle bis schwarze Haare typisch sind.*

Ostitis [ɔs'ti:tɪs], die; -, ...titiden [...ti'ti:dn̩; zu griech. ostéon = Knochen] (Med.): *entzündliche Erkrankung der Knochensubstanz; Knochenhaut-, Knochenmarkentzündung.*

Ostler ['ɔstlɐ], der; -s, - [zu ↑Osten (3 b)] (ugs.): *Bewohner der DDR* (Ggs.: Westler): ... wie der O. sich hinter seiner Mauer vergnügt (Reinig, Schiffe 116).

östlich ['œstlɪç]: **I.** 〈Adj.〉 (Ggs.: westlich) **1.** 〈nicht adv.〉 *im Osten* (1) *gelegen:* die -e Grenze; der -ste Zipfel des Landes; das -e Frankreich *(der östliche Teil Frankreichs);* (Geogr.:) 15 Grad -er Länge; die Stadt liegt weiter ö., liegt sehr [weit] ö.; 〈in Verbindung mit „von“:〉 ö. von Mannheim; der Ort liegt ö. von hier. **2.** 〈nicht adv.〉 **a)** *nach Osten* (1) *gerichtet, dem Osten zugewandt:* in -er Richtung; einen noch -eren Kurs einschlagen; die Grenze verläuft genau ö.; **b)** *aus Osten* (1) *kommend:* -e Winde. **3. a)** 〈nicht adv.〉 *den Osten* (3a) *betreffend; zu den Ländern Osteuropas u. Asiens gehörend, aus ihnen stammend:* -e Völker, Überlieferungen, Traditionen, Lieder; **b)** *für den Osten* (3a), *die Länder Osteuropas u. Asiens, ihre Bewohner charakteristisch:* Tschaikowskis Musik ... mit ... der -en Mystik ewigen Leides (Simmel, Stoff 586); **c)** (Bundesrepublik Deutschland) *den Osten* (3b) *betreffend; zu den sozialistischen Ländern Osteuropas u. Asiens, bes. zu den Ostblockstaaten gehörend, für sie charakteristisch, sie kennzeichnend:* die -en Machthaber; die ö. orientierten Länder; ö. geprägte, gefärbte Ausdrücke. **II.** 〈Präp. mit Gen.〉 *weiter im Osten* (1), *gegen Osten [gelegen] als ...; östlich von ...:* ö. der Grenze; 3km ö. der Stadt; ö. Frankfurts (selten; *östlich von Frankfurt*).

Ostrakode [ɔstra'ko:də], der; -n, -n [zu griech. ostrakṓdēs = (ton)scherbenartig, nach den Muschelschalen]: svw. ↑Muschelkrebs; **Ostrakon** ['ɔstrakɔn], das; -s, ...ka [griech. óstrakon] (hist.): *(in der Antike) als Material zum Schreiben verwendete Scherbe von zerbrochenen Tongefäßen (anstelle von Papyrus);* **Ostrazismus** [...'t̮sɪsmʊs], der; - [griech. ostrakismós]: *(in der Antike, bes. im alten Athen) über die Verbannung, bes. eines mißliebigen Politikers, beschließendes Volksgericht (bei dem die Bürger den Namen der betreffenden Person auf ein Ostrakon schrieben).*

Östrogen [œstro'ge:n], das; -s, -e [zu griech. oĩstros = Leidenschaft, eigtl. = Stich der Pferdebremse u. ↑-gen; eigtl. = das Leidenschaft Erregende] (Med.): *weibliches Geschlechtshormon* (Ggs.: Androgen).

Ostung, die; - (Bauw.): *Ausrichtung der Achse eines Bauwerks (bes. einer Kirche) nach Osten.*

Oszillation [ɔstsɪla't̮si̯o:n], die; -, -en [lat. oscillātio = das Schaukeln]: **1.** (Physik) *das Oszillieren, Schwingung.* **2.** (Geol.) **a)** *abwechselnde Hebung u. Senkung von Teilen der Erdkruste;* **b)** *Schwankung des Meeresspiegels;* **c)** *Schwankung in der Ausdehnung von Gletscherzungen;* **Oszillator** [...'la:tɔr, auch: ...to:ɐ̯], der; -s, -en [...la'to:rən] (Physik, Technik): *Gerät zur Erzeugung von [elektrischen] Schwingungen;* **oszillatorisch** [...la'to:rɪʃ] 〈Adj.〉 (Fachspr.): *die Oszillation betreffend, auf ihr beruhend, zu ihr gehörend; schwingend, schwankend, pendelnd;* **oszillieren** [...'li:rən] 〈sw. V.; hat〉 [lat. oscillāre = schaukeln]: **1.** (Physik) *schwingen:* ein oszillierendes Gerät; Ü So oszillieren (bildungsspr.; *schwanken, pendeln*) gerade repräsentative Erscheinungen zwischen Ernst und Farce (Gehlen, Zeitalter 89). **2.** (Geol.) **a)** *(von Teilen der Erdkruste) sich heben od. senken;* **b)** *(von Gletscherzungen) in der Ausdehnung schwanken;* **Oszillogramm,** das; -s, -e [↑-gramm] (Physik): *von einem Oszillographen aufgezeichnetes Bild bestimmter Schwingungen;* **Oszillograph,** der; -en, -en [↑-graph] (Physik): *Gerät zur Aufzeichnung des Verlaufs sich ändernder physikalischer Vorgänge* (z. B. Schwingungen).

ot-, Ot-: ↑oto-, Oto-; **Otalgie** [otal'gi:], die; -, -n [...i:ən; zu griech. álgos = Schmerz] (Med.): *Ohrenschmerz;* **Otiater** [o'ti̯a:tɐ], der; -s, - [zu griech. iatrós = Arzt]: *Facharzt auf dem Gebiet der Otiatrie; Ohrenarzt;* **Otiatrie** [oti̯a'tri:], die; - [zu griech. iatreía = Heilkunde] (Med.): *Lehre von den Erkrankungen des Ohres; Ohrenheilkunde;* **Otitis** [o'ti:tɪs], die; -, ...itiden [oti'ti:dn̩] (Med.): *entzündliche Erkrankung des inneren Ohrs; Ohrenentzündung.*

Otium ['o:t̮si̯ʊm], das; -s [lat. ōtium] (veraltet): *Muße.*

oto-, Oto-, (vor Vokalen u. vor h auch:) ot-, Ot- [ot(o)-; griech. oũs (Gen.: ōtós)] 〈Best. in Zus. mit der Bed.〉: *Ohr* (z. B. otologisch, Otalgie); **Otolith** [...'li:t, auch: ...lɪt], der; -s u. -en, -e[n] [↑-lith] (Med.): *kleiner prismatischer Kristall aus kohlensaurem Kalk im Gleichgewichtsorgan des Ohres;* **Otologe** [...'lo:gə], der; -n, -n [↑-loge]: svw. ↑Otiater; **Otologie** [...lo'gi:], die; - [↑-logie]: svw. ↑Otiatrie; **Otosklerose,** die; -, -n (Med.): *zur Schwerhörigkeit führende Erkrankung (Verknöcherung) des Mittelohrs;* **Otoskop** [...'sko:p], das; -s, -e [zu griech. skopeĩn = betrachten] (Med.): *Hohlspiegel zur Untersuchung des Gehörgangs u. des Trommelfells; Ohrenspiegel;* **Otoskopie** [...sko'pi:], die; -, -n [...i:ən]: *Untersuchung mit dem Otoskop.*

ottava [ɔ'ta:va]: ↑all'ottava; **Ottaverime** [ɔta:ve'ri:mə] 〈Pl.〉 [ital. ottave rime = acht Reime]: svw. ↑Stanze.

¹Otter ['ɔtɐ], der; -s, - [mhd. ot(t)er, ahd. ottar, eigtl. = Wassertier]: *(zu den Mardern gehörendes) im u. am Wasser lebendes, kleines Säugetier mit langgestrecktem Körper, flachem Kopf, kurzen Beinen mit Schwimmhäuten zwischen den Zehen, langem Schwanz u. dichtem, glänzendem Fell.*

²Otter [-], die; -, -n [frühnhd. nōter, ostmd. Nebenf. von mhd. nāter, ↑Natter]: svw. ↑Viper (1); 〈Zus.:〉 **Otternbrut,** die, **Otterngezücht,** das: vgl. Natternbrut.

Otto ['ɔto], der; -s, -s [nach dem m. Vorn. Otto, der wegen seines früher häufigen Vorkommens oft ugs. im Sinne von Dings (2) gebraucht wurde]: **1.** (salopp) *etw., was durch besondere Größe, durch seine Ausgefallenheit o. ä. Staunen, Aufsehen erregt:* die Kürbisse in seinem Garten sind solche, sind ungeheure, riesige -s; das ist vielleicht ein O.!; seine Freundin hat einen strammen, mächtigen O. *(Busen).* **2.** ***O. Normalverbraucher** *(der durchschnittliche, in seinen Ansprüchen den Rahmen des Üblichen nicht überschreitende, keine großen Ansprüche stellende Mensch, Bürger;* wohl nach der Hauptfigur des Spielfilms „Berliner Ballade“ [1948]). **3.** ***den flotten O. haben** (salopp; *Durchfall haben*).

Ottoman [ɔto'ma:n], der; -s, -e [frz. ottoman, eigtl. = osmanisch, türkisch, zu arab. ʿuṯmān = Osmane] (Textilind.): *Gewebe, schwerer Stoff mit breiten, ausgeprägten Rippen, der bes. als Dekorationsstoff verwendet wird;* **Ottomane,** die; -, -n [frz. ottomane, eigtl. = türkische (Liege)] (früher): *zum (Ausruhen im) Liegen dienendes, niedriges, gepolstertes Möbelstück ohne Rückenlehne.*

Ottomotor, der; -s, -e[n] [nach dem dt. Ingenieur N. Otto (1832–1891)]: *Verbrennungsmotor, bei dem das im Zylinder befindliche Gemisch aus Kraftstoff u. Luft durch einen elektrischen Funken gezündet wird.*

out [a̯ut] 〈Adv.〉 [engl. out]: **1.** (Ballspiele österr., sonst veraltet) *(vom Ball) außerhalb des Spielfeldes:* o.!; das war, der Ball war o. **2.** ***o. sein** (ugs.; Ggs.: in sein; 1. *[bes. von Personen im Showgeschäft o. ä.] nicht mehr im Brennpunkt des Interesses stehen, nicht mehr gefragt sein:* der Schlagersänger ist schon seit einiger Zeit o. 2. *[von Dingen, Tätigkeiten, die als schick galten, sehr im Schwange waren] nicht mehr in Mode sein:* Afro ist o. [Spiegel 44, 1974, 156]); 〈subst. zu 1:〉 **Out** [-], das; -[s], -[s] (Ballspiele österr., sonst veraltet): svw. ↑Aus (1, 2); **Outcast** ['a̯utka:st], der; -s, -s [engl. outcast] (bildungsspr.): **1.** *außerhalb der Kasten stehender Inder.* **2.** *jmd., der von der Gesellschaft ausgestoßen ist, verachtet wird:* Wer nicht schön brav ... mitgemacht hat, der war, ist und bleibt ein O. (Kantorowicz, Tagebuch 523); **Outeinwurf** ['a̯ut-], der; -[e]s, ...würfe (Ballspiele österr.): *Einwurf aus dem Out;* **Outfit** ['a̯utfɪt], das; -[s], -s [engl. outfit] (selten): *Ausstattung, Ausrüstung;* **Outgroup** ['a̯utgru:p], die; -, -s [engl. out-group] (Soziol.): *[soziale] Gruppe, der man sich nicht zugehörig fühlt u. von der man sich distanziert* (Ggs.: Ingroup); **Outlaw** ['a̯utlo:, engl.: 'aʊtlɔ:], der; -[s], -s [engl. outlaw] (bildungsspr.): **a)** *jmd., der von der Gesellschaft geächtet, ausgestoßen ist; Verfemter;* **b)** *jmd., der sich nicht an die bestehende Rechtsordnung hält;* **Outlinie** ['a̯ut-], die; -, -n (Ballspiele österr., sonst veraltet): svw. ↑Auslinie; **Output** ['a̯utpʊt], der, auch: das; -s, -s [engl. output = Ausstoß]: **1.** (Wirtsch.) *Gesamtheit der von einem Unternehmen produzierten Güter* (Ggs.: Input 1). **2.** (Datenverarb.) *Gesamtheit der Daten, Informationen als Arbeitsergebnis einer Rechenanlage; Ausgabe* (7), *²Ausdruck* (1 b) (Ggs.: Input 2 b). **3.** (Elektrot., Elektronik) *von bestimmten Geräten gelieferte Leistung.*

outrieren [u'tri:rən] 〈sw. V.; hat〉 [frz. outrer, zu: outre = über ... hinaus] (bildungsspr. veraltend): *übertrieben darstellen, übertreiben:* sie ist stets geneigt, die Dinge zu o.; 〈meist im 2. Part.:〉 Das outriert modern eingerichtete Hotelappartement (Zwerenz, Quadriga 238); 〈Abl.:〉 **Outrierung,** die; -, -en (bildungsspr. veraltend).

Outsider ['a̯utza̯idɐ], der; -s, - [engl. outsider, zu: outside = Außenseite, urspr. = das auf der (ungünstigen) Außenseite laufende Pferd] (bildungsspr.): svw. ↑Außenseiter; **Outwachler** ['a̯utvaxlɐ], der; -s, - [zu ↑wachen] (Ballspiele österr. ugs.): *Linienrichter.*

Ouvertüre [uvɛr'ty:rə], die; -, -n [frz. ouverture, eigtl. = Öffnung, Eröffnung, über das Vlat. zu lat. apertura =

(Er)öffnung]: **a)** *instrumentales Musikstück als Einleitung zu größeren Musikwerken (bes. Oper u. Operette):* die O. zu „Carmen"; das Orchester war noch bei der O., spielte gerade die O.; Ü Golo Mann hat ihm gleichsam als O. *(Einleitung, Eröffnung)* dieses Buches Ausdruck gegeben (Welt 23. 6. 62, Forum); **b)** *aus einem Satz bestehendes Konzertwerk für Orchester.*

Ouzo ['u:zo], der; -[s], -s [ngriech. oũzo(n)]: *griechischer Anisschnaps.*

Ova: Pl. von ↑Ovum; **oval** [o'va:l] ⟨Adj.; o. Steig.; nicht adv.⟩ [spätlat. ōvālis, zu lat. ōvum, ↑Ovum]: *die Form einer Ellipse* (1) *aufweisend, einer Ellipse in der Form ähnlich; länglichrund, eirund:* ein -er Tisch; ein Bild in einem -en Rahmen; eine -e Gesichtsform; ⟨subst.:⟩ **Oval** [-], das; -s, -e: *ovale Form, Fläche, Anlage o. ä.:* das O. der Radrennbahn; **Ovar** [o'va:ɐ̯], das; -s, -e: svw. ↑Ovarium (1); **ovarial** [ova'ri̯a:l] ⟨Adj.; o. Steig.⟩ (Med., Biol.): *das Ovarium betreffend;* ⟨Zus.:⟩ **Ovarialgravidität,** die (Med.): svw. ↑Eierstockschwangerschaft, **Ovarialhormon,** das (Med.): *vom Eierstock gebildetes Hormon;* **Ovariektomie** [ovari-], die; -, -n (Med.): *operative Entfernung des Ovariums;* **ovariell** [ova'ri̯ɛl] ⟨Adj.; o. Steig.⟩: svw. ↑ovarial; **Ovarium** [o'va:ri̯ʊm], das; -s, ...ien [...i̯ən; spätlat. ōvārium = Ei]: **1.** (Med., Zool.) *Eierstock.* **2.** (Bot.) *Fruchtknoten.*

Ovation [ova'tsi̯o:n], die; -, -en [lat. ovātio = kleiner Triumph, zu: ovāre = jubeln] (bildungsspr.): *begeisterter Beifall, enthusiastische Zustimmung als Ehrung für jmdn., Huldigung:* eine begeisterte, stürmische, herzliche O.; -en erhalten, bekommen; jmdm. -en bereiten, [dar]bringen; einen Künstler, Politiker mit -en begrüßen.

Overall ['oʊvərɔ:l], der; -s, -s [engl. overall, aus: over = darüber hinaus u. all = alles, also eigtl. = „Überalles"]: *einteiliger Anzug, der bes. zum Schutz bei bestimmten Arbeiten, Tätigkeiten übergezogen wird;* **overdressed** ['oʊvədrɛst] ⟨Adj.; o. Steig.; nur präd.⟩ [engl. overdressed] (bildungsspr.): *(für einen bestimmten Anlaß) zu gut, fein angezogen, zu feierlich gekleidet;* **Overdrive** ['oʊvədraɪv], der; -[s], -s [engl. overdrive, aus: over = darüber hinaus u. to drive = fahren] (Technik): *ergänzendes Getriebe in Kraftfahrzeugen, das nach Erreichen einer bestimmten Fahrgeschwindigkeit die Herabsetzung der Drehzahl des Motors ermöglicht; Schnellgang;* **Overflow** ['oʊvəfloʊ], der; -s [engl. overflow, eigtl. = Überschwemmung] (Datenverarb.): *Überschreitung der Speicherkapazität von Computern;* **Overkill** ['oʊvəkɪl], das, auch: der; -[s] [amerik. overkill, aus engl. over = darüber hinaus u. to kill = töten, eigtl. = mehr als einmal töten] (Milit.): *Situation, in der gegnerische Staaten mehr Waffen (bes. Atomwaffen) besitzen, als nötig sind, um den Gegner zu vernichten;* **Overstatement** ['oʊvə'steɪtmənt], das; -s, -s [engl. overstatement]: *Übertreibung* (Ggs.: Understatement a).

Ovidukt [ovi'dʊkt], der; -[e]s, -e [zu lat. ōvum (↑Ovum) u. ductum, 2. Part. von ducere = leiten] (Med.): *Eileiter;* **ovipar** [ovi'pa:ɐ̯] ⟨Adj.; o. Steig.; nicht adv.⟩ [zu lat. parere = gebären] (Biol.): *eierlegend;* ⟨Abl.:⟩ **Oviparie** [ovipa'ri:], die; - (Biol.): *Form der geschlechtlichen Fortpflanzung, die durch Ablage von Eiern erfolgt;* **Ovizid** [ovi'tsi:t], das; -[e]s, -e [zu lat. caedere (in Zus. -cīdere) = töten]: *Mittel zur Abtötung von [Insekten]eiern;* **ovoid** [ovo'i:t], **ovoidisch** [ovo'i:dɪʃ] ⟨Adj.; o. Steig.; nicht adv.⟩ [zu griech. -oeidḗs = ähnlich] (Biol.): *eiförmig;* **ovovivipar** [ovo-] ⟨Adj.; o. Steig.; nicht adv.⟩ (Biol.): *Eier mit mehr od. weniger entwickelten Embryonen ablegend;* ⟨Abl.:⟩ **Ovoviviparie,** die; -; **Ovulation** [ovula'tsi̯o:n], die; -, -en [zu ↑Ovulum] (Zool., Med.): *Follikelsprung, Eisprung;* ⟨Zus.:⟩ **Ovulationshemmer** [...hɛmɐ], der; -s, - (Med.): *Antibabypille;* **Ovulum** ['o:vulʊm], das; -s, ...la [nlat. Vkl. von lat. ōvum, ↑Ovum]: **1.** (Med.) *Ovum.* **2.** (Bot.) *Samenanlage.* **3.** (Med. selten) *Zäpfchen, bes. zur Einführung in die Scheide;* **Ovum** ['o:vʊm], das; -s, Ova [lat. ōvum = Ei] (Biol., Med.): *weibliche Keimzelle, Eizelle, Ei* (1).

Oxalat [ɔksa'la:t], das; -[e]s, -e [zu lat. oxalis = Sauerampfer < griech. oxalís, zu: oxýs = scharf, sauer]: *Salz, Ester der Oxalsäure* (z. B. im Sauerampfer); **Oxalsäure** [ɔ'ksa:l-], die; -, -n: *starke organische Säure, die in Form von Salzen in vielen Pflanzen enthalten ist; Kleesäure.*

Oxer ['ɔksɐ], der; -s, - [engl. oxer, zu: ox = Ochse, wohl nach der Form]: **1.** (Reiten) *Hindernis, das aus Stangen (aus zwei Ricks) besteht, zwischen die Buschwerk gestellt wird.* **2.** (selten) *Absperrung zwischen Viehweiden.*

Oxid usw.: ↑Oxyd usw.

Oxtailsuppe ['ɔksteɪl-], die; -, -n [engl. oxtail soup]: *Ochsenschwanzsuppe.*

oxy-, Oxy- [ɔksy-; 1: griech. oxýs; 2: ↑Oxygenium] ⟨Best. in Zus. mit der Bed.⟩: **1.** *scharf, herb, sauer* (z. B. Oxymoron). **2.** *Sauerstoff enthaltend, brauchend* (z. B. Oxyhämoglobin); **Oxyd** [ɔ'ksy:t], (chem. fachspr.:) Oxid [ɔ'ksi:t], das; -[e]s, -e [frz. oxyde, oxide, zu griech. oxýs = scharf, sauer]: *Verbindung eines chemischen Grundstoffs mit Sauerstoff;* **Oxydase** [ɔksy'da:zə], (chem. fachspr.:) Oxidase [ɔksi...], die; -, -n (Chemie): *Ferment, das Sauerstoff aktiviert, überträgt, das oxydierend wirkt;* **Oxydation** [ɔksyda'tsi̯o:n], (chem. fachspr.:) Oxidation [ɔksi...], die; -, -en [frz. oxydation] (Ggs.: Reduktion 4): **1.** (Chemie) *Reaktion, Verbindung eines chemischen Grundstoffes od. einer chemischen Verbindung mit Sauerstoff.* **2.** (Chemie, Physik) *Vorgang, bei dem ein chemischer Grundstoff od. eine chemische Verbindung Elektronen abgibt, die von einer anderen Substanz aufgenommen werden;* **oxydativ** [ɔksyda'ti:f], (chem. fachspr.:) oxidativ [ɔksi...] ⟨Adj.; o. Steig.⟩ (Chemie): *durch Oxydation bewirkt, auf Oxydation beruhend;* **Oxydator** [ɔksy'da:tɔr, auch: ...to:ɐ̯], (chem. fachspr.:) Oxidator [ɔksi...], der; -s, -en [...da'to:rən] (Technik): *sauerstofftragender Bestandteil von Raketentreibstoff;* **oxydieren** [ɔksy'di:rən], (chem. fachspr.:) oxidieren [ɔksi...] ⟨sw. V.; hat, auch: ist⟩ [frz. oxyder]: **1.** (Chemie) **a)** *sich mit Sauerstoff verbinden, Sauerstoff aufnehmen:* das Metall oxydiert sehr schnell an der Luft; **b)** *bewirken, daß sich eine Substanz mit Sauerstoff verbindet:* Ozon oxydiert viele Metalle bereits bei Zimmertemperatur. **2.** (Chemie, Physik) *Elektronen abgeben, die von einer anderen Substanz aufgenommen werden;* **oxydisch** [ɔ'ksy:dɪʃ], (chem. fachspr.:) oxidisch [ɔ'ksi:...] ⟨Adj.; o. Steig.; nicht adv.⟩ (Chemie): *ein Oxyd enthaltend;* **Oxygen** [ɔksy'ge:n], (chem. fachspr.:) Oxigen [ɔksi'ge:n], **Oxygenium** [ɔksy'ge:ni̯ʊm], (chem. fachspr.:) Oxigenium [ɔksi...], das; -s [frz. oxygène, zu griech. oxýs = scharf, sauer und ↑-gen, eigtl. = Säurebildner] (Chemie): *Sauerstoff;* Zeichen: O; **Oxyhämoglobin,** das; -s (Med.): *sauerstoffhaltiges Hämoglobin;* **Oxymoron** [ɔ'ksy:morɔn], das; -s, ...ra [griech. oxýmōron] (Rhet., Stilk.): *Zusammenstellung zweier sich widersprechender Begriffe in einem Kompositum od. als rhetorische Figur* (z. B. bittersüß); **Oxytonon** [ɔ'ksy:tonɔn], das; -s, ...tona [griech. oxýtonon, eigtl. = das scharf Klingende] (Sprachw.): *(im Griechischen) Wort mit einem Akut auf der betonten Endsilbe* (z. B. agrós = Acker). Vgl. Paroxytonon, Proparoxytonon.

Ozean ['o:tsea:n], der; -s, -e [lat. ōceanus < griech. ōkeanós]: *die gewaltige Wasserfläche zwischen den Kontinenten, das riesige Meer:* er hat schon alle -e befahren; sie fliegen über den O.; Ü einem immer weiteren Blick ... über einen grünlichen und silbergrauen O. (dichter.; *riesige weite Fläche*) von Land (Frisch, Stiller 185).

Ozean-: **~dampfer,** der: *Dampfer, der auf einem Ozean im Überseeverkehr verkehrt;* **~frachter,** der: vgl. ~dampfer; **~riese,** der: *sehr großer Ozeandampfer.*

Ozeanarium [otsea'na:ri̯ʊm], das; -s, ...ien [...i̯ən; wohl geb. nach ↑Aquarium]: *Anlage mit Aquarienhäusern größeren Ausmaßes, in denen auch große Meerestiere gehalten werden können;* **Ozeanaut** [...'naut], der; -en, -en [engl. oceanaut, zu: ocean = Ozean u. ↑-naut]: *Aquanaut;* **Ozeanide** [...'ni:də]: ↑Okeanide; **ozeanisch** [otse'a:nɪʃ] ⟨Adj.; o. Steig.; nicht adv.⟩: **1.** *einen Ozean betreffend, durch ihn beeinflußt, bewirkt, zu ihm gehörend:* -es Klima; die -en Tiefen. **2.** *die Inseln u. Inselgruppen des Pazifischen Ozeans (Ozeanien) betreffend, zu ihnen gehörend, für sie charakteristisch:* die -en Sprachen; -e Fauna, Flora; die -e Kunst; **Ozeanograph** [...no'gra:f], der; -en, -en [↑-graph]: *Meereskundler;* **Ozeanographie** [...gra'fi:], die; - [↑-graphie]: *Meereskunde;* **ozeanographisch** ⟨Adj.; o. Steig.; nicht präd.⟩: *meereskundlich;* **Ozeanologe** [...'lo:gə], der; -n, -n [↑-loge]: seltener für ↑Ozeanograph; **Ozeanologie** [...lo'gi:], die; - [↑-logie]: seltener für ↑Ozeanographie; **ozeanologisch** ⟨Adj.; o. Steig.; nicht präd.⟩: seltener für ↑ozeanographisch.

Ozelle [o'tsɛlə], die; -, -n [lat. ocellus = kleines Auge, Vkl. von: oculus = Auge] (Zool.): svw. ↑Punktauge.

Ozelot ['o:tselɔt, auch: 'ɔts...], der; -s, -e u. -s [frz. ocelot < Nahuatl (mittelamerik. Indianerspr.) ocelotl]: **1.** *in Mittel- u. Südamerika heimisches, kleineres, katzenartiges Raubtier mit dichtem, sandgelbem bis ockerfarbenem, schwarzbraun geflecktem Fell; Pardelkatze.* **2. a)** *Fell des*

Ozelots (1); **b)** *Pelz aus dem Fell des Ozelots* (1); ⟨Zus. zu a:⟩ **Ozelotkatze,** die: svw. ↑Tigerkatze.
Ozokerit [otsoke'ri:t, auch: ...rıt], der; -s [zu griech. ózein = riechen u. kērós = Wachs]: svw. ↑Erdwachs.
Ozon [o'tso:n], der, auch: das; -s [griech. (tò) ózon = das Duftende, zu: ózein = riechen, duften]: **1.** *eine bestimmte Form des Sauerstoffs darstellendes [in hoher Konzentration tiefblaues] Gas mit charakteristischem Geruch, das sich in der Luft bei Einwirkung energiereicher Strahlung od. bei elektrischen Entladungen bildet.* **2.** (ugs. scherzh.) *frische, gute Luft:* etwas O. ins Zimmer lassen.
ozon-, Ozon- (Ozon 1): **~gehalt,** der; **~reich** ⟨Adj.; nicht adv.⟩: *einen hohen Ozongehalt aufweisend:* -e Luft; **~schicht,** die (Met.): *Schicht der Erdatmosphäre, in der sich unter Einwirkung der UV-Strahlen der Sonne Ozon bildet.*
ozonisieren [otsoni'zi:rən] ⟨sw. V.; hat⟩: *(zur Abtötung von Mikroorganismen) mit Ozon behandeln:* Trinkwasser o.; **Ozonosphäre** [otsono-], die; - (Met.): svw. ↑Ozonschicht.

P

p, P [pe:, ↑a, A], das; -, - [mhd. p, ahd. p, p(h)]: *sechzehnter Buchstabe des Alphabets, ein Konsonant:* ein kleines p, ein großes P schreiben.
π, Π: ↑Pi.
Pa [pa:], der; -s, -s (fam.): Kurzf. für ↑Papa.
[1]**paar** [pa:ɐ̯; mhd. pār, urspr. ungenauer Gebrauch von ↑Paar für eine kleinere Anzahl] ⟨indekl. Indefinitpron.⟩ (meist in Verbindung mit „die“, „diese“, „alle“, „meine“, „deine“ usw.): *wenige, nicht viele:* warte doch die p. Minuten!; er besucht uns alle p. Wochen; mit den, diesen, deinen p. Pfennigen kannst du nicht viel anfangen; ein p. *(einige; einige wenige);* ein p. Dinge; ein p. hundert Bücher; ein p. Male (vgl. paarmal); in ein p. Tagen; ein p. [der Anwesenden/von den Anwesenden] protestierten; ein p. [gelangt] kriegen (ugs.; *einige Ohrfeigen bekommen*); (landsch. kurz für „ein paar“:) p. Sachen, p. Mark.
[2]**paar** [-] ⟨Adj.; o. Steig.; nicht adv.⟩ (Biol. selten): *paarig, gepaart* (Ggs.: unpaar): -e Blätter, Flossen.
Paar [-], das; -[e]s, -e [mhd., ahd. par = zwei Dinge von gleicher Beschaffenheit; (adj.:) einem anderen gleich < lat. pār = gleichkommend, gleich; (subst.:) wer sich einem anderen, der ihm gleicht, zugesellt]: **1.** ⟨Vkl. ↑Pärchen⟩ **a)** *zwei zusammengehörende od. eng miteinander verbundene Menschen:* ein verliebtes, junges, glückliches P.; die beiden werden bald ein P. *(Ehepaar, werden bald heiraten);* die beiden Taschendiebe waren ein ungleiches, unzertrennliches P. (*Gespann* 2); die -e *(Tanzpaare)* drehen sich im Kreise; Kür, Schaulaufen der -e (im Eiskunstlauf); sich in/zu -en aufstellen; * **[mit jmdm.] ein Paar/Pärchen werden** (landsch. iron.; *in Streit geraten*); **b)** *zwei zusammengehörende Tiere:* ein P. Ochsen vorspannen; die beiden Tauben sind ein P. *(Männchen u. Weibchen, die zusammenleben);* * **jmdn. zu -en treiben** (veraltend; *restlos u. völlig in die Enge treiben, niederzwingen, [in die Flucht] schlagen;* älter: zum baren bringen, viell. eigtl. = ins Netz treiben; mhd. bër[e] = sackförmiges Fischnetz < lat. pēra = Beutel): den Feind zu -en treiben. **2.** *zwei zusammengehörende Dinge:* ein P. Ohrringe, Würstchen; ein neues P. Schuhe/ein Paar neue Schuhe; ein P. seidene/(geh., selten:) seidener Strümpfe; ein P. Schuhe kostet/kosten 80 Mark; mit einem P. Schuhe[n] kommst du nicht aus; vier P. (ugs.; *vier*) Unterhosen; Mensch, hat die ein P. Augen!; (Fachspr.:) geordnetes P. (Mengenlehre; *Zahlenpaar, bei dem die Reihenfolge der beiden Elemente eindeutig vorgeschrieben ist*); es bilden sich -e gleichartiger Nukleonen mit entgegengesetzter Ladung.
paar-, Paar-: **~bildung,** die: **1.** *Bildung von Paaren* (1). **2.** (Physik) **a)** *Bildung von Paaren aus Teilchen u. Antiteilchen bei der Umwandlung von Strahlungsenergie in Masse;* **b)** *Bildung von Paaren gleichartiger Nukleonen mit entgegengesetzter Ladung im Atomkern;* **~erzeugung,** die (Physik): vgl. ~bildung (2 a); **~hof,** der: *Gehöftanlage (bes. in den Ostalpen), bei der Wohnhaus u. Stallungen getrennt nebeneinander errichtet sind;* **~hufer** [-hu:fɐ], der; -s, - (Zool.): *Huftier, bei dem zwei Zehen stark entwickelt u. die übrigen zurückgebildet sind;* **~hufig** [-hu:fıç] ⟨Adj.; o. Steig.; nicht präd.⟩ (Zool.): *mit dem Fuß bzw. in der Form des Fußes der Paarhufer;* **~kreuzsystem,** das (Tischtennis): *Spielsystem für Mannschaftswettkämpfe, bei dem Zweiergruppen gegeneinander aufgestellt werden, in denen jeder Spieler gegen jeden Spieler der gegnerischen Gruppe spielt u. ein Doppel ausgetragen wird;* **~lauf,** der: *Eis- od. Rollkunstlauf eines Paares* (Ggs.: Einzellauf): Weltmeisterschaften im P.; [1]**~laufen** ⟨st. V.; ist/hat; nur im Inf. u. Part. gebr.⟩ (Eis- u. Rollkunstlauf): *den Paarlauf* (1) *ausführen;* [2]**~laufen,** das; -s: vgl. ~lauf; **~läufer,** der: *Eis- od. Rollkunstläufer, der mit einer Partnerin den Paarlauf* (1) *ausführt;* **~läuferin,** die: w. Form zu ↑~läufer; **~mal** ⟨meist als adv. Bestimmung; in Verbindung mit: die[se], alle o. ä.⟩ [entstanden aus ... paar Mal(e)]: ... *paar Male, wenige, nicht viele Male:* die ersten p., alle p. hat er gefehlt; die[se] p., die wir geübt haben, waren nicht genug; ein p. *(ein paar Male; einigemal):* er hat sich [schon] ein p. geirrt; etw. ein p. wiederholen; (landsch. kurz für „ein paarmal“:) p. ist er zu spät gekommen; **~reim,** der (Verslehre): *Reimform, bei der sich jeweils zwei aufeinanderfolgende Verse reimen;* **~vernichtung,** die (Physik): *Vernichtung von Paaren aus Teilchen u. Antiteilchen bei der Umwandlung von Masse in Strahlungsenergie;* **~weise** ⟨Adv.⟩: *in Paaren:* sich p. aufstellen; etw. p. anordnen, legen; ⟨auch attr.:⟩ -s Zusammengehen; **~zeher** [-tse:ɐ], der; -s, - (Zool.): svw. ↑~hufer.
paaren ['pa:rən] ⟨sw. V.; hat⟩ [spätmhd. paren = gesellen, zu ↑Paar]: **1. a)** ⟨p. + sich⟩ *den Geschlechtsakt vollziehen, sich begatten* (b): im Frühjahr, wenn die Tiere sich paaren; An den Abenden ... paarten sich Knecht und Magd (Winckler, Bomberg 31); **b)** *(bei der Tierzucht) zum Geschlechtsakt, zur Begattung zusammenbringen:* Tiere mit verschiedenen Eigenschaften p. **2. a)** ⟨fast nur im 2. Part.⟩ (Zool.) *sich zu einem Paar verbinden, ein Paar bilden:* Solange die Dohlen noch nicht fest gepaart sind (Lorenz, Verhalten I, 65); **b)** *paarweise zusammenstellen:* man hat zwei ungleiche Mannschaften [miteinander] gepaart; rote und grüne Kugeln p. *(zu Zweiergruppen zusammenstellen).* **3. a)** *eine Verbindung, Vereinigung (von Verhaltensweisen, Eigenschaften usw.) zeigen, an den Tag legen:* er paart [in seinem Verhalten] Höflichkeit mit Unnachgiebigkeit; er zeigte Zurückhaltung, gepaart mit Hochmut/mit Hochmut gepaart; **b)** ⟨p. + sich⟩ *sich [zu einem Paar von Dingen, Eigenschaften usw.] verbinden:* Es ist dies eine Begabung, die sich mit der Erfahrung paart (Eidenschink, Fels 39); **paarig** ['pa:rıç] ⟨Adj.; o. Steig.⟩ (bes. Biol., Anat.): *paarweise [vorhanden]:* -e Organe wie Augen und Ohren; p. angeordnete, gefiederte Blätter; ⟨Abl.:⟩ **Paarigkeit,** die; -; **Paarung,** die; -, -en: **1. a)** *das Sichpaaren* (1 a): die P. der Singvögel; **b)** *das (züchterische) Paaren* (1 b): durch P. bestimmter Tiere eine leistungsfähigere Rasse erzielen. **2. a)** *das Paaren* (2 b): durch [die] P. ungleicher Mannschaften; **b)** *das Sichpaaren* (3 b): die P. von Eigenschaften; die P. von Teilchen (Physik; *Paarbildung*). **3.** *durch Paaren, Sichpaaren entstandene, hergestellte Zuordnung, Verbindung, Zusammenstellung; Gepaartsein:* chemische Elemente in wechselnden Paarungen.
paarungs-, Paarungs- (Paarung 1 a): **~aufforderung,** die (Zool.); **~bereit** ⟨Adj.; o. Steig.; nicht adv.⟩ (Zool.): *zur Paarung bereit:* ein -es Weibchen; **~trieb,** der (Zool.); **~verhalten,** das (Zool.): *typisches Verhalten vor u. bei der Paarung;* **~zeit,** die (Zool., Jägerspr.): *Zeit der Paarung* (1 a).
Pace [peıs], die; - [engl. pace < mengl. pas < (a)frz. pas, ↑Pas] (Sport): *Tempo eines Rennens, bes. eines Pferderennens, eines Ritts:* die P. ist nicht besonders hoch; * **[die] P. machen** *(ein schnelles Tempo vorlegen u. damit das Tempo des Feldes* 8 *bestimmen):* Der Kenia-Neger machte eine stürmische P. (MM 22. 10. 68, 15); ⟨Zus.:⟩ **Pacemacher** ['peıs-], der (Pferdesport): *Pferd, das die Pace macht;* **Pace-**

maker ['peɪsmeɪkə], der; -s, - [engl. pacemaker]: **1.** (Pferdesport) *Pacemacher.* **2.** (Med.) *Herzschrittmacher;* **Pacer** ['peɪsə], der; -s, - [engl. pacer]: *Paßgänger.*

Pacht [paxt], die; -, -en [in westmd. Lautung hochsprachlich geworden, mhd. pfaht(e) < mlat. pacta (Fem. Sg.), eigtl. Neutr. Pl. von lat. pactum, ↑Pakt]: **1.** ⟨Pl. ungebr.⟩ **a)** *mit dem Eigentümer gegen Entgelt vertraglich vereinbarte [befristete] Nutzung einer Sache (insbes. eines Grundstücks, eines Geschäfts):* * **in P. nehmen** *(pachten);* **in P. haben** *(gepachtet haben);* **in P. geben** *(verpachten);* **b)** *bestehender Pachtvertrag:* die P. läuft ab; die P. kündigen, erneuern, verlängern, aufheben. **2.** svw. ↑Pachtzins: eine hohe, niedrige P.; die P. zahlen, erhöhen, senken.

pacht-, Pacht-: **~betrieb,** der: vgl. ~gut; **~bewerber,** der; **~brief,** der: *Urkunde, die den Pachtvertrag enthält;* **~geld,** das: vgl. ~zins; **~gut,** das: *gepachtetes bzw. verpachtetes [Land]gut;* **~hof,** der: vgl. ~gut; **~land,** das ⟨o. Pl.⟩: vgl. ~gut; **~summe,** die; **~vertrag,** der: *schriftlicher Vertrag über eine Pacht* (1 a); **~weise** ⟨Adv.⟩ (selten): *in Form einer Pacht* (1): jmdm. etw. p. überlassen; **~zeit,** die; **~zins,** der ⟨Pl. -en⟩: *vertraglich festgelegtes, regelmäßig zu zahlendes Entgelt für die Pacht* (1 a).

pachten ['paxtn̩] ⟨sw. V.; hat⟩ [mhd. (westmd.) pachten]: **1.** *etw. im Rahmen einer Pacht* (1 a) *übernehmen:* ein Grundstück, einen Betrieb p.; eine Jagd gepachtet haben. **2.** ⟨im Perf. od. Plusq.⟩ (ugs. übertreibend) *jmdn., etw. für sich in Anspruch nehmen [können]:* das Glück, Unglück gepachtet haben *(dauernd Glück, Unglück haben);* sie tut, als ob sie dich gepachtet hätte *(völlig über dich verfügen könnte);* er tut so, als habe er die Klugheit für sich gepachtet *(als ob nur er allein äußerst klug sei);* ⟨Abl.:⟩ **Pächter** ['pɛçtɐ], der; -s, -: *jmd., der etw. gepachtet hat;* **Pächterin,** die; -, -nen: w. Form zu ↑Pächter; **Pachtung,** die; -, -en.

Pachulke [pa'xʊlkə], der; -n, -n [aus dem Slaw., vgl. poln. pachołek = Knabe] (landsch. salopp abwertend): *[ungehobelter] Bursche; Tölpel.*

[1]**Pack** [pak], der; -[e]s, -e u. Päcke ['pɛkə] ⟨Vkl. ↑Päckchen⟩ [aus dem Niederd. < mniederl. pac]: *weniger umfänglicher Packen insbes. von kleineren Dingen gleicher od. ähnlicher Art:* ein P. Briefe, Wäsche; ein P. alte[r] Bücher; [2]**Pack** [-], das; -[e]s [urspr. = Troß, zu ↑[1]Pack; vgl. Bagage (2)] (salopp emotional abwertend): *tiefstehende Menschen, die ihre Schlechtigkeit u. Gemeinheit in ihrer Gesinnung, ihren Worten u. ihrem Handeln erweisen:* ein freches, rohes P.; so ein P.!; Spr P. schlägt sich, P. verträgt sich.

pack-, Pack-: **~eis,** das: *Eis[massen] aus zusammen- u. übereinandergeschobenen Eisschollen:* im P. festsitzen; **~esel,** der (ugs.): svw. ↑Lastesel: wie ein P. beladen sein; Ü ich bin doch nicht dein P.!; **~film,** der (Fot.): *in getrennte Lagen geteiltes Aufnahmematerial, das in einer Kassette in die [Großbild]kamera eingelegt wird;* **~kiste,** die; **~lage,** die (Bauw.): *flachgewalzte Schicht aus Steinstücken u. grobem Sand als Straßenunterbau;* **~leinen,** das, **~leinwand,** die: *grobes [Leinen]gewebe zum Verpacken;* **~maße** ⟨Pl.⟩ (Fachspr.): *Maße einer Sache in verpacktem Zustand;* **~meister,** der: *Leiter der Packerei, Aufseher, Vorarbeiter in der Packerei* (Berufsbez.); **~nadel,** die: *sehr starke Nähnadel für grobe Stoffe o. ä.;* **~papier,** das: *festes Papier zum Verpacken von Gegenständen;* **~pferd,** das: svw. ↑Lastpferd; **~raum,** der: *Raum, in dem Waren verpackt [u. versandfertig gemacht] werden;* **~sattel,** der: *Sattel zum Aufpacken von Lasten, Gepäck;* **~schnee,** der: *an der windabgewandten Seite von Hängen im Gebirge liegender [feiner] Schnee;* **~tasche,** die: ein Fahrrad mit -n; **~tisch,** der: *Arbeitstisch, auf dem Waren verpackt, eingepackt werden;* **~wagen,** der: **1.** svw. ↑Gepäckwagen. **2.** (früher) *Wagen, Fuhrwerk für Gepäck;* **~werk,** das (Wasserbau): *Schichten von Faschinen u. Schotter o. ä. in Buhnen u. Leitwerken;* **~zettel,** der (Wirtsch.): **1.** *verpackten Waren beigefügter Zettel mit einem Verzeichnis.* **2.** *Zettel in Packungen* (1 a) *mit Angaben, die die Qualitätskontrolle gewährleisten bzw. Nachprüfungen ermöglichen.*

Packagetour ['pɛkɪtʃ-, engl.: 'pækɪdʒ-], die; -, -en [engl.-amerik. package tour]: *durch ein Reisebüro im einzelnen organisierte Reise im eigenen Auto, Autorundreise.*

Päckchen ['pɛkçən], das; -s, -: **1. a)** *kleiner Pack[en]; Eingepacktes, etw. mit Papier Umhülltes [u. Verschnürtes]:* ein P. mit alten Briefen; die P. für den Julklapp in den Sack tun; * **sein P. zu tragen haben** (ugs.; *seine Sorgen haben, seine Last, Bürde zu tragen haben*); **b)** (Seemannsspr.) *Packen mit den Stücken der Uniform od. Arbeitskleidung.* **2.** *kleine Packung [aus weichem od. flexiblem Material], die eine bestimmte, kleinere Menge einer Ware fertig abgepackt enthält:* ein P. Tabak, Zigaretten. **3.** *fest verpackte, nicht sehr große Postsendung, kleines Paket* (meist mit einem Höchstgewicht von zwei Kilogramm): ein P. packen, zur Post bringen, jmdm. zustellen, von der Post abholen.

Packelei [pakə'lai̯], die; -, -en (österr. ugs. abwertend): *[dauerndes] Packeln;* **packeln** ['pakl̩n] ⟨sw. V.; hat⟩ [zu österr. Pack = Pakt] (österr. ugs. abwertend): *[heimlich] mit jmdm. paktieren; Kompromisse schließen:* die Regierung packelt [im geheimen] mit der Opposition.

Packeln [-] ⟨Pl.⟩ [Vkl. von ↑[1]Pack; urspr. = genagelte Bergschuhe, nach der unhandlichen, plumpen Form] (österr. salopp): *Fußballschuhe.*

packen ['pakn̩] ⟨sw. V.; hat⟩ [1: aus dem Niederd. < mniederd. paken, zu ↑[1]Pack; 2: gek. aus ↑anpacken; 3: eigtl. = sich bepacken, um fortzugehen]: **1. a)** *etw. mit etw. füllen, indem man hineintut, was nötig ist bzw. was hineingehört* (Ggs.: auspacken 1 b): Kisten p.; den Schulranzen [voll(er) Bücher] p.; Pakete p. *(für den Versand o. ä. fertig machen);* seine Sachen p. *(zusammenpacken, -legen u. in etw. unterbringen, worin es transportiert werden soll);* ⟨auch o. Akk.-Obj.:⟩ ich muß noch p. *(Koffer o. ä. für die Abreise packen);* Ü Die Tanzfläche ist so gepackt (ugs.; *gedrängt voll*), daß die Leute sich kaum bewegen können (Remarque, Obelisk 51); etw. ist gepackt (ugs.; *gedrängt*) voll; **b)** *etw. irgendwohin tun, unterbringen, indem man es irgendwohin legt, steckt, schiebt usw. u. dabei schichtet bzw. fest mit etwas Vorhandenem in Berührung bringt:* Bücher in die Mappe, Kleider in den Koffer, Konservendosen in Kisten p.; etw. obenauf p.; das Instrument aus dem Kasten p.; Wernicke packt einen Haufen Papiere beiseite (Remarque, Obelisk 284); ⟨ugs. auch mit personalem Akk.-Obj.:⟩ den Kranken ins Bett, fest in die Decke p.; Flüchtlinge in Baracken p.; ⟨ugs. auch p. + sich:⟩ sich ins Bett, aufs Sofa p. *(legen).* **2. a)** *mit festem Griff (od. Biß) fassen u. festhalten:* jmdn. p. und schütteln, zurückreißen; das Raubtier packt mit seinen Zähnen die Beute; jmds. Arm, jmdn. beim/am Arm p., brutal gepackt halten; jmdn. an/beim Kragen, an/bei der Schulter p.; er packt sich ihn und wirft ihn zu Boden; Ü Der riesige Keil des ... Frankenheeres stößt scheinbar ins Leere. In demselben Augenblick ist er auch schon in den Flanken gepackt (Thieß, Reich 622); der Sturm packte ihn und riß ihn zu Boden; **b)** *(bes. von einem Gefühl, einer Gemütsbewegung, [körperlichen] Veränderung) heftig von jmdm. Besitz ergreifen, jmdn. überkommen:* ein heftiges Fieber packte ihn; von Ärger, Entsetzen, Leidenschaft gepackt werden; er war von Abenteuerlust gepackt; ⟨oft unpers.:⟩ es *(eine Krankheit, Leidenschaft o. ä.)* hat ihn gepackt; die beiden hat es ganz schön gepackt (ugs.; *sie sind verliebt*); **c)** *jmds. Interesse, Aufmerksamkeit stark in Anspruch nehmen, fesseln* (2): das Theaterstück, der Anblick packte die Zuschauer; er versteht es, seine Zuhörer zu p.; ⟨oft im 1. Part.:⟩ ein packender Roman; ein packendes Rennen, Finish; **d)** *jmdn. gezielt beeindrucken, auf jmdn. einwirken u. zu einem entsprechenden Verhalten veranlassen:* er weiß genau, wo er einen p. kann; das ist seine schwache Stelle, da kann man ihn p.; **e)** α) (ugs.) *(mit den verfügbaren Kräften, mit äußerster Anstrengung) schaffen, erreichen:* den Bus, einen Anschluß gerade noch p.; die Lehre, Schule p.; ⟨oft mit „es" als Akk.-Obj.:⟩ packen wir's noch *(schaffen wir es noch rechtzeitig)*?; der hat's nämlich nicht gepackt in seinem Leben (Degener, Heimsuchung 110); β) (Sport Jargon) *es schaffen, erreichen, jmdn. zu besiegen:* wir glaubten, auch diesen Gegner p. zu können; **f)** ⟨meist mit „es" o. ä. als Akk.-Obj.⟩ (salopp) *begreifen, verstehen:* hast du's endlich gepackt?; er packt's nicht! **3.** ⟨p. + sich⟩ (derb) *sich [fort]scheren* (in Aufforderungssätzen o. ä.): pack dich [zum Teufel]!; er soll sich p.; **Packen** [-], der; -s, - ⟨Vkl. ↑Päckchen⟩ [älter: Packe, aus mniederd. packe, Nebenf. von ↑[1]Pack]: *Ganzes von [vielen] fest aufeinandergelegten, -geschichteten [u. zusammengebundenen, -gehaltenen] Dingen:* ein P. Wäsche, Geldscheine, alte[r] Bücher; Ü er hat sich einen großen P. (ugs.; *eine Menge*) Arbeit aufgehalst; ein Mann dagegen braucht schon einen gewissen P. (ugs.; *ein gewisses Maß an*) Gerissenheit (H. Gerlach, Demission 154); **Packenelchen** [pakə'ne:lçən] ⟨Pl.⟩ [aus ↑Packen u. dem nord(ost)d., (ost)md. Verkleinerungssuffix -elchen] (nordd.): *kleines Gepäck, mitgeführte Habseligkeiten:* zwei alte Leutchen mit ihren P. (Kempowski, Tadellöser 176); **packenweise** ⟨Adv.⟩: *in Packen:* die Bücher p. wegtragen; **Packer** ['pakɐ], der; -s, -: **1. a)** *Arbeiter, der in einem Betrieb Waren verpackt u. versandfertig macht* (Berufsbez.); **b)** svw. ↑Möbelpacker. **2.** (Jägerspr.) *Hetzhund zum Packen u. Festhalten von Sauen;* **Packerei** [pakə'rai̯], die; -, -en: **1.** *Abteilung eines Betriebes, in der Waren verpackt u. versandfertig gemacht werden.* **2.** ⟨o. Pl.⟩ (ugs. abwertend) *[dauerndes] Packen* (1 a); **Packerin,** die; -, -nen: w. Form zu ↑Packer (1 a); **Packung,** die; -, -en [zu ↑packen (1)]: **1. a)** *etw. (Hülle, Umhüllung), worin eine Ware in abgezählter, abgemessener Menge fertig abgepackt ist:* Tee in einer grünen P.; etw. aus der P. nehmen; **b)** *Packung* (1 a), *Schachtel mit der Ware[nmenge], die sie enthält:* eine kleine, mittlere, große P.; reich mir bitte die P. [Pralinen]!; eine P. Tee, feines Gebäck kaufen; er raucht täglich eine P. [Zigaretten] *(den Inhalt einer Packung).* **2.** *Umhüllung des Körpers, von Körperteilen mit Tüchern, um Feuchtigkeit, Hitze, Kälte usw. heilend od. kosmetisch auf den Körper einwirken zu lassen:* heiße, feuchte -en. **3.** (ugs.) **a)** *Tracht Prügel:* eine tüchtige P. kriegen; **b)** (Sport Jargon) *hohe Niederlage:* unsere Mannschaft hat eine böse P. bezogen, bekommen. **4.** (schweiz.) **a)** *Gepäck:* nur die nötigste P. mitnehmen; **b)** (Milit.) *Ausrüstung:* Soldaten in leichter P. **5.** (Bauw.) *Steinschicht als Grund-, Unterlage* (z. B. Packlage). **6.** (Technik) *aus dem dichtenden Material bestehender, eine Welle o. ä. ringförmig umgebender Teil einer* [1]*Dichtung* (2).

Pädagoge [pɛda'go:gə], der; -n, -n [spätmhd. pedagog < lat. paedagōgus < griech. paidagōgós = Betreuer, Erzieher der Knaben; urspr. = Sklave, der die Kinder auf dem Schulweg begleitete, aus: paĩs (Gen.: paidós) = Kind, Knabe u. agōgós = führend; Leiter, Führer, zu: ágein = führen] (bildungsspr.): **1.** *Erzieher, Lehrer (mit entsprechender pädagogischer Ausbildung):* ein guter P.; er ist P. an einem Internat. **2.** *Wissenschaftler auf dem Gebiet der Pädagogik;* **Pädagogik,** die; - [griech. paidagōgikḗ (téchnē) = Erziehungskunst]: *Wissenschaft von der Erziehung u. Bildung; Erziehungswissenschaft* (b), *-lehre* (b): die moderne P.; die P. Kerschensteiners; P. lehren, studieren; Vorlesungen in P.; **Pädagogikum** [pɛda'go:gikʊm], das; -s, ...ka [nlat. (testamen) paedagogicum] (Bundesrepublik Deutschland Hochschulw.): *im Rahmen des 1. Staatsexamens abzulegende Prüfung in Erziehungswissenschaften für Lehramtskandidaten;* **Pädagogin,** die; -, -nen: w. Form zu ↑Pädagoge; **pädagogisch** ⟨Adj.⟩: **1.** ⟨o. Steig.; nicht präd.⟩ *die Pädagogik betreffend, zu ihr gehörend; auf dem Gebiet der Pädagogik; auf der Pädagogik beruhend, ihr eigentümlich:* -e Vorlesungen; die -en Hochschulen; eine gute -e Ausbildung haben; p. fundierte Überlegungen. **2.** ⟨o. Steig.⟩ **a)** *erzieherisch* (a): -e Gesichtspunkte, Fähigkeiten; dieses Verhalten ist p. klug, geschickt, richtig, falsch; er hat p. versagt; **b)** *erzieherisch* (b) (Ggs.: unpädagogisch): -e Maßnahmen; dieser Film soll p. wirken; es ist nicht sehr p. von ihm, seinen Sohn vor anderen Leuten zu bestrafen; **pädagogisieren** [pɛdagogi'zi:rən] ⟨sw. V.; hat⟩: **a)** *unter pädagogischen Aspekten sehen;* **b)** *für pädagogische Zwecke auswerten;* ⟨Abl.:⟩ **Pädagogisierung,** die; -.

Padauk: ↑Padouk.

Padde ['padə], die; -, -n [mniederd. padde, H. u.] (landsch., bes. berlin.): *Kröte, Frosch.*

Paddel ['padl̩], das; -s, - [engl. paddle, H. u.]: *Stange mit breitem Blatt an einem od. an jedem Ende zur Fortbewegung eines Bootes (insbes. Kajaks od. Kanadiers):* das P. eintauchen, durchreißen, gleichmäßig durchs Wasser ziehen.

Paddel-: ~**boot,** das: *kleines Boot (bes. Faltboot, Kajak), das mit Paddel[n] fortbewegt wird,* dazu: ~**bootfahrer,** der, ~**bootfahrt,** die; ~**füße** ⟨Pl.⟩ (Jugendspr. spött.): *übergroße Füße;* ~**sport,** der: *sportlich betriebenes Paddeln.*

paddeln ['padl̩n] ⟨sw. V.⟩ [engl. to paddle]: **a)** *mit dem Paddel das Boot vorwärts bewegen; Paddelboot fahren* ⟨hat/ist⟩: wir haben (auch: sind) gestern [stundenlang] gepaddelt; Ü er paddelt mit den Händen in der Luft; **b)** *sich paddelnd, mit dem Paddelboot irgendwohin bewegen* ⟨ist⟩: wir sind über den See, ans andere Ufer gepaddelt; Ü der Hund paddelt ans Ufer; der Apotheker paddelte durch die Menschenmenge auf dem Marktplatz; ⟨Abl.:⟩ **Paddler,** der; -s, -: *jmd., der paddelt* (1, 2); *Paddelbootfahrer.*

Paddock ['pɛdɔk], der; -s, -s [engl. paddock]: *an den Stall anschließender, umzäunter Auslauf* (2 b), *bes. für Pferde.*

[1]**Paddy** ['pɛdi], der; -s [engl. paddy < malai. padi]: *ungeschälter Reis.*

[2]**Paddy** ['pædɪ], der; -s, -s u. ...dies [...dɪz, auch: ...dɪs; engl. Paddy, eigtl. = Kosef. des m. Vorn. Patrick (irischer Nationalheiliger)] (scherzh.): *Ire.*

Päderast [pɛde'rast], der; -en, -en [griech. paiderastḗs, zu: paĩs (↑Pädagoge) u. erastḗs = Liebhaber]: *Mann mit homosexuellen Neigungen, Beziehungen zu Jungen;* **Päderastie** [...ras'ti:], die; - [griech. paiderastía]: *homosexuelle Neigungen, Beziehungen von Männern zu Jungen;* **Pädiater** [pɛ'di̯a:tɐ], der; -s, - [zu griech. iatrós = Arzt] (Med.): *Facharzt für Pädiatrie, Kinderarzt;* **Pädiatrie** [pɛdi̯a'tri:], die; - [zu griech. iatreía = Heilkunde] (Med.): *Kinderheilkunde;* **Pädogenese,** (auch:) **Pädogenesis** [pɛdo-], die; - (Biol.): *Form der Jungfernzeugung, bei der die Fortpflanzung im Larvenstadium erfolgt;* **Pädologie,** die; - [↑-logie]: *Wissenschaft vom gesunden Kind unter Berücksichtigung von Wachstum u. Entwicklung;* **pädophil** [pɛdo'fi:l] ⟨Adj.; Steig. ungebr.⟩ (Med., Psych.): **a)** *die Pädophilie betreffend, auf ihr beruhend:* -e Neigungen, Handlungen; **b)** *Pädophilie bekundend:* -e Männer; ⟨subst.:⟩ **Pädophile,** der; -n, -n ⟨Dekl. ↑Abgeordnete⟩: *pädophil* (a) *empfindender Mann;* **Pädophilie** [pɛdofi'li:], die; - [zu griech. philía = Zuneigung] (Med., Psych.): *[sexuelle] Zuneigung Erwachsener zu Kindern od. Jugendlichen beiderlei Geschlechts.*

Padouk [pa'dau̯k], das; -s [engl. padouk, aus dem Birmanischen]: *hell- bis dunkelbraunrotes [farbig gestreiftes] hartes Edelholz eines in Afrika u. Asien beheimateten Baumes.*

Padre ['pa:drə], der; -, ...dri [ital., span. padre < lat. pater, ↑Pater]: *Titel der [Ordens]priester in Italien u. Spanien.*

Paella [pa'ɛlja], die; -, -s [span. paella, eigtl. = Kasserolle < afrz. paële < lat. patella = Schüssel, Platte]: **1.** *spanisches Gericht aus Reis mit verschiedenen Fleisch- u. Fischsorten, Muscheln, Krebsen, Gemüsen u. Gewürzen.* **2.** *zur Zubereitung der Paella* (1) *verwendete eiserne Pfanne.*

Pafel ['pa:fl̩]: ↑Bafel.

Pafese [pa'fe:zə], die; -, -n ⟨meist Pl.⟩ [spätmhd. pafese, pavese, zu ital. pavese = aus Pavia] (bayr., österr.): *zwei zusammengelegte u. mit Marmelade od. [Kalbs]hirn gefüllte Weißbrotschnitten, die in Fett gebacken werden.*

paff [paf]: **1.** ⟨Interj.⟩ lautm. für den Knall bei einem Schuß o. ä.: p.! ging der Schuß los; piff, p.!; piff, p., puff! **2.** landsch. für ↑baff; **Paffe** ['pafə], die; -, -n [zu ↑paffen] (Jugendspr.): *Zigarette;* **paffen** ['pafn̩] ⟨sw. V.; hat⟩ [lautm.] (ugs.): **a)** *rauchen [u. den Rauch dabei stoßweise ausblasen]:* im Sessel sitzen und p.; er paffte dicke Wolken aus seiner Pfeife; er raucht nicht, er pafft nur *(raucht, ohne zu inhalieren);* mußt du den ganzen Tag p. (abwertend; *rauchen*)?; Ü ... kam die ... Lokomotive ... in die Halle gepafft (Maass, Gouffé 105); **b)** *etw. [stoßweise den Rauch ausblasend] rauchen:* eine Zigarre, gemütlich seine Pfeife p.; eine [Zigarette] nach der anderen p.; **c)** *Rauch stoßweise irgendwohin blasen.*

Pagaie [pa'gai̯ə], die; -, -n [frz. pagaie (wohl aus der Soldatenspr.) < malai. pang(g)ayong] (Kanusport): *Stechpaddel mit sehr breitem Blatt* (5) *für den Kanadier* (1).

pagan [pa'ga:n] ⟨Adj.; o. Steig.; nicht adv.⟩ [kirchenlat. pāgānus, zu lat. pāgus = Dorf(gemeinde), Gau] (bildungsspr.): *heidnisch;* **paganisieren** [pagani'zi:rən] ⟨sw. V.; hat⟩ [mlat. paganizare] (bildungsspr.): *dem Heidentum zuführen;* **Paganismus** [...'nɪsmʊs], der; -, ...men [1: mlat. paganismus]: **1.** ⟨o. Pl.⟩ *Heidentum.* **2.** *heidnisches Element im christlichen Glauben u. Brauchtum.*

Pagat [pa'ga:t], der; -[e]s, -e [zu ital. bagattino = venez. Münze von geringem Wert; das ital. Blatt stellt einen Schuster mit einer solchen Münze als Arbeitslohn dar]: *niedrigster Trumpf im Tarock.*

pagatorisch [paga'to:rɪʃ] ⟨Adj.; o. Steig.; nicht adv.⟩ [zu ital. pagatura = (Be)zahlung, zu: pagare = bezahlen, zu lat. pācāre = (den Gläubiger) friedlich machen] (Wirtsch.): *Zahlungen aller Art, verrechnungsmäßige Buchungen betreffend, auf ihnen beruhend:* -e Buchhaltung.

Page ['pa:ʒə], der; -n, -n [frz. page = Edelknabe, H. u.]: **1.** *junger, livrierter Diener, Laufbursche [eines Hotels].* **2.** (früher) *Edelknabe, junger Adliger.*

Pagen-: ~**dienst,** der; ~**frisur,** die: vgl. ~kopf; ~**kopf,** der: *knabenhafte, kurze, glatte Damenfrisur, bei der das Haar Stirn u. Ohren bedeckt.*

Pagina ['pa:gina], die; -, -s u. ...nä [lat. pāgina] (veraltet): *[Buch]seite, bes. in bezug auf ihre Zahl* (meist als Abk.:

p[ag]. = S.): Band III, pag. 84; **paginieren** [pagi'ni:rən] ⟨sw. V.; hat⟩ (Schrift- u. Buchw.): *mit Seitenzahlen versehen:* ein Manuskript p.; ⟨Zus.:⟩ **Paginiermaschine,** die (Schrift- u. Buchw.): *Maschine, Gerät zum Paginieren,* **Paginierstempel,** der (Schrift- u. Buchw.): vgl. ~maschine; ⟨Abl.:⟩ **Paginierung,** die; -, -en (Schrift- u. Buchw.): **1.** ⟨o. Pl.⟩ *das Paginieren.* **2.** *Reihe der Seitenzahlen:* ein Manuskript ohne P.

Pagode [pa'go:də], die; -, -n [über eine drawidische Spr. zu sanskr. bhagavat = heilig]: **1.** *ostasiatischer Tempel von [vier]eckiger, turmartiger, sich nach oben verjüngender Form mit vielen Stockwerken, von denen jedes ein vorspringendes Dach hat.* **2.** auch: der; -n, -n (österr., sonst veraltet): *kleines ostasiatisches Götterbild (bes. in Form einer sitzenden Porzellanfigur mit nickendem Kopf u. beweglichen Händen);* ⟨Zus.:⟩ **Pagodenärmel,** der (Mode): vgl. -kragen; **pagodenhaft** ⟨Adj.; -er, -este⟩: *in der Art einer Pagode* (2); **Pagodenkragen,** der (Mode): *Kragen aus mehreren Teilen, die (ähnlich wie die vorspringenden Dächer einer Pagode) in Stufen übereinanderliegen.*

pah! [pa:] ⟨Interj.⟩ Ausruf der Geringschätzung, Verachtung: pah, diese Leute interessieren mich nicht; Dieses bißchen Panzerkrieg – pah! (Kuby, Sieg 336).

Pahlstek: ↑Palstek.

Pahöll [pa'hœl]: ↑Bahöl.

Paillette [paj'jɛtə], die; -, -n [frz. paillette, eigtl. Vkl. von: paille = Stroh < lat. palea] (Mode): *eines der glänzenden, gelochten Metallblättchen, die als Applikation auf elegante Kleider genäht werden;* ⟨Zus.:⟩ **paillettenbesetzt** ⟨Adj.; o. Steig.; nicht adv.⟩: *mit Pailletten besetzt.*

pair [pɛ:ɐ̯] ⟨Adj.; o. Steig.; meist präd.⟩ [frz. pair < afrz. per < lat. pār, ↑Paar]: *(von den Zahlen beim Roulett) gerade* (Ggs.: impair); **Pair** [-], der; -s, -s [frz. pair, eigtl. = Ebenbürtiger] (hist.): *Mitglied des französischen Hochadels;* **Pairie** [pɛ'ri:], die; -, -n [...i:ən; frz. pairie] (hist.): *Würde eines Pairs;* **Pairing** ['pɛ:rɪŋ], das; -s [engl. pairing, zu: to pair = ein Abkommen treffen] (bes. Parl.): *[Rücksichtnahme z. B. der Minderheit auf die Mehrheit im Parlament durch] partnerschaftliches Verhalten.*

Pak [pak], die; -, -, auch: -s (Milit.): **1.** Kurzwort für ↑**P**anzer**a**bwehr**k**anone. **2.** ⟨o. Pl.⟩ *mit Panzerabwehrkanonen ausgerüstete Artillerie.*

Paket [pa'ke:t], das; -[e]s, -e [frz. paquet, zu: paque = Bündel, Ballen, Packen < niederl. pac, ↑[1]Pack]: **1.** *mit Papier o. ä. umhüllter [u. verschnürter] Packen; etw. in einen Karton, eine Schachtel o. ä. Eingepacktes:* ein P. Bücher; ein P. Wäsche; unterm Weihnachtsbaum lag ein grünes P.; das P. aufschnüren; das Kind hat ein P. in der Hose (fam. scherzh.; *hat die Hose vollgemacht*); Hoffentlich hat er ein tüchtiges P. (salopp; *Geschlechtsteil*) in den Hosen (Ziegler, Konsequenz 148); das ist ja ein wonniges [kleines] P. (fam.; *Baby*). **2.** *größere Packung, die eine bestimmte größere Menge einer Ware fertig abgepackt enthält:* ein P. Waschpulver, Zündhölzer, billige Kerzen. **3.** *fest verpackte, größere Postsendung* (mit einem Gewicht zwischen zwei u. zwanzig Kilogramm): ein P. mit Büchern; ein P. packen, verschnüren, auspacken, öffnen, aufgeben, [ab]schicken, zustellen; das P. enthält Spielzeug; in dem P. war ein Teddybär. **4.** (bes. Wirtsch., Politik Jargon) *größere Gesamtheit von Dingen, Teilen, Vorschlägen usw. in verbindlicher Zusammenstellung:* ein P. Fertigteile für den Ausbau eines Hauses; ein P. Aktien *(Aktienpaket);* ein P. von Forderungen; das ... P. sozialer Reformen (Stamokap 174). **5.** (Rugby) *dichte Gruppierung von Spielern beider Mannschaften um den Spieler, der den Ball trägt.* **6.** ***P. setzen** (Druckerspr.; *durchgehende Zeilen setzen, die später umbrochen werden*).

Paket- (Postw.): **~adresse,** die: *Aufklebeadresse für Pakete;* **~annahme,** die: **1.** ⟨o. Pl.⟩ *Annahme u. Abfertigung von Paketen, die verschickt werden sollen.* **2.** *Paketannahmestelle bzw. Paketschalter,* zu 1: **~annahmestelle,** die; **~aufschrift,** die; **~ausgabe,** die: **1.** ⟨o. Pl.⟩ *Ausgabe von eingetroffenen Paketen an Abholer.* **2.** svw. ↑~ausgabestelle, zu 1: **~ausgabestelle,** die; **~beförderung,** die; **~boot,** das (früher): *[Fahrgast]schiff, das im Liniendienst zwischen den Häfen Post beförderte;* **~karte,** die: *einem Paket beigegebene, begleitende Karte für bestimmte Angaben (Adresse, Absender usw.) mit einem Einlieferungsschein als Abschnitt, der bei der Einlieferung abgetrennt wird;* **~post,** die: **1.** *Postdienst für die Beförderung von Paketen u. Postgut.* **2.** *Fahrzeug u. Angestellte des Zustelldienstes der Paketpost;* **~schalter,** der: *Postschalter für die Paketannahme* (1); **~sendung,** die: *Postsendung in Form eines Paketes;* **~wagen,** der: **1.** *Wagen der Paketpost, mit dem Pakete befördert u. zugestellt werden.* **2.** svw. ↑Gepäckwagen; **~zusteller,** der; **~zustellung,** die.

paketieren [pake'ti:rən] ⟨sw. V.; hat⟩ (Fachspr.): *zu Paketen, Packungen ab-, verpacken:* Bausteine, Lebensmittel, Bücher p.; ⟨Zus.:⟩ **Paketiermaschine,** die (Technik): *Maschine zum Paketieren von Waren;* ⟨Abl.:⟩ **Paketierung,** die; -.

Pakgeschütz, das; -es, -e (Milit.): *Geschütz der Pak* (2).

Pakt [pakt], der; -[e]s, -e [lat. pactum, subst. 2. Part. von: pacīsci = (vertraglich) vereinbaren]: **1.** *Bündnis[vertrag] zwischen Staaten:* der militärische P. zwischen den drei Ländern; einen P. mit einem Staat [ab]schließen; einem P. beitreten, angehören. **2.** *[vertragliche] Vereinbarung, Übereinkunft:* Fausts P. mit dem Teufel; Hitler hatte den P. mit der westlichen Schwerindustrie geschlossen (Niekisch, Leben 179); ⟨Abl.:⟩ **paktieren** [pak'ti:rən] ⟨sw. V.; hat⟩ (oft abwertend): *eine Vereinbarung, Übereinkunft treffen u. befolgen, gemeinsame Sache machen:* mit dem Feind p.; ⟨Abl.:⟩ **Paktierer,** der; -s, - (abwertend): *jmd., der mit jmdm., etw. paktiert.*

palä-, Palä-: ↑paläo-, Paläo-; **Paläanthropologie,** die; -: *auf fossile Funde gegründete Wissenschaft vom vorgeschichtlichen Menschen u. seinen Vorgängern.*

Paladin [pala'di:n, auch: '−−−], der; -s, -e [frz. paladin < ital. palatino < mlat. (comes) palatinus, zu (spät)lat. palātīnus = zum kaiserlichen Palast, Hof gehörig, zu: palātium, ↑Palast]: **1.** *(in der Karlssage) einer der Ritter des Kreises von zwölf Helden am Hof Karls des Großen.* **2.** (bildungsspr., meist abwertend) *treuer Gefolgsmann, Anhänger [aus dem Kreis um jmdn.]:* der Parteichef und sein P.; die -e der Regierung; **Palais** [pa'lɛ:], das; - [...ɛ:(s)], - [...ɛ:s; (a)frz. palais, ↑Palast]: *(oft in bezug auf französische Verhältnisse) repräsentatives, schloßartiges [Wohn]gebäude (bes. des hohen Adels):* das P. Schaumburg.

paläo-, Paläo-, (vor Vokalen gelegtl.:) Palä- [palɛ(o)-; griech. palaiós] ⟨Best. in Zus. mit der Bed.⟩: *alt, altertümlich, ur..., Ur...* (z. B. Paläanthropologie, paläographisch, Paläozoikum); **Paläobiologie,** die; -: *Wissenschaft von den fossilen tierischen u. pflanzlichen Organismen;* **Paläobotanik,** die; -: *Wissenschaft von den fossilen Pflanzen;* **paläogen** ⟨Adj.; o. Steig.; nicht adv.⟩ (Geol.): *das Paläogen betreffend;* **Paläogen,** das; -s [↑-gen] (Geol.): *Formation des Tertiärs;* **Paläogeographie,** die; -: *Wissenschaft von der geographischen Gestalt der Erdoberfläche in früheren erdgeschichtlichen Zeiten;* **Paläograph,** der; -en, -en [↑-graph]: *Wissenschaftler auf dem Gebiet der Paläographie;* **Paläographie,** die; - [↑-graphie]: *Wissenschaft von den Formen u. Mitteln sowie der Entwicklung der im Altertum u. Mittelalter gebräuchlichen Schriften;* **Paläolithiker** [...'li:tikɐ, auch: ...lɪt...], der; -s, -: *Mensch des Paläolithikums;* **Paläolithikum** [...'li:tikʊm, auch: ...lɪt...], das; -s [zu griech. líthos = Stein]: *ältester Abschnitt der Steinzeit, Altsteinzeit;* **paläolithisch** [...'li:tɪʃ, auch: ...lɪt...] ⟨Adj.; o. Steig.; nicht adv.⟩: *das Paläolithikum betreffend, altsteinzeitlich;* **Paläontologe,** der; -n, -n [↑-loge]: *Wissenschaftler auf dem Gebiet der Paläontologie;* **Paläontologie,** die; - [↑-logie]: *Wissenschaft von den Lebewesen vergangener Erdzeitalter;* **paläontologisch** ⟨Adj.; o. Steig.⟩: *die Paläontologie betreffend;* **Paläophytikum** [...'fy:tikʊm], das; -s [zu griech. phytón = Pflanze]: *das Altertum in der erdgeschichtlichen Entwicklung der Pflanzenwelt;* **paläozän** [...'tsɛ:n] ⟨Adj.; o. Steig.; nicht adv.⟩ (Geol.): *das Paläozän betreffend;* **Paläozän,** das; -s [zu griech. kainós = neu (= älteste Abteilung der Erdneuzeit)] (Geol.): *älteste Abteilung des Tertiärs;* **Paläozoikum** [...'tso:ikʊm], das; -s [zu griech. zōon = Lebewesen]: *das Kambrium u. Perm umfassende erdgeschichtliche Altertum; Erdaltertum;* **paläozoisch** [...'tso:ɪʃ] ⟨Adj.; o. Steig.; nicht adv.⟩: *das Paläozoikum betreffend;* **Paläozoologie,** die; -: *Wissenschaft von den fossilen Tieren.*

Palas ['palas], der; -, -se [↑Palast] (Archit.): *Hauptgebäude der mittelalterlichen Burg mit Wohn- u. Festsaal;* **Palast** [pa'last], der; -[e]s, Paläste [pa'lɛstə; mit sekundärem t aus mhd. palas = Palast; Schloß < afrz. palais, pales < spätlat. palātium = kaiserlicher Hof (urspr. der Name eines der sieben Hügel Roms, auf dem Kaiser Augustus u. seine Nachfolger ihre Wohnung hatten)] (bes. hist.): *Schloß, großer Prachtbau (der Feudalzeit):* der P. des

Königs, des Dogen; Ü (ugs. leicht abwertend:) der Fabrikant Pr. hat sich einen P. *(eine pompöse Villa)* gebaut.

palạst-, Palạst-: **~artig** ⟨Adj.; o. Steig.; nicht adv.⟩; **~revolution,** die (Politik): *Umsturzversuch von Personen in der nächsten Umgebung eines Herrschers:* Ü im Betrieb gab es eine P. *(lehnten sich die Angestellten gegen den Chef auf);* **~wache,** die: *Wache, die den Palast bewacht.*

palästern [pa'lɛstɐn]: ↑ballestern.

palatal [pala'ta:l] ⟨Adj.; o. Steig.⟩ [zu lat. palātum = Gaumen]: **1.** (Med.) *den Gaumen betreffend.* **2.** (Sprachw.) *(von Lauten) im vorderen Mund am harten Gaumen gebildet;* **Palatal** [-], der; -s, -e (Sprachw.): *am vorderen Gaumen gebildeter Laut* (z. B. k); **palatalisieren** [...tali'zi:rən] ⟨sw. V.; hat⟩ (Sprachw.): **1.** *Konsonanten durch Anhebung des vorderen Zungenrückens gegen den vorderen Gaumen erweichen.* **2.** *einen nichtpalatalen Laut in einen palatalen umwandeln;* ⟨Abl.:⟩ **Palatalisi̱erung,** die; -, -en (Sprachw.).

Palatschinke [pala'tʃɪŋkə], die; -, -n ⟨meist Pl.⟩ [ung. palacsinta < rumän. plăcintă < lat. placenta, ↑Plazenta] (österr.): *dünner, zusammengerollter u. mit Marmelade o. ä. gefüllter Eierkuchen.*

Palaver [pa'la:vɐ], das; -s, - [engl. palaver, über eine afrik. Eingeborenensprache in der Bed. „religiöse od. gerichtliche Versammlung" < port. palavra = Wort; Erzählung, zu lat. parabola, ↑Parabel] (ugs. abwertend): *endloses Gerede; mit viel Gerede vor sich gehende Versammlung; ausgedehntes, wortreiches Gespräch:* zwischen ihnen begann alsbald ein gewaltiges P. (Fussenegger, Haus 248); ein großes P. [um etw.] machen; ein langes P. abhalten, mit jmdm. haben; ⟨Abl.:⟩ **palavern** [-n] ⟨sw. V.; hat⟩ (ugs. abwertend): *ein Palaver abhalten.*
mit jmdm. über etw. p.; wo können wir ungestört p.?

Palazzo [pa'latso], der; -s, ...zzi [ital. palazzo < spätlat. palātium, ↑Palast]: ital. Bez. für *Palast; palastartiges öffentliches Gebäude.*

palen ['pa:lən] ⟨sw. V.; hat⟩ [H. u.] (nordd.): *(Erbsen) aus der Hülse herauslösen:* Erbsen p.

Paletot ['paləto, österr.: pal'to:], der; -s, -s [frz. paletot = weiter Überrock < mengl. paltok = Überrock, Kittel]: **1.** *leicht taillierter, zweireihiger Herrenmantel [mit Samtkragen].* **2.** *dreiviertellanger Damen- od. Herrenmantel.*

Palette [pa'lɛtə], die; -, -n [frz. palette, eigtl. = kleine Schaufel, zu lat. pāla = Schaufel]: **1. a)** *[ovale] Platte, Scheibe mit einem Loch für den Daumen, die der Maler auf die Hand nimmt, um darauf die Farben zu mischen:* die Farben auf der P. mischen; Ü eine bunte P. *(Vielfalt, Skala)* von Farben; der Herbst zeigt seine [bunte] P.; eine bunte P. *(bunte Zusammenstellung)* von Melodien; **b)** (bildungsspr., Werbespr. o. ä.) *reiche, vielfältige Auswahl; Vielfalt, wie sie angeboten wird bzw. sich anbietet, sich zeigt:* eine breite P. von Verwaltungsaufgaben, Verbrauchsgütern; einige Beispiele aus der P. unseres Angebots. **2.** (Technik, Wirtsch.) *flacher Untersatz für das Transportieren u. Stapeln von Gütern mit dem Gabelstapler;* ⟨Abl. zu 2:⟩ **palettieren** [palɛ'ti:rən], (auch:) **palettisieren** [palɛti'zi:rən] ⟨sw. V.; hat⟩ (Technik, Wirtsch.): *etw. auf Paletten stapeln:* Güter p.; palettierte Ladungen.

Palimpsest [palɪm'psɛst], der od. das; -[e]s, -e [lat. palimpsēstos < griech. palímpsēstos, eigtl. = wieder abgekratzt, zu: pálin = zurück, wieder(um) u. psēn = abkratzen]: *antikes od. mittelalterliches Schriftstück, von dem der ursprüngliche Text abgeschabt od. abgewaschen u. das danach neu beschriftet wurde;* **Palindrom** [palɪn'dro:m], das; -s, -e [zu griech. palíndromos = rückwärts laufend]: *sinnvolle Folge von Buchstaben, Wörtern od. Versen, die rückwärts gelesen denselben od. einen anderen Sinn ergibt* (z. B. Regen – Neger); **Palingenẹse,** die; -, -n [zu griech. pálin = wieder(um)]: **1.** (Rel.) *Wiedergeburt der Seele (durch Seelenwanderung).* **2.** (Biol.) *das Auftreten von Merkmalen stammesgeschichtlicher Vorfahren während der Keimesentwicklung.* **3.** (Geol.) *zur Neubildung von Magma führende völlige Aufschmelzung eines Gesteins;* **Palinodie** [palino'di:], die; -, -n [...i:ən; griech. palinōdía = Widerruf] (Literaturw.): *besonders in der Zeit des Humanismus u. des Barocks gepflegte Dichtungsart, bei der vom selben Verfasser die in einem früheren Werk aufgestellten Behauptungen mit denselben formalen Mitteln widerrufen werden.*

Palisade [pali'za:də], die; -, -n [frz. palissade, zu lat. pālus = Pfahl]: **1.** ⟨meist Pl.⟩ *langer, oben zugespitzter [Schanz]pfahl, der mit anderen zusammen zur Befestigung in dichter Reihe in den Boden gerammt wird:* die -n überklettern, niederreißen. **2.** *Befestigungsanlage, Wand aus Palisaden* (1). **3.** (Pferdesport) *hohes Hindernis, das aus dicht nebeneinander senkrecht angebrachten Brettern besteht.*

Palisạden-: **~gewebe,** das (Bot.): *an der Oberfläche von Blättern gelegene Schicht länglicher, senkrecht angeordneter Zellen, die viel Blattgrün enthalten;* **~pfahl,** der: svw. ↑Palisade (1); **~wand,** die: *Wand aus Palisaden* (1); **~wurm,** der [nach den die Mundöffnung umgebenden, palisadenartig angeordneten, länglichen Hautgebilden]: *blutsaugender Fadenwurm, der bes. in Säugetieren u. Vögeln schmarotzt;* **~zaun,** der: vgl. ~wand.

Palisander [pali'sandɐ], der; -s, (Sorten:) - [frz. palissandre < niederl. palissander, wohl < span. palo santo, eigtl. = heiliger Pfahl]: *violettbraunes, von dunklen Streifen durchzogenes, hartes Edelholz eines vor allem in Brasilien beheimateten tropischen Baumes;* ⟨Zus.:⟩ **Palisạnderholz,** das: svw. ↑Palisander; ⟨Abl.:⟩ **palisạndern** ⟨Adj.; o. Steig.; nur attr.⟩: *aus Palisander[holz] [bestehend].*

palisieren [pali'zi:rən] ⟨sw. V.; ist⟩ [wohl zu frz. palis = Zaun, eigtl. wohl = über einen Zaun springen u. davonlaufen] (österr. veraltend): *davonlaufen.*

Pall [pal], das od. der; -[e]s, -en [niederd., zu: pal(l) = steif, fest, H. u.] (Seemannsspr.): *Sperrklinke zum Blockieren des Zahnrades einer Winde od. eines Spills.*

Palladium [pa'la:di̯ʊm], das; -s, ...ien [...i̯ən; 1 a: lat. Palladium, nach dem Namen der altgriech. Göttin Pallas Athene; 2: engl. palladium, nach dem 1 Jahr zuvor (1802) entdeckten Planetoiden Pallas]: **1.** *Darstellung der Göttin Pallas Athene als Kultbild, schützendes Heiligtum [eines Hauses od. einer Stadt]:* Ü das Manifest ist ihr P. *(Heiligtum).* **2.** ⟨o. Pl.⟩ *dehnbares, silberweißes Edelmetall (chemischer Grundstoff);* Zeichen: Pd

Pallasch ['palaʃ], der; -[e]s, -e [über das Slaw. < ung. pallos, zu türk. pala = Schwert]: *schwerer Korbsäbel (bes. der Kürassiere).*

Pallawatsch ['palavatʃ], Ballawatsch ['ba...], der; -s, -e [wohl entstellt aus ital. balordaggine = Tölpelei] (österr. ugs.): **1.** ⟨o. Pl.⟩ *Durcheinander; Blödsinn.* **2.** [1]*Niete* (2).

palletti [pa'lɛti; H. u.] in der Verbindung **[es ist] alles p.** (ugs.; *[es ist] alles in Ordnung*).

palliativ [palia'ti:f] ⟨Adj.; o. Steig.⟩ [zu spätlat. palliāre = mit einem Mantel bedecken] (Med.): *[schmerz]lindernd:* -e Medikamente, Maßnahmen; **Palliativ** [-], das; -s, -e [...i:və], **Palliativum** [...'ti:vʊm], das; -s, ...va (Med.): *palliatives Medikament.*

Pallino [pa'li:no], der; -s, -s [ital. pallino, Vkl. von: pallo = [1]Ball]: *als Ziel dienende Kugel beim Boccia.*

Pallium ['pali̯ʊm], das; -s, ...ien [...i̯ən; lat. pallium = weiter Mantel (der Griechen)]: **1.** (kath. Kirche) *über dem Meßgewand kragenartig getragener Schal mit sechs schwarzen Kreuzen als päpstliche u. erzbischöfliche Insigne.* **2. a)** *(im MA.) [bei der Krönung getragener] Mantel der Könige u. Kaiser;* **b)** *(im antiken Rom) mantelartiger Umhang der Männer.* **3.** (Biol.) svw. ↑Großhirnrinde.

Pallottiner [palɔ'ti:nɐ], der; -s, - [nach dem Gründer, dem ital. Priester V. Pallotti (1795–1850)]: *Mitglied einer katholischen Priestergemeinschaft (ohne Gelübde), die in Seelsorge u. Mission tätig ist;* Abk.: SAC; ⟨Abl.:⟩ **Pallotti̱nerin,** die; -, -nen: *Mitglied einer ordensähnlichen Schwesterngemeinschaft;* ⟨Zus.:⟩ **Pallotti̱nerorden,** der; -s.

Palm [palm], der; -s [landsch. Nebenf. von ↑Palme, da die Zweige statt richtiger Palmzweige bei der Liturgie des Palmsonntags benutzt werden] (landsch.): *Buchsbaum[zweige]. Weidenzweige o. a. (insbes. soweit sie nach einem kirchlichen Brauch am Palmsonntag gesegnet werden).*

Pạlm- (vgl. auch: palmen-, Palmen-): **~baum,** der (veraltet): svw. ↑Palme (1); **~blatt,** das: *Blatt einer Palme* (1), dazu: **~blattkapitell,** das: svw. ↑Palmenkapitell; **~buschen,** der (südd., österr.): *[an einer Stange befestigtes] buntgeschmücktes Gebinde aus verschiedenartigen Zweigen, das am Palmsonntag in der Kirche gesegnet wird;* **~esel,** der in der Fügung **heraus-, aufgeputzt** o. ä. **wie ein P.** (landsch. spött.; *stark aufgeputzt;* nach dem geschmückten hölzernen Esel mit Christusfigur, wie er früher zur Erinnerung an den Einzug Jesu in Jerusalem in Palmsonntagsprozessionen mitgeführt wurde); **~farn,** der: *palmen- u. baumfarnähnlicher, zapfentragender Farn;* **~faser,** die: *(gewerblich genutzte) grobe Blattfaser von bestimmten Palmen;* **~fett,** das: *aus dem Fruchtfleisch von Früchten der Ölpalme gewon-*

nenes Fett; ~**herzen** ⟨Pl.⟩ (Gastr.): *als Gemüse, Salat zubereitetes* [3]*Mark* (1 a) *der Blattstiele bestimmter Palmen;* ~**kätzchen,** das: *Kätzchen* (4) *der Salweide;* ~**kern,** der: *Samenkern der Ölpalme;* ~**kohl,** der: *kohlähnliches Gemüse aus den Blattknospen bestimmter Palmen;* ~**lilie,** die: *[mittel]amerikanische Pflanze mit großen, weißen Blüten (in Trauben o. ä.) u. kräftigen [ledrigen], schopfförmig gehäuften Blättern, die als Zierpflanze kultiviert wird; Yucca;* ~**mark,** das: [3]*Mark* (1 a) *der Palme* (1) *bzw. ihrer [sprießenden] Blattstiele;* ~**öl,** das: *aus flüssigem Palmfett bestehendes Öl;* ~**sonntag** [auch: '– – –], der [LÜ von mlat. dominica Palmarum; nach kath. Brauch werden an diesem Tag zur Erinnerung an den im N. T. berichteten Einzug Jesu in Jerusalem (Joh. 12, 13 u. a.) Palmzweige o. ä. geweiht] (christl. Kirche): *der Sonntag vor Ostern;* ~**wedel,** der: *großes, gefiedertes od. gefächertes Blatt einer Palme, eines Palmfarns;* ~**weide,** die [vgl. Palm]: svw. ↑Salweide; ~**wein,** der: *Wein aus dem gegorenen, zuckerhaltigen Saft bestimmter Palmen;* ~**zucker,** der: *im Saft bestimmter Palmen enthaltener Zucker;* ~**zweig,** der: **1.** *Zweig [von] einer Palme; Palmblatt mit Stiel.* **2.** (landsch.) svw. ↑Palm.

Palmarum [pal'ma:rʊm] ⟨o. Art; indekl.⟩ [vgl. Palmsonntag] (ev. Kirche): *Palmsonntag:* am Sonntag P.; zu P.

Palme ['palmə], die; -, -n [1: mhd. palm(e), ahd. palma < lat. palma, eigtl. = flache Hand; nach der Ähnlichkeit des Palmenblattes mit einer gespreizten Hand; 2: nach dem altröm. Brauch, den Sieger mit einem Palmzweig zu ehren]: **1.** *in tropischen u. subtropischen Regionen beheimateter, in zahlreichen Arten vorkommender Baum mit meist langem, unverzweigtem Stamm u. großen gefiederten od. handförmig gefächerten [in einem Schopf stehenden] Blättern:* unter -n spazierengehen; ***jmdn. auf die P. bringen** (ugs.; *jmdn. aufbringen, wütend machen, erzürnen*); (diese und die drei folgenden Wendungen schmücken die Vorstellung aus, die Ausdrücken wie „aufbringen, hochbringen, hochgehen" o. ä. zugrunde liegt:) **auf die P. gehen** (ugs.; *wütend werden, sich empören*); **auf der P. sein** (ugs.; *aufgebracht, wütend, empört sein*); **von der P. [wieder] herunterkommen** (ugs.; *sich wieder beruhigen*); **sich** ⟨Dativ⟩ **einen von der P. locken/schütteln** (derb; *onanieren*). **2.** (geh.) *Ehre, in einem Wettstreit od. Vergleich der Beste zu sein; Siegespreis:* ihm gebührt die P. [des Siegers]; die P. erringen, erhalten; jmdm. die P. zuerkennen.

palmen-, Palmen- (vgl. auch: Palm-): ~**art,** die; ~**artig** ⟨Adj. o. Steig.⟩; ~**blatt,** das: svw. ↑Palmblatt, dazu: ~**blattkapitell,** das: svw. ↑~kapitell; ~**bohrer,** der: *rotbrauner Rüsselkäfer, dessen Larven das Mark der Palmen aushöhlen;* ~**dieb,** der [die Tiere können mit ihren kräftigen Scheren Kokosnüsse öffnen]: *Einsiedlerkrebs mit dunklem, rot gezeichnetem Körper an den Stränden der Südsee; Kokosdieb, Kokosnußräuber;* ~**faser,** die: svw. ↑Palmfaser; ~**hain,** der (veraltet); ~**haus,** das: *hohes Gewächshaus mit tropischen Pflanzen, insbes. Palmen;* ~**herzen** ⟨Pl.⟩: svw. ↑Palmherzen; ~**kapitell,** das (ägypt. Archit.): *Kapitell in Form eines Büschels leicht nach außen gebogener stilisierter Palmblätter, die unten durch Bänder zusammengehalten sind;* ~**mark,** das: svw. ↑Palmmark; ~**roller,** der: *südasiatische Schleichkatze mit bräunlichem Fell, die nachts zusammengerollt auf Palmen schläft;* ~**wedel,** der: svw. ↑Palmwedel; ~**wein,** der: svw. ↑Palmwein; ~**zweig,** der: svw. ↑Palmzweig (1).

Palmette [pal'mɛtə], die; -, -n [frz. palmette, Vkl. von: palme < lat. palma, ↑Palme]: **1.** (Kunstwiss.) *palmblattähnliches, streng symmetrisches Ornament griechischen Ursprungs.* **2.** (Gartenbau) *meist an Wandflächen gezogener Spalierobstbaum mit U-förmig wachsenden Zweigen;* **Palmitin** [palmi'ti:n], das; -s: *ein Ester der Palmitinsäure;* ⟨Zus.:⟩ **Palmitinsäure,** die ⟨o. Pl.⟩: *feste, gesättigte Fettsäure, die in zahlreichen pflanzlichen u. tierischen Fetten vorkommt.*

palpabel [pal'pa:bl̩] ⟨Adj.; ...bler, -ste; Steig. ungebr.⟩ [spätlat. palpābilis, zu lat. palpāre, ↑palpieren] (Med.): **a)** *unter der Haut fühlbar* (z. B. von Organen); **b)** *greifbar, tastbar* (z. B. vom Puls); **Palpation** [palpa'tsi̯o:n], die; -, -en [lat. palpātio] (Med.): *Untersuchung durch Abtasten u. Befühlen von dicht unter der Körperoberfläche liegenden inneren Organen;* **palpieren** [pal'pi:rən] ⟨sw. V.; hat⟩ [lat. palpāre] (Med.): *abtasten, betastend untersuchen.*

Palstek ['pa:l-], der; -s, -s [aus niederd. Pa(h)l < mniederd. pāl = Pfahl u. ↑Stek] (Seemannsspr.): *leicht zu lösender Knoten, mit dem eine Schlinge gemacht wird, die sich nicht zusammenzieht (bes. zum Festmachen eines Bootes).*

PAL-System ['pa:l-], das; -s [gek. aus engl. **P**hase **A**lternating **L**ine = phasenverändernde Zeile] (Ferns.): *System der zeilenlosen Phasenänderung beim Farbfernsehen.*

Pamirschaf ['pa:mi:ɐ̯-], das; -[e]s, -e: *im Hochland von Pamir beheimatetes Wildschaf.*

Pamp [pamp], der; -s (nordd., ostd.): svw. ↑Pamps.

Pampa ['pampa], die; -, -s ⟨meist Pl.⟩ [span. pampa < Quiché (mittelamerik. Indianerspr.) pampa = Feld, Ebene]: *ebene, baumarme Grassteppe in Südamerika, bes. in Argentinien;* ⟨Zus.:⟩ **Pampasgras,** das: *in Argentinien beheimatetes, in [sehr] hohen Stauden wachsendes Gras mit schmalen, langen Blättern u. seidig glänzenden, silberweißen Blütenrispen, das als Zierpflanze kultiviert wird;* **Pampashase,** der: *einem Hasen ähnliches Nagetier in Südamerika.*

Pampe ['pampə], die; - [vgl. Pamps] (landsch., bes. nordd. u. md.): **1.** *dicke, breiige Masse aus Sand o. ä. u. Wasser:* die Kinder schmeißen mit P. **2.** *dicker od. zäher Brei:* eine P. aus Nudeln und Kartoffeln.

Pampel ['pampl̩], der; -s, - [landsch. Nebenf. von Bampel, ↑Hahnebampel] (landsch. abwertend): *ungeschickter, unbeholfener [junger] Mann:* Konnte er ... wie ein P. vor Lilian ... erscheinen? (Strittmatter, Wundertäter 336).

Pampelmuse ['pampl̩mu:zə, auch: – –'– –], die; -, -n [frz. pamplemousse < niederl. pompelmoes < tamil. (Eingeborenenspr. des südl. Indien) bambolmas]: **1.** *sehr große, der Grapefruit ähnliche Zitrusfrucht.* **2.** (bes. Bot.) *kleiner Baum mit großen, länglich-eiförmigen Blättern u. mit Pampelmusen* (1) *als Früchten;* ⟨Zus.:⟩ **Pampelmusensaft,** der.

pampeln ['pampl̩n] ⟨sw. V.; ist⟩ [wohl Nebenf. von ↑bammeln] (landsch.): *aufprallen u. zurückschnellen.*

Pampf [pampf], der; -s (südd.): svw. ↑Pamps; ⟨Abl.:⟩ **pampfen** ['pampfn̩] ⟨sw. V.; hat⟩ (südd.): svw. ↑mampfen.

Pamphlet [pam'fle:t], das; -[e]s, -e [frz. pamphlet < engl. pamphlet = Broschüre, kleine Abhandlung, H. u.] (bildungsspr. abwertend): *Streit- od. Schmähschrift:* ein politisches P.; ein P. gegen jmdn. schreiben, verfassen; ⟨Abl.:⟩ **Pamphletist** [...fle'tɪst], der; -en, -en (bildungsspr. abwertend): *Verfasser von Pamphleten;* **pamphletistisch** ⟨Adj.⟩ (bildungsspr. abwertend): *in der Art eines Pamphlets.*

pampig ['pampɪç] ⟨Adj.⟩ [zu ↑Pamp(e)]: **1.** (landsch., bes. nordd., ostd.) *breiig; wie Pamp[e]:* die Suppe ist p. **2.** (ugs. abwertend) *in grober Weise frech, unverschämt:* ein -er Behördenangestellter, Kellner; eine -e Antwort; er wurde richtig p.; **Pamps** [pamps], der; -[es] [wohl nasalierte Nebenf. von ↑Papp] (nordd., ostd.): *dicker, zäher Brei.*

Pampusche [pam'pʊʃə, auch: ...'pu:ʃə], die; -, -n (landsch., bes. nordd.): svw. ↑Babusche.

pan-, Pan- [pan-; griech. pãn (Gen.: pantós), Neutr. von: pãs] ⟨Best. in Zus. mit der Bed.⟩: *all, ganz, gesamt, völlig* (z. B. panamerikanisch, Pandemie).

Panade [pa'na:də], die; -, -n [frz. panade, eigtl. = Brotsuppe < provenz. panada, zu: pan < lat. pānis = Brot] (Kochk.): **a)** *Brei aus Semmelbröseln bzw. Mehl u. geschlagenem Eigelb zum Panieren;* **b)** *breiige Mischung (z. B. aus Mehl, Eiern, Fett mit Gewürzen) als Streck- u. Bindemittel für Farcen* (3); **Panadelsuppe** [...'na:dl̩-], die; -, -n (südd., österr.): *Suppe, Brühe mit einer Weißbroteinlage.*

panafrikanisch [...|afri'ka:nɪʃ] ⟨Adj.; o. Steig.⟩ [↑pan-, Pan-]: *den Panafrikanismus, alle afrikanischen Völker u. Staaten betreffend;* **Panafrikanismus** [...ka'nɪsmʊs], der; -: *das Bestreben, die wirtschaftliche u. politische Zusammenarbeit aller afrikanischen Staaten zu verstärken.*

Panama ['panama], der; -s, -s [nach der zentralamerik. Stadt Panama]: **1.** (Textilind.) *Gewebe in Panamabindung.* **2.** kurz für ↑Panamahut.

Panama-: ~**bindung,** die (Weberei): *Bindung* (3 a), *bei der jeweils mehrere Kett- u. Schußfäden in gleicher Anzahl zusammengefaßt sind, so daß ein würfelartiges Muster entsteht;* ~**hut,** der: *breitrandiger, aus den getrockneten Blättern der Panamapalme geflochtener Hut;* ~**palme,** die: *in Mittelamerika kultivierte, buschige Pflanze mit fächerförmig geteilten, langen Blättern;* ~**rinde,** die: svw. ↑Quillajarinde.

panamerikanisch [...|ameri'ka:nɪʃ] usw.: vgl. panafrikanisch usw.

panarabisch [...|a'ra:bɪʃ] usw.: vgl. panafrikanisch usw.

Panaritium [pana'ri:tsi̯ʊm], das; -s, ...ien [...i̯ən; spätlat. panaricium] (Med.): *eitrige Entzündung am Finger; Nagelbettentzündung, Umlauf.*

Panasch [pa'naʃ], der; -[e]s, -e [frz. panache < ital. pennacchio, zu lat. penna, pinna = Feder, Mauerzinne]: *Feder-*

busch (b), *Helmbusch;* **panaschieren** [pana'ʃi:rən] ⟨sw. V.; hat⟩ [frz. panacher, eigtl. = buntstreifig machen, urspr. = mit einem Federbusch zieren]: *bei einer [Gemeinderats]wahl seine Stimme für Kandidaten verschiedener Parteien abgeben, Namen von einer Liste auf eine andere schreiben od. neue Namen hinzufügen;* ⟨Zus.:⟩ **Panaschiersystem,** das ⟨o. Pl.⟩: *Wahlsystem, bei dem das Panaschieren zulässig ist;* ⟨Abl.:⟩ **Panaschierung,** die; -, -en: **1.** *das Panaschieren.* **2.** (Bot.) *weiße Musterung, weiße Flecken od. Streifen auf grünen Pflanzenblättern;* **Panaschüre** [...'ʃy:rə], die; -, -n [frz. panachure = (Farben)mischung]: svw. ↑Panaschierung (2).

Panazee [pana'tse:(ə)], die; -, -n [...'tse:ən; lat. panacēa < griech. panákeia, zu: pãn (↑pan-, Pan-) u. akeĩsthai = heilen] (bildungsspr.): *Allheilmittel, Wundermittel.*

panchromatisch ⟨Adj.; o. Steig; nicht adv.⟩ [aus ↑pan-, Pan- u. ↑chromatisch] (Fot.): *(von Filmen, Fotopapier u. ä.) empfindlich für alle Farben u. Spektralbereiche.*

Panda ['panda], der; -s, -s [H. u.]: **a)** *vorwiegend im Himalaja heimisches Raubtier mit fuchsrotem, an Bauch u. Beinen schwarzbraunem Pelz u. einem dicken, kurzen, katzenartigen Kopf; Katzenbär;* **b)** *Bambusbär.*

Pandaimonion [pandai'mo:niɔn], **Pandämonium** [pandɛ'mo:niʊm], das; -s, ...ien [...iən; älter ngriech. pandaimónion, zu griech. pãn (↑pan-, Pan-) u. daímōn, ↑Dämon] (bildungsspr.): **a)** *Aufenthalt[sort] aller Dämonen:* wird New York ... zu einem ... Pandämonium brutalster Gewalt (Spiegel 14, 1977, 210); **b)** *Gesamtheit aller Dämonen.*

Pandekten [pan'dɛktn̩] ⟨Pl.⟩ [spätlat. pandectēs < griech. pandéktēs]: *Sammlung altrömischer Rechtssprüche (als Grundlage der Rechtswissenschaft):* Ü bei einem Leben, das zwischen P. *(Rechtswissenschaft)* und Dialektforschungen verläuft (Thieß, Frühling 162).

Pandemie [pande'mi:], die; -, -n [...i:ən; zu griech. pãn (↑pan-, Pan-) u. dẽmos = Volk] (Med.): *sich weit verbreitende, ganze Landstriche, Länder erfassende Seuche; Epidemie großen Ausmaßes;* ⟨Abl.:⟩ **pandemisch** [pan'de:mɪʃ] ⟨Adj.; o. Steig.⟩ (Med.): *sich weit ausbreitend.*

Pandit ['pandɪt], der; -s, -e [Hindi paṇḍit < sanskr. paṇḍita = klug, gelehrt]: **1.** ⟨o. Pl.⟩ *Titel brahmanischer Gelehrter.* **2.** *Träger dieses Titels.*

Pandur [pan'du:ɐ̯], der; -en, -en [ung. pandúr] (früher in Ungarn): **a)** *[bewaffneter] Diener;* **b)** *Fußsoldat.*

Paneel [pa'ne:l], das; -s, -e [aus dem Niederd. < mniederd., mniederl. pan(n)ēl < afrz. panel, wohl zu lat. pānis = Türfüllung, eigtl. = (flaches) Brot, Fladen]: **a)** *vertieft liegendes Feld einer Holztäfelung;* **b)** *gesamte Holztäfelung;* ⟨Abl.:⟩ **paneelieren** [...ne'li:rən] ⟨sw. V.; hat⟩: *(eine Wand) mit Holz täfeln.*

Panegyrika: Pl. von ↑Panegyrikon; **Panegyriken**: Pl. von ↑Panegyrikus; **Panegyriker** [pane'gy:rikɐ], der; -s, -: *panegyrischer Schriftsteller, Verfasser von Panegyriken;* **Panegyrikoi**: Pl. von ↑Panegyrikos; **Panegyrikon** [...kɔn], das; -[s], ...ka [griech. panēgyrikón = Buch mit Festreden, zu: pãn (↑pan-, Pan-) u. ágyris = Fest]: *liturgisches Buch der orthodoxen Kirche mit predigtartigen Lobreden auf die Heiligen;* **Panegyrikos** [...kɔs], der; -, ...koi [...kɔy], **Panegyrikus** [...kʊs], der; -, ...ken u. ...zi [zu lat. panēgyricus, griech. panēgyrikós] (Rhet., Literaturw.): *Fest-, Lobrede, Lobgedicht;* **panegyrisch** ⟨Adj.; Steig. ungebr.⟩: *den Panegyrikus betreffend, rühmend, preisend.*

Panel ['pɛnl̩], das; -s, -s [engl. panel, eigtl. = Feld, Paneel < afrz. panel, ↑Paneel] (Meinungsforschung): *repräsentative Personengruppe für [mehrmals durchgeführte] Befragungen u. Beobachtungen.*

panem et circenses ['pa:nɛm ɛt tsɪr'tsɛnze:s; lat. = (das Volk erhebt nur den Anspruch auf) Brot und Zirkusspiele (den die Herrscher der röm. Kaiserzeit zu erfüllen hatten); nach Martial, Epigramme 10, 81]: *Lebensunterhalt u. Vergnügungen als Mittel zur Zufriedenstellung des Volkes.*

Panentheismus [pan|ɛnte'ɪsmʊs], der; - [zu griech. pãn (↑pan-, Pan-), -en = in u. ↑Theismus] (Rel., Philos.): *Lehre, nach der das All in Gott eingeschlossen ist, in ihm seinen Halt hat;* ⟨Abl.:⟩ **panentheistisch** ⟨Adj.; o. Steig.⟩.

Paneuropa ⟨o. Art.; Gen.: -s⟩: *erstrebte Gemeinschaft der europäischen Staaten;* ⟨Zus.:⟩ **Paneuropa-Bewegung,** die ⟨o. Pl.⟩; ⟨Abl.:⟩ **paneuropäisch** ⟨Adj.; o. Steig.⟩: *Paneuropa, das Streben nach einer europäischen Einigung betreffend.*

Panfilm ['pa:n-], der; -[e]s, -e [Kurzf. von: *pan*chromatischer *Film*] (Fot.): *Film mit panchromatischer Schicht.*

Panflöte ['pa:n-], die; -, -n [nach dem altgriech. Hirtengott Pan] (Musik): *aus verschieden langen, nebeneinandergereihten Pfeifen ohne Grifflöcher bestehendes Holzblasinstrument; Syrinx.*

Pangermanismus, der; - [↑pan-, Pan-] (hist.): **a)** *polit. Haltung, die die Gemeinsamkeiten der Völker germanischen Ursprungs betonte;* **b)** *alldeutsche Haltung mit dem Ziel einer Vereinigung aller Deutschsprechenden.*

Panhas ['panha:s], der; - [westfäl. pannhass, pannharst, eigtl. = Pfannenbraten, zu mniederd. panne = Pfanne u. harst = Bratfleisch] (Kochk.): *westfälisches Gericht aus Wurstbrühe, gehacktem Fleisch u. Buchweizenmehl, zu einer festen Masse gekocht u. in Scheiben gebraten.*

panhellenisch [...hɛ'le:nɪʃ] ⟨Adj.; o. Steig.⟩ [zu ↑pan-, Pan-]: *alle Griechen betreffend;* **Panhellenismus,** der; - (hist.): *Bestrebungen zur Vereinigung aller griechischen Länder in einem großen Reich.*

[1]**Panier** [pa'ni:ɐ̯], das; -s, -e [frühnhd. Form von mhd. banier(e), ↑Banner]: **1.** (veraltet) *Banner, Fahne, Feldzeichen:* das P. aufpflanzen, hochhalten; ***etw. auf sein P. schreiben** (geh.; *etw. unbeirrt als Ziel verfolgen, anstreben*). **2.** (geh.) *Wahlspruch, Parole; etwas, dem man sich verpflichtet fühlt:* Ehre sei dein P.!

[2]**Panier** [-], die; - (österr.): *Masse zum Panieren;* **panieren** [pa'ni:rən] ⟨sw. V.; hat⟩ [frz. paner = mit geriebenem Brot bestreuen, zu: pain (afrz. pan) = Brot < lat. pānis] (Kochk.): *(Fleisch, Fisch o. ä.) vor dem Braten in geschlagenes Eigelb, Milch o. ä. tauchen u. mit Semmelbröseln bestreuen od. in Mehl wälzen:* panierte Schnitzel; ⟨Zus.:⟩ **Paniermehl,** das: *Brösel* (b), *Semmelmehl;* ⟨Abl.:⟩ **Panierung,** die; -, -en: **1.** *das Panieren.* **2.** *Panade* (a).

Panik ['pa:nɪk], die; -, -en ⟨Pl. ungebr.⟩ [frz. panique (subst. Adj.), ↑panisch]: *durch eine plötzliche Bedrohung, Gefahr hervorgerufene übermächtige Angst, die das Denken lähmt u. [bei größeren Menschenansammlungen] zu kopflosen [Massen]reaktionen führt:* [eine] P. brach aus; P. erfaßte, ergriff, befiel die Reisenden; der brennende Vorhang löste eine P. unter den Zuschauern aus; nur keine P.; eine P. verhindern, verhüten; jmdn. in P. versetzen; mit P. reagieren; (ugs.:) er kriegt es mit der P.

panik-, Panik-: **~artig** ⟨Adj.; o. Steig.⟩: *in Art einer Panik:* -e Reaktionen; Panikartig zogen sie sich an und rasten zu ihren Dienststellen (Kirst, 08/15, 441); **~mache,** die (abwertend): *das [grundlose] Heraufbeschwören einer Panikstimmung durch aufgebauschte Darstellung eines Sachverhalts o. ä.;* **~stimmung,** die: in P. geraten.

panisch ⟨Adj.; o. Steig.⟩ [frz. panique < griech. panikós = vom Hirten- u. Waldgott Pan herrührend (Pan in Bocksgestalt wurde als Ursache für undeutbare Schrecken angesehen)]: *jäh u. wild, von Panik bestimmt, in Panik:* -er Schrecken; -e Angst; vor -em Entsetzen befallen werden; er hat auf die Nachricht p. reagiert.

Panislamismus, der; - [↑pan-, Pan-]: *Streben nach Vereinigung aller islamischen Völker.*

Panje ['panjə], der; -s, -s [poln. panie = Anredeform von: pan = Herr] (veraltet, noch scherzh.): *poln. od. russ. Bauer;* ⟨Zus.:⟩ **Panjepferd,** das: *mittelgroßes, sehr zähes u. genügsames Pferd Osteuropas;* **Panjewagen,** der: *einfacher, kleiner, von einem Pferd zu ziehender Holzwagen:* Soldaten in wannenartigen P. (Kempowski, Uns 12).

Pankarditis [pankar'di:tɪs], die; -, ...itiden [...di'ti:dn̩; zu ↑pan-, Pan- u. griech. kardía = Herz] (Med.): *Entzündung aller Schichten des Herzens.*

Pankreas ['pankreas], das; -, ...kreaten [...e'a:tn̩; griech. págkreas (Gen.: pagkréatos)] (Med.): *Bauchspeicheldrüse;* ⟨Abl.:⟩ **Pankreatin** [...a'ti:n], das; -s (Med.): *aus tierischen Bauchspeicheldrüsen hergestelltes Enzym;* **Pankreatitis** [...'ti:tɪs], die; -, ...itiden [...ti'ti:dn̩] (Med.): *Entzündung der Bauchspeicheldrüse.*

Panlogismus, der; - [↑pan-, Pan-] (Philos.): *Lehre von der logischen Struktur des Universums als Verwirklichung einer umgreifenden Vernunft.*

Panmixie [...mɪ'ksi:], die; -, -n [...i:ən; zu griech. pãn (↑pan-, Pan-) u. mĩxis = Mischung, also eigtl. = Allmischung] (Biol., Genetik): *Kreuzung durch Paarung mit jedem beliebigen Partner der gleichen Tierart ohne besondere Auswahl.*

Panne ['panə], die; -, -n [frz. panne, urspr. = das Steckenbleiben des Schauspielers; H. u.]: **a)** *[technischer] Schaden, die weitere Fortbewegung verhindernde Störung an einem [Kraft]fahrzeug:* sie hatten, der Wagen hatte unterwegs eine P.; eine P. reparieren, beheben; mit einer P. auf der Autobahn liegenbleiben; **b)** *Betriebsstörung, Maschinenschaden:* eine P. legte die Stromversorgung lahm; gibt es Sicherheiten gegen -n in Kernkraftwerken?; infolge einer technischen P. ...; **c)** *Fehler, durch gedankenloses od. unvorsichtiges Handeln verursachtes Mißgeschick:* eine unverzeihliche P.; diplomatische -n; bei der Organisation gab es viele -n.

pạnnen-, Pạnnen- (Panne a): **~dienst,** der: *Hilfsdienst bei Pannen;* **~frei** ⟨Adj.; o. Steig.⟩: *ohne eine Panne;* **~hilfe,** die: P. leisten; **~koffer,** der (Kfz.-W.): *Koffer, in dem das Gerät, Werkzeug zur Behebung von Pannen aufbewahrt wird;* **~kurs,** der (Kfz.-W.): *Kurs, der Autofahrer in die Lage versetzen soll, eine Panne selbst zu beheben.*

Panoptikum [pa'nɔptikʊm], das; -s, ...ken [zu griech. pãn (↑pan-, Pan-) u. optikós, ↑optisch, eigtl. = Gesamtschau]: *Sammlung von Sehenswürdigkeiten, meist Kuriositäten, Wachsfiguren o. ä.;* ⟨Zus.:⟩ **Panọptikumsfigur,** die; **panọptisch** ⟨Adj.; o. Steig.⟩ (bildungsspr.): *von überall einsehbar:* -es System *(beim Bau von Gefängnissen angewendete Bauweise, bei der die strahlenförmig angeordneten Zellen einer Etage von einem Punkt aus überblickt werden können).*

Panorama [pano'ra:ma], das; -s, ...men [zu griech. pãn (↑pan-, Pan-) u. hórama = das Geschaute]: **1.** *Rundblick, Ausblick von einem erhöhten Punkt aus in die Runde, über die Landschaft hin:* vom Turm aus öffnet sich ein herrliches P.; ein Grundstück in Hanglage mit unverbaubarem P.; Ü das ganze P. des Weltgeschehens (Thielicke, Ich glaube 79). **2.** *ein weites Rund erfassendes Bild, Rundgemälde od. -foto[montage]:* ein P. von Heidelberg.

Panorạma-: **~aufnahme,** die; **~bild,** das; **~bus,** der: *Reiseomnibus mit Panoramafenstern;* **~fenster,** das: *sehr großes, leicht gewölbtes Fenster, das ein breites Blickfeld freigibt;* **~karte,** die: eine P. von den Ötztaler Alpen; **~kopf,** der (Film, Fot.): svw. ↑Kinokopf; **~objektiv,** das: *schwenkbar in einer Kamera angeordnetes Weitwinkelobjektiv;* **~scheibe,** die: *große, leicht gewölbte Windschutzscheibe, die ein breites Blickfeld freigibt;* **~spiegel,** der (Kfz.-W.): vgl. ~scheibe.

panoramieren [panora'mi:rən] ⟨sw. V.; hat⟩ (Film, Fot.): *durch Schwenken der Kamera einen Rundblick wiedergeben.*

Panplegie [...ple'gi:], die; -, -n [...i:ən; zu griech. pãn (↑pan-, Pan-) u. plēgé = Schlag] (Med.): *allgemeine, vollständige Lähmung der Muskulatur.*

Panpsychịsmus, der; - (Philos.): *Vorstellung von der Beseelung der gesamten Natur, auch der nichtbelebten.*

panschen ['panʃn̩] ⟨sw. V.; hat⟩ [lautm.; viell. nasalierte Nebenf. von ↑patschen od. Vermischung von „patschen" u. ↑manschen]: **1.** *(ein [alkoholisches] Getränk) mit Wasser verdünnen, verfälschen:* wer Wein panscht, macht sich strafbar; ⟨auch ohne Akk.-Obj.:⟩ der Wirt hat gepanscht; gepanschte Milch. **2.** (ugs.) *im Wasser o. ä. herumspielen u. dabei spritzen:* die Kinder panschen im Wasser; ⟨Abl. zu 1:⟩ **Pạnscher,** der; -s, -: *jmd., der Getränke panscht;* zu 1 u. 2: **Panscherei** [panʃə'rai̯], die; -, -en (ugs. abwertend).

Pansen ['panzn̩], der; -s, - [mhd. panze (niederd. panse) < afrz. pance, zu lat. pantex = Wanst, ↑Panzer]: **1.** (Zool.) *der erste, große Abschnitt des Magens bei Wiederkäuern.* **2.** (nordd.) *Magen:* sich den P. vollschlagen.

Pansexualismus [panzɛksu̯a'lɪsmʊs], der; - [zu ↑pan-, Pan-] (Psychoanalyse): *die nur von sexuellen Trieben ausgehende frühe Richtung der Psychoanalyse S. Freuds.*

Pạnsflöte, die: ↑Panflöte.

Panslawismus [...sla'vɪsmʊs], der; - (hist.): *Streben nach kulturellem u. politischem Zusammenschluß aller slawischen Völker;* **Panslawịst,** der; -en, -en: *Anhänger des Panslawismus;* **panslawịstisch** ⟨Adj.; o. Steig.⟩.

Pansophie [panzo'fi:], die; - [zu griech. pãn (↑pan-, Pan-) u. sophía = Weisheit]: *religiös-[natur]philosophische Bewegung des 16. bis 18. Jh.s, die eine Zusammenfassung aller Wissenschaften zu einer Universalwissenschaft anstrebte;* **pansophisch** [pan'zo:fɪʃ] ⟨Adj.; o. Steig.⟩.

Pantalone [panta'lo:nə], der; -s, -s u. ...ni [ital. Pantal(e)one, ital. Form des in Venedig bes. verehrten hl. Pantaleon]: *spitzbärtige Gestalt des geizigen, verliebten, alten venezianischen Kaufmanns in der Commedia dell'arte;* **Pantalons** [pãta'lõ:s, auch: panta'lõ:s] ⟨Pl.⟩ [frz. pantalons, nach der mfrz. Wendung vestu en pantalon = gekleidet wie Pantalone (da dieser meist mit langen, engen Beinkleidern auftrat)]: *(in der Französischen Revolution aufgekommene) lange Männerhose mit röhrenförmigen Beinen.*

panta rhei ['panta 'rai̯; griech. = alles fließt (dem griech. Philosophen Heraklit, 6./5. Jh. v. Chr., zugeschriebener Grundsatz)] (bildungsspr.): *alles ist im Werden, in unaufhörlicher Bewegung.*

Panthei̤smus, der; - [↑pan-, Pan-] (Philos., Rel.): *Lehre, daß Gott u. Welt identisch sind; Anschauung, daß Gott das Leben des Weltalls selbst ist;* **Panthei̤st,** der; -en, -en: *Anhänger des Pantheismus;* **panthei̤stisch** ⟨Adj.; o. Steig.⟩; **Pantheon** ['panteɔn], das; -s, -s [1 a: griech. pánthe(i)on (hierón); 1 b: frz. panthéon]: **1. a)** *antiker Tempel für alle Götter* (z. B. in Rom); **b)** *Ehrentempel* (z. B. in Paris). **2.** (Rel.) *Gesamtheit der Götter eines Volkes.*

Panther ['pantɐ], der; -s, - [mhd. pantēr, pantier < lat. panthēr(a) < griech. pánthēr, H. u.]: svw. ↑Leopard; ⟨Zus.:⟩ **Pạntherfell,** das; **Pạntherpilz,** der [nach der pantherartig gefleckten Oberseite des Hutes]: *giftiger Blätterpilz mit weißen Schuppen auf braunem Hut.*

Pantine [pan'ti:nə], die; -, -n ⟨meist Pl.⟩ [wohl unter Einfluß von ↑Pantoffel zu mniederd. patine < mniederl. patijn < frz. patin = Schuh mit Holzsohle] (nordd.): *[Holz]pantoffel, Schuh mit Holzsohle:* klappernde -n; eine P. verlieren; in die -n schlüpfen; ***aus den -n kippen** (ugs.; ↑Latschen).

Pantoffel [pan'tɔfl̩], der; -s, -n ⟨meist Pl.; Vkl. ↑Pantöffelchen⟩ [frz. pantoufle, H. u.]: *flacher, leichter Hausschuh ohne Fersenteil (aus Stoff, Filz od. weichem Leder):* warme, gefütterte, zierliche -n; die -n vor das Bett stellen; auf der Treppe verlor er den linken P.; in die -n schlüpfen; sie lief immer in -n; ***den P. schwingen** (ugs.; *den Ehemann beherrschen, als Frau die eigentliche Herrschaft im Hause ausüben*); **unter dem P. stehen** (ugs.; *als Ehemann von seiner Frau beherrscht werden;* der Schuh bzw. der Fuß galt im alten dt. Recht als Symbol der Herrschaft); **unter den P. kommen, geraten** (ugs.; *eine herrschsüchtige Frau heiraten, sich seiner Frau unterwerfen*).

pantọffel-, Pantọffel-: **~blume,** die: *aus Südamerika stammende, in vielen Arten kultivierte [Topf]pflanze mit Dolden von goldgelben bis dunkelroten, oft getigerten, wie aufgeblasen wirkenden Blüten, deren Form an einen Pantoffel erinnert; Kalzeolarie;* **~förmig** ⟨Adj.; o. Steig.; nicht adv.⟩; **~held,** der (ugs. abwertend): *Ehemann, der sich seiner herrschsüchtigen Frau gegenüber nicht durchsetzen kann;* **~kino,** das (ugs. scherzh.): *das Fernsehen, der [häusliche] Fernsehapparat;* **~tierchen,** das (Biol.): *zu den Wimpertierchen gehörender, pantoffelförmiger Einzeller.*

Pantöffelchen [pan'tœfl̩çən], das; -s, -: ↑Pantoffel; **pantọffeln** ⟨sw. V.; hat⟩ [wohl nach dem pantoffelförmigen Holz, mit dem die Bearbeitung vorgenommen wird] (Gerberei): *Leder durch [mechanische] Bearbeitung, bei der der Narben außen liegt u. dadurch glatt bleibt, weich machen.*

Pantograph [panto'gra:f], der; -en, -en [zu ↑pan-, Pan- u. ↑-graph]: *Storchschnabel* (2); ⟨Abl.:⟩ **Pantographi̤e,** die; -, -n [↑-graphie]: *mit dem Pantographen hergestelltes Bild.*

Pantolette [panto'lɛtə], die; -, -n ⟨meist Pl.⟩ [Kunstwort aus: Pantoffel u. Sandalette]: *leichter Sommerschuh ohne Fersenteil, aber meist mit [Keil]absatz.*

[1]Pantomime [panto'mi:mə], die; -, -n [frz. pantomime < lat. pantomīma, zu: pantomīmus, ↑[2]Pantomime]: *Darstellung einer Szene od. Handlung nur mit Gebärden, Mienenspiel u. Tanz:* eine P. einstudieren, aufführen, zeigen; die Kunst der P.; **[2]Pantomime** [-], der; -n, -n [wohl unter Einfluß von frz. pantomime < lat. pantomīmus < griech. pantómimos, eigtl. = der alles Nachahmende, zu: pãn (↑pan-, Pan-) u. mĩmos = Nachahmer, Art der szenischen Darstellung]: *Darsteller einer [1]Pantomime, Künstler des Gebärdenspiels;* ⟨Abl.:⟩ **Pantomịmik,** die; -: **1.** *Kunst der [1]Pantomime.* **2.** (Psych.) *Gesamtheit der Ausdrucksbewegungen, zu denen neben Mienenspiel u. Gebärden auch Körperhaltung u. Gang gehören;* **pantomịmisch** ⟨Adj.; o. Steig.⟩: **1.** *die [1]Pantomime betreffend, mit den Mitteln der Pantomime:* etw. p. darstellen. **2.** (Psych.) *die Ausdrucksbewegungen des Körpers betreffend:* jmdn. an seiner -en Besonderheit erkennen.

Pantothensäure [panto'te:n-], die; -, -n [nach engl. pantothenic acid, zu griech. pántothen = von überall her; die Verbindung kann aus den verschiedensten Organismen isoliert werden]: *im Organismus von Tieren u. Pflanzen häufig vorkommende biochemische Verbindung.*

Pantry ['pɛntri], die; -, -s [engl. pantry < mengl. pan(e)trie < afrz. paneterie < mlat. panetaria = Raum zur Aufbewahrung von Brot, zu lat. pānis = Brot]: *Speisekammer, Anrichte [auf Schiffen u. in Flugzeugen].*

pantschen ['pant∫n] usw.: svw. ↑panschen usw.

Pantschen-Lama ['pant∫n-], der; -[s], -s [tibet. pan-chen (b)lama; vgl. ²Lama]: *kirchliches Oberhaupt des Lamaismus.*

Panty ['pɛnti], die; -, ...ties [...ti:s; engl. panty, Kurzf. von: pantaloons = Hosen < frz. pantalons, ↑Pantalons]: *formgebender Slip, Miederhöschen.*

Pänultima [pɛ'nʊltima, pɛn'|ʊ...], die; -, ...mä u. ...men [lat. paenultima (syllaba), zu: paene = fast] (Sprachw.): *die vor der Ultima stehende, vorletzte Silbe eines Wortes.*

Panzen ['pantsn̩], der; -s, - [Nebenform von ↑Pansen] (landsch.): *Schmerbauch, Wanst:* er hat sich den P. vollgeschlagen, sich einen P. angefressen; **Panzer** ['pantsɐ], der; -s, - [mhd. panzier = Brustpanzer < afrz. pancier(e) = Leibrüstung, Brustpanzer, über das Roman. (vgl. provenz. pansiera) zu lat. pantex (Gen.: panticis) = Wanst]: **1.** (früher) *[Ritter]rüstung, feste [metallene] Körperumhüllung als Schutz bei feindlichen Auseinandersetzungen od. im Turnier:* einen P. tragen, anlegen; den P. umschnallen; das Schwert durchdrang den P.; das Standbild zeigt den Feldherrn im schweren P.; Ü einen P. um sich legen *(sich gegen seine Umgebung abschließen)*. **2.** *harte, äußere Schutzhülle bei bestimmten Tieren, bes. den Weichtieren:* der P. einer Schildkröte. **3.** *Platte, Umhüllung aus gehärtetem Stahl, Eisen u. ä. (bes. zum Schutz von Kriegsschiffen, Kampffahrzeugen, Befestigungen usw.):* der P. des Geschützturmes ist 120 Millimeter stark; ein Kernreaktor muß einen besonders dicken P. haben. **4.** *gepanzertes, meist mit einem Geschütz u. Maschinengewehren ausgerüstetes, auf Ketten rollendes Kampffahrzeug [mit einem drehbaren Geschützturm]:* P. rollen vor, stoßen vor, rasseln an die Front, walzen durchs Gelände; P. und Maschinengewehre waren aufgefahren; einen P. abschießen, knacken (Soldatenspr.; *kampfunfähig machen*); sie wurden von einem P. überrollt. **5.** ⟨Pl.⟩ (Milit.) *zur Waffengattung Panzertruppe gehörender Truppenteil des Heeres:* er wurde zu den -n eingezogen.

panzer-, Panzer-: ~**abwehr,** die (Milit.): **a)** *Verteidigung gegen Panzer* (4): Spezialwaffen zur P.; **b)** *gegen Panzer* (4) *eingesetzte Truppe,* dazu: ~**abwehrkanone,** die: *[auf einer fahrbaren Lafette montiertes] Geschütz mit langem Rohr zur Vernichtung von Panzern* (4): Abk.: ↑Pak (1), ~**abwehrrakete,** die; ~**angriff,** der; ~**artillerie,** die (Milit.): *mit Spezialpanzern ausgerüsteter Truppenteil der Artillerie;* ~**aufklärer** ⟨Pl.⟩ (Milit.): svw. ↑Aufklärungstruppe; ~**brechend** ⟨Adj.; o. Steig.; nicht adv.⟩ (Milit.): *geeignet, Panzerungen zu durchschlagen:* -e Munition; ~**division,** die (Milit.): *²Division der Panzertruppe;* ~**echse,** die: svw. ↑Krokodil; ~**einheit,** die (Milit.); ~**faust,** die (Milit.): *Waffe zur Vernichtung von Panzern* (4), *die aus der Hand (in Schulterlage) bedient wird und bei der eine auf einem dünnen Rohr sitzende Granate mittels eines Treibsatzes wie eine Rakete abgefeuert wird;* ~**fisch,** der: *ausgestorbener, mit Knochenplatten gepanzerter Fisch (des oberen Silurs bis zum Perm);* vgl. Plakodermen; ~**förderer,** der (Bergbau): *Rinne aus Stahl, in der die gewonnene Kohle aus dem Streb transportiert wird;* ~**glas,** das ⟨o. Pl.⟩: *aus mehreren Schichten bestehendes schußfestes Sicherheitsglas;* ~**grenadier,** der (Milit.): *Soldat einer mit Schützenpanzern ausgerüsteten Spezialtruppe der Infanterie,* dazu: ~**grenadierdivision,** die; ~**hemd,** das: svw. ↑Kettenhemd; ~**jäger,** der (Milit.): *Soldat einer mit Jagdpanzern ausgerüsteten Spezialtruppe der Infanterie;* ~**kampfwagen,** der: svw. ↑Panzer (4); ~**kolonne,** die (Milit.); ~**kreuzer,** der (Milit. früher): *gepanzerter Kreuzer* (1); ~**lurch,** der: *ausgestorbenes Kriechtier (aus der Zeit des Karbons) mit festem, verknöchertem Schädeldach;* ~**pioniere** ⟨Pl.⟩ (Milit.): *mit Spezialpanzern (z. B. Bergepanzern) ausgerüsteter Truppenteil der Pioniertruppe;* ~**platte,** die: *zur Panzerung (bes. bei Kriegsschiffen) verwendete, dicke Platte aus bes. gehärtetem Stahl;* ~**regiment,** das (Milit.); ~**schiff,** das (früher): *gepanzertes Kriegsschiff;* ~**schlacht,** die (Milit.): *Kampf, bei dem auf beiden Seiten Panzer* (4) *eingesetzt werden;* ~**schrank,** der: svw. ↑Geldschrank; ~**schreck,** der (Soldatenspr.); vgl. Bazooka; ~**schütze,** der; ~**spähwagen,** der (Milit.): *leichtgepanzertes u. mit leichten Waffen ausgerüstetes Fahrzeug, das bes. der militärischen Aufklärung dient;* ~**sperre,** die (Milit.): *Sperre, die feindlichen Panzern* (4) *das Vordringen unmöglich machen soll:* -n errichten; ~**spitze,** die ⟨meist Pl.⟩ (Milit.): *vorderer Teil einer vordringenden Panzerkolonne;* ~**stahl,** der: *bes. gehärteter Stahl;* ~**truppe,** die (Milit.): *Waffengattung der Kampftruppe* (1); ~**turm,** der (Milit.): *drehbarer, gepanzerter Geschützturm;* ~**wagen,** der (Milit.): **1.** svw. ↑Panzer (4). **2.** *gepanzerter Waggon in einem Panzerzug;* ~**zug,** der (Milit.): *gepanzerter, mit Waffen ausgerüsteter Eisenbahnzug.*

panzern ['pantsɐn] ⟨sw. V.; hat⟩ [zu ↑Panzer (1–3)]: **a)** *mit einer Panzerung, mit Panzerplatten umgeben, befestigen:* ein Fahrzeug, [Kriegs]schiff p.; Eisbrecher müssen stark gepanzert sein; **b)** (früher) *die Rüstung, den Brustharnisch anlegen:* sich vor dem Kampf p.; gepanzerte Krieger; **c)** ⟨p. + sich⟩ *sich gegen etw. abschirmen, (seelisch) unempfindlich machen:* sie panzerte sich gegen alle Fragen; Er prahlt, panzert sich mit Überheblichkeit (Graber, Psychologie 72); ⟨Abl.:⟩ **Panzerung,** die; -, -en: **1.** *das Panzern.* **2.** svw. ↑Panzer (3): eine dicke P. aus Stahlplatten.

Päonie [pɛ'o:ni̯ə], die; -, -n [lat. paeōnia < griech. paiōnía, eigtl. = die Heilende]: svw. ↑Pfingstrose.

¹Papa ['papa, veraltend, geh.: pa'pa:], der; -s, -s [frz. papa, Lallwort der Kinderspr.] (fam.): *Vater:* mein P. hat gesagt ...; [der] P. wird bald kommen; wie geht es Ihrem Herrn P. [pa'pa:]?; **²Papa** ['pa:pa], der; -s [mlat. papa, ↑Papst]: *kirchliche Bez. des Papstes:* habemus -m! (lat. = *wir haben einen Papst;* Ausruf nach glücklich beendeter Papstwahl); **Papabili** [pa'pa:bili] ⟨Pl.⟩ [ital. papabili, zu: papabile = zum Papst wählbar] (kath. Kirche): *die als Kandidaten für das Amt des Papstes in Frage kommenden Kardinäle;* **Papachen** [pa'pa:çən], das; -s, -: Kosef. von ↑¹Papa.

Papagallo [papa'galo], der; -[s], -s u. ...lli [ital. pappagallo, eigtl. = Papagei]: *auf erotische Abenteuer bei Touristinnen ausgehender südländischer, bes. italienischer [junger] Mann;* **Papagei** [papa'gai̯, österr. auch: '– – –], der; -en u. -s, -en, seltener: -e [frz. papegai, wohl < arab. babaġā']: *(in zahlreichen Arten vorkommender) buntgefiederter tropischer Vogel mit kurzem, abwärts gebogenem Schnabel, der die Fähigkeit hat, Wörter nachzusprechen:* krächzende, kreischende -en; der P. sitzt auf der Stange; plappern wie ein P.; bunt wie ein P.

papageien-, Papageien-: ~**grün** ⟨Adj.; o. Steig.; nicht adv.⟩: *grün wie das Gefieder mancher Papageien;* ~**grün,** das: *papageiengrüne Farbe;* ~**krankheit,** die ⟨o. Pl.⟩ (Med.): *gefährliche Viruskrankheit, die bes. von Papageien auf Menschen übertragen werden kann; Psittakose;* ~**schnabel,** der.

papageienhaft ⟨Adj.; -er, -este⟩: **a)** *bunt herausgeputzt wie ein Papagei:* sich p. anziehen; **b)** *gedankenlos nachplappernd (wie ein Papagei);* **Papageifisch,** der; -[e]s, -e: *sehr farbiger Knochenfisch tropischer Meere mit zu einer Art Papageienschnabel zusammengewachsenen Zähnen.*

papal [pa'pa:l] ⟨Adj.; o. Steig.; nicht adv.⟩ [mlat. papalis, zu ↑²Papa] (selten): *päpstlich;* **Papalismus** [papa'lɪsmʊs], der; - (kath. Kirche): *kirchenrechtliche Anschauung, nach der dem Papst die volle Kirchengewalt zusteht* (Ggs.: Episkopalismus); **Papalsystem,** das; -s: *das kath. System der päpstlichen Kirchenhoheit.*

Paparazzo [papa'ratso], der; -s, ...zzi [ital. paparazzo]: scherzh. ital. Bez. für *[aufdringlicher] Pressefotograf, Skandalreporter.*

Papat [pa'pa:t], der, auch: das; -[e]s [mlat. papatus, zu ↑²Papa] (kath. Kirche): *Amt u. Würde des Papstes.*

Papaverazeen [papavera'tse:ən] ⟨Pl.⟩ [zu lat. papāver = Mohn] (Bot.): *Familie der Mohngewächse;* **Papaverin** [...'ri:n], das; -s: *krampflösendes Alkaloid des Opiums.*

Papaya [pa'pa:ja], die; -, -s [span. papaya, aus dem Karib.]: **1.** svw. ↑Melonenbaum. **2.** *einer Melone ähnliche, große kugelige bis eiförmige Frucht des Melonenbaums mit orangefarbenem Fleisch u. gelblichweißem Milchsaft;* ⟨Zus.:⟩ **Papayafrucht,** die: svw. ↑Papaya (2).

Papchen ['papçən], das; -s, -: Kosef. von ↑¹Papa.

Papel ['pa:pl̩], die; -, -n, Papula ['pa:pula], die; -, ...ae [...lɛ; lat. papula] (Med.): *meist flache bis linsengroße, knötchenartige Verdickung in der Haut.*

Paper ['peɪpə], das; -s, -s [engl. paper, eigtl. = Papier]: *schriftliche Unterlage, Schriftstück; Papier* (2): -s und Handouts als Unterlagen; der Vortragende hatte ein P. ausgegeben; ⟨Zus.:⟩ **Paperback** [-bæk], das; -s, -s [engl. paperback, eigtl. = Papierrücken]: *kartoniertes, meist in Klebebindung hergestelltes [Taschen]buch* (Ggs.: Hard cover).

Papeterie [papɛtə'ri:], die; -, -n [...i:ən; frz. papeterie, zu: papier < lat. papȳrus, ↑Papier] (schweiz.): **a)** *Papierwaren;* **b)** *Papierwarenhandlung, -geschäft.*

Papi ['papi], der; -s, -s (fam.): svw. ↑Papa ['papa].

Papier [pa'pi:ɐ], das; -s, -e [spätmhd. papier < lat. papȳrum, papȳrus = Papyrus(staude) < griech. pápyros, H. u.]: **1.** ⟨o. Pl.⟩ *aus Pflanzenfasern [mit Stoff- u. Papierresten] durch Verfilzen u. Verleimen hergestelltes, zu einer dünnen, glatten Schicht gepreßtes Material, das vorwiegend zum Beschreiben u. Bedrucken od. zum Verpacken gebraucht wird:* weißes, buntes, weiches, steifes, rauhes, glattes, durchscheinendes, glänzendes, holzfreies, handgeschöpftes, [un]bedrucktes, vergilbtes P.; ein Blatt, Fetzen P.; eine Rolle P.; P. mit Wasserzeichen; es ist kein P. (ugs.; *Papier zum Säubern in der Toilette*) mehr da; ein Stück P. abreißen; das P. zusammenknüllen, zerreißen; viel P. verbrauchen; [einen Bogen] P. in die Maschine spannen; auf diesem P. kann man schlecht schreiben; ein Lampenschirm aus P.; etwas in P. einwickeln, einschlagen; mit P. rascheln; das Fenster wurde notdürftig mit P. verklebt; R P. ist geduldig *(schreiben od. drucken kann man alles – daß es stimmt, ist damit noch lange nicht garantiert);* * **[nur] auf dem Papier** *(schriftlich festgelegt, aber in der Wirklichkeit nicht bestehend, nicht vorhanden);* **etw. aufs Papier werfen** (geh.; *entwerfen, flüchtig skizzieren*); **etw. zu P. bringen** *(aufschreiben, schriftlich formulieren, niederlegen).* **2.** *Schriftstück, Aufzeichnung, schriftlich niedergelegter Entwurf, Brief, Aufsatz, Vertrag o. ä.:* ein wichtiges politisches, amtliches P.; im Ministerium war ein P. [zur Steuerfrage] erarbeitet worden; ungeordnete -e lagen auf dem Schreibtisch; ein P. unterzeichnen; die -e ordnen, abheften; er hat alle -e *(Unterlagen)* vernichtet; in alten -en kramen. **3.** ⟨meist Pl.⟩ *Ausweis, Personaldokument:* gefälschte -e; seine -e sind nicht in Ordnung; ich habe meine -e verloren; seine -e vorzeigen; die Polizei prüft die -e; neue -e beantragen; er bekam seine -e (ugs.; *wurde entlassen*). **4.** (Finanzw.) *Wertpapier:* ein gutes, festverzinsliches, mündelsicheres P.; das P. verspricht eine hohe Rendite; die -e sind gestiegen, gefallen; sein Geld in -en anlegen.

papier-, Papier-: **~abfall,** der; **~artig** ⟨Adj.; o. Steig.⟩; **~bahn,** die: vgl. Bahn (4); **~band,** das ⟨Pl. -bänder⟩; **~block,** der ⟨Pl. -blocks⟩; **~blume,** die: **1.** *(zu den Korbblütlern gehörende) in den Mittelmeerländern u. Asien heimische Pflanze mit sternförmigen Blütenköpfen, deren papierartige rosa, rote, violette od. weiße Hüllblätter auch in trockenem Zustand Form u. Farbe behalten.* **2.** *künstliche, aus Papier* (1) *gefertigte Blume;* **~bogen,** der; **~brei,** der: *breiige Masse aus zermahlenen Fasern, Füllstoffen, Leim u. Harzen, aus der durch Pressen u. Entzug von Flüssigkeit das Papier gewonnen wird;* **~deutsch,** das (abwertend): vgl. Amtsdeutsch; **~erzeugung,** die; **~fabrik,** die; **~fabrikation,** die; **~fähnchen,** das: Die Kinder schwenken P. (Schädlich, Nähe 12); **~fetzen,** der; **~form,** die (Sport Jargon): *Form, [Spiel]stärke, die ein Sportler od. ein Verein nach den zuletzt gezeigten Leistungen eigentlich haben müßte;* **~format,** das: *Format* (1) *eines Papierbogens;* **~garn,** das: *aus Papier* (1) *hergestelltes Garn* (1 a); **~geld,** das ⟨o. Pl.⟩: *Geld in Scheinen, Banknoten;* **~geschäft,** das: *Laden für den Verkauf von Papierwaren;* **~girlande,** die; **~handlung,** die: svw. ↑~geschäft; **~handtuch,** das; **~herstellung,** die; **~industrie,** die; **~kohle,** die: svw. ↑Dysodil; **~korb,** der: *Behälter für Papierabfälle:* der P. läuft, quillt über *(ist übervoll);* etwas in den P. werfen; Reklamesendungen wandern bei mir gleich in den P.; **~kragen,** der: *Kragen aus Papier:* ein Faschingskostüm als Pierrot mit gefälteltem P.; * **jmdm. platzt der P.** (scherzh. Erweiterung von: jmdm. platzt der ↑Kragen); **~kram,** der (ugs. abwertend): *[dienstliche] Briefe, Formalitäten schriftlicher Natur u. a.:* P. erledigen; **~krieg,** der (ugs. abwertend): *übermäßiger, lange dauernder [als überflüssig empfundener] Schriftverkehr mit Behörden:* ein endloser P.; der Antrag hat einen P. ausgelöst; **~kugel,** die: die Kinder warfen mit -n; **~laterne,** die: vgl. Lampion; **~maché:** ↑Papiermaché; **~manschette,** die; **~maschine,** die: *in der Papierfabrikation verwendete Maschine;* **~messer,** das (veraltet): svw. ↑Brieföffner (a); **~mühle,** die: **a)** svw. ↑Holländer (4); **b)** älter für ↑~fabrik; **~mütze,** die; **~rolle,** die: *aufgerollte [zum Abreißen einzelner Stücke perforierte] längere Papierbahn;* **~sack,** der: **a)** *Sack aus festem Papier [für Müll u. Abfälle];* **b)** (österr.) svw. ↑~tüte; **~schere,** die: *lange Schere, die nur zum Schneiden von Papier verwendet wird;* **~schlange,** die: *bes. bei Karnevalsveranstaltungen verwendetes, farbiges, fest zusammengerolltes Papierband, das sich beim Werfen in seiner ganzen Länge schlangenförmig auseinanderrollt; Luftschlange:* mit -n werfen; **~schnipsel, ~schnitzel,** das: *kleines abgerissenes od. abgeschnittenes Stück Papier;* **~serviette,** die; **~staude,** die: svw. ↑Papyrusstaude; **~streifen,** der; **~taschentuch,** das; **~tiger,** der [engl. paper tiger, LÜ von chin. (Pinyin) zhilaohu, aus: shi = Papier u. Laohu = Tiger]: *nur dem Schein nach starke, gefährliche Person, Sache od. Macht (die in Wirklichkeit schwach u. hilflos ist):* Chinas Raketenrampen ... sind vorerst nur P. (Spiegel 1/2, 1969, 68); **~tuch,** das ⟨Pl. -tücher⟩: *kleines [Hand]tuch aus Papier;* **~tüte,** die; **~verarbeitend** ⟨Adj.; o. Steig.; nur attr.⟩: -e Industrie; **~verarbeitung,** die; **~währung,** die: vgl. ~geld; **~waren** ⟨Pl.⟩: *Handelsartikel aus Papier, Schreibwaren u. ä.,* dazu: **~warenhandlung,** die: svw. ↑~geschäft; **~weiß** ⟨Adj.; o. Steig.; nicht adv.⟩ (selten): svw. ↑kalkweiß.

papieren ⟨Adj.⟩ [spätmhd. papirin]: **1.** ⟨o. Steig.; nur attr.⟩ *aus Papier:* ein papier[e]nes Tischtuch; japanische Häuser mit papier[e]nen Wänden. **2. a)** *wie Papier [aussehend, sich anfühlend]:* Bambuss sieht p. aus, blaß, dünn, mit Pickeln (Remarque, Obelisk 187); **b)** *trocken, unlebendig (im Stil, Ausdruck u. ä.):* eine papier[e]ne Ausdrucksweise; seine Worte waren viel zu p.; **Papiermaché** [papi̯ema'ʃe:, österr.: pa'pi:ɐ̯...], das; -s, -s [frz. papier mâché, eigtl. = zerfetztes Papier]: *formbare Masse aus eingeweichtem, mit Leim, Stärke u. a. vermischtem Altpapier, die nach dem Trocknen fest wird:* Kasperlepuppen aus P.

papillar [papɪ'la:ɐ̯] ⟨Adj.; o. Steig.⟩ [zu ↑Papille] (Med.): *warzenartig, -förmig;* ⟨Zus.:⟩ **Papillarschicht,** die (Med.): *die mit Papillen versehene obere Schicht der Lederhaut;* **Papille** [pa'pɪlə], die; -, -n [lat. papilla] (Anat.): *kleine, rundliche bis kegelförmige Erhebung an od. in Organen* (z. B. Brustwarze); **Papillom** [...'lo:m], das; -s, -e (Med.): *aus gefäßhaltigem Bindegewebe bestehende [gutartige] Wucherung der [Schleim]haut.*

Papillon [papi'jõ:], der; -s, -s [frz. papillon < lat. pāpilio = Schmetterling; 1: nach der Form der Ohren; 2: nach dem Vergleich mit Schmetterlingsflügeln]: **1.** *aus Belgien stammender Zwergspaniel mit weißem bis braunem od. geflecktem, weichem Fell.* **2.** *aus feinfädigem Kammgarn hergestellter, weicher, geschmeidiger Kleiderstoff.*

Papillote [papi'jo:tə], die; -, -n [frz. papillote] (Kochk.): *Fleischstück, das angebraten u. dann in geölte Papier- od. Aluminiumfolie gehüllt u. fertiggebraten wird.*

Papirossa [papi'rɔsa], die; -, ...ssy [...si; russ. papirosa < poln. papieros, zu: papier = Papier]: *russ. Zigarette mit langem papiernem Mundstück.*

Papismus [pa'pɪsmʊs], der; - [zu ↑²Papa] (abwertend): **a)** *starrer Katholizismus;* **b)** *übertriebene Ergebenheit dem Papst gegenüber;* **Papist** [pa'pɪst], der; -en, -en (abwertend): *Anhänger des Papsttums;* **papistisch** ⟨Adj.⟩ (abwertend): *den Papismus betreffend; streng päpstlich* (c).

papp [pap] ⟨Interj.⟩ in der Verbindung **nicht mehr p. sagen können** (ugs.: *sehr satt sein;* wohl nach der Vorstellung, daß jmd., der den Mund sehr voll hat, nicht einmal „papp" sagen kann); **Papp** [-], der; -s, -e ⟨Pl. ungebr.⟩ [spätmhd. papp(e), Lallwort der Kinderspr.] (landsch.): **1.** *dicker [Mehl]brei.* **2.** *klebrige Masse, Kleister.*

Papp- (Pappe): **~band,** der ⟨Pl. ...bände⟩: *Buch mit einem Einband aus fester Pappe;* **~becher,** der: *aus Pappe hergestellter Trinkbecher (der nach Gebrauch weggeworfen wird);* **~deckel,** der: svw. ↑Pappendeckel; **~kamerad,** der (ugs.): *täuschend nachgebildete Figur aus Pappe (bes. für Schießübungen):* auf -en schießen; **~karton,** der: alles in -s verstauen; **~kasten,** der; **~koffer,** der; **~maché,** das: svw. ↑Papiermaché; **~nase,** die: *[lustig geformte] Nase aus Pappe, die bei Kostümierungen über die eigene Nase gestülpt werden kann;* **~plakat,** das; **~schachtel,** die; **~schild,** das ⟨Pl. ...schilder⟩; **~teller,** der: vgl. ~becher.

Pappatacifieber [papa'ta:tʃi-], das; -s [ital. pappataci = Moskito, Stechmücke] (Med.): *in den Tropen u. in Südeuropa auftretende, durch Moskitos übertragene Krankheit mit Fieber u. grippeartigen Symptomen.*

Pappe ['papə], die; -, -n [zu ↑Papp im Sinne von aus grobem Papierbrei od. durch Pappen (1) von mehreren Papierschichten hergestellter Werkstoff]: **1.** *festes, ziemlich steifes [Verpackungs]material aus mehreren Schichten Papier, Karton* (1): dicke, feste, biegsame P.; ein Bogen P.; P. schneiden; ein Bild auf P. aufkleben; das Schild ist nur [aus] P.; die Fenster sind mit P. verklebt; ein Bild zum Schutz zwischen zwei -n legen. **2.** (ugs.) svw. ↑Papp (1, 2); * **nicht von/aus P. sein** (ugs.; *stark, kräftig, solide, nicht zu unterschätzen sein;* eigtl. = nicht weich, schwammig, formlos wie Brei sein): der Neue ist nicht von/aus P.; diese Summe ist nicht von P.; **jmdm. P. ums Maul schmieren** (landsch.; *jmdm. schmeicheln*).

Pappel ['papl̩], die; -, -n [mhd. papel(e), ahd. popelbaum < lat. pōpulus]: **1.** *Laubbaum mit hohem, schlankem Stamm u. meist eiförmigen Blättern an langen, zusammengedrückten Stielen u. nach unten hängenden, zweihäusigen Blütenkätzchen.* **2.** ⟨o. Pl.⟩ *Holz der Pappel* (1): ein Hammerstiel aus P.

Pappel-: ~**allee,** die; ~**bock,** der: svw. ↑Holzbock (3); ~**holz,** das; ~**spinner,** der: *ein seidenweißer Schmetterling, dessen Raupen an den Blättern von Pappeln u. Weiden fressen.*

pappeln ['papl̩n] ⟨Adj.; o. Steig.; nur attr.⟩ (selten): *aus Pappelholz.*

päppeln ['pɛpl̩n] ⟨sw. V.; hat⟩ [mhd. pepelen; zu ↑Papp (1)] (ugs.): *(ein Kind, einen Kranken u. ä.) liebevoll [mit Brei] ernähren [u. umsorgen]:* ein verlassenes Rehkitz mit der Flasche p.; der Kranke muß noch tüchtig gepäppelt werden, damit er wieder zu Kräften kommt; Ü jmds. Eitelkeit p. *(jmdm. schmeicheln)*; wie er gepäppelt *(umworben)* wurde von der Kriminalpolizei, nachdem er Boost belastet hatte (Noack, Prozesse 110); **pappen** ['papn̩] ⟨sw. V.; hat⟩ (ugs.): **1.** *[an]kleben; so fest andrücken, daß es [mit Hilfe von Klebstoff] haftet:* einen Aufkleber ans Auto p.; Der südliche Techniker nahm ein Stück Zeitung von der Straße, spuckte drauf und pappte es um Ansatz und Ventil (Bamm, Weltlaterne 142). **2.** *[sich zusammenballen, klumpen u.] kleben-, haftenbleiben:* der Schnee pappt [unter den Schuhsohlen]; der Kaugummi pappt an den Zähnen; das Zeug pappt nicht; **Pappendeckel,** (auch:) Pappdeckel; der; -s, - [zu ↑Pappe (1)]: *Stück Pappe, Karton, mit dem etwas bedeckt, zugedeckt wird.*

Pappenheimer ['papn̩haimɐ] in der Wendung **seine P. kennen** (ugs.; *wissen, mit welchen Menschen man zu tun u. was man von ihnen zu erwarten hat; die Eigenschaften, bes. die Schwächen anderer genau kennen;* nach Schiller, Wallensteins Tod III, 15; dort im anerkennenden Sinne bezogen auf das Kürassierregiment des Grafen von Pappenheim).

Pappenstiel ['papn̩-; viell. gek. aus „Pappenblumenstiel" = Stiel des Löwenzahns (niederd. päpenblōme, eigtl. = Pfaffenblume); die im Wind verwehende Samenkrone wurde als Sinnbild für Geringfügiges, Nichtiges angesehen] in den Wendungen **das ist [doch] kein P.** (ugs.; *das ist keine Kleinigkeit*): dreitausend Mark Schulden sind kein P.; **keinen P. wert sein** (ugs.; *gar nichts wert sein*); **für einen P.** (ugs.; *sehr billig*).

papperlapapp [papɐla'pap] ⟨Interj.⟩: Ausruf der Abweisung von leerem, törichtem Gerede, Ausflüchten o. ä.: Papperlapapp. Ein Soldat ist ein Soldat, basta (Hacks, Stücke 176); ⟨subst.:⟩ das ist doch alles bloß P.!

pappig ['papɪç] ⟨Adj.; nicht adv.⟩ [zu ↑Papp] (ugs.): **a)** *sich leicht zusammenballend [u. haftenbleibend]:* -er Schnee; **b)** *klebrig-feucht:* mußt du alles mit deinen -en Fingern anfassen?; Ü als er sich mit Witzen verteidigte, die ihm zusehends -er *(schlüpfriger)* gerieten (Kant, Impressum 207); **c)** *nicht od. schlecht durchgebacken:* die Brötchen sind zu p.; **d)** *breiig, formlos:* eine -e Masse; das Gemüse war zerkocht und p.; **Pappschnee,** der; -s: *pappiger, sehr feuchter, tauender Schnee.*

Pappus ['papʊs], der; -, - u. -se [lat. pappus < griech. pappós = Großvater; die meist grauweiße Behaarung erinnert an das Haar eines Greises] (Bot.): *aus Haaren, Borsten od. Schuppen ausgebildeter Blütenkelch, der auch an der Frucht noch erhalten bleibt.*

Paprika ['paprika], der; -s, -[s] [über das Ung. < serb. paprika, zu: papar = Pfeffer < lat. piper, ↑Pfeffer]: **1.** *bes. als Gemüse- u. Gewürzpflanze kultiviertes Nachtschattengewächs mit unscheinbaren Blüten u. langen bis runden Früchten von sehr verschiedener Größe in leuchtender grüner, roter od. gelber Farbe.* **2.** ⟨generalisierend; o. Pl.⟩ *Frucht des Paprikas* (1), *Paprikaschote:* ein Pfund P. kaufen; heute mittag gibt es P. *(Paprikagemüse)*; gefüllter P. *(aufgeschnittene, mit einer Füllung versehene u. gedünstete Paprikaschoten)*. **3.** ⟨o. Pl.⟩ *aus Paprikaschoten hergestelltes Gewürz:* süßer, scharfer P.; an dem Essen ist zuviel P.; mit P. würzen.

Paprika-: ~**gemüse,** das: *Paprika* (2) *als Gemüse gekocht;* ~**gulasch,** das, auch: der: *mit Paprika* (3) *scharf gewürztes Gulasch;* ~**salat,** der: *Salat aus kleingeschnittenem Paprika* (2); ~**schnitzel,** das (Kochk.): *reichlich mit Paprika* (3) *bestreutes [u. mit in Streifen geschnittenem Paprika* (2) *belegtes] Schnitzel;* ~**schote,** die: *Frucht des Paprikas* (1).

paprizieren [papri'tsi:rən] ⟨sw. V.; hat⟩ (Kochk. bes. österr.): *mit Paprika bestreuen.*

[1]**Paps** [paps] ⟨o. Art. u. Beugung, meist nur als Anrede⟩: Koseform zu ↑[1]Papa.

[2]**Paps** [-], der; -es, -e ⟨Pl. ungebr.⟩ (landsch.): svw. ↑Papp.

Papst [pa:pst], der; -[e]s, Päpste ['pɛ:pstə; mhd. bābes(t), spätahd. bābes < kirchenlat. pāpa = Bischof (von Rom) < lat. pāpa = Vater, Lallwort der Kinderspr.]: *Oberhaupt der kath. Kirche (u. Bischof von Rom):* die Kardinäle wählen den P.; das Dogma von der Unfehlbarkeit des -es; die Ansprache P. Johannes Pauls II. [des Zweiten]/des -es Johannes Paul II. [des Zweiten]; eine Audienz beim P.; ein Pole wurde zum P. gewählt; R in Rom gewesen sein und nicht den P. gesehen haben (bildungsspr.; *die Hauptsache versäumt haben*); Ü er war ein P. *(tonangebend, führend)* auf dem Gebiet der Mode; die roten Päpste *(Machthaber)* im Kreml; * **päpstlicher sein als der P.** *(strenger, unerbittlicher sein als nötig; eine bestimmte Richtung überaus dogmatisch vertreten)*; **-papst** [-pa:pst], der; -[e]s, -päpste: ugs. scherzh. gebrauchtes Grundwort von Zus. mit der Bed. *jmd., der in dem im Best. Genannten als führend anerkannt ist, nach dem man sich richtet,* z. B. Kunst-, Kultur-, Ski-, Sex-, Dudenpapst.

Papst- (kath. Kirche): ~**familie,** die: *aus Klerikern u. Laien bestehender päpstlicher Hofstaat;* ~**katalog,** der: svw. ↑~liste; ~**krone,** die: svw. ↑Tiara; ~**liste,** die: *mit Petrus beginnendes Verzeichnis aller bisherigen Päpste;* ~**messe,** die: *vom Papst zelebrierte Messe;* ~**name,** der: *von dem jeweiligen Papst nach seiner Wahl angenommener Name;* ~**ornat,** der; ~**urkunde,** die: *vom Papst selbst geschriebenes od. unterzeichnetes Dokument;* ~**wahl,** die.

Päpstin ['pɛ:pstɪn], die; -, -nen: w. Form zu ↑Papst; **päpstlich** ['pɛ:pstlɪç] ⟨Adj.; Komp.: ↑Papst, o. Sup.⟩ [mhd. bæbestlich]: **a)** ⟨nur attr.⟩ *den Papst, das Papsttum betreffend, zu ihm gehörend:* die -e Würde; die -e Familie (svw. ↑Papstfamilie); in p. makellosem Weiß (Hochhuth, Stellvertreter 69); **b)** ⟨nur attr.⟩ *vom Papst ausgehend:* eine -e Enzyklika; der -e Segen; **c)** *dem Papst anhängend, das Papsttum befürwortend:* p. gesinnt sein; **Papsttum,** das; -s [spätmhd. bābestuom]: *Amt des Papstes als Oberhaupt der kath. Kirche.*

Papula: ↑Papel.

Papyri: Pl. von ↑Papyrus; **Papyrologie** [papyrolo'gi:], die; - [↑-logie]: *historische Hilfswissenschaft, die Papyri* (3) *erforscht, konserviert, entziffert u. datiert; Papyruskunde;* **Papyrus** [pa'py:rʊs], der; -, ...ri [lat. papȳrus, ↑Papier]: **1.** svw. ↑Papyrusstaude. **2.** *(im Altertum) aus dem Mark der Papyrusstaude gewonnenes, zu Blättern, Rollen verarbeitetes Schreibmaterial.* **3.** *aus dem Altertum stammende, beschriftete Papyrusrolle, beschriftetes Papyrusblatt.*

Papyrus-: ~**blatt,** das; ~**kunde,** die: svw. ↑Papyrologie; ~**rolle,** die: *Papyrus* (3); ~**sammlung,** die: *Sammlung von Papyri* (3); ~**staude,** die: *(zu den Riedgräsern gehörende) in Afrika heimische Pflanze mit sehr hohem, dreieckigem Halm, aus deren Mark im Altertum der Papyrus* (2) *gewonnen wurde;* ~**text,** der.

Par [pɑ:], das; -[s], -s [engl. par < lat. pār = gleich] (Golf): *für jedes Hole festgelegte Mindestanzahl von Schlägen.*

[1]**Para** ['pa:ra], der; -, - [slowen., serbokroat. para < türk. para = Geld, Münze, wohl aus dem Pers.]: *Währungseinheit in Jugoslawien* (100 Para = 1 Dinar).

[2]**Para** [-], der; -s, -s [frz. para, Kurzf. von: parachutiste]: frz. Bez. für *Fallschirmjäger.*

para-, Para- [para-; griech. pará = neben; entlang; vorbei; (ent)gegen, vgl. z. B. parabolisch, Paradoxie, Parodontose] ⟨Best. in Zus. mit der Bed.⟩: *neben(her)* (z. B. Paramedizin, paralinguistisch).

Parabase [para'ba:zə], die; -, -n [griech. parábasis, eigtl. = das Hervortreten (des Chors)] (Literaturw.): *(in der antiken griechischen Komödie) Einschub in Gestalt einer unmittelbar an das Publikum gerichteten, aus Gesang u. Rezitation gemischten Aussprache zwischen Chor u. Chorführer, die zu aktuellen Ereignissen Stellung nimmt.*

Parabel [pa'ra:bl̩], die; -, -n [lat. parabola, parabolē < griech. parabolḗ = Gleichnis, auch: Parabel (2), eigtl. = das Nebeneinanderwerfen]: **1.** (bes. Literaturw.) *gleichnishafte belehrende Erzählung:* etw. durch eine, in einer P. ausdrücken, in eine P. kleiden. **2.** (Math.) *unendliche ebene Kurve (des Kegelschnitts), die der geometrische Ort* *aller Punkte ist, die von einem festen Punkt, dem Brennpunkt, u. einer festen Geraden, der Leitlinie, jeweils denselben Abstand haben:* eine P. konstruieren.

Parabellum [para'bɛlʊm], die; -, -s [gek. aus lat. sī vīs pācem, parā bellum = wenn du den Frieden willst, bereite den Krieg vor]: *Pistole mit Selbstladevorrichtung;* ⟨Zus.:⟩ **Parabellumpistole,** die.

Parabiose [para'bio:zə], die; -, -n [zu griech. pará = nebeneinander u. bíōsis = Leben] (Zool.): *Zusammenleben zweier miteinander verwachsener Lebewesen.*

Parabolantenne [para'bo:l-], die; -, -n (Technik): *Antenne in der Form eines Parabolspiegels, mit deren Hilfe Ultrakurzwellen gebündelt werden;* **parabolisch** ⟨Adj.; o. Steig.⟩: **1.** (bildungsspr.) *die Parabel* (1) *betreffend, zu ihr gehörend; in der Art einer Parabel, gleichnishaft:* die -e Form, Aussage einer Erzählung; etw. p. sagen. **2.** ⟨nicht adv.⟩ (Math.) *in der Art, Form einer Parabel* (2), *als Parabel* (2) *darstellbar;* **Paraboloid** [parabolo'i:t], das; -[e]s, -e [zu ↑Parabel u. griech. -oeidḗs = ähnlich] (Math.): *gekrümmte Fläche ohne Mittelpunkt;* **Parabolspiegel,** der; -s, - (Technik): *Hohlspiegel in der besonderen Form eines Paraboloids, der die Eigenschaft hat, alle parallel zur Achse einfallenden Lichtstrahlen im Brennpunkt zu sammeln.*

Parade [pa'ra:də], die; -, -n [frz. parade (unter Einfluß von: parer = schmücken) < span. parada = Parade (3), zu: parar = anhalten, auch: herrichten < lat. parāre, ↑[1]parieren; 2. frz. parade, zu: parer = (einen Hieb) abwehren; schon spätmhd. pārāt < ital. parata < frz. parade, ↑Parade (1)]: **1.** (Milit.) *großer [prunkvoller] Aufmarsch militärischer Einheiten, Verbände:* eine P. der Luftstreitkräfte; am 1. Mai findet in Moskau die große P. statt, wird eine große P. abgehalten; der Präsident nahm die P. ab *(ließ sie an sich vorüberziehen).* **2. a)** (Fechten) *Abwehr eines Angriffs durch einen abdrängenden Schlag, Stich o. ä. mit der Waffe od. durch Zurück- od. Ausweichen mit dem Körper:* eine P. schlagen, ausführen; **b)** (Ballspiele) *Abwehr durch den Torhüter:* eine hervorragende, gewandte, glänzende P.; * **jmdm. in die P. fahren** (ugs.; *jmdm., der gerade dabei ist, [in überheblicher, selbstgefälliger Weise] gegen jmdn., etw. vorzugehen, energisch entgegentreten, scharf widersprechen*); **c)** (Schach) *Abwehr eines Angriffs, bes. eines Angriffs, bei dem Schach geboten wird.* **3.** (Reiten) *das [1]Parieren* (2).

Parade-: **~beispiel,** das: *Beispiel, mit dem etw. bes. eindrucksvoll belegt, demonstriert werden kann:* jmd., etw. ist das P. für etw.; **~bett,** das (veraltend): *großes, prunkvolles Bett;* **~kissen,** das (veraltend): *zur Zierde auf dem eigentlichen Kopfkissen liegendes, größeres Kissen mit Stickereien o. ä.;* **~marsch,** der (Milit.): *Marsch im Paradeschritt:* im P.; **~pferd,** das: **1.** *schönes, gutes, bes. zur Repräsentation geeignetes Pferd.* **2.** (ugs.) *Person, Sache, mit der man auf Grund ihrer besonderen Vorzüge renommieren, die man vorzeigen kann:* dieser Wagen ist das, gilt als das P. der Firma; **~schritt,** der (Milit.): *(bes. bei militärischen Paraden ausgeführter) Marschschritt, bei dem die gestreckten Beine nach vorne [u. in die Höhe] gerissen werden;* **~stück,** das: *etw., womit man wegen seines Wertes, seiner besonderen Schönheit o. ä. renommieren, was man vorzeigen kann:* das Gemälde ist das P., ist eines der -e seiner Sammlung; **~uniform,** die (Milit.): *prächtige Uniform.*

Paradeis- [para'dais-] (österr.) [nach der älter nhd. Form Paradeis = Paradies; vgl. Paradeiser u. Paradiesapfel (2)]: **~apfel,** der (veraltet): *Tomate;* **~mark,** das: *Tomatenmark;* **~salat,** der; **~soße,** die; **~suppe,** die.

Paradeiser [para'daizɐ], der; -s, - [nach dem Vergleich des kräftigen Rots mit der Schönheit der verbotenen Frucht im Paradies (1), vgl. 1. Mos. 3, 6] (österr.): *Tomate.*

Paradentitis [paradɛn'ti:tɪs]: früher für ↑Parodontitis; **Paradentose** [paradɛn'to:zə]: früher für ↑Parodontose.

paradieren [para'di:rən] ⟨sw. V.; hat⟩ [frz. parader, zu: parade, ↑Parade]: **1.** (Milit.) *in einer Parade* (1) *auf-, vorbeimarschieren:* die Truppen paradierten vor dem Oberbefehlshaber; den Gruß der paradierenden Sturmabteilung (Grass, Hundejahre 251); Ü Wenn wir aber die ganze Reihe ihrer Ehestiftungen vor unserem Auge p. *(vorbeiziehen)* lassen (Thieß, Reich 568). **2.** (geh.) *aufgereiht, aufgestellt, zur Schau gestellt sein:* zwischen Unterteil und Oberteil des Küchenschrankes paradierten vier ... Deckeltöpfe (Kuby, Sieg 93); wo er (= der Zinksarg) zwischen umflorten Kandelabern und mannshohen Kerzen paradiert hatte (Th. Mann, Hoheit 85). **3.** (geh.) *Eindruck zu machen suchen, prunken, sich brüsten:* er paradiert gerne mit seinem Wissen.

Paradies [para'di:s], das; -es, -e [mhd. paradīs(e), ahd. paradīs < kirchenlat. paradīsus < griech. parádeisos = (Tier)park; Paradies, aus dem Pers.]: **1.** ⟨o. Pl.⟩ (Rel.) **a)** *(nach dem Alten Testament) als eine Art schöner Garten mit üppigem Pflanzenwuchs u. friedlicher Tierwelt gedachte Stätte des Friedens, des Glücks u. der Ruhe, die dem ersten Menschen von Gott als Lebensbereich gegeben wurde; Garten Eden:* die Vertreibung des Menschen aus dem P.; sie hatten dort ein Leben wie im P.; **b)** *Bereich des Jenseits als Aufenthalt Gottes u. der Engel, in den die Seligen nach dem Leben aufgenommen werden; Himmel* (2 a): sie wollen alle ins P. kommen; dereinst ins P. eingehen; * **das P. auf Erden haben** (↑Himmel 2 a). **2. a)** *Ort, Bereich, der durch seine Gegebenheiten, seine Schönheit, seine guten Lebensbedingungen o. ä. alle Voraussetzungen für ein schönes, glückliches, friedliches o. ä. Dasein erfüllt:* diese Südseeinsel ist ein [kleines] P.; -e solcher Art sind selten geworden; **b)** svw. ↑Eldorado: ein P. für Angler, Wanderer, Skiläufer. **3.** svw. ↑Atrium (2).

Paradies-: **~apfel,** der [vgl. Paradeiser]: **1.** *(bes. auf der Balkanhalbinsel heimischer) kleiner, rundlicher, wildwachsender Apfel.* **2.** (landsch.) *Tomate.* **3.** (landsch. veraltend) svw. ↑Granatapfel; **~fisch,** der [vgl. ~vogel]: *kleinerer, zu den Labyrinthfischen gehörender Zierfisch mit prächtiger roter u. blauer bis blaugrüner Zeichnung u. mit lang ausgezogenen Flossen;* **~gärtlein** [-gɛrtlain], das; -s, - (bild. Kunst): *Darstellung Marias mit dem Jesuskind u. Heiligen in einem durch hohe Mauern von der übrigen Welt abgeschlossenen, blumenreichen Garten;* **~spiel,** das (Literaturw.): *geistliches Spiel (des ausgehenden MA.s), das die Erschaffung des Menschen, den Sündenfall u. die Vertreibung aus dem Paradies zum Inhalt hat;* **~vogel,** der [nach dem prächtigen Gefieder]: *(in den tropischen Regenwäldern Neuguineas, der Molukken heimischer) großer Singvogel mit prächtigem, buntem Gefieder u. oft sehr langen Schwanzfedern.*

paradiesisch ⟨Adj.⟩: **1.** ⟨o. Steig.; nicht adv.⟩ *das Paradies* (1 a) *betreffend, zu ihm gehörend:* der ursprüngliche, -e Zustand des Menschen. **2.** *in höchstem Maße erfreulich, jmds. Wohlbehagen hervorrufend; herrlich, himmlisch* (3), *wunderbar:* -e Zeiten; ein -es Leben führen; Diese Lesehalle schien uns zunächst p. (Leonhard, Revolution 20).

Paradigma [para'dɪgma], das; -s, ...men, auch: -ta [lat. paradīgma < griech. parádeigma]: **1.** (bildungsspr.) *Beispiel, Muster; Erzählung, Geschichte mit beispielhaftem, modellhaftem Charakter:* „Julia und die Geister" ist das P. einer nicht überwundenen Kritik (Welt 6. 11. 65, Film). **2.** (Sprachw.) *Gesamtheit der Formen der Flexion eines Wortes, bes. als Muster für Wörter, die in gleicher Weise flektiert werden.* **3.** (Sprachw.) *die auf vertikaler Ebene – im Unterschied zur syntagmatisch-horizontalen – einsetzbaren, austauschbaren Wörter (derselben Wortklasse),* z. B. der Mann geht *langsam, schnell, wackelig, gemessen;* **paradigmatisch** [...'gma:tɪʃ] ⟨Adj.; o. Steig.⟩: **1.** (bildungsspr.) *ein Modell, Muster darstellend, als Vorbild, Beispiel dienend; modellhaft:* der -e Fall einer umweltgesteuerten Anpassung (Wieser, Organismen 138); Sein Lebenslauf ist für die Ansiedlung der Intellektuellen in Whitechapel p. (Kisch, Reporter 348). **2.** ⟨meist attr.⟩ (Sprachw.) *das Paradigma* (2) *betreffend, zu ihm gehörend; als Paradigma, in einem Paradigma dargestellt:* die -e Darstellung eines Wortes. **3.** *das Paradigma* (3) *betreffend, zu ihm gehörend:* -e Beziehungen sprachlicher Elemente.

paradox [para'dɔks] ⟨Adj.; -er, -este⟩ [(spät)lat. paradoxus < griech. parádoxos, zu: pará = gegen u. dóxa = Meinung]: **1.** (bildungsspr.) *einen [scheinbar] unauflöslichen Widerspruch in sich enthaltend; widersinnig, widersprüchlich:* ein -er Satz; eine -e Äußerung; Wenn ich also p. sein darf, möchte ich behaupten, daß die Weltgeschichte früher geschrieben wird, als sie geschieht (Musil, Mann 977); etw. p. formulieren. **2.** ⟨nicht adv.⟩ (ugs.) *sehr merkwürdig, erstaunlich, seltsam; ganz u. gar abwegig, unsinnig:* das ist aber eine ziemlich -e Geschichte, die du da erzählst; hör auf, das ist doch p.!; **Paradox** [-], das; -es, -e: **1.** (bildungsspr.) *etw., was einen Widerspruch in sich enthält, widersinnig ist:* Der Stalin-Hitler-Pakt, eines der ... -e der Weltgeschichte (K. Mann, Wendepunkt 378). **2.** (Philos., Stilk.) svw. ↑Paradoxon (2); **paradoxerweise** ⟨Adv.⟩: **1.** (bildungsspr.) *in paradoxer* (1), *widersinniger Weise:*

Das erhöht p. sowohl die Gefahr wie die Sicherheit (Dönhoff, Ära 100). **2.** (ugs.) *merkwürdiger-, seltsamer-, unsinnigerweise:* er hat sich p. freiwillig für diese Tätigkeit gemeldet; **Paradoxie** [paradɔ'ksi:], die; -, -n [...i:ən; griech. paradoxía = Verwunderung über einen paradoxen Sachverhalt] (bildungsspr.): *paradoxer* (1) *Sachverhalt; etw. Widersinniges, Widersprüchliches:* die P. einer Aussage, seiner Handlungsweise; **Paradoxon** [pa'ra:dɔksɔn], das; -s, ...xa [spätlat. paradoxon < griech. parádoxon]: **1.** (bildungsspr.) svw. ↑Paradox (1): Der kranke Arzt bleibt ein P. für das einfache Gefühl (Th. Mann, Zauberberg 187). **2.** (Philos., Stilk.) *scheinbar unsinnige, falsche Behauptung, Aussage (oft in Form einer Sentenz od. eines Aphorismus), die aber bei genauerer Analyse auf eine höhere Wahrheit hinweist.*

Paraffin [para'fi:n], das; -s, -e [zu lat. parum = zu wenig u. affinis = teilnehmend an etw., eigtl. = wenig reaktionsfähiger Stoff]: **1.** *(aus einem Gemisch wasserunlöslicher gesättigter Kohlenwasserstoffe bestehende) farblose bis weiße, wachsartige, weiche od. auch festere Masse, die bes. zur Herstellung von Kerzen, Bohnerwachs, Schuhcreme verwendet wird.* **2.** *gesättigter, aliphatischer Kohlenwasserstoff, der je nach Größe u. Form der Moleküle bei Zimmertemperatur als gasförmige, flüssige od. feste Substanz vorkommt;* ⟨Abl.:⟩ **paraffinieren** [...fi'ni:rən] ⟨sw. V.; hat⟩ (Technik): *mit Paraffin* (1) *behandeln, bearbeiten, beschichten, tränken o. ä.;* ⟨Zus.:⟩ **Paraffinöl,** das; -[e]s: *aus Paraffin* (1) *gewonnenes, feines Öl* (z. B. zum Ölen von Uhren).

Paragenese, Paragenesis [para-], die; - [zu griech. pará = nebeneinander] (Geol.): *gesetzmäßiges Nebeneinandervorkommen bestimmter Minerale in Gesteinen.*

Paragneis ['pa:ra-], der; -es, -e (Geol.): *aus Sedimentgesteinen hervorgegangener Gneis.*

Paragramm [para'gram], das; -s, -e [spätlat. paragramma < griech. parágramma]: *Buchstabenänderung in einem Wort od. Namen, wodurch ein scherzhaft-komischer Sinn entstehen kann* (z. B. *B*iberius [=Trunkenbold, von lat. bibere = trinken] statt Tiberius).

Paragraph [para'gra:f], der; -en, -en [mhd. paragraf = Zeichen, Buchstabe < spätlat. paragraphus < griech. parágraphos (grammḗ) = Zeichen am Rande der antiken Buchrolle, eigtl. = danebengeschriebene Linie, zu: paragráphein = danebenschreiben]: **a)** *mit dem Paragraphzeichen u. der Zahl einer fortlaufenden Numerierung gekennzeichneter Abschnitt, Absatz im Text von Gesetzbüchern, formellen Schriftstücken, Verträgen, wissenschaftlichen Werken o. ä.:* ein umstrittener, verstaubter, nicht mehr zeitgemäßer P.; ein P. der Straßenverkehrsordnung; einen -en genau kennen; einen -en in der Hausordnung ändern, beseitigen, abschaffen; der Wortlaut eines -en; gegen einen -en verstoßen; das steht in einem, unter einem anderen -en; ⟨ungebeugt u. o. Art. vor Zahlen:⟩ gegen P. 1 der Straßenverkehrsordnung verstoßen; nach P. 8; dies ist unter P. 117 zu lesen; **b)** svw. ↑Paragraphzeichen.

Paragraphen-: **~dickicht,** das (abwertend): *Vielzahl von Paragraphen (in Gesetzestexten, Verträgen o. ä.), die für den Laien wegen ihrer Kompliziertheit verwirrend, nicht einsichtig sind;* **~gestrüpp,** das (abwertend): vgl. ~dickicht; **~hengst,** der (salopp abwertend): *Jurist, Rechtsgelehrter;* **~labyrinth,** das: vgl. ~dickicht; **~reiter,** der (abwertend): **a)** svw. ↑~hengst; **b)** *jmd., der sich in übertriebener, pedantischer Weise nur nach Vorschriften, Weisungen, Gesetzen richtet;* **~zeichen,** das: svw. ↑Paragraphzeichen.

Paragraphie [paragra'fi:], die; -, -n [...i:ən; zu griech. pará = gegen u. gráphein = schreiben] (Med.): *Störung des Schreibvermögens, bei der Buchstaben, Silben od. Wörter vertauscht werden.*

paragraphieren [...'fi:rən] ⟨sw. V.; hat⟩: *in Paragraphen einteilen;* ⟨Abl.:⟩ **Paragraphierung,** die; -, -en; **Paragraphzeichen,** das; -s, -: *Zeichen, das in Verbindung mit einer Zahl einen Paragraphen* (a) *kennzeichnet;* Zeichen: §, bei zwei u. mehr Paragraphen: §§.

Paragummi, Parakautschuk ['pa:ra-], der; -s [nach der bras. Stadt Pará]: *aus dem Parakautschukbaum gewonnener Naturkautschuk;* **Parakautschukbaum,** der; -[e]s, -bäume: *zu den Wolfsmilchgewächsen gehörender, tropischer Baum, aus dessen Milchsaft Kautschuk gewonnen wird.*

Parakinese [paraki'ne:zə], die; -, -n [zu griech. pará = gegen u. kínēsis = Bewegung] (Med.): *Störung in der Koordination einzelner Muskeln, die zu unharmonischen Bewegungsabläufen führt.*

Paraklase [para'kla:zə], die; -, -n [zu griech. pará = entlang u. klásis = Bruch] (Geol.): *zum Spalt erweiterte Fuge im Gestein.*

Paraklet [para'kle:t], der; -[e]s u. -en, -e[n] [kirchenlat. paraclētus = Beistand < griech. paráklētos] (Theol.): *Helfer, Fürsprecher vor Gott* (bezogen auf den Heiligen Geist).

Paralexie [paralɛ'ksi:], die; -, -n [...i:ən; zu griech. pará = gegen u. léxis = Wort] (Med., Psych.): *Störung des Lesevermögens, bei der die gelesenen Wörter mit anderen verwechselt werden.*

paralingual [para-] ⟨Adj.; o. Steig.⟩ [zu griech. pará = neben u. ↑lingual] (Sprachw.): *(von Lauten) durch Artikulationsorgane hervorgebracht, aber keine sprachliche Funktion ausübend;* **Paralinguistik,** die; - [zu griech. pará = neben]: *Zweig der Linguistik, der Erscheinungen untersucht, die das menschliche Sprachverhalten begleiten od. mit ihm verbunden sind, ohne im engeren Sinne sprachlich zu sein* (z. B. Sprechintensität, Mimik); **paralinguistisch** ⟨Adj.; o. Steig.⟩.

Paralipomenon [parali'po:menɔn], das; -s, ...na ⟨meist Pl.⟩ [griech. paralipómenon, zu: paraleípein = auslassen] (Literaturw.): *Ergänzung, Nachtrag.*

paralisch [pa'ra:lɪʃ] ⟨Adj.; o. Steig.⟩ [zu griech. páralos = in Küstennähe] (Geol.): *in Küstennähe entstanden od. abgelagert* (Ggs.: limnisch 2): -e Kohle.

parallaktisch [para'laktɪʃ] ⟨Adj.; o. Steig.; nicht adv.⟩ (Physik, Astron., Fot.): *die Parallaxe betreffend, zu ihr gehörend, auf ihr beruhend;* **Parallaxe** [...'laksə], die; -, -n [griech. parállaxis = Vertauschung; Abweichung, zu: parallássein = vertauschen]: **1.** (Physik) *Winkel, der entsteht, wenn ein Objekt von zwei verschiedenen Standorten aus betrachtet wird, u. der als scheinbare Verschiebung des Objekts vor dem Hintergrund zu beobachten ist.* **2.** (Astron.) *Entfernung eines Gestirns, die mit Hilfe der Parallaxe* (1) *gemessen wird.* **3.** (Fot.) *Unterschied zwischen dem Ausschnitt eines Bildes im Sucher u. auf dem Film, der durch die von Sucher u. Objektiv gebildete Parallaxe* (1) *entsteht;* ⟨Zus. zu 3:⟩ **Parallaxenausgleich,** der (Fot.): *Einrichtung an fotografischen Suchern zum Ausgleich der Parallaxe* (1).

parallel [para'le:l] ⟨Adj.; o. Steig.⟩ [lat. parallēlus < griech. parállēlos, zu: pará = entlang, neben, bei u. allḗlōn = einander]: **1.** *in gleicher Richtung u. in gleichem Abstand neben etw. anderem verlaufend, an allen Stellen in gleichem Abstand nebeneinander [befindlich]:* -e Linien, Kurven, Geraden, Straßen; ein -es Gleis; die Wege sind, verlaufen p.; die Bahn läuft mit der Straße p., läuft p. zur Straße. **2.** *gleichzeitig in gleicher, ähnlicher Weise neben etw. anderem [vorhanden, erfolgend, geschehend]:* -e Entwicklungen, Interessen; zwei -e Handlungen in einem Roman; p. zu dieser Ausbildung nahm sie Schauspielunterricht.

parallel-, Parallel-: **~entwicklung,** die: *gleichzeitig, in gleicher, ähnlicher Weise verlaufende Entwicklung;* **~epiped** [para'le:l|epi'pe:t], das; -[e]s, -e, **~epipedon** [paralele'pi:pedɔn], das; -s, ...da u. ...peden [...pi'pe:dn̩; zu griech. epípedon = Fläche] (Math.): svw. ↑~flach; **~erscheinung,** die: vgl. ~entwicklung; **~fall,** der: vgl. ~entwicklung; **~flach,** das (Math.): *Körper, dessen Oberfläche von sechs Parallelogrammen gebildet wird, von denen je zwei kongruent sind u. in parallelen Ebenen liegen;* **~klasse,** die: *Klasse des gleichen Jahrgangs in einer Schule;* **~klemme,** die (Technik): svw. ↑Froschklemme; **~kreis,** der (Geogr.): svw. ↑Breitenkreis; **~laufend** ⟨Adj.; o. Steig.; nur attr.⟩: -e Geraden, Linien; **~projektion,** die (Math.): *zeichnerische Darstellung eines räumlichen Gebildes auf einer Ebene durch parallele Strahlen;* **~schalten** ⟨sw. V.; hat⟩ (Elektrot.): *in einer Parallelschaltung verbinden; neben-, nebeneinanderschalten:* Widerstände p.; **~schaltung,** die (Elektrot.): *elektrische Schaltung, bei der jedes Element der Schaltung (Stromquelle, Widerstand, Kondensator o. ä.) an die gleiche Spannung angeschlossen ist;* **~slalom,** der (Sport): *Slalom, bei dem zwei Läufer auf zwei parallelen Strecken gleichzeitig starten;* **~straße,** die: *zu einer Straße parallel verlaufende Straße, bes. in einer Ortschaft:* er wohnt nicht hier, sondern in der, in einer P.; **~tonart,** die (Musik): *Molltonart mit den gleichen Vorzeichen wie die entsprechende Durtonart bzw. Durtonart mit den gleichen Vorzeichen wie die entsprechende Molltonart* (z. B. C-Dur u. a-Moll).

Parallele [para'le:lə], die; -, -n ⟨aber: zwei -[n]⟩ [wohl unter Einfluß von frz. parallèle zu lat. parallēlus, ↑parallel]: **1.** (Math.) *Gerade, die zu einer anderen Geraden in stets gleichem Abstand verläuft; parallele* (1) *Gerade:* zu einer Geraden die P. ziehen; der Schnittpunkt zweier -n liegt im Unendlichen. **2.** *etw., was gleichartig, ähnlich geartet ist; parallel gelagerter Fall; Entsprechung:* eine geschichtliche, biologische P.; eine interessante, verblüffende, vergleichbare P.; So entsteht, baulich gesehen, eine profane P. zum Kloster (Bild. Kunst 3, 38); die P. zur Gegenwart drängt sich geradezu auf; der Fall ist ohne P. in der Geschichte; ***etw., jmdn. mit jmdm., etw. in Parallele bringen/setzen/stellen** *(mit jmdm., etw. gleichsetzen; jmdm., einer Sache vergleichend gegenüberstellen).* **3.** (Musik) *auf- od. abwärtsführende Bewegung einer Stimme mit einer anderen in gleichbleibenden Intervallen;* ⟨Zus. zu 1:⟩ **Parallelenaxiom,** das ⟨o. Pl.⟩ (Math.): *auf Euklid zurückgehender geometrischer Grundsatz, daß es zu einer gegebenen Geraden durch einen nicht auf ihr gelegenen Punkt nur eine Parallele gibt;* **parallelisieren** [...leli'zi:rən] ⟨sw. V.; hat⟩ (bildungsspr.): *in Parallele bringen; vergleichend nebeneinanderstellen;* **Parallelismus** [...'lɪsmʊs], der; -, ...men: **1.** (bildungsspr.) *Übereinstimmung, gleichartige Beschaffenheit, genaue Entsprechung:* ein P. in der Entwicklung der beiden Völker. **2.** (Sprachw., Stilk.) *semantisch-syntaktisch gleichmäßiger Bau von Satzgliedern, Sätzen, Satzfolgen;* **Parallelität** [...li'tɛ:t], die; -, -en: **1.** ⟨o. Pl.⟩ (Math.) *Eigenschaft paralleler Geraden.* **2.** (bildungsspr.) *parallele* (2), *gleichartige Beschaffenheit, das Parallel-, Gleichartigsein:* die P. dieser Ereignisse ist auffallend; **Parallelo** [...'le:lo], der; -[s], -s [ital. parallelo, eigtl. = parallel] (veraltet): *Pullover, Strickjacke mit angeschnittenen Ärmeln u. mit durchgehend quer verlaufenden Rippen;* **Parallelogramm** [...lelo'gram], das; -s, -e [↑-gramm] (Math.): *Viereck, bei dem je zwei sich gegenüberliegende Seiten parallel u. gleich lang sind.*

Paralogismus, der; -, ...men [zu griech. pará = gegen u. ↑Logismus] (Logik): *auf einem Denkfehler beruhender Fehlschluß.*

Paralyse [para'ly:zə], die; -, -n [lat. paralysis < griech. parálysis, eigtl. = Auflösung, zu: paralýein = auflösen] (Med.): *vollständige motorische* (1) *Lähmung von Muskeln:* eine P. der Beine; progressive P. *(fortschreitende Gehirnerweichung als Folge der Syphilis);* Ü die fortschreitende P. dieses Hauses (Plievier, Stalingrad 304); **paralysieren** [...ly'zi:rən] ⟨sw. V.; hat⟩: **1.** (Med.) *bei jmdm., etw. zu einer Paralyse führen; lähmen:* das Gift hatte ihn, seine Gliedmaßen vollständig paralysiert; er stand da wie paralysiert. **2.** (bildungsspr.) *handlungsunfähig, unwirksam machen, völlig zerrütten u. ausschalten:* Die Beziehung zur Frau ist paralysiert (Pilgrim, Mann 64); die Zusammenstöße zwischen den verschiedenen Gruppen müßten den Staat p. (Fraenkel, Staat 255); **Paralytiker** [...'ly:tikɐ], der; -s, - (Med.): *jmd., der an einer Paralyse leidet;* **paralytisch** ⟨Adj.; o. Steig.; nicht adv.⟩ (Med.): *die Paralyse betreffend, durch sie ausgelöst, an ihr leidend.*

paramagnetisch [para-] ⟨Adj.; o. Steig.⟩ [zu griech. pará = über ... hinaus u. ↑magnetisch] (Physik): *Paramagnetismus aufweisend;* **Paramagnetismus** [para-], der; - (Physik): *Eigenschaft bestimmter Stoffe, beim Eintritt in ein Magnetfeld ihre Magnetisierung zu verstärken.*

Paramedizin ['pa:ra-], die; - [zu ↑para-, Para-]: *von der Schulmedizin abweichende Lehre in bezug auf die Erkennung u. Behandlung von Krankheiten.*

Parament [para'mɛnt], das; -[e]s, -e ⟨meist Pl.⟩ [mlat. paramentum, zu lat. parāre, ↑[1]parieren] (Rel.): *im christlichen Gottesdienst gebrauchter Gegenstand, der zu den liturgischen Gewändern u. Insignien, zur Ausstattung des gottesdienstlichen Raumes mit Tüchern, Decken o. ä. gehört.*

Parameter [pa'ra:metɐ], der; -s, - [zu griech. pará = neben u. métron, ↑-meter (3)]: **1.** (Math.) **a)** *in Funktionen u. Gleichungen neben den eigentlichen Variablen auftretende, entweder unbestimmt gelassene od. konstant gehaltene Größe;* **b)** *bei Kegelschnitten im Brennpunkt die Hauptachse senkrecht schneidende Sehne.* **2.** (Technik) *in technischen Prozessen o. ä. kennzeichnende Größe, mit deren Hilfe Aussagen über Aufbau, Leistungsfähigkeit einer Maschine, eines Gerätes, Werkzeugs o. ä. gewonnen werden.* **3.** (Wirtsch.) *veränderliche Größe wie Zeit, Materialkosten o. ä., durch die ein ökonomischer Prozeß beeinflußt wird.*

paramilitärisch ['pa:ra-] ⟨Adj.; o. Steig.⟩ [zu griech. pará = neben u. ↑militärisch]: *dem [1]Militär ähnlich, halbmilitärisch:* eine -e Organisation.

Paramnesie [paramne'zi:], die; -, -n [...i:ən; zu griech. pará = über ... hinaus u. mnēsis = Erinnerung] (Med., Psych.): *Gedächtnisstörung, bei der der Patient glaubt, sich an Ereignisse zu erinnern, die überhaupt nicht stattgefunden haben.*

Paränese [parɛ'ne:zə], die; -, -n [spätlat. paraenesis < griech. paraínesis = Ermahnung] (bildungsspr.): *ermahnende Rede od. Schrift; ermahnender od. ermunternder Teil einer Predigt od. eines Briefes;* **paränetisch** [...'ne:tɪʃ] ⟨Adj.; o. Steig.⟩ (bildungsspr.): **1.** *die Paränese betreffend, in der Art einer Paränese.* **2.** *ermahnend.*

Parang ['pa:raŋ], der; -s, -s [malai.]: *malaiisches Haumesser.*

Paranoia [para'nɔya], die; - [griech. paránoia = Torheit; Wahnsinn, zu: pará = neben u. noũs = Verstand] (Med.): *sich in bestimmten Wahnvorstellungen äußernde Geistesgestörtheit;* **paranoid** [...no'i:t] ⟨Adj.; o. Steig.⟩ [zu griech. -oeidēs = ähnlich] (Med.): *der Paranoia ähnlich; wahnhaft:* -e Zustände; eine Auflösung der Persönlichkeit, eine -e Spaltung des Ichs (Fr. Wolf, Menetekel 310); **Paranoiker** [...'no:ikɐ], der; -s, - (Med.): *jmd., der an einer Paranoia leidet;* **paranoisch** ⟨Adj.; o. Steig.; nicht adv.⟩ (Med.): *die Paranoia betreffend, auf ihr beruhend, zu ihrem Erscheinungsbild gehörend; geistesgestört.*

paranormal [para-] ⟨Adj.; o. Steig.⟩ [zu griech. pará = über ... hinaus u. ↑normal] (Parapsych.): *nicht auf natürliche Weise erklärbar; übersinnlich.*

Paranthropus [pa'rantropʊs], der; -, ...pi [zu griech. pará = neben u. ánthrōpos = Mensch]: *südafrikanischer, robust gebauter Urmensch mit bes. kräftigem Gebiß u. relativ kleinem Hirnschädel.*

Paranuß ['pa:ra-], die; -, ...nüsse [nach der bras. Stadt Pará (Ausfuhrhafen)]: *dreikantige Nuß des Paranußbaums;* ⟨Zus.:⟩ **Paranußbaum,** der: *in den Regenwäldern Südamerikas heimischer, sehr hoher Baum mit dicken, holzigen Kapselfrüchten, die als Samen die Paranüsse enthalten.*

Paraphasie [parafa'zi:], die; -, -n [...i:ən; zu griech. pará = neben u. phásis = das Sprechen] (Med.): *Sprechstörung, bei der es zur Vertauschung von Wörtern, Silben od. Lauten kommt.*

Paraphe [pa'ra:fə], die; -, -n [frz. paraphe, Nebenf. von: paragraphe = ↑Paragraph]: **1.** (bildungsspr.) *Namenszug, -zeichen, -stempel, mit dem jmd. etw. als gesehen kennzeichnet, unterzeichnet o. ä.* **2.** (Dipl.) *Anfangsbuchstabe des Namens eines Bevollmächtigten, mit dem dieser bei der Paraphierung eines diplomatischen Dokuments, Vertrags o. ä. unterzeichnet;* **paraphieren** [para'fi:rən] ⟨sw. V.; hat⟩ [frz. parapher] (Dipl.): *(ein diplomatisches Dokument, einen Vertrag o. ä.) als Bevollmächtigter mit der Paraphe* (2) *vorläufig unterzeichnen;* ⟨Abl.:⟩ **Paraphierung,** die; -, -en.

Paraphonie [parafo'ni:], die; -, -n [...i:ən; zu griech. pará = neben u. griech. phoné = Laut]: **1.** (Musik) **a)** *in der antiken Musiklehre die Intervalle der Quinte u. Quarte;* **b)** *das Singen in parallelen Quinten u. Quarten.* **2.** (Med.) *Veränderung des Stimmklangs* (z. B. im Stimmbruch).

Paraphrase [para'fra:zə], die; -, -n [lat. paraphrasis < griech. paráphrasis, zu: paraphrázein = umschreiben]: **1.** (Sprachw.) **a)** *Umschreibung eines sprachlichen Ausdrucks mit anderen Wörtern od. Ausdrücken* (z. B. bei der Beschreibung der Bedeutung eines Wortes in einem Wörterbuch); **b)** *freie, nur sinngemäße Übertragung, Übersetzung in eine andere Sprache.* **2.** (Musik) *freie Ausschmückung, ausschmückende Bearbeitung einer Melodie o. ä.;* **paraphrasieren** [...fra'zi:rən] ⟨sw. V.; hat⟩: **1.** (Sprachw.) **a)** *(einen sprachlichen Ausdruck) mit anderen Wörtern od. Ausdrücken umschreiben;* **b)** *(ein Wort, einen Text) frei, nur sinngemäß in eine andere Sprache übertragen, übersetzen.* **2.** (Musik) *(eine Melodie o. ä.) ausschmücken, ausschmückend bearbeiten;* **paraphrastisch** [...'frastɪʃ] ⟨Adj.; o. Steig.⟩: *in der Art einer Paraphrase.*

Paraphysik ['pa:ra-], die; - [zu ↑para-, Para- u. ↑Physik]: *Teilgebiet der Parapsychologie, das sich mit physikalischen Vorgängen beschäftigt, die anscheinend mit Naturgesetzen nicht vereinbar sind.*

Paraplasie [parapla'zi:], die; -, -n [...i:ən; zu griech. pará = neben u. plásis = Bildung] (Med.): *Mißbildung.*

Paraplasma [para-], das; -s, ...men [zu griech. para = neben u. ↑Plasma]: svw. ↑Deutoplasma.

Paraplegie [paraple'gi:], die; -, -n [...i:ən; zu griech. pará = nebeneinander u. plēgē = Schlag] (Med.): *doppelseitige Lähmung.*

Parapluie [para'ply:], der, auch: das; -s, -s [frz. parapluie, aus griech. pará = gegen u. frz. pluie = Regen] (veraltet, noch scherzh.): *Regenschirm.*

parapsychisch [para-] ⟨Adj.; o. Steig.; nicht adv.⟩ (Parapsych.): *übersinnlich:* wir kennen die Bedingungen zu wenig, die für die Entfaltung der -en Fähigkeiten notwendig sind (MM 16. 8. 72, 3); **Parapsychologie**, die; - [zu griech. pará = neben u. ↑Psychologie]: *Wissenschaft von den okkulten, außerhalb der normalen Wahrnehmungsfähigkeit liegenden, übersinnlichen Erscheinungen* (Telepathie, Materialisation, Spuk o. ä.); **parapsychologisch** ⟨Adj.; o. Steig.⟩ (Parapsych.): *die Parapsychologie betreffend, zu ihr gehörend.*

Parasit [para'zi:t], der; -en, -en [lat. parasītus < griech. parásitos = Tischgenosse; Schmarotzer, eigtl. = neben einem anderen essend, zu: pará = neben u. sītos = Speise]: **1.** (Biol.) *tierischer od. pflanzlicher Schmarotzer; Lebewesen, das aus dem Zusammenleben mit anderen Lebewesen einseitig Nutzen zieht, die es oft auch schädigt u. bei denen es Krankheiten hervorrufen kann:* Würmer sind offenbar schon seit urdenklichen Zeiten -en des Menschen (Medizin II, 136); Ü Man verlangt, daß diese -en am Leibe des Volkes dem Henker überliefert werden (Thieß, Reich 526). **2.** (Literaturw.) *(in der antiken Komödie) Figur des gefräßigen, komisch-sympathischen Schmarotzers, der sich durch kleine Dienste in reiche Häuser einschmeichelt.* **3.** (Geol.) *kleiner, am Hang eines Vulkans auftretender Krater;* **parasitär** [...zi'tɛ:ɐ̯] ⟨Adj.⟩ [frz. parasitaire]: **1.** ⟨o. Steig.⟩ (Biol.) *Parasiten (1), ihre Daseinsweise betreffend; durch Parasiten hervorgerufen:* viele Würmer leben p. **2.** (bildungsspr. abwertend) *einem Parasiten (1) ähnlich auf Kosten anderer lebend; wie Parasiten; schmarotzerhaft:* die sinnlosen Zukkungen der -en Gesellschaft (Gregor, Film 127); Kapitalistische Gesellschaften ... zehrten vom Traditionsbestand p. (Habermas, Spätkapitalismus 107); **parasitieren** [...'ti:rən] ⟨sw. V.; hat⟩ (Biol.): *als Parasit (1) leben;* **parasitisch** ⟨Adj.⟩: *parasitär;* **Parasitismus** [...zi'tɪsmʊs], der; - (Biol.): *parasitäre Lebensweise, Daseinsform;* **Parasitologe** [...to'lo:gə], der; -n, -n [↑-loge]: *Wissenschaftler auf dem Gebiet der Parasitologie;* **Parasitologie**, die; - [↑-logie]: *Wissenschaft von den pflanzlichen u. tierischen Parasiten als Teilgebiet der Biologie.*

Paraski, der; - [zu ↑ ²Para]: *Kombination aus Fallschirmspringen u. Riesenslalom als wintersportliche Disziplin.*

¹Parasol [para'zo:l], der od. das; -s, -s [frz. parasol, eigtl. = etw. gegen die Sonne] (veraltet): *Sonnenschirm;* **²Parasol** [-], der; -s, -e, **Parasolpilz**, der; -es, -e [zu ↑ ¹Parasol]: *großwüchsiger, nußartig schmeckender Schirmling mit braunem bis grauem, schuppigem Hut, breiten weißen Lamellen u. schlankem, am Grunde knollenförmig verdicktem Stiel.*

Parästhesie [parɛste'zi:], die; -, -n [...i:ən; zu griech. pará = neben u. aísthēsis = Wahrnehmung] (Med.): *anomale Körperempfindung* (z. B. Einschlafen der Glieder).

Parasympathikus, der; - [zu griech. pará = neben u. ↑Sympathikus] (Anat., Physiol.): *Teil des vegetativen Nervensystems, der bes. die für Aufbau u. Regeneration des Gewebes notwendigen Körperfunktionen steuert u. dabei bes. die Funktionen des Körpers in Ruhe fördert;* **parasympathisch** ⟨Adj.; o. Steig.⟩ (Anat., Physiol.): *den Parasympathikus betreffend, zu ihm gehörend, von ihm ausgehend.*

parat [pa'ra:t] ⟨Adj.; o. Steig.; nicht adv.; seltener attr.⟩ [lat. parātus, 2. Part. von parāre, ↑ ¹parieren]: **a)** *bereit, in Bereitschaft, zur Verfügung:* eine für den Notfall stets -e Taschenlampe; wenn es der eine doch wagte, war der andere parat zum Verrat (Fallada, Blechnapf 339); Schreibzeug p. haben, halten, legen; er hat immer eine Antwort, einen Scherz, eine Neuigkeit p.; **b)** (veraltend) *bereit zum Aufbruch, reisefertig:* wir sind p.

parataktisch [para'taktɪʃ] ⟨Adj.; o. Steig.⟩ (Sprachw.): *auf Parataxe beruhend, der Parataxe unterliegend; nebenordnend* (Ggs.: hypotaktisch): -e Sätze, Satzglieder; seine Sätze vorwiegend p. konstruieren; **Parataxe**, die; -, -n [griech. parátaxis = das Nebeneinanderstellen, zu: pará = neben u. táxis = Ordnung] (Sprachw.): *Nebenordnung von Sätzen od. Satzgliedern* (Ggs.: Hypotaxe); **Parataxie** [parata'ksi:], die; -, -n [...i:ən; zu griech. pará = neben u. táxis = Ordnung] (Psych.): *Unangepaßtheit des [sozialen] Verhaltens in den zwischenmenschlichen Beziehungen;* **Parataxis**, die; -, ...xen (veraltet): svw. ↑Parataxe.

Paratyphus ['pa:ra-], der; - [zu griech. pará = neben u. ↑Typhus] (Med.): *durch Salmonellen hervorgerufene, dem Typhus ähnliche, aber leichter verlaufende Infektionskrankheit des Darms u. des Magens.*

Paravent [para'vã:], der, auch: das; -s, -s [frz. paravent < ital. paravento, eigtl. = den Wind Abhaltender] (österr., sonst veraltet): *Wandschirm, Ofenschirm; spanische Wand.*

par avion [para'vjõ; frz., eigtl. = mit (dem) Flugzeug] (Postw.): *durch Luftpost* (Vermerk auf Auslandssendungen, die durch Luftpost befördert werden).

parazentrisch [para-] ⟨Adj.; o. Steig.⟩ [zu griech. pará = neben u. ↑zentrisch] (Math.): *um den Mittelpunkt liegend od. beweglich.*

parbleu! [par'blø:] ⟨Interj.⟩ [frz. parbleu, entstellt aus: par Dieu! = bei Gott!] (veraltet, noch scherzh.): Ausruf der Bewunderung, des Erstaunens, des Unwillens.

Pärchen ['pɛ:ɐ̯çən], das; -s, -: ↑Paar (1).

Parcours [par'ku:ɐ̯], der; - [...ɐ̯(s)], - [...ɐ̯s; frz. parcours < spätlat. percursus = das Durchlaufen] (Pferdesport): *festgelegte Strecke mit verschiedenen Hindernissen für Jagdspringen od. Jagdrennen:* ein schwieriger, leichter P.; einen P. aufbauen; den P. fehlerfrei überwinden.

Pard [part], der; -en, -en [mhd. part, parde, ahd. pardo < lat. pardus, ↑Leopard], Pardel ['pardl̩; lat. pardalis < griech. párdalis], Parder ['pardɐ; wohl unter Einfluß der Endung von Panther zu ↑Pard geb.], der; -s, - (veraltet): svw. ↑Leopard.

pardauz! [par'daʊ̯ts] ⟨Interj.⟩ [lautm. für ein beim Hinfallen von etw. verursachtes Geräusch] (veraltet): Ausruf der Überraschung o. ä., wenn jmd., etw. plötzlich hinfällt: p.!, da lag er auf der Nase.

Pardel: ↑Pard; **Pardelkatze**, die; -, -n [LÜ des nlat. Namens felis pardalis]: **1.** (veraltend) svw. ↑Raubkatze. **2.** (selten) svw. ↑Ozelot; **Parder**: ↑Pard.

par distance [pardis'tã:s; frz.] (bildungsspr. veraltend): *mit einem gewissen, dem notwendigen Abstand; aus der Ferne.*

Pardon [par'dõ:, österr.: par'do:n], der, auch: das; -s [frz. pardon, zu: pardonner = verzeihen < spätlat. perdōnāre = vergeben] (veraltend): *Nachsicht, verzeihendes Verständnis, Verzeihung:* jmdm. P. geben, gewähren; keinen/(auch:) kein P. kennen *(keine Rücksicht kennen, schonungslos vorgehen);* er hoffte vergebens auf P.; um P. bitten; ich ersuche um Ihren P. (Hacks, Stücke 271); häufig noch als Formel der Entschuldigung: P. [österr. ebenfalls: par'dõ:], würden Sie mich bitte vorbeilassen?; **pardonieren** [...do'ni:rən] ⟨sw. V.; hat⟩ (veraltet): **a)** *verzeihen;* **b)** *begnadigen.*

Pardun [par'du:n], das; -[e]s, -s, **Pardune**, die; -, -n [H. u.] (Seemannsspr.): *Vertäuung des Mastes von hinten (hinter den Wanten zum Heck).*

Parenchym [parɛn'çy:m], das; -s, -e [zu griech. pará = neben(einander) u. égchyma = das Eingegossene, Aufguß]: **1.** (Med., Biol.) *das für ein [kompaktes] Organ (z. B. die Leber) spezifische Gewebe* (im Unterschied zum Binde- u. Stützgewebe). **2.** (Bot.) *pflanzliches Gewebe aus lebenden, wenig differenzierten Zellen, in dem die wichtigsten Stoffwechselprozesse ablaufen.* **3.** (Zool.) *bei Plattwürmern das die Leibeshöhle zwischen Darm- u. Körperwand ausfüllende Gewebe;* **parenchymatös** [...çyma'tø:s] ⟨Adj.; o. Steig.⟩ (Med., Biol.): *reich an Parenchym; zum Parenchym gehörend; das Parenchym betreffend.*

parental [parɛn'ta:l] ⟨Adj.; o. Steig.⟩ [lat. parentālis, zu: parentēs = Eltern] (Genetik): **a)** *den Eltern, der Elterngeneration zugehörig;* **b)** *von der Elterngeneration stammend;* ⟨Zus.:⟩ **Parentalgeneration**, die: svw. ↑Elterngeneration; **Parentalien** [...'ta:li̯ən] ⟨Pl.⟩ [lat. parentālia]: *altrömisches Totenfest im Februar (zu Ehren der Verwandten);* **Parentel** [...'te:l], die; -, -en [spätlat. parentēla = Verwandtschaft] (jur.): *Gesamtheit der Abkömmlinge eines Stammvaters;* ⟨Zus.:⟩ **Parentelsystem**, das; -s (jur.): *für die 1.–3. Ordnung gültige Erbfolge nach Stämmen, bei der die Abkömmlinge eines wegfallenden Erben gleichberechtigt an dessen Stelle nachrücken.* Vgl. Gradualsystem.

parenteral [parɛnte'ra:l] ⟨Adj.; o. Steig.⟩ [zu griech. pará = neben u. ↑Enteron] (Med.): *(bes. von Medikamenten) unter Umgehung des Verdauungsweges [zugeführt].*

Parenthese [parɛn'te:zə], die; -, -n [spätlat. parenthesis < griech. parénthesis, zu: pará = neben u. énthesis = das Einfügen] (Sprachw.): **1.** *eingeschobener (außerhalb des eigentlichen Satzverbandes stehender) Satz od. Teil eines Satzes:* der Text wird durch die vielen -n etwas unübersichtlich. **2.** *Gedankenstriche, Klammern, auch Kommas, die eine Parenthese (1) im geschriebenen Text vom übrigen Satz abheben:* ein Wort, einen Satz in P. setzen; ***in P.** (bildungsspr.; *nebenbei*): auf eine Feinheit dieser Triebhandlungen möchte ich hier in P. hinweisen (Lorenz, Verhalten

I, 202); ⟨Abl.:⟩ **parenthetisch** [...'te:tɪʃ] ⟨Adj.; o. Steig.⟩: **1.** (Sprachw.) *die Parenthese betreffend, mit Hilfe der Parenthese konstruiert:* eine -e Klammer; ein p. eingeschalteter Satz. **2.** (bildungsspr.) *beiläufig [bemerkt], nebenbei:* eine -e Äußerung, Bemerkung, Floskel; etwas p. anmerken.

Parese [pa're:zə], die; -, -n [griech. páresis = Erschlaffung] (Med.): *leichte Lähmung, lähmungsartige Schwäche;* **paretisch** [pa're:tɪʃ] ⟨Adj.; o. Steig.⟩ (Med.): **a)** *leicht gelähmt;* **b)** *durch Parese bedingt:* -e Störungen des Bewegungsablaufs.

par excellence [parɛksɛ'lã:s; frz., ↑Exzellenz] (bildungsspr.): *in typischer, mustergültiger Ausprägung, in höchster Vollendung; schlechthin* (immer nachgestellt): ein Renaissancefürst p.e.; Nationalhymnen sind Naivgesänge p.e. (Welt 13. 3. 65, Geist. Welt).

par force [par'fɔrs; frz., ↑Force] (bildungsspr.): *unbedingt, mit aller Gewalt, unter allen Umständen;* **Parforcejagd** [par'fɔrs-], die; -, -en (Jagdw. früher): *zu Pferde u. mit einer Hundemeute durchgeführte Hetzjagd;* **Parforceritt** [par'fɔrs-], der; -[e]s, -e (bildungsspr.): *mit großer Anstrengung, unter Anspannung aller Kräfte bewältigte Leistung:* die Fertigstellung des Stadions war ein richtiger P.

Parfum [par'fœ̃:], das; -s, -s: frz. Schreibung von ↑Parfüm; **Parfüm** [par'fy:m], das; -s, -e u. -s [frz. parfum, zu: parfumer = durchduften < ital. perfumare, zu lat. per = durch u. fūmāre = dampfen, rauchen]: *alkoholische Flüssigkeit, in der Duftstoffe gelöst sind; Flüssigkeit mit intensivem, lang anhaltendem Geruch (als Kosmetikartikel):* ein schweres, starkes, süßes, liebliches, herbes, aufdringliches, aufregendes, betörendes P.; das P. entfaltet sich erst voll auf der Haut; kein P. nehmen, tragen; Ü (geh.:) das süße P. der Linden hing in der Luft.

Parfüm-: **~flakon,** der; **~flasche,** die; **~öl,** das: *mit Duftstoffen versetztes Öl zum Parfümieren* (a); **~wolke,** die; **~zerstäuber,** der.

Parfümerie [parfymə'ri:], die; -, -n [...i:ən; mit französierender Endung zu ↑Parfüm geb.]: **1.** *Geschäft für Parfüms u. Kosmetikartikel.* **2.** *Betrieb, in dem Parfüms hergestellt werden;* ⟨Zus.:⟩ **Parfümeriewaren** ⟨Pl.⟩: *Waren, die in einer Parfümerie verkauft werden;* **Parfümeur** [...'mø:ɐ̯], der; -s, -e: *Fachkraft für die Herstellung von Parfüms;* **parfümieren** [...'mi:rən] ⟨sw. V.; hat⟩ [frz. parfumer]: **a)** *mit Parfüm betupfen, besprühen:* sich stark p.; sie parfümierte sich, ihr Haar, ihren Körper; ein Taschentuch, einen Schal leicht p.; **b)** *mit einem Duftstoff versetzen:* Seife p.; ⟨meist im 2. Part.:⟩ parfümiertes Briefpapier; die Zigarette ist, schmeckt zu parfümiert; Ü die parfümierte Welt der Revue; seine Gedichte sind allzu parfümiert *(süßlich, kitschig).*

pari ['pa:ri; ital. pari < lat. pār = gleich]: **1.** ***zu, über, unter p.** (Börsenw.; *zum, über dem, unter dem Nennwert*): Die neuen Aktien ... werden den Aktionären zu p. angeboten (FAZ 15. 7. 61, 9); Stehen die Staatspapiere weit unter p. (Rittershausen, Wirtschaft 160); vgl. al pari. **2.** ***p. stehen** *(gleichstehen, unentschieden stehen; noch nicht entschieden sein):* die Chancen der beiden Mannschaften stehen p.

Paria ['pa:ri̯a], der; -s, -s [engl. pariah < angloind. parriar < tamil. (Eingeborenenspr. des südl. Indien) paṛaiyar = Trommelschläger, zu: paṛai = Trommel; die Trommelschläger bei Hindufesten gehörten einer niederen Kaste an]: **1.** *der niedersten od. gar keiner Kaste angehörender Inder.* **2.** (bildungsspr.) *jmd., der unterprivilegiert, von der Gesellschaft verachtet, ausgestoßen ist.*

[1]**parieren** [pa'ri:rən] ⟨sw. V.; hat⟩ [1: ital. parare, eigtl. = vorbereiten, Vorkehrungen treffen; 2: frz. parer < span. parar = anhalten, zum Stehen bringen, beide Formen < lat. parāre = bereiten, (aus)rüsten]: **1.** (Sport) *abwehren:* einen Hieb, Stoß (beim Fechten) p.; einen Schlag p.; der Torwart hat den Schuß glänzend pariert; ⟨auch o. Akk.-Obj.:⟩ ... ihr die Bälle so hinzusetzen, daß sie nicht p. konnte (Böll, Haus 216); Ü er konnte jede Frage aus dem Publikum p. *(wußte darauf zu antworten);* „Richtig", parierte Reineboth kühl (*gab er kühl zurück;* Apitz, Wölfe 41). **2.** (Reiten) *(ein Pferd) zum Stehen od. in eine langsamere Gangart bringen:* sie pariert ihren bebenden Gaul dicht vor der angaloppierenden Stute (Fr. Wolf, Menetekel 77).

[2]**parieren** [-] ⟨sw. V.; hat⟩ [lat. pārēre = Folge leisten, eigtl. = erscheinen] (ugs.): *gehorsam, folgsam sein; ohne Widerspruch gehorchen:* wer nicht pariert, fliegt raus!; willst du wohl p.!; er wird schon lernen zu p.; er pariert ihr aufs Wort; sie parierten blind seinem Kommando.

Parierstange, die; -, -n [zu ↑[1]parieren (1)]: *(bei Dolchen, Schwertern o. ä.) schmaler, quer verlaufender Teil zwischen Griff u. Schneide, der diese seitlich überragt; Kreuz* (11).

parietal [pari̯e'ta:l] ⟨Adj.; o. Steig.⟩ [spätlat. parietālis = zur Wand gehörig, zu lat. pariēs = Wand; 2: das Scheitelbein bildet teilweise die Seitenwand des Schädels]: **1.** (Biol., Med.) *zur Wand eines Organs od. Gefäßes gehörend; seitlich.* **2.** (Med.) *zum Scheitelbein gehörend;* ⟨Zus.:⟩ **Parietalauge,** das (Zool.): *höher entwickeltes Parietalorgan (bei bestimmten Reptilien);* **Parietalorgan,** das (Zool.): *(vom Zwischenhirn gebildetes) lichtempfindliches Sinnesorgan niederer Wirbeltiere.*

Parikurs, der; -es, -e [aus ↑pari u. ↑Kurs] (Wirtsch.): *der dem Nennwert eines Wertpapiers entsprechende Kurs.*

Pariser [pa'ri:zɐ], der; -s, - [als Verhütungsmittel aus Paris] (salopp): *Präservativ:* zweihundert (= Mark) für Französisch ohne P. (Zwerenz, Erde 14); **Parisienne** [pari'zi̯ɛn], die; - [frz. parisienne = aus Paris, wohl nach der Herkunft]: *kleingemustertes, von Metallfäden durchzogenes Seidengewebe.*

parisyllabisch [pari-] ⟨Adj.; o. Steig.; nicht adv.⟩ [zu lat. pār (Gen.: paris) = gleich u. ↑syllabisch] (Sprachw.): *in allen Beugungsfällen des Singulars u. des Plurals die gleiche Anzahl von Silben aufweisend;* **Parisyllabum** [pari'zylabʊm], das; -s, ...ba (Sprachw.): *parisyllabisches Substantiv.*

Parität [pari'tɛ:t], die; -, -en ⟨Pl. selten⟩ [lat. paritās = Gleichheit, zu: pār = gleich]: **1.** (bildungsspr.) *Gleichsetzung, -stellung, [zahlenmäßige] Gleichheit:* gesellschaftliche, rechtliche, wirtschaftliche P.; die P. wahren, gewährleisten; wir haben das Tarifverfassungsgesetz mit der P. für Löhne, Arbeitszeit usw. (Bundestag 189, 1968, 10231). **2.** (Wirtsch.) *(im Wechselkurs zum Ausdruck kommendes) Verhältnis einer Währung zu einer anderen od. zum Gold;* **paritätisch** ⟨Adj.; o. Steig.⟩ (bildungsspr.): *gleichgestellt, gleichwertig, gleichberechtigt, [zahlenmäßig] gleich; mit gleichen, gleichmäßig verteilten Rechten [ausgestattet]:* -e Ausschüsse, Kommissionen; die -e Mitbestimmung; die Ausschüsse müssen p. besetzt werden.

Park [park], der; -s, -s, seltener -e, schweiz. meist: Pärke ['pɛrkə; 1: (engl. park <) frz. parc < mlat. parricus = Gehege]: **1.** *größere [einer natürlichen Landschaft ähnliche] Anlage mit [alten] Bäumen, Sträuchern, Rasenflächen, Wegen [u. Blumenrabatten]:* ein großer, alter, öffentlicher P.; der P. gehört zur Villa; im P. spazierengehen. **2.** kurz für ↑Fuhrpark, Maschinenpark, Wagenpark.

park-, [1]**Park-** (Park 1): **~anlage,** die; **~artig** ⟨Adj.; o. Steig.⟩: eine -e Landschaft; **~bank,** die ⟨Pl. -bänke⟩: [1]*Bank* (1) *in einem Park;* **~fest,** das: *Fest in einem Park;* **~landschaft,** die; **~restaurant,** das; **~teich,** der; **~theater,** das; **~tor,** das; **~wächter,** der; **~weg,** der: kiesbestreute -e.

[2]**Park-** (parken): **~bahn,** die (Raumf.) [wohl nach amerik. parkway, eigtl. = Parkstreifen]: *Umlaufbahn eines Satelliten, von der aus eine Raumsonde gestartet wird;* **~bucht,** die: vgl. Haltebucht; **~dauer,** die: *Dauer des Parkens:* die zulässige P. beträgt eine Stunde; **~deck,** das: *Stockwerk eines Parkhauses;* **~gebühr,** die; **~haus,** das: *[mehrstöckiges] Gebäude, in dem Autos geparkt werden können;* **~hochhaus,** das: vgl. ~haus; **~leuchte,** die: *schwach leuchtende Lampe, die bei Dunkelheit auf einer Seite eines parkenden Autos eingeschaltet werden kann;* **~licht,** das: svw. ↑~leuchte; **~lücke,** die: *Lücke zwischen geparkten Autos, die einem od. zwei Autos noch Platz zum Parken bietet;* **~plakette,** die: *Plakette für Fahrzeuge von Anliegern, die das Parken im Parkverbot erlaubt;* **~platz,** der: **1.** *größerer Platz, auf dem Autos geparkt werden können:* neue Parkplätze bauen; die Firma hat einen eigenen P. **2.** *Stelle, an der man ein Auto parken kann:* er suchte verzweifelt einen P., dazu: **~platznot,** die; **~raum,** der: *Raum, Platz zum Parken,* dazu: **~raumnot,** die; **~scheibe,** die: *[an der Windschutzscheibe angebrachte] Scheibe, auf der der Autofahrer den Beginn des Parkens vermerkt u. die der Kontrolle der Parkdauer dient;* **~schein,** der: *auf gebührenpflichtigen Parkplätzen od. in Parkhäusern ausgegebener Schein, auf dem der Beginn des Parkens vermerkt ist;* **~student,** der (ugs.): *jmd., der ein Parkstudium absolviert;* **~studium,** das (ugs.): *Fach, das jmd. studiert, während er auf die Zulassung zum eigentlich gewünschten Studienfach wartet;* **~sünder,** der (ugs.): *jmd., der im Parkverbot* (2) *parkt;* **~uhr,** die: *auf einer Metallstange angebrachter kleiner Automat, der nach Einwurf einer Münze die Zeit anzeigt, die man an dieser Stelle*

parken darf: die P. ist abgelaufen; einen Groschen in die P. werfen; ~**verbot,** das: **1.** *Verbot für ein [Kraft]fahrzeug, an einer bestimmten Stelle zu parken:* in der ganzen Straße besteht P. **2.** *Stelle, an der das Parken verboten ist:* im P. stehen, zu 1: ~**verbotsschild,** das ⟨Pl. -er⟩; ~**zeit,** die: vgl. ~dauer, dazu: ~**zeituhr,** die: svw. ↑~uhr.

Parka ['parka], der; -s, -s, auch: die; -, -s [engl.-amerik. parka < eskim. parka = Pelz, Kleidungsstück aus Fell]: *knielanger, oft gefütterter, warmer Anorak mit Kapuze.*

Park-and-ride-System ['pɑ:kənd'raɪd-], das; -s [engl.-amerik. park-and-ride-system]: *Regelung, nach der Kraftfahrer ihre Autos auf Parkplätzen am Rande einer Großstadt abstellen u. von dort [unentgeltlich] die öffentlichen Verkehrsmittel benützen;* **parken** ['parkn̩] ⟨sw. V.; hat⟩ [engl.-amerik. to park]: **1.** *(ein Fahrzeug) vorübergehend an einer Straße od. auf einem Platz abstellen:* den Wagen p.; sein Auto am Straßenrand, unter einer Laterne, vor einer Einfahrt p.; ⟨auch ohne Akk.-Obj.:⟩ hier darf man nur eine Stunde lang p.; ⟨subst.:⟩ Parken verboten; (scherzh.:) den Kinderwagen, Einkaufswagen p.; Ü Inzwischen wird aber auch in fast allen anderen Fächern bis hin zur Theologie geparkt (ugs.; *ein Parkstudium absolviert;* Spiegel 15, 1976, 76). **2.** *(von Fahrzeugen) vorübergehend an einer Straße od. auf einem Platz abgestellt sein:* der Wagen parkt immer direkt vor der Haustür; die Straße stand voll mit parkenden Autos; ⟨Abl.:⟩ **Parker,** der; -s, -: *jmd., der ein Auto parkt;* **Parkett** [par'kɛt], das; -[e]s, -e [frz. parquet, eigtl. = kleiner, abgegrenzter Raum, hölzerne Einfassung, Vkl. von: parc, ↑Park]: **1.** *Fußboden aus Holzbrettchen, die in einem bestimmten Muster zusammengesetzt sind:* ein glattes, gebohnertes, spiegelndes P.; das P. bohnern, abziehen, versiegeln; sich P. legen lassen; Ü er konnte sich auf dem internationalen politischen P. *(Bereich, Sphäre)* sicher bewegen. **2.** *zu ebener Erde liegender [vorderer] Teil eines Zuschauerraumes:* im P. sitzen; vom P. aus hört man besser; Ü das P. *(die Zuschauer im P.)* applaudierte. **3.** (Börsenw.) *offizieller Börsenverkehr.*

Parkett-: ~**boden,** der; ~**fußboden,** der; ~**leger,** der: *Handwerker, der Parkett* (1) *verlegt* (Berufsbez.); ~**platz,** der: *Platz im Parkett* (2); ~**reihe,** die: vgl. ~platz; ~**sessel,** der; ~**sitz,** der; ~**stab,** der: *einzelnes Brettchen eines Parketts* (1).

Parkette [par'kɛtə], die; -, -n (österr.): *einzelnes Brettchen eines Parketts* (1); **parkettieren** [parkɛ'ti:rən] ⟨sw. V.; hat⟩ [frz. parqueter]: *mit Parkettboden versehen:* einen Saal p.; parkettierte Gänge; **parkieren** [par'ki:rən] ⟨sw. V.; hat⟩ (schweiz.): svw. ↑parken; **Parkingmeter** ['parkɪŋ-], der; -s, - [engl. parking meter] (schweiz.): svw. ↑Parkuhr.

Parkinsonismus [parkɪnzo'nɪsmʊs], der; - [nach dem engl. Arzt J. Parkinson (1755–1824)]: *zusammenfassende Bezeichnung für verschiedene, der Parkinson-Krankheit ähnliche Erscheinungen;* **Parkinson-Krankheit** ['parkɪnzɔn-], die; -, **Parkinsonsche Krankheit** ['parkɪnzɔnʃə '--], die; -n -: *Erkrankung des Gehirns, die ein starkes Zittern (vor allem der Hände) bei gleichzeitiger Muskelstarre auslöst; Schüttellähmung.*

Parkometer [parko-], das, ugs. auch: der; -s, - [zu ↑parken u. ↑-meter]: svw. ↑Parkuhr.

Parlament [parla'mɛnt], das; -[e]s, -e [engl. parliament < afrz. parlement = Unterhaltung, Erörterung (daraus schon gleichbed. mhd. parlament, parlemunt), zu: parler, ↑parlieren]: **1.** *gewählte [Volks]vertretung mit beratender u. gesetzgebender Funktion:* das P. tritt zusammen, berät, verabschiedet ein Gesetz; das P. einberufen, zusammenrufen, auflösen; ein neues P. wählen; dem P. angehören; etw. im P. verhandeln; die Grünen wollen ins P. einziehen; die Sozialisten haben die Mehrheit im P. **2.** *Gebäude, in dem ein Parlament* (1) *untergebracht ist:* das P. ist mit Fahnen geschmückt; **Parlamentär** [...'tɛ:ɐ̯], der; -s, -e [frz. parlementaire, zu: parlementer = in Unterhandlungen treten]: *Unterhändler zwischen feindlichen Heeren:* einen P. entsenden; **Parlamentarier** [...'ta:ri̯ɐ], der; -s, - [nach engl. parliamentarian]: *Abgeordneter, Mitglied eines Parlaments* (1): einzelne P. stimmten gegen das Gesetz; **parlamentarisch** ⟨Adj.; o. Steig.; nicht präd.⟩ [nach engl. parliamentary]: *das Parlament betreffend, vom Parlament ausgehend, im Parlament erfolgend:* das -e System; die -e Demokratie; ein -er Untersuchungsausschuß; während der -en Sommerpause; etw. p. untersuchen; **Parlamentarismus** [...ta'rɪsmʊs], der; -: *demokratische Regierungsform, in der die Regierung dem Parlament verantwortlich ist:* den P. unterstützen; am P. festhalten; **parlamentieren** [...'ti:rən] ⟨sw. V.; hat⟩ [1: frz. parlementer]: **1.** (veraltet) *verhandeln, unterhandeln.* **2.** (landsch.) *hin und her reden.*

Parlaments- (Parlament 1): ~**abgeordnete,** der u. die; ~**auflösung,** die; ~**ausschuß,** der; ~**beschluß,** der; ~**debatte,** die; ~**ferien** ⟨Pl.⟩; ~**fraktion,** die; ~**gebäude,** das; ~**mehrheit,** die: die konservative Fraktion hat die P.; ~**mitglied,** das; ~**präsident,** der; ~**reform,** die; ~**sitz,** der; ~**sitzung,** die; ~**wahl,** die: nächstes Jahr sind in Frankreich -en.

parlando [par'lando] ⟨Adv.⟩ [ital. parlando, zu: parlare = sprechen; vgl. parlieren] (Musik): *(vom Gesang) rhythmisch exakt u. mit Tongebung, dem Sprechen nahekommend:* eine Arie p. singen; ⟨subst.:⟩ **Parlando** [-], das; -s, -s u. ...di (Musik): *parlando vorgetragener Gesang, Sprechgesang;* **parlante** [par'lantə; ital. parlante]: ↑parlando; **parlieren** [par'li:rən] ⟨sw. V.; hat⟩ [frz. parler = reden, sprechen (über galloroman. Formen) < mlat. parabolare = sich unterhalten, zu lat. parabola, ↑Parabel]: **a)** (geh., veraltend) *leicht, obenhin plaudern, Konversation machen:* zusammensitzen und munter p.; Auch fing ich mit dem Manne ... sogleich in vorbereiteten Wendungen zu p. an (Th. Mann, Krull 145); **b)** *eine fremde Sprache sprechen [können], sich in einer fremden Sprache unterhalten:* Französisch p.

Parmäne [par'mɛ:nə], die; -, -n [frz. permaine, älter: parmain, H. u.]: kurz für ↑Goldparmäne.

Parmesan [parme'za:n], der; -[s] [frz. parmesan < ital. parmigiano, eigtl. = aus der Stadt Parma (Italien)]: *sehr fester, vollfetter italienischer [Reib]käse;* ⟨Zus.:⟩ **Parmesankäse,** der.

Parnaß [par'nas], der; - u. ...nasses [nach griech. Parnas(s)ós, Name eines mittelgriech. Gebirgszuges, in der griech. Mythologie Sitz des Apollo u. der Musen] (dichter. veraltet): *Dichtersitz, Reich der Dichtkunst:* auf die Höhe des Parnaß *(zu dichterischer Vollkommenheit)* gelangen.

parochial [parɔ'xi̯a:l] ⟨Adj.; o. Steig.; nicht adv.⟩: *die Parochie betreffend, zu ihr gehörend;* ⟨Zus.:⟩ **Parochialkirche,** die: *Pfarrkirche;* **Parochie** [paro'xi:], die; -, -n [...i:ən; mlat. parochia, ↑Pfarre]: *Kirchspiel; Amtsbezirk eines Pfarrers.*

Parodie [paro'di:], die; -, -n [...i:ən; frz. parodie < griech. parōdía, eigtl. = Nebengesang, zu: pará = neben u. ōdḗ, ↑Ode]: **1.** (bildungsspr.) *komisch-satirische Nachahmung od. Umbildung eines [berühmten, bekannten] meist künstlerischen, oft literarischen Werkes od. des Stils eines [berühmten] Künstlers:* eine gute, gelungene, schlechte P.; eine P. auf einen Roman, ein Drama schreiben. **2.** *[komisch-spöttische] Unterlegung eines neuen Textes unter eine Komposition.* **3.** (Musik) **a)** *Verwendung von Teilen einer eigenen od. fremden Komposition für eine andere Komposition;* **b)** *Vertauschung von geistlichen u. weltlichen Texten u. Kompositionen;* ⟨Zus. zu 3:⟩ **Parodiemesse,** die (Musik): *unter Verwendung schon vorhandener Musikstücke komponierte* [1]*Messe* (2); **parodieren** [...'di:rən] ⟨sw. V.; hat⟩ [frz. parodier]: *in einer Parodie* (1) *nachahmen, verspotten:* ein Drama, ein Gedicht p.; jmds. Sprechweise p.; den berühmten Dichter, Sänger p.; **Parodist** [...'dɪst], der; -en, -en [frz. parodiste]: *jmd., der Parodien* (1) *verfaßt od. vorträgt;* **parodistisch** ⟨Adj.; o. Steig.⟩: *die Parodie* (1) *betreffend, in der Form, der Art einer Parodie; komisch-satirisch nachahmend, verspottend:* die -e Verfilmung eines Romans.

Parodontitis [parodɔn'ti:tɪs], die; -, ...itiden [...ti'ti:dn̩; zu griech. pará = neben, entlang u. odoús (Gen.: odóntos) = Zahn] (Zahnmed.): *[eitrige] Entzündung des Zahnbetts;* **Parodontose** [...'to:zə], die; -, -n (Zahnmed.): *(ohne Entzündung verlaufende) Erkrankung des Zahnbettes, bei der das Zahnfleisch zurücktritt u. sich die Zähne lockern.*

Parodos ['pa:rodɔs], der; -, - [griech. párodos, eigtl. = das Vorbeigehen, Entlangziehen]: *Einzugslied des Chores im altgriechischen Drama* (Ggs.: Exodos a).

[1]**Parole** [pa'ro:lə], die; -, -n [frz. parole, eigtl. = Wort, Spruch, über das Vlat. zu lat. parabola, ↑Parabel]: **1.** *in einem Satz, Spruch einprägsam formulierte Vorstellungen, Zielsetzungen o. ä. [politisch] Gleichgesinnter; Leitspruch, mit dem man jmdn. motivieren will:* politische, kommunistische -n; die P. lautet: ...; -n rufen, skandieren; etwas als P. zum 1. Mai angeben; der Parteitag stand unter der P. „Freiheit und Sozialismus"; das war schon immer meine P. *(Motto).* **2.** svw. ↑Kennwort (2 a): eine neue P.; die P. ausgeben, kennen, sagen; wie heißt die P.?;

die P. lautet „Nachteule". **3.** *[unwahre] Meldung, Behauptung:* aufwieglerische -n verbreiten; den -n des Gegners keinen Glauben schenken; **[2]Parole** [pa'rɔl], die; - [frz. parole (↑[1]Parole), eingef. von dem Schweizer Sprachwissenschaftler F. de Saussure (1857–1913)] (Sprachw.): *gesprochene, aktualisierte Sprache, Rede.* Vgl. Langue.

Paroli [pa'ro:li] in der Wendung **jmdm., einer Sache P. bieten** (bildungsspr.; *jmdm., einer Sache gleich Starkes entgegenzusetzen haben u. damit Einhalt gebieten, wirksam Widerstand leisten;* urspr. im Kartenspiel Verdoppelung des Einsatzes; frz. paroli < ital. paroli, eigtl. = das Gleiche [wie beim ersten Einsatz], zu: paro < lat. pār = gleich): sie bot ihm P.: dem Sturm, der Flut P. bieten.

Parömie [parø'mi:], die; -, -n [...i:ən; spätlat. paroemia < griech. paroimía] (bildungsspr. selten): *[altgriech.] Sprichwort, Denkspruch;* **Parömiologie** [parømi̯olo'gi:], die; - [↑-logie]: *Lehre von den Sprichwörtern.*

Paronomasie [paronoma'zi:], die; -, -n [...i:ən; spätlat. paronomasia < griech. paronomasía] (Rhet., Stilk.): *Wortspiel durch Zusammenstellen lautlich gleicher od. ähnlicher Wörter [von gleicher Herkunft].*

Paronychie [paronyçi:], die; -, -n [...i:ən; zu griech. pará = unterhalb u. ónyx (Gen.: ónychos) = Nagel] (Med.): *Nagelbettentzündung.*

Paronyma, Paronyme: Pl. von ↑Paronymon: **Paronymie** [parony'mi:], die; - (Sprachw. veraltet): *Ableitung vom Stammwort;* **Paronymon** [pa'ro:nymɔn], das; -s, ...ma u. ...me [paro'ny:mə; griech. parṓnymon, zu: ónyma = Name] (Sprachw. veraltet): *mit anderen Wörtern vom gleichen Stamm abgeleitetes Wort.*

par ordre [pa'rɔrdr; frz. par ordre, ↑Order] (bildungsspr.): *auf Befehl;* **par ordre du mufti** [- - dy 'mʊfti]: *durch Erlaß, auf Anordnung von vorgesetzter Stelle.*

Parotitis [paro'ti:tɪs], die; -, ...itiden [...ti'ti:dn̩; zu nlat. (glandula) parotis = Ohrspeicheldrüse, zu griech. pará = neben u. oũs (Gen.: ōtós) = Ohr] (Med.): *Mumps.*

Paroxysmus [parɔ'ksysmʊs], der; -, ...men [griech. paroxysmós = (Fieber)anfall]: **1.** (Med.) *anfallartiges Auftreten einer Krankheitserscheinung, anfallartige starke Steigerung bestehender Beschwerden.* **2.** (Geol.) *gesteigerte tektonische od. vulkanische Aktivität;* **Paroxytonon** [parɔ'ksy:tonɔn], das; -s, ...tona [zu griech. paroxýtonos = auf der vorletzten Silbe betont] (Sprachw.): *(im Griechischen) Wort mit einem Akut auf der betonten vorletzten Silbe* (z. B. manía = Manie). Vgl. Oxytonon, Proparoxytonon.

Parse ['parzə], der; -n, -n [pers. Pārsī = Perser, zu: Pārs = Persien]: *Anhänger des Parsismus [in Indien].*

Parsec [par'zɛk], das; -, - [Kurzwort aus *par*allax *sec*ond = Parallaxe u. Sekunde] (Astron.): *Maß der Entfernung von [Fix]sternen (3,26 Lichtjahre);* Abk.: pc

parsisch 〈Adj.; o. Steig.〉: *die Parsen betreffend;* **Parsismus** [par'zɪsmʊs], der; -: *die von Zarathustra gestiftete altpersische Religion, bes. in ihrer heutigen indischen Form.*

Pars pro toto ['pars pro: 'to:to], das; - - - [lat. = ein Teil für das Ganze] (Sprachw.): *Redefigur, bei der ein Teilbegriff an Stelle eines Gesamtbegriffs gesetzt wird* (z. B. unter einem *Dach* = in einem *Haus*).

Part [part], der; -s, -s, auch: -e [mhd. part(e) < (a)frz. part = [An]teil, auch: Teilnahme, Mitteilung < lat. pars (Gen.: partis)]: **a)** (Musik) *Stimme eines Instrumental- od. Gesangstücks;* **b)** *Rolle in einem Theaterstück:* seinen P. einstudieren; er spielte den P. des Helden; Die kleineren -s waren durchweg typenscharf besetzt (MM 17. 1. 66, 18); Ü ihm fiel der P. des Anklägers zu; **[1]Parte** ['partə], die; -, -n [kurz für ↑Partezettel, frz. donner (od. faire) part = Nachricht geben] (österr.): *Todesanzeige;* **[2]Parte** [-], die; -, -n [ital. parte = Partei (3); vgl. Partisan] (landsch.): *Mietpartei;* **Partei** [par'tai̯], die; -, -en [mhd. partīe = [2]Abteilung (1) < frz. partie = Teil, [2]Abteilung, Gruppe; Beteiligung, zu: partir = teilen < lat. partīri, zu: pars, ↑Part]: **1. a)** *politische Organisation mit einem bestimmten Programm, in der sich Menschen mit gleichen politischen Überzeugungen zusammengeschlossen haben, um bestimmte Ziele zu verwirklichen:* die politischen -en; eine bürgerliche, konservative, kommunistische P.; die P. der Arbeiterklasse; eine P. gründen, führen, auflösen, verbieten; eine bestimmte P. wählen; die P. wechseln; einer P. angehören, beitreten, seine Stimme geben; sich einer P. anschließen; Kandidat einer P. sein; aus einer P. austreten; er wurde aus der P. ausgeschlossen; in eine P. eintreten; **b)** 〈o. Pl.; nur mit bestimmtem Art.〉 *Staats-, Einheitspartei:* die P. hat immer recht; er war auch in der P. **2.** *einer der beiden Gegner in einem Rechtsstreit; einer von zwei Vertragspartnern:* die streitenden -en; die P. des Klägers, des Beklagten; die -en zu einem Vergleich bringen. **3.** kurz für ↑Mietpartei: in unserem Haus wohnen zehn -en. **4.** *Gruppe [von Gleichgesinnten]:* im Verlauf der Diskussion bildeten sich zwei -en; die feindlichen -en einigten sich; ***P. sein** *(voreingenommen, nicht neutral sein [weil man selbst betroffen ist]);* **jmds. P./für jmdn. P. ergreifen, nehmen** *(für jmdn. eintreten; jmds. Standpunkt verteidigen, jmds. Interessen vertreten);* **über den -en stehen** *(unparteiisch sein):* ein Diskussionsleiter sollte über den -en stehen.

partei-, Partei- (vgl. auch: Parteien-): **~abzeichen,** das: *Abzeichen (a), das jmdn. als Mitglied einer Partei (1) ausweist;* **~aktiv,** das (DDR): *Arbeitsgruppe in einer Partei (1) mit besonderen Aufgaben;* **~amt,** das: er hatte ein hohes P. inne; **~amtlich** 〈Adj.; o. Steig.〉: *von einer Partei (1) als amtlich, offiziell ausgehend;* **~anhänger,** der; **~apparat,** der: *Apparat (2) einer Partei;* **~arbeit,** die 〈o. Pl.〉: *Arbeit, mit der ein Parteimitglied von seiner Partei (1) betraut worden ist;* **~aufbau,** der 〈o. Pl.〉: **1.** *innerer Aufbau einer Partei (1).* **2.** *das Aufbauen einer Partei (1);* **~auftrag,** der: wichtige Parteiaufträge übernehmen, ausführen; **~ausschluß,** der: jmds. P. beantragen; mit seinem P. rechnen, dazu: **~ausschlußverfahren,** das; **~basis,** die; **~beschluß,** der; **~blatt,** das: vgl. ~organ; **~bonze,** der (abwertend): svw. ↑~funktionär; **~buch,** das: *Mitgliedsbuch einer Partei (1):* sein P. zurückgeben (ugs.; *aus der Partei austreten*); das falsche P. haben (ugs.; *auf Grund der Zugehörigkeit zu einer bestimmten Partei, Gruppierung (beruflich) nicht vorwärtskommen*); **~büro,** das; **~bürokratie,** die; **~chef,** der; **~chinesisch,** das; -[s] (ugs. scherzh.): *dem Außenstehenden unverständliche Sprache einer Partei, der unverständliche Jargon der Parteifunktionäre:* Ü das ist für mich P. *(das verstehe ich nicht);* **~disziplin,** die; **~dokument,** das (DDR): *Mitgliedsbuch für ein Mitglied einer marxistisch-leninistischen Partei;* **~fähig** 〈Adj.; o. Steig.; nicht adv.〉 (jur.): *fähig, in einem Rechtsstreit Partei (2) zu sein:* der Verein ist p., dazu: **~fähigkeit,** die 〈o. Pl.〉; **~feind,** der (kommunist.): *[ehemaliges] Mitglied einer marxistisch-leninistischen Partei, das zum Gegner der Partei geworden ist,* dazu: **~feindlich** 〈Adj.; o. Steig.〉; **~freund,** der: *jmd., der in derselben Partei ist;* **~führer,** der; **~führung,** die; **~funktion,** die: eine P. übernehmen; **~funktionär,** der; **~gänger,** der (oft abwertend): *Anhänger einer Partei, einer politischen Richtung od. Persönlichkeit:* Strauß und seine P.; **~genosse,** der: **a)** *Mitglied der ehemaligen Nationalsozialistischen Deutschen Arbeiterpartei:* P. gewesen sein; **b)** (heute selten) *Mitglied einer [Arbeiter]partei, bes. als Anrede;* **~genossin,** die: w. Form zu ↑~genosse; **~gründung,** die; **~gruppe,** die (DDR): *kleinste organisatorische Einheit der Sozialistischen Einheitspartei Deutschlands;* **~hochschule,** die (DDR): *Hochschule zur Ausbildung leitender Kader einer marxistisch-leninistischen Partei;* **~ideologe,** der; **~intern** 〈Adj.; o. Steig.〉 [vgl. ↑-intern]: -e Auseinandersetzungen; **~kabinett,** das (DDR): *Lehr- u. Beratungszentrum der Sozialistischen Einheitspartei Deutschlands;* **~kader,** der: svw. ↑Kader (3); **~konferenz,** die; **~kongreß,** der; **~leitung,** die; **~linie,** die: *politische Linie, die eine Partei (1) verfolgt:* sein Vorschlag entspricht nicht der P.; **~lokal,** das; **~los** 〈Adj.; o. Steig.; nicht adv.〉: *keiner Partei angehörend:* ein -er Abgeordneter, dazu: **~lose,** der u. die; -n, -n 〈Dekl. ↑Abgeordnete〉, **~losigkeit,** die; -; **~mann,** der 〈Pl. -leute, seltener: -männer〉 (veraltend): *Mitglied, Angehöriger einer Partei (1) [der aktiv in der Partei mitarbeitet];* **~mäßig** 〈Adj.〉: *den politischen Richtlinien einer Partei (1) gemäß:* -es Verhalten; **~mitglied,** das; **~mitgliedschaft,** die; **~nahme,** die; -, -n: *das Parteinehmen;* **~organ,** das: *Organ (3) einer Partei (1);* **~organisation,** die; **~politik,** die: **a)** *[eigennützig] die Interessen einer Partei (1) nach außen hin vertretende Politik:* die Zeitung als Kampfmittel der P.; **b)** *Politik innerhalb einer Partei:* interne P. interessiert ihn nicht, dazu: **~politisch** 〈Adj.; o. Steig.〉: -e Fragen; **~präsidium,** das; **~presse,** die; **~programm,** das; **~propaganda,** die; **~schädigend** 〈Adj.; nicht adv.〉: -es Verhalten; **~schule,** die: *Bildungseinrichtung einer Partei (1), in der Parteimitglieder politisch geschult werden;* **~sekretär,** der; **~statut,** das; **~tag,** der: **1.** *oberstes Beschlußorgan einer Partei:* der P. hat einen einstimmigen Beschluß gefaßt. **2.** *Tagung* *des Parteitags* (1): der P. findet jährlich statt, zu 1: ~**tagsbeschluß,** der; ~**verfahren,** das: *gegen ein Parteimitglied eingeleitetes Verfahren;* ~**vernehmung,** die (jur.): *Vernehmung einer Partei* (2) *in einem Rechtsstreit;* ~**versammlung,** die; ~**vorsitzende,** der u. die; ~**vorstand,** der; ~**zeitung,** die: vgl. ~organ; ~**zugehörigkeit,** die.

Parteien- (vgl. auch: partei-, Partei-): ~**hader,** der: *Streit zwischen Parteien* (1); ~**kampf,** der; ~**landschaft,** die: *Situation eines Landes in bezug auf die bestehenden Parteien* (1); ~**raum,** der (österr.): *Raum, in dem bei Behörden die Kunden abgefertigt werden;* ~**staat,** der: *Staat, in dem die Parteien* (1) *eine wichtige Rolle spielen;* ~**system,** das; ~**verkehr,** der (österr.): *Amtsstunden.*

parteiisch ⟨Adj.⟩: *einseitig für jmdn., für eine Gruppe eingenommen; voreingenommen, nicht neutral:* eine -e Haltung; der Schiedsrichter war p.; p. urteilen; **parteilich** ⟨Adj.⟩ [2: nach russ. partiny]: **1.** *eine Partei* (1, 2, 4) *betreffend:* -e Interessen; die -en Grundsätze werden davon nicht berührt. **2. a)** (kommunist.) *bewußt od. unbewußt die Interessen einer bestimmten Klasse vertretend:* -es Handeln; jede Wissenschaft ist p.; **b)** (DDR) *die Partei der Arbeiterklasse u. des Sozialismus entschieden vertretend u. danach handelnd.* **3.** (veraltend) svw. ↑parteiisch; ⟨Abl.:⟩ **Parteilichkeit,** die; -: *das Parteilichsein* (2); **Parteiung,** die; -, -en (veraltet): *Zerfall in einander bekämpfende Parteien* (1, 4).

parterre [par'tɛr] ⟨Adv.⟩ [frz. par terre = zu ebener Erde]: *im Erdgeschoß, zu ebener Erde:* p. wohnen; **Parterre** [-], das; -s, -s [2: frz. parterre]: **1.** *Erdgeschoß:* die Wohnung liegt im P. **2.** *Sitzreihen zu ebener Erde im Kino od. Theater;* ⟨Zus.:⟩ **Parterreakrobatik,** die; -: *artistisches Bodenturnen;* **Parterrewohnung,** die.

Partezettel, der; -s, - (österr.): svw. ↑[1]Parte.

Parthenogenese [parteno-], die; -, -n [zu griech. parthénos = Jungfrau u. ↑Genese]: **1.** (Theol.) *Geburt eines Menschen ohne vorausgegangene Zeugung; Jungfrauengeburt.* **2.** (Biol.) svw. ↑Jungfernzeugung; **parthenogenetisch** ⟨Adj.; o. Steig.⟩ (Biol.): *aus unbefruchteten Keimzellen entstehend;* **Parthenokarpie** [...kar'pi:], die; - [zu griech. karpós = Frucht] (Bot.): svw. ↑Jungfernfrüchtigkeit.

partial [par'tsi̯a:l; spätlat. partiālis]: ↑partiell.

Partial-: ~**bruch,** der (Math.): *Bruch, der bei Zerlegung eines Bruches mit zusammengesetztem Nenner entsteht;* ~**obligation,** die (Bankw.): *Teilschuldverschreibung;* ~**ton,** der ⟨meist Pl.⟩: svw. ↑Teilton; ~**trieb,** der (Psych.): *(nach S. Freud) einer der als Komponenten des Sexualtriebs angesehenen, sich nacheinander entwickelnden Triebe.*

Partie [par'ti:], die; -, -n [...i:ən; frz. partie, ↑Partei; 6: frz. parti]: **1.** *Teil, Abschnitt, Ausschnitt aus einem größeren Ganzen:* die obere, untere P. des Gesichts; die Erzählung zerfällt in drei -n; das Kleid sollte die schmalen -n der Figur betonen. **2.** *Durchgang, Runde in einem Spiel, in bestimmten sportlichen Wettkämpfen:* eine P. Schach, Billard, Bridge, Tennis spielen; eine gute, schlechte P. liefern *(gut, schlecht spielen);* eine P. gewinnen, verlieren; Ü Wie man ihr so etwas zumuten könne, eröffnete sie geschickt die P. (Prodöhl, Tod 139). **3.** *Rolle in einem [gesungenen] Bühnenwerk:* er übernahm die P. des Othello; für diese P. ist er nicht geeignet. **4.** (Kaufmannsspr.) *größere Menge einer Ware; Posten:* eine P. Hemden, Wolle; von einem Buch drei -n bestellen. **5.** (veraltend) *Ausflugsfahrt einer Gruppe von Menschen:* eine P. aufs Land machen; ***mit von der P. sein** (ugs.; *bei etw. mitmachen, dabeisein*). **6.** ***eine gute P. sein** *(viel Geld mit in die Ehe bringen);* **eine schlechte** o. ä. **P. sein** *(nicht viel Geld mit in die Ehe bringen);* **eine gute P. machen** *(einen vermögenden Ehepartner bekommen);* **eine schlechte** o. ä. **P. machen** *(einen unvermögenden Ehepartner bekommen).* **7.** (österr.) *für eine bestimmte Arbeit zusammengestellte Gruppe von Arbeitern.*

partie-, Partie-: ~**bezug,** der (Kaufmannsspr.): *Bezug einer Ware in Partien* (4); ~**chef,** der (Gastr.): *Koch, dem eine Abteilung untersteht;* ~**führer,** der (österr.): *Vorarbeiter einer Partie* (7); ~**preis,** der: *Preis für eine Partie* (4); ~**ware,** die [älter = Massenware] (Kaufmannsspr.): *unmoderne od. unansehnliche Ware, die billiger verkauft wird;* ~**weise** ⟨Adv.⟩: *in Partien* (4): eine Ware p. einkaufen.

partiell [par'tsi̯ɛl] ⟨Adj.; o. Steig.⟩ [frz. partiel, zu: part, ↑Part] (bildungsspr.): *teilweise [vorhanden]:* -e Lähmungen.

[1]Partikel [par'ti:kl̩, auch: ...tɪkl̩], die; -, -n [lat. particula = Teilchen, Stück, zu: pars (Gen.: partis) = Teil] (Sprachw.): *unbeugbares Wort* (z. B. Präposition, Konjunktion); **[2]Partikel** [-], das; -s, -, auch: die; -, -n (Fachspr.): *sehr kleines Teilchen von einem Stoff:* radioaktive P.; **partikular** [partiku'la:ɐ̯] ⟨Adj.; o. Steig.; nicht adv.⟩ [spätlat. particulāris] (bildungsspr.): *einen Teil[aspekt], eine Minderheit [in einem Staat] betreffend:* -e Interessen, Gesichtspunkte; Die Wissenschaft ... ist, solange sie Wissenschaft ist, p. (MM 11. 2. 70, 24); **Partikular** [-], der; -s, -e (schweiz.): svw. ↑Partikülier; **partikulär** [...'lɛ:ɐ̯]: ↑partikular; **Partikularismus** [...la'rɪsmʊs], der; - (meist abwertend): *Streben staatlicher Teilgebiete, ihre besonderen Interessen gegen allgemeine [Reichs]interessen durchzusetzen;* **Partikularist** [...'rɪst], der; -en, -en: *Anhänger des Partikularismus;* **partikularistisch** ⟨Adj.⟩; **Partikularrecht,** das (veraltet): *Einzel-, Sonderrecht;* **Partikulier** [partiku'li:ɐ̯], der; -s, -e [↑Partikülier]: *selbständiger Schiffseigentümer, Selbstfahrer in der Binnenschiffahrt;* **Partikülier** [partiky'li̯e:], der; -s, -s [frz. particulier] (veraltet): *Privatmann, Rentner.*

Partisan [parti'za:n], der; -s u. -en, -en [frz. partisan < ital. partigiano, eigtl. = Parteigänger, zu: parte = Teil, Partei < lat. pars, ↑Part]: *jmd., der nicht als regulärer Soldat, sondern als Angehöriger bewaffneter, aus dem Hinterhalt operierender Gruppen od. Verbände gegen den in sein Land eingedrungenen Feind kämpft:* die jugoslawischen -en; er hat als P. gekämpft; **Partisane** [parti'za:nə], die; -, -n [frz. pertuisane, älter: partisane < ital. partigiana, eigtl. = Waffe eines partigiano, ↑Partisan]: *ma. Stoßwaffe, mit langem Stiel u. langer, schwertartiger Spitze, die am unteren Ende zwei seitlich abstehende Spitzen hat.*

Partisanen- (Partisan): ~**einheit,** die; ~**gruppe,** die; ~**kampf,** der; ~**krieg,** der.

Partita [par'ti:ta], die; -, ...ten [ital. partita, zu: partire, ↑Partitur] (Musik): *Folge von mehreren in der gleichen Tonart stehenden Stücken;* **Partition** [parti'tsi̯o:n], die; -, -en [lat. partītio, zu: partīri, ↑Partitur] (Fachspr.): *Einteilung, Zerlegung (bes. eines Begriffsinhalts in seine Teile);* **partitiv** [...'ti:f] ⟨Adj.; o. Steig.; nicht adv.⟩ [mlat. partitivus] (Sprachw.): *eine Teilung ausdrückend:* -er Artikel (↑Teilungsartikel); -er Genitiv (↑Genitivus partitivus); **Partitiv** [auch: '---], der; -, -e [...i:və] (Sprachw.): *Kasus zur Bezeichnung des Teils eines Ganzen* (z. B. im Finnischen); **Partitivzahl,** die (selten): *Bruchzahl;* **Partitur** [...'tu:ɐ̯], die; -, -en [ital. partitura, eigtl. = Einteilung, zu: partire < lat. partīri = (ein)teilen, zu: pars, ↑Part] (Musik): *übersichtliche, Takt für Takt in Notenschrift auf einzelnen übereinanderliegenden Liniensystemen angeordnete Zusammenstellung aller zu einer vielstimmigen Komposition gehörenden Stimmen;* **Partizip** [...'tsi:p], das; -s, -ien [...pi̯ən; lat. participium, zu: particeps = teilhabend, zu: pars (↑Part) u. capere = nehmen, fassen] (Sprachw.): *Verbform, die eine Mittelstellung zwischen Verb u. Adjektiv einnimmt; Mittelwort:* „lachend" ist das P. Präsens von „lachen"; „gereizt" ist das P. Perfekt von „reizen"; die Form des -s Perfekt/des P. Perfekts; **Partizipation** [partitsipa'tsi̯o:n], die; -, -en [spätlat. participātio] (bildungsspr.): *das Partizipieren;* ⟨Zus.:⟩ **Partizipationsgeschäft,** das (Wirtsch.): *auf der Basis vorübergehenden Zusammenschlusses von mehreren Personen getätigtes Handelsgeschäft;* **partizipial** [...'pi̯a:l] ⟨Adj.; o. Steig.⟩ [lat. participiālis] (Sprachw.): *das Partizip betreffend.*

Partizipial- (Sprachw.): ~**gruppe,** die; ~**konstruktion,** die; ~**satz,** der: *satzwertiges Partizip, Mittelwortsatz.*

partizipieren [partitsi'pi:rən] ⟨sw. V.; hat⟩ [lat. participāre, zu: particeps, ↑Partizip] (bildungsspr.): *von etw., was ein anderer hat, etw. abbekommen; teilhaben:* an jmds. Erfolg p.; er partizipiert am Gewinn des Unternehmens; **Partizipium** [...'tsi:pi̯ʊm], das; -s, ...pia (veraltet): svw. ↑Partizip; **Partner** ['partnɐ], der; -s, - [engl. partner, unter Einfluß von: part zu mengl. parcener < afrz. parçonier = Teilhaber, zu: parçon < lat. partītio (Gen.: partītiōnis) = Teilung, zu: partīri, ↑Partei]: **1. a)** *jmd., der mit [einem] anderen etw. gemeinsam [zu einem bestimmten Zweck] unternimmt, sich mit [einem] anderen [zu einem bestimmten Zweck] zusammentut:* der ideale P. beim Tanzen sein; sie ist ein netter P. für Wanderungen; sie sind seit längerer Zeit P. im Doppel; er war der P. von Rudi Altig beim Sechstagerennen; die P. an einer Gesprächsrunde vorstellen; das Verhältnis der europäischen P. *(Bündnispartner)* ist getrübt; **b)** *jmd., der mit einem anderen zusammenlebt, eng verbunden ist:* er ist ihr ständiger P.; einen P. fürs Leben suchen; **c)** *jmd., der mit [einem] anderen auf der*

Bühne, im Film o. ä. auftritt, spielt: ihr [männlicher] P. war ...; als P. von jmdm. einspringen; **d)** (Sport) *Gegenspieler.* **2.** *jmd., der an einer Firma beteiligt ist; Teilhaber.*

Partner-: **~land,** das ⟨Pl. -länder⟩: vgl. ~staat; **~look,** der: *[modische] Kleidung, die der des Partners* (1 b) *in Farbe, Muster, Schnitt o. ä. gleicht:* P. tragen; im P. gehen; **~staat,** der: *Staat, der zu einem anderen Staat enge wirtschaftliche, politische, kulturelle o. ä. Beziehungen unterhält;* **~stadt,** die: *Stadt, die zu einer anderen Stadt freundschaftliche, bes. kulturelle Beziehungen hat, im Verhältnis der Jumelage steht:* Montpellier ist die P. von Heidelberg; **~tausch,** der: *das gegenseitige Austauschen der Partner zwischen [Ehe]paaren zum sexuellen Verkehr;* **~übung,** die (Sport, bes. Gymnastik): *Übung, die zu zweit ausgeführt wird;* **~wahl,** die: *Entscheidung, mit einem bestimmten Partner* (1 b) *zusammenzuleben;* **~wechsel,** der.

Partnerin, die; -, -nen: w. Form zu ↑Partner; **Partnerschaft,** die; -, -en: *das Partnersein;* ⟨Abl.:⟩ **partnerschaftlich** ⟨Adj.; o. Steig.⟩: *auf Partnerschaft gegründet:* ein -es Verhältnis haben; p. mit jmdm. leben.

partout [par'tu:] ⟨Adv.⟩ [frz. partout = überall; allenthalben, zu: par = durch u. tout = ganz] (ugs.): *unter allen Umständen; unbedingt:* das will mir p. nicht in den Kopf.

Partus ['partʊs], der; -, - ['partu:s; lat. partus, zu: partum, 2. Part. von: parere = gebären] (Med.): *Geburt, Entbindung.*

Partwork ['pɑ:twə:k], das; -s, -s [engl.-amerik. partwork, eigtl. = Teilwerk] (Buchw.): *Buch o. ä., das nach u. nach in einzelnen Lieferungen, Bänden o. ä. veröffentlicht wird.*

Party ['pa:ɐ̯ti, engl.: 'pɑ:tɪ], die; -, -s u. ...ties [engl.-amerik. party < frz. partie, ↑Partie]: *zwangloses, privates Fest [mit Musik u. Tanz]; Gesellschaft* (2 b): eine P. geben, veranstalten, (ugs.:) machen; eine P. verlassen; auf eine P., zu einer P. gehen; sich auf einer P. treffen.

Party-: **~girl,** das (abwertend): *[leichtlebiges] Mädchen, das sich gern auf Partys vergnügt;* **~löwe,** der (oft iron.): *gewandter [junger] Mann, der auf Partys viel Wert auf Wirkung legt u. umschwärmt wird;* **~mädchen,** das: vgl. ~girl; **~spießchen,** das: *Spießchen mit kleinen Happen;* **~tanz,** der: *auf Partys, in Diskotheken o. ä. beliebter Modetanz.*

Parusie [paru'zi:], die; - [griech. parousía] (christl. Rel.): *Wiederkunft Christi beim Jüngsten Gericht.*

Parvenü, (österr.:) **Parvenu** [parve'ny:, auch: parvə'ny:], der; -s, -s [frz. parvenu, eigtl. 2. Part. von: parvenir = an-, emporkommen] (bildungsspr.): *Emporkömmling:* er ist ein P.; denn Brillanten, meinte Frau Farel, trügen heutzutage nur -s (Bieler, Mädchenkrieg 229).

Parze ['partsə], die; -, -n [lat. Parca = Geburtsgöttin, zu: parere = gebären] (röm. Myth.): *eine der drei altrömischen Schicksalsgöttinnen.*

Parzelle [par'tsɛlə], die; -, -n [frz. parcelle = Teilchen, Stückchen, über das Vlat. zu lat. particula, ↑[1]Partikel]: *(vermessenes) kleines Stück Land zur landwirtschaftlichen Nutzung od. als Bauland:* einige -n von seinem Landbesitz verkaufen; das Gebiet ist in -n aufgeteilt; ⟨Zus.:⟩ **Parzellenbauer,** der (früher): *[armer] Bauer, der nur ein kleines Stück Land bewirtschaftete,* **Parzellenwirtschaft,** die (früher): *Landwirtschaft, die auf Parzellen beruhte;* **parzellieren** [partsɛ'li:rən] ⟨sw. V.; hat⟩: *(Land) in Parzellen aufteilen;* ⟨Abl.:⟩ **Parzellierung,** die; -, -en (bildungsspr.): ... daß Grundstücksverkäufer die gestiegenen Bodenpreise durch -en vertuschten (Bieler, Mädchenkrieg 448).

Pas [pa], der; -s [pa(s)], -s [pas; frz. pas < lat. passus, ↑Paß] (Ballett): *Tanzschritt, -bewegung.* Vgl. Pas de deux.

Pasch [paʃ], der; -[e]s, -e u. Päsche ['pɛʃə; zu frz. passe-dix, eigtl. = „überschreite zehn" (bei dem frz. Spiel gewinnt, wer mehr als 10 Augen wirft)]: **1.** *(beim Würfelspiel) Wurf von mehreren Würfeln mit gleicher Augenzahl.* **2.** *Dominostein mit einer doppelten Zahl.*

[1]**Pascha** ['paʃa], der; -s, -s [türk. paşa = Exzellenz]: **1.** (früher) **a)** ⟨o. Pl.⟩ *Titel hoher orientalischer Offiziere u. Beamter;* **b)** *Träger des Titels.* **2.** (abwertend) *jmd., der Frauen als dem Mann untergeordnet ansieht u. sich von ihnen gern bedienen, verwöhnen läßt:* er spielt zu Hause gern den P.

[2]**Pascha** ['pasça], das; -s [kirchenlat. pascha < griech. páscha] (ökum.): ↑Passah.

Paschalik ['paʃalɪk], das; -s, -e u. -s [türk. paşalık] (früher): *[Amts]bezirk eines* [1]*Paschas* (1 b).

[1]**paschen** ['paʃn̩] ⟨sw. V.; hat⟩ [Gaunerspr., viell. aus der Zigeunerspr.] (ugs.): *schmuggeln:* die ... unentbehrlichen Patronen über die Grenze ... zu p. (Brod, Annerl 7).

[2]**paschen** [-] ⟨sw. V.; hat⟩ [zu ↑Pasch]: *würfeln.*

[3]**paschen** [-] ⟨sw. V.; hat⟩ [Nebenf. von ↑patschen] (österr.): *in die Hände klatschen.*

Pascher ['paʃɐ], der; -s, - [zu ↑[1]paschen] (ugs.): *Schmuggler:* ich bin die einzige, die heut diesen Preis bei dem alten P. herausgeholt hat (Fallada, Herr 75); ⟨Abl.:⟩ **Pascherei** [paʃə'rai̯], die; -, -en (ugs.): *Schmuggelei.*

pascholl! [pa'ʃɔl] ⟨Interj.⟩ [russ. poscholl = geh weg!] (ugs. veraltend): *vorwärts!*

Pas de deux [padə'dø], der; - - -, - - - [frz. pas de deux] (Ballett): *Tanz od. Ballett für zwei.*

Paslack ['paslak], der; -s, -s [wohl zu poln. pósłanka = Gesandter, zu: posłać = (hin)schicken] (nordostd.): *jmd., der für andere schwer arbeiten muß.*

Paso doble ['pa:zo 'do:blə], der; - -, - - [span. paso doble, eigtl. = Doppelschritt]: *Tanz in schnellem* $^2/_4$*-Takt.*

Paspel ['paspl̩], die; -, -n, selten: der; -s, - [frz. passepoil, zu: passer = darüber hinausgehen (↑passieren) u. poil = Haar(franse)]: *schmale, farblich meist abstechende Borte in Form eines kleinen Wulstes, bes. an Nähten u. Kanten von Kleidungsstücken:* ein Kleid mit Stulpen und -n; **paspelieren** [paspə'li:rən] ⟨sw. V.; hat⟩: *mit Paspeln versehen:* Kragen, Taschen p.; ... beginnt sich eine Vorliebe für kleine ... paspelierte Figuren abzuzeichnen (Herrenjournal 1, 1966, 30); ⟨Abl.:⟩ **Paspelierung,** die; -, -en; **paspeln** ['paspl̩n] ⟨sw. V.; hat⟩: svw. ↑paspelieren.

Pasquill [pas'kvɪl], das; -s, -e [ital. pasquillo, nach einer im Volksmund „Pasquino" genannten Skulptur in Rom, an der (bes. im 16. u. 17. Jh.) Schmähschriften angebracht wurden] (bildungsspr. veraltend): *(meist anonyme) Schmäh-, Spottschrift;* **Pasquillant** [...'lant], der; -en, -en (bildungsspr. veraltend): *Verfasser od. Verbreiter eines Pasquills;* **Pasquinade** [paskvi'na:də], die; -, -n [frz. pasquinade < ital. pasquinata] (bildungsspr. veraltet): svw. ↑Pasquill.

Paß [pas], der; Passes, Pässe ['pɛsə; 1: gek. aus älter paßbrif, paßport < frz. passeport = Geleitbrief, Passierschein, zu: passer = überschreiten (↑passieren) u. port = Durchgang; 2: frz. pas (vgl. ital. passo, niederl. pas) < lat. passus = Schritt; 3: engl. pass; 4: zu veraltet Paß = abgemessener Teil, Zirkel(schlag)]: **1.** *amtliches Dokument (mit Angaben zur Person, Lichtbild u. Unterschrift des Inhabers), das der Legitimation bei Reisen ins Ausland dient:* ein französischer, deutscher P.; der P. ist abgelaufen, ungültig, ist auf ihren Mädchennamen ausgestellt; einen P. beantragen, verlängern, erneuern lassen, abholen, bekommen; den P. vorzeigen, kontrollieren; gefälschte, falsche Pässe besitzen; ***jmdm. die Pässe zustellen** *([der diplomatischen Vertretung eines Staates] das Agrément entziehen).* **2.** *(im Hochgebirge) niedrigster Punkt zwischen zwei Bergrücken od. Kämmen, der einen Übergang über einen Gebirgszug ermöglicht:* der P. liegt 3000 m hoch; die wichtigsten Pässe der Alpen sind verschneit, nur mit Winterausrüstung befahrbar, gesperrt; einen P. überwinden, überqueren. **3.** (Ballspiele, bes. Fußball) *gezieltes Zuspielen, gezielte Ballabgabe an einen Spieler der eigenen Mannschaft:* ein genauer, steiler P.; seine weiten Pässe sind gefürchtet; einen P. schlagen, geben, annehmen, spielen; seine Pässe kamen nicht an, wurden vom Gegner abgefangen. **4.** (Archit.) *aus ineinandergreifenden Dreiviertelkreisen bestehende Figur des gotischen Maßwerks.* **5.** (Jägerspr.) *ausgetretener Pfad des niederen Haarwildes.* **6.** *Paßgang:* im P. gehen.

[1]**Paß-** (Paß): **~amt,** das: *Behörde, die für das Ausstellen von Pässen* (1) *zuständig ist;* **~bild,** das: *Porträtfoto in Kleinformat für einen Paß* (1) *od. Ausweis;* **~foto,** das: svw. ↑~bild; **~gang,** der [zu frz. pas = Gang, Schritt, ↑Paß]: *Gangart von Vierbeinern, bei der beide Beine einer Körperseite gleichzeitig nach vorn gesetzt werden;* **~gänger,** der: *Vierbeiner, der sich im Paßgang* (1) *fortbewegt; Pacer;* **~höhe,** die: *höchster Punkt eines Passes* (2); **~kontrolle,** die: **1.** *das Kontrollieren des Passes* (1): Die Paß- u. Gepäckkontrollen ... werden glatt ... abgewickelt (Welt 27. 10. 62, 5). **2.** *[amtliche] Stelle, wo der Paß kontrolliert wird:* durch die P. gehen; **~stelle,** die: svw. ↑~amt; **~straße,** die: *Straße, die über einen Paß* (2) *führt;* **~wärts** ⟨Adv.⟩ [↑-wärts]: *in Richtung auf den Paß* (2); *zum Paß* (2) *hin;* **~zwang,** der: *Verpflichtung, den Paß* (1) *mit sich zu führen.*

paß-, [2]**Paß-** (passen): **~form,** die: *(von Kleidung, Wäsche) passender, maßgerechter Sitz;* **~gerecht** ⟨Adj.⟩: svw. ↑maßgerecht: Jeans mit Weste – p. für Sie!; **~recht** 〈Adj.; -er, -este〉: svw. ↑~gerecht: ein schönes weißes Haus ... und wie p. es war (Chr. Wolf, Nachdenken 191).

Passa: ↑Passah.

passabel [pa'sa:bl̩] 〈Adj.; ...bler, -ste〉 [frz. passable, eigtl. = gangbar, zu: passer, ↑passieren]: *bestimmten Ansprüchen einigermaßen gerecht werdend, annehmbar, erträglich:* eine passable Handschrift; er ist ein passabler Skatspieler; das Hotel, die Verpflegung ist p.; ihre Zeugnisse sind ganz p.; er sieht p. aus; sie hat die Rolle p. gespielt.

Passacaglia [pasa'kalja], die; -, ...ien [...jən; ital. passacaglia < span. pasacalle = von der Gitarre begleiteter Gesang, zu: pasar = hindurchgehen u. calle = Straße, nach den durch die Straßen ziehenden Musikantengruppen] (Musik): *Instrumentalstück, das aus Variationen über eine sich wiederholende Baßmelodie besteht.*

Passage [pa'sa:ʒə, österr.: pa'sa:ʒ], die; -, -n [frz. passage, zu: passer, ↑passieren; schon mhd. passāsche = Weg, Furt]: **1.** 〈o. Pl.〉 *das Durchgehen, Durchfahren, Passieren* (1 b): dem Schiff wurde die P. durch den Kanal verwehrt; in einer Kellergasse, die eigentlich städtischen Ablesebeamten P. zur Gasuhr gewähren sollte (Lentz, Muckefuck 9). **2. a)** *[schmale] Stelle zum Durchgehen, Durchfahren, Passieren* (1 b): eine gefährliche P.; der Lotse steuerte das Schiff sicher durch die enge P.; **b)** *überdachte kurze Ladenstraße für Fußgänger (die zwei Straßen verbindet):* ansprechende -n mit vielen Schaufenstern und eleganten Auslagen. **3.** *große Reise mit dem Schiff od. dem Flugzeug über das Meer:* eine P. buchen, bezahlen; er mußte das Geld für die P. nach Amerika erst noch verdienen. **4.** *fortlaufender, zusammenhängender Teil (bes. einer Rede od. eines Textes):* -n aus einer Rede abdrucken; eine längere P. aus einem Buch zitieren; einzelne -n auslassen, überlesen; eine besonders schwierige P. mehrmals üben; sie hatte schwierige -n in ihrer Kür. **5.** (Musik) *auf- u. absteigende schnelle Tonfolge in solistischer Instrumental- od. Vokalmusik.* **6.** (Astron.) *(von einem Gestirn) das Überschreiten des Meridians.* **7.** (Reiten) *Form des Trabes, bei der die erhobenen diagonalen Beinpaare länger in der Schwebe bleiben (Übung der Hohen Schule);* **Passagier** [pasa'ʒi:ɐ̯], der; -s, -e [(unter Einfluß von frz. passager = Passagier) ital. passaggiere, Nebenf. von: passeggero = Reisender, zu: passare = reisen]: *Reisender, Fahrgast auf dem Schiff od. im Flugzeug:* die -e gehen über die Gangway; wir müssen auf einen verspäteten P. warten; * **ein blinder P.** (*jmd., der sich heimlich an Bord eines Schiffes, Flugzeuges versteckt hat und ohne Fahrkarte, ohne Erlaubnis mitreist;* zu „blind" in der veralteten Bed. „versteckt, heimlich").

Passagier-: **~dampfer,** der: *Fahrgastschiff;* **~flugzeug,** das; **~gut,** das: *vom Fahrgast aufgegebenes Gepäck, das mit dem gleichen Beförderungsmittel mitgenommen wird wie der Passagier;* **~kai,** der: *Kai für Passagierschiffe;* **~maschine,** die: svw. ↑~flugzeug; **~schiff,** das: *Fahrgastschiff.*

Passah ['pasa], das; -s [hebr. pesaḥ] (israelitische Rel.): **1.** *Fest zum Gedenken an den Auszug aus Ägypten.* **2.** *das beim Passahmahl gegessene [Oster]lamm;* 〈Zus. zu 1:〉 **Passahfest,** das, **Passahmahl,** das. Vgl. [2]Pascha.

Passant [pa'sant], der; -en, -en [frz. passant, subst. 1. Part. von: passer, ↑passieren]: **1.** *[vorbeigehender] Fußgänger:* ein P. wurde bei dem Verkehrsunfall verletzt; der Dieb konnte mit Hilfe einiger -en gestellt werden. **2.** (landsch.) *Durchreisender:* Schöne Zimmer mit fl. Wasser, für -en und Pensionäre (St. Galler Tagblatt 4. 10. 68, 27).

Passat [pa'sa:t], der; -[e]s, -e [aus dem Niederd. < niederl. passaat (wind), H. u.]: *in Richtung Äquator gleichmäßig wehender Ostwind in den Tropen;* 〈Zus.:〉 **Passatwind,** der.

passe [pa:s; frz. passe, eigtl. = übertrifft, nach dem höheren Gewinn im Ggs. zu ↑manque, zu: passer = übertreffen, vorbeigehen, ↑passieren]: die Zahlen von 19–36 betreffend (in bezug auf eine Gewinnmöglichkeit beim Roulett).

Passe ['pasə], die; -, -n [zu ↑passen (1 a)]: *maßgerecht geschnittener u. der Form angepaßter Stoffteil, der bei einem Kleidungsstück im Bereich der Schulter od. der Hüfte angesetzt wird;* **passé** [pa'se:] 〈Adj.; o. Steig.; nur präd.〉 [frz. passé, 2. Part. von: passer, ↑passieren] (ugs.): *[im Rahmen der Entwicklung] vorbei; [als nicht mehr in die Zeit passend] abgetan:* diese Mode ist endgültig p.; der Rock and Roll ist noch lange nicht p.; diese Affäre mit der Sängerin ist schon lange p.; er ist als Politiker p. *(als Politiker hat er keine Chance mehr);* **Pässe**: Pl. von ↑Paß; **passen** ['pasn̩] 〈sw. V.; hat〉 [mhd. (niederrhein.) passen = zum Ziel kommen, erreichen (durch niederl. Vermittlung) < frz. passer, ↑passieren; 7: engl. to pass]: **1. a)** *(von Kleidung o. ä.) jmdm. in Größe u. Schnitt angemessen sein; der Figur u. den Maßen entsprechen; nicht zu eng, zu weit, zu groß od. zu klein sein:* das Kleid, der Hut, der Mantel paßt ausgezeichnet; die Stiefel passen nicht; die Sachen passen mir wie angegossen; **b)** *für jmdn., etw. geeignet sein; auf jmdn., etw. abgestimmt sein, so daß es sich zu einer harmonischen Gesamtwirkung verbindet:* die Farbe der Schuhe paßt nicht zum Anzug; das paßt zu ihm! (landsch.; *ich habe nichts anderes erwartet, denn das ist seine Art*); er paßt nicht zum Lehrer (veraltend; *er eignet sich nicht dazu, den Beruf des Lehrers zu ergreifen*); sie paßt nicht zu uns, in unseren Kreis; die beiden jungen Leute passen gut zusammen, zueinander; daß die junge Frau nicht ganz nach Pommern passe (Fallada, Herr 254); 〈häufig im 1. Part.:〉 bei einer passenden Gelegenheit; einen passenden Ausdruck, die passenden Worte finden; ich halte diese Methode nicht für passend; haben Sie's passend? (ugs.; *(beim Bezahlen) können Sie mir den Betrag abgezählt geben?*). **2. a)** *genau das Maß, die Form o. ä. haben, daß es sich zu etw., in etw. [verbindend] bringen läßt:* dieser Deckel paßt nicht auf den Topf; das Auto paßt gerade noch in die [Park]lücke; der Koffer hat nicht mehr unter die Couch gepaßt; der Ball, der Strafstoß paßte (Fußball Jargon; *ging ins Tor*); **b)** *einer Sache genau das Maß, die Form o. ä. geben, daß sie sich zu etw., in etw. [verbindend] bringen läßt:* die Bolzen in die Bohrlöcher p. **3. a)** *(meist aus persönlichen Gründen o. ä.) jmds. Einstellung entsprechen u. deshalb sehr angenehm sein:* der neue Mann paßte dem Chef nicht; Uns paßt nämlich Ihre Nase nicht (Bieler, Bonifaz 227); dein Benehmen paßt mir schon lange nicht; würde Ihnen mein Besuch morgen abend p.?; um 15 Uhr paßt es mir gut; R das könnte dir (ihm usw.) so p. (spött.; *das hättest du [das hätte er usw.] wohl gerne so*); **b)** 〈p. + sich〉 (ugs.) svw. ↑gehören (5): In Lübeck paßt es sich nicht, so dunkle Augen zu haben (K. Mann, Wendepunkt 10); eine Frau Oberrevident weiß, was sich paßt (Werfel, Himmel 5). **4.** (landsch.) **a)** *richtig sein, stimmen:* Vielleicht meinst du Stadtmitte, das könnte noch eher p.! (Fallada, Jeder 201); **b)** *mit jmdm., etw. übereinstimmen:* Bätes paßt auch ganz gut auf die Beschreibung, die Rabanus ... gegeben hat (Spoerl, Maulkorb 112). **5. a)** (landsch.) svw. ↑aufpassen (b): „Bootsmann, paß auf deinen Jungen", sagte Linchen Tammert (Nachbar, Mond 243); **b)** (österr.) *auf jmdn., etw. warten:* den ganzen Vormittag habe ich auf dich, auf deinen Anruf gepaßt; **c)** (österr.) *jmdm. auflauern:* er hat zwei Stunden umsonst hinter dem Vorhang gepaßt. **6. a)** (Skat) *nicht od. nicht mehr reizen (u. damit darauf verzichten, Alleinspieler zu werden):* [ich] passe!; er paßte bei dreiunddreißig; **b)** *keine Antwort wissen u. deshalb (in diesem Fall) aufgeben:* da muß ich p., das weiß ich nicht; in der Prüfung mußte er mehrere Male p. **7.** (Ballspiele, bes. Fußball) *den Ball einem Spieler der eigenen Mannschaft gezielt zuspielen:* den Ball zum Torwart p.; er paßte steil zum Libero; **Passepartout** [paspar'tu:, schweiz.: 'paspartu], das, schweiz.: der; -s, -s [frz. passe-partout, eigtl. = etwas, was überall paßt]: **1.** *Umrahmung aus leichter Pappe für Graphiken, Aquarelle, Zeichnungen, Fotos u. a., die meist unter dem Glas eines Rahmens liegt.* **2.** (schweiz., sonst veraltet) *Dauerkarte.* **3.** (schweiz., sonst selten) Hauptschlüssel; 〈Zus. zu 1.:〉 **Passepartout-Karton,** der; **Passepartout-Rand,** der.

Passepied [pas'pi̯e:], der; -s, -s [frz. passe-pied, eigtl. = Tanz, bei dem ein Fuß über den anderen gesetzt wird]: **1.** *Rundtanz aus der Bretagne in schnellem, ungeradem Takt.* **2.** (Musik) *zu den nicht festen Teilen der Instrumentalsuite gehörender Tanz, der meist zwischen Sarabande u. Gigue eingeschoben ist;* **Passepoil** [pas'po̯al], der; -s, -s [frz. passepoil] (bes. österr.): svw. ↑Paspel; **passepoilieren** [...'li:rən] 〈sw. V.; hat〉 [frz. passepoiler] (bes. österr.): *paspelieren.*

Passier-: **~ball,** der (Tennis): svw. ↑~schlag; **~gewicht,** das (Münzk.): *Mindestgewicht, das eine Münze haben muß, um gültig zu sein;* **~maschine,** die: *[Küchen]gerät zum Passieren* (3); **~schein,** der: *Schein, der zum Betreten eines Bereichs o. ä. berechtigt, der einem bestimmten Personenkreis vorbehalten ist:* einen P. für einen Besuch in Ost-Berlin beantragen, bekommen; -e ausgeben; den P. vorzeigen, dazu: **~scheinabkommen,** das, **~scheinstelle,** die; **~schlag,**

der (Tennis): *Schlag, mit dem der Ball an dem zum Netz vorgerückten Gegner so vorbeigeschlagen wird, daß er für ihn unerreichbar ist;* **~schuß,** der (Tennis): svw. ↑~schlag; **~sieb,** das: *feines Sieb zum Passieren* (3).

passierbar [pa'si:ɐ̯ba:ɐ̯] ⟨Adj.; o. Steig.; nicht adv.⟩: *zum Passieren* (1) *geeignet;* **passieren** [pa'si:rən] ⟨sw. V.⟩ [frz. passer, über das Roman. (vgl. ital. passare) zu lat. passus, ↑Paß; 2: frz. se passer]: **1.** ⟨hat⟩ **a)** *(in bezug auf eine Absperrung, Grenze o. ä.) auf die andere Seite gehen, fahren:* der Zug hat gerade die Grenze passiert; der Posten ließ uns ungehindert [die Sperre] p.; Ü der Film hat die Zensur passiert *(ist ohne Beanstandung durch die Zensur gegangen);* diese Ware passiert zollfrei *(muß an der Grenze nicht verzollt werden);* Kopfball – Bergqvist mußte das Leder p. lassen (Fußball; *konnte den Ball nicht halten;* Walter, Spiele 69); **b)** *durch etw. hindurch-, über etw. hinweggehen, -fahren:* eine Brücke, einen Fluß p.; wir werden bald den neuen Tunnel p.; Er passierte unbekannte Straßen (Baum, Paris 89); **c)** *an jmdm., etw. vorbeigehen, -fahren:* die Pförtnerloge, den Wachtposten p.; Auf dem Wege passieren wir eine zerschossene Schule (Remarque, Westen 75). **2.** ⟨ist⟩ **a)** svw. ↑geschehen (1 a): dort ist ein Unglück passiert; er tut so, als sei überhaupt nichts passiert; wenn du nicht aufpaßt, wird noch etwas p.; **b)** svw. ↑geschehen (1 b): in dieser Angelegenheit muß endlich was p.!; In Sarajewo war ein Mord passiert (Thieß, Frühling 198); **c)** svw. ↑geschehen (1 c): mir ist eine Panne passiert; seid vorsichtig, daß Euch nichts passiert; ihm kann nichts p.; das kann jedem mal p.; so was ist mir in meinem ganzen Leben noch nicht passiert; falls mir etwas passiert (verhüll.; *wenn ich [unerwartet] sterben sollte*), findest du alle Papiere im Tresor. **3.** *von weichen Nahrungsmitteln eine Art Brei o. ä. herstellen, indem man sie durch ein Sieb od. ein dazu geeignetes Gerät treibt* ⟨hat⟩: Spinat p.; den Käs, eine Art mit Butter passierten ... Schafquargels (Zuckmayer, Magdalena 8). **4.** (Tennis) *(am Gegner, der zum Netz vorgerückt ist) den Ball so vorbeischlagen, daß er für ihn unerreichbar ist* ⟨hat⟩: er passierte den Australier mit einem Drive.

passim ['pasɪm] ⟨Adv.⟩ [lat.] (Schrift- u. Druckw.): *(im angegebenen Werk) an verschiedenen Stellen.*

Passion [pa'si̯o:n], die; -, -en [1: frz. passion < spätlat. passio, ↑Passion (2); 2: spätmhd. passiōn < kirchenlat. passio < (spät)lat. passio = Leiden, Krankheit, zu lat. passum, 2. Part. von: pati, ↑Patient]: **1. a)** *starke, leidenschaftliche Neigung zu etw.; Vorliebe, Liebhaberei:* eine noble P.; die Philatelie ist seine P.; sie gehen ihren -en nach; eine P. für etw. haben; er ist seiner P., dem Fußball, treu geblieben; er ist Philologe aus P.; **b)** *Begeisterung, leidenschaftliche Hingabe:* er spielte mit P. **2.** (christl. Rel.) **a)** ⟨o. Pl.⟩ *das Leiden u. die Leidensgeschichte Christi:* wie der Erlöser selbst durchleidet er seine P. (Schneider, Leiden 112); Ü die P. der osteuropäischen Juden; **b)** *künstlerische Darstellung der Leidensgeschichte Christi;* **passionato** [pasi̯o'na:to; ital. passionato] (Musik): ↑appassionato; **Passionato** [-], das; -s, -s u. ...ti (Musik): *leidenschaftlicher Vortrag;* **passioniert** [pasi̯o'ni:ɐ̯t] ⟨Adj.; o. Steig.; nur attr.⟩ [veraltet passionieren = sich für etw. leidenschaftlich einsetzen < frz. passionner]: *sich einer Sache mit leidenschaftlicher Begeisterung hingebend; aus Passion:* er ist ein -er Angler, Bastler, Sammler; Ü ein -er Junggeselle.

Passions-: **~blume,** die [in den verschiedenen Teilen der Blüte glaubte man die Dornenkrone Christi u. die Nägel vom Kreuz zu erkennen]: *in Südamerika heimische, oft als Zierpflanze kultivierte rankende Pflanze mit großen, gelappten Blättern u. bunten, eigenartigen Blüten;* **~sonntag,** der (kath. Kirche): *vorletzter Sonntag vor Ostern; Judika;* **~spiel,** das: *volkstümliche dramatische Darstellung der Passion Christi;* **~weg,** der (geh.): svw. ↑Leidensweg; **~werkzeug,** das ⟨meist Pl.⟩ (Kunstwiss.): *Leidenswerkzeug;* **~woche,** die: *Karwoche;* **~zeit,** die: **a)** (christl. Kirche) *die Zeit vom Passionssonntag bis Karsamstag;* **b)** *Fastenzeit* (b).

passiv ['pasi:f, auch: –'–] ⟨Adj.⟩ [lat. passīvus = duldend, empfindsam, zu: pati, ↑Passion]: **1. a)** *von sich aus nicht die Initiative ergreifend u. sich abwartend verhaltend, die Dinge an sich herankommen lassend u. untätig, teilnahmslos hinnehmend:* sie ist eine -e Natur; eine -e Rolle bei etw. spielen; in einer Sache p. sein, bleiben, sich völlig p. verhalten; **b)** *nicht selbst in einer Sache tätig, sie nicht ausübend, aber davon betroffen* (Ggs.: aktiv 1 b): jeder, der nicht rauchen will, soll nicht in die Rolle des -en Rauchers gezwungen werden können, indem er den Rauch des Rauchers einatmen muß (MM 5. 9. 69, 12); -e Bestechung (↑Bestechung); -e Handelsbilanz (↑Handelsbilanz); -es Mitglied (↑Mitglied 2 a); -es Wahlrecht (↑Wahlrecht 1); -er Widerstand, -e Resistenz *(Form des Widerstands [in einer politisch-sozialen Auseinandersetzung], die darin besteht, Weisungen nur teilweise zu befolgen, geforderte Leistungen nicht zu erbringen);* -er Wortschatz (↑Wortschatz). **2.** ⟨o. Steig.⟩ (Sport) *nicht an Training od. Wettkämpfen einer Sportgemeinschaft teilnehmend* (Ggs.: aktiv 3 b): mein Sport ist Schwimmerei ... Ich war früher aktiv, jetzt nur noch p. (Aberle, Stehkneipen 107). **3.** ⟨o. Steig.⟩ (selten) svw. ↑passivisch; **Passiv,** das; -s, -e [...və] ⟨Pl. selten⟩ [lat. (genus) passīvum] (Sprachw.): *Verhaltensrichtung des Verbs, die von der im Satzgegenstand genannten Person od. Sache her gesehen wird, die von einer Handlung betroffen wird* (z. B. der Hund *wird* [von Fritz] *geschlagen*): das Verb steht im P.

Passiv-: **~geschäft,** das (Bankw.): *Bankgeschäft, bei dem sich die Bank Geld beschafft, um Kredite gewähren zu können* (Ggs.: Aktivgeschäft); **~handel,** der (Kaufmannsspr.): *von Kaufleuten eines anderen Landes betriebener Außenhandel* (Ggs.: Aktivhandel); **~legitimation,** die (jur.): *im Zivilprozeß die sachliche Befugnis des Beklagten, seine Rechte geltend zu machen* (Ggs.: Aktivlegitimation); **~masse,** die (jur.): *Schuldenmasse (im Konkurs);* **~posten,** der (Kaufmannsspr.): *auf der Passivseite der Bilanz aufgeführter Posten* (3 b); **~prozeß,** der (jur.): *Prozeß, in dem jmd. als Beklagter auftritt* (Ggs.: Aktivprozeß); **~rauchen,** das: -s: *passives Mitrauchen;* **~saldo,** der (Kaufmannsspr.): *Saldo auf der Passivseite eines Kontos;* **~seite,** die (Kaufmannsspr.): *rechte Seite einer Bilanz, auf der Eigen- u. Fremdkapital* (1) *(Darlehen, Kredite) aufgeführt sind;* **~zinsen** ⟨Pl.⟩ (Kaufmannsspr.): *Zinsen für Schulden, die auf der Passivseite einer Bilanz aufgeführt sind.*

Passiva [pa'si:va] (auch, österr. nur:) **Passiven** [pa'si:vn̩] ⟨Pl.⟩ [subst. Neutr. Pl. von lat. passīvus, ↑Passiv] (Kaufmannsspr.): *auf der Passivseite der Bilanz eines Unternehmens stehendes Eigen- u. Fremdkapital* (1); *Schulden, Verbindlichkeiten;* **passivieren** [pasi'vi:rən] ⟨sw. V.; hat⟩: **1.** (Kaufmannsspr.) *Verbindlichkeiten aller Art auf der Passivseite der Bilanz erfassen u. ausweisen* (Ggs.: aktivieren 4): Anleihen sind mit dem Rückzahlungsbetrag, das Grundkapital mit dem Nennwert zu p. (Rittershausen, Wirtschaft 74). **2.** (Chemie) *unedle Metalle in den Zustand der chemischen Passivität* (2) *überführen (u. sie dadurch korrosionsbeständiger machen);* ⟨Abl.:⟩ **Passivierung,** die; -, -en; **passivisch** ⟨Adj.; o. Steig.⟩ (Sprachw.): *das Passiv betreffend; im Passiv stehend:* die -en Formen des Verbs; den Satz p. konstruieren; **Passivismus** [pasi'vɪsmʊs], der; -: *passive Haltung; Verzicht auf Aktivität;* **Passivität** [...vi'tɛ:t], die; -: **1.** *passives Verhalten* (Ggs.: Aktivität 1): die zunehmende P. der Schüler im Unterricht; aus der politischen P. heraustreten. **2.** (Chemie) *(bei unedlen Metallen) herabgesetzte Reaktionsfähigkeit.*

paßlich ['paslɪç] ⟨Adj.⟩ [zu ↑passen] (veraltend): *passend, bequem handhabbar; angemessen;* **Passung,** die; -, -en (Technik): *Art u. Weise, wie zusammengehörende Werkstücke (z. B. Lager u. Welle) zusammenpassen.*

Passus ['pasʊs], der; -, - ['pasu:s; mlat. passus (im Sinne von „Abgemessenes, Umrissenes") < lat. passus, ↑Paß] (bildungsspr.): *Abschnitt, Stelle eines Textes:* der Vertrag enthält einen P., den ich nicht akzeptieren kann; einen P. streichen, auslassen; einen zusätzlichen P. einfügen.

Pasta ['pasta], die; -, Pasten (selten): **1.** svw. ↑Paste. **2.** kurz für ↑Zahnpasta: schließlich hatte man ... die Zähne geputzt mit synthetisch hergestellter P. (H. Kolb, Wilzenbach 154); **Pasta asciutta** ['- a'ʃʊta], die; - -, ...te ...tte [...tə ...tə], **Pastasciutta** [pasta'ʃʊta], die; -, ...tte [...tə; ital. pasta asciutta, eigtl. = trockener Teig]: *Gericht aus Spaghetti u. einer Soße aus Hackfleisch, Tomaten u. Zwiebeln;* **Paste** ['pastə], die; -, -n [spätmhd. pasten (Pl.) < mlat., ital. pasta = Teig < spätlat. pasta = Art Eintopf < griech. pástē = Mehlteig, Brei, eigtl. = Gestreutes]: **1.** *streichbare, teigartige Masse* (z. B. aus Fisch od. Fleisch). **2.** (Pharm.) *(aus Fett u. pulverisierten Stoffen bestehende) teigige Masse zur äußerlichen Anwendung;* **Pastell** [pas'tɛl], das; -[e]s, -e [(frz. pastel <) ital. pastello = Farbstift, eigtl. = geformter Farbteig, Vkl. von: pasta, ↑Paste]: **1.** ⟨o. Pl.⟩ *Technik des Malens mit Pastellfarben* (1): in P.

malen. **2.** *mit Pastellfarben* (1) *gemaltes Bild:* der Künstler stellt -e und Aquarelle aus. **3.** svw. ↑Pastellfarbe (2): ein zartes P.

pastell-, Pastell-: ~**bild,** das; ~**farbe,** die: **1.** *aus Gips od. Kreide, Farbpulver u. Bindemitteln hergestellte Farbe, die auf Papier einen hellen, zarten, aber stumpfen Effekt hervorruft.* **2.** ⟨meist Pl.⟩ *zarter, heller Farbton;* ~**farben** ⟨Adj.; o. Steig.; nicht adv.⟩: *zart u. hell, in pastellenen Farben gehalten;* ~**maler,** der: *Maler, der Pastelle* (2) *malt;* ~**malerei,** die: svw. ↑Pastell (1, 2); ~**stift,** der: *als Stift geformte Pastellfarbe* (1); ~**ton,** der: svw. ↑~farbe (2); ~**zeichnung,** die: svw. ↑Pastell (2).

pastellen [pas'tɛlən] ⟨Adj.; o. Steig.; nicht adv.⟩: **1.** *mit Pastellfarben gemalt:* -e Blätter. **2.** *von zarten u. hellen Farbtönen; wie mit Pastellfarben gemalt:* ein -er Himmel.

Pastetchen [pas'te:tçən], das; -s, - [↑Pastete]: svw. ↑Pastete (1); **Pastete** [pas'te:tə], die; -, -n [mhd. pastēde, mniederd. pasteide, wohl < mniederl. pasteide < afrz. pasté < spätlat. pasta = Paste, Teig, Brei]: **a)** *meist zylinderförmige Hülle aus Blätterteig für die Füllung mit Ragout;* **b)** *mit feingewürztem Ragout gefüllte Pastete* (a), *die (im Backofen) erhitzt u. warm serviert wird;* **c)** *Speise aus gehacktem Fleisch, Wild, Geflügel od. Fisch, die in einer Hülle aus Teig gebacken od. in Terrinen o. ä. serviert wird.*

Pasteurisation [pastøriza'tsi̯o:n], die; -, -en [frz. pasteurisation, nach dem frz. Chemiker L. Pasteur (1822–1895)]: *das Pasteurisieren;* **pasteurisieren** [...'zi:rən] ⟨sw. V.; hat⟩ [frz. pasteuriser]: *(bestimmte Nahrungsmittel) durch Erhitzen keimfrei u. haltbar machen:* Milch p.; Ü Sektierer, politisierende Pastoren und pasteurisierte *(sterile)* Politiker (Dönhoff, Ära 182); ⟨Abl.:⟩ **Pasteurisierung,** die; -, -en: svw. ↑Pasteurisation.

Pasticcio [pas'tɪtʃo], das; -s, -s u. ...cci [...tʃi; ital. pasticcio, auch: Pfuscherei, eigtl. = Pastete, über das Vlat. zu spätlat. pasta, ↑Pastete]: **1.** (bild. Kunst) *Bild, das [in betrügerischer Absicht] in der Manier eines berühmten Künstlers gemalt wurde.* **2.** (Musik) **a)** *(bes. im 18./19. Jh.) Zusammenstellung von Teilen aus Opern eines od. mehrerer Komponisten zu einem neuen Werk mit eigenem Titel u. Libretto;* **b)** *originäres, von verschiedenen Komponisten geschaffenes Bühnenwerk od. Instrumentalstück.*

Pastille [pas'tɪlə], die; -, -n [lat. pāstillus = Kügelchen aus Mehlteig, Vkl. von: pānis = Brot]: *meist Kügelchen od. Plätzchen zum Lutschen, dem Geschmacksstoffe od. Heilmittel zugesetzt sind.*

Pastinak ['pastinak], der; -s, -e, **Pastinake** [pasti'na:kə], die; -, -n [mhd. pasternack(e), ahd. pestinac < lat. pastināca]: **1.** *hochwachsende, krautige Pflanze mit mehrfach gefiederten Blättern u. einer Dolde mit sehr vielen goldgelben Einzelblüten u. einer Pfahlwurzel, die als Viehfutter od. Gemüsepflanze kultiviert wird.* **2.** *Wurzel der Pastinake* (1).

Pastmilch ['past-], die; - (schweiz.): *pasteurisierte Milch.*

Pastor ['pastɔr, auch: ...to:ɐ̯, pas'to:ɐ̯], der; -s, -en [...'to:rən], nordd. auch: -e [...'to:rə], mundartl. auch: ...töre [...'tø:rə; mhd. pastor < mlat. pastor = Seelenhirt < lat. pāstor = Hirt, zu: pāscere = weiden lassen] (regional, bes. nordd.): *Geistlicher:* ein streitbarer P.; sein Vater ist P.; protestantische Pastoren und Friedenskämpfer; ich zählte ihr Pastöre auf (Böll, Ansichten 267); **pastoral** [pasto'ra:l] ⟨Adj.⟩ [3: lat. pāstōrālis = zu den Hirten gehörig]: **1.** ⟨o. Steig.⟩ *den Pastor u. sein Amt betreffend; seelsorgerlich, pfarramtlich:* ... die -en Probleme bezüglich der Laien studieren (Glaube 1, 1967, 4). **2.** *[auf etw. übertriebene, gekünstelte Art] würdig u. feierlich, salbungsvoll:* ein -es Gehabe; ein paar -e Beschwichtigungsphrasen (Zeit 14. 3. 75, 51). **3.** *ländlich, idyllisch:* -e Dichtungen; **Pastoral,** die; -: svw. ↑Pastoraltheologie.

Pastoral-: ~**brief,** der ⟨meist Pl.⟩ (christl. Rel.): *einer der dem Apostel Paulus zugeschriebenen, an Timotheus u. Titus gerichteten Briefe, der die Abwehr der Gnosis durch die frühe Kirche zum Gegenstand hat;* ~**medizin,** die (bes. kath. Kirche): *Forschungsgebiet, das sich mit Grenzfragen zwischen Medizin u. Theologie beschäftigt u. sich um ein Zusammenwirken zwischen Arzt u. Seelsorger bemüht;* ~**theologie,** die (kath. Kirche): *praktische Theologie.*

[1]**Pastorale** [pasto'ra:lə], das; -s, -s, auch: die; -, -n [ital. pastorale, zu: pastorale = Hirten- < lat. pāstōrālis, ↑pastoral]: **1.** (Musik) **a)** *Instrumentalstück (im Sechsachteltakt) bes. für Schalmei- u. Oboegruppen;* **b)** *kleines, ländlich-idyllisches Singspiel, das Stoffe aus dem idealisierten Hirtenleben zum Thema hat; musikalisches Schäferspiel.* **2.** (Literaturw.) *Schäferspiel; ländliche Szene;* vgl. Hirtendichtung. **3.** (Malerei) *idyllische, spielerische od. romantische Darstellung aus dem Leben der Hirten;* [2]**Pastorale** [-], das; -s, -s [ital. (bastone) pastorale] (kath. Kirche): *Hirtenstab* (2); **Pastorat** [pasto'ra:t], das; -[e]s, -e (veraltet, noch landsch.): **1.** *Pfarramt.* **2.** *Wohnung des Pastors;* **Pastorelle** [...'rɛlə], die; -, -n [ital. pastorella, Vkl. von: pastorale, ↑[1]Pastorale]: *ma. Gedichtform, die das Werben eines Ritters um eine Schäferin, ein Mädchen auf dem Lande zum Gegenstand hat;* **Pastorentochter**: *Pfarrerstochter;* **Pastorin** [pas'to:rɪn], die; -, -nen: **a)** (bes. nordd.) *weiblicher protestantischer Geistlicher; Pfarrerin;* **b)** (landsch.) *Ehefrau eines Pastors.*

pastos [pas'to:s] ⟨Adj.; Steig. ungebr.; nicht adv.⟩ [ital. pastoso = teigig, breiig, zu: pasta, ↑Paste]: **1.** *dickflüssig, breiig:* Eierlikör mit seinem -en Charakter (Quick 12, 1958, 37). **2.** (Malerei) *(von Ölfarben eines Gemäldes) dick aufgetragen, so daß eine reliefartige Fläche entsteht:* Sironi hatte es ja gemalt ..., p. und intensiv (Andersch, Rote 248); **pastös** [pas'tø:s] ⟨Adj.; Steig. ungebr.; nicht adv.⟩: **1.** (Med.) *(bes. von der Haut bei Nierenerkrankungen) teigig-gedunsen, bleich u. aufgeschwemmt.* **2.** svw. ↑pastos (1).

Patchen ['pa:tçən], das; -s, - (fam.): svw. ↑Patenkind.

Patchwork ['pætʃwə:k], das; -s [engl. patchwork = Flickwerk]: **1.** *Technik zur Herstellung von Wandbehängen, Dekken, Taschen o. ä., bei der Stoff- od. Lederteile von verschiedener Farbe, Form u. Muster harmonisch zusammengefügt werden.* **2.** *Arbeit in der Technik des Patchworks* (1).

Pate ['pa:tə], der; -n, -n [mhd. pade, über mlat. pater spiritualis = geistlicher Vater, Taufzeuge zu lat. pater, ↑Pater]: **1.** *jmd., der (außer den Eltern) bei der Taufe eines Kindes als Zeuge anwesend ist u. für die christliche Erziehung des Kindes mitverantwortlich ist:* jmds. P. sein; [bei] jmdm. P. stehen; jmdn. zum -n bitten, nehmen; das Kind hat den Freund seines Vaters zum -n; Ü Die Mittel und Methoden der neuzeitlichen Felstechnik waren also die -n der modernen Eistechnik (Eidenschink, Eis 47); ***bei etw. P. stehen** (ugs.; *[durch sein Wirken] auf etw. Einfluß nehmen*): Zufall, Naivität und Unwissenheit stehen P. bei der Berufswahl (Hörzu 19, 1973, 143); bei diesem Drama hat offenbar Büchner P. gestanden; **jmdm. die -n sagen** (landsch. veraltend; *jmdm. die Leviten lesen;* H. u.). **2.** ⟨Vkl. ↑Patchen⟩ svw. ↑Patenkind. **3.** (DDR) *jmd., der (außer den Eltern) bei der sozialistischen Namengebung eines Kindes als Zeuge anwesend ist u. für die Erziehung des Kindes im sozialistischen Sinne mitverantwortlich ist.*

Patella [pa'tɛla], die; -, ...llen [lat. patella = Schüssel; Platte] (Med.): *Kniescheibe;* **patellar** [patɛ'la:ɐ̯] ⟨Adj.; o. Steig.; nur attr.⟩ (Anat., Med.): *zur Kniescheibe gehörend;* ⟨Zus.:⟩ **Patellarreflex, Patellarsehnenreflex,** der (Med.): svw. ↑Kniesehnenreflex.

Paten-: ~**betrieb,** der (DDR): *Betrieb mit einem Patenschaftsvertrag;* ~**brief,** der (landsch.): *verzierte Karte, die als Urkunde über die Patenschaft* (1) *gestaltet ist u. dem Patenkind vom Paten mit einem [Geld]geschenk überreicht wird;* ~**brigade,** die (DDR): vgl. ~betrieb; ~**geschenk,** das: *Geschenk des Paten an sein Patenkind am Tag der Taufe;* ~**kind,** das: *Kind, das jmdn. zum Paten* (1, 3) *hat;* ~**kindergarten,** der (DDR): vgl. ~schule; ~**klasse,** die (DDR): *Schulklasse mit einem Patenschaftsvertrag;* ~**onkel,** der: svw. ↑Pate (1, 3); ~**schule,** die (DDR): *Schule, für die eine Person, ein Betrieb o. ä. die Patenschaft* (2) *übernommen hat;* ~**sohn,** der: *männliches Patenkind;* ~**stadt,** die: svw. ↑Partnerstadt; ~**tante,** die: svw. ↑Patin; ~**tochter,** die: *weibliches Patenkind.*

Patene [pa'te:nə], die; -, -n [mhd. patēn(e) < mlat. patena < lat. patina = Schüssel, Pfanne < griech. patánē] (christl. Kirche): *flacher [goldener] Teller für die Hostien od. das Abendmahlsbrot.*

Patenschaft, die; -, -en [2: nach russ. schefstwo]: **1.** *Mitverantwortung des Paten für die christliche Erziehung des Kindes:* jmdm. eine P. antragen; Ü die Klasse hat die P. für alte, behinderte Menschen übernommen *(hat die Verpflichtung übernommen, sich um sie zu kümmern).* **2.** (DDR) *vertraglich festgelegte Mitverantwortung von Werktätigen u. Betrieben für jmdn., etw. zum Zweck der Unterstützung, der wirtschaftlichen, kulturellen u. politischen Förderung;* ⟨Zus. zu 2.:⟩ **Patenschaftsvertrag,** der (DDR).

patent [pa'tɛnt] ⟨Adj.; -er, -este⟩ (ugs.): **1.** ⟨nicht adv.⟩ *geschickt, tüchtig u. zugleich von angenehmer Wesensart:*

ein -er Kerl, Junge, ein -es Mädchen; sie ist eine -e Person, Frau. **2.** *äußerst praktisch, sehr brauchbar:* das ist eine -e Methode, Idee; etw. ist ganz p.; er hat die Aufgabe p. gelöst. **3.** (landsch.) *fein, elegant, geschniegelt; flott:* der junge Herr ist p. angezogen, gekleidet; **Patent** [-], das; -[e]s, -e [mlat. (littera) patens = landesherrlicher offener (d. h. offen vorzuzeigender) Brief, zu lat. patēns = offen(stehend), 1. Part. von: patēre = offenstehen, offen vor Augen liegen]: **1. a)** *(amtlich zugesichertes) Recht zur alleinigen Benutzung u. gewerblichen Verwertung einer Erfindung; patentrechtlicher Schutz:* das P. ist erloschen; ein P. anmelden; auf diese Maschine haben wir ein P.; er hat seine Erfindung zum P. angemeldet; **b)** *Urkunde über ein Patent* (1 a); **c)** *Erfindung, die durch das Patentrecht geschützt ist:* er hat ein neues P. entwickelt; Ü welch ein Glück, daß sie sich für die Notausstiege ein neues P. ausgedacht haben (Cotton, Silver-Jet 112). **2.** *Dokument, Urkunde über eine erworbene berufliche Qualifikation (bes. eines Schiffsoffiziers); Bestallungs-, Ernennungsurkunde:* das P. als Steuermann erwerben; ein Kapitän mit dem P. für kleine, mittlere, große Fahrt. **3.** (schweiz.) *Erlaubnis[urkunde] zur Ausübung bestimmter Berufe od. Tätigkeiten.*

patent-, Patent-: ~**amt,** das: *Behörde, die für die Anmeldung u. Erteilung von Patenten* (1) *zuständig ist,* dazu: ~**amtlich** ⟨Adj.; o. Steig.; nicht präd.⟩; ~**anwalt,** der: *Anwalt, der zur Vertretung von Patentsachen o. ä. vor dem Patentamt u. anderen Gerichten zugelassen ist* (Berufsbez.); ~**fähig** ⟨Adj.; o. Steig.; nicht adv.⟩: *so beschaffen, daß darauf ein Patent* (1) *erteilt werden kann;* ~**gesetz,** das: vgl. ~recht; ~**inhaber,** der; ~**ingenieur,** der: *[Diplom]ingenieur, der sich mit den technischen Daten patentfähiger Erfindungen u. patentrechtlichen Fragen beschäftigt* (Berufsbez.); ~**knopf,** der: *Knopf aus Metall, der mit Hilfe eines Metallstiftes, der von der Gegenseite hineingedrückt wird, befestigt wird;* ~**lösung,** die: *Lösung, die mit einem Mal alle Schwierigkeiten behebt;* ~**recht,** das: **1.** *Gesamtheit der Rechtsvorschriften zur Regelung der mit Patenten* (1) *zusammenhängenden Fragen.* **2.** *Recht auf die Nutzung eines Patents,* zu 1: ~**rechtlich** ⟨Adj.; o. Steig.; nicht präd.⟩: *zum Patentrecht gehörend, auf ihm beruhend;* ~**register,** das (österr., schweiz.): svw. ↑~rolle; ~**rezept,** das: vgl. ~lösung; ~**rolle,** die: *(vom Patentamt geführte) Liste mit den Daten des Patentes* (1 c) *u. allen notwendigen Angaben über den Patentinhaber;* ~**sache,** die: *juristische Behandlung einer patentfähigen Erfindung;* ~**schrift,** die: *die einer Anmeldung zum Patent beigefügten Beschreibungen u. Zeichnungen;* ~**schutz,** der: *patentrechtlicher Schutz einer Erfindung.*

patentieren [patɛn'tiːrən] ⟨sw. V.; hat⟩ [2: eigtl. wohl = den Draht patent (= gut) machen]: **1.** *(eine Erfindung) durch Patent* (1 a) *schützen.* **2.** (Technik) *stark erhitzten Stahldraht durch Abkühlen im Bleibad veredeln.*

Pater ['paːtɐ], der; -s, - u. Patres ['paːtreːs; mlat. pater (monasterii) = Abt; Ordensgeistlicher < lat. pater = Vater]: *Geistlicher eines katholischen Ordens;* Abk. P.; **Paterfamilias** ['paːtɐfa'miːli̯as], der; -, - [lat. pater familiās] (bildungsspr. scherzh.): *Familienoberhaupt; Hausherr;* **[1]Paternoster** [paːtɐ'nɔstɐ], das; -s, - [lat. pater noster = unser Vater; Anfangsworte des Gebets (Matth. 6, 9)]: *das Vaterunser;* **[2]Paternoster** [-], der; -s, - [kurz für: Paternosterwerk, meist Bez. für ein Wasserhebewerk mit einer endlosen Kette; nach den aneinandergereihten Perlen der Paternosterschnur (= älter für „Rosenkranz")]: *Aufzug mit mehreren vorne offenen Kabinen, die ständig in der gleichen Richtung umlaufen;* ⟨Zus.:⟩ **Paternosteraufzug,** der.

pater, peccavi [- pɛ'kaːvi; lat. = Vater, ich habe gesündigt]: *Gebetsformel, die das Geständnis eigener Schuld einleitet;* Luk. 15, 18); * **p., p. sagen** (bildungsspr. selten; *flehentlich um Verzeihung bitten*); **Paterpeccavi** [-], das; -, - (bildungsspr. selten): *reuiges Geständnis.*

patetico [pa'teːtiko] ⟨Adv.⟩ [ital. patetico < spätlat. patheticus, ↑pathetisch] (Musik): *leidenschaftlich, erhaben, feierlich.*

-path [-'paːt; vgl. Pathos], der; -en, -en, in Zus.: **1.** *an einer Krankheit Leidender* (z. B. Psychopath). **2.** *Vertreter einer medizinischen Schule od. Krankheitslehre; Facharzt* (z. B. Homöopath); **Pathetik** [pa'teːtɪk], die; - [frz. pathétique, zu: pathétique = pathetisch]: *unnatürliche, übertriebene, gespreizte Feierlichkeit:* in seinen Worten lag etwas P.; **pathetisch** [pa'teːtɪʃ] ⟨Adj.⟩ [spätlat. pathēticus < griech. pathētikós = leidend; leidenschaftlich, zu: páthos, ↑Pathos] (oft abwertend): *voller Pathos, [übertrieben] feierlich, allzu gefühlvoll:* eine -e Ausdrucksweise, Geste; sein Stil ist p.; p. schreiben; er rief die Worte p. in den Saal.

-pathie [-pa'tiː; lat. -pathia < griech. -patheia, vgl. Pathos], die; -, -n [...iːən], in Zus.: **1.** *Krankheit, Erkrankung* (z. B. Psychopathie). **2.** ⟨o. Pl.⟩ *medizinische Schule od. Krankheitslehre; Heilmethode* (z. B. Homöopathie). **3.** *Gefühl, Neigung* (z. B. Sympathie); **patho-, Patho-** [pato-; griech. páthos] ⟨Best. von Zus. mit der Bed.⟩: *Leiden, Krankheit* (z. B. pathogen, Pathopsychologie); **pathogen** ⟨Adj.; o. Steig.; nicht adv.⟩ [↑-gen] (Med.): *(von Bakterien, chemischen Stoffen o. ä.) Krankheiten verursachend, erregend;* **Pathogenese,** die; -, -n (Med.): *Entstehung u. Entwicklung einer Krankheit;* **Pathogenität** [...geni'tɛːt], die; - [zu ↑pathogen] (Med.): *(von bestimmten Substanzen, Mikroorganismen o. ä.) Fähigkeit, krankhafte Veränderungen im Organismus hervorzurufen;* **Pathologe,** der; -n, -n [↑-loge] (Med.): *Wissenschaftler auf dem Gebiet der Pathologie;* **Pathologie,** die; - [↑-logie]: **1.** ⟨o. Pl.⟩ (Med.) *Lehre von den Krankheiten, bes. von ihrer Entstehung u. den durch sie hervorgerufenen organisch-anatomischen Veränderungen.* **2.** *pathologische Abteilung, pathologisches Institut;* **pathologisch** ⟨Adj.; o. Steig.⟩: **1.** ⟨nicht adv.⟩ (Med.) *die Pathologie betreffend, zu ihr gehörend.* **2.** (Med.) svw. ↑krankhaft (1): -e Veränderungen des Gewebes. **3.** svw. ↑krankhaft (2): seine geradezu -e Reizbarkeit; sich in einen -en Verfolgungswahn hineinsteigern; sein Geiz kann schon fast p. genannt werden; **Pathos** ['paːtɔs], das; - [griech. páthos = Schmerz; Leiden, Krankheit; Gefühlsbewegung; Leidenschaft] (bildungsspr., oft abwertend): *feierliches Ergriffensein, leidenschaftlich-bewegter Gefühlsausdruck:* ein unechtes, hohles P.; etw. mit feierlichem P. vortragen; eine Rede voller P.

Patience [pa'si̯ãːs], die; -, -n [frz. patience, eigtl. = Geduld < lat. patientia, zu: pati, ↑Passion; 2: eigtl. = Gebäck, dessen Herstellung Geduld erfordert]: **1.** *Kartenspiel, bei dem die Karten so gelegt werden, daß Sequenzen in einer bestimmten Reihenfolge entstehen:* die P. geht nicht auf; eine P., -n legen. **2.** (Fachspr.) *Gebäck in Form von Figuren;* ⟨Zus. zu 2.:⟩ **Patiencebäckerei,** die (österr.): svw. ↑Patience (2); ⟨Zus. zu 1.:⟩ **Patiencespiel,** das; **Patiens** ['paːt̮si̯ɛns], das; -, - [lat. patiēns = leidend, ↑Patient] (Sprachw.): *Ziel eines durch das Verb ausgedrückten aktiven Verhaltens* (Ggs.: Agens 4); **Patient** [pa't̮si̯ɛnt], der; -en, -en [lat. patiēns (Gen.: patientis) = [er]duldend, leidend, 1. Part. von: pati = erdulden, leiden]: *vom Arzt od. einem Angehörigen anderer Heilberufe behandelte (od. betreute) Person (aus der Sicht dessen, der sie [ärztlich] behandelt od. betreut od. dessen, der diese Perspektive einnimmt); Kranker:* im Wartezimmer sitzen noch drei -en; ich bin P. bei Dr. Beck; die -en versorgen; ein schwieriger, geduldiger P.; wie geht es unserem kleinen -en denn heute?; ⟨Zus.:⟩ **Patientenisolator,** der (Med.): svw. ↑Life-island; **Patientin,** die; -, -nen: w. Form zu ↑Patient.

Patin ['paːtɪn], die; -, -nen: w. Form zu ↑Pate (1, 3).

Patina ['paːtina], die; - [ital. patina, eigtl. = Firnis, Glanzmittel für Felle, H. u.]: *grünliche Schicht, die sich unter dem Einfluß der Witterung auf der Oberfläche von Kupfer od. Kupferlegierungen bildet; Edelrost:* die P. der Kuppel; Ü sein Charme hat P. angesetzt *(ist nicht mehr jugendlich, frisch);* Da ist keine P., die man erst wegputzen müßte, um seine Essays ... zu genießen (Welt 13. 3. 65, Geist. Welt); **patinieren** [pati'niːrən] ⟨sw. V.; hat⟩ (Fachspr.): *mit einer künstlichen Patina versehen.*

Patio ['paːti̯o], der; -s, -s [span. patio < mlat. patuum, H. u.] (Archit.): *(bes. in Spanien u. Lateinamerika) Innenhof eines Hauses, zu dem hin sich die Wohnräume öffnen.*

Patisserie [patɪsə'riː], die; -, -n [...iːən; frz. pâtisserie, zu: pâtisser = Teig anrühren, über das Vlat. zu spätlat. pasta, ↑Paste]: **1.** *Raum in einem Hotel, Restaurant, in dem Süßspeisen hergestellt werden.* **2.** (schweiz., sonst veraltet): *Feinbäckerei.* **3.** (schweiz., sonst veraltet) *Feingebäck;* **Patissier** [patɪ'si̯eː], der; -s, -s [frz. patissier]: *[Hotel]konditor.*

Patnareis ['patna-], der; -es [nach der ind. Stadt Patna]: *langkörniger Reis.*

Patois [pa'to̯a], das; -, - [frz. patois, zu afrz. patoier = gestikulieren, zu: patte = Pfote] (bildungsspr. abwertend; selten): *Mundart, Sprechweise der Landbevölkerung [Frankreichs].*

Patres: Pl. von ↑Pater; **Patriarch** [patri'arç], der; -en, -en [mhd. patriarc(he) < kirchenlat. patriarcha < griech. patriárchēs, eigtl. = Sippenoberhaupt, zu: patḗr = Vater u. árchein = der erste sein, Führer sein, herrschen]: **1.** (Rel.) svw. ↑Erzvater. **2.** (kath. Kirche) **a)** ⟨o. Pl.⟩ *Amts- od. Ehrentitel einiger [Erz]bischöfe;* **b)** *[Erz]bischof, der diesen Titel trägt.* **3.** (orthodoxe Kirche) **a)** ⟨o. Pl.⟩ *Titel der obersten Geistlichen u. der leitenden Bischöfe;* **b)** *Geistlicher, Bischof, der diesen Titel trägt.* **4.** *das älteste u. daher bestimmende männliche Mitglied eines Familienverbandes, das mit Autorität ausgestattete Familienoberhaupt:* er herrscht in dem Werk wie ein P.; **patriarchal** [patriar'ça:l]: seltener für ↑patriarchalisch (1); **patriarchalisch** ⟨Adj.⟩ [1 b: kirchenlat. patriarchālis]: **1. a)** ⟨o. Steig.⟩ *das Patriarchat (2) betreffend, auf ihm beruhend, zu ihm gehörend; vaterrechtlich:* -e Gesellschaften; die -e Ordnung der Gesellschaft; **b)** ⟨o. Steig.⟩ *den Patriarchen (1–3) betreffend, zu ihm gehörend.* **2.** *väterlich-streng, wie ein Patriarch (4):* ein -er Gutsbesitzer; er gibt sich sehr p.; p. reagieren; **Patriarchat** [...'ça:t], das, auch: der; -[e]s, -e: **1.** *Würde u. Amtsbereich eines Patriarchen (2, 3).* **2.** *Gesellschaftsordnung, bei der der Mann eine bevorzugte Stellung in Staat u. Familie innehat u. bei der in Erbfolge u. sozialer Stellung die männliche Linie ausschlaggebend ist;* **patriarchisch** ⟨Adj.; o. Steig.⟩: veraltet für ↑patriarchalisch (1 b); **patrilineal, patrilinear** ⟨Adj.; o. Steig.⟩ [zu lat. pater = Vater u. līnea, ↑Linie, linear] (Rechtsspr., Völkerk.): *in der Erbfolge der väterlichen Linie folgend* (Ggs.: matrilineal, matrilinear); **patrimonial** [...mo'ni̯a:l] ⟨Adj.; o. Steig.⟩ [spätlat. patrimōniālis]: **a)** *das Patrimonium betreffend, auf ihm beruhend;* **b)** *vom Vater ererbt, väterlich;* ⟨Zus.:⟩ **Patrimonialgerichtsbarkeit,** die [mlat. patrimonialis = grundherrschaftlich] (früher): *private Ausübung der Rechtsprechung von seiten des Grundherrn über seine Hörigen;* **Patrimonialstaat,** der: (MA.) *Staat, dessen gesamtes Gebiet vererbbares Eigentum des Herrschers war;* **Patrimonium** [...'mo:ni̯ʊm], das; -s, ...ien [...i̯ən; lat. patrimōnium]: *(im römischen Recht) Privatvermögen des Herrschers; väterliches Erbgut;* **Patriot** [patri'o:t], der; -en, -en [frz. patriote = Vaterlandsfreund < spätlat. patriōta = Landsmann < griech. patriṓtēs, eigtl. = jmd., der aus demselben Geschlecht stammt, zu: patḗr = Vater]: *jmd., der von Patriotismus erfüllt ist u. sich mit ganzer Kraft für sein Vaterland einsetzt:* ein begeisterter, glühender P.; **Patriotin,** die; -, -nen: w. Form zu ↑Patriot; **patriotisch** ⟨Adj.⟩ [frz. patriotique < spätlat. patriōticus = heimatlich < griech. patriōtikós]: *in der Art eines Patrioten, vaterlandsliebend; vaterländisch:* eine -e Gesinnung; es war seine -e Pflicht ...; die Schüler sangen -e Lieder; p. gesinnt sein; **Patriotismus** [patrio'tɪsmʊs], der; - [frz. patriotisme]: *[begeisterte] Liebe zum Vaterland, vaterländische Gesinnung:* von glühendem P. erfüllt sein; (DDR:) sozialistischer P.; **Patristik** [pa'trɪstɪk], die; - [zu lat. pater = Vater] (christl. Theol.): *Wissenschaft von den Schriften u. Lehren der Kirchenväter; altchristliche Literaturgeschichte;* **Patristiker,** der; -s, -: *Wissenschaftler auf dem Gebiet der Patristik;* **patristisch** ⟨Adj.; o. Steig.; nicht adv.⟩: *die Patristik betreffend, zu ihr gehörend;* **Patrize** [pa'tri:t͜sə], die; -, -n [geb. nach ↑Matrize zu lat. pater = Vater] (Druckw.): *in Stahl geschnittener, erhabener Stempel einer Schrifttype, mit der das negative Bild zur Vervielfältigung geprägt wird;* **Patriziat** [patri't͜si̯a:t], das; -[e]s, -e ⟨Pl. ungebr.⟩ [lat. patriciātus = Würde eines Patriziers (1)]: **1.** (hist.) *Gesamtheit der altrömischen adligen Geschlechter.* **2.** (selten) *Gesamtheit der Patrizier (2); Bürger-, Stadtadel;* **Patrizier** [pa'tri:t͜si̯ɐ], der; -s, - [lat. patricius = Nachkomme eines römischen Sippenhauptes, zu: pater = Vater]: **1.** (hist.) *Mitglied des altrömischen Adels.* **2.** *(bes. im Mittelalter) vornehmer, wohlhabender Bürger;* ⟨Zus.:⟩ **Patriziergeschlecht,** das, **Patrizierhaus,** das; **patrizisch** ⟨Adj.; o. Steig.; nicht adv.⟩: *den Patrizier (1, 2) betreffend, zu ihm gehörend; für ihn, seine Lebensweise charakteristisch;* **Patrologe** [patro'lo:gə], der; -n, -n [zu griech. patḗr (Gen.: patrós) = Vater u. ↑-loge]: svw. ↑Patristiker; **Patrologie,** die; - [↑-logie]: svw. ↑Patristik; **patrologisch** ⟨Adj.; o. Steig.⟩: svw. ↑patristisch; **Patron** [pa'tro:n], der; -s, -e [mhd. patrōn(e) < lat. patrōnus, zu: pater = Vater]: **1. a)** *(im alten Rom) Schutzherr seiner Freigelassenen;* **b)** (veraltet) *Schutz-, Schirmherr.* **2.** *Schutzheiliger einer Kirche, einer Berufs- od. Standesgruppe, einer Stadt o. ä.* **3.** *Gründer, Erbauer, Stifter einer Kirche, dem dadurch Vorrechte u. Pflichten entstanden.* **4.** frz. Bez. für *Inhaber eines Geschäftes, einer Gaststätte o. ä.:* hinter einer Tür ..., hinter der der P. mit seinen Rechnungen hauste (Remarque, Triomphe 176). **5.** (ugs. abwertend) *Bursche, Kerl* (nur in Verbindung mit negativ charakterisierenden Adjektiven): ein langweiliger, widerlicher, übler P.; **Patrona** [...na], die; -, ...nä [lat. patrōna]: *[heilige] Beschützerin;* **Patronage** [patro'na:ʒə], die; - [frz. patronage = Patronat (2), zu: patron < lat. patrōnus, ↑Patron]: *Günstlingswirtschaft, Protektion;* **Patronanz** [patro'nant͜s], die; - (österr.): svw. ↑Patronat; **Patronat** [...'na:t], das; -[e]s, -e [lat. patrōnātus]: **1.** *(im alten Rom) Würde u. Amt eines Patrons (1).* **2.** (bildungsspr.) *Schirmherrschaft:* die Ausstellung stand unter dem P. des Bundeskanzlers. **3.** (christl. Kirche) *Rechtsstellung des Stifters einer Kirche, seine Rechte u. Pflichten;* ⟨Zus.:⟩ **Patronatsfest,** das (kath. Kirche): *Fest des Patrons (2) einer Kirche, dem sie geweiht ist,* **Patronatsherr,** der (selten): *jmd., der ein Patronat (3) innehat;* **Patrone** [pa'tro:nə], die; -, -n [frz. patron = Musterform (für Pulverladungen) < mlat. patronus = Musterform, eigtl. = Vaterform, zu lat. patrōnus, ↑Patron]: **1.** *Metallhülse mit Treibladung u. Geschoß (als Munition für Feuerwaffen):* eine P. einlegen; im Lauf des Gewehrs war, steckte eine P.; bis zur letzten P. *(solange man sich noch wehren kann)* kämpfen. **2.** *wasserdicht abgepackter Sprengstoff zum Einführen in Bohrlöcher für Sprengungen.* **3. a)** *kleiner, fast zylindrischer Behälter aus Kunststoff für Tinte od. Tusche zum Einlegen in einen Füllfederhalter;* **b)** *fest schließende, lichtundurchlässige Kapsel mit einem Kleinbildfilm, die in die Kamera eingelegt wird.* **4.** (Textilind.) *Zeichnung (auf kariertem Papier) für das Muster in der Bindung eines Gewebes.*

Patronen-: **~füller,** der (ugs.): svw. ↑~füllhalter; **~füllhalter,** der: *mit Patronen (3 a) versehener Füllfederhalter;* **~gurt,** der: **a)** *Gurt aus Metall, der in einzelne Glieder eingeteilt ist, in denen die Patronen (1) befestigt sind;* **b)** *Ledergürtel mit Schlaufen od. Taschen aus festem Leinen für die einzelnen Patronen (1);* **~gürtel,** der: svw. ↑~gurt (b); **~hülse,** die: *Metallhülse einer Patrone (1);* **~kammer,** die: *zylindrischer Teil einer Handfeuerwaffe, der die aus dem Magazin austretende Patrone (1) aufnimmt;* **~lager,** das: svw. ↑~kammer; **~magazin,** das: svw. ↑Magazin (3 a); **~tasche,** die: *am Gürtel befestigter Behälter für Patronen (1).*

patronieren [patro'ni:rən] ⟨sw. V.; hat⟩ [frz. patronner; vgl. Patrone (4)] (österr.): *mit Schablone malen;* **Patronin,** die; -, -nen: w. Form zu Patron (2, 3); **Patronymikon** [patro'ny:mikɔn], das; -s, ...ka [zu griech. patrōnymikós = nach dem Vater benannt]: *vom Namen des Vaters abgeleiteter Name* (z. B. Petersen = Peters Sohn; Ggs.: Metronymikon).

Patrouille [pa'trʊljə, österr.: pa'trʊjə], die; -, -n [frz. patrouille, eigtl. = Herumwaten im Schmutz, zu: patrouiller = patschen, zu: patte = Pfote]: **1.** *von (einer Gruppe) Soldaten durchgeführte Erkundung, durchgeführter Kontrollgang:* eine nächtliche P.; auf P. sein, gehen, fahren; die Feldgendarmerie macht hier gelegentlich -n. **2.** *Gruppe von Soldaten, die etw. erkunden, einen Kontrollgang durchführen:* eine [berittene] P.; eine P. zusammenstellen, anführen.

Patrouillen-: **~boot,** das: *Boot für Patrouillenfahrten;* **~fahrt,** die: *zur Erkundung, Kontrolle unternommene Fahrt;* **~flug,** der: vgl. ~fahrt; **~führer,** der: *Führer einer Patrouille (2);* **~gang,** der: svw. ↑Patrouille (1).

patrouillieren [patrʊl'ji:rən] ⟨sw. V.; hat/ist⟩ [frz. patrouiller]: *als Posten od. Wache auf u. ab gehen, Kontrollgänge machen:* Soldaten patrouillierten durch die Straßen; vor der Küste sind/haben Kriegsschiffe patrouilliert; Ü sie patrouillierte an der Haltestelle auf und ab.

Patrozinium [patro't͜si:ni̯ʊm], das; -s, ...ien [...i̯ən; lat. patrōcinium = Beistand, zu: patrōnus, ↑Patron]: **1.** (kath. Kirche) **a)** *Schutzherrschaft eines Heiligen über eine Kirche;* **b)** *Patronatsfest.* **2.** *(im alten Rom) Vertretung eines rechtsunfähigen Klienten durch einen Patron (1).*

patsch! [pat͜ʃ] ⟨Interj.⟩: lautm. für ein Geräusch, das entsteht, wenn man die Hände zusammenschlägt, wenn etw. klatschend auf eine Wasseroberfläche aufschlägt od. wenn etw. Weiches [Schweres] auf etw. Hartes fällt: p., da lag das Kind im Dreck; **Patsch,** der: -[e]s, -e: **1.** *patschendes Geräusch:* mit einem P. fiel er in die Pfütze. **2.** (ugs.) *von Regen od. Schnee aufgeweichter Straßenschmutz; Matsch.*

patsch-, Patsch-: **~hand,** die, **~händchen,** das (Kinderspr.): *kleine, weiche Kinderhand;* **~naß** ⟨Adj.; o. Steig.; nicht adv.⟩ (ugs. emotional): *klatschnaß;* ~**wetter,** das (ugs.): *sehr schlechtes Wetter mit Patsch* (2) *auf den Straßen.*

Patsche ['patʃə], die; -, -n [4: eigtl. = Matsch, aufgeweichte Straße] (ugs.): **1.** *Hand:* komm, gib mir deine P.! **2.** svw. ↑Feuerpatsche: mit der P. das Feuer löschen. **3.** svw. ↑Patsch (2). **4.** *unangenehme, schwierige Lage, Bedrängnis:* in eine P. geraten, kommen; in der P. sein, stecken, sitzen; jmdm. aus der P. helfen; er versuchte, sich aus der P. zu ziehen; **patschen** ['patʃn̩] ⟨sw. V.; hat/ist⟩ [zu ↑patsch] (ugs.): **1. a)** *ein klatschendes Geräusch hervorbringen* ⟨hat⟩: das Wasser patscht unter seinen Stiefeln; **b)** *klatschend, mit einem Patsch* (1) *gegen etw. prallen, auf etw. auftreffen* ⟨ist⟩: der Regen patscht gegen die Scheiben, auf das Dach; Ein anderes Mal patschte das kleine Mädchen vom Wickeltisch kopfüber auf den Boden (Fussenegger, Haus 67). **2.** *(mit der flachen Hand, dem Fuß od. einem flachen Gegenstand) klatschend auf etw. schlagen* ⟨hat⟩: jmdm. [mit den Händen] ins Gesicht p.; sich auf die Schenkel p.; das Kind patschte vor Vergnügen in die Hände. **3.** (ugs.) *(in Wasser, Schlamm o. ä.) gehen, laufen u. dabei ein klatschendes Geräusch hervorbringen* ⟨ist⟩: er patschte durch die Pfützen; **Patschen** [-], der; -s, - (österr.): **1.** ⟨meist Pl.⟩ *Hausschuh, Pantoffel.* **2.** *Reifenpanne:* er muß das Rad wechseln, er hat einen P.; **patschenaß:** ↑patschnaß.

Patschuli ['patʃuli], das; -s [frz., engl. patchouli < tamil. (Eingeborenenspr. des südl. Indien) paccuḷi, eigtl. = grünes Blatt]: **a)** *aus der Patschulipflanze gewonnener Duftstoff;* **b)** svw. ↑Patschuliöl; ⟨Zus.:⟩ **Patschuliöl,** das: *[zur Herstellung von Parfüm] aus den Blättern der Patschulipflanze gewonnenes Öl;* **Patschulipflanze,** die: *(zu den Lippenblütlern gehörende) im tropischen Asien heimische, krautige Pflanze mit kleinen weißen u. violetten Blüten.*

patt [pat] ⟨Adj.; o. Steig.; nur präd.⟩ [frz. pat, H. u.] (Schach): *nicht mehr in der Lage, einen Zug zu machen, ohne seinen König ins Schach zu bringen;* **Patt,** das; -s, -s: **1.** (Schach) *(als unentschieden gewertete) Stellung im Schachspiel, bei der eine Partei patt ist:* die Partie ging mit einem P. aus. **2.** *Situation, in der keine Partei einen Vorteil erringen, den Gegner schlagen kann; Unentschieden:* ein nukleares, militärisches P.; England wählte ein politisches P.: Heath verlor seine Mehrheit, aber Labour gewann sie nicht (Spiegel 10, 1974, 78).

Patte ['patə], die; -, -n [frz. patte = Patte, Schulterklappe, eigtl. = Pfote, wohl nach der länglichen Form; H. u.]: *(bei Kleidung) abgefüttertes Stoffteil als Klappe an Taschen;* ⟨Zus.:⟩ **Pattentasche,** die: *(bei Kleidung) Tasche, die mit einer Patte verarbeitet ist.*

Pattern ['pɛtɐn], das; -s, -s [engl. pattern < mengl. patron < (a)frz. patron, ↑Patrone]: **1.** (bes. Psych., Soziol.) *[Verhaltens]muster; [Denk]modell; Schema.* **2.** (Sprachw.) *charakteristisches Sprachmuster, nach dem sprachliche Einheiten nachgeahmt u. weitergebildet werden;* ⟨Zus. zu 2:⟩ **Patternpraxis,** die [LÜ von engl.-amerik. pattern practice] (Sprachw.): *Verfahren im modernen Fremdsprachenunterricht zum unbewußt-automatischen Einschleifen der in einer Sprache vorhandenen Patterns zu festen Sprachgewohnheiten beim Sprecher.*

Pattinando [pati'nando], das; -s, -s u. ...di [ital. pattinando, zu: pattinare, eigtl. = Schlittschuh laufen] (Fechten): *mit einem Schritt vorwärts verbundener Ausfall.*

Pattsituation, die; -, -en: svw. ↑Patt (2): eine nukleare P.

patzen ['patsn̩] ⟨sw. V.; hat⟩ [wohl zu ↑Patzen, also eigtl. = klecksen, unsauber arbeiten]: **1.** (ugs.) *(bei der Ausführung einer [erlernten] Tätigkeit, Durchführung einer Aufgabe) kleinere Fehler machen:* die deutsche Meisterin patzte bei der Kür; Beim jüngsten Zugriff der Terroristenfahnder wurde an der Basis gepatzt (Spiegel 20, 1979, 5). **2.** (österr.) *klecksen:* ich habe beim Schreiben gepatzt; **Patzen** [-], der; -s, - (österr. mundartl.): *Klecks, Schmutzfleck;* **Patzer** ['patsɐ], der; -s, -: **1.** (ugs.) *kleinerer Fehler [bei der Ausführung einer [erlernten] Tätigkeit]:* dem Pianisten sind einige P. unterlaufen; in dem Aufsatz sind zu viele P.; ein P. kostete den Gesamtsieg. **2.** (ugs.) *jmd., der oft patzt; Stümper.* **3.** (österr.) *jmd., der viel kleckst;* **Patzerei** [patsə'rai], die; -, -en: **1.** (ugs.) *[dauerndes] Patzen* (1). **2.** (österr.) *Kleckserei;* **patzig** ['patsɪç] ⟨Adj.⟩ [frühnhd. batzig = aufgeblasen, frech, eigtl. = klumpig, klebrig, zu ↑Batzen] (ugs. abwertend): **1.** *in ungezogener, unhöflicher Weise mit unfreundlichen, frechen Antworten reagierend; unverschämt:* eine -e Antwort; sei nicht so p.!; antworte, komme mir nicht noch einmal so p.! **2.** (österr.) *klebrig, verschmiert;* ⟨Abl.:⟩ **Patzigkeit,** die; -, -en: **a)** ⟨o. Pl.⟩ *patzige* (1) *Art, patziges Benehmen;* **b)** *einzelne patzige* (1) *Handlung;* **patzweich** ⟨Adj.; o. Steig.⟩ (österr.): *sehr weich:* er hat ein -es Herz; die Pflaumen sind p.

Pauk- (Studentenspr.; pauken 3): ~**arzt,** der: *bei der Mensur* (2) *anwesender Arzt;* ~**boden,** der: *Fechtboden einer schlagenden Verbindung;* ~**brille,** die: *bei der Mensur* (2) *zu tragende Schutzbrille;* ~**tag,** der: *Tag, an dem Mensuren* (2) *geschlagen werden.*

Paukant [pau̯'kant], der; -en, -en [zu ↑pauken (3)] (Studentenspr.): *Teilnehmer einer Mensur* (2).

Pauke ['pau̯kə], die; -, -n [mhd. pūke, H. u.]: **1.** *Schlaginstrument mit kesselähnlichem Resonanzkörper u. einer meist aus Kalbfell bestehenden Membran, bei dem die Töne mit zwei hölzernen Schlegeln hervorgebracht werden; Kesselpauke:* die P. schlagen; *** auf die P. hauen** (ugs.: 1. *ausgelassen feiern.* 2. *großsprecherisch auftreten.* 3. *seiner Kritik o. ä. lautstark Ausdruck geben*); **mit -n und Trompeten durchfallen** (ugs.; *bei einem Examen o. ä. ganz u. gar versagen, durchfallen*); **jmdn. mit -n und Trompeten empfangen** *(jmdn. mit großen [u. übertriebenen] Ehren empfangen).* **2.** (selten) svw. ↑Standpauke.

pauken ['pau̯kn̩] ⟨sw. V.; hat⟩ [1: wohl urspr. in der Bed. von „unterrichten" zu ↑Pauker (2 a); 2: mhd. pūken; 3: nach der älteren Bed. „schlagen"]: **1.** (ugs.) **a)** *(bes. vor einer Prüfung o. ä.) sich einen bestimmten Wissensstoff durch intensives, häufig mechanisches Lernen od. Auswendiglernen anzueignen suchen:* Vokabeln, den Prüfungsstoff, Französisch p.; **b)** *intensiv lernen:* für das Examen, vor der Prüfung [die ganze Nacht] p.; Der Englischlehrer paukte mit uns (Kempowski, Immer 175). **2.** *die Pauke schlagen:* er paukt im Rundfunkorchester; Ü er paukt auf dem Klavier (abwertend; *spielt laut, hämmernd u. ohne Gefühl*). **3.** (Studentenspr.) *eine Mensur* (2) *schlagen, fechten:* heute wird gepaukt. **4.** (ugs.) svw. ↑herauspauken: Anwälte ..., die Mass aus seinem ... Vertrag ... p. wollen (MM 5. 8. 74, 4).

Pauken-: ~**fell,** das; ~**höhle,** die [nach der Form] (Anat.): *Teil des Mittelohrs, der zur Rachenhöhle hin offen ist;* ~**schlag,** der: *(einzelner) Schlag auf die Pauke* (1): Ü mit einem P. *(einem Eklat o. ä.)* ging die Sache, ging ihre Liaison zu Ende; ~**schläger,** der (selten): svw. ↑Paukist; ~**schlegel,** der ⟨meist Pl.⟩.

Pauker, der; -s, - [2 a: gek. aus Arschpauker, eigtl. = jmd., der beim Unterrichten den Arsch der Schüler versohlt]: **1.** *Paukist.* **2.** (Schülerspr.) **a)** *Lehrer;* **b)** *Schüler, der viel paukt* (b); **Paukerei** [pau̯kə'rai], die; - (ugs. abwertend): *[dauerndes] Pauken* (1–3); **Paukist** [pau̯'kɪst], der; -en, -en: *jmd., der [berufsmäßig] die Pauke schlägt.*

paulinisch [pau̯'li:nɪʃ] ⟨Adj.; o. Steig.⟩ [nach dem Apostel Paulus] (christl. Theol.): *der Lehre des Apostels Paulus entsprechend, auf ihr beruhend;* **Paulinismus** [pau̯li'nɪsmʊs], der; - (christl. Theol.): *die Lehre des Apostels Paulus.*

pauperieren [pau̯pe'ri:rən] ⟨sw. V.; hat⟩ [zu lat. pauper = arm] (Biol.): *(von Pflanzenarten) sich nach einer Kreuzung kümmerlich entwickeln, gute Eigenschaften verlieren;* **Pauperismus** [...'rɪsmʊs], der; - (bildungsspr. veraltend): *(bes. im 19. Jh.) Verarmung, Verelendung breiter Schichten der Bevölkerung.*

Pausback ['pau̯sbak], der; -s, -e [zu frühnhd. p(f)ausen, spätmhd. pfusen = pustend (mit aufgeblähten Wangen) atmen u. ↑Backe] (fam.): *pausbäckiger Mensch, bes. Kind mit Pausbacken;* **Pausbacke,** die; -, -n ⟨meist Pl.⟩ (fam.): *runde, rote Backe (bes. bei einem Kind):* er hat -n wie ein Barockengel; ⟨Abl.:⟩ **pausbackig** (seltener): svw. ↑pausbäckig; **pausbäckig** ⟨Adj.; nicht adv.⟩: ein -es Kind, Gesicht.

Pausch- ['pau̯ʃ-] (Fachspr.): ~**betrag,** der: svw. ↑Pauschalbetrag; ~**quantum,** das: *in Bausch u. Bogen gegebene, abgerundete Menge;* ~**summe,** die: vgl. ~betrag.

pauschal [pau̯'ʃa:l] ⟨Adj.; o. Steig.⟩ [zu ↑Pauschale]: **1.** *im ganzen, ohne Spezifizierung o. ä.:* eine -e Summe, Bezahlung; etw. p. vergüten, versichern; die Frage kann ich nur p. *(nicht ins einzelne gehend)* beantworten. **2.** (bildungsspr.) *in Bausch u. Bogen; ohne zu differenzieren:* ein allzu -es Urteil; Kernkraftwerkgegner werden oft als linksradikale Störgruppen diffamiert.

Pauschal-: ~**abfindung,** die; ~**abschreibung,** die (Wirtsch.); ~**betrag,** der; ~**gebühr,** die; ~**preis,** der; ~**reise,** die: *Reise,* *die von einem Reisebüro vermittelt wird u. deren Kosten (für Übernachtung, Beförderung, Verpflegung u. a.) im voraus pauschal bezahlt werden;* **~summe,** die: svw. ↑Pauschale; **~tarif,** der; **~urteil,** das (abwertend): *wenig differenzierendes, verallgemeinerndes Urteil [durch das jmd., etw. abqualifiziert wird]; Globalurteil;* **~vergütung,** die.

Pauschale [paʊ̯ˈʃaːlə], die; -, -n, veraltet: das; -s, ...lien [...i̯ən]; latinis. Bildung zu ↑Pausche, Nebenf. von ↑Bausch; vgl. die veraltete Fügung „im Bausch" = im ganzen genommen]: *Geldbetrag, durch den eine Leistung, die sich aus verschiedenen einzelnen Posten zusammensetzt, ohne Spezifizierung [nach ihrem Durchschnittswert] abgegolten wird:* für die Nebenkosten ist eine monatliche P. von 100 Mark zu zahlen; Ü die P. *(Pauschalurteil)* „Die Frauen argumentieren mehr emotional, die Männer mehr sachbezogen" (Pilgrim, Mann 53); ⟨Abl.:⟩ **pauschalieren** [paʊ̯ʃaˈliːrən] ⟨sw. V.; hat⟩: *Teilsummen od. -leistungen zu einer Pauschale zusammenfassen:* die Nebenkosten p.; ein pauschalierter Pflegesatz, pauschalierte Leistungen; ⟨Abl.:⟩ **Pauschalierung,** die; -, -en: *das Pauschalieren;* **pauschalisieren** [...liˈziːrən] ⟨sw. V.; hat⟩ (bildungsspr.): *etw. pauschal* (2) *behandeln, sehr stark verallgemeinern:* in deinem Urteil hast du viel zu sehr pauschalisiert; ⟨Abl.:⟩ **Pauschalisierung,** die; -, -en: *das Pauschalisieren:* sich vor einer P., vor -en hüten; **Pauschalität** [...liˈtɛːt], die; - (bildungsspr.): *das Pauschalsein; Undifferenziertheit;* **Pausche,** die; -, -n [1: vgl. Pauschale]: **1.** *(zu beiden Seiten) unter dem seitlichen Teil des Sattels angebrachte Polsterung.* **2.** (Turnen) *einer der beiden gebogenen Haltegriffe des Pauschenpferdes.*

Päuschel [ˈpɔʏ̯ʃl̩]: ↑Bäuschel.

Pauschenpferd, das; -[e]s, -e (Turnen, bes. schweiz.): svw. ↑Seitpferd.

[1]**Pause** [ˈpaʊ̯zə], die; -, -n [mhd. pūse, über das Roman. < lat. pausa, zu griech. paúein (Aorist: paũsai) = aufhören]: **1. a)** *kürzere Unterbrechung einer Tätigkeit, die der Erholung, Regenerierung o. ä. dienen soll:* eine kurze P.; die große, kleine P. *(Pause von 10 bzw. 5 Minuten zwischen den Unterrichtsstunden in der Schule);* eine unfreiwillige P. *(kürzeres od. längeres Aussetzen bei einer Tätigkeit o. ä., das jmdm. durch bestimmte Umstände, Krankheit o. ä. aufgezwungen wird);* eine schöpferische P. *(längere Unterbrechung einer Tätigkeit, durch die neue Impulse für ihre Fortführung, neue Ideen o. ä. gewonnen werden sollen);* wir brauchen eine P. der Besinnung, der Erholung; [eine] P. machen; eine P. einlegen, einschieben, einschalten; wir haben eben P.; er gönnt sich keine P. *(Ruhepause);* eine P. von 10 Minuten; sie arbeiteten ohne P. *(Arbeitspause)* bis zum Abend; es klingelt zur P. (in der Schule o. ä.); **b)** *[unbeabsichtigte] kurze Unterbrechung, vorübergehendes Aufhören von etw.:* plötzlich entstand eine peinliche P. in der Unterhaltung; der Redner machte eine [bedeutungsvolle] P. **2.** (Musik) **a)** *Taktteil innerhalb eines Musikwerks, der nicht durch Töne ausgefüllt ist:* die P. einhalten; die Singstimme hat hier eine P. von 3 Takten; **b)** svw. ↑Pausenzeichen (1): eine ganze, halbe P. **3.** (Verslehre) *vom metrischen Schema geforderte Takteinheit, die nicht durch Sprache ausgefüllt ist.*

[2]**Pause** [-], die; -, -n [zu ↑pausen]: *mit Hilfe von Pauspapier od. auf fotochemischem Wege hergestellte Kopie (eines Schriftstücks o. ä.);* **pausen** ⟨sw. V.; hat⟩ [H. u., wohl unter Einfluß von frz. ébaucher = grob skizzieren u. poncer = pausen]: *eine* [2]*Pause anfertigen; durchpausen.*

pausen-, Pausen- ([1]Pause): **~brot,** das: *belegtes Brot o. ä., das man in der Pause* (1 a) *verzehrt;* **~gymnastik,** die: *Gymnastik als Ausgleich für einseitige Tätigkeit in bes. dafür vorgesehenen Arbeitspausen;* **~halle,** die: *(bei Schulbauten) [offene] Halle, in der sich (bei Regenwetter) die Schüler während der Pause aufhalten können;* **~hof,** der: vgl. ~halle; **~los** ⟨Adj.; o. Steig.; nicht präd.⟩: **a)** *über eine gewisse Zeit ohne Unterbrechung bestehend, andauernd; ohne zeitweiliges Aussetzen:* -es Motorengedröhn; der Verkehr brandet hier p.; **b)** (ugs. abwertend) *(in lästiger, ärgerlicher Weise) ständig, dauernd; immer wieder:* eine -e Fragerei; p. übergaben sich irgendwelche Kinder (Kempowski, Immer 66); **~pfiff,** der (Sport): *Pfiff, mit dem der Schiedsrichter einen Spielabschnitt beendet u. den Beginn der Pause anzeigt;* **~raum,** der: *Aufenthaltsraum, bes. in Betrieben, für Pausen* (1 a); **~stand,** der (Sport): *Spielstand nach der ersten Spielzeithälfte;* **~tee,** der (Sport Jargon): *das Trinken von Tee in der Spielpause, Halbzeit* (2) *[während der die Spieler taktische Anweisungen erhalten];* **~zeichen,** das: **1.** (Musik) *(in der Notenschrift) graphisches Zeichen für die Pause* (2 a). **2.** *(in Hörfunk u. Fernsehen) akustisches bzw. optisches Erkennungszeichen bes. für eine Sendeanstalt.*

pausieren [paʊ̯ˈziːrən] ⟨sw. V.; hat⟩ [spätlat. pausāre, zu lat. pausa, ↑Pause]: **a)** *eine Tätigkeit [für kurze Zeit] unterbrechen; vorübergehend mit etw. aufhören:* Herr Piesch pausiert, weil ihm das Gleichgewicht abhanden kommt und er für Sekunden an der Tischkante Halt sucht (Ossowski, Flatter 29); **b)** *für einige Zeit ausspannen, ausruhen:* er mußte wegen seines Rückenleidens einige Zeit p.;

Pauspapier, das; -s, -e: **1.** *durchsichtiges Papier zum Durchpausen.* **2.** svw. ↑Kohlepapier.

Pavane [paˈvaːnə], die; -, -n [frz. pavane < ital. pavana, eigtl. = (Tanz) aus Padua] (Musik): **1.** (früher) *langsamer höfischer Schreittanz.* **2.** *Einleitungssatz der Suite.*

Pavese [paˈveːzə], die; -, -n [wohl nach der ital. Stadt Pavia]: *ma. Schild, der mit einem eisernen Stachel (an seinem unteren Ende) in die Erde gestoßen werden konnte.*

Pavian [ˈpaːvi̯aːn], der; -s, -e [niederl. bavian < frz. babouin, H. u.]: *(in Afrika heimischer) großer, vorwiegend am Boden lebender Affe mit hundeähnlicher Schnauze, meist langer Mähne an Kopf u. Rücken u. einem unbehaarten [roten] Hinterteil.*

Pavillon [ˈpavɪljɔŋ, auch: ˈpavɪljõ, ...ˈjõː], der; -s, -s [frz. pavillon, zu (spät)lat. pāpilio = Schmetterling, auch: Zelt (nach dem Vergleich mit den aufgespannten Flügeln)]: **1.** *frei stehender, kleiner, offener, meist runder Bau in Parks o. ä.* **2.** (Archit.) *baulich bes. hervorgehobener Eck- od. Mitteltrakt eines größeren Gebäudes.* **3.** (Archit.) *zu einer Krankenhaus- od. Schulanlage gehörender selbständiger Bau.* **4.** *[aus einem Raum bestehender] Einzelbau auf einem Ausstellungsgelände.* **5.** *großes viereckiges Festzelt;* ⟨Zus. zu 3:⟩ **Pavillonbau,** der ⟨Pl. -bauten⟩ (Archit.): *bauliche Anlage mit Pavillons;* **Pavillonsystem,** das (Archit.): *(bes. bei Schul-, Krankenhausbauten) Bauform, bei der für einzelne Abteilungen, verschiedene Zwecke o. ä. je eigene, selbständige, meist eingeschossige Bauten errichtet werden.*

Pavor [ˈpaːvɔr, auch: ...voːɐ̯], der; -s [lat. pavor] (Med.): *[Anfall von] Angst, Schrecken:* P. nocturnus [- nɔkˈtʊrnʊs] (Med.; *nächtliches Aufschrecken aus dem Schlaf*).

Pawlatsche [paˈvlaːtʃə], die; -, -n [tschech. pavlač = offener Hausgang] (österr. ugs.): **a)** *offener Gang an der Hofseite eines [Wiener] Hauses;* **b)** *baufälliges Haus;* **c)** *Bretterbühne;* ⟨Zus.:⟩ **Pawlatschentheater,** das (österr.): *[Vorstadt]-theater auf einer einfachen Bretterbühne.*

Pax [paks], die; - [lat. pāx = Friede] (kath. Kirche): *Friedensgruß, bes. der Friedenskuß in der katholischen Messe;* **Pax vobiscum!** [- voˈbɪskʊm]: *Friede (sei) mit euch!* (Gruß in der katholischen Meßliturgie).

Paying guest [ˈpeɪɪŋ ˈgɛst], der; - -, - -s [engl. = zahlender Gast]: *jmd., der im Ausland (gegen Entgelt) bei einer Familie mit vollem Familienanschluß wohnt.*

pazifisch [paˈtsiːfɪʃ] ⟨Adj.; o. Steig.; nicht adv.⟩: *den Pazifik betreffend, zu ihm gehörend:* der -e Raum; **Pazifismus** [patsiˈfɪsmʊs], der; - [frz. pacifisme, zu: pacifier, ↑pazifizieren]: **a)** *weltanschauliche Strömung, die jeden Krieg als Mittel der Auseinandersetzung ablehnt u. den Verzicht auf Rüstung u. militärische Ausbildung fordert:* ein Anhänger des P.; **b)** *jmds. Haltung, Einstellung, die durch den Pazifismus* (a) *bestimmt ist:* sein P. erlaubt ihm nicht, eine militärische Ausbildung mitzumachen; **Pazifist** [...ˈfɪst], der; -en, -en [frz. pacifiste]: *Anhänger des Pazifismus* (a) (Ggs.: Bellizist); **Pazifistin,** die; -, -nen: w. Form zu ↑Pazifist; **pazifistisch** ⟨Adj.; o. Steig.⟩: *zum Pazifismus gehörend, ihn betreffend; dem Pazifismus anhängend:* -es Denken; -e Literatur; **pazifizieren** [...fiˈtsiːrən] ⟨sw. V.; hat⟩ [nach frz. pacifier = Frieden geben, zu lat. pāx (Gen.: pācis) = Friede u. facere = machen] (bildungsspr. veraltend): *beruhigen, befrieden* (1 a); ⟨Abl.:⟩ **Pazifizierung,** die; -, -en.

Peak [piːk], der; -s, -s [engl. peak] (bes. Chemie): *relativ spitzes Maximum* (2 a) *im Verlauf einer Kurve* (1 a).

Pecannuß usw.: ↑Pekannuß usw.

Pech [pɛç], das; -s, seltener: -es, (Arten:) -e [mhd. bech, pech, ahd. beh, peh < lat. pix (Gen.: picis); 2: aus der Studentenspr., zu ↑Pechvogel, wohl auch unter Einfluß des älteren „höllisches Pech" = Hölle; 3: nach der zähflüssigen Beschaffenheit]: **1.** *zähflüssig-klebrige, braune bis schwarze Masse, die als Rückstand bei der Destillation von Erdöl u. Teer anfällt:* etw. mit P. abdichten, bestreichen;

ihre Haare sind schwarz wie P.; Spr wer P. angreift, besudelt sich (nach Sir. 13, 1); * **zusammenhalten wie P. und Schwefel** (ugs.; *fest, unerschütterlich zusammenhalten*); **P. an den Hosen**/(ugs.:) **am Hintern**/(derb:) **am Arsch haben** (ugs.; *[als Gast] den richtigen Zeitpunkt zum Aufbrechen versäumen, zu lange bleiben*). **2.** ⟨o. Pl.⟩ *unglückliche Fügung; Mißgeschick, das jmds. Vorhaben, Pläne durchkreuzt, beeinträchtigt, zunichte macht* (Ggs.: Glück 1): großes, unerhörtes P.; das war wirklich P.!; so ein P.!; P. gehabt! (ugs.; Feststellung eines Dritten, der jmds. Mißgeschick mit Hohn od. ohne große Anteilnahme quittiert); dein P. (ugs.; *da bist du selbst schuld*), wenn du nicht aufpaßt; P. für dich (ugs.; *nichts zu machen*); er hat viel P. gehabt in den letzten Jahren *(vieles ist nicht so gegangen, wie er es gewünscht hätte)*; er hatte das P., nie einen richtigen Lehrmeister zu finden; sie hat P. gehabt beim Examen *(hat das Examen nicht bestanden)*; er hatte P. im Spiel *(hat nicht gewonnen)*; mit jmdm., etw. P. haben *(nicht den Richtigen, das Richtige getroffen haben)*; seit einiger Zeit ist er von/vom P. verfolgt *(geschieht dauernd für ihn Nachteiliges)*. **3.** (südd., österr.) *Harz:* aus den Stämmen tritt P. aus.

pẹch-, Pẹch-: **~blende,** die: *schwarzes Mineral, aus dem Uran u. Radium gewonnen werden; Uranpecherz;* **~draht,** der: *(bei der Schuhherstellung) zum Nähen verwendetes, mit Pech getränktes Hanfgarn;* **~fackel,** die: *mit Pech getränkte Fackel;* **~fịnster** ⟨Adj.; o. Steig.; nicht adv.⟩: *sehr finster, sehr dunkel:* die Nacht war p.; **~kohle,** die: *der Steinkohle ähnliche, harte, glänzende Braunkohle;* **~männlein,** das (Volksk.): *Gestalt, die den Kindern beim Einschlafen die zufallenden Augen mit Pech schließt;* **~nase,** die: *kleiner, nach unten offener Vorbau am Tor u. an der Ringmauer mitelalterlicher Burgen, aus dem siedendes Pech über Angreifer gegossen wurde;* **~nelke,** die: *wildwachsende Nelke mit roten Blüten in lockeren Rispen u. klebrigen Stengeln;* **~rạbenschwạrz** ⟨Adj.; o. Steig.; nicht adv.⟩ (ugs. emotional): vgl. kohl[pech]rabenschwarz, **~schwạrz** ⟨Adj.; o. Steig.; nicht adv.⟩ (ugs. emotional): *tiefschwarz:* -es Haar; **~stein,** der ⟨o. Pl.⟩ (Mineral.): *dunkles, wie Pech glänzendes vulkanisches Glas;* **~strähne,** die: *Reihe unglücklicher Zufälle, von denen jmd. kurz nacheinander betroffen wird* (Ggs.: Glückssträhne): eine P. haben; **~vogel,** der [aus der Studentenspr., eigtl. = Vogel, der an einer Leimrute (älter: Pechrute) klebenbleibt]: *jmd., dem ein Mißgeschick passiert ist, der oft Pech* (2) *hat* (Ggs.: Glückspilz).

pẹchig ⟨Adj.; nicht adv.⟩ (selten): *schwarz wie Pech:* Dunkelheit, p. und undurchdringlich (Nachbar, Mond 280).

Peda: Pl. von ↑Pedum; **Pedal** [pe'da:l], das; -s, -e [zu lat. pedālis = zum Fuß gehörig, zu: pēs (Gen.: pedis) = Fuß]: **1.** *mit dem Fuß zu bedienender Teil an der Tretkurbel des Fahrrads:* das linke P. ist abgebrochen; tüchtig, ordentlich, kräftig in die -e treten *(schnell[er] fahren)*; er hat sich in die -e gelegt (ugs.; *ist mit großer Kraftanstrengung gefahren*). **2.** *(bei Kraftfahrzeugen) mit dem Fuß zu bedienender Hebel für Gas* (3 a), *Kupplung* (3 a) *u. Bremse:* das P. loslassen; den Fuß aufs P. setzen, vom P. nehmen. **3.** *(bei verschiedenen Maschinen o. ä.) mit dem Fuß zu bedienende Vorrichtung, durch die etw. in Gang gesetzt wird o. ä.* **4.** *(bei verschiedenen Musikinstrumenten) Fußhebel, durch den der Klang der Töne beeinflußt werden kann* (z. B. bei Klavier, Harfe, Pauke): mit P. spielen. **5. a)** *(bei der Orgel) neben dem Manual vorhandene Tastatur, die mit den Füßen gespielt wird;* **b)** *einzelne Taste des Pedals* (5 a). **6.** (ugs. scherzh.) *Fuß:* Da stehen sie auf sechs -en (= Herr u. Hund) (Grass, Hundejahre 442).

Pedạl-: **~flügel,** der: vgl. ~klavier; **~harfe,** die: *Harfe mit Pedalen* (4); **~klaviatur,** die: *mit den Füßen gespielte Tastatur;* **~klavier,** das: *Klavier mit einer zusätzlichen Pedalklaviatur;* **~pauke,** die: vgl. ~harfe; **~ritter,** der (scherzh.): *Rad[renn]fahrer.*

pedalen [pe'da:lən] ⟨sw. V.; hat/ist⟩ (bes. schweiz.): *radfahren;* **Pedalerie** [pedalə'ri:], die; -, -n [...i:ən] (Kfz.-T. Jargon): *Gesamtheit der Pedale (in einem Kraftfahrzeug):* in einen Fahrschulwagen eine zweite P. einbauen.

pedant [pe'dant] ⟨Adj.; -er, -este⟩ (österr. ugs.): svw. ↑pedantisch; **Pedant** [-], der; -en, -en [frz. pédant < ital. pedante, eigtl. = Lehrer, über mlat. Zwischenformen wohl zu lat. paedagōgus, ↑Pädagoge] (abwertend): *pedantischer Mensch:* er ist ein schrecklicher P.; **Pedanterie** [pedantə'ri:], die; -, -n [...i:ən] ⟨Pl. selten⟩ [frz. pédanterie]: **a)** ⟨o. Pl.⟩ *pedantisches Wesen, Verhalten:* mit äußerster P. vorgehen; seine P. ist unerträglich; **b)** *einzelne von Pedanterie* (a) *zeugende Handlung:* seine -n gehen mir auf die Nerven; **pedạntisch** ⟨Adj.⟩ [nach frz. pédantesque] (abwertend): *in übertriebener Weise genau; alle Dinge mit peinlicher, schulmeisterlicher, kleinlich wirkender Exaktheit ausführend o. ä.:* er ist ein überaus -er Mensch; eine -e Ordnung; p. [genau] sein; ein p. aufgeräumtes Zimmer.

Peddigrohr ['pɛdɪç-], das; -[e]s [aus dem Niederd. < mniederd. pe(d)dik = [3]Mark (1 a)]: *aus den Stengeln bestimmter Rotangpalmen gewonnenes Rohr, das bes. zur Herstellung von Korbwaren verwendet wird:* Stühle aus P.

Pedell [pe'dɛl], der; -s, -e, österr. meist: -en, -en [spätmhd. pedell, bedell < mlat. pedellus, bedellus = (Gerichts)diener < ahd. bitil, butil, ↑Büttel]: *Hausmeister einer Schule od. Hochschule.*

Pedicatio [pedi'ka:t̮si̯o], die; - [zu lat. pēdīcāre = sexuell mit Knaben verkehren, verw. mit: pōdex, ↑Podex] (Med., Sexualk.): *Analverkehr.*

Pedigreezüchtung ['pɛdigri-], die; -, -en [zu engl. pedigree = Stammbaum < mengl. pedegru < mfrz. pié de gru = Kranichfuß; die genealogischen Linien ähneln einem stilisierten Vogelfuß]: svw. ↑Stammbaumzüchtung.

Pediküre [pedi'ky:rə, österr.: ...ky:ɐ̯], die; -, -n [frz. pédicure, zu lat. pēs (Gen.: pedis) = Fuß u. cūra = Pflege]: **1.** ⟨o. Pl.⟩ *Pflege der Füße, bes. der Fußnägel; Fußpflege:* P. machen; zur P. gehen. **2.** *jmd., der berufsmäßig Fußpflege betreibt; Fußpflegerin;* ⟨Abl.:⟩ **pedikụren** ⟨sw. V.; hat⟩: *die Füße pflegen:* sich, seine Füße p. lassen.

Pediment [pedi'mɛnt], das; -s, -e [wohl zu lat. pēs (Gen.: pedis) = Fuß, geb. nach ↑Fundament] (Geogr.): *[mit Sand bedeckte] Fläche am Fuß von Gebirgen.*

Pedologie [pedolo'gi:], die; - [zu griech. pédon = (Erd)boden u. ↑-logie]: svw. ↑Bodenkunde.

Pedomẹter [pedo-], das; -s, - [zu lat. pēs (Gen.: pedis) = Fuß u. ↑-meter] (Fachspr.): *Schrittmesser, Schrittzähler;* **Pedum** ['pe:dʊm], das; -s, Peda [lat. pedum, zu: pēs (Gen.: pedis) = Fuß] (kath. Kirche): svw. ↑Hirtenstab (2).

Peeling ['pi:lɪŋ], das; -s, -s [engl. peeling, zu: to peel = schälen]: *kosmetische Schälung der [Gesichts]haut zur Beseitigung von Hautunreinheiten.*

Peep-Show ['pi:p-], die; -, -s [engl. peep show, zu: to peep = einen verstohlenen Blick auf etw. werfen u. show, ↑Show]: *[auf sexuelle Stimulation zielende] Zurschaustellung einer nackten Frau, die gegen Geldeinwurf durch das Guckfenster einer Kabine betrachtet werden kann.*

Peer [pi:ɐ̯], der; -s, -s [engl. peer, eigtl. = Gleichrangiger < afrz. per < lat. pār = gleich]: **1.** *Angehöriger des hohen Adels in England.* **2.** *Mitglied des englischen Oberhauses;* **Peer-group** ['pi:ɐ̯gru:p], die; -, -s [amerik. peer-group, aus engl. peer (↑Peer) u. group = Gruppe] (Psych., Soziol.): *Gruppe von etwa gleichaltrigen Jugendlichen, deren Mitglieder sich gegenseitig helfen, sich vom Elternhaus zu lösen.*

Pegasos ['pe:gazɔs], **Pegasus** [...zʊs], der; - [lat. Pēgasus < griech. Pḗgasos = geflügeltes Roß der griechischen Sage] (bildungsspr.): *geflügeltes Pferd als Sinnbild der Dichtkunst; Dichterroß:* * **den P. besteigen/reiten** (bildungsspr. scherzh.; *sich als Dichter versuchen; dichten*).

Pegel ['pe:gl̩], der; -s, - [aus dem Niederd. < mniederd. pegel = Eichstrich; Pegel (1 a)]: **1. a)** *Meßlatte, Meßgerät zur Feststellung des Wasserstandes:* das P. zeigt, mißt Hochwasser; **b)** *Pegelstand:* das Wasser darf nicht unter einen bestimmten P. sinken; Ü der P. seines Alkoholkonsums stieg immer höher. **2.** (Technik, Physik) *der Logarithmus des Verhältnisses zweier Größen der gleichen Größenart;* ⟨Zus.:⟩ **Pẹgelhöhe,** die: svw. ↑Pegelstand; **Pẹgelstand,** der: *Wasserstand, den der Pegel* (1 a) *anzeigt.*

Pegmatit [pɛgma'ti:t, auch: ...tɪt], der; -s, -e [zu griech. pēgma = Festgewordenes] (Geol.): *sehr grobkörniges, meist helles Ganggestein.*

Peies ['pa̯jəs] ⟨Pl.⟩ [jidd. pejess, zu hebr. pe'ôt̲ = Ecken]: *das lange Schläfenhaar orthodoxer Juden.*

Peịl-: **~antenne,** die (Funkt., Seew.): *bei der Funkpeilung benutzte Antenne* (1); **~deck,** das (Seew.): *über dem Steuerhaus gelegener oberster Teil des Schiffsaufbaus, auf dem sich u. a. die Antennen der Radar- u. Sprechfunkanlage befinden;* **~gerät,** das; **~stange,** die, **~stock,** der (Seew.): *Stange od. Stock zur Peilung der Wassertiefe.*

peilen ['pa̯jlən] ⟨sw. V.; hat⟩ [aus dem Niederd. < mniederd.

pegelen = die Wassertiefe messen, zu ↑Pegel]: **1.** (bes. Seew.) *mit Kompaß od. mittels funktechnischer Einrichtungen eine Standortbestimmung vornehmen, Lage od. Richtung zu etw. bestimmen:* einen festen Punkt am Ufer, den Standort eines Schiffes p.; Eisberge mit Ultraschall p.; ⟨auch o. Akk.-Obj.:⟩ der Kutter peilt. **2.** (Seew.) *die Wassertiefe mit dem Peilstock feststellen.* **3.** (ugs.) *seinen Blick irgendwohin richten:* neugierig durchs Schlüsselloch, um die Ecke p.; ⟨Abl.:⟩ **Peiler,** der; -s, -: **1.** *jmd., der Peilungen vornimmt.* **2.** *Funkgerät, mit dem Peilungen vorgenommen werden;* **Peilung,** die; -, -en (Seew.): *das Peilen* (1, 2).

Pein [pai̯n], die; -, -en ⟨Pl. selten⟩ [mhd. pīne, ahd. pīna < mlat. pena < lat. poena = Sühne, Buße; Strafe; Qual < griech. poinḗ] (geh.): *heftiges körperliches u./od. seelisches Unbehagen; etw., was jmdn. quält:* körperliche, seelische P.; der Anblick des Leidens war für sie eine P.; etw. verursacht, bringt, macht, bereitet jmdm. P.; die Mutter litt furchtbare P. bei der Vorstellung, ihr Sohn könne verunglücken; er machte seiner Familie das Leben zur P.; der Ort der ewigen P. (Rel., dichter.; *die Hölle mit ihren Qualen*); ⟨Abl.:⟩ **peinigen** ['pai̯nɪgn̩] ⟨sw. V.; hat⟩ [mhd. pīnegen = strafen; quälen] (geh.): **a)** (veraltend) *jmdm., einem Tier Schmerzen, Qualen zufügen:* Haben Sie einmal Lust verspürt, jemanden anzufallen, zu p., zu morden? (Kirst, 08/15, 254); der Aufschrei der gepeinigten Kreatur; **b)** *jmdn. plagen* (1 a); *heftig (mit etw.) zusetzen:* die Kinder peinigen die Mutter den ganzen Tag; jmdn. mit seinen Fragen p.; **c)** *bei jmdm. quälende* (3 a), *unangenehme Empfindungen hervorrufen:* der Durst, Hunger peinigte sie; **d)** *jmdn. innerlich stark beunruhigen:* ein Gedanke, das schlechte Gewissen, die Ungewißheit peinigt ihn; er war von Neugier gepeinigt; peinigende *(quälende)* Zweifel; ⟨Abl.:⟩ **Peiniger,** der; -s, - [spätmhd. pīneger]: *jmd., der einen anderen peinigt* (a, b); **Peinigerin,** die; -, -nen: w. Form zu ↑Peiniger; **Peinigung,** die; -, -en: *das Peinigen, Gepeinigtwerden;* **peinlich** ['pai̯nlɪç] ⟨Adj.⟩ [mhd. pīnlich = schmerzlich; strafwürdig]: **1.** *so beschaffen, daß es (demjenigen, der davon betroffen od. der der Auslöser ist) unangenehm ist, ein Gefühl der Verlegenheit, des Unbehagens, der Beschämung o. ä. auslöst:* ein -es Vorkommnis; ein -er Zwischenfall; eine -e Frage, Lage, Situation; es herrschte -es Schweigen; sein Benehmen war, wirkte, berührte p.; es ist mir furchtbar p., daß ich zu spät komme; er war von dem Vorfall p. berührt, überrascht, betroffen *(hat ihn als sehr peinlich empfunden);* ⟨subst.:⟩ das Peinliche an der Sache war ... **2. a)** ⟨nicht präd.⟩ *mit einer sich bis ins kleinste erstreckenden Sorgfalt; äußerst genau:* eine -e Beachtung aller Vorsichtsmaßregeln; überall herrscht eine -e *(sehr große, pedantische)* Ordnung, -ste Sauberkeit; alles war p. geordnet; p. auf etw. achten; etw. p. befolgen; **b)** ⟨intensivierend bei Adj.⟩ *sehr, aufs äußerste, überaus:* er ist p. genau; alles ist p. sauber. **3.** ⟨nicht präd.⟩ (Rechtsspr. veraltet) *das Strafrecht betreffend:* das -e Gericht *(Gericht, das Strafen über Leib u. Leben verhängt);* die -e Gerichtsordnung; ein -es Verhör *(Verhör unter Anwendung der Folter);* ⟨Abl.:⟩ **Peinlichkeit,** die; -, -en: **1.** ⟨o. Pl.⟩ *das Peinlichsein:* er suchte die P. der Situation zu überspielen. **2.** *peinliche Äußerung, Handlung, Situation:* es gab viele -en; **peinsam** ⟨Adj.⟩ (selten): svw. ↑peinlich (1);

Peinture [pɛ̃'ty:ɐ̯], die; - [frz. peinture = Malerei < vlat. pinctura < lat. pictūra, zu: pingere = malen] (Malerei): *kultivierte, meist zarte Farbgebung, Malweise.*

peinvoll ⟨Adj.; adv. ungebr.⟩ (geh.): *Pein bereitend, schmerzlich, schmerzvoll:* eine -e Zeit der Ungewißheit.

Peireskia: ↑Pereskia.

Peitsche ['pai̯tʃə], die; -, -n [spätmhd. (ostmd.) pītsche, pīcze, aus dem Slaw., vgl. poln. bicz, tschech. bič]: *aus einem längeren biegsamen Stock u. einer an dessen einem Ende befestigten Schnur bestehender Gegenstand, der bes. zum Antreiben von [Zug]tieren verwendet wird:* die P. schwingen; dem Pferd die P. geben *(es mit der Peitsche antreiben);* mit der P. knallen; die Pferde mit der P. antreiben, schlagen; Ü Das Personal muß die P. im Rücken fühlen *(muß in Zucht gehalten werden;* Brecht, Groschen 130); ⟨Abl.:⟩ **peitschen** ⟨sw. V.⟩: **1.** *(bes. ein [Zug]tier) mit der Peitsche schlagen* ⟨hat⟩: die Pferde p.; der Sklave wurde brutal gepeitscht; Ü Er (= ein Hund) ... peitschte mit dem Schweif seine Flanken (Th. Mann, Hoheit 152); der Sturm peitscht die Bäume, Wellen; von Angst gepeitscht. **2.** ⟨ist⟩ **a)** *auf, gegen etw. prasseln, von heftiger Luftbewegung geschleudert werden:* der Regen peitschte [an/gegen die Scheiben, über das Land]; Spritzer peitschten in sein Gesicht (Hausmann, Abel 57); **b)** *wie ein Peitschenknall hörbar werden:* Schüsse peitschten [durch die Nacht]. **3.** (Tischtennis Jargon) *mit äußerster Wucht u. meist mit Effet geschlagen* ⟨hat⟩: den Ball p.; eine gepeitschte Vorhand.

Peitschen-: **~hieb,** der; **~knall,** der; **~lampe,** die: *Straßenlampe, deren Mast im oberen Teil zur Straßenseite hin so gebogen ist, daß das Licht unmittelbar auf die Straße fällt;* **~leuchte,** die: vgl. ~lampe; **~mast,** der: **1.** (Seemannsspr.) *im oberen Teil in Richtung Heck gekrümmter Mast;* **2.** vgl. ~lampe; **~schnur,** die; **~stiel,** der; **~wurm,** der: *im Darm des Menschen schmarotzender Fadenwurm.*

Pejoration [pejora'tsi̯o:n], die; -, -en [↑pejorativ] (Sprachw.): *(bei einem Wort) das Abgleiten in eine abwertende, negative Bedeutung;* **pejorativ** [...'ti:f] ⟨Adj.; o. Steig.⟩ [zu lat. pēiōrātus, 2. Part. von pēiōrāre = verschlechtern, zu: pēior, Komp. von: malus = schlecht] (Sprachw.): *abwertend, eine negative Bedeutung besitzend* (Ggs.: meliorativ 3); **Pejorativum** [...'ti:vʊm], das; -s, ...va (Sprachw.): *Wort, das eine abwertende, negative Bedeutung hat; Deteriorativum* (z. B. Jüngelchen, frömmeln).

Pekannuß ['pe:kan-], die; -, ...nüsse [engl. pecan, frz. pacane < Algonkin (Indianerspr. des nordöstl. Nordamerika) pakan]: *Frucht des Pekannußbaums;* ⟨Zus.:⟩ **Pekannußbaum,** der: *in Nordamerika heimischer, wegen seiner Nüsse kultivierter Baum mit gefiederten Blättern u. hellbraunen, langen, glatten, dünnschaligen Samen.*

Pekesche [pe'kɛʃə], die; -, -n [1: poln. bekiesza]: **1.** *mit Knebeln geschlossener, oft mit Pelz verarbeiteter Überrock für Männer in der polnischen Tracht.* **2.** *geschnürte Festjacke der Verbindungsstudenten.*

Pekinese [peki'ne:zə], der; -n, -n [nach der chinesischen Hauptstadt Peking]: *kleiner, kurzbeiniger Hund mit großem Kopf, Hängeohren u. seidigem, sehr langem Haar;* **Pekingmensch** ['pe:kɪŋ-], der; -en, -en (Anthrop.): *aus in der Nähe von Peking gefundenen Knochenresten erschlossener Typ eines urzeitlichen Menschen;* **Pekingoper,** die; -, -n: *in Peking weiterentwickeltes chinesisches Bühnenspiel, das sich aus verschiedenen Formen der Darbietung (Singen, Gestikulieren, Rezitieren u. a.) zusammensetzt.*

Pektenmuschel ['pɛktn̩-], die; -, -n [lat. pecten = Kamm]: svw. ↑Kammuschel.

Pektin [pɛk'ti:n], das; -s, -e [zu griech. pēktós = fest; geronnen] (Biol.): *das Gelieren fördernder bzw. bewirkender Stoff im Gewebe vieler Pflanzen.*

pektoral [pɛkto'ra:l] ⟨Adj.; o. Steig.⟩ [lat. pectorālis, zu: pectus (Gen.: pectoris) = Brust] (Anat.): *die Brust betreffend, zu ihr gehörend;* **Pektorale,** das; -[s], -s u. ...lien [...li̯ən; 1: zu ↑pektoral; 2: mlat. pectorale; lat. pectorālia = Brustharnisch]: **1.** *von geistlichen Würdenträgern der katholischen Kirche auf der Brust getragenes Kreuz.* **2.** *(im Altertum, Mittelalter) auf der Brust getragener Schmuck.*

pekuniär [pɛku'ni̯ɛ:ɐ̯] ⟨Adj.; o. Steig.; nicht präd.⟩ [frz. pécuniaire < lat. pecūniārius, zu: pecūnia = Geld]: *jmds. Geldmittel betreffend; finanziell, geldlich:* jmds. -e Lage ist schwierig; -e Sorgen; es geht ihm p. nicht gut.

pekzieren [pɛk'tsi:rən], pexieren [pɛ'ksi:rən] ⟨sw. V.; hat⟩ [lat. peccāre = sündigen] (landsch. fam.): *sich etw. (vergleichsweise Geringfügiges) zuschulden kommen lassen, etw. anstellen:* was habt ihr denn wieder pekziert?

pelagial [pela'gi̯a:l] ⟨Adj.; o. Steig.⟩: svw. ↑pelagisch; **Pelagial** [-], das; -s [zu lat. pelagus < griech. pélagos = offene See]: **1.** (Ökologie) *das freie Wasser der Meere u. Binnengewässer von der Oberfläche bis zur größten Tiefe.* **2.** (Biol.) *Gesamtheit der im freien Wasser lebenden Organismen;* **pelagisch** [pe'la:gɪʃ] ⟨Adj.; o. Steig.⟩: **1.** (Biol.) *(von Tieren u. Pflanzen) im Pelagial* (1) *schwimmend od. schwebend:* -e Pflanzen, Tiere. **2.** (Geol.) *(von Sedimenten) dem Meeresboden der Tiefsee angehörend.*

Pelargonie [pelar'go:ni̯ə], die; -, -n [zu griech. pelargós = Storch, nach der einem Storchenschnabel ähnlichen Frucht]: *Pflanze mit runden, gekerbten Blättern u. in Dolden wachsenden Blüten in verschiedenen leuchtenden Farben, die als Balkonpflanze sehr beliebt ist; Geranie* (1).

pêle-mêle [pɛl'mɛl] ⟨Adv.⟩ [frz. pêle-mêle, entstellt aus afrz. mesle-mesle, verdoppelnde Bildung zu: mesler (frz. mêler) = mischen] (selten): *bunt gemischt; durcheinander;* **Pelemele** [-], das; -: **1.** (bildungsspr. selten) *Mischmasch.* **2.** *aus Vanillecreme u. Fruchtgelee gemischte Süßspeise.*

Pelerine [pelə'ri:nə], die; -, -n [frz. pèlerine, eigtl. = von Pilgern getragener Umhang, zu: pèlerin, dissimiliert < vlat., kirchenlat. pelegrīnus, ↑Pilger] (Mode): **a)** *über dem Mantel zu tragender, einem Cape ähnlicher Umhang, der etwa bis zur Taille reicht:* ein Kutschmantel mit P.; **b)** (veraltend) *weiter, ärmelloser [Regen]umhang.*

Pelikan ['pe:lika:n, auch: peli'ka:n], der; -s, -e [kirchenlat. pelicānus < griech. pelekán, zu: pélekys = Axt, Beil, nach der Form des oberen Teils des Schnabels]: *(in den Tropen u. Subtropen heimischer) großer Schwimmvogel mit breiten Flügeln u. langem, an der Unterseite mit einem Kehlsack* (2) *versehenen Schnabel.*

Pellagra ['pɛlagra], das; -[s] [zu griech. pélla = Haut u. ágra, vgl. Podagra] (Med.): *durch Vitaminmangel hervorgerufene Krankheit (vor allem in südlichen Ländern), die sich in Müdigkeit, Schwäche, Gedächtnis-, Schlaf- u. Verdauungsstörungen sowie Hautveränderungen äußert.*

Pelle ['pɛlə], die; -, -n [mniederd. pelle = Schale < lat. pellis, ↑Pelz] (landsch., bes. nordd.): **1.** *dünne Schale (von Kartoffeln, Obst u.a.):* die P. abziehen; die gekochten Kartoffeln mit der P. essen; Kartoffeln in/mit der P. kochen; * **jmdm. auf die P. rücken** (ugs.: 1. *nahe, dicht an jmdn. heranrücken:* rück mir nicht so dicht auf die P.! 2. *jmdn. mit einer Bitte, Forderung o. ä. bedrängen.* 3. *jmdn. angreifen, mit jmdm. handgreiflich werden:* er rückte ihr mit einer Axt auf die P.); **jmdm. auf der P. sitzen/liegen; jmdm. nicht von der P. gehen** (ugs.; *jmdm. mit seiner dauernden Anwesenheit lästig fallen*). **2.** *Wursthaut:* die P. aufschneiden, abziehen; die Wurst mit der P. essen; ⟨Abl.:⟩ **pellen** ['pɛlən] ⟨sw. V.; hat⟩ (landsch., bes. nordd.): **1. a)** *von seiner Schale, Haut o. ä. befreien; schälen* (1 a): die gekochten Kartoffeln, Eier, frische Nüsse p.; **b)** ⟨p. + sich⟩ *sich schälen* (1 b): die Kartoffeln pellen sich schlecht; **c)** *von etw. entfernen, ablösen o. ä.; schälen* (1 c): Harry pellte ... Silberpapier von der Dropsrolle (Grass, Hundejahre 376); **d)** *schälen* (1 d): die Schokoladeneier aus dem Silberpapier p.; Ü (scherzh.:) das Kind, sich aus dem warmen Winterzeug p. **2.** ⟨p. + sich⟩ **a)** *sich ablösen, sich schälen* (2 a): nach dem Sonnenbrand pellt sich seine Haut; **b)** *sich schälen* (2 b): er beginnt sich [am Rücken] zu p.; ⟨Zus. zu 1 a:⟩ **Pellkartoffel,** die ⟨meist Pl.⟩: *in der Schale gekochte Kartoffel.*

Pelota [pe'lɔta], die; - [span. pelota < provenz. pelota, afrz. pélote = (Spiel)ball, ↑Peloton]: *(bes. in Spanien u. Lateinamerika gespieltes) Ballspiel, bei dem der Ball von zwei Spielern od. Mannschaften mit einem schaufelförmigen Schläger an eine Wand geschleudert wird;* **Peloton** [pelo'tõ:], das; -s, -s [frz. peloton; eigtl. = kleiner Haufen, Vkl. von: pelote, zu lat. pila = Ball; Knäuel]: **1.** (früher) *Schützenzug (als militärische Unterabteilung).* **2.** *Exekutionskommando:* das P. zusammenstellen; Ü Er (= der Angeklagte) tritt vor ein P. von Blitzlichtern, Handscheinwerfern, Objektiven (Spiegel 9, 1966, 61). **3.** (Radsport) *geschlossenes Feld, Hauptfeld im Straßenrennen;* **Pelotte** [pe'lɔtə], die; -, -n [zu frz. pelote, ↑Peloton] (Med.): *Polster [in der Form eines Ballons* (2 a)] *zur Ausübung eines Drucks* (z. B. an einem Bruchband).

Peltast [pɛl'tast], der; -en, -en [griech. peltastḗs, zu: péltē = leichter Schild]: *leichtbewaffneter Fußsoldat im antiken Griechenland.*

Peluschke [pe'lʊʃkə], die; -, -n [aus dem Slaw.] (landsch. veraltend): *Acker-, Felderbse.*

Pelz [pɛlts], der; -es, -e [mhd. belz, belliʒ, ahd. pelliʒ, belliʒ < mlat. pellicia (vestis) = (Kleidung aus) Pelz, zu lat. pellis = Fell, Pelz, Haut]: **1. a)** *dichtbehaartes Fell eines Pelztiers:* der dicke, zottige P. eines Bären; **b)** ⟨o. Pl.⟩ *bearbeiteter Pelz* (1 a), *der bes. als Bekleidung verwendet wird; aus Pelz* (1 a) *gewonnenes Material:* eine Mütze aus P.; etw. mit P. besetzen; die Jacke mit P. füttern. **2.** kurz für ↑Pelzmantel; Pelzjacke o. ä.: ihr P. ist echt; ein kostbarer, eleganter, abgetragener P.; sie trägt einen echten P.; einen P. einmotten, ändern lassen. **3.** (ugs. veraltet, noch in Sprichwörtern u. festen Wendungen) *menschliche Haut:* Spr wasch mir den P., aber/und mach mich nicht naß (drückt aus, daß jmd. etw. auf Grund bestimmter Bedingungen für unmöglich hält); * **jmdm. auf den P. rücken/kommen/auf dem Pelz sitzen** (ugs.; *jmdn. mit einem Anliegen o. ä. zusetzen; jmdn. mit etw. sehr bedrängen*); **jmdm. eins auf den P. geben** (ugs.; *jmdn. schlagen*); **jmdm. eins auf den P. brennen** (ugs.; *auf jmdn. schießen; jmdn. mit der Kugel treffen*); **jmdm. den P. waschen** (ugs.; *jmdn. derb ausschelten; jmdn. verprügeln*). **4.** (Textilind.) *dicke Schicht aus Fasern, Flor* (2).

pelz-, Pelz-: ~**artig** ⟨Adj.; o. Steig.⟩: *von der Art eines Pelzes, wie ein Pelz [aussehend, beschaffen];* ~**besatz,** der: Taschen mit P.; ~**besetzt** ⟨Adj.; o. Steig.; nicht adv.⟩: ein -er Kragen; ~**biene,** die: *Biene, die wie eine Hummel pelzig behaart ist;* ~**boa,** die: *von Frauen getragener, langer, schlauchförmig gearbeiteter Pelz, der mehrfach um den Hals geschlungen werden kann;* ~**bock,** der [nach dem früher oft getragenen Bärenfell] (landsch., bes. nordostd.): *Knecht Ruprecht;* ~**fresser,** der: *Federling, der im Fell von Säugetieren lebt;* ~**futter,** das; ~**gefüttert** ⟨Adj.; o. Steig.; nicht adv.⟩: -e Handschuhe, Stiefel; ~**handschuh,** der ⟨meist Pl.⟩; ~**imitation,** die: **a)** *Imitation eines Pelzes* (1 b); **b)** *Pelzmantel, Pelzjacke aus einer Pelzimitation* (a) *o. ä.;* ~**jacke,** die; ~**käfer,** der: *dunkelbrauner bis schwarzer Speckkäfer, dessen Larven Löcher in Pelze, Wollstoffe o. ä. fressen;* ~**kappe,** die; ~**kragen,** der; ~**krawatte,** die: *(von Damen) über dem Mantel getragener, vorn übereinandergeschlagener od. geschlungener Streifen aus Pelz;* ~**mantel,** der; ~**märte,** ~**märtel,** der: ↑Pelzmärte; ~**motte,** die: vgl. ~käfer; ~**mütze,** die; ~**nickel,** der: ↑Pelznickel; ~**robbe,** die: *Seebär, Ohrenrobbe mit wertvollem Pelz;* ~**schädling,** der; ~**schaf,** das: *Schaf, dessen Fell zu Pelz* (1 b) *verarbeitet wird;* ~**stiefel,** der ⟨meist Pl.⟩: **a)** *Stiefel aus Pelz;* **b)** *mit Pelz gefütterter Stiefel;* ~**stola,** die; ~**tier,** das: *Säugetier, dessen Fell nutzbar ist,* dazu: ~**tierfarm,** die, ~**tierjäger,** der: *jmd., der [berufsmäßig] Pelztiere jagt,* ~**tierzucht,** die, ~**tierzüchter,** der (Berufsbez.); ~**verbrämt** ⟨Adj.; o. Steig.; nicht adv.⟩; ~**verbrämung,** die; ~**veredelung,** die; ~**ware,** die ⟨meist Pl.⟩; ~**werk,** das ⟨o. Pl.⟩ (Kürschnerei): *Pelz* (1 b); ~**weste,** die.

[1]**pelzen** ['pɛltsn̩] ⟨Adj.; o. Steig.; nur attr.⟩ [mhd. belzin] (selten): *aus Pelz;* [2]**pelzen** [-] ⟨sw. V.; hat⟩ [zu ↑Pelz; 2: auf dem Pelz (3) liegen]: **1.** (Fachspr.) *(einem Pelztier) den Pelz* (1 a) *abziehen.* **2.** (landsch.) *faul sein, faulenzen.* [3]**pelzen** [-] ⟨sw. V.; hat⟩ [mhd. pelzen, belzen, ahd. pelzōn, H. u.] (landsch., bes. bayr., österr.): *pfropfen; veredeln.* **pelzig** ⟨Adj.⟩: **1. a)** *pelzartig:* das Material fühlt sich p. an; **b)** *sehr kurz, aber dicht behaart u. ein wenig rauh:* -e Blätter; der Pfirsich hat eine -e Haut. **2.** (landsch.) **a)** *(von Früchten) [faserig u.] mehlig:* -e Äpfel; **b)** *ausgetrocknet, vertrocknet:* -e Radieschen, Rettiche. **3. a)** *[mit einem Belag überzogen u.] in unangenehmer Weise trocken u. rauh:* eine -e Zunge, einen -en Gaumen haben; sein Mund war p.; **b)** *sich taub anfühlend:* Die Lippen schienen ... p., wie nach einer Zahnbetäubung (Bieler, Mädchenkrieg 204).

Pelzmärte [-mɛrtə], der; -s, -n, **Pelzmärtel** [-mɛrtl̩], der; -s, - [zu westmd. pelzen = (durch)prügeln u. Märte = südd. Kosef. des m. Vorn. Martin] (südd.): *Knecht Ruprecht;* **Pelznickel:** ↑Belz[e]nickel.

Pemmikan ['pɛmika:n], der; -s [engl. pemmican < Kri (Indianerspr. des nordöstl. Nordamerika) pimikān, zu: pimii = Fett]: *haltbares Nahrungsmittel der Indianer Nordamerikas aus getrocknetem u. zerstampftem [Bison]fleisch, das mit heißem Fett übergossen [u. mit Beeren vermischt] ist.*

Pemphigus ['pɛmfigʊs, auch: pɛm'fi:gʊs], der; - [zu griech. pémphix (Gen.: pémphigos) = (Brand)blase] (Med.): *Hautkrankheit, bei der Blasen auftreten, die mit einer gelblichen Flüssigkeit gefüllt sind; Schälblattern.*

Penalty ['pɛnl̩ti], der; -[s], -s [engl. penalty < frz. pénalité < mlat. poenalitas = Strafe, zu lat. poenālis = zur Strafe gehörig, zu: poena, ↑Pein] (Sport, bes. Eishockey): *Strafstoß:* einen P. geben, verhängen, ausführen, verwandeln. Vgl. Matchstrafe.

Penaten [pe'na:tn̩] ⟨Pl.⟩ [lat. penātēs, zu: penus = Vorrat] (röm. Myth.): *altrömische Haus-, Schutzgeister.*

Pence: Pl. von ↑Penny.

Penchant [pã'ʃã:], der; -s, -s [frz. penchant, zu: pencher = neigen] (veraltet): *Neigung, Vorliebe:* sie war stets sehr bürgerlich ... mit einem melancholischen P. für Narkotika (K. Mann, Wendepunkt 239).

PEN-Club ['pɛn-], der; -s [Kurzwort aus engl. **p**oets, **e**ssayists, **n**ovelists u. ↑Club]: *internationale Vereinigung von Dichtern u. Schriftstellern.*

Pendant [pã'dã:], das; -s, -s [frz. pendant, eigtl. = das Hängende, 1. Part. von: pendre < lat. pendēre, ↑Pendel] (bildungsspr.): *[ergänzendes] Gegenstück; Entsprechung:* das P. zu etw. sein, bilden; Valium – bürgerliches P. zum

Haschisch? (Hörzu 5, 1971, 114); **Pendel** ['pɛndl̩], das; -s, - [mlat. pendulum, zu lat. pendulus = (herab)hängend, zu: pendēre = hängen] (Physik): *starrer Körper, der unter dem Einfluß der Schwerkraft [kleine] Schwingungen um eine horizontale Achse ausführt:* das mathematische P.; das P. schwingt, geht gleichmäßig, steht still; das P. der Wanduhr anstoßen; Ü nach der Zeit des Wohlstands schlug das P. nach der entgegengesetzten Seite aus.

Pẹndel-: **~achse,** die (Kfz.-T.): *[Hinter]achse von Personenwagen, die aus zwei Teilen besteht, die so miteinander verbunden sind, daß sie beim Abfedern* (1 a) *der Räder Pendelbewegungen machen;* **~antrieb,** der: *Antrieb durch ein Pendel;* **~bewegung,** die; **~lampe,** die: *Lampe, die von der Decke herabhängt;* **~leuchte,** die: vgl. ~lampe; **~säge,** die: *Kreissäge, die ein schwenkbares Sägeblatt hat;* **~schwung,** der (Sport); **~staffel,** die (Sport): *Staffellauf, der durch Hin- und Herlaufen ausgetragen wird;* **~tür,** die: *Tür, die nach beiden Seiten geöffnet werden kann;* **~uhr,** die: *größere Uhr, die durch ein Pendel in Gang gehalten wird;* **~verkehr,** der: **a)** *Verkehr zwischen dem Wohnort u. dem Ort des Arbeitsplatzes o. ä., der durch in schneller Folge eingesetzte Verkehrsmittel abgewickelt wird;* **b)** *Verkehr auf einem kurzen Streckenabschnitt, der von einem immer wieder hin- u. herfahrenden Verkehrsmittel abgewickelt wird;* **~wanderung,** die (Fachspr.): *tägliche Hin- u. Rückfahrt zwischen dem Ort des Arbeitsplatzes o. ä. u. dem Wohnort;* **~zug,** der: *Zug, der im Pendelverkehr eingesetzt wird.*

pendeln ['pɛndl̩n] ⟨sw. V.⟩ [zu ↑Pendel]: **1.** *gleichmäßig hin u. her schwingen, sich wie ein Pendel hin u. her bewegen* ⟨hat⟩: die Beine p. lassen; Ü mit einer Ironie, die zwischen Sarkasmus und Zynismus pendelte (*schwankte;* Ott, Haie 217). **2.** *zwischen dem Wohnort u. dem Ort des Arbeitsplatzes, der Schule o. ä. innerhalb eines Tages hin- u. herfahren* ⟨ist⟩: seit mehreren Jahren p.; er ist fast täglich zwischen Bonn und Bochum gependelt. **3.** (Boxen) *den Oberkörper (wie ein schwingendes Pendel) schnell hin u. her bewegen, um den Schlägen des Gegners auszuweichen* ⟨hat⟩: der Herausforderer pendelte ständig und war nur schwer zu treffen; **pendent** [pɛn'dɛnt] ⟨Adj.; o. Steig.; nicht adv.⟩ [zu lat. pendēns (Gen.: pendentis), 1. Part. von: pendēre, ↑Pendel] (schweiz.): *schwebend, unerledigt:* ein -es Strafverfahren; **Pendentif** [pãdã'ti:f], das; -s, -s [frz. pendentif, zu: pendre, ↑Pendant] (Archit.): *Konstruktion in Form eines sphärischen Dreiecks, die den Übergang von einem quadratischen od. mehreckigen Grundriß in die Rundung einer Kuppel ermöglicht;* **Pendenz** [pɛn'dɛnts], die; -, -en (schweiz.): *schwebende, unerledigte Sache, Angelegenheit;* **Pendler** ['pɛndlɐ], der; -s, -: *jmd., der pendelt* (2); **Pendule** [pã'dy:lə], die; -, -n: frz. Schreibung für ↑Pendüle; **Pendüle** [pɛn'dy:lə], die; -, -n [frz. pendule, zu lat. pendulus, ↑Pendel] (veraltet): Pendeluhr.

Peneplain ['pi:nɪpleɪn], die; -, -s [engl. peneplain, aus lat. pēne, paene = fast u. engl. plain = Ebene] (Geogr.): svw. ↑Fastebene.

Penes: Pl. von ↑Penis.

penetrabel [pene'tra:bl̩] ⟨Adj.; ...bler, -ste⟩ [frz. pénétrable < lat. penetrābilis, zu: penetrāre, ↑penetrieren] (bildungsspr. veraltet): *durchdringbar;* **penetrant** [...'trant] ⟨Adj.; -er, -este⟩ [frz. pénétrant, 1. Part. von: pénétrer < lat. penetrāre, ↑penetrieren]: **a)** *(bes. von Gerüchen) in unangenehmer Weise durchdringend, hartnäckig:* -er Leichengeruch; p. riechendes Parfüm; das Essen schmeckt p. nach schlechtem Fett; **b)** (abwertend) *in unangenehmer Weise aufdringlich:* sein -er Edelmut ging uns auf die Nerven; ein -er Mensch; p. moralisieren; **Penetranz** [...ts], die; -, -en ⟨Pl. selten⟩: **1. a)** *penetrante* (a) *Beschaffenheit:* die P. dieses Gestanks; **b)** *penetrante* (b) *Art, Aufdringlichkeit:* die P. einer Aufführung. **2.** (Genetik) *(prozentuale) Häufigkeit, mit der ein Erbfaktor bei Individuen gleichen Erbguts im äußeren Erscheinungsbild wirksam wird;* **Penetration** [...tra'tsi̯o:n], die; -, -en [2: spätlat. penetrātio]: **1.** (Technik) **a)** *das Eindringen eines Stoffes od. Körpers in einen anderen;* **b)** *das Eindringen eines Kegels in ein Schmierfett (als Maß für dessen Konsistenz).* **2. a)** (Fachspr.) *das Eindringen [in etw.]:* Der Ruf nach Erdgas macht eine schnellere P. notwendig, die Erschließung neuer Absatzgebiete (Welt 16. 12. 70, 12); **b)** (bildungsspr.) *Eindringen des Gliedes* (2) *[in die weibliche Scheide].* **3.** (Med.) *Perforation* (2); **penetrieren** [...'tri:rən] ⟨sw. V.; hat⟩ [lat. penetrāre] (bildungsspr.): **a)** *durchdringen, durchsetzen:* vom Staatssicherheitsdienst penetrierte Ministerien; **b)** *mit dem Glied* (2) *[in die weibliche Scheide] eindringen:* er penetrierte sie; ⟨Abl.:⟩ **Penetrịerung,** die; -, -en: *das Penetrieren.*

peng! [pɛŋ] ⟨Interj.⟩: **1.** lautm. für einen Knall, einen Schuß aus einer Waffe o. ä.: „Peng, p.!" rief der Junge und zielte auf mich mit seiner Spielzeugpistole. **2.** drückt eine unangenehme Überraschung, ein plötzliches unerfreuliches Geschehen o. ä. aus: ... und p. wars passiert (Eppendorfer, Ledermann 20).

Penholder ['pɛnhoʊldə], der; -s, **Penholdergriff,** der; -[e]s [engl. penholder = Federhalter] (Tischtennis): svw. ↑Federhaltergriff.

penibel [pe'ni:bl̩] ⟨Adj.; ...bler, -ste⟩ [frz. pénible = mühsam; schmerzlich, zu: peine < lat. poena, ↑Pein] (bildungsspr.): **a)** *bis ins einzelne so genau, daß es schon übertrieben od. kleinlich ist:* bei ihm herrscht eine penible Ordnung; er ist in Geldangelegenheiten überaus, schrecklich p.; **b)** (landsch.) *unangenehm; peinlich:* eine penible Affäre; ⟨Abl.:⟩ **Penibilität** [penibili'tɛ:t], die; - (bildungsspr.): *penibles* (a) *Verhalten, Wesen.*

Penicillin: ↑Penizillin.

Peninsula [pɛn'|ɪnzula, auch: pɛ'nɪnzula], die; -, ...l[e]n [lat. paenīnsula = Fastinsel, zu: paene = fast u. īnsula = Insel] (bildungsspr. veraltet): *Halbinsel.*

Penis ['pe:nɪs], der; -, -se u. Penes ['pe:ne:s; lat. pēnis, eigtl. = Schwanz] (Med., bildungsspr.): *Teil der äußeren Geschlechtsorgane des Mannes u. verschiedener männlicher Tiere, der mit Schwellkörpern versehen ist, die ein Steifwerden u. Aufrichten zum Zweck des Geschlechtsverkehrs möglich machen; Glied* (2); ⟨Zus.:⟩ **Pẹnisneid,** der (Psychoanalyse): *Empfindung eines Mangels, die sich bei jungen Mädchen nach der Entdeckung des Geschlechtsunterschieds durch das Nichtvorhandensein des Penis einstellt.* Vgl. Kastrationsangst.

Penitentes [peni'tɛnte:s] ⟨Pl.⟩ [spätlat. paenitentēs, Pl. des 1. Part. von: paenitēri = bereuen]: svw. ↑Büßerschnee.

Penizillin [penitsɪ'li:n], das; -s, -e (fachspr. u. österr.:) Penicillin [engl. penicillin, zu nlat. Penicillium = ein Schimmelpilz, zu lat. pēnicillum = Pinsel, nach den büscheligen Enden der Sporenträger] (Med.): *sehr wirksames Antibiotikum, bes. gegen Bakterien u. Kokken;* ⟨Zus.:⟩ **Penizillịnampulle,** die; **Penizillịnspritze,** die.

Pennal [pɛ'na:l], das; -s, -e [mlat. pennale = Federkasten, zu lat. penna = Feder]: **1.** (österr., sonst veraltet) svw. ↑Federbüchse. **2.** (Schülerspr. veraltet) *höhere Schule;* **Pennäler** [pɛ'nɛ:lɐ], der; -s, - (ugs.): *Schüler [einer höheren Schule]:* eine Gruppe P.; schon als P. habe ich Geld verdienen müssen; ⟨Zus.:⟩ **Pennạ̈lergehalt,** das (ugs.): *staatlicher Zuschuß für Schüler;* ⟨Abl.:⟩ **pennälerhaft**: *wie ein Schüler:* -es Aussehen; sich p. benehmen.

Pennbruder ['pɛn-], der; -s, ...brüder [zu ↑[1]Penne] (ugs. abwertend): **1.** *Landstreicher.* **2.** *Penner* (2); **[1]Penne** ['pɛnə], die; -, -n [1: aus der Gaunerspr., viell. zu hebr. binyạḥ = Gebäude od. gek. aus zigeunersprachlich štilepen = Gefängnis; 2: wohl zu ↑pennen (3)]: **1.** (ugs. abwertend) *behelfsmäßiges Nachtquartier:* in einer schäbigen P. nächtigen. **2.** (salopp) *Prostituierte:* eine P. abschleppen (Spiegel 39, 1966, 76).

[2]Penne [-], die; -, -n [unter Einfluß von ↑[1]Penne zu ↑Pennal (2)] (Schülerspr.): *[höhere] Schule:* er geht noch auf die P.; von der P. fliegen *(der Schule verwiesen werden).*

pennen ['pɛnən] ⟨sw. V.; hat⟩ [urspr. gaunerspr., viell. Abl. von ↑[1]Penne od. zu hebr. pēna'y = Muße] (salopp, meist abwertend): **1.** *schlafen:* auf einer Bank p.; ich habe bis 10 Uhr gepennt; geht zunächst mal einen saufen. Dann pennt ihr eine starke Runde (Kirst, 08/15, 612). **2.** *nicht aufpassen, unaufmerksam sein:* am Steuer darf man nicht p.; Wir tun hier unsere Pflicht ... aber das Oberkommando pennt (Kirst, 08/15, 717). **3.** *koitieren:* die Telefonistin pennt mit jedem; **Pẹnner,** der; -s, - (salopp abwertend): **1.** *Pennbruder* (1): auf der Parkbank lag ein P. **2.** *jmd., der viel pennt* (1).

Penni ['pɛni], der; -[s], -[s] [finn. penni < dt. Pfennig]: *Währungseinheit in Finnland* (100 Pennis = 1 Markka); Abk.: p; **Pennies**: Pl. von ↑Penny; **Penny** ['pɛni], der; -s, (einzelne Stücke:) Pennies ['pɛni:s] u. (als Wertangabe:) Pence [pɛns; engl. penny, verw. mit ↑Pfennig]: *Währungseinheit in Großbritannien u. in anderen Ländern* (100 Pence = 1 Pfund); Abk.: p

Pẹnsa: Pl. von ↑Pensum.

pensee [pã'se:] ⟨indekl. Adj.; o. Steig.; nicht adv.⟩ [frz. pensée, ↑Pensee]: *von dunklem Lila:* ein p. Kleid; **Pensee** [-], das; -s, -s [frz. (herbe de la) pensée; eigtl. = „Pflanze des Andenkens"; die Blume gilt als Symbol der Erinnerung, des Gedenkens]: frz. Bezeichnung für *Stiefmütterchen;* ⟨Zus.:⟩ **penseefarbig** ⟨Adj.; o. Steig.; nicht adv.⟩.

Pensen: Pl. von ↑Pensum.

Pension [pã'zi̯o:n, auch: pã'si̯o:n, ugs.: paŋ'zi̯o:n, südd., österr., schweiz.: pɛn'zi̯o:n], die; -, -en [frz. pension < lat. pēnsio = das Abwägen; Auszahlung, zu: pendere, ↑Pensum; 1: nach der urspr. Bed. „jährliche Bezüge"; 2: übertr. von Bed. 3]: **1. a)** ⟨o. Pl.⟩ *Ruhestand der Beamten:* in P. gehen, sein; jmdn. in P. schicken; **b)** *Bezüge* (3) *für Beamte im Ruhestand:* eine schlechte, kleine, reichliche P. bekommen, beziehen, haben; jmdm. die P. kürzen; auf seine P. verzichten. **2.** *Haus [mit familiärem Rahmen] zur Beherbergung u. Verpflegung von Gästen:* eine einfache, kleine, ruhig gelegene P.; eine P. haben, leiten; in einer P. übernachten. **3.** *Bezahlung für die Unterbringung u. Verpflegung in einer Pension* (2): für die Kinder bezahlen wir die volle, nur die halbe P.; was zahlst du für P.?; **Pensionär** [pãzi̯o'nɛ:ɐ̯, auch: pãsi̯o'nɛ:ɐ̯, ugs.: paŋzi̯o'nɛ:ɐ̯, südd., österr., schweiz.: pɛnzi̯o'nɛ:ɐ̯], der; -s, -e [frz. pensionnaire]: **1. a)** *Beamter im Ruhestand;* **b)** (landsch.) svw. ↑Rentner. **2.** (schweiz., sonst veraltet) *jmd., der in einer Pension* (2) *wohnt:* Oben im 1. Stock die Zimmer der -e (Kempowski, Tadellöser 234); **Pensionärin,** die; -, -nen: w. Form zu ↑Pensionär; **Pensionat** [pãzi̯o'na:t, auch: pãsi̯o'na:t, ugs.: paŋzi̯o'na:t, südd., österr., schweiz.: pɛnzi̯o'na:t], das; -[e]s, -e [frz. pensionnat] (veraltend): *Internat, bes. für Mädchen [aus gehobenen Kreisen];* **pensionieren** [pãzi̯o'ni:rən, auch: pãsi̯o'ni:rən, ugs.: paŋzi̯o'ni:rən, südd., österr., schweiz.: pɛnzi̯o'ni:rən] ⟨sw. V.; hat⟩ [frz. pensionner]: *jmdn., bes. einen Beamten, in den Ruhestand versetzen:* sich p. lassen; er wurde vorzeitig pensioniert; pensionierte Beamte; ⟨Abl.:⟩ **Pensionierung,** die; -, -en: er bleibt bis zur P. im Betrieb; ⟨Zus.:⟩ **Pensionierungstod,** der: *auf Grund der durch die Pensionierung entstehenden Probleme vorzeitig eintretender Tod:* Auch viele Beamte ... sterben weit vor der Zeit den „Pensionierungstod" (Spiegel 7, 1976, 55); **Pensionist** [pãzi̯o'nɪst, auch: pãsi̯o'nɪst, ugs.: paŋzi̯o'nɪst, südd., österr., schweiz.: pɛnzi̯o'nɪst], der; -en, -en (südd., österr., schweiz.): svw. ↑Pensionär (1): P. sucht Nebenbeschäftigung; Ü während die -en der Revolution nichts vollbracht hatten, als Hoffnungen zu erregen (Andersch, Rote 237); ⟨Zus.:⟩ **Pensionistenehepaar,** das (österr.); **Pensionistin,** die; -, -nen: w. Form zu ↑Pensionist.

pensions-, Pensions-: **~alter,** das: *Alter, in dem jmd. Anspruch auf Pension* (1) *hat:* das P. erreichen, haben; im P. sein; **~anspruch,** der; **~berechtigt** ⟨Adj.; o. Steig.; nicht adv.⟩: p. sein; **~berechtigung,** die ⟨o. Pl.⟩; **~fonds,** der: ein betrieblicher P.; **~gast,** der: *Gast einer Pension* (2); **~kasse,** die (Versicherungsw.): *betrieblicher Fonds für die Altersversorgung der Beschäftigten;* **~preis,** der: *Preis für Unterkunft u. Verpflegung in einer Pension* (2); **~reif** ⟨Adj.; o. Steig.; nicht adv.⟩ (ugs.): *in einem Alter, gesundheitlichen Zustand, in dem jmd. eigentlich nicht mehr arbeiten kann:* er ist schon p.; **~rückstellungen** ⟨Pl.⟩ (Wirtsch.): *Kapital für Renten, das in der Bilanz eines Unternehmens als Passivposten ausgewiesen wird.*

Pensum ['pɛnzʊm], das; -s, Pensen u. Pensa [lat. pēnsum = (den Sklavinnen) zugewiesene Tagesarbeit (an zu spinnender Wolle), subst. 2. Part. von: pendere = abwägen; zuwiegen]: **a)** *Arbeit, Aufgabe, die innerhalb einer bestimmten Zeit zu erledigen ist:* sein P. erfüllen, schaffen, erledigen; **b)** (Päd. veraltend) *Lehrstoff:* das P., das wir aufhatten, war zu groß.

pent-, Pent-: ↑penta-, Penta-; **penta-, Penta-,** (vor Vokalen auch:) pent-, Pent- [pɛnt(a)-; griech. pénte] ⟨Best. in Zus. mit der Bed.⟩: *fünf* (z. B. Pentameter, pentagonal, Penthemimeres); **Pentachord** [pɛnta'kɔrt], das; -[e]s, -e [zu spätlat. pentachordos < griech. pentáchordos = fünfsaitig] (Musik): *fünfsaitiges Streich- od. Zupfinstrument;* **Pentade** [pɛn'ta:də], die; -, -n [zu griech. pentás (Gen.: pentádos) = Anzahl von fünf] (Met.): *Zeitraum von fünf aufeinanderfolgenden Tagen;* **Pentaeder** [pɛnta'|e:dɐ], das; -s, - [zu griech. hédra = Fläche] (Geom.): *von fünf Flächen begrenzter Vielflächner, Fünfflächner;* **Pentagon** [pɛnta'go:n], das; -s, -e [griech. pentágōnos = fünfeckig] (Geom.): *Fünfeck;* ⟨Abl.:⟩ **pentagonal** [...go'na:l] ⟨Adj.; o. Steig.; nicht adv.⟩ (Geom.): *fünfeckig;* **Pentagondodekaeder,** das; -s, - (Geom.): *von zwölf fünfeckigen Flächen begrenzter Körper;* **Pentagramm,** das; -s, -e [zu griech. pentágrammos = mit fünf Linien]: *fünfeckiger Stern, der in einem Zug mit fünf gleich langen Linien gezeichnet werden kann u. im Volksglauben als Zeichen gegen Zauberei o. ä. gilt; Drudenfuß;* **Pentalpha** [pɛn'talfa], das; -, -s [in dem Stern sind fünf α (↑Alpha) zu erkennen]: svw. ↑Pentagramm; **pentamer** [pɛnta'me:ɐ̯] ⟨Adj.; o. Steig.⟩ [zu griech. méros = (An)teil] (Fachspr., bes. Bot.): *fünfgliedrig, fünfteilig;* **Pentameter** [pɛn'ta:metɐ], der; -s, - [lat. pentameter < griech. pentámetros] (Verslehre): *aus sechs Versfüßen bestehender epischer Vers, der durch Zäsur in zwei Hälften eingeteilt ist u. meist zusammen mit einem Hexameter als Distichon verwendet wird;* **Pentan** [pɛn'ta:n], das; -s, -e (Chemie): *sehr flüchtiger (gesättigter) Kohlenwasserstoff mit fünf Kohlenstoffatomen als Bestandteil von Benzin u. Petroleum;* **Pentarchie** [pɛntar'çi:], die; -, -n [...i:ən; griech. pentarchía = Magistrat der Fünf (in Karthago)] (bildungsspr.): *Herrschaft von fünf Mächten* (bes. die Herrschaft der Großmächte Großbritannien, Frankreich, Dt. Reich, Österreich u. Rußland über Europa 1860 bis 1914); **Pentateuch** [pɛnta'tɔyç], der; -s [kirchenlat. pentateuchus < griech. pentáteuchos = Fünfrollenbuch] (christl. Rel.): *die fünf Bücher Mosis im Alten Testament;* **Pentathlon** ['pɛntatlɔn, auch: 'pɛnt|atlɔn, pɛnt'|a:tlɔn], das; -s [griech. péntathlon]: *altgriechischer Fünfkampf;* **Pentatonik** [pɛnta'to:nɪk], die; - [zu griech. pentátonos = mit fünf Tönen] (Musik): *Melodik, die auf fünfstufiger Tonleiter ohne Halbtöne beruht;* vgl. Heptatonik; **pentekostal** [pɛntekɔs'ta:l] ⟨Adj.; o. Steig.; nicht adv.⟩ [kirchenlat. pentēcostālis = pfingstlich, zu: pentēcostē < griech. pentēkostḗ, ↑Pfingsten] (Rel.): svw. ↑pfingstlerisch: -e Gruppen; **Pentere** [pɛn'te:rə], die; -, -n [spätlat. pentēris < griech. pentḗrēs (naũs) = Fünfruderer]: *antikes Kriegsschiff, das von in fünf Reihen übereinandersitzenden Ruderern bewegt wurde.*

Penthaus ['pɛnt-], das; -es, ..häuser: svw. ↑Penthouse.

Penthemimeres [pɛntemime're:s], die; -, - [griech. penthēmimerḗs, zu ↑penta-, Penta-]: *(in der antiken Metrik) Einschnitt nach fünf Halbfüßen, bes. im Hexameter u. jambischen Trimeter.* Vgl. Hephthemimeres, Trithemimeres.

Penthouse ['pɛnthaʊs], das; -, -s [...haʊzɪz; engl.-amerik. penthouse, unter frz. Einfluß über das Mlat. zu spätlat. appendicium = Anhang, zu lat. appendix, ↑Appendix]: *exklusives Apartment auf dem Flachdach eines Etagenhauses od. Hochhauses.*

Pentimenti [pɛnti'mɛnti] ⟨Pl.⟩ [ital. pentimenti, eigtl. = „Reuezüge", Pl. von: pentimento = Reue] (bild. Kunst): *Pinselstriche od. Linien, die der Maler abgeändert od. übermalt hat, die aber [später] wieder sichtbar werden.*

Pentlandit [pɛntlan'di:t, auch: ...dɪt], der; -s, -e [nach dem Entdecker, dem ir. Forschungsreisenden J. B. Pentland (1797–1873)] (Geol.): *rötlichgelbes bis gelbbraunes, metallisch glänzendes Mineral, das zu den wichtigsten Nickelerzen zählt; Eisennickelkies.*

Pentode [pɛn'to:də], die; -, -n [zu ↑penta-, Penta- u. griech. hodós = Weg] (Elektrot.): *Röhre* (4a) *mit fünf Elektroden.*

Penumbra [pe'nʊmbra], die; - [zu lat. paene = fast u. umbra = Schatten] (Astron.): *nicht ganz dunkles Randgebiet eines Sonnenflecks.*

Penunse [pe'nʊnzə]: ↑Penunze; **Penunze** [pe'nʊntsə], die; -, -n ⟨meist Pl.⟩ [poln. pieniadze (Pl.) = Geld] (ugs.): *Geld:* seine Frau hat die P. mit in die Ehe gebracht; her mit den -n!

penzen ['pɛntsn̩]: ↑benzen.

Peon [pe'o:n], der; -en, -en [span. peón, eigtl. = Fußsoldat, über das Vlat. zu lat. pēs = Fuß]: **1.** (früher) *südamerikanischer [indianischer] Tagelöhner (der durch Verschuldung meist zum Leibeigenen wurde).* **2.** *(in Argentinien, Mexiko) Pferdeknecht; Viehhirte;* **Peonage** [peo'na:ʒə, engl.: 'pi:ənɪdʒ], die; - [amerik. peonage] (früher): *System der Entlohnung, das zur Verschuldung der Peonen führte.*

Pep [pɛp], der; -[s] [engl.-amerik. pep, gek. aus engl. pepper = Pfeffer] (Jargon): *mitreißender Schwung, begeisternde Wirkung:* eine Sendung ohne P.; diese Werbung hat keinen P.; Camino hat P., Camino bringt die Fans auf Touren (Freizeitmagazin 10, 1978, 37); **Peperone** [pepe'ro:nə], der; -, ...ni, (häufiger:) **Peperoni** [pepe'ro:ni], die; -, - ⟨meist Pl.⟩ [ital. peperone, zu: pepe = Pfeffer]: *kleine, sehr scharfe [in Essig eingelegte] Paprikaschote.*

Pepita [pe'pi:ta], der od. das; -s, -s [span. pepita, nach einer span. Tänzerin der Biedermeierzeit]: **a)** *Hahnentrittmuster;* **b)** *Gewebe mit Hahnentrittmuster.*

Pepita-: ~**hose,** die; ~**hut,** der; ~**kleid,** das; ~**kostüm,** das; ~**muster,** das: svw. ↑Pepita (a).

Peplon ['pe:plɔn], das; -s, ...len u. -s, (auch:) **Peplos** ['pe:plɔs], der; -, ...len u. - [griech. péplos]: *(im antiken Griechenland) aus einem [lose gegürteten] rechteckigen Tuch bestehendes, faltenreiches, ärmelloses Obergewand bes. der Frauen.*

Pepmittel ['pɛp-], das; -s, - [zu ↑Pep] (Jargon): *Aufputschmittel;* **Peppille,** die; -, -n (Jargon): vgl. Pepmittel.

Pepsin [pɛ'psi:n], das; -s, -e [1: zu griech. pépsis = Verdauung]: **1.** (Med., Biol.) *bestimmtes Enzym des Magensaftes.* **2.** (Biochemie) ⟨o. Pl.⟩ *aus Pepsin* (1) *hergestelltes Arzneimittel;* ⟨Zus.:⟩ **Pepsinwein,** der: *Dessertwein, der die Magentätigkeit anregt;* **Peptid** [pɛp'ti:t], das; -[e]s, -e [zu griech. peptós = gekocht, verdaut] (Biochemie): *bestimmtes Produkt des Eiweißabbaus;* **peptisch** ['pɛptɪʃ] ⟨Adj.; o. Steig.⟩ (Biochemie): *zur Verdauung gehörend; die Verdauung fördernd;* **Pepton** [pɛp'to:n], das; -s, -e (Biochemie): *Abbaustoff des Eiweißes.*

per [pɛr] ⟨Präp. mit Akk.⟩ [lat. per]: **1. a)** gibt an, wodurch etw. befördert, übermittelt wird; *mit:* p. Bahn, Post, Schiff; einen Brief p. Einschreiben schicken; das Programm p. Lautsprecher ausstrahlen [lassen]; per hektographiertes Rundschreiben; per direkten Draht; **b)** gibt das Mittel an (wodurch etw. erreicht wird); *durch:* Aktien p. Kleinkredit kaufen; sich p. Abkommen verpflichten; p. Adresse *([bei Postsendungen] über die Anschrift von;* Abk.: p. A.); [mit jmdm.] p. du sein *(mittels der Anrede „du" mit ihm verkehren).* **2.** (Kaufmannsspr.) zur Angabe eines Datums, Zeitpunkts; *zum, für:* die Ware ist p. ersten Januar lieferbar; ***p. sofort** *(in relativ kurzer Zeit; ab sofort):* suche p. sofort ein Zimmer. **3.** (Kaufmannsspr.) drückt die Beschränkung auf jeweils eine Sache, Erscheinung o. ä. aus; *pro:* 30 bis 50 Anschläge p. Sekunde tippen; die Gebühren betragen 1,50 DM p. eingeschriebenen Brief.

per acclamationem [pɛr aklama'tsi̯o:nɛm; lat., ↑Akklamation] (bildungsspr.): *durch Zuruf:* eine Wahl p. a.

per annum [pɛr 'anʊm; lat.] (Kaufmannsspr. veraltet): *jährlich; für das Jahr; pro anno;* Abk.: p. a.

per anum [per 'a:nʊm; lat. = durch den After] (Med.): svw. ↑rektal (b).

per aspera ad astra [pɛr 'aspera at 'astra; lat. = auf rauhen Wegen zu den Sternen] (bildungsspr.): *nach vielen Mühen zum Erfolg; durch Nacht zum Licht.*

Perborat, das; -[e]s, -e ⟨meist Pl.⟩ [aus lat. per- (↑per) u. ↑Borat] (Chemie): *Sauerstoff abgebende Verbindung aus Wasserstoffperoxyd u. Boraten.*

per cassa [pɛr 'kasa; ital.; ↑Kasse] (Kaufmannsspr.): *gegen Barzahlung.*

Perche-Akt ['pɛrʃ-], der; -[e]s, -e [frz. perche = Stange]: *Darbietung artistischer Nummern an einer langen, senkrecht gestellten Stange.*

Perchlorat, das; -[e]s, -e [vgl. Perborat] (Chemie): *Salz der Chlorsauerstoffsäure (Perchlorsäure).*

Perchten ['pɛrçtn̩] ⟨Pl.⟩ [mhd. berhte (Sg.), H. u.]: *dämonische Wesen (nach dem Volksglauben der Alpenländer).*

Perchten-: ~**gestalten** ⟨Pl.⟩; ~**lauf,** der: *in den Alpenländern meist in der Fastnachtszeit stattfindender Umzug u. Tänze in Kostümen u. Masken, die die Perchten darstellen;* ~**masken** ⟨Pl.⟩; ~**tanz,** der: vgl. ~lauf.

per conto [pɛr 'kɔnto; ital.; ↑Konto] (Kaufmannsspr.): *auf Rechnung.*

per definitionem [pɛr defini'tsi̯o:nɛm; lat.; ↑Definition] (bildungsspr.): *wie es das Wort ausdrückt; erklärtermaßen.*

perdendosi [pɛr'dɛndozi] ⟨Adv.⟩ [ital. perdendosi, zu: perdersi = entschwinden] (Musik): *allmählich schwächer, sehr leise werdend* (Vortragsanweisung).

perdu [pɛr'dy:] ⟨Adj.; o. Steig.; nur präd.⟩ [frz. perdu, 2. Part. von: perdre = verlieren] (ugs.): *verloren, weg:* das Geld, die Hoffnung ist p.

pereant! ['pe:reant] ⟨Interj.⟩ [lat. = sie mögen zugrunde gehen] (Studentenspr.): *nieder mit ihnen!;* **pereat!** ['pe:reat] ⟨Interj.⟩ [lat. = er möge zugrunde gehen] (Studentenspr.): *nieder mit ihm!;* **Pereat** [-], das; -s, -s: *der Ruf „Nieder!"*

Perem[p]tion [perɛm(p)'tsi̯o:n], die; -, -en [spätlat. perēmptio = Aufhebung] (Rechtsspr. veraltet): *Verjährung;* **perem[p]torisch** [perɛm(p)'to:rɪʃ] ⟨Adj.; o. Steig.⟩ (jur.): *aufhebend; endgültig:* eine -e Einrede (*Einspruch, der jeden Anspruch zu Fall bringt;* Ggs.: dilatorische Einrede).

perennierend [perɛ'ni:rənt] ⟨Adj.; o. Steig.⟩ [zu lat. perennis = das ganze Jahr hindurch]: **1.** (Bot.) *(von Pflanzen) überwinternd; mehrjährig.* **2.** *(von Wasserläufen o. ä.) das ganze Jahr Wasser führend.*

Pereskia [pe'rɛski̯a], Peireskia [pai̯...], die; -, ...ien [...i̯ən; nach dem frz. Gelehrten N. C. F. de Peiresc (1580–1637)]: *im tropischen Amerika u. in Westindien heimisches, strauchartiges Kaktusgewächs mit laubartigen Blättern, langen Dornen u. einzeln od. in Rispen angeordneten Blüten.*

per exemplum [pɛr ɛ'ksɛmplʊm; lat.; ↑Exempel] (bildungsspr. veraltend): *zum Beispiel.*

per fas [pɛr 'fa:s; lat.; ↑Fas] (bildungsspr. veraltet): *auf rechtliche Weise.* Vgl. per nefas.

perfekt [pɛr'fɛkt] ⟨Adj.; -er, -este⟩ [lat. perfectus, 2. Part. von: perficere = vollenden]: **1.** *so beschaffen, daß nicht das geringste daran auszusetzen ist; hervorragend:* das ist eine -e Planung; eine -e Autofahrerin, Hausfrau; er ist ein -er Gastgeber; er spricht ein -es, p. Englisch; die Maschine ist technisch p.; sie ist p. in Stenographie; etw. p. beherrschen. **2.** ⟨ohne Steig.⟩ (ugs.) *so beschaffen, daß es nicht mehr geändert werden kann, muß; endgültig abgemacht:* der Abschluß, Vertrag ist p.; mit diesem Tor war die Niederlage p. *(besiegelt);* er hat den Kauf p. gemacht; p. werden *(zustande kommen);* sie hat sich p. *(voll u. ganz, sehr)* blamiert; **Perfekt** ['pɛrfɛkt], das; -s, -e [lat. perfectum (tempus) = vollendet(e Zeit)] (Sprachw.): **1.** *Zeitform, mit der ein verbales Geschehen od. Sein aus der Sicht des Sprechers als vollendet charakterisiert wird:* die Vergangenheitstempora P. und Präteritum. **2.** *Verbform des Perfekts* (1): das P. von „essen" lautet „ich habe gegessen"; das Verb steht im P.; **Perfekta:** Pl. von ↑Perfektum; **perfektibel** [...'ti:bl̩] ⟨Adj.; o. Steig.⟩ [frz. perfectible] (bildungsspr. veraltet): *vervollkommnungsfähig;* **Perfektibilismus** [...tibi'lɪsmʊs], der; - (Philos.): *Perfektionismus* (2); **Perfektibilist** [...'lɪst], der; -en, -en (Philos.): *Perfektionist* (2); **Perfektibilität** [...li'tɛ:t], die; - [frz. perfectibilité] (Philos.): *Fähigkeit zur Vervollkommnung;* **Perfektion** [pɛrfɛk'tsi̯o:n], die; - [frz. perfection < lat. perfectio]: *höchste Vollendung in der [technischen] Beherrschung, Ausführung von etw.; vollkommene Meisterschaft:* handwerkliche, künstlerische P.; die technische P. des Mondflugs; sie zeigte hinreißende P. in ihren Darbietungen, spielte mit großer P.; P. anstreben; etw. bis zur P. bringen; etw. mit P. ausführen; **perfektionieren** [...tsi̯o'ni:rən] ⟨sw. V.; hat⟩ [frz. perfectionner] (bildungsspr.): *etw., jmdn. in einen Zustand bringen, der [technisch] perfekt* (1) *ist:* ein System, eine Technik p.; Herzschrittmacher ... gelten nunmehr als ... perfektioniert (BM 13. 2. 75, 22); **Perfektionismus** [...'nɪsmʊs], der; -: **1.** (leicht abwertend) *übertriebenes Streben nach Perfektion.* **2.** (Philos.) *Lehre innerhalb der Aufklärung* (3), *nach der der Sinn der Geschichte sich in einer fortschreitenden ethischen Vervollkommnung der Menschheit verwirklicht;* **Perfektionist** [...'nɪst], der; -en, -en: **1.** (leicht abwertend) *jmd., der übertrieben nach Perfektion strebt.* **2.** (Philos.) *Vertreter, Anhänger des Perfektionismus* (2); **perfektionistisch** ⟨Adj.⟩: **1. a)** (leicht abwertend) *in übertriebener Weise Perfektion anstrebend;* **b)** *bis in alle Einzelheiten vollständig, umfassend.* **2.** (Philos.) *den Perfektionismus* (2) *betreffend;* **perfektisch** ⟨Adj.; o. Steig.⟩ (Sprachw.): *das Perfekt betreffend, im Perfekt [gebraucht];* **perfektiv** ['pɛrfɛkti:f, auch: ––'–] ⟨Adj.; o. Steig.⟩ (Sprachw.): *die Abgeschlossenheit eines Geschehens bezeichnend:* -e Aktionsart (*Aktionsart eines Verbs, die die zeitliche Begrenzung eines Geschehens ausdrückt,* z. B. entbrennen, verbrennen); -e Verben; **perfektivieren** [...ti'vi:rən] ⟨sw. V.; hat⟩ (Sprachw.): *ein Verb mit Hilfe sprachlicher Mittel, bes. von Partikeln, in die perfektive Aktionsart überführen;* **perfektivisch** [...'ti:vɪʃ, auch: '––––] ⟨Adj.; o. Steig.⟩ (Sprachw.): **1.** svw. ↑perfektisch. **2.** (veraltet) svw. ↑perfektiv; **Perfektum** [pɛr'fɛktʊm], das; -s, ...ta (Sprachw. veraltet): svw. ↑Perfekt.

perfid [pɛr'fi:t], **perfide** [pɛr'fi:də] ⟨Adj.; perfider, perfideste⟩ [frz. perfide < lat. perfidus = wortbrüchig, treulos] (bildungsspr.): *[verschlagen, hinterhältig u.] niederträchtig, in besonders übler Weise gemein:* eine perfide Lüge, Verleumdung; ein perfider Verrat; das böse Wort des 19. Jahrhunderts vom perfiden Albion (Dönhoff, Ära 134); er hat seine Interessen perfid[e] durchgesetzt; **Perfidie** [pɛrfi'di:], die; -, -n [...i:ən; frz. perfidie < lat. perfidia] (bildungsspr.): **a)** ⟨o. Pl.⟩ *perfide Art, perfide Handlungsweise:* seine P. trat offen zutage; **b)** *einzelne perfide Handlung:* das war eine P. von ihm; **Perfidität** [...di'tɛ:t], die; -, -en (bildungsspr. selten): svw. ↑Perfidie.

Perforation [pɛrfora'tsi̯o:n], die; -, -en [lat. perforātio = Durchbohrung, zu: perforāre, ↑perforieren]: **1. a)** (Fachspr.) *das Perforieren* (1); *gleichmäßige Durchlöcherung eines bestimmten Materials;* **b)** (Fachspr.) *(bes. bei Papier u. Karton) Reiß- od. Trennlinie;* **c)** (Philat.) *Zähnung an Briefmarken;* **d)** (Fot.) *die dem Transportieren dienende Reihe eng aufeinanderfolgender Löcher an den Rändern eines Films.* **2.** (Med.) **a)** *Durchbruch eines Geschwürs o. ä.* (z. B. eines Magengeschwürs in die Bauchhöhle); **b)** *Verletzung der Wand eines Organs o. ä. durch unbeabsichtigtes Durchstoßen bei einer Operation;* **Perforator** [...'ra:tɔr, auch: ...to:ɐ̯], der; -s, -en [...ra'to:rən] (Fachspr., bes. Datenverarb., Druckw.): *Gerät zum Perforieren* (1); 〈Zus.:〉 **Perforatortaster,** der (Fachspr., bes. Datenverarb., Druckw.): **a)** svw. ↑Perforator; **b)** *jmd., der einen Perforator bedient* (Berufsbez.); **perforieren** [...'ri:rən] 〈sw. V.〉 [lat. perforāre]: **1.** 〈hat〉 (Fachspr.) **a)** *etw. [in gleichmäßigen Abständen] mit Löchern versehen, durchlöchern:* Leder p.; der Hymen wird perforiert; perforierte Schuhe; **b)** *mit Löchern versehen, die in gleicher Größe u. im gleichen Abstand in einer Reihe angeordnet sind (so daß eine Reiß- od. Trennlinie entsteht):* einen Film auf beiden Seiten p.; perforierte Blätter. **2.** (Med.) **a)** *(bes. von Geschwüren) durchbrechen* 〈ist〉: das Ulkus war perforiert; **b)** *die Wand eines Organs o. ä. durch Durchstoßen verletzen* 〈hat〉; **c)** *den Kopf eines abgestorbenen Kindes im Mutterleib zerstückeln* 〈hat〉; 〈Zus. zu 1:〉 **Perforiermaschine,** die; **Perforierung,** die; -, -en.

Performanz [pɛrfɔr'mants], die; -, -en [engl.-amerik. performance = Verrichtung, Ausführung, zu: to perform = verrichten] (Sprachw.): *der aktuelle Gebrauch der Sprache, die Sprachverwendung in einer konkreten Situation;* vgl. Kompetenz (2); **performativ** [...ma'ti:f], **performatorisch** [...'to:rɪʃ] 〈Adj.; o. Steig.〉 (Sprachw.): *eine mit einer sprachlichen Äußerung beschriebene Handlung zugleich vollziehend* (z. B. ich gratuliere dir).

perfundieren 〈sw. V.; hat〉 [lat. perfundere = durchströmen] (Med.): *auf dem Wege der Perfusion in einen Organismus einführen;* **Perfusion,** die; -, -en [lat. perfūsio = das Benetzen] (Med.): *[künstliche] Durchströmung eines Hohlorgans, bes. der Gefäße* (2 a) *einer zu transplantierenden Niere.*

pergamenen [pɛrga'me:nən] (veraltet): svw. ↑pergamenten; **Pergament** [pɛrga'mɛnt], das; -[e]s, -e [mhd. pergament(e) < mlat. pergamen(t)um < spätlat. (charta) pergamēna = Papier aus Pergamon; in dieser kleinasiatischen Stadt soll die Verarbeitung von Tierhäuten zu Schreibmaterial entwickelt worden sein]: **1.** *enthaarte, geglättete u. zum Beschreiben o. ä. hergerichtete Tierhaut, die bes. vor der Erfindung des Papiers als Schreibmaterial o. ä. diente.* **2.** *alte Handschrift* (3) *auf Pergament* (1).

pergament-, Pergament-: **~artig** 〈Adj.; o. Steig.〉: *wie Pergament;* **~band,** der 〈Pl. -bände〉: *in Pergament gebundenes Buch;* **~einband,** der; **~handschrift,** die: svw. ↑Pergament (2); **~papier,** das: *glattes, durchscheinendes, fettundurchlässiges Papier (bes. zum Einwickeln von Lebensmitteln);* **~rolle,** die: vgl. Buchrolle.

pergamenten [pɛrga'mɛntn̩] 〈Adj.; o. Steig.; nicht adv.〉 [mhd. pergamentīn]: **a)** *aus Pergament:* -e Seiten; **b)** *wie aus Pergament:* ein -es Gesicht; seine Haut fühlte sich p. an; **Pergamin** [pɛrga'mi:n], **Pergamyn** [pɛrga'my:n], das; -s: *glattes, durchscheinendes pergamentartiges Papier.*

Pergola ['pɛrgola], die; -, ...len [ital. pergola < lat. pergula = Vor-, Anbau]: *offener Laubengang.*

perhorreszieren [pɛrhɔrɛs'tsi:rən] 〈sw. V.; hat〉 [lat. perhorrēscere] (bildungsspr.): *mit Abscheu, entschieden zurückweisen, ablehnen:* jmdn. p.; Er perhorreszierte das Christentum (K. Mann, Vulkan 24).

Perianth [peri'|ant], das; -s, -e [zu griech. perí = um – herum u. ánthos = Blüte] (Bot.): *Blütenhülle der Blütenpflanzen.*

Periarthritis [peri|ar...], die; -, ...itiden [...tri'ti:dn̩; zu griech. perí = um – herum u. ↑Arthritis] (Med.): *Entzündung in der Umgebung von Gelenken.*

Pericardium: ↑Perikardium.

Perichondritis [periçɔn'dri:tɪs], die; -, ...itiden [...dri'ti:dn̩] (Med.): *Entzündung des Perichondriums;* **Perichondrium** [peri'çɔndriʊm], das; -s, ...ien [...iən; zu griech. perí = um – herum u. griech. chóndros = Knorpel] (Med.): *Knorpelhaut.*

Periderm [peri'dɛrm], das; -s, -e [zu griech. perí = um – herum u. dérma = Haut] (Bot.): *(von Holzgewächsen) pflanzliches Gewebe, dessen äußere Schicht verkorkte Zellen bildet, während die innere Schicht nicht verkorkte, an Blattgrün reiche Zellen aufbaut.*

Peridot [peri'do:t], der; -s, -e [vgl. frz. péridot, H. u.] (Geol.): svw. ↑Olivin; **Peridotit** [...do'ti:t, auch: ...tɪt], der; -s, -e (Geol.): *dunkles Tiefengestein.*

Periegese [peri|e'ge:zə], die; -, -n [griech. periḗgēsis]: *(bes. im antiken Griechenland) Beschreibung von Landschaften o. ä. (als Literaturgattung);* **Perieget** [...'ge:t], der; -en, -en [griech. periēgētḗs]: *(bes. im antiken Griechenland) Verfasser einer Periegese;* **periegetisch** 〈Adj.; o. Steig.〉 [griech. periēgētikós]: *die Periegese, die Periegeten betreffend.*

perifokal [peri-] 〈Adj.; o. Steig.〉 [aus griech. perí = um – herum u. ↑fokal] (Med.): *um einen Krankheitsherd herum [liegend].*

Perigastritis [peri-], die; -, ...itiden [...stri'ti:dn̩; zu griech. perí = um – herum u. ↑Gastritis] (Med.): *Entzündung der Bauchfelldecke des Magens.*

Perigäum [peri'gɛ:ʊm], das; -s, ...äen [...ɛ:ən; nlat. perigaeum, perigeum, zu griech. perígeios = die Erde umgebend, zu: perí = um – herum, nahe bei u. gaĩa (gẽ) = Erde] (Astron., Raumf.): *der Erde am nächsten liegender Punkt auf der Bahn eines Körpers um die Erde; Erdnähe* (Ggs.: Apogäum).

Perigon [peri'go:n], das; -s, -e, **Perigonium** [...'go:ni̯ʊm], das; -s, ...ien [...i̯ən; zu griech. perí = um – herum u. gonḗ = Geschlecht(sorgan)] (Bot.): *Blütenhülle aus gleichartigen, meist auffällig gefärbten Blättern.*

periglazial [peri-] 〈Adj.; o. Steig.〉 [aus griech. perí = um – herum u. ↑glazial] (Geogr.): *[klimatische] Erscheinungen, Zustände, Prozesse in der Umgebung von Inlandeis u. Gletschern betreffend.*

Perigramm [peri-], das; -s, -e [zu griech. perí = um – herum u. ↑-gramm] (Statistik): *Darstellung statistischer Größenverhältnisse durch Kreise, Kreisausschnitte.*

Perihel [peri'he:l], das; -s, -e, **Perihelium** [...'he:li̯ʊm], das; -s, ...ien [...i̯ən; zu griech. perí = um – herum, nahe bei u. hḗlios = Sonne] (Astron.): *Punkt der geringsten Entfernung eines Planeten von der Sonne* (Ggs.: Aphel).

Perikard [peri'kart], das; -[e]s, -e, **Perikardium** [...'kardi̯ʊm], das; -s, ...ien [...i̯ən; zu griech. perí = um – herum u. kardía = Herz] (Anat.): *Herzbeutel;* **Perikarditis** [perikar'di:tɪs], die; -, ...itiden [...di'ti:dn̩] (Med.): *Entzündung des Perikards, Herzbeutelentzündung.*

Perikarp [peri'karp], das; -[e]s, -e [zu griech. perí = um – herum u. karpós = Frucht] (Bot.): *Wand der Früchte von Samenpflanzen.*

Periklas [peri'kla:s], der; - u. -es, -e [zu griech. perí = ringsum u. klásis = Bruch] (Geol.): *in kleinen Kristallen od. runden Körnern vorkommendes, durchscheinendes, glasig glänzendes Mineral.*

Perikope [peri'ko:pə], die; -, -n [spätlat. pericopē < griech. perikopḗ = Abschnitt]: **1.** (Theol.) *Abschnitt aus der Bibel, der im Gottesdienst verlesen wird od. als Grundlage für die Predigt genommen wird.* **2.** (Verslehre) *metrischer Abschnitt;* 〈Zus.:〉 **Perikopenbuch,** das.

Perikranium [peri-], das; -s [aus griech. perí = um – herum u. ↑Kranium] (Anat.): *Knochenhaut des Schädeldaches bei Mensch u. Wirbeltier.*

Perimeter [peri-], das; -s, - [zu griech. perí = um – herum u. ↑-meter] (Med.): *Gerät zur Bestimmung der Grenzen des Gesichtsfeldes;* **perimetrieren** [...me'tri:rən] 〈sw. V.; hat〉 (Med.): *mit dem Perimeter das Gesichtsfeld bestimmen;* **perimetrisch** 〈Adj.; o. Steig.〉 (Med.): *die Grenzen des Gesichtsfelds betreffend.*

perinatal [perina'ta:l] 〈Adj.; o. Steig.; nur attr.〉 [zu griech. perí = nahebei u. lat. nātālis = die Geburt betreffend] (Med.): *den Zeitraum kurz vor der Entbindung betreffend:* ein Kongreß für -e Medizin; -e Mortalität.

Periode [pe'ri̯o:də], die; -, -n [lat. periodus = Gliedersatz < griech. períodos = das Herumgehen; Umlauf; Wiederkehr, zu: perí = um – herum u. hodós = Gang, Weg]: **1.** (bildungsspr.) **a)** *Zeitabschnitt, der durch etw. Bestimmtes (bes. durch bestimmte Vorkommnisse, Ereignisse, Entwicklungen o. ä.) geprägt ist u. im Hinblick darauf eine Einheit bildet:* eine neue, fruchtbare P. beginnt; die produktive P. währte nur kurz; die P. der Weimarer Republik, nach 1945; eine P. tiefster Resignation; etw. geschieht in einer

P. großer sozialer Veränderungen; **b)** *im Rahmen einer Folge von Zeitabschnitten deutlich herausgehobener Zeitabschnitt:* schon während der ersten P. seiner Amtsführung änderte sich einiges. **2. a)** (Math.) *eine sich unendlich oft wiederholende Zahlen- od. Zifferngruppe bei einer Dezimalzahl* (z. B. 1,171717...); **b)** (Chemie) *Gesamtheit der Elemente, die in einer waagrechten Rubrik im Periodensystem der chemischen Elemente aufgeführt sind.* **3. a)** (Physik) *zeitliche Abfolge einer Schwingung; Schwingungsdauer;* **b)** (Astron.) *Zeitraum, der zwischen zwei gleichen Erscheinungen eines sich wiederholenden Vorgangs liegt (Umlaufzeit eines Planeten).* **4.** (Met.) *bestimmter, sich [regelmäßig] wiederholender, längerer Zeitabschnitt mit gleichbleibender Witterung:* die -n der Hitze. **5.** (Geol.) *Zeitabschnitt in der Erdgeschichte:* die paläozoische P. **6.** *Menstruation:* die P. bleibt aus; sie hat, bekommt ihre P.; während der P. Schmerzen haben. **7.** (Sprachw., Rhet.) *kunstvoll gegliederter [aus ineinandergeschachtelten Haupt- u. Gliedsätzen bestehender] Satz:* er baut zu lange -n. **8. a)** (Musik) *Zusammensetzung mehrerer Takte (meist acht od. sechzehn) zu einer aus zwei korrespondierenden Teilen (vier od. acht u. acht Takte) bestehenden Einheit;* **b)** (Verslehre) *Zusammensetzung von mehreren (meist von zwei od. vier) Kola* (1) *zu einer Einheit, deren Ende in der antiken Dichtung durch ein Zeichen markiert ist.*

Perioden-: **~bau,** der ⟨o. Pl.⟩ (Sprachw.): *Bau einer Periode* (7); **~dauer,** die (Physik): svw. ↑Schwingungsdauer; **~erfolg,** der (Wirtsch.): *Gewinn od. Verlust im Rahmen einer bestimmten Periode* (1 b); **~leistung,** die (Wirtsch.): vgl. ~erfolg; **~rechnung,** die (Wirtsch.): *Rechnung zur Ermittlung von Gewinn od. Verlust im Rahmen einer bestimmten Periode* (1 b); **~system,** das [vgl. Periode (2 b)] (Chemie): *systematische Anordnung sämtlicher bekannter chemischer Elemente in einer Tabelle mit waagrechten u. senkrechten Rubriken, die die Gesetzmäßigkeit des atomaren Aufbaus u. der physikalischen u. chemischen Eigenschaften widerspiegelt.*

Periodik [pe'ri̯o:dɪk], die; - [zu ↑Periode] (bildungsspr.): svw. ↑Periodizität; **Periodikum** [pe'ri̯o:dikʊm], das; -s, ...ka ⟨meist Pl.⟩ (Fachspr.): *periodisch erscheinende [Zeit]schrift, Zeitung:* monatlich erscheinende Periodika für Naturwissenschaften; **periodisch** ⟨Adj.; o. Steig.⟩ [lat. periodicus < griech. periodikós] (bildungsspr.): **a)** *in gleichen Abständen, regelmäßig [auftretend, wiederkehrend]:* in -en Abständen; p. zu wiederholende Übungen; p. auftretende Krankheiten; der Ausschuß tagt p. *(nicht ständig);* diese Zeitschrift erscheint p. [alle 14 Tage]; **b)** (selten) *von Zeit zu Zeit, phasenhaft [auftretend, wiederkehrend]:* -e Launen; -e Enthaltsamkeit; er verliert p. jede Kontrolle über sich (F. Wolf, Menetekel 56); **periodisieren** [peri̯odi'zi:rən] ⟨sw. V.; hat⟩ (bildungsspr.): *in bestimmte Perioden* (1) *einteilen:* die Sprachgeschichte p.; ⟨Abl.:⟩ **Periodisierung,** die; **Periodizität** [...t͡si'tɛ:t], die; - (bildungsspr.): *regelmäßige Wiederkehr:* die P. der Ereignisse; **Periodogramm** [...do'gram], das; -s, -e [↑-gramm] (Wirtsch., Technik): *graphische Darstellung eines periodisch verlaufenden od. periodische Bestandteile enthaltenden Vorgangs, Ablaufs o. ä.*

Periöke [peri'|ø:kə], der; -, -n [griech. períoikos = Nachbar, eigtl. = „Umwohner"]: *freier, aber politisch rechtloser Bewohner des antiken Sparta.*

Periost [peri'|ɔst], das; -[e]s, -e [zu griech. perí = um – herum u. ostéon = Knochen] (Med.): *Knochenhaut;* **Periostitis** [peri|ɔs...], die; -, -itiden [...sti'ti:dn̩] (Med.): *Entzündung des Periosts; Knochenhautentzündung.*

Peripatetiker [peripa'te:tikɐ], der; -s, - ⟨meist Pl.⟩ [lat. peripatēticus < griech. peripatētikós, eigtl. = einer, der auf u. ab geht (Aristoteles trug seine Lehre auf u. ab gehend vor)] (Philos.): **a)** *Mitglied des Peripatos, der Schule des Aristoteles;* **b)** *Vertreter, Anhänger der peripatetischen Lehre;* **peripatetisch** ⟨Adj.; o. Steig.⟩ [lat. peripatēticus < griech. peripatētikós] (Philos.): *auf der Lehre des Aristoteles beruhend;* **Peripatos** [pe'ri:patɔs], der; - [griech. perípatos = Wandelgang]: *Schule des Aristoteles.*

Peripetie [peripe'ti:], die; -, -n [...i:ən; griech. peripéteia = das plötzliche Umschlagen] (bes. Literaturw.): *entscheidende Wendung [in einem Drama].*

peripher [peri'fe:ɐ] ⟨Adj.; o. Steig.⟩ [zu ↑Peripherie] (Ggs.: zentral): **1.** (bildungsspr.) **a)** *in einem Randgebiet, -bezirk, einer Randzone liegend:* -e Gemeinden, Stadtteile; **b)** *ohne zentrale Bedeutung, am Rande liegend, nebensächlich:* -e Fragen, Probleme, Beziehungen; ein Thema nur p. behandeln. **2.** (Med.) *in den äußeren Zonen des Körpers liegend:* das -e Nervensystem; -e Gefäße; p. wirksam sein. **3.** (Datenverarb.) *an die zentrale Einheit einer elektronischen Rechenanlage angeschlossen od. anschließbar:* -e Geräte *(Geräte für die Ein- od. Ausgabe u. das Speichern von Daten);* **Peripherie** [perife'ri:], die; -, -n [...i:ən; spätlat. peripherīa < griech. periphéreia, zu: periphérein = umhertragen]: **1.** (bildungsspr.) *Randgebiet, -bezirk, -zone:* an der P. der Stadt; Ü machtpolitisch an die P. gerückt sein, werden. **2.** (Geom.) *[gekrümmte] Begrenzungslinie einer geometrischen Figur, bes. des Kreises.* **3.** (EDV) *periphere* (3) *Geräte;* ⟨Zus.:⟩ **Peripheriegerät,** das (EDV): *peripheres* (3) *Gerät;* **peripherisch** [...fe:rɪʃ] (veraltet): *peripher.*

Periphrase [peri-], die; -, -n [lat. periphrasis < griech. períphrasis] (Rhet.): *Umschreibung eines Begriffs, einer Person od. Sache durch kennzeichnende Eigenschaften, Tätigkeiten, Wirkungen o. ä.* (z. B. der Allmächtige = Gott); **periphrasieren** ⟨sw. V.; hat⟩ (Rhet.): *mit einer Periphrase umschreiben;* **periphrastisch** [...'frastɪʃ] ⟨Adj.; o. Steig.⟩ [griech. periphrastikós] (Rhet.): *umschreibend.*

Peripteraltempel [perɪpte'ra:l-], der; -s, -, **Peripteros** [pe'rɪpterɔs], der; -, - od. ...eren [perɪp'te:rən]; zu griech. perípteros, eigtl. = ringsum mit Flügeln versehen]: *rings von einem Säulengang umgebener antiker Tempel.*

Periskop [peri'sko:p], das; -s, -e [zu griech. perí = ringsum u. skopeĩn = betrachten, schauen]: *[ausfahr- u. drehbares] Fernrohr für Unterwasserfahrzeuge:* das P. einziehen; **periskopisch** ⟨Adj.; o. Steig.⟩: *mit Hilfe eines Periskops.*

Perispomenon [peri'spo:menɔn], das; -s, ...na [spätlat. perispōmenon < griech. perispṓmenon] (Sprachw.): *(im Griechischen) Wort mit einem Zirkumflex auf der letzten Silbe* (z. B. philõ = ich liebe). Vgl. Properispomenon.

Peristaltik [peri'staltɪk], die; - [griech. peristaltikós = umfassend und zusammendrückend] (Med.): *von den muskulösen Wänden der Hohlorgane (Magen, Darm o. ä.) ausgeführte Bewegung, bei der sich die einzelnen Organabschnitte nacheinander zusammenziehen u. so den Inhalt des Hohlorgans transportieren;* **peristaltisch** ⟨Adj.; o. Steig.⟩ (Med.): *die Peristaltik betreffend.*

Peristase [peri'sta:zə], die; -, -n [griech. perístasis = Umwelt] (Med.): *die neben den Genen auf die Entwicklung des Organismus einwirkende Umwelt;* **peristatisch** ⟨Adj.; o. Steig.⟩ (Med.): *die Peristase betreffend.*

Peristyl [peri'sty:l], das; -s, -e, **Peristylium** [...'sty:li̯ʊm], das; -s, ...ien [...i̯ən]; lat. peristȳlium < griech. peristýlion, zu: perí = um – herum u. stȳlos = Säule]: *der von Säulen umgebene Innenhof eines antiken Hauses.*

Perithezium [peri'te:t͡si̯ʊm], das; -s, ...ien [...i̯ən; zu griech. perí = um – herum u. thḗkē, ↑Theke] (Bot.): *kugel- bis flaschenförmiger Fruchtkörper bei Schlauchpilzen.*

peritoneal [peritone'a:l] ⟨Adj.; o. Steig.; nicht adv.⟩ (Med.): *das Peritoneum betreffend, dazu gehörend; Bauchfell-;* **Peritoneum** [perito'ne:ʊm], das; -s, ...neen [...ne:ən; griech. peritónaion] (Med.): *Bauchfell;* **Peritonitis** [perito'ni:tɪs], die; -, ...itiden [...ni'ti:dn̩] (Med.): *Bauchfellentzündung.*

Perkal [pɛr'ka:l], der; -s, -e [frz. percale, aus dem Pers.] (Textilind.): *kräftiges, nicht gerauhtes Baumwollgewebe, das mit feinen Streifen od. kleinen Mustern bedruckt ist;* **Perkalin** [pɛrka'li:n], das; -s, -e: *stark appretiertes, glänzendes Gewebe [für Bucheinbände].*

Perkolat [pɛrko'la:t], das; -[e]s, -e (Pharm.): *durch Perkolation* (1) *gewonnener Pflanzenauszug;* **Perkolation** [...la't͡si̯o:n], die; -, -en [lat. percōlātio = das Durchseihen, zu: percōlāre, ↑perkolieren]: **1.** (Pharm.) *Verfahren zur Gewinnung von flüssigen Pflanzenauszügen durch Filtern.* **2.** (Bodenkunde) *das Durchsickern von Wasser durch die Poren des Bodens;* **Perkolator** [...'la:tɔr, auch: ...to:ɐ], der; -s, -en [...la'to:rən] (Pharm.): *Gerät zum Perkolieren;* **perkolieren** [...'li:rən] ⟨sw. V.; hat⟩ [lat. percōlāre = durchseihen] (Pharm.): *Pflanzenauszüge durch Perkolation gewinnen.*

Perkussion [pɛrkʊ'si̯o:n], die; -, -en [lat. percussio = das Schlagen, zu: percussum, 2. Part. von: percutere, ↑perkutieren]: **1.** (Med.) *Untersuchung zur Feststellung der Beschaffenheit, Größe o. ä. von Organen durch Abklopfen der Körperoberfläche.* **2.** (Musik) *aus Hämmerchen bestehende Vorrichtung beim Harmonium, die einen klareren Toneinsatz bewirkt.* **3.** (Musik) *[Gruppe der] Schlaginstrumente in einer Jazzband.* **4.** (Waffent.) *Zündung einer Handfeuerwaffe durch Stoß od. Schlag.*

Perkussions-: **~gewehr,** das (Waffent.): *Vorderlader aus dem*

19. Jh. mit Perkussionszündung; **~hammer,** der (Med.): *kleiner Hammer aus Metall zum Perkutieren;* **~instrumente** ⟨Pl.⟩ (Musik): *Gesamtheit aller Instrumente, die geschlagen werden;* **~waffe,** die (Waffent.): vgl. ~gewehr; **~zündung,** die: svw. ↑Perkussion (4).

perkussorisch [...'so:rɪʃ] ⟨Adj.; o. Steig.⟩ (Med.): **a)** *(von Krankheitssymptomen) durch Perkussion* (1) *nachweisbar, feststellbar;* **b)** *die Perkussion* (1) *betreffend.*

perkutan [pɛrku'ta:n] ⟨Adj.; o. Steig.⟩ [zu lat. per = durch u. ↑Kutis] (Med.): *durch die Haut [wirkend].*

perkutieren [...'ti:rən] ⟨sw. V.; hat⟩ [lat. percutere = schlagen, klopfen] (Med.): *eine Perkussion* (1) *durchführen, abklopfen* (3): die Brust p.; **perkutorisch** [...'to:rɪʃ] ⟨Adj.; o. Steig.⟩ (Med.): svw. ↑perkussorisch.

Perl [pɛrl], die; - [gek. aus ↑Perlschrift] (Druckw.): *Schriftgrad von 5 Punkt.*

perl-, Perl- (vgl. auch: perlen-, Perlen-): **~boot,** das [nach der perlmutternen Innenschicht des Gehäuses u. dem Dahingleiten auf der Wasseroberfläche]: *in mittleren Tiefen des Indischen u. Pazifischen Ozeans lebender Kopffüßer mit spiraligem, aus Kammern* (4 a) *bestehendem Gehäuse; Nautilus;* **~förmig** ⟨Adj.; o. Steig.; nicht adv.⟩; **~garn,** das (Textilind.): *auffällig glänzendes (merzerisiertes) Stickgarn aus scharf gedrehten, miteinander locker verzwirnten Baumwollfäden;* **~grau** ⟨Adj.; o. Steig.; nicht adv.⟩: *von schimmerndem blassem od. silbrigem Grau; blaßgrau, silbriggrau [schimmernd];* **~graupe,** die ⟨meist Pl.⟩: *feine Graupe;* **~hirse,** die: *in Afrika u. Asien angebaute Getreideart mit kolbenförmigem Blütenstand u. hellglänzenden, hirseähnlichen Körnern;* **~huhn,** das: *fast haushuhngroßer afrikanischer Hühnervogel mit [Federschopf u.] perliger Zeichnung auf dem blaugrauen Gefieder;* **~kaffee,** der: *rundliche Kaffeebohnen aus einsamigen Früchten der Kaffeepflanze;* **~leim,** der: *Leim in Form von Kügelchen;* **~muschel,** die: *bes. in tropischen Meeren vorkommende Muschel, die um eingedrungene Fremdkörper herum Perlen* (1 a) *bildet;* **~mutt** [pɛrl'mʊt, auch: '--], das; -s: svw. ↑~mutter, dazu: **~mutten** ⟨Adj.; o. Steig.⟩: svw. ↑~muttern; **~mutter** [-'--, auch: '---; spätmhd. perlīn muoter, LÜ von mlat. mater perlarum = Perlmuschel; die Muschel bringt, wie eine Mutter ein Kind, eine Perle hervor; dann übertr. auf die innere, aus der gleichen Substanz wie die Perle bestehende Schicht]: **1.** die; - od. das; -s *harte, glänzende, schimmernde innerste Schicht der Schale von Perlmuscheln u. Seeschnecken:* ein mit P. eingelegtes Taschenmesser; der See schimmert silbrig wie P. **2.** das; -s *Perlmutterfarbe od. -glanz,* dazu: **~mutterfalter,** der: *rötlichgelber, schwarzgefleckter Falter mit wie Perlmutter schimmernden Feldern auf der Unterseite der Hinterflügel,* **~mutterfarbe,** die, **~mutterfarben** ⟨Adj.; o. Steig.; nicht adv.⟩: *in der Farbe von Perlmutter:* ein -er Knopf, Himmel, **~mutterglanz,** der, **~muttergriff,** der: vgl. ~knopf: ein Messer mit P., **~mutterknopf,** der: *Knopf aus [imitiertem] Perlmutter;* **~muttern** ⟨Adj.; o. Steig.⟩ [spätmhd. berlīnmuoterīn]: **1.** ⟨nur attr.⟩ *aus Perlmutter [hergestellt]:* -e Verzierungen. **2.** ⟨nicht adv.⟩ *wie [aus] Perlmutter; perlmutterfarben;* **~muttfarben** ⟨Adj.; o. Steig.; nicht adv.⟩: svw. ↑~mutterfarben; **~muttgriff,** der: svw. ↑~muttergriff; **~muttknopf,** der: svw. ↑~mutterknopf; **~pilz,** der: *großer, dickfleischiger, eßbarer Blätterpilz, auf dessen rötlichbraunem od. fleischfarbenem Hut hell- bis rötlichgraue, abwischbare Schuppen sitzen;* **~reis,** der: *feinkörniger Reis;* **~schrift,** die ⟨o. Pl.⟩: ältere Bez. für ↑Elite (2); **~stein,** der: *Perlit* (2); **~stich,** der: *in gleicher Richtung [halb]schräg ausgeführter, kurzer Gobelinstich;* **~stickerei,** die: svw. ↑Perlenstickerei; **~wein,** der: *mit Kohlensäure versetzter, moussierender Wein;* **~weiß** ⟨Adj.; o. Steig.; nicht adv.⟩: *silbrigweiß mit cremefarbener Abschattung;* **~wulstling,** der: svw. ↑~pilz; **~zwiebel,** die: *kleine, kugelige, in Essig eingelegte od. als Gewürz verwendete [Brut]zwiebel; Silberzwiebel;* **~zwirn,** der (Textilind.): svw. ↑~garn.

PerlatorⓌ [pɛr'la:tɔr, auch: ...to:ɐ̯], der; -s, -en [pɛrla'to:rən; nlat. Bildung zu ↑Perle]: *anschraubbares, mit feinem Sieb ausgestattetes Schlußstück für Wasserhähne, das ein gleichmäßiges Strömen des Wassers bewirkt;* **Perle** ['pɛrlə], die; -, -n [mhd. berla, perle, ahd. per(a)la, wohl mlat.-roman. Vkl. von lat. perna = Hinterkeule; eine bestimmte (hinterkeulenförmige) Art Meermuschel; 3: urspr. Perle von Alzey (Stadt in Rheinland-Pfalz)]: **1. a)** *glänzendes, schimmerndes, von Perlmuscheln um eingedrungene Fremdkörper gebildetes, hartes Kügelchen, das als Schmuck verwendet wird:* eine echte, künstliche P.; -n auf eine Schnur [auf]reihen, [auf]ziehen; -n züchten; -n suchen, fischen; nach -n tauchen; eine Kette aus -n; Zähne wie -n; der Tau funkelt wie -n in der Sonne; Spr -n bedeuten Tränen (↑bedeuten 1 d); *** jmdm. fällt keine P. aus der Krone** (salopp; *jmd. vergibt sich nichts [wenn er etw. tut]*); **-n vor die Säue werfen** (salopp; *etw. Wertvolles Leuten geben, [an]bieten, die es nicht zu schätzen, zu würdigen wissen;* nach Matth. 7, 6); **b)** *kleine [durchbohrte] Kugel:* bunte -n aus Glas, aus Holz; die Perlen des Rosenkranzes, einer Gebetsschnur; Arznei in Form von -n; **c)** *perlenförmiges Gebilde (Bläschen, Tröpfchen):* die aufsteigenden -n im Sekt; der Schweiß stand ihm in -n auf der Stirn; **d)** (Jägerspr.) *kleine, kornartige, vielfach blankpolierte Erhebung an Geweihen bzw. Gehörnen.* **2. a)** svw. ↑[2]Juwel: das Werk gehört zu den -n der deutschen Literatur; Heidelberg ist eine P. unter den deutschen Städten; Ich habe eine P. von Tochter (Frisch, Nun singen 8); **b)** (ugs. scherzh.) *[tüchtige] Hausgehilfin:* unsere P. haben wir schon seit zehn Jahren; **c)** (Jugendspr.) *Mädchen, das seinem Freund treu ist, [treue] Freundin:* das ist meine P. **3.** ⟨o. Art.; o. Pl.⟩ (Weinbau) *aus Gewürztraminer u. Müller-Thurgau gekreuzte Rebsorte, die milde, blumige, unaufdringlich würzige Weine liefert;* **[1]perlen** ['pɛrlən] ⟨sw. V.⟩ [zu ↑Perle; mhd. berlen = (mit Perlen) schmücken]: **1. a)** *in Form von Perlen* (1 c) *hervorkommen, sich bilden* ⟨hat/ist⟩: Schweißtropfen perlten ihm auf der Stirn; **b)** *in Perlen* (1 c) *irgendwohin laufen* ⟨ist⟩: Tautropfen perlen von den Blättern; Tränen sind über ihre Wangen geperlt; **c)** *in dichter u. gleichmäßiger [Klang]folge ertönen* ⟨hat⟩: ihr Lachen perlte silbrig; die Töne p. lassen; Wozu brauchen Sie einen Kragen, sagte Karcher in perlendem Französisch (Kuby, Sieg 291). **2.** *Perlen* (1 c) *bilden, von Perlen* (1 c) *erfüllt, bedeckt sein* ⟨hat⟩: der Sekt perlt [im Glas]; die Wiese perlt vom/von Tau; perlender Champagner; **[2]perlen** [-] ⟨Adj.; o. Steig.; nur attr.⟩ (selten): *aus Perlen [hergestellt].*

perlen-, Perlen- (vgl. auch: perl-, Perl-): **~ähnlich** ⟨Adj.; o. Steig.⟩; **~arbeit,** die: *mit Perlen bestickte, besetzte od. aus Perlenschnüren hergestellte kunsthandwerkliche Arbeit;* **~besetzt** ⟨Adj.; o. Steig.; nicht adv.⟩; **~bestickt** ⟨Adj.; o. Steig.; nicht adv.⟩; **~fischer,** der: *jmd., der Perlenfischerei betreibt;* **~fischerei,** die ⟨o. Pl.⟩: *[gewerbsmäßig betriebene] Suche von Perlmuscheln;* **~förmig:** ↑perlförmig; **~gestickt** ⟨Adj.; o. Steig.; nicht adv.⟩: *mit Perlenstickerei versehen;* **~glanz,** der: *Glanz, wie ihn Perlen haben;* **~gleich** ⟨Adj.; o. Steig.⟩ (geh.): -er Schimmer; **~halsband,** das ⟨Pl. ...bänder⟩; **~halskette,** die: vgl. ~kette; **~kette,** die: *Halskette aus Perlen;* **~hochzeit,** die: *dreißigster Jahrestag der Hochzeit;* **~kollier,** das; **~schmuck,** der: *Schmuck aus Perlen;* **~schnur,** die: *Schnur mit aufgereihten Perlen;* **~stickerei,** die: **1.** ⟨o. Pl.⟩ *Stickerei, bei der Stoff od. anderes Material mit Perlen bestickt wird.* **2.** *mit Perlenstickerei verzierter Gegenstand:* kostbare -en; **~taucher,** der: *Taucher, der Perlmuscheln sucht;* **~vorhang,** der: *[Tür]vorhang aus Perlenschnüren;* **~züchter,** der: *jmd., der Perlen züchtet.*

perlig ['pɛrlɪç] ⟨Adj.⟩: *perlenähnlich, perlförmig;* **Perlit** [pɛr'li:t, auch: pɛr'lɪt], der; -s, -e: **1.** (Metallurgie) *Gefüge* (2) *des Stahls, in dem Ferrit* (1) *u. Zementit in einer bestimmten Anordnung vorkommen.* **2.** (Geol.) *graublaues, wasserhaltiges, glasig erstarrtes Gestein; Perlstein.*

perlokutionär [pɛrlokutsi̯o'nɛ:ɐ̯] ⟨Adj.⟩ [aus lat. per- (↑per) u. ↑lokutionär], **perlokutiv** [...'ti:f] ⟨Adj.⟩ in der Fügung **perlokutionärer/perlokutiver Akt** (Sprachw.; *Sprechakt im Hinblick auf die Konsequenz der Aussage*).

PerlonⓌ ['pɛrlɔn], das; -s [Kunstwort]: *(aus einem Polyamid bestehende) Kunstfaser, die bes. zur Herstellung von Textilien verwendet wird:* Strümpfe aus P.; ⟨Zus.:⟩ **Perlonstrumpf,** der: *Strumpf aus Perlon;* **perlonverstärkt** ⟨Adj.; o. Steig.; nicht adv.⟩: *mit Perlon verstärkt.*

Perlustration [pɛrlʊstra'tsi̯o:n], die; -, -en (österr.): svw. ↑Perlustrierung; **perlustrieren** [...'tri:rən] ⟨sw. V.; hat⟩ [lat. perlūstrāre = (prüfend) überschauen] (österr.): *(zur Feststellung der Identität, eines Tatbestandes usw.) polizeilich o. ä. genau durchsuchen, untersuchen:* 1969 perlustrierte die Polizei vor dem Meisterschaftsspiel ... einen Teil der jugendlichen Zuschauer (Hacker, Aggression 386); ⟨Abl.:⟩ **Perlustrierung,** die; -, -en (österr.): *das Perlustrieren.*

[1]Perm [pɛrm], das; -s [nach dem ehem. russ. Gouvernement Perm] (Geol.): *jüngste Formation des Paläozoikums.*

[2]Perm [-], das; -[s], - [Kurzform von ↑*perm*eabel] (Physik, Chemie): *Einheit für die spezifische Gasdurchlässigkeit fester Stoffe;* Abk.: Pm

permanent [pɛrma'nɛnt] ⟨Adj.; o. Steig.⟩ [frz. permanent < lat. permanēns (Gen.: permanentis), 1. Part. von: permanēre = fortdauern] (bildungsspr.): *dauernd, anhaltend, ununterbrochen, ständig:* eine -e Gefahr, Bedrohung; eine -e *(für die Dauer eingerichtete, ständige)* Institution; die Krise wurde p.; p. lügen; ⟨Zus.:⟩ **Permanentmagnet,** der: *Magnet, der seine magnetische Kraft ohne äußere Einwirkung dauernd beibehält; Dauermagnet;* **Permanenz** [...nts], die; - [frz. permanence] (bildungsspr. u. Fachspr.): *dauerhaftes [Weiter]bestehen, Erhaltenbleiben; Dauerhaftigkeit:* die P. der supranationalen Beziehungen; die P. des Magnetismus bei bestimmten Werkstoffen; * **in P.** (bildungsspr.; *permanent, ununterbrochen*): in P. tagen; sich in P. erklären (Politik; *erklären, in Permanenz tagen, arbeiten o.ä. zu wollen*); ⟨Zus.:⟩ **Permanenzkarte,** die (österr. Amtsspr. veraltet): *Dauerkarte.*

Permanganat [pɛr-], das; -s, -e (Chemie): *Salz der Permangansäure, das bes. als Oxydations- u. Desinfektionsmittel verwendet wird;* **Permangansäure,** die; -, -n (Chemie): *stark violett gefärbte, Mangan enthaltende Säure.*

permeabel [pɛrme'a:bl̩] ⟨Adj.; ...bler, -ste⟩ [spätlat. permeābilis = gangbar] (Fachspr.): *durchdringbar, durchlässig:* ein permeabler Stoff; permeable Körper; ⟨Abl.:⟩ **Permeabilität** [...abili'tɛ:t], die; -: **1.** (Fachspr.) *Durchlässigkeit eines Materials für bestimmte Stoffe* (z. B. die des Erdbodens für Wasser). **2.** (Physik) *physikalische Größe, die den Zusammenhang zwischen magnetischer Induktion u. magnetischer Feldstärke angibt.*

per mille: svw. ↑pro mille.

permisch ['pɛrmɪʃ] ⟨Adj.; o. Steig.; nicht adv.⟩ (Geol.): *das [1]Perm betreffend, darauf bezüglich.*

permissiv [pɛrmɪ'si:f] ⟨Adj.⟩ [zu lat. permissum, 2. Part. von: permittere = erlauben] (Soziol., Psych.): *nachgiebig, wenig kontrollierend, frei gewähren lassend:* ein -er Erziehungsstil; eine -e Gesellschaft *(Gesellschaft, die auch gegen sie selbst gerichtete Strömungen toleriert);* **Permissivität** [...sivi'tɛ:t], die; - (Soziol., Psych.): *permissives Verhalten;*

Permit ['pə:mɪt], das; -s, -s [engl. permit]: engl. Bez. für *Erlaubnis[schein].*

permutabel [pɛrmu'ta:bl̩] ⟨Adj.; o. Steig.⟩ [spätlat. permūtābilis, zu: permūtāre, ↑permutieren] (Fachspr.): *austauschbar, vertauschbar;* **Permutation** [...ta'tsi̯o:n], die; -, -en [1: lat. permūtātio]: **1.** (bildungsspr. u. Fachspr.) *Austausch, Vertauschung, Umstellung.* **2.** (Math.) *Umstellung in der Reihenfolge bei einer Zusammenstellung einer bestimmten Anzahl geordneter Größen.* **3.** (Sprachw.) *Umstellung, Vertauschung von Wörtern, Satzgliedern innerhalb eines Satzes unter Wahrung der syntaktischen Funktion dieser Elemente;* **permutieren** [...'ti:rən] ⟨sw. V.; hat⟩ [lat. permūtāre] (bildungsspr. u. Fachspr.): *eine Permutation vornehmen; aus-, vertauschen, umstellen.*

Pernambukholz [pɛrnam'bu:k-], das; -es [nach dem bras. Bundesstaat Pernambuco]: *an roten Farbstoffen reiches, fein strukturiertes, hartes Holz eines brasilianischen Baums.*

per nefas [pɛr 'ne:fa(:)s; lat.; ↑Nefas] (bildungsspr. veraltet): *auf widerrechtliche Weise.* Vgl. per fas.

Pernio ['pɛrni̯o], der; -, ...iones [pɛr'ni̯o:ne:s] u. ...ionen [lat. pernio] (Med.): *Frostbeule.*

perniziös [pɛrni'tsi̯ø:s] ⟨Adj.; -er, -este⟩ [frz. pernicieux < lat. perniciōsus, zu: perniciēs = das Verderben] (bildungsspr.): *bösartig, gefährlich:* Er revoltiert gegen die -e Humorlosigkeit (Deschner, Talente 165); -e Anämie (↑Anämie).

PernodⓌⓩ [pɛr'no], der; -[s], -[s] [nach dem frz. Fabrikanten H.-L. Pernod]: *meist als Aperitif getrunkenes alkoholisches Getränk auf der Grundlage von Anis u. Wermut.*

Peronismus [pero'nɪsmʊs], der; -: *auf den General u. Staatspräsidenten J. D. Perón (1895–1974) zurückgehende, autoritär geführte Bewegung mit politisch-sozialen Zielen in Argentinien;* **Peronist,** der; -en, -en: *Anhänger Peróns bzw. des Peronismus;* **peronistisch** ⟨Adj.; Steig. ungebr.⟩: **1.** ⟨o. Steig.⟩ *den Peronismus betreffend, zu ihm gehörend:* eine -e Regierung. **2.** *vom Peronismus geprägt, auf ihm beruhend, ihm folgend:* eine -e Einstellung; p. gesinnt sein.

peroral [pɛr|o'ra:l] ⟨Adj.; o. Steig.⟩ [aus lat. per (↑per) u. ↑oral] (Med.): *(bes. in bezug auf die Einnahme von Medikamenten) durch den Mund, über den Verdauungsweg;* **Peroration** [pɛr|ora'tsi̯o:n], die; -, -en [2: lat. perōrātio] (bildungsspr. veraltend): **1.** *mit Nachdruck vorgetragene Rede.* **2.** *zusammenfassender Schluß einer Rede;* **perorieren** [pɛr|o'ri:rən] ⟨sw. V.; hat⟩ [lat. perōrāre] (bildungsspr. veraltend): **1.** *mit Nachdruck reden.* **2.** *eine Rede schließen;* **per os** [pɛr 'o:s; lat. = durch den Mund] (Med.): *peroral.*

Peroxid ['pɛr|ɔksi:t, auch: – –'–], (chem. fachspr. für:) **Peroxyd,** das; -s, -e [aus lat. per (↑per) u. ↑Oxyd] (Chemie): *sauerstoffreiche chemische Verbindung.*

per pedes [apostolorum] [pɛr 'pe:de:s (apɔsto'lo:rʊm); lat.] (bildungsspr.): *zu Fuß [wie die Apostel].*

Perpendikel [pɛrpɛn'di:kl̩, auch: ...dɪkl̩], der od. das; -s, - [lat. perpendiculum = Richt-, Senkblei]: **1.** (veraltend) *Uhrpendel.* **2.** (Schiffbau) *eine der beiden gedachten senkrechten Linien, die den Vordersteven bzw. den Hintersteven eines Schiffes auf der Wasserlinie schneiden u. mit deren Abstand voneinander die Länge eines Schiffes angegeben wird;* ⟨Abl.:⟩ **perpendikular** [...diku'la:ɐ̯], **perpendikulär** [...'lɛ:ɐ̯] ⟨Adj.; o. Steig.⟩ [lat. perpendiculāris] (Fachspr.): *senk-, lotrecht.*

perpetuell [pɛrpe'tu̯ɛl] ⟨Adj.; o. Steig.⟩ [frz. perpétuel < lat. perpetuālis] (bildungsspr. veraltet): *beständig, fortwährend;* **perpetuieren** [...tu'i:rən] ⟨sw. V.; hat⟩ [lat. perpetuāre, zu: perpetuus = fortwährend, ewig] (bildungsspr., oft abwertend): *machen, daß etw. Dauer gewinnt, sich festsetzt:* durch diese Mechanismen wird das bestehende Normensystem perpetuiert; ⟨Abl.:⟩ **Perpetuierung,** die; -; **Perpetuum mobile** [pɛr'pe:tuʊm 'mo:bilə], das; - -, - -[s] u. ...tua ...lia [...tu̯a mo'bi:li̯a] ⟨Pl. ungebr.⟩ [lat. = das sich ständig Bewegende]: **1.** *utopische Maschine, die ohne Energiezufuhr dauernd Arbeit leistet.* **2.** (Musik) *schnelles, virtuoses Musikstück, dessen melodische Linie ununterbrochen in kurzwertigen, gleichen Noten verläuft.*

perplex [pɛr'plɛks] ⟨Adj.; -er, -este; meist präd.⟩ [(frz. perplexe <) lat. perplexus = verschlungen, verworren] (ugs.): *verblüfft u. betroffen od. verwirrt:* ganz p. [über etw.] sein; p. dastehen, dreinschauen; ⟨seltener auch attr.:⟩ ein -es Gesicht machen.

per procura [pɛr pro'ku:ra; lat.; ↑Prokura] (Kaufmannsspr.): *auf Grund erteilter Prokura* (meist abgekürzt: pp[a].; Zusatz, mit dem der Prokurist geschäftliche Schriftstücke unterschreibt): pp[a]. Meyer.

per rectum [pɛr 'rɛktʊm; lat.; ↑Rektum] (Med.): *rektal* (b).

Perron [pɛ'rõ:, auch: pɛ'rɔŋ; österr.: pɛ'ro:n], der; -s, -s [frz. perron < afrz. perron = großer Stein < lat. petra < griech. pétra = Stein]: **1.** (veraltet, österr. veraltend, noch schweiz.) *Bahnsteig:* auf dem P. stehen, warten. **2.** (veraltet) *Plattform der Straßenbahn.*

per saldo [pɛr 'zaldo; ital.; ↑Saldo] (Kaufmannsspr.): *auf Grund des Saldos; [als Rest] zum Ausgleich (auf einem Konto):* Ü p. s. bleiben noch viele Probleme ungelöst.

per se [pɛr 'ze:; lat. = durch sich (selbst)]: **1.** (bildungsspr.) *mit vorauszusetzender Selbstverständlichkeit; (von der Sachlage her) selbstverständlich:* das versteht sich p. se. **2.** (bildungsspr. selten) *an sich:* die Sprache p. se.

Persenning [pɛr'zɛnɪŋ], die; -, -e[n] u. -s [niederl. presenning < älter frz. préceinte = Umhüllung, unter Einfluß von lat. praecingere = mit etw. umgeben zu afrz. proceindre = rund einschließen]: **1.** (bes. Seemannsspr.) *Schutzbezug aus festem, wasserdichtem Segeltuch.* **2.** ⟨o. Pl.⟩ (Textilind.) *festes, wasserdichtes Gewebe, Segeltuch (für Zelte o.ä.).*

Perser ['pɛrzɐ], der; -s, -: kurz für ↑Perserteppich.

Perser-: **~brücke,** die: vgl. ~teppich; **~katze,** die: *Katze einer aus Kleinasien stammenden Rasse mit gedrungenem Körper, großem Kopf, langem, seidigem, dichtem Haar u. buschigem Schwanz;* **~teppich,** der: *(kostbarer) handgeknüpfter Teppich aus Persien.*

Perseveranz [pɛrzeve'rants], die; - [lat. persevērantia, zu: persevērāre, ↑perseverieren] (bildungsspr.): *Beharrlichkeit, Ausdauer;* **Perseveration** [...ra'tsi̯o:n], die; -, -en [spätlat. persevērātio = das Beharren, Ausdauer]: **1.** (Psych.) *das Perseverieren* (2). **2.** (Med., Psych.) *krankhaftes Verweilen bei ein u. demselben Denkinhalt; stereotype Wiederholung bestimmter Verhaltensweisen;* **perseverieren** [...'ri:rən] ⟨sw. V.; hat⟩ [1: lat. persevērāre]: **1.** (bildungsspr. veraltend) *bei einer Sache beharren; etw. ständig wiederholen.* **2.** (Psych.) *(von Gedanken, Redewendungen, Melodien o.ä.) im Bewußtsein verharren, beharrlich wiederkehren.*

Persianer [pɛr'zi̯a:nɐ], der; -s, - [zu Persien, dem urspr. Herkunftsland]: **1.** *kleingelocktes Fell von Lämmern des*

Karakulschafes. **2.** *Pelz aus Persianer* (1); ⟨Zus.:⟩ **Persianerjacke,** die; **Persianermantel,** der.
Persiflage [pɛrzi'fla:ʒə], die; -, -n [frz. persiflage] (bildungsspr.): *feine, geistreiche Verspottung durch übertreibende od. ironisierende Darstellung bzw. Nachahmung:* dieses Fernsehspiel ist eine gekonnte P. auf das moderne Wohlstandsbürgertum; **persiflieren** [...'fli:rən] ⟨sw. V.; hat⟩ [frz. persifler, latinis. Bildung zu: siffler = (aus)pfeifen < spätlat. sīfilāre < lat. sībilāre, ↑Sibilant] (bildungsspr.): *etw. (durch Persiflage) fein, geistreich verspotten:* einen Roman p.; Ereignisse aus der Politik p.; jmdn., sich selbst p.
Persiko ['pɛrziko], der; -s, -s [frz. persicot, zu lat. persicus, ↑Pfirsich]: **1.** (früher) *Likör aus Pfirsich- oder Bittermandelkernen.* **2.** *ein Cordial Médoc od. Rosolio, dem Extrakte aus Pfirsichen, Zitronen u. Zimt zugesetzt sind:* P. sauer, Saurer mit P. *(eine Art Kirschlikör).*
Persilschein [pɛr'zi:l-], der; -[e]s, -e [nach dem Namen des Waschmittels Persil ⓦ, nach der Vorstellung des Rein- od. Weißwaschens; urspr. von der Bescheinigung der Entnazifizierungsbehörden] (ugs. scherzh.): *Entlastung[s-zeugnis]; Bescheinigung, daß sich jmd. nichts hat zuschulden kommen lassen:* jmdm. einen P. ausstellen; er bekam nicht den erhofften P.
Persimone [pɛrzi'mo:nə], die; -, -n [engl. persimmon, aus einer Indianerspr. des (nord)östl. Nordamerika]: **1.** *im östlichen Nordamerika beheimatete Dattelpflaume* (1). **2.** *orangefarbene, eßbare Frucht der Persimone* (1).
Persipan [pɛrzi'pa:n, auch: '---], das; -s, -e [Kunstwort aus lat. persicus (↑Pfirsich) u. ↑Marzipan]: *Ersatz für Marzipan aus geschälten Pfirsich- od. Aprikosenkernen.*
persistent [pɛrzɪs'tɛnt] ⟨Adj.; -er, -este⟩ [spätlat. persistēns (Gen.: persistentis), 1. Part. von: persistere, ↑persistieren] (Fachspr., bes. Med., Biol.): *anhaltend, dauernd, hartnäkkig;* **Persistenz** [...nts], die; -, -en: **1.** (Fachspr., bes. Med., Biol.) *Bestehenbleiben eines Zustandes über längere Zeit; Verweildauer.* **2.** (veraltet) *Beharrlichkeit, Ausdauer;* **persistieren** [...'ti:rən] ⟨sw. V.; hat⟩ [lat. persistere]: **1.** (Med.) *(von krankhaften Zuständen) bestehenbleiben, fortdauern.* **2.** (bildungsspr. veraltend) *insistieren.*
Person [pɛr'zo:n], die; -, -en [mhd. persōn(e) < lat. persōna = Maske (1 a); die durch diese Maske dargestellte Rolle; Charakter; Mensch]: **1. a)** *Mensch als Individuum, in seiner spezifischen Eigenart als Träger eines einheitlichen, bewußten Ichs:* eine [un]bekannte P.; -en sind bei dem Brand nicht umgekommen; im ganzen Haus war keine P. *(niemand)* zu finden; man muß die P. vom Amt, von der Sache trennen; die Familie besteht aus fünf -en; der Eintritt kostet drei Mark pro P.; die P. des Kanzlers *(der Kanzler),* deine P. soll *(du sollst)* nicht in die Erörterung hineingezogen werden; seine P., die eigene P. *(sich selbst)* in den Vordergrund stellen; juristische P. (jur.; *Anstalt, Körperschaft als Träger von Rechten u. Pflichten;* Ggs.: natürliche Person); natürliche P. (jur.; *Mensch als Träger von Rechten u. Pflichten;* Ggs.: juristische Person); die drei göttlichen -en (christl. Rel.; *Gott Vater, Sohn u. Heiliger Geist*); ich für meine P. *(was mich betrifft, ich)* stimme zu; die beiden Ämter sind in einer P. vereinigt *(werden von ein u. derselben Person verwaltet);* sich in der P. irren *(jmdn. verwechseln);* sie mußten Angaben zur P. machen *(über sich selbst Auskunft geben);* * **jmd. in [eigener**/(veraltend, noch scherzh.:) **höchsteigener] P.** *(jmd. selbst, [höchst]persönlich):* der Minister in P. war anwesend; **etw. in P. sein** *(die Verkörperung von etw. sein):* er ist die Gründlichkeit, Dummheit, Ruhe in P.; **etw. in einer P. sein** *(etw. zugleich sein, in sich vereinigen):* er ist Dichter und Schauspieler in einer P.; vgl. in persona; **b)** ⟨Pl. ungebr.⟩ (seltener) svw. ↑Persönlichkeit (1): die eigentümliche Macht seiner P. hat bewirkt, daß ...; sich mit seiner ganzen P. für etw. einsetzen; **2.** *Mensch hinsichtlich seiner äußeren, körperlichen Eigenschaften:* eine männliche, weibliche P.; nur kräftige -en eignen sich für diese Tätigkeit; ein Pappdeckelbild ..., das den Hanni in ganzer P. darstellte (Andres, Die Vermummten 85). **3.** *Figur, Gestalt in der Dichtung od. im Film:* die [auftretenden, handelnden] -en eines Dramas, Romans; die -en und ihre Darsteller; stumme P. (Theater; *Person, die agiert, ohne zu sprechen*); lustige P. (Theater veraltet; *Hanswurst*). **4.** ⟨Vkl. ↑Persönchen⟩ (emotional) *Frau, Mädchen:* eine junge, hübsche, reizende, gescheite P.; sie ist eine häßliche, eingebildete P.; so eine [freche] P.! **5.** ⟨o. Pl.⟩ (Sprachw.) *Form des Verbs od. Pronomens, die an die sprechende[n], an die angesprochene[n] od. an die Person[en] od. Sache[n], über die gesprochen wird, geknüpft ist:* die erste P. *(Sprechender);* die zweite P. *(Angesprochener);* die dritte P. *(Besprochener);* das Verb steht in der zweiten P. Plural; das Reflexivpronomen stimmt in der 1. und 2. P. mit den Formen des Personalpronomens überein; **Persona grata** [pɛr'zo:na 'gra:ta], die; - - [lat. = willkommener, gern gesehener Mensch] (Dipl.): *Diplomat, gegen dessen Aufenthalt in einem fremden Staat von seiten der Regierung dieses Staates keine Einwände erhoben werden;* **Persona ingrata** [- ɪn'gra:ta], die; - - [lat. = unwillkommener, nicht gern gesehener Mensch] (Dipl.): *Diplomat, dessen [vorher genehmigter] Aufenthalt in einem fremden Staat von der Regierung des betreffenden Staates nicht [mehr] gewünscht wird;* **personal** [pɛrzo'na:l] ⟨Adj.; o. Steig.⟩ [1 a, 2: spätlat. persōnālis]: **1.** (bildungsspr.) **a)** *die Person* (1) *betreffend, zu ihr gehörend; als Person existierend;* ein -er Gott; Vater und Lehrer als -e Autoritäten; **b)** ⟨nicht präd.⟩ (selten) svw. ↑personell: die -e Besetzung der Kommissionen (Fraenkel, Staat 236). **2.** ⟨nicht präd.⟩ (Sprachw.) *die Person* (5) *betreffend:* temporale, modale und -e Präzisierungen der grammatischen Analyse; **Personal** [-], das; -s [älter: Personale < mlat. personale = Dienerschaft, Hausangestellte, subst. Neutr. Sg. von: personalis = dienerhaft < spätlat. persōnālis]: **a)** *Gesamtheit von Personen, die bei einem Arbeitgeber bzw. Dienstherrn in einem Dienstverhältnis stehen u. bes. auf dem Gebiet der Dienstleistungen tätig sind:* geschultes, technisches P.; das fliegende P. (Flugpersonal); das P. eines Kaufhauses, eines Betriebs; die Bundesbahn hat genügend P. für ihre Züge; P. einstellen, entlassen; das P. einschränken; verdoppeln; **b)** svw. ↑Dienstpersonal.
personal-, Personal- (personal, Personal): **~abbau,** der; **~abteilung,** die: *für Personalangelegenheiten zuständige Abteilung* (2); **~akte,** die: *über jmdn. geführte Akte mit Angaben u. Unterlagen zur Person, zum persönlichen u. beruflichen Werdegang;* **~angaben** ⟨Pl.⟩: *Angaben zur Person;* **~angelegenheiten** ⟨Pl.⟩: *Angelegenheiten, die das Personal* (a) *betreffen;* **~ausgaben** ⟨Pl.⟩: vgl. ~kosten; **~ausweis,** der: *amtlicher Ausweis für eine Person mit einem Lichtbild u. Angaben zur Person;* **~bearbeiter,** der: *Bearbeiter für Personalangelegenheiten;* **~beschreibung,** die: *Beschreibung des Äußeren einer Person (im Personalausweis, Steckbrief o. ä.);* **~bestand,** der: *Bestand an Personal* (a); **~bogen,** der: *Bogen, Formular mit einer Aufstellung von Daten einer Person;* **~büro,** das: vgl. ~abteilung; **~chef,** der: vgl. ~leiter; **~daten** ⟨Pl.⟩: svw. ↑~angaben; **~debatte,** die (bes. Politik) *Debatte über Eignung u. Fähigkeiten von jmdm., der mit einem [öffentlichen] Amt od. einer bestimmten Aufgabe betraut werden soll;* **~direktor,** der: vgl. ~leiter; **~dokumente** ⟨Pl.⟩ svw. ↑~papiere; **~einsatz,** der; **~einsparung,** die; **~endung,** die (Sprachw.): *Endung des Verbs, die die grammatische Person* (5) *angibt;* **~form,** die (Sprachw.): *Verbform, die in Person* (5) *u. Numerus bestimmt ist;* **~frage,** die ⟨meist Pl.⟩: *Frage od. Angelegenheit, die das Personal* (a) *betrifft:* -n erörtern; **~führung,** die; **~gesellschaft,** die: svw. ↑Personengesellschaft; **~hoheit,** die ⟨o. Pl.⟩ (Politik, jur.): **1.** *Befugnis (z. B. von Gemeinden) zu eigenverantwortlicher Gestaltung des Personalwesens im öffentlichen Dienst.* **2.** *Hoheitsgewalt eines Staates über die ihm angehörenden Personen;* **~intensiv** ⟨Adj.⟩ (Wirtsch.): *in hohem Maß auf der Arbeit von Personal* (a) *beruhend, den Einsatz von Personal* (a) *erfordernd:* -e Postdienste; **~kontakter,** der (Wirtsch.): *Fachmann, der den Kontakt zwischen dem Personal* (a) *u. der Unternehmensleitung herstellt;* **~kosten** ⟨Pl.⟩ (Wirtsch., Verwaltung): *Kosten für Personal* (a), *Lohnaufwand;* **~kredit,** der (Wirtsch.): *ohne Sicherung, auf das Ansehen der Person hin gewährter Kredit;* **~kürzung,** die; **~leiter,** der: *Leiter der Personalabteilung, des Personalbüros;* **~leitung,** die; **~liste,** die: eine P. aufstellen; **~mangel,** der: *Mangel an Personal* (a); **~papiere** ⟨Pl.⟩: *persönliche Ausweispapiere;* **~planung,** die (bes. Wirtsch.); **~politik,** die (bes. Wirtsch.): *Überlegungen u. Maßnahmen im Bereich der Personalangelegenheiten,* dazu: **~politisch** ⟨Adj.; o. Steig.; nicht präd.⟩; **~pronomen,** das (Sprachw.): *Pronomen, das für die sprechende[n], angesprochene[n] Person[en] oder für die Person[en] od. Sache[n] steht, über die gesprochen wird:* das P. der ersten, zweiten, dritten Person; **~rat,** der: svw. ↑~vertretung (2); **~referent,** der (Verwaltung):

Referent für Personalangelegenheiten; **~steuer,** die: svw. ↑Personensteuer; **~union,** die; **1.** (bildungsspr.) *Vereinigung von Ämtern, Funktionen, Tätigkeiten in jmds. Person:* eine P. von hohen Partei- und Staatsämtern (Fraenkel, Staat 208); zwei Funktionen in P. versehen. **2.** (hist.) *Vereinigung zweier Staaten durch die Person des Monarchen unter fortbestehender staatsrechtlicher Trennung:* die P. zwischen dem Kurfürstentum Hannover und dem Königreich England; vgl. Realunion; **~vertretung,** die (Verwaltung): **1.** ⟨o. Pl.⟩ *Interessenvertretung der Beschäftigten des öffentlichen Dienstes gegenüber den Dienststellenleitern durch gewählte Organe:* ein Gesetz, das die P. regelt. **2.** *gewähltes Organ, das die wirtschaftlichen u. sozialen Interessen der Beschäftigten im öffentlichen Dienst gegenüber den Dienststellenleitern vertritt;* **~verwaltung,** die (Wirtsch.): vgl. -abteilung; **~wechsel,** der: *Wechsel im Personal* (a).

Personale [pɛrzoˈnaːlə], das; -s, ...lia u. ...lien [...li̯ən; zu ↑personal]: **1.** (Sprachw.) *persönliches* (1 c) *Verb, das in allen drei Personen gebraucht wird.* **2.** (veraltet) *Personalie* (1): ... in dem er sich das P. des Alten wiederholen ließ (Th. Mann, Joseph 718); **Personalie** [...li̯ə], die; -, -n [spätlat. persōnālia = persönliche Dinge, subst. Neutr. Pl. von: persōnālis, ↑personal]: **1.** ⟨Pl.⟩ *Angaben zur Person, wie sie von einer Behörde registriert werden:* die -n angeben; die Polizei hat seine -n aufgenommen; er wurde zur Feststellung seiner -n auf das nächste Revier gebracht. **2.** (selten) *Einzelheit, die jmds. persönliche Verhältnisse betrifft:* Eine P. wie die ihres Bruders erzählt man nicht (Bieler, Mädchenkrieg 115); **personalisieren** [...naliˈziːrən] ⟨sw. V.; hat⟩ (bildungsspr.): *auf eine einzelne Person, auf einzelne Personen ausrichten:* Werbung p.; eine Auseinandersetzung (im Bundestag) p.; (Politik:) personalisierte Verhältniswahl (Fraenkel, Staat 328); **Personalismus** [...ˈlɪsmʊs], der, -: **1.** (Philos., Theol.) *Glaube an einen persönlichen Gott.* **2.** (Philos.) *Richtung der moderneren Philosophie, die den Menschen nicht nur ontologisch als denkendes Wesen auffaßt, sondern ihn als eine in ständigen Erkenntnisprozessen stehende, handelnde, wertende, von der Umwelt beeinflußte u. ihre Umwelt selbst beeinflussende Person* (1 a) *sieht.* **3.** (Psych.) *Richtung der Psychologie, die die erlebende u. erlebnisfähige Person u. deren Beziehungen zu ihrer Umwelt in den Mittelpunkt ihrer Forschung stellt;* **Personalist** [...ˈlɪst], der; -en, -en: *Vertreter des Personalismus* (2, 3); **personalistisch** ⟨Adj.; o. Steig.⟩: **a)** *den Personalismus betreffend;* **b)** *den Gedanken der Person, der Persönlichkeit betonend;* **Personalität** [...liˈtɛːt], die; - (bildungsspr.): *Persönlichkeit, das Ganze der das Wesen einer Person ausmachenden Eigenschaften:* jmdn. in seiner vollen P. akzeptieren; **personaliter** [...ˈnaːlitɐ] ⟨Adv.⟩ [spätlat. persōnāliter] (bildungsspr. veraltet): *in eigener Person, persönlich, selbst;* **Personality-Show** [pəːsəˈnælɪtɪʃoʊ], die; -, -s [amerik. personality show, aus engl. personality = Persönlichkeit u. show, ↑Show] (Ferns.): *Show, die von der Persönlichkeit eines Künstlers getragen wird [u. insbes. dessen Vielseitigkeit demonstrieren soll];* **Persona non grata** [pɛrˈzoːna ˈnoːn ˈgraːta], die; - - - [lat.]: svw. ↑Persona ingrata; **Personarium** [pɛrzoˈnaːri̯ʊm], das; -s, ...ien [...i̯ən; zu ↑Person, wohl geb. nach ↑Szenarium] (Theater): **a)** *Verzeichnis der in einem Theaterstück mitwirkenden Personen;* **b)** *Gesamtheit der in einem Theaterstück mitwirkenden Personen;* **Personbeschreibung**: ↑Personenbeschreibung; **Persönchen** [pɛrˈzøːnçən], das; -s, -: *zierliches, kleines Mädchen; zierliche, kleine Frau:* seine Frau ist ein ganz zierliches, aber energisches P.; **personell** [pɛrzoˈnɛl] ⟨Adj.; o. Steig.; nicht präd.⟩ [frz. personnel < spätlat. persōnālis, ↑personal]: **1.** *das Personal* (a), *die Beschäftigten in einem Betrieb, Bereich o. ä. betreffend:* die -e Zusammensetzung der Regierung; -e Veränderungen, Schwierigkeiten im Betrieb; -e Fragen, Konsequenzen, Entscheidungen; ein p. festgelegtes Schattenkabinett. **2.** (Psych.) *die Person* (1 a) *betreffend.*

personen-, Personen-: **~aufzug,** der; *Aufzug* (2) *für Personen;* **~auto,** das: svw. ↑~wagen (1); **~automobil,** das (schweiz.); **~beförderung,** die (Verkehrsw.); **~beschreibung,** (österr.:) Personsbeschreibung, die: eine genaue, lückenhafte P. geben; **~dampfer,** der; **~fahndung,** die; **~fähre,** die; **~fahrzeug,** das; **~firma,** die (Wirtsch.): *Firmenname, der aus einem od. mehreren Personennamen besteht* (Ggs.: Sachfirma); **~gebunden** ⟨Adj.; o. Steig.; nicht adv.⟩: *an eine bestimmte Person gebunden:* eine Genehmigung p. erteilen; **~gedächtnis,** das: *Gedächtnis für Personen:* ein gutes P. haben; **~gesellschaft,** die (Wirtsch.): *[Form der] Gesellschaft, bei der die Gesellschafter in dem Unternehmen selbst mitarbeiten u. mit ihrem Vermögen haften;* **~gruppe,** die: steuerlich begünstigte -n; **~kennzahl,** die: vgl. ~kennzeichen; **~kennzeichen,** das (Meldewesen): *in Ziffern verschlüsselte Angaben (Geburtsdatum, Geschlecht u. ä.) über eine Person (zur Verwendung in der Datenverarbeitung);* **~kennziffer,** die: vgl. ~kennzeichen; **~konto,** das (Buchf.): *Konto für Geschäftspartner (Kunden, Lieferanten;* Ggs.: Sachkonto); **~kraftwagen,** der (bes. Amtsspr., Fachspr.): svw. ↑~wagen (1): Abk.: Pkw, (auch:) PKW; **~kreis,** der: *Kreis von Personen (auf die sich etw. erstreckt, bezieht):* einen P. abgrenzen; einen großen P. ansprechen; **~kult,** der (abwertend): *starke Überbewertung, Überbetonung der Führungsrolle der Einzelpersönlichkeit in Politik, Gesellschaft, Geschichte:* P. treiben; **~lift,** der: vgl. ~aufzug; **~name,** der: *Eigenname, der eine Person bezeichnet* (z. B. Vorname, Familienname); **~recht,** das (jur.): *(im Unterschied zum Vermögensrecht) Recht, das sich auf die Person bezieht,* dazu: **~rechtlich** ⟨Adj.; o. Steig.; nicht präd.⟩; **~register,** das: *Register* (1 a), *das Personennamen erfaßt* (Ggs.: Sachregister); **~schaden,** der (Versicherungsw., jur.): *Verletzungen od. Todesfälle bei Unglücksfällen* (Ggs.: Sachschaden): Verkehrsunfälle mit P.; **~schiffahrt,** die: *der Personenbeförderung dienende Schiffahrt;* **~schutz,** der: *polizeilicher, militärischer o. ä. Schutz für Personen* (Ggs.: Objektschutz); **~stand,** der ⟨o. Pl.⟩: svw. ↑Familienstand, dazu: **~standsbuch,** das: *vom Standesbeamten zur Beurkundung des Personenstandes geführtes Buch,* **~standsregister,** das: *standesamtliches od. kirchliches Register mit Angaben zum Personenstand;* **~steuer,** die (Steuerw.): *Steuer, die nach bestimmten, auf eine Person bezogenen Umständen (wie Einkommen u. Vermögen) erhoben wird;* **~suchanlage,** die: *Anlage, mit der einer gesuchten Person, die sich irgendwo im Bereich eines Gebäudes, eines Werks usw. befindet, mit einem akustischen Signal die Anweisung übermittelt werden kann, sich irgendwo zu melden;* **~verkehr,** der (Verkehrsw.): *der Personenbeförderung dienender Verkehr;* **~versicherung,** die (Versicherungsw.): *Versicherung, die persönliche Risiken abdeckt* (z. B. Lebens-, Unfall-, Krankenversicherung); **~verwechslung,** die; **~verzeichnis,** das; **~waage,** die: *Waage zum Wiegen von Personen;* **~wagen,** der: **1.** *Wagen, Auto für die Beförderung von Personen.* **2.** *Eisenbahnwagen für die Beförderung von Personen;* **~zahl,** die; **~zug,** der: **1.** *Eisenbahnzug des Nahverkehrs, der Personen befördert u. auf allen Stationen hält.* **2.** (selten) *(im Unterschied zum Güterzug) Eisenbahnzug, der Personen befördert.*

Personifikation [pɛrzonifikaˈtsi̯oːn], die; -, -en [frz. personnification, zu: personnifier, ↑personifizieren]: **1.** (bildungsspr.) **a)** *das Personifizieren* (1); *Vermenschlichung:* die P. von Naturkräften ist in vielen Religionen zu beobachten; **b)** *Gestalt, die das Ergebnis einer Personifikation* (1 a) *ist:* Neptun ist die P. des Meeres. **2.** (bildungsspr.) *Verkörperung (in Gestalt einer Person):* er ist die P. der Besonnenheit, Aufrichtigkeit; **personifizieren** [...ˈtsiːrən] ⟨sw. V.; hat⟩ [nach frz. personnifier] (bildungsspr.): **1.** *etw. in Gestalt einer Person darstellen; vermenschlichen:* das Glück, den Frieden p.; mit ihrer Göttin Justitia personifizierten die alten Römer die Gerechtigkeit. **2.** *verkörpern:* Die „Öffentlichkeit", personifiziert durch zweihundert Zuschauer ... (Noack, Prozesse 109); sie ist die personifizierte Geduld *(die Verkörperung der Geduld, die Geduld in Person);* ⟨Abl.:⟩ **Personifizierung,** die; -, -en (bildungsspr.): **1.** svw. ↑Personifikation (1). **2.** (selten) svw. ↑Personifikation (2); **persönlich** [pɛrˈzøːnlɪç] ⟨Adj.⟩ [mhd. persōnlich, zu ↑Person]: **1.** ⟨o. Steig.⟩ **a)** ⟨nicht präd.⟩ *für jmds. Person kennzeichnend, charakteristisch:* jmds. -e Bescheidenheit, Eignung kennen; eine sehr -e Handschrift haben; großen -en Einfluß haben; etw. verleiht einer Sache eine -e Note; sie schreibt einen sehr -en Stil; **b)** ⟨nicht adv.⟩ (Philos., Rel.) *in der Art einer Person [existierend]:* ein -es Wesen; an einen -en Gott glauben; **c)** ⟨nur attr.⟩ (Sprachw.) *in der ersten, zweiten u. dritten Person* (5) *vorkommend:* -es Fürwort *(Personalpronomen).* **2. a)** ⟨o. Steig.; nicht präd.⟩ *zwischen einzelnen Personen (selbst, unmittelbar) zustande kommend:* eine -e Unterredung, Zusammenkunft, Bekanntschaft; -e Beziehungen, Differenzen; **b)** *von der einzelnen Person ausgehend u. durch ihr Erleben, [Mit]fühlen, ihre Interessen usw. bestimmt; menschlich:* -e Anteilnahme; einen -en *(warmherzigen)* Ton anschlagen; ein -es Wort für jmdn. haben; das Gespräch war sehr p.; **c)** ⟨o. Steig.⟩ *gegen die einzelne Person gerichtet:* ein -er Feind, Haß; eine -e Anspielung, Beleidigung; das habe ich nicht p. gemeint; nimm das nicht p. *(bezieh das nicht auf deine Person)!;* * **p. werden** *(auf jmds. Person zielende Anspielungen machen; unsachlich u. anzüglich werden).* **3.** ⟨o. Steig.; nicht präd.⟩ *in [eigener] Person, selbst:* der Chef p.; p.! (Vermerk auf Briefen; *nur für den Empfänger persönlich bestimmt*); der Minister kam p., war p. anwesend; jmdn. p. kennen; der Angriff richtet sich gegen ihn p.; seine -e Teilnahme zusichern *(zusichern, daß man selbst, in eigener Person teilnimmt).* **4.** ⟨o. Steig.; nicht präd.⟩ **a)** *eigen:* mein -er Eindruck; jmds. -e Meinung; gestatten Sie mir eine -e Bemerkung?; etw. steht jmdm. zur -en Verfügung; jmds. -er *(jmdm. persönlich zur Verfügung stehender)* Referent; das ist mein -es Eigentum *(gehört mir selbst);* **b)** *die eigene Person betreffend:* -e Angelegenheiten, Verhältnisse, Interessen; seine -e Freiheit wahren; etw. aus -en Gründen tun; um jmds. -e Sicherheit besorgt sein; ⟨subst.:⟩ alles Persönliche aus dem Spiel lassen; ⟨Abl.:⟩ **Persönlichkeit,** die; -, -en [spätmhd. persōnlichkeit]: **1.** ⟨o. Pl.⟩ *Gesamtheit der persönlichen (charakteristischen, individuellen) Eigenschaften eines Menschen;* die menschliche P.; die allseitige Entwicklung, die freie Entfaltung der [eigenen] P.; die Wirkung seiner P. **2.** *Mensch mit ausgeprägter individueller Eigenart:* jmdn. zu einer selbständigen P. erziehen; er ist eine eigenwillige starke, zwielichtige P.; [k]eine P. sein; für diese Stellung ist P. erforderlich. **3.** *jmd., der eine führende Rolle im gesellschaftlichen Leben spielt:* eine historische P.; prominente -en des öffentlichen Lebens.

persönlichkeits-, Persönlichkeits-: **~bewußt** ⟨Adj.⟩: *Wert auf Entfaltung u. Einsatz der Persönlichkeit* (1) *legend; die Persönlichkeit* (1) *betonend;* **~bild,** das: *Bild von jmds. Persönlichkeit, Image einer Person;* **~bildung,** die; **~entfaltung,** die; **~entwicklung,** die; **~formung,** die; **~kult,** der: seltener für ↑Personenkult; **~recht,** das (jur.): *umfassendes Recht auf Achtung u. Entfaltung der Persönlichkeit;* **~spaltung,** die (Psych.): *Spaltung, Zerfall der Persönlichkeit bei Schizophrenie;* **~verfall,** der (Psych.); **~wahl,** die (Politik): *Wahlsystem, bei dem im Gegensatz zur Verhältniswahl die Stimmen nicht für Listen, sondern für einzelne konkurrierende Kandidaten abgegeben werden;* **~wert,** der: den P. des anderen achten.

Perspektiv [pɛrspɛk'ti:f], das; -s, -e [...i:və; zu spätlat. perspectivus, ↑Perspektive]: *Fernrohr aus mehreren in handlicher Größe ineinanderschiebbaren Rohrstücken.*

perspektiv-, Perspektiv-: **~agent,** der: *Agent* (1), *der für einen noch nicht festgelegten Auftrag eingeschleust wird u. wartet, bis er eingesetzt wird;* **~los** ⟨Adj.; -er, -este⟩ (DDR): *ohne Perspektive[n],* dazu: **~losigkeit,** die; -; **~plan,** der [LÜ von russ. perspektiwny plan] (DDR): *staatlich festgelegter Plan, der für längere Zeitabschnitte die Hauptrichtung der wirtschaftlichen, wissenschaftlichen od. kulturellen Entwicklung bestimmt;* **~planung,** die (DDR): vgl. ~plan; **~programm,** das: vgl. ~plan; **~zeitraum,** der (DDR): *Zeitraum des Perspektivplans.*

Perspektive [pɛrspɛk'ti:və], die; -, -n [nlat. perspectiva (ars), eigtl. = durchblickend(e Kunst), zu spätlat. perspectīvus = durchblickend, zu lat. perspicere = mit dem Blick durchdringen, deutlich sehen; 3 b: nach russ. perspektiwa]: **1.** *(beim räumlichen Sehen von einem bestimmten Standpunkt aus u. bei entsprechender bildlicher Darstellung) den Eindruck des Räumlichen hervorrufende Form der Erscheinung bzw. der (ebenen) Abbildung von räumlichen Verhältnissen, bei der Parallelen, die in die Tiefe des Raums gerichtet sind, verkürzt werden u. in einem Punkt zusammenlaufen:* die P. der Zeichnung, der Bühne; die P. dieser Skizze stimmt nicht; ein Gemälde ohne P.; -n *(weiträumige Anblikke, Ansichten)* von unglaublicher Schönheit; Ü Unser Menschenbild wurde angefüllt mit Details, bekam P. *(Anschaulichkeit, Durchsichtigkeit, Übersichtlichkeit;* Küpper, Simplicius 69). **2.** (bildungsspr.) *Betrachtungsweise od. -möglichkeit von einem bestimmten Standpunkt aus; Sicht, Blickwinkel:* eine neue P. tut sich auf; interessante -n eröffnen sich; der Fotograf nahm das Bauwerk in/aus einer anderen P. auf; etw. aus soziologischer P., aus der P. des Soziologen betrachten; in/bei dieser P. erscheint der Fall als eine Ausnahme; -n *(Aspekte)* des Zusammenlebens. **3. a)** (bildungsspr.) *Aussicht für die Zukunft:* eine gute P.; hier eröffnen sich neue, erstaunliche -n für die deutsche Wirtschaft; [k]eine P. für etw. sehen; **b)** (DDR) *absehbares künftiges Schicksal (bes. im Verlauf einer wirtschaftlichen, gesellschaftlichen o. ä. Entwicklung), absehbare künftige Entwicklung; Entwicklungsmöglichkeit:* die P. der chemischen Industrie; die P. einer Sache sichern, planen; in der P. *(in der abschätzbaren, absehbaren Zukunft);* jmdm. eine P. *(berufliche Entwicklungsmöglichkeit)* geben; **c)** (DDR) svw. ↑Perspektivplan: Ausarbeitung der P.; ⟨Abl.:⟩ **perspektivisch** ⟨Adj.; o. Steig.⟩ [3: nach russ. perspektiwny]: **1.** (bildungsspr.) *die Perspektive* (1) *betreffend, darauf beruhend, der Perspektive* (1) *entsprechend:* -e Wirkung, Verkürzung, Verzerrung, Verjüngung; das Bild ist ohne -e Tiefe; etw. p. sehen, zeichnen. **2.** (bildungsspr.) *die Perspektive* (2), *die Betrachtungsweise betreffend, darauf beruhend:* die eigentliche und die -e Zeit der Erzählung. **3.** (DDR) *auf die Zukunft gerichtet:* -es ökonomisches Denken; die -e Entwicklung der Wirtschaft; p. planen; **Perspektivismus** [...ti'vɪsmʊs], der; - (Philos.): *Prinzip, wonach die Erkenntnis der Welt, die Beurteilung geschichtlicher Vorgänge usw. durch die jeweilige Perspektive des Betrachters bedingt ist.*

Perspiration [pɛrspira'tsi̯o:n], die; - [zu lat. perspīrāre = überall atmen] (Med.): svw. ↑Hautatmung; **perspiratorisch** [...'to:rɪʃ] ⟨Adj.; o. Steig.⟩ (Med.): *die Perspiration betreffend; auf dem Wege der Hautatmung.*

Persuasion [pɛrzu̯a'zi̯o:n], die; -, -en [lat. persuāsio, zu: persuādēre = überreden] (bildungsspr.): *Überredung[skunst];* **persuasiv** [...'zi:f], (veraltet:) **persuasorisch** [...'zo:rɪʃ] ⟨Adj.; o. Steig.⟩ [spätlat. persuāsōrius] (bildungsspr.): *zum Überreden geeignet, der Überredung dienend.*

Pertinenz [pɛrti'nɛnts], die; -, -en [frz. pertinence, zu: pertinent = zu etw. gehörend, zu lat. pertinēre = zu etw., jmdm. gehören] (bildungsspr. veraltet): *Zugehörigkeit;* ⟨Zus.:⟩ **Pertinenzdativ,** der (Sprachw.): *Dativ, der die Zugehörigkeit angibt u. durch ein im Genitiv stehendes Attribut od. Possessivpronomen ersetzt werden kann* (z. B. der Regen tropfte *mir* auf den Hut = auf meinen Hut).

Pertubation [pɛrtuba'tsi̯o:n], die; -, -en [zu lat. per (↑per) u. ↑Tuba] (Med.): *Durchblasen der Eileiter mit Luft zur Prüfung ihrer Durchgängigkeit; Tubendurchblasung* (1).

Perturbation [pɛrtʊrba'tsi̯o:n], die; -, -en [lat. perturbātio = Störung] (Astron.): *[von anderen Himmelskörpern bewirkte] Störung in der Bewegung eines Gestirns.*

Pertussis [pɛr'tʊsɪs], die; -, ...sses [...'tʊse:s; aus lat. per (↑per) u. tussis = Husten] (Med.): *Keuchhusten.*

Perubalsam [pe'ru:-, auch: 'pe:ru-], der; -s [nach dem südamerik. Staat Peru]: *von einem Baum des tropischen Mittel- u. Südamerika gewonnener, dunkelbrauner Balsam mit vanilleähnlichem Geruch, der in der Medizin als Wundheilmittel u. in der Parfümerie verwendet wird.*

Perücke [pɛ'rʏkə, auch: pe...], die; -, -n [frz. péruque, urspr. = Haarschopf]: **1.** *unechtes Kopfhaar, dicht mit echtem od. künstlichem Haar besetzte Kappe, die über den Kopf gezogen wird* (zur Verschönerung des Äußeren, als Theaterrequisit; o. ä.): eine frisierte P.; eine P. tragen. **2.** (Jägerspr.) *krankhafte Wucherung am Gehörn od. Geweih.*

perücken-, Perücken- (Perücke 1): **~artig** ⟨Adj.; o. Steig.⟩; **~macher,** der: *jmd., der Perücken anfertigt* (Berufsbez.); **~macherin,** die; -, -nen: w. Form zu ↑~macher; **~strauch,** der: *hoher [Zier]strauch mit perückenartigen Fruchtständen u. im Herbst orangefarbenen Blättern.*

per ultimo [pɛr 'ʊltimo; ital., ↑Ultimo] (Kaufmannsspr.): *am Monatsende [ist Zahlung zu leisten].*

pervers [pɛr'vɛrs] ⟨Adj.; -er, -este⟩ [(frz. pervers <) lat. perversus = verdreht, verkehrt, eigtl. 2. Part. von: pervertere, ↑pervertieren]: **1.** *abartig [veranlagt], widernatürlich (bes. in sexueller Beziehung):* -e Liebespraktiken; er hat eine -e Lust am Töten; er ist p. veranlagt. **2.** (ugs.) *die Grenze des Erlaubten überschreitend, unerhört, schlimm:* das ist ja p., wie der überholt; **Perversion** [pɛrvɛr'zi̯o:n], die; -, -en [spätlat. perversio] (bildungsspr.): *abartiges Empfinden bzw. Verhalten (bes. in sexueller Beziehung); Verkehrung ins Krankhafte, Abnorme:* sexuelle, geistige, moralische P.; eine P. des Geschlechtsempfindens; Geschlechtsverkehr zwischen Männern gilt bei den meisten immer noch als P.; ein anderer Anlauf gegen die P. des Tourismus (Enzensberger, Einzelheiten I, 200); **Perversität** [...rzi'tɛ:t], die; -, -en [lat. perversitās] (bildungsspr.): **1.** ⟨o. Pl.⟩ *das Perverssein:* die P. eines Verhaltens. **2.** ⟨meist Pl.⟩ *Erscheinungsform der Perversion; perverse Verhaltensweise:* Leichenschändung ist eine widerliche P.; **pervertieren** [...'ti:rən] ⟨sw. V.⟩ [lat. pervertere = umkehren, umstürzen; verderben] (bildungsspr.): **1.** *ins Perverse, Widernatürliche verkehren; verderben* ⟨hat⟩: etw. pervertiert jmds. Willen; den ursprünglichen Sinn von etw. p.; Menschen zu seelenlosen Robotern p. **2.** *sich ins Perverse, Widernatürliche verkehren; verdorben werden* ⟨ist⟩: das politische System pervertierte zur Gewaltherrschaft; ⟨Abl.:⟩ **Pervertiertheit,** die; -, -en: **1.** ⟨o. Pl.⟩ *das Pervertiertsein.* **2.** svw. ↑Perversität (2). **Pervertierung,** die; -, -en: das *Pervertieren.*

Perzent [pɛr'tsɛnt], das; -[e]s, -e [ital. per cento = für hundert]: österr. veraltend neben ↑Prozent; **-perzentig** [-pɛrtsɛntɪç]: österr. veraltend neben ↑-prozentig; **perzentuell** [pɛrtsɛn'tuɛl] ⟨Adj.; o. Steig.; nicht präd.⟩: österr. neben ↑prozentual.

perzeptibel [pɛrtsɛp'ti:bl̩] ⟨Adj.; o. Steig.; nicht adv.⟩ [spätlat. perceptibilis, zu lat. percipere, ↑perzipieren] (Psych., Philos.): *wahrnehmbar, erfaßbar* (Ggs.: imperzeptibel); **Perzeptibilität** [...tibili'tɛ:t], die; - (Psych., Philos.): *Wahrnehmbarkeit, Faßlichkeit; Wahrnehmungsfähigkeit;* **Perzeption** [...'tsio:n], die; -, -en [lat. perceptio]: **1.** (Ggs.: Apperzeption) **a)** (Philos.) *das reine sinnliche Wahrnehmen ohne Reflexion als erste Stufe der Erkenntnis;* **b)** (Psych.) *[sinnliche] Wahrnehmung eines Gegenstands ohne bewußtes Erfassen u. Identifizieren* (z.B. bei flüchtigem Hinsehen). **2.** (Med., Biol.) *Aufnahme von Reizen durch Sinneszellen, -organe;* **perzeptiv** [...'ti:f] ⟨Adj.; o. Steig.⟩: *durch Perzeption bewirkt;* ⟨Abl.:⟩ **Perzeptivität** [...tivi'tɛ:t], die; - (bes. Med., Biol.): *(von Sinneszellen, -organen) Aufnahmefähigkeit für Reize;* **perzeptorisch** [...'to:rɪʃ] ⟨Adj.; o. Steig.⟩: *perzeptiv;* **Perzipient** [pɛrtsi'piɛnt], der; -en, -en [lat. percipiēns (Gen. percipientis), 1. Part. von: percipere, ↑perzipieren] (Fachspr., sonst veraltet): *Empfänger;* **perzipieren** [...'pi:rən] ⟨sw. V.; hat⟩ [lat. percipere = wahrnehmen]: **1.** (Philos., Psych.) *[sinnlich] wahrnehmen.* **2.** (Med., Biol.) *durch Sinneszellen, -organe Reize aufnehmen.*

Pesade [pe'za:də], die; -, -n [frz. pesade, älter: posade < ital. posata = das Anhalten, zu: posare < spätlat. pausāre, ↑pausieren] (Reiten): *Figur der Hohen Schule, bei der sich das Pferd, auf die Hinterhand gestützt, mit eingeschlagener Vorderhand kurz aufbäumt.*

pesante [pe'zantə] ⟨Adv.⟩ [ital. pesante, 1. Part. von: pesare = (schwer) wiegen, zu: peso = Gewicht < lat. pēnsum, ↑Pensum] (Musik): *schwer u. massig, wuchtig;* **Pesante** [-], das; -s, -s (Musik): *pesante gespieltes Musikstück.*

Pese ['pe:zə], die; -, -n [zu ↑pesen] (Technik): *Treibriemen, endlose Spiralfeder zur Übertragung von Drehmomenten bei parallelen Wellen bes. beim Antriebsmechanismus von Filmprojektoren.*

Pesel ['pe:zl̩], der; -s, - [mniederd. pēsel < asächs. piasal, über das Vlat. zu lat. (balneum) pēnsile = (auf gemauerten Bogen ruhendes) Badezimmer mit beheiztem Fußboden, zu: pēnsilis = hängend, schwebend, zu: pendere, ↑Pensum] (nordd.): *prächtig ausgestatteter Hauptraum des holsteinischen Bauernhauses.*

pesen ['pe:zn̩] ⟨sw. V.; ist⟩ [H. u.] (ugs.): *eilig laufen, rennen:* da bin ich ganz schön gepest; zum Bahnhof p.

Peseta [pe'ze:ta], (auch:) **Pesete** [...tə], die; -, ...ten [span. peseta, eigtl. = kleine Münze (mit einheitlich festgesetztem Gewicht), zu: peso < lat. pēnsum, ↑Pensum]: **1.** *Währungseinheit in Spanien* (1 Peseta = 100 Céntimos); Abk.: Pta **2.** ⟨Pl.⟩ (salopp) *Geld:* dazu fehlen mir die Peseten; **Peso** ['pe:zo], der; -[s], -[s] [span. peso, ↑Peseta]: *Währungseinheit in Süd-, Mittelamerika u. auf den Philippinen.*

Pessar [pɛ'sa:ɐ̯], das; -s, -e [spätlat. pess(āri)um < griech. pessón, pessós = Tampon] (Med.): *ring- od. schalenförmiger Körper aus Kunststoff od. Metall, der als Stütze der Gebärmutter od. zur Empfängnisverhütung in die Scheide eingelegt wird; Mutterring:* ein P. tragen.

Pessimismus [pɛsi'mɪsmʊs], der; - [zu lat. pessimus = der schlechteste; sehr schlecht, Sup. von: malus = schlecht] (Ggs.: Optimismus): **a)** *Lebensauffassung der Menschen, die alles von der schlechten Seite betrachten; lebensverneinende Grundhaltung ohne Erwartungen, Hoffnungen:* der P. der gesellschaftlich Benachteiligten; etw. aus P. tun; zum P. neigen; **b)** *philosophische Auffassung, wonach die bestehende Welt schlecht ist, keinen Sinn enthält u. eine Entwicklung zum Besseren nicht zu erwarten ist:* Schopenhauers P.; **c)** *durch negative Erwartung bestimmte Haltung angesichts einer Sache, hinsichtlich der Zukunft:* ein übertriebener, [un]berechtigter P.; (ugs. spött.:) in P. machen; **Pessimist** [...'mɪst], der; -en, -en: *von Pessimismus (a, c) erfüllter Mensch* (Ggs.: Optimist): er ist ein großer P.: die -en haben mit ihrer Voraussage recht behalten; **Pessimistin** die; -, -nen: w. Form zu ↑Pessimist; **pessimistisch** ⟨Adj.⟩ (Ggs.: optimistisch): **a)** *von Pessimismus* (a) *erfüllt:* ein stark -er Grundzug lag in seinem Wesen; er gehört zu denen, die alles im Leben p. sehen, betrachten; **b)** *von Pessimismus* (c) *erfüllt od. die entsprechende Haltung ausdrückend:* eine -e Übertreibung; Ihre Prognose ist mir zu p.: diese Nachricht hat mich doch ziemlich p. gestimmt; **Pessimum** ['pɛsimʊm], das; -s, ...ma [lat. pessimum, Neutr. von: pessimus, ↑Pessimismus] (Biol.): *ungünstigste, gerade noch ertragbare Umweltbedingungen für ein Tier od. eine Pflanze* (z. B. die ungünstigste Temperatur; Ggs.: Optimum 2).

Pest [pɛst], die; - [lat. pestis = Seuche; Unglück, Untergang]: *epidemisch auftretende, mit hohem Fieber u. eitrigen Entzündungen verbundene ansteckende Krankheit, die oft tödlich verläuft:* die P. bricht aus, geht um, herrscht, wütet; er hatte die P.; an der P. sterben; jmdn., etw. wie die P. (ugs. emotional; *überaus, sehr*) meiden, fürchten, hassen; R [hol's die] P.!; daß dich die P. hole! (veraltete Ausrufe der Verwünschung); Ü Der Alte war eine P. *(ein Übel;* Remarque, Obelisk 294); * **jmdm. die P. an den Hals wünschen** (salopp; *jmdm. alles Schlechte wünschen*); **wie die P. stinken** (salopp; *abscheulich stinken*); **faul wie die P. sein** (salopp; *sehr faul sein;* in Anlehnung an die Wendungen „vor Faulheit stinken" u. „wie die Pest stinken"); **wie die P.** (salopp; *überaus intensiv, eifrig, schnell*): wie die P. arbeiten; er fährt wie die P.

pest-, Pest-: ~**artig** ⟨Adj.; o. Steig.⟩ (abwertend): *(von Gerüchen) übel, abscheulich:* ein -er Gestank; ~**beule,** die: *bei der Pest auftretende eitrige Beule;* ~**fetzen,** der (österr. derb, auch Schimpfwort): *abscheulicher Mensch;* ~**geruch,** der: *übler, abscheulicher Geruch;* ~**gestank,** der: vgl. ~geruch; ~**hauch,** der (geh.): *giftiger, tödlicher Hauch, Dunst:* Vögel, die sich in den P. des Schlamms verirrten, fielen herab (Jacob, Kaffee 112); Ü der P. *(verderbliche, zerstörerische Einfluß)* seiner Lehre, seiner Ideen; ~**krank** ⟨Adj.; o. Steig.; nicht adv.⟩: *an der Pest erkrankt;* ~**kreuz,** das: vgl. ~säule; ~**säule,** die (Kunstwiss.): *Gedenksäule zur Erinnerung an eine überstandene Pest.*

pesten ['pɛstn̩] ⟨sw. V.; hat⟩ [zu ↑Pest, eigtl. = Übles reden] (salopp): *gehässige, verunglimpfende Äußerungen über jmdn. machen, hetzen* (3 a): Seit Monaten schon pestet der Herr aus dem Elysee gegen Journalisten und Photographen (Spiegel 13, 1974, 84); **Pestilenz** [pɛsti'lɛnts], die; -, -en ⟨Pl. ungebr.⟩ [spätmhd. pestilenz < lat. pestilentia] (veraltet): *Pest* ⟨Zus.:⟩ **pestilenzartig** ⟨Adj.; o. Steig.⟩ (salopp selten): svw. ↑pestartig; ⟨Abl.:⟩ **pestilenzialisch** [...'tsia:lɪʃ] ⟨Adj.⟩ (salopp): svw. ↑pestartig: ein -er Gestank; **Pestizid** [...'tsi:t], das; -s, -e [zu ↑Pest u. lat. caedere (in Zus. -cīdere) = töten]: *Schädlingsbekämpfungsmittel.*

Petarde [pe'tardə], die; -, -n [frz. pétard, zu: péter = knallen, zerspringen, zu: pet = Blähung < lat. pēditum, zu: pēdere = eine Blähung entweichen lassen]: **1.** (früher) *mit Sprengpulver gefülltes konisches Metallgefäß, das an Festungsmauern zur Explosion gebracht wurde, um sie zu sprengen.* **2.** *mit lautem Knall explodierender Feuerwerkskörper:* Bombardement-Sortiment: Kanonenschläge, -n, Schwärmer und Lufttheuler (MM 28. 12. 73, 28).

Petasos ['pe:tazɔs], der; -, - [griech. pétasos]: *im antiken Griechenland bes. bei Reisen getragener, breitkrempiger, flacher Hut:* Hermes wird mit einem geflügelten P. dargestellt.

Petechien [pe'tɛçi̯ən] ⟨Pl.⟩ [ital. petechie, über das Vlat. zu lat. petīgo = Ausschlag, Räude] (Med.): *punktförmige Blutungen aus den Kapillaren.*

Petent [pe'tɛnt], der; -en, -en [lat. petēns (Gen.: petentis), 1. Part. von: petere, ↑Petition] (Amtsspr., jur.): *Bittsteller [bei einer höheren Behörde]; jmd., der eine Eingabe* (1) *macht.*

Peter ['pe:tɐ], der; -s, - [nach dem m. Vorn. Peter < lat. Petrus < griech. Pétros, zu: pétros = Fels(block), Stein] (ugs., in Verbindung mit abwertendem Adj.): *Mensch, Person:* ein dummer P.; was findet sie bloß an diesem langweiligen P.!; * **jmdm. den Schwarzen P. zuschieben/zuspielen** (*jmdm. die Schuld, Verantwortung für etw. zuschieben,* seltener: *jmdm. die ganze Last u. Arbeit aufbürden;* nach dem

Kinderspiel „Schwarzer P.“); **Peterle** [...lə], das; -[s] (landsch.): svw. ↑Petersilie; **Petermännchen,** das; -s, - [H. u., wohl nach dem hl. Petrus (↑Peter), dem Schutzpatron der Fischer]: *Drachenfisch mit Stachelflossen u. Giftdrüsen, der sich im sandigen Meeresgrund eingräbt;* **Petersfisch,** der; -[e]s, -e: svw. ↑Heringskönig; **Petersil** ['pe:tɐzi:l], der; -s: österr. neben ↑Petersilie; **Petersilie** [petɐ'zi:li̯ə] die; -, -n ⟨Pl. ungebr.⟩ [mhd. petersil(je), ahd. petersilie, petrasile < mlat. petrosilium < lat. petroselīnon < griech. petrosélinon = Felsen-, Steineppich]: *Doldengewächs mit dunkelgrünen, glänzenden, mehrfach gefiederten Blättern u. schlanker Pfahlwurzel, die zum Würzen u. Garnieren von Speisen verwendet wird:* glatte, krause P.; ein Bund P.; P. hacken, die Platte mit einigen Stengeln P. garnieren; ***jmdm. ist die P. verhagelt** (ugs.; *jmd. ist auf Grund einer Enttäuschung sehr mißgestimmt, macht ein mißmutiges Gesicht*).

Petersilien-: **~kartoffeln** ⟨Pl.⟩ (Kochk.): *mit Petersilie angerichtete Kartoffeln;* **~soße,** die (Kochk.); **~wurzel,** die.

Peterspfennig, der; -s, -e [nach der Peterskirche, der Hauptkirche des Papstes u. der Grabkirche des Petrus in Rom, ↑Peter] (kath. Kirche): *Abgabe an den Papst;* **Peterwagen,** der; -s, - [nach dem nach 1946 für Hamburger Streifenwagen im Funkverkehr festgelegten Rufnamen „Peter“ (nach dem Anfangsbuchstaben des Wortes „Polizei“)] (ugs.): *Funkstreifenwagen der Polizei:* ein P. mit eingeschaltetem Blaulicht; die Polizei rückte mit zwei P. an.

Petit [pə'ti:], die; - [frz. petit = klein] (Druckw.): *Schriftgrad von acht Punkt.*

Petita: Pl. von ↑Petitum; **Petition** [peti'tsi̯o:n], die; -, -en [lat. petītio, zu: petere = verlangen, bitten] (Amtsspr.): *Gesuch, Eingabe an eine offizielle Stelle:* eine P. abfassen, unterschreiben; eine P. an das Staatsoberhaupt richten, einreichen; ⟨Abl.:⟩ **petitionieren** [...tsi̯o'ni:rən] ⟨sw. V.; hat⟩: *eine Petition einreichen;* ⟨Zus.:⟩ **Petitionsrecht,** das: *verfassungsmäßiges Recht, sich mit einer Petition (außerhalb normaler Rechtsmittel u. Gerichtsverfahren) unmittelbar an die zuständige Behörde od. an die Volksvertretung zu wenden;* **Petitio principii** [pe'ti:tsi̯o prın'tsi:pii], die; - - [lat.] (Philos.): svw. ↑Zirkelschluß.

Petit mal [pəti'mal], das; - - [frz. petit mal, eigtl. = kleines Übel] (Med.): *kleiner epileptischer Anfall mit nur kurzzeitiger Trübung des Bewußtseins ohne Krämpfe.*

Petitor [pe'ti:tɔr, auch: ...to:ɐ̯], der; -s, -en [...ti'to:rən; lat. petītor] (bildungsspr. veraltet): *Bewerber [um ein Amt];* **petitorisch** [...'to:rıʃ] ⟨Adj.; o. Steig.⟩ nur in der Verbindung **-e Ansprüche** (jur.; *Ansprüche auf ein Besitzrecht*).

Petit point [pəti'po̯ɛ̃:], das, auch: der; - - [frz. petit point, eigtl. = kleiner Punkt, Stich]: *sehr feine Nadelarbeit, bei der mit Perlstich bunte Blumenmuster auf Handtaschen, Etuis o. ä. gestickt werden;* **Petitsatz** [pə'ti:-], der; -es (Druckw.): **a)** *das Setzen in Petit;* **b)** *in Petit Gesetztes;* **Petitschrift** [pə'ti:-], die; -, -en: *Druckschrift in der Größe von acht Punkt;* **Petits fours** [pəti'fu:ɐ̯] ⟨Pl.⟩ [frz. petits fours (Pl.), zu: petit = klein u. four = Gebäck, eigtl. = (Back)ofen]: *feines [mit Krem gefülltes u. glasiertes] Kleingebäck.*

Petitum [pe'ti:tʊm], das; -s, ...ta [lat. petītum, 2. Part. von: petere, ↑Petition] (Amtsspr. veraltet): *Gesuch, Antrag.*

petr-, Petr-: ↑Petro-, Petro-; **Petrefakt** [petre'fakt], das; -[e]s, -e[n] [zu lat. petra (< griech. pétra = Stein, Fels) u. lat. facere = machen] (Paläont. veraltet): *Versteinerung;* **Petrifikation** [petrifika'tsi̯o:n], die; -, -en (Paläont. veraltet): *Vorgang des Versteinerns;* **petrifizieren** [...'tsi:rən] ⟨sw. V.⟩ (bildungsspr.): **a)** *versteinern, zu Stein werden* ⟨ist⟩: das Tier ist in petrifizierter Form noch deutlich erkennbar; Ü petrifizierte kirchliche Strukturen; **b)** *versteinern lassen* ⟨hat⟩: Ü Gefängnisse petrifizieren vorhandene Milieuschäden.

Petri Heil! ['pe:tri -; nach dem Namen des Apostels Petrus (Gen.: Petri), des Schutzpatrons der Fischer]: Gruß der Angler; **Petrijünger,** der; -s, - (ugs. scherzh.): *Sportangler, Angler aus Leidenschaft.*

petro-, Petro-, (vor Vokalen auch:) petr-, Petr- [petr(o)-; griech. pétros] ⟨Best. in Zus. mit der Bed.⟩: *stein-, Stein-* (z. B. petrographisch, Petrologie, Petroleum); **Petrochemie,** die; -: **1.** *Wissenschaft von der chemischen Zusammensetzung der Gesteine.* **2.** (Jargon) svw. ↑Petrolchemie, dazu: **petrochemisch** ⟨Adj.; o. Steig.⟩: **a)** *die Petrochemie* (1) *betreffend;* **b)** (Jargon) svw. ↑petrolchemisch; **Petrodollar,** der; -[s], -s ⟨meist Pl.⟩ (Wirtsch. Jargon): *amerikanische Währung im Besitz der erdölproduzierenden Staaten, die auf dem internationalen Markt angelegt wird:* Verlagerung der zahlungskräftigen Kundschaft nach Nahost, wo es nach -s riecht (Welt 30. 7. 75, 18); **Petrogenese,** die; -, -n: *Entstehung der Gesteine, Gesteinsbildung;* **petrogenetisch** ⟨Adj.; o. Steig.⟩: *die Petrogenese betreffend;* **Petroglyphe,** die; -, -n (Archäol.): *vorgeschichtliche Felszeichnung;* **Petrograph,** der; -en, -en [↑-graph]: *Wissenschaftler, Spezialist auf dem Gebiet der Petrographie;* **Petrographie,** die; - [↑-graphie]: *Wissenschaft von der mineralogischen u. chemischen Zusammensetzung der Gesteine u. ihrer Gefüge; beschreibende Gesteinskunde;* **petrographisch** ⟨Adj.; o. Steig.⟩: *die Petrographie betreffend;* **Petrol** [pe'tro:l], das; -s (schweiz.): svw. ↑Petroleum; **Petroläther,** der; -s (Chemie): *beim Fraktionieren von Benzin gewonnene Flüssigkeit, die zum Lösen* (5) *u. Extrahieren* (2) *verwendet wird;* **Petrolchemie,** die; -: *Zweig der technischen Chemie, dessen Aufgabe bes. in der Gewinnung von chemischen Rohstoffen aus Erdöl u. Erdgas besteht; Erdölchemie;* **petrolchemisch** ⟨Adj.; o. Steig.⟩: *die Petrolchemie betreffend;* **Petroleum** [pe'tro:leʊm], das; -s [mlat. petroleum, zu ↑petro-, Petro- u. lat. oleum = Öl, also eigtl. = Steinöl]: **1.** (veraltend) svw. ↑Erdöl. **2.** *(durch Destillation aus Erdöl gewonnene) farblose, brennbare Flüssigkeit.*

Petroleum-: **~funzel,** die (ugs.): vgl. ~lampe; **~kocher,** der; **~lampe,** die: *Lampe, deren Leuchtquelle ein mit Petroleum getränkter, brennender Docht (in einem Zylinder) ist;* **~licht,** das ⟨o. Pl.⟩; **~ofen,** der.

Petrologe, der; -n, -n [zu ↑petro-, Petro- u. ↑-loge]: *Wissenschaftler auf dem Gebiet der Petrologie;* **Petrologie,** die; - [↑-logie]: *Wissenschaft von der Bildung u. Umwandlung der Gesteine, bes. den physikalisch-chemischen Bedingungen ihrer Entstehung;* **petrophil** [...'fi:l] ⟨Adj.; o. Steig.; nicht adv.⟩ [zu griech. phileīn = lieben] (Biol.): *(von pflanzlichen Organismen) steinigen Untergrund bevorzugend.*

Petschaft ['pɛtʃaft], das; -s, -e [mhd. petschat < tschech. pečet (volksetym. zu -schaft umgeformt)]: *Stempel zum Siegeln mit eingraviertem Namenszug, Wappen od. Bild.* ⟨Abl.:⟩ **petschieren** [pɛ'tʃi:rən] ⟨sw. V.; hat⟩: *mit einem Petschaft versiegeln;* ⟨2. Part.:⟩ **petschiert** in der Verbindung **p. sein** (österr. ugs.; *in einer schwierigen Situation, ruiniert sein;* wohl nach dem aufgeklebten Siegel auf gepfändeten Gegenständen).

Petticoat ['pɛtıkoʊt], der; -s, -s [engl. petticoat, älter: petty-coat = kleiner Rock, zu frz. petit = klein] (Mode): *versteifter, oft aus mehreren übereinanderliegenden Teilen od. mit Volants gearbeiteter, weiter halber (in der Taille ansetzender) Unterrock.*

Petting ['pɛtıŋ], das; -[s], -s [engl.-amerik. petting, zu: to pet = liebkosen]: *(bis zum Orgasmus betriebene) Stimulierung durch Berühren u. Reizen der Genitalien ohne eigentliche Ausübung des Geschlechtsverkehrs:* P. machen.

petto: ↑in petto.

Petunie [pe'tu:ni̯ə], die; -, -n [frz. pétunia, zu (landsch.): petun = Tabak < Tupi (Indianerspr. des östl. Südamerika) petyn; die Pflanze ähnelt der Tabakpflanze]: *Pflanze mit klebrigen, weichbehaarten Stengeln u. Blättern u. zahlreichen violetten, roten od. weißen trichterförmigen Blüten, die als Balkonpflanze sehr beliebt ist.*

Petz [pɛts], der; -es, -e: ↑Meister.

[1]Petze ['pɛtsə], die; -, -n [H. u.] (landsch.): *Hündin.*

[2]Petze [-], die; -, -n [zu ↑[1]petzen] (Schülerspr. abwertend): *jmd., der petzt;* **[1]petzen** ['pɛtsn̩] ⟨sw. V.; hat⟩ [aus der Studentenspr., viell. urspr. gaunerspr., zu hebr. pazah = den Mund aufreißen] (Schülerspr. abwertend): *Erwachsenen (dem Lehrer, den Eltern o. ä.) mitteilen, daß ein anderes Kind etw. Unerlaubtes getan hat, etw. verraten:* Mahlke ... ließ jeden abschreiben, petzte nie (Grass, Katz 28); sie hat gleich gepetzt, daß ich zu spät gekommen bin.

[2]petzen [-] (westmd.): svw. ↑pfetzen.

Petzer, der; -s, - [zu ↑[1]petzen] (Schülerspr. abwertend): *jmd., der petzt.*

peu à peu [pøa'pø; frz.]: *allmählich, langsam, nach u. nach:* Aber das lernte ich alles noch, ganz sukzessive, peu à peu (Kempowski, Tadellöser 141).

pexieren [pɛ'ksi:rən]: ↑pekzieren.

Pfad [pfa:t], der; -[e]s, -e ⟨Vkl. ↑Pfädchen⟩ [mhd. pfat, ahd. pfad]: *schmaler [durch häufiges Begehen im Laufe der Zeit entstandener] Weg:* ein schmaler, steiler, steiniger, schattiger P.; der P. schlängelte sich durch Wiesen; Ü die verschlungenen -e des Lebens; ***ein dorniger P.** (geh.; *ein mühevoller, mit vielen Schwierigkeiten verbundener Weg zu einem Ziel hin*); **krumme -e/auf krummen -en wandeln** (geh.; *etwas Unrechtes tun*); **die ausgetretenen -e verlassen** (geh.; *im Denken od. Handeln vom üblichen Schema abweichen; eigene, schöpferische Ideen entwickeln*); **auf ausgetretenen -en wandeln** (geh.; *keine eigenen Einfälle haben, alles nur nach vorgeschriebenem Schema tun*); **auf dem P. der Tugend wandeln** (geh.; *tugendhaft, brav sein*); **vom P. der Tugend abweichen** (geh.; *etwas Unrechtes tun*); **jmdn. auf den P. der Tugend zurückführen** (geh.; *bewirken, daß jmd. wieder brav, rechtschaffen, redlich o. ä. wird*); **Pfädchen** ['pfɛ:tçən], das; -s, -: ↑Pfad; **pfaden** ['pfa:dn̩] ⟨sw. V.; hat⟩ (schweiz.): *einen Weg [bes. von Schnee] räumen, begeh-, befahrbar machen;* **Pfader,** der; -s, - (schweiz.): kurz für ↑Pfadfinder; **Pfadfinder,** der; -s, - [LÜ von engl. pathfinder]: *Angehöriger einer weltweit verbreiteten Jugendorganisation mit allgemein menschlichen u. christlichen Erziehungszielen u. einem der militärischen Hierarchie ähnlichen Aufbau;* **pfadlos** ⟨Adj.; o. Steig.⟩ (geh., selten): *ohne Pfad:* -e Wälder.

Pfäffchen ['pfɛfçən], das; -s, -: ↑Pfaffe; **Pfaffe** ['pfafə], der; -n, -n ⟨Vkl. (ironisierend) ↑Pfäfflein, (seltener:) Pfäffchen⟩ [mhd. pfaffe = (Welt)geistlicher, ahd. pfaffo, phapho < mlat. papas < mgriech. papãs = niedriger Geistlicher] (abwertend): *Geistlicher:* auf die -n schimpfen.

Pfaffen-: ~**gerede,** das, ~**geschwätz,** das (abwertend); ~**hütchen,** das: *Zierstrauch mit roten, vierkantigen, dem Barett eines kath. Geistlichen ähnelnden Früchten;* ~**knecht,** der.

Pfaffentum, das; -s (abwertend): *Geist u. Wesen der Pfaffen;* **pfäffisch** ['pfɛfɪʃ] ⟨Adj.⟩ (abwertend): *die Pfaffen, das Pfaffentum betreffend; wie ein Pfaffe;* **Pfäfflein** ['pfɛflain], das; -s, -: ↑Pfaffe.

Pfahl [pfa:l], der; -[e]s, Pfähle ['pfɛ:lə; mhd., ahd. pfāl < lat. pālus]: **1.** *langes rundes od. kantiges Stück Holz (Eisen, Beton), das meist an einem Ende zugespitzt ist, um in den Boden gerammt werden zu können:* ein morscher, abgebrochener P.; Pfähle einschlagen, einrammen, in den Boden treiben; ein Tier an einem P. festbinden; der Bau ruht auf Pfählen; ***ein P. im Fleische** (*etw. [körperlich od. seelisch] Peinigendes, was einen nicht zur Ruhe kommen läßt;* nach 2. Kor. 12, 7); **in seinen eigenen vier Pfählen** (veraltend; *zu Hause*). **2.** (Her.) *senkrechter Streifen von abweichender Farbe in der Mitte eines Wappenschildes.*

Pfahl-: ~**bau,** der ⟨Pl. -ten⟩: *(im Wasser, über moorigem Grund o. ä.) auf einer von eingerammten Pfählen gestützten freien Plattform stehender Bau;* ~**bauer,** der; -s, -: *jmd., der einen Pfahlbau errichtet u. darin wohnt;* ~**bürger,** der [1: mhd. pfalburgære; 2: vgl. Spießbürger]: **1.** (MA.) *jmd., der das Bürgerrecht einer Stadt hat, aber nicht innerhalb ihrer Mauern, sondern bei den das Außenwerk bildenden Pfählen wohnt.* **2.** (abwertend veraltend) *engstirniger Mensch, Spießbürger:* selbst aus dem Pedanten und P. macht er im Handumdrehen etwas wie einen Vagabunden (Th. Mann, Zauberberg 12); ~**dorf,** das: *[vorgeschichtliches] Dorf aus Pfahlbauten;* ~**gründung,** die (Bauw.): *Gründung* (2 a, b) *durch eingerammte Pfähle;* ~**muschel,** die: svw. ↑Miesmuschel; ~**rost,** der (Bauw.): *aus einer größeren Anzahl von Pfählen u. einer sie verbindenden Platte bestehender Grundbau* (2) *bei Bauwerken auf zu weichem Baugrund;* ~**schuh,** der (Bautechnik): *einem Holzpfahl am unteren Ende aufgesetzte Eisenspitze;* ~**werk,** das (Bautechnik): *aus Pfählen errichtete Stützwand;* ~**wurzel,** die (Bot.): *lange, gerade, senkrecht in den Boden gehende Wurzel, die der Pflanze festen Halt gibt.*

pfählen ['pfɛ:lən] ⟨sw. V.; hat⟩ [mhd. pfælen = Pfähle machen]: **1.** (Fachspr.) **a)** *Pfähle einrammen; mit Pfählen befestigen:* lockeren Baugrund p.; **b)** *mit einem Pfahl stützen:* Obstbäume p. **2.** *mit einem Pfahl durchbohren u. dadurch töten:* jmdn. p. lassen; ⟨Abl.:⟩ **Pfählung,** die; -, -en.

Pfalz [pfalts], die; -, -en [mhd. phal(en)ze, ahd. phalanza < mlat. palatia (Pl.) < lat. palātium, ↑Palast] (MA.): *Gebäudekomplex, palastartiger Bau für den umherziehenden deutschen König u. Kaiser, wo er mit seinem Hofstaat wohnen u. Gerichtstag halten konnte:* eine karolingische P.; die -en der Staufer; ⟨Zus.:⟩ **Pfalzgraf,** der (hist.): *richterlicher Vertreter des Königs in seiner Pfalz;* ⟨Abl.:⟩ **pfalzgräflich** ⟨Adj.; o. Steig.⟩.

Pfand [pfant], das; -[e]s, Pfänder ['pfɛndɐ; mhd., ahd. pfant; H. u.]: **1. a)** *Gegenstand, der als Sicherheit, als Bürgschaft für eine Forderung gilt:* ein P. geben, einlösen, auslösen; **b)** *Geldsumme, die beim Kauf einer Ware für das Leergut zu zahlen ist u. die bei der Rückgabe des Leerguts erstattet wird:* P. für etw. bezahlen; ist auf den Flaschen P.? *(muß darauf Flaschenpfand bezahlt werden?)*. **2.** (geh.) *Unterpfand, Beweis, Zeichen für etw.:* das ist ein P. meiner Treue; jmdm. einen Ring als P. seiner Liebe schenken; mit etw. ein gutes P. in der Hand haben; etw. als/zum P. geben; etw. als P. zurücklassen.

pfand-, Pfand-: ~**brief,** der (Wirtsch., Bankw.): *Hypothekenpfandbrief;* ~**bruch,** der (jur.): *vorsätzliches Wegschaffen od. Zerstören einer gepfändeten Sache;* ~**effekten** ⟨Pl.⟩ (Bankw.): *bei der Bank als Sicherheit für einen Kredit hinterlegte Effekten;* ~**flasche,** die: *Flasche, auf die Pfand* (1 b) *erhoben wird;* ~**geld,** das: svw. ↑Pfand (1 b); ~**gläubiger,** der (jur.): *Gläubiger, der im Besitz eines Pfandes* (1 a) *ist, das er zu seinen Gunsten verwerten od. verkaufen kann, wenn der Schuldner nicht zahlt;* ~**haus,** das (veraltend): *Leihhaus;* ~**kehr,** die; - (jur.): *unberechtigtes Wegnehmen eines Pfandes* (1 a) *aus der Verfügungsgewalt des Pfandgläubigers;* ~**leihanstalt,** die: *auf öffentlich-rechtlicher Grundlage betriebenes Leihhaus;* ~**leihe,** die: **a)** *gewerbsmäßiges Verleihen von Geld gegen Pfand* (1 a): [eine] P. betreiben; **b)** *Leihhaus:* etw. auf, in die P. bringen; ~**leiher,** der: *jmd., der verzinsliche Darlehen gegen Hinterlegung eines Pfandes* (1 a) *ausgibt* (Berufsbez.); ~**recht,** das (jur.): *das Recht, das jmd. als Pfandgläubiger an einer zum Pfand* (1 a) *gegebenen Sache erworben hat, so daß er sie verwerten od. verkaufen kann, wenn der Schuldner nicht zahlt;* ~**schein,** der: *Bescheinigung über ein hinterlegtes Pfand* (1 a); ~**schuldner,** der: *jmd., der ein Pfand* (1 a) *hinterlegt hat, um Geld zu bekommen;* ~**siegel,** das: svw. ↑Kuckuck (2); ~**summe,** die: *nach dem Wert des Pfandes* (1 a) *berechneter Kreditbetrag;* ~**verkauf,** der; ~**vertrag,** der; ~**weise** ⟨Adv.⟩ (veraltet): *als Pfand* (1 a): etw. p. besitzen.

pfändbar ['pfɛntba:ɐ̯] ⟨Adj.; o. Steig.; nicht adv.⟩: *(als nicht unbedingt lebensnotwendiges Gut) zur Pfändung geeignet:* der -e Teil des Gehalts; Kindergeld ist im allgemeinen nicht p.; ⟨Abl.:⟩ **Pfändbarkeit,** die; -; **pfänden** ['pfɛndn̩] ⟨sw. V.; hat⟩ [mhd. pfenden, ahd. (nur als 2. Part.) gifantōt]: **a)** *als Pfand* (1 a) *für eine geldliche Forderung gerichtlich beschlagnahmen:* Bilder, Möbel, den Lohn p.; ⟨auch o. Akk.-Obj.:⟩ bei jmdm. vergeblich p.; **b)** *jmds. Eigentum als Pfand* (1 a) *für eine Forderung gerichtlich beschlagnahmen:* einen säumigen Zahler p. lassen; er ist schon mehrmals gepfändet worden; ⟨Abl.:⟩ [1]**Pfänder** ['pfɛndɐ], der; -s, - (südd.): *Gerichtsvollzieher;* [2]**Pfänder**: Pl. von ↑Pfand; **Pfänderspiel,** das; -[e]s, -e: *Gesellschaftsspiel, bei dem ein Mitspieler, wenn er etw. falsch gemacht hat, etw. aus seinem persönlichen Besitz hinterlegen muß, das er am Schluß des Spiels nach Erfüllung einer scherzhaften Auflage zurückerhält;* **Pfandl** ['pfandl̩], das; -s, -[n] (österr. ugs.): kurz für ↑Pfandleihanstalt; **Pfändung,** die; -, -en: *das Pfänden.*

Pfändungs- (jur.): ~**auftrag,** der; ~**beschluß,** der; ~**schutz,** der: *Schutz vor zu weit reichender, an die Existenzgrundlage gehender Pfändung;* ~**verfügung,** die.

Pfännchen ['pfɛnçən], das; -s, -: ↑Pfanne (1); **Pfanne** ['pfanə], die; -, -n [mhd. pfanne, ahd. pfanna < mlat., vlat. panna, wohl zu lat. patina < griech. patánē = Schüssel]: **1.** ⟨Vkl. ↑Pfännchen⟩ *flaches, zum Braten od. Backen auf dem Herd verwendetes [eisernes] Gefäß mit langem Stiel:* eine große, tiefe, flache P.; eine P. aus Aluminium; die P. auf den Herd stellen, vom Feuer ziehen, nehmen; Eier in die P. schlagen, (ugs.:) hauen; das Fleisch brutzelt in der P.; das Essen heiß von der P. servieren; ***jmdn. in die P. hauen** (ugs.: 1. *scharf zurechtweisen, hart kritisieren.* 2. *jmds. Widerstandskraft brechen, jmdn. vernichten, erledigen*); **in die P. treten** (ugs. veraltend; ↑Fettnäpfchen). **2.** (früher) *am Gewehr angebrachte Vertiefung, Mulde für das Schießpulver:* er ... schüttet ein wenig Pulver auf die P. und schließt sie (Hacks, Stücke 203); ***etw. auf der P. haben** (ugs.; *etw. [Überraschendes] in Bereitschaft haben;* eigtl. das Gewehr geladen haben u. sofort losschießen können): einen Witz, ein tolles Ding auf der P. haben. **3.** (Hüttenw.) *Gefäß zum Transport von flüssigem Metall od. flüssiger Schlacke.* **4.** (Bauw.) svw. ↑Dachpfanne. **5.** (Anat.) *ausgehöhlter Teil eines Knochens, in den der Gelenkkopf des anderen genau hineinpaßt; Gelenkpfanne.* **6.** (Geogr.) *Senke, Mulde bes. in Trockengebieten, die nach starkem Regen mit Wasser gefüllt sein kann.* **7.** kurz für ↑Bettpfanne.

Pfannen-: ~**dach,** das (Bauw.): *mit Dachpfannen gedecktes Dach;* ~**gericht,** das (Kochk.): *in der Pfanne* (1) *gebratenes Gericht;* ~**stiel,** der: *Stiel einer Pfanne* (1).

Pfänner ['p͜fɛnɐ], der; -s, - [zu älter Pfanne = Sudpfanne in einer Salzsiederei] (früher): *Besitzer od. Anteilseigner einer Saline;* ⟨Abl.:⟩ **Pfännerschaft,** die; -, -en (früher): *Genossenschaft der Pfänner zur Ausnutzung einer Saline od. Salzquelle;* **Pfannkuchen,** der; -s, - [mhd. pfankuoche, ahd. pfankuocho]: **1.** (regional, bes. südd.) *in der Pfanne gebackener, runder Fladen aus einem aus Eiern, Mehl, Milch [u. Zucker] zubereiteten Teig, der nach dem Backen meist mit einem Belag (Marmelade, Fleischfarce o. ä.) versehen u. zusammengerollt gegessen wird; Eierkuchen:* P. backen; ein Gesicht wie ein P. (ugs.; *plattes, rundes, ausdrucksloses Gesicht*); ***platt sein wie ein P.** (ugs.; *sehr verblüfft, überrascht sein*). **2.** *in schwimmendem Fett gebackenes, meist mit Marmelade gefülltes, kugelförmiges Backwerk aus Hefeteig; Berliner [Pfannkuchen]:* es duftet nach frischen P.; ***aufgehen wie ein P.** (ugs.; *dick werden*); ⟨Zus.:⟩ **Pfannkuchengesicht,** das; **Pfannkuchenteig,** der.

pfarr-, Pfarr- (Pfarre): ~**administrator,** der: svw. ↑Administrator (b); ~**amt,** das: **1.** *Dienststelle eines [Gemeinde]pfarrers:* aufs P. gehen. **2.** *Amt eines Pfarrers:* er wurde feierlich in sein P. eingeführt; ~**bezirk,** der: *Amtsbezirk eines Pfarrers, [Kirchen]sprengel;* ~**familie,** die (geh.): svw. ↑Gemeinde (1 b); ~**frau,** die: *Ehefrau des [ev.] Pfarrers;* ~**gehilfin,** die: *Helferin in der Gemeindearbeit;* ~**gemeinderat** (kath. Kirche): *aus gewählten Mitgliedern bestehendes Gremium, das dem [Gemeinde]pfarrer beratend u. helfend zur Seite steht;* ~**haus,** das: *der Kirche gehörende Dienstwohnung eines Pfarrers [mit Amtsräumen];* ~**helfer,** der: *ausgebildeter Helfer in einer ev. od. kath. Gemeinde* (Berufsbez.); ~**helferin,** die: w. Form zu ↑~helfer; ~**herr,** der (veraltet): *Gemeindepfarrer, Hauptpfarrer eines Kirchensprengels,* dazu: ~**herrlich** ⟨Adj.; o. Steig.; meist attr.⟩: *den Pfarrherrn betreffend, wie ein Pfarrherr:* die -e Gewalt; ~**hof,** der (veraltet): *[ländliches] größeres Pfarrhaus;* ~**kirche,** die: *einzige Kirche, Hauptkirche eines Pfarrbezirks; Parochialkirche;* ~**konvent,** der: svw. ↑Konvent (2); ~**stelle,** die: *Stelle eines Pfarrers;* ~**verweser,** der: *Verwalter einer noch nicht [wieder] besetzten Pfarrstelle;* ~**vikar,** der: **a)** (kath. Kirche) *Vertreter eines Pfarrers; Inhaber einer zu einem größeren Sprengel gehörenden Pfarre;* **b)** (ev. Kirche) *Theologe (mit 2. theologischer Prüfung), der ein Pfarramt verwaltet, aber noch keine feste Pfarrstelle hat;* ~**zentrum,** das: svw. ↑Gemeindezentrum.

Pfarre ['p͜farə], die; -, -n [mhd. pfarre, ahd. pfarra, viell. verw. mit ↑Pferch] (landsch., sonst veraltet): svw. ↑Pfarrei; *Parochie;* **Pfarrei** [p͜fa'raj], die; -, -en: **a)** *unterste kirchliche Behörde mit einem Pfarrer an der Spitze:* eine P. von 2000 Seelen; eine große, ländliche P. übernehmen; er wohnt in der P. der Peterskirche; **b)** *Pfarramt* (1), *Pfarrhaus:* zur P. gehen; **Pfarrer** ['p͜farɐ], der; -s, - [mhd. pfarrære, spätahd. pfarrāri]: *einer Gemeinde, Pfarrei vorstehender Geistlicher einer christlichen Kirche:* ein katholischer, protestantischer P.; P. werden; **Pfarrerin,** die; -, -nen: w. Form zu ↑Pfarrer.

Pfarrers-: ~**frau,** die: *Pfarrfrau;* ~**köchin,** die: *Köchin im Hause eines Pfarrers;* ~**tochter,** die: ***unter uns [katholischen] Pfarrerstöchtern** (ugs. scherzh.; *unter uns gesagt*).

Pfarrerschaft, die; -: *Gesamtheit der Pfarrer;* **pfarrlich** ['p͜farlɪç] ⟨Adj.; o. Steig.; meist attr.⟩ (selten): **a)** *den Pfarrer betreffend, zu ihm gehörend;* **b)** *die Pfarre, Pfarrei betreffend, zu ihr gehörend:* ein -es Mitteilungsblatt.

Pfau [p͜fau̯], der; -[e]s, -en, österr. auch: -en, -e [mhd. pfā(we), ahd. pfāwo < lat. pāvō]: *bes. zur Zierde in Parks gehaltener, großer, auf dem Boden lebender Vogel, bei dem das männliche Tier ein farbenprächtiges Federkleid u. lange, mit großen, schillernden, augenähnlichen Flecken gezierte Schwanzfedern besitzt:* der P. schlägt ein Rad (↑²Rad 6); einherstolzieren, sich spreizen wie ein P.; Ü er ist ein [eitler] P. (geh. abwertend; *er ist sehr eitel*).

pfauchen ['p͜fauxn̩] ⟨sw. V.; hat⟩ (südd., österr., sonst veraltet): svw. ↑fauchen.

Pfauen-: ~**auge,** das: **1.** *Schmetterling mit auffallenden, den Flecken auf den Schwanzfedern von Pfauen ähnelnden Flekken auf den Flügeln.* **2.** *Muster (bei Anzugstoffen) aus rund od. oval eingefaßten Punkten;* ~**feder,** die: *[Schwanz]feder eines Pfaus;* ~**hahn,** der: svw. ↑Pfauhahn; ~**henne,** die: svw. ↑Pfauhenne; ~**wedel,** der: *Wedel aus Pfauenfedern.*

Pfauhahn, der; -[e]s, -hähne: *männlicher Pfau;* **Pfauhenne,** die; -, -n: *weiblicher Pfau.*

Pfeffer ['p͜fɛfɐ], der; -s, (Sorten:) - [mhd. pfeffer, ahd. pfeffar < lat. piper < griech. péperi, über das Pers. < aind. pippalī = Beere, Pfefferkorn]: **1.** *(aus den Früchten des Pfefferstrauchs gewonnenes) scharfes Gewürz, das in Form von ganzen od. gemahlenen Pfefferkörnern verwendet wird:* gemahlener, (ugs.:) ganzer P.; der P. brennt auf der Zunge; P. an die Suppe geben; grüner *(meist in ganzen unreifen, noch grünen Körnern eingelegter)* P.; schwarzer *(dunkler, getrockneter, ungeschälter)* P.; weißer *(heller, getrockneter, geschälter)* P.; ***P. und Salz** (Textilind.; *feines, an eine Mischung aus Pfeffer u. Salz erinnerndes schwarz-, grau- od. braunweißes Stoffmuster*): er trägt gern P. und Salz; ein Anzug in P. und Salz; ***hingehen/bleiben, wo der P. wächst** (ugs.; in Verwünschungen; *verschwinden, fernbleiben*): bleib, geh hin, wo der P. wächst!; **jmdm. P. geben/**(derb:) **in den Hintern pusten/**(derb:) **unters Hemd blasen** (ugs.; *jmdn. gehörig zu etw. antreiben;* **P. im Hintern/**(derb:) **Arsch haben** (salopp; ↑¹Hummel); **es gibt P.** (Soldatenspr.; ↑Kattun 2). **2.** (ugs.) *Schwung, stimulierende Kraft:* seinen Schlägen fehlt der P.; in der Sache ist P., dahinter steckt P.; die Sendung hatte keinen P. **3.** ***roter, spanischer, türkischer** o. ä. **P.** *([scharfes] Paprikagewürz).*

Pfeffer-: ~**fresser,** der [man nahm früher fälschlich an, der Vogel fresse Pfeffer(schoten)]: *in mehreren Arten in den tropischen Wäldern Mittel- u. Südamerikas lebender größerer Vogel mit meist dunklem Gefieder, häufig bunter Unterseite u. einem großen, kräftigen, meist gelbrotem Schnabel; Tukan;* ~**gewächs,** das: *in tropischen Wäldern in zahlreichen Arten bes. als Kräuter od. Sträucher wachsende Nutz- od. Zierpflanze mit scharf schmeckenden Früchten [od. Blättern]* (z. B. Pfefferstrauch); ~**gurke,** die: *mit Pfeffer u. anderen Gewürzen eingelegte kleine Gurke;* ~**korn,** das ⟨Pl. -körner⟩: *einzelne (als Pfeffer* 1 *verwendete) ganze Frucht des Pfefferstrauches;* ~**kraut,** das: *Bohnenkraut;* ~**kuchen,** der: svw. ↑Lebkuchen, dazu: ~**kuchenhaus,** (Vkl.:) ~**kuchenhäuschen,** das: *kleines, mit Süßigkeiten verziertes Haus aus Pfefferkuchen;* ~**minz** usw.: ↑Pfefferminz usw.; ~**minze** [auch: --'--], die [nach dem pfefferartigen Geschmack der Blätter]: *als langstielige Staude wachsende Pflanze, die ein stark aromatisches ätherisches Öl enthält u. als Heilpflanze kultiviert wird* (vgl. Pfefferminz-); ~**mühle,** die: *Handmühle zum Mahlen von Pfefferkörnern;* ~**nuß,** die: *bes. zur Weihnachtszeit gegessener, kleiner, runder [mit einer weißen Zuckerglasur überzogener] Pfefferkuchen;* ~**sack,** der (veraltend abwertend): *reicher Händler, Geschäftsmann, Großkaufmann* (2); ~**schinken,** der: *meist geräucherter, mit viel grobgemahlenem schwarzem Pfeffer bestreuter Schinken;* ~**schote,** die: *[scharf schmeckende, kleine] Paprikaschote;* ~**soße,** die: *mit [grünem] Pfeffer gewürzte Soße;* ~**steak,** das: *vor dem Braten mit Pfeffer gewürztes Steak;* ~**strauch,** der: *(bes. in Indien wachsende) Kletterpflanze mit kleinen, fast runden, traubenartig wachsenden Früchten, die als Pfeffer* (1) *verwendet werden;* ~**streuer,** der: *Streuer für gemahlenen Pfeffer* (1); **-und-Salz-Muster,** das (mit Bindestrichen): vgl. Pfeffer (1).

pfefferig: ↑pfeffrig; **Pfefferling** ['p͜fɛfɐlɪŋ], der; -s, -e (selten): svw. ↑Pfifferling; **¹Pfefferminz** ['p͜fɛfɐmɪnts, auch: --'-] ⟨o. Art.; indekl.⟩ [aus ↑Pfeffer u. ↑Minze]: *in der Pfefferminze enthaltener Aromastoff:* etw. riecht, schmeckt nach P.; **²Pfefferminz** [-], der; -es, -e ⟨aber: 2 Pfefferminz⟩: svw. ↑Pfefferminzlikör; **³Pfefferminz** [-], das; -es, -e: *Bonbon o. ä. mit [einer Füllung mit] Pfefferminzgeschmack:* möchtest du auch ein P.?

Pfefferminz-: ~**aroma,** das; ~**bonbon,** das: *Bonbon mit Pfefferminzgeschmack;* ~**bruch,** der ⟨o. Pl.⟩: *unregelmäßig gebrochene Stücke einer festen, weißen od. rosa zuckrigen Masse mit Pfefferminzgeschmack;* ~**geschmack,** der; ~**likör,** der: *mit Pfefferminzöl aromatisierter Likör;* ~**öl,** das: *aus den Blättern der Pfefferminze gewonnenes ätherisches Öl mit erfrischendem Aroma;* ~**pastille,** die: vgl. ~bonbon; ~**plätzchen,** das: vgl. ~bonbon; ~**tee,** der: **a)** *Tee aus Blättern der Pfefferminze mit erfrischender, belebender u. heilkräftiger Wirkung;* **b)** *zur Bereitung von Pfefferminztee* (a) *verwendete getrocknete Blätter der Pfefferminze.*

pfeffern ['p͜fɛfɐn] ⟨sw. V.; hat⟩ /vgl. gepfeffert/ [mhd. pfeffern, spätahd. pfefferōn]: **1.** *mit Pfeffer würzen:* ein Steak, eine Suppe p.; eine stark gepfefferte Soße; Ü er pfefferte seine Rede mit allerlei Zitaten. **2.** (ugs.) *mit Wucht irgend-*

wohin werfen, schleudern o. ä.: er pfefferte seine Schultasche in die Ecke; warte mal ab, bis sie uns die ersten Bomben aufs Hirn p. (Lentz, Muckefuck 149); Schönwälder pfefferte *(schoß)* aus vollem Lauf einen Weitschuß gegen den Pfosten (Bild 12. 4. 64, 47). **3.** ***jmdm. eine p.** (salopp; *jmdm. einen Schlag, bes. eine Ohrfeige, versetzen*); **eine gepfeffert kriegen** o. ä. (salopp; *einen Schlag, bes. eine Ohrfeige, versetzt bekommen*); **Pfefferone** [pfɛfəˈroːnə], der; -, ...oni, selten: -n, **Pfefferoni** [pfɛfəˈroːni], der; -, - (österr.): svw. ↑Peperoni; **pfeffrig,** pfefferig [ˈpfɛf(ə)rɪç] ⟨Adj.⟩: *[viel] Pfeffer* (1) *enthaltend, [stark] nach Pfeffer* (1) *schmeckend, riechend:* eine -e Suppe; das ist, schmeckt mir zu p.

Pfeif-: ~**ente,** die: *Ente, die im Flug häufig einen pfeifenden Ton von sich gibt;* ~**geräusch,** das: vgl. ~ton; ~**hase,** der: *(bes. in Asien heimisches) einem Kaninchen ähnliches Tier, das sich mit Artgenossen durch Pfeiftöne verständigen kann;* ~**kessel,** der: *im Haushalt verwendeter Wasserkessel mit einem als Pfeife* (1 e) *ausgebildeten Aufsatz für den Ausgießer, der bei durchströmendem Dampf durch ein Pfeifsignal auf das Kochen des Wassers aufmerksam macht;* ~**konzert,** das: *lautes, vielstimmiges Pfeifen einer Zuschauer-, Zuhörermenge zum Ausdruck von Mißfallen, Empörung o. ä.;* ~**laut,** der: vgl. ~ton; ~**signal,** das: *gepfiffenes Signal;* ~**ton,** der ⟨Pl. ...töne⟩: *meist hoher, oft schriller Ton, wie er z. B. durch Blasen in eine Pfeife* (1 a) *entsteht.*

Pfeifchen [ˈpfaifçən], das; -s, -: ↑Pfeife (1, 2); **Pfeife** [ˈpfaifə], die; -, -n [mhd. pfīfe, ahd. pfīfa, über das Vlat. zu lat. pīpāre, ↑pfeifen; 6: wohl zu ↑Pfeife (1 a) im Sinne von „Wertloses"; die Pfeife galt als minderwertiges Blasinstrument]: **1. a)** ⟨Vkl. ↑Pfeifchen⟩ *der Flöte ähnliches, einfaches, kleines, aus einer Röhre mit Mundstück u. Grifflöchern bestehendes Musikinstrument:* er bläst die P.; ein Spielmannszug mit Trommeln und -n; die Kinder schnitzen sich -n, Pfeifchen aus Schilfrohr *(Rohrpfeifen);* ***nach jmds. P. tanzen** *(gezwungenermaßen od. willenlos alles tun, was jmd. von einem verlangt;* nach einer Fabel des griech. Fabeldichters Äsop [6. Jh. v. Chr.]); **b)** kurz für ↑Orgelpfeife; **c)** *(beim Dudelsack) einer Pfeife* (1 a) *ähnliches Teil, in dem beim Spielen die Töne entstehen;* **d)** ⟨Vkl. ↑Pfeifchen⟩ *kleines, verschieden geformtes, mit einem Mundstück versehenes Instrument, das beim Hineinblasen einen mehr od. weniger lauten u. schrillen Ton hervorbringt:* die P. des Schiedsrichters, des Polizisten; **e)** *Vorrichtung, Teil an bestimmten [mit Dampfdruck arbeitenden] Maschinen od. Geräten zum Erzeugen eines Pfeiftons (als Signal).* **2.** ⟨Vkl. ↑Pfeifchen⟩ *Gerät zum Rauchen von Tabak, das aus einem zum Aufnehmen des Tabaks dienenden Kopf* (5 a) *u. einem daran befindlichen, in ein Mundstück auslaufenden Rohr besteht:* eine lange, kurze, wertvolle P.; die P. ist ausgegangen, kalt geworden; [eine] P. rauchen; sich eine P. stopfen, anzünden, anstecken; die P. ausklopfen, reinigen; nimm doch mal eine P. [voll] von meinem Tabak!; an der P. ziehen; R da kann einem die P. ausgehen (salopp; *das dauert zu lange*). **3.** kurz für ↑Glasbläserpfeife. **4.** kurz für ↑Luftpfeife. **5.** (derb) *Penis.* **6.** (salopp abwertend) *unfähiger, ängstlicher Mensch; Versager:* dieser Schiedsrichter ist eine P.; du traust dich ja doch nicht, du alte P. *(du Feigling);* **pfeifen** [ˈpfaifn̩] ⟨st. V.; hat⟩ [mhd. pfīfen, ahd. nicht belegt, zu lat. pīpāre = piepen, wimmern]: **1. a)** *mit dem [gespitzten] Mund durch Ausstoßen u. Einziehen der Atemluft einen Pfeifton, eine Folge von [verschiedenen] Pfeiftönen hervorbringen:* schön p. können; leise vor sich hin p.; auf zwei Fingern p.; durch die Zähne p.; ich werde dreimal kurz p., wenn es soweit ist; fröhlich pfeifend machte er sich an die Arbeit; **b)** *pfeifend* (1 a) *hervorbringen:* eine Melodie, einen Schlager p.; er pfiff das vereinbarte Signal; ***sich eins p.** (ugs.: 1. *vor sich hin pfeifen.* 2. *den Unbeteiligten, den Gleichgültigen spielen*). **2. a)** *mit einer Pfeife* (1 d) *o. ä. einen Pfeifton hervorbringen:* der Bahnhofsvorsteher, Polizist, Schiedsrichter hat gepfiffen; auf einer Trillerpfeife, einem Flaschenhals p.; **b)** *pfeifend* (2 a) *hervorbringen:* er pfiff ein Signal. **3. a)** (selten) *auf einer Pfeife* (1 a) *spielen:* er pfeift stundenlang [auf seiner Pfeife]; **b)** *pfeifend* (3 a) *hervorbringen:* auf seiner Pfeife ein Lied, einen Marsch, eine Melodie p. **4.** *mit einer Pfeife* (1 e) *einen Pfeifton hervorbringen:* die Lokomotive, der Kessel pfeift. **5. a)** *(von bestimmten Tieren) einen Pfeifton, Pfeiftöne hervorbringen, von sich geben:* die Pfeifente, das Murmeltier, die Maus pfeift; draußen pfeifen *(singen)* die Vögel; **b)** *pfeifend* (5 a) *hervorbringen:* das Murmeltier pfiff einen Warnruf. **6.** *ein Pfeifgeräusch hervorbringen:* draußen pfeift ein kalter Wind; er hustet, und seine Lungen pfeifen; der Rohrstock pfiff; der Verstärker, das Radio pfeift (verursacht durch eine elektroakustische Rückkopplung); ⟨auch unpers.:⟩ wenn er einatmet, pfeift es in seiner Brust; ein pfeifender Atem; ein pfeifender Ton; ein pfeifendes Geräusch. **7.** (Sport) **a)** *(als Schiedsrichter) durch einen Pfiff markieren:* ein Foul, Abseits p.; **b)** *die Aufgabe eines Schiedsrichters wahrnehmen:* wer pfeift [bei dem Spiel]?; bei dem Foul hat er falsch gepfiffen *(eine falsche Entscheidung getroffen);* **c)** *(ein Spiel) als Schiedsrichter leiten:* ein Spiel p. **8.** *(jmdm., einem Tier) durch Pfeifen* (1 a, 2 a) *ein Zeichen geben:* er pfiff [nach] seinem Hund, einem Taxi; der IWO pfiff zum Ablegemanöver (*gab durch ein Pfeifensignal das Zeichen zum Ablegen;* Ott, Haie 255). **9.** (salopp) *in bezug auf eine Tat, die man zusammen mit anderen begangen hat, geständig sein (u. zugleich auch die Mittäter belasten):* der Manfred war ja ein Esel, daß er gepfiffen hat (Noack, Prozesse 176). **10.** (ugs.) *jmdm. etw. verraten:* wer hat dir das gepfiffen? **11.** ***einen p.** (salopp; *ein Glas Alkohol, etw. Alkoholisches trinken*); **jmdm. [et]was**/(seltener:) **eins p.** (ugs. spött.; ↑husten 2). **12.** (ugs.) *jmdn., etw. geringschätzen; mit jmdm., etw. nichts zu tun haben wollen:* ich pfeife auf [dein] Geld, auf deine Freundschaft, auf meinen Schwiegersohn.

Pfeifen-: ~**besteck,** das: *kleines, dreiteiliges, zusammenlegbares Gerät zum Reinigen, Auskratzen u. Stopfen von Tabakspfeifen;* ~**deckel,** der: *Deckel auf dem Kopf der Tabakspfeife;* ~**heini,** der (salopp abwertend): svw. ↑Pfeife (6); ~**kopf,** der: **1.** *Kopf einer Tabakspfeife.* **2.** (salopp abwertend) svw. ↑Pfeife (6); ~**mann,** der (Sport Jargon): *Schiedsrichter;* ~**putzer,** der: svw. ↑~reiniger; ~**qualm,** der; ~**rauch,** der; ~**raucher,** der: *jmd., der [gewohnheitsmäßig] Pfeife raucht;* ~**reiniger,** der: *mit bürstenartig hervorstehenden kleinen Büscheln aus Baumwolle o. ä. besetzter, biegsamer Draht zum Reinigen von Pfeifenrohren;* ~**rohr,** das: *röhrenförmiger Teil einer Tabakspfeife;* ~**ständer,** der: *Ständer, kleines Gestell o. ä. zur Aufbewahrung von Tabakspfeifen;* ~**stopfer,** der: vgl. ~besteck; ~**strauch,** der [die ausgehöhlten Zweige wurden früher zur Herstellung von Tabakspfeifen benutzt]: *Jasmin* (2); ~**tabak,** der: *[grobgeschnittener] Tabak zum Rauchen in der Pfeife;* ~**werk,** das (Fachspr.): *Gesamtheit der Orgelpfeifen.*

Pfeifer [ˈpfaifɐ], der; -s, - [mhd. pfīfer]: **1.** *jmd., der [berufsmäßig] Pfeife spielt:* Trommler und P. **2.** *jmd., der in einer bestimmten Situation pfeift;* **Pfeiferei** [pfaifəˈrai], die; -, -en (abwertend): *[dauerndes] Pfeifen* (bes. 1 a): hör endlich mit deiner ewigen P. auf!

Pfeil [pfail], der; -[e]s, -e [mhd., ahd. pfīl < lat. pīlum = Wurfspieß]: **1.** *meist aus einem langen, dünnen Schaft u. einer daran befestigten Spitze bestehendes Geschoß (bes. für Bogen, Armbrust u. Blasrohr):* ein stumpfer, spitzer, gefiederter, vergifteter P.; der P. schnellt von der Sehne, fliegt, schwirrt durch die Luft, trifft, sitzt (im Ziel), durchbohrte ihn, drang in sein Herz; schnell wie ein P. (geh.; *pfeilschnell*); das Auto schoß wie ein P. über die Piste; einen P. aus dem Köcher ziehen, auflegen, abschießen; mit P. und Bogen; Ü -e des Spotts (geh.; *scharfer, beißender Spott*); giftige, vergiftete -e ab-, verschießen (geh.; *boshafte, gehässige Bemerkungen machen*); ***alle [seine] -e verschossen haben** *(keine Gegengründe od. -mittel mehr haben).* **2.** *stilisierter Pfeil* (1) *als graphisches Zeichen, das eine Richtung anzeigt, einen Hinweis gibt o. ä.:* der P. zeigt nach Norden, gibt die Fahrtrichtung an, verweist den Leser auf ein anderes Stichwort; einem P. folgen; wir gingen in Richtung des schwarzen -es weiter. **3.** kurz für ↑Haarpfeil.

pfeil-, Pfeil-: ~**artig** ⟨Adj.; o. Steig.⟩: *wie ein Pfeil* (1); ~**diagramm,** das (Math.): *in der Mengenlehre verwendetes Diagramm, mit dessen Hilfe Relationen zwischen zwei Produktmengen durch Pfeile* (2) *dargestellt werden;* ~**flügel,** der (Technik): *nach vorn od. hinten schräg zum Rumpf abgewinkelter Flügel* (1 c); ~**förmig** ⟨Adj.; o. Steig.; nicht adv.⟩: *die Form eines Pfeils* (1) *aufweisend;* ~**gerade,** (ugs.:) -grade ⟨Adj.; o. Steig.⟩: *(bes. von Bewegungen) völlig gerade, in völlig gerader Linie verlaufend:* die Rakete schoß p. in den Himmel; ~**geschwind** ⟨Adj.; o. Steig.⟩ (landsch.): svw. ↑~schnell; ~**gift,** das: *zur Herstellung von Giftpfeilen verwendetes Gift;* ~**grade**: ↑~gerade; ~**hecht,** der [nach dem pfeilartigen Dahinschießen]: *Barrakuda;* ~**höhe,** die (Archit.): *der größte Abstand eines Bogens* (2) *zu einer von zwei* [2]*Kämpfern* (1) *gebildeten gedachten Linie; Stichhöhe;* ~**köcher,** der: *Köcher für Pfeile* (1); ~**kraut,** das: *Sumpf- u. Wasserpflanze mit pfeilförmigen Blättern u. weißen Blüten;* ~**naht,** die (Anat.): *(beim Menschen) zwischen den beiden Scheitelbeinen verlaufende, pfeilförmige Knochennaht;* ~**richtung,** die: *Richtung, in die ein Pfeil* (2) *weist:* in P. gehen; ~**schaft,** der; ~**schnell** ⟨Adj.; o. Steig.⟩: *(bes. von Bewegungen) sehr, überaus schnell:* in -em Flug; p. flitzte der Wagen vorüber; ~**schuß,** der: *Schuß mit einem Pfeil* (1); ~**spitze,** die; ~**wurz,** die [LÜ von engl. arrowroot (↑Arrowroot); die Wurzel galt als Heilmittel für von vergifteten Pfeilen hervorgerufene Wunden; das engl. Wort viell. auch aus indian. aruruta = Wurzelmehl]: *in den Tropen angebaute, als hohe Staude wachsende Kulturpflanze, aus deren fleischigen Wurzeln das Stärkemehl Arrowroot gewonnen wird.*

Pfeiler ['pfaılɐ], der; -s, - [mhd. pfīlære, ahd. pfīlāri < mlat. pilarium, pilarius = Pfeiler, Stütze, Säule, zu lat. pīla = Pfeiler]: **1.** *[frei stehende] senkrechte Stütze [aus Mauerwerk, Beton o. ä.] mit meist eckigem Querschnitt zum Tragen von Teilen eines größeren Bauwerks:* ein starker, hoher, runder, steinerner P.; die P. tragen das Gewölbe; die P. einer Brücke; Ü die Richter waren die wichtigsten P. *(Stützen)* der alten Ordnung. **2.** (Bergbau) **a)** *beim Abbau* (6 a) *zunächst als Stütze stehengelassener, zum späteren Abbau bestimmter Teil einer Lagerstätte;* **b)** *von Kammern* (5) *od. Strecken umgebener, zum Abbau vorgerichteter Teil einer Lagerstätte (beim Pfeilerbau).*

Pfeiler-: ~**basilika,** die (Archit.): *Basilika, bei der der obere Teil des Mittelschiffes auf Pfeilern* (1) *ruht;* ~**bau,** der ⟨o. Pl.⟩ (Bergbau): *Verfahren des Abbaus* (6 a), *bei dem die Lagerstätte durch Strecken in Pfeiler* (2 a) *aufgeteilt wird, die dann einzeln abgebaut werden;* ~**brücke,** die (Archit.): *von Pfeilern* (1) *getragene Brücke.*

Pfennig ['pfɛnıç], der; -s, -e ⟨aber meist: 5 Pfennig⟩ [mhd. pfenni(n)c, ahd. pfenning, H. u., viell. zu lat. pannus = Stück Tuch (als Tausch- u. Zahlungsmittel)]: *Währungseinheit in der Bundesrepublik Deutschland u. in der DDR* (100 Pfennig = 1 Mark [↑[1]Mark]; Abk.: Pf): ein Brötchen kostet 20 P.; hast du ein paar einzelne -e?; keinen P. *(nicht das mindeste Geld [um etw. zu bezahlen])* [bei sich] haben; keinen P. Trinkgeld bekommen; sie gibt von ihrer Rente keinen P. *(nichts)* an den Haushalt ab; wie viele meiner Klienten ihren letzten P. *(ihr letztes Geld)* hergeben würden (Langgässer, Siegel 379); auf den P. genau herausgeben; in -e wechseln; zwei Briefmarken zu 60 P.; damals war ich auf jeden P. angewiesen *(hatte ich Geld bitter nötig);* das bekommen Sie dort schon für ein paar -e *(für sehr wenig Geld);* er war ohne einen P. *(ohne alles Geld);* Spr wer den P. nicht ehrt, ist des Talers nicht wert; ***keinen P. wert sein** (ugs.; *nichts wert sein*); **für jmdn., etw. keinen P. geben** (ugs.; *jmdn., etw. aufgeben; der Meinung sein, daß jmd. nicht mehr lange lebt, etw. nichts taugt, keine Aussicht auf Erfolg o. ä. hat*); **jeden P. [dreimal] umdrehen; auf den P. sehen** (ugs.; *sehr sparsam sein; geizig sein*); **bis auf den letzten P.** (ugs.; ↑Heller); **nicht für fünf P.** (ugs.; *kein bißchen; nicht der, die, das geringste*): nicht für fünf P. Lust zu etw., Anstand haben; **mit dem P. rechnen müssen** *(auf Grund seiner wirtschaftlichen Verhältnisse nur wenig Geld ausgeben können; sparen müssen).*

pfennig-, Pfennig-: ~**absatz,** der: *(an Pumps) hoher Absatz mit kleiner, etwa pfenniggroßer Fläche zum Auftreten;* ~**artikel,** der: *Artikel, den man für einen Pfennigbetrag kaufen kann;* ~**betrag,** der: *kleiner, nur Pfennige ausmachender Betrag;* ~**fuchser** [-fʊksɐ], der; -s, - [zu ↑fuchsen] (ugs.): *jmd., der sehr genau auf den Pfennig sieht, in keiner Weise u. bei keiner Gelegenheit großzügig mit seinem Geld umgeht,* dazu: ~**fuchserei** [...sə'raj, auch: '-----], die; -, -en (ugs.); ~**groß** ⟨Adj.; o. Steig.; nicht adv.⟩: *von der Größe eines Pfennigs:* ein -es Muttermal; ~**kraut,** das [1: nach den flachen, einer Münze ähnlichen Schoten]: **1.** *auf Äckern o. ä. wachsende staudige Pflanze mit weißen od. rosa, in Trauben stehenden Blüten.* **2.** *am Boden wachsender Gilbweiderich mit kleinen, kreisrunden Blättern u. goldgelben Blüten;* ~**stück,** das: svw. ↑Einpfennigstück; ~**ware,** die: vgl. ~artikel; ~**weise** ⟨Adv.⟩: *in Pfennigen; Pfennig für Pfennig:* einen Betrag p. auf den Tisch zählen.

Pferch [pfɛrç], der; -[e]s, -e [mhd. pferrich = Einfriedung, ahd. pferrih < mlat. parricus, ↑Park]: **1.** *mit Hürden, Bretterzäunen eingeschlossene Fläche, auf der das Vieh (bes. Schafe) für die Nacht zusammengetrieben wird:* den P. öffnen; die Schafe sind im P. **2.** (veraltet) *eingepferchte Herde;* ⟨Abl.:⟩ **pferchen** ['pfɛrçn̩] ⟨sw. V.; hat⟩: *eine größere Anzahl, Menge in einen zu kleinen Raum hineinzwängen:* Gefangene in Waggons p.; Man pferchte uns in den Lagerraum eines Schiffes (Seghers, Transit 221).

Pferd [pfe:ɐ̯t], das; -[e]s, -e [mhd. pfert, pfär(vr)it, ahd. pfärfrit, pfarifrit < mlat. par(a)veredus = Postpferd (auf Nebenlinien), aus griech. para- = neben-, bei u. spätlat. verēdus (aus dem Kelt.) = (Post)pferd]: **1.** ⟨Vkl. ↑Pferdchen⟩ *als Reit- u. Zugtier gehaltenes hochbeiniges Tier mit Hufen, meist glattem, kurzem Fell, länglichem, großem Kopf, einer Mähne u. langhaarigem Schwanz:* ein kleines, schweres, braunes, zottiges, feuriges, edles, schnelles, bockiges P.; das P. geht, trabt, galoppiert, stürzt, scheut, tänzelt, bäumt sich [auf], wiehert, schnauft, schlägt aus, geht durch; die -e wurden unruhig, dampften, zogen an, griffen aus; -e halten, züchten; die -e füttern, tränken, putzen, striegeln; ein P. zureiten, [zu schanden] reiten, [auf]zäumen, anschirren, an-, ein-, ausspannen, satteln, besteigen, [am Zügel] führen, beschlagen; dem P. in die Zügel fallen; jmdn. aufs P. heben, setzen; jmdm. aufs P. helfen; aufs P. steigen; sich aufs P. schwingen; bei einem Rennen auf ein P. setzen; der Kutscher schlug auf die -e ein; ein mit -en bespannter, von -en gezogener Wagen; vom P. steigen, fallen, stürzen, absitzen; gut, hoch zu P. sitzen; R das hält ja kein P. aus! (ugs.; *das ist unerträglich*); ich denke o. ä., mich tritt ein P.! (salopp; *das überrascht mich sehr*); man hat schon -e kotzen sehen (ugs.; *nichts ist unmöglich*): immer sachte mit den jungen -en! (ugs.; *nicht so heftig, voreilig!*); ***Trojanisches P.** (bildungsspr.; svw. ↑Danaergeschenk); **das beste P. im Stall** (ugs.; *der tüchtigste Mitarbeiter*); **wie ein P. arbeiten** (ugs.; *schwer arbeiten u. sich dabei unermüdlich zeigen*); **keine zehn -e bringen jmdn. irgendwohin/dazu, etw. zu tun** (ugs.; *jmd. geht unter keinen Umständen irgendwohin, tut etw. unter keinen Umständen*); **jmdm. gehen die -e durch** (ugs.; *jmd. verliert die Selbstbeherrschung*); **die -e scheu machen** (ugs.; *für Unruhe, Aufregung sorgen*); **das P. beim/am Schwanz aufzäumen** (ugs.; *eine Aufgabe, Arbeit mit einem dem Arbeitsablauf entgegengesetzten Arbeitsgang beginnen*); **mit jmdm. -e stehlen können** (ugs.; *alles mit einem Partner, Freund zusammen wagen können*); **aufs falsche, richtige P. setzen** (ugs.; *die Lage falsch, richtig einschätzen u. entsprechend handeln*); **auf dem hohen P. sitzen** (ugs.; ↑Roß). **2.** *Turngerät, das aus einem dem Rumpf eines Pferdes ähnlichen, mit Lederpolster u. zwei herausnehmbaren Griffen versehenen Körper* (2 b) *auf vier in der Höhe verstellbaren, schräg nach außen gerichteten Beinen besteht;* vgl. Lang-, Seitpferd. **3.** ⟨Vkl. ↑Pferdchen⟩ *Schachfigur mit Pferdekopf; Springer;* **Pferdchen,** das; -s, -: **1.** ↑Pferd (1, 3). **2.** (Jargon) *für einen Zuhälter arbeitende Prostituierte;* ⟨Zus.:⟩ **Pferdchensprung,** der (Gymnastik, Turnen): *Schersprung vorwärts mit gebeugten Beinen;* vgl. Galoppsprung (2).

Pferde-: ~**apfel,** der: *einzelnes rundliches Stück des Kots von Pferden;* ~**arbeit,** die (ugs.): *schwere Arbeit;* ~**bahn,** die (früher): *auf Schienen laufende, von Pferden gezogene Wagen zur Beförderung von Gütern u. Personen;* ~**bohne,** die: svw. ↑Saubohne; ~**bremse,** die: svw. ↑Biesfliege; ~**dekke,** die: *grobe Wolldecke;* ~**dieb,** der; ~**droschke,** die: svw. ↑Droschke (1); ~**dung,** der: *Dung aus dem Kot von Pferden;* ~**esel,** der: svw. ↑Halbesel; ~**fleisch,** das: *Fleisch* (3) *vom Pferd;* ~**fuhrwerk,** das: *mit Pferden bespanntes Fuhrwerk;* ~**fuß,** der: **1. a)** *Fuß eines Pferdes;* **b)** *dem Fuß eines Pferdes ähnelnder Fuß des Teufels, eines Fauns o. ä.;* **c)** *schließlich doch zum Vorschein kommende üble, nachteilige Seite einer Sache:* die Reform hat einen [schlimmen] P.; wenn man ... aus diesen Bildern den P. Ihrer Bitte deutlich herauskommen sieht (Langgässer, Siegel 487). **2.** (Anat.) svw. ↑Spitzfuß; ~**galopp,** der; ~**gebiß,** das (ugs.): *menschliches Gebiß mit auffallend großen, langen [gelblichen] Zähnen;* ~**geruch,** der; ~**geschirr,** das; ~**gesicht,** das (ugs.): *schmales, längliches, grobgeschnittenes menschliches Gesicht;* ~**gespann,** das; ~**getrappel,** das; ~**haar,** das: *Haar vom Mähne u. Schwanz eines Pferdes:* Ü sie hat P. *(das einzelne Haar ist bei ihr sehr dick);* ~**haltung,** die: *Haltung* (3) *von Pferden;* ~**handel,** der ⟨o. Pl.⟩; ~**händler,** der; ~**heilkunde,** die: *Fachrichtung der Tiermedizin, die sich mit den Krankheiten des Hauspferdes befaßt;* ~**huf,** der: *Huf* (1) *eines Pferdes;* ~**kada-**

ver, der; ~knecht, der (veraltend): *Knecht, der die Pferde [im Stall] pflegt u. versorgt;* ~kopf, der: **1.** *Kopf eines Pferdes.* **2.** (ugs.) vgl. ~gesicht; ~koppel, die; ~kraft, die (veraltet): svw. ↑~stärke; ~kunde, die ⟨o. Pl.⟩: *[angewandte] Wissenschaft vom Pferd, von den Pferderassen; Hippologie;* ~kur, die (ugs.): svw. ↑Roßkur; ~kutsche, die; ~länge, die: *Länge eines Pferdes vom Kopf bis zum Schwanz (als Maß bei Pferderennen);* ~lotto, das: vgl. ~wette; ~markt, der: *Markt* (1, 2) *für Pferde;* ~mist, der: vgl. ~dung; ~narr, der: *jmd., der sich für Pferde begeistert [u. für diese Vorliebe viel Zeit u. Geld opfert];* ~natur, die ⟨Pl. selten⟩ (ugs.): **a)** *robuste Natur* (3 a), *Konstitution, die die betreffende Person Krankheiten u. andere physische Belastungen stets überwinden läßt:* ihre P. behauptete sich; eine P. haben; **b)** *Mensch mit Pferdenatur* (a); ~rennbahn, die: *Bahn für Pferderennen;* ~rennen, das; ~rücken, der; ~schlachter, ~schlächter, der (landsch.): *Fleischer in einer Pferdeschlächterei;* ~schlachterei, ~schlächterei, die (landsch.): *Fleischerei mit Pferden als Schlachtvieh;* ~schlitten, der: *dem Pferdewagen ähnliches Fahrzeug auf* [1]*Kufen* (a); ~schwanz, der: **1.** *Schwanz des Pferdes.* **2.** *hoch am Hinterkopf zusammengebundenes, -gehaltenes u. lose herabfallendes langes Haar bei Frauen);* ~schweif, der (geh.): svw. ↑~schwanz (1); ~schwemme, die: vgl. Schwemme (1); ~sport, der: *Sportarten, bei denen das Pferd als Reit- od. Zugtier verwendet wird;* ~stall, der; ~stärke, die [LÜ von engl. horsepower] (Technik früher): *Leistung* (2 c) *von 75 Kilopondmeter in der Sekunde (= 735,49875 Watt; Maßeinheit);* Zeichen: PS; ~staupe, die: svw. ↑[1]Staupe; ~striegel, der: *Striegel zum Putzen von Pferden;* ~toto, das, auch: der: vgl. ~wette; ~wagen, der: *von Pferden gezogener Wagen;* ~wechsel, der (früher): *das Wechseln der Pferde auf einer längeren Reise;* ~wette, die: *bei einem Pferderennen abgeschlossene Wette* (2); ~woilach, der; ~zahn, der (ugs.): *auffallend großer [gelblicher] menschlicher Zahn;* ~zucht, die: *planmäßige Aufzucht von Pferden unter wirtschaftlichem Aspekt;* ~zunge, die [nach der Form] (landsch.): *Heilbutt.*

Pferdsprung, der; -[e]s, -sprünge (Turnen): **a)** *Sprung über das Pferd* (2); **b)** ⟨o. Pl.⟩ *Springen über das Pferd* (2): er gewann eine Medaille im P.

Pfette ['pfɛtə], die; -, -n [spätmhd. pfette; wohl über das Roman. zu lat. patena, eigtl. = Krippe < griech. (mundartl.) páthnē]: *parallel zum Dachfirst verlaufender [Holz]balken im Dachstuhl zur Unterstützung der Sparren.*

pfetzen ['pfɛtsn̩] ⟨sw. V.; hat⟩ [mhd. pfetzen, H. u.] (landsch.): svw. ↑kneifen (1).

pfiff [pfɪf]: ↑pfeifen; **Pfiff** [-], der; -[e]s, -e [1: rückgeb. aus ↑pfeifen; 2: entw. auf den Lockpfiff der Vogelsteller od. auf den zur Ablenkung ausgestoßenen Pfiff der Taschenspieler bezogen; 3: zu landsch. Pfiff = Kleinigkeit, Wertloses]: **1.** *durch Pfeifen entstehender [kurzer] schriller Ton:* ein leiser, lauter, gellender, schriller, langgezogener P.; der P. der Lokomotive; nach dem Foul ertönte der P. des Schiedsrichters; einen P. ausstoßen; die Worte des Redners gingen größtenteils in -en unter. **2.** (ugs.) **a)** *etw., was den besonderen Reiz einer Sache, selten auch Person ausmacht, wodurch sie ihre Abrundung erhält:* ein modischer P.; der Einrichtung fehlt noch der letzte P.; ein Modell, das Chic und P. hat; **b)** (veraltend) *Kniff, besonderer Kunstgriff:* Im Aufsatz hatten wir schnell den P. raus *(wußten wir, wie wir es machen mußten)* (Kempowski, Immer 109). **3.** (landsch.) *klein[st]e ausgeschenkte Menge von Wein, Bier o. ä.:* Otto ... bestellte einen „Pfiff" Bier (Johnson, Ansichten 165).

Pfifferling ['pfɪfɐlɪŋ], der; -s, -e [mhd. pfifferling, pfefferlinc (ahd. phifera), zu ↑Pfeffer; nach dem leicht pfefferähnlichen Geschmack]: *in Laub- u. Nadelwäldern vorkommender blaß- bis dottergelber Pilz mit oft trichterförmig vertieftem, unregelmäßig gerändertem Hut, der als Speisepilz beliebt ist:* -e suchen, sammeln, schmoren; ***keinen/nicht einen P.** (ugs.; *kein bißchen, überhaupt nicht[s];* viell. weil der Pilz früher sehr häufig zu finden war u. deshalb als nicht bes. wertvoll galt): das ist keinen P. wert, interessiert ihn nicht einen P.; sich keinen P. um etw., jmdn. kümmern.

pfiffig ['pfɪfɪç] ⟨Adj.⟩ [zu ↑Pfiff (2)]: *von der Art, daß die betreffende [junge, jüngere] Person weiß, wie etw., was sie zu tun beabsichtigt, verwirklicht werden kann; listig-klug:* ein -er Junge; mit -em Gesicht; eine -e Idee; er ist p.; sich p. anstellen; jmdn. p. ansehen, anlächeln; eine p. aufgemachte Show; ⟨Abl.:⟩ **Pfiffigkeit,** die; -; **Pfiffikus** ['pfɪfikʊs], der; -[ses], -se [studentenspr. Bildung mit lat. Endung] (ugs. scherzh.): *pfiffige männliche Person.*

Pfingst- ['pfɪŋst-]: ~bewegung, die (Rel.): *ekstatisch-religiöse Bewegung, die für sich den Besitz der urchristlichen Charismata* (1) *in Anspruch nimmt u. die höchste Stufe christlichen Lebens im Empfangen des Heiligen Geistes sieht* (z. B. Jesus-People-Bewegung); ~feiertag, der: der erste, zweite P.; ~fest, das: svw. ↑Pfingsten; ~montag, der: *Montag des Pfingstfestes, zweiter Pfingstfeiertag;* ~nelke, die [vgl. ~rose]: *meist in Polstern wachsende kleinere Zierpflanze mit rosaroten, auch dunkelroten od. weißen Blüten;* ~ochse, der: *(nach altem [süddeutschem] Brauch) zum Austrieb (zur Pfingstzeit) auf die Sommerweide geschmückter u. behängter Ochse:* er sah aus, hatte sich herausgeputzt wie ein P. (ugs. abwertend; *hatte sich übermäßig u. geschmacklos herausgeputzt*); ~rose, die [die Pflanze blüht um Pfingsten u. ähnelt einer Rose]: *Zierpflanze mit krautigen Stengeln, lederartigen Blättern u. großen, duftenden, weißen, rosa oder roten, gefüllten, ballförmigen od. einfachen schalenförmigen Blüten; Klatschrose, Päonie;* ~samstag (bes. südd., österr., schweiz.), ~sonnabend (bes. nordd.), der: *Sonnabend vor Pfingsten;* ~sonntag, der: *Sonntag des Pfingstfestes, erster Pfingstfeiertag;* ~verkehr, der: *[starker] Verkehr zur Pfingstzeit;* ~woche, die: *Woche vor Pfingsten;* ~zeit, die: *Zeit um, bes. vor Pfingsten.*

Pfingsten ['pfɪŋstn̩], das; -, - ⟨meist o. Art., bes. südd., österr. u. schweiz. sowie in bestimmten Wunschformeln u. Fügungen auch als Pl.⟩ [mhd. pfingesten, eigtl. Dativ Pl., wohl über got. (Kirchenspr.) paíntēkustē < griech. pentēkostḗ (hēméra) = der 50. (Tag nach Ostern)]: *Fest der christlichen Kirche, mit dem die Ausgießung des Heiligen Geistes u. die Gründung der Kirche gefeiert wird:* P. fällt dieses Jahr in den Juni, auf den 2. Juni; es ist bald P.; frohe P.!; habt ihr schöne P. gehabt?; wir werden diese P., dieses Jahr zu/(landsch., bes. südd. auch:) an P. zu Hause bleiben; er besuchte uns kurz nach, vor P.; **pfingstlerisch** [...lərɪʃ] ⟨Adj.; o. Steig.⟩ (Rel.): *die Pfingstbewegung betreffend, zu ihr gehörend;* **pfingstlich** ⟨Adj.; o. Steig.⟩: *Pfingsten, das an diesem Fest gefeierte Ereignis betreffend, dazu gehörend, dem Pfingstfest entsprechend:* das -e Wunder; den Altar p. mit Maien schmücken.

Pfirsich ['pfɪrzɪç], der; -s, -e [mhd. pfersich < vlat. persica < lat. persica arbor, persicus = persischer Baum od. persicum (mālum) = persisch(er Apfel); die Frucht gelangte über Persien von China nach Europa]: **1.** *rundliche, saftige, sehr aromatische Frucht mit samtiger Haut u. dickschaligem Kern; Frucht des Pfirsichbaums:* ein saftiger, reifer, rotgelber P.; jetzt gibt es die späten -e *(Sorte[n] von später reif werdenden Pfirsichen).* **2.** kurz für ↑Pfirsichbaum: die -e blühen schon.

Pfirsich-: ~baum, der: *rosa blühender Obstbaum mit Pfirsichen* (1) *als Früchten;* ~blüte, die; ~bowle, die; ~haut, die: **1.** *Haut eines Pfirsichs* (1): die P. abziehen; Ü sie hat eine P. *(eine samtige, rosige Gesichtshaut).* **2.** ⟨o. Pl.⟩ (Textilind.) *charakteristische Beschaffenheit von Stoffen, die aus geschmeidigem, fließendem, glänzendem Material bestehen u. die Farbe einer Pfirsichhaut* (1) *haben; Aprikosenhaut;* ~kern, der.

Pflanz [pflants], der; - [zu ↑Pflanze, von der Bed. „Pflanzenschmuck" übertr. im Sinne von Beschönigung] (österr. ugs.): *Schwindel, Vorspiegelung:* Glaubt ihr, euer Vater und ich haben je von so was geredet wie von Liebe? Dummes Gewäsche und P. (Fussenegger, Haus 213).

Pflanz- (pflanzen 1): ~garten, der (Forstw.): *eingefriedetes Stück Land für die Anzucht von Pflanzen bestimmter Holzarten;* ~gut, das ⟨o. Pl.⟩: *für die Erzeugung neuer Pflanzen geeignete Pflanzenteile;* ~holz, das: *[mit einem Griff versehener] am unteren Ende zugespitzter, kurzer Stock [mit Metallspitze], mit dem zur Aufnahme von Pflanzen Löcher in die Erde gemacht werden;* ~kartoffel, die: *für die Erzeugung neuer Kartoffeln geeignete Kartoffel[sorte];* ~maschine, die: *landwirtschaftliche Maschine, die Gemüsepflanzen in die Erde setzt, andrückt [u. angießt];* ~stadt, die (geh. veraltend): *Kolonie in der griech. Antike;* ~stock, der ⟨Pl. -stöcke⟩: vgl. ~holz; ~trog, der: *einem Trog ähnliches Behältnis, in dem Pflanzen gehalten werden.*

Pflänzchen ['pflɛntsçən], das; -s, -: ↑Pflanze (1); **Pflanze** ['pflantsə], die; -, -n [mhd. pflanze, ahd. pflanza < lat. planta = Setzling]: **1.** ⟨Vkl. ↑Pflänzchen⟩ *meist als Gewächs aus Wurzeln, Stiel u. Blättern vorkommender Organismus,* *der im allgemeinen mit Hilfe des Sonnenlichts seine organische Substanz aus anorganischen Stoffen aufbaut:* eine kräftige, immergrüne, genügsame P.; fleischfressende, abgestorbene, getrocknete -n; die P. wächst wild, wird [im Mistbeet, Gewächshaus, Zimmer] gezogen, treibt [Blüten], wuchert, blüht, trägt Früchte, welkt, geht ein; die P. richtet sich auf, wendet sich zum Licht; eine P. bestimmen; die -n gießen; die Wiederkäuer ernähren sich von -n; Ü sein Glaube war erst eine zarte P. **2.** (ugs., abwertend) *eigenartige, ungeratene Person:* sie ist eine frühreife, verdorbene P.; Weiß nicht, was der für 'ne P. wird (Degener, Heimsuchung 132); eine Berliner P. *(eine schlagfertige, echte Berlinerin);* 〈Abl.:〉 **pflanzen** ['pflantsn̩] 〈sw. V.; hat〉 [mhd. pflanzen, ahd. pflanzōn; 3: zu ↑Pflanz]: **1.** *zum Anwachsen mit den Wurzeln in die Erde setzen:* Kohl, Salat, Blumen, Sträucher, einen Baum p.; auf dieses/diesem Beet wollen wir Astern p.; Ü da wir ihn (= den Sinn für gute Form) in Dich gepflanzt haben (Th. Mann, Krull 399); pflanzte ... Barnard seinem Patienten ... ein neues Herz in die Brust (*pflanzte es ihm ein;* Hackethal, Schneide 16). **2. a)** 〈p. + sich〉 (ugs.) *sich breit irgendwohin setzen:* sie pflanzte sich sofort in den Sessel, auf die Couch; **b)** *fest an eine bestimmte Stelle setzen, stellen, legen:* sie pflanzten die Trikolore auf das Gebäude; sie ... pflanzte sich ein Spazierstöckchen unter den Arm (A. Kolb, Schaukel 114); da hinein (= zwischen die Augen) möchte er ihm einen p. (ugs.; *ihm einen Faustschlag versetzen;* Fr. Wolf, Zwei 222). **3.** (österr. ugs.) *zum Narren halten:* du – pflanz wen andern (Kraus, Tage I, 107).

pflanzen-, Pflanzen-: **~anatomie,** die 〈o. Pl.〉: *Fachrichtung der Botanik, die auf mikroskopischem Wege die Struktur der Zellen, Gewebe u. Organe der Pflanzen untersucht;* **~arzt,** der: *Fachmann auf dem Gebiet der Phytomedizin; Phytomediziner;* **~asche,** die: *Asche aus verbrannten Pflanzen;* **~ausdünner,** der (Landw.): svw. ↑Ausdünner; **~bau,** der 〈o. Pl.〉: *Anbau von Kulturpflanzen in den Bereichen Land- u. Forstwirtschaft, Garten-, Obst- u. Weinbau;* **~bestand,** der; **~bestimmung,** die: *das Bestimmen* (3) *von Pflanzen;* **~butter,** die: *Speisefett aus Kokosnuß od. den Samen der Ölpalme;* **~decke,** die 〈Pl. selten〉: *(an einer bestimmten Stelle, in einem bestimmten Gebiet) den Erdboden mehr od. weniger dicht bedeckende Pflanzen;* **~extrakt,** der, fachspr. auch: das: *Extrakt* (1) *aus pflanzlichen Stoffen;* **~familie,** die: *Familie* (2) *von Pflanzen;* **~farbstoff,** der: **1.** *aus Pflanzen gewonnener Farbstoff.* **2.** *Farbstoff, der die Färbung von Pflanzen bewirkt;* **~faser,** die: *bes. als Rohstoff für Textilien verwendete Faser pflanzlicher Herkunft;* **~fett,** das: *aus den Samen u. Früchten bestimmter Pflanzen gewonnenes Fett;* **~formation,** die (Bot.): svw. ↑Formation (5); **~fressend** 〈Adj.; o. Steig.; nur attr.〉: -e Tiere; vgl. phytophag; **~fresser,** der: *Tier, das sich nur von Pflanzen ernährt; Phytophage;* **~geographie,** die: svw. ↑Geobotantik; *Phytogeographie,* dazu: **~geographisch** 〈Adj.; o. Steig.; nicht präd.〉: *die Pflanzengeographie betreffend:* -e Region (svw. ↑Florengebiet); **~gesellschaft,** die (Biol.): *Gruppe von Pflanzen verschiedener Arten, die Standorte mit gleichen od. ähnlichen Ansprüchen an die Umwelt besiedeln u. der Landschaft (z. B. des Hochmoors, der Steppe) ihr Gepräge geben;* **~gift,** das: **1.** *aus Pflanzen stammendes Gift.* **2.** *Gift, das Unkrautpflanzen vertilgt;* **~haar,** das 〈meist Pl.〉 (Bot.): svw. ↑Haar (3); **~heilkunde,** die: svw. ↑Phytotherapie; **~hormon,** das: svw. ↑Phytohormon; **~hygiene,** die: *Teilgebiet der Pflanzenmedizin, das sich mit den Bedingungen befaßt, die für ein gesundes Aufwachsen von Pflanzen notwendig sind; Phytohygiene;* **~kost,** die: *pflanzliche Nahrung;* **~krankheit,** die: *durch verschiedene Faktoren (z. B. Frost, Schädlinge, Mangel an Nährstoffen) hervorgerufene Schädigung von Pflanzen;* **~krebs,** der: *durch schmarotzende Pilze verursachte Wucherung, die zum Absterben der Pflanze führt;* **~kunde,** die: svw. ↑Botanik; **~laus,** die: *(zu den Gleichflüglern gehörendes) kleines Insekt mit langen Fühlern, das auf Pflanzen schmarotzt* (z. B. Blattlaus); **~lehre,** die: svw. ↑Botanik; **~medizin,** die: svw. ↑Phytomedizin; **~milch,** die: *milchähnliche Flüssigkeit in Pflanzen;* **~nabel,** der (Bot.): svw. ↑Hilum; **~öl,** das: vgl. ~fett; **~parasit,** der; **~pathologie,** die: *Teilgebiet der Pflanzenmedizin, das sich mit den Pflanzenkrankheiten u. -schädlingen beschäftigt; Phytopathologie;* **~physiologie,** die: *Teilgebiet der Botanik, das sich bes. mit Stoffwechsel, Wachstum u. Vermehrung der Pflanzen befaßt;* **~reich** 〈Adj.; nicht adv.〉: *viele Pflanzen[arten] aufweisend;* **~reich,** das 〈o. Pl.〉: *Bereich, Gesamtheit der Pflanzen in ihrer Verschiedenartigkeit;* **~sauger,** der: *in vielen Arten vorkommendes, an Pflanzen saugendes, wanzenartiges Insekt; Gleichflügler;* **~schädling,** der: *Tier (meist Insekt) od. Pflanze, die durch Schmarotzen Nutzpflanzen schädigt;* **~schutz,** der: *[Maßnahmen zum] Schutz von Nutzpflanzen gegen Schädlinge, Krankheiten sowie Unkraut,* dazu: **~schutzmittel,** das; **~soziologie,** die: *Lehre von den Pflanzengesellschaften (Teilgebiet der Ökologie); Phytosoziologie;* **~teil,** der; **~welt,** die 〈o. Pl.〉: svw. ↑Flora; **~wespe,** die: *in sehr vielen Arten vorkommendes Insekt, dessen raupenähnliche Larven in Pflanzen schmarotzen;* **~wuchs,** der; **~zucht,** die: svw. ~züchtung; **~züchter,** der; **~züchtung,** die.

pflanzenhaft 〈Adj.; o. Steig.〉: *in seiner Art, seinem Wesen einer Pflanze vergleichbar, Bezüge zur Pflanze als Lebewesen erkennen lassend:* -e Hohltiere; Gibt es ... noch das p. natürliche ... der weiblichen Natur ...? (Thieß, Reich 566); von diesem Glück -en Eingefügtseins (K. Mann, Wendepunkt 335); **Pflanzer,** der; -s, - [mhd. pflanzære]: **1.** *jmd., der eine große Fläche bepflanzt.* **2.** *Besitzer einer Pflanzung in Übersee;* **pflanzlich** 〈Adj.; o. Steig.〉: *die Pflanzen betreffend, dazu gehörend; aus Pflanzen stammend, bestehend, gewonnen; in der Art einer Pflanze, von Pflanzen:* -e Fette; -e Motive in der Fliesenmalerei; kosmetische Präparate auf -er Basis; ihre Nahrung ist [rein] p.; sich p. *(von Pflanzen, vegetarisch)* ernähren; **Pflänzling** ['pflɛntslɪŋ], der; -s, -e: *zum Auspflanzen bestimmte junge Pflanze;* **Pflanzung,** die; -, -en [mhd. pflanzunge, ahd. phlanzunga]: **1.** *das Pflanzen:* keiner von ihnen hatte an P. (*Anbau* [von Kaffee]) im Sunda-Archipel gedacht (Jacob, Kaffee 114). **2.** *landwirtschaftlicher Betrieb [in den Tropen u. Subtropen], in dem Nutzpflanzen angebaut werden; kleinere Plantage.*

Pflaster ['pflastɐ], das; -s, - [mhd. pflaster, ahd. pflastar < mlat. (em)plastrum < lat. emplastrum = Wundpflaster < griech. émplast(r)on (phármakon) = das (zu Heilzwekken) Aufgeschmierte, zu: emplássein = aufstreichen, beschmieren, zu: plássein, ↑plastisch]: **1.** *fester Belag für Straßen, Gehwege o. ä. aus einzelnen aneinandergesetzten Steinen, als Fahrbahnbelag auch aus Asphalt od. Beton:* gutes, schlechtes, holpriges, schlüpfriges P.; P. legen; das P. aufreißen, erneuern; der Verunglückte lag auf dem P.; ein Wagen rumpelte, rollte über das P.; Ü ein gefährliches, teures P. (ugs.; *ein Ort, in dem das Leben gefährlich, teuer ist*); Langfuhr ist für mich nicht mehr das richtige P. (ugs.; *der geeignete Ort, um dort zu leben;* Grass, Hundejahre 342); in München war ihm das P. zu heiß geworden (ugs.; *war der Aufenthalt für ihn gefährlich geworden;* Kühn, Zeit 402); allein in Buenos Aires ..., allen Gefahren dieses -s ausgesetzt? (Th. Mann, Krull 280); ***P. treten** (ugs.; *längere Zeit, so daß es die Füße ermüdet, in einer Stadt herumlaufen, durch die Straßen laufen*); **jmdn. aufs P. werfen/setzen** (ugs. veraltend; *jmdm. kündigen*); **[wieder] auf dem P. sitzen** (ugs. veraltend; *[wieder] arbeitslos sein*). **2.** 〈Vkl. ↑Pflästerchen〉 svw. ↑Heftpflaster: das P. hält nicht; ein P. auflegen, aufkleben, ab-, herunterreißen, entfernen; das P. erneuern; Ü jmdm. etw. als P. [auf seine Wunde] *(als Entschädigung, Trost)* geben.

pflaster-, Pflaster-: **~geld,** das (früher): *zur Unterhaltung des Straßenpflasters von einer Stadt erhobener Geldbetrag;* **~kelle,** die [zu frühnhd., mhd. pflaster = Mörtel (der die Steine wie ein Pflaster 2 bedeckt)] (schweiz.): *Maurerkelle;* **~maler,** der: *jmd., der [Bürgersteig]pflaster bemalt, um damit die Aufmerksamkeit u. Anerkennung der Passanten zu erreichen,* dazu: **~malerei,** die; **~müde** 〈Adj.; Steig. ungebr.〉 (ugs.): *müde vom längeren Gehen auf Straßenpflaster:* nach den Weihnachtseinkäufen waren sie p.; Ü -e *(der [Groß]stadt überdrüssige)*, wohlhabende Bürger kauften sich Ferienhäuser im Süden; **~stein,** der: **1.** *für Straßenpflaster verwendeter Stein:* ein Haufen -e; auf den -en *(dem Pflaster)* ausrutschen. **2.** *dicker, runder Pfefferkuchen mit harter Zuckerglasur;* **~treter,** der (ugs. veraltend, oft abwertend): *[arbeitsscheuer] Müßiggänger.*

Pflästerchen ['pflɛstɐçən], das; -s, -: ↑Pflaster (2); **Pflasterer** ['pflastərɐ], (südd., schweiz.:) **Pflästerer** ['pflɛ...], der; -s, - [spätmhd. pflasterer]: *jmd., der Straßen, Gehwege o. ä. pflastert* (Berufsbez.); **pflastern** ['pflastɐn], (südd., schweiz.:) **pflästern** ['pflɛ...] 〈sw. V.; hat〉 [mhd. pflastern, eigtl. = ein Wundpflaster auflegen]: *mit Pflaster* (1), *Pfla-*

stersteinen belegen: einen Platz, Hof [mit Kopfsteinpflaster, (ugs.:) Katzenköpfen] p.; eine schlecht gepflasterte Straße; Ü das (= das Kleidungsstück), ganz mit Diamanten gepflastert *(übersät)* (Jacob, Kaffee 76). **2.** (ugs. selten) *mit einem Pflaster* (2) *bedecken:* eine Wunde p.; ***jmdm. eine p.** (salopp; *jmdm. eine Ohrfeige geben*); ⟨Abl.:⟩ **Pflasterung,** (südd., schweiz.:) **Pflästerung,** die; -, -en: **1.** *das Pflastern* (1): die Pflasterung der Straße nahm längere Zeit in Anspruch. **2.** *etw. Gepflastertes* (1); *[Straßen]pflaster:* die Pflasterung ausbessern.

Pflatsch [pflatʃ], der; -[e]s, -e, **Pflatschen** ['pflatʃn̩], der; -s, - (landsch.): **1.** *großer nasser Fleck.* **2.** *Regenguß;* ⟨Abl.:⟩ **pflatschen** [-] ⟨sw. V.; hat⟩ [südd. Nebenf. von ↑platschen] (landsch.): **1.** *heftig regnen.* **2.** *[auf das Wasser] klatschend aufschlagen.*

Pfläumchen ['pflɔymçən], das; -s, -: ↑[1]Pflaume (1); **[1]Pflaume** ['pflaumə], die; -, -n [mhd. pflūme (< pfrūme), ahd. pfrūma < lat. prūnum < griech. proūmnon; 4: wohl nach dem Bild einer überreifen, weichen Pflaume]: **1.** ⟨Vkl. ↑Pfläumchen⟩ *eiförmige, meist dunkelblaue od. gelbe Frucht des Pflaumenbaums mit gelblichgrünem, aromatischem Fruchtfleisch u. einem länglichen Kern:* eine unreife, madige, weiche P.; frische, getrocknete -n; -n [vom Baum] schütteln; -n einmachen, kochen; R die ersten -n sind madig (ugs.; *die ersten Gewinne beim [Karten]spiel sind für den Spielverlauf noch nicht entscheidend*). **2.** kurz für ↑Pflaumenbaum: die -n blühen; dieser Baum ist eine späte P. *(ein Pflaumenbaum mit später reif werdenden Früchten)*. **3.** (derb) *Vagina.* **4.** (salopp abwertend) *untauglicher, schwacher Mensch [der alles mit sich machen läßt]:* du bist vielleicht 'ne P.!; **[2]Pflaume** [-], die; -, -n [zu ↑pflaumen] (ugs.): *anzügliche, ironische Bemerkung;* **pflaumen** ['pflaumən] ⟨sw. V.; hat⟩ [viell. zu ↑anpflaumen od. zu (m)niederd. plumen = rupfen] (ugs.): *anzügliche, ironische Bemerkungen machen.*

pflaumen-, Pflaumen- ([1]Pflaume 1): **~baum,** der: *grünlichweiß blühender Obstbaum mit Pflaumen als Früchten;* **~blau** ⟨Adj.; o. Steig.; nicht adv.⟩: *von der Farbe einer blauen Pflaume;* **~kern,** der; **~kuchen,** der: *unter Verwendung von Pflaumen [auf einem Blech] gebackener [Hefe]kuchen;* **~marmelade,** die; **~mus,** das; **~schnaps,** der: *aus Pflaumen hergestellter Branntwein;* **~wickler,** der: *kleiner Schmetterling mit braungrauen Vorderflügeln, dessen Larven bes. als Schädlinge bei Pflaumen vorkommen.*

Pflaumenaugust, der; -s, -e [zu ↑[2]Pflaume u. ↑[2]August] (salopp abwertend): *männliche Person, die keine eigene Meinung hat u. mit der man nichts anfangen kann;* **pflaumenweich** ⟨Adj.⟩ (ugs. abwertend): *als schwacher Charakter ohne feste Meinung [u. alles mit sich machen lassend]:* ein -er Typ; der Neue scheint mir p.

Pflege ['pfle:gə], die; - [mhd. pflege, spätahd. pflega, zu ↑pflegen]: **1. a)** *das Pflegen* (1 a), *sorgende Obhut:* eine liebevolle, aufopfernde P.; die P. eines Kranken übernehmen; das Kind braucht [eine] ganz besondere P., bedarf der ständigen [mütterlichen] P.; bei jmdm. in P. sein; ein Kind in P. geben *(in einer fremden Familie aufziehen lassen);* ein Kind in P. nehmen *(ein fremdes Kind bei sich aufziehen);* der Verunglückte kam erst spät in ärztliche P. *(Behandlung);* **b)** *Behandlung mit den erforderlichen Maßnahmen zur Erhaltung eines guten Zustands:* die P. des Körpers, der [Gesichts]haut, der Hände, des Haares, der Gesundheit; die P. von Baudenkmälern, von Grünanlagen, der Pferde; diese Blumen erfordern nicht viel P.; **c)** *Mühe um die Förderung od. [Aufrecht]erhaltung von etw. Geistigem [durch dessen Betreiben, Ausübung]:* die P. der Kulturgüter, von Kunst und Wissenschaft, der Musik, der Sprache, ethischer Gesinnung, guter [persönlicher, nachbarlicher, politischer] Beziehungen. **2.** (schweiz.) *Amt, öffentliche Stelle für Pflege* (1 a).

pflege-, Pflege-: **~arbeit,** die (Landw.): *aus Hacken, Häufeln, Entfernung von Unkraut bestehende Feldarbeit;* **~arm** ⟨Adj.; o. Steig.; nicht adv.⟩: *nur wenig Pflege* (1 b) *beanspruchend:* -er Fußbodenbelag; **~bedürftig** ⟨Adj.; nicht adv.⟩: **a)** *der Pflege* (1 a) *bedürfend:* eine -e alte Frau; das kranke Kind ist p.; **b)** *Pflege* (1 b) *erfordernd:* diese Maschine ist wenig p.; **~befohlene,** der u. die; -n, -n ⟨Dekl. ↑Abgeordnete⟩ [zu befehlen (3)]: *jmd., der jmds. Pflege* (1 a) *übergeben, anvertraut ist;* **~dienst,** der: *Kundendienst für Autos, Wagenpflege an Tankstellen;* **~einheit,** die (Med.): *Station im Krankenhaus als Bereich für Ärzte u. Pflegepersonal;* **~eltern** ⟨Pl.⟩: *Ehepaar, das ein Kind in Pflege genommen hat;* **~fall,** der: *(nach dem Sozialversicherungsrecht) Person, die wegen Gebrechlichkeit, zusätzlich auch aus sozialen Gründen, pflegebedürftig ist (deren Leiden durch einen [weiteren] Krankenhausaufenthalt aber nicht mehr zu heilen ist);* **~geld,** das: *Leistung der gesetzlichen Unfallversicherung für die häusliche Pflege von Personen, die nach einem Unfall auf ständige fremde Hilfe angewiesen sind;* **~heim,** das: *öffentliche od. private Anstalt zur Pflege körperlich od. geistig Schwerbehinderter od. alter Menschen;* **~kind,** das: *bei Pflegeeltern od. einer entsprechenden Person aufwachsendes Kind;* **~leicht** ⟨Adj.; o. Steig.; nicht adv.⟩: *einfach zu pflegen; nicht viel Pflege* (1 b) *erfordernd:* eine -e Bluse; die Tischdecke ist p., dazu: **~leichtigkeit,** die; **~mutter,** die: **a)** *weiblicher Teil der Pflegeeltern;* **b)** *Frau, die ein Kind in Pflege genommen hat;* **~nest,** das (Jargon): svw. ↑~stelle; **~personal,** das: *Personal, das in einem Krankenhaus, Pflegeheim o. ä. in der Krankenpflege tätig ist;* **~satz,** der: *festgesetzte tägliche Kosten für die Unterbringung eines Patienten im Krankenhaus;* **~sohn,** der: *männliches Pflegekind;* **~stätte,** die (geh.): *Stätte der Pflege* (1 c) *von Kulturgütern;* **~stelle,** die: *Familie, Person, bei der ein Pflegekind untergebracht ist;* **~tochter,** die: *weibliches Pflegekind;* **~vater,** der: *männlicher Teil der Pflegeeltern.*

pflegen ['pfle:gn̩] ⟨sw. u. st. V.; hat⟩ /vgl. gepflegt/ [mhd. pflegen, ahd. pflegan, urspr. = sich für etw. einsetzen; H. u.]: **1.** ⟨sw. V.⟩ **a)** *sich sorgend um jmdn. [der krank, gebrechlich o. ä. ist] bemühen, um ihn in einen möglichst guten [gesundheitlichen] Zustand zu bringen od. darin zu erhalten:* jmdn. aufopfernd, bis zum Tode p.; Kranke gesund p.; das sog. Elternrecht, ... ihre Kinder zu p. und zu erziehen (Fraenkel, Staat 129); **b)** *zur Erhaltung eines guten Zustands mit den erforderlichen Maßnahmen behandeln:* seinen Körper, sein Äußeres, die [Gesichts]haut, das Haar, die [Finger]nägel p.; den Rasen, die Anlagen p.; du mußt dich mehr p. *(mehr für deine Gesundheit, dein Äußeres tun)*. **2.** ⟨sw. V.; veraltet, geh. als st. V.⟩ **a)** *sich um die Förderung od. [Aufrecht]erhaltung von etw. Geistigem [durch dessen Betreiben, Ausübung] bemühen, sich dafür einsetzen:* Verbindung mit jmdm., Beziehungen zu bestimmten Kreisen p.; Geselligkeit, Kontakte, internationale Zusammenarbeit p.; die Sprache, Künste und Wissenschaften p.; er pflog seine Ideen; der vierte hat vielleicht ... mit Danton ... Freundschaft gepflogen (St. Zweig, Fouché 65); so sehr Ferri eine gewisse Lässigkeit im Auftreten pflegte *(an den Tag legte;* Hartung, Junitag 7); **b)** ⟨mit Gen.-Obj.⟩ (veraltet, geh.) *sich einem Tun, einer Beschäftigung hingeben:* der Ruhe, der Selbstbetrachtung p. **3.** ⟨sw. V.; mit Inf. + zu⟩ *die Gewohnheit haben, etw. Bestimmtes zu tun; gewöhnlich, üblicherweise etw. Bestimmtes tun:* er pflegt zum Essen Wein zu trinken; wie man zu sagen pflegt; nun pflegt gesagt zu werden, daß ...; solche Meinungsverschiedenheiten pflegen zwischen ihnen von Zeit zu Zeit aufzutreten; im Alter pflegen sich die Gipfel abzurunden (Mantel, Wald 18); ⟨Abl.:⟩ **Pfleger,** der; -s, - [mhd. pflegære, spätahd. flegare]: **1. a)** kurz für ↑Krankenpfleger; **b)** kurz für ↑Tierpfleger. **2.** (jur.) *vom Vormundschaftsgericht eingesetzte Vertrauensperson, die in bestimmten Fällen für jmdn. die Besorgung rechtlicher Angelegenheiten übernimmt.* **3.** (schweiz.) **a)** *Organisator, Betreuer:* der P. der Festspiele; **b)** (Boxen) *Sekundant:* der P. warf das Handtuch; **Pflegerin,** die; -, -nen: **a)** (selten) *Krankenschwester;* **b)** w. Form zu ↑Pfleger (1 b); **c)** kurz für ↑Kinderpflegerin; **pflegerisch** ⟨Adj.⟩: **a)** *die Pflege* (1 a) *betreffend:* -e Berufe; Lohese kommt aus rein -en Gründen auf die Allgemeine Station (Sebastian, Krankenhaus 156); **b)** *die Pflege* (1 b) *betreffend:* die Methoden ... sowohl der -en als auch der heilenden Kosmetik (Börsenblatt 66, 1966, 4818); **pfleglich** ['pfle:klɪç] ⟨Adj.⟩ [mhd. pflegelich]: *in einer Weise, die die betreffende Sache in einem guten Zustand erhält; schonend, sorgsam:* die -e Behandlung von Manuskripten; mit Möbeln, einem Buch p. umgehen; **Pflegling** ['pfle:klɪŋ], der; -s, -e: **1.** *Lebewesen, das von jmdm. gepflegt u. umsorgt wird:* der P. einer Familie; die -e eines Heims; erkennt man als ... Tierpfleger eine triebbedingte Handlungsweise seiner -e (Lorenz, Verhalten I, 89). **2.** (jur.) *Person, für die vom Vormundschaftsgericht ein Pfleger* (2) *eingesetzt ist;* **Pflegschaft,** die; -, -en (jur.): *Besorgung von jmds. rechtlichen Angelegenheiten in bestimmten Fällen durch einen vom Vormundschaftsgericht eingesetzten Pfleger* (2).

Pflicht [pflɪçt], die; -, -en [mhd., ahd. pflicht, zu ↑pflegen]:

1. *Aufgabe, die jmdm. aus ethischen, moralischen, religiösen Gründen erwächst u. deren Erfüllung er sich einer inneren Notwendigkeit zufolge nicht entziehen kann od. die jmdm. obliegt, als irgendwie geartete Anforderung von außen an ihn herantritt u. für ihn verbindlich ist:* eine sittliche, moralische, selbstverständliche, schwere P.; staatsbürgerliche, berufliche, amtliche, häusliche, die alltäglichen kleinen -en; eheliche -en (oft verhüll. für: *Verpflichtung zum Geschlechtsverkehr mit dem Ehepartner*); eine P. der Höflichkeit, der Dankbarkeit; die P. der Eltern; die P. fordert, verlangt, daß ...; es galt als P., persönliche Opfer nicht zu scheuen; daß die erste P. der Untertanen ... darin bestehe (Thieß, Reich 511); die P. ruft *(ich muß mich an meinen Arbeitsplatz begeben, muß zu meiner Arbeit zurückkehren)*; die P. haben, etw. zu tun; -en übernehmen, auf sich nehmen; jmdm. eine P., etw. als P. auferlegen; seine P. kennen, erfüllen, tun, versäumen, vergessen, vernachlässigen; etw. als seine P. empfinden, ansehen, betrachten; sie wollen nur Rechte, aber keine -en haben; wir erfüllen hiermit, haben die traurige P., Ihnen mitzuteilen *(müssen Ihnen zu unserem Bedauern, aus traurigem Anlaß mitteilen)*, daß ...; der P. genügen, gehorchen; sich seinen -en entziehen; etw. enthebt jmdn. seiner P.; du entledigst dich deiner -en sehr nachlässig; jmdn. an seine P. erinnern; sich auf seine P. besinnen; etw. nur aus P. *(nicht gern od. freiwillig)* tun; es für seine P. halten, jmdn. zu warnen; es mit seinen -en nicht so genau nehmen; nach P. und Gewissen handeln; sich nicht um seine -en kümmern; jmdn. von seiner P. lossprechen; er machte es sich zur P., jeden Tag ein Kapitel zu lesen; jmdm. etw. streng zur P. machen; es gehört zu seinen -en, das Haus abzuschließen; *** es ist jmds.** [(emotional:) **verdammte/verfluchte**] **P. und Schuldigkeit, etw. zu tun** (nachdrücklich; *es ist jmds. selbstverständliche Pflicht, etw. zu tun*); **jmdn. in** [**die**] **P. nehmen** (geh.; *dafür sorgen, daß jmd. eine bestimmte Pflicht, bestimmte Pflichten übernimmt*). **2.** (Sport) *bei einem Wettkampf vorgeschriebene Übung[en] im Unterschied zur Kür:* eine ansprechende, verunglückte P.; die P. im Kunstturnen, Eislauf, Turmspringen; das sowjetische Paar führt in der P.

pflicht-, Pflicht-: **~arbeit,** die: *Arbeit, die man als Pflicht erledigt;* **~besuch,** der: *Besuch, den man als Pflicht auf sich nimmt, zu dem man verpflichtet ist;* **~bewußt** ⟨Adj.⟩: *sich seiner Pflicht bewußt u. entsprechend handelnd; eine entsprechende Haltung erkennen lassend:* ein -er Offizier; -es Handeln; er ist, handelt sehr p., dazu: **~bewußtsein,** das: *Bewußtsein, seine Pflicht tun, seine Pflichten erfüllen zu müssen;* **~eifer,** der: *Eifer in der Erfüllung seiner Pflichten,* dazu: **~eifrig** ⟨Adj.⟩: *von Pflichteifer erfüllt; eine entsprechende Haltung erkennen lassend:* ein -er Page; p. sein; p. stürzten sie sich in die neue Aufgabe; **~eindruck,** der ⟨Pl. -e⟩ (Buchw. selten): svw. ↑Impressum; **~einlage,** die (Wirtsch.): *Einlage* (8 b), *zu der ein Kommanditist od. Gesellschafter den anderen Gesellschaftern gegenüber verpflichtet ist;* **~einstellung,** die: *Einstellung einer od. mehrerer schwerbeschädigter Personen, zu der ein Arbeitgeber gesetzlich verpflichtet ist;* **~erfüllung,** die ⟨o. Pl.⟩: eine mißverstandene P.; in treuer, gewissenhafter P.; **~exemplar,** das (Buchw.): *[kostenfrei] an eine öffentliche Bibliothek o. ä. vom Verleger bzw. Drucker abzulieferndes Druckwerk;* **~fach,** das: *einzelnes Fach im Rahmen einer [Aus]bildung, zu dessen Studium der Schüler, Studierende o. ä. verpflichtet ist:* Latein ist P. am humanistischen Gymnasium; **~figur,** die (Sport): *bei einem Wettbewerb vorgeschriebene Figur* (6); **~gefühl,** das ⟨o. Pl.⟩: vgl. ~bewußtsein: kein P. besitzen; etw. aus bloßem P., mehr aus P. tun; **~gegenstand,** der (österr.): *Pflichtfach in der Schule;* **~gemäß** ⟨Adj.; o. Steig.⟩: *seiner Pflicht entsprechend; wie es jmds. Pflicht ist, von ihm erwartet wird:* -es Verhalten; etw. p. abliefern; **~innung,** die: *Innung, in der eine Mitgliedschaft Pflicht ist;* **~jahr,** das ⟨o. Pl.⟩ (ns.): *Zeitabschnitt von einem Jahr, in dem die weibliche Jugend zur Arbeit in Land- und Hauswirtschaft eingesetzt war;* **~kür,** die (Eiskunstlauf): svw. ↑Kurzprogramm; **~lauf,** der: *Pflicht* (2) *beim Eis- u. Rollkunstlauf,* dazu: **~laufen,** das; -s, **~läufer,** der, **~läuferin,** die: w. Form zu ~läufer: sie ist eine hervorragende P.; **~leistung,** die: svw. ↑Regelleistung; **~lektüre,** die: *Lektüre, die aus einem bestimmten Grund vorgeschrieben ist od. für notwendig erachtet wird;* **~mäßig** ⟨Adj.; o. Steig.⟩ (ugs.): svw. ↑~gemäß; **~mensch,** der: *jmd., der seine Pflicht immer sehr genau erfüllt;* **~mitglied,** das; **~platz,** der: *Arbeitsplatz, der mit einem Schwerbeschädigten besetzt werden muß;* **~reserve,** die ⟨meist Pl.⟩ (Wirtsch.): *gesetzliche Rücklage bei Aktiengesellschaften;* **~schuldig[st]** ⟨Adv.⟩: *wie es der Anstand verlangt; aus lauter Höflichkeit:* pflichtschuldigst lachen, nicken; **~schule,** die: *Schule, in der ein Schüler seiner Schulpflicht nachkommen kann,* dazu: **~schuljahr,** das: *Schuljahr auf einer Pflichtschule,* **~schulzeit,** die; **~stunde,** die ⟨meist Pl.⟩: *Unterrichtsstunde, zu deren Abhaltung eine Lehrkraft verpflichtet ist;* vgl. Deputat (2); **~tanz,** der: **1.** (Eis-, Rollkunstlauf, Tanzsport) *bei einem Wettbewerb vorgeschriebener, obligatorischer Tanz.* **2.** *Tanz, den man mit jmdm. aus Gründen der Höflichkeit tanzt:* Abgewiesen also und auf einen P. verwiesen (Gaiser, Schlußball 143); **~teil,** der, auch: das: *Teil des Nachlasses, der einem nahen Angehörigen durch Testament nicht entzogen werden kann:* jmdn. aufs P. setzen *(jmdm. nur den Pflichtteil zugestehen);* **~treu** ⟨Adj.⟩; *gewissenhaft seine Pflichten erfüllend:* ein -er Beamter, dazu: **~treue,** die; **~übung,** die (Sport): svw. ↑Pflicht (2): Ü diese P. in Aufsässigkeit, die noch immer in Mode steht, aber von Tag zu Tag stärker langweilt (Welt 14. 8. 68, 9); **~vergessen** ⟨Adj.⟩: *in tadelnswerter Weise seine Pflichten vernachlässigend, nicht seiner Pflicht eingedenk:* er war manchmal etwas p.; p. handeln, dazu: **~vergessenheit,** die; **~verletzung,** die: *Nichtbeachtung seiner Pflicht[en]:* eine grobe P.; **~versäumnis,** das; **~versichert** ⟨Adj.; o. Steig.; nicht adv.⟩: *in einer Pflichtversicherung versichert;* **~versicherung,** die: **a)** *gesetzlich vorgeschriebene Haftpflichtversicherung* (z. B. für Autofahrer); **b)** *gesetzlich vorgeschriebene Sozialversicherung* (z. B. Krankenversicherung); **~verteidiger,** der (jur.): *im Strafverfahren vom Gericht für den Angeklagten bestellter Verteidiger, wenn der Angeklagte selbst keinen Verteidiger gewählt hat; Offizialverteidiger;* **~verteidigung,** die (jur.): *Verteidigung eines Angeklagten durch einen Pflichtverteidiger;* **~vorlesung,** die: vgl. -fach; **~widrig** ⟨Adj.; Steig. selten⟩: *gegen seine Pflicht verstoßend:* p. handeln, dazu: **~widrigkeit,** die.

Pflichtenkreis, der; -es, -e ⟨Pl. selten⟩: svw. ↑Aufgabenbereich: etw. fällt, liegt in jmds. P.; **-pflichtig** [-pflɪçtɪç; älter pflichtig = verpflichtet, abhängig, mhd. pflichtic] in Zusb., z. B. anzeigepflichtig *(der Anzeigepflicht unterliegend)*, gebührenpflichtig *(mit der Pflicht zur Zahlung einer Gebühr verbunden)*, schulpflichtig *(der Schulpflicht nachkommen müssend, unterliegend)*.

Pflock [pflɔk], der; -[e]s, Pflöcke [ˈpflœkə; mhd. pflock, H. u.]: *zugespitzter Stock, Stab, Pfahl o. ä., der eingeschlagen wird, um etw. daran zu befestigen:* einen P. zuspitzen, in die Erde schlagen, treiben; Vieh auf der Weide an Pflöcken festbinden, an Pflöcke binden; sie befestigten das Zelt an, mit Pflöcken; *** einen P., einige/ein paar Pflöcke zurückstecken müssen** (ugs.; *geringere Forderungen, Ansprüche stellen;* urspr. wohl von einem Pflug gesagt, bei dem die Höhe der Pflugschar mit einem Stellpflock umgestellt werden konnte); ⟨Abl.:⟩ **pflocken** [ˈpflɔkn̩], **pflöcken** [ˈpflœkn̩] ⟨sw. V.; hat⟩: *mit, an einem Pflock befestigen:* zu seiten des Webstuhles ..., dessen Bäume im Freien an den Boden gepflockt waren (Th. Mann, Joseph 205).

pflog [pflo:k], **pflöge** [ˈpflø:gə]: ↑pflegen (2).

Pflotsch [pflɔtʃ], der; -[e]s [landsch. Nebenf. von ↑Pflatsch, Platsch] (schweiz.): **a)** *Schneematsch;* **b)** *Straßenschmutz, Morast.*

Pflück- (pflücken): **~apfel,** der: vgl. ~obst; **~korb,** der: *Korb zum Pflücken von Obst;* **~maschine,** die: vgl. ~korb; **~obst,** das: *gepflücktes Obst* (im Unterschied zum Fallobst); **~reif** ⟨Adj.; o. Steig.; nicht adv.⟩: *reif zum Pflücken;* **~salat,** der: *Salat, der keine Köpfe* (5 b) *ausbildet; Blattsalat.*

Pflücke [ˈpflʏkə], die; -, -n (landsch.): *das Pflücken, Ernten von Obst o. ä.;* **pflücken** [ˈpflʏkn̩] ⟨sw. V.; hat⟩ [mhd. pflükken, über das Roman. (vgl. ital. piluccare) wohl zu lat. pilāre = enthaaren]: *Früchte vom Baum, Strauch, von der Pflanze abnehmen; Blumen, Blätter o. ä. mit dem Stiel abbrechen:* Äpfel, Kirschen, Erdbeeren, Bohnen, Blumen, einen Strauß, Hopfen, Baumwolle, Tee p.; ein ... Mann ... pflückt Grünes für ... Karnickel in einen Sack (Fallada, Trinker 89); Ü ... über das abgelaufene (= Schuljahr) einige Notizen aus dem Jahresbericht zu p. *(herauszugreifen;* Vaterland 231, 1968, 7); ⟨Abl.:⟩ **Pflücker,** der; -s, -: *Arbeiter, der Früchte, Baumwolle, Tee o. ä. pflückt;* **Pflückerin,** die; -, -nen: w. Form zu ↑Pflücker.

Pflug [pflu:k], der; -[e]s, Pflüge [ˈpfly:gə; mhd. pfluoc, ahd. pfluoh]: **1.** *landwirtschaftliches Gerät mit tief in die Erde* *greifenden messerartigen Stahlteilen zum lockernden Aufreißen u. Wenden des Ackerbodens:* den P. schärfen, führen; das Pferd, der Traktor zieht den P.; hinter dem P. gehen; **unter den P. kommen/unter dem P. sein** (geh.; *als Ackerland bestellt werden*). **2.** (Ski) kurz für ↑Schneepflug (2).

Pflug-: **~baum,** der: *waagerecht gelagerter Stahlstab an einem Pflug, der das Sech sowie die Halterung für die Pflugschar trägt;* **~bogen,** der (Ski): kurz für ↑Schneepflugbogen; **~messer,** das: *messerartig ausgebildetes Sech;* **~schar,** die, landsch. auch: das: *der untere, vorn spitze, hinten breiter werdende Teil des Schneideblatts am Pflug, mit dem die durch das Sech aufgerissene Erde waagerecht vom Untergrund abgeschnitten wird,* dazu: **~scharbein,** das (Zool.): *einer Pflugschar ähnlicher Knochen als Teil der Nasenscheidewand;* **~sterz,** der: *vom hinteren Teil des Pflugbaums ausgehender, paariger Griff zum Führen des Pfluges.*

pflügen ['p̲fly:gn̩] ⟨sw. V.; hat⟩ [mhd. pfluegen]: **a)** *mit dem Pflug arbeiten:* der Bauer pflügt; mit Ochsen, Pferden, dem Traktor p.; **b)** *mit dem Pflug bearbeiten:* das Feld p.; der Acker war frisch gepflügt; Ü Bagger pflügen die Erde (Ossowski, Flatter 128); Mit kräftigen Schlägen das Wasser p. werden Kanuten aus acht Nationen ... in Gatow (BM 3. 6. 77, 16); **c)** *durch Pflügen* (a) *herstellen:* gerade Furchen p.; ⟨Abl.:⟩ **Pflüger,** der; -s, -: *jmd., der pflügt.*

Pfortader ['p̲fɔrt-], die; -, -n [LÜ von lat. vena portae (porta = Pforte); die Vene tritt an der „Leberpforte" in die Leber ein] (Med.): *Vene, die nährstoffhaltiges Blut aus den Verdauungsorganen zur Leber leitet;* **Pförtchen** ['p̲fœrtçən], das; -s, -: ↑Pforte (1 a); **Pforte** ['p̲fɔrtə], die; -, -n [mhd. pforte, ahd. pforta < lat. porta]: **1. a)** ⟨Vkl. Pförtchen⟩ *[kleinere] Tür zum Garten, Hof, Vorplatz eines Hauses:* eine kleine, schmale P.; die P. quietschte; die P. aufstoßen, öffnen, schließen; sie gingen durch die hintere P.; Ü (geh.:) die -en der Hölle; ***seine -n schließen** (geh.; *als Einrichtung zu existieren aufhören u. nicht mehr für ein Publikum geöffnet sein*); **b)** *bewachter Eingang eines Klosters, Krankenhauses o. ä.:* sich an der P. melden. **2.** (in geographischen Namen) *Talsenke:* die Burgundische, Westfälische P.; ⟨Abl.:⟩ **Pförtner** ['p̲fœrtnɐ], der; -s, - [mhd. p(f)ortenære]: **1.** *jmd., der den Eingang eines Gebäudes, Gebäudekomplexes bewacht:* der P. am Fabriktor; am P. vorbei; sich beim P. melden. **2.** (Anat.) *Schließmuskel am Magenausgang; Pylorus;* **Pförtnerhaus,** das; -es, -häuser: *kleines Haus als Dienstraum des Pförtners, der Pförtnerin;* **Pförtnerin,** die; -, -nen: w. Form zu ↑Pförtner; **Pförtnerloge,** die; -, -n: *Dienstraum des Pförtners, der Pförtnerin.*

Pfosten ['p̲fɔstn̩], der; -s, - [mhd. pfost(e), ahd. pfosto < lat. postis]: **a)** *senkrecht stehendes, rundes od. kantiges Stück Holz bes. als stützender, tragender Bauteil:* der P. des Bettes, der Tür; Das Dach (= der Erdhöhlen) wird durch einige P. gehalten (Leonhard, Revolution 119); **b)** (bes. Ballspiele) *die seitliche Begrenzung des Tores bildender Pfosten* (a): nur den P. treffen; für den geschlagenen Tormann rettete der P. (Jargon; *der Ball prallte gegen den Pfosten u. ging nicht ins Tor*); ***zwischen den P. stehen** *(bei einem Spiel als Torwart eingesetzt sein);* ⟨Zus. zu b:⟩ **Pfostenschuß,** der (bes. Ballspiele): *Schuß, der den Pfosten trifft.*

Pfötchen ['p̲fø:tçən], das; -s, -: ↑Pfote (1, 2): der Hund gibt P. (*die Pfote* 1); **Pfote** ['p̲fo:tə], die; -, -n [aus dem Niederrhein., mniederd. pōte, aus einer voridg. Sprache]: **1.** ⟨Vkl. ↑Pfötchen⟩ *in Zehen gespaltener [Vorder]fuß verschiedener Säugetiere:* die linke, rechte P. des Hundes; der Hund gibt die P.; die Katze leckt sich die -n. **2.** ⟨Vkl. ↑Pfötchen⟩ (salopp, oft abwertend) *Hand:* nimm deine -n da weg!; wasch dir erst die -n!; du kriegst gleich eins auf die -n!; ***sich** ⟨Dativ⟩ **die -n verbrennen** (↑Finger 1); **jmdm. auf die -n klopfen** (↑Finger 1); **sich** ⟨Dativ⟩ **etw. aus den -n saugen** (↑Finger 1). **3.** (salopp abwertend) *schlechte Schrift:* der schreibt vielleicht eine P.!

Pfriem [p̲fri:m], der; -[e]s, -e [mhd. pfriem(e); H. u.]: *Ahle;* ⟨Abl.:⟩ **pfriemeln** ['p̲fri:mln̩] ⟨sw. V.; hat⟩ (landsch.): *mit den Fingerspitzen hin und her drehen; zwirbeln:* (Fänä) pfriemelte den Zettel beim Weitergehen (Degenhardt, Zündschnüre 25); ⟨Zus.:⟩ **Pfriemengras,** das: *Federgras.*

Pfrille ['p̲frɪlə], die; -, -n [spätmhd. pfrille]: *Elritze.*

Pfropf [p̲frɔp̲f], der; -[e]s, -e [↑Pfropfen]: *zusammengeballte Masse, die den Durchfluß (z. B. in einem Rohr, einer Ader) hindert:* in der Vene hatte sich ein P. gebildet.

[1]**pfropfen** ['p̲frɔp̲fn̩] ⟨sw. V.; hat⟩ [mhd. pfropfen, zu ahd. pfropfo = Setzreis, Setzling < lat. propāgo = weitergepflanzter Zweig; Setzling, zu: propāgāre, ↑Propaganda]: *den Sproß eines wertvollen Gewächses auf ein weniger wertvolles zur Veredlung aufsetzen:* Obstbäume, Weinreben p.

[2]**pfropfen** [-] ⟨sw. V.; hat⟩ [zu ↑Pfropfen]: **1.** *mit einem Pfropfen verschließen:* Flaschen p. **2.** (ugs.) *in etw. unter Platzschwierigkeiten hineinpressen, -zwängen:* die Sachen in den Koffer p.; Ü was man an technischem Wissen in sie (= die Mädchen) p. kann (DM 45, 1965, 50); der Saal, die Kirche war gepfropft voll *(bis auf den letzten Platz besetzt);* **Pfropfen** [-], der; -s, - [verhochdeutscht aus niederd. Propp(en), mniederd. prop(pe) = Stöpsel; H. u., wahrsch. lautm.]: *kleiner zylinder- od. kegelförmiger Gegenstand aus einem weicheren Material zum Verschließen einer [Flaschen]öffnung:* beim Öffnen der Sektflasche knallte der P.; den P. aus der Flasche ziehen; eine Flasche mit einem P. verschließen; Ü Der Mief der dreihundert Gymnasiasten saß als P. in den Aulaausgängen (Grass, Katz 64).

Pfröpfling ['p̲frœp̲flɪŋ], der; -s, -e: svw. ↑Pfropfreis; **Pfropfmesser,** das; -s, -: *zum* [1]*Pfropfen verwendetes Messer;* **Pfropfreis,** das; -es, -er: *aufgepfropfter Sproß;* **Pfropfung,** die; -, -en: **1.** *das* [1]*Pfropfen.* **2.** (Med.) *Hauttransplantation, bei der kleine Hautteilchen an den Stellen, wo die Haut fehlt, od. in das Granulationsgewebe eingepflanzt werden.*

Pfründe ['p̲frʏndə], die; -, -n [mhd. pfrüende, pfruonde, ahd. pfruonta, pfrovinta < mlat. provenda (über das Galloroman. unter Einfluß von lat. prōvidēre = versorgen) < spätlat. praebenda = vom Staat zu zahlende Beihilfe, eigtl. Gerundiv von lat. praebēre = gewähren] (kath. Kirchenrecht): **a)** *mit Einkünften verbundenes Kirchenamt:* der Kauf, die Anhäufung von -n; Ü der neue Posten ist eine einträgliche, (ugs.:) fette P. für ihn *(bringt ihm viel ein, ohne daß er sich viel einzusetzen braucht);* **b)** *Stelle, Ort, wo jmd. eine Pfründe* (a) *hat:* auf seiner P. sitzen; ⟨Abl.:⟩ **Pfründer,** der; -s, - [mhd. pfrüendære, spätahd. phruntāri] (schweiz.): *Pfründner;* **Pfründner** ['p̲frʏndnɐ], der; -s, - [mhd. phrüendener]: **1.** *Inhaber einer Pfründe* (a). **2.** (landsch.) *Insasse eines Altersheims, Armenhauses;* **Pfründnerin,** die; -, -nen: w. Form zu ↑Pfründner (2).

Pfuhl [p̲fu:l], der; -[e]s, -e ⟨Pl. selten⟩ [mhd., ahd. pfuol]: **1.** *kleiner Teich, Ansammlung von schmutzigem, fauligem [übelriechendem] Wasser:* ein schwarzer P.; Enten schwammen auf einem P.; Ü ein P. der Sünde, der Unmoral. **2.** (landsch.) *Jauche* (1).

Pfühl [p̲fy:l], der, auch: das; -[e]s, -e [mhd. pfülw(e), ahd. pfulawi < lat. pulvīnus] (dichter. veraltet): *großes, weiches [Bett]kissen; weiche Lagerstatt:* auf einem P. ruhen; als ob es (= das Geräusch) auf einem weichen P. glitte (Augustin, Kopf 237).

pfuhlen ['p̲fu:lən] ⟨sw. V.; hat⟩ [zu ↑Pfuhl (2)] (landsch.): *jauchen* (1).

pfui [p̲fʊi] ⟨Interj.⟩ [mhd. pfui, phiu, wohl nach dem Geräusch beim Ausspucken]: Ausruf des Mißfallens, Ekels, der moralischen Entrüstung: p., faß das nicht an!; p., schäm dich!; einige im Publikum haben p. gerufen; p. Teufel!; p. Deibel! ⟨subst.:⟩ **Pfui** [-], das; -s, -s: ein verächtliches P. ertönte; ⟨Abl.:⟩ **pfuien** ['p̲fʊɪən] ⟨sw. V.; hat⟩ (selten): *pfui rufen:* man ... pfuite und schimpfte ihn aus (Th. Mann, Krull 432); ⟨Zus.:⟩ **Pfuiruf,** der.

Pfulmen ['p̲fʊlmən], der; -s, - [alemann. Nebenf. von frühnhd. pfulwe = Pfühl] (schweiz.): *breites Kopfkissen.*

Pfund [p̲fʊnt], das; -[e]s, -e ⟨aber: 5 Pfund⟩ [mhd., ahd. pfunt < lat. pondō = (ein Pfund) an Gewicht, zu: pendere, ↑Pensum; 2: das Geld wurde urspr. gewogen]: **1.** ⟨Vkl. ↑Pfündchen⟩ *fünfhundert Gramm; ein halbes Kilogramm* (Maßeinheit): ein halbes, ganzes P.; ein P. Butter; fünf P. Kartoffeln; zwei P. sind ein Kilo; ein P. Bohnen wird/(selten:) werden auf kleiner Flamme gekocht; ein Kilo hat zwei P.; das Neugeborene wiegt genau sieben P.; sie wiegt, hat ein paar P. zuviel; die überflüssigen -e loswerden, abtrainieren; den -en zu Leibe rücken *(sein Gewicht zu verringern suchen);* der Preis eines -es Fleisch/eines P. Fleisches; wieviel Äpfel gehen auf ein P.?; Zeichen: ℔ **2.** *Währungseinheit in Großbritannien, Israel, der Türkei u. anderen Ländern:* ein P. [Sterling] (*Währungseinheit in Großbritannien u. Nordirland;* = 100 Pence); ein ägyptisches, libanesisches P.; etw. kostet zwei P.; in P., mit englischen -en zahlen; Zeichen: £ (eigtl. = ↑Livre); ***sein P. vergraben** (bibl.; *seine Fähigkeiten nicht nutzen;* nach Matth. 25, 18); **mit seinem -e wuchern** (bibl.; *seine Begabung, seine Fähigkeiten klug anwenden;* nach Luk. 19, 11 ff.).

3. (Fußball Jargon) **a)** *wuchtiger Schuß, Schlag:* was für ein P.!; dem Torwart ein P. ins Netz setzen; **b)** ⟨o. Pl.⟩ *starke Schußkraft:* der Libero hat ein unwahrscheinliches P. im Bein.

Pfündchen ['p̮fyntçən], das; -s, -: ↑Pfund (1); **pfunden** ['p̮fʊndn̩] ⟨sw. V.; hat⟩ (Fußball Jargon): *wuchtig irgendwohin schießen:* der Libero pfundet aufs Tor, den Ball ins Netz; **-pfünder** [-p̮fyndɐ], der; -s, - in Zusb., z. B. Dreipfünder (mit Ziffer: 3pfünder): *etw., was drei Pfund wiegt* (z. B. ein Brot); **pfundig** ['p̮fʊndɪç] ⟨Adj.; nicht adv.⟩ (ugs.): *großartig, toll:* ein -es Stück, Geschenk; ein -er Kerl; -e *(hohe)* Profite; **-pfündig** [-p̮fyndɪç] in Zusb., z. B. achtpfündig (mit Ziffer: 8pfündig): *acht Pfund wiegend;* **Pfundnote,** die; -, -n: *Banknote im Wert von einem Pfund* (2); **Pfunds-** (ugs.): in Zus. mit Subst. auftretendes Best., das angibt, daß jmd. od. eine Sache großartig, toll ist, z. B. Pfundskerl; Pfundsstimmung; **Pfund Sterling**: ↑Pfund (2); **pfundweise** ⟨Adv.⟩: *in Pfunden [u. damit in dem betreffenden Fall in großer Menge]:* ich könnte die Schokolade, Fleisch p. essen!

Pfusch [p̮fʊʃ], der; -[e]s [zu ↑pfuschen] (ugs. abwertend): *nachlässig u. liederlich ausgeführte Arbeit:* P. machen; jmds. P. vertuschen; ⟨Zus.:⟩ **Pfuscharbeit,** die ⟨o. Pl.⟩ (ugs. abwertend): svw. ↑Pfusch; **pfuschen** ['p̮fʊʃn̩] ⟨sw. V.; hat⟩ [wohl zu ↑futsch, urspr. lautm. z. B. für das Geräusch von schnell abbrennendem Pulver od. für das Reißen von schlechtem Stoff]: **1.** (ugs. abwertend) *schnell, oberflächlich u. deshalb nachlässig u. liederlich arbeiten:* er hat bei der Reparatur gepfuscht. **2.** (landsch. veraltend) *(beim Kartenspiel) betrügen, mogeln.* **3.** (landsch. veraltend) *etw. entwenden, stehlen:* die ... Petroleumlampe ..., ein Prunkstück, das der alte Hardekopf und sein Sohn ... heimlich auf der Werft gepfuscht hatten (Bredel, Väter 30); ⟨Abl.:⟩ **Pfuscher,** der; -s; - (ugs. abwertend): *jmd., der pfuscht;* **Pfuscherei** [p̮fʊʃə'rai̯], die; -, -en (ugs. abwertend): *[dauerndes] Pfuschen;* **pfuscherhaft** ⟨Adj.; -er, -este⟩ (ugs. abwertend): *[wie] von einem Pfuscher gemacht:* ein -es Produkt; ⟨Abl.:⟩ **Pfuscherhaftigkeit,** die; - (ugs. abwertend); **Pfuscherin,** die; -, -nen: w. Form zu ↑Pfuscher; **pfutsch** [p̮fʊtʃ] (österr.): svw. ↑futsch.

Pfützchen ['p̮fytsçən], das; -s, -: ↑Pfütze; **Pfütze** ['p̮fytsə], die; -, -n ⟨Vkl. ↑Pfützchen⟩ [mhd. pfütze, ahd. p[f]uzza = Wasserloch, viell. < lat. putens, ↑Pütt, Pütz]: *kleinere Ansammlung von Wasser:* auf dem Hof bildeten sich große, kleine -n, standen noch immer -n; er trat mit beiden Füßen in die P.; die Bäume spiegeln sich in den -n; Ü die letzte P. *(den Rest)* austrinken; der Hund hat in der Küche eine P. gemacht *(uriniert);* über die große P. (scherzh.; *das Meer)* fahren; **Pfützeimer,** der; -s, - (Bergmannsspr.): *Schöpfeimer.*

Phäake [fɛ'a:kə], der; -n, -n [nach dem als besonders glücklich geltenden Volk der Phäaken in der griech. Sage] (bildungsspr.): *jmd., der das Leben sorglos genießt;* ⟨Zus.:⟩ **Phäakenleben,** das ⟨o. Pl.⟩.

Phage ['fa:gə], der; -n, -n [zu griech. phageĩn = essen, fressen]: svw. ↑Bakteriophage; **Phagozyt** [fago'tsy:t], der; -en, -en ⟨meist Pl.⟩ [zu griech. phageĩn = essen, fressen u. kýtos = Höhlung, Wölbung] (Med.): *weißes Blutkörperchen, das eingedrungene Fremdstoffe, bes. Bakterien, aufnehmen, durch Enzyme auflösen u. unschädlich machen kann.*

Phakom [fa'ko:m], das; -s, -e [zu griech. phakós = Linse] (Med.): *Tumor der Linse* (2 c).

Phalanx ['fa:laŋks], die; -, ...langen [fa'laŋən; lat. phalanx < griech. phálagx, eigtl. = Balken, Baumstamm]: **1.** *(im antiken Griechenland) tiefgestaffelte, geschlossene Schlachtreihe bes. der Hopliten.* **2.** (bildungsspr.) *geschlossene Front:* eine P. bilden; gegen eine P. anrennen; in geschlossener P. auftreten.

phallisch ['falɪʃ] ⟨Adj.; o. Steig.; nicht präd.⟩ (bildungsspr.): **1.** *wie ein Phallus [aussehend]; einen Phallus darstellend:* -e Symbole; den langen Degen p. und hart im amarantfarbenen Futteral (Rocco [Übers.], Schweine 120). **2.** *den Phallus betreffend:* die -e Stufe, Phase (Psychoanalyse; *Stufe der Entwicklung der Sexualität des Kindes, in der das Kind als einziges genitales Organ das männliche Glied kennt u. den Geschlechtsunterschied nur im Gegensatz zwischen phallisch u. kastriert sieht*); **Phalloplastik** [falo-], die; -, -en (Med.): *operative Neu- od. Nachbildung des Penis;* **Phallos** ['falɔs], der; -, ...lloi [...lɔy] u. ...llen, **Phallus** ['falʊs], der; -, ...lli u. ...llen, auch: -se [spätlat. phallus < griech. phallós] (bildungsspr.): *das [erigierte] männliche Glied (meist als Symbol der Kraft u. Fruchtbarkeit);* ⟨Zus.:⟩ **Phalluskult,** der: *kultische Verehrung des Phallus als Sinnbild der Fruchtbarkeit.*

Phän [fɛ:n], das; -s, -e [zu ↑Phänomen] (Biol.): *deutlich in Erscheinung tretendes [Erb]merkmal eines Lebewesens, das mit anderen zusammen den Phänotypus ausbildet;* **Phanerogame** [fanero'ga:mə], die; -, -n ⟨meist Pl.⟩ [zu griech. phanerós = sichtbar (gemacht) u. gamós = Geschlecht(sorgan)] (Bot.): *Blütenpflanze;* **phaneromer** [...'me:ɐ̯] ⟨Adj.; o. Steig.; nicht adv.⟩ [zu griech. méros = (An)teil] (Geol.): *(von den Bestandteilen eines Gesteins) mit bloßem Auge erkennbar* (Ggs.: kryptomer); **Phänologie** [fɛnolo'gi:], die; - [↑-logie]: *Lehre vom Einfluß der Witterung u. des Klimas auf die jahreszeitliche Entwicklung der Pflanzen u. Tiere;* **Phänomen** [fɛno'me:n], das; -s, -e [spätlat. phaenomenon = (Luft)erscheinung < griech. phainómenon = das Erscheinende, zu: phaínesthai = erscheinen]: **1.** (bildungsspr.) *etw., was als Erscheinungsform auffällt, ungewöhnlich ist; Erscheinung:* ein biologisches, physikalisches P.; rätselhafte -e; die Sprache ist ein gesellschaftliches P.; das P. des Blindflugs der Fledermäuse; ein P. erklären. **2.** (Philos.) *das Erscheinende, sich den Sinnen Zeigende; der sich der Erkenntnis darbietende Bewußtseinsinhalt.* **3.** (bildungsspr.) *außergewöhnlicher, phänomenaler* (2) *Mensch:* es gibt solche Männer, -e des guten Rufs (Frisch, Stiller 269); auf seinem Fachgebiet ist er ein P.; **Phänomena**: Pl. von ↑Phänomenon; **phänomenal** [...me'na:l] ⟨Adj.⟩ [frz. phénoménal]: **1.** (Philos.) *das Phänomen* (2) *betreffend; sich den Sinnen, der Erkenntnis darbietend.* **2.** *in bewundernswürdiger u. Erstaunen erregender Weise einzigartig, ohnegleichen:* ein -er Mathematiker; er hat ein -es Gedächtnis; seine Unfähigkeit ist geradezu p.; sie hat p. gesungen; **Phänomenalismus** [...na'lɪsmʊs], der; - (Philos.): *philosophische Anschauung, nach der die Gegenstände nur so erkannt werden können, wie sie uns erscheinen, nicht wie sie an sich sind;* **phänomenalistisch** ⟨Adj.; o. Steig.⟩ (Philos.): *den Phänomenalismus betreffend;* **Phänomenologie** [...nolo'gi:], die; - [↑-logie] (Philos.): **1.** *(bei Hegel) Wissenschaft, Lehre, die die dialektisch sich entwickelnden Erscheinungsformen des [absoluten] Geistes in eine gestufte Ordnung bringt, die die historisch-dialektische Entwicklung des menschlichen Bewußtseins vertritt; Erscheinungslehre.* **2.** *(bei Husserl) Wissenschaft, Lehre, die von der geistigen Anschauung des Wesens der Gegenstände od. Sachverhalte ausgeht, die die geistig-intuitive Wesensschau (anstelle rationaler Erkenntnis) vertritt;* ⟨Abl.:⟩ **phänomenologisch** ⟨Adj.; o. Steig.⟩ (Philos.); **Phänomenon** [fɛ'no:menɔn, auch: ...'nɔ...], das; -s, ...na (Fachspr.): svw. ↑Phänomen (2); **Phänotyp** [fɛno-], der; -s, -en (Biol.): svw. ↑Phänotypus; ⟨Abl.:⟩ **phänotypisch** ⟨Adj.; o. Steig.⟩ (Biol.): *den Phänotyp[us] betreffend;* **Phänotypus,** der; -, ...pen (Biol.): *das Erscheinungsbild des Organismus, wie es durch Erbanlagen und Umwelteinflüsse geprägt wird.*

Phantasie [fanta'zi:], die; -, -n [...i:ən; mhd. fantasīe < lat. phantasia < griech. phantasía, zu: phantázesthai = erscheinen, zu: phaínesthai, ↑Phänomen]: **1. a)** ⟨o. Pl.⟩ *Fähigkeit, Gedächtnisinhalte zu neuen Vorstellungen zu verknüpfen, sich etw. in Gedanken auszumalen:* eine starke, wilde, krankhafte, schöpferische, fruchtbare, reiche P.; an dieser Geschichte entzündete sich seine kindliche, dichterische P.; P. haben; keine, viel, wenig P. haben; du hast eine schmutzige P. *(stellst dir zu Unrecht etw. Unanständiges vor);* Musik erregt, beflügelt die P., regt die P. an; eine ungewöhnliche P. entwickeln; der P. die Zügel schießen lassen, freien Lauf lassen; etw. entspringt jmds. P.; ein Spiel, Gebilde der P.; das ist nur in deiner P. so; in seiner P. sah er sich schon als Erfinder; du hast ja eine blühende P.! *(du übertreibst maßlos!);* **b)** ⟨meist Pl.⟩ *Produkt der Phantasie* (1 a), *(nicht der Wirklichkeit entsprechende) Vorstellung:* krankhafte, finstere, abgründige -n; alles, was er sagt, ist bloße, reine P.; er ergeht sich in wunderlichen -n. **2.** ⟨Pl.⟩ (Med.) *Fieberträume, bei Bewußtseinstrübungen wahrgenommene Trugbilder.* **3.** (Musik) *Fantasie* (1).

phantasie-, Phantasie- (Phantasie 1 a): **~arm** ⟨Adj.; nicht adv.⟩: *durch einen Mangel an Phantasie gekennzeichnet* (Ggs.: ~reich); **~begabt** ⟨Adj.; nicht adv.⟩: -e Kinder; **~bild,** das: -er von einer besseren Welt; **~blume,** die: *nach der Phantasie entworfene Blume:* -n malen, sticken; **~garn,** das

(Textilw.): svw. ↑Effektgarn; ~**gebilde,** das; ~**gestalt,** die; ~**kostüm,** das: **1.** *nach der Phantasie entworfenes Kostüm, phantasievolle Kostümierung.* **2.** (Schneiderei veraltend) *nicht im strengen Stil gestaltetes, weich verarbeitetes u. modisch aufgelockertes Kostüm;* ~**los** ⟨Adj.; -er, -este; nicht adv.⟩: *ohne Phantasie,* dazu: ~**losigkeit,** die; -; ~**preis,** der (ugs.): *stark überhöhter Preis:* -e verlangen; ~**reich** ⟨Adj.; nicht adv.⟩: *reich an Phantasie* (Ggs.: ~arm); ~**voll** ⟨Adj.; nicht adv.⟩: **a)** *mit [viel] Phantasie begabt:* ein -es Kind; **b)** *mit viel Phantasie, phantasiereich:* ein -es Muster; p. schreiben, erzählen; ~**vorstellung,** die: svw. ↑Phantasie (1 b); ~**welt,** die: in einer P. leben.

phantasieren [fanta'zi:rən] ⟨sw. V.; hat⟩ [spätmhd. fantasieren < mlat. phantasiari = sich einbilden]: **1.** *über etw., womit sich die Phantasie beschäftigt, was man sich in Gedanken ausmalt, sprechen:* von Reichtum p.; er phantasiert schon wieder vom Weltuntergang; phantasierst du *(redest du Unsinn),* oder sagst du die Wahrheit?; fang bloß nicht an zu p. *(verrückte Ideen zu haben, von Dingen zu träumen, die nicht erreichbar sind)!* **2.** (Med.) *(in Fieberträumen) wirr reden:* der Kranke phantasierte die ganze Nacht. **3.** (Musik) *auf einem Instrument ohne Noten spielen, was einem gerade einfällt:* auf dem Klavier p.; er phantasierte über ein Thema von Bach; **Phantasma** [fan'tasma], das; -s, ...men [lat. phantasma < griech. phántasma] (Psych.): *Sinnestäuschung, Trugbild;* **Phantasmagorie** [fantasmago'ri:], die; -, -n [...i:ən; zu ↑Phantasma u. griech. agorá = Versammlung]: **1.** (bildungsspr.) *Trugbild, Täuschung.* **2.** (Theater) *künstliche Darstellung von Trugbildern, Gespenstern o.ä. auf der Bühne;* ⟨Abl.:⟩ **phantasmagorisch** [...'go:rɪʃ] ⟨Adj.; o. Steig.; meist attr.⟩ (bildungsspr.): *in der Art einer Phantasmagorie, bizarr, gespenstisch;* **Phantast** [fan'tast], der; -en, -en [spätmhd. fantast < mlat. phantasta < griech. phantastḗs = Prahler] (abwertend): *Mensch mit überspannten Ideen, der zwischen Wirklichkeit u. Wunschtraum nicht unterscheiden kann; Schwärmer:* ein harmloser, weltfremder, nicht ernst zu nehmender P.; **Phantasterei** [fantastə'rai̯], die; -, -en (abwertend): *wirklichkeitsfremde Träumerei; Überspanntheit:* die wilden -en eines Schwärmers; das ist doch reine P. *(Unsinn);* **Phantastik** [fan'tastɪk], die; - (bildungsspr.): *das Phantastische, Wirklichkeitsfremde, Unwirkliche:* von der P. einer Szene gefesselt sein; **phantastisch** ⟨Adj.⟩ [lat. phantasticus < griech. phantastikós]: **1.** (bildungsspr.) *von Illusionen, unerfüllbaren Wunschbildern, unwirklichen, oft unklaren Vorstellungen od. Gedanken beherrscht u. außerhalb der Wirklichkeit od. im Widerspruch zu ihr stehend:* in seinem Kopf spukten allerlei -e Vorstellungen; sie ist mir etwas zu p.; er erzählte -e Geschichten; dein Vorhaben erscheint mir p. und unrealisierbar; das klingt reichlich p. **2.** (ugs.) **a)** *großartig u. begeisternd:* ein -er Mensch; sie hat eine -e Figur; ein -er Rekord; der Plan, der Gedanke ist p.; [es war einfach] p.!; du siehst p. aus; sie tanzt, kocht p.; er hat sich p. erholt; **b)** *unglaublich, ungeheuerlich:* das Flugzeug erreicht eine -e Höhe; die Preise sind geradezu p. gestiegen; **Phantom** [fan'to:m], das; -s, -e [frz. fantôme, über das Roman. zu griech. phántasma, ↑Phantasma]: **1.** *unwirkliche Erscheinung; Trugbild:* einem P. nachjagen. **2.** (Med.) **a)** *Phantomerlebnis;* **b)** *künstliche Nachbildung eines Körperteils od. eines Organs für Unterrichtszwecke od. Versuche.*

Phantom-: ~**bild,** das (Kriminalistik): *nach Zeugenaussagen gezeichnetes Bild eines gesuchten Täters;* ~**erlebnis,** das (Med.): *Empfindung, daß ein amputierter Körperteil noch vorhanden ist;* ~**kampf,** der (Boxen): *imaginärer Boxkampf zwischen Gegnern, deren charakteristische Daten gespeichert u. ausgewertet werden;* ~**schmerz,** der (Med.): *Schmerz, den jmd. in einem bestimmten Körperteil zu spüren meint, obwohl dieser amputiert ist.*

[1]**Pharao** ['fa:rao], der; -s, -nen [fara'o:nən; griech. pharaṓ < altägypt. per-a'a, eigtl. = großes Haus, Palast]: **1.** ⟨o. Pl.⟩ *Titel der altägyptischen Könige.* **2.** *Träger dieses Titels;* [2]**Pharao** [-], das; -s: svw. ↑Pharo; ⟨Zus.:⟩ **Pharaoameise,** die: *sehr kleine, bernsteinfarbene bis schwarzbraune Ameise, deren Stich schmerzhaft ist.*

Pharaonen-: ~**grab,** das; ~**ratte,** die: svw. ↑Ichneumon; ~**reich,** das; ~**tempel,** der.

pharaonisch ⟨Adj.; o. Steig.; nur attr.⟩: *den Pharao betreffend, ihm gehörend.*

Pharisäer [fari'zɛ:ɐ], der; -s, - [spätlat. Pharisaeus < griech. Pharisaĩos < aram. pĕrûšîm (Pl.), eigtl. = die Abgesonderten; 2: nach Luk. 18, 10 ff.; 3: das Getränk soll den Anschein erwecken, man trinke keinen Alkohol, sondern nur Kaffee]: **1.** *Angehöriger einer altjüdischen, die religiösen Gesetze streng einhaltenden Partei.* **2.** (geh.) *selbstgerechter, hochmütiger, heuchlerischer Mensch:* so ein P.!; er ist weit entfernt davon, ein P. zu sein. **3.** *heißer Kaffee mit Rum u. geschlagener Sahne;* ⟨Abl.:⟩ **pharisäerhaft** ⟨Adj.; -er, -este⟩: *in der Art eines Pharisäers* (2); **Pharisäertum,** das; -s (geh.): *geistige Haltung des Pharisäers* (2); **pharisäisch** ⟨Adj.; nicht adv.⟩ (geh.): **1.** *die Pharisäer* (1) *betreffend.* **2.** svw. ↑pharisäerhaft; **Pharisäismus** [...zɛ'ɪsmʊs], der; - (geh.): svw. ↑Pharisäertum.

Pharmaka: Pl. von ↑Pharmakon; **Pharmakant** [farma'kant], der; -en, -en: *Facharbeiter für die Herstellung pharmazeutischer Erzeugnisse* (Berufsbez.); **Pharmakodynamik** [farmako-], die; -: *Lehre von der Wirkungsweise der Arzneimittel im menschlichen u. tierischen Organismus;* **pharmakodynamisch** ⟨Adj.; o. Steig.; nicht präd.⟩: *die spezifische Wirkung der Arzneimittel betreffend;* **Pharmakognosie** [...gno'zi:], die; - [zu griech. gnõsis = das Erkennen]: *Lehre von der Erkennung u. Bestimmung der als Arznei verwendeten Drogen;* **pharmakognostisch** [...'gnɔstɪʃ] ⟨Adj.; o. Steig.⟩: *die Pharmakognosie betreffend;* **Pharmakologe,** der; -n, -n [↑-loge]: *Wissenschaftler auf dem Gebiet der Pharmakologie;* **Pharmakologie,** die; - [zu griech. phármakon = Arznei(mittel) u. ↑-logie]: *Wissenschaft von Art u. Aufbau der Heilmittel, ihren Wirkungen u. ihren Anwendungsgebieten;* **pharmakologisch** ⟨Adj.; o. Steig.⟩; **Pharmakon** ['farmakɔn], das; -s, ...ka [griech. phármakon] (bildungsspr.): *Arzneimittel;* **Pharmakopöe** [...'pø:, selten: ...'pø:ə], die; -, -n [...'pø:ən; zu griech. pharmakopoiein = Arzneien zubereiten]: *amtliches Arzneibuch;* **Pharmareferent** ['farma-], der; -en, -en (bildungsspr.): svw. ↑Ärztevertreter; **Pharmazeut** [farma'tsɔyt], der; -en, -en [griech. pharmakeutḗs = Hersteller von Heilmitteln, Giftmischer]: *Wissenschaftler, ausgebildeter Fachmann auf dem Gebiet der Pharmazie; Hersteller von Arzneimitteln; Apotheker* (Berufsbez.); **Pharmazeutik** [...tɪk], die; -: svw. ↑Pharmazie; **Pharmazeutikum,** das; -s, ...ka (bildungsspr.): *Arzneimittel;* **pharmazeutisch** ⟨Adj.; o. Steig.⟩ [spätlat. pharmaceuticus < griech. pharmakeutikós]: *die Herstellung [u. Anwendung] von Arzneimitteln betreffend:* die -e Industrie; **Pharmazie** [...'tsi:], die; - [spätlat. pharmacia < griech. pharmakeía = (Gebrauch von) Arznei]: *Wissenschaft von den Arzneimitteln, von ihrer Herkunft, ihrer Herstellung u. Überprüfung.*

Pharo ['fa:ro], das; -s [engl. faro, frz. pharaon, wohl nach dem Bildnis des Pharaos, der statt des Königs auf einer nach England eingeführten Spielkarte des frz. Blattes dargestellt war]: *Glücksspiel mit 104 Karten für beliebig viele Personen, bei dem auf alle 13 ausgelegten Karten einer Farbe auf Gewinn od. auf Verlust gewettet werden kann.*

pharyngal [farʏŋ'ga:l] ⟨Adj.; o. Steig.⟩ (Sprachw.): *auf den Pharynx bezüglich, dort artikuliert;* **pharyngalisieren** [farʏŋgali'zi:rən] ⟨sw. V.; hat⟩ (Sprachw.): *mit verengtem Rachenraum artikulieren;* **Pharyngen**: Pl. von ↑Pharynx; **Pharyngitis** [...'gi:tɪs], die; -, ...itiden [...gi'ti:dn̩] (Med.): *Rachenentzündung;* **Pharyngologe** [farʏŋgo...], der; -n, -n [↑-loge]: *Facharzt auf dem Gebiet der Pharyngologie;* **Pharyngologie,** die; - [↑-logie] (Med.): *Teilgebiet der Medizin, das sich mit dem Rachen u. seinen Krankheiten befaßt;* **Pharyngoskop** [...'sko:p], das; -s, -e [zu griech. skopeĩn = betrachten] (Med.): svw. ↑Rachenspiegel; **Pharyngoskopie** [...sko'pi:], die; -, -n [...i:ən] (Med.): *Untersuchung mit dem Pharyngoskop;* **Pharyngotomie** [...to'mi:], die; -, -n [...i:ən; zu griech. tomḗ = das Schneiden] (Med.): *operative Öffnung des Rachens; Rachenschnitt;* **Pharynx** ['fa:rʏŋks], der; -, ...ryngen [fa'rʏŋən; griech. phárygx (Gen.: pháryggos)] (Med.): *Schlund, Rachen.*

Phase ['fa:zə], die; -, -n [frz. phase < griech. phásis = Erscheinung; Aufgang eines Gestirns, zu: phaínesthai, ↑Phänomen]: **1.** (bildungsspr.) *Abschnitt, Stufe innerhalb einer stetig verlaufenden Entwicklung od. eines zeitlichen Ablaufs:* eine neue P.; eine dramatische P. beginnt, geht zu Ende; die letzte P. der Revolution; -n des Aufschwungs und der Krisen; die einzelnen -n eines Bewegungsvorganges; ich befinde mich augenblicklich in einer kritischen P.; die Verhandlungen sind in die entscheidende P. getreten; **2.** (Physik) *Schwingungszustand einer Welle an einer bestimmten Stelle u. zu einem bestimmten Zeitpunkt.* **3.** (Chemie) *Aggregatzustand eines chemischen Stoffes:* die feste, flüssige, gasförmige -e. **4.** (Astron.) *veränderlicher Zustand eines Mondes od. eines nicht selbstleuchtenden Planeten, der in seiner Erscheinungsform davon abhängt, ob er von der Sonne ganz od. nur teilweise angestrahlt wird.* **5.** (Elektrot.) *eine der drei Leitungen des Drehstromnetzes.*

Phasen-: **~änderung,** die: vgl. ~sprung; **~bild,** das (Film): *einzelne Phase eines Zeichentrickfilms, einzelnes Bild einer Einstellung;* **~geschwindigkeit,** die (Physik): *Geschwindigkeit, mit der sich der Schwingungszustand einer Welle ausbreitet;* **~kontrastmikroskop,** das (Physik): *Mikroskop, mit dem man ein kontrastloses Objekt durch die Phasenverschiebung der Lichtbrechung zwischen Objekt u. umgebendem Medium sichtbar machen kann;* **~messer,** der (Elektrot.): *Gerät, mit dem man die Differenz der Phasen zweier Wellen od. Schwingungen (z. B. zwischen Strom u. Spannung) messen kann;* **~spannung,** die (Elektrot.): *(in einem elektrischen Netz mit Dreh- od. Wechselstrom) Spannung zwischen den außen liegenden u. den im Mittelpunkt liegenden Leitern;* **~sprung,** der (Physik): *plötzliche Änderung der Phase* (2) *einer Welle;* **~verschiebung,** die (Physik): **1.** *Differenz der Phasen zweier Wellen od. Schwingungen gleicher Frequenz.* **2.** svw. ↑~sprung.

-phasig [-fa:zɪç] in Zusb., z. B. einphasig (mit Ziffer: 1phasig): *eine Phase aufweisend;* **phasisch** ['fa:zɪʃ] ⟨Adj.; o. Steig.⟩: *in Phasen* (1) *verlaufend, regelmäßig wiederkehrend.*

Phelonium [fe'lo:ni̯ʊm], das; -s, ...ien [...i̯ən; griech. phelónion]: *mantelartiges Meßgewand des orthodoxen Geistlichen.*

Phenacetin [fenat͜se'ti:n], das; -s [zu ↑Phenol u. ↑Acetum] (Pharm.): *in zahlreichen Kombinationspräparaten enthaltenes, schmerzlinderndes u. fiebersenkendes Mittel.*

Phenol [fe'no:l], das; -s [frz. phénol, zu griech. phaínein = scheinen, leuchten; die Vorsilbe Phen- bezeichnet meist Nebenprodukte der Leuchtgasfabrikation]: *Karbol;* **Phenole** ⟨Pl.⟩: *bes. im Teer vorkommende schwache Säuren, die vor allem zur Herstellung von Kunststoffen, Arzneimitteln, Farbstoffen u. a. verwendet werden;* ⟨Zus.:⟩ **Phenolharz,** das: *aus Phenolen u. Formaldehyd synthetisch hergestelltes Harz;* **Phenolphthalein,** das; -s: *als Indikator* (2) *verwendete chemische Verbindung;* **Phenoplast,** der; -[e]s, -e (Chemie): svw. ↑Phenolharz; **Phenylgruppe** [fe'ny:l-], die; -, -n (Chemie): *in vielen aromatischen Kohlenwasserstoffen enthaltene einwertige Atomgruppe;* **Phenylketonurie** [...ketonu'ri:], die; -, -n [...i:ən] (Med.): *[bei Säuglingen auftretende] Stoffwechselkrankheit, die durch das Fehlen bestimmter Aminosäuren bedingt ist.*

Pheromon [fero'mo:n], das; -s, -e ⟨meist Pl.⟩ [zusgez. aus griech. phérein = tragen u. ↑Hormon] (Biol.): *von Tieren ausgeschiedener Wirkstoff, der bei anderen Tieren der gleichen Art ein bestimmtes Verhalten bewirkt.*

Phi [fi:], das; -s, -s [griech. phĩ]: *einundzwanzigster Buchstabe des griechischen Alphabets* (Φ, φ).

Phiale ['fi̯a:lə], die; -, -n [griech. phiálē]: *(im alten Griechenland) flache [Opfer]schale.*

phil-, Phil-: ↑philo-, Philo-; **Philanthrop** [filan'tro:p], der; -en, -en [griech. philánthrōpos] (bildungsspr.): *Menschenfreund;* ⟨Abl.:⟩ **Philanthropie** [...tro'pi:], die; - [griech. philanthrōpía] (bildungsspr.): *Menschenfreundlichkeit, Menschenliebe;* **Philanthropinismus** [...tropi'nɪsmʊs], Philanthropismus, der; -: *(von dem dt. Pädagogen J. B. Basedow [1724–1790] begründete) Richtung der Reformpädagogik;* **Philanthropinist** [...'nɪst], der; -en, -en: *Anhänger des Philantropinismus;* **philanthropisch** ⟨Adj.⟩ (bildungsspr.): *die Philanthropie betreffend, auf ihr beruhend; auf das Wohl des Menschen bedacht [u. so handelnd]:* eine -e Einrichtung; **Philanthropismus**: ↑Philanthropinismus.

Philatelie [filate'li:], die; - [frz. philatélie, gepr. 1864 von dem frz. Sammler M. Herpin, zu: phil- (< griech. phil-, ↑philo-, Philo-) u. griech. atéleia = Abgabenfreiheit, also eigtl. = Liebhaber von Gebührenfreiheitsmarken]: svw. ↑Briefmarkenkunde; **Philatelist** [...'lɪst], der; -en, -en [frz. philatéliste]: *jmd., der sich [wissenschaftlich] mit Briefmarken beschäftigt; Briefmarkensammler;* ⟨Abl.:⟩ **philatelistisch** ⟨Adj.; o. Steig.⟩: *die Philatelie betreffend, zu ihr gehörend;* **Philharmonie** [fɪlharmo'ni:, 'fi:l-], die; -, -n [...i:ən; zu griech. harmonía (↑Harmonie), eigtl. = Liebe zur Musik]: **1.** *Name für philharmonische Orchester od. musikalische Gesellschaften.* **2.** *(Gebäude mit einem) Konzertsaal eines philharmonischen Orchesters;* **Philharmoniker** [...'mo:nikɐ, 'fi:l..., österr. auch: '– – – – –], der; -s, -: **a)** *Mitglied eines philharmonischen Orchesters;* **b)** ⟨Pl.⟩ *Name eines Symphonieorchesters mit großer Besetzung:* die Wiener P.; **philharmonisch** ⟨Adj.; o. Steig.; nicht adv.⟩ meist in der Fügung: -es Orchester *(Symphonieorchester mit großer Besetzung).*

Philhellene [fɪlhɛ'lɛ:nə, auch: 'fi:l-], der; -n, -n [griech. philéllēn = Griechenfreund]: *Anhänger des Philhellenismus;* **Philhellenismus,** der; -: *in der 1. Hälfte des 19. Jh.s entstandene politische u. literarische Bewegung, die den Freiheitskampf Griechenlands gegen die türkische Herrschaft unterstützte.*

Philippika [fi'lɪpika], die; -, ...ken [griech. (tà) Philippiká, nach den Kampfreden des Demosthenes gegen König Philipp von Mazedonien (etwa 382–336 v. Chr.)] (bildungsspr.): *leidenschaftliche, heftige [Straf]rede.*

Philister [fi'lɪstɐ], der; -s, - [griech. Philistieím < hebr. Pĕlištîm = Name eines nichtsemitischen Volkes an der Küste Palästinas]: **1.** (bildungsspr. abwertend) *kleinbürgerlich-engstirniger Mensch; Spießbürger:* ein beschränkter P.; gegen die P. wettern. **2.** (Studentenspr.) *im Berufsleben stehender Alter Herr.* **3.** (Studentenspr. veraltend) *Nichtakademiker;* **Philisterei** [filɪstə'rai̯], die; -, -en (bildungsspr. abwertend): **a)** ⟨o. Pl.⟩ *philisterhaftes Wesen, Benehmen;* **b)** *einzelner philisterhafter Vorfall;* **philisterhaft** ⟨Adj.; -er, -este⟩ (bildungsspr. abwertend): *in der Art eines Philisters* (1); *wie ein Philister* (1); **Philisterium** [filɪs'te:ri̯ʊm], das; -s (Studentenspr.): *das spätere Berufsleben eines Studenten (mit seinen Bindungen u. Zwängen);* **philistrieren** [...'tri:rən] ⟨sw. V.; hat⟩ (Studentenspr.): *zum Alten Herrn machen;* **Philistertum,** das; -s (bildungsspr. abwertend): *kleinbürgerliche Engstirnigkeit; Spießertum;* **philiströs** [filɪs'trø:s] ⟨Adj.; -er, -este⟩ [französierende Bildung] (bildungsspr. abwertend): *kleinbürgerlich-engstirnig; beschränkt; spießig:* ein -er Mensch.

Phillumenie [fɪlume'ni:], die; - [zu ↑phil-, Phil- u. lat. lumen, ↑Lumen] (bildungsspr. selten): *das Sammeln von Streichholzschachteln od. deren Etiketten;* **Phillumenist** [...'nɪst], der; -en, -en (bildungsspr. selten): *Sammler von Streichholzschachteln od. deren Etiketten.*

philo-, Philo-, (vor Vokalen:) phil-, Phil [fil(o)-, fɪl-; griech. phílos = freundlich; Freund] ⟨Best. von Zus. mit der Bed.⟩: *Freund, Verehrer (von etw.); Liebhaber, Anhänger; Liebe, Neigung (zu etw.); wissenschaftliche Beschäftigung* (z. B. philosophisch, Philologe, Philanthrop); **Philodendron** [...'dɛndrɔn], der, auch: das; -s, ...dren [zu griech. déndron = Baum, also eigtl. = Baumfreund, weil die Pflanze gern an Bäumen in die Höhe wächst]: *häufig als Topfpflanze kultiviertes kletterndes Gewächs mit verschiedenartigen, oft gelappten od. gefiederten dunkelgrünen Blättern u. Luftwurzeln;* **Philologe,** der; -en, -en [lat. philologus < griech. philólogos = (Sprach)gelehrter]: *jmd., der sich mit Philologie beschäftigt; Wissenschaftler auf dem Gebiet der Philologie;* **Philologie,** die; -, -n [...i:ən; lat. philologia < griech. philología]: *Wissenschaft, die sich mit der Erforschung von Texten in einer bestimmten Sprache beschäftigt u. sie sprachlich, literarisch, historisch u. kulturgeschichtlich interpretiert; Sprach- u. Literaturwissenschaft;* **Philologin,** die; -, -nen: w. Form zu ↑Philologe; **philologisch** ⟨Adj.; o. Steig.⟩: **a)** *die Philologie betreffend, zu ihr gehörend, auf ihr beruhend:* eine -e Untersuchung; **b)** *[allzu wissenschaftlich] genau:* mit -er Akribie; er macht alles sehr p.

Philomela [filo'me:la], **Philomele** [...lə], die; -, ...len [lat. philomēla < griech. Philomēla, Name der Tochter des Königs Pandion von Athen, die in der Sage in eine Nachtigall verwandelt wird] (dichter. veraltet): *Nachtigall.*

Philosemit, der; -en, -en: *Anhänger des Philosemitismus;* **Philosemitismus** [...zemi'tɪsmʊs], der; -: **a)** *(bes. im 17. u. 18. Jh.) geistige Bewegung, die gegenüber Juden u. ihrer Religion eine sehr tolerante Haltung zeigt;* **b)** (abwertend) *[unkritische] Haltung, die die Politik des Staates Israel ohne Vorbehalte unterstützt.*

Philosoph [filo'zo:f], der; -en, -en [lat. philosophus < griech. philósophos, eigtl. = Freund der Weisheit, ↑Philosophie]: **1.** *jmd., der sich mit Philosophie* (1) *beschäftigt, Forscher, Lehrer auf dem Gebiet der Philosophie* (1): die antiken -en; er ist ein großer P.; von morgen an will ich dann -en lesen (Remarque, Triomphe 359). **2.** (ugs.) *jmd., der gerne philosophiert; [von Äußerlichkeiten unabhängiger] abgeklärter, weiser Mensch:* er ist ein [rechter] P.; **Philosophem** [...zo'fe:m], das; -s, -e [griech. philosóphēma]: *philosophischer Ausspruch, Satz; philosophische Lehrmeinung;* **Phi-**

losophie [...'fi:], die; -, -n [...i:ən; spätmhd. philosophie < lat. philosophia < griech. philosophía, zu: sophía = Weisheit]: **1.** *Streben nach Erkenntnis über den Sinn des Lebens, das Wesen der Welt u. die Stellung des Menschen in der Welt; Lehre, Wissenschaft von der Erkenntnis des Sinns des Lebens, der Welt u. der Stellung des Menschen in der Welt:* die materialistische, idealistische P.; die P. Kants, Hegels; die P. wird von vielen für die Königin der Wissenschaften gehalten; P. lehren, studieren. **2.** *persönliche Art u. Weise, das Leben u. die Dinge zu betrachten:* seine P. lautet: leben und leben lassen; ich habe mir meine eigene P. zurechtgezimmert; die 1954 von Dulles zur Welt gebrachte P. *(Anschauung, Ansicht)* der „massiven Vergeltung" (Augstein, Spiegelungen 112); **philosophieren** [...'fi:rən] ⟨sw. V.; hat⟩ [nach frz. philosopher < lat. philosophări]: *sich mit philosophischen Problemen beschäftigen; [lange] über ein Problem nachdenken, über etw. grübeln u. darüber reden:* über das Leben, Gott und die Welt p.; „Dem Mann, der diese Weisheit ausklambüserte, wurde kein Denkmal gesetzt", philosophierte *(sagte nachdenklich)* Werner Pethmann (Lentz, Muckefuck 279); **Philosophikum** [...'zo:fikʊm], das; -s, ...ka [nlat. (testamen) philosophicum] (Bundesrepublik Deutschland Hochschulw.): **1.** *Prüfung in Philosophie im Rahmen des 1. Staatsexamens für Lehramtskandidaten.* **2.** *Zwischenexamen bei katholischen Kandidaten für das Priesteramt;* **philosophisch** ⟨Adj.⟩ [spätlat. philosophicus]: **1.** *die Philosophie* (1) *betreffend, zu ihr gehörend:* ein -es Weltbild; in -em Denken geschult sein; -e Grundzüge des dialektischen Materialismus; nicht p. denken können; Ü auf -en *(weltfernen)* Höhen wandeln. **2. a)** *besinnlich, nachdenklich:* ein '-er Mensch; du bist heute so recht p.; **b)** *in der Art eines Philosophen, abgeklärt, weise:* etw. p. betrachten.

Phimose [fi'mo:zə], die; -, -n [griech. phímōsis = Verengung] (Med.): *Verengung der Vorhaut (bei der sich die Vorhaut nicht über die Eichel zurückstreifen läßt).*

Phiole ['fi̯o:lə], die; -, -n [mhd. viole < mlat. fiola < lat. phiala < griech. phiálē, ↑Phiale]: *(bes. in der Chemie verwendete) bauchige [dünnwandige] Glasflasche mit langem, engem Hals.*

Phlebitis [fle'bi:tɪs], die; -, ...itiden [...bi'ti:dn̩; zu griech. phléps = Vene] (Med.): *Venenentzündung.*

Phlegma ['flɛgma], das; -s, österr. meist: - [spätlat. phlegma < griech. phlégma = kalter u. zähflüssiger Körperschleim; dem zähflüssigen Körpersaft entsprach nach antiken Vorstellungen das schwerfällige Temperament]: **a)** *nur schwer zu erregende u. zu irgendwelchen Aktivitäten zu bewegende Gemütsart, phlegmatische Veranlagung:* sein P. ist durch nichts zu erschüttern, geht mir langsam auf die Nerven; **Phlegmatiker** [flɛ'gma:tikɐ], der; -s, - [zu ↑phlegmatisch; nach der Typenlehre des altgriech. Arztes Hippokrates (um 460–um 370 v. Chr.) Mensch eines Typs, der durch ein ruhiges, nicht zu Affekten neigendes Temperament gekennzeichnet ist; vgl. Choleriker, Melancholiker, Sanguiniker]: *jmd., der nur schwer zu erregen u. zu irgendwelchen Aktivitäten zu bewegen ist;* **Phlegmatikus** [...kʊs], der; -, -se (ugs. scherzh.): *träger, schwerfälliger Mensch;* **phlegmatisch** [flɛ'gma:tɪʃ] ⟨Adj.⟩ [spätlat. phlegmaticus < griech. phlegmatikós = dickflüssig, an zähflüssigem Schleim leidend]: *auf Grund der Veranlagung nur schwer zu erregen u. kaum zu irgendwelchen Aktivitäten zu bewegen; träge, schwerfällig:* ein -er Mensch; man sagt, dünne Menschen seien zäh, dicke p.; Tatjana ... sagte ... zu dem p. sich erhebenden Goldplombierten (Seidel, Sterne 33); **Phlegmone** [flɛ'gmo:nə], die; -, -n [griech. phlegmonḗ = Entzündung] (Med.): *(sich ausbreitende) eitrige Zellgewebsentzündung;* **phlegmonös** [flɛgmo'nø:s] ⟨Adj.; o. Steig.⟩ (Med.): *mit Phlegmone einhergehend.*

Phloem [flo'e:m], das; -s, -e [zu griech. phlóos = Bast, Rinde] (Bot.): *Teil des Leitbündels, der aus langgestreckten, siebartig durchlöcherten Röhren besteht u. zum Weitertransport der in den Blättern gebildeten organischen Stoffe innerhalb einer Pflanze dient.*

phlogistisch [flo'gɪstɪʃ] ⟨Adj.; o. Steig.; nicht präd.⟩ (Med.): *eine Entzündung betreffend, zu ihr gehörend;* **Phlogiston** ['flo:gɪstɔn], das; -s [griech. phlogistón = das Verbrannte, zu: phlogízein = verbrennen]: *(nach einer früheren Theorie) ein Stoff, der allen brennbaren Körpern beim Verbrennungsvorgang entweichen sollte;* **Phlox** [flɔks], der; -es, -e, auch: die; -, -e [griech. phlóx = Flamme]: *Zierpflanze mit rispenartigen od. doldenähnlichen, farbenprächtigen, oft flammend gefärbten Blüten; Flammenblume.*

Phobie [fo'bi:], die; -, -n [...i:ən; zu griech. phóbos = Furcht] (Med.): *krankhafte Angst.*

Phokomelie [fokome'li:], die; -, -n [...i:ən; zu griech. phṓkē = Robbe u. mélos = Glied; die mißgebildeten Extremitäten erinnern an die Flossen von Robben] (Med.): *angeborene Mißbildung der Extremitäten, bei der die Hände od. Füße unmittelbar am Rumpf ansetzen.*

Phon [fo:n], das; -s, -s ⟨aber: 50 Phon⟩ [zu griech. phōnḗ, ↑phono-, Phono-]: *Maßeinheit der Tonstärke;* Zeichen: phon; **-phon** [↑Phon] ⟨bei Substantiven u. Adjektiven auftretendes Suffix mit der Bed.⟩: *Laut, Ton; einen Laut, Ton betreffend* (z. B. Megaphon, monophon); **phon-, Phon-**: ↑phono-, Phono-; **Phonation** [fona'tsi̯o:n], die; -, -en (Med.): *Laut-, Stimmbildung;* **Phonem** [fo'ne:m], das; -s, -e (Sprachw.): *kleinste bedeutungsunterscheidende sprachliche Einheit* (z. B. *b* in „Bein" im Unterschied zu *p* in „Pein").

Phonem- (Sprachw.): ~**analyse**, die; ~**inventar**, das; ~**system**, das.

Phonematik [fone'ma:tɪk], die; -: svw. ↑Phonologie; **phonematisch** ⟨Adj.; o. Steig.⟩ (Sprachw.): *das Phonem betreffend, dazu gehörend; mit den Mitteln der Phonematik:* -e Untersuchungen; **Phonemik** [fo'ne:mɪk], die; -: svw. ↑Phonologie; **phonemisch** ⟨Adj.; o. Steig.⟩ (Sprachw.): svw. ↑phonematisch; **Phonendoskop**, das; -s, -e (Med.): *Stethoskop, das den Schall über eine Membran u. einen veränderlichen Resonanzraum weiterleitet;* **Phonetik** [fo'ne:tɪk], die; -: *Wissenschaft von den sprachlichen Lauten* (2), *ihrer Art, Erzeugung u. Verwendung in der Kommunikation;* **Phonetiker**, der; -s, -: *Wissenschaftler auf dem Gebiet der Phonetik;* **phonetisch** ⟨Adj.; o. Steig.⟩: *die Phonetik betreffend, zu ihr gehörend; lautlich:* -e Untersuchungen; -e Schrift *(Lautschrift);* ein Wort p. wiedergeben; **Phoniater** [fo'ni̯a:tɐ], der; -s, - [zu griech. iatrós = Arzt]: *Spezialist auf dem Gebiet der Phoniatrie;* **Phoniatrie** [foni̯a'tri:], die; - [zu griech. iatreía = das Heilen]: *Lehre von den krankhaften Erscheinungen bei der Sprach- u. Stimmbildung als Teilgebiet der Medizin;* **phonisch** ['fo:nɪʃ] ⟨Adj.; o. Steig.⟩: *den Laut, die Stimme betreffend.*

Phönix ['fø:nɪks], der; -[es], -e [lat. phoenīx < griech. phoínix, H. u.] (Myth.): *(in verschiedenen Versionen zum Sinnbild der Unsterblichkeit, der ewigen Erneuerung gewordener) Vogel der antiken Mythologie, der sich selbst verbrennt u. aus der Asche verjüngt aufsteigt:* die Sage vom P. erzählen; * **wie ein P. aus der Asche [auf]steigen/emporsteigen/sich erheben** (geh.; *nach scheinbarer Vernichtung, völligem Zusammenbruch o. ä. in nicht mehr erwarteter Weise wiedererstehen, verjüngt, neubelebt wiederkehren*).

phono-, Phono-, (vor Vokalen:) phon-, Phon- [fon(o); zu griech. phōnḗ] ⟨Best. in Zus. mit der Bed.⟩: *Laut, Ton, Schall; Stimme* (z. B. phonologisch, Phonograph, Phoniatrie); **Phonodiktat** ['fo:no-], das; -[e]s, -e: *in ein Diktiergerät gesprochenes Diktat;* **Phonogerät** ['fo:no-], das; -[e]s, -e: *Plattenspieler, -wechsler;* **Phonogramm**, das; -s, -e [↑-gramm] (Elektrot.): *Aufzeichnung von Schallwellen auf Schallplatte od. Tonband;* **Phonograph**, der; -en, -en [↑-graph] (früher): *Gerät zur Aufzeichnung u. Weitergabe von Tönen mit Hilfe eines über eine rotierende Walze gleitenden Stiftes;* **phonographisch** ⟨Adj.; o. Steig.⟩: Tonaufnahmen betreffend; **Phonokoffer** ['fo:no-], der; -s, -: *tragbarer Plattenspieler mit eigenem Verstärker u. Lautsprecher, der wie ein Koffer zu schließen u. zu tragen ist;* **Phonola** Ⓦ [fo'no:la], das; -s, -s od. die; -, -s [Kunstwort] (Musik): *halbautomatisches Klavier;* vgl. Pianola; **Phonolith** [...'li:t, auch: ...lɪt], der; -s u. -en, -e[n] [↑-lith]: *grünlichgraues od. bräunliches, meist in dünnen Platten vorkommendes Ergußgestein, das beim Anschlagen klingt;* **Phonologie**, die; - [↑-logie]: *Teilgebiet der Sprachwissenschaft, das sich mit der Funktion der Laute* (2) *in einem Sprachsystem beschäftigt, Wissenschaft von den Phonemen; Phonematik, Phonemik;* **phonologisch** ⟨Adj.; o. Steig.⟩ (Sprachw.): *die Phonologie betreffend, zu ihr gehörend, auf ihr beruhend;* **Phonometer**, das; -s, - [↑-meter]: *Gerät zur Messung des Schalls u. der Lautstärke sowie zur Prüfung der Hörschärfe od. der Empfindlichkeit von Mikrophonen;* **Phonometrie** [...me'tri:], die; - [↑-metrie]: **1.** *Messung akustischer Reize u. Empfindungen.* **2.** *Forschungsrichtung der Phonetik, die sich mit den zähl- u. meßbaren Werten der Laute* (2) *beschäftigt, mit technischen Mitteln* *das Sprechen (für die Beschreibung u. Unterscheidung von Sprachen) untersucht* (Zwirner); **Phonothek** [...'te:k], die; -, -en [zu griech. thḗkē = Behältnis, geb. nach Bibliothek, Diskothek]: *Archiv mit Beständen an Tonbändern, Tonfilmen, Schallplatten u. ä.;* **Phonotypistin** [...ty'pɪstɪn], die; -, -nen [geb. nach ↑Stenotypistin]: *Büroangestellte, die auf das Schreibmaschinenschreiben nach einem Diktiergerät spezialisiert ist;* **Phonzahl**, die; -, -en: *in Phon angegebene Tonstärke.*

Phorminx ['fɔrmɪŋks], die; -, ...mingen [fɔr'mɪŋən; griech. phórmigx] (Musik): *der Kithara ähnliches altgriechisches Zupfinstrument.*

Phoronomie [forono'mi:], die; - [nlat. phoronomia, zu griech. phórein = tragen u. nómos = Gesetz]: **1.** (seltener) svw. ↑Kinematik. **2.** (Arbeitswiss., Psych.) *Wissenschaft, Lehre vom Arbeits- u. Energieaufwand bei bestimmten körperlichen Tätigkeiten.*

Phosgen [fɔs'ge:n], das; -s [engl. phosgene, zu griech. phōs = Licht u. engl. -gene = ↑-gen]: *farbloses, sehr giftiges Gas (Verbindung aus Kohlenoxyd u. Chlor) mit charakteristischem muffigem Geruch, das bei der Herstellung von Farbstoffen, Kunststoffen u. Arzneimitteln verwendet wird u. früher als Kampfgas eingesetzt wurde;* **Phosphat** [fɔs'fa:t], das; -[e]s, -e [zu ↑Phosphor]: *Salz der Phosphorsäure, dessen verschiedene Arten zur Herstellung von Düngemitteln u. Waschmitteln sowie in der Lebensmittelindustrie verwendet werden;* **phosphathaltig** ⟨Adj.; nicht adv.⟩: *Phosphat enthaltend;* **phosphatieren** [fɔsfa'ti:rən] ⟨sw. V.; hat⟩ (Technik): *Metalle durch Überziehen mit korrosionsbeständigen Schichten aus Lösungen bestimmter Phosphate gegen Rost beständig machen;* **Phosphid** [fɔs'fi:t], das; -[e]s, -e: *Verbindung des Phosphors mit Metallen u. Halbmetallen;* **Phosphit** [...'fi:t, auch: ...fɪt], das; -s, -e: *Salz der phosphorigen Säure;* **Phosphor** ['fɔsfɔr, auch: ...fo:ɐ̯], der; -s, -e [fɔs'fo:rə; zu griech. phōsphóros = lichttragend, zu: phōs = Licht u. phorós = tragend, nach der Leuchtkraft des Elements]: **1.** ⟨Pl. selten⟩ *nichtmetallischer Stoff, der in verschiedener, nach unterschiedlichen Farben zu unterscheidender Form auftritt (chemisches Element);* Zeichen: P **2.** *phosphoreszierender organischer od. anorganischer Stoff.*

Phosphor-: **~bombe**, die: *Phosphor enthaltende Brandbombe;* **~säure**, die: *Säure, die Phosphor u. Sauerstoff enthält;* **~vergiftung**, die; **~wasserstoff**, der: *bes. als farblose, knoblauchartig riechende, sehr giftige, gasförmige Substanz auftretende Verbindung von Phosphor u. Wasserstoff.*

Phosphoreszenz [fɔsfɔrɛs'tsɛnts], die; - [vgl. frz. u. engl. phosphorescence]: *das Phosphoreszieren; Eigenschaft bestimmter Stoffe zu phosphoreszieren;* **phosphoreszieren** [...'tsi:rən] ⟨sw. V.; hat⟩: *nach Bestrahlung, nach Einfall von Lichtstrahlen, im Dunkeln von selbst leuchten:* die Zahlen auf dem Zifferblatt der Uhr phosphoreszieren; Ü die Augen in ihrem dunklen Gesicht phosphoreszieren (Fr. Wolf, Menetekel 188); **phosphorig** ['fɔsforɪç] ⟨Adj.; o. Steig.; nicht adv.⟩: *Phosphor enthaltend:* -e Säure; **Phosphorit** [...'ri:t, auch: ...rɪt], der; -s, -e (Geol.): *durch Verwitterung von Apatit od. durch Umwandlung von phosphathaltigen tierischen Substanzen entstandenes Mineral* (wichtiger Ausgangsstoff für die Phosphorgewinnung).

Phot [fo:t], das; -s, - [zu griech. phōs (Gen.: phōtós) = Licht]: *photometrische Einheit der Ausstrahlung von Licht;* Zeichen: ph

photo-, Photo-[1] [foto-; zu griech. phōs (Gen.: phōtós) = Licht]: **~biologie**, die: *Teilgebiet der Biologie, das sich mit der Wirkung des Lichtes auf tierische u. pflanzliche Organismen befaßt*, dazu: **~biologisch** ⟨Adj.; o. Steig.⟩; **~chemie**, die: *Teilgebiet der Chemie, das sich mit den Reaktionen befaßt, die bei Einwirkung von Licht od. anderer elektromagnetischer Strahlung ablaufen*, dazu: **~chemisch** ⟨Adj.; o. Steig.⟩; **~effekt** ['fo:to-], der (Elektrot.): *Austritt von Elektronen aus bestimmten Stoffen durch Bestrahlung mit Licht;* **~elektrizität**, die (Elektrot.): *Gesamtheit der durch Einwirkung von Licht in Materie hervorgerufenen elektrischen Erscheinungen;* **~elektron** ['fo:to-], das (Elektrot.): *durch Lichteinwirkung aus einem Stoff herausgelöstes Elektron;* **~element** ['fo:to-], das (Elektrot.): *elektrisches Element (Halbleiter), das durch Ausnutzung des Photoeffekts die Energie des Lichtes in elektrische Energie umwandelt;* **~gramm**, das [↑-gramm]: svw. ↑Meßbild; **~grammetrie** [...grame'tri], die; - [↑-metrie] (Meßtechnik): *Verfahren zum Herstellen von Meßbildern, Grund- u. Aufrissen aus fotografischen Bildern von Gegenständen;* **~gravüre**, die: svw. ↑Heliogravüre; **~lyse**, die (Biol.): *Zersetzung chemischer Verbindungen durch Licht (als Teil der Photosynthese);* **~mechanisch** ⟨Adj.; o. Steig.⟩ (Druckw.): *mit fotografisch hergestellten Druckformen [arbeitend]:* ein -es Verfahren; **~meter**, der [↑-meter] (Physik): *Gerät, mit dem durch Vergleich zweier Lichtquellen die Lichtstärke gemessen wird; Lichtmesser*, dazu: **~metrie**, die; - [↑-metrie] (Physik): *Verfahren zum Messen der Lichtstärke, Lichtmessung*, **~metrisch** ⟨Adj.; o. Steig.⟩ (Physik): *die Photometrie betreffend, zu ihr gehörend, mit Hilfe der Photometrie [erfolgend]:* -e Messungen, Verfahren; **~satz**: vgl. Fotosatz; **~sphäre**, die ⟨o. Pl.⟩ (Astron.): *Schicht der Atmosphäre der Sonne, aus der der größte Teil des Sonnenlichts abgestrahlt wird;* **~synthese**, die ⟨o. Pl.⟩ (Biol.): *Aufbau organischer Substanzen aus anorganischen Stoffen in Pflanzen unter Mitwirkung von Sonnenlicht;* **~taktisch** ⟨Adj.; o. Steig.; nicht adv.⟩ (Biol.): *die Phototaxis betreffend, zu ihr gehörend, auf ihr beruhend; sich nach Lichtreizen bewegend, orientierend;* **~taxis**, die (Biol.): *durch Licht[reize] ausgelöste, bestimmte Bewegung, Orientierung von Organismen;* **~therapie**, die (Med.): svw. ↑Lichtbehandlung; **~widerstand** ['fo:to-], der (Elektrot.): *als elektrischer Widerstand verwendetes, auf Licht reagierendes elektronisches Bauelement;* **~zelle** ['fo:to-], die (Elektrot.): *Vorrichtung, mit der unter Ausnutzung des Photoeffekts Licht in Strom umgewandelt wird; lichtelektrische Zelle;* **~zinkographie**, die (Druckw. veraltet): **1.** ⟨o. Pl.⟩ *Verfahren zur Herstellung von Zinkographien durch fotografische Übertragung.* **2.** *durch ein fotografisches Verfahren hergestellte Zinkographie.*

[1]Vgl. die eindeutschend geschriebenen Stichwörter foto-, Foto-.

photochrom [...'kro:m] ⟨Adj.; o. Steig.; nicht adv.⟩ [zu griech. phōs (Gen.: phōtós) = Licht u. chrōma, ↑Chrom] (Physik, Optik): *(bes. von [Brillen]gläsern) sich unter Einfluß von Licht (reversibel) verfärbend;* **photogen** usw.: ↑fotogen usw.; **Photograph** usw.: ↑Fotograf usw.; **Photon** ['fo:tɔn], das; -s, -en [fo'to:nən; zu griech. phōs (Gen.: phōtós) = Licht] (Physik): *Quant einer elektromagnetischen Strahlung, eines elektromagnetischen Feldes; Lichtquant;* **Photothek**: ↑Fotothek; **phototrop** [...'tro:p] ⟨Adj.; o. Steig.; nicht adv.⟩ [zu griech. tropḗ = (Hin)wendung]: **1.** (Physik, Optik) svw. ↑photochrom. **2.** svw. ↑phototropisch; **phototropisch** ⟨Adj.; o. Steig.; nicht adv.⟩ [zu griech. tropḗ = (Hin)wendung] (Biol.): *den Phototropismus betreffend, zu ihm gehörend, auf ihm beruhend; lichtwendig, heliotropisch:* -e Pflanzen; **Phototropismus** [...tro'pɪsmʊs], der; - (Biol.): *durch einseitigen Einfall von Licht hervorgerufene Veränderung der Wachstumsbewegung, Krümmung von Pflanzen[teilen] (zur Lichtquelle hin od. auch von ihr weg); Lichtwendigkeit, Heliotropismus;* **Phototypie** [...ty'pi:], die; -, -n [...i:ən; ↑Type] (Druckw. veraltet): **1.** ⟨o. Pl.⟩ *Verfahren zur photomechanischen Herstellung von Druckplatten.* **2.** *photomechanisch hergestellte Druckplatte.*

Phrase ['fra:zə], die; -, -n [1: frz. phrase < lat. phrasis, ↑Phrase (2, 3); 2, 3: lat. phrasis < griech. phrásis (Gen.: phráseōs) = das Sprechen, Ausdruck]: **1. a)** (abwertend) *meist schön klingende, aber nichtssagende Aussage; abgegriffene, nichtssagende Redensart:* leere, hohle, dumme, alberne, eitle, belanglose, abgenutzte, abgestandene -n; das ist doch nur eine billige P.; seine Rede bestand fast nur aus -n; du darfst dich nicht mit bloßen -n abspeisen lassen; *** -n dreschen** (ugs.; *wohltönende, aber nichtssagende Reden führen;* wohl übertr. von: leeres ↑Stroh dreschen); **b)** (veraltend) *Formel* (1), *Formulierung.* **2.** (Sprachw.) *zusammengehöriger Teil eines Satzes; aus mehreren, eine Einheit bildenden Wörtern, auch aus einem einzelnen Wort bestehender Satzteil; Satzglied.* **3.** (Musik) *den Ablauf einzelner Töne zusammenfassende, melodisch-rhythmische Einheit innerhalb einer größeren musikalischen Struktur;* ⟨Zus. zu 1:⟩ **Phrasendrescher**, der (abwertend): *jmd., der [gerne] wohltönende, aber nichtssagende Reden führt;* **Phrasendrescherei** [...drɛʃə'rai], die; -, -en (abwertend): *[dauerndes] Reden in Phrasen* (1), *nichtssagendes Gerede;* **phrasenhaft** ⟨Adj.; -er, -este⟩ (abwertend): *nichtssagend, inhaltslos:* -e Reden, Dankesworte; p. daherreden; Ü dünkte mich eine solche Geste nun erst recht theatralisch und p. (Thieß, Frühling 133); ⟨Abl.:⟩ **Phrasenhaftigkeit**, die; -; **Phrasenstrukturgrammatik**, die; - (Sprachw.): *Grammatik, die durch*

Einteilung u. Abgrenzung der einzelnen Phrasen (2) *Sätze analysiert, Satzbaupläne ermittelt; PS-Grammatik;* **Phraseologie** [frazeolo'gi:], die; -, -n [...i:ən; ↑-logie] (Sprachw.): **a)** *Gesamtheit typischer Wortverbindungen, fester Fügungen, Wendungen, Redensarten einer Sprache; Idiomatik* (2b); **b)** *Darstellung, Zusammenstellung der Phraseologie* (a) *(bes. zu einem Stichwort in einem Wörterbuch);* **phraseologisch** ⟨Adj.; o. Steig.⟩ (Sprachw.): *die Phraseologie betreffend, zu ihr gehörend:* ein -es Wörterbuch, eine -e Einheit; **Phraseologismus,** der; -, ...men (Sprachw.): svw. ↑Idiom (2); **Phraseonym** [...'ny:m], das; -s, -e [zu griech. ónyma = Name] (Literaturw.): *Pseudonym, bei dem statt eines Decknamens eine Redewendung benutzt wird* (z. B. „von einem, der das Lachen verlernt hat"); **phrasieren** [fra'zi:rən] ⟨sw. V.; hat⟩ [zu ↑Phrase (3)] (Musik): *(beim Vortrag eines Musikstückes) die Gliederung in Phrasen* (3) *in bestimmter Weise zum Ausdruck bringen, den Phrasen* (3) *entsprechend interpretieren:* der Pianist phrasiert sehr genau, gut, schlecht; ⟨Abl.:⟩ **Phrasierung,** die; -, -en (Musik): **1.** *das Phrasieren.* **2.** *durch ein Phrasierungszeichen gekennzeichnete Phrase* (3); ⟨Zus.:⟩ **Phrasierungszeichen,** das: *Zeichen in der Notenschrift, das die Art des Phrasierens einer Stelle anzeigt.*

Phratrie [fra'tri:], die; -, -n [...i:ən; griech. phratreía]: *Sippengemeinschaft (im antiken Griechenland).*

phrygisch ['fry:gɪʃ] ⟨Adj.; o. Steig.; nicht adv.⟩ [nach der historischen Landschaft Phrygien im asiat. Teil der heutigen Türkei]: *die Phrygier betreffend:* die -e Kunst; die -e Religion; -er Kirchenton/-e Kirchentonart *(auf dem Grundton e stehende Kirchentonart).*

Phthalein [ftale'i:n], das; -s, -e [geb. aus ↑Naphthalin, dem Grundstoff dieser chem. Produkte]: *synthetischer Farbstoff* (z. B. Eosin); **Phthalsäure** ['fta:l-], die; -, -n: *kristallisierende Säure, die bes. bei der Herstellung von Farbstoffen, Weichmachern, Kunstfasern o. ä. verwendet wird.*

Phthise ['fti:zə], **Phthisis** ['fti:zɪs], die; -, ...sen [griech. phthísis] (Med.): **1.** *allgemeiner Verfall des Körpers od. einzelner Organe.* **2.** *Lungentuberkulose.*

pH-Wert [pe:'ha:-], der; -[e]s, -e [aus nlat. **p**otentia **H**ydrogenii = Konzentration des Wasserstoffs] (Chemie); *Zahl, die angibt, wie stark eine Lösung basisch od. sauer ist.*

Phykologie [fyko-], die; - [zu griech. phỹkos = Tang u. ↑-logie]: svw. ↑Algologie; **Phykomyzet,** der; -en, -en (Biol.): svw. ↑Algenpilz.

Phyla: Pl. von ↑Phylum.

Phylakterion [fylak'te:ri̯ɔn], das; -s, ...ien [...i̯ən; 1: griech. phylaktḗrion]: **1.** (Rel.) *Amulett.* **2.** ⟨meist Pl.⟩ *Tefillin.*

Phyle ['fy:lə], die; -, -n [griech. phylḗ, eigtl. = Gattung, Geschlecht]: *(im antiken Griechenland) Verband, Unterabteilung innerhalb der Stämme u. Staaten;* **phyletisch** [fy'le:tɪʃ] ⟨Adj.; o. Steig.; nicht adv.⟩ (Biol.): *die Abstammung, die Stammesgeschichte betreffend.*

Phyllit [fy'li:t, auch: fy'lɪt], der; -s, -e [zu griech. phýllon = Blatt] (Geol.): *feinblättriger, kristalliner Schiefer;* **Phyllokaktus** [fylo-], der; -, ...teen [zu griech. phýllon = Blatt u. ↑Kaktus] (Bot.): *in vielen Arten vorkommender amerikanischer Kaktus mit blattartigen Sprossen u. großen Blüten;* **Phyllokladium** [...'kla:di̯ʊm], das; -s, ...ien [...i̯ən; zu griech. phýllon = Blatt u. kládion = Sproß] (Bot.): *blattähnlicher kurzer Trieb bei bestimmten Pflanzen (z. B. beim Spargel), der die Funktion der meist fehlenden Blätter übernimmt;* **Phyllotaxis,** die; -, ...xen (Bot.): svw. ↑Blattstellung.

Phylogenese [fylo-], die; -, -n [zu griech. phỹlon = Stamm, Sippe u. ↑Genese] (Biol.): svw. ↑Phylogenie; **Phylogenetik,** die; - (Biol.): *Lehre, Wissenschaft von der stammesgeschichtlichen Entwicklung u. Verwandtschaft der Lebewesen; Abstammungslehre;* ⟨Abl.:⟩ **phylogenetisch** ⟨Adj.; o. Steig.⟩; **Phylogenie** [...ge'ni:], die; -, -n [...i:ən; ↑-gen] (Biol.): *stammesgeschichtliche Entwicklung der Lebewesen u. die Entstehung der Arten im Laufe der Erdgeschichte;* **Phylum** ['fy:lʊm], das; -s, Phyla [nlat.] (Biol.): *Stamm* (3a) *einer Pflanze, eines Tieres.*

Physalis ['fy:zalɪs], die; -, ...alen [fy'za:lən; 1: griech. physalís]: **1.** svw. ↑Judenkirsche. **2.** svw. ↑Lampionblume.

Physik [fy'zi:k, auch: fy'zɪk], die; - [mhd. fisike < lat. physica = Naturlehre < griech. physikḗ (theōría) = Naturforschung, zu: physikós, ↑physisch]: *(der Mathematik u. Chemie nahestehende) Naturwissenschaft, die bes. durch experimentelle Erforschung u. messende Erfassung die Erscheinungen u. Vorgänge, die Grundgesetze der Natur, vor allem die Strukturen, Eigenschaften u. Bewegungen, die Erscheinungs- u. Zustandsformen der unbelebten Materie sowie die Eigenschaften der Strahlungen u. der Kraftfelder untersucht:* experimentelle, angewandte, theoretische P.; P. studieren; er hat in P. *(in dem Unterrichtsfach Physik)* eine gute Note bekommen.

Physik-: ~**ingenieur,** der: *Ingenieur, der sich bes. mit der Anwendung physikalisch-technischer Verfahren beschäftigt;* ~**laborant,** der: *Facharbeiter der Industrie, der in physikalisch-technischen Laboratorien physikalische Apparaturen aufbaut, physikalische Messungen durchführt o. ä.;* ~**laborantin,** die: w. Form zu ↑~laborant; ~**lehrer,** der; ~**unterricht,** der.

physikalisch [fyzi'ka:lɪʃ] ⟨Adj.; o. Steig.; selten präd.⟩: **a)** *die Physik betreffend, auf ihr, ihren Gesetzen beruhend, zu ihr gehörend:* -e Formeln, Experimente, Gesetze; die -e Forschung, Technik; ein -es Institut; -e Geräte, Apparate; die -e Chemie *(Physikochemie);* seine Studien sind mehr p., sind stärker p. ausgerichtet; p. definierbar; **b)** *den Gesetzen, Erkenntnissen der Physik folgend, nach ihnen ablaufend, durch sie bestimmt:* -e Vorgänge; ein rein -er Prozeß; diese Explosion läuft p. in ähnlicher, in ganz anderer Weise ab, wie die vorhergehende; **c)** *bestimmte Gesetze, Erkenntnisse der Physik nützend, anwendend; mit Hilfe bestimmter Gesetze, Erkenntnisse der Physik:* medikamentöse und -e Therapien im Kampf gegen den Herzinfarkt; eine Krankheit p. behandeln; **d)** ⟨nur attr.⟩ (veraltend) svw. ↑physisch (2); **Physiker** ['fy:zikɐ], der; -s, -: *Wissenschaftler auf dem Gebiet der Physik; jmd., der sich wissenschaftlich mit Physik befaßt;* **Physikerin,** die; -, -nen: w. Form zu ↑Physiker; **physiko-, Physiko-** [fyziko-] ⟨Best. in Zus. mit der Bed.⟩: *physikalisch, Physik-* (z. B. Physikochemie; physikochemisch); **Physikochemie,** die; - *Teilgebiet der Chemie, das sich mit den bei chemischen Vorgängen auftretenden physikalischen Erscheinungen befaßt, chemische Stoffe u. Vorgänge mit physikalischen Methoden untersucht;* ⟨Abl.:⟩ **physikochemisch** ⟨Adj.; o. Steig.⟩; **Physikotherapie,** die; - (selten): *Physiotherapie;* **Physikotheologie,** die; -: *Philosophie, die auf einem Gottesbeweis basiert, der von der zweckmäßigen u. sinnvollen Einrichtung der Welt auf die Existenz u. das Wesen Gottes schließt.*

Physikum ['fy:zikʊm], das; -s, ...ka [nlat. (testamen) physicum]: *nach den ersten Semestern des Medizinstudiums abzulegendes Examen, bei dem die allgemein naturwissenschaftlichen, die anatomischen, physiologischen u. psychologischen Kenntnisse geprüft werden;* **Physikus** ['fy:zikʊs], der; -, -se [lat. physicus = Naturkundiger] (veraltet): *Bezirksarzt, Kreisarzt;* **Physiognom** [fyzi̯o'gno:m], der; -en, -en: *jmd., der sich [wissenschaftlich] mit der Physiognomik beschäftigt; Kenner, Erforscher der Physiognomien;* **Physiognomie** [...gno'mi:], die; -, -n [...i:ən; griech. physiognōmía = Untersuchung der Erscheinungen der Natur, des Körperbaus, zu: phýsis (↑Physis) u. gnṓmē = Erkenntnis]: **1.** (bildungsspr.) *in bestimmter Weise geprägtes, geschnittenes Gesicht; Erscheinungsbild, Ausdruck eines Gesichtes:* eine einprägsame, ernste, stets heitere, unsympathische P.; die P. eines Menschen mit der eines Affen vergleichen; Ü die P. einer Stadt, einer Landschaft; Im Mitteldrittel änderte sich die P. des Spiels keineswegs (Bund 280, 1968, 23). **2.** (Fachspr.) *für ein Lebewesen, eine Pflanze charakteristisches äußeres Erscheinungsbild, Form des Wuchses;* **Physiognomik** [...'gno:mɪk], die; - (Psych.): **1.** *Ausdruck, Form, Gestaltung des menschlichen Körpers, bes. des Gesichtes, von denen aus auf innere Eigenschaften geschlossen werden kann.* **2.** *Teilgebiet der Ausdruckspsychologie, das sich mit der Beziehung zwischen Ausdruck, Form, Gestaltung des menschlichen Körpers u. dem Charakter befaßt u. mit der Möglichkeit, aus der Physiognomie auf charakterliche Eigenschaften zu schließen;* **Physiognomiker** [...'gno:mikɐ], der; -s, -: *Physiognom;* **physiognomisch** ⟨Adj.; o. Steig.⟩ (bildungsspr.): *die Physiognomie betreffend.*

Physiologe [fyzi̯o'lo:gə], der; -n, -n [↑-loge]: *Wissenschaftler auf dem Gebiet der Physiologie;* **Physiologie,** die; - [lat. physiologia < griech. physiología = Naturkunde]: *Wissenschaft (als Teilgebiet der Biologie u. der Medizin), die sich mit den Lebensvorgängen, den funktionellen Vorgängen im Organismus (wie Wachstum, Stoffwechsel, Fortpflanzung) befaßt:* allgemeine, pathologische P.; es gibt auch eine P. der Tiere und der Pflanzen; **physiologisch** ⟨Adj.; o. Steig.⟩: *die Physiologie betreffend, dazu gehörend, darauf* *beruhend;* **Physiotherapeut,** der; -en, -en: *Spezialist für Physiotherapie; jmd. (z. B. Masseur, Krankengymnast), der [nach ärztlicher Verordnung] Behandlungen mit den Mitteln der Physiotherapie durchführt;* **Physiotherapeutin,** die; -, -nen: w. Form zu ↑Physiotherapeut; **Physiotherapie,** die; -: *Behandlung bestimmter Krankheiten mit naturheilkundlichen od. physikalischen* (c) *Mitteln wie Wasser, Wärme, Licht, Strom;* **Physis** ['fy:zɪs], die; - [griech. phýsis = Natur, natürliche Beschaffenheit] (bildungsspr.): *Körper, körperliche Beschaffenheit des Menschen:* eine gesunde, robuste P. haben; der seinen ersterlernten Handwerkerberuf nicht ausüben kann, weil seine P. das nicht gestattet (Zwerenz, Kopf 149); **physisch** ⟨Adj.; o. Steig.⟩ [lat. physicus < griech. physikós = die Natur betreffend]: **1.** *den Körper, die körperliche Beschaffenheit betreffend; körperlich:* -e Kraft, Überlegenheit; ein -er Schmerz, Ekel; -e Anstrengung; ein -er Zusammenbruch; die -e *(geschlechtliche)* Liebe, Vereinigung; ein p. starker, ein p. für schwere Arbeit geeigneter, tauglicher Mann; jmdm. rein p. unterlegen sein. **2.** ⟨nur attr.⟩ (Geogr.) *die Geomorphologie, Klimatologie u. Hydrologie betreffend, sie umfassend, darstellend:* -e Geographie; -e Karte *(Karte, die die natürliche Oberflächengestaltung der Erde zeigt).*

phyto-, Phyto- [fyto-; zu griech. phytón] ⟨Best. in Zus. mit der Bed.⟩: *Pflanze* (z. B. phytogen, Phytologie); **phytogen** ⟨Adj.; o. Steig.⟩ [↑-gen]: *aus Pflanzen entstanden;* **Phytogeographie,** die; -: *Geobotanik;* **Phytohormon,** das; -s, -e: *pflanzliches Hormon; Pflanzenhormon;* **Phytohygiene,** die; -: *Pflanzenhygiene;* **Phytolith** [...'li:t, auch: ...lɪt], der; -s od. -en, -e[n] ⟨meist Pl.⟩ [↑-lith] (Geol.): *aus pflanzlichen Resten entstandenes Sedimentgestein* (z. B. Kohle); **Phytologie,** die; - [↑-logie]: *Botanik;* **Phytomedizin,** die; -: *Wissenschaft von der kranken Pflanze u. den Pflanzenkrankheiten; Pflanzenmedizin;* **Phytomediziner,** der; -s, -: *Pflanzenarzt;* **Phytopathologie,** die; -: *Pflanzenpathologie;* **phytophag** [...'fa:k] ⟨Adj.; o. Steig.; nicht adv.⟩ [zu griech. phageĩn = essen, fressen] (Biol.): *pflanzenfressend;* **Phytophage** [...'fa:gə], der; -n, -n (Biol.): *Pflanzenfresser;* **Phytopharmazie,** die; -: *Teilgebiet der Phytomedizin, das sich mit der Anwendung u. Wirkungsweise von Pflanzenschutzmitteln befaßt;* **Phytoplankton,** das; -s: *pflanzliches Plankton;* **Phytosoziologie,** die; -: *Pflanzensoziologie;* **Phytotherapie,** die; -: *Wissenschaft von der Heilbehandlung mit pflanzlichen Substanzen; Pflanzenheilkunde;* **Phytotoxin,** das; -s, -e (Med., Biol.): *pflanzlicher Giftstoff, der in anderen Organismen Abwehrreaktionen hervorruft* (wie z. B. Heuschnupfen durch Toxine von Graspollen); **Phytotron** [fyto'tro:n, auch: 'fy:...], das; -s, -e [...'tro:nə; zu griech. -tron = Suffix zur Bez. eines Gerätes, Werkzeugs]: *modernes Laboratorium zur Untersuchung von Pflanzen bei entsprechenden klimatischen Bedingungen.*

Pi [pi:], das; -[s], -s [1: griech. pĩ; 2: 1737 von dem schweizer. Mathematiker L. Euler (1707–1783) gepr.]: **1.** *sechzehnter Buchstabe des griechischen Alphabets* (Π, π). **2.** ⟨o. Pl.⟩ (Math.) *Zahl, die das Verhältnis von Kreisumfang zu Kreisdurchmesser angibt; Ludolfsche Zahl; Kreiszahl;* Zeichen: π ($\pi = 3{,}1415...$); ***Pi mal Daumen/Pi mal Schnauze** (ugs.; *nach Gutdünken*).

piacevole [pi̯a'tʃe:volə] ⟨Adv.⟩ [ital. piacevole < spätlat. placibilis, zu: placēre, ↑Plazet] (Musik): *gefällig, lieblich.*

Piaffe ['pi̯afə], die; -, -n [frz. piaffe, eigtl. = Prahlerei, Großtuerei, zu: piaffer, ↑piaffieren] (Reiten): *aus der Hohen Schule übernommene Übung moderner Dressurprüfungen, bei der sich das Pferd im Takt des Trabes auf der Stelle bewegt;* ⟨Abl.:⟩ **piaffieren** [pi̯a'fi:rən] ⟨sw. V.; hat⟩ [frz. piaffer = lärmend mit den Füßen stampfen, aus dem Provenz.] (Reiten): *die Piaffe ausführen.*

piangendo [pi̯an'dʒɛndo] ⟨Adv.⟩ [ital. piangendo, zu: piangere = weinen < lat. plangere = (laut) betrauern] (Musik): *klagend, weinend.*

Pianino [pi̯a'ni:no], das; -s, -s [ital. pianino, Vkl. von: piano, ↑²Piano] (Musik): *kleines Klavier;* **pianissimo**: ↑piano; ⟨subst.:⟩ **Pianissimo,** das; -s, -s u. ...mi (Musik): *sehr leises Spielen, Singen;* **Pianist** [pi̯a'nɪst], der; -en, -en [frz. pianiste, zu: piano, ↑²Piano]: *jmd., der [berufsmäßig] Klavier spielt:* ein großer, berühmter, gefeierter P.; **Pianistin,** die; -, -nen: w. Form zu ↑Pianist; **pianistisch** ⟨Adj.; o. Steig.⟩: *die Technik, Kunst des Klavierspielens betreffend:* eine p. grandiose Leistung; **piano** ['pi̯a:no] ⟨Adv.; più piano [pi̯u: -], pianissimo [pi̯a'nɪsimo]⟩ [ital. piano (Komp.: più piano, Sup.: pianissimo), auch = glatt, eben < lat. plānus, ↑plan] (Musik): *leise:* eine Passage p. spielen; Ü Er sprach ... abwechselnd schrill und pianissimo (Bieler, Mädchenkrieg 319); Abk.: p; pianissimo: pp; ⟨subst.:⟩ **¹Piano** [-], das; -s, -s, auch: ...ni (Musik): *leises Spielen, Singen;* **²Piano** [-], das; -s, -s [frz. piano, Kurzf. von: piano-forte, ↑Pianoforte] (veraltend, aber noch scherzh.): *Klavier;* **Pianochord** [pi̯ano'kɔrt], das; -[e]s, -e [zu griech. chordḗ = Saite]: *einem Klavichord ähnliches, kleines, 6²/₃ Oktaven umfassendes Klavier;* **Pianoforte** [pi̯ano'fɔrtə], das; -s, -s [frz. pianoforte < ital. pianoforte, eigtl. = leise u. laut, weil – im Ggs. zum Spinett u. Klavichord – die Tasten des Hammerklaviers leise u. laut angeschlagen werden können] (veraltet): *Klavier;* **Pianola** [pi̯a'no:la], das; -s, -s [ital. pianola] (Musik): *automatisches Klavier, bei dem die Musik auf einem durchlaufenden, gestanzten Band festgelegt ist.* Vgl. Phonola.

Piassava [pi̯a'sa:va], **Piassave** [...və], die; -, ...ven [port. piassaba < Tupi (Indianerspr. des nördl. Südamerika) piassába]: *(für Besen u. Bürsten verwendete) Blattfaser verschiedener Palmenarten;* ⟨Zus.:⟩ **Piassavabesen,** der.

Piaster ['pi̯astɐ], der; -s, - [engl. piaster, piastre, frz. piastre, ital. piastra, eigtl. = Metallplatte < mlat. (em)plastra, Pl. von: emplastrum, ↑Pflaster]: *Währungseinheit in Ägypten, Syrien, im Libanon u. Sudan* (100 Piaster = 1 Pfund).

Piazza ['pi̯atsa], die; -, Piazze [ital. piazza < vlat. platea, ↑Platz]: ital. Bez. für *[Markt]platz;* **Piazzetta** [pi̯a'tsɛta], die; -, ...tte [ital. piazetta]: *kleine Piazza.*

Pica ['pi:ka], die; - [engl. pica = Bez. für ↑Cicero, H. u.]: *genormter Schriftgrad für die Schreibmaschine.*

Picador, (eingedeutscht:) Pikador [pika'do:ɐ̯], der; -s, -es [...'do:rɛs; span. picador, zu: picar = stechen]: *Reiter, der beim Stierkampf den Stier durch Lanzenstiche in den Nacken zu reizen hat.*

Picassofisch [pi'kaso-], der; -[e]s, -e [die Färbung erinnert an Gemälde des span. Malers P. Picasso (1881–1973)]: *bes. im Indischen u. Pazifischen Ozean lebender Fisch mit kontrastreicher, plakativer Zeichnung.*

Piccolo (österr.): ↑¹Pikkolo.

Pichel ['pɪçl̩], das; -s, - [H. u.] (landsch.): *Lätzchen.*

Pichelei [pɪçə'lai̯], die; -, -en (ugs.): *[dauerndes] Picheln;* **Picheler**: ↑Pichler; **picheln** ['pɪçl̩n] ⟨sw. V.; hat⟩ [aus dem Ostniederd., älter: pegeln, zu ↑Pegel, eigtl. = nach Pegeln (d. h. nach Eichzeichen) trinken] (ugs.): *[in kleiner Runde] über längere Zeit dem Alkohol zusprechen; Alkohol trinken:* einen p. [gehen]; mit jmdm. p.; gemütlich einen Wein p.; **Pichler,** Picheler ['pɪç(ə)lɐ], der; -s, - (ugs.): *jmd., der [häufig] pichelt.*

Pichelsteiner ['pɪçl̩ʃtai̯nɐ], der; -s, **Pichelsteiner Fleisch,** das; - -[e]s, **Pichelsteiner Topf,** der; - -[e]s [H. u.]: *Gemüseeintopf mit gewürfeltem [Rind]fleisch.*

pichen ['pɪçn̩] ⟨sw. V.; hat⟩ [mhd. pichen, bichen] (landsch.): *mit Pech überziehen, verschmieren, dichten:* Fässer p.

¹Pick [pɪk]: ↑¹Pik (2).

²Pick [-], der; -s [zu ↑²picken] (österr. ugs.): *Klebstoff.*

Picke ['pɪkə], die; -, -n [älter: Bicke, unter Einfluß von ↑¹picken zu älter bicken (mhd. bicken) = stechen, hauen]: svw. ↑¹Pickel (b); **¹Pickel** ['pɪkl̩], der; -s, - [älter: Bickel, mhd. bickel]: **a)** svw. ↑Spitzhacke; **b)** svw. ↑Eispickel.

²Pickel [-], der; -s, - [mundartl. Nebenf. von ↑Pocke]: *Entzündung in Form einer kleinen, rundlichen od. spitzen [mit Eiter gefüllten] Erhebung auf der Haut:* P. haben; einen P. ausdrücken; einen P. abheilen, austrocknen lassen; ein Gesicht voller P.

³Pickel [-], der; -s, - [mniederd. pickel, Nebenf. von ↑Pökel] (Gerberei): *zur Konservierung von Häuten verwendete kochsalz- u. schwefelhaltige Lösung.*

Pickelflöte: ↑Pikkoloflöte.

pickelhart ⟨Adj.; o. Steig.; nicht adv.⟩ [zu ↑¹Pickel] (schweiz.): *äußerst hart:* eine -e Eisschicht.

Pickelhaube, die; -, -n [unter Anlehnung an ↑¹Pickel zu frühnhd. bickel-, beckelhaube, zu mhd. beckenhūbe = visierloser Helm]: *(früher bes. in der preußischen Infanterie getragener) in der Mitte seiner Wölbung mit einer längeren Spitze aus Metall versehener Helm.*

Pickelhering, der; -s, -e [engl. pickleherring, aus: pickle = Pökel u. herring = Hering, vgl. nordd. veraltet Pickelhering]: *(von den englischen Komödianten übernommene) komische Figur auf der Bühne des 17. u. frühen 18. Jahrhunderts; Hanswurst.*

pickelig, picklig ['pɪk(ə)lɪç] ⟨Adj.; nicht adv.⟩ [zu ↑²Pickel]: *[viele] Pickel aufweisend:* -e Haut; p. im Gesicht sein. **pickeln** ['pɪkl̩n] ⟨sw. V.; hat⟩: *mit dem ¹Pickel* (a) *hacken:* Stufen in den Gletscher p.

¹picken ['pɪkn̩] ⟨sw. V.; hat⟩ [wahrsch. lautm. für das Geräusch, das entsteht, wenn ein Vogel mit schnellen Schnabelhieben Futter aufnimmt]: **1. a)** *mit dem Schnabel in kurzen, schnellen Stößen (Nahrung) aufnehmen, zu sich nehmen:* die Hühner, Tauben picken [Körner, Brosamen]; Wellensittiche picken Graupen aus den Schlagringen (Bieler, Bonifaz 151); **b)** *mit spitzem Schnabel [leicht] schlagen:* der Sittich pickt nach ihrem Finger; die Spatzen picken an/gegen die Fenstersch[illegible] gepickte *(angepickte)* Eier. **2.** (ugs.) *(mit einem spitzen Gegenstand, mit den Fingerspitzen) aufnehmen, herausnehmen:* die Olive aus dem Glas p.; Meinen Kamm pickte er mit zwei Fingern und warf ihn aus dem Fenster (Kempowski, Tadellöser 126); Ü Wörter sinnentstellend aus einem Text p.

²picken [-] ⟨sw. V.; hat⟩ [mhd. picken, Nebenf. von: pichen, ↑pichen] (österr. ugs.): *kleben* (1, 2, 3, 6); **pickenbleiben** ⟨st. V.; ist⟩ (österr. ugs.): **1.** *klebenbleiben.* **2.** *länger als beabsichtigt irgendwo bleiben:* im Wirtshaus, bei Freunden p.; **Pickerl** ['pɪkɐl], das; -s, -n (österr.): *Aufkleber; Plakette* (1).

Pickhammer ['pɪk-], der; -s, - [zu ↑Picke] (Bergmannsspr.): svw. ↑Abbauhammer.

Pickles ['pɪkl̩s] ⟨Pl.⟩: kurz für ↑Mixed Pickles.

picklig: ↑pickelig.

Picknick ['pɪknɪk], das; -s, -e u. -s [engl. picnic, frz. pique-nique, H. u.]: *aus mitgebrachten Speisen u. Getränken zusammengestellte, gemeinsame Mahlzeit im Freien:* auf einer Wiese P. [ab]halten, machen; zum P. aufs Land fahren. **Picknick:** **~besteck,** das; **~koffer,** der; **~korb,** der; **~platz,** der.

picknicken ['pɪknɪkn̩] ⟨sw. V.; hat⟩: *ein Picknick halten.*

Pick-up [pɪk'|ap, engl.: 'pɪkʌp], der; -s, -s [engl. pick-up, zu: to pick up = aufnehmen] (Fachspr.): *Tonabnehmer.*

Pico-: ↑Piko-.

picobello ['pi:ko'bɛlo, auch: 'pɪk...] ⟨indekl. Adj.; o. Steig.⟩ [italienisiert aus niederd. pük (↑piekfein) u. ital. bello = schön] (ugs.): *so tadellos [in Ordnung], fein, vorzüglich, daß es (beim Sprecher) großes Gefallen, Entzücken hervorruft:* ein p. Wein; Küche und Toilette sind p. (Spiegel 5, 1978, 66); er ist immer p. angezogen, sieht p. aus.

Picofarad: ↑Pikofarad.

Picot [pi'ko:], der; -s, -s [frz. picot] (Handarb.): *Muster, bei dem mehrere Luftmaschen u. eine feste Masche gehäkelt werden, wobei die feste Masche in die erste Luftmasche eingestochen wird.*

Pidgin-Englisch ['pɪdʒɪn-], **Pidgin-English** ['pɪdʒɪn'ɪŋlɪʃ], das; - [engl. pidgin (English), chin. Entstellung des engl. Wortes business, ↑Business] (bildungsspr.): *Mischsprache aus einem grammatisch sehr vereinfachten, im Vokabular stark begrenzten Englisch u. Elementen aus einer od. mehreren anderen [ostasiatischen, afrikanischen] Sprachen.*

Piece ['pje:s(ə), 'pjɛ:s(ə)], die; -, -n [frz. pièce < mlat. picia, petia, aus dem Kelt.] (bildungsspr.): *[kleineres] in sich geschlossenes Ganzes in der Ton- od. [dramatischen] Dichtkunst; [Musik-, Theater]stück:* Der Filmkomponist ... schrieb ... 8 -n in einem neu ersonnenen „Astronautik-Sound" (Spiegel 38, 1966, 142); **pièce touchée, pièce jouée** [pjɛstu'ʃe pjɛs'ʒwe; frz. = Figur berührt (heißt), Figur gespielt]: Grundsatz beim Schach, nach dem eine berührte Figur auch gezogen werden muß. Vgl. aber: j'adoube.

Piedestal [pjedɛs'ta:l], das; -s, -e [frz. piédestal < älter ital. piedestallo, aus: piede = Fuß (< lat. pēs, Gen.: pedis) u. stallo = Sitz]: **1. a)** (Archit.) *[gegliederter] Sockel;* **b)** (bildungsspr.) *sockelartiger Ständer für bestimmte Zier-, Kunstgegenstände:* eine chinesische Vase, eine Statuette steht auf dem P.; Ü sie riß ihren Mann vom P. seiner Vorurteile. **2.** (bildungsspr.) *oben mit einer waagerechten Platte versehenes hohes Gestell mit schräggestellten Beinen für Vorführungen (bes. von Tieren) im Zirkus.*

Piedmontfläche ['pi:dmənt-], die; -, -n [engl. piedmont] (Geol.): *meist flache, sanft geneigte Fläche vor dem Fuß eines Gebirges, gegen den sie deutlich abgesetzt ist.*

Piefke ['pi:fkə], der; -s, -s [wohl nach einem bes. in Berlin häufigen Familienn.; vgl. aber auch ostfries. pēfke = (schwächliches) Kind]: **1.** (landsch., bes. nordd. abwertend) *jmd., der durch Mangel an Intelligenz u. eingebildetes, großtuerisches Benehmen unangenehm auffällt, dümmlicher Wichtigtuer:* das ist vielleicht ein P.!; mit ... Spießern und schnoddrigen -s (MM 28. 3. 66, 20). **2.** (österr. abwertend) *Deutscher.*

Piek [pi:k], die; -, -en [engl. peak, Nebenf. von pike = scharfe Spitze, zu (a)frz. piquer, ↑pikieren] (Seemannsspr.): **1.** *unterster Raum eines Schiffes (im vorderen od. hinteren Teil), der meist als Tank für Ballastwasser dient.* **2. a)** *Spitze einer Gaffel;* **b)** *oberstes Ende des Gaffelsegels.*

Pieke ['pi:kə], die; -: ↑¹Pik (2).

piekfein ['–'–] ⟨Adj.; o. Steig.⟩ [1. Bestandteil aus niederd. pük = erlesen, ausgesucht] (ugs.): *in der Aufmachung, Ausstattung o. ä. [gesucht] fein, exklusiv* (1 b): ein -es Restaurant; -e Leute; p. angezogen, eingerichtet sein; **pieksauber** ['–'––] ⟨Adj.; o. Steig.⟩ (ugs.): *makellos sauber, tadellos gepflegt, in Ordnung:* -e Wäsche; eine -e Wohnung; Alles an ihr war p. (Bredel, Väter 68).

Piemontit [piemɔn'ti:t, auch: ...tɪt], der; -s, -e [nach der ital. Region Piemont] (Geol.): *glasig glänzendes, schwarzes bis rotes Mineral.*

pieno ['pje:no] ⟨Adv.⟩ [ital. pieno < lat. plēnus, ↑Plenum] (Musik): *voll[stimmig].*

piep!, pieps! [pi:p(s)] ⟨Interj.⟩: lautm. für das Piepen, Piepsen bes. junger Vögel od. auch bestimmter Kleintiere wie Mäuse o. ä.: p., p.!; ***nicht p. sagen** (ugs.; *kein Wort reden; schweigen*): die Ziege von Schwiegertochter sagte den ganzen Weg nicht p. (Kant, Impressum 110); **nicht mehr p. sagen können** (ugs.: 1. *kein Wort mehr hervorbringen.* 2. *tot sein*); **Piep** [-], der; -s, -e ⟨Pl. selten⟩ (ugs.): svw. ↑Pieps: Ü noch einen Piep *(Ton)*, und wir nehmen euch alle mit (Degenhardt, Zündschnüre 14); **keinen P. mehr sagen** (ugs.: 1. *kein Wort mehr reden.* 2. *tot sein*); **keinen P. mehr machen/tun** (ugs.; *tot sein*); **einen P. haben** (ugs. abwertend; *nicht recht bei Verstand sein*).

piep-, Piep-: **~egal** ⟨Adj.; nur präd.⟩ [zu ↑piepe] (ugs.): *ganz u. gar gleichgültig:* das ist mir p.!; **~hahn,** der (Kinderspr.): *Penis;* **~laut,** der: das Küken gab kleine -e von sich; **~matz,** der (Kinderspr.): *[kleiner] Vogel:* die Piepmätze füttern; ***einen P. haben** (fam. scherzh.; ↑Vogel); **~vogel,** der (Kinderspr.): vgl. ~matz.

piepe ['pi:pə] ⟨Adj.; nur präd.⟩ [zu ↑piepen im Sinne von „auf etw. pfeifen"] (ugs.): *piepegal:* das ist ihm doch p.

Piepel ['pi:pl̩], der; -s, -[s] [zu landsch. (bes. ostmd.) piep(e)lig = klein, mickrig] (salopp landsch.): **1.** *kleiner Junge:* die -s spielten im Hinterhof Fußball. **2.** *Penis.*

piepen ['pi:pn̩] ⟨sw. V.; hat⟩ [aus dem Niederd. < mniederd. pīpen, verw. mit ↑Pfeife]: *(bes. von jungen Vögeln, auch von bestimmten Kleintieren wie Mäusen o. ä.) in kurzen Abständen feine, hohe, kurz abbrechende Pfeiftöne ausstoßen:* Sie (=die Küken) piepen jämmerlich, wenn man sich entfernt (Lorenz, Verhalten I, 141); Ü In der Sache Bjuschew hat er nicht mehr gepiept (ugs.; *keinen Ton mehr gesagt;* A. Zweig, Grischa 291); ⟨unpers.:⟩ bei 130 Bundesbürgern piept es in der Manteltasche ... vernehmlich (ugs.; *[von Kleinempfängern einer Personensuchanlage o. ä.] sendet das Gerät piepende Signale aus;* MM 29. 11. 74, 14); ***bei jmdm. piept es** (ugs.; *jmd. ist nicht recht bei Verstand*); **zum Piepen [sein]** (ugs.; *sehr komisch, belustigend [sein]*); **Piepen** [-] ⟨Pl.⟩ [viell. gek. aus der scherzh. (berlin.) Bez. „Piepmatz" für den Adler auf Münzen] (salopp): **a)** *Geld:* keine P. haben; eine Menge P. verdienen; **b)** *Mark:* kannst du mir ein paar, hundert P. pumpen?; Dafür bekomme ich 700 P. im Monat (Hörzu 39, 1970, 18); **pieps** [pi:ps]: ↑piep; **Pieps** [-], der; -es, -e (ugs.): *(bes. in bezug auf junge Vögel, auch bestimmte Kleintiere wie Mäuse o. ä.) feiner, hoher Pfeifton:* aus dem Nest kamen schwache -e; Ü keinen P. *(Ton)* von sich geben; ***keinen P. mehr sagen** (↑Piep); **keinen P. mehr machen/tun** (↑Piep); **piepsen** ['pi:psn̩] ⟨sw. V.; hat⟩: **1.** svw. ↑piepen: ein lustig piepsender Kanarienvogel. **2. a)** *mit feiner, hoher Stimme sprechen, singen:* aus der Nebenstube piepsten Hannelore und Doris ..., die Kaufladen spielten (Degenhardt, Zündschnüre 63); **b)** *(etw.) mit feiner, hoher Stimme sagen, singen:* die Kleinen piepsten ein Weihnachtslied; ⟨Abl.:⟩ **Piepser,** der; -s, - (ugs.): **1.** svw. ↑Pieps. **2.** *Kleinempfänger einer Personensuchanlage;* **piepsig** ⟨Adj.⟩ (ugs.): **1.** *(in bezug auf Töne, die [menschliche] Stimme) hoch u. fein:* eine -e Stimme; sie singen die Lieder ein wenig p. **2.** *klein u. zart; winzig:* ein -es Persönchen, Kerlchen; das sind aber -e Portionen!; ⟨Abl.:⟩ **Piepsigkeit,** die; - (selten); **Pieps-**

stimme, die; -, -n: ein zierlicher kleiner Mann mit P. (Hilsenrath, Nazi 14).

[1]Pier [piːɐ̯], der; -s, -e u. -s, Seemannsspr.: die; -, -s [engl. pier < mlat. pera, H. u.]: *rechtwinklig an einen Kai, ein Flußufer angebaute Anlegestelle, Landungsbrücke, an der die Schiffe beiderseits anlegen können:* das Schiff liegt am, an der P./hat am, an der P. festgemacht; jmdn. auf dem P. empfangen.

[2]Pier [-], der; -[e]s, -e [mniederd. pīr] (nordd.): *Köderwurm.*

Pierrot [pi̯ɛˈroː], der; -s, -s [frz. Pierrot, eigtl. = Peterchen, Vkl. von: Pierre = Peter]: *komische Figur, vor allem der französischen Pantomime.*

piesacken [ˈpiːzakn̩] 〈sw. V.; hat〉 [aus dem Niederd., wohl zu niederd. (ossen)pesek = Ochsenziemer, also eigtl. = mit dem Ochsenziemer schlagen] (ugs.): *jmdm. hartnäckig mit etw. zusetzen; jmdn. [unaufhörlich] quälen, peinigen:* du sollst endlich aufhören, deinen kleinen Bruder zu p.!; die Stechmücke, der Zahnarzt hat mich ganz schön gepiesackt; er wurde immer wieder ... regelrecht gepiesackt von diesen Fragen (Lenz, Suleyken 90); **Piesackerei** [piːzakəˈrai̯], die; -, -en: *das Piesacken.*

pieseln [ˈpiːzl̩n] 〈sw. V.; hat〉 [wohl unter Anlehnung an ↑nieseln verhüll. entstellt aus ↑pissen] (fam.): **1.** *[in feinen, dichten Tropfen anhaltend] regnen.* **2.** *urinieren.*

Piesepampel [ˈpiːzəpampl̩], der; -s, - [wohl entstellt aus ↑mies; 2. Bestandteil landsch. Pampel, Bambel, ↑Hahnebampel] (landsch. salopp abwertend): *Mensch, mit dem man machen kann, was man will; jmd., der weichlich u. nachgiebig ist.*

Pieta, (ital.:) **Pietà** [pi̯eˈta], die; -, -s [ital. pietà = Frömmigkeit < lat. pīetās] (bild. Kunst): *Darstellung der trauernden Maria, die den Leichnam Christi im Schoß hält; Vesperbild;* **Pietät** [pi̯eˈtɛːt], die; - [lat. pīetās (Gen.: pīetātis), zu: pīus = pflichtbewußt; fromm] (bildungsspr.): *(bes. in bezug auf die Gefühle, die sittlichen, religiösen Wertvorstellungen anderer) ehrfürchtiger Respekt, taktvolle Rücksichtnahme:* das gebietet [allein/schon] die P.; Mangel an P. und Takt; etw. aus P. tun, unterlassen.

pietät-, Pietät- (geh.): **~los** 〈Adj.; -er, -este〉: *ohne Pietät:* ein -es Verhalten; p. reden, dazu: **~losigkeit,** die; -; **~voll** 〈Adj.〉: *von Pietät erfüllt, bestimmt; ehrfurchtsvoll.*

Pietismus [pi̯eˈtɪsmʊs], der; - [zu lat. pīetās, ↑Pietät]: *religiöse Bewegung innerhalb des deutschen Protestantismus vom späten 17. bis zur Mitte des 18. Jh.s, die durch vertiefte Frömmigkeit u. tätige Nächstenliebe des einzelnen die als starr empfundene Orthodoxie zu überwinden suchte;* **Pietist,** der; -en, -en: *Anhänger des Pietismus;* **Pietistin,** die; -, -nen: w. Form zu ↑Pietist; **pietistisch** 〈Adj.; o. Steig.〉: **a)** *den Pietismus betreffend, dazu gehörend:* -e Reformbestrebungen; **b)** *für die Pietisten charakteristisch, in der Art der Pietisten:* -e Frömmigkeit; **pietoso** [pi̯eˈtoːzo] 〈Adv.〉 [ital. pietoso < mlat. pietosus] (Musik): *mitleidsvoll, andächtig.*

pietschen [ˈpiːtʃn̩] 〈sw. V.; hat〉 [H. u.] (landsch.): *[in Gesellschaft anderer] ausgiebig Alkohol trinken.*

Pieze [ˈpiːtsə], die; -, -n [H. u.; viell. aus dem Slaw., vgl. poln. pierś] (landsch. derb): *weibliche Brust[warze].*

piezo-, Piezo- [pi̯etso-; zu griech. piézein = drücken] 〈Best. in Zus. mit der Bed.〉: *Druck* (z. B. Piezometer; piezoelektrisch); **piezoelektrisch** 〈Adj.; o. Steig.〉 (Physik): *auf Piezoelektrizität beruhend, sie betreffend:* -e Geräte; **Piezoelektrizität,** die; - (Physik): *durch [1]Druck (1) entstehende Elektrizität an der Oberfläche bestimmter Kristalle* (z. B. Quarz, Turmalin); **Piezometer,** das; -s, - [↑-meter] (Physik): *Gerät, das dazu dient, den Grad der Kompressibilität einer Flüssigkeit zu messen;* **Piezoquarz** [ˈpi̯eːtso-], der; -[e]s, -e (Physik, Technik): *Platte aus einem Quarzkristall, die als Bauelement (z. B. von Quarzuhren) dazu dient, die Schwingung konstant zu halten; Schwingquarz.*

piff, paff [puff!]! [ˈpɪf ˈpaf (ˈpʊf)] 〈Interj.〉 (Kinderspr.): lautm. für einen Gewehr- od. Pistolenschuß.

Pigment [pɪˈgmɛnt], das; -[e]s, -e [lat. pigmentum = Färbestoff]: **1.** (Biol., Med.) *in den Zellen des menschlichen, tierischen u. pflanzlichen Organismus eingelagerter, die Färbung der Gewebe bestimmender Farbstoff:* ein gelbes, braunes P.; -e bilden. **2.** (Chemie) *im Lösungs- od. Bindemittel unlöslicher, aber feinstverteilter Farbstoff* (z. B. Ruß).

pigment-, Pigment-: ~arm 〈Adj.; nicht adv.〉: *wenig Pigment (1) besitzend, aufweisend* (Ggs.: ~reich); **~bildung,** die; **~druck,** der: **1.** (Technik) 〈o. Pl.〉 *Verfahren zum Bedrucken bes. von Mischgeweben, bei dem Pigmente (2) verwendet werden.* **2.** (Fot. früher) **a)** 〈o. Pl.〉 *fotografisches Verfahren, bei dem das Negativ auf eine mit Pigmenten (2) versehene lichtempfindliche Schicht übertragen wird;* **b)** *durch Pigmentdruck (2 a) hergestelltes, reliefartiges Bild;* **~farbstoff,** der: *Pigment (2);* **~fleck,** der (Med.): *durch vermehrte Einlagerung von Pigment (1) verursachter Fleck (2) auf der Haut;* **~frei** 〈Adj.; o. Steig.; nicht adv.〉: svw. ↑~los; **~gen,** das (Biol., Med.): *die Pigmentbildung ermöglichendes Gen;* **~los** 〈Adj.; o. Steig.; nicht adv.〉: *kein Pigment (1) besitzend, aufweisend;* **~mal,** das 〈Pl. -male〉 (geh.): svw. ↑~fleck; **~papier,** das (Fot., Druckw.): *mit einer Mischung von Gelatine u. einem Pigmentfarbstoff beschichtetes Rohpapier, das bes. zur Herstellung von Tiefdruckformen verwendet wird;* **~reich** 〈Adj.; nicht adv.〉: *reich an Pigment (1)* (Ggs.: ~arm); **~schwund,** der: krankheitsbedingter P.

Pigmentation [pɪgmɛntaˈtsi̯oːn], die; -, -en 〈Pl. selten〉 (Biol., Med.): *Einlagerung von Pigment (1);* **pigmentieren** [...ˈtiːrən] 〈sw. V.; hat〉 (Biol., Med. selten): **1.** *körpereigenes Pigment bilden.* **2.** *als körperfremdes Pigment sich einlagern u. etw. einfärben:* Arsen pigmentiert die Haut; **pigmentiert** 〈Adj.; o. Steig.; nicht adv.〉: *mit Pigment (1) versehen:* normal, stark, schwach p.; **Pigmentierung,** die; -, -en: **1.** 〈o. Pl.〉 *das Pigmentieren.* **2.** 〈Pl. selten〉 svw. ↑Pigmentation.

Pignole, (österr.:) **Pignolie** [pɪnˈjoːl(i̯)ə], die; -, -n [ital. pi(g)nole, zu: pino = Pinie]: *Pinienkern;* 〈Zus.:〉 **Pignolenkipferl, Pignolikipferl** [pɪnˈjoːli-], das (österr.): *mit Pignolen bestreutes Kipferl.*

Pijacke [ˈpiːjakə], die; -, -n [engl. pea-jacket] (Seemannsspr. veraltend): svw. ↑Kolani.

[1]Pik [piːk], der; -s, -e u. -s [1: (m)frz. pic, eigtl. = Spitze, zu: piquer, ↑pikiert; 2: über das Niederd., Niederl. zu frz. pique, ↑Pike]: **1.** *Bergspitze* (in Namen von Bergen in den Alpen). **2.** *** einen [kleinen/richtigen** o. ä.**] P. auf jmdn. haben** *(gegen jmdn. einen heimlichen Groll hegen):* der Chef hat einen P. auf ihn; **[2]Pik** [-], das; -s, -s [zu frz. pique, ↑Pike]: **a)** *schwarzfarbige Figur (4 a) in Form der stilisierten Spitze eines Spießes:* ein mit -s bedrucktes weißes Faschingskostüm; **b)** 〈o. Pl.; o. Art.〉 *durch [2]Pik (a) gekennzeichnete [zweithöchste] Farbe im Kartenspiel;* **c)** 〈Pl. Pik〉 *Spiel mit Karten, bei dem [2]Pik (b) Trumpf ist;* **d)** 〈Pl. Pik〉 *Spielkarte mit [2]Pik (b) als Farbe.*

Pik ([2]Pik): **~as** [auch: –ˈ–], das: *[2]As (1) der Farbe [2]Pik (b);* **~bube** [auch: –ˈ––], der; **~dame** [auch: –ˈ––], die; **~könig** [auch: –ˈ––], der; **~sieben** [auch: –ˈ––], die: *** dastehen/dasitzen/gucken wie P.** (ugs. scherzh.; *durch etw. Unerwartetes ganz verwirrt u. hilflos dastehen, -sitzen, gucken*).

Pikador: ↑Picador.

pikant [piˈkant] 〈Adj.; -er, -este〉 [frz. piquant, 1. Part. von: piquer, ↑pikiert]: **1.** *angenehm scharf, durch verschiedene, fein aufeinander abgestimmte Gewürze [u. Wein, Essig o. ä.] äußerst schmackhaft:* eine -e Soße; den Salat p. zubereiten; etw. schmeckt p. **2.** *reizvoll:* eine -e Brünette; wie p. sie das bunte Tuch ... über dem leichten Dekolleté kleidete (Habe, Namen 219). **3.** *leicht frivol (b), schlüpfrig:* eine -e Geschichte, -e Witze erzählen; **Pikanterie** [pikantəˈriː], die; -, -n [...iːən] (bildungsspr.): **1.** 〈o. Pl.〉 *pikante (2) Note, eigenartiger Reiz:* der Sinn für die P. gewisser Widersprüche (Chr. Wolf, Himmel 234); etw. ist nicht ohne P., entbehrt nicht einer gewissen P. **2.** *pikante (3) Geschichte:* -n erzählen; er unterhielt sie mit -n. **3.** 〈o. Pl.〉 (selten) *feine Würzigkeit:* Speisen von aparter P.; **pikanterweise** 〈Adv.〉 (bildungsspr.): *was nicht einer gewissen Pikanterie (1) entbehrt; was den Reiz, das Belustigende ausmacht.*

pikaresk [pikaˈrɛsk], **pikarisch** [piˈkaːrɪʃ] 〈Adj.; o. Steig.〉 [(frz. picaresque <) span. picaresco, zu: pícaro = Gauner, Schelm, nach der Bez. für den Helden der im 16. Jh. in Spanien entstandenen Gattung des Schelmenromans] (Literaturw.): *schelmenhaft:* -er Roman *(Schelmenroman).*

Pikazismus [pikaˈtsɪsmʊs], der; -, ...men [zu frz. pica = abnorme Eßlust < lat. pīca = Elster (die Elster gilt als gefräßiger Vogel)]: **1.** (Med.) *Heißhunger nach ausgefallenen Speisen bei Schwangeren.* **2.** (Sexualk.) *abnormes Verlangen, Getränke od. auch Speisen, die dem Geschlechtspartner zuerst vaginal (rektal) eingeführt wurden, zu sich zu nehmen.*

Pike [ˈpiːkə], die; -, -n [frz. pique, zu: piquer, ↑pikiert]: *(im späten Mittelalter) aus langem hölzernem Schaft u. Eisenspitze bestehende Stoßwaffe des Fußvolkes (1); Spieß:* mit -n bewaffnete Landsknechte; *** von der P. auf dienen/lernen/etw. erlernen** (ugs.; *eine Ausbildung von der untersten Stufe beginnen, einen Beruf von Grund auf erlernen;* urspr.

= als gemeiner Soldat [mit der Pike] beginnen): er hat im Hotelfach von der P. auf gedient, das Hotelfach von der P. auf gelernt; [1]**Pikee** [pi'ke:], der, österr. auch: das; -s, -s [frz. piqué, zu: piquer, ↑pikiert] (Textilind.): *Doppelgewebe mit erhabenem Waben- od. Waffelmuster;* [2]**Pikee:** ↑[2]Piqué; ⟨Zus. zu ↑[1]Pikee:⟩ **Pikeekragen,** der; **Pikeeweste,** die; **piken** ['pi:kn̩] ⟨sw. V.; hat⟩ [Nebenf. von ↑[1]picken] (ugs.): **1.** *stechen:* das Stroh pikt; sich mit, an etw. p. **2.** *jmdn. mit der Spitze von etw. unter leichtem Druck kurz irgendwo berühren:* er pikt sie mit einer Nadel in den Po; **Pikenier** [pikə'ni:ɐ̯], der; -s, -e [geb. nach frz. piquier] (früher): *mit der Pike kämpfender Landsknecht;* **Pikett** [pi'kɛt], das; -[e]s, -e [1: frz. piquet, zu: pique, ↑[2]Pik; 2, 3: frz. piquet = kleine Abteilung von Soldaten, zu: pique, ↑Pike]: **1.** *Kartenspiel für zwei Personen, in dem es keine Trumpffarbe gibt.* **2.** (schweiz.) **a)** *(im Heer u. bei der Feuerwehr) einsatzbereite Einheit;* **b)** *Bereitschaft* (1): auf P. stellen. **3.** (veraltet) *Vorposten[abteilung];* ⟨Zus. zu 2b:⟩ **Pikettstellung,** die (schweiz.): *Bereitstellung;* **pikieren** [pi'ki:rən] ⟨sw. V.; hat⟩ [frz. piquer, ↑pikiert]: **1.** (Gartenbau) *zu dicht stehende junge Pflanzen ausziehen u. in größerem Abstand verpflanzen:* Erdbeeren in Kästen, Beete *(die Sämlinge auf den Beeten)* p. **2.** *festen Stoff auf die Innenseite eines Stoffes mit von außen nicht sichtbaren Stichen nähen (um einem Kleidungsstück einen besseren Sitz zu geben):* den Kragen, die Revers einer Kostümjacke p.; ⟨Zus. zu 1:⟩ **Pikierkasten,** der: svw. ↑Pikierkiste; **Pikierkiste,** die (Gartenbau): *starke [Holz]kiste unterschiedlicher Größe zur Anzucht von Sämlingen;* **pikiert** ⟨Adj.; -er, -este⟩ [2. Part. von veraltet pikieren = reizen, verstimmen < frz. piquer, eigtl. = stechen] (bildungsspr.): *gekränkt, ein wenig beleidigt:* ein -es Gesicht machen; [über etw.] ein bißchen, äußerst p. sein; p. reagieren, antworten; sich p. abwenden.

[1]**Pikkolo** ['pɪkolo], der; -s, -s [ital. piccolo, eigtl. = Kleiner; klein]: *Kellner, der sich noch in der Ausbildung befindet;* [2]**Pikkolo** [-], das; -s, -s [1: ital. (flauto) piccolo; 2: ital. (cornetto) piccolo]: **1.** svw. ↑Pikkoloflöte. **2.** *kleinstes* [2]*Kornett;* [3]**Pikkolo** [-], die; -, -[s] (ugs.): kurz für ↑Pikkoloflasche: Herr Ober, zwei P. bitte!

Pikkolo-: ~**flasche,** die: *kleine Sektflasche für eine Person;* ~**flöte,** die: *kleine Querflöte;* ~**sekt,** der: *in eine Pikkoloflasche abgefüllter Sekt.*

Piko-, Pico- [piko-; zu ital. piccolo = klein] (Physik) ⟨Best. in Zus. mit der Bed.⟩: *ein Billionstel (der betreffenden Einheit);* Zeichen: p; **Pikofarad,** das; -[s], - (Physik): *ein Billionstel Farad;* Zeichen: p^F

Pikör [pi'kø:ɐ̯], der; -s, -e [frz. piqueur, zu: piquer, ↑pikiert] (Jagdw. früher): *Aufseher der Hundemeute bei der Parforcejagd.*

Pikrinsäure [pi'kri:n-], die; -, -n [zu griech. pikrós = bitter] (Chemie): *gelbe, bitter schmeckende, explosible Verbindung.*

piksen ['pi:ksn̩] ⟨sw. V.; hat⟩: svw. ↑piken.

Piktogramm [pɪkto'gram], das; -s, -e [zu lat. pictum (2. Part. von: pingere = malen) u. ↑-gramm]: *stilisierte Darstellung von etw., die eine bestimmte Information vermittelt* (z.B. Wegweiser in Flughäfen, Bahnhöfen o.ä.).

Pilar [pi'la:ɐ̯], der; -en, -en [span. pilar, zu: pila < lat. pīla = Pfosten] (Reitsport): *einer der beiden [Holz]pfosten, zwischen denen das mit den Zügeln angebundene Schulpferd Übungen der Hohen Schule erlernt;* **Pilaster** [pi'lastɐ], der; -s, - [frz. pilastre < ital. pilastro, zu lat. pīla, ↑Pilar] (Archit.): *(zur Gliederung von Wänden, zur Rahmung von Fenstern dienender) flach aus der Wand hervortretender, in Fuß, Schaft u. Kapitell gegliederter Pfeiler.*

Pilatus: ↑Pontius.

Pilau [pi'lau̯], **Pilaw** [pi'laf], der; -s [türk. pilâv, aus dem Pers.]: *Reisgericht mit Hammel- od. Hühnerfleisch.*

Pilchard ['pɪltʃɐt], der; -s, -s [engl. pilchard]: svw. ↑Sardine.

Pile [pail], der od. das; -s, -s [engl. pile, eigtl. = Haufen; Säule < lat. pīla, ↑Pilar]: engl. Bez. für *Kernreaktor.*

Pileolus [pi'le:olʊs], der; -, ...li u. ...len [pile'o:lən; lat. pileolus, Vkl. von: pīleus = Filzkappe, -mütze < griech. pĩlos = Filz]: svw. ↑Kalotte (4a).

Pilger ['pɪlgɐ], der; -s, - [mhd. pilgerīn, pilgerīm, ahd. piligrīm < vlat., kirchenlat. pelegrīnus, urspr. wohl = der nach Rom wallfahrende Fremde, dissimiliert < lat. peregrīnus = Fremdling; fremd]: *jmd., der aus Frömmigkeit eine längere [Fuß]reise zu einer religiös bes. verehrten Stätte macht.*

Pilger-: ~**fahrt,** die; ~**gewand,** das; ~**hut,** der: *(im MA.) von den christlichen Pilgern getragener Hut mit breiter, vorne hochgeschlagener u. mit einer Jakobsmuschel geschmückter Krempe;* ~**kirche,** die (selten): svw. ↑Wallfahrtskirche; ~**mantel,** der; ~**muschel,** die: svw. ↑Kammuschel; vgl. Jakobsmuschel; ~**reise,** die; ~**schar,** die; ~**stab,** der: *(im MA.) zur Ausrüstung des christlichen Pilgers gehörender längerer Holzstab mit Knauf;* ~**zug,** der.

Pilgerin, die; -, -nen: w. Form zu ↑Pilger; **pilgern** ['pɪlgɐn] ⟨sw. V.; ist⟩: **1.** *als Pilger eine längere [Fuß]reise zu einer religiös bes. verehrten Stätte machen:* alljährlich pilgern Gläubige nach Mekka, Rom; Ü als alter Wagnerianer pilgerte er jedes Jahr nach Bayreuth. **2.** (ugs.) *eine längere Strecke in gemächlichem Tempo zu Fuß zurücklegen, gehen:* von Hamburg nach Itzehoe p.; ins Grüne p.; wo nur der Postbote die weiten Sandwege pilgert (Winckler, Bomberg 28); **Pilgerschaft,** die; -: *das Pilgersein:* diese Erde ist nur eine Stätte der P. (Weiss, Marat 40); **Pilgersmann,** der; -[e]s, ...männer u. ...leute (veraltet): *Pilger;* **Pilgrim** ['pɪlgrɪm], der; -s, -e [vgl. Pilger] (veraltet): *Pilger.*

pilieren [pi'li:rən] ⟨sw. V.; hat⟩ [frz. piler < lat. pīlāre = zusammendrücken] (Fachspr.): *zerstoßen, schnitzeln (bes. Rohseife, um das Parfüm einzuarbeiten).*

Pilke ['pɪlkə], die; -, -n [wohl niederd. pīlke = kleiner Pfeil] (Angelsport): *größerer Köder in Fischform (mit vier Haken), der bes. beim Hochseeangeln für den Fang von Makrelen u. Dorschen benutzt wird;* **pilken** ['pɪlkn̩] ⟨sw. V.; hat⟩: *mit der Pilke angeln.*

Pille ['pɪlə], die; -, -n [frühnhd. pillel(e), mhd. pillule < lat. pilula = Kügelchen; Pille, Vkl. von: pila = Ball]: **1. a)** *[mit Überzug versehenes] Arzneimittel in Form eines Kügelchens, das oral einzunehmen ist:* -n drehen *(durch Rollbewegung herstellen);* **b)** (ugs.) *Arzneimittel aus festen Stoffen (in Pillen-, Dragee-, Tabletten- od. Kapselform), das oral einzunehmen ist:* eine P. gegen Kopfschmerzen, zum Schlafen nehmen; er schluckt ständig irgendwelche -n; Der Marburger Psychiater ... deutet den Griff nach der P. soziologisch (Zeit 15. 5. 64, 20); R da/bei jmdm. helfen keine -n [u. keine Medizin] (ugs.; *da/bei jmdm. ist alle Mühe vergebens*); ***eine bittere P. [für jmdn.] sein** (ugs.; *äußerst unangenehm für jmdn. sein u. schwer hinzunehmen*): die Wahlniederlage ist eine bittere P. für die Partei; **die[se]/eine** o. ä. **[bittere] P. schlucken** (ugs.; *etw. Unangenehmes hinnehmen, sich damit abfinden*); **jmdm. eine [bittere] P. zu schlucken geben** (ugs.; *jmdm. etw. Unangenehmes sagen, zufügen*); **jmdm. die/eine bittere P. versüßen** (ugs.; *jmdm. etw. Unangenehmes auf irgendeine Weise ein wenig angenehmer, erträglicher machen*). **2.** ⟨o. Pl.; nur mit bestimmtem Art.⟩ (ugs.) kurz für ↑Antibabypille: sich die P. verschreiben lassen; [regelmäßig] die P. nehmen; die P. nicht vertragen. **3.** (Ballspiele Jargon) [1]*Ball* (1): die P. flog mit Wucht in den Kasten.

pillen-, Pillen-: ~**dreher,** der: **1.** *(überwiegend in wärmeren Gebieten heimischer) Käfer, der aus dem Kot pflanzenfressender Säugetiere größere Kugeln formt, fortrollt u. zum Schutz gegen Austrocknung eingräbt, um sie als Nahrung od. zur Eiablage zu benutzen; Skarabäus.* **2.** (ugs. scherzh.) *Apotheker;* ~**knick,** der: *(in bezug auf die statistische Darstellung) Geburtenrückgang durch Einnahme der Antibabypille;* ~**müde** ⟨Adj.; Steig. selten⟩ (ugs.): *nicht geneigt, nicht willens, weiterhin die Antibabypille zu nehmen,* dazu: ~**müdigkeit,** die (ugs.); ~**schachtel,** die.

Piller ['pɪlɐ], der; -s, -, **Pillermann,** der; -[e]s, -männer [zu ostmd. pillern, Nebenf. von ↑pullern] (Kinderspr. landsch.): *Penis.*

pillieren [pɪ'li:rən] ⟨sw. V.; hat⟩ [zu ↑Pille] (Landw.): *(Samen für die Aussaat) mit einer nährstoffreichen Masse umhüllen u. zu Kügelchen formen;* **Pilling** ['pɪlɪŋ], das; -s [engl. pilling, zu: to pill = Knötchen bilden] (Textilind.): *(unerwünschte) Knötchenbildung an der Oberfläche von Textilien.*

Pilokarpin [pilokar'pi:n], das; -s [zu griech. pĩlos = Filz u. karpós = Frucht, nach den behaarten Früchten eines Rautengewächses, aus dem es gewonnen wird]: *Alkaloid, das für medizinische u. kosmetische Zwecke (bes. in Augentropfen u. Haarwuchsmitteln) verwendet wird.*

Pilot [pi'lo:t], der; -en, -en [frz. pilote < ital. pilota, älter: pedotta = Steuermann, zu griech. pēdón = Steuerruder; 4: frz. (drap) pilote; der Stoff sollte durch „alle Unbilden des Wetters leiten"]: **1. a)** (Flugw.) *jmd., der auf Grund einer bestimmten Ausbildung [berufsmäßig] ein Flugzeug steuert; Flugzeugführer:* er ist P. bei der Lufthansa; **b)**

(Autorenn-, Motorradsport Jargon) *Rennfahrer.* **2.** (Seemannsspr. veraltet) svw. ↑Lotse. **3.** svw. ↑Lotsenfisch. **4.** (Textilind.) svw. ↑Moleskin.

Pilot- [engl. pilot = Wegweiser, Führer]: **~anlage,** die: *Versuchsanlage in der chemischen Industrie, die ein Zwischenglied zwischen Labor u. Großproduktion darstellt;* **~ballon,** der (Met.): *unbemannter kleiner Ballon* (1 b), *der aufgelassen wird, um Windrichtung u. -stärke anzuzeigen;* **~betrieb,** der: *Probe-, Versuchsbetrieb;* **~film,** der (Fernsehen): *einer Serie od. Sendung vorauslaufender Film, mit dem man das Interesse der Zuschauer, die Breitenwirkung zu testen versucht;* **~projekt,** das: vgl. ~betrieb; **~sendung,** die (Rundfunk, Fernsehen): vgl. ~film; **~studie,** die: *einem Projekt vorausgehende Untersuchung, in der alle in Betracht kommenden, wichtigen Faktoren zusammengetragen werden; Leitstudie;* **~ton,** der ⟨Pl. -töne⟩: **1.** (Film-, Fernsehtechnik) *zusätzlich aufgezeichneter hochfrequenter Ton, der bei getrennter Wiedergabe von Bild u. Ton zur synchronen Steuerung von Filmprojektor u. Tonbandgerät dient.* **2.** (Elektronik) *hochfrequentes Signal, das der Sender bei Stereoprogrammen zusätzlich ausstrahlt u. das im Decoder die Entschlüsselung der insgesamt übertragenen Signale bewirkt.*

Pilote [pi'lo:tə], die; -, -n [frz. pilot, zu: pile < lat. pīla = Pfeiler] (Bauw.): *Rammpfahl, Stütze.*

Piloten- (Pilot 1 a; Flugw.): **~kabine,** die; **~kanzel,** die: svw. ↑Cockpit; **~schein,** der: *amtliche Bescheinigung, die jmdn. dazu berechtigt, [berufsmäßig] ein Flugzeug zu steuern; Flugschein* (2); **~sitz,** der.

[1]**pilotieren** [pilo'ti:rən] ⟨sw. V.; hat⟩ [zu ↑Pilot] (Flugw., Autorenn-, Motorradsport): *als Pilot* (1) *steuern:* einen Rennwagen der Formel I p.

[2]**pilotieren** [-] ⟨sw. V.; hat⟩ [frz. piloter, zu: pilot, ↑Pilote] (Bauw.): *Rammpfähle, Stützen einrammen.*

Pilotin, die; -, -nen: w. Form zu ↑Pilot (1 a).

Pils [pɪls], das; -, -, **Pils[e]ner** ['pɪlz(ə)nɐ], das; -s, - [gek. aus Pils[e]ner Bier; nach der tschechoslowak. Stadt Pilsen (tschech. Plzeň)]: *helles, stark schäumendes, etwas bitter schmeckendes Bier:* Herr Ober, bitte noch zwei P.

Pilz [pɪlʦ], der; -es, -e [mhd. bülz, bülez, ahd. buliz < lat. bōlētus = Pilz, bes. Champignon < griech. bōlítēs]: **1.** *blatt- u. blütenlose, fleischige Pflanze von [bräunlich]weißer bis [braun]roter Farbe, die meist aus einem schlauch- bis keulenförmigen Stiel u. einem flachen od. kugel- bis kegelförmigen Hut besteht:* ein eßbarer, schmackhafter, madiger, giftiger P.; -e suchen, sammeln, putzen, zubereiten, schmoren, trocknen; einen P. bestimmen; sie gehen in die -e (ugs.; *sie gehen in den Wald, um Pilze zu sammeln*); Ü der Hauptmann ... ein finsterer, dicker P. mit ... Stahlhelm (Böll, Adam 15); *** in die -e gehen** (ugs. selten; *sich zurückziehen, sich nicht mehr [öffentlich] sehen lassen*): Gelegentlich las er ... aus seinem neuen Roman ... Ansonsten ging er in die -e (Spiegel 31, 1976, 125); **wie -e aus der Erde/dem [Erd]boden schießen**/(seltener:) **wachsen** (*binnen kürzester Zeit in großer Zahl entstehen, in großer Anzahl plötzlich dasein):* die Fabriken, Hochhäuser schießen wie -e aus der Erde. **2.** *aus schlauchförmigen Fäden bestehender Organismus ohne Blattgrün, der krankheitserregend sein kann od. in gezüchteter Form zur Herstellung von Antibiotika sowie von bestimmten Nahrungs- u. Genußmitteln verwendet wird.* **3.** ⟨o. Pl.⟩ (ugs.) kurz für ↑Hautpilz.

pilz-, Pilz-: **~art,** die; **~artig** ⟨Adj.; o. Steig.⟩: *in der Art eines Pilzes, wie ein Pilz* (1); **~befall,** der: *Befall durch Pilze* (2); **~beratungsstelle,** die: *Beratungsstelle für Pilzsammler;* **~erkrankung,** die: *durch bestimmte Pilze* (2) *hervorgerufene Erkrankung;* **~faden,** der (Biol.): *zu einem fadenförmigen Gebilde verbundene Pilze* (2); **~flechte,** die: *durch bestimmte Pilze* (2) *hervorgerufene Hautflechte;* **~förmig** ⟨Adj.; o. Steig.; nicht adv.⟩: eine -e Rauchsäule; **~gericht,** das; **~gift,** das: *in bestimmten Pilzen* (1) *enthaltener u. bei zu lange gelagerten Speisepilzen sich bildender giftiger Stoff;* **~kopf,** der (ugs. veraltend): **a)** kurz für ↑Pilzkopffrisur; **b)** *jmd., der eine Pilzkopffrisur trägt:* an der Bar standen zwei Pilzköpfe; **~kopffrisur,** die [nach der dem Hut eines Pilzes ähnlichen Frisur]: *rundgeschnittene, scheitellose Frisur, bei der das Haar Stirn u. Ohren bedeckt;* **~krankheit,** die: vgl. ~erkrankung; **~kultur,** die: *Kultur* (5) *von bestimmten Pilzen* (2); **~kunde,** die: *Lehre von den Pilzen; Mykologie;* **~sammler,** der; **~schwamm,** der (ugs.): svw. ↑Hausschwamm; **~suppe,** die; **~vergiftung,** die: *Vergiftung durch den Genuß von Giftpilzen od. verdorbenen Speisepilzen.*

pilzlich ⟨Adj.; o. Steig.; nicht adv.⟩ (Fachspr.): **a)** *zu den Pilzen* (2) *gehörend:* -e Erreger; **b)** *durch einen Pilz* (2) *hervorgerufen:* eine -e Erkrankung; **Pilzling** ['pɪlʦlɪŋ], der; -s, -e (österr.): svw. ↑Pilz (1).

Piment [pi'mɛnt], der od. das; -[e]s, -e [mhd. pīment(e) < (m)frz. piment, über das Roman. < lat. pigmentum = Würze, Kräutersaft; Farbstoff]: *etwa erbsengroße Frucht des Pimentbaumes, die getrocknet als Gewürz verwendet wird; Nelkenpfeffer.*

Piment-: **~baum,** der: *(in Mittelamerika heimischer) Baum mit hohem, weißem Stamm u. großen, lanzettförmigen Blättern;* **~korn,** das: *schwarzbrauner Samen des Piments;* **~öl,** das: *ätherisches Öl aus dem Samen des Piments.*

Pimme ['pɪmə], die; -, -n [H. u.] (Jugendspr.): *Zigarette.*

Pimmel ['pɪml̩], der; -s, - [wohl zu niederd. Pümpel = Stößel im Mörser] (derb, oft fam.): *Penis.*

Pimpelei [pɪmpə'lai̯], die; -, -en (ugs. abwertend): *[dauerndes] Pimpeln;* **pimpelig,** pimplig ['pɪmp(ə)lɪç] ⟨Adj.⟩ (ugs. abwertend): *übertrieben empfindlich, zimperlich, wehleidig:* sei nicht so p.!; ⟨Abl.:⟩ **Pimpeligkeit,** Pimpligkeit, die; - (ugs. abwertend): *Zimperlichkeit, Wehleidigkeit;* **pimpeln** ['pɪmpl̩n] ⟨sw. V.; hat⟩ [wohl landsch. Nebenf. von ↑bimmeln, eigtl. = wie eine kleine Glocke fortwährend (hell, schrill) klingen] (ugs. abwertend): *zimperlich, wehleidig sein:* das ist doch kein Grund zu p.!; sie pimpelt *(kränkelt)* immer ein bißchen.

Pimpelnuß ['pɪmpl̩-] (niederd.): ↑Pimpernuß; **Pimperlinge** ['pɪmpɐlɪŋə] ⟨Pl.⟩ [zu ↑[1]pimpern] (ugs.): *Mark, Geld[stükke]:* die letzten P. ausgeben; für die paar P. mach ich mich doch nicht müde! [1]**pimpern** ['pɪmpɐn] ⟨sw. V.; hat⟩ [lautm.] (bayr., österr.): *leise klappern:* in dem Kasten pimpern ein paar Pfennige, Holzperlen, Würfel.

[2]**pimpern** [-] ⟨sw. V.; hat⟩ [wohl zu niederd. pümpern = (im Mörser zer)stoßen, zu: Pümpel, ↑Pimmel] (vulg.): *koitieren:* im Bett liegen und p.; er hat sie gepimpert.

Pimpernell [pɪmpɐ'nɛl], der; -s, -e: svw. ↑Pimpinelle.

Pimpernuß ['pɪmpɐ-], die; -, ...nüsse [zu ↑[1]pimpern]: *[rötlich]weiß blühender Zierstrauch mit gefiederten Blättern u. blasenartigen Kapselfrüchten, deren erbsengroße Samen beim Schütteln der reifen Früchte klappern; Klappernuß.*

Pimpf [pɪmpf], der; -[e]s, -e [zu älter Pumpf, eigtl. = (kleiner) Furz]: **1. a)** *(um 1920) jüngster Angehöriger der Jugendbewegung;* **b)** (ns.) *Mitglied des Jungvolks.* **2.** (österr. ugs.) *kleiner [unerfahrener] Junge, Knirps.*

Pimpinelle [pɪmpi'nɛlə], die; -, -n [spätlat. pimpinella, viell. zu lat. pepo (Gen.: peponis) = eine Melonenart]: *(auf Wiesen, an Wegen o.ä. wachsendes) weiß bis dunkelrosa blühendes, aromatisch duftendes Doldengewächs, dessen Wurzeln in der Arzneimittelherstellung verwendet werden.*

pimplig usw.: ↑pimpelig usw.

Pin [pɪn], der; -s, -s [engl. pin = Nadel, Stift; Zapfen; verw. mit ↑Pinne]: **1.** (Kegeln) *(getroffener) Kegel als Wertungseinheit beim Bowling* (1). **2.** (Med.) *(zum Nageln von Knochen dienender) langer, dünner Stift.*

Pinakoid [pinako'i:t], das; -[e]s, -e [zu griech. pínax (Gen.: pínakos) = Tafel u. -oeidēs = ähnlich] (Mineral.): *Form eines Kristalls, bei der zwei (von mehreren) Flächen [spiegelbildlich] parallel zueinander liegen;* **Pinakothek** [pinako'te:k], die; -, -en [lat. pinacothēca < griech. pinakothḗkē = Aufbewahrungsort von Weihgeschenktafeln, zu: pínax (Gen.: pínakos) = Tafel; Gemälde u. thḗkē = Behältnis] (bildungsspr.): *Bilder-, Gemäldesammlung.*

Pinasse [pi'nasə], die; -, -n [frz., niederl. pinasse, eigtl. = Boot aus Fichtenholz, über das Roman. zu lat. pīnus = Fichte] (Seemannsspr.): *größeres Beiboot von Kriegsschiffen.*

pincé [pɛ̃'se:] ⟨Adv.⟩ [gleichbed. frz. pincé, 2. Part. von: pincer = zwicken, zupfen] (Musik): svw. ↑pizzicato; **Pincenez** [pɛ̃s'ne:], das; - [...'ne:(s)], - [...'ne:s; frz. pince-nez, zu: pincer (↑pincé) u. nez = Nase] (bildungsspr. veraltet): *Kneifer, Zwicker.*

Pincheffekt ['pɪntʃ-], der; -[e]s, -e [zu engl. to pinch = zusammendrücken, pressen] (Physik): *(bei Kernfusion) das Sichzusammenziehen eines stromführenden Plasmas* (3) *zu einem sehr dünnen u. heißen, stark komprimierten Faden infolge der Wechselwirkung zwischen dem Strom des Plasmas u. dem von ihm erzeugten Magnetfeld.*

Pinealauge [pine'a:l-], das; -s, -n [lat. pīnea = Fichtenkern] (Zool.): *höher entwickeltes, als Auge fungierendes Pinealorgan (bei bestimmten Reptilien);* **Pinealorgan,** das; -s, -e

(Biol.): *als Anhang des Zwischenhirns gebildetes, lichtempfindliches Sinnesorgan, aus dem die Zirbeldrüse hervorgeht.*

Pinge ['pɪŋə]: ↑Binge.

pingelig ['pɪŋəlɪç] 〈Adj.〉 [rhein., westniederd. Nebenf. von ↑peinlich] (ugs.): *in pedantischer Weise auf größtmögliche Genauigkeit, Richtigkeit Wert legend; übertrieben gewissenhaft; peinlich genau:* die -e *(buchstabengetreue)* Auslegung eines Paragraphen; sei doch nicht so p.!; 〈Abl.:〉 **Pingeligkeit,** die; -: *übertriebene Gewissenhaftigkeit; peinliche Genauigkeit.*

Pingpong ['pɪŋpɔŋ; österr. auch: –'–], das; -s [engl. ping-pong, lautm.] (ugs. veraltend, oft abwertend): *(nicht turniermäßig betriebenes) Tischtennis:* P. spielen; Ü ... Knolle, ... der ... von Ost- nach West-Berlin geschoben wird, mit dem die Geheimdienste P. spielen (Spiegel 52, 1965, 102).

Pinguin ['pɪŋguiːn, selten: – –'–], der; -s, -e [H. u.]: *flugunfähiger, aufrecht gehender, im Wasser geschickt schwimmender Vogel der Antarktis mit flossenähnlichen Flügeln u. meist schwarzem, auf der Bauchseite weißem Gefieder.*

Pinie ['piːni̯ə], die; -, -n [lat. pīnea]: *(in den Mittelmeerländern wachsender) hoher Nadelbaum mit schirmartiger Krone, langen Nadeln u. großen Zapfen mit eßbaren Samenkernen:* ***jmdn. auf die P. bringen** (↑Palme); **auf die P. klettern** (↑Palme); **auf der P. sein** (↑Palme).

Pinien-: **~kern,** der: *wohlschmeckender Kern des Samens der Pinie;* **~wald,** der; **~zapfen,** der.

Piniole [pi'ni̯oːlə], die; -, -n: svw. ↑Pignole.

pink [pɪŋk] 〈indekl. Adj.; o. Steig.; nur präd.〉 [engl. pink, H. u.]: *von kräftigem, leicht grellem Rosa;* 〈subst.:〉 **[1]Pink** [-], das; -s, -s: *kräftiges, leicht grelles Rosa.*

[2]Pink [-], die; -, -en, **[1]Pinke** ['pɪŋkə], die; -, -n [mniederd. pink(e), (m)niederl. pink] (Seew. früher): *in den Küstengewässern von Nord- u. Ostsee verwendetes Segelschiff.*

[2]Pinke [-], Pinkepinke ['– –'– –], die; - [wohl lautm. nach dem Klang der Münzen] (ugs.): *Geld:* viel, noch genug, keine P. haben; Na, mir Wurscht. Hauptsache, Pinke! (Schnurre, Fall 21); Kann er sich das eigentlich mit der Pinkepinke leisten? (v. d. Grün, Irrlicht 9).

[1]Pinkel ['pɪŋkl̩], der; -s, -, auch: -s [viell. zu ostfries. pink(el) = Penis, eigtl. wohl = Spitze, oberer Teil] (ugs. abwertend): *unbedeutender Mann:* Das ist doch ein ganz kleiner P.! (Fallada, Jeder 180); 〈meist in der Fügung:〉 ein feiner P. *(jmd., der für vornehm u. reich gehalten werden will, der sich als feiner Herr gibt);* **[2]Pinkel** [-], die; -, -n [ostfries. pinkel, eigtl. = Mastdarm; vgl. [1]Pinkel] (nordd.): *aus Speck (auch Rinderfett) u. Grütze hergestellte, sehr fette, kräftig gewürzte, geräucherte Wurst, die zusammen mit Grünkohl gekocht wird.*

Pinkel- (pinkeln 1): **~becken,** das (salopp): svw. ↑Urinal (2); **~bude,** die (salopp): *öffentliche [Herren]toilette;* **~pause,** die (bes. Soldatenspr.): *bei längeren Märschen, Autofahrten o. ä. eingelegte kurze Pause, die den Teilnehmern Gelegenheit gibt, ihre Notdurft zu verrichten.*

Pinkelei [pɪŋkə'lai̯], die; - (salopp): *[dauerndes] Pinkeln;* **pinkeln** ['pɪŋkl̩n] 〈sw. V.; hat〉 [viell. zu Kinderspr. pi (↑Pipi)] (salopp): **1.** *[in geringer Menge tröpfchenweise od. in schwachem Strahl] urinieren:* p. müssen; der Hund pinkelt an den Baum. **2.** 〈unpers.〉 *[in vereinzelten Tropfen] leicht regnen:* es pinkelt schon wieder.

Pinkelwurst, die; -, -würste: ↑[2]Pinkel.

pinken ['pɪŋkn̩] 〈sw. V.; hat〉 [lautm.] (landsch., bes. nordd.): *hämmern; hart auf, gegen etw. schlagen, so daß ein heller, metallischer Ton entsteht.*

Pinkepinke: ↑[2]Pinke.

pinkern ['pɪŋkɐn]: ↑pinken.

pinkfarben 〈Adj.; o. Steig.; nicht adv.〉: *in der Farbe [1]Pink.*

Pinkler ['pɪŋklɐ], der; -s, - (salopp): *jmd., der oft pinkelt* (1).

pink, pink! ['pɪŋk 'pɪŋk] 〈Interj.〉: lautm. für die rasche Aufeinanderfolge kurzer, heller, metallisch klingender Töne, die z. B. beim Schmieden erzeugt werden.

pinkrot 〈Adj.; o. Steig.; nicht adv.〉: svw. ↑pinkfarben.

Pinkulatorium [pɪŋkula'toːri̯ʊm; latinis. Bildung zu ↑pinkeln], das; -s, ...ien [...i̯ən] (scherzh.): *Toilette, Pinkelbude.*

Pinne ['pɪnə], die; -, -n [mniederd. pinne < asächs. pinn = Pflock, Stift, Spitze]: **1.** (Seemannsspr.) *Teil des Steuerruders in Form eines länglichen Stück Holzes, mit dem (als waagerechtem Hebel) das Steuerruder mit der Hand bedient wird:* die P. in die Hand nehmen, loslassen; Ü Der Drang der Damen zur P. *(zum Segelsport)* ist nicht aufzuhalten (BM 11. 9. 76, 11). **2.** *spitzer Stift, auf dem die Magnetnadel des Kompasses ruht.* **3.** (bes. nordd.) *kleiner Nagel, Reißzwecke.* **4.** *keilförmig zugespitztes Ende eines Hammerkopfes;* **pinnen** ['pɪnən] 〈sw. V.; hat〉: **1.** (ugs.) *mit Pinnen* (3), *Stecknadeln an, auf etw. befestigen:* ein Poster an die Wand, auf die Tapete p. **2.** (Med.) svw. ↑nageln (2); 〈Zus.:〉 **Pinnwand,** die: *an der Wand zu befestigende Tafel aus Kunststoff, Kork o. ä., an die man mit Stecknadeln o. ä. etw. (bes. Merkzettel) anheftet.*

Pinole [pi'noːlə], die; -, -n [ital. pi(g)nola, zu: pigna = Pinienzapfen = lat. pīnea, ↑Pinie] (Technik): *Teil der Drehbank, in den der Körner o. ä. eingesetzt werden kann.*

Pinscher ['pɪnʃɐ], der; -s, - [H. u., viell. entstanden aus: Pinzgauer, zur Bezeichnung einer Hunderasse aus dem Pinzgau (Österreich)]: **1.** *mittelgroßer Hund mit braunem bis schwarzem [mit hellen Flecken versehenem], meist kurzem, glattem Fell, kupierten Stehohren u. kupiertem Schwanz.* **2.** (ugs. abwertend) *unbedeutender Mensch:* Da hört bei mir der Dichter auf, und es fängt der ganz kleine P. an (Ludwig Erhard über Rolf Hochhuth, Spiegel 21. 7. 65, 18).

Pinsel ['pɪnzl̩], der; -s, - [mhd. pinsel < afrz. pincel, über das Vlat. < lat. pēnicillus = Pinsel, Vkl. von: pēnis, ↑Penis; 2: urspr. Studentenspr., wohl zu mniederd. pin (↑Pinne) u. sul = Ahle (a), urspr. Schimpfname für den Schuster]: **1.** *(bes. zum Auftragen von Farbe) dienendes Gerät, das aus einem meist längeren [Holz]stiel mit einem am oberen Ende eingesetzten Büschel aus Borsten od. Haaren besteht:* ein dicker, grober, feiner, spitzer P.; den P. eintauchen, ausdrücken, waschen, reinigen; mit dem P. Farbe auftragen, einen Strich ziehen, etw. überstreichen; Ü das Bild ist mit leichtem, kühnem P. gemalt; einen Maler an seinem P. *(seiner Pinselführung, Malweise)* erkennen. **2.** (ugs. abwertend) *einfältiger Mann, Dummkopf:* ein alberner, eingebildeter, langweiliger P.; jetzt soll ich dem P. ... meine Kenntnisse gratis auf die Nase binden (Th. Mann, Krull 166). **3.** (bes. Jägerspr.) *Haarbüschel:* der Luchs hat P. an den Ohren. **4.** (derb) *Penis.* **5.** ***auf den P. drücken/treten** (salopp; *Gas geben, auf das Gaspedal treten*).

Pinsel-: **~äffchen,** das: *kleiner Affe mit dichtem, seidigem Fell u. langen Haarbüscheln an den Ohren;* **~führung,** die: *(in der Malerei) Führung* (5) *des Pinsels:* eine behutsame, feine, leichte, schwungvolle P.; **~schimmel,** der: *Pilz* (2), *der auf Lebensmitteln (z. B. Brot, Marmelade, Käse), Früchten u. a. Schimmel bildet u. teilweise Antibiotika erzeugt;* **~stiel,** der; **~strich,** der: **1.** *Strich mit dem Pinsel:* an einem Gemälde den letzten P. tun; die Farbe in, mit breiten -en auftragen; den Hintergrund mit wenigen -en andeuten. **2.** svw. ↑~führung; **~technik,** die; **~zeichnung,** die: *mit Pinsel u. Tusche ausgeführte Handzeichnung* (1).

Pinselei [pɪnzə'lai̯], die; -, -en [zu ↑Pinsel (1)] (ugs. abwertend): **1. a)** 〈o. Pl.〉 *[dauerndes] laienhaftes Malen;* **b)** *schlechtes Gemälde:* solche P. soll ich mir an die Wand hängen? **2.** (ugs. veraltend) *törichte Handlung, Dummheit:* eine P. machen, anstellen; **Pinseler,** Pinsler ['pɪnz(ə)lɐ], der; -s, - (ugs. abwertend): *schlechter Maler;* **pinselig,** pinslig ['pɪnz(ə)lɪç] 〈Adj.〉 (ugs.): *(bei der Ausführung einer bestimmten Sache) übertrieben genau:* auf seinem Schreibtisch muß Ordnung herrschen, in dieser Beziehung ist er sehr p.; **pinseln** ['pɪnzl̩n] 〈sw. V.; hat〉 [mhd. pinseln]: **a)** (ugs.) *mit dem Pinsel malen:* ein Bild, eine Landschaft p.; die Kinder pinselten eifrig auf ihren Zeichenblöcken; **b)** (ugs.) *streichen, mit einem Anstrich versehen:* das Geländer neu p.; er hat das Bad blau gepinselt; **c)** *mit einem Pinsel bestimmte Zeichen schreiben:* Nummern, die übersichtlich auf die Säcke gepinselt waren (Apitz, Wölfe 190); politische Parolen an die Hauswände p.; **d)** (ugs.) *[langsam u. mit größter Sorgfalt] schreiben:* sie pinselt ihre Hausarbeit [ins Heft]; Da saßen die lieben Genossen, pinselten brav Philosophiegeschichte (*schrieben ... mit;* Zwerenz, Kopf 108); **e)** (ugs. scherzh.) *mit einem flüssigen Kosmetikum [das mit einem Pinsel aufgetragen wird] versehen, bestreichen:* die Fußnägel p. *(lackieren);* sie pinselt *(tuscht)* ihre Wimpern; **f)** *mit einem flüssigen Medikament [das mit einem Pinsel aufgetragen wird] bestreichen:* das Zahnfleisch [mit einer Tinktur] p.; den Hals p.; **Pinselung,** Pinslung ['pɪnz(ə)lʊŋ], die; -, -en: *das Pinseln* (e); **Pinsler:** ↑Pinseler; **pinslig:** ↑pinselig; **Pinslung:** ↑Pinselung.

[1]Pint [pai̯nt], das; -s, -s [engl. pint < (a)frz. pinte < mlat. pin(c)ta, wohl über das Vlat. zu lat. pictum, 2. Part. zu: pingere = malen, also eigtl. = gemalt(e Linie des Eichstriches)]: **1.** *englisches Hohlmaß;* Zeichen: pt (1 pt = 0,568 l). **2.** *amerikanisches Hohlmaß* **a)** *von Flüssigkeiten;* Zeichen: liq pt (1 liq pt = 0,473 l); **b)** *von trockenen Substanzen;* Zeichen: dry pt (1 dry pt = 0,550 l).

[2]**Pint** [pɪnt], der; -s, -e [mniederd. pint, eigtl. = Pflock, zu ↑Pinne] (landsch. derb): svw. ↑Penis.

Pinte ['pɪntə], die; -, -n [1: zu 2, nach dem Wirtshauszeichen der Bier- od. Weinkanne; 2: spätmhd. pint(e), wohl < mlat. pin(c)ta, ↑[1]Pint]: **1.** (bes. schweiz.) *Lokal* (1): Wir ... süffeln unseren Wein lieber in kleinen -n (Hörzu 52, 1973, 85). **2.** *früheres Flüssigkeitsmaß;* ⟨Zus. zu 1:⟩ **Pintenkehr,** der (schweiz.): *das Umherziehen von einem Lokal in das andere.*

Pin-up-Girl [pɪn'|ap-], das; -s, -s [engl.-amerik. pin-up-girl, zu: to pin up = anheften, anstecken u. girl, ↑Girl]: **1.** *Bild eines hübschen, erotisch anziehenden, leichtbekleideten od. nackten Mädchens bes. in einer Illustrierten od. einem Magazin [das ausgeschnitten u. an die Wand geheftet werden kann].* **2.** *Modell* (2 b) *für Pin-up-Girls* (1).

pinxit ['pɪŋksɪt; lat. = hat (es) gemalt]: *gemalt von ...* (auf Gemälden o. ä. hinter der Signatur od. dem Namen des Künstlers); Abk.: p. od. pinx.

Pinzette [pɪn'tsɛtə], die; -, -n [frz. pincette, Vkl. von: pince = Zange, zu: pincer = kneifen, zwicken]: *kleines Instrument aus zwei miteinander verbundenen, zusammendrückbaren, federnden Metallteilen zum Fassen von kleinen, empfindlichen Gegenständen, Gewebeteilen, Haaren u. a.:* einen Splitter mit der P. entfernen, herausziehen.

Pion ['pi:ɔn, auch: pi'o:n], das; -s, -en [pi'o:nən] ⟨meist Pl.⟩ [zusgez. aus dem physik. Symbol π (↑Pi) u. ↑Meso*n*] (Physik): *zu den Mesonen gehörendes Elementarteilchen.*

Pionier [pio'ni:ɐ], der; -s, -e [frz. pionnier, zu: pion = Fußgänger; Fußsoldat < afrz. peon, über das Vlat. zu lat. pēs, ↑Pedal; 3: russ. pioner < dt. Pionier]: **1.** (Milit.) *Soldat der Pioniertruppen:* er war im Krieg P.; die -e bauten, sprengten eine Brücke; zu den -en *(der Pioniertruppe)* eingezogen werden. **2.** (bildungsspr.) *jmd., der auf einem bestimmten Gebiet bahnbrechend ist; Wegbereiter:* er gilt als P. des Films, der Raumfahrt. **3.** (kommunist., bes. DDR) *Mitglied einer Pionierorganisation:* die -e machen eine Fahrt; ich war bei den Jungen -en vor gut zehn Jahren (Simmel, Stoff 478).

Pionier-: ~**abzeichen,** das (DDR): das P. „Für gutes Wissen" erwerben; ~**arbeit,** die ⟨o. Pl.⟩: **1.** *wegbereitende Arbeit, bahnbrechende Leistung auf einem bestimmten Gebiet:* P. leisten. **2.** (kommunist., bes. DDR) *Betätigung als Pionier* (3): die P. unterstützen; ~**auftrag,** der (kommunist., bes. DDR): *Auftrag, Aufgabe für eine Gruppe von Pionieren* (3); ~**brücke,** die (Milit.): *von Pionieren* (1) *gebaute Brücke;* ~**freundschaft,** die (DDR): svw. ↑Freundschaft (1 c); ~**geist,** der: *Drang, Fähigkeit, auf bestimmten Gebieten Pionierarbeit zu leisten:* amerikanischer P.; dieses Volk hat P.; ~**gerät,** das (Milit.): *Ausrüstung einer Pioniertruppe;* ~**gruppe,** die (kommunist., bes. DDR): *Gruppe, die alle Pioniere* (3) *einer Klasse umfaßt;* ~**haus,** das (kommunist., bes. DDR): *Haus, das den Pionieren* (3) *für Arbeitsgemeinschaften, Freizeitgestaltung o. ä. zur Verfügung steht;* ~**lager,** das (kommunist., bes. DDR): *Ferienlager der Pioniere* (3); ~**leistung,** die: vgl. ~arbeit (1); ~**leiter,** der (kommunist., bes. DDR): *Leiter einer Pioniergruppe;* ~**organisation,** die (kommunist., bes. DDR): *kommunistische Massenorganisation für Kinder zw. 6 u. 14 Jahren;* ~**palast,** der: vgl. ~haus; ~**park,** der: vgl. ~haus; ~**pflanze,** die ⟨meist Pl.⟩ (Bot.): *Pflanze, die als erste auf einem vegetationslosen Boden wächst* (z. B. Flechten auf Felsen); ~**tat,** die (bildungsspr.): vgl. ~arbeit; ~**treffen,** das (kommunist., bes. DDR); ~**truppe,** die (Milit.): *auf technische Aufgaben (z. B. Brückenbau, Sprengungen) spezialisierte Truppe (als Truppen- u. Waffengattung eines Heeres).*

Pipa ['pi:pa], die; -, -s [chines. p'i-p'a]: *chinesische Laute mit vier Saiten.*

Pipapo [pipa'po:], das; -s [H. u.] (salopp): *das ganze [überflüssige] Drum u. Dran:* Aufmärsche und Ansprachen – das ganze P.; ein Auto, ein Hotel mit allem P.

[1]**Pipe** ['pi:pə], die; -, -n [spätmhd. pippe < ital. pipa, über das Vlat. zu lat. pīpāre, ↑pfeifen] (österr.): *Faß-, Wasserhahn;* [2]**Pipe** [pajp], das od. die; -, -s [engl. pipe, eigtl. = Pfeife, nach der Form]: *früheres englisches Hohlmaß für Wein;* Zeichen: P. (1 P. Portwein = 115 Gallons; 1 P. Sherry = 82 Gallons); **Pipeline** ['pajplajn], die; -, -s [engl. pipeline, aus: pipe = Rohr, Röhre u. line = Leitung, Linie]: *(über weite Strecken verlegte) Rohrleitung für den Transport von Erdöl, Erdgas o. ä.:* eine P. bauen, verlegen; ⟨Zus.:⟩ **Pipelinepionier,** der (Milit.): **1.** *Angehöriger der Pipelinepioniere* (2). **2.** ⟨Pl.⟩ *Teil der Pioniertruppen, der für die Verlegung u. Instandhaltung von Versorgungsleitungen ausgebildet wird;* **Pipette** [pi'pɛtə], die; -, -n [frz. pipette = Röhrchen, Pfeifchen, Vkl. von: pipe = Pfeife, über das Vlat. zu lat. pīpāre, ↑pfeifen]: *kleines Glasröhrchen mit verengter Spitze zum Entnehmen, Abmessen u. Übertragen kleiner Flüssigkeitsmengen.*

Pipi [pi'pi:], das; -s [wohl Verdopplung der kinderspr. Interjektion „pi"] (Kinderspr.): *Urin;* ***P. machen** *(urinieren);* ⟨Zus.:⟩ **Pipimädchen,** das: *junges, noch unerfahrenes, unreifes Mädchen.*

Pippau ['pɪpau], der; -[e]s [aus dem Niederd. < mniederd. pippaw, aus dem Slaw.]: *in vielen Arten auf feuchten Wiesen, in Sümpfen wachsende, gelb blühende Pflanze.*

Pips [pɪps], der; -es [aus dem Niederd. < mniederd., md. pip(p)s, über das Galloroman. zu vlat. pippita < lat. pītuīta = zähe Flüssigkeit, Schnupfen]: *krankhafter Belag auf der Zunge [u. Verschleimung der Schnabelhöhle] beim Geflügel; Geflügeldiphtherie, -pocken.*

[1]**Piqué:** ↑[1]Pikee; [2]**Piqué** [pi'ke:], das; -s, -s [frz. piqué] (Fachspr.): *Maßeinheit für die mit bloßem Auge zu erkennenden Einschlüsse bei Diamanten:* der Stein ist erstes, zweites, drittes P. *(hat mit bloßem Auge sehr schwer, leicht, sehr leicht zu erkennende Einschlüsse);* Abk.: P I, II, III; **Piqueur:** ↑Pikör.

Piranha [pi'ranja], der; -[s], -s [port. piranha < Tupi (Indianerspr. des östl. Südamerika) piranha]: *in südamerikanischen Flüssen lebender kleiner Raubfisch mit außergewöhnlich scharfen Zähnen, der in einem Schwarm jagt u. seine Beute in kürzester Zeit bis auf das Skelett abfrißt.*

Pirat [pi'ra:t], der; -en, -en [ital. pirata < lat. pīrāta < griech. peiratēs = Seeräuber] (früher): *Seeräuber.*

Piraten-: ~**ausgabe,** die (Jargon): *Ausgabe eines Buches o. ä. als Raubdruck;* ~**schiff,** das; ~**sender,** der (Jargon): *privater Rundfunk- od. Fernsehsender, der ohne Lizenz, meist von hoher See aus, Programme sendet.*

Piraterie [piratə'ri:], die; -, -n [...i:ən; frz. piraterie]: **1.** (früher) *Seeräuberei.* **2. a)** *gewaltsame Übernahme des Kommandos über ein Schiff, Flugzeug, um eine Kursänderung zu erzwingen, eine bestimmte Forderung durchzusetzen;* **b)** (Seerecht) *Angriff auf ein neutrales Schiff durch ein Kriegsschiff einer kriegführenden Macht.*

Piraya [pi'ra:ja]: svw. ↑Piranha.

Piroge [pi'ro:gə], die; -, -n [frz. pirogue < span. piragua, aus einer Indianerspr. der Karibik]: *Einbaum der Indianer mit auf die Bordwand aufgesetzten Planken.*

Pirogge [pi'rɔgə], die; -, -n [russ. pirog]: *russische Pastete aus Hefeteig, die mit Fleisch, Fisch o. ä. gefüllt ist.*

Pirol [pi'ro:l], der; -s, -e [mhd. (bruoder) piro = (Bruder) Pirol, wahrsch. lautm.]: *Singvogel mit auffallend flötender Stimme, bei dem das Männchen ein leuchtendgelbes Gefieder mit schwarzen Flügeln u. einem schwarzen Schwanz, das Weibchen ein grünliches od. graues Gefieder hat.*

Pirouette [pi'ruɛtə], die; -, -n [frz. pirouette, H. u.]: **1.** (Eiskunst-, Rollschuhlauf, Ballett): **1.** *schnelle Drehung um die eigene Achse auf dem Standbein:* eingesprungene -n; zur P. ansetzen. **2.** (Dressurreiten) *Drehung des Pferdes auf der Hinterhand im Takt u. Tempo des Galopps;* ⟨Abl.:⟩ **pirouettieren** [piruɛ'ti:rən] ⟨sw. V.; hat⟩ [frz. pirouetter]: *eine Pirouette ausführen.*

Pirsch [pɪrʃ], die; - [zu ↑pirschen] (Jägerspr.): *Art der Jagd, bei der versucht wird, durch möglichst lautloses Durchstreifen eines Jagdreviers Wild aufzuspüren u. sich ihm auf Schußweite zu nähern:* auf die P. gehen; **pirschen** ['pɪrʃn̩] ⟨sw. V.; hat/ist⟩ [älter: birschen, mhd. birsen < afrz. berser = jagen]: **a)** (Jägerspr.) *ein Jagdrevier möglichst lautlos durchstreifen, um Wild aufzuspüren u. sich ihm auf Schußweite zu nähern; einen Pirschgang machen:* auf Rehwild p.; **b)** *irgendwohin schleichen:* die Gangster pirschten über die Dächer; ⟨auch p. + sich:⟩ ich pirschte mich in die Nähe des Hauses; ⟨Zus.:⟩ **Pirschgang,** der (Jägerspr.): svw. ↑Pirsch: auf nächtlichem P. sein; **Pirschjagd,** die.

Pisang ['pi:zaŋ], der; -s, -e [malai. pisang]: malaiische Bez. für *Banane;* ⟨Zus.:⟩ **Pisangfaser,** die: *Faser, die aus den Blättern bestimmter Bananenstauden hergestellt wird;* **Pisanghanf,** der: svw. ↑Manilahanf.

Piseebau [pi'ze:-], der; -[e]s [frz. pisé, zu: piser (mundartl.) = stampfen < lat. pī(n)sāre]: *frühere Bauweise, bei der die Mauern durch Einstampfen von Lehm, Erde o. ä. zwischen hölzernen Verschalungen hergestellt werden.*

pispern ['pɪspɐn] ⟨sw. V.; hat⟩ [lautm.] (landsch.): *wispern.*

Piß [pɪs], der; Pisses (derb, selten): svw. ↑Pisse.

piß-, Piß-: **~becken,** das (derb): svw. ↑Pinkelbecken; **~bude,** die (derb): vgl. Pinkelbude; **~nelke,** die (derb abwertend): *Mädchen, das bei Männern bestimmte Erwartungen enttäuscht u. als prüde gilt;* **~pott,** der (landsch. derb): *Nachttopf;* **~warm** ⟨Adj.; o. Steig.⟩ (derb): *(vom Wasser) sehr, unangenehm warm:* der Baggersee ist p.

Pisse ['pɪsə], die; - [zu ↑pissen] (derb): *Urin;* **pissen** ['pɪsn̩] ⟨sw. V.; hat⟩ [spätmhd. (mniederd.) pissen < frz. pisser < ital. pisciare, lautm.]: **1.** (derb) *urinieren:* p. müssen, gehen; an den Baum, in einen Kübel p.; du pißt dir ja vor Angst in die Hosen. **2.** ⟨unpers.⟩ (salopp) *[stark] regnen:* es pißt schon wieder; **Pissoir** [pɪ'so̯a:ɐ̯], das; -s, -e u. -s [frz. pissoir] (veraltend): *öffentliche Toilette für Männer.*

Pistazie [pɪs'ta:t̮si̯ə], die; -, -n [spätlat. pistacia < griech. pistákē = Pistazie (1, 2) < pers. pistah]: **1.** *im Mittelmeerraum wachsender Strauch od. Baum mit eßbaren, den Mandeln ähnlichen Samenkernen.* **2.** *Samenkern der Pistazie* (1); ⟨Zus.:⟩ **Pistazienbaum,** der: *Pistazie* (1); **Pistaziennuß,** die: *Pistazie* (2).

Piste ['pɪstə], die; -, -n [frz. piste < ital. pista, Nebenf. von: pesta = gestampfter Weg, zu: pestare < spätlat. pīstāre = stampfen]: **1.** (Skisport) *[durch Walzen des Schnees o. ä. präparierte] Strecke an einem Hang für Abfahrten:* eine harte, vereiste P.; der Ort bietet viele -n und Loipen; über die -n rasen. **2.** (Sport) *Rennstrecke bes. für Rad- u. Autorennen.* **3.** (Flugw.) *Start-u.-Lande-Bahn auf einem Flughafen:* sicher auf die P. aufsetzen; ... wenn die Maschine draußen auf der P. steht und auf die Starterlaubnis wartet (Frisch, Gantenbein 385). **4.** *nicht ausgebauter Verkehrsweg (bes. in Afrika, Südamerika).* **5.** (Fechten) svw. ↑Fechtbahn. **6.** *Umrandung der Manege im Zirkus.*

Pisten-: **~fahrer,** der: *Skifahrer, der auf Pisten* (1) *fährt;* **~sau,** die (Jargon abwertend): *Skifahrer, der sehr schnell u. rücksichtslos fährt;* **~schwein,** das: vgl. ~sau; **~walze,** die: svw. ↑Schneeraupe.

Pistill [pɪs'tɪl], das; -s, -e [lat. pīstillum, zu: pīnsāre = stampfen]: **1.** (Pharm.) *keulenförmiger Stößel zum Zerreiben von festen Substanzen im Mörser.* **2.** (Bot. selten) *Fruchtknoten.*

Pistol [pɪs'to:l], das; -s, -en (veraltet): svw. ↑[1]Pistole; **[1]Pistole** [pɪs'to:lə], die; -, -n [spätmhd. (ostmd.) pitschal, pischulle < tschech. píšťala, eigtl. = Rohr, Pfeife]: *kleinere Schußwaffe mit kurzem Lauf u. einem Magazin im Griff, die mit einer Hand abgefeuert wird:* eine schwere, kleinkalibrige P.; die P. laden, entsichern, ziehen, auf jmdn. richten, reinigen; jmdn. auf -n *(zum Pistolenduell)* fordern; jmdn. mit der P. bedrohen; mit der P. auf jmdn. zielen, schießen; nach der P. greifen; ***jmdm. die P. auf die Brust setzen** (ugs.; *jmdn. [unter Drohungen] ultimativ zu einer Entscheidung zwingen*); **wie aus der P. geschossen** (ugs.; *ohne lange zu überlegen, ohne Zögern*).

[2]Pistole [-], die; -, -n [vgl. frz., engl. pistole, H. u.] (früher): *(urspr. spanische) Goldmünze.*

Pistolen- ([1]Pistole): **~duell,** das; **~griff,** der; **~held,** der (abwertend): svw. ↑Revolverheld; **~knauf,** der; **~kugel,** die; **~lauf,** der; **~mündung,** die; **~schießen,** das; -s (Sport): *Wettbewerb im Schießen mit Pistolen u. Revolvern;* **~schuß,** der; **~tasche,** die.

Piston [pɪs'tõ:], das; -s, -s [frz. piston < ital. pistone, auch: pestone = Kolben, Stampfer, zu: pestare, ↑Piste]: **1.** frz. Bez. für [2]*Kornett.* **2.** (Musik) *Ventil eines Blechblasinstruments, das einen senkrecht arbeitenden Stöpsel hat.* **3.** (Waffent.) *Zündstift bei Perkussionsgewehren.*

Pitaval [pita'val], der; -[s], -s [nach dem frz. Juristen F. G. de Pitaval (1673–1743)]: *Sammlung von berühmten Rechtsfällen u. Kriminalgeschichten.*

pitchen ['pɪt͡ʃn̩] ⟨sw. V.; hat⟩ [engl. to pitch = werfen, schleudern] (Golf): *den Ball mit einem kurzen Schlag zur Fahne spielen;* **Pitcher** ['pɪt͡ʃɐ], der; -s, - [engl. pitcher] (Baseball): svw. ↑Werfer.

Pitchpine ['pɪt͡ʃpai̯n], die; -, -s [engl. pitchpine, aus: pitch = Harz u. pine = Kiefer]: **a)** *in Nordamerika wachsende Kiefer mit schwarzbrauner Rinde;* **b)** *harziges Kernholz der Pitchpine* (a); ⟨Zus.:⟩ **Pitchpineholz,** das.

Pithecanthropus: ↑Pithekanthropus; **Pithekanthropus** [pite'kantropʊs], der; -, ...pi u. ...pen [zu griech. píthēkos = Affe u. ánthrōpos = Mensch] (Anthrop.): *javanischer u. chinesischer Frühmensch des Pleistozäns.*

pitoyabel [pito̯a'ja:bl̩] ⟨Adj.⟩ [frz. pitoyable] (veraltet): *erbärmlich, bemitleidenswert.*

pitschenaß ['pɪt͡ʃə'nas]: ↑pitschnaß; **pitschepatschenaß** ['pɪt͡ʃə'pat͡ʃə'nas] (ugs. emotional verstärkend): ↑pitschpatschnaß; **pitschnaß** ['pɪt͡ʃ'nas] ⟨Adj.; o. Steig.; nicht adv.⟩ (ugs. emotional): *durch u. durch, bis auf die Haut naß:* meine Schuhe sind p.; **pitsch, patsch!** ['pɪt͡ʃ 'pat͡ʃ] ⟨Interj.⟩ (Kinderspr.): lautm. für klatschende Geräusche, bes. für Geräusche, die durch Wasser entstehen; **pitschpatschnaß** ['pɪt͡ʃ'pat͡ʃ'nas] ⟨Adj.; o. Steig.; nicht adv.⟩ (ugs. emotional verstärkend): svw. ↑pitschnaß.

pittoresk [pɪto'rɛsk] ⟨Adj.; -er, -este⟩ [frz. pittoresque < ital. pittoresco, zu lat. pictum, 2. Part. von: pingere = malen] (bildungsspr.): *malerisch:* eine -e Stadt; ländliches Volk in -er Tracht; das Panorama ist p.

più [pi̯u:] ⟨Adv.⟩ [ital. più < lat. plus] (Musik): *mehr* (in vielen Verbindungen vorkommende Vortragsanweisung, z. B. più forte = noch mehr forte, d. h. lauter, stärker).

Pivot [pi'vo:], der od. das; -s, -s [frz. pivot, H. u.]: *auf der Lafette angebrachte Schwenkachse des Geschützrohrs.*

Piz [pɪt̮s], der; -es, -e [ladin. piz, H. u.]: *Bergspitze* (meist als Teil eines Bergnamens, z. B. Piz Palü).

Pizza ['pɪt̮sa], die; -, -s u. Pizzen [ital. pizza, H. u.]: *italienische Spezialität aus flachem, meist rundem Hefeteig, der mit Salami, Käse, Tomaten, Oliven o. ä. belegt ist;* ⟨Zus.:⟩ **Pizzabäcker,** der: *jmd., der berufsmäßig Pizzas herstellt;* **Pizzabäckerei,** die: *Pizzeria;* **Pizzeria** [pɪt̮se'ri:a], die; -, -s [ital. pizzeria]: *italienisches Lokal, in dem es neben anderen italienischen Spezialitäten hauptsächlich Pizzas gibt.*

pizzicato [pɪt̮si'ka:to] ⟨Adv.⟩ [ital. pizzicato, zu: pizzicare = zwicken, zupfen] (Musik): *(von Streichinstrumenten) mit den Fingern zu zupfen;* Abk.: pizz.; ⟨subst.:⟩ **Pizzicato, Pizzikato** [-], das; -s, -s u. ...ti (Musik): *pizzicato gespielte Tonfolge.*

Pkw, (auch:) **PKW** ['pe:ka:ve:, auch: – –'–], der; -[s], -s, selten: -: **P**ersonen**k**raft**w**agen.

Placebo [pla't̮se:bo], das; -s, -s [lat. placēbō = ich werde gefallen] (Med.): *unwirksames Medikament, das einem echten Medikament in Aussehen u. Geschmack gleicht.*

Placement [plasə'mã:], das; -s, -s [frz. placement, zu: placer, ↑plazieren] (Wirtsch.): **1. a)** *Anlage von Kapitalien;* **b)** *Absatz von Waren.* **2.** (selten) svw. ↑Plazierung.

Placet: ↑Plazet.

plachandern [pla'xandɐn] ⟨sw. V.; hat⟩ [H. u.] (ostd.): *plaudern; [einfältig] reden:* Die Kommission ... spazierte und plachanderte (Lenz, Suleyken 111).

Plache ['plaxə], die; -, -n (österr.): svw. ↑Blahe.

placieren [pla't̮si:rən, selten: pla'si:rən] usw.: ↑plazieren usw.

Plack [plak], der; -s, -s ⟨Pl. selten⟩ [zu ↑Plage] (landsch., bes. ostmd.): *schwere [körperliche] Arbeit;* **placken** ['plakn̩], sich ⟨sw. V.; hat⟩ [Intensivbildung von ↑plagen] (ugs.): *sich sehr abmühen.*

Placken [-], der; -s, - [mhd. (md.) placke, H. u.] (landsch., bes. nordd.): **1.** *Fleck:* eine alte Tapete mit häßlichen P.; ihre Arme waren voller brauner P.; die Afrikakarte: zwei große rote P. ... Das waren die ehemaligen deutschen Kolonien (Kempowski, Uns 215). **2.** *Flicken:* einen P. auf der Hose haben. **3.** *[fladenförmiges] Stück:* der Verputz sprang in P. ab; von seinen Stiefeln lösten sich P.

Plackerei [plakə'rai̯], die; -, -en [zu ↑placken] (ugs.): *[dauerndes] Sichplagen, mühseliges, anstrengendes Arbeiten:* die P. bringt einen halb um (Fels, Sünden 16).

pladauz! [pla'dau̯t̮s] ⟨Interj.⟩ (nordwestd.): svw. ↑pardauz.

pladdern ['pladɐn] ⟨sw. V.; hat⟩ [lautm.] (nordd.): **1.** ⟨unpers.⟩ *in großen Tropfen heftig u. mit klatschendem Geräusch regnen:* das ganze Wochenende pladderte es pausenlos. **2.** *mit klatschendem Geräusch an, auf, gegen etw. schlagen:* etw. auf den Boden p. lassen; der Regen pladderte an die Scheiben.

plädieren [plɛ'di:rən] ⟨sw. V.; hat⟩ [frz. plaider, zu: plaid = Rechtsversammlung; Prozeß < afrz. plait < lat. placitum = geäußerte Willensmeinung]: **1.** (jur.) *ein Plädoyer* (1) *halten, in einem Plädoyer* (1) *beantragen:* auf/für „schuldig" p.; der Verteidiger plädierte auf/für Freispruch. **2.** (bildungsspr.) *sich für etw. aussprechen, einsetzen:* für die Gleichberechtigung der Frau, für jmds. Beförderung p.;

er hat dafür plädiert, daß die Mannschaft in neuer Aufstellung spielt; **Plädoyer** [plɛdoa'je:], das; -s, -s [frz. plaidoyer]: **1.** (jur.) *zusammenfassende Rede eines Rechtsanwaltes od. Staatsanwaltes vor Gericht:* ein glänzendes P. halten; der Staatsanwalt beschloß sein P.; auf ein P. verzichten; das Gericht versammelt sich zu den -s der Anklage und der Verteidigung. **2.** (bildungsspr.) *Rede, mit der jmd. entschieden für od. gegen jmdn., etw. eintritt; engagierte Befürwortung:* ein leidenschaftliches P. für soziale Gerechtigkeit, gegen die Todesstrafe halten.

Plafond [pla'fõ:], der; -s, -s [frz. plafond, aus: plat fond = platter Boden]: **1.** (südwestd., österr.) *[flache] Decke eines Raumes:* den P. streichen. **2.** (Wirtsch.) *oberer Grenzbetrag bei der Gewährung von Krediten:* Weitere, über diesen „Plafond" hinausgehende Anleihen (Rittershausen, Wirtschaft 156); **plafonieren** [plafo'ni:rən] ⟨sw. V.; hat⟩ [frz. plafonner] (bes. schweiz.): *nach oben hin begrenzen, beschränken:* Die Sonderziehungsrechte werden ... Gold, Dollar und Pfunde p. (Bundestag 189, 1968, 10240); ⟨Abl.:⟩ **Plafonierung,** die; -.

Plage ['pla:gə], die; -, -n [mhd. plāge, spätahd. plāga = Strafe des Himmels; Mißgeschick; Qual, Not < lat. plāga < griech. plagá (plēgḗ) = Schlag]: *etw., was jmdm. anhaltend zusetzt, was jmd. als äußerst unangenehm, quälend empfindet:* eine schreckliche, unerträgliche P.; die vielen Mücken sind eine richtige P. geworden; sie hat ihre P. mit den Kindern; etw. bereitet jmdm. nur P.; der Lärm entwickelt sich zur P., macht ihm das Leben zur P.; ⟨Zus.:⟩ **Plagegeist,** der (fam.): *Quälgeist;* **plagen** ['pla:gn̩] ⟨sw. V.; hat⟩ [mhd. plāgen, eigtl. = strafen, züchtigen < spätlat. plāgāre = schlagen, verwunden]: **1. a)** *jmdm. lästig werden:* die Kinder plagen die Mutter den ganzen Tag [mit ihren Fragen, Wünschen]; die Mücken plagten mich so, daß ich es nicht mehr aushalten konnte; **b)** *bei jmdm. quälende* (3a), *unangenehme Empfindungen hervorrufen:* mich plagt die Hitze, der Durst, der Hunger, das Kopfweh; **c)** *jmdn. innerlich anhaltend beunruhigen:* ihn plagte der Gedanke an den Vorfall, die Neugier; sie war von Ehrgeiz geplagt *(sehr ehrgeizig).* **2.** ⟨p. + sich⟩ *sich abmühen:* sie hatte sich redlich zu p., um die Arbeit zu bewältigen; ich plage mich von morgens bis abends; **Plagerei** [pla:gə'rai], die; -, -en: *das ständige Sichplagen* (2).

Plagge ['plagə], die; -, -n [mniederd. plagge, wohl zu ↑Plakken] (nordd.): **1.** *Fetzen, Lappen.* **2.** *Rasensode.*

Plagiat [pla'gia:t], das; -[e]s, -e [frz. plagiat, zu: plagiaire = Plagiator < lat. plagiārius = Menschenräuber, zu: plagium = Menschenraub] (bildungsspr.): **a)** *unrechtmäßige Aneignung von Gedanken, Ideen o. ä. eines anderen auf künstlerischem od. wissenschaftlichem Gebiet u. ihre Veröffentlichung; Diebstahl geistigen Eigentums:* ein P. begehen, aufdecken; jmdn. des -s bezichtigen; **b)** *durch Plagiat* (a) *entstandenes Werk o. ä.:* das Buch ist ein eindeutiges P.; **Plagiator** [pla'gia:tɔr, auch: ...to:ɐ̯], der; -s, -en [...ia'to:rən; lat. plagiātor = Menschenräuber] (bildungsspr.): *jmd., der ein Plagiat begeht;* **plagiatorisch** [plagia'to:rɪʃ] ⟨Adj.; o. Steig.⟩ (bildungsspr.): *in der Weise eines Plagiators;* **plagiieren** [plagi'i:rən] ⟨sw. V.; hat⟩ [spätlat. plagiāre = Menschenraub begehen] (bildungsspr.): *sich fremde Gedanken, Ideen o. ä. auf künstlerischem od. wissenschaftlichem Gebiet aneignen u. als eigene ausgeben; ein Plagiat begehen:* ein Werk p.; Ü Louis Napoleon habe im Augenblick des Sturzes noch seinen historischen Vorgänger plagiiert (*nachgeahmt;* Bredel, Väter 52).

Plagioklas [plagio'kla:s], der; -es, -e [zu griech. plágios = schräg u. klásis = Bruch, nach der schräg verlaufenden Spaltungsebene der einzelnen Kristalle] (Mineral.): *Bez. für bestimmte, zu den Feldspäten gehörende Mineralien.*

Plaid [ple:t, engl.: pleɪd], das od. der; -s, -s [engl. plaid, aus dem Schott.]: **1.** *[Reise]decke im Schottenmuster.* **2.** *großes Umhangtuch aus Wolle.*

Plakat [pla'ka:t], das; -[e]s, -e [niederl. plakkaat < frz. placard, zu: plaquer = verkleiden, überziehen, aus dem Germ., verw. mit ↑Placken]: *großformatiges Stück festes Papier mit einem Text [u. Bildern], das zum Zwecke der Information, Werbung, politischen Propaganda o. ä. öffentlich u. an gut sichtbaren Stellen befestigt wird:* grelle, riesige, herausfordernde -e; -e an den Litfaßsäulen anbringen; ein P. für eine Kundgebung entwerfen, drucken; -e [an]kleben, abreißen, beschlagnahmen.

Plakat-: ~**farbe,** die: *bes. intensive Farbe für die Plakatmalerei;* ~**gestaltung,** die; ~**kleber,** der: *jmd., der [beruflich] Plakate klebt;* ~**kunst,** die ⟨o. Pl.⟩: *das Gestalten von Plakaten als Teil der darstellenden Kunst;* ~**maler,** der; ~**malerei,** die ⟨o. Pl.⟩; ~**säule,** die: *Litfaßsäule;* ~**schrift,** die (Druckw.): *größter Schrifttyp für Schreibmaschinen;* ~**wand,** die: *für das Anbringen von Plakaten bestimmte [Bretter]wand.*

plakatieren [plaka'ti:rən] ⟨sw. V.; hat⟩: **1.** (selten) **a)** *Plakate an etw. anbringen:* nachts p.; Alle paar Schritte war für die Abendausgabe einer Massenzeitung plakatiert (Handke, Frau 64); **b)** *durch Plakate öffentlich bekanntmachen:* eine Kundgebung, die Mobilmachung p. **2.** (bildungsspr.) *demonstrativ herausstellen* (2): jmds. schlechte Eigenschaften p.; ⟨Abl.:⟩ **Plakatierung,** die; -, -en; **plakativ** [plaka'ti:f] ⟨Adj.⟩ (bildungsspr.): **1.** *wie ein Plakat wirkend:* eine -e Musterung, Darstellung; p. wirken. **2.** *bewußt herausgestellt; betont auffällig; [ansprechend u.] einprägsam:* -e Schmuckfarben; Er bildet eine Situation ab, mit gefilterten Affekten ... ohne -e Moral (Welt 14. 7. 62. Geist. Welt, 1);

Plakette [pla'kɛtə], die; -, -n [frz. plaquette, Vkl. von: plaque = Platte, zu: plaquer, ↑Plakat]: **1.** *kleines, flaches, meist rundes od. eckiges Gebilde Schildchen zum Anstecken od. Aufkleben, das mit einer Inschrift od. figürlichen Darstellung versehen ist:* eine P. aus Papier; eine P. anstecken, tragen. **2.** (Kunst) *(dem Gedenken an jmdn., etw. gewidmete) kleine Tafel aus Metall mit einer reliefartigen Darstellung.*

Plakodermen [plako'dɛrmən] ⟨Pl.⟩ [zu griech. pláx (Gen.: plakós) = Platte, Fläche u. dérma = Haut]: svw. ↑Panzerfische: **Plakoidschuppe** [plako'i:t-], die; -, -n [zu griech. -oeidḗs = ähnlich u. ↑Schuppe]: *Schuppe des Hais.*

plan [pla:n] ⟨Adj.; o. Steig.⟩ [lat. plānus] (bildungsspr.): **1.** *flach* (1): -er Boden; -e Heidelandschaft; p. an etw. anliegen. **2.** (abwertend) *ohne gedankliche Tiefe, oberflächlich, seicht:* Zuviel bleibt in -er Vordergründigkeit hängen (MM 14. 10. 70, 36); **[1]Plan** [-], der [mhd. plān(e) = ebener (Kampf)platz < mlat. planum, zu lat. plānus, ↑plan] in den Wendungen **jmdn., etw. auf den P. rufen** (*zum Erscheinen veranlassen [u. zum Widerspruch herausfordern];* urspr. = jmdn. auf den Kampfplatz rufen): ... rief der Justizmord ... alle Gegner der Laienrechtsprechung auf den P. (Mostar, Unschuldig 54); **auf den P. treten/auf dem P. erscheinen** *(erscheinen).*

[2]Plan [-], der; -[e]s, Pläne ['plɛ:nə; 1a: frz. plan, älter: plant wohl < lat. planta, ↑Pflanze; 1b: beeinflußt von russ. plan]: **1. a)** ⟨Vkl. ↑Plänchen⟩ *das, was als Methode des Vorgehens bei der Durchsetzung od. Durchführung eines bestimmten Ziels od. Vorhabens ausgedacht, festgelegt worden ist:* ein umfassender, ausgefeilter, kühner, verwegener, hochfliegender, hinterhältiger, teuflischer, geheimer P.; was sind ihre nächsten Pläne?; sein P. nimmt feste Formen an; der P. zerschlägt sich; ihr P. zeugte von Umsicht; sie hatten keine Pläne für die Zukunft; einen P. fassen, befolgen, in die Tat umsetzen, aufgeben, umstoßen; sich einen P. zurechtlegen; Pläne wälzen; nur seine eigenen Pläne verfolgen; jmds. Pläne durchkreuzen, grundlegend ändern; voller Pläne stecken *(sehr unternehmungslustig sein);* an seinen Plänen festhalten; jmdn. in seine Pläne einbeziehen, einweihen; er scheiterte mit seinen Plänen; von einem P. absehen; * **einen P./Pläne schmieden** *(einen bestimmten Plan, bestimmte Pläne ausdenken, sich mit bestimmten Plänen befassen);* **b)** (DDR) *verbindliche Richtlinie für die Entwicklung der Volkswirtschaft od. eines bestimmten Bereiches der Volkswirtschaft im Rahmen eines bestimmten Zeitraums:* den P. [über]erfüllen, kontrollieren; Getreide über den P. an den Staat verkaufen. **2.** ⟨Vkl. ↑Plänchen⟩ *Entwurf in Form einer Zeichnung od. graphischen Darstellung, in dem festgelegt ist, wie etw., was geschaffen od. getan werden soll, in Wirklichkeit aussehen, durchgeführt werden soll:* die Pläne des jungen Architekten wurden preisgekrönt; einen P. für ein Theater, den Bau einer Brücke entwerfen, zeichnen, genau ausarbeiten; * **auf dem P. stehen** *(geplant sein):* als nächstes steht eine Reise durch Europa auf dem P. **3.** *Übersichtskarte:* haben Sie einen P. von dem Gebiet?; die Straße war nicht in dem P. eingezeichnet.

[1]plan-, Plan- (plan): ~**drehen** ⟨sw. V.; hat; nur im Inf. u. 2. Part. gebr.⟩ (Technik): *Werkstücke auf der Drehbank so bearbeiten, daß eine ebene, glatte Oberfläche entsteht;* ⟨subst.:⟩ ~**drehen,** das; -s; ~**film,** der (Fot.): *Film* (2), *der* *flach in die Kamera eingelegt wird (bei Großbildkameras);* ~**konkav** 〈Adj.; o. Steig.〉 (Optik): *(von Linsen) auf der einen Seite eben u. auf der anderen Seite nach innen gekrümmt* (Ggs.: plankonvex); ~**konvex** 〈Adj.; o. Steig.〉 (Optik): *(von Linsen) auf der einen Seite eben u. auf der anderen Seite nach außen gekrümmt* (Ggs.: plankonkav); ~**parallel** 〈Adj.; o. Steig.〉 (Fachspr.): *(von Flächen) genau parallel angeordnet:* -e Platten; ~**spiegel,** der (Fachspr.): *Spiegel, dessen Fläche eben, glatt ist.*

²plan-, Plan- (²Plan): ~**ablauf,** der (DDR Wirtsch.): **1.** *Prozeß der Ausarbeitung eines ²Plans* (1 b). **2.** *Durchführung eines ²Plans* (1 b): den P. sichern; ~**aufgabe,** die [LÜ von russ. planowoe sadanie] (DDR Wirtsch.): *Aufgabe, die bestimmten Betrieben o. ä. im Rahmen eines ²Plans* (1 b) *gestellt wird;* ~**auflage,** die (DDR Wirtsch.): vgl. ~aufgabe; ~**diskussion,** die (DDR Wirtsch.); ~**disziplin,** die [wohl LÜ von russ. planowaja disziplina] (DDR Wirtsch.); ~**erfüllung,** die [LÜ von russ. wypolnenie plana] (bes. DDR Wirtsch.); ~**feststellung,** die (Amtsspr., jur.): *amtliche Entscheidung über den Umfang u. die Notwendigkeit von Enteignungen zur Verwirklichung eines öffentlichen Bauvorhabens* (z. B. Flugplatz, Autobahn), dazu: ~**feststellungsverfahren,** das; ~**gemäß** 〈Adj.; o. Steig.〉 (selten): svw. ↑~mäßig (a); ~**jahr,** das (DDR Wirtsch.): *Zeitraum eines Jahresplans;* ~**jahrfünft,** das (DDR) [LÜ von russ. pjatiletka]: vgl. Fünfjahr[es]plan; ~**kalkulation,** die (Wirtsch.): *Kalkulation mit den Kosten, die durch die Plankostenrechnung ermittelt worden sind;* ~**kontrolle,** die (bes. DDR Wirtsch.); ~**kosten,** die (Wirtsch.): *Kosten, die in die Plankostenrechnung einbezogen sind,* dazu: ~**kostenrechnung,** die (Wirtsch.): *Planung der bei der Produktion notwendigen Kosten als Teil des betrieblichen Rechnungswesens;* ~**los** 〈Adj.; -er, -este〉: *ohne Plan; unüberlegt* (Ggs.: planmäßig b): ein -es Vorgehen; p. arbeiten; er läuft völlig p. durch die Stadt, dazu: ~**losigkeit,** die; -; ~**mäßig** 〈Adj.; o. Steig.; präd. ungebr.〉: **a)** *einem [Fahr]plan entsprechend:* -er Zugverkehr; der -e *(nach Plan verkehrende)* Ausflugsdampfer; das Flugzeug fliegt p.; **b)** *nach Plan; systematisch* (Ggs.: planlos): der -e Aufbau; -e Vernichtung betreiben; p. vorgehen; die Versammlung verlief p., dazu: ~**mäßigkeit,** die; -; ~**quadrat,** das: *durch parallel verlaufende Linien gebildetes Quadrat auf Landkarten;* ~**rückstand,** der (DDR Wirtsch.): *Rückstand in der Planerfüllung;* ~**schießen,** das; -s (Milit.): *Schießen der Artillerie ohne Beobachtungsposten nur nach der Karte;* ~**schulden** 〈Pl.〉 (DDR Wirtsch.): svw. ↑~rückstand; ~**soll,** das (DDR Wirtsch.); ~**spiel,** das: *das planmäßige Durchspielen einer bestimmten Situation, eines bestimmten Vorhabens als Modellfall;* ~**stelle,** die: *Stelle, Arbeitsplatz im öffentlichen Dienst, der im Haushaltsplan fest ausgewiesen ist:* -n schaffen; er bekommt eine P.; ~**voll** 〈Adj.; o. Steig.〉: svw. ↑~mäßig (b): man erwartet -e Arbeit; ~**vorschlag,** der (DDR Wirtsch.); ~**vorsprung,** der (DDR Wirtsch.); ~**wirtschaft,** die: *auf der Grundlage von zentraler staatlicher Planung beruhendes, nicht dem Gesetz von Angebot u. Nachfrage des Marktes folgendes Wirtschaftssystem;* ~**zeichnen** 〈sw. V.; nur im Inf. gebr.〉 (Fachspr.): *einen Grundriß, eine Landkarte o. ä. entwerfen;* 〈subst.:〉 ~**zeichnen,** das; -s, dazu: ~**zeichner,** der: *jmd., der [Land]karten entwirft,* ~**zeichnung,** die; ~**zeiger,** der (Fachspr.): *rechter Winkel mit einer Maßeinheit zur Fixierung von bestimmten Punkten auf Landkarten;* ~**ziel,** das (DDR Wirtsch.): das P. nicht erreichen.

Planarie [pla'na:ri̯ə], die; -, -n [...i̯ən; zu spätlat. plānārius = flach, zu lat. plānus, ↑plan]: *stark abgeplatteter Strudelwurm mit einer halsartigen Einschnürung u. einem deutlich sichtbaren Kopf.*

planbar 〈Adj.; o. Steig.; nicht adv.〉: *so beschaffen, daß es zu planen ist:* neue Technologien sind langfristig p.; **Plänchen** ['plɛ:nçən], das; -s, -: ↑²Plan.

Planche [plã:ʃ], die; -, -n [frz. planche, eigtl. = Planke, Brett < spätlat. planca < lat. p(h)alanga, ↑Planke] (Fechten): *Fechtbahn;* **Planchette** [plã'ʃɛtə], die; -, -n [frz. planchette] (Fachspr.): *Miederstäbchen.*

Plane ['pla:nə], die; -, -n [ostmd. Nebenf. von mhd. blahe, ↑Blahe]: *[große] Decke aus festem, wasserabweisendem Material, die zum Schutz [von offenen Booten, [Lastkraft]wagen o. ä.] gegen Witterungseinflüsse verwendet wird:* eine große P. über das Boot binden; etw. mit einer P. abdecken.

planen ['pla:nən] 〈sw. V.; hat〉: **a)** *einen ²Plan (1, 2), ²Pläne (1, 2) für etw. ausarbeiten, aufstellen:* ein Projekt, die Produktion, den Bau eines Kernkraftwerks p.; etw. auf lange Sicht p.; etw. lange im voraus p.; einen Anschlag auf jmdn. p.; jeder seiner Schritte war sorgfältig geplant; **b)** *die Absicht haben, in nächster Zeit etw. Bestimmtes zu tun; etw. vorhaben; sich etw. vornehmen:* die Stadt plant, in dem Gebiet Hochhäuser zu bauen; hast du schon etwas für das Wochenende geplant?; die geplante Reise fiel ins Wasser; 〈Abl.:〉 **Planer,** der; -s, -: *jmd., der etw. plant* (a); **planerisch** 〈Adj.; o. Steig.〉: *auf einen ²Plan (1, 2) bezüglich, durch ihn festgelegt:* -e Maßnahmen; **Pläneschmied,** der; -[e]s, -e (ugs.): *jmd., der eifrig u. ständig etw. plant* (b); **Pläneschmieden,** das; -s (ugs.): *das Planen von bestimmten Projekten o. ä.*

Planet [pla'ne:t], der; -en, -en [mhd. plānēte < spätlat. planētēs (Pl.) < griech. plánētes, Pl. von: plánēs = der Umherschweifende] (Astron.): *nicht selbst leuchtender, großer Himmelskörper, der sich um eine Sonne dreht; Wandelstern* (Ggs.: Fixstern): die neun -en unseres Sonnensystems; der blaue P. *(die Erde;* vom Weltraum aus gesehen schimmert die Erde bläulich); als ob's für sie hier auf unserem dreckigen -en *(auf der Erde)* gar keine Probleme gäbe (Ott, Haie 153); **planetar** [plane'ta:ɐ̯] 〈Adj.; o. Steig.; nicht adv.〉: svw. ↑planetarisch; **planetarisch** [...'ta:rɪʃ] 〈Adj.; o. Steig.; nicht adv.〉: *die Planeten betreffend, auf sie bezüglich:* -e Nebel; ein -es Weltbild; **b)** (bildungsspr. selten) *den Planeten Erde betreffend, global* (1): ein -er Konflikt; daß es sich um ein durchrationalisiertes Klassensystem -en Maßstabs, um lückenlos geplanten Staatskapitalismus handelt (Adorno, Prismen 95); **Planetarium** [...'ta:ri̯ʊm], das; -s, ...ien [...i̯ən]: **1.** *Gerät, mit dem man Bewegung, Lage u. Größe der Gestirne, bes. der Planeten, darstellen kann.* **2.** *Gebäude mit einer Kuppel, in dem ein Planetarium* (1) *steht.*

Planeten-: ~**bahn,** die (vgl. Bahn 2); ~**getriebe,** das (Technik): *Getriebe, bei dem die [Zahn]räder auf einem umlaufenden Steg gelagert sind;* ~**jahr,** das (Astron.): *Umlaufzeit eines Planeten um die Sonne;* ~**konstellation,** die (Astron.); ~**system,** das (Astron.): *Gesamtheit der die Sonne od. einen entsprechenden Stern umkreisenden Planeten.*

Planetoid [planeto'i:t], der; -en, -en [zu ↑Planet u. griech. -oeidēs = ähnlich] (Astron.): *kleiner Planet.*

planieren [pla'ni:rən] 〈sw. V.; hat〉 [mlat. planare, zu lat. plānus, ↑plan]: *etw. [ein]ebnen:* die Straße, einen Parkplatz p.; 〈Zus.:〉 **Planierraupe,** die: *Raupenfahrzeug mit einer gewölbten Stahlplatte zum Planieren von [Boden]flächen;* 〈Abl.:〉 **Planierung,** die; -, -en 〈Pl. selten〉: *das Planieren;* **Planifikateur** [planifika'tø:ɐ̯], der; -s, -e [frz. planificateur, zu: planifier = planmäßig lenken, zu: plan, ↑²Plan] (Fachspr.): *Fachmann für die Gesamtplanung der Volkswirtschaft;* **Planifikation** [...'tsi̯o:n], die; -, -en [frz. planification] (Fachspr.): *staatlich organisierte Planung der Volkswirtschaft auf Grundlage der Marktwirtschaft;* **Planiglob** [plani'glo:p], das; -s, -en, (älter:) **Planiglobium** [...'glo:bi̯ʊm], das; -s, ...ien [...i̯ən]; zu lat. plānus (↑plan) u. globus, ↑Globus] (Fachspr.): *Karte, die die Erdoberfläche in zwei getrennten Abbildungen in Form von Halbkugeln darstellt;* **Planimeter,** das; -s, - [zu lat. plānus (↑plan) u. ↑-meter] (Geom.): *Instrument, mit dem krummlinige Flächen durch Umfahren der Fläche mit einer durch einen Stift bewegten Walze ausgemessen werden;* **Planimetrie,** die; - [↑-metrie] (Geom.): **1.** *Messung u. Berechnung von Flächeninhalten.* **2.** *Lehre von den geometrischen Gebilden in einer Ebene;* **planimetrisch** 〈Adj.; o. Steig.; nicht präd.〉 (Geom.): *die Planimetrie betreffend.*

Planke ['plaŋkə], die; -, -n [mhd. planke < frz. planche < lat. p(h)alanga < griech. phálagx, ↑Phalanx]: **1.** *langes, dickes Brett, das als Bauholz bes. für den Schiffsbau, für Bretterzäune u. Verschalungen verwendet wird:* auf den glitschigen -n ausrutschen. **2. a)** *[hoher] Bretterzaun, Umzäunung:* über die P. klettern; **b)** 〈Pl.〉 (Springreiten) *Hindernis aus Brettern, die übereinander angebracht sind.*

Plänkelei [plɛŋkə'lai̯], die; -, -en: svw. ↑Geplänkel (1, 2); **plänkeln** ['plɛŋkl̩n] 〈sw. V.; hat〉 [mhd. blenkeln, zu: blenken = hin u. her bewegen]: **1.** (Milit. veraltend) *ein kurzes, verhältnismäßig unbedeutendes Gefecht austragen.* **2.** *sich harmlos, oft scherzhaft streiten.*

Plankenzaun, der; -[e], ...zäune: **1.** *Zaun aus Planken* (1): ein geteerter P. **2.** (Springreiten) svw. ↑Planke (2 b).

Plänkler ['plɛŋklɐ], der; -s, - [zu ↑plänkeln] (Milit. veraltend): *jmd., der an einem Geplänkel* (1) *beteiligt ist, war.*

Plankter ['plaŋktɐ], der; -s, - [griech. plagktḗr = der Umherirrende; zu ↑Plankton] (Biol.): seltener für ↑Planktont; **Plankton** ['plaŋktɔn], das; -s [griech. plagktón = Umhertreibendes] (Biol.): *Gesamtheit der im Wasser lebenden tierischen u. pflanzlichen Lebewesen, die meist sehr klein sind u. sich nicht selbst fortbewegen, sondern durch das Wasser bewegt werden:* pflanzliches, tierisches P.; ⟨Abl.:⟩ **planktonisch** [...'to:nɪʃ] ⟨Adj.; o. Steig.⟩ (Biol.): *das Plankton betreffend;* **Planktont** [...'tɔnt], der; -en, -en [aus ↑Plankton u. griech. ṓn (Gen.: óntos) = Seiendes, Lebewesen] (Biol.): *einzelnes Lebewesen als Teil des Planktons.*

plano ['pla:no] ⟨Adv.⟩ [lat. plāno, Adv. von: plānus, ↑plan] (Fachspr.): *(von Druckbogen o. ä.) ohne Falz* (1 a).

Planschbecken, das; -s, -: *[kleines] Bassin, in dem das Wasser so flach ist, daß Kleinkinder gefahrlos darin spielen können;* **planschen** ['planʃn̩] ⟨sw. V.; hat⟩ [lautm., nasalierte Nebenf. von ↑platschen]: *Wasser mit Armen u. Beinen in Bewegung bringen, umherspritzen:* die Kinder planschen in der Badewanne; ⟨Abl.:⟩ **Planscherei** [planʃə'rai̯], die; -, -en ⟨Pl. selten⟩: *[dauerndes] Planschen.*

Plantage [plan'ta:ʒə, österr.: ...a:ʒ], die; -, -n [frz. plantage, zu: planter < lat. plantāre = pflanzen]: *landwirtschaftlicher Großbetrieb in tropischen Ländern.*

Plantagen-: ~**arbeiter,** der; ~**besitzer,** der; ~**wirtschaft,** die.

plantar [plan'ta:ɐ̯] ⟨Adj.; o. Steig.⟩ [spätlat. plantāris, zu lat. planta = Fußsohle] (Med.): *zur Fußsohle gehörend; die Fußsohle betreffend.*

plantschen ['plantʃn̩]: ↑planschen.

Planula ['pla:nula], die; -, -s [zu lat. plānus, ↑plan; nach der Form]: *Larve der Nesseltiere;* **Planum** ['pla:nʊm], das; -s [lat. plānum = Fläche] (Bauw.): *eingeebnete Fläche für den Unter- od. Oberbau einer Straße o. ä., eines Neubaus.*

Planung ['pla:nʊŋ], die; -, -en: **1.** *das Planen* (a, b); *die Ausarbeitung eines* [2]*Plans, von* [2]*Plänen* (1, 2): die lang-, mittelfristige P.; Kalkulation, Betriebsstatistik und P. gehören zum Rechnungswesen eines Unternehmens; bei der P. des Projekts sind Fehler unterlaufen; für die P. verantwortlich sein; er hat weder mit der P. noch mit der Ausführung des Verbrechens zu tun gehabt. **2.** *das Resultat der Planung* (1); *das Geplante:* sich an die P. halten.

Planungs-: ~**abteilung,** die: *Abteilung in einem Betrieb, einer staatlichen Einrichtung o. ä., die für die Planung* (1) *zuständig ist;* ~**kommission,** die: vgl. ~abteilung; ~**methode,** die (bes. DDR Wirtsch.); ~**stadium,** das: etw. ist noch im P.; ~**team,** das: vgl. ~abteilung.

Planwagen, der; -s, - [zu ↑Plane]: *Wagen, dessen Laderaum mit einer Plane bedeckt ist.*

Plapper-: ~**maul,** das (ugs. abwertend): *jmd., der viel plappert;* ⟨Vkl.:⟩ ~**mäulchen,** das (ugs. scherzh.): **1.** *Kind, das viel plappert.* **2.** *Mund:* Pariserin ... mit ... süßem P. (Th. Mann, Krull 262); ~**tasche,** die (ugs. abwertend): svw. ↑~maul.

Plapperei [plapə'rai̯], die; -, -en (ugs. abwertend): svw. ↑Geplapper; **plapperhaft** ⟨Adj.; -er, -este⟩ (ugs. abwertend): *gern plappernd;* ⟨Abl.:⟩ **Plapperhaftigkeit,** die; - (ugs. abwertend): *plapperhafte Art, plapperhaftes Wesen;* **plappern** ['plapɐn] ⟨sw. V.; hat⟩ [lautm.]: **a)** (ugs.) *viel u. schnell aus naiver Freude am Sprechen reden:* der Kleine plapperte ohne Pause; **b)** (ugs. abwertend) *reden:* nur Unsinn p.

Plaque [plak], die; -, -s [plak; frz. plaque = Fleck, aus dem Germ.]: **1.** (Med.) *deutlich abgegrenzter, etwas erhöhter Fleck auf der Haut.* **2.** (Zahnmed.) *Zahnbelag.*

plärren ['plɛrən] ⟨sw. V.; hat⟩ [mhd. blē̆r(r)en, lautm.] (abwertend): **1. a)** *in unangenehm u. unschön empfundener Weise laut u. breitgezogen-gequetscht reden:* wir hörten, wie sie im Haus [nach dem Kind] plärrte; Sie zählte mit einer grellen, plärrenden Stimme (K. Mann, Mephisto 77); Ü Liebe im Park ... unterm Plärren der Frösche (Bieler, Bonifaz 67); das Radio, ein Musikautomat, der Lautsprecher plärrt; die Stadthymne plärrt vom alten Peter und der Gemütlichkeit (Feuchtwanger, Erfolg 780); **b)** *plärrend* (1 a) *von sich geben:* er plärrte unflätige Ausdrücke durch den Saal; sie plärrten ein Lied. **2.** (emotional) *laut [jammernd] weinen:* das Kind fing sofort an zu p.

Pläsier [plɛ'zi:ɐ̯], das; -s, -e, österr.: -s [frz. plaisir, zu afrz. plaisir = gefallen < lat. placēre, ↑Plazet] (landsch., sonst veraltend): *besonderes persönliches Vergnügen (an etw.):* sein P. [an etw.] haben. Vgl. Maître de plaisir.

Plasma ['plasma], das; -s, ...men [griech. plásma = Gebilde, zu: plássein, ↑plastisch]: **1.** (Biol.) kurz für ↑Protoplasma. **2.** (Med.) kurz für Blutplasma. **3.** (Physik) *leuchtendes, elektrisch leitendes Gasgemisch, das u. a. in elektrischen Entladungen von Gas, in heißen Flammen u. bei der Explosion von Wasserstoffbomben entsteht.*

Plasma-: ~**brenner,** der (Physik): *Gerät zum Schmelzen, Verdampfen, Schweißen o. ä. von schwer schmelzbaren Stoffen mit Hilfe eines elektrischen Lichtbogens;* ~**chemie,** die: *moderne Forschungsrichtung der Chemie, die sich mit chemischen Reaktionen befaßt, die unter den Bedingungen eines Plasmas* (3) *ablaufen;* ~**physik,** die: *modernes Teilgebiet der Physik, auf dem die Eigenschaften u. das Verhalten der Materie im Zustand des Plasmas* (3) *untersucht werden.*

plasmatisch [plas'ma:tɪʃ] ⟨Adj.; o. Steig.; nicht adv.⟩: *das Plasma betreffend;* **Plasmodium** [plas'mo:di̯ʊm], das; -s, ...ien [...i̯ən; zu ↑Plasma u. griech. -oeidḗs = ähnlich] (Biol.): *Masse aus vielkernigem Protoplasma, die durch Kernteilung ohne nachfolgende Zellteilung entsteht;* **Plasmon** [plas'mo:n], das; -s (Biol.): *Gesamtheit der Erbfaktoren des Protoplasmas.*

Plast [plast], der; -[e]s, -e [↑[2]Plastik] (DDR): svw. ↑Kunststoff; **Plaste** ['plastə], die; -, -n (DDR ugs.): svw. ↑Kunststoff; **Plastics** ['plæstɪks] ⟨Pl.⟩ [engl. plastics (Pl.) < lat. plasticus, ↑plastisch]: engl. Bez. für *Kunststoffe;* **Plastide** [plas'ti:də], die; -, -n ⟨meist Pl.⟩ [zu griech. plastós = gebildet, geformt] (Bot.): *zur pflanzlichen Zelle gehörende Organelle mit hohem Gehalt an Lipoid.*

Plastifikator [plastifi'ka:tɔr, auch: ...to:ɐ̯], der; -s, -en [...ka'to:rən] (Technik, Chemie): svw. ↑Weichmacher; **plastifizieren** [...'tsi:rən] ⟨sw. V.; hat⟩ (Technik, Chemie): *(spröde Kunststoffe) weich u. geschmeidig machen.*

[1]**Plastik** ['plastɪk], die; -, -en [frz. plastique < lat. plasticē < griech. plastikḗ (téchnē) = Kunst des Gestaltens, zu: plastikós, ↑plastisch]: **1. a)** *künstlerische Darstellung von Personen od. Gegenständen aus Stein, Holz, Metall o. ä.:* eine moderne, antike P.; -en aufstellen; eine P. bewundern; vor einer P. stehen; **b)** ⟨o. Pl.⟩ svw. ↑Bildhauerkunst: die P. der Renaissance; er ist ein Meister der P. **2.** ⟨o. Pl.⟩ *körperhafte Anschaulichkeit, Ausdruckskraft:* Die Durchsichtigkeit ihres Spiels (= auf dem Klavier) ... schloß P. und Farbigkeit des Zusammenklangs ein (Welt 13. 11. 65, 14). **3.** (Med.) *operative Formung, Wiederherstellung von Organen od. Gewebeteilen durch Transplantation von Haut-, Schleimhaut-, Nerven- od. Knochenteilen* (z. B. bei Verletzungen od. Mißbildungen): eine P. an der Nase ausführen; [2]**Plastik** [-], das; -s ⟨meist o. Art.⟩ [engl.-amerik. plastic(s), zu: plastic = weich, knetbar, verformbar < lat. plasticus, ↑plastisch]: svw. ↑Kunststoff: P. verarbeiten; Gebrauchsgegenstände, Behälter aus [rotem] P.

Plastik- ([2]Plastik): ~**beutel,** der; ~**bombe,** die: *Sprengkörper mit weich-elastischen, plastisch* (2) *gemachten Sprengstoffen;* ~**eimer,** der; ~**einband,** der; ~**folie,** die: vgl. [1]Folie (1); ~**handschuh,** der; ~**helm,** der: *aus Plastik hergestellter Schutzhelm;* ~**röhrchen,** das: ein P. mit Pillen; ~**sack,** der; ~**[trage]tasche,** die; ~**tüte,** die.

Plastiker, der; -s, -: svw. ↑Bildhauer.

Plastilin [plasti'li:n], das; -s, **Plastilina** [...'li:na], die; -: *dem Kitt ähnliche, farbige Knetmasse zum Modellieren;* **plastisch** ⟨Adj.⟩ [frz. plastique < lat. plasticus < griech. plastikós = zum Bilden, Formen gehörig, zu: plássein = bilden, formen]: **1.** ⟨o. Steig.; nicht präd.⟩ svw. ↑bildhauerisch: -es Können; -e Gestaltung. **2.** ⟨nicht adv.⟩ *Plastizität* (2) *aufweisend; unter Belastung eine bleibende Formänderung ohne Bruch erfahrend; modellierfähig, knetbar, formbar:* eine -e Masse; ein Stoff, der bei allen Temperaturen p. bleibt. **3. a)** *räumlich [herausgearbeitet], körperhaft, nicht flächenhaft wirkend:* sein aristokratisches Profil mit ... dem -en Kinn (Thieß, Frühling 9); **b)** *anschaulich, deutlich hervortretend; bildhaft einprägsam:* eine -e Schilderung, Darstellung von etw. geben; etw. p. veranschaulichen; **plastizieren** [plasti'tsi:rən] (Fachspr.): ↑plastifizieren; **Plastizität** [...tsi'tɛ:t], die; -: **1.** *räumliche, körperhafte Anschaulichkeit:* das ... erste Buch ..., das weder die P. noch die stilistische Vollkommenheit des letzten Teils besitzt (Jens, Mann 20). **2.** *Formbarkeit (eines Materials):* die P. von Kautschuk; Ü die menschliche Sexualität ist durch ein hohes Maß an P., d. h. Offenheit für Ausrichtungen des Triebes gekennzeichnet (Schmidt, Strichjungengespräche 25); **Plastom** [plas'to:m], das; -s [zu griech. plastós, ↑Plastide] (Biol.): *Gesamtheit der in den Plastiden angenommenen Erbfaktoren;* **Plastoponik** [plasto'po:nɪk], die; - [zu ↑Plastik

u. lat. pōnere = setzen, stellen, legen] (Landw.): *Verfahren zur Kultivierung unfruchtbarer Böden mit Hilfe von Schaumstoffen, die Nährsalze u. Spurenelemente enthalten.*

Plastron [plas'trõ:, österr.: ...'tro:n], der od. das; -s, -s [frz. plastron, eigtl. = Brustharnisch, aus ital. piastrone, zu: piastra = Metallplatte < mlat. (em)plastrum, ↑Pflaster]: **1. a)** (früher) *breiter Seidenschlips (zur festlichen Kleidung des Herrn);* **b)** *breite weiße Krawatte, die zum Reitanzug gehört;* **c)** *mit Biesen od. Plissees versehener, eingenähter Einsatz im Oberteil von Kleidern.* **2.** *(im Mittelalter) stählerner Brust- od. Armschutz.* **3.** (Fechten) **a)** *Stoßkissen zum Training der Genauigkeit der Treffer;* **b)** *Schutzpolster für Brust u. Arme beim Training.*

Platane [pla'ta:nə], die; -, -n [lat. platanus < griech. plátanos, zu: platýs, ↑platt; wohl nach dem breiten Wuchs]: *hoher, meist in Parks od. Alleen angepflanzter Baum mit Blättern, die denen des Ahorns ähnlich sind, u. kugeligen Blüten u. Früchten sowie heller, glatter, sich in größeren Teilen ablösender Borke;* ⟨Zus.:⟩ **Platanenblatt,** das.

Plateau [pla'to:], das; -s, -s [frz. plateau, zu: plat, ↑platt]: **1.** *Hochebene.* **2.** *obere ebene Fläche eines Berges.*

plateau-, Plateau-: **~basalt,** der: svw. ↑Trapp; **~förmig** ⟨Adj.; o. Steig.; nicht adv.⟩; **~gletscher,** der: *sehr hoch gelegener Gletscher, der eine große Fläche bedeckt u. nach vielen Seiten abfließt;* **~sohle,** die: *dicke, modische Schuhsohle.*

Platin ['pla:ti:n, südd., österr.: pla'ti:n], das, -s [älter span. platina, Vkl. von: plata (de ariento) = (Silber)platte, über das Vlat. zu griech. platýs, ↑platt]: *silbergrau glänzendes Edelmetall (chemischer Grundstoff);* Zeichen: Pt

platin-, Platin-: **~blond** ⟨Adj.; o. Steig.; nicht adv.⟩: **a)** *(vom Haar) von sehr hellem, silbern glänzendem Blond:* -e Lokken, Zöpfe; **b)** *mit platinblondem* (a) *Haar:* ein -er Teenager; **~draht,** der: *Draht aus Platin;* **~erz,** das: *platinhaltiges Erz;* **~fuchs,** der: **1.** *graublau bis lavendelfarben melierter Silberfuchs.* **2.** *Pelz des Platinfuchses* (1): sie trägt einen P.; **~haltig,** (österr.:) **~hältig** ⟨Adj.; o. Steig.; nicht adv.⟩: *Platin enthaltend;* **~hochzeit,** die: *siebzigster Hochzeitstag;* **~ring,** der; **~schmuck,** der.

Platine [pla'ti:nə], die; -, -n [frz. platine, zu: plat, ↑platt] (Elektrot.): *(ein- od. zweiseitig kupfer- od. silberkaschierte) Platte, die mit Löchern versehen ist, durch die Anschlüsse elektronischer Bauelemente gesteckt werden, die dann verlötet werden;* **platinieren** [plati'ni:rən] ⟨sw. V.; hat⟩: *mit Platin überziehen;* **Platitüde** [plati'ty:də], die; -, -n [frz. platitude, zu: plat, ↑platt] (geh. abwertend): *nichtssagende, abgedroschene Redewendung; Plattheit:* sich in -n ergehen.

Platoniker [pla'to:nikɐ], der; -s, - [nach dem griech. Philosophen Platon (etwa 428–347 v. Chr.)]: *Anhänger der Philosophie Platons;* **platonisch** [pla'to:nɪʃ] ⟨Adj.; o. Steig.⟩ [1: griech. Platōnikós]: **1.** ⟨nicht adv.⟩ *die Philosophie Platons betreffend, zu ihr gehörend, auf ihr beruhend:* die -e Tradition; die idealistische Konstruktion des -en Staates. **2.** (bildungsspr.) **a)** *nicht sinnlich, rein seelisch-geistig:* -e Liebe; Ich ... war ... ein paarmal verliebt ..., allerdings nur p. (Ziegler, Kein Recht 53); **b)** (iron.) *zu nichts verpflichtend, nichts besagend:* der Diplomat gab nur eine -e Erklärung dazu ab; **Platonismus** [plato'nɪsmʊs], der; -: *Philosophie, Gesamtheit der philosophischen Richtungen in Fortführung der Philosophie Platons.*

platsch! [platʃ] ⟨Interj.⟩: lautm. für ein Geräusch, das entsteht, wenn etw. auf eine Wasseroberfläche aufschlägt od. wenn etw. Nasses auf den Boden fällt; **Platsch** [-], der; -[e]s (westmd.): svw. ↑Pflatsch (1, 2); **platschen** ['platʃn̩] ⟨sw. V.⟩ [spätmhd. blatschen, blatzen, lautm.]: **1.** (ugs.) **a)** *ein [helles] schallendes Geräusch von sich geben* ⟨hat⟩: Grischa lauschte den Güssen, dumpf trommelnd und hell platschend (A. Zweig, Grischa 54); **b)** *mit einem [hellen] schallenden Geräusch auftreffen* ⟨ist⟩: der Regen platscht monoton gegen die Scheiben; als das Wasser immer höher gegen seine Beine platschte (Fallada, Herr 217); Ihre nackten Füße platschten auf den Fußboden (Borchert, Draußen 121). **2.** (ugs.) *sich im Wasser bewegen u. dadurch ein helles, schallendes Geräusch verursachen* ⟨hat/ist⟩: die Kinder platschen fröhlich durch den Bach; wir sahen, wie sie im Wasser platschten (Ott, Haie 263). **3.** (ugs.) *(von etw. Schwerem) [mit einem klatschenden Geräusch] auf, in etw. fallen* ⟨ist⟩: fast gleichzeitig platschte das Geschoß ... zischend ins Wasser (Degenhardt, Zündschnüre 128); Ü hat sich die erschöpfte Wilma auf dein Bett p. lassen (Wohmann, Absicht 420). **4.** ⟨unpers.⟩ (landsch.) *heftig regnen* ⟨hat⟩: es platscht schon den ganzen Tag; **plätschern** ['plɛtʃɐn] ⟨sw. V.⟩ [lautm., Iterativbildung zu ↑platschen]: **1.** ⟨hat⟩ **a)** *durch eine Wellenbewegung od. im Herabfließen beim Aufprall ein gleichmäßig sich wiederholendes Geräusch verursachen:* der Springbrunnen plätschert friedlich, beschaulich; das Wasser plätschert schläfrig (Waggerl, Brot 151); **b)** *sich plätschernd* (1 a) *im Wasser bewegen:* die Kinder plätschern im seichten Wasser, in der Badewanne. **2.** *plätschernd* (1 a) *fließen* ⟨ist⟩: der Bach plätschert munter über die Steine, durch die Wiese; Ü das Gespräch plätschert *(wird leicht u. mehr oberflächlich geführt);* **platschnaß** ⟨Adj.; o. Steig.; nicht adv.⟩ (landsch.): svw. ↑klatschnaß; **Platschregen,** der; -s, - (landsch.): svw. ↑Platzregen.

platt [plat] ⟨Adj.; -er, -este⟩ [aus dem Niederd. < mniederd. plat(t) < (a)frz. plat = flach, über das Vlat. zu griech. platýs = eben, breit]: **1.** ⟨nicht adv.⟩ *(als Fläche) ohne Erhebung [u. in die Breite sich ausdehnend]; flach:* zwei Dutzend Schornsteine, die vom -en Boden in die Luft stechen (Küpper, Simplicius 213); sich die Nase an der Fensterscheibe p. *(breit)* drücken; p. *(flach hingestreckt)* auf der Erde liegen; sie ist p. wie ein [Bügel]brett (ugs.; *hat kaum Busen*); der Reifen ist p. *(hat nur wenig od. gar keine Luft);* ⟨subst.:⟩ ich mußte noch das Rad wechseln, wir hatten einen Platten *(eine Reifenpanne);* ***p. sein** (ugs.; *völlig überrascht sein, weil etw. eingetreten ist, was man nicht erwartet, vermutet hat*): ich bin ja p., daß er sich dazu durchgerungen hat. **2.** (abwertend) *oberflächlich u. geistlos, trivial:* eine -e Konversation; plattester Materialismus; Ein Mann, der von -er Sehnsucht nach dem Ministeramt so frei ist (Spiegel 52, 1965, 6); dieses Gedicht ist inhaltlich p.; er scherzte p., ohne Witz. **3.** ⟨nur attr.⟩ *glatt* (3): eine -e Lüge; -er Zynismus; **Platt** [-], das; -[s]: *das Plattdeutsche:* Mit P. sei er in Flandern ganz gut zurechtgekommen (Kempowski, Tadellöser 21); ... in meinem pyrenäischen P. *(Mundart, Dialekt)* von Bernadette weitererzählen (Langgässer, Siegel 145).

platt-, Platt-: **~bauch,** der (Zool.): *große Libelle mit von oben nach unten abgeplattetem, beim Weibchen blauem, beim Männchen braungelbem Hinterleib;* **~bodenboot,** das (Segeln): *Jolle mit nahezu waagerechtem (plattem) Boden;* **~deutsch** ⟨Adj.; o. Steig.⟩ (Sprachw.): svw. ↑niederdeutsch; **~deutsch,** das: svw. ↑Niederdeutsch, **~deutsche,** das: svw. ↑Niederdeutsche; **~erbse,** die: *zu den Schmetterlingsblütlern gehörendes, in mehreren Arten vorkommendes, als Futter- od. Zierpflanze kultiviertes Kraut mit meist roten od. gelben Blüten, paarig gefiederten Blättern u. meist flachen Samenkapseln;* **~fisch,** der: *im flachen Wasser lebender Knochenfisch mit seitlich stark abgeflachtem asymmetrischem Körper, der beide Augen u. die Nasenlöcher auf der pigmentierten, dem Licht zugekehrten Körperseite (die er in der Farbe dem Meeresgrund anpassen kann) hat u. mit der hellen Körperseite auf dem Grund liegt od. sich in den Sand eingräbt;* **~form,** die [1, 2: frz. plate-forme, aus: plat (↑platt) u. forme < lat. fōrma, ↑Form]: **1.** *(mit einem Geländer gesicherte) Fläche auf hohen Gebäuden, Türmen o. ä. (von der aus man einen guten Ausblick hat).* **2. a)** *Fläche am vorderen od. hinteren Ende älterer Straßen- od. Eisenbahnwagen zum Ein- u. Aussteigen;* **b)** *(bei Wagen, die dem Gütertransport dienen) einer Laderampe ähnliche, aufklappbare Fläche zum leichteren Be- u. Entladen.* **3.** *Basis, Standpunkt, von dem bei Überlegungen, Absichten, Handlungen, politischen Zielsetzungen o. ä. ausgegangen wird:* eine gemeinsame P. finden; **~formball,** der (Boxen), **~formbirne,** die [nach der kleinen Plattform, an der der Ball aufgehängt ist] (Boxen Jargon): *birnenförmiger, frei beweglich in Kopfhöhe aufgehängter Lederball, an dem der Boxer Schnelligkeit u. Treffsicherheit übt; Punchingball; Punchingbirne;* **~formwagen,** der: *Ackerwagen, bei dem auf alle vier Wände ein Gatter aufgesetzt ist, das eine wesentlich höhere Beladung möglich macht;* **~fuß,** der: **1.** ⟨meist Pl.⟩ (Med.) *Fuß, dessen Längs- u. meist auch Querwölbung stark abgeflacht ist.* **2.** (ugs.) *Reifen, der keine od. kaum noch Luft hat,* zu 1: **~füßig** ⟨Adj.; Steig. ungebr.; nicht adv.⟩: *mit Plattfüßen,* **~fußindianer,** der: **a)** (salopp) *männliche Person mit Plattfüßen;* **b)** *Schimpfwort für eine männliche Person;* **c)** (Soldatenspr.) *Infanterist;* **~gat[t],** das (Seemannsspr.): *Heck, bei dem der Bootsrumpf eine flache, breite, abschließende Platte hat, das Ruder aber an dem spitz zulaufenden, unter Wasser befindlichen Teil nahe am Kiel befestigt ist;* **~käfer,** der: *kleiner Käfer mit abgeplattetem Körper, großem Kopf* *u. gerippten Flügeldecken, der meist unter Baumrinden lebt;* **~machen** usw.: ↑plattmachen usw.; **~nasig** ⟨Adj.; Steig. ungebr.; nicht adv.⟩: *mit platter Nase;* **~stich,** der (Handarb.): *Zierstich, bei dem der Faden in gerader od. schräger Lage flach über das Gewebe gestickt wird,* dazu: **~[stich]stikkerei,** die (Handarb.): **a)** ⟨o. Pl.⟩ *das Sticken mit Plattstichen;* **b)** *mit Plattstichen gestickte Handarbeit;* **~wurm,** der: *oft als Parasit lebender, meist sehr langer, zwittriger Wurm mit abgeplatteter Leibeshöhle.*

Plätt- ['plɛt-] (plätten; nordd., md.): **~bolzen,** der (veraltet): svw. ↑~stahl; **~brett,** das: svw. ↑Bügelbrett; **~eisen,** das: svw. ↑Bügeleisen; **~maschine,** die: svw. ↑Bügelmaschine; **~stahl,** der (veraltet): *Stahlstück, das erhitzt u. dann in das (nicht elektrische) Bügeleisen eingelegt wird, damit das Bügeleisen heiß wird;* **~wäsche,** die: *Bügelwäsche.*

Plättchen ['plɛtçən], das; -s, -: ↑Platte (1); **Platte** ['platə], die; -, -n [1, 3 a: mhd. plate; 6: mhd. plate, spätahd. platta; alle Formen < mlat. plat(t)a = Platte (1, 3 a, 6), über das Vlat. zu griech. platýs, ↑platt]: **1.** ⟨Vkl. Plättchen⟩ *vielerlei Zwecken dienender, flach gestalteter, im Verhältnis zu seiner Größe relativ dünner Gegenstand verschiedenster Form u. Größe aus hartem Material:* -n aus Metall, Holz, Stein, Keramik; eine P. gießen, polieren; am Geburtshaus des Meisters wurde eine P. *(Gedenktafel)* angebracht; eine Wand mit -n verkleiden. **2.** kurz für ↑Schallplatte: eine P. auflegen, hören, umdrehen, spielen; Ich weiß noch, wie du zur Musicbox gingst und eine P. für mich drücktest (Ziegler, Kein Recht 236); etw. auf P. aufnehmen, singen, sprechen *(von etw. eine Schallplattenaufnahme machen);* *** ständig dieselbe/die gleiche/die alte P. [laufen lassen]** (ugs.; *immer dasselbe [erzählen]*); **eine neue/andere P. auflegen** (ugs.; *von etw. anderem sprechen*); **die P. kennen** (ugs.; *wissen, was kommt [in bezug auf das, was jmd. sagt, tut]);* **etw. auf der P. haben** (ugs.; *etw. können, beherrschen*). **3. a)** *flache, einem Teller ähnliche Unterlage aus Porzellan, Metall o. ä. von verschiedener Größe u. Form zum Servieren von Speisen:* -n mit Salat, Fisch; **b)** *auf einer Platte* (3 a) *angerichtete Speisen:* eine appetitlich garnierte P.; *** gemischte/kalte P.** (Kochk.; *Speise, bestehend aus Aufschnitt u./od. Salaten*). **4.** kurz für ↑Tischplatte: die gläserne P. des kleinen Tisches. **5.** kurz für ↑Herd-, Kochplatte: den Topf von der P. nehmen. **6.** (ugs.) *Glatze:* er ist noch so jung und hat doch schon eine P. **7.** (Fot. veraltend) *Platte* (1) *aus Glas mit einer lichtempfindlichen Schicht, die während des Vorgangs des Fotografierens belichtet wird;* *** jmdn. auf die P. bannen** (veraltend; *jmdn. fotografieren*); **nicht auf die P. kommen** (ugs.; *nicht geduldet werden, ganz ausgeschlossen sein*). **8.** kurz für ↑Grabplatte. **9.** kurz für ↑Druckplatte. **10.** (Bergsteigen) *glatter Felsen, der kaum Möglichkeiten bietet, zu greifen od. aufzutreten.* **11.** (österr.) *Verbrecherbande, Gang:* daß ... Vaclav Okrogelnik ... von dem Anführer einer ihm feindlichen „Platte" ... niedergestochen worden ... sei (Doderer, Wasserfälle 124). **12. * die P. putzen** (Gaunerspr.; *[mit einer Tätigkeit aufhören u.] sich davonmachen [ohne daß es jmd. bemerkt];* zu hebr. pĕletạh (↑Pleite) u. pûz̧ = sich zerstreuen); **Plätte** ['plɛtə], die; -, -n [1: zu ↑plätten; 2: mhd. nicht belegt, ahd. pletta, wohl < mlat. plat(t)a, ↑Platte]: **1.** (landsch.) svw. ↑Bügeleisen. **2.** (österr.) *flaches [Last]schiff;* **Plattei** [pla'tai̯], die; -, -en [geb. nach ↑Kartei] (Fachspr.): *Sammlung von Platten für eine Adressiermaschine:* -en mit Kundenadressen; **platteln** ['platl̩n] ⟨sw. V.; hat⟩ (südd.): *[Schuh]plattler tanzen;* **platten** ['platn̩] ⟨sw. V.; hat⟩ (landsch.): **a)** *platt machen;* **b)** *Platten* (1) *legen;* **plätten** ['plɛtn̩] ⟨sw. V.; hat⟩ /vgl. geplättet/ [mniederd. pletten] (nordd., md.): svw. ↑bügeln (1): Hemden p.

Platten-: **~album,** das: *eine Art Buch mit einzelnen Hüllen, in die Schallplatten gesteckt werden;* **~archiv,** das: *geordnete Sammlung von [historisch bedeutungsvollen] Schallplatten;* **~aufnahme,** die: **1.** *das Aufnehmen* (10 c) *auf Schallplatte.* **2.** vgl. Aufnahme (8 b); **~bar,** die: *einer* [1]*Bar* (b) *ähnlicher, langer, wie eine Theke angelegter Tresen mit Vorrichtungen zum Schallplattenhören;* **~bauweise,** die: *Bauweise, bei der Gebäude aus vorgefertigten Stahlbetonplatten gebaut werden;* **~belag,** der: *Bodenbelag aus Platten* (1); **~cover,** das: svw. ↑Schallplattenhülle; **~elektrode,** die (Technik): *Elektrode in Form einer Platte* (1); **~gießer,** der: *jmd., der mit Hilfe eines bestimmten Gießverfahrens Druckplatten herstellt* (Berufsbez.); **~hülle,** die: svw. ↑Schallplattenhülle; **~jockey,** der: svw. ↑Diskjockey; **~kondensator,** der (Technik): *aus zwei od. mehreren Platten* (1) *bestehender Kondensator;* **~leger,** der: svw. ↑Fliesenleger; **~sammlung,** die: svw. ↑Schallplattensammlung; **~schrank,** der: *einem Schrank ähnliches Möbelstück [in das ein Plattenspieler eingebaut ist] zum Aufbewahren von Schallplatten;* **~spieler,** der: *Gerät zum Abspielen von Schallplatten;* **~ständer,** der: *Gestell für Schallplatten;* **~stecher,** der: *jmd., der ornamentale u. figürliche Muster auf Druckplatten überträgt* (Berufsbez.); **~tasche,** die: **1.** *einzelne Hülle eines Plattenalbums.* **2.** *Schutzhülle aus Papier od. Kunststoff zusätzlich zur eigentlichen Plattenhülle;* **~teller,** der: *Teil des Plattenspielers, auf dem die Schallplatte liegt;* **~wagen,** der: *Plattformwagen;* **~wechsler,** der: *Plattenspieler mit einer Vorrichtung, auf der man mehrere Platten stapeln kann, von denen jeweils eine auf den Plattenteller fällt, wenn die vorhergehende abgespielt ist;* **~weg,** der: *mit Platten* (1) *ausgelegter Weg.*

Plätter ['plɛtɐ], der; -s, - (nordd., md.): svw. ↑Bügler; **platterdings** ['platɐ'dɪŋs] ⟨Adv.⟩ (ugs.): svw. ↑glatterdings: das ist p. unmöglich; **Plätterei** [plɛtə'rai̯], die; -, -en (nordd., md.): **1.** ⟨o. Pl.⟩ (ugs.) *[dauerndes] Plätten.* **2.** *Betrieb, in dem Wäsche (gegen Entgelt) gebügelt wird;* **Plätterin,** die; -, -nen: w. Form zu ↑Plätter; **Plattheit,** die; -, -en (abwertend): svw. ↑Flachheit (2); **plattieren** [pla'ti:rən] ⟨sw. V.; hat⟩ [zu ↑Platte]: **1.** (Technik) *unedle Metalle mit einer Schicht edleren Metalls überziehen.* **2.** (Textilind.) *(bei der Herstellung von Wirk- od. Strickwaren) unterschiedliche Garne so verarbeiten, daß der eine Faden auf die rechte, der andere auf die linke Seite aller Maschen kommt;* ⟨Abl.:⟩ **Plattierung,** die; -, -en: **1.** *das Plattieren* (1, 2). **2.** *die beim Plattieren* (1) *aufgebrachte Schicht;* ⟨Zus. zu 1:⟩ **Plattierverfahren,** das; **plattig** ['platɪç] ⟨Adj.; Steig. selten; nicht adv.⟩ (Bergsteigen): *(vom Fels) glatt; mit wenig Möglichkeit zum Greifen:* -e Grate; **Plattler** ['platlɐ], der; -s, - (südd.): svw. ↑Schuhplattler.

plattmachen ⟨sw. V.; hat⟩ [gaunerspr. platt machen = im Freien nächtigen, eigtl. = nach draußen flüchten, zu ↑Platte (12)] (landsch.): *sich bei der Arbeit, vor einer Arbeit drücken; blaumachen;* ⟨Abl.:⟩ **Plattmacher,** der; -s, -: *jmd., der sich bei der Arbeit, vor einer Arbeit drückt, blaumacht.*

Platz [plat̮s], der; -es, Plätze ['plɛt̮sə; spätmhd. pla(t)z < (a)frz. place < vlat. platea < lat. platēa = Straße < griech. plateîa (hodós) = die breite (Straße), zu: platýs, ↑platt]: **1. a)** ⟨Vkl. Plätzchen⟩ *größere ebene Fläche [für best. Zwecke, z. B. Veranstaltungen, Zusammenkünfte]:* ein quadratischer, runder P.; der P. vor dem Schloß, vor der Kirche; sämtliche Straßen münden auf diesen (auch: diesem) P.; auf diesem P. finden politische Versammlungen statt; ich sah Uwe über den P. kommen; **b)** *abgegrenzte, größere, freie Fläche für sportliche Zwecke od. Veranstaltungen; Sportplatz:* der P. ist nicht bespielbar, ist gesperrt; unser Club hat mehrere Plätze; die Mannschaft spielte auf dem eigenen P.; der Schiedsrichter stellte den Verteidiger wegen eines Fouls vom P. *(ließ ihn nicht mehr mitspielen).* **2.** ⟨Vkl. Plätzchen⟩ *Stelle, Ort (für etw. od. an dem sich etw. befindet):* ein windgeschützter P.; ein nettes, lauschiges Plätzchen; in solcher Lage ist sein P. bei der Familie *(muß er bei seiner Familie sein, um helfen zu können);* diese Bank im Garten ist sein angestammter P.; die bedeutendsten Plätze für den Überseehandel sind Hamburg und Bremen; wir haben noch keinen würdigen P. für dieses Geschenk gefunden; die Bücher stehen nicht an ihrem P.; das beste Hotel, das erste Haus am -[e] *(in dem genannten Ort);* auf die Plätze, fertig, los! (Leichtathletik; Startbefehl zum Kurzstreckenlauf); *** ein P. an der Sonne** (*Glück u. Erfolg im Leben;* nach einem Ausspruch des Reichskanzlers Fürst Bülow [1849–1929]): alle streben nach einem P. an der Sonne; **in etw. keinen P. haben** *(in etw. nicht mehr hineinpassen):* Träume haben in seinem Leben keinen P.; **[nicht/fehl] am -[e] sein** *([nicht] angebracht sein):* Milde ist in diesem Fall absolut fehl am P.; sie wußte nicht, ob es am P. sei oder nicht, sie unterbrach ihn einfach (Musil, Mann 476). **3.** *Sitzplatz:* ein guter, schlechter, numerierter P.; im Kino, im Theater sind die besten Plätze in der Mitte; wir sitzen fünfte Reihe, P. 27 und 29; ist dieser P. noch frei?; einen P. belegen, verlassen, für jmdn. freihalten; die Besucher werden gebeten, ihre Plätze einzunehmen *(sich zu setzen);* den P. wechseln, tauschen, räumen; seinen P. suchen, nicht finden können; sich einen P. sichern; jmdm. einen P. anweisen, zuweisen; jmdm. seinen P. anbieten; auf seinen P. gehen; die Anwesenden erhoben sich von ihren Plätzen; er sprach vom P. aus, ohne ans Rednerpult zu gehen; P.! (Befehl an einen Hund, sich hinzulegen); ***P. nehmen** (geh.; *sich setzen*): er bat seine Gäste, P. zu nehmen; **P. behalten** (geh.; *sitzen bleiben, nicht aufstehen*): bitte, behalten Sie P.! **4.** *für eine Person vorgesehene Möglichkeit, an etw. teilzunehmen o. ä.:* für den Törn, die Fahrt ins Blaue sind noch einige Plätze frei; im Internat, im Kindergarten einen P. bekommen. **5.** *Rang, Stellung; Position:* den ersten P. einnehmen; seinen P. im Beruf behaupten; man hat ihn von seinem P. verdrängt. **6.** ⟨o. Pl.⟩ *zur Verfügung stehender Raum für etw., jmdn.:* im Wagen ist noch P.; ist bei euch noch P. [für mich]?; P. für etw. schaffen; ich habe keinen P. mehr für neue Bücher; du wirst schon einen P. dafür finden!; laß etw. P. für spätere Zusätze; der Schrank nimmt zuviel P. ein, nimmt mir zu viel P. weg; dieser Saal bietet P. für 1 000 Personen; jmdm., für jmdn. P. machen (1. *ein wenig zur Seite rücken od. treten, damit ein anderer dazukommen, sich hinsetzen od. vorbeigehen kann.* 2. *jmdm. seinen Aufgabenbereich überlassen:* die Alten sollten den Jüngeren rechtzeitig P. machen); P. da! (unhöfliche Aufforderung, beiseite zu gehen); ***P. greifen** (veraltend; *sich ausbreiten*): Nachlässigkeit, Mutlosigkeit griff unter ihnen P. **7.** (Sport) *erreichte Plazierung bei einem Wettbewerb:* einen P. im Mittelfeld belegen; den ersten P. erobern, behaupten, [erfolgreich] verteidigen; auf P. laufen (Leichtathletik; *so laufen, daß man sich für einen weiteren Start qualifizieren kann, ohne jedoch den Sieg anzustreben*); auf P. wetten (Pferderennen; *eine Platzwette abschließen*); ***jmdn. auf die Plätze verweisen** *(siegen, wodurch sich die Konkurrenten weniger gut plazieren).*

platz-, ¹Platz- (Platz): **~angst,** die: **1.** (ugs.) *in geschlossenen u. überfüllten Räumen auftretende Angst- u. Beklemmungszustände.* **2.** (Med.) svw. ↑Agoraphobie; **~anweiser,** der; -s, - (selten): vgl. ~anweiserin; **~anweiserin,** die; -, -nen: *weibliche Person, die im Kino, Theater o. ä. den Besuchern die Plätze zeigt u. dabei die Eintrittskarten kontrolliert;* **~bedarf,** der; **~deckchen,** das: *Set* (2); **~ersparnis,** die ⟨o. Pl.⟩: aus Gründen der P.; **~hahn,** der (Jägerspr.): *stärkster Auer- od. Birkhahn, der sich im Kampf gegen andere Hähne auf dem Balzplatz behauptet;* **~halter,** der: **1.** (selten) *jmd., der für einen anderen einen Platz besetzt, freihält.* **2.** (Sprachw.) *sprachliches Korrelat im Matrixsatz, das auf einen folgenden Konstituentensatz voraus- od. auf einen vorangegangenen zurückweist* (z. B. „es" in: es freut mich, daß sie gesund ist); **~herr,** der ⟨meist Pl.⟩ (Ballspiele Jargon): svw. ↑~mannschaft; **~hirsch,** der (Jägerspr.): *stärkster Hirsch, der sich im Kampf gegen Nebenbuhler auf dem Brunftplatz behauptet u. das Rudel führt* (Ggs.: Beihirsch); **~karte,** die: *Karte, durch deren Erwerb man sich in der Eisenbahn einen Sitzplatz reserviert,* dazu: **~kartenschalter,** der; **~kommandant,** der (schweiz., sonst veraltet): svw. ↑Standortkommandant; **~kommission,** die (Ballspiele): *offizielle Kommission, die das Spielfeld auf seine Bespielbarkeit überprüft;* **~konzert,** das: *Konzert (meist einer Blaskapelle), das im Freien stattfindet;* **~kostenrechnung,** die (Wirtsch.): *Kostenrechnung, bei der der Betrieb bis zu den einzelnen Arbeitsplätzen aufgegliedert wird;* **~mangel,** der; **~mannschaft,** die (Ballspiele): *einheimische Mannschaft;* **~meister,** der: svw. ↑~wart; **~miete,** die: **1.** *¹Miete* (1) *für die Benutzung eines Platzes* (4): die Schausteller müssen eine hohe P. zahlen. **2.** *(bes. im Theater) für eine bestimmte Zeit vereinbarte ¹Miete* (1) *eines Sitzplatzes an bestimmten Tagen;* **~ordner,** der: *jmd., der während einer sportlichen Veranstaltung für die Aufrechterhaltung der Ordnung auf dem Platz* (2) *sorgt;* **~regel,** die (Golf): *Regel, die bestimmte Bedingungen eines Platzes* (2), *die im Normalfall nicht auftreten, klärt;* **~runde,** die: **1.** (Leichtathletik) *Runde* (3 a) *um einen Platz* (2): zum Aufwärmen einige -n laufen. **2.** (Golf) *gesamte Länge einer Bahn.* **3.** (Flugw.) **a)** *vorgeschriebener Flugweg in der Nähe des Flugplatzes bes. bei Schulungsflügen, mit ganz bestimmten Flugrichtungen;* **b)** *vorgeschriebener Flugweg bei der Landung von Maschinen auf kleineren Flugplätzen;* **~sparend** ⟨Adj.; nicht adv.⟩: -e Einbaumöbel; **~sperre,** die (Sport): *Verbot für einen Verein, offizielle Wettkämpfe auf dem eigenen Platz* (2) *auszutragen;* **~tausch,** der: svw. ↑~wechsel; **~teller,** der: *großer, flacher Teller, der während des ganzen Essens auf dem Tisch bleibt u. auf den die anderen Gedecke gestellt werden;* **~tritt,** der (Rugby): *Tritt, bei dem der Ball auf den Boden gelegt wird;* **~verein,** der (Ballspiele): svw. ↑~mannschaft; **~verhältnisse** ⟨Pl.⟩ (Sport): *Zustand, in dem sich das Spielfeld, der Rasen des Spielfeldes befindet;* **~vertreter,** der (Kaufmannsspr.): *Vertreter einer auswärtigen Firma an einem Platz* (3); **~vertretung,** die (Kaufmannsspr.); **~verweis,** der (Sport): svw. ↑Feldverweis; **~vorteil,** der ⟨o. Pl.⟩ (Ballspiele): *Vorteil, den eine Mannschaft dadurch hat, daß sie auf dem eigenen Platz* (1 b) *spielt;* **~wahl,** die (Ballspiele): *durch das Los bestimmte freie Wahl der Seite des Spielfelds vor Beginn des Spiels;* **~wart,** der: *jmd., der eine Sportanlage in Ordnung hält;* **~wechsel,** der (Ballspiele): *Wechsel der Positionen zweier od. mehrerer Spieler;* **~wette,** die (Pferderennen): *Wette, bei der darauf gesetzt wird, daß ein bestimmtes Pferd eine bestimmte Plazierung erreicht;* **~ziffer,** die (Sport): *Form der Wertung bei nicht meßbaren Sportarten, bei der mehrere Kampfrichter unabhängig voneinander die Teilnehmer nach Plätzen einordnen.*

²Platz- (platzen): **~patrone,** die: **a)** (früher) *(zu Übungszwecken verwendete) Patrone mit einem Geschoß aus Holz od. Papier, das kurz nach Verlassen des Laufs zerplatzt;* **b)** (ugs.) svw. ↑Übungsmunition; **~regen,** der [der Regen wird mit einer platzenden Blase o. ä. verglichen]: *plötzlich auftretender, sehr heftiger, in großen Tropfen fallender Regen von kürzerer Dauer;* **~wunde,** die: *Wunde, bei der durch Aufprall od. Schlag die Haut stark aufgeplatzt ist.*

Plätzchen ['plɛtsçən], das; -s, - [2: Vkl. von veraltet Platz = kleiner, flacher Kuchen]: **1.** Vkl. von ↑Platz (1 a, 2, 5). **2.** *flaches Stück Kleingebäck.* **3.** *Süßware in kleiner, flacher, runder Form.*

Platze, die [wohl zu ↑¹platzen (1 a)] in den Wendungen **die P. kriegen** (landsch.; *sehr wütend werden*); **sich** ⟨Dativ⟩ **die P. [an den Hals] ärgern** (landsch.; vgl. die Platze kriegen): Der Hauswart ... ärgerte sich die P. ... und schimpfte auf die Müllmänner (BM 31. 12. 75, 3); **P. schieben** (landsch.; *einen knallroten Kopf [aus Wut, Verlegenheit o. ä.] bekommen*); **¹platzen** ['platsn̩] ⟨sw. V.; ist⟩ [mhd. platzen, blatzen, lautm.]: **1. a)** *durch Druck [von innen] plötzlich u. gewöhnlich unter [lautem] Geräusch auseinandergerissen, gesprengt werden, auseinanderfliegen, zerspringen, in Stücke springen, zerrissen od. zerfetzt werden:* der Ballon platzte mit lautem Knall; bei diesem Frost könnte der Kessel, das Rohr p.; der Reifen des Autos platzte bei der hohen Geschwindigkeit; ihr macht einen Lärm, daß mein Trommelfell platzt!; die Bombe, die Granate platzte *(schlug ein u. explodierte)* direkt neben dem Pfeiler; Ü wenn ich noch einen Bissen esse, platze ich; mir platzt die Blase! (ugs.; *ich muß dringend auf die Toilette*); vor Stolz, Wut, Neugier, Neid p.; **b)** *aufplatzen:* durch den Faustschlag ist die Haut über den Augenbrauen geplatzt; mir ist die Naht, der Rock geplatzt; ein verquollenes Gesicht mit geplatzten Äderchen. **2.** (ugs.) *sich nicht so weiterentwickeln wie gedacht, scheitern; ein rasches Ende nehmen u. nicht zum gewünschten Ziel kommen:* sein Vorhaben ist geplatzt, weil ihm das Geld ausging; der Künstler erschien nicht und ließ somit die Vorstellung p.; die geplatzte Verlobung zog eine Menge Unannehmlichkeiten nach sich; der Betrug platzte *(wurde aufgedeckt);* beinahe wäre unser Urlaub geplatzt *(nicht zustande gekommen);* einen Wechsel p. lassen (Fachspr. Jargon; *bei Fälligkeit nicht einlösen*); Die Bande platzte *(flog auf)*, als sie ... bei einem Einbruch in Bremen erwischt wurde (Bild 28. 5. 64, 2). **3.** (ugs.) svw. ↑hineinplatzen: er platzte [unangemeldet] in die Versammlung.

²platzen [-], sich ⟨sw. V.; hat⟩ [zu ↑Platz] (ugs. scherzh.): *sich setzen; Platz nehmen:* Platzen Sie sich doch irgendwo, Stühle gibt's ja genug (Molsner, Harakiri 85).

plätzen ['plɛtsn̩] ⟨sw. V.; hat⟩ [1: Nebenf. von ↑¹platzen; 2: eigtl. = Platz machen]: **1.** (landsch.) *mit lautem Knall schießen.* **2.** (Jägerspr.) *(vom Schalenwild) den Boden mit den Vorderläufen aufscharren.*

-plätzer [-plɛtsɐ] (schweiz.): svw. ↑-sitzer; **-plätzig** [-plɛtsɪç] (schweiz.): svw. ↑-sitzig; **Platzke** ['platskə] ⟨Pl.⟩ [mit slawisierender Endung; zu veraltet Platz, ↑Plätzchen (2)] (österr.): *Fladen aus Kartoffelteig u. Mehl.*

Plauder-: ~stündchen, das, **~stunde,** die: *kürzeres Beisammensein in zwanglosem Gespräch;* **~tasche,** die (scherzh. abwertend): *jmd. (bes. eine Frau), der gern u. viel erzählt od. nichts für sich behalten kann;* **~ton,** der ⟨o. Pl.⟩: *ungezwungen unterhaltende Art u. Weise des Sprechens u. Schreibens:* etw. im P. berichten, schildern.

Plauderei [plaudə'rai], die; -, -en: *zwangloses Erzählen, ungezwungene Unterhaltung;* **Plauderer** ['plaudərɐ], der; -s, -: **1.** *jmd., der leicht u. anregend erzählen kann.* **2.** *jmd., der nichts für sich behalten kann u. alles ausplaudert;* **plaudern** ['plaudɐn] ⟨sw. V.; hat⟩ [spätmhd. plūdern, verw. mit mhd. plōdern, blōdern = rauschen, schwatzen, lautm.]: **1. a)** *sich gemütlich u. zwanglos unterhalten:* mit dem Nachbarn p.; nach dem Theater plauderten wir noch bei einem Glas Wein; sie plauderten über ihre Ferienerlebnisse, von alten Zeiten; **b)** *in unterhaltendem, ungezwungen-leichtem Ton erzählen:* sie konnte lustig p.; Bebra wußte von ... seinem Fronttheater zu p. (Grass, Blechtrommel 396). **2.** svw. ↑ausplaudern (1): ihm kann man nichts erzählen, er plaudert; ⟨subst.:⟩ Wir werden es erfahren ... wir bringen den Popen ins Plaudern (Frisch, Nun 137); **Plaudrer,** der; -s, -: seltener für ↑Plauderer; **Plaudrerin,** die; -, -nen: w. Form zu ↑Plauderer.

Plausch [plauʃ], der; -[e]s, -e ⟨Pl. selten⟩ [zu ↑plauschen] (landsch., bes. südd., österr.): *gemütliche Unterhaltung (im kleinen Kreis):* mit jmdm. einen kleinen P. halten; **plauschen** ['plauʃn̩] ⟨sw. V.; hat⟩ [lautm., verw. mit ↑plaudern]: **1.** (landsch., bes. südd., österr.): *sich (im vertrauten Kreis) gemütlich unterhalten:* er nahm sich die Zeit, mit den Freunden noch ein Stündchen zu p. **2.** (österr.) *übertreiben, lügen:* geh, plausch nicht!; jetzt hast du aber geplauscht! **3.** (österr.) *verraten, ausplaudern:* von wem kann er es erfahren haben, wenn du nicht geplauscht hast?

plausibel [plau'zi:bl̩] ⟨Adj.; ...bler, -ste⟩ [frz. plausible < lat. plausibilis = Beifall verdienend; einleuchtend, zu: plaudere = klatschen]: *so beschaffen, daß es einleuchtet; verständlich, begreiflich:* keinen plausiblen Grund für etw. haben; jmdm. eine plausible Erklärung geben; das ist, scheint mir ganz p.; jmdm. etw. p. machen; etw. p. begründen [können]; ⟨Abl.:⟩ **Plausibilität** [...zibili'tɛ:t], die; -: *das Plausibelsein;* ⟨Zus.:⟩ **Plausibilitätsanalyse, Plausibilitätsprüfung,** die [nach engl.-amerik. plausibility analysis] (Datenverarb.): *Prüfung, bei der Daten untersucht werden, ob sie glaubwürdig, plausibel sind.*

plaustern ['plaustɐn] ⟨sw. V.; hat⟩ (landsch.): svw. ↑plustern.

plauz! [plauts] ⟨Interj.⟩ (ugs.): lautm. für einen dumpfen Knall, der bei einem Aufprall, Aufschlag entsteht: p., lag er auf dem Boden; **Plauz** [-], der; -es, -e (ugs.): *dumpfer Knall, der bei einem Aufprall, Aufschlag entsteht:* dann schlug die Tür mit einem P. zu.

Plauze ['plautsə], die; -, -n [auch: Eingeweide (von Tieren), aus dem Slaw., vgl. sorb., poln. płuco = Lunge; 3: eigtl. = „Eingeweide des Bettes"] (landsch. derb, bes. ostmd.): **1.** *Lunge:* Soll sich das elende Wurm die P. ausschreien vor Hunger? (Hauptmann, Thiel 16); * **es auf der P. haben** (1. *asthmatisch sein.* 2. *eine starke Erkältung u. heftigen Husten haben*). **2.** *Bauch:* sich die P. vollschlagen. **3.** * **auf der P. liegen** *(krank sein).*

plauzen ['plautsn̩] ⟨sw. V.⟩ [zu ↑plauz] (landsch.): **1.** ⟨hat⟩ **a)** *(bei einem Aufprall, Aufschlag) einen dumpfen Knall geben:* es plauzte, als die Tür zufiel; **b)** *einen dumpfen Knall erzeugen:* mit der Tür p. **2. a)** *aufschlagen, aufprallen lassen, daß es einen dumpfen Knall gibt* ⟨hat⟩: warum plauzt du die Türen so?; **b)** *irgendwohin mit einem dumpfen Knall aufschlagen* ⟨ist⟩: das Buch plauzte auf den Boden.

Play- ['pleɪ-; engl. to play = spielen]: **~back** [auch: –'–], das; -, -s [engl. playback; engl. back = zurück] (Fachspr.): **1. a)** *Tonbandaufnahme der Orchesterbegleitung, die abgespielt wird, während der Künstler dazu singt:* wobei sie es ... schwer haben, gegen die überlauten -s anzusingen (MM 3. 6. 71, 9); **b)** *Tonbandaufnahme eines ganzen Liedes od. einer kompletten Fernsehproduktion, die abgespielt wird, während der Künstler nur noch agiert u. entsprechende Mundbewegungen ausführt.* **2.** ⟨o. Pl.⟩ kurz für ↑Playbackverfahren (a): mit P. arbeiten, dazu: **~backverfahren,** das (Fachspr.): **a)** *tontechnisches Verfahren, bei dem im Tonstudio störungsfrei aufgenommene Aufzeichnungen von Musik u./od. Sprache während der Sendung od. während der Aufzeichnung des Bildes über Lautsprecher wiedergegeben werden;* **b)** *tontechnisches Verfahren, bei dem Orchester u. Gesang getrennt auf Tonband aufgenommen u. hinterher auf ein Band überspielt werden;* **~boy,** der [engl.-amerik. playboy, eigtl. = Spieljunge, ↑Boy]: *[jüngerer] Mann, der auf Grund seiner gesicherten wirtschaftlichen Unabhängigkeit vor allem seinem Vergnügen lebt u. sich in Kleidung sowie Benehmen entsprechend darstellt;* **~girl,** das [engl.-amerik. playgirl, eigtl. = Spielmädchen, ↑Girl]: **1.** *[leichtlebige] attraktive junge Frau [die sich in Begleitung eines reichen Mannes befindet].* **2.** svw. ↑Hostess (3): Attraktives P. hat noch Termine frei (Abendpost 11. 10. 74, 12); **~mate** [...meɪt], das; -s, -s [engl. playmate = Spielgefährte; engl. mate < mniederd. mat(e), ↑Maat]: *junge Frau, die augenblicklich als Begleiterin, Gefährtin eines Playboys gilt.*

Plazenta [pla'tsɛnta], die; -, -s u. ...ten [lat. placenta < griech. plakoũnta, Akk. von: plakoũs = flacher Kuchen, zu: pláx (Gen.: plakós) = Fläche]: **1.** (Med.) *schwammiges Organ, das sich während der Schwangerschaft ausbildet, den Stoffaustausch zwischen Mutter u. Embryo vermittelt, an dem die Nabelschnur des Embryos ansetzt u. das nach der Geburt ausgestoßen wird; Mutterkuchen.* **2.** (Bot.) *auf dem Fruchtblatt liegende, leistenförmige Verdickung, aus der die Samenanlage hervorgeht;* ⟨Abl.:⟩ **plazental** [...'ta:l], **plazentar** [...'ta:ɐ̯] ⟨Adj.; o. Steig.⟩ (Med.): *die Plazenta betreffend, zu ihr gehörend;* **Plazentatier,** das -[e]s, -e ⟨meist Pl.⟩ (Zool.): *Säugetier, dessen embryonale Entwicklung mit Ausbildung einer Plazenta* (1) *erfolgt.*

Plazet ['pla:tsɛt], das; -s, -s [lat. placet = es gefällt, zu: placēre = gefallen] (bildungsspr.): *Zustimmung, Einwilligung (durch [mit]entscheidende Personen od. Behörden):* jmds. P. einholen; die Kommission gab ihr P. zum, für den Baubeginn; etw. mit jmds. P. tun.

plazieren [pla'tsi:rən] ⟨sw. V.; hat⟩ [frz. placer, zu: place = Platz, Stelle, ↑Platz]: **1.** *an einen bestimmten Platz bringen, stellen, setzen; jmdm., einer Sache einen bestimmten Platz zuweisen:* er plazierte seinen Besucher in einen Sessel; sie hatten sich am unteren Tischende plaziert; an allen Ausgängen wurden Polizisten plaziert *(aufgestellt).* **2.** (schweiz.) *unterbringen:* ... weigerten sich Jugend- und Fürsorgeämter ..., ihre Schützlinge in Uitikon zu p. (Ziegler, Kein Recht 93). **3. a)** (Ballspiele) *gezielt schießen, schlagen:* er plazierte den Elfmeter in die linke Torecke; ⟨häufig im 2. Part.:⟩ ein plazierter Schuß; plaziert schießen; **b)** (Fechten, Boxen) *(einen Treffer) anbringen;* **c)** (Tennis) *so schlagen, daß der Gegner den Ball nicht od. kaum erreichen kann.* **4.** ⟨p. + sich⟩ (Sport) *einen bestimmten Rang, Platz erreichen, belegen:* der Läufer plazierte sich nicht unter den ersten zehn; Erst wenn man ... fünfmal sich p. konnte (*gute, vordere Plätze belegen konnte;* Frankenberg, Fahren 9). **5.** (Kaufmannsspr.) *(Kapital) anlegen:* sie plazierten ihr Geld auf dem Grundstücksmarkt; ⟨Abl.:⟩ **Plazierung,** die; -, -en.

Plebejer [ple'be:jɐ], der; -s, - [lat. plēbēius, zu: plēbs, ↑[1]Plebs]: **1.** *(im antiken Rom) Angehöriger der [1]Plebs.* **2.** (bildungsspr. abwertend) *gewöhnlicher, ungebildeter, ungehobelter Mensch;* **plebejisch** [ple'be:jɪʃ] ⟨Adj.⟩ [lat. plēbēius]: **1.** ⟨o. Steig.; nur attr.⟩ (hist.) *zur [1]Plebs gehörend.* **2.** (bildungsspr. abwertend) *gewöhnlich, ordinär, unfein:* er hat -e Manieren; sie ist, benimmt sich ziemlich p.; **Plebiszit** [plebɪs'tsi:t], das; -[e]s, -e [unter Einfluß von frz. plébiscite < lat. plēbiscītum, zu: plēbs (↑[1]Plebs) u. scītum = Beschluß] (Fachspr.): *Volksbeschluß, Volksabstimmung; Volksbefragung;* ⟨Abl.:⟩ **plebiszitär** [...tsi'tɛ:ɐ̯] ⟨Adj.; o. Steig.; nicht adv.⟩ [frz. plébiscitaire] (Fachspr.): *das Plebiszit betreffend, auf ihm beruhend; durch ein Plebiszit erfolgt;*

[1]**Plebs** [plɛps, auch: ple:ps], die; - [lat. plēbs]: *(im antiken Rom) das gemeine Volk;* [2]**Plebs** [-], der; -es, österr.: die; - (bildungsspr. abwertend): *die Masse ungebildeter, niedrig u. gemein denkender, roher Menschen.*

Pleinair [plɛ'nɛ:ɐ̯], das; -s, -s [frz. plein-air, eigtl. = freier Himmel, aus: plein (< lat. plēnus = voll) u. air < lat. āēr = Luft] (bild. Kunst): **1.** ⟨o. Pl.⟩ svw. ↑Freilichtmalerei. **2.** *nach dem Verfahren der Freilichtmalerei gemaltes Bild;* **Pleinairismus** [plɛnɛ'rɪsmʊs], der; - (bild. Kunst): svw. ↑Freilichtmalerei; **Pleinairist** [...'rɪst], der; -en, -en [frz. pleinairiste] (bild. Kunst): *Maler, der Pleinairs* (2) *malt;* **Pleinairmalerei** [plɛ'nɛ:ɐ̯-], die; -, -en (bild. Kunst): svw. ↑Pleinair; **Pleinpouvoir** [plɛ̃pu'vo̯a:ɐ̯], das; -s [frz. plein pouvoir, aus: plein = völlig u. pouvoir = Vollmacht] (bildungsspr. veraltet): *uneingeschränkte Vollmacht.*

pleistozän [plaisto'tsɛ:n] ⟨Adj.; o. Steig.; nicht adv.⟩ (Geol.): *das Pleistozän betreffend;* **Pleistozän** [-], das; -s [zu griech. pleĩstos = am meisten u. kainós = neu, eigtl. = die jüngste Abteilung gegenüber denen des Tertiärs] (Geol.): *vor dem Holozän liegende ältere Abteilung des Quartärs; Eiszeit[alter].*

pleite ['plaitə; ↑Pleite] in den Verbindungen **p. sein** (ugs.:

1. *[als Geschäftsmann, Firma] über keine flüssigen Geldmittel mehr verfügen, finanziell ruiniert, bankrott sein.* 2. scherzh.; *augenblicklich über kein Bargeld verfügen; vorübergehend mittellos sein*); **p. gehen** (ugs.; *zahlungsunfähig werden*): Ein Privatbetrieb wäre unter diesen Umständen schon längst p. gegangen (BM 7. 3. 74, 4); **Pleite** [-], die; -, -n [aus der Gaunerspr. < jidd. plejte = Flucht (vor den Gläubigern), Entrinnen; Bankrott < hebr. pĕleṭah = Flucht, Rettung] (salopp): **1.** *Zustand der Zahlungsunfähigkeit; Bankrott:* nach der P. machte er mit dem Geld seiner Frau ein neues Geschäft auf; das Unternehmen steht kurz vor der P.; ***P. machen/eine P. schieben** (↑Bankrott 2a). **2.** *Mißerfolg infolge des enttäuschenden Verlaufs von etw.:* das Fest war von Anfang an eine große, völlige P.; Dieser Aufsatz ... ist mir völlig danebengegangen, eine echte P. (Kempowski, Immer 108); ⟨Zus. zu 1:⟩ **Pleitegeier,** der [eigtl. scherzh. Bez. für den ↑Kuckuck (2) des Gerichtsvollziehers, wohl umgedeutet aus der jidd. Ausspr. -geier für -geher] (ugs.): *Geier (als Symbol für eine Pleite):* der P. schwebt über einer Firma, einem Betrieb.

Plektron ['plɛktrɔn], **Plektrum** ['plɛktrʊm], das; -s, ...tren u. ...tra [lat. plēctrum < griech. plē̃ktron = Werkzeug zum Schlagen, zu: plḗssein = schlagen u. -tron = Suffix zur Bez. eines Werkzeugs] (Musik): *Plättchen od. Stäbchen (aus Holz, Elfenbein, Metall o.ä.), mit dem die Saiten von Zupfinstrumenten geschlagen od. angerissen werden.*

plem: ↑plemplem.

Plempe ['plɛmpə], die; -, -n [zu ↑plempern; 1: eigtl. = durch Hinundherschütteln nicht mehr gut schmeckendes Getränk; 2: eigtl. = lose hin und her Baumelndes]: **1.** (landsch. abwertend) *dünnes, gehaltloses, fades Getränk:* was, die P. nennst du Kaffee? **2.** (scherzh., spött. veraltet) *Seitengewehr, Säbel:* wo sie (= die Fäuste) indes nicht ausreichten, zögerte er durchaus nicht, seine P. zu ziehen (Bredel, Väter 8); **plempern** ['plɛmpɐn] ⟨sw. V.; hat⟩ [vgl. verplempern] (landsch.): **1.** *spritzen, gießen:* Wasser plemperte sie auf die Puppe (um sie zu taufen; Lentz, Muckefuck 41); unermüdlich plemperte die ... Kaffeekanne ... den Strahl in die Tassen (Jacob, Kaffee 185). **2.** *die Zeit mit unnützen Dingen vertun:* während des ganzen Nachmittags p.

plemplem, (auch:) plem [plɛm('plɛm)] ⟨indekl. Adj.; o. Steig.; nur präd.⟩ [H. u.] (salopp): *unvernünftig-dumm; nicht recht bei Verstand:* was der alles behauptet, der ist ja p.!; Sie denken wohl, ich würde stricken oder so was? Ich bin doch nicht plem (Jägersberg, Leute 118).

Plenar- [ple'na:ɐ̯-; unter Einfluß von engl. plenary < spätlat. plēnārius = vollständig, zu lat. plēnus, ↑Plenum]: **~entscheidung,** die (jur.): *Entscheidung des Bundesgerichtshofs, an der mehrere Richter beteiligt sind;* **~konzil,** das (kath. Kirche): *Konzil für mehrere Kirchenprovinzen, die zur Gesetzgebung befugt sind;* **~saal,** der: *Saal für Plenarversammlungen;* **~sitzung,** die: vgl. ~versammlung; **~tagung,** die: vgl. ~versammlung; **~versammlung,** die: *Versammlung, an der alle Mitglieder teilnehmen; Vollversammlung.*

pleno organo ['ple:no 'ɔrgano; lat. = mit vollem Werk] (Musik): *(bei der Orgel) mit allen Registern.*

pleno titulo [- 'ti:tulo; lat., eigtl. = mit vollem Titel] (österr.): (vor Namen od. Anreden) drückt aus, daß man auf die Angabe der Titel verzichtet; Abk.: P. T.

Plente ['plɛntə], die; -, -n [ital. polenta, ↑Polenta] (südd. veraltend): *dicker Brei aus Mais- od. Buchweizenmehl.*

Plenterbetrieb ['plɛntɐ-], der; -[e]s, -e (Forstw.): svw. ↑Femelbetrieb; **plentern** ['plɛntɐn] ⟨sw. V.; hat⟩ [auch: blendern, eigtl. = die das Licht wegnehmenden Bäume aushauen (2a), zu ↑Blende (1)] (Forstw.): *abgestorbene od. andere Bäume einengende Stämme schlagen, abholzen.*

Plenum ['ple:nʊm], das; -s [engl. plenum < lat. plēnum (cōnsilium) = vollzählig(e Versammlung), zu: plēnus = voll]: *Vollversammlung einer [politischen] Körperschaft, bes. der Mitglieder eines Parlaments.* Vgl. in pleno.

pleo-, Pleo- [pleo-; griech. pléōn (pleĩon) ⟨Best. von Zus. mit der Bed.⟩: *mehr* (z.B. Pleochroismus, pleomorph); **Pleochroismus** [...kro'ɪsmʊs], der; - [zu griech. chrṓs = Farbe] (Physik): *Eigenschaft gewisser Kristalle, Licht nach mehreren Richtungen in verschiedene Farben zu zerlegen;* **pleomorph** usw.: ↑polymorph usw.; **Pleonasmus** [...'nasmʊs], der; -, ...men [spätlat. pleonasmos < griech. pleonasmós = Überfluß, Übermaß] (Rhet., Stilk.): *Häufung sinngleicher od. sinnähnlicher [nach der Wortart verschiedener] Wörter, Ausdrücke; Ausdruckshäufung* (z.B. weißer Schimmel, schwarzer Rappe); **pleonastisch** ⟨Adj.; o. Steig.⟩ (Rhet., Stilk.): *in der Art eines Pleonasmus überflüssig, gehäuft;* **Pleonexie** [...nɛ'ksi:], die; - [griech. pleonexía]: **1.** (bildungsspr. veraltet) *Habsucht, Unersättlichkeit.* **2.** (Psych.) *Drang (des Menschen), trotz mangelnder Sachkenntnis überall mitzureden;* **Pleoptik** [ple-], die; - (Med.): *Behandlung der Schwachsichtigkeit durch Training der Augenmuskeln.*

Plerem [ple're:m], das; -s, -e [zu griech. plḗrēs = voll, angefüllt] (Sprachw.): *(nach der Kopenhagener Schule) kleinste sprachliche Einheit auf inhaltlicher Ebene, die zusammen mit dem Kenem das Glossem bildet.*

Plethi: ↑Krethi.

Pleuel ['plɔyəl], der; -s, - [hyperkorrekte Schreibung von ↑Bleuel] (Technik): *Pleuelstange;* ⟨Zus.:⟩ **Pleuellager,** das (Technik): *an den beiden Enden der Pleuelstange angebrachtes Lager* (5a); **Pleuelstange,** die (Technik): *(bei Kolbenmaschinen) die Bewegung des Kolbens auf die Kurbelwelle übertragendes Verbindungsglied zwischen Kolben u. Kurbelwelle.*

Pleureuse [plø'rø:zə], die; -, -n [frz. pleureuse, eigtl. = Trauerbesatz (an Kleidung), zu: pleurer = (be)weinen, (be)trauern < lat. plōrāre = weinen] (früher): *lange Straußenfeder als Schmuck auf Damenhüten:* ein Hut wie ein Wagenrad, mit so -n dran (Kempowski, Uns 179).

Pleuritis [plɔy'ri:tɪs], die; -, ...ritiden [...ri'ti:dn̩; griech. pleurá = Seite des Leibes, Rippen] (Med.): svw. ↑Rippenfellentzündung; **Pleuropneumonie** [plɔyro-], die; -, -n (Med.): *Rippenfell- u. Lungenentzündung.*

Pleuston ['plɔystɔn], das; -s [griech. pleúston = das auf dem Wasser Treibende] (Biol.): *Gesamtheit der Organismen, die an der Wasseroberfläche treiben.*

PlexiglasⓌ ['plɛksi-], das; -es [zu lat. plexus = ge-, verflochten, ↑Plexus; nach der polymeren Struktur]: *glasartiger, nicht splitternder Kunststoff;* **Plexus** ['plɛksʊs], der; -, - ['plɛksu:s; zu lat. plexum, 2. Part. von: plectere = flechten] (Physiol.): *netzartige Verknüpfung von Nerven, Blutgefäßen.*

Pli [pli:], der; -s [aus frz. Wendungen wie prendre un pli = eine Gewohnheit annehmen; frz. pli = Falte, Art (des Faltens); Wendung, zu: plier = falten < lat. plicāre] (landsch.): *[Welt]gewandtheit, Schliff [im Benehmen], Geschick:* [viel] P. haben.

Plicht [plɪçt], die; -, -en [mhd., mniederd. pliht, ahd. plihta = Ruderbank vorn im Boot, wohl < spätlat. plecta = geflochten(e Leiste)] (Seemannsspr.): svw. ↑Cockpit (3).

Plierauge ['pli:ɐ̯-], das; -s, -n [zu ↑plieren] (nordd.): *[tränendes] Auge mit verklebten, geschwollenen [entzündeten] Lidern;* ⟨Abl.:⟩ **plieräugig** ⟨Adj.; o. Steig.; nicht adv.⟩ (nordd.): *Plieraugen habend:* jmdn. p. angucken; **plieren** ['pli:rən] ⟨sw. V.; hat⟩ [wohl vermischt aus niederd. pīren = die Augen zusammenkneifen u. mniederd. blerren = weinen, plärren] (nordd.): **1.** *mit nicht ganz geöffneten Augen blicken, blinzelnd schauen:* um die Ecke p.; plier nicht so doof! **2.** *weinen:* sie pliert bei jeder Kleinigkeit; **plierig** ['pli:rɪç] ⟨Adj.⟩: **1.** (nordd.) **a)** *plieräugig:* p. gucken; **b)** *verweint:* ein -es Gesicht. **2.** (ostmd.) *schmutzig, naß.*

plietsch [pli:tʃ] ⟨Adj.⟩ [zusgez. aus mniederd. polietsch = politisch in der übertr. Bed. staatskundig, weltklug, pfiffig] (nordd.): *schlau, pfiffig, gewitzt, aufgeweckt:* er ist ein -es Kerlchen.

plinkern ['plɪŋkɐn] ⟨sw. V.; hat⟩ [Iterativbildung zu mniederd. plinken, verw. mit ↑blinken] (nordd.): *durch rasche Bewegungen der Lider immer wieder für einen kurzen Moment [unwillkürlich] die Augen schließen:* nervös p.; sie plinkerte vieldeutig mit den Augen.

Plinse ['plɪnzə], die; -, -n [aus dem Slaw., vgl. sorb. blinc] (ostmd., ostniederd.): **a)** *[mit Kompott o.ä. gefüllter] Pfannkuchen;* **b)** *Kartoffelpuffer.*

plinsen ['plɪnzn̩] ⟨sw. V.; hat⟩ [H. u.] (nordd. abwertend): *(bes. von Kindern) in hohen, unangenehmen Tönen weinen, kläglich jammern.*

Plinthe ['plɪntə], die; -, -n [lat. plinthus < griech. plínthos] (Fachspr.): *quadratische od. rechteckige [Stein]platte, auf der die Basis einer Säule, eines Pfeilers o.ä. ruht.*

Plinze ['plɪntsə]: ↑Plinse.

pliozän [plio'tsɛ:n] ⟨Adj.; o. Steig.; nicht adv.⟩ (Geol.): *das Pliozän betreffend, zu ihm gehörend, aus ihm stammend;* **Pliozän,** das; -s [zu gr. pleĩon = mehr u. kainós = neu] (Geol.): *gegenüber dem Miozän die jüngere Abteilung des Neogens.*

Plissee [plɪ'se:], das; -s, -s [frz. plissé, 2. Part. von: plisser, ↑plissieren]: **a)** *Gesamtheit der Plisseefalten (eines Stoffes, Kleidungsstückes):* ein Stoff mit [einem engen] P.; **b)** *plissiertes Gewebe, plissierter Stoff:* ein Rock aus P.

Plissee-: ~**brenner,** der (Textilind.): *jmd., der Stoffe plissiert* (Berufsbez.); ~**falte,** die: *einzelne Falte eines Plissees* (b); ~**rock,** der: *Rock aus Plissee* (b); ~**stoff,** der: *Plissee* (b).

plissieren [plɪ'si:rən] ⟨sw. V.; hat⟩ [frz. plisser, eigtl. = falten, zu: pli, ↑Pli]: *mit einer [großen] Anzahl dauerhafter [aufspringender] Falten versehen:* einen Stoff p.; ⟨häufig im 2. Part.:⟩ ein plissierter Rock; Ü ein plissiertes Gesicht (ugs. scherzh.; *ein Gesicht mit vielen Falten*).

plitz, platz ['plɪts 'plats; lautm. für große Schnelligkeit, Unerwartetheit, Überstürztheit, Plötzlichkeit] (ugs.): *plötzlich:* er ist p., p. abgereist.

Plockwurst ['plɔk-], die; -, ...würste [viell. zu mniederd. Plock = Pflock, nach der länglichen Form od. zu: Plock = Hackblock]: *Dauerwurst aus Rindfleisch, Schweinefleisch u. Speck.*

Plombe ['plɔmbə], die; -, -n [frz. plombe, ↑Aplomb]: **1.** *Klümpchen aus Blei o. ä., durch das hindurch die beiden Enden eines Drahtes o. ä. laufen, so daß dieser eine geschlossene Schlaufe bildet, die nur durch Beschädigung des Bleiklumpens od. des Drahtes geöffnet werden kann:* eine P. anbringen; die P. entfernen, beschädigen. **2.** (veraltend) svw. ↑Füllung (2b); **plombieren** [plɔm'bi:rən] ⟨sw. V.; hat⟩ [frz. plomber]: **1.** *mit einer Plombe* (1) *versehen:* ein Zimmer, einen Container, Stromzähler, Güterwagen p.; die plombierten Kisten werden an der Grenze nicht geöffnet. **2.** (veraltend) *mit einer Füllung* (2b) *versehen:* einen Zahn p.; ⟨Abl.:⟩ **Plombierung,** die; -, -en: *das Plombieren.*

Plörre ['plœrə], die; -, -n ⟨Pl. selten⟩ [niederd. auch: Plör, wohl zu: plören = weinen, eigtl. = verschütten, verw. mit ↑pladdern] (nordd. abwertend): *dünnes, wäßriges, gehaltloses, fades Getränk, bes. dünner Kaffee:* es ist eine Unverschämtheit, diese P. als Kaffee zu verkaufen.

plosiv [plo'zi:f] ⟨Adj.; o. Steig.⟩ [zu lat. plōsum, 2. Part. von: plōdere, Nebenf. von: plaudere = klatschen, schlagen] (Sprachw.): *als Verschlußlaut artikuliert:* -e Laute; **Plosiv** [-], der; -s, -e [...i:və] (Sprachw.): svw. ↑Plosivlaut; ⟨Zus.:⟩ **Plosivlaut,** der (Sprachw.): svw. ↑Verschlußlaut.

Plot [plɔt], der, auch: das; -s, -s [engl. plot, auch: (Grund)position, eigtl. = Stück Land, H. u.]: **1.** (Literaturw.) *[Aufbau u. Ablauf der] Handlung einer epischen od. dramatischen Dichtung:* der komplizierte P. des Romans, Dramas. **2.** (Fachspr.) *mit Hilfe eines Plotters erstelltes Diagramm.*

Plotte ['plɔtə], die; -, -n [H. u.] (salopp abwertend): *schlechter, billiger, wertloser Film o. ä.:* zweimal hatte der NDR schon Gelegenheit, die P. mit Anstand aus dem Programm zu nehmen (Hörzu 6, 1976, 37).

plotten ['plɔtn̩] ⟨sw. V.; hat⟩ [engl.-amerik. to plot] (Fachspr.): *mit Hilfe eines Plotters arbeiten;* ⟨Abl.:⟩ **Plotter,** der; -s, - [engl.-amerik. plotter]: **1.** (Datenverarb.) *meist als Zusatz zu einer Datenverarbeitungsanlage arbeitendes Zeichengerät, das automatisch eine graphische Darstellung der Ergebnisse liefert.* **2.** (Navigation) *Gerät zum Aufzeichnen u. Auswerten der auf dem Radarschirm erscheinenden relativen Bewegung eines Objekts sowie der Eigenbewegung des Schiffes od. Flugkörpers.*

Plötze ['plœtsə], die; -, -n [spätmhd. (ostmd.) plötz(e), aus dem Slaw., vgl. poln. płoć, viell. eigtl. = Plattfisch]: *(bes. im Süßwasser vorkommender, oft in Schwärmen lebender) Fisch von silbriger, auf dem Rücken grauer Färbung mit rötlichen Flossen u. einem roten Augenring; Rotauge.*

plotzen ['plɔtsn̩] ⟨sw. V.; hat⟩ [zu veraltet, noch landsch. Plotz, spätmhd. ploz = klatschender Schlag, hörbarer, dumpfer Fall, Stoß, lautm.; 2: eigtl. = stoßweise rauchen] (landsch., bes. westmd.): **1.** ⟨meist im 2. Part.⟩ *(von Baumfrüchten) zu Boden fallen, hart aufschlagen (so daß Druckstellen entstehen):* geplotzte Äpfel, Birnen. **2.** *(bes. Zigaretten) rauchen:* eine [Zigarette] p.; **Plotzer,** der; -s, - (landsch., bes. westmd.): **1.** *lauter Fall (mit dumpfem Aufschlag):* das Kind hat einen P. gemacht. **2.** *dicke Murmel [aus Glas];* **plötzlich** ['plœtslɪç] ⟨Adj.; Steig. selten⟩ [spätmhd. plozlich, zu veraltet Plotz, ↑plotzen]: *unerwartet, unvermittelt, überraschend, von einem Augenblick zum andern eintretend, geschehend:* ein -er Aufbruch, Temperatursturz, Einfall; eine -e Wende; sein -er Tod; ein -er Schmerz; es war, kam für sie alles etwas zu p.; p. zog er einen Revolver, stand er vor mir; mitten in der Ebene ragt p. ein steiler Berg auf; und jetzt behauptet er p. das genaue Gegenteil; mach, daß du wegkommst, aber etwas/ein bißchen p.; ⟨Abl.:⟩ **Plötzlichkeit,** die; -, -en: **a)** *das Unerwartete, Überraschende, die Unvermitteltheit (eines Geschehens o. ä.):* die P. seines Todes hat uns erschüttert; **b)** (selten) *plötzliches Ereignis:* dieses ständige ... Aufpassen, was das Leben so an -en besaß (Alexander, Jungfrau 50).

Pluderhose ['plu:dɐ-], die; -, -n [zu ↑pludern]: *lange od. halblange, weite, bauschige Hose mit einem Bund unter den Knien od. an den Fesseln;* **pluderig,** pludrig ['plu:d(ə)rɪç] ⟨Adj.; nicht adv.⟩: *pludernd, sich bauschend, bauschig:* für den Sommer entwarfen sie pludrige Haremshosen (Spiegel 7, 1976, 153); **pludern** ['plu:dɐn] ⟨sw. V.; hat⟩ [spätmhd. pludern (↑plaudern) in der Bed. „flattern"]: *sich bauschen, pludrig sein, [zu] weit sein;* **pludrig:** ↑pluderig.

Plumbum ['plʊmbʊm], das; -s [lat. plumbum]: lat. Bez. für ↑Blei (chem. Zeichen: Pb).

Plumeau [ply'mo:], das; -s, -s [frz. plumeau, zu: plume < lat. plūma = Feder]: *halblanges, dickeres Federbett.*

plump [plʊmp] ⟨Adj.; -er, -[e]ste⟩ [aus dem Niederd. < mniederd. plump, eigtl. = lautm. Interj., vgl. plumps]: **a)** ⟨nicht adv.⟩ *von dicker, massiger, unförmiger Gestalt, Form:* ein -er Mensch, Körper; -e Hände; das Auto hat eine -e Karosserie, Form; sie wirkt in dem Kleid -er als sie ist; **b)** *(bes. von Bewegungen von Menschen u. Tieren, auf Grund einer plumpen* [a] *Gestalt) schwerfällig, unbeholfen, ungeschickt, unbeweglich, ungelenk:* er hat einen -en Gang; sich p. bewegen; **c)** (abwertend) *sehr ungeschickt od. dreist [u. deshalb leicht als falsch, unredlich o. ä. durchschaubar]:* ein -er Trick, Betrug, Annäherungsversuch; eine -e Ausrede, Lüge, Fälschung, Anspielung; er ist dabei viel zu p. vorgegangen; sich jmdm. p. nähern.

Plumpe ['plʊmpə], die; -, -n [wohl unter Einfluß von ↑plump (Interj.)] (ostmd., ostniederd.): *Pumpe;* **plumpen** ['plʊmpn̩] ⟨sw. V.; hat⟩ (ostmd., ostniederd.): *pumpen.*

Plumpheit, die; -, -en: **1.** ⟨o. Pl.⟩ *das Plumpsein.* **2.** (abwertend) *plumpe Handlung, Bemerkung o. ä.:* durch seine -en hat er sich überall unbeliebt gemacht.

plumps! [plʊmps] ⟨Interj.⟩: lautm. für ein dumpfes, klatschendes Geräusch, wie es beim Aufschlagen eines [schweren] fallenden Körpers entsteht; **Plumps** [-], der; -es, -e (ugs.): **a)** *dumpfes, klatschendes Geräusch;* **b)** *von einem Plumps* (a) *begleiteter Fall, Aufprall:* mit einem lauten Plumps landete er auf dem Boden.

Plumpsack, der; -[e]s, -säcke [zu ↑plump]: **1.** (veraltet) *jmd., der plump, dick ist.* **2. a)** ***der P. geht um/rum** *(Kinderspiel, bei dem sich die Teilnehmer – bis auf den Plumpsack* c *– im Kreis aufstellen, der Plumpsack um den Kreis herumgeht u. ein Taschentuch mit einem Knoten o. ä. hinter einem Mitspieler fallen läßt, worauf dieser das Tuch möglichst schnell aufheben, den Plumpsack verfolgen u. mit dem Tuch schlagen muß, bevor dieser den frei gewordenen Platz im Kreis einnehmen kann);* **b)** *verknotetes Taschentuch o. ä., mit dem das Spiel „der P. geht um" gespielt wird:* den P. fallen lassen; **c)** *der Mitspieler, der den P.* (2b) *fallen lassen muß:* er ist P.

plumpsen ['plʊmpsn̩] ⟨sw. V.⟩ [lautm., zu ↑plumps] (ugs.): **1.** ⟨unpers.⟩ *ein dumpfes klatschendes Geräusch, wie es beim Aufschlagen eines schweren fallenden Körpers entsteht, erzeugen; plumps machen* ⟨hat⟩: als er fiel, hat es richtig geplumpst; hinter mir plumpst es (Remarque, Westen 54); ein plumpsendes Geräusch. **2.** *mit einem Plumps* (a) *irgendwohin fallen, auftreffen* ⟨ist⟩: der Sack plumpste auf den Boden, ins Wasser; er ließ sich in den Sessel p.; **Plumpsklo,** das; -s, -s, **Plumpsklosett,** das; -s, -s, auch: -e (ugs.): *über einer Grube angelegter Abort (ohne Wasserspülung).*

Plumpudding ['plʌm'pʊdɪŋ], der; -s, -s [engl. plumpudding, aus: plum = Rosine u. pudding, ↑Pudding]: *aus vielerlei Zutaten hergestellte, kuchenartige, schwere Süßspeise, die im Wasserbad gegart wird u. in England bes. zur Weihnachtszeit (warm als Dessert o. ä.) gegessen wird.*

plump-vertraulich ⟨Adj.; o. Steig.⟩: *auf plumpe, als aufdringlich empfundene Art vertraulich:* er hat so eine unangenehme -e Art; er klopfte ihm p. auf die Schulter.

Plunder ['plʊndɐ], der; -s, -n [mhd. blunder, mniederd. plunder = Hausrat, Wäsche, H. u.; 2: viell. eigtl. = Durcheinanderliegendes, übereinanderliegende Schichten, Lappen]: **1.** ⟨o. Pl.⟩ (ugs. abwertend) *[alte] als wertlos, unnütz betrachtete Gegenstände, Sachen:* wertloser P.; morgen fahre ich den ganzen P. auf den Müll. **2. a)** ⟨o. Pl.⟩ svw.

↑Plunderteig; **b)** ⟨o. Pl.⟩ svw. ↑Plundergebäck; **c)** ⟨Pl. selten⟩ (selten) svw. ↑Plunderstück.

Plunder-: ~**brezel,** die: vgl. ~gebäck; ~**gebäck,** das: *Gebäck aus Plunderteig;* ~**kammer,** die (veraltet): svw. ↑Rumpelkammer; ~**kipferl,** das (österr.): *Hörnchen aus Plunderteig;* ~**markt,** der (veraltet): svw. ↑Flohmarkt; ~**stück,** das: *Stück Plundergebäck;* ~**teig,** der: *blätterteigähnlicher Hefeteig.*

Plünderei [plyndəˈrai̯], die; -, -en ⟨Pl. ungebr.⟩ (abwertend): *[dauerndes] Plündern:* die P. muß ein Ende haben; es kam zu wüsten -en; **Plünderer,** Plündrer [ˈplynd(ə)rɐ], der; -s, -: *jmd., der plündert, geplündert hat:* die Plünderer wurden vor ein Kriegsgericht gestellt; **plündern** [ˈplyndɐn] ⟨sw. V.; hat⟩ [mhd. plundern, zu ↑Plunder, also eigtl. = Hausrat, Wäsche wegnehmen]: **a)** *(unter Ausnutzung einer Notstandssituation) sich Sachen aus einem Gebiet, einem Gebäude o. ä. [in das man gewaltsam eingedrungen ist] aneignen:* ein Geschäft, Häuser, Kirchen p.; die Soldaten plünderten die ganze Stadt; wo sie hinkamen, mordeten und plünderten sie; plündernde Horden überfielen das Land; Ü den Kühlschrank p. (scherzh.; *[fast] alles Eßbare herausnehmen u. verzehren*); die Stare haben den Kirschbaum geplündert (scherzh.; *haben eine Menge Kirschen gefressen*); sein Sparkonto p. (scherzh.; *[fast] alles Geld auf einmal abheben, um es für einen bestimmten Zweck zu verbrauchen*); einen Schriftsteller, ein literarisches Werk p. (abwertend; *in großem Umfang plagiieren*); den Weihnachtsbaum p. (scherzh.; *die daran hängenden Süßigkeiten abnehmen u. essen*); **b)** (veraltet) *jmdn. ausplündern, ausrauben:* er wurde von Wegelagerern völlig geplündert; Ü übrigens war sie es auch gewesen, die mich mit Kleidung ... versorgt hatte. Sie hatte ihren Bruder geplündert (Fallada, Herr 186); ⟨Abl.:⟩ **Plünderung,** die; -, -en: *das Plündern* (a) *eines Gebietes, eines Gebäudes o. ä.:* die P. einer Stadt; nach dem Erdbeben kam es vielerorts zu -en; **Plündrer:** ↑Plünderer.

Plunger [ˈplʌndʒə], (auch:) Plunscher [ˈplʊnʃɐ], der; -s, - [engl. plunger, zu: to plunge = stoßen, treiben] (Technik): *besonderer Kolben, bei dem zur Dichtung keine Kolbenringe, sondern Manschetten aus Stoff o. ä. verwendet werden.*

Plünnen [ˈplynən] ⟨Pl.⟩ [mniederd. plun(d)e (Sg.), zu ↑Plunder] (nordd. salopp): *Kleider, Kleidung:* „Na, man erst die P. vom Leib", sagte der Bootsmann (Nachbar, Mond 76); zieh dir die nassen P. aus!

Plunscher: ↑Plunger.

Plunze [ˈplʊntsə], **Plunzen** [ˈplʊntsn̩]: ↑Blunze, Blunzen.

plural [pluˈraːl] ⟨Adj.; o. Steig.⟩ (bildungsspr.); svw. ↑pluralistisch: eine p. und labil gewordene Gesellschaft (Universitas 6, 1970, 565); **Plural** [ˈpluːraːl], der; -s, -e [lat. plūrālis (numerus) = in der Mehrzahl stehend, zu: plūrēs = mehrere, Pl. von: plūs, ↑plus] (Sprachw.; Ggs.: Singular): **1.** ⟨o. Pl.⟩ *Numerus, der beim Nomen anzeigt, daß dieses sich auf mehrere gleichartige Dinge o. ä. bezieht, u. der beim Verb anzeigt, daß mehrere Subjekte zu dem Verb gehören; Mehrzahl:* das Wort gibt es nur im P.; das Prädikat in dem Satz „wir *sprechen* mit Klaus" steht in der ersten Person P. *(in der ersten Person des Plurals).* **2.** *Wort, das im Plural* (1) *steht; Pluralform* (2): der Text enthält 17 -e; das Wort Chemie hat, bildet keinen P. *(hat keine Pluralform).*

Plural- (Sprachw.): ~**bildung,** die; ~**endung,** die; ~**form,** die.

Pluraletantum [pluraləˈtantʊm], das; -s, -s u. Pluraliatantum [pluraliaˈt...; zu lat. plūrālis (↑Plural) u. tantum = nur] (Sprachw.): *Substantiv, das nur als Plural vorkommt:* „Unkosten" ist ein P.; **Pluralis** [pluˈraːlɪs], der; -, ...les [...leːs; lat. plūrālis] (Sprachw. veraltet): svw. ↑Plural: P. majestatis [- majɛsˈtaːtɪs] *(Plural, mit dem eine einzelne Person, gewöhnlich ein regierender Herrscher, bezeichnet wird u. sich selbst bezeichnet,* z. B. *Wir,* Wilhelm, von Gottes Gnaden deutscher Kaiser); P. modestiae [- moˈdɛstiɛ] *(Plural, mit dem eine einzelne Person, bes. ein Autor, ein Redner o. ä. sich selbst bezeichnet, um – als Geste der Bescheidenheit – die eigene Person zurücktreten zu lassen,* z. B. *wir* kommen damit zum Schluß unserer Ausführungen); **pluralisch** [pluˈraːlɪʃ] ⟨Adj.; o. Steig.⟩ (Sprachw.): *im Plural stehend, durch den Plural ausgedrückt, zum Plural gehörend:* -e Wörter, Formen, Endungen, Satzteile; **pluralisieren** [pluraliˈziːrən] ⟨sw. V.; hat⟩ (Sprachw.): *in den Plural setzen:* ein Wort p.; ⟨Abl.:⟩ **Pluralisierung,** die; -, -en (Sprachw.); **Pluralismus** [pluraˈlɪsmʊs], der; -: **1.** (bildungsspr.) **a)** *innerhalb einer Gesellschaft, eines Staates [in allen Bereichen] vorhandene Vielfalt gleichberechtigt nebeneinander bestehender u. miteinander um Einfluß, Macht konkurrierender Gruppen, Organisationen, Institutionen, Meinungen, Ideen, Werte, Weltanschauungen usw.:* gesellschaftlicher, kultureller, weltanschaulicher, methodologischer P.; der P. der Interessengruppen; **b)** *politische Anschauung, Grundeinstellung, nach der ein Pluralismus* (1 a) *erstrebenswert ist:* ein radikaler P. **2.** (Philos.) *philosophische Anschauung, Theorie, nach der die Wirklichkeit aus vielen selbständigen Weltprinzipien besteht, denen kein gemeinsames Grundprinzip zugrunde liegt:* er ist ein Vertreter des [philosophischen] P.; **Pluralist** [...ˈlɪst], der; -en, -en (bildungsspr.): *Vertreter des Pluralismus;* **pluralistisch** ⟨Adj.⟩: **1.** (bildungsspr.) **a)** *zum Pluralismus* (1 a) *gehörend, auf ihm beruhend, Pluralismus aufweisend:* Es geht nicht an, daß das Strafrecht ... in einer -en Gesellschaft eine ganz bestimmte Moral ... schützt (Ziegler, Kein Recht 10); eine p. aufgebaute Gesellschaft; **b)** *zum Pluralismus* (1 b) *gehörend, auf ihm beruhend, von ihm geprägt:* eine -e Haltung; p. eingestellt sein, denken. **2.** (Philos.) *den Pluralismus* (2) *vertretend, betreffend, zu ihm gehörend, von ihm geprägt:* eine -e Philosophie; ein -er Standpunkt; **Pluralität** [...liˈtɛːt], die; -, -en [1: spätlat. plūrālitās] (bildungsspr.): **1.** ⟨Pl. ungebr.⟩ *mehrfaches, vielfaches, vielfältiges Vorhandensein, Nebeneinanderbestehen; Vielzahl:* der Staat ... sei nur eine spezifische Form innerhalb einer P. sozialer Gebilde (Fraenkel, Staat 254). **2.** ⟨Pl. ungebr.⟩ (selten) *Pluralismus* (1 a). **3.** (selten) *Majorität;* **Pluralwahlrecht,** das; -[e]s (Politik): *Wahlrecht, nach dem Angehörige bevorzugter gesellschaftlicher Gruppen (im Gegensatz zur Masse der wahlberechtigten Bevölkerung) zwei od. mehrere Stimmen pro Person haben;* **pluriform** [pluriˈfɔrm] ⟨Adj.⟩ [spätlat. plūrifōrmis, zu lat. plūrēs (↑Plural) u. fōrma, ↑Form] (bildungsspr.): *vielgestaltig:* unsere Gesellschaft ist p. (MM 23. 11. 68, 45); **Pluripara** [pluˈriːpara], die; -, ...ren [pluriˈpaːrən; zu lat. plūs (Gen.: plūris, ↑plus) u. parere = gebären] (Med.): *Frau, die mehrmals geboren hat; Multipara.* Vgl. Nullipara, Primipara.

Plurre [ˈplʊrə], **Plürre** [ˈplyrə]: ↑Plörre: ... irgendeine lauwarme Plürre. (Kinski, Erdbeermund 99).

plus [plʊs; lat. plūs = mehr, größer; Komp. von: multus = viel] (Ggs.: minus): **I.** ⟨Konj.⟩ (Math.) drückt aus, daß die folgende Zahl zu der vorangehenden addiert wird; *und:* fünf p. drei ist, macht, gibt acht; subjektive Fotografie p. politische Ressentiments an Stelle objektiver Berichterstattung (MM 12. 8. 71, 22); Abweichungen von maximal p./minus 5% (ugs.; *von maximal 5% nach oben od. nach unten*); Zeichen: + **II.** ⟨Präp. mit Gen.⟩ (bes. Kaufmannsspr.) drückt aus, daß etw. um eine bestimmte Summe o. ä. vermehrt ist: der Betrag p. der Zinsen. **III.** ⟨Adv.⟩ **1.** (Math.) drückt aus, daß eine Zahl, ein Wert positiv, *größer als null* ist: minus drei mal minus drei ist p. neun; die Temperatur beträgt p. fünf Grad/fünf Grad p. **2.** (Elektrot.) drückt aus, daß eine positive Ladung vorhanden ist: der Strom fließt von p. *(von dort, wo eine positive Ladung vorhanden ist)* nach minus; Zeichen: +; **Plus** [-], das; - (Ggs.: Minus): **1.** *etw., was sich bei einer [End]abrechnung über den zu erwartenden Betrag hinaus ergibt; Mehrbetrag; Überschuß:* ein P. von fünfzig Mark feststellen; die Bilanz weist ein P. auf; bei dem Geschäft habe ich [ein] P. *(einen Gewinn)* gemacht; im P. sein *(eine positive Bilanz, einen positiven Saldo o. ä. haben).* **2. a)** *Vorteil, Vorzug, Positivum:* Gott hat ihnen ein stumpfes Herz gegeben, ein großes P. übrigens auf diesem Planeten (Feuchtwanger, Erfolg 122); **b)** *positives Urteil über eine einzelne Leistung, Eigenschaft (im Rahmen einer umfassenderen Beurteilung):* der Sonnenenergie ein großes P. einräumen.

Plus-: ~**betrag,** der: *Betrag, der ein Plus* (1) *darstellt;* ~**differenz,** die: vgl. ~betrag; ~**pol,** der: **a)** (Elektrot.) *Pol, der eine positive Ladung aufweist;* **b)** (Physik) *positiver Pol, Nordpol eines Magneten;* ~**punkt,** der (Ggs.: Minuspunkt): **1.** *positiver Punkt in einem Punktsystem; Plus* (2 b): einen P. erzielen; der Sieg bei dem Auswärtsspiel brachte der Mannschaft zwei wichtige -e. **2.** svw. ↑Plus (2 a): neben diesem Nachteil hat er aber auch viele -e; ~**zeichen,** das (Ggs.: Minuszeichen): *Zeichen in Form eines Kreuzes* (1 a), *das für plus* (I, III) *steht.*

Plüsch [plyːʃ, plyʃ], der; -[e]s, (Arten:) -e [frz. pluche, peluche, zu afrz. peluchier = auszupfen, über das Galloroman. < lat. pilare = enthaaren, zu: pilus = Haar]: **1.** *(gewöhnlich aus Baumwolle gewebter) hochfloriger, samtähnlicher*

Stoff: mit rotem P. bezogene Polstermöbel; Nicht P. und Pleureusen allein bestimmten damals das Gesicht der Zeit (Welt 29. 3. 64, Literaturblatt); Ü die bloße unmittelbare lyrische Empfindung gilt bereits als abgestanden, als kleinbürgerlich und P. (abwertend; *als spießbürgerlich;* Gehlen, Zeitalter 33); ***P. und Plümowski** (landsch. scherzh.; *völlig verblichene Pracht*): die Einrichtung des Hotels ist P. und Plümowski. **2.** *(bes. für Bademäntel verwendeter) gestrickter od. gewirkter Stoff mit kleinen hervorstehenden Schlaufen auf der Rückseite;* **[1]Plüsch-** (iron.): in Zus. auftretendes Best., das das im Grundwort Genannte charakterisiert als etw., was einem früheren [kleinbürgerlichen] Geschmack, etwas spießigen Wert- u. Lebensvorstellungen entspricht, z. B. Plüschkrimi.

[2]Plüsch-: **~augen** ⟨Pl.⟩ (ugs.): *sanft, etwas verträumt od. naiv blickende, große Augen:* der ... 50jährige Mann mit seinen samtenen P. (Zeit 20. 11. 64, 35); **~bär,** der: vgl. ~tier; **~decke,** die: *[Tisch]decke aus Plüsch;* **~möbel,** das ⟨meist Pl.⟩: *mit Plüsch bezogenes Polstermöbel;* **~ohren** ⟨Pl.⟩ in der Fügung **Klein Doofi mit P.** (↑Doofi); **~sessel,** der; **~sofa,** das; **~tier,** das: *(als Kinderspielzeug hergestellte) Nachbildung eines Tieres, bei dem zur Imitation des Fells od. Pelzes Plüsch verwendet wurde.*

plüschen ['ply:ʃn̩, 'plʏʃn̩] ⟨Adj.⟩: **a)** ⟨o. Steig.; nur attr.⟩ *aus Plüsch bestehend, mit Plüsch ausgestattet:* ein -er Vorhang; **b)** (iron.) *von kleinbürgerlichem, spießigem Geschmack, von Engherzigkeit zeugend, für ein kleinbürgerliches Milieu typisch; plüschig* (b): die bombastisch aufgedonnerte Herrin dieser -en Absteige (MM 9. 4. 74, 32); **plüschig** ['ply:ʃɪç, 'plʏʃɪç] ⟨Adj.⟩: **a)** ⟨o. Steig.; nicht adv.⟩ *von plüschähnlicher Beschaffenheit:* er trug einen gelben, -en Wintermantel (Kempowski, Tadellöser 451); **b)** (iron.) svw. ↑plüschen (b): er lebt in einer Umwelt ohne ästhetisierende Extravaganz, beinah ein bißchen zu p. für einen Menschen seines Mediums (Schreiber, Krise 203).

Plusquamperfekt ['plʊskvampɛrfɛkt], das; -s, -e [spätlat. plusquamperfectum, eigtl. = mehr als vollendet] (Sprachw.): **1.** *Zeitform, mit der bes. die Vorzeitigkeit (im Verhältnis zu etw. Vergangenem) ausgedrückt wird; Vorvergangenheit, vollendete Vergangenheit, dritte Vergangenheit.* **2.** *Verbform des Plusquamperfekts* (1): das P. von „essen" lautet „ich hatte gegessen"; **Plusquamperfektum** [plʊskvampɛr'fɛktʊm], das; -s, ...ta (Sprachw. veraltet): svw. ↑Plusquamperfekt.

plustern ['plu:stɐn] ⟨sw. V.; hat⟩ [aus dem Niederd. < mniederd. plûsteren = (zer)zausen, herumstöbern, H. u.]: **1.** svw. ↑aufplustern (1): das Gefieder p.; Ü der Wind plusterte Theas Haar (Dorpat, Ellenbogenspiele 19). **2.** ⟨p. + sich⟩ **a)** svw. ↑aufplustern (2 a): die Spatzen schütteln und plustern sich; **b)** (abwertend selten) svw. ↑aufplustern (2 b): „Ich habe Familie", plusterte er sich *(sagte er wichtigtuend)* (Bieler, Bonifaz 185).

Plutokrat [pluto'kra:t], der; -en, -en (bildungsspr.): *jmd., der auf Grund seines Reichtums politische Macht ausübt, einer der Herrschenden in einer Plutokratie* (2): die Macht im Staate lag in den Händen einiger weniger -en; **Plutokratie** [...kra'ti:], die; -, -en [...i:ən; (frz. plutocratie <) griech. ploutokratía, zu: ploũtos = Reichtum u. krateĩn = herrschen] (bildungsspr.): **1.** ⟨o. Pl.⟩ *Staatsform, in der die Besitzenden, die Reichen die politische Herrschaft ausüben; Geldherrschaft:* die P. abschaffen. **2.** *Staat, Gemeinwesen, in dem eine Plutokratie* (1) *besteht:* das Land war damals eine P.; ⟨Abl.:⟩ **plutokratisch** ⟨Adj.⟩ (bildungsspr.).

plutonisch [plu'to:nɪʃ] ⟨Adj.; o. Steig.; nicht adv.⟩ [nach Pluto (griech. Ploútōn), dem Gott der Unterwelt]: **1.** (Rel.) *der Unterwelt zugehörend.* **2.** ⟨nur attr.⟩ (Geol.) *(von magmatischen Gesteinen) in größerer Tiefe innerhalb der Erdkruste entstanden:* -e Gesteine; **Plutonismus** [pluto'nɪsmʊs], der; - (Geol.): *Gesamtheit der Vorgänge innerhalb der Erdkruste, die durch Bewegungen u. das Erstarren von Magma hervorgerufen werden;* **Plutonium** [plu'to:ni̯ʊm], das; -s [nach dem Planeten Pluto] (Chemie): *radioaktives, metallisches, durch Kernumwandlung hergestelltes Transuran (chemischer Grundstoff);* Zeichen: Pu; ⟨Zus.:⟩ **Plutoniumbombe,** die: *Atombombe, deren Wirkung auf der Spaltung von Kernen des Plutoniums beruht.*

Plutzer ['plʊtsɐ], der; -s, - [Nebenf. von ↑Plotzer] (österr. mundartl.): **a)** *Kürbis;* **b)** (abwertend) *[großer] Kopf;* **c)** *große Flasche [aus Steingut];* **d)** (bes. tirol.) *grober Fehler.*

pluvial [plu'vi̯a:l] ⟨Adj.; o. Steig.; nicht adv.⟩ [lat. pluviālis = zum Regen gehörig, zu: pluvia = Regen] (Geol.): *(von Niederschlägen) als Regen fallend:* -es Abflußregime *([bei einem Fluß] nur von der gefallenen Regenmenge abhängiger Wasserstand);* **Pluviale** [plu'vi̯a:lə], das; -s, -[s] [mlat. (pallium) pluviale = Regenmantel, zu lat. pluviālis, ↑pluvial] (kath. Kirche): *offenes, ärmelloses liturgisches Obergewand des katholischen Geistlichen;* **Pluvialzeit,** die; -, -en (Geogr.): *(in den heute trockenen subtropischen Gebieten) Periode mit kühlerem Klima u. stärkeren Niederschlägen;* **Pluviograph** [pluvio'gra:f], der; -en, -en [↑-graph] (Met.): *Gerät zum Messen u. automatischen Registrieren von Niederschlagsmengen;* **Pluviometer,** das; -s, - [↑-meter] (Met.): svw. ↑Niederschlagsmesser.

P-Marker ['pi:-], der; -s, -[s] [P = engl. phrase] (Sprachw.): *(in der generativen Grammatik) Marker* (1 b), *dessen Knoten* (4) *durch syntaktische Kategorien (NP = Nominalphrase, VP = Verbalphrase usw.) bezeichnet sind.*

Pneu [pnɔy], der; -s, -s: **1.** (bes. österr., schweiz.) Kurzf. von ↑[2]Pneumatik: der Wagen raste mit kreischenden -s davon. **2.** (Med. Jargon) Kurzf. von ↑Pneumothorax; **Pneuma** ['pnɔyma], das; -s [griech. pneũma, eigtl. = Luft, Wind, Atem, zu: pneĩn = wehen, atmen]: **1.** (Philos.) *(in der Stoa) als materielle, luftartige, z. T. auch feuerartige Substanz gedachtes Prinzip der Natur u. des Lebens.* **2.** (Theol.) *Geist [Gottes], Heiliger Geist;* **[1]Pneumatik** [pnɔy'ma:tɪk], die; -, -en [griech. pneumatikḗ = Lehre von der (bewegten) Luft, zu: pneumatikós, ↑pneumatisch]: **1.** ⟨o. Pl.⟩ (Physik) *Teilgebiet der Mechanik, das sich mit dem Verhalten der Gase beschäftigt (bes. mit der technischen Anwendung von Druckluft).* **2.** (Technik) *Gesamtheit derjenigen Teile (einer technischen Vorrichtung), die eine pneumatische* (3 a) *Arbeitsweise ermöglichen:* die P. einer Orgel; ein Defekt an der P.; **[2]Pneumatik** [-], der; -s, -s, österr.: die; -, -en [engl. pneumatic, zu lat. pneumaticus, ↑pneumatisch] (österr., schweiz., sonst veraltet): svw. ↑Luftreifen; Kurzf.: Pneu (1); **pneumatisch** ⟨Adj.; o. Steig.⟩ [lat. pneumaticus < griech. pneumatikós = zum Wind gehörend]: **1.** (Philos.) *das Pneuma* (1) *betreffend, zu ihm gehörend, auf ihm beruhend.* **2.** (Theol.) *das Pneuma* (2) *betreffend; vom Pneuma* (2) *erfüllt, durchdrungen.* **3. a)** (Technik) *mit Druckluft, Luftdruck arbeitend, vor sich gehend, betrieben:* -e Geräte, Anlagen, Bremsen; -e Kammer (Med.; *Raum, in dem zu therapeutischen Zwecken der Luftdruck reguliert werden kann*); eine p. gesteuerte Anlage; **b)** (Biol.) *mit Luft gefüllt:* -e Knochen; **Pneumo-** [pnɔymo-; griech. pneúmōn] ⟨Best. in Zus. mit der Bed.⟩: *Lunge,* (auch:) *Luft, Atem* (z. B. Pneumothorax); **Pneumokokke,** die; -, -n, **Pneumokokkus,** der; -, ...kokken ([Tier]med.): *(zu den Kokken gehörender) Krankheitserreger, bes. Erreger der Lungenentzündung;* **Pneumokoniose,** die; -, -n [↑Koniose] (Med.): *durch beständiges Einatmen von Staub hervorgerufene Erkrankung der Lunge; Staublunge;* **Pneumolyse,** die; -, -n [↑Lyse] (Med.): *operative teilweise Ablösung der Lunge von der Brustwand (bes. als therapeutische Maßnahme bei Tuberkulose);* **Pneumonie** [pnɔymo'ni:], die; -, -n [...i:ən] ⟨Pl. selten⟩ [griech. pneumonía] (Med.): svw. ↑Lungenentzündung; **Pneumonik** [...'mo:nɪk], die; - [zu griech. pneũma = Luft, geb. nach ↑Elektronik] (Technik): *pneumatische* (3 a) *Steuerungstechnik mit Hilfe von Schaltelementen, die keine mechanisch beweglichen Teile haben;* **Pneumothorax,** der; -[es], -e ⟨Pl. selten⟩ [zu ↑Pneumo- u. ↑Thorax] (Med.): *krankhafte od. aus therapeutischen Gründen künstlich bewirkte Ansammlung von Luft, Gas in der Brusthöhle; Luft-, Gasbrust; Pneu* (2).

Po [po:], der; -s, -s: fam. kurz für: ↑Popo.

Po- (fam.): **~backe,** die: *Gesäßbacke;* **~falte,** die: *Gesäßfalte;* **~ritze,** die.

Pöbel ['pø:bl̩], der; -s [unter Einfluß von frz. peuple; mhd. povel = Volk, Leute < afrz. pueble, poblo < lat. populus = Volk(smenge)] (abwertend): *ungebildete, gemeine, rohe Menschen von niedriger Denk- u. Handlungsweise, von denen der einzelne nicht aus eigenem Antrieb handelt, sondern sich mit Gleichgesinnten zusammenrottet u. in der Masse randaliert u. gewalttätig wird; Mob:* der gemeine, entfesselte, P.; der P. zog johlend durch die Straßen; jmdn. der Wut des -s ausliefern; **Pöbelei** [pø:bə'lai̯], die; -, -en (ugs.): **1.** o. Pl.⟩ *das Pöbeln.* **2.** *einzelne pöbelhafte Handlung;* **pöbelhaft** ⟨Adj.; -er, -este⟩: *nach der Art des Pöbels:* „Du -er Verseschmierer!" (Remarque, Obelisk 57); sich p. benehmen; ⟨Abl.:⟩ **Pöbelhaftigkeit,** die; -: *pöbelhafte Art;*

Pöbelherrschaft, die; -: svw. ↑Ochlokratie; **pöbeln** ['pø:bḷn] ⟨sw. V.; hat⟩ (ugs.): *jmdn. durch freche, beleidigende Äußerungen provozieren:* die Rocker begannen gleich zu p.

Poch [pɔx], das, auch: der; -[e]s [zu ↑pochen in der veralteten Bed. „prahlen" im Sinne von „wetten"]: *kombiniertes Karten-Brett-Spiel für 3 bis 6 Personen, bei dem man wettet, die größte Zahl gleichwertiger Karten[kombinationen] zu besitzen, u. bei dem die Karten durch Einzahlungen auf dem Pochbrett honoriert werden u. derjenige gewonnen hat, der zuerst seine Karten abgeben kann.*

Poch-: ~**brett,** das: *beim Poch verwendetes rundes Stück Holz od. Pappe mit Vertiefungen, in die die Spielmarken od. die gewonnenen Geldstücke gelegt werden;* ~**erz,** das (Bergbau): *mit dem Pochstempel zerkleinertes Erz;* ~**käfer,** der: svw. ↑Klopfkäfer; ~**mühle,** die (Bergbau): svw. ↑~werk; ~**spiel,** das: svw. ↑Poch; ~**stempel,** der (Bergbau früher): *Balken zum Zerkleinern von Erzen;* ~**werk,** das (Bergbau früher): *Anlage zum Zerkleinern von Erzen.*

pochen ['pɔxn̩] ⟨sw. V.; hat⟩ [mhd. bochen, puchen; lautm.]: **1.** (meist geh.) **a)** svw. ↑klopfen (1 a): an die Tür, gegen die Wand p.; Ü der Ruin pochte ... mit hartem Knöchel an unsere Tür (Th. Mann, Krull 66); **b)** svw. ↑anklopfen (1): leise, kräftig p.; er hatte schon einige Male gepocht; ⟨unpers.:⟩ es pocht *(jmd. klopft an die Tür);* **c)** svw. ↑klopfen (1 h): einen Nagel in die Wand p. **2.** (geh.) svw. ↑klopfen (2): mein Herz pochte vor Angst; ihm pochte das Blut in den Schläfen. **3.** (geh.) **a)** *sich energisch auf etw. berufen:* auf seine Freundschaft mit jmdm., seine Beziehungen, seine Unschuld p.; ... kann er stolz darauf p., das Angebot der Bourbonen ausgeschlagen zu haben (St. Zweig, Fouché 174); **b)** *energisch auf einer Forderung bestehen:* auf seine Ansprüche, die Selbstbestimmung, seinen Anteil an etw., auf sein Besitzrecht p. **4.** (Bergbau früher) *mit einem Pochstempel, in einem Pochwerk zerkleinern.* **5. a)** *Poch spielen;* **b)** *beim Poch wetten, die größte Zahl gleichwertiger Karten[kombinationen] zu besitzen.* **6.** (landsch.) *[ver]prügeln.*

pochieren [pɔ'ʃi:rən] ⟨sw. V.; hat⟩ [frz. pocher (des œufs), zu: poche = Tasche, aus dem Germ.; das Eiweiß umschließt das Eigelb wie eine Tasche] (Kochk.): *(Eier) in siedender Flüssigkeit (bes. [Essig-, Salz]wasser) [aufschlagen u.] gar werden lassen:* pochierte Eier *(verlorene Eier).*

Pocke ['pɔkə], die; -, -n [aus dem Niederd. < mniederd. pocke, eigtl. wohl = Schwellung, Blase]: *[Eiter]bläschen auf der Haut als Krankheitserscheinung bei Pocken od. nach einer Pockenimpfung;* **Pocken** ['pɔkn̩] ⟨Pl.⟩: *gefährliche Infektionskrankheit, die mit Fieber, Erbrechen u. der Bildung von schlecht vernarbenden Eiterbläschen einhergeht; Blattern:* [die] P. haben *(an Pocken erkrankt sein);* gegen P. geimpft sein, werden.

Pocken-: ~**epidemie,** die; ~**holz,** das (veraltet): ↑Pockholz; ~**impfung,** die: svw. ↑~schutzimpfung; ~**narbe,** die: *nach dem Ausheilen der Pocken zurückbleibende Narbe,* dazu: ~**narbig** ⟨Adj.; o. Steig.; nicht adv.⟩: *mit Pockennarben bedeckt;* ~**schutzimpfung,** die: *Impfung gegen Pocken.*

Pocketbook ['pɔkɪtbʊk], das; -s, -s [engl. pocket book, aus: pocket = Tasche u. book = Buch]: engl. Bez. für *Taschenbuch;* **Pocketkamera** ['pɔkɪt-], die; -, -s: *kleiner, handlicher, einfach zu bedienender Fotoapparat.*

Pockholz, das; -es [das Heilmittel wurde früher u. a. gegen die Pocken gebraucht] (Med.): *als Heilmittel verwendetes Guajakholz;* **pockig** ['pɔkɪç] ⟨Adj.; nicht adv.⟩: svw. ↑pokkennarbig: Ü ein -er Apfel (Strittmatter, Wundertäter 422).

poco ['pɔko] ⟨Adv.⟩ [ital. poco < lat. paucum = wenig] (Musik): *ein wenig, etwas:* p. forte; p. andante; p. allegro; p. adagio; ***p. a p.** *(nach u. nach, allmählich).*

Podagra ['po:dagra], das; -s [mhd. pōdāgrā < lat. podagra < griech. podágra, zu: poús (Gen.: podós) = Fuß u. ágra = das Fangen, also eigtl. = Fußfalle] (Med.): *Gicht des Fußes, bes. der großen Zehe;* ⟨Abl.:⟩ **podagrisch** [po'da:grɪʃ] ⟨Adj.; o. Steig.⟩: *an Podagra leidend.*

Podest [po'dɛst], das, seltener: der; -[e]s, -e [wahrsch. zu griech. poús, ↑Podium]: **1.** *nur um eine Stufe erhöhtes, kleines Podium:* ein hölzernes, schweres P.; das P. betreten; auf ein P. steigen; sich auf ein P. stellen; Ü Meyer ... hievt ... andere Gestalten unserer Literatur aufs P. *(räumt ihnen eine Vorrangstellung ein;* Börsenblatt 79, 1967, J 144). **2.** (landsch.) svw. ↑Treppenabsatz.

Podex ['po:dɛks], der; -[es], -e [lat. pōdex] (fam.): *Gesäß.*

Podium ['po:di̯ʊm], das; -s, ...ien [...i̯ən; lat. podium < griech. pódion, eigtl. = Vkl. von: poús (Gen.: podós) = Fuß]: **a)** *erhöhte hölzerne Plattform, Bühne für nicht im Theater stattfindende Veranstaltungen:* die Trachtengruppe verläßt das, geht aufs P.; **b)** *trittartige Erhöhung als Standplatz des Redners, Dirigenten:* für den Vortrag wurde ein kleines P. errichtet; **c)** (Archit.) *erhöhter Unterbau für ein Bauwerk:* durch seine (= des römischen Tempels) hohe Lage auf einem P. (Bild. Kunst I, 30); ⟨Zus.:⟩ **Podiumsdiskussion,** die: *Diskussion von Experten [auf einem Podium] vor Zuhörern, Rundfunkhörern, Fernsehzuschauern;* **Podiumsgespräch,** das: *Podiumsdiskussion.*

Podoskop [podo'sko:p], das; -s, -e [zu griech. poús (Gen.: podós) = Fuß u. skopeĩn = betrachten] (früher): *Gerät in Schuhgeschäften, mit dem die in Schuhen befindlichen Füße durchleuchtet wurden, um die korrekte Schuhgröße zu ermitteln.*

Podsol [pɔ'tsɔl], der; -s [russ. podsol, zu: pod = unter u. sola = Asche] (Bodenk.): *graue bis weiße Bleicherde, saurer u. nährstoffarmer, überwiegend unter Nadelwäldern vorkommender Boden;* ⟨Abl.:⟩ **Podsolierung** [pɔtso'li:rʊŋ], die; -, -en: *Vorgang, durch den ein Podsol entsteht* (z. B. Verwitterung, Auswaschung).

Poem [po'e:m], das; -s, -e [lat. poēma < griech. poíēma] (bildungsspr. veraltend, sonst scherzh.): *[längeres] Gedicht;* **Poesie** [poe'zi:], die; -, -n [...i:ən; frz. poésie < lat. poēsis < griech. poíēsis = das Dichten; Dichtkunst, eigtl. = das Verfertigen, zu: poieĩn = verfertigen; dichten] (bildungsspr.): **1.** ⟨o. Pl.⟩ *Dichtung als Kunstgattung; Dichtkunst:* wo P. einst das ... Fest der Liebe ... zum Gegenstand nahm (Bodamer, Mann 122). **2.** *Dichtung als sprachliches Kunstwerk:* Von diesem Charakter elementarer P. hat der „Siegwart" nichts (Greiner, Trivialroman 51). **3.** ⟨o. Pl.⟩ *poetischer Stimmungsgehalt, Zauber:* die P. der Liebe, einer Landschaft, eines Augenblicks.

poesie-, Poesie-: ~**album,** das: *(bes. bei Kindern u. jungen Mädchen) Album, in das Freunde zur Erinnerung Verse u. Sprüche schreiben;* ~**los** ⟨Adj.; -er, -este⟩: *ohne [Sinn für] Poesie* (3), *nüchtern u. einfallslos:* ein -er Mensch, Stil; ein solches Geschenk finde ich reichlich p., dazu: ~**losigkeit,** die; -.

Poet [po'e:t], der; -en, -en [lat. poēta < griech. poiētḗs = Dichter, schöpferischer Mensch; vgl. Poesie] (bildungsspr. veraltend, sonst scherzh.): *Dichter; Lyriker;* **Poeta doctus** [po'e:ta 'dɔktʊs], der; - -, ...tae ...ti [...tɛ ...ti; lat. = gelehrter Dichter] (Literaturw.): *gelehrter, gebildeter Dichter (der Bildungsgut in sein Werk bewußt integriert);* **Poeta laureatus** [- lau̯re'a:tʊs], der; - -, ...tae ...ti [...tɛ ...ti; lat.; vgl. Laureat]: **a)** ⟨o. Pl.⟩ *einem Dichter für seine besonderen Leistungen im Rahmen einer Dichterkrönung verliehener [mit gewissen Rechten verbundener] Ehrentitel;* **b)** *Träger des Ehrentitels Poeta laureatus* (a); **Poetaster** [poe'tastɐ], der; -s, - [zu ↑Poet, geb. nach ↑Kritikaster] (bildungsspr. selten): svw. ↑Dichterling; **Poetik** [po'e:tɪk], die; -, -en [lat. poētica < griech. poiētikḗ (téchnē), zu: poiētikós, ↑poetisch]: **a)** ⟨Pl. ungebr.⟩ *Lehre von der Dichtkunst:* die P. des Manierismus, der Klassik; ein Lehrstuhl für P.; **b)** *Lehrbuch der Dichtkunst:* der Verfasser einer P.; **poetisch** ⟨Adj.⟩ [frz. poétique < lat. poēticus < griech. poiētikós = dichterisch, eigtl. = zum Hervorbringen gehörend] (bildungsspr.): **1.** ⟨o. Steig.⟩ *die Dichtkunst, Dichtung betreffend, ihr angehörend; dichterisch:* jmds. -e Kraft; ein -es Motiv; -e Metaphern; die -e Substanz eines Gedichts; er hat eine -e Ader (scherzh.; *eine dichterische Begabung*); er ist p. veranlagt. **2.** *in einer Weise stimmungsvoll, die für die Dichtung charakteristisch ist:* ein -er Film; ein -es *(für Poesie 3 empfängliches, phantasievolles)* Gemüt; die Sterne funkelten p. (Rehn, Nichts 64); **poetisieren** [poeti'zi:rən] ⟨sw. V.; hat⟩ [frz. poétiser] (bildungsspr.): *dichterisch erfassen u. durchdringen:* die Welt, das Leben p.; ⟨Abl.:⟩ **Poetisierung,** die; -, -en; **poetologisch** [poeto'lo:gɪʃ] ⟨Adj.; o. Steig.⟩: *die Poetik (a) betreffend, auf ihr basierend.*

Pofel ['po:fl̩], der; -s (südd., österr.): **1.** ↑Bafel (1). **2.** *Schar, Haufen:* ein P. Schafe, Kinder.

pofen ['po:fn̩] ⟨sw. V.; hat⟩ [wohl urspr. gaunerspr.] (landsch. salopp): *schlafen.*

Pofese [po'fe:zə]: ↑Pafese.

Pogatsche [po'ga:tʃə], die; -, -n [ung. pogácsa] (österr.): *kleiner, flacher, süßer Eierkuchen mit Grieben.*

Pogrom [po'gro:m], das od. der; -s, -e [russ. pogrom, eigtl. = Verwüstung; Unwetter]: *Ausschreitungen gegen nationale, religiöse od. rassische Minderheiten:* das P. vom 9. November 1938 (Fraenkel, Staat 147); -e gegen Juden; ⟨Zus.:⟩ **Pogromhetze,** die: *einem Pogrom vorausgehende Hetzkampagne;* **Pogromstimmung,** die.

Poil [pọal], der; -s, -e: ↑[2]Pol; **Poilu** [pọa'ly:], der; -[s], -s [frz. poilu, eigtl. = der Tüchtige, Unerschrockene (poilu = haarig, behaart), dann = Mann, zu: poil, ↑[2]Pol]: Spitzname für *französischer Soldat (im 1. Weltkrieg).*

Point [pọɛ̃:], der; -s, -s [frz. point < lat. pūnctum, ↑Punkt]: **1. a)** *Stich (bei Kartenspielen):* ***auf den letzten P.** (ugs.; ↑Drücker; urspr. wohl = gerade noch mit dem letzten Stich beim Kartenspielen einen Punkt machen); **b)** *Auge (bei Würfelspielen);* **Pointe** ['pọɛ̃:tə], die; -, -n [frz. pointe, eigtl. = Spitze, Schärfe < spätlat. pūncta = Stich, zu lat. pungere, ↑Punkt]: *[geistreicher] überraschender [Schluß]effekt in einem Ablauf, bes. eines Witzes:* eine geistreiche, gute P.; wo bleibt, worin liegt denn die P.?; die -n knallten nur so in dieser Komödie; die P. verderben, nicht verstehen; dadurch erhielt die Geschichte erst ihre P.; **Pointer** ['pọyntɐ], der; -s, - [engl. pointer, zu: to point = das Wild dem Jäger anzeigen]: *englischer Vorstehhund mit gestrecktem Kopf, schmalen Hängeohren, abstehendem Schwanz u. dichtem, glattem, oft weißem, schwarz od. braun getupftem Fell;* **pointieren** [pọɛ̃'ti:rən] ⟨sw. V.; hat⟩ [frz. pointer]: **1.** (bildungsspr.) *gezielt betonen, hervor-, herausheben:* der Redner wußte zu p.; eine Sache p.; ⟨auch p. + sich:⟩ pointiert er (= George) sich in dem Spruch an Derleth (Adorno, Prismen 202). **2.** (veraltend) *bei einem Glücksspiel setzen:* Die Künstlerin Fröhlich pointierte nur selten (H. Mann, Unrat 126); ⟨2. Part.:⟩ **pointiert** ⟨Adj.; -er, -este⟩ (bildungsspr.): *gezielt, scharf zugespitzt:* eine -e Bemerkung; ist ... Voltaire unvergleichlich viel schärfer, -er und geistreicher (Greiner, Trivialroman 64); p. antworten; ⟨Abl.:⟩ **Pointierung,** die; -, -en; **Pointillismus** [pọɛ̃ti'jɪsmʊs], der; - [frz. pointillisme, zu: pointiller = mit Punkten darstellen, zu: point, ↑Point]: *neoimpressionistische Stilrichtung der Malerei mit ungemischten Farbtupfern, bei der die Mischung der Farben sich erst optisch vollzieht;* **Pointillist** [...'jɪst], der; -en, -en [frz. pointilliste]: *Vertreter des Pointillismus;* **pointillistisch** ⟨Adj.⟩: *den Pointillismus betreffend, dazu gehörend; in der Art des Pointillismus.*

Poise ['pọa:z(ə)], das; -, - [gek. aus dem Namen des frz. Arztes Poiseuille (1799–1869)] (Physik früher): *Einheit der Viskosität von Flüssigkeiten u. Gasen;* Zeichen: P

Pojatz ['po:jats], der; -, -e [auch: Pajatz, ostniederd. Nebenf. von ↑Bajazzo] (landsch.): *Hanswurst* (2).

Pokal [po'ka:l], der; -s, -e [ital. boccale < spätlat. baucalis < griech. baúkalis = enghalsiges Gefäß]: **1. a)** *[kostbares] kelchartiges Trinkgefäß aus Glas od. [Edel]metall mit Fuß [u. Deckel]:* ein silberner, geschliffener P.; der Wein wurde ihm in einem P. kredenzt; **b)** *Siegestrophäe bei sportlichen Wettkämpfen in Form eines wertvollen Gefäßes:* einen P. stiften, gewinnen; sich einen P. holen. **2.** ⟨o. Pl.⟩ kurz für ↑Pokalwettbewerb: durch diese Niederlage schied die Mannschaft im P. aus.

Pokal- (Sport): **~sieger,** der: *Mannschaft, die einen Pokalwettbewerb gewinnt;* **~spiel,** das: *Spiel im Pokalwettbewerb;* **~system,** das: *Art des Pokalwettbewerbs, der meist nach dem K.-o.-System od. mit Hin- u. Rückspielen ausgetragen wird;* **~verteidiger,** der: *Mannschaft, die den letzten Pokalwettbewerb gewonnen hat;* **~wettbewerb,** der: *Wettbewerb um einen Pokal* (1 b).

Pökel ['pø:kl̩], der; -s, - [aus dem Niederd. < mniederd. pekel, H. u.] (selten): *Salzlake zum Pökeln.*

Pökel-: **~faß,** das: *Faß zum Pökeln;* **~fleisch,** das: *gepökeltes Fleisch;* **~hering,** der: *Salzhering;* **~lake,** die: svw. ↑Pökel; **~salz,** das: vgl. ~faß; **~zunge,** die: vgl. ~fleisch.

pökeln ['pø:kl̩n] ⟨sw. V.; hat⟩ [niederd. pekeln]: svw. ↑einpökeln: Schweinefleisch p.; gepökelte Rinderzunge.

Poker ['po:kɐ], das, Ü meist: der; -s [engl.-amerik. poker, H. u.]: *Kartenglücksspiel, bei dem der Spieler mit der besten Kartenkombination (über deren Besitz er die Mitspieler zu bluffen versucht) gewinnt:* P., eine Runde P. spielen; Ü Niemand weiß, ob die Ankündigung, ... in Biblis ... ein „Größtkernkraftwerk" zu bauen, ein reiner P. ist (MM 25. 6. 68, 16); sich mit jmdm. auf einen P. einlassen.

Pöker ['pø:kɐ], der; -s, -: nordd. Kinderspr. für ↑Podex. Vgl. Pöks.

Poker-: **~gesicht,** das: svw. ↑Pokerface (1); **~miene,** die: svw. ↑Pokerface; **~spiel,** das: svw. ↑Poker; **~tisch,** der.

Pokerface ['poʊkəfeɪs], das; -, -s [-feɪsɪz; engl. pokerface, eigtl. = Pokergesicht; beim Poker kommt es darauf an, durch eine unbewegte Miene die Mitspieler über den Wert seiner Karte im unklaren zu lassen]: **1.** *unbewegter, gleichgültig wirkender Gesichtsausdruck.* **2.** *Mensch, dessen Gesicht u. Haltung keinerlei Gefühlsregung widerspiegeln;* **pokern** ['po:kɐn] ⟨sw. V.; hat⟩: **1.** *Poker spielen:* stundenlang p. **2.** *bei Geschäften, Verhandlungen o. ä. ein Risiko eingehen, einen hohen Einsatz wagen:* daß um den strategischen Wert ihrer (= der Malteser) ... Insel gepokert wird (MM 16. 9. 72, 3).

Pöks [pø:ks], der; -es, -e: nordd. Kinderspr. für ↑Podex. Vgl. Pöker.

pokulieren [poku'li:rən] ⟨sw. V.; hat⟩ [zu lat. pōculum = Becher] (bildungsspr. veraltet): *zechen.*

[1]Pol [po:l], der; -s, -e [lat. polus < griech. pólos, zu: pélein = in Bewegung sein, sich drehen]: **1. a)** *Endpunkt der Erdachse u. seine Umgebung; Nordpol, Südpol:* die geographischen -e; der nördliche, südliche P. der Erde; das Luftschiff erreicht sein Ziel. Es überquert den P. (Feuchtwanger, Erfolg 689); **b)** (Astron.) *Schnittpunkt der verlängerten Erdachse mit dem Himmelsgewölbe; Himmelspol:* der nördliche, südliche P. des Himmels. **2. a)** (Physik) *Aus- u. Eintrittspunkt magnetischer Kraftlinien beim Magneten:* der positive, negative P.; gleiche -e stoßen sich ab, ungleiche ziehen sich an; **b)** (Elektrot.) *Aus- u. Eintrittspunkt des Stromes bei einer elektrischen Stromquelle:* die -e einer elektrischen Batterie; einen Draht am positiven P. anschließen; Ü Sein Leben schwingt ... nicht bloß zwischen zwei -en, etwa dem Trieb und dem Geist (Hesse, Steppenwolf, Tractat 21). **3.** (Math.) *Punkt, der eine ausgezeichnete Lage od. eine besondere Bedeutung hat:* der P. der Kugel; Ü Für sie war dieser Mann ein P. der Kraft und Ruhe (Simmel, Affäre 23); ***der ruhende P.** (*jmd., der in Zeiten der Unruhe, Aufregung o. ä. unverändert bleibt, die Übersicht behält, so daß andere sich an ihm orientieren können;* aus Schillers „Spaziergang", Vers 134).

[2]Pol [-], der; -s, -e [frz. poil, eigtl. = Haar < lat. pilus]: *bei Samt u. Teppichen die rechte Seite mit dem* [2]*Flor* (2).

Pol-: **~flucht,** die (Geol.): *das langsame Abdriften der Kontinente von den Polen in Richtung auf den Äquator infolge der Erdrotation;* **~höhe,** die (Geogr.): *(der geographischen Breite des Standorts entsprechender) Winkel zwischen Horizont u. Himmelspol;* **~reagenzpapier,** das (Physik, Chemie): *mit einem bestimmten Indikator* (2) *getränktes Papier zur Bestimmung des Plus- od. Minuspols bei elektrischen Stromquellen durch Farbänderung;* **~schuh,** der (Physik): *auf den Kern eines Elektromagneten aufgesetztes Eisenstück, das die austretenden Kraftlinien in die gewünschte Bahn lenkt;* **~sucher,** der (Physik, Elektrot.): *Gerät zum Nachweis elektrischer Spannungen;* **~wanderung,** die (Geogr.): *Verlagerung der Rotationsachse der Erde relativ zur Erdoberfläche innerhalb geologischer Zeiträume.*

Polacca [pọ'laka], die; -, -s [ital. polacca, zu: polacco = polnisch]: ital. Bez. für ↑Polonaise; vgl. alla polacca; **Polack[e]** [pọ'lak(ə), auch: po...], der; ...cken, ...cken [aus dem Ostniederd. < poln. Polak = Pole]: **a)** (ugs. abwertend) *Pole:* Ostarbeiter, Polacken, Ukrainer (Hochhuth, Stellvertreter 207); **b)** (Schimpfwort) *dummer, blöder Kerl.*

polar [po'la:ɐ̯] ⟨Adj.; o. Steig.⟩ [zu ↑[1]Pol]: **1. a)** *die Pole* (1 a) *betreffend, dazu gehörend, daher stammend:* -e Kaltluft; über ... dem -en Eis (MM 12. 3. 69, 3); **b)** (Astron.) *die Pole* (1 b) *betreffend, dazu gehörend:* eine nahezu -e Kreisbahn mit 500 km Erdabstand (Kosmos 1, 1965, 25). **2.** (bildungsspr.) *gegensätzlich, unvereinbar bei wesenhafter Zusammengehörigkeit:* -e Denksysteme, Gegensätze, Elemente; Lust und Unlust, es ist überhaupt nie p. zwischen beiden zugegangen (Wohmann, Absicht 300).

Polar-: **~achse,** die: *Umdrehungsachse der Erde;* **~eis,** das: *nie ganz abtauendes Eis in den Polargebieten;* **~expedition,** die: *Expedition in die Polargebiete;* **~forscher,** der: *Erforscher der Polargebiete;* **~front,** die (Met.): *Grenzfläche zwischen polarer Kaltluft u. gemäßigter od. subtropischer Warmluft;* **~fuchs,** der: *in den nördlichen Gebieten Eurasiens u. Nordamerikas lebender, als Pelztier sehr begehrter Fuchs mit kleinen, abgerundeten Ohren, grau[braun]em Fell im Sommer u. blaugrauem od. weißem Fell im Winter; Eisfuchs;* **~gebiet,** das: *Gebiet um den Nord- u. Südpol;* **~hase,** der: *nordamerikanischer Schneehase;* **~hund,** der: *anspruchsloser, großer, kräftiger, als Schlitten- u. Jagdhund verwendeter Hund, der einem Wolf ähnlich ist;* **~kälte,** die: *strenge*

Kälte in den Polargebieten; **~kreis,** der: *Breitenkreis von 66,5° nördlicher, südlicher Breite, der die Polarzone von der gemäßigten Zone trennt;* **~licht,** das ⟨Pl. -er⟩: *in den Polargebieten zu beobachtendes, nächtliches Leuchten in der hohen Erdatmosphäre;* **~luft,** die: *kalte Luft aus den Polargebieten;* **~meer,** das: svw. ↑Eismeer; **~nacht,** die: **1.** *Nacht in den Polargebieten.* **2.** ⟨o. Pl.⟩ *in den Polargebieten Zeitraum, in dem die Sonne Tag u. Nacht unter dem Horizont bleibt;* **~schnee,** der: *bei großer Kälte aus wolkenlosem Himmel fallender Schnee mit Kristallbildung feinster Eisteilchen;* **~station,** die: *Forschungsstation in den Polargebieten;* **~stern,** der: *hellster Stern im Sternbild des Kleinen Bären, nach dem wegen seiner Nähe zum nördlichen Himmelspol die Himmelsrichtung bestimmt wird; Nord[polar]stern;* **~zone,** die: *Zone vom Polarkreis bis zum Pol.*

Polare [po'la:rə], die; -, -n (Math.): *Gerade durch die Berührungspunkte zweier Tangenten, die von einem Punkt außerhalb eines Kreises od. einer Hyperbel an diesen bzw. diese gelegt werden;* **Polarimeter** [polari-], das; -s, - [↑-meter] (Physik): *Instrument zur Messung der Drehung der Polarisationsebene des Lichtes in optisch aktiven Substanzen;* **Polarimetrie,** die; -, ...n [...i:ən; ↑-metrie] (Physik): *Messung der optischen Aktivität von Substanzen;* **polarimetrisch** ⟨Adj.; o. Steig.⟩ (Physik): *mit dem Polarimeter gemessen;* **Polarisation** [...za'tsio:n], die; -, -en: **1. a)** (Chemie) *Herausbildung einer Gegenspannung (bei der Elektrolyse);* **b)** (Physik) *das Herstellen einer festen Schwingungsrichtung aus den normalerweise unregelmäßigen Transversalschwingungen des natürlichen Lichts.* **2.** (bildungsspr.) *deutliches Hervortreten von Gegensätzen; Herausbildung einer Gegensätzlichkeit.*

Polarisations-: **~ebene,** die (Physik): *(bei einer linear polarisierten elektromagnetischen Welle) zur Schwingungsrichtung der elektrischen Feldstärke senkrechte Ebene; Schwingungsebene;* **~filter,** der, fachspr. meist: das (Fot.): *fotografischer Filter zur Ausschaltung polarisierten Lichts;* **~mikroskop,** das: *Mikroskop für Beobachtungen im polarisierten Licht.*

Polarisator [polari'za:tɔr, auch: ...to:ɐ̯], der; -s, -en [...za'to:rən] (Physik): *Vorrichtung, die linear polarisiertes Licht aus natürlichem erzeugt;* **polarisieren** [...'zi:rən] ⟨sw. V.; hat⟩: **1. a)** (Chemie) *elektrische od. magnetische Pole hervorrufen;* **b)** (Physik) *bei natürlichem Licht eine feste Schwingungsrichtung aus unregelmäßigen Transversalschwingungen herstellen:* polarisiertes *(in einer Ebene schwingendes)* Licht. **2.** ⟨p. + sich⟩ (bildungsspr.) *in seiner Gegensätzlichkeit immer deutlicher hervortreten; sich immer mehr zu Gegensätzen entwickeln;* ⟨Abl.:⟩ **Polarisierung,** die; -, -en: **1.** (Chemie, Physik) *das Polarisieren* (1). **2.** (bildungsspr.) *Aufspaltung (in zwei Lager o. ä.), bei der die Gegensätze deutlich hervortreten; Herausbildung einer Gegensätzlichkeit:* die P. des Wahlkampfes; neben der P. männlich – weiblich (Wohngruppe 66); **Polarität** [...'tɛ:t], die; -, -en: **1.** (Geogr., Astron., Physik) *auf dem Vorhandensein zweier Pole* (1, 2, 3) *beruhende Gegensätzlichkeit.* **2.** (bildungsspr.) *Gegensätzlichkeit bei wesenhafter Zusammengehörigkeit:* die P. der Geschlechter, der Anschauungen; **Polarium** [po'la:ri̯ʊm], das; -s, ...ien [...i̯ən; zu ↑ [1]Pol (1 a)] (bildungsspr.): *Abteilung eines Zoos, in der Tiere aus den Polargebieten gehalten werden;* **Polaroidkamera** [polaro'i:t-, auch: ...rɔyt], die; -, -s [zu amerik. polaroid® = in der Optik verwendetes, Licht polarisierendes Material] (Fot.): *nach dem Polaroidverfahren arbeitende Kamera; Sofortbildkamera;* **Polaroidverfahren,** das; -s (Fot.): *fotografisches Verfahren, bei dem in Sekunden das fertige Positiv entsteht.*

Polder ['pɔldɐ], der; -s, - [ostfries., (m)niederl. polder, H. u.]: *eingedeichtes Land; Koog (in Ostfriesland).*

Polei [po'lai̯], der; -[e]s, -e, **Poleiminze,** die; -, -n [mhd. polei, ahd. pulei < lat. pūlē(g)ium]: *früher zur Mentholgewinnung angebaute Art der Minze.*

Polemik [po'le:mɪk], die; -, -en [frz. polémique (subst. Adj.), eigtl. = streitbar, kriegerisch < griech. polemikós = kriegerisch, zu: pólemos = Krieg]: *scharfer, oft persönlicher Angriff ohne sachliche Argumente [im Rahmen einer Auseinandersetzung im Bereich der Literatur, Kunst, Religion, Philosophie, Politik o. ä.]:* die -en Lessings gegen Gottsched; die [öffentliche] P. einstellen, fortführen; eine P. entfachen, führen; ein Pamphlet voller scharfer, heftiger P.; ⟨Abl.:⟩ **polemisch** ⟨Adj.⟩ [frz. polémique]: *in der Art, in Form einer Polemik; als Polemik gemeint:* -e Äußerungen; sich p. gegen jmdn. äußern, gegen etw. schreiben; daß der materialistische Atheismus nicht p., sondern nur konstruktiv überwunden werden kann (Natur 27); **polemisieren** [polemi'zi:rən] ⟨sw. V.; hat⟩ [mit französierender Endung]: *sich polemisch äußern; jmdn., etw. in einer Polemik angreifen:* gegen einen politischen Gegner, gegen jmds. Auffassungen p.; sie polemisieren, statt sachlich zu argumentieren; zu jeder kommunalpolitischen Frage zu p. *(polemisierend Stellung zu nehmen;* MM 7. 7. 1970, 9).

polen ['po:lən] ⟨sw. V.; hat⟩ (Physik, Elektrot.): *an einen elektrischen* [1]*Pol anschließen.*

Polen [-] in den Wendungen **noch ist P. nicht verloren** *(noch ist nicht alles verloren; die Lage ist noch nicht ganz aussichtslos;* nach den Anfangsworten des 1797 von Joseph Wybicki [1747–1822] gedichteten Dabrowski-Marsches); **da/dann ist P. offen** *(da/dann geht es laut, lärmend, hoch her, bricht der Streit los;* H. u.).

Polenta [po'lɛnta], die; -, -s, auch: ...ten [ital. polenta, eigtl. = Gerstengraupen < lat. polenta, zu: pollen, ↑Pollen]: *Brei aus Maismehl od. -grieß, der erkaltet in Scheiben geschnitten u., mit Parmesankäse paniert, gebraten wird.*

Polente [po'lɛntə], die; - [aus der Gaunerspr., wohl zu jidd. paltin = Polizeirevier, eigtl. = Burg, lautlich beeinflußt von ↑Polizei] (salopp): *Polizei* (2): Du wirst mir doch nicht die P. auf den Hals hetzen! (Fallada, Jeder 402).

Pole-position ['poʊlpə'zɪʃən], die; - [engl.-amerik. pole position, aus: pole = äußerste Spitze u. position = Position] (Motorsport): *bei Autorennen bester (vorderster) Startplatz für den Fahrer mit der schnellsten Zeit im Training.*

Police [po'li:sə], die; -, -n [frz. police < ital. polizza < mlat. apodixa < griech. apódeixis = Nachweis]: *vom Versicherer ausgefertigte Urkunde über den Abschluß einer Versicherung:* eine P. der Unfallversicherung.

Polier [po'li:ɐ̯], der; -s, -e [unter dem Einfluß von ↑polieren umgedeutet aus spätmhd. parlier(er), eigtl. = Sprecher, Wortführer]: *Geselle, Facharbeiter im Baugewerbe, dem vom Bauunternehmer die Verantwortung für die sachgemäße Durchführung der Bauarbeiten übertragen wird.*

Polier-: **~bürste,** die: *Bürste zum Polieren [von Schuhen];* **~maschine,** die: *Maschine zum Polieren;* **~mittel,** das: **1.** *Mittel zum Polieren von Metall, Holz, Glas, Kunststoff o. ä.* **2.** svw. ↑Politur (2); **~stahl,** der: *messer-, dolchartiges Gerät zum Polieren von Metallen;* **~tuch,** das ⟨Pl. ...tücher⟩: vgl. ~bürste; **~wachs,** das.

polieren [po'li:rən] ⟨sw. V.; hat⟩ [mhd. polieren < (a)frz. polir < lat. polīre]: *durch ein bestimmtes Verfahren blank, glänzend machen, reiben:* einen Tisch, den Parkettboden, das Auto p.; Metall, Chromteile, seine Brille p.; seine Stiefel, die Wohnung auf Hochglanz p.; sich die Fingernägel p.; poliertes Holz; polierte Möbel; die Tischplatte war poliert; Ü Der Wind ... polierte Backen und Stirnen (Bieler, Bonifaz 146); einen Aufsatz [stilistisch] noch etwas p. *(stilistisch überarbeiten, glätten).*

-polig [-po:lɪç] in Zusb., z. B. zweipolig (mit Ziffer: 2polig): *zwei* [1]*Pole* (3) *habend, mit zwei* [1]*Polen* (3) *[versehen].*

Poliklinik ['po:li-, auch: 'pɔli-], die; -, -en [zu griech. pólis = Stadt u. ↑Klinik, also eigtl. = Stadtkrankenhaus]: *einem Krankenhaus od. einer Klinik angeschlossene Abteilung für ambulante Behandlung.*

Polio ['po:li̯o], die; -: kurz für ↑Poliomyelitis; **Poliomyelitis** [poli̯omye'li:tɪs], die; -, ...itiden [...li'ti:dn̩; zu griech. poliós = grau (von der Farbe der Rückenmarkssubstanz) u. myelós = [2]Mark (1 a)] (Med.): *spinale Kinderlähmung.*

Polis ['pɔlɪs], die; -, Poleis ['pɔlai̯s, auch: 'pɔlei̯s; griech. pólis, ↑politisch]: *altgriechischer Stadtstaat.*

polit-, Polit- [po'lɪt-; russ. polit-, gek. aus: polititscheskij = politisch] ⟨Best. in Zus. mit der Bed.⟩: *die Politik betreffend, politisch geprägt, von der Politik beeinflußt* (z. B. politpubertär, politökonomisch, Politprofi, Politrevue); **Politbüro,** das; -s, -s [russ. politbjuro]: *oberstes politisches Führungsorgan einer kommunistischen Partei.*

Politesse [poli'tɛsə], die; -, -n [Kunstw. aus ↑*Polizei* u. ↑*Hostess*]: *von einer Gemeinde angestellte Hilfspolizistin für bestimmte Aufgabenbereiche* (bes. die Kontrolle der Einhaltung des Parkverbots).

Politik [poli'ti:k, auch: ...tɪk], die; -, -en ⟨Pl. selten⟩ [frz. politique < griech. politikḗ (téchnē) = Kunst der Staatsverwaltung, zu: politikós, ↑politisch]: **1.** *auf die Durchsetzung bestimmter Ziele bes. im staatlichen Bereich u. auf die Gestaltung des öffentlichen Lebens gerichtetes Handeln* *von Regierungen, Parlamenten, Parteien, Organisationen o. ä.:* die innere, auswärtige, internationale P.; eine geschickte, erfolgreiche, verhängnisvolle, friedliche P.; die deutsche, amerikanische P.; die P. der Bundesregierung, des Kremls; eine P. der Stärke, Entspannung, des europäischen Gleichgewichts; eine P. auf weite Sicht; eine gemeinsame P. betreiben; eine neue P. verfolgen; sich aus der P. *(dem politischen Bereich)* zurückziehen; sich für P. interessieren; sich in die P. eines anderen Staates einmischen; in die P. gehen *(im politischen Bereich tätig werden);* R P. ist ein schmutziges Geschäft; die P. verdirbt den Charakter. **2.** *taktierendes Verhalten, zielgerichtetes Vorgehen:* es ist seine P., nach allen Seiten gute Beziehungen zu unterhalten; das ist bei ihm doch alles nur P.!; **-politik** [-politi:k, ...tɪk], die; -: in Zus. mit Subst. auftretendes Grundwort mit der Bed. *Gesamtheit von Bestrebungen mit bestimmter Aufgabenstellung, Zielsetzung im Hinblick auf das im Best. Genannte,* z. B. Freizeit-, Struktur-, Wissenschaftspolitik; **Politikaster** [...ti'kastɐ], der; -s, - [wohl geb. nach ↑Kritikaster] (abwertend): *jmd., der viel über Politik spricht, ohne wirklich etw. davon zu verstehen;* **Politiker** [po'li:tikɐ, auch: ...'lɪt...], der; -s, - [mlat. politicus < griech. politikós = Staatsmann]: *jmd., der (meist als Mitglied einer Partei) ein politisches Amt ausübt:* ein bekannter, prominenter, einflußreicher, konservativer P.; ein führender englischer P.; **Politikerin,** die; -, -nen: w. Form zu ↑Politiker; **Politikum** [po'li:tikʊm, auch: ...'lɪt...], das; -s, ...ka [nlat. Bildung zu lat. polīticus, ↑politisch]: *Vorgang, Ereignis, Gegenstand o. ä. von politischer Bedeutung:* die Angelegenheit wird zu einem P., stellt ein P. dar; **Politikus** [po'li:tikʊs, auch: ...'lɪt...], der; -, -se [vgl. Politiker] (ugs. scherzh.): *jmd., der sich [laienhaft] für Politik interessiert;* **Politikwissenschaft,** die; -: *Wissenschaft, die u. a. die politische Theorie u. Ideengeschichte sowie die Lehre vom politischen System erforscht;* **Politikwissenschaftler,** der; -s; -: *Wissenschaftler auf dem Gebiet der Politikwissenschaft;* **politikwissenschaftlich** ⟨Adj.; o. Steig.; nicht präd.⟩; **politisch** [po'li:tɪʃ, auch: ...'lɪt...] ⟨Adj.⟩ [frz. politique < lat. polīticus < griech. politikós = die Bürgerschaft betreffend, zur Staatsverwaltung gehörend, zu: pólis = Stadt(staat), Bürgerschaft]: **1.** *die Politik betreffend:* -e Bücher, Parteien, Verbrechen; jmds. -e Gesinnung, Überzeugung, Zuverlässigkeit; -e Schulung, Erziehung; -e Geschichte; die -e Lage; nach Ansicht -er Beobachter; die -en Hintergründe; folgenschwere -e Entscheidungen, Fehler; eine -e *(die Staatsgrenzen angebende)* Karte von Europa; -e Häftlinge, Gefangene *(aus politischen Gründen gefangengehaltene Personen);* im -en Leben stehen *(als Politiker tätig sein);* seine Rede war rein p. *(verfolgte nur partei-, machtpolitische Zwecke);* p. interessiert, tätig sein; sich p. betätigen; jmdn. p. unterstützen, kaltstellen. **2.** *auf ein Ziel gerichtet, klug u. berechnend:* diese Entscheidung war nicht sehr p.; p. handeln; **-politisch** [-poli:tɪʃ, auch: ...lɪt...] ⟨Suffixoid⟩: *die ↑-politik im Hinblick auf das im Best. Genannte betreffend,* z. B. grundsatz-, sportpolitisch; **Politische,** der; -n, -n ⟨meist Pl.⟩: ugs. kurz für *politischer Häftling;* **politisieren** [politi'zi:rən] ⟨sw. V.; hat⟩: **1. a)** *[laienhaft] von Politik reden:* am Stammtisch wurde wieder politisiert; **b)** *sich politisch betätigen:* ich hab ihm ja abgeraten, aber er will partout wieder p. (Grass, Hundejahre 481). **2. a)** *zu politischer Aktivität bringen:* die Arbeiterschaft p.; ⟨auch p. + sich:⟩ ob dies ... die einzig mögliche Interpretation einer sich politisierenden Basisbewegung ist (Stamokap 188); **b)** *etw., was nicht in den politischen Bereich gehört, unter politischen Gesichtspunkten behandeln:* alle Lebensbereiche p.; wir hätten ja keine Entartung des Rechts, keine politisierte *(politisch beeinflußte)* Rechtsprechung mehr (Mostar, Unschuldig 19); ⟨Abl.:⟩ **Politisierung,** die; -: *das Politisieren* (2); **Politologe** [polito'lo:gə], der; -n, -n [↑-loge]: *Wissenschaftler auf dem Gebiet der Politologie;* **Politologie,** die; - [↑-logie]: svw. ↑Politikwissenschaft; **politologisch** ⟨Adj.; o. Steig.⟩: *die Politologie betreffend, dazu gehörend; politikwissenschaftlich;* **Politruk** [poli'trʊk], der; -s, -s [russ. politruk, aus: polititscheskij = politisch u. rukowoditel = Leiter, Führer] (früher): *politischer Führer in einer sowjetischen Truppe, der dem militärischen Führer beigeordnet war.*

Politur [poli'tu:ɐ̯], die; -, -en [lat. polītūra, zu: polīre, ↑polieren]: **1.** *durch Aufbringen einer Politur* (2) *hervorgebrachte, dünne, schützende Glanzschicht [auf Möbeln]:* die P. am Klavier, am Buffet war an einer Ecke abgeschlagen, zerkratzt. **2.** *bes. aus Gemischen von Harzen bestehendes Mittel, das auf Holz, Metall, Kunststoff aufgetragen wird u. einen dünnen, schützenden, glanzgebenden Überzug hinterläßt.* **3.** ⟨o. Pl.⟩ (veraltet) *Geschliffenheit.*

Polizei [poli'tsai̯], die; -, -en ⟨Pl. selten⟩ [spätmhd. polizī = (Aufrechterhaltung der) öffentliche(n) Sicherheit < mlat. policia < (spät)lat. polītīa < griech. politeía = Bürgerrecht; Staatsverwaltung, zu: pólis, ↑politisch]: **1.** *staatliche od. kommunale Institution, die [mit Zwangsgewalt] für öffentliche Sicherheit u. Ordnung sorgt:* die deutsche, spanische P.; die geheime P. (selten; *Geheimpolizei*); politische P. *(Polizei, deren Aufgabenbereich politische Strafsachen sind; Geheimpolizei);* Beamte der -en aller Bundesländer; P. sicherte mit starken Kräften die Ludwigsbrücke (Feuchtwanger, Erfolg 699); eine eigene P. aufstellen; sich der P. stellen; die Archive der P.; bei der P. *(Polizist)* sein; Ärger mit der P. haben; R die P., dein Freund und Helfer; dümmer sein, als die P. erlaubt (ugs. scherzh.; *sehr dumm sein*). **2.** ⟨o. Pl.⟩ *Angehörige der Polizei* (1): die P. regelt den Verkehr, geht gegen Demonstranten vor, hebt einen Gangsterring aus, fahndet nach dem Verbrecher, verhaftet mehrere Personen, trifft an der Unfallstelle ein; die P. rufen, holen; die P. gegen jmdn. einsetzen; jmdm. die P. auf den Hals hetzen; ein Trupp berittener P.; sich widerstandslos von der P. abführen lassen; Ü einige, die für ihn die P. spielen *(auf ihn aufpassen u. ihm Verhaltensmaßregeln erteilen)* wollten (Wohngruppe 95). **3.** ⟨o. Pl.⟩ *Dienststelle der Polizei* (1): die P. verständigen; die Nummer der P. wählen; sich bei der P. melden; zur P. gehen.

polizei-, Polizei-: **~akte,** die ⟨meist Pl.⟩: Einsicht in die -n haben; **~aktion,** die: die beiden -en haben zum Erfolg geführt; **~apparat,** der: *Apparat* (2) *der Polizei:* den P. in Bewegung setzen, säubern; **~arrest,** der: der Betrunkene wurde in den P. gebracht; **~aufgebot,** das: *Aufgebot* (1) *von Polizisten;* **~aufsicht,** die: *polizeiliche Aufsicht* (1); **~auto,** das; **~beamte,** der; **~behörde,** die; **~bekannt** ⟨Adj.; o. Steig.; nicht adv.⟩: die Zahl der -en Heroinsüchtigen (Spiegel 23, 1977, 185); p. sein, werden; **~boot,** das; **~chef,** der (ugs.): svw. ↑~präsident; **~dienst,** der ⟨o. Pl.⟩: *Dienst* (1 b) *bei der Polizei;* **~dienststelle,** die; **~direktion,** die: *größere, übergeordnete Polizeibehörde;* **~einheit,** die: eine motorisierte P.; **~einsatz,** der; **~eskorte,** die; **~funk,** der: *Funk* (1 a) *der Polizei auf einer bestimmten Frequenz:* den P. abhören; **~gesetz,** das: *Gesetz, das die Organisation u. Tätigkeit der Polizei regelt;* **~gewahrsam,** der: *polizeilicher Gewahrsam* (2); **~gewalt,** die: **a)** *polizeiliche Gewalt* (1) *als Machtbefugnis:* die P. [in der Universität] ausüben; **b)** ⟨o. Pl.⟩ *von der Polizei in einem Fall ausgeübte Gewalt:* etw. mit P. verhindern; **~griff,** der: *[von Polizisten angewendeter] Griff, bei dem jmdm. die Arme auf den Rücken gebogen werden (damit er nicht handgreiflich werden kann):* jmdn. im P. abführen; **~haft,** die: svw. ↑~gewahrsam; **~hauptwachtmeister,** der; **~hund,** der: *u. a. im Dienst der Polizei stehender, speziell ausgebildeter Hund;* **~inspektion,** die: *nachgeordnete Polizeibehörde;* **~knüppel,** der: svw. ↑Gummiknüppel; **~kommando,** das: *Kommando* (3 a) *der Polizei;* **~kommissar,** (südd., österr., schweiz.:) **~kommissär,** der: *Polizeibeamter im gehobenen Dienst,* dazu: **~kommissariat,** das (österr.): svw. ↑Kommissariat (2); **~kontrolle,** die: *von der Polizei durchgeführte Kontrolle;* **~kordon,** der; **~korps,** das; **~kräfte** ⟨Pl.⟩: *Polizei [als Machtmittel des Staates];* **~meister,** der; **~methoden** ⟨Pl.⟩ (abwertend): *autoritäre [rohe] Behandlung:* das sind ja P.!; **~notruf,** der: **1.** *Notrufanlage, über die man die Polizei erreichen kann.* **2.** *Notrufnummer, unter der man die Polizei erreichen kann;* **~obermeister,** der; **~offizier,** der; **~organe** ⟨Pl.⟩: die Schlagkraft der P. (Prodöhl, Tod 64); **~posten,** der: **1.** *Posten* (1 b) *der Polizei.* **2.** *Posten* (4) *der Polizei;* **~präsident,** der: *Leiter eines Polizeipräsidiums;* **~präsidium,** das: *größere, übergeordnete Polizeibehörde;* **~recht,** das: *Rechtsnormen, die Aufgaben, Organisation, Vorgehen o. ä. der Polizei regeln;* **~revier,** das: **1.** *für einen [Stadt]bezirk zuständige Polizeidienststelle:* sich auf dem P. melden müssen. **2.** *[Stadt]bezirk, für den eine bestimmte Polizeidienststelle zuständig ist:* die -e vergrößern; **~schutz,** der: *Begleitung, Beobachtung durch die Polizei zum Schutz der betreffenden Person[en]:* P. anfordern; unter P. gestellt werden; **~sirene,** die: *akustisches Warnsignal von Polizeiautos;* **~spitzel,** der: Portiers in Frankreich sind alle P. (Remarque, Triomphe

262); ~**staat,** der: *Staat, in dem der Bürger nicht durch unverletzliche Grundrechte u. eine unabhängige Rechtsprechung geschützt wird (wie im Rechtsstaat), sondern der willkürlichen Rechtsausübung der [Geheim]polizei ausgesetzt ist;* ~**streife,** die: **1.** *Polizei, die eine Streife durchführt:* das Auto wurde von einer P. angehalten. **2.** *von der Polizei durchgeführte Streife:* eine P. anordnen; ~**stunde,** die ⟨Pl. selten⟩: *gesetzlich festgelegte Uhrzeit, zu der Gaststätten o. ä. täglich geschlossen werden müssen:* um ein Uhr nachts ist P.; die P. aufheben, verlängern; ~**uniform,** die; ~**verfügung,** die; ~**verordnung,** die: *von einer Polizeibehörde für ihren Dienstbezirk erlassene Gebote od. Verbote;* ~**wache,** die: svw. ↑~dienststelle; ~**wesen,** das ⟨o. Pl.⟩: *Bereich der Polizei mit allen dazugehörenden Einrichtungen u. Maßnahmen;* ~**widrig** ⟨Adj.⟩: *den polizeilichen Anordnungen zuwiderlaufend:* sich p. verhalten.

polizeilich ⟨Adj.; o. Steig.; nicht präd.⟩: **a)** *von der Polizei durchgeführt:* -e Vorschriften; unter -er Überwachung, Bewachung, Bedeckung, Aufsicht, Kontrolle; jmdn. in -en Gewahrsam überführen; ein -es Führungszeugnis *(von der Polizei jmdm. ausgestelltes Zeugnis über etwaige im Strafregister eingetragene Strafen);* ein p. *(von der Polizei)* überführter Täter; etw. ist p. *(auf Anordnung der Polizei)* verboten; die Straße ist p. abgesperrt; **b)** *auf der Polizeibehörde:* die -e Meldepflicht *(Pflicht, sich, etw. bei der Polizei zu melden);* sich p. anmelden, abmelden; **Polizist** [poli'tsɪst], der; -en, -en: *(uniformierter) Angehöriger der Polizei; Schutzmann:* berittene -en; ein P. regelte den Verkehr; -en gingen [mit Tränengas] gegen die Demonstranten vor; einen -en nach dem Weg fragen; **Polizistin,** die; -, -nen: w. Form zu ↑Polizist; **Polizze** [po'lɪtsə], die; -, -n [ital. polizza, ↑Police] (österr.): svw. ↑Police.

Polje ['pɔljə], die; -, -n [russ. pole = Ebene, Feld] (Geogr.): *großes, meist langgestrecktes, geschlossenes Becken mit ebenem Boden in Karstgebieten.*

Polk [pɔlk]: svw. ↑Pulk.

Polka ['pɔlka], die; -, -s [tschech. polka, eigtl. = Polin; um 1831 in Prag so zu Ehren der damals unterdrückten Polen genannt]: *Rundtanz im lebhaften bis raschen ²/₄-Takt mit Achtelrhythmus, wobei jeweils auf drei Schritte ein Hopser folgt:* eine P. von Smetana; [eine] P. tanzen.

polken ['pɔlkn̩] ⟨sw. V.; hat⟩ [H. u.] (nordd. salopp): **a)** *sich mit den Fingern an, in etw. zu schaffen machen:* in der Nase p.; **b)** *mit den Fingern aus, von etw. entfernen:* [sich] Popel aus der Nase p.; ich polkte die Heringsköpfe mit den Fingern vom Teppich (Kempowski, Uns 20).

Poll [poʊl], der; -s, -s [engl. poll, eigtl. = Kopf(zahl)] (Markt-, Meinungsforschung): **1.** *Umfrage, Befragung.* **2.** *Wahl, Abstimmung.* **3.** *Liste der Wähler od. Befragten.*

Pollen ['pɔlən], der; -s, - [lat. pollen = sehr feines Mehl, Mehlstaub] (Bot.): *Blütenstaub.*

Pollen- (Bot.): ~**analyse,** die: *Untersuchung fossilen Blütenstaubs, die Rückschlüsse auf die Flora u. das Klima der entsprechenden Epoche ermöglicht;* ~**blume,** die: *Pflanze, die den sie bestäubenden Insekten nur Pollen [keinen Nektar] bietet* (z. B. Rose, Mohn); ~**korn,** das ⟨Pl. -körner⟩: *ungeschlechtliche, haploide Fortpflanzungszelle der Samenpflanzen;* ~**sack,** der: *pflanzliches Organ, in dem die Pollenkörner gebildet werden;* ~**schlauch,** der: *Schlauch, der bei Samenpflanzen nach der Bestäubung von der Narbe zur Samenanlage hinwächst u. die Befruchtung einleitet.*

Poller ['pɔlɐ], der; -s, - [a: älter: Polder < niederl. polder < afrz. poldre, poultre (frz. poutre) = Balken, urspr. = junge Stute (beide tragen Lasten) < lat. pullus = Jungtier]: **a)** (Seemannsspr.) *Holz- od. Metallklotz, -pfosten auf Schiffen, Kaimauern, um den die Taue zum Festmachen von Schiffen gelegt werden;* **b)** *Markierungsklotz für den Straßenverkehr:* die Gerade (= im Autoslalom) beträgt etwa 1 300 Meter mit 120 -n (MM 30. 4. 75, 18).

Pollution [pɔlu'tsi̯o:n], die; -, -en [spätlat. pollūtio = Besudelung] (Med.): *unwillkürlicher Samenerguß [im Schlaf].*

Pollux: ↑Kastor und Pollux.

Polo ['po:lo], das; -s [engl. polo, eigtl. = Ball, aus einer Eingeborenenspr. des nordwestl. Indien]: *Treibballspiel zwischen zwei Mannschaften zu je vier Spielern, die vom Pferd aus versuchen, einen Ball mit langen Schlägern in das gegnerische Tor zu treiben;* ⟨Zus.:⟩ **Polohemd,** das: *kurzärmeliges Trikothemd mit offenem Kragen.*

Polonaise, (eindeutschend:) **Polonäse** [polo'nɛ:zə], die; -, -n [frz. polonaise = polnischer Tanz, zu: polonais = polnisch]: *oft als Eröffnung von Bällen beliebter festlicher Schreittanz im ³/₄-Takt, wobei die Ausführung der geometrischen Figuren dem anführenden Paar überlassen bleibt:* eine Polonaise von Chopin; sie tanzten, (ugs.:) machten [eine] Polonäse durch das ganze Haus; **polonisieren** [poloni'zi:rən] ⟨sw. V.; hat⟩ (selten): *polnisch machen;* **Polonist** [polo'nɪst], der; -en, -en: *Wissenschaftler auf dem Gebiet der Polonistik;* **Polonistik,** die; -: *Wissenschaft von der polnischen Sprache u. Literatur;* **polonistisch** ⟨Adj.; o. Steig.⟩: *die Polonistik betreffend, zu ihr gehörend;* **Polonium** [po'lo:ni̯ʊm], das; -s [nlat.; nach Polonia, dem nlat. Namen Polens, der Heimat der Entdeckerin, der frz. Naturwissenschaftlerin M. Curie (1867–1934)]: *radioaktiver, metallischer chemischer Grundstoff;* Zeichen: Po

Poloschläger, der; -s, -: *hammerähnlicher, langer Schläger, mit dem Polo gespielt wird.*

Polster ['pɔlstɐ], das, österr. auch: der; -s, -, österr. auch: Pölster ['pœlstɐ; mhd. polster, bolster, ahd. polstar, bolstar, eigtl. = (Auf)geschwollenes]: **1.** *mit festem Stoff- od. Lederbezug versehene, [kissenartige] elastische Auflage [mit Sprungfedern] auf Sitz- u. Liegemöbeln o. ä.:* ein weiches, hartes P.; das P. war abgenutzt, tief eingedrückt; die Bezüge der P. erneuern; sich in die P. zurückfallen lassen, zurücklehnen; sich seinen Mantel als P. unter den Kopf legen; Ü der Glaube ist ein bequemes P. **2. a)** *in ein Kleidungsstück eingearbeitetes, festes, kissenartiges Teil zur modischen Betonung der betreffenden Partie:* P. betonen die Schultern; spinöse, zittrige ... Schultern unter -n (Bieler, Bonifaz 160); **b)** (Bot.) *flache, den Boden überziehende Wuchsform bestimmter Pflanzen:* Steinbrech bildet P.; **c)** *etw., was [der Betreffende sich z. B. in Form von Rücklagen geschaffen hat u. was] jmdm. eine gewisse Sicherheit gibt:* ein finanzielles P. besitzen; ein P. für die mageren Jahre bilden; dank eines dicken -s von Exportaufträgen (Welt 11. 11. 74, 14). **3.** (österr.) *Kissen:* sie ... schüttelte sich einen alten P. voll Hühnerfedern auf (Fussenegger, Haus 411).

polster-, Polster-: ~**bank,** die ⟨Pl. -bänke⟩: *gepolsterte* ¹*Bank* (1); ~**bestuhlung,** die: vgl. ~bank; ~**bildend** ⟨Adj.; o. Steig.; nur attr.⟩ (Bot.): *sich beim Wachsen in einem Polster* (2 b) *ausbreitend:* -e Pflanzen für den Steingarten; ~**garnitur,** die: *Garnitur* (1 a) *aus Couch u. Polstersesseln;* ~**klasse,** die (früher): *Wagenklasse im Zug, deren Sitze gepolstert waren;* ~**lehne,** die: vgl. ~bank; ~**möbel,** das: vgl. ~bank; ~**pflanze,** die: *polsterbildende Pflanze;* ~**sessel,** der: vgl. ~bank; ~**stuhl,** der: vgl. ~bank; ~**tür,** die: *zur Schalldämpfung mit Lederpolster belegte Tür.*

Polsterer, der; -s, -: *Handwerker, der Sitz- u. Liegemöbel polstert, Polstermöbel bezieht* (Berufsbez.); **polstern** ['pɔlstɐn] ⟨sw. V.; hat⟩: **a)** *mit einem Polster* (1) *versehen:* einen Sessel gut, weich p.; etw. mit Roßhaar, Seegras, Schaumstoff p.; die Autositze, die Türen zum Direktorzimmer sind gepolstert; Ü sie ist gut gepolstert (ugs. scherzh.; *ziemlich dick*); für ein solches Geschäft muß man gut gepolstert sein (ugs. scherzh.; *viel Geld [als Rücklage] haben*); **b)** *mit einem Polster* (2 a) *versehen:* etw. mit Watte p.; Sie ... bewegte ... die hohen gepolsterten Schultern (Bieler, Mädchenkrieg 75); ⟨Abl.:⟩ **Polsterung,** die; -, -en: **1.** *Polster eines Sitz- od. Liegemöbels, auf den Sitzen eines Fahrzeugs o. ä.:* die P. in einem Auto, Flugzeug, Zugabteil; die P. der Stühle erneuern. **2.** *das Polstern.*

Polter ['pɔltɐ], der od. das; -s, - [zu ↑poltern in der Bed. „Holz (laut) abwerfen"] (süd[west]d.): *Holzstoß;* **Polterabend,** der; -s, -e: *Abend vor einer Hochzeit, an dem nach altem Brauch vor der [Haus]tür [der Brauteltern] Porzellan o. ä. zerschlagen wird, dessen Scherben dem Brautpaar Glück bringen sollen;* **Polterer,** der; -s, - (ugs.): *jmd., der oft poltert* (2 a); **Poltergeist,** der; -[e]s, -er: svw. ↑Klopfgeist; **polterig,** poltrig ['pɔlt(ə)rɪç] ⟨Adj.⟩: *polternd* (1, 2); **poltern** ['pɔltɐn] ⟨sw. V.; hat⟩ [spätmhd. buldern, mniederd. bolderen = poltern, lärmen; lautm.]: **1. a)** *mehrmals hintereinander ein dumpfes Geräusch verursachen, hervorbringen:* Bohlen polterten; die Familie über uns poltert den ganzen Tag; ein polternder Lärm; ⟨unpers.:⟩ draußen, auf dem Boden polterte es; **b)** *sich polternd* (1 a) *irgendwohin bewegen:* der Karren polterte über das holprige Pflaster; Schritte polterten durch die Räume; die Steine poltern vom Wagen; Erdbrocken polterten auf den Sarg; Rowohlt polterte ins Zimmer (Salomon, Boche 18). **2. a)** *laut scheltend sprechen, seine Meinung äußern [ohne es böse zu meinen]:* der Großvater poltert gern; eine polternde Polemik; **b)** *etw. laut* *scheltend sagen:* der Chef des Stabes ... polterte Grobheiten und Flegeleien (Plievier, Stalingrad 288); „Natürlich werden wir sie (= die Story) drucken!" polterte er (Simmel, Stoff 573). **3.** (ugs.) *Polterabend feiern:* heute abend wird bei uns gepoltert; **poltrig:** ↑polterig.

poly-, Poly- [poly-; griech. polýs] ⟨Best. in Zus. mit der Bed.⟩: *viel* (z. B. polyglott, Polyphonie, Polytechnikum); **Polyaddition,** die; -, -en (Chemie, Technik): *[Verfahren zur] Herstellung von Makromolekülen, von hochmolekularen Kunststoffen* (z. B. von Polyamiden); **Polyamid,** das; -[e]s, -e [↑Amid] (Chemie, Technik): *hochmolekularer, im allgemeinen farbloser, bei höheren Temperaturen verformbarer Kunststoff, der bes. für die Herstellung von Kunstfasern verwendet wird;* **Polyandrie** [...|an'dri:], die; - [zu griech. polyandreĩn = viele Männer haben] (Völkerk.): *vereinzelt bei Naturvölkern vorkommende Form der Polygamie, bei der eine Frau gleichzeitig mit mehreren Männern verheiratet ist; Vielmännerei* (Ggs.: Polygynie); **Polyarthritis,** die; -, ...itiden [...i'ti:dn̩] (Med.): *an mehreren Gelenken gleichzeitig auftretende Arthritis;* **Polyäthylen,** das; -s, -e (Chemie, Technik): *(durch Polymerisation von Äthylen hergestellter) hochmolekularer, chemisch kaum angreifbarer, formbarer, aber fast unzerbrechlicher Kunststoff;* **polychrom** [...'kro:m] ⟨Adj.; o. Steig.⟩ [zu griech. chrõma = Farbe] (Malerei, Fot., bild. Kunst): *vielfarbig, bunt* (Ggs.: monochrom): eine -e Aufnahme; **Polychromie** [...kro'mi:], die; - (Malerei, Fot., bild. Kunst): *mehrfarbige Gestaltung mit kräftig voneinander abgesetzten Farbflächen ohne einheitlichen Grundton, Vielfarbigkeit* (z. B. bei Keramiken; Ggs.: Monochromie); **polychromieren** [...kro'mi:rən] ⟨sw. V.; hat⟩ (selten): *bunt ausstatten* (z. B. die Innenwände eines Gebäudes mit Mosaik od. verschiedenfarbigem Marmor); **polycyclisch:** ↑polyzyklisch; **Polydaktylie** [...dakty'li:], die; -, -n [...i:ən; zu griech. dáktylos = Finger] (Med.): *angeborene Mißbildung der Hand od. des Fußes mit Bildung überzähliger Finger od. Zehen; Mehrfingrigkeit, Mehrzehigkeit;* **Polydämonismus,** der; -: *Glaube an eine Vielzahl nicht persönlich ausgeprägter unheimlicher Geister;* **Polyeder** [...'|e:dɐ], das; -s, - [zu (spät)griech. polýedros = vielflächig] (Math.): *von mehreren ebenen Flächen, von Vielecken begrenzter Körper; Vielflächner:* der Würfel ist ein regelmäßiges P.; **polyedrisch** [...'|e:drɪʃ] ⟨Adj.; o. Steig.; nicht adv.⟩ (Math.): *von mehreren ebenen Flächen, von Vielecken begrenzt:* ein -er Körper; **Polyembryonie** [...|ɛmbryo'ni:], die; -, -n [...i:ən] (Med., Biol.): *Bildung mehrerer Embryonen aus einer pflanzlichen Samenanlage od. einer tierischen od. menschlichen Keimanlage;* **Polyester,** der; -s, - (Chemie, Technik): *(aus Säuren u. Alkoholen gebildeter) hochmolekularer Stoff, der als wichtiger Rohstoff zur Herstellung von Kunstfasern, Harzen, Lacken o. ä. dient;* **polygam** [...'ga:m] ⟨Adj.; o. Steig.⟩ [zu griech. gámos = Ehe]: **1.** (Ggs.: monogam) **a)** *(von Tieren u. Menschen) von der Anlage her auf mehrere Geschlechtspartner bezogen:* -e Vögel; die -e Veranlagung der Männer (Hasenclever, Die Rechtlosen 489); **b)** (Völkerk.) *die Mehrehe, die Vielehe kennend; in Mehrehe, in Vielehe lebend:* -e Kulturen, Volksstämme; **c)** (selten) *mit mehreren Partnern geschlechtlich verkehrend:* sie wohnen zusammen, leben aber beide p. **2.** (Bot.) *(von bestimmten Pflanzen) sowohl zwittrige als auch eingeschlechtige Blüten gleichzeitig tragend;* ⟨Abl.:⟩ **Polygamie** [...ga'mi:], die; -: **1.** (Ggs.: Monogamie) **a)** (bes. Völkerk.) *Ehe mit mehreren Partnern; Mehrehe, Vielehe;* **b)** *Zusammenleben, geschlechtlicher Verkehr mit mehreren Partnern.* **2.** (Bot.) *Auftreten von Zwittrigen u. eingeschlechtigen Blüten gleichzeitig auf einer Pflanze;* **Polygamist** [...ga'mɪst], der; -en, -en (bildungsspr.): *jmd., der in Polygamie lebt;* **polygen** ⟨Adj.; o. Steig.⟩ [↑-gen]: **1.** (Biol.) *(von einem Erbvorgang) durch das Zusammenwirken mehrerer Gene bestimmt* (Ggs.: monogen). **2.** (bes. Fachspr.) *vielfachen Ursprung habend, durch mehrfachen Ursprung hervorgerufen;* **polyglott** [...'glɔt] ⟨Adj.; o. Steig.; nicht adv.⟩ [griech. polýglõttos, zu: glõtta, glõssa = Zunge, Sprache] (bildungsspr.): **1.** *in mehreren Sprachen abgefaßt; mehrsprachig* (a), *vielsprachig:* die -e Ausgabe eines Buches, der Bibel. **2.** *mehrere, viele Sprachen beherrschend, sprechend:* akademisch gebildete, -e und weltoffene junge Leute (Spiegel 12, 1970, 151); **[1]Polyglotte** [...'glɔtə], der u. die; -n, -n (bildungsspr.): *jmd., der mehrere, viele Sprachen beherrscht;* **[2]Polyglotte** [-], die; -, -n: **1.** (Fachspr.) *Buch, bes. Bibel, mit dem Text in mehreren Sprachen.* **2.** (veraltet) *mehrsprachiges Wörterbuch;* **polyglottisch** ⟨Adj.; o. Steig.; nicht adv.⟩ (veraltet): svw. ↑polyglott; **Polygon** [...'go:n], das; -s, -e [griech. polýgõnon, zu: gõnía = Ecke, Winkel] (Math.): svw. ↑Vieleck; **polygonal** [...go'na:l] ⟨Adj.; o. Steig.; nicht adv.⟩ (Math.): *ein Polygon darstellend, vieleckig;* **Polygraph** [...'gra:f], der; -en, -en [zu griech. polygráphein = viel schreiben]: **1.** *Gerät zur gleichzeitigen Registrierung mehrerer meßbarer Vorgänge u. Erscheinungen, das z. B. in der Medizin bei der Elektrokardiographie u. in der Kriminologie als Lügendetektor verwendet wird.* **2.** (DDR) *Angehöriger des graphischen Gewerbes;* **Polygraphie** [...gra'fi:], die; - [griech. polygraphía = Vielschreiberei]: **1.** (Med.) *Röntgenuntersuchung mit mehrmaliger Belichtung zur Darstellung von Organbewegungen.* **2.** (DDR) *alle Zweige des graphischen Gewerbes umfassendes Gebiet;* **polygraphisch** ⟨Adj.; o. Steig.⟩: *die Polygraphie* (2) *betreffend, zu ihr gehörend:* die -e Industrie; **Polygynie** [...gy'ni:], die; - [zu griech. polygýnaios = viele Frauen habend] (Völkerk.): *in den unterschiedlichsten Kulturen vorkommende Form der Polygamie, bei der ein Mann gleichzeitig mit mehreren Frauen verheiratet ist; Vielweiberei* (Ggs.: Polyandrie); **Polyhistor** [...'hɪstɔr, auch: ...to:ɐ̯], der; -s, -en [...'to:ren; griech. zu polyhístõr = vielwissend] (bildungsspr. veraltend): *in vielen Fächern, Wissenschaften bewanderter Gelehrter;* **polyhybrid** ⟨Adj.; o. Steig.⟩ (Biol.): *(von tierischen od. pflanzlichen Kreuzungsprodukten) von Eltern abstammend, die sich in mehreren Merkmalen unterscheiden* (Ggs.: monohybrid); **Polyhybride,** die; -, -n, auch: der; -n, -n (Biol.): *Bastard, dessen Eltern sich in mehreren Merkmalen unterscheiden* (Ggs.: Monohybride); **Polykondensation,** die; - (Chemie, Technik): *Verfahren zur Herstellung von Makromolekülen, von hochmolekularen Kunststoffen* (z. B. von Polyurethanen); **polymer** [...'me:ɐ̯] ⟨Adj.; o. Steig.; nicht adv.⟩ [zu griech. méros = (An)teil]: **1.** (Chemie, Technik) *durch Polymerisation, durch Verknüpfung kleinerer Moleküle entstanden, aus großen Molekülen bestehend* (Ggs.: monomer): -e Verbindungen. **2.** (Fachspr.) *aus mehreren, vielen Teilen bestehend, hervorgegangen; mehr-, vielteilig; mehr-, vielgliedrig:* -e Fruchtknoten; **Polymer** [-], das; -s, -e, **Polymere** [...'me:rə], das; -n, -n ⟨meist Pl.⟩ (Chemie): *aus Makromolekülen bestehender Stoff; polymere Verbindung;* **Polymerie** [...me'ri:], die; -, -n [...i:ən]: **1.** (Chemie) *Verbundensein, Zusammenschluß vieler gleicher u. gleichartiger Moleküle zu großen Molekülen in einer chemischen Verbindung.* **2.** (Biol.) *Zusammenwirken mehrerer gleichartiger Erbfaktoren zur Ausprägung eines bestimmten Merkmals;* **Polymerisat** [...ri'za:t], das; -[e]s, -e (Chemie, Technik): *durch Polymerisation entstandener, neuer, hochmolekularer Stoff;* **Polymerisation** [...za'tsi̯o:n], die; - (Chemie, Technik): *(auf Polymerie 1 beruhendes, wichtigstes) Verfahren zur Herstellung von Makromolekülen, von hochmolekularen Kunststoffen* (z. B. von Lacken u. Klebstoffen); **polymerisieren** [...'zi:rən] ⟨sw. V.; hat⟩ (Chemie, Technik): *den Prozeß der Polymerisation bewirken, durchführen; durch Polymerisation kleinere Moleküle zu Makromolekülen verbinden, zusammenschließen;* **Polymetrie** [...me'tri:], die; -, -n [...i:ən; 1: griech. polymetría]: **1.** (Verslehre) *Anwendung verschiedener Metren* (1) *in einem Gedicht.* **2.** (Musik) *häufiger Taktwechsel in einem Tonstück;* **polymorph** ⟨Adj.; o. Steig.; nicht adv.⟩ [griech. polýmorphos, ↑-morph] (Fachspr., bes. Mineral., Biol.): *in verschiedenerlei Gestalt, Form vorhanden, vorkommend; vielgestaltig, verschiedengestaltig;* **Polymorphie** [...mɔr'fi:], die; -, **Polymorphismus** [...mɔr'fɪsmʊs], der; - (Fachspr.): *Auftreten, Vorkommen in verschiedenerlei Gestalt, in mehreren Formen, Modifikationen, Ausprägungen;* **Polynom** [...'no:m], das; -s, -e [zu lat. nõmen = Name] (Math.): *aus mehr als zwei durch Plus- od. Minuszeichen miteinander verbundenen Gliedern bestehender mathematischer Ausdruck;* ⟨Abl.:⟩ **polynomisch** ⟨Adj.; o. Steig.⟩ (Math.): *das Polynom betreffend, ein Polynom darstellend; vielgliedrig, mehrgliedrig;* **Polyp** [po'ly:p], der; -en, -en [lat. polypus < griech. polýpous, eigtl. = vielfüßig; 4: zu älter gaunerspr. polipee, viell. aus dem Jidd., beeinflußt vom scherzh. Vergleich der „Fangarme" des Polizisten mit denen des Polypen]: **1.** *auf einem Untergrund festsitzendes Nesseltier, das sich durch Knospung u. Teilung fortpflanzt u. dadurch (wie die Koralle) oft große Stöcke bildet.* **2.** (veraltet, noch ugs.) svw. ↑Krake. **3.** (Med.) *gutartige, oft gestielte Geschwulst der Schleimhäute, bes. in der Nase:* sie lassen dem Kind die -en [aus der Nase] herausnehmen.

4. (salopp) *Polizist, Polizei-, Kriminalbeamter;* **polyphag** [...'fa:k] ⟨Adj.; o. Steig.⟩ [zu griech. phageīn = essen, fressen] (Biol.): *(von Tieren) Nahrung verschiedenster Herkunft aufnehmend* (Ggs.: monophag); **polyphon** [...'fo:n] ⟨Adj.; o. Steig.; nicht adv.⟩ [griech. polýphōnos = vielstimmig] (Musik): *die Polyphonie betreffend, zu ihr gehörend; in der Kompositionsart der Polyphonie komponiert, gesetzt (wobei die verschiedenen Stimmen weitgehend selbständig u. durch linearen Verlauf gekennzeichnet sind); mehrstimmig* (Ggs.: homophon): -e Musik; ein p. komponierter Satz; **Polyphonie** [...fo'ni:], die; - [griech. polyphōnía = Vieltönigkeit, Vielstimmigkeit] (Musik): *Kompositionsweise, -technik, bei der die verschiedenen Stimmen selbständig linear geführt werden u. die melodische Eigenständigkeit der Stimmen Vorrang vor der harmonischen Bindung hat* (Ggs.: ↑Homophonie); **polyphonisch** ⟨Adj.; o. Steig.; nicht adv.⟩ (veraltend): svw. ↑polyphon; **polyploid** [...plo'i:t] ⟨Adj.; o. Steig.; nicht adv.⟩ [geb. nach ↑diploid, haploid] (Biol.): *(von Zellkernen) mehr als zwei Chromosomensätze aufweisend;* **Polypol** [...'po:l], das; -s, -e [geb. nach ↑Oligopol] (Wirtsch.): *Marktform, bei der auf der Angebots- od. Nachfrageseite jeweils mehrere Anbieter bzw. Nachfrager miteinander in Konkurrenz stehen;* **Polypragmasie** [...pragma'zi:], die; -, -n [...i:ən; zu griech. polypragmateīn = vielerlei unternehmen] (Med.): *Behandlung einer Krankheit mit zahlreichen unterschiedlichen Mitteln u. Methoden;* **Polypropylen,** das; -s: *durch Polymerisation von Propylen hergestellter thermoplastischer Kunststoff;* **Polyptychon** [po'lyptyçɔn], das; -s, ...chen u. ...cha [1: griech. polýptychon] (Kunstwiss.): **1.** *(im Altertum) eine Art Notizbuch, das aus mehr als drei [mit Wachs überzogenen] Holztafeln bestand.* **2.** *Flügelaltar mit mehr als zwei beweglichen Flügeln;* **Polyrhythmik,** die; - (Musik): *gleichzeitiges Auftreten verschiedenartiger Rhythmen in den einzelnen Stimmen einer Komposition* (z. B. im Jazz); **polyrhythmisch** ⟨Adj.; o. Steig.; nicht adv.⟩ (Musik): *die Polyrhythmik betreffend, zu ihr gehörend; mehrere verschiedenartige Rhythmen zugleich aufweisend;* **Polysaccharid, Polysacharid,** das; -[e]s, -e (Biochemie): *aus zahlreichen Monosacchariden aufgebautes hochmolekulares Kohlenhydrat;* **polysem** [...'ze:m], **polysemantisch** ⟨Adj.; o. Steig.⟩ [griech. polýsēmos, polysēmantos = vieles bezeichnend] (Sprachw.): *(von Wörtern) mehrere Bedeutungen habend; Polysemie aufweisend* (Ggs.: monosem, monosemantisch); **Polysemie** [...ze'mi:], die; - (Sprachw.): *Vorhandensein mehrerer Bedeutungen bei einem Wort* (z. B. Pferd = Tier, Turngerät, Schachfigur; Ggs.: Monosemie 1); **Polystyrol,** das; -s, -e (Chemie, Technik): *(durch Polymerisation gewonnener, aus Styrol hergestellter) hochmolekularer Stoff, der als farbloser, klarer, bei höheren Temperaturen verformbarer Kunststoff vielseitig, bes. zur Herstellung von Haushaltsartikeln o. ä. verwendbar ist;* **polysyllabisch** ⟨Adj.; o. Steig.; nicht adv.⟩ [spätlat. polysyllabus < griech. polysýllabos] (Sprachw.): *(von Wörtern) aus mehreren Silben bestehend, mehrsilbig;* **Polysyllabum** [...'zylabʊm], das; -s, ...ba (Sprachw.): *mehrsilbiges Wort;* **Polysyllogismus,** der; -, ...men (Philos.): *aus vielen Syllogismen zusammengesetzte Schlußkette, bei der der vorangehende Schlußsatz jeweils zur Prämisse für den nächstfolgenden wird;* **polysyndetisch** ⟨Adj.; o. Steig.⟩ (Sprachw.): *das Polysyndeton betreffend, zu ihm gehörend, auf ihm beruhend; durch mehrere Konjunktionen verbunden;* **Polysyndeton** [...'zyndetɔn], das; -s, ...ta [griech. polysýndeton, eigtl. = das vielfach Verbundene] (Sprachw.): *Reihe von Wörtern, Satzteilen, Sätzen, deren Glieder durch Konjunktionen miteinander verbunden sind;* **polysynthetisch** ⟨Adj.; o. Steig.; nicht adv.⟩: *vielfach zusammengesetzt:* -e Sprachen *(Sprachen, bei denen mehrere Bestandteile des Satzes zu einem Wort verschmolzen werden* [z. B. Indianersprachen]); **Polytechnik,** die; - (DDR): *[Einrichtung zum Zwecke der] Ausbildung in polytechnischen Fähigkeiten:* eine der vier Schulen, die ... in Sachen P. betreut wird (Junge Welt 12. 10. 76, 6); **Polytechnikum,** das; -s, ...ka, auch: ...ken: *höhere technische Lehranstalt; Ingenieurschule;* **polytechnisch** ⟨Adj.; o. Steig.⟩: *mehrere Zweige der Technik, auch der Wirtschaft, der Gesellschaftspolitik o. ä. umfassend:* -er Unterricht; eine -e Schule; ein -es Praktikum; -e Kenntnisse; eine p. bildende Zeitschrift (Jugend u. Technik 11, 1973, 949); **Polytheismus,** der; -: *Glaube an eine Vielzahl von (männlich u. weiblich gedachten) Gottheiten;* **Polytheist,** der; -en, -en: *Anhänger des Polytheismus;* **polytheistisch** ⟨Adj.; o. Steig.⟩: *den Polytheismus betreffend, ihm entsprechend, auf ihm beruhend:* -e Religionen; **polytonal** ⟨Adj.; o. Steig.; nicht adv.⟩ (Musik): *die Polytonalität betreffend, zu ihr gehörend; nach den Gesetzen der Polytonalität komponiert; mehrere Tonarten in den verschiedenen Stimmen zugleich aufweisend:* -e Musik; **Polytonalität,** die; - (Musik): *gleichzeitiges Auftreten mehrerer Tonarten in den einzelnen Stimmen einer Komposition;* **Polyurethan** [...|ure'ta:n], das; -s, -e ⟨meist Pl.⟩ [zu nlat. urea = Harnstoff (zu ↑Urin) u. ↑Äthan]: *wichtiger, vielseitig verwendbarer Kunststoff;* **polyvalent** ⟨Adj.; o. Steig.⟩ (Psych. svw. ↑multivalent; **Polyvinylacetat,** das; -s, -e (Chemie, Technik): *(durch Polymerisation von Vinylacetat gewonnener) hochmolekularer Stoff, der bes. als Bindemittel für Farben, zur Herstellung von Klebstoffen, Faserstoffen o. ä. verwendet wird;* **Polyvinylchlorid,** das; -[e]s, -e: ↑PVC; **polyzentrisch** ⟨Adj.; o. Steig.⟩ (Fachspr.): *mehrere Zentren aufweisend, zu mehreren Zentren gehörend;* **Polyzentrismus,** der; -: **1.** (Politik) *Zustand eines [kommunistischen] Machtbereichs, in dem die [ideologische] Vorherrschaft nicht mehr nur von einer Stelle (Partei, Staat) ausgeübt wird, sondern von mehreren Machtzentren ausgeht.* **2.** *städtebauliche Anlage mit mehreren gleichwertigen Zentren;* **polyzyklisch,** (chem. fachspr.:) polycyclisch [...'tsy:k..., auch: ...'tsyk...] ⟨Adj.; o. Steig.; nicht adv.⟩ (Chemie): *(von organischen chemischen Verbindungen zwei od. mehr Ringe miteinander verbundener Atome im Molekül aufweisend.*

pölzen ['pœltsn̩] ⟨sw. V.; hat⟩ [zu ↑Bolz in der Bed. „Stützholz"] (österr.): *mit Pfosten, durch Verschalung o. ä. stützen:* eine Mauer, einen Stollen p.; ⟨Abl.:⟩ **Pölzung,** die; -, -en (österr.): *Verschalung, Abstützung durch Pfosten.*

pomade [po'ma:də] ⟨Adj.; o. Steig.; nicht attr.⟩ [ostmd. auch: pomale, wohl aus dem Slaw. (vgl. poln. pomału, tschech. pomalu), beeinflußt von ↑Pomade] (landsch. veraltend): **1.** *langsam, träge; gemächlich, in aller Ruhe:* Sie gehen ganz langsam und p. durch den schönen Märzensonnenschein (Fallada, Mann 143). **2.** * **jmdm. p. sein** *(jmdm. gleichgültig, einerlei sein, ihn nicht weiter interessieren);* **Pomade** [-], die; -, -n [frz. pommade < ital. pomata, zu: pomo = Apfel; wahrsch. wurde ein Hauptbestandteil früher aus einem bestimmten Apfel gewonnen]: **1.** *fetthaltige, meist wohlriechende, salbenähnliche Substanz zur Haarpflege, bes. zur Festigung des Haars bei Männern:* der Wind konnte seinem Haar wenig anhaben, denn Willi hatte es ... mit P. gebändigt (Schnurre, Bart 81). **2.** (seltener) kurz für ↑Lippenpomade; **pomadig** ⟨Adj.⟩ [1, 2: zu ↑Pomade; 3: zu ↑pomade]: **1.** ⟨nicht adv.⟩ *mit Pomade* (1) *eingerieben:* -es Haar; Er dachte an den ... p. *(mit Hilfe von Pomade)* gescheitelten Kopf des Kutzner (Feuchtwanger, Erfolg 665). **2.** (landsch.) *blasiert, anmaßend, dünkelhaft:* seine -e Art ist unerträglich. **3.** (ugs.) *langsam, träge; gemächlich, in aller Ruhe:* Dazu spielte der Europapokalsieger ... zunächst viel zu p. (Welt 22. 11. 67, 7); **pomadisieren** [pomadi'zi:rən] ⟨sw. V.; hat⟩: *mit Pomade* (1) *einreiben.*

Pomeranze [pomə'rantsə], die; -, -n [älter ital. pommerancia, verdeutlichende Zus. aus: pomo = Apfel u. arancia (aus dem Pers.) = bitter, also eigtl. = bittere Apfelsine]: **1.** *(bes. in den Mittelmeerländern u. in Indien kultivierter) kleiner Baum mit schmalen dunkelgrünen Blättern, stark duftenden weißen Blüten u. runden orangefarbenen Früchten.* **2.** *orangefarbene, runde, der Apfelsine ähnliche, aber kleinere Zitrusfrucht (mit saurem Fruchtfleisch u. bitter schmeckender Schale), die bes. zur Herstellung von Marmelade u. Likör verwendet wird; Frucht der Pomeranze* (1).

Pommer ['pɔmɐ], der; -s, - [spätmhd. bum-, pumhart, auch = Geschütz < (m)frz. bombarde, ↑Bombarde]: *(um 1400 entstandenes) der Schalmei ähnliches Blasinstrument in Alt-, Tenor- u. Baßlage (später von Fagott u. Oboe abgelöst).*

Pommes croquettes [pɔmkrɔ'kɛt] ⟨Pl.⟩ [frz. pommes croquettes] (Kochk.): frz. Bez. für *Kroketten aus Kartoffelbrei;* **Pommes frites** [pɔm'frit] ⟨Pl.⟩ [frz. pommes frites, zu: frit, ↑fritieren] (Kochk.): frz. Bez. für *in schmale Stäbchen geschnittene, roh in Fett schwimmend gebackene Kartoffeln.*

Pomologe [pomo'lo:gə], der; -n, -n [zu lat. pōmum = Baumfrucht u. ↑-loge]: *Fachmann auf dem Gebiet der Pomologie;* **Pomologie** [...lo'gi:], die; - [↑-logie]: *Lehre von den Obstsorten u. vom Obstbau als Teilgebiet der Botanik.*

Pomp [pɔmp], der; -[e]s [mhd. pomp(e) < (m)frz. pompe < lat. pompa < griech. pompḗ = festlicher Aufzug] (emotional): *großer Aufwand [an Pracht]; prachtvolle Auf-*

machung, Ausstattung; als übertrieben empfundener Prunk, Gepränge: übertriebener P.; Niemand ... nahm Anstoß an dem P., den er entfaltete (K. Mann, Mephisto 343).

Pompadour ['pɔmpadu:ɐ̯], der; -s, -e u. -s [nach der Marquise de Pompadour (1721–1764)] (früher): *aus weichem Material in Form eines Beutels gefertigte Tasche für Damen.*

pomphaft ⟨Adj.; -er, -este⟩ [zu ↑Pomp] (oft abwertend): *mit großem Pomp [ausgestattet, auftretend]:* der -e Aufzug der Fürstlichkeiten; p. ausgestattete Räume; **Pompon** [põ-'põ:, auch: pɔm'põ:], der; -s, -s [frz. pompon, zu mfrz. pomper = den Prächtigen spielen, zu: pompe = Gepränge, Prunk, ↑Pomp]: *als Zierde (bes. auf Hausschuhen, an bestimmten Kostümen u. Hüten) angebrachte, einem kleinen Ball ähnliche, weiche Quaste aus Seide, Wolle o. ä.;* **pompös** [pɔm'pø:s] ⟨Adj.; -er, -este⟩ [frz. pompeux < spätlat. pompōsus, zu lat. pompa, ↑Pomp] (emotional): *überaus aufwendig, in auffallender Weise prächtig, prunkvoll; mit großem Pomp [ausgestattet, auftretend]:* eine -e Ausstattung; ein -er Wagen; -e Feierlichkeiten; eine -e Villa, Grabstätte; sie war geradezu p. aufgemacht; Ü ein -er Titel; nicht mehr so feierlich, so p. ist die Begrüßung (St. Zweig, Fouché 12); **pomposo** [pɔm'po:zo] ⟨Adv.⟩ [ital. pomposo] (Musik): *feierlich, mit feierlichem Nachdruck.*

Pomuchel [po'mʊxl̩], der; -s, - [H. u., viell. über das Lit. aus dem Slaw.; vgl. lit. pomúkelis, poln. (mundartl.) pomuchla] (nordostd.): *Dorsch;* ⟨Zus.:⟩ **Pomuchelskopp** [...skɔp], der; -s, ...köppe [...kœpə] (nordostd.) (meist Schimpfwort): *dummer Mensch, Dummkopf, Trottel.*

Pön [pø:n], die; -, -en (veraltend): svw. ↑Pönale (1); **pönal** [pø'na:l] ⟨Adj.; o. Steig.⟩ [lat. poenālis, zu: poena = Strafe] (Rechtsspr. veraltet): *die Strafe, das Strafrecht betreffend;* **Pönale**, das; -s, ...lien [...li̯ən] u. (österr.:) - (österr., sonst veraltet): **1.** *Strafe, Buße.* **2.** *Strafgebühr, Strafgeld;* **pönalisieren** [pønali'zi:rən] ⟨sw. V.; hat⟩: **1.** (bildungsspr.) *unter Strafe stellen, bestrafen.* **2.** (Pferderennen) *einem Pferd eine Pönalität auferlegen;* ⟨Abl.:⟩ **Pönalisierung**, die; -, -en: **1.** (bildungsspr.) *das Pönalisieren* (1). **2.** (Pferderennen) *das Pönalisieren* (2); **Pönalität** [...'tɛ:t], die; -, -en [mlat. poenalitas = Bestrafung] (Pferderennen): *Beschwerung leistungsstärkerer Pferde zum Ausgleich der Wettbewerbschancen bei Galopp- od. Trabrennen.*

ponceau [põ'so:] ⟨indekl. Adj.; o. Steig.; nicht adv.⟩ [frz. ponceau, eigtl. = Klatschmohn]: *leuchtend orangerot;* **Ponceau** [-], das; -s, -s: *leuchtend orangerote Farbe.*

Poncho ['pɔntʃo], der; -s, -s [span. poncho < Arauka (Indianerspr. des nordwestl. Südamerika) poncho]: **1.** *(von den Indianern Mittel- u. Südamerikas) als eine Art Umhang getragene viereckige Decke mit einem Schlitz in der Mitte für den Kopf.* **2.** *ärmelloser, glockig fallender, mantelartiger Umhang, bes. für Frauen u. Kinder.*

Pond [pɔnt], das; -s, - [lat. pondus = Gewicht, zu: pendere, ↑Pensum] (Physik): *Gewicht einer Masse von einem Gramm bei normaler Fallbeschleunigung (tausendster Teil der Krafteinheit Kilopond);* Zeichen: p; **ponderabel** [pɔnde-'ra:bl̩] ⟨Adj.; ...bler, -ste⟩ [spätlat. ponderābilis] (bildungsspr. veraltet): *wägbar, berechenbar, kalkulierbar;* **Ponderabilien** [...ra'bi:li̯ən] ⟨Pl.⟩ (bildungsspr. selten): *wägbare, kalkulierbare Dinge* (Ggs.: Imponderabilien); **Ponderation** [...'tsi̯o:n], die; -, -en [lat. ponderātio = das (Ab)wägen] (Bildhauerei): *ausgewogene Verteilung des Körpergewichts auf Stand- u. Spielbein bei einer Statue.*

Pongé [põ'ʒe:], der; -[s], -s [frz. pongé(e) < engl. pongee, wohl aus dem Chin.]: svw. ↑Japanseide.

Pönitent [pøni'tɛnt], der; -en, -en [mlat. poenitens (Gen.: poenitentis), zu lat. poena = Buße, Strafe] (kath. Kirche veraltend): *Büßender, Beichtender;* **Pönitentiar** [...'tsi̯a:ɐ̯], der; -s, -e [mlat. poenitentiarius] (kath. Kirche veraltend): *mit besonderer Beichtvollmacht ausgestatteter Priester;* **Pönitenz** [...'tɛnts], die; -, -en [mlat. poenitentia] (kath. Kirche veraltend): *in der Beichte auferlegte Buße* (1 b).

Ponor ['pɔnɔr], der; -s, -e [pɔ'no:rə; serbokroat. ponor = Abgrund] (Geogr.): *Stelle in Karstgebieten, an der Wasserläufe versickern [u. danach unterirdisch weiterfließen].*

Pons [pɔns], der; -es, -e [gek. aus mlat. pons asinorum, ↑Eselsbrücke] (landsch. Schülerspr.): *gedruckte Übersetzung eines altsprachlichen Textes, die bes. bei Klassenarbeiten heimlich benutzt wird;* ⟨Abl.:⟩ **ponsen** ['pɔnzn̩] ⟨sw. V.; hat⟩: *einen Pons benutzen;* **Ponte** ['pɔntə], die; -, -n [frz. pont < lat. pōns (Gen.: pontis) = Brücke] (rhein.): *flache, breite Fähre;* **Ponticello** [pɔnti'tʃɛlo], der; -s, -s u. ...lli [ital. ponticello, eigtl. = Brückchen, zu: ponte < lat. pōns, ↑Ponte] (Musik): *Steg bei bestimmten Streich- u. Zupfinstrumenten;* **Pontifex** ['pɔntifɛks], der; -, Pontifizes [pɔn'ti:fitse:s; lat. pontifex, eigtl. = Brückenmacher, zu: pōns = Brücke u. facere = machen]: *Oberpriester im Rom der Antike;* **Pontifex maximus** [- 'maksimʊs], der; - -, ...fizes ...mi [...'ti:fitse:s ...mi; lat.]: **1.** *oberster Priester im Rom der Antike.* **2.** ⟨o. Pl.⟩ *Titel der römischen Kaiser.* **3.** ⟨o. Pl.⟩ (kath. Kirche) *Titel des Papstes;* Abk.: P. M.; **pontifikal** [...fi'ka:l] ⟨Adj.; o. Steig.; nicht adv.⟩ [lat. pontificālis = oberpriesterlich] (kath. Kirche): *einem Bischof zugehörend, ihm vorbehalten; bischöflich;* ⟨Zus.:⟩ **Pontifikalamt,** das, **Pontifikalmesse,** die (kath. Kirche): *von einem Bischof (auch von einem Abt od. einem Prälaten) gehaltenes Hochamt;* **Pontifikale** [...'ka:lə], das; -[s], ...lien [...li̯ən; kirchenlat. pontificāle] (kath. Kirche): **1.** *liturgisches Buch für die bischöflichen Amtshandlungen.* **2.** ⟨Pl.⟩ **a)** *bischöfliche Insignien, bes. Mitra u. Bischofsstab;* **b)** *bischöfliche Amtshandlungen, bei denen nach liturgischer Vorschrift der Bischof Mitra u. Bischofsstab benutzt;* **Pontifikalien**: Pl. von ↑Pontifikale; **Pontifikat** [...'ka:t], das od. der; -[e]s, -e [lat. pontificātus = Amt u. Würde eines Oberpriesters] (kath. Kirche): *Amtsdauer des Papstes od. eines Bischofs;* **Pontifizes**: Pl. von ↑Pontifex.

pontisch ['pɔntɪʃ] ⟨Adj.; o. Steig.⟩ [nach Pontus (Euxinus), dem lat. Namen des Schwarzen Meeres, des früheren Hauptverbreitungsgebietes] (Geogr.): *(von Pflanzen) aus der Steppe stammend, steppenhaft.*

Pontius ['pɔntsi̯ʊs] in der Wendung **von P. zu Pilatus laufen** ([pi'la:tʊs] ugs.; *in einer Angelegenheit viele Wege machen müssen, von einer Stelle zur andern gehen, immer wieder von einer Stelle zur andern geschickt werden;* eigtl. = von Herodes zu Pontius Pilatus laufen, nach Luk. 23, 7 f.; später alliterierend umgestaltet nach dem Namen des röm. Statthalters Pontius Pilatus [gest. 39 n. Chr.] im damaligen Palästina): er ist von P. zu Pilatus gelaufen, um eine Wohnung zu bekommen.

Ponton [põ'tõ:, auch: pɔn'tõ:, 'pɔntɔŋ, südd., österr.: pɔn'to:n], der; -s, -s [frz. ponton < lat. ponto (Gen.: pontōnis), zu: pōns = Brücke, ↑Ponte] (Seew., Milit.): *einem breiten, flachen Kahn ähnlicher, je nach Verwendungszweck offener od. geschlossener schwimmender Hohlkörper zum Bau von [behelfsmäßigen] Brücken o. ä.;* ⟨Zus.:⟩ **Pontonbrücke,** die: *von Pontons getragene Brücke.*

¹Pony ['pɔni], das; -s, -s [engl. pony, H. u.]: *Pferd einer kleinen Rasse:* auf einem P. reiten; **²Pony** [-], der; -s, -s [nach der Mähne des ¹Ponys]: *in die Stirn gekämmtes, meist gleichmäßig geschnittenes, glattes Haar;* ⟨Zus.:⟩ **Ponyfransen** ⟨Pl.⟩ (ugs.): vgl. ²Pony; **Ponyfrisur,** die.

¹Pool [pu:l], der; -s, -s: kurz für ↑Swimmingpool.

²Pool [-], der; -s, -s [engl.-amerik. pool = gemeinsame Kasse, eigtl. = Wett-, Spieleinsatz < frz. poule, ↑Poule] (Wirtsch.): **1.** *Zusammenfassung von Beteiligungen verschiedener Eigentümer an einem Unternehmen mit dem Zweck, bestimmte Ansprüche geltend machen zu können.* **2.** *Vereinbarung von Unternehmen zur Bildung eines gemeinsamen Fonds, aus dem die Gewinne nach vorher festgelegter Vereinbarung verteilt werden;* **³Pool** [-], das; -s [zu ↑²Pool; das Spiel wurde früher mit Wetteinsatz gespielt]: kurz für ↑Poolbillard; ⟨Zus.:⟩ **Poolbillard,** das ⟨o. Pl.⟩: *Billardspiel, bei dem eine Anzahl Kugeln, die unterschiedlich nach Punkten bewertet werden, in die an den vier Ecken u. in der Mitte der Längsseiten des Billardtisches befindlichen Löcher gespielt werden müssen; Lochbillard* (1); **poolen** ['pu:lən] ⟨sw. V.; hat⟩ [engl. to pool, zu ↑²Pool] (Wirtsch.): **1.** *Beteiligungen verschiedener Eigentümer an einem Unternehmen zusammenfassen.* **2.** *einen gemeinsamen Fonds bilden, aus dem die Gewinne nach vorher festgelegter Vereinbarung an die beteiligten Unternehmen verteilt werden;* ⟨Abl.:⟩ **Poolung,** die; -, -en (Wirtsch.): *das Poolen;* ²*Pool.*

Pop [pɔp], der; -[s] [1: engl.-amerik. pop, gek. aus: pop-art, ↑Pop-art]: **1.** Sammelbez. für *Popkunst, -musik, -literatur usw.* **2.** svw. ↑Popmusik: progressiver P.; Sie spielen Swing und Sweet, P. und Beat (Hörzu 6, 1976, 6). **3.** (ugs.) *poppige Art, poppiger Einschlag:* modisch mit P. und Pep bekleidet einhergehen (Hörzu 20, 1971, 92).

pop-, Pop-: ~**art**: ↑Pop-art; ~**fan,** der; ~**farbe,** die: *poppige Farbe;* ~**farben** ⟨Adj.; o. Steig.; nicht adv.⟩: *in Popfarbe[n];* ~**festival,** das: *Festival der Popmusik;* ~**gruppe,** die: *Gruppe* (2) *von gemeinsam auftretenden Musikern u. Sängern der*

Popmusik; **~konzert,** das; **~kultur,** die: *durch den Pop* (1) *geschaffene bzw. davon ausgehende Kultur;* **~kunst,** die: *Kunst im Stil der Pop-art;* **~literatur,** die: *Techniken u. Elemente der Trivial- u. Gebrauchsliteratur benutzende Richtung der modernen Literatur, die provozierend exzentrische, obszöne, unsinnige od. primitive, bes. auch der Konsumwelt entnommene Inhalte bevorzugt;* **~mode,** die: *moderne Mode mit auffallenden Farben u. Formen sowie anderen [Stil]elementen der Pop-art;* **~musik,** die: *populäre Musik bzw. Unterhaltungsmusik in modernem, unkonventionellem od. provokantem [Beat- od. Rock]stil;* **~sänger,** der; **~sängerin,** die: w. Form zu ↑~sänger; **~star,** der: *Star der Popmusik;* **~szene,** die: *Szene, künstlerisches Milieu der Popmusik u. ihrer Vertreter:* die Vertreter der deutschen P.

Popanz ['po:pants], der; -es, -e [über das Ostmd. wohl aus dem Slaw., vgl. tschech. bubák]: **1. a)** (veraltet, noch landsch.) *künstlich hergestellte [Schreck]gestalt, insbes. ausgestopfte Gestalt, Puppe;* **b)** (bildungsspr. abwertend) *etw., was auf Grund vermeintlicher Bedeutung, Wichtigkeit Furcht, Einschüchterung o. ä. hervorruft od. hervorrufen soll:* wenn jedem Arbeitenden ein P. von Ehre aufgebaut wird (Tucholsky, Werke II, 178). **2.** (abwertend) *jmd., mit dem man alles machen kann, der sich willenlos gebrauchen läßt.*

Pop-art ['pɔp|a:ɐ̯t], die; - [engl.-amerik. pop art, empfunden als Kürzung aus: popular art = volkstümliche Kunst, eigtl. zu: pop = Knall, Schlag, „Knüller"]: **1.** *moderne, bes. amerikanische u. englische Kunstrichtung, gekennzeichnet durch Bevorzugung großstädtischer Inhalte, bewußte Hinwendung zum Populären bzw. Trivialen u. realitätsbezogene Unmittelbarkeit.* **2.** *Erzeugnis[se] der Pop-art* (1): dieses Bild ist P.; P. ausstellen.

Popcorn ['pɔpkɔrn], das; -s [engl.-amerik. pop-corn, aus: pop = Knall u. corn = Mais]: *(aus einer besonders wasserhaltigen amerikanischen Sorte zubereiteter) gerösteter Mais mit geplatzten, flockigen u. lockeren Körnern.*

Pope ['po:pə], der; -n, -n [russ. pop, wohl < ahd. pfaffo, ↑Pfaffe]: **1.** *niederer orthodoxer Weltgeistlicher (im slawischen Sprachraum).* **2.** (abwertend) svw. ↑Pfaffe.

Popel ['po:pl̩], der; -s, - [(ost)mitteld.; H. u.]: **1.** (ugs.) *[Stück] verdickter Nasenschleim:* sie ... holte sich glasige P. aus der Nase (Kempowski, Tadellöser 294). **2.** (landsch.) **a)** *[schmutziges] kleines Kind;* **b)** (abwertend) *als unbedeutend, unscheinbar, armselig betrachteter Mensch:* was will denn dieser P.!; ⟨Zus.:⟩ **Popelfahne,** die (landsch. derb): *Taschentuch;* **popelig,** poplig ['po:p(ə)lɪç] ⟨Adj.⟩ (ugs. abwertend): **1.** *(im Hinblick auf Wert, Qualität) armselig, schäbig:* so ein -es Geschenk!; der Anzug, das Essen war ziemlich p. **2.** ⟨o. Steig.; nur attr.⟩ *ganz gewöhnlich, keiner besonderen Aufmerksamkeit wert:* -e Durchschnittsbürger; Es regte ihn auf, daß sie wegen der -en Bombe soviel Aufsehen machten (Wochenpost 17. 6. 64, 14). **3.** (seltener) *kleinlich, knauserig, geizig;* ⟨Abl.:⟩ **Popeligkeit,** Popligkeit, die; -.

Popelin [popə'li:n, österr.: pop'li:n], der; -s, -e, **Popeline** [-], der; -s, - [...'li:nə], auch: die; -, - [frz. popeline, H. u.]: *sehr fein geripptes, festes Gewebe aus feinen Garnen (für Oberbekleidung):* ein Mantel, Hemd aus Popeline.

popeln ['po:pl̩n] ⟨sw. V.; hat⟩ [zu ↑Popel (1)] (ugs.): *mit den Fingern [in der Nase] bohren:* das Kind popelt wieder [in der Nase]; **poplig** usw.: ↑popelig usw.

Popo [po'po:], der; -s, -s [aus der Kinderspr., verdoppelte Kurzform von ↑Podex] (fam.): *Gesäß:* er kniff sie in den P.: ⟨Zus.:⟩ **Poposcheitel,** der [nach dem scherzh. Vergleich mit der Gesäßspalte] (ugs. scherzh.): *gerade durchgezogener Mittelscheitel (beim Mann).*

[1]poppen ['pɔpn̩] ⟨sw. V.; hat⟩ [viell. zu ↑Pop, poppig] (DDR ugs.): *hervorragend u. effektvoll, wirkungsvoll od. beeindruckend sein:* etw., jmd. poppt; der Text poppt nicht besonders.

[2]poppen [-] ⟨sw. V.; hat⟩ [zu landsch. poppern = sich schnell hin u. her bewegen od. zu landsch. poppeln (wohl zu Puppe) = ins Bett legen] (landsch., Soldatenspr. derb): *mit jmdm. Geschlechtsverkehr haben.*

[1]Popper ['pɔpɐ], der; -s, - [zu ↑Pop (2)]: *Jugendlicher, der sich durch gepflegtes Äußeres u. modische Kleidung bewußt von einem Punker (2) abheben will:* Die P. hingegen tragen weiche Mokassins (Stern 26. 3. 81, 58); **[2]Popper** [-], der; -s, -s [engl. popper, eigtl. = Gewehr, zu: to pop = knallen (Jargon): *Fläschchen, Hülse mit Poppers;* **Poppers** ['pɔpɐs], das; - (Jargon): *ein Rauschmittel, dessen Dämpfe eingeatmet werden;* vgl. Popper; **poppig** ['pɔpɪç] ⟨Adj.⟩ [zu ↑Pop (1)]: *[Stil]elemente des Pop, bes. der Pop-art, enthaltend; modern u. auffallend (in der Farbgebung bzw. Gestaltung):* -e Farben, Krawatten, Kleider; -er Stil; -e Aufmachung; eine p. aufbereitete Inszenierung.

Popular [popu'la:ɐ̯], der; -s, -en u. -es [...'la:re:s; lat. populāris]: *im antiken Rom Mitglied der Volkspartei, die in Opposition zu den Optimaten stand;* **populär** [...'lɛ:ɐ̯] ⟨Adj.⟩ [frz. populaire < lat. populāris = zum Volk gehörend; volkstümlich, zu: populus = Volk]: **1. a)** ⟨nicht adv.⟩ *beim Volk, bei der großen Masse, bei sehr vielen bekannt u. beliebt; volkstümlich:* ein -er Sportler, Künstler, Politiker; ein -er Schlager; dieser Sport ist erst in den letzten Jahren p. geworden; das Buch hat den Autor p. gemacht; **b)** *beim Volk, bei der Masse Anklang, Beifall u. Zustimmung findend:* -e Maßnahmen; dieses Gerichtsurteil ist nicht p.; p. handeln; **c)** *beim Volk, bei der breiten Masse gebräuchlich, verbreitet, dem Volk, der großen Masse eigentümlich:* Sonderführer Eberwein, immer noch von Kowalski p. (verhüll.; *derb)* „Schweinepisse" genannt ... (Kirst, 08/15, 545). **2.** *gemeinverständlich, volksnah:* -e Vorträge; eine -e Ausdrucksweise; p. schreiben; **Popularisator** [...lari'za:tɔr, auch: ...to:ɐ̯], der; -s, -en [...za'to:rən]: *jmd., der einen schwierigen Sachverhalt, wissenschaftliche Erkenntnisse o. ä. gemeinverständlich darstellt u. verbreitet, der Allgemeinheit nahebringt;* **popularisieren** [...lari'zi:rən] ⟨sw. V.; hat⟩ [frz. populariser] (bildungsspr.): **1.** *populär machen, dem Volk, der breiten Masse, der Allgemeinheit nahebringen:* ein Parteiprogramm, politische Ziele p. **2.** *populär gestalten, so [um]gestalten, daß es gemeinverständlich wird:* wissenschaftliche Erkenntnisse, eine Philosophie p.; ⟨Abl.:⟩ **Popularisierung,** die; -, -en: *das Popularisieren;* **Popularität** [...'tɛ:t], die; - [frz. popularité < lat. populāritās]: **1.** *das Populärsein; Volkstümlichkeit, Beliebtheit:* die P. eines Sport[ler]s; seine P. ist gestiegen; große, keine, wenig P. genießen; etw. bringt jmdm., einer Sache viel P. ein. **2.** (selten) *Gemeinverständlichkeit;* **populärwissenschaftlich** ⟨Adj.; o. Steig.⟩: *in populärer, gemeinverständlicher Form wissenschaftlich:* -e Literatur; etw. p. darstellen; **Population** [popula'tsjo:n], die; -, -en [spätlat. populātio = Bevölkerung]: **1.** (Biol.) *Gesamtheit der an einem Ort vorhandenen Individuen einer Art:* geschlossene -en; Enten, die in dichter P. leben (Studium 5, 1966, 283). **2.** (Astron.) *Gruppe von Sternen od. anderen astronomischen Objekten in einem Sternsystem, die starke Ähnlichkeit in bezug auf Alter, Zusammensetzung, räumliche Verteilung u. Bewegung zeigen.* **3.** (bildungsspr. selten) *Bevölkerung;* **Populismus** [popu'lɪsmʊs], der; -: **1.** (Politik) *von Opportunismus geprägte, volksnahe, oft demagogische Politik mit dem Ziel, durch Dramatisierung der politischen Lage die Gunst der Massen (im Hinblick auf Wahlen) zu gewinnen:* eine Besonderheit des P.: die programmatische Unschärfe (Zeit 30, 1979, 3). **2.** *literarische Richtung des 20. Jh.s mit dem Ziel, das Leben des einfachen Volkes in natürlichem realistischem Stil ohne idealisierende od. polemische Verzerrungen für das einfache Volk zu schildern;* **Populist** [popu'lɪst], der; -en, -en: *Vertreter des Populismus;* **populistisch** ⟨Adj.; o. Steig.⟩: *den Populismus betreffend, auf ihm beruhend.*

Pore ['po:rə], die; -, -n [spätlat. porus < griech. póros]: *eine von vielen feinen Öffnungen od. Hohlräumen* (z. B. in der Haut): die -n des Bratfleischs, des Schwammes, des Bimssteins; Staub verstopft, Hitze öffnet, Kälte schließt die -n der Haut; der Schweiß brach ihm, die Hitze trieb ihm den Schweiß aus allen -n; ⟨Zus.:⟩ **porentief** ⟨Adj.; o. Steig.; nicht präd.⟩ (Werbespr.): *tief in die Poren [eindringend o. ä.], tief in den Poren [wirkend o. ä.]:* -e Reinigung; **Porenziegel,** der (Bauw.): *leichter, grobporiger Mauerziegel;* ⟨Abl.:⟩ **porig** ['po:rɪç] ⟨Adj.⟩: **1.** *Poren aufweisend, enthaltend; mit [vielen] Poren:* -es Holz; -e Schlacke; der Gummi fühlt sich p. an. **2.** ⟨nicht adv.⟩ *großporig:* -e Haut; **Porigkeit,** die; -: *porige Beschaffenheit.*

Pörkel[t] ['pœrkl̩(t)], **Pörkölt** ['pœrkœlt], das; -s [ung. pörkölt]: *ungarisches Ragout aus Fleisch mit Zwiebeln, Paprika, Knoblauch, Tomaten u. Gewürzen.*

Porno ['pɔrno], der; -s, -s (ugs.): Kurzf. für ↑Pornofilm, ↑Pornoroman o. ä.

Porno- (ugs.): **~bild,** das; **~film,** der; **~foto,** das; **~händler,** der: *Händler mit pornographischen Erzeugnissen;* **~heft,** das; **~laden,** der: vgl. ~händler; **~literatur,** die; **~magazin,** das: *pornographisches Magazin* (4 a); **~roman,** der; **~shop,** der: svw. ↑~laden; **~welle,** die: *starke Ausbreitung der Pornographie u. ihrer Beliebtheit;* **~zeitschrift,** die.

Pornograph, der; -en, -en [frz. pornographe, ↑-graph] (bildungsspr.): *Hersteller, Verfasser von Pornographie;* **Pornographie,** die; -, -n [...i:ən; frz. pornographie, zu griech. pornográphos = über Huren schreibend, zu: pórnē = Hure u. ↑-graphie] (bildungsspr.): **1.** ⟨o. Pl.⟩ *sprachliche u./od. bildliche Darstellung sexueller Akte unter einseitiger Betonung des genitalen Bereichs u. unter Ausklammerung der psychischen u. partnerschaftlichen Aspekte der Sexualität:* dieser Roman ist P.; P. verkaufen, verbreiten. **2.** *pornographisches Erzeugnis;* **pornographisch** ⟨Adj.⟩ (bildungsspr.): *auf [die] Pornographie bezüglich; in der Art der Pornographie; zur Pornographie gehörend, ihr eigentümlich, gemäß:* -e Romane, Bilder, Filme, Tonbänder; die -e Phantasie, die -en Neigungen eines Schriftstellers; der Roman enthält -e Elemente; der Autor schreibt vorwiegend p.; **pornophil** [...'fi:l] ⟨Adj.⟩ [zu griech. phileīn = gerne haben] (bildungsspr.): *zur Pornographie, zum Pornographischen neigend; eine Vorliebe für Pornographie zeigend.*

Porokrepp ['po:ro-], der; -s, (Sorten:) -s u. -e [Kunstwort aus ↑Pore, porös u. ↑Krepp]: *porige Gummisorte, die zur Herstellung von Schuhsohlen verwendet wird;* ⟨Zus.:⟩ **Porokreppsohle,** die; **Poromere** [poro'me:rə] ⟨Pl.⟩ [zu griech. méros = (An)teil]: *poröse, luftdurchlässige Kunststoffe, die in der Schuhindustrie an Stelle von Leder verwendet werden;* **porös** [po'rø:s] ⟨Adj.; -er, -este⟩ [frz. poreux, zu: pore < spätlat. porus, ↑Pore]: **1.** *porig u. durchlässig:* -es Gestein; -er Gummi; die Dichtung ist p. [geworden]. **2.** ⟨o. Steig.⟩ *mit Poren, kleinen Löchern versehen:* ein -es Hemd; ⟨Abl.:⟩ **Porosität** [porozi'tɛ:t], die; - [frz. porosité] (Fachspr., bildungsspr.): *poröse Beschaffenheit.*

Porphyr ['pɔrfy:ɐ̯, auch (österr. nur): –'–], der; -s, (Arten:) -e [pɔr'fy:rə; ital. porfiro, eigtl. = der Purpurfarbige, zu griech. porphýreos = purpurfarbig] (Geol.): *(durch die Erstarrung von Magma entstandenes) Gestein, in dessen dichter, feinkörniger od. glasiger Grundmasse größere Kristalle eingesprengt sind;* **porphyrisch** ⟨Adj.; o. Steig.; nicht adv.⟩ (Geol.): **a)** *aus Porphyr bestehend;* **b)** *eine Struktur aufweisend, bei der größere Kristalle in der dichten Grundmasse eingelagert sind;* **Porphyrit** [pɔrfy'ri:t, auch: ...rɪt], der; -s, -e: *dunkelbraunes, oft auch grünliches od. braunes Ergußgestein aus dem Paläozoikum.*

Porree ['pɔre], der; -s, -s [frz. (landsch.), afrz. porrée < lat. porrum]: *(als Gemüse angebauter) Lauch* (1) *mit dikkem, rundem Schaft:* [drei Stangen] P. kaufen; heute mittag gibt es P. *(aus Porree zubereitetes Gemüse).*

Porridge ['pɔrɪtʃ], der, älter: das; -s [engl. porridge, entstellt aus: pottage = Suppe < frz. pottage, zu: pot, ↑[3]Pot]: *(bes. in den angelsächsischen Ländern zum Frühstück gegessener) dicker Haferbrei.*

Porst [pɔrst], der; -[e]s, -e [mhd. bors, mniederd. pors, H. u.]: *zu den Heidekrautgewächsen gehörender immergrüner Strauch mit stark aromatischen Blättern u. kleinen weißen bis rötlichen Blüten.*

Port [pɔrt], der; -[e]s, -e ⟨Pl. selten⟩ [(a)frz. port < lat. portus, zu: porta, ↑Pforte]: **1.** (dichter. veraltet) *Ort der Sicherheit, Geborgenheit (insbes. als Ziel):* den rettenden P. erreichen; im sicheren, schützenden P. landen, sein. **2.** (veraltet) *Hafen.*

Portable ['pɔrtəbl̩], der, auch: das; -s, -s [engl. portable, eigtl. = tragbar < (a)frz. portable < spätlat. portābilis, zu: portāre, ↑portieren]: *tragbarer Fernsehempfänger.*

Portal [pɔr'ta:l], das; -s, -e [spätmhd. portāl < mlat. portale = Vorhalle, zu: portalis = zum Tor gehörig, zu lat. porta, ↑Pforte]: **1.** *baulich hervorgehobener, repräsentativ gestalteter größerer Eingang an einem Gebäude:* ein hohes, breites, steinernes P.; das P. einer Kirche; aus dem P., durch das P. treten. **2.** (Technik) *(feststehende od. fahrbare) tor-, portalartige Tragkonstruktion (bei einer bestimmten Art von Kränen);* ⟨Zus. zu 2:⟩ **Portalkran,** der.

Portament, das; -[e]s, -e, (meist:) **Portamento** [pɔrta'mɛnt(o)], das; -s, -s u. ...ti [ital. portamento, zu: portare < lat. portāre, ↑portieren] (Musik): *das gleitende Übergehen von einem Ton zu einem anderen (aber abgehobener als legato);* **Portativ** [...'ti:f], das; -s, -e [...i:və; mlat. portativum]: *kleine, tragbare Orgel ohne Pedale;* **portato** [pɔr'ta:to] ⟨Adv.⟩ [ital. portato, 2. Part. von: portare, ↑Portament] (Musik): *getragen, breit, aber ohne Bindung;* **Portefeuille** [pɔrt(ə)'fø:j], das; -s, -s [frz. portefeuille, aus: porte- (in Zus.) = -träger (zu: porter, ↑portieren) u. feuille, ↑Feuilleton]: **1. a)** (geh. veraltet) *Brieftasche;* **b)** (veraltet) *Aktenmappe.* **2.** (Politik) *Geschäftsbereich eines Ministers:* ein Minister ohne P. **3.** (Wirtsch.) *Wertpapierbestand einer Bank, Institution, Gesellschaft o. ä.:* die Aktien im P. einer Bank, eines Fonds; ein größeres Angebot an festverzinslichen Titeln aus dem P. eines der großen institutionellen Anleger (FAZ 2. 11. 61, 17); **Portemonnaie** [pɔrtmɔ'ne:, auch: '–––], das; -s, -s [frz. portemonnaie, 2. Bestandteil frz. monnaie = Münze, Geld < lat. monēta]: *kleiner Behälter für das Geld, das man bei sich trägt:* ein ledernes P.; sein P. einstecken, herausholen, [heraus]ziehen, öffnen; Geld ins P. stecken; kein Geld im P. haben; ***ein dickes P. haben** (ugs.; *über viel, reichlich Geld verfügen*); **Portepee** [pɔrtə'pe:], das; -s, -s [frz. porte-épée = Degengehenk, 2. Bestandteil frz. épée < afrz. spede < lat. spatha = Schwert]: *(in Deutschland nicht mehr getragene) versilberte od. vergoldete Quaste am Degen od. Säbel als Abzeichen des Offiziers u. höheren Unteroffiziers:* über den Dienstweg, hatte er ... ersucht, ihm wieder das P. zuzuerkennen (Kühn, Zeit 375); Unteroffizier mit P. *(Portepeeunteroffizier);* Ü ...fühlten sich britische Patrioten aufs P. getreten *(in ihrer Ehre verletzt);* (Spiegel 27, 1979, 86); ***jmdn. beim P. fassen** (veraltend; *sich jmdm. in entscheidener Weise zuwenden u. ihm nahelegen zu tun, was das Ehr- od. Pflichtgefühl verlangt bzw. was sich eigentlich gehört;* eigtl. = jmdn. bei der Offiziersehre packen); ⟨Zus.:⟩ **Portepeeträger,** der (Milit. früher geh.): *Offizier;* **Portepeeunteroffizier,** der (Milit.): *Unteroffizier vom Feldwebel an;* **Porter** ['pɔrtɐ], der, auch, bes. österr.: das; -s, - [engl. porter, wohl gek. aus: porter's beer, eigtl. = „Dienstmannsbier"; weil es früher bevorzugt von Dienstmännern getrunken wurde]: *dunkles, obergäriges [englisches] Bier;* **Porterhousesteak** ['pɔ:tə-haus-], das; -s, -s [engl. porterhouse steak, aus: porterhouse = Ausschank (2 a) für Porter u. steak, ↑Steak] (Kochk.): *(vorzugsweise auf dem Rost gebratene) dicke Scheibe aus dem Rippenstück des Rinds mit [Knochen u.] Filet.*

Porteur [pɔr'tø:ɐ̯], der; -s, -s [frz. porteur, zu: porter, ↑portieren] (schweiz.): *Gepäckträger* (1); **Portfolio** [pɔrt'fo:li̯o], das; -s, -s [ital. portafoglio, eigtl. = Portefeuille] (Buchw.): *(mit Fotografien ausgestatteter) Bildband;* **Porti:** Pl. von ↑Porto.

Portier [pɔr'ti̯e:], der; -s, -s, österr. [pɔr'ti:ɐ̯]: der; -s, -e u. (selten:) -s [frz. portier < spätlat. portārius = Türhüter, zu lat. porta, ↑Pforte]: *jmd., der in einem Hotel, großen [Wohn]gebäude o. ä. auf Kommende u. Gehende achtet bzw. sie hinein- od. hinausläßt, Auskünfte gibt usw.:* der P. des Hotels; die Loge des -s; Die beiden -e vorn bei der Ausfahrt (Zenker, Froschfest 187); Als ich 59 auf der „Freiheit" P. stand *(als Anreißer* 2 a *vor der Tür stand)* ... (Fichte, Wolli 83). **2.** (veraltend) *Hausmeister:* der P. sorgt für die Ordnung im Haus; ***stiller P.** (bes. berlin., veraltend; *Mieterverzeichnis auf einer Tafel im Hausflur*); **Portiere** [pɔr'ti̯e:rə, auch: pɔr'ti̯ɛ:rə], die; -, -n [frz. portière, zu: porte = Tür < lat. porta, ↑Pforte]: *schwerer Türvorhang;* **portieren** [pɔr'ti:rən] ⟨sw. V.; hat⟩ [frz. porter, eigtl. = tragen < lat. portāre] (schweiz.): *zur Wahl vorschlagen, als Kandidaten aufstellen:* sein Vater wurde als Großrat portiert; **Portierloge,** (seltener:) **Portiersloge,** die; -, -n; **Portiersfrau,** die; -, -en: **1.** *Frau des Portiers.* **2.** *weiblicher Portier;* **Portierung,** die; -, -en (schweiz.): *das Portieren.*

Portikus ['pɔrtikʊs], der, fachspr. auch: die; -, - [...ku:s] u. ...ken [lat. porticus, zu: portus = Eingang, zu: porta, ↑Pforte] (Archit.): *Säulenhalle als Vorbau an der Haupteingangsseite eines Gebäudes.*

Portiokappe ['pɔrtsi̯o-], die; -, -n [zu lat. portio = Teil (eines Organs)] (Med.): *aus Kunststoff hergestellte Kappe, die dem in die Scheide ragenden Teil der Gebärmutter als mechanisches Verhütungsmittel aufgestülpt wird;* **Portion** [pɔr'tsi̯o:n], die; -, -en ⟨Vkl. ↑Portiönchen⟩ [lat. portio = Anteil, wohl zu: pars = Teil]: **1.** *(bes. von Speisen) [für eine Person bzw. für ein einzelnes Mahl] abgemessene Menge:* eine große, kleine, doppelte, halbe P.; eine P. Eis; seine P. zugeteilt bekommen; Monate, in denen er ... den Tabak in noch geringeren -en kaufte (Böll, Haus 14); ***eine halbe P.** (ugs. spött.; *ein unscheinbarer, schmächtiger Mensch*). **2.** (ugs.) *[bestimmte, nicht geringe] Menge:* er hat eine reichliche P. Schnaps getrunken; dazu gehört eine [große] P. Geduld, Glück, Frechheit; ⟨Abl.:⟩ **Portiönchen** [pɔr'tsi̯ø:nçən], das; -s, - (ugs. scherzh.): ↑Portion; **portionenweise:** ↑portionsweise; **portionieren** [pɔrtsi̯o'ni:rən] ⟨sw. V.; hat⟩ (Fachspr.): *in Portionen teilen, por-*

tionsweise abmessen: Milch, Essen p.; **Portionierer,** der; -s, -: *Gerät zum Einteilen von Portionen* (z. B. bei Speiseeis); **Portionierung,** die; -, -en; **Portionsweide,** die; -, -n (Landw.): *Weidesystem, bei dem dem Vieh täglich für eine bestimmte Zeit nur eine begrenzte Fläche zur Verfügung steht, wodurch eine optimale Nutzung des Weidelandes erreicht wird;* **portionsweise,** portionenweise ⟨Adv.⟩: *in Portionen:* das Essen p. ausgeben.

Portjuchhe [pɔrtjʊx'he:, auch: '– – –], das; -s, -s [entstellt aus ↑Portemonnaie; 2. Bestandteil zu ↑juchhe unter Anspielung auf schnell ausgegebenes, verjubeltes Geld] (ugs. scherzh. veraltend): *Portemonnaie.*

Portlandzement ['pɔrtlant-], der; -[e]s [engl. Portland cement; nach der engl. Insel Portland]: *Zement mit bestimmten genormten Eigenschaften;* Abk.: PZ

Porto ['pɔrto], das; -s, -s u. ...ti [ital. porto = Transport(kosten), eigtl. = das Tragen, zu: portare = tragen < lat. portāre]: *Gebühr für die Beförderung von Postsendungen:* das P. für den Brief beträgt 60 Pfennig; 4 Mark P.; [das] P. zahlt [der] Empfänger.

porto-, Porto-: **~buch,** das (Wirtsch.): *Buch* (2), *in das die Ausgaben für Portos eingetragen werden;* **~frei** ⟨Adj.; o. Steig.⟩: *(von Postsendungen) gebührenfrei* (Ggs.: portopflichtig); **~kasse,** die (Wirtsch.): *Kasse, aus der die laufenden kleinen Postausgaben, insbes. Portos bezahlt werden;* **~kosten** ⟨Pl.⟩; **~pflichtig** ⟨Adj.; o. Steig.⟩: *(von Postsendungen) gebührenpflichtig* (Ggs.: portofrei).

Portrait [pɔr'trɛ:], das; -s, -s: veraltete Schreibung von ↑Porträt; **Porträt** [-], das; -s, -s, auch [pɔr'trɛ:t]: das; -[e]s, -e [frz. portrait, subst. 2. Part. von afrz. po(u)rtraire = entwerfen, darstellen < lat. prōtrahere = hervorziehen; ans Licht bringen]: *bildliche Darstellung, Bild (insbes. Brustbild) eines Menschen; Bildnis:* ein fotografisches, lebensgroßes P.; ein P. Goethes/von Goethe; ein P. in Öl; von jmdm. ein P. machen, zeichnen; Ü [literarische] -s berühmter Komponisten; ein kurzes P. von jmdm. geben, entwerfen; In loser Folge werden wir -s der anderen Länder bringen (Welt 20. 3. 65, 3); * **jmdm. P. sitzen** (bild. Kunst; *sich von jmdm. porträtieren lassen*).

Porträt-: **~aufnahme,** die: dieser Fotograf macht gute -n; **~büste,** die (bild. Kunst); **~fotograf,** der; **~kunst,** die; **~maler,** der; **~malerei,** die ⟨o. Pl.⟩; **~statue,** die (bild. Kunst); **~studie,** die; **~zeichnung,** die.

porträtieren [pɔrtrɛ'ti:rən] ⟨sw. V.; hat⟩: *von jmdm. ein Porträt anfertigen:* ein bekannter Maler, Fotograf hat ihn porträtiert; Ü der Schriftsteller porträtierte in seinem Roman einige bekannte Politiker; **Porträtist** [...'tɪst], der; -en, -en [frz. portraitiste]: *Künstler, der Porträts anfertigt.*

Portugieser [pɔrtu'gi:zɐ], der; -s, - [H. u.]: **a)** ⟨o. Pl.⟩ *schwarzblaue Rebsorte, die einen milden, bukettarmen Rotwein liefert;* **b)** *Wein der Rebsorte Portugieser* (a).

Portulak ['pɔrtulak], der; -s, -e u. -s [lat. portulāca, zu: portula, Vkl. von: porta = Pforte, wegen der sich mit einem Deckelchen öffnenden Samenkapseln]: *in vielen Arten verbreitete Zier-, Gemüse- u. Gewürzpflanze.*

Portwein ['pɔrt-], der; -[e]s, (Sorten:) -e [nach der portugiesischen Stadt Porto]: *schwerer braunroter od. weißer Dessertwein (aus dem oberen Dourotal).*

Porzellan [pɔrtsɛ'la:n], das; -s, -e [ital. porcellana, eigtl. = eine Seemuschel mit weißglänzender Schale (man glaubte, der Werkstoff werde aus der pulverisierten Schale hergestellt) < venez. porzela = Muschel, eigtl. = kleines weibliches Schwein < lat. porcella]: **1.** *(aus einem Kaolin-Feldspat-Quarz-Gemisch) durch Brennen [u. Glasieren] hergestellter Werkstoff von weißer Farbe, der z. B. bei Fall, Stoß leicht zerbrechen kann:* P. brennen; Geschirr, eine Vase aus P.; sie ist wie aus/wie von P. *(sie ist sehr zart).* **2.** ⟨o. Pl.⟩ *Geschirr o. ä. aus Porzellan* (1): kostbares, altes, feines, chinesisches P.; P. sammeln; * **P. zerschlagen** (ugs.; *durch plumpes, ungeschicktes Reden od. Handeln Schaden anrichten*). **3.** ⟨meist Pl.⟩ (bes. Fachspr.) *Gefäß, Gegenstand aus Porzellan* (1).

porzellan-, Porzellan-: **~artig** ⟨Adj.; o. Steig.⟩; **~blume,** die, **~blümchen,** das [nach den porzellanartigen Blüten]: *(in den Pyrenäen beheimatetes) wintergrünes, bodenbedeckendes Steinbrechgewächs mit weißen, in der Mitte purpurfarbenen Blüten in einer Rispe;* **~brenner,** der: *jmd., der beim Brennen von Porzellan vorbereitende, begleitende u. überwachende Tätigkeiten ausführt* (Berufsbez.); **~erde,** die: svw. ↑Kaolin; **~fabrik,** die; **~figur,** die: -en des Rokokos; **~gefäß,** das; **~geschirr,** das ⟨o. Pl.⟩; **~hose,** die (ugs. scherzh.): *weiße Hose* (z. B. Tennishose); **~industrie,** die; **~krug,** der; **~kiste,** die; vgl. Vorsicht; **~kitt,** der: *Kitt zum Kitten von zerbrochenem Porzellan;* **~krone,** die: *Zahnkrone aus Porzellanmasse;* **~laden,** der; vgl. Elefant; **~maler,** der: *Fachmann, der Porzellan nach vorgegebenen od. auch eigenen Entwürfen bedruckt, [unter Verwendung von Schablonen] spritzt u. bemalt,* dazu: **~malerei,** die; **~manufaktur,** die; **~marke,** die: *in Porzellan[e] eingebrannte, eingepreßte Marke der herstellenden Manufaktur, Fabrik;* **~masse,** die; **~schale,** die; **~schnecke,** die: *in zahlreichen Arten verbreitete Schnecke mit eiförmiger, porzellanartiger Schale;* **~service,** das: ein echtes Meißner P.; **~tasse,** die; **~teller,** der; **~vase,** die; **~waren** ⟨Pl.⟩; **~weiß** ⟨Adj.; o. Steig.; nicht adv.⟩: *weiß wie Porzellan;* **~werk,** das: svw. ~fabrik.

porzellanen ⟨Adj.; o. Steig.; nur attr.⟩: *aus Porzellan.*

Posament [poza'mɛnt], das; -[e]s, -en ⟨meist Pl.⟩ [älter auch: Pa(s)sement, mniederd. pasement < (m)frz. passement, zu: passer = sich an etw. hinziehen]: *zum Verzieren von Kleidung, textilen Wand- u. Fensterdekorationen, Polstermöbeln u. a. verwendeter Besatz wie Borde, Schnur, Quaste o. ä.;* **Posamentierarbeit,** die; -, -en: *mit Posamenten verzierte Arbeit;* **posamentieren** [...'ti:rən] ⟨sw. V.; hat⟩: **a)** *Posamenten herstellen;* **b)** *mit Posamenten verzieren.*

Posaune [po'zaunə], die; -, -n [mhd. busūne, busīne < afrz. buisine < lat. būcina = Jagdhorn, Signalhorn]: *Blechblasinstrument mit kesselförmigem Mundstück u. dreiteiliger, doppelt U-förmig gebogener, sehr langer, enger Schallröhre, die durch einen ausziehbaren Mittelteil, den (U-förmigen) Zug, in der Länge veränderbar ist, so daß Töne verschiedener Höhe hervorgebracht werden können:* [die] P. spielen, blasen; die P. des Jüngsten Gerichts (bibl.; *Posaune, die das Jüngste Gericht ankündigt;* nach 1. Kor. 15,52); blasen, schmettern wie die -n von Jericho (scherzh. übertreibend; *dröhnend u. durchdringend;* nach Jos. 6,4 ff.); ⟨Abl.:⟩ **posaunen** ⟨sw. V.; hat⟩ [mhd. busūnen, busīnen]: **1.** (meist ugs.) *die Posaune blasen.* **2.** (ugs. abwertend) **a)** *ausposaunen:* eine Neuigkeit in die Welt/in alle Welt p.; **b)** (seltener) *laut[stark] verkünden:* „Ich bin der Größte!" posaunte er.

posaunen-, Posaunen-: **~artig** ⟨Adj.; o. Steig.⟩; **~bläser,** der; **~chor,** der; **~engel,** der: **1.** *Engel mit Posaune (in bildlichen od. plastischen Darstellungen).* **2.** (ugs. scherzh.) *pausbäckiger Mensch, insbes. pausbäckiges Kind;* **~schall,** der; **~suppe,** die (salopp scherzh.): *Suppe, die Hülsenfrüchte enthält u. daher Blähungen verursacht;* **~ton,** der.

Posaunist [pozau'nɪst], der; -en, -en [zu ↑Posaune]: *Musiker, der Posaune spielt* (Berufsbez.).

[1]Pose ['po:zə], die; -, -n [frz. pose, zu: poser = hinstellen; älter = innehalten < spätlat. pausāre, ↑pausieren]: *(auf eine bestimmte Wirkung abzielende) Körperhaltung, Stellung [die den Eindruck des Gewollten macht]:* eine theatralische, anmutige P.; eine P. ein-, annehmen; in einer eleganten P. dastehen; bei ihm ist das keine P., ist nichts, alles P.; sich in der P. des Siegers gefallen.

[2]Pose [-], die; -, -n [aus dem Niederd., eigtl. = Feder, urspr. = die Schwellende]: **1.** (Angeln) svw. ↑Floß (2). **2.** * **in die, in den, aus den -n** (nordd.; *in die, in den, aus den Federn* 1): ab in die -n!

Posemuckel [po:zə'mʊkl̩, auch: '– – – –] ⟨Ortsn.; o. Art.; Gen.: -s⟩ [nach Groß u. Klein Posemukel im ehemal. Kreis Bomst (Mark Brandenburg)] (salopp abwertend): *irgendein kleiner, abgelegener Ort:* aus P. kommen; **Posemukel** ['po:zəmʊkl̩]: ↑Posemuckel.

posen ['po:zn̩] ⟨sw. V.; hat⟩ [wohl unter Einfluß von engl. to pose zu ↑[1]Pose]: svw. ↑posieren: Sie posten gern für unsere Bilder (Fotomagazin 8, 1968, 14); **Poseur** [po'zø:ɐ̯], der; -s, -e [frz. poseur] (bildungsspr. abwertend): *jmd., der gern posiert; Wichtigtuer, Blender;* **posieren** [po'zi:rən] ⟨sw. V.; hat⟩ [frz. poser, zu: pose, ↑[1]Pose] (bildungsspr.): *eine Pose einnehmen:* vor dem Spiegel p.

Position [pozi'tsio:n], die; -, -en [lat. positio = Stellung, Lage, zu: positum, 2. Part. von: pōnere = setzen, stellen, legen (in verschiedenen fachspr. Bed. unter Einfluß von frz. position)]: **1. a)** *(gehobene) berufliche Stellung; Posten:* eine gute, aussichtsreiche, leitende, hohe P. haben; ein Mann in gesicherter P.; in eine P. aufsteigen; **b)** *bestimmte [wichtige] Stelle innerhalb einer Institution, eines Betriebes, eines Systems, einer vorgegebenen Ordnung o. ä.:* die wichtigsten -en in diesem Staat sind von, mit Konservativen besetzt; jmds. soziale P.; seine P. im Betrieb hat sich verschlechtert; (Sport:) der Weltmeister lag in dem Rennen lange in führender, dritter P.; seine führende P. in der Einzelwertung verteidigen; durch diesen Sieg konnte sich der Verein um eine P. (auf Platz sieben) verbessern; **c)** *Lage, Situation, in der sich jmd. befindet:* jmd. befindet sich jmdm. gegenüber in einer aussichtslosen, starken, schwachen P.; **d)** *Standpunkt, grundsätzliche Auffassung, Einstellung:* in einer Angelegenheit eine bestimmte P. einnehmen, eine neue P. beziehen. **2.** *bestimmte (räumliche) Stellung od. Lage:* ein Maschinenteil, einen Hebel in die richtige, eine andere P. bringen; die verschiedenen -en beim Koitus; in/auf P. gehen (1. *die festgelegte Stellung einnehmen.* 2. *die richtige, kampfbereite Stellung einnehmen*). **3.** *Standort, bes. eines [Wasser-, Luft-, Raum]fahrzeugs:* die P. eines Schiffes, Flugzeugs angeben, ermitteln, bestimmen. **4.** (Wirtsch.) *Punkt, Einzelposten einer Aufstellung, eines Plans usw.:* die -en eines Haushaltsplans, einer Bestellung, Rechnung; einige -en streichen; Abk.: Pos. **5.** (Philos.) *Setzung, Gesetztes, gesetztes Sein* (Ggs.: Negation 1 b); **positionell** [...tsi̯o'nɛl] ⟨Adj.; o. Steig.⟩ (Fachspr., bildungsspr.): *die Position, Stellung betreffend;* **positionieren** [...'ni:rən] ⟨sw. V.; hat⟩ (Fachspr., bildungsspr.): *in eine bestimmte Position, Stellung bringen; einordnen.*

positions-, Positions-: ~**angriff,** der (Hallenhandball, Basketball): *Angriff, bei dem die Spieler nach einem bestimmten System Positionen einnehmen u. wechseln;* ~**bestimmung,** die: *Bestimmung der Position* (3); ~**lampe,** die: vgl. ~licht; ~**lang** ⟨Adj.; o. Steig.; nicht adv.⟩ (antike Verslehre): *(von Silben mit kurzem Vokal) als lang zu betrachten auf Grund der Position des kurzen Vokals vor mehr als einem Konsonanten:* eine -e Silbe; ~**länge,** die (antike Verslehre): *positionslange Silbe;* ~**laterne,** die: vgl. ~licht; ~**leuchte,** die: vgl. ~licht; ~**licht,** das (Seew., Flugw.): *eines der vorgeschriebenen farbigen u. weißen Lichter an einem Schiff od. Luftfahrzeug, die Position* (3) *u. Bewegungsrichtung erkennen lassen sollen;* ~**meldung,** die (Seew., Flugw.): *Meldung der Position* (3); ~**wechsel,** der: **a)** *Wechsel der Position;* **b)** (Volleyball) svw. ↑Rotation; ~**wurf,** der (Basketball): *Wurf auf den Korb* (3 a) *aus entfernterer Position.*

positiv ['po:ziti:f, auch: pozi'ti:f] ⟨Adj.⟩ [(spät)lat. positīvus = gesetzt, gegeben zu: positum, ↑Position]: **1.** *Zustimmung, [zuversichtliche] Bejahung ausdrückend, enthaltend; zustimmend; bejahend* (Ggs.: negativ 1 a): eine -e Antwort; -e Reaktionen; eine -e Haltung; eine -e Einstellung [zum Leben] *(eine lebensbejahende, zuversichtliche Einstellung);* sich p. zu etw. stellen; jmdm., einer Sache p. gegenüberstehen. **2.** (Ggs.: negativ 2) **a)** *(in bezug auf die Auswirkung o. ä. von etw.) günstig, vorteilhaft, wünschenswert:* eine -e Entwicklung; der -e Ausgang eines Geschehens; -e Folgen; sich p. auf jmdn., auf etw. auswirken; **b)** *im oberen Bereich einer Werteordnung angesiedelt; gut:* -e Charaktereigenschaften; etw. p. bewerten, darstellen. **3.** ⟨o. Steig.; nicht adv.⟩ (bes. Math.) *im Bereich über Null liegend* (Ggs.: negativ 3): 1 ist eine -e Zahl. **4.** ⟨o. Steig.⟩ (Physik) *eine der beiden Formen elektrischer Ladung betreffend* (Ggs.: negativ 4): der -e Pol; p. geladen sein. **5.** ⟨o. Steig.⟩ (bes. Fot.) *gegenüber einer Vorlage od. dem Gegenstand der Aufnahme seitenrichtig u. der Vorlage bzw. dem Gegenstand in den Verhältnissen von Hell u. Dunkel od. in den Farben entsprechend* (Ggs.: negativ 5). **6.** ⟨o. Steig.⟩ (bes. Med.) *einen als möglich ins Auge gefaßten Sachverhalt als gegeben ausweisend* (Ggs.: negativ 6): ein -er Befund; ein -es Testergebnis; die Testbohrung verlief p. *(es wurde etwas gefunden).* **7. a)** ⟨nicht präd.⟩ (bildungsspr.) *wirklich, konkret [gegeben]:* -e Kenntnisse, Ergebnisse; -es Recht (jur.; *gesetztes Recht [im Unterschied zum Naturrecht]);* -e Theologie *(Theologie, sofern sie sich allein mit den positiv gegebenen Quellen der Offenbarung, mit historischen Fakten, mit der Tradition u. den kirchlichen Lehren befaßt);* **b)** (ugs.) *sicher, bestimmt, tatsächlich:* ich weiß das p.; das ist p. gelogen; ist es schon p., daß du abreist?; **¹Positiv** [-], der; -s, -e [...i:və; spätlat. (gradus) positīvus] (Sprachw.): *ungesteigerte Form des Adjektivs; Grundstufe;* **²Positiv** [-], das; -s, -e [...i:və; 1: spätmhd. positif(e) < mlat. positivum (organum), eigtl. = hingestelltes Instrument; 2: wohl geb. nach ↑Negativ; vgl. frz. positif, engl. positive]: **1.** *kleine Standorgel ohne Pedal u. mit nur einem Manual.* **2.** (bes. Fot.) *aus einem Negativ gewonnenes Bild:* ein P. herstellen.

positiv-, Positiv-: ~**bild,** das (bes. Fot.): svw. ↑²Positiv (2); ~**film,** der (Fot.): *fotografischer Film zur Herstellung von Diapositiven nach Negativen;* ~**[kopier]verfahren,** das (Fot.): *Kopierverfahren, bei dem von einem Positiv wiederum ein Positiv u. von einem Negativ ein Negativ entsteht.*

Positivismus [poziti'vɪsmʊs], der; -: *Philosophie, die ihre Forschung auf das Positive, Tatsächliche, Wirkliche u. Zweifellose beschränkt, sich allein auf Erfahrung beruft u. jegliche Metaphysik als theoretisch unmöglich u. praktisch nutzlos ablehnt* (A. Comte); **Positivist,** der; -en, -en: *Vertreter, Anhänger des Positivismus;* **positivistisch** ⟨Adj.; o. Steig.⟩: **1.** *den Positivismus betreffend, zu ihm gehörend, auf ihm beruhend.* **2.** (oft abwertend) *sich (z. B. bei einer wissenschaftlichen Arbeit) nur auf das Sammeln o. ä. beschränkend [u. keine eigene Gedankenarbeit aufweisend];* **Positivum** ['po:ziti:vʊm], das; -s, ...va (bildungsspr.): *positive* (2 b) *Eigenschaft, positiver* (2 b) *Faktor von etw., jmdm. [der den sonst negativen Eindruck abschwächt, mildert]* (Ggs.: Negativum); **Positron** ['po:zitrɔn, auch: pozi'tro:n], das; -s, -en [pozi'tro:nən; Kurzwort aus ↑*posi*tiv u. ↑Elek*tron*] (Kernphysik): *leichtes, positiv geladenes Elementarteilchen, dessen Masse gleich der Masse des Elektrons ist;* Zeichen: e^+, **Positur** [pozi'tu:ɐ], die; -, -en [lat. positūra = Stellung, Lage, zu: positum ↑Position]: **a)** ⟨Pl. ungebr.⟩ (meist leicht spött.) *bewußt eingenommene Stellung, Haltung des Körpers:* eine P. beibehalten; in lässiger P.; meist in der festen Wendung **sich in P. setzen, stellen, werfen** (ugs. leicht spött.; *in einer bestimmten Situation eine entsprechende Beachtung erwartende, betonte Haltung od. Stellung einnehmen*): der Richter setzte sich in P. und eröffnete die Verhandlung; **b)** bes. Sport, z. B. Boxen, Fechten) *(insbes. den Kampf einleitende) zweckmäßige Stellung, Haltung:* die P. des Boxers, Fechters; * **in P. gehen, sein** *(die zweckmäßige [Kampf]stellung, -haltung einnehmen, eingenommen haben).*

Posse ['pɔsə], die; -, -n [gek. aus ↑Possenspiel]: *derb-komisches, volkstümliches Bühnenstück:* eine P. aufführen.

Possekel [pɔ'se:kl̩], der; -s, - [lit. posěkelis] (nordostd.): *schwerer Schmiedehammer.*

Possen ['pɔsn̩], der; -s, - [spätmhd. possen = reliefartiges, figürliches Bildwerk, dann: verschnörkeltes, komisches od. groteskes bildnerisches Beiwerk an öffentlichen Kunstdenkmälern < frz. bosse = erhabene Bildhauerarbeit, eigtl. = Höcker, Beule, wohl aus dem Germ.] (veraltend): **1.** ⟨Pl.⟩ *plumpe od. alberne Späße; Unfug, Unsinn:* P. treiben; laß die P.!; * **P. reißen** *(derbe Späße machen, treiben;* urspr. = komisches od. groteskes bildnerisches Beiwerk auf dem Reißbrett entwerfen). **2.** * **jmdm. einen P. spielen** *(jmdm. einen derben Streich spielen).*

Possen-: ~**dichter,** der; vgl. Posse; ~**macher,** ~**reißer,** der (veraltend): *jmd., der [gern] Possen macht, reißt; Spaßmacher;* ~**spiel,** das (veraltet): *Posse.*

possenhaft ⟨Adj.; -er, -este⟩: *[derb-]komisch wie eine Posse, wie in einer Posse:* -e Übertreibung; ⟨Abl.:⟩ **Possenhaftigkeit,** die: -, -en: **1.** ⟨o. Pl.⟩ *das Possenhaftsein.* **2.** *possenhafte Einzelheit, possenhafter Zug.*

possessiv ['pɔsɛsi:f, auch: ––'–] ⟨Adj.; o. Steig.⟩ [lat. possessīvus, zu: possidēre = besitzen] (Sprachw.): *besitzanzeigend;* **Possessiv** [-], das; -s, -e [...i:və], **Possessivpronomen** [auch: ––'––––], das; -s, -, auch: ...mina, **Possessivum** [pɔsɛ'si:vʊm], das; -s, ...va (Sprachw.): *besitzanzeigendes Fürwort* (z. B. mein, dein); **possessorisch** [pɔsɛ'so:rɪʃ] ⟨Adj.; o. Steig.; nicht adv.⟩ [spätlat. possessōrius] (jur.): *den Besitz betreffend:* -e Ansprüche.

possierlich [pɔ'si:ɐ̯lɪç] ⟨Adj.⟩ [zu veraltet possieren = sich lustig machen, zu ↑Possen]: *(meist von kleineren Tieren) belustigend wirkend in seiner Art u. durch seine Bewegungen; niedlich u. drollig:* ein -es Äffchen, Kätzchen; p. aussehen; sich p. bewegen; ⟨Abl.:⟩ **Possierlichkeit,** die; -.

¹Post [pɔst], die; -, -en ⟨Pl. selten⟩ [unter Einfluß von frz. poste < ital. posta = Poststation < spätlat. posita (statio od. mānsio) = festgesetzt(er Aufenthaltsort), zu lat. positum, ↑Position]: **1.** *öffentliche Dienstleistungseinrichtung zur Beförderung von Briefen, Paketen, Geldsendungen, zur Unterhaltung des Fernmeldewesens, zur Personenbeförderung im Nahverkehr u. a.:* die P. befördert Briefe und Pakete; er ist, arbeitet bei der P.; etw. mit der/durch die/per P. schicken; ein Mann von der P. **2.** svw. ↑Postamt (b): wo ist die nächste P.?; auf die/zur P. gehen; etw. zur P. bringen. **3.** ⟨o. Pl.⟩ *etw., was von der Post* (1) *zugestellt worden ist od. von der Post befördert werden soll:* ist P. für mich da?; die P. geht heute noch ab; sonntags kommt, gibt es keine P.; er bekommt viel P. [von ihr]; * **mit gleicher**

P. *(gleichzeitig aufgegeben, abgeschickt, aber als separate Sendung):* mit gleicher P. geht ein Päckchen an dich ab. **4.** ⟨o. Pl.⟩ (ugs.) *Zustellung von Post* (3): auf [die] P. warten; viele Briefe hatte er bekommen, fast mit jeder P. (Plievier, Stalingrad 243). **5. a)** (früher) svw. ↑Postkutsche: unter ... Peitschenknallen hörte man die P. ... vorbeirasseln (H. Mann, Stadt 17); ***ab [geht] die P.** (ugs.: 1. *unverzüglich geht es los:* er schwingt sich auf sein Moped, und ab [geht] die P. 2. *mach dich sofort auf den Weg, an die Arbeit o. ä.!:* du schläfst wohl, was – los, ab geht die P.! [Hochhuth, Stellvertreter III]); **b)** (bes. Fachspr.) svw. ↑Postbus: in dem Bezirk verkehren nur noch wenige -en. **6.** (veraltet) *Botschaft, Nachricht, Neuigkeit:* ich kann Ihnen und uns allen eine bessere P. versprechen (Werfel, Bernadette 33); **²Post** [poʊst], der; -s, -s [engl. post < (m)frz. poste < ital. posto, ↑Posten] (Basketball): *in einiger Entfernung vom Korb in der Mitte des Spielfeldes stehender Spieler, der das Spiel seiner Mannschaft im Angriff dirigiert.*

post-, Post-: **~abholer,** der: *jmd., der seine Post* (3) *beim Postamt abholt od. abholen läßt;* **~ablage,** die: **1.** *Ablage* (2) *für Post* (3). **2.** (schweiz., österr.) *kleine Poststelle;* **~adresse,** die: svw. ↑~anschrift; **~agentur,** die (veraltet): svw. ↑Poststelle (1); **~amt,** das: **a)** *Dienststelle der Post* (1) *zur Erfüllung von Aufgaben der Post in einem bestimmten Bezirk; Post* (2): der Brief trägt den Stempel des -s 3; **b)** *Gebäude, Diensträume eines Postamts* (a): aufs, zum P. gehen; ich habe ihn im, auf dem P. getroffen; **~amtlich** ⟨Adj.; o. Steig.⟩: *von der Postverwaltung festgesetzt, vorgeschrieben;* **~angestellte,** der u. die; **~anschrift,** die: *als Angabe des Empfängers einer Postsendung zu benutzende Anschrift;* **~anstalt,** die (Postw.): *Einrichtung, Dienststelle der Post mit je nach Art verschiedenen Aufgaben:* die Postämter gehören zu den -en; **~anweisung,** die: **a)** *Geldsendung, die dem Empfänger durch den Briefträger in bar zugestellt wird:* eine [telegrafische] P. erhalten; **b)** *Formular, das man als Absender einer Postanweisung* (a) *benutzen muß:* eine P. ausfüllen; **~arbeit,** die (österr. ugs. veraltend): *eilige, dringende Arbeit;* **~auftrag,** der (Postw.): *Auftrag an die Post* (1), *ein Schriftstück in besonderer, gesetzlich vorgesehener, förmlicher Weise zuzustellen od. einen Wechsel zur Zahlung vorzulegen:* einen P. erteilen; etw. per P. zustellen lassen; **~ausgang,** der (Bürow.; Ggs.: ~eingang); **a)** ⟨o. Pl.⟩ *der Ausgang* (5 a) *von Post* (3): der P. hat sich heute verzögert; **b)** ⟨meist Pl.⟩ *abzuschickende Postsendung:* die Postausgänge sortieren; **c)** ⟨Pl. selten⟩ *Menge der (mit einem Mal) abzuschickenden Post* (3): der P. der letzten drei Tage; **~auto,** das: **a)** svw. ↑Postwagen (a); **b)** (ugs. selten) svw. ↑Postbus; **~barscheck,** der: *Barscheck für den Postscheckverkehr;* **~beamte,** der; **~beamtin,** die: w. Form zu ~beamte; **~bedienstete,** der u. die; **~beförderung,** die; **~behörde,** die; **~benutzer,** der: *jmd., der sich der Post* (1) *bedient;* **~beutel,** der: svw. ↑~sack; **~bezirk,** der: svw. ↑Zustellbezirk; **~boot,** das: vgl. ~schiff, **~bote,** der (ugs.): *Briefträger, Zusteller;* **~bub:** ↑Postbub; **~bus,** der: *Linienbus der Post* (1); **~car,** der (schweiz.): svw. ↑~bus; **~dampfer,** der: vgl. ~schiff; **~dienst,** der: **1.** ⟨o. Pl.⟩ *Dienst* (1 b) *bei der Post* (1): ein Beamter im P. **2. a)** ⟨o. Pl.⟩ *gesamter Aufgabenbereich der Post* (1): ein wichtiger Bestandteil des -es ist die Briefzustellung; **b)** *für eine bestimmte Gruppe von Aufgaben zuständige Sparte der Post:* einzelne -e wie z. B. der Postsparkassendienst; **~direktor,** der: *Beamter des höheren Dienstes bei der Post* (1); **~eigen** ⟨Adj.; o. Steig.; nicht adv.⟩: *der Post gehörend:* -e Eisenbahnwagen; **~eingang,** der (Bürow.; Ggs.: ~ausgang): **a)** ⟨o. Pl.⟩ *Eingang* (4 a) *von Post* (3); **b)** ⟨meist Pl.⟩ *eingegangene Postsendung;* **c)** ⟨Pl. selten⟩ *Menge der (in einem bestimmten Zeitraum) eingegangenen Post* (3); **~fach,** das: **a)** *vom Kunden zu mietendes Schließfach bei einem Postamt für Postsendungen, die der Inhaber dort selbst abholt;* **b)** *offenes od. abschließbares Fach zum Deponieren von Post* (3) *für einen bestimmten Empfänger* (z. B. in einem Hotel); **~fertig** ⟨Adj.; o. Steig.; nicht adv.⟩: *(von Sendungen) fertig zum Verschicken durch die Post* (1), *zum Aufgeben:* eine Sendung p. machen; **~flagge,** die: *Dienstflagge der Post* (1); **~flugzeug,** das: vgl. ~schiff; **~frei** ⟨Adj.; o. Steig.; nicht adv.⟩: *(von Postsendungen) freigemacht;* **~frisch** ⟨Adj.; o. Steig.; nicht adv.⟩ (Philat.): *(von Briefmarken) im Neuzustand befindlich, bes. eine unversehrte Gummierung aufweisend u. ungestempelt;* **~gebäude,** das; **~gebühr,** die: *Gebühr für eine Dienstleistung der Post* (1): eine Tabelle der gültigen, neuen -en; **~geheimnis,** das (jur.): *Recht, das es Dritten, bes. dem Staat u. den Postbediensteten, untersagt, vom Inhalt von Postsendungen Kenntnis zu nehmen od. Kenntnisse über jmds. Postverkehr weiterzugeben:* das P. wahren, verletzen; **~gewerkschaft,** die; **~gut,** das ⟨o. Pl.⟩: **1.** (selten) *durch die Post zu beförderndes Gut.* **2.** (Postw.) *unter bestimmten Umständen zu einer besonders günstigen Gebühr von der Post zu befördernde Pakete;* **~halter,** der (früher): **1.** *jmd., der eine Posthalterei unterhielt.* **2.** *jmd., der nebenberuflich eine Post[hilfs]stelle o. ä. führte;* **~halterei** [-haltəˈraj], die; -, -en (früher): *postalische Einrichtung, die Pferde zum Wechseln bereithielt u. Postillione* (1) *beschäftigte;* **~hilfsstelle,** die (Postw.): *Einrichtung der Post* (1), *die in abgelegenen Orten einige der wichtigsten Postdienste wahrnimmt;* **~hoheit,** die: *alleiniges Recht des Staates, ein Postwesen zu unterhalten;* **~horn,** das: **a)** (früher) *Signalhorn des Postillions;* **b)** *stilisierte Darstellung eines Posthorns* (a) *als Symbol der Post:* vorn auf dem Briefkasten ist ein schwarzes P.; **~hörnchen,** das: svw. ↑Postillion (2); **~hornschnecke,** die: *(in stehenden, pflanzenreichen Süßgewässern lebende) kleine braune Schnecke mit spiralig gewundenem Gehäuse;* **~inspektor,** der: *Beamter des gehobenen Dienstes bei der Post* (1); **~karte,** die: **a)** *[mit eingedrucktem Wertzeichen versehene] ein bestimmtes Format aufweisende, für kurze schriftliche Mitteilungen bestimmte Karte, die man ohne Umschlag verschickt;* **b)** *Ansichts-, Kunstpostkarte o. ä.:* eine P. vom Heidelberger Schloß; ach, es war das Rußland der -n *(ein idealisiertes Rußland;* Koeppen, Rußland 77), dazu: **~kartengröße,** die, **~kartenkalender,** der: *Abreißkalender, dessen Blätter als Postkarten* (b) *benutzt werden können;* **~kasten,** der (bes. nordd.): svw. ↑Briefkasten (a); **~kind:** ↑Postkind; **~kolli,** das (österr. veraltend): svw. ↑~paket; **~konferenz,** die: *in Betrieben mit großem Posteingang* (c) *täglich stattfindende Zusammenkunft, bei der die Post durchgesehen u. zur Bearbeitung verteilt wird;* **~kunde,** der: Parkplatz nur für -n; **~kutsche,** die (früher): *Kutsche zur (gleichzeitigen) Personen- u. Postbeförderung durch eine Post* (1): mit der P. reisen, dazu: **~kutschenzeit,** die: *(oft im Vergleich zur schnellebigen Gegenwart als geruhsam vorgestellte) Zeit, in der man vorwiegend mit Postkutschen reiste;* **~kutscher,** der (früher): svw. ↑Postillion (1); **~lagernd** ⟨Adj.; o. Steig.⟩ [LÜ von frz. poste restante] (Postw.): *an ein bestimmtes Postamt adressiert u. dort vom Empfänger abzuholen:* -e Sendungen; jmdm. p. schreiben; **~leitzahl,** die (Postw.): *Kennzahl eines Ortes (als Bestandteil der Postanschrift);* **~linie,** die (früher): *von der Post unterhaltene Verkehrsverbindung (meist durch Straßenfahrzeuge);* **~mappe,** die: *Mappe* (1) *für die eingegangene Post (in einem Büro o. ä.);* **~meister,** der (früher): *jmd., der ein Postamt leitete;* **~mietbehälter,** der (DDR Postw.): *von der Post* (1) *vermietete Verpackung für Postsendungen;* **~minister,** der; **~ministerin,** die: w. Form zu ~minister; **~ministerium,** das; **~museum,** das; **~nebenstelle,** die (Postw.): vgl. ~hilfsstelle; **~omnibus,** der: svw. ↑~bus; **~ordnung,** die: *Rechtsverordnung, die die Vorschriften über die Benutzung der Postdienste enthält;* **~ort,** der: *Ort mit eigenem Postamt, mit eigener Postleitzahl:* unser Dorf ist jetzt auch P.; **~paket,** das: svw. ↑Paket (3); **~rat,** der: *Beamter des höheren Dienstes bei der Post* (1); **~regal,** das (veraltend): svw. ↑~hoheit; **~reisedienst,** der (Postw.): *Postdienst* (2 b) *für die Personenbeförderung mit Postbussen;* **~reiter,** der (früher): *berittener Bote der Post* (1); **~reklame,** die: svw. ↑~werbung; **~sache,** die: **1.** svw. ↑~sendung. **2.** (Postw.) *portofreie Postsendung, deren Absender eine Dienststelle der Post* (1) *ist;* **~sack,** der: *bei der Post* (1) *verwendeter Sack zur Beförderung von Postsendungen;* **~schaffner,** der (Postw.): *Beamter des einfachen Dienstes bei der Post* (1); **~schalter,** der; **~scheck,** der: vgl. ~barscheck, dazu: **~scheckamt,** das: *Einrichtung der Post* (1) *zur Führung von Postscheckkonten;* Abk.: PSchA, **~scheckbrief,** der (Postw.): *gebührenfreier Brief eines Postscheckteilnehmers an sein Postscheckamt in einem besonderen Umschlag,* **~scheckdienst,** der (Postw.): *Postdienst für die Abwicklung des Postscheckverkehrs,* **~scheckkonto,** das: *von der Post* (1) *geführtes Girokonto;* Abk.: PSchKto, **~scheckkunde,** der: svw. ↑~scheckteilnehmer, **~scheckteilnehmer,** der (Postw.): *Inhaber eines Postscheckkontos,* **~scheckverkehr,** der ⟨o. Pl.⟩; **~schiff,** das: *zur Post- u. Personenbeförderung benutztes [posteigenes] Schiff;* **~schließfach,** das: älter für ↑~fach; **~schluß,** der (Postw.): *spätestmöglicher Zeitpunkt zum Einliefern von Postsendun-*

gen, die noch mit dem nächsten Abgang (3) *von der betreffenden Einlieferungsstelle weiterbefördert werden sollen:* für Briefe ist um 14 Uhr P.; **~sendung,** die: *von der Post* (1) *zu befördernde, beförderte Sendung;* **~sparbuch,** das: *Sparbuch der Postsparkasse;* **~spareinlage,** die; **~sparen,** das; -s: *das Sparen bei der Postsparkasse;* **~sparer,** der: *Inhaber eines Postsparkontos;* **~sparguthaben,** das; **~sparkasse,** die: *Einrichtung der Post* (1) *zur Führung von Sparkonten, bei der Ein- u. Auszahlungen durch jedes Postamt vorgenommen werden können,* dazu: **~sparkassenamt,** das (Postw.): *Dienststelle der Post* (1) *mit Verwaltungsaufgaben im Bereich des Postsparens,* **~sparkassendienst,** der: vgl. ~scheckdienst, **~sparkassenkonto,** das; **~sparkonto,** das; **~station,** die (früher): *an einer Postlinie gelegene Station zum Wechseln von Pferden u. Personal [u. zum Übernachten für die Fahrgäste] der Postkutschen;* **~stelle,** die: **1.** (Postw.) *Dienststelle der Post, die in einem kleineren Ort die wichtigsten Postdienste wahrnimmt.* **2.** *(in einem Betrieb o. ä.) Stelle, deren Personal für die Verteilung der eingehenden Post u. die Einlieferung der Postausgänge verantwortlich ist;* **~stempel,** der: **a)** *Stempel einer Dienststelle der Post* (1), *der neben der Angabe der Dienststelle auch Datum u. Uhrzeit drückt u. der u. a. zur Entwertung von Briefmarken dient;* **b)** *Abdruck eines Poststempels* (a): der Brief trägt den P. von vorgestern; **~straße,** die (früher): *für den von der Post* (1) *unterhaltenen [Reise]verkehr gebaute Straße;* **~tag,** der: *(in Orten mit nicht täglicher Postzustellung) Tag, an dem Post* (3) *zugestellt u. abgeholt wird:* heute ist P.; **~tarif,** der: vgl. ~gebühr; **~taxe,** die (schweiz.): svw. ↑~gebühr; **~technik,** die: *im Post- [u. Fernmelde]wesen angewandte Technik,* dazu: **~technisch** ⟨Adj.; o. Steig.⟩; **~überwachung,** die: *Überwachung des Postverkehrs* (b), *z. B. in Haftanstalten;* **~überweisung,** die: **a)** *Überweisung im Postscheckverkehr;* **b)** *Überweisungsformular, das für eine Postüberweisung* (a) *benutzt wird;* **~uniform,** die: *Uniform der Postbeamten;* **~verbindung,** die: **a)** (früher) *von der Post unterhaltene Verkehrsverbindung;* **b)** *(an einem Ort vorhandene) Möglichkeit, Post* (3) *zu empfangen u. abzuschicken:* es gibt kaum noch Orte ohne P.; **~verein,** der: *Zusammenschluß von [mehreren] Posten* (1); **~verkehr,** der: **a)** *Gesamtheit aller Vorgänge, die der Postbeförderung dienen:* der P. mit dem Ausland; **b)** *im wechselseitigen Verschicken u. Empfangen von Postsendungen bestehender Verkehr zwischen Personen:* der P. der Häftlinge wird überwacht; **c)** *Reiseverkehr mit Fahrzeugen der Post* (1); **~versand,** der: *Versand durch die Post* (1); **~versandform,** die; **~verträger,** der (schweiz.): svw. ↑Briefträger; **~verwaltung,** die; **~vollmacht,** die: **a)** *Bevollmächtigung, für einen Dritten Post* (3) *in Empfang zu nehmen:* jmdm. eine P. erteilen; **b)** *Schriftstück, durch das jmdm. eine Postvollmacht* (a) *erteilt wird:* eine P. vorlegen; **~wagen,** der: **a)** *Dienstwagen der Post* (1); **b)** *[posteigener] Eisenbahnwagen zum Befördern von Postsendungen;* **c)** (früher) svw. ↑~kutsche; **~weg,** der: **a)** vgl. ~straße; **b)** *von der Post gebotene Möglichkeit der Beförderung (von Briefen o. ä.):* etw. auf dem P./-e schicken, versenden, zustellen; **~wendend** ⟨Adv.⟩ [eigtl. = mit der nächsten Post Antwort gebend]: *(von Antworten im Briefverkehr) unverzüglich, sofort, umgehend:* die Antwort auf meinen Brief kam p.; Ü der Vergeltungsschlag erfolgte p. *(als sofortige Reaktion, prompt);* **~werbung,** die: **1.** *Werbung der Post.* **2.** (Postw.) *[Konsum]werbung durch Werbeträger, die der Post gehören, in Räumen der Post:* die Anzeigen in Telefonbüchern gehören zur P.; **~wertzeichen,** das (Postw.): *Briefmarke;* **~wesen,** das ⟨o. Pl.⟩: *Gesamtheit der Einrichtungen u. Vorgänge, die der Erfüllung postalischer Aufgaben dienen;* **~wurfsendung,** die (Postw.): *[Werbezwecken dienende] Massendrucksache mit Sammelanschrift (z. B. „An alle Ärzte", „An alle Haushaltungen"), die die Post einer bestimmten Personengruppe od. jedem Haushalt in einem bestimmten Gebiet zustellt;* **~zeitungsdienst,** der (Postw. früher): *Postdienst* (2b) *für den Vertrieb von Zeitungen;* **~zeitungsvertrieb,** der (Postw. früher): *Vertrieb von Zeitungen durch den Postzeitungsdienst;* **~zensur,** die: *Überwachung [u. Einschränkung] des Postverkehrs* (b); **~zug,** der: *Eisenbahnzug, der der Beförderung von Postsendungen dient;* **~zusteller,** der (DDR Postw.): svw. ↑Briefzusteller; **~zustellung,** die: *Zustellung von Post* (3); **~zwang,** der (jur.): *allgemeine gesetzliche Verpflichtung, sich zur Beförderung u. Zustellung bestimmter Sendungen ausschließlich der Post* (1) *zu bedienen.*

postalisch [pɔsˈtaːlɪʃ] ⟨Adj.; o. Steig.; nicht präd.⟩ [nach frz. postal]: **a)** *die Post* (1) *betreffend, zu ihr gehörend:* -e Zwecke, Aufgaben, Einrichtungen; **b)** *mit Hilfe der Post vor sich gehend; durch die Post:* auf -em Wege; **Postament** [pɔstaˈmɛnt], das; -[e]s, -e [wohl geb. zu ital. postare = hinstellen, zu: posto, ↑Posten] (bildungsspr.): *Unterbau, Sockel (bes. einer Statue, eines Denkmals, einer Büste, auch einer Säule):* das P. trägt eine Inschrift; Ü jmdn. von seinem P. [herunter]holen, stürzen.

Postbub, der; -en, -en [zu ↑posten] (schweiz.): *Laufbursche.*

Pöstchen [ˈpœstçən], das; -s, -: ↑Posten (2, 3).

post Christum [natum] [pɔst ˈkrɪstʊm (ˈnaːtʊm); lat.]: *nach Christus, nach Christi Geburt:* im Jahre 1979 post Christum natum; Abk.: p. Chr. [n.]

postdatieren ⟨sw. V.; hat⟩ [aus lat. post = nach u. ↑datieren] (veraltet): **a)** *(ein Schreiben o. ä.) zurückdatieren, mit einem früheren Datum versehen;* **b)** *(ein Schreiben o. ä.) vor[aus]-datieren, mit einem zukünftigen Datum versehen.*

postembryonal ⟨Adj.; o. Steig.; nicht adv.⟩ [aus lat. post = nach u. ↑embryonal] (Biol., Med.): *in eine Zeit, ein Entwicklungsstadium nach der Embryonalzeit fallend.*

posten [ˈpɔstn̩] ⟨sw. V.; hat⟩ [zu ↑Posten (3)] (schweiz.): **1.** *einkaufen:* p. gehen; ein Kilo Äpfel p. **2.** *Botengänge tun, Aufträge ausrichten.*

Posten [-], der; -s, - [1, 2: ital. posto < lat. positus (locus), eigtl. = festgesetzt(er Ort); 3: ital. posta < lat. posita (summa) = festgesetzt(e Summe); 4: frz. poste < ital. posta, eigtl. = Anstand, Aufpassen, zu: posto, vgl. 1, 2; 5: frz. poste, H. u.]: **1.** (bes. Milit.) **a)** *Stelle, die jmdm. (bes. einem Soldaten) od. einer Gruppe [von Soldaten] (bes. einer Wache) zugewiesen wurde u. die während einer bestimmten Zeit nicht verlassen werden darf:* ein gefährlicher, vorgeschobener P.; seinen P. aufgeben, verlassen; P. beziehen; auf seinem P. bleiben, aushalten, ausharren; auf P. stehen, ziehen; ***P. fassen/nehmen** (veraltet; *sich auf seinen Posten begeben*); **auf dem P. sein** (ugs.: 1. *in guter körperlicher Verfassung sein, gesund, in guter Form sein:* er ist [gesundheitlich] nicht ganz auf dem P. 2. *wachsam, gewieft sein:* wenn du da nicht auf dem P. bist, hauen sie dich übers Ohr); **sich nicht [ganz] auf dem P. fühlen** (ugs.; *sich nicht [ganz] wohl fühlen, sich nicht im vollen Besitz seiner Kräfte befinden*); **auf verlorenem P. stehen/kämpfen** *(einen vergeblichen, aussichtslosen Kampf führen, keine Aussicht auf Erfolg haben);* **b)** *jmd., bes. ein Soldat, der einen Posten* (1 a) *bezieht, der Wache hat:* der P. *(Wachtposten)* am Kasernentor; P. aufstellen, ausstellen; die P. ablösen, abziehen, verstärken, verdoppeln; ***P. stehen/** (Soldatenspr.:) **schieben** *(als Posten, als Wache Dienst tun, Posten sein).* **2.** ⟨Vkl. ↑Pöstchen⟩ **a)** *berufliche Stellung, Amt; Stelle:* ein hoher, guter, gutbezahlter, einträglicher, kleiner, sicherer P.; ein ruhiger (ugs., oft scherzh.; *nicht viel Einsatz erfordernder, aber doch einigermaßen einträglicher*) P.; einen P. ausschreiben, vergeben, bekommen, verlieren; den P. eines Direktors, einen P. als Direktor haben; auf einem P. sitzen (ugs., oft abwertend; *eine Stellung innehaben*); von einem P. zurücktreten; **b)** *[ehrenvolles, angesehenes] Amt, Stellung, die jmd. in einem größeren Ganzen hat; Funktion* (1 b): ein P. in der Partei, Gewerkschaft; einen P. abgeben; **c)** (Sport) *Platz in einer Mannschaftsaufstellung, Funktion eines Spielers innerhalb einer Mannschaft:* die Mannschaft mußte auf drei P. umbesetzt werden. **3.** ⟨Vkl. ↑Pöstchen⟩ **a)** (bes. Kaufmannsspr.) *bestimmte Menge einer Ware; Partie:* einen [größeren] P. Strümpfe bestellen, abnehmen; **b)** *einzelner Betrag einer Rechnung, Bilanz o. ä.; Position* (4): ein kleiner, großer, wesentlicher P.; die einzelnen P. zusammenrechnen; die Spesen stellen einen nicht unwesentlichen P. dar. **4.** (Polizeiw.) *kleine, nicht ständig besetzte Polizeidienststelle; Polizeiposten:* dieser P. ist nur am Tage besetzt. **5.** (Jagdw.) *sehr grober Schrot für Jagdflinten:* mit P. schießen.

Posten-: **~dienst,** der (bes. Milit.): *Dienst als Posten* (1 b); **~jäger,** der (salopp abwertend): *jmd., der sich nach guten Posten* (2 a) *drängt;* **~kette,** die (bes. Milit.): *Reihe von Posten* (1 b) *zur Bewachung, Beobachtung o. ä.;* **~stand,** der (Milit.): *ausgebaute Stelle für einen Posten* (1 b).

Poster [ˈpoːstɐ; engl.: ˈpoʊstə], das od. der; -s, - u. (bei engl. Ausspr.:) -s [engl. poster, eigtl. = Plakat, zu: to post = (an einem Pfosten) anschlagen, zu: post < lat. postis = Pfosten]: *größeres, plakatartig aufgemachtes, ge-*

drucktes Bild (zum Dekorieren von Innenräumen): poppige, politische, pornographische P.

poste restante ['pɔst rɛs'tã:t; zu frz. poste = [1]Post u. restante, zu: rester = bleiben, verweilen]: frz. Bez. für *postlagernd.*

Posteriora [pɔste'ri̯o:ra] ⟨Pl.⟩ [lat. posteriōra, eigtl. = die Hinteren, Neutr. Pl. von: posterior, Komp. von: posterus = der letzte]: **1.** (bildungsspr. veraltet scherzh.) *Gesäß.* **2.** (bildungsspr. veraltet) *nach einem bestimmten Zeitpunkt, Ereignis liegende Ereignisse:* die P. dieses Vorgangs kennen wir alle aus dem Geschichtsunterricht; **Posteriorität** [pɔsteri̯ori'tɛ:t], die; - (bildungsspr. veraltet): *das Zurückstehen im Amt od. Rang; niedrigere Stellung;* **Posterität** [pɔsteri'tɛ:t], die; - [frz. posterité < lat. posteritās] (bildungsspr. veraltet): **1.** svw. ↑Nachwelt. **2.** svw. ↑Nachkommenschaft.

post festum [pɔst 'fɛstʊm; lat. = nach dem Fest] (bildungsspr.): *hinterher, im nachhinein; zu einem Zeitpunkt, wo es eigentlich zu spät ist, keinen Zweck od. Sinn mehr hat:* durch ein neues Gesetz wollte man das rechtswidrige Vorgehen der Polizei p. f. legalisieren.

postglazial ⟨Adj.; o. Steig.; nicht adv.⟩ [zu lat. post = nach u. ↑glazial] (Geol.): svw. ↑nacheiszeitlich (Ggs.: präglazial); **Postglazial,** das; -s (Geol.): *(bis zur Gegenwart reichende) Zeit nach der letzten Eiszeit* (Ggs.: Präglazial).

postgradual ⟨Adj.; o. Steig.⟩ [zu lat. post = nach u. ↑graduiert (2)] (DDR Ausbildungswesen): *nach Abschluß eines [Hochschul]studiums stattfindend:* ein -es Studium.

posthum [pɔst'hu:m, pɔs'tu:m; lat. posthumus, volksetym. Schreibung (zu: humus = Erde, humāre = beerdigen) von: postumus]: ↑postum.

Postiche [pɔs'tɪʃə, auch: pɔs'ti:ʃə], die; -, -s [frz. postiche = Perücke, zu: postiche = unecht < ital. posticcio, H. u.]: svw. ↑Haarteil; **Posticheur** [pɔsti'ʃø:ɐ̯], der; -s, -e [frz. posticheur]: svw. ↑Perückenmacher; **Posticheuse** [pɔsti'ʃø:zə], die; -, -n: w. Form zu ↑Posticheur: wir suchen für den Verkauf von Haarteilen in unserem Haarstudio eine junge P. (MM 24. 8. 68, 47).

postieren [pɔs'ti:rən] ⟨sw. V.; hat⟩ [frz. poster, zu: poste = Posten < ital. posto, ↑Posten]: **1.** *jmdn., sich an einen bestimmten Platz stellen; aufstellen:* an jedem/jeden Eingang hatte man zwei Ordner postiert; auf dem Dach waren/hatten sich Scharfschützen postiert. **2.** (selten) *etw. an eine bestimmte Stelle stellen, an einer bestimmten Stelle aufbauen, errichten; aufstellen:* er postierte den Leuchter auf dem runden Tisch; wir sollten eine Vogelscheuche auf das Beet p.; ⟨Abl.:⟩ **Postierung,** die; -, -en ⟨Pl. ungebr.⟩: **1.** *das [Sich]postieren.* **2.** *das Postiertsein.*

Postille [pɔs'tɪlə], die; -, -n [mlat. postilla, aus lat. post illa (verba sacrae scripturae) = nach jenen (Worten der Heiligen Schrift), Formel zur Ankündigung der Predigt nach Lesung des Predigttextes]: **1.** *religiöses Erbauungsbuch.* **2.** *Sammlung von Predigten (als Buch).* **3.** (spött. abwertend) *eine bestimmte Gruppe ansprechende, eine bestimmte Thematik behandelnde Zeitschrift, Zeitung o. ä.:* Pornohefte und ähnliche -n.

Postillion [pɔstɪl'jo:n, auch, österr. nur: '– – –], der; -s, -e [1: frz. postillon < ital. postiglione, zu: posta od. zu frz. poste, ↑[1]Post; 2: nach der gelben Farbe der alten Postkutschen]: **1.** (früher) *Kutscher einer Postkutsche:* der P. bläst sein Horn. **2.** *mittelgroßer heimischer Tagfalter mit schwarzgesäumten, orangegelben Flügeln; Posthörnchen;* **Postillon d'amour** [pɔstijõda'mu:r], der; - -, -s [...jõ] - [scherzh. dt. Bildung des 18. Jh.s aus frz. postillon = Bote u. amour = Liebe] (scherzh.): *jmd., der für einen anderen dessen Geliebter od. Geliebten eine Nachricht übermittelt.*

postkapitalistisch ⟨Adj.; o. Steig.; nicht adv.⟩ [aus lat. post = nach u. ↑kapitalistisch] (Soziol.): *zu einer Stufe der gesellschaftlichen Entwicklung gehörend, die dem Kapitalismus folgt:* eine -e Gesellschaft.

postkarbonisch ⟨Adj.; o. Steig.; nicht adv.⟩ [aus lat. post = nach u. ↑karbonisch] (Geol.): *in einen Zeitabschnitt nach dem Karbon gehörend, fallend, ihn betreffend* (Ggs.: präkarbonisch).

Postkind, das; -[e]s, -er [zu ↑posten (2)] (schweiz.): vgl. Postbub.

postkulmisch ⟨Adj.; o. Steig.; nicht adv.⟩ [aus lat. post = nach u. ↑kulmisch] (Geol.): *in einen Zeitabschnitt nach dem [2]Kulm gehörend, fallend, ihn betreffend* (Ggs.: präkulmisch).

Postler ['pɔstlɐ], der; -s, - [zu ↑Post (1)] (bes. südd., österr. ugs.): *bei der Post Beschäftigter;* **Pöstler** ['pœstlɐ], der; -s, - (schweiz. ugs.): svw. ↑Postler.

Postludium [pɔst'lu:di̯ʊm], das; -s, ...ien [...i̯ən; geb. als Ggs. zu ↑Präludium mit lat. post = nach] (Musik): *musikalisches Nachspiel.* Vgl. Präludium (a).

post meridiem [pɔst me'ri:di̯ɛm; lat.]: (bei Uhrzeitangaben, bes. in England) *nach Mittag* (Ggs.: ante meridiem; Abk.: p. m.): drei Uhr p. m. *(drei Uhr nachmittags, 15 Uhr);* elf Uhr p. m. *(elf Uhr abends, nachts; 23 Uhr).*

postmortal [pɔstmɔr'ta:l] ⟨Adj.; o. Steig.⟩ [aus lat. post = nach u. mortālis = den Tod betreffend] (Med.): *nach dem Tod (am, im toten Körper) auftretend* (Ggs.: prämortal): -e Veränderungen des Gewebes; eine p. zugefügte Kopfverletzung; **post mortem** [pɔst 'mɔrtɛm; lat.] (bildungsspr.): *nach dem Tode:* jmdn. p. m. rehabilitieren.

postnatal [pɔstna'ta:l] ⟨Adj.; o. Steig.⟩ [aus lat. post = nach u. nātālis, ↑Natalität] (Med.): *[kurz] nach der Geburt (am, im Körper des Neugeborenen, der Mutter) auftretend, vor sich gehend* (Ggs.: pränatal): -e Schäden; -e *(das Neugeborene u. die Mutter betreffende)* Medizin.

postnumerando [pɔstnume'rando] ⟨Adv.⟩ [zu lat. post = nach u. numerāre = zählen, zahlen] (Wirtsch.): *nach Erhalt der Ware, nach erbrachter Leistung [zu zahlen]; nachträglich* (Ggs.: pränumerando): p. zahlen; p. zahlbar; **Postnumeration** [pɔstnumera'ts̮i̯o:n], die; -, -en (Wirtsch.): *nachträgliche Bezahlung, Nachzahlung* (Ggs. Pränumeration).

Posto ['pɔsto; ital. = posto, ↑Posten] in der Wendung **P. fassen** (veraltet: 1. bes. Milit.: ↑Posten 1 a. 2. *sich aufstellen:* ... er fuhr mit dem flachen Händchen zu Joseph hinauf, neben dem er P. gefaßt hatte [Th. Mann, Joseph 804]).

postoperativ ⟨Adj.; o. Steig.⟩ [aus lat. post = nach u. ↑operativ] (Med.): *nach, infolge einer Operation auftretend, vor sich gehend* (Ggs.: präoperativ): -e Blutungen; einen Patienten p. versorgen.

Postposition, die; -, -en [geb. als Ggs. zu ↑Präposition mit lat. post = nach] (Sprachw.): *dem Nomen, Pronomen nachgestellte Präposition* (z. B. der Ehre *wegen*).

Postskript [pɔst'skrɪpt], das; - [e]s, -e, (bes. österr.:) **Postskriptum** [...tʊm], das; -s, ...ta [lat. postscrīptum, 2. Part. von: postscrībere = nachträglich dazuschreiben, aus post = nach u. scrībere, ↑Skript]: svw. ↑Nachsatz (1), Nachschrift (2); Abk.: PS

Postszenium [pɔst'ste:ni̯ʊm], das; -s, ...ien [...i̯ən; zu lat. post = nach u. scena, ↑Szene] (Theater): *Raum hinter einer Bühne* (Ggs.: Proszenium 1).

posttertiär ⟨Adj.; o. Steig.; nicht adv.⟩ [aus lat. post = nach u. ↑tertiär] (Geol.): *in einen Zeitabschnitt nach dem Tertiär gehörend, fallend, ihn betreffend.*

posttraumatisch ⟨Adj.; o. Steig.⟩ [aus lat. post = nach u. ↑traumatisch] (Med.): *nach, infolge einer Verletzung auftretend, vor sich gehend:* eine -e Erkrankung.

Postulant [pɔstu'lant], der; -en, -en [lat. postulāns (Gen.: postulantis), 1. Part. von: postulāre, ↑postulieren]: **1.** (bildungsspr. veraltet) *Bewerber um eine Stellung.* **2.** (kath. Kirche) *jmd., der sein Postulat* (5) *absolviert;* **Postulantin,** die; -, -nen: w. Form zu ↑Postulant; **Postulat** [...'la:t], das; -[e]s, -e [lat. postulātum]: **1.** (bildungsspr.) *etw., was von einem bestimmten Standpunkt aus od. auf Grund bestimmter Umstände erforderlich, unabdingbar erscheint; Forderung:* ein ethisches, moralisches, politisches P.; ein P. der Vernunft. **2.** (bildungsspr.) *Gebot, in dem von jmdm. ein bestimmtes Handeln, Verhalten verlangt, gefordert wird:* ein P. befolgen. **3.** (Philos.) *als Ausgangspunkt, als notwendige, unentbehrliche Voraussetzung einer Theorie, eines Gedankenganges dienende Annahme, These, die nicht bewiesen od. nicht beweisbar ist:* ein P. aufstellen; die Existenz Gottes ist ein P. der praktischen Vernunft. **4.** (schweiz. Verfassungsw.) *vom schweizerischen Parlament ausgehender Auftrag an den Bundesrat, die Notwendigkeit eines Gesetzentwurfs, einer bestimmten Maßnahme zu prüfen.* **5.** (kath. Kirche) *dem Noviziat vorausgehende Probezeit für die Aufnahme in einen katholischen Orden;* **postulieren** [...'li:rən] ⟨sw. V.; hat⟩ [lat. postulāre]: **1.** (bildungsspr.) *fordern, unbedingt verlangen, für notwendig, unabdingbar erklären:* es steht fest, daß die Bundesverfassung von 1874 die bürgerliche Schule postuliert (St. Galler Tagblatt 5. 10. 68). **2.** (bildungsspr.) *etw. (mit dem Anspruch, es sei richtig, wahr) feststellen, behaupten; etw. als wahr, gegeben hinstellen:* damals haben Regierung und Bundestag postuliert, der Westen sei noch nicht stark genug, um in Deutschland-

Verhandlungen einzutreten (Augstein, Spiegelungen 87). **3.** (Philos.) *etw. zum Postulat* (3) *machen; etw., ohne es beweisen zu können, vorläufig als wahr, gegeben annehmen:* Kant postuliert die Unsterblichkeit der Seele; ⟨Abl.:⟩ **Postulierung,** die; -, -en: *das Postulieren* (1–3).

postum [pɔs'tu:m] ⟨Adj.; o. Steig.; nicht präd.⟩ [lat. postumus = nachgeboren, eigtl. = letzter, jüngster, Sup. von: posterus = (nach)folgend] (bildungsspr.): **a)** *nach jmds. Tod erfolgend:* eine -e Ehrung; jmdn. p. rehabilitieren; ihm wurde p. ein Sohn geboren; ein Werk p. *(nach dem Tode des Autors)* veröffentlichen; **b)** ⟨nur attr.⟩ *zum künstlerischen o. ä. Nachlaß gehörend; nachgelassen; nach dem Tode des Autors veröffentlicht:* -e Schriften, Werke, Kompositionen; **c)** ⟨nur attr.⟩ *nach dem Tode des Vaters geboren; nachgeboren:* sie ist eine -e Tochter des Grafen; vgl. posthum; **Postumus** ['pɔstumʊs], der; -, ...mi (bildungsspr. selten): *postumer Sohn; Nachgeborener.*

Postur [pɔs'tu:ɐ̯], die; -, -en [ital. postura < lat. positūra, ↑Positur] (schweiz.): *Statur:* ein Mann von kräftiger P.

Postvention [pɔstvɛn'tsi̯o:n], die; -, -en [zu lat. post = nach, analog geb. nach ↑Prävention] (Med.): **a)** ⟨o. Pl.⟩ svw. ↑Nachsorge; **b)** *Maßnahme zur Postvention* (a).

Postverbale, das; -[s], ...lia [zu lat. post = nach u. ↑Verbale] (Sprachw.): *von einem längeren Verb abgeleitetes (kürzeres) Substantiv* (z. B. „Kauf" von „kaufen").

[1]Pot [pɔt], das; -s [amerik. pot, eigtl. = Topf, gek. aus potshot = Schuß, Angriff od. zu engl. (mundartl.) pot = tiefes Loch] (Jargon): *Marihuana;* **[2]Pot** [-], der; -s [engl.-amerik. pot, eigtl. = Topf] (Poker): *Summe aller Einsätze, Kasse:* den P. gewinnen; **[3]Pot** [po:], der; -, -s [frz. pot < spätlat. pōt(t)us, ↑Pott] (schweiz.): *Topf.*

Potassium [po'tasi̯ʊm], das; -s [frz., engl. potassium, latinis. aus frz. potasse, engl. potash, beide Formen < niederl. potasch; vgl. Pottasche]: frz. u. engl. Bez. für *Kalium.*

Potaufeu [poto'fø:], der od. das; -[s], -s [frz. pot au feu = Topf auf dem Feuer] (Kochk.): *Eintopf aus Fleisch u. Gemüse, dessen Brühe, über Weißbrot gegossen, vorweg gegessen wird.*

Potemkinsch [po'tɛmki:nʃ, russ.: pa'tjɔmkɪnʃ] ⟨Adj.; o. Steig.⟩ in der Fügung **[das sind] -e Dörfer** (↑Dorf 1).

potent [po'tɛnt] ⟨Adj.; -er, -este; nicht adv.⟩ [lat. potēns (Gen.: potentis) = stark, mächtig]: **1.** *(vom Mann) fähig, den Geschlechtsakt zu vollziehen, zeugungsfähig.* **2.** (bildungsspr.) **a)** *stark, einflußreich, mächtig:* die p. gewordenen Sozialdemokraten (Spiegel 50, 1966, 15); **b)** *finanzstark, zahlungskräftig, vermögend:* -e Geldgeber, Kunden, Geschäftspartner, Firmen. **3.** (bildungsspr. selten) *[schöpferisch] leistungsfähig, tüchtig; fähig:* er ist ein äußerst -er Künstler, Politiker; **Potentat** [potɛn'ta:t], der; -en, -en [zu lat. potentātus = Macht, Souveränität] (bildungsspr. abwertend): *Machthaber; Herrscher:* ... indem man Gelder flüssig macht, damit sich irgendwelche -en goldene Betten kaufen können (Eppendorfer, Ledermann 96); **potential** [...'tsi̯a:l] ⟨Adj.; o. Steig.⟩ [spätlat. potentiālis = nach Vermögen, tätig wirkend]: **1.** (bildungsspr.) *(nach den Gegebenheiten) möglich (aber nicht tatsächlich gegeben); als Möglichkeit vorhanden:* die -e Leistung einer Maschine. **2.** (Philos.) *die bloße Möglichkeit betreffend* (Ggs.: aktual 1). **3.** (Sprachw.) *die Möglichkeit, das mögliche Eintreten von etw. ausdrückend; als Potentialis stehend:* ein -er Konditionalsatz; der -e Konjunktiv im Lateinischen; **Potential** [-], das; -s, -e [zu ↑potential]: **1.** (bildungsspr.) *Gesamtheit aller vorhandenen, verfügbaren Mittel, Möglichkeiten, Fähigkeiten, Energien:* das wirtschaftliche, militärische P. eines Landes; das P. an Energie ist erschöpft; welch gewaltiges P. an Aggression in der Menschheit aufgestaut ist (Spiegel, 29. 12. 65, 79); das zu bearbeitende P. (Wirtsch.; *Anzahl [potentieller] Kunden)* ... zählt 798 000 (Augsburger Allgemeine 11. 2. 78, XV, Anzeige). **2.** (Physik) **a)** *physikalische Größe zur Beschreibung eines Feldes* (7): das P. V eines Kraftfeldes; **b)** (Mech.) *potentielle Energie eines Körpers;* ⟨Zus. zu 2:⟩ **Potentialdifferenz,** die, **Potentialgefälle,** das (Physik): *Unterschied im Potential* (2) *zwischen zwei Punkten in einem Feld* (7); **Potentialis** [...'tsi̯a:lɪs], der; -, ...les [...le:s] (Sprachw.): *Modus* (2) *des Verbs, durch den ausgedrückt wird, daß ein Geschehen o. ä. [nur] möglich ist, [nur] vielleicht eintritt* (z. B. Man könnte es annehmen): im Lateinischen steht ein P. der Gegenwart im Konjunktiv Präsens; **Potentialität** [...tsi̯ali'tɛ:t], die; - (Philos.): *mögliche Realisierbarkeit; Möglichkeit, wirklich zu werden, einzutreffen* (Ggs.: Aktualität 3); **potentiell** [...'tsi̯ɛl] ⟨Adj.; o. Steig.; meist attr.⟩ [frz. potentiel < spätlat. potentiālis, ↑potential] (bildungsspr.): *möglich (im Gegensatz zu wirklich), denkbar; der Anlage, Möglichkeit nach [vorhanden]; vielleicht zukünftig:* ein -er Käufer, Gegner, Wähler; das ist eine -e Gefahr; -e Energie (Physik; *Energie, die ein Körper auf Grund seiner Lage [in einem Kraftfeld] besitzt*); (Sprachw.:) -e (Ggs.: aktuale Sätze 2); **Potentilla** [potɛn'tɪla], die; -, ...llen [geb. zu lat. potens (↑potent; wegen der der Pflanze zugeschriebenen Heilkräfte) mit der lat. Verkleinerungssilbe -illa]: svw. ↑Fingerkraut; **Potentiometer** [...tsi̯o...], das; -s, - [↑-meter] (Elektrot.): *Gerät zur Herstellung od. Abnahme von Teilspannungen; regelbarer Widerstand;* **Potentiometrie** [...tsi̯o...], die; -, -n [...i:ən; ↑-metrie] (Chemie): *Verfahren der Maßanalyse, bei dem Änderungen des Potentials* (2 a) *einer Elektrode in der betreffenden Lösung gemessen werden;* **potentiometrisch** [...tsi̯o...] ⟨Adj.; o. Steig.⟩: *die Potentiometrie betreffend, mit ihrer Hilfe vor sich gehend:* eine -e Maßanalyse; **Potenz** [po'tɛnts], die; -, -en [2 a: lat. potentia = Macht, Vermögen, Fähigkeit]: **1.** ⟨o. Pl.⟩ **a)** *Fähigkeit des Mannes, den Geschlechtsakt zu vollziehen; Zeugungsfähigkeit* (Ggs.: Impotenz); **b)** *sexuelle Leistungsfähigkeit:* etw. steigert, hebt die [sexuelle] P.; er hat eine unwahrscheinliche P. Es war schön, mit ihm zu schlafen (Ziegler, Kein Recht 45). **2.** (bildungsspr.) **a)** *Leistungsfähigkeit, Stärke:* jmds. geistige, künstlerische P.; die wirtschaftliche P. der Bundesrepublik Deutschland; viele kluge Köpfe, deren -en sich erst in einem guten Kollektiv voll entfalten können (Technikus 9, 1968, 4); an der letzten Strophe, der ... jede poetische P. fehlt (Deschner, Talente 91); prospektive P. (Biol.; *Gesamtheit der Entwicklungsmöglichkeiten einer [embryonalen] Zelle*); ökologische P. (Biol.; *Fähigkeit eines Organismus, einen bestimmten Umweltfaktor zu nutzen od. zu ertragen*); **b)** *jmd., der auf einem bestimmten Gebiet große Potenz* (2 a) *besitzt:* Goebbels ... wollte sich dabei als geistige P. präsentieren (Niekisch, Leben 189). **3.** (Math.) *Produkt, das entsteht, wenn eine Zahl, ein mathematischer Ausdruck [mehrfach] mit sich selbst multipliziert wird* (dargestellt durch die betreffende Zahl mit einem Exponenten [2 a], z. B. 10^5): x^3 ist die höchste in der Gleichung vorkommende P.; mit -en rechnen; eine Zahl in die zweite, fünfte P. erheben *(einmal, viermal mit sich selbst multiplizieren, mit dem Exponenten 2, 5 versehen);* Ü das ist Blödsinn in [höchster] P. (ugs.; *etw. äußerst Unsinniges*). **4.** (Med.) *Grad der Verdünnung eines homöopathischen Mittels;* vgl. Dezimalpotenz, Zentesimalpotenz.

potenz-, Potenz-: **~angst,** die: *Angst des Mannes, beim Geschlechtsverkehr zu versagen;* **~exponent,** der (Math.): svw. ↑Exponent (2 a); **~protz,** der (salopp abwertend): *Mann, der seine Potenz* (1 b) *protzend herausstellt:* weder Sexmuffel noch -e ... sind gefragt (Hörzu 43, 1975, 122); **~reihe,** die (Math.): *[unendliche] Reihe* (4), *deren Glieder verschiedene [mit Koeffizienten versehene] Potenzen derselben Variablen sind;* **~schwäche,** die: *Schwäche der Potenz* (1 b); **~steigernd** ⟨Adj.; nicht adv.⟩: *die Potenz* (1 b) *steigernd:* ein -es Mittel; **~störung,** die ⟨meist Pl.⟩: *Funktionsstörung, die die Potenz* (1 a) *beeinträchtigt.*

potenzieren [potɛn'tsi:rən] ⟨sw. V.; hat⟩ [zu ↑Potenz]: **1.** (bildungsspr.) **a)** *verstärken, erhöhen, steigern:* der Hammer, das Mikroskop, das Telefon potenzieren natürliche Fähigkeiten (Gehlen, Zeitalter 8); seine von der Hitze [ins Unermeßliche] potenzierten Qualen; **b)** ⟨p. + sich⟩ *stärker werden, sich erhöhen, sich steigern:* andererseits potenzieren sich hier alle menschlichen Schwächen (Zwerenz, Quadriga 212); Du bist die vierte Frau, die ich heute nackt sehe. Da potenziert sich das Verlangen (Weber, Tote 77). **2.** (Math.) *(eine Zahl) in eine Potenz* (3) *erheben, [mehrfach] mit sich selbst multiplizieren:* mit dem Rechner kann man auch p.; eine Zahl mit 5 p.; ⟨Abl.:⟩ **Potenzierung,** die; -, -en: **1.** (bildungsspr.) *das Potenzieren* (1) *Potenziertsein.* **2.** (Math.) *das Potenzieren* (2).

Poterie [potə'ri:], die; -, -n [...i:ən; frz. poterie, zu: pot = Topf, ↑Pott] (veraltet): **1.** *Töpferware.* **2.** *Töpferwerkstatt;* **Potpourri** ['pɔtpʊri, österr.: ...'ri:], das; -s, -s, österr. meist: die; -, -s [frz. potpourri, eigtl. = Eintopf (aus allerlei Zutaten)]: *Zusammenstellung verschiedener durch Übergänge verbundener (meist bekannter u. populärer) Melodien:* ein musikalisches P.; ein [buntes] P. aus/von beliebten Melodien; ein P. bekannter Schlager spielen; Medley –

ein neues Wort für P.; Ü die Sendung war ein P. *(ein buntes Allerlei)* aus Scherz, Satire und Musik; **Potschamber** [pɔˈtʃambɐ], der; -s, - [frz. pot de chambre, eigtl. = Topf für die (Schlaf)kammer] (landsch. veraltend, noch scherzh.): *Nachttopf;* **Pott** [pɔt], der; -[e]s, Pötte [ˈpœtə; mniederd. pot < mniederl. pot < (m)frz. pot < spätlat. pōt(t)us = Trinkbecher (fälschlich angelehnt an lat. pōtus = Trank), H. u.]: **1.** (ugs., bes. nordd.) **a)** *Topf, topfartiges Gefäß:* ein P. Tee; für unsere Reisen haben wir einen besonderen P.; weil nicht jeder ein ganzes Faß haben konnte, mußten sie abfüllen in Flaschen, Pötte (Degenhardt, Zündschnüre 67); **b)** *Nachttopf:* das Kind muß auf den P.; * **zu P./-e kommen** *([mit einer Aufgabe o. ä.] fertig werden, zurechtkommen).* **2.** (ugs., bes. nordd.) *Schiff, Dampfer:* ein großer, dicker, kleiner P.; Pötte auf der Reede (Grass, Katz 167).

pọtt-, Pọtt-: -asche, die [niederd. potasch; zur Gewinnung des Salzes wurde Pflanzenasche in Töpfen gekocht]: svw. ↑Kaliumkarbonat; **~bäcker,** der [vgl. ↑backen (4)] (landsch.): svw. ↑Töpfer; **~fisch,** der [wohl nach niederl. potvisch]: svw. ↑~wal; **~ha[r]st** [-ha(r)st], der; -[e]s, -e [zum 2. Bestandteil vgl. Panhas] (Kochk.): *westfälisches Gericht aus zusammen mit verschiedenen Gemüsen geschmortem Rindfleisch mit einer gebundenen Soße;* **~häßlich** ⟨Adj.; o. Steig.⟩ (ugs.): *sehr häßlich* (1): eine -e Stadt; **~hast:** ↑~ha[r]st; **~sau,** die ⟨Pl. -säue⟩ [zu Pott in der Bed. „Abfalleimer", eigtl. wohl = im Dreck suhlende Sau] (derbes Schimpfwort): **a)** *jmd., der schmutzig, ungepflegt ist, auf Sauberkeit keinen Wert legt od. [mutwillig] Schmutz macht;* **b)** *jmd., der etw. moralisch Verwerfliches getan hat, tut;* **~wal,** der [älter niederl. potswal; nach dem Vergleich des Kopfes mit einem Pott (1)]: *großer Wal mit riesigem, kantig wirkendem Kopf.*

potz [pɔts] ⟨Interj.⟩ [frühnhd. botz, mhd. pocks, entstellt aus „Gottes" (in bestimmten Fügungen, die sich auf das Leiden Jesu Christi beziehen)] in der Fügung **p. Blitz!** (↑Blitz 1); **pọtztausend!** ⟨Interj.⟩ [wohl gek. aus älter: potz tausend Teufel] (veraltet): **a)** Ausruf der Überraschung: p., der Koffer ist aber schwer!; **b)** Ausruf des Unwillens; *verdammt noch mal!:* p., verschwinde jetzt endlich!

Poujadismus [puʒaˈdɪsmʊs], der; - [frz. poujadisme; nach dem frz. Papierwaren- u. Buchhändler Pierre Poujade (geb. 1920)] (Politik): *kleinbürgerliche französische Protestbewegung mit extremistisch-faschistischer Tendenz.*

Poulard [puˈlaːɐ̯], das; -s, -s, **Poularde** [puˈlardə], die; -, -n [frz. poularde, zu: poule = Huhn < lat. pulla]: *junges, verschnittenes od. noch nicht geschlechtsreifes, besonders zartes Masthuhn od. -hähnchen;* **Poule** [puːl], die; -, -n [frz. poule, eigtl. = Huhn, ↑Poulard; Bedeutungsübertr. ungeklärt]: *Einsatz beim Spiel, bei einer Wette;* **Poulet** [puˈleː], das; -s, -s [frz. poulet, Vkl. von: poule, ↑Poulard]: *sehr junges Masthuhn od. -hähnchen.*

Pour le mérite [purləmeˈrit], der; - - - [frz. = für das Verdienst]: **1.** (früher) *hoher preußischer Verdienstorden für Verdienste vor dem Feind.* **2.** *für Verdienste in Wissenschaften u. Künsten verliehener hoher deutscher Orden.*

Pourparler [pʊrparˈleː], das; -s, -s [frz. pourparler, eigtl. = um zu reden, aus: pour = um zu u. parler = reden] (veraltet): *Meinungsaustausch zwischen Diplomaten.*

Poussade [puˈsaːdə, pʊˈs...], **Poussage** [puˈsaːʒə, pʊˈs...], die; -, -n [mit französierender Endung geb. zu ↑poussieren] (ugs. veraltet): **1.** *Liebschaft, Flirt* (b), *Liebelei [zwischen jungen Leuten, bes. Schülern]:* eine P. mit jmdm. haben. **2.** (meist abwertend) *Geliebte;* **poussé** [puˈseː, pʊˈseː] ⟨Adv.⟩ [frz. poussé, eigtl. = gestoßen, 2. Part. von: pousser = stoßen] (Musik): *(bei Streichinstrumenten) mit Aufstrich [gespielt]:* etw. p. spielen; **poussez!** [puˈseː, pʊˈseː] [frz. poussez, eigtl. = stoßt!, Stoßen Sie!] (Musik): *mit Aufstrich spielen!;* **poussieren** [puˈsiːrən, pʊˈs...] ⟨sw. V.; hat⟩ [wohl unter Einfluß von „an sich drücken" zu frz. pousser = drücken, stoßen]: **1.** (ugs. veraltend, noch landsch.) *mit jmdm. eine Poussage* (1) *haben, flirten:* Außerdem poussiere ich mit seiner Tochter (Remarque, Westen 128). **2.** (veraltend) *jmdn. hofieren, umschmeicheln, umwerben; um jmds. Gunst werben:* Was? Ich brauche keinen Kunden zu p. (Gaiser, Schlußball); ⟨Zus. zu 1:⟩ **Poussierstengel,** der (ugs. veraltend scherzh.): *junger Mann, Schüler, der gern, viel mit Mädchen poussiert;* **Poussiertuch,** das ⟨Pl. ...tücher⟩, **Poussiertüchelchen, -tüchlein,** das (ugs. veraltend scherzh.): *Einstecktuch.*

Povese [poˈfeːzə]: ↑Pafese.

power [ˈpoːvɐ] ⟨Adj.⟩ [frz. pauvre < lat. pauper = arm] (landsch.): *armselig, ärmlich, dürftig:* eine pow[e]re Gegend; Zum Mittagessen wurden Rindfleisch und Gemüse serviert, am Abend ein -es Ei (Fussenegger, Haus 312).

Power [ˈpaʊ̯ɐ], die; - (Jargon): *Kraft, Stärke, Leistung* (2c): die Stereoanlage hat P.; 1,1 kW sorgen für P. aus dem Handgelenk (Motorradwerbung in: Freizeitmagazin 10, 1978, 37); Ü ... sucht noch Darsteller: „Leute, die P. haben *(überzeugend spielen können)* (Börsenblatt 56, 1979, 1365);

Powerplay [ˈpaʊəpleɪ], das; -[s] [engl.-amerik. power play, eigtl. = Kraftspiel aus: power = Kraft u. play = Spiel] (bes. Eishockey): *anhaltender gemeinsamer Ansturm auf das gegnerische Tor o. ä., durch den der Gegner gezwungen wird, sich auf die Verteidigung zu beschränken:* ein P. aufziehen; **Powerslide** [ˈpaʊəslaɪd], das; -[s] [engl. power slide, eigtl. = Kraftrutschen, aus: power = Kraft u. slide = das Rutschen] (Motorsport): *Kurventechnik, bei der man den Wagen, ohne die Geschwindigkeit zu vermindern, seitlich in die Kurve rutschen läßt, um ihn mit Vollgas geradeaus aus der Kurve herausfahren zu können.*

Powidl [ˈpɔvidl̩, ˈpoːvidl̩], der; -s [tschech. povidla (Pl.)] (österr.): *Pflaumenmus:* P. machen, essen; * **[jmdm.] P. sein** (österr. salopp; *[jmdm.] egal sein*).

Powidl- (österr.): **~knödel,** der: *mit Pflaumenmus gefüllter Kloß;* **~kolatsche,** die: *mit Pflaumenmus gefülltes Hefegebäckstück;* **~tascherl,** das, **~tatschkerl,** das: *mit Pflaumenmus gefüllte u. in Salzwasser gekochte, flache, halbkreisförmige Speise aus Kartoffelteig.*

Pozz[u]olan [pɔts(u̯)oˈlaːn]: ↑Puzzolan.

PR- [peːǀˈɛr-; Abk. für: ↑**P**ublic-**R**elations-] (Wirtsch. Jargon): **~Abteilung,** die: svw. ↑Public-Relations-Abteilung; **~Arbeit,** die; **~Mann,** der: *für die Öffentlichkeitsarbeit zuständiger Mitarbeiter.*

Prä [prɛː], das; -s [subst. aus lat. prae = vor]: *jmdm. zum Vorteil gereichender Vorrang:* sein Laden hatte P. (*wurde zuerst beliefert;* Bieler, Mädchenkrieg 350); sagen Sie, was Sie wollen, es gibt entschieden ein P. (*es gereicht Ihnen zum Vorteil;* Th. Mann, Zauberberg 361).

Präambel [prɛˈambl̩], die; -, -n [spätmhd. preambel < mlat. praeambulum = Vorangehendes, Einleitung, zu spätlat. praeambulus = vorangehend, zu lat. prae = vor(an) u. ambulāre = gehen]: **1.** *feierliche Erklärung als Einleitung einer [Verfassungs]urkunde, eines Staatsvertrags o. ä.:* die P. der Charta der Vereinten Nationen; in der P. zu diesem Vertragswerk heißt es ... **2.** *Präludium in der Orgel- u. Lautenmusik des 15. u. 16. Jh.s.*

Präbende [prɛˈbɛndə], die; -, -n [mlat. praebenda, ↑Pfründe]: svw. ↑Benefizium (3).

Pracher [ˈpraxɐ], der; -s, - [mniederd., mniederl. pracher, zu ↑prachern] (landsch., bes. nordd.): *[zudringlicher] Bettler;* **prachern** [ˈpraxɐn] ⟨sw. V.; hat⟩ [mniederd. prachen, mniederl. prachern, H. u.] (landsch., bes. nordd.): *[zudringlich] betteln.*

Pracht [praxt], die; - [mhd. braht = Lärm, Geschrei, Prahlerei, ahd. praht = Lärm, verw. mit ↑brechen]: *durch großen Aufwand [in der Ausstattung] erreichte starke, strahlende [optische] Wirkung einer Sache, die auf diese Weise voll zur Entfaltung kommt:* die unvergleichliche P. der Paläste, Barockkirchen; diese Räume waren nur kalte P. *(waren repräsentativ, aber unbehaglich);* sie genossen die weiße P. der Winterlandschaft; dieser König entfaltete an seinem Hof eine unvorstellbare P. *(betrieb eine äußerst aufwendige Hofhaltung);* die Obstbäume standen in voller P. *(in voller Blüte);* * **etw. ist eine [wahre] P.** (ugs.; *etw. ist geradezu großartig);* die Verpflegung ist eine wahre P.; **daß es [nur so] eine P. ist** (ugs.; *daß man nur staunen, es nur bewundern kann*): sie tanzten, daß es nur so eine P. war!

prạcht-, Prạcht-: ~ausgabe, die: *kostbar ausgestattete Ausgabe* (4a); **~bau,** der ⟨Pl. -ten⟩: *großer, repräsentativer Bau;* **~entfaltung,** die; **~exemplar,** das (ugs.): *großartiges Exemplar, das alle gewünschten Qualitäten aufweist:* dieser Aal, Schmetterling war ein P.; (scherzh.:) wahre -e von Kindern; **~fink,** der: *(als Stubenvogel gehaltener) meist prächtig bunt gefärbter, etwa meisengroßer Singvogel;* **~junge,** der (ugs.): *Junge, der alle gewünschten Qualitäten aufweist, so daß man an ihm seine Freude haben kann;* **~käfer,** der: *meist auffallend metallisch schimmernder Käfer;* **~kerl,** der (ugs.): *Person, die alle gewünschten Qualitäten aufweist:* ein P. von einem Kind! (Bastian, Brut 71); **~kleid,** das

(Zool.): svw. ↑Hochzeitskleid (2); **~liebend** ⟨Adj.; nicht adv.⟩: *Pracht[entfaltung] liebend;* **~mädel,** das (ugs.): vgl. ~junge; **~mensch,** der (ugs.): vgl. ~kerl; **~sohn,** der: vgl. ~junge; **~straße,** die: *breite, von großen, eindrucksvollen Gebäuden gesäumte Straße;* **~stück,** das (ugs.): svw. ↑~exemplar: ein P. von [einem] Steinpilz; (scherzh.:) Er sah die ... Tennismeisterin, dieses P. Frau (Baum, Paris 45); **~voll** ⟨Adj.⟩: **1.** *voll Pracht; prächtig* (1): -e Juwelen; ein -es altes Schloß; eine p. ausgestattete Bibelausgabe. **2.** *alle gewünschten Qualitäten aufweisend; großartig:* -es Wetter; sie ist eine -e Mutter, ein -er Mensch; die junge Pianistin hat p. gespielt; **~weib,** das (ugs.): *Frau, die alle gewünschten Qualitäten aufweist:* ein strammes P. mit weißen, blitzenden Zähnen (Tucholsky, Werke I, 61).

prächtig ['prɛçtɪç] ⟨Adj.⟩ [urspr. = stolz, hochmütig]: **1.** *durch großen Aufwand von starker, strahlender [optischer] Wirkung:* eine -e Kalesche; -e Kirchen, Schlösser; p. ausgestaltete, erleuchtete Räume. **2.** *alle gewünschten Qualitäten aufweisend, großartig:* ein -er Junge; -es Wetter; das -e Hinterteil wurde von ihrem Hüfthalter gehorsam zusammengepreßt (Ruark [Übers.], Honigsauger 10); er ist ein -er Erzähler; (iron.:) Ein -er Muskelriß, wie aus dem Lehrbuch (Lenz, Brot 141); die Pflanzen, Kinder gediehen p.; sie verstehen sich p.; das hast du p. gemacht.

pracken ['prakn̩] ⟨sw. V.; hat⟩ [Nebenf. von ↑brechen] (österr. ugs.): **a)** *schlagen;* **b)** *einpauken;* ⟨Abl.:⟩ **Pracker,** der; -s, - (österr. ugs.): **1.** *Teppichklopfer.* **2.** *Schlag, Stoß.*

Prädestination, die; - [kirchenlat. praedēstinātio, zu (kirchen)lat. praedēstināre, ↑prädestinieren]: **1.** *(bes. von Calvin als Lehre vertretene) göttliche Vorherbestimmung hinsichtlich der Seligkeit od. Verdammnis des einzelnen Menschen.* **2.** (bildungsspr.) *das Geeignetsein, Vorherbestimmtsein für ein bestimmtes Lebensziel, einen Beruf o.ä. auf Grund gewisser Fähigkeiten, Anlagen:* er hat die P. zum Politiker; ⟨Zus.:⟩ **Prädestinationslehre,** die ⟨o. Pl.⟩: *Lehre von der Prädestination* (1); **prädestinieren** (prɛdɛsti'ni:rən] ⟨sw. V.; hat⟩ [(kirchen)lat. praedēstināre = im voraus bestimmen] (bildungsspr.): *für etw. besonders geeignet machen, wie geschaffen erscheinen lassen:* seine Figur prädestinierte ihn geradezu für diesen Sport, zum Leistungssportler; Der Wald ist wegen seiner Größenverhältnisse ... für Naturschutzzwecke besonders prädestiniert (*besonders geeignet;* Mantel, Wald 123); ⟨selten p. + sich:⟩ Nikolaus lernte die griechische Sprache und prädestinierte sich dadurch für seine spätere diplomatische Tätigkeit (Welt 8. 8. 64, Geist. Welt 1).

Prädetermination, die; - [aus lat. prae = vor(her) u. ↑Determination]: **1.** *das Vorherbestimmtsein.* **2.** (Biol.) *das Festgelegtsein bestimmter Entwicklungsvorgänge im Keim bzw. der Eizelle.*

Prädikabilien [prɛdika'bi:li̯ən] ⟨Pl.⟩ [zu lat. praedicābilis = ruhm-, preiswürdig] (Philos.): **1.** *die fünf logischen Begriffe des Aristoteles (nach Porphyrios).* **2.** *die aus den Kategorien* (3) *abgeleiteten Verstandesbegriffe Kants;* **Prädikament** [...'mɛnt], das; -[e]s, -e [spätlat. praedicāmentum = die im voraus erfolgende Hinweisung] (Philos.): *eine der sechs nach Platon u. Aristoteles in der Scholastik weitergelehrten Kategorien;* **Prädikant** [...'kant], der; -en, -en [mlat. praedicans (Gen.: praedicantis), 1. Part. von (m)lat. praedicare = predigen] (ev. Kirche): *[Hilfs]prediger;* **Prädikantenorden,** der; -s: selten für ↑Dominikanerorden; **prädikantisch** ⟨Adj.; o. Steig.⟩ (veraltet): *predigtartig;* **Prädikat** [prɛdi'ka:t], das; -[e]s, -e [lat. praedicātum, subst. 2. Part. von: praedicāre, ↑predigen]: **1.** *in einer bestimmten schriftlichen Formulierung ausgedrückte auszeichnende Bewertung einer Leistung, eines Werks, Erzeugnisses:* bei einer Prüfung das P. „gut" erhalten; ein Film mit dem P. „wertvoll"; Qualitätswein mit P. *(nicht gezuckerter Qualitätswein mit einem der Prädikate Kabinett, Spätlese, Auslese, Beerenauslese, Trockenbeerenauslese, Eiswein).* **2.** kurz für ↑Adelsprädikat. **3.** (Sprachw.) *(gewöhnlich in der Gestalt einer Kopula mit Prädikativ od. eines [um ein Objekt ergänzten] Verbs erscheinender) Satzteil, der eine Aussage über den Zustand od. die Tätigkeit des Subjekts enthält* (z.B. der Bauer *pflügt* den Acker). **4.** (Logik, Philos.) *der Bestimmung von Gegenständen dienender sprachlicher Ausdruck od. der zugrundeliegende Begriff;* ⟨Zus. zu 4:⟩ **Prädikatenlogik,** die; -: *Teilgebiet der Logik, das mit Prädikaten* (4) *gebildete Aussagen u. deren logische Struktur untersucht;* **Prädikation** [...ka'tsi̯o:n], die; -, -en [lat. praedicātio = das Verkünden] (Logik, Philos.): *sprachliche Handlung, in der Prädikatoren eingeführt werden;* **prädikatisieren** [...ti'zi:rən] ⟨sw. V.; hat⟩: *(bes. einen Film) mit einem Prädikat* (1) *versehen:* prädikatisierte Filme; **prädikativ** [...'ti:f] ⟨Adj.; o. Steig.; nicht adv.⟩ (Sprachw.): *das Prädikat* (3) *betreffend, dazu gehörend; in Verbindung mit kopulativen Verben (z.B. sein, werden) auftretend; aussagend:* -e Ergänzungen; **Prädikativ** [-], das; -s, -e [...i:və] (Sprachw.): *auf das Subjekt od. Objekt bezogener Teil des Prädikats* (z.B. Karl ist *Lehrer*); **Prädikativsatz,** der; -es, -sätze (Sprachw.): *Gliedsatz, der die Stelle eines Prädikativs einnimmt* (z.B. er bleibt, *was er immer war*); **Prädikativum** [...'ti:vʊm], das; -s, ...va (Sprachw. veraltet): svw. ↑Prädikativ; **Prädikator** [...'ka:tɔr, auch: ...to:ɐ̯], der; -s, -en [...ka'to:rən; lat. praedicātor = der Verkündiger] (Logik, Philos.): *Teil des Prädikats* (4), *der einem Gegenstand zu- od. abgesprochen wird.*

Prädikats-: **~nomen,** das (Sprachw.): *Prädikativ, das aus einem Nomen* (2) *besteht* (z.B. er wird *Arzt;* das Kleid ist *neu*); **~wein,** der: *Wein aus der obersten Güteklasse der deutschen Weine.*

prädiktabel [prɛdɪk'ta:bl ⟨Adj.; o. Steig.; nicht adv.⟩ [zu mlat. praedictare = vorhersehen] (Bildungsspr.): *vorhersagbar durch wissenschaftliche Verallgemeinerung;* **Prädiktabilität** [...tabili'tɛ:t], die; - (bildungsspr.): *Vorhersagbarkeit durch wissenschaftliche Verallgemeinerung;* **Prädiktion,** die; -, -en [lat. praedictio] (bildungsspr.): *Vorhersage, Voraussage durch wissenschaftliche Verallgemeinerung;* **prädiktiv** [prɛdɪk'ti:f; vgl. engl. predictive] ⟨Adj.; o. Steig.; nicht adv.⟩ (bildungsspr.): svw. ↑prädiktabel.

prädisponieren ⟨sw. V.; hat⟩ [aus lat. prae = vor(her) u. ↑disponieren]: **1.** (bildungsspr.) *im voraus festlegen.* **2.** (Med.) *besonders empfänglich, anfällig machen:* manche Menschen sind prädisponiert *(besonders anfällig)* für Magengeschwüre; **Prädisposition,** die; -, -en [aus lat. prae = vor(her) u. ↑Disposition] (Med.): *besonders ausgeprägte Anfälligkeit für bestimmte Krankheiten.*

prädizieren [prɛdi'tsi:rən] ⟨sw. V.; hat⟩ [lat. praedīcere = vorausbestimmen, aus: prae = vor(her) u. dīcere = sagen] (Logik, Philos.): *ein Prädikat* (4) *beilegen, einen Begriff durch ein Prädikat bestimmen:* prädizierendes (Sprachw.; *mit einem Prädikatsnomen verbundenes*) Verb.

Prädomination, die; - [aus lat. prae = vor(her) u. ↑Domination] (bildungsspr.): *das Vorherrschen, die Vorherrschaft;* **prädominieren** ⟨sw. V.; hat⟩ [aus lat. prae = vor(her) u. ↑dominieren] (bildungsspr.): *die Vorherrschaft besitzen; vorherrschen, überwiegen.*

Praeceptor Germaniae [prɛ'tsɛptɔr gɛr'ma:ni̯ɛ; lat.]: *Lehrmeister Deutschlands* (als Beiname bedeutender Männer wie Hrabanus Maurus u. Melanchthon).

Praesens historicum ['prɛ:zɛns hɪs'to:rikʊm], das; - -, ...sentia ...ca [prɛ'zɛntsi̯a ...ka; lat.]: *(Gebrauch des) Präsens bei lebhafter Vorstellung u. Schilderung vergangener Vorgänge.*

Präexistenz, die; - [aus lat. prae = vor(her) u. ↑Existenz] (Philos., Theol.): *das ideelle Vorhandensein, Ausgeprägtsein vor der stofflichen u. zeitlichen Erscheinung* (z.B. die Existenz der Seele im Reich der Ideen vor ihrem Eintritt in den Körper; nach Plato).

präfabrizieren ⟨sw. V.; hat⟩ [aus lat. prae = vor(her) u. ↑fabrizieren] (bildungsspr.): *im voraus in seiner Form, Art festlegen* ⟨meist im 2. Part.⟩: eine präfabrizierte These.

Präfation [prɛfa'tsi̯o:n], die; -, -en [mlat. praefatio < lat. praefātio = Vorrede] (kath. u. ev. Rel.): *liturgische Einleitung der katholischen Eucharistiefeier u. des evangelischen Abendmahlgottesdienstes.*

Präfekt [prɛ'fɛkt], der; -en, -en [lat. praefectus = Vorgesetzter, zu: praefectum, 2. Part. von: praeficere = vorsetzen]: **1.** *hoher Zivil- od. Militärbeamter im antiken Rom.* **2.** *oberster Verwaltungsbeamter eines Departements (in Frankreich) od. einer Provinz (in Italien).* **3.** *mit besonderen Aufgaben betrauter, leitender katholischer Geistlicher (bes. in Missionsgebieten).* **4.** *ältester Schüler in einem Internat, der über jüngere die Aufsicht führt;* ⟨Abl. zu 2:⟩ **Präfektur** [prɛfɛk'tu:ɐ̯], die; -, -en [lat. praefectūra]: **a)** *Amt, Amtsbezirk eines Präfekten* (2); **b)** *Amtsräume eines Präfekten* (2).

präferentiell [prɛfərɛn'tsi̯ɛl] ⟨Adj.; o. Steig.⟩ (bes. Wirtsch.): *Präferenzen betreffend, auf Präferenzen beruhend:* -e Zölle; **Präferenz** [...'rɛnts], die; -, -en [frz. préférence, zu: préférer = vorziehen]: **1.** (Wirtsch.) *bestimmten Ländern gewährte Vergünstigung im Außenhandel.* **2.** (Wirtsch.) *bestimmte Vorliebe im Verhalten der Marktteilnehmer.* **3.** (jur.) *Ver-*

günstigung im Steuerrecht. **4. a)** (bildungsspr.) *Bevorzugung eines bestimmten Wertes, Zieles.* **b)** (Soziometrie) *relative Bevorzugung einer Kontaktperson vor anderen.*

Präferenz-: **~liste,** die: *Liste von Personen od. Zielen, die im Hinblick auf ein bestimmtes Vorhaben Vorrang genießen;* **~spanne,** die (Wirtsch.): *Differenz zwischen dem Präferenzzoll u. dem auf andere Länder angewendeten höheren allgemeinen Zollsatz;* **~stellung,** die (bes. Wirtsch.): *bevorzugte Stellung;* **~system,** das (Wirtsch.): *handelspolitisches Konzept, das auf einer bevorzugten Behandlung einzelner Handelspartner aufbaut;* **~zoll,** der (Wirtsch.): *Zoll, der einen Handelspartner gegenüber anderen begünstigt.*

präfigieren [prɛfi'gi:rən] ⟨sw.V.; hat⟩ [lat. praefigere = vorn anheften] (Sprachw.): *mit einem Präfix versehen;* ⟨Abl.:⟩ **Präfigierung,** die; -, -en (Sprachw.); **Präfix** [prɛ'fɪks], das; -es, -e [lat. praefixum, 2. Part. von praefigere, ↑präfigieren] (Sprachw.): **1.** *untrennbare Vorsilbe, die vor einen Wortstamm od. ein Wort gesetzt wird, wodurch ein neues Wort entsteht* (z. B. *be*graben, *un*schön). **2.** (veraltend) svw. ↑Präverb; **präfixoid** [...so'i:t] ⟨Adj.; o. Steig.⟩ (Sprachw.): *in der Art eines Präfixes, einem Präfix ähnlich;* **Präfixoid** [-], das; -[e]s, -e [zu griech. -oeidḗs = ähnlich] (Sprachw.): *Halbpräfix;* **Präfixverb,** das; -s, -en (Sprachw.): *präfigiertes Verb.*

präformieren ⟨sw. V.; hat⟩ [lat. praefōrmāre]: **1.** (bildungsspr.) *in der Ausprägung, Entwicklung o. ä. im voraus festlegen; vorbilden.* **2.** (Biol.) *im Keim vorbilden.*

prägbar ['prɛ:kba:ɐ̯] ⟨Adj.; nicht adv.⟩: *sich prägen* (2) *lassend;* **Prägbarkeit,** die; -; **Präge** ['prɛ:gə], die; -, -n [gek. aus: Prägeanstalt]: svw. ↑Münzstätte.

Präge-: **~bild,** das (Münzwesen): *auf eine Münze aufgeprägtes Bild;* **~druck,** der ⟨o. Pl.⟩: **1.** (Druckw.) *Druckverfahren, bei dem Schriftzeichen o. ä. mit Hilfe von Prägestempeln erhaben od. vertieft auf [Brief]papier, Leder o. ä. zur Ausschmückung gedruckt werden.* **2.** (Textilind.) *Verfahren zur Oberflächengestaltung von Geweben auf dem Gaufrierkalander mit Hilfe von Hitze u. Druck;* **~eisen,** das: svw. ↑~stempel; **~form,** die (Münzwesen): *Gußform für die Münzprägung;* **~presse,** die (Druckw.): *Presse für den Prägedruck;* **~siegel,** das: *Dienstsiegel mit reliefartigem Aufdruck;* **~stätte,** die: *Münzstätte;* **~stempel,** der (Druckw., Metallbearb.): *zum Prägen* (1) *verwendeter Stempel, in den Schriftzeichen od. Strichzeichnungen vertieft od. erhaben eingearbeitet sind;* **~stock,** der (Druckw., Metallbearb.): *zum Prägen* (1) *verwendete Maschine mit Prägestempel.*

prägen ['prɛ:gn̩] ⟨sw. V.; hat⟩ [mhd. præchen, bræchen = einpressen, abbilden, ahd. (gi)prāhhan = gravieren, einpressen]: **1. a)** *mit einem Bild, mit Schriftzeichen versehen, wobei man die Oberfläche von geeignetem Material (z. B. Metall, Papier, Leder) durch Druck mit entsprechenden Werkzeugen od. Maschinen reliefartig formt:* geprägtes Briefpapier, Leder; **b)** *prägend* (1 a) *herstellen:* Münzen [in Silber, Gold] p.; schlecht geprägte Münzen; **c)** *ein Bild, Schriftzeichen vertieft od. erhaben in die Oberfläche von geeignetem Material (z. B. Metall, Papier, Leder) einpressen:* das Staatswappen auf die Münzen p.; hatte der Teppich seinen Kniescheiben ein grobes ... Muster geprägt *(auf seinen Kniescheiben ein Muster hinterlassen;* Grass, Katz 115). **2. a)** *sich als Einfluß auswirken u. jmdm., einer Sache ein entsprechendes besonderes Gepräge geben:* die Landschaft prägt den Menschen; die Bauwerke des Menschen prägen das Gesicht der Landschaft; [als Künstler] von einer Epoche geprägt sein; Tempo und Wagemut prägten seinen (= des Eiskunstläufers) Stil (Maegerlein, Triumph 77); **b)** (Verhaltensf.) *ein Tier während einer bestimmten Entwicklungsphase in bezug auf ein bestimmtes Verhalten sich auf ein Lebewesen, Objekt einstellen lassen, es auf jmdn., etw. fixieren:* Wer junge Wölfe aufgezogen und auf den Menschen geprägt hat (Tier 12, 1971, 12). **3.** *(einen sprachlichen Ausdruck) schöpfen, erstmals anwenden:* ein [Schlag]wort, eine Bezeichnung, einen Begriff, Satz p.; jene ... Formen, wie sie die ottonische Kunst ... geprägt hatte (Bild. Kunst 3, 67). **4.** (selten) *einprägen* (2 a): sich etw. ins Gedächtnis p. **5.** ⟨p. + sich⟩ (geh., selten) *sich formen* (3): als präge es (= das alles) sich wie ein Relief hinter seinen Augen in Wachs (Remarque, Triomphe 317).

prägenital ⟨Adj.; o. Steig.⟩ [aus lat. prae = vor(her) u. ↑genital] (Fachspr.): *eine der genitalen Phase vorausgehende Stufe der frühkindlichen sexuellen Entwicklung betreffend, auf der die Lustgewinnung noch vorwiegend im Bereich von After u. Mund erfolgt:* -e Phase.

Präger, der; -s, -: *Handwerker, Facharbeiter, der prägt* (1) (Berufsbez.).

präglazial ⟨Adj.; o. Steig.; nicht adv.⟩ [aus lat. prae = vor(her) u. ↑glazial] (Geol.): *vor der Eiszeit [eingetreten]; voreiszeitlich;* (Ggs.: postglazial); **Präglazial,** das; -s (Geol.): *Zeit vor der Eiszeit* (Ggs.: Postglazial).

Pragmalinguistik [pragma-], die; - (Sprachw.): *[stark soziologisch orientierter Teilbereich der] Pragmatik* (3); **Pragmatik** [pra'gma:tɪk], die; -, -en [griech. pragmatikḗ (téchnē) = Kunst, richtig zu handeln, zu: pragmatikós, ↑pragmatisch]: **1.** ⟨o. Pl.⟩ (bildungsspr.) *Orientierung auf das Nützliche; Sinn für Tatsachen; Sachbezogenheit.* **2.** (österr. Amtsspr.) *Dienstordnung, Ordnung des Staatsdienstes; festgefügte Laufbahn des Beamten.* **3.** ⟨o. Pl.⟩ (Sprachw.) *linguistische Disziplin, die das Sprachverhalten, das Verhältnis zwischen sprachlichen Zeichen u. interpretierendem Menschen untersucht;* **Pragmatiker** [...tikɐ], der; -s, - (bildungsspr.): *jmd., der pragmatisch eingestellt ist:* ein als „Macher" gepriesener P. (MM 16. 5. 75, 2); **pragmatisch** ⟨Adj.⟩ [lat. prāgmaticus < griech. pragmatikós = in Geschäften geschickt, tüchtig]: **1.** *auf die anstehende Sache u. entsprechendes praktisches Handeln gerichtet; sachbezogen:* ein -er Politiker; eine -e Betrachtungsweise; -e Mittel anwenden; -e *(aus der Untersuchung von Ursache u. Wirkung historischer Ereignisse Erkenntnisse für künftige Entwicklungen gewinnende)* Geschichtsschreibung; p. denken, handeln, vorgehen. **2.** (Sprachw.) *das Sprachverhalten, die Pragmatik* (3) *betreffend;* **pragmatisieren** [...mati'zi:rən] ⟨sw. V.; hat⟩ (österr. Amtsspr.): *(jmdn., der vollständig in die Amtsgeschäfte eingeweiht ist) [auf Lebenszeit] fest anstellen;* **Pragmatismus** [...'tɪsmʊs], der; -: **a)** *den Menschen ausschließlich als handelndes Wesen verstehende philosophische Lehre, die das Handeln über die Vernunft stellt u. die Wahrheit u. Gültigkeit von Ideen u. Theorien allein nach ihrem Erfolg bemißt;* **b)** *pragmatische Einstellung, Denk-, Handlungsweise;* **Pragmatist** [...'tɪst], der; -en, -en: *Vertreter des Pragmatismus.*

prägnant [prɛ'gnant] ⟨Adj.; -er, -este⟩ [frz. prégnant < lat. praegnāns (Gen.: praegnantis) = schwanger; trächtig; strotzend]: *etw. in knapper Form genau treffend darstellend:* -e Sätze; -e *(fest umrissene)* Vorstellungen; zu jenem Typ ..., der in Ulbricht, Gyptner und Winzer seine -esten *(typischsten)* Vertreter hat (Leonhard, Revolution 278); die Diktion, der Stil des Autors ist nicht besonders p.; **Prägnanz** [...nts], die; -: *prägnante Art.*

Prägung, die; -, -en: **1. a)** *das Prägen* (1); **b)** *Bild, Muster o. ä., das vertieft od. erhaben in die Oberfläche von geeignetem Material (z. B. Metall, Papier, Leder, Kunststoff) eingeprägt ist:* die P. auf der Münze ist unscharf. **2. a)** *bestimmte Art, in der jmd., etw. geprägt* (2 a) *ist:* durch jmdn., etw. seine P. erhalten; ein Parlamentarismus westlicher P.; **b)** (Verhaltensf.) *das Prägen* (2 b): die P. auf das Aussehen der Mutter (Lorenz, Verhalten I, 145). **3. a)** *das Prägen* (3): Wenn auch das Wort Ideologie erst ... im 18. Jh. ... seine P. erfährt (Fraenkel, Staat 136); **b)** *geprägter* (3) *Ausdruck:* dieses Wort ist eine neue P., eine P. des .../von ...

Prähistorie [prɛ..., auch: 'prɛ:...], die; - [aus lat. prae = vor(her) u. ↑Historie]: *Vorgeschichte;* **Prähistoriker** [prɛ..., auch: 'prɛ:...], der; -s, -: *Wissenschaftler auf dem Gebiet der Prähistorie;* **prähistorisch** [prɛ..., auch: 'prɛ:...] ⟨Adj.; o. Steig.⟩: *vorgeschichtlich.*

prahlen ['pra:lən] ⟨sw. V.; hat⟩ [urspr. wahrsch. = brüllen, schreien, lärmen; lautm.]: **a)** *sich wirklicher od. vermeintlicher Vorzüge o. ä. übermäßig od. übertreibend rühmen, sie hervorhebend erwähnen:* er prahlt gern; hör bloß auf zu p.!; mit seinem Auto, seinen Erfolgen, Kindern, [technischen] Kenntnissen p.; Sie prahlen damit, daß Sie Ihr Geld auf anderer Leute Kosten verdienen (Hacks, Stücke 313); das ist geprahlt (ugs.; *viel zu günstig dargestellt*); **b)** *prahlend* (a) *sagen, äußern:* „Sie Mario nicht fortschikken", hatte er geprahlt (Brand [Übers.], Gangster 62); ⟨Abl.:⟩ **Prahler,** der; -s, -: *jmd., der prahlt;* **Prahlerei** [pra:lə'raj], die; -, -en (abwertend): **1.** ⟨o. Pl.⟩ *[dauerndes] Prahlen* (a). **2.** *prahlerische Äußerung;* **prahlerisch** ⟨Adj.⟩: *von der Art, wie sie für einen Prahler charakteristisch ist:* ein -er Mensch; ein riesiger Türhüter in -er Haltung (Th. Mann, Hoheit 28); ⟨Zus.:⟩ **Prahlhans,** der; -es, ...hänse (ugs.): *jmd., der gern prahlt:* die maskulinen Prahlhänse

(Habe, Namen 375); **Prahlsucht,** die ⟨o. Pl.⟩: *übermäßig starker Hang zum Prahlen, zum Übertreiben von [eigenen] Vorzügen o. ä.*

Prahm [pra:m], der; -[e]s, -e u. Prähme ['prɛ:mə; aus dem Niederd. < mniederd. prām, aus dem Slaw., vgl. tschech. prám]: *[kastenförmiger] großer Lastkahn.*

Präjudiz [prɛju'di:ts], das; -es, -e [lat. praeiūdicium, aus: prae = vor(her) u. iūdicium, ↑Judizium]: **1.** (jur.) *[Vor]entscheidung eines oberen Gerichts in einer Rechtsfrage, die sich in einem anderen Rechtsstreit erneut stellt:* womöglich ein P. dafür, ob auch anderwärts BM-Haft geändert ... wird (Spiegel 51, 1974, 25). **2.** (bes. Politik) *vorgreifende Entscheidung:* daß diese Sonderbehandlung kein P. darstellen solle (Nationalzeitung 553, 1968, 3); **präjudizial** [...di'tsia:l] ⟨Adj.; o. Steig.⟩ (jur.): svw. ↑präjudiziell; **präjudiziell** [...'tsiɛl] ⟨Adj.; o. Steig.⟩ [frz. préjudiciel < spätlat. praeiūdiciālis]: **1.** (jur.) *als Präjudiz* (1) *dienend.* **2.** (bildungsspr.) *eine Vorentscheidung treffend;* **präjudizieren** [...'tsi:rən] ⟨sw. V.; hat⟩ [lat. praeiūdicāre = vorgreifen, im voraus entscheiden, zu: prae = vor(her) u. iūdicāre, ↑judizieren] (bes. jur., Politik): *eine [richterliche] Vorentscheidung über etw. treffen:* ein Problem, staatliche Beziehungen p.

präkambrisch ⟨Adj.; o. Steig.; nicht adv.⟩ [aus lat. prae = vor(her) u. ↑kambrisch] (Geol.): *das Präkambrium betreffend, dazu gehörend;* **Präkambrium,** das; -s [aus lat. prae = vor(her) u. ↑Kambrium] (Geol.): *vor dem Kambrium liegender erdgeschichtlicher Zeitraum.*

Präkanzerose [prɛkantse'ro:zə], die; -, -n [aus lat. prae = vor(her) u. spätlat. cancerōsus, ↑kanzerös] (Med.): *zur krebsigen Entartung neigende Erkrankung.*

präkarbonisch ⟨Adj.; o. Steig.; nicht adv.⟩ [aus lat. prae = vor(her) u. ↑karbonisch] (Geol.): *in einen Zeitabschnitt vor dem Karbon gehörend, fallend, ihn betreffend* (Ggs.: postkarbonisch).

präkardial, präkordial ⟨Adj.; o. Steig.⟩ [aus lat. prae = vor(her) u. ↑kardial] (Med.): *vor dem Herzen [liegend].*

Präkaution [prɛkau'tsio:n], die; -, -en [spätlat. praecautio] (bildungsspr. veraltet): *Vorkehrung, Vorsichtsmaßnahme.*

präkludieren [prɛklu'di:rən] ⟨sw. V.; hat⟩ [lat. praeclūdere = versperren] (jur.): *jmdm. die Geltendmachung eines Rechts[mittels, -anspruchs] wegen Überschreitung der Präklusivfrist verweigern, eine Präklusion zur Folge haben; von vornherein ausschließen;* **Präklusion** [prɛklu'zio:n], die; -, -en [lat. praeclūsio] (jur.): *Ausschließung, Ausschluß; Rechtsverwirkung;* **präklusiv** [...'zi:f], präklusivisch [...'zi:vɪʃ] ⟨Adj.; o. Steig.⟩ (jur.): *eine Präklusion zur Folge habend; von vornherein ausschließend; rechtsverwirkend;* ⟨Zus.:⟩ **Präklusivfrist,** die; -, -en (jur.): *gerichtlich festgelegte Frist, nach deren Ablauf ein Recht nicht mehr geltend gemacht werden kann;* **präklusivisch**: ↑präklusiv.

Präkognition, die; - [spätlat. praecōgnitio = das Vorhererkennen] (Parapsych.): *außersinnliche Wahrnehmung, bei der zukünftige Ereignisse vorausgesagt werden.*

präkordial: ↑präkardial.

praktifizieren [praktifi'tsi:rən] ⟨sw. V.; hat⟩ [zu ↑Praxis u. lat. facere (in Zus. -ficere) = machen] (bildungsspr.): *in die Praxis umsetzen, verwirklichen;* ⟨Abl.:⟩ **Praktifizierung,** die; -, -en; **Praktik** ['praktɪk], die; -, -en [spätmhd. praktik(e) < mlat. practica < spätlat. practicē = Ausübung, Vollendung < griech. praktikḗ (téchnē) = Lehre vom aktiven Handeln, zu: praktikós, ↑praktisch]: **1. a)** *bestimmte Art der Ausübung, Handhabung; Verfahrensweise:* merkantilistische -en; während Joachim ... keuchte und Frau Magnus ... ihm einer alten P. gemäß den Rücken klopfte (Th. Mann, Zauberberg 728); **b)** ⟨meist Pl.⟩ *(als bedenklich empfundene) Methode, nicht immer einwandfreies u. erlaubtes Vorgehen:* kompromittierende, kriminelle, perfide, gewissenlose -en. **2.** *(vom 15. bis 17. Jh.) Kalenderanhang od. selbständige Schrift mit meteorologischen (in der Art der Bauernregeln) od. astrologischen Vorhersagen, Gesundheitslehren, Ratschlägen o. ä.;* **Praktika**: Pl. von ↑Praktikum; **praktikabel** [...ti'ka:bl] ⟨Adj.; ...bler, -ste; nicht adv.⟩ [frz. praticable < mlat. practicabilis = tunlich, ausführbar]: **1.** *für einen bestimmten Zweck brauchbar, nutzbar; sich als zweckmäßig erweisend u. sich verwirklichen lassend; durch-, ausführbar:* eine praktikable Lösung; ein praktikabler Vorschlag; dieser Plan, sein Konzept war nicht p.; die Mehrwertsteuer p. gestalten. **2.** *(von Teilen der Bühnendekoration) fest gebaut u. daher begehbar, zum Spielen zu benutzen:* Frau Edith entwarf das praktikable Bühnenbild (MM 29. 11. 69, 70); **Praktikabel** [-], das; -s, - [frz. praticable]: *fest gebauter Teil der Bühnendekoration, der im Unterschied zu den gemalten Teilen begehbar u. zum Spielen zu benutzen ist* (z. B. Bühnengerüste, Felsen, Balkon eines Hauses); **Praktikabilität** [...kabili'tɛ:t], die; - [frz. praticabilité] (bildungsspr.): *praktikable* (1) *Art;* **Praktikant** [...'kant], der; -en, -en [mlat. practicans (Gen.: practicantis), 1. Part. von: practicare, ↑praktizieren]: *jmd., der ein Praktikum absolviert;* **Praktikantin,** die; -, -en: w. Form zu ↑Praktikant; **Praktiker,** der; -s, -: **1.** *Mann der praktischen Erfahrung:* ein P. der Politik; er ist [ausschließlich, reiner] P. **2.** (Med. Jargon) *praktischer Arzt;* **Praktikum** ['praktikʊm], das; -s, ...ka: *im Rahmen einer Ausbildung außerhalb der [Hoch]schule abzuleistende praktische Tätigkeit:* ein pädagogisches, medizinisches, berufliches P.; **Praktikus** [...kʊs], der; -, -se (scherzh.): *praktischer Mensch, der Rat weiß;* **praktisch** ['praktɪʃ] [spätlat. practicus < griech. praktikós = auf das Handeln gerichtet, tätig, tüchtig]: **I.** ⟨Adj.⟩ **1.** ⟨o. Steig.; nicht präd.⟩ **a)** *auf die Praxis, Wirklichkeit bezogen:* -e Erfahrung, Politik, Zusammenarbeit; die -e Auswertung bestimmter Erkenntnisse; die -e Durchführung eines Prinzips; -es Handeln; ein -er Kurs; -e Untersuchungen, Aufgaben, Anwendungsmöglichkeiten, Wissenschaften; -er Unterricht; -e Theologie; -er Arzt *(nicht spezialisierter Arzt, Arzt für Allgemeinmedizin);* Schüler von Diakonieschulen, die hier ihr -es Jahr *(einjähriges Praktikum)* ableisten (Mostar, Liebe 96); p. experimentieren; eine Erfindung, jmds. Fähigkeiten p. erproben; eine gewisse Zeit auf seinem Fachgebiet p. arbeiten, tätig sein; Anatomie ist ..., p. gesehen, eine Grundwissenschaft der Medizin (Medizin II, 16); **b)** *in der Wirklichkeit auftretend; wirklich, tatsächlich:* -e Fragen, Probleme, Beispiele, Angelegenheiten, Schwierigkeiten, Ergebnisse; die -e Bedeutung einer Sache; die -e Seite eines Problems; p. heißt das, daß ...; wie wollen Sie denn die Nato-Krise p. *(in Wirklichkeit)* lösen? (Spiegel 14, 1966, 36). **2.** *sich besonders gut für einen bestimmten Zweck eignend; sehr nützlich; zweckmäßig:* eine -e Erfindung, Einrichtung; am -sten ist eine neutrale Farbe; Besonders p. schien es nun, das Monopol nicht selbst zu verwalten (Jacob, Kaffee 122); sie haben sich nicht modern, aber p. eingerichtet; ⟨subst.:⟩ etwas Praktisches schenken. **3.** *geschickt in der Bewältigung täglicher Probleme od. durch diese Fähigkeit gekennzeichnet:* ein -er Mensch, Junge; Er ... hatte einen -en Blick für das Wesentliche (Leonhard, Revolution 278); er ist [nicht besonders] p. [veranlagt]; p. denken. **II.** ⟨Adv.⟩ (ugs.) *wenn man es recht überlegt; im Grunde; so gut wie:* der Sieg war dem Sportler p. nicht mehr zu nehmen; mit ihm hat man p. keine Schwierigkeiten; sie macht p. alles; **praktizieren** [prakti'tsi:rən] ⟨sw. V.; hat⟩ [spätmhd. practicern (unter Einfluß von [m]frz. pratiquer) < mlat. practicare = eine Tätigkeit ausüben]: **1.** *in der Praxis anwenden, in die Praxis umsetzen:* ein Verfahren, System, eine Lebensweise, Idee, [Welt]anschauung, Doktrin, Politik, Technik, bestimmte Erziehungsmethoden p.; praktizierende *(am kirchlichen Leben teilnehmende) Katholiken.* **2. a)** *[in einer Praxis* (3 b)*] als Arzt seinen Beruf ausüben:* in einer Großstadt p.; **b)** (selten) *ein Praktikum durchmachen:* Vor einigen Tagen ... habe ich in der Chirurgie praktiziert (*während eines Praktikums ... gearbeitet;* Sebastian, Krankenhaus 56). **3.** (ugs.) *in einer bestimmten Absicht, zu einem bestimmten Zweck geschickt irgendwohin bringen, gelangen lassen:* den Vogel in einen Käfig p.; Wie er das Blut auf mein Hemd praktiziert hat, damit es mich später belastet (Brand [Übers.], Gangster 58); **Praktizismus** [...'tsɪsmʊs], der; - (bes. DDR): *Neigung, die praktische Arbeit zu verabsolutieren u. dabei die theoretisch-ideologischen Grundlagen zu vernachlässigen;* **praktizistisch** ⟨Adj.; o. Steig.⟩ (bes. DDR): *den Praktizismus betreffend, auf ihm beruhend.*

präkulmisch [prɛ'kʊlmɪʃ] ⟨Adj.; o. Steig.; nicht adv.⟩ [aus lat. prae = vor(her) u. kulmisch, Adj. zu ↑²Kulm] (Geol.): *in einen Zeitabschnitt vor dem ²Kulm gehörend, fallend, ihn betreffend* (Ggs.: postkulmisch).

Prälat [prɛ'la:t], der; -en, -en [mhd. (md.) prēlāt(e) < mlat. praelatus, eigtl. = der Vorgezogene, 2. Part. von lat. praeferre = vorziehen, bevorzugen]: **1.** (kath. Kirche) *Inhaber der Kirchengewalt (z. B. Bischof, Abt), eines hohen [Ehren]amtes der römischen Kurie od. Träger eines vom Papst verliehenen Ehrentitels.* **2.** (ev. Kirche) *in bestimmten [süddeutschen] Landeskirchen Amtsträger in leitender Funktion;*

Leiter eines Kirchensprengels; ⟨Abl.:⟩ **Prälatur** [prɛla'tu:ɐ̯], die; -, -en [a: mlat. praelatura]: **a)** *Amt eines Prälaten;* **b)** *Amtsräume eines Prälaten.*

Präliminarfrieden [prɛlimi'na:ɐ̯-], der; -s, - (Völkerr.): *vorläufig abgeschlossener Frieden, der bereits die Bedingungen des endgültigen Friedensvertrags enthält;* **Präliminarien** [...'na:ri̯ən] ⟨Pl.⟩ [zu lat. prae = vor(her) u. līmināris = zur Schwelle gehörend, zu: līmen = Schwelle; Anfang]: *etw., was einer ins Auge gefaßten Sache einleitend, vorbereitend vorausgeschickt wird; [diplomatische] Vorverhandlungen:* jmdm. lästige P. ersparen; Nach ausgedehnten P. nebst sadistischen Zwischenspielen (MM 6. 3. 74, 32).

Praline [pra'li:nə], die; -, -n, österr., schweiz., sonst veraltend: **Praliné, Pralinee** [prali'ne:, auch: '---], das; -s, -s [älter: Pralines (mit frz. Ausspr.), frz. praline = gebrannte Mandel, angeblich nach dem frz. Marschall du Plessis-Praslin (1598–1675), dessen Koch als der Erfinder gilt; Praliné, Pralinee = dt. Bildung zu frz. praliner = in Zucker bräunen (lassen)]: *Stück Konfekt, das unter einem Schokoladenüberzug eine Füllung (z. B. aus Creme, Marzipan, Fruchtmark, Nüssen, Spirituosen) enthält.*

Pralinen-: **~kasten,** der: svw. ↑~schachtel; **~packung,** die: svw. ↑~schachtel; **~schachtel,** die: **a)** *mit Pralinen gefüllte Schachtel;* **b)** *Schachtel für Pralinen.*

prall [pral] ⟨Adj.; nicht adv.⟩ [aus dem Niederd. < mniederd. pral, eigtl. = zurückfedernd, fest gestopft, zu ↑prallen]: **1.** *ganz mit einer Substanz o. ä. ausgefüllt u. an seiner Oberfläche fest, straff gespannt, wie aufgeblasen:* ein -er Fußball; -e Tomaten, Trauben; -e Schenkel, Muskeln, Bakken; Gewölk ... vor uns ... Gebirge aus Wasserdampf, aber p. und weiß (Frisch, Homo 279); ein p. aufgeblasener Luftballon; p. gestopfte Rucksäcke; eine p. gefüllte *(mit vielen Geldscheinen gefüllte)* Brieftasche; Der enge Raum war jetzt p. *(bis auf den letzten Platz)* gefüllt mit Menschen (Kirst, 08/15, 375); aber der Mantel saß p. *(enganliegend)* auf ihm (Kirst, 08/15, 594); Ü -e Lebensfülle; das -e Leben; sein -es Lachen; -e Bilder der Erinnerung. **2.** *(von [Sonnen]licht) direkt auftreffend, ungehindert [scheinend]:* das -e Licht; in der -en Sonne liegen; p. besonnte Weinberge; **Prall** [-], der; -[e]s, -e ⟨Pl. selten⟩: *das Prallen.*

prall-, Prall-: **~hang,** der (Geogr.): *steiler Hang an der Außenseite einer Flußbiegung* (Ggs.: Gleithang); **~topf,** der (Kfz.-T.): *topfförmige Vorrichtung zwischen Lenkrad u. Lenksäule eines Kraftfahrzeugs, die sich bei einem Aufprall verformt u. ihn dadurch abschwächt;* **~triller,** der (Musik): *ohne Nachschlag* (1 b) *ausgeführter kurzer Triller mit einmaligem, raschem Wechsel zwischen Hauptton u. oberer großer od. kleiner Sekunde;* **~voll** ⟨Adj.; o. Steig.; nicht adv.⟩ (ugs.): *so voll, daß kaum noch etwas hinzukommen kann:* ein -er Terminkalender; der Koffer war p.

prallen ['pralən] ⟨sw. V.⟩ [mhd. prellen (Prät.: pralte), ↑prellen]: **1.** *[unter lautem Geräusch] heftig auf jmdn., etw. auftreffen* ⟨ist⟩: im Dunkeln auf, gegen jmdn. p.; der Anhänger des Lkw prallte auf die Zugmaschine; der Fahrer prallte [mit dem Kopf] gegen die Windschutzscheibe; der Wagen war ... an etwas Festes geprallt (Bieler, Mädchenkrieg 352). **2.** *voll, mit voller Intensität, sehr intensiv irgendwohin scheinen* ⟨hat⟩: die Sonne prallt aufs Pflaster.

prälogisch ⟨Adj.; o. Steig.⟩ [aus lat. prae = vor(her) u. ↑logisch] (Philos., Päd.): *das primitive, natürliche Denken (z. B. des Kindesalters) betreffend; noch nicht logisch.*

präludieren [prɛlu'di:rən] ⟨sw. V.; hat⟩ [lat. praelūdere = vorspielen, ein Vorspiel machen, aus: prae = vor(her) u. lūdere = spielen]: *zur Einleitung [auf dem Klavier, auf der Orgel] spielen, improvisieren:* Prosniczer präludierte ..., und der Choral setzte ein (Hildesheimer, Tynset 168); **Präludium** [prɛ'lu:di̯ʊm], das; -s, ...ien [...i̯ən; mlat. praeludium, zu lat. praelūdere, ↑präludieren]: **a)** *oft frei improvisiertes, musikalisches Vorspiel* (z. B. auf der Orgel vor dem Gemeindegesang in der Kirche); vgl. Postludium; **b)** *einleitendes Musikstück [für Laute u. Tasteninstrumente] in formal freier Anlage, vielfach in Verbindung mit einer Fuge:* ein P. von Dowland, Bach; **c)** *fantasieartige selbständige Instrumentalkomposition (für Klavier, Orchester); Prélude.*

Prämeditation, die; -, -en [lat. praemeditātio, aus: prae- vor u. meditātio, ↑Meditation] (Philos.): *Vorüberlegung.*

Prämie ['prɛ:mi̯ə], die; -, -n [lat. praemia, als Fem. Sg. angesehener Pl. Neutr. von: praemium = Preis; Vorteil; Gewinn]: **1. a)** *[einmalige] zusätzliche Vergütung für eine bestimmte Leistung:* er ... setzte -n für jedes erlegte Tier aus (Grzimek, Serengeti 296); **b)** *Geldbetrag, der bei bestimmten Anlagen* (2) *von Banken, bestimmten [staatlichen] Institutionen o. ä. [regelmäßig] ausgeschüttet wird:* lohnende -n bei Bausparverträgen. **2.** (Wirtsch.) *Form der Entlohnung, bei der zusätzlich zum Grundlohn eine Prämie für die Arbeitsleistung gezahlt wird, die über die festgesetzte Norm hinausgeht:* höhere, außerordentliche -n [für etw.] verlangen, fordern, versprechen, bewilligen. **3.** (bes. Versicherungsw.) *Beitrag, den ein Versicherter für einen bestimmten Versicherungsschutz zahlt:* die P. für die Kfz.-Versicherung ist fällig, muß bezahlt werden; eine P. von 500 DM verlangen; die -n erhöhen. **4.** *zusätzlicher Gewinn im Lotto o. ä.:* -n ausschütten, aus-, verlosen.

prämien-, Prämien-: **~anleihe,** die (Wirtsch.): *Lotterieanleihe;* **~auslosung,** die; **~begünstigt** ⟨Adj.; o. Steig.⟩: *durch Prämien* (1 b) *begünstigt:* -es Sparen; p. sparen; **~brief,** der (Kaufmannsspr.): *Vertrag, der bei einem Prämiengeschäft abgeschlossen wird;* **~depot,** das (Versicherungsw.): *Guthaben, das ein Versicherter durch vorzeitige Zahlung bei einer [Lebens]versicherung hat;* **~fonds,** der: **1. a)** (Wirtsch.) *Fonds, aus dem Prämien gezahlt werden;* **b)** (DDR Wirtsch.) *betrieblicher Fonds zur Prämiierung besonderer Leistungen;* **~frei** ⟨Adj.; o. Steig.⟩: *ohne Prämienzahlung:* eine -e Lebensversicherung; **~geschäft,** das (Kaufmannsspr.): *Termingeschäft, bei dem ein Vertragspartner gegen Zahlung einer Prämie vom Vertrag zurücktreten kann;* **~lohn,** der (Wirtsch.): *Lohn, der sich aus dem Grundlohn u. einer Prämie* (2) *zusammensetzt,* dazu: **~lohnsystem,** das (Wirtsch.): **a)** ⟨o. Pl.⟩ *System des Prämienlohns;* **b)** *bestimmtes Verfahren zur Berechnung der Höhe der Prämie* (2); **~los,** das: *Anteilschein einer Prämienanleihe;* **~mittel,** das ⟨meist Pl.⟩ (DDR Wirtsch.): *Mittel des Prämienfonds;* **~sparen,** das; -s: *mit Prämien* (1 b) *verbundene Art des Sparens,* dazu: **~sparer,** der, **~sparvertrag,** der; **~vereinbarung,** die (DDR Wirtsch.): *Festlegung über Höhe u. Art der Prämien* (2) *für termingerechte Erfüllung wirtschaftlicher Aufgaben;* **~zahlung,** die; **~zeitlohn,** der: *Lohn, der sich aus dem Zeitlohn u. einer Prämie* (2) *zusammensetzt;* **~ziehung,** die: *Ziehung der Prämie* (4) *im Lotto o. ä.*

prämieren [prɛ'mi:rən]: svw. ↑prämiieren; ⟨Abl.:⟩ **Prämierung,** die; -, -en: svw. ↑Prämiierung; **prämiieren** [prɛmi'i:rən] ⟨sw. V.; hat⟩ [spätlat. praemiāre]: *jmdn., etw. mit einem Preis auszeichnen:* einen Film, den besten Aufsatz p.; er wurde für seine Arbeiten prämiiert; ⟨Abl.:⟩ **Prämiierung,** die; -, -en: jmdn. zur P. vorschlagen.

Prämisse [prɛ'mɪsə], die; -, -n [lat. praemissa = vorausgeschickter Satz, zu: praemissum, 2. Part. von: praemittere = vorausschicken]: **1.** (Philos.) *erster Satz eines logischen Schlusses.* **2.** (bildungsspr.) *das, was einem bestimmten Projekt, Plan o. ä., einem bestimmten Vorhaben o. ä. gedanklich zugrunde liegt; Voraussetzung:* theoretische -n; die -n der Planung überprüfen; unter den alten -n Politik machen.

Prämonstratenser [prɛmɔnstra'tɛnzɐ], der; -s, - [mlat. Ordo Praemonstratensis, nach dem frz. Kloster Prémontré]: *Angehöriger eines katholischen Ordens;* Abk.: O. Praem.

prämortal [prɛmɔr'ta:l] ⟨Adj.; o. Steig.⟩ [aus lat. prae = vor(her) u. mortālis = den Tod betreffend] (Med.): *dem Tode vorausgehend, vor dem Tode [auftretend]* (Ggs.: postmortal).

pränatal [prɛna'ta:l] ⟨Adj.; o. Steig.⟩ [aus lat. prae = vor(her) u. nātālis = zur Geburt gehörend] (Med.): *der Geburt vorausgehend:* -e Medizin (Ggs.: postnatal).

prangen ['praŋən] ⟨sw. V.; hat⟩ [mhd. prangen, verw. mit ↑Prunk]: **1.** *in auffälliger Weise angebracht sein:* Auf der ... Flasche prangt das Etikett: Friesischer Genever (Remarque, Obelisk 237); in den Boulevardblättchen prangten die Schlagzeilen. **2.** (geh.) *in voller Schönheit, in vollem Schmuck o. ä. glänzen, leuchten, auffallen:* Das Dorf ... prangt im Flaggenschmuck (Remarque, Obelisk 101); Es war ein prangender Herbsttag (Fühmann, Judenauto 162); ihr Gesicht prangt von allen Litfaßsäulen. **3.** (mundartl.) *prahlen:* mit jmdm., etw. p.

Pranger ['praŋɐ], der; -s, - [mhd. pranger, zu mniederd. prangen = drücken, pressen, nach dem drückenden Halseisen, mit dem der Delinquent an den Pfahl angekettet wurde] (früher): *Säule, Pfahl, Stelle auf einem öffentlichen Platz, an der jmd. wegen einer als straf-, verachtenswürdig empfundenen Tat angebunden stehen mußte, um ihn auf diese Weise der allgemeinen Verachtung auszusetzen;* * **jmdn., etw. an den Pranger stellen** *(jmdn., etw. öffentlich* *bloßstellen, der allgemeinen Verachtung preisgeben);* **an den P. kommen/am P. stehen** *(dem Tadel, Vorwurf, der Kritik ausgesetzt werden/sein).*

Pranke ['praŋkə], die; -, -n [mhd. pranka, über das Roman. < spätlat. branca, H. u., viell. aus dem Gall.]: **1.** *Pfote großer Raubtiere; Tatze:* der Tiger hob drohend seine P.; mit den -n zuschlagen. **2.** (salopp, oft abwertend) *große, grobe Hand:* Er könnte ja hingehen und diesen ... McKelley mit seiner behaarten P. zu Puppendreck hauen (Fr. Wolf, Menetekel 11). **3.** (Jägerspr.) *unterer Teil des Laufs* (7) *beim Wild;* ⟨Zus.:⟩ **Prankenhieb,** der; **Prankenschlag,** der.

Pränomen, das; -s, ...mina [lat. praenomen, aus: prae = vor(her) u. nōmen = Name]: *(im antiken Rom) Vorname vor dem Geschlechtsnamen* (z. B. *Gaius* Julius Caesar).

pränumerando [prɛnume'rando] ⟨Adv.⟩ [zu lat. prae = vor(her) u. numerāre = zählen, zahlen] (Wirtsch.): *im voraus [zu zahlen]* (Ggs.: postnumerando); **Pränumeration** [prɛnumera'tsi̯o:n], die; -, -en (Wirtsch.): *Bezahlung im voraus* (Ggs.: Postnumeration).

Pranz [prants], der; -es [eigtl. = Unnützes, Unbrauchbares] (ostmd.): *Prahlerei;* **pranzen** ['prantsn] ⟨sw. V.; hat⟩ (ostmd.): *prahlen;* **Pranzer,** der; -s, - (ostmd.): *Prahler.*

präoperativ ⟨Adj.; o. Steig.⟩ [aus lat. prae = vor(her) u. ↑operativ] (Med.): *vor einer Operation [stattfindend]* (Ggs.: postoperativ).

Präparand [prɛpa'rant], der; -en, -en [zu ↑präparieren]: **1.** (früher) *jmd., der sich auf das Lehrerseminar vorbereitete.* **2.** (landsch.) *jmd., der das erste Jahr des Konfirmandenunterrichts besucht;* **Präparande** [prɛpa'randə], die; -, -n (ugs.), **Präparandenanstalt,** die; -, -en (früher): *Unterstufe der Lehrerbildungsanstalt;* **Präparandenunterricht,** der; -[e]s, -e (landsch.): *Konfirmandenunterricht;* **Präparat** [...'ra:t], das; -[e]s, -e [lat. praeparātum = das Zubereitete, subst. 2. Part. von: praeparāre, ↑präparieren]: **1.** (Fachspr.) *für einen bestimmten Zweck hergestellte Substanz; Arzneimittel; chemisches Mittel:* ein harmloses, unschädliches, biologisches, giftiges, insektentötendes P. **2.** (Biol., Med.) *präparierter Organismus od. Teile davon als Demonstrationsobjekt für Forschung u. Lehre:* ein gefärbtes, fixiertes P.; makroskopische *(ohne Hilfsmittel zu untersuchende),* mikroskopische *(nur mit dem Mikroskop zu untersuchende)* -e; -e für den medizinischen Unterricht; **Präparation** [...ra'tsi̯o:n], die; -, -en [1: lat. praeparātio]: **1.** (bildungsspr. veraltet) *Vorbereitung.* **2.** *Herstellung eines Präparats* (2); **präparativ** [...ra'ti:f] ⟨Adj.; o. Steig.⟩: *die Herstellung von Präparaten* (2) *betreffend;* **Präparator** [...'ra:tɔr, auch: ...to:ɐ̯], der; -s, -en [...ra'to:rən; lat. praeparātor = Vorbereiter]: *jmd., der naturwissenschaftliche Präparate* (2) *herstellt u. pflegt* (Berufsbez.); **präparieren** [...'ri:rən] ⟨sw. V.; hat⟩ [lat. praeparāre, aus: prae = vor(her) u. parāre = bereiten]: **1.** (Biol., Med.) **a)** *einen toten Organismus od. Teile davon durch spezielle Behandlung [für Forschung u. Lehre] auf Dauer haltbar machen* (z. B. ausstopfen o. ä.): einen Vogel, eine Pflanze, einen Leichnam p.; **b)** *einen toten Organismus od. Teile davon [für Forschung u. Lehre] sachgerecht zerlegen:* die Studenten präparierten in der anatomischen Übung Muskeln und Sehnen. **2.** (bildungsspr.) *zu einem bestimmten Zweck [vorbereitend] bearbeiten:* Papier mit Kleister, eine Steinfläche mit Säure p.; die Piste war hervorragend präpariert. **3.** (bildungsspr.) **a)** *vorbereiten:* er hat seine Lektion schlecht präpariert; **b)** ⟨p. + sich⟩ *sich vorbereiten:* ich hatte mich für den Unterricht präpariert; ⟨Zus.:⟩ **Präpariermesser,** das (Biol., Med.): *spezielles Messer zum Präparieren* (1 b); ⟨Abl.:⟩ **Präparierung,** die; -, -en.

präpeln ['prɛ:pl̩n] ⟨sw. V.; hat⟩ [eigtl. = kleine Bissen essen, auch: eine (besondere) Mahlzeit zubereiten, wohl lautm. nach dem Geräusch kochender od. bratender Speisen] (landsch.): *[etwas Gutes] essen:* Dicke Schlangen vor allen Buden, wo's was zu p. gibt (BM 23. 11. 76, 12).

Präponderanz [prɛpɔnde'rants], die; - [frz. prépondérance, zu: prépondérant = überwiegend < lat. praeponderāns (Gen.: praeponderantis), 1. Part. von: praeponderāre = das Übergewicht haben]: *Übergewicht, Vorherrschaft.*

Präposition, die; -, -en [lat. praepositio, eigtl. = das Voranstellen, zu: praepōnere = voranstellen] (Sprachw.): *Verhältniswort* (z. B. auf, in); **präpositional** [prɛpozitsi̯o'na:l] ⟨Adj.; o. Steig.⟩ (Sprachw.): *die Präposition betreffend, durch sie ausgedrückt:* -e Fügungen, Wendungen.

Präpositional- (Sprachw.): **~attribut,** das: *Beifügung* (2) *als nähere Bestimmung, die aus einer Präposition mit einem Substantiv, einem Adjektiv od. einem Adverb besteht;* **~fall** der: svw. ↑~kasus; **~gefüge,** das: *Verbindung aus einer Präposition u. einem anderen Wort, bes. einem Substantiv, Adjektiv od. Adverb;* **~kasus,** der: *Kasus eines Substantivs, der von einer Präposition bestimmt wird;* **~objekt,** das: *Objekt* (4), *dessen Kasus von einer Präposition bestimmt wird.*

Präpositiv, der; -s, -e [...i:və] (Sprachw.): *Präpositionalkasus* (z. B. im Russischen).

präpotent ⟨Adj.; -er, -este⟩ [1: lat. praepotēns (Gen.: praepotentis)]: **1.** (veraltet) *übermächtig.* **2.** (österr. abwertend) *frech, überheblich;* **Präpotenz,** die; - [1: lat. praepotentia]: **1.** (veraltet) *Übermächtigkeit.* **2.** (österr. abwertend) *Frechheit, Überheblichkeit.*

Präputium [prɛ'pu:tsi̯ʊm], das; -s, ...ien [...i̯ən; lat. praepūtium] (Med.): *Vorhaut, die die Eichel des Penis umgibt.*

Präraffaelit [prɛrafae'li:t], der; -en, -en ⟨meist Pl.⟩ [zu lat. prae = vor(her) u. dem Namen des ital. Renaissancemalers Raffael (etwa 1443–1520)] (Kunstwiss.): *Mitglied einer Vereinigung von englischen Malern, die eine Reform der Kunst im Sinne [der Vorläufer] Raffaels anstrebten.*

Prärie [prɛ'ri:], die; -, -n [...i:ən; frz. prairie = Wiese, zu: pré < lat. prātum = Wiese]: *Grassteppe in Nordamerika.*

Prärie-: **~auster,** die [engl.-amerik. prairie oyster, H. u.]: *je zur Hälfte aus Weinbrand u. einem mit Öl übergossenen Eigelb bestehendes, scharf gewürztes Mixgetränk;* **~gras,** das; **~hund,** der: *braunes Erdhörnchen, das in Kolonien* (4) *in der Prärie lebt u. wie ein Hund bellt;* **~indianer,** der; **~wolf,** der: *im Aussehen u. in der Lebensweise dem Wolf ähnliches Raubtier, das in der Prärie lebt; Kojote.*

Prärogativ [prɛroga'ti:f], das; -s, -e [...i:və], **Prärogative** [...i:və], die; -, -n [lat. praerogātīva = Vorrang, Vorrecht, zu: praerogāre = vorschlagen]: **a)** (veraltet) *Vorrecht, Vorzug;* **b)** (früher) *Recht, das ausschließlich dem Herrscher vorbehalten war:* königliche -e; die Prärogativen der Krone.

Präsens ['prɛ:zɛns], das; -, ...sentia [prɛ'zɛntsi̯a], auch: ...senzien [prɛ'zɛntsi̯ən; lat. (tempus) praesēns = gegenwärtig(e Zeit)] (Sprachw.): **1.** *Zeitform, mit der ein verbales Geschehen od. Sein aus der Sicht des Sprechers als gegenwärtig charakterisiert wird; Gegenwart.* **2.** *Verbform des Präsens* (1): das P. von „essen" lautet „ich esse"; historisches P. (svw. ↑Praesens historicum); ⟨Zus.:⟩ **Präsensform,** die (Sprachw.): *Form des Verbs, die im Präsens* (1) *steht; Gegenwartsform;* **Präsenspartizip,** das (Sprachw.): *Partizip [des] Präsens* (1); *erstes Partizip* (z. B. essend); **präsent** [prɛ'zɛnt] ⟨Adj.; o. Steig.; nur präd.⟩ (bildungsspr.): *anwesend, [in bewußt wahrgenommener Weise] gegenwärtig:* er ist überall, stets p.; ***etw. p. haben** ([in bezug auf etwas Geistig-Gedankliches, z. B. auf etw., was man weiß] *zur Verfügung haben, im Gedächtnis haben*): ich habe den Vorfall im Augenblick nicht p.; **Präsent** [-], das; -[e]s, -e [mhd. present < (m)frz. présent, zu: présenter < spätlat. praesentāre, ↑präsentieren] (bildungsspr.): *[kleineres] Geschenk:* jmdm. ein P. machen; **präsentabel** [...'ta:bl̩] ⟨Adj., ...bler, -ste⟩ [frz. présentable = darbietbar, vorzeigbar] (bildungsspr. veraltend): **1.** *präsentierbar:* etw. in eine präsentable Form bringen. **2.** *in der äußeren Erscheinung ansehnlich, stattlich:* eine präsentable Erscheinung; **Präsentant** [...'tant], der; -en, -en [zu ↑präsentieren] (Wirtsch.): *jmd., der einen Wechsel zur Annahme od. Bezahlung vorlegt;* **Präsentation** [...ta'tsi̯o:n], die; -, -en [frz. présentation]: **1.** (bildungsspr.) *[öffentliche] Dar-, Vorstellung von etw.* **2.** (Wirtsch.) *das Vorlegen eines Wechsels;* ⟨Zus.:⟩ **Präsentationsrecht,** das ⟨o. Pl.⟩ (kath. Kirche): *Recht des Patrons* (2 a), *der Regierung o. ä., einen Kandidaten für ein kirchliches Amt vorzuschlagen;* **Präsentationszeit,** die (Physiol.): *kürzeste Dauer der Einwirkung eines bestimmten Reizes, in der eine Empfindung od. eine sichtbare Reaktion erfolgt;* **Präsentator** [...'ta:tɔr, auch: ...to:ɐ̯], der; -s, -en [...ta'to:rən]: *jmd., der etw. (z. B. eine Sendung in Funk od. Fernsehen) vorstellt, darbietet, präsentiert;* **Präsentia:** Pl. von ↑Präsens.

Präsentier-: **~brett,** das: svw. ↑~teller; **~gebärde,** die (Verhaltensf.): *bei Tieren das Präsentieren des Penis als Imponiergehabe od. als Drohgebärde gegenüber einem fremden Artgenossen;* **~griff,** der (Milit.): *Griff, mit dem bei militärischen Ehrungen das Gewehr senkrecht od. schräg vor dem Körper gehalten wird:* den P. ausführen; **~marsch,** der (Milit.): *Marsch, der bei militärischen Ehrungen gespielt wird;* **~teller,** der [urspr. = großer Teller zum Anbieten von Speisen u. Getränken] in den Wendungen **auf dem P. sitzen** (ugs. abwertend; *den Blicken aller ausgesetzt sein*).

präsentierbar ⟨Adj.; o. Steig.; nicht adv.⟩: *geeignet, präsentiert* (a) *zu werden:* -e Noten; **präsentieren** [prɛzɛn'ti:rən] ⟨sw. V.; hat⟩ [mhd. prēsentieren < (a)frz. présenter < spätlat. praesentāre = gegenwärtig machen, zeigen, zu: praesēns, ↑präsent]: **1.** (bildungsspr.) **a)** *anbieten, übergeben, überreichen:* jmdm. Tee p.; darf ich Ihnen mein neues Buch p.?; **b)** *(eine Zahlungsforderung o. ä.) vorlegen:* jmdm. einen Wechsel, eine Rechnung p.; * **jmdm. die Rechnung [für etw.] p.** *(jmdn. zwingen, die Konsequenzen seines Handelns zu tragen).* **2.** ⟨p. + sich⟩ (bildungsspr.) *sich [in einer bestimmten Funktion o. ä. od. auf bestimmte Art u. Weise] zeigen, vorstellen:* die Parteiführung präsentierte sich weitgehend harmonisch; die Stadt präsentiert sich im Festglanz. **3.** (Milit.) *das Gewehr bei militärischen Ehrungen im Präsentiergriff halten:* die Wache präsentierte; (milit. Kommando:) präsentiert das Gewehr!; ⟨Abl.:⟩ **Präsentierung,** die; -, -en (bildungsspr.): svw. ↑Präsentation; **präsentisch** [prɛ'zɛntɪʃ] ⟨Adj.; o. Steig.⟩ (Sprachw.): *das Präsens betreffend, durch das Präsens ausgedrückt;* **Präsentkorb,** der; -[e]s, -körbe: *Korb mit Delikatessen, der jmdm. zum Geschenk gemacht wird;* **Präsentpackung,** die; -, -en: *Geschenkpackung;* **Präsenz** [prɛ'zɛnts], die; - [frz. présence < lat. praesentia] (bildungsspr.): *Anwesenheit, [bewußt wahrgenommene] Gegenwärtigkeit:* die P. der Alliierten in Berlin.

Präsenz-: **~bibliothek,** die (bildungsspr.): *Bibliothek* (1 a), *deren Bücher o. ä. nur für die Benutzung innerhalb der Bibliotheksräume ausgeliehen werden, zur Verfügung gestellt werden;* **~diener,** der (österr. Amtsspr.): *Soldat des österr. Bundesheeres;* **~dienst,** der (österr. Amtsspr.): *Militärdienst beim österr. Bundesheer;* **~liste,** die: *Anwesenheitsliste;* **~stärke,** die: *gegenwärtige Gesamtzahl von Personen einer Truppe, einer Mannschaft o. ä.*

Präsenzien: Plural von ↑Präsens.

Praseodym [prazeo'dy:m], das; -s [zu spätgriech. praseĩos = lauchgrün u. ↑Didym] (Chemie): *zu den seltenen Erden gehörendes, gelbliches Metall (chemischer Grundstoff);* Zeichen: Pr

Präser ['prɛ:zɐ], der; -s, - (salopp): Kurzf. von ↑Präservativ; **präservativ** [prɛzɛrva'ti:f] ⟨Adj.; o. Steig.⟩ (Fachspr.): *(bes. in bezug auf Krankheiten) vorbeugend; verhütend;* **Präservativ** [-], das; -s, -e [...i:və; frz. préservatif, zu: préserver = schützen, bewahren < spätlat. praeservāre, ↑präservieren]: *feine Gummihülle für den Penis als Mittel zur Empfängnisverhütung od. als Schutz vor Geschlechtskrankheiten; Kondom:* ein P. benutzen, anlegen; **Präserve** [prɛ'zɛrvə], die; -, -n ⟨meist Pl.⟩ [engl. preserve, zu: to preserve < frz. préserver, ↑Präservativ] (Fachspr.): *schwach konserviertes Lebensmittel, das nur begrenzt haltbar ist;* **präservieren** [prɛzɛr'vi:rən] ⟨sw. V.; hat⟩ [spätlat. praeservāre = vorher beobachten] (veraltet): **1.** *schützen.* **2.** *erhalten; haltbar machen;* ⟨Abl.:⟩ **Präservierung,** die; -, -en (veraltet).

Präses ['prɛ:zɛs], der; -, Präsides ['prɛ:zide:s], auch: Präsiden [prɛ'zi:dn̩; lat. praeses, eigtl. = vor etw. sitzend, zu: praesidēre, ↑präsidieren]: **1.** *unterster ziviler Provinzstatthalter im Römischen Reich.* **2. a)** (kath. Kirche) *Geistlicher bes. als Vorstand eines kirchlichen Vereins;* **b)** (ev. Kirche) *Vorstand einer evangelischen Synode.*

Präsident [prɛzi'dɛnt], der; -en, -en [frz. président < lat. praesidēns (Gen.: praesidentis), 1. Part. von: praesidēre, ↑praesidieren]: **1.** *Staatsoberhaupt einer Republik:* der P. der USA. **2. a)** *Vorsitzender, Leiter eines Verbandes, einer Organisation, Institution o. ä.:* der P. des Internationalen Olympischen Komitees, des Oberlandesgerichts; **b)** *für eine bestimmte Zeit gewählter Repräsentant u. leitender Verwaltungsbeamter einer Hochschule;* ⟨Zus.:⟩ **Präsidentenwahl,** die; **Präsidentin,** die; -, -nen: w. Form zu ↑Präsident; **Präsidentschaft,** die; -, -en ⟨Pl. selten⟩: **a)** *Amt des Präsidenten:* die P. anstreben; **b)** *Amtszeit als Präsident;* ⟨Zus.:⟩ **Präsidentschaftskandidat,** der; **präsidial** [prɛzi'dia:l] ⟨Adj.; o. Steig.⟩ [spätlat. praesidiālis = den Statthalter betreffend] (bes. Politik): *vom Präsidium od. Präsidenten ausgehend, auf ihm beruhend:* ein -es Regierungssystem *(Regierungssystem, in dem der Präsident u. die Mitglieder seines Kabinetts dem Parlament nicht verantwortlich sind).*

Präsidial- (Politik): **~demokratie,** die: *Regierungssystem, in dem der Präsident* (1) *Staatsoberhaupt u. Regierungschef zugleich ist, ohne dem Parlament verantwortlich zu sein;* **~gewalt,** die: *Rechte u. Befugnisse des Präsidenten* (1); **~kabinett,** das: *Kabinett, dessen Mitglieder vom Präsidenten* (1) *ernannt werden;* **~regierung,** die: vgl. ~kabinett; **~system,** das: **1.** svw. ↑~demokratie: das amerikanische P. **2.** *System, nach dem innerhalb einer Körperschaft nur eine Person das Recht zur Beschlußfassung hat.*

Präsidien: Pl. von ↑Präsidium; **präsidieren** [prɛzi'di:rən] ⟨sw. V.; hat⟩ [frz. présider < lat. praesidēre = vorsitzen, leiten]: *den Vorsitz in einem Gremium haben; eine Versammlung, Konferenz o. ä. leiten:* einem Ministerium p.; (schweiz.:) einen Verein, Ausschuß p.; **Präsidium** [prɛ'zi:di̯ʊm], das; -s, ...ien [...i̯ən; lat. praesidium = Vorsitz] ⟨Pl. selten⟩: **1. a)** *leitendes Gremium einer Versammlung, einer Organisation o. ä.:* ein neues P. wählen; im P. sitzen; **b)** *Vorsitz, Leitung:* das P. übernehmen, führen, abgeben. **2.** *Amtsgebäude eines [Polizei]präsidenten.*

Präsidiums- (Präsidium 1): **~mitglied,** das; **~sitzung,** die; **~tagung,** die; **~tisch,** der.

präskribieren [prɛskri'bi:rən] ⟨sw. V.; hat⟩ [1: lat. praescrībere, aus: prae = vor(her) u. scrībere = schreiben]: **1.** (bildungsspr.) *vorschreiben; verordnen.* **2.** (Rechtsspr. veraltet) *verjähren lassen; für verjährt erklären;* **Präskription** [...rɪp'tsi̯o:n], die; -, -en [1: lat. praescriptio]: **1.** (bildungsspr.) *Vorschrift; Verordnung.* **2.** (Rechtsspr. veraltet) *Verjährung;* **präskriptiv** [...'ti:f] ⟨Adj.; o. Steig.⟩ (bildungsspr., Fachspr.): *bestimmten Normen* (1) *folgend* (Ggs.: deskriptiv): -e Grammatik (Sprachw.; *Grammatik, die Normen setzt, indem sie Regeln zur Unterscheidung richtiger u. falscher Formen vorschreibt).*

Praß [pras], der; Prasses [aus dem Niederd. < mniederd., mniederl. bras, älter = Lärm, urspr. = Schmaus, zu ↑prassen] (veraltet): *Plunder, Wertloses.*

prasseln ['prasl̩n] ⟨sw. V.; hat⟩ [mhd. brasteln, Iterativ-Intensiv-Bildung zu mhd. brasten, ahd. brastōn = krachen, dröhnen]: **1.** *(von Mengen) längere Zeit mit einem dumpfen, klopfenden od. trommelnden Geräusch sehr schnell hintereinander aufprallen:* in diesem Augenblick prasselten Schüsse; der Regen prasselt auf das Dach; Eiskörner prasselten gegen die Wände; Nagelschuhe prasselten über das Pflaster (Kirst, 08/15, 9); Ü prasselnden Beifall entgegennehmen. **2.** *(im Zusammenhang mit und als Folge der Hitze bei einem Feuer) knackende Geräusche von sich geben, verursachen:* die Holzscheite prasselten; im Kamin prasselte ein Feuer; die heißen Schmalznudeln frisch von der prasselnden Pfanne weg (A. Kolb, Schaukel 131).

prassen ['prasn̩] ⟨sw. V.; hat⟩ [aus dem Niederd. < mniederd. brassen, urspr. wohl lautm. für das Geräusch bratender Speisen]: *verschwenderisch leben, bes. essen u. trinken; schlemmen:* die Reichen prassen, während die Armen hungern; ⟨Abl.:⟩ **Prasser,** der; -s, - [mniederd. brasser]: *jmd., der praßt;* **Prasserei** [prasə'rai̯], die; -, -en: *das Prassen.*

prästabilieren [prɛstabi'li:rən] ⟨sw. V.; hat⟩ [zu lat. prae = vor(her) u. stabilis, ↑stabil] (bildungsspr. veraltet): *vorher festlegen, vorher bestimmen:* die Lehre von der prästabilierten Harmonie *(Lehre der frühen Aufklärung in Deutschland, die davon ausgeht, daß alles Geschehen in der Welt von Gott gesetz- u. zweckmäßig vorherbestimmt ist u. ohne kausalen Zusammenhang harmonisch verläuft, bes. auf Grund des parallelen, sich nicht beeinflussenden Verhältnisses von Geist u. Materie);* **Prästant** [prɛs'tant], der; -en, -en [ital. prestante, frz. préstant, zu lat. praestāre = voranstehen], (Musik): svw. ↑²Prinzipal (1).

präsumieren [prɛzu'mi:rən] ⟨sw. V.; hat⟩ [lat. praesūmere, aus: prae = vor(her) u. sūmere = nehmen] (bildungsspr., Philos., jur.): *voraussetzen; annehmen; vermuten;* **Präsumtion** [prɛzʊm'tsi̯o:n], die; -, -en [lat. praesūmptio] (bildungsspr., Philos., jur.): *Voraussetzung; Annahme, Vermutung;* **präsumtiv** [...'ti:f] ⟨Adj.; o. Steig.⟩ [spätlat. praesūmptīvus] (bildungsspr., Philos., jur.): *vermutlich; als wahrscheinlich angenommen.*

Präsupposition, die; -, -en: **1.** (bildungsspr.) *stillschweigende Voraussetzung.* **2.** (Sprachw.) *einem Satz, einer Aussage zugrunde liegende, als gegeben angenommene unausgesprochene Voraussetzung.*

Prätendent [prɛtɛn'dɛnt], der; -en, -en [frz. prétendant, eigtl. = 1. Part. von prétendre, ↑prätendieren] (bildungsspr.): *jmd., der Anspruch auf ein Amt, eine einflußreiche Stellung, bes. auf einen Thron, erhebt:* ein P. auf die Krone, die Staatsmacht; **prätendieren** [...'di:rən] ⟨sw. V.; hat⟩ [frz. prétendre = beanspruchen < mlat. praetendere = verlangen < lat. praetendere = vorschützen] (bildungsspr.): *Anspruch erheben:* Ein Kleinbürgertum, das noch auf Bildung prätendierte (Enzensberger, Einzelheiten I, 161); der Verfasser prätendiert ... gar nicht, ein großes Dichtwerk gegeben zu haben (Tucholsky, Werke I, 288); **Prätention** [...'tsi̯o:n], die; -, -en [frz. prétention] (bildungsspr.): *Anspruch; Anmaßung:* Es gehört zu deren (= der Kultur) P. auf Vornehmheit (Adorno, Prismen 7); **prätentiös** [...'tsi̯ø:s] ⟨Adj.; -er, -este⟩ [frz. prétentieux] (bildungsspr.): *sich durch Äußerungen, bestimmte Mittel der Darstellung den Anschein von Wichtigkeit, Bedeutung gebend; durch betont gewichtiges Auftreten o. ä. Eindruck machend [u. auch machen wollend]:* ein Buch mit -em Titel; Er ... bestellt mit -er Stimme eine Fanta (Chotjewitz, Friede 45).

präterital [prɛteri'ta:l] ⟨Adj.; o. Steig.⟩ (Sprachw.): *das Präteritum betreffend, durch das Präteritum ausgedrückt;* **Präteritopräsens** [prɛterito'prɛ:zɛns], das; -, ...ntia [...prɛ'zɛntsi̯a], auch: ...nzien [...prɛ'zɛntsi̯ən] (Sprachw.): *Verb, dessen Präsensformen alt- od. mittelhochdeutsche starke Präteritumsformen sind* (z. B. können – er kann; mögen – er mag; dürfen – er darf), *zu denen im Präteritum dann schwache Formen gebildet werden* (konnte, mochte, durfte); **Präteritum** [prɛ'te:ritʊm], das; -s, ...ta [lat. (tempus) praeteritum = vorübergegangen(e Zeit), zu: praeterīre = vorübergehen] (Sprachw.): **1.** *Zeitform, die das verbale Geschehen od. Sein als vergangen darstellt [ohne Bezug zur Gegenwart im Unterschied zum Perfekt]; Imperfekt.* **2.** *Verbform des Präteritums* (1): das P. von „essen" lautet „ich aß".

präterpropter ['prɛ:tɐ'prɔptɐ] ⟨Adv.⟩ [lat. praeterpropter] (bildungsspr.): *etwa; ungefähr:* daß wir in diesem Jahr auf p. 36 Millionen Tonnen kommen werden (Spiegel 11. 7. 66, 26).

Prätor ['prɛ:tɔr, auch: ...to:ɐ̯], der; -s, -en [prɛ'to:rən; lat. praetor]: *höchster [Justiz]beamter im antiken Rom;* **Prätorianer** [prɛto'ri̯a:nɐ], der; -s, - [lat. praetōriāni (Pl.), zu: praetōrium = Amtswohnung, Palast]: *Angehöriger der kaiserlichen Leibwache im antiken Rom;* ⟨Zus.:⟩ **Prätorianergarde,** die; **Prätorianerpräfekt,** der: *Kommandant der Prätorianer;* **Prätur** [prɛ'tu:ɐ̯], die; -, -en [lat. praetūra]: *Amt des Prätors.*

Pratze ['pratsə], die; -, -n [ital. braccio < lat. bracchium = (Unter)arm]: svw. ↑Pranke.

Prau [prau̯], die; -, -e [niederl. prauw, engl. proa < malai. perahu = Boot]: *[Segel]boot der Malaien.*

prävenieren [prɛve'ni:rən] ⟨sw. V.; hat⟩ [frz. prévenir < lat. praevenīre] (bildungsspr.): **1.** *jmdm. zuvorkommen.* **2.** *vorher benachrichtigen;* **Prävention** [prɛvɛn'tsi̯o:n], die; -, -en [frz. prévention < spätlat. praeventio = das Zuvorkommen]: *vorbeugende Maßnahmen, Vorbeugung, Verhütung (z. B. in bezug auf eine Krankheit);* vgl. Postvention; **präventiv** [...'ti:f] ⟨Adj.; o. Steig.⟩ [frz. préventif] (bildungsspr.): *vorbeugend, einer nicht gewünschten Entwicklung usw. zuvorkommend; verhütend:* -e Maßnahmen; ... daß man gegen die Schwulen etwas -er vorgehen müsse (Ziegler, Konsequenz 128).

Präventiv-: ~**behandlung,** die (Med.); ~**krieg,** der: *Angriffskrieg, der einem [vermuteten] Angriff des Gegners zuvorkommt;* ~**maßnahme,** die; ~**medizin,** die: *Teilgebiet der Medizin, das sich mit vorbeugender Gesundheitsfürsorge befaßt;* ~**mittel,** das (Med.); ~**verkehr,** der (Sexualk.): *Geschlechtsverkehr mit Anwendung empfängnisverhütender Mittel.*

Präverb [prɛ'vɛrp], das; -s, -ien [...rbi̯ən; aus lat. prae = vor(her) u. ↑Verb] (Sprachw.): *(im Unterschied zum Präfix) mit dem Stamm nicht fest verbundener, ihm nur in den infiniten Formen vorangestellter Teil eines Verbs* (z. B. an- in ankommen [er kommt an]).

Praxis ['praksɪs], die; -, ...xen [lat. prāxis < griech. prãxis = das Tun; Handlung(sweise), zu: prássein = tun, handeln]: **1. a)** ⟨ohne Pl.⟩ *[alles] das, was der Mensch tatsächlich tut, um seine Gedanken, Vorstellungen, Theorien o. ä. in der Wirklichkeit anzuwenden* (Ggs.: Theorie 2 a): ob seine Ideen, Auffassungen richtig sind, wird die P. erweisen; die Theorie mit der P. verbinden; etw. in die P. umsetzen; etw. hat sich in der P. nicht bewährt; **b)** ⟨Pl. ungebr.⟩ *bestimmte Art u. Weise, etw. zu tun, zu handhaben:* Sie nennt die neue P. eine „Schlägerei mit bloßen Fäusten" (Spiegel 5, 1966, 76). **2.** ⟨o. Pl.⟩ *Erfahrung, die durch eine bestimmte praktische Tätigkeit gewonnen wird:* er hat keine allzu große P. auf diesem Gebiet; er ist ein Theoretiker mit wenig P.; vgl. in praxi. **3.** ⟨Pl. selten⟩ **a)** *Tätigkeitsbereich eines Arztes od. Anwalts:* er hat eine gutgehende P.; **b)** *Räumlichkeiten, in denen ein Arzt od. ein Anwalt seinen Beruf ausübt:* die P. neu einrichten; zum Arzt in die P. kommen.

praxis-, Praxis-: ~**bezogen** ⟨Adj.⟩: eine -e Ausbildung; ~**bezug,** der; ~**fern** ⟨Adj.⟩: -e Lehrmethoden; ~**fremd** ⟨Adj.⟩: die Vorschrift ist p.; ~**gerecht** ⟨Adj.⟩; ~**nah** ⟨Adj.⟩; ~**orientiert** ⟨Adj.⟩; ~**verbunden** ⟨Adj.⟩.

Präzedens [prɛ'tse:dɛns], das; -, ...nzien [...tse'dɛntsi̯ən; lat. praecēdēns, ↑Präzedenz] (bildungsspr.): *vorangegangenes exemplarisches Beispiel; Beispielsfall;* **Präzedenz** [prɛtse'dɛnts], die; -, -en [lat. praecēdēns, 1. Part. von: praecēdere = vorangehen] (bildungsspr.): *Vorrang; Vortritt;* ⟨Zus.:⟩ **Präzedenzfall,** der (bildungsspr.): svw. ↑Präzedens: einen P. schaffen; **präzedenzlos** ⟨Adj.; o. Steig.⟩ (bildungsspr.): *ohne Beispiel:* dieser Vorfall ist p.

Präzeptor [prɛ'tsɛptɔr, auch: ...to:ɐ̯], der; -s, -en [...'to:rən; lat. praeceptor, zu: praecipere = unterrichten] (früher): *[Haus]lehrer.*

Präzession [prɛtsɛ'si̯o:n], die; -, -en [spätlat. praecessio = das Vorangehen, zu lat. praecēdere = vorangehen]: **1.** (Astron.) *fortschreitende Verlagerung der Erdachse durch ihre Drehbewegung.* **2.** (Physik) *Drehbewegung eines Kreisels durch äußere Krafteinwirkung.*

Präzipitat [prɛtsipi'ta:t], das; -[e]s, -e [↑präzipitieren]: **1.** (Med.) **a)** *Produkt einer Präzipitation, bes. von Eiweißkörpern aus dem Blutserum;* **b)** *kleine hellgrüne od. bräunliche Pünktchen an der Hinterfläche der Augenhornhaut.* **2.** (Chemie veraltet) *Niederschlag* (2 a). **3.** (Landw.) *Dünger, der leicht aufgenommen wird;* **Präzipitation** [...ta'tsi̯o:n], die; - [lat. praecipitātio = das Herabfallen] (Med., Chemie): *Ausfällung; Ausflockung;* **präzipitieren** [...'ti:rən] ⟨sw. V.; hat⟩ [lat. praecipitāre = jählings herabstürzen] (Med., Chemie): *ausfällen; ausflocken;* **Präzipitin** [...'ti:n], das; -s, -e (Med.): *immunisierender Stoff im Blut.*

präzise [prɛ'tsi:zə], (österr. nur:) **präzis** [prɛ'tsi:s] ⟨Adj.; präziser, präziseste⟩ [frz. précis < lat. praecīsus = abgebrochen (von der Rede), zu: praecīdere = (vorn) abschneiden] (bildungsspr.): *bis ins einzelne gehend genau [umrissen, angegeben]; nicht nur vage:* präzise Vorstellungen, Definitionen, Antworten; präzise Zeitangaben, Belichtungszeiten; präzise Wünsche anmelden; eine präzise Antwort geben; er hatte sofort einen präzisen Verdacht; etw. präzise ausdrücken; seine Worte präzise wählen; technisch präzise gearbeitete Graphiken; **präzisieren** [prɛtsi'zi:rən] ⟨sw. V.; hat⟩ [frz. préciser] (bildungsspr.): *so beschreiben, formulieren o. ä., daß das Genannte sehr viel eindeutiger, klarer u. genauer ist als vorher:* seine Aussagen, seinen Standpunkt p.; ⟨Abl.:⟩ **Präzisierung,** die; -, -en (bildungsspr.): *das Präzisieren;* **Präzision** [...'zi̯o:n], die; - [frz. précision] (bildungsspr.): *Eindeutigkeit, Klarheit, Genauigkeit:* höchste P. des Ausdrucks.

Präzisions-: ~**arbeit,** die; ~**gerät,** das: svw. ↑Feinmeßgerät; ~**guß,** der (Gießerei): svw. ↑Feinguß; ~**instrument,** das: vgl. ~gerät; ~**meßgerät,** das: vgl. ~gerät; ~**uhr,** die: *sehr genau gehende Uhr;* ~**waage,** die: vgl. ~uhr.

Precancel ['pri:'kænsəl], das; -[s], -s [engl. precancel, zu: to precancel = entwerten] (Philat.): **a)** *(bes. in den USA) Entwertung einer Briefmarke im voraus durch den Absender;* **b)** *durch den Absender im voraus entwertete Briefmarke.*

precipitando [pretʃipi'tando] ⟨Adv.⟩ [ital. precipitando, zu: precipitare < lat. praecipitāre, ↑präzipitieren] (Musik): *eilend, beschleunigend, schnell vorantreibend.*

Précis [pre'si:], der; - [...i:(s)], - [...i:s; frz. précis, ↑präzise] (Stilk.): *kurze, aber sehr präzise die wichtigsten Fakten enthaltende (auch als Aufsatzform geübte) Inhaltsangabe.*

Predella [pre'dɛla], die; -, -s u. ...ellen, (auch): **Predelle** [...lə], die; -, -n [(frz. predelle <) ital. predella, wohl aus dem Germ., verw. mit ↑Brett] (Kunstwiss.): *kunstvoll bemalter od. geschnitzter Sockel, Unterbau eines [gotischen] Altars, oft auch als Reliquienschrein genutzt.*

predigen ['pre:dɪgn̩] ⟨sw. V.; hat⟩ [mhd. predigen, bredigen, ahd. bredigōn, predigōn, < kirchenlat. pr(a)edicāre < lat. praedicāre = öffentlich ausrufen, verkünden]: **1. a)** *im Gottesdienst die Predigt halten:* wer hat heute gepredigt?; er predigte einer/vor einer großen Gemeinde; der Pfarrer predigte gegen Selbstgerechtigkeit, über das Gleichnis vom Barmherzigen Samariter, von der Vergebung der Sünden; **b)** *verkündigen:* das Wort Gottes, das Evangelium p. **2.** (ugs.) **a)** *eindringlich ans Herz legen, anempfehlen; (jmdn. zu etw.) immer wieder ermahnen, auffordern:* Toleranz, die Liebe p.; überall in der Welt wird Haß und Kampf gepredigt; **b)** *nachdrücklich in belehrendem Ton sagen:* wie oft habe ich [dir] das schon gepredigt!; dem korrekten Staatsanwalt ..., der seiner Frau immer gepredigt hatte, daß die Ehe kein Zwang sein dürfe (Bodamer, Mann 165); ⟨Abl.:⟩ **Prediger,** der; -s, - [mhd. bredigære, ahd. bredigāri]: **1.** *jmd., der [als Geistlicher] im Auftrag einer Kirche od. Religionsgemeinschaft predigt:* jmdn. als P. einsetzen; R ein P. in der Wüste (*jmd., der ständig mahnt, ohne Gehör zu finden;* nach Jes. 40, 3 u. Matth. 3, 3). **2.** (ugs.) *jmd., der predigt* (2): ... daß die P. der Stabilität zugleich deren Verderber seien (Spiegel 52, 1965, 20); ⟨Zus.:⟩ **Predigerorden,** der: vgl. Dominikanerorden; **Predigerseminar,** das (ev. Kirche): *Ausbildungsstätte für Theologen zur praktischen Vorbereitung auf den Dienst in der Gemeinde;* **Predigt** ['pre:dɪçt], die; -, -en [mhd. bredige, ahd. brediga]: **1.** *über einen Bibeltext handelnde Worte, die der Geistliche – meist von der Kanzel herab – im Gottesdienst o. ä. an die Gläubigen richtet:* eine erbauliche, gehaltvolle, besinnliche, langweilige P.; die P. ausarbeiten; heute wird der Dekan die P. halten. **2.** (ugs.) *Ermahnung, Vorhaltungen, ermahnende Worte:* deine P. kannst du dir sparen; ich bin deine endlosen -en leid.

Predigt-: ~**amt,** das: *von der Kirche übertragene Aufgabe zur Verkündigung, zur Abhaltung von Predigten (meist mit dem Amt eines [Gemeinde]pfarrers verbunden);* ~**artig** ⟨Adj.; o. Steig.⟩: *in der Art einer Predigt [gehalten], wie eine Predigt;* ~**gottesdienst,** der: *Form des Gottesdienstes, bei der die Predigt im Mittelpunkt steht;* ~**sammlung,** die; ~**stil,** der; ~**stuhl,** der (veraltet): *Kanzel;* ~**text,** der: *der Predigt zugrunde liegende [nach den Perikopen für den betreffenden Sonntag vorgeschriebene] Bibelstelle.*

Preemphasis [pre'ɛmfazɪs], die; - [engl. preemphasis, aus: pre (< lat. prae = vor[her]) u. emphasis < lat. emphasis, ↑Emphase] (Funkw.): *Vorverzerrung, Verstärkung der hohen Töne, um sie von Störungen unterscheiden zu können.* Vgl. Deemphasis.

Preference [prefe'rã:s], die; -, -n [frz. préférence, eigtl. = Vorzug, zu: préférer < lat. praeferre = vorziehen; Gewinner ist, wer den „Vorzug" seiner Farbe durch Höchstgebot als Trumpffarbe durchsetzt]: *französisches Kartenspiel für drei Spieler mit 32 Karten.*

preien ['prajən] ⟨sw. V.; hat⟩ [niederl. praaien < mengl. preien < afrz. preier < lat. precāri = bitten, anrufen] (Seemannsspr.): svw. ↑anpreien: ein Schiff p.

Preis [prajs], der; -es, -e [mhd. prīs < afrz. pris < lat. pretium = Wert, [Kauf]preis; Lohn, Belohnung]: **1.** *Geldwert; Betrag, der beim Kauf einer Ware bezahlt werden muß:* ein hoher, niedriger P.; stabile, feste, erschwingliche, ortsübliche, stark reduzierte, horrende, unerhörte, saftige, gepfefferte, gesalzene, zivile *(relativ niedrige)* -e; das ist ein stolzer P. *(ist recht teuer);* die landwirtschaftlichen -e haben sich gehalten; dieser P. ist berechtigt; die -e sind gestiegen, geklettert, gefallen, gesunken; der P. dieses Artikels, für diesen Artikel hat sich [bei 3,50 DM] eingependelt; die -e haben angezogen, aufgeschlagen; einen überhöhten P. für etw. fordern, zahlen; -e auszeichnen (Wirtsch. Jargon; *die einzelnen Artikel mit Preisschildchen versehen*); einen P. angeben; er hat mit dieser Ware/diese Ware hat einen guten P. erzielt; diesen P. kann ich nicht bezahlen; die -e unterbieten, in die Höhe treiben, aufschlagen, niedrig halten, drücken; jeden, nicht den vollen P. für etw. zahlen; den P. herunterhandeln; Den P. *(diese Summe)* wollte ich ... anlegen (Fallada, Mann 94); jmdm. einen guten P. machen *([aus Freundschaft] eine Ware billiger berechnen);* Freiheit hat ihren Preis *(dafür muß man auch gewisse Opfer, Einschränkungen auf sich nehmen);* sie sieht beim Einkaufen nicht auf den P. *(wichtig ist ihr das Aussehen u. die Qualität);* die Werke dieses Künstlers steigen im P.; mit dem P. heruntergehen; nach dem P. fragen; eine Ware unter[m] P. verkaufen *(billiger verkaufen, als es festgesetzt ist, mit nur geringer Gewinnspanne);* etw. zum halben P. erwerben; der wirtschaftliche Zusammenhang zwischen -en und Löhnen; Spr wie der P., so die Ware; Ü Für die Entwicklung des Menschengeschlechts müßten die Mütter den P. zahlen beim Gebären (Kempowski, Uns 162); er mußte ihm die Wahrheit sagen, auch um den P. seiner Freundschaft; ***hoch/gut im P. stehen** *(leicht u. gewinnbringend zu verkaufen sein, Wert haben):* Antiquitäten stehen zur Zeit hoch im P.; **um jeden P.** *(unbedingt);* **um keinen P.** *(ganz bestimmt nicht, auf keinen Fall).* **2. a)** *Belohnung in Form eines Geldbetrags od. eines wertvollen Gegenstandes, die jmd. für etw., z. B. für einen Sieg bei einem Wettbewerb, erhält:* der erste, zweite P.; wertvolle -e wurden gestiftet; einen P. vergeben; wer hat diesmal den P. gemacht (ugs.; *bekommen*)?; der Architekt, der Entwurf errang einen P.; er erhielt den P. der Stadt Berlin; einen P. im Hochsprung bekommen; einen P. auf den Kopf des Attentäters aussetzen *(eine Belohnung für sein Ergreifen versprechen);* 100 000 Mark sind als -e *(Gewinne)* ausgesetzt; diese Leistung wurde mit einem besonderen P. belohnt; jmdn. mit einem P. ehren; er ist beim Rennen um den Großen P. von Frankreich fünfter geworden; vgl. Prix; **b)** (in namenähnlichen Verbindungen) *Wettkampf um einen Preis* (2 a): die britische Mannschaft siegte beim/im P. der Nationen. **3.** (geh.) *Lob:* P. und Dank singen; Gott dem Herrn sei Lob und P.!; ein Gedicht zum -e der Natur.

[1]**preis-, Preis-** (Preis 1): ~**abbau,** der: vgl. Abbau (2); ~**abrede,** die: svw. ↑~absprache; ~**abschlag,** der (Kaufmannsspr.): *Senkung des Preises;* ~**absprache,** die (Wirtsch.): *Vereinbarung zwischen mehreren Produzenten, bestimmte Preise einzuhalten u. nicht zu unterbieten;* ~**angabe,** die: svw. ↑~auszeichnung; ~**anstieg,** der; ~**aufschlag,** der: vgl. ~abschlag; ~**auftrieb,** der (Wirtsch.): *allgemeines Steigen der Preise:* die Regierung will den P. bremsen; ~**auszeichnung,** die: *Kennzeichnung der Ware durch Preisschilder o. ä.,* dazu: ~**auszeichnungspflicht,** die ⟨o. Pl.⟩; ~**behörde,** die: *Behörde zur Preisüberwachung;* ~**bewegung,** die: *das Auf und Ab der Preise;* ~**bewußt** ⟨Adj.⟩: *(beim Kaufen) auf den Preis achtend, nicht jeden Preis bezahlend:* sie beweist sich als sehr p.; p. einkaufen; ~**bildung,** die (Wirtsch.); ~**bindung,** die (Wirtsch.): *gesetzliche od. vertragliche Verpflichtung zur Einhaltung bestimmter [Laden]preise im Verkauf* (z. B. bei Büchern); ~**brecher,** der: *jmd., der eine bestimmte Ware stark verbilligt, weit unter dem bei den Konkurrenzfirmen geltenden Preis anbietet;* ~**differenz,** die; ~**disziplin,** die: *Zurückhaltung der Unternehmer vor übertriebenen Preisforderungen;* ~**druck,** der (Wirtsch.): *Druck auf die Preise zur Schwächung der Konkurrenz;* ~**einbruch,** der (Wirtsch.): *starkes Absinken des Preises bei einer Warenart;* ~**empfehlung,** die (Kaufmannsspr.): *vom Erzeuger empfohlener Endverbraucherpreis für eine Ware;* ~**entwicklung,** die; ~**erhöhung,** die; ~**ermäßigung,** die; ~**ermittlung,** die; ~**explosion,** die: *explosionsartiger Preisanstieg;* ~**forderung,** die: überhöhte -en; ~**frage,** die: **1.** ↑[2]preis-, Preis-. **2.** *vom Preis abhängige Entscheidung:* welchen Fernsehapparat wir nehmen, ist lediglich eine P.; ~**gebunden** ⟨Adj.; o. Steig.; nicht adv.⟩ (Wirtsch.): *der Preisbindung unterliegend:* ein -er Markenartikel; ~**gefälle,** das; ~**gefüge,** das (Wirtsch.): *Zusammenhang der Preise auf dem allgemeinen Markt:* ein verändertes P.; ~**gesenkt** ⟨Adj.; o. Steig.; nicht adv.⟩ (Kaufmannsspr.): -e Ware; ~**gestaltung,** die; ~**grenze,** die: die obere, untere P.; ~**günstig** ⟨Adj.⟩: *günstig, vorteilhaft im Preis:* das -ste Angebot; p. einkaufen, dazu: ~**günstigkeit,** die; -; ~**index,** der (Wirtsch.): vgl. Index (3): der P. für die Lebenshaltung ist gestiegen; ~**kalkulation,** die; ~**kartell,** das (Wirtsch.): vgl. Kartell (1); ~**klasse,** die: ein Wagen der mittleren P.; ~**konjunktur,** die (Wirtsch.): *Phase starken wirtschaftlichen Aufschwungs mit steigenden Preisen u. Investitionen;* ~**konkurrenz,** die; ~**kontrolle,** die; ~**konvention,** die (Wirtsch.): vgl. ~absprache; ~**korrektur,** die; ~**kurant** [-kurant], der; -[e]s, -e [zu frz. courant = Umlauf, vgl. kurant] (österr.): svw. ↑~liste; ~**lage,** die: *Höhe des Preises, durch die ein bestimmter Qualitätsgrad angezeigt wird:* die unteren, oberen -n; hier gibt es Andenken in jeder P.; ~**lawine,** die (ugs.): *unaufhaltsamer Preisanstieg;* ~**limit,** das: svw. ↑Limit (b); ~**liste,** die: *listenmäßige Zusammenstellung der angebotenen Waren od. Dienstleistungen mit den dazugehörenden Preisen:* eine P. anfordern; ~**Lohn-Spirale,** die (mit Bindestrichen; Wirtsch.): svw. ↑Lohn-Preis-Spirale; ~**manipulation,** die (bildungsspr.): *Manipulation* (1) *von Preisen;* ~**minderung,** die; ~**nachlaß,** der: *Nachlaß vom ursprünglich geforderten Preis; Rabatt;* ~**niveau,** das (Wirtsch.): *jeweilige Höhe der Preise für die wichtigen Güter einer Volkswirtschaft:* die Getreidepreise dem europäischen P. angleichen; ~**notierung,** die (Börsenw.): *Feststellung des Devisenkurses für einen bestimmten Betrag einer Auslandswährung (z. B. 100 Dollar) in inländischer Währung* (Ggs.: Mengennotierung); ~**politik,** die: *Maßnahmen, Gesamtheit*

der Bestrebungen im Hinblick auf die Preise, dazu: ~**politisch** ⟨Adj.; o. Steig.⟩; ~**recht,** das ⟨o. Pl.⟩: *Rechtsvorschriften über Festsetzung, Genehmigung u. Überwachung bestimmter Preise* (z. B. für die Energieversorgung, ärztliche Leistungen, Pflegesätze im Krankenhaus, Sozialmieten u. ä.), dazu: ~**rechtlich** ⟨Adj.; o. Steig.⟩; ~**regelung,** die; ~**regulierung,** die; ~**relation,** die (Wirtsch.): *Verhältnis verschiedener vergleichbarer Preise;* ~**rückgang,** der: *Sinken der Preise;* ~**schere,** die (Wirtsch.): *Verhältnis zwischen den Preisen verschiedener korrespondierender Warengruppen in zeitlicher Entwicklung* (z. B. Maschinen für die Landwirtschaft einerseits, landwirtschaftliche Erzeugnisse andererseits): die P. öffnet, schließt sich *(der Unterschied wird größer, kleiner);* ~**schild,** das ⟨Pl. -er⟩, (Vkl.:) ~**schildchen,** das: *kleines Schild aus Papier, Pappe o. ä., auf dem der Preis der Ware angegeben ist;* ~**schlager,** der (ugs.): *stark verbilligte Ware;* ~**schleuderei** [---'-], die (jur.): *zur Vernichtung der Konkurrenz vorgenommener (als unlauterer Wettbewerb verbotener) Verkauf einer Ware zu einem unter den Herstellungskosten liegenden Preis;* ~**schraube,** die (Wirtsch. Jargon): an der P. drehen *(die Preise erhöhen);* ~**schwankung,** die ⟨meist Pl.⟩; ~**senkung,** die; ~**spirale,** die: vgl. Preis-Lohn-Spirale; ~**stabil** ⟨Adj.⟩: *verhältnismäßig wenigen Preisschwankungen unterworfen, einen ziemlich gleich bleibenden Preis habend,* dazu: ~**stabilität,** die; ~**steigerung,** die: vgl. ~auftrieb; ~**stopp,** der: *amtliche Festsetzung bestimmter Höchst-, Fest- od. Mindestpreise als preispolitische Maßnahme:* ein P. für Lebensmittel; ~**stufe,** die: vgl. ~lage; ~**sturz,** der: *plötzlicher starker Preisrückgang;* ~**tafel,** die: *Tafel, auf der die Preise der angebotenen Waren stehen;* ~**tendenz,** die; ~**theorie,** die: *volkswirtschaftliche Theorie über Entstehung u. Entwicklung der Preise;* ~**treibend** ⟨Adj.; o. Steig.; nicht adv.⟩: *Preise in die Höhe treibend:* die -e Wirkung eines knappen Warenangebots; ~**treiber,** der (abwertend): *jmd., der die Preise in die Höhe treibt,* dazu: ~**treiberei** [---'-], die (abwertend), ~**treiberisch** ⟨Adj.⟩ (abwertend): *mit preistreibender Absicht u. Wirkung:* -e Nachfrage; ~**überwachung,** die; ~**verfall,** der (Wirtsch.): *[durch Überkapazitäten entstehender] starker Preisrückgang bei einer Warenart;* ~**vergehen,** das (jur.): *Vergehen gegen preisrechtliche Vorschriften;* ~**vergleich,** der: *Vergleich der Preise in mehreren Geschäften od. bei verschiedenen Angeboten;* ~**vergünstigung,** die; ~**verordnung,** die: *preisrechtliche Verordnung;* ~**verstoß,** der: vgl. -vergehen; ~**verzeichnis,** das: svw. ↑~liste; ~**vorschrift,** die: svw. ↑~verordnung; ~**vorteil,** der: *durch günstigen Einkauf erreichter Vorteil:* -e an den Verbraucher weitergeben; ~**wert** ⟨Adj.⟩: *im Verhältnis zu seinem Wert nicht [zu] teuer:* ein -es Angebot; ~**wucher,** der (abwertend): *stark überhöhte Preisforderung;* ~**würdig** ⟨Adj.⟩: **1.** (veraltet) svw. ↑preiswert. **2.** ↑[2]preis-, Preis-, zu 1: ~**würdigkeit,** die (geh.): *Angemessenheit des Preises, das Preiswertsein;* ~**zuschlag,** der: *Zuschlag zum, auf den Preis.*

[2]**preis-, Preis-** (Preis 2, 3): ~**aufgabe,** die: *Rätsel od. [wissenschaftl.] Aufgabe, für deren richtige od. beste Lösung ein Preis od. Preise ausgesetzt sind;* ~**ausschreiben,** das: *öffentlich (z. B. in einer Zeitschrift) ausgeschriebener, aus einer od. mehreren Preisaufgaben bestehender Wettbewerb, für den bestimmte Preise ausgesetzt sind:* er hat bei einem P. eine Mittelmeerreise gewonnen; ~**boxer,** der (früher): *Boxer, der Wettkämpfe um Preise durchführt:* Ich spiele Fußball, ... fluche wie ein Kutscher und habe Muskeln wie ein P. (Bieler, Mädchenkrieg 388); ~**fahren,** das; -s: *sportliche Wettfahrt um Preise:* ein P. veranstalten; ~**frage,** die: **1.** *bei einem Preisausschreiben o. ä. zu beantwortende Frage:* Ü ob ich ja dazu sagen soll, ist allerdings eine P. (ugs.; *eine heikle Frage*). **2.** ↑[1]preis-, Preis-; ~**gekrönt** ⟨Adj.; o. Steig.; nicht adv.⟩: *mit einem Preis ausgezeichnet; prämiiert:* ein -er Roman; der -e Sieger; ⟨auch als 2. Part. im Passiv:⟩ er, sein Werk ist p. worden, soll p. werden; ~**geld,** das (bes. Motorsport): *als Preis für den Sieger ausgesetzte Summe;* ~**gericht,** das: svw. ↑Jury (1 a); ~**jassen,** das; -s: *Jaßspiel um Preise;* ~**kegeln** ⟨sw. V.; hat; nur im Inf. u. 2. Part. gebr.⟩: *Kegelspiele um Preise veranstalten:* wir wollen p.; gestern habe ich erfolgreich preisgekegelt; ⟨subst.:⟩ ~**kegeln,** das; -s; ~**lied,** das: **1. a)** *idealisierende Liedform der german. Dichtung;* **b)** *Lied, Gedicht, mit dem jmd. od. etw. gepriesen wird.* **2.** *Lied, Gedicht, mit dem in einem Wettstreit ein Preis gewonnen werden soll:* Stolzings P. in der Oper „Die Meistersinger von Nürnberg“; ~**rätsel,** das: vgl. ~aufgabe; ~**richter,** der: *Mitglied eines Preisgerichts bei sportlichen od. künstlerischen Wettbewerben,* dazu: ~**richterkollegium,** das: *Gesamtheit der Preisrichter;* ~**schießen,** das: **a)** *Wettbewerb im Schießsport;* **b)** (Fußball) *um einen Preis veranstaltetes Balltreten aufs gegnerische Tor;* ~**schütze,** der: *Sieger im Preisschießen;* ~**skat,** der: *Skatspiel um einen bestimmten Preis;* ~**tanz,** der, ~**tanzen,** das; -s: *Tanzwettbewerb um Preise;* ~**träger,** der: *jmd., der in einem Wettbewerb einen Preis gewonnen hat od. dem für eine besondere Leistung ein offizieller Preis zuerkannt wurde:* die Namen der P. werden im nächsten Heft veröffentlicht; ~**verdächtig** ⟨Adj.; nicht adv.⟩ (scherzh.): *(von einem Sportler, Wissenschaftler, Künstler od. seinem Werk) so hervorragend, daß er od. es möglicherweise einen Preis bekommt;* ~**verleih,** der, ~**verleihung,** die: *[feierliche] Zuerkennung eines Preises;* ~**verteilung,** die: svw. ↑~verleihung; ~**würdig** ⟨Adj.⟩: **1.** ↑[1]preis-, Preis-. **2.** (geh.): *lobenswert, hervorragend.*

Preiselbeer-: ~**kompott,** das; ~**kraut,** das ⟨o. Pl.⟩: *Strauch der Preiselbeere;* ~**marmelade,** die; ~**saft,** der.

Preiselbeere ['prai̯zl̩-], die; -, -n [spätmhd. praisselper, 1. Bestandteil wahrsch. aus dem Slaw., vgl. alttschech. brusnice (Pl.), wohl zu russ.-kirchenslaw. (o)brusiti = (ab)streifen, weil die Beere sich leicht abstreifen läßt]: **1.** *niedriger, der Heidelbeere (1) ähnlicher, in Wäldern wachsender grüner Strauch mit an der Oberseite glänzenden, etwas dunkleren Blättern, kleinen weißen od. rötlichen Blüten u. roten, herb u. säuerlich schmeckenden Beeren, die z. B. zu Kompott verarbeitet werden.* **2.** *Frucht der Preiselbeere:* -n pflücken.

preisen ['prai̯zn̩] ⟨st. V.; hat⟩ [mhd. prīsen (angelehnt an die Bed. von: prīs, ↑Preis) < afrz. preisier = < spätlat. pretiāre = im Wert abschätzen, hoch-, wertschätzen] (geh.): *die Vorzüge einer Person od. Sache begeistert hervorheben, rühmen, loben:* Gott p.; Er pries das silbrige Blau, rühmte das feinmaschige Muster (Jens, Mann 47); die Nachkommen werden ihn dafür p.; frische Luft und viel Bewegung wurden ihr als Allheilmittel gepriesen; man pries ihn als den besten Kenner auf diesem Gebiet; er preist sich als [ein] sicherer/(seltener:) [einen] sicheren Bergsteiger; jmdn., sich glücklich p. [können] *(jmdn., sich glücklich nennen; über etw. froh sein [können]);* die gepriesenen zwanziger Jahre; ⟨Zus.:⟩ **preisenswert** ⟨Adj.; nicht adv.⟩ (geh.): *so beschaffen, daß es zu preisen ist, gepriesen werden kann.*

Preisgabe ['prai̯s-], die; - [zu ↑preisgeben]: **a)** *Aufgabe* (3 b), *Verzicht:* das bedeutete die P. seiner Ideale; **b)** *das Nicht-Mehr-Geheimhalten (von etw.):* P. wichtiger Staatsgeheimnisse; **preisgeben** ⟨st. V.; hat⟩ [LÜ von frz. donner (en) prise, eigtl. = zum Nehmen, zur Beute hingeben; zu: prise, ↑Prise]: **1.** *vor jmdm., etw. nicht mehr schützen; (der Not, Gefahr o. ä.) überlassen, ausliefern:* jmdn. dem Elend, der Verzweiflung p.; weil hier der Staat die Schwachen dem Starken schutzlos preisgebe (Thieß, Reich 304); die Haut, sich allzulange der starken Sonnenbestrahlung p.; man gab ihn dem Gelächter der Leute preis; die Bauten waren der Zerstörung preisgegeben. **2.** *aufgeben, hingeben; auf etw. verzichten:* seine Ideale, seine Selbständigkeit p.; keinen Fußbreit Boden gab er kampflos preis; sie gibt sich für Geld den Männern preis (geh.; *prostituiert sich*). **3.** *nicht mehr geheimhalten, verraten:* ein Geheimnis p.; er gab seine Komplizen nicht preis.

preislich ⟨Adj.; o. Steig.; nicht präd.⟩: *den Preis* (1) *betreffend, im Preis* (1): -e Unterschiede; in -er Hinsicht; ein p. günstiges Angebot; **Preisung,** die; -, -en [zu ↑preisen]: *Lobrede:* trotz sowjetischen -en des „neuen kommunistischen Menschen“ (MM 24. 4. 70, 21).

prekär [pre'kɛ:ɐ̯] ⟨Adj.; nicht adv.⟩ [frz. précaire = durch Bitten erlangt; widerruflich; unsicher, heikel < lat. precārius, zu: precāri, ↑preien] (bildungsspr.): *so beschaffen, daß es recht schwierig ist, richtige Maßnahmen, Entscheidungen zu treffen, daß man nicht weiß, wie man aus einer schwierigen Lage herauskommen kann:* eine -e Lage, Situation, ein -er Fall; Mit der Heizung war es auch furchtbar p. (Katia Mann, Memoiren 38).

Prell-: ~**ball,** der ⟨o. Pl.⟩ (Sport): *mit einem Faustball* (2) *auszuführendes Mannschaftsspiel, bei dem der Ball über den Prellbock* (2) *od. eine Leine geprellt* (4 b) *werden muß;* ~**bock,** der: **1.** (Eisenb.) *stabiles, aber elastisches Hindernis als zusätzliche Bremsvorrichtung am Ende eines Gleises* (z. B. bei Kopfbahnhöfen): gegen den P. fahren; Ü als P. dienen *(derjenige sein, bei dem alle Sorgen abgeladen werden u. der für alles einstehen muß).* **2.** *beim Prellball in der Mittellinie des Spielfelds als zu überspielendes Hindernis auf Stützen angebrachter Balken, auch Schwebebalken o. ä.;* **~schuß,** der: *Schuß* (1 b), *der einmal od. mehrere Male aufschlägt u. abprallt;* **~stein,** der: *abgeschrägter Stein an einer Hausekke, Toreinfahrt o. ä. zum Schutz vor zu dicht heranfahrenden Fahrzeugen;* **~wand,** die (Fußball, Tennis u. ä.): *Übungswand, an der ein gestoßener, geworfener od. geschlagener Ball zurückprallen kann, um erneut gespielt zu werden.*

prellen ['prɛlən] ⟨sw. V.⟩ [mhd. prellen = mit Wucht stoßen; sich schnell fortbewegen; aufschlagen, H. u.; 1 a: urspr. Studentenspr., nach der Vorstellung des um seine Freiheit betrogenen „geprellten" (3) Fuchses mit Bezug auf ↑Fuchs (7); 3: an den früher üblichen Brauch, Menschen zur Strafe od. zum Scherz auf einem straff gespannten Tuch in die Höhe zu schleudern, schloß sich das „Prellen" von Füchsen als Belustigung von Jagdgesellschaften an]: **1.** *jmdn. um etw. ihm Zustehendes bringen, betrügen* ⟨hat⟩: jmdn. um sein Erbe, Honorar, um die Belohnung p.; **2. a)** *prallen* ⟨ist⟩: gegen die Wand p.; **b)** *heftig stoßen* ⟨hat⟩: die Kanten der Kartons prellten seine Schenkel (Fels, Sünden 88); **c)** *(jmdn., etw., sich) heftig stoßend verletzen* ⟨hat⟩: ich habe mich an der Schulter geprellt; mit Hieben setze ich ihm zu, bis sich die Klinge prellt und überm Griff fast abbricht (Kaiser, Villa 62); **d)** *sich durch heftiges Stoßen einen Körperteil verletzen* ⟨hat⟩: ich habe mir das Knie geprellt. **3.** (Jagdw. früher) *(einen Fuchs) auf ein straff gespanntes Tuch od. Netz legen u. immer wieder emporwerfen u. auffangen* ⟨hat⟩. **4. a)** (Handball u. ä.) *einen Ball auf den Boden auftreffen lassen u. ihn wieder an sich nehmen od. erneut schlagen:* beim Dribbeln muß der Ball geprellt werden; **b)** (Prellball) *den Ball mit der Faust so in die gegnerische Spielhälfte schlagen, daß er zuerst in der eigenen Spielhälfte den Boden berührt:* den Ball über die Leine p.; ⟨Abl. zu 1 a:⟩ **Prẹller,** der; -s, -: *Betrüger;* **Prellerei** [prɛlə'rai̯], die; -, -en: *das Prellen, Geprelltwerden, Betrug;* **Prẹllung,** die; -, -en: *durch heftigen Stoß, Schlag o. ä. hervorgerufene innere Verletzung mit Bluterguß:* bei dem Unfall hat er mehrere -en erlitten.

Prélude [pre'lyd], das; -s, -s [frz. prélude < mlat. praeludium, ↑Präludium]: frz. Bez. für *Präludium.*

Premier [prə'mi̯e:, pre...], der; -s, -s [nach engl. premier(minister) < frz. premier, ↑Premiere]: Kurzf. von ↑Premierminister; **Premiere** [...i̯e:rə, ...i̯ɛ:rə, österr.: ...i̯ɛ:ɐ̯], die; -, -n [frz. première (représentation), zu: premier = erster < lat. prīmārius = einer der ersten, zu: prīmus, ↑Primus]: *Ur- od. Erstaufführung eines Bühnenstücks (auch einer Neuinszenierung), eines Films od. einer Komposition:* eine festliche, glanzvolle P.; die P. findet am 10. Januar statt; das Stück hat morgen P.; er besucht fast jede P.

Premieren-: **~abend,** der; **~besucher,** der; **~fieber,** das (Jargon): *Angstgefühle, Nervosität eines Darstellers vor der Premiere;* **~karte,** die: *Eintrittskarte für eine Premiere;* **~publikum,** das: das P. applaudierte begeistert; **~tiger,** der (Jargon, iron.): *Theaterbesessener, der keine Premiere verpassen möchte:* er ... war schon damals P., war dabei, als 1928 Bert Brechts „Dreigroschenoper" uraufgeführt wurde (Hörzu 9, 1973, 50).

Premierleutnant [prə'mi̯e:-, pre...], der; -s, -s [1. Bestandteil frz. premier, ↑Premiere] (früher): svw. ↑Oberleutnant; **Premierminister,** der; -s, -: svw. ↑Ministerpräsident (2).

Preprint ['pri:prɪnt], das; -s, -s [engl. preprint, aus: pre = vor(ab) (< lat. prae = vor[her]) u. print, ↑Printed in ...] (Buchw.): *Vorabdruck* (z. B. eines wissenschaftlichen Werks).

Presbyopie [prɛsby|o'pi:], die; - [zu griech. présbys = alt u. ōps (Gen.: ōpós) = Auge] (Med.): svw. ↑Alterssichtigkeit; **Presbyter** ['prɛsbytɐ], der; -s, - [kirchenlat. presbyter, ↑Priester]: **1.** *Vorsteher einer Gemeinde im Urchristentum.* **2.** (ev. Kirche) *Vertreter der Gemeinde im Presbyterium* (1 a). **3.** (kath. Kirche) lat. Bez. für *Priester* (2); **presbyterial** [...te'ri̯a:l] ⟨Adj.; o. Steig.⟩ (ev. Kirche): *das Presbyterium* (1 a) *betreffend, zu ihm gehörend, von ihm ausgehend;* ⟨Zus.:⟩ **Presbyterialverfassung,** die (ev. Kirche): *evangelische [reformierte] Kirchenordnung, nach der die Gemeinde kollegial durch Geistliche u. Presbyter* (2) *verwaltet wird;* **Presbyterianer** [...te'ri̯a:nɐ], der; -s, - [engl. Presbyterian]: *Angehöriger protestantischer Kirchen mit Presbyterialverfassung in England u. Amerika;* **presbyterianisch** ⟨Adj.; o. Steig.⟩ [2: engl. presbyterian]: **1.** (ev. Kirche) *die presbyteriale Verfassung, Kirchen mit presbyterialer Verfassung betreffend.* **2.** *die Presbyterianer, ihre Kirche betreffend;* **Presbyterium** [...'te:ri̯ʊm], das; -s, ...ien [...i̯ən; kirchenlat. presbyterium < griech. presbytérion]: **1.** (ev. Kirche) **a)** *aus dem Pfarrer u. den [gewählten] Vertretern der Gemeinde bestehender Vorstand einer evangelischen Kirchengemeinde;* **b)** *Versammlungsraum eines Presbyteriums* (1 a). **2.** (kath. Kirche) **a)** *Gesamtheit der Priester einer Diözese;* **b)** *Altarraum.*

preschen ['prɛʃn̩] ⟨sw. V.; ist⟩ [aus dem Niederd., Umstellung aus ↑pirschen, also eigtl. = jagen]: *eilen, sehr schnell, wild laufen od. fahren; jagen:* ein Reiter preschte durch die Straße; nach Hause p.; er ist mit dem Motorrad durch die Gegend, über die Autobahn geprescht; Stanislaus ... preschte auf dem Rückwege, denn die Zeit ging vom Nachmittag mit Lilian ab (Strittmatter, Wundertäter 336).

Presenning [pre'zɛnɪŋ]: ↑Persenning.

Pre-shave ['pri:'ʃeɪv], das; -[s], -s, **Pre-shave-Lotion** ['pri:ʃeɪv-'loʊʃən], die; -, -s [aus engl. pre (< lat. prae = vor[her]), shave = Rasur u. lotion, ↑Lotion]: *vor der Rasur zu verwendendes Gesichtswasser* (Ggs.: After-shave-Lotion).

[1]**Prẹß-** (pressen): **~automat,** der (Technik): *Automat* (1 b), *mit dem Glas, Kunststoff u. ä. in bestimmte Formen gepreßt wird;* **~ball,** der (Fußball): *von zwei Spielern zugleich getretener, nur schwer zu berechnender Ball;* **~deckung,** die (Ballspiele): *ganz dichte Manndeckung;* **~form,** die (Technik): *hohle Form, in die das zu formende Material (z. B. Glas, Kunststoff) hineingepreßt wird;* **~glas,** das ⟨Pl. ...gläser⟩: *durch Pressen flüssiger Glasschmelze in eine Form gefertigtes Glas[gefäß] o. ä.;* **~harz,** das (Technik): *Kunststoff, der sich durch Pressen formen läßt;* **~hefe,** die: *gepreßte Hefe für die Bäckerei;* **~holz,** das: *aus einzelnen Stücken od. Schichten mit Zusätzen von Kunstharzen unter Druck u. Hitze gepreßtes Holz,* dazu: **~holzplatte,** die; **~kohle,** die: *in Formen gepreßte Kohle* (z. B. Brikett); **~kopf,** der ⟨o. Pl.⟩: *aus Schweins- od. Kalbsköpfen mit Schwarten gekochte u. in einen Schweinemagen od. Darm gepreßte gallertige Wurstart:* weißer, schwarzer P.; **~kuchen,** der: svw. ↑Ölkuchen; **~luft,** die ⟨o. Pl.⟩: svw. ↑Druckluft, dazu: **~luftbohrer,** der: *mit Preßluft angetriebenes Gerät zum Bohren, das bes. im Straßenbau eingesetzt wird,* **~luftflasche,** die (Technik): *festes Metallgefäß, in dem Preßluft mitgeführt werden kann,* **~lufthammer,** der (Bauw.): *Stoß- u. Schlagwerkzeug, das durch einen von Preßluft schnell in einem Zylinder auf u. ab bewegten Kolben angetrieben wird; Drucklufthammer;* **~masse,** die (Technik): *aus Preßharzen, Füllstoffen, Bindemitteln u. ä. bestehende Masse, die durch Pressen geformt u. gehärtet werden kann;* **~sack,** der ⟨o. Pl.⟩: svw. ↑~kopf; **~schlag,** der (Fußball): *gleichzeitiges Treten eines Balles durch zwei Spieler;* **~schweißen,** das; -s (Technik): *Verfahren zum Verschweißen metallischer Werkstoffe unter Druck;* **~span,** der [urspr. beim Pressen von Tuchen verwendete Stücke (Späne) von Pappe]: *holzfreie, feste Pappe mit glatter, glänzender Oberfläche;* **~stoff,** der: svw. ↑~masse; **~stroh,** das: *zu festen Ballen gepreßtes Stroh;* **~vergoldung,** die (Buchbinderei): *Pressen von Buchdecken u. ä. mit Blattgold od. Goldfolie;* **~wehe,** die ⟨meist Pl.⟩ (Med.): *mit der Bauchpresse auftretende Wehe in der Austreibungsperiode der Geburt;* **~wurst,** die: vgl. ~kopf.

prẹß-, [2]**Prẹß-** (Presse 2): veraltet für ↑presse-, Presse-, z. B. Preßerzeugnis, Preßfreiheit, Preßgesetz.

pressant [prɛ'sant] ⟨Adj.; -er, -este⟩ [frz. pressant, 1. Part. von: presser, ↑pressieren] (landsch.): *eilig, dringend:* eine -e Sache; er hatte es p. (Kühn, Zeit 283); **Presse** ['prɛsə], die; -, -n [1 b: mhd. (win)presse, ahd. pressa = Obstpresse, Kelter (unter Einfluß von lat. pressūra = das Keltern) < mlat. pressa = Druck, Zwang, zu lat. pressum, 2. Part. von: premere = drücken, pressen; 1 c: (m)frz. presse, zu: presser < lat. pressāre, Intensivbildung von: premere, ↑Presse (1 b); 2 a: unter Anlehnung an Bed. 1 c]: **1. a)** *Vorrichtung, Maschine, durch die etw. unter Druck zusammengepreßt, zerkleinert, geglättet od. in eine Form gepreßt wird:* eine mechanische, hydraulische P.; die P. für ein neues Werkstück einstellen; Schrott in die P. geben; Briefmarken, Fotos, geleimte Furniere in, unter die P. legen; **b)** *Gerät od. Maschine, mit der durch Auspressen von Früchten eine Flüssigkeit, Saft gewonnen wird:* Obst in die P. geben; **c)** (Druckw. veraltend) *Druckmaschine:* die Bogen kommen frisch aus der P.; das Manuskript in die P. *(zum Druck)* geben. **2.** ⟨o. Pl.⟩ **a)** *Gesamtheit der Zeitungen u. Zeitschrif-*

ten, ihrer Einrichtungen u. Mitarbeiter: die inländische, ausländische P.; die P. berichtete ausführlich darüber, griff den Fall auf, brachte ihn ganz groß; die P. einladen; der P. eine offizielle Erklärung übergeben; die Freiheit der P.; im Spiegel der P.; Plätze für die P. reservieren; Schlagzeilen in der P.; es stand in der P.; er ist von der P. *(ist Journalist);* ein Herr von der P. will Sie sprechen; **b)** *Beurteilung von etw. durch die Presse* (2 a), *Stellungnahme der Presse:* der Schauspieler hatte eine gute, freundliche P.; eine miserable P. bekommen; mit seiner P. zufrieden sein. **3.** (ugs. abwertend) *Privatschule, die [schwache] Schüler intensiv auf eine Prüfung vorbereitet.*

prẹsse-, Prẹsse- (Presse 2; vgl. preß-, ²Preß-): **~agentur,** die: svw. ↑Nachrichtenagentur: Deutsche P. (DPA); **~aktiv,** das (DDR): vgl. ²Aktiv: die Konsumgenossenschaft ... hatte ... die Mitglieder des -s zu einer Aussprache geladen (Volk 1. 7. 64, 4); **~amt,** das: *regierungsamtliche Stelle zur Information der Presse;* **~aussendung,** die (österr.): *Aussendung* (2 a) *für die Presse;* **~ausweis,** der; **~ball,** der: *offizielle Festveranstaltung für die internationale Presse;* **~bericht,** der; **~berichterstatter,** der; **~büro,** das; **~chef,** der: *Leiter eines Presseamts od. einer Pressestelle;* **~dienst,** der: *von Pressestellen bei Parteien, Verbänden, Agenturen u. ä. periodisch herausgegebene Sammlung von Nachrichten u. Informationen;* **~empfang,** der: *Empfang für die Presse;* **~erklärung,** die: eine amtliche P.; **~erzeugnis,** das; **~foto,** das; **~fotograf,** der; **~freiheit,** (südd., schweiz., sonst veraltet:) Prẹßfreiheit, die ⟨o. Pl.⟩: *von der Verfassung garantiertes Grundrecht der Presse zur Beschaffung u. Verbreitung von Informationen u. zur freien Meinungsäußerung;* **~geheimnis,** das: *Recht der Auskunftsverweigerung aller bei der Presse Beschäftigten über den Verfasser od. Informanten einer Veröffentlichung;* **~gesetz,** das: *zum Presserecht gehörendes Gesetz,* dazu: **~gesetzgebung,** die; **~gespräch,** das: *Gespräch mit der Presse;* **~information,** die: **a)** *Information für die Presse;* **b)** *Information durch die Presse;* **~kampagne,** die: *von der gesamten Presse od. bestimmten Presseorganen geführte Kampagne* (1); **~karte,** die: *an einen Pressevertreter kostenlos ausgegebene Eintrittskarte für eine Veranstaltung;* **~kommentar,** der; **~konferenz,** die: *von einer amtlichen Stelle, einem Verband, einer Firma o. ä. organisierte Veranstaltung, auf der [durch einen Pressesprecher] Informationen an die Presse gegeben werden u. von den Journalisten Fragen gestellt werden:* eine P. einberufen, abhalten; **~konzentration,** die: *Konzentration der Presse in wenigen, großen Verlagen;* **~konzern,** der: *Unternehmen mit einer Vielzahl von Zeitungen od. Zeitschriften in großer Auflage;* **~korrespondent,** der: svw. ↑Korrespondent (1); **~kritik,** die: *Theater-, Kunst-, Buchkritik u. ä. in der Zeitung;* **~mann,** der ⟨Pl. -leute⟩ (ugs.): *Journalist;* **~meldung,** die; **~notiz,** die: svw. ↑Notiz (2); **~organ,** das: *bestimmte [von einer Behörde, Partei, Institution herausgegebene] Zeitung od. Zeitschrift:* ein P. der SPD; **~politik,** die; **~recht,** das: *Gesamtheit der die Presse u. bes. die Presse- u. Meinungsfreiheit betreffenden Rechtsbestimmungen,* dazu: **~rechtlich** ⟨Adj.; o. Steig.; nicht präd.⟩; **~referent,** der: *journalistischer Mitarbeiter od. alleiniger Vertreter einer amtlichen od. privaten Pressestelle;* **~schau,** die: **1.** (Wirtsch.) *für die Presse bestimmte Vorführung od. vorweggenommene Besichtigung einer Modenschau, Messe o. ä.* **2.** *(im Rundfunk od. Fernsehen verlesener) Überblick über die wichtigsten Pressestimmen;* **~sprecher,** der: *Beamter od. Angestellter einer Behörde, Institution od. Firma, der für die an die Presse zu gebenden Informationen verantwortlich ist:* der P. der Gewerkschaft; **~stelle,** die: *für die Verbindung zur Presse zuständige Stelle bei einer staatlichen od. privaten Institution, Behörde, Firma u. ä.;* **~stimme,** die ⟨meist Pl.⟩: *Meinungsäußerung in einem Presseorgan:* Kurznachrichten und -n aus Hessen; **~tribüne,** die: *für Pressevertreter reservierte Tribüne bei einer größeren Veranstaltung;* **~veröffentlichung,** die; **~vertreter,** der: *Journalist, der als Vertreter einer bestimmten Zeitung od. Zeitschrift auftritt:* in- und ausländische P.; **~wesen,** das ⟨o. Pl.⟩: svw. ↑Zeitungswesen; **~zensur,** die ⟨o. Pl.⟩: *staatliche Kontrolle der in der Presse zu veröffentlichenden Meldungen u. Meinungen (als Einschränkung der Pressefreiheit);* **~zentrum,** das: *zentraler Bau od. mit allen wichtigen technischen Einrichtungen für den Fernsprech- u. Funkverkehr eingerichtetes, den Vertretern aller Presseorgane zur Verfügung stehendes Büro bei [sportlichen] Großveranstaltungen, Kongressen u. ä.*

pressen ['prɛsn̩] ⟨sw. V.; hat⟩ [mhd. pressen, ahd. pressōn < lat. pressāre, ↑Presse (1 c)]: **1. a)** *durch Druck od. mit einer Presse* (1 a) *bearbeiten, eine glatte Form geben:* Pflanzen, Papier p.; Blumen in einem Buch p.; ⟨oft im 2. Part.:⟩ gepreßtes Stroh; **b)** *ausdrücken:* Früchte, Obst p.; **c)** svw. ↑herauspressen: Saft aus einer Zitrone p.; braun wird das Bier aus dem Schanktisch gepreßt (Koeppen, Rußland 159); Ü Was immer für Hebel ... Frau Herrfurth ansetzte, ... Entschlüsse aus ihm zu p. – sein Lebenssaft war Müdigkeit (Chr. Wolf, Himmel 251); **d)** *durch Herauspressen gewinnen:* Wein, Most p.; **e)** *pressend* (1 a), *durch Druck herstellen:* Schallplatten, Plastikartikel p. **2.** *in eine bestimmte Richtung, auf, an, durch etw. drücken:* die Hände vor das Gesicht, den Kopf gegen die Scheibe p.; jmdn. an sich, sich an jmdn. p.; die Kleider in den Koffer, einen Verband auf die Wunde p.; Vieth ... preßte mir von hinten die Arme um die Brust (Bieler, Bonifaz 237); den Körper, sich an den Boden p.; er hielt den Kopf zwischen beide Hände gepreßt; jmdm. die Hand auf den Mund p.; Gemüse durch ein Sieb p.; Ü etw. in ein logisches System p.; wenn er um einer reinen Idee willen die Wirklichkeit in die Form seiner Vorstellung preßt (Thieß, Reich 568); mit gepreßter Stimme; ein gepreßtes Stöhnen (Jahnn, Geschichten 201). **3. a)** *zu etw. zwingen:* jmdn. zum Kriegsdienst p.; Margot war zum Küchendienst gepreßt worden (Lentz, Muckefuck 180); **b)** (veraltet) *unterdrücken, bedrängen:* die Herren haben die Knechte gepreßt; ⟨Abl. zu 3:⟩ **Prẹsser,** der; -s, -: ein Grundsatzurteil gegen die „Presser" auf der Überholspur der Autobahnen (MM 30. 4. 69, 14); **Presseur** [prɛ'sø:ɐ̯], der; -s, -e [frz. presseur, eigtl. = Presser] (Druckw.): *mit Gummi überzogene Stahlwalze bei der Tiefdruckmaschine zum Anpressen des Papiers;* **Preßfreiheit:** ↑Pressefreiheit; **pressieren** [prɛ'si:rən] ⟨sw. V.; hat⟩ [frz. presser, eigtl. = pressen < lat. pressāre, ↑Presse (1 c)] (südd., österr., schweiz.): *eilig, dringend sein; drängen (von Sachen):* es, die Angelegenheit pressiert; mir pressiert's heute sehr; ⟨2. Part.:⟩ er ist, tut heute sehr pressiert *(eilig);* **Pression** [prɛ'si̯o:n], die; -, -en [frz. pression < lat. pressio, zu: pressum, 2. Part. von: premere, ↑Presse (1 b)] (bildungsspr.): *Druck, Nötigung, Zwang:* eine P., -en auf jmdn. ausüben; ⟨Zus.:⟩ **Pressiọnsgruppe,** die: svw. ↑Pressure-group; **Pressiọnsmittel,** das: wird versucht, die Olympischen Spiele ... als P. zu benützen (Presse 4. 10. 68, 1); **Preßling** ['prɛslɪŋ], der; -s, -e: *gepreßtes u. geformtes Stück einer Masse* (z. B. Brikett): -e aus Metall; kleine eirunde -e in den Ofen schütten; **Prẹssung,** die; -, -en: *das Pressen, Gepreßtwerden;* **Pressure-group** ['prɛʃəgru:p], die; -, -s [engl.-amerik. pressure group]: *Interessengruppe, die [mit Druckmitteln] bes. auf Parteien, Parlament u. Regierung Einfluß zu gewinnen sucht; Lobby* (2).

Presti: Pl. von ↑Presto.

Prestige [prɛs'ti:ʒə], das; -s [frz. préstige, eigtl. = Blendwerk < spätlat. praestīgium] (bildungsspr.): *Ansehen, Geltung einer Person, Gruppe, Institution o. ä. in der Öffentlichkeit:* soziales, nationales P.; sein persönliches P. ist gewachsen, gesunken; das P. dieser Partei ist schwer angeschlagen; sein P. wahren; P. bei jmdm. besitzen; er hat durch diese Tat sehr an P. gewonnen; es geht um sein P.

Prestige-: **~denken,** das; -s: nur von P. bestimmt sein; **~frage,** die: das ist [für ihn] eine P.; **~gewinn,** der; **~grund,** der ⟨meist Pl.⟩: etw. aus Prestigegründen tun; **~sache,** die: vgl. ~frage; **~streben,** das; **~verlust,** der.

prestissimo: ↑presto; **Prestịssimo,** das; -s, -s u. ...mi (Musik): **1.** *äußerst schnelles Tempo.* **2.** *Musikstück (od. ein Teil davon) mit der Tempobezeichnung „prestissimo";* **presto** ['prɛsto] ⟨Adv.; (Komp.:) più presto [pi̯u: -], (Sup.:) prestissimo [prɛs'tɪsimo]⟩ [ital. presto < lat. praestō = bei der Hand] (Musik): *schnell, in eilendem Tempo;* ⟨subst.:⟩ **Presto** [-], das; -s, -s u. ...ti: **1.** *schnelles, eilendes Tempo.* **2.** *Musikstück (od. ein Teil davon) mit der Tempobezeichnung „presto".*

Prêt-à-porter [prɛtapɔr'te:], das; -s, -s [frz. prêt-à-porter, eigtl. = fertig zum Tragen]: **a)** ⟨o. Pl.⟩ *Konfektionskleidung nach dem Entwurf von Modeschöpfern;* **b)** *Konfektionskleid nach dem Entwurf eines Modeschöpfers.*

Pretest ['pri:tɛst], der; -s, -s [engl.-amerik. pretest, aus: pre (< lat. prae = vor[her]) u. test, ↑Test] (Soziol.): *Erprobung eines Mittels für Erhebungen, Untersuchungen usw. (z. B. eines Fragebogens) vor der Durchführung der eigentlichen Erhebung; Vortest.*

Pretiosen, (auch:) Preziosen [pre'tsi̯o:zn̩] ⟨Pl.⟩ [lat. pretiōsa, zu: pretiōsus = kostbar, zu: pretium, ↑Preis]: *Kostbarkeiten, Geschmeide:* Pretiosen aus einem alten Familienschmuck (Prodöhl, Tod 6).

Preuße ['prɔysə], der; -n, -n [nach dem ehem. Königreich (bis 1918) u. Land des Dt. Reiches (bis 1947) Preußen, das wegen seines Militarismus u. seiner straff organisierten, überkorrekten Verwaltung u. seines Bürokratismus bekannt war]: **1.** (veraltend) *jmd., der bestimmte, früher als für einen preußischen Untertan (bes. Soldaten od. Beamten) als typisch angesehene Eigenschaften (z. B. Pflichterfüllung, Strenge, Härte gegen sich selbst) besitzt:* er ist ein richtiger P.; Verteidigungsminister Co, der als P. Vietnams bezeichnet wird (Spiegel 16, 1966, 100). **2.** ⟨Pl.⟩ **a)** (ugs. veraltend) *Militär[dienst]:* Das sollten Sie bei den -n gelernt haben (Remarque, Obelisk 123); er muß zu den -n; ⟨o. Art. mit ugs. Endung auf -s (eigtl. alter Gen. Sing.)⟩: Bei Preußens muß man trinkfest sein (Hörzu 44, 1975, 7); **b)** R so schnell schießen die -n nicht (*so schnell geht es nicht, man muß Geduld haben u. sollte keine übereilten Entschlüsse treffen;* H. u., angeblicher Ausspruch Bismarcks); ⟨Abl.:⟩ **Preußentum,** das; -s: *preußisches Wesen, Art u. Haltung eines Preußen;* **preußisch** ⟨Adj.; Steig. selten⟩: *die Preußen betreffend, von ihnen stammend, der Wesensart der Preußen entsprechend:* das -e Beamtentum; -e Sparsamkeit; Preußisch und richtig handelte, wer ... (A. Zweig, Grischa 303); (heute meist abwertend:) der -e Kasernenhofton; p. streng; ⟨Zus.:⟩ **Preußischblau,** das [weil es in Berlin, der Hauptstadt Preußens, erfunden wurde]: *tief, dunkelblau, fast schwarzblaue Farbe mit grünlichem Stich; Gasblau.*

preziös [pre'tsi̯ø:s] ⟨Adj.; -er, -este⟩ [frz. précieux, eigtl. = kostbar, wertvoll < lat. pretiōsus, ↑Pretiosen] (bildungsspr.): *geziert, gekünstelt, unnatürlich:* ein -er Stil; die -esten literarischen Spielereien (Adorno, Prismen 236); **Preziosen:** ↑Pretiosen; **Preziosität** [...i̯ozi'tɛ:t], die; - (bildungsspr.): *geziertes Benehmen, Ziererei.*

Priamel [pri'a:ml̩], die; -, -n, auch: das; -s, - [spätmhd. priamel, entstellt aus: preambel, ↑Präambel] (Literaturw.): *(bes. im späten MA.) einstrophiges, meist paarweise gereimtes [Spruch]gedicht mit pointiertem Schluß.*

Pricke ['prɪkə], die; -, -n [aus dem Niederd. < mniederd. pricke = spitze Stange, Spitze] (Seew.): *in flachen Küstengewässern (bes. im Watt) zur Markierung der Fahrrinne in den Grund gesteckter dünner Stamm eines Baumes [mit Ästen], Baum, Pfosten o. ä.;* **prickelig,** pricklig ['prɪk(ə)lɪç] ⟨Adj.⟩ (seltener): **1.** *prickelnd:* er hatte ganz -e Fingerspitzen. **2.** *erregend, aufreizend:* eine -e Atmosphäre; **prickeln** ['prɪkl̩n] ⟨sw. V.; hat⟩ [aus dem Niederd. < mniederd. prickeln, zu: pricken = stechen od. pricke, ↑Pricke]: **1. a)** *wie von vielen, feinen, leichten Stichen verursacht kitzeln, jucken:* Meine Mutter bürstete mein Haar, bis die Kopfhaut prickelte (Grass, Hundejahre 299); die Hände prickelten ihm; ⟨auch unpers.:⟩ es prickelte ihm in den Fingerspitzen; ⟨subst.:⟩ ein angenehmes Prickeln der Haut; **b)** *ein leicht kitzelndes Gefühl, ein Gefühl des Prickelns* (1 a) *verursachen, hinterlassen:* der Sekt, die Kohlensäure prickelt auf der Zunge; der eisige Wind prickelte auf seiner Haut; ⟨subst.:⟩ das leichte Prickeln des Weines. **2.** *kleine, aufsteigende Bläschen bilden; perlen:* der Sekt, das Selterswasser prickelt [im Glas]. **3.** *ein erregendes Gefühl verursachen, auf [leicht beunruhigende o. ä. Weise] reizen:* ein sportliches Abenteuer durchstehen. Eines, das eigentlich lockt und prickelt (Grzimek, Serengeti 22); ⟨häufig im 1. Part.:⟩ eine prickelnde Spannung, Unruhe, Atmosphäre; der prikkelnde Reiz des Unbekannten; ein prickelndes Spiel mit dem Feuer; **pricken** ['prɪkn̩] ⟨sw. V.; hat.⟩: **1.** (Seew.) *(Fahrwasser o. ä.) mit Pricken versehen.* **2.** (landsch.) *[aus]stechen, ausbohren;* **pricklig:** ↑prickelig.

Priel [pri:l], der; -[e]s, -e [aus dem Niederd., H. u.]: *schmale, unregelmäßig verlaufende Rinne im Wattenmeer, in der sich auch bei Ebbe noch Wasser befindet.*

Priem [pri:m], der; -[e]s, -e [niederl. pruim, eigtl. = Pflaume, wegen der Ähnlichkeit in Form u. Farbe mit einer Backpflaume]: **a)** svw. ↑Kautabak: P. kaufen; ein Stück P. abschneiden, abbeißen; **b)** *Stück Kautabak:* einen P. im Mund haben, kauen; ⟨Abl.:⟩ **priemen** ['pri:mən] ⟨sw. V.; hat⟩: *einen Priem kauen;* ⟨Zus.:⟩ **Priemtabak,** der.

pries [pri:s]: ↑preisen.

Prießnitzumschlag ['pri:snɪts-], der; -[e]s, ...umschläge [nach dem deutschen Naturheilkundigen V. Prießnitz (1799–1851)] (Med.): *Umschlag aus mehreren Lagen kalter, feuchter Leinentücher, die von trockenen Woll- od. Flanelltüchern umhüllt sind.*

Priester ['pri:stɐ], der; -s, - [mhd. priester, ahd. prēstar, über das Roman. < kirchenlat. presbyter = Gemeindeältester; Priester < griech. presbýteros = der (verehrte) Ältere; älter, Komp. von: présbys = alt]: **1.** *(in vielen Religionen) als Mittler zwischen Gott u. Mensch auftretender, mit besonderen göttlichen Vollmachten ausgestatteter Träger eines religiösen Amtes, der eine rituelle Weihe empfangen hat u. zu besonderen kultischen Handlungen berechtigt ist:* indische, altägyptische P.; die P. des Lamaismus. **2.** *katholischer Geistlicher, der die Priesterweihe empfangen hat:* er wurde zum P. geweiht.

Priester-: **~amt,** das; **~gewand,** das; **~seminar,** das: *Ausbildungsstätte für katholische Geistliche;* **~weihe,** die: *vom Bischof vollzogene Weihe eines katholischen Geistlichen zum Priester; Konsekration* (1): die P. empfangen; **~würde,** die.

Priesterin, die; -, -nen [mhd. priesterinne]: w. Form zu ↑Priester (1); **priesterlich** ⟨Adj.; o. Steig.⟩ [mhd. priesterlich, ahd. prēstarlīh]: *einen Priester betreffend, zu ihm gehörend, von ihm ausgehend:* ein -es Gewand, die -en Weihen; **Priesterschaft,** die; - [mhd. priesterschaft]: *Gesamtheit von Priestern;* **Priestertum,** das; -s: *Amt, Würde, Stand des Priesters.*

prillen ['prɪlən] ⟨sw. V.; hat⟩ [engl. to prill] (Technik): *eine hochkonzentrierte Salzlösung durch Trocknung mittels Zerstäubung auskristallisieren:* geprillter Harnstoff.

prim [pri:m] ⟨Adj.; o. Steig.; nur präd.⟩ [rückgeb. aus ↑Primzahl] (Math.): *(von Zahlen) nur durch 1 u. sich selbst teilbar;* **Prim** [-], die; -, -en [lat. prīma = die erste, ↑Primus]: **1.** (kath. Kirche) *(im Brevier enthaltenes) kirchliches Morgengebet.* **2.** (Fechten) *Klingenlage, bei der die nach vorne gerichtete Klinge abwärts zeigt.* **3.** (Musik) *Prime* (1).

prima ['pri:ma] ⟨indekl. Adj.; o. Steig.⟩ [ital. prima, gek. aus Fügungen wie: prima sorte = erste, feinste Warenart, zu: primo = erster < lat. prīmus, ↑Primus]: **1.** ⟨nur attr.⟩ (Kaufmannsspr. veraltend) *von bester Qualität, erstklassig:* wir führen nur p. Ware; Mein Seesack faßt ... fünf Stück p. Seife und drei Dosen Corned beef (Grass, Hundejahre 436); Abk.: pa., Ia; vgl. eins a (↑[1]eins I). **2.** (ugs.) *hervorragend, ausgezeichnet, großartig:* ein p. Mittagessen; eine p. Einrichtung; er ist ein p. Kerl, Kumpel, Kamerad; er ist einfach p.; das ist, schmeckt ja p.; es lief alles p.; ich habe p. geschlafen; **Prima** [-], die; -, Primen [nlat. prima (classis) = erste (Klasse); a: nach der früheren Zählung der Klassen von oben nach unten]: **a)** (veraltend) *eine der beiden letzten (Unter- u. Oberprima genannten) Klassen eines Gymnasiums;* **b)** *(in Österreich) erste Klasse eines Gymnasiums;* **Primaballerina,** die; -, ...nen [ital. prima ballerina, ↑Ballerina] (Theater): *erste Solotänzerin, Tänzerin der Hauptrolle in einem Ballett:* P. assoluta (vgl. Assoluta); **Primadonna** [pri:ma'dɔna], die; -, ...nen [ital. prima donna, eigtl. = erste Dame]: **1.** (Theater) *erste Sängerin, Sängerin der Hauptpartie in der Oper:* die Allüren der berühmten P.; P. assoluta (vgl. Assoluta). **2.** (abwertend) *verwöhnter u. empfindlicher Mensch, jmd., der sich für etw. Besonderes hält u. eine entsprechende Behandlung u. Sonderstellung für sich beansprucht:* der Wirtschaftsminister galt als die P. des Kabinetts; **Primamalerei,** die; -: svw. ↑alla prima; **Primaner** [pri'ma:nɐ], der; -s, -: *Schüler einer Prima:* er ist jetzt auch schon P. geworden; ihr gegenüber benahm er sich, kam er sich vor wie ein P. *(unbeholfen, schüchtern, unerfahren);* **primanerhaft** ⟨Adj.; -er, -este⟩: *unerfahren, unreif; schüchtern, unbeholfen:* ein -es Verhalten, Auftreten; sich p. benehmen; **Primanerin,** die; -, -nen: w. Form zu ↑Primaner; **Primar** [pri'ma:ɐ̯], der; -s, -e [lat. prīmārius = einer der ersten, ↑Premiere] (österr.): kurz für ↑Primararzt; **primär** [pri'mɛ:ɐ̯] ⟨Adj.; o. Steig.⟩ [frz. primaire < lat. prīmārius, ↑Premiere]: **1.** (bildungsspr.) **a)** *zuerst vorhanden, ursprünglich:* eine -e Erscheinung; das -e Stadium einer Krankheit; die -e Ursache der Panik war nicht ein ... psychischer Zustand (Fr. Wolf, Menetekel 46); **b)** *an erster Stelle stehend, erst-, vorrangig; grundlegend, wesentlich:* -e Fragen, Aufgaben; etw. ist von -er Bedeutung, spielt eine -e Rolle; Ihr kritischer Aspekt richtet sich p. *(in erster Linie)* gegen die Religion (Fraenkel, Staat 137). **2.** (Chemie) *(von bestimmten chem. Verbindungen o. ä.) nur eines von mehreren gleichartigen Atomen durch nur ein bestimmtes anderes Atom ersetzend:* -e Salze, -e Alkohole; vgl. sekundär (2), tertiär (3). **3.** (Elektrot.) *den Teil eines Netzgerätes betreffend, der unmittelbar an das Stromnetz angeschlossen ist u. in den die umzuformende Spannung einfließt, zu diesem Teil gehörend, sich dort befindend, mit seiner Hilfe:* die -e Spannung; diese Transformatoren sind p. auf 110 V/220 V umschaltbar. Vgl. sekundär (3).

Primar-: **~arzt,** der (österr.): *leitender Arzt eines Krankenhauses; Chefarzt;* **~schule,** die (schweiz.): *allgemeine Volksschule; Grund- u. Hauptschule;* vgl. Sekundarschule, dazu: **~schüler,** der (schweiz.); **~stufe,** die: *(das 1. bis 4. Schuljahr umfassende) Grundschule;* vgl. Sekundarstufe.

Primär-: **~affekt,** der (Med.): *erste Anzeichen, erstes Stadium einer Infektionskrankheit, bes. der Syphilis;* **~energie,** die (Technik): *von natürlichen, noch nicht weiterbearbeiteten Energieträgern (wie Kohle, Erdöl, Erdgas) stammende Energie;* **~gruppe,** die (Soziol.): *Gruppe* (2), *deren Mitglieder enge, vorwiegend emotionell bestimmte Beziehungen untereinander pflegen u. sich deshalb gegenseitig stark beeinflussen* (z. B. die Familie); **~krebs,** der (Med.): vgl. ~tumor; **~literatur,** die (Wissensch.): *literarische, philosophische o. ä. Texte, die selbst Gegenstand einer wissenschaftlichen Untersuchung sind;* **~seite,** die (Elektrot.): *der Teil eines Netzgerätes, der unmittelbar an das Stromnetz angeschlossen ist;* **~spannung,** die (Physik): *Stromspannung einer Primärwicklung;* **~spule,** die (Elektrot.): svw. ↑~wicklung; **~statistik,** die: *direkte, gezielt für statistische Zwecke durchgeführte Erhebungen u. deren Auswertung;* **~strahlung,** die: svw. ↑Höhenstrahlung; **~tumor,** der (Med.): *Tumor, von dem Metastasen ausgehen;* **~wicklung,** die (Elektrot.): *Wicklung, Spule eines Transformators, durch die die Leistung aufgenommen wird.*

Primarius [pri'ma:ri̯ʊs], der; -, ...ien [...i̯ən; lat. prīmārius, ↑Premiere]: **1.** (Musik) *erster Geiger in einem Streichquartett o. ä.* **2.** (österr.) svw. ↑Primararzt. **3.** (veraltet) *Hauptpastor; Oberpfarrer.*

Primas ['pri:mas], der; -, -se u. Primaten [pri'ma:tn̩] ⟨spätlat. prīmās = der dem Rang nach Erste, Vornehmste, zu lat. prīmus, ↑Primus; 2: ung. prímás]: **1.** ⟨Pl. -se u. Primaten⟩ (kath. Kirche) **a)** ⟨o. Pl.⟩ *Ehrentitel eines (dem Rang nach zwischen dem Patriarchen u. dem Metropoliten stehenden) mit bestimmten Hoheitsrechten ausgestatteten Erzbischofs eines Landes;* **b)** *Träger dieses Titels.* **2.** ⟨Pl. -se⟩ *erster Geiger u. Solist in einer Zigeunerkapelle;* **¹Primat** [pri'ma:t], der od. das; -[e]s, -e [lat. prīmātus = erste Stelle, erster Rang, zu: prīmus, ↑Primus]: **1.** (bildungsspr.) *Vorrang:* der P. des Geistigen (vor dem Materiellen/über das Materielle); den P. haben, geltend machen, anerkennen; die Politik hat das allen Wissenschaften und Künsten übergeordnete P. inne (Becher, Prosa 169). **2.** (kath. Kirche) *vorrangige Stellung des Papstes (gegenüber den Bischöfen);* **²Primat** [-], der; -en, -en ⟨meist Pl.⟩ [zu spätlat. prīmātes, Pl. von: prīmās, ↑Primas] (Zool.): *Angehöriger einer Menschen, Affen u. Halbaffen umfassenden Ordnung der Säugetiere; Herrentier;* **Primatologe** [primato'lo:gə], der; -n, -n [↑-loge]: *Wissenschaftler auf dem Gebiet der Primatologie;* **Primatologie,** die; - [↑-logie]: *Wissenschaft, die sich mit der Erforschung der ²Primaten befaßt;* **prima vista**: ↑a prima vista; **Primawechsel,** der; -s, - [ital. prima (di cambio)] (Kaufmannsspr.): *erste Ausfertigung eines Wechsels;* **Prime** ['pri:mə], die; -, -n [lat. prīma = die erste, ↑Primus]: **1.** (Musik) **a)** *Einklang* (1) *zweier Töne der gleichen Tonhöhe;* **b)** *erster Ton, Grundton einer diatonischen Tonleiter.* **2.** (Druckw., Buchw.) *auf dem unteren Rand der ersten Seite eines Druckbogens angebrachte Signatur, die die Reihenfolge des Bogens sowie den Titel [u. den Verfasser] des betreffenden Buches angibt;* **Primel** ['pri:ml̩], die; -, -n [nlat. primula veris = erste (Blume) des Frühlings, zu lat. prīmulus = der erste, Vkl. von: prīmus, ↑Primus]: *(in zahlreichen Arten vorkommende) im Frühling blühende Blume mit rosettenförmig angeordneten Blättern u. trichter- od. tellerförmigen Blüten in verschiedenen Farben u. glockigem, röhren- od. trichterförmigem Kelch:* ein Topf mit -n; ***eingehen wie eine P.** (salopp; *[im geschäftlichen, sportlichen o. ä. Bereich] völlig chancenlos sein, untergehen, hoch verlieren*); ⟨Zus.:⟩ **Primelkrankheit,** die ⟨o. Pl.⟩: *juckende, schmerzhafte allergische Hautkrankheit, die durch das Sekret bestimmter Arten von Primeln hervorgerufen wird;* **Primeltopf,** der: *Blumentopf mit Primeln:* jmdm. einen P. schenken; ***grinsen/strahlen wie ein P.** (ugs.; *über das ganze Gesicht grinsen, strahlen*); **eingehen wie ein P.** (↑Primel); **Primen**: Pl. von ↑Prim, Prima, Prime; **Primgeiger,** der; -s, - [zu lat. prīmus, ↑Primus] (Musik): svw. ↑Primarius (1); **Primi**: Pl. von ↑Primus; **Primipara** [pri'mi:para], die; -, ...ren [primi'pa:rən; zu lat. parere = gebären] (Med.): *Frau, die zum erstenmal ein Kind geboren hat;* vgl. Multipara, Nullipara, Pluripara; **primissima** [pri'mɪsima] ⟨indekl. Adj.; o. Steig.⟩ [italiensierender Sup. zu ↑prima] (scherzh.): *hervorragend, ganz ausgezeichnet, einmalig:* es ist alles p. gelaufen; **primitiv** [primi'ti:f] ⟨Adj.⟩ [frz. primitif < lat. prīmitīvus = der erste in seiner Art, zu: prīmus, ↑Primus]: **1. a)** *in ursprünglichem, noch nicht hochentwickeltem Zustand befindlich; auf niedriger Kultur-, Entwicklungsstufe stehend; urtümlich, nicht zivilisiert:* -e Völker, Kulturen; -e Lebewesen; diese Stämme stehen noch auf einer -en Stufe, sind noch, leben noch ganz p.; ⟨subst.:⟩ die Primitiven *(primitiven Menschen, Völker, Stämme)* dieses Kontinents; **b)** ⟨nicht adv.⟩ *ursprünglich, elementar, naiv; nicht verfeinert:* -e Regungen, Emotionen, Bedürfnisse; -e Kunst, Musik; Seine (= des Hellenen) Religiosität war weder flacher noch primitiver als unsere (Thieß, Reich 428). **2. a)** *sehr einfach, schlicht, simpel:* -e Holzstühle, Bänke, Regale; -e Werkzeuge, Waffen; ein -er Steg führte über den Bach; die Sache funktioniert nach einer -en Methode; die -sten *(ganz einfachen, aber grundlegenden)* Regeln des Anstands mißachten; das Haus ist p. gebaut; **b)** (oft abwertend) *dürftig, armselig, kümmerlich; notdürftig, behelfsmäßig:* -e Behausungen, Unterkünfte; in -en Verhältnissen leben; ein p. eingerichteter, dunkler Raum; man lebt dort erschreckend p. **3.** (abwertend) *ein niedriges geistiges, kulturelles Niveau aufweisend; ungebildet, geistig u. kulturell wenig anspruchsvoll:* ein -er Mensch, Kerl; eine -e Ausdrucksweise; -e Ansichten, Vorstellungen von etw. haben; wie kann man nur so p. daherreden!; **Primitiva**: Pl. von ↑Primitivum; **primitivieren** [...ti'vi:rən], (häufiger:) **primitivisieren** [...vi'zi:rən] ⟨sw. V.; hat⟩ (bildungsspr.): *in unzulässiger Weise vereinfachen, vereinfacht darstellen, wiedergeben;* ⟨Abl.:⟩ **Primitivierung,** (häufiger:) **Primitivisierung,** die; -, -en (bildungsspr.); **Primitivismus** [...'vɪsmʊs], der; - (Kunstwiss.): *in verschiedenen modernen Kunstrichtungen auftretende Tendenz zu einer naiven, vereinfachenden Darstellung, die an der Kunst früher, primitiver* (1 a) *Kulturen orientiert ist;* **Primitivität** [...vi'tɛ:t], die; -, -en: **a)** ⟨o. Pl.⟩ *das Primitivsein; primitive* (1–3) *Beschaffenheit, Art u. Weise;* **b)** *primitive* (3) *Ansicht, Vorstellung, Äußerung, Handlung;* **Primitivling** [primi'ti:flɪŋ], der; -s, -e (abwertend): *primitiver* (3), *dummer, ungebildeter Mensch;* **Primitivum** [...'ti:vʊm], das; -s, ...va (Sprachw.): *Stammwort (im Unterschied zur Zusammensetzung);* **Primiz** [pri'mi:ts̮], die; -, -en [zu lat. prīmitiae (Pl.) = das Erste, zu: prīmus, ↑Primus] (kath. Kirche): *erste offiziell in der Gemeinde gehaltene, meist feierliche Messe eines Priesters nach seiner Weihe;* **Primiziant** [primi'tsi̯ant], der; -en, -en (kath. Kirche): *neugeweihter katholischer Priester;* **Primogenitur** [primogeni'tu:ɐ̯], die; -, -en [mlat. primogenitura, zu lat. prīmus = erster u. genitus = geboren] (Rechtsspr. früher): *Vorrecht des Erstgeborenen u. seiner Linie (in Fürstenhäusern) bei der Erbfolge, bes. der Thronfolge;* **primordial** [primɔr'di̯a:l] ⟨Adj.; o. Steig.⟩ [lat. prīmōrdiālis] (Naturw., Philos.): *ursprünglich seiend, am Uranfang stehend, uranfänglich;* **Primton,** der; -[e]s, ...töne: svw. ↑Prime (1 b); **Primus** ['pri:mʊs], der; -, Primi u. -se [lat. prīmus = erster, vorderster, Sup. von: prior = ersterer] (veraltend): *Klassenbester, bes. einer höheren Schule;* **Primus inter pares** [- 'ɪntɐ 'pa:re:s], der; - - -, Primi - - [lat.] (bildungsspr.): *der Erste von mehreren im Rang auf der gleichen Stufe stehenden Personen;* **Primzahl,** die; -, -en (Math.): *Zahl, die größer als 1 u. nur durch 1 u. sich selbst teilbar ist* (z. B. 2, 7, 13, 29, 67).

principiis obsta [prɪn'tsi:pii:s 'ɔpsta; lat.] (bildungsspr.): *wehre den Anfängen [einer gefährlichen Entwicklung]!*

Printe ['prɪntə], die; -, -n ⟨meist Pl.⟩ [niederl. prent, eigtl. = Abdruck, Aufdruck, zu afrz. preindre < lat. premere = (ab-, auf)drucken, wahrsch. nach den früher vielfach aufgedruckten (Heiligen)figuren]: *mit verschiedenen Gewürzen, Sirup, Kandiszucker u. a. hergestelltes, dem Lebkuchen ähnliches Gebäckstück.*

Printed in ... ['prɪntɪd ɪn ...; engl. = gedruckt in ...; zu: to print = drucken, zu: print = ²Druck, zu afrz. preindre, ↑Printe] (Buchw.): Vermerk in Büchern in Verbindung mit dem jeweiligen Land, in dem ein Buch gedruckt wurde

(z. B. Printed in Germany = gedruckt in Deutschland); **Printer** ['prɪntɐ], der; -s, - [engl. printer]: *automatisches Kopiergerät, das von einem Negativ od. Dia in kurzer Zeit eine große Anzahl von Papierkopien herstellt.*

Prinz [prɪnts], der; -en, -en [mhd. prinze = Fürst, Statthalter < (a)frz. prince = Prinz, Fürst < lat. prīnceps = im Rang der Erste, Gebieter, Fürst]: **1. a)** 〈o. Pl.〉 *Titel eines nichtregierenden Mitglieds von regierenden Fürstenhäusern;* **b)** *Träger des Titels Prinz* (1 a); *nichtregierendes Mitglied eines regierenden Fürstenhauses:* die -en von Preußen. **2.** kurz für ↑Karnevalsprinz; 〈Zus.:〉 **Prinzengarde,** die: *zum Gefolge eines Karnevalsprinzen, eines Prinzenpaares gehörende Fastnachtsgarde;* **Prinzenpaar,** das: *Karnevalsprinz u. -prinzessin;* **Prinzeps** ['prɪntsɛps], der; -, Prinzipes [...tsipe:s; lat. prīnceps, ↑Prinz] (hist.): **a)** *(im Rom der Antike) Adliger, bes. Senator mit dem Vorrecht der ersten Stimmabgabe u. meist großem politischem Einfluß;* **b)** 〈o. Pl.〉 *(im Rom der Antike seit Augustus) Titel römischer Kaiser;* **Prinzeß** [prɪn'tsɛs], die; -, Prinzessen [spätmhd. princess(e) < (m)frz. princesse, w. Form von: prince, ↑Prinz] (veraltet): svw. ↑Prinzessin (1).

Prinzeß-: ~**bohne,** die 〈meist Pl.〉: *junge, grüne, sehr zarte Bohne* (1 b), *die zum Kochen nicht geschnitten od. gebrochen werden muß;* ~**form,** die (Mode): *Schnitt, Form eines Prinzeßkleides;* ~**kleid,** das (Mode): *Kleid ohne quer verlaufende Naht in der Taille u. ohne Gürtel, das die Taille nur leicht andeutet.*

Prinzessin, die; -, -nen: **1.** w. Form zu ↑Prinz (1). **2.** kurz für ↑Karnevalsprinzessin; **Prinzgemahl,** der; -[e]s, -e: *Ehemann einer regierenden Fürstin:* die Königin und der P. waren anwesend; Ü der Mann des Stars wollte nicht länger P. *(im Schatten seiner prominenten Frau stehender Ehemann)* sein; **Prinz-Heinrich-Mütze,** die; -, -n [nach dem Großadmiral u. Generalinspekteur der Marine, Prinz Heinrich von Preußen (1862–1929)]: svw. ↑Schiffermütze.

Prinzip [prɪn'tsi:p], das; -s, -ien [-iən], seltener: -e [lat. prīncipium = Anfang, Ursprung, Grundlage, zu: prīnceps, ↑Prinzeps]: **a)** *feste Regel, die jmd. zur Richtschnur seines Handelns macht, durch die er sich in seinem Denken u. Handeln leiten läßt; Grundsatz* (a): strenge, moralische -ien; seine -ien aufgeben; einem P. folgen, treu sein; an seinen -ien festhalten; auf seinen -ien beharren; er tat es gegen alle seine -ien; er handelt stets nach dem gleichen P.; er ist ein Mann mit, von -ien *(der bestimmte Grundsätze hat und sie nicht leicht aufgibt);* von seinem P. nicht abgehen; es war ein Streit um -ien; er hat es sich zum P. gemacht, nie unpünktlich zu sein; ***aus P.** *(einem Grundsatz, Prinzip folgend, grundsätzlich* 2 a, *nicht aus speziellen, gerade aktuellen Gründen):* er tut es aus P., ist aus P. dagegen; **im P.** *(im Grunde genommen, grundsätzlich* 2 b, *eigentlich):* im P. ist dagegen nichts einzuwenden; **b)** *allgemeingültige Regel, Grundlage, auf der etw. aufgebaut ist; Grundnorm, Grundregel; Grundsatz* (b): ein didaktisches, dialektisches, sittliches, politisches, demokratisches, rechtsstaatliches P.; überlebte, veraltete, allzu starre -ien; das P. der Gewaltenteilung, der Nichteinmischung; sich zu einem bestimmten P. bekennen; **c)** *Gesetzmäßigkeit, Idee, die einer Sache zugrunde liegt, nach der etw. wirkt; Schema, nach dem etw. aufgebaut ist, abläuft:* das P. einer Maschine, der elektrischen Batterie; diese Erfindung, die Maschine beruht auf einem sehr einfachen P.; der Motor ist nach einem anderen, neuen P. gebaut; [1]**Prinzipal** [prɪntsi'pa:l], der; -s, -e [lat. prīncipālis = erster, vornehmster; Vornehmster] (veraltet): **1.** *Leiter eines Theaters, einer Theatergruppe.* **2.** *Geschäftsinhaber; Lehrherr;* [2]**Prinzipal** [-], das; -s, -e (Musik): **1.** *aus Labialpfeifen bestehendes wichtiges Register der Orgel mit kräftiger Intonation; Prästant.* **2.** (früher) *tiefe Trompete;* 〈Zus.:〉 **Prinzipalgläubiger,** der: *Hauptgläubiger;* **Prinzipalin,** die; -, -nen: w. Form zu [1]Prinzipal; **prinzipaliter** [...'pa:litɐ] 〈Adv.〉 [lat. prīncipāliter] (bildungsspr. veraltet): *in erster Linie, vor allem;* **Prinzipat** [...'pa:t], das, auch: der; -[e]s, -e [lat. prīncipātus]: *das ältere, von Augustus geschaffene römische Kaisertum;* vgl. Dominat; **Prinzipes:** Pl. von ↑Prinzeps; **prinzipiell** [...'piɛl] 〈Adj.; o. Steig.〉 [lat. prīncipiālis = anfänglich]: **a)** *einem Prinzip* (a) *entsprechend, einem Grundsatz* (a) *folgend, grundsätzlich* (2 a): so etwas tut er p. nicht; Jugendliche in Heimen anderer Städte unterzubringen, endet p. *(immer, ausnahmslos, stets)* mit Mißerfolgen (Ossowski, Bewährung 104); **b)** *ein Prinzip* (b) *betreffend, auf einem Prinzip, Grundsatz* (b) *beruhend [u. daher gewichtig], grundsätzlich* (1): -e Fragen, Probleme erörtern; ein -er Unterschied; die -e Bedeutung, Wichtigkeit dieser Angelegenheit; eine Bemerkung, Überlegung -er Art; diese Auslegung ist p. möglich.

prinzipien-, Prinzipien-: ~**fest** 〈Adj.; nicht adv.〉: *an bestimmten Prinzipien* (a, b), *Grundsätzen festhaltend, ihnen beharrlich folgend,* dazu: ~**festigkeit,** die; ~**frage,** die: *Frage, Angelegenheit, bei der bestimmte Prinzipien* (a, b) *eine entscheidende Rolle spielen;* ~**reiter,** der (abwertend): *jmd., der in kleinlicher Weise auf bestimmten Prinzipien* (a) *beharrt;* ~**reiterei** [––––'–], die (abwertend): *kleinliches Beharren auf bestimmten Prinzipien* (a); ~**streit,** der: vgl. ~frage; ~**treu** 〈Adj.; nicht adv.〉: vgl. ~fest, dazu: ~**treue,** die.

prinzlich 〈Adj.; o. Steig.; nur attr.〉: *einen Prinzen betreffend, zu ihm gehörend, ihm zustehend:* die -e Familie, die -en Gemächer; **Prinzregent,** der; -en, -en: *stellvertretend regierendes Mitglied eines Fürstenhauses.*

Prior ['pri:ɔr, auch: 'pri:o:ɐ], der; -s, -en [pri'o:rən; mlat. prior, eigtl. = der dem Rang nach höher Stehende, zu lat. prior, ↑Primus] (kath. Kirche): **a)** *Vorsteher eines Mönchklosters bei bestimmten Orden* (z. B. bei den Dominikanern); **b)** *Vorsteher eines Priorats* (2); **c)** *Stellvertreter eines Abtes;* **Priorat** [prio'ra:t], das; -[e]s, -e [mlat. prioratus]: **1.** *Amt, Würde eines Priors.* **2.** *von einer Abtei abhängiges, meist kleineres Kloster;* **Priorin** [pri'o:rɪn, auch: 'pri:orɪn], die; -, -nen: **a)** *Vorsteherin eines Priorats* (2); **b)** *Stellvertreterin einer Äbtissin;* **Priorität** [priori'tɛ:t], die; -, -en [frz. priorité < mlat. prioritas] (bildungsspr.): **1.** 〈o. Pl.〉 *zeitliches Vorhergehen; zeitlich früheres Vorhandensein:* die eindeutige, unbestrittene P. einer Idee, Erfindung, Entdeckung. **2. a)** 〈o. Pl.〉 *höherer Rang, größere Bedeutung; Vorrang, Vorrangigkeit:* ihm, seinem Anliegen wurde [die] absolute P. eingeräumt, zuerkannt; die Ausbildungsförderung mit P. gegenüber anderen Verbesserungen ausstatten; **b)** 〈Pl.〉 *Rangfolge; Stellenwert, den etw. innerhalb einer Rangfolge einnimmt:* gesellschaftspolitische, finanzpolitische -en; bei etw. -en bestimmen, festlegen, setzen *(Schwerpunkte festlegen);* **c)** (bes. jur., Wirtsch.) *größeres Recht, Vorrecht; Vorrang eines Rechts, bes. eines älteren Rechts gegenüber einem später entstandenen:* die pfandrechtliche, patentrechtliche P. **3.** 〈Pl.〉 (Wirtsch.) *Aktien, Obligationen, die mit bestimmten Vorrechten ausgestattet sind.*

Prioritäts-: ~**aktie,** die 〈meist Pl.〉 (Wirtsch.): svw. ↑Vorzugsaktie; vgl. Priorität (3); ~**obligation,** die 〈meist Pl.〉 (Wirtsch.): svw. ↑Vorzugsobligation; vgl. Priorität (3); ~**prinzip,** das (Zool.): *(in der zoologischen Nomenklatur) Prinzip, nach dem der älteste, der erste einem Tier gegebene wissenschaftliche Name zu gelten hat.*

Prischen ['pri:sçən], das; -s, -: ↑Prise (1); **Prise** ['pri:zə], die; -, -n [frz. prise = das Nehmen, Ergreifen, das Genommene, subst. 2. Part. von: prendre < lat. prehendere = nehmen, ergreifen]: **1.** 〈Vkl. ↑Prischen〉 *kleine Menge einer pulverigen od. feinkörnigen Substanz [die man zwischen zwei od. drei Fingern faßt]:* eine P. Salz, Pfeffer, Schnupftabak; er nimmt ab und zu eine P. *(eine Prise Schnupftabak);* Ü Mit vielleicht einer winzigen P. *(ein ganz klein wenig)* Christentum (Kempowski, Uns 160). **2.** (Seew.) *im Krieg erbeutetes, beschlagnahmtes feindliches od. auch neutrales Handelsschiff od. Handelsgut:* ein Schiff als P. erklären; eine P. aufbringen, machen.

Prisen- (Prise 2; Seew.): ~**geld,** das: *Geld, das die Besatzung eines Schiffes erhält, das eine Prise gemacht hat;* ~**gericht,** das: *Gericht, das über die Rechtmäßigkeit einer Prise entscheidet;* ~**kommando,** das: *Kommando* (3 a), *das dazu abgestellt ist, eine Prise aufzubringen;* ~**recht,** das: *Recht der kriegführenden Parteien im Seekrieg, Prisen zu machen;* ~**verfahren,** das: vgl. ~gericht.

Prisma ['prɪsma], das; -s, ...men [spätlat. prisma < griech. prísma (Gen.: prísmatos), eigtl. = das Zersägte, Zerschnittene]: **1.** (Math.) *Körper, der von zwei in zwei parallelen Ebenen liegenden kongruenten Vielecken (als Grundfläche u. Deckfläche) u. von Parallelogrammen (als Seitenflächen) begrenzt wird.* **2.** (Optik) *lichtdurchlässiger u. lichtbrechender (bes. als optisches Bauteil verwendeter) Körper aus [optischem] Glas o. ä. mit mindestens zwei zueinandergeneigten, meist ebenen Flächen:* weißes Licht wird durch ein Prisma in seine Spektralfarben zerlegt; die Glasperlen der Lampe waren in Prismen geschliffen; **prismatisch** [prɪs'ma:tɪʃ] 〈Adj.; o. Steig.〉: **a)** *die Gestalt, Form eines*

Prismas (1) *aufweisend; prismenförmig;* **b)** *von einem Prisma* (2) *bewirkt:* die -e Brechung des Lichtes; der Lichtstrahl wird p. reflektiert, abgelenkt; **Prismatoid** [prɪsmato'i:t], das; -[e]s, -e [zu griech. -oeidés = ähnlich] (Math.): *Körper, dessen Grundflächen zwei in parallelen Ebenen liegende beliebige Vielecke u. dessen Seitenflächen Dreiecke od. Trapeze sind;* **Prismen**: Pl. von ↑Prisma.

prismen-, Prismen-: **~brille,** die: *Brille, durch die mit Hilfe von Prismen in bestimmter Anordnung das Schielen korrigiert wird;* **~fernrohr,** das: svw. ↑~glas; **~förmig** ⟨Adj.; o. Steig.⟩: svw. ↑prismatisch (1); **~glas,** das: *Feldstecher, Fernglas;* **~sucher,** der (Fot.): *(bei Spiegelreflexkameras) mehrfach vergrößertes Okular, durch das man ein aufrechtes u. seitenrichtiges Bild des Motivs erblickt.*

Prismoid [prɪsmo'i:t], das; -[e]s, -e: svw. ↑Prismatoid.

Pritsche ['prɪtʃə], die; -, -n [mhd. nicht belegt, ahd. britissa = Bretterverschlag, zu: britir, Pl. von: bret, ↑Brett; 4: vgl. Matratze (1 a)]: **1.** *sehr einfache, schmale, meist aus einem Holzgestell bestehende Liegestatt.* **2.** *Ladefläche eines Lastkraftwagens mit [herunterklappbaren] Seitenwänden.* **3.** *aus gefalteter Pappe od. aus mehreren dünnen, schmalen Streifen [Sperr]holz bestehendes Gerät des Hanswursts* (1), *des Harlekins* (1) *od. eines Fastnachtsnarren, mit dem er Schläge austeilt od. ein klapperndes Geräusch erzeugt.* **4.** (ugs. abwertend) *Prostituierte; Flittchen;* **pritschen** ['prɪtʃn̩] ⟨sw. V.; hat⟩: **1.** (landsch.) *mit einer Pritsche* (3) *schlagen, Schläge austeilen.* **2.** (Volleyball) *den Ball kurz annehmen u. sofort mit den Fingern in einer federnden Bewegung ruckartig weiterleiten;* **Pritschenaufbau,** der; -s, -ten (Technik): svw. ↑Pritsche (2); **Pritschenwagen,** der; -s, -: *Lastkraftwagen mit Pritsche* (2).

privat [pri'va:t] ⟨Adj.; -er, -este⟩ [lat. prīvātus = gesondert, für sich stehend; nicht öffentlich, zu: prīvāre = sondern; befreien]: **1.** ⟨nicht adv.⟩ **a)** *nur die eigene Person angehend, betreffend; persönlich:* jmds. -e Sphäre; sein -es Glück; das sind meine ganz -en Angelegenheiten; er sprach über seine -esten Dinge, Gefühle; die Gründe sind rein p.; **b)** *durch persönliche, vertraute Atmosphäre geprägt; familiären, zwanglosen Charakter aufweisend; ungezwungen, vertraut:* eine Feier in -em Kreis; es herrschte ein -er Ton; im -en Bereich wirkt er ganz anders. **2.** *nicht offiziell, nicht amtlich, nicht geschäftlich; außerdienstlich:* -e Mitteilungen, Anmerkungen; ein -er Brief, Telefonanschluß; um ein -es Gespräch bitten; ein paar -e *(vertrauliche)* Worte miteinander sprechen; das ist meine -este Meinung; das ist nur für -e Zwecke; diese Räume sind nicht p.; ich bin p. hier; mit jmdm. p. verkehren. **3.** ⟨o. Steig.⟩ **a)** *nicht für alle, nicht für die Öffentlichkeit bestimmt; der Öffentlichkeit nicht zugänglich:* ein -er Weg, Eingang; der Künstler gab eine -e Vorstellung; diese Räume des Hotels sind p.; auf der Tür stand „Privat"; wir wurden nicht in einem Hotel, sondern p. untergebracht; **b)** *nicht von einer öffentlichen Institution, einer öffentlichen Körperschaft, Gesellschaft o. ä. getragen, ausgehend, ihr nicht gehörend, nicht staatlich; einem einzelnen gehörend, von ihm ausgehend, getragen:* -es Eigentum; -er Besitz; ein -es Grundstück, Unternehmen; eine -e Schule, Klinik, Krankenkasse; -e Geschäfte, Verbände, Interessen; diese Gründung geht auf eine -e Initiative zurück; etw. aus -en Mitteln finanzieren; diese Projekte wurden p. finanziert; wir verkaufen auch p. *(auch an einzelne, nicht im Auftrag einer Firma o. ä. kaufende Personen);* *** an Privat** *(an einen privaten, nicht im Auftrag einer Firma, Behörde o. ä. handelnden Kunden):* Verkauf auch an Privat; **von Privat** *(von einem privaten, nicht im Auftrag einer Firma, Behörde o. ä. handelnden Verkäufer):* solche Stücke werden nur noch von Privat angeboten.

privat-, Privat-: **~adresse,** die: *private* (2), *nicht dienstliche Adresse;* **~angelegenheit,** die: *private* (1 a), *persönliche Angelegenheit:* das ist meine P.; sich in jmds. -en mischen; **~anschrift,** die: svw. ↑~adresse; **~audienz,** die: *private* (2), *nicht dienstlichen Angelegenheiten dienende Audienz:* der Präsident wurde vom Papst in P. empfangen; **~bahn,** die: *private* (3 b), *nicht vom Staat betriebene Eisenbahn;* **~bank,** die: *private* (3 b), *privatwirtschaftlich betriebene, nicht staatliche* [2]*Bank* (1); **~besitz,** der: *privater* (3 b), *jmdm. persönlich gehörender Besitz:* das Bild ist eine Leihgabe aus P.; **~brief,** der: *privater* (2), *nicht geschäftlicher Brief;* **~detektiv,** der: *freiberuflich tätiger, in privatem* (3 b) *Auftrag handelnder Detektiv;* **~dinge** ⟨Pl.⟩: vgl. ~angelegenheit; **~dozent,** der: **a)** ⟨o. Pl.⟩ *Titel eines Hochschullehrers, der noch nicht Professor ist u. nicht im Beamtenverhältnis steht;* **b)** *Träger dieses Titels;* **~druck,** der ⟨Pl. -e⟩: *meist in kleiner Auflage erscheinendes, nicht im Handel erhältliches Druckwerk, oft bibliophil ausgestattetes Buch;* **~eigentum,** das: **1.** *privates* (3 b), *jmdm. persönlich gehörendes Eigentum.* **2.** (marx.) *privates* (3 b) *Eigentum an den Produktionsmitteln u. den Produkten, die gesellschaftlich, durch die Zusammenarbeit vieler geschaffen worden sind;* **~fahrzeug,** das: *einer Privatperson gehörendes, nicht geschäftlichen, dienstlichen Zwecken dienendes Fahrzeug;* **~fernsehen,** das (ugs.): *private* (3 b) *Fernsehanstalt;* **~gemach,** das (geh.): vgl. ~raum **~gebrauch,** der: *Gebrauch für private* (2), *nicht für berufliche, geschäftliche, dienstliche Zwecke;* **~gelehrte,** der (veraltend): *freiberuflich arbeitender, nicht angestellter od. beamteter Gelehrter;* **~gespräch,** das: *privates* (2), *nicht aus geschäftlichen, dienstlichen Gründen geführtes Gespräch (bes. Telefongespräch):* -e dürfen während der Dienstzeit nicht geführt werden; **~hand** nur in den Fügungen **aus/von P.** *(aus privatem* 3 a *Besitz, von einer Privatperson):* ein Gemälde aus, von P. erwerben; **in P.** *(in privatem* 3 a *Besitz):* das Gebäude befindet sich, ist im Augenblick noch in P.; **~haus,** das: *in Privatbesitz befindliches, privaten* (2) *Zwecken dienendes Haus:* einige Gäste mußten in Privathäusern untergebracht werden; **~industrie,** die: *in Privatbesitz befindliche Industrie;* **~initiative,** die: *private* (3 b), *von einem einzelnen ausgehende Initiative:* P. entfalten, entwickeln; diese Einrichtung geht auf eine P. zurück; **~interesse,** das: *privates* (3 b), *nicht der Allgemeinheit, Öffentlichkeit geltendes Interesse;* **~klage,** die (jur.): *von einer Privatperson ohne Mitwirkung eines Staatsanwalts erhobene Klage,* dazu: **~kläger,** der (jur.): *jmd., der eine Privatklage erhebt,* **~klageverfahren,** das (jur.); **~klinik,** die: *private* (3), *nicht mit öffentlichen Mitteln unterhaltene Klinik;* **~krankenhaus,** das: vgl. ~klinik; **~krieg,** der: *länger anhaltende, heftige interne Auseinandersetzung:* ... entwickelte sich zwischen einigen CIA-Herren und Kommissar Jandell ein ganz erstaunlicher P. (Zwerenz, Quadriga 289); **~leben,** das ⟨o. Pl.⟩: *im privaten* (1) *Bereich, außerhalb der Öffentlichkeit od. der beruflichen Arbeit geführtes Leben:* Beruf und P. sind bei ihm nicht zu trennen; sein P. der Karriere opfern; kein P. mehr haben, kennen; in seinem P. ist er ganz anders; in jmds. P. eingreifen; sich ins P. *(aus der Öffentlichkeit)* zurückziehen; über ihr P. ist nichts bekannt; **~lehrer,** der: *Lehrer, der privaten* (3 b) *Einzelunterricht erteilt;* **~lektüre,** die: *private* (2), *nicht beruflichen, dienstlichen, schulischen Zwecken dienende Lektüre;* **~leute:** Pl. von ↑~mann; **~mann,** der ⟨Pl. -leute, selten: -männer⟩: **a)** vgl. ~person: er ist nicht in seiner Eigenschaft als Vorsitzender hier, sondern als P.; **b)** *männliche Person, die keinen festen Beruf [mehr] ausübt, von ihren privaten* (3 b) *Mitteln, einer Rente o. ä. lebt; Privatier:* er ist jetzt nur noch P.; er reist als P. um die ganze Welt; **~mensch,** der: vgl. ~person; **~patient,** der: *jmd., der nicht bei einer gesetzlichen Krankenkasse versichert ist, sondern sich auf eigene Rechnung od. als Versicherter einer privaten* (3 b) *Krankenkasse in ärztliche Behandlung begibt;* **~person,** die: *in privater* (2) *Eigenschaft, nicht im Auftrag einer Firma, Behörde o. ä. handelnde Person:* -en haben hier keinen Zutritt; als P. *(nicht dienstlich, nicht offiziell)* auftreten; das Museum gehört einer P.; **~quartier,** das: *Unterkunft in einem Privathaus, bei einer Familie:* die Hotels waren alle belegt, und so wurden sie in -en untergebracht; **~raum,** der: *privater* (2), *nicht beruflichen, geschäftlichen, dienstlichen Zwecken dienender Raum;* **~recht,** das ⟨o. Pl.⟩ (jur.): *Teil des Rechts, der die Beziehungen der Bürger untereinander regelt, die Interessen der einzelnen zum Gegenstand hat (im Unterschied zum öffentlichen Recht, das dem Gemeinwohl dient),* dazu: **~rechtlich** ⟨Adj.; o. Steig.⟩ (jur.); **~sache,** die: vgl. ~angelegenheit; **~sammlung,** die: *in Privatbesitz befindliche Sammlung (bes. von Kunstgegenständen);* **~schatulle,** die (veraltend): *private* (3 b) *Kasse eines Fürsten, Staatsoberhaupts o. ä.;* **~schule,** die: *nicht vom Staat od. der Gemeinde getragene Schule;* **~sekretär,** der: *bei einer [höhergestellten] Einzelperson angestellter, in deren privaten* (2) *Diensten stehender Sekretär;* **~sekretärin,** die: w. Form zu ↑~sekretär; **~sphäre,** die: *private* (1 a) *Sphäre, ganz persönlicher Bereich;* **~station,** die: *Station (in einem Krankenhaus, einer Klinik) für Privatpatienten;* **~stunde,** die: *nicht an einer öffentlichen Schule abgehaltene, aus privaten* (3 b) *Mitteln bezahlte Un-*

terrichtsstunde: -n geben; er versuchte das in der Schule Versäumte in -n *(Nachhilfestunden)* wieder aufzuholen; **~unterhaltung,** die: vgl. ~gespräch; **~unterricht,** der: vgl. ~stunde; **~vergnügen,** das (ugs.): *Angelegenheit, die jmdn. nur ganz privat* (1 a) *angeht, ihm persönlich Vergnügen bereitet:* das ist doch wohl mein P.; was Sie hier tun, ist nicht Ihr P.; ich mache das nicht zu meinem P. *(weil es mir persönlich Vergnügen macht);* **~vermögen,** das: *privates* (3 b), *in jmds. persönlichem Besitz befindliches Vermögen:* er verfügt über ein beträchtliches P.; **~versichert** ⟨Adj.; o. Steig.; nur attr.⟩: *bei einer Privatversicherung versichert;* **~versicherung,** die: *Versicherung, die nicht zur Sozialversicherung gehört, von privaten* (3 b) *Versicherern betriebene Versicherung;* **~weg,** der: *privater* (3 a), *nicht für die Öffentlichkeit bestimmter Weg;* **~wirtschaft,** die: *auf privaten* (3 b), *nicht auf öffentlichen, staatlichen, genossenschaftlichen Unternehmen beruhende Wirtschaft,* dazu: **~wirtschaftlich** ⟨Adj.; o. Steig.⟩; **~wohnung,** die: vgl. ~raum; **~zimmer,** das: vgl. ~raum; **~zweck,** der: vgl. ~gebrauch.

Privatier [priva'ti̯e:], der; -s, -s [französierende Bildung zu ↑privat] (veraltend): svw. ↑Privatmann (b); **privatim** [pri'va:tɪm] ⟨Adv.⟩ [lat. prīvātim] (bildungsspr.): *im ganz privaten Bereich, nicht offiziell, nicht öffentlich:* jmdn. p. empfangen; **privatisieren** [privati'zi:rən] ⟨sw. V.; hat⟩ [französierende Bildung zu ↑privat]: **1.** (Wirtsch.) *in Privatvermögen umwandeln, in Privateigentum* (1) *überführen* (Ggs.: entprivatisieren): ein Unternehmen p. **2.** (bildungsspr.) *als Privatmann* (2), *ohne Ausübung eines Berufs von seinem eigenen Vermögen leben:* p. wollen; seit drei Jahren privatisiert der Botschafter; ⟨Abl. zu 1:⟩ **Privatisierung,** die; -, -en (Wirtsch.): *das Privatisieren* (1), *Privatisiertwerden:* die P. öffentlicher Unternehmen; **privatissime** [...'tɪsime] ⟨Adv.⟩ [lat. prīvātissimē, Adv. zu: prīvātissimus, Sup. von: prīvātus, ↑privat] (bildungsspr. veraltend): *im engsten Kreis, ganz vertraulich;* **Privatissimum** [...'tɪsimʊm], das; -s, ...ma (bildungsspr. veraltend): **1.** *Vorlesung, Übung für einen kleineren ausgewählten Kreis von Teilnehmern:* ein P. halten, lesen; an einem P. teilnehmen. **2.** (oft scherzh.) *persönliche, eindringliche Ermahnung;* **Privatist** [...'tɪst], der; -en, -en (österr.): *Schüler, der sich auf eine Abschlußprüfung vorbereitet, ohne die Schule zu besuchen;* **Privatistin,** die; -, -nen (österr.): w. Form zu ↑Privatist; **privativ** [...'ti:f] ⟨Adj.; o. Steig.⟩ (Sprachw.): **a)** *das Fehlen, die Ausschließung von etw. (z. B. eines bestimmten Merkmals) kennzeichnend:* -e Affixe (z. B. un-, -los); -e Oppositionen; **b)** *das Privativ betreffend:* -e Verben *(Privative);* **Privativ** [-], das; -s, -e [...i:və; zu lat. prīvātīvus = eine Beraubung anzeigend; verneinend] (Sprachw.): *Verb des Enteignens, Beseitigens* (z. B. häuten = die Haut abziehen).

Privileg [privi'le:k], das; -[e]s, -ien [...'le:gi̯ən], auch: -e [mhd. prīvilegjē < lat. prīvilēgium = Vorrecht, zu lat. prīvus = gesondert u. lēx, ↑Lex] (bildungsspr.): *einem einzelnen, einer Gruppe vorbehaltenes Recht, Sonderrecht, Vorrecht:* alte, überlieferte, verbriefte -ien; die -ien bestimmter Stände, der Kirche; ein P. haben, erhalten, antasten, beseitigen, genießen; Ü Ernste Dinge mit Heiterkeit zu betreiben, ist ein P. des Künstlers und des Wissenschaftlers (Natur 75); **privilegieren** [...le'gi:rən] ⟨sw. V.; hat⟩ [spätmhd. prīvlēgen < mlat. privilegiare] (bildungsspr.): *jmdm. Privilegien, Sonderrechte, eine Sonderstellung einräumen:* die Statuten lassen es nicht zu, einzelne zu p.; ⟨meist im 2. Part.:⟩ privilegierte Kreise, Stände, Personen; eine privilegierte *(mit Sonderrechten, besonderen Vorrechten ausgestattete)* Stellung; ⟨subst. 2. Part.:⟩ solche Dinge sind nur für die Privilegierten; ⟨Abl.:⟩ **Privilegierung,** die; -, -en (bildungsspr.); **Privilegium** [...'le:gi̯ʊm], das; -s, ...ien [...i̯ən] (bildungsspr. veraltet): svw. ↑Privileg.

Prix [pri:], der; - [pri:(s)], - [pri:s; frz. prix < lat. pretium, ↑Preis]: frz. Bez. für *Preis* (2 a). Vgl. à tout prix.

pro [pro:; lat. prō = vor, für, anstatt]: **I.** ⟨Präp. mit Akk.⟩ *jeweils, je, für (jede einzelne Person od. Sache):* der Preis beträgt 20 Mark p. Stück, p. [antiquarischen] Band; etwa 300 Mark p. arbeitenden Angestellten, p. Person [und Jahr], p. Kopf/p. Kopf und Nase (ugs.; *für jeden*), p. Kollegen/(ugs. auch ungebeugt:) p. Kollege; 100 km p. Stunde; er rasiert sich einmal p. Tag. **II.** ⟨Adv.⟩ drückt aus, daß jmd. etw. bejaht, einer Sache zustimmt (Ggs.: kontra II): junge Leute sind selten p. [eingestellt]; kannst du nicht einmal p. sein?; ⟨subst.:⟩ das Pro und [das] Kontra einer Sache *(das, was für u. gegen eine Sache spricht)* bedenken; **pro-** [-] Best. in Zus. mit Adj., das eine wohlwollende Einstellung für jmdn., eine Sache bezeichnet, z. B. profaschistisch, prokommunistisch, prowestlich.

pro anno [lat.] (veraltet): *auf das Jahr; jährlich;* Abk.: p. a.

probabel [pro'ba:bl̩] ⟨Adj.; o. Steig.; nicht adv.⟩ [frz. probable < lat. probābilis, zu: probāre, ↑probieren] (bildungsspr. veraltet): *wahrscheinlich; glaubhaft:* wenig probable Gründe; **Probabilismus** [probabi'lɪsmʊs], der; -: **1.** (Philos.) *Auffassung, daß es in Wissenschaft u. Philosophie keine absoluten Wahrheiten, sondern nur Wahrscheinlichkeiten gibt.* **2.** (kath. Moraltheologie) *Lehre, daß in Zweifelsfällen gegen das moralische Gesetz gehandelt werden kann, wenn glaubwürdige Gewissensgründe dafür sprechen;* **Probabilität** [...li'tɛ:t], die; -, -en [lat. probābilitās] (Philos.): *Wahrscheinlichkeit;* **Proband** [pro'bant], der; -en, -en [lat. probandus = ein zu Untersuchender, Gerundivum von: probāre]: **1.** (Psych., Med.) *Versuchs-, Testperson (bei psychologischen Untersuchungen od. Tests von Arzneimitteln).* **2.** (Genealogie) *jmd., für den zu erbbiologischen Forschungen innerhalb eines größeren verwandtschaftlichen Personenkreises eine Ahnentafel aufgestellt wird.* **3.** *zur Bewährung entlassener Strafgefangener, der von einem Bewährungshelfer betreut wird;* **probat** [pro'ba:t] ⟨Adj.; -er, -este; nicht adv.⟩ [lat. probātus]; **a)** *erprobt, bewährt:* ein -es Mittel; eine -e Methode; das Kleingedruckte mit -em Wirkungsgrad (Auto 5, 1970, 28); **b)** *[auf Grund von Erfahrungen] richtig, geeignet, tauglich:* wenig -e Maßnahmen; es scheint nicht p., den Druck zu verstärken; **Pröbchen** ['prø:pçən], das; -s, -: ↑Probe (2); **Probe** ['pro:bə], die; -, -n [spätmhd. prōbe < mlat. proba = Prüfung, Untersuchung, zu lat. probāre, ↑probieren]: **1.** *Versuch, bei dem jmds. od. einer Sache Fähigkeit, Eigenschaft, Beschaffenheit, Qualität o. ä. festgestellt wird; Prüfung:* eine P. machen, vornehmen, bestehen; etw. einer P. unterziehen; dieser Wein hat bei der P. gut, schlecht abgeschnitten; Auch der Freundschaft Amsel-Matern werden ... noch viele -n *(Prüfungen)* auferlegt werden müssen (Grass, Hundejahre 43); bei einer Rechnung die P. machen *(bei einer Rechnung mit Unbekannten die errechneten Werte einsetzen);* ***jmdn. auf die P. stellen** *(jmds. Charakterfestigkeit, Ehrlichkeit prüfen, indem man bewußt eine Situation herbeiführt, in der eine Entscheidung gefällt werden muß);* **etw. auf die P./auf eine harte P. stellen** *(etw. sehr stark beanspruchen, übermäßig strapazieren):* seine Freundschaft, Liebe, Geduld, Langmut wurde auf die P., auf eine harte P. gestellt; **auf P.** *(versuchsweise, um die Eignung festzustellen):* jmdn. auf P. anstellen; Ehe auf P. **2.** ⟨Vkl. ↑Pröbchen⟩ *kleine Menge, Teil von etw., woraus man die Beschaffenheit des Ganzen erkennen kann:* eine P. Urin, Serum; eine P. des Gesteins, der Flüssigkeit [mit dem Mikroskop untersuchen]; eine P. des Stoffes zum Einkaufen mitnehmen; könntest du mir eine P. mitgeben?; hier ist eine P. seiner Handschrift; Ü eine P. seines Könnens, von seiner Kunst zeigen; eine P. seines Muts ablegen. **3.** *vorbereitende Arbeit (der Künstler) vor einer Aufführung od. der Aufnahme eines Films o. ä.:* eine lange, harte, anstrengende P.; die -n für die Uraufführung, der neuen Inszenierung haben begonnen; die P. klappte nicht; für das Orchester ist die P. auf 15 Uhr angesetzt; eine P. leiten, unterbrechen, abbrechen, absagen; den -n beiwohnen; der Chor hat jeden Tag P.; die Hauptdarstellerin erschien zu spät zur P.

probe-, Probe-: **~abzug,** der: **1.** (Druckw.) *zur Kontrolle, als Muster dienender erster Abzug* (2 b). **2.** (Fot.) *probehalber hergestellter Abzug* (2 a); **~alarm,** der; **~arbeit,** die: **a)** *von jmdm. als Probe seines Könnens vorgelegte Arbeit;* **b)** *Arbeit zur Probe, Übungsarbeit;* **~aufführung,** die: *Aufführung* (1), *die probehalber stattfindet;* **~aufnahme,** die: **1.** *das Aufnehmen (auf Film, Band od. Schallplatte) zur Probe.* **2.** *das probehalber Aufgenommene;* **~auftrag,** der: *ein probehalber gegebener Auftrag;* **~belastung,** die (Technik): *Belastung (eines Bauteils) zur Erprobung;* **~betrieb,** der: vgl. ~lauf (1); **~bogen,** der: vgl. ~abzug, ~druck; **bohrung,** die (Technik): *probehalber durchgeführte Bohrung;* **~druck,** der ⟨Pl. -e⟩ (Druckw.): *zur Kontrolle, als Muster dienender erster* [1]*Abdruck* (1); *Andruck* (1); **~ehe,** die: *eheähnliches Zusammenleben [auf Zeit], um festzustellen, ob man sich zur Ehe eignet;* **~exemplar,** das: *Musterexemplar* (1); **~exzision,** die (Med.): *Exzision zur mikrobiologischen o. ä. Untersuchung;* **~fahren** ⟨st. V.; meist nur im Inf. u. 2. Part. gebr.⟩: **a)** *eine Probefahrt machen* ⟨ist⟩:

gestern bin ich [mit dem neuen Wagen] probegefahren; **b)** *ein Fahrzeug probehalber fahren* ⟨hat⟩: seit ich diesen Wagen probegefahren habe, bin ich davon begeistert; **~fahrt,** die: *Fahrt zur Erprobung eines Fahrzeugs, einer Anlage o. ä.;* **~flug,** der: **a)** *erster Flug eines Piloten;* **b)** vgl. -fahrt; **~galopp,** der (Reiten): *Galopp vor dem Start zu einem Rennen, der dem Publikum die Möglichkeit bietet, die Pferde zu begutachten;* **~halber** ⟨Adv.⟩: *um eine Probe zu machen; zur Probe;* **~haltig** ⟨Adj.; o. Steig.; nicht adv.⟩ (veraltet): *die Probe aushaltend od. bestehend:* -es Gold, Silber; **~jahr,** das: *ein Jahr dauernde Probezeit;* **~lauf,** der: **1.** (Technik) *das erste Laufen einer Maschine od. einer technischen Anlage zur Erprobung ihrer Funktionen u. Leistungsfähigkeit.* **2.** (Leichtathletik) **a)** *Lauf, der der Erprobung, dem Kennenlernen einer Aschenbahn, einer Rennstrecke dient;* **b)** *Lauf, bei dem die Leistungsfähigkeit eines Läufers geprüft wird;* **~laufen** ⟨st. V.; ist; meist nur im Inf. u. 2. Part. gebr.⟩: **1.** *(von Maschinen od. technischen Anlagen) probehalber laufen.* **2.** (Leichtathletik) *einen Probelauf* (2) *machen;* **~lehrer,** der (österr.): *für den Unterricht an höheren Schulen ausgebildeter Lehrer, der an einem Gymnasium ein praktisches Jahr absolviert;* vgl. Referendar; **~lektion,** die (selten): svw. ↑Lehrprobe; **~nummer,** die: vgl. ~exemplar; **~röhrchen,** das (österr.): svw. ↑Reagenzglas; **~schreiben** ⟨st. V.; hat; meist nur im Inf. u. 2. Part. gebr.⟩: *(von Schreibkräften o. ä.) probehalber, um das Können zu zeigen, auf einer Schreibmaschine schreiben;* **~schuß,** der: *probehalber abgefeuerter Schuß;* **~seite,** die: vgl. ~druck; **~sendung,** die: *Sendung von Warenproben;* **~singen** ⟨st. V.; hat; nur im Inf. u. 2. Part. gebr.⟩: *probehalber, um das Können zu zeigen, vorsingen;* **~spiel,** das (bes. Sport): *Spiel zur Erprobung der Leistungsfähigkeit einer Mannschaft; probehalber durchgeführtes Spiel;* **~sprung,** der (Leichtathletik, Turnen): *(vor einem Wettbewerb) probehalber ausgeführter Sprung;* **~stoß,** der (Kugelstoßen): vgl. ~sprung; **~stück,** das: vgl. ~exemplar; **~turnen** ⟨sw. V.; hat; meist nur im Inf. u. 2. Part. gebr.⟩: *vor einem Wettkampf probehalber turnen;* **~versuch,** der (Leichtathletik): vgl. ~sprung; **~weise** ⟨Adv.⟩: *auf, zur Probe:* den Motor p. laufen lassen; jmdn. p. einstellen; ⟨auch attr.:⟩ Nach ... -n Spritzenbehandlungen (Hackethal, Schneide 72); **~wurf,** der (Leichtathletik): vgl. ~sprung; **~zeit,** die: **1.** *befristete Zeit, in der jmd. seine Befähigung, seine Eignung für eine Arbeit nachweisen soll.* **2.** (schweiz. jur.) *Bewährungsfrist.*

pröbeln ['prø:bl̩n] ⟨sw. V.; hat⟩ (schweiz.): *allerlei [erfolglose] Versuche anstellen:* unser Nachbar pröbelt jetzt mit Elektromotoren; **proben** ['pro:bn̩] ⟨sw. V.; hat⟩ [mhd. (md.) prōben < lat. probāre, ↑probieren]: **a)** *für die Aufführung, Darbietung einstudieren:* eine Szene, eine Symphonie p.; er sollte ... seine Nummer ff p. (Strittmatter, Wundertäter 410); den Ernstfall p. *(sich auf ein für möglich gehaltenes, unter Umständen gefährliches Ereignis probeweise vorbereiten);* **b)** *für eine Aufführung üben:* das Ensemble probt schon sechs Wochen [für diese Inszenierung]; der Regisseur probt intensiv, täglich mit den Schauspielern; **Probenarbeit,** die; -, -en ⟨Pl. selten⟩: *Gesamtheit der Arbeiten im Rahmen der Proben für eine Theateraufführung;* **Probenentnahme,** die; -, -n: *das Entnehmen von Proben* (2).

Probier-: **~glas,** das ⟨Pl. ...gläser⟩: **1.** *kleines Glas* (2a), *mit dem man eine kleine Menge eines Getränks probiert.* **2.** *Reagenzglas;* **~kunst,** die ⟨o. Pl.⟩ (Fachspr.): *Gesamtheit aller Verfahren, durch die der Gehalt von Edelmetallen in Erzen u. Erzeugnissen aus Erzen bestimmt wird;* **~stein,** der (früher): *dunkler Stein, mit dem Legierungen aus Edelmetallen auf ihre Echtheit geprüft wurden;* **~stube,** die: *kleiner, als Lokal eingerichteter Raum, in dem man Getränke (bes. Wein), die man kaufen will, probieren kann.*

probieren [pro'bi:rən] ⟨sw. V.; hat⟩ [mhd. probieren < lat. probāre = beurteilen; billigen; vgl. prüfen]: **1.** *versuchen, ob etw. möglich, durchzuführen ist:* habt ihr schon probiert, ob es geht?; laßt mich mal p., ob der Motor anspringt; Ich probiere es noch einmal mit einem Helm (Remarque, Westen 153); ⟨subst.:⟩ Spr Probieren geht über Studieren. **2.** *auf seine Eignung prüfen, ausprobieren:* ein neues Medikament, ein wirkungsvolleres Mittel p.; sie probierte das neue Kleid, die Schuhe. **3.** *durch eine Kostprobe den Geschmack von etw. prüfen, bevor man mehr davon ißt od. trinkt o. ä.:* diesen Wein, diesen Whisky mußt du unbedingt p.; warum willst du die Suppe nicht wenigstens p.? **4.** (Theater Jargon): svw. ↑proben (a, b): eine Szene p.

Problem [pro'ble:m], das; -s, -e [lat. problēma < griech. próblēma = das Vorgelegte; die gestellte (wissenschaftliche) Aufgabe, Streitfrage]: **1.** (bildungsspr.) *schwierige [ungelöste] Aufgabe, schwer zu beantwortende Frage, komplizierte Fragestellung:* ein vielerörtertes, ungelöstes P.; soziale, menschliche -e; die technischen -e der Raumfahrt; das ist absolut kein P. für mich; ein P. taucht auf, stellt sich ein; ich habe da ein P., das ich gerne zur Diskussion stellen würde; das größte P. liegt darin, daß ...; das ist für die Verantwortlichen ein ernstes P., stellt ein ernstes P. dar; ein P. anschneiden, angehen, aufwerfen, behandeln, lösen; einem P. ausweichen; an ein P. herangehen; sich mit einem P. auseinandersetzen, beschäftigen, befassen; vor einem P. stehen; etw. wird zum P.; *** -e wälzen** *(immerfort über unbeantwortete Fragen, ungelöste Aufgaben nachdenken);* **[nicht] jmds. P. sein** *([nicht] jmds. Aufgabe sein, sich mit etw. auseinanderzusetzen);* **kein P.!** (ugs.; *das ist möglich, das läßt sich durch-, ausführen*): kein P.!, das wird gleich erledigt. **2.** ⟨Pl.⟩ *Schwierigkeiten:* sie hat -e mit ihrem Freund; immer, wenn es -e gibt, fängt er an durchzudrehen; die -e wachsen mir über den Kopf; mit seinen -en allein fertig werden; **Problem-:** Best. in Zus. mit Subst., das ausdrückt, daß das im Grundwort Genannte im Hinblick auf etw. schwierig ist, z. B. Problemgruppe, Problemhaut, Problemsituation, Problemzone.

problem-, Problem-: **~fall,** der: *Sache, Angelegenheit, auch Person, die sich als Problem erweist;* **~film,** der: *Film, der sich mit Problemen auseinandersetzt;* **~geladen** ⟨Adj.; nicht adv.⟩: *voll von [aufgestauten, ungelösten] Problemen;* **~kind,** das ⟨meist Pl.⟩: *Kind, das (meist auf Grund von Verhaltensstörungen) schwer zu erziehen ist;* **~komplex,** der: svw. ↑~kreis; **~kreis,** der: *mehrere Probleme, die thematisch miteinander verknüpft sind;* **~los** ⟨Adj.; o. Steig.; nicht adv.⟩: *ohne Probleme [aufzuwerfen];* **~orientiert** ⟨Adj.; o. Steig.; nicht adv.⟩: **a)** *auf ein bestimmtes Problem, auf bestimmte Probleme ausgerichtet;* **b)** (Datenverarb.) *auf die Lösung bestimmter Aufgaben bezogen:* -e Programmiersprachen; **~reich** ⟨Adj.; nicht adv.⟩: *verhältnismäßig viele Probleme habend;* **~roman,** der: vgl. ~film; **~schach,** das: *Schach, das sich mit dem Konstruieren u. Lösen von bestimmten Aufgaben beschäftigt;* **~stellung,** die: **a)** *das Stellen eines Problems, von Problemen:* die P. ist hier eine ganz andere; **b)** *zu erörterndes Thema, Problem* (1): eine schwer zu lösende P.; **~stück,** das (Literaturw.): vgl. ~film.

Problematik [proble'ma:tɪk], die; -: *aus einer Aufgabe, Frage, Situation sich ergebende Schwierigkeit; Gesamtheit aller Probleme, die sich auf einen Sachverhalt beziehen:* eine P. umreißen, auf eine P. hinweisen; Jugendkriminalität und deren P.; **problematisch** [...'ma:tɪʃ] ⟨Adj.; nicht adv.⟩ [spätlat. problēmaticus < griech. problēmatikós]: **1.** *schwierig, voller Probleme:* eine -e Angelegenheit; er ist eine -e Natur, ein -er Mensch; das Kind ist p. *(ist schwer zu erziehen, zu leiten);* anfangs hatte ... alles verdammt p. ausgesehen (Cotton, Silver-Jet 243). **2.** *fraglich, zweifelhaft:* eine endgültige und dauerhafte Vereinbarung ist unter diesen Umständen sehr p.; **problematisieren** [...mati'zi:rən] ⟨sw. V.; hat⟩: *die Problematik von etw. darlegen, diskutieren, sichtbar machen:* In der Diskussion ... wurde auch die Zusammenarbeit von Lesben- und Schwulenorganisationen problematisiert (Courage 2, 1978, 50); ⟨Abl.:⟩ **Problematisierung,** die; -, -en.

ProcainⓌ [proka'i:n], das; -s [Kunstwort] (Pharm., Med.): *Mittel zur örtlichen Betäubung bes. bei Infiltrations- u. Leitungsanästhesie; Novocain.*

Procedere [pro'tse:dərə], (eingedeutscht:) Prozedere [-], das; -, - [lat. prōcēdere = vorwärtsgehen; fortschreiten] (bildungsspr.): *Verfahrensordnung, Prozedur.*

pro centum [- 'tsɛntʊm; lat.] (veraltet): *für hundert* (z. B. Mark); Abk.: p. c.; Zeichen: %.

Prodekan, der; -s, -e: *Vertreter des Dekans* (3).

Prodigium [pro'di:giʊm], das; -s, ...ien [...iən; lat. prōdigium]: *(im altrömischen Glauben) als Äußerung göttlichen Unwillens, Zornes u. als Anzeichen einer Gefahr für den Staat gedeutetes außergewöhnliches Ereignis.*

pro domo [- 'do:mo; lat. = für das (eigene) Haus] (bildungsspr.): *in eigener Sache; zum eigenen Nutzen.*

Prodrom [pro'dro:m], **Prodromalsymptom** [prodro'ma:l-], das; -s, -e [griech. pródromos = Vorbote] (Med.): *Symptom einer Krankheit, das dem voll ausgeprägten Krankheitsbild vorausgeht* (z. B. Kopfschmerzen vor einer Grippe).

Producer [pro'dju:sɐ], der; -s, - [engl. producer, zu: to produce, ↑produzieren]: engl. Bez. für: **1.** *Hersteller, Fabrikant.* **2.** *Filmproduzent;* **Produkt** [pro'dʊkt], das; -[e]s, -e [lat. prōductum, 2. Part. von: prōdūcere, ↑produzieren]: **1.** *alles, was (aus bestimmten Stoffen hergestellt) das Ergebnis menschlicher Arbeit ist; Erzeugnis:* tierische, pflanzliche, technische, maschinelle -e; ein P. der Landwirtschaft, der Industrie; im Mittelalter verkauften Handwerker ihre -e im eigenen Laden; chemische -e werden meist zur Weiterverarbeitung hergestellt; Ü das ist ein P. ihrer Phantasie; der Mensch ist das P. seiner Erziehung. **2.** (Math.) **a)** *Ergebnis der Multiplikation;* **b)** *mathematischer Ausdruck, dessen Teile durch das Zeichen für die Multiplikation verbunden sind* (z. B. a · b; a × b). **3.** (Zeitungsw.) *Teil einer Zeitung, Zeitschrift, die in einem Arbeitsgang gedruckt wird.*

Produkten-: **~börse,** die (Wirtsch.): [2]*Börse* (1) *für den Handel mit verschiedenen Waren (z. B. mit Rohstoffen, Nahrungs- u. Genußmitteln); Warenbörse;* **~handel,** der (Kaufmannsspr.): *Handel mit Produkten bes. der [heimischen] Landwirtschaft;* **~kunde,** die (selten): svw. ↑Warenkunde.

Produktion [prodʊk'tsio:n], die; -, -en [frz. production < lat. prōductio = das Hervorführen]: **1.** ⟨o. Pl.⟩ (Wirtsch.) **a)** *Erzeugung, Herstellung von Waren u. Gütern:* die industrielle, landwirtschaftliche P.; die laufende, tägliche P. von Autos, Kühlschränken, Filmen; die P. läuft, gerät ins Stocken, bricht zusammen; die P. steigern, erhöhen, aufnehmen, ankurbeln, drosseln, stoppen, umstellen; der Film geht in P., ist bereits in P. *(wird [bereits] produziert);* Ü die P. von roten Blutkörperchen; **b)** *Erzeugnisse; Gesamtheit dessen, was an Waren, Gütern o. ä. erzeugt, hergestellt wird:* bei dem Brand wurde die gesamte P., die P. des letzten Jahres vernichtet; eine P. *(ein Erzeugnis, Produkt)* der ARD, des ZDF; **c)** (ugs.) *Bereich eines Betriebs, einer Firma, Betrieb, Firma, die mit der Produktion* (1 a) *beschäftigt ist:* in der P. arbeiten; ich bin von der Planung in die P. übergewechselt; ... hat Polanski seinen zweiten für eine britische P. inszenierten Spielfilm abgedreht (Welt 28. 8. 65, Film). **2.** (veraltend) *künstlerische Darbietung, Nummer* (2 a): ... der Spanischen Reitschule ..., wo wir am Vorabend Zeuge ihrer unglaublichen -en gewesen waren (Thieß, Frühling 138).

produktions-, Produktions- (Produktion 1): **~ablauf,** der: den P. automatisieren; **~abteilung,** die: *Abteilung, die für alle finanziellen, wirtschaftlichen Fragen der Produktion zuständig ist;* **~anlage,** die ⟨meist Pl.⟩; **~arbeiter,** der (DDR): *Arbeiter, der in einem Betrieb unmittelbar für die Durchführung des Produktionsprozesses eingesetzt ist;* **~ausfall,** der; **~ausstoß,** der; **~beratung,** die [LÜ von russ. proiswodstwennoe soweschtschanie] (DDR): *in Betrieben stattfindende Besprechung zwischen Arbeitern u. Leitung der Planung u./od. Organisation;* **~betrieb,** der; **~brigade,** die (DDR): svw. ↑Brigade (3); **~einstellung,** die; **~erfahrung,** die: *Erfahrung auf dem Gebiet der Produktion;* **~faktor,** der: *den Produktionsprozeß mitbestimmender maßgeblicher Faktor* (z. B. Boden, Arbeit, Kapital); **~fluß,** der: *kontinuierlicher Ablauf der Produktion;* **~fonds,** der (DDR): *Gesamtheit der Arbeitsmittel u. ä., deren Wert durch die geleistete Arbeit auf das neue Produkt übertragen wird;* **~gang,** der: svw. ↑~ablauf; **~geheimnis,** das; **~genossenschaft,** die (DDR): *freiwilliger Zusammenschluß von Werktätigen zur gemeinschaftlichen Arbeit;* **~güter** ⟨Pl.⟩ (Wirtsch.): *Güter, die als Rohstoffe weiterverarbeitet werden;* **~instrumente** ⟨Pl.⟩ (DDR): *Maschinen, Apparate, Werkzeuge usw., mit denen Gebrauchsgüter hergestellt werden;* **~kapazität,** die: svw. ↑Kapazität (2 a); **~kosten** ⟨Pl.⟩: die P. senken; **~kraft,** die: svw. ↑Kapazität (2 a); **~leistung,** die; **~leiter,** der: *jmd., der für die Produktion verantwortlich ist, die Produktion leitet,* dazu: **~leitung,** die; **~menge,** die; **~methode,** die; **~mittel** ⟨Pl.⟩: **1.** svw. ↑~faktoren. **2.** (marx.) *Gesamtheit der Hilfsmittel, die für den Produktionsprozeß notwendig sind* (z. B. Fabriken, Maschinen, Transportmittel, Rohstoffe u. a.): das gesellschaftliche Eigentum an den -n; **~plan,** der [2: LÜ von russ. proiswodstwenny plan]: **1.** *Arbeitsplan eines Unternehmens.* **2.** (DDR) *Plan, der das Produktionsprogramm in Mengen u. Werten darstellt;* **~programm,** das: svw. ↑Fertigungsprogramm; **~prozeß,** der: jmdn. in den P. eingliedern; **~reserve,** die ⟨meist Pl.⟩: über genügend -n verfügen; **~stätte,** die: *Ort, an dem etw. produziert* (1) *wird;* **~steigerung,** die; **~straße,** die: svw. ↑Fertigungsstraße; **~team,** das; **~technik,** die: svw. ↑Technologie, dazu: **~technisch** ⟨Adj.; o. Steig.⟩: svw. ↑technologisch; **~verfahren,** das: svw. ↑Fertigungsverfahren; **~verhältnisse** ⟨Pl.⟩ (marx.): *alle Erscheinungen des gesellschaftlichen Lebens bestimmende Verhältnisse zwischen den Menschen od. Klassen* (2), *die sich aus ihrer Stellung im Produktionsprozeß im Hinblick auf das Eigentum an den Produktionsmitteln ergeben;* **~volumen,** das: *Umfang des Produktionsausstoßes;* **~weise,** die: *Art u. Weise der Produktion;* **~wert,** der (Wirtsch.): *Summe der Herstellungskosten aller während eines Zeitraums produzierten Güter;* **~zahlen** ⟨Pl.⟩: ... sind die P. der ... Autoindustrie ... bescheidener ausgefallen (Welt 17. 8. 65, 9); **~zeit,** die: die P. durch Automatisierung herabsetzen; **~ziel,** das: das P. erreichen; **~ziffer,** die ⟨meist Pl.⟩: graphische Darstellungen der -n; **~zuwachs,** der: ein beträchtlicher P.; **~zweig,** der: *Teil der Produktion, der bestimmte Waren herstellt.*

produktiv [prodʊk'ti:f] ⟨Adj.⟩ [frz. productif, unter Einfluß von produire = hervorbringen < spätlat. prōductīvus = zur Verlängerung geeignet]: **a)** *viel (konkrete Ergebnisse) hervorbringend; ergiebig:* eine -e Arbeit, Tätigkeit, Zusammenarbeit; ein -es Unternehmen; diese Tätigkeit ist nicht sehr p.; p. zusammenarbeiten; -e Suffixe, Wortbildungselemente (Sprachwiss.; *die in der Wortbildung noch verwendet werden, neue Wörter hervorbringen*); **b)** *schöpferisch; leistungsstark:* ein -er Mensch, Künstler; -e Kräfte frei machen; -e Kritik *(Kritik, die neue Denkanstöße gibt);* ⟨Abl.:⟩ **Produktivität** [...tivi'tɛ:t], die; -: **a)** *das Hervorbringen von Produkten* (1), *konkreten Ergebnissen, Leistungen o. ä.; Ergiebigkeit, [gute] Leistungsfähigkeit:* eine geringe, große P.; die wirtschaftliche P. steigern; die P. (Sprachw.; *das Produktivsein*) bestimmter Präfixe; **b)** *schöpferische Schaffenskraft:* die [geistige] P. anregen.

Produktivitäts- (Produktivität a): **~analyse,** die; **~effekt,** der; **~ermittlung,** die; **~messung,** die; **~steigerung,** die: eine P. um 20%; **~stufe,** die.

Produktivkraft, die; -, -kräfte ⟨meist Pl.⟩ (marx.): *Kraft, die zur [Entwicklung der] Produktion notwendig ist* (z. B. menschliches Gehirn, Produktionsmittel, Wissenschaft u. Technik o. ä.); **Produktmenge,** die; -, -n (Math.): *Menge* (2) *aller geordneten Paare, deren erstes Glied Element einer Menge A u. deren zweites Glied Element einer Menge B ist;* **Produzent** [produ'tsɛnt], der; -en, -en [lat. prōdūcēns (Gen.: prōdūcentis), 1. Part. von: prōdūcere, ↑produzieren]: **1.** (bes. Wirtsch.) *jmd., der etw. (meist Gebrauchsgüter) produziert* (1); *Hersteller; Erzeuger* (Ggs.: Konsument 1): inländische, ausländische -en; der P. von Waren, eines Films; das Schlagerstarlet sucht einen -en *(jmd., der einen Vertrag für eine Schallplattenaufnahme mit ihr macht);* wir kaufen die Milch, die Eier direkt beim -en *(beim Bauern);* der Weg der Waren vom -en zum Konsumenten. **2.** (Biol.) *(in der Nahrungskette) ein Lebewesen, das organische Nahrung aufbaut* (vgl. Konsument 2; Reduzent); **produzieren** [...'tsi:rən] ⟨sw. V.; hat⟩ [lat. prōdūcere = hervorbringen; vorführen]: **1.** (bes. Wirtsch.) *erzeugen, herstellen:* schnell, billig, nach Bedarf p.; Waren, Stahl, Lebensmittel p.; die Industrie produziert mehr, als sie absetzen kann; Ü dauernd Kinder p.; Er zitterte, produzierte Schweiß (Grass, Katz 168). **2.** (ugs.) *machen; hervorbringen:* eine Verbeugung, eine Entschuldigung p.; was hast du denn wieder für [einen] Unsinn produziert!; die Kapelle produzierte großen Lärm. **3.** ⟨p. + sich⟩ (ugs.) *sich [in einer bestimmten Weise] auffallend benehmen [um zu zeigen, was man kann]:* sich gern vor anderen p.; wenn Besuch da ist, produziert sich unsere Kleine immer; sich auf der Bühne, als Clown p. **4.** (bes. schweiz., sonst veraltet) *[herausnehmen u.] vorzeigen, vorlegen, präsentieren:* Der Rupp produzierte ein blaues Taschentuch und wischte das Gesicht ab (Baum, Paris 117).

Proenzym, das; -s, -e (Biochemie): *chemische Vorstufe des Enzyms.*

profan [pro'fa:n] ⟨Adj.⟩ [lat. profānus = ungeheiligt; gewöhnlich eigtl. = vor dem heiligen Bezirk liegend] (bildungsspr.): **1.** ⟨o. Steig.; nur attr.⟩ *weltlich, nicht dem Gottesdienst dienend:* ein -es Bauwerk; -e Gebäude; diese ehemalige Kirche dient nur noch -en Zwecken; -e Kunst, Musik, Literatur. **2.** *nicht außergewöhnlich; alltäglich:* eine -e Äußerung, Bemerkung; ganz -e Sorgen; das ist mir alles zu p.; sich p. ausdrücken; **Profanation** [profana'tsio:n], die; -, -en [lat. profānātio]: seltener für ↑Profanierung; **Profanbau,** der; -[e]s, -ten (Archit., Kunstwiss.): *Bauwerk,* *das weltlichen Zwecken dient* (Ggs.: Sakralbau); **profanieren** [profa'ni:rən] ⟨sw. V.; hat⟩ [lat. profānāre] (bildungsspr.): **1.** *profan* (1) *machen, entweihen, entwürdigen:* die Liturgie p. **2.** svw. ↑säkularisieren; ⟨Abl.:⟩ **Profanierung,** die; -, -en (bildungsspr.); **Profanität,** die; -, -en [lat. profānitās] (bildungsspr.): **1.** ⟨o. Pl.⟩ *Weltlichkeit.* **2.** *Alltäglichkeit.*

Proferment, das; -s, -e (veraltend): svw. ↑Proenzym.

[1]Profeß [pro'fɛs], der; ...fessen, ...fessen [mlat. professus, zu lat. profitēri = frei bekennen] (kath. Kirche): *jmd., der die [2]Profeß ablegt u. Mitglied eines Ordens wird;* **[2]Profeß** [-], die; -, ...fesse (kath. Kirche): *das Ablegen der [Ordens]gelübde:* eine Novizin zur P. zulassen; **Professe** [pro'fɛsə], der u. die; -n, -n: svw. ↑[1]Profeß; **Profession** [profɛ'si̯o:n], die; -, -en [frz. profession < lat. professio = öffentliches Bekenntnis (z. B. zu einem Gewerbe)]: **1.** (österr., sonst veraltend) *Beruf, Gewerbe:* hütet er ... Schweine ..., was der gelernte Müller Soubirous für ungefähr die niedrigste P. ... hält (Werfel, Bernadette 18). **2.** (selten) svw. ↑Passion (1 a): Geschlechts- und Abstammungsurkunde ist mein Steckenpferd, – besser gesagt: meine P. (Th. Mann, Krull 304); Er war ein Spieler (= Schauspieler) aus P. (Jens, Mann 36); **professional** [...si̯o'na:l]: seltener für ↑professionell; **Professional** [-, auch: pro'fɛʃənəl, engl.: prə'fɛʃənəl], der; -s, -e u. (bei anglisierender od. engl. Ausspr.:) -s [engl. professional, eigtl. = berufsmäßig]: *Profi;* **professionalisieren** [...fesi̯onali'zi:rən] ⟨sw. V.; hat⟩ (bildungsspr.): **1.** *zum Beruf, zur Erwerbsquelle machen:* sie hat ihr Hobby professionalisiert. **2.** (selten) *zum Beruf erheben, als Beruf anerkennen:* Tätigkeiten p.; die nicht professionalisierten Hausfrauen (Habermas, Spätkapitalismus); ⟨Abl.:⟩ **Professionalisierung,** die; -, -en: *das Professionalisieren;* **Professionalismus** [...'lɪsmʊs], der; -: *das Ausüben einer Tätigkeit (meist einer Sportart) als Beruf;* **professionell** [...'nɛl] ⟨Adj.; o. Steig.⟩ [frz. professionnel]: **1.** ⟨nur attr.⟩ **a)** *(eine Tätigkeit) als Beruf ausübend:* ein -er Sportler, Killer, Agent; Ü -e *(wie es eine bestimmte Situation [z. B. Beruf, Position o. ä.] erfordert, zur Schau getragene),* joviale Freundlichkeit (Zwerenz, Quadriga 161); **b)** *als Beruf betrieben:* -er Sport; -e Elektronik, Meteorologie. **2.** *so beschaffen, daß es fachmännisch ist, von Fachleuten benutzt werden kann:* ein -es Urteil; ein -er Bericht; ein p. zusammengebauter Verstärker; **professioniert** [...'ni:ɐ̯t] ⟨Adj.; o. Steig.⟩ (selten): *gewerbsmäßig;* **Professionist** [...'nɪst], der; -en, -en (österr.): *gelernter Handwerker;* **professionsmäßig** ⟨Adj.; o. Steig.; nicht präd.⟩: *berufsmäßig;* **Professor** [pro'fɛsɔr, auch: ...so:ɐ̯], der; -s, -en [...'so:rən; lat. professor = öffentlicher Lehrer, eigtl. = wer sich (berufsmäßig u. öffentlich zu einer wissenschaftlichen Tätigkeit) bekennt]: **1. a)** ⟨o. Pl.⟩ *höchster akademischer Titel (der einem [habilitierten] Hochschullehrer, verdienten Wissenschaftler, Künstler o. ä. verliehen wird):* jmdn. mit P. anreden; Abk.: Prof.; **b)** *Träger eines Professorentitels; Hochschullehrer:* ordentlicher öffentlicher Professor (Abk.: o. ö. Prof.); ordentlicher Professor (Abk.: o. Prof.); außerordentlicher Professor (Abk.: a. o. Prof., ao. Prof.); ein emeritierter P.; sehr geehrter Herr Professor [Meier]; die Herren -en Meier und Schulze; P. sein, werden; er ist P. für Philosophie, Mathematik an der Universität Heidelberg, lehrt als P. in Bonn; jmdn. zum P. ernennen; Ü ein zerstreuter P. (ugs. scherzh.; *ein sehr zerstreuter Mensch*). **2.** (österr., sonst veraltet) *Lehrer an einem Gymnasium;* **professoral** [profɛso'ra:l] ⟨Adj.; o. Steig.⟩ (bildungsspr.): **a)** *den Professor betreffend, ihm entsprechend; in der Art u. Weise eines Professors:* die -e Würde; Der Plan ... war ohne politischen Verstand, wenn schon p. erdacht (Niekisch, Leben 157); **b)** (abwertend) *[übertrieben] würdevoll:* er wirkt durch sein -es Gehabe recht komisch; in -em *(würdevollem u. belehrendem, oberlehrerhaftem)* Ton[fall] sprechen; **c)** (abwertend) *von wirklichkeitsfremder Gelehrsamkeit zeugend; weltfremd.*

professoren-, Professoren-: ~**austausch,** der: im Zuge des -s lehrte er ein Semester an einer Universität in Kanada; ~**kollegium,** das; *Gesamtheit aller an einer Universität lehrender Professoren;* ~**mensa,** die; ~**mäßig** ⟨Adj.; o. Steig.⟩: svw. ↑professoral (a); ~**titel,** der; ~**würde,** die.

professorenhaft ⟨Adj.; -er, -este⟩ (abwertend): svw. ↑professoral (b, c): -er Ton.

Professorenschaft, die; -: svw. ↑Professorenkollegium; **Professorin** [profɛ'so:rɪn, auch: pro'fɛsɔrɪn], die; -, -nen: w. Form zu ↑Professor (1 b, 2); **Professorsfrau,** die; -, -en (ugs.); **Professorswitwe,** die; -, -n (ugs.); **Professortitel,** der; -s, -: svw. Professorentitel; **Professur** [profɛ'su:ɐ̯], die; -, -en: *Lehramt als Professor, Lehrstuhl;* **Profi** ['pro:fi], der; -s, -s [Kurzf. von ↑Professional]: *Sportler, der seinen Sport gegen Entgelt als Beruf betreibt; Berufssportler* (Ggs.: Amateur b), die in Italien spielenden -s; ein hochbezahlter P.; P. werden; er spielt wie ein P.; Ü Es gibt wahre -s in Rufmord (Zwerenz, Kopf 113).

Profi-: ~**boxen,** das; -s: vgl. ~sport; ~**boxer,** der: *Boxer, der Profi ist;* ~**boxsport,** der: vgl. ~sport; ~**fußball,** der: vgl. ~sport; ~**fußballer,** der: vgl. ~boxer; ~**lager,** das (Jargon): *Gesamtheit der Profis:* ins P. [über]wechseln; ~**laufbahn,** die: die P. einschlagen; ~**spieler,** der: vgl. ~boxer; ~**sport,** der: *berufsmäßig betriebener Sport.*

proficiat! [pro'fi:tsi̯at; lat.] (bildungsspr. veraltet): *wohl bekomm's!; es möge nützen!*

profihaft ⟨Adj.; -er, -este⟩: *einem Profi entsprechend, in der Art u. Weise eines Profis:* eine -e Einstellung.

Profil [pro'fi:l], das; -s, -e [frz. profil = Seitenansicht; Umriß < ital. profilo, zu: profilare = umreißen, zu lat. filum = Faden; äußere Form]: **1.** *Ansicht des Kopfes, des Gesichts od. des Körpers von der Seite:* ein scharfes, schönes, klassisches P.; jmdm. das P. zuwenden; jmdn. im P. malen, fotografieren; vgl. en profil. **2.** (bildungsspr.) *charakteristisches Erscheinungsbild; stark ausgeprägtes Persönlichkeitsbild, Ausstrahlungskraft [auf Grund bedeutender Fähigkeiten]:* P. haben; der Mann besaß kein P., versteckte sein P.; er gab dem Theater sein eigenes, unverwechselbares P.; der Schauspieler gab der Rolle P.; die Regierung hat an P. gewonnen, verloren; ein Staatsoberhaupt mit P.; ein Verlag, der P. hat *(der sich durch Spezialisierung auf Bücher bestimmter Sachgebiete profiliert hat).* **3. a)** (Technik, Archit.) *Längs- od. Querschnitt u. Umriß:* das P. eines Gebäudes, eines Turmes, eines Deiches, einer Tragfläche; **b)** (Geol.) *graphische Darstellung eines senkrechten Schnitts durch die Erdoberfläche:* ein geologisches P.; ein P. durch die Alpen. **4.** (Technik Jargon) *vorgeformter Bauteil verschiedenen Querschnitts;* vgl. Profilstahl. **5.** *durch Stollen, Riffelung, Kerbung o. ä. bewirkte Struktur in der Lauffläche* (a) *eines Reifens od. einer Schuhsohle:* das P. ist schon [stark] abgefahren; die Reifen haben noch genug P., kaum noch P., kein P. mehr; das ausgeprägte P. der Sohlen ermöglicht ein sicheres Auftreten. **6.** (Archit.) *aus einem Gebäude hervorspringender Teil eines architektonischen Elementes* (z. B. eines Gesimses). **7.** (Verkehrsw. veraltend) *Höhe u./od. Breite einer Durchfahrt:* das P. einer Brücke, eines Tunnels verengt sich.

profil-, Profil-: ~**ansicht,** die: *Ansicht im Profil* (1); ~**bild,** das: vgl. ~zeichnung; ~**eisen,** das (Technik veraltet): svw. ↑~stahl; ~**los** ⟨Adj.; o. Steig.; nicht adv.⟩: *ohne Profil* (1, 2, 5); ~**neurose,** die (Psych.): *neurotische Angst, (bes. im Beruf) zu wenig zu gelten [u. das daraus resultierende übersteigerte Bemühen, sich zu profilieren];* ~**sohle,** die: *Schuhsohle mit ausgeprägtem Profil* (5); ~**stahl,** der (Technik): *durch Walzen geformter Stahl mit bestimmtem Querschnitt;* ~**tiefe,** die: die P. der Reifen betrug noch drei Millimeter; ~**träger,** der: *als Träger verwendeter Profilstahl;* ~**verengung,** die (Verkehrsw. veraltend): *Verengung des Profils* (7); ~**zeichnung,** die: *Zeichnung eines Profils* (1, 3, 4, 6).

profilieren [profi'li:rən] ⟨sw. V.; hat⟩ [frz. profiler]: **1.** *die Oberfläche eines Gegenstandes mit Rillen, Kerbungen o. ä. versehen [u. ihm dadurch eine bestimmte Form geben]:* den Gummi, die Sohle p.; Bleche, Werkstücke, Bilderrahmen p.; profilierte Reifen; die profilierten ... Bogenhäupter (Bild. Kunst 3, 54). **2. a)** *einer Sache, jmdm. eine besondere, charakteristische, markante Prägung geben:* eine Sendung (im Fernsehen) p.; Ich halte es auch nicht für notwendig, unsere klassischen Parks zu p. (Kirsch, Pantherfrau 61); all seine Geschäftigkeit diente ... dazu, ihn als den Partei- und Gewerkschaftsmann hier im Hause zu p. (Zwerenz, Quadriga 184); **b)** ⟨p. + sich⟩ *Fähigkeiten [für einen bestimmten Aufgabenbereich] entwickeln u. dabei Anerkennung finden; sich eine markante Prägung geben, sich einen Namen machen:* als Führer der Opposition hat er die beste Gelegenheit, sich zu p.; er will sich als oppositioneller Politiker p.; vgl. profiliert. **3.** (selten) ⟨p. + sich⟩ *sich im Profil* (1) *abzeichnen:* eine knapp anliegende Bluse aus grünem Atlas, unter dessen knapper Glätte ihr bedeutender Busen sich besonders schön profilierte (K. Mann, Wendepunkt 65); **profiliert** ⟨Adj.; -er, -este⟩: *von ausgeprägtem Profil* (2), *markant; bedeutend:* ein -er Politiker, Künstler; er ist eine der -esten Persönlichkeiten unserer Stadt; eine -e Zeitschrift; **Profilierung,** die; -: **1.** *das Sichabzeichnen im Profil* (1). **2.** *Entwicklung der Fähigkeiten [für einen bestimmten Aufgabenbereich];* ⟨Zus. zu 2:⟩ **Profilierungssucht,** die ⟨o. Pl.⟩.

Profit [pro'fi:t, auch: ...fɪt], der; -[e]s, -e [aus dem Niederd. < mniederd. profīt < mniederl. profijt < (m)frz. profit = Gewinn < lat. prōfectus = Fortgang; Zunahme; Vorteil]: **1.** ⟨Vkl. ↑Profitchen⟩ (oft abwertend) *Nutzen, [materieller] Gewinn, den man [mit möglichst wenig Mühe u. Unkosten] aus einer Sache od. Tätigkeit erzielt:* ein hoher, kleiner P.; der ganze P. ging wieder verloren; P. machen; P. aus etw. [heraus]schlagen, ziehen; seinen P. berechnen, sichern; nur auf P. bedacht, aussein; etw. mit P. verkaufen; mit P. arbeiten. **2.** (Fachspr.) *Kapitalertrag:* die Firma wirft einen guten P. ab; er konnte große, (ugs.:) dicke, fette -e erzielen, einstecken.

profit-, Profit-: ~**gier,** die (abwertend): *rücksichtsloses Streben nach Profit,* dazu: ~**gierig** ⟨Adj.; nicht adv.⟩ (abwertend): *voller Profitgier; von Profitgier geprägt;* ~**interesse,** das: vgl. ~gier; ~**jäger,** der (abwertend): *jmd., der profitgierig ist;* ~**macher,** der (abwertend); ~**rate,** die: **1.** (Wirtsch.) *Verhältnis des Gewinns zum eingesetzten Kapital.* **2.** (marx.) *Verhältnis des gesamten Mehrwerts* (2) *zum gesamten Kapital;* ~**streben,** das (abwertend); ~**sucht,** die ⟨o. Pl.⟩ (abwertend): svw. ↑~gier; ~**wirtschaft,** die: *Wirtschaft, die auf das Erzielen von Profit gegründet ist.*

profitabel [profi'ta:bl̩] ⟨Adj.; ...bler, -ste⟩ [frz. profitable] (geh., veraltend): *gewinnbringend; nutzbringend:* ein profitables Geschäft; etw. ist p., läßt sich nicht p. machen; **Profitchen,** das; -s, - [2: niederd. profitje, eigtl. = kleiner Nutzen; die Vorrichtung ermöglicht ein fast völliges Niederbrennen der Kerze]: **1.** ↑Profit (1). **2.** (früher) *(bei Kerzenständern) Dorn, auf den die Kerze gesteckt wurde;* **Profiteur** [...'tø:ɐ̯], der; -s, -e [frz. profiteur] (bildungsspr. abwertend): *jmd., der Profit* (1) *aus etw. zieht; Nutznießer;* **profitieren** [...'ti:rən] ⟨sw. V.; hat⟩ [frz. profiter]: *Nutzen, Gewinn aus etw. ziehen, einen Vorteil durch etw., auch jmdn. haben [der oft von anderen für nicht ganz gerechtfertigt gehalten wird]:* von einem Konkurs viel, nichts p.; bei diesem Prozeß hat nur der Anwalt profitiert; Erhard Keller hat uns ... entscheidend geholfen .... Wir haben viel von ihm profitiert (*gelernt;* Hörzu 36, 1973, 8); **profitlich** ⟨Adj.⟩ (veraltet, noch landsch. abwertend): **a)** *auf den eigenen Vorteil bedacht, gewinnsüchtig;* **b)** *gewinnbringend.*

Pro-Form, die; -, -en (Sprachw.): *Form, die im fortlaufenden Text für einen anderen, meist vorangehenden Ausdruck steht* (z. B. „es/das Fahrzeug" für „das Auto").

pro forma [pro: 'fɔrma; lat.]: **a)** *der Form halber, der Form wegen; um einer Vorschrift zu genügen:* etw. p. f. unterschreiben; er ließ sich p. f. die Ausweise zeigen; **b)** *nur zum Schein:* sie heirateten p. f., ließen sich p. f. scheiden; ⟨Zus. zu b.:⟩ **Pro-Forma-Rechnung,** die (Wirtsch.): *Rechnung, die pro forma, zum Schein ausgestellt wird.*

Profos [pro'fo:s], der; -es u. -en, -e[n] [mniederl. provoost < afrz. prévost < lat. praepositus, ↑Propst]: *(im 16./17. Jh.) Verwalter der Militärgerichtsbarkeit, Stockmeister;* **Profoß** [pro'fɔs], der; ...fossen, ...fosse[n]: ↑Profos.

profund [pro'fʊnt] ⟨Adj.; -er, -este; nicht adv.⟩ [frz. profond < lat. profundus, zu: fundus = Boden (↑Fundus), eigtl. = wo einem der Boden unter den Füßen fehlt]: **1.** (bildungsspr.) *gründlich, tief; [all]umfassend:* -e Kenntnisse, ein -es Wissen haben; Das ... Moment des persönlichen Risikos wurde damit zugleich -er und allgemeiner (Curschmann, Oswald 72). **2.** ⟨o. Steig.⟩ (Med.) *tiefliegend:* eine -e Vene; **Profundal** [profʊn'da:l], das; -s: **a)** (Geogr.) *unterhalb des Litorals liegende pflanzenlose Region der Süßgewässer;* **b)** (Biol.) *Gesamtheit der im Profundal* (a) *lebenden Organismen;* ⟨Zus.:⟩ **Profundalzone,** die: *Profundal* (a); **Profundität** [...di'tɛ:t], die; - [lat. profunditās] (bildungsspr.): *Gründlichkeit, Tiefe:* (die) P. seiner Gedanken.

profus [pro'fu:s] ⟨Adj.; -er, -este⟩ [lat. profūsus = verschwenderisch, zu: profūsum, 2. Part. von: profundere = sich reichlich ergießen] (bes. Med.): *reichlich, übermäßig, sehr stark [fließend]* (z. B. von einer Blutung).

Progesteron [progɛste'ro:n], das; -s [Kunstwort] (Med., Pharm.): *Gelbkörperhormon, das bei der Vorbereitung der Schwangerschaft mitwirkt.*

Prognose [pro'gno:zə], die; -, -n [spätlat. prognōsis < griech. prógnōsis = das Vorherwissen] (bildungsspr., Fachspr.): *[wissenschaftlich begründete] Voraussage einer künftigen Entwicklung, künftiger Zustände, des voraussichtlichen Verlaufs* (z. B. einer Krankheit): eine optimistische, düstere, gewagte P.; die ärztliche P. über den Verlauf der Krankheit stellte sich als richtig heraus; eine P. über das Wetter stellen, wagen; wie sieht die P. für die Zukunft aus?; **Prognostik** [pro'gnɔstɪk], die; - (bes. Med.): *Wissenschaft, Lehre von der Prognose;* **Prognostikon** [...kɔn], **Prognostikum** [...kʊm], das; -s, ...ken u. ...ka [griech. prognōstikón (bes. Med.): *Vorzeichen, Anzeichen [einer Krankheit];* **prognostisch** ⟨Adj.; o. Steig.⟩ [spätlat. prognōsticus < griech. prognōstikós] (bildungsspr., Fachspr.): *voraussagend, in der Art einer Prognose:* eine -e Beurteilung; **prognostizieren** [prognɔsti'tsi:rən] ⟨sw. V.; hat⟩ [mlat. prognosticare] (bildungsspr., Fachspr.): *eine Prognose über etw. stellen, den voraussichtlichen Verlauf künftiger Entwicklungen vorhersagen;* ⟨Abl.:⟩ **Prognostizierung,** die; -, -en.

Programm [pro'gram], das; -s, -e [unter Einfluß von frz. programme < spätlat. programma < griech. prógramma = schriftliche Bekanntmachung; Tagesordnung]: **1. a)** *Gesamtheit der Veranstaltungen, Darbietungen eines Theaters, Kinos, des Fernsehens, Rundfunks o. ä.:* das P. der neuen Spielzeit, für die kommende Woche; das erste, zweite P. des Südwestfunks; ein P. ausstrahlen, empfangen können; das Kabarett bringt ein neues P.; eine Oper, einen Film in das P. aufnehmen, vom P. absetzen; die Weltmeisterschaft wird in allen -en übertragen; **b)** *[vorgesehener] Ablauf [einer Reihe] von Darbietungen (bei einer Aufführung, einer Veranstaltung, einem Fest o. ä.):* ein gutes, abwechslungsreiches, volles, erlesenes P.; das P. einer Tagung, der Olympischen Spiele; unser P. beginnt, endet um ... das P. läuft, rollt reibungslos ab; das P. [des Abends] ansagen, zusammenstellen, ändern, einhalten; der Conférencier führte gekonnt durch das P.; **c)** *vorgesehener Ablauf, die nach einem Plan genau festgelegten Einzelheiten eines Vorhabens:* wie sieht mein P. *(Tagesablauf)* heute aus?; der Präsident hatte während des Staatsbesuchs ein umfangreiches P. zu absolvieren; wir mußten das P. unserer Reise ändern; ***nach P.** *(so, wie man es sich vorgestellt hat, wunschgemäß):* das Spiel begann, verlief [ganz] nach P.; **d)** *festzulegende Folge, programmierbarer Ablauf von Arbeitsgängen* (1) *einer Maschine* (z. B. einer Waschmaschine). **2.** *Blatt, Heft, das über eine Darbietung (z. B. Theateraufführung, Konzert) informiert:* was kostet ein P.?; ein P. kaufen; die Solisten, Darsteller werden im P. genannt; **auf jmds./auf dem P. stehen** *(beabsichtigt, geplant sein):* für morgen stehen einige Einkäufe auf dem P. **3.** *Konzeptionen, Grundsätze, die zur Erreichung eines bestimmten Zieles dienen:* ein politisches, wirtschaftliches P.; das P. einer Partei; ein P. zur Bekämpfung des Hungers in der dritten Welt; ein P. entwickeln, vertreten, erfüllen. **4.** (Datenverarb.) *Arbeitsanweisung od. Folge von Anweisungen für eine Anlage zur elektronischen Datenverarbeitung zur Lösung einer bestimmten Aufgabe:* ein P. schreiben; dem Computer ein P. eingeben, vorgeben; Nebenan ... rief sein Kollege ... die einzelnen Zusatzfragen des -s ab (Simmel, Stoff 289). **5.** (Kaufmannsspr.) *Sortiment eines bestimmten Artikels in verschiedenen Ausführungen:* Sehen Sie hier das neue P. unserer Polstermöbel.

programm-, Programm-: ~**abfolge,** die: *einander folgende Darbietungen einer Veranstaltung o. ä.;* ~**ablauf,** der; ~**änderung,** die; ~**anzeiger,** der: *Tafel mit Programmhinweisen (im Fernsehen);* ~**ausschnitt,** der: *Ausschnitt aus den Darbietungen einer Veranstaltung o. ä.;* ~**beirat,** der: (Rundf., Ferns.); ~**direktor,** der (bes. Ferns.): *jmd., der für das Programm [bestimmter Sendungen] verantwortlich ist;* ~**folge,** die: svw. ↑~abfolge; ~**gemäß** ⟨Adj.; o. Steig.⟩: *dem Programm entsprechend:* ein -er Beginn; p. ab-, verlaufen; ~**gestaltung,** die; ~**gesteuert** ⟨Adj.; o. Steig.; nicht adv.⟩ (Datenverarb.): *(von einem Computer o. ä.) durch ein Programm* (4) *gesteuert, mit Programmsteuerung arbeitend;* ~**heft,** das: svw. ↑Programm (2); ~**hinweis,** der: *Hinweis auf das Programm (des Abends, des nächsten Tages o. ä.), das im Fernsehen, im Rundfunk gesendet wird;* ~**koordination,** die (Rundf., Ferns.); ~**mäßig** ⟨Adj.; o. Steig.⟩ (nicht getrennt: programmäßig): **a)** ⟨meist adv.⟩ *was das Programm betrifft; in bezug auf das Programm:* p. könnte das Konzert noch besser gewesen sein; **b)** (ugs.) svw. ↑~gemäß; ~**musik,** die (nicht getrennt: Programmusik): *Instrumentalmusik, die eine Thematik, Vorstellungen, Erlebnisse des Komponisten o. ä. musikalisch auszudeuten sucht [u. über deren außermusikalischen Inhalt der Komponist (im Titel) Auskunft gibt];* ~**punkt,** der: *Punkt* (4) *eines Programms:* diesen P. abschließen; zum nächsten P. kommen; ~**steuerung,** die (Datenverarb.): *automatische Steuerung eines Geräts durch ein Programm* (4); ~**vorschau,** die: vgl. ~hinweis; ~**wechsel,** der; ~**zeitschrift,** die: *Zeitschrift, die vor allem Informationen über die Programme des Hörfunks u. des Fernsehens bietet;* ~**zettel,** der: *Programm* (2).

Programmatik [progra'ma:tık], die; -, -en ⟨Pl. selten⟩ (bildungsspr.): *Zielsetzung, Zielvorstellung:* einer starren P. huldigen; ⟨Abl.:⟩ **Programmatiker,** der; -s, - (bildungsspr.): *jmd., der ein Programm* (3) *aufstellt od. erläutert;* **programmatisch** ⟨Adj.; o. Steig.⟩ (bildungsspr.): **1.** *einem Programm* (3), *einem Grundsatz entsprechend:* -e Beschlüsse; die Ziele einer Partei p. festlegen. **2.** *richtungweisend, zielsetzend:* -e Schriften; -e Erklärungen abgeben; **programmierbar** [...'mi:ɐ̯ba:ɐ̯] ⟨Adj.; o. Steig.; nicht adv.⟩: *so beschaffen, daß man es programmieren kann;* **programmieren** [...'mi:rən] ⟨sw. V.; hat⟩: **1.** *nach einem Programm* (3) *ansetzen, (im Ablauf) festlegen:* eine stabile Wirtschaftsentwicklung p.; eine seit Wochen programmierte Besuchsreise. **2.** (Datenverarb.) *ein Programm* (4) *aufstellen; einem Computer Informationen eingeben:* Programmiert wurde für das numerische Aritma-System (Zeitschrift f. dt. Sprache 22, 1967, 143); programmierter Unterricht *(nach einem in kleine Einheiten aufgeteilten Lehrprogramm verlaufender [Selbst]-unterricht, bei dem ohne direkte Mitwirkung eines Lehrers der Lehrstoff durch Lernmaschinen od. Bücher vermittelt u. seine Beherrschung durch Tests überprüft wird).* **3.** *von vornherein auf etw. festlegen:* Alle Bedürfnisse werden durch die Werbung genauestens programmiert (Wohngruppe 30); mit dem nächsten Lehrer, der aus der Sowjetzone kam und ganz anders programmiert war (Kempowski, Immer 128); die Fußballmannschaft ist auf Erfolg programmiert; ⟨Abl. zu 2:⟩ **Programmierer,** der; -s, -: *jmd., der Schaltungen u. Programme (4) für Maschinen zur elektronischen Datenverarbeitung aufstellt u. erarbeitet* (Berufsbez.); **Programmiererin,** die; -, -nen: w. Form zu ↑Programmierer; **Programmiersprache,** die; -, -n (Datenverarb.): *Symbole, die zur Formulierung von Programmen* (4) *für die elektronische Datenverarbeitung verwendet werden; Maschinensprache;* **Programmierung,** die; -, -en: *das Programmieren.*

Progredienz [progre'di̯ɛnʦ], die; - (zu lat. prōgredi, ↑Progreß] (Med.): *das Fortschreiten, die zunehmende Verschlimmerung einer Krankheit;* **Progreß** [pro'grɛs], der; ...gresses, ...gresse [lat. prōgressus, zu: prōgressum, 2. Part. von: prōgredi = fortschreiten] (bildungsspr.): *das Fortschreiten, Fortgang;* **Progression** [progrɛ'si̯o:n], die; -, -en [1: lat. prōgressio]: **1.** (bildungsspr.) *das Fortschreiten, Weiterentwicklung; [stufenweise] Steigerung.* **2.** (Math. veraltend) *Reihe.* **3.** (Steuerw.) *(bei der Einkommensteuer) Zunahme des Steuersatzes bei wachsender Bemessungsgrundlage;* **Progressismus** [progrɛ'sısmʊs], der; - [frz. progressisme] (bildungsspr., oft abwertend): *[übertriebene] Fortschrittlichkeit;* **Progressist** [progrɛ'sıst], der; -en, -en [frz. progressiste] (bildungsspr.): *Anhänger des Progressismus od. einer Fortschrittspartei;* **progressistisch** ⟨Adj.⟩ (selten): *[übertrieben] fortschrittlich;* **progressiv** [progrɛ'si:f] ⟨Adj.⟩ [frz. progressif] (bildungsspr.): **1.** *fortschrittlich:* eine -e Konzeption; der -e Teil der Partei fordert Reformen; -e Musik; Der Elan unserer Jugend soll so p. bleiben (Hörzu 11, 1976, 5). **2.** *sich in einem bestimmten Verhältnis allmählich steigernd, entwickelnd:* die -e Gestaltung der Steuern; eine -e Gehirnlähmung; eine p. ansteigende Leistungskurve; **Progressive Jazz** [prə'grɛsıv 'dʒæz], der; - - [engl.-amerik. = fortschrittlicher Jazz] (Musik): *eine Synthese mit der europäischen Musik anstrebende Richtung des Jazz; orchestraler Jazz;* **Progressivismus** [progrɛsi'vısmʊs], der; - [wohl nach engl. progressivism] (bildungsspr.): svw. ↑Progressismus; **Progressivist** [...'vıst], der; -en, -en [wohl nach engl. progressivist] (bildungsspr.): svw. ↑Progressist; **Progressivsteuer** [progrɛ'si:f-], die; -, -n (Steuerw.): *Steuer, deren Sätze entsprechend dem zu besteuernden Einkommen, Vermögen o. ä. ansteigen.*

Progymnasium, das; -s, ...ien (selten): *sechsklassiges Gymnasium ohne Oberstufe.*

prohibieren [prohi'bi:rən] ⟨sw. V.; hat⟩ [lat. prohibēre] (bildungsspr. veraltet): *verhindern, verbieten;* **Prohibition** [...bi'ʦi̯o:n], die; -, -en [1: lat. prohibitio; 2: engl. prohibition < lat. prohibitio, zu: prohibitum, 2. Part. von: prohibēre, ↑prohibieren]: **1.** (bildungsspr. veraltet) *Verbot; Verhinderung.* **2.** ⟨o. Pl.⟩ *staatliches Verbot, Alkohol herzustellen od. abzugeben;* **Prohibitionist** [...ʦi̯o'nıst], der; -en, -en [engl. prohibitionist]: *Anhänger der Prohibition* (2); **prohibitiv** [...'ti:f] ⟨Adj.; o. Steig.⟩ (Fachspr., sonst selten): *verhindernd, abhaltend; vorbeugend;* **Prohibitiv** [-], der; -s, -e [...i:və] (Sprachw.): *Modus des Verbs, der ein Verbot, eine Warnung od. Mahnung ausdrückt; verneinte Befehlsform;* ⟨Zus.:⟩ **Prohibitivsatz,** der (Sprachw.): *Gliedsatz, der ein Verbot, eine Warnung od. Mahnung ausdrückt;* **Prohibitivzoll,** der (Wirtsch.): *besonders hoher Zoll zur Beschränkung der Einfuhr;* **prohibitorisch** [...'to:rıʃ] ⟨Adj.; o. Steig.⟩ [lat. prohibitōrius]: *prohibitiv.*

Projekt [pro'jɛkt], das; -[e]s, -e [lat. prōiectum = das nach vorn Geworfene, subst. 2. Part. von: prōicere, ↑projizieren] (bildungsspr.) *[großangelegte] geplante od. bereits begonnene Unternehmung; [großangelegtes] Vorhaben:* ein bautechnisches P.; ein interessantes, kühnes, phantastisches P.; die Autobahnbrücke ist ein gigantisches P.; ein P. zur Erschließung der Sonnenenergie; ein P. vorbereiten, realisieren, verwerfen; sich mit einem P. der Raumfahrt beschäftigen, tragen.

Projekt-: ~**gruppe,** die: *für ein bestimmtes Projekt eingesetzte Arbeitsgruppe;* ~**kunde,** die: *gezielte Unterweisung (in ein wirtschaftliches o. ä. Projekt);* ~**leiter,** der; ~**management,** das; ~**planung,** die.

Projektant [projɛk'tant], der; -en, -en [zu ↑projektieren, viell. nach frz. projetant = Projektenmacher] (bes. Bauw.): *jmd., der neue Projekte vorbereitet; Planer;* **Projektemacher,** der; -s, -: ↑Projektenmacher; **Projektemacherei,** die; -, -en ⟨Pl. selten⟩: ↑Projektenmacherei; **Projektenmacher,** der; -s, - (abwertend): *jmd., der dauernd [geschäftliche] Projekte vorbereitet, sie aber selten realisieren kann;* **Projektenmacherei** [...maxə'rai̯], die; -, -en ⟨Pl. selten⟩ (abwertend): *dauerndes, meist nicht realisierbares Vorbereiten von Projekten;* **Projekteur** [projɛk'tøːɐ̯], der; -s, -e [frz. projeteur] (bes. Technik): *jmd., der etw. projektiert;* **projektieren** [...'ti:rən] ⟨sw. V.; hat⟩ (bildungsspr.): *ein Projekt entwerfen, für ein Vorhaben einen Plan erstellen:* einen Bau, eine neue Anlage p.; ⟨Abl.:⟩ **Projektierung,** die; -, -en; **Projektil** [...'ti:l], das; -s, -e [frz. projectile] (Fachspr.): **1.** *Geschoß (meist von Handfeuerwaffen):* das P. drang in das Holz ein, durchschlug den Rahmen; ein P. aus dem Körper entfernen. **2.** (Jargon) svw. ↑Rakete; **Projektion** [...'ʦi̯o:n], die; -, -en [lat. prōiectio = das Hervorwerfen]: **1.** (Optik) **a)** *das Projizieren* (1), *vergrößerte Wiedergabe von Bildern auf einer hellen Fläche mit Hilfe eines Projektors:* die P. von Dias auf eine Leinwand; **b)** (selten) *auf eine helle Fläche projizierte Bild:* die P. ist unscharf. **2.** (Math.) **a)** *Abbildung räumlicher Körper auf einer Ebene (mit Hilfe von Geraden);* **b)** *auf eine Ebene projizierte Abbildung eines räumlichen Körpers.* **3.** (Geogr.) **a)** *das Abbilden von Teilen der Erdoberfläche auf einer Ebene mit Hilfe von verschiedenen Gradnetzen;* **b)** *auf eine Ebene projizierte Abbildung von Teilen der Erdoberfläche;* vgl. Kartenprojektion. **4.** (bildungsspr.) *das Projizieren* (3), *das Hineinverlegen, Übertragen:* die P. menschlicher Eigenschaften in das Tier. **5.** (bildungsspr. selten) *das Projektieren.*

Projektions-: ~**apparat,** der: svw. ↑Projektor; ~**ebene,** die (Math.): *Ebene, auf die ein räumlicher Körper projiziert* (2) *wird;* ~**fläche,** die: *Fläche, die sich eignet, Bilder darauf zu projizieren;* ~**gerät,** das: svw. ↑Projektor; ~**lampe,** die: *Lampe* (2) *eines Projektors;* ~**strahl,** der: **1.** (Optik) *Lichtstrahl eines Projektors.* **2.** (Math.) *bei der Projektion* (2) *Gerade, die von einem Punkt des abzubildenden räumlichen Körpers hin zur Bildebene gezeichnet wird;* ~**verfahren,** das; ~**wand,** die: vgl. ~fläche.

projektiv [projɛk'ti:f] ⟨Adj.; o. Steig.; nicht adv.⟩ (Math.): *die Projektion* (2) *betreffend, zu ihr gehörend, darauf beruhend:* -e Geometrie.

Projektor [pro'jɛktɔr, auch: ...to:ɐ̯], der; -s, -en [...'to:rən]: *Gerät, mit dem man Bilder auf einer hellen Fläche vergrößert wiedergeben kann;* **projizieren** [proji'ʦi:rən] ⟨sw. V.; hat⟩ [lat. prōicere = nach vorn werfen; (räumlich) hervortreten lassen, hinwerfen]: **1.** (Optik) *Bilder mit einem Projektor auf einer Projektionsfläche vergrößert wiedergeben:* Dias auf eine Leinwand p. **2.** (Math.) *einen räumlichen Körper mit Hilfe von Geraden auf einer Ebene abbilden.* **3.** (bildungsspr.) *in jmdn., etw. hineinverlegen, auf jmdn. etw. übertragen:* Sehnsüchte, Ängste in einen anderen, auf die Außenwelt p.; ⟨Abl.:⟩ **Projizierung,** die; -, -en.

Prokaryonten [prokaˈryːɔntn̩] ⟨Pl.⟩ [zu griech. pró = anstatt u. káryon = Kern] (Biol.): zusammenfassende Bez. für *alle Organismen, deren Zellen keinen durch eine Membran getrennten Zellkern aufweisen* (Ggs.: Eukaryonten).

Proklamation [proklamaˈtsi̯oːn], die; -, -en [frz. proclamation < spätlat. prōclāmātio = das Ausrufen, zu lat. prōclāmāre, ↑proklamieren] (bildungsspr.): *[amtliche] Erklärung, öffentliche Bekanntgabe, feierliche Verkündigung:* die P. der Menschenrechte; eine monotone P. der immer gleichen ... Schlagworte (Welt 22. 6. 65, 7); **proklamieren** [...ˈmiːrən] ⟨sw. V.; hat⟩ [lat. prōclāmāre = laut rufen] (bildungsspr.): *öffentlich [u. amtlich] erklären, bekanntmachen; feierlich verkünden:* den Kriegszustand, ein Prinzip, den Anspruch auf etw., eine Überzeugung p.; Nach sowjetischem Vorbild wurde sie (=SED) zur führenden Kraft im Staat proklamiert (*erklärt, ausgerufen;* Fraenkel, Staat 352); ⟨Abl.:⟩ **Proklamierung,** die; -, -en.

Proklise [proˈkliːzə], **Proklisis** [ˈproːklizɪs], die; -, ...sen [proˈkliːzn̩; zu griech. proklínein = vorwärts neigen] (Sprachw.): *Anlehnung eines unbetonten Wortes an ein folgendes betontes* (z. B. *der* Tisch; *am* Ende; Ggs.: Enklise); **Proklitikon** [proˈkliːtikɔn], das; -s, ...ka (Sprachw.): *unbetontes Wort, das sich an das folgende betonte anlehnt;* **proklitisch** [proˈkliːtɪʃ] ⟨Adj.; o. Steig.⟩ (Sprachw.): *sich an ein folgendes betontes Wort anlehnend* (Ggs.: enklitisch).

Prokonsul, der; -s, -n [lat. prōcōnsul]: *(im Röm. Reich) ehemaliger Konsul als Statthalter einer Provinz;* **Prokonsulat,** das; -[e]s, -e [lat. prōcōnsulātus]: *(im Röm. Reich) Amt eines Prokonsuls.*

Pro-Kopf- (mit Bindestrichen): in Zus. mit Subst. auftretendes Best., das bezeichnet, daß das im Grundwort Genannte auf jede einzelne Person umgerechnet worden ist, z. B. Pro-Kopf-Einkommen; Pro-Kopf-Verbrauch.

Prokrustesbett [proˈkrʊstɛs-], das; -[e]s [zu lat. Procrūstēs, griech. Prokroústēs, Unhold der griech. Sage, der Wanderer in ein Bett zwang, indem er überstehende Gliedmaßen abhieb od. zu kurze mit Gewalt streckte] (bildungsspr.): *Schema, in das etw. gewaltsam hineingezwängt wird:* weil die ,zweispaltigen' Leitartikel in der ,Zeit' die Überschrift gewöhnlich in ein P. zwängen (Dönhoff, Ära 13).

Proktitis [prɔkˈtiːtɪs], die; -, ...titiden [...tiˈtiːdn̩; zu griech. prōktós = Mastdarm] (Med.): *Entzündung des Mastdarms;* **Proktologe** [prɔktoˈloːgə], der; -n, -n [↑-loge] (Med.): *Facharzt auf dem Gebiet der Proktologie;* **Proktologie** [...loˈgiː], die; - [↑-logie] (Med.): *Wissenschaft u. Lehre von den Erkrankungen des Mastdarms.*

Prokura [proˈkuːra], die; -, ...ren [ital. procura, zu: procurare < lat. prōcūrāre = verwalten] (Kaufmannsspr.): *einem Angestellten erteilte handelsrechtliche Vollmacht, alle Arten von Rechtsgeschäften für seinen Betrieb vorzunehmen:* [die] P. haben, besitzen; jmdm. P. erteilen; vgl. per procura; **Prokurator** [prokuˈraːtɔr, auch: ...toːɐ̯], der; -s, -en [...raˈtoːrən; 1: lat. prōcūrātor; 2: ital. procuratore]: **1.** *(im Röm. Reich) Statthalter einer Provinz.* **2.** (MA.) *einer der neun höchsten Staatsbeamten der Republik Venedig, aus denen der Doge gewählt wurde;* **Prokuren**: Pl. von ↑Prokura; **Prokurist** [prokuˈrɪst], der; -en, -en: *Inhaber der Prokura* (Berufsbez.); ⟨Zus.:⟩ **Prokuristenstelle,** die; **Prokuristin,** die; -, -nen: w. Form zu ↑Prokurist.

prolabieren [prolaˈbiːrən] ⟨sw. V.; hat/ist⟩ [lat. prōlābi = herabfallen] (Med.): *(von Teilen innerer Organe) aus einer natürlichen Körperöffnung heraustreten; vorfallen* (2 b).

Prolaktin [prolakˈtiːn], das; -s, -e [zu lat. prō (↑pro) u. lāc (Gen.: lactis) = Milch] (Biol., Med.): *Geschlechtshormon, das u. a. die Produktion von Milch während der Stillzeit anregt; Luteotropin.*

Prolamin [prolaˈmiːn], das; -s, -e ⟨meist Pl.⟩ [Kunstwort]: *im Getreidekorn enthaltener Eiweißstoff.*

Prolaps [proˈlaps], der; -es, -e, **Prolapsus** [pro-], der; -, - [...psuːs; zu lat. prōlāpsum, 2. Part. von: prōlābi, ↑prolabieren] (Med.): *Vorgang des Prolabierens, [teilweises] Heraustreten eines inneren Organs od. eines seiner Teile aus einer natürlichen Körperöffnung; Vorfall* (2).

Prolegomena [proleˈgɔmɛna, proleˈgoːmena] ⟨Pl.⟩ [griech. prolegómena = das, was vorher gesagt wird, zu: prolégein = vorher sagen] (Wissensch.): **a)** *Vorrede zu einem wissenschaftlichen Werk; Vorbemerkungen;* **b)** *wissenschaftliche Arbeit (mit noch vorläufigem Charakter);* **Prolegomenon** [proleˈgɔmɛnɔn, proleˈgoːmenɔn], das; -s, ...mena (Wissensch. selten): *Vorbemerkung.*

Prolepse [proˈlɛpsə], **Prolepsis** [ˈproːlɛpsɪs, proˈlɛpsɪs], die; -, ...sen [proˈlɛpsn̩: spätlat. prolēpsis < griech. prólēpsis] **1.** (Sprachw.): *Vorwegnahme eines Satzgliedes, bes. Nennung (im Akkusativ) des Subjekts eines Gliedsatzes im vorausgehenden Hauptsatz* (z. B. Hast du den Kerl gesehen, wie er aussieht? statt: Hast du gesehen, wie der Kerl aussieht?). **2.** (Philos.) *(bei Stoikern u. Epikureern) unmittelbar aus der Wahrnehmung entwickelter [Allgemein]begriff;* **proleptisch** [proˈlɛptɪʃ] ⟨Adj.; o. Steig.⟩ [griech. prolēptikós] (Sprachw.): *in der Art einer Prolepse* (2); *vorwegnehmend, vorgreifend.*

Prolet [proˈleːt], der; -en, -en [rückgeb. aus ↑Proletarier]: **1.** (ugs. veraltend) *Proletarier* (1). **2.** (abwertend) *jmd., der keine Umgangsformen hat; ungebildeter, roher Mensch:* er ist ein richtiger, widerlicher P.; jmdn. als -en beschimpfen; **Proletariat** [proletaˈri̯aːt], das; -[e]s, -e ⟨Pl. selten⟩ [frz. prolétariat, zu: prolétaire < lat. prōlētārius, ↑Proletarier]: **1.** (marx.) *in einer kapitalistischen Gesellschaft Klasse der abhängigen Lohnarbeiter (die keine eigenen Produktionsmittel besitzen); Arbeiterklasse:* das ländliche, städtische, landwirtschaftliche, industrielle P.; dem P. angehören; Ü akademisches P. *(Masse arbeitsloser od. unterbeschäftigter Akademiker).* **2.** (hist.) *Klasse der ärmsten Bürger im antiken Rom;* **Proletarier** [...ˈtaːri̯ɐ], der; -s, - [lat. prōlētārius = Angehöriger des Proletariats (2), (der als einzigen Besitz seine Kinder hat), zu: prōlēs = Nachkomme]: **1.** (bildungsspr.) *Angehöriger des Proletariats* (1). **2.** (hist.) *Angehöriger des Proletariats* (2).

Proletarier-: **~familie,** die; **~kind,** das; **~viertel,** das: *[vorwiegend] von Proletariern bewohntes Stadtviertel.*

Proletarierin, die; -, -nen: w. Form zu ↑Proletarier; **proletarisch** [proleˈtaːrɪʃ] ⟨Adj.; o. Steig.⟩: *den Proletarier* (1), *das Proletariat* (1) *betreffend, zu ihm gehörend, von ihm ausgehend:* eine -e Familie; seine -e Herkunft; ein -es [Klassen]bewußtsein; eine -e *(vom Proletariat ausgehende)* Revolution; eine -e *(vom Proletariat getragene)* Kultur; er gibt sich gern p.; p. denken; **proletarisieren** [...tariˈziːrən] ⟨sw. V.; hat⟩ (bildungsspr.): *(eine Bevölkerungsgruppe) zu Proletariern machen, werden lassen:* Teile des Mittelstandes wurden proletarisiert; ⟨Abl.:⟩ **Proletarisierung,** die; - (bildungsspr.): *das Proletarisieren, Proletarisiertwerden;* **Proletenbagger,** der; -s, - (ugs. scherzh.): *²Paternoster;* **proletenhaft** ⟨Adj.; -er, -este⟩ (abwertend): *sich wie ein Prolet* (2) *verhaltend; ungebildet u. ungehobelt:* ein -es Benehmen; sich p. aufführen; **Proletkult,** der; -[e]s [russ. Kurzwort aus *prolet*arskaja *kul*tura = proletarische Kultur]: *kulturrevolutionäre Bewegung im Rußland der Oktoberrevolution mit dem Ziel, eine proletarische Kultur zu entwickeln.*

¹Proliferation [proliferaˈtsi̯oːn], die; -, -en [nlat. Bildung zu lat. prōlēs u. ferre, ↑²Proliferation] (Med.): *[krankhafte] Wucherung von Gewebe durch Vermehrung von Zellen;* **²Proliferation** [proʊlɪfəˈreɪʃən], die; - [engl.-amerik. proliferation < frz. prolifération = Aus-, Verbreitung, zu: prolifère = Nachwuchs hervorbringen, zu lat. prōlēs (↑Prolet) u. ferre = tragen] (Politik): *Weitergabe von Atomwaffen od. Mitteln zu deren Herstellung an Länder, die selbst keine Atomwaffen entwickelt haben;* vgl. Nonproliferation; **proliferativ** [proliferaˈtiːf] ⟨Adj.; o. ⟨Steig.⟩ (Med.): *(von Geweben) wuchernd, sich [krankhaft] vermehrend;* **proliferieren** [...ˈriːrən] ⟨sw. V.; hat⟩ (Med.): *wuchern.*

Prolog [proˈloːk], der; -[e]s, -e [lat. prologus < griech. prólogos]: **1.** (Ggs.: Epilog) **a)** *einleitende Vorrede, Vorspiel (im Drama):* der P. zu Goethes Faust; den P. sprechen, spielen; **b)** *Vorrede, Vorwort, Einleitung eines literarischen Werkes.* **2.** (Radsport) *Rennen (meist Zeitfahren), das den Auftakt eines über mehrere Etappen gehenden Radrennens bildet u. dessen Sieger bei der folgenden ersten Etappe das Trikot des Spitzenreiters trägt.*

Prolongation [prolɔngaˈtsi̯oːn], die; -, -en [zu ↑prolongieren]: **a)** (Wirtsch.) *Verlängerung einer Zahlungsfrist; Hinausschieben eines Fälligkeitstermins:* einem Schuldner P. gewähren; P. erwirken, beantragen; **b)** (bes. österr., sonst bildungsspr.) *Verlängerung (einer Frist, bes. der Laufzeit eines Films o. ä.);* ⟨Zus. zu a:⟩ **Prolongationsgeschäft,** das (Wirtsch.): *Rechtsgeschäft, durch das die Erfüllung eines*

[Geld]geschäfts auf einen späteren Termin verschoben wird, Kostgeschäft; **Prolongationswechsel,** der (Bankw.): *an Stelle eines fälligen Wechsels neu ausgestellter Wechsel mit späterem Fälligkeitsdatum;* **prolongieren** [...'gi:rən] ⟨sw. V.; hat⟩ [lat. prōlongāre = verlängern]: **a)** (Wirtsch.) *die Frist der Zahlung für etw. verlängern, den Fälligkeitstermin von etw. hinausschieben; stunden:* einen Kredit, Wechsel, ein Termingeschäft p.; **b)** (bes. österr., sonst bildungsspr.) *die [vorgesehene] Dauer von etw. (bes. die Laufzeit eines Films o. ä.) verlängern:* der Film ist nochmals [für eine Woche, bis nächsten Donnerstag] prolongiert worden; ein Engagement, einen Vertrag, ein Mietverhältnis p.; ⟨Abl.:⟩ **Prolongierung,** die: -, -en: **a)** (Wirtsch.) svw. ↑Prolongation (a); **b)** (österr., sonst bildungsspr.) svw. ↑Prolongation (b).

pro memoria [pro: me'mo:ri̯a; lat.] (bildungsspr.): *zum Gedächtnis, zur Erinnerung* (Abk.: p. m.); **Promemoria** [prome'mo:ri̯a], das; -s, ...ien [...i̯ən] u. -s (bildungsspr. veraltet): **a)** *Denkschrift;* **b)** *Merkzettel, Merkbuch.*

Promenade [promə'na:də], die; -, -n [frz. promenade, zu: promener, ↑promenieren]: **1.** *[zum Promenieren angelegter, benutzter] gepflegter Weg [mit schönem Ausblick, in schöner Umgebung]:* der Kurort hat eine schöne P.; ich traf ihn auf der P. am See. **2.** (geh., veraltend) *das Promenieren, Spaziergang auf einer Promenade* (1): eine P. machen.

Promenaden-: **~deck,** das: *Deck eines Fahrgastschiffes, dessen unter freiem Himmel liegender Teil den Fahrgästen zum Aufenthalt im Freien, zum Promenieren dient;* **~konzert,** das: *an, auf der Promenade im Freien veranstaltetes Konzert;* **~mischung,** die (scherzh., auch abwertend): *aus [wiederholter] zufälliger Kreuzung hervorgegangener, keiner Hunderasse zuzuordnender Hund.*

promenieren [promə'ni:rən] ⟨sw. V.⟩ [frz. (se) promener < mfrz. po(u)r mener, aus po(u)r = im Kreis u. mener < spätlat. mināre = (an)treiben] (geh.): **a)** *[in gepflegter Kleidung] an einem belebten Ort, auf einer Promenade langsam auf und ab gehen* ⟨hat⟩: ... hatten sie an Sommermittagen ... auf diesem Strand promeniert (Koeppen, Rußland 128); **b)** *sich promenierend* (a) *irgendwohin bewegen* ⟨ist⟩: durch den Park p.

Promesse [pro'mɛsə], die; -, -n [frz. promesse, zu: promettre < lat. prōmittere = versprechen] (jur.): *Urkunde, in der jmd. verspricht, eine bestimmte Leistung zu erbringen, eine bestimmte Zahlung zu leisten* (z. B. Schuldschein).

prometheisch [prome'te:ɪʃ] ⟨Adj.⟩ [nach Prometheus, dem Titanen der griechischen Mythologie] (bildungsspr.): *in der Art des Prometheus, an Kraft, Größe alles überragend, titanenhaft:* eine -e Tat, Leistung; -er Trotz; -es Ringen; **Promethium** [pro'me:ti̯ʊm], das; -s (Chemie): *zu den seltenen Erden gehörendes, radioaktives, fluoreszierendes Metall (chemischer Grundstoff);* Zeichen: Pm

pro mille [pro: 'mɪlə; lat.] (bes. Kaufmannsspr.): **a)** *für, pro tausend, fürs Tausend:* für die Schrauben zahle ich p. m. 50 Mark; Abk.: p. m.; **b)** *vom Tausend:* er hat 1,8 p. m. Alkohol im Blut; Abk.: p. m.; Zeichen: ‰; **Promille** [pro'mɪlə] das; -[s], -: **a)** *tausendster Teil, Tausendstel* (Hinweis bei Zahlenangaben, die sich auf die Vergleichszahl 1 000 beziehen): die Provision beträgt 7 P.; er hatte über 1,8 P. [Blutalkohol]; Zeichen: ‰; **b)** ⟨Pl.; nicht in Verbindung mit Zahlen⟩ (ugs.) *(meßbarer) Alkoholgehalt in jmds. Blut; Blutalkohol:* er fährt nur ohne P.; ⟨Zus.:⟩ **Promillegrenze,** die: *gesetzlich festgelegter Grenzwert des Alkoholgehalts im Blut für Autofahrer:* die P. liegt bei 0,8 Promille; **Promillesatz,** der: vgl. Prozentsatz.

prominent [promi'nɛnt] ⟨Adj.; -er, -este⟩ [lat. prōminēns (Gen.: prōminentis), eigtl. 1. Part. von: prōminēre = hervorragen]: **1.** ⟨nicht adv.⟩ *beruflich od. gesellschaftlich einen hervorragenden Rang einnehmend u. daher namentlich weithin bekannt:* -e Persönlichkeiten aus Politik und Wirtschaft, von Film und Theater; ein -er Gast, Chirurg, Industrieller; p. sein; ⟨subst.:⟩ es waren auch einige Prominente anwesend. **2.** (bildungsspr.) *sich durch Größe, Bedeutung, Wichtigkeit von Vergleichbarem abhebend; herausragend:* er hat bei der Affäre eine -e Rolle gespielt; eine Frage von -er Bedeutung; eine p. besetzte Theateraufführung.

Prominenten-: **~absteige,** die (scherzh., oft spött.): *von Prominenten bevorzugtes, vornehmes Hotel;* **~herberge,** die (scherzh.): svw. ↑~absteige; **~mannschaft,** die (Sport): *aus Prominenten zusammengestellte [Fußball]mannschaft;* **~spiel,** das (Sport): vgl. ~mannschaft; **~treffen,** das (Sport Jargon): svw. ↑~spiel.

Prominenz [promi'nɛnt͜s], die; -, -en [zu spätlat. prōminentia = das Hervorragen]: **1.** ⟨o. Pl.⟩ *Gesamtheit der Prominenten [in einem bestimmten Bereich]:* die gesamte P. aus Wissenschaft und Technik, von Film und Fernsehen war versammelt; zur [politischen] P. gehören; es war einiges an P. (ugs.; *etliche Prominente*) anwesend. **2.** ⟨o. Pl.⟩ (bildungsspr.) **a)** *das Prominentsein:* P. schützt in der Fußballbundesliga nicht vor dem Rausschmiß (Spiegel 50, 1977, 209); **b)** (selten) *prominente* (2) *Bedeutung, besondere Wichtigkeit:* er hat die P. dieser Frage erkannt. **3.** ⟨Pl.⟩ *prominente* (1) *Persönlichkeiten:* sie können ebensogut ... Autogramme anderer -en sammeln (Adorno, Prismen 127).

promiscue [pro'mɪskue] ⟨Adv.⟩ [lat. prōmīscuē = *ohne Unterschied, gemeinschaftlich,* Adv. von: prōmīscuus, ↑Promiskuität] (bildungsspr. selten): *vermengt, durcheinander;* **Promiskuität** [...ku̯i'tɛ:t], die; - [zu lat. prōmīscuus = gemischt] (bildungsspr.): *häufiges Wechseln der Sexualpartner, Geschlechtsverkehr mit beliebigen Partnern [ohne dauerhafte Bindung];* **promiskuitiv** [...ku̯i'ti:f] ⟨Adj.; o. Steig.⟩ (bildungsspr.): *in Promiskuität lebend, durch Promiskuität gekennzeichnet;* **promiskuos** [...'ku̯o:s], **promiskuös** [...'ku̯ø:s] ⟨Adj.; o. Steig.⟩ [wohl nach engl. promiscuous < lat. prōmīscuus, ↑Promiskuität] (bildungsspr., leicht abwertend): svw. ↑promiskuitiv.

Promoter [pro'mo:tɐ, engl.: prə'moʊtə], der; -s, - [engl. promoter, zu: to promote = fördern, zu lat. prōmōtus, 2. Part. von: prōmovēre, ↑promovieren]: **1.** (Sport) *Veranstalter von Wettkämpfen im professionellen Sport* (bes. Boxen, Ringen, Radsport). **2.** (Showgeschäft) *Veranstalter, Organisator von Konzerten, Tourneen, Popfestivals o. ä.* **3.** (Wirtsch.) svw. ↑Sales-promoter; **[1]Promotion** [promo't͜si̯o:n], die; -, -en [spätlat. prōmōtio = Beförderung (zu einem ehrenvollen Amt)]: **1.** (bildungsspr.) **a)** *Erlangung, Verleihung der Doktorwürde:* jmds. P. [zum Doktor der Philosophie] feiern; jmdm. zur P. gratulieren; **b)** (österr.) *offizielle Feier, bei der die Doktorwürde verliehen wird:* meine P. findet morgen statt; **[2]Promotion** [prə'moʊʃən], die; - [engl. promotion] (Wirtsch.): *Absatzförderung, Werbung [durch besondere Werbemaßnahmen* (z. B. Verteilung von Warenproben)]: für ein Erzeugnis, eine Gesangsgruppe P. machen; der Verlag hat für die P. des Buches 100 000 Mark aufgewendet; ⟨Zus.:⟩ **Promotionaktion,** die (Wirtsch.): *Werbeaktion.*

Promotions- ([1]Promotion; Hochschulw.): **~ordnung,** die: *Prüfungsordnung für Promotionen;* **~recht,** das ⟨o. Pl.⟩: *Recht (einer Fakultät, Hochschule), die Doktorwürde zu verleihen;* **~verfahren,** das: *in der Promotionsordnung festgelegtes Verfahren, nach dem Doktoranden promoviert werden.*

Promotor [pro'mo:tɔr, auch: ...to:ɐ̯], der; -s, -en [promo'to:rən; lat. prōmōtor = Vermehrer, zu prōmōtus, ↑Promoter]: **1.** (bildungsspr.) *jmd., der jmdn., etw. managt, fördert; Förderer:* Herbert Ihering ..., der P. Brechts und der damals jüngsten Schriftstellergeneration (Kantorowicz, Tagebuch I, 286); **2.** (österr. Hochschulw.) *Professor, der die formelle Verleihung der Doktorwürde vornimmt;* **Promovend** [promo'vɛnt], der; -en, -en [zu lat. prōmovēre, ↑promovieren] (DDR): *jmd., der kurz vor seiner [1]Promotion steht;* **promovieren** [...'vi:rən] ⟨sw. V.; hat⟩ [lat. prōmovēre = befördern, vorrücken] (bildungsspr.): **1. a)** *die Doktorwürde erlangen:* er hat [zum Doktor der Philosophie, in Geschichte] promoviert; **b)** *(über ein bestimmtes Thema) eine Dissertation schreiben:* Sie ... hatte über Adam Smith' Verhältnis zu den Physiokraten promoviert (Kant, Impressum 107). **2.** *jmdm. die Doktorwürde verleihen:* er wurde zum Doktor der Medizin promoviert; ein promovierter Jurist. **3.** (bildungsspr. veraltend) *fördern, unterstützen:* ... daß ... Scheinheiligkeit geachtet und Schwachsinn promoviert ... wird (Kantorowicz, Tagebuch I, 71).

prompt [prɔmpt] ⟨Adj.; -er, -este⟩ [frz. prompt = bereit, schnell < lat. prōmptus = gleich zur Hand, bereit, zu: prōmere = hervorholen]: **1.** *unverzüglich, unmittelbar (als Reaktion auf etw.) erfolgend; umgehend, sofortig:* -e Bedienung, Lieferung; eine -e Antwort, Reaktion; einen Auftrag p. ausführen. **2.** ⟨o. Steig.; nur adv.⟩ (ugs., meist iron.) *einer nicht einleuchtend begründbaren Erwartung, Hoffnung od. Befürchtung genau entsprechend, aber im Grunde genommen erstaunlicher-, überraschenderweise; doch tatsächlich:* er ist auf den Trick p. hereingefallen; den einzigen denkbaren Fehler hat er natürlich p. gemacht; was er befürchtet hatte, traf p. ein; als wir uns endlich entschlossen hatten spazierenzugehen, fing es p. an zu regnen; ⟨Abl. zu 1:⟩ **Promptheit,** die; -: *Unverzüglichkeit, Schnelligkeit.*

Promulgation [promulga'tsi̯o:n], die; -, -en [spätlat. prōmulgātio, zu lat. prōmulgāre, ↑promulgieren] (bildungsspr. veraltend): *öffentliche Bekanntmachung, Veröffentlichung, Verkündung* (z. B. eines Gesetzes); **promulgieren** [...'gi:rən] ⟨sw. V.; hat⟩ [lat. prōmulgāre] (bildungsspr. veraltend): *(z. B. ein Gesetz) öffentlich bekanntmachen, verkünden.*

Pronomen [pro'no:mən], das; -s, - u. ...mina [lat. prōnōmen, aus: prō (↑pro) u. nōmen, ↑Nomen] (Sprachw.): *(deklinierbares) Wort, das ein [im Kontext vorkommendes] Nomen vertritt od. ein Nomen mit dem es zusammen auftritt, näher bestimmt; Fürwort:* Personal-, Possessiv- und andere Pronomina; ein adjektivisches, substantivisches P.; **pronominal** [pronomi'na:l] ⟨Adj.; o. Steig.⟩ [spätlat. prōnōminālis] (Sprachw.): *das Pronomen betreffend, zur Wortart Pronomen gehörend; fürwörtlich:* der Satz hat ein -es Subjekt; etw. p. ausdrücken; ⟨Zus.:⟩ **Pronominaladjektiv,** das (Sprachw.): *Adjektiv, das die Beugung eines nachfolgenden [substantivierten] Adjektivs teils wie ein Adjektiv, teils wie ein Pronomen beeinflußt* (z. B. beide, mehrere, kein); **Pronominaladverb,** das; (Sprachw.): *(aus einem alten pronominalen Stamm u. einer Präposition gebildetes) Adverb, das eine Fügung aus Präposition u. Pronomen vertritt; Umstandsfürwort* (z. B. „darüber" für „über es", „über das"); **Pronominale** [pronomi'na:lə], das; -s, ...lia [...li̯a] u. ...lien [...li̯ən] (Sprachw.): *Pronomen, das die Qualität od. die Quantität bezeichnet* (z. B. lat. qualis, tantus).

prononcieren [pronõ'si:rən] ⟨sw. V.; hat⟩ [frz. prononcer < lat. prōnūntiāre] (bildungsspr. veraltet): **1.** *[öffentlich] aussprechen, erklären.* **2.** *mit Nachdruck aussprechen, stark betonen;* **prononciert** [pronõ'si:ɐ̯t] ⟨Adj.; -er, -este⟩ (bildungsspr.): **a)** *besonders deutlich, eindeutig; entschieden:* einen -en Standpunkt vertreten; ein -er Verfechter der großen Koalition; sich p. für, gegen etw. aussprechen; **b)** *deutlich erkennbar, auffallend; ausgeprägt:* -e Konturen; ein -er Braunton; er unterscheidet sich von dem älteren Prager ... durch das weit -ere Element von Urbanität (Adorno, Prismen 239); **Pronunciamiento** [pronʊnsi̯a'mi̯ɛnto], **Pronunziamento** [...tsi̯a'mɛnto], **Pronunziamiento** [...'mi̯ɛnto], das; -s, -s [span. pronunciamiento, zu: pronunciar = ausrufen, -sprechen < lat. prōnūntiāre, ↑prononcieren] in Spanien u. den spanischsprachigen Staaten Südamerikas Bez. für: **a)** *Aufruf zum Sturz der Regierung;* **b)** *Militärputsch;* **pronunziato** [pronʊn'tsi̯a:to] ⟨Adv.⟩ [ital. pronunciato, älter: pronunziato, eigtl. = ausgesprochen] (Musik): *deutlich markiert, hervorgehoben:* etw. p. spielen.

Proömium [pro|'ø:mi̯ʊm], das; -s, ...ien [...i̯ən; lat. prooemium < griech.. prooímion] (Literaturw.): **1.** *kleinere Hymne, die von den altgriechischen Rhapsoden vor einem großen Epos vorgetragen wurde.* **2.** *(bei antiken Texten) Vorrede, Einleitung.*

Propädeutik [propɛ'dɔytɪk], die; -, -en [zu griech. propaideúein = vorher unterrichten, aus: pró = vor(her) u. paideúein = unterrichten] (Wissensch.): **a)** ⟨o. Pl.⟩ *auf das Studium einer bestimmten Wissenschaft, eines Faches vorbereitender, einführender Unterricht; Einführung (in ein Fach):* philosophische P.; die Leistungskurse der Gymnasien gelten als P. [zum, für das Hochschulstudium]; **b)** *wissenschaftliches Werk, Lehrbuch, das in ein bestimmtes Fach einführt, die nötigen Vorkenntnisse zum Studium eines Faches vermittelt:* eine P. zur Philosophie schreiben; **Propädeutikum** [...'dɔytikʊm], das; -s, ...ka (schweiz. Hochschulw.): *medizinische Vorprüfung;* **propädeutisch** [...'dɔytɪʃ] ⟨Adj.; o. Steig.⟩ (bildungsspr.): *(in ein Fach o. ä.) einführend, (auf ein Studium) vorbereitend.*

Propaganda [propa'ganda], die; - [gek. aus nlat. Congregatio de propaganda fide = (Päpstliche) Gesellschaft zur Verbreitung des Glaubens (gegr. 1622), zu lat. prōpāgāre, ↑propagieren]: **1.** *systematische Verbreitung politischer, weltanschaulicher o. ä. Ideen u. Meinungen [mit massiven (publizistischen) Mitteln] mit dem Ziel, das allgemeine [politische] Bewußtsein in bestimmter Weise zu beeinflussen:* die kommunistische, nationalsozialistische P.; P. machen, treiben; eine breite P. [für etw.] entfalten; Dr. Goebbels, der sich teuflisch gut auf P. versteht (Welt 16. 2. 63, Geist. Welt 1); Ü das ist [doch] alles nur P. (ugs.; *das sind alles falsche Behauptungen, Lügen*). **2.** (bes. Wirtsch.) *Werbung, Reklame:* er macht P. für seinen Film, sein Buch.

propaganda-, Propaganda-: ~**apparat,** der ⟨Pl. selten⟩ (bildungsspr.): *der Propaganda* (1) *dienender Apparat* (2); ~**blatt,** das (abwertend): *Zeitung, die propagandistischen Zwecken dient;* ~**chef,** der: *jmd., der für die [offizielle] Propaganda* (1) *verantwortlich ist;* ~**feldzug,** der: vgl. ~kampagne; ~**film,** der: vgl. ~blatt; ~**kampagne,** die (bildungsspr.): *der Propaganda* (1, 2) *dienende Kampagne;* ~**kompanie,** die (Milit.): *(bei der Deutschen Wehrmacht im 2. Weltkrieg) Einheit, deren Aufgabe die Beschaffung von Nachrichten für die Kriegsberichterstattung war;* ~**krieg,** der: *mit dem Mittel der Propaganda* (1) *ausgetragene Auseinandersetzung (bes. zwischen politischen Mächten);* ~**lüge,** die (abwertend): *zu propagandistischen Zwecken erfundene Lüge;* ~**manöver,** das (abwertend): vgl. ~kampagne; ~**maschine,** die (bildungsspr.): vgl. ~apparat; ~**maschinerie,** die (bildungsspr.): svw. ↑~maschine; ~**material,** das: *für propagandistische Zwecke hergestellte Druckerzeugnisse, Broschüren, Pamphlete o. ä.:* P. beschlagnahmen; ~**minister,** der (ns. Jargon): vgl. ~chef; ~**ministerium,** das (ns. Jargon); ~**mühle,** die (ugs. abwertend): vgl. ~apparat; ~**rummel,** der (ugs. abwertend): vgl. ~kampagne; ~**schrift,** die: vgl. ~material; ~**sender,** der: vgl. ~blatt; ~**sendung,** die; ~**tätigkeit,** die: *der Propaganda* (1) *dienende Tätigkeit;* ~**trommel,** die nur in der Wendung **die P. rühren/schlagen** *(Propaganda 1 machen);* ~**wirksam** ⟨Adj.; nicht adv.⟩: *werbewirksam;* ~**zentrale,** die: *zentrale Stelle innerhalb eines Propagandaapparats;* ~**zweck,** der ⟨meist Pl.⟩: *propagandistischer Zweck:* zu -en.

propagandieren [propagan'di:rən] ⟨sw. V.; hat⟩ (selten): svw. ↑propagieren; **Propagandist** [...'dɪst], der; -en, -en [2: russ. propagandist < frz. propagandiste]: **1.** *jmd., der Propaganda* (1) *treibt:* eine von Nixons -en verbreitete Lüge. **2.** (DDR) *jmd., der im Rahmen von Schulungen o. ä. politische u. weltanschauliche Ideen, Theorien erläutert [u. verbreitet].* **3.** (bildungsspr.) *jmd., der jmdn., etw. propagiert; Befürworter, Förderer:* Der auf dem Kontinent reisende Brite war naturgemäß überhaupt der größte P. des Tees (Jacob, Kaffee 178). **4.** (Wirtsch.) *jmd., der für ein bestimmtes Produkt wirbt [es demonstriert (u. verkauft)]; Werbefachmann:* die -en der pharmazeutischen Werke; als P. im Kaufhaus arbeiten; **Propagandistin,** die; -, -nen: w. Form zu ↑Propagandist; **propagandistisch** ⟨Adj.; o. Steig.⟩: **1.** *die Propaganda* (1) *betreffend, zu ihr gehörend, auf ihr beruhend:* -e Ziele, Zwecke, Mittel; Jedenfalls hat das totalitäre System des Nationalsozialismus ... die Bezeichnung sozialistisch p. mißbraucht (Fraenkel, Staat 86). **2.** (bes. Wirtsch.) *die Werbung betreffend, zu ihr gehörend:* -e Maßnahmen; die Einführung eines neuen Produkts p. vorbereiten; **Propagator** [propa'ga:tɔr, auch: ...to:ɐ̯], der; -s, -en [...ga'to:rən] (bildungsspr.): svw. ↑Propagandist (3); **propagieren** [propa'gi:rən] ⟨sw. V.; hat⟩ [unter Einfluß von ↑Propaganda (1 a) zu lat. prōpāgāre = (weiter) ausbreiten, fortpflanzen] (bildungsspr.): *für etw. [um Sympathie, Unterstützung] werben, [etw. gutheißen, befürworten u.] sich dafür einsetzen:* eine Idee, Ansicht, Gesinnung p.; er propagiert ein vereinigtes Europa, den Sozialismus; die neuerdings auch in der Bundesrepublik stark propagierten Naturschutzparks (Mantel, Wald 123); ⟨Abl.:⟩ **Propagierung,** die; -, -en (bildungsspr.).

Propan [pro'pa:n], das; -s [Kurzwort aus ↑*Prop*ylen u. ↑Meth*an*]: *gasförmiger Kohlenwasserstoff, der bes. als Brenngas verwendet wird;* ⟨Zus.:⟩ **Propangas,** das ⟨o. Pl.⟩: svw. ↑Propan; **Propangasflasche,** die; **Propangaskocher,** der.

Proparoxytonon [proparɔ'ksy:tonɔn], das; -s, ...tona [griech. proparoxýtonon] (Sprachw.): *(im Griechischen) Wort mit einem Akut auf der betonten drittletzten Silbe* (z. B. análysis = Analyse). Vgl. Oxytonon, Paroxytonon.

pro patria [pro: 'pa:tria; lat.] (bildungsspr.): *für das Vaterland.*

Propeller [pro'pɛlɐ], der; -s, - [engl. propeller, eigtl. = Antreiber, zu: to propel < lat. prōpellere = vorwärts treiben, antreiben]: **1.** *dem Antrieb dienendes Teil von [Luft]fahrzeugen, das aus zwei od. mehreren in gleichmäßigen Abständen um eine Nabe angeordneten Blättern* (5) *besteht u. das durch den Motor in schnelle Rotation versetzt wird; Luftschraube.* **2.** (Fachspr.) *Schiffsschraube.*

Propeller-: ~**antrieb,** der: *Antrieb durch [einen] Propeller* (bes. 1); ~**blatt,** das: *Blatt* (5) *eines Propellers;* ~**flugzeug,** das: *Flugzeug mit Propellerantrieb;* ~**maschine,** die: svw. ↑~flugzeug; ~**schaden,** der: *Defekt am Propeller;* ~**schlitten,** der: vgl. ~flugzeug; ~**turbine,** die (Technik): *Wasserturbine*

mit einem propellerartigen Laufrad (1); **~wind,** der: *von einem rotierenden Propeller* (1) *erzeugter Luftstrom.*
-propell[e]rig [-propɛl(ə)rɪç] in Zusb., z. B. vierpropell[e]rig (mit Ziffer: 4propell[e]rig): *mit vier Propellern ausgestattet.*
Propen [proˈpeːn], das; -s (Chemie): svw. ↑Propylen.
proper [ˈprɔpɐ] ⟨Adj.⟩ [frz. propre < lat. proprius = eigen, eigentümlich, wesentlich] (ugs.): **a)** *durch eine saubere, gepflegte, ordentliche äußere Erscheinung ansprechend, einen erfreulichen Anblick bietend:* ein -es Mädchen; die Wirtin ist ganz schön p.; **b)** *ordentlich u. sauber [gehalten]:* er hat ein -es kleines Zimmer; als der Trupp eines Mittags in das propre Städtchen Sermaice les Bains einfuhr ... (Kuby, Sieg 277); Er läßt sich nicht gehen und hält sich p. (Werfel, Tod 12); **c)** *sorgfältig, solide ausgeführt, gearbeitet:* da hatte Münnich aber -e Arbeit geleistet (H. Kolb, Wilzenbach 165); wie p. sie hierzulande bauten (Deschner, Talente 141); ⟨Zus.:⟩ **Propergeschäft,** (auch:) Propregeschäft, das (Wirtsch.): *Eigenhandel;* **Properhandel,** (auch:) Proprehandel, der (Wirtsch.): *Eigenhandel.*
Properispomenon [properiˈspoːmenɔn], das; -s, ...na [griech. properispṓmenon] (Sprachw.): *(im Griechischen) Wort mit einem Zirkumflex auf der vorletzten Silbe* (z. B. dõron = Geschenk). Vgl. Perispomenon.
Prophet [proˈfeːt], der; -en, -en [mhd. prophēt(e), lat. prophēta < griech. prophḗtēs, zu: prophánai = vorhersagen, verkünden]: **1.** *jmd., der sich von seinem Gott berufen fühlt, als Künder, Mahner u. Weissager die göttliche Wahrheit zu verkünden:* der P. Amos; die -en des Alten Testaments; der P. [Allahs] (islam. Bez. für *Mohammed*); das Buch des -en Jeremia; Gott berief ihn zum -en; Spr der P. gilt nichts in seinem Vaterland[e] *(jmds. Größe, Weisheit, Genialität o. ä. wird in seiner näheren Umgebung oft nicht erkannt;* nach Matth. 13, 57); Ü diese -en einer Drogenkultur, einer faschistischen Ideologie; der Wissenschaftler taugt nicht zum -en; er ist ein falscher P. *(was er sagt, verbreitet, trifft nicht zu, man sollte ihm nicht vertrauen;* nach Markus 13, 22); er war einer der frühesten -en dieser Krise *(hat diese Krise als einer der ersten prophezeit);* ich bin doch kein P.! (ugs.; *das weiß ich natürlich auch nicht!*); man braucht kein P. zu sein, um das vorauszusehen *(daß das eintreffen wird, ist ganz sicher).* **2.** (Rel.) ⟨meist Pl.⟩ *prophetisches Buch des Alten Testaments:* die -en lesen; die großen, kleinen -en *(Bücher der großen, kleinen Propheten);* ⟨Zus.:⟩ **Prophetengabe,** die ⟨o. Pl.⟩ (geh.): *Fähigkeit, Prophezeiungen zu machen;* **Prophetie** [profeˈtiː], die; -, -n [...iːən; mhd. prophētīe < (spät)lat. prophētia < griech. prophēteía] (geh.): *Voraussage eines zukünftigen Geschehens durch einen Propheten* (1); *Prophezeiung, Weissagung:* die alte P. erfüllte sich; die Religionen, -n ... des Ostens (Th. Mann, Joseph 39); die Gabe der P. *(Prophetengabe)* besitzen; **Prophetin,** die; -, -nen: w. Form zu ↑Prophet (1); **prophetisch** [proˈfeːtɪʃ] ⟨Adj.; o. Steig.⟩ [mhd. prophētisch < (spät)lat. prophēticus < griech. prophētikós]: **1.** *von einem Propheten* (1) *stammend, zu ihm gehörend, ihn betreffend:* die -en Bücher des Alten Testaments; -e Warnungen; ein -er Blick; eine -e Gabe besitzen. **2.** *vorausschauend, die Zukunft voraussagend:* -e Worte, Ahnungen; mit dieser -en Äußerung sollte er recht behalten; **prophezeien** [profeˈt͜sai̯ən] ⟨sw. V.; hat⟩ [mhd. prophēzīen]: *(etw. Zukünftiges) auf Grund bestimmter Kenntnisse, Erfahrungen od. Ahnungen voraussagen, vorhersagen:* ein Wahlergebnis [richtig] p.; die Meteorologen prophezeien schlechtes Wetter; jmdm. Unheil, eine große Karriere p.; ich habe es dir ja prophezeit, daß du dich erkälten wirst; ⟨Abl.:⟩ **Prophezeiung,** die; -, -en [mhd. prophēzīunge]: **1.** *das Prophezeite; Aussage über die Zukunft; Weissagung:* seine -en haben sich als richtig erwiesen, haben sich bewahrheitet, erfüllt; seine P. *(das von ihm prophezeite Ereignis)* ist eingetroffen; düstere, dunkle -en machen. **2.** ⟨o. Pl.⟩ (selten) *das Prophezeien:* die P. der Katastrophe.
Prophylaktikum [profyˈlaktikʊm], das; -s, ...ka [zu griech. prophylaktikós = schützend] (Med.): *vorbeugendes Medikament:* ein P. gegen Grippe; **prophylaktisch** [...ˈlaktɪʃ] ⟨Adj.; o. Steig.⟩ [griech. prophylaktikós]: **1.** (Med.) *gegen eine Erkrankung vorbeugend, zur Vorbeugung [dienend]:* ein -es Mittel; eine -e Maßnahme, Behandlung; das Mittel wirkt p. gegen Infektionen. **2.** (bildungsspr.) *dazu dienend, geeignet, ein bestimmtes unerwünschtes Geschehen, Ereignis zu verhindern; vorbeugend:* -e Maßnahmen [zur Verhütung von Verbrechen]; zu -en Zwecken; aus -en Gründen; ich habe mir den Abend p. (scherzh.; *für alle Fälle, vorsichtshalber)* freigehalten; **Prophylaxe** [...ˈlaksə], die; -, -n [griech. prophýlaxis = Vorsicht] (Med.): **a)** ⟨o. Pl.⟩ *Verhütung von Erkrankungen durch bestimmte Maßnahmen; Vorbeugung:* ein Mittel, eine Maßnahme zur P. [gegen Grippe]; **b)** *der Prophylaxe* (a) *dienende Behandlung[smethode]:* sich durch eine geeignete P. vor Ansteckung schützen.
proponieren [...ˈniːrən] ⟨sw. V.; hat⟩ [1 a: lat. propōnere]: **1. a)** (veraltet) *vorschlagen;* **b)** (schweiz.) *als Kandidaten vorschlagen.* **2.** (veraltet) *beantragen.* Vgl. Proposition.
Proportion [propɔrˈt͜si̯oːn], die; -, -en [lat. prōportio = das entsprechende Verhältnis aus: prō = im Verhältnis zu u. portio, ↑Portion]: **1.** (bildungsspr.) **a)** *[Größen]verhältnis verschiedener Dinge, bes. verschiedener Teile eines Ganzen zueinander:* in der Zeichnung stimmen die -en nicht ganz; Länge und Breite stehen in einer ausgewogenen, in der richtigen P. zueinander; Immerhin besaß sie noch erträgliche -en *(eine einigermaßen ansprechende Figur;* Jahnn, Geschichten 111); Ü die P. von Einnahmen und Ausgaben; Der Pater hielt mich ... für einen Mann, dessen Moralität in umgekehrter P. zu seiner Intelligenz steht (Habe, Namen 120); vgl. Disproportion; **b)** ⟨o. Pl.⟩ (bildungsspr.) *Proportioniertheit:* er war von guter P. (Jahnn, Geschichten 111); die gelöste, unvergleichliche edle P. dieses Raumes (Baum, Paris 116). **2.** (Math.) **a)** *durch einen Quotienten ausdrückbares Verhältnis zweier [od. mehrerer] Zahlen zueinander:* die P. zwei zu drei, 2:3; **b)** *Gleichung, in der zwei Proportionen* (3 a) *gleichgesetzt sind; Verhältnisgleichung:* a:b = 2:3 ist eine P. **3.** (Musik) *(in der Mensuralnotation) Proportion* (2 a), *die angibt, in welchem Maße die Notenwerte der folgenden Noten (gegenüber dem vorherigen Wert) verändert sind;* **proportional** [...t͜si̯oˈnaːl] ⟨Adj.; o. Steig.⟩ [1: spätlat. prōportiōnālis]: **1.** (bildungsspr.) *nach Größe, Grad, Anzahl, Intensität o. ä. in einem ausgewogenen Verhältnis (zu etw. anderem) stehend; verhältnisgleich:* Vorschläge zum Abzug fremder Truppen und der -en Verminderung der Streitkräfte (Neues D. 16. 6. 64, 5); Druck und Dichte des Gases sind [direkt] p. zueinander; seine Arroganz ist umgekehrt p. [zu] seiner Bedeutung; etw. p. aufbessern. **2.** (Math.) *(von einer veränderlichen Größe) mit einer bestimmten anderen Veränderlichen als Divisor stets denselben Quotienten ergebend* (Zeichen: ~): a ist [direkt] p. [zu] b; a und b sind p. [zueinander]; x und y sind umgekehrt/indirekt p. zueinander *(das Produkt aus beiden ist konstant).*
Proportional-: **~satz,** der (Sprachw.): *zusammengesetzter Satz, in dem sich der Grad od. die Intensität des Verhaltens o. ä. im Hauptsatz mit der im Gliedsatz gleichmäßig ändert* (z. B. je älter er wird, desto bescheidener wird er); **~steuer,** die (Steuerw.): *zu einem (unabhängig vom absoluten Wert des besteuerten Objekts) gleichbleibenden Steuersatz erhobene Steuer;* **~wahl,** die (bes. österr. u. schweiz.): svw. ↑Verhältniswahl; vgl. Proporz, dazu: **~wahlrecht,** das (bes. österr. u. schweiz.), **~wahlsystem,** das (bes. österr. u. schweiz.).
Proportionale [propɔrt͜si̯oˈnaːlə], die; -, -n ⟨zwei -[n]⟩ (Math.): *Glied einer Proportion* (2 b); **Proportionalität** [...t͜si̯onaliˈtɛːt], die; -, -en ⟨Pl. ungebr.⟩ [1: spätlat. prōportiōnālitās]: **1.** (bildungsspr.) *das Proportionalsein; Verhältnismäßigkeit, Angemessenheit:* die P. zwischen Anlaß und Reaktion muß gewahrt bleiben. **2.** (Math.) *proportionales* (2) *Verhältnis (einer Veränderlichen zu einer anderen):* die P. zweier Größen/zwischen zwei Größen; die P. von x zu y; **proportionell** [...t͜si̯oˈnɛl] ⟨Adj.; o. Steig.⟩ [frz. proportionnel < spätlat. prōportiōnālis] (bes. österr., schweiz.): *den Proporz* (1) *betreffend, dem Proporz entsprechend:* eine -e Verteilung der Ministersessel unter den Koalitionsparteien; **proportionieren** [...t͜si̯oˈniːrən] ⟨sw. V.; hat⟩ (veraltet): *mit bestimmten Proportionen* (1 a) *versehen, im richtigen Verhältnis gestalten:* so haben antike Bildhauer den menschlichen Körper proportioniert; **proportioniert** [...t͜si̯oˈniːɐ̯t] ⟨Adj.; o. Steig.; nicht adv.⟩: *bestimmte Proportionen* (1 a) *aufweisend:* ein gut, schlecht -er Raum, Körper; die einzelnen Teile sind gut p.; sie ist gut p. *(hat eine gute Figur);* ⟨Abl.:⟩ **Proportioniertheit,** die; -: *das Proportioniertsein;* **Proportionierung,** die; - (bes. bild. Kunst): *das Proportionieren, Proportioniertsein;* **Proportionsgleichung,** die; -, -en (Math.): svw. ↑Proportion (2 b); **Proporz** [proˈpɔrt͜s], der; -es, -e [Kurzf. von ↑Proportionalwahl]: **1.** (Politik, bes. österr.) *Verteilung von Ämtern, Sitzen nach dem Stimmenverhältnis von Parteien, nach dem Kräftever-*

hältnis von Konfessionen od. sonstigen Gruppen: ein konfessioneller P.; Ämter im, nach dem P. besetzen; der Partei stehen nach dem P. fünf Mandate zu. **2.** (bes. österr. u. schweiz.) *Verhältniswahl;* ⟨Zus.:⟩ **Proporzdenken,** das; -s (bildungsspr., meist abwertend): *Haltung, Auffassung, nach der Ämter, Sitze unbedingt nach einem Proporz* (1) *vergeben werden müssen;* **Proporzwahl,** die (bes. österr. u. schweiz.): *Verhältniswahl.*

Proposition [propozi'tsi̯o:n], die; -, -en [lat. prōpositio = Vorstellung; Darlegung; Bekanntmachung, zu: prōpositum, 2. Part. von: propōnere, ↑proponieren]: **1.** (bildungsspr. veraltet) *Vorschlag, Angebot:* sich jmds. P. anhören. **2.** (Reiten) *Ausschreibung eines Wettbewerbs.* **3.** (Literaturw.) *(in der antiken Rhetorik) einleitender Teil einer Rede, Abhandlung o. ä., in dem das Thema, die Hauptgedanken, die Voraussetzungen, von denen ausgegangen werden soll od. eine zu beweisende These formuliert sind.* **4.** (Sprachw.) *Inhalt, semantischer Gehalt eines Satzes, einer Aussage;* **propositional** [...tsi̯o'na:l] ⟨Adj.; o. Steig.⟩ (Sprachw.): *die Proposition* (4) *betreffend;* **Propositum** [pro'po:zitʊm], das; -s, ...ta [lat. prōpositum] (veraltet): *Äußerung, Rede.*

Proppen ['prɔpn̩], der; -s, - [niederd. Form von ↑Pfropfen] (nordd.): *Pfropfen, Flaschenkorken;* **proppenvoll** ⟨Adj.; o. Steig.⟩ [eigtl. = (von einer Flasche) gefüllt bis zum Korken] (ugs.): *gedrängt voll:* ein -er Bus; der Koffer ist p.

Proprätor, der; -s, -en [lat. prōpraetor]: *(im antiken Rom) Statthalter einer Provinz [der vorher 1 Jahr lang Prätor war].*

propre: ↑proper; ⟨Zus.:⟩ **Propregeschäft**: ↑Propergeschäft; **Proprehandel**: ↑Properhandel; **Propretät** [prɔprə'tɛ:t], die; - [frz. propreté] (veraltet, noch landsch.): *Reinlichkeit, Sauberkeit;* **Proprietär** [proprie'tɛ:ɐ̯], der; -s, -e [frz. propriétaire < spätlat. proprietārius] (veraltet): *Eigentümer;* **Proprietät** [proprie'tɛ:t], die; -, -en [frz. propriété < lat. proprietās] (veraltet): *Eigentum[srecht];* ⟨Zus.:⟩ **Proprietätsrecht,** das (veraltet): *Eigentumsrecht;* **Proprium** ['pro:priʊm], das; -s [lat. proprium = das Eigene]: **1.** (Psych. selten) *Gesamtheit der Eigenschaften eines Menschen, die seine Identität* (1 b) *ausmachen.* **2.** (kath. Kirche) *die für einen bestimmten Tag vorgesehenen, im Laufe eines Kirchenjahres wechselnden Texte einer Messe.*

Propst [pro:pst], der; -[e]s, Pröpste [prø:pstə; mhd. brobest, ahd. prōbōst < spätlat. prōpos(i)tus für lat. praepositus = Vorsteher, Aufseher, zu: praepōnere, ↑Präposition]: **1.** (kath. Kirche) **a)** ⟨o. Pl.⟩ *Titel für den ersten Würdenträger eines Kapitels* (2 a); **b)** *Träger des Titels Propst* (1 a). **2.** (ev. Kirche) **a)** ⟨o. Pl.⟩ *Titel für einen höheren kirchlichen Amtsträger (mit je nach Kirche unterschiedlichen Aufgaben);* **b)** *Träger des Titels Propst* (2 a); **Propstei** [pro:ps'tai̯], die; -, -en [mhd. probstīe]: **a)** *Amt od. Amtsbereich eines Propstes;* **b)** *Wohnung eines Propstes;* **Pröpstin** ['prø:pstɪn], die; -, -nen (ev. Kirche): w. Form zu ↑Propst (2 b).

Propusk ['pro:pʊsk, auch: 'prɔp..., pro'pʊsk], der; -s, -e [russ. propusk]: russ. Bez. für *Ausweis, Passierschein.*

Propyläen [propy'lɛ:ən] ⟨Pl.⟩ [lat. propylaea < griech. propýlaia] (Archit.): *(in der Antike) meist als offene Säulenhalle ausgebildete Vorhalle (bes. eines Tempels).*

Propylen [propy'le:n], das; -s [Kunstw. aus griech. prōtos = erster, píōn = fett u. hýlē = Holz] (Chemie): *zu den Kohlenwasserstoffen gehörendes, farbloses, brennbares Gas* (wichtiger Ausgangsstoff der chemischen Industrie).

pro rata temporis [pro: 'ra:ta 'tɛmpɔrɪs; lat.] (Kaufmannsspr. veraltend): anteilmäßig auf einen bestimmten Zeitablauf bezogen (Abk.: p. r. t.).

Prorektor, der; -s, -en: *Stellvertreter des Rektors;* **Prorektorat,** das; -s, -e: **1.** *Amt eines Prorektors.* **2.** *Dienstzimmer eines Prorektors.*

Prorogation [proroga'tsi̯o:n], die; -, -en [lat. prōrogātio = Verlängerung, zu: prōrogāre, ↑prorogieren]: **1.** (veraltet) **a)** *Aufschub, Vertagung;* **b)** *Verlängerung (einer Frist, einer Amtszeit).* **2.** (jur.) *Vereinbarung zwischen den Parteien eines Zivilprozesses über die Zuständigkeit eines bestimmten Gerichts (das ohne eine solche Vereinbarung nicht zuständig wäre);* **prorogativ** [...'ti:f] ⟨Adj.; o. Steig.; nicht adv.⟩ [lat. prōrogātīvus] (veraltet): *aufschiebend, vertagend;* **prorogieren** [...'gi:rən] ⟨sw. V.; hat⟩ [b: lat. prōrogāre] (veraltet): **a)** *aufschieben, vertagen;* **b)** *(eine Frist o. ä.) verlängern.*

Prosa ['pro:za], die; - [spätmhd. prōse, ahd. prōsa, < lat. prōsa (ōrātio), eigtl. = geradeaus gerichtete (= schlichte) Rede, zu: prōrsus = nach vorn gewendet]: *nicht durch Reim, Verse, Rhythmus gebundene Form der Sprache:* Poesie und P.; die schlichte, nüchterne P. der Erzählung; eine gute P. schreiben; er ist ein Meister der P.; ein Epos in P.; ein in P. geschriebenes, abgefaßtes Epos; ein Stück P. *(ein Prosatext);* ein Band mit P. *(mit Prosatexten);* Ü die P. (geh.; *Nüchternheit, Poesielosigkeit*) des Alltags.

Prosa-: ~**band,** der ⟨Pl. -bände⟩: [2]*Band mit Prosatexten;* ~**dichtung,** die: *in Prosa abgefaßter Text mit lyrischer Aussage;* ~**erzählung,** die; ~**schriftsteller,** der: *Schriftsteller, der [vorwiegend] Prosa schreibt;* ~**schriftstellerin,** die: w. Form zu ↑~schriftsteller; ~**stil,** der; ~**stück,** das; ~**text,** der; ~**übersetzung,** die: *in Prosa abgefaßte Übersetzung eines lyrischen Textes;* ~**übertragung,** die: **1.** svw. ↑~übersetzung. **2.** svw. ↑Metaphrase (1); ~**werk,** das.

Prosaiker [pro'za:ikɐ], der; -s, - [spätlat. prōsaicus]: **1.** (veraltend) svw. ↑Prosaist. **2.** (geh., oft abwertend) *prosaischer* (2), *nüchterner Mensch:* er ist ein P. ohne Gefühl für Stimmungen; **prosaisch** [pro'za:ɪʃ] ⟨Adj.⟩ [spätlat. prōsaicus]: **1.** ⟨o. Steig.⟩ (selten) *in Prosa abgefaßt:* -e Texte; eine -e Übersetzung der „Fleurs du mal". **2.** (geh., oft abwertend) *nüchtern, sachlich, trocken, poesielos:* ein -er Mensch; der Film hat eine recht -e Story; ein -er Zweckbau; in der -en Sprache eines Polizeiberichts; Aber Vater meinte, so p. *(materialistisch)* dürfte man jetzt nicht denken (Schnurre, Bart 91); **Prosaist** [proza'ɪst], der; -en, -en (bildungsspr.): svw. ↑Prosaschriftsteller; **Prosaistin,** die; -, -nen (bildungsspr.): w. Form zu ↑Prosaist.

Prosektor, der; -s, -en [lat. prōsector = der Zerschneider, zu: prōsecāre = zerschneiden] (Med.): **1.** *Arzt, der Sektionen durchführt.* **2.** *Leiter einer Prosektur;* **Prosektur** [prozɛk'tu:ɐ̯], die; -, -en (Med.): *pathologisch-anatomische Abteilung (eines Krankenhauses).*

Prosekution [prozeku'tsi̯o:n], die; -, -en [mlat. prosecutio < lat. prōsecūtio = Begleitung, zu: prōsequi = folgen]: (jur. selten): *Strafverfolgung, gerichtliche Belangung;* **Prosekutor** [prose'ku:tɔr, auch: ...to:ɐ̯], der; -s, -en [...ku'to:rən; mlat. prosecutor < spätlat. prōsecūtor = Häscher] (jur. selten): *öffentlicher Ankläger; Staatsanwalt (als Ankläger).*

Proselyt [proze'ly:t], der; -en, -en (kirchenlat. prosēlytus < griech. prosḗlytos, eigtl. = Hinzugekommener]: **1.** (Rel.) *zur jüdischen Religion übergetretener Heide.* **2.** (bildungsspr.) *jmd., der sein Bekenntnis, seine Überzeugung [gerade] gewechselt hat:* religiöse, ideologische -en; ***-en machen** (abwertend; *[mit aufdringlichen Methoden] Anhänger für eine Religion, eine Ideologie o. ä. gewinnen; jmdn. rasch bekehren [ohne ihn zu überzeugen]*); ⟨Zus.:⟩ **Proselytenmacher,** der (bildungsspr. abwertend): *jmd., der Proselyten macht;* **Proselytenmacherei,** die; - (bildungsspr. abwertend): *[aufdringliches] Werben um neue Anhänger für eine Religion, Ideologie o. ä.; rasche Bekehrung.*

Proseminar, das; -s, -e (Hochschulw.): *einem Hauptseminar vorangehende Lehrveranstaltung bes. für Studienanfänger.*

Prosenchym [prozɛn'çy:m], das; -s, -e [aus griech. prós = hinzu u. égchyma = das Aufgegossene] (Bot.): *Verband aus langgestreckten, zugespitzten, faserähnlichen Zellen.*

Prosimetrum [prozi'me:trʊm], das; -s, ...tra [zu ↑Prosa u. ↑Metrum] (Literaturw.): *Mischung von Vers u. Prosa in literarischen Werken, bes. in der Antike.*

prosit! ['pro:zɪt], (ugs.): prost! [pro:st] ⟨Interj.⟩ [urspr. wohl Studentenspr., lat. prōsit = es möge nützen, 3. Pers. Sing. Konj. Präs. von: prōdesse = nützen]: (Zuruf beim gemeinsamen Trinken, Anstoßen) *zum Wohl!, wohl bekomm's!:* p. [,Leute]!; p. allerseits!; p. sagen; ***na denn/dann prost!** (ugs. iron.; *dann steht [uns, euch, dir usw.] ja noch einiges bevor; das kann schlimm, unangenehm werden);* ⟨subst.:⟩ **Prosit** [-], das; -s, -s ⟨Pl. selten⟩, (ugs.:) Prost [-], das; -[e]s, -e ⟨Pl. selten⟩: ein P. dem Gastgeber, der Gemütlichkeit, auf den edlen Spender!; ein Prosit [auf jmdn.] ausbringen; mit einem fröhlichen P. stießen sie an.

proskribieren [proskri'bi:rən] ⟨sw. V.; hat⟩ [lat. prōscrībere, eigtl. = öffentlich bekanntmachen] (bildungsspr.): *ächten:* In Schottland als junger Mensch war er, proskribiert *(geächtet)*, von Dorf zu Dorf ... geflüchtet (B. Frank, Tage 64); **Proskription** [proskrɪp'tsi̯o:n], die; -, -en [lat. prōscrīptio = öffentliche Bekanntmachung der Namen von Geächteten, bes. durch Sulla] (bildungsspr.): *Ächtung;* ⟨Zus.:⟩ **Proskriptionsliste,** die.

Proskynese [prɔsky'ne:zə], **Proskynesis** [prɔs'ky:nezɪs], die;

-, ...nesen [...ky'ne:zn̩; griech. proskýnēsis]: *Berühren des Bodens mit der Stirn, Fußfall als Zeichen extremer (religiöser u. weltlicher) Verehrung.*

Prosodem [prozo'de:m], das; -s, -e [zu ↑Prosodie, geb. nach ↑Morphem, Phonem] (Sprachw.): *prosodisches (suprasegmentales) Merkmal;* **Prosodie** [prozo'di:], die; -, -n [...i:ən; lat. prosōdia < griech. prosōdía], (selten:) **Prosodik** [pro'zo:dɪk], die; -, -en: **1.** (Verslehre) **a)** *(in der antiken Metrik) Lehre von der Messung der Silben nach Länge u. Tonhöhe;* **b)** *Lehre von den für die Versstruktur bedeutsamen Erscheinungen der Sprache* (z.B. Silbenlänge, Betonung, Wortgrenze). **2.** (Musik) *ausgewogenes Verhältnis zwischen musikalischen u. textlichen Einheiten, zwischen Ton u. Wort.* **3.** (Sprachw.) *alle für die Gliederung der Rede bedeutsamen sprachlich-artikulatorischen Erscheinungen neben dem Laut* (z.B. Akzent, Intonation, Pausen).

Prosodion [pro'zo:di̯ɔn], das; -s, ...ia [griech. prosódion, zu: prósodos = das Hingehen; Prozession]: *im Chor gesungenes altgriechisches Prozessionslied.*

prosodisch [pro'zo:dɪʃ] ⟨Adj.; o. Steig.; nicht präd.⟩ (Verslehre, Musik, Sprachw.): *die Prosodie* (1–3) *betreffend.*

Prospekt [pro'spɛkt], der, landsch., bes. österr. auch: das; -[e]s, -e [lat. prōspectus = Hinblick; Aussicht, zu: prōspicere = hinschauen; 6: russ. prospekt < lat. prōspectus]: **1.** *kleinere, meist bebilderte Schrift (in Form eines Faltblattes o. ä.), die der Information u. Werbung dient:* ein kostenloser P.; der P. einer Reisegesellschaft; -e über Bücher, Elektrogeräte; -e über den/(ugs.:) vom Bodensee; einen P. entwerfen, drucken lassen. **2.** (Theater) *perspektivisch gemalter Hintergrund einer Bühne.* **3.** (bild. Kunst) *perspektivisch stark verkürzte Ansicht einer Stadt, eines Platzes o. ä. als Gemälde, Stich od. Zeichnung.* **4.** *Schauseite der Orgel.* **5.** (Wirtsch.) *öffentliche Darlegung der Finanzlage eines Unternehmens bei beabsichtigter Inanspruchnahme des Kapitalmarktes.* **6.** russ. Bez. für *lange, breite Straße;* **prospektieren** [prospɛk'ti:rən] ⟨sw. V.; hat⟩ [lat. prōspectāre = sich umsehen] (Fachspr., bes. Bergw.): *mittels geologischer, geochemischer o. ä. Methoden Lagerstätten erkunden, etw. auf das mögliche Vorhandensein von Lagerstätten untersuchen:* westliche Firmen prospektieren in Afrika; den Meeresboden p.; ⟨Abl.:⟩ **Prospektierung,** die; -, -en (Fachspr., bes. Bergw.); **Prospektion** [...'tsi̯o:n], die; -, -en [spätlat. prōspectio = Vorsorge]: **1.** (Fachspr., bes. Bergw.) *Prospektierung.* **2.** (Kaufmannsspr.) *aus Prospekt* (1), *Begleitbrief u. Bestellkarte bestehende Werbedrucksache;* **prospektiv** [...'ti:f] ⟨Adj.; o. Steig.⟩ [spätlat. prōspectīvus = zur Aussicht gehörend] (bildungsspr.): **a)** *auf das Zukünftige gerichtet; vorausschauend, -blickend* (Ggs.: retrospektiv); **b)** ⟨nur attr.⟩ *unter Umständen, möglicherweise zu erwarten; voraussichtlich:* sein -er Nachfolger; ...das Bekenntnis zum -en Kind (Spiegel 8, 1977, 7); **c)** ⟨nicht adv.⟩ *die weitere Entwicklung betreffend:* eine -e Studie; die -e Bedeutung einer Zelle; **Prospektor** [pro'spɛktɔr, auch: ...to:ɐ̯], der; -s, -en [...'to:rən; engl. prospector, zu: prospect = (Erz)lagerstätte] (Fachspr., bes. Bergw.): *jmd., der prospektiert.*

prosperieren [prospe'ri:rən] ⟨sw. V.; hat⟩ [frz. prospérer < lat. prōsperāre = etw. gedeihen lassen] (bildungsspr.): **a)** (bes. Wirtsch.) *sich günstig entwickeln, unbehindert gedeihen u. an Bedeutung, Einfluß, Wert zunehmend gewinnen:* die Wirtschaft, das Unternehmen prosperiert; eine Epoche, in der Kunst und Wissenschaft prosperierten; **b)** *wirtschaftlich, finanziell gut vorankommen, seinen Besitz, Wohlstand vermehren:* Andere Leute spielten auch Karten und tranken ... Wein und prosperierten trotzdem (R. Walser, Gehülfe 66); **Prosperität** [...ri'tɛ:t], die; - [frz. prospérité < lat. prōsperitās] (bildungsspr.): *Gedeihen, wirtschaftlicher Aufschwung; Wohlstand:* ökonomische P.; die P. des freien Unternehmertums.

prost! usw.: ↑prosit! usw.

Prostaglandine [prostaglan'di:nə] ⟨Pl.⟩ [zu ↑Prostata u. ↑Glans] (Med., Pharm.): *hormonähnliche Stoffe mit gefäßerweiternder u. wehenauslösender Wirkung.*

Prostata ['prɔstata], die; -, ...tae [...tɛ; zu griech. prostátēs = Vorsteher] (Biol.): *(beim Mann u. männlichen Säugetier) den Anfang der Harnröhre umschließende, walnußgroße Drüse, deren dünnflüssiges, milchiges Sekret den größten Teil der Samenflüssigkeit ausmacht u. die Beweglichkeit der Samenzellen fördert; Vorsteherdrüse;* ⟨Zus.:⟩ **Prostatahypertrophie,** die (Med.): *(altersbedingte) übermäßige Vergrößerung der Prostata;* **Prostatakrebs,** der; **Prostatektomie** [prostatɛkto'mi:], die; -, -n [...i:ən; ↑Ektomie] (Med.): *Ausschälung des gewucherten Gewebes der Prostata;* **Prostatiker** [prɔ'sta:tikɐ], der; -s, - (Med.): *jmd., der an Prostatahypertrophie leidet;* **Prostatitis** [prɔsta'ti:tɪs], die; -, ...titiden [...ti'ti:dn̩] (Med.): *Entzündung der Prostata.*

prosten ['pro:stn̩] ⟨sw. V.; hat⟩: *ein Prost ausbringen:* auf das Geburtstagskind, auf seinen Erfolg p.; Dachs prostete allseits und schlürfte (Winckler, Bomberg 178); **prösterchen!** ['prø:stɐçən] ⟨Interj.⟩ (fam.): svw. ↑prosit; ⟨subst.:⟩ **Prösterchen** [-], das; -s, - (fam.): svw. ↑Prosit.

prosthetisch [prɔs'te:tɪʃ] ⟨Adj.; o. Steig.⟩ [zu griech. prósthetos = hinzugefügt] in der Fügung **-e Gruppe** (Biochemie; *mit dem Eiweißanteil fest verbundene nichteiweißartige Gruppe eines Enzyms).*

prostituieren [prostitu'i:rən] ⟨sw. V.; hat⟩ [2: frz. se prostituer < lat. prōstituere, eigtl. = vorn hinstellen]: **1.** (bildungsspr.) *in den Dienst eines niederen Zwecks stellen u. dadurch mißbrauchen, herabwürdigen:* er hat dieses Talent ... prostituiert, um Macht zu erlangen (Spiegel 52, 1977, 4); sich als Künstler p. **2.** ⟨p. + sich⟩ *sich gewerbsmäßig zum Geschlechtsverkehr, zu sexuellen Handlungen anbieten;* **Prostituierte** [...'i:ɐ̯tə], die; -n, -n ⟨Dekl. ↑Abgeordnete⟩: *weibliche Person, die sich gewerbsmäßig zum Geschlechtsverkehr, zu sexuellen Handlungen anbietet:* eine P. sein; -e registrieren, gesundheitspolizeilich überwachen; sich mit -n einlassen; **Prostitution** [...'tsi̯o:n], die; - [frz. prostitution < lat. prōstitūtio]: **1.** *gewerbsmäßige Ausübung des Geschlechtsverkehrs, gewerbsmäßige Vornahme sexueller Handlungen; Dirnenwesen:* weibliche, männliche, homosexuelle P.; P. [be]treiben; die P. unter Kontrolle halten; der P. nachgehen. **2.** (bildungsspr. selten) *das [Sich]prostituieren* (1); **prostitutiv** [...'ti:f] ⟨Adj.; o. Steig.; meist attr.⟩: *die Prostitution* (1) *betreffend:* -er Sexualverkehr.

Prostration [prostra'tsi̯o:n], die; -, -en [lat. prōstrātio = das Niederwerfen, -schlagen]: **1.** (kath. Kirche) svw. ↑Proskynese. **2.** (Med.) *hochgradige Erschöpfung im Verlauf einer schweren Krankheit.*

Prosyllogismus [prozylo'gɪsmʊs], der; -, ...men [griech. prosyllogismós] (Logik): *Schluß einer Schlußkette, dessen Schlußsatz die Prämisse des folgenden Schlusses ist.*

Proszenium [pro'stse:ni̯ʊm], das; -s, ...ien [...i̯ən; lat. prōsc(a)ēnium < griech. proskḗnion]: **1.** (Theater) *zwischen Vorhang u. Rampe gelegener vorderster Teil der Bühne* (Ggs.: Postszenium). **2.** (Archit.) *im antiken Theater als Bühne bestimmter Platz vor der Skene.* **3.** (selten) kurz für ↑Proszeniumsloge; ⟨Zus.:⟩ **Proszeniumsloge,** die (Theater): *unmittelbar seitlich an das Proszenium* (1) *grenzende Loge.*

prot-, Prot-: ↑proto-, Proto-; **Protactinium** [protak'ti:ni̯ʊm], das; -s [zu griech. prōtos = erster u. ↑Actinium] (Chemie): *beim natürlichen Zerfall von Uran entstehendes radioaktives Metall (chemischer Grundstoff);* Zeichen: Pa

Protagonist [protago'nɪst], der; -en, -en [griech. prōtagōnistḗs, zu ↑Agonist (1)]: **1.** *(im altgriechischen Drama) erster Schauspieler (der zugleich als Regisseur wirkte);* vgl. Deuteragonist, Tritagonist. **2.** (bildungsspr.) **a)** *zentrale Gestalt, wichtigste Person:* der P. eines Geschehens; Ein Rückblick auf Höhepunkte und -en des ... Fußballs (Augsburger Allgemeine 10. 6. 78, 24); **b)** *Vorkämpfer:* der P. friedlicher Koexistenz; **Protagonistin,** die; -, -nen (bildungsspr.): w. Form zu ↑Protagonist (2, 3).

Protaktinium: ↑Protactinium.

Protegé [prote'ʒe:], der; -s, -s [frz. protégé, 2. Part. von: protéger, ↑protegieren] (bildungsspr.): *jmd., der protegiert wird:* er ist ein P., gilt als P. des Ministers; auch er war einer der -s des Chefs; **protegieren** [prote'ʒi:rən] ⟨sw. V.; hat⟩ [frz. protéger < lat. prōtegere = beschützen] (bildungsspr.): *jmdn. in beruflicher, gesellschaftlicher Hinsicht fördern, für jmds. berufliches, gesellschaftliches Fortkommen seinen beruflichen o. ä. Einfluß verwenden.*

Proteid [prote'i:t], das; -[e]s, -e [zu ↑Protein] (Biochemie): *einen nichteiweißartigen Bestandteil enthaltender Eiweißkörper* (z.B. Lipoproteid); **Protein** [prote'i:n], das; -s, -e [zu griech. prōtos = erster; nach der irrtümlichen Annahme, daß alle Eiweißkörper auf einer Grundsubstanz basieren] (Biochemie): *vorwiegend aus Aminosäuren aufgebauter Eiweißkörper* (z.B. Globulin); ⟨Zus.:⟩ **Proteinfaserstoff,** der (Textilw.): svw. ↑Eiweißfaserstoff.

proteisch [pro'te:ɪʃ] ⟨Adj.; Steig. ungebr.⟩ (bildungsspr.): *in der Art eines Proteus, wandelbar, unzuverlässig.*

Protektion [protɛk'ts̯io:n], die; -, -en ⟨Pl. selten⟩ [frz. protection < spätlat. prōtēctio = Beschützung, zu lat. prōtegere, ↑protegieren]: *das Protegieren, Förderung, Begünstigung in beruflicher, gesellschaftlicher Hinsicht:* jmds. P. haben, genießen; es fehlte ihm an P. **2.** (veraltend) *Schutz, den man durch jmdn. erfährt, der den entsprechenden Einfluß hat:* Mit wem gehst du denn? Mit dem deutschen Gesandten als P.? (Remarque, Triomphe 86); **Protektionismus** [...ts̯io'nɪsmʊs], der; - (Wirtsch.): *Außenhandelspolitik, die mit Hilfe bestimmter Maßnahmen (z. B. Schutzzölle, Einfuhrbeschränkung) dem Schutz der inländischen Wirtschaft gegen ausländische Konkurrenz dient;* **Protektionist,** der; -en, -en (Wirtsch.): *Vertreter, Anhänger des Protektionismus;* **protektionistisch** ⟨Adj.; Steig. ungebr.⟩: *den Protektionismus betreffend, auf ihm beruhend;* **Protektionskind,** das; -[e]s, -er (iron.): *jmd., der [in ungerechtfertigter Weise] protegiert wird;* **Protektionswirtschaft,** die; - (abwertend): *Bevorzugung von Protegés bei der Besetzung wichtiger Stellen;* **protektiv** [protɛk'ti:f] ⟨Adj.⟩ [engl. protective, frz. protectif]: *schützend, als Schutz [dienend]:* eine -e Maßnahme; ein Mittel p. benutzen; **Protektor** [pro'tɛktɔr, auch: ...to:ɐ̯], der; -s, -en [...'to:rən]: **1.** (bildungsspr.) **a)** *jmd., der mit Hilfe seines entsprechenden Einflusses jmdn., etw. fördert, schützt;* **b)** *Schirmherr, Ehrenvorsitzender.* **2.** (Völkerr.) *Schutzmacht.* **3.** (Technik) *mit Profil versehene Lauffläche des Autoreifens;* **Protektorat** [protɛkto'ra:t], das; -[e]s, -e: **1.** (bildungsspr.) *Schirmherrschaft:* das P. (für etw.) übernehmen; die Ausstellung steht unter dem P. des Bundespräsidenten. **2.** (Völkerr.) **a)** *Schutzherrschaft eines Staates od. einer Staatengemeinschaft über einen anderen Staat;* **b)** *unter Schutzherrschaft eines anderen Staates od. einer Staatengemeinschaft stehender Staat;* ⟨Zus.:⟩ **Protektoratsgebiet,** das: svw. ↑Protektorat (2 b).

Proteolyse [proteo'ly:zə], die; - [zu ↑Protein u. ↑Lyse] (Biochemie): *Aufspaltung von Eiweißkörpern in Aminosäuren.*

Proterozoikum [protero'ts̯o:ikʊm], das; -s [zu griech. próteros = früher, eher u. zōḗ = Leben] (Geol.): svw. ↑Algonkium; vgl. Archäozoikum; **proterozoisch** ⟨Adj.; o. Steig.; nicht adv.⟩: *das Proterozoikum betreffend.*

Protest [pro'tɛst], der; -[e]s, -e [2: ital. protesto, zu: protestare < lat. prōtēstāri, ↑protestieren]: **1.** *meist spontane u. temperamentvolle Bekundung des Mißfallens, des Nichteinverstandenseins:* ein scharfer, geharnischter, energischer, heftiger, zorniger, leidenschaftlicher, (geh.:) flammender P.; ein formeller, offizieller P.; ein stummer P. *(Protest durch Schweigen)* gegen die Ungerechtigkeit; es hagelte -e *(von allen Seiten kamen heftige Proteste);* die -e drangen nicht durch, nutzten nichts; [schriftlichen] P. gegen etw. einlegen, erheben; gegen etw., jmdn. P. anmelden, anbringen; aus P. der Sitzung fernbleiben; sie verließen unter P. den Saal. **2.** (Wirtsch.) *amtliche Beurkundung der Nichtannahme eines Wechsels, der Nichteinlösung eines Wechsels od. Schecks:* einen Wechsel zu P. gehen lassen *(die Nichteinlösung eines Wechsels beurkunden lassen);* den P. auf den Wechsel setzen. **3.** (DDR jur.) *Rechtsmittel des Staatsanwaltes gegen ein Urteil des Kreisgerichts od. ein durch die erste Instanz ergangenes Urteil des Bezirksgerichts:* der P. führte zur Aufhebung des Urteils; P. einlegen; auf P. verzichten.

Protest- (Protest 1): **~aktion,** die: *[öffentliche] organisierte Aktion* (1), *mit der gegen etw., jmdn. protestiert* (1 a) *wird;* **~bewegung,** die: *Bewegung* (3 b), *die gegen politische, soziale Verhältnisse o. ä. protestiert* (1 a); **~brief,** der: vgl. ~schreiben; **~demonstration,** die: vgl. ~kundgebung; **~erklärung,** die: vgl. ~schreiben; **~haltung,** die: *Verhalten, mit dem Protest gegen etw., jmdn. bekundet wird;* **~kampagne,** die: vgl. ~aktion; **~kundgebung,** die: *Protestaktion in Form einer Kundgebung* (1); **~marsch,** der: vgl. ~kundgebung; **~note,** die: vgl. ~schreiben; **~resolution,** die: vgl. ~schreiben; **~ruf,** der: *Zwischenruf aus Protest;* **~sänger,** der: *jmd., der Protestsongs vorträgt;* **~schreiben,** das: *Schreiben, mit dem gegen etw., jmdn. [öffentlich] protestiert* (1 a) *wird, Protest eingelegt wird;* **~song,** der: *aktueller, engagierter Song* (2), *in dem soziale od. politische Verhältnisse kritisiert werden;* **~streik,** der: vgl. ~kundgebung; **~sturm,** der: *heftig bekundeter, stürmischer Protest:* es erhob sich ein P.; Proteststürme brachen los; **~versammlung,** die; **~welle,** die: *einen Höhepunkt aufweisende Reihe von Protestaktionen in einer bestimmten Periode;* **~zug,** der: *Protestaktion in Form eines Umzuges.*

Protestant [protɛs'tant], der; -en, -en [lat. prōtēstāns (Gen.: prōtēstantis), 1. Part. von: prōtēstāri, ↑protestieren; 1: nach der feierlichen ↑Protestation der evangelischen Reichsstände auf dem Reichstag zu Speyer 1529]: **1.** *Angehöriger einer protestantischen Kirche.* **2.** (selten) *jmd., der gegen jmdn., etw. protestiert* (1 a): Die Stuttgarter -en, wenden sich gegen einen ... Atommeiler am Neckar (Reform-Rundschau 11, 1971, 2); **Protestantin,** die; -, -nen: w. Form zu ↑Protestant; **protestantisch** ⟨Adj.; o. Steig.⟩: **a)** *zum Protestantismus gehörend, ihn vertretend, ihn betreffend:* -es Christentum; -e Kirchen, Pastoren; -e Schriften; Abk.: prot.; **b)** *für die Protestanten charakteristisch, in der Art der Protestanten:* unter der Oberfläche -er Sittsamkeit und preußischer Tugend ... (A. Zweig, Grischa 139); p. denken; **protestantisieren** [protɛstanti'zi:rən] ⟨sw. V.; hat⟩ (früher): *protestantisch* (a) *machen, für die protestantische Kirche gewinnen:* Gebiete p., dazu: **Protestantisierung,** die; - (früher): *das Protestantisieren;* **Protestantismus** [...'tɪsmʊs], der; -: *aus der kirchlichen Reformation des 16. Jh.s hervorgegangene Glaubensbewegung, die die verschiedenen evangelischen Kirchengemeinschaften umfaßt;* **Protestation** [...ta'ts̯io:n], die; -, -en (veraltet): svw. ↑Protest (1): die P. von Speyer im Jahre 1529 *(Einspruch der ev. Reichsstände gegen den Beschluß der Mehrheit auf dem Reichstag von Speyer, am Wormser Edikt festzuhalten);* **protestieren** [protɛs'ti:rən] ⟨sw. V.; hat⟩ [spätmhd. protestieren < frz. protester < lat. prōtēstāri = öffentlich bezeugen, verkünden]: **1. a)** *Protest* (1) *erheben, einlegen:* gegen einen Beschluß, gegen die unwürdige Behandlung, gegen den Krieg in Vietnam p.; ich protestiere dagegen, daß ich nicht rechtzeitig ausgeflogen wurde! (Plievier, Stalingrad 317); ⟨auch ohne Präp.-Obj.:⟩ öffentlich, in der Innenstadt p.; **b)** *eine Behauptung, Forderung, einen Vorschlag o. ä. als unzutreffend, unpassend zurückweisen; widersprechen:* schwach, unwillig p.; Er versuchte, wie es sich für einen Kavalier gehörte, zu p. (Kirst, 08/15, 103); Eine Weile protestierte der alte Herr noch wegen der Umstände, die er mir machte (Fallada, Herr 18). **2.** (Wirtsch.) *(einen Wechsel) zu Protest* (2) *gehen lassen;* **Protestler** [pro'tɛstlɐ], der; -s, - (oft abwertend): *jmd., der gegen jmdn., etw. öffentlich protestiert* (1 a).

Proteus ['pro:tɔys], der; -, - [nach dem altgriech. Meeresgott Prōteús, der die Gabe der Verwandlung gehabt haben soll] (bildungsspr.): *wetterwendischer Mensch.*

Prothallium [pro'taliʊm], das; -s, ...ien [...i̯ən; zu lat. prō = vor u. ↑Thallium] (Bot.): *Vorkeim der Farnpflanzen.*

Prothese [pro'te:zə], die; -, -n [1: zu griech. prósthesis = das Hinzufügen bzw. próthesis = das Voransetzen; Vorsatz; 2: griech. próthesis]: **1.** *künstlicher Ersatz eines fehlenden od. nur unvollständig ausgebildeten Körperteils:* die P. sitzt gut, drückt; eine P. bekommen, haben, tragen; eine P. anfertigen; im besonderen kurz für **a)** *Zahnprothese:* die P. herausnehmen, reinigen; **b)** *Beinprothese:* die P. anschnallen, abnehmen; **c)** *Armprothese.* **2.** (Sprachw.) *Entwicklung eines neuen Vokals od. einer neuen Silbe am Wortanfang* (z. B. lat. stella : span. estrella).

Prothesen- (Prothese 1): **~halterung,** die: eine lederne P.; **~klammer,** die (Zahnmed.): *Klammer, mit der eine Teilprothese an den natürlichen Zähnen befestigt wird;* **~träger,** der: *jmd., der eine Prothese trägt.*

Prothetik [pro'te:tɪk], die; - (Med.): *medizinisch-technischer Wissenschaftsbereich, der sich mit der Konstruktion von Prothesen* (1) *befaßt;* **prothetisch** ⟨Adj.; o. Steig.; nicht präd.⟩ (Med.): **1.** *die Prothetik betreffend, zu ihr gehörend.* **2.** *eine Prothese* (1) *betreffend, zu ihr gehörend.* **3.** (Sprachw.) *auf Prothese* (2) *beruhend:* ein -er Vokal.

Protist [pro'tɪst], der; -en, -en ⟨meist Pl.⟩ [griech. prṓtistos = der allererste]: svw. ↑Einzeller; **proto-, Proto-,** (vor Vokalen meist:) prot-, Prot- [prot(o)-; griech. prōtos] ⟨Best. in Zus. mit der Bed.⟩: *erster, vorderster, wichtigster; Ur...* (z. B. prototypisch, Protoplasma, Protagonist); **protogen** [...'ge:n] ⟨Adj.; o. Steig.⟩ [griech. prōtogenḗs = ursprünglich] (Geol.): *(bes. von Erzlagerstätten) am Ort des heutigen Vorkommens entstanden;* **Protokoll** [proto'kɔl], das; -s, -e [mlat. protocollum < mgriech. prōtókollon, eigtl. = (den amtlichen Papyrusrollen) vorgeleimtes (Blatt), zu griech. prōtos (↑proto-, Proto-) u. kólla = Leim]: **1. a)** *wortgetreue od. auf die wesentlichen Punkte beschränkte schriftliche Fixierung, Niederschrift des Hergangs einer Sitzung, Verhandlung, eines Verhörs, des in einer Sitzung, Verhandlung, einem Verhör Vorgetragenen:* ein polizeiliches P.; ein P. der Zeugenaussagen; ein P. anfertigen, aufsetzen, aufnehmen, ver-, vorlesen, genehmigen, unterschreiben; etw. ins P. aufnehmen, im P. festhalten; ***[das] P. führen*** *(den Ablauf, Verlauf von etw. im Dabeisein fortlaufend schriftlich festhalten):* Ich war lediglich Beisitzer – ich hatte ... nur das P. zu führen (Kirst, 08/15, 854); **etw. zu P. geben**/(selten:) **bringen** *(etw. äußern, aussagen, damit es im Protokoll festgehalten wird):* sie gaben alles, was sie gesehen hatten, bei der Polizei zu P.; **etw. zu P. nehmen** *(etw. protokollarisch* (1 a) *festhalten, in ein P. aufnehmen):* der Beamte nahm die Aussage zu P.; **b)** (Fachspr.) *genauer Bericht über Verlauf u. Ergebnis eines Versuchs, Heilverfahrens, einer Operation o. ä.:* ein genaues P. einer Narkose, einer Sektion. **2.** *Gesamtheit der für den diplomatischen Verkehr verbindlichen Formen; diplomatisches Zeremoniell:* ein strenges P.; das P. des Staatsbesuchs festlegen, ändern; gegen das P. verstoßen; er ist der erste Mann im P. der Bundesrepublik. **3.** (landsch.) *polizeiliches Strafmandat bei Ordnungswidrigkeiten im Straßenverkehr:* ein P. bekommen.

protokoll-, Protokoll-: **~abteilung,** die: *für das Protokoll* (2) *zuständige Abteilung im Auswärtigen Amt;* **~aufnahme,** die: *das Aufnehmen eines Protokolls* (1 b); **~aussage,** die (bes. Naturw.): *Inhalt eines Protokolls* (1 b); **~chef,** der: *Chef des Protokolls* (2); **~führer,** der: *jmd., der bei Verhandlungen o. ä. mit der Protokollierung beauftragt ist;* **~widrig** ⟨Adj.⟩: *gegen das Protokoll (2) verstoßend.*

Protokollant [protokɔ'lant], der; -en, -en: *jmd., der etw. protokolliert;* **protokollarisch** [...'la:rɪʃ] ⟨Adj.; o. Steig.; nicht präd.⟩: **1. a)** *in Form eines Protokolls* (1): etw. p. festhalten, niederschreiben; **b)** *im Protokoll* (1) *festgehalten, auf Grund des Protokolls:* eine -e Aussage; es läßt sich p. beweisen, daß .... **2.** *dem Protokoll* (2) *entsprechend;* **protokollieren** [...'li:rən] ⟨sw. V.; hat⟩ [mlat. protocollare]: **a)** *protokollarisch* (1 a) *aufzeichnen:* eine Vernehmung, Beratung, eine Aussage p.; zwei Beobachter protokollierten das Verhalten ... von Kindern im Alter von 4 bis 11 Jahren zwei Wochen lang ... (Hofstätter, Gruppendynamik 135); **b)** *Protokoll führen:* er hat sorgfältig, ungenau protokolliert; ⟨Abl.:⟩ **Protokollierung,** die; -, -en: *das Protokollieren;* **Proton** ['pro:tɔn], das; -s, ...onen [pro'to:nən; griech. prōton, subst. Neutr. von: prōtos, ↑proto-, Proto-] (Physik): *den Kern des leichten Wasserstoffatoms bildendes, positiv geladenes Elementarteilchen, das zusammen mit dem Neutron Baustein aller zusammengesetzten Atomkerne ist;* Zeichen: p; vgl. Protium; ⟨Zus.:⟩ **Protonenbeschleuniger,** der (Kernphysik): *Beschleuniger für Protonen;* **Protonensynchrotron,** das (Kernphysik): svw. ↑Protonenbeschleuniger; **Protoplasma** [proto'plasma], das; -s (Biol.): *lebende Substanz aller menschlichen, tierischen u. pflanzlichen Zellen, in der sich der Stoff- u. Energiewechsel vollzieht;* **protoplasmatisch** ⟨Adj.; o. Steig.⟩ (Biol.): **a)** *aus Protoplasma bestehend;* **b)** *zum Protoplasma gehörend;* **Prototyp** ['pro:toty:p, selten: proto'ty:p], der; -s, -en [spätlat. prōtotypos < griech. prōtótypos = ursprünglich]: **1.** (bildungsspr.) *jmd., der als Inbegriff all dessen gilt, was man für eine bestimmte Art von Mensch, für eine berufliche, gesellschaftliche o. ä. Gruppe gewöhnlich als typisch erachtet:* er ist der P. des Schürzenjägers, des cleveren Geschäftsmannes, eines Gelehrten. **2.** *die als Vorbild, Muster dienende charakteristische Ur-, Grundform von etw.:* der P. des christlichen Kultbaues (Bild. Kunst 3, 17). **3.** (Technik) *[vor der Serienproduktion] zur Erprobung u. Weiterentwicklung bestimmte erste Ausführung von etw.* (z. B. Fahrzeuge, Maschinen): neue -en entwickeln, testen. **4.** (Motorsport) *Rennwagen einer bestimmten Klasse, der nur in Einzelstücken hergestellt wird.* **5.** (Fachspr.) svw. ↑Normal (1); **prototypisch** ⟨Adj.; o. Steig.⟩: *den Prototyp* (1) *betreffend, in der Art eines Prototyps* (1); **Protozoen:** Pl. von ↑Protozoon; **Protozoologe,** der; -n, -n: *Wissenschaftler auf dem Gebiet der Protozoologie;* **Protozoologie,** die; -: *Teilgebiet der Zoologie, in dem man sich mit der wissenschaftlichen Erforschung der Protozoen beschäftigt;* **Protozoon,** das; -s, ...zoen [...'tso:ən] ⟨meist Pl.⟩ [zu ↑proto-, Proto- u. griech. zōon = Lebewesen] (Biol.): *mikroskopisch kleines, aus einer einzigen Zelle bestehendes Tierchen (z. B. Sporentierchen); Urtierchen* (Ggs.: Metazoon).

protrahieren [protra'hi:rən] ⟨sw. V.; hat⟩ [lat. prōtrahere = verzögern] (Med.): *verzögern* (z. B. die Wirkung eines Medikaments durch geringe Dosierung).

Protuberanz [protube'rants], die; -, -en [zu spätlat. prōtūberāre = anschwellen, hervortreten]: **1.** ⟨meist Pl.⟩ (Astron.) *aus dem Sonneninneren ausströmende leuchtende Gasmasse (die man z. B. bei totaler Sonnenfinsternis als langgestrecktes, brückenartiges Gebilde am Sonnenrand sehen kann):* Eine Sonne, kugelrund mit flammenden -en (Jahnn, Geschichten 210). **2.** (Anat.) *höckerartige Vorwölbung an Knochen* (z. B. am Beckenknochen).

[1]Protz [prɔts], der; -en u. -es, -e[n] [urspr. = Kröte, wohl nach dem Bild der sich aufblasenden Kröte; viell. zu mundartl. brossen, mhd. broȥȥen (↑[2]Protz) in der urspr. Bed. „anschwellen"] (ugs.): **1.** *jmd., der dauernd protzt;* vgl. -protz. **2.** ⟨o. Pl.⟩ svw. ↑Protzerei (3): allen P. verachten; **[2]Protz** [-], der; -en u. -es, -en [mhd. broȥ = Knospe, zu: broȥȥen = sprossen] (Forstw.): *(bei jungen Baumbeständen) Baum von schlechtem Wuchs, der schneller als die anderen gewachsen ist u. diese im Wachstum behindert;* **-protz** [-prɔts], der; -en u. -es, -e[n] [zu ↑[1]Protz (1)] (ugs.): in Zus., z. B. Bildungs-, Energie-, Würdeprotz.

Protze ['prɔtsə], die; -, -n [ital. (mdal.) birazzo = Zweiradkarren < spätlat. birotium, zu: birotus = zweirädrig] (Milit. früher): *zum Transport von Munition benutzter, zweirädriger Wagen, an den das Geschütz angehängt wurde.*

protzen ['prɔtsn̩] ⟨sw. V.; hat⟩ [zu ↑[1]Protz (1)] (ugs.): **1. a)** *in der Absicht, bei dem anderen Neid od. Bewunderung zu erwecken, eigene [vermeintliche] Vorzüge od. Vorteile in prahlerischer Weise zur Geltung bringen, zur Schau stellen:* mit seinem Vermögen, seinen Erfolgen p.; er protzt gern; **b)** *protzig* (1) *sagen, äußern:* „Ich kaufe meine Garderobe nur in Paris", protzte sie. **2.** *sich protzig* (2) *den Blicken zeigen, darbieten:* Auf der anderen Seite des Dammes protzten die Fassaden einiger Hochhäuser (Jaeger, Freudenhaus 216); **protzenhaft** ⟨Adj.; -er, -este⟩ (ugs.): *wie ein [1]Protz* (1); ⟨Abl.:⟩ **Protzenhaftigkeit,** die; - (ugs.): *protzenhaftes Benehmen;* **Protzentum,** Protzertum, das; -s (ugs.): *protzenhafte Art u. Weise;* **Protzerei** [prɔtsə'rai] die; -, -en: **1.** ⟨o. Pl.⟩ *[dauerndes] Protzen* (1 a). **2.** *protzige* (1) *Äußerung, Handlung.* **3.** ⟨o. Pl.⟩ *übertriebener Prunk, verschwenderische Pracht:* Er liebte zwar Komfort, aber nicht P. (Weber, Tote 215); **Protzertum:** ↑Protzentum; **protzig** ['prɔtsɪç] ⟨Adj.⟩ (ugs., meist abwertend): **1.** *in unangenehmer, herausfordernder Weise seine eigenen [vermeintlichen] Vorzüge, Vorteile (bes. seinen Besitz) hervorkehrend, plump-prahlerisch, großtuerisch:* er blätterte p. die Geldscheine auf den Tisch. **2.** *übertrieben groß u. aufwendig, sehr luxuriös, prunkvoll [u. dadurch meist herausfordernd wirkend]:* ein -er Wagen; eine -e Villa; ein p. eingerichteter Raum; ⟨Abl.:⟩: **Protzigkeit,** die; -.

Protzkasten ['prɔts-], der; -s, ...kästen (Milit. früher): *in der Protze befindlicher Kasten mit Munition;* **Protzwagen,** der; -s, - (Milit. früher): svw. ↑Protze.

Provenienz [prove'niɛnts], die; -, -en [zu lat. prōvenīre = hervorkommen, entstehen] (bildungsspr.): *Gebiet, sozialer, kultureller o. ä. Bereich, in dem etw. erzeugt wurde, aus dem jmd., etw. stammt, sich geistig herleiten läßt; Herkunft[sland]; Ursprung:* die P. von etw. klären; politische Flüchtlinge deutscher P.; Teppiche bester P.; Weine französischer P.; Theologen gleich welcher P.

Proverb [pro'vɛrp], das; -s, -en [lat. prōverbium] (bildungsspr. selten): svw. ↑Sprichwort; **Proverbe dramatique** [prɔ'vɛrb drama'tik], das; -[s] -; -s -s [prɔ'vɛrb drama'tik; frz. proverbe dramatique = dramatisches Sprichwort] (Literaturw.): *(in der frz. Literatur bes. des 18. u. 19. Jh.s) ein- od. zweiaktiges Theaterstück, in dem scherzhaft-ironisch die Wahrheit eines Sprichwortes, einer Sentenz o. ä. bewiesen wird;* **proverbial** [provɛr'bia:l; lat. prōverbiālis], **proverbialisch, proverbiell** [...'biɛl] ⟨Adj.; o. Steig.⟩ (bildungsspr. selten): svw. ↑sprichwörtlich; **Proverbium** [pro'vɛrbium], das; -s, ...ien [...iən]: älter für ↑Proverb.

Proviant [pro'viant], der; -s, -e ⟨Pl. ungebr.⟩ [ital. provianda, über das Vlat. < spätlat. praebenda, ↑Pfründe]: *als Verpflegung auf eine Expedition, Wanderung o. ä. mitgenommener [bemessener] Vorrat an Nahrungsmitteln; Mundvorrat:* unser P. reicht noch für einen Tag, wird knapp, geht zu Ende; für eine Woche P. dabeihaben; den P. rationieren; sich, jmdn. mit P. versorgen, versehen.

Proviant-: **~beutel,** der; **~kiste,** die; **~korb,** der; **~meister,** der (bes. Seew. früher): *Verwalter des Proviants;* **~sack,** der; **~tasche,** die.

proviantieren [provian'ti:rən] ⟨sw. V.; hat⟩: selten für ↑verproviantieren.

Provinz [pro'vɪnts], die; -, -en [spätmhd. provincie < lat.

prōvincia = Geschäfts-, Herrschaftsbereich: unter römischer Verwaltung stehendes Gebiet außerhalb Italiens): **1.** *größeres Gebiet, das eine staatliche od. kirchliche Verwaltungseinheit bildet* (Abk.: Prov.): die frühere P. Sachsen-Anhalt; die kanadischen, spanischen -en; das Land ist in -en eingeteilt, gegliedert; Ü ... werde ich in Gedanken ... eine lange Reise machen durch alle -en *(Bereiche)* der Liebe (Ziegler, Labyrinth 73). **2.** ⟨o. Pl.⟩ (oft abwertend) *Gegend, in der (mit großstädtischem Maßstab gemessen) in kultureller, gesellschaftlicher Hinsicht, für das Vergnügungsleben o. ä. nur sehr wenig od. nichts geboten wird:* diese Stadt ist finsterste, hinterste P.; diese Aufführung, dieser Vortrag ist P. *(von niedrigem künstlerischem bzw. geistigem Niveau);* er kommt aus der P.; in der P. leben.

Provinz-: **~bewohner,** der (oft abwertend): *jmd., der in der Provinz* (2) *wohnt [u. von ihr geprägt ist];* **~blatt,** das: **1.** *Zeitung einer Provinz* (1): „La Petite Gironde" ..., das große, in Bordeaux erscheinende P. (Salomon, Boche 50). **2.** (abwertend) *kleinere Zeitung von geringem Niveau;* **~bühne,** die (abwertend): vgl. ~theater (2): **~hauptstadt,** die: *Hauptstadt einer Provinz* (1); **~nest,** das (ugs. abwertend): *kleiner Ort in der Provinz* (2); **~stadt,** die: *Stadt in der Provinz* (2); **~theater,** das: **1.** *Theater außerhalb der Hauptstadt od. Metropole:* ... wurde das Stück an einem der führenden P. ... herausgebracht (K. Mann, Wendepunkt 187). **2.** (abwertend) *Theater von niedrigem künstlerischem Niveau.*

Provinzial [provɪn'tsi̯a:l], der; -s, -e [spätmhd. provinciāl]: *Vorsteher einer Ordensprovinz;* **Provinziale,** der; -n, -n [mlat. provincialis] (veraltet abwertend): *Provinzbewohner;* **Provinzialismus** [...tsi̯a'lɪsmʊs], der; -, ...men: **1.** (Sprachw.) *in der Hochsprache gebrauchter, vom hochsprachlichen Wortschatz od. Sprachgebrauch [u. Lautstand] abweichender landschaftsgebundener Ausdruck* (z. B. österr., schweiz. „allfällig" für „allenfalls [vorkommend], eventuell"). **2.** ⟨o. Pl.⟩ (bildungsspr. abwertend): *[gesellschaftlichen] Vorurteilen verhaftete, modernen Entwicklungstendenzen, zeitgemäßen Neuerungen gegenüber unaufgeschlossene, engstirnige Denkart;* **Provinzialist,** der; -en, -en (veraltet abwertend): *Provinzbewohner;* **Provinzialität** [...li'tɛ:t], die; - (bildungsspr. abwertend): **a)** *provinzielle* (1) *Art, Verhaltensweise;* **b)** *der einer Provinz* (2) *entsprechende Zustand:* die Stadt ist heute in die P. zurückgesunken; **Provinzialsynode,** die; -, -n: *Synode einer Kirchenprovinz;* **provinziell** [...'tsi̯ɛl] ⟨Adj.⟩ [französierende Bildung zu lat. prōvinciālis = zur Provinz gehörig]: **1.** (meist abwertend) *zur Provinz* (2) *gehörend; ihr entsprechend, für die Provinz* (2), *das Leben in ihr charakteristisch; von geringem geistigem, kulturellem Niveau zeugend, engstirnig:* -e Ansichten, Verhältnisse. **2.** ⟨o. Steig.⟩ *landschaftlich* (2), *mundartlich;* **Provinzler** [pro'vɪntslɐ], der; -s, - (ugs. abwertend): *jmd., dessen Denkart provinziell* (1) *ist;* ⟨Abl.:⟩ **provinzlerisch** ⟨Adj.⟩ (ugs.): **1.** (abwertend) *wie ein Provinzler.* **2.** *ländlich:* der Ort hat sich seine -e Ruhe bewahrt.

Provision [provi'zi̯o:n], die; -, -en [ital. provvisione < lat. prōvīsio = Vorsorge, zu: prōvidēre = Vorsorge treffen]: **1.** (Kaufmannsspr.) *(für die Besorgung od. Vermittlung eines [Handels]geschäftes übliche) Vergütung in Form einer [prozentualen] Beteiligung am Umsatz:* eine kleine, niedrige, hohe P.; der Handelsvertreter, Makler erhielt eine P. von 10%; eine P. beanspruchen, vereinbaren, zahlen; auf/gegen P. arbeiten. **2.** (kath. Kirche) *rechtmäßige Verleihung eines Kirchenamtes;* ⟨Zus. zu 1:⟩ **Provisionsreisende,** der (Kaufmannsspr.): *Handlungsreisender* (a), *der z. T. gegen Provision arbeitet:* **Provisor** [pro'vi:zɔr, auch: ...zo:ɐ̯], der; -s, ...oren [provi'zo:rən; lat. prōvīsor = der Vorsorgende]: **1.** (österr.) *Geistlicher, der vertretungsweise eine Pfarre o. ä. betreut.* **2.** (veraltet) *approbierter, in einer Apotheke angestellter Apotheker;* **provisorisch** [provi'zo:rɪʃ] ⟨Adj.; Steig. selten⟩ [frz. provisoire, engl. provisory, zu lat. prōvīsus, 2. Part. von: prōvidēre, ↑Provision]: *nur als einstweiliger Notbehelf, nur zur Überbrückung eines noch nicht endgültigen Zustands dienend; nur vorläufig, behelfsmäßig:* eine -e Unterkunft, Regelung, Regierung; die Einrichtung hier ist noch p.; etw. p. reparieren; **Provisorium** [...'zo:ri̯ʊm], das; -s, ...ien [...i̯ən] (bildungsspr.): **1.** *etw., was provisorisch ist, Übergangslösung:* diese Regelung ist ein P., wird als P. angesehen. **2.** (Philat.) svw. ↑Aushilfsausgabe.

Provitamin, das; -s, -e (Chemie): *Vorstufe eines Vitamins.*

Provo ['pro:vo], der; -s, -s [niederl. provo, gek. aus: provoceren = provozieren]: *Vertreter einer antibürgerlichen Protestbewegung von Jugendlichen u. Studenten;* **provokant** [provo'kant] ⟨Adj.; -er, -este⟩ [(frz. provocant <) lat. prōvocāns (Gen.: prōvocantis), 1. Part. von: prōvocāre, ↑provozieren] (bildungsspr.): *herausfordernd, provozierend:* ein -es Auftreten; -e Formulierungen; p. wirken; **Provokateur** [...ka'tø:ɐ̯], der; -s, -e [frz. provocateur < lat. prōvocātor = Herausforderer] (bildungsspr.): *jmd., bes. ein Agent, der andere zu Handlungen gegen jmdn. herausfordert, aufwiegelt;* **Provokation** [...'tsi̯o:n], die; -, -en [lat. prōvocātio]: **1.** (bildungsspr.) *Herausforderung, durch die jmd. zu [unbedachten] Handlungen veranlaßt wird od. werden soll:* eine militärische, politische P.; der separate Friedensvertrag wurde als P. der/gegen die/gegenüber den Verbündeten angesehen; Eine Frau in langen Hosen war eine P. der guten Sitten (Zwerenz, Erde 21); auf eine P. antworten, reagieren. **2.** (Med.) *künstliche Auslösung von Krankheitserscheinungen (zu diagnostischen od. therapeutischen Zwekken);* **provokativ** [...'ti:f] ⟨Adj.⟩ [engl. provocative] (bildungsspr.): *herausfordernd, eine Provokation* (1) *enthaltend:* ein -es Buch; **provokatorisch** [...'to:rɪʃ] ⟨Adj.⟩ (bildungsspr.): *herausfordernd, eine Provokation* (1) *bezwekkend:* -e Übergriffe an der Grenze; **provozieren** [provo'tsi:rən] ⟨sw. V.; hat⟩ [lat. prōvocāre = heraus-, hervorrufen; herausfordern, reizen] (bildungsspr.): **1. a)** *machen, daß sich der andere angegriffen fühlt u. entsprechend reagiert; herausfordern:* den Redner, die Polizei p.; niemand ließ sich p.; jmdn. zu beleidigenden Äußerungen p.; ⟨auch ohne Akk.-Obj.:⟩ der Autor wollte [mit dem Stück] p.; provozierende Zwischenrufe; etw. in provozierendem Ton sagen; **b)** *bewirken, daß etw., was in der Lage der Dinge o. ä. nicht vorgegeben war, als Folge von etw. ausgelöst wird, zustande kommt:* einen Beschluß, eine Diskussion, bewußt Widerspruch p.; Krach, einen Skandal, einen Angriff, ein Unglück p. **2.** (Med.) *(durch Diät, bestimmte Medikamente, physikalische Reize o. ä. zu diagnostischen od. therapeutischen Zwecken) bestimmte Reaktionen, Krankheitserscheinungen künstlich auslösen:* für einen Hauttest eine Allergie p.; Erbrechen p.; ⟨Abl. zu 1:⟩ **Provozierung,** die; -, -en.

proximal [prɔksi'ma:l] ⟨Adj.; o. Steig.⟩ [zu lat. proximus = der nächste] (Med.): *dem zentralen Teil eines Körpergliedes bzw. der Körpermitte zu gelegen.*

Prozedere: ↑Procedere; **prozedieren** [protse'di:rən] ⟨sw. V.; hat⟩ [lat. prōcēdere = fortschreiten] (bildungsspr. selten): *in einer bestimmten Weise, nach einer bestimmten Methode vorgehen, zu Werke gehen, verfahren;* **Prozedur** [...'du:ɐ̯], die; -, -en [2: engl. procedure]: **1.** (bildungsspr.) *meist zeitaufwendige, umständliche od. komplizierte u. für den Betroffenen unangenehme Weise, in der etw. Bestimmtes durchgeführt wird, vor sich geht, an jmdm. vorgenommen wird:* die Beschaffung der Reisepapiere, der Unterlagen war eine langwierige P.; die unangenehme P. des Magenaushebens; eine P. von Kontrollen über sich ergehen lassen. **2.** (Datenverarb.) *Zusammenfassung mehrerer Befehle zu einem einheitlichen, selbständigen Unterprogramm;* **prozedural** [...du'ra:l] ⟨Adj.; o. Steig.; nicht präd.⟩ (bildungsspr.): *verfahrensmäßig, den äußeren Ablauf einer Sache betreffend:* -e Probleme, Verzögerungen.

Prozent [pro'tsɛnt], das; -[e]s, -e ⟨aber: 5 Prozent⟩ [ital. per cento (vgl. Perzent; im Frühnhd. pro cento), zu lat. centum = hundert]: **1.** *hundertster Teil, Hundertstel* (Hinweis bei Zahlenangaben, die sich auf die Vergleichszahl 100 beziehen); die Partei erhielt 42 P. der Stimmen; der Cognac hat, enthält 60 P. Alkohol; 10 P. [der Abgeordneten] haben/(ugs.:) hat zugestimmt; eine Mehrwertsteuer von 13 P.; er bekommt auf diese Waren 10 P. *(10 Prozent Rabatt);* etw. in -en ausrechnen, ausdrücken; Abk.: p. c., v. H. (= von Hundert); Zeichen: %. **2.** ⟨Pl.; nicht in Verbindung mit Zahlen⟩ (ugs.) *in Prozenten* (1) *berechneter Gewinn-, Verdienstanteil:* er hat an diesem Geschäft seine -e; jmdm. -e geben, gewähren; für etw. seine -e verlangen; die Betriebsangehörigen bekommen auf diese Geräte -e *(Rabatt).*

Prozent- (Prozent 1): **~kurs,** der (Börsenw.): *in Prozenten des Nennwertes angegebener Börsenkurs* (Ggs.: Stückkurs); **~punkt,** der: *Differenz zwischen zwei Prozentzahlen:* Der Stimmenanteil der Partei ist von 40% auf 45%, also um 5 -e gestiegen; **~rechnung,** die ⟨o. Pl.⟩: *bestimmtes Verfahren zur Berechnung von Prozenten;* **~satz,** der: *bestimmte Anzahl von Prozenten:* ein niedriger, geringer P.; ein großer P.

der Teilnehmer waren Ausländer/sprach Deutsch; der P. an jugendlichen Drogensüchtigen ist, liegt relativ hoch; das Projekt wurde zu einem beträchtlichen P. aus privaten Mitteln finanziert; **~spanne,** die (Kaufmannsspr.): *in Prozenten des Einkaufs- od. Verkaufspreises ausgedrückte Handelsspanne;* **~wert,** der: *nach Prozenten berechneter, dem Prozentsatz entsprechender Wert;* **~zahl,** die: *Zahl, die die Prozente angibt.*

-prozentig [-prot̲sɛntɪç] in Zusb., z. B. fünfprozentig (mit Ziffer: 5prozentig od. 5%ig; *fünf Prozent von etw. enthaltend, von fünf Prozent*), hochprozentig *(einen hohen Prozentsatz von etw. enthaltend);* **prozẹntisch** [...tɪʃ] ⟨Adj.; o. Steig.; nicht präd.⟩ (veraltet): *prozentual;* **prozentual** [...'t̲u̯a:l], (österr.:) prozentuell [...'t̲u̯ɛl] ⟨Adj.; o. Steig.; nicht präd.⟩ (bildungsspr.): *im Verhältnis zum vollen Hundert od. zum Ganzen, in Prozenten* (1) *ausgedrückt, berechnet:* ein -er Anteil; p. am Gewinn beteiligt sein; p. gut, schlecht abschneiden; **prozentualiter** [...'t̲u̯a:litɐ] ⟨Adv.⟩ (bildungsspr. veraltend): *im Verhältnis zum vollen Hundert od. zum Ganzen, in Prozenten* (1): p. gesehen bedeutet das, ...; **prozentuell**: ↑prozentual; **prozentuieren** [...tu'i:rən] ⟨sw. V.; hat⟩ (Fachspr.): *in Prozenten* (1) *berechnen, ausdrücken;* ⟨Abl.:⟩ **Prozentuịerung,** die; -, -en.

Prozeß [pro't̲sɛs], der; ...zesses, ...zesse [mhd. (md.) process = Erlaß, gerichtliche Entscheidung < mlat. processus = Rechtsstreit < lat. prōcessus = Fortgang, Verlauf, zu: prōcēdere, ↑prozedieren]: **1.** *vor einem Gericht ausgetragener Rechtsstreit:* ein aufsehenerregender, politischer P.; der P. Meyer gegen Schulze wurde wieder aufgerollt; gegen jmdn. einen P. anstrengen, (jur.:) anhängig machen, einleiten; gegen jmdn. einen P. führen *(prozessieren);* einen P. gewinnen, verlieren; mit jmdm. im P. liegen *(prozessieren);* Spr besser ein magerer Vergleich als ein fetter P.; ***jmdm. den P. machen** *(jmdn. für etw. in einem Prozeß zur Verantwortung ziehen);* **[mit jmdm., etw.] kurzen Prozeß machen** (1. ugs.; *energisch, ohne weitere Umstände mit etw., jmdm. verfahren, um eine unersprießliche, lästige Angelegenheit, Situation zu seinen eigenen Gunsten zu entscheiden.* 2. salopp; *jmdn. skrupellos töten*). **2.** *über eine gewisse Zeit sich erstreckender Vorgang, bei dem etw. [allmählich] entsteht, sich herausbildet; Entwicklung, Ablauf von etw.:* ein historischer, mechanischer, chemischer P.; ein langwieriger, rückläufiger P.; der P. der Alterung, Auflösung; ein P. fortschreitender Demokratisierung; dieser P. vollzog sich um so rascher, als ...; dieser P. ist abgeschlossen; einen P. auslösen, beschleunigen, unterbrechen.

prozẹß-, ¹Prozẹß- (Prozeß 1): **~akte,** die; **~antrag,** der (jur.): *Antrag, der sich auf die Gestaltung u. den Ablauf eines Prozesses bezieht:* einen P. stellen; **~ausgang,** der ⟨Pl. ungebr.⟩; **~beginn,** der; **~bericht,** der; **~beteiligte,** der u. die; **~bevollmächtigt** ⟨Adj.; o. Steig.; nicht adv.⟩ (jur.): *(im Zivilprozeß) auf Grund einer Prozeßvollmacht zu allen einen Rechtsstreit betreffenden Prozeßhandlungen berechtigt,* dazu: **~bevollmächtigte,** der u. die (jur.): *jmd. (bes. ein Anwalt), der prozeßbevollmächtigt ist;* **~fähig** ⟨Adj.; o. Steig.; nicht adv.⟩ (jur.): *auf Grund bestimmter Voraussetzungen (z. B. Volljährigkeit) fähig, Prozeßhandlungen selbst od. durch einen selbstgewählten Prozeßbevollmächtigten vor- od. entgegenzunehmen* (Ggs.: ~unfähig), dazu: **~fähigkeit,** die ⟨o. Pl.⟩ (Ggs.: ~unfähigkeit); **~führung,** die; **~gegner,** der: svw. ↑~partei; **~gericht,** das (jur.) *(im Unterschied zum Vollstreckungsgericht) das zur Entscheidung berufene Gericht;* **~handlung,** die (jur.): *jede der Handlungen des Gerichts, der Prozeßparteien u. weiterer Prozeßbeteiligter, die einen Prozeß in Gang setzen u. in seinem Ablauf bestimmen* (z. B. Erhebung der Klage, Geständnis, Urteil, Vergleich); **~hansel,** der (ugs.): *jmd., der gern u. bei jeder entsprechenden Gelegenheit einen Prozeß anstrengt, prozessiert;* **~kosten** ⟨Pl.⟩: *alle in einem Prozeß für eine Prozeßpartei anfallenden Kosten,* dazu: **~kostenhilfe,** die ⟨o. Pl.⟩ (Amtsspr.); **~material,** das: *(bes. zum juristischen Beweis beitragendes) Material* (3) *in einem Prozeß;* **~ordnung,** die (jur.): *Bestimmungen, die den formalen Ablauf eines Prozesses regeln* (z. B. Zivilprozeß-, Strafprozeßordnung); **~partei,** die (jur.): *(im Zivilprozeß) eine der beiden gegnerischen Parteien;* **~recht,** das ⟨o. Pl.⟩ (jur.): svw. ↑Verfahrensrecht, dazu: **~rechtlich** ⟨Adj.; o. Steig.; nicht präd.⟩ (jur.): svw. ↑verfahrensrechtlich; **~unfähig** ⟨Adj.; o. Steig.; nicht adv.⟩ (jur.) (Ggs.: ~fähig), dazu: **~unfähigkeit,** die (Ggs.: ~fähigkeit); **~vergleich,** der (jur.): *zwischen den Prozeßparteien zur Beilegung eines Rechtsstreites abgeschlossener Vergleich;* **~verlauf,** der; **~verschleppung,** die (jur.): *absichtliche Verzögerung eines Prozesses durch eine der beiden Prozeßparteien;* **~vollmacht,** die (jur.): *Vollmacht, die dazu ermächtigt, jmdn. bei allen einen Rechtsstreit betreffenden Prozeßhandlungen zu vertreten.*

²Prozẹß- (Prozeß 2): **~dampf,** der: *Wasserdampf [hoher Temperatur], der die für viele technologische Prozesse erforderliche Prozeßwärme liefert;* **~rechner,** der (Datenverarb.): *[digitale] Rechenanlage, die zur Steuerung technischer Prozesse od. komplizierter wissenschaftlicher Versuchsabläufe dient;* **~wärme,** die: *zur Durchführung technologischer Prozesse (bes. chemischer Reaktionen) erforderliche Wärme, die z. B. mit Hilfe von Kernreaktoren erzeugt wird.*

prozessieren [prot̲sɛ'si:rən] ⟨sw. V.; hat⟩ [zu ↑Prozeß (1)]: **1.** *zur Klärung eines Streites (gegen jmdn.) gerichtlich vorgehen, einen Prozeß führen:* gegen jmdn. p.; mit jmdm. um/wegen etw. p. **2.** (veraltet) *verklagen:* jmdn. p.; **Prozession** [prot̲sɛ'si̯o:n], die; -, -en [spätmhd. processiōne, processje < (kirchen)lat. prōcessio, eigtl. = das Vorrücken, zu: prōcēdere, ↑prozedieren]: *(in der katholischen u. orthodoxen Kirche) aus bestimmtem religiösem Anlaß veranstalteter feierlicher Umzug von Geistlichen u. Gemeinde:* eine lange P. zog zu Fronleichnam durch die Innenstadt; an einer P. teilnehmen; mit der P. gehen; Ü eine lange P. von Kernkraftwerkgegnern schob sich durch Bonn.

Prozessiọns-: **~kreuz,** das: *bei Prozessionen mitgeführtes Kreuz;* **~spiel,** das (Literaturw.): *aus den Fronleichnamsprozessionen entwickelte Form des spätmittelalterlichen geistlichen Dramas;* **~spinner,** der: *mittelgroßer, plumper, meist grauer Nachtfalter, dessen Raupen in langen geschlossenen Reihen vom Ruheplatz zum Freßplatz ziehen.*

Prozessor [pro't̲sɛsɔr, auch: ...so:ɐ̯], der; -s, -en [...'so:rən] (Datenverarb.): *Leit- u. Rechenwerk enthaltender Teil einer elektronischen Datenverarbeitungsanlage;* **prozessual** [...'su̯a:l] ⟨Adj.; o. Steig.⟩: **1.** (jur.) **a)** *den Prozeß* (1) *betreffend;* **b)** svw. prozeßrechtlich. **2.** *den Prozeß* (2) *betreffend.*

prozyklisch [auch: ...'t̲syk..., '---] ⟨Adj.; o. Steig.⟩ (Wirtsch.): *einem bestehenden Konjunkturzustand gemäß* (Ggs.: antizyklisch 2): -e öffentliche Ausgaben.

prüde ['pry:də] ⟨Adj.; -r, -ste; nicht adv.⟩ [frz. prude < afrz. prod = tüchtig, tapfer, auch: sittsam, wohl losgelöst aus der Fügung: prode femme = ehrbare Frau] (abwertend): *in bezug auf Sexuelles gehemmt, unfrei u. alles, was direkt darauf Bezug nimmt, nach Möglichkeit vermeidend, sich peinlich davon berührt fühlend:* ein -r Mensch; ein -s Zeitalter; samt ... einem für meinen -n Geschmack unanständigen Wandkalender (Habe, Namen 50); sie ist p. und zieht sich nicht im Beisein eines andern um.

¹Prudel ['pru:dl̩], der; -s, - [zu ↑¹prudeln]: **1.** (landsch.) *Strudel, Wallung.* **2.** (Jägerspr.) *Suhle (des Schwarzwildes).*

²Prudel [-], der; -s, - [zu ↑²prudeln] (landsch.): *Fehler [beim Stricken, Häkeln o. ä.]:* einen P. machen; **prudelig,** prudlig ['pru:d(ə)lɪç] ⟨Adj.⟩ (landsch.): *schlecht, unordentlich [gestrickt, gehäkelt o. ä.].*

¹prudeln ['pru:dl̩n] ⟨sw. V.; hat⟩ [Nebenf. von ↑brodeln]: **1.** (landsch.) svw. ↑brodeln. **2.** ⟨p. + sich⟩ (Jägerspr.) *(vom Schwarzwild) sich suhlen.*

²prudeln [-] ⟨sw. V.; hat⟩ [H. u.] (landsch.): *Fehler [beim Stricken, Häkeln u. ä.] machen.*

Prüderie [pry:də'ri:], die; - [frz. pruderie, zu: prude, ↑prüde] (bildungsspr.): *prüde [Wesens]art, prüdes Verhalten.*

prudlig: ↑prudelig.

Prüf- (vgl. auch: Prüfungs-): **~automat,** der (Technik): *Automat zum Prüfen von Werkstücken;* **~belastung,** die (Technik): *hohe Belastung zur Prüfung u. Gewährleistung der normalen Belastbarkeit;* **~dienststelle,** die (DDR): eine P. für Baustoffe; **~feld,** das (Technik): *Einrichtung mit mehreren Prüfständen zum umfassenden Prüfen von Maschinen, Geräten u. deren Elementen:* Ü Der Rundfunk soll als P. der öffentlichen Meinung wirken; **~gerät,** das (Technik): *Gerät zum Prüfen [von Werkstücken];* **~last,** die (Technik): vgl. ~belastung; **~maschine,** die (Technik): *Maschine zum Prüfen [von Werkstücken];* **~methode,** die (Fachspr.): physikalische, chemische -n; **~muster,** das (Fachspr.): *Produkt einer Produktionsserie, das auf seine vorgeschriebenen Eigenschaften amtlich geprüft wird, ist;* **~pflicht,** die: die Einführung einer amtlichen P. für Meßgeräte; **~platz,** der (Technik): *mit Meßgeräten ausgestatteter Arbeitsplatz zum Prüfen von Produkten im technologischen Ablauf des Pro-*

duktionsprozesses; ~**röhrchen,** das (Fachspr.): *bestimmte Reagenzien enthaltendes Röhrchen, mit dem ein hindurchgepumptes Gasgemisch analysiert werden kann;* ~**spannung,** die (Elektrot.): *über der Betriebsspannung liegende Spannung, mit der elektrische Geräte, Apparate u. Maschinen geprüft werden müssen, bevor sie in Betrieb genommen werden dürfen;* ~**stand,** der (Technik): *mit Meßgeräten ausgestattete Anlage zum Prüfen von Maschinen, Geräten, Bauteilen auf bestimmte Eigenschaften, insbes. Funktionstüchtigkeit, Betriebssicherheit, Verhalten bei längerer Belastung:* einen Motor auf dem P. erproben; Ü Examensordnung auf dem P. (MM 13. 3. 74, 12); ~**stein,** der [urspr. = Probierstein]: *etw., woran sich etw., jmd. bewähren bzw. woran sich etw. als richtig erweisen muß:* dieses Experiment ist ein P. für die Richtigkeit unserer Annahme; ~**stelle,** die: die amtliche Prüfung der Meßgeräte wird von -n vorgenommen; ~**stück,** das (Fachspr.): svw. ↑Prüfling (2); ~**verfahren,** das: physikalische, chemische P.; ~**zeugnis,** das (DDR Fachspr.): *Zeugnis, in dem das Ergebnis der amtlichen Prüfung eines Produktes festgehalten ist.*

prüfbar ['pry:fba:ɐ̯] ⟨Adj.; o. Steig.; nicht adv.⟩: *sich prüfen* (1, 2, 3a) *lassend;* **prüfen** ['pry:fn̩] ⟨sw. V.; hat⟩ [mhd. brüeven, prüeven = erwägen; erkennen; beweisen, erproben, über das Vlat.-Roman. < lat. probāre = als gut erkennen, billigen; prüfen; zu: probus = gut, rechtschaffen, tüchtig]: **1. a)** *(bes. Geräte, Maschinen) auf Qualität, Funktionstüchtigkeit hin untersuchen, durchprüfen:* etw. gründlich, sorgfältig, flüchtig p.; das Material, die Bauweise von Haushaltsgeräten p.; er prüfte die Schnur, indem er sie durch die Hand gleiten ließ; etw. auf seine Zuverlässigkeit, Festigkeit p.; amtlich geprüfte Meßgeräte; **b)** *einen Sachverhalt, Schriftstücke im Hinblick auf die Richtigkeit bzw. Akzeptabilität kontrollieren:* jmds. Fahrzeugpapiere, Reisepaß p.; eine Urkunde, einen Antrag p.; die Echtheit, Richtigkeit einer Sache p.; jmds. Angaben, Argumente p.; ⟨auch o. Akk.-Obj.:⟩ man sollte erst kritisch p., bevor man ein Urteil fällt; prüfend innehalten; **c)** *ein Angebot unter eingehender Berücksichtigung aller relevanten Faktoren vergleichend betrachten:* die Hausfrauen prüften die Sonderangebote; die Offerte wollte gründlich geprüft sein; R drum prüfe, wer sich ewig bindet [ob sich nicht noch was Beßres findet] (eigtl. ob sich das Herz zum Herzen findet; nach Schillers „Lied von der Glocke"); ⟨auch o. Akk.-Obj.⟩ erst p., dann kaufen; **d)** *die Eigenschaften bzw. den Zustand von etw. festzustellen suchen:* den Geschmack einer Speise p.; die Temperatur des Wassers [mit dem Finger, mit dem Thermometer] p.; etw. auf das Vorhandensein von etw. p.; ⟨auch o. Akk.-Obj.:⟩ den nassen Finger prüfend in den Wind halten. **2. a)** *jmdn. eingehend testen, forschend beobachten, um ihn auf Grund des Eindrucks den man gewinnt, einschätzen zu können:* jmds. Eignung p.; jmdn. auf seine Vertrauenswürdigkeit, Reaktionsfähigkeit p.; jmdn. mit den Augen p.; (sie) ... prüfte schon längst die Frau ... von der Seite (H. Mann, Stadt 177); ⟨oft im 1. Part.:⟩ jmdn. prüfend, mit prüfenden Blicken ansehen; **b)** ⟨p. + sich⟩ *über die eigene Person reflektieren, um sich selbst einzuschätzen u. zu erkennen:* ich muß mich erst selbst p., ob ich für diese Aufgabe auch geeignet bin. **3. a)** *durch entsprechende Aufgabenstellung od. Fragen [jmds.] Kenntnisse, Fähigkeiten, Leistungen auf einem bestimmten Gebiet festzustellen suchen:* einen Schüler [in Biologie] p.; mündlich, schriftlich geprüft werden; ⟨auch o. Akk.-Obj.:⟩ scharf, streng p.; ein geprüfter Elektrotechniker; **b)** *in einem bestimmten Sachgebiet Prüfungen durchführen:* Latein p. **4.** (geh.) *(schicksalhaften) Belastungen aussetzen; mitnehmen* (2): das Schicksal hat ihn hart geprüft; [vom Leben] schwer geprüft sein. **5.** (Sport) *jmdn. im sportlichen Wettkampf derart fordern, daß er sein ganzes Können unter Beweis stellen muß:* bei diesem Spiel wurden die Verteidiger kaum geprüft; der Linksaußen prüfte den Schlußmann mit einem tückischen Aufsetzer; ⟨Abl.:⟩ **Prüfer,** der; -s, - [mhd. prüever]: **1.** *jmd., der beruflich etw. auf bestimmte [vorgeschriebene] Eigenschaften od. auf seine Richtigkeit prüft* (z. B. Werkstoffprüfer, Buchprüfer). **2.** *jmd., der jmdn. auf seine Kenntnisse, Fähigkeiten, Leistungen prüft:* ein strenger P.; ⟨Zus. zu 1:⟩ **Prüferbilanz,** die (Wirtsch.): *die im Rahmen einer steuerlichen Buch- u. Betriebsprüfung vom Prüfer aufgestellte Bilanz; Prüfungsbilanz;* **Prüferin,** die; -, -nen: w. Form zu ↑Prüfer; **Prüfling** ['pry:flɪŋ], der; -s, -e: **1.** *jmd., der geprüft wird; Prüfungskandidat.* **2.** (Fachspr.) *auf seine vorgeschriebenen Eigenschaften zu prüfendes [Werk]stück, [Bau]teil:* bei einem fehlerhaften P. stoppt das Gerät und zeigt den Fehler an (Elektronik 12, 1971, A 30); **Prüfung,** die; -, -en [mhd. prüevunge]: **1.** *das Prüfen* (1): die P. von Lebensmitteln, Geräten, Vorschlägen, Rechnungen; die P. der Qualität, der Möglichkeit einer Sache; P. auf Echtheit, Haltbarkeit; klinische -en ergaben eine erstaunliche Wirksamkeit des Medikaments; es bedarf hier noch einer eingehenden P.; die Argumente halten einer genauen P. nicht stand; etw. einer gründlichen P. unterziehen, unterwerfen; nach sorgfältiger P. [aller Umstände] ergab sich, daß ... **2.** *das Prüfen* (2a, b): jmdn. einer P. [auf besondere Fähigkeiten] unterziehen; ... nach neugierig-beifälliger P. meiner Person (Th. Mann, Krull 132). **3.** *[durch Vorschriften] geregeltes Verfahren, das dazu dient, jmdn. zu prüfen* (3): eine leichte, schwere, strenge P.; die schriftliche, mündliche P. in einem Fach, in Latein, in Sport; eine P. ablegen/machen, [mit „gut"] bestehen, anberaumen, ansetzen, abhalten, abnehmen; sich einer P. unterziehen; sich auf/für eine P. vorbereiten; bei/in einer P. versagen; (ugs.:) durch die P. fallen; in die P. gehen/(ugs.:) steigen; jmdn. zu einer P. zulassen. **4.** (geh.) *(schicksalhafte) schwere Belastung; Heimsuchung:* diese P. überstieg seine Kraft; etw. ist eine schwere, harte P. für jmdn. **5.** (Sport) *Wettbewerb, durch den die Teilnehmer in einer speziellen Disziplin geprüft* (5) *werden; Wettbewerb, der bestimmte [hohe] Anforderungen stellt:* für die Teilnehmer an der Weltmeisterschaft gehört dieses Rennen zu den schwersten -en.

Prüfungs- (vgl. auch: Prüf-): ~**anforderungen** ⟨Pl.⟩: *für eine Prüfung* (3) *festgelegte Anforderungen an die Prüflinge;* ~**angst,** die: *Angst vor einer Prüfung* (3); ~**arbeit,** die: *zur Prüfung* (3) *gehörende Arbeit:* eine P. schreiben; ~**aufgabe,** die: *zur Prüfung* (3) *gehörende Aufgabe;* ~**aufsatz,** der; ~**ausschuß,** der: vgl. ~kommission; ~**bedingungen** ⟨Pl.⟩: vgl. ~anforderungen; ~**bestimmung,** die; ~**bilanz,** die: svw. ↑Prüferbilanz; ~**ergebnis,** das: *Ergebnis der Prüfung* (3); ~**fach,** das: *in einer Prüfung* (3) *geprüftes Fach:* Deutsch ist P.; ~**frage,** die: *in einer Prüfung* (3) *zu beantwortende Frage;* ~**gebühr,** die; ~**kandidat,** der: *jmd., der vor od. in einer Prüfung* (3) *steht;* ~**kommissar,** der: *Vertreter einer staatlichen Behörde, der eine Prüfung* (3) *überwacht;* ~**kommission,** die: *staatliche Kommission, die eine Prüfung* (3) *abnimmt;* ~**note,** die; ~**ordnung,** die: *Gesamtheit von Vorschriften für die Durchführung von Prüfungen* (3); ~**resultat,** das: vgl. ~ergebnis; ~**termin,** der: *Termin für die Prüfung* (3); ~**thema,** das: *bei einer Prüfung* (3) *gestelltes Thema;* ~**unterlagen** ⟨Pl.⟩: *zur Prüfung* (3) *gehörende Unterlagen;* ~**verfahren,** das: *Verfahren der Durchführung einer Prüfung* (3); ~**vermerk,** der: *Vermerk über die Prüfung (auf Richtigkeit o. ä.);* ~**vorbereitung,** die: *Vorbereitung auf die Prüfung* (3); ~**zeugnis,** das: *Zeugnis über eine Prüfung* (3).

Prügel ['pry:gl̩], der; -s, - [spätmhd. brügel = Knüppel, Knüttel]: **1. a)** *(bes. zum Schlagen verwendeter) dickerer Stock, Knüppel:* mit -n aufeinander einschlagen; * **jmdm. P. zwischen die Beine werfen** (ugs.; ↑Knüppel 1 a); **b)** (derb) *Penis;* **c)** (selten) kurz für ↑Schießprügel. **2.** ⟨Pl.⟩ (ugs.) *Schläge [mit einem Stock] (aus Zorn, Ärger o. ä.):* P. austeilen; von jmdm. [gehörige] P. bekommen, beziehen; für etw. P. einstecken müssen; es gab, setzte, hagelte P.

Prügel-: ~**junge,** der (seltener): svw. ↑~knabe; ~**knabe,** der [angeblich früher ein Knabe einfachen Standes, der mit einem Fürstensohn zusammen erzogen wurde u. die diesem zukommende Züchtigung erhielt] (ugs.): *jmd., den immer die Vorwürfe treffen, dem die Schuld für etw. gegeben wird, wofür eigentlich nicht er, sondern ein anderer verantwortlich ist, was ein anderer verschuldet hat:* den -n für jmdn. abgeben; Berliner Taxifahrer ... haben es einfach satt, als -n eines Flughafens herzuhalten, der der Praxis nicht gewachsen ist (BM 7. 2. 76, 2); ~**stock,** der; ~**strafe,** die ⟨Pl. selten⟩: *Bestrafung durch Schläge, Hiebe:* die P. ist an den Schulen verboten; ~**suppe,** die [eigtl. = Suppe, in die Prügel (1 a) gebrockt werden] (ugs. veraltet): *Prügel* (2): Die P. hatten Kameraden aus anderen Stuben, gedungene Dreschknechte, gefressen (*die Prügel hatten Kameraden ... bekommen;* Strittmatter, Wundertäter 356); ~**szene,** die: **1.** *Film-, Schauspielszene, in der geprügelt wird bzw. in der man sich prügelt.* **2.** *Szene, wie sie sich abspielt, ereignet, wenn geprügelt wird bzw. man sich prügelt:* bei der Demonstration kam es zu wüsten -n.

Prügelei [pry:gə'laj], die; -, -en:) *das Prügeln, Einschlagen auf jmdn.* (aus Zorn o. ä.); **b)** *gegenseitiges Prügeln;* -en der Schüler auf dem Schulhof; **prügeln** ['pry:gl̩n] ⟨sw. V.; hat⟩ [urspr. = mit Prügeln (1 a) bedecken; einem Hund einen Prügel (1 a) vor die Beine hängen]: **1. a)** *kräftig (insbes. mit einem Stock o. ä. als Strafe) schlagen:* einen Hund, ein Kind, einen Gefangenen p.; ⟨auch o. Akk.-Obj.:⟩ aus nichtigem Anlaß p.; die Jungen prügelten sich auf dem Schulweg; sich um die besten Plätze p.; sich wie ein geprügelter Hund *(kleinlaut, beschämt)* davonschleichen; **b)** *durch Prügeln in einen Zustand bringen bzw. zu etw. machen:* jmdn. zu Tode, zum Krüppel p.; jmdn. windelweich p.; **c)** *prügelnd irgendwohin treiben:* jmdn. aus dem Lokal p. **2.** ⟨p. + sich⟩ *einen Streit untereinander mit den Fäusten austragen, eine Prügelei austragen, sich schlagen:* sich mit jmdm. [um etw.] p.

Prüll [pryl], der; -s [mniederd. prul(l), H. u.] (nordd., westd.): *wertloses Zeug, Plunder.*

Prünelle [pry'nɛlə], Brünelle [br...], die; -, -n [frz. prunelle, Vkl. von: prune = Pflaume, über das Vlat. < lat. prūnum]: *entsteinte, getrocknete u. gepreßte Pflaume.*

prünen ['pry:nən] ⟨sw. V.; hat⟩ [zu niederd. prün < mniederd. prēn = Nadel, Pfriem] (nordd. abwertend): *grob, schlecht [zusammen]nähen.*

Prunk [prʊŋk], der; -[e]s [aus dem Niederd. < mniederd. prunk, verw. mit ↑prangen]: *in der Ausstattung auf beeindruckende Wirkung bedachte, als übermäßig empfundene, auffallende Pracht; Prachtentfaltung:* großer, leerer P.; der P. eines Saales, Schlosses, Festes; P. entfalten; eine Revue mit unvorstellbarem P. ausstatten; daß er ... den P. *(Glanz, Schmuck)* eines Titels begehrt (St. Zweig, Fouché 120).

prunk-, Prunk-: ~**ball,** der: [2]*Ball in prunkvollem, festlichem Rahmen;* ~**bau,** der ⟨Pl. -ten⟩: *prunkvoller Bau:* einen P. errichten; ~**bett,** das: *prunkvolles Bett [eines Fürsten];* ~**gemach,** das (geh.): *prunkvolles Gemach [in einem Schloß];* ~**gewand,** das: *prunkvolles Gewand;* ~**liebe,** die ⟨o. Pl.⟩: *Vorliebe für Prunk;* ~**liebend** ⟨Adj.; o. Steig.; nicht adv.⟩; ~**los** ⟨Adj.; -er, -este⟩: *ohne Prunk,* dazu: ~**losigkeit,** die; -; ~**raum,** der: *prunkvoller Raum [in einem Schloß];* ~**saal,** der: vgl. ~raum; ~**sarg,** der: *prunkvoller Sarg;* ~**sessel,** der: *prunkvoller Sessel [eines Fürsten];* ~**sitzung,** die: *prunkvolle Karnevalssitzung;* ~**stück,** das: *etw., was so beschaffen ist, daß man es wegen seiner Kostbarkeit, Güte, seines Werts vorzeigen, mit dem man Eindruck machen kann:* das ist das P. des Museums; ein P. von einem Wagen; Ü (scherzh.:) du bist mein P.!; ~**sucht,** die ⟨o. Pl.⟩ (abwertend): *bes. starker Hang, Prunk zu zeigen, zu entfalten,* dazu: ~**süchtig** ⟨Adj.; nicht adv.⟩; ~**treppe,** die: *prunkvoll gestaltete Treppe;* ~**villa,** die: *prunkvolle Villa;* ~**voll** ⟨Adj.⟩: *[viel] Prunk aufweisend, enthaltend, mit Prunk [gestaltet]:* ein -er Saal; -e Gewänder; ein -es Fest; etw. ist p. ausgestattet; ~**zimmer,** das: vgl. ~raum.

prunken ['prʊŋkn̩] ⟨sw. V.; hat⟩ [aus dem Niederd. < mniederd. prunken]: **1. a)** *durch bes. schönes, prunkvolles Aussehen auffallen u. die Aufmerksamkeit auf sich ziehen:* auf dem Tisch prunkte eine kostbare antike Vase; eine prunkende *(prunkvolle)* Fassade, Zeremonie; **b)** (geh.) *prangen:* die Felder prunkten im Schmuck der Blüten. **2.** *etw. (Besonderes) zeigen, sehen od. hören lassen, sich mit etw. (Besonderem) sehen od. hören lassen, um [prahlerisch] damit Eindruck zu machen, Bewunderung zu erregen:* mit seinem Wissen, Können, Besitz, seinen Erfolgen, Schätzen p.; ⟨auch mit personalem Präp.-Obj.:⟩ mit diesem Mitarbeiter werdet ihr kaum p. können; ⟨auch o. Präp.-Obj.:⟩ sie prunkt gerne; **prunkhaft** ⟨Adj.; -er, -este⟩ (selten): *Prunk bietend, mit Prunk verbunden:* eine -e Feier.

pruschen ['pru:ʃn̩] ⟨sw. V.; hat⟩ [Nebenf. von ↑prusten] (nordd.): **1.** *prusten.* **2.** *prustend niesen;* **prusten** ['pru:stn̩] ⟨sw. V.; hat⟩ [aus dem Niederd. < mniederd. prūsten, lautm.]: **1.** *Atemluft mit dem Geräusch des Sprudelns, Blasens od. Schnaubens heftig ausstoßen:* vor Lachen p.; prustend aus dem Wasser auftauchen; prustend gelaufen kommen. **2.** *etw. prustend* (1) *irgendwohin blasen, spritzen:* jmdm. Wasser ins Gesicht p.

PS [pe:'|ɛs], das; -, -: **1.** Zeichen für ↑**P**ferde**s**tärke: eine Maschine mit einer Leistung von einem PS. **2.** ⟨Pl.⟩ (Jargon) svw. ↑PS-Leistung: mehr PS für bessere Beschleunigung (Welt 14. 9. 65, 10).

PS-: ~**Leistung,** die: *Leistung, wie sie in PS gemessen wird:* ein Motor mit hoher P.; ~**stark** ⟨Adj.; nicht adv.⟩: *leistungsstark, was die PS-Zahl betrifft:* PS-starke Motoren; ~**Zahl,** die ⟨o. Pl.⟩: *Zahl der PS, die eine Maschine leistet.*

Psalm [psalm], der; -s, -en [mhd. psalm(e), ahd. psalm(o) < kirchenlat. psalmus < griech. psalmós, zu: psállein = Zither spielen, eigtl. = zupfen, berühren]: *eines der im Alten Testament gesammelten religiösen Lieder des jüdischen Volkes:* die -en Davids; das Buch der -en; ein Vers aus einem P.; ⟨Zus.:⟩ **Psalmendichter,** der; **Psalmensänger,** der; **Psalmist** [psal'mɪst], der; -en, -en [kirchenlat. psalmista < griech. psalmistḗs] (Rel.): *Verfasser von Psalmen;* **Psalmodie** [psalmo'di:], die; -, -n [...i:ən; mhd. psalmodīe < kirchenlat. psalmōdia < griech. psalmōdía] (Rel.): *Sprechgesang (rezitativischer Gesang), insbes. vorwiegend auf einem bestimmten Ton ausgeführter liturgischer Sprechgesang, dessen Gliederung durch festliegende melodische Formeln markiert wird;* **psalmodieren** [...'di:rən] ⟨sw. V.; hat⟩ (Rel.): *in der Art der Psalmodie singen:* psalmodierende Mönche; **psalmodisch** [psal'mo:dɪʃ] ⟨Adj.; o. Steig.⟩ (Rel.): *in der Art der Psalmodie;* **Psalter** ['psaltɐ], der; -s, - [mhd. psalter, ahd. psalteri < (kirchen)lat. psaltērium < griech. psaltḗrion; 3: nach den Blättern eines Psalters (2), weil die Längsfalten des Magens blattartig nebeneinanderliegen]: **1.** *mittelalterliche trapezförmige od. dreieckige Zither ohne Griffbrett.* **2.** (Rel.) **a)** *Buch der Psalmen im Alten Testament;* **b)** *mittelalterliches liturgisches Textbuch mit den Psalmen u. entsprechenden Wechselgesängen.* **3.** (Biol.) svw. ↑Blättermagen; **Psalterium** [psal'te:ri̯ʊm], das; -s, ...ien [...i̯ən]: lat. Form von ↑Psalter (1–3).

pscht! [pʃt, mit silbischem [ʃ]]: svw. ↑pst!

pseud-, Pseud-: ↑pseudo-, Pseudo-; **Pseudarthrose:** ↑Pseudoarthrose; **Pseudepigraph,** das; -s, -en ⟨meist Pl.⟩ [zu ↑Epigraph]: **1.** (Altertumswissenschaft) *Schrift aus der Antike, die einem Autor fälschlich zugeschrieben wurde.* **2.** svw. ↑Apokryph; **pseudo** ['psɔydo] ⟨Adj.; nur präd.⟩ [zu ↑pseudo-, Pseudo-] (Jargon): *nicht echt, nur nachgemacht, nachgeahmt:* Wirklich echte Volkslieder hört man ja kaum. Das meiste ist doch p., also neu geschrieben (Hörzu 47, 1977, 18); **pseudo-, Pseudo-,** (vor Vokalen auch:) pseud-, Pseud- [psɔyd(o)-; zu griech. pseúdein = belügen, täuschen]: **1.** (Fachspr.) ⟨in Zus. mit Adj. u. Subst. auftretendes Best. mit der Bed.:⟩ *falsch, schein-, Schein-.* **2.** (bildungsspr.) Best. in Zus. mit Adj. u. Subst., das das nur scheinbare, nicht wirkliche, oft vorgetäuschte Vorhandensein des im Grundwort Genannten bezeichnet, z. B. pseudochristlich, -legal, -modern; Pseudohomosexualität, -idee, -kritik, -sinnlichkeit; **Pseudoarthrose** [auch: ---'--], die; -, -n (Med.): *falsches Gelenk* (z. B. an Bruchstellen von Knochen bei ausbleibender Heilung); **Pseudokrise** [auch: --'--], die; -, -n (Med.): *vorübergehendes, rasches, eine Krise* (2) *vortäuschendes Absinken der Fiebertemperatur;* **Pseudokrupp,** der; -s (Med.): *Krankheit, deren Symptome (Kehlkopfentzündung, Atemnot, Husten) einen Krupp vortäuschen;* **Pseudolegierung** [auch; ---'--], die; -, -en (Fachspr.): *Legierung, die nicht durch Schmelzprozesse, sondern durch Sintern hergestellt wird;* **Pseudolismus** [...'lɪsmʊs], der; - (Psych., Med.): *[männliche] Neigung, durch Phantasieren, Schreiben od. Sprechen über insbes. sexuelle Wünsche eine gewisse Befriedigung zu erlangen;* **Pseudolist** [...'lɪst], der; -en, -en (Psych., Med.): *an Pseudolismus Leidender;* **pseudologisch** ⟨Adj.; o. Steig.⟩ [zu griech. pseudología = Lüge] (Psych., Med.): *krankhaft lügnerisch* (b); **pseudomorph** [...'mɔrf] ⟨Adj.; o. Steig.⟩ (Mineral.): *Pseudomorphose aufweisend;* **Pseudomorphose** [...mɔr'fo:zə], die; -, -n [geb. nach ↑Metamorphose] (Mineral.): *[Auftreten eines] Mineral[s] in der Kristallform eines anderen Minerals;* **pseudonym** [...'ny:m] ⟨Adj.; o. Steig.; nicht präd.⟩ [griech. pseudṓnymos = mit falschem Namen (auftretend), zu: ónyma = Name] (bildungsspr.): *unter einem Pseudonym [verfaßt]:* ein -es Werk; einen Aufsatz p. veröffentlichen; das Buch ist p. erschienen; **Pseudonym** [-], das; -s, -e: *angenommener, nicht der „richtige" Name (insbes. eines Autors):* das Buch erschien unter einem P.; **Pseudosäure,** die; -, -n (Chemie): *organische Verbindung, die in neutraler u. saurer Form auftreten kann;* **Pseudowissenschaft,** die; -, -en (bildungsspr. abwertend): *etw., was nur dem Anschein nach, aber nicht wirklich eine Wissenschaft ist;* ⟨Abl.:⟩ **pseudowissenschaftlich** ⟨Adj.; o. Steig.⟩ (bildungsspr. abwertend): -es Fachchinesisch.

PS-Grammatik [pe:'|ɛs-], die; - (Sprachw.): Abk. für ↑**P**hrasen**s**trukturgrammatik.

Psi [psi:], das; -[s], -s [1: griech. psĩ; 2: 1942 geprägt von den amerik. Psychologen B. P. Wiesner u. R. Thouless nach dem ersten Buchstaben des griech. Wortes psyche = Seele]: **1.** *vorletzter Buchstabe des griechischen Alphabets* (Ψ, ψ). **2.** ⟨meist o. Art.; o. Pl.⟩ (Parapsych.) *das bestimmende Element parapsychischer Vorgänge:* Auf den Spuren von P. (MM 27. 2. 75, 3); ⟨Zus. zu 2:⟩ **Psiphänomen,** das (Parapsych.): *parapsychisches Phänomen.*
Psittakose [psɪta'ko:zə], die; -, -n [zu griech. psíttakos = Papagei] (Med.): *Papageienkrankheit.*
Psoriasis [pso'ri:azɪs], die; -, ...asen [pso'ri̯a:zn̩; zu griech. psṓra = [2]Krätze] (Med.): *Schuppenflechte.*
pst! [pst, mit silbischem [s]] ⟨Interj.⟩: *still!, leise!:* pst, pst! Das Baby schläft!; pst! Das darf er nicht hören!
psych-, Psych-: ↑psycho-, Psycho-; **Psychagoge** [psyça'go:gə], der; -n, -n [griech. psychagōgós = der die Seelen (der Verstorbenen) leitet (Beiname des Hermes)]: *Psychotherapeut, Pädagoge, Lehrer od. Sozialarbeiter, der sich auf das Gebiet der Psychagogik spezialisiert hat;* **Psychagogik** [...'go:gɪk], die; -: *pädagogisch-therapeutische Betreuung zum Abbau von Verhaltensstörungen, zur Lösung von Konflikten o. ä. als Nachbardisziplin der Psychotherapie;* **Psychagogin,** die; -, -nen: w. Form zu ↑Psychagoge; **psychagogisch** ⟨Adj.; o. Steig.⟩: *die Psychagogik betreffend, auf ihr beruhend;* **Psyche** ['psy:çə], die; -, -n [1: griech. psychḗ = Hauch, Atem; Seele; 2: frz. psyché < spätlat. Psȳchē < griech. Psychḗ, nach dem Namen der vollendet schönen Gattin des Amor in der Fabel des lat. Dichters Apulejus (2. Jh. n. Chr.)]: **1.** (Fachspr., bildungsspr.) *bewußtes u. unbewußtes Erleben u. Streben umfassendes Bewußtsein in seiner Eigenart, seiner eigentümlichen Beschaffenheit; Denken u. Fühlen; Gemüt, Seele:* die weibliche, menschliche P.; die P. der Frau kennen; Verständnis für die kindliche P. haben. **2.** (österr.) *Frisiertoilette;* **psychedelisch** [psyçe'de:lɪʃ] ⟨Adj.; o. Steig.⟩ [amerik. psychedelic, zu griech. psychḗ (↑Psyche) u. dēloũn = offenbaren, klarmachen]: **a)** *das Bewußtsein verändernd, einen euphorischen, tranceartigen Gemütszustand hervorrufend:* -e Drogen; -e Lichteffekte, Farben, Klänge; **b)** ⟨nicht präd.⟩ *in einem (besonders durch Rauschmittel hervorrufbaren) euphorischen, tranceartigen Gemütszustand befindlich;* **Psychiater** [psy'çi̯a:tɐ], der; -s, - [zu griech. iatrós = Arzt]: *Facharzt für Psychiatrie;* **Psychiatrie** [psyçi̯a'tri:], die; -, -n [...i:ən; zu griech. iatreía = das Heilen]: **1.** ⟨o. Pl.⟩ *Teilgebiet der Medizin, das sich mit der Erkennung u. Behandlung seelischer Störungen u. Geisteskrankheiten befaßt:* ein Facharzt für Neurologie und P.; Beseitigung von Mißständen in der P. **2.** (Jargon) *psychiatrische Abteilung (bzw. Klinik):* in die P. eingeliefert werden; **psychiatrieren** [...'tri:rən] ⟨sw. V.; hat⟩ (österr. Fachspr.): *von einem Psychiater in bezug auf den Geisteszustand untersuchen lassen:* einen Angeklagten p.; ⟨Abl.:⟩ **Psychiatrierung,** die; -, -en; **psychiatrisch** [psy'çi̯a:trɪʃ] ⟨Adj.; o. Steig.; nicht präd.⟩ (Med.): *die Psychiatrie betreffend, dazu gehörend, darauf beruhend:* eine -e Vorlesung; eine -e Abteilung, Klinik; jmdn. p. behandeln, untersuchen; -e *(ins Gebiet der Psychiatrie fallende)* Krankheiten; **psychisch** ['psy:çɪʃ] ⟨Adj.; o. Steig.; selten präd.⟩ [griech. psychikós = zur Seele gehörend] (bildungsspr.): *die Psyche betreffend, dazu gehörend; seelisch:* -e Störungen, Erkrankungen, Vorgänge, Reaktionen, Spannungen, Ursachen; etw. bedeutet für jmdn. eine große -e Belastung, Erleichterung; unter -em Druck stehen, arbeiten; die -en Unterschiede zwischen Mann und Frau; p. gesund, krank sein; ein p. bedingtes Leiden; p. normal reagieren; etw. wirkt sich p. bei jmdm. aus; ⟨subst.:⟩ das Psychische *(die [Vorgänge in der] Psyche)* des Menschen; **Psycho** ['psy:ço], der; -s, -s (Buchw. Jargon): *psychologischer [Kriminal]roman;* **psycho-, Psycho-,** (vor Vokalen auch:) psych-, Psych- [psyç(o)-, bei Anfangsbetonung: 'psy:ço-; zu griech. psychḗ, ↑Psyche] ⟨Best. in Zus. mit der Bed.:⟩ (bes. Fachspr., bildungsspr.): *die Psyche, das Psychische betreffend* (z. B. Psychogramm, psychotherapeutisch, Psychagoge); **Psychoanalyse** [auch: '------], die; -, -n [gepr. von dem österr. Psychiater u. Neurologen S. Freud (1856–1939)] (Psych.): **1.** *Verfahren, psychotherapeutische Methode zur Heilung psychischer Störungen, Krankheiten, Fehlleistungen o. ä. durch Aufdeckung u. Bewußtmachung ins Unbewußte verdrängter Triebkonflikte.* **2.** *Untersuchung bzw. Behandlung nach der Methode der Psychoanalyse* (1): was ihm bisher immer noch gefehlt hatte, war der ausschließlich durch P. zu lösende Fall (Kirst, 08/15, 252); **Psychoanalytiker** [auch: '-------], der; -s, - (Psych.): *die Psychoanalyse anwendender Arzt od. Psychologe mit spezieller psychotherapeutischer Ausbildung;* **psychoanalytisch** [auch: '---- --] ⟨Adj.; o. Steig.; präd. ungebr.⟩ (Psych.): *die Psychoanalyse betreffend, zu ihr gehörend, darauf beruhend:* die -e Methode; sich einer -en Behandlung unterziehen; **Psychochemie,** die; -: *Wissenschaft von der Entwicklung synthetischer Drogen zur Behandlung seelischer Erkrankungen;* **Psychochirurgie,** die; -: *Spezialgebiet der Chirurgie, das die zur Heilung psychiatrischer Erkrankungen vorgenommenen operativen Eingriffe am Gehirn umfaßt;* **psychodelisch:** ↑psychedelisch; **Psychodiagnostik,** die; -: *Wissenschaft u. Lehre von den Methoden zur Erfassung psychischer Besonderheiten von Personen od. Personengruppen;* **Psychodrama,** das; -s, ...men: **1.** (Literaturw.) *Einpersonenstück, das seelische Vorgänge als dramatische Handlung gestaltet.* **2.** (Psych.) *psychotherapeutische Methode, die den Patienten dazu anregt, seine Konflikte schauspielerisch darzustellen, um sich so von ihnen zu befreien;* **psychogalvanisch** ⟨Adj.⟩ in der Fügung **-e Reaktion, -er Reflex** (Med., Physik; *Absinken des elektrischen Leitungswiderstands der Haut durch erhöhte Schweißsekretion bei starker Erregung;* z. B. beim Lügendetektor); **psychogen** ⟨Adj.; o. Steig.⟩ [↑-gen] (Med., Psych.): *seelisch bedingt;* **Psychogenese, Psychogenesis,** die; -, ...nesen [...ge'ne:zn̩; zu griech. génesis, ↑Genese] (Psych.): *Entstehung u. Entwicklung des Seelenlebens;* **Psychogramm,** das; -s, -e [↑-gramm] (Psych.): **1.** *psychologische Persönlichkeitsstudie.* **2.** *graphische Darstellung von Fähigkeiten u. Eigenschaften einer Persönlichkeit;* **Psychographie,** die; -, -n [...i:ən; ↑-graphie] (Psych.): *umfassende psychologische Beschreibung einer Person u. Erfassung ihrer seelischen u. geistigen Einzeldaten;* **Psychohygiene,** die; -: *Wissenschaft u. Lehre von der Erhaltung der seelischen u. geistigen Gesundheit als Teilgebiet der angewandten Psychologie;* **psychoid** [psyço'i:t] ⟨Adj.; o. Steig.⟩ [zu griech. -oeidḗs = ähnlich] (Psych.): *seelenartig, seelenähnlich;* **Psychokinese,** die; - [zu griech. kínēsis = Bewegung] (Parapsych.): *physikalisch nicht erklärbare Einwirkung eines Menschen auf materielles Geschehen* (z. B. das Bewegen eines Gegenstands, ohne ihn zu berühren); Abk.: PK; **Psychokrimi,** der; -[s], -[s] (ugs.): *psychologischer* (2 a) *Kriminalfilm, -roman, psychologisches Kriminalstück;* **Psycholinguistik,** die; - (Sprachw.): *Wissenschaft von den psychischen Vorgängen beim Erlernen der Sprache u. ihrem Gebrauch;* **Psychologe,** der; -n, -n [↑-loge]: **1.** *wissenschaftlich ausgebildeter Fachmann (Wissenschaftler od. Praktiker) auf dem Gebiet der Psychologie.* **2.** *jmd., der psychologisches Verständnis hat:* ein guter, schlechter P. sein; **Psychologie,** die; - [↑-logie]: **1.** *Wissenschaft von den bewußten u. unbewußten seelischen Vorgängen, vom Erleben u. Verhalten des Menschen:* P. studieren; das Institut für P.; allgemeine, angewandte, experimentelle, pädagogische P.; differentielle P. *(Persönlichkeits-, Charakterkunde);* Dies ist die P. menschlicher Macht und Ohnmacht *(die psychologischen Strukturen, Formen, Ausprägungen von Macht u. Ohnmacht im menschlichen Geist;* Spiegel 18, 1977, 23). **2.** *Verständnis für, Eingehen auf die menschliche Psyche:* bei solchen Konflikten kommt man nur mit P. weiter. **3.** (ugs.) *jmds. Denken u. Fühlen; Psyche:* das Flugblatt war ganz auf die P. der Offiziere berechnet; **Psychologin,** die; -, -nen: w. Form zu ↑Psychologe; **psychologisch** ⟨Adj.⟩: **1.** ⟨o. Steig.; präd. ungebr.⟩ **a)** *die Psychologie* (1) *betreffend:* die -e Forschung; -e Richtungen; ein -es Praktikum machen; p. geschult sein; **b)** *auf der Psychologie* (1) *beruhend, mit den Mitteln der Psychologie* (1) *[ausgeführt]:* -e Tests, Experimente; ein -es Gutachten; jmdn. p. testen. **2. a)** ⟨o. Steig.; nicht präd.⟩ *die Psychologie* (2) *betreffend, darauf beruhend:* der Trainer hat -e Probleme mit der Mannschaft; p. geschickt, richtig, falsch handeln; -es Einfühlungsvermögen haben; ein -er Roman *(Roman, der bes. die psychische Entwicklung o. ä. der handelnden Personen darstellt);* eine Schilderung p. vertiefen; **b)** (ugs.) *psychologisch geschickt:* das -ere Verhalten/-er wäre es gewesen, wenn ...; das war nicht sehr p. von dir. **3.** ⟨o. Steig.; nicht präd.⟩ **a)** *die Psychologie* (3) *betreffend, darauf beruhend; psychisch:* die -en Hintergründe einer Tat klären p. bedingte Hindernisse; **b)** (ugs. inkorrekt) svw. ↑psychisch: eine große -e Belastung; p. überfordert sein; **psychologisieren** [...logi'zi:rən] ⟨sw. V.; hat⟩ (bildungsspr. abwertend]: *[in übersteigerter Weise]*

psychologisch (2a) *behandeln, schildern, gestalten:* ein psychologisierender Kriminalfilm; ⟨seltener mit Akk.-Obj.:⟩ der Regisseur verzichtete darauf, die Personen des Films zu p.; ⟨Abl.:⟩ **Psychologisierung,** die; -, -en; **Psychologismus** [...lo'gɪsmʊs], der; -: *Überbewertung der Psychologie [als Grundlage aller wissenschaftlichen Disziplinen];* **Psychometrie,** die; - [↑-metrie]: (Psych.) *quantitative Messung psychischer Funktionen, Fähigkeiten, insbes. Messung der Zeitdauer psychischer Vorgänge.* **Psychomotorik,** die; - (Psych., Med.): *Gesamtheit aller willkürlich gesteuerten Bewegungsabläufe* (z. B. Gehen, Sprechen usw.); **Psychoneurose,** die; -, -n (Psych., Med.): *Neurose, der ein psychischer Konflikt zugrunde liegt* (nach S. Freud); **Psychonomie** [...no'mi:], die; - [zu griech. nómos = Gesetz] (Psych.): *Lehre von den psychischen Gesetzmäßigkeiten;* **Psychopath,** der; -en, -en [↑-path (1)] (Psych., bildungsspr.): *jmd., der an einer Psychopathie leidet;* **Psychopathie,** die; -, -n [...i:ən; ↑-pathie (1)] (Psych.): *Abnormität des Gefühls- u. Gemütslebens; abnorme psychische Verfassung, die sich in Verhaltensstörungen äußert;* **Psychopathin,** die; -, -nen: w. Form zu ↑Psychopath; **psychopathisch** [...'pa:tɪʃ] ⟨Adj.; o. Steig.⟩ (Psych., bildungsspr.): *an einer Psychopathie leidend, Psychopathie zeigend, betreffend;* **Psychopathologie,** die; -: (Psych., Med.): *Wissenschaft u. Lehre von den krankhaften Veränderungen des Seelenlebens, insbes. von Psychosen u. Psychopathien;* **psychopathologisch** ⟨Adj.; o. Steig.; präd. ungebr.⟩; **Psychopharmakologie,** die; -: *Wissenschaft von den Psychopharmaka;* **Psychopharmakon,** das; -s, ...ka [griech. phármakon = Heilmittel] (Med., Psych.): *auf die Psyche einwirkendes Arzneimittel;* **Psychophysik** [auch: -fy'zɪk], die; - (Psych., Med.): *Wissenschaft von den Wechselbeziehungen des Physischen u. des Psychischen, insbesondere von den Beziehungen zwischen Reizen u. ihrer Empfindung;* **psychophysisch** ⟨Adj.; o. Steig.⟩: *die Psychophysik betreffend, auf ihr beruhend:* -er Parallelismus (Psych.; *Hypothese, daß seelische u. körperliche Vorgänge parallel u. ohne kausale Beziehung zueinander verlaufen;* **Psychopolitik** [auch: -poli'tɪk], die; -: **1.** *mit den Erkenntnissen der Psychologie arbeitende Politik.* **2.** *Wissenschaft von der psychologischen Behandlung der Politik;* **Psychoprophylaxe,** die; - (Psych.): **1.** *systematische psychologische Vorbereitung auf [un]erwartete Ereignisse* (z. B. auf eine Entbindung). **2.** *vorbeugende Maßnahmen der Psychohygiene;* **Psychose** [psy'ço:zə], die; -, -n: **1.** (Psych., Med.) *schwere geistig-seelische Störung, Gemüts-, Geisteskrankheit.* **2.** *Zustand ungewöhnlich starker seelischer Erregung, in den man plötzlich gerät;* **Psychosomatik** [...so'ma:tɪk], die; - [zu griech. sõma = Leib, Körper] (Med.): *Wissenschaft von der Bedeutung seelischer Vorgänge für Entstehung u. Verlauf von [körperlichen] Krankheiten;* vgl. Ganzheitsmedizin; **Psychosomatiker** [...'ma:tikɐ], der; -s, - (Med.): *Wissenschaftler, Therapeut auf dem Gebiet der Psychosomatik;* **psychosomatisch** ⟨Adj.; o. Steig.⟩ (Med.): *die Psychosomatik betreffend, auf seelisch-körperlichen Wechselwirkungen beruhend:* -e Krankheiten, Störungen; **psychosozial** ⟨Adj.; o. Steig.⟩ (Sozialpsych.): *(von psychischen Faktoren, Fähigkeiten o. ä.) durch soziale Gegebenheiten (wie z. B. Sprache, Kultur, Gesellschaft) bedingt;* **Psychoterror,** der; -s: *(bes. in der politischen Auseinandersetzung angewandte) Methode, einen Gegner mit psychologischen Mitteln (wie z. B. Verunsicherung, Bedrohung) einzuschüchtern u. gefügig zu machen;* **Psychotest,** der; -[e]s, -s, auch: -e: *psychologischer* (1 b) *Test;* **Psychotherapeut,** der; -en, -en: *die Psychotherapie anwendender Arzt od. Psychologe mit spezieller Ausbildung;* **psychotherapeutisch** ⟨Adj.; o. Steig.; nicht präd.⟩ (Psych., Med.): *die Psychotherapie betreffend, dazu gehörend, darauf beruhend:* die -e Abteilung einer Klinik; jmdn. p. behandeln; **Psychotherapie,** die; - (Psych., Med.): *[Wissenschaft von der] Therapie seelischer od. seelisch bedingter Leiden mit psychologischen Mitteln;* **Psychothriller,** der; -s, -: *psychologischer* (2a) *Thriller;* **Psychotiker** [psy'ço:tikɐ], der; -s, - (Psych., Med.): *jmd., der an einer Psychose leidet;* **psychotisch** ⟨Adj.; o. Steig.; präd. ungebr.⟩ (Psych., Med.): **a)** *zum Erscheinungsbild einer Psychose gehörend;* **b)** *an einer Psychose leidend; geistes-, gemütskrank;* **psychotrop** [...'tro:p] ⟨Adj.; o. Steig.⟩ [zu griech. tropḗ = (Hin)wendung] (Med.): *auf die Psyche einwirkend, psychische Prozesse beeinflussend.*

Psychrometer [psyçro'me:tɐ], das; -s, - [zu griech. psychrós = kalt, kühl u. ↑-meter] (Met.): *Gerät zur Messung der Luftfeuchtigkeit.*

ptolemäisch [ptole'mɛ:ɪʃ] ⟨Adj.; o. Steig.; nur attr.⟩: *nach dem ägyptischen Astronomen Ptolemäus (etwa 100 bis 160) benannt:* das -e *(geozentrische)* Weltsystem.

Ptomain [ptoma'i:n], das; -s, -e [zu griech. ptõma = Leichnam, eigtl. = das Gefallene] (Med.): *Leichengift;* **Ptose** ['pto:zə], **Ptosis** ['pto:zɪs], die; -, ...sen ['pto:zn̩; griech. ptõsis = Fall] (Med.): *Herabsinken des [gelähmten] Oberlides.*

Ptyalin [ptÿa'li:n], das; -s [zu griech. ptýalon = Speichel] (Biochemie): *stärkespaltendes Enzym im Speichel.*

Pub [pap, engl.: pʌb], das, auch: der; -s, -s [engl. pub, gek. aus: public house, eigtl. = öffentliches Haus]: engl. Bez. für *Kneipe, Wirtshaus.*

pubertär [pubɛr'tɛ:ɐ̯] ⟨Adj.; o. Steig.⟩ [zu ↑Pubertät] (bildungsspr.): **a)** *mit der Pubertät zusammenhängend, für die Pubertät typisch:* -e Störungen; -e Verirrungen; **b)** *in der Pubertät befindlich, begriffen:* ein -er Jüngling; Handke indessen vornehm, zynisch und p. *(in der Art eines in der Pubertät Befindlichen;* Praunheim, Sex 21); **Pubertät** [...'tɛ:t], die; - [lat. pūbertās = Geschlechtsreife]: *zur Geschlechtsreife führende Entwicklungsphase des jugendlichen Menschen; Entwicklungsjahre, -zeit* (1); *Reifezeit;* ⟨Zus.:⟩ **Pubertätsjahre** ⟨Pl.⟩; **Pubertätszeit,** die ⟨o. Pl.⟩; **pubertieren** [...'ti:rən] ⟨sw. V.; hat⟩ (bildungsspr.): *in die Pubertät eintreten, sich darin befinden:* pubertierende Jugendliche; **Pubeszenz** [pubɛs'tsɛnts], die; - [zu lat. pūbēscere = mannbar werden] (Med.): *Ausbildung der Geschlechtsreife.*

publice ['pu:blitse] ⟨Adv.⟩ [lat. pūblicē, Adv. von: pūblicus, ↑publik] (bildungsspr. veraltend): *öffentlich;* **Publicity** [pʌ'blɪsɪtɪ], die; - [engl. publicity < frz. publicité, zu: public, ↑publik]: **a)** *jmds. Bekanntsein od. -werden in der Öffentlichkeit:* als Filmschauspieler, Politiker P. genießen; dieses Ereignis, Gerücht hat ihre P. gefördert; der Drang nach P.; **b)** *Reklame, Propaganda zur Sicherung eines hohen Bekanntheitsgrades od. um öffentliches Aufsehen zu erregen:* für P., die nötige P. sorgen; durch den Mangel an P. war die Ausstellung nicht stark besucht.

publicity-, Publicity-: **~rummel,** der (ugs. abwertend); **~scheu** ⟨Adj.⟩: *keine Publicity* (a) *liebend:* dieser Künstler ist p.; **~süchtig** ⟨Adj.⟩ (abwertend): *gierig nach Publicity* (a).

Public Relations ['pʌblɪk rɪ'leɪʃənz] ⟨Pl.⟩ [engl.-amerik. public relations, eigtl. = öffentliche Beziehungen]: svw. ↑Öffentlichkeitsarbeit; Abk. PR; ⟨Zus.:⟩ **Public-Relations-Abteilung,** die: *für die Öffentlichkeitsarbeit zuständige Abteilung od. Dienststelle;* **publik** [pu'bli:k] ⟨Adj.⟩ [frz. public < lat. pūblicus = öffentlich; staatlich] (bildungsspr.) in den Verbindungen **p. werden/sein** *(als etw. bis dahin der Öffentlichkeit Verborgengebliebenes allgemein bekanntwerden, bekannt sein:* seine Einstellung wurde erst durch die Veröffentlichung der Tagebücher p.; **etw. p. machen** *(etw. bis dahin der Öffentlichkeit Verborgengebliebenes allgemein bekanntmachen):* Dokumente, den wichtigen Brief eines Politikers, seine Forschungsergebnisse p. machen; **Publikation** [publika'tsi̯o:n], die; -, -en [frz. publication < (spät)lat. pūblicātio = Veröffentlichung, zu: pūblicāre, ↑publizieren]: **1.** *publiziertes Werk, im Druck veröffentlichte Schrift eines Autors:* die -en eines Schriftstellers, Wissenschaftlers; viele -en haben. **2.** *das Publizieren:* die P. seiner, der neuesten Forschungsergebnisse vorbereiten.

publikations-, Publikations-: **~mittel,** das: *Zeitung, Zeitschrift, Organ* (3) *o. ä. als Mittel der Publikation* (2); **~organ,** das: vgl. ~mittel; **~reif** ⟨Adj.⟩: *für die Publikation* (2) *geeignet;* **~reihe,** die: *Reihe, in der Bücher, Studien o. ä. mit bestimmter Themenstellung veröffentlicht werden;* **~verbot,** das: *Verbot zu publizieren.*

Publikum ['pu:blikʊm], das; -s [wohl unter Einfluß von frz. public, engl. public = Öffentlichkeit; (Theater)publikum < mlat. publicum (vulgus) = das gemeine Volk; Öffentlichkeit]: **a)** *als Einheit gesehene Zuschauer, Zuhörer einer Veranstaltung:* ein verwöhntes, prominentes, kritisches, fachkundiges P.; das P. applaudierte, wurde mitgerissen, fühlte sich von dem Stück gelangweilt, drängte zum Ausgang; die Inszenierung bezog das P. mit ein; Pfiffe aus dem P.; der Autor saß im P., wurde vom P. gefeiert, las vor einem sachverständigen P.; vor versammeltem P.; **b)** *als Einheit gesehene, an Kunst, Wissenschaft o. ä. interessierte Menschen:* das deutsche, englische literarisch interessierte, konsumierende P.; der Schriftsteller eroberte sich, verlor sein P. *(seine Leserschaft),* hat ein festes, treues P.; solche Bücher finden immer ihr P. *(werden immer von einem Kreis Interessierter gelesen);* seine Bücher haben ein breites P. *(einen großen Leserkreis)* gefunden; eine Theaterstadt mit internationalem P.; **c)** *als Einheit gesehene Gäste, Besucher in einem Lokal, Kur-, Ferienort o. ä.:* hier verkehrt ein gutes, gehobenes P.; das P. ist dort sehr gemischt; **d)** (ugs.) *Personen, die jmds. Worten zuhören:* sie hätte sich kein dankbareres P. wünschen können als ihn; Die Witwe hat ein gutes P. Fast alle Fenster sind jetzt offen (Remarque, Obelisk 274).

publikums-, Publikums-: **~erfolg,** der: **a)** *Erfolg beim Publikum* (a, b): seinen größten P. hatte er in dem Film ...; **b)** *beim Publikum einen großen Erfolg erzielende Veranstaltung, Werk o. ä.):* der Film ist ein P.; **~geschmack,** der: *Geschmack des Publikums* (a, b): sein Werk orientiert sich stark, nicht am P.; **~interesse,** das ⟨o. Pl.⟩: mangelndes P.; mit Rücksicht auf das P.; **~liebling,** der: *beim Publikum* (a, b) *besonders beliebter Schauspieler, Sänger, Sportler o. ä.;* **~verkehr,** der ⟨o. Pl.⟩: *zeitlich geregelte Abfertigung von Personen an einer öffentlichen Einrichtung, Dienststelle o. ä.:* heute kein P.!; für den P. geöffnet sein; **~wirksam** ⟨Adj.⟩: *Wirkung beim Publikum* (a, b) *erzielend:* eine -e Schlagzeile; ein -er Fernsehauftritt, Schlagersänger; eine Sendung -er gestalten, dazu: **~wirksamkeit,** die.

publizieren [publi'tsi:rən] ⟨sw. V.; hat⟩ [lat. pūblicāre = veröffentlichen, zu: pūblicus, ↑publik]: *im Druck erscheinen lassen, veröffentlichen:* einen Artikel [zu einem Thema], die Ergebnisse einer Untersuchung p.; der Schriftsteller hat bisher sämtliche Werke bei diesem Verlag, in russischer Sprache publiziert; ⟨Abl.:⟩ **Publizierung,** die; -, -en; **Publizist** [...'tsɪst], der; -en, -en: *Journalist, Schriftsteller, der mit Analysen u. Kommentaren zum aktuellen [politischen] Geschehen aktiv an der öffentlichen Meinungsbildung teilnimmt;* **Publizistik** [...'tsɪstɪk], die; -: **a)** *Bereich, in dem man sich mit allen die Öffentlichkeit interessierenden Angelegenheiten in Buch, Presse, Rundfunk, Film, Fernsehen beschäftigt;* **b)** *Wissenschaft von den Massenmedien u. ihrer Wirkung auf die Öffentlichkeit;* ⟨Zus.:⟩ **Publizistikwissenschaft,** die; -: svw. ↑Publizistik (b); **Publizistin,** die; -, -nen: w. Form zu ↑Publizist; **publizistisch** ⟨Adj.; o. Steig.⟩: **a)** *die Publizistik* (a) *betreffend, dazu gehörend, ihr entsprechend, darauf beruhend, mit ihren Mitteln:* -e Werbung, Aktivität, Zielsetzung; etw. p. verbreiten; **b)** *die Publizistik* (b) *betreffend; vom Standpunkt der Publizistik aus:* eine -e Untersuchung; ein -es Institut; **Publizität** [...tsi'tɛ:t], die; -: **1.** (bildungsspr.) *das Bekanntsein:* die P. seiner Bücher, eines Dichters; sich, einem Ereignis durch etw. eine größere P. verschaffen; er (= der Film) hätte sicher viel mehr P. bekommen (Spiegel 51, 1974, 104). **2. a)** *allgemeine Zugänglichkeit der Massenmedien u. ihrer Inhalte;* **b)** (Wirtsch.) *öffentliche Darlegung der Geschäftsvorfälle sowie der Lage, der Erfolge u. Entwicklung eines Unternehmens.*

Puck [pʊk], der; -s, -s [1: engl. puck < mengl. puke < aengl. pūca, verw. mit ↑Pocke; 2: engl. puck, H. u.]: **1.** *Kobold, schalkhafter Elf (als Diener Oberons in Shakespeares „Sommernachtstraum").* **2.** (Eishockey) *Scheibe aus Hartgummi, die mit dem Schläger ins gegnerische Tor zu treiben ist.*

puckern ['pʊkɐn] ⟨sw. V.; hat⟩ [Intensivbildung von niederd. pucken, Nebenf. von ↑pochen] (ugs.): *pulsieren, klopfen* (2): sein Herz puckert; ⟨auch unpers.:⟩ es puckert in der Wunde.

Pud [pu:t], das; -, - [russ. pud, über das Anord. < lat. pondus, ↑Pond]: *früheres russisches Gewicht* (16,38 kg).

Puddel ['pʊdl̩], der; -s, - [verw. mit südd. pfudel, niederd. pudel = Sumpf, Pfütze, ↑Pudel] (südwestd.): *Jauche;* ⟨Abl.:⟩ [1]**puddeln** ['pʊdl̩n] ⟨sw. V.; hat⟩ (südwestd.): **a)** *jauchen* (1); **b)** *im Wasser planschen.*

[2]**puddeln** [-] ⟨sw. V.; hat⟩ [engl. to puddle, eigtl. = herumrühren, verw. mit ↑pudeln] (Hüttenw. früher): *aus Roheisen in einem besonderen Verfahren Schweißstahl gewinnen.*

Pudding ['pʊdɪŋ], der; -s, -e u. -s [engl. pudding, wohl < (alt)frz. boudin = Wurst]: **1.** *[kalte] Süßspeise aus in Milch aufgekochtem Puddingpulver od. Grieß; Flammeri:* als Nachtisch gab es P. mit Himbeersaft, Pflaumenkompott; den P. erkalten lassen und stürzen; Ü bei ihm ist alles nur P. (salopp; *er hat keine [starken] Muskeln*); ***auf den P. hauen** (salopp; ↑Putz). **2.** *im Wasserbad in einer bestimmten Form* (3) *gekochtes Gericht aus Brot, Fleisch, Fisch, Gemüse.*

Pudding-: **~abitur,** das (scherzh.): *Abitur an einer Frauenfachschule;* **~akademie,** die (scherzh.): *Frauenfachschule;* **~form,** die: *Form* (3), *in der ein Pudding* (2) *im Wasserbad gekocht wird;* **~pulver,** das: *pulveriges Produkt aus Stärke (mit Farb- u. Aromastoffen), das zur Bereitung eines Puddings* (1) *in Milch aufgekocht wird.*

Pudel ['pu:dl̩], der; -s, - [1: gek. aus: Pudelhund, zu ↑pudeln (2); 2: H. u.]: **1.** *mittelgroßer od. kleinerer Hund mit dichtem, wolligem, gekräuseltem schwarzem, braunem od. weißem Fell:* das also war des -s Kern (*der bislang verdeckte Hintergedanke dabei;* nach Goethe, Faust I, Studierzimmer); Ü die Hälfte der Lehrzeit hindurch muß er Handlangerdienste tun und den P. machen (*den Laufburschen spielen;* Hesse, Narziß 209); ***wie ein begossener P.** (salopp; *nach einer Zurechtweisung o. ä. nichts mehr zu sagen wissend; nach einer Belehrung, Erfahrung enttäuscht*): er stand da, zog ab wie ein begossener P. **2.** (ugs.) *Fehlwurf beim Kegeln:* einen P. schießen, werfen. **3.** ugs. kurz für ↑Pudelmütze.

pudel-, Pudel- (in bestimmten Zus. verstärkend, z. B. pudelwohl): **~haube,** die (österr.): svw. ↑~mütze; **~mütze,** die: *rund um den Kopf anliegende, über die Ohren zu ziehende gestrickte, gehäkelte Wollmütze;* **~nackt** ⟨Adj.; o. Steig.; nicht adv.⟩ (ugs.): *völlig nackt;* **~närrisch** ⟨Adj.; o. Steig.⟩ (veraltet, noch landsch.): *ganz närrisch, drollig, possierlich;* **~naß** ⟨Adj.; o. Steig.; nicht adv.⟩ (ugs.): *völlig naß;* **~wohl** ⟨Adv.⟩ (ugs.): *äußerst wohl:* sich p. fühlen.

pudeln ['pu:dl̩n] ⟨sw. V.; hat⟩ [urspr. wohl lautm.]: **1.** (ugs.) *beim Kegeln vorbeiwerfen, einen Fehlwurf machen.* **2.** (landsch.) *im Wasser planschen.*

Puder ['pu:dɐ], der, ugs. auch: das; -s, - [frz. poudre < lat. pulvis, ↑Pulver]: *feine pulverförmige Substanz als kosmetisches od. medizinisches Präparat:* talkumhaltiger, weißer, rosa [getönter] P.; P. auftragen, verteilen, auf/über eine Wunde streuen; sie hatte zuviel P. aufgelegt.

Puder-: **~creme,** die (Kosmetik): *Emulsion auf einer Grundlage von Puder;* **~dose,** die: *kleine flache Dose zur Aufbewahrung von kosmetischem Puder;* **~quaste,** die: *kleine Quaste, kissenartiger kleiner Gegenstand zum Auftragen von kosmetischem Puder;* **~schicht,** die; **~zucker,** der: *fein wie Puder gemahlener weißer Zucker; Farin* (b); *Farinzucker.*

puderig, pudrig ['pu:d(ə)rɪç] ⟨Adj.; nicht adv.⟩: *in der Art von Puder:* pudriger Staub; **pudern** ['pu:dɐn] ⟨sw. V.; hat⟩: **1.** *mit Puder bestäuben, bestreuen:* einen Säugling, die Wunde p.; ich habe mir die Nase, die Füße gepudert; sie pudert ihr Gesicht, sich; sie war stark gepudert. **2.** (landsch. derb) *koitieren.*

pueril [pue'ri:l] ⟨Adj.; o. Steig.⟩ [lat. puerīlis, zu: puer = Kind, Knabe] (Psych. Med.): *kindlich; im Kindesalter vorkommend, dafür typisch:* -e Züge; eine -e Schwärmerei; **Puerilismus** [...ri'lɪsmʊs], der; -, ...men (Psych., Med.): **1.** ⟨o. Pl.⟩ *kindisches Verhalten.* **2.** *Äußerung des Puerilismus* (1); **Puerilität** [...li'tɛ:t], die; - [lat. puerīlitās] (Psych., Med.): *kindliches od. kindisches Wesen;* **Puerpera** ['puɛrpera], die; -, ...rä [...rɛ; lat. puerpera, zu: parere = gebären] (Med.): *Wöchnerin;* **Puerperalfieber,** das; -s (Med.): *Wochenbettfieber;* **Puerperium** [puɛr'pe:ri̯ʊm], das; -s, ...ien [...i̯ən; lat. puerperium] (Med.): *Wochenbett.*

puff! [pʊf] ⟨Interj.⟩ lautm. für einen dumpfen Knall, Schuß o. ä.: Meine Wange genießt die Kühle des Kolbens, während ich auf Miller ziele. Puff! (Frisch, Gantenbein 404); vgl. piff, paff; [1]**Puff** [-], der; -[e]s, Püffe ['pʏfə], seltener: -e [mhd. buf; lautm. für dumpfe Schalleindrücke] (ugs.): **a)** ⟨Vkl. ↑Püffchen⟩ *Stoß mit der Faust, mit dem Ellenbogen:* ein grober, leichter P.; Püffe austeilen, bekommen; jmdm. einen P. [in die Rippen] geben, versetzen; ***einen P./einige Püffe vertragen [können]** *(robust, nicht empfindlich sein);* **b)** *dumpfer Knall:* Das brennende Gas schlug mit dumpfem P. ... heraus (Hausmann, Abel 118); [2]**Puff** [-], der, auch: das; -s, -s ⟨Vkl. ↑Püffchen⟩ [wohl unter Einfluß von veraltet vulg. puffen = koitieren zu ↑[4]Puff, zunächst wohl in Wendungen wie „mit einer Dame [4]Puff spielen, zum [4]Puff gehen"] (salopp, oft abwertend): *Bordell:* einen P. aufmachen; in den P. gehen; Wie aus dem P. habe sie damit (= mit der Straußenboa) ausgesehen (Kempowski, Tadellöser 289); [3]**Puff** [-], der; -[e]s, -e u. -s ⟨Vkl. ↑Püffchen⟩ [eigtl. = Aufgeblasenes]: **1.** ⟨Pl. auch: -s⟩ **a)** *Behälter für schmutzige Wäsche [mit gepolstertem Deckel]; Wäschepuff:* das getragene Hemd in den P. tun, werfen; **b)** *gepolsterter Hocker ohne Beine:* Die Mädchen saßen ... in zwei Reihen auf den gepolsterten -s (Remarque, Triomphe 175). **2.** ⟨Pl. -e⟩ (veraltet) *Bausch* (1); [4]**Puff** [-], das; -[e]s [zu ↑[1]Puff, nach dem dumpfen Geräusch, das beim Aufschlagen der Würfel entsteht]: *Brettspiel für zwei Personen, bei dem die Steine entsprechend den Ergebnissen beim Würfeln bewegt werden.*

Puff- ([3]Puff 2): **~ärmel,** der: *bes. im oberen Teil gebauschter Ärmel;* **~bohne,** die: svw. ↑Saubohne; **~mais,** der: vgl. ~reis; **~otter,** die: *in Afrika heimische, sehr giftige* [2]*Otter, die sich, wenn sie sich bedroht fühlt, aufbläht u. ein Zischen hören läßt;* **~reis,** der: *unter hohem Druck gedämpfter u. dadurch zu einer lockeren Masse aufgeblähter Reis.*

Püffchen ['pʏfçən]: ↑[1]Puff (a), [2]Puff, [3]Puff; **Puffe** ['pʊfə], die; -, -n [spätmhd. buffe; zu ↑[3]Puff]: svw. ↑[3]Puff (2); **puffen** ['pʊfn̩] ⟨sw. V.⟩ [mhd. buffen; 1, 2: zu ↑[1]Puff; 3, 4: zu ↑[3]Puff (2)]: **1.** ⟨hat⟩ (ugs.) **a)** *jmdm. [freundschaftlich] einen od. mehrere Stöße mit der Faust, dem Ellenbogen versetzen:* jmdn./jmdm. in die Seite, in den Rücken p.; sie pufften und schubsten sich/(geh.:) einander; ⟨auch o. Akk.-Obj.:⟩ Sie ... puffte ein paarmal mit der Faust vor sich hin (Böll, Adam 36); **b)** ⟨p. + sich⟩ *sich mit jmdm. stoßen, mit Fäusten schlagen:* er hat sich mit ihm gepufft; **c)** *mit Fäusten und Ellenbogen irgendwohin befördern:* jmdn. zur Seite p.; er puffte ihn vom Gehweg auf die Straße. **2.** (ugs.) **a)** *[durch plötzliches Entweichen von Luft] stoßartig dumpfe Töne, einen dumpfen Knall von sich geben* ⟨hat⟩: die Dampflok puffte; nur ferne brodelte etwas, zischte und puffte leise (Böll, Adam 14); ⟨auch unpers.:⟩ Es puffte schon in der Kaffeemaschine (Böll, Und sagte 30); **b)** *sich puffend* (2 a) *irgendwohin bewegen* ⟨ist⟩: aus den Gewehrmündungen puffte feiner, blauer Rauch (Plievier, Stalingrad 176). **3.** (veraltet) *(Stoff o. ä.) bauschen* ⟨hat⟩: das Haar p. *(toupieren);* ⟨noch im 2. Part.:⟩ ein Sommerkleid mit weiten, gepufften Ärmeln. **4.** *(Mais, Reis, Hülsenfrüchte) unter hohem Druck dämpfen, wobei die Körner nach Aufhebung des Druckes aufplatzen u. zu lockeren Massen aufgebläht werden* ⟨hat⟩; ⟨Abl.:⟩ **Puffer,** der; -s, -: **1.** *federnde Vorrichtung an Vorder- u. Rückseite eines Schienenfahrzeugs zum Auffangen von Stößen:* die P. der Waggons knallen aufeinander; Ü Zwischen die P. (= die streitenden Parteien) war er geraten (Apitz, Wölfe 314). **2.** ⟨Vkl. ↑Püfferchen⟩ kurz für ↑Kartoffelpuffer. **3.** kurz für ↑Pufferspeicher. **4.** kurz für ↑Pufferbatterie.

Puffer-: **~batterie,** die (Technik): *Batterie aus Akkumulatoren zum Ausgleich schwankender Belastungen in einem Gleichstromnetz;* **~speicher,** der (Datenverarb.): *zwischen zwei Einheiten von Digitalrechnern unterschiedlicher Geschwindigkeit eingeschalteter Speicher für Informationen;* **~staat,** der: *kleiner [neutraler] Staat, der durch seine Lage zwischen [rivalisierenden] Großmächten Konfliktmöglichkeiten vermindern kann;* **~zone,** die: *[entmilitarisierte] neutrale Zone, die zur Verhinderung [weiterer] feindlicher Auseinandersetzungen zwischen rivalisierenden Mächten geschaffen wird.*

Püfferchen ['pʏfɐçən], das; -s, -: ↑Puffer (2); **Puffmutter,** die; -, -mütter (salopp abwertend): *weibliche Person, die die Aufsicht über die Prostituierten in einem Bordell führt;* **Puffspiel,** das; -[e]s, -e: svw. ↑[4]Puff.

Pugilismus [pugi'lɪsmʊs], der; - [zu lat. pugil = Faustkämpfer (veraltet): *Boxsport;* **Pugilist** [...'lɪst], der; -en, -en (veraltet): *Boxer;* **Pugilistik,** die; - (veraltet): svw. ↑Pugilismus; **pugilistisch** ⟨Adj.⟩ (veraltet): *den Boxsport betreffend, dazu gehörend, dafür typisch.*

puh! [pu:] ⟨Interj.⟩ als Ausdruck der Distanzierung von einer unangenehmen Person, Sache, nach mühsamer Bewältigung einer schweren körperlichen Arbeit o. ä.: p., war das vorhin ein Regen, ein unhöflicher Mensch!

Pülcher ['pʏlçɐ], der; -s, - [urspr. = Vagabund, mundartl. Nebenf. von ↑Pilger] (österr. ugs.): *Strolch.*

Pulcinella [pʊltʃi'nɛla], der; -[s], ...elle [ital. Pulcinella, zu lat. pullicēnus = Hühnchen; eigtl. wohl = ängstliche od. ungeschickte Person] (Literaturw.): *komischer Diener, Hanswurst in der neapolitanischen Commedia dell'arte.*

pulen ['pu:lən] ⟨sw. V.; hat⟩ [mniederd. pulen] (nordd.): **a)** *sich mit den Fingern an etw. zu schaffen machen, um dort etw. in kleinen Stücken zu entfernen o. ä.:* an einem Etikett, einer Narbe p.; pul dir nicht an, in der Nase!; **b)** *pulend* (a) *entfernen:* ich ... pulte mit flinken Fingern halbzerdrückte Kerne aus Schalensplittern (= von Haselnüssen; Grass, Hundejahre 328).

Pulk [pʊlk], der; -[e]s, -s, seltener: -e [poln. pułk, russ. polk, aus dem Germ.]: **1.** *[loser] Verband von Kampfflugzeugen od. militärischen Fahrzeugen:* ein geschlossener P. Jäger, von Bombern, feindlicher Panzer. **2.** *größere Anzahl von Menschen, Tieren, Fahrzeugen in dichtem Gedränge:* ein P. von Autos, Fußgängern vor der Ampel; die deutschen Teilnehmer an der Tour de France befinden sich im P. *(Hauptfeld).*

Pull [pʊl], der; -s, -s [engl. pull, zu: to pull, ↑[1]pullen]: *Golfschlag, der dem Ball einen Linksdrall gibt.*

Pulle ['pʊlə], die; -, -n [aus dem Niederd.; vgl. Ampulle] (salopp): *(mit bezug auf alkoholische Getränke) Flasche:* eine P. Sekt, Wodka; einen Schluck aus der P. nehmen; *** volle P.** *(mit vollem Einsatz, mit größtmöglichem Tempo):* die Mannschaft muß volle P. spielen; auf der Autobahn fuhr er volle P.

[1]**pullen** ⟨sw. V.; hat⟩ [engl. to pull, eigtl. = ziehen, schlagen, H. u.]: **1.** (Seemannsspr.) *rudern.* **2.** (Reiten) *(vom Pferd) stark vorwärts drängen u. sich auf den Zügel legen.* **3.** (Golf) *einen Pull ausführen.*

[2]**pullen** [-] ⟨sw. V.; hat⟩ [vgl. pullern] (landsch. derb): *urinieren;* **pullern** ['pʊlɐn] ⟨sw. V.; hat⟩ [(ost)niederd., (ost)md.; lautm., eigtl. = gurgelnd fließen] (landsch. fam.): *urinieren.*

Pulli ['pʊli], der; -s, -s: ugs. kurz für ↑Pullover.

Pullman ['pʊlman, engl.: 'pʊlmən], der; -s, -s: kurz für ↑Pullmanwagen; **Pullmankappe,** die; -, -n [H. u.] (österr.): *Baskenmütze;* **Pullmanwagen,** der; -s, - [amerik. pullman (car), nach dem amerik. Konstrukteur G. M. Pullman (1831–1897)]: *komfortabel ausgestatteter Schnellzugwagen.*

Pullover [pʊ'lo:vɐ], der; -s, - [engl. pullover, eigtl. = zieh über]: *meist gestricktes od. gewirktes Kleidungsstück für den Oberkörper, das über den Kopf gezogen wird:* ein selbstgestrickter, blauer, weiter, enganliegender, dicker P.; ein P. mit Rollkragen, Norwegermuster; einen P. stricken, häkeln; seinen P. ausziehen; in Rock und P. gehen; **Pullunder** [pʊ'lʊndɐ], der; -s, - [geb. nach ↑Pullover aus engl. to pull = ziehen u. under = unter]: *meist kurzer ärmelloser Pullover über einem Oberhemd, einer Bluse.*

pulmonal [pʊlmo'na:l] ⟨Adj.; o. Steig.⟩ [zu lat. pulmo = Lunge] (Med.): *die Lunge betreffend, von ihr ausgehend.*

Pulp [pʊlp], der; -s, -en [engl. pulp < frz. pulpe < lat. pulpa, ↑Pulpa]: **1.** *zur Bereitung von Marmeladen od. Obstsäften hergestellte breiige Masse mit größeren od. kleineren Fruchtstücken.* **2.** *bei der Gewinnung von Stärke aus Kartoffeln anfallender, als Futtermittel verwendeter Rückstand;* **Pulpa** ['pʊlpa], die; -, ...pae ['pʊlpɛ; lat. pulpa = (Frucht)fleisch]: **1.** (Med.) **a)** *Zahnmark;* **b)** *weiche, gefäßreiche Gewebemasse in der Milz.* **2.** (Bot.) *bei manchen Früchten (z. B. Bananen) als Endokarp ausgebildetes fleischiges Gewebe;* **Pulpe** ['pʊlpə], **Pülpe** ['pʏlpə], die; -, -n [frz. pulpe]: svw. ↑Pulp; **Pulpitis** [pʊl'pi:tɪs], die; -, ...itiden [pʊlpi'ti:dn̩] (Med.): *Entzündung der Pulpa* (1 a); **pulpös** [pʊl'pø:s] ⟨Adj.; -er, -este; Steig. ungebr.⟩ [spätlat. pulpōsus] (bes. Med.): *aus weicher Masse bestehend; fleischig, markig.*

Pulque ['pʊlkə], der; -[s] [span. pulque, wohl aus dem Aztek.]: *in Mexiko beliebtes, süßes, stark berauschendes Getränk aus dem vergorenen Saft der Agave.*

Puls [pʊls], der; -es, -e [mhd. puls < mlat. pulsus (venarum) < lat. pulsus = das Stoßen, der Schlag, zu: pulsum, 2. Part. von: pellere = schlagen, stoßen]: **1. a)** *das Anschlagen der durch den Herzschlag weitergeleiteten Blutwelle an den Gefäßwänden, bes. der Schlagadern am inneren Handgelenk u. an den Schläfen:* ein schwacher, matter, beschleunigter, [un]regelmäßiger P.; der P. klopft, hämmert, jagt, stockt, wird schwächer, setzt aus; sein P. ging in harten, stoßweisen Schlägen; wilder schlugen die -e bei dem Gedanken (Kaiser, Villa 35); jmdm., sich den P. fühlen *(das Schlagen des Pulses durch Fühlen feststellen);* Ü das Leben hatte noch einen anderen P. hier (Remarque, Triomphe 211); er las mit fliegenden -en (geh.; *in äußerster Aufregung*); *** jmdm. den P. fühlen** (ugs.: 1. *jmds. Gesinnung, Meinung vorsichtig zu ergründen versuchen.* 2. *aus einem bestimmten Anlaß prüfen, ob jmd. etwa nicht ganz bei Verstand ist*); **b)** *Anzahl der Pulsschläge [pro Minute]:* wie ist der P.?; Hundertvierzig P. und achtzig Blutdruck (Remarque, Triomphe 44); den P. messen; **c)** *Stelle am inneren Handgelenk, an der man den Puls* (a) *fühlt:* er hatte die Hand am P. des Kranken; nach dem, jmds. P. fassen, greifen. **2.** (Elektrot., Nachrichtent.) *einer der in regelmäßiger Folge wiederkehrenden, gleichartigen Impulse* (2 a).

Puls-: **~ader,** die: *Arterie, Schlagader:* sich die -n aufschneiden *(sich durch Aufschneiden der Pulsadern am inneren Handgelenk töten od. zu töten versuchen);* **~beschleunigung,**

die; **~frequenz,** die (Med.): *Zahl der Pulsschläge pro Minute;* **~schlag,** der: **a)** svw. ↑Puls (1 a): einen schnelleren, rasenden P. bekommen; Ü man spürte ... den P. der Erde unter seinen Füßen (Fichte, Versuch 274); **b)** *einzelner Pulsschlag* (a): seine Pulsschläge zählen; **~wärmer,** der: *[gestrickte] wollene Hülle zum Wärmen des Handgelenks;* **~zahl,** die (Med.): svw. ↑~frequenz.

Pulsar [pʊl'za:ɐ̯], der; -s, -e [engl. pulsar, Kurzwort aus: *pulse* = Impuls (vgl. Puls 2) u. ↑Quas*ar*] (Astron.): *Quelle kosmischer Strahlung, die mit großer Regelmäßigkeit Impulse einer Strahlung mit sehr hoher Frequenz abgibt;* **Pulsation** [pʊlza'tsi̯o:n], die; -, -en [lat. pulsātio = das Stoßen, Schlagen]: **1.** (Med.) *rhythmische Zu- u. Abnahme des Volumens der arteriellen Gefäße mit den einzelnen Pulsschlägen.* **2.** (bes. Astron.) *regelmäßig wiederkehrender Vorgang, bei dem Ausdehnung u. Zusammenziehung abwechseln* (z. B. bei einer Gruppe von veränderlichen Sternen); **Pulsator** [pʊl'za:tɔr, auch: ...to:ɐ̯], der; -s, -en [...za'to:rən; spätlat. pulsātor = (An)klopfer, Schläger] (Technik): *Gerät zur Erzeugung pulsierender Bewegungen od. periodischer Änderungen des* [1]*Drucks* (1) (z. B. bei der Melkmaschine).

pulschen ['pʊlʃn̩] ⟨sw. V.; ist⟩ (nordd.): *(von Wasser) platschend irgendwohin schlagen:* Eine Welle pulschte über die Reling (Hausmann, Abel 29); **pulsen** ['pʊlzn̩] ⟨sw. V.; hat⟩ [zu ↑Puls]: **1.** svw. ↑pulsieren: das Blut pulst in den Adern, in den Schläfen; die Ader am dürren Hals pulste (Apitz, Wölfe 328); Ü Das Leben, das sie jetzt ... um sich spürte, pulste schnell und stoßweise (Kirst, 08/15, 53). **2.** (Med. Jargon) *den Puls messen:* Um fünf Uhr morgens ist großes Wecken ... Da wird gemessen und gepulst (Sebastian, Krankenhaus 71). **3.** (Nachrichtent.) *in einzelne Pulse* (2) *zerlegen; in einzelnen Pulsen abstrahlen:* schnell gepulste Strahlungen; **pulsieren** [pʊl'zi:rən] ⟨sw. V.; hat⟩ [lat. pulsāre = stoßen, schlagen, Intensivbildung von: pellere, ↑Puls]: *rhythmisch, dem Pulsschlag entsprechend, an- u. abschwellen, schlagen, klopfen:* das gestaute Blut, die Ader pulsiert wieder; Ü pulsierendes Leben; Avianca fliegt Sie direkt nach Lima – der pulsierenden Hauptstadt Perus (Werbung in: Spiegel 16, 1966, 6); **Pulsion** [pʊl'zi̯o:n], die; -, -en [spätlat. pulsio = das (Fort)stoßen] (Fachspr.): *rhythmischer Stoß, Schlag;* **Pulsometer** [pʊlzo'me:tɐ], das; -s, - [zu lat. pulsus (↑Puls) u. ↑-meter] (Technik): *mit Dampf arbeitende Pumpe, bei der die Druckwirkung durch Ausdehnung u. die Saugwirkung durch Kondensation des Dampfes erreicht wird.*

Pult [pʊlt], das; -[e]s, -e [spätmhd. pul(p)t, mhd. pulpit < lat. pulpitum = Brettergerüst, Tribüne]: **a)** *tischartiges Gestell, auch als Aufsatz auf einem Tisch, mit schräger Platte zum Lesen od. Schreiben:* in einem Saal, auf einem Tisch ein P. aufbauen, aufstellen; am P. stehend schreiben; er trat als nächster Redner ans, hinter das P.; das Manuskript seines Vortrags auf das P. legen; **b)** kurz für ↑Dirigentenpult: am P. stand (geh.; es *dirigierte*) ein bekannter Gastdirigent; zum Zeichen der Unterbrechung klopft der Dirigent mit dem Taktstock auf das P.; **c)** kurz für ↑Notenpult, -ständer; **d)** kurz für ↑Schaltpult; ⟨Zus. zu a:⟩ **Pultdach,** das (Bauw.): *(bes. bei Anbauten) Dach, das nur aus einer schräg abfallenden Dachfläche besteht; halbes Satteldach;* **Pultdeckel,** der.

Pulver ['pʊlfɐ, auch: ...lvɐ], das; -s, - [mhd. pulver < mlat. pulver < lat. pulvis (Gen.: pulveris) = Staub]: **1. a)** *fast so fein wie Staub zerkleinerter, zerriebener, zermahlener Stoff:* ein feines, weißes, trockenes P.; ein P. [aus]streuen; etw. zu P. zerreiben, mahlen; **b)** ⟨Vkl. ↑Pülverchen⟩ *Medikament, Gift in Pulverform:* ein P. gegen Kopfschmerzen; ein P. in ein Getränk schütten, in Wasser auflösen; ein P. verordnen, verschreiben, einnehmen; ein P. gegen Ameisen streuen; **c)** kurz für ↑Schießpulver: schwarzes, klein-, grobkörniges P.; das P. entzündet sich, blitzt auf, ist feucht geworden; das P. trocken halten; ***das P. [auch] nicht [gerade] erfunden haben** (ugs.; *nicht besonders klug od. einfallsreich sein*); **kein P. riechen können** (ugs. veraltet; *als Soldat feige sein*); **sein P. verschossen haben** (ugs.: 1. *[vorzeitig] am Ende seiner Kräfte sein u. nichts mehr leisten können.* 2. *alle Argumente, Beweise zu früh u. wirkungslos vorgebracht haben*); **sein P. trocken halten** (ugs.; *auf der Hut sein; immer gerüstet sein*). **2.** (salopp) *Geld:* mir ist das P. ausgegangen; er hat nicht genug P.

pulver-, Pulver-: **~dampf,** der: *durch Feuerwaffen [im Gefecht] verursachter Rauch:* eine Wolke aus Staub und P.; **~faß,** das (früher): *Faß für Schießpulver:* die Pulverfässer explodierten; Ü ein P. der Weltspannungen; das war der Funke im P. *(war der Anlaß zu dem dramatischen Geschehen);* ***einem P. gleichen** *(in einer so kritischen Spannung sein, daß jederzeit ein Krieg ausbrechen kann):* der Nahe Osten gleicht einem P.; **auf einem/dem P. sitzen** *(sich in einer spannungsreichen, gefährlichen Lage befinden);* **~fein** ⟨Adj.; o. Steig.; nicht adv.⟩: *fein wie Pulver:* Kaffee p. mahlen; **~form,** die meist in der Fügung **in P.** *(in Form von Pulver):* Kaffee, Milch in P.; **~geruch,** der: vgl. ~dampf; **~gestank,** der (abwertend): vgl. ~dampf; **~kaffee,** der: *Kaffee-Extrakt in Pulverform, der sich beim Übergießen mit heißem Wasser auflöst;* **~kammer,** die: **1.** *Raum auf Schiffen für die Lagerung der Munition.* **2.** (Milit. veraltet) *Raum in Geschützen für die Ladung;* **~kuchen,** der: *mit Backpulver gebackener Kuchen;* **~magazin,** das: vgl. ~kammer (1); **~metallurgie,** die: *Herstellung von Werkstoffen u. Werkstücken aus Metall in Pulverform; Metallkeramik;* **~mühle,** die (früher): *Fabrik für die Herstellung von Schießpulver;* **~rauch,** der: svw. ↑~dampf; **~sand,** der: *feiner Sand;* **~schnee,** der: *lockerer, pulvriger Schnee;* **~schorf,** der [nach dem braunen Pulver in den Pusteln der befallenen Knollen] (Landw.): *(durch einen Algenpilz hervorgerufener) Schorf der Kartoffelknollen;* **~trocken** ⟨Adj.; o. Steig.; nicht adv.⟩: *sehr trocken (wie Pulver):* die Erde war p.; Ü ihre Stimme ist p. (Degener, Heimsuchung 70); **~turm,** der (früher): *Turm (in einer Stadtmauer) mit einem Munitionslager.*

Pülverchen ['pʏlfɐçən, auch: ...lvɐ...], das; -s, - [Vkl. von ↑Pulver (1 b)] (spött.): **a)** ⟨meist Pl.⟩ *Medikament in Pulverform als eines unter vielen, die man einnehmen muß od. unnötigerweise einnimmt;* **b)** *Pulver, mit dem man jmdn. vergiftet;* **pulverig,** pulvrig ['pʊlf(ə)rɪç, auch 'pʊlv(ə)rɪç] ⟨Adj.; nicht adv.⟩: *zu Pulver zermahlen, zerkleinert; in der Art von Pulver:* Hier und dort sahen schräg rostverkrustete Eisenträger aus dem pulvrigen Schutt (Schnurre, Fall 57); **pulverisieren** [pʊlveri'zi:rən] ⟨sw. V.; hat⟩ [frz. pulvériser < spätlat. pulverizāre]: *zu Pulver zermahlen, zerkleinern:* ein Stück Kreide p.; Ü Die Knochenmühlen ... pulverisieren den starken Charakter und zermahlen jedes Eigenleben (Kirst, 08/15, 259); ⟨Abl.:⟩ **Pulverisierung,** die; -, -en ⟨Pl. selten⟩; **pulvern** ['pʊlfɐn, auch: 'pʊlvɐn] ⟨sw. V.; hat⟩ [mhd. pulvern = zu Pulver machen, mit Pulver bestreuen]: **1.** (ugs. selten) **a)** *schießen:* Da pulvern sie schon, diese Idioten der Ordnung (Frisch, Cruz 47); **b)** *etw. irgendwohin schießen:* auf einen Hasen p.; Ü zuviel Geld in den Straßenbau, in die Rüstung p. *(stecken, [sinnlos] dafür ausgeben).* **2.** (veraltet) svw. ↑pulverisieren; **pulvrig:** ↑pulverig.

Puma ['pu:ma], der; -s, -s [Ketschua (Indianerspr. des westl. Südamerika) puma]: *in Nord- u. Südamerika heimisches Raubtier mit auffallend langem Schwanz, kleinem Kopf u. dichtem braunem bis [silber]grauem Fell; Silberlöwe.*

Pummel, der; -s, -, (Vkl.:) **Pummelchen** ['pʊml̩(çən)], das; -s, - [aus dem Niederd., wohl Nebenf. von: pumpel = kleine, dicke Person, wohl verw. mit ↑Pumpe] (ugs.): *dickes, rundliches Kind, [junges] Mädchen:* sie war während ihrer Schulzeit immer ein Pummelchen; ⟨Abl.:⟩ **pummelig,** (seltener:) **pummlig** ['pʊm(ə)lɪç] ⟨Adj.; nicht adv.⟩ (ugs.): *rundlich, dicklich:* ein pummeliges Mädchen; sie, ihre Figur ist ein wenig p.; in einem Lammfellmantel p. aussehen.

Pump [pʊmp], der; -s [zu ↑pumpen (2)] (salopp): *das Pumpen* (2): [bei jmdm.] einen P. aufnehmen *(Geld leihen);* ***auf P.** *(mit geborgtem Geld):* etw. auf P. kaufen; ein auf P. gebautes Haus; sie leben nur auf P.

Pump-: (Technik) **~speicherwerk,** das: *Kraftwerk, in dem mit elektrischer Energie in Zeiten geringen Strombedarfs Wasser in hochgelegene Reservoire gepumpt wird, das bei Bedarf mittels Turbinen in elektrische Energie zurückverwandelt wird;* **~station,** die: *Stelle in einem Rohrleitungssystem, an der eine od. mehrere Pumpen eingebaut sind;* **~werk,** das: svw. ↑~station.

Pumpe ['pʊmpə], die; -, -n [aus dem Niederd. < mniederd., mniederl. pompe, wohl lautm]: **1. a)** *zylindrischer, durch ein Rohr mit dem Grundwasser verbundener, senkrecht in die Erde eingesetzter u. mit einem Schwengel, Hebel versehener Hohlkörper, der beim Betätigen des Schwengels Wasser an die Oberfläche saugt; Wasserpumpe:* eine P. im Hof, Garten, auf dem Friedhof; sich die Hände unter der P. waschen; Wasser von der P. holen; **b)** *[von einem Motor* *betriebene] Vorrichtung, Gerät zum An- od. Absaugen von Flüssigkeiten od. Gasen:* eine elektrische P.; die P. fördert Öl, saugt die Lauge aus der Waschmaschine; alle Mann an die -n! (*Lenzpumpen;* Radecki, Tag 113). **2.** (salopp) *Herz* (1 a): die P. jagt; Bei Dreharbeiten ... spürte ich plötzlich meine P. (Hörzu 35, 1974, 77). **3.** (salopp) *Spritze, mit der Rauschgift injiziert wird;* **pumpen** ['pʊmpn̩] ⟨sw. V.; hat⟩ [1: zu ↑Pumpe; 2: rotwelsch pompen, pumpen, erst sekundär an (1) angeschlossen]: **1. a)** α) *mit einer Pumpe* (1 a, b) *an- od. absaugen [u. irgendwohin befördern]:* Wasser in die Gießkanne p.; Luft in den Fahrradschlauch p.; Wasser aus dem Keller, Schiff p.; Ü das Herz pumpt das Blut in die Adern; Millionen in ein Unternehmen p. *(investieren);* β) *als Pumpe* (1 b) *arbeiten:* die Maschine pumpt gleichmäßig, zu langsam; Ü sein Herz pumpte; **b)** (Gymnastik, Turnen Jargon) *Liegestütze ausführen;* **c)** (Segeln) *zur schnelleren Vorwärtsbewegung des Bootes die Großschot abwechselnd kurz heranholen u. wieder locker lassen;* **d)** (Physik Jargon) *durch Licht- od. Elektroneneinstrahlung die Atome eines Lasers auf ein höheres Energieniveau bringen:* einen Laser p.; ein optisch gepumpter Festkörperlaser. **2.** (salopp) **a)** *leihen, borgen:* Geld p.; kannst du mir 50 Mark, dein Fahrrad p.?; ⟨auch o. Akk.-Obj.:⟩ Freunde zu finden, die ihm entweder pumpten oder ihn freihielten (Niekisch, Leben 261); **b)** *bei, von jmdm. borgen, leihen:* sich [bei Freunden, von jmdm.] Geld p.; ich habe mir einen Schirm gepumpt; seine Schlittschuhe waren gepumpt.

Pumpen-: **~haus,** das: *verschließbarer Raum für eine Motorpumpe;* **~kasten,** der: *Gehäuse einer Pumpe;* **~schwengel,** der: *Schwengel einer mit der Hand bedienten Wasserpumpe.*

pumpern ['pʊmpɐn] ⟨sw. V.; hat⟩ [älter auch = furzen, lautm.] (landsch., bes. südd., österr. ugs.): *laut u. heftig klopfen* (1 a, c, 2); **Pumpernickel,** der; -s, - < Pl. selten⟩ [so benannt wegen der blähenden Wirkung; urspr. Schimpfwort, zu älter Pumper = Furz (vgl. pumpern) u. ↑[3]Nickel]: *schwarzbraunes, rindenloses, süßlich u. würzig schmeckendes Brot aus Roggenschrot.*

Pumphose, die; -, -n [zu niederd. pump, Nebenf. von ↑Pomp]: *halblange, bauschige Hose mit Bund oder Gummizug unter dem Knie.*

Pumps [pœmps], der; -, - [engl. pumps (Pl.), H. u.]: *über dem Spann ausgeschnittener Damenhalbschuh mit höherem Absatz ohne Schnürung od. Spangen.*

Puna ['pu:na], die; - [span. puna < Ketschua (Indianerspr. des westl. Südamerika) púna, eigtl. = unbewohnt]: *Hochfläche der südamerikanischen Anden mit Steppennatur.*

[1]**Punch** [pantʃ], der; -s [gek. aus: Punchinello, entstellt aus ital. Pulcinella, ↑Pulcinella]: *der Hanswurst des historischen englischen Theaters u. Puppenspiels.*

[2]**Punch** [-], der; -s, -s [engl. punch, H. u.] (Boxen): **a)** *große Schlagkraft:* einen harten, ungewöhnlichen P. haben; **b)** *Schlag, der große Schlagkraft erkennen läßt;* ⟨Abl.:⟩ **Puncher** ['pantʃɐ], der; -s, - (Boxen): *Boxer, der über große Schlagkraft verfügt;* **Punchingball** ['pantʃɪŋ-], der; -[e]s, ...bälle, **Punchingbirne,** die; -, -n: *Plattformball, Plattformbirne.*

Punctum puncti ['pʊŋktʊm 'pʊŋkti], das; - - [lat. pūnctum pūncti = der Punkt des Punktes] (bildungsspr.): *Hauptpunkt (bes. in bezug auf das Geld):* ob wir dieses Jahr Urlaub machen können, hängt vom P. p. ab; **Punctum saliens** [- 'tsa:li̯ɛns], das; - - [lat. pūnctum saliēns, LÜ aus dem Griech. nach der Vorstellung, im Weißen des Vogeleis befinde sich ein Blutfleck als hüpfender Punkt, der das Herz des werdenden Vogels bildet] (bildungsspr.): *der springende Punkt, Kernpunkt; das Entscheidende.*

punitiv [puni'ti:f] ⟨Adj.; o. Steig.⟩ [zu lat. pūnītum, 2. Part. von: pūnīre = strafen; vgl. engl. punitive, frz. punitif] (bildungsspr.): *strafend:* -es Erziehungsverhalten.

Punk [paŋk], der; -[s], -s [engl.-amerik. punk, eigtl. = Abfall; Mist]: **1. a)** ⟨o. Pl.; meist o. Art.⟩ *Protestbewegung von Jugendlichen, die mit bewußt rüdem, exaltiertem Auftreten u. lauter Musik provozieren will;* **b)** *Anhänger des Punk* (1 a): fast alle -s geben sich ein gewalttätiges Image und singen von Aufruhr und Tumult (Spiegel 4, 1978, 142). **2.** ⟨o. Pl.⟩ *Punkrock;* ⟨Abl.:⟩ **Punker,** der; -s, -: **1.** *Musiker des Punkrock.* **2.** *Punk* (1 b); ⟨Zus.:⟩ **Punkrock,** der: *von den Punks ausgehende, schockierend dargebotene Art einer primitiven Rockmusik mit wenigen harten Akkorden;* **Punkrocker,** der: *Punker* (1).

Punkt [pʊŋkt], der; -[e]s, -e u. - [mhd. pun(c)t < spätlat. pūnctus < lat. pūnctum, eigtl. = das Gestochene; eingestochenes (Satz)zeichen, eigtl. 2. Part. von: pungere = stechen]: **1.** ⟨Pl. -e, Vkl. ↑Pünktchen⟩ *ganz kleiner [kreisrunder] Fleck, Tupfen; [eben noch sichtbarer] Abdruck od. Einstich der scharfen Spitze eines Gegenstandes in ein anderes Material:* ein schwarzer, leuchtender P.; rote Pünktchen glühten auf; die Sterne erscheinen uns als helle -e am Himmel; die Erde ist nur ein winziger P. im Weltall; weißer Stoff mit blauen -en; ***der springende P.** (svw. ↑Punctum saliens); **ein dunkler P. [in jmds. Vergangenheit]** *(etw. Unklares, moralisch nicht ganz Einwandfreies, das man lieber nicht aufgehellt haben möchte).* **2.** ⟨Pl. -e⟩ **a)** *Zeichen, das den Schluß eines Satzes, von Abkürzungen, Ordnungszahlen u. ä. kennzeichnet:* hier muß ein P. stehen; drei -e bedeuten eine Lücke im Zitat; einen P. setzen, machen; R nun mach mal einen P.! (ugs.; *jetzt ist es aber genug!, hör auf!*); P., Schluß, Streusand drauf! (veraltend; *die Sache soll endlich abgeschlossen, vorbei- u. vergessen sein;* nach der früher üblichen Art, die noch feuchte Tinte eines Schriftstücks mit Sand abzulöschen); ***ohne P. und Komma reden** (ugs.; *unentwegt, ohne Ende reden*); **b)** ⟨Vkl. ↑Pünktchen⟩ *Zeichen über dem i, I-Punkt:* du hast den P. auf dem i vergessen; ***der P. auf dem i** (↑i, I); **c)** (Musik) **α)** *Verlängerungszeichen:* ein P. neben einer Note zeigt an, daß sie um die Hälfte ihres Wertes verlängert werden soll; **β)** *Vortragszeichen:* staccato zu spielende Töne kennzeichnet man durch jeweils einen P. über oder unter der Note; **d)** (Math.) *Zeichen für Multiplikation* (·): 2·2=4. **3.** ⟨Pl. -e⟩ **a)** *Stelle, [geographischer] Ort:* der höchste, tiefste P.; ein zentral gelegener P.; ein strategisch wichtiger P.; er hat sich unterwegs verschiedene -e als Orientierungshilfen gemerkt; das Fernglas auf einen bestimmten P. richten; von diesem P. kann man alles gut überblicken; Ü einen P. erreichen, wo man plötzlich durchdreht; an/auf einem P. sein, wo man nicht mehr weiterkann; in diesem P. *(an dieser Stelle meiner Psyche)* bin ich empfindlich; über einen bestimmten P. nicht hinauskommen *(an einer Stelle einer Arbeit od. einer Gedankenfolge steckenbleiben);* ***ein schwacher/wunder/neuralgischer P.** *(eine schwache, verwundbare, empfindliche Stelle);* **toter P.** (*Stelle, wo es [vorübergehend] nicht mehr weitergeht;* übertr. von der Dampfmaschine, wenn deren Kurbel und Pleuelstange eine gerade Linie bilden): das Gespräch war an einem toten P. angekommen, hatte einen toten P. zu überwinden; ein starker Kaffee sollte ihm über den toten P. hinweghelfen; **b)** (Math.) *gedachtes geometrisches Gebilde mit bestimmter Lage (ohne Ausdehnung):* die Kreislinie ist der Ort für alle -e, die von einem Mittelpunkt den gleichen Abstand haben; zwei Gerade schneiden sich in einem P.; **c)** *Zeitpunkt, Augenblick:* jetzt ist der P. gekommen, an dem ich mich entscheiden muß; der Zug kam auf den P. genau an; ⟨P. + Zeitangabe:⟩ die Konferenz beginnt P. *(genau, pünktlich um)* elf Uhr; es ist P. Mittag *(genau 12 Uhr);* ***den toten P. überwinden/überwunden haben** *(den Zeitpunkt stärkster Übermüdung, Schwäche o. ä. überwinden, überwunden haben).* **4.** ⟨Pl. -e⟩ **a)** *Thema, zu behandelnder Gegenstand, Beratungspunkt:* ein wichtiger, strittiger, fraglicher P.; das ist der vordringliche P. auf der Tagesordnung; verschiedene -e berühren, erörtern; den nächsten P. *(das nächste Thema)* ließ er fallen; diesen P. können wir abhaken *(dieser Punkt ist erledigt);* auf einen P. zurückkommen; bei diesem P. konnten sie sich nicht einigen; sich in allen -en einig sein; in einem P. verstehen wir uns nicht; **b)** *Abschnitt, Absatz der Gliederung (eines Textes, Vortrags o. ä.):* die einzelnen -e der Tagesordnung, eines Programms durchgehen; etw. P. für P. besprechen; in einigen -en muß der Entwurf verbessert werden. **5.** ⟨Pl. -e⟩ **a)** *Einheit einer Wertung (im Sport u. bei Leistungsprüfungen):* -e sammeln, machen; bei dieser Aufgabe kann man fünf -e erreichen; er erhielt drei -e; mit 5200 -en wurde er Meister im Fünfkampf; die Jagd nach -en unter den Schülern der Oberstufe; nach -en führen, vorn liegen, siegen; (Boxen:) er hat seinen Gegner nach -en besiegt; diese Aktie wurde an der Börse um 2 -e *(DM pro Stück)* niedriger gehandelt; die Mehrwertsteuer wurde um einen P. *(ein Prozent)* erhöht; **b)** *Wertmarke, aufzuklebender od. abzutrennender Bon, Abschnitt:* wer zwanzig -e gesammelt hat, erhält eine Gutschrift; auf die -e gibt es Rabatt; Textilien konnte man im Krieg nur auf -e *(Abschnitte der Kleiderkarte)* kaufen.

6. ⟨Pl. -⟩ (Druckw.) *kleinste Einheit (0,376 mm) des typographischen Maßsystems für Schriftgrößen:* Perlschrift hat eine Größe von 5 P. Vgl. in puncto.

punkt-, Punkt- (vgl. auch: Punkte-): **~auge,** das (Zool.): *punktförmiges, einfaches Auge, das bei Tausendfüßern u. vielen Insekten neben den Facettenaugen vorkommt; Ozelle;* **~ball,** der: **1.** (Boxen) *frei beweglich von oben herabhängender Lederball (etwa in der Größe eines Tennisballs) zum Üben der Treffsicherheit.* **2.** (Billard) *durch einen schwarzen Punkt* (1) *gekennzeichneter weißer Ball des Gegenspielers;* **~feuer,** das (Milit.): *auf einen Punkt* (3) *konzentriertes [Artillerie]feuer;* **~förmig** ⟨Adj.; o. Steig.; nicht adv.⟩: **1.** *klein wie ein Punkt* (1): -e oder körnige Vertiefungen in die Kupferplatte eindrücken (Bild. Kunst 3, 81). **2.** *in einzelnen Punkten, Schwerpunkte bildend:* -e Ansiedlungen; sich p. ausbreiten; **~gewinn,** der (Sport, bes. Ballspiele): *erreichte Punkte* (5 a): Sieg bedeutet doppelten, Unentschieden einfachen P.; **~gleich** ⟨Adj.; o. Steig.; nicht adv.⟩ (Sport): *die gleiche Zahl von Punkten* (5 a) *errungen habend:* -e Mannschaften; sie lagen p. an der Spitze; mit jmdm. p. sein, dazu: **~gleichheit,** die: bei P. entscheidet das Torverhältnis; **~haus,** das (Bauw.): *einzeln stehendes Hochhaus, bei dem alle Wohnungen von einem Treppenhaus u. Aufzug enthaltenden Raum ausgehen;* **~karte,** die: *in Kriegs- u. Krisenzeiten ausgegebene Karte, auf der einzelne Abschnitte od. Punkte* (5 b) *für bestimmte Waren[mengen] gelten;* **~konto,** das: ↑Punktekonto; **~landung,** die (bes. Raumf.): *Landung an der vorgesehenen, eng umgrenzten Stelle;* **~lieferant,** der: ↑Punktelieferant; **~nachteil,** der: *Malus* (2); **~niederlage,** die (Ringen, Boxen u. ä.): *Niederlage nach Punkten* (5 a); **~richter,** der: *Kampfrichter, der die Leistungen nach Punkten* (5 a) *bewertet;* **~roller,** der: **a)** *veraltetes, als Walze mit punktförmigen Erhebungen ausgebildetes Massagegerät aus Gummi;* **b)** (ugs. scherzh.) *Gummiknüppel:* Schupos fuhren vor und schafften mit -n Ordnung (Grass, Hundejahre 229); **~schrift,** die: svw. ↑Blindenschrift; **~schweißen** ⟨sw. V.; hat; nur im Inf. u. 2. Part. gebr.⟩ (Technik): *mit Hilfe von beidseitig angelegten Elektroden punktförmige feste Verbindungen zwischen zwei zu verschweißenden Stücken herstellen,* dazu: **~schweißung,** die; **~sieg,** der: vgl. ~niederlage, dazu: **~sieger,** der (Ringen, Boxen u. ä.): *Sieger nach Punkten* (5 a); **~spiel,** das (Mannschaftssport): *Spiel innerhalb eines Wettbewerbs, bei dem jede Mannschaft gegen jede antreten muß u. die Zahl der gewonnenen Punkte* (5 a) *über den Gesamtsieg entscheidet;* **~strahler,** der (Optik, Technik): *Bogenlampe mit einer punktförmigen Lichtquelle hoher Leuchtdichte;* **~system,** das: **1.** *System einer Bewertung in Prüfungen, Wettbewerben o. ä. nach Plus- od. Minuspunkten.* **2.** (Mannschaftssport) *Austragungsmodus von Meisterschaftskämpfen nach Punkten* (5 a) *u. nicht nach dem K.-o.-System;* **~tabelle,** die (bes. Boxen): *Tabelle zum Eintragen der einzelnen Bewertungen durch die Punktrichter;* **~verhältnis,** das (Sport): *Verhältnis zwischen gewonnen u. verlorenen Punkten* (5 a); **~vorsprung,** der: *Vorsprung an Punkten* (5 a); **~vorteil,** der: *Bonus* (2); **~wertung,** die: vgl. ~system (1), ~richter; **~zahl,** die: *Zahl der Punkte* (5 a): eine hohe P. erreichen.

Punktalglas Ⓦ [pʊnk'ta:l-], das; -es, ...gläser [zu ↑Punkt; die Gläser bilden punktuell ab] (Optik): *bes. geschliffenes Brillenglas, bei dem Verzerrungen so weit wie möglich vermieden werden;* **Punktat** [pʊnk'ta:t], das; -[e]s, -e [zu mlat. punctatum, 2. Part. von: punctare, ↑punktieren] (Med.): *durch Punktion gewonnene Körperflüssigkeit;* **Punktation** [pʊnkta'tsi̯o:n], die; -, -en: **1.** (jur.) *rechtlich nicht bindender Vorvertrag bzw. Vertragsentwurf.* **2.** (Sprachw.) *Kennzeichnung der Vokale im Hebräischen durch Punkte u. Striche unter u. über den Konsonanten;* **Pünktchen** ['pʏŋktçən], das; -s, -: ↑Punkt (1, 2 b).

Punkte- (vgl. auch: punkt-, Punkt-): **~fahren,** das; -s (Radsport): *Bahnrennen, bei dem zuerst nach der Zahl der Runden, dann nach Punkten* (5 a) *gewertet wird;* **~kampf,** der: svw. ↑Punktspiel; **~konto,** das (bes. Sport Jargon): *[Stand der] Plus- u. Minuspunkte;* **~lieferant,** der (Mannschaftssport Jargon): **1.** *guter Torschütze, der seiner Mannschaft Punkte* (5 a) *einbringt.* **2.** *Mannschaft, die immer wieder verliert u. dadurch den andern Punkte* (5 a) *verschafft;* **~spiel,** das: svw. ↑Punktspiel.

punkten ['pʊŋktn̩] ⟨sw. V.; hat⟩ /vgl. gepunktet/: **1.** (Sport) *mit Punkten* (5 a) *bewerten:* keineswegs so, daß nun die Punktrichter ganz nach ihrem Ermessen p. können (Gast, Bretter 105); er punktet sehr streng. **2.** (Sport, bes. Boxen) *Punkte* (5 a) *sammeln.*

Punktier-: **~kunst,** die: *Kunst des Wahrsagens aus zufällig hingeworfenen Punkten u. Strichen;* **~manier,** die ⟨o. Pl.⟩ (Kunstwiss.): *Technik des Kupferstichs, bei der die Platte durch mit der Punze od. Roulette eingeritzte Punkte gezeichnet wird;* **~maschine,** die (bild. Kunst): *Gerät zum mechanischen Punktieren* (3); **~nadel,** die (Med.): *Hohlnadel für Punktionen.*

punktieren [pʊŋk'ti:rən] ⟨sw. V.; hat⟩ [spätmhd. punctiren < mlat. punctare = Einstiche machen; Punkte setzen]: **1.** *durch Punkte darstellen, mit Punkten versehen, ausfüllen:* eine Linie, Fläche p.; ⟨oft im 2. Part.:⟩ punktierte *(gepunktete)* Blütenblätter; ein punktierter *(in Punktiermanier gearbeiteter)* Stich. **2.** (Musik) **a)** *eine Note mit einem Punkt versehen u. dadurch um die Hälfte ihres Wertes verlängern:* an dieser Stelle muß punktiert werden; ⟨meist im 2. Part.:⟩ punktierte Noten; ein punktiertes Achtel; hier muß deutlich punktiert gespielt werden; **b)** *einzelne Töne einer Gesangspartie [in der Oper] der Stimmlage des Interpreten entsprechend um eine Oktave, auch Terz o. ä., nach oben od. unten versetzen:* die Rolle der Carmen wird häufig punktiert. **3.** (Bildhauerei) *Fixpunkte eines Modells maßstabgerecht auf den zu bearbeitenden Holz- od. Steinblock übertragen.* **4.** (Med.) *durch Einstechen mit einer Hohlnadel Flüssigkeit, Gewebe [zum Untersuchen] entnehmen od. ein Medikament einführen:* das Rückenmark, die Lunge p.; ⟨Abl.:⟩ **Punktierung,** die; -, -en [spätmhd. punctierunge]: **a)** ⟨o. Pl.⟩ *das Punktieren 1–3);* **b)** *die durch einen Punkt, durch Punkte gekennzeichnete Stelle;* **Punktion** [pʊŋk'tsi̯o:n], die; -, -en [lat. pūnctio = Einstich] (Med.): *Entnahme von Flüssigkeit, Gewebe aus einer Körperhöhle durch Einstich mit der Hohlnadel:* eine P. vornehmen; **pünktlich** ['pʏŋktlɪç] ⟨Adj.⟩: **1.** *den Zeitpunkt genau einhaltend; genau zur verabredeten, festgesetzten Zeit [eintreffend]:* -e Leute; für -e Lieferung sorgen; der Zug ist heute wieder nicht p.; p. fertig sein; er kam immer p. ins Büro, zahlte immer p.; nächstes Mal bitte -er!; p. auf die Minute; das Konzert beginnt p. um 20 Uhr/um 20 Uhr p. **2.** (veraltet) *gewissenhaft, korrekt:* bereit, jedes Wort ernst zu nehmen und p. zu erfüllen (Sieburg, Robespierre 42); ⟨Abl.:⟩ **Pünktlichkeit,** die; -: *das Pünktlichsein:* militärische P.; er war bekannt wegen seiner P.; mit großer P. überwies er die fälligen Raten; R P. ist die Höflichkeit der Könige (nach einem Wort des frz. Königs Ludwig XVIII. [1755–1824]: l'exactitude est la politesse des rois); **punktuell** [pʊŋk'tu̯ɛl] ⟨Adj.; o. Steig.⟩ [mlat. punctualis]: *einen od. mehrere Punkte betreffend, punktweise:* -e Ansätze; p. vorgehen; **Punktum!** ['pʊŋktʊm; lat. pūnctum, ↑Punkt] ⟨Interj.⟩ in der Fügung **[(und) damit] P.!** *(Schluß!, fertig!, basta!):* du bleibst hier, [und damit] P.!; **Punktur** [pʊŋk'tu:ɐ̯], die; -, -en [spätlat. pūnctūra = das Stechen]: seltener für ↑Punktion.

Punsch [pʊnʃ], der; -[e]s, -e, auch: Pünsche ['pʏnʃə; engl. punch, nach Hindi pāñč = fünf (nach den für einen echten Punsch nötigen fünf Grundbestandteilen)]: *[heißes] alkoholisches Getränk aus Arrak, Zucker, Zitronensaft, Wasser (Tee) u. Gewürzen od. anderen Zutaten:* P. trinken; er bestellte drei P. *(drei Gläser P.);* Zubereitung von heißen Pünschen (Horn, Gäste 298).

Punsch-: **~essenz,** die, **~extrakt,** der: *stark konzentrierte Mischung von Alkohol u. Geschmackszutaten, die für einen Punsch nur noch mit Wasser verdünnt zu werden braucht;* **~glas,** das ⟨Pl. -gläser⟩; **~schüssel,** die; **~terrine,** die.

punta d'arco ['pʊnta 'darko] [ital.] (Musik): *mit der Spitze des Geigenbogens (zu spielen).*

Punze ['pʊntsə], die; -, -n [1, 2: spätmhd. punze < ital. punzone < lat. pūnctio, ↑Punktion]: **1.** *Stempel, Stahlgriffel mit einer od. mehreren Spitzen zum Herstellen von Treib- u. Ziselierarbeiten in Metall od. Leder, bes. auch für Kupferstiche.* **2.** (bes. österr. u. schweiz.) *eingestanzter Stempel, der den Feingehalt eines Edelmetalls anzeigt od. Auskunft über den Verfertiger, die Herkunft o. ä. (z. B. auf Zinntellern)* gibt. **3.** (derb) *Vagina;* ⟨Abl.:⟩ **punzen** ['pʊntsn̩] ⟨sw. V.; hat⟩: **1.** *Zeichen, Muster mit der Punze* (1) *in etw. stanzen, schlagen, treiben.* **2.** *mit der Punze* (2) *versehen;* **Punzen,** der; -s, - (selten): svw. ↑Punze; ⟨Zus.:⟩ **Punzenmanier,** die ⟨o. Pl.⟩: svw. ↑Punktiermanier; **Punzenhammer, Punzhammer,** der: *kleiner Hammer, mit dem die Punze* (1) *in das zu bearbeitende Material getrieben wird;* **punzieren** [pʊn'tsi:rən] ⟨sw. V.; hat⟩: *punzen.*

Pup [pu:p], der; -[e]s, -e, Pups [pu:ps], der; -es, -e, Pupser ['pu:psɐ], der; -s, - [lautm.] (fam.): svw. ↑Furz.

Pupe ['pu:pə], der u. die; -n, -n [1: H. u., viell. unter Einfluß von ↑Pup, pupen zu ↑Puppe; 2: wohl zu ↑Pup zur Bez. von etwas Minderwertigem]: **1.** (salopp abwertend) *Homosexueller:* er ist ein/eine P.; ... wie die -n, die Luden, die Lokalwirte (Simmel, Stoff 693). **2.** (landsch., bes. berlin.) *verdorbenes, nicht schäumendes [Weiß]bier.*

pupen ['pu:pn̩], pupsen ['pu:psn̩] ⟨sw. V.; hat⟩ [mniederd. pupen, zu ↑Pup] (fam.): *eine Blähung abgehen lassen.*

Pupenbier, das; -[e]s (landsch., bes. berlin.): svw. ↑Pupe (2); **Pupenjunge,** der; -n, -n (salopp abwertend): svw. ↑Strichjunge; **pupig** ['pu:pɪç] ⟨Adj.⟩ (landsch.): *gering[wertig].*

pupillar [pupɪ'la:ɐ̯] ⟨Adj.; o. Steig.⟩ (Med.): *die Pupille betreffend, zur Pupille gehörend;* **Pupille** [pu'pɪlə], die; -, -n [lat. pūpilla, eigtl. = Püppchen, Vkl. von: pūpa, ↑Puppe; man sieht sich als Püppchen in den Augen des Gegenübers gespiegelt]: *die schwarze Öffnung im Auge, durch die das Licht eindringt; Sehloch:* die -n weiten, verengen sich; ***eine P. hinschmeißen** (ugs.; *jmdn., etw. im Auge haben, beobachten*); **eine P. riskieren** (↑Auge 1); **sich** ⟨Dativ⟩ **die P./die -n verstauchen** (ugs. scherzh.; *etw. schlecht zu Entzifferndes zu lesen versuchen*); ⟨Zus.:⟩ **Pupillenerweiterung,** die; **Pupillenverengung,** die.

pupinisieren [pupini'zi:rən] ⟨sw. V.; hat⟩ [nach dem amerik. Elektrotechniker M. Pupin (1858–1935)] (Fernspr.): *Pupinspulen einbauen:* eine Überlandleitung p.; ⟨Abl.:⟩ **Pupinisierung,** die; -, -en; **Pupinspule** [pu'pi:n-], die; -, -n (Elektrot., Fernspr.): *mit pulverisiertem Eisen gefüllte Spule zur Verbesserung der Übertragungsqualität (bes. bei Telefonkabeln).*

Püppchen ['pʏpçən], das; -s, -: ↑Puppe (1 a, 2); **Puppe** ['pʊpə], die; -, -n [spätmhd. puppe < lat. pūp(p)a = Puppe; kleines Mädchen]: **1. a)** ⟨Vkl. ↑Püppchen⟩ *[verkleinerte] Nachbildung einer menschlichen Gestalt, bes. eines Kindes [als Spielzeug]:* eine große, schöne P.; eine P. mit Schlafaugen, die „Mama" sagen kann; mit -n spielen; Ü seine Frau ist ein verzogenes Püppchen; sie ist eine P. *(schön, aber nichtssagend, seelenlos);* **b)** *Marionette, Kasperpuppe:* -n schnitzen; er kann die -n geschickt führen *(bewegen);* Ü er war nur eine willenlose P. *(ein Werkzeug)* in der Hand der Mächtigen; ***die -n tanzen lassen** (1. *dadurch, daß man alle Fäden in der Hand hat, seinen entscheidenden Einfluß über eine Reihe von Instanzen rücksichtslos ausüben.* 2. *es hoch hergehen lassen, ausgelassen sein*); **c)** svw. ↑Kleiderpuppe: neue -n für das Schaufenster anschaffen. **2.** ⟨Vkl. ↑Püppchen⟩ (salopp) *Mädchen:* eine niedliche, süße P.; hör mal, P.!; na, P., wie geht's?; er ging mit seiner P. *(Freundin)* spazieren. **3.** (Zool.) *in völliger Ruhestellung in einer Hülle befindliche Insektenlarve im letzten Entwicklungsstadium, in dem sie sich zum geschlechtsreifen Insekt entwickelt:* die P. eines Schmetterlings; die Raupe wird zur P. **4.** (landsch.) svw. ↑¹Hocke (1): -n aufstellen. **5.** ***bis in die -n** (ugs.; *sehr lange;* urspr. berlin., wohl nach den im Berliner Tiergarten aufgestellten Statuen [= Puppen], zu denen der Weg früher recht weit war): bis in die -n schlafen, feiern.

puppen-, Puppen-: **~bett,** das; **~bühne,** die: svw. ↑~theater; **~doktor,** der (ugs.): *jmd., der Puppen* (1 a) *repariert;* **~film,** der: *Trickfilm mit sich bewegenden Puppen* (1 a); **~geschirr,** das: *kleines [Eß]geschirr, das Kinder für ihre Puppen* (1 a) *verwenden;* **~gesicht,** das: *hübsches, aber ausdrucksloses menschliches Gesicht, das in seiner Starrheit an eine Puppe* (1 a) *erinnert;* **~haus,** das: **a)** *kleines Haus für die Puppen (als Kinderspielzeug);* **b)** (scherzh.) *sehr kleines Haus;* **~herd,** der: *kleiner Kochherd für die Puppenküche (als Kinderspielzeug);* **~hülle,** die (Zool.): *äußere, Chitin enthaltende Hülle der Puppe* (3); **~kind,** das (ugs.): *Puppe* (1 a) *als „Kind" des spielenden Kindes;* **~kleid,** das; **~klinik,** die: vgl. ~doktor; **~kokon,** der (Zool.): *Kokon einer Puppe* (3); **~kopf,** der; **~küche,** die: **a)** *kleine Küche für das Puppenhaus (als Kinderspielzeug);* **b)** (scherzh.) *sehr kleine Küche;* **~lustig** ⟨Adj.; o. Steig.⟩ (landsch.): *sehr lustig;* **~möbel,** das; **~mutter,** die (ugs.): *Kind, das sich als „Mutter" seines Puppenkindes empfindet;* **~räuber,** der (Zool.): *metallisch grüner, schädliche Insektenlarven vertilgender Laufkäfer;* **~ruhe,** die (Zool.): *Ruhestadium ohne Nahrungsaufnahme bei Insektenlarven, die sich verpuppt haben;* **~spiel,** das: **a)** *Form des Theaterspiels mit Puppen* (1 b): die Kunst des -s; **b)** svw. ↑~theater: ein P. mit vielen Figuren; er betreibt ein P.; **c)** *auf der Puppenbühne gespieltes Stück:* die Romantiker haben viele -e geschrieben; **~spielen,** das; -s: **1.** *das Spielen der Kinder mit Puppen* (1 a). **2.** *Betätigung als Puppenspieler;* **~spieler,** der: *jmd., der die Figuren im Puppentheater bewegt [u. ihre Rollen spricht];* **~stube,** die: vgl. ~haus (a); **~theater,** das: *Theater, auf dem mit Handpuppen, Marionetten o. ä. gespielt wird;* **~wagen,** der: *Kinderwagen für Puppen* (1 a); **~wiege,** die (Zool.): *für die Verpuppung von Insektenlarven angelegte Höhlung;* **~wohnung,** die (scherzh.): vgl. ~küche.

puppenhaft ⟨Adj.; -er, -este⟩: *in Aussehen, Bewegungen, Sprechweise u. ä. wie eine Puppe* (1 a) *wirkend:* ein -es Gesicht; Sie lächelt ... p. (Kinski, Erdbeermund 180).

puppern ['pʊpɐn] ⟨sw. V.; hat⟩ [lautm.] (landsch.): *(bes. vom Herzen) zitternd, heftig klopfend in Bewegung sein.*

puppig ['pʊpɪç] ⟨Adj.⟩ [zu ↑Puppe (1 a)]: (ugs.): *puppenhaft, zierlich, klein od. niedlich:* ein -es Gesicht; der Umgang mit dem -en Kleinkind (Grass, Hundejahre 144); das sieht p. aus.

Pups: ↑Pup; **pupsen:** ↑pupen; **Pupser:** ↑Pup.

pur [pu:ɐ̯] ⟨Adj.⟩ [mhd. pūr < lat. pūrus]: **a)** ⟨o. Steig.; nur attr.⟩ *rein, unverfälscht, durch und durch:* -es Gold; Ü das ist die -e Wahrheit; mit -em Entsetzen; **b)** ⟨dem Subst. unflektiert nachgestellt, seltener attr.; o. Steig.; nicht adv.⟩ *(meist von alkoholischen Getränken) unvermischt:* Whisky p.; den Rum p. trinken; **c)** ⟨nur attr.; o. Komp., Sup. selten⟩ (ugs.) *bloß, nichts anderes als:* ein -er Zufall; -e Neugier; sie taten es aus -em Neid, Blödsinn.

Püree [py're:], das; -s, -s [frz. purée, zu afrz. purer = passieren (3), eigtl. = reinigen < spätlat. pūrāre] (Kochk.): *breiartige Speise aus Kartoffeln, Gemüse, Hülsenfrüchten, Fleisch, Obst o. ä.:* ein feines P. aus Erbsen kochen; Äpfel zu P. verarbeiten; **Purgans** ['pʊrgans], das; -, ...nzien [...'gantsi̯ən] u. ...ntia [...'gantsi̯a] ⟨meist Pl.⟩ [lat. pūrgāns, 1. Part. von: pūrgāre, ↑purgieren] (Med.): *Abführmittel (mittlerer Stärke);* **Purgation** [...ga'tsi̯o:n], die; -, -en [lat. pūrgātio = Reinigung (von Schuld)] (veraltet): **1.** (Med.) *das Abführen, Reinigung des Darms.* **2.** (jur.) *Rechtfertigung;* **purgativ** [...'ti:f] [lat. pūrgātīvus] ⟨Adj.; o. Steig.⟩ (Med.): *abführend, reinigend;* **Purgativum** [...'ti:vʊm], das; -s, ...va (Med.): *(ziemlich stark wirkendes) Abführmittel;* **Purgatorium** [...'to:ri̯ʊm], das; -s [mlat. purgatorium] (geh., bildungsspr.): svw. ↑Fegefeuer: Dantes Schilderung des -s; **purgieren** [...'gi:rən] ⟨sw. V.; hat⟩ [mhd. purgieren < lat. pūrgāre = reinigen; sich rechtfertigen]: **1.** (bildungsspr. veraltend): *[sich] reinigen, läutern:* die purgierte Fassung eines Textes. **2.** (Med.) *abführen:* der Patient muß vor dieser Untersuchung erst p.; ⟨Zus.:⟩ **Purgierkreuzdorn,** der: *baumartiger Strauch mit gelblichgrünen Blüten u. erbsengroßen, schwarzen Beeren, die stark abführend wirken;* **Purgiermittel,** das (Med.): *Abführmittel;* **pürieren** [py'ri:rən] ⟨sw. V.; hat⟩ (Kochk.): **a)** *zu Püree machen:* Kartoffeln, Äpfel p.; **b)** *ein Püree herstellen:* mit dem Mixer kann man kneten, rühren, p., schlagen und Gemüse schneiden; **Purifikation** [purifika'tsi̯o:n], die; -, -en [lat. pūrificātio = Reinigung] (kath. Kirche): *liturgische Reinigung des Meßkelchs nach der Kommunion;* **purifizieren** [...fi'tsi:rən] ⟨sw. V.; hat⟩ [lat. pūrificāre] (bildungsspr. selten): *reinigen, läutern:* galt es doch, die Partei zu p. (Zwerenz, Kopf 169).

Purim [pu'ri:m, auch: 'pu:rɪm], das; -s [hebr. pûrîm = Lose, Losfest]: *im Februar/März gefeiertes jüdisches Fest zur Erinnerung an die im Buch Esther des A. T. beschriebene Errettung der persischen Juden.*

Purin [pu'ri:n], das; -s, -e ⟨meist Pl.⟩ [nlat. purinum, zusgez. aus: purum acidum uricum = reine Harnsäure] (Chemie): *aus der Nukleinsäure der Zellkerne entstehende organische Verbindung;* **Purismus** [pu'rɪsmʊs], der; - [wohl unter Einfluß von frz. purisme zu lat. pūrus = rein]: **1.** (Sprachw.) *übertriebenes Streben nach sogenannter Sprachreinheit, bes. der Kampf gegen Fremdwörter.* **2.** (Kunstwiss.) *Streben nach Rückkehr zur Stilreinheit* (z. B. durch Entfernen barocker Zutaten aus einer gotischen Kirche); ⟨Abl.:⟩ **Purist** [pu'rɪst], der; -en, -en [frz. puriste]: *Vertreter des Purismus;* **puristisch** ⟨Adj.; Steig. selten⟩: *den Purismus betreffend;* **Puritaner** [puri'ta:nɐ], der; -s, - [engl. puritan, zu spätlat. pūritās = Reinheit]: **a)** *Anhänger des Puritanismus;* **b)** (oft spött.) *sittenstrenger Mensch:* kein P. sein; gutwillige P. roter oder schwarzer Einfärbung (Spiegel 51, 1975, 28); **puritanisch** ⟨Adj.⟩: **a)** *den Puritanismus betreffend, zu* *ihm gehörend:* die -e Revolution in England im 17. Jahrhundert; **b)** (oft spött.) *sittenstreng:* eine -e alte Jungfer; **c)** *bewußt einfach, spartanisch [in der Lebensführung]:* eine -e Einrichtung; Ü wirkt diese tonwertarme Fotografie erschreckend p. (Foto-Magazin 8, 1968, 66); **Puritanismus** [...ta'nɪsmʊs], der; - [engl. puritanism]: *streng kalvinistische Richtung im England des 16. u. 17. Jahrhunderts.*

Purpur ['pʊrpʊr], der; -s [mhd. purpur, ahd. purpura < lat. purpura < griech. porphýra = (Farbstoff aus dem Saft der) Purpurschnecke]: **1. a)** *sattroter, violetter Farbstoff:* Samt mit P. färben; **b)** *sattroter Farbton mit mehr od. weniger starkem Anteil von Blau:* der Maler verwendete einen feierlichen P.; Stoffe in P., Weiß und Grün; der Abendhimmel glänzte in P. **2.** *purpurn gefärbter Stoff u. daraus gefertigter [Königs]mantel od. Umhang:* der P. war ihm von den Schultern gefallen; sie kleideten sich in P.; den P. tragen (geh.; *die Kardinalswürde innehaben*); nach dem P. streben (geh.; *die [Königs]herrschaft erringen wollen*).

purpur-, Purpur-: **~bekleidet** ⟨Adj.; o. Steig.; nicht adv.⟩; **~farben, ~farbig** ⟨Adj.; o. Steig.; nicht adv.⟩: *von der Farbe des Purpurs* (1); **~mantel,** der: *purpurfarbener [Königs]mantel;* **~rot** ⟨Adj.; o. Steig.; nicht adv.⟩: *einen samtig roten, etwas ins Blaue gehenden satten Farbton aufweisend:* -e Abendwolken; **~röte,** die (dichter.): *purpurrote Farbe:* P. überzog ihr Gesicht; **~schnecke,** die: *im Meer lebende Schnecke mit stacheligem Gehäuse, die aus einer Drüse gelblichweißen Schleim absondert, der sich im Sonnenlicht purpurn verfärbt.*

purpurn ['pʊrpʊrn] ⟨Adj.; o. Steig.; nicht adv.⟩ [spätmhd. purpur(e)n, mhd. purperīn, ahd. purpurīn]: *purpurfarben, wie Purpur aussehend:* ein -es Gewand; mit -er Zornesmiene (K. Mann, Wendepunkt 383).

purren ['pʊrən] ⟨sw. V.; hat⟩ [mniederd. purren]: **1.** (nordd.) **a)** *stochern:* Mit dem Fuß purrte ich im Gerümpel (Kempowski, Uns 62); **b)** *aufstacheln, reizen, necken.* **2.** (Seemannsspr.) *[zur Wache] wecken.*

purulent [puru'lɛnt] ⟨Adj.; o. Steig.⟩ [lat. pūrulentus] (Med.): *eitrig.*

Purzel ['pʊrt̮sl̩], der; -s, - [zu ↑purzeln] (fam.): *(kleines) Kind (das niedlich, drollig gefunden wird):* na, du kleiner P.!; **Pürzel** ['pʏrt̮sl̩], der; -s, - (Jägerspr.): svw. ↑Bürzel (2); **Purzelbaum,** der; -[e]s, -bäume [eigtl. = Sturz u. Aufbäumen, zu ↑purzeln u. ↑²bäumen] (ugs.): *Rolle [vorwärts] über den Kopf um die Querachse des eigenen Körpers:* einen P. machen, schlagen, schießen; P. vorwärts und rückwärts; **purzeln** ⟨sw. V.; ist⟩ [spätmhd. burzeln, bürzen = hinfallen, zu ↑Bürzel] (fam.): **a)** *[sich überschlagend, stolpernd] hinfallen, fallen:* die Kinder purzelten in den Schnee; sie ist vom Stuhl gepurzelt; auf dem Eis p.; Ü die Aktienkurse, die Preise purzelten *(fielen stark)*; bei der Olympiade sind viele Rekorde gepurzelt *(gebrochen worden [u. neue Rekorde aufgestellt worden])*; **b)** *herausfallen:* Zwei Tränen purzelten aus deinen Augen (Ziegler, Labyrinth 184); Ü die Tore, die Einsen purzelten nur so *(es gab viele Tore, Einsen).*

Puschel ['pʊʃl̩], **Püschel** ['pʏʃl̩], der; -s, -, auch: die; -, -n [mniederd., ostmd. Nebenf. von ↑Büschel; 2: H. u.] (landsch.): **1.** *Quaste:* eine Wolldecke mit -n. **2.** *fixe Idee, Steckenpferd, Liebhaberei:* das Gefühl ist geradezu seine Puschel (Th. Mann, Zauberberg 808); **püscheln** ['pʏʃl̩n] ⟨sw. V.; hat⟩ (landsch., bes. nordostd.): *leicht abwischen:* Staub p.; sie püschelte mir die Schuppen vom Kragen.

¹puschen ['pʊʃn̩] ⟨sw. V.; hat⟩ [lautm.] (landsch. fam.): *(bes. von Mädchen) [geräuschvoll ins Töpfchen] urinieren.*

²puschen [-] ⟨sw. V.; hat⟩ [↑pushen] (bildungsspr.): *antreiben, in die Höhe treiben, in Schwung bringen:* den Tourismus p.; jmds. Leistungsfähigkeit p.

Puschen ['pu:ʃn̩, 'pʊʃn̩], der; -s, - (nordd.): svw. ↑Babusche.

Push [pʊʃ], der; -[e]s, -es [...ɪs, ...ɪz; engl. push, zu: to push, über das Afrz. zu lat. pulsāre, ↑pulsieren]: **1.** (Jargon) *forcierte Förderung (z. B. von jmds. Bekanntheit) mit Mitteln der Werbung:* daß im größeren Haus mehr Werbung, ein stärkerer P. für mich drin ist (Spiegel 16, 1967, 152). **2.** (Golf) *Schlag mit der rechten Hand, der den Ball zu weit nach rechts, oder mit der linken, der ihn zu weit nach links bringt;* ⟨Zus.:⟩ **Pushball,** der; -s [engl.-amerik. pushball] (Sport): *amerik. Mannschaftsspiel, bei dem ein sehr großer Ball über eine Linie od. ins Tor geschoben, gedrückt werden muß;* **pushen** ['pʊʃn̩] ⟨sw. V.; hat⟩ [engl. to push, ↑Push]: **1.** (Jargon) *durch forcierte Werbung die Aufmerksamkeit des Käufers auf etw. lenken:* ein neues Design auf den Markt p. **2.** (Golf) *einen Push (2) schlagen.* **3.** (Jargon) *mit Rauschgift (harten Drogen) handeln:* Heroin p.; **Pusher** ['pʊʃɐ], der; -s, - [engl.-amerik. pusher]: *Rauschgifthändler, der mit harten Drogen handelt.*

Pusselarbeit ['pʊsl̩-], die; -, -en [zu ↑pusseln]: *viel Geduld, Genauigkeit u. Geschicklichkeit erfordernde u. daher mühsame Arbeit:* diese Näherei ist wirklich eine P.; **Pusselchen** ['pʊsl̩çən], das; -s, - (fam.): *bes. Mädchen, das so aussieht, daß man es gern drücken, umarmen möchte;* **Pusselei** [pʊsə'lai̯], die; -, -en (abwertend): **a)** ⟨o. Pl.⟩ *dauerndes Pusseln:* deine ewige P. geht mir auf die Nerven; **b)** *Pusselarbeit:* für solche -en muß man Zeit und Geduld mitbringen; **pusselig, pußlig** ['pʊs(ə)lɪç] ⟨Adj.⟩ [urspr. = langsam, umständlich]: **1.** *Geduld, Genauigkeit u. Geschicklichkeit erfordernd:* eine -e Arbeit. **2.** *in kleinlicher Genauigkeit sich viel zu lange mit unwesentlichen Dingen beschäftigend; umständlich:* er ist so p., daß er es zu nichts bringt; **Pusselkram,** der; -[e]s (ugs.): svw. ↑Pusselarbeit; **pusseln** ['pʊsl̩n] ⟨sw. V.; hat⟩ [aus dem Niederd., urspr. = geschäftig sein, ohne etwas Richtiges zu tun] (ugs.): *sich sehr ausgiebig [mit Kleinigkeiten] beschäftigen; bosseln, herumbasteln:* am Auto, im Garten p.; ich pussele, pußle gern; **pußlig:** ↑pusselig.

Pußta ['pʊsta], die; -, ...ten [ung. puszta]: *Grassteppe, Weideland in Ungarn.*

Puste ['pu:stə], die; - [aus dem Niederd. < mniederd. pūst, zu ↑pusten]: **1.** (salopp) *Atem[luft] (als etw., was für eine Leistung o. ä. nötig ist, gebraucht wird, dessen Vorhandensein aber in Frage gestellt ist):* keine P. mehr haben; vom schnellen Laufen war ihm fast die P. ausgegangen; ich bin ganz aus der/außer P.; aus der P. kommen; Ü ihre (=der Revanchepolitiker) P. reicht nicht aus, um den historischen Fortschritt aufzuhalten (Neues D. 17. 6. 64, 2); ***jmdm. geht die P. aus** *(jmd. hält [finanziell] nicht durch, muß aufgeben o. ä.).* **2.** (Jargon) *Pistole, Revolver:* wirf die P. weg!

Puste-: **~blume,** die (Kinderspr.): *abgeblühter Löwenzahn, dessen leichte, federartige, in Form einer Kugel auf dem Stiel zusammenstehende Samen leicht weggepustet werden können;* **~kuchen** in der Fügung **[ja] P.!** (ugs.; *aber nein, gerade das Gegenteil von dem, was man sich vorgestellt od. gewünscht hat, ist eingetreten;* viell. nach der Wendung „jmdm. etw. pusten"; vgl. husten 2); **~rohr,** das (Kinderspr.): *Blasrohr als Spielzeug (bes. zum Durchblasen von Papierkügelchen).*

Pustel ['pʊstl̩], die; -, -n [lat. pūstula = (Haut)bläschen] (Med.): *Eiterbläschen in der Haut, Pickel.*

pusten ['pu:stn̩] ⟨sw. V.; hat⟩ [aus dem Niederd. < mniederd. pūsten, lautm.] (ugs.): **1. a)** *[mit spitzen Lippen die Atem]luft irgendwohin blasen:* ins Feuer p.; er pustete *(blies kräftig)* in die Trompete; zur Kühlung in die Suppe, auf die Wunde p.; ⟨auch ohne Raumangabe:⟩ puste mal!; Posaunenengel ..., die mit vollen Backen pusten (Grzimek, Serengeti 50); er war in Schlangenlinien gefahren und mußte nun p. (ugs.; *in ein Röhrchen blasen, mit dem durch eine chemische Reaktion Alkohol in der ausgeatmeten Luft nachgewiesen werden kann*); **b)** *durch Blasen von etw. wegod. in etw. hineinbringen:* Krümel vom Tisch, den Rauch zur Seite p.; ich puste mir die Haare aus dem Gesicht; puste mir nicht den Rauch in die Augen!; Ü jmdm. ein Loch in den Schädel p. (salopp; *schießen*); **c)** *(vom Wind) kräftig wehen:* der Wind pustet mir ins Gesicht, pustet durch die Ritzen, pustet die Blätter vor sich her; ⟨auch unpers.:⟩ es pustet draußen ganz schön. **2.** *schwer, schnaufend atmen:* erschöpft p.; er pustet vom schnellen Lauf; pustend stieg sie die Treppe hinauf. **3.** (Funkw. Jargon) *senden:* Soldaten der Sondertruppe fuhren einen Sendemast aus und begannen ... zu p. (Spiegel 7, 1966, 42).

pustulös [pʊstu'lø:s] ⟨Adj.; o. Steig.; nicht adv.⟩ [vlat. pūstulōsus, zu lat. pūstula, ↑Pustel] (Med.): **a)** *viele Pusteln aufweisend, zur Bildung von Pusteln neigend:* -e Haut; **b)** *mit der Bildung von Pusteln einhergehend:* eine -e Krankheit.

putativ [puta'ti:f] ⟨Adj.; o. Steig.; nicht adv.⟩ [spätlat. putātīvus, zu lat. putāre = glauben] (jur.): *auf Grund irriger Einschätzung eines Sachverhalts eine nicht zutreffende Rechtslage annehmend, vermeintlich:* der Polizist hat in -er Notwehr geschossen; ⟨Zus.:⟩ **Putativehe,** die (jur., bes. kath. Kirchenrecht): *ungültige Ehe, die aber mindestens* *von einem Partner in Unkenntnis des bestehenden Ehehindernisses für gültig gehalten wird;* **Putativnotwehr,** die (jur.): *Abwehrhandlung in der irrtümlichen Annahme, die Voraussetzungen der Notwehr seien gegeben.*

Pute ['pu:tə], die; -, -n [aus dem Niederd., zu ↑put, put]: **1.** *Truthenne* (bes. als Braten): eine P. zubereiten, füllen, braten. **2.** (salopp abwertend) *weibliche Person, die man dumm, eingebildet, aufgeblasen findet:* sie ist eine alberne P.; (auch als Schimpfwort:) du dumme P.!; **Puter,** der; -s, -: *Truthahn* (bes. als Braten): einen P. [mit Trüffeln] füllen; vor Zorn wurde er rot wie ein P. *(rot wie der geschwollene Kamm des Truthahns);* ⟨Zus.:⟩ **puterrot** ⟨Adj.; o. Steig.; nicht adv.⟩: *(im Gesicht) überaus rot (bes. vor Wut, Scham):* er wurde p.; p. anlaufen; **put, put!** ['pʊt 'pʊt] ⟨Interj.⟩ [wohl aus dem Niederd.]: Lockruf für Hühner; ⟨subst.:⟩ **Putput** [pʊt'pʊt], das; -s, -[s]: **1.** *der Lockruf „put, put!":* nach mehrmaligem P. waren alle Hühner im Stall. **2.** (Kinderspr.) *Huhn:* sieh mal, ein P.!

Putreszenz [putrɛs'tsɛnts], die; -, -en [zu lat. putrēscere, ↑putreszieren] (Med.): *Fäulnis, Verwesung;* **putreszieren** [...'tsi:rən] ⟨sw. V.; ist⟩ [lat. putrēscere] (Med.): *verwesen;* **putrid** [pu'tri:t] ⟨Adj.; o. Steig.⟩ [lat. putridus] (Med.): **a)** *faulig, übelriechend;* **b)** *durch Fäulnis verursacht.*

Putsch [pʊtʃ], der; -[e]s, -e [schweiz. bütsch (15. Jh.) = heftiger Stoß, Zusammenprall, Knall (wahrsch. lautmalend); Bed. 1 durch die Schweizer Volksaufstände der 1830er Jahre in die Hochspr. gelangt; vgl. mhd. b(i)uʒ = Stoß]: **1.** *politische, militärische Aktion einer [als rückschrittlich empfundenen] kleineren Gruppe [von Militärs] mit dem Ziel, die herrschende Staatsgewalt zu stürzen u. die Macht an sich zu reißen:* ein mißglückter P.; der P. ist zusammengebrochen, wurde blutig erstickt; einen P. anzetteln, vorbereiten, verhindern, unterdrücken; er war an einem P. gegen den Präsidenten beteiligt; der Diktator ist durch einen P. an die Macht gekommen. **2.** (schweiz. mundartl.) *Stoß:* jmdm. einen P. [mit der Faust] versetzen; ⟨Abl.:⟩ **putschen** ⟨sw. V.; hat⟩: *einen Putsch unternehmen:* eine Gruppe von Offizieren hat geputscht; 1973 putschte sich *(kam durch einen Putsch)* eine Junta an die Macht (Wochenpost 10. 9. 76, 1).

pütscherig ['pʏtʃərɪç] ⟨Adj.⟩ (nordd.): *bes. in kleinen Dingen in zu umständlicher Weise auf peinliche Genauigkeit, Richtigkeit übertrieben Wert legend; pedantisch gewissenhaft;* **pütschern** ['pʏtʃɐn] ⟨sw. V.; hat⟩ [zu niederd. Püttscher = Töpfer, zu ↑Pott; häufig auch Bez. für einen langsamen od. pedantischen Menschen] (nordd.): *in pütscheriger Weise arbeiten, etw. tun:* du pütscherst heute wieder!

Putschist [pʊ'tʃɪst], der; -en, -en: *jmd., der einen Putsch* (1) *macht:* -en haben den Rundfunksender in ihre Gewalt gebracht; **Putschplan,** der; -[e]s, -pläne; **Putschversuch,** der; -[e]s, -e.

Putt [pʊt], der; -[s], -s [engl. putt, zu: to put = setzen, stellen, legen] (Golf): *Schlag auf das Grün* (3).

Pütt [pʏt], der; -s, -e, auch: -s [wohl zu lat. puteus = Schacht, Brunnen] (rhein. u. westfäl. Bergmannsspr.): *Bergwerk, Schacht, Grube* (3 a): Dazu gebe ich keinen Finger her, daß die -e absaufen (Marchwitza, Kumiaks 242); Der P. *(die Arbeit im Bergwerk)* hat ihn erledigt (Degener, Heimsuchung 131); auf dem/im P. sein.

Puttchen ['pʊtçən], das; -s, - [Vkl. zu ↑Putte] (fam.): *weibliche Person (bes. kleines Mädchen), die so aussieht, als ob sie der Hilfe o. ä. bedürfe:* ein dummes sentimentales P. (Fallada, Mann 116); **Putte** ['pʊtə], die; -, -n, **Putto** ['pʊto], der; -s, ...tti u. ...tten [ital. putto = Knäblein < lat. pūtus] (Kunstwiss.): *(bes. im Barock u. Rokoko) Figur eines kleinen nackten Knaben [mit Flügeln]:* ein Rokokoschlößchen mit Putten auf dem Dach.

putten ['pʊtn̩] ⟨sw. V.; hat⟩ [zu ↑Putt] (Golf): *einen Putt schlagen, spielen:* er puttete ins vierte Loch.

Putten: Pl. von ↑Putte.

Putter ['pʊtɐ], der; -s, - (Golf): **1.** *für das Schlagen im Grün* (3) *entwickelter Golfschläger mit einem Kopf aus Metall.* **2.** *Spieler, der in bestimmter Weise seine Putts schlägt.*

Putti: Pl. von ↑Putto; **Putto:** ↑Putte.

Putz [pʊts], der; -es [zu ↑putzen; 3: wohl aus der Wendung „auf den Putz hauen" rückentwickelt]: **1.** *Gemisch aus Sand, Wasser u. Bindemitteln, mit dem Außenwände zum Schutz gegen Witterungseinflüsse [bei gleichzeitiger Verschönerung des Aussehens] od. Innenwände im Hinblick auf das Tapezieren od. Streichen verputzt werden:* der P. bröckelte von den Wänden; die Mauern mit P. bewerfen; * **auf den P. hauen** (ugs.: 1. *prahlen, angeben.* 2. *übermütig, ausgelassen sein; Stimmung machen [u. viel Geld ausgeben];* viell. eigtl. = so an eine Mauer schlagen, daß der Putz abbröckelt). **2.** (veraltet) **a)** *Kleidung, die die Erscheinung, das Ansehen von jmdm. hebt:* Frack ... mit dem Sammetbesatz und den Goldknöpfen, der nichts als der P. meiner niederen Stellung ist (Th. Mann, Krull 245); Ü der Typ hat einen irren P. (ugs.; *überlanges Kopfhaar*); **b)** *Accessoires, die der besonderen Verschönerung dienen sollen:* sie hatte sehr viel P. auf dem Hut. **3.** (ugs.) *[gewollte] mit Streit u. Ärger verbundene heftige Auseinandersetzung:* Immer wenn die Eltern meiner Mutter kamen, gab es P. (Hornschuh, Ich bin 4); P. anfangen; * **P. machen** (ugs.: 1. *Streit, eine Rauferei anfangen:* wer das nicht glauben will, mit dem machen wir ein bißchen P. [Degener, Heimsuchung 10]. 2. *viel Aufhebens um etw. machen, sich sehr aufregen:* mach keinen P.!).

Pütz [pʏts], die; -, -en [niederl. puts < mniederl. putse < lat. puteus, ↑Pütt] (Seemannsspr.): *kleiner Eimer.*

putz-, Putz-: **~fimmel,** der ⟨o. Pl.⟩ (ugs. abwertend): einen P. haben; **~frau,** die: *Frau, die stundenweise an einem od. mehreren Tagen in der Woche in einem Haushalt od. Büro die Räume reinigt:* P. gesucht; **~hilfe,** die: svw. ↑~frau; **~kasten,** der (landsch.): *Kasten zur Aufbewahrung von Lappen, Bürsten, Putzmitteln u. ä.;* **~kolonne,** die: *[von einer Gebäudereinigung* (2) *eingesetzte] Arbeitsgruppe zur Reinigung von Bürohäusern u. ä.;* **~lappen,** der: *Scheuertuch od. kleinerer Lappen, mit dem etw. gesäubert werden kann,* dazu: **~lappengeschwader,** das (scherzh.): svw. ↑~kolonne; **~leder,** das: svw. ↑Fensterleder; **~lumpen,** der (landsch.): svw. ↑~lappen; **~macherin,** die [-maxərɪn]: svw. ↑Hutmacherin (Berufsbez.); **~mittel,** das: svw. ↑Reinigungsmittel; **~mörtel,** der (Bauw.): *Mörtel für den Verputz;* **~munter** ⟨Adj.; o. Steig.⟩ [1. Bestandteil wohl zu ↑potz] (ugs.): *sehr munter, bei bester Laune u. voller Tatendrang:* er ist schon wieder p.; **~sucht,** die ⟨o. Pl.⟩ (abwertend): *übertriebener Hang zum Sichputzen* (2 a), dazu: **~süchtig** ⟨Adj.⟩; **~tag,** der (ugs.): *Tag, an dem [in der Wohnung] gründlich saubergemacht wird;* **~teufel,** der (abwertend): **a)** *jmd. (meistens eine Frau), dessen sehr häufiges u. gründliches Putzen* (1 a, e) *als übertrieben od. lästig empfunden wird;* **b)** *übertriebene Neigung zum Putzen* (1 a, e): den P. haben; vom P. besessen sein; **~tick,** der ⟨o. Pl.⟩: svw. ↑~fimmel; **~träger,** der (Bauw.): *Untergrund, auf dem der Putz* (1) *Halt finden soll;* **~tuch,** das ⟨Pl. -tücher⟩: *Wisch-, Staub- od. Scheuertuch;* **~waren** ⟨Pl.⟩ (veraltend): *Waren, die als modisches Zubehör gelten* (z. B. Spitzen, Paspeln, Stickereibordüren, Kordeln; Galanteriewaren); **~wolle,** die: *Knäuel aus Fasern, mit dem Maschinen[teile] gereinigt u. blank gerieben werden können;* **~wut,** die: svw. ↑~fimmel; **~zeug,** das ⟨o. Pl.⟩ (ugs.): *Gesamtheit der zum Reinigen u. Polieren benötigten Geräte u. Putzmittel.*

Pütze ['pʏtsə], die; -, -n: svw. ↑Pütz.

putzen ['pʊtsn̩] ⟨sw. V.; hat⟩ [spätmhd. butzen, zu: butzen = (Schmutz)klümpchen, ↑Butzen; urspr. = einen Butzen entfernen]: **1. a)** *durch Reiben* (1 a) *(mit einem Lappen, einer Bürste o. ä.) säubern u. blank machen:* Schuhe, Silber, die Fenster, die Brille p.; blank geputzte Messingleuchter; Ü er hat den Teller blank geputzt *(alles aufgegessen);* **b)** *(auf bestimmte Weise) von etw. frei machen, reinigen, säubern:* ich muß mir die Nase p. *(durch Schneuzen reinigen);* hast du dir die Zähne geputzt? *(mit einer Zahnbürste u. Zahnpasta);* ein Pferd p. *(ihm durch Striegeln das Fell säubern);* die Katze putzt sich *(leckt sich sauber);* der Vogel putzt sich [sein Gefieder]; putz dir deine Fingernägel!; **c)** *(in bezug auf Gemüse) zum Verzehr nicht geeignete Stellen entfernen u. durch Zerschneiden o. ä. zum Kochen od. Essen vorbereiten:* Salat, Spinat p.; **d)** *(von einem Docht) beschneiden, kürzen:* eine Kerze, ein Licht p.; **e)** (landsch., bes. rhein., südd., schweiz.) *aufwischen, scheuern; saubermachen:* die Küche, den Laden p.; ⟨o. Akk.-Obj.:⟩ sie geht p. *(arbeitet als Putzfrau);* ich muß noch p.; **f)** (österr.) *chemisch reinigen:* den Anzug, die Vorhänge p. lassen. **2.** (veraltend) **a)** *mit, durch etw. schmücken:* wir müssen unsere Kleine noch p.; den Christbaum festlich p.; man putzt sich auch hier, wenn man zufällig Geburtstag hat (A. Zweig, Claudia 29); **b)** *einer Sache zur Zierde gereichen, zieren, schmücken:* ein Ding (= alte Flinte), das die Wand putzt, aber im Einsatz auch mal 'ne Sau umhaut (Kant, Impressum 96). **3.** (Sport Jargon) *besiegen:* Sollte Berni mich wirklich p., traue ich ihm auch gegen Schöler eine Siegchance zu (MM 22. 1. 72, 17); ⟨Abl.:⟩ **Putzer,** der; -s, -: **1.** (ugs.) **a)** *jmd., der etw. putzt* (z. B. Schuhputzer, Maschinenputzer); **b)** svw. ↑Stukkateur, Gipser. **2.** (Soldatenspr. veraltet) *Bursche* (2); **Putzerei** [pʊtsəˈrai̯], die; -, -en: **1.** (ugs. abwertend) **a)** ⟨o. Pl.⟩ *allzu häufiges od. allzu langes, als lästig empfundenes Putzen* (1 a, e); **b)** *Handlung des Putzens* (1 a, e): ich habe keine Lust zu diesen täglichen -en. **2.** (österr.) *Reinigungsanstalt:* einen Anzug in die P. bringen; **Putzete** [ˈpʊtsətə], die; -, -n (südd., schweiz.): *Großreinemachen, Hausputz:* bei der P. helfen.

putzig [ˈpʊtsɪç] ⟨Adj.⟩ [aus dem Niederd., zu ↑¹Butz, also eigtl. = koboldhaft] (ugs.): **a)** *durch seine niedliche Kleinheit, seine possierliche Art Entzücken hervorrufend:* -e Tiere; eine -e kleine Person; das sah sehr p. aus; **b)** *seltsam, komisch, eigenartig:* Das war bei mir 'ne ganz -e Sache (Kempowski, Immer 107); ⟨Zus.:⟩ **putzigerweise** ⟨Adv.⟩ (ugs.): *obwohl die betreffende Sache eigentlich putzig* (b) *ist; komischerweise.*

puzzeln [ˈpazl̩n, ˈpasl̩n] ⟨sw. V.; hat⟩: *ein Puzzle zusammensetzen;* **Puzzle** [ˈpazl̩, ˈpasl̩], das; -s, -s [engl. puzzle, eigtl. = Problem, Frage(spiel), H. u.]: *Geduldsspiel, bei dem viele Einzelteile zu einem Bild zusammengesetzt werden müssen;* ⟨Zus.:⟩ **Puzzlespiel,** das; **Puzzler** [ˈpazlɐ, ˈpaslɐ], der; -s, - [engl. puzzler]: *jmd., der ein Puzzle zusammensetzt.*

Puzzolan [pʊtsoˈlaːn], das; -s, -e [älter ital. puzzolana, Nebenf. von: pozzolana, nach dem ursprünglichen Fundort Pozzuoli am Vesuv]: **a)** *aus Italien stammender, poröser vulkanischer Tuff;* **b)** *hydraulisches Bindemittel für Zement aus Puzzolan* (a), *Schlacken, Ton o. ä.*

PVC [peːfau̯ˈtseː], das; -[s] Kurzwort für: **Po**ly**v**inyl**c**hlorid]: *durch Polymerisation von Vinylchlorid hergestellter, thermoplastischer, ursprünglich harter Kunststoff, der durch Zusatz von Weichmachern biegsam gemacht u. hauptsächlich für Fußbodenbeläge, Folien usw. verwendet wird.*

Pyelitis [pÿeˈliːtɪs], die; -, ...itiden [...liˈtiːdn̩; zu griech. pýelos = Becken] (Med.): *Nierenbeckenentzündung;* **Pyelogramm** [pÿeloˈgram], das; -s, -e [↑-gramm] (Med.): *Röntgenbild der Niere, bes. des Nierenbeckens;* **Pyelographie** [...graˈfiː], die; -, -n [...iːən; ↑-graphie] (Med.): *röntgenologische Darstellung der Niere, bes. des Nierenbeckens.*

Pygmäe [pʏˈgmɛːə], der; -n, -n [griech. Pygmaĩos = Angehöriger eines sagenhaften Volkes in der Ilias des Homer, zu: pygmaĩos = eine Faust lang]: *Angehöriger einer zwergwüchsigen Rasse Afrikas u. Südostasiens;* **pygmäenhaft** ⟨Adj.; o. Steig.⟩: *den Pygmäen ähnlich, in der Art der Pygmäen;* **pygmäisch** ⟨Adj.; o. Steig.⟩: **a)** *die Pygmäen betreffend;* **b)** *zwergwüchsig.*

Pyjama [pyˈdʒaːma, auch: pyˈʒaːma, österr. nur: piˈdʒaːma, piˈʒaːma, selten: pyˈjaːma, piˈjaːma], der, österr., schweiz. auch: das; -s, -s [engl. pyjama < Hindi pāējāma = Beinkleid]: *Schlafanzug;* ⟨Zus.:⟩ **Pyjamahose,** die; **Pyjamajacke,** die.

Pykniker [ˈpʏknikɐ], der; -s, - [zu griech. pyknós = dicht, fest] (Med., Anthrop.): *(als Körperbautyp) Mensch von kräftigem, gedrungenem u. zu Fettansatz neigendem Körperbau;* **pyknisch** [ˈpʏknɪʃ] ⟨Adj.; o. Steig.; nicht adv.⟩ (Med., Anthrop.): *(in bezug auf den Körperbautyp) untersetzt, gedrungen u. zu Fettansatz neigend:* -er Typ, Körperbau; **Pyknometer** [pʏknoˈmeːtɐ], das; -s, - [↑-meter] (Physik): *Glasgefäß mit genau bestimmtem Volumen zur Ermittlung der Dichte von Flüssigkeiten od. Pulvern.*

Pylon [pyˈloːn], der; -en, -en, **Pylone,** die; -, -n [griech. pylṓn = Tor, Turm]: **1.** *von festungsartigen Türmen flankiertes Eingangstor ägyptischer Tempel.* **2.** *turm- od. portalartiger Teil von Hängebrücken o. ä., der die Seile an den höchsten Punkten trägt.* **3.** *kegelförmige, bewegliche, der Absperrung dienende Markierung auf Straßen.* **4.** *an der Tragfläche od. am Rumpf eines Flugzeugs angebrachter, verkleideter Träger zur Befestigung einer Last* (Tank, Rakete o. ä.); ⟨Zus. zu 2:⟩ **Pylonbrücke,** die.

pyogen [pyoˈgeːn] ⟨Adj.; o. Steig.⟩ [zu griech. pỹon = Eiter u. ↑-gen] (Med.): *(von bestimmten Bakterien) Eiterungen verursachend.*

pyramidal [pyramiˈdaːl] ⟨Adj.⟩ [1: spätlat. pȳramidālis]: **1.** ⟨o. Steig.⟩ *pyramidenförmig.* **2.** (ugs. emotional veraltend) *gewaltig, riesenhaft;* **Pyramide** [pyraˈmiːdə], die; -, -n [lat. pȳramis (Gen.: pȳramidis) < griech. pyramís]: **1.** (Math.) *geometrischer Körper mit einem ebenen Vieleck als Grundfläche u. einer entsprechenden Anzahl von gleichschenkligen Dreiecken, die in einer gemeinsamen Spitze enden, als Seitenflächen.* **2.** *pyramidenförmiger, monumentaler Grab- od. Tempelbau verschiedener Kulturen, bes. im alten Ägypten.* **3.** *pyramidenförmiges Gebilde:* eine P. aufgetürmter ... Marmeladeneimer (Lentz, Muckefuck 9); Ü auf welcher Stufe der lehnsrechtlichen P. auch immer (Fraenkel, Staat 221). **4.** (Med.) *pyramidenförmige Bildung an der Vorderseite des verlängerten Marks.*

pyramiden-, Pyramiden-: ~**bahn,** die [nach den sich in der Pyramide (4) kreuzenden Nervenfasern] (Anat., Physiol.): *wichtigste der motorischen Nervenbahnen, die von der Hirnrinde ins Rückenmark zieht;* ~**förmig** ⟨Adj.; o. Steig.; nicht adv.⟩; ~**stumpf,** der (Geom.): *durch einen parallel zur Grundfläche geführten Schnitt entstandener Teil einer Pyramide* (1) *ohne Spitze.*

Pyretikum [pyˈreːtikʊm], das; -s, ...ka [zu griech. pyretós = Fieber] (Med.): *fiebererzeugendes Mittel* (Ggs.: Antipyretikum); **Pyrit** [pyˈriːt, auch: pyˈrɪt], der; -s, -e [lat. pyrītēs < griech. pyrítēs, eigtl. = Feuerstein]: *metallisch glänzendes, meist hellgelbes, oft braun od. bunt angelaufenes Mineral, das bes. als Ausgangsmaterial für die Gewinnung von Schwefel[verbindungen] dient; Eisenkies, Schwefelkies;* **pyro-, Pyro-** [pyro-; griech. pỹr (Gen.: pyrós)] ⟨Best. in Zus. mit der Bed.⟩: *Feuer, Hitze, Fieber* (z. B. pyrophor, Pyrometer); **Pyrolyse,** die; -, -n [↑Lyse] (Chemie): *Zersetzung von chemischen Verbindungen durch sehr große Wärmeeinwirkung;* **pyrolytisch** [...ˈlyːtɪʃ] ⟨Adj.; o. Steig.⟩ (Chemie): *die Pyrolyse betreffend, auf ihr beruhend;* **Pyromane** [...ˈmaːnə], der; -n, -n (Med., Psych.): *jmd., der an Pyromanie leidet;* **Pyromanie,** die; - (Med., Psych.): *krankhafter Trieb, Brände zu legen [u. sich beim Anblick des Feuers (insbes. sexuell) zu erregen];* **Pyromanin,** die; -, -nen: w. Form zu ↑Pyromane; **Pyrometer,** das; -s, - [↑-meter] (Technik): *Gerät zur Messung der Temperatur glühender Stoffe;* **pyrophor** [...ˈfoːɐ̯] ⟨Adj.; o. Steig.⟩ [zu griech. phoreĩn = (in sich) tragen] (Chemie): *[in feinster Verteilung] sich an der Luft bei gewöhnlicher Temperatur selbst entzündend;* **Pyrophor** [-], der; -s, -e (Chemie): *Stoff mit pyrophoren Eigenschaften* (z. B. Phosphor, Eisen, Blei); **Pyrotechnik,** die; -: svw. ↑Feuerwerkerei; **Pyrotechniker,** der; -s, -: svw. ↑Feuerwerker (a); **pyrotechnisch** ⟨Adj.; o. Steig.⟩: *die Pyrotechnik betreffend.*

Pyrrhussieg [ˈpʏrʊs-], der; -[e]s, -e [nach den verlustreichen Siegen des Königs Pyrrhus von Epirus (319–272) über die Römer 280/279 v. Chr.] (bildungsspr.): *Erfolg, der mit empfindlich hohem Einsatz, mit Opfern verbunden ist und daher eher einem Fehlschlag gleichkommt; Scheinsieg:* als Sie ... Clay in Grund und Boden geboxt haben, nannten die Kritiker das einen P., weil Sie Monate brauchten, um Ihre Verletzung auszukurieren (Hörzu 39, 1975, 24).

Pyrrol [pyˈroːl], das; -s [zu griech. pyrrhós = feuerrot u. lat. oleum = Öl; die Dämpfe des Pyrrols färben mit Salzsäure befeuchtetes Fichtenholz rot] (Chemie): *stickstoffhaltige organische Verbindung mit vielen Abkömmlingen von biochemischer Bedeutung* (z. B. Blut-, Gallenfarbstoffe, Blattgrün).

Pythagoreer [pytagoˈreːɐ], (österr.:) **Pythagoräer** [...ˈrɛːɐ], der; -s, - (Philos.): *Anhänger der Lehre des altgriechischen Philosophen Pythagoras* (6./5. Jh. v. Chr.); **pythagoreisch,** (österr.:) **pythagoräisch** ⟨Adj.; o. Steig.; nicht präd.⟩: *die Lehre des Pythagoras betreffend, nach der Lehre des Pythagoras:* -er Lehrsatz (Geom.; *grundlegender Lehrsatz der Geometrie, nach dem im rechtwinkligen Dreieck das Quadrat über der Hypotenuse gleich der Summe der Quadrate über den Katheten ist*).

Pythia [ˈpyːti̯a], die; -, ...ien [...i̯ən; nach Pythia, der Priesterin des Orakels zu Delphi] (bildungsspr.): *Frau, die in orakelhafter Weise Zukünftiges andeutet;* **pythisch** [ˈpyːtɪʃ] ⟨Adj.; o. Steig.⟩ (bildungsspr.): *orakelhaft, dunkel:* -e Worte; Mara, die ... emporgeklommen war in unsere Lichtwelt und nun p. und rätselumwittert in ihr thronte (Thieß, Frühling 31).

Python [ˈpyːtɔn], der; -s, -s u. -en [pyˈtoːnən; nach der von Apollo getöteten Schlange Pytho]: *eine Riesenschlange;* ⟨Zus.:⟩ **Pythonschlange,** die.

Pyxis [ˈpʏksɪs], die; -, ...iden [pʏˈksiːdn̩], auch: ...ides [ˈpʏksideːs; lat. pyxis < griech. pyxís = Büchse (1)]: svw. ↑Hostienbehälter.

Q

q, Q [ku:; ↑a, A], das; -, - [mhd. qu, kw, ahd. qu, chw < lat. qu]: **1.** *siebzehnter Buchstabe des Alphabets; ein Konsonant:* ein kleines q, ein großes Q schreiben. **2.** (DDR) *Zeichen für höchste Qualität:* jetzt will sie ihre Neuentwicklung zum „Q" führen (Neues D. 11. 6. 64, 3).

Q-Fieber ['ku:-], das; -s [Abk. für engl. query = Frage, Zweifel, wegen des lange ungeklärten Charakters der Krankheit] (Med.): *meist gutartig verlaufende Infektionskrankheit mit grippeartigen Symptomen.*

Qindar ['kɪndar], der; -[s], -ka [...'darka; alban.]: *Währungseinheit in Albanien* (100 Qindarka = 1 Lek; Abk.: q).

qua [kva:; lat. quā] (bildungsspr.): **I.** ⟨Präp., meist mit unflekt. Subst.⟩ **a)** ⟨auch mit Gen.⟩ *mittels, durch, auf dem Wege über:* etwas qua Entscheidungsbefugnis, qua Amt festsetzen; **b)** *gemäß, entsprechend:* während der Fachjurist ... den Schaden qua Verdienstausfall bemißt (Zeit 15, 1959, 11). **II.** ⟨modale Konj.⟩ *[in der Eigenschaft] als:* q. Beamter; ein Gemälde q. Kunstwerk kann man nur nach ästhetischen Kriterien beurteilen.

Quabbe ['kvabə], die; -, -n [mniederd. quabbe = schwankender Moorboden] (nordd.): *[wulstartiges] Gebilde von quabbliger Konsistenz;* **quabbelig:** ↑quabblig; **quabbeln** ['kvabl̩n] ⟨sw. V.; hat⟩ [lautm., zu mniederd. quabbel = Fettflüssigkeit; Schlamm] (nordd.): *sich als quabblige Masse hin u. her bewegen:* ein quabbelnder Pudding; **quabbig** ['kvabɪç] ⟨Adj.; nicht adv.⟩ (landsch.): svw. ↑quabblig; **quabblig,** quabbelig ['kvab(ə)lɪç] ⟨Adj.; nicht adv.⟩ (nordd.): *in gallertartiger Weise weich u. unfest; im Hinblick auf seine Konsistenz ähnlich wie Pudding; polsterartig weich u. dick:* -er Froschlaich; -e Quallen.

quack! [kvak] ⟨Interj.⟩ [zu ↑quackeln] (ugs.): *Unsinn, Quatsch!:* ach, q.!; **Quackelei** [kvakə'laj], die; - [zu ↑quackeln] (landsch.): *dauerndes Quackeln;* **Quackeler,** Quackler ['kvak(ə)lɐ], der; -s, - (landsch.): *jmd., der quackelt;* **quackeln** ['kvakl̩n] ⟨sw. V.; hat⟩ [zu ↑quaken] (landsch., bes. nordd.): *quatschen* (1 a); **Quackler:** ↑Quackeler; **Quacksalber** ['kvakzalbɐ], der; -s, - [niederl. kwakzalver, eigtl. = prahlerischer Salbenverkäufer, zu: kwakken = prahlen u. zalven = salben] (abwertend): *jmd. (z. B. ein Arzt), der mit obskuren Mitteln u. Methoden Krankheiten zu heilen versucht;* **Quacksalberei** [kvakzalbə'raj], die; -, -en (abwertend): *Betätigung als Quacksalber;* **quacksalberisch** ⟨Adj.⟩ (abwertend): *in der Art eines Quacksalbers;* **quacksalbern** ['kvakzalbɐn] ⟨sw. V.; hat⟩ (abwertend): *in der Art eines Quacksalbers Krankheiten behandeln.*

Quaddel ['kvadl̩], die; -, -n [aus dem Niederd., mit ahd. quedilla zu einer urspr. Bed. „Anschwellung, Wulst"]: *(allergisch, bes. durch Insektenstich, bedingte) juckende Anschwellung der Haut; Pustel, Bläschen o. ä.*

Quader ['kva:dɐ], der; -s, -, seltener: die; -, -n, österr.: der; -s, -n [mhd. quāder(stein) < mlat. quadrus (lapis), zu lat. quadrus, ↑quadrieren]: **a)** *behauener quaderförmiger Steinblock:* ein aus gewaltigen -n erbauter Tempel; **b)** (Geom.) *von sechs Rechtecken begrenzter Körper:* der Rauminhalt eines -s mit den Seiten a, b, c beträgt abc; der Holzklotz ist ein Q. *(hat die Form eines Quaders).*

quader-, Quader-: **~bau,** der ⟨Pl. -ten⟩: **1.** ⟨o. Pl.⟩ *das Bauen, Bauweise mit Quadern* (a). **2.** *in Quaderbauweise errichteter Bau;* **~bauweise,** die: svw. ↑~bau (1); **~form,** die: *Form eines Quaders* (b) *(jedoch gewöhnlich nicht eines Würfels);* **~förmig** ⟨Adj.; o. Steig.⟩; **~stein,** der: *Quader* (a).

Quadragesima [kvadra'ge:zima], die; - [mlat. quadragesima, eigtl. = der vierzigste (Tag vor Ostern)] (kath. Rel.): svw. ↑Fastenzeit (b); **Quadrangel** [kva'draŋəl], das; -s, - [spätlat. quadr(i)angulum] (veraltet): svw. ↑Viereck; ⟨Abl.:⟩ **quadrangulär** [kvadraŋgu'lɛ:ɐ̯] ⟨Adj.; o. Steig.; nicht adv.⟩ [frz. quadrangulaire < lat. quadrangulus] (veraltet) svw. ↑viereckig; **Quadrant** [kva'drant], der; -en, -en [lat. quadrāns (Gen.: quadrantis) = der vierte Teil, subst. 1. Part. von: quadrāre, ↑quadrieren]: **1. a)** (Geom., Geogr., Astron.) *Viertel eines Kreisbogens, bes. eines Meridians od. des Äquators;* **b)** (Math.) *Viertel einer Kreisfläche;* **c)** (Math.) *eines der vier Viertel, in die die Ebene eines ebenen rechtwinkligen Koordinatensystems durch das Achsenkreuz aufgeteilt ist:* der Punkt P (5, 3) liegt im ersten -en. **2.** (Astron., Seew.) *(heute nicht mehr gebräuchliches) Instrument zur Bestimmung der Höhe* (4 b) *von Gestirnen;* **Quadrat** [kva'dra:t], das; -[e]s, -e u. -en [spätmhd. quadrāt < lat. quadrātum, subst. 2. Part. von: quadrāre, ↑quadrieren]: **1.** ⟨Pl. -e⟩ **a)** *Rechteck mit vier gleich langen Seiten:* die Grundfläche des Hauses ist ein Q.; das Negativ ist 6 cm im Q. *(ist quadratisch u. hat 6 cm lange Seiten);* ***magisches Q.** (1. Math.; *in gleich vielen u. gleich langen Zeilen u. Spalten stehende Zahlen, die so angeordnet sind, daß die Summen aller Zeilen u. Spalten sowie der Zahlenreihen, die die Diagonalen bilden, gleich sind; Hexeneinmaleins.* 2. *in gleich vielen u. gleich langen Zeilen u. Spalten stehende einzelne Buchstaben, die, z. B. als Lösung einer Denksportaufgabe, so angeordnet sind, daß sich in den Zeilen Wörter ergeben, die gleichzeitig auch, u. zwar in derselben Aufeinanderfolge, in den Spalten entstehen*); **b)** *von vier Straßen begrenztes (gewöhnlich etwa rechteckiges) bebautes Areal einer Stadt, das durch Straßen nicht weiter unterteilt ist:* er wohnt im selben Q.; er wollte nur ums Q. gehen, um sich die Beine zu vertreten; **c)** (Math.) *zweite Potenz (einer Zahl;* Zeichen: ...^{2}): das Q. von drei ist neun; eine Zahl ins Q. erheben *(mit sich selbst multiplizieren);* drei im/zum Q. (3^2; *drei mit sich selbst multipliziert, drei hoch zwei*); beim freien Fall wächst die durchfallene Strecke mit dem Q. der Zeit *(multipliziert sich die durchfallene Strecke mit einer Zahl, die gleich dem Quadrat derjenigen Zahl ist, mit der sich die Zeit multipliziert);* ***im Q.** (ugs.; *in besonders gesteigerter, ausgeprägter Form*): das war Pech, Glück im Q. **2.** ⟨Pl. -e⟩ (Astrol.) *90° Winkelabstand zwischen Planeten.* **3.** ⟨Pl. -en⟩ (Druckw.) *längeres, rechteckiges, nicht druckendes Stück Blei, das zum Auffüllen von Zeilen beim Schriftsatz verwendet wird.*

Quadrat-: **~dezimeter,** der od. das: *Flächenmaß von je 1 Dezimeter Länge u. Breite;* Zeichen: dm^2, früher auch: qdm; **~fuß,** der ⟨Pl. -fuß⟩: vgl. ~dezimeter; **~kilometer,** der: vgl. ~dezimeter; **~latschen** ⟨Pl.⟩: **1. a)** (salopp) *Schuhe;* **b)** (salopp emotional) *auffallend große Schuhe.* **2.** (salopp) *[große, breite] in Schuhen steckende Füße;* **~meile,** die: vgl. ~dezimeter; **~meter,** der od. das: vgl. ~dezimeter; Zeichen: m^2, früher auch: qm; **~millimeter,** der od. das: vgl. ~dezimeter; Zeichen: mm^2, früher auch: qmm; **~schädel,** der (ugs.): **a)** *breiter, eckiger Kopf;* **b)** (abwertend) *starrsinniger, dickköpfiger Mensch;* **~schnauze,** die (salopp): *Mund (im Hinblick auf dreiste o. ä. Äußerungen);* **~wurzel,** die (Math.): *zweite Wurzel (aus einer Zahl;* Zeichen: $\sqrt{\ }$, $\sqrt[2]{\ }$): die Q. aus neun ist drei; **~zahl,** die (Math.): *Zahl, die gleich dem Quadrat* (1 c) *einer anderen Zahl ist:* 1, 4, 9, 16 sind -en; **~zentimeter,** der od. das: vgl. ~dezimeter; Zeichen: cm^2, früher auch: qcm; **~zoll,** der: vgl. ~dezimeter.

quadräteln [kva'drɛ:tl̩n] ⟨sw. V.; hat⟩ (Druckerspr. Jargon): *mit Quadraten* (3) *würfeln* (als Spiel); **Quadratenkasten,** der; -s, ...kästen (Druckw.): *Kasten zur Aufbewahrung der Quadraten* (3); **quadratisch** [kva'dra:tɪʃ] ⟨Adj.; o. Steig.; nicht adv.⟩: **a)** *die Form eines Quadrats* (1 a) *aufweisend:* eine -e Tischplatte; das Zimmer ist fast q. *(hat eine fast quadratische Grundfläche);* ein klobiges, -es *(an die Form eines Quadrats erinnerndes)* Gesicht (Bredel, Prüfung 44); **b)** (Math.) *in die zweite Potenz, ins Quadrat* (1 c) *erhoben:* eine -e Größe; das -e Glied einer Gleichung; eine -e Gleichung *(Gleichung, die die Variable in zweiter – und keiner höheren – Potenz enthält; Gleichung zweiten Grades);* **Quadrato** [kva'dra:to], die; - [H. u.]: *genormter Schriftgrad für die Schreibmaschine;* **Quadratur** [kvadra'tu:ɐ̯], die; -, -en [spätlat. quadrātūra]: **1.** (Math.) **a)** *Umwandlung einer ebenen geometrischen Figur in ein Quadrat des gleichen Flächeninhalts durch geometrische Konstruktion:* die Q. eines Rechtecks ist relativ einfach, die Q. eines Kreises dagegen unmöglich; ***etw. ist/bedeutet die Q. des Kreises/Zirkels** (bildungsspr.; *etw. ist unmöglich, eine unlösbare Aufgabe*); **b)** *Bestimmung des Flächeninhalts einer ebenen geometrischen Figur:* die Q. ebener Figuren; arithmetische Q. *(rechnerische Bestimmung eines Flächeninhalts);* geometrische Q. (*Bestimmung eines Flächeninhalts auf dem Wege über die Quadratur* 1 a). **2.** (Astron.) *Stellung eines Planeten od. des Mondes, bei der der Winkel zwischen ihm u. der Sonne von der Erde aus gesehen 90° beträgt:* der Mond steht in [östlicher, westlicher] Q. [zur Sonne]. **3.** (Archit.) *(bes. in der romanischen Baukunst verwendete) Konstruktionsform, bei der ein Quadrat zur Bestimmung konstruktiv wichtiger Punkte herangezogen wird;* 〈Zus.:〉 **Quadraturmalerei,** die (Kunstwiss.): **a)** 〈o. Pl.〉 *Malerei, die Innenräume durch perspektivisch gemalte illusionistische Wand- und Deckengemälde optisch zu erweitern bzw. zu öffnen sucht;* **b)** *Werk der Quadraturmalerei* (a): -en aus dem 17. Jahrhundert; **Quadriennale** [kvadriɛˈnaːlə], die; -, -n [ital. quadriennale, zu spätlat. quadriennis = vierjährig]: *alle vier Jahre stattfindende Ausstellung od. Schau, bes. in der bildenden Kunst u. im Film;* **Quadriennium** [kvadriˈɛni̯ʊm], das; -s, ...ien [...i̯ən; lat. quadriennium] (veraltet): *Zeitraum von vier Jahren;* **quadrieren** [kvaˈdriːrən] 〈sw. V.; hat〉 [spätmhd. < lat. quadrāre = viereckig machen, zu: quadrus = viereckig, zu: quattuor = vier]: **1.** (Math.) *mit sich selbst multiplizieren, ins Quadrat* (1 c) *erheben:* eine Zahl q. **2.** (bes. Kunstwiss.) *(eine Fläche) mit einem Gitter von Linien in Quadrate aufteilen [um so die Vorlage für ein Bild o. ä. möglichst genau u. maßstabgetreu auf eine zu bemalende Fläche übertragen zu können]:* eine Wand für ein Fresko q. **3.** (Kunstwiss.) *mit aufgemalten od. in den Putz geritzten Linien versehen, die die Fugen einer aus Quadern (a) gemauerten Wand vortäuschen sollen:* eine Fassade q.; 〈meist im 2. Part.:〉 eine quadrierte Wand; 〈Abl.:〉 **Quadrierung,** die; -, -en: **1.** *das Quadrieren.* **2.** *das Quadrierte;* **Quadriga** [kvaˈdriːga], die; -, ...gen [lat. quadrīga, zu: quat(t)uor (in Zus. häufig: quadri-) = vier u. iugum = Joch]: *(in der Antike) offener, zweirädriger Wagen, vor den nebeneinander vier Pferde gespannt waren u. der von einem stehenden Lenker gelenkt wurde;* **Quadrille** [kaˈdrɪljə, auch: kva..., österr.: kaˈdrɪl], die; -, -n [frz. quadrille < span. cuadrilla, eigtl. = Gruppe von vier Reitern, zu: cuadro = Viereck, zu lat. quadrus = viereckig]: **a)** *von je vier Paaren im Karree getanzter Kontertanz (im 3/8- od. 2/4-Takt);* **b)** *Musikstück, das sich als Tanzmusik für die Quadrille* (a) *eignet;* **Quadrillion** [kvadrɪˈli̯oːn], die; -, -en [frz. quadrillion, zu lat. quadri- = vier- u. frz. million = Million (1 Quadrillion ist die 4. Potenz einer Million)]: *eine Million Trillionen;* **Quadrinom** [kvadriˈnoːm], das; -s, -e [zu lat. nōmen = Name] (Math.): *aus vier durch Plus- od. Minuszeichen verbundenen Gliedern bestehender mathematischer Ausdruck* (5); **Quadrireme** [kvadriˈreːmə], die; -, -n [lat. quadrirēmis, zu: rēmus = Ruder]: *(in der Antike) Kriegsschiff mit vier übereinanderliegenden Ruderbänken;* **Quadrivium** [kvaˈdriːvi̯ʊm], das; -s [spätlat. quadrivium, eigtl. = Ort, wo vier Wege zusammenstoßen, Kreuzwege, zu: via = Weg]: *Gesamtheit der vier höheren Fächer (Arithmetik, Geometrie, Astronomie, Musik) im mittelalterlichen Universitätswesen;* **quadro** [ˈkvaːdro, auch: kvadro] 〈Adj.; o. Steig.; nicht attr.〉 (Jargon): Kurzf. von ↑quadrophon: die Wiedergabe ist q.; **Quadro** [-], das; -s (Jargon): Kurzf. von ↑Quadrophonie: die Platte ist in Q. *(mit der Technik der Quadrophonie)* aufgenommen.

Quadro-: **~anlage,** die: *Anlage zur quadrophonen Wiedergabe von Musik o. ä.;* **~aufnahme,** die: *quadrophone Tonaufnahme;* **~effekt,** der: *klanglicher Effekt, wie er bei quadrophoner Wiedergabe erzielt wird;* **~kassette,** die: *quadrophon bespielte Kassette* (3), dazu: **~kassettengerät,** das, **~kassettenrecorder,** der; **~platte,** die: vgl. ~kassette, dazu: **~plattenspieler,** der; **~schallplatte,** die: svw. ↑~platte; **~sound,** der: *durch Quadrophonie erzielter Raumklang;* **~technik,** die: *Technik der Quadrophonie;* **~wiedergabe,** die: vgl. ~aufnahme.

quadrophon 〈Adj.; o. Steig.〉 [zu lat. quadri- = vier- u. ↑-phon; wohl geb. nach mono-, stereophon] (Akustik, Rundfunkt.): *(in bezug auf die Übertragung von Musik, Sprache o. ä.) über vier Kanäle laufend, wodurch bei der Wiedergabe ein Raumklang erzielt wird:* eine -e Aufnahme, Sendung, Schallplatte; etw. q. aufzeichnen, wiedergeben; **Quadrophonie** [-foˈniː], die; - (Akustik, Rundfunkt.): *quadrophone Schallübertragung;* **quadrophonisch** [-ˈfoːnɪʃ] 〈Adj.; o. Steig.〉 (Akustik, Rundfunkt.): *die Quadrophonie betreffend;* **¹Quadrupel** [kvaˈdruːpl̩], das; -s, - [frz. quadruple < lat. quadruplum = Vierfaches] (Math.): *aus vier in einer bestimmten Folge aneinandergereihten Größen bestehender Komplex:* der Komplex (x_1, x_2, x_3, x_4) ist ein Q.; **²Quadrupel** [-], der; -s, - [span. cuádruplo; die Münze besaß den vierfachen Wert der ↑Dublone]: *(heute nicht mehr gültige) spanische Goldmünze;* **Quadrupelallianz,** die; -, -en (hist.): *Allianz* (1) *zwischen vier Staaten.*

Quaestio [ˈkvɛ(ː)sti̯o], die; -, -nes [kvɛsˈti̯oːneːs]: svw. ↑Quästion; **Quaestio facti** [- ˈfakti], die; - -, -nes - [kvɛsˈti̯oːneːs -; lat., zu factum, ↑Faktum] (jur.): *Frage nach dem tatsächlichen Sachverhalt;* **Quaestio juris** [- ˈjuːrɪs], die; - -, -nes - [kvɛsˈti̯oːneːs -; lat., zu: iūs, ↑¹Jus] (jur.): *Frage nach der rechtlichen Beurteilung eines Sachverhalts.*

Quagga [ˈkvaga], das; -s, -s [afrikan. Wort]: *zebraartiges Wildpferd einer heute ausgerotteten Art.*

Quai [keː, auch: kɛː], der od. das; -s, -s [frz. quai, ↑Kai] (schweiz.): **a)** svw. ↑Kai; **b)** *Uferstraße.*

quak! 〈Interj.〉: **1.** [kvaːk] lautm. für den Laut, den der Frosch von sich gibt. **2.** [kva(ː)k] lautm. für den Laut, den die Ente o. ä. von sich gibt; **Quäke** [ˈkvɛːkə], die; -, -n [zu ↑quäken] (Jagdw.): svw. ↑Hasenquäke; **Quakelchen** [ˈkvaːkl̩çən], das; -s, - (fam. scherzh.): *kleines Kind:* euer Q. könnt ihr doch mitbringen; **quakeln** [ˈkvaːkl̩n] 〈sw. V.; hat〉 [zu ↑quaken] (landsch., bes. nordd.): **a)** (abwertend) *übermäßig viel reden;* **b)** (allg.) *reden:* ich möchte noch etwas mit ihm q.; **quaken** [ˈkvaːkn̩] 〈sw. V.; hat〉 [spätmhd. qua(c)ken, lautm.]: **a)** *(vom Frosch, von der Ente o. ä.) den Laut quak von sich geben:* im Teich quakten die Frösche; Ü (abwertend:) auf der Terrasse quakte ein Kofferradio; er sprach mit quakender Stimme; **b)** (salopp abwertend) *(in einer Weise, die als lästig empfunden wird) reden, sich äußern:* der kann q., soviel er will, ich lasse mich auf nichts ein; Kinder, hört bitte auf zu q.!; Er streckt mir seine Pfote entgegen und quakt: „Sie da, Mittelstaedt, wie geht es denn?" (Remarque, Westen 125); **quäken** [ˈkvɛːkn̩] 〈sw. V.; hat〉 [lautm.] (meist abwertend): **a)** *[unangenehm] schrill, durchdringend, blechern tönen:* drinnen quäkte ein Grammophon; aus dem Hörer, der Rufanlage quäkte eine Stimme; „Meinetwegen!" quäkte er *(sagte er mit quäkender Stimme);* **b)** *(von Kindern als Ausdruck von Unzufriedenheit o. ä. u. als unangenehm, störend empfundene) quäkende* (a) *Laute von sich geben:* das kranke Kind quäkt den ganzen Tag; hör auf zu q.!; **Quakente,** die; -, -n (Kinderspr.): *Ente.*

Quäker [ˈkvɛːkɐ], der; -s, - [engl. Quaker, zu: to quake = zittern (vor den Worten des Herrn)]: *Angehöriger einer Kirche u. Dogma ablehnenden, mystisch-spiritualistisch orientierten christlichen Gemeinschaft (bei der bes. das soziale Engagement eine große Rolle spielt);* 〈Zus.:〉 **Quäkerhut,** der: *(auf die ersten Quäker zurückgehender, um 1880 in Europa modischer) flacher, runder Filzhut mit leicht gebogener, breiter Krempe;* 〈Abl.:〉 **Quäkerin,** die; -, -nen: w. Form zu ↑Quäker; **quäkerisch** 〈Adj.〉 **a)** 〈o. Steig.〉 *das Quäkertum betreffend, zu ihm gehörend:* die -e Lehre; **b)** *für die Quäker charakteristisch, in der Art der Quäker:* -e Anspruchslosigkeit; **Quäkertum,** das; -s: **a)** *Gesamtheit aller religiösen, ethischen o. ä. Faktoren, die den Quäkern eigen sind u. auf Grund deren sie als Gemeinschaft zu verstehen sind:* die Entstehung, Geschichte des -s; **b)** *das Quäkersein:* dieses Verhalten erklärt sich aus seinem Q.

Quakfrosch, der; -[e]s, -frösche [zu ↑quaken] (Kinderspr.): *Frosch;* **quäkig** [ˈkvɛːkɪç] 〈Adj.〉 [zu ↑quäken] (meist abwertend): *quäkend:* eine -e Stimme.

Qual [kvaːl], die; -, -en [mhd. quāl(e), ahd. quāla, zu: quelan, ↑quälen]: **a)** 〈o. Pl.〉 *Quälerei* (3 a): die Prüfung, das Warten war eine Q.; die lange Krankheit war für ihn eine [einzige] Q.; die Einsamkeit wurde ihr/für sie zur Q.; er machte uns den Aufenthalt zur Q. *(verleidete ihn uns in hohem Maße);* ***die Q. der Wahl** (scherzh.; *die Schwierigkeit, sich für eines von mehreren zur Wahl stehenden, mehr od. weniger gleich begehrenswerten Dingen o. ä. zu entscheiden*): die Q. der Wahl haben; **b)** 〈meist Pl.〉 *länger andauernde, [nahezu] unerträgliche Empfindung des Leidens* (1 a): große, unsagbare, seelische -en; die -en des [schlechten] Gewissens, der Sorge, der Angst, der Ungewißheit, der Liebe, der Einsamkeit; tausend -en [er]leiden, ausstehen; jmdm. -en, Q. bereiten, zufügen; jmds. -en, Q. lindern, mildern; Sahen sie jetzt einander an, so konnte sich das Auge in süßer (dichter.; *lustvoll ausgekosteter*) Q. nicht von dem Anblick zurückziehen, den es sah (Musil, Mann 1363); unter -en sterben; jmdn. von seinen -en, seiner Q. erlösen; **quälen** [ˈkvɛːlən] 〈sw. V.; hat〉 [mhd. quelen, ahd. quellan, zu: quelan = Schmerz empfinden, urspr. = stechen; in nhd. Zeit als Abl. von ↑Qual empfunden u. daher mit ä geschrieben]: **1. a)** *einem Lebewesen bewußt körperliche Schmerzen zufügen [um es leiden zu sehen], es mißhandeln:* jmdn., ein Tier [grausam] q., zu Tode q.; sie quälten ihr Opfer unmenschlich; **b)** *jmdm. (durch etw.) seelische Schmerzen zufügen:* nur um sie zu q., versetzt er sie in Angst und Unruhe; quäl mich doch nicht immer mit dieser alten Geschichte! **2. a)** *jmdm. lästig werden:* das Kind quälte die Mutter so lange, bis sie es schließlich erlaubte; **b)** *bei jmdm. sehr unangenehme Empfindungen hervorrufen:* ihn quält seit Tagen ein hartnäckiger Husten; **c)** *jmdn. innerlich anhaltend beunruhigen:* ihn quälte der Gedanke an seine Schuld. **3.** ⟨q. + sich⟩ **a)** *(von etw.) gequält* (1 b), *geplagt werden, unter etw. leiden:* ich quäle mich schon seit Jahren mit diesem Leiden; in den letzten Tagen vor seinem Tod mußte er sich sehr q.; er quält sich mit Zweifeln; **b)** *sich (mit etw.) sehr abmühen:* sich mit der Hausarbeit q.; die Lehrerin muß sich mit der Klasse schrecklich q. **4. a)** ⟨q. + sich⟩ *sich unter Mühen, mit großer Anstrengung irgendwohin bewegen:* mühsam quälten wir uns durch den hohen Schnee, gegen den Strom, über den Berg, ans Ziel; er quälte (ugs.; *zwängte*) sich durch das schmale Fenster; Ü sich durch ein Manuskript q.; **b)** *mit etw., was eigentlich nicht [mehr] die nötigen Voraussetzungen dazu hat, auf etwas gewaltsame Weise doch noch das gesetzte Ziel erreichen, die gestellte Aufgabe erfüllen:* er quälte den defekten Wagen noch bis zur nächsten Werkstatt; eine ... doch recht nette Geschichte wurde mit Gewalt über zwei Fernsehabende gequält (Hörzu 16, 1973, 186); Ü ein gequältes *(erzwungenes, unnatürliches)* Lächeln; ein gequälter *(schwerfälliger, ungeschickter)* Stil. **5.** (Fot. Jargon) *(belichtetes Fotopapier, um eine Unterbelichtung notdürftig auszugleichen) länger als üblich im Entwickler belassen u. durch Reiben mit der Hand o. ä. die Tonwerte verbessern:* das Bild ist unterbelichtet, aber wenn du es etwas quälst, wird es schon einigermaßen kommen; ⟨Abl.:⟩ **Quäler,** der; -s, -: *jmd., der [häufig, gern] quält* (1 a, c); **Quälerei** [kvɛːləˈrai], die; -, -en: **1.** *[dauerndes] Quälen* (1 a): hör auf mit der Q., laß das Tier laufen! **2.** *das Quälen* (2): seine dauernde Q. geht mir auf die Nerven. **3.** ⟨o. Pl.⟩ **a)** *das Sichquälen* (3 a): das Leben ist für das kranke Tier nur noch eine Q.; **b)** (ugs. emotional) *etw. (bes. eine körperliche Anstrengung), was sehr mühevoll ist, Mühe bereitet [dem man nicht, kaum gewachsen ist]:* das Treppensteigen ist [für den alten Mann] eine Q.; **quälerisch** ⟨Adj.⟩ (geh.): *Qualen* (b) *mit sich bringend, verursachend; quälend* (1 b): von -en Zweifeln, Selbstvorwürfen geplagt werden; **Quälgeist,** der; -[e]s, -er (fam.): *jmd. (bes. ein Kind), der jmd. anders (bes. einen Erwachsenen) [mit etw.] bedrängt u. ihm dadurch lästig wird; Plagegeist.*

Qualifikation [kvalifikaˈtsi̯oːn], die; -, -en [frz. qualification < mlat. qualificatio, zu: qualificare, ↑qualifizieren; 3: engl. qualification]: **1.** svw. ↑Qualifizierung. **2. a)** ⟨Pl. selten⟩ *durch Ausbildung, Erfahrung o. ä. erworbene Befähigung, Eignung zu einer bestimmten [beruflichen] Tätigkeit:* seine Q. [als Abteilungsleiter] steht außer Frage; dafür fehlt ihm die [nötige] Q.; **b)** *Voraussetzung für eine Befähigung, Eignung für eine bestimmte [berufliche] Tätigkeit (in Form von Zeugnissen, Nachweisen o. ä.):* einzige erforderliche Q. ist das Abitur. **3.** (Sport) **a)** ⟨Pl. selten⟩ *durch eine bestimmte sportliche Leistung, einen bestimmten sportlichen Erfolg erworbene Berechtigung, an einem Wettbewerb teilzunehmen;* **b)** *Wettbewerb, Spiel, in dem sich die erfolgreichen Teilnehmer für die Teilnahme bei der nächsten Runde eines größeren Wettbewerbs qualfizieren* (1 b): die Q. gewinnen, überstehen; für die Q. [gegen Schweden] trainieren.

Qualifikations-: ~**kampf,** der (Sport): vgl. ~runde; ~**lauf,** der (Sport); ~**niveau,** das (bes. DDR): *Grad der Qualifikation* (2 a); ~**rennen,** das (Sport); ~**runde,** die (Sport): *Runde eines sportlichen Wettbewerbs, in der sich Teilnehmer für eine weitere Runde qualfizieren* (1 b); ~**spiel,** das (Sport): vgl. ~runde: ein Q. zur/für die Weltmeisterschaft; ~**stand,** der: vgl. ~niveau.

qualifizieren [kvalifiˈtsiːrən] ⟨sw. V.; hat⟩ /vgl. qualifiziert/ [mlat. qualificare, zu lat. quālis (↑Qualität) u. facere = machen]: **1.** ⟨q. + sich⟩ **a)** *eine Qualifikation* (2 a): *erwerben, erlangen:* er hat sich [durch den Fortbildungskurs] für eine leitende Position, zum Facharbeiter qualifiziert; sich als Wissenschaftler, sich wissenschaftlich q.; **b)** (Sport) *eine Qualifikation* (3 a) *erringen:* die Mannschaft hat sich für die Weltmeisterschaft qualifiziert. **2. a)** (bes. DDR) *so ausbilden, weiterbilden, daß der Betreffende eine [bestimmte, höhere] Qualifikation* (2 a) *erlangt;* **b)** *eine Qualifikation* (2 a) *geben, eine Qualifikation* (2 a) *darstellen (für jmdn.):* die Ausbildung, das Diplom, seine Berufserfahrung qualifiziert ihn für diesen Posten, zum, als Abteilungsleiter; ein qualifizierendes Merkmal *(Merkmal einer Sache, durch das sie zu dem wird, was sie ist).* **3.** (bildungsspr.) *als etw. Bestimmtes bezeichnen, klassifizieren:* die Polizei qualifiziert die Tat als einfachen Diebstahl; diese Länder kann man als unterentwickelt q.; **qualifiziert: 1.** ↑qualifizieren. **2.** ⟨Adj.; -er, -este⟩ **a)** ⟨nicht adv.⟩ *besondere Fähigkeiten, Qualifikationen* (2 a) *erfordernd:* -e Arbeit; ein -er Posten; **b)** (bildungsspr.) *von Sachkenntnis, Sachkundigkeit zeugend; sachgerecht:* ein -er Diskussionsbeitrag; er hat -e Arbeit geleistet; er hat sich dazu sehr q. geäußert; **c)** ⟨Steig. selten; meist attr., nicht adv.⟩ (meist fachspr.) *besondere, in irgendeiner bestimmten Hinsicht ausschlaggebende Merkmale aufweisend:* -e Mitbestimmung *(Mitbestimmung, bei der alle beteiligten Gruppen nicht nur nominell, sondern faktisch mitbestimmen können; echte Mitbestimmung);* -e Straftat (jur.; *mit höherer Strafe bedrohte, schwerere Form einer Straftat);* **Qualifizierung,** die; -, -en ⟨Pl. selten⟩: **1.** *das Sichqualifizieren* (1). **2.** (bes. DDR) **a)** *das Qualifizieren* (2 a); **b)** *das Qualifiziertwerden.* **3.** (bildungsspr.) *das Qualifizieren* (3): die Q. dieser Tat als Mord.

Qualifizierungs-: ~**lehrgang,** der: *Lehrgang, der berufliche, fachliche Qualifikationen vermittelt;* ~**maßnahme,** die: *Maßnahme, die dazu dient, Arbeitskräften höhere Qualifikationen zu vermitteln;* ~**möglichkeit,** die: keine -en haben.

Qualität [kvaliˈtɛːt], die; -, -en [lat. quālitās = Beschaffenheit, Eigenschaft, zu: quālis = wie beschaffen]: **1. a)** (bildungsspr.) *Gesamtheit der charakteristischen Eigenschaften (einer Sache, Person); Beschaffenheit;* quantitative Veränderungen führen schließlich zu einer neuen Q.; **b)** (Sprachw.) *Klangfarbe eines Lautes* (*im Unterschied zur Quantität* 2 a): offenes und geschlossenes o sind Laute verschiedener -en; **c)** (Textilind.) *Material von einer bestimmten Art, Beschaffenheit:* eine strapazierfähige Q. **2. a)** (bildungsspr.) *[charakteristische] Eigenschaft (einer Sache, Person):* die auffallendste Q. des Bleis ist sein hohes Gewicht; **b)** ⟨meist Pl.⟩ *gute Eigenschaft (einer Sache, Person):* ich schätze ihn besonders wegen seiner verborgenen -en; er hat menschliche, moralische -en. **3. a)** *Güte, Wert:* entscheidend ist die Q. des Materials, der Verarbeitung; mangelnde Q. durch Quantität ausgleichen; Waren guter, schlechter, erster Q.; auf Q. achten; der Name des Herstellers bürgt für Q.; **b)** *etw. von einer bestimmten Qualität* (3 a): er liefert keine minderen -en; er kauft nur Q. *(gute Waren).* **4.** (Schach) *derjenige Wert, um den der Wert eines Turmes höher ist als der eines Läufers od. eines Springers:* die Q. gewinnen *(einen gegnerischen Turm gegen das Opfer eines Läufers od. Springers schlagen);* **qualitativ** [...taˈtiːf] ⟨Adj.; o. Steig.⟩ [mlat. qualitativus]: **a)** (bildungsspr.) *auf die Qualität* (1 a, b) *bezogen, die Qualität betreffend:* quantitative Veränderungen schlagen an einem gewissen Punkt in -e um; **b)** ⟨nicht präd.⟩ *auf die Qualität* (3 a) *bezogen, die gute Qualität betreffend:* eine q. hochstehende Fahrwerkkonstruktion; **Qualitativ** [-], das; -s, -e [...iːvə] (Sprachw. selten): svw. ↑Adjektiv.

qualitäts-, Qualitäts-: ~**arbeit,** die: svw. ↑Wertarbeit; ~**bezeichnung,** die: *Bezeichnung der Güteklasse einer Ware;* ~**erzeugnis,** das: *Erzeugnis von hoher Qualität* (3 a); ~**garantie,** die: *Garantie, daß eine Ware eine bestimmte Qualität* (3 a) *hat;* ~**klasse,** die: svw. ↑Güteklasse; ~**kontrolle,** die: *Kontrolle der Qualität* (3 a) *einer Ware;* ~**merkmal,** das: *Eigenschaft einer Ware, die [zusammen mit anderen] die Qualität* (3 a) *der Ware ausmacht;* ~**minderung,** die: svw. ↑~verminderung; ~**norm,** die: *Norm in bezug auf die Qualität* (3 a) *einer Ware;* ~**prüfung,** die: vgl. ~kontrolle; ~**siegel,** das: vgl. Gütezeichen; ~**steigerung,** die; ~**stufe,** die: *Grad der Qualität* (3 a); ~**umschlag,** der (bildungsspr.): *Umschlag von einer Qualität* (1 a) *in eine neue;* ~**unterschied,** der: *Unterschied in der Qualität* (3 a); ~**untersuchung,** die: vgl. ~kontrolle; ~**verbesserung,** die; ~**verminderung,** die; ~**ware,** die: vgl. ~erzeugnis; ~**wein,** der: *(nach dem deutschen Weingesetz) Wein einer bestimmten Güteklasse, der bestimmten Anforderungen (z. B. in bezug auf die Zeit der Lese, Qualität, Klarheit, Farbe, Geruch, Geschmack) genügen muß, aus einem der elf deutschen Anbaugebiete stammt u. für dieses Gebiet typisch ist:* Q. mit Prädikat (↑Prädikat 1); ~**wettbewerb,** der: **a)** (DDR) *Wettbewerb, bei dem es darum geht, Waren möglichst hoher Qualität* (3 a) *herzustellen;* **b)** (Wirtsch.) *Konkurrenzkampf, bei dem die Kontrahenten* *durch Verbesserung der Qualität* (3a) *ihrer Produkte die Konkurrenz zu übertreffen suchen, um dadurch möglichst hohe Gewinne zu erzielen.*

Quall [kval], der; -[e]s, -e [spätmhd. qual(l), zu ↑quellen] (veraltet, noch landsch.): *geräuschvoll emporquellendes, -sprudelndes Wasser, sprudelnde Quelle;* **Qualle** ['kvalə], die; -, -n [aus dem Niederd., eigtl. wohl = aufgequollenes Tier]: *gallertartiges, glocken- bis schirmförmiges, in den Meeren frei schwimmendes, zu den Nesseltieren gehörendes Tier mit Nesselkapseln enthaltenden Tentakeln; Meduse;* **quallig** ['kvalıç] ⟨Adj.⟩: *von der Konsistenz, Beschaffenheit einer Qualle; gallertartig:* eine -e Masse; **Qualm** [kvalm], der; -[e]s [aus dem Niederd. < mniederd. qual(le)m, eigtl. wohl = Hervorquellendes, zu ↑quellen]: **1.** *[als unangenehm empfundener] dichter, quellender Rauch:* schwarzer, dicker, dichter, beißender Q.; mußt du deine Zigarette gerade so halten, daß der ganze Q. (abwertend; *Rauch*) genau in meine Richtung zieht?; ***bei jmdm., irgendwo ist Q. in der Küche, Bude** o. ä. (ugs.; *bei jmdm., irgendwo herrscht häuslicher Streit, ist eine gespannte Atmosphäre*); **[viel] Q. machen** (ugs.; *viel Aufhebens machen, sich wichtigtun, angeben*); **jmdm. Q. vormachen** (ugs.; *jmdm. etw. vormachen*). **2.** (landsch.) *[dichter] Dunst, Dampf:* aus der Waschküche kam heißer Q.; der feuchte Q. einer Wolke (Jahnn, Geschichten 228); ⟨Abl.:⟩ **qualmen** ['kvalmən] ⟨sw. V.; hat⟩: **1.** *Qualm* (1) *abgeben, verbreiten:* der Ofen, das Feuer qualmt; am Stadtrand qualmt eine Müllkippe ... vor sich hin (Eulenspiegel 26, 1977, 4); qualmende Schornsteine; ⟨auch unpers.:⟩ in der Küche, aus dem Kamin qualmt es; ***es qualmt** (ugs.; svw. es raucht [↑rauchen 1b]). **2.** (ugs., oft abwertend) **a)** *viel, stark, in übertriebener Weise rauchen* (2): er qualmt den ganzen Tag; **b)** (allg.) *rauchen* (2): was qualmst du denn da für ein Kraut?; eine [Zigarette] q.; **qualmig** ['kvalmıç] ⟨Adj.; nicht adv.⟩ (oft abwertend): *voller Qualm* (1): eine überfüllte, -e Kneipe; **Qualmwolke,** die; -, -n: dicke -n.

Qualster ['kvalstɐ], der; -s, - ⟨Pl. selten⟩ [mniederd. qualster] (nordd. derb, meist abwertend): *Schleim, Auswurf* (2): er spuckt: Q. auf ein Portraitfoto (Grass, Hundejahre 443); **qualsterig**: ↑qualstrig; **qualstern** ['kvalstɐn] ⟨sw. V.; hat⟩ (nordd. derb, meist abwertend): *Qualster auswerfen, ausspucken;* **qualstrig,** qualsterig ['kvalst(ə)rıç] ⟨Adj.⟩ (nordd. derb, meist abwertend): **a)** *so beschaffen wie Qualster* **b)** *voller Qualster, mit Qualster beschmutzt.*

qualvoll ⟨Adj.⟩: **a)** *mit großen Qualen verbunden:* ein langsamer, -er Tod; sein Gesicht ist q. *(die Qualen erkennen lassend)* verzerrt (Hochhuth, Stellvertreter 142); elend und q. zugrunde gehen; Ü ihm freilich machte die gewiß -e (emotional übertreibend; *sehr strapaziöse*) Bahnfahrt nicht viel aus (Maegerlein, Triumph 68); **b)** *(aus Angst, Ungewißheit, Unruhe o. ä.) als sehr bedrückend empfunden:* -es Warten; er verbrachte -e Stunden an ihrem Krankenbett.

Quandel ['kvandl̩], der; -s, - [H. u., wahrsch. aus dem Anord.] (Fachspr.): *aus Holzstangen errichteter, senkrechter Schacht im Zentrum eines Meilers* (1).

Quant [kvant], das; -s, -en [zu lat. quantum, ↑Quantum] (Physik): *kleinstmöglicher Wert einer physikalischen Größe (von dem gewöhnlich nur ganzzahlige Vielfache auftreten), bes. in einer Wellenstrahlung als Einheit auftretende kleinste Energiemenge (die sich unter bestimmten Bedingungen wie ein Teilchen verhält);* **quanteln** ['kvantl̩n] ⟨sw. V.; hat⟩ (Physik): **1.** *eine physikalische Größe, bes. eine Energiemenge, in Quanten aufteilen.* **2.** *(in der Theorie) für eine physikalische Größe bestimmte, auf der Existenz von Quanten beruhende physikalische Bedingungen einführen.* **3.** *quantisieren* (1, 2); ⟨Abl.:⟩ **Quantelung,** die, -, -en (Physik): **a)** *das Quanteln;* **b)** *das Gequanteltsein;* [1]**Quanten**: Pl. von ↑Quant, Quantum.

[2]**Quanten** ['kvantn̩] ⟨Pl.⟩ [H. u., viell. aus der Gauernspr.; vgl. gaunerspr. quant = groß] (salopp, oft abwertend): *[plumpe, große] Füße:* zieh mal deine Q. ein!

quanten-, Quanten- (Quant): **~biologie,** die: *Richtung innerhalb der Biologie, deren Gegenstand die Einwirkungen von Strahlung auf lebende Organismen ist;* **~chemie,** die: *Forschungsgebiet der theoretischen Chemie, auf dem die Methoden der Quantenmechanik auf chemische Problemstellungen angewandt werden;* **~mechanik,** die (Physik): *erweiterte elementare Mechanik, die es ermöglicht, das mikrophysikalische Geschehen zu erfassen, u. die einen Ansatz darstellt, Korpuskular- u. Wellentheorie zu vereinigen,* dazu: **~mechanisch** ⟨Adj.; o. Steig.⟩ (Physik); **~physik,** die: *Teilbereich der Physik, dessen Gegenstand die mit den Quanten zusammenhängenden Erscheinungen sind,* dazu: **~physikalisch** ⟨Adj.; o. Steig.; nicht präd.⟩; **~sprung,** der (Physik): *(unter Emission od. Absorption von Energie od. Teilchen erfolgender) plötzlicher Übergang eines mikrophysikalischen Systems aus einem Quantenzustand in einen anderen;* **~theorie,** die (Physik): *Theorie über die mikrophysikalischen Erscheinungen, die das Auftreten von Quanten in diesem Bereich berücksichtigt (und aus der die Quantenmechanik entwickelt wurde),* dazu: **~theoretisch** ⟨Adj.; o. Steig.; nicht präd.⟩; **~zustand,** der (Physik): *(bes. durch die vorhandene Energie gekennzeichneter) physikalischer Zustand eines mikrophysikalischen Systems.*

Quantifikation [kvantifika'ts̮i̯o:n], die; -, -en: **1.** (bildungsspr.) *das Quantifizieren.* **2.** (Logik) *Verwandlung der freien Variablen einer Aussageform durch Verwendung von Quantoren in eine wahre od. falsche Aussage;* **quantifizierbar** [...'ts̮i:ɐ̯ba:ɐ̯] ⟨Adj.; o. Steig.; nicht adv.⟩ (bildungsspr.): *sich quantifizieren lassend;* **quantifizieren** [...fi'ts̮i:rən] ⟨sw. V.; hat⟩ [mlat. quantificare = betragen (1), zu lat. quantus (↑Quantum) u. facere = machen] (bildungsspr.): *in Mengenbegriffen, Zahlen o. ä. beschreiben; die Menge, Anzahl, Häufigkeit, das Ausmaß von etw. angeben, bestimmen:* die auf der Erde vorhandenen Rohstoffe q.; ⟨Abl.:⟩ **Quantifizierung,** die; -, -en: **1.** (bildungsspr.) *das Quantifizieren.* **2.** svw. ↑Quantifikation (2); **quantisieren** [...'zi:rən] ⟨sw. V.; hat⟩ [zu ↑Quant]: **1.** (Fachspr.) *eine Quantisierung* (1, 2) *vornehmen.* **2.** svw. ↑quanteln (1, 2); ⟨Abl.:⟩ **Quantisierung,** die; -, -en: **1.** (Physik) *(in der Theorie) Übergang von der klassischen, d. h. mit stetig veränderlichen physikalischen Größen erfolgenden Beschreibung zur quantentheoretischen Beschreibung eines [mikro]physikalischen Systems.* **2.** (Nachrichtent.) *Unterteilung des Amplitudenbereichs eines kontinuierlich verlaufenden Signals in eine endliche Anzahl kleiner Teilbereiche.* **3.** svw. ↑Quantelung; **Quantität** [...'tɛ:t], die; -, -en [lat. quantitās] (bildungsspr.): **1. a)** ⟨o. Pl.⟩ *Menge, Anzahl o. ä., in der etw. vorhanden ist, Ausmaß, das etw. hat:* Qualität und Q. bilden eine dialektische Einheit; das Umschlagen der Q. in eine neue Qualität; es kommt weniger auf die Q. als vielmehr auf die Qualität an; **b)** *bestimmte Menge von etw.; Portion, Dosis:* eine kleine, größere Q. Nikotin; Monate, in denen er das Brot ... hundertgrammweise ... kaufte, winzige -en (Böll, Haus 14). **2. a)** (Sprachw.) *Länge, Dauer eines Lautes* (*im Unterschied zur Qualität* 1b): die a in Faß und Fraß haben verschiedene -en; **b)** (Verslehre) *Länge, Dauer (einer Silbe);* **quantitativ** [...ta'ti:f] ⟨Adj.; o. Steig.⟩ (bildungsspr.): *auf die Quantität bezogen, die Quantität betreffend:* -e Analysen; q. sind sie uns überlegen; **Quantitätstheorie,** die; -, -n (Wirtsch.): *Theorie, nach der ein Kausalzusammenhang zwischen Geldmenge u. Preisniveau besteht;* **Quantité négligeable** [kɑ̃titenegli'ʒabl], die; - - [frz.] (bildungsspr.): *etw., was so geringfügig, unbedeutend ist, daß man es außer acht lassen kann; Belanglosigkeit, Kleinigkeit;* **quantitieren** [kvanti'ti:rən] ⟨sw. V.; hat⟩ (Verslehre): *Silben im Vers nach ihrer Quantität* (2b) *(nicht nach der Betonung) messen;* **Quantor** ['kvantɔr, auch: ...to:ɐ̯], der; -s, -en [...'to:rən] (Logik): *logische Partikel, die zur Quantifikation* (2) *von Aussagen dient* (z. B. „für kein“, „für alle“); **Quantum** ['kvantʊm], das; -s, Quanten [lat. quantum, Neutr. von: quantus = wie groß, wie viel]: *jmdm. zukommende, einer Sache angemessene Menge von etw. (bes. Nahrungsmitteln o. ä.):* ein kleines, großes, gehöriges Q.; ich brauche mein tägliches Q. Kaffee; er hat sein volles Q. *(die ihm zustehende Menge)* bekommen; in Quanten von je 10 Gramm; Ü ein Q. Humor gehört dazu.

Quappe ['kvapə], die; -, -n [aus dem Niederd. < mniederd. quappe, asächs. quappa, wohl zu ↑quabbeln]: **1.** *Aalquappe* (1). **2.** *Larve eines Lurchs, bes. Kaulquappe.*

Quarantäne [karan'tɛ:nə, österr.: kva...], die; -, -n [frz. quarantaine, eigtl. = Anzahl von 40 (Tagen), zu: quarante < vlat. quarranta < lat. quadrāginta = vierzig; nach der früher üblichen vierzigtägigen Hafensperre für Schiffe mit seuchenverdächtigen Personen]: *für einen bestimmten Zeitraum vorgenommene Isolation von Personen, Tieren, die von einer ansteckenden Krankheit befallen sind od. bei denen Verdacht auf solche Krankheiten besteht (als Schutzmaßnahme gegen eine Verbreitung der Krankheit):* über jmdn., einen Ort, ein Schiff Q. verhängen; die Q. aufheben;

in Q. kommen, müssen; jmdn., ein Schiff in Q. legen, nehmen; sich in Q. befinden; das Schiff liegt in Q.; jmdn., etw. unter [eine vierwöchige] Q. stellen; unter Q. stehen.

Quarantäne-: **~flagge,** die (Seew.): *Signalflagge, die anzeigt, daß ein Schiff in Quarantäne liegt;* **~lager,** das: vgl. ~station; **~station,** die: *Einrichtung zur Unterbringung von Personen, Tieren, die unter Quarantäne stehen.*

Quargel ['kvargl̩], der od. das; -s, - [zu spätmhd. quarg = [1]Quark] (österr.): *stark riechender Käse aus Sauermilch;*

[1]Quark [kvark], der; -s [spätmhd. quarc, quarg, twarc, aus dem Slaw.; vgl. poln. twaróg]: **1.** *aus saurer Milch hergestelltes, weißes, breiiges Nahrungsmittel; Weißkäse:* vollfetter, fettarmer Q.; Spr getret[e]ner Q. wird breit, nicht stark *(ein weicher, schwacher Mensch läßt sich Mißhandlungen, Unterdrückung o. ä. gefallen u. lehnt sich nicht auf).* **2.** (ugs. abwertend) *(in den Augen des Sprechers) etw. Wertloses, Belangloses, etw., mit dem sich zu befassen nicht lohnt:* was soll der Q.?; so ein Q.!; der Film war ein absoluter Q.; red nicht solchen Q.!; seine Nase in jeden Q. stecken; sich über jeden Q. aufregen; fang doch nicht schon wieder von dem alten Q. *(von dieser längst erledigten Angelegenheit)* an!; ***einen Q.** (ugs.; *gar nichts; in keiner Weise*): das geht dich einen Q. an; das interessiert mich einen Q.; einen Q. kriegst du von mir.

[2]Quark [kwɑ:k], das; -s, -s [engl.-amerik. quark; 1964 von dem amerik. Physiker M. Gell-Mann gepr. Phantasiebez. nach dem Namen schemenhafter Wesen aus dem Roman „Finnegan's Wake" des ir. Schriftstellers James Joyce (1882–1941)] (Physik): *hypothetisches Elementarteilchen.*

Quark- ([1]Quark): **~auflauf,** der; **~brot,** das: *mit Quark bestrichenes Brot* (1 b); **~käulchen,** das (ostmd.): vgl. Käulchen; **~kuchen,** der: svw. ↑Käsekuchen; **~speise,** die: *aus Quark u. verschiedenen anderen Zutaten bereiteter Nachtisch;* **~tasche,** die: **a)** *mit Quark gefülltes Blätterteiggebäck;* **b)** ⟨Pl.⟩ (derb) *weibliche Brust;* **~torte,** die: vgl. ~kuchen.

quarkig ['kvarkɪç] ⟨Adj.; o. Steig.; nicht adv.⟩: *in Aussehen u. Konsistenz ähnlich wie Quark:* eine -e Masse: wobei der -e Käse im Tuch verbleibt (Fr. Wolf, Zwei 207).

Quarre ['kvarə], die; -, -n [zu ↑quarren] (nordd. abwertend): **a)** *Kind, das viel quarrt* (1); **b)** *zänkische, keifende Frau;* **quarren** ['kvarən] ⟨sw. V.; hat⟩ [mniederd. quarren; vgl. ahd. queran = seufzen]: **1.** (nordd. abwertend): *quäkend weinen, weinerliche Laute von sich geben.* **2. a)** *(von Fröschen u. manchen Vögeln) einen heiseren, schnarrenden Laut von sich geben:* im Teich quarrten die Frösche; die Elster quarrt; Ü (abwertend:) wieder quarrten die Lautsprecher (Strittmatter, Wundertäter 407); **b)** (Jägerspr.) svw. ↑quorren; **quarrig** ['kvarɪç] ⟨Adj.⟩ (nordd. abwertend): **a)** *zum Quarren* (1) *neigend;* **b)** *quarrend* (1): das Kind ist q.

[1]Quart [kvart], die; -, -en [2: eigtl. = vierte Fechtbewegung, zu lat. quārtus = der vierte]: **1.** (Musik) svw. ↑Quarte. **2.** (Fechten) *Klingenlage, bei der die Spitze der nach vorn gerichteten Klinge, vom Fechter aus gesehen, nach links oben zeigt;* **[2]Quart** [-], das; -s, -e ⟨aber: 3 Quart⟩ [1: spätmhd. quart(e) < lat. quārta (pars) = vierte(r Teil), Viertel; 2: subst. aus lat. in quārto = in Vierteln]: **1.** *altes deutsches Hohlmaß (verschiedener Größe).* **2.** ⟨o. Pl.⟩ (Buchw.) *Buchformat in der Größe eines viertel Bogens, das sich durch zweimaliges Falzen eines Bogens ergibt u. das je nach Größe des Bogens verschiedene Maße (von Klein- bis Großquart) haben kann:* ein Buch in Q.; Zeichen: 4°; **[3]Quart** [kwɔ:t], das; -s, -s ⟨aber: 3 Quart⟩ [(m)engl. quart < mfrz. quarte < lat. quārta (pars), ↑[2]Quart]: **a)** *englisches Hohlmaß* (1,136 l); Zeichen: qt; **b)** *amerikanisches Hohlmaß (für Flüssigkeiten;* 0,946 l); Zeichen: liq qt; **c)** *amerikanisches Hohlmaß (für trockene Substanzen;* 1,101 dm^3); Zeichen: dry qt.

Quart- ([2]Quart 2) (Buchw.): **~band,** der ⟨Pl. -bände⟩: *Buch im Quartformat;* **~blatt,** das; **~bogen,** der: *Druckbogen, der so bedruckt ist, daß er, zweifach gefalzt, acht Buchseiten (vier Blätter) ergibt;* **~format,** das: *Quart* (2): ein Buch im/in Q.; **~heft,** das; **~seite,** die.

Quarta ['kvarta], die; -, ...ten [nlat. quarta (classis) = vierte (Klasse); a: vgl. Prima (a)]: **a)** (veraltend) *dritte Klasse eines Gymnasiums;* **b)** *(in Österreich) vierte Klasse eines Gymnasiums;* **Quartal** [kvar'ta:l], das; -s, -e [mlat. quartale (anni) = Viertel (eines Jahres)]: *eines der vier Viertel eines Kalenderjahres* (z. B. April bis Juni): das letzte/vierte Q. beginnt mit dem ersten Oktober.

Quartal[s]-: **~abschluß,** der (Wirtsch., Kaufmannsspr.): *Abschluß, Bilanz für das abgelaufene Quartal;* **~ende,** das: *Ende eines Quartals:* zum Q. kündigen; **~plan,** der (DDR Wirtsch.): *ein bestimmtes Quartal betreffender Teil eines Jahresplanes für die betriebliche Produktion;* **~saufen,** das; -s (Med. Jargon): *unmäßiger Genuß von Alkohol während periodisch sich wiederholender Phasen,* dazu: **~säufer,** der (ugs.); vgl. Dipsomane; **~weise** ⟨Adv.⟩ (selten): *für jeweils ein Quartal; in Zeitabständen, Zeitabschnitten von einem Quartal:* die Miete q. bezahlen.

Quartana [kvar'ta:na], die; -, ...nen [lat. quārtāna = viertägiges Fieber, zu: quārtānus = zum vierten (Tag) gehörend] (Med.): *Form der Malaria, bei der im Abstand von etwa vier Tagen Fieberanfälle auftreten;* ⟨Zus.:⟩ **Quartanafieber,** das (Med.): svw. ↑Quartana; **Quartaner** [kvar'ta:nɐ], der; -s, -: *Schüler einer Quarta;* **Quartanerin,** die; -, -nen: w. Form zu ↑Quartaner; **Quartanfieber,** das; -s (Med.): svw. ↑Quartana; **Quartant** [kvar'tant], der; -en, -en [zu mlat. quartans (Gen.: quartantis), 1. Part. von: quartare = vierteln] (veraltet): svw. ↑Quartband; **quartär** [kvar'tɛ:ɐ̯] ⟨Adj.; o. Steig.; nicht adv.⟩ [1: zu ↑Quartär; 2: zu lat. quārtus = der vierte]: **1.** (Geol.) *zum Quartär gehörend; das Quartär betreffend:* die -e Periode; -e Gesteinsbildungen. **2.** (selten) *an vierter Stelle in einer Reihe, [Rang]folge stehend; viertrangig:* -e Qualitäten, Bereiche. **3.** (Chemie) **a)** *(von Atomen in Molekülen) das zentrale Atom bildend, an das vier organische Reste gebunden sind, die je ein Wasserstoffatom ersetzen;* **b)** *(von chemischen Verbindungen) aus Molekülen bestehend, die ein quartäres* (a) *Atom als Zentrum haben;* **Quartär** [-], das; -s [eigtl. = die vierte (Formation), nach der älteren Zählung des Paläozoikums als Primär] (Geol.): *bis in die Gegenwart reichende jüngste Formation des Känozoikums;* **Quarte** ['kvartə], die; -, -n [lat. quārta = die vierte] (Musik): **a)** *vierter Ton einer diatonischen Tonleiter vom Grundton an;* **b)** *Intervall von vier diatonischen Tonstufen;* **Quartel** ['kvartl̩], das; -s, - [Vkl. von ↑[2]Quart] (bayr.): *kleines Flüssigkeitsmaß für Bier, Wein;* **Quarten**: Pl. von ↑[1]Quart, Quarte, Quarta; **Quartenakkord,** der; -[e]s, -e (Musik): *aus mehreren reinen [1]Quarten* (1) *bestehender [1]Akkord;* **Quarter** ['kwɔ:tə], der; -s, - [engl. quarter = Viertel < altfrz. quartier, ↑Quartier]: **1.** *englisches Gewicht* (12,7 kg). **2.** *englisches Hohlmaß* (290,95 dm^3). **3.** *amerikanisches Getreidemaß* (21,75 kg); **Quarterdeck** ['kvartɐ-], das; -s, -s [engl. quarterdeck, aus: quarter (= Mannschaftsabteilung an Bord [die Mannschaften auf Kriegsschiffen wurden früher für den Wachdienst in vier Abteilungen aufgeteilt] < afrz. quartier, ↑Quartier) u. deck = Deck] (Seew.): *leicht erhöhtes hinteres Deck eines Schiffes;* **Quartermeister** ['kvartɐ-], der; -s, - [engl. quartermaster, urspr. = Aufsicht (2) über die auf dem Quarterdeck beschäftigten Leute; das Schiff wurde vom Quarterdeck aus gesteuert] (Seew.): *Matrose, der bes. als Rudergänger eingesetzt wird;* **Quartett** [kvar'tɛt], das; -[e]s, -e [ital. quartetto, zu: quarto < lat. quārtus, ↑[1]Quart]: **1.** (Musik) **a)** *Komposition für vier Soloinstrumente od. -stimmen;* **b)** *Ensemble von vier Solisten.* **2.** (oft iron.) *Gruppe von vier Personen, die häufig gemeinsam in Erscheinung treten od. gemeinsam eine [strafbare] Handlung durchführen, zusammenarbeiten o. ä.:* kriminelles Q. hinter Gittern (MM 13. 3. 74, 15); die frisch gespielte und flott fotografierte Liebelei im Q. (*zu viert;* Darmstädter Echo 18. 11. 67, 14). **3.** (Dichtk.) *eine der beiden vierzeiligen Strophen eines Sonetts.* **4. a)** ⟨o. Pl.⟩ *Kartenspiel* (1), *bei dem es für den einzelnen Spieler darum geht, möglichst viele vollständige Quartette* (4 c) *zusammenzustellen:* Q. spielen; **b)** *Kartenspiel* (2) *zum Quartettspielen;* **c)** *Satz von vier zusammengehörigen Karten eines Quartetts* (4 b); **Quartier** [kvar'ti:ɐ̯], das; -s, -e [1: (a)frz. quartier = Teil (eines Heerlagers), eigtl. = Viertel < lat. quārtārius, zu: quārtus, ↑[1]Quart; schon mhd. quartier = Viertel]: **1.** *Raum o. ä., in dem jmd. vorübergehend (z. B. auf einer Reise) wohnt; Unterkunft:* ein schönes, billiges, einfaches Q.; die -e der Sportler im olympischen Dorf; hast du schon ein Q.?; [ein neues] Q. beziehen; die Truppen in die -e einweisen; Kost und Q. kosten täglich 20 Mark; jmdm. Q. geben, gewähren *(jmdn. bei sich beherbergen);* ***Q. machen** (1. Milit. veraltend; *Unterkunft für Truppen besorgen.* 2. veraltend; *eine Unterkunft besorgen:* als ich Q. für Fräulein Lund und ihre Frau Mutter machte [Seidel, Sterne 36]); **Q. nehmen** (geh.; *sich einquartieren*); **in Q. liegen** (Milit. veraltend; *einquartiert sein*): die Kompanie lag in einer Schule in Q. **2.** (bes.

schweiz., österr. veraltend) *Stadtviertel, Viertel:* in einem vornehmen Q. wohnen. **3.** (Gartenbau) *kleinerer, überschaubarer Abschnitt einer Baumschule, Obstplantage;* **quartieren** [kvar'ti:rən] ⟨sw. V.; hat⟩ [zu ↑Quartier (1)] **a)** *an einem bestimmten Ort einquartieren, unterbringen:* man hatte sie in eine Schule quartiert; **b)** (selten) *Quartier beziehen, sich einquartieren:* wir quartierten in einer Scheune; **c)** ⟨q. + sich⟩ (selten) *sich an einem bestimmten Ort einquartieren.*

Quartier-: **~macher,** der (Milit. veraltet): *Soldat, der beauftragt ist, für seine Einheit Quartiere* (1) *zu beschaffen;* **~meister,** der (Milit. veraltet): *für die Versorgung der Truppen verantwortlicher Generalstabsoffizier;* **~schein,** der (bes. Milit.): *Bescheinigung, die zum Bezug eines bestimmten Quartiers* (1) *berechtigt;* **~suche,** die: auf Q. sein, gehen.

Quartiers- (veraltet): **~frau,** die: svw. ↑Zimmervermieterin; **~wirt,** der; **~wirtin,** die: w. Form zu ↑~wirt.

Quarto ['kvarto], das; - (Buchw. veraltet): svw. ↑²Quart (2); **Quartole** [kvar'to:lə], die; -, -n [geb. nach ↑Triole]: (Musik): *Folge von vier Noten, deren Dauer insgesamt gleich der Dauer von drei der jeweiligen Taktart zugrunde liegenden Notenwerten ist;* **Quartsextakkord,** der; -[e]s, -e (Musik): *Akkord aus* ¹*Quart* (1) *u. Sexte über der Quinte des Grundtons der jeweiligen Tonart.*

Quartz: engl. Schreibung von ↑Quarz; **Quarz** [kva:ɐ̯ts], der; -es, -e [mhd. quarz, H. u.; viell. zu mhd. (md.) querch = Zwerg; vgl. Kobalt, Nickel]: **a)** *in verschiedenen Abarten vorkommendes, in reinem Zustand farbloses, hartes u. sprödes kristallines Mineral;* **b)** svw. ↑Quarzkristall.

quarz-, Quarz-: **~faden,** der (Technik): vgl. ~faser; **~faser,** die (Technik): *aus Quarz hergestellte Faser* (z. B. als Isoliermaterial); **~filter,** der, fachspr. meist: das (Elektrot.): *mit Quarzkristallen arbeitender Filter* (4); **~gang,** der (Geol.): *von Quarz ausgefüllter Gang* (8); **~gesteuert** ⟨Adj.; nicht adv.⟩: *mit Quarzsteuerung arbeitend:* -e Armbanduhren, Kurzwellensender; **~glas,** das ⟨o. Pl.⟩ (Technik): *hochwertiges, aus reinem Quarz hergestelltes Glas; Kieselglas;* **~gut,** das ⟨o. Pl.⟩ (Technik): *aus Quarz hergestelltes, milchig durchscheinendes keramisches Material;* **~haltig,** (österr.:) **~hältig** ⟨Adj.; nicht adv.⟩: *Quarz enthaltend;* **~katzenauge,** das (Mineral.): svw. ↑Katzenauge (3); **~kristall,** der: ¹*Kristall aus Quarz* (z. B. als Schwingquarz verwendet); **~lampe,** die (Technik): *Quecksilberdampflampe, deren Hülle aus Quarzglas besteht (so daß das im Innern entstehende ultraviolette Licht nach außen gelangen kann);* **~porphyr,** der (Geol., Mineral.): *Porphyr mit Einsprengseln von Quarz u. anderen Mineralien;* **~steuerung,** die (Elektrot.): *Steuerung eines elektrischen Vorgangs od. Geräts mit Hilfe der Schwingungen eines Schwingquarzes;* **~uhr,** die: *durch eine Quarzsteuerung besonders genau gehende Uhr.*

quarzen ['kva:ɐ̯tsn̩] ⟨sw. V.; hat⟩ [H. u.] (ugs.): *[stark] rauchen.*

quarzig ['kva:ɐ̯tsɪç] ⟨Adj.; nicht adv.⟩: **a)** svw. ↑quarzhaltig; **b)** *quarzartig; beschaffen, aussehend wie Quarz:* -es Gestein; -e Kristalle; **Quarzit** [kvar'tsi:t, auch: ...tsɪt], der; -s, -e (Geol., Mineral.): *sehr hartes quarzhaltiges Gestein mit meist dichter, feinkörniger Struktur;* ⟨Abl.:⟩ **quarzitisch** ⟨Adj.; o. Steig.; nicht adv.⟩ (Geol., Mineral.): *(von Gesteinen) ein kieselsäurehaltiges Bindemittel enthaltend.*

Quas [kva:s], der; -es, -e [mhd. (md.) quāȝ, mniederd. quās, aus dem Slaw.] (landsch.): *Gelage, bes. zu Pfingsten stattfindendes festliches Biertrinken.*

Quasar [kva'za:ɐ̯], der; -s, -e [amerik. quasar, Kurzwort für: *quasi*stell*ar* (object) = sternähnlich(es Objekt)] (Astron.): *sehr entferntes kosmisches [optisch nicht beobachtbares] Objekt, das besonders starke Radiofrequenzstrahlung aussendet; quasistellare Radioquelle.*

quasen ['kva:zn̩] ⟨sw. V.; hat⟩ [spätmhd. quāȝen, mniederd. quāsen, zu ↑Quas] (nordd. veraltend): svw. ↑prassen.

quasi ['kva:zi] ⟨Adv.⟩ [lat. quasi]: *sozusagen, gewissermaßen, so gut wie:* die beiden sind q. verlobt; er hat es mir q. versprochen; er ist [so] q. der Boß; er kommt [so] q. *(fast)* alle drei Tage; man könnte q. *(fast)* sagen, daß ...; ¹**quasi-, Quasi-:** Best. in Zus., das ausdrückt, daß von etw. die Rede ist, was ungefähr, nahezu, [schon] fast mit dem Grundwort bezeichnet werden kann, im strengen Sinne aber doch etwas anderes ist, z. B. quasiautomatisch, quasimilitärisch, Quasisynonym.

²**quasi-, Quasi-:** **~offiziell** ⟨Adj.; o. Steig.⟩: *sozusagen, gewissermaßen offiziell;* **~optisch** ⟨Adj.; o. Steig.; nicht adv.⟩ (Physik): *(von Wellen) sich ähnlich wie Licht ausbreitend:* -e Wellen; **~quadrophonie,** die: *zweikanalige Stereophonie mit Quadroeffekt;* **~religiös** ⟨Adj.; o. Steig.⟩: vgl. ~offiziell; **~souverän** ⟨Adj.; o. Steig.; nicht adv.⟩: vgl. ~offiziell; **~souveränität,** die; **~stellar** ⟨Adj.; o. Steig.; nicht adv.⟩ (Astron.): *sternartig:* -e Objekte.

Quasimodogeniti [kvazimodo'ge:niti] ⟨Pl.⟩ [lat. quasi modo geniti (infantes) = wie die eben geborenen (Kinder), nach dem Anfang des Eingangsverses der Liturgie des Sonntags, 1. Petr. 2, 2] (ev. Kirche): *der erste Sonntag nach Ostern.*

Quassel- ['kvasl̩-; ↑quasseln] (ugs.): **~bude,** die (abwertend): *Parlament;* **~fritze,** der [↑-fritze] (abwertend): *männliche Person, die viel [Unsinn] redet;* **~kopf,** der (abwertend): vgl. ~fritze; **~strippe,** die: **1.** (ugs. scherzh.) *Telefon.* **2.** (abwertend) *jmd., der unentwegt redet:* sie, er ist eine furchtbare Q.; **~tante,** die (abwertend): vgl. ~fritze; **~wasser,** das (ugs. scherzh.): svw. ↑Brabbelwasser.

Quasselei [kvasə'lai̯], die; -, -en [zu ↑quasseln] (ugs. abwertend): *[dauerndes] Quasseln;* **quasseln** ['kvasl̩n] ⟨sw. V.; hat⟩ [aus dem Niederd., zu niederd. quassen = schwatzen, zu: dwas, mniederd. dwās = töricht] (ugs., oft abwertend): *unaufhörlich u. schnell reden; schwatzen:* hör auf zu q.!; mit jmdm. q.; ⟨mit Akk.-Obj.:⟩ dummes Zeug q.

Quassie ['kvasi̯ə], die; -, -n [nach dem Medizinmann Graman Quassi in Surinam (18. Jh.)]: *südamerikanischer Baum od. Strauch, dessen Holz Bitterstoff enthält.*

Quast [kvast], der; -[e]s, -e ⟨Vkl. ↑Quästchen⟩ (nordd.): **a)** *breiter, bürstenartiger Pinsel;* **b)** svw. ↑Quaste (1 a); **Quästchen** ['kvɛstçən], das; -s, -: ↑Quast, Quaste; **Quaste** ['kvastə], die; -, -n [mhd. quast(e), queste, ahd. questa = (Laub-, Feder)büschel, urspr. = Laubwerk] ⟨Vkl. ↑Quästchen⟩: **1. a)** *größere Anzahl am oberen Ende zusammengefaßter, gleich langer Fäden, Schnüre o. ä., die an einer Schnur hängen (z. B. als Verzierung an einer Gardine):* die -n an seiner Uniform, seinem Hut; ein Sofa, Vorhang mit dicken -n; **b)** *an eine Quaste* (a) *erinnerndes Büschel (Haare o. ä.):* der Schwanz des Löwen endet in einer dicken Q. **2.** (nordd.) svw. ↑Quast (a).

Quastenflosser [...flɔsɐ], der; -s, -: *Knochenfisch mit quastenförmigen Flossen;* **quastenförmig** ⟨Adj.; o. Steig.; nicht adv.⟩: *die Form einer Quaste aufweisend.*

Quästion [kvɛs'ti̯o:n], die; -, -en [lat. quaestio = (Streit)frage] (Philos.): *in einer Diskussion entwickelte u. gelöste wissenschaftliche Streitfrage;* **Quästor** ['kvɛ(:)stɔr, auch: ...to:ɐ̯], der; -s, -en [kvɛs'to:rən; 1: lat. quaestor, eigtl. = Untersuchungsrichter, zu: quaerere = untersuchen]: **1.** *(im antiken Rom) hoher Finanz- u. Archivbeamter.* **2.** (Hochschulw.) *Leiter einer Quästur* (2). **3.** (schweiz.) *Kassenwart (eines Vereins);* **Quästur** [kvɛs'tu:ɐ̯], die; -, -en [1: lat. quaestūra]: **1.** (im antiken Rom) **a)** ⟨o. Pl.⟩ *Amt eines Quästors* (1); **b)** *Amtsbereich eines Quästors* (1). **2.** (Hochschulw.) *Dienststelle einer Hochschule, die die Studiengebühren festsetzt u. erhebt.*

Quatember [kva'tɛmbɐ], der; -s, - [spätmhd. quattember < (m)lat. quattuor tempora = vier Zeiten] (kath. Kirche): *(heute nur noch liturgisch begangener) Fasttag zu Beginn jeder Jahreszeit (nach dem Kirchenjahr);* **quaternär** [kvatɛr'nɛ:ɐ̯] ⟨Adj.; o. Steig.; nicht adv.⟩ [lat. quaternārius = aus je vieren bestehend] (Fachspr., bes. Chemie): *aus vier Teilen bestehend, aus vier Bestandteilen zusammengesetzt;* **Quaterne** [kva'tɛrnə], die; -, -n [ital. quaterna, zu lat. quaternī = je vier] (veraltet): *Gruppe von vier richtigen Zahlen im Lotto;* **Quaternio** [kva'tɛrni̯o], der; -s, -nen [...'ni̯o:nən; 1: spätlat. quaternio]: **1.** (selten) *aus vier Einheiten zusammengesetztes Ganzes, zusammengesetzte Zahl.* **2.** (Buchw.) *in vier Doppelbogen abgeheftete ma. Handschrift;* **Quaternion** [kvatɛr'ni̯o:n], die; -, -en (Math.): *Zahlensystem mit vier komplexen Einheiten;* **Quatrain** [ka'trɛ̃:], das od. der; -s, -s od. -en [ka'trɛ:nən; frz. quatrain, zu: quatre = vier < lat. quattuor] (Verslehre): *(bes. in der frz. Dichtung) vierzeilige Strophe* (z. B. Quartett 3).

quatsch! [kvatʃ] ⟨Interj.⟩ [zu ↑quatschen (5)] (selten): lautm. für ein klatschendes Geräusch, z. B. beim Treten, Auftreffen auf eine nasse, breiig-weiche Masse; **Quatsch** [-], der; -[e]s [rückgeb. aus quatschen (1)]: **1.** (ugs.) **a)** (abwertend) *(Ungeduld od. Ärger hervorrufende) als dumm, ungereimt angesehene Äußerung[en]:* Q. erzählen, reden, verzapfen; ***Q. [mit Soße]** (emotional verstärkend; Entgegnung, mit der etw. zurückgewiesen werden soll): „Wir müssen jetzt gehen.“ „Q. mit Sauce.“ „Doch. Es ist halb zehn“ (Kuby,

Sieg 175); **b)** (abwertend) *als falsch, unüberlegt, unklug angesehene Handlung, Verhaltensweise; Torheit:* Mach keinen Q.! Siehst doch, daß Du nicht durchkommst (Grass, Katz 154); hier habe ich Q. gemacht *(mich geirrt, etw. falsch gemacht);* **c)** *harmloser Unfug; Alberei, Jux:* die Kinder haben den ganzen Nachmittag nichts als Q. gemacht; ich habe das nur aus Q. *(zum Spaß)* gesagt; **d)** (abwertend) *etw., was als wertlos, überflüssig, läppisch, lästig o.ä. angesehen wird:* was für einen Q. man in der Schule lernt (Faller, Frauen 92). **2.** (landsch.) svw. ↑Matsch.

quatsch-, Quatsch-: ~**bude,** die (ugs. abwertend): svw. ↑Quasselbude; ~**kommode,** die (bes. berlin. abwertend): *Radioapparat;* ~**kopf,** der (salopp abwertend): *jmd., der durch [ständige] als völlig unzutreffend od. überflüssig angesehene [dumme, alberne] Äußerungen jmds. Ärger hervorruft; dummer Schwätzer;* ~**macher,** der (ugs.): *jmd., der [dauernd] Quatsch* (1 c) *macht;* ~**naß** ⟨Adj.; o. Steig.; nicht adv.⟩ [zu ↑quatschen (5)] (ugs. emotional verstärkend): *(vom [Regen]wasser) durch u. durch, bis auf die Haut naß.*

quatschen ['kvatʃn̩] ⟨sw. V.; hat⟩ [1: übertr. von 5 od. zu niederd. quat = schlecht, böse (verw. mit ↑Kot); 5: lautm.]: **1.** (ugs.) **a)** (abwertend) *Überflüssiges, Belangloses, Unsinniges, viel u. töricht reden:* ihr sollt [im Unterricht] nicht dauernd q.; er quatscht stundenlang über seinen Ärger; und so was quatscht von Gerechtigkeit!; quatsch nicht so dämlich, dumm, kariert!; R quatsch nicht, Krause! (berlin.; *sei still!*); **b)** *etw. von sich geben, äußern:* dummes Zeug, Unsinn q.; **c)** (selten, abwertend) *jmdn. durch Quatschen* (1 a) *in einen bestimmten Zustand bringen:* Auch ein Beruf (= Pfarrer), jeden Sonntag die Leute dämlich q. (Kuby, Sieg 13). **2.** (ugs. abwertend) *(über jmd. nicht Anwesendes) in geschwätziger Weise [abfällig] reden; klatschen* (4 a): es wird so viel gequatscht; alle quatschen über mich, und kaum jemand weiß wirklich was (Hörzu 41, 1974, 26). **3.** (ugs.) *etw., was geheim bleiben sollte, weitererzählen:* wer hat denn da wieder gequatscht?; darüber wird nicht, zu niemandem gequatscht! **4.** (ugs.) *sich unterhalten, (über etw., was sich aus der Situation od. gesprächsweise ergibt) zwanglos reden:* mit jmdm., miteinander, zusammen q.; daß jemand dagewesen wäre und man hätte einfach q. können (Eppendorfer, Ledermann 24). **5.** (landsch.) *(in bezug auf eine nasse, breiig-weiche Masse) ein dem Klatschen ähnliches Geräusch hervorbringen:* der Boden quatschte unter meinen Füßen (Molo, Frieden 224); ⟨unpers.:⟩ Es quatscht in Schuh und Socken (Fels, Sünden 45); **Quatscherei** [kvatʃə'rai̯], die; -, -en (ugs. abwertend): *das Quatschen* (1 a, 2, 3); **quatschig** ['kvatʃɪç] ⟨Adj.⟩: **1.** (ugs. abwertend) *in ärgerlicher Weise dumm, albern:* -e Reden führen; sich q. aufführen, benehmen. **2.** (landsch.) *(durch Niederschläge, Hochwasser o.ä.) völlig durchweicht u. schlammig, sumpfig:* ein -er Feldweg.

Quattrocentist [kvatrotʃɛn'tɪst], der; -en, -en [ital. quattrocentista]: *Vertreter des Quattrocento;* **Quattrocento** [...'tʃɛnto], das; -[s] [ital. quattrocento, eigtl. = 400, kurz für: 1400 = 15. Jh.] (Kunstwiss., Literaturw.): *italienische Frührenaissance* (15. Jh.).

Quebracho [ke'bratʃo], das; -s [span. quebracho, quiebrahacha, eigtl. = Axtbrecher]: **1.** *[braun]rotes Holz des Quebrachobaumes, das wegen seiner besonderen Härte für schwere Holzkonstruktionen verwendet wird u. dessen Kernholz Tannin liefert.* **2.** svw. ↑Quebrachorinde; ⟨Zus.:⟩ **Quebrachobaum,** der: *zu den Sumachgewächsen gehörender mittelgroßer Baum von krummem Wuchs in Zentral- u. Südamerika;* **Quebrachorinde,** die: *an Gerbstoffen u. Alkaloiden reiche Rinde vom Stamm des Quebrachobaumes.*

queck [kvɛk; mhd. quec, ↑keck] (landsch.): svw. ↑quick; **Quecke** ['kvɛkə], die; -, -n [spätmhd. quecke, mniederd. kweken, zu ↑keck]: *stark wucherndes Ackerunkraut mit langen, kriechenden Wurzelstöcken;* ⟨Zus.:⟩ **Queckengras,** das: svw. ↑Quecke; **queckig** ['kvɛkɪç] ⟨Adj.; nicht adv.⟩: *voller Quecken;* **Quecksilber,** das; -s [mhd. quecsilber, ahd. quecsilbar, LÜ von mlat. argentum vivum = lebendiges Silber]: *silbrig glänzendes, bei Zimmertemperatur zähflüssiges Schwermetall, das bes. in wissenschaftlichen Instrumenten (z.B. Thermometern, Barometern) verwendet wird (chemischer Grundstoff);* Zeichen: Hg (↑Hydrargyrum): das Q. im Thermometer steigt, fällt; Ü das Kind ist ein [richtiges]/das rein[st]e Q. (fam.; *ist äußerst lebhaft u. unruhig*); ***Q. im Leib/im Hintern haben** (ugs.; ↑[1]Hummel).

quecksilber-, Quecksilber-: ~**barometer,** das: *Barometer, bei dem der Luftdruck durch eine Quecksilbersäule angezeigt wird;* ~**chlorid,** das (Chemie): *Verbindung von Chlor mit Quecksilber;* ~**dampf,** der, dazu: ~**dampflampe,** die (Technik): *mit Quecksilberdampf gefüllte Gasentladungslampe, die vorwiegend ultraviolettes Licht liefert u. als Leuchtstofflampe verwendet wird;* ~**fulminat,** das (Chemie): *Knallquecksilber;* ~**haltig,** (österr.:) ~**hältig** ⟨Adj.; nicht adv.⟩: *Quecksilber enthaltend;* ~**kur,** die (früher): *zur Behandlung von Syphilis durchgeführte Kur mit Quecksilbersalbe;* ~**lampe,** die (Technik): svw. ↑~dampflampe; ~**legierung,** die (Chemie): *Legierung von Quecksilber mit einem anderen Metall;* vgl. Amalgam; ~**manometer,** das: *Manometer, bei dem der Druck durch eine Quecksilbersäule angezeigt wird;* ~**präparat,** das (früher): *als Arznei- od. Desinfektionsmittel verwendetes quecksilberhaltiges Präparat;* ~**salbe,** die (früher): *zur Behandlung von Syphilis verwendete, stark quecksilberhaltige, graue Salbe;* ~**säule,** die: *in einer dünnen Glasröhre befindliches zähflüssiges Quecksilber, das unter Einfluß von [Luft]druck od. Temperatur steigt od. fällt u. den herrschenden Druck, die herrschende Temperatur anzeigt;* ~**verbindung,** die (Chemie): *[an]organische Verbindung des Quecksilbers mit anderen chemischen Elementen;* ~**vergiftung,** die: *durch Quecksilberdämpfe, organische Quecksilberverbindungen od. durch Quecksilberpräparate hervorgerufene Vergiftung; Merkurialismus.*

quecksilberig: ↑quecksilbrig; **quecksilbern** ⟨Adj.⟩: svw. ↑quecksilbrig; **quecksilbrig** ⟨Adj.; nicht adv.⟩: **1.** ⟨o. Steig.⟩ *wie Quecksilber, silbrig glänzend:* flimmert die Hitze dick und schwerflüssig, q. (Hildesheimer, Tynset 79). **2.** *äußerst lebhaft u. von Unruhe erfüllt:* ein -es Kind; er ist noch genauso q. und tatenfroh wie früher (Fallada, Herr 255).

Queder ['kve:dɐ], der; -s, - [Nebenf. von ↑Keder] (Schneiderei): *von einem geraden Stoff- od. Lederstreifen gebildeter [mit Knopf- od. Schnallenverschluß versehener] Saumabschluß an Ärmeln, an Beinen von Bundhosen o.ä.; Bündchen.*

Queen [kwi:n], die; -, -s [engl. queen = Königin]: **1.** *englische Königin.* **2.** (ugs.) *weibliche Person, die in einer Gruppe, in ihrer Umgebung auf Grund bestimmter Vorzüge im Mittelpunkt steht, am beliebtesten, begehrtesten o.ä. ist:* Sie war da ja (= auf der Kurfürstenstraße) die Q. mit ihrem Engelsgesicht (Christiane, Zoo 227). **3.** (Jargon) *femininer Homosexueller, der bes. attraktiv ist für Homosexuelle, die die männliche Rolle übernehmen.*

Quell [kvɛl], der; -[e]s, -e ⟨Pl. selten⟩ (geh.): **1.** (selten) *Quelle* (1): Ü Kräfte aus dem göttlichen Q. des Selbstes (Graber, Psychologie 57). **2.** *Urgrund, Ursprung von etw., was als Wert empfunden wird:* der Q. des Lebens.

[1]quell-, Quell- (Quelle; vgl. auch: quellen-, Quellen-): ~**bach,** der (Geogr.): *aus einer Quelle entstandener Bach;* ~**fassung,** die: *Fassung* (1 a) *einer Quelle;* ~**fluß,** der (Geogr.): *einer von mehreren Flüssen, die zu einem Strom zusammenfließen:* Werra und Fulda sind die Quellflüsse der Weser; ~**frisch** ⟨Adj.; o. Steig.; nicht adv.⟩: *frisch aus der Quelle [kommend];* ~**gebiet,** das (Geogr.): *Gebiet, in dem die Quelle eines Flusses liegt;* ~**klar** ⟨Adj.; o. Steig.; nicht adv.⟩ (geh.): *durchsichtig-klar wie eine Quelle;* ~**moos,** das: *zu den Laubmoosen gehörendes, in vielen Arten in Quellen o.ä. wachsendes Moos;* ~**nymphe,** die (griech.-röm. Myth.): *in einer Quelle wohnende Nymphe, Najade;* ~**topf,** der: *(bes. in Karstlandschaften) seenartig erweiterter Austritt einer Quelle;* ~**verkehr,** der (Verkehrsw.): *von einem bestimmten Ort[steil] ausgehender [Berufs]verkehr* (Ggs.: Zielverkehr); ~**wasser,** das ⟨Pl. -wasser⟩.

[2]quell-, Quell- ([1,2]quellen): ~**auge,** das ⟨meist Pl.⟩ (landsch.): *stark hervortretendes Auge:* mit riesenhaft großen -n (Keun, Mädchen 156); ~**bewölkung,** die (Met.): *Bewölkung in Form von Quellwolken;* ~**fähig** ⟨Adj.; nicht adv.⟩: *so beschaffen, daß die betreffende Sache durch Aufnahme von Flüssigkeit [1]quellen (2) kann:* -es Gewebe; -e Zellen, dazu: ~**fähigkeit,** die ⟨o. Pl.⟩; ~**fest** ⟨Adj.; nicht adv.⟩ (Textilind.): *so präpariert, daß das betreffende Gewebe aus Zellulosefasern beim Waschen weniger quillt u. weniger einläuft,* dazu: ~**festausrüstung,** die (Textilind.): *bestimmtes Verfahren, durch das Gewebe aus Zellulosefasern quellfest gemacht wird;* ~**festigkeit,** die; ~**kartoffel,** die (landsch.): svw. ↑Pellkartoffel; ~**kuppe,** die (Geogr.): *von Tuff bedeckte vulkanische Kuppe aus ursprünglich zähflüssiger Lava;* ~**wolke,** die (Met.): svw. ↑Kumulus.

quellbar ['kvɛlba:ɐ̯] ⟨Adj.; Steig. ungebr.; nicht adv.⟩: *quellfähig:* Gelatine ist q.; ⟨Abl.:⟩ **Quellbarkeit,** die; -.

Quelle ['kvɛlə], die; -, -n [spätmhd. (ostmd.) qwelle, wohl rückgeb. aus ↑[1]quellen; schon ahd. quella]: **1.** *an bestimmter Stelle aus der Erde tretendes, den Ursprung eines Baches, Flusses bildendes Wasser:* eine kalte, warme, heiße Q.; mineralhaltige, heilkräftige -n; die Q. sprudelt [aus einem Felsen hervor], fließt, rinnt, versickert, versiegt; eine Q. fassen *(zur Gewinnung von Trink- od. Brauchwasser die Stelle, an der die Quelle austritt, ausmauern);* Ü die -n des Lebens, wirtschaftlichen Reichtums. **2.** *etw., wovon etw. seinen Ausgang nimmt, wodurch etw. entsteht; Ursache, Anlaß:* eine Q. des Vergnügens, wachsender Unzufriedenheit, der Sorgen sein. **3.** *[überlieferter] Text, der von der wissenschaftlichen Forschung herangezogen, ausgewertet wird:* frühe, historische, literarische, unveröffentlichte -n; -n benutzen, heranziehen, zitieren. **4.** *Stelle od. Person[engruppe], von der man bes. Informationen unmittelbar erhält:* eine Information aus erster, sicherer, zuverlässiger Q. haben, erfahren; ich habe, weiß dafür eine gute Q. *(eine günstige Einkaufsmöglichkeit);* ***an der Q. sitzen** (ugs.; *gute Verbindung zu jmdm. haben u. daher zu besonders günstigen Bedingungen in den Besitz von etw. gelangen*). **5.** (Physik) *bestimmter Punkt in einem Feld* (7) (z. B. Ausgangspunkt von Kraftfeld-, Stromlinien); **[1]quellen** ['kvɛlən] ⟨st. V.; ist⟩ [mhd. quellen, ahd. quellan]: **1. a)** *[aus einer relativ engen Öffnung] in größerer Dichte [u. wechselnder Intensität] hervordringen u. in eine bestimmte Richtung drängen:* Wasser quillt aus der Erde; Blut quillt aus der Wunde; quollen mächtige Rauchwolken durch das kleine Fenster ins Freie (Kirst, 08/15, 376); quellen die Massen aus den Fabriktoren (Thielicke, Ich glaube 225); Ü Musik quoll aus dem Lautsprecher; **b)** *stark, schwellend hervortreten; sich wölben:* die Augen quollen ihm [fast] aus dem Kopf; rote Finger, deren Fleisch über die kurz geschnittenen Nägel quoll (Schneider, Erdbeben 79). **2.** *sich durch Aufnahme von Feuchtigkeit von innen heraus ausdehnen:* Hülsenfrüchte quellen, Gelatine quillt im Wasser; die Fensterrahmen sind durch den anhaltenden Regen gequollen; am Horizont quoll weißes Gewölk; Ü ihm quoll [vor Ekel, Wut] der Bissen im Mund; **[2]quellen** [-] ⟨sw. V.; hat⟩ [Veranlassungsverb zu ↑[1]quellen]: **a)** *[1]quellen* (2) *lassen:* Hülsenfrüchte müssen vor dem Kochen gequellt werden; **b)** (landsch.) *gar kochen lassen:* Kartoffeln q.

quellen-, Quellen- (vgl. auch: [1]quell-, Quell-): **~angabe,** die ⟨meist Pl.⟩: vgl. Literaturangabe; **~forschung,** die: *Ermittlung u. Erforschung der einem [literarischen] Werk zugrunde liegenden Quelle[n]* (3); **~kritik,** die: *Sichtung u. Auswertung von Quellen* (3) *nach philologisch-historischer Methode;* **~kunde,** die: *Lehre von den Quellen* (3), *ihrer Erfassung, Überlieferung u. Bewertung;* **~mäßig** ⟨Adj.; o. Steig.; nicht präd.⟩: *die Quellen* (3) *betreffend;* **~material,** das: *für eine bestimmte wissenschaftliche Arbeit zur Verfügung stehende Quellen* (3); **~nachweis,** der: svw. ↑~angabe; **~reich** ⟨Adj.; nicht adv.⟩: *viele Quellen* (1) *aufweisend:* ein -es Gebiet, Gebirge; **~sammlung,** die: *veröffentlichte Sammlung von Quellen* (3); **~studium,** das: *Studium von Quellen* (3); **~text,** der: einen Q. kritisch edieren; **~verzeichnis,** das: vgl. Literaturverzeichnis; **~werk,** das: svw. ↑~sammlung.

Queller, der; -s, - [zu ↑[1]quellen (1 b)]: *bes. im Wattenmeer wachsender, glasig-fleischiger, grünlicher Halophyt mit Blättern, die zu kleinen Schuppen zurückgebildet sind;* **Quellung** ['kvɛlʊŋ], die; -, -en: *das [1]Quellen* (2).

Quempas ['kvɛmpas], der; - [nach dem Lied *quem pastores* laudavere ..., lat. = den die Hirten lobten]: *aus den alten Weihnachtshymnen „Den die Hirten lobten sehre" und „In dulci jubilo" bestehender Wechselgesang, der nach alter Tradition in der Christmette gesungen wird.*

Quempas-: ~heft, das: *(mit dem originalen Bildschmuck versehene) Ausgabe der Quempaslieder;* **~lied,** das: *Lied aus der Sammlung alter, im Wechselchor zu singender Weihnachtslieder mit gemischt deutschen u. lateinischen Texten;* **~sänger,** der; **~singen,** das; -s: *alter weihnachtlicher Brauch, nach dem Jugendliche in der Christmette od. von Haus zu Haus gehend Quempaslieder singen.*

Quendel ['kvɛndl̩], der; -s, - [mhd. quen(d)el, ahd. quen(e)l(a) < lat. cunīla < griech. koníle]: *in Polstern wachsender, niedriger Thymian mit aromatisch duftenden, kleinen Blättern u. zahlreichen weißen bis karminroten Blüten.*

Quengelei [kvɛŋə'lai̯], die; -, -en (ugs.): **1.** ⟨o. Pl.⟩ *lästiges Quengeln.* **2.** ⟨meist Pl.⟩ *quengelige Äußerung:* man hört nur -en von dir; **quengelig,** quenglig ['kvɛŋ(ə)lɪç] ⟨Adj.⟩ (ugs.): **1.** *unzufrieden-weinerlich.* **2.** *zum Quengeln* (1 b, 2) *neigend:* Berichte von der Dienststelle ..., quengelig, meistens private Anzeigen (Johnson, Mutmaßungen 6); **quengeln** ['kvɛŋl̩n] ⟨sw. V.; hat⟩ [wahrsch. Iterativ-Intensiv-Bildung zu mhd. twengen = zwängen; (be)drängen; zum Anlautwechsel vgl. quer] (ugs.): **1. a)** *(von Kindern) leise u. kläglich vor sich hin weinen:* das Baby quengelte; **b)** *(von Kindern) jmdn. [weinerlich] immer wieder mit kleinen Wünschen, Klagen ungeduldig zu etw. drängen:* daß ihr immer q. müßt! **2.** *in griesgrämig-kleinlicher Weise etw. zu bemängeln, einzuwenden haben:* Der Mann quengelte ... über das Wetter (Bieler, Mädchenkrieg 130); du kannst auch nur q.!; ⟨Zus.:⟩ **Quengelsucht,** die ⟨o. Pl.⟩ (ugs. abwertend): *starker Hang zum Quengeln* (2); ⟨Abl.:⟩ **quengelsüchtig** ⟨Adj.⟩ (ugs. abwertend); **Quengler,** der; -s, - (ugs.): *jmd., der quengelt* (1 b, 2): **quenglig:** ↑quengelig.

Quent [kvɛnt], das; -[e]s, -e ⟨aber: 2 Quent⟩ [mhd. quintī(n), zu lat. quīntus = der fünfte (Teil)]: *früheres deutsches Handelsgewicht* (1,67 g); **Quentchen,** das; -s, - ⟨Pl. selten⟩ [Vkl. zu ↑Quent] (veraltend): *sehr kleine Menge, ein wenig:* ein Q. Zucker, Butter, Salz hinzufügen; Ü (heute noch geh.:) ein [bescheidenes, kleines, winziges] Q. Glück; als zu der Bemerkung ein Q. *(eine Spur von)* Furcht kam (Weber, Tote 236); er nahm ihnen auch dieses/das letzte Q. *(die allerletzte)* Hoffnung; daß man ... Ihnen auch nur ein Q. *(einen winzigen Bruchteil)* jener Geheiminformation zugänglich machen wird (Fichte, Versuch 185); sich kein Q. abhandeln lassen *(fest zu seiner Überzeugung stehen);* ⟨Zus.:⟩ **quentchenweise** ⟨Adv.⟩: *von Mal zu Mal nur ein kleines bißchen mehr:* er überwand seine Scheu nur q.

quer [kve:ɐ̯; md. quer(ch), mhd. twerch, ↑zwerch]: **I.** ⟨Adv.⟩ **1.** *(in bezug auf eine Lage) rechtwinklig zu einer als Länge angenommenen Linie, der Breite nach* (Ggs.: längs II): q. zu etw. verlaufen; der Wagen steht q. auf der, q. zur Fahrbahn; den Stoff beim Zuschneiden q. legen; sich q. *(mit beiden Beinen seitwärts)* auf den Stuhl setzen; Ü die Abstimmungsfronten verlaufen ... q. *(mitten)* durch die Parteien (Fraenkel, Staat 76). **2.** (in Verbindung mit der Präp. „durch" od. „über") *(in bezug auf eine Richtung) [schräg] von einer Seite zur anderen, von einem Ende zum anderen:* q. durch den Garten, den Wald, über die Straße, das Feld laufen; wir sind q. durch die Stadt, das ganze Land gefahren. **II.** ⟨Adj.; o. Steig.⟩ (selten): **1.** ⟨nur attr.⟩ *quer* (I) *verlaufend:* die (= Tiere) aus ihren -en Augenschlitzen spähen (Kaiser, Villa 92). **2.** *dem Üblichen, als normal Empfundenen zuwiderlaufend; verquer:* -e Ansichten.

quer-, Quer-: ~ab ⟨Adv.⟩ (Seemannsspr.): *rechtwinklig zur Längsrichtung [eines Schiffes];* **≃achse,** die: *in der Querrichtung verlaufende Achse* (Ggs.: Längsachse); **≃balken,** der: **a)** *Balken* (1, 2a, d), *der quer zu einem anderen liegt:* die Q. des Giebels; **b)** (Musik) svw. ↑Balken (2 e); **c)** (Sport) svw. ↑~latte (2); **≃band,** das ⟨Pl. -bänder⟩: vgl. ~streifen; **≃bau,** der ⟨Pl. -ten⟩: vgl. ~gebäude; **≃baum,** der (Sport früher): *(zum Schwebebalken weiterentwickeltes) Turngerät, dessen Balken aus der Waagerechten schräg nach oben verstellbar war u. zu Gleichgewichtsübungen u. zum Hangeln diente;* **~beet** [auch: '–'–] ⟨Adv.⟩ [vgl. ~feldein] (ugs.): *sich ohne Plan, ohne festgelegte Route, einfach drauflos irgendwohin bewegend:* q. durch den Wald laufen; der seine Männer ... q. nach Stalingrad hatte marschieren lassen (Plievier, Stalingrad 208); Ü in seiner Rede sprach er q. über Außenpolitik, Innenpolitik, Rüstung; **≃binder,** der (veraltet): svw. ↑Fliege (2); **~durch** ⟨Adv.⟩: *quer* (I 2) *hindurch;* **≃einstieg,** der (Hochschulw. Jargon): *unter Berücksichtigung anrechenbarer Studienleistungen in einem anderen Fach Einstufung des Studenten in ein höheres Semester bei Wechsel des Studienfachs;* **≃fahren,** das; -s (Ski): *Fahren mit parallel geführten Skiern quer zur Fallinie* (2 b); **≃falte,** die: *quer verlaufende Falte;* **~feldein** ⟨Adv.⟩ [wohl zusgez. aus: quer (in das) Feld (hin)ein]: *(auf ein bestimmtes Ziel hin) quer* (I 2) *durch das Gelände:* q. laufen, dazu: **~feldeinlauf,** der (Leichtathletik): *Langstreckenlauf quer durch das Gelände,* **~feldeinrennen,** das: *Radrennen auf einer zahlreiche natürliche Hindernisse aufweisenden Strecke,* **~feldeinstrecke,** die (Reiten): *(als Teilprüfung der Military durchgeführter) Geländeritt über natürliche Hindernisse;* **≃flöte,** die: *vom Spieler quer* (I 1) *gehaltene Flöte mit seitlich gelegenem Loch zum Blasen u. mit Klappen versehenen Tonlöchern;* **≃format,** das: **a)** *Format (von Bildern, Schriftstücken o. ä.), bei dem die Breite größer ist als die Höhe;* **b)** *Bild, Schriftstück* *o. ä. im Querformat* (a); ≃**fortsatz,** der (Anat.): *beiderseits des Wirbelbogens in Querrichtung abzweigender Fortsatz des Wirbels;* ≃**frage,** die: *den Gesprächsablauf unterbrechende, auf eine Querverbindung* (1) *gerichtete Frage;* ≃**furche,** die: vgl. ~falte; ≃**gang,** der (Bergsteigen): *Klettertour auf einer waagerecht in einer Felswand verlaufenden Route:* Quergänge müssen ausgeführt werden, wenn der Weg nach oben zu schwer ... ist (Eidenschink, Fels 41); ≃**gasse,** die: vgl. ~straße; ≃**gebäude,** das: *im rechten Winkel an ein Hauptgebäude angebautes Gebäude;* ≃**gehen** ⟨unr. V.; ist⟩ (ugs.): **1.** *nicht jmds. Plänen, Absichten, Erwartungen gemäß verlaufen:* von dem Tag an ging alles quer. **2.** *jmdm. nicht entsprechen u. seine Ablehnung, seinen Unwillen hervorrufen:* der Ton der ... Verkehrspolizisten ... war ihr lange quergegangen (Johnson, Ansichten 101); ≃**gestreift** ⟨Adj.; o. Steig.; nicht adv.⟩: *in der Querrichtung gestreift* (Ggs.: längsgestreift); ≃**grätschen** ⟨sw. V.⟩ (Turnen): **1.** *gleichzeitig das eine Bein vorwärts u. das andere rückwärts spreizen* ⟨hat⟩: bei einem Sprung q.; ein Sprung mit quergegrätschten Beinen. **2.** *einen Grätschsprung mit quergegrätschten* (1) *Beinen ausführen* ⟨ist⟩: über den Kasten, das Pferd q.; ≃**haus,** das (Archit.): *das Langhaus einer Kirche vor dem Chor von Norden nach Süden rechtwinklig kreuzender Raum;* ~**hin** ⟨Adv.⟩ (veraltet): *quer* (I 2) *in eine bestimmte Richtung hin:* q. durch die Wüste ziehen; ≃**holz,** das: vgl. ~balken (a): das Q. des [Fenster]kreuzes; ≃**kommen** ⟨st. V.; ist⟩ (ugs.): *bei der Ausführung von etw. störend dazwischenkommen;* ≃**kopf,** der (ugs. abwertend): *jmd., der ärgerlicherweise immer nicht so will wie die anderen,* dazu: ≃**köpfig** ⟨Adj.; Steig. selten; nicht adv.⟩ (ugs. abwertend): *sich wie ein Querkopf verhaltend; für einen Querkopf typisch:* ein -es Verhalten; ein -er Bauer, dazu: ≃**köpfigkeit,** die; - (ugs. abwertend); ≃**lage,** die (Med.): *Geburtslage quer zur Öffnung der Gebärmutter (wobei die Geburt ohne ärztlichen Eingriff nicht möglich ist);* ≃**latte,** die: **1.** *Latte* (1), *die quer zu anderen Latten gelegt ist:* die -n eines Zaunes. **2.** (Fuß-, Handball) *obere, waagerechte Latte eines Tores, die die beiden Torpfosten verbindet;* ≃**legen,** sich ⟨sw. V.; hat⟩ (ugs.): *sich jmds. Absichten widersetzen;* ≃**leiste,** die: vgl. ~latte (1): die -n einer Stuhllehne; ≃**linie,** die: vgl. ~achse; ≃**paß,** der (Fuß-, Handball): *Paß* (3) *zu einem in gleicher Höhe stehenden Mitspieler od. quer zur Torrichtung:* einen Q. geben, schlagen, spielen; ≃**pfeife,** die: *in der Militärmusik verwendete, kleine, einfache, meist hoch u. scharf klingende Querflöte;* ≃**richtung,** die: *Richtung der kürzesten Ausdehnung von etw.* (Ggs.: Längsrichtung); ≃**rille,** die; ≃**ruder,** das (Flugw.): *an den Hinterkanten der Tragflächen eines Flugzeugs angebrachte Klappe, die zur Steuerung um die Längsachse dient;* ≃**sack,** der (früher): *langer, durch einen quer verlaufenden Schlitz in zwei gleich große Beutel unterteilter Sack, der quer über der Schulter getragen wurde;* ≃**schießen** ⟨st. V.; hat⟩ (ugs.): *durch sein Verhalten etw. stören od. verhindern, was jmd. durchzusetzen imstande zu sein glaubt:* einer von euch muß doch immer q.!; ≃**schiff,** das (Archit.): svw. ↑~haus; ≃**schiffs** ⟨Adv.⟩ (Seemannsspr.): *in Querrichtung des Schiffes* (Ggs.: längsschiffs); ≃**schlag,** der (Bergmannsspr.): *(von einem Schacht ausgehender) waagerechter Gang, der quer zu den Gebirgsschichten verläuft:* einen Q. [vor]treiben; ≃**schläger,** der: **1.** *Geschoß [einer Handfeuerwaffe], das auf Grund technischer Mängel od. durch Streifen eines Gegenstandes mit seiner Längsachse quer zur Flugrichtung auftrifft:* das sirrende Geräusch eines -s. **2.** (ugs.) *jmd., der sich widersetzt:* Sie sind ein Systemkritiker, ein Q. (Ziegler, Kein Recht 201); ≃**schlägig** ⟨Adj.; o. Steig.; nicht adv.⟩ [zu ↑Querschlag] (Bergmannsspr.): *quer durch eine Lagerstätte verlaufend:* eine -e Strecke; ≃**schnitt,** der **1.** (Ggs.: Längsschnitt): **a)** *Schnitt in der Querrichtung eines Körpers, der Breite nach durch etw.:* einen Q. durch einen Stengel machen; **b)** *Darstellung der bei einem Querschnitt* (1) *entstehenden Schnittfläche:* den Q. einer Pyramide, eine Pyramide im Q. zeichnen. **2.** *Auswahl, Zusammenstellung charakteristischer Zeugnisse od. der Vertreter eines bestimmten Bereichs, einer bestimmten Gruppe o. ä.:* das Buch gibt, bietet einen [kleinen, ausgezeichneten] Q. durch die Literatur des Barock; die Befragten bilden einen repräsentativen Q. der Jungwähler; ≃**schnitt[s]gelähmt** ⟨Adj.; o. Steig.; nicht adv.⟩ (Med.): *an Querschnittslähmung leidend:* q. sein; ⟨subst.:⟩ ≃**schnitt[s]gelähmte,** der u. die; -n, -n ⟨Dekl. ↑Abgeordnete⟩: *jmd., der querschnittgelähmt ist;* ≃**schnitt[s]lähmung,** die ⟨o. Pl.⟩ (Med.): *Lähmung von Körperteilen unterhalb eines bestimmten Rückenmarkquerschnitts infolge teilweiser od. völliger Unterbrechung der Nervenbahnen durch Verletzung, Wirbel- od. Rückenmarkerkrankung;* ≃**schreiben** ⟨st. V.; hat⟩ (bes. Bankw.): *(einen Wechsel durch Unterzeichnung quer am linken Rand der Vorderseite) akzeptieren,* dazu: ≃**schreiben,** das (bes. Bankw.): *Akzept* (a); ≃**schuß,** der (ugs.): *Handlung, durch die jmd. ein Vorhaben, Unternehmen anderer vereitelt:* daß Querschüsse von links ausbleiben (Spiegel 41, 1976, 9); ≃**seite,** die: vgl. ~wand (Ggs.: Längsseite); ≃**sitz,** der (Reiten): *Reitsitz im Damensattel;* ≃**straße,** die: *Straße, die eine andere [breitere] Straße kreuzt;* ≃**streifen,** der: *quer (über etw., eine Fläche), in Querrichtung verlaufender Streifen* (Ggs.: Längsstreifen): ein Kleid mit Q.; ≃**strich,** der: vgl. ~streifen; ≃**summe,** die (Math.): *Summe der Ziffern einer mehrstelligen Zahl:* die Q. von, aus 312 ist 6; ≃**tal,** das (Geogr.): *Tal, das einen Gebirgszug kreuzt* (Ggs.: Längstal); ≃**trakt,** der: vgl. ~gebäude; ≃**treiber,** der (ugs. abwertend): *jmd., der die Pläne, Vorhaben anderer ständig zu hintertreiben sucht,* dazu: ~**treiberei,** die: *dauerndes Hintertreiben der Pläne, Vorhaben anderer;* ~**über** ⟨Adv.⟩: *schräg [gegenüber], schrägüber:* der Sergeant ... ging q. ins Wachhaus (Reinig, Schiffe 36); ≃**verbindung,** die: **1.** *Verbindung, Verknüpfung zwischen zwei od. mehreren Themen, Fachgebieten o. ä. im Hinblick auf etw., worin sie sich sachlich berühren, gegenseitig ergänzen, erhellen.* **2.** *quer durch ein Gebiet, einen Ort verlaufende direkte Verbindungslinie zwischen zwei Orten od. Ortsteilen;* ≃**verhalten,** das (Turnen): *Position, in der der Turner im rechten Winkel zur Längsachse des Turngeräts steht;* ≃**verweis,** der: *Verweis von einer Stelle eines Buches auf eine andere, wo dasselbe Wort, Thema o. ä. [unter einem anderen Aspekt] behandelt wird od. wenn zwischen den betreffenden Wörtern, Themen o. ä. ein Zusammenhang besteht;* ≃**wand,** die: *in Querrichtung (eines Gebäudes, Raumes) verlaufende Wand* (Ggs.: Längswand).

Quere ['kve:rə], die; - [md. queer, mhd. twer(e), ahd. twer(h)ī] (ugs.): *Lage, Richtung quer zu etw.:* den Stoff beim Zuschneiden in der Q. nehmen; etw. der Q. nach/(selten:) nach der Q. durchsägen, durchschneiden; meist in den Wendungen **jmdm. in die Q. kommen**/(seltener:) **geraten/laufen** (ugs.: 1. *sich für jmdn. als störend, als Hindernis, Behinderung erweisen.* 2. *jmdm. zufällig begegnen.* 3. *jmdm. in den Weg kommen, vor das Fahrzeug geraten*); **jmdm. geht alles der Q.** (ugs. veraltend; ↑verquer).

Querele [kve're:lə], die; -, -n ⟨meist Pl.⟩ [lat. querēla = Klage, Beschwerde, zu: queri = klagen] (bildungsspr.): *auf gegensätzlichen Bestrebungen, Interessen, Meinungen beruhende [kleinere] Streiterei.*

queren ['kve:rən] ⟨sw. V.; hat⟩: **1.** (geh., selten) **a)** *sich quer über etw., eine Fläche fortbewegen; überqueren:* eine Straße q.; die Fähre quert den Fluß; **b)** *(in seinem Verlauf) schneiden:* die Bundesstraße quert die Bahnlinie; ⟨auch q. + sich:⟩ Drähte, Linien queren sich *(überschneiden sich).* **2.** (Bergsteigen) *eine bestimmte Strecke im Quergang zurücklegen.*

Querulant [kveru'lant], der; -en, -en [mlat. querulans (Gen.: querulantis), 1. Part. von: querulare, ↑querulieren] (bildungsspr. abwertend): *jmd., der queruliert:* Als Q. sei er den Justizbehörden schon seit langem bekannt (MM 11. 3. 74, 9); ⟨Abl.:⟩ **Querulantentum,** das; -s (bildungsspr. abwertend): *querulatorisches Verhalten; Querulanz;* ⟨Zus.:⟩ **Querulantenwahn,** der (Med.): *auf Wahnvorstellungen beruhende Querulanz;* **Querulantin,** die; -, -nen (bildungsspr. abwertend): w. Form zu ↑Querulant; **querulantisch** ⟨Adj.⟩ (schweiz. abwertend): svw. ↑querulatorisch; **Querulanz** [...'lants], die; - (Med., sonst bildungsspr. abwertend): *querulatorisches Verhalten mit krankhafter Steigerung des Rechtsgefühls;* **Querulation** [...la'tsio:n], die; -, -en (Rechtsspr. veraltet): *Klage, Beschwerde;* **querulatorisch** [...'to:rɪʃ] ⟨Adj.⟩ (bildungsspr. abwertend): *in, von der Art eines Querulanten:* -e Neigungen; sich q. verhalten; **querulieren** [...'li:rən] ⟨sw. V.; hat⟩ [mlat. querulare = sich beschweren, zu lat. queri = nörgeln] (bildungsspr. abwertend): *ständig nörgeln, sich unnötigerweise beschweren u. dabei starrköpfig auf sein Recht pochen:* Sie ... ließ ihn ... q. (Fussenegger, Haus 521).

Querung ['kve:rʊŋ], die; -, -en: **1.** *das Queren* (1 a, 2). **2.** (Verkehrsw.) *Kreuzung* (1).

Quesal [ke'zal]: ↑[1]Quetzal.

Quese ['kve:zə], die; -, -n [mniederd. quēse, wohl zu ↑quetschen] (nordd.): **1. a)** *durch Quetschung entstandene Blase* (1 b); **b)** *Schwiele.* **2.** *[1]Finne* (1) *des Quesenbandwurms; Drehwurm;* **quesen** ['kve:zn̩] ⟨sw. V.; hat⟩ (nordd.): *quengeln* (1, 2); **Quesenbandwurm,** der; -[e]s, ...würmer: *bes. im Darm von Hunden schmarotzender Bandwurm;* **Queser** ['kve:zɐ], der; -s, - (nordd.): *Quengler;* **quesig** ['kve:zɪç] ⟨Adj.⟩ (nordd.): **1.** *quengelig* (1, 2). **2.** ⟨nicht adv.⟩ *schwielig:* -e Hände. **3.** ⟨o. Steig.; nicht adv.⟩ *von der Drehkrankheit befallen:* ein -es Schaf.

Quetsch [kvɛtʃ], der; -[e]s, -e [zu ↑[1]Quetsche] (westmd., südd.): *klares Zwetschenwasser.*

Quetsch- (quetschen): **~falte,** die: **1.** (Schneiderei) *Falte aus zwei entgegengesetzt eingelegten Falten, die an der Außenseite des Kleidungsstücks liegen.* **2.** svw. ↑Knitterfalte; **~grenze,** die (Technik): *Fließgrenze bei Einwirkung von [1]Druck* (1); **~hahn,** der (Technik): *Absperrvorrichtung, mit der [Gummi]schläuche durch Zusammenquetschen verschlossen werden;* **~kartoffeln** ⟨Pl.⟩ (landsch., bes. berlin.): *Kartoffelpüree;* **~kasten,** der, **~kommode,** die (salopp scherzh.): *Ziehharmonika, Akkordeon;* **~wunde,** die (Med.): *durch Quetschung entstandene Wunde.*

[1]**Quetsche** ['kvɛtʃə], die; -, -n (süd[west]d., westmd.): svw. ↑Zwetsche.

[2]**Quetsche** [-], die; -, -n [zu ↑quetschen]: **1.** (landsch.) svw. ↑Presse: eine Q. für Kartoffeln; *** in einer Q. sein** *(in einer schwierigen od. peinlichen Situation sein);* **in eine Q. kommen/geraten** *(in eine schwierige od. peinliche Situation kommen).* **2.** (ugs. abwertend) *kleiner unbedeutender Ort, Betrieb, Laden o. ä.:* der als Tabakarbeiter in einer kleinen Q. ... Arbeit gefunden hatte (Bredel, Väter 173); **quetschen** ['kvɛtʃn̩] ⟨sw. V.; hat⟩ [mhd. quetschen, quetzen, wohl zu lat. quatere, quassāre = schütteln, schlagen]: **1. a)** *unter Anwendung von Kraft od. Gewalt irgendwohin drücken, fest gegen etw. pressen:* jmdn. an, gegen die Mauer q.; die Nase gegen die Fensterscheibe q.; **b)** *dort, wo kaum noch Platz ist, mit Anstrengung, Mühe gerade noch unterbringen, sich unter Anwendung von Kraft gerade noch ausreichend Platz verschaffen:* sich, ein Kind an den vollbesetzten Tisch, in das überfüllte Abteil q.; den Bademantel noch mit in den Koffer q.; ein paar Zeilen an den Briefrand q.; **c)** ⟨q. + sich⟩ *sich drängend, schiebend irgendwohin bewegen:* sich durch die Sperre q.; er ... quetschte sich mit dem allgemeinen Gedränge über die Straße (Frisch, Stiller 255). **2. a)** *(von Körperteilen) unter etw. Schweres, ganz eng zwischen etw. geraten lassen u. dadurch verletzen:* sich den Finger, die Hand in der Tür, die Zehen q.; ich habe mich gequetscht; **b)** *durch Quetschen* (2) *verletzen:* der herabstürzende Balken quetschte ihm den/seinen Brustkorb. **3.** (ugs.) *(einen Körperteil) mit der Hand kräftig drücken:* Dr. Kleesaat ... quetschte meiner Mutter den Unterleib (Kempowski, Tadellöser 297); jmdm. bei der Begrüßung die Hand q.; Ü mit gequetschter Stimme *(mit hoher u. nicht voll tönender, nicht klarer Stimme; so, als sei die Kehle zusammengedrückt)* sprechen, singen; ein gequetschtes Lachen. **4.** (landsch.) **a)** *mit einer [2]Quetsche* (1) *zerdrücken:* Kartoffeln [zu Püree] q.; **b)** *auspressen* (a): den Saft aus der Zitrone q.; ⟨Abl.:⟩ **Quetschung,** die; -, -en: **1.** *das Quetschen* (2). **2.** *gequetschte Stelle; Kontusion.*

[1]**Quetzal** [kɛ'tsal], der; -s, -s [span. quetzal < Nahuatl (Indianerspr. Mittelamerikas) quetzalli, eigtl. = Schwanzfeder]: *in den Gebirgswäldern Mittelamerikas heimischer Vogel mit grünrotem, metallisch schimmerndem Gefieder u. auffallend langen, nach unten geneigten Schwanzfedern (Wappenvogel von Guatemala);* [2]**Quetzal** [-], der; -[s], -[s] ⟨aber: 5 Quetzal⟩: *Währungseinheit in Guatemala* (1 Quetzal = 100 Centavos); Abk.: Q

[1]**Queue** [kø:], das, österr. auch: der; -s, -s [frz. queue, eigtl. = Schwanz] (Billard): *Billardstock:* das Q. kiekste, der Ball lief leer (Fallada, Herr 214); [2]**Queue** [-], die; -, -s: **1.** (bildungsspr. veraltend): *lange Reihe von [wartenden] Menschen:* eine Q. bilden. **2.** (bes. Milit. veraltend) *Ende eines Zuges von Menschen, einer Kolonne* (Ggs.: Tete); ⟨Zus.:⟩ **Queueleder,** das (Billard): *lederner Kopf des [1]Queues.*

Quiche [kiʃ], die; -, -s [kiʃ; frz. quiche, wohl aus dem Germ.] (Kochk.): *Specktorte aus ungezuckertem Mürbe- od. Blätterteig.*

quick [kvɪk] ⟨Adj.⟩ [niederd. Nebenf. von ↑keck] (landsch., bes. nordd.): *munter-lebhaft, lebendig, rege:* ein -es Kind; eine -e Stadt voller Einsamkeiten (MM 1. 9. 69, 22); ⟨Abl.:⟩ **Quickheit,** die; -: *das Quicksein;* ⟨Zus.:⟩ **quicklebendig** ⟨Adj.; o. Steig.⟩ (emotional verstärkend): *voll sprühender Lebendigkeit, überaus munter:* ein -er Junge; sie ist in ihrem Alter immer noch q.; q. umherspringen; **Quickstep** ['kvɪkstɛp], der; -s, -s [engl.-amerik. quick step]: *in schnellen, kurzen Schritten getanzter Foxtrott.*

Quidam ['kvi:dam], der; - [lat. quidam] (bildungsspr. veraltet): *ein gewisser Jemand, ein Irgendwer.*

Quiddität [kvɪdi'tɛ:t], die; -, -en [mlat. quid(d)itas, zu lat. quid? = was?] (Philos.): *(in der Scholastik) das Wesen eines Dinges.*

Quidproquo [kvɪtpro'kvo:], das; -s, -s [lat. quid prō quō? = (irgend) etwas für (irgend) etwas] (bildungsspr.): *Verwechslung einer Sache mit einer anderen.* Vgl. Quiproquo.

quiek! [kvi:k] ⟨Interj.⟩: lautm. für das Quieken bes. eines Ferkels; **quieken, quieksen** ['kvi:k(s)n̩] ⟨sw. V.; hat⟩ [aus dem Niederd., lautm.]: *(bes. von Schweinen, auch von Mäusen, Ratten o. ä.) [in kurzen Abständen] einen hohen u. durchdringenden, langgezogenen, gepreßten Laut von sich geben:* die Ferkel quiekten; Ü vor Vergnügen q.; *** zum Quieken [sein]** (↑Piepen); ⟨Abl.:⟩ **Quiekser,** der; -s, - (ugs.): *schriller Laut:* sie gab einen Q. von sich.

quiemen ['kvi:mən], **quienen** ['kvi:nən] ⟨sw. V.; hat⟩ [mniederd. quīnen] (nordd.): *[sich nicht wohl, sich schwach, krank fühlen u. leise klagende Laute von sich geben:* ein quiemender Hund.

Quietismus [kvie'tɪsmʊs], der; - [zu lat. quiētus = ruhig]: **1.** *philosophisch, religiös begründete Haltung totaler Passivität* (z. B. in der Stoa). **2.** (Rel.) *(im Katholizismus des 17. Jh.s) mystische Strömung, die eine verinnerlichte, stark individuell geprägte Frömmigkeit mit passiver Grundhaltung anstrebt;* **Quietist** [...'tɪst], der; -en, -en: *Anhänger des Quietismus;* **Quietistin,** die; -, -nen: w. Form zu ↑Quietist; **quietistisch** ⟨Adj.; o. Steig.⟩: *den Quietismus betreffend;* **quieto** [kvi'e:to] ⟨Adv.⟩ [ital. quieto < lat. quiētus] (Musik): *ruhig, gelassen.*

quietsch-, Quietsch-: **~fidel** ⟨Adj.; o. Steig.⟩ (ugs. emotional verstärkend): *sehr fidel;* **~lebendig** ⟨Adj.; o. Steig.⟩ (ugs. emotional verstärkend): *ganz frisch u. munter:* er hat sich von der Grippe schnell erholt, ist wieder q.; **~naß** ⟨Adj.; o. Steig.; nicht adv.⟩ (landsch. emotional verstärkend): *quatschnaß;* **~ton,** der (ugs.): Quietschtöne, wie sie Bremsen ... von sich geben (Gute Fahrt 4, 1974, 44); **~vergnügt** ⟨Adj.; o. Steig.⟩ (ugs. emotional verstärkend): *ausgelassen fröhlich, [in] bester Laune.*

quietschen ['kvi:tʃn̩] ⟨sw. V.; hat⟩ [urspr. Nebenf. von ↑quieksen, lautm.]: **1.** *(durch Reibung) einen hohen, schrillen, langgezogenen Ton von sich geben:* die Bremsen des Autos, Zuges quietschen; die Tür, das Bett quietschte. **2.** (ugs.) *als Ausdruck einer bestimmten Gemütsbewegung, Empfindung hohe, schrille Laute ausstoßen:* „Eine Ratte!" – und die Gruppe fuhr quietschend auseinander (Geissler, Wunschhütlein 185); *** zum Q. [sein]** (↑Piepen).

quill! [kvɪl]: ↑[1]quellen.

Quillaja [kvɪ'la:ja], die; -, -s [span. quillaja < Maputsche (Indianerspr. des südwestl. Südamerika) quillay] (Bot.): *zu den Rosengewächsen gehörender, niedriger südamerikanischer Seifenbaum mit immergrünen, ledrigen Blättern;* ⟨Zus.:⟩ **Quillajarinde,** die: *gelbliche Rinde der Quillaja, deren Extrakte als milde Waschmittel, als Zusätze in Kosmetika verwendet werden; Panamarinde, Seifenrinde.*

quillen ['kvɪlən] ⟨V.; nach der 2. u. 3. Pers. Präs. quillst, quillt von ↑[1]quellen; nur im Inf. u. Präs. gebr.⟩ (dichter. veraltet, noch landsch.): ↑[1]quellen: ihre ... sanft-kräftigen Lippen ... läßt sie q. oder preßt sie verschlossen (Frisch, Gantenbein 447); **quillst** [kvɪlst], **quillt** [kvɪlt]: ↑[1]quellen.

Quinar [kvi'na:ɐ̯], der; -s, -e [lat. quīnārius, eigtl. = Fünfer]: *römische Silbermünze der Antike.*

quinkelieren [kvɪŋkə'li:rən], quinquilieren [...kvi'li:rən] ⟨sw. V.; hat⟩ [niederd. quinkeleren, älter auch: quintelieren, mhd. quintieren = in Quinten (b) singen < mlat. quintare, zu: quinta, ↑Quinte] (bes. nordd.): *(von bestimmten Singvögeln) in [schnell wechselnder] melodischer Folge helle u. feine Töne gleichsam jubelnd erklingen lassen; tirilieren:* eine Lerche quinquilierte in den Lüften; Ü eine quinkelierende Geige; **Quinquagesima** [kvɪŋkva'ge:zima] ⟨o. Art.; indekl.⟩ [mlat. quinquagesima, eigtl. = der fünfzigste (Tag vor Ostern)]: *(im Kirchenjahr) siebter Sonntag vor Ostern:* Sonntag Q./Quinquagesimä [...mɛ]; vgl. Estomihi; **Quin-**

quennium [kvɪn'kvɛni̯ʊm], das; -s, ...ien [...i̯ən; lat. quīnquennium] (veraltet): *Zeitraum von fünf Jahren;* **quinquilieren**: ↑quinkelieren; **Quinquillion** [kvɪŋkvɪ'li̯o:n], die; -, -en: svw. ↑Quintillion; **Quint** [kvɪnt], die; -, -en [2: eigtl. = fünfte Fechtbewegung, zu lat. quīntus = der fünfte]: **1.** svw. ↑Quinte. **2.** (Fechten) *Stoß od. Hieb, der gegen die rechte Brustseite geführt wird:* *** jmdm. die -n austreiben** (ugs. veraltet; *jmdn. zur Vernunft bringen;* urspr. = so mit jmdm. fechten, daß er keine Quint anbringen kann); **Quinta** ['kvɪnta], die; -, ...ten [nlat. quinta (classis) = fünfte (Klasse); a: vgl. Prima (a)]: **a)** *zweite Klasse eines Gymnasiums;* **b)** (österr.) *fünfte Klasse eines Gymnasiums.*

Quintal [frz. kɛ̃'tal, span., port., bras.: kin'tal], der; -s, -e < aber: 5 Quintal> [frz., span., port. quintal < mlat. quintale < arab. qinṭār]: *alte, etwa einem Zentner entsprechende Gewichtseinheit in der Schweiz, in Frankreich, Spanien, Portugal sowie einigen mittel- u. südamerikanischen Ländern;* Zeichen: q (vgl. Meterzentner).

Quintana [kvɪn'ta:na], die; - [zu lat. quīntānus = zum fünften (Tag) gehörig]: svw. ↑wolynisches Fieber; ⟨Zus.:⟩ **Quintanafieber,** das (Med.): svw. ↑Quintana; **Quintaner** [kvɪn'ta:nɐ], der; -s, -: *Schüler einer Quinta;* **Quintanerin,** die; -, -nen: w. Form zu ↑Quintaner; **Quinte** ['kvɪntə], die; -, -n [mlat. quinta (vox) = fünfte(r Ton)] (Musik): **a)** *fünfter Ton einer diatonischen Tonleiter vom Grundton aus;* **b)** *Intervall von fünf diatonischen Tonstufen;* ⟨Zus.:⟩ **Quintenschritt,** der (Musik): svw. ↑Quinte (b); **Quintenzirkel,** der (Musik): *Kreis, in dem alle Tonarten in Dur u. Moll in Quintenschritten dargestellt werden;* **Quinterne** [kvɪn'tɛrnə], die; -, -n [wohl span. quinterna, zu lat. quīntus = der fünfte] (veraltet): *Gruppe von fünf richtigen Zahlen im Lotto;* **Quintessenz** ['kvɪntɛsɛnts], die; -, -en [mlat. quinta essentia = feinster unsichtbarer Luft- od. Ätherstoff als fünftes Element, eigtl. = fünftes Seiendes, LÜ von griech. pémptē ousía] (bildungsspr.): *dasjenige, was als Ergebnis das Wesentliche, Wichtigste einer Sache ausmacht:* die Q. einer Diskussion, aller Überlegungen; Dies ist die Q. dessen, was ich in rund zwei Jahrzehnten ... erlebte (Zwerenz, Kopf 112); die Q. aus etw. ziehen, von etw. geben; **Quintett** [kvɪn'tɛt], das; -[e]s, -e [ital. quintetto, zu: quinto = fünfter < lat. quīntus] (Musik): **a)** *Komposition für fünf solistische Instrumente od. fünf Solostimmen [mit Instrumentalbegleitung];* **b)** *Ensemble von fünf Instrumental- od. Vokalsolisten;* **quintieren** [kvɪn'ti:rən] ⟨sw. V.; hat⟩ [zu ↑Quinte] (Musik): **1.** *auf Blasinstrumenten mit zylindrischer Bohrung (z. B. auf der Klarinette) beim Überblasen die Duodezime statt der Oktave hervorbringen.* **2.** *zu einer Grundstimme eine Gegenstimme in parallelen Quinten singen;* **Quintillion** [kvɪntɪ'li̯o:n], die; -, -en [zu lat. quīntus = fünfter, geb. nach ↑Million (eine Quintillion ist die 5. Potenz einer Million)]: *eine Million Quadrillionen* (geschrieben: 10^{30}, eine Eins mit 30 Nullen); **Quintole** [kvɪn'to:lə], die; -, -n [geb. nach ↑Triole] (Musik): *Folge von fünf Noten, deren Dauer insgesamt gleich der Dauer von drei, vier od. sechs der jeweiligen Taktart zugrunde liegenden Notenwerten ist;* **Quintsextakkord,** der, -[e]s, -e (Musik): *erste Umkehrung des Septimenakkords mit der Terz;* **Quintupel** [kvɪn'tu:pl̩], das; -s, - [zu spätlat. quīntuplex = fünffältig] (Math.): *aus fünf in einer bestimmten Folge aneinandergereihten Größen bestehender Komplex;* **Quintus** ['kvɪntʊs], der; - [lat. quīntus = fünfte] (Musik): *(oftmals später eingefügte) fünfte Stimme in Vokal- u. Instrumentalkompositionen des 16. u. 17. Jh.s.*

Quiproquo [kvipro'kvo:], das; -s, -s [lat. quī prō quō = (irgend)wer für (irgend)wen] (bildungsspr.): *Verwechslung einer Person mit einer anderen.* Vgl. Quidproquo.

Quipu ['kvɪpu], das; -[s], -[s] [Ketschua (Indianerspr. des westl. Südamerika) quípu]: *Schnur der Knotenschrift der Inkas.*

quirilieren [kviri'li:rən] ⟨sw. V.; hat⟩: svw. ↑quinkelieren.

Quirite [kvi'ri:tə], der; -n, -n [lat. Quirītis]: *im antiken Rom in den Volksversammlungen gebrauchte Bez. für den römischen Bürger.*

Quirl [kvɪrl], der; -[e]s, -e [spätmhd. (md.) quir(re)l, ahd. dwiril, mniederd. twir(e)l, zu einem germ. Verb mit der Bed. „drehen", vgl. ahd. dweran]: **1. a)** *aus einer kleineren, sternförmig gekerbten Halbkugel mit längerem Stiel bestehendes Küchengerät [aus Holz], das zum Verrühren von Flüssigkeiten [mit pulverartigen Stoffen] dient:* Eier, Milch und Mehl mit dem Q. verrühren; **b)** (ugs. scherzh.) *Ventilator:* ein Q. auf dem Armaturenbrett (Gute Fahrt 4, 1974, 59); **c)** (Fliegerspr. Jargon) *Propeller:* so blieb er mit laufendem Q. sitzen (Gaiser, Jagd 103). **2.** *jmd., der sehr lebhaft, von unruhiger Munterkeit ist:* So ein Q. wie ich und Geduld – (Hörzu 11, 1976, 49). **3.** (Bot.) *stern- od. büschelartige Anordnung von drei od. mehr Ästen, Blättern um einen Knoten* (2 a); *Wirtel:* einen Q. bilden; ⟨Abl.:⟩ **quirlen** ['kvɪrlən] ⟨sw. V.⟩ **1.** *mit dem Quirl verrühren* ⟨hat⟩: sie hat Eigelb und/mit Zucker schaumig gequirlt. **2. a)** *sich ungeordnet lebhaft [im Kreise] bewegen; sich schnell drehen* ⟨hat⟩: in der Schlucht quirlt das Wasser; Ü das geschäftige quirlende *(von unruhig-lebhaftem Treiben erfüllte)* Rom (Koeppen, Rußland 179); ⟨unpers.:⟩ An der Rezeption quirlte *(wimmelte)* es von Menschen (Weber, Tote 14); **b)** *sich quirlend* (2 a) *irgendwohin bewegen* ⟨ist⟩: der Wildbach quirlt durch die Schlucht; Ü Tanzpaare quirlten durch den Saal; **quirlig** ⟨Adj.; nicht adv.⟩: **1.** *sehr lebhaft, von unruhiger Munterkeit:* ein -es Kind. **2.** ⟨o. Steig.⟩ (Bot.) svw. ↑quirlständig: -e Blattstellung; ⟨Zus.:⟩ **quirlständig** ⟨Adj.; o. Steig.; nicht adv.⟩ (Bot.): *um einen Knoten* (2 a) *stern- od. büschelartig angeordnet.*

Quisel ['kvi:zl̩], (auch:) Quissel ['kvɪsl̩], die; -, -n [niederl. kwezel, zu: kwezelen = frömmeln, H. u.] (rhein. abwertend): *[unverheiratete, ältere] weibliche Person, die auf Grund übertriebener Empfindlichkeit, Scheinheiligkeit o. ä. unbeliebt ist; Betschwester.*

Quisling ['kvɪslɪŋ], der; -s, -e [nach dem norw. Faschistenführer V. Quisling (1887–1945)] (abwertend): *Kollaborateur:* slowakische -e (Spiegel 1/2, 1975, 69).

Quisquilien [kvɪs'kvi:li̯ən] ⟨Pl.⟩ [lat. quisquilia] (bildungsspr.): *etw., dem man keinen Wert, keine Bedeutung beimißt; Belanglosigkeiten.*

Quissel: ↑Quisel.

quitschnaß ['kvɪtʃ'nas]: ↑quietschnaß.

quitt [kvɪt] ⟨Adj.; o. Steig.; nur präd.⟩ [mhd. quīt < afrz. quite < lat. quiētus = ruhig; untätig; frei (von Störungen)] (ugs.): *einen Zustand erreicht habend, wo in bezug auf Schulden, Verbindlichkeiten ein Ausgleich stattgefunden hat:* Sofern ... die Mutter ... sich, was die unbezahlte Pension anging, als q. erachtete (A. Kolb, Daphne 30); dann ... mache ich hier alles q. *(bringe ich alles in Ordnung, ins reine)* und fange an zu studieren (Lenz, Brot 130); meist in den Verbindungen **[mit jmdm.] q. sein** (1. *jmdm. gegenüber keine Schulden mehr haben.* 2. *die Beziehungen zu jmdm. abgebrochen haben:* ich bin froh, daß ich mit Joachim q. bin [Andersch, Rote 161]); **mit jmdm. q. werden** *(mit jmdm. einig werden; klare Verhältnisse schaffen);* **jmdn., etw./**(veraltend:) **jmds., einer Sache q. sein/werden** (1. *von jmdm., etw. befreit sein, werden:* endlich sind wir diesen Querulanten q.; der Schulden wären wir nun endlich q.! 2. *jmdn., etw. eingebüßt haben, verlieren:* einen Klienten, seine Stellung, seines Amtes q. sein, werden).

Quitte ['kvɪtə, österr. auch: 'kɪtə], die; -, -n [mhd. quiten, ahd. qitina < vlat. quidonea < lat. cydōnia (māla) < griech. kydṓnia (mē̆la) = Quitten(äpfel), nach der antiken Stadt Kydōnía auf Kreta]: **1.** *in Süd- u. Mitteleuropa kultivierter, rötlichweiß blühender Obstbaum, dessen grünlichbis hellgelbe, apfel- od. birnenförmige Früchte aromatisch, sehr hart, roh nicht genießbar sind u. zu Gelee, Saft o. ä. verarbeitet werden.* **2.** *Frucht der Quitte* (1); ⟨Zus.:⟩ **quittegelb** ⟨Adj.; o. Steig.; nicht adv.⟩ (emotional verstärkend): *von hellem, leicht grünlichem Gelb:* sie trug ein -es Kleid.

quitten-, Quitten-: **~baum,** der: svw. ↑Quitte (1); **~brot,** das: *kleine Scheiben od. Würfel aus schnittfest eingekochter Quittenmarmelade (als Süßigkeit bes. in der Weihnachtszeit);* **~gelb**: ↑quittegelb; **~gelee,** der od. das; **~käse,** der (österr.): svw. ↑~brot; **~marmelade,** die; **~mus,** das; **~vogel,** der [nach der gelbbraunen Färbung der Flügelenden]: svw. ↑Eichenspinner.

quittieren [kvɪ'ti:rən] ⟨sw. V.; hat⟩ [spätmhd. quitieren, zu mhd. quīt (↑quitt) unter Einfluß von (m)frz. quitter < mlat. qui(e)t(t)are = (aus einer Verbindlichkeit) entlassen; 3: frz. quitter]: **1.** *durch Unterschrift eine Zahlung, Lieferung o. ä. bescheinigen, bestätigen:* [jmdm.] den Empfang einer Sendung, des Geldes q.; auf der Rückseite [der Rechnung] q.; würden Sie bitte q.?; er quittierte über [einen Betrag von] hundert Mark; Ü Österreichs Spitzenreiter in der Fußballmeisterschaft ... mußte bei SVS Linz ... über eine klare Niederlage q. *(mußte eine Niederlage hinnehmen, einstecken;* Neues D. 9. 6. 64, 6). **2.** *auf ein Verhalten,*

Geschehen o. ä. in einer bestimmten Weise reagieren: eine Kritik mit einem Achselzucken q.; Als ... Studenten das Urteil mit Pfeifen, Johlen und Schreien quittierten (MM 20. 3. 74, 11). **3.** (veraltend) *(eine offizielle Stellung, berufliche Tätigkeit) nicht weiter ausüben; aufgeben, niederlegen:* der Offizier, Beamte quittierte den, seinen Dienst; **Quittung** ['kvɪtʊŋ], die; -, -en [spätmhd. quit(t)unge]: **1.** *Empfangsbescheinigung, -bestätigung:* jmdm. eine Q. [über 100 Mark] ausstellen, [aus]schreiben; eine Q. unterschreiben; er gab ihr für/über den eingezahlten Betrag eine Q.; etw. [nur] gegen Q. abgeben. **2.** *unangenehme Folgen, die sich [als Reaktion anderer] aus jmds. Verhalten ergeben:* das ist die Q./nun hast du die Q. für deine Faulheit; Tulla gab Eddi ... die Q. für seine Unwissenheit *(ließ ihn deren unangenehme Folgen spüren;* Grass, Hundejahre 198); ⟨Zus.:⟩ **Quittungsblock,** der ⟨Pl. ...blocks⟩; **Quittungsformular,** das.

Quivive [ki'vi:f] in der Wendung **auf dem Q. sein [müssen]** (ugs.; *scharf aufpassen [müssen], daß man nicht benachteiligt o. ä. wird, nicht ins Hintertreffen gerät;* frz. être sur le quivive, nach dem Ruf des Wachtpostens: qui vive? = wer da?, eigtl. = wer lebt [da]?).

Quiz [kvɪs], das; -, - [amerik. quiz, eigtl. = Jux, Ulk; schrulliger Kauz, H. u.]: *bes. im Fernsehen, Rundfunk als Unterhaltung veranstaltetes Frage-und-Antwort-Spiel, bei dem die Antworten innerhalb einer vorgeschriebenen Zeit gegeben werden müssen:* ein Q. veranstalten, machen; das Q. gewinnen; an einem Q. teilnehmen.

Quiz-: ~**frage,** die; ~**master,** der: *jmd., der ein Quiz leitet;* ~**runde,** die: *Runde* (3 b) *eines Quiz:* in vier Wochen findet die nächste Q. statt; ~**sendung,** die; ~**veranstaltung,** die.

quizzen ['kvɪsn̩] ⟨sw. V.; hat⟩ (ugs.): **1.** *als Quizmaster fungieren, Quizfragen stellen.* **2.** *in einem Quiz Antworten geben:* er quizzte zehn Richtige.

quod erat demonstrandum ['kvɔt 'e:rat demɔn'strandʊm; lat. = was zu beweisen war] (bildungsspr.): *durch diese Ausführung ist das klar, deutlich geworden;* Abk.: q. e. d.

Quodlibet ['kvɔtlibɛt], das; -s, -s [lat. quod libet = was beliebt]: **1.** (Musik) *scherzhafte mehrstimmige [Vokal]komposition, in der verschiedenartigste vorgegebene Melodien[teile] humoristisch kombiniert sind u. gleichzeitig od. aneinandergereiht vorgetragen werden.* **2.** *Kartenspiel für drei bis fünf Personen.* **3.** ⟨o. Pl.⟩ (veraltet) *Durcheinander.*

quod licet Jovi, non licet bovi ['kvɔt 'li:tsɛt 'jɔvi 'no:n 'li:tsɛt 'bɔvi; lat. = was Jupiter erlaubt ist, ist nicht dem Ochsen erlaubt] (bildungsspr.): *was dem [sozial] Höhergestellten zugebilligt, nachgesehen wird, wird bei dem [sozial] Niedrigerstehenden beanstandet.*

quoll [kvɔl], **quölle** ['kvœlə]: ↑ [1]quellen.

quorren ['kvɔrən] ⟨sw. V.; hat⟩ [lautm.] (Jägerspr.): *(von Schnepfen) tiefe, knarrende Balzlaute hervorbringen.*

Quorum ['kvo:rʊm], das; -s [lat. quōrum = deren, Gen. Pl. von: qui = der (Relativpron.); nach dem formelhaften Anfangswort von Entscheidungen des römischen u. ma. Rechts] (bildungsspr., bes. südd., schweiz.): *die zur Beschlußfähigkeit einer [parlamentarischen] Vereinigung, Körperschaft o. ä. vorgeschriebene Zahl anwesender stimmberechtigter Mitglieder od. abgegebener Stimmen.*

Quotation [kvota'tsio:n], die; -, -en (Börsenw.): *Kursnotierung an der Börse;* **Quote** ['kvo:tə], die; -, -n [mlat. quota (pars), zu lat. quotus = der wievielte?]: *Anteil, der bei Aufteilung eines Ganzen auf jmdn., etw. entfällt; im Verhältnis zu einem Ganzen bestimmte Anzahl, Menge:* eine hohe, niedrige, fällige Q.; die Q. der Arbeitslosen ist gleichgeblieben, gestiegen, gesunken, zurückgegangen, beläuft sich auf 3%; **Quotelung** ['kvo:təlʊŋ], die; -, -en (Wirtsch.): *Aufteilung eines Gesamtwertes in Quoten;* **Quotenmethode,** die; -, -n: *Stichprobenverfahren der Meinungsforschung nach statistisch aufgeschlüsselten Quoten hinsichtlich der Personenzahl u. des Personenkreises der zu Befragenden* (Ggs.: Arealmethode); **Quotient** [kvo'tsiɛnt], der; -en, -en [lat. quotiēns = wie oft?, wievielmal (eine Zahl durch eine andere teilbar ist)] (Math.): **a)** *aus Zähler u. Nenner bestehender Zahlenausdruck:* einen ganzzahligen -en in Dividend und Divisor zerlegen; **b)** *Ergebnis einer Division:* den -en bestimmen, ermitteln; **quotieren** [kvo'ti:rən] ⟨sw. V.; hat⟩ [zu ↑Quote] (Wirtsch.): *den Preis, Kurs o. ä. angeben, notieren;* ⟨Abl.:⟩ **Quotierung,** die; -, -en (Wirtsch.): *das Quotieren;* **quotisieren** [kvoti'zi:rən] ⟨sw. V.; hat⟩ (Wirtsch.): *einen Gesamtwert o. ä. in Quoten aufteilen.*

quo vadis? ['kvo: 'va:dɪs; lat. = wohin gehst du?; Frage des Apostels Petrus an Jesus (Joh. 13,36 u. in der Petruslegende)] (bildungsspr.): (meist als Ausdruck der Besorgnis, der Skepsis) *wohin wird das führen?; wohin wird sich das noch entwickeln?*

R

r, R [ɛr, ↑a, A], das; -, - [mhd. r, ahd. r, hr, wr]: *achtzehnter Buchstabe des Alphabets; ein Konsonant:* ein kleines r, ein großes R schreiben.

Rabatt [ra'bat], der; -[e]s, -e [ital. rabatto (frz. rabat), zu: rabattere (frz. rabattre) = nieder-, abschlagen; einen Preisnachlaß gewähren, über das Vlat. zu lat. battuere = schlagen]: *unter bestimmten Bedingungen gewährter (meist in Prozenten ausgedrückter) Preisnachlaß:* hohe, niedrige, geringe -e; während des Schlußverkaufs gibt es, bekommt man auf alle Waren 10 Prozent R., einen R. von 10 Prozent; bei Abnahme einer größeren Menge, bei Barzahlung gewähren wir R.; **Rabatte** [ra'batə], die; -, -n [niederl. rabat, eigtl. = Aufschlag am Halskragen < frz. rabat; vgl. Rabatt]: *meist schmales, langes Beet mit Zierpflanzen, das häufig als Begrenzung von Wegen od. Rasenflächen angelegt ist;* **rabattieren** [raba'ti:rən] ⟨sw. V.; hat⟩ (Kaufmannsspr.): *für etw. Rabatt gewähren:* wir rabattieren [Ihnen] diesen Auftrag mit 30 Prozent; ⟨Abl.:⟩ **Rabattierung,** die; -, -en (Kaufmannsspr.); **Rabattkartell,** das; -s, -e (Wirtsch.): *Vereinbarung mehrerer Unternehmen über die Gewährung einheitlicher Rabatte;* **Rabattmarke,** die; -, -n: *Wertmarke (zum Sammeln u. Einkleben in ein dafür vorgesehenes Heft), die ein Kunde beim Kauf von Waren erhält, um sie als Rabatt einzulösen, wenn durch das Sammeln ein Betrag in bestimmter Höhe erreicht ist.*

Rabatz [ra'bats], der; -es [aus dem Berlin., wohl zu poln. rabać = schlagen, hauen] (ugs.): **1.** *lärmendes Geschrei, Treiben; Lärm, Krach:* was ist denn das hier für ein R.?; sie machten großen R., zogen mit großem R. durch die Straßen. **2.** *heftiger, lautstarker Protest:* die Atomkraftwerksgegner haben R. gemacht *(heftig u. lautstark protestiert).*

Rabauke [ra'baukə], der; -n, -n [niederl. rabauw, rabaut = Schurke, Strolch < afrz. ribaud, zu: riber = sich wüst aufführen < mhd. rīben = brünstig sein] (ugs.): *jmd., bes. Jugendlicher, der sich laut u. rüpelhaft benimmt, sich übel aufführt, gewalttätig vorgeht:* Minderheiten von -n verwandeln Fußballarenen ... zu Schauplätzen alkoholisierter Gewaltorgien (BM 9. 11. 76, 1).

Rabbi ['rabi], der; -[s], -nen [ra'bi:nən], auch: -s [kirchenlat. rabbi < griech. rabbí < hebr. ravvî = mein Lehrer]: **a)** ⟨o. Pl.⟩ *(im Judentum) Titel, Anrede verehrter jüdischer Lehrer, Gelehrter;* **b)** *Träger dieses Titels;* **Rabbinat** [rabi'na:t], das; -[e]s, -e: *Amt, Würde eines Rabbis;* **Rabbiner** [ra'bi:nɐ], der; -s, - [mlat. rabbinus, ↑Rabbi]: *jüdischer Schriftgelehrter, Religionslehrer;* ⟨Abl.:⟩ **rabbinisch** ⟨Adj.; o. Steig.⟩: *die Rabbiner betreffend, zu ihnen gehörend, von ihnen stammend, für sie charakteristisch.*

Räbchen ['rɛ:pçən], das; -s, -: **1.** ↑Rabe. **2.** (landsch., meist scherzh.) *wildes, freches, stets Streiche ausheckendes u. daher Aufregungen verursachendes Kind;* **Rabe** ['ra:bə], der; -n, -n ⟨Vkl. ↑Räbchen⟩ [mhd. rabe, raben, ahd. hraban, eigtl. = Krächzer, nach dem Ruf des Vogels]: *(mit den Krähen verwandter) großer, kräftiger Vogel mit schwarzem Gefieder, der krächzende Laute ausstößt:* ein zahmer R.; ***ein weißer R.** *(eine große Ausnahme, Seltenheit):* der

Staatsanwalt, weißer R. unter den braunen Richtern, büßte für Tausende seiner Kollegen (Zwerenz, Quadriga 43); **schwarz wie ein R./wie die -n** (ugs.: 1. *sehr dunkel, tiefschwarz.* 2. oft scherzh.; *[meist von Kindern] sehr schmutzig, mit Schmutz beschmiert:* die Kinder kamen vom Spielen, schwarz wie die -n; **stehlen**/(salopp:) **klauen wie ein R./wie die -n** (ugs.; *häufig, viel, ungehemmt stehlen*).

raben-, Raben-: **~aas,** das (salopp abwertend): *hinterhältiger, verschlagener Mensch* (oft als Schimpfwort): so ein R.!; **~bein,** das [vgl. ~schnabelbein] (Zool.): *Knochen im Schultergürtel der Wirbeltiere;* **~eltern** ⟨Pl.⟩ (abwertend): vgl. ~mutter; **~krähe,** die: *zu den Aaskrähen gehörender, großer schwarzer Vogel;* **~mutter,** die [nach altem Volksglauben überlassen die Raben ihre Jungen während der ersten Tage nach der Geburt völlig sich selbst] (abwertend): *lieblose, hartherzige Mutter, die ihre Kinder vernachlässigt;* **~schnabelbein,** das, **~schnabelfortsatz,** der [nach der Ähnlichkeit mit einem Rabenschnabel] (Zool., Anat.): *(bei Säugetieren u. Menschen) hakenförmiger Fortsatz am Schulterblatt (als Rest des Rabenbeins);* **~schwarz** ⟨Adj.; o. Steig.; nicht adv.⟩: vgl. kohl[pech]rabenschwarz; **~vater,** der (abwertend): vgl. ~mutter; **~vieh,** das, **~viech,** das (österr. salopp abwertend): svw. ↑~aas; **~vogel,** der (Zool.): *größerer, in vielen Arten weitverbreiteter, kräftiger Singvogel* (z. B. Dohlen, Elstern, Krähen, Raben).

rabiat [ra'bia:t] ⟨Adj.; -er, -este⟩ [mlat. rabiatus = wütend, zu lat. rabiēs = Wut, Tollheit, zu: rabere = toben]: **a)** *rücksichtlos vorgehend, roh, gewalttätig:* ein -er Kerl; Er ... stürzt, getroffen von -en Tritten, zu Boden (Bredel, Prüfung 263); sie waren, wurden r., gingen r. vor; **b)** *wütend, voller Zorn; wild:* die beiden -en Streithähne; eine -e Auseinandersetzung; sie schrie ihn r. an; **c)** (seltener) *hart durchgreifend; rigoros:* eine -e Methode; zu -en Mitteln greifen; r. durchgreifen; ⟨Abl.:⟩ **Rabiatheit,** die; -; **Rabies** ['ra:biɛs], die; - [lat. rabiēs] (Med. selten): *Tollwut.*

Rabitzdecke ['ra:bɪts-], die; -, -n: vgl. Rabitzwand; *Drahtputzdecke;* **Rabitzwand,** die; -, ...wände [nach dem Berliner Maurer K. Rabitz, der die Wand 1878 erfand] (Bauw.): *(meist als Trennwand verwendete) dünne Wand, die aus einem mit Mörtel [u. zugesetzten Faserstoffen] ausgefüllten Drahtgeflecht besteht.*

Rabulist [rabu'lɪst], der; -en, -en [lat. rabula, zu: rabere, ↑rabiat] (bildungsspr. abwertend): *jmd., der in spitzfindiger, kleinlicher, rechthaberischer Weise argumentiert u. dabei oft den wahren Sachverhalt verdreht;* **Rabulistik,** die; - (bildungsspr. abwertend): *Argumentations-, Redeweise eines Rabulisten; Spitzfindigkeit, Wortklauberei;* **rabulistisch** ⟨Adj.⟩ (bildungsspr. abwertend): *die Argumentations-, Redeweise eines Rabulisten aufweisend; in der Art eines Rabulisten geführt; spitzfindig, wortklauberisch.*

Racemat usw.: ↑Razemat usw.

rach-, Rach- (vgl. auch: rache-, Rache-): **~gier,** die (geh.): *heftiges, ungezügeltes Verlangen, sich für etw. zu rächen,* dazu: **~gierig** ⟨Adj.⟩ (geh.): *heftig, ungezügelt nach Rache verlangend, voller Rachgier:* ein -er Herrscher; r. handeln; **~sucht,** die ⟨o. Pl.⟩ (geh.): vgl. ~gier, dazu: **~süchtig** ⟨Adj.⟩ (geh.): -e Gedanken; r. sein.

Rache ['raxə], die; - [mhd. rāche, ahd. rāhha, zu ↑rächen]: *persönliche, oft von Emotionen geleitete Vergeltung einer als böse, bes. als persönlich erlittenes Unrecht empfundenen Tat; das Heimzahlen eines Unrechts, einer Demütigung, Niederlage, Beleidigung o. ä.:* eine kleinliche, niedrige, grausame, fürchterliche, blutige R.; die R. des Gegners, eines Verschmähten; das ist die R. für seine Gemeinheit; R. fordern, planen, schwören; R. üben (geh.; *jmdn., sich an jmdm. rächen*); Er wird meine R. noch zu spüren kriegen (Imog, Wurliblume 70); seine R. *(Rachsucht)* stillen; auf R. sinnen; das hat er aus R. getan; nach R. verlangen, dürsten; jmdm. mit [seiner] R. drohen; R R. ist süß/(ugs. scherzh.:) ist Blutwurst (als meist nicht ernstgemeinte Drohung, sich für etw. zu rächen); * **die R. des kleinen Mannes** (ugs., oft scherzh.; *meist nicht sehr schwerwiegende Revanche, [kleinere] Boshaftigkeit o. ä., mit der jmd. bei günstiger Gelegenheit jmdm. mit größerem Einfluß, dem er sonst nicht ohne weiteres einen Schaden zufügen kann, etw. heimzahlt*); **[an jmdm.] R. nehmen** (nachdrücklich; *sich, jmdn. [an jmdm.] rächen*).

rache-, Rache- (vgl. auch: rach-, Rach-): **~akt,** der (geh.): *Tat, die jmd. aus Rache begeht; Akt* (1 a) *der Rache;* **~durst,** der (geh.): vgl. Rachgier, dazu: **~dürstend, ~durstig** ⟨Adj.⟩ (geh.); **~engel,** der: *Engel* (1), *der jmds. Untaten rächt;* **~gedanke,** der ⟨meist Pl.⟩: *Gedanke, der aus Rache gefaßt wird; Überlegung, sich an jmdm. für etw. zu rächen:* -n waren, lagen ihm fern, stiegen in ihm auf; **~gefühl,** das ⟨meist Pl.⟩: vgl. ~gedanke: sich nicht von -en leiten lassen; **~gelüst,** das ⟨meist Pl.⟩ (geh.): vgl. ~gedanke; **~gott,** der: vgl. ~engel; **~göttin,** die: w. Form zu ↑~gott; **~plan,** der: vgl. ~gedanke; **~schwur,** der (geh.): *Schwur, Rache zu üben.*

Rachen ['raxn̩], der; -s, - [mhd. rache, ahd. rahho, urspr. lautm.]: **1.** *(bei Säugetier u. Mensch) hinter der Mundhöhle gelegener, erweiterter Teil des Schlundes; Pharynx:* der R. ist gerötet, schmerzt; dem Kranken den R. pinseln; eine Entzündung des -s. **2.** *großes [geöffnetes] Maul, Mundhöhle eines großen Tieres, bes. eines Raubtieres:* der aufgerissene R. eines Löwen, eines Krokodils, des Nilpferds; Ü der R. (geh.; *die unendliche Tiefe, der tiefe Abgrund*) der Hölle; * **jmdm. den R. stopfen** (salopp: 1. ↑[1]Mund 1 a. 2. *jmdn., der unersättlich scheint, etw. geben, überlassen, um ihn [fürs erste] zufriedenzustellen*); **den R. nicht voll [genug] kriegen [können]** (salopp; ↑Hals 2); **jmdm. etw. aus dem R. reißen** (salopp; *jmdm. etw. entreißen, entwinden; etw. vor jmdm. noch retten*); **jmdm. etw. in den R. werfen/schmeißen** (salopp; *jmdm., der unersättlich ist, es gar nicht nötig hat, etw. [ohne eine entsprechende Gegenleistung] überlassen, um ihn zufriedenzustellen*).

Rachen-: **~blütler,** der (Bot.): *in vielen Gattungen u. Arten vorkommende, meist als Kräuter od. Stauden wachsende Pflanze, deren Blüten oft einem aufgesperrten Rachen ähneln;* **~bräune,** die (volkst. veraltend): svw. ↑Diphtherie; **~enge,** die (Anat.): *von den Gaumenbogen begrenzter Übergang zwischen Mund- u. Rachenhöhle;* **~entzündung,** die: *Angina, Pharyngitis;* **~förmig** ⟨Adj.; o. Steig.; nicht adv.⟩; **~höhle,** die: *Höhlung des Rachens* (1); **~lehre,** die [nach den zwei rachenförmigen Teilen der [2]Lehre] (Technik): *Grenzlehre zur Prüfung kreisrunder Werkstücke* (z. B. von Wellen); **~mandel,** die: *(beim Menschen) im Nasen-Rachen-Raum gelegenes Organ mit zerklüfteter Oberfläche etwa von der Größe einer Mandel;* **~putzer,** der (ugs. scherzh.): **a)** *sehr saurer Wein;* **b)** *sehr scharfer Schnaps;* **~raum,** der: vgl. ~höhle; **~schnitt,** der (Med.): svw. ↑Pharyngotomie; **~spiegel,** der (Med.): *durch Nase od. Mundhöhle eingeführtes Endoskop zur Untersuchung des Rachens* (1); *Pharyngoskop;* **~tonsille,** die (Anat.): svw. ↑~mandel.

rächen ['rɛçn̩] ⟨sw. V.; hat; 2. Part. veraltet, noch scherzh. auch: gerochen⟩ [mhd. rechen, ahd. rehhan]: **1. a)** *jmdm., sich für eine als böse, als ein besonderes Unrecht empfundene Tat durch eine entsprechende Vergeltung Genugtuung verschaffen:* seinen ermordeten Freund r.; sich fürchterlich, bitter, auf grausame Art [an jmdm. für etw.] r.; endlich wollte ich mich an ihr für die vielen Demütigungen r.; **b)** *eine als böse, als ein besonderes Unrecht empfundene Tat vergelten; für etw. Vergeltung üben:* eine Kränkung, Beleidigung, ein Verbrechen r.; einen Mord an jmdm. r. **2.** ⟨r. + sich⟩ *unangenehme, üble Folgen nach sich ziehen; sich übel, schädlich auswirken:* Fehler, Mißstände rächen sich; seine Lebensweise, sein Leichtsinn wird sich noch r.; es wird sich noch r., daß du so leichtfertig mit diesen Dingen umgehst; ⟨Abl.:⟩ **Rächer,** der; -s, - [mhd. rechære, ahd. rehhāri] (geh.): *jmd., der an jmdm. Rache nimmt, etw. rächt;* **Rächerin,** die; -, -nen: w. Form zu ↑Rächer.

Rachitis [ra'xi:tɪs], auch: ra'xɪtɪs], die; -, ...itiden [...i'ti:dn̩; engl. r(h)achitis < griech. rhachĩtis (nósos) = das Rückgrat betreffend(e Krankheit), zu: rháchis = Rückgrat]: *(durch Mangel an Vitamin D hervorgerufene) bes. bei Säuglingen u. Kleinkindern auftretende Krankheit, die durch Erweichung u. Verformung der Knochen gekennzeichnet ist;* **rachitisch** [auch: ra'xɪtɪʃ] ⟨Adj.; o. Steig.; nicht adv.⟩: **a)** *an Rachitis leidend, ihre charakteristischen Symptome aufweisend:* ein -es Kind; Ü einen Spatzen, der in dem -en *(im Wachstum zurückgebliebenen, kümmerlichen)* Hollerbaum saß (Sommer, Und keiner 64); **b)** *auf Rachitis beruhend, durch sie hervorgerufen.*

Racingreifen ['reɪsɪŋ-], der; -s, - [1. Bestandteil engl. racing = (Wett)rennen, zu: to race = um die Wette fahren, laufen, verw. mit ↑rasen]: *für starke Beanspruchung geeigneter, bes. bei Autorennen verwendeter Reifen; Rennreifen.*

Racke ['rakə], die; -, -n [lautm.]: *(in mehreren Arten vorkommender) etwa taubengroßer, buntgefärbter Singvogel.*

rackeln ['rakl̩n] ⟨sw. V.; hat⟩ [lautm.] (Jägerspr.): *(vom Hahn des Rackelwildes) in der Balz dunklere, etwas rauhe*

Laute ausstoßen; **Rackelwild,** das; -[e]s: *durch Kreuzung zwischen Auerhahn u. Birkhuhn bzw. Birkhahn u. Auerhuhn entstandene Bastarde* (2).

Rackenvogel ['rakn̩-], der; -s, ...vögel (Zool.): *meist großer, leuchtend buntgefärbter Singvogel* (z. B. Racke, Eisvogel).

Racker ['rakɐ], der; -s, - [älter = Henkersknecht, aus dem Niederd. < mniederd. racker = Abdecker, Schinder] (fam.): *jmd. (bes. ein Kind), der gerne alle möglichen Streiche ausheckt, zu Schabernack aufgelegt ist, Unfug anstellt; Schlingel:* so ein R.!; **Rackerei** [rakə'rai̯], die; - (ugs.): *mühseliges, anstrengendes Arbeiten, Sichplagen; Plackerei;* **rackern** ['rakɐn] ⟨sw. V.; hat⟩ [eigtl. = wie ein Racker (= Abdecker) arbeiten] (ugs.): *mühselige Arbeit verrichten, einer anstrengenden Tätigkeit nachgehen u. sich dabei abmühen, plagen:* für jmdn. schuften und r.; schwer r.

[1]**Racket** ['rɛkət, ra'kɛt], das; -s, -s [engl. racket < frz. raquette, eigtl. = Handfläche, zu arab. rāḥa]: *Tennisschläger.*

[2]**Racket** ['rɛkət], das; -s, -s [engl. racket, eigtl. = Kram; Gaunerei, H. u.]: *(bes. in den USA) Bande von Verbrechern, Gangsterbande;* **Racketeer** [rɛkə'ti:ɐ̯], der; -s, -s [engl. racketeer]: *(bes. in den USA) Verbrecher, Gangster.*

Rack-jobber ['ræk'dʒɔbə], der; -s, - [amerik. rack jobber, aus engl. rack = Regal, Stellage u. jobber = (Zwischen)-händler] (Wirtsch.): *Großhändler od. Hersteller, der die Vertriebsform des Rack-jobbing anwendet;* **Rack-jobbing** ['ræk'dʒɔbɪŋ], das; -[s] [amerik. rack jobbing; 2. Bestandteil engl. jobbing = das Vermieten] (Wirtsch.): *Vertriebsform, bei der ein Großhändler od. Hersteller beim Einzelhändler eine Verkaufs- od. Ausstellungsfläche mietet, um in Ergänzung des vorhandenen Sortiments Waren anzubieten u. um sich das alleinige Belieferungsrecht zu sichern.*

Raclette ['raklɛt, ra'klɛt], die; -, -s, auch: das; -s, -s [frz. raclette, zu: racler = abkratzen, -streifen, über das Galloroman. zu lat. rādere, ↑radieren]: *schweizerisches Gericht, bei dem man (zu heißen Pellkartoffeln u. Salzgurken) Hartkäse an einem offenen Feuer schmelzen läßt u. die weichgewordene Masse nach u. nach auf einen Teller abstreift.*

[1]**Rad** [rat], das; -[s], - [engl. rad, Kurzwort für: **r**adiation **a**bsorbed **d**osis]: *physikalische Einheit der absorbierten Strahlungsdosis von Röntgen- od. Korpuskularstrahlen;* Zeichen: rad, rd

[2]**Rad** [ra:t], das; -es, Räder ['rɛ:dɐ; mhd. rat, ahd. rad, urspr. = das Rollende]: **1.** ⟨Vkl. ↑Rädchen⟩ *kreisrunder, scheibenförmiger, um eine Achse im Mittelpunkt drehbarer Teil eines Fahrzeugs, auf dem sich dieses rollend fortbewegen kann:* große, kleine Räder; die vorderen, hinteren Räder eines Fahrzeugs; die Räder des Fahrrads schleifen, quietschen; ein R. des Wagens ist gebrochen; vom Puppenwagen hat sich ein Rädchen gelöst; die Räder des Autos rollten, gingen über ihn hinweg, mahlten im Sand; bei Glatteis greifen die Räder nicht; ein R. am Auto austauschen, wechseln, montieren, auswuchten; die Speichen, Felgen, die Achse eines -es; der Wagen hat drei Räder, läuft auf drei Rädern; die alte Frau kam unter die Räder der Bahn *(wurde von der Bahn überfahren)*, wurde von den Rädern des Wagens erfaßt und mitgeschleift; Ü das R. des Lebens (geh.; *das Leben in seiner stetigen Entwicklung*); das R. der Geschichte, der Zeit (geh.; *die Geschichte, die Zeit in ihrem stetigen Fortschreiten*) läßt sich nicht anhalten, nicht zurückdrehen; * **das fünfte R./fünftes R. am Wagen sein** (ugs.; *in einer Gesellschaft, einer Gruppe, bei einem Unternehmen o. ä. überflüssig sein, weil man in irgendeiner Weise die Harmonie stört*); **unter die Räder kommen** (ugs.; *durch bestimmte Einflüsse verdorben, in moralischer, sozialer, finanzieller o. ä. Hinsicht völlig herunterkommen, untergehen;* nach dem Bild des Überfahrenwerdens). **2.** ⟨Vkl. ↑Rädchen⟩ *Teil einer Maschine, eines Getriebes, eines Gerätes o. ä. in Form eines Rades* (1), *das in drehender Bewegung verschiedenen Zwecken (wie Übertragung von Kräften o. ä.) dient:* ein metallenes, gezahntes R.; die Räder der Maschine surren, sausen, laufen auf Hochtouren, stehen still; ein Rädchen des Uhrwerks ist defekt; er geriet mit den Kleidern in die Räder der Maschine; eine Mühle, die noch von einem R. *(Mühlrad)* angetrieben wird; * **nur/bloß ein R., ein Rädchen im Getriebe sein** *(eine untergeordnete Stellung, Funktion haben);* **bei jmdm. ist ein R./ein Rädchen locker/fehlt ein R., ein Rädchen** (ugs.; *jmd. ist nicht ganz normal, nicht ganz bei Verstand*). **3.** ⟨Vkl. ↑Rädchen⟩ kurz für ↑Fahrrad: das R. schieben, abschließen; sich aufs R. schwingen; aufs R., vom R. steigen; mit dem R. wegfahren, stürzen. **4.** *(im MA.) der Vollstreckung der Todesstrafe dienendes Gerät in Form eines großen Rades* (1), *in dessen Speichen der Körper des Verurteilten gebunden wurde, nachdem seine Gliedmaßen vorher zerschmettert worden waren:* dem Mörder drohte das R., die Strafe des -es, die Hinrichtung durch das R.; jmdn. aufs R. binden, flechten, spannen *(ihn rädern, durch das Rad hinrichten)*. **5.** (Turnen) *seitwärts ausgeführter, langsamer Überschlag, wobei Hände u. Füße jeweils in größerem Abstand aufsetzen:* ein R. am Boden, auf dem Schwebebalken ausführen; * **ein R. schlagen** *(einen langsamen Überschlag seitwärts ausführen)*. **6.** *in einer an ein Rad* (1) *erinnernden Form fächerartig aufgestellte u. gespreizte lange Schwanzfedern bei bestimmten männlichen Vögeln:* das mächtige R. eines Pfaus; der Uhu, der Truthahn spreizte seine Schwanzfedern zu einem R.; * **ein R. schlagen** *(die Schwanzfedern fächerartig aufstellen u. spreizen):* der Pfau schlug ein R.

rad-, Rad- (vgl. auch: Räder-): **~achse,** die (Technik); **~aufhängung,** die ⟨o. Pl.⟩ (Kfz.-T.): *Aufhängung eines Rades, der Räder eines Kraftfahrzeugs;* **~ball,** der: **1.** ⟨o. Pl.⟩ *Ballspiel zweier aus je zwei Spielern bestehender Mannschaften auf Fahrrädern, bei dem es gilt, den Ball mit dem Vorder- od. Hinterrad ins gegnerische Tor zu spielen.* **2.** *beim Radball* (1) *verwendeter Ball aus Stoff;* **~dampfer,** der: *durch ein Schaufelrad im Heck od. durch zwei seitlich angebrachte Schaufelräder fortbewegtes Dampfschiff;* **~fahren** ⟨st. V.; Großschreibung von „Rad“ nur in den getrennten Formen: er fährt Rad, fuhr Rad⟩: **1.** *mit einem Fahrrad fahren* ⟨ist⟩: sie lernt r., fährt gerne Rad; ich glaube nicht, daß er radfährt; er kann weder rad- noch Auto fahren; er hat sich geweigert radzufahren. **2.** (ugs. abwertend) *den Vorgesetzten gegenüber unterwürfig sein, ihnen schmeicheln, um Vorteile zu erreichen [jedoch gegenüber Untergebenen unfreundlich sein, sie schikanieren]* ⟨hat/ist⟩; **~fahrer,** der [2: wohl nach dem Radfahrer (1), der beim Fahren gleichzeitig den Rücken krümmt u. nach unten tritt]: **1.** *jmd. der mit einem Fahrrad fährt.* **2.** (ugs. abwertend) *jmd., der radfährt* (2), *sich durch Radfahren* (2) *unbeliebt macht;* **~fahrerin,** die: w. Form zu ↑~fahrer; **~fahrweg,** der: svw. ↑~weg; **~felge,** die: svw. ↑[1]Felge (1); **~fernfahrt,** die (Sport): vgl. Fernfahrt (2); **~förmig** ⟨Adj.; o. Steig.; nicht adv.⟩; **~gabel,** die: svw. ↑Gabel (3c); **~kappe,** die: *Kappe* (2a) *in Form einer gewölbten Scheibe aus Metall zur Abdeckung der Radnabe bei Kraftfahrzeugen;* **~kasten,** der (Kfz.-T.): *in der Karosserie eines Fahrzeugs ausgesparter Raum für ein Rad;* **~kranz,** der (Technik): **a)** *äußerer Rand* (1b) *eines Rades, Felgenkranz;* **b)** *gezackter Rand* (1b) *eines Zahnrades;* **kreuz,** das (Kfz.-T. Jargon): svw. ↑Kreuzschlüssel; **~kurve,** die (Math.): svw. ↑Zykloide; **~last,** die (Technik): *von einem Rad eines Kraftfahrzeugs auf die Unterlage wirkende Kraft;* **~leier,** die: svw. ↑Drehleier; **~mantel,** der: **1.** svw. ↑Mantel (3). **2.** (früher) *weiter, ärmelloser Mantel* (1) *von rundem (radförmigem) Schnitt;* **~melde,** die [wohl nach der Form der Blütenhülle]: *Kraut od. kleiner Strauch mit kleinen, schmalen, seidig behaarten Blättern u. unscheinbaren Blüten; Kochie;* **~mutter,** die: *große Schraube mit sechskantigem Kopf zum Befestigen der Räder bei Kraftfahrzeugen;* **~nabe,** die: vgl. Nabe; **~netz,** das (Zool.): *radförmiges Netz der Kreuzspinne,* dazu: **~netzspinne,** die: svw. ↑Kreuzspinne; **~partie,** die (veraltend): svw. ↑~tour; **~polo,** das: *den Regeln von Radball entsprechendes Ballspiel für Frauen, das mit Poloschlägern gespielt wird;* **~rennbahn,** die: *Rennbahn für Radrennen;* **~rennen,** das: *meist auf Rennrädern ausgetragenes Rennen;* **~rennfahrer,** der: *jmd., der Radrennen fährt;* **~schlagen** ⟨st. V.; hat; Großschreibung von „Rad“ nur in den getrennten Formen: er schlägt Rad, schlug Rad; vgl. radfahren⟩: *einmal od. mehrmals hintereinander ein Rad* (5) *schlagen;* **~schuh,** der: *Bremsschuh, Hemmschuh* (1); **~sport,** der: *in verschiedene, meist wettkampfmäßig ausgetragene Disziplinen (wie Radrennen, Kunstfahren, Radball o. ä.) aufgeteilter Sport auf Fahrrädern;* **~sportler,** der: *jmd., der Radsport betreibt;* **~stand,** der: svw. ↑Achsstand; **~sturz,** der: svw. ↑Achssturz; **~tour,** die: *Ausflug mit dem Fahrrad;* **~wanderung,** die: vgl. ~tour; **~wechsel,** der: *Auswechseln eines Rades bei einem Fahrzeug;* **~weg,** der: *meist neben einer Straße, Fahrbahn parallel laufender, schmaler Fahrweg für Radfahrer* (1).

Radar [ra'da:ɐ̯, auch: 'ra:da:ɐ̯], der od. das; -s, -e [amerik. radar, Kurzwort aus: **ra**dio **d**etecting **a**nd **r**anging, eigtl. = Funkermittlung u. Entfernungsmessung] (Technik):

1. ⟨o. Pl.⟩ *Verfahren zur Ortung von Gegenständen im Raum mit Hilfe gebündelter elektromagnetischer Wellen, die von einem Sender ausgehen, von dem betreffenden Gegenstand reflektiert werden u. über einen Empfänger auf einem Anzeigegerät sichtbar gemacht werden:* den Standort von etw. durch R., mittels -s feststellen; deshalb geht die Polizei allzu eiligen Autofahrern mit R. zu Leibe (MM 21. 1. 67, 42). **2.** *Radargerät, Radaranlage:* das R. tastet den Luftraum ab; mit R. ausgerüstet sein.

Radar-: **~anlage,** die: vgl. ~gerät; **~astronomie,** die: *Untersuchung astronomischer Objekte mit Hilfe der Funkmeßtechnik;* **~bug,** der (Flugw.): svw. ↑Radom; **~falle,** die (ugs.): *für den Fahrer eines Kraftfahrzeugs nicht ohne weiteres erkennbare polizeiliche Geschwindigkeitskontrolle mit Hilfe von Radargeräten;* **~gerät,** das: *Gerät, das mit Hilfe von Radar* (1) *Gegenstände ortet; Funkmeßgerät;* **~kontrolle,** die (Verkehrsw.): *polizeiliche Geschwindigkeitskontrolle mit Hilfe von Radargeräten;* **~nase,** die (Flugw.): svw. ↑Radom; **~netz,** das: *Netz* (2a) *von Radarstationen;* **~schirm,** der: *Leuchtschirm eines Radargerätes;* **~station,** die: *Beobachtungsstation, die mit Radargeräten arbeitet;* **~system,** das: vgl. ~netz; **~technik,** die: svw. ↑Funkmeßtechnik, dazu: **~techniker,** der: *Techniker, Ingenieur, Fachmann auf dem Gebiet der Radartechnik; Funkmeßtechniker;* **~wagen,** der: *mit einem Radargerät ausgerüstetes Auto der Polizei, das bei Geschwindigkeitskontrollen eingesetzt wird;* **~welle,** die ⟨meist Pl.⟩ (Physik, Technik): *von einem Radargerät ausgesandte elektromagnetische Welle.*

Radau [ra'dau], der; -s [aus dem Berlin., vermutl. lautm.] (ugs.): *Lärm, Krach* (1 a): der R. der Kinder, der Maschinen war unerträglich; macht nicht solchen R.!; bei diesem R. kann man nicht arbeiten; ***R. machen/schlagen** (ugs.; ↑Krach 1 a); ⟨Zus.:⟩ **Radaubruder, Radaumacher,** der: *jmd., der [häufig] Radau macht, randaliert; Krawallmacher.*

Rädchen ['rɛːtçən], das; -s, - u. Räderchen ['rɛːdɐçən]: **1.** ⟨Pl. - u. Räderchen⟩ ↑²Rad (1–3). **2.** ⟨Pl. -⟩ **a)** *an einem Stiel drehbar befestigtes kleines Rad* (2) *mit gewelltem Rand zum Zertrennen, Ausschneiden von Teig;* **b)** *an einem Stiel drehbar befestigtes kleines Rad* (2) *mit gezahntem Rand zum Durchdrücken von Schnittmustern auf Papier.*

Rade ['raːdə], die; -, -n [mhd. rade, rat(t)e(n), ahd. rado, rato, H. u.]: **1.** (Bot.) *(zu einer Gattung der Nelkengewächse gehörende) Pflanze mit großen, purpurroten einzelnen Blüten.* **2.** kurz für ↑Kornrade.

radebrechen ['raːdəbrɛçn̩] ⟨sw. V.; radebrecht, radebrechte, hat geradebrecht, zu radebrechen⟩ [mhd. radebrechen = auf dem ²Rad (4) die Glieder brechen, später übertr. im Sinne von „eine Sprache grausam zurichten"]: *eine fremde Sprache nur mühsam u. unvollkommen sprechen:* Russisch, Deutsch, in Russisch, in Deutsch r.; sie radebrechte das Deutsche auf drollige Weise; sie stammelte und radebrechte, aber er verstand kein Wort; **radeln** ['raːdl̩n] ⟨sw. V.; ist⟩ [zu ↑²Rad (3)] (ugs., bes. südd., oft scherzh.): **a)** *mit dem Fahrrad fahren, unterwegs sein:* viel, gerne r.; wir sind 50 km geradelt; **b)** *sich mit dem Fahrrad irgendwohin begeben, in eine bestimmte Richtung bewegen:* durch den Wald, nach Hause, zur nächsten Bahnstation r.; Ich radle rechts in die Kurve, um die Hausecke (Imog, Wurliblume 75); **rädeln** ['rɛːdl̩n] ⟨sw. V.; hat⟩: **1.** *mit einem Rädchen* (2a) *zerteilen, ausschneiden:* den Teig in Streifen r.; aus dem Teig schmale Streifen r. **2.** *mit einem Rädchen* (2b) *auf eine Unterlage übertragen:* das Schnittmuster sorgfältig r.; **Rädelsführer** ['rɛːdl̩s-], der; -s, - [zu Rädlein = kreisförmige Formation einer Schar von Landsknechten < mhd. redelīn = Rädchen, Vkl. von ↑²Rad] (abwertend): *jmd., der eine Gruppe zu gesetzwidrigen Handlungen anstiftet u. sie anführt; Anführer (einer Verschwörung, eines Aufruhrs, Komplotts o. ä.):* der R. einer Bande, einer Verschwörung, Meuterei; die R. bestrafen.

Räder- ['rɛːdɐ-] (vgl. auch: rad-, Rad-): **~fahrzeug,** das: *Fahrzeug, das sich auf Rädern fortbewegt;* **~getriebe,** das (Technik): *Getriebe, bei dem die Übertragung des Drehmoments durch Räder, bes. Zahnräder, geschieht;* **~tier,** das ⟨meist Pl.⟩ (Zool.): *in vielen Arten bes. im Süßwasser lebendes, kleines, wurm- od. sackförmiges Tier, das seine Nahrung mit Hilfe eines radförmigen, mit Wimpern versehenen Organs strudelnd dem Magen zuführt; Rotatorien;* **~werk,** das: *Gesamtheit der ineinandergreifenden ²Räder* (2) *in einer Maschine, in einem Getriebe o. ä.:* das R. einer Uhr; Ü (oft abwertend:) das R. der Justiz, der Behörden.

Räderchen: Pl. von ↑Rädchen (1); **-räderig**: ↑-rädrig; **rädern** ['rɛːdɐn] ⟨sw. V.; hat⟩ /vgl. gerädert/ [mhd. reder(e)n]: *(im MA.) einem zum Tode Verurteilten mit einem ²Rad* (4) *die Gliedmaßen zerschmettern u. danach seinen Körper in die Speichen des Rades binden; durch das Rad hinrichten.*

Radi ['raːdi], der; -s, - [mundartl. Form von ↑Rettich] (bayr., österr. ugs.): *Rettich;* ***einen R. kriegen** (bayr., österr. ugs.; *gerügt werden*).

radial [ra'di̯aːl] ⟨Adj.; o. Steig.⟩ [zu lat. radius, ↑Radius] (bes. Technik): *den Radius betreffend, in der Richtung eines Radius verlaufend; von einem Mittelpunkt [strahlenförmig] ausgehend od. auf ihn hinzielend:* -e Kräfte, Belastungen; Gürtelreifen mit einer -en Fadenführung der Karkasse (Auto 8, 1965, 50); ringförmig und r. verlaufende Straßen.

radial-, Radial-: **~geschwindigkeit,** die (Physik, Astron.): *Geschwindigkeit in Richtung des Radiusvektors; (bei Gestirnen) Geschwindigkeit auf der Linie zwischen Beobachter u. Gestirn;* **~linie,** die (österr.): *von der Stadtmitte zum Stadtrand führende Straße, Straßenbahnlinie o. ä.;* **~reifen,** der: *Gürtelreifen;* **~symmetrie,** die (Zool.): *Grundform des Körpers bestimmter Lebewesen, bei der neben einer Hauptachse senkrecht zu dieser verlaufende, untereinander gleiche Nebenachsen zu unterscheiden sind; Strahlensymmetrie* (z. B. bei Hohltieren), dazu: **~symmetrisch** ⟨Adj.; o. Steig.⟩ (Zool.); **~turbine,** die (Technik): *Turbine mit radialer Zuführung des Arbeitsmittels zum Laufrad.*

Radialität [radi̯ali'tɛːt], die; - [zu ↑radial] (bes. Technik): *radiale Anordnung, Richtung; radialer Verlauf;* **Radiant** [ra'di̯ant], der; -en, -en [zu lat. radiāns (Gen.: radiantis), 1. Part. von: radiāre = strahlen, zu: radius, ↑Radius]: **1.** (Math.) *Winkel, für den das Verhältnis Kreisbogen zu Kreisradius den Wert 1 hat (Einheit des Winkels im Bogenmaß);* Zeichen: rad **2.** (Astron.) *scheinbarer Punkt der Ausstrahlung eines Schwarms von Meteoren;* **radiär** [ra'di̯ɛːɐ̯] ⟨Adj.; o. Steig.⟩ [frz. radiaire, zu lat. radius, ↑Radius] (Fachspr.): *strahlenförmig angeordnet, verlaufend; strahlig;* **Radiästhesie** [radi̯ɛste'ziː], die; - [zu lat. radius (↑Radius) u. griech. aísthēsis = Wahrnehmung]: *Fähigkeit, mit Hilfe von Pendeln od. Wünschelruten Erdstrahlen* (2) *wahrzunehmen u. so z. B. Wasser- u. Metallvorkommen aufzuspüren;* **Radiation** [radi̯a'tsi̯oːn], die; -, -en [lat. radiātio = das Strahlen] (Fachspr.): *Strahlung, das Ausstrahlen* (1); **Radiator** [ra'di̯aːtɔr, auch: ...toːɐ̯], der; -s, -en [radi̯a'toːrən]: *Heizkörper bei Zentralheizungen, der die Wärme abstrahlt.*

Radicchio [ra'dɪki̯o], der; -s [ital. radicchio, zu lat. rādīcula, Vkl. von: rādīx = Wurzel]: *bes. in Italien angebaute Art der Zichorie mit rotweißen, leicht bitter schmeckenden Blättern, die als Salat zubereitet werden.*

Radien: Pl. von ↑Radius.

Radier-: **~gummi,** der; -s, -s: *Stück Gummi od. gummiähnlicher Plastikmasse zum Radieren* (1); **~kunst,** die ⟨o. Pl.⟩: *Kunst, Technik der Herstellung von Radierungen; Ätzkunst;* **~messer,** das: *sehr scharfes, kleines Messer zum Radieren* (1); **~nadel,** die: *zum Herstellen von Radierungen verwendeter zugespitzter Stift aus Stahl.*

radieren [ra'diːrən] ⟨sw. V.; hat⟩ [lat. rādere = (aus)kratzen, (ab)schaben]: **1.** *Geschriebenes, Gezeichnetes o. ä. mit einem Radiergummi od. [Radier]messer entfernen, tilgen:* in dem Schriftstück war an verschiedenen Stellen radiert worden; diese Tinte läßt sich nicht r. **2.** (bild. Kunst) *mit einer Radiernadel nach dem Verfahren der Radierung* (1) *in eine Kupferplatte ritzen:* der Künstler hat viel radiert; eine radierte Landschaft; ⟨Abl. zu 2:⟩ **Radierer,** der; -s, -: *Künstler, der Radierungen herstellt;* **Radierung,** die; -, -en (bild. Kunst): **1.** ⟨o. Pl.⟩ *künstlerisches Verfahren, bei dem mit einer Radiernadel die Zeichnung in eine mit einer säurebeständigen Schicht versehene Kupfer-, auch Zinkplatte eingeritzt u. (zur Herstellung von Abzügen) durch Eintauchen in eine Säure eingeätzt wird.* **2.** *durch das Verfahren der Radierung* (1) *hergestelltes graphisches Blatt.*

Radieschen [ra'diːsçən], das; -s, - [Vkl. von älter: Radies (m.) < niederl. radijs, frz. radis < ital. radice < lat. rādīx (Gen.: rādīcis) = Wurzel]: **1.** *niedrige, krautige Pflanze, die wegen ihrer unterirdisch wachsenden eßbaren Knollen angebaut wird:* R. säen, ziehen, anbauen; ***sich** ⟨Dativ⟩ **die R. von unten ansehen/besehen/betrachten** (salopp; *gestorben u. begraben sein*). **2.** *dem Rettich ähnliche, kleinere, rundliche, rote, scharf schmeckende Knolle des Radieschens* (1), *die als Beilage roh gegessen wird.*

radikal [radi'kaːl] ⟨Adj.⟩ [frz. radical < spätlat. rādīcālis

= mit Wurzeln versehen (vgl. spätlat. rādīcāliter [Adv.] = mit Stumpf u. Stiel, von Grund aus), zu lat. rādīx, ↑Radieschen]: **1. a)** *vollständig, gründlich; ohne Kompromisse vorgehend; von Grund aus, ganz u. gar:* eine -e Umgestaltung, Änderung, Vereinfachung der Lebensgewohnheiten; ein -er Bruch mit der Vergangenheit; ein -es *(stark wirkendes)* Mittel anwenden; die Änderung war ihm nicht r. genug; etw. r. verneinen, bejahen, vereinfachen, abschaffen; **b)** *mit Rücksichtslosigkeit u. Härte vorgehend; bis zum Äußersten gehend; ohne Rücksichtnahme, rigoros durchgreifend; hart, rücksichtslos:* -e Methoden, Maßnahmen, Forderungen; sich in -er Weise jmds. entledigen, von jmdm. lossagen; er ist in allem, was er tut, sehr r.; r. gegen jmdn., etw. vorgehen. **2.** *in politischer, ideologischer, weltanschaulicher Hinsicht eine extreme, übersteigerte Richtung vertretend [u. gegen die bestehende Ordnung ankämpfend]; von einer extremen, übersteigerten politischen Haltung, Weltanschauung zeugend:* -e Elemente, Gruppen, Parteien; der -e linke, rechte Flügel einer Partei; -e Ideen, Tendenzen, Anschauungen; das Programm dieser Partei ist äußerst r.; r. denken, gesinnt sein; **Radikal** [-], das; -s, -e: **1.** (Chemie) *Gruppe von Atomen, die wie ein Element als Ganzes reagieren, eine begrenzte Lebensdauer besitzen u. chemisch sehr reaktionsfähig sind.* **2.** (Math.) *durch Wurzelziehen erhaltene mathematische Größe.*

Radikal-: ~**kur,** die: *Behandlung einer Krankheit, Heilverfahren mit sehr starken, den Organismus oft sehr belastenden Mitteln:* er versuchte, mit einer R. gegen die Erkältung anzugehen; Ü Die Labour-Regierung Wilson wollte mit ihrer R. noch größere Verluste vermeiden (Spiegel 52, 1965, 66); ~**mittel,** das: vgl. ~kur; ~**operation,** die (Med.): *Operation, bei der ein krankes Organ od. ein Krankheitsherd vollständig beseitigt wird.*

Radikale [radiˈkaːlə], der u. die; -n, -n ⟨Dekl. ↑Abgeordnete⟩: *jmd., der einen politischen Radikalismus vertritt, politisch radikal ist [u. gegen die bestehende Ordnung ankämpft];* ⟨Zus.:⟩ **Radikalenerlaß,** der (Bundesrepublik Deutschland): *Erlaß, nach dem jmd., der Mitglied einer extremistischen Organisation ist, nicht im öffentlichen Dienst beschäftigt werden darf;* **Radikalinski** [radikaˈlɪnski], der; -s, -s [geb. aus ↑radikal u. der Endung -inski in slaw. Familienn.] (ugs. abwertend): *Unruhe, Aufruhr, Aufregung verursachender, wirrköpfiger Radikaler, Radikalist:* der im Interesse einer funktionierenden Demokratie bestrebt sein muß, daß keine -s irgendwo zum Zuge kommen können (BM 28. 3. 76, 2); **radikalisieren** [...liˈziːrən] ⟨sw. V.; hat⟩: *zu einer extremen, radikalen Haltung bringen, gelangen lassen; in eine radikale Richtung, ins Extrem treiben:* die Arbeiter einer Fabrik, die Ansichten der Bevölkerung r.; ⟨auch r. + sich:⟩ Was wollen die Nationalsozialisten? ... Nach welcher Richtung radikalisieren sie sich? (K. Mann, Wendepunkt 226); ⟨Abl.:⟩ **Radikalisierung,** die; -, -en; **Radikalismus** [...ˈlɪsmʊs], der; -, ...men ⟨Pl. selten⟩: **1.** *radikale* (1), *extreme, bis zum Äußersten gehende Haltung, Einstellung; unerbittliche, unnachgiebige, rigorose Haltung, Denk- u. Handlungsweise:* er neigt zu einem gewissen R. in allem, was er tut. **2.** *radikale* (2), *ins Extrem gesteigerte, rücksichtslos bis zum Äußersten gehende politische, ideologische, weltanschauliche Richtung, Haltung, Handlungsweise:* dem R. verfallen; den Radikalismen von links und rechts einen entschiedenen Kampf ansagen; **Radikalist,** der; -en, -en: svw. ↑Radikale: So kommt es, daß -en die Schwächen einer Demokratie für sich nutzen (MM 11. 4. 70, 32); **radikalistisch** ⟨Adj.⟩: *den Radikalismus betreffend, zu ihm gehörend, auf ihm beruhend:* -e Tendenzen; ihre Forderungen waren noch -er; sich r. gebärden; **Radikalität** [...liˈtɛːt], die; -: *das Radikalsein, radikale* (1, 2) *Art u. Weise, Beschaffenheit;* **Radikand** [radiˈkant], der; -en, -en [zu lat. rādīcandus, Gerundivum von: rādīcāre = Wurzel schlagen, zu: rādīx, ↑Radieschen] (Math.): *Zahl, mathematische Größe, deren Wurzel berechnet werden soll.*

Radio [ˈraːdi̯o], das; -s, -s [amerik. radio, Kurzf. von radiotelegraphy = Übermittlung von Nachrichten durch Ausstrahlung elektromagnetischer Wellen, zu lat. radius, ↑Radius]: **1.** ⟨südd., schweiz. auch: der⟩ *Rundfunkgerät, -empfänger, Radioapparat:* ein neues, modernes, altes, kleines R.; sein R. läuft, spielt den ganzen Tag, ist defekt; das R. einschalten, anstellen, andrehen, abstellen, abschalten, ausschalten, auf Zimmerlautstärke stellen; aus dem R. drang, tönte Musik; eine Sendung vom R. auf Tonband aufnehmen. **2.** ⟨o. Pl.⟩ **a)** *Rundfunk, Hörfunk (als die durch das Rundfunkgerät verkörperte Einrichtung zur Übertragung von Darbietungen in Wort u. Ton):* das R. bringt, im R. kommt heute eine interessante Sendung; sie haben nicht einmal R.; er hört immer nur R. *(hört immer nur Rundfunksendungen);* das Fußballspiel wird nur im R. übertragen; er hat die Nachricht im R. gehört; **b)** ⟨o. Art., in Verbindung mit dem Namen einer Stadt, eines Landes⟩ *Sender, Rundfunkanstalt:* R. Luxemburg bringt Musik; er arbeitet bei R. Bremen; eine Sendung von R. Zürich.

[1]**Radio-** (Radio): ~**apparat,** der: *Rundfunkgerät, -empfänger;* ~**durchsage,** die: vgl. ~meldung; ~**gerät,** das: svw. ↑~apparat; ~**meldung,** die: *Meldung, die durch den Rundfunk verbreitet, übertragen wird;* ~**musik,** die: vgl. ~meldung; ~**programm,** das: svw. ↑Rundfunkprogramm; ~**recorder,** der: *Gerät, das eine Kombination von Kassettenrecorder u. [Koffer]radio darstellt;* ~**röhre,** die (Technik): *in der Rundfunktechnik verwendete Elektronenröhre;* ~**sender,** der: svw. ↑Rundfunksender; ~**sendung,** die: vgl. ~meldung; ~**sonde,** die (Technik, Met.): *mit einem Ballon in hohe Luftschichten aufsteigendes Meßgerät, dessen Ergebnisse von Messungen in der freien Atmosphäre drahtlos an eine Bodenstation übermittelt werden;* ~**sprecher,** der: svw. ↑Rundfunksprecher; ~**sprecherin,** die: w. Form zu ↑~sprecher; ~**station,** die: svw. ↑Rundfunkstation; ~**technik,** die ⟨o. Pl.⟩: svw. ↑Rundfunktechnik; ~**telefon,** das, ~**telegrafie,** die usw.: svw. ↑Funktelefon, Funktelegrafie usw.; ~**wecker,** der: *mit einem Radio* (1) *verbundener Wecker, der zu einer bestimmten eingestellten Zeit das Radio spielen läßt;* ~**welle,** die ⟨meist Pl.⟩ (Technik, Physik): *bei Funk u. Rundfunk verwendete elektromagnetische Welle;* ~**zeit,** die (ugs.): *genaue, durch den Rundfunk übermittelte, danach ausgerichtete Uhrzeit.*

radio-, [2]**Radio-** [radi̯o-; zu lat. radius = Strahl, ↑Radius] ⟨Best. in Zus. mit der Bed.⟩: *Strahl, Strahlung* (z. B. radioaktiv, Radiometer, Radiotherapie): **radioaktiv** ⟨Adj.; Steig. ungebr.⟩ (bes. Physik): *Radioaktivität aufweisend, mit ihr zusammenhängend, zu ihr gehörend:* -e Stoffe, Elemente; -er Müll; -e Strahlen; -er Zerfall; die Substanzen, Gase sind r. geworden; r. verseuchte Luft; **Radioaktivität,** die; - (bes. Physik): **a)** *Eigenschaft instabiler Atomkerne bestimmter chemischer Elemente, [ohne äußere Einflüsse] zu zerfallen, sich umzuwandeln u. dabei bestimmte Strahlen auszusenden; Kernzerfall, Kernumwandlung:* natürliche, künstliche R.; die R. bestimmter Isotope, Nuklide; **b)** *durch Radioaktivität* (a) *hervorgerufene Strahlung:* das stetige Ansteigen der R. unserer Atmosphäre (Natur 32); **Radioastronomie,** die; -: *Teilgebiet der Astronomie, das die aus dem Weltraum, z. B. von den Gestirnen, kommende elektromagnetische Strahlung untersucht;* **radioastronomisch** ⟨Adj.; o. Steig.; nicht präd.⟩ (Astron.); **Radiobiologie,** die; -: svw. ↑Strahlenbiologie; **Radiochemie,** die; -: *Teilgebiet der Kernchemie, das sich mit den radioaktiven Elementen, ihren chemischen Eigenschaften u. Reaktionen sowie ihrer praktischen Anwendung befaßt;* **radiochemisch** ⟨Adj.; o. Steig.; nicht präd.⟩ (Physik, Chemie); **Radioelement,** das; -[e]s, -e (Chemie): *radioaktives Element;* **Radiofenster,** das; -s (Astron. Jargon): *Bereich, in dem die Erdatmosphäre für bestimmte Wellenlängen der Radiofrequenzstrahlung durchlässig ist;* **Radiofrequenzstrahlung,** die; -, -en (Astron., Physik): *elektromagnetische Strahlung kosmischer Objekte;* **radiogen** ⟨Adj.; o. Steig.⟩ [↑-gen] (Physik, Chemie): *durch radioaktiven Zerfall entstanden;* **Radiogramm,** das; -s, -e [↑-gramm]: **1.** *durch Radiographie* (1) *hergestellte fotografische Aufnahme.* **2.** (früher) *Funktelegramm;* **Radiographie,** die; - [↑-graphie]: **1.** *das Durchstrahlen u. Fotografieren mit Hilfe von ionisierenden Strahlen.* **2.** *Verfahren zum Nachweis radioaktiver Substanzen in lebenden Organismen od. Materialproben;* **Radioindikator,** der; -s, -en (Technik, Chemie, Physik, Biol.): *künstlich radioaktiv gemachtes Isotop, das als Indikator* (2) *einer Substanz, einem Organ zugeführt wird u. den Ablauf einer Reaktion markiert;* **Radiojodtest,** der; -[e]s, -s, auch: -e (Med.): *Prüfung der Schilddrüsenfunktion durch Untersuchung des zeitlichen Durchsatzes von oral verabreichtem, radioaktiv angereichertem Jod;* **Radiokarbonmethode,** die; - (Chemie, Geol.): *Verfahren zur Altersbestimmung ehemals organischer Stoffe durch Ermittlung ihres Gehalts an radioaktivem Kohlenstoff;* **Radiolarie** [...ˈlaːri̯ə], die; -, -n ⟨meist Pl.⟩ [zu spätlat. radiolus, Vkl. von lat. radius, ↑Radius]: svw. ↑Strahlentierchen; ⟨Zus.:⟩ **Radiola-**

rienschlamm, der (Geol.): *rote, tonige, an Skeletten der Radiolarien reiche Ablagerung in der Tiefsee;* **Radiolarit** [...la'ri:t, auch: ...rıt], der; -s (Geol.): *aus Skeletten der Radiolarien entstandenes, rotes od. braunes, sehr hartes Gestein;* **Radiologe,** der; -n, -n [↑-loge]: *Facharzt auf dem Gebiet der Radiologie;* **Radiologie,** die; - [↑-logie]: *Wissenschaft von den ionisierenden Strahlen, bes. den Röntgenstrahlen u. den Strahlen radioaktiver Stoffe u. ihrer Anwendung;* **radiologisch** ⟨Adj.; o. Steig.; nicht präd.⟩ (Fachspr.); **Radiometeorologie,** die; -: *Teilgebiet der Meteorologie, auf dem Radiowellen für meteorologische Untersuchungen benutzt bzw. die meteorologischen Einflüsse auf die Ausbreitung von Radiowellen in der Erdatmosphäre untersucht werden;* **Radiometer,** das; -s, - [↑-meter (1)] (Physik): *Gerät zur Messung von [Wärme]strahlung mit einem leicht drehbar in einem evakuierten Glaskolben aufgehängten Plättchen aus Glimmer od. Metall;* **Radiometrie,** die; - [↑-metrie] (Physik): **1.** *Messung von [Wärme]strahlung* (z. B. mit dem Radiometer). **2.** *Messung radioaktiver Strahlung;* **Radionuklid,** das; -[e]s, -e (Kernphysik): *radioaktives Nuklid;* **Radioquelle,** die; -, -n (Astron., Physik): *eng umgrenzte Stelle in der Sphäre des Himmels, die sich durch starke Radiofrequenzstrahlung aus der allgemeinen Himmelsstrahlung heraushebt;* **Radiostern,** der (Astron. veraltend): *punktförmige Radioquelle;* **Radiostrahlung,** die; -, -en: svw. ↑Radiofrequenzstrahlung; **Radiosturm,** der; -[e]s, -stürme (Astron. Jargon): *über längere Zeit andauernde Verstärkung der Radiofrequenzstrahlung der Sonne;* **Radioteleskop,** das; -s, -e (Astron.): *Gerät für den Empfang der aus dem Weltraum kommenden Radiofrequenzstrahlung;* **Radiotherapie,** die; - (Med.): *Behandlung von Krankheiten durch Bestrahlung, bes. mit Röntgenstrahlen od. mit radioaktiven Strahlen.*

Radium ['ra:dium], das; -s [zu lat. radius, ↑Radius; das Metall zerfällt unter Aussendung von „Strahlen" in radioaktive Bruchstücke]: *radioaktives, weißglänzendes Schwermetall, das früher vor allem zur Herstellung von Leuchtstoffen u. für Bestrahlungen in der Krebstherapie verwendet wurde (chemischer Grundstoff);* Zeichen: Ra

radium-, Radium-: **~emanation,** die; - (veraltet): svw. ↑Radon; vgl. Emanation (3); **~haltig** ⟨Adj.; nicht adv.⟩: *Radium enthaltend:* -e Stoffe; **~therapie,** die ⟨o. Pl.⟩ (Med.): *Behandlung von Krankheiten durch Bestrahlung mit Radium.*

Radius ['ra:dius], der; -, ...ien [...iən; lat. radius = Stab; Strahl]: **1.** (Math.) *halber Durchmesser eines Kreises od. einer Kugel; Halbmesser:* den R. eines Kreises berechnen, abmessen; eine Kugel mit einem R. von 5 cm; Zeichen: r **2.** kurz für ↑Aktionsradius (1, 2): der R. eines Schiffes, eines Flugzeugs; Meine Schulter ist ein wenig gelähmt, und über einen beschränkten R. hinaus kann ich die Arme nicht bewegen (Böll, Mann 9); ⟨Zus. zu 1:⟩ **Radiusvektor,** der (Math., Physik): *Leitstrahl* (2 a, b).

Radix ['ra:dıks], die; -, ...izes [ra'di:tse:s; lat. rādīx, ↑Radieschen]: **1.** (Bot., Pharm.) *Wurzel einer Pflanze.* **2.** (Anat.) *Wurzel eines Nervs, Organs, Körperteils* (z. B. beim Zahn, Haar); **radizieren** [radi'tsi:rən] ⟨sw. V.; hat⟩ (Math.): *die Wurzel einer Zahl ermitteln.*

Radler ['ra:dlɐ], der; -s, - [zu ↑²Rad (3); 2: wegen des geringen Alkoholgehaltes ist das Getränk wohl bes. für Radler (1) geeignet]: **1.** svw. ↑Radfahrer (1). **2.** (landsch., bes. südd.) *Erfrischungsgetränk aus Bier u. Limonade;* ⟨Zus. zu 2:⟩ **Radlermaß,** die: svw. ↑Radler (2); **Radlerin,** die; -, -nen: w. Form zu ↑Radler (1).

Radom [ra'do:m], das; -s, -s [engl. radome, zusgez. aus: radar dome = Radarkuppel]: *für elektromagnetische Wellen durchlässige, als Wetterschutz dienende [kuppelförmige] Verkleidung aus Kunststoff bes. für Radaranlagen von Flugzeugen u. Schiffen; Radarbug, -nase.*

Radon ['ra:dɔn, auch: ra'do:n], das; -s [zu ↑Radium, geb. nach Argon, Krypton u. ä.]: *radioaktives, sehr wenig reaktionsfähiges Edelgas, das in flüssigem od. festem Zustand gelb bis orangerot leuchtet (chemischer Grundstoff);* Zeichen: Rn; vgl. Emanation (3), Radiumemanation.

-rädrig, (seltener:) -räderig [-rɛ:d(ə)rıç] in Zusb., z. B. vierräd[e]rig *(mit vier Rädern [versehen]).*

Radscha ['radʒa, auch: 'ra:dʒa], der; -s, -s [engl. raja(h) < Hindi rājā < sanskr. rājá(n) = König, Fürst]: **a)** ⟨o. Pl.⟩ *Titel eines indischen Fürsten (der vom Maharadscha verliehen wurde);* **b)** *Träger des Titels Radscha* (a).

Radula ['ra:dula], die; -, ...lae [...lɛ; spätlat. rādula = Schabeisen] (Zool.): *mit zahllosen Zähnchen besetzte, dem Zerkleinern der Nahrung dienende Membran aus Chitin am Boden der Mundhöhle von Weichtieren; Reibzunge.*

Räf [rɛ:f], das; -s, -e (schweiz.): svw. ↑[1, 2]Reff.

raff-, Raff- (raffen; abwertend): **~gier,** die: *hemmungsloses Streben nach Besitz; große Habgier,* dazu: **~gierig** ⟨Adj.⟩: *voller Raffgier;* **~sucht,** die ⟨o. Pl.⟩: vgl. ~gier, dazu: **~süchtig** ⟨Adj.⟩: vgl. ~gierig; **~zahn,** der [1: wohl nach dem Vergleich z. B. mit einem Hauer (2)] (ugs.): **1.** *[schräg] unter der Oberlippe hervorragender oberer Schneidezahn.* **2.** *jmd., der raffgierig ist.*

Raffel ['rafl], die; -, -n [zu ↑raffeln; spätmhd. raffel = Getöse, Lärm] (landsch.): **1.** *kammartiges Gerät zum Abstreifen von Beeren, Samenkörnern o. ä.* **2.** svw. ↑Raffeleisen. **3.** (abwertend) **a)** *großer, als häßlich empfundener Mund* (1 a); **b)** *loses Mundwerk;* **c)** *keifende, geschwätzige [alte] Frau;* ⟨Zus.:⟩ **Raffeleisen,** das (landsch.): *[grobes] Reibeisen;* **raffeln** ['rafln] ⟨sw. V.; hat⟩ [mhd. raffeln = lärmen, klappern; schelten; Intensivbildung zu ↑raffen] (landsch.): **1.** *klappern; rasseln.* **2.** *(in bezug auf Obst u. Gemüse) mit einem groben Reibeisen zu kleinen, stiftförmigen Stückchen zerkleinern; raspeln.* **3.** (abwertend) *in geschwätziger Weise viel u. laut reden.*

raffen ['rafn] ⟨sw. V.; hat⟩ [mhd. raffen = zupfen, rupfen, raufen; an sich reißen, urspr. wohl = (ab)schneiden, trennen]: **1. a)** (abwertend) *raffgierig in seinen Besitz bringen:* sie rafften [an sich], was sie erreichen konnten; **b)** *etw., meist mehrere Dinge zugleich eilig u. voller Hast an sich reißen [u. sie irgendwohin tun]:* ich raffte mit zitternden Fingern die Kleider aus dem Schrank und warf sie in den Koffer; sie raffte in aller Eile die Schachteln in ihre Schürze. **2.** *(Stoff) an einer bestimmten Stelle so zusammenhalten, daß er in Falten* (1 b) *fällt u. dadurch ein wenig hochgezogen wird:* sie raffte den Rock und rannte weiter; er tritt an das Fenster, den Vorhang zur Seite raffend; geraffte Rokokogardinen. **3.** *gekürzt, aber in den wesentlichen Punkten wiedergeben:* den Bericht, eine Darstellung r.; **raffig** ['rafıç] ⟨Adj.⟩ (landsch. abwertend): svw. ↑raffgierig.

Raffinade [rafi'na:də], die; -, -n [frz. raffinade, zu: raffiner, ↑raffinieren] (Fachspr.): *feingemahlener, gereinigter Zucker;* **Raffinage** [rafi'na:ʒə], die; -, -n [frz. raffinage] (veraltet, noch Fachspr.): *Verfeinerung; Veredelung;* **Raffinat** [rafi'na:t], das; -[e]s, -e (Fachspr.): *Produkt, das raffiniert worden ist;* **Raffination** [rafina'tsio:n], die; -, -en (Fachspr.): *das Raffinieren;* **Raffinement** [rafinə'mã:], das; -s, -s ⟨Pl. ungebr.⟩ [frz. raffinement] (bildungsspr.): **1.** *(bes. in bezug auf künstlerische, technische Dinge) durch intellektuelle Fähigkeit erreichte besondere Vervollkommnung, Feinheit, die als beeindruckend, perfekt, sehr gelungen, reizvoll empfunden wird:* sein Roman beweist artistisches R.; das szenische R. einer Aufführung. **2.** ⟨ohne Pl.⟩ svw. ↑Raffinesse (1); **Raffinerie** [rafinə'ri:], die; -, -n [...i:ən; frz. raffinerie]: *Produktionsanlage zur Raffination;* ⟨Zus.:⟩ **Raffineriegas,** das: *Gasgemisch, das bei der Destillation von Erdöl anfällt;* **Raffinesse** [rafi'nɛsə], die; -, -n [französierende Bildung, wohl in Anlehnung an ↑Finesse]: **1.** ⟨o. Pl.⟩ (bildungsspr.) *schlau u. gerissen ausgeklügelte Vorgehensweise, mit der jmd. eine günstige Situation zum eigenen Vorteil ausnutzt [um auf indirektem Wege zum Ziel zu kommen]:* er scheiterte an der R. seines Kontrahenten. **2.** ⟨meist Pl.⟩ svw. ↑Finesse (2): Die Polizei arbeitete mit allen technischen -n (Spiegel 1/2, 1966, 57); ein Automat mit allen -n der Neuzeit; **Raffineur** [rafi'nø:ɐ], der; -s, -e (Holzverarb.): *Maschine, in der Holzfasern zerkleinert werden;* **raffinieren** [rafi'ni:rən] ⟨sw. V.; hat⟩ [frz. raffiner = verfeinern; läutern, zu: fin = ↑fein] (Fachspr.): **a)** *durch Beseitigen von qualitätsmindernden Substanzen Naturstoffe, bes. Fette u. Zucker, verfeinern od. Erze u. Rohmetalle veredeln:* Zucker r.; raffinierte Kohlenhydrate; **b)** *Erdöl durch Fraktionierung u. Destillation aufbereiten:* Rohöl zu Treibstoff r.; **raffiniert** [rafi'ni:ɐt] ⟨Adj.; -er, -este⟩ [eigtl. = 2. Part. von veraltet raffinieren = verfeinern (↑raffinieren), geb. nach frz. raffiné = durchtrieben, unter Einfluß von Bildungen wie abgefeimt, gerieben]: **1. a)** *mit Raffinement* (2); *bis ins einzelne ausgeklügelt:* ein -er Plan; etw. auf -e/in -er Weise tun; r.! *(gekonnt!);* **b)** *voller Raffinesse* (1): sie ist eine -e Person; eine -e Vernehmungstaktik. **2.** *voller Raffinement* (1): Modelle in den -esten Farben; eine r. gewürzte Soße; ⟨Abl.:⟩ **Raffiniertheit,** die; -, -en: **a)** ⟨o. Pl.⟩ *das Raffiniertsein* (1, 2); **b)** (selten) *einzelnes raffiniertes Vorgehen:* Hier lernte er bei Talleyrand alle -en der damaligen Diplomatie (Goldschmit, Genius 187); **Raffinose** [rafi'no:zə], die; - (Chemie): *bes. aus Zuckerrüben u. Baumwollsamen gewonnenes, weißes, schwach süß schmeckendes Pulver.*

Raffke ['rafkə], der; -s, -s [urspr. berlin., zu ↑raffen geb. Personen] (ugs. abwertend): *jmd., der raffgierig ist:* Frau R. und Herr Neureich sind Witztypen ... von gestern (Bausinger, Dialekte 47); **Raffung,** die; -, -en: *das Raffen.*

rafraichieren [rafrɛ'ʃi:rən] ⟨sw. V.; hat⟩ [frz. rafraîchir, zu: frais, fraîche = frisch, aus dem Germ.] (Kochk.): svw. ↑abschrecken (2 b).

Raft [ra:ft], das; -s, -s [engl. raft, eigtl. = Floß, zu: rafter = (Dach)sparren, aus dem Anord.]: *schwimmende Insel aus [Treib]holz.*

Rage ['ra:ʒə], die; - [frz. rage, über das Galloroman. u. Vlat. zu lat. rabiēs = Wut] (ugs.): *aufgeregt-unbeherrschtes Verhalten, das Wut, Ärger, Empörung ausdrückt:* jetzt packt mich die bleiche R. (Kant, Impressum 299); *** in R. sein** *(unbeherrscht wütend sein);* **jmdn. in R. bringen** *(jmdn. so wütend machen, daß er die Beherrschung verliert);* **in R. kommen/geraten** *(so wütend werden, daß man die Beherrschung verliert);* **in der R.** *(in der Aufregung, Eile):* in der R. habe ich das vergessen.

ragen ['ra:gn̩] ⟨sw. V.; hat⟩ [mhd. ragen, H. u.]: *länger od. höher sein als die Umgebung u. sich deutlich von ihr abheben:* vor uns ragt das Gebirge; Felsblöcke ragen aus dem Wasser; kahl ragten Erlen und Birken in den blauen Himmel (Simmel, Stoff 58); schwarz ragten die Maschinengewehre über die Brüstung (Apitz, Wölfe 251).

Ragione [ra'dʒo:nə], die; -, -n [älter ital. ragione = Firma, eigtl. = Recht(sanspruch); Vernunft < lat. ratio, ↑Ratio] (schweiz.): *Firma, die im Handelsregister eingetragen ist;* ⟨Zus.:⟩ **Ragionenbuch,** das (schweiz.): *Verzeichnis der Firmen, die im Handelsregister eingetragen sind.*

Raglan ['ragla(:)n, engl.: 'ræglən], der; -s, -s [nach dem engl. Lord Raglan (1788–1855)]: *Mantel mit angeschnittenen* (3) *Ärmeln;* ⟨Zus.:⟩ **Raglanärmel,** der ⟨meist Pl.⟩; **Raglanschnitt,** der ⟨o. Pl.⟩.

Ragnarök ['ragnarœk], die; - [aisl. ragna rök, ↑Götterdämmerung] (nord. Myth.): *Weltuntergang.*

Ragout [ra'gu:], das; -s, -s [frz. ragoût, zu: ragoûter = den Gaumen reizen, Appetit machen, zu: goût, ↑Gout]: *Gericht aus kleinen Fleisch-, Geflügel- od. Fischstückchen in einer würzigen Soße mit verschiedenen Zutaten;* **Ragoût fin** [ragu'fɛ̃], das; - -, -s -s [ragufɛ̃; frz. fin = fein]: *Ragout in Blätterteig od. überbacken in einer Muschelschale.*

Ragtime ['rægtaım], der; - [engl.-amerik. ragtime, eigtl. = zerrissener Takt] (Musik): **a)** *afroamerikanischer, hauptsächlich in der Klaviermusik herausgebildeter Musikstil, der durch den Gegensatz von synkopierter Melodik u. einem streng eingehaltenen, hämmernden Beat in der Baßstimme gekennzeichnet ist;* **b)** *Musik im Rhythmus des Ragtime* (1).

Ragwurz ['ra:k-], die; - [zu ↑ragen, in Anspielung auf die Wirkung der früher als Aphrodisiakum verwendeten Pflanze auf das männliche Glied]: *in Mitteleuropa wachsende Orchidee mit bunten Blüten, die teilweise wie ein Insekt aussehen.*

Rah, Rahe ['ra:(ə)], die; -, Rahen [mhd. rahe, mniederd. rā, zu ↑regen] (Seemannsspr.): *waagerechte Stange am Mast, an der ein rechteckiges Segel befestigt wird.*

Rahm [ra:m], der; -[e]s [mundartl. älter: Raum, mhd. roum, mniederd. rōm(e), H. u.] (regional, bes. südd., österr., schweiz.): svw. ↑Sahne: *** den R. abschöpfen** (ugs.; *den größten Vorteil, das Beste für sich selbst herausholen*).

Rahm-: **~apfel,** der: *Chirimoya;* **~butter,** die: *Butter mit hohem Fettgehalt;* **~käse,** der; **~soße,** die: *Sahnesoße.*

Rähm [rɛ:m], der; -[e]s, -e [spätmhd. reme, Nebenf. von ↑Rahmen] (Bauw.): *lange, waagerechte Balken als Teil des Dachstuhls;* **Rähmchen** ['rɛ:mçən], das; -s, -: ↑Rahmen (1 a, c); **[1]rahmen** ['ra:mən] ⟨sw. V.; hat⟩ [zu ↑Rahmen]: svw. ↑einrahmen: einen Spiegel r.; gerahmte Fotos.

[2]rahmen [-] ⟨sw. V.; hat⟩ [zu ↑Rahm] (landsch., bes. südd., österr., schweiz.): svw. ↑entrahmen: die Milch r.

Rahmen [-], der; -s, - [mhd. rame, ahd. rama = Stütze, Gestell, [Web]rahmen, Säule]: **1. a)** ⟨Vkl. Rähmchen⟩ *viereckige, runde od. ovale Einfassung für Bilder o. ä.:* ein einfacher, goldener, kostbarer R.; der dunkle R. paßt nicht zu dem Aquarell; die Fotografie aus dem R. nehmen; das Gemälde aus dem R. schneiden; an den Wänden hingen große Spiegel in schweren R.; Ü Hatte die ... klassische politische Ökonomie ... den R. für ein düsteres Bild vom Kapitalismus geliefert (Fraenkel, Staat 190); **b)** *in eine Tür-, Fensteröffnung genau eingepaßter, relativ schmaler Teil, an dem [seitlich] die Tür, das Fenster beweglich befestigt ist:* ein R. aus Holz, Metall, Kunststoff; sie stand im R. der Schlafzimmertür; **c)** ⟨Vkl. Rähmchen⟩ *Gestell zum Einspannen von Stoff, Fäden o. ä.:* ein mit feiner Seide bespannter R.; die Leinwand sitzt zu locker im R. **2. a)** (Technik) *tragender od. stützender Unterbau eines Kraftfahrzeugs, einer Maschine o. ä.:* der R. des Autos ist bei dem Unfall beschädigt worden, hat sich verzogen; ein Wagen mit einem stabilen R.; **b)** kurz für ↑Fahrradrahmen. **3.** ⟨o. Pl.⟩ **a)** *etw., was einer Sache ein bestimmtes [äußeres] Gepräge gibt:* der Feier einen großen, würdigen, angemessenen, intimen R. geben; etw. in den sozialen R. der Gesellschaft einordnen; *** aus dem R. fallen** *(stark von bestimmten Normen o. ä. abweichen):* ihr Benehmen, die Rede fiel ganz, völlig aus dem R.; **nicht in den R. passen** *(bestimmten Normen o. ä. nicht entsprechen);* **b)** *etw., was in allgemeinster Weise einen bestimmten Bereich umfaßt u. ihn von anderen abgrenzt:* damit würde der begriffliche R. sehr weit gespannt (Fraenkel, Staat 35); den R. für die neue Verfassung abgeben, abstecken; *** im R.** (1. *im Bereich; innerhalb:* etw. im R. des Möglichen, der geltenden Gesetze tun; dieses Problem läßt sich im R. dieser kurzen Darstellung nicht vollständig erörtern; 2. *im Zusammenhang:* im gegebenen, überkommenen R.; sein Verhalten läßt sich nur im R. seiner Entwicklung verstehen. 3. *im Verlauf:* im R. unserer Veranstaltung werden wir noch einige artistische Darbietungen bringen); **c)** *etw., was im Hinblick auf sein Ausmaß, seinen Umfang beschränkt ist u. eine bestimmte Grenze nicht überschreitet:* einen zeitlichen R. setzen; das Militär ..., das außenpolitisch nur in sehr begrenztem R. nützen kann (Fraenkel, Staat 196); *** im R. bleiben** *(nicht über ein bestimmtes Maß hinausgehen; nicht übertreiben):* du solltest immer im R. bleiben!; **etw. im R. halten** *(etw. in seinem Ausmaß in bestimmter Weise begrenzen):* Honorare im R. halten; **den R. sprengen** *(bei weitem über das Übliche hinausgehen).* **4.** (Literaturw.) *Erzählung, die innerhalb eines Werkes eine od. mehrere andere Erzählungen umschließt.* **5.** kurz für ↑Stickrahmen.

Rahmen-: **~antenne,** die (Funkt.): *aus einer od. mehreren Windungen bestehende Antenne, die zur Funkpeilung verwendet wird;* **~bau,** der ⟨o. Pl.⟩: svw. ↑Fachwerk (1 a); **~bedingung,** die: *Bedingung für den Rahmen* (1) *von etw.:* verbesserte -en; **~bestimmung,** die: vgl. ~gesetz; **~bruch,** der: *Bruch des Rahmens* (3); **~erzählung,** die (Literaturw.): *bestimmte Technik der Erzählung, die in der verschiedenartigsten Integration zweier od. mehrerer Erzählungen besteht, wobei eine Erzählung die Funktion eines Rahmens für die andere[n] hat;* **~gesetz,** das: *Gesetz als allgemeine Richtlinie ohne Festlegung von Einzelheiten; Mantelgesetz;* **~plan,** der: vgl. ~gesetz; **~programm,** das: *Programm, das auf einer Veranstaltung [zur Auflockerung] neben dem Hauptprogramm abläuft;* **~richtlinie,** die ⟨meist Pl.⟩: vgl. ~gesetz; **~tarif,** der: svw. ↑Manteltarif, dazu: **~tarifvertrag,** der.

rahmig ['ra:mıç] ⟨Adj.⟩ [zu ↑Rahm] (landsch., bes. südd., österr., schweiz.): svw. ↑sahnig.

Rahmung, die; -, -en: **1.** (selten) svw. ↑Rahmen (1). **2.** *das Einrahmen.*

rahn [ra:n] ⟨Adj.; nicht adv.⟩ [mhd. rān, Nebenf. von ↑rank] (landsch.): *dünn; schmächtig;* **Rahne** ['ra:nə], die; -, -n [urspr. = rote Rübe von länglicher, dünnerer Form] (südd.): *rote Rübe.*

Rahsegel, das; -s, - (Seemannsspr.): *rechteckiges, an der Rahe befestigtes Segel;* **Rahsegler,** der; -s, - (Seemannsspr.): *Segelschiff mit Rahsegeln.*

Raid [reıd], der; -s, -s [engl. (schott.) raid, H. u.]: *begrenzte militärische Operation; Überraschungsangriff.*

Raife ['rajfə], die; -, -n [wohl Nebenf. von ↑Riffel] (Zool.): *(bei primitiven Insekten) Schwanzborsten.*

Raigras ['raj-], das; -es [1: engl. raygrass, 1. Bestandteil zu niederl. raai = Rade, 2. Bestandteil engl. grass = Gras]: **1.** svw. ↑Lolch. **2.** *sehr hoch wachsendes Gras mit zweiblütigen kleinen Ähren, das als Futtergras verwendet wird; Glatthafer.*

Raillerie [rajə'ri:], die; -, -n [...i:ən; frz. raillerie] (veraltet): *spöttischer Scherz.*

Rain [rajn], der; -[e]s, -e [mhd. rein, ahd. (nur in Zus.) -rein, H. u.]: **1.** *unbebauter schmaler Streifen Land als*

Grenze zwischen zwei Äckern. **2.** (südd., schweiz.) *Abhang;* ⟨Abl.:⟩ **rainen** ['rainən] ⟨sw. V.; hat⟩ (veraltet): *ab-, umgrenzen;* ⟨Zus.:⟩ **Rainfarn,** der [spätmhd., umgedeutet aus mhd. rein(e)vane, ahd. rein(e)fano, zu: fano = Fahne, also eigtl. = Grenzfahne]: *an Wegrändern o. ä. meterhoch wachsende Feldblume mit farnähnlichen Blättern u. scheibenförmigen gelben Blüten;* **Rainweide,** die: svw. ↑Liguster.

Raison [rɛ'zõ:]: ↑Räson.

rajolen [ra'jo:lən] ⟨sw. V.; hat⟩: svw. ↑rigolen.

Rake ['ra:kə]: ↑Racke.

Rakel ['ra:kl̩], die; -, -n [frz. racle = Schabeisen, zu: racler = (ab)schaben] (Druckw.): **a)** *breites, dünnes Stahlband, mit dem beim Tiefdruck die überschüssige Farbe von der eingefärbten Druckform abgestreift wird;* **b)** *Gerät in Form eines Messers aus Gummi, Holz, mit dem beim Siebdruck die Farbe durch das Sieb gerieben wird.*

räkeln ['rɛ:kl̩n], sich: ↑rekeln, sich.

Rakeltiefdruck, der; -[e]s (Druckw.): *Verfahren beim Tiefdruck, bei dem die Farbe von den Bestandteilen des Zylinders, die nicht drucken, durch eine Rakel* (a) *entfernt wird; Kupfertiefdruck.*

Rakete [ra'ke:tə], die; -, -n [älter: Rackette, Rogete < ital. rocchetta, eigtl. Vkl. von: rocca = Spinnrocken, nach der einem Spinnrocken ähnlichen zylindrischen Form]: **1. a)** *als militärische Waffe verwendeter, langgestreckter, zylindrischer, nach oben spitz zulaufender [mit einem Sprengkopf versehener] Flugkörper, der eine sehr hohe Geschwindigkeit erreicht u. auch über weite Entfernungen ein feindliches Objekt treffen kann:* eine taktische R. mit Mehrfachsprengkopf; dieser Zerstörer ist mit den modernsten -n vom Typ ... ausgerüstet; der Junge fegte wie eine R. davon (ugs.; *lief sehr schnell davon*); der Wagen geht ab wie eine R. (ugs.; *hat ein großes Anzugsvermögen*); Ü (Jargon:) der neue Weltrekordler ist eine regelrechte R.; **b)** *in der Raumfahrt verwendeter Flugkörper in der Form einer überdimensionalen Rakete* (a), *der dem Transport von Satelliten, Raumkapseln o. ä. dient:* eine mehrstufige, ferngesteuerte R.; die R. wird gezündet; eine R. an die Startrampe fahren, starten, in den Weltraum schießen. **2.** *Feuerwerkskörper in Form einer Rakete* (1 a): -n stiegen in den Himmel und zerplatzten; -n abbrennen, abschießen. **3.** *begeistertes, das Heulen einer Rakete* (2) *nachahmendes Pfeifen bei [Karnevals]veranstaltungen.*

raketen-, Raketen-: **~abschußbasis,** die (Milit.): *Militärbasis mit Raketenstartrampen;* **~abschußrampe,** die: svw. ↑~startrampe; **~abwehr,** die (Milit.); **~antrieb,** der (Technik): svw. ↑Rückstoßantrieb; **~apparat,** der (Seew.): *Feststoffrakete, mit der zur Bergung von Schiffbrüchigen Leinen zum gestrandeten Schiff geschossen werden;* **~artig** ⟨Adj.; o. Steig.⟩: **a)** *einer Rakete ähnlich; wie eine Rakete funktionierend;* **b)** *so schnell wie eine Rakete* (1): das Rennen im -en Tempo fahren; **~artillerie,** die; **~auto,** das (Technik): *Auto, das mit einer Feststoffrakete angetrieben wird;* **~basis,** die (Milit.): svw. ↑~abschußbasis; **~bestückt** ⟨Adj.; o. Steig.; nicht adv.⟩: -e U-Boote; **~endstufe,** die (Technik): *letzte Stufe des Antriebs einer mehrstufigen Rakete* (1 b); **~entwicklung,** die; **~flugzeug,** das: *Flugzeug, das durch ein od. mehrere Raketentriebwerke angetrieben wird;* **~forscher,** der; **~forschung,** die; **~geschoß,** das (Milit.): vgl. ~waffe; **~geschütz,** das (Milit.): vgl. ~waffe; **~getrieben** ⟨Adj.; o. Steig.; nicht adv.⟩: *durch ein Raketentriebwerk angetrieben;* **~kreuzer,** der (Milit.): vgl. ~träger; **~motor,** der: svw. ↑~triebwerk; **~schlitten,** der (Technik): *in der Raumfahrtforschung zur Untersuchung der Auswirkungen von sehr hohen Geschwindigkeiten verwendetes Schienenfahrzeug, das durch ein od. mehrere Raketentriebwerke angetrieben wird;* **~schub,** der (Technik): *Schubkraft, die durch den Rückstoß einer Rakete* (1) *bewirkt wird;* **~sonde,** die (Raumf.): *unbemannte Forschungsrakete, die speziell für Untersuchungen der oberen Schichten der Atmosphäre verwendet wird;* **~spitze,** die; **~start,** der, dazu: **~startrampe,** die; **~station,** die (Milit.): vgl. ~abschußbasis; **~stufe,** die (Technik): *einzelne Stufe* (3 b) *bei einer mehrstufigen Rakete* (1 b); **~stützpunkt,** der (Milit.): vgl ~abschußbasis; **~technik,** die: *Gesamtheit aller technischen Arbeitsgebiete, die für die Berechnung, Konstruktion u. den Bau von Raketen* (1) *notwendig sind;* **~träger,** der (Milit.): *Kriegsschiff, Lastkraftwagen, Panzer, Flugzeug o. ä., das mit Raketenwaffen ausgerüstet ist;* **~treibstoff,** der; **~triebwerk,** das (Technik): *Triebwerk, das einen Rückstoß erzeugt, der die für den Antrieb benötigte Kraft liefert;* **~truppe,** die (Milit.): *Truppe, deren hauptsächliche Bewaffnung aus Raketenwaffen besteht;* **~waffe,** die (Milit.): *Geschoß, das von einem od. mehreren Raketentriebwerken angetrieben wird;* **~wagen,** der (Technik): svw. ↑~auto; **~werfer,** der (Milit.): *Geschütz, das Raketen* (1 a) *abfeuert;* vgl. Nebelwerfer; **~zeitalter,** das; **~zentrum,** das: vgl. ~abschußbasis.

Rakett [ra'kɛt], das; -[e]s, -e u. -s: ↑[1]Racket.

Raki ['ra:ki], der; -[s], -s [türk. rakı < arab. ʿaraq, ↑Arrak]: *türkischer Branntwein aus Anis u. Rosinen.*

Ralle ['ralə], die; -, -n [frz. râle, wohl eigtl. = die Schnarrende, nach dem Ruf der Vögel]: *in vielen Arten vorkommender, oft hühnergroßer Vogel mit schlankem Körper, kurzen, breiten Flügeln, kurzem Schwanz u. langen Zehen, der vorwiegend in Sümpfen od. an pflanzenreichen Gewässern lebt.*

rallentando [ralɛn'tando] ⟨Adv.⟩ [ital. rallentando, zu: rallentare = verlangsamen, zu lat. lentus = langsam, träge] (Musik): *langsamer werdend;* Abk.: rall.

ralliieren [rali'i:rən] ⟨sw. V.; hat⟩ [frz. rallier, zusgez. aus: re- = wieder- u. allier, ↑alliieren] (Milit. veraltet): *verstreute Truppen sammeln;* **Rallye** ['rali, auch: 'rɛli], die; -, -s, schweiz.: das; -s, -s [engl., frz. rallye, zu frz. rallier, ↑ralliieren] (Motorsport): *Wettbewerb für homologierte* (1) *Autos in einer od. mehreren Etappen mit verschiedenen Sonderprüfungen:* eine internationale, große, klassische R. fahren, gewinnen; **Rallye-Cross** [-krɔs], das; -, -e ⟨Pl. selten⟩: *dem Moto-Cross ähnliches, jedoch mit Autos gefahrenes Rennen im Gelände;* **Rallyefahrer,** der; -s, -.

Ramadan [rama'da:n], der; -[s] [arab. ramaḍān = der heiße Monat]: *Fastenmonat der Mohammedaner.*

Ramaneffekt ['ra:man-], der; -[e]s [nach dem indischen Physiker Raman (1888–1970)] (Physik): *Auftreten von Spektrallinien kleinerer od. größerer Frequenz im Streulicht beim Durchgang von Licht durch Flüssigkeiten, Gase u. Kristalle.*

ramassiert [rama'si:ɐ̯t] ⟨Adj.; -er, -este; nicht adv.⟩ [frz. ramassé, eigtl. = 2. Part. von: ramasser = (sich) zusammenballen] (landsch.): *dick, gedrungen, untersetzt.*

Ramasuri [rama'zu:ri], (auch:) Remasuri [re...], die; - [wohl rumän. (mundartl.) ramasuri = Durcheinander, Allerlei] (österr. ugs.): *großes Durcheinander, Wirbel.*

Rambouilletschaf [rãbu'je:-], das; -[e]s, -e [nach der frz. Stadt Rambouillet]: *Schaf mit feiner Wolle.*

Rambur [ram'bu:ɐ̯], der; -s, -e [frz. rambour, nach der frz. Ortschaft Rambures (Somme)]: svw. ↑Winterrambur.

ramenten [ra'mɛntn̩], **ramentern** [ra'mɛntɐn] ⟨sw. V.; hat⟩ [westniederd., H. u.] (landsch.): *rumoren, lärmen.*

Ramie [ra'mi:], die; -, -n [...i:ən; engl. ramie < malai. rami]: *Bastfaser aus einem in Süd- u. Ostasien kultivierten Nesselgewächs; Chinagras;* ⟨Zus.:⟩ **Ramiefaser,** die.

ramm-, Ramm-: **~bär,** der (Bauw.): svw. ↑[2]Bär; **~bock,** der [1: zu veraltet Ramm, ↑Ramme]: **1. a)** svw. ↑Schafbock, Widder; **b)** svw. ↑[1]Bulle (1 a), Stier. **2.** svw. ↑Mauerbrecher. **3. a)** svw. ↑~klotz; **b)** svw. ↑Ramme; **~bug,** der (früher): *stark vorspringender Bug bei Kriegsschiffen zum Rammen* (2) *feindlicher Schiffe;* **~dösig** ⟨Adj.⟩ [zu veraltet Ramm (↑Ramme), also eigtl. = dösig wie ein Schaf, das zu lange in praller Sonne gestanden hat] (salopp): **a)** *benommen, wie leicht betäubt, so daß man keinen klaren Gedanken fassen kann:* in der Sonne r. werden; diese Trine, die einen r. quatscht (Rechy [Übers.], Nacht 119); **b)** *dumm* (1): stell dich doch nicht so r. an; **~hammer,** der (Bauw.): svw. ↑[2]Bär; **~klotz,** der (Bauw.): *schwerer, mechanisch betätigter Klotz an einer Ramme;* **~maschine** (nicht getrennt: Rammaschine), die (Bauw.): svw. ↑Ramme; **~pfahl,** der (Bauw.): *Pfahl zur Befestigung eines Geländestücks [das bebaut werden soll];* **~schädel,** der (salopp): *Dickkopf.*

Ramme ['ramə], die; -, -n [mhd. ramme, zu veraltet Ramm = Widder, mhd. ram, ahd. ram[mo]; nach dem Vergleich mit einem Widder, der mit gesenktem Kopf gegen etwas anrennt] (Bauw.): *aus einem [stählernen] Gerüst u. daran an einer Kette o. ä. befestigtem* [2]*Bären, Rammklotz o. ä. bestehende Vorrichtung zum Einrammen von Pfählen od. zum Feststampfen von lockerem Boden o. ä.;* **[1]Rammel** ['raml̩], die; -, -n (veraltet): svw. ↑Ramme; **[2]Rammel** [-], der; -s, - [spätmhd. rammel = Widder, Schafbock] (bayr. abwertend): *ungehobelter Kerl, Tölpel:* ein gescherter R.

Rammel-: **~kiste,** die [zu ↑rammeln (1 b)] (derb): *Bett;* **~platz,** der (Jägerspr.): vgl. ~zeit; **~zeit,** die [zu ↑rammeln (1 a)] (Jägerspr.): *Zeit der Paarung, bes. bei Hasen u. Kaninchen.*

Rammelei [ramə'lai̯], die; -, -en: *das Rammeln* (1–4); **rammeln** ['raml̩n] ⟨sw. V.; hat⟩ [mhd. rammeln, ahd. rammalōn, zu mhd., ahd. ram, ↑Ramme]: **1. a)** (Jägerspr.) *(bes. von Hasen u. Kaninchen) sich paaren;* **b)** (derb) *koitieren* (a). **2.** (ugs.) *stoßend drängen:* Dann mußten wir mit steifgefrorenen Knochen durchs Gebüsch r. (Spiegel 9, 1977, 44). **3.** ⟨r. + sich⟩ (ugs.) **a)** *sich balgen:* die Kinder haben sich auf dem Hof gerammelt; **b)** *sich stoßen:* ich habe mich an der Eisenstange gerammelt. **4.** (landsch.) *heftig an etw. rütteln:* am Fenster, an der Tür r.; **rammen** ['ramən] ⟨sw. V.; hat⟩ [1: spätmhd. rammen, zu ↑Ramme]: **1.** *etw. mit Wucht [in den Boden o. ä.] stoßen:* Pfähle, Pflöcke in den Boden r.; Ü plötzlich duckte er sich und rammte ... Franke den Kopf in den Bauch (Schnurre, Bart 144). **2. a)** *heftig auf, gegen etw. stoßen; mit Wucht auf, gegen etw. prallen:* die Stämme rammten gegen den Brückenpfeiler; Wißt ihr auch ganz genau, daß wir hier nicht auf eine Mole rammen? (Klepper, Kahn 123); **b)** *einem Fahrzeug [absichtlich] in die Seite fahren [u. es dabei beschädigen]:* ein Schiff r.; der Wagen wurde beim Ausscheren von hinten gerammt; **Ramming** ['ramɪŋ], die; -, -s [engl. ramming, 1. Part. von: to ram = rammen] (Seemannsspr.): *Kollision; Zusammenstoß;* **Rammler** ['ramlɐ], der; -s, - [zu ↑rammeln] (Jägerspr.): *(von Hasen u. Kaninchen) männliches Tier;* **Rammskopf** ['rams-], der; -[e]s, ...köpfe [eigtl. = Widderkopf, zu veraltet Ramm, ↑Ramme]: *Pferdekopf mit stark gewölbtem Nasenrücken;* **Rammsnase,** die; -, -n [vgl. Rammskopf]: *(von Pferden) stark gewölbter Nasenrücken.*

Rampe ['rampə], die; -, -n [frz. rampe, zu: ramper = klettern; kriechen, aus dem Germ.]: **1. a)** *waagerechte Fläche (gemauerter Sockel, [Stahl]platten) z. B. an einem Lagergebäude, zum Be- od. Entladen von Fahrzeugen:* den Lastwagen rückwärts an die R. fahren; **b)** *flach ansteigende Auffahrt, schiefe Ebene, die zwei unterschiedlich hoch gelegene Flächen miteinander verbindet:* die R. eines Schlosses; eine steile R. vor der Brücke; das Auto auf eine R. schieben; Rollstuhlfahrer erreichen über eine R. problemlos jeden Punkt; **c)** kurz für ↑Startrampe; **d)** (Bergsteigen) *mäßig steile Felsplatte in einer steilen Felswand; breites Band* (2 m). **2.** (Theater) *vorderer, etw. erhöhter Rand der Bühne als Grenzlinie zwischen Spielfläche u. Zuschauerraum:* der Beifall rief die Darsteller an die R.; vor die R. treten; ***[nicht] über die R. kommen/gehen** (Jargon; *beim Publikum [nicht] gut ankommen, [keinen] Erfolg haben*); ⟨Zus.:⟩ **Rampenlicht,** das (Theater): **a)** ⟨o. Pl.⟩ *Licht* (1 a), *das durch die an der Rampe angebrachten Birnen erzeugt wird:* der Schauspieler trat ins R.; ***im R. [der Öffentlichkeit] stehen/sein** *(viel beachtet sein; im Mittelpunkt des [öffentlichen] Interesses stehen);* **b)** *einzelne Lichtquelle des Rampenlichts* (a): mehrere -er sind defekt.

ramponieren [rampo'ni:rən] ⟨sw. V.; hat⟩ [aus dem Niederd. (Seemannsspr.) < mniederl. ramponeren < afrz. ramposner = hart anfassen, aus dem Germ.] (ugs.): *etw. ziemlich stark beschädigen u. dadurch im Aussehen beeinträchtigen:* die Wohnung ist ganz schön ramponiert; ⟨meist im 2. Part.:⟩ er ließ sich in den ramponierten Sessel fallen; ein stark ramponierter Wartesaal; ihr Selbstbewußtsein ist ziemlich ramponiert.

[1]**Ramsch** [ramʃ], der; -[e]s, -e ⟨Pl. selten⟩ [frz. ramas = anfgesammelter Haufen wertloser Dinge, zu: ramasser = sammeln, ↑ramassiert] (ugs. abwertend): **a)** *[liegengebliebene] minderwertige Ware, Ausschuß* (3): im Ausverkauf wurde auch viel R. angeboten; ***im R. [ver]kaufen** *(mit anderem zusammen in größerer Menge zu Schleuderpreisen [ver]kaufen);* **b)** *wertloses Zeug, Plunder, Kram:* Tags darauf Fassen von Uniformen und Gewehr und dem ganzen übrigen R. (Sobota, Minus-Mann 65); [2]**Ramsch** [-], der; -[e]s, -e (Kartenspiel): *Runde beim Skat, bei der kein Spieler reizt u. derjenige siegt, der die wenigsten Stiche macht;* [3]**Ramsch** [-], der; -[e]s, -e [H. u.] (Studentenspr. früher): *provozierte Forderung* (2), *Kontrahage.*

Ramsch- ([1]Ramsch; ugs. abwertend): **~bude,** die; **~laden,** der; **~preis,** der: *Schleuderpreis;* **~verkauf,** der; **~ware,** die.

[1]**ramschen** ['ramʃn̩] ⟨sw. V.; hat⟩ (ugs. abwertend): **1.** *Ramschware billig kaufen.* **2.** *gierig an sich raffen;* ... dann die Planetenrinde aufwühlen und verborgene Schätze r. (Reinig, Schiffe 140); [2]**ramschen** [-] ⟨sw. V.; hat⟩ (Kartenspiel): *einen [2]Ramsch spielen;* [3]**ramschen** [-] ⟨sw. V.; hat⟩ [zu ↑[3]Ramsch] (Studentenspr. früher): *eine Forderung provozieren;* **Ramscher** ['ramʃɐ], der; -s, - (ugs.): *jmd., der [1]ramscht.*

ran [ran] ⟨Adv.⟩: ugs. für ↑heran.

ran- (vgl. auch: heran-): **~gehen** ⟨unr. V.; ist⟩ (ugs.): **a)** svw. ↑herangehen (1); **b)** *direkt, ohne Umschweife auf sein Ziel zugehen, um sein Vorhaben auszuführen:* der geht aber ran!; **~halten,** sich ⟨st. V.; hat⟩ (ugs.): *[intensiv arbeiten u.] sich [dabei] beeilen:* Sie müssen sich tüchtig, ein bißchen r.; **~kloppen** ⟨sw. V.; hat⟩ (nordd., md.): vgl. ~klotzen; **~klotzen** ⟨sw. V.; hat⟩ (salopp): *[körperlich] schwer arbeiten, um damit Geld zu verdienen;* **~kommen** ⟨st. V.; ist⟩ (ugs.): svw. ↑herankommen (1, 3); **~können** ⟨unr. V.; hat⟩ (ugs.): svw. ↑herankönnen; **~kriegen** ⟨sw. V.; hat⟩ (ugs.): **1.** *jmdm. eine Arbeit übertragen, bei der er sich sehr anstrengen muß:* der Meister hat mich heute ganz schön rangekriegt. **2.** *sich an jmdn. wenden u. von ihm verlangen, ihn zwingen, daß er für etw. aufkommt o. ä.;* **~lassen** ⟨st. V.; hat⟩: **1.** (ugs.) **a)** svw. ↑heranlassen (1); **b)** *jmdm. Gelegenheit geben, an entsprechender Stelle tätig zu sein u. seine Fähigkeiten unter Beweis zu stellen:* laßt den Nachwuchs ran! **2.** (salopp) svw. ↑heranlassen (2); **~machen,** sich ⟨sw. V.; hat⟩ (ugs.): svw. ↑heranmachen (1, 2); **~müssen** ⟨unr. V.; hat⟩ (ugs.): svw. ↑heranmüssen; **~nehmen** ⟨st. V.; hat⟩ (ugs.): svw. ↑herannehmen; **~pirschen** ⟨sw. V.; hat⟩ (ugs.): svw. ↑heranpirschen; **~schaffen** ⟨sw. V.; hat⟩ (ugs.): svw. ↑heranschaffen; **~schleichen** ⟨st. V.; ist/hat⟩ (ugs.): svw. ↑heranschleichen; **~schleppen** ⟨sw. V.; hat⟩ (ugs.): svw. ↑heranschleppen; **~schmeißen,** sich ⟨st. V.; hat⟩ (ugs.): *recht dreist u. direkt den engeren, persönlichen Kontakt zu jmdm. suchen, weil man an der betreffenden Person in irgendeiner Weise interessiert ist:* sich an jmdn. r.; **~trauen,** sich ⟨sw. V.; hat⟩ (ugs.): svw. ↑herantrauen; **~wollen** ⟨unr. V.; hat⟩ (ugs.): *etw. in Angriff nehmen wollen; auf etw. eingehen:* er wollte nicht so recht ran.

Ranch [rɛntʃ, auch: ra:ntʃ], die; -, -[e]s [amerik. ranch < mex.-span. rancho = einzeln liegende Hütte, zu span. rancharse, ranchearse = sich niederlassen]: *Farm [mit Viehzucht] in Nordamerika;* **Rancher** ['rɛntʃɐ, auch: 'ra:ntʃɐ], der; -s, -[s] [amerik. rancher]: *Farmer in Nordamerika.*

[1]**Rand** [rant], der; -[e]s, Ränder ['rɛndɐ; mhd., ahd. rant, urspr. = (schützendes) Gestell, Einfassung; 5: wohl nach den Lippenrändern]: **1. a)** *äußere Begrenzung einer Fläche, eines bestimmten Gebietes:* der R. einer Wiese, eines Tisches; am südlichen R. der Stadt wohnen; an den Rändern der Rabatte standen Rosenbüsche; ***am -e** *(nebenbei):* etw. nur am -e erwähnen; sich ganz am -e abspielen; dieses Problem liegt mehr am -e *(ist nicht so wichtig);* **b)** ⟨Vkl. ↑Rändchen⟩ *etw., was etw. umfaßt u. ihm Halt gibt; Einfassung:* eine Brille mit dicken Rändern; ***außer R. und Band geraten/sein** (ugs.: 1. *[von Kindern] sehr ausgelassen sein.* 2. *aus einem bestimmten Grund sich nicht zu fassen wissen:* vor Freude, Wut, Überraschung ganz außer R. und Band geraten; wohl aus der Böttcherspr., zu veraltet Rand = Umfassung der Dauben am Faßboden, also urspr. nach dem Bild eines Fasses, dessen Dauben aus dem Rand gegangen sind). **2. a)** ⟨Vkl. ↑Rändchen⟩ *obere Begrenzung eines Gefäßes, eines zylindrischen Gegenstandes o. ä. in Form eines Streifens:* der glatte, scharfe R. einer Flasche; der ausgezackte R. einer abgebrochenen Röhre; das Wasser schwappte über den R. der Wanne; ein Glas bis zum R. füllen; ***etw. versteht sich am -e** *(von selbst, ist selbstverständlich;* wohl, weil sich schon am Rand eines Gefäßes der Inhalt zeigt); **b)** *Teil, der bei einer Vertiefung die äußerste Grenze der höher gelegenen festen Fläche bildet:* am R. einer Schlucht, eines Abgrundes, eines Grabes stehen; Ü jmdn. an den R. des Wahnsinns, des Ruins bringen *(jmdn. fast wahnsinnig machen, fast ruinieren);* am -e der Pleite sein *(die Pleite kaum mehr verhindern können);* ***am -e des Grabes [stehen]** (↑Grab b); **jmdn. an den R. des Grabes bringen** (↑Grab b). **3.** ⟨Vkl. ↑Rändchen⟩ *freibleibender Teil auf einem Blatt Papier o. ä., der etw. Gedrucktes, Geschriebenes o. ä. umgibt od. nur seitlich vorhanden ist:* einen schmalen, breiten R. lassen; 20 Anschläge R. lassen; etw. an den R. des Briefes schreiben, auf dem R. der Buchseite notieren. **4.** *etw., was sich als Folge von etw. um etw. herum, als eine Art Kreis sichtbar gebildet hat od. als eine Art Kreis gebildet worden ist:* er hatte rote, dunkle Ränder um die Augen; die Wunde hat zackige, geschürfte Ränder; die Ränder auf dem Kleid mit Benzin entfernen; den R. in der Wanne wegreiben; stell den Topf nicht auf die

Tischdecke, das gibt einen R.! **5.** (salopp) *Mund:* halt deinen R.!; Mensch, hat der einen R.! *(tut der sich wichtig, ist das ein Großmaul!).* **6. *mit etw. [nicht] zu -e kommen** (ugs.; *etw. [nicht] gut bewältigen, meistern können;* zu veraltet Rand = Ufer, also urspr. = mit dem Schiff [nicht] ans Ufer gelangen können); **mit jmdm. [nicht] zu -e kommen** (ugs.; *mit jmdm. [nicht] gut auskommen, weil man ihn [nicht] gut zu nehmen versteht*).

[2]**Rand** [rænd], der; -s, -[s] ⟨aber: 5 Rand⟩ [engl. Rand, verw. mit [1]Rand, eigtl. = Medaille, Schild]: *Währungseinheit in Südafrika* (1 Rand = 100 Cents); Abk.: R

rand-, Rand- ([1]Rand): **~ausgleich,** der: *Ausgleich* (1 a) *des rechten Randes* (3) *eines maschinegeschriebenen Textes;* **~beet,** das: svw. ↑Rabatte; **~bemerkung,** die: **1.** *beiläufige Bemerkung.* **2.** *Notiz auf dem Rand* (3) *eines Textes;* **~bezirk,** der; **~blüte,** die (Bot.): *am Rande des Körbchens* (3) *stehende einzelne Blüte bei Korbblütlern;* **~ereignis,** das: vgl. ~erscheinung; **~erscheinung,** die: *Erscheinung, die in einem bestimmten Zusammenhang von weniger wichtiger Bedeutung ist;* **~feuer,** das (Flugw.): *Beleuchtung, die die Grenzen einer Rollbahn markiert;* **~figur,** die: svw. ↑Nebenfigur; **~gebiet,** das: **1.** *Gebiet am Rande* (1 a) *eines Territoriums, einer Stadt o. ä.:* die -e des Mittelmeers. **2.** vgl. ~erscheinung; **~gebirge,** das: vgl. ~gebiet (1); **~glosse,** die: vgl. ~bemerkung; **~gruppe,** die (Soziol.): *Gruppe, [lockerer] Zusammenschluß von Menschen, die auf Grund ihrer schlechten sozialen Lage o. ä. od. ihres Widerspruchs zu bestimmten vorherrschenden Normen u. Wertvorstellungen gesellschaftlich isoliert u. diskriminiert sind;* **~lage,** die: vgl. ~gebiet (1); **~leiste,** die; **~los** ⟨Adj.; o. Steig.; nicht adv.⟩: *ohne Rand* (1 b); **~meer,** das (Geogr.): svw. ↑Nebenmeer; **~moräne,** die (Geol.): *Moräne am Rand* (1 a) *eines Gletschers;* **~notiz,** die: vgl. ~bemerkung (2); **~person,** die: vgl. ~gruppe; **~problem,** das: vgl. ~erscheinung; **~seiter** [-zaitɐ], der; -s, - (Soziol.): vgl. ~gruppe, dazu: **~seitertum,** das; -s; **~siedlung,** die: vgl. ~gebiet (1); **~staat,** der: vgl. ~gebiet (1); **~ständig** ⟨Adj.; nicht adv.⟩ (Soziol.): *eine Randgruppe betreffend, auf sie bezüglich;* ⟨subst.:⟩ **~ständige,** der u. die ⟨Dekl. ↑Abgeordnete; meist Pl.⟩ (Soziol.): *jmd., der einer Randgruppe angehört,* dazu: **~ständigkeit,** die; -; **~stein,** der: svw. ↑Bordstein; **~steller** [-ʃtɛlɐ], der; -s, -: *Taste an der Schreibmaschine zum Einstellen des Randes* (3); **~stellung,** die: vgl. ~erscheinung; **~störung,** die (Met.): svw. ↑~tief; **~streifen,** der: *[nicht befahrbarer] Streifen einer Straße, der u. a. bei Autobahnen als Ausweichmöglichkeit bei Pannen o. ä. dient;* **~tief,** das (Met.): *Ausläufer eines Tiefdruckgebietes;* **~verzierung,** die; **~voll** ⟨Adj.; o. Steig.; nicht adv.⟩: *bis zum Rand voll:* ein -es Glas; Ü er ist r. (salopp; *sehr betrunken*); **~zeichnung,** die: vgl. ~bemerkung (2); **~zone,** die: vgl. ~gebiet.

Randal [ran'da:l], der; -s, -e [urspr. studentenspr., wohl zusgez. aus landsch. Rand = Spaß, Possen u. ↑Skandal] (Studentenspr. veraltet): *Gegröle, Gejohle:* Aber so'nen R. zu machen (Fallada, Herr 88); **Randale** [...lə], die; - bes. in der Verbindung **R. machen** (salopp; svw. ↑randalieren); **randalieren** [randa'li:rən] ⟨sw. V.; hat⟩: *[mit anderen zusammen] Lärm machen, grölen [u. dabei andere stark belästigen od. mutwillig Sachen beschädigen, zerstören]:* auf der Straße, im Gefängnis r.; ⟨subst.:⟩ Halbstarke wegen Randalierens verhaften; ⟨Abl.:⟩ **Randalierer,** der; -s, -: *jmd., der randaliert.*

Rändchen ['rɛntçən], das; -s, -: ↑Rand (1 b, 2 a, 3).

Rande ['randə], die; -, -n [Nebenf. von ↑Rahne] (schweiz.): *rote Rübe.*

Rändel ['rɛndl̩], das; -s, - [landsch. Vkl. von ↑[1]Rand, nach dem gezahnten Rand des Rändelrads] (Mech.): **1.** *Werkzeugmaschine mit zwei Rändelrädern, die gegen ein rotierendes Werkstück gepreßt werden.* **2.** *gerändelter Teil eines Werkstücks.*

Rändel- (Mech.): **~eisen,** das: svw. ↑Rändel; **~rad,** das: *gezahntes Rädchen aus Stahl;* **~schraube,** die: *Schraube mit einem gerändelten Rand.*

rändeln ['rɛndl̩n] ⟨sw. V.; hat⟩ (Mech.): *das Aufrauhen, Riffeln eines metallischen Gegenstandes durch Einpressen eines bestimmten Musters mit dem Rändel;* **Ränder:** Pl. von ↑Rand; **rändern** ['rɛndɐn] ⟨sw. V.; hat⟩ (selten): *mit einem Rand* (4) *versehen:* ein Blatt Papier r. ⟨meist im 2. Part.:⟩ ihre Augen waren rot gerändert; **-randig** [-randɪç] in Zusb., z. B. breitrandig.

randomisieren [randomi'zi:rən] ⟨sw. V.; hat⟩ [engl.-amerik. to randomize, zu engl. random = zufällig] (Statistik): *(aus einer gegebenen Gesamtheit von Elementen) eine vom Zufall (z. B. durch das Los) bestimmte Auswahl treffen;* ⟨Abl.:⟩ **Randomisierung,** die; -, -en.

Ranft [ranft], der; -[e]s, Ränfte ['rɛnftə; mhd. (md.) ranft, ahd. ramft, verw. mit ↑[1]Rand] ⟨Vkl. ↑Ränftchen⟩ (landsch.): **a)** *Brotkanten;* **b)** *Brotrinde, -kruste;* **Ränftchen** ['rɛnftçən], das; -s, - (landsch.): ↑Ranft.

rang [raŋ]: ↑ringen.

Rang [raŋ], der; -[e]s, Ränge ['rɛŋə; frz. rang = Reihe, Ordnung < afrz. renc = Kreis (von Zuschauern), aus dem Germ., verw. mit ↑Ring]: **1.** *bestimmte Stufe, Stellung, die jmd. in einer [hierarchisch] gegliederten [Gesellschafts]-ordnung innehat:* nur einen niedrigen R. bekleiden, einnehmen; er hat den R., ist, steht im R. eines Generals; jmdm. den R. streitig machen *(jmds. höhere Stellung einnehmen wollen);* jmdm. im/an R. ebenbürtig, unterlegen sein; jmdn. im R. herabsetzen *(jmdn. degradieren);* *** alles, was R. und Namen hat** *(die gesamte Prominenz);* **zu R. und Würden/Ehren kommen** *(einflußreich, bekannt, berühmt werden).* **2.** ⟨o. Pl.⟩ *im Vergleich zu Gleichartigem bestimmter Stellenwert von jmdm., etw. in bezug auf Bedeutung, Ansehen, Güte:* diese Erzählung hat einen außerordentlichen künstlerischen R.; ein Wissenschaftler vom -e Einsteins; rastete ich ... in einem Kaffeehaus mittleren -es (Th. Mann, Krull 134); *** von R. [sein]** *(bedeutend [sein]):* ein Physiker, Theaterstück von [hohem] R.; **ersten -es** *(von außerordentlicher Bedeutung):* ein Politikum, ein gesellschaftliches Ereignis ersten -es sein, darstellen. **3.** *höher gelegener [in der Art eines Balkons hervorspringender] Teil des Zuschauerraums im Theater od. Kino:* einen Platz im zweiten R. haben; vor überfüllten Rängen spielen. **4.** *Gewinnklasse im Lotto, Toto:* auf die einzelnen Ränge entfallen folgende Gewinne ...; im 3. R. gibt es nur 4,50 DM. **5.** (Sport) svw. ↑Platz (9): den 2. R. belegen; er landete in der Gesamtwertung auf dem 12. R. **6. * jmdm. den R. ablaufen** *(jmdn. überflügeln, übertreffen;* zu veraltet Rank [↑Ränke], also urspr. = beim Laufen eine Kurve auf geradem Wege abschneiden).

rang-, Rang-: **~abzeichen,** das (früher): svw. ↑Dienstgradabzeichen; **~älteste,** der u. die: *jmd., der unter mehreren in gleicher Rangstufe seinen Rang* (1) *am längsten bekleidet;* **~erhöhung,** die: svw. ↑Beförderung (2); **~folge,** die: vgl. ~ordnung; **~gleich** ⟨Adj.; o. Steig.; nicht adv.⟩: *im Hinblick auf den Rang* (1, 2, 5) *gleich;* **~höchste,** der u. die ⟨Dekl. ↑Abgeordnete⟩: *jmd., der den höchsten Rang* (1) *bekleidet;* **~höhere,** der u. die ⟨Dekl. ↑Abgeordnete⟩: vgl. ~höchste; **~krone,** die: *Krone mit einem Zeichen, das den Rang des Trägers (z. B. König, Fürst o. ä.) ausdrückt;* **~liste,** die: **1.** (Sport, bes. Golf, Tennis, Boxen) *Liste, in der die Sportler nach ihrem Können eingestuft werden.* **2.** *Verzeichnis aller Offiziere u. höheren Beamten;* **~loge,** die: *Loge in einem Rang* (3); **~mäßig** ⟨Adj.; o. Steig.; nicht präd.⟩: *dem Rang* (1, 2, 5) *nach; in bezug auf den Rang;* **~niedere,** der u. die ⟨Dekl. ↑Abgeordnete⟩: vgl. ~höchste; **~ordnung,** die: *Abstufung innerhalb einer festgelegten hierarchischen Ordnung im Hinblick auf den Grad, die Bedeutung, die Wichtigkeit von etw., jmdm.:* der R. nach; in der R. die höchste Stufe einnehmen; alle Themen in ihrer R. bestimmen, umstellen; **~streit,** der: seltener für ↑~streitigkeit; **~streitigkeit,** die ⟨meist Pl.⟩: *(bes. von Tieren) Kampf um einen bestimmten Platz im Rahmen einer Rangordnung;* **~stufe,** die: *bestimmte Stufe im Rahmen einer Rangordnung;* **~unterschied,** der.

Range ['raŋə], die; -, -n, selten: der; -n, -n [spätmhd. range, zu: rangen = sich hin u. her wenden; urspr. derbes Schimpfwort; verw. mit ↑Rank] (landsch.): *äußerst lebhaftes, ausgelassenes Kind, das aus Übermut gern etw. anstellt.*

ränge ['rɛŋə]: ↑ringen.

rangeln ['raŋl̩n] ⟨sw. V.; hat⟩ [Intensivbildung zu veraltet rangen, ↑Range] (ugs.): *sich balgen:* die Kinder rangelten [miteinander]; Ü Statt dessen rangelten Interessenklüngel um Wahlgeschenke (Spiegel 43, 1966, 47).

Ranger ['reɪndʒə], der; -s, -s [engl.-amerik. ranger, zu: to range = (durch)streifen, wandern] *(in den USA):* **1.** *besonders ausgebildeter Soldat, der innerhalb kleiner Gruppen Überraschungsangriffe im feindlichen Gebiet macht.* **2.** *Angehöriger einer berittenen [Polizei]truppe.*

Rangier-: **~anlage,** die; **~bahnhof,** der; **~gleis,** das; **~lok, ~lokomotive,** die; **~meister,** der: *Meister, der beim Rangieren* (1) *die Aufsicht führt.*

rangieren [raŋ'ʒi:rən, seltener: rã'ʒi:rən] ⟨sw. V.; hat⟩ [frz. ranger = ordnungsgemäß aufstellen, ordnen, zu: rang, ↑Rang]: **1.** *Eisenbahnwagen auf ein anderes Gleis schieben od. fahren:* die Waggons, den Zug auf ein Abstellgleis r. **2.** *eine bestimmte Stufe in einer bestimmten Rangordnung einnehmen:* an letzter Stelle, auf Platz 2 r.; hinter, vor jmdm., einer Sache r.; unter dem Titel ... r.; Über dem Standard rangiert ... die Lenkung des Rover 2600 (auto touring 2, 1979, 29). **3.** (landsch.) *etw. in Ordnung bringen, ordnen:* sie rangiert ihre Kleidung (Erich Kästner, Schule 109); **Rangierer** [raŋ'ʒi:rɐ], der; -s, -: *Eisenbahner, der rangiert;* **-rangig** [-raŋɪç] in Zusb., z. B. erstrangig.

rank [raŋk] ⟨Adj.; nicht adv.⟩ [aus dem Niederd. < mniederd. ranc = schlank, dünn, schwach] (geh.): *(bes. von jungen Menschen) schlank u. zugleich geschmeidig* (2), *von hohem, geradem Wuchs:* ein -er Jüngling; ein -es Mädchen; -e Leiber; ein Knabe von -em Wuchs; Ü -e Birken; ***r. und schlank** *(schlank u. geschmeidig).*

Rank [-], der; -[e]s, Ränke ['rɛŋkə; mhd. ranc = schnelle drehende Bewegung, zu ↑renken]: **1.** ⟨Pl.⟩ (geh., veraltend) *Intrigen; Machenschaften:* heimliche, hinterlistige, finstere Ränke; auf Ränke sinnen; durch allerlei Ränke gelang es ihm, seinen Rivalen auszustechen; ***-e schmieden**/(seltener:) **spinnen** *(Ränke ersinnen, planen).* **2.** (schweiz.) **a)** *Wegbiegung, Kurve;* **b)** *Kniff, Trick;* ***den [rechten] R. finden** *(für etw. einen geeigneten Weg, eine geschickte Lösung finden).*

Ranke ['raŋkə], die; -, -n [mhd. ranke, ahd. hranca, H. u.] (Bot.): *schnurförmiger Teil bestimmter Pflanzen, der sich spiralförmig um andere Pflanzen od. sonstige Gegenstände herumschlingt od. sich mit Hilfe von Haftorganen an eine Fläche heftet u. so die betreffende Pflanze aufrecht hält u. ihr das Klettern ermöglicht:* die -n eines Weinstocks; dornige -n.

Ränke: Pl. von ↑Rank.

ränke-, Ränke- (geh., veraltend): **~schmied,** der: *jmd., der Ränke schmiedet;* **~spiel,** das: *Gesamtheit der von jmdm. zu einem bestimmten Zweck ersonnenen u. ins Werk gesetzten Ränke* (1); **~spinner,** der: *jmd., der Ränke* (1) *spinnt;* **~sucht,** die ⟨o. Pl.⟩: *Drang, Ränke* (1) *zu ersinnen, um anderen zu schaden;* **~süchtig** ⟨Adj.; nicht adv.⟩: *von Ränkesucht erfüllt;* **~voll** ⟨Adj.⟩: *durch viele Ränke* (1) *gekennzeichnet, seine Ziele mit vielen Ränken verfolgend:* ein -er Mensch; jmdn. auf -e Weise zu Fall bringen.

ranken ['raŋkn̩] ⟨sw. V.⟩ [zu ↑Ranke]: **1. a)** ⟨r. + sich⟩ *in Ranken an etw. entlang [in die Höhe] wachsen* ⟨hat⟩: an der Hauswand rankt sich wilder Wein in die Höhe; Ü um das alte Schloß ranken sich viele Sagen (geh.; *das Schloß steht im Mittelpunkt vieler Sagen*); **b)** (selten) svw. ↑ranken (1 a) ⟨ist⟩: über das Grab rankte Efeu. **2.** *Ranken treiben, hervorbringen, wie eine Kletterpflanze wachsen* ⟨hat⟩: am Gartentor rankt eine Klematis.

Ranken [-], der; -s, - [niederd., md. u. südd. Form von ↑Runken] (landsch.): *unförmiges, dickes Stück Brot.*

ranken-, Ranken- (Ranke): **~artig** ⟨Adj.; o. Steig.⟩; **~gewächs,** das: *rankendes* (2) *Gewächs;* **~ornament,** das: *an Ranken erinnerndes Ornament;* **~pflanze,** die: vgl. ~gewächs; **~werk,** das ⟨o. Pl.⟩: **a)** *viele ineinander verschlungene Ranken:* eine von dichtem R. überwucherte Ruine; **b)** *Verzierung aus rankenartigen [ineinander verschlungenen] Ornamenten:* ein bronzenes R.

Rankheit, die; - (geh.): *das Ranksein.*

rankig ['raŋkɪç] ⟨Adj.⟩: *Ranken bildend, aufweisend, in Ranken wachsend:* dichtes -es Gestrüpp.

Rankünе [raŋ'ky:nə], die; -, -n [frz. rancune < mfrz. rancure < mlat. rancura < lat. rancor, zu: rancēre, ↑ranzig] (bildungsspr. veraltend): **1.** ⟨o. Pl.⟩ *heimliche Feindschaft, Groll, [alter] Haß:* seine gallige, mißlaunige R. (St. Zweig, Fouché 58). **2.** *Handlung aus Rankünе* (1): im Gewirr der -n (Welt 13. 3. 65, Geist. Welt 1).

rann [ran], **ränne** ['rɛnə]: ↑rinnen.

rannte ['rantə]: ↑rennen.

Ranula ['ra:nula], die; -, ...lae [...lɛ; zu lat. rāna = Frosch] (Med.): svw. ↑Froschgeschwulst; **Ranunkel** [ra'nʊŋkl̩], die; -, -n [lat. rānunculus, Vkl. von: rāna = Frosch; vgl. Ranunkulazeen]: *(zur Gattung Hahnenfuß gehörende) als Garten- u. Schnittblume beliebte, in einer meist leuchtenden Farbe (z. B. Rot, Orange, Gelb) od. weiß blühende Pflanze mit behaarten, gefiederten Blättern;* ⟨Zus.:⟩ **Ranunkelstrauch,** der: svw. ↑Kerrie; **Ranunkulazeen** [...kula'tse:ən] ⟨Pl.⟩ [die Pflanzen leben oft od. im Wasser wie die Frösche] (Bot.): *Hahnenfußgewächse.*

Ränzchen ['rɛntsçən], das; -s, -: ↑Ranzen (1, 2, 3).

Ränzel ['rɛntsl̩], das, nordd. auch: der; -s, - [aus dem Niederd. < mniederd. renzel, H. u.; später aufgefaßt als Vkl. von ↑Ranzen] (veraltet): *Behältnis (Beutel, Tasche o. ä.) für Wandergepäck, das auf dem Rücken getragen wird;* ***sein R. schnüren/packen** (↑Bündel).

[1]**ranzen** ['rantsn̩] ⟨sw. V.; hat⟩ [spätmhd. rantzen = ungestüm springen, zu mhd. ranken = sich hin- u. herbewegen, zu: ranc, ↑Rank] (Jägerspr.): *(vom Haarraubwild) sich paaren, sich begatten:* die Füchse ranzen.

[2]**ranzen** [-] ⟨sw. V.; hat⟩ [H. u.] (salopp): *in barschem Ton, mit lauter Stimme sprechen [um jmdn. zurechtzuweisen, zu tadeln]; schnauzen:* „... Ich tue, was ich will ...!" ranzte der Geisteskranke (Musil, Mann 991).

Ranzen [-], der; -s, - [1, 2 urspr. aus der Gaunerspr.]: **1.** ⟨Vkl. ↑Ränzchen⟩ *[auf dem Rücken getragene] Schulmappe bes. eines jüngeren Schülers.* **2.** ⟨Vkl. ↑Ränzchen⟩ (selten) *Rucksack, Tornister:* Er nimmt das Beil aus dem R. (Trenker, Helden 15). **3.** ⟨Vkl. ↑Ränzchen⟩ (salopp) *[dicker] Bauch:* er hat sich einen ganz schönen R. angefressen; sich den R. vollschlagen (salopp; *sehr viel essen*). **4.** (salopp) *Rücken:* jmdm. eins auf den R. geben; ***jmdm. den R. voll hauen** (↑Hucke 2); **den R. voll kriegen** (↑Hucke 2).

Ranzer ['rantsɐ], der; -s, - [zu ↑[2]ranzen] (salopp): svw. ↑Anranzer.

ranzig ['rantsɪç] ⟨Adj.⟩ [niederd. ransig (älter: ranstig) < frz. rance < lat. rancidus = stinkend, ranzig, zu: rancēre = stinken, faulen]: *(von Fetten, Ölen od. fetthaltigen Nahrungsmitteln) verdorben u. daher schlecht riechend, schmeckend:* -e Butter; die Nüsse sind r.; das Öl riecht, schmeckt [leicht, etwas] r.; ⟨Abl.:⟩ **Ranzigkeit,** die; -.

Ranzion [ran'tsio:n], die; -, -en [mniederd. ranzūn < frz. rançon < afrz. raençon < lat. redemptio] (früher): *Lösegeld (für Kriegsgefangene od. gekaperte Schiffe).*

Ranzzeit ['rants-], die; -, -en [zu ↑[1]ranzen] (Jägerspr.): *(bei Haarraubwild) Brunstzeit.*

Raphiabast ['rafia-], der; -[e]s, -e [engl. raffia < madagassisch rafia]: *Bast aus Raphiapalmen;* **Raphiapalme,** die; -, -n: *große, baumförmige tropische Palme mit dickem, kurzem Stamm u. sehr langen, gefiederten Blättern.*

Raphiden [ra'fi:dn̩] ⟨Pl.⟩ [griech. raphís (Gen.: raphídos) = Nadel] (Bot.): *(meist bündelweise auftretende) nadelförmige Kristalle in Pflanzenzellen.*

rapid [ra'pi:t] (bes. südd., österr. nur so), **rapide** [ra'pi:də] ⟨Adj.; rapider, rapideste⟩ [frz. rapide < lat. rapidus = schnell, ungestüm, (fort)reißend, zu: rapere = fortreißen]: *(bes. von Entwicklungen, Veränderungen o. ä.) sehr, überaus, erstaunlich, verblüffend, erschreckend schnell [vor sich gehend]:* eine rapide Entwicklung, Vermehrung, Verschlechterung; ein rapider Kursverfall, Anstieg der Produktion; sein Gesundheitszustand verschlechtert sich rapide, in einem rapiden Tempo; mit ihm geht es rapide bergauf, abwärts; ⟨Zus.:⟩ **Rapidentwickler,** der (Fot.): *Entwickler* (2), *der besonders schnell wirkt;* **Rapidität** [rapidi'tɛ:t], die; - [frz. rapidité] (bildungsspr. selten): *das Rapidesein:* die R. des Wechsels ist atemberaubend; die Bevölkerung wächst mit einer erstaunlichen R.; **rapido** ['ra:pido] ⟨Adv.⟩ [ital. rapido < lat. rapidus, ↑rapid] (Musik): *sehr schnell.*

Rapier [ra'pi:ɐ̯], das; -s, -e [frz. rapière, zu: râpe = Reibeisen, aus dem Germ., verw. mit ahd. raspōn, ↑raspeln]: **a)** (früher) *degenartige Fechtwaffe;* **b)** (veraltet) svw. ↑Schläger (4); **rapieren** [ra'pi:rən] ⟨sw. V.; hat⟩ [frz. râper = (ab)schaben]: **1.** (Kochk.) **a)** *Fleisch von Haut u. Sehnen abschaben;* **b)** *Kartoffeln od. Gemüse schaben.* **2.** *(zur Herstellung von Schnupftabak) Tabakblätter zerstoßen;* **Rapp** [rap], der; -s, -e [mhd. rappe < frz. râpe, ↑Rapier] (mundartl.): *Kamm* (8); [1]**Rappe** ['rapə], die; -, -n [frz. râpe, ↑Rapier]: **a)** (westmd.) [1]*Raspel* (2); **b)** (westmd., südd.) *Rapp.*

[2]**Rappe** [-], der; -n, -n [mhd. rappe = Rabe, Nebenf. von: rabe, ↑Rabe]: *Pferd mit schwarzem Fell.*

Rappel ['rapl̩], der; -s, - ⟨Pl. selten⟩ [zu ↑rappeln in der älteren Bed. „lärmen"] (ugs. abwertend): *unvermittelt auftretende (vorübergehende) innere Verfassung eines Menschen, aus der heraus er auf verrückte, absonderliche Gedanken kommt u. Dinge tut, die eigentlich nicht seiner Art entsprechen, die unmotiviert, abwegig erscheinen:* einen R. kriegen; den/seinen R. bekommen.

rappel-, Rappel-: **~dürr** ⟨Adj.; o. Steig.; nicht adv.⟩ (landsch. emotional): svw. ↑klapperdürr; **~kasten,** der, **~kiste,** die (ugs. abwertend): vgl. Klapperkasten; **~kopf,** der (veraltet abwertend): **a)** *jmd., der einen Rappel hat;* **b)** svw. ↑Dickkopf (a); **c)** *aufbrausender, zum Jähzorn neigender Mensch;* **~köpfig, ~köpfisch** ⟨Adj.; nicht adv.⟩ (veraltet abwertend): *in der Art eines Rappelkopfs* (a–c); **~trocken** ⟨Adj.; o. Steig.; nicht adv.⟩ (landsch.): *völlig trocken:* -es Holz.

Rappelchen ['rapl̩çən], das [zu ↑rappeln (4)] in der Wendung **[ein] R. machen** (landsch. Kinderspr.; *urinieren*); **rappelig,** rapplig ['rap(ə)lɪç] ⟨Adj.; nicht adv.⟩ (landsch.): **a)** *einen Rappel habend:* ganz r. im Kopf sein; **b)** svw. ↑klapprig (1); **c)** *unruhig, nervös; unfähig, sich zu konzentrieren:* er ist ein schrecklich -es Kind; das macht einen ja ganz r.; **rappeln** ['rapl̩n] ⟨sw. V.⟩ [zu mniederd. rapen = klopfen; vgl. auch mhd. raffeln = lärmen, klappern, schelten; 4: lautm.]: **1.** ⟨hat⟩ (ugs.) **a)** *ein klapperndes, rasselndes Geräusch von sich geben:* die Fensterläden rappeln im Sturm; im Nebenzimmer rappelt eine Schreibmaschine; der Wekker, das Telefon rappelt; das Blechtor rappelte (Böll, Haus 188); ein rappelndes Geräusch im Getriebe (Gute Fahrt 2, 1974, 52); ⟨unpers.:⟩ es rappelt an der Tür; *** bei jmdm. rappelt es** (salopp; ↑piepen): bei dir rappelt's wohl; **b)** *rütteln u. dabei ein rappelndes* (1 a) *Geräusch hervorbringen:* Ich rappelte an der Klinke (Böll, Und sagte 25). **2.** (ugs.) *sich mit rappelndem* (1 a) *Geräusch [irgendwohin] fortbewegen* ⟨ist⟩: der Zug rappelt über die Weiche. **3.** (österr.) *nicht ganz bei Verstand sein, verrückt sein; spinnen* ⟨hat⟩: dieser Holder rappelte auch manchmal (Doderer, Dämonen 331). **4.** (landsch. Kinderspr.) *urinieren* ⟨hat⟩. **5.** ⟨r. + sich; hat⟩ (ugs.) **a)** *sich regen, bewegen:* Die Henne blieb auf dem Rücken liegen. Sie ... rappelte sich nicht (Strittmatter, Wundertäter 57); **b)** *sich mühsam aufrichten, sich aufrappeln* (2 a): sich in die Höhe r.; sich aus dem Bett r. **6.** *** gerappelt voll** (↑gerammelt).

rappen ['rapn̩] ⟨sw. V.; hat⟩: (westmd.) *mit der* [1]*Rappe* (a) *zerkleinern.*

Rappen [-], der; -s, - [zu mhd. rappe, ↑[2]Rappe; urspr. Münze mit dem Kopf eines Adlers, der vom Volk als „Rappe" = Rabe verspottet wurde]: *Währungseinheit in der Schweiz* (100 Rappen = 1 Franken); Abk.: Rp.; ⟨Zus.:⟩ **Rappenspalter,** der (schweiz. abwertend): *jmd., der übermäßig sparsam, geizig ist; Geizhals;* ⟨Abl.:⟩ **rappenspalterisch** ⟨Adj.⟩ (schweiz. abwertend): *geldgierig, geizig;* **Rappenstück,** das; **Räppler** ['rɛplɐ], der; -s, - (schweiz.): *Rappenstück:* keinen R. mehr haben; **Räppli** ['rɛpli], das; -s, - (schweiz. mundartl, oft scherzh.): svw. ↑Rappen.

rapplig: ↑rappelig.

Rapport [ra'pɔrt], der; -s, -e [frz. rapport, zu: rapporter, ↑rapportieren]: **1.** *dienstliche Meldung, Bericht [an einen Vorgesetzten]:* jmdm. R. erstatten; einen R. schreiben, machen; sich zum R. melden *(erscheinen, um Meldung zu machen);* er wurde von seinem Minister zum R. vorgeladen, bestellt, befohlen. **2. a)** (bildungsspr. veraltend) *[Wechsel]beziehung, Verbindung;* **b)** (Psych.) *intensiver psychischer Kontakt zwischen zwei Personen, bes. zwischen Hypnotiseur u. Hypnotisiertem, Analytiker u. Patient o. ä.:* mit jmdm. in R. stehen. **3.** (Fachspr., bes. Kunstwiss.) **a)** *(bei Geweben, Teppichen, Tapeten, Ornamenten) ständige Wiederholung eines Motivs, durch die eine Musterung, ein Ornament entsteht:* der R. ist ein Hauptkennzeichen jedes echten Ornaments; **b)** *Motiv eines Musters, durch dessen ständige Wiederholung das Muster entsteht;* **rapportieren** [rapɔr'ti:rən] ⟨sw. V.; hat⟩ [frz. rapporter, eigtl. = wiederbringen, zu: re- (< lat. re-, ↑re-, Re-) u. apporter, ↑apportieren]: **1.** (veraltend) *einen Rapport* (1) *abstatten, berichten, Meldung machen, melden:* jmdm. r.; [jmdm.] etw. r.; wofür sie Anna Helene ihre Volksbühnenerlebnisse ... r. muß (Grass, Hundejahre 626). **2.** (Fachspr.) *(von einem Motiv eines Musters, Ornaments) sich ständig wiederholen:* rapportierende ... Karos (Sprachwart 6, 1967, 113).

Rappschimmel, der; -s, -: *als* [2]*Rappe geborener, noch nicht vollständig weißer Schimmel.*

Raps [raps], der; -es, (Arten:) -e [gek. aus niederd. rapsād, eigtl. = „Rübsamen", aus: rap(p) = Rübe u. sāt = Saat, Samen]: **1.** *zu den Kreuzblütlern gehörende, hoch wachsende, einheimische einjährige Pflanzenart mit blaugrünen Blättern u. leuchtendgelben Blüten, die wegen der ölhaltigen Samen auf [großen] Feldern angebaut wird.* **2.** *Samenkörner von Raps* (1).

Raps-: **~acker,** der; **~blüte,** die: **a)** *Blüte einer Rapspflanze;* **b)** ⟨o. Pl.⟩ *das Blühen des Rapses (auf den Feldern):* zur Zeit der R.; während der R.; **~feld,** das; **~kuchen,** der (Landw.): *bei der Gewinnung von Rapsöl aus Rapssamen anfallender Rückstand, der ein eiweißreiches Futtermittel darstellt;* **~öl,** das: *aus Raps gewonnenes Öl, das als Speiseöl od. für technische Zwecke verwendet wird;* **~pflanze,** die: *einzelnes Exemplar des Rapses;* **~saat,** die: *[zur Aussaat bestimmte] Rapssamen;* **~samen,** der.

rapschen ['rapʃn̩], **rapsen** ['rapsn̩] ⟨sw. V.; hat⟩ [Intensivbildung zu niederd. rapen = raffen] (landsch.): svw. ↑grapschen (a).

Raptus ['raptʊs], der; -, - [...tu:s] u. -se [lat. raptus = das Fortreißen, Zuckung, zu: rapere = (fort)reißen]: **1.** ⟨Pl. Raptus⟩ (Med.) *plötzlich auftretender Wutanfall.* **2.** ⟨Pl. -se, selten⟩ (bildungsspr. scherzh.) svw. ↑Rappel.

Rapünzchen [ra'pʏntsçən], das; -s, - ⟨meist Pl.⟩ (landsch.): svw. ↑Rapunzel; ⟨Zus.:⟩ **Rapünzchensalat,** der (landsch.); **Rapunze** [ra'pʊntsə], **Rapunzel** [ra'pʊntsl̩], die; -, -n ⟨meist Pl.⟩ [mlat. rapuncium, rapuntium, zu lat. rādīx = Wurzel u. phū (< griech. phoũ) = Baldrian; die Pflanze gehört zu den Baldriangewächsen]: *kleine Salatpflanze mit dunkelgrünen, in Form einer Rosette angeordneten, grundständigen Blättern;* vgl. Feldsalat; ⟨Zus.:⟩ **Rapunzelsalat,** der.

Rapusche [ra'pu:ʃə], **Rapuse** [ra'pu:zə], die in den Wendungen **in die R. kommen/gehen** (landsch.; *[im Durcheinander] verlorengehen;* [ostl]md., eigtl. = Gedränge, H. u., viell. zu ↑rapschen): mein Radiergummi ist [irgendwie] in die R. gekommen; paß auf, daß die Quittung nicht in die R. geht; **in die R. geben** (landsch.; *preisgeben;* viell. zu ostmd. Rabusch = Kerbholz < spätmhd. rabusch, wahrsch. aus dem Ung.; urspr. wohl = abgeben ohne Barzahlung).

rar [ra:ɐ̯] ⟨Adj.; nicht adv.⟩ [frz. rare < lat. rārus; schon mniederd. rār]: **a)** *nur in [zu] geringer Anzahl, Menge vorhanden, schwer erhältlich, knapp, selten u. gesucht:* eine -e Ware, Briefmarke; -e Fachkräfte; Experten auf diesem Gebiet sind immer noch viel zu r.; schöne Mädchen sind in dieser Stadt r.; *** sich r. machen** (ugs.; *sich selten sehen lassen, sich wenig Zeit für andere nehmen* [was – meist mit Bedauern – festgestellt wird]); **b)** (selten) *selten [auftretend, vorkommend, geschehend]:* -e Juwelen; eine -e Gelegenheit; Erdbeben sind hier [glücklicherweise] r.; wahre Freundschaft ist [leider] r.; **Rara:** Pl. von ↑Rarum; **Rarissimum** [ra'rɪsimʊm], das; -s, ...ma ⟨meist Pl.⟩ (Fachspr.): *sehr seltenes, kostbares Exemplar, bes. Buch;* vgl. Rarum; **Rarität** [rari'tɛ:t], die; -, -en [lat. rāritās = Seltenheit]: **1.** ⟨o. Pl.⟩ (selten) *das Rarsein.* **2.** ⟨Pl. selten⟩ **a)** *etw. Rares* (a): gute Apfelsinen sind zu dieser Jahreszeit eine R.; große Wohnungen sind in der Innenstadt eine R.; **b)** *etw. Rares* (b): Schneefälle sind in diesen Breiten eine R.; Störche sind bei uns zu einer R. geworden; so gute Spiele gehören zu den -en. **3.** *seltenes u. daher kostbares, wertvolles, besonders interessantes Sammler-, Liebhaberstück o. ä.:* diese Briefmarke ist eine ausgesprochene R.; er hat einige kostbare -en in seiner Kunstsammlung; bibliophile, philatelistische, archäologische -en.

Raritäten-: **~kabinett,** das: *der Aufbewahrung, Ausstellung einer Raritätensammlung dienender Raum;* **~sammler,** der: *jmd., der aus Liebhaberei Raritäten* (3) *sammelt;* **~sammlung,** die: *Sammlung von Raritäten* (3).

Rarum ['ra:rʊm], das; -s, Rara ⟨meist Pl.⟩ [lat. rārum, zu: rārus, ↑rar] (Fachspr.): *seltenes, kostbares Exemplar, bes. Buch.* Vgl. Rarissimum.

rasant [ra'zant] ⟨Adj.; -er, -este⟩ [2: frz. rasant = den Boden streifend, eigtl. 1. Part. von: raser, ↑rasieren; Bed. 1 durch volksetym. Anlehnung an ↑rasen]: **1.** (ugs.) **a)** *durch [Staunen, Bewunderung, Begeisterung o. ä. erregende] hohe Geschwindigkeit gekennzeichnet; auffallend schnell:* in -er Fahrt; ein -es Tempo fahren; seine -e Fahrweise; Rasanter Puls und Schüttelfröste ... (Rehn, Nichts 5); r. beschleunigen, fahren; **b)** *(bes. von Autos) durch eine schnittige Formgebung den Eindruck großer Schnelligkeit vermittelnd; schnittig:* ein -er Sportwagen; ein -es Styling; mit seiner ... flachen Frontpartie ... sieht der VW ... ausgesprochen r. aus (Hörzu 18, 1973, 27); **c)** *(bes. von Vorgängen, Entwicklungen) mit erstaunlicher Schnelligkeit vor sich gehend; stürmisch:* der -e technische Fortschritt, wirtschaftliche Aufschwung; die Bevölkerung nimmt r. zu; **d)** *durch Schnelligkeit, Schwung, Spannung o. ä. begeisternd, imponierend;*

großartig: eine -e [Musik]show; die -e Story des Films; die Europameisterin lief eine -e Kür, lief ganz r.; **e)** *(durch besondere, nicht alltägliche Reize) Bewunderung u. Begeisterung hervorrufend; rassig:* eine -e Frau; sie trug ein -es Sommerkleid; eine -e Architektur. **2.** (Ballistik) **a)** *(von Flug-, bes. Geschoßbahnen) flach, annähernd horizontal, geradlinig verlaufend;* **b)** *(von Geschossen, fliegenden Objekten) eine rasante* (2 a) *Bahn beschreibend u. sehr schnell fliegend;* **Rasanz** [...ts], die; -: **1.** (ugs.) **a)** *[Staunen, Bewunderung, Begeisterung o. ä. erregende] Schnelligkeit:* mit R. in die Kurve gehen; **b)** (selten) *rasantes* (1 b) *Aussehen; Schnittigkeit:* ein Styling voller R.; **c)** *erstaunliche Schnelligkeit (mit der etw. vor sich geht, sich entwickelt):* die atemberaubende R. dieser Entwicklung; **d)** *(durch Schnelligkeit, Schwung, Spannung o. ä. bewirkte) Faszination, Großartigkeit o. ä. (einer Sache):* eine Story, Show voller R.; **e)** (selten) *rasante* (1 e) *Art, rasantes Aussehen:* sie war eine Frau von seltener R. **2.** (Ballistik) **a)** *rasanter* (2 a) *Verlauf einer Flugbahn;* **b)** *rasanter* (2 b) *Flug eines Objekts.*

rasaunen [ra'zaunən] ⟨sw. V.; hat⟩ [viell. zu mhd. sich rasūnen = sich ordnen, sich scharen, H. u.] (landsch.): **a)** *lärmen, poltern;* **b)** *sich lärmend, polternd fortbewegen.*

rasch [raʃ] ⟨Adj.; -er, -[e]ste⟩ [mhd. rasch, ahd. rasc]: **1. a)** *schnell* (1 a) *[u. mit einer gewissen Rasanz* (1 a)]: ein -es Tempo; eine -e Fahrt; er hat einen -en Gang; r. gehen, fahren; er lief so r. er konnte; **b)** svw. ↑schnell (1 b): ein -er Entschluß; -e Fortschritte; etw. r. verkaufen; sich r. ausbreiten; sie waren r. fertig mit der Arbeit; so r. wie/(seltener:) als möglich; so r. macht ihm das keiner nach *(es wird nicht so leicht sein, ihm das nachzumachen).* **2.** svw. ↑schnell (4): -es Handeln ist erforderlich; er ist nicht sehr r. *(ist ein wenig langsam bei der Arbeit);* er arbeitet sehr r.; es ging -er, als man dachte; das geht mir zu r. *(ich komme nicht mit);* etwas -er, wenn ich bitten darf!; er muß noch r. zur Bank; notieren Sie das r.!

rasch-, Rasch- (selten): **~füßig** ⟨Adj.; nicht adv.⟩: svw. ↑schnellfüßig, dazu: **~füßigkeit,** die; **~lebig** ⟨Adj.; nicht adv.⟩: svw. ↑schnellebig, dazu: **~lebigkeit,** die; **~wüchsig** ⟨Adj.; nicht adv.⟩: svw. ↑schnellwüchsig, dazu: **~wüchsigkeit,** die.

Raschelmaschine ['raʃl-], die; -, -n [wohl nach der frz. Schauspielerin E. Rachel (frz. Ausspr. ra'ʃɛl; 1821–1858), durch die die auf dieser Maschine hergestellten Stoffe bekannt wurden] (Textilind.): *aus der Kettenwirkmaschine entwickelte Wirkmaschine für vielfältige Musterungen.*

rascheln ['raʃln] ⟨sw. V.; hat⟩ [lautm., zu veraltet (noch mundartl.) raschen = ein raschelndes Geräusch verursachen]: **a)** *ein Geräusch wie von bewegtem trockenem Laub od. bewegtem Papier von sich geben:* das Laub raschelt im Wind; er hörte Papier r.; raschelnde Seidengewänder; ⟨auch unpers.:⟩ es raschelte im Stroh; **b)** *ein raschelndes* (a) *Geräusch erzeugen:* unter den Dielen raschelt eine Maus; hör doch bitte auf, mit der Zeitung zu r.

raschest ['raʃəst] ⟨Adv.⟩ [Superl. von ↑rasch] (österr.): svw. ↑raschestens; **raschestens** ['raʃəstns] ⟨Adv.⟩: *so rasch, so bald wie möglich; schnellstens;* **Raschheit,** die; -: *rasche* (1, 2) *Art u. Weise (in der etw. vor sich geht).*

rasen ['ra:zn] ⟨sw. V.⟩ /vgl. rasend/ [mhd. rāsen]: **1.** (ugs.) *sich ([wie] in großer Eile) sehr schnell fortbewegen, mit hoher Geschwindigkeit [irgendwohin] fahren* ⟨ist⟩: ras bitte nicht so!; mit ihm gehe ich nicht gern spazieren, er rast immer so (emotional übertreibend, abwertend; *geht überaus schnell*); Autofahrern, die so rasen (abwertend; *unverantwortlich schnell fahren*), sollte man den Führerschein abnehmen; ein Auto kam um die Ecke, über die Autobahn gerast; er ist mit seinem Wagen gegen einen Baum gerast; er rast *(eilt, hetzt)* von einem Termin zum andern; Ü die Zeit rast *(vergeht sehr schnell);* sein Puls raste *(ging sehr schnell).* **2.** *von Sinnen, außer sich sein, sich wie wahnsinnig gebärden, toben; wüten* ⟨hat⟩: vor Wut, Zorn, Schmerzen, Eifersucht, im Fieber r.; das Publikum raste [vor Begeisterung]; die rasende Bestie zerfleischte ihn; er schlug um sich wie rasend; ich könnte [vor Wut] rasend werden; die Schmerzen machen mich rasend; Ü ein Sturm, die See raste in jener Nacht; draußen rast der Krieg (Fallada, Jeder 382).

Rasen [-], der; -s, - [mhd. rase, H. u.]: **1.** *dicht mit [angesätem] kurz gehaltenem Gras bewachsene Fläche (bes. in Gärten, Parks, Sportanlagen):* ein grüner, verdorrter, geschnittener, verwahrloster, gepflegter, kurzer *(kurz geschnittener)* R.; den R. schneiden, mähen, sprengen, kurz halten, pflegen, zertrampeln; einen R. anlegen; auf dem R. liegen; nach dem Foul mußte der Spieler den R. (Sport Jargon; *den Platz*) verlassen; * **jmdn. deckt der kühle/grüne R.** (geh. verhüll.; *jmd. ist tot u. begraben*); **unter dem/unterm R. ruhen** (geh. verhüll.; *tot u. begraben sein*); **jmdn. unter den R. bringen** (verhüll.; *jmds. Tod verursachen*). **2.** (Bergmannsspr.) *[natürliche] Erdoberfläche.*

rasen-, Rasen-: **~bank,** die ⟨Pl. -bänke⟩ (veraltend): *längliches [erhöhtes, abschüssiges] Rasenstück (das sich gut zum Sitzen eignet);* **~bedeckt** ⟨Adj.; o. Steig.; nicht adv.⟩: *mit Rasen* (1) *bedeckt;* **~besen,** der: svw. ↑Fächerbesen; **~bewachsen** ⟨Adj.; o. Steig.; nicht adv.⟩: vgl. ~bedeckt; **~bleiche,** die: svw. ↑Bleiche (2); **~decke,** die: vgl. Grasdecke; **~dünger,** der: *speziell für den Rasen* (1) *hergestellter Dünger;* **~eisenerz,** das, **~eisenstein,** der [zu ↑Rasen (2)] (Chemie): *braunes bis schwarzes, mit Sand, Ton, organischen u. anderen Stoffen vermischtes Brauneisenerz, das früher (zur Eisengewinnung) abgebaut wurde;* **~fläche,** die: *rasenbewachsene Fläche;* **~garten,** der: vgl. Grasgarten; **~hängebank,** die [zu ↑Rasen (2)] (Bergmannsspr.): *Umgebung des Schachtes zu ebener Erde;* **~mäher,** der, **~mähmaschine,** die; **~narbe,** die: vgl. Grasnarbe; **~pflege,** die; **~plagge,** die (nordd.): svw. ↑Plagge (2); **~platte,** die: svw. ↑~sode; **~platz,** der: **1.** svw. ↑Rasenfläche. **2.** (Sport) *rasenbewachsener Platz* (2); **~schere,** die: *Schere zum Schneiden von Stellen eines Rasens, die für den Rasenmäher nicht erreichbar sind;* **~sode,** die (nordd.): *Sode* (1 a); **~spiel,** das: *[sportliches] Spiel, das gewöhnlich auf einem Rasen gespielt wird:* Krocket ist ein beliebtes R.; **~sport,** der: *alle Sportarten, die auf Rasenplätzen* (2) *betrieben werden;* **~sprenger,** der: *Gerät zum Sprengen von Rasenflächen;* **~streifen,** der: vgl. Grasstreifen; **~stück,** das: *kleinere Rasenfläche;* **~tennis,** das: *Tennis, das auf einem Rasenplatz gespielt wird; Lawn-Tennis;* **~teppich,** der (geh.): vgl. Grasteppich.

rasend ['ra:znt] ⟨Adj.⟩: **1.** ⟨meist attr.⟩ *sehr schnell:* in -er Geschwindigkeit, Fahrt. **2. a)** ⟨meist attr.⟩ *ungewöhnlich stark, heftig:* -e Schmerzen; -e Wut, Eifersucht; -er Beifall; **b)** ⟨intensivierend bes. bei Adj. u. Part.⟩ (ugs.) *überaus, sehr:* er ist r. verliebt; das war r. komisch, teuer; ich täte es r. gern; ich habe im Augenblick r. [viel] zu tun;

[1]**Raser** ['ra:zɐ], der; -s, - (ugs. abwertend): *jmd., der [mit einem Kraftfahrzeug] übermäßig schnell fährt.*

[2]**Raser** ['reɪzə], der; -s, - [engl.-amerik. raser, geb. nach: maser (↑Maser) u. laser (↑Laser), Kurzwort für engl. **r**atio **a**mplification by **s**timulated **e**mission of **r**adiation] (Physik): *Gerät zur Erzeugung u. Verstärkung kohärenter Röntgenstrahlen.*

Raserei [ra:zə'rai], die; -, -en [1: spätmhd. (md.) rāserīe]: **1.** ⟨o. Pl.⟩ *das Rasen* (2), *das Rasendsein:* in R. geraten; er bringt, treibt mich noch zur R.; die Eifersucht versetzte ihn in blinde R.; in einem Anfall von R.; er liebt sie bis zur R. (emotional übertreibend; *äußerst leidenschaftlich*). **2.** (ugs., oft abwertend) *das Rasen* (1); *übermäßig schnelles Fahren (mit einem Kraftfahrzeug):* mit deiner blödsinnigen R. gefährdest du dich und andere.

Rasier-: **~apparat,** der: **1.** *aus einer Vorrichtung zur Aufnahme einer Rasierklinge u. einem Stiel bestehendes Gerät zum Rasieren.* **2.** *kleines elektrisches Gerät zum Rasieren:* ein elektrischer R.; eine Steckdose für den R.; **~creme,** die: *cremeartige, schäumende Substanz für die Naßrasur;* **~flechte,** die: volkst. Bez. für Bartflechte; **~klinge,** die: *eckige, hauchdünne, zweischneidige, sehr scharfe stählerne Klinge zum Einspannen in den Rasierapparat* (1); * **scharf wie eine R. sein** (salopp; ↑Nachbar a); **~krem,** die: eindeutschend für ↑~creme; **~messer,** das: *in der Art eines Taschenmessers zusammenklappbares, sehr scharfes Messer zum Rasieren* (1); * **scharf wie ein R. sein** (salopp; ↑Nachbar a); **~pinsel,** der: *dicker, kurzstieliger Pinsel zum Herstellen von Rasierschaum; Einseifpinsel;* **~schaum,** der: *[Seifen]schaum, der bei der Naßrasur auf den zu rasierenden Hautpartien hergestellt wird;* **~seife,** die: *besonders schäumende Seife für die Naßrasur;* **~sitz,** der [weil man in den ersten Reihen den Kopf wie beim Rasieren weit zurücklehnen muß] (ugs. scherzh.): *[billiger] Platz in einer der ersten Reihen im Kino;* **~spiegel,** der: *kleiner [runder] vergrößernder Spiegel zum Rasieren* (1); **~wasser,** das: vgl. After-shave-Lotion, Pre-shave-Lotion; **~zeug,** das: vgl. Waschzeug.

rasieren [ra'zi:rən] ⟨sw. V.; hat⟩ [niederl. raseren < frz. raser, über das Vlat. zu lat. rāsum, 2. Part. von: rādere

= kratzen, (ab)schaben]: **1. a)** *bei jmdm., sich selbst die Barthaare mit einem Rasierapparat od. -messer unmittelbar an der Oberfläche der Haut abschneiden:* jmdn. r.; sich naß, trocken, elektrisch r.; ich habe mich gründlich, sorgfältig, [am Hals] schlecht rasiert; er war frisch, glatt rasiert; ⟨subst.:⟩ er hat sich beim Rasieren geschnitten; **b)** *abrasieren:* jmdm., sich den Bart, die Haare an den Beinen r.; **c)** *mit einem Rasierapparat od. -messer von Haaren befreien:* [sich, jmdm.] die Beine, den Nacken r.; sein sauber rasierter Hals; **d)** *durch Abrasieren vorhandener Haare entstehen lassen:* sich, jmdm. eine Glatze r. **2.** (salopp) *in betrügerischer Weise übervorteilen; hereinlegen:* jmdn. beim Pokern r.; bei dem Autokauf hast du dich aber ganz schön r. lassen. **3.** *dem Erdboden gleichmachen, völlig zerstören, zertrümmern:* bei dem Bombenangriff wurden ganze Straßenzüge rasiert; der Wagen geriet ins Schleudern und rasierte einen Laternenpfahl *(riß ihn um);* ⟨Abl.:⟩ **Rasierer,** der (ugs.): *elektrischer Rasierapparat.*

rasig ['ra:zɪç] ⟨Adj.; o. Steig.; nicht adv.⟩ (selten): *rasenbedeckt, grasbedeckt:* ein -es Ufer; eine -e Böschung.

Räson [rɛ'zɔŋ, rɛ'zõ:], die; - [frz. raison < lat. ratio, ↑Ratio] in Wendungen **zur R. kommen**/(veraltend:) **R. annehmen** *(dazu übergehen, sich so zu verhalten, wie es von einem erwartet, gefordert wird; einsichtig, vernünftig werden [u. sich fügen]);* **jmdn. zur R. bringen** *(durch geeignete Maßnahmen erreichen, daß jmd. zur Räson kommt);* **Räsoneur** [rɛzo'nø:ɐ̯], der; -s, -e [frz. raisonneur] (bildungsspr. veraltend abwertend): *jmd., der [ständig] räsoniert;* **räsonieren** [rɛzo'ni:rən] ⟨sw. V.; hat⟩ [frz. raisonner = vernünftig reden, denken; Einwendungen machen] (bildungsspr. veraltend abwertend): **a)** *sich wortreich äußern, sich [überflüssigerweise] über etw. auslassen:* ... daß ein Wörterbuch ... nicht ... über Wörter und Wortinhalte referieren und r. soll (ZGL 2, 1974, 147); **b)** *seinem Unmut, seiner Unzufriedenheit durch [ständiges] Schimpfen Ausdruck geben; nörgeln:* er räsoniert den ganzen Tag; **Räsonnement** [rɛzɔnə'mã:], das; -s, -s [frz. raisonnement] (bildungsspr. veraltend): *[vernünftige] Erwägung, Überlegung.*

Raspa ['raspa], die; -, -s, ugs. auch: der; -s, -s [span. (mex.) raspa, zu: raspar = mit den Füßen scharren]: *aus Lateinamerika stammender Gesellschaftstanz (meist im $^6/_8$-Takt).*

[1]Raspel ['raspl̩], die; -, -n [rückgeb. aus ↑raspeln]: **1.** *grobe Feile (bes. zur Bearbeitung von Holz u. anderen weicheren Materialien):* Holz mit der R. bearbeiten; die Hornhaut läßt sich mit einer kleinen R. entfernen. **2.** *Küchengerät zum Zerkleinern, Schneiden von kleinen Scheiben bes. von Obst, Gemüse, das meist aus einem mit vielen scharfkantigen Löchern, Schlitzen o. ä. versehenen Blech u. einem od. zwei Griffen aus starkem Draht besteht:* eine grobe, feine R.; **[2]Raspel** [-], der; -s, - ⟨meist Pl.⟩: *durch Raspeln (2) entstandenes Stückchen von etw.;* **raspeln** ['raspl̩n] ⟨sw. V.; hat⟩ [Iterativbildung zu veraltet raspen = scharren, kratzen, mhd. raspen, ahd. raspōn = raffen]: **1.** *etw. mit einer Raspel (1) bearbeiten [u. dadurch glätten]:* Holz r.; an einem Stück Holz r.; eine scharfe Kante rund r. **2.** *mit der Raspel (2) zerkleinern:* Gemüse, Nüsse [grob, fein] r.; geraspelte Schokolade. **3.** (veraltend) *ein scharrendes, kratzendes Geräusch verursachen, rascheln.*

raß [ra:s], **räß** [rɛ:s] ⟨Adj.; -er, -este⟩ [mhd. ræȝe, ahd. rāȝi, H. u.] (südd., österr., schweiz.): **a)** *(durch kräftige Würzung) scharf:* ein -es Gulasch; **b)** *scharf, schneidend, beißend:* ein raßer Wind; **c)** *scharf, bissig:* ein raßer Hund; **d)** *(von Pferden) wild, bösartig;* **e)** *(bes. von Frauen) resolut, unfreundlich:* eine -e Kellnerin.

Rasse ['rasə], die; -, -n [frz. race = Geschlecht, Stamm; Rasse < ital. razza, H. u.]: **1.** (Biol.) *Gesamtheit aller auf eine Züchtung zurückgehenden Tiere, seltener auch Pflanzen einer Art, die sich durch bestimmte gemeinsame Merkmale von den übrigen derselben Art unterscheiden; Zuchtrasse:* eine reine, gute R.; eine neue R. züchten; zwei -n miteinander kreuzen; ein Hund, Pferd von edler R.; was für eine R. ist (ugs.; *zu welcher Rasse gehört*) der Hund? **2.** (Biol.) svw. ↑Unterart. **3.** (Anthrop.) svw. ↑Menschenrasse: die weiße, gelbe, schwarze R.; einer R. angehören; niemand darf wegen seiner R. benachteiligt werden; Ü die Inselbewohner sind eine seltsame R. (ugs.; *ein eigenartiger Menschenschlag*); die menschliche R. *(die Menschheit).* **4.** in Verbindungen wie **R. haben/sein** (ugs.; *rassig sein*): die Frau, das Pferd, der Wein hat/ist R.; **von/mit R.** (ugs.; *rassig*): eine Frau von/mit R.

rasse-, Rasse- (vgl. auch: rassen-, Rassen-): **~frau,** die: svw. ↑~weib; **~geflügel,** das: vgl. ~hund; **~hund,** der: *reinrassiger Hund;* **~katze,** die; **~pferd,** das; **~rein** ⟨Adj.; o. Steig.; nicht adv.⟩: svw. ↑reinrassig, dazu: **~reinheit,** die; **~vieh,** das; **~weib,** das (salopp): *rassige Frau.*

Rassel ['rasl̩], die; -, -n: **1.** *aus einem [an einem Stiel befindlichen] hohlen Körper mit vielen darin eingeschlossenen Kügelchen, Körnern o. ä. bestehendes, einfaches Musikinstrument, mit dem man durch Schütteln ein rasselndes Geräusch erzeugen kann.* **2.** *Klapper* (b); *Babyrassel;* ⟨Zus.:⟩ **Rasselbande,** die; -, -n [eigtl. = lärmende Schar] (ugs. scherzh.): *Gruppe von stets zu Streichen aufgelegten, lebhaften, übermütigen Kindern:* was die R. jetzt wohl wieder ausgeheckt, angestellt hat?; **Rasselei** [rasə'laj], die; -: *[dauerndes] Rasseln;* **Rasselgeräusch,** das; -[e]s, -e: *rasselndes Geräusch;* **rasseln** ['rasl̩n] ⟨sw. V.⟩ [mhd. raȝȝeln, zu: raȝȝen = toben, lärmen]: **1.** ⟨hat⟩ **a)** *ein aus einer raschen Folge von ineinander übergehenden, kurzen (durch ein Aufeinanderschlagen harter [metallischer] Gegenstände entstehenden) Tönen zusammengesetztes Geräusch von sich geben:* die Ketten der Gefangenen rasseln; der Wecker rasselte; rasselnd lief die Ankerkette von der Winde; Ü der Kranke atmet rasselnd; seine Lunge rasselt; **b)** *[mit einer Rassel] ein Rasseln* (1 a) *erzeugen:* ungeduldig mit dem Schlüsselbund r. **2.** ⟨ist⟩ **a)** *sich mit einem rasselnden* (1) *Geräusch [fort]bewegen, irgendwohin bewegen:* Panzer rasseln durch die Straßen; ein Fuhrwerk rasselte über das Kopfsteinpflaster; um zwei Uhr rasseln die Rolläden vor die Schaufenster der Juweliere (Koeppen, Rußland 191); er ist mit seinem neuen Wagen gegen einen Baum gerasselt (ugs.; *gefahren*); **b)** (salopp) *etw. nicht bestehen, durch etw. fallen:* er ist durchs Abitur, durch die Fahrprüfung gerasselt.

rassen-, Rassen- (vgl. auch: rasse-, Rasse-): **~diskriminierung,** die: *Diskriminierung einer Bevölkerungsgruppe auf Grund ihrer Rassenzugehörigkeit;* **~fanatiker,** der: *fanatischer Rassist;* **~forscher,** der: *jmd., der auf dem Gebiet der Rassenkunde forscht;* **~forschung,** die; **~frage,** die ⟨o. Pl.⟩: *Gesamtheit der Probleme u. Konflikte, die sich aus der Benachteiligung, Verfolgung o. ä. rassischer Gruppen ergeben;* **~genese,** die (Anthrop.): *Entstehung der Menschenrassen (durch Evolution);* **~gesetz,** das ⟨meist Pl.⟩: *Gesetz, durch das eine Rassendiskriminierung legalisiert wird,* dazu: **~gesetzgebung,** die; **~haß,** der: *gegen Menschen fremder Rassenzugehörigkeit gerichteter Haß;* **~hetze,** die (abwertend): *Aufstachelung zum Rassenhaß, zur Rassendiskriminierung;* **~hygiene,** die (Med.): *Gesamtheit von eugenischen Maßnahmen zur Erhaltung u. (vermeintlichen) Verbesserung des Erbguts einer bestimmten rassischen, ethnischen Gruppe;* **~ideologe,** der: *Urheber od. Verfechter einer Rassenideologie;* **~ideologie,** die: *Ideologie, durch die die Diskriminierung, Verfolgung einer bestimmten Rasse* (3), *ethnischen Gruppe gerechtfertigt werden soll;* **~integration,** die (Soziol.); **~kampf,** der: vgl. ~konflikt; **~konflikt,** der: *[aus der Diskriminierung einer Rasse* (3) *sich ergebender] Konflikt zwischen Rassen* (3), *ethnischen Gruppen;* **~krawall,** der ⟨meist Pl.⟩: vgl. ~unruhen; **~kreis,** der (Anthrop.): *Gesamtheit der Unterrassen einer Rasse* (3); **~kreuzung,** die: *Kreuzung zwischen verschiedenen Rassen* (1–3); **~kunde,** die: *Gebiet der Anthropologie, dessen Gegenstand die verschiedenen Rassen* (3) *u. ihre Entwicklung sind;* **~merkmal,** das: *einer Rasse* (1–3) *eigentümliches Merkmal;* **~mischung,** die: vgl. ~kreuzung; **~politik,** die: *die Rassenfrage betreffende Politik;* **~problem,** das: vgl. ~frage; **~schande,** die (ns.): *Blutschande* (b); **~schranke,** die ⟨meist Pl.⟩: *etw., was der Aufrechterhaltung einer Rassentrennung dient;* **~trennung,** die ⟨o. Pl.⟩: *[diskriminierende] Trennung der Menschen in einer Gesellschaft nach ihrer Rassenzugehörigkeit;* **~unruhen** ⟨Pl.⟩: *aus einem Rassenkonflikt sich ergebende Unruhen;* **~unterschied,** der: *zwischen verschiedenen Rassen* (1–3) *bestehender Unterschied;* **~vorurteil,** das: *Vorurteil gegen Menschen fremder Rasse* (3); **~wahn,** der (abwertend): *zum Wahn gesteigerte Überzeugung, daß die eigene Rasse allen anderen [weit] überlegen sei;* **~zugehörigkeit,** die.

rassig ['rasɪç] ⟨Adj.; nicht adv.⟩: *durch das Vorhandensein bestimmter markanter Merkmale Bewunderung hervorrufend; mit einer temperamentvollen, feurigen, spritzigen Note ausgestattet; temperamentvoll, feurig:* ein -es Pferd; eine -e Südländerin; ein -es Kabriolett, Parfüm; ein -er Wein; der Sekt hat eine -e Note; **rassisch** ['rasɪʃ] ⟨Adj.; o. Steig.; präd. ungebr.⟩: *die Rasse betreffend, sich auf sie beziehend,* *zu ihr gehörend, für sie kennzeichnend:* -e Merkmale; -e Gruppen, Minderheiten; -e Vorurteile; aus -en Gründen diskriminiert werden; **Rassismus** [ra'sɪsmʊs], der; -: **1.** *(meist ideologischen Charakter tragende, zur Rechtfertigung von Rassendiskriminierung, Kolonialismus o. ä. entwickelte) Lehre, nach der bestimmte Rassen od. auch Völker hinsichtlich ihrer kulturellen Leistungsfähigkeit anderen von Natur aus überlegen sind.* **2.** *dem Rassismus* (1) *entsprechende Einstellung, Denk- u. Handlungsweise gegenüber Menschen [bestimmter] anderer Rassen od. auch Völker:* der offene R. der weißen Regierung, der Nazis; der weiße, schwarze R. *(der Rassismus der Weißen, Schwarzen);* **Rassist** [ra'sɪst], der; -en, -en: *[dem Rassismus* (1) *anhängender] in seinem Denken u. Handeln von Rassismus* (2) *bestimmter Mensch;* **rassistisch** ⟨Adj.⟩: *vom Rassismus* (2) *bestimmt, ihm entsprechend, zu ihm gehörend, für ihn charakteristisch.*

Rast [rast], die; -, -en [mhd. rast(e), ahd. rasta = Rast; Wegstrecke, Zeitraum]: **1.** *Pause, bes. während einer Reise, Wanderung, in der man rastet* (1): eine kurze, ausgedehnte R.; wir machten [eine Stunde] R.; nach einer kurzen Zeit der R.; er gönnte dem Fahrer, den Arbeitern, sich keine Minute R.; * **ohne R. und Ruh** (geh.; *ohne sich Ruhe, Erholung zu gönnen; ohne Erholungspausen*): ein Leben ohne R. und Ruh; **weder R. noch Ruh** (geh.): weder Rast noch Ruh haben, finden. **2.** (Technik) svw. ↑Raste. **3.** (Hüttenw.) *kegelstumpfförmiger Mittelteil des Hochofens.*

rast-, Rast-: ~**haus,** das: *an einer Straße, bes. an einer Autobahn gelegene Gaststätte;* ~**hof,** der: svw. ↑Autobahnrasthof; ~**los** ⟨Adj.; -er, -este⟩: **a)** *von keiner [Ruhe]pause unterbrochen; ununterbrochen:* in -er Arbeit; nach jahrelangem, -em Suchen; sein -er Eifer wurde schließlich belohnt; **b)** *ununterbrochen tätig, sich keine Ruhe gönnend:* ein -er Mensch, Geist; r. arbeiten, forschen; **c)** *unruhig, unstet:* ein -es Leben führen; er irrte r. durch die Großstadt, dazu: ~**losigkeit,** die; -; ~**platz,** der: **a)** *Platz zum Rasten* (1): wir suchten uns einen schattigen R.; **b)** *an einer Fernstraße, bes. Autobahn gelegener Parkplatz (mit Einrichtungen zum Rasten im Freien);* ~**stätte,** die: svw. ↑Autobahnraststätte; ~**tag,** der: *Tag, für dessen Dauer man eine Reise o. ä. unterbricht, um auszuruhen, sich zu erholen:* nach drei Tagen Fahrt legten wir einen R. ein.

Raste ['rastə], die; -, -n [zu ↑(ein)rasten] (Technik): *Sicherung bes. an Hebeln, Vorrichtung, in die etw. einrasten kann.*

Rastel ['rastl̩], das; -s, - [ital. rastello < lat. rāstellus = kleine Hacke, Vkl. von: rāster, ↑[1]Raster] (österr.): *(als Untersetzer o. ä. dienendes) Geflecht, Gitter aus Draht;* ⟨Zus.:⟩ **Rastelbinder,** der (österr. veraltet): **a)** svw. ↑Siebmacher; **b)** svw. ↑Kesselflicker.

rasten ['rastn̩] ⟨sw. V.⟩ [mhd. rasten, ahd. rastōn = ausruhen]: **1.** *eine Reise, Wanderung o. ä. unterbrechen, um auszuruhen, sich zu erholen; Rast machen* ⟨hat⟩: eine Weile, eine Stunde r.; unter einem schattenspendenden Baum rasteten wir ein wenig; Spr wer rastet, der rostet *(wer sich in bestimmten Tätigkeiten nicht regelmäßig übt, verliert die Fähigkeit dazu);* * **nicht ruhen und r.** (↑ruhen 1 a). **2.** (selten) *einrasten* ⟨ist⟩.

[1]**Raster** ['rastɐ], der; -s, - [mlat. raster = Rechen < lat. rāster (auch: rāstrum) = Hacke, nach dem gitter- od. rechenartigen Linienwerk]: **1.** (Druckw.) **a)** *Glasplatte od. Folie mit einem [eingeätzten] engen Netz aus Linien zur Zerlegung der Fläche eines Bildes in einzelne Punkte;* **b)** *Gesamtheit der Linien eines* [1]*Rasters* (1 a); **c)** svw. ↑Rasterung (2): ein feiner, grober R. **2.** (bildungsspr.) *aus einer begrenzten Anzahl von vorgegebenen [Denk]kategorien bestehendes [Denk]system, in das bestimmte Erscheinungen o. ä. eingeordnet werden:* etw. in einen R. einordnen; aus einem R. herausfallen; Man wird im Zweifelsfall den R. vorgegebener Antworten im Fragebogen ... ergänzen (Noelle, Umfragen 206). **3.** (Fachspr.) *gitterartige Blende vor einer Lichtquelle, durch die das Licht gestreut u. die Blendwirkung herabgesetzt wird.* **4.** (Archit.) *System aus rechtwinklig sich schneidenden Linien als Grund- od. Aufriß eines Skelettbaus* (2); [2]**Raster** [-], das; -s, - (Fernsehtechnik): **1.** *Gesamtheit der Punkte, aus denen sich ein Fernsehbild zusammensetzt.* **2.** *aus Linien u. Streifen verschiedener Helligkeitsgrade bestehendes Testbild.*

Raster-: ~**ätzung,** die: *Verfahren zur Herstellung von Druckformen für den Hochdruck, bei dem ein gerastertes Bild in eine Platte geätzt wird;* ~**fahndung,** die [zu ↑Raster (2)] (Kriminologie): *mit Hilfe von Computern durchgeführte Überprüfung eines großen Personenkreises auf bestimmte Daten u. Merkmale hin, die als charakteristisch für einen eng umgrenzten Bereich verdächtiger Personen (z. B. Terroristen) gelten;* ~**mikroskop,** das: *Elektronenmikroskop, bei dem das Objekt zeilenweise von einem Elektronenstrahl abgetastet wird u. das besonders plastisch wirkende Bilder liefert;* ~**punkt,** der: *einzelner Punkt eines gerasterten Bildes.*

rastern ['rastɐn] ⟨sw. V.; hat⟩: *(ein Bild) [durch ein enges Netz von sich kreuzenden Linien] in viele einzelne Punkte zerlegen:* das Bild wird in der Fernsehkamera gerastert; ein fein, grob gerastertes Bild; ⟨Abl.:⟩ **Rasterung,** die; -, -en: **1.** ⟨o. Pl.⟩ *das Rastern, Gerastertwerden.* **2.** *Aufbau (eines Bildes) aus vielen einzelnen Punkten; gerasterte Struktur:* bei genauem Hinsehen erkennt man die [feine] R. des Bildes; **Rastral** [ras'tra:l], das; -s, -e [zu lat. rāstrum, ↑[1]Raster]: **a)** *Gerät mit fünf Zinken zum Eingravieren von Notenlinien in Druckplatten;* **b)** *Feder mit fünf Spitzen zum Ziehen von Notenlinien auf Papier;* **rastrieren** [ras'tri:rən] ⟨sw. V.; hat⟩: *mit Notenlinien versehen.*

Rasur [ra'zu:ɐ̯], die; -, -en [lat. rāsūra, zu: rādere, ↑rasieren]: **1. a)** *das Rasieren:* die Haut nach der R. eincremen; die Klinge reicht für mindestens fünfzig -en; **b)** *Ergebnis des Rasierens, Art u. Weise, wie jmd., etw. rasiert ist:* eine saubere, glatte, schlechte, gründliche R. **2. a)** *das Radieren, das Entfernen von etw. Geschriebenem o. ä. durch Radieren od. Schaben mit einer Klinge;* **b)** *Stelle, an der etw. Geschriebenes durch eine Rasur* (2 a) *getilgt worden ist.*

Rat [ra:t], der; -[e]s, Räte ['rɛ:tə; mhd., ahd. rāt, zu ↑raten; urspr. = (Besorgung der) Mittel, die zum Lebensunterhalt notwendig sind; vgl. Hausrat]: **1.** ⟨o. Pl.⟩ *Empfehlung an jmdn. (die man auf Grund eigener Erfahrungen, Kenntnisse o. ä. geben kann), sich in einer bestimmten Weise zu verhalten, etw. Bestimmtes zu tun od. zu unterlassen [um so eine bestimmte schwierige Situation auf die bestmögliche Weise zu bewältigen]; Ratschlag:* jmdm. einen guten, wohlgemeinten, schlechten R. geben; ich gab ihm den R. nachzugeben, einen R. fürs Leben; jmds. R. einholen; sich bei jmdm. R. holen *(sich von jmdm. beraten lassen);* einen R. befolgen, in den Wind schlagen; jmds. R. folgen; [bei jmdm.] R. suchen *(sich an jmdn. wenden, um sich von ihm beraten zu lassen);* des -es bedürfen (geh.; *Hilfe in Form von Ratschlägen benötigen*); auf jmds. R. hören; auf den R. des Arztes hin ließ er sich operieren; gegen jmds. R. handeln; jmdn. um R. fragen, bitten; es ist bestimmt in Gottes R. (bibl.; *Ratschluß*); R da ist guter R. teuer *(das ist eine sehr schwierige Situation);* * (geh.:) **R. halten**/(veraltet:) **-s pflegen** *(beratschlagen, [sich] beraten);* **mit sich R. halten** *(über ein bestimmtes Problem gründlich nachdenken);* **mit R. und Tat** *(mit Ratschlägen u. Hilfeleistungen):* jmdm. mit R. und Tat zur Seite stehen; **zu -e gehen** (veraltend; *sich anschicken, über etw., jmdn. zu beratschlagen*); **mit sich zu -[e] gehen** *(sich anschicken, über ein bestimmtes Problem gründlich nachzudenken);* **zu -[e] sitzen** (veraltend; *zusammensitzen u. beratschlagen*); **jmdn. zu -[e] ziehen** *(jmdn. um Rat fragen, konsultieren):* einen Fachmann zu -e ziehen; **etw. zu -[e] ziehen** *([ein Buch o. ä.] zu Hilfe nehmen, um eine bestimmte Information zu erhalten):* ein Lexikon zu -e ziehen. **2.** ⟨o. Pl.⟩ *Ausweg aus einer schwierigen Situation, Lösung[smöglichkeit] für ein schwieriges Problem:* da bleibt nur ein R.: wir müssen das Haus verkaufen; * **R. schaffen** *(in einer schwierigen Situation handelnd einen Ausweg finden);* **[sich** ⟨Dativ⟩**] [keinen] R. wissen** *(in einer schwierigen Situation [k]einen Ausweg kennen):* ich wußte [mir] keinen R. mehr. **3.** ⟨Pl. selten⟩ **a)** *beratendes [u. beschlußfassendes] Gremium* (z. B. von Fachleuten): ein technischer, pädagogischer R.; der Wissenschaftliche R. der Dudenredaktion; **b)** (Politik) *Gremium mit administrativen od. legislativen Aufgaben (auf kommunaler Ebene):* der Rat der Stadt; der R. tagt, beschließt etw., berät über etw.; den R. einberufen; jmdn. in den R. wählen; im R. sitzen *(Mitglied des Rates sein);* **c)** ⟨meist Pl.⟩ (kommunist.) *revolutionäres Machtorgan zur Erlangung od. Ausübung der Diktatur des Proletariats.* **4.** *Mitglied eines Rates* (3): er ist R.; jmdn. zum R. wählen, berufen. **5. a)** ⟨o. Pl.⟩ *Titel verschiedener Beamter, auch Ehrentitel* (meist in Verbindung mit einem Adj.): Geheimer R.; Geistlicher R.; Akademischer R.; **b)** *Träger des Titels Rat* (5 a): die Räte versammelten sich.

rat-, Rat-: ~**geber,** der: **1.** *jmd., der jmdm. einen Rat* (1) *erteilt, jmdn. berät; Berater:* du scheinst schlechte R. zu haben. **2.** *Büchlein o. ä., in dem Anleitungen, Tips o. ä. für die Praxis auf einem bestimmten Gebiet enthalten sind:* ein praktischer, kleiner, nützlicher R. für die Küche, für den Heimwerker; **~geberin,** die: w. Form zu ↑~geber (1); **~haus,** das: *öffentliches Gebäude, das Sitz der Gemeindeverwaltung u. der städtischen Ämter ist:* das Standesamt ist im alten R.; zum, aufs R. gehen; jmdn. ins R. wählen *(jmdn. in den Gemeinderat, Stadtrat wählen);* die FDP ist wieder ins R. eingezogen *(ist wieder im Gemeinderat, Stadtrat vertreten),* dazu: **~hauspartei,** die ⟨meist Pl.⟩: *im Gemeinde-, Stadtrat vertretene Partei* (1 a), **~haussaal,** der: *Versammlungsraum im Rathaus für Sitzungen des Gemeinde-, Stadtrats,* **~hausturm,** der, **~hausuhr,** die: *außen am Rathaus angebrachte große Uhr;* **~los** ⟨Adj.; -er, -este⟩: **a)** ⟨meist präd.; nicht adv.⟩ *nicht wissend, wie man eine bestimmte Situation, Aufgabe o. ä. bewältigen soll; sich keinen Rat wissend:* die offenbar ebenso -en Experten schwiegen sich aus; r. sein, dastehen; er war r. *(wußte nicht),* was zu tun sei; einer Sache r. gegenüberstehen; **b)** *von Ratlosigkeit zeugend:* ein -er Blick; ein -es Gesicht machen; r. die Achseln zucken, dazu: **~losigkeit,** die; -; **~schlag,** der: *einzelner [im Hinblick auf ein ganz bestimmtes Problem o. ä. gegebener] Rat* (1): ein guter, vernünftiger, weiser, gutgemeinter R.; jmdm. Ratschläge geben, erteilen; ich kann auf deine Ratschläge verzichten (iron.; *misch dich bitte nicht in meine Angelegenheiten ein*); **~schlagen** ⟨sw. V.; hat⟩ [mhd. rātslagen, ahd. rātslagōn, eigtl. = den Kreis für die Beratung abgrenzen] (veraltend): *über etw. beratschlagen:* sie hatten miteinander geratschlagt, wie sie ihm helfen könnten; **~schluß,** der (geh.): *[göttlicher] Beschluß, Wille:* Wer kann sich den Ratschlüssen des Herrn widersetzen, ohne Schaden an seiner Seele zu nehmen? (Strittmatter, Wundertäter 176); nach Gottes unerforschlichem R. ist er für immer von uns gegangen; **~suchend** ⟨Adj.; o. Steig.; nicht adv.⟩: *Rat* (1), *Beratung wünschend:* -e Eltern können sich an die Erziehungsberatungsstelle wenden; sich r. an jmdn. wenden; ⟨subst.:⟩ er erhält Briefe von Ratsuchenden aus aller Welt.

rät [rɛ:t]: ↑raten.

Rät [rɛ:t], das; -s [nach den Rätischen Alpen] (Geol.): *jüngste Stufe der oberen Trias, im engeren Sinne des Keupers.*

Rate ['ra:tə], die; -, -n [ital. rata < mlat. rata (pars) = berechnet(er Anteil), zu lat. ratum, 2. Part. von: rēri = schätzen, berechnen]: **1.** *von zwei Geschäftspartnern (bes. einem Käufer u. einem Verkäufer) vereinbarter Geldbetrag, durch dessen in regelmäßigen Zeitabständen erfolgende Zahlung eine [größere] Schuld schrittweise getilgt wird:* die erste, letzte R.; die nächste R. ist am 1. Juni fällig; etw. auf -n kaufen, in sechs monatlichen -n zu 100 Mark bezahlen, in -n abzahlen; mit drei -n im Rückstand sein. **2.** *meist durch eine Prozentzahl ausgedrücktes Verhältnis zwischen zwei [statistischen] Größen, das die Häufigkeit eines bestimmten Geschehens, das Tempo einer bestimmten Entwicklung angibt:* die sinkende R. der Produktivität; weder bei den Geburten noch bei den Sterbefällen haben sich die augenblicklichen -n wesentlich geändert. **3.** (Fachspr.) *(tariflich festgesetzter od. für den Einzelfall ausgehandelter) Preis für den Transport von Gütern, bes. per Schiff.*

räte-, Räte- (Politik): **~bewegung,** die: *die Herrschaft durch Räte* (3 c) *anstrebende Bewegung;* **~demokratie,** die: *Regierungsform, Form der direkten Demokratie, bei der alle Macht ohne Gewaltenteilung von Räten, von Gremien ausgeübt wird, die aus gewählten, der Wählerschaft direkt verantwortlichen Vertretern bestehen,* dazu: **~demokratisch** ⟨Adj.; o. Steig.⟩; **~diktatur,** die; **~regierung,** die; **~republik,** die: die Münchener R. von 1919; **~staat,** der; **~system,** das: vgl. ~demokratie.

raten ['ra:tn̩] ⟨st. V.; hat⟩ /vgl. ²geraten/ [mhd. rāten, ahd. rātan, urspr. = (aus)sinnen; Vorsorge treffen]: **1. a)** *jmdm. einen Rat, Ratschläge geben; jmdn. beraten:* jmdm. gut, schlecht, richtig r.; da kann ich dir auch nicht r.; laß dir von einem erfahrenen Freund r.!; er läßt sich nicht, von niemandem r.; „Trink einen Kognak", riet ihr Asch (Kirst, 08/15, 779); Spr wem nicht zu r. ist *(wer auf keinen Rat hört),* dem ist [auch] nicht zu helfen; ***sich** ⟨Dativ⟩ **nicht zu r. wissen** *(ratlos sein);* **b)** *jmdm. einen bestimmten Rat geben, etw. Bestimmtes anraten:* was rätst du mir?; wozu rätst du mir?; er riet ihm zur Vorsicht, zum Einlenken, zur Flucht; ich rate dir [dringend], zum Arzt zu gehen; ich rate dir, sofort damit aufzuhören! (drohend; *hör gefälligst sofort damit auf!*); laß dir das geraten sein! (drohend; *richte dich gefälligst danach!*); „Ich werde natürlich für den Schaden aufkommen." „Das möchte ich dir auch geraten haben." *(sonst hättest du es auch mit mir zu tun bekommen);* ich rate dir zu einer dunklen Farbe *(ich rate dir, eine dunkle Farbe zu wählen);* ich würde zu diesem Bewerber raten *(mein Rat ist es, sich für diesen Bewerber zu entscheiden).* **2. a)** *die richtige Antwort auf eine Frage zu finden versuchen, indem man aus den möglichen Antworten, die einem einfallen, diejenige auswählt, die einem am wahrscheinlichsten vorkommt:* richtig, falsch r.; ich weiß es nicht, ich kann nur r.; du sollst rechnen, nicht r.; rat mal, wen ich heute getroffen habe (ugs.; *du wirst staunen, wenn du hörst, wen ich heute getroffen habe*); R dreimal darfst du r. (ugs. iron.; *die Frage kannst du dir auch selbst beantworten*); **b)** *erraten:* ich wußte es nicht, ich habe es nur geraten; er hat mein Alter richtig geraten; das rätst du nie (ugs.; *das ist so abwegig, daß du sicher nicht darauf kommst*); ein Rätsel r. *(lösen);* **c)** (landsch.) [*durch Raten* (2 a)] *auf jmdn., etw. kommen:* schon nach wenigen Takten riet er auf Chopin.

raten-, Raten- (Rate 1): **~agent,** der (österr.): *Handelsvertreter, der Ratengeschäfte abschließt;* **~betrag,** der: *Betrag, der als Rate festgesetzt wurde;* **~geschäft,** das: *Geschäft, bei dem Ratenzahlung vereinbart wurde;* **~kauf,** der: vgl. ~geschäft; **~wechsel,** der (Bankw.): *Wechsel, dessen Betrag in Raten aufgeteilt ist, die zu verschiedenen Terminen fällig werden;* **~weise** ⟨Adv.⟩: *in Raten:* etw. r. bezahlen; Schulden r. abtragen; ⟨seltener auch attr.:⟩ eine r. Zahlung ist nicht möglich; **~zahlung,** die: **a)** *Zahlung in Raten:* R. vereinbaren; **b)** *Zahlung einer [fälligen] Rate* (1): mit der dritten R. im Rückstand sein, dazu: **~zahlungskredit,** der: svw. ↑Teilzahlungskredit.

Ratespiel, das; -[e]s, -e: *Spiel, bei dem etw. geraten* (2 a) *werden muß:* bei einem R. mitmachen.

ratierlich [ra'ti:ɐ̯lɪç] ⟨Adj.⟩: (Kaufmannsspr., Amtsspr.) *in Raten* (1); **Ratifikation** [ratifika'tsi̯o:n], die; -, en [mlat. ratificatio = Bestätigung] (Völkerrecht): *einen völkerrechtlichen Vertrag rechtskräftig und verbindlich machende Bestätigung durch das Staatsoberhaupt nach Zustimmung der gesetzgebenden Körperschaft;* ⟨Zus.:⟩ **Ratifikationsurkunde,** die; **ratifizieren** [...'tsi:rən] ⟨sw. V.; hat⟩ [mlat. ratificare = bestätigen, genehmigen, zu lat. ratus (adj. 2. Part. von: rēri, ↑Rate) = bestimmt, gültig u. facere = machen, bewirken] (Völkerrecht): *durch die od. als gesetzgebende Körperschaft einen völkerrechtlichen Vertrag in Kraft setzen:* ⟨Abl.:⟩ **Ratifizierung,** die; -, -en.

Rätin ['rɛ:tɪn], die; -, -nen: w. Form zu ↑Rat (4 b, 5).

Ratiné [rati'ne:], der; -s, -s [zu frz. ratiné = gekräuselt, 2. Part. von: ratiner, ↑ratinieren] (Textilind.): *ratiniertes Gewebe.*

Rating ['reɪtɪŋ], das; -s, -s [engl. rating, zu: to rate = (ein)schätzen] (Psych., Soziol.): *Verfahren zur Einschätzung, Beurteilung von Personen od. Situationen mit Hilfe vorbereiteter Skalen;* ⟨Zus.:⟩ **Ratingmethode,** die: svw. ↑Rating.

ratinieren [rati'ni:rən] ⟨sw. V.; hat⟩ [frz. ratiner, zu: ratine = Ratiné, zu mfrz. rater = abschaben, zu lat. rādere, ↑rasieren] (Textilind.): *gewalktem u. aufgerauhtem Wollstoff auf einer speziellen Maschine eine knötchen- od. wellenartige Musterung geben.*

Ratio ['ra:tsi̯o], die; - [lat. ratio = Vernunft; (Be)rechnung; Rechenschaft] (bildungsspr.): *Vernunft; schlußfolgernder, logischer Verstand:* er schwört auf die R., läßt sich von der R. leiten; sein Handeln ist von der R. bestimmt; **Ration** [ra'tsi̯o:n], die; -, -en [frz. ration < mlat. ratio = berechneter Anteil < lat. ratio, ↑Ratio]: *zugeteilte Menge an Lebens- u. Genußmitteln; [täglicher] Verpflegungssatz (bes. für Soldaten):* eine kärgliche, große, doppelte R.; eine R. Brot, Schnaps; die täglichen -en; die -en für die Soldaten reichen nicht; die -en kürzen, erhöhen müssen; seine R. bekommen, empfangen, anbrechen; jmdn. auf halbe R. setzen (ugs.; *jmds. übliche Ration, bes. Essen, erheblich kürzen*); mit seiner R. auskommen; ***eiserne R.** (Soldatenspr.; *Proviant, der nur in einem bestimmten Notfall angegriffen werden darf);* **rational** [ratsi̯o'na:l] ⟨Adj.⟩ [lat. ratiōnālis] (Ggs.: irrational) (bildungsspr.): **a)** *von der Ratio bestimmt:* eine -e Auffassung, Betrachtung, Einstellung; das -e Denken; der Mensch als -es Wesen; -e Zahlen (Math.; *Zahlen, die sich durch Brüche ganzer Zahlen ausdrücken lassen*); etw. r. erklären, begründen; **b)** *vernünftig, [überlegt u.]*

zweckmäßig: durch -e Beschränkung der Kinderzahl (Fraenkel, Staat 43); der Verband, Betrieb war r. organisiert; könnte der Staat sich als Konsument ... -er verhalten (Stamokap 36); **Rationalisator** [...nali'za:tɔr, auch: ...to:ɐ̯], der; -s, -en [...za'to:rən] (Wirtsch.): *Person, die beauftragt ist, Arbeitsabläufe o. ä. zu rationalisieren* (1 b); **rationalisieren** [...'zi:rən] ⟨sw. V.; hat⟩ [nach frz. rationaliser = vernünftig denken, zu: rationnel, ↑rationell]: **1. a)** *vernünftig, zweckmäßig gestalten; vereinheitlichen, straffen:* Forschungsmethoden, die Haushaltsarbeit r.; **b)** *(im Bereich der Wirtschaft u. Verwaltung) Arbeitsabläufe zur Steigerung der Leistung u. Senkung des Aufwands durch Technisierung, Automatisierung, Arbeitsteilung u. a. wirtschaftlicher gestalten:* der Betrieb mußte r., hat mit Erfolg rationalisiert; sie wurde arbeitslos, als die Firma rationalisierte; **c)** (selten) svw. ↑wegrationalisieren. **2.** (Tiefenpsych.) *nachträglich triebhafte Motive, Handlungen, Gedanken o. ä. verstandesmäßig erklären u. rechtfertigen;* ⟨Abl.:⟩ **Rationalisierung,** die; -, -en: *das Rationalisieren;* ⟨Zus.:⟩ **Rationalisierungsmaßnahme,** die ⟨meist Pl.⟩; **Rationalismus** [...'lɪsmʊs], der; -: **1.** (Philos.) *erkenntnistheoretische Richtung, die allein das rationale Denken als Erkenntnisquelle zuläßt.* **2.** *vom Rationalismus* (1) *geprägter Charakter* (3 a), *geprägte Art:* Burke greift ... zwar den R. der neuen Staatslehre an (Fraenkel, Staat 170); **Rationalist** [...'lɪst], der; -en, -en: **1.** (Philos.) *Vertreter des Rationalismus* (1). **2.** (bildungsspr.) *jmd., bei dem das rationale Denken den Vorrang hat;* **rationalistisch** ⟨Adj.; o. Steig.⟩: **1.** (Philos.) *den Rationalismus* (1) *betreffend, dazu gehörend, davon bestimmt, geprägt:* Positivismus und historischer Materialismus sind -e Denkrichtungen. **2.** (bildungsspr.) *vom rationalen Denken bestimmt, daran orientiert:* eine -e Architektur; die -en Prinzipien des französischen Parks; **Rationalität** [...li'tɛ:t], die; - [mlat. rationalitas = Denkvermögen]: **1.** (bildungsspr.) *rationales* (b) *Wesen einer Sache* (z. B. eines Plans, Vorhabens). **2.** (Psych.) *angemessenes, auf Einsicht gegründetes Verhalten.* **3.** (Math.) *Eigenschaft von Zahlen, sich als Bruch darstellen zu lassen;* **rationell** [ratsi̯o'nɛl] ⟨Adj.⟩ [frz. rationnel < lat. ratiōnālis, ↑rational]: *gründlich überlegt od. berechnet u. dabei haushälterisch, auf Wirtschaftlichkeit bedacht; zweckmäßig:* eine -e Bauweise, Neuerung; etw. -er produzieren, ausnutzen; r. *(kräftesparend)* laufen; **rationieren** [...'ni:rən] ⟨sw. V.; hat⟩ [frz. rationner]: *in bestimmten Krisen-, Notzeiten nur in festgelegten, relativ kleinen Rationen zuteilen, freigeben:* das Benzin r.; im Krieg waren Butter, Fleisch und Zucker rationiert; Ü eine streng rationierte *(bemessene)* Freizeit; ⟨Abl.:⟩ **Rationierung,** die; -, -en.

rätlich ['rɛ:tlɪç] ⟨Adj.; nur präd.⟩ [zu ↑Rat (1)] (veraltend): *ratsam:* ... ob Schnapstrinken für vierzehnjährige Jungens gerade r. sei (Fallada, Jeder 269); etw. [nicht] für r. halten.

Ratonkuchen [ra'tõ:n-], der; -s, - [zu frz. raton = eine Art Kuchen, H. u.] (landsch.): *Napfkuchen aus Rührteig; Rodonkuchen.*

rats-, Rats- (Rat 3 a, b): **~diener,** der (veraltend): *jmd., der Boten- u. andere Hilfsdienste für den [Stadt]rat verrichtet;* **~herr,** der (veraltend): *Mitglied eines [Stadt]rates;* **~keller,** der: *im Untergeschoß eines [städtischen] Rathauses befindliche Gaststätte;* **~präsident,** der; **~schreiber,** der (veraltet, noch landsch.): *Beamter eines [Stadt]rats, der den Schriftverkehr führt;* **~sitzung,** die; **~stube,** die (veraltet): *Versammlungsraum eines Rates; Sitzungszimmer in einem Rathaus;* **~verfassung,** die: *Verfassung eines Gemeinderats* (1); **~versammlung,** die; **~vorsitzende,** der u. die: der R. der Evangelischen Kirche in Deutschland.

ratsam ['ra:tza:m] ⟨Adj.; nur präd.⟩: *anzuraten u. daher nützlich; sich in der betreffenden Situation empfehlend:* es ist r. zu schweigen; etw. [nicht] für r. halten.

ratsch [ratʃ] ⟨Interj.⟩ lautm. für das Geräusch, das bei einer schnellen, reißenden Bewegung, z. B. beim Zerreißen von Papier, Stoff, entsteht: r., waren die Haare ab; r., war der Vorhang zu, auf; es machte r., sie war mit dem Ärmel hängengeblieben; vgl. ritsch, ratsch; **Ratsche** ['ra:tʃə] (bes. südd., österr.), **Rätsche** ['rɛ:tʃə] (südd.), die; -, -n [zu ↑²ratschen, rätschen]: **1.** *Geräuschinstrument aus einem an einer Stange befestigten Zahnrad, gegen dessen Zähne beim Schwenken eine Holzzunge schlägt:* Schlachtenbummler mit Tuten, Ratschen und Motorradhupen. **2.** (salopp abwertend) *schwatzhafte, klatschsüchtige weibliche Person.* **3.** (Technik) *Zahnkranz mit Sperrvorrichtung* (z. B. zum Feststellen der Handbremse beim Auto); **¹ratschen** ['ratʃn̩] ⟨sw. V.; hat⟩ [zu ↑ratsch] (ugs.): **1.** *ein Geräusch wie bei einer schnellen, reißenden Bewegung hervorbringen:* die Schere ratscht [durch den Stoff, das Papier]. **2.** ⟨r. + sich⟩ (landsch.) *sich bei einer raschen Bewegung an etw. die Haut aufreißen:* sich am Finger r.; sich am, mit dem Messer, an einem Dorn r.; **²ratschen** ['ra:tʃn̩] (bes. südd., österr.), **rätschen** ['rɛ:tʃn̩] (südd.) ⟨sw. V.; hat⟩ [2: mhd. retschen]: **1.** *die Ratsche drehen:* die Kinder ratschen unablässig; Ü Steinhühner stieben rätschend *(mit schnarrendem Laut)* ab (Kosmos 3, 1965, 127). **2.** (ugs.) *schwatzen; klatschen* (4 a): wie das ratscht und tratscht! (Fallada, Jeder 282); **Ratscher,** der; -s, - (landsch.): svw. ↑¹Kratzer (1).

Rätsel ['rɛ:tsl̩], das; -s, - [spätmhd. rætsel, rätsel, zu ↑raten]: **1.** *Denkaufgabe, meist als Umschreibung eines Gegenstandes o. ä., den der Leser od. Hörer selbst auffinden, raten soll:* ein leichtes, einfaches, schwieriges R.; das R. der Sphinx; R. raten, lösen; die Kinder gaben einander R. auf; die [Auf]lösung eines -s mit Spannung erwarten; R das ist des -s Lösung!; *** jmdm. ein R. sein/bleiben** *(für jmdn. unbegreiflich, undurchschaubar sein, bleiben);* **jmdm. R./ein R. aufgeben** *(jmdn. vor Probleme, ein Problem stellen);* **in -n sprechen** *(unverständliche Dinge sagen, die man als Angesprochener nicht entschlüsseln kann);* **vor einem R. stehen** *(etw. nicht begreifen können; sich etw. nicht erklären können).* **2.** *Sache od. Person, die für jmdn. unbegreiflich ist, hinter deren Geheimnis er [vergeblich] zu kommen sucht:* ein dunkles, ewiges, ungelöstes R.; das R. des Todes, der Schöpfung, der Evolution; das R. löste sich, klärte sich auf; Frauen waren ein R. und würden immer ein R. sein (H. Gerlach, Demission 184).

rätsel-, Rätsel-: **~ecke,** die (ugs.): *Teil einer Seite in einer Zeitung, Zeitschrift, der Rätsel* (1) *enthält;* **~frage,** die: *ein Rätsel* (1) *enthaltende Frage;* **~freund,** der: *jmd., der gern Rätsel* (1) *rät;* **~raten,** das; -s: **1.** *das Lösen von Rätseln* (1). **2.** *das Rätseln, Mutmaßen über etw.:* das R. über diese Frage war zu Ende; **~voll** ⟨Adj.⟩: *in seiner Erscheinung, Art Rätsel* (2) *bergend, von einem Geheimnis umgeben, schwer zu deuten, unergründlich:* ein -es Schloß; die großen grauen Augen hatten etwas r. Katzenhaftes (Geissler, Wunschhütlein 156); **~zeitschrift, ~zeitung,** die: *periodisch erscheinende, ausschließlich Rätsel enthaltende Druckschrift.*

rätselhaft ⟨Adj.; -er, -este⟩: *nicht mit dem Verstand zu erschließen; unerklärlich, in Dunkel gehüllt, so daß man keinen Einblick nehmen kann:* ein -er Zufall; auf -e Weise; unter -en Umständen; die -e, r. gebliebene Person Shakespeare; sein Tod blieb r.; das ist mir r.; ⟨Abl.:⟩ **Rätselhaftigkeit,** die; -; **rätseln** ['rɛ:tsl̩n] ⟨sw. V.; hat⟩: *über etw. Unbekanntes längere Zeit Überlegungen u. Vermutungen anstellen, ohne es zweifelsfrei klären zu können:* lange über das Motiv eines Entschlusses r.; man rätselte, ob ...; sie rätselten, wer der eigentliche Drahtzieher war.

Rattan ['ratan], das; -s, (Arten:) -e [engl. rat(t)an < malai rotan]: svw. ↑Peddigrohr. Vgl. Rotan[g].

Ratte ['ratə], die; -, -n [mhd. ratte, rat, ahd. ratta, rato; H. u.]: **1.** *gefräßiges Nagetier mit langem, dünnem Schwanz, das bes. in Kellern, Ställen u. in der Kanalisation lebt u. als Vorratsschädling u. Überträger von Krankheiten gefürchtet ist:* eine große, fette, quietschende R.; -n nagen, pfeifen; -n huschen durch den Keller; eine R. fangen, totschlagen; -n vertilgen, vergiften; die Vorräte waren von -n zernagt, angeknabbert; schlafen wie eine R. (ugs. emotional; *fest u. lange schlafen*); R die -n verlassen das sinkende Schiff (*Menschen, auf die man sich nicht verlassen kann, ziehen sich bei drohendem Unglück o. ä. zurück;* nach einem alten Seemannsglauben); *** auf die R. spannen** (landsch. salopp; *scharf aufpassen*). **2.** (derb) *widerlicher Mensch* (oft als Schimpfwort): diese elende, miese R. hat uns verraten.

Ratten- (Ratte 1): **~bekämpfung,** die; **~falle,** die: *Falle zum Fangen von Ratten;* **~fang,** der ⟨o. Pl.⟩: die Katze geht auf R., dazu: **~fänger,** der [urspr. ma. Sagengestalt eines Pfeifers, der die Stadt Hameln von Ratten befreite u., um seinen Lohn betrogen, die Kinder durch Pfeifen aus der Stadt lockte u. entführte] (abwertend): *Volksverführer:* der R. aus Braunau (*Hitler;* Kempowski, Uns 156); **~fraß,** der: *Fraß von Ratten an Vorräten o. ä.;* **~gift,** das: *Gift zur Vernichtung von Ratten;* **~könig,** der: **1.** *(durch längeres enges Beieinanderliegen im Nest) mit den Schwänzen [u. Hinterbeinen] ineinander verschlungene junge Ratten; unentwirrbares Knäuel von jungen Ratten.* **2.** (salopp) *viele unent-*

wirrbar miteinander verquickte unangenehme Dinge; Rattenschwanz (2); **~loch,** das: *von der Ratte genagtes od. gegrabenes Loch, das den Eingang zu ihrem Schlupfwinkel bildet:* Ü Die müssen doch mal aus ihren Rattenlöchern kriechen (salopp abwertend; *sich zu einer Antwort, Äußerung bereit finden;* v. d. Grün, Glatteis 138); **~nest,** das; **~pinscher,** der: svw. ↑Rattler; **~plage,** die; **~schwanz,** der: **1.** *Schwanz einer Ratte.* **2.** *große Anzahl unentwirrbar miteinander verquickter unangenehmer Dinge:* ein R. von Änderungen, Prozessen; ihre plötzliche Abreise zog einen R. von Gerüchten nach sich. **3.** auch Vkl. **~schwänzchen,** das (scherzh.): *kurzer, sehr dünner Haarzopf;* **~zahn,** der.

Rätter ['rɛtɐ], der; -s, -, auch: die; -, -n [aus dem Md., zu spätmhd. redern, mhd. reden, ahd. redan = sieben] (Technik): *(bes. bei der Steinkohlenaufbereitung früher verwendete) Vorrichtung zum Sieben, bei der die Siebflächen kreisförmige Bewegungen ausführen.*

rattern ['ratɐn] ⟨sw. V.⟩ [aus dem Niederd., Nebenf. von: rateln = rasseln, lautm.]: **a)** *kurz aufeinanderfolgende, metallisch klingende, leicht knatternde Töne erzeugen* ⟨hat⟩: die [Näh]maschine, der Preßlufthammer rattert; ein Maschinengewehr begann zu r.; **b)** *sich ratternd* (a) *fortbewegen, irgendwohin bewegen* ⟨ist⟩: der Wagen ratterte über das Pflaster, durch die Straßen; der Zug ratterte durch die Kurve; er rattert mit seinem alten Motorrad ins Grüne.

rättern ['rɛtɐn] ⟨sw. V.; hat⟩ (Technik): *mit dem Rätter sieben;* ⟨Zus.:⟩ **Rätterwäsche,** die (Technik): *das Trennen von Erzen mit dem Rätter.*

Rattler ['ratlɐ], der; -s, - [zu ↑Ratte] (veraltet): *für den Rattenfang geeigneter Pinscher od. Schnauzer;* **Ratz** [rats], der; -es, -e: **1.** (landsch.) svw. ↑Ratte (1). **2.** (Jägerspr.) *Iltis.* **3.** (volkst.) *Siebenschläfer:* schlafen wie ein R. (salopp; *lange u. fest schlafen*); **[1]Ratze** ['ratsə], die; -, -n [mhd. ratz(e), ahd. ratza] (ugs.): svw. ↑Ratte.

[2]Ratze [-], der; -s, -[s], südd.: -r: kurz für ↑Ratzefummel; **Ratzefummel,** der; -s, - [unter Anlehnung an ↑[2]ratzen zu ↑radieren u. ↑fummeln] (Schülerspr.): *Radiergummi.*

ratzekahl ⟨Adv.⟩ [volksetym. Umbildung von ↑radikal nach ↑Ratze (1)] (ugs. emotional): *gänzlich leer, kahl; ganz u. gar (in bezug auf ein Nichtmehrvorhandensein):* die Schädlinge hatten die Kohlpflanzen r. abgefressen; die Geschäfte sind r. leer gekauft; das Buch ist r. vom Markt verschwunden; **Rätzel** ['rɛtsl̩], das; -s, - [H. u., viell. zu ↑Ratz nach den Schnurrhaaren] (landsch.): **1.** *zusammengewachsene Augenbrauen.* **2.** *Mensch mit zusammengewachsenen Augenbrauen;* **[1]ratzen** ['ratsn̩] ⟨sw. V.; hat⟩ [eigtl. = schlafen wie ein ↑Ratz (3)] (ugs.): *fest u. lange schlafen.*

[2]ratzen [-] ⟨sw. V.; hat⟩ (landsch.): **1.** svw. ↑[1]ratschen (1). **2.** svw. ↑[1]ratschen (2), ↑ritzen (2a); ⟨Abl. zu 2:⟩ **Ratzer,** der; -s, - (landsch.): svw. ↑Kratzer (1).

Raub [raup], der; -[e]s [mhd. roup, ahd. roub, urspr. = (dem getöteten Feind) Entrissenes]: **1.** *das Rauben* (1 a): das ist erklärter, brutaler R.!; der R. *(die gewaltsame Entführung)* eines Säuglings; einen R. begehen, verüben; auf R. ausgehen, ausziehen; er wurde wegen [versuchten, schweren] -es angeklagt. **2.** *geraubtes Gut; Beute:* den R. untereinander teilen; die Polizei hat den Banditen ihren R. wieder abgejagt; ehe es ihm (= einem Kolkraben) gelang, ... ohne seinen R. (= ein Küken) zu fliehen (Lorenz, Verhalten I, 200); ***etw. wird ein R. der Flammen** (geh.; *etw. wird durch Feuer zerstört, vernichtet*).

raub-, Raub-: **~bau,** der ⟨o. Pl.⟩ (bes. Bergbau, Landw., Forstw.): *extreme wirtschaftliche Nutzung, die den Bestand von etw. gefährdet:* R. am Wald; R. treiben; sie wollen ihre Walfangflotten durch R. bezahlt machen; Ü das ist R. an deinen Kräften; er treibt R. mit seiner Gesundheit; **~beutler** [-bɔytlɐ], der; -s, - (Zool.): *in Australien u. auf den umliegenden Inseln als Raubtier lebendes, maus- bis hundegroßes Beuteltier;* **~druck,** der ⟨Pl. -drucke⟩: *widerrechtlicher Druck eines [schon zuvor gedruckten] Werkes:* ein billiger R.; **~fisch,** der: *Fisch, der Jagd auf andere Fische macht u. sich von diesen ernährt* (Ggs.: Friedfisch); **~fliege,** die (Zool.): *große Fliege, die auf kleinere Insekten Jagd macht, um sie auszusaugen;* **~gier,** die: *Gier zu rauben, Beute zu machen, etw. in seinen Besitz zu bringen,* dazu: **~gierig** ⟨Adj.; nicht adv.⟩: *voller Raubgier, von Raubgier geprägt;* **~käfer,** der (Zool.): *(zu den Kurzflüglern gehörender Käfer, der sich von lebenden Tieren ernährt;* **~katze,** die: *Raubtier aus der Familie der Katzen, Pardelkatze;* **~krieg,** der (abwertend): *Eroberungskrieg;* **~lust,** die ⟨Pl. selten⟩: vgl. ~gier, dazu: **~lustig** ⟨Adj.; nicht adv.⟩: vgl. ~gierig; **~mord,** der: *Verbrechen, bei dem ein Raub mit einem Mord gekoppelt ist,* dazu: **~mörder,** der: *jmd., der Raubmord begangen hat;* **~möwe,** die (Zool.): *große Möwe mit braunem Gefieder u. hakenförmig gekrümmtem oberem Schnabel, die fischfangenden Vögeln die Beute abjagt u. Vogelnester plündert;* **~pressung,** die: *widerrechtliches Reproduzieren von Schallplatten od. Musikkassetten;* **~ritter,** der: *(im 14. u. 15. Jh.) verarmter Ritter, der vom Straßenraub lebte,* dazu: **~rittertum,** das; **~schiff,** das: svw. ↑Piratenschiff; **~tier,** das: *Säugetier mit kräftigen Eckzähnen u. scharfen Reißzähnen, das sich vorwiegend von anderen Säugetieren ernährt,* dazu: **~tierfütterung,** die, **~tierkäfig,** der, **~tierwärter,** der, **~tierzirkus,** der: *Zirkus, der Dressurakte mit Raubtieren vorführt;* **~überfall,** der: *Überfall auf jmdn., etw., um etw. zu rauben:* ein R. in einem Juweliergeschäft, Warenhaus; einen R. verüben, machen; **~vogel,** der (in der Zool. veraltet): *Vogel, der bes. auf kleine Säugetiere Jagd macht,* dazu: **~vogelblick,** der: svw. ↑Adlerblick; **~wild,** das (Jägerspr.): *jagdbare Tiere, die dem Nutzwild nachstellen* (z. B. Rotfuchs, Iltis); **~zeug,** das ⟨o. Pl.⟩ (Jägerspr.): *nicht jagdbare Tiere, die dem Nutzwild nachstellen* (z. B. wildernde Hunde, Katzen); **~zug,** der: *Unternehmung, bei der man auf Raub, Diebstahl ausgeht:* ein neuer R. der Kunstmafia (Prodöhl, Tod 192).

rauben ['raubn̩] ⟨sw. V.; hat⟩ [mhd. rouben, ahd. roubōn]: **1. a)** *widerrechtlich u. unter Anwendung von Gewalt in seinen Besitz bringen, was einem anderen gehört [u. für ihn sehr wertvoll ist]:* Geld, Schmuck aus der Kassette r.; jmdm. alle Wertsachen r.; Das Kind des Fabrikanten wurde geraubt *(entführt);* ⟨auch o. Akk.-Obj.; in Verbindung mit einem anderen Verb:⟩ die feindlichen Horden raubten und plünderten; Ü er raubte ihr einen Kuß (geh. scherzh.; *war so kühn, ihr gegen ihren Willen einen Kuß zu geben*); der Krieg hatte ihm seine Angehörigen geraubt (geh.; *seine Angehörigen waren im Krieg umgekommen*); **b)** *als Beute forttragen:* der Wolf hat ein Schaf geraubt; daß die ... Dohle das Junge keinesfalls aus dem Neste geraubt hat (Lorenz, Verhalten I, 59). **2.** (geh.) *jmdn. um etw. bringen:* etw. raubt jmdm. die Ruhe, den Schlaf, den Atem, den Appetit, die Gesundheit, die Sprache, das Augenlicht; sich durch nichts seinen Glauben, seine Überzeugung r. lassen; **Räuber** ['rɔybɐ], der; -s, - [mhd. roubære, ahd. roubare, zu ↑Raub]: **a)** *jmd., der einen Raub begeht:* ein gefährlicher R.; R. machen die Gegend unsicher, haben ihn überfallen; der R. wurde festgenommen; er ist [einer Horde von] -n in die Hände gefallen; Ü na, du kleiner R. (fam.; *Racker*); ihr seid schon R.!; ***R. und Gendarm**/(landsch.:) **Polizei** *(Kinderspiel im Freien, bei dem die zur Partei der Räuber gehörenden Spieler durch drei Schläge von Spielern der Partei der Gendarmen gefangen werden);* **unter die R. gefallen sein** (ugs.; *von anderen unerwartet ausgenutzt werden;* nach Luk. 10, 30); **b)** (Zool.) svw. ↑Episit.

Räuber-: **~bande,** die (abwertend); **~braut,** die (veraltet): *Geliebte eines Räubers* (a); **~geschichte,** die: **a)** *von einem Räuber* (a), *von Räubern handelnde Geschichte, Sage;* **b)** (ugs.) *Lügengeschichte;* **~hauptmann,** der (veraltet): *Führer einer Räuberbande;* **~höhle,** die (veraltet): *Höhle im Wald, in der Räuber leben:* hier sieht es ja aus wie in einer R. (ugs.; *sieht es sehr unordentlich, unaufgeräumt aus*); **~horde,** die: vgl. ~bande; **~pistole,** die: svw. ↑~geschichte; **~roman,** der (Literaturw.): *Ende des 18. Jh.s aufkommender Unterhaltungsroman mit der Hauptfigur des edlen Räubers, der als Befreier u. Beschützer der Armen u. Rechtlosen auftritt;* **~zivil,** das (ugs. scherzh.): *nachlässige, legere, nicht dem Anlaß angemessene Kleidung:* in R. herumlaufen.

Räuberei [rɔybə'rai], die; -, -en [mhd. rouberīe] (abwertend): svw. ↑Raub (1); **räuberisch** ⟨Adj.⟩ [älter: reubisch, mhd. röubisch, roubisch, zu ↑Raub]: **a)** *in der Art eines Raubes* (1), *wie ein Räuber* (a) *vorgehend:* ein -er Überfall, Krieg; -er Diebstahl, -e Erpressung (jur.; vgl. Erpressung); **b)** *in der Art eines Räubers* (b), *für einen Räuber typisch:* -e, r. lebende Tiere, Fische, Vögel; Ihre (= der Wasserjungfer) gewaltigen, -en Augen schienen noch tot (Gaiser, Schlußball 210); **räubern** ['rɔybɐn] ⟨sw. V.; hat⟩: *sich räuberisch* (a, b) *betätigen:* bei den Ausgrabungen wurde schwer geräubert; räubernde und mordende Krieger eines Stammes; ⟨auch mit Akk.-Obj.:⟩ einen Laden r. *(ausrauben).*

rauch [raux] ⟨Adj.; nicht adv.⟩ [Nebenf. von ↑rauh]

(Kürschnerei): *dicht in bezug auf das Haar* (2b): das Fell ist r.

Rauch [-], der; -[e]s [mhd. rouch, ahd. rouh, zu ↑riechen]: *von brennenden Stoffen [in Schwaden] aufsteigendes Gewölk aus Gasen:* dicker, schwarzer, beißender R.; der R. einer Zigarette, aus einer Pfeife, von Fabrikschloten; der R. steigt senkrecht in die Höhe, quillt heraus, breitet sich aus, zieht ab; aus dem Schornstein kommt dünner R.; der R. beißt [mir] in den Augen; den R. *(Tabakrauch)* einatmen, einziehen, inhalieren, [in Ringen] ausstoßen, durch die Nase blasen; bei dem Brand sind mehrere Personen im R. erstickt; Wurst, Schinken in den R. *(zum Räuchern in den Rauchfang)* hängen; alles roch nach R. *(Tabakrauch);* das Zimmer war voll[er] R., von R. geschwärzt; Spr kein R. ohne Flamme *(alles hat seine Ursache);* Ü Die Straße füllte sich mit dem durchsichtigen R. der Dämmerung (Remarque, Obelisk 26); **in R. [und Flammen] aufgehen** *(vollständig verbrennen, vom Feuer völlig zerstört werden);* **sich in R. auflösen/in R. aufgehen** *(zunichte werden, sich verflüchtigen):* alle ihre Pläne haben sich in R. aufgelöst.

rauch-, ¹Rauch- (Rauch): **~abzug,** der: *Vorrichtung zum Abziehen des Rauchs:* eine offene Feuerstelle mit R., dazu: **~abzugskanal,** der (Bauw.): *Abzugskanal für den Rauch;* **~bier,** das: *[obergäriges] Bier, dessen rauchiger Geschmack durch Räuchern des Malzes bewirkt wird;* **~bombe,** die: *starken Rauch entwickelnde Bombe, die zur Markierung des Ziels abgeworfen wird;* **~entwicklung,** die: ein Brand mit starker, rascher R.; **~faden,** der: *wie ein dünner Faden aufsteigender Rauch;* **~fahne,** die: *sich horizontal lang hinziehende Rauchwolke;* **~fang,** der [1: 2. Bestandteil mhd. vanc = das Auffangende, ↑Fang]: **1.** (früher) *häufig zum Räuchern benutzter, trichterförmig sich nach oben verjüngender Teil über dem offenen Herdfeuer, der den Rauch auffängt u. zum Schornstein ableitet.* **2.** (österr.) *Schornstein,* zu 2: **~fangkehrer,** der; -s, - (österr.): *Schornsteinfeger;* **~farben,** (selten:) **~farbig** ⟨Adj.; o. Steig.; nicht adv.⟩: *von der Farbe des Rauches; verschwommen dunkelgrau;* **~faß,** das (kath. u. orthodoxe Kirche): *an Ketten hängendes, durchbrochenes Metallgefäß zum Verbrennen von Weihrauch während der Liturgie;* **~fleisch,** das: *gepökeltes u. geräuchertes Rind-, Schweinefleisch;* **~gas,** das ⟨meist Pl.⟩: *Abgas mit einer Beimengung von Ruß,* dazu: **~gasprüfer,** der (Technik): *Prüfgerät, das bei technischen Verbrennungsvorgängen das Verhältnis zwischen Kohlendioxyd u. -monoxyd zwecks Ausnutzung der Brennstoffe u. Regulierung der Frischluftzufuhr ermittelt;* **~geschmack,** der: *rauchiger Geschmack:* der R. des Whiskys; **~geschwängert** ⟨Adj.; o. Steig.; nicht adv.⟩ (geh.): *gänzlich mit Rauch angefüllt:* in -er Luft arbeiten; **~geschwärzt** ⟨Adj.; o. Steig.; nicht adv.⟩: *schwarz von Rauch, Ruß:* -e Häuser, Mauern; **~glas,** das ⟨o. Pl.⟩ (Technik): *rauchfarbenes Glas;* **~glocke,** die: vgl. Dunstglocke; **~grau** ⟨Adj.; o. Steig.; nicht adv.⟩: svw. ↑~farben: -e Wolken, Wellen; **~kammer,** die: **1.** (Technik) *abgeteilter Raum im Kessel einer Dampflokomotive, in dem sich die Rauchgase sammeln.* **2.** (selten) svw. ↑Räucherkammer; **~kappe,** die: *Aufsatz auf Schornsteinen o. ä.; Deflektor;* **~los** ⟨Adj.; o. Steig.⟩: *ohne Rauch verbrennend:* -es Pulver; **~maske,** die: *Atemschutzgerät für Feuerwehrleute;* **~melder,** der: *Gerät, das bei der Bildung von Rauch Alarm auslöst;* **~opfer,** das: svw. ↑Brandopfer (1); **~pause,** die: *kurze Pause zum Rauchen; Zigarettenpause;* **~pilz,** der: *(bei einer Explosion entstehende) große pilzförmige Rauchwolke;* **~quarz,** der: *hell- bis dunkelbraune od. rauchgraue Abart des Quarzes;* **~rakete,** die: vgl. ~bombe; **~ring,** der: *ringförmiges Gebilde aus Tabakrauch; Ring* (3): -e [zur Decke] blasen; **~salon,** der: *Salon, in dem geraucht werden kann;* **~säule,** die: *wie eine Säule gerade aufsteigender Rauch;* **~schleier,** der; **~schwach** ⟨Adj.⟩: *unter schwacher Rauchentwicklung verbrennend;* **~schwaden,** der; **~schwalbe,** die [der Vogel nistete gern in den großen Kaminen der Bauernküchen]: *ziemlich große, auf der Oberseite blauschwarze, auf der Unterseite weiße Schwalbe mit tief gegabeltem Schwanz;* **~service,** das: *Garnitur aus Aschenbecher, Zigarettenbehälter u. Tischfeuerzeug;* **~signal,** das: *durch Rauch gegebenes Signal;* **~speck,** der (selten): svw. ↑Räucherspeck; **~tabak,** der: *Tabak (zum Rauchen);* **~tee,** der: *Tee mit rauchigem Aroma;* **~tisch,** der: *kleiner, runder Tisch [mit Metallplatte] für Rauchutensilien, an dem geraucht wird;* **~topas,** der: volkst. für ↑~quarz; **~utensilien** ⟨Pl.⟩: *Utensilien zum Rauchen* (2); **~verbot,** das: *Verbot zu rauchen* (2); **~vergiftung,** die: *Vergiftung durch Rauchgase;* **~verzehrer,** der; -s, -: *Gerät zum Aufsaugen des Tabakrauchs u. zur Verbesserung der Zimmerluft;* **~vorhang,** der: *dichter Rauch, der etw. verdeckt;* **~waren** ⟨Pl.⟩: *Rauchtabak, Zigarren, Zigaretten;* **~wolke,** die: *vom Rauch gebildete Wolke:* als die -n auseinandergingen, erkannte Thiel den Kieszug (Hauptmann, Thiel 44); Genußvoll stieß er die erste R. aus (Kirst, 08/15, 713); **~wurst,** die: *geräucherte Wurst;* **~zeichen,** das: vgl. ~signal; **~zeug,** das (bes. schweiz.): svw. ↑~waren; **~zimmer,** das: vgl. ~salon.

²Rauch- (rauch): **~nächte:** ↑Rauhnächte; **~ware,** die ⟨meist Pl.⟩ (Kürschnerei): *Pelz* (1b), *Pelzware,* dazu: **~warenzurichter,** der: *Facharbeiter, der Felle für den Kürschner zurichtet* (Berufsbez.); **~werk,** das ⟨o. Pl.⟩ (Kürschnerei): *Pelzwaren.*

rauchen ['rauxn̩] ⟨sw. V.; hat⟩ [mhd. rouchen, ahd. rouhhen, entweder zu ↑Rauch od. Kausativ zu ↑riechen]: **1. a)** *Rauch austreten lassen, Rauch ausstoßen:* der Ofen, Schornstein, Vulkan, Meiler, Schutthaufen raucht; Ü er ... ließ ... telefonieren, bis die Drähte rauchten (Kirst, 08/15, 547); unser Lehrer rauchte vor Zorn; Die Nachrichtenabteilung raucht vor Arbeit (*hat sehr viel zu tun;* A. Zweig, Grischa 255); **b)** ⟨unpers.⟩ *(von Rauch) sich an einer bestimmten Stelle entwickeln:* es rauchte in der Küche, aus dem Ofenrohr; ***es raucht** (ugs.: 1. *die betreffende Sache vollzieht sich mit größter Intensität, Schnelligkeit:* sie stritten sich, daß es [nur so] rauchte. 2. *es gibt Krach, heftige Vorwürfe:* in Ordnung muß die Sache sein, sonst raucht es [Kirst, 08/15, 195]). **2.** *den Tabakrauch von einer in den Mund genommenen u. angezündeten Zigarette, Zigarre, Pfeife einatmen u. wieder ausstoßen:* Pfeife, Zigaretten, eine Zigarre, eine bestimmte Marke, Sorte [Tabak] r.; Haschisch, Opium r.; jeden Abend seine Pfeife r.; mit jmdm. eine [Zigarette] r.; Zigaretten nur halb r.; ⟨o. Akk.-Obj.:⟩ im Sessel sitzen und r.; im Bett r.; heftig, hastig, nervös, auf Lunge, in langsamen Zügen, unentwegt, stark, viel, (ugs.:) wie ein Schlot r.; damals begann er zu r.; er trank nicht und rauchte nicht *(war Nichtraucher);* ⟨subst.:⟩ das Rauchen wurde ihm vom Arzt untersagt; ein Schild mit der Aufschrift „Rauchen verboten!"; das Rauchen aufgeben; sich das Rauchen angewöhnen. **3.** (Fachspr.) *räuchern:* Katenwurst schwarz geraucht; ⟨Abl.:⟩ **Raucher,** der; -s, - (Ggs.: Nichtraucher): **1.** *jmd., der die Gewohnheit hat zu rauchen:* ein starker, passionierter R.; R. sein. **2.** ⟨o. Art.⟩ kurz für ↑Raucherabteil: hier ist R.

Raucher- (rauchen 2): **~abteil,** das: *Eisenbahnabteil, in dem geraucht werden darf* (Ggs.: Nichtraucherabteil); **~bein,** das: *[durch starkes Rauchen verursachte] Gefäßverengung im Bereich der Beine;* **~husten,** der: *durch starkes Rauchen verursachter chronischer Husten;* **~karte,** die: *in Kriegs- u. Krisenzeiten ausgegebene Karte, auf deren Abschnitte die rationierten Rauchwaren zugeteilt werden;* **~krebs,** der: vgl. ~husten; **~lunge,** die: *durch starkes Rauchen geschädigte Lunge;* **~marke,** die: *einzelner Abschnitt der Raucherkarte;* **~zimmer,** das: vgl. ~abteil.

Räucher- (räuchern 1, 2): **~aal,** der: *geräucherter Aal;* **~faß,** das: svw. ↑~gefäß; **~fisch,** der: vgl. ~aal; **~flunder,** die: vgl. ~aal; **~gefäß,** das: *Gefäß für Weihrauch o. ä.;* **~hering,** der; **~kammer,** die: *Raum zum Räuchern von Fleisch od. Fisch;* **~kate,** die, **~katen,** der (nordd.): svw. ↑~kammer; **~kerze,** die: *Räuchermittel von der Form eines kleinen Kegels;* **~lachs,** der; **~männchen,** das: *ein kleines Männchen darstellende Figur, in der eine Räucherkerze abgebrannt wird;* **~mittel,** das: *Stoff, der beim Abbrennen wohlriechenden Rauch erzeugt;* **~pfanne,** die: vgl. ~gefäß; **~pulver,** das: *Räuchermittel in Pulverform;* **~schale,** die: vgl. ~gefäß; **~schinken,** der; **~speck,** der; **~stäbchen,** das: *Räuchermittel in der Form eines Stäbchens;* **~ware,** die: *geräucherter Fisch, geräuchertes Fleisch (als Ware);* **~werk,** das ⟨o. Pl.⟩: *etw., was beim Abbrennen wohlriechenden Rauch erzeugt;* **~wurst,** die.

räucherig ['rɔyçərɪç] ⟨Adj.; nicht adv.⟩: *von Rauch geschwärzt:* die Wände ... verspritzt und r. (Gaiser, Schlußball 174); **Raucherin,** die; -, -nen: w. Form zu ↑Raucher (1); **rauchern** ['rauxɐn] ⟨sw. V.; hat; unpers.⟩ [wohl aus dem Berlin.] (landsch.): *jmdn. gelüsten zu rauchen:* mich rauchert [es]; **räuchern** ['rɔyçɐn] ⟨sw. V.; hat⟩ [Weiterbildung von mhd. röuchen = rauchen, rauchig machen]: **1.** *mit Rauch (meist von schwelenden Laubhölzern, unter Zugabe von wür-*

zenden Bestandteilen) behandeln, dadurch haltbar machen u. dem betreffenden Fleisch od. Fisch einen bestimmten Geschmack geben: Schinken, Speck, Aale, Flundern r.; geräucherte Kalbsleberwurst; frisch geräucherte Makrelen. **2.** *Räuchermittel abbrennen:* mit Räucherkerzen r.; zur Vertilgung von Ungeziefer r.; indem er hinterrücks einem Bilde geräuchert *(Rauchopfer dargebracht)* ... hatte (Th. Mann, Joseph 88). **3.** (Tischlerei) *(bes. Eichenholz) mit Ammoniak dunkel beizen;* ⟨Abl.:⟩ **Räucherung,** die; -, -en; **rauchig** ['rauxɪç] ⟨Adj.; nicht adv.⟩ [spätmhd. rauchig; mhd. rouchic]: **1.** *von Rauch durchzogen, voller Rauch:* eine -e Gaststube, Kneipe. **2.** *trüb wie Rauch; rauchfarben:* -es Glas; ihr (= der Sonne) -er Schein erhellte den nassen Schmutz (Fels, Sünden 99). **3.** *nach Rauch schmeckend:* -er Whisky, Geschmack. **4.** *(von einer Stimme) [von Tabakrauch] tief u. rauh klingend:* eine -e [Gesangs]stimme.

Räude ['rɔydə], die; -, -n [mhd. riude, rūde, ahd. riudī, rūda; H. u.]: *durch Krätzmilben verursachte, mit Bläschenbildung u. Haarausfall verbundene Hautkrankheit bes. bei Haustieren:* der Hund hat die R.; ⟨Abl.:⟩ **räudig** ['rɔydɪç] ⟨Adj.; Steig. selten; nicht adv.⟩ [mhd. riudec, rūdec, ahd. rūdig]: *von Räude befallen:* ein -er Hund; -e Katzen, Schafe, Pferde; Ü ... in das Land zurück, von dem er einst als -er Wicht geschieden (K. Mann, Wendepunkt 342); er ist ein -es Schaf *(verdirbt seine Umgebung durch seinen schlechten Einfluß);* der Pelz sah r. und zerfressen aus.

rauf [rauf] ⟨Adv.⟩: ugs. für ↑herauf, hinauf (Ggs.: runter).

[1]**rauf-** (ugs.): svw. ↑herauf-, hinauf-, z. B. raufkommen, rauflaufen.

[2]**rauf-, Rauf-** (raufen): **~bold,** der: ↑Raufbold; **~handel,** der ⟨Pl. ...händel⟩: *Rauferei, Schlägerei;* **~lust,** die ⟨o. Pl.⟩: *Neigung zum, Freude am Raufen,* dazu: **~lustig** ⟨Adj.; nicht adv.⟩: *sich gern mit andern raufend.*

Raufbold [...bɔlt], der; -[e]s, -e [zum 2. Bestandteil vgl. Witzbold] (abwertend): *jmd., der gern mit andern rauft:* er ist ein R.; nimm dich vor diesen -en in acht.

Raufe ['raufə], die; -, -n [spätmhd. rauffe, roufe, zu ↑raufen]: *Gestell mit Stäben, zwischen denen das Vieh od. Wild sein Grünfutter o. ä. herausziehen kann.*

raufen ['raufn̩] ⟨sw. V.; hat⟩ [mhd. roufen, ahd. rouf(f)en, urspr. = (sich an den Haaren) reißen]: **1.** *(eine Pflanze, einen Stengel) ausreißen, rupfen:* Flachs r.; (landsch.:) Pflanzen, Unkraut [aus den Beeten] r.; Mechanisch raufte er ein Jasminstengelchen vom Strauch (A. Zweig, Grischa 247); ***sich** ⟨Dativ⟩ **die Haare/den Bart r.** *(vor Entsetzen, Verzweiflung nicht wissen, was man tun soll [u. seine Haare zerrend durcheinanderbringen]).* **2.** *einen Streit in einer Schlägerei austragen; mit jmdm. sich prügelnd [u. ringend] kämpfen:* die Jungen raufen schon wieder; hört endlich auf zu r.!; er hat mit ihm gerauft; die Hunde raufen *(balgen sich)* um einen Knochen; ⟨auch r. + sich:⟩ die Burschen raufen sich; habt ihr euch gerauft?; Ü ob nicht vielleicht die Katholischen sich wieder mit den Protestanten um die Insel zu r. *(Krieg zu führen)* beginnen würden (Jacob, Kaffee 91); ⟨Abl. zu 2:⟩ **Raufer,** der; -s, -: *jmd., der rauft; Raufbold;* **Rauferei** [raufə'rai], die; -, -en: *heftige Schlägerei.*

Raugraf ['rau-], der; -en, -en [mhd. rū(h)gräve, 1. Bestandteil zu ↑rauh, eigtl. = Graf über nicht bebautes Land] (hist.): **1.** ⟨o. Pl.⟩ *Adelstitel eines Grafengeschlechts im Nahegebiet.* **2.** *Träger des Raugrafentitels.*

rauh [rau] ⟨Adj.; -er, -[e]ste⟩ [mhd. rūch, auch = haarig, behaart, ahd. rūh, urspr. wohl = (aus)gerupft]: **1.** ⟨nicht adv.⟩ *auf der Oberfläche kleine scharfe Unebenheiten, Risse o. ä. aufweisend, sich nicht glatt anfühlend:* eine -e Oberfläche, Wand; -er Putz; -es Papier; -e Haut haben; durch die Kälte sind meine Hände r. geworden *(aufgesprungen);* die -e *(vom Sturm aufgewühlte)* See. **2.** ⟨nicht adv.⟩ **a)** *nicht mild* (2a), *sondern unangenehm kalt:* das -e Klima des Nordens; **b)** *(von einer Landschaft o. ä.) in Formen u. Farben nicht lieblich anmutend; unwirtlich:* eine -e Gegend; in diesem -en Gebirge. **3. a)** *(von der Stimme o. ä.) nicht klingend, sondern durch Erkältung o. ä. unklar, kratzig:* -e Laute; seine Stimme klingt r.; **b)** ⟨nicht adv.⟩ *(vom Hals) entzündet u. deshalb eine unangenehm kratzende Empfindung hervorrufend:* einen -en Hals, eine -e Kehle haben. **4.** *im Umgang mit anderen Feingefühl vermissen lassend:* -e Gesellen; hier herrscht ein -er Ton, herrschen -e Sitten; er ist r., aber herzlich; man hat sie zu r. angefaßt. **5.** (Ballspiele) *mit vollem körperlichem Einsatz u. deshalb mitunter unfair:* die Gäste spielten ziemlich r.

rauh-, Rauh-: **~bank,** die ⟨Pl. -bänke⟩ (Handw.): *langer Hobel;* **~bauz** [-bauts], der; -es, -e [wohl lautm. unter Einfluß von ↑Rabauke] (ugs.): *jmd., der eine grobe, rüde, polternde Art hat,* dazu: **~bauzig** [...tsɪç] ⟨Adj.⟩ (ugs.): *von, in der Art eines Rauhbauzes;* **~bein,** das [rückgeb. aus ↑rauhbeinig]: **1.** (ugs.) *jmd., der sich rauh* (4) *gibt, der aber im Grunde kein unangenehmer Mensch ist.* **2.** (Ballspiele Jargon) *jmd., der rauh* (5) *spielt;* **~beinig** [volksetym. entstellt aus engl. rawboned = klapperdürr] ⟨Adj.⟩: **1.** *von, in der Art eines Rauhbeins.* **2.** (Ballspiele Jargon) *rauh* (5) *spielend;* **~bewurf,** der: svw. ↑~putz; **~blattgewächs,** das ⟨meist Pl.⟩ (Bot.): *als Baum, Strauch od. Kraut vorkommende Pflanze mit ungeteilten, stark borstig behaarten Blättern;* **~borstig** ⟨Adj.⟩ (ugs.): svw. ↑~beinig; **~faser,** die ⟨Pl. ungebr.⟩: *auf eine bestimmte Papiertapete od. direkt auf die Wand aufgetragener Anstrich, dem zur Erzielung einer rauhen Oberfläche Sägespäne beigegeben sind;* **~fasertapete,** die: *Tapete mit Rauhfaser;* **~frost,** der (landsch.): svw. ↑~reif; **~fußhuhn,** das ⟨meist Pl.⟩: *schlecht fliegender, rauhfüßiger Hühnervogel mit kräftigem, kurzem Schnabel* (z. B. Auerhuhn); **~füßig** ⟨Adj.; o. Steig.; nicht adv.⟩ (Zool.): *(von bestimmten Vögeln) befiederte Läufe habend;* **~futter,** das (Landw.): *trockenes, viele Faserstoffe enthaltendes Futter* (z. B. Stroh, Spreu, Heu); **~haardackel,** der: *Dackel mit Drahthaar;* **~haarig** ⟨Adj.; o. Steig.; nicht adv.⟩: *(meist von Fellen) drahtartig, hart u. kraus;* **~nächte** ⟨Pl.⟩ [wohl zu rauh in der Bed. „haarig", in Anspielung auf mit Fell bekleidete Dämonen, die bes. in diesen Nächten ihr Unwesen treiben] (Volksk., landsch.): *die Zwölf Nächte zwischen dem Heiligen Abend u. dem Dreikönigstag;* **~putz,** der (Fachspr.): *Putz* (1) *mit rauher Oberfläche;* **~reif,** der: *lockerer* [1]*Reif* (1), *dessen einzelne Kristalle gut erkennbar sind;* **~wacke,** die: *Dolomit od. Kalkstein, der durch Auslaugung porös geworden ist;* **~ware,** die ⟨meist Pl.⟩: **1.** (landsch.) svw. ↑Rauchware. **2.** (Textilind.) *aufgerauchtes Gewebe.*

Rauhe ['rauə], die; - [mhd. rūhe, eigtl. = Behaarung] (Jägerspr.): [2]*Mauser des Federwildes, das auf dem Wasser od. in Sümpfen lebt;* **Rauheit,** die; -, -en ⟨Pl. ungebr.⟩: *das Rauhsein;* **rauhen** ['rauən] ⟨sw. V.; hat⟩: *aufrauhen;* **Rauhigkeit** ['rauɪçkait], die; -, -en ⟨Pl. selten⟩: *Rauheit.*

Rauke ['raukə], die; -, -n [über das Roman. (ital. ruca) < lat. ērūca = Senfkohl]: *zu den Kreuzblütlern gehörende Pflanze mit mehreren Arten, die bes. als Unkraut wächst.*

raum [raum] ⟨Adj.; o. Steig.; meist attr.⟩ [mniederd. rūm < asächs. rūm(o), zu ↑Raum] (Seemannsspr.): **a)** *(vom Meer) offen, weit:* die -e See; **b)** *schräg von hinten kommend:* -er Wind; -e See *(von hinten kommende Wellen)* haben; auf -em Kurs *(Kurs mit schräg von hinten einfallendem Wind)* segeln; **Raum** [-], der; -[e]s, Räume ['rɔymə; mhd., ahd. rūm, eigtl. subst. Adj. mhd. rūme, ahd. rūmi = weit, geräumig]: **1.** ⟨Vkl. Räumchen⟩ *zum Wohnen, als Nutzraum o. ä. verwendeter, von Wänden, Boden u. Decke umschlossener Teil eines Gebäudes:* ein kleiner, hoher, kahler, heller R.; einen R. möblieren, betreten, verlassen; ***im R. stehen** *(als Problem o. ä. aufgeworfen sein u. nach einer Lösung verlangen);* **im R. stehen bleiben** *(als Problem o. ä. [zunächst] ungelöst bleiben);* **etw. im R. stehen lassen** *(ein Problem o. ä. [zunächst] ungelöst lassen).* **2.** *ohne feste Grenze sich nach Länge, Breite u. Höhe ausdehnendes Gebiet od. die ausfüllende Materie:* der unendliche R. des Universums; riesige Räume noch nicht erschlossenen Landes; (Philos.:) R. und Zeit bestimmen die Form unseres Denkens. **3.** ⟨o. Pl.⟩ *in Länge, Breite u. Höhe fest eingegrenzte Ausdehnung:* nur ein paar Handbreit R. war gewesen zwischen seinem Gesicht und dem ihren (Th. Mann, Zauberberg 205); umbauter R. (Bauw.; *durch äußere Begrenzungsflächen bestimmtes Volumen eines Gebäudes*); ein luftleerer R. (Physik; *ein Vakuum*); Ü im luftleeren R. *(ohne Bezug zur Realität)* operieren. **4.** ⟨o. Pl.⟩ (geh.) *für jmdn., etw. zur Verfügung stehender [ausreichender] Platz, der jmdm. [genügend] Bewegungsfreiheit läßt, auf dem man [bequem] etw. unterbringen kann:* viel, wenig R. beanspruchen, einnehmen; R. schaffen, finden; viele Familien leben hier auf engem, engstem R. *(in großer Enge)* [zusammen]; freier R. (Ballspiele; *Teil des Spielfeldes, der nicht gedeckt ist*); Raum! (Ruf beim Rennsegeln, um ein anderes Boot auf das eigene Wegerecht aufmerksam zu machen); R R. ist in der kleinsten Hütte [für ein glücklich liebend Paar] (nach dem Schluß von Schillers Gedicht „Der Jüngling am Bache"); Ü dieser Gesichtspunkt nimmt in den Ausführungen einen zu breiten R. ein; Und so gewann in Walter R., was ihr Bruder Siegmund über sie gesagt ... hatte (Musil, Mann 1431); *[den] **R. decken** (Ballspiele; *einen bestimmten Teil des Spielfeldes so abschirmen, daß der Gegner kein Spiel entfalten kann*); **einer Sache R. geben** (geh.; *etw. in sich, in seinem Innern aufkommen u. sich davon beeinflussen lassen*). **5.** ⟨o. Pl.⟩ kurz für *Weltraum:* der kosmische R.; mit Raketen in den R. vordringen. **6. a)** *geographisch od. politisch unter einem bestimmten Aspekt als Einheit verstandenes Gebiet:* der mitteleuropäische R.; der R. um Berlin; im Hamburger R./im R. Hamburg waren die Winterstürme am heftigsten; **b)** *Bereich als Wirkungsfeld von etw.:* der kirchliche, politische R.; Die Frage des Weiterbestehens ... dieses Kontinents als eines geschlossenen geistigen -es (Thieß, Reich 25). **7.** (Math.) **a)** *die Menge aller durch drei Koordinaten beschreibbarer Punkte:* der dreidimensionale R.; **b)** *eine Menge von Elementen, von deren speziellen Eigenschaften bezüglich einer Verknüpfung bzw. Abbildung man absieht.*

raum-, Raum-: ~**akustik,** die: **1.** (Physik) *Teilgebiet der Akustik (1), das sich mit der Ausbreitung des Schalls in geschlossenen Räumen befaßt.* **2.** *Klangwirkung, akustische Verhältnisse in einem Raum;* ~**angabe,** die (Sprachw.): *Adverbialbestimmung des Ortes; lokale Umstandsbestimmung;* ~**anzug,** der: *Schutzanzug für Astronauten;* ~**aufteilung,** die: eine ungünstige R.; ~**ausstatter,** der: **1.** *jmd., der Teppich- u. Kunststoffböden verlegt, Wände verkleidet u. bespannt u. ä.* (Berufsbez.). **2.** *Geschäft für die Innenausstattung eines Raumes* (z. B. Gardinen, Teppichböden o. ä.); ~**beständigkeit,** die (Fachspr.): *Beständigkeit eines Werkstoffs bei räumlicher Ausdehnung durch Temperatureinwirkungen;* ~**bild,** das (Optik): *Bild, das bei der Betrachtung einen räumlichen Eindruck hervorruft,* dazu: ~**bildverfahren,** das (Optik): *Verfahren zur Herstellung von Raumbildern;* ~**deckung,** die (Ballspiele): *Deckung, bei der ein Spieler einen bestimmten Teil des Spielfeldes deckt;* ~**entweser,** der (selten): *jmd., der Räume entwest, der Schädlingsbekämpfung in Gebäuden durchführt,* dazu: ~**entwesung,** die (selten); ~**ersparend** ⟨Adj.; nicht adv.⟩ (selten): svw. ↑~sparend; ~**ersparnis,** die: wegen, zwecks R.; ~**fahrer,** der: svw. ↑Astronaut; ~**fahrt,** die: **1.** ⟨o. Pl.⟩ *Gesamtheit der wissenschaftlichen u. technischen Bestrebungen des Menschen, mit Hilfe von Flugkörpern in den Weltraum vorzudringen.* **2.** (seltener) svw. ↑~flug, zu 1: ~**fahrtbehörde,** die: *wissenschaftliche u. technische Organisation, die das Raumfahrtprogramm steuert,* ~**fahrtindustrie,** die, ~**fahrtmedizin,** die: *Teilgebiet der Medizin, das sich mit den Auswirkungen der Einflüsse des Weltraums auf den Organismus der Raumfahrer befaßt,* ~**fahrtprogramm,** das: *Gesamtheit aller Aufgabenstellungen aus der Raumfahrt u. der Raumforschung,* ~**fahrttechnik,** die, ~**fahrttechniker,** der, ~**fahrtunternehmen,** das; ~**fahrzeug,** das: *Flugkörper für längere bemannte Raumflüge;* ~**film,** der: vgl. ~bild; ~**flieger,** der (selten): svw. ↑~fahrer, ~**flug,** der: *Bewegung eines Flugkörpers auf einer bestimmten Bahn im Weltraum,* dazu: ~**flugkörper,** der: *Flugkörper für den Raumflug,* ~**flugmedizin,** die: svw. ↑~fahrtmedizin, ~**flugnavigation,** die; ~**forschung,** die ⟨o. Pl.⟩: **1. a)** *Erforschung des Weltraums;* **b)** *Forschung, die auf dem Gebiet der Raumfahrt betrieben wird.* **2.** svw. ↑Regionalforschung; ~**gefühl,** das ⟨o. Pl.⟩: Der abbildhafte Charakter wird zugunsten eines stimmungsmäßigen -es ... vernachlässigt (Bild. Kunst 3, 37); ~**gestalter,** der: *jmd., der sich mit der Gestaltung u. Ausgestaltung von Räumen befaßt* (Berufsbez.), dazu: ~**gestaltung,** die; ~**gewinn,** der (bes. Ballspiele): die vielen Querpässe brachten der Mannschaft keinen R.; ~**gitter,** das (Chemie): svw. ↑Kristallgitter; ~**greifend** ⟨Adj.; o. Steig.; meist attr.⟩ (bes. Ballspiele): *eine bestimmte Entfernung überbrückend:* -e Schritte; ~**inhalt,** der (bes. Math.): *Inhalt* (1 b) *eines dreidimensionalen Gebildes; Volumen; Kubikinhalt;* ~**kabine,** die: *für die Raumfahrer bestimmter [teilweise] abgeschlossener Teil eines Raumflugkörpers;* ~**kapsel,** die: **1.** *unbemannter, mit Instrumenten ausgestatteter kleiner Raumflugkörper.* **2.** *Raumflugkörper für Versuche mit Tieren.* **3.** *Kapsel, die als eigenständiger Teil eines größeren Raumflugkörpers zur Erde zurückkehrt u. mit Instrumenten u. Filmkassetten ausgestattet ist.* **4.** svw. ↑~kabine; ~**klang,** der: *durch Stereophonie ermöglichter räumlicher Klangeindruck;* ~**klima,** das: *das Zusammenwirken von Temperatur, Luftfeuchtigkeit o. ä. in einem geschlossenen Raum,* dazu: ~**klimatisch** ⟨Adj.; o. Steig.; nicht präd.⟩; ~**kunst,** die: *Kunst der Raumgestaltung;* ~**kurve,** die (Math.): *Kurve, deren Punkte im dreidimensionalen Raum liegen;* ~**labor,** das: *kleine Raumstation;* ~**ladung,** die (Physik): *auf einen bestimmten Raum verteilte elektrische Ladung;* ~**lehre,** die ⟨o. Pl.⟩ (selten): svw. ↑Geometrie; ~**los** ⟨Adj.; o. Steig.; nicht adv.⟩ (selten): *räumlich nicht begrenzt,* dazu: ~**losigkeit,** die; - (selten); ~**lufttemperatur,** die: *Temperatur der Luft in einem geschlossenen Raum;* ~**mangel,** der: svw. ↑Platzmangel; ~**maß,** das: svw. ↑Hohlmaß (a); *Kubikmaß;* ~**meter,** der od. das: *Raummaß für 1* m^3 *gestapeltes Holz (Baumstämme)* (Ggs.: Festmeter); Abk.: rm; ~**modell,** das (Kartographie): *Modell* (1 a α) *räumlicher Darstellung;* ~**not,** die: svw. ↑Platzmangel: unter R. leiden; ~**ordnung,** die (Amtsspr.): *zusammenfassende, übergeordnete, ordnende Planung, die über den kleinsten Verwaltungsbezirk hinausgeht,* dazu: ~**ordnungsplan,** der (Amtsspr.); ~**pendler,** der (Raumf.): *Orbiter, der zwischen einer Raumstation u. der Erde zum Zwecke der Versorgung die Verbindung aufrechterhält;* ~**pflegerin,** die: svw. ↑Putzfrau; ~**pilot,** der: svw. ↑~fahrer; ~**planung,** die (Amtsspr.): svw. ↑~ordnung; ~**programm,** das (Amtsspr.): *Programm für die Schaffung von Räumen* (1) *bei Schulneubauten u. a.;* ~**schiff,** das: *großes Raumfahrzeug;* ~**sinn,** der ⟨o. Pl.⟩: *Fähigkeit, sich den Raum dreidimensional vorzustellen;* ~**sonde,** die: *unbemannter Flugkörper für wissenschaftliche Messungen im Weltraum;* ~**sparend** ⟨Adj.; nicht adv.⟩: eine -e Einteilung; ~**station,** die: *Raumflugkörper, der der Besatzung einen langfristigen Aufenthalt im Weltraum ermöglicht; Orbitalstation;* ~**teiler,** der: *Bestandteil der Einrichtung (z. B. Regal, Schrankwand, Vorhang o. ä.), mit dem ein Raum in mehrere [Wohn]bereiche eingeteilt wird;* ~**temperatur,** die; ~**tiefe,** die: *räumliche Tiefe;* ~**ton,** der: svw. ↑~klang; ~**transporter,** der: *Träger eines Raumflugkörpers, der zur Erde zurückgeführt u. dann erneut verwendet werden kann;* ~**verschwendung,** die; ~**verteilung,** die; ~**vorstellung,** die: *räumliche Vorstellung;* ~**wahrnehmung,** die: vgl. ~vorstellung; ~**winkel,** der (Math.): *Raum* (7 a), *der von den von einem Punkt S nach allen Punkten einer geschlossenen Kurve (z. B. Ellipse) ausgehenden Strahlen* (4) *begrenzt wird;* vgl. Steradiant; ~**wirkung,** die; ~**wirtschaftstheorie,** die ⟨o. Pl.⟩ (Wirtsch.): *Theorie vom Einfluß der räumlichen Verteilung der Bevölkerung auf Preise u. Einkommen;* ~**Zeit-Welt** (mit Bindestrichen), die ⟨o. Pl.⟩ (Physik): *vierdimensionaler Raum der Relativitätstheorie, der sich aus den Koordinaten des Raumes u. der Koordinate der Zeit zusammensetzt;* ~**zeitlich** ⟨Adj.; o. Steig.; nicht präd.⟩ (Physik): *in den Koordinaten des Raumes u. der Zeit angelegt od. wiedergegeben;* ~**zelle,** die (DDR Bauw.): *nach einem einheitlichen Schema vollständig vorgefertigter Teil eines Hauses* (z. B. Küche, Bad).

Räum-: ~**boot,** das: svw. ↑Minenräumboot; ~**fahrzeug,** das: *Fahrzeug, das Hindernisse (z. B. Schnee) von der Straße räumt;* ~**kolonne,** die, ~**kommando,** das: *Kommando* (3 a) *für Räumungsarbeiten;* ~**maschine,** die: vgl. ~fahrzeug.

Räumchen ['rɔymçən], das; -s, -: ↑Raum (1).

räumen ['rɔymən] ⟨sw. V.; hat⟩ [mhd. rūmen, ahd. rūm(m)an]: **1. a)** *etw. entfernen u. dadurch Raum schaffen:* etw. aus dem Weg r.; Sie wußten nun, für wen sie Minen räumten (Ott, Haie 337); Bücher vom Tisch r.; **b)** *etw. an einen bestimmten Platz bringen:* seinen Kram auf die Seite, die Wäsche in den Schrank r. **2.** *(einen Ort, einen Platz) [durch Wegschaffen der dort befindlichen Dinge] frei machen:* die Wohnung muß bis Ende des Monats geräumt sein; die Straßen ... mit vier hintereinander fahrenden Pflügen zu r. (Welt 24. 12. 65, 13); die Firma konnte während des Schlußverkaufs ihre Lager r.; die Unfallstelle ist geräumt; die meisten Felder sind bereits geräumt *(abgeerntet).* **3. a)** *(einen Ort, Platz) unter Zwang verlassen:* den Saal r.; die Stellungen mußten geräumt werden; vor dem Farbwechsel die Kreuzung r.; er muß seine Stellung als Generaldirektor r.; **b)** *[unter Anwendung von Gewalt] veranlassen, daß jmd. einen Ort od. Platz verläßt:* Bereitschaftspolizei räumte die Straße von zivilen Passanten (FAZ 27. 10. 61, 1). **4.** (landsch.) svw. ↑aufräumen (1 b); ⟨Abl.:⟩ **Räumer,** der; -s, - (selten): **a)** *jmd., der etw. aus-, weg-, umräumt; jmd., der in einem Räumkommando arbeitet;* **b)** svw. ↑Räumfahrzeug; **räumig** ['rɔymɪç] ⟨Adj.; nicht adv.⟩ (selten): svw. ↑geräumig; **räumlich** ['rɔymlɪç] ⟨Adj.; o. Steig.⟩: **1.** *auf den Raum bezogen, den Raum betreffend:* eine -e Trennung, Ausdehnung; r. beschränkt sein *(wenig [Wohn]raum haben).* **2.** *den Eindruck eines Raumes erwek-*

kend; in drei Dimensionen, Abmessungen: ein starkes -es Empfinden; -es *(plastisches)* Sehen; -es *(stereophonisches)* Hören; ⟨Abl.:⟩ **Räumlichkeit,** die; -, -en: **1.** ⟨meist Pl.⟩ *großer, meist mit einem od. mehreren anderen zusammengehörender Raum:* die -en eines Museums. **2.** ⟨o. Pl.⟩ (Kunstwiss.) *räumliche* (2) *Wirkung, Darstellung;* **Räumte** ['rɔymtə], die; -, -n [2: mniederd. rūmte] (Seemannsspr.): **1.** *verfügbarer [Schiffs]laderaum.* **2.** (veraltet) *die hohe, offene (raume) See;* **Räumung,** die; -, -en: *das Räumen* (2, 3).

Räumungs-: **~arbeiten** ⟨Pl.⟩: die R. sind auf diesem Streckenabschnitt abgeschlossen; **~ausverkauf,** der (Wirtsch.): svw. ↑~verkauf; **~frist,** die (jur.): *bestimmte Frist, die ein Mieter hat, bis er nach einer Kündigung die Wohnung räumen muß;* **~hieb,** der ⟨o. Pl.⟩ (Forstw.): *Hieb* (4), *bei dem Mutterbäume gefällt werden;* **~klage,** die (jur.): *Prozeß, den ein Vermieter führt, wenn ein Mieter nach der Kündigung nicht freiwillig auszieht;* **~schlag,** der: svw. ↑~hieb; **~termin,** der: *Termin der Räumung einer Wohnung nach Ablauf der Räumungsfrist;* **~verkauf,** der (Wirtsch.): *wegen Geschäftsaufgabe, Umbau o. ä. stattfindender [Aus]verkauf.*

raunen ['raunən] ⟨sw. V.; hat⟩ [mhd. rūnen, ahd. rūnēn, zu ↑Rune] (geh.): *leise, mit gedämpfter u. gesenkter Stimme, murmelnd [auf geheimnisvolle Weise] etw. sagen:* Jetzt raunt er: „Brav, Harras, brav.“ (Grass, Hundejahre 296); er raunte ihr Liebkosungen und Zärtlichkeiten ins Ohr; Man raunte daher im Volke, daß heute ... etwas geschehen werde (Thieß, Reich 514); ⟨auch unpers.:⟩ Viele Gespräche waren trotzdem unterwegs, es raunte auf den Leitungen (Gaiser, Jagd 114); Ü raunende Wälder.

Raunze ['rauntsə], die; -, -n [zu ↑raunzen (1)] (österr. ugs.): *wehleidige, weinerlich klagende Frau;* **raunzen** ['rauntsn] ⟨sw. V.; hat⟩ [mhd. nicht belegt, ahd. rūnezōn = murren]: **1.** (bayr., österr. ugs.) *weinerlich klagen; dauernd unzufrieden nörgeln.* **2.** (ugs.) svw. ↑[2]ranzen: „Reden Sie keinen Unfug!“ raunzte der lange Mensch (Martin, Henker 91); **Raunzer,** der; -s, - (bayr., österr. ugs.): *jmd., der raunzt* (1); **Raunzerei** [rauntsə'rai], die; -, -en: *[dauerndes] Raunzen* (1); **raunzig** ['rauntsɪç] ⟨Adj.⟩ (bayr., österr. ugs.): *zum Raunzen* (1) *neigend:* er ist ein -er Mensch.

Räupchen ['rɔypçən], das; -s, -: ↑Raupe (1); **Raupe** ['raupə], die; -, -n [spätmhd. rūpe, H. u.]: **1.** ⟨Vkl. Räupchen⟩ *kleine, langgestreckte, einem Wurm ähnliche Larve des Schmetterlings mit borstig behaartem, gegliedertem Körper, die sich auf mehreren kleinen Beinpaaren kriechend fortbewegt u. sich von Blättern ernährt;* ***-n im Kopf haben** (ugs.; *seltsame Einfälle haben*); **jmdm. -n in den Kopf setzen** (ugs.; ↑Floh 1). **2. a)** kurz für ↑Planierraupe; **b)** svw. ↑Raupenkette. **3.** *aus Metallfäden geflochtenes Achselstück an Uniformen bestimmter Armeen;* **raupen** ⟨sw. V.; hat⟩ (veraltet, noch landsch.): *von Raupen* (1) *befreien.*

raupen-, Raupen-: **~ähnlich** ⟨Adj.; o. Steig.⟩: svw. ↑~artig; **~artig** ⟨Adj.; o. Steig.⟩: **a)** ⟨nicht adv.⟩ *mit den Raupen* (1) *verwandt;* **b)** *wie eine Raupe* (1) *[aussehend];* **~bagger,** der: vgl. ~fahrzeug; **~fahrzeug,** das: *Fahrzeug, dessen Räder sich auf einem endlosen Band von flachen, metallenen Kettengliedern bewegen;* **~fliege,** die: *Fliege, deren Larven als Parasiten vor allem in Raupen* (1) *leben;* **~fraß,** der: das Salatfeld wurde durch R. vernichtet; **~kette,** die: *endloses Band aus flachen, metallenen Kettengliedern (für Raupenfahrzeuge);* **~leim,** der: *klebrige Masse zum Bestreichen von Leimringen bes. gegen Raupen;* **~nest,** das: *mehreren Raupen u. a. zum Überwintern dienende, zusammengesponnene Blätter;* **~schlepper,** der: vgl. ~fahrzeug.

raus [raus] ⟨Adv.⟩ (ugs.): **1.** svw. ↑heraus: r. *(komm heraus)* mit der Sprache!; nichts wie r. aus den nassen Kleidern. **2.** svw. ↑hinaus: r. aufs Meer.

raus-, Raus- (ugs.): **~ekeln** ⟨sw. V.; hat⟩: svw. ↑~graulen; **~feuern** ⟨sw. V.; hat⟩: svw. ↑hinausfeuern (1, 2); **~fliegen** ⟨st. V.; ist⟩: **1.** svw. ↑herausfliegen (1, 3). **2.** svw. ↑hinausfliegen (1, 3, 4). **3.** *hinausgeworfen* (3) *werden;* **~futtern** ⟨sw. V.; hat⟩: **1.** svw. ↑auffüttern (b). **2.** ⟨r. + sich⟩ svw. ↑herausfressen (2); **~gehen:** **1.** svw. ↑herausgehen (1, 2). **2.** svw. ↑hinausgehen (1–3); **~graulen** ⟨sw. V.; hat⟩: svw. ↑hinausgraulen; **~halten** ⟨st. V.; hat⟩: **1.** svw. ↑heraushalten (1, 2). **2.** svw. ↑hinaushalten; **~knobeln** ⟨sw. V.; hat⟩: *durch intensives Nachdenken herausfinden;* **~kommen** ⟨st. V.; ist⟩: **1.** svw. ↑herauskommen (1–4, 5 a, 6–8). **2.** svw. ↑hinauskommen (1, 3, 4); **~kriegen** ⟨sw. V.; hat⟩: svw. ↑herauskriegen (1–4); **~rücken** ⟨sw. V.; hat/ist⟩: **1.** svw. ↑herausrücken (1, 2). **2.** svw. ↑hinausrücken (1 a, 2 a, c); **~schmeißen** ⟨st. V.; hat⟩: **1.** svw. ↑herauswerfen (1). **2.** svw. ↑hinauswerfen (1 a, 2, 3); **~schmeißer,** der: **1.** *jmd., der in einem Lokal unerwünschte Gäste dazu bringt, daß sie gehen.* **2.** *letzter Tanz (eines Balles o. ä.);* **~schmiß,** der: *das Hinauswerfen* (3 b, c); **~schmuggeln** ⟨sw. V.; hat⟩: svw. ↑heraus-, hinausschmuggeln; **~werfen** ⟨st. V.; hat⟩: **1.** svw. ↑herauswerfen (1). **2.** svw. ↑hinauswerfen (1 a, 2, 3).

Rausch [rauʃ], der; -[e]s, Räusche ['rɔyʃə; mhd. rūsch = das Rauschen, rückgeb. aus ↑rauschen]: **1.** ⟨Vkl. Räuschchen⟩ *durch Genuß von zuviel Alkohol, von Drogen o. ä. hervorgerufener Zustand, in dem der bewußte Bezug zur Umwelt [teilweise] fehlt u. eine mehr od. weniger starke Verwirrung der Gedanken u. Gefühle eintritt:* einen leichten, ordentlichen R. haben; sich einen R. antrinken; sich einen R. kaufen (salopp; *sich vorsätzlich betrinken*); seinen R. ausschlafen; aus einem R. aufwachen; in seinem R. wußte er nicht, was er sagte. **2.** *durch ein erregendes Erlebnis hervorgerufener übersteigerter Gefühlszustand, in dem die Kontrolle des normalen Bewußtseins ausgeschaltet ist:* ein blinder R. der Leidenschaft; im R. des Erfolgs, des Sieges; in einen wilden R. versetzen.

rausch-, Rausch-: **~arm** ⟨Adj.⟩ (Technik): *kein starkes Rauschen erzeugend;* **~beere,** die [2: der Genuß dieser Beeren ruft angeblich Rauschzustände hervor; viell. aber auch zu lat. rūscus, ↑Almrausch]: **1.** *hoher, im Hochmoor od. im Gebirge wachsender Strauch mit länglichen Blättern u. schwarzblauen, süßlich schmeckenden Beeren.* **2.** *Frucht der Rauschbeere* (1); **~brand,** der [man glaubte, die Krankheit werde durch Rauschbeeren hervorgerufen]: *bei Rindern u. Schafen bes. auf sumpfigen Gebirgsweiden auftretende, mit Fieber, Schüttelfrost u. ödemartigen Schwellungen einhergehende, meist tödlich verlaufende Infektionskrankheit;* **~gelb,** das [1. Bestandteil wohl zu ital. rosso = rot, nach der rotgelben Färbung]: *durch Verwitterung von Realgar entstehendes, gelbes, durchscheinendes Mineral;* **~gift,** das: *Mittel, das einen Rausch erzeugt, Schmerzen u. Unlustgefühle unterdrückt, eine Euphorie od. Halluzinationen hervorruft,* dazu: **~gifthandel,** der, **~gifthändler,** der, **~giftsucht,** die ⟨o. Pl.⟩, dazu: **~giftsüchtig** ⟨Adj.; o. Steig.; nicht adv.⟩; **~gold,** das [zu ↑rauschen in der Bed. „ein Geräusch machen wie vom Wind bewegte Blätter“]: *sehr dünn gewalztes u. gehämmertes Messingblech; Knistergold,* dazu: **~goldengel,** der; **~mittel,** das: svw. ↑~gift; **~narkose,** die (Med.): *kurze, leichte Narkose;* **~rot,** das [zum 1. Bestandteil vgl. ~gelb] (Mineral.): *Realgar;* **~silber,** das [vgl. ~gold]: *sehr dünn gewalztes Blech aus Neusilber;* **~tat,** die (jur.): *im Rausch* (1) *begangene Straftat;* **~zeit,** die [zu ↑rauschen (4)] (Jägerspr.): *Brunstzeit des Schwarzwildes;* **~zustand,** der.

Räuschchen ['rɔyʃçən], das; -s, -: ↑Rausch (1); **Rauschebart** ['rauʃə-], der; -[e]s, ...bärte (scherzh.): **1.** *Vollbart.* **2.** *Mann mit Vollbart;* **rauschen** ['rauʃn] ⟨sw. V.⟩ [mhd. rūschen, wohl lautm.; 4: wohl Nebenf. von veraltet gleichbed. reischen, vermutlich zu ↑[3]reihen]: **1.** *ein gleichmäßig anhaltendes, stärkeres od. schwächeres dumpfes Geräusch hören lassen (wie das Laub von Bäumen, wenn es sich im Wind stark bewegt* ⟨hat⟩: das Meer, der Wald, der Bach rauscht; die Bäume, die Blätter rauschen im Wind; der Wind rauscht in den Zweigen; ich hörte das Wasser [im Bad] r.; die Seide ihres Kleides rauschte; ⟨auch unpers.:⟩ es rauschte ... in den Muscheln der Fernsprecher (Gaiser, Jagd 88); Ü rauschenden *(starken)* Beifall haben; sie gaben rauschende *(prunkvolle)* Feste; ⟨subst.:⟩ das Rauschen des Regens, der Brandung. **2.** *sich irgendwohin bewegen u. dabei ein Rauschen* (1) *verursachen* ⟨ist⟩: das Boot rauscht durch das Wasser; steige ich auf meine Maschine, rausche ... durch das Land (Kant, Impressum 454); das Wasser rauscht *(fließt mit lautem Geräusch)* in die Wanne; der Ball rauschte (Ballspiele Jargon; *flog mit Wucht*) ins Tor. **3.** *(von Frauen) sich rasch mit auffälligem Gehabe irgendwohin begeben* ⟨ist⟩: erhobenen Hauptes rauschte sie aus dem, durch den Saal. **4.** (Jägerspr.) *(vom Schwarzwild) brünstig sein;* **Rauscher,** der, -s, - [zu ↑Rausch (1)] (landsch.): svw. ↑Federweiße; **rauschhaft** ⟨Adj.; -er, -este⟩: *in der Art eines Rausches; wie ein Rausch;* **rauschig** ⟨Adj.; nicht adv.⟩ (landsch.): *einen [leichten] Rausch* (1) *habend.*

Räusperer ['rɔyspərɐ], der; -s, - (ugs.): *kurzes Räuspern;* **räuspern** ['rɔyspɐn], sich ⟨sw. V.; hat⟩ [mhd. riuspern, eigtl. = (im Halse) kratzen]: *mit rauhem, krächzendem Laut Schleim aus der Kehle zu bringen, die Stimme von einem Belag zu befreien suchen:* sich laut, verlegen, nervös r.; ich räusperte mich einige Male, bevor ich zu sprechen begann; ⟨subst.:⟩ ein lautes Räuspern unterbrach seine Rede; Ü er wird sich schon r. (ugs.; *sich bemerkbar machen*), wenn er andere Pläne hat.

[1]**Raute** ['raʊtə], die; -, -n [mhd. rūte, ahd. rūta < lat. rūta]: *Kraut od. strauchartige Pflanze mit Öldrüsen enthaltenden Blättern u. gelben od. grünlichen Blüten.*

[2]**Raute** [-], die; -, -n [mhd. rūte, H. u.] (Geom.): *Rhombus.*

[1]**Rauten-** (↑[1]Raute); **~gewächs,** das: [1]*Raute;* **~kranz,** der (Her.): *grüner, mit Rautenblättern besetzter Schrägbalken in einem Wappen;* **~öl,** das: *Öl aus den Blättern der* [1]*Raute.*

rauten-, [2]**Rauten-** ([2]Raute): **~bauer, ~bube,** der (landsch.): *Karobube;* **~fläche,** die (Geom.): **1.** *Fläche einer* [2]*Raute.* **2.** *aus mehreren* [2]*Rauten konstruierte Fläche;* **~förmig** ⟨Adj.; o. Steig.; nicht adv.⟩: *die Form einer* [2]*Raute habend; in der Form einer* [2]*Raute;* **~grube,** die (Anat.): *rautenförmige Höhlung im Gehirn, in der die meisten Hirnnerven entspringen;* **~muster,** das: *Strickmuster in Form von* [2]*Rauten.*

Ravioli [ra'vjo:li] ⟨Pl.⟩ [ital. ravioli (mundartl. rabiole), eigtl. = kleine Rüben, zu lat. rāpa = Rübe] (Kochk.): *mit kleingehacktem Fleisch od. Gemüse gefüllte kleine Taschen aus Nudelteig als Suppeneinlage od. in Salzwasser gegart (mit Tomatensauce).*

ravvivando [ravi'vando] ⟨Adj.⟩ [ital. ravvivando, zu: ravvivare = wiederbeleben] (Musik): *wieder schneller werdend.*

Rayé [rɛ'je:], der; -[s], -s [frz. rayé = gestreift, 2. Part. von: rayer = mit Streifen versehen, wohl aus dem Germ.]: *Gewebe mit feinen Längsstreifen.*

Raygras: ↑Raigras.

Rayon [rɛ'jõ:, österr. meist: ra'jo:n], der; -s, -s, österr. auch: -e [frz. rayon, eigtl. = Honigwabe, zu afrz. ree, aus dem Germ.]: **1.** *Abteilung eines Warenhauses.* **2.** (österr., schweiz., sonst veraltet) *[Dienst]bezirk, für den jmd. zuständig ist:* Dabei gibt es in diesem Wirtshaus gar keine fixen -e (Zenker, Froschfest 162); ⟨Zus. zu 1:⟩ **Rayonchef,** der: *Abteilungsleiter in einem Warenhaus;* ⟨Abl.:⟩ **rayonieren** [rɛjo'ni:rən, österr.: rajo'ni:rən] ⟨sw. V.; hat⟩ (österr., sonst veraltet): *in [Dienst]bezirke einteilen; nach Bezirken zuteilen:* Zuweisung rayonierter Lebensmittel (Kraus, Tage 43); **Rayonsgrenze,** die; -, -n (österr.): *Grenze eines Dienstbereichs, -bezirks;* **Rayonsinspektor,** der; -s, -en (österr.): *für einen bestimmten Dienstbezirk verantwortlicher Polizist.*

Razemat [ratse'ma:t], (chem. fachspr.:) Racemat, das; -[e]s, -e [zu lat. racēmus = Traube; das Gemisch wurde zuerst in der Traubensäure entdeckt] (Chemie): *zu gleichen Teilen aus rechts- u. linksdrehenden Molekülen einer optisch aktiven Substanz bestehendes Gemisch, das nach außen keine optische Aktivität zeigt;* **razemisch** [ra'tse:mɪʃ], (chem. fachspr.:) racemisch ⟨Adj.; o. Steig.⟩ (Chemie): *die Eigenschaften eines Razemats aufweisend;* **razemos** [ratse'mo:s], **razemös** [...'mø:s] ⟨Adj.; o. Steig.⟩ [lat. racēmōsus] (Bot.): *traubenförmig:* -e Blüten, Verzweigungen.

Razzia ['ratsi̯a], die; -, ...ien [...i̯ən], selten: -s [frz. razzia < arab. (algerisch) ġāziya, zu arab. ġazwa = Kriegszug]: **1.** *großangelegte überraschende Fahndungsaktion der Polizei in einem bestimmten Bezirk:* eine R. veranstalten, durchführen; [eine] R. machen. **2.** *Gruppe von Polizisten, die eine Razzia* (1) *macht:* kommt mal früh morgens so 'ne R., und schon ist man weg (Aberle, Stehkneipen 60).

re [re:; ital. re, ↑Solmisation]: *Silbe, auf die beim Solmisieren der Ton d gesungen wird.*

Re [-], das; -s, -s [wohl gekürzt aus älter Rekontra, ↑re-, Re- u. ↑Kontra] (Skat): *Erwiderung des Spielers auf ein Kontra, nach der das Spiel vierfach gezählt wird:* Re bieten.

re-, Re- [re-; lat. re-, Präfix mit der Bed. „zurück, wieder; entgegen"; auch verstärkend] ⟨Best. von Zus. mit der Bed.⟩: *zurück; wieder* (z. B. reagieren, Regeneration).

Reader ['ri:dɐ], der; -s, - [engl. reader, zu: to read = lesen]: *[Lese]buch mit Auszügen aus der [wissenschaftlichen] Literatur u. verbindenden Texten.*

Ready-made ['rɛdɪmeɪd], das; -, -s [engl. ready-made, eigtl. = (gebrauchs)fertig Gemachtes] (Kunstwiss.): *alltäglicher Gegenstand, der als Kunstwerk ausgestellt wird.*

Reafferenz [reafe'rɛnts], die; - [zu ↑re-, Re- u. ↑afferent] (Med., Biol.): *über die Nervenbahnen erfolgende Rückmeldung über eine ausgeführte Bewegung;* ⟨Zus.:⟩ **Reafferenzprinzip,** das ⟨o. Pl.⟩ (Biol.): *Prinzip des tierischen Orientierungsverhaltens zur Kontrolle von Bewegungsabläufen durch ständige Reafferenz.*

Reagens, das; -, ...genzien, **Reagenz** [rea'gɛnts], das; -es, -ien [...tsi̯ən; zu ↑reagieren] (Chemie): *Stoff, der chemische Reaktionen bewirkt u. dadurch zum Nachweis von Elementen u. Verbindungen dient;* ⟨Zus.:⟩ **Reagenzglas,** das: *kleines zylindrisches Glas mit abgerundetem Boden; Probierglas;* **Reagenzpapier,** das: svw. ↑Indikatorpapier; **reagibel** [rea'gi:bl̩] ⟨Adj.; ...bler, -ste⟩ (bildungsspr.): *rasch u. sensibel reagierend;* ⟨Abl.:⟩ **Reagibilität** [reagibili'tɛ:t], die; - (bildungsspr.): *Eigenschaft, Fähigkeit, sehr rasch u. sensibel zu reagieren;* **reagieren** ⟨sw. V.; hat⟩: **1.** *auf etw. (bes. einen bestimmten Reiz) in irgendeiner Weise eine Wirkung zeigen, ansprechen:* [auf etw.] falsch, prompt, heftig, (salopp:) sauer r.; er konnte nicht schnell genug r.; jeder Organismus reagiert anders [auf dieses Medikament]; Wie viele hilflose Frauen ... reagierte sie durch Krankheit (Hasenclever, Die Rechtlosen 452). **2.** (Chemie) *eine chemische Reaktion eingehen; auf etw. einwirken:* die Lauge reagiert basisch; Sauerstoff reagiert mit verschiedenen Elementen; **Reaktanz** [reak'tants], die; -, -en (Elektrot.): *Widerstand des Wechselstroms, der nur durch induktiven u. kapazitativen Widerstand bewirkt wird;* **Reaktion,** die; -, -en [3: nach frz. réaction]: **1.** *das Zeigen irgendeiner Wirkung auf etw., bes. auf einen Reiz:* eine spontane, unerwartete, negative R.; seelische -en; seine erste R. war Verblüffung; eine R. auslösen, beobachten; keine R. zeigen. **2.** (Chemie) *Umwandlung chemischer Elemente od. Verbindungen in andere Verbindungen od. Elemente mit völlig neuer Zusammensetzung u. völlig anderen Eigenschaften:* eine [chemische] R. findet statt. **3.** ⟨o. Pl.⟩ (abwertend) **a)** *Versuch, überholte gesellschaftliche Verhältnisse gegen Änderungsabsichten (reformerischer od. revolutionärer Art) zu verteidigen;* **b)** *Gesamtheit aller fortschrittsfeindlichen politischen Kräfte:* die Fronten der R.; **reaktionär** [...'nɛ:ɐ̯] ⟨Adj.⟩ [frz. réactionnaire, zu: réaction, ↑Reaktion (3)] (abwertend): *[politisch] nicht fortschrittlich; überwundene, nicht mehr zeitgemäße [politische] Verhältnisse anstrebend:* -e Ziele verfolgen; als r. gelten; **Reaktionär** [-], der; -s, -e [frz. réactionnaire] (abwertend): *jmd., der reaktionäre Ziele verfolgt.*

reaktions-, Reaktions-: **~fähig** ⟨Adj.; nicht adv.⟩: **1.** *fähig zu reagieren* (1): durch den Alkoholgenuß war er nicht mehr r. **2.** (Chemie) *fähig, eine Reaktion* (2) *einzugehen:* -e Elemente, dazu: **~fähigkeit,** die ⟨o. Pl.⟩; **~geschwindigkeit,** die: *Geschwindigkeit, mit der sich ein chemischer Vorgang vollzieht;* **~motor,** der: *eine Art Elektromotor;* **~norm,** die: *meist genetisch festgelegte Art u. Weise, wie ein Organismus auf Reize der Umwelt reagiert;* **~psychose,** die (Psych.): *schwere seelische Störung, die durch bestimmte Umwelteinflüsse (z. B. Gefangenschaft, große Enttäuschung) hervorgerufen wird;* **~schnell** ⟨Adj.⟩: *ein gutes Reaktionsvermögen besitzend; schnell reagierend,* dazu: **~schnelligkeit,** die; **~träg[e]** ⟨Adj.; o. Steig.⟩ (Chemie): *(von Elementen u. Verbindungen) sich an gewissen chemischen Vorgängen nicht beteiligend;* **~turbine,** die (Technik): *Turbine, bei der nur ein Teil der Energie des Arbeitsmediums im Leitrad (Düse), der Rest im nachfolgenden Laufrad in Bewegungsenergie umgesetzt wird;* vgl. Aktionsturbine; **~vermögen,** das: der Genuß von Alkohol schränkt das R. stark ein; **~wärme,** die (Chemie): *Wärme, die bei einer chemischen Reaktion frei wird od. gebraucht wird;* **~zeit,** die (Physiol.): svw. ↑Latenz (2).

reaktiv ⟨Adj.; o. Steig.⟩: **1.** (Psych.) *als Reaktion auf einen Reiz auftretend; rückwirkend:* -e Abwehrhandlungen; Der intensiveren Liebe der Mutter zum Sohn als zur Tochter entspricht primär und r. eine größere Liebe des Sohnes zur Mutter (Graber, Psychologie 33). **2.** (Chemie) *reaktionsfähig* (2); **reaktivieren** ⟨sw. V.; hat⟩ [frz. réactiver, aus: ré- = (< lat. re-, ↑re-, Re-) u. activer = aktivieren]: **1. a)** *jmdn., der bereits im Ruhestand ist, wieder anstellen, in Dienst nehmen:* ein reaktivierter Polizeirat (Kant, Impressum 74); **b)** *wieder in Tätigkeit setzen, in Gebrauch nehmen, wirksam machen:* Sturges reaktivierte vergessene Techniken des Filmlustspiels (Gregor, Film 99). **2.** (Chemie) *chemisch wieder wirksam machen.* **3.** (Med.) *die normale Funktion eines Körperteils, der vorübergehend ruhiggestellt werden mußte, wiederherstellen;* ⟨Abl.:⟩ **Reaktivierung,** die; -, -en; **Reaktivität,** die; -: **1.** (Psych.) *das Reaktivsein* (1). **2.** (Kernphysik) *Maß für die Abweichung eines Kernreaktors vom kritischen Zustand;* **Reaktor** [re'aktɔr, auch: ...to:ɐ̯], der; -s, -en [...'to:rən; engl. reactor, zu: to react = reagieren] (Physik): **1.** *Kernreaktor.* **2.** *Vorrichtung, in der eine physikalische od. chemische Reaktion abläuft.*

Reaktor- (Reaktor 1; Kernphysik): **~gift,** das: *Substanz, die während des Betriebs eines Reaktors entsteht u. Neutronen in hoher Zahl absorbiert;* **~kern,** der: svw. ↑Core; **~physik,** die: *Teilgebiet der Kernphysik, das die Vorgänge in Reaktoren behandelt;* **~technik,** die: *Teilbereich der Technik, der sich mit den technischen Problemen in Reaktoren befaßt.*

real [re'a:l] ⟨Adj.; o. Steig.⟩ [spätlat. reālis = sachlich, wesentlich, zu lat. rēs = Sache, Ding]: **1.** (bildungsspr.) *in der Wirklichkeit, nicht nur in der Vorstellung so vorhanden; der Wirklichkeit, nicht nur einer Idee entsprechend; gegenständlich* (Ggs.: ideal 2): -e Werte; die -e Welt; -e Grundlagen; Diese Erkenntnis, r. erlebt (Nigg, Wiederkehr 23). **2.** (bildungsspr.) *mit der Wirklichkeit in Zusammenhang stehend; realitätsbezogen* (Ggs.: irreal): -e Vorstellungen; ein -es Verhältnis zur Macht haben; ein r. denkender Politiker. **3.** (Wirtsch.) *unter dem Aspekt der Kaufkraft, nicht zahlenmäßig, nicht dem Nennwert nach* (Ggs.: nominal 2): die -en Einkommen der Arbeitnehmer.

¹Real [re'a:l], das; -[e]s, -e (landsch.): svw. ↑¹Regal.

²Real [-], der; -s, (span.:) -es u. (port.:) Reis [rai̯s; span., port. real, unter Einfluß von span. rey, port. rei = König zu lat. rēgālis = königlich, zu: rēx, ↑¹Rex]: *alte spanische u. portugiesische Münze.*

real-, Real-: **~akt,** der: **1.** (jur.) *rein tatsächliche, nicht rechtsgeschäftliche Handlung, die lediglich auf einen äußeren Erfolg gerichtet ist, an den jedoch vom Gesetz Rechtsfolgen geknüpft sind* (z. B. der Erwerb eines Besitzes). **2.** (österr. Amtsspr.) *gerichtliche Handlung, die ein Grundstück betrifft;* **~aufnahme,** die (Film): *Aufnahme vom Bewegungsablauf eines Menschen, eines Tieres, eines Gegenstandes;* **~büro,** das (österr.): *Büro einer Immobilienvermittlung;* **~definition,** die (Philos.): *Definition des Wesens einer Sache* (Ggs.: Nominaldefinition); **~einkommen,** das (Wirtsch.): *(in Form einer bestimmten Summe angegebenes) Einkommen unter dem Aspekt der Kaufkraft* (Ggs.: Nominaleinkommen); **~enzyklopädie,** die: svw. ↑~lexikon; **~gymnasium,** das (früher): *höhere Schule mit besonderer Betonung der Naturwissenschaften u. der modernen Sprachen; neusprachliches Gymnasium;* **~index,** der (veraltet): *Verzeichnis der Sachwörter (bes. eines wissenschaftlichen Werkes);* **~injurie,** die (jur.): *Beleidigung durch Tätlichkeiten;* vgl. Verbalinjurie; **~kanzlei,** die (österr.): svw. ↑~büro; **~kapital,** das (Wirtsch.): *in einem Unternehmen tatsächlich eingesetztes Kapital; Sachkapital;* **~katalog,** der (Bibliothekswesen): *systematisch nach Sachgebieten geordnetes Verzeichnis von Büchern;* **~konkordanz,** die (Wissensch.): *auf bestimmte Sachgebiete bezogene Konkordanz* (1 a); **~konkurrenz,** die (jur.): svw. ↑Tatmehrheit; **~kontrakt,** der (jur.): *Vertrag, für dessen Zustandekommen außer der übereinstimmenden Willenserklärung der Vertragspartner noch eine tatsächliche Handlung erforderlich ist* (z. B. die Übergabe des Darlehens; Ggs.: Konsensualkontrakt); **~kredit,** der (Geldw.): *Kredit, bei dem der Schuldner mit Immobilien od. anderen Vermögenswerten für die Rückzahlung bürgt;* **~last,** die ⟨meist Pl.⟩ (Geldw.): *Belastung* (4) *eines Grundstücks, durch die der Berechtigte regelmäßig wiederkehrende Leistungen aus dem Grundstück bezieht;* **~lexikon,** das: *Lexikon, das die Sachbegriffe einer Wissenschaft od. eines Wissenschaftsgebietes behandelt; Sachwörterbuch, -lexikon;* **~lohn,** der (Wirtsch.): vgl. ~einkommen; **~obligation,** die (Geldw.): *durch reale Vermögenswerte gesicherte Schuldverschreibung* (z. B. Hypothekenpfandbrief); **~politik,** die: *Politik, die vom Möglichen ausgeht u. auf abstrakte Programme u. ideale Postulate verzichtet,* dazu: **~politiker,** der, **~politisch** ⟨Adj.; o. Steig.⟩; **~präsenz,** die (ev. Kirche): *(nach lutherischer Lehre) die wirkliche Gegenwart Christi in Brot u. Wein beim Abendmahl;* **~produkt,** das (Wirtsch.): *zu konstanten Preisen bewertetes Sozialprodukt;* **~recht,** das (jur.): *mit einem Grundstück verbundenes Recht zur Nutzung eines anderen Grundstücks* (z. B. Wegerecht); **~schule,** die: svw. ↑Mittelschule, dazu: **~schüler,** der, **~schullehrer,** der; **~steuer,** die (Steuerw.): *eine der Steuern, für deren Eintritt u. Umfang ein bestimmter Besitz u. gegebenenfalls dessen Ertrag ohne Berücksichtigung der persönlichen Verhältnisse des Eigentümers maßgebend sind;* **~teil,** der (Math.): *Teil einer komplexen Zahl od. Größe, der nicht das imaginäre Element als Faktor enthält;* **~union,** die (hist.): *Verbindung zweier staatsrechtlich selbständiger Staaten durch ein Staatsoberhaupt u. die [verfassungsrechtlich verankerte] Gemeinsamkeit staatlicher Institutionen;* vgl. Personalunion (2); **~vertrag,** der (jur.): svw. ↑~kontrakt; **~wert,** der: *tatsächlicher Wert;* **~wörterbuch,** das: svw. ↑~lexikon.

Realgar [real'ga:ɐ̯], der; -s, -e [frz. réalgar, wohl < span. rejalgar < arab. rahǧ al-ǧār]: *rötliches, glänzendes, durchscheinendes, arsenhaltiges Mineral; Rauschrot.*

Realien [re'a:li̯ən] ⟨Pl.⟩: **1.** *wirkliche Dinge, Tatsachen.* **2.** *Sachkenntnisse.* **3.** (veraltet) *Naturwissenschaften als Grundlage der Bildung u. als Lehr- u. Prüfungsfächer;* ⟨Zus.:⟩ **Realienbuch,** das (veraltet): *Schulbuch in dem bes. die Naturwissenschaften als Unterrichtsstoff behandelt sind.*

Realignment ['ri:ə'laɪnmənt], das; -s, -s [engl.-amerik. realignment, aus re- = wieder (< lat. re-, ↑re-, Re-) u. alignment = Anordnung] (Wirtsch.): *Neufestsetzung von Wechselkursen nach einer Zeit des Floatings.*

Realisation [realiza'tsi̯o:n], die; -, -en [frz. réalisation, zu: réaliser, ↑realisieren]: **1.** svw. ↑Realisierung. **2.** (Film, Ferns.) *Herstellung, Inszenierung eines Films od. einer Fernsehsendung;* **Realisator** [...'za:tɔr, auch: ...to:ɐ̯], der; -s, -en [...za'to:rən] (Film, Ferns.): *Hersteller, Autor, Regisseur eines Films od. einer Fernsehsendung;* **realisierbar** [...'zi:ɐ̯ba:ɐ̯] ⟨Adj.; o. Steig.; nicht adv.⟩: *sich realisieren* (1), *verwirklichen, in die Tat umsetzen lassend:* nicht -e Hoffnungen; dieses Projekt ist nicht r.; ⟨Abl.:⟩ **Realisierbarkeit,** die; -; **realisieren** [...'zi:rən] ⟨sw. V.; hat⟩ [1: frz. réaliser, zu: réel < spätlat. reālis, ↑real; 2: nach engl. to realize]: **1.** (bildungsspr.) **a)** *etw., wovon man eine genaue Vorstellung hat, einen [umfangreichen] Plan in die Tat umsetzen:* Ideen, Ziele, ein Programm r.; dieses Vorhaben ist technisch nicht zu r.; **b)** ⟨r. + sich⟩ *realisiert werden:* daß der ... Vaterlandsbegriff ... sich hier vorläufig realisierte zu einem Aufgeben der Persönlichkeit (Remarque, Westen 22). **2.** *klar erkennen, einsehen, begreifen, indem man sich die betreffende Sache bewußt macht:* ich kann das alles noch nicht recht r. (Dürrenmatt, Grieche 99). **3.** (Wirtsch.) *in Geld umsetzen, umwandeln:* Gewinne r.; daß jederzeit zum Nennwert realisiert werden kann (MM 18. 12. 1968, 14); ⟨Abl.:⟩ **Realisierung,** die; -, -en ⟨Pl. selten⟩: **1.** *das Realisieren* (1, 3). **2.** (Sprachw.) *Prozeß, durch den abstrakte, theoretisch konstruierte Einheiten des Sprachsystems in konkrete Äußerungen überführt werden;* **Realismus** [rea'lɪsmʊs], der; -, ...men: **1.** ⟨o. Pl.⟩ **a)** *wirklichkeitsnahe Einstellung; Wirklichkeitssinn:* Zu de Gaulles Lebzeiten ist mit solchem R. wohl kaum mehr zu rechnen (Dönhoff, Ära 125); **b)** (selten) *ungeschminkte Wirklichkeit; Realität:* der R. des Alltags. **2. a)** *mit der Wirklichkeit übereinstimmende, die Wirklichkeit nachahmende künstlerische Darstellung[sweise] in Literatur u. bildender Kunst:* den auch für die Wissenschaft brauchbaren R. der alten Kupferstecher (Ceram, Götter 94); Andere Realismen Arrabalscher Art hingegen ... hielt er den Bochumern lieber fern (Spiegel 9, 1968, 128); **b)** ⟨o. Pl.⟩ *Stilrichtung in Literatur u. bildender Kunst, die sich des Realismus* (2 a), *der wirklichkeitsgetreuen Darstellung bedient:* sozialistischer R. (*in der sowjetischen Kunst die wahrheitsgetreue historisch-konkrete Darstellung der Wirklichkeit in ihrer revolutionären Entwicklung, verbunden mit der Aufgabe der ideologischen Umformung u. Erziehung der Werktätigen im Geiste des Sozialismus;* russ. sozialistitscheski realism); **c)** *Periode des Realismus* (2 b), *bes. die der europäischen Literatur in der Zeit zwischen 1830 u. 1880.* **3.** ⟨o. Pl.⟩ (Philos.) *Denkrichtung, nach der eine unabhängig vom Bewußtsein existierende Wirklichkeit angenommen wird, zu deren Erkenntnis man durch Wahrnehmung u. Denken kommt* (Ggs.: Nominalismus 1): naiver R. (Philos.; *Auffassung, die die Dinge für so hält, wie sie wahrgenommen werden*); kritischer R. (Philos.: *Auffassung, nach der die Beziehung Erkenntnis–Wirklichkeit als problematisch gilt, da Gegenstände immer nur über ihre vorstellungsmäßigen Abbilder gegeben sind*); **Realist** [rea'lɪst], der; -en, -en: **1.** *jmd., der die Gegebenheiten des täglichen Lebens nüchtern u. sachlich betrachtet u. sich in seinem Handeln danach richtet* (Ggs.: Idealist 1): er ist [ein] R. **2.** *Vertreter des Realismus* (2): an seinen letzten Werken läßt sich deutlich die Wandlung vom Romantiker zum -en ablesen; **Realistik** [rea'lɪstɪk], die; -: *Bezug auf die Realität, bes. in der Darstellung bestimmter Verhältnisse; ungeschminkte Darstellung der Wirklichkeit:* krasse R.; Pläne, die ..., entbehren leider der R., die wir ihnen gern einräumen würden (Bundestag 188, 1968, 10179); **realistisch** ⟨Adj.⟩: **1. a)** *der Wirklichkeit entsprechend; lebensecht u. wirklichkeitsnah:*

eine -e Schilderung; etw. r. darstellen; **b)** *sachlich-nüchtern, ohne Illusion u. Gefühlsregung* (Ggs.: idealistisch 1): ein -er Mensch; eine -e Einschätzung der Möglichkeiten; eine Angelegenheit ganz r. betrachten. **2.** *den Realismus* (2) *betreffend, ihm entsprechend:* eine -ere Note des Landschaftsaquarells vertritt R. v. Alt (Bild. Kunst 3, 14); **Realität** [reali'tɛ:t], die; -, -en [frz. réalité < mlat. realitas]: **1.** ⟨o. Pl.⟩ *Wirklichkeit* (Ggs.: Irrealität): die R. sieht so aus, daß ...; seine Wunschbilder für R. zu halten (Dönhoff, Ära 131). **2.** ⟨o. Pl.⟩ *reale* (1) *Seinsweise* (Ggs.: Idealität): die R. der platonischen Ideen. **3.** *tatsächliche Gegebenheit, Tatsache:* etw. ist eine nicht zu leugnende, politische R.; Ist Gott eine R. ...? (K. Mann, Wendepunkt 73); die [wirtschaftlichen] -en sehen. **4.** ⟨Pl.⟩ (österr.) *Immobilien;* ⟨Zus. zu 3:⟩ **Realitätenhändler, Realitätenvermittler,** der (österr.): *Grundstücks-, Häuser-, Immobilienmakler.*

realitäts-, Realitäts- (Realität 1): **~anpassung,** die; **~bezogen** ⟨Adj.; o. Steig.⟩: *auf die Realität bezogen;* **~fern** ⟨Adj.⟩ (Ggs.: realitätsnah); **~gerecht** ⟨Adj.⟩: eine Aufgabe r. lösen; **~nah** ⟨Adj.⟩ (Ggs.: realitätsfern): -e Ansichten, Pläne; **~prinzip,** das (Psych.): *Prinzip des Verhaltens, bei dem der psychische Antrieb vom Streben nach einer Anpassung an die Erfordernisse der Umwelt bestimmt wird;* **~sinn,** der ⟨o. Pl.⟩: *Sinn für die Realität.*

realiter [re'a:litɐ] ⟨Adv.⟩ [spätlat. reāliter] (bildungsspr.): *in Wirklichkeit.*

reamateurisieren [re|amatøri'zi:rən] ⟨sw. V.; hat⟩ [zu ↑re-, Re- u. ↑Amateur] (Sport): *einen Berufssportler wieder zum Amateur machen;* ⟨Abl.:⟩ **Reamateurisierung,** die; -, -en.

Reanimation, die; -, -en [aus ↑re-, Re- u. lat. animātio, ↑Animation] (Med.): *Wiederbelebung erloschener Lebensfunktionen durch künstliche Beatmung, Herzmassage o. ä.*

Reanimations- (Med.): **~bett,** das; **~tisch,** der; **~zentrum,** das.

reanimieren ⟨sw. V.; hat⟩ (Med.): *wiederbeleben;* ⟨Abl.:⟩ **Reanimierung,** die; -, -en: svw. ↑Reanimation.

Reassekuranz, die; -, -en (veraltet, noch Fachspr.): *Rückversicherung.*

Reaumur ['re:omy:ɐ̯; nach dem frz. Physiker R. A. Ferchault de Réaumur (1683–1757)] (Physik): *Gradeinheit auf der Reaumurskala;* Zeichen: R; ⟨Zus.:⟩ **Reaumurskala,** die ⟨Pl. ungebr.⟩ (Physik): *Temperaturskala, bei der der Abstand zwischen dem Gefrierpunkt u. dem Siedepunkt des Wassers in 80 gleiche Teile unterteilt ist.*

Reb- (vgl. auch: Reben-): **~bau,** der ⟨o. Pl.⟩ (schweiz.): *Weinbau;* **~bauer,** der (schweiz.): *Weinbauer;* **~berg,** der (schweiz.): *Weinberg;* **~besitzer,** der (schweiz.): *Weinbergbesitzer;* **~fläche,** die (Weinbau): vgl. ~land; **~garten,** der (schweiz.): *Weingarten;* **~gebiet,** das (schweiz.): *Weinbaugebiet;* **~gelände,** das (schweiz.): vgl. ~land; **~gut,** das (schweiz.): *Weingut;* **~halde,** die (schweiz.): vgl. ~hang; **~hang,** der (schweiz.): vgl. ~land; **~huhn,** das: ↑Rebhuhn; **~land,** das ⟨o. Pl.⟩: *Land, auf dem Wein angebaut wird;* **~laub,** das (schweiz.): *Weinlaub;* **~laus,** die: *Blattlaus, die Blätter u. Wurzeln des Weinstocks befällt;* **~pfahl,** der (Weinbau): *Pfahl, der den hochrankenden Trieben der Weinrebe Halt geben soll;* **~schnitt,** der (Weinbau): *das Abschneiden der Nebentriebe (Geize);* **~schnur,** die: ↑Rebschnur; **~schule,** die (Weinbau): *Geländestück zum Anbau als Pflanzgut verwendbarer Weinreben;* **~sorte,** die: *Sorte der kultivierten Weinrebe;* **~stecher,** der: *Rebenstecher;* **~stekken,** der (Weinbau südd., schweiz.): svw. ↑~pfahl; **~stock,** der: *Weinstock.*

Rebbach: ↑Reibach.

Rebbe ['rɛbə], der; -[s], -s (jidd.): svw. ↑Rabbi.

rebbeln ['rɛbl̩n] ⟨sw. V.; hat⟩ (nordd.): svw. ↑rebeln (1).

Rebbes ['rɛbəs], der; - [jidd. rebbes < hebr. ribiyṯ (Pl.) = Zinsen] (ugs. veraltet): svw. ↑Reibach.

Rebe ['re:bə], die; -, -n [mhd. rebe, ahd. reba, H. u.]: **1.** *Weinrebe* (1, 2). **2.** (geh.) *Weinstock.*

Rebell [re'bɛl], der; -en, -en [frz. rebelle = Rebell; rebellisch < lat. rebellis, eigtl. = den Krieg erneuernd, zu: bellum = Krieg]: **1.** *jmd., der sich an einer Rebellion beteiligt; Aufständischer:* die -en haben den Fernsehsender besetzt. **2.** (bildungsspr.) *jmd., der sich auflehnt, widersetzt, aufbegehrt:* er ist von jung an ein R. gewesen; er gehört zu den -en innerhalb der Partei; **rebellieren** [rebɛ'li:rən] ⟨sw. V.; hat⟩ [(frz. rebeller <) lat. rebellāre]: **1.** *sich gegen einen bestehenden Zustand, bestehende Verhältnisse od. gegen jmdn. empören, um eine Änderung herbeizuführen; einen Aufstand machen:* ein Teil der Truppen rebellierte gegen den Diktator. **2.** (bildungsspr.) *sich auflehnen; aufbegehren:* die Gefangenen rebellierten gegen die unmenschliche Behandlung; wenn ich das verlange, rebellieren meine Töchter; Ü mein Magen rebelliert *(reagiert mit deutlichen Beschwerden, Störungen);* **Rebellin,** die; -, -nen: w. Form zu ↑Rebell; **Rebellion** [rebɛ'li̯o:n], die; -, -en [(frz. rebellion <) lat. rebellio]: **1.** *Aufstand, offene Auflehnung u. Gehorsamsverweigerung einer kleineren Gruppe:* eine bewaffnete R.; eine R. unterdrücken. **2.** (bildungsspr.) *Auflehnung, Aufbegehren:* die R. der Fanfani-Gruppe ... gegen den offiziellen Parteikandidaten (Welt 23. 1. 65, 4); **rebellisch** ⟨Adj.⟩: **1.** ⟨o. Steig.; nur attr.⟩ *rebellierend* (1), *aufständisch:* -e Truppen, Soldaten; -e *(meuternde)* Matrosen. **2.** *aufbegehrend, sich auflehnend; voller Auflehnung:* die -e Jugend; -e Ideen; er hat die ganze Mannschaft gegen den Trainer r. gemacht; still, du machst ja alle, das ganze Haus, die Gäste r.! *(schreckst sie auf u. versetzt sie in Unruhe);* die Zuschauer, die Gäste im Hotel, die Passagiere wurden allmählich r. *(empfanden etw. als unzumutbar u. gaben ihrer Empörung Ausdruck);* die Kinder wurden langsam r. *(verhielten sich nicht mehr still, wurden unruhig);* mein Magen, meine Galle wird r. *(reagiert mit deutlichen Beschwerden, Störungen).*

rebeln ['re:bl̩n] ⟨sw. V.; hat⟩ [wohl landsch. Nebenf. von ↑reiben]: **1.** (landsch., bes. südd.) *reiben, (mit den Fingern) zerreiben:* gerebelter Majoran. **2.** (südd., österr.) *abbeeren, [ab]zupfen:* Trauben [vom Weinstock] r.

Reben- (vgl. auch: Reb-): **~blatt,** das; **~blut,** das (dichter. veraltet): *[Rot]wein;* **~blüte,** die; **~hügel,** der: **1.** (geh.) *von Reben bedeckter Hügel.* **2.** (landsch.) *Weinberg;* **~laub,** das: *Weinlaub;* **~mehltau,** der (Bot.); **~saft,** der ⟨o. Pl.⟩ (geh., dichter. veraltet): *Wein;* **~stecher,** der: *kleiner Rüsselkäfer, der an Knospen u. Blättern von Weinreben u. verschiedenen Laubgehölzen frißt u. dessen Weibchen aus Blättern zigarrenförmige Wickel dreht, in die es seine Eier ablegt;* **~vered[e]lung,** die (Weinbau).

Rebhendl ['re:p-], das; -s, -[n]: österr. neben ↑Rebhuhn; **Rebhuhn** ['re:p-, auch: 'rɛp-], das; -[e]s, ...hühner [mhd., ahd. rephuon; 1. Bestandteil ein untergegangenes Farbadj. mit der Bed. „rotbraun, scheckig", also eigtl. = rotbraunes od. scheckiges Huhn]: *Feldhuhn mit dunkelbrauner Oberseite, rotbraunem Schwanz u. großem braunem Fleck auf der grauen Brust.*

Rebound [ri'bau̯nt], der; -s, -s [engl. rebound, eigtl. = Rückschlag, -stoß] (Basketball): **1.** *vom Brett od. Korbring abprallender Ball:* der Spieler konnte den R. im Nachsetzen verwandeln. **2.** *Kampf um den Rebound* (1): die Mannschaft war im R. sehr stark; **Rebounder** [...ndɐ], der; -s, - [engl.-amerik. rebounder] (Basketball): *Spieler, der um den Rebound* (1) *kämpft;* **Rebounding** [...ndɪŋ], das; -s, -s [engl.-amerik. rebounding] (Basketball): svw. ↑Rebound (2).

Rebschnur ['re:p-], die; -, ...schnüre [spätmhd., rēbsnuor, aus: rēb- (in Zus.) = Reep u. snuor = Schnur; tautologisch] (österr.): svw. ↑Reepschnur.

Rebus ['re:bʊs], der od. das; -, -se [frz. rébus (de Picardie) < lat. (dē) rēbus (quae geruntur) = (von) Sachen (die sich ereignen)]: svw. ↑Bilderrätsel (1).

Receiver [ri'si:vɐ], der; -s, - [engl. receiver, zu: to receive = empfangen, über das Afrz. < lat. recipere, ↑rezipieren]: (Rundfunkt.) *Kombination von Rundfunkempfänger u. Verstärker für Hi-Fi-Wiedergabe.*

Rechaud [re'ʃo:], der od. das; -s, -s [frz. réchaud, zu: réchauffer = (wieder) erwärmen, zu: ré- = wieder (< lat. re-, ↑re-, Re-) u. échauffer, ↑echauffieren]: **1.** (Gastr.) *Gerät mit Kerzen od. Spiritusbrenner, elektrisch beheizbare Platte auf einem kleinen Gestell zum Warmhalten von Speisen u. Getränken u. zum Anwärmen von Tellern (auf dem Tisch).* **2.** (südd., österr., schweiz.) *[Gas]kocher.*

rechen ['rɛçn̩] ⟨sw. V.; hat⟩ [mhd. rechen, ahd. (be)rehhan = zusammenscharren, kratzen] (regional, bes. südd. u. md.): *harken* (1); **Rechen** [-], der; -s, - [mhd. reche, ahd. rehho, zu ↑rechen]: **1.** (regional, bes. südd. u. md.) *Harke* (1). **2.** (landsch.) *Brett mit Kleiderhaken.* **3.** *gitterähnliche Vorrichtung in einem Bach, Fluß, die von Wasser mitgeführte Gegenstände auffangen u. zurückhalten soll.*

rechen-, Rechen- (rechnen 1 a; vgl. auch: Rechnungs-): **~anlage,** die: *datenverarbeitende Anlage, die u. a. zur Ausführung umfangreicher u. komplizierter Berechnungen dient;* **~art,** die: *Art des rechnerischen Operierens mit Zahlen* *nach den Gesetzen der Arithmetik;* **~aufgabe,** die: *Aufgabe zum Rechnen;* **~automat,** der: *Automat, der umfangreiche u. komplizierte Berechnungen ausführt;* **~brett,** das: *früher übliches, als Hilfsmittel beim Rechnen benutztes Brett mit bestimmter Einteilung, auf dem man durch Verschieben von Steinen Rechnungen ausführen konnte;* **~buch,** das (veraltend): *[Lehr- u.] Übungsbuch für das Rechnen;* **~exempel,** das: *etw. [beispielhaft] deutlich machende Rechenaufgabe u. deren Lösung;* **~fehler,** der: *Fehler beim Rechnen;* **~fertigkeit,** die ⟨o. Pl.⟩: *Fertigkeit im schnellen Ausrechnen von etw.;* **~gerät,** das: vgl. ~maschine (1, 2); **~geschwindigkeit,** die (Datenverarb.): *Geschwindigkeit, mit der ein automatisches Rechengerät Rechenoperationen* (1) *ausführt;* **~heft,** das: *Heft [mit kariertem Papier] für Rechenaufgaben;* **~kniff,** der: *beim [Kopf]rechnen angewandter Kniff* (3 a); **~kopfsäule,** die: *Zapfsäule, an deren Kopf der gemessene Durchfluß des Kraftstoffs u. der entsprechende automatisch berechnete Preis abgelesen werden kann;* **~kunst,** die; **~künstler,** der: *Künstler* (2) *im [Kopf]rechnen;* **~künstlerin,** die: w. Form zu ↑~künstler; **~lehrer,** der (veraltend): *Lehrer, der Rechnen unterrichtet;* **~lehrerin,** die: w. Form zu ↑~lehrer; **~maschine,** die: **1.** *Maschine (insbes. Tischgerät) zur Durchführung von Berechnungen* (1): eine mechanische, elektrische, elektronische R. **2.** *als Hilfsmittel beim Rechnen benutztes einfaches Gerät, das aus einem Rahmen mit hineingespannten dicken Drähten u. aufgereihten verschiebbaren Kugeln besteht;* **~meister,** der: **1.** *jmd., der hervorragend rechnen kann; Meister, Könner im Rechnen.* **2.** (veraltet) svw. ↑~lehrer; **~operation,** die: **1.** (Fachspr.) *beim Rechnen ausgeführte Operation; rechnerische Operation.* **2.** (Math.) svw. ↑~art; **~papier,** das: *kariertes Papier [zum Rechnen, zum Beschreiben mit Zahlen];* **~pfennig,** der (früher): *münzähnlich geprägte Marke, kleine Scheibe, die als Hilfsmittel zum Rechnen auf dem Rechenbrett od. als Spielgeld gebraucht wurde; Jeton* (c); **~scheibe,** die: *nach dem Prinzip des Rechenschiebers funktionierendes Rechengerät in Form einer kreisförmigen Scheibe mit konzentrisch angeordneten Skalen;* **~schieber,** der: *stabförmiges Rechengerät mit gegeneinander verschiebbaren, logarithmisch eingeteilten Skalen;* **~stab,** der: svw. ↑~schieber; **~stift,** der: *Schreibstift, den man beim Rechnen benutzt* (nur Ü): den R. ansetzen *(Berechnungen* (1) *anstellen);* Der R. *(die planende, kalkulierende Berechnung)* ist dann auch in der Forstwirtschaft nur allzu maßgebend (Mantel, Wald 108); **~stunde,** die: *Unterrichtsstunde, in der Rechnen gelehrt wird;* **~tafel,** die: **1.** *als Hilfsmittel beim Rechnen dienende Tafel mit den tabellarisch od. graphisch dargestellten Zahlenwerten einer od. mehrerer wichtiger Funktionen* (z. B. Logarithmentafel). **2.** svw. ↑~brett; **~technik,** die: **1.** (Math.) *Technik des Rechnens.* **2.** ⟨o. Pl.⟩ *Zweig der Technik, der sich mit den zum Rechnen benutzten Hilfsmitteln, Geräten, Anlagen, insbes. Datenverarbeitungsanlagen, befaßt;* **~technisch** ⟨Adj.; o. Steig.; nicht präd.⟩; **~unterricht,** der: *Unterricht im Rechnen;* **~verfahren,** das; **~werk,** das (Datenverarb.): *Teil einer Rechenanlage, die entsprechend den aus dem Leitwerk* (3) *übermittelten Befehlen bestimmte rechnerische Operationen usw. ausführt;* **~zentrum,** das: *mit großen Rechenanlagen u. a. ausgerüstete od. damit in Verbindung stehende zentrale Einrichtung zur Ausführung umfangreicher Berechnungen u. Bearbeitung anderer Aufgaben der Datenverarbeitung.*

Rechenei, Rechnei [rɛç(ə)'nai̯], die; -, -en (veraltet): *Rechnungsamt;* **rechenhaft** ⟨Adj.; -er, -este⟩ (selten): *auf planender, kalkulierender Berechnung beruhend, dazu gehörend:* eine -e Betriebsführung; ⟨Abl.:⟩ **Rechenhaftigkeit,** die; - (selten); **Rechenschaft,** die; - [spätmhd. (md.) rechinschaft = (Geld)berechnung, Rechnungsablegung]: *nähere Umstände od. Gründe betreffende pflichtgemäße Auskunft, die man jmdm. über etw. gibt, wofür man verantwortlich ist* (nur in Verbindung mit bestimmten Verben): [jmdm., sich über/(auch:) von etw.] R. geben: sie mußte ihm über ihr Handeln, über jede Stunde R. geben; er gab sich über den eigenen Zustand R.; [über/(auch:) von etw.] R. ablegen: sie mußte [vor ihm] über jeden Pfennig R. ablegen; [von jmdm.] R. über etw. verlangen/fordern: man verlangte von ihm R. über die Mißstände in der Wirtschaft; jmdm. [über etw.] R. schulden/schuldig sein: über mein Privatleben bin ich Ihnen keine R. schuldig!; jmdn. [für etw.] zur R. ziehen *(jmdn. [für etw.] zur Verantwortung ziehen);* sich der R. entziehen (geh.; *sich seiner Pflicht, Rechenschaft abzulegen, entziehen).*

rechenschafts-, Rechenschafts-: **~ablage,** die (schweiz., bes. Amtsspr.): svw. ↑~legung; **~bericht,** der: *Bericht, in dem Rechenschaft abgelegt wird:* der Vereinsvorsitzende gab einen R.; **~legung,** die; -: *das Rechenschaftablegen;* **~pflicht,** die ⟨o. Pl.⟩: *Pflicht zur Rechenschaftsablegung,* dazu: **~pflichtig** ⟨Adj.; o. Steig.; nicht adv.⟩.

Recherche [re'ʃɛrʃə], die; -, -n ⟨meist Pl.⟩ [frz. recherche, zu: rechercher, ↑recherchieren] (bildungsspr.): *Ermittlung, Nachforschung:* eingehende, sorgfältige -n waren nötig; die -n unserer Zeitung haben nichts ergeben, sind ergebnislos geblieben; über einen Fall, über jmdn. -n anstellen; die -n einstellen, aufgeben; **Rechercheur** [...'ʃøːɐ̯], der; -s, -e [mit französierender Endung geb. zu ↑recherchieren] (bildungsspr.): *jmd., der die [berufliche] Aufgabe hat zu recherchieren:* die -e eines berüchtigten Boulevardblattes; **recherchieren** [...'ʃiːrən] ⟨sw. V.; hat⟩ [frz. rechercher, eigtl. = noch einmal (auf)suchen, zu: re- (< lat. re-, ↑re-, Re-) u. chercher = suchen] (bildungsspr.): **a)** *Ermittlungen, Nachforschungen anstellen:* sorgfältig, gründlich r.; ein Reporterteam unserer Zeitung hat in diesem Fall erfolgreich, ergebnislos recherchiert; **b)** *durch Recherchen aufdecken, herausfinden, ermitteln:* einen Fall r.; die Hintergründe eines Falles r.; die Polizei recherchierte, daß ...

Recherl ['rɛçɐl], das; -s, -n, **Rechling** ['rɛçlɪŋ], der; -s, -e [mundartl. Nebenf. von ↑Rehling] (österr.): *Pfifferling.*

Rechnei: ↑Rechenei.

rechnen ['rɛçnən] ⟨sw. V.; hat⟩ [mhd. rech(en)en, ahd. rehhanōn, urspr. = ordnen]: **1. a)** *Zahlen[größen] verknüpfen u. nach Anwendung eines der Verknüpfungsart entsprechenden Verfahrens eine Zahl[engröße] od. Zahlenverbindung als jeweiliges Ergebnis der Verknüpfung ansetzen:* richtig, falsch, schriftlich, im Kopf r.; der Computer rechnet millionenmal schneller als ein Mensch; stundenlang an einer Aufgabe r.; auf der Tafel, mit dem Rechenschieber r.; mit/in großen Beträgen, mit Zahlen, mit Buchstaben r.; der Lehrer rechnet mit den Kindern *(übt mit den Kindern rechnen);* ⟨auch mit Akk.-Obj.:⟩ eine Aufgabe r. *(rechnend bearbeiten);* ⟨subst.:⟩ [das Fach] Rechnen unterrichten; wir haben heute Rechnen *(Rechenunterricht);* **b)** *rechnen* (1 a), *zählen, indem man von etw. ausgeht, etw. als etw. (als Einheit, Ausgangspunkt usw.) benutzt:* in Schillingen r.; nach Lichtjahren r.; wir rechnen von Christi Geburt an; vom ersten April an gerechnet, ist es jetzt drei Monate her; eins zum anderen r. *(addieren);* ⟨auch mit Akk.-Obj.:⟩ wir rechnen die Entfernung *(rechnen damit, messen sie)* nach/in Lichtjahren; **c)** (ugs.) *(auf Grund einer Berechnung) ansetzen; berechnen:* Sie haben zuviel gerechnet; den Fahrkilometer zu 80 Pfennig r. **2.** *[sparsam] haushalten, wirtschaften:* sie versteht, weiß zu r.; nicht [mehr ganz so] zu r. brauchen; mit jedem Pfennig r. müssen. **3. a)** *[rechnend] schätzen; veranschlagen:* wir rechnen pro Person drei Flaschen Bier; für den Rückweg müssen wir zwei Stunden r.; alles in allem gerechnet, hat die Sache uns 300 Mark gekostet; gut, hoch, rund, knapp gerechnet, braucht er für den Weg eine Stunde; **b)** *veranschlagen u. berücksichtigen:* Sie müssen auch den ideellen Wert r.!; ich rechne es mir zur Ehre (geh.: *rechne es mir als Ehre an);* **c)** *auf Grund bestimmter Überlegungen, Erwägungen annehmen; kalkulieren* (2 b): er hatte richtig gerechnet: der Vorstand stimmte zu; er ist ein klug rechnender Kopf *(abwägender, überlegender Mensch).* **4. a)** *jmdn., etw. zu jmdm., etw. zählen; einbeziehen:* es sind dreißig Gepäckstücke, die Handtaschen rechnen wir nicht/die Handtaschen nicht gerechnet; jmdn. zu seinen Freunden, zur Familie r.; jmdn. zu den Fachleuten/unter die Fachleute r.; du rechnest dich zur Elite; **b)** *zu jmdm., etw. zu zählen sein, zählen, gehören:* die Affen rechnen zu den Primaten; **c)** *als dazugehörend u. als wichtig in Betracht kommen, zu berücksichtigen sein; zählen:* die paar Schreib-Übungen ... rechnen kaum (K. Mann, Vulkan 399). **5. a)** *darauf vertrauen, daß jmd., von dem man für sich etw. erwartet, das Erwartete gegebenenfalls leistet; auf jmdn. etw. bauen, sich verlassen:* er ist ein Mensch, auf den man immer r. kann; auf die verbündeten Mächte/mit den verbündeten Mächten können wir im Ernstfall [nicht] r.; er rechnet auf meine/mit meiner Diskretion; **b)** *als möglich u. wahrscheinlich annehmen, in Betracht ziehen, daß jmd. kommt, etw. eintritt, erfolgt, vorhanden ist usw.:* mit jmds. Erscheinen, Hilfe, Sieg r.; mit Geld r.; er hatte mit einer Antwort nicht mehr gerechnet; mit einer guten Note r.; wir hatten mit mehr Besuchern/(seltener:) auf mehr Besucher gerechnet; man muß mit allem, mit dem Schlimmsten r.; aber wir hatten nicht mit seiner Maßlosigkeit gerechnet; ⟨Abl. zu 1 a:⟩ **Rechner,** der; -s, - [1: mhd. (md.) rechenēre]: **1.** *jmd., der in bestimmter Weise rechnet bzw. rechnen kann:* ein guter, schlechter R.; Ü ein nüchterner R. sein *(nüchtern kalkulieren).* **2.** *elektronisches Rechengerät od. elektronische Rechenanlage;* **Rechnerei** [rɛçnəˈrai̯], die; -, en (ugs., meist abwertend): **1.** ⟨o. Pl.⟩ *[dauerndes] Rechnen:* eine komplizierte R.; die ewige R. **2.** *umfangreiche [Be]rechnung;* **rechnergesteuert** ⟨Adj.; o. Steig.; nicht adv.⟩ (Elektronik): *durch Rechner* (2) *gesteuert:* -e Anlagen, Meßsysteme; **Rechnerin,** die; -, -nen: w. Form zu ↑Rechner (1); **rechnerisch** ⟨Adj.⟩: **1.** ⟨o. Steig.; nicht präd.⟩ **a)** *mit Hilfe des Rechnens* (1 a) *geschehend, vor sich gehend:* -e Kontrolle, Ermittlung; **b)** *(in Größe, Betrag usw.) durch Rechnen* (1 a) *zu ermitteln:* der -e Wert einer Sache; ... während der Sieger von 1960 ... Meter für Meter gewann und r. schon den ersten Platz hielt (Olymp. Spiele 1964, 24); **c)** *das Rechnen* (1 a) *betreffend:* eine -e Leistung; etw. ist r. falsch. **2.** (selten; abwertend) *berechnend:* etw. mutet nüchtern und r. an; **rechnerunterstützt** ⟨Adj.; o. Steig.; meist attr.⟩ (Fachspr.): *durch Rechner* (2) *unterstützt:* -e fachsprachliche Lexikographie; **Rechnung,** die; -, -en [mhd. rech(e)nunge]: **1.** *Berechnung, Ausrechnung:* eine einfache, schwierige R.; die R. stimmt, geht glatt auf; in der R. steckt ein Fehler; Ü meine R. *(Annahme)* stimmte [nicht]: ***jmds. R. geht [nicht] auf** *(stimmt [nicht] u. führt [nicht] zu dem erhofften Erfolg);* **[jmdm.] eine R. aufmachen** *(eine Kalkulation anstellen [aus der sich eine Forderung an jmdn. ergibt]);* vgl. Rechnung (4). **2.** ⟨o. Pl.⟩ *Berechnung von Soll u. Haben:* laufende R. (Wirtsch.; *Kontokorrent*); R. führen (Wirtsch.; *über Einnahmen u. Ausgaben Buch führen*). **3.** *schriftliche Aufstellung über verkaufte Waren od. erbrachte Dienstleistungen mit der Angabe des Preises, der dafür zu zahlen ist:* eine hohe, niedrige, große, kleine, (ugs.:) gepfefferte, (ugs.:) gesalzene R.; eine unbezahlte, offene R.; eine R. über 500 Mark; die R. beläuft sich auf, beträgt, macht 20 Mark; die R. ausschreiben, quittieren, begleichen, bezahlen; die -en *(Rechnungsbeträge)* kassieren; jmdm. über etw. eine R. ausstellen; jmdm. die R. präsentieren (nachdrücklich; *zur Bezahlung vorlegen*); etw. [mit] auf die R. setzen, schreiben; etw. kommt, geht auf jmds. R. *(ist von jmdm. zu bezahlen);* auf *(gegen)* R. arbeiten; (Wirtsch.:) der Versand erfolgt auf R. und Gefahr des Empfängers; etw. auf R. *(gegen Rechnung, nicht gegen bar)* bestellen, liefern; Waren für/auf R. eines Dritten *(im Auftrag eines anderen)* kaufen; für/auf eigene R. *(auf eigenes Risiko in bezug auf Gewinn u. Verlust)* arbeiten, wirtschaften; Ü die R. [für etw.] bezahlen müssen *(die unangenehmen Folgen eines Verhaltens tragen müssen);* ***jmdm. die R. [für etw.] präsentieren** *(jmdn. zum Ausgleich für etw. nachträglich mit bestimmten unangenehmen Forderungen konfrontieren);* **die R. ohne den Wirt machen** *(in einer Angelegenheit wegen des unvorhersehbaren Einflusses maßgebender Personen od. Umstände falsch kalkulieren u. einen Mißerfolg haben);* **[mit jmdm.] eine [alte] R. begleichen** (*[mit jmdm.] abrechnen* 3); **etw. kommt/geht auf jmds. R.** *(etw. ist jmdm. zuzuschreiben; jmd. ist für etw. verantwortlich zu machen);* **etw. auf seine R. nehmen** *(für [die Folgen von] etw. die Verantwortung übernehmen);* **auf seine**/(schweiz.:) **auf die R. kommen** (*auf seine Kosten kommen;* eigtl. = das bekommen, was man für sich ausgerechnet hat); **auf/für eigene R.** *(auf eigenes Risiko, in eigener Verantwortung, von sich aus);* **[jmdm.] etw. in R. stellen** *(berechnen, anrechnen).* **4.** *auf bestimmten Überlegungen beruhende Annahme; Berechnung, Überlegung od. Planung:* das ist eine einfache diplomatische R., die jeder Handelsattaché anstellen kann (Musil, Mann 808); [die] folgende R. aufmachen *(machen, anstellen):* ...; nach meiner R. müßte er zustimmen; etw. außer R. lassen *(außer acht, unberücksichtigt lassen; mit etw. nicht rechnen);* ***einer Sache R. tragen** (nachdrücklich; *etw. in seinem Verhalten, Handeln, Vorgehen gebührend berücksichtigen*); **etw. in R. ziehen/stellen/setzen** *(etw. in seine Überlegungen einbeziehen; berücksichtigen).* **5.** (bes. schweiz.) *[finanzielle] Rechenschaft; Abrechnung, Rechnungslegung:* allgemeinsprachlich in der Wendung **[über etw.] R. [ab]legen** (1. *finanzielle Rechenschaft ablegen, geben, bes. den Empfang u. die Verwendung von Geldbeträgen nachweisen.* 2. *Rechenschaft ablegen*).

Rechnungs- (vgl. auch: rechen-, Rechen-): **~abgrenzung,** die (Buchf.): *zeitliche Abgrenzung u. gesonderte Ausweisung von Einnahmen u. Ausgaben, die eine andere Bilanz-, Rechnungsperiode betreffen als die, in der sie anfallen;* **~amt,** das: *Behörde zur Kontrolle der finanziellen Aufwendungen anderer Behörden;* **~art,** die: svw. ↑Rechenart; **~betrag,** der: *Gesamt-, Endbetrag einer Rechnung* (3); **~block,** der ⟨Pl. ...blocks⟩: *Block mit Vordrucken zum Ausschreiben von Rechnungen* (3); **~buch,** das: *Buch* (2) *zum Eintragen von Rechnungen* (3). **2.** (schweiz.) *Rechenbuch;* **~einheit,** die (Geldw.): *(dem internationalen Geldverkehr zugrunde gelegte, mit der Währungseinheit eines Landes übereinstimmende od. von dieser unabhängige) Einheit, in der Werte u. Preise ausgedrückt werden;* **~fehler,** der (schweiz.): *Rechenfehler;* **~führer,** der: **1.** svw. ↑Kassenwart. **2.** (bes. Landw.) *Buchhalter;* vgl. Fourier (2 b); **~führung,** die: *Buchführung, Buchhaltung;* **~gemeinde,** die (schweiz.): *Gemeindeversammlung, die den Gemeindehaushalt berät;* **~heft,** das: vgl. ~buch; **~hof,** der: *Behörde, die mit der Rechnungsprüfung* (2) *betraut ist;* **~jahr,** das: *Zeitraum von einem Jahr, auf den sich die Abrechnung im öffentlichen Haushalt erstreckt;* **~kammer,** die: vgl. ~hof; **~legung,** die; -, -en: *Ablegung finanzieller Rechenschaft, bes. durch Nachweis des Empfangs u. der Verwendung von Geldbeträgen;* **~maschine,** die (schweiz.): *Rechenmaschine;* **~nummer,** die: *laufende Nummer, mit der eine Rechnung* (3) *versehen ist;* **~periode,** die: vgl. ~jahr; **~posten,** der: *Posten einer Rechnung* (3); **~prüfer,** der: *jmd., zu dessen beruflichen Aufgaben die Rechnungsprüfung gehört;* **~prüfung,** die: **1.** (Wirtsch.) *Prüfung des Rechnungswesens eines Betriebes, Geschäftes.* **2.** (Politik) *Prüfung u. Überwachung der Haushalts- u. Wirtschaftsführung der öffentlichen Hand;* **~stunde,** die (schweiz.): *Rechenstunde;* **~wesen,** das ⟨o. Pl.⟩ (Wirtsch.): *betrieblicher Bereich, der die zahlenmäßige Erfassung u. Auswertung der das Betriebskapital betreffenden Vorgänge umfaßt.*

recht [rɛçt] ⟨Adj.; o. Steig.⟩ [mhd., ahd. reht, urspr. = aufgerichtet; gelenkt]: **1. a)** *richtig, geeignet, passend (in bezug auf einen bestimmten Zweck):* das ist nicht der -e Ort, Zeitpunkt für ein solches Gespräch; er ist der -e Mann für diese Aufgabe; nicht in der -en Stimmung sein; stets das -e Wort finden; ihm ist jedes Mittel r. *(er scheut vor nichts zurück, um sein Ziel zu erreichen);* du kommst gerade r., um mit uns essen zu können; du kommst mir gerade r. (ugs. iron.; *sehr ungelegen*); ⟨subst.:⟩ er hat noch nicht die Rechte (ugs.; *richtige, passende Frau*) gefunden; **b)** *richtig; dem Gemeinten, Gesuchten, Erforderlichen entsprechend:* auf der -en Spur sein; ganz r. *(das stimmt)*!; das ist r./so ist es r./r. so *(gut, in Ordnung so)*!; bin ich hier r. *(an der richtigen Stelle, auf dem richtigen Weg)*?; wenn ich es mir r. überlege, dann ...; wenn ich mich r. entsinne, dann ...; verstehe mich bitte r. *(mißverstehe mich nicht);* habe ich r. gehört *(stimmt das, soll das wirklich so sein)*?; ich denke, ich höre nicht r. (ugs.; *ich denke, das darf doch nicht wahr sein, was ich da höre*)!; gehe ich r. in *(habe ich recht mit)* der Annahme, daß ...?; ⟨subst.:⟩ das Rechte treffen; du bist mir der Rechte (ugs. iron.; *was du tust, ist keineswegs richtig, angebracht o. ä.*)!; da bist du [bei mir] an den Rechten (ugs. iron.; *an den Falschen*) geraten/gekommen; R das ist [ja alles] r. und schön, aber ... *(das ist [ja alles] in Ordnung, aber ...);* ***r. daran tun** (*in bezug auf etw. Bestimmtes richtig handeln;* „recht" hier urspr. Subst., vgl. Recht); **r. haben, behalten** usw. (↑Recht 4 b); **nach dem Rechten sehen** *([nach]sehen, ob alles in Ordnung ist);* **c)** ⟨nicht attr.⟩ *dem Gefühl für Recht, für das Anständige, Angebrachte entsprechend* (Ggs.: unrecht 1): es ist nicht r. [von dir], so zu sprechen; etw. ist [nur] r. und billig *(ist [nur] gerecht);* r. tun, handeln, leben; es geschieht dir r. *(zu Recht, du hast es als Strafe verdient),* daß du getadelt wirst; Spr tue r. und scheue niemand!; was dem einen r. ist, ist dem andern billig *(es ist nur billig, was man dem einen als recht zugesteht, auch dem andern zuzugestehen);* R alles, was r. ist (ugs.: 1. *bei allem Verständnis für das, was man anderen als recht u. billig zugestehen muß:* alles, was r. ist, aber das geht zu weit. 2. *zugegeben; das muß man sagen:* alles, was r. ist, als Mozartinterpret ist er immer noch einer der Besten); **d)** ⟨nicht attr.⟩ *jmds. Wunsch, Bedürfnis od. Einverständnis entsprechend:* etw. ist jmdm. r.; ist Ihnen dieser Termin r.?; es war ihr nicht r. *(war ihr unangenehm),* daß man sie dort gesehen hatte; wenn es [dir] r. ist *(wenn du ein-*

verstanden bist), besuche ich dich morgen; es soll/kann mir r. sein (ugs.; *ich bin einverstanden*); mir ist heute gar nicht r. (landsch.; *ich fühle mich heute gar nicht wohl*); man kann ihm nichts/es ihm nicht r. machen; man kann es nicht allen r. machen; Spr allen Menschen r. getan ist eine Kunst, die niemand kann. **2.** ⟨nicht präd.⟩ **a)** *so, wie es sein soll; richtig, wirklich, echt:* ein -er Jammer; ein -er Mann; jmds. -er (selten; *leiblicher*) Vater, Sohn, Bruder; da schrie er erst r. *(gerade; noch mehr, lauter als vorher);* nun/jetzt erst r. *(nun/jetzt gerade)*!; das Leben ist r. eigentlich ein Kampf; (abgeschwächt in Verbindung mit einer Verneinung:) keine -e Lust haben; nicht r. *(nicht so ganz)* klug aus jmdm. werden; die Wunde will nicht r. heilen; ⟨subst.:⟩ er sollte endlich etwas Rechtes leisten; nichts Rechtes können; das ist ja was Rechtes (ugs. iron.: *nichts Besonderes*); **b)** *ziemlich [groß], ganz:* noch ein -es Kind sein; r. gut, schön; sei r. *(sehr)* herzlich gegrüßt; r. in Sorge um jmdn. sein; ***r. und schlecht** (↑schlecht 7); **recht...** [rɛçt...] ⟨Adj.; nur attr.⟩ [mhd. reht, urspr. = richtig (vom Gebrauch der rechten Hand gesagt); 1c: zu ↑Rechte (2)]: **1.** (Ggs.: link...) **a)** ⟨o. Steig.⟩ *auf der Seite [befindlich], die beim Menschen der von ihm aus gesehenen Lage des Herzens im Körper entgegengesetzt ist:* die -e Hand; der -e Schuh; das -e Ufer *(in Flußrichtung rechte Ufer)* des Flusses; -er Außenstürmer (Ballspiele; *Rechtsaußen*); -er (Boxen; *mit dem rechten Arm ausgeführter*) Haken; die Figur ist im -en (Her.; *vom Betrachter aus im linken*) Wappenfeld gelegen; ***-er Hand** (↑Hand 1); **b)** ⟨o. Steig.⟩ *(bei Stoffen, Wäsche o. ä.) außen, vorne, oben befindlich u. normalerweise sichtbar* (meist in Verbindung mit „Seite"): die -e Seite eines Pullovers, Tischtuchs; -e Maschen (Handarb.; *Maschen auf der Außenseite bzw. rechten Seite*); **c)** ⟨Steig. scherzh.: -er, -este⟩ *politisch zur Rechten (2) gehörend, der Rechten eigentümlich, gemäß:* -e Abgeordnete, Zeitungen, Ansichten; der -e *(stark od. stärker rechts orientierte)* Flügel einer Partei; ⟨subst.:⟩ ein Rechter sein. **2.** (Geom.) *(von Winkeln) 90° betragend:* ein -er Winkel; **Recht** [-], das; -[e]s, -e [mhd., ahd. reht]: **1. a)** ⟨Gen.: -s; o. Pl.⟩ *Gesamtheit der staatlich festgelegten bzw. anerkannten Normen des menschlichen, insbes. gesellschaftlichen Verhaltens; Gesamtheit der Gesetze u. gesetzähnlichen Normen; Rechtsordnung:* gesetztes, positives R.; deutsches, römisches R.; bürgerliches R. *(Zivilrecht);* öffentliches R. *(im Gegensatz zum Privatrecht das Recht, das das Verhältnis des einzelnen zur öffentlichen Gewalt u. ihren Trägern sowie deren Verhältnis zueinander regelt);* kanonisches R. *(katholisches Kirchenrecht);* das R. anwenden, handhaben, vertreten, mißachten, verletzen, brechen, mit Füßen treten; das R. beugen *(als Richter bzw. Gericht willkürlich verdrehen);* gegen/wider das R., nach dem geltenden R. handeln; gegen R. und Gesetz verstoßen; ***R. sprechen** *(Gerichtsurteile fällen, richten);* **von -s wegen** *(nach dem Gesetz; eigentlich);* **b)** ⟨Pl.⟩ (veraltet) *Rechtswissenschaft, Jura:* die -e studieren; Doktor beider -e *(Doktor des weltlichen u. kirchlichen Rechts).* **2.** *berechtigter, von Rechts wegen zuerkannter Anspruch; Berechtigung od. Befugnis:* ein verbrieftes, angestammtes, unveräußerliches, unabdingbares R.; die demokratischen, die elterlichen -e; das R. der Eltern; das R. des Stärkeren; das R. der ersten Nacht (svw. Jus primae noctis, ↑[1]Jus); das R. [jedes Menschen] auf Arbeit, auf Unverletzlichkeit der Person; -e und Pflichten aus einem Vertrag; das ist sein [gutes] R.; das R. [dazu] haben, etw. zu tun, zu verlangen; dazu hat er kein R.; ältere -e an, auf etw. haben als jmd.; nur sein/nichts als sein R. wollen; sein R. suchen, fordern, behaupten, finden, bekommen; ein R. geltend machen, ausüben, verwirken, aus etw. herleiten; seine -e überschreiten, mißbrauchen; seine -e veräußern, verkaufen; jmds. -e wahren, wahrnehmen, verletzen, antasten, anfechten; jmdm. besondere -e [auf etw.] einräumen; jmdm. ein R. zugestehen, absprechen, verwehren, streitig machen; jmdm. ein R. verleihen, geben, übertragen, nehmen, verweigern, entziehen; jmdm. die staatsbürgerlichen -e aberkennen; sich das R. zu etw. nehmen; sich ein R. aneignen, anmaßen, vorbehalten; alle -e vorbehalten *(Recht auf Abdruck, Verfilmung usw. vorbehalten* [Vermerk in Druckerzeugnissen]); auf seinem R. bestehen; in jmds. -e eingreifen; mit welchem R. hat er das getan?; mit dem gleichen R., mit um so mehr/um so größerem R. kann ich verlangen, daß ...; von seinem R. Gebrauch machen; jmdm. zu seinem R. verhelfen; Spr gleiche -e, gleiche Pflichten; ***sein R. fordern/verlangen** *(gebührende Berücksichtigung [er]fordern):* der Körper verlangt sein R. [auf Schlaf]; **zu seinem R. kommen** *(gebührend berücksichtigt werden):* auch der Magen, auch das Vergnügen muß zu seinem R. kommen; **auf sein R. pochen** *(mit Nachdruck auf seinem Recht bestehen).* **3.** ⟨o. Pl.⟩ *das, was recht, dem Recht[sempfinden] gemäß ist; Berechtigung, wie sie das Recht[sempfinden] zuerkennt* (Ggs.: Unrecht 1a): das R. war auf seiner Seite; etw. mit [gutem, vollem] R. tun, behaupten können; nach R. und Billigkeit etw. tun, fordern dürfen; nach R. und Gewissen handeln; R was R. ist, muß R. bleiben; R. muß R. bleiben (nach Ps. 94, 15); gleiches R. für alle; ***etw. für R. erkennen** (Amtsspr.; *durch Gerichtsurteil entscheiden*): das Gericht hat für R. erkannt: ...; **im R.** *(in der Stellung, Lage desjenigen, der das Recht* (1, 3) *auf seiner Seite hat bzw. der recht hat):* sich im R. fühlen; im R. sein *(recht haben);* **zu R.** *(mit Recht, mit Grund).* **4.** ⟨in bestimmten Wendungen als Subst. verblaßt u. daher klein geschrieben:⟩ ***recht haben** *(die richtige Meinung, Auffassung in bezug auf etw. haben, im Recht sein);* **recht behalten** *(sich schließlich als derjenige erweisen, der recht hat);* **jmdm. recht geben** *(jmdm. zugestehen, bestätigen, daß er recht hat, im Recht ist);* **r. bekommen** *(bestätigt bekommen, daß man recht hat).*

[1]**rẹcht-, Rẹcht-** (recht): **~denkend** ⟨Adj.; o. Steig.; nicht adv.⟩; **~drehend** ⟨Adj.; o. Steig.⟩ (Met.): *(vom Wind) sich in Uhrzeigerrichtung drehend* (Ggs.: rückdrehend); **~fertigen** ⟨sw. V.; hat⟩ [mhd. rehtvertigen, zu: rehtvertic = gerecht, gut, eigtl. = gerecht, gut machen]: **1. a)** *nachweisen, beweisen, daß etw. berechtigt ist; etw. gegen einen Einwand, Vorwurf verteidigen, etw. verantworten:* sein Handeln [vor jmdm.] r.; sein Handeln ist durch nichts zu r. *(zu entschuldigen);* **b)** ⟨r. + sich⟩ *sich gegen einen Vorwurf verteidigen, sich verantworten:* sich vor jmdm. wegen etw. r. müssen; damit kannst du dich nicht r. **2.** *als berechtigt, begründet erscheinen lassen, erweisen, zeigen; berechtigen, begründen:* er hat sich bemüht, das in ihn gesetzte Vertrauen zu r.; der Anlaß rechtfertigt den Aufwand; unser Mißtrauen war nicht gerechtfertigt *(berechtigt);* ⟨auch r. + sich:⟩ Diese Machterweiterungen der Staatsführung rechtfertigen sich aus der Erwägung, daß ... (Fraenkel, Staat 320), dazu: **~fertigung,** die: **1.** *das [Sich]rechtfertigen:* die R. der Ausgaben, eines Verhaltens; er hatte nichts zu seiner R. vorzubringen. **2.** *das Gerechtfertigtsein, die Berechtigung:* diese Maßnahme entbehrte völlig der R., dazu: **~fertigungsgrund,** der, **~fertigungsschrift,** die, **~fertigungsversuch,** der; **~gläubig** ⟨Adj.; o. Steig.; nicht adv.⟩ [LÜ von spätlat. orthodoxus, griech. orthódoxos, ↑orthodox]: *strenggläubig, orthodox,* dazu: **~gläubigkeit,** die; **~haber** usw.: ↑[3]recht-, Recht-; **~läufig** ⟨Adj.; o. Steig.⟩ (Astron.) (Ggs.: rückläufig 2): **1.** *(von Himmelskörpern u. ihrer Bahn im Sonnensystem) vom Nordpol der Ekliptik aus gesehen, entgegen dem Uhrzeigersinn laufend.* **2.** *(von der scheinbaren Planetenbewegung) von West nach Ost laufend;* **~lautung,** die (Sprachw.): *Hochlautung;* **~schaffen** ⟨Adj.⟩ [eigtl. = recht beschaffen]: **1.** *ehrlich u. anständig; redlich:* ein -er Mann; r. sein, leben, handeln; ⟨subst.:⟩ etw. Rechtschaffenes *(Ordentliches)* lernen. **2.** ⟨o. Steig.⟩ **a)** ⟨nur attr.⟩ *groß, stark, beträchtlich:* einen -en Hunger, Durst haben; **b)** ⟨intensivierend bei Adj., Adv. u. Verben⟩ *sehr, überaus, stark:* r. müde, satt sein; sich r. plagen müssen, zu 1: **~schaffenheit,** die; -; **~schreib[e]buch,** das: *Lehr-, Übungs- od. Wörterbuch auf dem Gebiet der Rechtschreibung;* **~schreiben** ⟨st. V.; nur im Inf. gebr.⟩: *nach den Regeln der Rechtschreibung schreiben, orthographisch richtig schreiben:* er kann nicht r.; ⟨subst.:⟩ im Rechtschreiben ist er schwach; **~schreibfehler,** der: *Fehler, der in einem Verstoß gegen die Rechtschreibung besteht;* **~schreibfrage,** die ⟨meist Pl.⟩: *Frage der Rechtschreibung:* -n erörtern; **~schreiblich** ⟨Adj.; o. Steig.; nicht präd.⟩: *die Rechtschreibung betreffend, orthographisch:* -e Schwierigkeiten; **~schreibreform,** die: *Reform der Rechtschreibung;* **~schreibung,** die [LÜ von lat. orthographia, ↑Orthographie]: **1.** ⟨Pl. selten⟩ *nach bestimmten Regeln festgelegte, allgemein geltende Schreibung von Wörtern; Orthographie:* eine Reform der R.; etw. verstößt gegen die R. **2.** ⟨o. Pl.⟩ *Unterrichtsfach, in dem Rechtschreibung* (1) *gelehrt wird:* in R. hat er eine Eins. **3.** svw. ↑~schreib[e]buch, zu 1: **~schreibungsfehler,** der: svw. ↑~schreibfehler, **~schreibungsreform,** die: svw. ↑~schreibreform, **~schrei-**

bungsregel, die, **~schreibwörterbuch,** das: *die Rechtschreibung von Wörtern verzeichnendes Wörterbuch;* **~weisend** ⟨Adj.: o. Steig.⟩ (bes. Seew.): *in seiner Richtung u. Orientierung auf den geographischen Nordpol bezogen:* -er Kurs; -e Peilung; r. Nord; **~zeitig** ⟨Adj.; o. Steig.⟩: *zur rechten Zeit (so daß es noch früh genug ist):* -e Benachrichtigung; [gerade noch] r. kommen; er hat nicht mehr r. bremsen können, dazu: **~zeitigkeit,** die; -.

[2]**recht-, Recht-** (recht...): **~drehend:** ↑[1]recht-, Recht-; **~eck,** das: *Viereck mit vier rechtwinkligen Ecken u. vier paarweise gleich langen u. parallelen Seiten,* dazu: **~eckig** ⟨Adj.; o. Steig.; nicht adv.⟩; **~kant,** das od. der; -[e]s, -e: selten für ↑Quader (b); **~läufig:** ↑[1]recht-, Recht-; **~wink[e]lig** ⟨Adj.; o. Steig.; nicht adv.⟩: *einen rechten Winkel aufweisend, bildend, beschreibend usw.:* ein -es Dreieck; etw. steht r. zu einer Wand; r. *(im rechten Winkel)* abzweigen.

[3]**recht-, Recht-** (Recht): **~haber,** der; -s, - (abwertend): *rechthaberischer Mensch;* **~haberei** [-ha:bəˈrai̯], die; - (abwertend): *rechthaberisches Verhalten;* **~haberisch** ⟨Adj.⟩ (abwertend): *immer recht haben wollend, starr an seinem Standpunkt (als dem richtigen) festhaltend:* ein -er Mensch; eine -e Art haben; r. sein; **~los** ⟨Adj.; o. Steig.; nicht adv.⟩: *ohne Rechte:* die -e Stellung der Sklaven; r. sein, dazu: **~losigkeit,** die; -; **~mäßig** ⟨Adj.; o. Steig.⟩: *dem Recht nach, gesetzlich:* der -e Besitzer; etw. ist jmds. -es Eigentum, steht jmdm. r. *(legal)* zu, dazu: **~mäßigkeit,** die; -; **~sprechung,** die; -, -en ⟨Pl. selten⟩: *Praxis der richterlichen Entscheidung, fortlaufende Folge richterlicher Entscheidungen von Rechtsfällen; Jurisdiktion;* **~suchend** ⟨Adj.; o. Steig.; nur attr.⟩: der -e Bürger, Mieter.

Rechte [ˈrɛçtə], die; -n, -n ⟨Dekl. ↑Abgeordnete⟩ [analoge Bildung zu ↑[2]Linke] (Ggs.: [2]Linke): **1. a)** ⟨Pl. ungebr.⟩ *rechte Hand:* etw. in der -n halten; (Boxen:) seine R. einsetzen; ***zur -n** *(zur rechten Hand):* sie saß zu seiner -n, zur -n des Gastgebers; **b)** (Boxen) *mit der rechten Faust ausgeführter Schlag:* er traf ihn mit einer knallharten -n. **2.** ⟨Pl. ungebr.⟩ *Parteien, politische Gruppierungen, Strömungen [stark] konservativer Prägung, die dem Kommunismus u. Sozialismus ablehnend gegenüberstehen:* ein Vertreter der radikalen, äußersten, gemäßigten -n; **Rechtehandregel,** die ⟨o. Pl.⟩ (Physik): *an Daumen, Zeige- u. Mittelfinger der rechten Hand veranschaulichte Regel für die Richtung des Induktionsstroms in einem im magnetischen Feld bewegten* [1]*Leiter* (2); **rechten** [ˈrɛçtn̩] ⟨sw. V.; hat⟩ [mhd. rehten, ahd. rehtōn, zu ↑Recht] (geh.): *mit jmdm. streiten, um ihn darauf hinzuweisen, was recht ist:* mit jmdm. über, um etw. r.; ich will mit dir nicht darüber r., was besser für dich wäre; ⟨auch o. Präp.-Obj.:⟩ mußt du immer r.?; **rechtens** [ˈrɛçtn̩s] ⟨Adv.⟩ [spätmhd. rechtens, erstarrter Gen. von veraltet „das Rechte" = Recht, mhd. rehte, zu ↑recht]: *zu Recht, mit Recht:* Auch beim Angebot konnte man r. von Fortschritt sprechen (Foto-Magazin 8, 1968, 46); r. *(von Rechts wegen)* müßte er zahlen; **Rechtens** [-] nur in der Verbindung **R. sein** *(rechtmäßig sein):* die Mieterhöhung zum 1. des Monats ist R.; **rechter Hand:** ↑Hand (1); **rechterseits** ⟨Adv.⟩: *auf der rechten Seite, rechts* (Ggs.: linkerseits): die Tür r.; **rechtlich** ⟨Adj.⟩ [mhd. rehtlich, ahd. rehtlīh, zu Recht]: **1.** ⟨o. Steig.; nicht präd.⟩ *das Recht betreffend, dem (bzw. einem) Recht entsprechend; gesetzlich:* -e Fragen, Normen; -e Gleichstellung; eine -e Grundlage für etw. schaffen; einen -en Anspruch auf etw. haben; jmds. -er Vertreter sein; etw. ist r. begründet, r. nicht zulässig; zu etw. r. verpflichtet sein; etw. r. verankern. **2.** (veraltend) *rechtschaffen, redlich:* ein -er, r. denkender Mensch; ⟨Abl.:⟩ **Rechtlichkeit,** die; -: **1.** svw. ↑Rechtmäßigkeit. **2.** *Rechtschaffenheit, Redlichkeit;* **rechts** [rɛçts; urspr. = Gen. Sg. von ↑recht...]: **I.** ⟨Adv.⟩ **1. a)** *auf der rechten* (1 a) *Seite* (Ggs.: links I 1 a): die Bücher stehen r. [auf dem Schreibtisch]; im Vordergrund r. steht ein Baum; die zweite Tür, [Quer]straße r.; r. vom Eingang; sich [auf der Straße, auf der Wanderung] mehr/weiter r. halten; halten Sie sich halb r.!; r. fahren, links überholen!; jmdn. r. und links ohrfeigen; r. *(nach rechts)* abbiegen; die Augen r.! *(nach rechts;* militär. Kommando); r. um! *(nach rechts umdrehen;* militär. Kommando; vgl. rechtsum); von r. *(von der rechten Seite)* kommen; von r. her; sich nach r. *(nach der rechten Seite)* wenden; nach r. hin; von r. nach links; r. und links verwechseln; auf dieser Kreuzung gilt r. vor links (Verkehrsw.; *das von rechts kommende Fahrzeug hat Vorfahrt*); ***weder r. noch links/weder links noch r. schauen** *(unbeirrbar seinen Weg verfolgen);* **nicht [mehr] wissen, was r. und [was] links/was links und [was] r. ist** (ugs.; *sich überhaupt nicht [mehr] auskennen, sich nicht zurechtfinden u. völlig verwirrt sein*); **b)** *auf* bzw. *von der rechten* (1 b) *Seite* (Ggs.: links I 1 c): den Stoff [von] r. bügeln; ein Kleidungsstück nach r. drehen; **c)** (Handarb.) *mit rechten Maschen* (Ggs.: links I 1 d): ein r. gestrickter Schal; zwei r., zwei links *(abwechselnd zwei rechte u. zwei linke Maschen)* stricken. **2. a)** *politisch zur Rechten* (2) *gehörend* (Ggs.: links I 2): [weit] r. stehen; [stark] r. eingestellt sein; empfindlich gegen Kritik von r. sein; r. (ugs.; *rechts eingestellt*) sein; **b)** (kommunist. abwertend) svw. ↑rechtsopportunistisch. **II.** ⟨Präp. mit Gen.⟩ (seltener) *auf der rechten Seite von etw.* (Ggs.: links II): r. des Rheins, der Straße.

[1]**rechts-, Rechts-** (rechts): **~abbieger,** der (Verkehrsw.): *jmd., der mit seinem Fahrzeug nach rechts abbiegt* (Ggs.: Linksabbieger), dazu: **~abbiegerspur,** die; **~abweichler,** der (kommunist. abwertend): *Abweichler mit stärkerer Rechtsorientierung, als die Parteilinie zuläßt* (Ggs.: Linksabweichler); **~ausfall,** der (Boxen): *schnelle Vorwärtsbewegung mit dem rechten Bein, bei der das Standbein gestreckt bleibt* (Ggs.: Linksausfall); **~auslage,** die (Boxen): *Auslage* (3 b) *des linkshändigen Boxers, der das rechte Bein vorsetzt u. dessen rechte Hand die Führhand ist* (Ggs.: Linksauslage): in der R. boxen; **~ausleger,** der (Boxen): *Boxer mit Rechtsauslage* (Ggs.: Linksausleger); **~außen** [-ˈ--] ⟨Adv.⟩ (Ballspiele): *auf der äußersten rechten Seite des Spielfelds* (Ggs.: linksaußen): r. durchbrechen; sich auf r. durchspielen; Ü (Politik Jargon:) r. *(ganz rechts* I 2) stehen; Kritik von r. *(von rechtsradikaler Seite);* **~außen** [-ˈ--], der (Ballspiele): *Stürmer auf der äußersten rechten Seite des Spielfeldes* (Ggs.: Linksaußen): [als] R. spielen; **~bündig** ⟨Adj.; o. Steig.⟩ (Fachspr.): *an eine [gedachte] senkrechte rechte Grenzlinie angeschlossen, angereiht* (Ggs.: linksbündig): Kontonummer bitte r. eintragen!; **~bürgerlich** ⟨Adj.; o. Steig.⟩ (DDR): *bürgerlich u. rechtsorientiert;* **~drall,** der (Ggs.: Linksdrall): **1.** (Fachspr.) *rechtsdrehender, im Uhrzeigersinn verlaufender Drall.* **2.** (ugs.) *Tendenz zur Abweichung nach rechts:* der Wagen hat einen R. **3.** (Politik Jargon) *Neigung zur Rechtsorientierung;* **~drehend** ⟨Adj.; o. Steig.⟩ (Ggs.: linksdrehend): **1.** (bes. Technik) *einer nach rechts (im Uhrzeigersinn) gerichteten bzw. ansteigenden Drehung um die Längsachse folgend:* -es Gewinde. **2.** (Chemie, Physik) *die Ebene des polarisierten Lichts nach rechts drehend;* **~drehung,** die (Ggs.: Linksdrehung); **~extrem** ⟨Adj.; o. Steig.⟩ (seltener): svw. ↑~extremistisch (Ggs.: linksextrem); **~extremismus,** der (Politik): *rechter Extremismus* (Ggs.: Linksextremismus); **~extremist,** der (Politik): *Vertreter des Rechtsextremismus* (Ggs.: Linksextremist); **~extremistisch** ⟨Adj.; o. Steig.⟩ (Politik): *extremistisch im Sinne einer politischen Richtung bzw. Ideologie der äußersten Rechten* (Ggs.: linksextremistisch); **~galopp,** der (Reiten): *Galopp, bei dem das Pferd mit dem rechten Vorderfuß am weitesten ausgreift* (Ggs.: Linksgalopp); **~gängig** ⟨Adj.; o. Steig.⟩ (Technik): svw. ↑~drehend (1) (Ggs.: linksgängig); **~gerichtet** ⟨Adj.; o. Steig.⟩: svw. ↑~orientiert (Ggs.: linksgerichtet); **~gewinde,** das (Technik): *rechtsdrehendes Gewinde* (Ggs.: Linksgewinde); **~händer** [-hɛndɐ], der; -s, -: *jmd., der rechtshändig ist* (Ggs.: Linkshänder); **~händig** ⟨Adj.; o. Steig.⟩ (Ggs.: linkshändig): **1.** ⟨nicht adv.⟩ *mit der rechten Hand allgemein geschickter als mit der linken, die rechte Hand bevorzugend:* -e Menschen. **2.** ⟨nicht präd.⟩ *mit Hilfe, unter Einsatz der rechten Hand:* eine Tätigkeit r. verrichten, dazu: **~händigkeit,** die; - (Ggs.: Linkshändigkeit); **~her** ⟨Adv.⟩ (veraltet): *von rechts her* (Ggs.: linksher); **~herum** ⟨Adv.⟩: *in der rechten Richtung herum* (Ggs.: linksherum): etw. r. drehen; **~hin** ⟨Adv.⟩ (veraltet): *nach rechts hin* (Ggs.: linkshin); **~innen** [-ˈ--], der (Ballspiele): *in halbrechter Position spielender Stürmer* (Ggs.: Linksinnen); **~koalition,** die (Politik): *rechte Koalition* (Ggs.: Linkskoalition); **~konter,** der (Boxen): *mit der rechten Faust geschlagener Konter* (Ggs.: Linkskonter); **~kräfte** ⟨Pl.⟩: *rechtsgerichtete Kräfte;* **~kurs,** der (Ggs.: Linkskurs): **1.** (Pferdesport) *Kurs, der rechtsherum gelaufen wird.* **2.** (Politik) *rechtsorientierter Kurs einer Regierung;* **~kurve,** die: *nach rechts gekrümmte Kurve* (Ggs.: Linkskurve); **~lastig** ⟨Adj.; nicht adv.⟩ (Ggs.: linkslastig): **1.** *rechts zu stark belastet.* **2.** (Politik Jargon abwertend) *unverhältnismäßig stark rechtsorientiert:* -e Institutionen,

Hörfunkprogramme, dazu: **~lastigkeit,** die; -; **~läufig** ⟨Adj.; o. Steig.⟩ (Ggs.: linksläufig): **1.** (Technik) svw. ↑~drehend (1). **2.** (Fachspr.) *(bes. von der Schrift) von links nach rechts laufend:* die lateinische Schrift ist r. **3.** (Graphologie) **a)** *(von Schriftzügen) nach rechts, in der Schreibrichtung laufend;* **b)** *(von der Handschrift) verhältnismäßig viele rechtsläufige Züge enthaltend:* eine [stark] -e Handschrift; **~lenker,** der (Kfz.-W.): *rechtsseitig (vom rechten Vordersitz aus) gelenktes Kraftfahrzeug* (Ggs.: Linkslenker); **~links-Naht,** die (mit Bindestrichen): svw. ↑Doppelnaht; **~opportunismus,** der (kommunist. abwertend): *rechtsorientierter, antimarxistischer Opportunismus in der Arbeiterbewegung,* dazu: **~opportunistisch** ⟨Adj.; o. Steig.⟩ (kommunist. abwertend); **~opposition,** die (Politik): *rechte Opposition* (Ggs.: Linksopposition); **~orientiert** ⟨Adj.; o. Steig.⟩ (Politik): *an einer rechten Ideologie, Parteilinie usw. orientiert* (Ggs.: linksorientiert): -e Politiker; **~orientierung,** die ⟨o. Pl.⟩ (Politik): *das Rechtsorientiertsein, rechtsorientierte Haltung* (Ggs.: Linksorientierung); **~partei,** die (Politik): *rechte Partei* (Ggs.: Linkspartei); **~radikal** ⟨Adj.⟩ (Politik): *radikal im Sinne der politischen Richtung bzw. Ideologie der äußersten Rechten* (Ggs.: linksradikal); ⟨subst.:⟩ **~radikale,** der u. die; **~radikalismus,** der (Politik): *rechter Radikalismus* (Ggs.: Linksradikalismus); **-rechts-Ware,** die (mit Bindestrichen): *beiderseitig gleich aussehende Wirk- od. Strickware mit abwechselnd rechten u. linken Maschenseiten, von denen die rechten das Bild bestimmen;* **~regierung,** die (Politik): *rechte Regierung* (Ggs.: Linksregierung); **~ruck,** der (Politik Jargon) (Ggs.: Linksruck): **a)** *[überraschend] hoher Stimmengewinn der Rechten* (2) *bei einer Wahl;* **b)** *Stärkung des Einflusses eines rechtsorientierten Parteiflügels (innerhalb einer Partei, der Regierung o. ä.);* **~rum** ⟨Adv.⟩: ugs. für ↑~herum (Ggs.: linksrum); **~schnitt,** der (bes. Tennis, Tischtennis): *Schnitt, der dem Ball durch ein von links nach rechts gerichtetes Anschneiden gegeben wird* (Ggs.: Linksschnitt); **~schuß,** der (Fußball): *mit dem rechten Fuß ausgeführter Schuß* (Ggs.: Linksschuß); **~schwenkung,** die: *Schwenkung nach rechts* (Ggs.: Linksschwenkung); **~seitig** ⟨Adj.; o. Steig.; selten präd.⟩: *auf der rechten Seite* (Ggs.: linksseitig): r. gelähmt sein; **~stehend** ⟨Adj.; o. Steig.; nicht adv.⟩ (Politik): *(meist von Personen, Gruppen o. ä.) rechtsorientiert* (Ggs.: linksstehend); **~steuerung,** die (Kfz.-W.): *rechtsseitige Steuerung* (Ggs.: Linkssteuerung); **~ufrig** ⟨Adj.; o. Steig.; selten präd.⟩: *auf dem rechten Ufer [gelegen, verlaufend usw.]* (Ggs.: linksufrig): der -e Teil der Stadt; **~um** [auch: –'–] ⟨Adv.⟩ (bes. in militär. Kommandos): *nach rechts herum, rechtsherum* (Ggs.: linksum): r. kehrt!; r. machen; vgl. rechts (I 1 a); **~umkehrt** in der Verbindung **r. machen** (schweiz.; *sich um 180 Grad wenden*); **~unterzeichnete,** der u. die: *jmd., der rechts seinen Namen unter ein Schriftstück gesetzt hat* (Ggs.: Linksunterzeichnete); **~verbinder,** der (Ballspiele): *halbrechter Verbinder; Rechtsinnen* (Ggs.: Linksverbinder); **~verkehr,** der (Verkehrsw.): *Form des Fahrzeugverkehrs, bei der man rechts fährt u. links überholt* (Ggs.: Linksverkehr); **~vortritt,** der (schweiz. Verkehrsw.): *Vorfahrt von rechts* (Ggs.: Linksvortritt); **~wendung,** die: *Wendung nach rechts* (Ggs.: Linkswendung).

[2]**rechts-, Rechts-** (Recht): **~abteilung,** die: *für Rechtsangelegenheiten zuständige Abteilung [eines Unternehmens];* **~angelegenheit,** die ⟨meist Pl.⟩: *rechtliche Angelegenheit;* **~anschauung,** die: *das Recht, Recht u. Unrecht betreffende Anschauung;* **~anspruch,** der: *rechtlicher, gesetzlicher Anspruch:* einen R. gerichtlich durchsetzen; jmds. Rechtsansprüche vertreten; von, aus etw. einen R. auf etw. ableiten; **~anwalt,** der: *Jurist mit staatlicher Zulassung als Berater u. Vertreter in Rechtsangelegenheiten, insbes. auch Prozessen; Anwalt* (Berufsbez.): er ist R. und Notar; [sich] einen R. nehmen; sich [vor Gericht] durch einen R. vertreten lassen; **~anwältin,** die: w. Form zu ↑~anwalt; **~anwaltsbüro,** das: svw. ↑Anwaltsbüro; **~anwaltschaft,** die: *Gesamtheit der Rechtsanwälte;* **~anwaltsgebühr,** die: svw. ↑Anwaltsgebühr; **~anwaltskammer,** die: svw. ↑Anwaltskammer; **~anwaltskanzlei,** die: svw. ↑Anwaltskanzlei; **~anwaltskollegium,** das (DDR): *Zusammenschluß von Rechtsanwälten mit dem Zweck der kollektiven Zusammenarbeit; Anwaltskollegium;* **~anwaltspraxis,** die; **~anwendung,** die (jur.): *Anwendung des geltenden Rechts, der geltenden Gesetze;* **~auffassung,** die (jur.): *Auffassung, die das Recht u. seine Auslegung betrifft;* **~aufsicht,** die: *staatliche Aufsicht über die Gesetzmäßigkeit der Verwaltungstätigkeit nachgeordneter Verwaltungseinheiten od. bestimmter Gewerbezweige;* vgl. Fachaufsicht; **~auskunft,** die: *Auskunft in Rechtsangelegenheiten,* dazu: **~auskunftsstelle,** die (DDR); **~ausschuß,** der: *Ausschuß für Rechtsfragen:* der R. des Deutschen Bundestages; **~begriff,** der: **1.** *Begriff des Rechts* (1 a): ein klarer R.; den R. definieren. **2.** vgl. ~auffassung; **~behelf,** der (jur.): *rechtliches Mittel der Anfechtung einer behördlichen bzw. gerichtlichen Entscheidung* (z. B. Gesuch, Dienstaufsichtsbeschwerde); **~beistand,** der: *juristisch Sachkundiger, der mit behördlicher Erlaubnis fremde Rechtsangelegenheiten besorgt, ohne Rechtsanwalt zu sein* (Berufsbez.); **~belehrung,** die (jur.): *Belehrung über die in einer bestimmten Angelegenheit geltenden rechtlichen Bestimmungen;* **~berater,** der: *jmd., der beruflich Rechtsberatung erteilt;* **~beratung,** die: **1.** *Beratung in Rechtsangelegenheiten (bes. im Rahmen beruflicher, geschäftlicher Tätigkeit).* **2.** svw. ↑~beratungsstelle, dazu: **~beratungsstelle,** die; **~beschwerde,** die (jur.): *(bei gerichtlichen Entscheidungen in bestimmten Verfahrensarten mögliche) Beschwerde wegen Verstoßes gegen rechtliche Bestimmungen;* **~bestimmung,** die (jur.): *rechtliche, gesetzliche Bestimmung* (1 b); **~beugung,** die (jur.): *bei der Entscheidung einer Rechtssache im Amt begangenes Delikt der vorsätzlich falschen Anwendung des Rechts od. der Verfälschung von Tatsachen zugunsten od. zum Nachteil einer Partei;* **~bewußtsein,** das: *in einer Gesellschaft, Gruppe usw. vorhandenes Bewußtsein dessen, was Recht od. Unrecht ist;* **~beziehung,** die (jur.): *rechtliche Beziehung:* -en zwischen Personen; **~boden,** der ⟨Pl. ungebr.⟩: svw. ↑~grundlage; **~bot[t],** das (schweiz.): *gerichtliche Aufforderung, insbes. zur Bezahlung einer Schuld;* **~brecher,** der: *jmd., der das Recht gebrochen, gegen das Recht, die Gesetze, insbes. die Strafgesetze, verstoßen hat; Gesetzesbrecher;* **~bruch,** der: *Verstoß gegen das Recht, die Gesetze:* einen R. begehen; **~disziplin,** die (jur.): *Disziplin, Gebiet der Rechtswissenschaft;* **~domizil,** das (schweiz.): *Gerichtsstand, -ort;* **~einwendung,** die (jur.): *Geltendmachung eines Rechtes, das einem behaupteten Anspruch entgegensteht;* **~empfinden,** das: *Empfinden für Recht u. Unrecht;* **~erheblich** ⟨Adj.; o. Steig.⟩ (jur.): *rechtlich erheblich, von Bedeutung,* dazu: **~erheblichkeit,** die; **~experte,** der; **~fähig** ⟨Adj.; o. Steig.; nicht adv.⟩ (jur.): *(gemäß der Rechtsordnung) fähig, Träger von Rechten u. Pflichten zu sein:* -e Vereine; der Mensch wird mit der Geburt r., dazu: **~fähigkeit,** die ⟨o. Pl.⟩; **~fall,** der (jur.): *gerichtlich zu entscheidender Fall* (3); **~findung,** die ⟨o. Pl.⟩ (jur.): *Findung des dem geltenden Recht Gemäßen (bei gerichtlichen bzw. behördlichen Entscheidungen); Findung der gerechten, dem geltenden Recht entsprechenden Entscheidung;* **~folge,** die (jur.): *rechtliche Folge:* -n aus einem Abkommen; **~form,** die ⟨o. Pl.⟩ (jur.): *rechtlich festgelegte Form (für die Regelung von Rechtsangelegenheiten):* die R. der Leihe; **~frage,** die: *rechtliche Frage;* **~gang,** der ⟨o. Pl.⟩ (jur.): *rechtlich geregelter Gang (eines gerichtlichen Verfahrens):* ordentlicher R.; **~gebiet,** das (jur.): svw. ↑~disziplin; **~gefühl,** das ⟨o. Pl.⟩: *Gefühl für Recht u. Unrecht:* etw. verletzt, beleidigt jmds. R.; **~gelehrsamkeit,** die (veraltet): svw. ↑~wissenschaft; **~gelehrte,** der u. die (veraltet): *Gelehrte[r] auf dem Gebiet der Rechtswissenschaft; Jurist[in];* **~gemeinschaft,** die (jur.): *Gesamtheit von Personen, Gruppen, Völkern usw., für die ein gemeinschaftliches Recht* (1 a) *gilt;* **~geschäft,** das (jur.): *an die Erfüllung bestimmter rechtlicher Bedingungen gebundene Handlung, die auf Begründung, Änderung od. Aufhebung eines Rechtsverhältnisses gerichtet ist u. eine entsprechende Willenserklärung enthält:* der Abschluß, die Erfüllung eines -es, dazu: **~geschäftlich** ⟨Adj.; o. Steig.; nicht präd.⟩; **~geschichte,** die: **1.** ⟨o. Pl.⟩ *Geschichte* (1 a) *des Rechts:* dieser Fall ist in die R. eingegangen. **2.** *Geschichte* (1 c) *des Rechts:* eine R. schreiben, dazu: **~geschichtlich** ⟨Adj.; o. Steig.; nicht präd.⟩; **~grund,** der (jur.): *durch das Recht gegebener Grund; rechtlicher Grund:* etw. gibt einen R.; **~grundlage,** die (jur.): *durch das Recht gegebene Grundlage; rechtliche Grundlage:* etw. hat [k]eine R.; für etw. gibt es [k]eine R.; **~grundsatz,** der (jur.): *Grundsatz des Rechts; Grundsatz für rechtliche Regelungen u. Beziehungen;* **~gültig** ⟨Adj.; o. Steig.⟩ (jur.): *nach dem bestehenden Recht gültig* (Ggs.: ~ungültig): ein -er Vertrag; die Abmachung ist r.; einen Vertrag r. abschließen, dazu: **~gültigkeit,** die; **~gut,** das (jur.): *durch das Recht, die Rechtsordnung geschütztes Gut od. Interesse* (z. B.

das Leben des Menschen, Gesundheit, Freiheit, Eigentum); **~gutachten,** das: *rechtliches, juristisches Gutachten;* **~handel,** der ⟨Pl. ...händel⟩ (geh.): *rechtliche Auseinandersetzung, Rechtsstreit;* **~handlung,** die (jur.): *rechtswirksame Handlung (an die sich ohne Rücksicht auf den Willen des Handelnden rechtliche Folgen knüpfen);* **~hängig** ⟨Adj.; o. Steig.; nicht adv.⟩ (jur.): *im Zustand der Rechtshängigkeit [befindlich],* dazu: **~hängigkeit,** die; - (jur.): *rechtlicher Zustand einer Streitsache, der so lange besteht, wie das Gericht mit ihr befaßt ist:* vor, nach Eintritt der R.; **~hilfe,** die ⟨o. Pl.⟩ (jur.): *Hilfe in einem anhängigen Verfahren, die ein bis dahin unbeteiligtes Gericht einem darum ersuchenden Gericht (od. einer Verwaltungsbehörde) in der Form leistet, daß es eine Amtshandlung für dieses Gericht (bzw. diese Behörde) vornimmt,* dazu: **~hilfeabkommen,** das (jur.), **~hilfeersuchen,** das (jur.); **~historiker,** der: *Wissenschaftler auf dem Gebiet der Rechtsgeschichte;* **~institut,** das (jur.): svw. ↑Institut (2): das R. des Eigentums; **~irrtum,** der (jur.): *Irrtum hinsichtlich der rechtlichen Bestimmungen, gegen die verstoßen wird* (nicht hinsichtlich des Sachverhalts, Tatbestandes o. ä.); **~konsulent,** der: seltener für ↑~beistand; **~kraft,** die ⟨o. Pl.⟩ (jur.): *Endgültigkeit, Unanfechtbarkeit einer gerichtlichen (od. behördlichen) Entscheidung:* einem Urteil, einer Verfügung R. verleihen; das Urteil erhält, erlangt R. *(wird rechtskräftig),* dazu: **~kräftig** ⟨Adj.; o. Steig.⟩ (jur.): *(von gerichtlichen od. behördlichen Entscheidungen) gerichtlich nicht mehr anfechtbar; endgültig:* eine -e Entscheidung; das Urteil ist [noch nicht] r. [geworden]; r. verurteilt sein, dazu: **~kräftigkeit,** die; **~kundig** ⟨Adj.; nicht adv.⟩: *in rechtlichen Dingen sachkundig, sich im Recht, in den Gesetzen auskennend* (Ggs.: ~unkundig]: r. sein; ⟨subst.:⟩ der Rechtskundige, ein Rechtskundiger weiß, was diese Klausel bedeutet; **~lage,** die (jur.): *rechtliche Lage:* die R. in diesem Fall ist kompliziert; **~leben,** das ⟨o. Pl.⟩: *das Leben* (3 b) *auf dem Gebiet des Rechts; Welt des Rechts;* **~lehre,** die: *das Recht betreffende Lehre* (2); *Jurisprudenz;* **~lehrer,** der (veraltet): *Hochschullehrer auf dem Gebiet der Rechtswissenschaft;* **~mißbrauch,** der (jur.): *Mißbrauch, mißbräuchliche Ausübung eines Rechtes;* **~mittel,** das (jur.): *rechtliches Mittel, das es dem von einer gerichtlichen (od. behördlichen) Entscheidung Betroffenen ermöglicht, die Entscheidung anzufechten, bevor sie rechtskräftig wird, u. durch eine höhere Instanz nachprüfen zu lassen:* gegen diese Entscheidung ist kein R. zulässig; ein R. einlegen; auf R. verzichten, dazu: **~mittelbelehrung,** die (jur.): *Belehrung über die Möglichkeit, Rechtsmittel einzulegen,* **~mittelgericht,** das (jur.): *Gericht, das über eingelegte Rechtsmittel zu entscheiden hat,* **~mittelinstanz,** die (schweiz. jur.): vgl. ~mittelgericht; **~nachfolge,** die (jur.): *Nachfolge in einem Rechtsverhältnis od. in einer Rechtsstellung (durch Übergang, Übertragung von Rechten u. Pflichten von einer Person auf die andere);* **~nachfolger,** der (jur.): *Nachfolger bei der Rechtsnachfolge;* **~norm,** die (jur.): *(gewohnheitsrechtlich festliegende od. vom Staat festgesetzte) rechtlich bindende Norm;* **~öffnung,** die (schweiz. jur.): *richterliche Aufhebung des Rechtsvorschlags;* **~ordnung,** die: *Gesamtheit der geltenden Rechtsvorschriften; rechtliche Ordnung:* die bestehende, die französische R.; **~person,** die (jur.): *rechtsfähige Person;* **~persönlichkeit,** die: svw. ↑~person; **~pflege,** die ⟨o. Pl.⟩ (jur.): *Anwendung u. Durchsetzung des geltenden Rechts; Verwirklichung des Rechts im Rahmen der Gerichtsbarkeit; Justiz;* **~pfleger,** der: *Beamter des gehobenen Dienstes, der bestimmte Aufgaben der Rechtspflege wahrnimmt* (Berufsbez.); **~pflicht,** die: *rechtliche, gesetzliche Pflicht;* **~philosophie,** die: *Zweig der Philosophie, der sich mit dem Recht, seinem Ursprung, Wesen, Inhalt, Zweck u. den Grundlagen insbes. seines Geltungsanspruchs befaßt;* **~politik,** die: *Politik im Bereich des Rechtswesens,* dazu: **~politisch** ⟨Adj.; o. Steig.⟩; **~position,** die (jur.): *rechtliche Position:* die R. des Eigentümers; **~positivismus,** der (jur.): *Rechtsauffassung, die die Existenz eines Naturrechts leugnet u. als Recht nur das bestehende Recht bzw. dessen wertungsfreie Auslegung anerkennt;* **~sache,** die (jur.): *gerichtlich zu verhandelnde Sache; Streitsache;* **~satz,** der (jur.): svw. ↑~norm; **~schutz,** der (jur.): *staatlicher Schutz von Rechten des einzelnen, rechtlicher Schutz,* dazu: **~schutzversicherung,** die; **~sicherheit,** die ⟨o. Pl.⟩ (jur.): *durch die Rechtsordnung gewährleistete Sicherheit* (Ggs.: ~unsicherheit); **~sinn,** der ⟨o. Pl.⟩: *Sinn für Recht u. Unrecht;* **~soziologie,** die: *Zweig der Soziologie, der sich insbes. mit der Wechselwirkung zwischen Rechtsordnung u. sozialer Wirklichkeit befaßt;* **~sprache,** die (Sprachw.): *im Rechtswesen gebräuchliche Fachsprache;* **~sprichwort,** das: *Sprichwort, das (bzw. volkstümlicher Spruch, der) einen Rechts[grund]satz enthält;* **~spruch,** der: *[Urteils]spruch, gerichtliches Urteil;* **~staat,** der (Politik, jur.): *Staat, der [gemäß seiner Verfassung] das von seiner Volksvertretung gesetzte Recht verwirklicht u. sich der Kontrolle unabhängiger Richter unterwirft, der die rechtliche Stellung des Bürgers schützt,* dazu: **~staatlich** ⟨Adj.⟩, dazu: **~staatlichkeit,** die; **~standpunkt,** der: *rechtlicher Standpunkt;* **~status,** der (jur.): *rechtlicher Status;* **~stellung,** die (jur.): *rechtliche Stellung:* die R. des Soldaten, des Ausländers; **~streit,** der (jur.): *zwischen zwei Parteien bzw. Beteiligten in einem gerichtlichen Verfahren ausgetragene Auseinandersetzung über ein Rechtsverhältnis* (1); *Prozeß;* **~streitigkeit,** die: svw. ↑~streit; **~subjekt,** das (jur.): vgl. ~person; **~symbol,** das; **~system,** das: vgl. ~ordnung; **~theorie,** die (jur.); **~titel,** der (jur.): svw. ↑~anspruch; **~träger,** der (jur.): vgl. ~person; **~ungültig** ⟨Adj.; o. Steig.⟩ (jur.): *nach dem bestehenden Recht ungültig* (Ggs.: ~gültig), dazu: **~ungültigkeit,** die; **~unkundig** ⟨Adj.; nicht adv.⟩: *in rechtlichen Dingen nicht sachkundig, sich im Recht, in den Gesetzen nicht auskennend* (Ggs.: ~kundig); **~unsicherheit,** die ⟨o. Pl.⟩ (jur.): *mangelnde Rechtssicherheit* (Ggs.: ~sicherheit); **~unwirksam** ⟨Adj.; o. Steig.⟩ (jur.): svw. ↑~ungültig (Ggs.: ~wirksam), dazu: **~unwirksamkeit,** die; **~verbindlich** ⟨Adj.; o. Steig.⟩ (jur.): *rechtlich verbindlich,* dazu: **~verbindlichkeit,** die ⟨o. Pl.⟩; **~verdreher,** der: **1.** (abwertend) *jmd., der das Recht verdreht, die Gesetze absichtlich falsch auslegt u. anwendet.* **2.** (ugs. scherzh.) *Jurist, Rechtsanwalt;* **~verdrehung,** die (abwertend): *Verdrehung des Rechts, absichtlich falsche Auslegung u. Anwendung der Gesetze;* **~verfahren,** das (jur.): *rechtliches, gesetzliches Verfahren;* **~verhältnis,** das (jur.): **1.** *rechtlich geordnetes, bestimmte Rechte u. Pflichten begründendes Verhältnis, in dem Personen bzw. Personen u. Gegenstände zueinander stehen:* das R. zwischen Schuldner und Gläubiger. **2.** ⟨Pl.⟩ *rechtliche Verhältnisse;* **~verkehr,** der (jur.): *rechtliche Angelegenheiten betreffender Verkehr, Austausch usw.:* der internationale R.; **~verletzend** ⟨Adj.; o. Steig.; nicht adv.⟩ (jur.): *das Recht verletzend:* -e Maßnahmen; **~verletzer,** der (jur.); **~verletzung,** die (jur.); **~verordnung,** die (jur.): *auf Grund gesetzlicher Ermächtigung von der Regierung oder einer Verwaltungsbehörde erlassene Verordnung;* **~vertreter,** der (jur.): *staatlich zugelassener Vertreter in Rechtsangelegenheiten* (z. B. Rechtsanwalt); **~vertretung,** die (jur.): *Vertretung durch einen Rechtsvertreter;* **~verweigerung,** die (jur.): *Verweigerung der Amtsausübung u. des zu gewährenden Rechtsschutzes;* **~vorgänger,** der (jur.): vgl. ~nachfolger; **~vorschlag,** der (schweiz. jur.): *Rechtseinwendung gegen Zwangsvollstreckung;* **~vorschrift,** die (jur.): *rechtliche Vorschrift;* **~vorstellung,** die: *das Recht, Recht u. Unrecht betreffende Vorstellung, Anschauung:* germanische -en; nach unseren -en; **~weg,** der (jur.): *Weg, auf dem bei den Gerichten um Rechtsschutz, um eine gerichtliche Entscheidung nachgesucht werden kann:* der R. zu den Gerichten der Arbeitsgerichtsbarkeit; für diesen Streitfall ist der R. zulässig, ausgeschlossen; den R. gehen, einschlagen, beschreiten *(das Gericht in Anpsruch nehmen);* die Gewinner werden unter Ausschluß des -es ausgelost; diese Angelegenheit wird auf dem R. *(gerichtlich)* entschieden; **~wesen,** das ⟨o. Pl.⟩: *Gesamtheit des organisierten Rechtslebens, seine Einrichtungen u. geregelten Äußerungsformen;* **~widrig** ⟨Adj.; o. Steig.⟩: *gegen das geltende Recht [verstoßend], gesetzwidrig:* eine -e Handlung; das Verbot ist r., dazu: **~widrigkeit,** die: **1.** ⟨o. Pl.⟩ *das Rechtswidrigsein; rechtswidrige Beschaffenheit.* **2.** *rechtswidrige Handlung od. Unterlassung:* bei dem Verfahren sind -en vorgekommen; **~wirksam** ⟨Adj.; o. Steig.⟩ (jur.): svw. ↑~gültig (Ggs.: ~unwirksam), dazu: **~wirksamkeit,** die; **~wissenschaft,** die ⟨o. Pl.⟩: *Wissenschaft vom Recht, seinen Erscheinungsformen u. seiner Anwendung; Jura, Jurisprudenz,* dazu: **~wissenschaftlich** ⟨Adj.; o. Steig.⟩; **~zug,** der (jur.): **1.** svw. ↑Instanz (2): das gerichtliche Verfahren beginnt im ersten R. **2.** *spezieller Rechtsweg; Instanzenweg.*

Rechtser [ˈrɛçtsɐ], der; -s, - (landsch.): *Rechtshänder* (Ggs.: Linkser).

recipe [ˈre:tsipe; lat., zu: recipere, ↑rezipieren]: *nimm!* (Hinweis auf ärztlichen Rezepten); Abk.: Rec., Rp.

Recital [rɪˈsaɪtl], das; -s, -s, Rezital [retsiˈta:l], das; -s, -e od. -s [engl. recital, zu: to recite = öffentlich vortragen < (m)frz. réciter < lat. recitāre, ↑rezitieren]: *von einem Solisten dargebotenes od. aus den Werken nur eines Komponisten bestehendes Konzert.*

Reck [rɛk], das; -[e]s, -e, auch: -s [aus dem Niederd. < mniederd. reck(e) = Querstange (bes. zum Aufhängen der Wäsche); von dem dt. Erzieher F. L. Jahn (1778–1852) in die Turnerspr. eingef.]: *Turngerät, das aus einer zwischen zwei festen senkrechten Stützen in der Höhe verstellbar angebrachten stählernen Stange besteht:* [am] R. turnen; eine Felge am R. machen; mit einem doppelten Salto vom R. abgehen.

Reck-: **~stange,** die; **~turnen,** das; **~übung,** die.

Recke ['rɛkə], der; -n, -n [mhd. recke, ahd. rechh(e)o, urspr. = Verbannter; verw. mit ↑rächen] (geh.): *[in alten Sagen] kampferprobter, kühner Krieger, Held:* Ü er war immer noch ein aufrechter, mannhafter R., trotz seiner silberweißen Haare (Bredel, Väter 257).

recken ['rɛkn̩] ⟨sw. V.; hat⟩ [mhd. recken, ahd. recchen, zu ↑recht]: **1. a)** *(sich od. einen Körperteil) ausstrecken, gerade-, auf-, hochrichten, in die Höhe strecken:* sich tüchtig r., den Hals r., um besser sehen zu können; sich [im Bett] r. und strecken; **b)** *irgendwohin strecken:* den Oberkörper über den Abgrund, den Kopf aus dem Fenster r.; den Arm in die Höhe r.; sie reckte ihre verkrüppelte Hand nach ihm; sie reckte die Faust gegen ihn (geh.; *drohte ihm mit der Faust*); Ü ... reckten sich die zerklüfteten Felsen in den azurblauen Himmel (Cotton, Silver-Jet 13). **2. a)** (landsch.) *(in bezug auf ein Wäschestück) nach der Wäsche so ziehen, dehnen, daß es wieder in die richtige Form kommt:* Wäsche r.; Sie packte ein Bettuch an zwei Zipfeln, und wenn sie mit der rechten Hand reckte, zog ... die Mutter mit der linken (Alexander, Jungfrau 289); **b)** (Fachspr.) *(durch Walken, Hämmern, Walzen o. ä.) dehnen [u. geschmeidig machen], in der Oberfläche u. Länge vergrößern:* einen Werkstoff r.; gereckte Thermoplaste.

reckenhaft ⟨Adj.; -er, -este⟩ (geh.): *nach Art eines Recken;* **Reckentum,** das; -s (geh.): *Wesen, Haltung eines Recken.*

Reckmaschine, die; -, -n (Technik): *Maschine zum Recken* (2 b).

Recorder [re'kɔrdɐ], der; -s, - [engl. recorder, zu: to record, ↑Rekord]: *Gerät zur elektromagnetischen Aufzeichnung auf Bändern u. zu deren Wiedergabe.*

recte ['rɛktə] ⟨Adv.⟩ [lat. rēctē, Adv. von: rēctus = gerade, richtig, zu: rēctum, 2. Part. von: regere, ↑regieren]: *richtig, recht:* von dieser Regel machte auch Maud Leoni, r. Grete Prochaska, keine Ausnahme (Habe, Namen 186); **Recto:** ↑Rekto; **Rector magnificus** ['rɛktɔr ma'gni:fikʊs], der; - -, -es ...ci [rɛk'to:re:s ...itsi; lat.]: *Titel des Hochschulrektors.*

Recycling [ri'saiklɪŋ], das; -s [amerik. recycling, zu: to recycle = wiederaufbereiten, aus: re- = wieder (< lat. re-, ↑re-, Re-) u. cycle = Zyklus]: *Aufbereitung u. Wiederverwendung bereits benutzter Rohstoffe:* R. ist die einzige Alternative zur zukünftig nicht mehr tragbaren Wegwerfgesellschaft (Spiegel 50, 1975, 160); ⟨Zus.:⟩ **Recyclinganlage,** die.

Redakteur [redak'tø:ɐ̯], der; -s, -e [frz. rédacteur, zu: rédiger, ↑redigieren]: *jmd., der für eine Zeitung od. Zeitschrift, für Rundfunk od. Fernsehen, für ein [wissenschaftliches] Sammelwerk o. ä. Beiträge auswählt, bearbeitet od. auch selbst schreibt* (Berufsbez.): er ist R. bei/an einer großen Zeitung; R. für Politik, Wirtschaft, Sport; der verantwortliche R.; R. vom Dienst ist heute ...; **Redakteurin,** die; -, -nen: w. Form zu ↑Redakteur; **Redaktion** [redak'tsi̯o:n], die; -, -en [frz. rédaction]: **1.** ⟨o. Pl.⟩ *Tätigkeit eines Redakteurs; das Redigieren, Herausgeben von Texten:* die R. der verschiedenen Beiträge besorgen; bis spät in die Nacht war er mit der R. der nächsten Zeitschriftennummer beschäftigt. **2. a)** *Gesamtheit der Redakteure (einer Zeitung, Rundfunkanstalt o. ä.):* die R. zu einer Besprechung zusammenrufen; ein Mitglied der R.; **b)** *Raum od. Räume für die Arbeit der Redakteure:* die R. ist zu eng geworden; es ist niemand mehr in der R.; **c)** *[Fach]abteilung, Geschäftsstelle, Büro bei einer Zeitung, einem Verlag, einer Rundfunkanstalt o. ä., in der Redakteure arbeiten:* die politische R. der Zeitschrift leiten; in die R. kommen; in dieser R. arbeiten fünfzehn Redakteurinnen und Redakteure. **3.** (Fachspr.) *Veröffentlichung, [bestimmte] Ausgabe eines Textes:* Als Textproben sind die Abschnitte Aa–Ac aus den drei ältesten -en ... abgedruckt (Germanistik 2, 1968, 266); **redaktionell** [...tsi̯o'nɛl] ⟨Adj.; o. Steig.; nicht präd.⟩: **a)** *das Redigieren, die Redaktion betreffend:* die -e Bearbeitung eines Textes; die -e Verantwortung tragen; Die nächsten beiden Nummern sind r. auch unterm Dach (Kant, Impressum 372); **b)** *von der Redaktion ausgehend:* der -e Teil einer Zeitung.

Redaktions-: **~arbeit,** die; **~assistent,** der; **~besprechung,** die; **~büro,** das; **~geheimnis,** das: vgl. Pressegeheimnis; **~gemeinschaft,** die: *Zusammenschluß mehrerer Zeitungsverlage, die nur den Lokalteil jeweils in der eigenen Redaktion gestalten, während der Mantel* (3) *für alle gemeinsam zentral erstellt wird;* **~kollegium,** das; **~kommission,** die (schweiz.): *Ausschuß, der einen Gesetzestext ausarbeitet;* **~lesung,** die (schweiz.): *Lesung* (2) *eines Gesetzestextes;* **~mitglied,** das; **~schluß,** der: *Beendigung, Abschluß der redaktionellen Arbeit:* die Meldung traf erst nach R. ein; **~sitzung,** die; **~statut,** das: *Vereinbarung zwischen Verleger (od. Rundfunkanstalt) u. Redakteuren über die freie Meinungsäußerung, die Abgrenzung der Kompetenzen u. ä.*

Redaktor [re'daktɔr, auch: ...to:ɐ̯], der; -s, -en [...'to:rən]: **1.** *Sammler, Bearbeiter, Herausgeber von [literarischen od. wissenschaftlichen] Texten.* **2.** (schweiz.) svw. ↑Redakteur; **Redaktrice** [redak'tri:sə], die; -, -n [frz. rédactrice] (österr. veraltend): svw. ↑Redakteurin.

Redder ['rɛdɐ], der; -s, - [mniederd. redder] (nordd., nur noch in Straßennamen): *enger Weg (zwischen Hecken).*

Rede ['re:də], die; -, -n [mhd. rede, ahd. red[i]a, radia = Rede (u. Antwort); Sprache; Vernunft; Rechenschaft; urspr. = das Gefügte; z. T. viell. Lehnbed. aus lat. ratio, ↑Ratio]: **1. a)** *Ansprache, mündliche Darlegungen vor einem Publikum über ein bestimmtes Thema od. Arbeitsgebiet; Vortrag, oft mit der Absicht, nicht nur Fakten darzulegen, sondern auch zu überzeugen, Meinungen zu prägen:* eine lange, fesselnde, langweilige, trockene, gut aufgebaute, improvisierte, frei gehaltene, zündende R.; die R. hat Eindruck gemacht, Aufsehen erregt; eine R. vor dem Parlament halten; eine R. mitstenographieren, im Rundfunk übertragen; leider hat er seine R. ganz abgelesen; er hat sich bei seiner R. dauernd verhaspelt, ist in der R. steckengeblieben; ***eine R. schwingen** (ugs.; *eine [unwichtige] Rede halten;* wohl wegen der oft schwungvollen Armbewegungen bei solchen Reden od. LÜ von lat. ōrātiōnem vibrāre); **b)** *geübtes Sprechen, rhetorischer Vortrag:* die Kunst der R.; die Gabe der R. haben; etw. in freier R. vortragen. **2. a)** *das Reden; zusammenhängende Äußerung; Worte [die zum Gespräch werden]; geäußerte Meinung, Ansicht:* R. und Gegenrede; laute -n gingen hin und her; plötzlich verstummten alle -n *(Gespräche);* Verdammt will ich sein, war eine seiner -n (Gaiser, Jagd 55); [das war schon immer] meine R.! (ugs.; *das habe ich schon immer gesagt, diese Ansicht habe ich stets vertreten*); jmds. stehende R. *(ständig wiederholte Äußerung)* sein; gottlose, unanständige, lockere, lose, weise, kluge (meist iron.; *dumme*) -n führen; er brachte die R. *(das Gespräch)* auf ein anderes Thema; geschickt nahm er seine R. *(sein Thema)* wieder auf; man erging sich in dunklen -n *(Andeutungen);* R der langen R. kurzer Sinn (nach Schiller, Piccolomini I, 2); vergiß deine R. nicht! *(vergiß nicht, was du sagen wolltest)!;* ***von jmdm./etw. ist die R.** *(von jmdm., über etw. wird gesprochen);* **von etw. kann keine R. sein** *(etw. trifft absolut nicht zu u. wird sich auch nicht ereignen);* **große -n schwingen** (ugs.; *anmaßend, prahlerisch reden*); **etw. verschlägt jmdm. die R.** (ugs.; *jmd. bleibt stumm [vor Staunen od. Entsetzen]*); **nicht der R. wert sein** *(unwesentlich, unwichtig sein);* **etw. nicht an der R. haben wollen** (schweiz.; svw. etw. nicht ↑Wort haben wollen); **jmdm. in die R. fallen** (svw. jmdm. ins ↑Wort fallen); **jmdm. R. [und Antwort] stehen** (*alle Fragen nach seinem persönlichen Verhalten beantworten u. sich damit rechtfertigen;* urspr. = Aussage, Rechtfertigung vor Gericht); **jmdn. zur R. stellen** (*von jmdm. Rechenschaft fordern; verlangen, daß jmd. sich rechtfertigt;* urspr. Aussage, Rechtfertigung vor Gericht); **b)** *Gerede, Gerücht:* kümmere dich nicht um die -n der Leute; die R. wollte nicht verstummen, daß ...; durch solche -n lasse ich mich nicht beirren; ***es geht die R., [daß ...]** *(man sagt ...);* **von jmdm. geht die R. ...** *(von jmdm. wird behauptet ...).* **3.** (Sprachw.) **a)** *in bestimmter Weise erfolgende Wiedergabe der Aussagen eines andern:* direkte R. *(wörtliches, in Anführungszeichen gegebenes Zitat; Oratio recta);* indirekte, abhängige R. *(in Gliedsätzen u. im Konjunktiv wiedergegebene, referierte Aussage eines anderen; Oratio obliqua);* erlebte R. *(Wie-*

dergabe innerer Vorgänge, wie sie die erlebende Person empfindet, aber nicht in der Ichform, sondern in der 3. Pers.); **b)** *sprachliche Form eines Textes:* seine künstlerische Form ist die gebundene R. *(Verse);* Romane sind in ungebundener R. *(in Prosa)* abgefaßt; die geblümte R. *(gekünstelte Sprachform, bes. in der ma. Dichtung);* **c)** [2]*Parole.*

rede-, Rede-: **~blume,** die (veraltet): *blumiger Ausdruck, Floskel;* **~blüte,** die: svw. ↑Stilblüte; **~duell,** das: *mit Worten, [öffentlichen] Reden ausgetragener Meinungsstreit, Wortgefecht:* ein R. im Bundestag; sich heiße -e liefern; **~fertigkeit,** die (selten): vgl. ~gewandtheit; **~figur,** die (Rhet., Stilk.): *Stilmittel, um eine Aussage lebendiger od. überzeugender zu machen;* **~fluß,** der ⟨Pl. ungebr.⟩ (abwertend): *unaufhörliches, monologisches Reden; Suada:* jmds. R. unterbrechen; **~freiheit,** die ⟨o. Pl.⟩: **a)** *zum Grundrecht der Meinungsfreiheit gehörende Freiheit, jederzeit u. ohne Gefahr öffentlich reden u. seine Meinung sagen zu können;* **b)** *bei einer Versammlung o. ä. das Recht zum Mitreden;* **~freudig** ⟨Adj.; nicht adv.⟩: *viel u. gerne redend;* **~gabe,** die ⟨o. Pl.⟩: vgl. Rednergabe; **~gewaltig** ⟨Adj.; nicht adv.⟩: *rhetorisch überzeugend, mitreißend;* **~gewandt** ⟨Adj.; nicht adv.⟩: *fähig, sich gewandt u. überzeugend auszudrücken,* dazu: **~gewandtheit,** die; **~kunst,** die: *[Wissenschaft von der] Fähigkeit zur sprachlichen Gestaltung eines mündlichen Textes u. zu seinem überzeugenden Vortrag; Rhetorik;* **~lustig** ⟨Adj.; nicht adv.⟩: svw. ↑~freudig; **~schlacht,** die: vgl. ~duell; **~schwall,** der ⟨Pl. ungebr.⟩ (abwertend): *sich überstürzender Schwall von Worten; langes, hastiges, nicht endenwollendes Reden;* **~spiel,** das: *Wechselreden mit geheimem, nur den Teilnehmern bekanntem Hintersinn;* **~stil,** der; **~streit,** der: svw. ↑~duell; *Disputation;* vgl. Eristik; **~strom,** der ⟨Pl. ungebr.⟩: svw. ↑~fluß; **~talent,** das; **~verbot,** das: *Verbot [öffentlich] zu reden:* R. haben; **~weise,** die: *Art des Sprechens in Ausdruck, Stil u. Artikulation;* **~wendung,** die: **a)** (Sprachw.) *[häufig gebrauchte] mehr od. weniger feste, oft bildliche Verbindung mehrerer Wörter:* eine stehende R.; **b)** *Floskel; Phrase:* etw. mit allgemeinen -en abtun; **~zeit,** die: *(bei Diskussionen, Parlamentsdebatten o. ä.) festgelegte, vereinbarte Zeitspanne, die jedem einzelnen Redner zur Verfügung steht:* die R. ist abgelaufen; die R. auf fünf Minuten begrenzen, festsetzen.

Redemptorist [redɛmpto'rɪst], der; -en, -en [zu kirchenlat. redēmptor = Erlöser]: *Mitglied der 1732 gegründeten katholischen Kongregation vom Allerheiligsten Erlöser.*

reden ['re:dn̩] ⟨sw. V.; hat⟩ [mhd. reden, ahd. red(i)ōn, zu ↑Rede]: **1.** *sprechen (als Hervorbringung von Lauten):* viel, wenig, langsam, schnell, hastig, [un]deutlich, laut, leise, ununterbrochen, stundenlang r.; kein Wort r.; sein Mund steht nicht still, er muß dauernd r.; redet nicht so viel!; in einer fremden Sprache, in Versen r.; er redet mit den Händen *(gestikuliert viel beim Sprechen);* er konnte vor Schreck nicht r.; vor sich hin r.; ⟨subst.:⟩ das viele Reden strengt an. **2.** *seine Gedanken in zusammenhängenden Worten äußern, mitteilen:* erst nachdenken, dann r.!; er läßt mich nicht zu Ende r. *(ausreden);* er redete nur Unsinn; hier kannst du ruhig, ohne Scheu r. *(dich offen äußern);* laß doch die Leute r. *(kümmere dich nicht um das, was sie [Schlechtes, Falsches] sagen)*!; es wird immer viel geredet *(geklatscht);* ⟨subst.:⟩ jmdn. zum Reden bringen; R Wenn die Wände r. könnten! *(in diesen Räumen hat sich manches zugetragen);* Spr Reden ist Silber, Schweigen ist Gold; Ü die Steine reden *(sie sagen etw. über die Vergangenheit aus);* ***jmd. hat gut r.** *(jmd. denkt sich das so einfach, kann sich aber nicht in die Lage des Betreffenden versetzen):* du hast gut r., du bist nicht so arm wie ich. **3.** *einen Vortrag, eine Rede halten:* im Parlament r.; wer wird heute abend r.?; er hat frei *(ohne Konzept, ohne abzulesen),* gut, flüssig, lange, zwei Stunden geredet; der Minister redet noch immer; er hat mit viel Pathos geredet; vor Studenten, zum Volk r. **4.** *durch [intensives] Reden* (1) *in einen bestimmten körperlichen od. geistigen Zustand versetzen:* sich heiser r.; er redete sich in Wut, in Begeisterung; jmdn. besoffen r. (salopp; *auf jmdn. einreden, bis er nicht mehr klar urteilen kann*); mich reden Sie nicht dumm (Fallada, Blechnapf 288). **5.** *sich jmdm. gegenüber [über etw., jmdn.] äußern; ein Gespräch führen, sich unterhalten:* er redet mit seinem Nachbarn; Wir müssen noch miteinander r. *(uns unterhalten, um uns über etw. zu verständigen);* man kann mit ihm über alles r.; mit ihm kann man ja nicht r. *(er ist eigensinnig, ist unzugänglich);* sie reden nicht mehr miteinander *(sind miteinander böse);* mit dir rede ich nicht mehr! (oft scherzh., z. B. wenn man sich über jmdn. geärgert hat); es war nicht mehr mit ihr zu r. *(kein Gespräch in bezug auf eine Verständigung o. ä. möglich;* Kant, Impressum 201); so lasse ich nicht mit mir r.! (als Ausdruck der Empörung, Zurückweisung; *diesen Ton verbitte ich mir*); er redet gern mit sich selbst *(führt Selbstgespräche);* über das Wetter r.; darüber reden wir später; wir wollen offen darüber r.; über diesen Vorschlag läßt sich r. *(er ist ganz gut);* reden wir nicht mehr darüber! *(wir wollen dieses unliebsame Thema als abgeschlossen betrachten);* über jmdn. r. *(sich hinter seinem Rücken über ihn [abfällig] äußern);* die Leute reden schon über uns *(entrüsten sich, äußern Kritik an unserem Verhalten);* von den Schwierigkeiten, von seinen Krankheiten r.; von wem redest du da eigentlich? *(wen meinst du?);* nicht zu r. von ... *(erst recht ...);* niemandem davon r. (schweiz.; *zu niemanden davon sprechen, etw. sagen*); darauf wollte ich gerade zu r. (schweiz.; *zu sprechen*) kommen; „Gibt es niemand", fuhr er fort, „gegen den Ihr Übles redet?" (Buber, Gog 145); was hat er zu dir geredet *(gesagt)*?; ***mit sich** ⟨Dativ⟩ **r. lassen** *(zu Zugeständnissen bereit sein);* **von sich** ⟨Dativ⟩ **r. machen** *(Aufmerksamkeit erregen);* ⟨Zus.:⟩ **Redensart,** die [LÜ von frz. façon de parler]: **a)** *formelhafte Verbindung von Wörtern, die meist als selbständiger Satz gebraucht wird;* **b)** ⟨Pl.⟩ *leere, nichtssagende Worte, Phrasen:* -en austauschen; das sind doch nur ausweichende -en; jmdn. mit -en abspeisen; ⟨Abl.:⟩ **redensartlich** ⟨Adj.; o. Steig.⟩ (selten): *die Redensart betreffend; in, mit Redensarten:* eine -e Ausdrucksweise; sich r. ausdrücken; **Rederei** [re:də'raj], die; -, -en: **1.** ⟨o. Pl.⟩ *[dauerndes] oberflächliches, nichtssagendes Reden:* mehr R. denn Rede (Th. Mann, Joseph 629); trotz aller Versprechungen und aller R. geschieht nichts. **2.** *einzelnes kursierendes Gerücht, Klatschgeschichte:* die -en über seine Vergangenheit wollten nicht verstummen; **Rederitis** [re:də'ri:tɪs], die; - [geb. mit der bei Krankheitsbezeichnungen üblichen Endung ...itis] (ugs. scherzh.): *Sucht, dauernd zu reden; Schwatzsucht.*

redigieren [redi'gi:rən] ⟨sw. V.; hat⟩ [frz. rédiger < lat. redigere = in Ordnung bringen] (Fachspr.): **a)** *einen [vorgelegten, eingesandten] Text für die Veröffentlichung bearbeiten:* ein Manuskript, einen Artikel, Beitrag für eine Zeitschrift r.; die Sendung (im Rundfunk) muß noch redigiert werden; **b)** *durch Bestimmung von Inhalt u. Form, Auswahl u. Bearbeitung der Beiträge gestalten:* eine Zeitschrift r.

Redingote [redɛ̃'gɔt, auch: rəd...], die; -, -n [frz. redingote < engl. riding coat = Reitmantel]: *taillierter, nach unten leicht ausgestellter Damenmantel.*

Rediskont, der; -s, -e (Geldw.): *Weiterverkauf von diskontierten Wechseln an die Notenbank;* ⟨Abl.:⟩ **rediskontieren** ⟨sw. V.; hat⟩ (Geldw.): *diskontierte Wechsel an- od. weiterverkaufen.*

Redistribution, die; -, -en (Wirtsch.): *Korrektur der [marktwirtschaftlichen] Einkommensverteilung mit Hilfe finanzwirtschaftlicher Maßnahmen.*

redivivus [redi'vi:vʊs] ⟨indekl. Adj.; o. Steig.; nur attr. (nachgestellt)⟩ [lat. redivīvus] (bildungsspr.): *wiedererstanden:* Walther (= Walther von der Vogelweide) r. oder – ein Spaßvogel? (Hilscher, Morgenstern 7).

redlich ['re:tlɪç] ⟨Adj.⟩ [mhd. redelich, ahd. redilīh, eigtl. = so, wie man darüber Rechenschaft ablegen kann; zu ↑Rede (3)]: **1.** *rechtschaffen, aufrichtig, ehrlich u. verläßlich [mit einem leichten Beiklang des Bieder-Bürgerlichen]:* ein -er Mensch; -e Arbeit; eine -e Gesinnung zeigen; er ist nicht r.; r. arbeiten; sich r. durchs Leben schlagen; Spr bleibe im Lande und nähre dich r. **2.** *sehr [groß]:* sich -e Mühe / r. Mühe geben; er hat sich r. geplagt; jetzt bin ich r. müde; ⟨Zus. zu 1:⟩ **Redlichkeit,** die; - [mhd. redlîcheit]: *redliches Wesen, Rechtschaffenheit, Ehrlichkeit:* einundzwanzig Jahre der Treue, des Fleißes, der R. (Werfel, Himmel 153); an der R. seines Urteils besteht kein Zweifel;

Redner ['re:dnɐ], der; -s, - [mhd. redenære, ahd. redināri]: **a)** *jmd., der eine Rede* (1) *hält, Reden* (1 b) *gelernt hat:* der R. des heutigen Abends; drei R. sind vorgesehen; der R. tritt ans Pult, entfaltet sein Manuskript, ergreift das Wort; Zwischenrufe unterbrechen den R.; einen R. nicht ausreden lassen; man hat ihn als R. gewonnen; **b)** *jmd., der in bestimmter Weise eine Rede* (1), *Reden* (1) *hält:* ein guter, überzeugender, schlechter R.; dieser Pfarrer ist kein R. *(kann nicht gut reden).*

Redner-: ~**bühne,** die: svw. ↑~tribüne; ~**gabe,** die: *rhetorische Begabung;* ~**kanzel,** die (selten): svw. ↑~pult; ~**liste,** die: *Liste, auf die der Reihe nach alle Teilnehmer einer Veranstaltung geschrieben werden, die sich als Diskussionsredner gemeldet haben:* eine lange R.; die R. schließen *(keine neuen Meldungen mehr annehmen);* als nächster steht auf der R. ...; ~**podest,** ~**podium,** das: das R. betreten, verlassen; ~**pult,** das: *[in der Höhe verstellbares] Pult, an dem ein Redner stehen u. auf dessen schräger Fläche er sein Manuskript ablegen kann;* ~**talent,** das: svw. ↑~gabe; ~**tribüne,** die: *erhöhte Plattform, auf der das Rednerpult od. auch Tisch u. Stühle für eine Diskussionsrunde stehen.*

Rednerin, die; -, -nen: w. Form zu ↑Redner; **rednerisch** ⟨Adj.; o. Steig.; nicht präd.⟩: *das Reden, die Redekunst betreffend:* eine -e Glanzleistung; sich r. betätigen.

Redopp [re'dɔp], der; -s [ital. raddoppio, eigtl. = Verdopplung] (Reiten): *kürzester Galopp in der Hohen Schule.*

Redoute [re'du:tə], die; -, -n [frz. redoute < ital. ridotto, eigtl. = Zufluchtsort < lat. reductum, ↑Reduktion]: **1.** (veraltet) *Saal für Feste u. Tanzveranstaltungen.* **2.** (österr.) *[vornehmer] Maskenball:* auf die R. gehen. **3.** (früher) *trapezförmige, allseitig geschlossene Schanze als Teil einer Festung.*

Redox- [re'dɔks-; Kurzwort aus **Red**uktion u. **Ox**ydation]: meist in Zus. auftretendes Kurzwort zur Kennzeichnung chemischer Vorgänge, bei denen Reduktion u. Oxydation miteinander gekoppelt ablaufen (z.B. Redoxreaktion); **Redoxsystem,** das; -s (Chemie): *aus einem Oxydationsmittel u. dem entsprechenden Reduktionsmittel bestehendes chemisches System, in dem ein Gleichgewicht zwischen Oxydations- u. Reduktionsvorgängen herrscht.*

Red Power ['rɛd 'paʊə], die; - - [engl.-amerik. red power = rote Macht]: *Bewegung nordamerikanischer Indianer gegen die Unterdrückung durch die Weißen u. für kulturelle Eigenständigkeit u. politische Autonomie.*

Redressement [redrɛsə'mã:], das; -s, -s [frz. redressement, zu: redresser, ↑redressieren] (Med.): **a)** *Einrenkung von Knochenbrüchen od. Verrenkungen mit anschließender Ruhigstellung in einem Kontentivverband;* **b)** *orthopädische Korrektur von körperlichen Fehlern;* **redressieren** [...'si:rən] ⟨sw. V.; hat⟩ [frz. redresser = geraderichten, aus re- (< lat. re-, ↑re-, Re-) u. dresser, ↑dressieren] (Med.): *ein Redressement vornehmen.*

redselig ['re:t-] ⟨Adj.⟩ [spätmhd. reddeselig] (oft abwertend): *gern u. viel redend; geschwätzig:* eine -e Person; vom Wein wurde er r.; r. berichtete sie alles; Ü ein -er *(wortreicher, weitschweifiger)* Brief; ⟨Abl.:⟩ **Redseligkeit,** die; -: *das Redseligsein, redseliges Wesen.*

Reduit [re'dy̆i:], das; -s, -s [frz. réduit < lat. reductum, ↑Reduktion]: **1.** (früher) *vor Beschuß gesicherte Verteidigungsanlage im Innern einer Festung:* Ü das R. in den Alpen sicherte die Schweizer Neutralität. **2.** *Versteck, Zufluchtsort; Bollwerk:* das bäuerliche Leben erscheint als letztes R. der Innerlichkeit (Frisch, Stiller 293); **Reduktion** [redʊk'tsi̯o:n], die; -, -en [lat. reductio = Zurückführung, zu: reductum, 2. Part. von: redūcere, ↑reduzieren]: **1.** (bildungsspr.) *das Reduzieren, Zurückführen auf ein geringeres Maß; Herabsetzung, Verminderung:* eine R. der Kosten, der Arbeitszeit; R. *(Beschränkung)* auf das Wichtigste; aus der ... Vorstellung, Humor sei R. ins Banale (FAZ 8. 4. 61, 2); beim Lehrstoff müssen -en vorgenommen werden. **2.** (bes. Philos.) *Rückschluß vom Komplizierten auf etw. Einfaches; Vereinfachung:* die R. eines Schemas; eine Theorie aus der Beobachtung der Wirklichkeit durch R. gewinnen. **3.** (Sprachw.) **a)** *Vereinfachung eines Satzes durch Verminderung der Wörter ohne Änderung seiner eigentlichen Struktur;* **b)** *Abschwächung od. Schwund eines Vokals.* **4.** (Ggs.: Oxydation) **a)** (Chemie) *chemischer Prozeß, bei dem einem Oxyd Sauerstoff entzogen wird;* **b)** (Chemie, Physik) *Vorgang, bei dem ein chemischer Grundstoff od. eine chemische Verbindung Elektronen aufnimmt, die von einer anderen Substanz abgegeben werden.* **5.** (Biol.) *Verminderung der Zahl der Chromosomen bei der Reduktionsteilung* (2). **6.** (Physik, Met.) *Umrechnung von Meßwerten auf Werte unter Normalbedingungen* (z. B. den an einem Ort gemessenen Luftdruck auf den Luftdruck in Meereshöhe).

Reduktions-: ~**diät,** die (Med.): *kalorienarme Nahrung für eine Abmagerungskur;* ~**kost,** die: svw. ↑~diät; ~**mittel,** das: **a)** (Chemie) *Stoff, der leicht Sauerstoff binden kann u. dadurch die Reduktion* (4 a) *ermöglicht;* **b)** (Chemie, Physik) *Stoff, der leicht Elektronen abgibt u. deshalb für eine Reduktion* (4 b) *benötigt wird;* ~**ofen,** der (Technik): *[Schmelz]ofen, in dem Erze einer Reduktion* (4 a) *unterzogen werden;* ~**stufe,** die (Sprachw.): *beim Ablaut die abgeschwächte Stufe eines Vokals;* ~**teilung,** die (Biol.): **1.** svw. ↑Meiose. **2.** *diejenige meiotische Teilung, bei der der Chromosomensatz wieder auf die Hälfte reduziert wird;* ~**zirkel,** der: *verstellbarer Zirkel zum Übertragen von vergrößerten od. verkleinerten Strecken.*

reduktiv [redʊk'ti:f] ⟨Adj.; o. Steig.⟩ (bildungsspr., Fachspr.): *mit den Mitteln der Reduktion arbeitend, durch Reduktion bewirkt:* eine -e Methode.

redundant [redʊn'dant] ⟨Adj.; o. Steig.⟩ [lat. redundāns (Gen.: redundantis), eigtl. = 1. Part. von: redundāre = überströmen] (Fachspr.): *Redundanz aufweisend, überreichlich [vorhanden]:* -e Buchstaben, Merkmale; **Redundanz** [...nts], die; -, -en [lat. reduntantia = Überfülle] (Sprachw., Kommunikationsf.): *das Vorhandensein von eigentlich überflüssigen, für die Information nicht notwendigen Elementen; Überladung mit Merkmalen;* ⟨Zus.:⟩ **redundanzfrei** ⟨Adj.; o. Steig.⟩: *ohne Redundanzen, auf das Wichtigste konzentriert:* ein -es Lehrbuch.

Reduplikation [reduplika'tsi̯o:n], die; -, -en [spätlat. reduplicātio] (Sprachw.): *Verdoppelung eines Wortes od. Wortteiles;* **reduplizieren** [...i'tsi:rən] ⟨sw. V.; hat⟩ [spätlat. reduplicāre = wieder verdoppeln, aus lat. re- (↑re-, Re-) u. duplicāre, ↑Duplikat] (Sprachw.): *der Reduplikation unterworfen sein:* reduplizierende *(einzelne Stammformen mit Hilfe der Reduplikation bildende)* Verben.

Reduzent [redu'tsɛnt], der; -en, -en [lat. redūcēns (Gen.: redūcentis), 1. Part. von: redūcere, ↑reduzieren] (Biol.): *(in der Nahrungskette) ein Lebewesen* (z. B. *Bakterie, Pilz* 2), *das organische Stoffe wieder in anorganische überführt, sie mineralisiert* (vgl. Produzent 2, Konsument 2); **reduzibel** [...'tsi:bl̩] ⟨Adj.; o. Steig.; nicht adv.⟩ (Philos., Math.): *sich ableiten, auf eine Grundform zurückführen lassend* (Ggs.: irreduzibel): eine reduzible Gleichung.

Reduzier-: ~**stück,** das (Technik): *Muffe* (1 a), *die dazu dient, ein Rohr, das einen größeren Durchmesser hat, mit einem Rohr kleineren Durchmessers zu verbinden;* ~**verfahren,** das (Hüttenw.): *besonderes Verfahren zur Herstellung kleinerer Abmessungen an bereits in bestimmten Standardgrößen vorgefertigten Rohren;* ~**ventil,** das (Technik): *Ventil, durch das Druck abgelassen, der Druck reduziert werden kann.*

reduzieren [redu'tsi:rən] ⟨sw. V.; hat⟩ [lat. redūcere = (auf das richtige Maß) zurückführen, aus: re- (↑re-, Re-) u. dūcere = führen]: **1.** *verringern, (in Wert, Ausmaß od. Anzahl) vermindern, herabsetzen, einschränken:* die Ausgaben, die Preise, den Energieverbrauch r.; mit dieser Maßnahme soll die Zahl der Arbeitslosen reduziert werden; die Ausbildungskosten müssen auf ein Minimum reduziert werden; die Firma hat die Zahl der Beschäftigten um ein Viertel reduziert; reduzierte Preise; reduzierte Erwartungen; reduzierter Bruch (Math.; *Bruch, bei dem Zähler u. Nenner teilerfremd sind*); sich reduziert (veraltend; *schwach, kraftlos*) fühlen. **2.** *auf eine einfachere Form zurückführen, vereinfachen:* etw. auf seine Grundelemente r. **3.** ⟨r. + sich⟩ *sich abschwächen; schwächer, geringer werden, (in Wert, Ausmaß od. Zahl) zurückgehen:* die Zahl der Unfälle hat sich reduziert; sein Einfluß reduziert sich auf ein bloßes Mitspracherecht; ich kapiere es von Ihnen nicht, wie Sie sich reduzieren dadurch (*Ihren Persönlichkeitswert vermindern;* Praunheim, Sex 102). **4.** (Sprachw.) *einen Vokal abschwächen:* das e wird auslautend zu einem bloßen Murmel-e reduziert. **5.** (Chemie, Physik) *eine Reduktion* (4 a, b) *vornehmen:* CO_2 zu Kohlenmonoxyd r. **6.** (Physik, Met.) *einen Meßwert auf den Normalwert umrechnen;* ⟨Abl.:⟩ **Reduzierung,** die; -, -en.

Reede ['re:də], die; -, -n [aus dem Niederd. < mniederd. rēde, reide = Ankerplatz, wohl eigtl. = Platz, an dem Schiffe ausgerüstet werden]: *vor einem (zum direkten Anlegen zu seichten) Hafen od. geschützt in einer Bucht liegender Platz, an dem Schiffe ankern können:* das Schiff liegt auf der R.; von der R. aus werden die Passagiere ausgebootet; **Reeder** ['re:dɐ], der; -s, - [aus dem Niederd. < mniederd. rēder, zu: rēden = ausrüsten, bereitmachen, verw. mit ↑bereit]: *Schiffahrtsunternehmer; Schiffseigner [bei der Seeschiffahrt];* **Reederei** [re:də'rai̯], die; -, en: *Schiffahrtsunternehmen, Handelsgesellschaft, die mit [eigenen] Schiffen*

Personen u. Güter befördert; ⟨Zus.:⟩ **Reedereiflagge,** die: *Flagge mit dem Zeichen der Reederei.*

reell [re'ɛl] ⟨Adj.⟩ [frz. réel < spätlat. reālis, ↑real]: **1. a)** *anständig, ehrlich:* ein -es Geschäft; die Firma, der Kaufmann ist r.; seine Angebote sind immer r.; das Geld hat er sich r. verdient; **b)** (ugs.) *ordentlich, den Erwartungen entsprechend, handfest:* ein -es Essen; -e Portionen; ⟨subst.:⟩ das ist doch wenigstens was Reelles. **2.** *wirklich, tatsächlich [vorhanden], echt:* eine -e Chance haben; das Ungeziefer ist sein einzig -er Feind; r. ist diese Möglichkeit nicht vorhanden; -e Zahlen (Math.; *Zahlen, die sich als ganze Zahlen od. als einfache, periodische od. unendliche Dezimalzahlen darstellen lassen; rationale u. irrationale Zahlen im Gegensatz zu den imaginären*); ⟨Abl. zu 1 a:⟩ **Reellität** [reɛli'tɛ:t], die; - (selten): *Ehrlichkeit, Anständigkeit.*

Reep [re:p], das; -[e]s, -e [mniederd. rēp, niederd. Form von ↑²Reif] (Seemannsspr.): *Seil, [Schiffs]tau.*

Reep-: **~schläger,** der (nordd. veraltet): svw. ↑Seiler; **~schnur,** die (Fachspr.): *starke Schnur od. dünneres, sehr festes Seil [aus Perlon], das als zusätzliches Seil beim Bergsteigen u. als Lawinenschnur benutzt wird;* vgl. Rebschnur; **~werk,** das (veraltet): svw. ↑Tauwerk.

Reeper ['re:pɐ] [mniederd. rēper, ↑Reep] (nordd. veraltet): svw. ↑Seiler; ⟨Zus.:⟩ **Reeperbahn,** die (nordd. veraltet): svw. ↑Seilerbahn.

reesen ['re:zn̩] ⟨sw. V.; hat⟩ [aus dem Niederd.] (Seemannsspr.): *in übertreibender Weise erzählen.*

Reet [re:t], das; -s [mniederd. rēt, niederd. Form von ↑Ried] (nordd.): svw. ↑Ried (1 a); ⟨Zus.:⟩ **Reetdach,** das: *mit Ried* (1 a) *gedecktes Dach* (bes. bei nordd. Bauernhäusern).

Reexport [re|ɛks...], der; -[e]s, -e (Wirtsch.): *Ausfuhr importierter Waren.*

REFA ['re:fa; Kurzwort für: **Re**ichsausschuß **f**ür **A**rbeitszeitermittlung]: *Vereinigung von Unternehmen u. Rationalisierungsfachleuten, die Möglichkeiten zur Verbesserung der Wirtschaftlichkeit u. zur Humanisierung der Arbeit untersucht* (Verband für Arbeitsstudien, REFA e. V.).

REFA-: **~Fachmann,** der: vgl. ~Techniker; **~Lehre,** die: *Lehre von den vom REFA-Verband entwickelten Verfahren u. Grundsätzen;* **~Technik,** die: *nach der REFA-Lehre aufgebaute Technik,* dazu: **~Techniker,** der: *Techniker auf dem Gebiet der REFA-Lehre* (Berufsbez.).

Refaktie [re'faktsi̯ə], die; -, -n [niederl. refactie < lat. refectio = Wiederherstellung] (Kaufmannsspr.): *Gewichts- od. Preisabzug wegen beschädigter od. fehlerhafter Waren;* **refaktieren** [refak'ti:rən] ⟨sw. V.; hat⟩ (Kaufmannsspr.): *wegen beschädigter od. fehlerhafter Waren einen Nachlaß gewähren;* **Refektorium** [refɛk'to:ri̯ʊm], das; -s, ...ien [...i̯ən; mlat. refectorium, zu spätlat. refectōrius = erquickend, zu lat. reficere = erquicken]: *Speisesaal eines Klosters.*

Referat [refe'ra:t], das; -[e]s, -e [lat. referat = er möge berichten, 3. Pers. Sg. Präs. Konj. von: referre, ↑referieren]: **1.** *[vor Fachleuten mündlich vorgetragene] sorgfältig ausgearbeitete [u. Untersuchungsergebnisse zusammenfassende] Abhandlung über ein bestimmtes Thema:* ein wissenschaftliches, politisches R.; ein R. ausarbeiten, schreiben; im Seminar muß jeder ein R. halten oder schriftlich einreichen; eine Diskussion über das R. schloß sich an; **b)** *kurzer [eine kritische Einschätzung enthaltender] schriftlicher Bericht:* -e über die wichtigsten Neuerscheinungen. **2.** *Abteilung einer Behörde als Fachgebiet eines Referenten:* ein R. übernehmen, leiten; er betreut als Staatsanwalt das R. „Kapitalverbrechen"; er wurde in das neue R. berufen, mit dem R. betraut; ⟨Zus.:⟩ **Referatenblatt,** das: *[wissenschaftliche] Zeitschrift, die vor allem Referate* (1 b) *u. bibliographische Angaben über die Neuerscheinungen [in einem bestimmten Fachgebiet] bringt;* **Referatsleiter,** der: *Leiter eines Referats* (2); **Referee** [refə'ri:], der; -s, -s [engl. referee, zu: to refer = zur Entscheidung überlassen < (m)frz. référer, ↑referieren] (Sport Jargon): **a)** *Schiedsrichter;* **b)** *Ringrichter;* **Referendar** [referɛn'da:ɐ̯], der; -s, -e [mlat. referendarius = (aus den Akten) Bericht Erstattender]: *Anwärter auf die höhere Beamtenlaufbahn nach der ersten Staatsprüfung:* seinen R. machen *(die Prüfung als Referendar ablegen);* **Referendariat** [...da'ri̯a:t], das; -[e]s, -e: *Vorbereitungsdienst für Referendare:* ein zweijähriges R. für Lehrer; **Referendarin,** die; -, -nen: w. Form zu ↑Referendar; **Referendum** [...'rɛndʊm], das; -s, ...den u. ...da [lat. referendum = zu Beschließendes, Gerundivum von: referre, ↑referieren]: *(bes. in der Schweiz) Volksentscheid, allgemeine Abstimmung über eine bestimmte Frage, einen Erlaß;* **Referent** [...'rɛnt], der; -en, -en [lat. referēns (Gen.: referentis), 1. Part. von: referre, ↑referieren; 3: engl. referent]: **1. a)** *jmd., der ein Referat* (1) *hält, Vortragender:* der R. des heutigen Abends; wir haben Herrn N. N. als -en gewonnen; **b)** *Gutachter [bei der Beurteilung einer wissenschaftlichen Arbeit].* **2.** *Sachbearbeiter in einer Dienststelle:* er arbeitet als R. für Jugendfragen bei der Stadtverwaltung; der persönliche R. des Ministers. **3.** (Sprachw.) svw. ↑Denotat (1); ⟨Zus. zu 2:⟩ **Referentenentwurf,** der: *von den zuständigen Referenten als Fachleuten ausgearbeiteter [Gesetz]entwurf;* **referentiell** [...'tsi̯ɛl] ⟨Adj.; o. Steig.⟩ [frz. référentiel] (Sprachw.): *die Referenz* (3) *betreffend, in bezug auf die Referenz* (3); **Referentin,** die: w. Form zu ↑Referent (1, 2); **Referenz** [...'rɛnts], die; -, -en [frz. référence, eigtl. = Bericht, Auskunft; 3: engl. reference]: **1.** ⟨meist Pl.⟩ *von einer Vertrauensperson gegebene [lobende] Beurteilung, Empfehlung:* der Bewerber hat gute -en aufzuweisen; -en verlangen; -en über einen Bewerber einholen. **2.** *Person od. Stelle, auf die verwiesen wird, weil sie [lobende] Auskunft über jmdn. geben kann:* darf ich Sie als R. angeben? **3.** (Sprachw.) *Beziehung zwischen sprachlichen Zeichen u. ihren Referenten* (3); ⟨Zus. zu 3:⟩ **Referenzanweisung,** die (Sprachw.), **Referenzidentität,** die (Sprachw.); **referieren** [...'ri:rən] ⟨sw. V.; hat⟩ [frz. référer < lat. referre = berichten; sich auf etw. beziehen] (bildungsspr.): **1. a)** *ein Referat* (1) *halten:* vor einem Kreis von Fachleuten, auf einer Tagung r.; **b)** *zusammenfassend [u. kritisch einschätzend] über etw. berichten:* den Stand der Forschung, einen Sachverhalt r.; über den Inhalt/den Inhalt eines Buches kurz r.; er referierte aus seiner Praxis. **2.** (Sprachw.) *Referenz* (3) *zu etw. haben, sich auf etw. beziehen.* Vgl. ad referendum.

¹Reff [rɛf], das; -[e]s, -e [eigtl. wohl = Leib, Gerippe; mhd. nicht belegt (mniederd. rif, ref), ahd. href = (Mutter)schoß] (ugs. abwertend): **1.** *hageres altes Weib, alte Jungfer:* ein richtiges altes, abgeklappertes R. ... Eine richtige Säuferin ... (Fichte, Wolli 54). **2.** ***ein langes R.** *(ein hagerer, lang aufgeschossener Mensch):* er ist ein langes R.

²Reff [-], das; -[e]s, -e: [mhd., ahd. ref]: **1. a)** *Gestell aus Holz[latten], meist auf dem Rücken zu tragen; Traggestell;* **b)** kurz für ↑Bücherreff. **2.** (Landw.) **a)** *aus parallelen Zinken bestehende Vorrichtung an der Sense, mit der die Schwaden aufgefangen u. gleichmäßig abgelegt werden;* **b)** *mit einem Reff* (2 a) *versehene Sense.*

³Reff [-], das; -s, -s [niederd. ref(f), aus dem Anord.] (Seemannsspr.): *Vorrichtung zum Aufrollen des Segels u. Verkleinern der Segelfläche:* das Segel um zwei -s *(Bahnen)* verkleinern; ⟨Abl.:⟩ **reffen** ['rɛfn̩] ⟨sw. V.; hat⟩ (Seemannsspr.): *(vom Segel) durch Einrollen einzelner Bahnen in der Fläche verkleinern:* wir müssen [die Segel] r.; das Schiff sollte volle Fahrt machen und nicht gerefft vor Anker liegen (Bieler, Bonifaz 219).

refinanzieren, sich ⟨sw. V.; hat⟩ (Geldw.): *fremde Mittel aufnehmen, um damit selbst Kredit zu geben;* ⟨Abl.:⟩ **Refinanzierung,** die; -, -en.

Reflation [refla'tsi̯o:n], die; -, -en [engl. reflation, geb. nach: inflation < lat. īnflātio, ↑Inflation] (Geldw.): *finanzpolitische Maßnahme zur Erreichung eines vor einer Deflation vorhandenen höheren Preisniveaus;* ⟨Abl.:⟩ **reflationär** [...tsi̯o'nɛ:ɐ̯] ⟨Adj.; o. Steig.⟩ [geb. nach inflationär] (Geldw.): *die Reflation betreffend.*

Reflektant [reflɛk'tant], der; -en, -en (veraltend): *jmd., der auf etw. reflektiert; Bewerber, Interessent:* für den Posten, für die alte Truhe gibt es mehrere -en; **reflektieren** ⟨sw. V.; hat⟩ [lat. (animum) reflectere = (seine Gedanken auf etw.) hinwenden, zu re- (↑re-, Re-) u. flectere, ↑flektieren]: **1.** *Strahlen, Wellen zurückwerfen, zurückstrahlen:* der Spiegel, das Glas reflektiert das Licht; ein stark reflektierendes Material; reflektiertes Licht; reflektierte Radiowellen; Ü ... daß diese Haltung eine andere Auffassung von der Natur der Demokratie reflektiert *(widerspiegelt;* Enzensberger, Einzelheiten I, 42). **2.** (bildungsspr.) *nachdenken, (über eine Frage, ein Problem) grübeln:* über ein Thema r.; er sitzt da und reflektiert *(denkt nach);* ⟨häufig auch tr.:⟩ wir müssen unsere Lage kritisch r.; Er reflektiert sie (= die deutsche Geschichte) am Schicksal einer rheinischen Architektenfamilie (Deschner, Talente 19). **3.** (ugs.) *die Absicht haben, etw. zu erreichen, zu erwerben:* auf ein Amt r.; das Buch wird jetzt neu aufgelegt, reflektieren Sie noch darauf?; ⟨2. Part. zu 2:⟩ **reflektiert** ⟨Adj.; -er,

-este, Steig. selten〉: *durch Nachdenken gewonnen, überlegt* (Ggs.: unreflektiert): -es Selbstbewußtsein; das geschieht nicht r., sondern unbewußt; 〈Abl.:〉 **Reflektiertheit,** die; -; **Reflektor** [re'flɛktɔr, auch: ...to:ɐ̯], der; -s, -en [...'to:rən; latinis. nach frz. réflecteur]: **1.** *Hohlspiegel hinter einer Lichtquelle zur Bündelung des Lichtes* (z. B. in einem Scheinwerfer). **2.** (Rundfunkt.) *Teil einer Richtantenne, die einfallende elektromagnetische Wellen reflektiert* (z. B. zur Bündelung in einem Brennpunkt). **3.** *Fernrohr mit Parabolspiegel, Spiegelteleskop.* **4.** (Kerntechnik) *Umhüllung (aus Beryllium, Graphit o. ä.) der Spaltzone eines Reaktors, an der die austretenden Neutronen gebremst u. reflektiert werden.* **5.** *Figur (z. B. Kreis, Streifen o. ä.) aus einem reflektierenden Material; Rückstrahler:* Schulranzen mit -en; **reflektorisch** [...'to:rɪʃ] 〈Adj.; o. Steig.〉: *durch einen Reflex bedingt:* diese Bewegung geschieht rein r.; **Reflex** [re'flɛks], der; -es, -e [frz. réflexe < lat. reflexus = das Zurückbeugen, subst. 2. Part. von: reflectere, ↑reflektieren]: **1.** *Widerschein, Rückstrahlung, Lichtreflex:* -e des Sonnenlichts; blinkende -e der Scheinwerfer auf nasser Straße; Das helle Fell schimmerte in seidigen -en unterm warmen Kerzenlicht (B. Frank, Tage 135); Ü -e der Phantasie, der Erinnerung. **2.** (Physiol.) *Reaktion des Organismus auf einen das Nervensystem treffenden Reiz:* motorische -e; bedingter, erworbener R. (↑bedingt 2); unbedingter, angeborener R. *(z. B. Saug-, Schluckreflex);* gute -e haben *(schnell reagieren).*

reflex-, Reflex-: ~**artig** 〈Adj.; o. Steig.〉: *wie ein Reflex [ablaufend];* ~**bewegung,** die: *unwillkürliche, durch einen Reiz ausgelöste Bewegung:* das war eine reine R.; eine R. machen; ~**bogen,** der (Physiol.): *Weg, auf dem ein Reflex vom Rezeptor über das Zentralnervensystem zum Effektor* (1 a, b) *abläuft;* ~**handlung,** die; ~**mäßig** 〈Adj.; o. Steig.〉: *in bezug auf den Reflex* (2); ~**wirkung,** die.

Reflexion, die; -, -en [frz. réflexion < lat. reflexio = das Zurückbeugen, zu: reflectere, ↑reflektieren]: **1.** *das Zurückgeworfenwerden von Wellen, Strahlen:* die R. des Lichts an einer spiegelnden Fläche; bei elektromagnetischen Wellen können starke -en auftreten. **2.** (bildungsspr.) *das Nachdenken; Überlegung, prüfende Betrachtung:* -en anstellen; das Buch enthält viele -en [über den Fortschritt], über das eigene Ich; 〈seltener mit „auf"; wohl nach engl. reflections on...:〉 R. auf die Grundwidersprüche der bürgerlichen Gesellschaft (Diskussion Deutsch 21, 1975, 1).

Reflexions- (Reflexion 1): ~**grad,** der (Physik); ~**nebel,** der (Astron.): *wolkige Verdichtungen von Materie im Weltraum, die das Licht von in der Nähe befindlichen Sternen reflektieren;* ~**vermögen,** das (Physik); ~**winkel,** der (Physik): *der Winkel, den ein von einer Fläche reflektierter Strahl mit dem Einfallslot bildet; Ausfallswinkel.*

reflexiv [reflɛ'ksi:f] 〈Adj.; o. Steig.〉 [zu lat. reflexus, ↑Reflex]: **1.** (Sprachw.) *sich (auf das Subjekt) zurückbeziehend; rückbezüglich:* -e Verben, Pronomen; „sich schämen" kann nur r. gebraucht werden. **2.** (bildungsspr.) *die Reflexion (2) betreffend; durch Reflexion* (2), *reflektiert:* -es Lernen, -e Arbeit; r. gewonnene Erkenntnisse; **Reflexiv** [-], das; -s, -e [...i:və]: svw. ↑Reflexivpronomen; **Reflexiva:** Pl. von ↑Reflexivum; **Reflexivität** [...ksivi'tɛ:t], die; - (Sprachw., Philos.): *reflexive Eigenschaft, Möglichkeit des [Sich]rückbeziehens;* **Reflexivpronomen,** das; -s, - u. ...mina (Sprachw.): *rückbezügliches Fürwort:* „sich" ist ein R.; **Reflexivum** [...'ksi:vʊm], das; -s, ...va: svw. ↑Reflexivpronomen; **Reflexologie** [...olo'gi:], die; - [↑-logie]: **1.** *Lehre von den bedingten u. unbedingten Reflexen* (2). **2.** *Forschungsrichtung, die das menschliche u. tierische Verhalten als Folge von Reflexen* (2) *ansieht.*

Reform [re'fɔrm], die; -, -en [frz. réforme; zu: réformer, ↑reformieren]: *planmäßige Neuordnung, Umgestaltung, Verbesserung des Bestehenden (ohne Bruch mit den wesentlichen geistigen u. kulturellen Grundlagen):* eine einschneidende, durchgreifende R.; politische, soziale -en; eine R. an Haupt und Gliedern; -en fordern, durchsetzen; die Verwaltung bedarf dringend der R.; sich für -en einsetzen.

reform-, Reform-: ~**bedürftig** 〈Adj.; nicht adv.〉: *der Reform bedürfend, Reformen nötig habend,* dazu: ~**bedürftigkeit,** die; ~**bestrebung,** die 〈meist Pl.〉; ~**bewegung,** die: *Bewegung* (3 a, b), *die Reformen durchsetzen will;* ~**freudig** 〈Adj.; nicht adv.〉: *gern, schnell bereit, Reformen durchzuführen;* ~**haus,** das: *Geschäft für Reformkost;* ~**idee,** die; ~**kleid,** das (früher): vgl. ~kleidung; ~**kleidung,** die (früher): *Korsett u. einengende Kleider vermeidende weibl. Kleidung;* ~**kommunismus,** der: *Richtung des Kommunismus, die nationale Besonderheiten hervorhebt u. die diktatorisch-bürokratische Ausprägung des Kommunismus in der Sowjetunion ablehnt;* ~**konzil,** das (kath. Kirche): *Konzil zur Erneuerung der Kirche;* ~**kost,** die: *für eine gesunde Lebensweise besonders geeignete Kost, deren Nahrungsmittel nicht chemisch behandelt u. besonders reich an vollwertigen Nährstoffen sind;* vgl. ~haus; ~**pädagogik,** die: *pädagogische Bewegung, die von der Psychologie des Kindes ausgehend seine eigene Aktivität u. Kreativität fördern will u. sich gegen die Lernschule wendet;* ~**plan,** der; ~**politik,** die: *Politik, die eine Veränderung der bestehenden Verhältnisse mit Hilfe von Reformen anstrebt;* ~**programm,** das: *Programm für eine geplante Reform;* ~**versuch,** der; ~**vorhaben,** das; ~**vorschlag,** der; ~**werk,** das; ~**wille,** der; ~**ziel,** das.

Reformation, die; -, -en [lat. refōrmātio = Umgestaltung, Erneuerung, zu: refōrmāre, ↑reformieren]: **1.** 〈o. Pl.〉 (hist.) *religiöse Erneuerungsbewegung des 16. Jahrhunderts, die zur Bildung der evangelischen Kirchen führte.* **2.** (bildungsspr. veraltend) *Erneuerung, geistige Umgestaltung, Verbesserung:* eine R. an Haupt und Gliedern.

Reformations-: ~**fest,** das (ev. Kirche): *Gedenkfeier für den als Beginn der Reformation geltenden Anschlag der 95 Thesen Luthers (am 31. 10. 1517 in Wittenberg);* ~**tag,** der: vgl. ~fest; ~**zeit,** die 〈o. Pl.〉; ~**zeitalter,** das 〈o. Pl.〉.

Reformator [refɔr'ma:tɔr, auch: ...to:ɐ̯], der; -s, -en [...ma'to:rən; lat. refōrmātor = Umgestalter, Erneuerer]: **1.** (hist.) *einer der Begründer der Reformation* (Luther, Calvin, Zwingli u. a.). **2.** *jmd., der eine [umfassende] Reform durchführt:* ein R. des Rechtswesens; 〈Abl.:〉 **reformatorisch** [...ma'to:rɪʃ] 〈Adj.; o. Steig.〉: **1.** *die Reformation* (1), *die Reformatoren* (1) *betreffend:* die -en Schriften. **2.** *in der Art eines Reformators* (2); *umgestaltend, erneuernd:* mit -em Eifer; r. vorgehen; **Reformer,** der; -s, - [engl. reformer, zu: to reform = erneuern, verbessern < lat. refōrmāre, ↑reformieren] (bes. Politik): *jmd., der eine Reform erstrebt od. durchführt:* in dieser Partei steht die Gruppe der Konservativen gegen die der R.; er rechnet sich zu den -n; 〈Abl.:〉 **reformerisch** 〈Adj.; o. Steig.〉: *Reformen betreibend; nach Verbesserung, Erneuerung strebend; Reform-:* -e Bemühungen; **reformieren** 〈sw. V.; hat〉 [lat. refōrmāre = umgestalten, umbilden, neu gestalten, aus: re- (↑re-, Re-) u. fōrmāre, ↑formieren]: *durch Reformen verändern, verbessern; planmäßig neu gestalten:* die Kirche, das Schulwesen, die Gesetzgebung r.; 〈2. Part.:〉 die reformierte Kirche; 〈subst.:〉 **Reformierte,** der u. die; -n, -n 〈Dekl. ↑Abgeordnete〉: *Angehörige[r] der evangelisch-reformierten Kirche;* 〈Abl.:〉 **Reformierung,** die; -, -en 〈Pl. ungebr.〉: *das Reformieren;* **Reformismus** [...'mɪsmʊs], der; - [b: russ. reformism]: **a)** *Bewegung zur Verbesserung eines [sozialen] Zustandes od. [politischen] Programms;* **b)** (kommunist. abwertend) *kleinbürgerliche Bewegung innerhalb der Arbeiterklasse, die soziale Verbesserungen durch Reformen, nicht durch eine Revolution erreichen will;* **Reformist,** der; -en, -en [russ. reformist] (kommunist. abwertend): *Anhänger des Reformismus* (b); **reformistisch** 〈Adj.〉 [russ. reformistskiĭ] (kommunist. abwertend): *den Reformismus* (b) *betreffend, auf ihm beruhend.*

Refrain [rə'frɛ̃:, auch: re...], der; -s, -s [frz. refrain, eigtl. = Rückprall (der Wogen an den Klippen), zu afrz. refraindre = [zurück]brechen; modulieren, über das Vlat. zu lat. refringere = brechend zurückwerfen]: svw. ↑Kehrreim: wie geht der R.?; alle singen den R. mit; Ü wie er ... ein paar grantige Sprüche über die heutige Jugend macht, den alten R. *(immer wiederholte Reden),* den wir längst auswendig kennen (Ziegler, Labyrinth 207); **refraktär** [refrak'tɛ:ɐ̯] 〈Adj.; o. Steig.; meist attr.〉 [lat. refrāctārius = steif] (Physiol.): *unempfindlich, nicht beeinflußbar (bes. gegenüber Reizen);* 〈Zus.:〉 **Refraktärzeit,** die (Physiol.): *(bes. von Muskeln) Phase, in der keine Reize weitergeleitet werden;* **Refraktion,** die; -, -en [zu lat. refrāctum, 2. Part. von: refringere, ↑Refrain]: svw. ↑Brechung (1); **Refraktometer** [refrakto-], das; -s, - [↑-meter] (Optik): *Instrument zur Bestimmung des Brechungsvermögens eines Stoffes;* **Refraktor** [re'fraktɔr, auch: ...to:ɐ̯], der; -s, -en [...'to:rən] (Astron.): *Fernrohr, dessen Objektiv aus einer od. mehreren Sammellinsen besteht.*

Refrigerator [refrige'ra:tɔr, auch: ...to:ɐ̯], der; -s, -en [...ra'to:rən; aus ↑re-, Re- u. lat. frīgerāre = kühlen]: *industrielle Anlage zum Tiefgefrieren, Gefrieranlage.*

Refuge [re'fy:ʃ], das; -s, -s [frz. refuge < lat. refugium, ↑Refugium] (Alpinistik): *Schutzhütte, Notquartier;* **Refugialgebiet** [refu'gia:l-], das; -[e]s, -e (Biol.): *Gebiet, in dem vom Aussterben bedrohte Tier- od. Pflanzenarten auf Grund günstigerer Umweltbedingungen überleben;* **Refugié** [refy'ʒie:], der; -s, -s [frz. réfugié]: *[politischer] Flüchtling, bes. aus Frankreich (im 17. Jh.) geflüchteter Protestant;* **Refugium** [re'fu:gium], das; -s, ...ien [...iən; lat. refugium, zu: refugere = sich flüchten] (bildungsspr.): *sicherer Ort, an dem jmd. seine Zuflucht findet, an den er sich zurückziehen kann, um ungestört zu sein; Zufluchtsort, -stätte:* ein R. suchen, finden; Ü Dialektik ... ist ... ein R. für Sophisten (Enzensberger, Einzelheiten I, 99).

Refus, Refüs [rə'fy:, re...], der; - [...y:[s]], - [...y:s; frz. refus, zu: refuser, ↑refüsieren] (bildungsspr. veraltet): *abschlägige Antwort, Ablehnung; Weigerung:* es könnte sein .... daß Sie sich einen R. holen (Roth, Radetzkymarsch 199); **refüsieren** [rəfy'zi:rən, re...] ⟨sw. V.; hat⟩ [frz. refuser, über das Vlat. aus dem Lat., H. u.] (bildungsspr. veraltet): *(jmdn.) ablehnen; (etw.) abschlagen, verweigern.*

[1]**Regal** [re'ga:l], das; -s, -e [H. u., viell. über niederd. rijöl < frz. rigole = Rinne < mlat. rigulus, Vkl. von: riga = Graben, Reihe]: *meist offenes, auf dem Boden stehendes od. an einer Wand befestigtes Gestell mit mehreren Fächern zum Aufstellen, Ablegen, Aufbewahren von Büchern, Waren o. ä.:* ein niedriges, schmales, hohes, leeres R.; mit Waren, Flaschen, Akten gefüllte -e; ein Buch aus dem R., vom R. nehmen, ins R. zurückstellen, legen.

[2]**Regal** [-], das; -s, -e [frz. régale, H. u.]: **1.** *kleine transportable, nur mit Jungenstimmen besetzte Orgel mit einem Manual u. ohne Pedal.* **2.** *Register einer großen Orgel mit Pfeifen, die die Klangfarbe von Jungenstimmen haben.*

[3]**Regal** [-], das; -s, -ien [...liən] ⟨meist Pl.⟩ [spätmhd. regāl < mlat. regale = Königsrecht, zu lat. rēgālis = königlich, zu: rēx, ↑[1]Rex] (früher): *ursprünglich dem König, später dem Staat zustehendes, meist wirtschaftlich nutzbares Hoheitsrecht.*

Regal- ([1]Regal): **~brett,** das: *waagerecht in ein Regal eingelegtes Brett;* **~fach,** das: *Fach in einem Regal;* **~straße,** die (Fachspr.): *(in großen Verkaufsstätten) Durchgang, der auf beiden Seiten von Regalen begrenzt ist, auf denen die Waren zum Verkauf angeboten werden;* **~wand,** die: *mehrteiliges, oft eine ganze Wand einnehmendes Regal.*

Regale: selten für ↑[3]Regal; **Regalien**: Pl. von ↑[3]Regal; ⟨Zus.:⟩ **Regalienfeld,** das (Her.): *rotes Feld ohne Bild im Wappen einiger mit der Blutfahne* (1) *belehnter Reichsfürsten (als Symbol für die verliehenen Hoheitsrechte).*

regalieren [rega'li:rən] ⟨sw. V.; hat⟩ [frz. (se) régaler, zu: régal = Festmahl, Vergnügen, zu afrz. galer, ↑galant] (landsch., sonst veraltet): **a)** *reichlich bewirten:* zuerst hat sie die hungrigen Kinder ordentlich regaliert; **b)** ⟨r. + sich⟩ *sich an etw. gütlich tun, satt essen.*

Regalität [regali'tɛ:t], die; -, -en [zu ↑[3]Regal] (Rechtsspr. früher): *Anspruch auf den Besitz von Hoheitsrechten.*

Regatta [re'gata], die; -, ...tten [ital. (venez.) regat(t)a = Gondelwettfahrt; H. u.] (Sport): *auf einer markierten Strecke ausgetragene Wettfahrt für Boote:* eine R. abhalten, veranstalten; an einer R. teilnehmen.

rege ['re:gə] ⟨Adj.; reger, regste⟩ [zu ↑regen]: **a)** *von Betriebsamkeit, lebhafter Geschäftigkeit zeugend; stets in Tätigkeit, in Bewegung; lebhaft:* ein -r Verkehr, Betrieb, Handel; überall herrschte ein -s Treiben; eine r. Teilnahme, Beteiligung, Nachfrage; einen -n Briefwechsel unterhalten; sich r. am Geschäftsbetrieb beteiligen; **b)** *sich lebhaft regend; körperlich u. geistig beweglich, munter, rührig; nicht träge:* eine r. Phantasie, Einbildungskraft; er ist geistig noch sehr, nicht mehr sonderlich r., nimmt noch sehr r. Anteil an allem; der Wunsch wurde r. (geh.; *erwachte*) in ihm, auch eine solche Reise zu machen.

Regel ['re:gl], die; -, -n [mhd. regel(e), ahd. regula, urspr. = Ordensregel < mlat. regula < lat. rēgula = Richtholz; Richtschnur, Maßstab, Regel, zu: regere, ↑regieren]: **1. a)** *aus bestimmten Gesetzmäßigkeiten abgeleitete, aus Erfahrungen u. Erkenntnissen gewonnene, in Übereinkunft festgelegte, für einen jeweiligen Bereich als verbindlich geltende Richtlinie; [in bestimmter Form schriftlich fixierte] Norm, Vorschrift:* allgemeine, spezielle, einfache, schwierige, feste, strenge, ungeschriebene, gültige -n; grammatische, mathematische -n; die -n des Verkehrs, eines Spiels, der Rechtschreibung, des Zusammenlebens; eine R. aufstellen, anwenden, kennen, lernen; die geltenden -n beachten, befolgen, übertreten, verletzen, außer acht lassen; sich an eine R. halten; gegen die primitivsten -n des Anstands, der Höflichkeit, des Umgangs verstoßen; das ist eine Abweichung von der R.; * **nach allen -n der Kunst** (1. *ganz vorschriftsmäßig, in jeder Hinsicht, Beziehung richtig, wie es sich gehört:* er tranchierte den Gänsebraten nach allen -n der Kunst. 2. ugs.; *in beträchtlichem Maße; gründlich, tüchtig, gehörig:* sie haben ihn nach allen -n der Kunst verprügelt); **b)** ⟨o. Pl.⟩ *regelmäßig, fast ausnahmslos geübte Gewohnheit; das Übliche, üblicherweise Geltende:* daß er so früh aufsteht, ist, bildet bei ihm die R.; Gespräche dieser Art sind hier nicht, sind durchaus die R.; etw. tun, was von der üblichen R. abweicht; das ist ihm zur R. geworden, hat er sich zur R. gemacht *(er tut es gewohnheitsmäßig, tut es bewußt immer wieder);* * **in der R./in aller R.** *(normalerweise, üblicherweise, meist, fast immer):* in der R. mit dem Auto zur Arbeit fahren; in aller R. trifft das auch zu. **2.** *Menstruation:* die [monatliche] R. kommt, bleibt aus, setzt aus; die/ihre R. haben, bekommen.

regel-, Regel-: **~anfrage,** die (Bundesrepublik Deutschland): *von einer Behörde des öffentlichen Dienstes grundsätzlich bei jeder Einstellung an den Verfassungsschutz gerichtete Anfrage, ob Tatsachen bekannt sind, die auf mangelnde Verfassungstreue des Bewerbers schließen lassen;* **~blutung,** die: svw. ↑Menstruation; **~buch,** das: *Buch, das eine Sammlung von Regeln enthält;* **~fall,** der ⟨o. Pl.⟩: *regelmäßig, fast ausnahmslos eintretender Fall, das Übliche:* etw. ist der R., stellt den R. dar; im R. kommt es zu einem Kompromiß; **~fläche,** die (Geom.): *Fläche, die durch die Bewegung einer Geraden im Raum entsteht, geradlinige Fläche;* **~kreis,** der (Kybernetik, Biol.): *sich selbst regulierendes geschlossenes System;* **~leistung,** die: **1.** (Bundesrepublik Deutschland) *in der Sozialversicherung gesetzlich vorgeschriebene Mindestleistung der Kranken- u. Rentenversicherung.* **2.** (DDR) *immer wieder erbrachte gleichartige Dienstleistung;* **~los** ⟨Adj.; -er, -este⟩: *keine feste Ordnung, Regelung aufweisend; ungeordnet, ungeregelt:* ein -es Durcheinander; etw. vollzieht sich r., dazu: **~losigkeit,** die; -, -en ⟨Pl. selten⟩; **~mäßig** ⟨Adj.⟩: **a)** *bestimmten Gesetzen der Harmonie in der Form, Gestaltung entsprechend; ebenmäßig:* ein -es Gesicht; -e Gesichtszüge, Formen; ihre Schrift war klein und r.; **b)** *einer bestimmten festen Ordnung, Regelung (die bes. durch zeitlich stets gleiche Wiederkehr, gleichmäßige Aufeinanderfolge gekennzeichnet ist) entsprechend, ihr folgend:* -er Unterricht, Dienst; -e Mahlzeiten; die -e Teilnahme an einem Kurs; -e Flugverbindungen; er ist ein -er *(in gleichmäßiger Folge immer wiederkommender)* Gast; -e (Sprachw.; *nach einer festen Regel flektierte*) Verben; der Puls ist, geht wieder r. *(schlägt in gleichmäßigen Abständen);* sehr r. leben; r. wiederkehren, auftreten, teilnehmen; er treibt r. Sport; er kam r. (ugs.; *immer wieder, jedes Mal*) zu spät zu den Proben, dazu: **~mäßigkeit,** die ⟨Pl. selten⟩: **a)** *regelmäßige* (a) *Form, Gestaltung; Ebenmaß:* die R. ihres Gesichts, eines Bauwerks; **b)** *regelmäßige* (b) *Ordnung, Wiederkehr, Aufeinanderfolge:* die R. der Mahlzeiten; die Beobachtung der großen astronomischen -en (Freud, Unbehagen 127); Alte Fehler wiederholen sich in schöner R. (iron.; *immer wieder;* Ruthe, Partnerwahl 36); **~mechanismus,** der (Kybernetik): *sich selbst regulierender Mechanismus in einem Regelkreis;* **~recht** ⟨Adj.; o. Steig.⟩: **1.** *einer Regel, Ordnung, Vorschrift entsprechend; ordnungsgemäß, vorschriftsmäßig; wie es sich gehört:* ein -es Vorgehen, Verfahren; Müssen die Akten nachsehen, ob Herr Kock r. entlassen wurde (Kesten, Geduld 28). **2.** ⟨nicht präd.⟩ (ugs.) *richtiggehend, richtig:* es kam zu einer -en Schlägerei; ... ließ es sich nicht nehmen, ein -es Abendessen zu kochen (Frisch, Stiller 488); sie hat ihn r. hinausgeworfen; er war r. betrunken; **~spur,** die: svw. ↑Normalspur; **~studienzeit,** die (Bundesrepublik Deutschland Hochschulw.): *für ein bestimmtes Studium vorgeschriebene, eine bestimmte Anzahl von Semestern umfassende Zeit;* **~technik,** die: ↑Meß- und Regeltechnik; **~überwachung,** die (Bundesrepublik Deutschland): *regelmäßige Überwachung von Personen durch den Verfassungsschutz o. ä.;* **~verstoß,** der (Sport): *Verstoß gegen die Spielregeln;* **~werk,** das: *Gesamtheit, Sammlung von Regeln:* ein kompliziertes, übersichtlich geordnetes R.; **~widrig** ⟨Adj.; o. Steig.⟩: *gegen die Regeln, Vorschriften verstoßend, ihnen nicht entsprechend:* der -e Gebrauch eines Wortes; sich

r. verhalten, dazu: **~widrigkeit,** die: *regelwidriges Verhalten, Verstoß gegen die Regeln, Vorschriften;* **~zeit,** die: svw. ↑~studienzeit.

regelbar ['re:g|ba:ɐ̯] ⟨Adj.; o. Steig.; nicht adv.⟩: *sich regeln, regulieren lassend; so konstruiert, daß es geregelt, reguliert werden kann:* Die Heizwirkung der feinen Haardrähtchen ist in zwei Stufen r. (Auto 7, 1965, 39); ⟨Abl.:⟩ **Regelbarkeit,** die; -; **Regeldetri** [re:g|de'tri:], die; - [aus mlat. regula de tribus (numeris) = Regel von den drei (Zahlen)] (Math. veraltet): svw. ↑Dreisatz; **regeln** ['re:gl̩n] ⟨sw. V.; hat⟩ /vgl. geregelt/ [zu ↑Regel]: **1. a)** *nach bestimmten Regeln, Gesichtspunkten gestalten, abwickeln; ordnend in bestimmte Bahnen lenken, in eine bestimmte Ordnung bringen:* eine Sache vernünftig, sinnvoll, streng, genau, vertraglich, polizeilich, durch Gesetz r.; eine Frage, eine Angelegenheit, den Nachlaß, seine Finanzen, den Ablauf der Arbeiten r.; eine Ampel regelt den Ablauf des Verkehrs, den Verkehr; keine Angst, er wird die Sache schon [für dich] r.; **b)** ⟨r. + sich⟩ *nach bestimmten Regeln in einer bestimmten Ordnung vor sich gehen; geordnet ablaufen:* das Zusammenwirken regelt sich exakt nach Plan; die Sache hat sich [von selbst] geregelt *(ist geklärt, hat sich erledigt).* **2.** *den gewünschten Gang, die richtige Stufe, Stärke o. ä. von etw. einstellen; regulieren* (1): diese Automatik regelt die Temperatur; Ich regele die Lichtstärke durch das Zwischenschalten von Widerständen (Kirst, 08/15, 474); ⟨Abl.:⟩ **Regelung,** (selten:) Reglung ['re:g(ə)lʊŋ], die; -, -en: **1. a)** *das Regeln* (1 a, 2); **b)** *in bestimmter Form festgelegte Vereinbarung, Vorschrift:* eine vernünftige, einheitliche, vertragliche, tarifliche, rechtliche R.; diese R. tritt ab sofort in Kraft; eine R. ändern; sich an eine R. halten; es bei einer R. belassen. **2.** (Kybernetik) *Vorgang in einem Regelkreis, bei dem durch ständige Kontrolle u. Korrektur eine physikalische, technische o. ä. Größe auf einem konstanten Wert gehalten wird;* ⟨Zus. zu 2:⟩ **Regelungstechnik,** die ⟨Pl. selten⟩.

regen ['re:gn̩] ⟨sw. V.; hat⟩ [mhd. regen, Veranlassungsverb zu mhd. (st. V.) regen = emporragen]: **1. a)** (geh.) *mit etw. eine leichte [unbewußte] Bewegung machen; leicht, ein wenig bewegen:* das schlafende Kind begann Arme und Beine zu r.; vor Kälte konnte er kaum die Finger r.; die Bäume regten leise ihre Blätter im Wind *(die Blätter wurden vom Wind leicht bewegt);* Ü fleißig die Hände r. *(fleißig arbeiten);* **b)** ⟨r. + sich⟩ *sich leicht, ein wenig bewegen; sich rühren:* der Kranke regte sich dann und wann; spürte er ..., daß sich seine Lippen regten (Schnabel, Marmor 51); nichts, kein Lüftchen, kein Blatt regte sich; Ü viele Hände haben sich geregt *(viele waren tätig, fleißig);* seit einigen Tagen höre ich, daß sich die Front wieder regt (*daß an der Front etwas geschieht;* Kirst, 08/15, 480). **2.** ⟨r. + sich⟩ (geh.) *sich bemerkbar machen, entstehen; allmählich spürbar, wach, lebendig werden:* Hoffnungen, Zweifel regen sich; Trotz, Widerspruch regte sich in ihr; jetzt regte sich doch sein Gewissen.

Regen [-], der; -s, - ⟨Pl. selten⟩ [mhd. regen, ahd. regan; H. u.]: **1.** *Niederschlag, der in Form von Wassertropfen zur Erde fällt:* ein starker, heftiger, wolkenbruchartiger, dünner, feiner, lauer, anhaltender R.; der tropische R.; der R. fällt, beginnt, hört auf, läßt nach, rauscht, rieselt, strömt, rinnt über das Dach, schlägt/trommelt/klatscht gegen die Scheiben, prasselt aufs Pflaster; Vor allem aber fallen die R. in einer so günstigen Verteilung (Jacob, Kaffee 228); es wird R. geben; die Erde saugt den R. auf; das Blätterdach hielt den R. ab; bei strömendem R.; durch den R. laufen; in den R. kommen; der Schnee ist in R. übergegangen; es/der Himmel sieht nach R. aus; wir wurden vom R. überrascht; Spr auf R. folgt Sonnenschein *(auf schlechte Zeiten folgen immer auch wieder gute);* ***ein warmer R.** (ugs.; *sehr erwünschte, oft unerwartet erfolgende Geldzuwendung*); **aus dem/vom R. in die Traufe kommen** (ugs.; *aus einer unangenehmen, schwierigen Lage in eine noch schlimmere geraten*); **jmdn. im R. [stehen] lassen/in den R. stellen** (ugs.; *jmdn. im Stich, mit seinen Problemen allein lassen, ihm in einer Notlage nicht helfen*). **2.** *wie ein Regenschauer niedergehende große Menge:* ein R. bunter Blumen empfing die Künstler; Ein R. von Granatsplittern auf das Pflaster (Kempowski, Tadellöser 163).

regen-, Regen-: **~abflußrohr,** das: svw. ↑~rohr; **~anlage,** die: **1.** *Berieselungsanlage.* **2.** *Sprinkleranlage;* **~arm** ⟨Adj.; nicht adv.⟩: *arm an Niederschlägen* (Ggs.: ~reich): -e Gebiete; die -en Monate; **~bö,** die: *Regen mit sich führende Bö;* **~bogen,** der: *bunter, in mehreren abgestuften Farben leuchtender Bogen, der an dem der Sonne gegenüberliegenden Teil des Himmels durch Brechung des Sonnenlichts im Regen entsteht:* ein R. entsteht, zeigt sich, verschwindet allmählich; die sieben Farben des -s, dazu: **~bogenfarbe,** die ⟨meist Pl.⟩: die Ölpfütze schillert in allen -n, **~bogenfarben, ~bogenfarbig** ⟨Adj.; o. Steig.; nicht adv.⟩, **~bogenhaut,** die: *ringförmig die Pupille umgebende, durch die Hornhaut hindurch sichtbare, eine charakteristische Färbung aufweisende Haut des Augapfels; Iris* (2), **~bogenhautentzündung,** die (Med.): *Iritis,* **~bogenpresse,** die ⟨o. Pl.⟩ [nach der bunten Aufmachung, bes. den mehrfarbigen Kopfleisten] (Jargon): *Gesamtheit der Wochenblätter, deren Beiträge sich im wesentlichen aus trivialer Unterhaltung, gesellschaftlichem Klatsch, Sensationsmeldungen o. ä. zusammensetzen,* **~bogenschüsselchen,** das: *gewölbte keltische Goldmünze (des 1. Jh.s v. Chr.), die dem Volksglauben nach immer dort gefunden wird, wo ein Regenbogen die Erde berührt,* **~bogentrikot,** das (Radsport): *Trikot mit einem quer über Brust u. Rücken laufenden mehrfarbigen Streifen für den Sieger in der Weltmeisterschaft;* **~cape,** das: vgl. ~mantel; **~dach,** das: *dachartige Vorrichtung, die Schutz vor Regen bietet;* **~dicht** ⟨Adj.; o. Steig.; nicht adv.⟩: *so beschaffen, konstruiert, daß Regen nicht durchdringen kann;* **~fall,** der ⟨meist Pl.⟩: *fallender Regen:* heftige, starke, anhaltende, plötzlich einsetzende Regenfälle; **~faß,** das: svw. ↑~tonne; **~feucht** ⟨Adj.; o. Steig.; nicht adv.⟩: *vom Regen [noch] feucht:* die [noch] -e Erde; **~front,** die (Met.): *Front* (5), *die Regen mit sich führt;* **~glatt** ⟨Adj.; o. Steig.; nicht adv.⟩: *vom Regen naß u. dadurch glatt geworden:* auf -er Straße, Fahrbahn ins Schleudern kommen; **~grau** ⟨Adj.; o. Steig.; nicht adv.⟩: *von Regenwolken dunkel, verhangen, grau:* der -e Himmel; **~grün** ⟨Adj.; o. Steig.; nicht adv.⟩ in der Fügung **-er Wald** (Geogr.; *nur während der Regenzeit belaubter Wald*); **~guß,** der: *kurzer, starker Regen;* **~haut,** die: *Regenmantel, -cape aus dünnem, wasserundurchlässigem Material;* **~lache,** die: svw. ↑~pfütze; **~macher,** der: *(bei vielen Naturvölkern) jmd. (bes. ein Medizinmann), der durch magische Handlungen den Regen zu beeinflussen, bes. herbeizuführen sucht;* **~mantel,** der: *Mantel aus leichterem, wasserundurchlässigem Material;* **~messer,** der (Met.): *Niederschlagsmesser;* **~monat,** der: *Monat, in dem viel Regen fällt, regenreicher Monat;* **~naß** ⟨Adj.; o. Steig.; nicht adv.⟩: *vom Regen naß [geworden]:* eine regennasse Straße, Fahrbahn; die regennassen Kleider ausziehen; ... als der in Uniform und r. vor mir stand (Grass, Katz 161); **~pelerine,** die: vgl. ~mantel; **~pfeifer,** der [angeblich kündigt das Pfeifen des Vogels Regen an]: *vor allem auf sumpfigen Wiesen, Hochmooren, an Flußufern lebender, kleiner, gedrungener Vogel, der im Flug oft melodisch pfeift;* **~pfütze,** die: *durch Regen entstandene Pfütze;* **~plane,** die; **~reich** ⟨Adj.; nicht adv.⟩: *reich an Niederschlägen* (Ggs.: ~arm): -e Gebiete; ein -er Sommer; **~rinne,** die: *Rinne zum Auffangen u. Ableiten des Regenwassers;* **~rohr,** das: *Abflußrohr der Regenrinne;* **~schatten,** der ⟨Pl. selten⟩ (Geogr.): *Region auf der regenarmen Seite eines Gebirges;* **~schauer,** der: *plötzlich einsetzender, nicht lange anhaltender Regen;* **~schirm,** der: *Schirm zum Schutz gegen Regen:* den R. öffnen, aufspannen, zuklappen, zumachen; mit jmdm. unter einem R. gehen; ***gespannt sein wie ein R.** (ugs. scherzh.; *sehr gespannt, neugierig auf etw. sein*); **~schreiber,** der (Met.): svw. ↑Niederschlagsmesser; **~schutz,** der: *etw., was geeignet ist, als Schutz gegen Regen zu dienen;* **~tag,** der: *Tag, an dem es anhaltend regnet:* ein grauer R.; an -en geht sie gerne spazieren; **~tonne,** die: *Tonne, die zum Auffangen von Regenwasser dient;* **~tropfen,** der: *einzelner Wassertropfen des Regens:* dicke, schwere, feine R.; die ersten R. schlugen an die Scheiben; **~umhang,** der: vgl. ~mantel; **~wald,** der (Geogr.): *durch üppige Vegetation gekennzeichneter immergrüner Wald in den regenreichen Gebieten der Tropen;* **~wand,** die ⟨Pl. selten⟩: *große, zusammenhängende Masse von Regenwolken;* **~wasser,** das ⟨o. Pl.⟩: *Wasser, aus dem der Regen besteht, das beim Regnen irgendwo zusammenläuft:* R. ist weicher als Leitungswasser; das R. ist durchs Dach gedrungen; **~wetter,** das ⟨o. Pl.⟩: *Wetter, bei dem es [viel] regnet; regnerisches Wetter;* **~wolke,** die: *graue, schwere Wolke, die Regen ankündigt;* **~wurm,** der: *im Boden lebender, langgestreckter Wurm (mit äußerlich deutlich erkennbarer Gliederung in Segmente), der bei Re-*

gen an die Oberfläche kommt; ~**zauber,** der: *(bei vielen Naturvölkern) magische Handlungen des Regenmachers;* ~**zeit,** die: *(in tropischen u. subtropischen Regionen) Periode, die durch lang anhaltende, meist starke Regenfälle gekennzeichnet ist.*

Régence [re'ʒã:s], die; -, **Régencestil,** der; -[e]s [frz. régence = Herrschaft; frz. Bez. für die Herrschaft Philipps II. von 1715–1723] (Kunstwiss.): *(nach der Regentschaft Philipps von Orleans [1674–1723] benannte) Stilrichtung der französischen Kunst zwischen Barock u. Rokoko.*

Regenerat [regene'ra:t], das; -[e]s, -e [zu ↑regenerieren] (Technik): *durch chemische Aufbereitung gebrauchter Materialien gewonnenes Produkt;* **Regeneration,** die; -, -en [frz. régénération < spätlat. regenerātio = Wiedergeburt]: **1.** (bildungsspr.) *Erneuerung, Neubelebung:* die geistige und körperliche R.; die R. einer politischen Gruppe, der Arbeitskraft. **2.** (Biol., Med.) *erneute Bildung, Entstehung, natürliche Wiederherstellung von verletztem, abgestorbenem Gewebe o.ä.:* die R. von Haut, Federn, Haaren, Pflanzenteilen; die R. des Schwanzes einer Eidechse. **3.** (Technik) **a)** *Wiederherstellung bestimmter physikalischer od. chemischer Eigenschaften von etw.;* **b)** *Rückgewinnung nutzbarer chemischer Stoffe aus verbrauchten, verschmutzten Materialien:* ⟨Zus.:⟩ **regenerationsfähig** ⟨Adj.; nicht adv.⟩: *fähig zur Regeneration* (1, 2); ⟨Abl.:⟩ **Regenerationsfähigkeit,** die; - ⟨o. Pl.⟩; **regenerativ** ⟨Adj.; o. Steig.; nicht adv.⟩: **1.** (Biol., Med.) *die Regeneration* (2) *betreffend, auf ihr beruhend, durch sie bewirkt, entstanden.* **2.** (Technik) *die Regeneration* (3) *betreffend, auf ihr beruhend, durch sie wiederhergestellt;* ⟨Zus.:⟩ **Regenerativverfahren,** das (Technik): *Verfahren zur Rückgewinnung von Wärme;* **Regenerator,** der; -s, -en (Technik): *der Wärmeaufnahme dienendes Mauerwerk beim Regenerativverfahren;* **regeneratorisch** [...ra'to:rɪʃ] ⟨Adj.; o. Steig.; nicht adv.⟩: seltener für ↑regenerativ; **regenerieren** ⟨sw. V.; hat⟩ [1: frz. régénérer < lat. regenerāre]: **1.** (bildungsspr.) *erneuern, mit neuer Kraft versehen, neu beleben:* seine geistigen und körperlichen Kräfte, sich geistig und körperlich r.; die Gruppe kann sich aber stets r. durch Wechsel der Mitglieder (Wohngruppe 10). **2.** ⟨r. + sich⟩ (Biol., Med.) *(von verletzten, abgestorbenen Geweben, Organen o.ä.) neu entstehen, sich neu bilden:* Federn, Haare, Pflanzenteile regenerieren sich; die Haut regeneriert sich ständig; ⟨auch, bes. fachspr., ohne „sich“:⟩ der Schwanz der Eidechsen regeneriert. **3.** (Technik) **a)** *durch entsprechende Behandlung, Bearbeitung wiederherstellen:* daß man das ursprüngliche Stereosignal durch spiegelbildliche Entzerrung und Nachverstärkung wieder r. ... kann (Funkschau 19, 1971, 1943); **b)** *(von nutzbaren chemischen Stoffen, wertvollen Rohstoffen, abgenutzten Teilen o.ä.) aus verbrauchten, verschmutzten Materialien wiedergewinnen, wieder gebrauchsfähig machen:* Motoren, chemische Substanzen r.; aus alten Reifen Rohstoffe für die Produktion neuer Reifen r.

Regens ['re:gɛns], der; -, ...ntes [re'gɛnte:s] u. ...nten [re'gɛntn̩; spätlat. regēns, ↑Regent]: *Vorsteher, Leiter (bes. eines katholischen Priesterseminars);* **Regens chori** [- 'ko:ri], der; - -, ...ntes - [re'gɛnte:s -; lat., ↑Regent, ↑Chor]: *Leiter, Dirigent eines katholischen Kirchenchors;* **Regenschori** [re:gɛns'ko:ri], der; -, - (österr.): svw. ↑Regens chori; **Regent** [re'gɛnt], der; -en, -en [spätlat. regēns (Gen.: regentis) = Herrscher, Fürst, subst. 1. Part. von lat. regere, ↑regieren]: **1.** *regierender Fürst, Monarch, gekrönter Herrscher:* ein absolutistischer R.; Ü Die eigentlichen -en dieses Landes sind heute die demoskopischen Institute (Dönhoff, Ära 50). **2.** *[verfassungsmäßiger] Vertreter eines minderjährigen, regierungsunfähigen, abwesenden Monarchen, Herrschers;* **Regenten**: Pl. von ↑Regens, Regent; **Regentes**: Pl. von ↑Regens; **Regentin,** die; -, -nen: w. Form zu ↑Regent (1); **Regentschaft,** die; -, -en: *Ausübung der Herrschaft, Amt, Amtszeit eines Regenten* (1, 2); **Reges**: Pl. von [1]Rex.

Regesten [re'gɛstn̩] ⟨Pl.⟩ [spätlat. regesta, ↑Register] (Wissensch.): *zeitlich geordnete Verzeichnisse von Urkunden mit kurz zusammengefaßten Angaben über Inhalt, Datum u. Ort der Ausstellung, Art u. Weise der Überlieferung u.ä.*

Reggae ['rɛgeɪ], der; -[s] [amerik. reggae, Slangwort der westindischen Bewohner der USA] (Musik): *aus Jamaika stammende Spielart des* [2]*Rock* (1).

Regie [re'ʒi:], die; - [frz. régie = verantwortliche Leitung, zu: régir < lat. regere, ↑regieren]: **1.** (Theater, Film, Ferns., Rundfunk): *verantwortliche künstlerische Leitung bei der Gestaltung eines Werkes für eine Aufführung, Sendung o.ä.; Spielleitung:* eine überlegte, geschickte, subtile R.; wer hatte bei dieser Aufführung, diesem Film, Hörspiel die R.?; er hat die R. des Fernsehspiels übernommen; R. führen *(die künstlerische Leitung haben, der Regisseur sein);* die Anweisungen der R. *(des Regisseurs)* befolgen; sie filmte, arbeitete öfter unter seiner R.; Ü der Mannschaftskapitän führte Regie (Sport; *bestimmte das Spiel seiner Mannschaft, lenkte das Spielgeschehen*). **2.** (bildungsspr.) *verantwortliche Führung, Leitung, Verwaltung:* die R. des Betriebs liegt jetzt in den Händen des Sohnes; die Stadt hat das Bauvorhaben in ihre [eigene] R. bekommen, genommen; die Angelegenheit wird in, unter staatlicher R. ausgeführt; etw. in eigener R. (ugs.; *selbständig, ohne fremde Hilfe, ganz allein*) tun, machen.

Regie-: ~**anmerkung,** die: vgl. ~anweisung; ~**anweisung,** die: *Anmerkung, erläuternder Hinweis in einem Bühnenstück, Drehbuch o.ä. als Hilfe für die Regie* (1); ~**assistent,** der: *Assistent eines Regisseurs;* ~**assistentin,** die: w. Form zu ↑~assistent; ~**assistenz,** die: *das Assistieren, Assistenz bei der Regie* (1); ~**betrieb,** der [zu ↑Regie (2)] (Wirtsch.): *organisatorisch u. haushaltsrechtlich selbständiger Betrieb des Staates, einer Gemeinde;* ~**buch,** das: *Buch, in dem alle wichtigen Einzelheiten u. Anweisungen der Regie* (1) *festgehalten werden;* ~**einfall,** der: *Idee eines Regisseurs, die er bei seiner Arbeit an einem Werk verwirklicht;* ~**fehler,** der (oft scherzh.): *irrtümliche Entscheidung, Maßnahme bei der Organisation von etw.:* den Organisatoren der Veranstaltung waren einige ärgerliche R. unterlaufen; ~**kosten** ⟨Pl.⟩ [zu ↑Regie (2)] (veraltend): *Verwaltungskosten.*

regielich [re'ʒi:lɪç] ⟨Adj.; o. Steig.; nicht präd.⟩ (selten): *die Regie* (1) *betreffend, von ihr ausgehend, zu ihr gehörend:* ... zeichnete sich die Aufführung ... durch -e Lösungen aus, die ... (MM 30. 1. 65, 44); **Regien** [re'ʒi:ən] ⟨Pl.⟩ [zu ↑Regie (2)] (österr. Amtsspr.): *Verwaltungs-, Regiekosten;* **regierbar** [re'gi:ɐ̯ba:ɐ̯] ⟨Adj.; o. Steig.; nicht adv.⟩: *sich regieren* (1 b) *lassend; geeignet, regiert zu werden;* **regieren** [re'gi:rən] ⟨sw. V.; hat⟩ [mhd. regieren, nach afrz. reger < lat. regere = herrschen, lenken; eigtl. = gerade-richten]: **1. a)** *die Regierungs-, Herrschaftsgewalt innehaben; Herrscher sein; herrschen:* lange, viele Jahre, nur kurze Zeit, weise, mild, gerecht, streng, demokratisch, despotisch, diktatorisch r.; in einer Demokratie regiert das Volk; der König regierte drei Jahrzehnte [lang], regierte von ... bis ...; er regiert über ein großes Reich; ein regierendes Haus, Adelsgeschlecht; ⟨subst. 1. Part.:⟩ die Willkür der Regierenden (Dönhoff, Ära 22); Ü in seinem Haus regiert jetzt eine andere Frau; Frieden, Sicherheit, Not, Korruption regiert in diesem Land; **b)** *über jmdn., etw. die Regierungs-, Herrschaftsgewalt innehaben, Herrscher sein; beherrschen:* ein Land, Volk, einen Staat r.; weil sich die Farbigen in ein paar Jahren selber r. ... würden (Grzimek, Serengeti 177); ein demokratisch, kommunistisch regierter Staat; Ü Evelyn war zu passiv, um ein Haus zu r. (*ihm vorzustehen;* Baum, Paris 36); das widrige Prinzip, das mein Leben regiert (Rinser, Mitte 94). **2.** (seltener) *in der Gewalt haben; bedienen, handhaben, führen, lenken:* er konnte den Schlitten, das Fahrzeug, das Steuer nicht mehr r.; von der Wiege ..., die ... an Stricken von der Decke hing, so daß Lea sie vom Bette r. konnte mit der Hand (Th. Mann, Joseph 317). **3.** (Sprachw.) *(einen bestimmten Fall) nach sich ziehen; verlangen, erfordern:* diese Präposition, dieses Verb regiert den Dativ; ⟨Abl.:⟩ **Regierung,** die; -, -en [spätmhd. regierunge]: **1.** *Tätigkeit des Regierens* (1); *Ausübung der Regierungs-, Herrschaftsgewalt:* die R. dieses Herrschers brachte das Land in Not; eine segensreiche R. ausüben; die R. übernehmen, antreten; einen Mann, eine Partei an die R. bringen; unter, während seiner R. herrschte Frieden. **2.** *oberstes Organ eines Staates, eines Landes, das die richtunggebenden u. leitenden Funktionen ausübt; Gesamtheit der Personen, die einen Staat, ein Land regieren:* eine demokratische, sozialistische, bürgerliche, provisorische, legale, starke, stabile, schwache R.; die amtierende R. des Landes; die R. wankt, ist zurückgetreten, wurde gestürzt; eine neue R. bilden, einsetzen; eine R. ernennen, berufen, unterstützen, angreifen, absetzen; er gehört der R. nicht mehr an; Ü er hat Krach mit seiner R. (Jugendspr. veraltend; *mit seinen Eltern*).

regierungs-, Regierungs-: ~**abkommen,** das: *von den Regierungen* (2) *verschiedener Staaten abgeschlossenes Abkommen;*

~abordnung, die: vgl. ~delegation; **~amtlich** ⟨Adj.; o. Steig.; nicht präd.⟩: *offiziell von einer Regierung (2) [ausgehend, stammend, bestätigt]:* -e Verlautbarungen, Regelungen, Äußerungen; eine r. bestätigte Nachricht; **~antritt,** der: *Amtsantritt eines Herrschers, Regierungsmitglieds o. ä.;* **~auftrag,** der: *von einer Regierung (2) erteilter Auftrag;* **~ausschuß,** der: *von einer Regierung (2) gebildeter Ausschuß;* **~bank,** die ⟨Pl. ...bänke⟩: *Sitze der Mitglieder einer Regierung im Parlament:* die Minister nahmen auf der R. Platz; **~beamte,** der: *in der Verwaltung einer Regierung (2) tätiger Beamter;* **~beschluß,** der; **~bezirk,** der: *(in der Bundesrepublik Deutschland) mehrere Stadt- u. Landkreise umfassender Verwaltungsbezirk eines Bundeslandes;* Abk.: Reg.-Bez.; **~bildung,** die: die R. übernehmen; mit der R. betraut werden; **~chef,** der: *Politiker, der seinem Amt entsprechend eine Regierung (2) anführt, leitet;* **~delegation,** die: *von einer Regierung (2) bevollmächtigte Delegation;* **~direktor,** der: *höherer, über dem Regierungsrat stehender Beamter im Verwaltungsdienst;* **~ebene,** die: vgl. Landesebene; **~erklärung,** die: *offizielle Erklärung, in der eine Regierung (2) ihre Politik, ihren Standpunkt zu bestimmten politischen Fragen darlegt;* **~fähig** ⟨Adj.; o. Steig.; nicht adv.⟩: *in der Lage, die Regierung (1) zu übernehmen, zu regieren:* eine -e Koalition; eine -e Mehrheit *(eine ausreichende Mehrheit im Parlament, die zum Regieren befähigt)*, dazu: **~fähigkeit,** die ⟨o. Pl.⟩; **~feindlich** ⟨Adj.⟩: *einer Regierung (2) nicht dienlich, förderlich, gegen sie eingestellt* (Ggs.: ~freundlich): -e Strömungen; r. eingestellt sein; **~form,** die: *dem jeweiligen politischen System, den verfassungsrechtlichen Bestimmungen entsprechende Form, Zusammensetzung, Gestaltung der Regierung (1) eines Staates:* eine demokratische, monarchische R.; Nationen mit unterschiedlichen -en; **~freundlich** ⟨Adj.⟩: *einer Regierung (2) dienlich, förderlich, ihr gegenüber positiv, wohlwollend eingestellt* (Ggs.: ~feindlich): -e Zeitungen; **~gebäude,** das: *Gebäude, in dem eine Regierung (2) ihren Sitz hat;* **~gewalt,** die: *Macht, Befugnis, die Regierung (1) zu übernehmen, zu regieren;* **~koalition,** die: *Koalition von politischen Parteien zu dem Zweck einer gemeinsamen Regierung (1);* **~kommission,** die: vgl. ~ausschuß; **~kreise** ⟨Pl.⟩: *einer Regierung (2) angehörende, in ihrem Bereich tätige Personen, Personenkreis:* dies verlautete in/aus -n; **~krise,** die: *Krise, kritische Situation, die die ordnungsgemäße Regierung (1) eines Landes gefährdet;* **~mannschaft,** die (ugs.): svw. ↑Kabinett (2 a); **~mitglied,** das; **~nah** ⟨Adj.; o. Steig.; nur attr.⟩: *der Regierung nahestehend, sie unterstützend:* -e Kreise; **~neubildung,** die; **~partei,** die: *die Regierung bildende, an der Regierung beteiligte Partei;* **~präsident,** der: *Leiter der Verwaltung eines Regierungsbezirks;* **~programm,** das: *von einer Regierung (2) dargelegtes, die Pläne u. Ziele der Regierung enthaltendes Programm;* **~rat,** der: **1.** *höherer Beamter im Verwaltungsdienst unter dem Regierungsdirektor;* Abk.: Reg.-Rat. **2.** (schweiz.) **a)** *aus mehreren, unmittelbar vom Volk gewählten Mitgliedern bestehende Regierung (2) eines Kantons;* **b)** *Mitglied eines Regierungsrates* (2 a); **~seite** in der Fügung **von R.** *(von [seiten] der Regierung* 2): Einzelheiten wurden von R. nicht mitgeteilt, dazu: **~seitig** ⟨Adv.⟩ (Amtsdt.): *von der Regierung (2) ausgehend; von [seiten] der Regierung:* dies wurde r. mitgeteilt; **~sitz,** der: **a)** vgl. ~gebäude; **b)** *Stadt, in der eine Regierung (2) ihren Sitz hat;* **~sprecher,** der: *Politiker, der die Funktion hat, im Auftrag der Regierung (2) offizielle Mitteilungen zu machen;* **~stelle,** die: *Dienststelle einer Regierung;* **~system,** das: vgl. ~form; **~treu** ⟨Adj.; o. Steig.⟩: *der Regierung (2) gegenüber loyal; auf der Seite der Regierung (2) stehend:* -e Truppen, Soldaten, Presseorgane; sich r. verhalten; **~truppe,** die ⟨meist Pl.⟩: *auf der Seite der Regierung (2) stehende Truppe;* **~umbildung,** die; **~verantwortung,** die: die R. übernehmen; **~vertreter,** der: *Politiker, der im Auftrag seiner Regierung (2) handelt;* **~viertel,** das: *Stadtteil, in dem die Regierungsgebäude liegen;* **~vorlage,** die: *Gesetzentwurf, der dem Parlament von der Regierung (2) vorgelegt wird;* **~wechsel,** der; **~zeit,** die: *Zeitspanne, in der jmd. regiert, eine Regierung im Amt ist.*

Regime [re'ʒi:m], das: -s, -e [...mə], auch: -s [re'ʒi:ms; frz. régime < lat. regimen = Regierung, zu: regere, ↑regieren]: **1.** (meist abwertend) *einem bestimmten politischen System entsprechende, von ihm geprägte Regierung, Regierungs-, Herrschaftsform:* ein totalitäres, autoritäres, kommunistisches R.; ein verhaßtes R. stürzen; gegen das herrschende R. kämpfen; Ü unter seinem strengen R. *(Leitung)* konnte sich die Firma noch eine Zeitlang halten. **2.** (veraltet) *System, Schema, Ordnung:* Frau Melanie wahrt (= beim Einkauf auf dem Markt) ein durch Jahrzehnte festgelegtes R. (Fr. Wolf, Zwei 158); ⟨Zus. zu 1:⟩ **Regimegegner,** der, **Regimekritiker,** der: *jmd., der seiner kritischen Haltung gegenüber dem [totalitären] Regime seines Landes Ausdruck verleiht;* **Regiment** [regi'mɛnt], das; -[e]s, -e u. -er [spätmhd. regiment < spätlat. regimentum = Leitung]: **1.** ⟨Pl. -e, ungebr.⟩ *Herrschaft* (1), *Regierung* (1), *verantwortliche Führung, Leitung:* ein strenges, straffes, mildes R.; das geistliche, kirchliche, weltliche R.; das R. antreten, an sich reißen, nicht aus der Hand/den Händen geben; das Volk litt unter dem harten R. des Fürsten; das strenge R. des Vaters; Ü der Winter wich endgültig dem R. des Frühlings; ***das R. führen** *(bestimmen, herrschen);* **ein strenges** o. ä. **R. führen** *(streng o. ä. sein).* **2.** ⟨Pl. -er⟩ (Milit.) *mehrere Bataillone einer Waffengattung umfassender Verband (unter der Führung eines Obersten):* das R. befindet sich auf dem Marsch, liegt in Garnison; ein R. führen, kommandieren; er ist jetzt bei einem anderen R., wurde zu einem anderen R. versetzt; Ü überall stehen Töpfe mit Speiseresten, -er (scherzh.; *eine große Menge*) von Tassen (Fallada, Mann 80); Abk.: R., Reg., Regt., Rgt.

Regiments- (Milit.): **~arzt,** der: *einem Regiment zugeteilter Arzt;* **~fahne,** die; **~kommandeur,** der: *Kommandeur (meist Oberst) eines Regiments;* **~stab,** der: *Führungsstab eines Regiments.*

Regiolekt [regio'lɛkt], der; -[e]s, -e [zu ↑Region, analog zu ↑Dialekt] (Sprachw.): *Dialekt in rein geographischer (nicht in soziologischer) Hinsicht;* **Region** [re'gio:n], die; -, -en [lat. regio = Gegend; Bereich, Gebiet, eigtl. = Richtung, zu: regere, ↑regieren]: **1.** *durch bestimmte Merkmale (z. B. Bodenbeschaffenheit, Klima, wirtschaftliche Struktur) gekennzeichneter räumlicher Bereich* (a); *in bestimmter Weise geprägtes, größeres Gebiet:* ärmliche, wilde, dünn besiedelte, ländliche -en; die R. des ewigen Schnees; die Tierwelt der alpinen R.; Ü die hintere, obere R. *(Teil, Bereich)* des Hauses. **2.** (geh.) *Bereich* (b), *Bezirk* (1 b); *Sphäre:* die Kunst war ihm eine unbekannte R.; mein wahrstes Interesse ... gilt den äußersten, schweigsamen -en menschlicher Beziehung (Th. Mann, Krull 102); Sie ringen mit dem Tode. Ihr Geist weilt in anderen -en (Dürrenmatt, Meteor 53); ***in höheren -en schweben** (bildungsspr. scherzh.; *in einer Traum-, Phantasiewelt leben; die Wirklichkeit vergessen*). **3.** (Med.) *Abschnitt, Teil:* die einzelnen -en des Kopfes, des Gehirns; die R. des Beckens; ⟨Abl.:⟩ **regional** [regio'na:l] ⟨Adj.; o. Steig.⟩ [1: spätlat. regiōnālis]: **1.** *eine bestimmte Region (1) betreffend, zu ihr gehörend, auf sie beschränkt [u. für sie charakteristisch]:* -e Besonderheiten, Unterschiede, Merkmale, Interessen, Gesichtspunkte; die -e Wirtschaftsstruktur, Strukturpolitik; -e Wahlen; -e Nachrichten, Rundfunksendungen; das ist nur von -em Interesse; die Aussprache ist r. verschieden; die Maßnahmen blieben r. begrenzt. **2.** (Med.) *regionär.*

Regional-: **~ausgabe,** die: *Ausgabe einer Zeitung, Zeitschrift, die Nachrichten, Berichte, Rundfunk- u. Fernsehprogramme o. ä. eines bestimmten Gebietes besonders berücksichtigt;* **~forschung,** die ⟨o. Pl.⟩: *mehrere Disziplinen umfassende Forschung, die die natürlichen, ökonomischen, sozialen, politischen o. ä. Strukturen großer Regionen untersucht; Raumforschung* (2); **~liga,** die (früher): *zweithöchste deutsche Spielklasse in verschiedenen Sportarten;* **~nachrichten,** die ⟨Pl.⟩: vgl. ~programm; **~programm,** das: *Rundfunk-, Fernsehprogramm für ein bestimmtes Sendegebiet;* **~sendung,** die.

Regionalismus [regiona'lɪsmʊs], der; - (bildungsspr.): *Ausprägung landschaftlicher Eigenarten in Sprache, Literatur, Kultur o. ä. in Verbindung mit der Bestrebung, diese Eigenarten zu wahren u. zu fördern;* **regionär** [...'nɛ:ɐ̯] ⟨Adj.; o. Steig.⟩ (Med.): *die Region (3) eines Körperteils, eines Organs betreffend, zu ihr gehörend:* -e Metastasen.

Regisseur [reʒɪ'sø:ɐ̯], der; -s, -e [frz. régisseur = Spielleiter, Verwalter, zu: régir, ↑Regie] (Theater, Film, Ferns., Rundfunk): *jmd., der bei der Gestaltung eines Werkes für eine Aufführung, Sendung o. ä. die künstlerische Leitung hat, [berufsmäßig] Regie führt; Spielleiter:* ein begabter, erfahrener, bekannter R.; er will R. werden; wer ist der R. dieses Films?; Ü das Leben ist immer der beste R.; der

R. der Nationalmannschaft; **Regisseurin** [...'sø:rın], die; -, -nen: w. Form zu ↑Regisseur.

Register [re'gıstɐ], das; -s, - [mhd. register < mlat. registrum = Verzeichnis < spätlat. regesta, eigtl. subst. Neutr. Pl. des 2. Part. von lat. regerere = eintragen]: **1. a)** *alphabetisches Verzeichnis von Namen, Begriffen o. ä. in einem Buch; Index* (1): ein vollständiges, ausführliches R.; am Ende des Atlasses befindet sich ein R.; die Anthologie hat ein R.; der letzte Band des Werkes enthält das R.; im R. nachschlagen; eine Textstelle mit Hilfe des -s auffinden; **b)** *stufenförmig geschnittener u. mit den Buchstaben des Alphabets versehener Rand der Seiten von Telefon-, Wörter-, Notizbüchern o. ä., mit dessen Hilfe das Nachschlagen erleichtert wird;* **c)** *amtlich geführtes Verzeichnis rechtlicher Vorgänge von öffentlichem Interesse:* das R. des Standesamtes; eine Eintragung im R. löschen; einen Namen ins R. eintragen lassen; *** ein altes/langes R.** (ugs. scherzh.; *alter/ großer Mensch*); **d)** (früher) *[vom Aussteller angefertigte] Sammlung der Abschriften von Urkunden, Rechtsfällen o. ä.* **2.** (Druckw.) *genaues Aufeinanderpassen der Druckseiten, des Satzspiegels auf Vorder- u. Rückseite:* R. halten. **3.** (Musik) **a)** *(bei Orgel, Harmonium, Cembalo) Gruppe von Pfeifen, Zungen, Saiten, durch die Töne gleicher Klangfarbe erzeugt werden:* ein R. bedienen, ziehen; eine Orgel mit vierzig -n; *** alle R. ziehen** *(alles aufbieten; alle verfügbaren Mittel, alle Kräfte aufwenden):* er zog alle R., um sie zu überreden; **andere R. ziehen** (↑Saite a); **b)** *(bei der menschlichen Singstimme, auch bei bestimmten Blasinstrumenten) Bereich von Tönen, die, je nach Art der Resonanz, der Schwingung o. ä., gleiche od. ähnliche Färbung haben:* die R. einer Trompete, einer Klarinette; bei der Stimmbildung wird ein klanglicher Ausgleich zwischen den -n angestrebt; **registered** ['rɛdʒıstəd; engl., zu: to register < frz. registrer < mlat. registrare, ↑registrieren]: engl. Kennzeichnung für: **1.** *in ein Register eingetragen; patentiert; gesetzlich geschützt;* Abk.: reg. **2.** *eingeschrieben* (auf Postsendungen); **Registertonne,** die; -, -n [mit dem in Registertonnen angegebenen Rauminhalt wird das Schiff „registriert"] (Seew.): *Einheit zur Errechnung des Rauminhalts eines Schiffes, mit der die Größe eines Schiffes angegeben wird (u. die 2,83 m³ entspricht);* Abk.: RT; **Registrator** [regıs'tra:tɔr, auch: ...to:ɐ̯], der; -s, -en [...ta'to:rən] (veraltet): **1.** *Beamter, der eingehende Schriftstücke in Empfang nimmt.* **2.** svw. ↑Ordner (2); **Registratur** [...tra'tu:ɐ̯], die; -, -en [zu ↑registrieren]: **1.** *das Registrieren* (1 a), *Eintragen; Buchung* (1): eine R. seiner Personalien wurde vorgenommen. **2. a)** *Raum, in dem Akten, Urkunden, Karteien o. ä. aufbewahrt werden:* einen Ordner aus der R. holen; in der R. arbeiten; **b)** *Schrank, Regal, Gestell zum Aufbewahren von Akten, Urkunden o. ä.:* einen Ordner aus der R. nehmen. **3.** (Musik) *(bei Orgel u. Harmonium) Gesamtheit der Vorrichtungen, mit denen die Register* (3 a) *betätigt werden.*

Registrier-: ~apparat, der: vgl. ~gerät; **~ballon,** der (Met.): *mit Meßinstrumenten ausgerüsteter Freiballon, der zur Erforschung der höheren Luftschichten in die Atmosphäre aufgelassen wird;* **~gerät,** das: *Gerät, mit dem Daten, bes. Meßdaten, aufgezeichnet werden* (z. B. Barograph, Hygrograph); **~kasse,** die: *(in Läden, Gaststätten o. ä. aufgestelltes) Gerät, das Beträge automatisch addiert u. anzeigt.*

registrieren [regıs'tri:rən] ⟨sw. V.; hat⟩ [1: spätmhd. registrieren < mlat. registrare]: **1. a)** *in ein Verzeichnis, eine Kartei, ein [amtlich geführtes] Register eintragen:* Fahrzeuge, Namen, Personalien, Personen r.; während der Feiertage wurden viele Unfälle registriert; Prostituierte müssen sich polizeilich r. lassen; ein Wort in einem Wörterbuch r.; **b)** *selbsttätig feststellen u. automatisch aufzeichnen:* die Meßgeräte registrieren Luftfeuchtigkeit u. Niederschlagsmenge; die Seismographen registrierten ein leichtes Erdbeben; die Kasse registriert alle eingehenden Beträge. **2. a)** *ins Bewußtsein aufnehmen, zur Kenntnis nehmen, bemerken:* alle Vorgänge genau, sorgfältig, im einzelnen r.; sein Erscheinen wurde von allen registriert; er registrierte mit Befriedigung, daß sein Rat befolgt wurde; **b)** *sachlich feststellen; ohne urteilenden Kommentar darstellen, zur Kenntnis bringen:* alle Zeitungen berichteten über den Vorfall oder registrierten ihn zumindest; er will nur registrierender Beobachter ... sein (Niekisch, Leben 191). **3.** (Musik) *(beim Spielen von Orgel, Harmonium, auch Cembalo) durch Betätigung der Register die Klangfarbe bestimmen;* ⟨Abl.:⟩ **Registrierung,** die; -, -en.

Reglement [reglə'mã:, schweiz.: ...'mɛnt], das; -s, -s u. (schweiz.:) -e [frz. réglement, zu: régler < spätlat. rēgulāre, ↑regulieren] (bildungsspr.): *Gesamtheit von Vorschriften, Bestimmungen, die für einen bestimmten [Arbeits-, Dienst]-bereich, für bestimmte Tätigkeiten, bes. auch für Sportarten, gelten; Statuten, Satzungen:* ein strenges, kompliziertes R.; das R. verbietet, ...; ein R. ausarbeiten; die Entscheidung des Schiedsrichters entsprach durchaus dem R.; einem R. unterworfen sein; sich an das R. halten, nach dem R. richten; **reglementarisch** [reglemɛn'ta:rıʃ] ⟨Adj.; o. Steig.⟩ (bildungsspr.): *einem Reglement, den Vorschriften, Bestimmungen genau entsprechend, folgend:* das -e Vorgehen wirkte sich negativ aus; **reglementieren** [...'ti:rən] ⟨sw. V.; hat⟩ [wohl unter Einfluß von frz. réglementer = nach einem Reglement vorgehen] (bildungsspr., oft abwertend): *durch genaue, strenge Vorschriften regeln:* die Arbeit, der Tagesablauf ist [genau] reglementiert; die Schriftsteller, die Dichtung r. *(gängeln);* ⟨Abl.:⟩ **Reglementierung,** die; -, -en.

Regler ['re:glɐ], der; -s, - [zu ↑regeln (2)] (Technik, Kybernetik): *Vorrichtung, die bei technischen Geräten (bes. als Bestandteil eines Regelkreises) den gewünschten Gang, die richtige Stufe, Stärke o. ä. von etw. einstellt, reguliert:* die Temperatur fiel stark ab, weil der R. ausgefallen war; **Reglette** [re'glɛtə], die; -, -n [frz. réglette, Vkl. von: réglet = (Zier)leiste, zu: règle < lat. rēgula, ↑Regel] (Druckw.): *streifenförmiges Blindmaterial für den Zeilendurchschuß.*

reglos ['re:klo:s] ⟨Adj.; o. Steig.⟩: svw. ↑regungslos; ⟨Abl.:⟩ **Reglosigkeit,** die; -: svw. ↑Regungslosigkeit.

Reglung: selten für ↑Regelung.

regnen ['re:gnən] ⟨sw. V.⟩ [mhd. reg[en]en, ahd. reganōn, zu ↑Regen]: **1.** ⟨unpers.⟩ *(von Niederschlag) als Regen zur Erde fallen* ⟨hat⟩: es regnet leise, sanft, stark, heftig, ununterbrochen, tagelang, in Strömen, wie aus/mit Eimern (ugs.; *sehr heftig*); Es war schon dunkel, und es regnete dünn und kalt (Simmel, Stoff 626); hier regnet es oft, häufig; es fängt an, hört auf zu r.; es regnete an die Scheiben, aufs Dach; es regnete große Tropfen *(der Regen fiel in großen Tropfen);* auf die Pfützen regnete es Blasen *(es regnete so, daß sich auf den Pfützen Blasen bildeten).* **2.** *in großer Menge (wie ein Regen) niedergehen, herabfallen* ⟨ist⟩: von den Rängen, aus den Fenstern regneten Blumen; in seine Mütze, die er auf die Straße gelegt, regneten nur so die Münzen (Thieß, Legende 25); ⟨meist unpers.; hat:⟩ nach den Einschlägen regnete es Steine und Erdbrokken; Er ... aß ihr Gebäck ... und es regnete von Brosamen (Frisch, Stiller 334); Ü Vorwürfe, Schimpfworte regneten auf ihn *(bekam er in großer Menge zu hören);* nach der Fernsehübertragung regnete es bei dem Sender Briefe, Anfragen, Beschwerden, Anrufe *(sie gingen in großer Zahl bei dem Sender ein);* ⟨Abl.:⟩ **Regner** ['re:gnɐ], der; -s, -: *Gerät, das Wasser versprüht (zum Beregnen von landwirtschaftlichen Kulturen, Sportplätzen o. ä.);* **regnerisch** ⟨Adj.; nicht adv.⟩: *so geartet, daß immer wieder Regen fällt; zu Regen neigend; grau u. von Regenwolken verhangen:* ein -er Tag; -es Wetter; ein -er Himmel; die Nacht war wieder r. (Gaiser, Jagd 156).

Regranulat, das; -[e]s, -e (Technik): *durch Regranulieren entstandenes Produkt;* **regranulieren** ⟨sw. V.; hat⟩ (Technik): *(von Abfällen, die bei der Herstellung von Kunststoffen anfallen) durch spezielle Aufbereitungsverfahren wieder zu Granulat umformen.*

Regredient [regre'di̯ɛnt], der; -en, -en [lat. regrediēns (Gen.: regredientis), 1. Part. von: regredi, ↑Regreß] (jur.): *jmd., der Regreß* (1) *nimmt;* **regredieren** [...'di:rən] ⟨sw. V.; hat⟩: **1.** (jur.) *Regreß* (1) *nehmen.* **2.** (Psych.) *auf etw. Früheres, Vorhergehendes, eine frühere [primitive] Stufe der geistigen Entwicklung, des Trieblebens zurückgehen, zurückgreifen:* die Sehnsucht, in das Säuglingsstadium zurückzukehren – mit dem Fachausdruck: zu r. (Heiliger, Angst 59); **Regreß** [re'grɛs], der; ...esses, ...esse [lat. regressus, zu: regredi = (auf jmdn.) zurückkommen; Ersatzansprüche stellen]: **1.** (jur.) *Inanspruchnahme des Hauptschuldners* (b), *Rückgriff auf den Hauptschuldner durch einen ersatzweise haftenden Schuldner.* **2.** (Philos.) *das Zurückgehen von der Wirkung zur Ursache, vom Bedingten zur Bedingung.*

regreß-, Regreß- (Regreß 1; jur.): **~anspruch,** der: *Anspruch auf Regreß;* **~forderung,** die: *Forderung aus einem Regreßanspruch;* **~klage,** die: *Klage zur Durchsetzung einer Regreßforderung;* **~pflicht,** die: *Verpflichtung, einen Regreßan-*

spruch zu erfüllen, dazu: ~**pflichtig** ⟨Adj.; o. Steig.; nicht adv.⟩: *zum Regreß verpflichtet:* jmdn. r. machen.

Regressand [regrɛ'sant], der; -en, -en [mit latinis. Endung zu ↑Regression (5)] (Statistik): *abhängige Variable einer Regression* (5); **Regressat** [...'sa:t], der; -en, -en [mit latinis. Endung zu ↑Regreß] (jur.): *jmd., auf den Regreß* (1) *genommen wird;* **Regression** [...'sjo:n], die; -, -en [lat. regressio, zu: regredi, ↑Regreß]: **1.** (bildungsspr.) *langsamer Rückgang; rückläufige Tendenz, Entwicklung:* eine Zeit der wirtschaftlichen R. **2.** (Psych.) *das Zurückgehen, Zurückfallen auf frühere [primitive] Stufen der geistigen Entwicklung, des Trieblebens.* **3.** (Geol.) *das Zurückweichen des Meeres durch das Absinken des Meeresspiegels od. die Hebung des Landes.* **4.** (Biol.) *das Schrumpfen des Ausbreitungsgebietes einer Art od. Rasse von Lebewesen.* **5.** (Statistik) *Aufteilung einer Variablen in einen systematischen u. einen zufälligen Teil zur angenäherten Beschreibung einer Variablen als Funktion anderer;* **regressiv** [regrɛ'si:f] ⟨Adj.; o. Steig.⟩: **1.** (bildungsspr.) *eine Regression* (1) *aufweisend; rückläufig, rückschrittlich:* -e Entwicklungen; die Verfechter dieser Lehre sind r. und reaktionär. **2.** (Psych.) *auf einer Regression* (2) *beruhend; auf frühere [primitive] Stufen der geistigen Entwicklung, des Trieblebens zurückfallend:* eine -e Haltung. **3.** (Philos.) *in der Art des Regresses* (2) *zurückschreitend; von der Wirkung zur Ursache, vom Bedingten zur Bedingung zurückgehend.* **4.** (jur.) *einen Regreß* (1) *betreffend:* -e Forderungen. **5.** ***-e Assimilation** (Sprachw.; *Angleichung eines Lautes an den vorangehenden*); ⟨Abl.:⟩ **Regressivität** [regrɛsivi'tɛ:t], die; -; **Regressor** [re'grɛsɔr, auch: ...so:ɐ̯], der; -s, -en [...'so:rən] (Statistik): *unabhängige Variable einer Regression* (5).

regsam ['re:kza:m] ⟨Adj.; nicht adv.⟩ [zu ↑regen] (geh.): *rege* (b), *rührig, beweglich:* ein -er Geist; die stets -en Hände ruhen lassen; er ist geistig noch sehr r.; ⟨Abl.:⟩ **Regsamkeit,** die; -: (geh.): *regsame Art, regsames Wesen.*

Regula falsi ['re:gula 'falzi], die; - - [lat. = Regel des Falschen, Vermeintlichen] (Math.): *Methode zur Verbesserung vorhandener, durch Näherung gefundener Lösungen von Gleichungen;* **Regular** [regu'la:ɐ̯], der; -s, -e, Regulare [...'la:rə], der; -n, -n [mlat. regularis, zu spätlat. rēgulāris, ↑regulär] (kath. Kirche): *Mitglied eines katholischen Ordens, das eine ²Profeß abgelegt hat;* **regulär** [regu'lɛ:ɐ̯] ⟨Adj.; o. Steig.⟩ [spätlat. rēgulāris = einer Regel gemäß, zu lat. rēgula, ↑Regel]: **1.** (Ggs.: irregulär 1) **a)** *den Regeln, Bestimmungen, Vorschriften entsprechend; vorschriftsmäßig, ordnungsgemäß, richtig:* die -e Arbeit, Arbeitszeit; -e Truppen (*regulär ausgebildete u. uniformierte Truppen* [im Gegensatz zu Partisanen u. a.]); sich etw. auf -e *(gesetzliche)* Weise beschaffen; die -e Spielzeit (Sport; *die offiziell vorgesehene, ohne die wegen Unterbrechungen nachzuspielende Zeit*) ist abgelaufen; etw. r. kaufen, erwerben; der Spieler wurde r. (Sport; *den Spielregeln entsprechend*) vom Ball getrennt; **b)** *normal, üblich:* die -e Linienmaschine; den -en *(nicht herabgesetzten)* Preis bezahlen. **2.** ⟨nicht präd.⟩ (ugs.) svw. ↑regelrecht (2): wenn er sich von ein paar zahmen Tierchen in -e Panik versetzen läßt (Fr. Wolf, Menetekel 66); sie hat ihn r. hinausgeworfen; **Regulare:** ↑Regular; **Regulargeistliche,** der; -n, -n: svw. ↑Regularkleriker; **Regularien** [regu'la:ri̯ən] ⟨Pl.⟩: *auf der Tagesordnung stehende, regelmäßig abzuwickelnde Angelegenheiten;* **Regularität** [regulari'tɛ:t], die; -, -en: **a)** [frz. régularité] (bildungsspr.) *reguläre Art, ordnungsgemäßes Verhalten; Vorschrifts-, Gesetzmäßigkeit* (Ggs.: Irregularität 1 a); **b)** ⟨meist Pl.⟩ (Sprachw.) *übliche sprachliche Erscheinung* (Ggs.: Irregularität 1 b); **Regularkleriker,** der; -s, - (kath. Kirche): *Mitglied einer katholischen Ordensgemeinschaft, die die pastorale Tätigkeit der dem Ordensleben verpflichteten Priester in den Vordergrund stellt* (Ggs.: Säkularkleriker); **Regulation** [...'tsjo:n], die; -, -en [zu ↑regulieren]: **1.** seltener für ↑Regulierung. **2.** (Biol., Med.) **a)** *Regelung von Vorgängen in lebenden Organismen (bes. innerhalb der funktionellen Einheiten wie der Systeme der Atmung, der Verdauung o. ä.);* **b)** *selbsttätige Anpassung eines Lebewesens an wechselnde Bedingungen in der Umwelt;* **regulativ** [...'ti:f] ⟨Adj.; o. Steig.⟩: **1.** (bildungsspr.) *ein steuerndes, ausgleichendes, regulierendes Element darstellend; regulierend, normend [wirkend]:* ein -er Faktor; -e Vorgänge. **2.** (Biol., Med.) *die Regulation* (2) *betreffend:* -e Störungen, Abweichungen; **Regulativ** [-], das; -s, -e [...i:və] (bildungsspr.): **1.** *steuerndes, ausgleichendes, regulierendes Element:* Angebot und Nachfrage sind -e des Marktes. **2.** *regelnde Verfügung, Vorschrift, Verordnung:* sich an die gegebenen -e halten; **Regulator** [regu'la:tɔr, auch: ...to:ɐ̯], der; -s, -en [...la'to:rən; 4: amerik. regulator]: **1.** (bildungsspr.) *steuernde, ausgleichende, regulierende Kraft:* als R. wirken. **2.** (Technik) *Vorrichtung an bestimmten Maschinen, die etw. steuert, reguliert.* **3.** (veraltend) *Pendeluhr mit einem geschlossenen Gehäuse u. verstellbarem Pendel.* **4. a)** *Angehöriger einer 1767 gegründeten revolutionären Gruppe von Farmern in den amerik. Südstaaten;* **b)** *im 19. Jh. im Kampf gegen Viehräuber zur Selbsthilfe greifender amerik. Farmer;* **Reguli:** Pl. von ↑Regulus; **regulierbar** [regu'li:ɐ̯ba:ɐ̯] ⟨Adj.; o. Steig.; nicht adv.⟩: *sich regulieren lassend; so beschaffen, konstruiert, daß es in bestimmter Weise reguliert werden kann:* Sitz mit stufenlos -en Rückenlehnen; **regulieren** [regu'li:rən] ⟨sw. V.; hat⟩ [mhd. regulieren < spätlat. rēgulāre = regeln, einrichten, zu: rēgula, ↑Regel]: **1.** *(bei technischen Geräten, Maschinen o. ä.) den gewünschten Gang, die richtige Stufe, Stärke von etw. einstellen; regeln* (2): mit diesem Knopf kann man die Lautstärke, die Lichtstärke, die Temperatur im Raum, die Zufuhr von Luft r.; das Tempo regulierte ich lediglich durch die Veränderung des Zündzeitpunktes (Auto 8, 1965, 40); die Uhr muß reguliert *(wieder richtig eingestellt)* werden; automatisch regulierte *(sich öffnende u. schließende)* Türen. **2. a)** *nach bestimmten Gesichtspunkten gestalten, ordnen, bei etw. für einen festen, gewünschten Ablauf sorgen, regeln* (1 a): Der Staatsapparat ... reguliert den gesamtwirtschaftlichen Kreislauf mit Mitteln globaler Planung (Habermas, Spätkapitalismus 52); das autonome Nervensystem reguliert die Produktion der meisten Hormone (Wieser, Organismen 108); **b)** ⟨r. + sich⟩ *in ordnungsgemäßen Bahnen verlaufen; einen festen, geordneten Ablauf haben; sich regeln* (1 b): das System reguliert sich selbst; der Verkehr kann sich erst außerhalb wieder einigermaßen r.; ein sich selbst regulierender Markt. **3.** *(ein fließendes Gewässer) in seinem Lauf begradigend korrigieren u. seine Ufer befestigen:* einen Fluß, einen Bach r.; ⟨Abl.:⟩ **Regulierung,** die; -, -en; **Regulus** ['re:gulʊs], der; -, ...li u. -se [1: lat. rēgulus, Vkl. von: rēx = König, ↑¹Rex; der leuchtendgelbe Scheitel erinnert an eine Krone; 2: mlat. (Alchimistenspr.) regulus = metallurgisch gewonnenes Antimon; das reinere Metall trennt sich beim Schmelzen von der unedlen Schlacke < lat. rēgulus, ↑Regulus (1)]: **1.** svw. ↑Goldhähnchen. **2.** (veraltet) *Metallklumpen, der sich beim Schmelzen von Erzen unter der Schlacke absondert.*

Regung, die; -, -en [zu ↑regen] (geh.): **1.** *leichte Bewegung; das Sichregen:* eine R. der Luft; da die junge Soldatenfrau die ersten -en des Kindes spürte (Penzoldt, Erzählungen 35); er lag ohne jede R. da. **2.** *plötzlich auftauchende Empfindung, das Sichregen eines Gefühls; innere Bewegung, Anwandlung:* verborgene, leise, zarte, unbewußte, dunkle -en; die geheimsten -en; eine R. des Mitleids, der Freude; eine R. von Unwillen, Zorn, Wehmut, Scham; seine erste R. war Unmut; sie fühlte, empfand eine R. des Erbarmens; sie folgte einer R. ihres Herzens; etw. aus einer edlen R. heraus tun. **3.** ⟨meist Pl.⟩ *Bestrebung:* Diese Studie ist daher nicht befaßt mit den mannigfachen oppositionellen -en unter den Feldmarschällen (Rothfels, Opposition 87); ⟨Zus.:⟩ **regungslos** ⟨Adj.; o. Steig.⟩: *keine Regung* (1) *zeigend; ohne jede Bewegung:* ein -er Körper; eine -e Gestalt; eine -e Wasserfläche; die Bäume waren völlig r.; r. dastehen, dasitzen, irgendwohin starren, lauschen; er blieb r. liegen; ⟨Abl.:⟩ **Regungslosigkeit,** die; -.

Regur ['re:gu:ɐ̯, engl.: 'ri:gə, 'reɪgə], der; -s [engl. regur < Hindi regar] (Geol.): *Schwarzerde in Südindien.*

Reh [re:], das; -[e]s, -e [mhd. rē(ch), ahd. rēh(o), urspr. = das Scheckige, Gesprenkelte]: *ein dem Hirsch ähnliches, aber kleineres, zierlicher gebautes Tier mit kurzem Geweih, das vorwiegend in Wäldern lebt u. sehr scheu ist:* -e äsen auf dem Feld; das Reh schreckt, fiept; das Mädchen ist scheu, schlank wie ein R.

reh-, Reh-: ~**auge,** das ⟨meist Pl.⟩: *großes braunes Auge,* dazu: ~**äugig** ⟨Adj.; o. Steig.; nicht adv.⟩; ~**bein,** das [die spaltähnliche Geschwulst wird mit dem Huf eines Rehs verglichen] (Tiermed.): *Überbein an der äußeren Seite des Sprunggelenks beim Pferd;* ~**bock,** der: *männliches Reh;* ~**braten,** der: *gebratener Rehrücken;* ~**braun** ⟨Adj.; o. Steig.; nicht adv⟩: *leicht rötlich hellbraun;* ~**farben,** ~**farbig** ⟨Adj.; o. Steig.; nicht adv.⟩: svw. ↑~braun; ~**füßig** ⟨Adj.; o. Steig.; nicht adv.⟩: *(von einer weiblichen Person) leichtfüßig:* hörte ich sie ... die Treppe herunterkommen; gar nicht r. übrigens (Fallada, Trinker 47); ~**geiß,** die: *weibliches Reh;* ~**kalb,** das: ↑svw. ~kitz; ~**keule,** die: gebratene R.; ~**kitz,** das: *das Junge des Rehs;* ~**krankheit,** die: ↑Rehkrankheit; ~**leder,** das: *Leder aus dem Fell des Rehs;* ~**medaillon,** das (Gastr.): *Medaillon* (3) *vom Reh;* ~**posten,** der [vgl. Posten (5)]: *(früher bei der Jagd auf Schalenwild verwendete) stärkste Schrotsorte;* ~**ragout,** das: *Ragout aus Fleisch vom Reh;* ~**rücken,** der: gespickter, gebratener R.; ~**wild,** das (Jägerspr.): *Rehe.*

Rehabilitạnd, der; -en, -en [mlat. rehabilitandus = in den früheren Stand Wiedereinzusetzender, Gerundiv von: rehabilitare, ↑rehabilitieren]: *Kranker, körperlich od. geistig Behinderter, der durch Maßnahmen der Rehabilitation* (1) *in das berufliche u. gesellschaftliche Leben [wieder] eingegliedert werden soll;* **Rehabilitation,** die; -, -en [1: engl.-amerik. rehabilitation; 2: mlat. rehabilitatio]: **1.** *[weitgehende] [Wieder]eingliederung eines Kranken, körperlich od. geistig Behinderten in das berufliche u. gesellschaftliche Leben:* die medizinische, berufliche und soziale R.; die R. von Körperbehinderten; R. in der Zahnheilkunde; R. des Herzinfarkts, der chronischen endogenen Psychosen *(nach einem Herzinfarkt, im Falle von ... Psychosen).* **2.** svw. ↑Rehabilitierung (1); ⟨Zus. zu 1:⟩ **Rehabilitationsklinik,** die: *der Rehabilitation* (1) *von Kranken dienende Klinik;* **Rehabilitationszentrum,** das: *der Rehabilitation* (1) *dienende Anstalt;* **rehabilitativ** [rehabilita'ti:f] ⟨Adj.; o. Steig.⟩ [engl.-amerik. rehabilitative] (selten): *die Rehabilitation* (1) *betreffend, der Rehabilitation* (1) *dienend;* **rehabilitịeren** ⟨sw. V.; hat⟩ [1: frz. réhabiliter < mlat. rehabilitare = in den früheren Stand, in die früheren Rechte wiedereinsetzen, aus: re- (< lat. re-, ↑re-, Re-) u. habilitare, ↑habilitieren; 2: engl.-amerik. to rehabilitate]: **1.** *jmds. od. sein eigenes [soziales] Ansehen wiederherstellen, jmdn. in frühere [Ehren]rechte wiedereinsetzen:* einen Politiker, Funktionär [vor der Öffentlichkeit] r.; jmdn. durch Wiederaufnahme des Verfahrens r.; durch ihren Sieg konnte sich die Mannschaft des HSV wieder r.; Ü die philosophischen Anstrengungen, ... das ... Naturrecht ... zu r. (Habermas, Spätkapitalismus 137). **2.** *durch Maßnahmen der Rehabilitation* (1) *in das berufliche u. gesellschaftliche Leben [weitgehend] [wieder]eingliedern:* einen Unfallgeschädigten, Querschnittgelähmten r.; ⟨Abl.:⟩ **Rehabilitịerung,** die; -, -en: **1.** (bes. jur.) *das Rehabilitieren* (1); *Wiederherstellung der verletzten Ehre einer Person [u. die Wiedereinsetzung in frühere Rechte]:* die R. des Ministers durch den Kanzler; die Linke, die um Ziethens R. kämpft (Mostar, Unschuldig 66); um seine R. kämpfen; Ü die R. des Handwerks. **2.** svw. ↑Rehabilitation (1): die berufliche R. Hirnverletzter; die Erziehung und R. von drogensüchtigen Jugendlichen.

Rehe ['re:ə], die; - [mhd. ræhe, zu: ræhe = steif (in den Gelenken)] (Tiermed.): *Hautentzündung am Pferdehuf mit der Folge plötzlicher Lahmheit;* **Rẹhkrankheit,** die; - (Tiermed.): svw. ↑Rehe.

Rehling ['re:lɪŋ], der; -s, -e [Rehe sollen diesen Pilz gerne fressen] (landsch.): svw. ↑Pfifferling.

Reib- (vgl. auch: Reibe-:) ~**ahle,** die (Technik): *Werkzeug zum Glattreiben einer Bohrungsfläche;* ~**eisen,** das: **1.** (landsch., sonst veraltet): svw. ↑Reibe: der Hals ist rauh wie ein R. (ugs.; *sehr rauh;* Trenker, Helden 269). **2.** (salopp) *widerborstige weibliche Person:* seine Frau ist ein richtiges R.; ~**fetzen,** der (österr. ugs.): svw. ↑Fetzen (2c); ~**fläche,** die: *präparierte Fläche an einer Streichholzschachtel zum Anzünden des Streichholzes;* ~**gerstel,** das ⟨o. Pl.⟩ (österr.): *Suppeneinlage aus fein geriebenem Nudelteig;* ~**getriebe,** das (Technik): *Getriebe, bei dem das Drehmoment durch Reibung mit Hilfe von Reibrädern übertragen wird;* ~**käse,** der: **1.** *Käse, der gerieben* (4) *werden kann.* **2.** *geriebener Käse;* ~**rad,** das (Technik): *Rad, das seine Drehbewegung, sein Drehmoment durch Reibung überträgt;* ~**scheibe,** die (Technik): svw. ↑Friktionsscheibe; ~**schleifen** ⟨st. V.; hat; nur im Inf. gebr.⟩ (Metallbearb.): svw. ↑läppen; ~**tuch,** das (österr.): *Scheuertuch, Aufwischlappen;* ~**zunge,** die (Zool.): svw. ↑Radula.

Reibach ['rajbax], Rebbach ['rɛbax], der; -s [jidd. re(i)bach < hebr. rẹwaḥ] (salopp): *[durch Manipulation erzielter] unverhältnismäßig hoher Gewinn bei einem Geschäft:* den Reibach teilen; bei diesem Geschäft hat er einen kräftigen R. gemacht.

Reibe ['rajbə], die; -, -n [zu ↑reiben (2)]: svw. ↑[1]Raspel (2): eine R. für Kartoffeln, Mandeln; die Zitronenschale auf der R. abreiben.

Reibe- (vgl. auch: Reib-): ~**brett,** das: *Brett zum Glätten des Putzes* (1); ~**keule,** die (landsch., sonst veraltet): *keulenartiges hölzernes Küchengerät zum Teigrühren u. Zerstampfen;* ~**kuchen,** der: **1.** (landsch., bes. rhein.) *Kartoffelpuffer.* **2.** (landsch.) *Rühr-, Napfkuchen;* ~**laut,** der (Sprachw.): *Laut, zu dessen Hervorbringung an den Lippen, im Mundraum, im Rachen od. an der Stimmritze eine Enge gebildet wird, an der sich die vorbeiströmende Luft reibt; Frikativ, Spirans* (z. B. f, s, ç, h); ~**putz,** der: *Putz* (1), *der so auf der Wand verrieben wird, daß musterähnliche Einkerbungen, Rillen entstehen.*

reiben ['rajbn̩] ⟨st. V.; hat⟩ /vgl. gerieben/ [mhd. rīben, ahd. rīban, urspr. wohl = drehend zerkleinern]: **1. a)** *mit etw. unter Anwendung eines gewissen Drucks über etw. in [mehrmaliger] kräftiger Bewegung hinfahren:* jmds. Hände, (häufiger:) jmdm. die Hände r.; Wollsachen sollen beim Waschen nicht gerieben werden; sich die Backen r.; ich rieb meine, die, (häufiger:) mir die Augen, die Stirn, die Schläfen, die Nase; Er rieb seine Zunge gegen den ausgetrockneten Gaumen (Ott, Haie 181); das Pferd reibt sich an der Mauer; den Boden r. (österr.; *scheuern*); **b)** *durch Reiben* (1 a) *in einen bestimmten Zustand versetzen:* das Tafelsilber blank r.; Er ... rieb sich die Schmisse rot *(bis sie rot wurden;* Bieler, Bonifaz 130); die Armlehnen sind blank gerieben *(durch Abnutzung blank geworden);* **c)** *reibend* (1 a) *an, in, über etw. hinfahren:* an seinen Fingern r.; mit einem Tuch über die Schuhe r.; mit dem Handballen in den Augen r.; **d)** *durch Reiben* (1 a) *entfernen:* einen Fleck aus dem Kleid, die Farbe von den Fingern r.; Pippig zog den Kopf zurück und rieb sich fluchend den Staub aus den Augen (Apitz, Wölfe 111); Ü sie rieb sich den Schlaf aus den Augen; **e)** *durch Reiben* (1 a) *in etw. hineinbringen, an eine Stelle bringen:* Myles ... rieb übermangansaures Kali in die Wunden (Grzimek, Serengeti 181); ohne daß irgendein Täuscher ihnen (= den Rossen) Pfeffer unter den Schwanz gerieben ... hätte (Langgässer, Siegel 272). **2.** *durch Reiben* (1 a) *auf einer Reibe zerkleinern:* Kartoffeln, Nüsse, Käse r.; der Kuchen war mit geriebenen Mandeln bestreut. **3.** *sich in allzu enger Berührung ständig über etw. bewegen, scheuern* (2 a): der Kragen reibt; die Schuhe reiben an den Fersen; Die Wäsche wird abgenutzt, weil sie beim Drehen in der Trockenkammer an Metall reibt (DM 5, 1966, 60). **4.** *sich einen Körperteil, die Haut durch Reiben* (1 a) *verletzen:* ich habe mir die Hände, die Haut wund gerieben. **5.** ⟨r. + sich⟩ *[im Zusammenleben, in einer Gemeinschaft o. ä.] auf jmdn., etw. als einen Widerstand stoßen [u. die Auseinandersetzung mit der betreffenden Person, Sache suchen]:* sich mit seinen Kollegen, Nachbarn r.; die beiden Temperamente rieben sich [aneinander]; sich an einem Problem r. **6.** (salopp selten) *onanieren, masturbieren:* ⟨subst.:⟩ Gruppenonanie ... Wir anderen waren schon alle ganz schön am Reiben (M. Walser, Pferd 52). **7.** (Technik) *(eine Bohrungsfläche) mit der Reibahle glätten;* ⟨Abl.:⟩ **Reiber,** der; -s, - (bild. Kunst, Buchw.): *mit Roßhaar ausgestopfter Lederballen, der beim Reiberdruck die Vorlage auf das Papier überträgt;* ⟨Zus.:⟩ **Reiberdruck,** der ⟨Pl. -drucke⟩ (bild. Kunst, Buchw.): **1.** ⟨o. Pl.⟩ *älteres Druckverfahren beim Holzschnitt, bei dem die Vorlage durch einen Reiber auf das Papier übertragen wird.* **2.** *in der Technik des Reiberdrucks* (1) *hergestellter Abzug:* **Reiberei** [rajbə'rai], die; -, -en ⟨meist Pl.⟩: *die partnerschaftlichen Beziehungen beeinträchtigende Meinungsverschiedenheit, Auseinandersetzung über etw., Streitigkeit:* hin und wieder mit den Eltern, zu Hause -en haben; es gab oft -en im Betrieb, zwischen den Eheleuten; **Reibung,** die; -, -en [mhd. rībunge]: **1.** *das Reiben* (1 a, 3, 6, 7). **2.** *das Sichreiben* (5): die R. mit der Umwelt war unausbleiblich, ein Konflikt mußte kommen (Thieß, Reich 228); Städte, in welchen ein genau geplanter Kreislauf ... sich ohne R. *(Schwierigkeiten, irgendwelche Hindernisse)* und Stockung vollzieht (Chr. Wolf, Himmel 156). **3.** (Physik) *Widerstand, der bei der Bewegung zweier sich berührender Körper auftritt:* äußere R. *(Reibung zwischen zwei Körpern);* innere R. *(Reibung innerhalb eines Körpers).*

reibungs-, Reibungs-: ~**bahn,** die (Physik): svw. ↑Adhäsionsbahn; ~**beiwert,** der (Physik): svw. ↑~koeffizient; ~**elektrizität,** die (Physik): *entgegengesetzte elektrische Aufladung zweier verschiedener Isolatoren* (1), *wenn sie aneinander* *gerieben werden;* **~fläche,** die: **1.** *Fläche, an der eine Reibung* (1, 3) *entsteht.* **2.** *Grund, Möglichkeit zur Reibung* (2): ein Zusammenleben auf so engem Raum erzeugt auch größere -n; **~hitze,** die: vgl. ~wärme; **~koeffizient,** der (Physik): *vom Werkstoff, von der Oberflächenbeschaffenheit u. der Geschwindigkeit der Körper abhängiger Koeffizient der Reibung* (3); **~los** ⟨Adj.; -er, -este; nicht präd.⟩: *ohne Hemmnisse verlaufend, erfolgend, sich durchführen lassend; keine Schwierigkeiten bereitend; ohne daß sich der betreffenden Sache irgendwelche Hindernisse in den Weg stellen:* eine -e Zusammenarbeit, Eingliederung; der Übergang vollzog sich r.; ... desto -er funktioniert das parlamentarische Regierungssystem (Fraenkel, Staat 228); dazu: **~losigkeit,** die; -: *reibungsloser Verlauf;* **~punkt,** der: *etw., worüber es zu Reibungen* (2) *kommt od. kommen kann:* -e beseitigen; **~wärme,** die (Physik): *durch Reibung* (3) *entstehende Wärme;* **~widerstand,** der (Physik): svw. ↑Reibung (3).

reich [raįç] ⟨Adj.⟩ [mhd. rīch(e), ahd. rīhhi, eigtl. = von königlicher Abstammung, wahrsch. aus dem Kelt.]: **1.** ⟨nicht adv.⟩ *viel Geld u. materielle Güter besitzend, Überfluß daran habend* (Ggs.: arm 1): ein -er Mann; -e Leute; eine -e Witwe; die -ste Stadt der Welt; ein Sohn aus -em Haus *(reicher Eltern);* sie sind unermeßlich, sagenhaft r.; sie sind über Nacht r. geworden; mit euern dauernden Eilsendungen macht ihr nur die Post r. *(an den Eilsendungen verdient die Post unnötigerweise);* er hat r. *(eine reiche Frau)* geheiratet; ⟨subst.:⟩ die Armen und die Reichen; Ü sie ist [innerlich] r. durch ihre Kinder. **2. a)** *(in bezug auf Ausstattung, Gestaltung o. ä.) durch großen Aufwand gekennzeichnet; prächtig:* eine -e Ausmalung der Säle; eine -e Ornamentik; -e (geh., selten; *prächtige, kostbare*) Auslagen in eleganten Geschäften; wir können es uns nicht leisten, -e (geh., selten; *kostbare, teure*) Geschenke zu machen; die Fassade ist r. geschmückt, gestaltet; **b)** *durch eine Fülle von etw. gekennzeichnet:* eine -e Ernte, Ausbeute; -e *(ergiebige)* Ölquellen, Bodenschätze; ein -es *(reichhaltiges, opulentes)* Mahl; sie hat -es *(fülliges)* Haar; in -em *(hohem)* Maße; -en *(starken, viel)* Beifall ernten; jmdn. r. beschenken, belohnen; das Buch ist r. illustriert; ... durch die Vorsorge für ihren Tod ihr Leben um so -er *(intensiver)* genießen zu können (Jens, Mann 105); ***r. an etw. sein** *(etw. in großer Menge, Fülle haben):* die Gegend ist r. an Mineralien; diese Epoche ist r. an literarischen Werken; er war r. an Jahren (geh.; *hatte bereits ein langes Leben hinter sich*); ⟨auch attr.:⟩ zu den wunderlichsten Kapiteln der an Merkwürdigkeiten -en Kirchengeschichte (Thieß, Reich 498); **c)** *durch Vielfalt gekennzeichnet; vielfältig [u. umfassend]:* eine -e Auswahl; -e Möglichkeiten, Erfahrungen; der -ste Bestand mittelalterlicher Buchmalerei; die -ste Entfaltung bei etw. finden; ein -es *(viele Möglichkeiten bietendes)* Betätigungsfeld; ein -es *(vieles enthaltendes u. dadurch erfülltes)* Leben; **-reich** [-] ⟨Suffixoid⟩: *das im ersten Bestandteil Genannte in hohem Maße besitzend, aufweisend, enthaltend, beinhaltend, bietend:* das episodenreiche Drama (K. Mann, Wendepunkt 453); ein variationsreiches Angriffsspiel.

Reich [-] das; -[e]s, -e [mhd. rīch(e), ahd. rīhhi, zu ↑reich od. unmittelbar aus dem Kelt.]: *sich meist über das Territorium mehrerer Stämme od. Völker erstreckender Herrschaftsbereich eines Kaisers, Königs o. ä.:* ein großes, mächtiges R.; das Römische R.; das R. Alexanders des Großen; das Heilige Römische R. Deutscher Nation (Titel des Deutschen Reiches vom 15. Jh. bis 1806); das [Deutsche] R. (1. *der deutsche Feudalstaat von 962 bis 1806.* 2. *der deutsche Nationalstaat von 1871 bis 1945*); das Dritte R. *(das Deutsche Reich während der nationalsozialistischen Herrschaft von 1933 bis 1945);* das tausendjährige R. (ns., noch iron.; *das Dritte Reich*); das Tausendjährige R. *(im Chiliasmus gemeinsame himmlische Herrschaft Christi u. der Heiligen nach der Wiederkunft Christi auf die Erde);* das R. Gottes *(in der jüdischen u. christlichen Eschatologie endzeitliche Herrschaft Gottes);* Kaiser und R.; ein R. errichten; Auflösung und Zerfall eines -es; zu Nürnberg, wohin er (= der Kaiser) ... die Großen des -es berief (Hacks, Stücke 59); Ü (oft geh.:) das R. der Träume, der Gedanken, der Phantasie; das R. der Schatten (dichter.; *das Totenreich*); das R. der Töne (*die Musik;* Thieß, Legende 69); daß es dem -e der Finsternis *(dem Bösen)* erlaubt ist, sich bei allen Zutritt zu verschaffen (Nigg, Wiederkehr 187); das R. *(der [Lebens]bereich)* der Frau; Der Schirrmeister und der Fourier hatten ihr R. *(ihren Tätigkeitsbereich)* in den ... Kellerräumen des Konvikts (Kuby, Sieg 146); ***ins R. der Fabel gehören** *(nicht wahr sein);* **etw. ins R. der Fabel verbannen/verweisen** *(etw. nicht für wahr halten).*

reich-, Reich-: **~begütert** ⟨Adj.; reicher begütert, am reichsten begütert; nur attr.⟩: *über einen großen Besitz verfügend; reich:* eine -e Familie; **~gegliedert** ⟨Adj.; reicher gegliedert, am reichsten gegliedert; nur attr.⟩: die -e Lebensgemeinschaft des Waldes; **~geschmückt** ⟨Adj.; reicher geschmückt, am reichsten geschmückt; nur attr.⟩: eine -e Fassade; **~geschnitzt** ⟨Adj.; reicher geschnitzt, am reichsten geschnitzt; nur attr.⟩: -es Chorgestühl; **~haltig** ⟨Adj.; nicht adv.⟩: *vieles enthaltend:* eine -e Speisekarte, Bibliothek; ihr Vokabular war nicht sehr r., dazu: **~haltigkeit,** die; -: *reichhaltige Beschaffenheit;* **~verziert** ⟨Adj.; reicher verziert, am reichsten verziert; nur attr.⟩: ein -es Portal.

Reiche ['raįçə], der u. die; -n, -n ⟨Dekl. ↑Abgeordnete⟩: ↑reich (1).

reichen ['raįçn̩] ⟨sw. V.; hat⟩ [mhd. reichen, ahd. reichen]: **1. a)** (oft geh.) *jmdm. etw. zum Nehmen hinhalten:* jmdm. ein Buch, für seine Zigarette Feuer, bei Tisch das Salz r.; dem Schaffner die Fahrkarte r.; der Geistliche reichte ihnen das Abendmahl; sie reichten sich [gegenseitig]/(geh.:) einander [zur Begrüßung, zur Versöhnung] die Hand; er reichte ihm das Essen durch die Luke in der Tür; Ü Menschen mit sonst gegensätzlichen Anschauungen reichen sich die Hand als Christen (Nigg, Wiederkehr 15); **b)** *[einem Gast] servieren, anbieten:* den Gästen Erfrischungen r.; Getränke wurden an der Bar gereicht; (in Kochrezepten:) dazu reicht man Butterreis oder Spätzle. **2. a)** *in genügender Menge für einen bestimmten Zweck o. ä. vorhanden sein:* das Geld reicht nicht [mehr]; das Brot muß für vier Personen, noch bis Montag r.; der Stoff reicht [für ein, zu einem Kostüm]; das muß für uns beide r.; drei Männer reichen für den Möbeltransport; der [Treibstoff im] Tank reicht für eine Fahrstrecke von 500 km; danke, es reicht *(ich habe genug);* die Schnur reicht *(ist lang genug);* solange der Vorrat reicht *(noch etw. von der betreffenden Sache, billigen Ware vorhanden ist);* Ich hatte in Frankreich mittlere Erfolge, aber es reichte nie zur Spitze (*meine Leistungen waren keine Spitzenklasse;* Freizeitmagazin 12, 1978, 2); So was kann ich ja gar nicht diktieren, dafür reicht mein Kopf nicht (*bin ich nicht intelligent genug;* Fallada, Jeder 290); ***jmdm. reicht es** (↑langen 1 a); **b)** *in genügender Menge bis zu einem bestimmten Zeitpunkt zur Verfügung haben, ohne daß es vorher aufgebraucht wird; mit etw. auskommen:* mit dem Geld nicht r.; mit dem Aufschnitt reichen wir noch bis morgen. **3.** *sich bis zu einem bestimmten Punkt erstrecken:* er reicht mit dem Kopf bis zur Decke; die Zweige des Obstbaums reichen bis in den Garten des Nachbarn; Der Schnitt reicht bis tief ins Unterhautfettgewebe (Hackethal, Schneide 31); soweit der Himmel reicht *(soweit man sehen kann; überall);* Ü sein Einfluß reicht sehr weit; die Entwicklung reicht vom Spätmittelalter bis ins 17. Jh.

reichlich ⟨Adj.⟩ [mhd. rīchelich, ahd. rīchlīh; zu ↑reich]: **a)** *in großer, sehr gut ausreichender Menge; mehr als genügend:* ein -es Trinkgeld; -er Niederschlag; -e Belichtung; das Essen war gut und r.; der Mantel für den Jungen ist r. *(ist so groß, daß er noch hineinwachsen muß);* Fleisch ist noch r. vorhanden; das ist r. gerechnet, gewogen; wir haben noch r. Zeit, Platz; dazu ist r. Gelegenheit; r. zu leben haben; r. mit allem versorgt sein; r. spenden; **b)** *mehr als:* Unterbringungsmöglichkeiten für eine -e Million Evakuierter (Spiegel 48, 1965, 93); seit r. einem Jahrzehnt arbeitsunfähig sein; erst nach r. einer Stunde bemerkte man sein Fehlen; **c)** ⟨intensivierend bei Adj.⟩ (ugs.) *ziemlich; sehr:* eine r. langweilige Arbeit; er kam r. spät; das Kleid ist r. kurz; ⟨Abl. zu a:⟩ **Reichlichkeit,** die; -: *reichliches Vorhandensein, reichliche Beschaffenheit.*

reichs-, Reichs-: **~abgabenordnung** [-'-----], die ⟨o. Pl.⟩: amtl. Bez. für ↑Abgabenordnung (1919 erlassenes Gesetz für die Finanzverwaltung); Abk.: RAbgO, RAO; **~acht,** die (hist.): *vom Reichsgericht (bis ins 18. Jh.) verhängte, sich auf das gesamte Gebiet des Deutschen Reiches erstreckende ²Acht;* **~adel,** der (hist.): *reichsunmittelbarer Adel;* **~adler,** der: *Adler im Wappen des Deutschen Reiches;* **~amt,** das: *oberste Verwaltungsbehörde des Deutschen Reiches von 1871 bis 1918;* **~anwalt,** der: *Staatsanwalt beim Reichsgericht,* dazu: **~anwaltschaft,** die ⟨o. Pl.⟩; **~apfel,** der ⟨o.

Pl.⟩: *Kugel mit daraufstehendem Kreuz als Teil der Reichsinsignien;* **~arbeitsdienst** [-'– – –], der ⟨o. Pl.⟩ (ns.): *Organisation zur Durchführung eines gesetzlich vorgeschriebenen halbjährigen Arbeitsdienstes* (1); **~autobahn** [-'– – – –], die: *Autobahn im Deutschen Reich von 1934 bis 1945;* **~bahn,** die ⟨o. Pl.⟩: *staatliches Eisenbahnunternehmen im Deutschen Reich u. in der DDR;* **~bank,** die ⟨o. Pl.⟩: *zentrale Notenbank des Deutschen Reiches von 1876 bis 1945;* **~deutsch** ⟨Adj.; o. Steig.; nicht adv.⟩: *die Reichsdeutschen, das Deutsche Reich betreffend:* dem rosigen Leutnant Kindermann, -er Abkunft (Roth, Radetzkymarsch 52), ⟨subst.:⟩ **~deutsche,** der u. die: *jmd., der in der Zeit der Weimarer Republik u. des Dritten Reiches die deutsche Staatsangehörigkeit besaß u. innerhalb der Grenzen des Deutschen Reiches lebte;* **~dorf,** das (hist.): *(bis zum Reichsdeputationshauptschluß von 1803) reichsunmittelbares Dorf ohne Sitz u. Stimme im Reichstag;* **~frei** ⟨Adj.; o. Steig.; nicht adv.⟩ (hist.): svw. ↑~unmittelbar; **~freiherr,** der (hist.): **1.** ⟨o. Pl.⟩ *(seit der Mitte des 18. Jh.s) Titel der Reichsritter.* **2.** *Träger des Titels Reichsfreiherr* (1); **~gebiet,** das: *Gebiet des Deutschen Reiches;* **~geier,** der (ugs. scherzh.): **1.** *Reichsadler.* **2.** *Adler als Wappentier der Bundesrepublik Deutschland (bes. auf Münzen);* **~gericht,** das: *höchstes Gericht des Deutschen Reiches für Angelegenheiten des Zivil- u. Strafrechts;* **~grenze,** die: *Grenze des Deutschen Reiches;* **~insignien** ⟨Pl.⟩ (hist.): *aus Krone, Reichsapfel, Zepter, Schwert, Heiliger Lanze u. a. Reichskleinodien bestehende Krönungsinsignien des Deutschen Reiches (bis 1806);* **~kammergericht** [-'– – – – –], das ⟨o. Pl.⟩ (hist.): *oberstes Gericht des Deutschen Reiches von 1495 bis 1806);* **~kanzler,** der: **1.** *im Deutschen Reich (1871–1918) höchster, vom Kaiser ernannter, allein verantwortlicher u. einziger Minister, der die Politik des Reiches leitete u. den Vorsitz im Bundesrat führte.* **2. a)** *in der Weimarer Republik Vorsitzender der Reichsregierung;* **b)** *während des Dritten Reichs diktatorisches Staatsoberhaupt;* **~kleinodien** ⟨Pl.⟩ (hist.): *Krönungsornat, Handschuh, Reliquiare u. a. als Reichsinsignien im weiteren Sinne;* **~mark,** die: *Währungseinheit des Deutschen Reiches von 1924 bis 1948;* Abk. RM; **~minister,** der: **1.** *von der Frankfurter Nationalversammlung 1848/49 eingesetzter Minister.* **2.** svw. ↑~kanzler (1). **3.** *auf Vorschlag des Reichskanzlers vom Reichspräsidenten ernanntes Mitglied der Reichsregierung (1919 bis 1933);* **~mittelbar** ⟨Adj.; o. Steig.; nicht adv.⟩ (hist.): *der Landeshoheit eines Fürsten unterstehend* (Ggs.: ~unmittelbar); **~pfennig,** der: *Währungseinheit des Deutschen Reiches von 1924 bis 1948* (100 Reichspfennig = 1 Reichsmark); Abk.: Rpf; **~post,** die ⟨o. Pl.⟩: *staatliches Postunternehmen im Deutschen Reich von 1924 bis 1945;* **~präsident,** der: *unmittelbar vom Volk auf sieben Jahre gewähltes, mit weitreichenden Vollmachten ausgestattetes Staatsoberhaupt des Deutschen Reiches von 1919 bis 1934;* **~rat,** der (hist.): **a)** *in verschiedenen europäischen Staaten beratendes [gesetzgebendes] Staatsorgan;* **b)** ⟨o. Pl.⟩ *im Deutschen Reich von 1919 bis 1934 Vertretung der Länder bei Gesetzgebung u. Verwaltung des Reiches;* **~recht,** das ⟨o. Pl.⟩; **~regierung,** die: *aus dem Reichskanzler u. den Reichsministern bestehendes oberstes Exekutivorgan des Deutschen Reiches von 1919 bis 1945;* **~ritter,** der (hist.): *(im Deutschen Reich bis 1806) Angehöriger des reichsunmittelbaren niederen Adels in Schwaben, Franken u. am Rhein;* **~stadt,** die (hist.): *im Deutschen Reich bis 1806 reichsunmittelbare Stadt;* **~stände** ⟨Pl.⟩ (hist.): *im Deutschen Reich bis 1806 dessen reichsunmittelbare Glieder mit Sitz u. Stimme im Reichstag:* geistliche R. *(geistliche Kurfürsten, Erzbischöfe, Bischöfe, Reichsäbte);* weltliche R. *(weltliche Kurfürsten, Herzöge, Markgrafen, Reichsgrafen, Reichsfreiherren, Reichsstädte);* **~straße,** die: *Fernstraße im Deutschen Reich von 1934 bis 1945;* **~tag,** der: **1.** (hist.) **a)** *im Deutschen Reich bis 1806 Versammlung der deutschen Reichsstände;* **b)** ⟨o. Pl.⟩ *Vertretung der Reichsstände gegenüber dem Kaiser.* **2.** ⟨o. Pl.⟩ **a)** *Volksvertretung im Norddeutschen Bund von 1867 bis 1871 u. im Deutschen Reich von 1871 bis 1918;* **b)** *im Deutschen Reich von 1919 bis 1933 mit der Legislative betraute, 1933 durch das Ermächtigungsgesetz ihrer Funktion beraubte Volksvertretung.* **3.** *(in best. Staaten) Parlament:* der dänische, finnische R. **4.** ⟨o. Pl.⟩ *Gebäude für die Versammlungen des Reichstags,* zu 2b: **~tagsabgeordnete,** der u. die, **~tagsbrand,** der ⟨o. Pl.⟩, **~tagsgebäude,** das, **~tagsmandat,** das, **~tagswahl,** die; **~taler,** der: *von 1566 bis etwa 1750 bes. in Deutschland [als Rechnungseinheit] gebrauchte Silbermünze;* **~unmittelbar** ⟨Adj.; o. Steig.; nicht adv.⟩ (hist.): *nicht der Landeshoheit eines Fürsten, sondern nur Kaiser u. Reich unterstehend* (Ggs.: ~mittelbar); **~versicherungsordnung** [– –'– – – – –], die ⟨o. Pl.⟩: *Gesetz zur Regelung der öffentlich-rechtlichen Invaliden-, Kranken- u. Unfallversicherung;* Abk.: RVO; **~verweser,** der (hist.): **a)** *im Deutschen Reich bis 1806 Stellvertreter des Kaisers bei Thronvakanz od. während seiner Abwesenheit;* **b)** *von der Frankfurter Nationalversammlung 1848 bis zur Kaiserwahl bestellter Inhaber der Zentralgewalt;* **~wehr,** die ⟨o. Pl.⟩: *aus Heer u. Marine bestehende Streitkräfte des Deutschen Reiches von 1921 bis 1935.*

Reichtum, der; -s, -tümer [-tyːmɐ; mhd. rīchtuom, ahd. rīhtuom]: **1. a)** ⟨o. Pl.⟩ *großer Besitz, Ansammlung von Vermögenswerten, die Wohlhabenheit u. Macht bedeuten* (Ggs.: Armut 1 a): jmds. unermeßlicher R.; R. vergeht; sein R. ermöglicht ihm ein bequemes Leben; R. erwerben; seinen R. genießen, verwalten, mehren; den R. auf der Erde richtig verteilen; die Quellen wirtschaftlichen -s; zu R. kommen *(reich werden);* Ü jmds. seelischer R.; der innere R. eines Volkes; **b)** ⟨nur Pl.⟩ *Dinge, die den Reichtum einer Person, eines Landes o. ä. ausmachen; finanzielle, materielle Güter; Vermögenswerte:* die Reichtümer eines Landes; die Reichtümer der Erde *(die Bodenschätze);* Reichtümer sammeln, aufhäufen, vergeuden; damit kann man keine Reichtümer erwerben (ugs.; *daran ist nichts zu verdienen*); jmdn. mit Reichtümern überhäufen. **2.** ⟨o. Pl.⟩ *Reichhaltigkeit, reiche Fülle von etw.* (Ggs.: Armut 1 b): der R. an Singvögeln; ein R. an Geist, Gemüt trat darin zutage; der R. seiner (= des Tafelbildes der Spätgotik) Komposition und seiner malerischen Mittel (Bild. Kunst 3, 71); der R. *(die Pracht)* der Ausstattung; ich staunte über den R. seiner Kenntnisse, seiner Einfälle.

Reichweite, die; -, -n [zu ↑reichen]: **1.** *Entfernung, in der jmd., etw. [mit der Hand] noch erreicht werden kann:* sich jmdm. auf R. nähern; sich außer R. halten; in R. sein, kommen; etw. immer in R. haben; das Buch lag in ihrer R.; Geschütze mit großer, geringer R. *(Geschütze, deren Geschosse eine große, geringe Entfernung zurücklegen können);* Ü ein Auftragsbestand, der eine theoretische R. von rund 14 Monaten hat *(der theoretisch für 14 Monate Arbeit reicht);* eine endgültige Entscheidung ist noch nicht in R. *(steht noch nicht bevor);* sie (= die Magie) suchte nach ... einer Vervielfachung der R. *(Wirksamkeit)* der menschlichen Handlung (Gehlen, Zeitalter 19). **2.** (Flugw.) *Strecke, die ein Flugzeug ohne Auftanken zurücklegen kann; Aktionsradius* (2). **3.** (Funkt.) *Entfernung, bis zu der ein Sender einwandfrei empfangen werden kann.* **4.** (Physik) *Strecke, die eine Strahlung beim Durchgang durch Materie zurücklegt, bis ihre Energie durch den Aufprall auf Materieteilchen aufgezehrt ist.*

reif [rai̯f] ⟨Adj.; nicht adv.⟩ [mhd. rīfe, ahd. rīfi, urspr. = was abgepflückt, geerntet werden kann]: **1.** *im Wachstum voll entwickelt [so daß die betreffende Frucht gepflückt, geerntet werden kann]:* -e Äpfel, Kirschen, Erdbeeren, Bananen; -es Obst; -e Samenkapseln; die Pflaumen sind noch nicht, erst halb r.; das Getreide wird r.; Ü er brauchte nur die -e Frucht zu pflücken *(der Erfolg der Sache fiel ihm ohne eigene Anstrengung zu);* -er *(durch Lagerung im Geschmack voll entfalteter)* Camembert; ein -er *(abgelagerter),* alter Cognac; das Geschwür ist r. *(so weit entwikkelt, daß es sich bald öffnet, ausgedrückt werden kann);* *** r. für etw.** (ugs.; *in einen solchen Zustand geraten, gebracht, daß [zunächst] nur noch die genannte Sache in Frage kommt*): r. fürs Irrenhaus, Bett, für den Urlaub, für die Pensionierung sein; die Häuser waren alle r. für den Abbruch; jmdn. r. fürs Krankenhaus schlagen. **2. a)** *erwachsen, durch Lebenserfahrung innerlich gefestigt:* ein -er Mann; eine -e Frau; im -eren Alter, in den -eren Jahren *(in einem Alter, in dem man bereits Erfahrungen gesammelt hat)* urteilt man anders; die Jugendlichen sind noch nicht r., wenn sie die Schule verlassen; ihre Kinder sind inzwischen -er geworden; er ist für diese Aufgabe, zu diesem Amt noch nicht r. [genug] *(noch nicht genügend vorbereitet, dazu noch nicht fähig);* sie sind noch gar nicht r. für ein ernstes Gespräch *(mit ihnen läßt sich noch gar kein ernstes Gespräch führen);* **b)** *von Fähigkeit, Überlegung, Erfahrung zeugend; ausgewogen u. abgerundet:* eine -e Arbeit, Leistung; ein -es Urteil, Werk; der (= der Aufsatz) wäre ... erstaunlich r. für ihr Alter (Kempowski, Immer

109); die wissenschaftliche Untersuchung, Abhandlung ist noch nicht r. für die/zur Veröffentlichung; dafür ist die Zeit noch nicht r. *(noch nicht gekommen; die Entwicklung ist noch nicht soweit fortgeschritten);* **-reif** [-rajf] ⟨Suffixoid⟩ (oft ugs.): *einen solchen Zustand, Stand erreicht habend, daß jetzt für die betreffende Person, Sache [eigentlich nur noch] das im ersten Bestandteil Genannte in Frage kommt:* eine bühnenreife Leistung, verabschiedungsreife Vorlage.

[1]**Reif** [-], der; -[e]s [mhd. rîfe, ahd. (h)rîfo, wahrsch. eigtl. = was man abstreifen kann]: **1.** *Niederschlag, der sich in Bodennähe, bes. auf Zweigen, u. am Erdboden in Form von feinen schuppen-, feder- od. nadelförmigen Eiskristallen abgesetzt hat:* auf den Wiesen lag R.; es ist R. gefallen; Vaters rauchender Atem hatte sich in seinem Schnurrbart als R. abgesetzt (Schnurre, Bart 190); die Zweige, Grashalme sind mit R. bedeckt, überzogen; Ü da fiel [es wie] ein eisiger R. auf die gesellige Runde, und die gute Stimmung war verflogen. **2.** (Jägerspr.) *die obersten weißen Spitzen des Gamsbartes;* [2]*Reim.*

[2]**Reif** [-], der; -[e]s, -e [mhd. reif, ahd. reif = Seil, Strick, urspr. wohl = abgerissener Streifen] (geh., dichter.): *ringförmiges Schmuckstück:* ein schlichter, mit Edelsteinen besetzter R.; sie zog den R. vom Finger; ihn gelüstet es, die heiße Stirn mit dem goldenen R. einer Kaiserkrone zu kühlen (St. Zweig, Fouché 121).

Reife ['rajfə], die; - [mhd. dafür rêfecheit, ahd. rîfî]: **1.** *das Reifsein* (zu: reif 1): die R. des Obstes; Obst im Zustand der R. ernten; während der R. *(des Reifens)* brauchen die Trauben viel Sonne; die Erdbeeren kommen dadurch besser zur R. *(werden ... reif).* **2. a)** *das Reifsein* (zu: reif 2 a): jmds. körperliche, geistige, seelische, innere, sittliche, menschliche, politische R.; ihre frauliche R.; das Zeugnis der R. *(Reifezeugnis);* Der Jugend ist die Jugend meistens zu jung. Der Umgang mit der R. (geh.; *mit Menschen reiferen Alters*) ist ihr ... zuträglicher (Th. Mann, Krull 368); **b)** *das Reifsein* (zu: reif 2 b): die R. *(Ausgewogenheit u. Abgerundetheit)* seiner Gedanken, des Vortrags der Sängerin; Das Unternehmen ... wurde ... inzwischen zu voller R. *(auf seinen höchsten Entwicklungsstand)* gebracht (Fotomagazin 8, 1967, 26); ***mittlere R.** *(Abschluß der Mittelschule od. der 7. Klasse einer höheren Schule).*

Reife-: **~grad,** der: *Grad der Reife* (1); **~prozeß,** der; **~prüfung,** die: *Abschlußprüfung an einer höheren Schule; Abitur;* **~teilung,** die (Biol.): svw. ↑Meiose; **~test,** der: kurz für ↑Schulreifetest; **~zeit,** die: **1.** *Zeit des* [1]*Reifens.* **2.** svw. ↑Pubertät; **~zeugnis,** das (veraltend): svw. ↑Abiturzeugnis.

Reifelholz ['rajfl̩-], das; -es, ...hölzer (Sattlerei): *Werkzeug zum Reifeln;* **reifeln** ['rajfl̩n] ⟨sw. V.; hat⟩ [Nebenf. von ↑riefeln] (Sattlerei): *auf Waren aus Rindsleder entlang den Kanten (z. B. bei Aktentaschen, Gürteln) mit einem entsprechenden Werkzeug Striche zur Verzierung eindrücken.*

[1]**reifen** ['rajfn̩] ⟨sw. V.⟩ /vgl. gereift/ [mhd. rîfen, ahd. rîfen, rîfên]: **1. a)** *reif* (1) *werden* ⟨ist⟩: das Obst, Getreide reift dieses Jahr später; zur Zeit, wenn die Äpfel reifen, das Korn reift; die Tomaten reifen an der, ohne Sonne; aus Eiern, die gleichzeitig reifen (Medizin II, 83); Doch reifte in ihr (dichter.; *wuchs in ihrem Leib*) das dritte Kind (Jahnn, Geschichten 16); **b)** (geh.) *reif* (1) *machen* ⟨hat⟩: die Sonne reifte die Pfirsiche. **2.** (geh.) **a)** *reif* (2 a), *älter u. innerlich gefestigter werden* ⟨ist⟩: diese Erfahrungen haben ihn [zum Manne] r. lassen; das Kind ist früh gereift; als sei sie plötzlich gereift, zur Frau geworden (K. Mann, Wendepunkt 131); wonach der Leidende ... in einen höheren Zustand des Erkennens und der Vergeistigung reife *(hineinwachse;* Thieß, Reich 199); **b)** *reif* (2 a), *innerlich gefestigter, erfahrener machen* ⟨hat⟩: dieser Liebesschmerz hatte ... mich gereift (Bergengruen, Rittmeisterin 377); von stürmischen Zeiten gereift ..., bewährt Fouché seine alte Tatkraft (St. Zweig, Fouché 87); **c)** *in jmdm. allmählich entstehen, sich entwickeln* ⟨ist⟩: Entscheidungen, die Dinge in Ruhe r. lassen; langsam reifte [aus der Unterdrückung] der Widerstand; in ihm reifte der Gedanke auszuwandern; seine Ahnung war zur Gewißtheit gereift *(schließlich zur Gewißheit geworden).*

[2]**reifen** [-] ⟨sw. V.; hat; unpers.⟩ [spätmhd. rîfen]: *als* [1]*Reif* (1) *in Erscheinung treten:* es hat heute nacht gereift.

[3]**reifen** [-] ⟨sw. V.; hat⟩ [zu ↑[2]Reif] (Fachspr.): *(ein Faß) mit Reifen versehen;* **Reifen** [-], der; -s, - [Nebenf. aus den schwach gebeugten Formen von ↑[2]Reif]: **1. a)** *kreisförmig zusammengefügtes Band, meist aus Metall* (z. B. zum Zusammenhalten von Fässern): ein hölzerner, eiserner R.; ein R. aus Stahl; R. um ein Faß legen, schlagen; **b)** *bei der Gymnastik, bei Dressurvorführungen u. als Kinderspielzeug verwendeter größerer, ringförmiger Gegenstand:* R. werfen, fangen; der Tiger sprang durch einen R. **2.** *die Felge umgebender, meist aus luftgefülltem Gummischlauch u. Decke bestehender Teil eines Rades von Fahrzeugen:* schlauchlose, platte, quietschende R.; der linke vordere R. ist geplatzt, hat ein Loch; die R. sind abgefahren; einen R. aufziehen, auf-, abmontieren, aufpumpen, flicken, erneuern, wechseln. **3.** *ringförmiges Schmuckstück;* [2]*Reif:* daß im Handel weder goldene noch silberne R. (= Verlobungsringe) zu haben waren (Kant, Impressum 201; einen R. im Haar tragen.

Reifen- (Reifen 2): **~druck,** der ⟨Pl. -drücke⟩: *Luftdruck im Reifen;* **~geräusch,** das: *beim Abrollen des Reifens auf der Fahrbahn auftretendes Geräusch;* **~panne,** die: *durch einen Defekt am Reifen hervorgerufene Panne;* **~platzer,** der: -s, - (ugs.): *das Platzen eines Reifens;* **~profil,** das; **~schaden,** der: *Schaden, Defekt am Reifen;* **~spur,** die; **~wechsel,** der: *das Auswechseln eines [defekten] Reifens.*

Reiferei [rajfə'raj], die; -, -en: *Anlage zum Reifen von Früchten, bes. Bananen, nach [absichtlich] vorzeitiger Ernte.*

Reifglätte, die; -: *Straßenglätte infolge von* [1]*Reif* (1).

reiflich ⟨Adj.; nicht präd.⟩ [zu ↑reif]: *gründlich, eingehend (ehe man sich endgültig entscheidet):* sich nach -er Erwägung, Betrachtung, Überlegung in bestimmter Weise entscheiden; ich habe mir die Sache r. überlegt; darüber müßte man vorher erst r. nachdenken.

Reifpilz, der; -es, -e [zu ↑[1]Reif (1)]: *auf sandigen Böden vorkommender, wohlschmeckender Blätterpilz, dessen ockerfarbener Hut u. dessen Stiel weißlich bereift sind.*

Reifrock, der; -[e]s, -röcke (früher): **a)** *Damenrock, dessen Unterrock durch mehrere, nach unten jeweils weitere Reifen abgesteift ist;* **b)** *bes. durch seitliche Stützen [mit Fischbeinstäbchen] stark ausladender, jedoch die Füße freilassender Damenrock.*

Reifung, die; -: *das Reifen;* ⟨Zus.:⟩ **Reifungsprozeß,** der.

Reigen ['rajgn̩], der; -s, - [älter: Reihen, mhd. rei(g)e < afrz. raie = Tanz, H. u.] (früher): *von Gesang begleiteter [Rund]tanz, wobei eine größere Zahl von Tänzern [paarweise] einem Vortänzer u. Vorsänger schreitend od. hüpfend folgt:* einen R. tanzen, aufführen; das Brautpaar eröffnete den R., führte den R. an; ein gespenstischer R. von gefallenen Soldaten; ein bunter R. *(eine bunte Folge)* von Melodien; ging der R. der Pressekonferenzen *(gingen die Pressekonferenzen unaufhörlich)* ... weiter (Augsburger Allgemeine 22. 4. 78, 14); ***den R. eröffnen** *(den Anfang mit etw. machen):* der Oberst ..., der den R. der Leihwagenprozesse eröffnete (Dönhoff, Ära 38); **den R. beschließen** *(bei etw. der letzte sein);* ⟨Zus.:⟩ **Reigentanz,** der: svw. ↑Reigen.

Reih- ([2]reihen): **~faden,** der: *Nähfaden zum* [2]*Anreihen;* **~garn,** das: vgl. ~faden; **~leine,** die: svw. ↑Marlleine; **~stich,** der: vgl. ~faden.

Reihe ['rajə], die; -, -n [mhd. rîhe, zu dem st. V. mhd. rîhen, ahd. rîhan, ↑[1]reihen]: **1. a)** *etw., was so angeordnet ist, daß es in seiner Gesamtheit geradlinig aufeinanderfolgt:* eine R. hoher, (seltener:) hohe Bäume, von hohen Bäumen; eine fortlaufende, lückenlose R. bilden; in der zweiten R. *(Stuhlreihe)* sitzen; die -n *(Stuhlreihen)* lichteten sich *(immer mehr Anwesende gingen);* zwei -n rechts, zwei -n links stricken; die Lastwagen fahren, die Pappeln stehen in langer R.; Gläser in eine R. stellen; Salat in -n säen; Die Geräte lassen sich sowohl in R. *(hintereinander)* als auch parallel schalten (Elektronik 10, 1971, A 48); Ü Diese Amerikanerin ... hat sich mit einem Schlag in die vorderste R. gesungen (FAZ 20. 11. 61, 16); **b)** *geordnete Aufstellung von Menschen in einer geraden Linie, bes. im Sport u. beim Militär:* durch die -n gehen; in -n antreten; in die R. treten; sich in fünf -n aufstellen; in -n, in geschlossener R. marschieren; in langer R. vor dem Laden anstehen; Ü die -n der älteren Generation lichten sich *(es sind schon viele Menschen aus der älteren Generation gestorben);* ***in Reih und Glied** *(exakt genau, in strenger Ordnung in einer Reihe aufeinanderfolgend;* vgl. Glied 5 a): in R. und Glied stehen, aufgestellt sein; Viele Rosenstöcke in R. und Glied (Sacher-Masoch, Die Parade 128); **in einer R. mit jmdm. stehen** *(jmdm. ebenbürtig 2 sein);* **sich in eine R. mit jmdm. stellen** *(sich mit jmdm. gleichstellen);* **aus der R. tanzen** (ugs.; *sich anders verhalten als die anderen*); **nicht in der**

R. sein (ugs.; *sich [gesundheitlich] nicht wohl fühlen*); **jmdn. in die R. bringen** (ugs.; *jmdn. wieder gesund machen;* **etw. in die R. bringen** (ugs.; *etw. in Ordnung bringen, reparieren*); **[wieder] in die R. kommen** (ugs.: 1. *[wieder] gesund werden.* 2. *[wieder] in Ordnung kommen*. **2.** ⟨o. Pl.⟩ *zeitlich geregeltes Nacheinander eines bestimmten Vorgangs, Ablaufs:* nur in den Wendungen **die R. ist an jmdm.** *(jmd. ist der nächste, der abgefertigt o. ä. wird);* **an der R. sein** (ugs.: 1. *derjenige sein, der jetzt abgefertigt o. ä. wird.* 2. *jetzt behandelt werden:* Tagesordnungspunkt 3 ist an der R. 3. *von etw. Unangenehmem betroffen sein*): jetzt bist du an der R.!; **an die R. kommen** (ugs.; 1. *der nächste sein.* 2. *als nächstes behandelt werden.* 3. *etw. Unangenehmes zu erwarten haben*): jetzt kommst du an die R.!; **aus der R. sein/kommen** (ugs.; *verwirrt, konfus sein/werden*): sei still, sonst komme ich ganz aus der R.!; **außer der R.** (1. *als Ausnahme zwischendurch:* er wurde außer der R. behandelt. 2. landsch.; *außergewöhnlich:* Diemut und ihre Mutter zu verwechseln, das war nicht außer der R. (Gaiser, Schlußball 196); **der R. nach**/ (seltener:) **nach der R.** *(einer, eine, eines nach dem anderen):* der R. nach antreten; die Anträge nach der R. bearbeiten; er sah die Mädchen der R. nach an; etw. der R. nach erzählen. **3.** *größere Anzahl von Personen, Dingen, Erscheinungen o. ä., die in bestimmter Weise zusammengehören, in ihrer Art, Eigenschaft ähnlich, gleich sind:* in der Straße steht eine R. von unbewohnten Häusern; eine [ganze] R. Frauen hat, haben protestiert; eine R. typischer Merkmale, von typischen Merkmalen aufzählen; seit einer R. von Jahren ...; sein Taschenbuch ist in dieser R. *(Reihe von Büchern, die einem gemeinsamen Themenbereich zugerechnet werden)* erschienen; ***bunte R. machen** *(sich so setzen, daß jeweils eine Frau u. ein Mann nebeneinandersitzen).* **4.** ⟨Pl.⟩ **a)** (bes. Sport) *Mannschaft* (1 a): die Borussia hatte etliche Nationalspieler in ihren -n; **b)** *(als Reihe 1 b vorgestellte) in einer Institution, Partei o. ä. zusammengefaßte Personen:* Die Partei war bedroht ..., und der Appell, die -n fester zu schließen, rührte uns an (Kantorowicz, Tagebuch I, 34); die -n der Opposition stärken; die Kritik kam aus den eigenen -n. **5.** (Math.) *[beliebig viele] mathematische Größen, die nach einer bestimmten Gesetzmäßigkeit, in einem bestimmten regelmäßigen Abstand aufeinanderfolgen:* eine arithmetische R. *(Reihe mit gleicher Differenz zwischen den aufeinanderfolgenden Gliedern);* eine geometrische R. *(Reihe mit gleichen Quotienten zwischen den aufeinanderfolgenden Gliedern).* **6.** (Schach) *einer der acht waagerechten Abschnitte des Schachbretts* (Ggs.: Linie 3 d). **7.** (Musik) *Tonfolge der Zwölftonmusik, in der kein Ton wieder auftreten darf, bevor alle anderen elf Töne erklungen sind.*

[1]**reihen** ['rajən] ⟨sw. V.; hat⟩ [als sw. V. zu ↑Reihe, auch zu mhd. rīhen (st. V.), ahd. rīhan (st. V.) = auf einen Faden ziehen, spießen] (geh.): **a)** svw. ↑aufreihen; **b)** svw. ↑einreihen; [2]**reihen** ⟨sw., auch st. V.; reihte/(seltener:) rieh, hat gereiht/geriehen⟩ [direkt zum st. V. mhd. rīhen, ↑[1]reihen]: svw. ↑[2]anreihen.

[3]**reihen** [-] ⟨sw. V.; hat⟩ [spätmhd. reyen, H. u.; vgl. rauschen (4)] (Jägerspr.): *(von Erpeln) während der Paarungszeit zu mehreren einer Ente folgen.*

[1]**Reihen** [-], der; -s, - [mhd. rīhe = Rist, ahd. rīho = Wade, Kniekehle] (südd.): *Fußrücken.*

[2]**Reihen** [-], der; -s, - (veraltet): svw. ↑Reigen.

reihen-, Reihen-: **~bau,** der ⟨Pl. -ten⟩: **1.** ⟨o. Pl.⟩ (Bauw.) svw. ↑~bauweise. **2.** svw. ↑~haus; **~bauweise,** die ⟨o. Pl.⟩ (Bauw.): *Bauweise, bei der mehrere [Einfamilien]häuser geradlinig od. gleichmäßig gestaffelt einheitlich aneinandergebaut werden;* **~bildung,** die; **~dorf,** das: *Form eines Dorfes, bei der die Gehöfte, Häuser links u. rechts entlang einer Durchgangsstraße stehen; Straßendorf;* **~fabrikation,** die: svw. ↑Serienproduktion; **~folge,** die: *unter bestimmten Gesichtspunkten, zeitlich od. im Hinblick auf den Abstand, die Größe, Thematik o. ä. festgelegte Aufeinanderfolge von etw.:* die R. einhalten; die R. hat sich geändert; in umgekehrter R.; **~formel,** die (Chemie): *chemische Formel, die in einer Reihe* (5) *ausgedrückt wird;* **~haus,** das: *einzelnes Haus als Teil einer in Reihenbauweise angelegten Häuserreihe,* dazu: **~haussiedlung,** die; **~schaltung,** die (Elektrot.): *elektrische Schaltung, bei der alle Stromerzeuger u. Stromverbraucher hintereinandergeschaltet u. vom gleichen Strom durchflossen werden;* **~siedlung,** die: vgl. ~dorf; **~untersuchung,** die: *[staatlich angeordnete] vorbeugende Untersuchung bestimmter Bevölkerungsgruppen zur Früherkennung bestimmter Krankheiten;* **~weise** ⟨Adv.⟩: **1.** (ugs.) *in großer Zahl, in großen Mengen; sehr viel:* die Soldaten fielen r. **2.** *in Reihen* (1 b): r. vortreten; **~zahl,** die: *Zahl in einer Reihe* (5).

Reiher ['rajɐ], der; -s, - [mhd. reiger, ahd. reigaro, eigtl. = Krächzer]: **a)** *in zahlreichen Arten vorkommender, an Gewässern lebender, langbeiniger Vogel mit sehr schlankem Körper u. einem langen Hals u. Schnabel;* **b)** *Fischreiher.*

Reiher-: **~beize,** die (Jagdw.); vgl. [2]Beize; **~ente,** die [die Ente hat einen Federschopf wie ein Fischreiher]: *Ente mit blaugrauem Schnabel, gelben Augen u. einem Federschopf am Hinterkopf;* **~falke,** der: *abgerichteter Falke zum Anlocken von Reihern;* **~feder,** die; **~horst,** der; **~jagd,** die; **~schnabel,** der: *Unkraut, dessen Frucht an den Kopf eines Reihers erinnert.*

reihern ['rajɐn] ⟨sw. V.; hat⟩ [nach dem dünnflüssigen Kot des Reihers]: **a)** (salopp) *[sich] heftig erbrechen;* **b)** (landsch. salopp) *Durchfall haben.*

-reihig [-rajıç] in Zusb., z. B. zweireihig; **reihum** [raj|'ʊm] ⟨Adv.⟩: *nach der Reihe, abwechselnd; von einem zum anderen:* r. etw. vorlesen; die Flasche r. gehen lassen; **Reihung,** die; -, -en ⟨Pl. ungebr.⟩: *das* [1]*Reihen.*

Reihzeit, die; -, -en [zu ↑[3]reihen] (Jägerspr.): *Begattungszeit der Enten.*

[1]**Reim** [rajm], der; -[e]s, -e [mhd. rīm < afrz. rime, aus dem Germ., vgl. ahd. rīm = Reihe(nfolge)]: **a)** (Verslehre) *gleichklingende [End]silben verschiedener Wörter am Ausgang od. in der Mitte von zwei od. mehreren Versen, Zeilen:* ein weiblicher R. (↑weiblich 4 b); ein männlicher R. (↑männlich 4 b); -e bilden, schmieden; ***sich** ⟨Dativ⟩ **keinen R. auf etw. machen können** (ugs.; *etw. überhaupt nicht verstehen können*); **sich** ⟨Dativ⟩ **einen R. auf etw. machen [können]** (ugs.; *sich etw. seinen Vorstellungen entsprechend erklären*); **b)** *kleines Gedicht mit gereimten Versen; Reimspruch:* jedes Bild war mit einfachen -en versehen.

[2]**Reim** [-], der; -[e]s [vgl. gereimelt] (Jägerspr.): [1]*Reif* (2).

reim-, Reim- ([1]Reim): **~art,** die; **~chronik,** die: *ma. Chronik in gereimten Versen;* **~lexikon,** das: *Nachschlagewerk, das eine Zusammenstellung von Wörtern enthält, die sich reimen;* **~los** ⟨Adj.; o. Steig.⟩: ein -es Gedicht; **~paar,** das (Verslehre): *zwei aufeinanderfolgende Verse, Zeilen, die durch einen Reim verbunden sind;* **~prosa,** die (Literaturw.): *Prosa, die Reime als rhetorische Figur verwendet;* **~schmied,** der (abwertend): *Reimeschmied;* **~spruch,** der: *gereimtes Sprichwort;* **~wort,** das ⟨Pl. -wörter⟩: *Wort, das den Reim trägt;* **~wörterbuch,** das: vgl. ~lexikon.

reimen ['rajmən] ⟨sw. V.; hat⟩ [mhd. rīmen]: **1. a)** [1]*Reime bilden:* er kann gut r.; **b)** *ein Wort so verwenden, daß es mit einem anderen einen* [1]*Reim ergibt:* „fein" auf, mit „klein" r.; **c)** *etw. in die Form von Versen bringen, die sich reimen* (2): ein Sonett r.; die Strophen sind schlecht gereimt. **2.** ⟨r. + sich⟩ *einen* [1]*Reim bilden:* die beiden Wörter reimen sich; „kalt" reimt sich auf „bald"; Ü das, was du sagst, reimt sich nicht *(ist voller Widersprüche);* ⟨Abl.:⟩ **Reimer,** der; -s, - (mhd. rīmære]: **a)** (veraltet) *Dichter;* **b)** (abwertend) *Dichterling;* **Reimerei** [rajmə'raj], die; -, -en (abwertend): *schlechtes, holpriges Reimen;* **Reimeschmied,** der; -[e]s, -e (abwertend): *Dichterling.*

Reimplantation [re|ım...], die; -, -en (Med.): *Wiedereinpflanzung.*

Reimport [re|ım...], der; -[e]s, -e (Wirtsch.): *Import, Wiedereinfuhr ausgeführter Waren;* **reimportieren** [re|ım...] ⟨sw. V.; hat⟩: *ausgeführte Waren importieren.*

[1]**rein** [rajn] ⟨Adv.⟩: ugs. für ↑herein, hinein.

[2]**rein** [-; mhd. reine, ahd. (h)reini, urspr. = gesiebt]: **I.** ⟨Adj.⟩ **1.** ⟨o. Steig.⟩ *nicht mit etw. vermischt, was nicht von Natur aus, von der Substanz, Art her zu dem Genannten gehört; ohne fremden Zusatz, ohne verfälschende, andersartige Einwirkung:* -er Wein, Alkohol, Sauerstoff; -es Gold, Wasser; -e *(unvermischte, leuchtende;* Ggs.: gebrochene 4 a) Farben; -es *(akzent-, fehlerfreies)* Deutsch sprechen; die -e Höhenluft atmen; nach der Einführung der -en Form wird die Gestalt ... mit Ornamentik belebt (Bild. Kunst 3, 49); die Hunde sind von -er Rasse *(reinrassig);* einen Stoff chemisch r. herstellen; das Instrument klingt r. *(ist gut gestimmt, hat eine gute Resonanz);* der Chor klingt r. *(singt technisch u. musikalisch einwandfrei);* Ü etw. vom Standpunkt der -en *(vom Gegenständlichen abstrahierenden)* Erkenntnis beurteilen. **2.** ⟨nur attr.; o. Steig.⟩ **a)**

nichts anderes als: die -e Wahrheit sagen; seine Krankheit ist -e Einbildung; das war -er Zufall, -es Glück; etw. aus -em Trotz tun; das ist -e *(von der Erfahrung, Praxis losgelöste)* Theorie, Mathematik; etw. für eine -e Komödie halten; **b)** *so beschaffen, daß es keine Ausnahme, Abweichung von dem Genannten od. etw. darüber Hinausgehendes gibt:* eine -e Arbeitergegend, wo nur kleine Leute wohnen (Aberle, Stehkneipen 34). **3.** ⟨nur attr.; intensivierend bei Substantiven⟩ (ugs.) **a)** *äußerst eindeutig u. hochgradig:* das ist ja -er Wahnsinn, der -ste Schwachsinn; weil er ein -er Typus des ... deutschen Spießbürgers war (Niekisch, Leben 161); **b)** ⟨o. Komp.⟩ (ugs.) *so beschaffen, daß es in seiner Erscheinung mit dem Genannten vergleichbar ist:* das ist ja die -ste Völkerwanderung!; dein Zimmer ist der -ste Saustall! **4.** (meist geh.) *frisch gewaschen; makellos sauber; frei von Flecken, Schmutz o. ä.:* ein -es Hemd anziehen; einen -en Teint haben; etw. auf ein -es *(unbeschriebenes)* Blatt Papier schreiben; Ü ein -es *(unbelastetes)* Gewissen haben; * **etw. ins -e schreiben** *(eine sorgfältige Abschrift von etw. machen;* eigtl. = von einer Kladde eine Reinschrift anfertigen); **etw. ins -e bringen** *(Unstimmigkeiten, Mißverständnisse o. ä. zur Zufriedenheit aller Beteiligten klären;* **mit jmdm., etw. ins -e kommen** *(die Probleme, Schwierigkeiten, die man mit jmdm., etw. hat, beseitigen);* **mit sich [selbst] ins -e kommen** *(Klarheit über ein bestimmtes Problem, das einen selbst betrifft, gewinnen);* **mit etw. im -en sein** *(Klarheit über etw. haben);* **mit jmdm. im -en sein** *(Übereinstimmung mit jmdm. erzielt haben).* **5.** ⟨o. Steig.; nicht adv.⟩ (jüd. Rel.) svw. ↑koscher (1): -e Tiere, Speisen. **II.** ⟨Adv.⟩ **a)** drückt aus, daß etw. auf die genannte Eigenschaft beschränkt ist; *ausschließlich:* Bekundungen von r. politischem Charakter; etw. aus r. persönlichen Gründen tun; **b)** gibt dem Hinweis, daß etw. aus einem bestimmten Grund, Umstand so ist, erhöhten Nachdruck: das kann ich mir r. zeitlich nicht leisten; **c)** (ugs.) gibt einer Aussage, Feststellung starken Nachdruck: *völlig, ganz u. gar:* das ist im Augenblick r. unmöglich; r. *(überhaupt)* gar nichts wissen, sagen, verstehen.

Rein [-], die; -, -en [spätmhd. reindel, reydl, ahd. rīna] ⟨Vkl. ↑Reindel, Reindl⟩ (südd., österr. ugs.): *[größerer] flacher Kochtopf.*

[1]**rein-, Rein-** ([1]rein; vgl. auch: hinein-, herein-): **~beißen** ⟨st. V.; hat⟩ (ugs.): svw. ↑hineinbeißen; * **zum Reinbeißen sein/ aussehen** *(sehr appetitlich sein, aussehen);* **~buttern** ⟨sw. V.; hat⟩ (salopp): svw. ↑buttern (3); **~fall,** der (ugs.): **a)** *Angelegenheit, Sache od. Person, die entgegen allen Erwartungen große Enttäuschung auslöst, sich als unangenehme Überraschung herausstellt:* die Tagung, der Film war ein ziemlicher R.; der Buchhalter ist ein glatter R.; **b)** *unerwartet, überraschend schlechter, negativer Ausgang eines Unternehmens:* das war geschäftlich gesehen ein R.; einen R. mit etw. erleben; **~fallen** ⟨st. V.; ist⟩ (ugs.): svw. ↑hinein-, hereinfallen; **~fliegen** ⟨st. V.; ist⟩ (ugs.): svw. ↑~hinein-, hereinfliegen; **~gehen** ⟨unr. V.; ist⟩ (ugs.): svw. ↑hineingehen; **~geschmeckte,** der u. die; -n, -n ⟨Dekl. ↑Abgeordnete⟩ (bes. schwäb.): svw. ↑Hereingeschmeckte; **~hauen** ⟨unr. V.; haute/hieb, hat gehauen/(landsch.:) gehaut⟩ (salopp): **a)** svw. ↑dreschen (3 a); * **jmdm. eine r.** *(jmdm. mit voller Wucht einen Schlag, bes. eine Ohrfeige, einen Fausthieb versetzen);* **b)** *viel essen:* ordentlich r.; **~knallen** ⟨sw. V.; hat⟩ (salopp): svw. ↑knallen (2 b, c); * **jmdm. eine r.** *(jmdm. mit voller Wucht einen Schlag, bes. eine Ohrfeige, versetzen);* **~knien,** sich ⟨sw. V.; hat⟩ (ugs.): svw. ↑hineinknien; **~kommen** ⟨st. V.; ist⟩: svw. ↑hinein-, hereinkommen; **~kriegen** ⟨sw. V.; hat⟩ (ugs.): svw. ↑hinein-, hereinkriegen; **~langen** ⟨sw. V.; hat⟩: **1.** (ugs.) svw. ↑hineinlangen; * **jmdm. eine r.** (ugs.; *jmdm. einen Schlag, bes. eine Ohrfeige, versetzen).* **2.** (landsch. salopp) *[bei der Darstellung von etw.] übertreiben:* bis zum Ellbogen r. *(maßlos übertreiben);* **~legen** ⟨sw. V.; hat⟩ (ugs.): svw. ↑hinein-, hereinlegen; **~rasseln** ⟨sw. V.; ist⟩ (salopp): svw. ↑hereinrasseln; **~reißen** ⟨st. V.; hat⟩ (ugs.): **1.** svw. ↑hinein-, hereinreißen (1). **2.** svw. ↑hineinreiten (2): „Deine Kollegen werden dich doch nicht r. (Fallada, Mann 52); Ü der Totalschaden hat mich ganz schön reingerissen *(hat mich viel Geld gekostet);* **~reiten** ⟨st. V.⟩: **1.** (ugs.) svw. ↑hineinreiten (1) ⟨ist⟩. **2.** (salopp) svw. ↑hineinreiten (2) ⟨hat⟩; **~riechen** ⟨st. V.; hat⟩ (ugs.): *Einblick in etw. gewinnen, eine Vorstellung von etw. bekommen wollen u. sich deshalb kurz, flüchtig damit beschäftigen:* ein Redakteur sollte auch mal in die Herstellung r.; **~schauen** ⟨sw. V.; hat⟩ (ugs.): svw. ↑hinein-, hereinschauen; **~schlagen** ⟨st. V.; hat⟩: **1.** (ugs.) svw. ↑hineinschlagen. **2.** * **jmdm. eine r.** (salopp; *jmdm. mit voller Wucht einen Schlag, bes. eine Ohrfeige, versetzen*); **~schlingen** ⟨st. V.; hat⟩ (salopp): svw. ↑hineinschlingen; **~schlittern** ⟨sw. V.; ist⟩ (ugs.): svw. ↑hineinschlittern; **~schmeißen** ⟨st. V.; hat⟩ (ugs.): svw. ↑hineinwerfen (1, 2); **~schmuggeln** ⟨sw. V.; hat⟩ (ugs.): svw. ↑hinein-, hereinschmuggeln; **~schneien** ⟨sw. V.; hat/ist⟩ (ugs.): svw. ↑hinein-, hereinschneien; **~schreiben** ⟨st. V.; hat⟩ (ugs.): svw. ↑hineinschreiben; **~segeln** ⟨sw. V.; hat⟩ (salopp): svw. ↑hereinrasseln; **~sehen** ⟨st. V.; hat⟩ (ugs.): svw. ↑hinein-, hereinsehen; **~spazieren** ⟨sw. V.; ist⟩ (ugs.): svw. ↑hinein-, hereinspazieren; **~stecken** ⟨sw. V.; hat⟩ (ugs.): svw. ↑hinein-, hereinstekken; **~steigen** ⟨st. V.; ist⟩ (ugs.): svw. ↑hinein-, hereinsteigen; **~stolpern** ⟨sw. V.; ist⟩ (ugs.): svw. ↑hineinstolpern; **~stopfen** ⟨sw. V.; hat⟩ (ugs.): svw. ↑hineinstopfen; **~treten** ⟨st. V.⟩: **1.** (ugs.) svw. ↑hineintreten (2) ⟨ist⟩. **2.** * **jmdm., jmdn. hinten r.** *(jmdm. mit voller Wucht einen Tritt ins Gesäß versetzen);* **~werfen** ⟨st. V.; hat⟩ (ugs.): svw. ↑hineinwerfen (1, 2, 3), hereinwerfen; **~würgen** ⟨sw. V.; hat⟩: **1.** (ugs.) svw. ↑hineinwürgen. **2.** * **jmdm. eine/eins r.** *(gegen jmdn., dessen Verhalten, Vorgehen man als ärgerlich o. ä. empfindet, etwas unternehmen, was ihm unangenehm ist u. seine Aktivitäten einschränkt);* **~zwängen** ⟨sw. V.; hat⟩ (ugs.): svw. ↑hineinzwängen.

[2]**rein-, Rein-** ([2]rein; vgl. auch: reine-, Reine-): **~bestand,** der (Forstw.): *nur aus einer bestimmten Art bestehender, einheitlicher Baumbestand;* **~betrag,** der: vgl. ~ertrag; **~blau** ⟨Adj.; o. Steig.; nicht adv.⟩: *von ungetrübtem, klarem Blau:* -e Augen; **~einkommen,** das: *Einkommen nach Abzug der Steuern o. ä.; Nettoeinkommen;* **~einnahme,** die: vgl. ~ertrag; **~erbig** [-|ɛrbɪç] ⟨Adj.; o. Steig.; nicht adv.⟩ (Biol.): svw. ↑homozygot; **~erbigkeit,** die; - (Biol.): svw. ↑Homozygotie; **~erlös,** der: vgl. ~ertrag; **~ertrag,** der: *Ertrag nach Abzug der Unkosten o. ä.; Nettoertrag;* **~gewicht,** das: *Gewicht ohne Verpackung o. ä.; Nettogewicht;* **~gewinn,** der: vgl. ~ertrag; **~golden** ⟨Adj.; o. Steig.; nicht adv.⟩: vgl. ~leinen; **~haltung,** die: *Erhaltung des natürlichen, sauberen Zustands von etw.:* ein Abkommen über die R. des Bodensees; **~kultur,** die: **1.** (Landw.) svw. ↑Monokultur. **2.** (Forstw.) svw. ↑~bestand. **3.** (Biol.) *Bakterienkultur, die nur auf ein Individuum* (3) *od. sehr wenige Individuen einer Art od. eines Stammes zurückgeht:* eine R. züchten, erhalten; * **in R.** *(in einer Ausprägung, einem Ausmaß, das nicht mehr übertroffen werden kann):* das ist Kitsch, Konservatismus in R.; **~leinen** ⟨Adj.; o. Steig.; nicht adv.⟩: *aus reinem Leinen;* **~machefrau**: ↑Reinemachefrau; **~machen**: ↑reinemachen; **~rassig** ⟨Adj.; o. Steig.; nicht adv.⟩: *(von Tieren) nicht gekreuzt; von einer Rasse abstammend,* dazu: **~rassigkeit,** die; -; **~schiff** [-'-], das; -s (Seemannsspr.): *gründliches Reinigen eines Schiffes:* das eigentliche R. beginnt mit der Morgenwache; beim R. das Vorderdeck zugeteilt bekommen; * **R. machen**; **~schrift,** die: *sorgfältige Abschrift,* dazu: **~schriftlich** ⟨Adv.⟩; **~seiden** ⟨Adj.; o. Steig.; nicht adv.⟩: vgl. ~leinen; **~silbern** ⟨Adj.; o. Steig.; nicht adv.⟩: vgl. ~leinen; **~stoff,** der (Chemie): *Stoff, der unvermischt, frei von andersartigen Komponenten ist* (z. B. Element, chem. Verbindung); **~vermögen,** das: vgl. ~ertrag; **~waschen,** sich ⟨st. V.; hat⟩ (ugs.): *erklären, daß einen für etw. keine Schuld trifft;* **~weg**: ↑reineweg; **~wollen** ⟨Adj.; o. Steig.; nicht adv.⟩: vgl. ~leinen; **~zucht,** die: **a)** *Zucht von reinrassigen Tieren;* **b)** (Biol.) *Paarung von Individuen einer Art.*

Reindel, Reindl ['rajndl̩]: ↑Rein.

Reine ['rajnə], die; - [mhd. reine] (dichter.): *Reinheit.*

reine-, Reine- ([2]rein; vgl. auch: rein-): **~machefrau,** die: *Putzfrau;* **~machen,** das; -s (landsch.): *das Putzen* (1 a): bei den Nachbarn ist großes R. *(Hausputz);* **~weg** ⟨Adv.⟩ [zu [2]rein (3)] (ugs.): **1.** drückt eine Verstärkung aus; *geradezu:* die Augen taten uns r. weh von dem Licht; was er getan hat, ist r. unglaublich. **2.** *vollständig, ganz u. gar:* er ist r. verrückt; erzählen Sie mir mal r. alles.

Reineclaude: ↑Reneklode.

Reinette: ↑Renette.

Reinfarkt [re|ɪn...], der; -[e]s, -e (Med.): *wiederholter Infarkt.*

Reinfektion [re|ɪn...], die; -, -en (Med.): *erneute Ansteckung durch die gleichen Erreger;* **reinfizieren** [re|ɪn...] ⟨sw. V.; hat⟩ (Med.): **a)** *durch gleiche Erreger wieder infizieren;* **b)** ⟨r. + sich⟩ *sich mit gleichen Erregern wieder infizieren.*

Reinforcement [ri:ɪn'fɔ:smənt], das; - [engl. reinforcement] (Psych.): *Bestätigung, Bekräftigung einer erwünschten Handlungsweise, um ihre gewohnheitsmäßige Verfestigung zu erreichen* (z. B. Lob).

Reinfusion [re|ɪn...], die; -, -en (Med.): *intravenöse Wiederzuführung von verlorenem od. vorher dem Organismus entzogenem, aber noch nicht geronnenem Blut in den Blutkreislauf.*

Reinheit, die; - [zu ↑[2]rein]: **1.** *das Reinsein* (I, 1): kristallene, spektrale R.; die R. der Lehre, Form. **2.** *das Reinsein* (I, 4): das Waschmittel garantiert hundertprozentige R. der Wäsche; Ü daß sie (= die kleinen Kinder) aber unschuldig im Sinne wirklicher R. ... seien (Th. Mann, Krull 60); ⟨Zus. zu 1:⟩ **Reinheitsgrad,** der (Chemie): ein Stoff von hohem R.; **reinigen** ['rainɪgn̩] ⟨sw. V.; hat⟩ [mhd. reinegen, zu: reinic = rein]: *Schmutz, Flecken o. ä. von etw. entfernen; etw. säubern, saubermachen:* die Kleider, die Pfeife, Wunde, Treppe, Straße r.; Abgase r.; etw. chemisch r. lassen; sich von Kopf bis Fuß r.; gereinigte Luft, Waffen; ⟨subst.:⟩ den Anzug zum Reinigen bringen, geben; Ü den Verwaltungsapparat r. *(gegen Schlendrian, Korruption o. ä. vorgehen);* ein reinigendes Gewitter *(Ausräumung eines Konflikts, Befreiung von Ärger o. ä. durch einen heftigen Streit)* tut not; ⟨Abl.:⟩ **Reiniger,** der; -s, -: *chemisches Mittel zum Reinigen von etw.:* ein hochwirksamer R.; **Reinigung,** die; -, -en [mhd. reinigunge]: **1.** ⟨Pl. selten⟩ *das Reinigen:* die R. des Gesichts, der Hose, des Wassers, der Gase; rituelle R. (Rel.; *Waschung als symbolische Handlung zur Beseitigung von Unreinheit);* Ü Für eine R. unsrer politisch verhetzten Atmosphäre (Tucholsky, Zwischen 110). **2.** *Unternehmen, Geschäft, das chemisch reinigt:* den Anzug, Mantel in die R. bringen.

Reinigungs-: **~anstalt,** die: svw. ↑Reinigung (2); **~apparat,** der: *Vorrichtung zum Reinigen von Flüssigkeiten od. Gasen;* **~creme,** die: *kosmetische Creme zur Reinigung u. Pflege des Gesichts;* **~eid,** der: *(im Mittelalter) in einem Prozeß geleisteter Eid zur Bezeugung der Unschuld;* **~milch,** die: vgl. ~creme; **~mittel,** das: *chemisches Mittel zum Reinigen von etw.;* **~politur,** die: vgl. ~mittel.

Reinkarnation [re|ɪn...], die; -, -en (bes. ind. Religionen): *Übergang der Seele eines Menschen in einen neuen Körper (z. B. eines Tieres od. einer Pflanze) u. eine erneute Existenz.*

reinlich ['rainlɪç] ⟨Adj.⟩ [mhd. reinlich]: **1. a)** ⟨nicht adv.⟩ *sehr auf Sauberkeit* (1) *bedacht:* sie ist ein -er Mensch, sehr r.; **b)** *sehr sauber* (1): eine -e Stadt; sie waren r. gekleidet. **2.** *sehr genau; sorgfältig, gründlich:* eine -e Differenzierung der Begriffe; die Bestandteile müssen r. getrennt werden; ⟨Abl.:⟩ **Reinlichkeit,** die; -: **1.** *das Reinlichsein* (1): auf äußerste R. achten. **2.** *Genauigkeit, Sorgfalt:* die R. der Argumentation.

reinlichkeits-, Reinlichkeits-: **~bedürfnis,** das; **~fimmel,** der (abwertend): *übertriebener Reinlichkeitssinn;* **~liebend** ⟨Adj.; o. Steig.; nicht adv.⟩: *auf Reinlichkeit bedacht;* **~sinn,** der: *Sinn für Reinlichkeit* (1).

reinvestieren [re|ɪn...] ⟨sw. V.; hat⟩ (Wirtsch.): *freiwerdendes Kapital erneut investieren* (1 a).

[1]Reis [rais], der; -es, (Sorten:) -e [mhd. rīs < mlat. risus (risum) < lat. orīza, orȳza < griech. óryza, wohl aus einer südasiatischen Spr.]: **a)** *aus Südostasien stammende, hochwachsende Getreideart mit langen, breiten Blättern u. einblütigen Ährchen in Rispen:* R. anbauen, pflanzen, ernten; **b)** *Frucht des Reises* (a): [un]geschälter, polierter R.; R. muß beim Kochen körnig bleiben; Huhn mit R.

[2]Reis [-], das; -es, -er [mhd. rīs, ahd. [h]rīs; wahrsch. urspr. = sich zitternd Bewegendes]: **a)** (geh.) *kleiner, dünner Zweig;* Vögel tragen -er zum Nest; -er sammeln, binden; ein Feuer aus -ern; das Beet im Winter mit -n *(Reisig)* zudecken; Spr viele -er machen einen Besen *(mit vereinten Kräften läßt sich viel erreichen);* **b)** (geh.) *junger Sproß, Schößling;* **c)** svw. ↑Pfropfreis.

[3]Reis [-]: Pl. von ↑Real.

[1]Reis- ([1]Reis): **~auflauf,** der (Kochk.): *[süßer] Auflauf* (2) *aus Reis u. anderen Zutaten;* **~bau,** der ⟨o. Pl.⟩: *Anbau von Reis;* **~bauer,** der; **~branntwein,** der: svw. ↑Arrak; **~brei,** der: *in Milch weichgekochter Reis mit Zucker u. Gewürzen;* **~ernte,** die; **~feld,** das; **~gericht,** das (Kochk.); **~import,** der; **~klößchen,** das, **~knödel,** der (Kochk.): *kleiner Kloß aus in Milch od. Brühe gekochtem Reis;* **~korn,** das ⟨Pl. -körner⟩: *einzelner Kern des Reises* (b); **~mehl,** das: *zu einem gut quellenden Stärkemehl zermahlene Reiskörner;* **~papier,** das [das Papier wurde früher auch aus Reisstroh hergestellt]: *handgeschöpftes, wie Seide wirkendes, sehr reißfestes u. dauerhaftes Papier; Chinapapier; Japanpapier;* **~pflanze,** die; **~produktion,** die; **~rand,** der (Kochk.): *auf einer Platte als fester, glatter, um ein [Fleisch]gericht gelegter Ring angerichteter körniger Reis;* **~schleim,** der: *Schleim aus weichgekochtem, durch ein feines Sieb gegebenem Reis (bei Magenstörungen od. als Zusatz zur Säuglingsnahrung);* **~schnaps,** der: svw. ↑~branntwein; **~stärke,** die: *aus Reis gewonnene [Wäsche]stärke;* **~stroh,** das: *weiches Stroh vom Reis* (a) *(das für Körbe, Hüte, Matten u. ä. verwendet wird u. auch als Streu dient);* **~wein,** der: svw. ↑Sake.

[2]Reis- ([2]Reis): **~besen,** der: **a)** *Reisigbesen;* **b)** *breiter u. flacher, gelber Besen aus entrindetem Reisig, der etwas weicher ist u. z. B. zum schonenden Säubern von Teppichen dient;* **~bündel,** das (veraltet): svw. ↑Reisigbündel; **~bürste,** die: vgl. ~besen (a); **~holz,** das ⟨o. Pl.⟩ (veraltet): *Reisig.*

Reise ['raizə], die; -, -n [mhd. reise = Aufbruch, (Heer)fahrt, ahd. reisa = (Heer)fahrt, zu mhd. rīsen, ahd. rīsan = sich erheben, steigen, fallen; 2: LÜ von ↑Trip]: **1.** *Fahrt zu einem entfernteren Ort:* eine große, weite, kurze, teure, angenehme, beschwerliche, dienstliche, geschäftliche R.; eine R. an die See, ins Ausland, in ferne Länder, nach Übersee, nach Polen, um die Welt, zur Messe, zu Verwandten; eine R. im/mit dem Auto, im Flugzeug, mit der Eisenbahn, zu Fuß, zur See; die R. dient der Erholung; wohin soll diesmal die R. gehen?; eine R. vorhaben, planen, durchführen, (ugs.:) machen; der Brief hat eine lange R. gemacht (ugs.; *war lange unterwegs*); jmdm. [eine] gute, glückliche R. wünschen; was soll ich auf die R. mitnehmen?; auf der R. *(unterwegs)* gab es viel zu sehen; er ist noch nicht von der R. zurück; Vorbereitungen zur R. treffen; R wenn einer eine R. tut, so kann er was erzählen (nach M. Claudius); Ü eine R. in die Vergangenheit *(das Sicherinnern o. ä. an Vergangenes);* [nicht] wissen, wohin die R. geht (ugs.; *[nicht] erkennen, in welcher Richtung sich etw. weiterentwickelt*); ***seine letzte R. antreten** (geh. verhüll.; *sterben*); **auf -n gehen** *(verreisen);* **auf -n sein** *(unterwegs, verreist sein);* **jmdn. auf die R. schicken** (Sport Jargon: 1. *[einen Läufer, Fahrer o. ä.] auf die Bahn schicken, starten lassen, losschicken:* in 30 oder 60 Sekunden Abstand wurden hier die einzelnen Aktiven „ auf die Reise" geschickt [Gast, Bretter 12]. 2. *beim Fußball o. ä. einem Mitspieler eine weite Vorlage geben:* Jupp schickte seinen Vereinskollegen mit einem Steilpaß auf die R. [Walter, Spiele 213]). **2.** (Jargon) *traumhafter Zustand des Gelöstseins nach der Einnahme von Rauschgift; Rausch:* sie machten wieder eine R., hatten sich mit starken Drogen auf die R. geschickt.

reise-, Reise- (Reise 1, reisen): **~andenken,** das: viele R. mitbringen; **~apotheke,** die: *Tasche, Behälter mit einer Zusammenstellung von persönlich benötigten od. für den Notfall bereitgehaltenen Medikamenten, mit Verbandszeug u. ä.;* **~bedarf,** der: *alles, was für eine Reise benötigt wird;* **~begleiter,** der: *jmd., der einen anderen [als Betreuer] auf einer Reise begleitet od. der zufällig das gleiche Reiseziel hat;* **~begleiterin,** die: w. Form zu ↑~begleiter; **~beilage,** die: *regelmäßig erscheinende Zeitungsbeilage, in der über ein Urlaubsgebiet o. ä. berichtet wird;* **~bekanntschaft,** die: *jmd., den man auf einer Reise kennengelernt hat:* eine flüchtige R.; **~bericht,** der: **a)** *[persönlicher] Bericht über eine Reise;* **b)** svw. ↑~beschreibung; **~beschreibung,** die: *ausführliche, manchmal mit Erdachtem u. Erdichtetem verknüpfte literarische Beschreibung einer Reise [in Buchform]:* er liest gerne -en; **~besteck,** das: *zusammengestecktes od. in einem Futteral untergebrachtes leichtes Besteck* (1 a) *für die Reise;* **~buch,** das: *Reisebeschreibung od. Reiseführer in Buchform;* **~buchhandel,** der: *Buchhandel über reisende Vertreter, die beim Kunden Bestellungen (bes. auf größere, in Fortsetzungen erscheinende u. in Raten zu zahlende Objekte) aufnehmen;* **~büro,** das: **a)** *Unternehmen, in dem Reisen vermittelt, Fahrkarten verkauft, Buchungen aufgenommen u. Beratungen über Reisewege u. -ziele durchgeführt werden;* **b)** *Geschäftsraum eines Reisebüros* (a): zum, ins R. gehen; **~bus,** der: kurz für ↑~omnibus; **~decke,** die: *leichte Wolldecke für die Reise;* **~diäten** ⟨Pl.⟩ (veraltend): *Diäten* (1) *für Reisen;* **~diplomatie,** die: *durch häufige Reisen der Politiker ausgeübte Diplomatie* (1 a); **~eindruck,** der ⟨meist Pl.⟩; **~erinnerung,** die; **~erlaubnis,** die: *Erlaubnis zu einer Reise, zum Reisen;* **~erlebnis,** das: *Erlebnis auf einer Reise;* **~fähig** ⟨Adj.; o. Steig.; nicht adv.⟩: der Kranke ist noch nicht r.; ~**fertig** ⟨Adj.; o. Steig.; nicht adv.⟩: *fertig für die Reise, zum Reisen:* r. dastehen; ~**fieber,** das (ugs.): *Aufgeregtheit, innere Unruhe vor Beginn einer Reise;* ~**führer,** der: **1.** *jmd., der Reisende, bes. Reisegruppen, führt u. ihnen die Sehenswürdigkeiten am jeweiligen Ort zeigt.* **2.** *Buch, das dem Reisenden alles Notwendige über Unterkünfte, Wege u. Verkehrsmittel, kulturelle Einrichtungen, Kunstschätze usw. mitteilt;* ~**führerin,** die: w. Form zu ↑~führer (1); ~**gefährte,** der: *Mitreisender auf einer längeren Fahrt, [zufälliger] Reisebegleiter, mit dem man aber doch irgendwelche Gemeinsamkeiten spürt;* ~**gefährtin,** die: w. Form zu ↑~gefährte; ~**geld,** das: **1.** *das für eine Reise, bes. für die Fahrkarten, benötigte Geld.* **2.** ⟨Pl.⟩ svw. ↑~spesen; ~**genehmigung,** die: svw. ↑~erlaubnis; ~**gepäck,** das: *das als Handgepäck mitgenommene u. im gleichen Transportmittel mitbeförderte Gepäck,* dazu: ~**gepäckversicherung,** die: *für einen begrenzten Zeitraum, die Dauer der Reise geltende Versicherung des Gepäcks gegen Diebstahl od. Verlust:* eine R. abschließen; ~**geschwindigkeit,** die: *für die gesamte Fahrt, vom Ausgangspunkt bis zum Ziel, berechnete Durchschnittsgeschwindigkeit eines Verkehrsmittels;* ~**gesellschaft,** die: **1.** *Gruppe von Menschen, die gemeinsam eine [von einem Reisebüro od. einer anderen Institution organisierte] Reise unternehmen:* die Kathedrale ist voll von -en. **2.** ⟨o. Pl.⟩ *Zusammensein mit jmdm., Begleitung auf einer Reise:* daß seine Frau ... sich freuen würde, so gute R. zu bekommen (Baum, Paris 142); ~**gewerbe,** das: *ambulant ausgeübtes Gewerbe (Verkauf, Schaustellung, Straßenmusik o. ä.),* dazu: ~**gewerbekarte,** die (Amtsspr.): *Gewerbeschein für das Reisegewerbe;* ~**gruppe,** die: vgl. ~gesellschaft (1); ~**handbuch,** das: svw. ↑~führer (2); ~**kasse,** die: *für eine Einzel- od. Gruppenreise gespartes od. zusammengelegtes Geld;* ~**kissen,** das: *kleines [aufblasbares] Kissen für die Reise;* ~**kleidung,** die: *praktische Kleidung für die Reise;* ~**koffer,** der; ~**korb,** der (früher): *bei großen Reisen od. Umzügen verwendeter Korb* (1 a) *mit verschließbarem Deckel:* Großmutter packte zwei Reisekörbe und eine Holzkiste ... mit ihren Habseligkeiten (Lentz, Muckefuck 85); ~**kosten** ⟨Pl.⟩: *alle Kosten für Fahrt, Unterkunft, Verpflegung u. ä., die auf einer [geschäftlichen] Reise anfallen,* dazu: ~**kostenabrechnung,** die, ~**kostenzuschuß,** der; ~**krankheit,** die: svw. ↑Kinetose; ~**kreditbrief,** der (Bankw.): *im Reiseverkehr, bes. bei Auslandsreisen, verwendeter Kreditbrief;* ~**land,** das ⟨Pl. -länder⟩: *Land, in das viele Reisen unternommen werden:* Österreich ist ein beliebtes R.; ~**leiter,** der: *Leiter einer Gesellschaftsreise, der für die Organisation (Fahrt, Unterkunft, Ausflüge, Führungen) verantwortlich ist;* ~**leiterin,** die: w. Form zu ↑~leiter; ~**lektüre,** die: *Lesestoff für die Reise;* ~**limousine,** die: vgl. ~wagen; ~**lust,** die ⟨o. Pl.⟩: *Lust zum [häufigen] Reisen:* von R. gepackt sein, dazu: ~**lustig** ⟨Adj.; nicht adv.⟩; ~**marschall,** der [urspr. kundiger Reisebegleiter eines Fürsten] (ugs. scherzh.): *Begleiter auf einer Reise, Reiseleiter;* ~**maschine,** die: kurz für ↑~schreibmaschine; ~**mobil,** das: *Fahrzeug mit zugehörigem eingerichtetem Wohnteil, „Haus auf Rädern";* ~**necessaire,** das: *Beutel, Tasche, zusammenrollbarer Behälter o. ä. mit Fächern in verschiedenen Größen zum Unterbringen von Waschzeug u. sonstigen Toilettenartikeln;* ~**omnibus,** der: *Omnibus für Reisen;* ~**onkel,** der (ugs. scherzh.): *jmd., der gern u. viel reist;* ~**papier,** das ⟨meist Pl.⟩: *Papier* (3) *für [Auslands]reisen;* ~**paß,** der: *Paß für Auslandsreisen;* ~**plaid,** das; ~**plan,** der; ~**prospekt,** der; ~**proviant,** der; ~**route,** die: die R. festlegen; ~**ruf,** der: *von Automobilklubs während der Reisezeit an Rundfunkanstalten weitergegebene dringende Bitte von Angehörigen sich unterwegs befindender Autofahrer, diese über Funk nach Hause zu rufen:* einen R. senden; ~**sack,** der: *Sack für Sachen, die man auf die Reise mitnimmt, bes. für Seeleute;* ~**saison,** die: *Hauptreisezeit;* ~**scheck,** der: **1.** *eine Art Zahlungsmittel, bes. für Auslandsreisen, das die Auszahlung eines bestimmten Betrages durch eine Bank des besuchten Landes garantiert.* **2.** (DDR) *Schein, der zu einer Ferienreise an einen bestimmten Ort berechtigt;* ~**schilderung,** die; ~**schreibmaschine,** die: *leichte Schreibmaschine, die mit Deckel u. Griff als kleiner Koffer zu tragen ist; Kofferschreibmaschine;* ~**schriftsteller,** der: *Schriftsteller, der Reisebücher verfaßt;* ~**spesen** ⟨Pl.⟩: *bestimmte Summe, Geldbetrag, den jmd. im Zusammenhang mit einer dienstlichen, geschäftlichen Reise für seine Auslagen, Aufwendungen erhält;* ~**tag,** der: **1.** *Tag der Abreise.* **2.** *ein bestimmter Tag der Reise:* am dritten R. waren sie in Athen; ~**tante,** die: vgl. ~onkel; ~**tasche,** die: *größere Tasche für Reisen;* ~**unkosten** ⟨Pl.⟩: vgl. ~kosten; ~**unternehmen,** das: **1.** svw. ~büro (a). **2.** (selten) *Projekt einer [größeren] Reise:* unser R. verlief glücklich; ~**unternehmer,** der: svw. ↑~veranstalter; ~**utensilien** ⟨Pl.⟩: *Sachen, die auf einer Reise gebraucht werden;* ~**veranstalter,** der: *Veranstalter von Gesellschaftsreisen;* ~**verbot,** das: R. haben; ~**verkehr,** der: auf den Autobahnen herrscht starker R.; ~**verpflegung,** die; ~**vertreter,** der: svw. ↑Handelsvertreter; ~**vorbereitung,** die ⟨meist Pl.⟩: -en treffen; ~**wagen,** der: *größeres, bequemes Auto, das bes. für weite Fahrten geeignet ist:* um einen modernen, schnellen R. gefahrlos in allen Situationen des heutigen Straßenverkehrs zu meistern (Frankenberg, Fahren 161); ~**wecker,** der: *kleinerer Wecker für die Reise;* ~**weg,** der; ~**welle,** die: *vorübergehend starker Reiseverkehr (auf den Straßen u. bei der Bahn);* ~**wetter,** das, dazu: ~**wetterbericht,** der, ~**wetterversicherung,** die: *Versicherung, durch die eine Entschädigung bei verregnetem Urlaub vereinbart wird;* ~**zeit,** die; ~**ziel,** das: Paris ist ein beliebtes R.; ~**zug,** der (Eisenb.): *der Personenbeförderung dienender Zug,* dazu: ~**zugwagen,** der; ~**zuschuß,** der: svw. ↑~kostenzuschuß.

reisen ['raizn̩] ⟨sw. V.; ist⟩ [mhd. reisen, ahd. reisōn]: **a)** *eine Reise machen:* allein, in Gesellschaft, geschäftlich, zur Erholung, unter fremdem Namen, inkognito r.; an die See, aufs Land, ins Gebirge, nach Berlin, nach Italien, ins Ausland, zu Verwandten, zu einem Kongreß r.; wir reisen mit dem Auto, mit der Bahn, im Schlafwagen, mit dem/ (geh., veraltend:) zu Schiff, mit dem Flugzeug; **b)** *eine Reise antreten, abfahren, abreisen:* wir reisen am Dienstag sehr früh; wann reist ihr?; Ich wollte, bevor ich reiste, den weißen Hirsch im Vestibül ... noch einmal sehen (Th. Mann, Krull 425); **c)** *Reisen unternehmen, [als Reisender] viel unterwegs sein, sich oft auf Reisen befinden:* er reist gern; sie sind schon viel und weit gereist; er reist immer 1. Klasse/in der 1. Klasse; er reist für seine Firma im norddeutschen Raum *(ist Handelsvertreter der Firma in Norddeutschland);* er reist in Unterwäsche (Jargon; *ist umherziehender Händler od. Vertreter für Unterwäsche);* ⟨1. Part.:⟩ reisende *(umherziehende)* Schausteller; ⟨subst. 2. Part.:⟩ **Reisende,** der u. die; -n, -n ⟨Dekl. ↑Abgeordnete⟩: **1.** *jmd., der sich auf einer Reise befindet* (im Zusammenhang mit den entsprechenden Beförderungsmitteln): ein verspäteter -r; zwei R. waren zugestiegen; die -n werden gebeten, ihre Plätze einzunehmen. **2.** *Handelsvertreter:* er ist -r für eine große Textilfirma, in Elektrogeräten.

Reiser: Pl. von ↑²Reis; ⟨Zus.:⟩ **Reiserbesen,** der: *Reisigbesen.*

Reiserei [raizə'rai], die; -, -en (ugs. abwertend): *[dauerndes] Reisen:* ich bin diese ewige R. leid.

reisern ['raizɐn] ⟨sw. V.; hat⟩ [zu ↑²Reis] (Jägerspr.): *(vom Schweißhund) Witterung von Ästen u. Zweigen nehmen, die das Wild gestreift hat.*

reisig ['raizɪç] ⟨Adj.; o. Steig.; nur attr.⟩ [mhd. reisic, zu ↑Reise]: **a)** (MA.) *zur Heerfahrt gerüstet, beritten;* **b)** (veraltet, noch iron.) *kriegerisch, streitbar:* der -e alte Professor; Hohngelächter der plötzlich verbündeten -en Helden Papa und Onkel Adolf (Tucholsky, Zwischen 118).

Reisig [-], das; -s [mhd. rīsech, zu ↑²Reis]: *abgebrochene od. vom Baum gefallene dürre Zweige:* R. sammeln; das R. knistert im Ofen; mit trockenem R. ein Feuer machen.

Reisig-: ~**besen,** der: *aus Reisig gebundener Besen;* ~**bündel,** das: *zu einem Bündel zusammengeschnürtes Reisig;* ~**feuer,** das; ~**geflecht,** das; ~**haufen,** der; ~**holz,** das.

Reisige ['raizɪgə], der; -n, -n ⟨Dekl. ↑Abgeordnete⟩ [spätmhd. reisige, Subst. von ↑reisig] (MA.): *berittener Söldner;* **Reislauf,** der; -[e]s, **Reislaufen,** das; -s [zu ↑Reise] (MA.): *das Eintreten in fremden Kriegsdienst, Weggehen (bes. von Schweizern) als Söldner in ein fremdes Heer;* **Reisläufer,** der; -s, - (MA.): *Söldner in fremdem Dienst.*

reiß-, ¹Reiß-: ~**aus** [rais'|aus], der [eigtl. subst. Imperativ von „ausreißen"] in der Verbindung **R. nehmen** (ugs.; *entfliehen, schnell weglaufen*): vor dem großen Hund nahm der Junge R.; ⟨selten auch ohne Verb:⟩ in wildem R. (Th. Mann, Joseph 181); ~**bahn,** die (Flugw.): *an einem Freiballon über die Öffnung geklebte Stoffbahn, die bei der Landung heruntergezogen wird, um Gas entweichen bzw. die Außenluft einströmen zu lassen;* ~**baumwolle,** die (Textilind.): *aus Abfällen von Baumwolle aufbereiteter Reißspinnstoff; Effilochés;* ~**fest** ⟨Adj.⟩: *(bes. von Textilien) ziemlich widerstandsfähig gegen Zerreißen, viel Druck od. Zug aus-*

haltend: -e Gewebe; dieser Faden ist nicht r. genug, dazu: **~festigkeit,** die; **~länge,** die (Textilind., Papierherstellung): *Länge einer Faser, eines Fadens, die erreichbar ist, ohne daß das Material durch sein Eigengewicht zerreißt;* **~leine,** die (Flugw.): *Leine, mit der durch Ziehen der Fallschirm geöffnet od. beim Freiballon die Reißbahn abgerissen wird;* **~linie,** die: *durch Perforation* (1 b) *vorbereitete Linie, an der ein bestimmtes Stück Papier od. Karton glatt abgerissen werden kann;* **~spinnstoff,** der (Textilind.): *aus [mit dem Reißwolf] zerrissenem Altmaterial gewonnener Spinnstoff;* **~teufel,** der (ugs.): *jmd., der viel Kleidung u. Schuhe verbraucht, bei dem alles sehr schnell entzweigeht;* **~verschluß,** der: *an Kleidungsstücken, Taschen o. ä. an Stelle von Knöpfen angebrachte Vorrichtung, die aus kleinen Gliedern, Zähnchen besteht, die beim Zuziehen ineinandergreifen, wodurch erreicht wird, daß etw. geschlossen ist:* der R. klemmt; den R. öffnen, schließen; einen neuen R. einnähen, dazu: **~verschlußsystem,** das (Verkehrsw.): *abwechselndes Einordnen von Fahrzeugen aus zwei Richtungen od. Fahrspuren, die in einer einzigen Spur zusammenkommen u. weiterfahren müssen;* **~wolf,** der: *Maschine, in der Papier od. Textilien völlig zerfasert werden;* **~wolle,** die: *aus wollenen Textilien gewonnener Reißspinnstoff;* **~zahn,** der: *bes. groß u. scharfkantig ausgebildeter Backenzahn der Raubtiere.*

[2]**Reiß-** [zu „reißen" in der alten Bed. „zeichnen, entwerfen"]: **~ahle,** die: svw. ↑~nadel; **~blei,** das: *Graphit zum Anreißen* (5); **~brett,** das: *großes rechtwinkliges, auf der Unterseite mit Leisten verspanntes Brett aus glattem, fugenlosem Holz, das als Unterlage für [technische] Zeichnungen dient:* Papier auf das R. spannen; hatte der Architekt Ernst Bauer die Kür praktisch auf dem R. entworfen (Maegerlein, Triumph 37); die Straßen laufen wie auf dem R. *(ganz gerade u. rechtwinklig),* dazu: **~brettstift,** der: svw. ↑~zwecke; **~feder,** die: *Gerät zum Auszeichnen von Linien in verschiedener Stärke aus zwei an einem Griff befestigten Stahlblättern mit geschliffenen Spitzen, deren Abstand zueinander sich durch eine Schraube verstellen läßt;* **~nadel,** die: *spitze Stahlnadel zum Anreißen von Linien auf Werkstücken;* **~nagel,** der: svw. ↑~zwecke; **~schiene,** die: *flaches Lineal mit Querleiste, das, an der Kante des Reißbretts angelegt, das exakte Zeichnen von parallelen Linien ermöglicht;* **~stift,** der: kurz für ~brettstift; **~zeug,** das: *Zusammenstellung der wichtigsten Geräte zum technischen Zeichnen (Zirkel, Reißfedern, Reißschiene usw.);* **~zirkel,** der: svw. ↑Federzirkel; **~zwekke,** die: *kleiner Nagel mit kurzem Dorn u. breitem, flachem Kopf, der sich mit der Hand bes. in Holz leicht eindrücken läßt u. zum [vorübergehenden] Festhalten von Papier (z. B. Plakaten, Zetteln, Bildern an Wänden o. ä.) dient; Heftzwecke.*

reißen ['rai̯sn̩] ⟨st. V.⟩ /vgl. gerissen/ [mhd. rīʒen, ahd. rīʒan, urspr. = einen Einschnitt machen, ritzen, später auch: (Runen)zeichen einritzen, zeichnen, entwerfen; vgl. [2]Reiß-]: **1.** *entzwei-, auseinandergehen, abreißen* ⟨ist⟩: der Faden, das Seil kann r.; Papier reißt leicht; der Film ist gerissen; mir ist das Schuhband gerissen. **2.** ⟨hat⟩ **a)** *durch kräftiges Ziehen auseinandertrennen:* ich habe den Brief mittendurch gerissen; Stoff soll beim Verkauf nicht geschnitten, sondern nach dem Faden gerissen werden; dies Material läßt sich nicht r.; **b)** *in einzelne Teile zerreißen:* etw. in Stücke, Fetzen r.; den Stoff in schmale Bahnen r.; Ü ich könnte mich in Stücke r. [vor Wut] (ugs.; *ich bin ärgerlich über mich selbst, weil ich etw. verpaßt od. falsch gemacht habe*). **3.** *durch Reißen* (2), *Gewalteinwirkung, Beschädigung entstehen lassen, in etw. hervorrufen* ⟨hat⟩: du hast dir ein Dreieck in die Hose gerissen; die Bombe riß einen Trichter in den Boden; Ü sein Tod hat eine schmerzhafte Lücke [in unseren Kreis] gerissen; diese Reparatur wird ein gehöriges Loch in meinen Geldbeutel r. (ugs.; *wird sehr teuer werden*). **4.** ⟨r. + sich; hat⟩ **a)** *sich verletzen, sich ritzen:* ich habe mich [am Stacheldraht] gerissen; du hast dich ja blutig gerissen!; beim Brombeerpflücken habe ich mir die Arme blutig gerissen; **b)** *sich als Verletzung beibringen:* beim Klettern habe ich mir eine schmerzhafte Wunde an der Hand gerissen; an diesem Nagel kann man sich ja Wunden r. **5.** ⟨hat⟩ **a)** *von einer bestimmten Stelle mit kräftigem Ruck wegziehen; ab-, fort-, wegreißen:* Pflanzen aus dem Boden, einen Ast vom Baum r.; jmdm. etw. aus den Händen r.; man riß ihr das Kind aus den Armen; dieser Wind reißt einem den Hut vom Kopf; ich habe mir die Kleider vom Leib gerissen *(mich ganz schnell ausgezogen);* Ü der Wecker hat ihn unsanft aus dem Schlaf gerissen; so aus dem Zusammenhang gerissen ist der Satz unverständlich; **b)** ⟨r. + sich⟩ *sich von einer bestimmten Stelle losreißen, sich aus etw. befreien:* sich aus jmds. Armen r.; der Hund hat sich von der Kette gerissen; er riß sich aus seiner Erstarrung, aus den Träumen; **c)** (Leichtathletik) *die Sprunglatte od. eine Hürde herunter-, umwerfen:* beim ersten Versuch über 1,80 m hat sie knapp gerissen; er riß zwei Hürden. **6.** *an eine Stelle, in eine Richtung stoßen, schieben, drücken; hinreißen* ⟨hat⟩: eine Welle riß ihn zu Boden; im letzten Augenblick riß er den Wagen *(das Lenkrad)* zur Seite; er war so schwach, daß sie ihn immer wieder in die Höhe r. mußten; die Flut reißt alles mit sich; das Boot wurde in den Strudel gerissen; ⟨1. Part.:⟩ dieser Bach ist sehr reißend *(kann alles mit sich reißen, ist sehr wild);* Ü alle wurden mit ins Verderben gerissen; * **[innerlich] hin und her gerissen werden/sein** *(sich nicht entscheiden können).* **7.** *ziehen, zerren, damit etw. ab- od. aufgeht* ⟨hat⟩: Die Pferde ... rissen das saftige Gras (Hagelstange, Spielball 150); zum Öffnen des Fallschirms die Leine/an der Leine r.; er reißt an der Klingelschnur; der Hund riß wütend an seiner Leine; Ü das Warten reißt an den Nerven. **8.** *(von Raubtieren) ein Tier jagen u. durch Bisse töten* ⟨hat⟩: der Wolf hat drei Schafe gerissen; ich finde einen Löwen, der gerade ein Gnu gerissen hat und der darauf liegt (Grzimek, Serengeti 74); ⟨1. Part.:⟩ reißende *(wilde)* Tiere. **9.** *mit Gewalt an sich nehmen, sich einer Sache bemächtigen* ⟨hat⟩: die Macht, die Herrschaft an sich r.; sie hat den Brief sofort an sich gerissen; Ü immer will er das Gespräch an sich r. *(will nicht Zuhörer sein, sondern selbst reden).* **10.** (ugs.) *sich heftig darum bemühen, etw. Bestimmtes zu erreichen, zu bekommen, zu sehen, zu erleben* ⟨hat⟩: die Fans rissen sich um den Sänger, um die Eintrittskarten zu seinem Konzert; um diesen schwierigen Auftrag reiße ich mich bestimmt nicht; ⟨häufig im 1. Part.:⟩ das Buch findet reißenden Absatz *(man reißt sich darum, viele kaufen es);* diese Ware werden wir doch reißend los. **11.** (selten) *einen ziehenden Schmerz empfinden* ⟨hat⟩: es reißt mich in allen Gliedern; reißende Schmerzen haben. **12.** (Schwerathletik) *ein Gewicht in einem Zug vom Boden bis über den Kopf, bis zur Hochstrecke bringen* ⟨hat⟩: hantiert Alfonso mit Zentnergewichten ... Er stößt, stemmt und reißt (Jaeger, Freudenhaus 14); ⟨meist subst.:⟩ er hat den Weltrekord im Reißen eingestellt. **13.** ⟨hat⟩ **a)** (veraltet) *zeichnen:* eilig eine Skizze r.; **b)** (Kunstwiss.) *Zeichnungen in eine Metallplatte ritzen;* **Reißen** [-], das; -s (ugs.): *reißende* (11), *ziehende Gliederschmerzen, Rheumatismus:* das R. haben; ⟨Abl.:⟩ **Reißer** ['rai̯sɐ], der; -s, - (1: viell. eigtl. = etw., was an den Nerven reißt]: **1.** (ugs., oft abwertend) **a)** *sehr wirkungsvolles, spannendes Bühnenstück od. Film, Buch, das dem Nervenkitzel dient, aber wenig künstlerische Qualität hat:* von diesem R. wurden schon zwei Millionen Exemplare verkauft; **b)** *Massenware, Artikel, der reißend verkauft wird.* **2.** (Fußball Jargon) *Spieler, der im Alleingang die gegnerische Abwehr aufreißen u. Tore erzielen kann:* er soll die Rolle des -s im Sturm übernehmen; **reißerisch** ⟨Adj.⟩ (abwertend): *für einen Reißer* (1) *kennzeichnend, grell u. auf billige Art wirkungsvoll:* -e Schlagzeilen; die Farben sind mir zu r.; r. werben.

Reiste ['rai̯stə], die; -, -n [H. u.; vgl. [2]Riese] (schweiz. mundartl.): *Holzrutsche;* ⟨Abl.:⟩ **reisten** ⟨sw. V.; hat⟩ (schweiz.): *Holz auf einer Reiste zu Tal rutschen lassen.*

Reit-: **~anzug,** der: vgl. ~kleidung; **~bahn,** die: *abgegrenzter größerer Platz im Freien od. in einer Halle, der hauptsächlich zum Reitunterricht u. zum Zureiten der Pferde dient:* in der R. üben; **~dreß,** der: vgl. ~kleidung; **~gerte,** die: vgl. ~peitsche; **~hose,** die: *in Stiefeln zu tragende, enganliegende, sehr feste Hose des Reiters mit schützendem Lederbesatz am Gesäß;* **~jackett,** das: vgl. ~kleidung; **~jagd,** die: **a)** *das Jagen zu Pferde;* **b)** *gemeinschaftlich veranstaltetes Sportreiten, z. B. als Fuchsjagd* (2); **~kleidung,** die: *Reithose mit Stiefeln u. meist innerhalb eines Vereins od. einer Gruppe einheitlichem Jackett sowie Sturzkappe od. (bei der Dressurprüfung) mit Frack u. Zylinder;* **~knecht,** der (früher): *mit der Versorgung der Reitpferde betreuter Knecht;* **~knochen,** der (Med.): *Verknöcherung von Muskeln am Oberschenkel bei Reitern;* **~kostüm,** das: svw. ↑~kleidung; **~lehre,** die; **~lehrer,** der; **~peitsche,** die: *Peitsche zum Antreiben u. Lenken des Reitpferdes;* **~pferd,** das: *leichteres, zum Reiten bes. herangebildetes Pferd, im Gegensatz zum Ar-*

beits- od. Wagenpferd; ~**sattel,** der: svw. ↑Sattel (1 a); ~**schule,** die: **1.** *Einrichtung* (3), *in der Reitstunden erteilt werden.* **2.** (süd[west]d., schweiz.) *Karussell;* ~**sitz,** der: **1.** *Sitzhaltung auf dem Pferd, meist mit gespreizten Beinen:* gerade und locker im R. sitzen. **2.** (Turnen) *Stütz am Barren, bei dem ein nach außen gespreiztes, gestrecktes Bein mit dem Oberschenkel auf dem Holm aufliegt;* ~**sport,** der: *das Reiten als sportliche Betätigung;* ~**stall,** der: *Stall für Reitpferde:* er besitzt einen großen R. *(er hat mehrere Reitpferde, eine Pferdezucht);* ~**stiefel,** der: *von Reitern getragener langschäftiger Stiefel aus weichem Leder;* ~**stock,** der: **1.** vgl. ~peitsche. **2.** (Technik) *verstellbares Teil an Drehbänken u. Werkzeugmaschinen, das die Pinole trägt u. zum Spannen des Werkstücks zwischen Spitzen sowie zum Abstützen dient;* ~**stunde,** die: *Unterrichtsstunde bei einem Reitlehrer;* ~**tier,** das: *Tier, auf dem geritten werden kann (Pferd, Esel, Kamel o. ä.);* ~**turnier,** das: *sportlicher Wettbewerb im Reiten;* ~**und Fahrturnier,** das (mit Ergänzungsbindestrich) (Sport): *Reitturnier, zu dem auch Wettbewerbe im Fahren von Gespannen gehören;* ~**und Springturnier,** das (mit Ergänzungsbindestrich): *Turnier mit Wettbewerben im Springen u. im [Dressur]reiten;* ~**unterricht,** der; ~**weg,** der: *eigens zum Reiten angelegter Weg (z. B. in einem Park);* ~**zeug,** das (ugs.): *alles zum Reiten Benötigte, einschl. Reitkleidung.*

Reitel ['raitl̩], der; -s, - [mhd. (md.) reitel, reidel, zu: rīden = drehen] (md.): *Hebel zum Drehen, Knebel;* 〈Zus.:〉 **Reitelholz,** das 〈Pl. -hölzer〉 (md.); 〈Abl.:〉 **reiteln** 〈sw. V.; hat〉 (md.): *mit dem Reitel zusammendrehen, festdrehen.*

reiten ['raitn̩] 〈st. V.〉 [mhd. rīten, ahd. rītan, urspr. = in Bewegung sein]: **1. a)** *sich auf einem Reittier (bes. einem Pferd) fortbewegen* 〈ist/(seltener:) hat〉: scharf, forsch, schnell r.; r. lernen; r. können; er hat seit frühester Jugend geritten *(den Reitsport betrieben),* ist viel geritten; auf einem Kamel r.; im Schritt, Trab, Galopp r.; sie ist früher im Damensattel geritten; in raschem Tempo r.; ohne Steigbügel r.; Ü die Hexe reitet auf einem Besen; er ließ das Kind auf seinen Schultern, auf seinen Knien r.; hat die SPD geglaubt, auf den verschiedenen Wellen der „Ohnemich-Bewegung" erfolgreich r. zu können *(sie für ihre Zwecke nutzen zu können;* Dönhoff, Ära 31); **b)** 〈r. + sich; unpers.; hat〉 *in bestimmter Weise für das Reiten geeignet sein:* bei Regen reitet es sich schlecht, läßt sich schlecht r.; in der Reitbahn reitet es sich leichter als im freien Gelände. **2.** 〈ist/hat〉 **a)** *auf einem Reittier zurücklegen, reitend zubringen:* eine schöne Strecke r.; wir wollen einen neuen Weg r.; es sind noch vier Kilometer [bis zum Jagdhaus] zu r.; vier Runden r.; ich bin/habe gestern drei Stunden geritten; **b)** *auf dem Pferd absolvieren, bewältigen:* [die] Hohe Schule, ein Turnier r.; er ist/hat schon viele Wettbewerbe geritten; die Jagd soll bei jedem Wetter geritten werden. **3.** 〈hat〉 **a)** *ein bestimmtes Reittier haben, benutzen:* einen Fuchs, einen Schimmel r.; beim Turnier ritt er eine achtjährige Stute; Beduinen reiten Kamele; Ü der Stier reitet *(begattet)* die Kuh; **b)** (veraltend) *jmdn. völlig beherrschen:* Die Mißidee, die ihn ritt (Th. Mann, Zauberberg 950); was hat dich denn geritten *(was ist dir geschehen, was hat dich so erregt),* daß du so zornig bist? **4.** *ein Tier reitend an einen Platz bringen* 〈hat〉: das Pferd auf die Weide, zur Tränke r.; Ü jmdn. in die Patsche r. **5.** *(ein Tier) durch Reiten in einen bestimmten Zustand bringen* 〈hat〉: ich habe das Pferd müde geritten; schlechte Reiter haben das Pferd zuschanden geritten. **6.** 〈hat〉 **a)** *so reiten, daß ein Körperteil in einen bestimmten Zustand gerät:* ich habe mir das Gesäß wund, die Knie steif geritten; **b)** *sich durch Reiten zuziehen:* paß auf, daß du dir keine Schwielen, keine blauen Flecken reitest!; 〈Abl.:〉 **¹Reiter,** der; -s, - [mhd. rīter, spätahd. rītāre]: **1. a)** *jmd., der reitet:* ein tollkühner R.; die R. sammeln sich zum Ausritt; R der R. über den Bodensee (↑Ritt); ***die Apokalyptischen R.** (↑apokalyptisch 1); **b)** (früher) *berittener Soldat, Kavallerist.* **2. a)** (österr.) svw. ↑Heureiter; **b)** ***spanischer R.** (Milit.; *mit Stacheldraht bespanntes [Holz]gestell, das als Sperre, Hindernis aufgestellt wird;* H. u.; viell. im 16. Jh. zur Zeit des niederl. Aufstandes gegen Spanien entstanden). **3. a)** *aufgesetztes leichtes Laufgewicht bei feinen Präzisionswaagen:* den R. einstellen, verschieben; **b)** *aufklemmbare, meist farbige Kennmarke [aus Metall] zur Kennzeichnung von Karteikarten;* **c)** (Jargon) *Gestell mit Werbesprüchen o. ä., das leicht transportiert u. schnell irgendwo so aufgestellt werden kann, daß es bei Fernsehübertragungen [von Sportwettkämpfen] von der Kamera zwangsläufig aufgenommen werden muß.*

²Reiter, die; -, -n [mhd. rīter, ahd. rīt(e)ra] (landsch., bes. österr.): *grobes Sieb [für Getreide].*

reiter-, Reiter- (¹Reiter): ~**angriff,** der; ~**attacke,** die; ~**gefecht,** das; ~**los** 〈Adj.; o. Steig.; nicht adv.〉: *ohne Reiter:* ein -es Pferd; ~**regiment,** das; ~**schlacht,** die: mittelalterliche -en; ~**sprache,** die: *Fachsprache der Reiter;* ~**standbild,** das: *Standbild eines Reiters auf dem Pferd, meist als Denkmal einen Fürsten od. Heerführer darstellend;* ~**statue,** die: svw. ↑~standbild; ~**stück[chen],** das: **a)** *Kunststück [eines Artisten] zu Pferde;* **b)** svw. ↑Husarenstück; ~**verein,** der: *Verein zur Pflege des Pferdesports.*

Reiterei [raitə'rai], die; -, -en: **1.** 〈Pl. ungebr.〉 *berittene Truppe, Kavallerie* (a): die leichte, schwere R. *(¹Reiter mit leichter, schwerer Bewaffnung).* **2.** 〈o. Pl.〉 (ugs.) *das Reiten, reiterliche Betätigung:* die R. macht ihr großen Spaß; **Reiterin,** die; -, -nen: w. Form zu ↑¹Reiter; **reiterlich** 〈Adj.〉: *das Reiten betreffend; in bezug auf das Reiten, im Reiten:* -es Können; Bemühen, ihm (= dem Pferd) nach besten Kräften r. gerecht zu werden (Dwinger, Erde 89).

reitern ['raitɐn] 〈sw. V.; hat〉 [mhd. rītern, ahd. (h)rītarōn, zu ↑²Reiter] (landsch., bes. österr.): *durch die Reiter geben, sieben:* Sand, Getreide r.

Reitersmann, der; -[e]s, ...männer, auch: ...leute (geh., veraltend): *¹Reiter:* ein echter R.; es gibt mancherlei internationale Solidaritäten, ..., eine von ihnen ist die der wahren Reitersleute (Dwinger, Erde 38).

Reiterung, die; -, -en (landsch., bes. österr.): *das Reitern.*

Reiz [raits], der; -es, -e [zu ↑reizen]: **1.** *äußere od. innere Einwirkung auf den Organismus, z. B. auf die Sinnesorgane, die eine bestimmte, nicht vom Willen gesteuerte Reaktion auslöst:* ein schwacher, leichter, mechanischer, chemischer, physikalischer R.; ein R. trifft das Auge, das Ohr; durch den R. des Lichts verengt sich die Pupille. **2. a)** *von jmd. od. einer Sache ausgehende verlockende Wirkung; Antrieb, Anziehungskraft:* der R. des Neuen, des Verbotenen; der kitzelnde R. eines Films, eines Bildes; in dieser Aufgabe liegt für mich ein besonderer R.; das Schachspiel übt auf ihn einen großen R. aus; Jedes Alter hat seine -e, ... aber jedes Alter auch seine Qualen (v. d. Grün, Glatteis 157); die Sache hat für ihn jeden R. verloren; **b)** *Zauber, Anmut, Schönheit, Charme:* der Reiz eines Anblicks, der Natur; weibliche -e; sie zeigt ihre -e, läßt all ihre -e spielen *(zeigt ihre Schönheit u. ihre Verführungskünste);* die Sache entbehrt nicht eines gewissen -es; eine Temperaskizze, unfertig und grob, aber von großem R. (Böll, Haus 153).

reiz-, Reiz-: ~**ausbreitung,** die; ~**blase,** die (Med.): *Reizzustand der Harnblase mit häufigem Harndrang, ohne daß eine eigentliche Entzündung vorliegt;* ~**empfänglich,** ~**empfindlich** 〈Adj.; o. Steig.:〉 *für Reize* (1) *empfänglich, Reize leicht aufnehmend,* dazu: ~**empfänglichkeit, empfindlichkeit,** die 〈o. Pl.〉; ~**husten,** der (Med.): *durch ein Kitzeln im Hals ausgelöster hartnäckiger Husten (der nicht auf Verschleimung o. ä. beruht);* ~**klima,** das (Med., Met.): *Klima (im Hochgebirge, an der Nordsee, an den Küsten der Ozeane u. ä.), das durch starke Temperatur- u. Luftdruckschwankungen, heftige Winde u. intensive Sonneneinstrahlung einen besonderen Reiz auf den Organismus ausübt, der, wo keine Überempfindlichkeit vorliegt, kräftigende Wirkung hat* (Ggs.: Schonklima); ~**körper,** der (Med.): *Stoff, der als Reiz u. Anregung auf bestimmte Organe wirkt,* dazu: ~**körpertherapie,** die (Med.): *Behandlung bes. von chronischen Entzündungen durch Reizkörper,* (z. B. Eigenblut, arteigenes Eiweiß, Vakzine, fiebererzeugende Mittel); ~**los** 〈Adj.; -er, -este〉: **a)** *ohne Gaumenreiz, nicht od. kaum gewürzt:* -e Kost; **b)** *ohne Reiz* (2 b), *wenig schön, langweilig:* ein -es Gesicht, dazu: ~**losigkeit,** die; -; ~**mittel,** das (Med., Pharm.): *anregendes Mittel, Stimulans;* ~**schwelle,** die (Psych., Med.): *Grenze, von der an ein die Nerven treffender Reiz eine Empfindung u. entsprechende Reaktionen auslöst;* ~**stärke,** die; ~**stoff,** der: **a)** svw. ↑~körper; **b)** *Substanz, die ätzend auf Haut, Augen, Schleimhäute u. ä. einwirkt:* die -e in den Abgasen der Industrie; ~**thema,** das: vgl. ~wort: die Atomenergie ist das R. Nummer eins; ~**therapie,** die (Med.): *Behandlung mit Mitteln, die Reizwirkungen auf den Organismus ausüben u. Funktionen anregen* (z. B. Wärme, Bestrahlung, Massage, auch Reizkörper); ~**überflutung,** die (Psych.): *Fülle der auf den Menschen der Gegen-*

wart einwirkenden Reize durch Massenmedien, Reklame, Lärm u. ä.; ~**voll** ⟨Adj.⟩ **a)** *von besonderem Reiz* (2b); *hübsch [anzusehen]:* eine -e Gegend; das Kleid ist sehr r.; **b)** *verlockend, lohnend:* eine -e Aufgabe; Es wäre r., die Gedanken weiter auszuspinnen (Jens, Mann 130); ~**wäsche,** die (ugs. scherzh.): *Unterwäsche, die auf Grund entsprechenden Aussehens auf andere erotisch anziehend wirken soll:* schwarze R.; Manche der Jungen tragen R. (Sobota, Minus-Mann 100); ~**wort,** das: **1.** (Psych.) *Wort, das einer Versuchsperson zusammenhanglos vorgelegt wird u. auf das sie schnell mit dem ihr zunächst einfallenden Wort reagieren soll.* **2.** *eine aktuelle Frage berührendes, [negative] Emotionen auslösendes Wort:* Kernenergie ist zum R. geworden.

reizbar ['raitsba:ɐ] ⟨Adj.; nicht adv.⟩: **1.** *leicht zu reizen, zu verärgern; empfindlich bis zum Jähzorn:* ein -er Mensch; Föhn macht manche r. **2.** (selten) *empfindsam, empfänglich für besondere Reize:* ein -es Organ für etw. haben; ⟨Abl.:⟩ **Reizbarkeit,** die; -; **reizen** ['raitsn] ⟨sw. V.; hat⟩ /vgl. gereizt, reizend/ [mhd. reizen (reiȝen), ahd. reizzen (reiȝen), Veranlassungsverb zu ↑reißen, also eigtl. = einritzen machen]: **1.** *herausfordern, provozieren, ärgern, in heftige Erregung versetzen:* er hat mich sehr, schwer, bis aufs äußerste gereizt; jmds. Zorn/jmdn. zum Zorn r.; er wurde von den Schülern immer wieder gereizt; Kinder reizten den Hund; das Rot reizt den Stier. **2.** *als schädlicher Reiz* (1) *auf einen Organismus einwirken, ihn angreifen:* der Rauch reizt die Augen; seine Schleimhäute sind [durch eine Erkältung] stark gereizt; Juckpulver reizt zum Niesen; ein zum Erbrechen reizender Gestank. **3. a)** *jmds. Interesse erregen u. ihn herausfordern, sich damit zu beschäftigen od. etw. zu unternehmen:* die Aufgabe, das Buch reizt ihn; es reizt immer wieder, etw. Neues anzufangen; Ihre Erzählungen ... reizten den Widerspruch, aber auch die Neugier der zünftigen Erdkundler (Grzimek, Serengeti 95); der Anblick reizt [mich] zum Lachen; eine so leichtgläubige ... Familie ... mußte den Sadismus in ihm r. und ihn locken, sie zu verderben (A. Kolb, Schaukel 117); **b)** *eine angenehme, anziehende Wirkung auslösen, verlocken, bezaubern:* der Duft der Speisen reizt den Magen, den Gaumen; die warme Sonne reizt uns zum Verweilen; ein Wild r. (Jägerspr.; *durch Lockrufe, Nachahmung seiner Stimme heranlocken*). **4.** (Kartenspiel, bes. Skat, Bridge) *durch das Nennen bestimmter Werte, die sich aus den eigenen Karten ergeben, die anderen möglichst zu überbieten u. das Spiel in die Hand zu bekommen versuchen:* er reizte [bis] 46, einen Grand; Jan, der gerade von Matzerath gereizt wurde und bei dreiundreißig paßte (Grass, Blechtrommel 78); **reizend** ⟨Adj.⟩ [zu ↑reizen (3b)]: *bes. hübsch, sehr angenehm, besonderes Gefallen erregend, den Sinnen schmeichelnd:* ein -es Mädchen, Kind; eine -e Landschaft, ein -er Anblick; es war das -ste Erlebnis des ganzen Urlaubs; es war ganz r. bei euch; ich finde es r. von dir, daß du uns besuchst; sie hat sich r. benommen, hat ganz r. geplaudert; na, das ist ja r., eine -e Überraschung (ugs. iron.; *schlimm, unangenehm*)!

Reizker ['raitskɐ], der; -s, - [frühnhd. reisken (Pl.), aus dem Slaw., vgl. tschech. ryzec, eigtl. = der Rötliche, nach dem roten Milchsaft]: **a)** *in verschiedenen Arten vorkommender, weißen od. rötlichen Milchsaft absondernder Blätterpilz;* **b)** *als guter Speisepilz geltender orangeroter, an Druckstellen sofort grün anlaufender Reizker* (a) *mit konzentrischen dunkleren Zonen auf dem Hut u. rotem Milchsaft; echter Reizker; Herbstling* (3).

reizsam ['raitsza:m] ⟨Adj.; o. Steig.⟩ (veraltet): svw. ↑reizbar (1); ⟨Abl.:⟩ **Reizsamkeit,** die; -; **Reizung** ['raitsʊn], die; -, -en: **1. a)** *das Reizen, Gereiztwerden;* **b)** *ausgeübter Reiz:* mechanische, chemische -en. **2.** (Med.) *leichte Entzündung:* eine R. der Bronchien, der Schleimhäute.

Rejektion [rejɛk'tsio:n], die; -, -en [lat. rēiectio = das Zurückwerfen]: **1.** (Med.) *Abstoßung transplantierter Organe durch den Organismus des Empfängers.* **2.** (jur. selten) *Abweisung, Verwerfung (einer Klage o. ä.).*

Rekapitulation, die; -, -en [spätlat. recapitulātio = Zusammenfassung, zu: recapitulāre, ↑rekapitulieren]: **1.** (bildungsspr.) *das Rekapitulieren.* **2.** (bildungsspr.) *das Rekapitulierte.* **3.** (Biol.) *(von der vorgeburtlichen Entwicklung der Einzelwesen) gedrängte Wiederholung der Stammesentwicklung;* ⟨Zus.:⟩ **Rekapitulationstheorie,** die ⟨o. Pl.⟩ [engl. recapitulation theory] (Biol.): svw. ↑biogenetisches Grundgesetz; **rekapitulieren** ⟨sw. V.; hat⟩ [a: spätlat. recapitulāre] (bildungsspr.): **a)** *in zusammengefaßter Form wiederholen, noch einmal zusammenfassen:* die wesentlichen Punkte eines Vortrages r.; lassen Sie uns kurz r., was wir versuchten auszudrücken (Weiss, Marat 131); um zu r.: ...; **b)** *in Gedanken durchgehen, sich [in gedrängter Form] noch einmal vergegenwärtigen:* Rekapitulieren wir als erstes O'Davens Verhaftung (Weber, Tote 231).

Rekel ['re:kl̩], der; -s, - [mnd. rekel = Bauernhund] (norddt. abwertend): svw. ↑Flegel (1); **Rekelei** [re:kə'lai], die; -, -en (ugs.): *[dauerndes] Sichrekeln;* **rekeln** ['re:kl̩n], sich ⟨sw. V.; hat⟩ [zu ↑Rekel] (ugs.): *ungezwungen, mit Behagen seine Glieder, seinen Körper recken u. dehnen:* sich nach dem Schlafen r.; sich im Bett, im Liegestuhl, in der Sonne r.

Reklamant [rekla'mant], der; -en, -en [lat. reclāmāns (Gen.: reclāmantis), 1. Part. von: reclāmāre, ↑reklamieren] (bildungsspr.): *jmd., der reklamiert* (1), *Beschwerde führt;* **Reklamation** [reklama'tsio:n], die; -, -en [lat. reclāmātio = Gegengeschrei, das Neinsagen]: *das Reklamieren* (1); *Beanstandung bestimmter Mängel od. Inkorrektheiten:* eine R. wegen beschädigter, verdorbener Ware, nicht termingerechter Belieferung, schlechter Durchführung der Reparatur; die -en der Kundschaft häuften sich; eine R. erheben, vorbringen, anerkennen, zurückweisen; eine R. (Sport; *Protest der Spieler gegen eine Entscheidung des Schiedsrichters*) wegen Abseits.

Reklamations- (Reklamation a): ~**frist,** die; ~**recht,** das; ~**schreiben,** das.

Reklame [re'kla:mə, österr. ugs.: re'kla:m], die; -, -n [frz. réclame, eigtl. = das Ins-Gedächtnis-Rufen, zu älter: reclamer < lat. reclāmāre, ↑reklamieren]: **a)** *[mit aufdringlichen Mitteln durchgeführte] Anpreisung von etw. (bes. einer Ware, Dienstleistung) mit dem Ziel, eine möglichst große Anzahl von Personen als Interessenten, Kunden zu gewinnen; [aufdringliche Art der] Werbung:* eine gute, marktschreierische, schlechte R.; für ein Waschmittel, eine Zigarettenmarke R. machen *(werben);* für diesen Film ist viel R. gemacht worden; ... der ein großes Pappschild vor der Brust trug und R. lief (ugs.; *als Reklameläufer durch die Straßen zog;* Lenz, Brot 157); Ü er macht überall für seinen Arzt R. (ugs.; *lobt ihn sehr u. empfiehlt ihn*); mit etw., jmdm. R. machen (ugs.; *mit etw., jmdm. renommieren, angeben*); **b)** (ugs.) *etw., womit für etw. Reklame* (a) *gemacht wird:* die -n *(Werbeanzeigen)* in der Zeitung, Zeitschrift; die R. *(das Reklameplakat)* muß von der Hauswand entfernt werden; im Briefkasten war nur R. *(waren nur Reklameprospekte);* Kinosaal ... Auf der Leinwand lief bereits die R. (*der Reklamefilm;* Innerhofer, Schattseite 22).

Reklame-: ~**artikel,** der: *(von Firmen o. ä.) zu Reklamezwecken verschenkter Gebrauchsgegenstand [von geringem Wert];* ~**bild,** das: vgl. ~plakat; ~**chef,** der (meist abwertend): svw. ↑Werbechef; ~**fachmann,** der (meist abwertend): svw. ↑Werbefachmann; ~**feldzug,** der: *großangelegte Aktion zu Reklamezwecken;* ~**film,** der; ~**fläche,** die: *Fläche, auf der Reklameplakate angebracht werden dürfen;* ~**gänger,** der: vgl. ~läufer; ~**kosten,** die ⟨Pl.⟩: svw. ↑Werbungskosten; ~**läufer,** der: *jmd., der gegen Entgelt zu Werbezwecken mit einem Reklameschild in belebten Straßen auf u. ab geht;* ~**luftballon,** der: vgl. ~plakat; ~**plakat,** das: *Plakat zu Reklamezwecken;* ~**preis,** der (veraltend): *Werbepreis;* ~**prospekt,** der; ~**psychologie,** die: svw. ↑Werbepsychologie; ~**rummel,** der (ugs. abwertend): *in großem Rahmen mit aufwendigen u. aufdringlichen Mitteln organisierte Reklame;* ~**schild,** das: *Schild mit einer Werbeaufschrift;* ~**schönheit,** die: *sorgfältig zurechtgemachte, junge weibliche Person, die durch ebenmäßige, aber ausdruckslose Schönheit auffällt;* ~**sendung,** die; ~**tafel,** die: vgl. ~schild; ~**trommel,** die nur in der Wendung **für etw., jmdn. die R. rühren**/(selten:) **schlagen** (ugs.; *für etw., jmdn. große Reklame machen*); ~**wand,** die: vgl. ~fläche; ~**wesen,** das ⟨o. Pl.⟩ (veraltet): *Werbung;* ~**zettel,** der: *Handzettel, auf dem für etw. Reklame gemacht wird;* ~**zweck,** der: zu -en.

reklamehaft ⟨Adj.; -er, -este⟩ (meist abwertend): *wie für eine Reklame* (b), *in der Art einer Reklame* (b).

reklamieren [rekla'mi:rən] ⟨sw. V.; hat⟩ [lat. reclāmāre = dagegenschreien, widersprechen] (bildungsspr.): **1.** *(bei der zuständigen Stelle) beanstanden, sich darüber beschweren, daß etw. nicht in dem Zustand ist, etw. nicht od. nicht so ausgeführt ist, wie man es eigentlich erwarten darf (u. auf Ersatz, Entschädigung, Nachholen des Versäumten bestehen):* verdorbene Lebensmittel, eine beschädigte, verlorengegangene Sendung, eine falsche Kontierung r.; ein Auslandsgespräch [beim Fernamt] r.; ⟨auch ohne Akk.-Obj.:⟩ er reklamierte, weil der Betrag nicht stimmte; ich habe wegen der Sendung bei der Post reklamiert *(Nachforschungen über den Verbleib derselben beantragt);* gegen eine Verfügung r. *(Einspruch erheben);* die Spieler reklamierten (Sport; *protestierten*) gegen die Entscheidung des Unparteiischen. **2.** *etw., worauf man ein [vermeintliches] Anrecht hat, [zurück]fordern; etw., jmdn. (für sich) beanspruchen:* falls der Ring nicht reklamiert wird, gehört er nach einem Jahr dem Finder; ... der ... mehr Lohn und eine ... kürzere Arbeitswoche reklamiert (Spiegel 52, 1965, 20); eine Idee, den Erfolg einer Verhandlung für sich r.; die Spieler reklamierten Abseits (Sport; *forderten vom Schiedsrichter, auf Abseits zu erkennen*); ⟨Abl.:⟩ **Reklamierung,** die; -, -en (bildungsspr. selten).

Reklination [reklina'tsi̯o:n], die; -, -en [spätlat. reclinātio = das Zurückbeugen] (Med.): *das Zurückbiegen einer verkrümmten Wirbelsäule u. die anschließende Fixierung in einem Gipsbett.*

Reklusen [re'klu:zn̩] ⟨Pl.⟩ [mlat. reclusi, zu (spät)lat. reclūsum, 2. Part. von: reclūdere = einschließen]: *Inklusen.*

Rekognition [rekɔgni'tsi̯o:n], die; -, -en [lat. recōgnitio = das Wiedererkennen, Prüfung, zu: recōgnōscere, ↑rekognoszieren] (Rechtsspr. veraltet): *[gerichtliche od. amtliche] Anerkennung der Echtheit (einer Person od. Sache);* **rekognoszieren** [rekɔgnɔs'tsi:rən] ⟨sw. V.; hat⟩ [lat. recōgnōscere = prüfen]: **1.** (Milit. schweiz., sonst veraltet) *erkunden, auskundschaften:* Stärke und Stellung des Feindes, das Gelände r.; (bildungsspr. scherzh.:) er rekognoszierte die Vermögensverhältnisse seiner Tante. **2.** (Rechtsspr. veraltet) *[gerichtlich od. amtlich] die Echtheit (einer Person, Sache) anerkennen;* ⟨Abl.:⟩ **Rekognoszierung,** die; -, -en: **1.** *Erkundung.* **2.** *Identifizierung:* hatte man ... die Toten ... zur R. aufgebahrt (Zuckmayer, Herr 155).

Rekombination, die; -, -en: **1.** (Chemie, Physik) *Wiedervereinigung der durch Dissoziation od. Ionisation gebildeten, entgegengesetzt elektrisch geladenen Teile eines Moleküls bzw. eines positiven Ions mit einem Elektron zu einem neutralen Gebilde.* **2.** (Biol.) *Bildung einer neuen Kombination der Gene im Verlauf der Meiose.*

Rekommandation [rekɔmanda'tsi̯o:n], die; -, -en [frz. recommandation, zu: recommander, ↑rekommandieren]: **1.** (Postw. österr., sonst veraltet) *Einschreiben.* **2.** (bildungsspr. veraltet) *Empfehlung;* ⟨Zus.:⟩ **Rekommandationsschreiben,** das (bildungsspr. veraltet): *Empfehlungsschreiben;* **rekommandieren** ⟨sw. V.; hat⟩ [frz. recommander = einschreiben (2); empfehlen; vgl. kommandieren]: **1.** (Postw. österr.) *(eine Postsendung) einschreiben [lassen]:* einen Brief r.; ⟨meist im 2. Part.:⟩ ein rekommandiertes Päckchen; etw. rekommandiert aufgeben. **2.** (landsch., bes. österr., sonst veraltet) *[sich] empfehlen* (1, 3).

Rekompens [rekɔm'pɛns], die; -, -en [engl. recompense < (m)frz. récompense, zu: récompenser < spätlat. recompēnsāre, ↑rekompensieren] (bes. Wirtsch.): *das Rekompensieren* (1); **Rekompensation,** die; -, -en [spätlat. recompēnsātio = das Wiederausgleichen]: **1.** (Wirtsch.) svw. ↑Rekompens. **2.** (Med.) *Wiederherstellung des Zustandes der Kompensation;* **rekompensieren** ⟨sw. V.; hat⟩ [spätlat. recompēnsāre = wieder ausgleichen]: **1.** (bes. Wirtsch.) *einen materiellen Schaden, Verlust wieder ausgleichen; entschädigen.* **2.** (Med.) *den Zustand der Kompensation wiederherstellen;* **Rekompenz** [...'pɛnts] (österr. Amtsspr.): *Rekompens.*

Rekomposition, die; -, -en (Sprachw.): *Neubildung eines zusammengesetzten Wortes, bei der auf die ursprüngliche Form eines Kompositionsgliedes zurückgegriffen wird* (z. B. frz. commander [= befehlen] nicht nach lat. commendare, sondern nach lat. mandare); **Rekompositum,** das; -s, ...ta (Sprachw.): *durch Rekomposition gebildetes zusammengesetztes Wort.*

rekonstruieren ⟨sw. V.; hat⟩ [frz. reconstruire, aus: re- (< lat. re-, ↑re-, Re-) u. construire < lat. construere, ↑konstruieren]: **1.** *(aus den Überresten od. mit Hilfe von Quellen o. ä.) den ursprünglichen Zustand von etw. wiederherstellen od. nachbilden:* einen antiken Tempel r.; nach Skelettfunden rekonstruierte Tierformen. **2.** *(an Hand bestimmter Anhaltspunkte) den Ablauf von etw., was sich in der Vergangenheit ereignet hat, in seinen Einzelheiten erschließen u. genau wiedergeben, darstellen:* ein Gespräch Punkt für Punkt, einwandfrei, fehlerlos, lückenlos r.; einen Unfall, ein Geschehen, die Vorgänge am Tatort [nach Zeugenaussagen] r. **3.** (DDR) *zu größerem [wirtschaftlichem] Nutzen umgestalten u. ausbauen, modernisieren:* Maschinen, Handelseinrichtungen, Arbeitsplätze r.; Jugendherbergen ... rekonstruiert *(renoviert)* und modernisiert ... (Freiheit 147, 1978, 2); ⟨Abl.:⟩ **rekonstruierbar** ⟨Adj.; o. Steig.; nicht adv.⟩: *sich rekonstruieren lassend;* **Rekonstruierung,** die; -, -en: svw. ↑Rekonstruktion (1 a, 2 a, 3); **rekonstruktabel** [...struk'ta:bl̩] ⟨Adj.; o. Steig.; nicht adv.⟩ (bildungsspr. selten): svw. ↑rekonstruierbar; **Rekonstruktion,** die; -, -en [nach frz. reconstruction; 3: nach russ. rekonstrukzija]: **1. a)** *das Rekonstruieren* (1); *das Wiederherstellen, Nachbilden (des ursprünglichen Zustandes von etw.):* die R. nabatäischer Keramik; **b)** *das Ergebnis des Rekonstruierens* (1); *das Wiederhergestellte, Nachgebildete:* eine stilreine R.; diese Tafel zeigt -en fossiler Tiere. **2. a)** *das Rekonstruieren* (2); *das Erschließen u. Darstellen, Wiedergeben von etw. Geschehenem in den Einzelheiten seines Ablaufs:* die Spuren ermöglichen eine erste ungefähre R. des Verbrechens (Mostar, Unschuldig 21); **b)** *das Ergebnis des Rekonstruierens* (2); *detaillierte Erschließung u. Darstellung, Wiedergabe:* die vorliegende R. des Tatherganges ist genau zu überprüfen. **3.** (DDR) *[wirtschaftliche] Umgestaltung, Modernisierung;* die R. von Betriebsanlagen.

Rekonstruktions-: **~arbeiten,** die ⟨Pl.⟩; **~plan,** der; **~vorhaben,** das; **~zeichnung,** die.

rekonvaleszent ⟨Adj.; o. Steig.; nicht adv.⟩ [spätlat. reconvalēscēns (Gen.: reconvalēscentis), 1. Part. von: reconvalēscere, ↑rekonvaleszieren] (Med.): *sich im Stadium der Genesung befindend;* **Rekonvaleszent,** der; -en, -en (Med.): *Genesender;* **Rekonvaleszentin,** die; -, -nen (Med.): w. Form zu ↑Rekonvaleszent; **Rekonvaleszenz,** die; - (Med.): **a)** *Genesung;* **b)** *Genesungszeit;* **rekonvaleszieren** ⟨sw. V.; hat⟩ [spätlat. reconvalēscere = wieder erstarken] (Med.): *sich auf dem Weg der Besserung befinden, genesen.*

Rekonziliation [rekɔntsilia'tsi̯o:n], die; -, -en [lat. reconciliātio = Wiederherstellung] (kath. Kirche): **1.** *Wiederaufnahme eines aus der katholischen Kirchengemeinschaft od. einer ihrer Ordnungen Ausgeschlossenen.* **2.** *erneute Weihe einer entweihten Kirche, Kapelle od. eines Friedhofs.*

Rekord [re'kɔrt], der; -[e]s, -e [engl. record, eigtl. = Aufzeichnung; Urkunde, zu: to record = (schriftlich) aufzeichnen < afrz. recorder < lat. recordāri = sich vergegenwärtigen]: *(in bestimmten Sportarten, in denen die Leistungen objektiv meßbar sind, unter gleichen Bedingungen) bisher erreichte Höchstleistung:* ein neuer, europäischer, olympischer R.; einen R. [in einer sportlichen Disziplin] aufstellen, erringen, erzielen, behaupten, halten, innehaben; einen R. brechen, schlagen; der R. wurde um 2 Sekunden verbessert, überboten; einen R. einstellen, egalisieren *(einen bestehenden R. erreichen, aber nicht übertreffen);* bei der [inter]nationalen Sportbehörde einen R. *(Rekordversuch)* anmelden; er verfehlte den bestehenden R. im Hürdenlauf um eine Zehntelsekunde; sie ist R. gefahren, gelaufen, geschwommen; Ü der Sommerschlußverkauf bricht in diesem Jahr alle -e; die Hitzewelle erreichte heute mit 42 Grad Celsius einen neuen R.; wobei die Kongreßteilnehmer der Ästhetik den R. der Substanzlosigkeit schlagen (Tucholsky, Werke II, 350); [1]**Rekord-:** Best. in Zus. mit Subst., mit dem ausgedrückt wird, daß das im Grundwort Genannte in bezug auf Ausmaß, Menge, Anzahl o. ä. etw. in seiner Art Außergewöhnliches od. Noch-nicht-Dagewesenes ist, z. B. Rekordbesuch, der, -ernte, die, -gage, die, -leistung, die, -umsatz, der.

[2]**Rekord-:** **~flug,** der: *Flug, mit dem ein neuer Rekord aufgestellt wird;* **~halter,** der: *Sportler, Mannschaft, die (meist über eine längere Zeit) einen Rekord hält;* **~halterin,** die: w. Form zu ↑~halter; **~höhe,** die: *Höhe, mit der (bes. im Hochsprung) ein neuer Rekord aufgestellt wird;* **~inhaber,** der: svw. ↑~halter; **~inhaberin,** die: w. Form zu ↑~inhaber; **~internationale,** der: *Nationalspieler mit den meisten Einsätzen in Länderspielen:* mit 72 Länderspielen war er Deutschlands -r; **~marke,** die: svw. ↑Rekord: der Torschütze übertraf die vorjährige R. um drei Treffer; **~markierung,** die: *Markierung, die bei einem Sprung-, Wurf- od. Stoßwettbewerb den bestehenden Rekord anzeigt;* **~meister,** der: *Sportler, Mannschaft mit den meisten gewonnenen Meisterschaften;* **~protokoll,** das; **~runde,** die: *Runde (eines Rennens), in der ein Rekord aufgestellt wird;* **~serie,** die; **~springprüfung,** die (Reiten): *Prüfung im Hoch- u. Weit-*

springen über ein einziges Hindernis mit steigenden Abmessungen; ~**spritze,** die (Med.): *(auseinandernehmbare) Spritze mit Glaszylinder u. eingeschliffenem Metallkolben;* ~**sucht,** die ⟨o. Pl.⟩: *übersteigertes Bestreben, Rekorde aufzustellen;* ~**versuch,** der: *Versuch, einen neuen R. aufzustellen:* einen R. anmelden; ~**weite,** die: vgl. ~höhe: eine neue R. springen, [mit der Kugel] stoßen; ~**zeit,** die: *Bestzeit, mit der ein neuer Rekord aufgestellt wird:* die R. halten; sie schwammen die 100 Meter in einer neuen R.

Rekordler, der; -s, -: *Sportler, der einen neuen Rekord erzielt hat;* **Rekordlerin,** die; -, -nen: w. Form zu ↑Rekordler.

Rekreation, die; -, -en [lat. recreātio, zu: recreāre, ↑rekreieren] (veraltet): **a)** *Erfrischung;* **b)** *Erholung:* Nach dem Mittagessen begaben sich die Postulantinnen und die Novizinnen zur R. in den Handarbeitsraum (Bieler, Mädchenkrieg 377).

Rekreditiv, das; -s, -e [zu mlat. recredere = (eine Urkunde als echt) anerkennen] (Dipl.): *schriftliche Bestätigung des Empfangs eines diplomatischen Abberufungsschreibens durch das Staatsoberhaupt.*

rekreieren ⟨sw. V.; hat⟩ [lat. recreāre] (veraltet): **a)** *erfrischen;* **b)** ⟨r. + sich⟩ *sich erholen, sich erfrischen.*

Rekret [re'kre:t], das; -[e]s, -e ⟨meist Pl.⟩ [zu lat. re- (↑re-, Re-) u. crētum, 2. Part. von: cernere = (ent)scheiden, geb. nach ↑Sekret] (Biol.): *von der Pflanze aufgenommener mineralischer Ballaststoff, der nicht in den pflanzlichen Stoffwechsel eingeht, sondern unverändert in den Zellwänden abgelagert wird;* **Rekretion** [rekre'tsi̯o:n], die; -, -en (Biol.): *das Wiederausscheiden von Rekreten.*

Rekristallisation, die; -, -en (Technik): *Umgestaltung des kristallinen Gefüges bei kalt verformten Körpern, bes. metallischen Werkstoffen, durch [leichte] Erwärmung.*

Rekrut [re'kru:t], der; -en, -en [nach frz. recrue, eigtl. = Nachwuchs (an Soldaten), zu: recroître = nachwachsen, zu lat. crēscere = wachsen]: *neu einberufener Soldat in der Grundausbildung.*

Rekruten-: ~**ausbilder,** der; ~**ausbildung,** die ⟨Pl. ungebr.⟩ svw. ↑Grundausbildung; ~**aushebung,** die (Milit. veraltend): *Einberufung Wehrpflichtiger zur Grundausbildung;* ~**schleifer,** der (Soldatenspr. abwertend): *jmd., der Rekruten bes. schleift* (2), dazu: ~**schleiferei,** die ⟨Pl. ungebr.⟩; ~**schule,** die (Milit. schweiz.): svw. ↑Grundausbildung; ~**vereidigung,** die (Milit.); ~**zeit,** die ⟨Pl. ungebr.⟩.

rekrutieren [rekru'ti:rən] ⟨sw. V.; hat⟩ [frz. recruter]: **1. a)** ⟨r. + sich⟩ *(in bezug auf die Angehörigen, Mitglieder einer bestimmten Gruppe, Organisation o. ä.) aus einem bestimmten Bereich herkommen, sich (der Herkunft nach) zusammensetzen, sich aus etw. ergänzen:* die Bewerber rekrutieren sich hauptsächlich aus Gastarbeiterkreisen; das Gros der Mitarbeiter wird sich aus Deutschen r. (Welt 24. 9. 66, 18); **b)** *(in bezug auf eine bestimmte Gruppe von Personen) zusammenstellen, zahlenmäßig aus etw. ergänzen:* das Forschungsteam wurde hauptsächlich aus jungen Wissenschaftlern rekrutiert; **c)** *zu einem bestimmten Zweck beschaffen:* Arbeitskräfte r. **2.** (Milit. veraltet) *[zur Grundausbildung] einberufen, einziehen;* ⟨Abl.:⟩ **Rekrutierung,** die; -, -en; ⟨Zus.:⟩ **Rekrutierungssystem,** das.

Rekta: Pl. von ↑Rektum; **Rektaklausel** ['rɛkta-], die; -, -n [zu lat. rēctā (viā) = auf direktem Wege] (Bankw.): *Klausel, die die Übertragung eines Orderpapiers durch Indossament untersagt;* **rektal** [rɛk'ta:l] ⟨Adj.; o. Steig.; nicht präd.⟩ [zu ↑Rektum] (Med.): **a)** *den Mastdarm betreffend:* -e Untersuchung; **b)** *durch den, im Mastdarm [erfolgend]; per anum; per rectum:* eine -e Infusion; die Temperatur r. messen; Zäpfchen r. einführen.

Rektal- (Med.): ~**narkose,** die; ~**temperatur,** die: *im Mastdarm gemessene Körpertemperatur;* ~**untersuchung,** die.

rektangulär [rɛktaŋgu'lɛ:ɐ̯] ⟨Adj.; o. Steig.; nicht adv.⟩ [zu lat. rēctiangulus = rechtwinklig] (Math. veraltend): *rechteckig, rechtwinklig;* **Rektapapier** ['rɛkta-], das; -s, -e [vgl. Rektaklausel] (Bankw.): svw. ↑Namenspapier (Ggs.: Inhaberpapier); **Rektascheck,** der; -s, -s (Bankw. selten): *auf den Namen des Eigentümers ausgestellter, mit Rektaklausel versehener Scheck;* **Rektawechsel,** der; -s, - (Bankw.): vgl. -scheck; **Rektaszension** [rɛktastsɛn'tsi̯o:n], die; -, -en [nach lat. ascēnsio rēcta = gerade Aufsteigung] (Astron.): *auf dem Himmelsäquator gemessener Winkel zwischen dem Stundenkreis des Frühlingspunktes u. dem Stundenkreis des Gestirns;* **rekte** ['rɛktə]: ↑recte; **Rektifikat** [rɛktifi'ka:t], das; -[e]s, -e [zu ↑rektifizieren] (Chemie): *durch Rektifizieren (2) gewonnene Fraktion* (2); **Rektifikation** [...ka'tsi̯o:n], die; -, -en: **1.** (Math.) *Bestimmung der Bogenlänge einer Kurve.* **2.** (Chemie) *das Rektifizieren* (2). **3.** (bildungsspr. veraltet) *Richtigstellung, Berichtigung;* **Rektifizieranlage** [...'tsi:ɐ̯-], die; -, -n (Technik): svw. ↑~kolonne; **rektifizieren** [...'tsi:rən] ⟨sw. V.; hat⟩ [mlat. rectificare = berichtigen, zu lat. rēctus (↑recte) u. facere = machen]: **1.** (Math.) *die Bogenlänge einer Kurve bestimmen.* **2.** (Chemie) *wiederholt destillieren.* **3.** (bildungsspr. veraltet) *richtigstellen, berichtigen;* **Rektifizierkolonne** [...'tsi:ɐ̯-], die; -, -n (Technik): *technische Anlage zum Rektifizieren* (2); **Rektion** [rɛk'tsi̯o:n], die; -, -en [lat. rēctio = Regierung, Leitung, zu: regere, ↑regieren] (Grammatik): *Fähigkeit eines Verbs, Adjektivs od. einer Präposition, den Kasus eines abhängigen Wortes im Satz zu bestimmen* (z. B. einen Apfel essen; außerhalb *des* Hof*s*); **Rekto** ['rɛkto], das; -s, -s [lat. rēctō (foliō) = auf der rechten (Seite)] (Fachspr.): *Vorderseite eines Blattes in nicht paginierten Handschriften od. Büchern* (Ggs.: Verso); **Rektor** ['rɛktɔr, auch: ...to:ɐ̯], der; -s, -en [...'to:rən; mlat. rector < lat. rēctor = Leiter, zu: regere, ↑regieren]: **1.** *Leiter einer Grund-, Haupt-, Real- od. Sonderschule.* **2.** *(aus dem Kreis der ordentlichen Professoren) für eine bestimmte Zeit gewählter Repräsentant einer Hochschule.* **3.** (kath. Kirche) *Geistlicher, der einer kirchlichen Einrichtung vorsteht;* **Rektorat** [rɛkto'ra:t], das; -[e]s, -e [1 a: mlat. rectoratus]: **1. a)** *Amt eines Rektors:* das R. [der Universität] übernehmen; **b)** *Amtszeit eines Rektors.* **2.** *Amtszimmer eines Rektors:* wenn irgend etwas vorfiel ..., dann hieß es: Ab ins R.! (Kempowski, Immer 66). **3.** *Verwaltungsgremium, dem der Rektor* (2), *die beiden Prorektoren u. der Kanzler angehören.*

Rektorats-: ~**kanzlei,** die; ~**rede,** die; ~**übergabe,** die: *offizielle Übergabe des Rektorats* (1 a); ~**zimmer,** das.

Rektorin [rɛk'to:rɪn], die; -, -nen: w. Form zu ↑Rektor (1); **Rektoskop** [rɛkto'sko:p], das; -s, -e [zu ↑Rektum u. griech. skopeĩn = betrachten] (Med.): *Endoskop zur Untersuchung des Mastdarms; Mastdarmspiegel;* **Rektoskopie** [rɛktosko'pi:], die; -, -n [...i:ən] (Med.): *Untersuchung mit dem Rektoskop; Mastdarmspiegelung;* **rektoskopisch** ⟨Adj.; o. Steig.; nicht präd.⟩: *die Rektoskopie betreffend, darauf beruhend, mittels Rektoskop[ie];* **Rektum** ['rɛktʊm], das; -s, Rekta [gek. aus lat. intestīnum rēctum = gestreckter, gerader Darm] (Med.): *Mastdarm.*

rekultivieren ⟨sw. V.; hat⟩ (Fachspr.): *[durch Bergbau] unfruchtbar gewordenen Boden wieder urbar machen;* ⟨Abl.:⟩ **Rekultivierung,** die; -, -en (Fachspr.): *das Rekultivieren:* die R. von Kohlengebieten und Kalksteinbrüchen (MM 10. 2. 70, 6); ⟨Zus.:⟩ **Rekultivierungsplan,** der.

Rekuperation [rekupera'tsi̯o:n], die; - [lat. recuperātio = Wiedergewinnung]: **1.** (Technik) *Verfahren zur Vorwärmung von Luft durch heiße Abgase mit Hilfe eines Rekuperators.* **2.** (Geschichtswissenschaft) *Rückgewinnung von Territorien auf Grund verbriefter Rechte;* **Rekuperator** [rekupe'ra:tɔr, auch: ...to:ɐ̯], der; -s, -en [...ra'to:rən; zu lat. recuperāre = wiedergewinnen] (Technik): *(in Feuerungsanlagen) Wärmeaustauscher zur Rückgewinnung der Wärme heißer Abgase.*

Rekurrenz [rekʊ'rɛnts], die; - [engl. recurrence, eigtl. = Wiederholung] (Sprachw.): svw. ↑Rekursivität; **rekurrieren** [rekʊ'ri:rən] ⟨sw. V.; hat⟩ [(frz. recourir <) lat. recurrere, eigtl. = zurücklaufen]: **1.** (bildungsspr.) *auf etw. früher Erkanntes, Gesagtes o. ä. zurückgehen, Bezug nehmen [u. daran anknüpfen]:* auf einen theoretischen Ansatz, auf die ursprüngliche Bedeutung eines Wortes r. **2.** (Rechtsspr. österr., sonst veraltet) *Beschwerde, Berufung einlegen:* gegen eine Verfügung r.; **Rekurs** [re'kʊrs], der; -es, -e [frz. recours < lat. recursus = Rücklauf, Rückkehr]: **1.** (bildungsspr.) *Rückgriff, Bezug[nahme] (auf etw. früher Erkanntes, Gültiges, auf etw. bereits Erwähntes o. ä.):* auf etw. R. nehmen; Es genügt ... der R. auf die Grundnormen vernünftiger Rede ... (Habermas, Spätkapitalismus 138). **2.** (Rechtsspr.) *Einspruch, Beschwerde;* **Rekursion** [rekʊr'zi̯o:n], die; - [spätlat. recursio = das Zurücklaufen] (Math.): *das Zurückführen einer zu definierenden Größe od. Funktion auf eine od. mehrere bereits definierte;* ⟨Zus.:⟩ **Rekursionsformel,** die (Math.); **rekursiv** [...'zi:f] ⟨Adj.; o. Steig.⟩ [2: amerik. recursive]: **1.** (Math.) *(bis zu bekannten Werten) zurückgehend.* **2.** (Sprachw.) *(bei der Bildung von Sätzen) auf Regeln, die für einen vorangegangenen Satz gelten, zurückgreifend;* ⟨Abl.:⟩ **Rekursivität** [...zivi'tɛ:t], die;

- [nach amerik. recursiveness] (Sprachw.): *Eigenschaft einer Grammatik, nach bestimmten Regeln neue Sätze zu bilden, wobei die Konstituenten eines jeden Satzes jeweils neuen Sätzen entsprechen u. ihre Zahl beliebig erweitert werden kann.*

Relais [rə'lɛ:], das; - [rə'lɛ:(s)], - [rə'lɛ:s; frz. relais = eigtl. Wechsel, Station für den Wechsel von (Post)pferden, zu afrz. relaier = zurücklassen]: **1.** (Elektrot.) *automatische Schalteinrichtung, die mittels eines schwachen Stroms Stromkreise mit einem stärkeren Strom öffnet u. schließt:* ein elektromagnetisches, elektronisches R.; die Waschgänge einer Waschmaschine werden durch ein R. ein- und ausgeschaltet; Fernsprechverbindungen werden über R. hergestellt. **2.** (früher) **a)** *Pferdewechsel im Postverkehr u. beim Militär;* **b)** svw. ↑Relaisstation (2). **3.** (Milit. früher) *(zur Überbringung von Befehlen, Nachrichten) an bestimmten Orten aufgestellte kleinere Abteilung von Reitern.* **4.** (früher) *Weg zwischen Wall u. Graben einer Festung.*

Relais-: **~diagramm,** das (Elektrot.); **~pferd,** das (früher): *Pferd der Relaisstation* (2); **~satellit,** der: *Kommunikationssatellit, der wie eine Relaisstation* (1) *arbeitet;* **~schaltung,** die: *Schaltung durch [ein] Relais* (1); **~station,** die: **1.** *Sendestation, die eine Sendung aufnimmt u. nach Verstärkung wieder ausstrahlt (um in Gebieten, die vom Hauptsender schwer erreichbar sind, den Empfang zu ermöglichen).* **2.** (früher) *Station für den Pferdewechsel im Postverkehr u. beim Militär;* **~steuerung,** die: *Steuerung durch [ein] Relais* (1); **~technik,** die.

Relaps [re'laps], der; -es, -e [zu lat. relāpsum, 2. Part. von: relābi = zurückfallen] (Med.): *Rückfall* (1).

relatinisieren ⟨sw. V.; hat⟩ (Sprachw.): *wieder in lateinische Sprachform bringen* (z. B. Sextett aus ital. sestetto).

Relation [rela'tsi̯o:n], die; -, -en [lat. relātio = Bericht(erstattung), zu: relātum, ↑relativ; schon mhd. relation = Bericht]: **1. a)** (bildungsspr., Fachspr.) *Beziehung, in der sich [zwei] Dinge, Gegebenheiten, Begriffe vergleichen lassen od. [wechselseitig] bedingen; Verhältnis:* logische -en; die R. zwischen Inhalt und Form; dieser Begriff drückt eine R. aus; zwei Größen zueinander in R. setzen; etw. in [eine, die richtige] R. zu etw. bringen; Angebot und Nachfrage sind in gleicher R. gestiegen; dieser Preis steht in keiner [vertretbaren] R. zur Qualität der Ware; **b)** (Math.) *Beziehung zwischen den Elementen einer Menge* (2). **2.** (veraltend) *gesellschaftliche, geschäftliche o. ä. Verbindung:* mit jmdm. in R. stehen; Hubertus verfügt, dank seinem schönen Titel ... über einflußreiche -en (K. Mann, Wendepunkt 341). **3.** (veraltend) *[amtlicher] Bericht, Berichterstattung:* eine R. einreichen; Eine R. über das Geschehen sandte Khair-Beg zu dem Sultan (Jacob, Kaffee 32). **4.** (Verkehrsw.) *regelmäßig befahrene Linie* (6a); **relational** [relatsi̯o'na:l] ⟨Adj.; o. Steig.⟩ (bildungsspr.): *die Relation* (1) *betreffend; in Beziehung stehend, eine Beziehung darstellend;* **Relationalismus** [...na'lɪsmʊs], **Relationismus** [...'nɪsmʊs], der; -: *Relativismus* (1); **Relationsadjektiv,** das; -s, -e (Sprachw.): *Relativadjektiv;* **Relationsbegriff,** der; -[e]s, -e (Logik): *Begriff, der eine Relation* (1) *ausdrückt* (z. B. „kleiner sein als"); **relativ** [...'ti:f, auch: '– – –] ⟨Adj.; o. Steig.⟩ [frz. relatif < spätlat. relātīvus = bezüglich, zu lat. relātus, 2. Part. von: referre, ↑referieren]: **1.** (bildungsspr., Fachspr.) **a)** ⟨meist attr.⟩ *nur in bestimmten Grenzen, unter bestimmten Gesichtspunkten, von einem bestimmten Standpunkt aus zutreffend u. daher in seiner Gültigkeit, in seinem Wert o. ä. eingeschränkt* (Ggs.: absolut 7): Schönheit und Häßlichkeit sind -e Begriffe; durch das Medikament wurde eine -e Besserung erreicht; man sagt, alles sei r.; etw. erweist sich als r.; etw. trifft nur r. *(bedingt)* zu; **b)** ⟨als Attribut zu Adjektiven⟩ *gemessen an den Umständen, an dem, was man gewohnt ist, was man üblicherweise erwartet; vergleichsweise, ziemlich:* ein r. kalter Winter; eine r. ruhige Gegend; diese Angelegenheit ist r. wichtig; sie geht r. oft ins Kino; es geht ihm r. gut; ⟨gelegtl. auch als Attribut vor Substantiven, die von Adjektiven abgeleitet sind:⟩ ich war verwundert über seine -e Großzügigkeit. **2.** (bes. Fachspr.) *nicht unabhängig, sondern in Beziehung, Relation zu etw. stehend u. dadurch bestimmt:* -e Größen; -e Feuchtigkeit (Met.; *Prozentsatz der tatsächlich vorhandenen Luftfeuchtigkeit in bezug auf die bei gegebener Temperatur maximal mögliche Luftfeuchtigkeit);* -es Gehör (Musik; *Fähigkeit, die Höhe eines Tones auf Grund von Intervallen festzustellen*); -e Mehrheit (↑Mehrheit 2a); -es Tempus (Sprachw.; *unselbständiges, auf das Tempus eines anderen Geschehens im zusammengesetzten Satz bezogenes Tempus [Plusquamperfekt u. 2. Futur]);* **Relativ,** das; -s, -e [...i:və] (Sprachw.): Oberbegriff für ↑Relativadverb u. -pronomen.

Relativ-: **~adjektiv,** das (Sprachw.): *Adjektiv, das keine Eigenschaft, sondern eine Beziehung ausdrückt* (z. B. das väterliche Haus = das dem Vater gehörende Haus); **~adverb,** das (Sprachw.): *Adverb, das den Gliedsatz, den es einleitet, auf das Substantiv (Pronomen) od. Adverb des übergeordneten Satzes bezieht; bezügliches Umstandswort* (z. B. wo); **~bewegung,** die (Physik): *die auf einen anderen Körper bezogene Bewegung eines Körpers;* **~beschleunigung,** die (Physik): vgl. ~bewegung; **~geschwindigkeit,** die (Physik): vgl. ~bewegung; **~pronomen,** das (Sprachw.): *Pronomen, das einen Nebensatz einleitet u. ihn auf Substantiv[e] od. Pronomen des übergeordneten Satzes bezieht; bezügliches Fürwort;* **~satz,** der (Sprachw.): *durch ein Relativ eingeleiteter Gliedsatz; Bezugswortsatz.*

Relativa: Pl. von ↑Relativum; **relativieren** [...ti'vi:rən] ⟨sw. V.; hat⟩ (bildungsspr.): *zu etw. anderem in Beziehung setzen u. dadurch in seinem Wert o. ä. einschränken:* etw. wird dadurch relativiert, daß ...; Der wechselnde Kreis der Bezugspersonen ... relativiert die ... Einflüsse eines Elternpaares (Wohngruppe 35); ⟨Abl.:⟩ **Relativierung,** die; -, -en (bildungsspr.); **relativisch** [...'ti:vɪʃ] ⟨Adj.; o. Steig.; nicht adv.⟩ (Sprachw.): *bezüglich* (2); **Relativismus** [relati'vɪsmʊs], der; - (Philos.): **1.** *erkenntnistheoretische Lehre, nach der nur die Beziehungen der Dinge zueinander, nicht aber diese selbst erkennbar sind.* **2.** *Anschauung, nach der jede Erkenntnis nur relativ (bedingt durch den Standpunkt des Erkennenden) richtig, jedoch nie allgemeingültig wahr ist;* **Relativist,** der; -en, -en: **a)** (Philos.) *Vertreter des Relativismus;* **b)** (bildungsspr.) *jmd., für den alle Erkenntnis subjektiv ist:* er ist ein geborener R.; **relativistisch** ⟨Adj.⟩: **1.** ⟨o. Steig.⟩ (Philos.) *den Relativismus betreffend, zu ihm gehörend, ihm gemäß.* **2.** ⟨o. Steig.⟩ (Physik) *die Relativitätstheorie betreffend; ihr gemäß, auf ihr beruhend:* -e *(durch die Relativitätstheorie erweiterte)* Mechanik. **3.** (bildungsspr.) *die Relativität* (2) *betreffend, ihr entsprechend, gemäß:* Wenn die Geschichte zeigt, ... daß es ... kein Schema F für alle gibt, so sind die daraus zu ziehenden Schlüsse nicht -er als die der Medizin (Muttersprache 1, 1972, 23); **Relativität** [relativi'tɛ:t], die; -, -en ⟨Pl. ungebr.⟩ (bildungsspr., Fachspr.): **1.** *das Relativsein* (2); *Bezogenheit, Bedingtheit, Abhängigkeit (der Dinge, Begriffe o. ä. auf-, untereinander):* die R. der Maßstäbe. **2.** *das Relativsein* (1); *bedingte Gültigkeit:* die R. ethischer, ästhetischer Normen; ⟨Zus. zu 1:⟩ **Relativitätsprinzip,** das (Physik): *Prinzip, nach dem sich jeder physikalische Vorgang in gleichförmig gegeneinander bewegten Bezugssystemen* (1) *in der gleichen Weise darstellen läßt;* **Relativitätstheorie,** die ⟨o. Pl⟩ (Physik): *von A. Einstein (1879–1955) begründete Theorie, nach der Raum, Zeit u. Masse vom Bewegungszustand eines Beobachters abhängig u. deshalb relative* (2) *Größen sind;* **Relativum** [rela'ti:vʊm], das; -s, ...va (Sprachw.): svw. ↑Relativ; **Relator** [...'la:tɔr, auch: ...to:ɐ̯], der; -s, -en [...la'to:rən; spätlat. relātor = der Berichterstatter] (Logik, Philos.): *mehrstelliger Prädikator.*

Relaxans, das; -, ...antia u. ...anzien [zu lat. relaxāre = schlaff, locker machen] (Med.): *Arzneimittel, das eine Erschlaffung bes. der Muskeln bewirkt;* **Relaxation** [relaksa'tsi̯o:n], die; - [lat. relaxātio = das Nachlassen, Abspannung; Erholung]: **1.** (Physik) *verzögertes Eintreten eines neuen Gleichgewichtszustands infolge innerer Widerstände (z. B. Reibung) in einem materiellen System (z. B. einem Stoff) nach Änderung eines äußeren Kraftfeldes.* **2.** (Chemie) *Wiederherstellung eines chemischen Gleichgewichts nach einer Störung (z. B. durch Einwirkung elektrischer Felder).* **3.** (Med.) *Erschlaffung, Entspannung (bes. der Muskulatur);* ⟨Zus.:⟩ **Relaxationsmethode,** die: **1.** (Math.) *Näherungsverfahren zur Auflösung von Gleichungen.* **2.** (Psych.) *Verfahren zur Erreichung eines stabilen seelischen Gleichgewichts* (z. B. autogenes Training); **relaxed** [ri'lɛkst] ⟨Adj.; o. Steig.; nur präd.⟩ [engl. relaxed]: *gelöst, zwanglos;* **relaxen** [ri'lɛksn̩] ⟨sw. V.; hat⟩ [engl. to relax]: *sich körperlich entspannen; sich erholen:* wenn meine 41 Stunden herum sind, muß ich dringend r. (FAZ 24. 6. 71, 9); ⟨Abl.:⟩ **Relaxing** [ri'lɛksɪŋ], das; -s [engl. relaxing]: *das Relaxen;* **Release** [ri'li:s], das; -, -s [...sɪs, auch: ...sɪz], **Release-Center** [-sɛntɐ], das; -s, - [aus engl. release = Befreiung (zu:

to release = befreien, über das Afrz. zu lat. relaxāre, ↑Relaxation) u. center, ↑Center]: *Zentrum, in dem Rauschgiftsüchtige geheilt werden sollen;* **Releaser** [ri'li:zɐ], der; -s, - [engl. releaser = Befreier] (Jargon): *Psychotherapeut, Sozialarbeiter o. ä., der an der Behandlung Rauschgiftsüchtiger mitwirkt;* **Release-Zentrum,** das; -s, ...ren: svw. ↑Release-Center.

Relegation [relega'tsi̯o:n], die; -, -en [lat. relēgātio = Ausschließung, zu: relēgāre, ↑relegieren] (bildungsspr.): *Verweisung von der [Hoch]schule;* ⟨Zus.:⟩ **Relegationsspiel,** das (Sport, bes. Eishockey): *Qualifikationsspiel zwischen [einer] der schlechtesten Mannschaft[en] der höheren u. [einer] der besten der tieferen Spielklasse um das Verbleiben in der bzw. den Aufstieg in die höhere Spielklasse;* **relegieren** [rele'gi:rən] ⟨sw. V.; hat⟩ [lat. relēgāre = fortschicken, verbannen] (bildungsspr.): *(aus disziplinären Gründen) von der [Hoch]schule verweisen:* einen Schüler vor dem Abitur r.; die relegierten Studenten mißachteten das Hausverbot; ⟨Abl.:⟩ **Relegierung,** die; -, -en.

relevant [rele'vant] ⟨Adj.; -er, -este⟩ [wohl frz. relevant, 1. Part. von: relever, ↑Relief] (bildungsspr.): *unter einem bestimmten Aspekt, in einem bestimmten Zusammenhang bedeutsam, [ge]wichtig* (Ggs.: irrelevant): eine [historisch, naturwissenschaftlich, politisch] -e Fragestellung; dieser Punkt ist für unser Thema nicht r.; **Relevanz** [...'vants], die; - [vgl. engl. relevance] (bildungsspr.): *Bedeutsamkeit, Wichtigkeit in einem bestimmten Zusammenhang* (Ggs.: Irrelevanz): etw. ist von, gewinnt, verliert an [wirtschaftlicher] R.

Reliabilität [reli̯abili'tɛ:t], die; - [engl. reliability = Zuverlässigkeit] (Psych.): *Zuverlässigkeit eines wissenschaftlichen Versuchs, Tests (bes. in der Psychodiagnostik).*

Relief [re'li̯ɛf], das; -s, -s u. -e [frz. relief, eigtl. = das Hervorheben, zu: relever < lat. relevāre = in die Höhe heben, aufheben]: **1.** (bild. Kunst) *aus einer Fläche (aus Stein, Metall o. ä.) erhaben herausgearbeitetes od. in sie vertieftes Bildwerk:* das R. eines Tempelfrieses, Kirchenportals, Grabsteins; ein R. herausarbeiten, in eine Wand einlassen; etw. im/in R. darstellen; vgl. Bas-, Hautrelief; *** einer Sache/jmdm. R. geben/verleihen** *(einer Sache/jmdm. Gepräge, ein bestimmtes Gewicht verleihen).* **2.** (Geogr.) **a)** *Form der Erdoberfläche;* **b)** *maßstabgetreue plastische Nachbildung [eines Teils] der Erdoberfläche:* ein aus Gips modelliertes R.

relief-, Relief-: **~artig** ⟨Adj.; o. Steig.⟩; **~band,** das ⟨Pl. ~bänder⟩: *bandförmiges Relief* (1); **~darstellung,** die: *Darstellung in Relief* (1); **~druck,** der ⟨Pl. -drucke⟩ (Druckw.): **a)** ⟨o. Pl.⟩ *Druckverfahren, bei dem Schriftzeichen, Verzierungen o. ä. in Relief (z. B. auf Papier, Leder) gedruckt werden;* **b)** *Schrift, Verzierung o. ä., die in Relief gedruckt ist;* **~energie,** die (Geogr.): *Gesamtheit der relativen Höhenunterschiede eines Gebietes;* **~globus,** der: *Globus mit Relief* (2 b); **~intarsia, ~intarsie,** die: *Verbindung von Einlegearbeit u. Schnitzerei;* **~karte,** die: *Landkarte, auf der das Relief* (2 a) *mit Hilfe von Farbabstufung, Schraffierung o. ä. dargestellt ist;* **~umkehr,** die (Geol.): svw. ↑Inversion (6).

Religio [re'li:gi̯o], die; -, -nes [reli'gi̯o:ne:s; mlat. religio < lat. religio, ↑Religion] (kath. Kirche): *klösterlicher Verband;* vgl. Religiose; **Religion** [reli'gi̯o:n], die; -, -en [(frz. religion <) lat. religio = religiöse Scheu, Gottesfurcht]: **1.** *(meist von einer größeren Gemeinschaft angenommener) bestimmter, durch Lehre u. Satzungen festgelegter Glaube u. sein Bekenntnis:* die buddhistische, christliche, jüdische, mohammedanische R.; die alten, heidnischen -en; eine R. begründen; einer R. *(Glaubensgemeinschaft)* angehören; sich zu einer R. bekennen. **2.** ⟨o. Pl.⟩ *gläubig verehrende Anerkennung einer alles Sein bestimmenden göttlichen Macht; religiöse* (2) *Weltanschauung:* ein Mensch ohne R.; über R. sprechen, ein Streitgespräch führen; Ü Die R. des Fortschritts ... wird ihre totale Pleite noch auf dieser Erde erleben (Gruhl, Planet 218). **3.** ⟨o. Pl., o. Art.⟩ *Religionslehre als Schulfach, Religionsunterricht:* sie unterrichtet R.; wir haben zweimal in der Woche R.; **Religiones**: Pl. von ↑Religio.

religions-, Religions-: **~ausübung,** die; **~bekenntnis,** das: *das Sichbekennen, die Zugehörigkeit zu einer bestimmten Religion* (1, 2); **~dinge** ⟨Pl.⟩: *Fragen der Religion* (1, 2): sie kannte ja schon seine Gleichgültigkeit in -n (Kühn, Zeit 69); **~ersatz,** der: Kreaturen, die in der Partei ihren R. ... selbst entdecken mußten (Zwerenz, Kopf 148); **~freiheit,** die ⟨o. Pl.⟩: svw. ↑Glaubensfreiheit; **~friede,** der (früher): *Friede, mit dem ein Religionskrieg beigelegt wurde;* **~gemeinschaft,** die: svw. ↑Glaubensgemeinschaft; **~geschichte,** die ⟨o. Pl.⟩: **a)** *geschichtliche Entwicklung der Religion[en]:* die R. des Abendlandes; **b)** *Teilgebiet der Religionswissenschaft, auf dem die geschichtliche Entwicklung der Religion[en] erforscht wird:* R. studieren; **c)** *wissenschaftliche Arbeit über Religionsgeschichte* (a): der Verfasser einer R., zu a, b: **~geschichtlich** ⟨Adj.; o. Steig.; nicht präd.⟩; **~historiker,** der: *Wissenschaftler auf dem Gebiet der Religionsgeschichte* (1); **~historisch** ⟨Adj.; o. Steig.; nicht präd.⟩: svw. ↑~geschichtlich; **~kampf,** der: svw. ↑Glaubenskampf; **~krieg,** der: svw. ↑Glaubenskrieg; **~lehre,** die: **1.** *bestimmte Lehre* (2 a) *einer Religion* (1): die Vielfalt der -n. **2.** ⟨o. Pl.⟩ svw. ↑~unterricht; **~lehrer,** der: *Lehrer im Schulfach Religion;* **~los** ⟨Adj.; o. Steig.; nicht adv.⟩: *ohne Religion* (1, 2), *keiner Religion* (1) *angehörend, keine Religion* (2) *habend,* dazu: **~losigkeit,** die; - ⟨o. Pl.⟩; **~philosoph,** der: *Wissenschaftler auf dem Gebiet der Religionsphilosophie;* **~philosophie,** die ⟨o. Pl.⟩: *Wissenschaft vom Ursprung, Wesen u. Wahrheitsgehalt der Religion[en],* dazu: **~philosophisch** ⟨Adj.; o. Steig.; nicht präd.⟩; **~psychologie,** die: *Teilgebiet der Religionswissenschaft, auf dem die seelischen Vorgänge des religiösen Erlebens u. Verhaltens erforscht werden,* dazu: **~psychologisch** ⟨Adj.; o. Steig.; nicht präd.⟩; **~soziologie,** die: *Teilgebiet der Religionswissenschaft, in dem die sozialen Aspekte der Religion[en] erforscht werden,* dazu: **~soziologisch** ⟨Adj.; o. Steig.; nicht präd.⟩; **~stifter,** der: *Begründer einer Religion* (1); **~streit,** der; **~stunde,** die: *Unterrichtsstunde im Schulfach Religion;* **~unterricht,** der: vgl. ~stunde; **~vergehen,** das: *die Religion* (1, 2) *verletzendes Vergehen* (z. B. absichtliche Störung kultischer Handlungen); **~wechsel,** der: svw. ↑Glaubenswechsel; **~wissenschaft,** die ⟨o. Pl.⟩: *Wissenschaft, die Form u. Inhalt der Religion[en] u. ihre Beziehung zu anderen Lebensbereichen erforscht,* dazu: **~wissenschaftler,** der, **~wissenschaftlich** ⟨Adj.; o. Steig.; nicht präd.⟩; **~zugehörigkeit,** die ⟨Pl. selten⟩: *Zugehörigkeit zu einer bestimmten Religionsgemeinschaft, Konfession* (1); **~zwang,** der ⟨o. Pl.⟩: *Zwang, einer bestimmten Religion anzugehören.*

religiös [reli'gi̯ø:s] ⟨Adj.; -er, -este⟩ [frz. religieux < lat. religiōsus = gottesfürchtig, fromm]: **1.** ⟨o. Steig.; präd. selten⟩ *die Religion[en] betreffend, zur Religion* (1, 2) *gehörend, auf ihr beruhend:* -e Vorschriften, Überlieferungen; -e Zweifel haben; -e Gruppen; die -e Spaltung eines Staates; er ist r. interessiert, gebunden; ⟨subst.⟩ er steht allem Religiösen ablehnend gegenüber. **2.** ⟨nicht adv.⟩ *[ohne konfessionelle Bindung] in seinem Denken u. Handeln geprägt vom Glauben an eine alles Sein bestimmende u. ihm einen Sinn verleihende göttliche Macht* (Ggs.: irreligiös): ein -er Mensch; -e *(fromme)* Ergriffenheit; er ist sehr r.; ihre Kinder sind r. erzogen worden; **Religiose** [reli'gi̯o:zə], der u. die; -n, -n ⟨Dekl. ↑Abgeordnete⟩ [mlat. religiosus, zu kirchenlat. religiōsus = dem geistlichen Stand angehörend] (kath. Kirche): *Angehörige[r] einer Ordensgemeinschaft;* vgl. Religio; **Religiosität** [religi̯ozi'tɛ:t], die; - [(frz. religiosité <) spätlat. religiōsitās = Frömmigkeit] (bildungsspr.): *das Religiössein, religiöse* (2) *Haltung* (Ggs.: Irreligiosität): eine tiefe R.; **religioso** [reli'dʒo:zo] ⟨Adv.⟩ [ital. religioso] (Musik): *andächtig, feierlich.*

relikt [re'lɪkt] ⟨Adj.; o. Steig.; nicht adv.⟩ [lat. relictum, 2. Part. von: relinquere, ↑Reliquie] (Biol.): *(von Tieren u. Pflanzen) in Resten vorkommend;* **Relikt** [-], das; -[e]s, -e [lat. relictum, ↑relikt]: **1.** *etw., was aus einer zurückliegenden Zeit übriggeblieben ist; Überrest, Überbleibsel:* steinerne, knöcherne -e; diese Funde sind bedeutsame -e aus einer frühen Epoche dieses Volkes; Am Weg liegt Bunranny Castle, ritterliches R. vergangener Tage (Gute Fahrt 4, 1974, 52). **2.** (Biol.) *nur noch als Restbestand auf begrenztem Raum vorkommende Tier- od. Pflanzenart.* **3.** (Sprachw.) *Wort od. Form als erhalten gebliebener Überrest aus dem früheren Zustand einer Sprache;* **Relikten** ⟨Pl.⟩ (veraltet): **1.** *Hinterbliebene.* **2.** *Hinterlassenschaft;* ⟨Zus.:⟩ **Reliktenfauna,** die (Zool.): *nur noch als Relikte* (2) *vorkommende Exemplare einer früher existierenden Tierwelt;* **Reliktenflora,** die (Bot.): *nur noch als Relikte* (2) *vorkommende Exemplare einer früher existierenden Pflanzenwelt;* **Reliktgebiet,** das: **1.** (Sprachw.) *Gebiet mit Relikten* (3). **2.** (Biol.) *Gebiet mit Relikten* (2), *Refugialgebiet.*

Reling ['re:lɪŋ], die; -, -s, auch: -e ⟨Pl. selten⟩ [niederd. regeling, zu mniederd. regel = Riegel, Querholz] (Seew.): *Geländer, das das Deck eines Schiffes am Rand umgibt.*

Reliquiar [reli'kvi̯a:ɐ̯], das; -s, -e [mlat. reliquiarium, zu kirchenlat. reliquiae, ↑Reliquie] (kath. Kirche): *künstlerisch gestaltetes Behältnis für Reliquien (in Gestalt von Medaillons, Kästchen, Kreuzen, Büsten o. ä.);* **Reliquie** [re'li:kvi̯ə], die; -, -n [mhd. reliquie < kirchenlat. reliquiae (Pl.) < lat. reliquiae = Zurückgelassenes, zu: relinquere = zurücklassen] (Rel., bes. kath. Kirche): *von einem Heiligen, einem Religionsstifter o. ä. stammender Überrest seiner Gebeine, seiner Asche, seiner Kleider od. eines Gegenstandes, der für sein Leben bedeutsam war, der als Gegenstand religiöser Verehrung dient:* eine sehr alte, kostbare, unechte R.; eine R. in einem Schrein aufbewahren, ausstellen; -n verehren; er hütete, verwahrte das Bild wie eine R. *(sehr sorgfältig).*

Reliquien-: **~behälter,** der: *Reliquiar;* **~kult,** der: vgl. ~verehrung; **~schrein,** der: *Reliquiar in Form eines Schreins;* **~verehrung,** die: *religiöse Verehrung von Reliquien.*

Relish ['rɛlɪʃ], das; -s, -es [...-ʃɪs u. ...ʃɪz; [engl. relish = Gewürz, Würze] (Kochk.): *würzige Soße aus pikant eingelegten, zerkleinerten Gemüsestückchen, die z. B. als Beilage zu gegrilltem Fleisch gereicht wird.*

Reluktanz [reluk'tants], die; -, -en [zu lat. reluctāri = Widerstand leisten] (Physik): *magnetischer Widerstand.*

Reluxation, die; -, -en (Med.): *wiederholte Ausrenkung eines Gelenks* (z. B. bei angeborener Schwäche der Gelenkkapsel).

Rem [rɛm], das; -s, -s [Kurzw. aus engl. **R**oentgen **e**quivalent **m**an] (früher): *Maßeinheit für die biologische Wirkung von radioaktiver Strahlung auf den Organismus;* Zeichen: rem

Remake ['ri'meɪk], das; -s, -s [engl. remake, zu: to remake = wieder machen] (Fachspr.): *Neufassung einer künstlerischen Produktion, bes. neue Verfilmung eines älteren, bereits verfilmten Stoffes.*

remanent [rema'nɛnt] ⟨Adj.; o. Steig.⟩ [lat. remanēns (Gen.: remanentis), 1. Part. von: remanēre = zurückbleiben] (Fachspr., bildungsspr.): *bleibend, zurückbleibend:* -er Magnetismus *(Remanenz);* **Remanenz** [rema'nɛnts], die; - [zu lat. remanēre, ↑remanent] (Physik): *nach Aufhören der magnetischen Induktion in einem magnetisierten Stoff zurückbleibender Magnetismus; Restmagnetismus.*

Remarquedruck [rə'mark-, re'm...], der; -[e]s, -e [zu frz. remarque = Anmerkung]: *erster Druck von Kupferstichen, Lithographien u. Radierungen, der neben der eigentlichen Zeichnung auf dem Rand noch eine Anmerkung in Form einer kleinen Skizze o. ä. aufweist, die vor dem endgültigen Druck abgeschliffen wird.*

Remasuri: ↑Ramasuri.

Rematerialisation, die; -, -en (Parapsych.): *Rückführung eines unsichtbaren Gegenstandes in seinen ursprünglichen materiellen Zustand* (Ggs.: Dematerialisation).

Rembours [rã'bu:ɐ̯], der; -s [...ɐ̯(s)], -s [...ɐ̯s; gek. aus frz. remboursement, zu: rembourser, ↑remboursieren] (Bankw.): *Begleichung einer Forderung aus einem Geschäft* (1 a) *im Überseehandel durch Vermittlung einer Bank;* **Remboursgeschäft,** das; -[e]s, -e (Bankw.): *durch eine Bank abgewickeltes u. finanziertes Geschäft im Überseehandel;* **remboursieren** [rãbʊr'zi:rən] ⟨sw. V.; hat⟩ [frz. rembourser = zurückzahlen, zu: bourse = (Geld)beutel < spätlat. bursa, ↑¹Börse] (Bankw.): *eine Forderung aus einem Geschäft im Überseehandel durch Vermittlung einer Bank begleichen;* **Rembourskredit,** der; -[e]s, -e (Bankw.): *einem Importeur von seiner Bank zur Bezahlung einer in Übersee gekauften Ware zur Verfügung gestellter Kredit.*

Remedia, Remedien: Pl. von ↑Remedium; **remedieren** [reme'di:rən] ⟨sw. V.; hat⟩ [spätlat. remediāre, remediāri] (Med. selten): *heilen;* **Remedium** [re'me:di̯ʊm], das; -s, ...ia [...i̯a] u. ...ien [...i̯ən; lat. remedium = Heilmittel, auch: Hilfs-, Rechtsmittel]: **1.** (Med.) *Heilmittel.* **2.** (Münzk.) *zulässige Abweichung vom gesetzlich geforderten Gewicht u. Feingehalt bei Münzen;* **Remedur** [reme'du:ɐ̯], die; -, -en (veraltend): *Beseitigung, Abschaffung von Mißständen, Abhilfe:* Die Nordrhein-Westfalen wollen R. sehen (Spiegel 15. 12. 65, 43); Der sei ein Hauptkerl und werde schon R. schaffen (Th. Mann, Zauberberg 729).

Remigrant [remi'grant], der; -en, -en [lat. remigrāns (Gen.: remigrantis), 1. Part. von: remigrāre = zurückkehren] (bildungsspr.): *Emigrant, der wieder in sein Land zurückkehrt; Rückwanderer;* **Remigrierte** [...gri:ɐ̯tə], der u. die; -n, -n ⟨Dekl. ↑Abgeordnete⟩: *aus der Emigration Zurückgekehrter.*

remilitarisieren ⟨sw. V.; hat⟩: *(in einem Land, Gebiet) erneut militärische Anlagen errichten, wieder Truppen aufstellen, das aufgelöste Heerwesen von neuem organisieren; wiederbewaffnen;* ⟨Abl.:⟩ **Remilitarisierung,** die; -.

Reminiszenz [reminɪs'tsɛnts], die; -, -en [spätlat. reminīscentia = Rückerinnerung, zu lat. reminīsci = sich erinnern] (bildungsspr.): **1.** *Erinnerung von einer gewissen Bedeutsamkeit:* In meinem Zimmer nämlich hing ein ziemlich großer Vierfarbendruck, R. an die aktive Dienstzeit meines Vaters (Lentz, Muckefuck 8). **2.** *ähnlicher Zug, Ähnlichkeit; Anklang:* sein Werk enthält viele -en an das seines Lehrmeisters; **Reminiszere** [remi'nɪstsərə] ⟨o. Art.; indekl.⟩ [lat. reminīscere = gedenke!, nach dem ersten Wort des Eingangsverses der Liturgie des Sonntags, Ps. 25, 6]: *zweiter Fastensonntag, fünfter Sonntag vor Ostern.*

remis [rə'mi:] ⟨indekl. Adj.; o. Steig.; nicht attr.⟩ [frz. remis, eigtl. = zurückgestellt (als ob nicht stattgefunden), 2. Part. von: remettre = zurückstellen < lat. remittere, ↑remittieren] (Sport, bes. Schach): *(von Schachpartien u. sportlichen Wettkämpfen) unentschieden:* die Partie endete r.; ging r. aus, blieb schließlich r.; nach erbittertem Kampf trennten sich die beiden Mannschaften r.; **Remis** [-], das; - [rə'mi:(s)], - [rə'mi:s] u., bes. Schach: -en [rə'mi:zn̩] (Sport, bes. Schach): *unentschiedener Ausgang einer Schachpartie, eines sportlichen Wettkampfs; Unentschieden:* der Großmeister erreichte nur ein R., bot dem Gegner ein R. an; die Mannschaft spielte auf R., mußte sich mit einem R. begnügen; **Remise** [1, 2: re'mi:zə; 3: rə...], die; -, -n [frz. remise, subst. Fem. von: remis, ↑remis; 3: zu ↑remis]: **1.** (veraltend) *Schuppen o. ä. zum Abstellen von Wagen, Kutschen, von Geräten, Werkzeugen o. ä.* **2.** (Jägerspr.) *dem Niederwild als Deckung u. Unterschlupf dienendes, natürliches od. künstlich angelegtes Buschwerk, Gesträuch, Gehölz.* **3.** (Schach) *unentschiedener Ausgang einer Schachpartie;* **remisieren** [rəmi'zi:rən] ⟨sw. V.; hat⟩ (Sport, bes. Schach): *ein Remis erzielen;* **Remission** [re-], die; -, -en [lat. remissio = das Zurücksenden]: **1.** (Buchw.) *Rücksendung von Remittenden.* **2.** (Med.) *Rückgang von Krankheitserscheinungen, bes. vorübergehendes Nachlassen, Abklingen von Fieber:* ... kam es bei 37 Prozent der behandelten Fälle von ... Leukämie zu deutlichen -en (MM 15. 5. 70, 3); **Remittende** [remɪ'tɛndə], die; -, -n [lat. remittenda = Zurückzusendendes, Neutr. Pl. des Gerundivs von: remittere, ↑remittieren] (Buchw.): *beschädigtes od. fehlerhaftes Druckerzeugnis, das an den Verlag zurückgeschickt wird;* **Remittent** [remɪ'tɛnt], der; -en, -en (Geldw.): *Person, an die die Wechselsumme zu zahlen ist, Wechselnehmer;* **remittieren** [remɪ'ti:rən] ⟨sw. V.; hat⟩ [lat. remittere = zurückschicken; nachlassen]: **1.** (Buchw.) *als Remittende zurückschicken, zurückgehen lassen.* **2.** (Med.) *(von Krankheitserscheinungen, bes. von Fieber) zurückgehen, vorübergehend nachlassen, abklingen.*

Remmidemmi ['rɛmi'dɛmi], das; -s [H. u.] (ugs.): *lautes, buntes Treiben; großer Trubel, Betrieb; Unruhe:* in allen Räumen herrschte, war [ein] ziemliches, großes, unglaubliches R.; hier gibt's noch allerhand R. (ugs.; *passiert noch allerlei*); hier ist immer R. (ugs.; *hier ist immer etwas los*).

remonetisieren ⟨sw. V.; hat⟩ (Bankw.): **1.** *(von Münzen) wieder in Umlauf setzen.* **2.** *(von Wertpapieren) in Geld zurückverwandeln, gegen Geld eintauschen.*

Remonstration [remɔnstra'tsi̯o:n], die; -, -en [mlat. remonstratio, zu: remonstrare, ↑remonstrieren] (bildungsspr.): *Gegenvorstellung, Einspruch, Einwand;* **remonstrieren** [...'tri:rən] ⟨sw. V.; hat⟩ [mlat. remonstrare] (bildungsspr.): *Einwände erheben, Gegenvorstellungen machen.*

remontant [remɔn'tant, auch: remõ'tant] ⟨Adj.; o. Steig.⟩ [frz. remontant, zu: remonter = remontieren (1)] (Bot.): *(nach der Hauptblüte) nochmals blühend;* **Remonte** [re'mɔntə, auch: re'mõ:tə], die; -, -n [frz. (cheval de) remonte, zu: remonter = remontieren (2)] (Milit. früher): **1.** *Remontierung.* **2.** *junges, noch nicht zugerittenes od. erst kurz angerittenes Pferd;* ⟨Zus.:⟩ **Remontepferd,** das; -[e]s, -e (Milit. früher): svw. ↑Remonte (2); **remontieren** ⟨sw. V.; hat⟩ [frz. remonter, eigtl. = wieder (hin)aufgehen, aufsteigen]: **1.** (Bot.) *(nach der Hauptblüte) nochmals blühen.* **2.** (Milit. früher) *den militärischen Pferdebestand durch junge Pferde ergänzen;* ⟨Abl.:⟩ **Remontierung,** die; -, -en

(Milit. früher): *Ergänzung des militärischen Pferdebestands durch junge Pferde;* **Remontoiruhr** [remõ'to̯a:ɐ̯-], die; -, -en [zu frz. remontoir = Stellrad (an Uhren), zu: remonter = (eine Uhr) wieder aufziehen]: *Taschenuhr, bei der das Aufziehen des Uhrwerks u. Stellen der Zeiger mit Hilfe der Krone* (9) *erfolgt.*

Remorqueur [remɔr'kø:ɐ̯], der; -s, -e [frz. remorqueur] (landsch., bes. österr.): *kleiner Schleppdampfer.*

remotiv [remo'ti:f] ⟨Adj.; o. Steig.⟩ [zu lat. remōtum, 2. Part. von: removēre = entfernen, wegschaffen] (Philos.): *(von Urteilen) entfernend, ausscheidend.*

Remoulade [remu'la:də], die; -, -n [frz. rémoulade, H. u.]: *Mayonnaise mit Kräutern u. zusätzlichen Gewürzen;* ⟨Zus.:⟩ **Remouladensoße,** die: svw. ↑Remoulade.

Rempelei [rɛmpə'lai̯], die; -, -en: **a)** (ugs.) *das Rempeln* (a), *Stoßen, Gestoßenwerden;* **b)** (Sport, bes. Fußball) *das Rempeln* (b); *absichtliches Stoßen, Wegdrängen eines gegnerischen Spielers:* während der zweiten Halbzeit kam es zu häufigen -en und vielen Fouls; **rempeln** ['rɛmpl̩n] ⟨sw. V.; hat⟩ [urspr. Studentenspr., zu obersächs. Rämpel = Klotz; Flegel]: **a)** (ugs.) *mit dem Körper, mit dem Arm stoßen, anstoßen, wegstoßen:* er wurde im Gedränge mehrfach gerempelt; vor dem Bahnhof rempelte er einen Sonderführer der OT über den Haufen (Ott, Haie 311); **b)** (Sport, bes. Fußball) *einen gegnerischen Spieler mit dem Körper, bes. mit angelegtem Arm wegstoßen, durch Stoßen vom Ball wegzudrängen suchen:* er hat seinen Gegenspieler in erlaubter Weise, im Kampf um den Ball gerempelt.

REM-Phase ['rɛm-], die; -, -n [Abk. von engl. **r**apid **e**ye **m**ovements = schnelle Augenbewegungen] (Fachspr.): *während des Schlafs [mehrmals] auftretende Phase, in der schnelle Augenbewegungen auftreten, die erkennen lassen, daß der Schläfer träumt.*

Rempler, der; -s, - [zu ↑rempeln]: **a)** *Stoß mit dem Körper, mit dem Arm, der jmdn. trifft:* durch den R. eines Betrunkenen wurde sie zu Boden geworfen; **b)** (Sport, bes. Fußball) *Stoß mit dem Körper, bes. mit angelegtem Arm, durch den ein gegnerischer Spieler vom Ball getrennt, weggedrängt werden soll;* **c)** *jmd., der rempelt.*

Rempter ['rɛmptɐ], der; -s, -: svw. ↑Remter; **Remter** ['rɛmtɐ], der; -s, - [mniederd. rem(e)ter, mhd. revent(er), wohl umgebildet aus mlat. refectorium, ↑Refektorium]: *Versammlungs-, Speisesaal in Ordensburgen, Klöstern.*

Remuneration [remunera'tsi̯o:n], die; -, -en [lat. remūnerātio, zu: remūnerāri = beschenken, belohnen] (veraltet, noch österr.): *Entschädigung, Vergütung.*

Ren [rɛn, re:n], das; -s, -s [rɛns] u. -e ['re:nə; aus dem Skand.]: *in den Polargebieten des Nordens in großen Rudeln lebendes, zu den Hirschen gehörendes großes Säugetier mit dichtem, langem, dunkel- bis graubraunem, im Winter wesentlich hellerem Fell u. starkem, ziemlich unregelmäßig verzweigtem, an den Enden oft schaufelförmigem Geweih sowohl bei männlichen als auch bei weiblichen Tieren.*

Renaissance [rənɛ'sã:s], die; -, -n [frz. renaissance, eigtl. = Wiedergeburt, zu: renaître = wiedergeboren werden]: **1.** ⟨o. Pl.⟩ **a)** *Stil, kulturelle Bewegung in Europa, im Übergang vom Mittelalter zur Neuzeit, von Italien ausgehend u. gekennzeichnet durch eine Rückbesinnung auf Werte u. Formen der griechisch-römischen Antike in Literatur, Philosophie, Wissenschaft u. bes. in Kunst u. Architektur, für die bes. Einfachheit u. Klarheit der Formen u. der Linienführung charakteristisch sind:* das Aufkommen, die Blüte der R. in Italien; **b)** *Epoche der Renaissance* (1 a) *vom 14. bis 16. Jh.:* die Malerei in der R. **2.** *geistige u. künstlerische Bewegung, die nach einer längeren zeitlichen Unterbrechung bewußt an ältere Traditionen, bes. an die griechisch-römische Antike, anzuknüpfen u. sie weiterzuentwickeln versucht:* die karolingische R.; die R. des zwölften Jh.s **3.** (bildungsspr.) *erneutes Aufleben, Wiederaufleben, neue Blüte:* die R. des Hutes in der Damenmode.

Renaissance- (Renaissance 1 a): **~bau,** der ⟨Pl. -bauten⟩; **~dichter,** der; **~dichtung,** die; **~fürst,** der; **~maler,** der; **~malerei,** die; **~musik,** die: *in der Epoche der Renaissance entstandene, von deren geistigen Strömungen jedoch mehr od. weniger unabhängige, bes. geistliche Musik, deren wichtigste Gattungen Messe u. Motette sind;* **~papst,** der; **~stil,** der; **~zeit,** die ⟨o. Pl.⟩.

renal [re'na:l] ⟨Adj.; o. Steig.⟩ [zu lat. rēn = Niere] (Med.): *die Nieren betreffend, von ihnen ausgehend.*

Rencontre: ↑Renkontre.

Rendant [rɛn'dant], der; -en, -en [frz. rendant, subst. 1. Part. von: rendre = zurückerstatten, über das Vlat. < lat. reddere, ↑Rente]: *Zahlmeister, Rechnungsführer in größeren Kirchengemeinden od. Gemeindeverbänden;* **Rendement** [rãdə'mã:], das; -s, -s [frz. rendement, eigtl. = Ertrag]: *Gehalt eines Rohstoffes an reinen Bestandteilen, bes. der Gehalt an reiner [Schaf]wolle in Rohwolle;* **Rendezvous** [rãde'vu:, auch: 'rã:devu], das; - [...'vu:(s), auch: 'rã:devu(:s)], - [...'vu:s, auch: 'rã:devu:s; frz. rendez-vous, subst. 2. Pers. Pl. Imperativ von: se rendre = sich irgendwohin begeben; 2: engl.-amerik. rendezvous]: **1.** (veraltend, meist noch scherzh.) *verabredetes Treffen (von Verliebten, von einem Paar); Verabredung, Stelldichein:* ein heimliches R.; ein R. im Park, in einem Café; ein R. verabreden, vorhaben, versäumen, verpassen; er hat morgen ein R. mit ihr; sie geht zu einem R.; Ü viele Künstler gaben sich in ihrem Haus ein R. *(trafen sich dort, kamen dort zusammen).* **2.** (Raumf.) *gezielte Annäherung, Zusammenführung von Raumfahrzeugen im Weltraum zur Ankopplung;* ⟨Zus.:⟩ **Rendezvousmanöver,** das (Raumf.): *bei, zu einem Rendezvous* (2) *notwendiges Manöver;* **Rendite** [rɛn'di:tə], die; -, -n [ital. rendita = Einkünfte, Gewinn, zu: rendere < lat. reddere, ↑Rente] (Wirtsch.): *jährlicher Ertrag einer Kapitalanlage;* ⟨Zus.:⟩ **Renditenhaus,** das (schweiz.): svw. ↑Mietshaus.

Renegat [rene'ga:t], der; -en, -en [frz. renégat < ital. rinnegato = Treubrüchiger, zu: rinnegare = abschwören < mlat. renegare, aus lat. re- (↑re-, Re-) u. negāre, ↑negieren] (bildungsspr.): *jmd., der seine bisherige politische od. religiöse Überzeugung wechselt, der von den (in dem entsprechenden Bereich) festgelegten Richtlinien abweicht [u. in ein anderes Lager überwechselt]; Abweichler, Abtrünniger:* Trotzki gilt als R. ... und Verräter der Revolution (MM 22. 1. 70, 32); **Renegatentum,** das; -s (bildungsspr.): *Verhalten, Handeln, Einstellung eines Renegaten;* **Renegation** [renega'tsi̯o:n], die; -, -en (bildungsspr.): *Abweichen von einer Überzeugung, Abfall vom Glauben.*

Reneklode [re:nə'klo:də], (auch:) Reineclaude [rɛ:nə'klo:də], die; -, -n [frz. reineclaude, eigtl. = Königin Claude, nach der Gemahlin des frz. Königs Franz I. (1494–1547)]: **1.** *Pflaumenbaum mit kugeligen, grünlichen od. gelblichen, süßen Früchten.* **2.** *Frucht der Reneklode* (1); **Renette** [re'nɛtə], (auch:) Reinette [rɛ'nɛtə], die; -, -n [frz. reinette, rainette, viell. Vkl. von: reine = Königin; vgl. königs-, Königs-]: *meist süß-säuerlich schmeckender Apfel mit verschiedenen Sorten* (z. B. Goldrenette, Cox'Orange).

Renforcé [rãfɔr'se:], der od. das; -s, -s [frz. renforcé = verstärkt, 2. Part. von: renforcer = verstärken]: *als Kleider- u. Wäschestoff verwendetes mittelfeines Baumwollgewebe in Leinwandbindung.*

renitent [reni'tɛnt] ⟨Adj.; -er, -este⟩ [frz. rénitent = dem Druck widerstehend < lat. renītēns (Gen.: renītentis), 1. Part. von: renīti = sich widersetzen] (bildungsspr.): *sich dem Willen, den Wünschen, Weisungen anderer hartnäckig widersetzend, sich dagegen auflehnend; widersetzlich:* -e Burschen, Schüler; -e Äußerungen; eine -e Haltung einnehmen; eine Gruppe blieb r.: die alteingesessenen Winzer (Zeit 19. 6. 64, 19); sich r. verhalten, äußern; **Renitenz** [reni'tɛnts], die; - [frz. rénitence] (bildungsspr.): *renitentes Verhalten.*

Renke ['rɛŋkə], die; -, -n: ↑Renken.

renken ['rɛŋkn̩] ⟨sw. V.; hat⟩ [mhd. renken, ahd. (bi)renkan] (veraltet): *drehend hin u. her bewegen.*

Renken [-], der; -s, - [spätmhd. renke, zusgez. aus mhd. rīnanke]: svw. ↑Felchen.

Renkontre [rã'kõ:tɐ, auch: ...trə], das; -s, -s [frz. rencontre, zu: rencontrer = begegnen] (veraltend): *meist unangenehme, feindselig verlaufende Begegnung.*

Renn- (Sport): **~auto,** das: vgl. ~wagen; **~bahn,** die: *Anlage für sportliche Wettkämpfe wie Pferde-, Rad- od. Autorennen mit einer je nach Art des Rennens verschieden gestalteten (z. B. ovalen, kurvenreichen, geraden) Strecke;* **~boot,** das: *für Rennen entworfenes, gebautes Motor-, Ruder-, Paddel-, Segelboot;* **~fahrer,** der: *jmd., der Rennen im Motor- od. Radsport bestreitet;* **~formel,** die: svw. ↑Formel (4); **~gemeinschaft,** die: *Zusammenschluß von Ruderern verschiedener Vereine zur Steigerung der Leistung in einem gemeinsamen Rennboot;* **~jacht,** das: vgl. ~boot; **~leitung,** die: **1.** ⟨o. Pl.⟩ *Leitung* (1 a) *einer Rennveranstaltung, eines Rennens.* **2.** *eine Rennveranstaltung, ein Rennen leitende Personen;* **~maschine,** die: **1.** *für Rennen konstruiertes, gebautes Mo-*

torrad. **2.** svw. ↑~rad; **~pferd,** das: *für Rennen gezüchtetes, gezogenes, geeignetes Reitpferd;* **~platz,** der: vgl. ~bahn; **~rad,** das: *für Rennen konstruiertes, gebautes, sehr leichtes Fahrrad;* **~reifen,** der: *für den Rennsport konstruierter Reifen* (2); **~reiter,** der: *Reiter, der sich an Pferderennen beteiligt;* **~rodel,** der: svw. ↑~schlitten; **~schlitten,** der: *für Rennen (auf eigens dafür gebauten Bahnen) konstruierter, niedrig gebauter Schlitten;* **~schuh,** der: *leichter Schuh ohne Absatz, an dessen Sohle Dorne befestigt sind, die größeren Halt u. mehr Kraft verleihen;* **~segelsport,** der: vgl. ~sport; **~sport,** der: *Gesamtheit der Sportarten, in denen die Geschwindigkeit, mit der bestimmte Strecken zurückgelegt werden, über den Sieg in einem Wettkampf entscheidet, bes. im Motor-, Rad- u. Pferdesport;* **~stall,** der: **1.** *Bestand an Rennpferden eines Besitzers.* **2.** *Mannschaft von Radrennfahrern einer Firma.* **3.** *Mannschaft der Rennfahrer einer Firma im Autorennsport;* **~strecke,** die: *Strecke, die bei Rennen auf einer Rennbahn zurückgelegt werden muß;* **~tag,** der: **a)** *Tag, an dem ein Rennen stattfindet;* **b)** *einzelner Tag eines mehrere Tage lang dauernden Rennens;* **~wagen,** der: *auf das Erreichen höchster Geschwindigkeiten hin konstruierter, ausschließlich für den Rennsport gebauter einsitziger Wagen mit verkleidetem Rumpf, aber ohne Kotflügel u. Scheinwerfer;* **~wette,** die: svw. ↑Pferdewette.

rennen ['rɛnən] ⟨unr. V.⟩ [mhd., ahd. rennen, eigtl. = rinnen machen]: **1.** ⟨ist⟩ **a)** *schnell, in großem Tempo, meist mit ausholenden Schritten laufen:* sehr schnell, mit großen Sätzen r.; er rannte so schnell er konnte; wie ein Wiesel, auf die Straße, um die Ecke r.; Paviane rennen in gestrecktem Lauf unter die nächsten Bäume (Grzimek, Serengeti 133); er ist die ganze Strecke gerannt; Ü meine Uhr rennt wieder (ugs.; *geht wieder vor*); wie die Uhr rennt! (ugs.; *wie die Zeit so schnell vergeht!*); **b)** (ugs. abwertend) *sich zum Mißfallen, Ärger o. ä. anderer zu einem bestimmten Zweck irgendwohin begeben:* dauernd ins Kino r.; er ist gleich [wieder] zum Lehrer gerannt und hat ihm alles erzählt; sie rennt wegen jeder Kleinigkeit zum Arzt; Und ewig rennt er beten (Grass, Katz 32). **2.** *unversehens, mit einer gewissen Wucht an jmdn., etw. stoßen, gegen jmdn., etw. prallen* ⟨ist⟩: er ist in der Dunkelheit [mit dem Kopf] an/gegen einen Laternenpfahl gerannt. **3.** ⟨hat⟩ **a)** *sich durch Anstoßen, durch einen Aufprall an einem Körperteil eine Verletzung zuziehen:* ich habe mir ein Loch in den Kopf, ins Knie gerannt; **b)** (landsch.) *jmdn., sich, einen Körperteil stoßen [u. dabei verletzen]:* ich habe mich, habe mir den Ellenbogen [an der scharfen Kante] gerannt; habe ich dich gerannt? **4.** (ugs.) *jmdm., sich mit Heftigkeit einen [spitzen] Gegenstand in einen Körperteil stoßen* ⟨hat⟩: die Schwester hat mir gleich die Spritzen ins Bein gerannt; jmdm. ein Messer in/zwischen die Rippen r. **5.** (Jägerspr.) *(von weiblichen Füchsen) brünstig, läufig sein* ⟨ist⟩: die Füchsin rennt; ⟨subst.:⟩ **Rennen** [-], das; -s, -: *sportlicher Wettbewerb, bei dem die Schnelligkeit, mit der eine Strecke reitend, laufend, fahrend zurückgelegt wird, über den Sieg entscheidet:* ein schnelles, spannendes, gutes R.; ein R. findet statt, wird abgehalten; das R. geht über fünfzig Runden, ist entschieden, gelaufen; ein R. veranstalten; er fährt in dieser Saison noch drei R.; er ist ein beherztes, hervorragendes R. gelaufen, geritten, gefahren; ein R. gewinnen, verlieren, aufgeben; er hat das R. für sich entschieden; Der AvD hatte das R. ... nur für die damalige Formel 2 ... ausgeschrieben (Frankenberg, Fahrer 82); als Sprinter, Langstreckenläufer, als Favorit, Außenseiter an einem R. teilnehmen; als Sieger ging ein ganz anderer aus dem R. hervor; jmdn. aus dem R. werfen; für ein R. melden; nach dem ersten Lauf lag er hervorragend im R.; dreißig Fahrer, Wagen, zwölf Pferde gingen ins R.; als Zuschauer zu einem R. gehen; R das R. ist gelaufen (ugs.; *die Sache ist erledigt; es ist alles vorüber*); Ü die Firma hat das R. *(die Bemühungen mit anderen Konkurrenten zusammen)* um die Aufträge aufgegeben; er liegt mit seiner Bewerbung gut im R. *(hat gute Aussichten auf Erfolg);* ***ein totes R.** (Jargon; *Rennen, bei dem mehrere Teilnehmer gleichzeitig im Ziel eintreffen, bei dem ein einzelner Sieger nicht festgestellt werden kann*); **das R. machen** (ugs.; *bei einer Unternehmung, einem Vergleich o. ä. am erfolgreichsten sein, der Sieger sein*); **Renner,** der; -s, -: **1.** *gutes, schnelles Rennpferd:* sein neues Pferd ist ein echter, wilder, großartiger R. **2.** (Jargon) *Ware, die sich besonders gut verkauft; Verkaufsschlager:* Diese Liebhaberausgaben sind R. bei unseren Kunden (Börsenblatt 40, 1968, 2791); **Rennerei** [rɛnə'raj], die; -, -en (ugs., oft abwertend): *fortwährende, übertriebene, als lästig empfundene Eile, Hetze; hastiges, als lästig empfundenes Umhereilen; -hasten, -rennen:* diese R. den ganzen Tag machte sie nervös, wurde ihr zuviel.

Renommee [renɔ'me:], das; -s, -s ⟨Pl. selten⟩ [frz. renomée, subst. 2. Part. von: renommer, ↑renommieren] (bildungsspr.): **a)** *Ruf, in dem jmd., etw. steht; Leumund:* ein gutes, ausgezeichnetes, übles, zweifelhaftes R. haben; welch schlechtes R. das für die Kinderanstalt bedeute (Kühn, Zeit 239); **b)** *guter Ruf, den jmd., etw. genießt; guter Name, hohes Ansehen, Wertschätzung:* er, das Hotel hat, besitzt R.; ein Haus von R.; **renommieren** [renɔ'mi:rən] ⟨sw. V.; hat⟩ [frz. renommer = rühmen] (bildungsspr.): *vorhandene Vorzüge immer wieder betonen, sich damit wichtig tun; prahlen, angeben, großtun:* mit seinen Taten, mit seinen reichen Eltern, mit seinem Titel, seinem Wissen r.; er kann nichts erzählen, ohne zu r.; ⟨Zus.:⟩ **Renommierstück,** das (bildungsspr.): *etw., was unter anderem Gleichartigem durch seinen besonderen Wert, seine Schönheit, Brauchbarkeit o. ä. auffällt u. dabei geeignet ist, immer wieder vorgezeigt, erwähnt zu werden;* **Renommiersucht,** die (bildungsspr. abwertend): *übersteigertes Bedürfnis, Bestreben, mit etw. zu renommieren;* **renommiert** [renɔ'mi:ɐ̯t] ⟨Adj.; -er, -este; nicht adv.⟩ (bildungsspr.): *einen guten Ruf, Namen habend, hohes Ansehen genießend; angesehen, geschätzt:* ein -er Wissenschaftler, Architekt; ein -es Geschäft, Hotel; die Klinik ist international r.; **Renommist** [renɔ'mɪst], der; -en, -en (bildungsspr. abwertend): *jmd., der mit etw. renommiert; Angeber, Prahlhans.*

Renonce [rə'nõ:s(ə), auch: re...], die; -, -n [frz. renonce = das Nichtbedienen, zu: renoncer = nicht bedienen (3 b)]: svw. ↑Fehlfarbe (1).

Renovation, die; -, -en [lat. renovātio = Erneuerung] (schweiz., sonst veraltet): svw. ↑Renovierung; **renovieren** [reno'vi:rən] ⟨sw. V.; hat⟩ [lat. renovāre, zu: novus = neu]: *(schadhaft, unansehnlich gewordene Gebäude, Innenausstattungen o. ä.) wieder instand setzen, neu herrichten; erneuern* (1 b): ein Haus, eine Fassade, eine Kirche r.; sie haben das Hotel innen und außen r. lassen; ⟨Abl.:⟩ **Renovierung,** die; -, -en: *das Renovieren; Instandsetzung:* das Lokal ist wegen R. vorübergehend geschlossen.

rentabel [rɛn'ta:bl̩] ⟨Adj.; ...bler, -ste⟩ [französierende Bildung zu ↑rentieren]: *einen guten Gewinn (1) einbringend; so geartet, daß es sich rentiert, lohnt, daß ein Gewinn erzielt wird; lohnend, einträglich:* rentable Geschäfte, Investitionen; eine rentable Produktion; ein rentabler Betrieb; etw. ist r.; r. wirtschaften, produzieren; ⟨Abl.:⟩ **Rentabilität** [rɛntabili'tɛ:t], die; - (bes. Wirtsch.): *das Rentabelsein;* **Rentamt** ['rɛnt-], das; -[e]s, ...ämter [zu ↑Rente] (früher): **a)** *Behörde der Finanzverwaltung eines Landesherrn;* **b)** *Behörde zur Verwaltung der grundherrschaftlichen Einnahmen;* **Rente** ['rɛntə], die; -, -n [mhd. rente = Einkünfte; Vorteil < (a)frz. rente, über das Vlat. zu lat. reddere = zurückgeben]: **a)** *regelmäßiger, monatlich zu zahlender Geldbetrag, der jmdm. (als Einkommen auf Grund einer gesetzlichen Versicherung bei Erreichen der entsprechenden Altersgrenze, bei Erwerbsunfähigkeit o. ä.) zusteht:* eine hohe, niedrige, schmale, kleine, bescheidene, ausreichende R.; dynamische, dynamisierte *(den Veränderungen der Bruttolöhne angepaßte)* -n; eine R. beanspruchen, beantragen, bekommen, beziehen; Anspruch auf eine R. haben; jmdn. auf R. setzen (ugs.; *berenten*); ***auf/in R. gehen** (ugs.; *auf Grund der erreichten Altersgrenze aus dem Arbeitsverhältnis ausscheiden u. eine Rente beziehen*); **auf/in R. sein** (ugs.; *Rentner sein*); **b)** *regelmäßige Zahlungen, die jmd. aus einem angelegten Kapital, aus Rechten gegen andere, als Zuwendung von anderen o. ä. erhält:* da die Verpachtung seiner Ländereien ihm jährlich zwölftausend Pfund R. bringe (Mostar, Unschuldig 24); **Rentei** [rɛn'taj], die; -, -en (früher): svw. ↑Rentamt.

renten-, Renten-: **~alter,** das: *Lebensalter, mit dessen Erreichen man aus seinem Arbeitsverhältnis ausscheidet u. eine Rente* (a) *bezieht:* das R. erreichen; im R. stehen; ins R. kommen; **~anpassung,** die (Rentenvers.): *durch Gesetz vorgeschriebene Anpassung der Altersrenten an die Löhne in einem bestimmten Verhältnis:* die jährliche R.; **~anspruch,** der: *gesetzlicher Anspruch auf eine Rente;* **~berechtigt** ⟨Adj.; o. Steig.; nicht adv.⟩: *berechtigt, eine Rente zu beziehen;* **~empfänger,** der: *jmd., der eine gesetzliche Rente bezieht;*

~erhöhung, die; **~formel,** die (Rentenvers.): *Formel, Gleichung zur Ermittlung der Renten aus der gesetzlichen Rentenversicherung;* **~mark,** die (früher): *(1923 zur Überwindung der Inflation eingeführte) Einheit der deutschen Währung;* **~markt,** der (Börsenw.): *Handel in festverzinslichen Wertpapieren;* **~papier,** das (Bankw.): svw. ↑~wert; **~pflichtig** ⟨Adj.; o. Steig.; nicht adv.⟩ *verpflichtet, jmdm. eine Rente zu zahlen;* **~reform,** die; **~schuld,** die (jur., Bankw.): *Grundschuld, bei der aus einem belasteten Grundstück keine feste Geldsumme, sondern eine Rente* (b) *gezahlt wird;* **~verschreibung,** die (Bankw.): *Wertpapier, das die Zahlung einer Rente* (b) *verbrieft;* **~versicherung,** die: **1.** *Versicherung (als Teil der Sozialversicherung), die bei Erreichung der Altersgrenze des Versicherten, bei Berufs- od. Erwerbsunfähigkeit od. im Falle des Todes Rente* (a) *an den Versicherten od. an die Hinterbliebenen zahlt:* die Versicherung eines Arbeiters, eines Selbständigen in der R. **2.** *staatliche Einrichtung, Anstalt für die Rentenversicherung* (1); **~wert,** der (Bankw.): *festverzinsliches Wertpapier* (z. B. Anleihe, Pfandbrief).

^{1}**Rentier,** das; -[e]s, -e [verdeutlichende Zus.]: svw. ↑Ren.

^{2}**Rentier** [rɛn'ti̯e:], der; -s, -s [frz. rentier, zu: rente, ↑Rente]: **1.** (veraltend) *jmd., der ganz od. überwiegend von Renten* (b) *lebt:* ein wohlhabender R. **2.** (selten) svw. ↑Rentner (1); **rentieren** [rɛn'ti:rən], sich ⟨sw. V.; hat⟩ [mit französierender Endung geb. zu mhd. renten = Gewinn bringen]: *in materieller od. ideeller Hinsicht von Nutzen sein, Gewinn bringen, einträglich sein:* das Geschäft, die neue Anlage beginnt sich zu r.; der Aufwand, die Anstrengung hat sich rentiert, rentiert sich nicht; ⟨auch unpers.:⟩ ob es sich für die Fluggesellschaft r. würde, den Vogel zu demontieren (Cotton, Silver-Jet 149); ⟨seltener auch ohne „sich":⟩ daß das Kleinbauerntum nicht mehr rentiere (Fr. Wolf, Zwei 127).

Rentierflechte, die; -, -en [zu ↑^{1}Rentier]: *auf trockenen Heide- u. Waldböden in Polstern wachsende Flechte, die in nördlichen Ländern bes. als Nahrung für Rens im Winter dient.*

rentierlich [rɛn'ti:ɐ̯lɪç] ⟨Adj.⟩ (seltener): svw. ↑rentabel; **Rentner** ['rɛntnɐ], der; -s, -: **1.** *jmd., der auf Grund der erreichten Altersgrenze aus dem Arbeitsverhältnis ausgeschieden ist u. eine Rente* (a) *bezieht:* ein rüstiger R.; er ist jetzt auch R. geworden. **2.** (selten) svw. ↑^{2}Rentier (1); **Rẹntnerin,** die; -, -nen: w. Form zu ↑Rentner.

rentoilieren [rãtoa'li:rən] ⟨sw. V.; hat⟩ [frz. rentoiler, zu: toile = Leinwand] (Kunstwiss.): *ein Gemälde, dessen Leinwand brüchig geworden ist, auf eine neue übertragen.*

Renumeration [renumera'tsi̯o:n], die; -, -en [zu lat. renumerāre, ↑renumerieren] (Wirtsch.): *Rückzahlung;* **renumeri̱eren** ⟨sw. V.; hat⟩ [lat. renumerāre] (Wirtsch.): *zurückzahlen.*

Renuntiation, Renunziation [renuntsi̯a'tsi̯o:n], die; -, -en [(spät)lat. renūntiātio = Verzicht]: *Abdankung [eines Monarchen];* **renunzieren** [...'tsi:rən] ⟨sw. V.; hat⟩ [(spät)lat. renūntiāre = verzichten]: *[als Monarch] abdanken.*

Renvers [rã'vɛ:ɐ̯], der; - [...ɛ:ɐ̯(s)]; zu frz. renverser = umkehren; der Bewegungsablauf verläuft umgekehrt zur normalen Gangart] (Reitsport): *Seitengang des Pferdes, wobei der innere Hinterfuß dem äußeren Vorderfuß folgt; Seitengang* (2). Vgl. Travers.

Reokkupatiọn [re|ɔk...], die; -, -en *[militärische] Wiederbesetzung;* **reokkupi̱eren** [re|ɔk...] ⟨sw. V.; hat⟩ *[militärisch] wiederbesetzen.*

Reorganisatiọn [re|ɔr...], die; -, -en ⟨Pl. selten⟩ [frz. réorganisation, zu: réorganiser = neu gestalten] (bildungsspr.) *neue systematische Gestaltung, Umgestaltung; Neuordnung:* die R. eines Staatswesens; **Reorganisạtor** [re|ɔr...], der; -s, -en (bildungsspr.): *jmd., der reorganisiert:* der R. einer Partei; **reorganisi̱eren** [re|ɔr...] ⟨sw. V.; hat⟩ [frz. réorganiser] (bildungsspr.): *systematisch neu gestalten, umgestalten; die Reorganisation von etw. durchführen, verantwortlich leiten;* ⟨Abl.:⟩ **Reorganisi̱erung** [re|ɔr...], die; -, -en ⟨Pl. selten⟩: *Reorganisation.*

reparabel [repa'ra:bl̩] ⟨Adj.; o. Steig.; nicht adv.⟩ [lat. reparābilis, zu: reparāre, ↑reparieren] (bildungsspr.): *so beschaffen, daß es repariert, in seiner Funktion wiederhergestellt werden kann* (Ggs.: irreparabel): der Motorschaden ist r.; Ü die psychischen Schäden sind kaum mehr r.; ein reparabler Knochenbruch; **Reparateur** [repara'tø:ɐ̯], der; -s, -e [frz. reparateur] (seltener): *jmd., der [berufsmäßig] repariert;* **Reparation** [repara'tsi̯o:n], die; -, -en [1: frz. reparations (Pl.) < spätlat. reparātio, ↑Reparation (2, 3); 2, 3: spätlat. reparātio = Instandsetzung]: **1.** ⟨Pl.⟩ *offiziell zwischen zwei Staaten ausgehandelte wirtschaftliche, finanzielle Leistungen zur Wiedergutmachung der Schäden, Zerstörung, die ein besiegtes Land im Krieg in einem anderen Land angerichtet hat.* **2.** (Med.) *Erneuerung od. natürlicher Ersatz zerstörten, abgestorbenen Gewebes od. durch Verletzung verlorengegangener Organe.* **3.** (selten) svw. ↑Reparatur.

Reparatiọns-: **~abkommen,** das; **~anspruch,** der; **~ausschuß,** der: *Ausschuß* (2), *der die Höhe von Reparationen festsetzt;* **~kommission,** die: vgl. ~ausschuß; **~last,** die; **~lieferung,** die; **~schuld,** die; **~zahlung,** die.

Reparatur [repara'tu:ɐ̯], die; -, -en [mlat. reparatura]: *Arbeit, die ausgeführt wird, um etw. zu reparieren; das Reparieren:* eine einfache, teure R.; an dem Auto müssen noch kleine -en vorgenommen werden; die R. lohnt nicht mehr.

reparatu̱r-, Reparatu̱r-: **~anfällig** ⟨Adj.; nicht adv.⟩: *so beschaffen, daß leicht Störungen o. ä. auftreten können, die dann Reparaturen nötig machen:* die komplizierte Technik macht das Gerät sehr r., dazu: **~anfälligkeit,** die; **~arbeit,** die ⟨meist Pl.⟩: -en ausführen; **~bedürftig** ⟨Adj.; nicht adv.⟩: ein -es Fahrrad; **~brigade,** die (DDR): *Brigade, die Reparaturen ausführt;* **~kolonne,** die (DDR): vgl. ~brigade; **~kosten,** die; **~schein,** der: vgl. ~zettel; **~stützpunkt,** der (DDR): *Einrichtung der kommunalen Wohnungsverwaltung, die Reparaturen ausführen läßt od. Mietern durch Ausgabe von Material u. Werkzeugen u. durch Beratung die Reparatur ermöglicht;* **~werkstatt, ~werkstätte,** die; **~zeit,** die; **~zettel,** der: *Quittung über etw., was zur Reparatur gegeben worden ist.*

repari̱eren ⟨sw. V.; hat⟩ [lat. reparāre = wiederherstellen, ausbessern, aus: re (↑re-, Re-) u. parāre, ↑^{1}parieren]: *etw., was nicht mehr funktioniert, entzweigegangen ist, schadhaft geworden ist, wieder in den früheren intakten, gebrauchsfähigen Zustand bringen:* das Fahrrad, Bügeleisen r.; einen Schaden r. *(beheben);* die Armatur ist nicht mehr zu r.; etw. notdürftig r.

repartieren [repar'ti:rən] ⟨sw. V.; hat⟩ [frz. répartir, aus: ré- < lat. re- (↑re-, Re-) u. älter partir = teilen < lat. partīri] (Börsenw.): *Wertpapiere zuteilen; Kostenanteile untereinander aufteilen;* ⟨Abl.:⟩ **Reparti̱erung,** die; -, -en: svw. ↑Repartition; **Repartition** [...ti'tsi̯o:n], die; -, -en [frz. répartition]: (Börsenw.): *das Repartieren.*

repassi̱eren ⟨sw. V.; hat⟩ [frz. repasser = wieder bearbeiten]: **1.** (Metallbearb.) *ein Werkstück durch Kaltformung glätten.* **2.** (Textilind.) **a)** *Laufmaschen aufnehmen;* **b)** *beim Färben eine Behandlung wiederholen;* **Repassi̱ererin,** die; -, -nen (Textilind.): *Arbeiterin, die Laufmaschen aufnimmt.*

repatriieren [repatri'i:rən] ⟨sw. V.; hat⟩ [spätlat. repatriāre = ins Vaterland zurückkehren] (Politik, jur.): **1.** *jmdm. die frühere Staatsangehörigkeit wiederverleihen.* **2.** *einen Kriegs- od. Zivilgefangenen in sein Land zurückkehren lassen;* ⟨Abl.:⟩ **Repatrii̱erung,** die; -, -en (Politik, jur.).

Repellents [ri'pɛlənts] ⟨Pl.⟩ [engl. repellents, zu: repellent = abstoßend, zu: to repel < lat. repellere = ab-, zurückstoßen] (Chemie): *chemische Substanzen, die auf Insekten abstoßend wirken, ohne ihnen zu schaden.*

Reperkussiọn, die; -, -en [lat. repercussio = das Zurückschlagen, -prallen] (Musik): **1.** *das Rezitieren auf einem Ton, bes. im Gregorianischen Gesang.* **2.** *bei der Fuge Durchgang des Themas in allen Stimmen.*

Repertoire [repɛr'to̯a:ɐ̯], das; -s, -s [frz. répertoire < spätlat. repertōrium = Verzeichnis, eigtl. = Fundstätte, zu lat. reperīre = wiederfinden] (bildungsspr.): *Gesamtheit von literarischen, dramatischen* (1), *musikalischen Werken od. artistischen o. ä. Nummern, Darbietungen, die einstudiert sind u. jederzeit gespielt, vorgetragen od. vorgeführt werden können:* ein R. zusammenstellen; er beherrscht sein R. souverän; etw. aus dem R. streichen; „Faust" wieder in das R. des Staatstheaters aufnehmen; zum R. des Pianisten gehört vor allem der Jazz; Ü dieser Boxer hat ein großes R. an Schlägen; ⟨Zus.:⟩ **Repertoirestück,** das: *populäres Stück, das immer wieder auf den verschiedensten Spielplänen steht;* **Repertorium** [repɛr'to:ri̯ʊm], das; -s, ...ien [...i̯ən; spätlat. repertōrium, ↑Repertoire] (bildungsspr.): *wissenschaftliches Nachschlagewerk.*

Repetent [repe'tɛnt], der; -en, -en [lat. repetēns (Gen.: repetentis), 1. Part. von: repetere, ↑repetieren] (bildungsspr.): **1.** (verhüll.) *Schüler, der eine Klasse wiederholt.* **2.** (veraltet) *Repetitor;* **repetieren** [...'ti:rən] ⟨sw. V.; hat⟩ [lat. repetere]: **1.** (bildungsspr.) *durch Wiederholen einüben, lernen:* eine

Lektion r. **2.** (bildungsspr.) *eine Klasse noch einmal durchlaufen (wenn das Klassenziel nicht erreicht worden ist):* der Schüler mußte r. **3.** (fachspr.; meist verneint) **a)** *(von Uhren) auf Druck od. Zug die Stunde nochmals angeben, die zuletzt durch Schlagen angezeigt worden ist:* die Uhr repetiert nicht; **b)** *(beim Klavier) als Ton richtig zu hören sein, richtig anschlagen:* das g repetiert nicht; **Repetiergewehr,** das; -[e]s, -e: *automatisches Gewehr mit einem Magazin* (3 a); *Mehrlader;* **Repetieruhr,** die; -, -en: *Taschenuhr mit Schlagwerk, das bei Druck auf einen Knopf die letzte volle Stunde u. die seitdem abgelaufenen Viertelstunden anzeigt;* **Repetition** [...ti'tsi̯o:n], die; -, -en [lat. repetītio] (bildungsspr.): *Wiederholung einer Äußerung, eines Textes als Übung o. ä.;* **repetitiv** [...'ti:f] ⟨Adj.; o. Steig.⟩ [vgl. engl. repetitive] (bildungsspr.): *sich wiederholend:* monotone, -e Arbeit verrichten; **Repetitor** [...'ti:tɔr, auch: ...to:ɐ̯], der; -s, -en [...ti'to:rən; spätlat. repetītor = Wiederholer]: **a)** (bildungsspr.) *jmd., der Studierende [der juristischen Fakultät] durch Wiederholung des Lehrstoffes auf das Examen vorbereitet;* **b)** (Musik, Theater) svw. ↑Korrepetitor; **Repetitorium** [...'to:ri̯ʊm], das; -s, ...ien [...i̯ən] (bildungsspr., veraltend): *Buch, Unterricht, der der Wiederholung eines bestimmten Stoffes dient.*

Replantation [replanta'tsi̯o:n], die; -, -en [zu spätlat. replantāre = wieder einpflanzen]: svw. ↑Reimplantation.

Replik [re'pli:k], die; -, -en [(frz. réplique = Antwort, Gegenrede <) (m)lat. replica(tio) = Wiederholung, zu lat. replicāre, ↑replizieren]: **1. a)** (bildungsspr.) *mündliche od. schriftliche Erwiderung auf Äußerungen, Thesen o. ä. eines anderen:* eine glänzende, geharnischte R. schreiben, vortragen; **b)** (Rechtsw.) *Erwiderung, Gegenrede (bes. des Klägers auf die Verteidigung des Beklagten).* **2.** (Kunstwiss.) *Nachbildung eines Originals, die der Künstler selbst angefertigt hat;* **Replikat** [repli'ka:t], das; -[e]s, -e (Kunstwiss.): *Nachbildung eines Originals:* -e sind Kunstwerke von Kunstwerken (FAZ 17. 5. 75, 25); **Replikation** [...ka'tsi̯o:n], die; -, -en [lat. replicātio, ↑Replik] (Genetik): *Bildung einer exakten Kopie von Genen bzw. Chromosomen durch selbständige Verdopplung des genetischen Materials;* **replizieren** [...'tsi:rən] ⟨sw. V.; hat⟩ [lat. replicāre, wieder aufrollen]: **1. a)** (bildungsspr.) *eine Replik* (1 a) *schreiben, vortragen:* auf einen Artikel r.; **b)** (Rechtsw.) *eine Replik* (1 b) *vorbringen.* **2.** (Kunstw.) *eine Replik* (2) *anfertigen;* **reponibel** [repo'ni:bl̩] ⟨Adj.; o. Steig.; nicht adv.⟩ [zu lat. repōnere, ↑reponieren] (Med.): *(von Knochen, Organen o. ä.) wieder in die normale Lage zurückbringen* (Ggs.: irreponibel); **reponieren** [...'ni:rən] ⟨sw. V.; hat⟩ [zu lat. repōnere = zurücklegen, -bringen]: **1.** (Med.) *(von Knochen, Organen o. ä.) wieder in die normale Lage zurückbringen.* **2.** (veraltet) *[Akten] zurücklegen, einordnen.*

Report [re'pɔrt], der; -[e]s, -e [engl. report < afrz. report, zu: reporter < lat. reportāre = überbringen; 2: frz. report]: **1.** *systematischer Bericht, wissenschaftliche Untersuchung o. ä. über wichtige [aktuelle] Ereignisse, Entwicklungen o. ä.* **2.** (Bankw.) *Kursaufschlag bei der Prolongation von Termingeschäften* (Ggs.: Deport); **Reportage** [repɔr'ta:ʒə], die; -, -n [frz. reportage]: *aktuelle Berichterstattung, mit Interviews, Kommentaren o. ä. in der Presse, im Film, Rundfunk od. Fernsehen:* eine interessante, realistische R. über den Streik der Stahlarbeiter, von dem Fußballspiel bringen, machen, veröffentlichen; **reportagehaft** ⟨Adj.; -er, -este⟩: *in der Art einer Reportage:* ein berichtendes, -es Buch; **Reporter** [re'pɔrtɐ], der; -s, - [engl. reporter, zu: to report = berichten < (a)frz. reporter, ↑Report]: *jmd., der berufsmäßig Reportagen macht;* **Reporterin,** die; -, -nen: w. Form zu ↑Reporter; **Reportgeschäft,** das; -[e]s, -e [zu ↑Report (2)] (Wirtsch.): svw. ↑Prolongationsgeschäft.

Reposition, die; -, -en [zu lat. repositum, 2. Part. von: repōnere, ↑reponieren] (Med.): *(von Knochen, Organen o. ä.) das Zurückbringen in die normale Lage;* **Repositorium** [repozi'to:ri̯ʊm], das; -s, ...ien [...i̯ən; lat. repositōrium = Aufsatz (2 a, c)] (veraltet): *Büchergestell; Aktenschrank.*

Repoussoir [repʊ'sọa:ɐ̯, rəp...], das; -s, -s [frz. repoussoir, eigtl. = Gegenstellung, zu: repousser = ab-, zurückstoßen] (Kunstwiss., Fot.): *Gegenstand im Vordergrund eines Bildes od. einer Fotografie zur Steigerung der Tiefenwirkung.*

repräsentabel ⟨Adj.; ...bler, -ste⟩ [frz. représentable, zu: représenter, ↑repräsentieren] (bildungsspr.): *von der äußeren Wirkung her etw. darstellend:* sie führte ein repräsentables Haus; **Repräsentant,** der; -en, -en [frz. représentant]: **1. a)** *jmd., der eine größere Gruppe von Menschen od. eine bestimmte politische, philosophische, wissenschaftliche o. ä. Richtung nach außen, in der Öffentlichkeit als Exponent vertritt, für sie spricht:* ein einflußreicher, namhafter R. des gemäßigten Lagers sein; -en des Volkes wählen; **b)** *Vertreter eines größeren Unternehmens.* **2.** *Abgeordneter;* ⟨Zus. zu 1 a:⟩ **Repräsentantenhaus,** das: svw. ↑Abgeordnetenhaus; **Repräsentantin,** die; -, -nen: w. Form zu ↑Repräsentant; **Repräsentanz** [...'tants], die; -, -en: **1.** ⟨o. Pl.⟩ (bildungsspr.) *Interessenvertretung:* politisch keine R. haben; eine breite R. der Jugend anstreben; das ist eine Frage der afrikanischen R. auf der Konferenz. **2.** (Wirtsch.) *ständige Vertretung eines größeren Unternehmens:* eine R. in Kairo eröffnen. **3.** ⟨o. Pl.⟩ (bildungsspr.) *das Repräsentativsein* (3): Die Dame sollte ... eine gewisse R. ausstrahlen (Augsburger Allgemeine 29. 4. 78, XXVII). **4.** ⟨o. Pl.⟩ (bildungsspr.) *das Repräsentativsein* (2 b): die statistische R. kontrollieren; **Repräsentation** [reprɛzɛnta'tsi̯o:n], die; -, -en [frz. représentation < lat. repraesentātio = Darstellung, zu: repraesentāre, ↑repräsentieren] (bildungsspr.): **1.** *Vertretung einer Gesamtheit von Personen durch eine einzelne Person od. eine Gruppe von Personen:* die R. des Großgrundbesitzes durch den Adel. **2.** ⟨o. Pl.⟩ *das Repräsentativsein* (2 b): Die Idee der ... R. durch Stichproben bleibt unserem Denken ungewohnt (Noelle, Umfragen 53). **3. a)** *Vertretung eines Staates, einer öffentlichen Einrichtung o. ä. auf gesellschaftlicher* (2) *Ebene u. der damit verbundene Aufwand:* die Limousine, der Palast dient nur der R.; **b)** *an einem gehobenen gesellschaftlichen Status orientierter, auf Wirkung nach außen bedachter, aufwendiger [Lebens]stil.*

Repräsentations-: **~aufwendung,** die ⟨meist Pl.⟩: *Kosten, die bei Verhandlungen o. ä. zwischen [Geschäfts]partnern entstehen, bes. für Getränke, Speisen, Geschenke o. ä.;* **~bau,** der: *Gebäude, das Repräsentationszwecken dient;* **~gelder** ⟨Pl.⟩: vgl. ~aufwendung; **~pflicht,** die ⟨meist Pl.⟩; **~raum,** der ⟨meist Pl.⟩; **~schluß,** der (Statistik): *Verfahren, bei dem nach den Regeln der Wahrscheinlichkeitsrechnung auf Grundlage von Stichproben in einem bestimmten Bereich bestimmte Aussagen über den gesamten Bereich gemacht werden;* **~zweck,** der ⟨meist Pl.⟩: -en dienen.

repräsentativ [reprɛzɛnta'ti:f] ⟨Adj.⟩ [frz. représentatif]: **1.** ⟨o. Steig.⟩ (bes. Politik) *vom Prinzip der Repräsentation* (1) *bestimmt:* eine -e Demokratie, Körperschaft; die Verfassung der USA trägt rein -en Charakter; der Verband wird r. vertreten. **2.** (bildungsspr.) **a)** *als einzelner, einzelnes so typisch für etw., eine Gruppe o. ä., daß es das Wesen, die spezifische Eigenart der gesamten Erscheinung, Richtung o. ä. ausdrückt:* er ist einer der -sten Romanciers der heutigen spanischen Literatur; **b)** *verschiedene [Interessen]gruppen in ihrer Besonderheit, typischen Zusammensetzung berücksichtigend:* eine -e Befragung, Erhebung durchführen; ein -er Querschnitt durch die Bevölkerung. **3.** (bildungsspr.) **a)** *in seiner Art, Anlage, Ausstattung wirkungs-, eindrucksvoll:* eine -e Schrankwand; **b)** *der Repräsentation* (3) *dienend:* der Wagen ist ihm nicht r. genug; r. bauen.

Repräsentativ-: **~befragung,** die (Statistik): *Befragung verschiedener einzelner Personen, die als repräsentativ für eine bestimmte Personengruppe gelten;* **~erhebung,** die (Statistik): *Erhebung, die bestimmte Einzelfälle als repräsentativ für einen bestimmten Gesamtkomplex wertet;* **~gewalt,** die (Politik): *Recht, den Staat nach außen hin zu vertreten;* **~system,** das (Politik): **a)** *Regierungssystem, in dem das Volk nicht selbst, direkt die staatliche Gewalt ausübt, sondern durch bestimmte Körperschaften vertreten wird;* **b)** *System, in dem die verschiedenen [Interessen]gruppen in einer Gesellschaft durch Organisationen, bes. Parteien u. Verbände vertreten werden;* **~umfrage,** die (Statistik): vgl. ~befragung; **~untersuchung,** die (Statistik): vgl. ~erhebung; **~verfassung,** die: vgl. ~system.

repräsentieren ⟨sw. V.; hat⟩ [(frz. représenter <) lat. repraesentāre = vergegenwärtigen, darstellen]: **1. a)** (bildungsspr.) *etw., eine Gesamtheit von Personen [in ihren Interessen] nach außen vertreten:* sie repräsentiert eine führende Firma; die Gewerkschaft repräsentiert die Arbeiterschaft gegenüber den Unternehmern; **b)** (Politik) *eine Gesamtheit von Personen im Rahmen des Repräsentativsystems* (a) *vertreten:* Rousseau war der Überzeugung, ein Volk, das repräsentiert werde, sei unfrei (Fraenkel, Staat 75). **2.** (bildungsspr.) *repräsentativ* (2) *sein:* Affa ... repräsentierte die unterdrückte Klasse (K. Mann, Wendepunkt 65). **3.** (bildungsspr.) *Repräsentation* (3) *betreiben:* hatte er gelernt, von seinem Schreibtisch aus zu r., seinen Ruhm zu verwalten (Th. Mann, Tod 12). **4.** (bildungsspr.) *wert sein; etw. darstellen:* das Grundstück repräsentiert einen Wert von 50 000 DM.

Repressalie [reprɛ'sa:li̯ə], die; -, -n ⟨meist Pl.⟩ [unter Einfluß von „(er)pressen" zu mlat. repre(n)salia = das gewaltsame Zurücknehmen, zu lat. reprehēnsum, 2. Part. von: reprehendere = fassen, zurücknehmen] (bildungsspr.): *Maßnahme, die auf jmdn. Druck ausübt; Straf-, Vergeltungsmaßnahme:* als R. Geiseln erschießen lassen; juristischen -n ausgeliefert sein; -n gegen jmdn. ergreifen; die Angst vor -n.

Repression, die; -, -en [frz. répression < lat. repressio = das Zurückdrängen, zu: repressum, 2. Part. von: reprimere = zurückdrängen] (bildungsspr.): *[gewaltsame] Unterdrückung von Kritik, Widerstand, politischen Bewegungen, individueller Entfaltung, individuellen Bedürfnissen:* Die Vermittlung der ... Normen ..., insbesondere der sexuellen, geschieht ... über R. (Schmidt, Strichjungengespräche 36); ⟨Zus.:⟩ **repressionsfrei** ⟨Adj.⟩ (bildungsspr.): *ohne Repression:* eine -e Gesellschaft, Erziehung; **repressiv** [reprɛ'si:f] ⟨Adj.⟩ [frz. répressif] (bildungsspr.): *unterdrückerisch; Repressionen ausübend:* -e Maßnahmen fordern; ⟨Zus.:⟩ **Repressivzoll**, der: svw. ↑Schutzzoll; **Reprimande** [repri'mandə], die; -, -n [frz. réprimande < lat. reprimenda (causa) = (Ursache) die zurückgedrängt werden muß] (veraltet, noch landsch.): *Tadel.*

Reprint [re'print, engl.: 'ri:print], der; -s, -s [engl. reprint, zu: to reprint = nachdrucken] (Buchw.): *unveränderter Nachdruck, Neudruck:* das lange Zeit vergriffene Werk erscheint in Kürze als R.

Reprise, die; -, -n [frz. reprise, subst. 2. Part. von: reprendre = wiederaufnehmen < lat. reprehendere, ↑Repressalie]: **1. a)** (Theater) *Wiederaufnahme eines Theaterstücks in der alten Inszenierung od. eines lange nicht gespielten Films in den Spielplan;* **b)** (bildungsspr.) *Neuauflage einer vergriffenen Schallplatte.* **2.** (Musik) *Wiederholung eines bestimmten Teils innerhalb einer Komposition, bes. in der Sonate.* **3.** (Börsenw.) *Kurssteigerungen, die vorangegangene Kursverluste kompensieren.* **4.** (Textilind.) *Feuchtigkeitsgehalt von Textilrohstoffen, der durch einen genormten Zuschlag auf das Trockengewicht bestimmt wird.* **5.** (Fechten) *Wiederholung des Angriffs gegen einen nicht zurückweichenden Gegner, der pariert hat.*

Repristination [repristina'tsi̯o:n], die; -, -en [zu ↑re-, Re- u. lat. prīstinus = vorig] (Fachspr., bildungsspr.): *Wiederherstellung, Wiederbelebung von etwas Früherem.*

reprivatisieren ⟨sw. V.; hat⟩ (Wirtsch., Politik): *staatliches od. gesellschaftliches Eigentum in Privatbesitz zurückführen:* die öffentlichen Verkehrsbetriebe r.; ⟨Abl.:⟩ **Reprivatisierung**, die; -, -en (Wirtsch., Politik): *das Reprivatisieren.*

Repro ['re:pro, auch: 're...], die; -, -s, auch: das; -s, -s (Druckw. Jargon): Kurzf. von ↑Reproduktion (2).

Repro-: **~aufnahme**, die (Druckw.): *fotografische Reproduktion nach einer Bildvorlage;* **~film**, der: *Film* (2) *für die Reproduktionsfotografie;* **~gerät**, das (Druckw.): svw. ↑Reproduktionsgerät; **~kamera**, die (Druckw.): svw. ↑Reproduktionskamera; **~technik**, die (Druckw.): svw. ↑Reproduktionstechnik.

Reprobation, die; -, -en [lat. reprobātio = die Verwerfung, zu: reprobāre, ↑reprobieren]: **1.** (Theol.) *in der Lehre von der Prädestination der Ausschluß der Seele von der ewigen Seligkeit.* **2.** (Rechtsspr. veraltet) *Mißbilligung;* **reprobieren** ⟨sw. V.; hat⟩ [lat. reprobāre] (Rechtsspr., veraltet): *mißbilligen, verwerfen.*

Reproduktion, die; -, -en: **1.** (bildungsspr.) *Wiedergabe:* ganz in der R. fremder Gedanken aufgehen. **2. a)** (bes. Druckw.) *das Abbilden u. Vervielfältigen von Büchern, Karten, Bildern, Notenschriften o. ä., bes. durch Druck:* die R. von Handzeichnungen; **b)** (bes. Druckw.) *das, was durch Reproduktion* (2 a) *hergestellt worden ist:* farbige -en. **3.** (bes. bild. Kunst) *Nachbildung eines Originals, die ein anderer angefertigt hat:* -en aus der Frühzeit Picassos; diese Möbel sind keine -en; eine R. nach der Sixtinischen Madonna. **4. a)** (polit. Ökonomie) *ständige Erneuerung des Produktionsprozesses durch Ersatz od. Erweiterung der verbrauchten, alten, überholten Produktionsmittel:* die R. behindern; einfache R. *(Erneuerung des Produktionsprozesses im alten Umfang);* erweiterte R. *(Erneuerung des Produktionsprozesses auf einer höheren Stufe als der vorangegangenen);* **b)** (polit. Ökonomie) *ständig neue Wiederherstellung der gesellschaftlichen u. individuellen Arbeitskraft durch den Verbrauch von Lebensmitteln, Kleidung o. ä. u. Aufwendungen für Freizeit, Kultur o. ä.:* ist die Familie jene Institution, mit der unsere Gesellschaft ihre R. sichert (Wohngruppe 7); **c)** (Biol.) svw. ↑Fortpflanzung: natürliche R.; Erfahrungen auf dem Gebiet der R. der Rinderbestände. **5.** (Psych.) *das Sicherinnern an früher erlebte Bewußtseinsinhalte.*

Reproduktions-: **~bedingung**, die (polit. Ökonomie): *Bedingung für die Reproduktion* (4 b); **~faktor**, der (Kernphysik): *bei der nuklearen Kettenreaktion das Verhältnis der erzeugten Neutronen, die wieder eine Spaltung herbeiführen, zu denen, die daran gehindert werden;* **~fotografie**, die ⟨o. Pl.⟩ (Druckw.): *fotografisches Verfahren, das in der Reproduktionstechnik verwendet wird;* **~gerät**, das (Druckw.): *Gerät, das bei der Reproduktion* (2 a) *von Vorlagen verwendet wird;* **~graphik**, die (bild. Kunst): *graphische Reproduktion von Zeichnungen, Gemälden o. ä.;* **~index**, der (Statistik): *Index für das Ausmaß der Reproduktion* (4 c) *der Bevölkerung;* **~kamera**, die (Druckw.): *sehr große Kamera zur Herstellung von Druckvorlagen;* **~kosten** ⟨Pl.⟩ (Wirtsch.): *Kosten, die für die Reproduktion* (4 a) *aufgewendet werden;* **~prozeß**, der (polit. Ökonomie): *Gesamtprozeß der Reproduktion* (4 a, b); **~stich**, der (bild. Kunst): vgl. ~graphik; **~technik**, die (Druckw.): vgl. ~verfahren; **~verfahren**, das (Druckw.): *bestimmtes drucktechnisches Verfahren zur Wiedergabe von Druckvorlagen:* mechanische R.

reproduktiv ⟨Adj.; o. Steig.⟩ (bildungsspr.): *nachbildend, nachahmend:* Seine Stärke lag weniger in der schöpferischen als in der -en Tätigkeit (Niekisch, Leben 131); **reproduzieren** ⟨sw. V.; hat⟩: **1.** (bildungsspr.) *etw. genauso hervorbringen, [wieder]herstellen (wie das Genannte):* die Atmosphäre vergangener Zeiten r.; ⟨r. + sich:⟩ Maschinen ..., die sich selbst ... reproduzieren (Wieser, Organismen 33); etw. reproduziert sich von Jahr zu Jahr auf einer höheren Stufe. **2.** (Druckw.) *eine Reproduktion* (2 a) *von etw. herstellen:* Bilder r. **3. a)** (polit. Ökonomie) *ständig neu produzieren:* das Kapital unter den Bedingungen der Lohnarbeit r.; **b)** (polit. Ökonomie) *die Reproduktion* (4 b) *bewirken:* Bevölkerungsteile, die ihr Leben nicht durch Arbeitseinkommen reproduzieren (Habermas, Spätkapitalismus 117); **c)** ⟨r. + sich⟩ (Biol.) *sich fortpflanzen.*

Reprographie, die; -, -n [...i:ən] ⟨Pl. selten⟩ [aus ↑Repro u. ↑-graphie] (Druckw.): **a)** *Kopierverfahren (z. B. Fotokopieren, Lichtpausen);* **b)** *Produkt der Reprographie* (a); **reprographisch** ⟨Adj.; o. Steig.; nicht präd.⟩ (Druckw.): **a)** *die Reprographie betreffend;* **b)** *durch Reprographie hergestellt:* ein -er Nachdruck.

Reps [rɛps], der; -es, (Arten:) -e (südd.): svw. ↑Raps.

Reptil [rɛp'ti:l], das; -s, -ien [...li̯ən; frz. reptile < kirchenlat. rēptile, zu spätlat. rēptilis = kriechend, zu lat. rēpere = kriechen]: svw. ↑Kriechtier; **Reptilienfonds**, der [urspr. Bez. für den Bismarckschen Fonds zur Bekämpfung geheimer Staatsfeinde (= „Reptilien") mit Hilfe korrumpierter Zeitungen] (iron.): *geheimer Dispositionsfonds.*

Republik [repu'bli:k, auch: ...blık], die; -, -en [frz. république < lat. rēs pūblica = Staat(sgewalt), eigtl. = öffentliche Sache]: *Staatsform, bei der die Regierenden für eine bestimmte Zeit vom Volk od. von Repräsentanten des Volkes gewählt werden:* bürgerliche, demokratische, sozialistische -en; eine parlamentarisch regierte R.; ⟨Abl.:⟩ **Republikaner** [republi'ka:nɐ], der; -s, - [1: frz. républicain; 2: amerik. Republican]: **1.** *Anhänger der Republik:* die Niederlage der spanischen R. **2.** *Mitglied od. Anhänger der Republikanischen Partei in den USA;* **republikanisch** [republi'ka:nıʃ] ⟨Adj.; o. Steig.⟩: **1. a)** *für die Ziele der Republik eintretend;* **b)** *nach den Prinzipien der Republik aufgebaut, auf ihnen beruhend:* Verfassungen -en Charakters. **2.** *die Republikanische Partei der USA betreffend;* **Republikanismus** [republika'nısmʊs], der; - (veraltend): *das Eintreten für die Republik als Staatsform;* **Republikflucht**, die; -, -en ⟨Pl. ungebr.⟩ (DDR): *Flucht aus der Deutschen Demokratischen Republik:* wegen versuchter R. verurteilt werden.

Repuls [re'pʊls], der; -es, -e [lat. repulsus = das Zurückstoßen, zu: repulsum, 2. Part. von: repellere = zurückstoßen, -weisen] (Amtsspr. veraltet): *Ablehnung [eines Gesuches];* **Repulsion** [repʊl'zi̯o:n], die; -, -en [frz. répulsion < lat. repulsio, zu lat. repellere, ↑Repuls] (Technik): *Abstoßung;* ⟨Zus.:⟩ **Repulsionsmotor**, der (Technik): *Wechselstrommo-*

tor, der für einfache Leistungen verwendet wird; **repulsiv** [repʊl'zi:f] ⟨Adj.; o. Steig.⟩ (Technik): *(von elektrisch od. magnetisch geladenen Körpern) abstoßend.*

Repunze [re'pʊntsə], die; -, -n (Fachspr.): *Stempel, der den Feingehalt auf Waren aus Edelmetall angibt;* **repunzieren** ⟨sw. V.; hat⟩ (Fachspr.): *mit einer Repunze versehen.*

Reputation [reputa'tsio:n], die; - [frz. réputation = Ruf, Ansehen < lat. reputātio = Erwägung, Berechnung, zu: reputāre = be-, zurechnen] (bildungsspr.): *[guter] Ruf; Ansehen;* **reputierlich** [repu'ti:ɐlɪç] ⟨Adj.⟩ (bildungsspr. veraltet): *acht-, ehrbar; ordentlich.*

Requiem ['re:kviɛm], das; -s, -s, österr. auch: ...quien [...kviən; spätmhd. requiem, nach den ersten Worten des Eingangsverses der röm. Liturgie „requiem aeternam dona eis, Domine" = „Herr, gib ihnen die ewige Ruhe"; lat. requiēs = (Todes)ruhe]: **1.** (kath. Kirche) *Totenmesse* (a): ein R. halten. **2.** (Musik) **a)** [1]*Messe* (2) *ohne* [2]*Gloria u. Kredo* (1 b), *die das Requiem* (1) *zum Leitthema hat;* **b)** *dem Oratorium od. der Kantate ähnliche Komposition mit freiem Text;* **requiescat in pace!** [re'kviɛskat ɪn 'pa:tsə; lat.]: *er, sie ruhe in Frieden!* (Schlußformel der Totenmesse, Grabinschrift); Abk.: R.I.P.

requirieren [rekvi'ri:rən] ⟨sw. V.; hat⟩ [spätmhd. requiriren < lat. requīrere = nachforschen; verlangen]: **1.** (veraltend) *[für militärische Zwecke] beschlagnahmen:* Lkws r.; Ü etw. für jmdn. r.; alle Zimmer sind requiriert (Lentz, Muckefuck 278); ⟨auch o. Akk.-Obj.:⟩ er hat schonungslos requiriert (St. Zweig, Fouché 39). **2.** (Rechtsspr. veraltet) *ein anderes Gericht od. eine andere Behörde um Rechtshilfe ersuchen;* ⟨Abl.:⟩ **Requirierung,** die; -, -en; **Requisit** [rekvi'zi:t], das; -[e]s, -en [lat. requīsīta = Erfordernisse, subst. 2. Part. von: requīrere, ↑requirieren]: **1.** ⟨meist Pl.⟩ (Theater) *Zubehör, Gegenstand, der bei einer Aufführung auf der Bühne od. bei einer Filmszene verwendet wird:* die -en erneuern. **2.** (bildungsspr.) *Zubehör[teil]; für etw. benötigter Gegenstand:* Das Sitzwaschbecken, unentbehrliches R. moderner Hygiene (Wohnfibel, 13); **Requisite** [rekvi'zi:tə], die; -, -n (Theater Jargon): **a)** *Raum für Requisiten* (1): Er verspricht, sie beim Ballett unterzubringen, entjungfert sie in der R. und rät ihr ab (Chotjewitz, Friede 6); **b)** *die für die Requisiten zuständige Stelle:* als sein Garderobier ... Herrn Müller von der R. meldete (Tagesspiegel 27. 9. 65, 25).

Requisiten- (Requisit 1; Theater): **~depot,** das: *Depot, in dem Requisiten aufbewahrt werden;* **~kammer,** die: vgl. ~depot; **~wagen,** der: *Wagen, in dem Requisiten transportiert werden.*

Requisiteur [rekvizi'tø:ɐ], der; -s, -e (Theater): *jmd., der die Requisiten* (1) *verwaltet;* **Requisition** [rekvizi'tsio:n], die; -, -en: *das Requirieren* (1).

Res [re:s], die; -, - [lat. rēs] (Philos.): *Sache, Ding, Gegenstand.*

resch [rɛʃ] ⟨Adj.; -er, -[e]ste⟩ [mhd. resch, vgl. rösch] (bayr., österr.): **a)** *knusperig:* ... nach -en Kaisersemmeln duftend (Roth, Kapuzinergruft 9); **b)** (ugs.) *lebhaft:* die Bäuerin ist ... eine kräftige, -e Brünette (Mostar, Unschuldig 152).

Research [rɪ'sə:tʃ], das; -[s], -s [engl. research < mfrz. recerche, zu: recercher (= frz. rechercher), ↑recherchieren] (Soziol.): *Markt- u. Meinungsforschung;* **Researcher** [rɪ'sə:tʃə], der; -s, - [engl. researcher] (Soziol.): *jmd., der für die Markt- u. Meinungsforschung Untersuchungen durchführt.*

Reseda [re'ze:da], die; -, -s (österr. nur so), **Resede** [re'ze:də], die; -, -n [lat. resēdā, eigtl. Imperativ von: resēdāre = heilen, nach dem bei Anwendung der Pflanze gebrauchten Zauberspruch „resēdā morbōs, resēdā!" = „Heile die Krankheiten, heile!"]: *in vielen Arten vorkommende Zierpflanze mit trauben- od. ährenförmigem Blütenstand u. grünlichen, duftenden Blüten; Wau;* **resedagrün** ⟨Adj.; o. Steig.; nicht adv.⟩: *von zartem, leicht trübem Gelbgrün.*

Resektion, die; -, -en [spätlat. resectio = das Abschneiden, zu lat. resecāre, ↑resezieren] (Med.): *operative Entfernung von Organen od. Teilen davon.*

Reservage [rezɛr'va:ʒə], die; - [mit der frz. Nachsilbe -age geb. zu frz. réserver, ↑reservieren] (Fachspr.): *Schutzbeize, die beim Färben von Stoffen verhindern soll, daß die mit ihr versehenen Stellen Farbe annehmen;* **Reservat** [rezɛr'va:t], das; -[e]s, -e [lat. reservātum, 2. Part. von reservāre = aufbewahren; zurückbehalten, aufsparen]: **1.** *größeres Gebiet, in dem seltene Tier- u. Pflanzenarten geschützt werden.* **2.** *Gebiet, das der einheimischen Bevölkerung (bes. in Nordamerika, Afrika, Australien) nach der Vertreibung aus ihrem Land zugewiesen wurde.* **3.** (bildungsspr.) *vorbehaltenes Recht; Sonderrecht:* ein R. besitzen; sich ein R. ausbedingen; **Reservatio mentalis** [rezɛr'va:tsio mɛn'ta:lɪs], die; - -; ...tiones [...va'tsio:ne:s] ...les [...le:s; nlat., aus spätlat. reservātio (↑Reservation) u. mlat. mentalis, ↑mental] (Rechtsspr.): svw. ↑Mentalreservation; **Reservation** [rezɛrva'tsio:n], die; -, -en [1: spätlat. reservātio = Verwahrung; Vorbehalt; 2: engl. reservation]: **1.** svw. ↑Reservat (2). **2.** (bildungsspr.) svw. ↑Reservat (3); ⟨Zus.:⟩ **Reservatrecht,** das (bildungsspr.): svw. ↑Reservat (3); **Reserve** [re'zɛrvə], die; -, -n [frz. réserve, zu: réserver, ↑reservieren]: **1.** ⟨meist Pl.⟩ *etw., was für den Bedarfs- od. Notfall vorsorglich zurückbehalten, angesammelt wird:* die -n an Lebensmitteln, Benzin reichen auf jeden Fall; das Geld muß eiserne R. bleiben *(darf nur im äußersten Notfall verwendet werden);* -n anlegen, erschließen; die letzten -n antasten, verbrauchen; Ü er hat keine körperlichen, psychischen -n mehr *(er ist körperlich, psychisch nicht mehr widerstandsfähig);* ***stille -n** (1. Wirtsch.; *Kapitalrücklagen, die in einer Bilanz nicht als eigener Posten ausgewiesen sind.* 2. ugs.; *etw., bes. Geld, das man [heimlich] für Notfälle, unvorhergesehene Situationen zurückgelegt hat*); **offene -n** (Wirtsch.; *Kapitalrücklagen, die in einer Bilanz als eigener Posten ausgewiesen sind*); **etw., jmdn. in R. haben/halten** *(etw., jmdn. für den Bedarfsfall zur Verfügung, im Hause haben, bereithalten).* **2.** ⟨Pl. selten⟩ **a)** (Milit.) *Gesamtheit der ausgebildeten, aber nicht aktiven Wehrpflichtigen:* die R. einberufen, einziehen; er ist Leutnant, Offizier o. ä. der R.; **b)** (Sport) *[Gesamtheit der] Ersatzspieler einer Mannschaft:* er spielt bei der R.; in die, zur R. kommen. **3.** ⟨ohne Pl.⟩ **a)** *Verhalten, das auf sichtbare, unmittelbare Reaktionen anderen Menschen gegenüber verzichtet; Zurückhaltung:* wenn du einmal deine noble R. aufgeben würdest (Rinser, Mitte 207); sich [keine, zuviel] R. auferlegen; jmdn. aus der R. [heraus]locken (ugs.; *jmdn. dazu bringen, sich [spontan] zu äußern*); **b)** *kühles, zurückhaltendes Verhalten, das bestimmte Bedenken [einem] anderen gegenüber, gegen etw. ausdrückt:* dabei wird auch das Motiv für seine R. gegenüber ... Publizität deutlich (MM 4. 8. 70, 4); auf R. im eigenen Lager stoßen.

Reserve-: **~anker,** der (Seew.): *zusätzlicher Anker; Notanker;* **~armee,** die (marx.): *größerer Teil der Arbeiterschaft, der [in der Krise] arbeitslos ist u. auf den [in der Hochkonjunktur] je nach Bedarf u. Belieben zurückgegriffen werden kann;* **~bank,** die ⟨Pl. -bänke⟩ (Sport): [1]*Bank* (1) *für Reservespieler, Ersatzbank:* auf der R. sitzen *(für ein Spiel nur als Reservespieler vorgesehen sein);* **~druck,** der (Fachspr.): *Verfahren beim Färben von Stoffen, bei dem eine Reservage verwendet wird;* **~fonds,** der (Wirtsch.): svw. ↑Rücklagen (1 b); **~kanister,** der: *Kanister, in dem Benzin, Öl, Wasser o. ä. als Reserve* (1) *aufbewahrt wird;* **~kapital,** das (Wirtsch.): svw. ↑Rücklagen (1 b); **~mann,** der: svw. ↑Ersatzmann; **~offizier,** der (Ggs.: aktiver 2 a Offizier); **~rad,** das: *Rad, das für den Ersatz eines defekten Rades in Reserve* (1) *gehalten wird; Ersatzrad;* **~reifen,** der: vgl. ~rad; **~spieler,** der (Sport): svw. ↑Ersatzspieler; **~stoff,** der ⟨meist Pl.⟩ (Biol.): *Substanz, die im Tier- u. Pflanzenkörper gespeichert ist zur Aufrechterhaltung des Stoffwechsels bei ungenügender Nahrung od. Zufuhr von Nährstoffen;* **~tank,** der: vgl. ~kanister; **~teil,** das, seltener: der (bes. Technik): svw. ↑Ersatzteil; **~truppe,** die ⟨meist Pl.⟩ (Milit.): svw. ↑Ersatztruppe; **~übung,** die (Milit.): svw. ↑Reservistenübung.

reservieren ⟨sw. V.; hat⟩ [frz. réserver < lat. reservāre = aufbewahren, aufsparen, aus: re- (↑re-, Re-) u. servāre, ↑servieren]: **a)** *etw. für jmdn. bis zur Inanspruchnahme freihalten:* ein Zimmer im Hotel, einen Tisch im Restaurant r. lassen; diese Plätze sind reserviert; **b)** *etw. für jmdn. bis zur Abholung zurücklegen, aufbewahren:* die Verkäuferin reservierte die Kleider für Stammkundinnen; die reservierten Karten liegen an der Kasse; **reserviert** [rezɛr'vi:ɐt] ⟨Adj.; -er, -este⟩: *anderen Menschen gegenüber zurückhaltend, Reserve* (3) *zeigend:* er ist mir gegenüber äußerst r.; sich r. verhalten, benehmen; jmdn. r. grüßen; ⟨Abl.:⟩ **Reserviertheit,** die; -: *das Reserviertsein:* sie spürte die R. ihrer Nachbarn; **Reservierung,** die; -, -en: *das Reservieren;* **Reservist** [rezɛr'vɪst], der; -en, -en [nach frz. réserviste]: **1.** (Milit.) *jmd., der der Reserve* (2 a) *angehört:* -en zu einer Übung einberufen. **2.** (Sport Jargon) *jmd., der der Reserve* (2 b) *angehört;* ⟨Zus.:⟩ **Reservistenübung,** die (Milit.): *Übung, zu der Reservisten* (1) *einberufen werden;* **Reservoir** [rezɛr'voa:ɐ], das; -s, -e [frz. réservoir] (bildungsspr.): *größerer*

Behälter, Becken o. ä., in dem etw. (z. B. Wasser) gespeichert, aufbewahrt wird: ein R. anlegen; aus diesem riesigen R. wird die ganze Stadt mit Wasser versorgt; Ü Daß der CDU/CSU aus dem bürgerlichen R. eine ... absolute Mehrheit zugeflossen war (Spiegel 52, 1965, 5); über ein riesiges R. an technischer Intelligenz verfügen.

resezieren ⟨sw. V.; hat⟩ [lat. resecāre = abschneiden] (Med.): *weg-, ausschneiden:* den Magen r.

Resident [rezi'dɛnt], der; -en, -en [frz. résident < mlat. residens (Gen.: residentis) = Statthalter, zu lat. residēre, ↑residieren]: **1.** (veraltet) *diplomatischer Vertreter auf der dritten Rangstufe.* **2.** (veraltend) *Regierungsvertreter, Statthalter einer Kolonialmacht in einem kolonialisierten Land;* **Residenz** [rezi'dɛnts], die; -, -en [mlat. residentia = Wohnsitz]: **1.** *Sitz, Wohnsitz, z. B. eines regierenden Fürsten.* **2.** *Hauptstadt eines Landes, das von einem Fürsten o. ä. beherrscht wird u. in der er seine Residenz* (1) *hat.*

Residenz-: **~pflicht,** die: **1. a)** *Pflicht eines Beamten, seinen Wohnsitz so zu wählen, daß er in der Wahrnehmung seiner Dienstgeschäfte nicht beeinträchtigt ist;* **b)** *(im katholischen u. evangelischen Kirchenrecht) Verpflichtung des Trägers eines Kirchenamtes, am Dienstort zu wohnen.* **2.** (jur.) *Verpflichtung eines zugelassenen Rechtsanwaltes, eine Kanzlei zu führen;* **~stadt,** die: svw. ↑Residenz (2); **~theater,** das: *Theater in einer [ehemaligen] Residenzstadt.*

residieren [rezi'di:rən] ⟨sw. V.; hat⟩ [lat. residēre = sitzen bleiben, sitzen] (bildungsspr.): *(von regierenden Fürsten o. ä.) eine Stadt o. ä. als Residenz* (2) *bewohnen; hofhalten:* Kaiser Karl residierte in Aachen; **residual** [rezi'dua:l] ⟨Adj.; o. Steig.⟩ [zu lat. residuus, ↑Residuum] (Med.): *[als Folge einer Krankheit, Funktionsstörung] zurückbleibend.*

Residual-: **~gebiet,** das (Biol.): svw. ↑Refugialgebiet; **~harn,** der (Med.): svw. ↑Restharn; **~luft,** die (Med.): svw. ↑Restluft.

Residuum [re'zi:duʊm], das; -s, ...duen [...duən; lat. residuum = das Zurückbleibende, zu: residuus = zurückgeblieben] (Med.): *[als Folge einer Krankheit o. ä.] Rückstand, Rest:* Auch eine Entzündung ... hinterläßt oft ihre Residuen (Medizin II, 146).

Resignation [rezɪgna'tsio:n], die; -, -en ⟨Pl. ungebr.⟩ [(afrz. resignacion <) mlat. resignatio = Verzicht, zu lat. resīgnāre, ↑resignieren]: **1.** (bildungsspr.) *das Resignieren, Sichfügen in das unabänderlich Scheinende:* R. erfaßte, ergriff, erfüllte ihn; in lähmende, dumpfe R. [ver]sinken. **2.** (Amtsspr. veraltet) *freiwillige Niederlegung eines Amtes:* der Minister hat seine R. angeboten; **resignativ** [rezɪgna'ti:f] ⟨Adj.; nicht adv.⟩ (bildungsspr.): *resignierend:* in -er Stimmung sein; **resignieren** [rezɪ'gni:rən] ⟨sw. V.; hat⟩ /vgl. resigniert/ [(spätmhd. resignieren <) lat. resīgnāre = verzichten] (bildungsspr.): *auf Grund von Mißerfolgen, Enttäuschungen, die man in einer Sache hat hinnehmen müssen, seine Pläne entmutigt aufgeben, auf sie verzichten:* es gibt keinen Grund, jetzt zu r.; **resigniert** ⟨Adj.; -er, -este⟩ (bildungsspr.): *durch Resignation* (1) *gekennzeichnet:* mit -er Miene zuhören; er zuckte r. die Achseln.

Resinat [rezi'na:t], das; -[e]s, -e [zu lat. rēsīna = Harz] (Chemie): *Salz der Harzsäure.*

Résistance [rezis'tã:s], die; - [frz. résistance = Widerstand, zu: résister < lat. resistere, ↑resistieren]: *französische Widerstandsbewegung gegen die deutsche Besatzung im 2. Weltkrieg;* **resistent** [rezɪs'tɛnt] ⟨Adj.; -er, -este; nicht adv.⟩ [lat. resistēns, 1. Part. von: resistere, ↑resistieren] (Biol., Med.): *widerstandsfähig gegen äußere Einwirkungen;* **Resistenz** [rezɪs'tɛnts], die; -, -en [spätlat. resistentia]: **1.** (Biol., Med.): *Widerstandsfähigkeit eines Organismus gegenüber äußeren Einwirkungen.* **2.** (bildungsspr.) *Widerstand:* „Das ist R.! Das ist Streik!" schreit der ... Mann (Fr. Wolf, Zwei 80). **3.** *Härtegrad;* **resistieren** [resɪs'ti:rən] ⟨sw. V.; hat⟩ [lat. resistere = stehen bleiben, widerstehen] (Biol., Med.): *äußeren Einwirkungen widerstehen; ausdauern;* **resistiv** [rezɪs'ti:f] ⟨Adj.; nicht adv.⟩ (Biol., Med.): *äußeren Einwirkungen widerstehend; hartnäckig;* **Resistivität** [rezɪstivi'tɛ:t], die; - (Biol., Med.): svw. ↑Resistenz (1).

Reskript, das; -[e]s, -e [mlat. rescriptum, zu lat. rescrībere = schriftlich antworten] (kath. Kirche): *auf Antrag erteilte schriftliche Antwort einer kirchlichen Autorität (meist des Papstes).*

resolut [rezo'lu:t] ⟨Adj.; -er, -este⟩ [(frz. résolu <) lat. resolūtus, 2. Part. von: resolvere = wieder auflösen, (von Zweifeln) befreien]: *sehr entschlossen u. mit dem Willen, sich durchzusetzen; in einer Weise sich darstellend, sich äußernd, die Entschlossenheit, Bestimmtheit zum Ausdruck bringt* (Ggs.: irresolut): die Direktorin war eine -e Frau; etw. mit -er Stimme sagen; ⟨Abl.:⟩ **Resolutheit,** die; -, -en ⟨Pl. ungebr.⟩: *resolute Art; das Resolutsein;* **Resolution** [rezolu'tsio:n], die; -, -en [frz. résolution < lat. resolūtio = Auflösung unter Einfluß von: résoudre = beschließen < lat. resolvere, ↑resolut]: **a)** *schriftliche, auf einem entsprechenden Beschluß beruhende Erklärung einer politischen, gewerkschaftlichen Versammlung o. ä., in der bestimmte Forderungen erhoben [u. begründet] werden:* eine R. einbringen, mit großer Mehrheit annehmen, verabschieden; über die vorgelegten -en abstimmen; **b)** *Schriftstück, das eine Resolution* (a) *enthält:* eine R. überreichen, überbringen; ⟨Zus.:⟩ **Resolutionsentwurf,** der; **Resolvente** [rezɔl'vɛntə], die; -, -n [zu lat. resolvēns (Gen.: resolventis), 1. Part. von: resolvere, ↑resolut, eigtl. = die Auflösende] (Math.): *zur Auflösung einer algebraischen Gleichung benötigte Hilfsgleichung;* **resolvieren** [rezɔl'vi:rən] ⟨sw. V.; hat⟩ [lat. resolvere, ↑resolut]: **1.** (veraltet) *beschließen.* **2.** *eine benannte Zahl durch eine kleinere Einheit darstellen* (z. B. 1 km = 1 000 m).

Resonanz [rezo'nants], die; -, -en [frz. résonance < spätlat. resonantia = Widerhall, zu lat. resonāre, ↑resonieren]: **1.** (Physik, Musik) *das Mitschwingen, -tönen eines Körpers in der Schwingung eines anderen Körpers:* R. erzeugen; das Instrument hat keine gute R.; in R. geraten. **2.** *Diskussion, Äußerungen, Reaktionen, die durch etw. hervorgerufen worden sind u. sich darauf beziehen; Widerhall, Zustimmung:* die R. auf diesen Vorschlag war schwach; ohne jede R.; ***R. finden** *(als Rede o. ä. bei anderen entsprechende Beachtung u. zustimmende Reaktionen hervorrufen).*

Resonanz-: **~boden,** der (Musik): *(bes. bei Saiteninstrumenten) klangverstärkender Boden aus Holz;* **~frequenz,** die (Physik): *eigene Frequenz eines Körpers;* **~kasten,** der (Musik): vgl. ~körper; **~körper,** der (Musik): *(bes. bei Saiteninstrumenten) hohlräumiger Körper aus Holz, durch den die Schwingungen eines Tones u. damit der Klang verstärkt werden;* **~saite,** die (Musik): svw. ↑Aliquotsaite.

Resonator [rezo'na:tɔr, auch: ...to:ɐ̯], der; -s, -en [...na'to:rən] (Physik, Musik): *Körper, der bei der Resonanz mitschwingt, mittönt;* **resonatorisch** [rezona'to:rɪʃ] ⟨Adj.; o. Steig.⟩ (Physik, Musik): *die Resonanz betreffend, auf ihr beruhend;* **resonieren** [rezo'ni:rən] ⟨sw. V.; hat⟩ [lat. resonāre = wieder ertönen] (Physik, Musik): *mitschwingen.*

resorbieren [rezɔr'bi:rən] ⟨sw. V.; hat⟩ [lat. resorbēre = zurückschlürfen] (Biol., Med.): *bestimmte Stoffe aufnehmen, aufsaugen:* aus dem Magen werden nur wenige Stoffe resorbiert.

Resorcin, Resorzin [rezɔr'tsi:n], das; -s, -e [Kunstwort aus lat. rēsīna = Harz u. Orcin = eine Phenolverbindung] (Chemie): *zweiwertiges Phenol, das u. a. bei der Herstellung von Farbstoffen u. Phenolharzen verwendet wird.*

Resorption, die; -, -en (Biol., Med.): *das Resorbieren;* ⟨Zus.:⟩ **Resorptionsfähigkeit,** die (Biol., Med.).

Resorzin: ↑Resorcin.

resozialisierbar ⟨Adj.; nicht adv.⟩: *zur Resozialisierung geeignet;* **resozialisieren** ⟨sw. V.; hat⟩ *[nach Verbüßung einer längeren Haftstrafe] (mit den Mitteln der Pädagogik, Medizin u. Psychotherapie) schrittweise wieder in die Gesellschaft eingliedern;* ⟨Abl.:⟩ **Resozialisierung,** die; -, -en.

Respekt [re'spɛkt, rɛs'pɛkt], der; -[e]s [frz. respect < lat. respectus = das Zurückblicken; Rücksicht, zu: respicere = zurückschauen; Rücksicht nehmen]: **1.** *auf Anerkennung, Bewunderung beruhende Achtung:* [großen, keinen, einigen, nicht den geringsten] R. vor jmdm., etw. haben; jmdm. seinen R. erweisen, zollen; den, allen R. vor jmdm. verlieren; R. vor jmds. Leistung, Alter haben; bei allem R. vor seiner Arbeit muß man doch sagen, daß er kein sehr angenehmer Mensch ist; er ist, mit R. zu sagen (veraltend; *ich bitte um Entschuldigung für die harten Worte*), ein Dummkopf; R., R.! *(sehr beachtlich, anerkennenswert!);* sich [bei jmdm.] in R. setzen (geh.; *sich [jmds.] Respekt erwerben*); veraltende österr. Grußformel, bes. unter Offizieren: ... riefen zwanzig Stimmen: „R., Herr Oberst!" **2.** *auf Grund von jmds. höherer, übergeordneter Stellung (vor dem Betreffenden) empfundene Scheu, die sich in dem Bemühen äußert, bei dem Betreffenden kein Mißfallen zu erregen:* vor dem strengen Lateinlehrer haben sie alle den größten R.; sich R. verschaffen; er läßt es am nötigen R. fehlen; Ü vor dieser Kurve habe ich gewaltigen R.

3. (Schrift- u. Buchw., Kunstwiss.) *freigelassener Rand einer Buch-, Briefseite, eines Kupferstichs o. ä.*

respekt-, Respekt-: **~blatt,** das [zu ↑Respekt (3)] (Buchw.): *leeres Blatt am Anfang eines Buches;* **~einflößend** ⟨Adj.⟩: *so beschaffen, geartet, daß man Respekt* (2) *vor der betreffenden Person, Sache bekommt;* **~frist,** die (Geldw.): *Frist nach Fälligkeit eines Wechsels, innerhalb deren der Wechsel noch eingelöst werden kann;* **~los** ⟨Adj.; -er, -este⟩: *den angebrachten Respekt* (1, 2) *vermissen lassend:* eine -e Bemerkung; sich [jmdm. gegenüber] r. benehmen; die Mannschaft spielte erstaunlich r. (Sport Jargon; *von der Stärke, Überlegenheit des Gegners [scheinbar] unbeeindruckt*), dazu: **~losigkeit,** die; -, -en: **1.** ⟨o. Pl.⟩ *respektlose Haltung, Art.* **2.** *respektlose Handlung, Äußerung;* **~rand,** der: svw. ↑Respekt (3); **~tag,** der ⟨meist Pl.⟩ (Geldw.): vgl. ~frist; **~voll** ⟨Adj.⟩: *[großen] Respekt* (1, 2) *erkennen lassend:* ein -es Benehmen; jmdn. r. grüßen; **~widrig** ⟨Adj.⟩ (selten): svw. ↑~los, dazu: **~widrigkeit,** die; -, -en (selten).

respektabel [respɛk'ta:bl̩, rɛs...] ⟨Adj.; ...bler, -ste⟩ [engl. respectable, frz. respectable] (bildungsspr.): **a)** *Respekt* (1) *verdienend; achtbar:* so respektable Männer wie Brandt, Wehner und Erler (Spiegel 52, 1965, 6); dann fände ich es sehr viel respektabler, an nichts zu glauben (Thielicke, Ich glaube 26); Herr, dies ist ein respektables (veraltend; *ehrenwertes, anständiges*) Haus (Brecht, Mensch 38); **b)** *so geartet, daß man es respektieren* (2) *muß:* er hat eine durchaus respektable Entscheidung getroffen; er hat respektable Gründe für sein Handeln; **c)** *Anerkennung, Beachtung verdienend, weil es – z. B. qualitativ – beeindruckt u. über das Übliche, über das, was man eigentlich erwartet od. erwarten kann, hinausgeht; beachtlich:* ein Garten von respektabler Größe; eine respektable Leistung; ein sehr respektabler Wein (Welt 28. 7. 62, Die Frau); **Respektabilität** [respɛktabili'tɛ:t, rɛs...], die; - (bildungsspr.): *das Respektabelsein, respektables Wesen;* **respektieren** [respɛk'ti:rən, rɛs...] ⟨sw. V.; hat⟩ [frz. respecter < lat. respectāre = sich umsehen; berücksichtigen, Intensivbildung von: respicere, ↑Respekt]: **1.** *jmdm., einer Sache Respekt* (1) *entgegenbringen; achten:* er wußte sich respektiert, aber dennoch war er nicht ... glücklich (Kirst, 08/15, 11); es gibt Personen, ... deren Tüchtigkeit wir respektieren (Hofstätter, Gruppendynamik 129). **2.** *etw. als vertretbar, legitim o. ä. anerkennen, gelten lassen:* Gesetze, Gebote r.; ... respektieren die Ansichten unserer Partner (Dönhoff, Ära 141); wir mußten lernen, ... das Recht unserer Probanden auf Individualität zu r. (Ossowski, Bewährung 89). **3.** (Geldw.) *(einen Wechsel) anerkennen u. bezahlen;* ⟨Abl.:⟩ **respektierlich** [respɛk'ti:ɐ̯lɪç, rɛs...] ⟨Adj.⟩ (veraltend): svw. ↑respektabel (a): nicht der ehrenwerte Lord Lucan, sondern seine weniger -e Gemahlin (Prodöhl, Tod 263); **Respektierung,** die; -: *das Respektieren;* **respektiv** [respɛk'ti:f, rɛs...] ⟨Adj.; o. Steig.; attr., selten adv.⟩ [zu ↑respektive] (veraltet): svw. ↑jeweilig; **respektive** [respɛk'ti:və, rɛs...] ⟨Konj.⟩ [zu mlat. respectivus = beachtenswert] (Abk.: resp.; bildungsspr.): **1.** svw. ↑beziehungsweise (2): ... sie sind verlobt oder verheiratet ... Die Braut r. Gattin zieht ihren Ring vom Finger (Kant, Impressum 207). **2.** svw. ↑beziehungsweise (1): Da Antje Berger einen beträchtlichen Teil ihrer Zeit im Stadtpark verbringt r. verbracht hat, ... (Bastian, Brut 69); **Respektsperson,** die; -, -en: *jmd., dem auf Grund seiner übergeordneten, hohen Stellung gemeinhin Respekt* (2) *entgegengebracht wird.*

Respiration [respira'tsi̯o:n, rɛs...], die; - [lat. respīrātio = das Atemholen, zu: respīrāre, ↑respirieren] (Med.): *Atmung;* **Respirator** [respi'ra:tɔr, auch: ...to:ɐ̯, rɛs...], der; -s, -en [...ra'to:rən] (Med.): *Beatmungsgerät* (bes. zur Beatmung über längere Zeiträume, z. B. nach Operationen); **respiratorisch** [respira'to:rɪʃ, rɛs...] ⟨Adj.; o. Steig.; nicht präd.⟩ (Med.): *die Respiration betreffend, auf ihr beruhend, zu ihr gehörend;* **respirieren** [respi'ri:rən, rɛs...] ⟨sw. V.; hat⟩ [lat. respīrāre = (aus)atmen] (Med.): *atmen.*

respondieren [respɔn'di:rən, rɛs...] ⟨sw. V.; hat⟩ [lat. respondēre = antworten]: **a)** (bildungsspr.) *(bes. einem Chorführer, einem Vorsänger o. ä.) in einer bestimmten festgelegten Form, mit einem bestimmten Text, Gesang o. ä. antworten:* aber dem Vorlesepriester respondierte auch er mit kräftiger Stimme (Th. Mann, Joseph 757); **b)** (veraltet) svw. ↑antworten; **Respons** [re'spɔns, rɛs'pɔns], der; -es, -e [lat. respōnsum = Antwort] (bildungsspr.): *auf eine Initiative, auf bestimmte Vorschläge, Anregungen (z. B. bezüglich einer Zusammenarbeit o. ä.) hin erfolgende Reaktion der anderen Seite:* Bisher erfolgte kein positiver R. (MM 1. 12. 73, 62); **responsabel** [respɔn'za:bl̩, rɛs...] ⟨Adj.; o. Steig.⟩ [frz. responsable] (veraltet): *verantwortlich* (Ggs.: irresponsabel); **Response** [rɪs'pɔns], die; -, -s [...sɪs, auch: ...sɪz; engl. response, eigtl. = Antwort, < mfrz. respons(e) < lat. respōnsum] (Psych.): *durch einen Reiz ausgelöstes u. bestimmtes Verhalten;* **Responsion** [respɔn'zi̯o:n, rɛs...], die; -, -en [lat. respōnsio = Antwort]: **1.** (Literaturw.) *Entsprechung in Sinn od. Form zwischen einzelnen Teilen einer Dichtung.* **2.** (Rhet.) *antithetisch angelegte Antwort auf eine selbstgestellte Frage;* **Responsorium** [respɔn'zo:ri̯ʊm, rɛs...], das; -s, ...ien [...i̯ən; mlat. responsorium < kirchenlat. respōnsōria (Pl.)]: *liturgischer Wechselgesang (für Vorsänger u. Chor od. Chor u. Gemeinde).*

Ressentiment [rɛsãti'mã:, rə...], das; -s, -s [frz. ressentiment = heimlicher Groll, zu: ressentir = lebhaft empfinden]: **1.** (bildungsspr.) *auf Vorurteilen, Unterlegenheitsgefühlen, Neid o. ä. beruhende gefühlsmäßige Abneigung (die dem Betreffenden selbst oft nicht bewußt ist):* alte -s wieder wachrufen; das menschliche R. gegen die Maschine (Frisch, Homo 105). **2.** (Psych.) *das Wiedererleben eines (dadurch sich verstärkenden) meist schmerzlichen Gefühls.*

Ressort [rɛ'so:ɐ̯], das; -s, -s [frz. ressort, zu: ressortir = hervorgehen, zugehören]: **a)** *[von einem Verantwortlichen betreuter] fest umrissener Aufgaben-, Zuständigkeitsbereich (einer Institution):* das R. „Materialprüfung" im Verteidigungsministerium; das ist mein R.!; ein R. übernehmen, abgeben, verwalten; die Angelegenheit fällt in das, gehört zum R. des Innenministers; **b)** *Organisationseinheit (Abteilung o. ä.), die für ein bestimmtes Ressort* (a) *zuständig ist:* ein R. leiten; einem R. vorstehen; -s zusammenlegen.

Ressort-: **~chef,** der: vgl. ~leiter; **~leiter,** der: *Leiter eines Ressorts* (b); **~minister,** der: *für ein bestimmtes Ressort* (a) *zuständiger Minister.*

ressortieren [rɛsɔr'ti:rən] ⟨sw. V.; hat⟩ [frz. ressortir] (bildungsspr.): **1.** *als Ressort von jmdm. verwaltet, betreut werden, ihm unterstehen, zugehören:* Daß die Verteidigung bei einem Mann wie Leber ressortiert (MM 11. 9. 73, 2). **2.** *ein Ressort bilden.*

Ressource [rɛ'sʊrsə], die; -, -n ⟨meist Pl.⟩ [frz. ressource, zu afrz. resourdre < lat. resurgere = wiedererstehen] (bildungsspr.): **1.** *natürlich vorhandener Bestand von etw., was für einen bestimmten Zweck, bes. zur Ernährung der Menschen u. zur wirtschaftlichen Produktion, ständig benötigt wird od. in Zukunft benötigt werden wird:* natürliche, materielle, endliche -n; neue -n erschließen; -n ausbeuten, ausschöpfen; Ü ..., daß auch der Rückgriff auf die R. „Zeit" am Ende keinen Ausweg mehr bietet (Habermas, Spätkapitalismus 92). **2.** *Bestand an Geldmitteln, Geldquelle, auf die man jederzeit zurückgreifen kann:* meine -n sind erschöpft; er verfügt über beachtliche -n.

Rest [rɛst], der; -[e]s, -e, -er u. -en [spätmhd. rest(e) < ital. resto = übrigbleibender Geldbetrag, zu: restare < lat. restāre = übrigbleiben]: **1. a)** ⟨Pl. -e⟩ *etw., was beim Verbrauch, Verzehr von etw. übriggeblieben ist:* ein kleiner, schäbiger, trauriger R.; der letzte R.; von dem Käse, Wein ist noch ein R. da; ein R. Farbe; den R. des Geldes haben wir versoffen; heute gibt es- e *(bei vorherigen Mahlzeiten Übriggebliebenes);* R das ist der [letzte] R. vom Schützenfest (ugs.; *das ist alles, was noch übrig ist*); der R. ist für die Gottlosen (scherzh.: 1. *das ist, war der Rest; damit ist alles verteilt o. ä.* 2. Skat; *die übrigen Stiche könnt ihr haben, ich habe genug;* wohl nach Ps. 75, 9); ***R. machen** (nordd.); *sich den Rest von einer Speise, einem Getränk nehmen:* machen Sie doch [mit dem Gemüse] R.!; **b)** ⟨Pl. -e, selten⟩ *etw., was von etw. weitgehend Verschwundenem, Geschwundenem noch vorhanden ist:* der ... Staat ... entfesselte einen Vernichtungssturm, in dem ... die -e politischer Vernunft ... untergingen (Fraenkel, Staat 195); **c)** ⟨Pl. -e, meist Pl.⟩ *etw., was von etw. Vergangenem, Zerstörtem, Verfallenem, Abgestorbenem noch vorhanden ist; Überrest:* fossile -e; die -e versunkener Kulturen ausgraben; seine sterblichen -e (verhüll.; *sein Leichnam*); **d)** ⟨Pl. -e, Kaufmannsspr. auch: -er u. (schweiz.:) -en⟩ *letztes [nur noch zu einem reduzierten Preis verkäufliches] Stück von einer Ware, die in (von den jeweiligen Kunden gewünschten) Stükken verkauft wird* (z. B. einer Meterware): preiswerte -e; den Kissenbezug hat sie aus einem R. (=Stoffrest) genäht. **2.** ⟨o. Pl.⟩ *etw., was zur Vervollständigung, zur Vollständig-*

keit, zur Abgeschlossenheit von etw. noch fehlt; das übrige: den R. des Tages verbrachten sie im Hotel; den R. des Weges gehe ich zu Fuß; den R. *(den Restbetrag)* kannst du mir später zahlen; nur ein schmaler Küstenstreifen ist besiedelt, der R. [des Landes] ist Wüste; R der R. ist Schweigen (1. *man sagt besser nichts weiter darüber.* 2. *das Weitere liegt im Dunkeln, ist unbekannt;* nach W. Shakespeare, Hamlet V, 2: The rest is silence); * **einem Tier den R. geben** (ugs.; *ein Tier, das bereits schwer krank od. verletzt ist, töten*); **jmdm., einer Sache den R. geben** (ugs.; *den Zustand völligen Ruins o.ä. herbeiführen, bewirken*): der Frost hat den verkümmerten Pflanzen dann noch den R. gegeben; von dem Bier war er schon ziemlich betrunken, aber der Whisky hat ihm [noch] den R. gegeben; **sich den R. holen** (ugs.; *ernstlich krank werden*). **3.** ⟨Pl. -e⟩ (Math.) *Zahl, die beim Dividieren übrigbleibt, wenn die zu teilende Zahl kein genaues Vielfaches des Teilers ist:* wenn man 20 durch 6 teilt, bleibt ein R. von 2; zwanzig durch sechs ist drei, R. zwei. **4.** ⟨Pl. -e⟩ (Chemie) *Gruppe von Atomen innerhalb eines Moleküls, die untereinander meist stärker als an die übrigen Atome gebunden sind u. bei Reaktionen als Einheit auftreten.*

rest-, Rest-: ~**alkohol,** der: *noch im Körper befindlicher Rest von Blutalkohol;* ~**auflage,** die: *noch nicht abgesetzter Rest einer Auflage* (1 a); ~**bestand**: *Rest eines Bestandes, bes. an Waren:* preiswerte Bücher aus Restbeständen; ~**betrag,** der: *noch nicht gezahlter Teilbetrag einer Gesamtsumme;* ~**forderung,** die (Kaufmannsspr.): *noch nicht bezahlter Teilbetrag einer Forderung* (1 c); ~**harn,** der (Med.): *nach dem Wasserlassen noch in der Blase verbleibender Harn; Residualharn;* ~**los** ⟨Adj.; o. Steig.; meist adv.; nicht präd.⟩ (emotional): *(in bezug auf einen entsprechenden Zustand o.ä.) ganz u. gar, gänzlich, völlig:* ich bin r. begeistert, zufrieden, unzufrieden; bis zur -en Erschöpfung; den Weiberkram habe er r. satt (Grass, Blechtrommel 354); Der Motor ... ist r. im Eimer (Kirst, 08/15, 722); ~**luft,** die (Med.): *nach dem Ausatmen noch in der Lunge verbleibende Atemluft; Residualluft;* ~**magnetismus,** der (Physik): svw. ↑Remanenz; ~**posten,** der (Kaufmannsspr.): *von einem größeren Posten übriggebliebener, noch nicht abgesetzter Rest;* ~**risiko,** das: *verbleibendes Risiko, das [noch] nicht ausgeschaltet werden kann;* ~**strafe,** die: *noch nicht verbüßter Teil einer Freiheitsstrafe;* ~**stück,** das: **a)** *Stück aus einem Restposten;* **b)** svw. ↑Rest (1 d); ~**summe,** die vgl. ~betrag; ~**süße,** die (Fachspr.): *nach der Gärung im Wein unvergoren zurückbleibende Menge Zucker;* ~**urlaub,** der: *einem Arbeitnehmer noch zustehender Teil eines Jahresurlaubs;* ~**zahlung,** die: *Zahlung eines Restbetrags;* ~**zucker,** der (Fachspr.): svw. ↑~süße.

Restant [rɛs'tant], der; -en, -en [lat. restāns (Gen.: restantis), 1. Part. von: restāre, ↑Rest]: **1.** (Geldw.) *mit fälligen Zahlungen im Rückstand befindlicher Schuldner.* **2.** (Bankw.) *ausgelostes od. gekündigtes, aber nicht eingelöstes Wertpapier.* **3.** (Wirtsch.) *Ladenhüter, Reststück;* ⟨Zus.:⟩ **Restantenliste,** die (Bankw.): *Liste von Restanten* (2); **Restanz** [rɛs'tants], die; -, -en (schweiz.): svw. ↑Restbetrag.

Restaurant [rɛsto'rã:], das; -s, -s [frz. restaurant, subst. 1. Part. von: restaurer, ↑restaurieren; urspr. = Imbiß (1)]: *Gaststätte, in der Essen serviert wird, die man bes. besucht, um zu essen; Speisegaststätte:* ein billiges, vornehmes, gutes, italienisches R.; ein R. besuchen; ins R. gehen; im R. essen; **Restaurateur** [rɛstora'tø:ɐ̯], der; -s, -e [frz. restaurateur] (veraltet): svw. ↑Gastwirt; **¹Restauration** [restaura'tsi̯o:n, rɛs...], die; -, -en [spätlat. restaurātio = Wiederherstellung]: **1.** (bildungsspr.) *das Restaurieren:* die R. des alten Rathauses hat Millionen gekostet; er versteht sich auf die R. von Ölgemälden. **2.** (Geschichte, Politik) *Wiederherstellung früherer (z. B. durch eine Revolution beseitigter) gesellschaftlicher, politischer Verhältnisse [u. Wiedereinsetzung einer abgesetzten Regierung, Dynastie o.ä.):* die Zeit der R. nach dem Wiener Kongreß; **²Restauration** [rɛstora'tsi̯o:n], die; -, -en (veraltet, noch österr.): svw. ↑Restaurant.

¹Restaurations- (¹Restauration; bildungsspr.): ~**arbeit,** die: **a)** ⟨Pl.⟩ *Arbeiten zur Restauration eines Gebäudes, Bauwerks:* die -en am Dom stehen vor dem Abschluß; **b)** *Arbeit des Restaurierens (eines Kunstwerks):* wie weit sind Sie mit Ihrer R.?; ~**bestrebungen** ⟨Pl.⟩: vgl. ~politik; ~**epoche,** die: vgl. ~zeit; ~**politik,** die: *eine ¹Restauration* (2) *anstrebende Politik;* ~**zeit,** die: *Zeit der politischen, gesellschaftlichen ¹Restauration* (2): die Literatur der R.

²Restaurations- (²Restauration): ~**betrieb,** der: **1.** svw. ↑²Restauration: einen R. führen. **2.** ⟨o. Pl.⟩ *Bewirtung von (zahlenden) Gästen:* ein Flußdampfer mit R. (Chotjewitz, Friede 121); ~**brot,** das (Gastr. landsch.): vgl. ~platte; ~**platte,** die (Gastr. landsch.): *kalte Platte;* ~**wagen,** der (bes. österr.): svw. ↑Speisewagen.

restaurativ [restaura'ti:f, rɛs...] ⟨Adj.⟩: **a)** ⟨nicht adv.⟩ (bildungsspr.) *zur ¹Restauration* (2) *gehörend, auf sie abzielend, durch sie gekennzeichnet:* dem Umsturz folgte eine -e Phase; eine -e Politik; -e Bestrebungen, Tendenzen; **b)** ⟨o. Steig.; nicht präd.⟩ (selten) *die ¹Restauration* (1) *betreffend, zu ihr gehörend, auf sie gerichtet:* eine -e Meisterleistung; eine neue -e Technik; **Restaurator** [restau̯'ra:tɔr, auch: ...to:ɐ, rɛs...], der; -s, -en [...ra'to:rən; spätlat. restaurātor]: *jmd., der Kunstwerke restauriert* (Berufsbez.); **Restauratorin,** die; -, -nen: w. Form zu ↑Restaurator; **restaurierbar** [restau̯'ri:ɐ̯ba:ɐ̯] ⟨Adj.; o. Steig.; nicht adv.⟩: *sich restaurieren* (1) *lassend:* das ausgebrannte Gebäude ist nicht mehr r.; **restaurieren** [restau̯'ri:rən, rɛs...] ⟨sw. V.; hat⟩ [frz. restaurer = wiederherstellen, stärken < lat. restaurāre = wiederherstellen]: **1.** (bildungsspr.) *ein schadhaftes, unansehnlich gewordenes, in den Farben verblichenes o.ä. Kunstwerk, Gemälde od. Bauwerk [in einem besonderen Verfahren] wiederherstellen, wieder in seinen ursprünglichen Zustand bringen:* ein Gemälde, eine Statue, einen Film fachmännisch, sorgfältig r.; das antike Bauwerk wird genau nach der ursprünglichen Konzeption restauriert. **2.** (bildungsspr.) *eine frühere, überwundene politische, gesellschaftliche Ordnung wiederherstellen:* Doch konnten die ... Machthaber ... nicht daran denken, das Reich von 1914 wieder zu r. (Niekisch, Leben 235). **3.** ⟨r. + sich⟩ (veraltend, noch bildungsspr. scherzh.) *sich (durch Ausruhen, durch Nahrungsaufnahme) stärken, erfrischen:* in dem Rasthaus restaurierten sie sich bei Wein und Käse; ⟨Abl.:⟩ **Restaurierung,** die; -, -en: **1.** *das Restaurieren.* **2.** (veraltet, noch bildungsspr.) *das Sichrestaurieren.*

Reste-: ~**buchhandel,** der: *Zweig des Buchhandels, der auf den Vertrieb von Restauflagen o.ä. spezialisiert ist; modernes Antiquariat;* ~**essen,** das (fam.): *aus Resten zubereitetes Essen;* ~**tag,** der (fam.): *Tag, an dem es ein Resteessen gibt;* ~**tisch,** der: *Verkaufstisch, auf dem Reste (z. B. Stoffreste) ausliegen;* ~**verkauf,** der: *Verkauf von Restposten zu Sonderpreisen;* ~**verwertung,** die: *Verwertung von Resten, bes. vom Essen.*

restieren [rɛs'ti:rən] ⟨sw. V.; hat⟩ [(ital. restare <) lat. restāre, ↑Rest] (veraltet): **a)** *(von Zahlungen) noch ausstehen:* es restieren noch 200 Mark; **b)** *schulden:* er restiert mir noch Geld; **c)** *(mit einer Zahlung) im Rückstand sein.*

restituieren [restitu'i:rən, rɛs...] ⟨sw. V.; hat⟩ [lat. restituere] (bes. jur.): **a)** *wiederherstellen;* **b)** *[rück]erstatten, ersetzen;* **Restitution** [restitu'tsi̯o:n, rɛs...], die; -, -en [lat. restitūtio]: **1.** (bildungsspr.) *Wiederherstellung:* die Idee der Rettung des Toten als der R. des entstellten Lebens (Adorno, Prismen 246). **2. a)** (Völkerr.) *Wiedergutmachung od. Schadensersatz für einen Schaden, der einem Staat von einem anderen zugefügt wurde;* **b)** (röm. Recht) *Aufhebung einer Entscheidung, die eine unbillige Rechtsfolge begründete.* **3.** (Biol.) *Form der Regeneration von auf normale Art u. Weise verlorengegangenen Teilen eines Organismus* (z. B. Geweihstangen, Haare); ⟨Zus.:⟩ **Restitutionsklage,** die (jur.): *Klage auf Wiederaufnahme eines schon rechtskräftig abgeschlossenen Verfahrens.*

restlich ['rɛstlɪç] ⟨Adj.; o. Steig.; nur attr.⟩ [zu ↑Rest]: **a)** *einen Rest* (1 a) *darstellend; übrig[geblieben]:* das -e Geld will ich sparen; **b)** *einen Rest* (2) *darstellend; übrig:* die -en drei Kilometer ging er zu Fuß; die -en zehn Mark kriegst du später; die -en Arbeiten erledige ich morgen.

Restriktion [restrɪk'tsi̯o:n, rɛs...], die; -, -en [lat. restrictio, zu: restringere, ↑restringieren]: **a)** (bildungsspr.) *Einschränkung, Beschränkung (von jmds. Rechten, Befugnissen, Möglichkeiten):* jmdm. -en auferlegen; die Regierung hat für den Importhandel starke -en beschlossen; **b)** (Sprachw.) *für den Gebrauch eines Wortes, einer Wendung o.ä. geltende, im System der Sprache liegende Einschränkung:* für intransitive Verben gilt die grammatische R., daß sie kein Akkusativobjekt haben können; ⟨Zus.:⟩ **Restriktionsmaßnahme,** die (Politik): *staatliche Maßnahme, durch die der Wirtschaft eine Restriktion* (a) *auferlegt wird:* die Importe durch geeignete -n beschränken; **restriktiv** [...'ti:f, rɛs...] ⟨Adj.⟩: **1.** (bildungsspr.) *(jmds. Rechte, Möglichkeiten o.ä.) ein-,* *beschränkend:* -e Maßnahmen, Bedingungen; r. wirken; sich r. [auf etw.] auswirken; ein Gesetz r. (jur.; *eng;* Ggs.: extensiv 2) auslegen; r. in die wirtschaftliche Entwicklung eingreifen. **2.** (Sprachw.) **a)** svw. ↑restringiert; **b)** *(eine Aussage) einschränkend:* -e Konjunktionen, Adverbien, Modalsätze; 〈Zus. zu 2 b:〉 **Restriktivsatz,** der (Sprachw.): *restriktiver Modalsatz;* **restringieren** [restrɪŋ'gi:rən, rɛs...] 〈sw. V.; hat〉 [lat. restringere, eigtl. = zurückbinden] (selten): *ein-, beschränken:* die Produktion, den Konsum von etw. r.; **restringiert** [...'gi:ɐ̯t] 〈Adj.; -er, -este〉 [nach engl. restricted = begrenzt, beschränkt] (Sprachw.): *wenig differenziert* (Ggs.: elaboriert b): -er Kode (↑Kode 3).

Resultante [rezʊl'tantə], die; -, -n [frz. résultante, zu: résulter, ↑resultieren] (Physik): *Summe zweier [nach dem Kräfteparallelogramm addierter] od. mehrerer Vektoren;* **Resultat** [rezʊl'ta:t], das; -[e]s, -e [frz. résultat, zu mlat. resultat = es ergibt sich, 3. Pers. Sg. von: resultare (↑resultieren) od. zum subst. 2. Part. resultatum = Folgerung; Schluß] (bildungsspr.): **a)** *Ergebnis einer Rechnung, Auszählung, Messung o. ä.:* das R. einer Addition, Rechenaufgabe; die endgültigen, vorläufigen -e der Wahlen; **b)** *etw., was sich aus entsprechenden Bemühungen usw. als Ergebnis ermitteln, feststellen läßt:* interessante, richtige, unerwartete, überzeugende -e; die neuesten -e der Forschung; diese Rasse ist das R. jahrzehntelanger Züchtung; die Ermittlungen der Polizei haben noch keine -e gebracht; ein gutes, optimales, glänzendes R. erreichen, erzielen, (geh.:) zeitigen; **resultativ** [rezʊlta'ti:f] 〈Adj.; o. Steig.〉 (bildungsspr.): *ein Ergebnis bewirkend:* -e Verben (Sprachw.; *Verben, die das Ergebnis eines Vorgangs mit implizieren,* z. B. aufessen); **resultatlos** 〈Adj.; o. Steig.〉: *ergebnislos, erfolglos:* -e Bemühungen; **resultieren** [rezʊl'ti:rən] 〈sw. V.; hat〉 [frz. résulter < mlat. resultare < lat. resultāre = zurückspringen, -prallen] (bildungsspr.): **a)** *als Ergebnis, Folge, Wirkung aus etw. hervorgehen; sich ergeben:* War die Gewalteinwirkung flächenhafter und stärker, so resultiert eine Blutunterlaufung unter der Haut (Medizin II, 49); daraus resultiert, daß der Gärtner der Mörder ist, sein muß; **b)** *in etw. seine Wirkung haben; zur Folge haben:* die Zurückdrängung der repräsentativen ... Komponente ... resultierte fast ausnahmslos in der Begründung autoritärer Diktaturen (Fraenkel, Staat 253); **Resultierende** [...'ti:rəndə], die; -n, -n (Physik): svw. ↑Resultante.

Resümee [rezy'me:], das; -s, -s [frz. résumé, zu: résumé, subst. 2. Part. von: résumer, ↑resümieren] (bildungsspr.): **a)** *knappe Inhaltsangabe, zusammenfassender Bericht:* dem englischen Originaltext ist ein R. in deutscher Sprache vorangestellt; er gab ein kurzes R. des Vortrags, der Debatte; **b)** *als das Wesentliche, als eigentlicher Inhalt, als Kern von etw. Anzusehendes, als Schlußfolgerung aus etw. zu Ziehendes:* das R. seiner Ausführungen war, daß Preissteigerungen unabwendbar seien; aus dem Gesagten ergibt sich als R.: wir müssen sofort handeln; ***das R. ziehen** *(als Feststellung festhalten, was wichtig, wesentlich war);* **resümieren** [rezy'mi:rən] 〈sw. V.; hat〉 [frz. résumer < lat. resūmere = wieder (an sich) nehmen, wiederholen] (bildungsspr.): **a)** *kurz in den wesentlichen Punkten darlegen:* In dieser faszinierenden Abhandlung, in der Apel seinen großangelegten Rekonstruktionsversuch resümiert ... (Habermas, Spätkapitalismus 152); **b)** *als Resümee* (b) *festhalten, feststellen:* Man muß Berlin nicht hochspielen, das würde nur der SPD ... helfen, so resümierte der Bundeskanzler (Dönhoff, Ära 30).

Resurrektion [rezʊrɛk'tsi̯o:n], die; -, -en [kirchenlat. resurrēctio, zu lat. resurgere, ↑Ressource] (Rel.): *Auferstehung.*

Ret usw.: ↑Reet usw.

Retabel [re'ta:bl̩], das; -s, - [frz. retable, über das Aprovenz. u. viell. Span. (Katal.) zu lat. retro = hinter, rück- u. tabula = (Bild)tafel; urspr. = auf die Rückseite des Altars gemaltes Bild] (Kunstwiss.): svw. ↑Altaraufsatz.

retablieren [reta'bli:rən] 〈sw. V.; hat〉 [frz. rétablir] (veraltet): *wiederherstellen.*

Retake ['ri:teɪk], das; -[s], -s 〈meist Pl.〉 [engl. retake, zu: to retake = wieder an-, ein-, aufnehmen] (Film): *nachträgliche Neuaufnahme ungenügend vorhandenen Filmmaterials.*

Retaliation [retali̯a'tsi̯o:n], die; -, -en [zu spätlat. retāliāre = (mit Gleichem) vergelten] (veraltet): *Vergeltung.*

Retardation [retarda'tsi̯o:n], die; -, -en [frz. retardation < lat. retardātio, zu: retardāre, ↑retardieren] (bildungsspr.): *Verzögerung, Verlangsamung eines Ablaufs, einer Entwicklung; Entwicklungsverzögerung;* **retardieren** [...'di:rən] 〈sw. V.; hat〉 [frz. retarder < lat. retardāre]: (bildungsspr.) *(einen Ablauf) verzögern, aufhalten* 〈meist im 1. Part.〉: ein retardierender Faktor; -es Moment (↑Moment 1); **retardiert** [...'di:ɐ̯t] 〈Adj.; o. Steig.; nicht adv.〉 (Anthrop., Psych.): *in der körperlichen od. geistigen Entwicklung zurückgeblieben:* geistig, psychisch, somatisch retardierte Halbwüchsige; 〈Abl.:〉 **Retardierung,** die; -, -en (selten).

Retention [retɛn'tsi̯o:n], die; -, -en [lat. retentio = das Zurückhalten, zu: retentum, 2. Part. von: retinēre = zurückhalten]: **1.** (Med.) *Funktionsstörung, die darin besteht, daß ein auszuscheidender Stoff nicht od. nicht in ausreichendem Maße ausgeschieden wird.* **2.** (Psych.) *Leistung des Gedächtnisses in bezug auf Lernen, Reproduzieren u. Wiedererkennen;* 〈Zus.:〉 **Retentionsrecht,** das 〈o. Pl.〉 (jur.): *Recht des Schuldners, eine fällige Leistung zu verweigern, solange ein Gegenanspruch nicht erfüllt ist.*

Retikül [reti'ky:l], das od. der; -s, -e u. -s [lat. rēticulum, ↑Retikulum]: svw. ↑Ridikül; **retikular, retikulär** [retiku'la:ɐ̯, ...'lɛ:ɐ̯] 〈Adj.; o. Steig.〉 (Anat.): *netzförmig [verzweigt], netzartig;* **retikuliert** [...'li:ɐ̯t] 〈Adj.; o. Steig.〉: *mit netzartigem Muster versehen:* -e Gläser *(Gläser mit einem netzartigen Muster aus eingeschmolzenen Fäden);* **retikuloendothelial** [retikuloɛndote'li̯a:l] 〈Adj.〉 [zu ↑Retikulum u. ↑Endothel] in der Fügung **-es System** (Biol.; *von Zellen des Endothels u. des endoplasmatischen Retikulums gebildetes System von Zellen, das für den Stoffwechsel u. für die Bildung von Immunkörpern Bedeutung hat*); **Retikulozyt** [-'tsy:t], der; -en, -en 〈meist Pl.〉 [zu griech. kýtos = Höhlung, Wölbung] (Med.): *neu gebildeter Erythrozyt;* **Retikulum** [re'ti:kulʊm], das; -s, ...la [lat. rēticulum, Vkl. von: rēte = Netz]: **1.** (Zool.) svw. ↑Netzmagen. **2.** ***endoplasmatisches R.** (Biol.; *in fast allen tierischen u. pflanzlichen Zellen ausgebildetes System feinster (aus [mit Ribosomen besetzten] Membranen 2 gebildeter) Kanäle;* **Retina** ['re:tina], die; -, ...nae [...nɛ; zu lat. rēte = Netz] (Anat.): svw. ↑Netzhaut; **Retinitis** [reti'ni:tɪs], die; -, ...nitiden [...ni'ti:dn̩] (Med.): *Netzhautentzündung;* **Retinoblastom** [retino-], das; -s, -e (Med.): *bösartige Geschwulst auf der Netzhaut.*

Retirade [reti'ra:də], die; -, -n [1: nach Retirade (2); 2: frz. retirade, zu: se retirer, ↑retirieren]: **1.** (veraltend verhüll.) [1]*Abort:* Er ... geht sogar hinter diese R., wie man das Häuschen auch nennen kann (Bobrowski, Mühle 204). **2.** (veraltet) *[militärischer] Rückzug;* **retirieren** [reti'ri:rən] 〈sw. V.; ist〉 [frz. se retirer]: **1. a)** (veraltet) *(von Truppen) sich [eilig] zurückziehen; fliehen;* **b)** (bildungsspr., oft scherzh.) *sich zurückziehen, sich aus dem Kreis anwesender Personen entfernen; verschwinden:* ins Nebenzimmer r.; Erst als Fränzel einen Hocker zu fassen bekam und damit auf ihn einschlug, retirierte er in eine Ecke der Stube (Kuby, Sieg 136). **2.** (bildungsspr. scherzh.) *zur Toilette gehen, um seine Notdurft zu verrichten:* ich muß mal r.

Retorsion, die; -, -en [frz. rétorsion, unter Einfluß von: torsion (↑Torsion) zu lat. retorquēre, ↑Retorte] (jur.): *Erwiderung eines unfreundlichen Aktes durch eine entsprechende Gegenmaßnahme, Vergeltung;* **Retorte** [re'tɔrtə], die; -, -n [(frz. retorte) < mlat. retorta = die Zurückgedrehte, zu lat. retortum, 2. Part. von: retorquēre = rückwärts drehen; nach dem gedrehten Hals] (Chemie): **a)** *kugeliges Glasgefäß mit einem langen, am Ansatz schräg abwärts gebogenen, sich verjüngenden Hals (zum Destillieren von Flüssigkeiten):* etw. in einer R. destillieren; ***aus der R.** (ugs.; oft abwertend; *[als Ersatz von etw. Natürlichem, Echtem, Gewachsenem] auf künstliche Weise hergestellt, geschaffen*): ein Kind aus der R.; Brasilia – eine Stadt aus der R.; diese Lebensmittel sind, kommen aus der R.; **b)** *(in der Industrie verwendeter) mit feuerfestem Material ausgekleideter [kesselförmiger] Behälter, in dem chemische Reaktionen ausgelöst werden.*

Retorten-: **~baby,** das (Jargon): *außerhalb des Mutterleibes durch künstliche Befruchtung gezeugtes Baby;* **~graphit,** der (Chemie): *aus fast reinem Kohlenstoff bestehender, graphitähnlich aussehender Stoff;* **~kind,** das (ugs.): vgl. ~baby; **~kohle,** die (Chemie): svw. ↑~graphit; **~ofen,** der: svw. ↑Retorte (b); **~stadt,** die (ugs., oft abwertend): *nicht natürlich gewachsene, künstlich geschaffene Stadt.*

Retouche usw.: ↑Retusche usw.

retour [re'tu:ɐ̯] 〈Adv.〉 [frz. retour = Rückkehr, zu: retourner, ↑retournieren] (landsch., österr., schweiz., sonst veraltet): *zurück:* hin sind wir gefahren, r. gelaufen; 1,40 DM

r. *(1,40 DM bekommen Sie zurück);* **Retour** [-], die; -, -en (österr. ugs.): kurz für ↑Retour[fahr]karte.

Retour-: **~billett, ~billet,** das (schweiz., sonst veraltet): svw. ↑Rückfahrkarte; **~fahrkarte,** die (österr., sonst veraltet): svw. ↑Rückfahrkarte; **~gang,** der (österr.): svw. ↑Rückwärtsgang (1); **~kampf,** der (Sport österr.): vgl. ~spiel; **~karte,** die (österr., sonst veraltet): svw. ↑Rückfahrkarte; **~kutsche,** die (ugs.): *das Zurückgeben eines Vorwurfs, einer Beleidigung o. ä. [bei passender Gelegenheit] mit einem entsprechenden Vorwurf, einer entsprechenden Beleidigung:* das ist eine billige R.; mit einer R. reagieren; **~marke,** die (österr.): *zur Bezahlung eines Rückportos dienende Briefmarke;* **~match,** das (Sport österr.): vgl. ~spiel; **~sendung,** die (österr.): svw. ↑Rücksendung; **~spiel,** das (Sport österr., schweiz.): svw. ↑Rückspiel.

Retoure [re'tu:rə], die; -, -n: **1.** ⟨meist Pl.⟩ **a)** (Kaufmannsspr.) *(an den Verkäufer, Exporteur) zurückgesandte Ware;* **b)** (Bankw.) *nicht ausgezahlter, an den Überbringer zurückgegebener Scheck od. Wechsel.* **2.** (österr. Amtsspr. veraltend) *Rücksendung;* **retournieren** [retʊr'ni:rən] ⟨sw. V.; hat⟩ [frz. retourner = umkehren, über das Vlat. zu lat. tornāre, ↑[1]turnen]: **1. a)** (Kaufmannsspr.) *(Waren) an den Lieferanten zurücksenden;* **b)** (österr.) *zurückgeben, -bringen:* [jmdm.] ein geliehenes Buch r. **2.** (Sport, bes. Tennis) *den vom Gegner geschlagenen Ball zurückschlagen:* den Aufschlag, den Schmetterball konnte er nicht r.; ⟨auch o. Akk.-Obj.:⟩ hervorragend, sauber r.

Retraite [rə'trɛ:tə], die; -, -n [frz. retraite, zu (veraltet): retraire < lat. retrahere = zurückziehen] (Milit. veraltet): **1.** *Rückzug.* **2.** *(bei der Kavallerie) Signal zum Zapfenstreich;* **Retraktion** [re-], die; -, -en [lat. retractio = das Zurückziehen, Verminderung, zu: retrahere, ↑Retraite] (Med.): *Verkürzung, Schrumpfung (eines Organs o. ä.).*

Retransfusion, die; -, -en: svw. ↑Reinfusion.

Retribution [retribu'tsi̯o:n], die; -, -en [frz. rétribution < kirchenlat. retribūtio = Vergeltung] (veraltet): **a)** *Vergeltung, Rache;* **b)** *Rückgabe, Wiedererstattung* (z. B. eines Geldbetrages); **retributiv** [...'ti:f] ⟨Adj.; o. Steig.⟩: (bildungsspr.): *die Retribution betreffend, auf Retribution beruhend.*

retro-, Retro- [retro-; lat. retrō] ⟨Best. in Zus. mit der Bed.⟩: **a)** *nach hinten, rückwärts [gerichtet]* (z. B. retrospektiv, Retroflexion); **b)** (bes. Med.) *hinten, hinter etw. gelegen, lokalisiert* (z. B. retronasal); **retrodatieren** ⟨sw. V.; hat⟩ (veraltet): svw. ↑zurückdatieren; **retroflex** [...'flɛks] ⟨Adj.; o. Steig.⟩ [zu lat. retrōflexum, 2. Part. von: retrōflectere = zurückbiegen] (Sprachw.): *(von Lauten) mit der zurückgebogenen Zungenspitze gebildet;* ⟨subst.:⟩ **Retroflex** [-], der; -es, -e (Sprachw.): *mit der zurückgebogenen Zungenspitze gebildeter Laut;* **Retroflexion,** die; -, -en (Med.): *Abknikkung von Organen (z. B. der Gebärmutter) nach hinten;* **retrograd** ⟨Adj.; o. Steig.⟩ [spätlat. retrōgradis = zurückgehend]: **1.** (Med.) *(von Amnesien) die Zeit vor dem Verlust des Bewußtseins betreffend:* eine -e Amnesie. **2.** (Astron.) svw. ↑rückläufig (2). **3.** (Sprachw.) svw. ↑rückgebildet: eine -e Bildung *(Rückbildung);* **retronasal** ⟨Adj.; o. Steig.⟩ (Med.): *hinter der Nase, im Nasen-Rachen-Raum lokalisiert, befindlich;* **Retrospektion** [...spɛk'tsi̯o:n], die; -, -en (bildungsspr.): *Rückschau, Rückblick;* **retrospektiv** [...spɛk'ti:f] ⟨Adj.; o. Steig.⟩ [wohl engl. retrospective, zu lat. spectum, 2. Part. von: specere = schauen, betrachten] (bildungsspr.): *zurückschauend, rückblickend* (Ggs.: prospektiv a): eine -e Sicht; etw. r. betrachten; **Retrospektive** [...spɛk'ti:və], die; -, -n (bildungsspr.): **1.** *Blick in die Vergangenheit; Rückblick, Rückschau:* erst die R. wird die historische Bedeutung der Ereignisse erkennen lassen; in der R. *(rückblickend)* überrascht mich das. **2.** *Präsentation (in Form einer Ausstellung, einer Reihe von Aufführungen o. ä.) des [früheren] Werks eines Künstlers, der Kunst einer zurückliegenden Zeit o. ä.:* Die Galerie veranstaltet ... die erste umfassende R. des französischen Malers (Spiegel 6, 1966, 87); das Kino zeigt in einer großen R. die wichtigsten Filme von Charlie Chaplin; **Retrospiel,** das; -[e]s, -e (Problemschach): *schrittweises Zurücknehmen einer bestimmten Folge von Zügen bis zu einer bestimmten Ausgangsstellung;* **Retroversion,** die; -, -en [zu lat. retrōversus = nach hinten gedreht] (Med.): *Neigung nach hinten* (bes. der Gebärmutter); **retrovertieren** [...vɛr'ti:rən] ⟨sw. V.; hat⟩ [lat. retrōvertere] (Fachspr., bes. Med.): *zurückneigen, zurückwenden;* **retrozedieren** [...tse'di:rən] ⟨sw. V.; hat⟩ [lat. retrōcēdere = zurückweichen]: **1.** (veraltet) **a)** *zurückweichen;* **b)** *(eine Sache, einen Anspruch o. ä.) wieder abtreten.* **2.** (Wirtsch.) *rückversichern;* **Retrozession** [...tsɛ'si̯o:n], die; -, -en [lat. retrōcessio = das Zurückweichen]: **1.** *das Retrozedieren* (1). **2.** (Wirtsch.) *besondere Form der Rückversicherung.*

Retsina [re'tsi:na, rɛ...], der; -[s], (Sorten:) -s [ngriech. retsína < mlat. resina < lat. rēsīna < griech. rētínē = Harz]: *mit Harz versetzter griechischer Weißwein.*

retten ['rɛtn̩] ⟨sw. V.; hat⟩ [mhd. retten, ahd. (h)retten, H. u.]: **1.** *(vor dem drohenden Tod) bewahren; (aus einer Gefahr, einer bedrohlichen Situation) befreien:* einen Ertrinkenden, Schiffbrüchigen r. *(aus dem Wasser bergen);* jmdn. aus Lebensgefahr, aus Todesgefahr, vor dem Tod,/vor dem Verhungern r.; er konnte sich durch einen Sprung aus dem Fenster, mit dem Fallschirm r.; ein Zufall, eine Bluttransfusion hat ihn, hat sein Leben gerettet *(hat ihm die Rettung gebracht);* um ihr Junges zu r., opferte sich die Hirschkuh; wir sind gerettet *(außer Lebensgefahr);* das rettende *(sichere)* Ufer; R rette sich, wer kann! (scherzh.; Warnung vor etw. Unangenehmem, Lästigem); Ü jmdn. vor dem [drohenden] Bankrott r. *(bewahren);* die Situation r. *(eine peinliche o. ä. Situation vermeiden);* der Frieden war noch einmal gerettet *(bewahrt);* seinen Kopf, seine Haut r. *(sich aus einer bedrängten Lage befreien);* jmds., seine Ehre r.; wenn ein Krimi gesendet wird, ist für ihn der Abend gerettet (ugs.; *ist er zufrieden*); er hatte die rettende *(einen Ausweg aufzeigende)* Idee; R bist du, ist er usw. noch zu r.? (ugs.; *ist dir, ihm usw. noch zu helfen, bist du, ist er usw. noch bei Sinnen?*); * **nicht mehr zu r. sein** (ugs.; *völlig verrückt, sehr unvernünftig sein*): der ist auch nicht mehr zu r., bei dem Wetter so zu rasen!; **sich vor etw., jmdm. nicht [mehr], kaum [noch] zu r. wissen/r. können** *(von etw., von bestimmten Personen [in lästiger Weise], in einem Übermaß bedrängt werden):* er kann sich vor Anrufen, vor Verehrerinnen kaum noch r. **2.** *vor (durch Zerstörung, Verfall, Abhandenkommen o. ä.) drohendem Verlust bewahren; erhalten:* den Baumbestand r.; der Restaurator konnte das Gemälde r.; wichtige Dokumente vor der Vernichtung r. **3.** *in Sicherheit bringen; aus einem Gefahrenbereich wegschaffen:* sich ans Ufer r.; sich [aus einem brennenden Haus] ins Freie r.; seine Habe, sich ins Ausland, über die Grenze r.; Ü sich ins Ziel r. (Sport; *mit knapper Not, bevor man überholt wird, das Ziel erreichen*); Hier konnte er sich nicht in Zynismus r. (*flüchten;* A. Zweig, Claudia 90). **4.** *bis in eine bestimmte Zeit hinein, über eine bestimmte Zeit hinweg erhalten, vor dem Untergang, Verlust bewahren:* altes Kulturgut in die Gegenwart r.; Kunstschätze über die Kriegswirren r. *(hinüberretten);* der alte Brauch hat sich in unsere Zeit r. *(erhalten)* können. **5.** (Mannschaftsspiele) *ein gegnerisches Tor o. ä. im letzten Moment verhindern:* der Torwart rettete mit einer Parade; auf der Linie r. *(den Ball auf der Torlinie erreichen u. so das drohende Tor verhindern);* **Retter,** der; -s, - [mhd. rettære]: *jmd., der [jmdn., etw.] rettet;* **Retterin,** die; -, -nen: w. Form zu ↑Retter.

Rettich ['rɛtɪç], der; -s, -e [mhd. retich, rætich, ahd. rātīh < lat. rādix = Wurzel]: **1.** *Pflanze mit einer rübenartig verdickten Wurzel (die in einigen Arten als Nutzpflanze angebaut wird).* **2. a)** *eßbare, scharf schmeckende weiße od. schwarze Wurzel des Rettichs* (a): -e raspeln; **b)** ⟨o. Pl.⟩ *die Wurzel des Rettichs als Rohgemüse:* er ißt gern, viel R.; ⟨Zus.:⟩ **Rettichsaft,** der; **Rettichsalat,** der.

rettlos ['rɛtlo:s] ⟨Adj.; o. Steig.; nicht adv.⟩ (Seemannsspr.): *unrettbar:* ein -es Schiff; **Rettung,** die; -, -en [mhd. rettunge]: **1.** *das Retten* (1), *Gerettetwerden:* R. aus Lebensgefahr; jmdm. R. bringen; es gibt keine R.; jmdm. seine R. verdanken; auf R. hoffen; ein Gerät zur R. eingeschlossener Bergleute; R. in der Not; Ü es gab für ihn keine R. vor dem Bankrott; ihm verdanke ich die R. meiner Ehre; * **jmds. [letzte] R. sein** (ugs.; *jmdm. aus einer bedrängten Lage helfen*). **2.** *das Retten* (2); *Bewahrung:* eine Aktion zur R. bedrohter Kunstdenkmäler. **3.** (österr.) **a)** *Rettungsdienst:* die R. anrufen; **b)** *Rettungswagen:* er wurde mit der R. ins Spital gebracht.

Rettungs-: **~aktion,** die: *Aktion mit dem Ziel, jmdn., etw. zu retten;* **~amt,** das: *Amt, Stelle für den Rettungsdienst;* **~anker,** der: *jmd., der, etw., was einem Menschen in einer Notlage Halt gibt;* **~arbeiten** ⟨Pl.⟩: vgl. ~aktion; **~arzt,** der: svw. ↑Notarzt (b); **~auto,** das (ugs.): svw. ↑~wagen; **~bake,** die (Seew.): *Bake* (1 a) *mit einer Plattform o. ä.,* *die in Seenot Geratenen eine Zuflucht bietet;* **~boje,** die (Seew.): *einer Boje ähnlicher Schwimmkörper mit einer Fahne zum Markieren einer Stelle, an der jmd. über Bord gefallen ist;* **~bombe,** die (Bergbau): *in der Form an eine Bombe erinnernder schützender Behälter aus Metall, in dem ein eingeschlossener Bergmann durch eine besondere Bohrung an die Erdoberfläche gezogen werden kann;* **~boot,** das: **a)** (Seew.) *größeres Motorboot zur Rettung Schiffbrüchiger;* **b)** *von größeren Schiffen mitgeführtes, kleines Boot zur Rettung der Besatzung u. der Fahrgäste in einer Notsituation (bes. beim Sinken des Schiffes);* **~dienst,** der: *Dienst* (2) *zur Rettung von Menschen aus [Lebens]gefahr;* **b)** ⟨o. Pl.⟩ *Gesamtheit aller Maßnahmen, die der Rettung aus [Lebens]gefahr dienen:* die für den R. zuständigen Institutionen; **~expedition,** die: vgl. ~aktion; **~fahrt,** die: *Fahrt zur Rettung einer Person aus Lebensgefahr;* **~fallschirm,** der (Flugw., Raumf.) *für Notfälle (zur Rettung eines Piloten, einer Raumkapsel) bestimmter Fallschirm;* **~floß,** das (Seew.): *schwimmfähiger Körper in der Form eines Floßes zur Rettung Schiffbrüchiger;* **~flug,** der: vgl. ~fahrt; **~flugzeug,** das: vgl. ~wagen; **~gerät,** das: *Gerät zur Rettung von Personen aus [Lebens]gefahr* (z. B. Rettungsbombe, Sprungtuch); **~hubschrauber,** der: vgl. ~wagen; **~insel,** die (Seew.): *automatisch sich aufblasendes, mit einem zeltähnlichen Verdeck versehenes, einem Rettungsfloß ähnliches Rettungsmittel;* **~kommando,** das: vgl. ~mannschaft; **~kolonne,** die: vgl. ~mannschaft; **~körper,** der (Seew.): *zur Rettung vor dem Ertrinken dienender schwimmfähiger Körper* (z. B. Rettungsring); **~leine,** die (Seew.): vgl. ~ring; **~leitstelle,** die: *Einrichtung des Rettungswesens, durch die die Einsätze der Rettungsdienste* (a) *veranlaßt werden;* **~los** ⟨Adj.; o. Steig.; meist adv.⟩: **a)** *ohne die Möglichkeit einer Rettung:* sie waren r. verloren, dem Tod r. preisgegeben; **b)** *ohne Aussicht auf Abhilfe, auf Besserung:* eine r. verfahrene Situation; **c)** ⟨intensivierend bei Adj. u. Verben⟩ (ugs.) *in höchstem Maße, völlig:* r. verliebt sein; Dieses gewisse Kribbeln hatte sie bereits r. ergriffen (Freizeitmagazin 10, 1978, 10); **~mannschaft,** die: *für eine Rettungsaktion zusammengestellte Mannschaft; Mannschaft, die zur Rettung von Personen aus [Lebens]gefahr eingesetzt wird;* **~medaille,** die: *Medaille, die an Personen verliehen wird, die unter Einsatz des eigenen Lebens jmdn. aus Lebensgefahr gerettet haben; Lebensrettungsmedaille;* **~mittel,** das: **a)** (Seew.) *(in der Schiffahrt verwendetes) Rettungsgerät;* **b)** *Gerät, Fahrzeug o. ä., das zur Rettung von Menschenleben (z. B. bei Verkehrsunfällen) eingesetzt wird:* der Hubschrauber ist nicht immer das optimale R.; **~ring,** der: **1.** *ring-, auch hufeisenförmiger Schwimmkörper, mit dem sich Ertrinkende od. Schiffbrüchige über Wasser halten können.* **2.** (ugs. scherzh.) *(bei übergewichtigen Personen auftretender) etwa in Hüfthöhe um den Körper verlaufender Fettwulst;* **~sanitäter,** der: *im Rettungsdienst* (b) *tätiger Sanitäter;* **~schlauch,** der: *bei der Feuerwehr verwendeter) langer, weiter Schlauch aus Segeltuch, in dessen Innerem man aus einem brennenden Gebäude heraus zur Erde rutschen kann;* **~schwimmen,** das; -s: *Übungen im Wasser (z. B. Tauchen, Schwimmen in Kleidern), die der Vorbereitung zur Rettung Ertrinkender dienen;* **~schwimmer,** der: *im Rettungsschwimmen ausgebildeter Schwimmer;* **~schwimmerin,** die: w. Form zu ↑~schwimmer; **~station,** die: *Station eines Rettungsdienstes* (a); **~stelle,** die: vgl. ~station; **~trupp,** der: vgl. ~mannschaft; **~versuch,** der; **~wache,** die: **a)** *Rettungsstation* (bes. an Badestränden); **b)** *Dienststelle eines Rettungsdienstes* (a), *von der aus Rettungswagen o. ä. eingesetzt werden;* **~wagen,** der: *im Rettungsdienst eingesetztes Kraftfahrzeug;* **~wesen,** das ⟨o. Pl.⟩: *Gesamtheit aller Einrichtungen u. Maßnahmen zur Rettung von Menschenleben;* **~weste,** die (Seew.): *Schwimmweste, die so konstruiert ist, daß auch ein bewußtloser Träger durch sie vor dem Ertrinken geschützt ist;* **~zille,** die (österr.): vgl. ~boot.

Return [ri'tø:gn, ri'tœrn, engl.: rɪ'tə:n], der; -s, -s [engl. return, zu: to return < (a)frz. retourner, ↑retournieren] ([Tisch]tennis, Badminton): *Zurückschlagen des Balls (bes. nach einem gegnerischen Aufschlag):* ein meisterlicher R.; der R. *(zurückgeschlagene Ball)* landete im Netz.

Retusche [re'tʊʃə], die; -, -n [frz. retouche, zu: retoucher, ↑retuschieren] (bes. Fot., Druckw.): **a)** *das Retuschieren* (1): an einem Foto, einem Klischee eine R. vornehmen; Ü das Leben, die Wirklichkeit ohne -n darstellen; **b)** *Stelle, an der retuschiert* (1) *worden ist:* einige kaum erkennbare -n; Ü ... hebt sich das neue Modell vom alten durch geringfügige -n der ... Heckpartie ab (Auto 6, 1965, 20); **Retuscheur** [retʊ'ʃø:ɐ̯], der; -s, -e (bes. Fot., Druckw.): *jmd., der [berufsmäßig] Retuschen vornimmt:* ein geschickter R.; **retuschieren** [...'ʃi:rən] ⟨sw. V.; hat⟩ [frz. retoucher = wieder berühren, überarbeiten, aus: re- (< lat. re-, ↑re-, Re-) u. toucher, ↑touchieren]: **1.** (bes. Fot., Druckw.) *(bes. an einem Foto, einer Druckvorlage) nachträglich Veränderungen anbringen (um Fehler zu korrigieren, Details hinzuzufügen od. zu entfernen):* ein Foto, ein Negativ r.; ein retuschiertes Bild; Ü einen Text für die Veröffentlichung r.; ⟨Abl.:⟩ **Retuschierung,** die; -, -en.

reu-, Reu-: **~geld,** das: **1.** (jur.; Wirtsch.): *Geldsumme, die vereinbarungsgemäß beim Rücktritt von einem Vertrag zu zahlen ist.* **2.** (Rennsport) *Geldbuße, die der Eigentümer zu zahlen hat, wenn er sein zu einem Rennen gemeldetes Pferd nicht teilnehmen läßt;* **~kauf,** der [mhd. riuwekouf] (jur.; Wirtsch.): vgl. ~vertrag; **~mütig** ⟨Adj.; nicht präd.⟩ (öfter scherzh.): *Reue über sein Tun, sein Verhalten o. ä. empfindend:* ein ~es Geständnis; etw. r. zugeben, eingestehen; r. zurückkehren; **~vertrag,** der (jur.; Wirtsch.): *Kaufvertrag, bei dem sich einer der Partner das Recht des Rücktritts gegen Zahlung einer Abstandssumme vorbehält.*

Reue ['rɔyə], die; - [mhd. riuwe, ahd. (h)riuwa, urspr. = seelischer Schmerz, H. u.]: *tiefes Bedauern über etw., was man getan hat od. zu tun unterlassen hat u. von dem man wünschte, man könnte es ungeschehen machen, weil man es nachträglich als Unrecht, als falsch o. ä. empfindet:* bittere, tiefe R. empfinden, fühlen; [keine Spur von] R. zeigen; die R. über sein Verhalten war geheuchelt, kam zu spät; tätige R. (jur.; *jmds. Abkehr von einer bereits eingeleiteten strafbaren Handlung u. seine aktive Bemühung, etwaigen Schaden zu verhindern).*

reue-, Reue-: **~bekenntnis,** das (geh.): *das Eingestehen, Bekennen seiner Reue;* **~gefühl,** das (geh.): *Gefühl der Reue, des tiefen Bedauerns über etw.;* **~träne,** die ⟨meist Pl.⟩ (dichter.): *aus Reue über etw. geweinte Träne;* **~voll** ⟨Adj.; nicht präd.⟩ (geh.): *von Reue über etw. erfüllt; voll Reue:* ein -es Geständnis; r. seine Schuld bekennen.

reuen ['rɔyən] ⟨sw. V.; hat⟩ [mhd. riuwen (sw. u. st. V.), ahd. (h)riuwan, (h)riuwōn] (meist geh.): **a)** *etw., was man getan, unterlassen o. ä. hat, tief bedauern; Reue empfinden über etw.; etw. am liebsten ungeschehen machen wollen:* sein Verhalten, die Tat reute ihn; ⟨auch unpers.:⟩ es reute ihn *(tat ihm leid)*, so hart gewesen zu sein; **b)** *nachträglich als falsch, dumm, unüberlegt o. ä. ansehen:* der Kauf, die Geldausgabe reute ihn; das Geld, das ich an die Sache gewendet habe, reut micht nicht *(ich bedaure nicht, es dafür ausgegeben zu haben);* ⟨auch unpers.:⟩ reut es dich, mitgefahren zu sein?; **reuig** ['rɔyɪç] ⟨Adj.; selten präd.⟩ [mhd. riuwec, ahd. (h)riuwig] (geh.): *voller Reue, voll Bedauern über ein bestimmtes Tun, Verhalten o. ä.:* ein -es Eingeständnis seiner Schuld; er ist als ein -er Sünder heimgekehrt (scherzh.; *in dem Bewußtsein, daß er falsch gehandelt hat o. ä.).*

[1]Reunion [re|u'nio:n], die; -, -en [frz. réunion, ↑[2]Reunion] (bildungsspr. veraltet): *[Wieder]vereinigung;* **[2]Reunion** [re|y'niõ:], die; -, -s [frz. réunion, aus: ré- (< lat. re-, ↑re-, Re-) u. union < kirchenlat. ūnio, ↑Union] (bildungsspr. veraltend): *(bes. in Kurorten) gesellige Veranstaltung zur Unterhaltung der Kurgäste;* **Reunionen** [re|u'nio:nən] ⟨Pl.⟩ [frz. réunion(s) = Wiedervereinigung(en), ↑[1]Reunion] (hist.): *(in der 2. Hälfte des 17. Jh.s) auf umstrittener rechtlicher Grundlage erfolgte Annexionen Ludwigs XIV. von Frankreich (bes. im Elsaß u. in Lothringen);* **Reunionskammern** ⟨Pl.⟩ [LÜ von frz. chambres de réunion] (hist.): *durch Ludwig XIV. eingesetzte Behörden zur Durchführung der Reunionen.*

Reuse ['rɔyzə], die; -, -n [mhd. riuse, ahd. riusa, rūs(s)a, urspr. = aus Rohr Geflochtenes]: **1.** kurz für ↑Fischreuse: -n stellen; Aale in -n fangen; es war kein einziger Fisch in die R. gegangen. **2.** kurz für ↑Vogelreuse; ⟨Zus.:⟩ **Reusenfischerei,** die (Fischereiw.): *mit Reusen betriebene Fischerei.*

reüssieren [re|y'si:rən] ⟨sw. V.; hat⟩ [frz. réussir < ital. riuscire, eigtl. = wieder hinausgehen, zu: re- (< lat. re-, ↑re-, Re-) u. lat. exīre = hinausgehen] (bildungsspr.): *[als od. mit etw.] Anerkennung finden, Erfolg haben:* nur wer Beziehungen hat, reüssiert (Spiegel 15, 1974, 106); er reüssierte als Autor von Hörspielen, bei einem großen Publikum mit seiner neuen Erfindung.

reuten ['rɔytn̩] ⟨sw. V.; hat⟩ [mhd., ahd. riuten] (südd., österr., schweiz.): *roden.*
Reuter ['rɔytɐ], der; -s, - [landsch. Nebenf. von ↑Reiter (2 a)] (Landw.): svw. ↑Heureuter.
Reutherbrett ['rɔytɐ-], das [nach dem dt. Kunstturner R. Reuther (geb. 1909)] (Turnen): *bei Sprungübungen gebräuchliches, stark federndes Sprungbrett aus Holz.*
Revakzination, die; -, -en (Med.): *Zweit-, Wiederimpfung;* **revakzinieren** ⟨sw. V.; hat⟩ (Med.): *wieder impfen.*
revalieren [reva'li:rən] ⟨sw. V.; hat⟩ [zu ↑re-, Re- u. lat. valēre = Wert haben, gültig sein]: **1.** (Kaufmannsspr.) *(eine Schuld) decken.* **2.** (bildungsspr. veraltend) *sich für eine Auslage* (2) *schadlos halten;* ⟨Abl.:⟩ **Revalierung**, die; -, -en (Kaufmannsspr.): *Deckung (einer Schuld);* **Revalorisation**, die; -, -en: svw. ↑Revalorisierung; **revalorisieren** ⟨sw. V.; hat⟩ [zu ↑re-, Re- u. ↑valorisieren] (Wirtsch.): *auf den ursprünglichen Wert erhöhen:* eine Währung, den Preis für eine Ware r.; ⟨Abl.:⟩ **Revalorisierung**, die; -, -en (Wirtsch.): *das Revalorisieren;* **Revalvation**, die; -, -en [geb. nach ↑Devalvation] (Wirtsch.): *Aufwertung einer Währung durch Korrektur des Wechselkurses;* **revalvieren** ⟨sw. V.; hat⟩ [geb. nach ↑devalvieren] (Wirtsch.): *aufwerten.*
Revanche [re'vã:ʃ(ə), ugs. auch: re'vaŋʃə, österr.: re'vã:ʃ], die; -, -n [frz. revanche, zu: (se) revancher, ↑revanchieren]: **1.** (veraltend) *Vergeltung (eines Landes) für eine erlittene militärische Niederlage:* die Nationalisten sinnen auf R. **2.** *das Sichrevanchieren* (1): sein Verhalten war eine R. für die Abweisung. **3.** (scherzh.) *Gegendienst, Gegenleistung für etw.:* als R. für ihre Hilfe lud er alle zu einem Fest ein. **4.** (Sport, Spiel) **a)** *Chance, eine erlittene Niederlage bei einem Wettkampf in einer Wiederholung wettzumachen:* vom Gegner eine R. verlangen; jmdm. R. geben; R. nehmen, üben *(Gelegenheit nehmen, seine Niederlage wettzumachen);* R. fordern; auf R. brennen; auf eine R. verzichten; **b)** *Rückkampf, Rückspiel, bei dem eine vorangegangene Niederlage wettgemacht werden soll:* eine erfolgreiche, mißglückte R.; sie haben auch die R. verloren.
Revanche-: ~**foul**, das (Sport): *Foul, das man seinerseits an dem Spieler begeht, von dem man vorher gefoult wurde;* ~**kampf**, der (Sport): *Wettkampf, der eine Revanche* (4 b) *darstellt;* ~**krieg**, der (veraltend): *Krieg, durch den ein Land eine erlittene Niederlage wettmachen möchte;* ~**partie**, die: *Partie eines Spiels, durch die man eine vorangegangene Niederlage wettzumachen versucht;* ~**politik**, die: *revanchistische Politik eines Landes;* ~**spiel**, das: vgl. ~kampf.
revanchieren [revã'ʃi:rən, auch: revaŋ'ʃi:rən], sich ⟨sw. V.; hat⟩ [frz. (se) revancher, zu: venger < lat. vindicāre = rächen] (ugs.): **1.** *jmdm. bei passender Gelegenheit etw., was er einem angetan, womit er einen getroffen hat o. ä., heimzahlen; sich für etw. rächen:* eines Tages wird er sich [für deine Bosheiten, mit der gleichen Härte] r. **2.** *sich für etw., was einem von [einem] anderen zuteil wurde, mit einer Gegengabe, Gegenleistung bedanken, erkenntlich zeigen:* sich bei jmdm., für etw. r.; er revanchierte sich mit einem großen Blumenstrauß für die Gastfreundschaft. **3.** (Sport) *eine erlittene Niederlage durch einen Sieg in einem zweiten Spiel gegen denselben Gegner ausgleichen, wettmachen:* sich durch ein 2:0, mit einem 2:0 [für die Niederlage] r.; **Revanchismus** [revã'ʃɪsmʊs, auch: revaŋ...], der; - [russ. rewanschism] (bes. kommunist.): *Politik, die auf die Rückgewinnung in einem Krieg verlorener Gebiete od. die Annullierung aufgezwungener Verträge mit militärischen Mitteln ausgerichtet ist;* **Revanchist** [revã'ʃɪst; auch: revaŋ...], der; -en, -en [russ. rewanschist] (bes. kommunist.): *jmd., der in seinem Denken u. Handeln eine Revanchepolitik vertritt;* **revanchistisch** ⟨Adj.; o. Steig.⟩ [nach russ. rewanschistskij] (bes. kommunist.): *von Revanchismus, revanchistischem Denken bestimmt:* -e Kräfte, Kreise; diese Politik ist r.
Reveille [re'vɛ(:)jə, auch: re'vɛljə], die; -, -n [frz. reveille, zu: reveiller = (auf)wecken] (Milit. veraltet): *Weckruf, -signal; das Wecken.*
Revelation [revela'tsi̯o:n], die; -, -en [spätlat. revēlātio, zu lat. revēlāre = enthüllen] (bildungsspr.): *Enthüllung, Offenbarung;* **revelatorisch** [...'to:rɪʃ] ⟨Adj.; o. Steig.⟩ [spätlat. revēlātōrius] (bildungsspr.): *enthüllend, offenbarend.*
Revenant [rəvə'nã:], der; -s, -s [frz. revenant, eigtl. 1. Part. von: revenir, ↑Revenue] (bildungsspr.): *aus einer anderen Welt wiederkehrender* ²*Geist* (2 b); *Gespenst;* **Revenue** [rəvə'ny:], die; -, -n ⟨meist Pl.⟩ [...'ny:ən; frz. revenu, zu: revenir = wiederkommen < lat. revenīre] (bildungsspr. selten): *Einkünfte aus Vermögen o. ä.:* sie (= die Verleger) ... finanzieren sie (= die ersten Auflagen) mit den Einkünften aus ... den -n aus Nebenrechten (Capital 2, 1967, 37).
Reverend ['rɛvərənd], der; -s, -s [engl. Reverend < lat. reverendus = Verehrungswürdiger, zu: reverēri = verehren]: **1.** ⟨o. Pl.⟩ *(in englischsprachigen Ländern) Titel u. Anrede für einen Geistlichen.* **2.** *Träger dieses Titels;* Abk.: Rev.; **Reverenz** [reve'rɛnts], die; -, -en [lat. reverentia = Ehrfurcht, zu reverēri, ↑Reverend] (bildungsspr.) **1.** *Ehrerbietung, Hochachtung einem Höhergestellten, einer Respektsperson gegenüber:* eine Geste ... undevoter R. (Maass, Gouffé 279); jmdm. [die, seine] R. erweisen, bezeigen *(mit Respekt, Ehrerbietung [be]grüßen; durch eine Verbeugung o. ä. seine Hochachtung zum Ausdruck bringen).* **2.** *Verbeugung, Verneigung o. ä. als Bezeigung von Respekt:* eine ehrerbietige R. [vor jmdm. machen].
Reverie [rɛvə'ri:], die; -, -n [...i:ən; frz. rêverie, zu: rêver = träumen] (Musik): *Titel eines elegisch-träumerischen Instrumentalstücks; Träumerei.*
¹**Revers** [re've:ɐ̯, auch: re'vɛ:ɐ̯, rə've:ɐ̯, rə'vɛ:ɐ̯], das; -s, -s [frz. revers, zu lat. reversum, 2. Part. von: revertere = umwenden]: *(mit dem Kragen eine Einheit bildender) mehr od. weniger breiter, nach oben spitz zulaufender Aufschlag am Vorderteil bes. von Mänteln, Jacken, Jacketts:* das Jackett hat ein schmales, breites, steigendes, fallendes R.; er trägt eine goldene Nadel, ein Parteiabzeichen am R.; ²**Revers** [re'vɛ:ɐ̯], der; - [re'vɛ:ɐ̯(s)], - [re'vɛ:ɐ̯s] (österr.): svw. ↑¹Revers; ³**Revers** [re'vɛrs, frz. rə'vɛ:r], der; -es u. (bei frz. Ausspr.:) -, -e u. (bei frz. Ausspr.:) - [frz. revers = Rückseite, ↑¹Revers] (Münzk.): *Rückseite einer Münze od. Medaille* (Ggs.: Avers); ⁴**Revers** [re'vɛrs], der; -es, -e [mlat. reversum = Antwort, eigtl. = umgekehrtes Schreiben] (jur.): *schriftliche Erklärung, durch die sich jmd. zu etw. Bestimmtem verpflichtet:* einen R. ausstellen, unterschreiben, verlangen; **Reverse** [rɪ'və:s], das; - [engl. reverse, zu: to reverse, ↑¹Reversible] (Technik) *Umschaltautomatik für den Rücklauf (bes. bei Kassettenrecordern);* **reversibel** [revɛr'zi:bl̩] ⟨Adj.; o. Steig.⟩ [(frz. réversible, zu lat. reversum, ↑¹Revers] (Fachspr.): *(in bezug auf bestimmte Prozesse) umkehrbar* (Ggs.: irreversibel): -e Prozesse; eine -e (Med.; *heilbare*) Organveränderung; etw. ist nicht r.; etw. r. machen; ⟨Abl.:⟩ **Reversibilität** [...zibili'tɛ:t], die; - (Fachspr.): *Umkehrbarkeit* (Ggs.: Irreversibilität); ¹**Reversible** [revɛr'zi:bl̩], der; -s, -s [zu engl. reversible = doppelseitig, wendbar, zu: to reverse < frz. reverser = umkehren] (Textilind.): *Gewebe, Stoff, bei dem beide Seiten als Außenseite verwendet werden können;* ²**Reversible** [-], das; -s, -s: *Kleidungsstück, das beidseitig getragen werden kann;* **reversieren** [revɛr'zi:rən] ⟨sw. V.; hat⟩ [frz. reverser, ↑¹Reversible] (österr.): *(mit einem Fahrzeug) zurücksetzen;* ⟨Zus.:⟩ **Reversierwalzwerk**, das (Technik): *Walzwerk, bei dem die Drehrichtung der Walzen umkehrbar ist, so daß das Walzgut die Maschine mehrmals in beiden Richtungen durchlaufen kann;* **Reversion** [revɛr'zi̯o:n], die; -, -en [lat. reversio, zu: reversum, ↑¹Revers] (Fachspr.): *Umkehrung, Umdrehung;* ⟨Zus.:⟩ **Reversionspendel**, das; -s, - (Physik): *physikalisches Pendel zur genauen Bestimmung der Fallbeschleunigung.*
Revident [revi'dɛnt], der; -en, -en [zu ↑revidieren]: **1.** (jur.) *jmd., der in einem Rechtsstreit das Rechtsmittel der Revision anwendet.* **2. a)** ⟨o. Pl.⟩ (österr.) *Beamtentitel im gehobenen Dienst;* **b)** *Träger dieses Titels.* **3.** (veraltet) *Prüfer, Revisor;* **revidieren** ⟨sw. V.; hat⟩ [mlat. revidere = prüfend einsehen < lat. revidēre = wieder hinsehen]: **1. a)** *auf seine Richtigkeit, Korrektheit, seinen ordnungsgemäßen Zustand o. ä. hin prüfen, durchsehen:* die Geschäftsbücher, die Kasse r.; Druckbogen r.; **b)** *auf etw. hin kontrollieren, durchsuchen:* an der Grenze wurde alles Gepäck revidiert; daß die Polizei jene Feldscheune revidiert habe (Fallada, Trinker 120); Sie schleichen um unsere Baracken und revidieren die Abfalltonnen *(durchsuchen sie nach Brauchbarem;* Remarque, Westen 135). **2. a)** *etw., von dem man erkannt hat, daß es so nicht [mehr] richtig ist, nicht [mehr] der Wirklichkeit entspricht o. ä., ändern, korrigieren:* seine Meinung, Einstellung, sein Urteil r.; Jetzt aber ist es Zeit, das Bild der Welt ... zu r. und die alten Grundlinien der Politik zu überprüfen (Dönhoff, Ära 189); **b)** *etw. (nach Überprüfung) formal abändern:* einen Gesetzesparagraphen, einen Vertrag r.; die revidierte *(durchgesehene u. verbesserte)* Auflage eines Buches.

Revier [re'vi:ɐ̯], das; -s, -e [mniederl. riviere < (a)frz. rivière = Ufer(gegend) < vlat. rīpāria = am Ufer Befindliches, zu lat. rīpa = Ufer]: **1.** *[Tätigkeits-, Aufgaben]bereich, in dem jmd. sich verantwortlich, zuständig o. ä. fühlt, tätig ist:* jeder versucht sein R. abzugrenzen, sich sein R. zu erhalten, in dem er selbständig arbeiten kann; er betrachtete die Küche als sein R. *(als Bereich, für den er zuständig war);* Thiel begleitet den Zug bis an die Grenze seines -s (*Amtsbereichs;* Hauptmann, Thiel 39); das ist [nicht] mein R. (ugs.; *da habe ich [nichts] zu sagen, dafür bin ich [nicht] zuständig o. ä.*). **2.** (Zool.) *begrenzter Bereich, Platz (in der freien Natur), den ein Tier als sein Territorium betrachtet, in das es keinen Artgenossen eindringen läßt):* der Hirsch verteidigt, markiert sein R. **3.** kurz für ↑Polizeirevier: einen Verdächtigen, Betrunkenen aufs R. mitnehmen; er muß sich auf dem R. melden. **4.** kurz für ↑Forstrevier. **5.** kurz für ↑Jagdrevier. **6.** (Milit. veraltet) **a)** *Unterkunft der Soldaten in der Kaserne:* das R. nicht verlassen dürfen; **b)** *Raum (in einer Kaserne), in dem leichter erkrankte Soldaten behandelt werden; Sanitätsbereich:* er hatte eine Verletzung, die im R. behandelt wurde. **7.** (Bergbau) *größeres Gebiet, in dem Bergbau betrieben wird:* Das R., von Dortmund bis Duisburg (Grass, Hundejahre 515); er kommt aus dem rheinischen R.; Rüdiger, der Junge aus dem R. (*Ruhrrevier;* Freizeitmagazin 12, 1978, 29). **8.** (selten) kurz für ↑Industrierevier.

revier-, Revier-: ~**behandlung,** die ⟨o. Pl.⟩ (Milit. veraltet): *im Revier* (6 b) *stattfindende Behandlung;* ~**förster,** der: *Forstbeamter des gehobenen Dienstes;* ~**fremd** ⟨Adj.; o. Steig.; nicht adv.⟩ (Zool.): *nicht in das Revier gehörend u. darum nicht geduldet:* ein -es Tier; ~**krank** ⟨Adj.; o. Steig.; nicht adv.⟩ (Milit. veraltet), ⟨subst.:⟩ ~**kranke,** der (Milit. veraltet): *Soldat, der als Kranker im Revier* (6 b) *behandelt wird;* ~**markierung,** die (Verhaltensf.): *das Kennzeichnen u. Abgrenzen eines Reviers* (2) *durch ein Tier;* ~**stube,** die (Milit. veraltet): svw. ↑Revier (6 b); ~**verhalten,** das (Verhaltensf.): *charakteristisches Verhalten eines Tieres, sein Revier* (2) *betreffend;* ~**wache,** die: *Revier* (3).

revieren [re'vi:rən] ⟨sw. V.; hat⟩ (Jägerspr.): **a)** *(vom Jagdhund) das Gelände absuchen;* **b)** *(vom Jäger) das Revier* (5) *besehen.*

Revindikation, die; -, -en [zu ↑re-, Re- u. lat. vindicātio = Anspruch(srecht)] (Rechtsspr. veraltet): *Zurückforderung einer eigenen Sache.*

Revirement [revirə'mã:; österr.: revɪr'mã:], das; -s, -s [frz. revirement = Umschwung, zu: virer = wenden, über das Vlat. zu lat. vibrāre, ↑vibrieren] (bildungsspr.): *Umbesetzung von Ämtern, bes. Staatsämtern:* an der Spitze des Unternehmens, im Außenministerium hat ein R. stattgefunden; ein R. vornehmen.

Revision [revi'zi̯o:n], die; -, -en [mlat. revisio = prüfende Wiederdurchsicht, zu lat. revīsum, 2. Part. von: revidēre, ↑revidieren]: **1. a)** *das Revidieren* (1 a), *Überprüfung:* eine R. der Geschäftsbücher, der Kasse vornehmen, durchführen; **b)** *das Revidieren* (1 b); *Durchsuchung, Kontrolle:* eine R. des Gepäcks fand statt; sie (= die Gewerbeaufsicht) hat das Recht zur jederzeitigen R. der Betriebe (Fraenkel, Staat 313). **2.** (Druckw.) *das Durchsehen, Prüfen eines Abzugs* (2 b) *auf die ordnungsgemäße Ausführung der Korrekturen hin:* eine R. der Druckbogen. **3. a)** *das Revidieren* (2 a), *Änderung:* eine R. seines Urteils, seiner Meinung; die Regierung nahm eine R. ihrer Wirtschaftspolitik vor; etw. zwingt jmdn. zur R. seiner Haltung; **b)** *das Revidieren* (2 b); *Abänderung:* die R. eines Gesetzes, eines Vertrags. **4.** (jur.) *gegen ein [Berufungs]urteil einzulegendes Rechtsmittel, das die Überprüfung dieses Urteils hinsichtlich einer behaupteten fehlerhaften Gesetzesanwendung od. hinsichtlich angeblicher Verfahrensmängel fordert:* gegen ein Urteil R. ankündigen, beantragen, einlegen; die R. verwerfen, zurückweisen; der R. stattgeben; der Anwalt des Klägers, der Kläger geht in die R. *(wendet das Rechtsmittel der Revision an);* **Revisionismus** [revizi̯o'nɪsmʊs], der; - (Politik): **1.** *Bestreben, eine Änderung eines bestehenden [völkerrechtlichen] Zustandes od. eines [politischen] Programms herbeizuführen.* **2.** *(innerhalb der internationalen Arbeiterbewegung) Richtung, die bestrebt ist, den orthodoxen Marxismus durch Sozialreformen abzulösen;* **Revisionist** [...'nɪst], der; -en, -en: *Anhänger, Verfechter des Revisionismus;* **revisionistisch** ⟨Adj.; o. Steig.⟩: *dem Revisionismus an-, zugehörend; den Revisionismus betreffend.*

revisions-, Revisions-: ~**antrag,** der (jur.); ~**bedürftig** ⟨Adj.; nicht adv.⟩: *so beschaffen, daß es revidiert* (2) *werden müßte:* ein -es Urteil; ~**begehren,** das (jur.); ~**bogen,** der (Druckw.): *letzter, vor dem Beginn des Drucks hergestellter Abzug, der noch einmal auf die Ausführung der Korrekturen hin überprüft wird;* ~**frist,** die (jur.); ~**gericht,** das (jur.); ~**prozeß,** der (jur.); ~**urteil,** das (jur.); ~**verfahren,** das (jur.); ~**verhandlung,** die (jur.).

Revisor [re'vi:zɔr, auch: ...zo:ɐ̯], der; -s, -en [revi'zo:rən; zu lat. revīsum, ↑Revision]: **1.** kurz für ↑Bücherrevisor. **2.** (Druckw.) *Korrektor, dem die Überprüfung der letzten Korrekturen im druckfertigen Bogen obliegt.*

revitalisieren ⟨sw. V.; hat⟩: **1.** (Med.) *(den Körper, ein Organ o. ä.) wieder kräftigen, funktionsfähig machen:* den Körper mit Hilfe von Frischzellen r.; einen Zahn r. **2.** (Biol.) *wieder in ein natürliches Gleichgewicht bringen:* Biotope r.; ⟨Abl.:⟩ **Revitalisierung,** die; -, -en (Med., Biol.).

Revival [rɪ'vaɪvəl], das; -s, -s [engl. revival, zu: to revive < la. revīvere = wieder leben]: *Wiederbelebung, Erneuerung* (z. B. eines lange nicht gespielten Theaterstücks o. ä.).

Revokation, die; -, -en [lat. revocātio, zu: revocāre, ↑revozieren] (bildungsspr.): *Widerruf;* **Revoke** [rɪ'voʊk], die; -, -s [engl. revoke, zu: to revoke = nicht bedienen; widerrufen < lat. revocāre, ↑revozieren] (Kartenspiel): *versehentlich falsches Bedienen od. Nichtbedienen.*

Revolte [re'vɔltə], die; -, -n [frz. révolte, eigtl. = Umwälzung, zu: révolter, ↑revoltieren]: *[politisch motivierter, bewaffneter] gegen bestehende Verhältnisse o. ä. gerichteter Aufstand, Auflehnung einer kleineren Gruppe:* eine offene R. brach aus; eine R. machen, niederschlagen, unterdrücken; eine R. gegen jmdn. entfachen; eine R. in der Armee, unter den Gefangenen; Ü Diese Ehe ... hat sich gehalten in einem labilen Gleichgewicht zwischen Resignation und R. (*innerer Auflehnung;* Schreiber, Krise 188); ⟨Abl.:⟩ **Revolteur** [...'tø:ɐ̯], der; -s, -e (selten): *jmd., der sich an einer Revolte beteiligt;* **revoltieren** ⟨sw. V.; hat⟩ [frz. révolter, eigtl. = zurück-, umwälzen < ital. rivoltare = umdrehen, empören, über das Vlat. < lat. revolvere (2. Part.: revolūtum) = zurückrollen, -drehen] (bildungsspr.): **1.** *sich an einer Revolte beteiligen; eine Revolte machen:* die Gefangenen revoltierten. **2.** *gegen jmdn., etw. aufbegehren, sich auflehnen:* sie revoltierten gegen die schlechte Behandlung, das schlechte Essen; gegen die Eltern revoltierende Jugendliche; Ü nach dem reichlichen Mahl begann sein Magen zu r. *(es wurde ihm übel o. ä.);* etwas revoltiert *(sträubt sich)* in ihm gegen diese Forderung; **Revolution** [revolu'tsi̯o:n], die; -, -en [frz. révolution, eigtl. = Umdrehung, Umwälzung; < spätlat. revolūtio = das Zurückwälzen, -drehen, zu lat. revolūtum, ↑revoltieren]: **1.** *(mit Zerstörung, Gewalttat u. Willkür einhergehender) auf radikale Veränderung der bestehenden politischen u. gesellschaftlichen Verhältnisse ausgerichteter, gewaltsamer Umsturz[versuch]* (Ggs.: Evolution 1): die russische, chinesische R.; die Französische R.; eine R. findet statt, bricht aus; die R. scheitert, siegt, bricht zusammen; eine R. machen, niederschlagen, beenden; die R. von 1848; eine R. von oben *(im Gegensatz zur Volksrevolution durch die Herrschenden in einem Land in Gang gesetzter Prozeß politischer, sozialer, ökonomischer Umwälzung);* Ü die industrielle R. *(die wirtschaftliche Umwälzung durch den Übergang von der Manufaktur* (1) *zur Großindustrie;* von dem brit. Historiker A. J. Toynbee [1889–1975] geprägter Begriff); die technische, wissenschaftliche R. *(Umwälzung im Bereich der Technik, der Wissenschaft durch neue Erfindungen, Erkenntnisse).* **2.** *umwälzende, bisher Gültiges, Bestehendes o. ä. verdrängende, umstürzende Neuerung:* eine R. in der Mode, in Fragen der Kindererziehung. **3.** (Astron. veraltet) *Umlaufbewegung der Planeten um die Sonne.* **4.** (Skat) *Null ouvert Hand, bei dem die gegnerischen Spieler die Karten austauschen;* **revolutionär** [revolutsi̯o'nɛ:ɐ̯] ⟨Adj.⟩ [frz. révolutionnaire]: **1.** ⟨o. Steig.⟩ *auf eine Revolution* (1) *abzielend:* eine -e Bewegung; -e Zellen; -e Gedanken, Ziele, Forderungen; -er Kampf, Elan; -e Lieder, Gedichte *(Lieder, Gedichte, die die Revolution verherrlichen, zur Revolution aufrufen);* dieses Gedankengut ist r.; r. denken. **2.** *eine Revolution* (2) *bewirkend; (im Hinblick auf seine Neuheit) eine Umwälzung darstellend:* eine -e Entdeckung, Erfindung; diese Idee ist r.; Fachleute halten Corfam für ... r. im Bereich der Lederverarbeitung (Welt 24. 9. 66, 18); **Revolutionär** [-], der; -s, -e [frz. révolutionnaire]: **1.** *jmd., der an einer Revolution*

(1) *beteiligt ist, auf eine Revolution hinarbeitet:* er wurde als R. ins Gefängnis geworfen. **2.** *jmd., der auf einem Gebiet als Neuerer auftritt:* er war ein R. auf dem Gebiet der Mode, der Architektur; **revolutionieren** [revolutsio'ni:rən] ⟨sw. V.; hat⟩ [frz. révolutionner]: **1.** *grundlegend umgestalten, verändern:* eine Erfindung, die die Welt und das Weltbild r. mußte (Menzel, Herren 93); eine revolutionierende wissenschaftliche Entdeckung. **2. a)** (selten) *in aufrührerische Stimmung versetzen, mit revolutionärem Geist erfüllen:* das Volk r.; **b)** (selten) svw. ↑revoltieren. ⟨Abl.:⟩ **Revolutionierung,** die; -, -en.

Revolutions-: **~architektur,** die ⟨o. Pl.⟩ (Kunstwiss.): *Richtung der Baukunst in Frankreich in der Zeit vor der Französischen Revolution mit der Tendenz, den Bau auf einfache geometrische Formen zu reduzieren;* **~gericht,** das (Politik): *Gericht einer Revolutionsregierung;* **~rat,** der (Politik): *im Gefolge eines revolutionären Umsturzes sich bildende Gruppe, die die Macht ausübt;* **~regierung,** die: *Regierung, die aus einer Revolution* (1) *hervorgegangen ist;* **~tribunal,** das (hist.): *in der Französischen Revolution eingesetzter Gerichtshof zur Aburteilung politischer Gegner;* **~zeit,** die.

Revoluzzer [revo'lʊtsɐ], der; -s, - [ital. rivoluzionario, zu: rivoluzione = Revolution] (abwertend): *jmd., der sich [bes. mit Worten, in nicht ernst zu nehmender Weise] als Revolutionär gebärdet;* **Revoluzzertum,** das ⟨o. Pl.⟩ (abwertend): nicht klugschwätzen, keine Besserwisserei, keinerlei R. (Zwerenz, Quadriga 286).

Revolver [re'vɔlvɐ], der; -s, - [engl. revolver, zu: to revolve = drehen < lat. revolvere, ↑revoltieren; nach der sich drehenden Trommel]: **1.** *kleinere Schußwaffe, die mit einer Hand abgefeuert wird, bei der sich die Patronen in einer drehbar hinter dem Lauf angeordneten Trommel befinden):* ein geladener, entsicherter R.; den R. laden, entsichern, abdrücken, ziehen, auf jmdn. richten; jmdn. mit dem R. bedrohen. **2.** kurz für ↑Revolverkopf.

Revolver-: **~blatt,** das (abwertend): *reißerisch aufgemachte Zeitung, die, in der Hauptsache unsachlich, von zu Sensationen aufgebauschten Vorkommnissen u. Kriminalfällen berichtet;* **~blättchen,** das (abwertend): vgl. ~blatt; **~drehbank,** die ⟨Pl. -bänke⟩: *Drehbank, die mit einem Revolverkopf ausgerüstet ist;* **~dreher,** der: *Facharbeiter, der an einer Revolverdrehbank serienmäßig hergestellte Teile aus Metall od. Kunststoff bearbeitet* (Berufsbez.); **~geschütz,** das: vgl. ~gewehr; **~gewehr,** das: *Gewehr mit einer hinter dem Lauf angeordneten Trommel für die Patronen;* **~held,** der (abwertend): *jmd., der sich leicht in Streitereien verwikkelt u. dann bedenkenlos um sich schießt;* **~kopf,** der (Technik): *drehbare Vorrichtung (an verschiedenen Geräten u. bei der Revolverdrehbank), mit deren Hilfe Zusatzgeräte od. -werkzeuge schnell nacheinander in Gebrauch genommen werden können;* **~kugel,** die; **~presse,** die: vgl. ~blatt; **~schnauze,** die (ugs. abwertend): **1.** *freche Redeweise (mit der jmd. über andere herfällt):* er hat eine R. **2.** *jmd., der freche Reden führt (mit denen er über andere herfällt):* er ist eine richtige R.; **~schuß,** der; **~tasche,** die: *[am Gürtel getragene] Tasche für den Revolver.*

revolvieren [revɔl'vi:rən] ⟨sw. V.; hat⟩ [lat. revolvere, ↑revoltieren]: **a)** (Technik) *zurückdrehen;* **b)** (Wirtsch.) *in bestimmter Reihenfolge wiederkehren, sich wiederholen, erneuert werden:* revolvierender Kredit (*Revolvingkredit* 1); **Revolvinggeschäft** [rɪ'vɔlvɪŋ-], das; -[e]s, -e (Wirtsch.): *mit Hilfe von Revolvingkrediten finanziertes Geschäft;* **Revolvingkredit,** der; -[e]s, -e [nach engl.-amerik. revolving credit, zu engl. to revolve = revolvieren (b) u. credit = Kredit] (Wirtsch.): **1.** *Kredit, der der Liquidität des Kreditnehmers entsprechend zurückgezahlt u. bis zu einer vereinbarten Höhe erneut in Anspruch genommen werden kann.* **2.** *zur Finanzierung langfristiger Projekte dienender Kredit in Form von immer wieder prolongierten od. durch verschiedene Gläubiger gewährten formal kurzfristigen Krediten.*

revozieren ⟨sw. V.; hat⟩ [lat. revocāre] (bildungsspr.): *sein Wort, eine Äußerung o. ä. zurücknehmen, widerrufen:* seine Behauptungen r.; ⟨selten auch ohne Akk.:⟩ Drei Tage darauf mußte von Hase r. (Spiegel 49, 1965, 39).

Revue [re'vy:, auch: rə...], die; -, -n [...y:ən; frz. revue, eigtl. = Übersicht, Überblick, subst. 2. Part. von: revoir = wiedersehen]: **1. a)** *musikalisches Ausstattungsstück mit einer Programmfolge von sängerischen, tänzerischen u. artistischen Darbietungen, die untereinander durch eine lose Rahmenhandlung zusammengehalten werden:* eine R. einstudieren, ausstatten, inszenieren; in einer R. auftreten; **b)** *Truppe, die eine Revue* (a) *darbietet:* die R. gastiert in vielen Städten. **2.** *[Bestandteil des Titels einer] Zeitschrift, die einen allgemeinen Überblick über ein bestimmtes [Fach]gebiet gibt:* eine wissenschaftliche, literarische R. **3.** (Milit. veraltet) *Truppenschau, Parade:* eine R. abnehmen; *** etw., jmdn. R. passieren lassen** (*etw. in seinem Ablauf, erinnernd an seinem geistigen Auge vorüberziehen lassen; Personen [in einer Abfolge] in seiner Erinnerung wachrufen;* viell. nach frz. passer les troupes en revue = Truppen paradieren lassen): er ließ die Ereignisse der vergangenen Tage, die Menschen, die ihm begegnet waren, noch einmal R. passieren.

Revue- (Revue 1 a): **~film,** der: *verfilmte Revue;* **~girl,** das: *zur Truppe einer Revue gehörende Tänzerin;* **~star,** der: vgl. ~girl; **~theater,** das: *Theater, an dem vorwiegend Revuen gespielt werden.*

Rewriter [ri:'raɪtə], der; -s, - [engl.-amerik. rewriter, zu: to rewrite = für eine Veröffentlichung bearbeiten]: *jmd., der Nachrichten, Berichte, politische Reden u. Aufsätze o. ä. für die Veröffentlichung bearbeitet.*

[1]**Rex** [rɛks], der; -, Reges ['re:ge:s; lat. rēx = Lenker, König, zu: regere, ↑regieren]: *[altrömischer] Königstitel:* R. christianissimus *(Allerchristlichster König).*

[2]**Rex** [-], der; -, -e ⟨Pl. selten⟩ (Schülerspr.): svw. ↑Direx.

Rexapparat Ⓦ, der; -[e]s, -e (österr.): svw. ↑*Einwecktopf;* **Rexglas** Ⓦ, das; -es, -gläser (österr.): svw. ↑*Einweckglas.*

Reyon [rɛ'jõ:], der od. das; - [engl. rayon, frz. rayonne < frz. rayon = Strahl, zu lat. radius, ↑Radius; nach dem glänzenden Aussehen]: *glänzende Chemiefaser aus Zellulose.*

Rez-de-chaussée [redəʃo'se:], das; -, - [frz. rez-de-chaussée] (veraltet): *Erdgeschoß.*

Rezensent [retsɛn'zɛnt], der; -en, -en [lat. recēnsēns (Gen.: recēnsentis, 1. Part. von recēnsēre, ↑rezensieren]: *Verfasser einer Rezension:* das Buch, die Aufführung wurde von den -en sehr unterschiedlich beurteilt; **rezensieren** [...'zi:rən] ⟨sw. V.; hat⟩ [lat. recēnsēre = prüfend betrachten]: *(eine meist wissenschaftliche Arbeit) kritisch besprechen:* er rezensiert sehr scharf; wer soll das Buch r.?; ⟨Abl.:⟩ **Rezensierung,** die; -, -en (selten); **Rezension** [...'zio:n], die; -, -en [lat. recēnsio = Musterung]: **1.** *kritische Besprechung eines Buches, einer wissenschaftlichen Veröffentlichung, künstlerischen Darbietung o. ä., bes. in einer Zeitung od. Zeitschrift:* eine ausführliche, sachkundige R.; der Film bekam gute -en *(wurde allgemein positiv beurteilt);* er lieferte -en über pädagogische und germanistische Schriften. **2.** (Fachspr.) *berichtigende Durchsicht eines alten [mehrfach überlieferten] Textes, Herstellung einer dem Urtext möglichst nahekommenden Fassung;* ⟨Zus.:⟩ **Rezensionsexemplar, Rezensionsstück,** das: *einzelnes Exemplar einer Neuerscheinung, das der Verlag als Freiexemplar verschickt, damit es rezensiert wird.*

rezent [re'tsɛnt] ⟨Adj.; -er, -este⟩ [lat. recēns (Gen.: recentis) = jung; 2: aus der mlat. Apothekerspr. od. über das Roman. (vgl. ital. razzente) zu lat. recēns im Sinne von „erfrischend"]: **1.** (Biol.) *gegenwärtig [noch] lebend, auftretend od. sich bildend* (Ggs.: fossil): -e Formationen, Tiere, Pflanzen; unter -en standörtlichen Bedingungen (Mantel, Wald 100); Ü eine als r. *(entwicklungsfähig)* anzusehende Theorie. **2.** (landsch.) *pikant, säuerlich:* eine -e Speise; die Mixed Pickles sind sehr r.

Rezepisse [retse'pɪsə], österr.: ...'pɪs], das; -[s], -, österr.: die; -, -n [lat. recēpisse (Inf. Perf.) = erhalten zu haben, zu: recipere, ↑rezipieren] (Postw. veraltet, noch österr.): *Empfangsbestätigung, -bescheinigung;* **Rezept** [re'tsɛpt], das; -[e]s, -e [spätmhd. recept < mlat. receptum, eigtl. = (es wurde) genommen, 2. Part. von (m)lat. recipere, ↑rezipieren, urspr. Bestätigung des Apothekers für das ↑recipe des Arztes auf dessen schriftlicher Verordnung]: **1.** *schriftliche Anweisung des Arztes an den Apotheker zur Abgabe, gegebenenfalls auch Herstellung, bestimmter Arzneimittel:* ein R. ausschreiben; das gibt es nur auf R.; den Arzt um ein R. bitten; Ü ein R. gegen Langeweile; dafür gibt es [noch] kein R. **2.** *Anleitung zur Herstellung bestimmter Gerichte mit Mengenangaben für die einzelnen Zutaten; Koch-, Backrezept:* ein R. aus einem alten Kochbuch; ein R. ausprobieren; Ü ein taktisches R.; nach bewährtem R.

rezept-, Rezept-: **~block,** der ⟨Pl. -blocks⟩: *Block, auf dem* *der Arzt seine Verordnungen aufschreibt;* **~buch,** das: *Buch mit [Koch]rezepten;* **~formel,** die (Pharm.): *chem. Formel für eine Arznei;* **~frei** ⟨Adj.; o. Steig.⟩: *ohne Rezept [erhältlich]:* ein -es Schlafmittel; dies Medikament kann r. abgegeben werden; **~pflicht,** die: *gesetzlich festgelegte Einschränkung für die Abgabe eines Arzneimittels nur auf Rezept,* dazu: **~pflichtig** ⟨Adj.; o. Steig.; nicht adv.⟩; **~zwang,** der: svw. ↑~pflicht.

rezeptieren [retsɛp'ti:rən] ⟨sw. V.; hat⟩: *(als Arzt) ein Rezept* (1) *ausschreiben:* jmdm. ein bestimmtes Medikament r.; dieser Arzt rezeptiert sehr gewissenhaft; das rezeptierte Mittel in der Apotheke holen; **Rezeption** [...'tsi̯o:n], die; -, -en [lat. receptio = Aufnahme, zu: recipere, ↑rezipieren; 3: frz. réception < lat. receptio]: **1.** *Auf-, Übernahme fremden Gedanken-, Kulturguts:* die R. des römischen Rechts. **2.** *das Wahrnehmen u. verstehende Aufnehmen eines Kunstwerks, Textes durch den Betrachter, Leser od. Hörer:* Der Roman erlaubt die am meisten isolierende, extrem private und individuelle R. von Literatur (Greiner, Trivialroman 21). **3.** *Aufnahme[raum], Empfangsbüro im Foyer eines Hotels:* die R. ist im Augenblick nicht besetzt; an der R. nach einem Zimmer fragen; bitte bei der R. melden!; der Portier sitzt in der, hinter der R.; ⟨Zus. zu 1:⟩ **Rezeptionsästhetik,** die ⟨o. Pl.⟩: *Richtung in der modernen Literatur-, Kunst- u. Musikwissenschaft, die sich mit der Wechselwirkung zwischen dem, was ein Kunstwerk an Gehalt, Bedeutung usw. anbietet, u. dem Erwartungshorizont sowie der Verständnisbereitschaft des Rezipienten befaßt;* **rezeptionsästhetisch** ⟨Adj.; o. Steig.⟩: *die Rezeptionsästhetik betreffend, von ihr ausgehend:* die -e Betrachtungsweise; **rezeptiv** [...'ti:f] ⟨Adj.; o. Steig.⟩: *[nur] aufnehmend, empfangend; empfänglich:* -es Verhalten; ⟨Abl.:⟩ **Rezeptivität** [...tivi'tɛ:t], die; -: *Aufnahmefähigkeit, Empfänglichkeit [für Sinneseindrücke];* **Rezeptor** [re'tsɛptɔr, auch: ...to:ɐ̯], der; -s, -en [...'to:rən] ⟨meist Pl.⟩ [lat. receptor = Aufnehmer] (Biol., Physiol.): *Ende einer Nervenfaser od. spezialisierte Zelle, die Reize aufnehmen u. in Erregungen umwandeln kann;* ⟨Abl.:⟩ **rezeptorisch** [...'to:rɪʃ] ⟨Adj.; o. Steig.⟩ (Biol., Physiol.): *Rezeptoren betreffend; von ihnen aufgenommen;* **Rezeptur** [retsɛp'tu:ɐ̯], die; -, -en: **1.** (Pharm.) **a)** *Zubereitung von Arzneimitteln nach Rezept:* Kenntnisse in der R.; **b)** *Arbeitsraum in einer Apotheke zur Herstellung von Arzneimitteln;* sie arbeitet in der R. **2.** *Zusammenstellung u. Mischung von Chemikalien nach bestimmtem Rezept (in der Industrie).* **3.** (Gastr.) *Zubereitung von Nahrungs- u. Genußmitteln nach einem bestimmten Rezept.*

Rezeß [re'tsɛs], der; ...zesses, ...zesse [lat. recessus = Rückzug, subst. 2. Part. von: recēdere = zurückweichen, -gehen] (veraltet): *Auseinandersetzung, Vergleich, [schriftlich fixiertes] Verhandlungsergebnis;* **Rezession** [retsɛ'si̯o:n], die; -, -en [engl.-amerik. recession < lat. recessio = das Zurückgehen] (Wirtsch.): *Verminderung der Wachstumsgeschwindigkeit, leichter Rückgang der Konjunktur, der aber nicht so gravierend ist wie bei einer Depression* (2): in der R. nimmt die Arbeitslosigkeit zu und die Neigung zu Investitionen ab; ⟨Zus.:⟩ **Rezessionsphase,** die; **rezessiv** [...'si:f] ⟨Adj.; o. Steig.⟩ [vgl. engl. recessive, frz. récessif]: **1.** (Biol.) *(von Erbfaktoren) zurücktretend, nicht in Erscheinung tretend* (Ggs.: dominant). **2.** (selten) *die Rezession betreffend:* -e Maßnahmen; ⟨Abl. zu 1:⟩ **Rezessivität,** die [...sivi'tɛ:t], die; - (Biol.): *Eigenschaft eines Gens od. des entsprechenden Merkmals im Erscheinungsbild eines Lebewesens nicht hervorzutreten* (Ggs.: Dominanz).

rezidiv [retsi'di:f] ⟨Adj.; o. Steig.⟩ [lat. recidīvus, zu: recidere = wiederkommen] (Med.): *(von Krankheiten, Krankheitssymptomen) wiederkehrend, wiederauflebend:* -e Schmerzen; **Rezidiv** [-], das; -s, -e [...i:və] (Med.): *Rückfall:* aus verstreuten Krebszellen können -e entstehen; **rezidivieren** [...di'vi:rən] ⟨sw. V.; hat⟩ (Med.): *(von Krankheiten) in Abständen wiederkehren.*

Rezipient [retsi'pi̯ɛnt], der; -en, -en [lat. recipiēns (Gen.: recipientis), 1. Part. von: recipere, ↑rezipieren]: **1.** (Kommunikationsf.): *jmd., der einen Text, ein Werk der bildenden Kunst, ein Musikstück o. ä. aufnimmt; Hörer, Leser, Betrachter.* **2.** (Physik) *Glasglocke od. Stahlzylinder mit Ansatzrohr für eine Vakuumpumpe zum Herstellen eines luftleeren Raumes;* **rezipieren** [...'pi:rən] ⟨sw. V.; hat⟩ [lat. recipere = ein-, aufnehmen]: **a)** *fremdes Gedanken-, Kulturgut aufnehmen, übernehmen:* Die Ideen der Hippie-Kultur wurden also schnell in Dänemark rezipiert (Wohngruppe 23); **b)** *einen Text, ein Kunstwerk als Leser, Hörer od. Betrachter aufnehmen.*

reziprok [retsi'pro:k] ⟨Adj.; o. Steig.⟩ [wohl frz. réciproque < lat. reciprocus = auf demselben Wege zurückkehrend] (Fachspr.): *wechselseitig, gegenseitig [erfolgend], aufeinander bezüglich:* -e Verhältnisse; die Brüche $^3/_4$ und $^4/_3$ sind r., ergeben daher miteinander multipliziert den Wert 1; reflexive Pronomen können r. gebraucht werden; ⟨Abl.:⟩ **Reziprozität** [retsiprotsi'tɛ:t], die; - [frz. réciprocité] (Fachspr.): *Gegen-, Wechselseitigkeit, Wechselbezüglichkeit.*

Rezital: ↑Recital; **Rezitation** [retsita'tsi̯o:n], die; -, -en [lat. recitātio = das Vorlesen, zu: recitāre, ↑rezitieren]: *künstlerischer Vortrag einer Dichtung, eines literarischen Werkes:* seine R. wirkte zu übertrieben; die Kunst der R.; ⟨Zus.:⟩ **Rezitationsabend,** der: *Abendveranstaltung mit Rezitationen;* **Rezitativ** [...'ti:f], das; -s, -e [...ī:və; ital. recitativo, zu: recitare < lat. recitāre, ↑rezitieren]: *kleiner, im Sprechgesang vorgetragener Abschnitt innerhalb eines musikalischen Werkes, z. B. einer Oper, im Unterschied zu einer ihm oft folgenden Arie:* ein dramatisches R.; als nächstes hören wir R. und Arie von Ännchen aus der Oper „Der Freischütz"; ⟨Abl.:⟩ **rezitativisch** ⟨Adj.; o. Steig.⟩: *in der Art eines Rezitativs [vorgetragen];* **Rezitator** [...'ta:tɔr, auch: ...to:ɐ̯], der; -s, -en [...ta'to:rən; lat. recitātor = Vorleser]: *jmd., der rezitiert;* ⟨Abl.:⟩ **rezitatorisch** [...ta'to:rɪʃ] ⟨Adj.; o. Steig.⟩: *den Rezitator, die Rezitation betreffend:* er betätigt sich r.; **rezitieren** [...'ti:rən] ⟨sw. V.; hat⟩ [lat. recitāre = vortragen]: *eine Dichtung, ein literarisches Werk künstlerisch vortragen:* Gedichte r.; er rezitierte aus einem neuen Roman; er rezitiert oft und gern.

R-Gespräch ['ɛr-], das; -[e]s, -e [R = Rückfrage] (Postw.): *Ferngespräch, bei dem die Gebühren, nach vorheriger Rückfrage durch die Post, vom Angerufenen übernommen werden.*

rh, Rh [ɛr'ha:]: ↑Rhesusfaktor.

Rh- (mit Bindestrich; Med.): **~Faktor,** der: kurz für ↑Rhesusfaktor; **~negativ** [–'–––] ⟨Adj.; o. Steig.; nicht adv.⟩: *im Blut den Rhesusfaktor nicht aufweisend:* eine -e Mutter; **~positiv** [–'–––] ⟨Adj.; o. Steig.; nicht adv.⟩: *im Blut den Rhesusfaktor aufweisend:* -e Väter.

[1]**Rhabarber** [ra'barbɐ], der; -s [ital. rabarbaro < (m)griech. rhã bárbaron = fremdländische Wurzel, aus: rhã = Wurzel u. bárbaros = fremdländisch (angelehnt an: Rhã = griech. Name der Wolga, da die Pflanze wohl aus diesem Raum nach Süden u. Westen gelangte) < pers. rāwand; mhd. re(u)barbe(r) < (m)lat. reubarbarum]: **a)** *staudenartiges, großblättriges Gewächs mit langen, fleischigen Blattstielen von grüner bis hellroter Farbe, die ein gutes, stark säurehaltiges Kompott ergeben;* **b)** *Stangen des Rhabarbers* (a): auf dem Markt R. kaufen; Grießbrei mit R. *(Rhabarberkompott);* [2]**Rhabarber** [-], das; -s [lautm., wegen der lautl. Ähnlichkeit angelehnt an ↑[1]Rhabarber] (ugs.): *unverständliches, undeutliches Gemurmel:* Die Menge geht unter lebhaftem R. ab (Kisch, Reporter 97); sie murmelten R., R.

Rhabarber- ([1]Rhabarber): **~kaltschale,** die; **~kompott,** das; **~kuchen,** der.

rhabdoidisch [rapdo'i:dɪʃ] ⟨Adj.; o. Steig.; nicht adv.⟩ [griech. rhabdoeidḗs] (Med., Biol.): *stabförmig;* **Rhabdom** [rap'do:m], das; -s, -e [zu griech. rhábdos = Stab, Rute] (Med.): *Stäbchen u. Zapfen in der Netzhaut des Auges.*

Rhachis ['raxɪs], die; - [griech. rháchis = Rückgrat, Gebirgskamm] (Biol.): *langgestrecktes, oft spindelförmiges Gebilde* (z. B. die Hauptachse eines gefiederten Blattes).

Rhagade [ra'ga:də], die; -, -n ⟨meist Pl.⟩ [zu griech. rhágas (Gen.: rhagádos) = Riß] (Med.): *kleiner, schmerzhafter Einriß in der Haut* (z. B. an Händen od. Lippen infolge starker Kälte); **rhagadiform** [ragadi'fɔrm] ⟨Adj.; o. Steig.; nicht adv.⟩ [zu lat. fōrma, ↑Form] (Med.): *(von Wunden o. ä.) in Form einer Rhagade:* ein -es Ekzem.

Rhapsode [ra'pso:də, rap'z...], der; -n, -n [griech. rhapsōdós, eigtl. = Zusammenfüger von Liedern; zu: rháptein = zusammennähen u. ōdḗ, ↑Ode]: *fahrender Sänger im alten Griechenland, der eigene u. fremde [epische] Dichtungen [zur Kithara] vortrug;* **Rhapsodie** [rapso'di:, rapzo...], die; -, -n [...i:ən; lat. rhapsōdia < griech. rhapsōdía]: **1. a)** *von einem Rhapsoden vorgetragene [epische] Dichtung;* **b)** *ekstatisches Gedicht in freier Gestaltung (bes. aus der Zeit des Sturm u. Drangs):* eine lyrische R. **2.** *Komposition in freier Form für Klavier, Orchester od. [Chor]gesang mit phantastischen, oft balladenhaften u. folkloristischen*

Elementen; **Rhapsodik** [ra'pso:dɪk, rap'zo:...], die; -: *Kunst des Dichtens von Rhapsodien;* **rhapsodisch** ⟨Adj.; o. Steig.⟩: **a)** *die Rhapsodie, den Rhapsoden betreffend; in freier Form [gestaltet]:* -e Dichtung; **b)** (bildungsspr. selten) *bruchstückhaft, unzusammenhängend:* es besteht nur ein -er Zusammenhang des Ganzen.

Rheinländer ['raɪnlɛndɐ], der; -s, - [H. u., wahrsch. häufig im Rheinland zu Volksliedern im 2/4-Takt getanzt]: *vorwiegend in offener Tanzhaltung getanzter, der Polka ähnlicher Paartanz im 2/4-Takt.*

Rhema ['re:ma], das; -s, -ta [griech. rhẽma = Aussage] (Sprachw.): *Teil des Satzes, der den Kern der Aussage, den Hauptinhalt der Mitteilung trägt, das Neue ausdrückt* (z. B. gestern *kam Klaus zu Besuch;* Ggs.: Thema 3).

Rhenium ['re:ni̯ʊm], das; -s [zu lat. Rhēnus = Rhein, von seinem Entdecker, dem dt. Physikochemiker W. Noddack (1893–1960) so benannt nach der rhein. Heimat seiner Frau]: *weißglänzendes, sehr hartes Schwermetall von großer Dichte, das als Bestandteil chemisch bes. resistenter Legierungen Verwendung findet (chemischer Grundstoff);* Zeichen: Re

rheo-, Rheo- [reo-; zu griech. rhéos = das Fließen, zu: rheĩn = fließen] ⟨Best. in Zus. mit der Bed.⟩: *Fluß, Strom, Wasser* (z. B. rheobiont, Rheologie); **rheobiont** [...'bi̯ɔnt] ⟨Adj.; o. Steig.; nicht adv.⟩ [zum 2. Bestandteil vgl. Aerobiont] (Biol.): *(von Fischen) nur in strömenden [Süß]gewässern lebend;* **Rheologe,** der; -n, -n [↑-loge]: *Wissenschaftler auf dem Gebiet der Rheologie;* **Rheologie,** die; - [↑-logie]: *Wissenschaft von den Erscheinungen, die beim Fließen u. Verformen von Stoffen unter Einwirkung äußerer Kräfte auftreten, als Teilgebiet der Physik;* **rheologisch** ⟨Adj.; o. Steig.⟩: *die Rheologie betreffend, auf ihr beruhend;* **Rheostat** [...'sta:t], der; -[e]s u. -en, -e[n] [zu griech. statós = gestellt, stehend] (Physik): *stufenweise veränderlicher elektrischer Widerstand für genaueste Messungen;* **Rheotaxis,** die; -, ...xen [zu griech. táxis = (An)ordnung] (Biol.): *(meist der Strömung entgegengesetzte) Ausrichtung eines sich bewegenden Organismus nach der ihn umgebenden Strömung* (z. B. das Schwimmen gegen den Strom bei Wassertieren); **Rheotron** [...tro:n], das; -s, -e [...'tro:nə], auch: -s: svw. ↑Betatron; **Rheotropismus,** der; -, ...men [zu griech. tropḗ = Drehung, (Hin)wendung] (Bot.): *durch strömendes Wasser beeinflußte Richtung des Wachstums von Pflanzenteilen.*

Rhesus ['re:zʊs], der; -, - [von dem frz. Naturforscher J.-B. Audebert (1759–1800) willkürlich geb. nach dem Namen des thrakischen Sagenkönigs Rhesus]: svw. ↑Rhesusaffe; ⟨Zus.:⟩ **Rhesusaffe,** der: *zu den Meerkatzen gehörender, in Süd- u. Ostasien in Horden lebender, sehr gelehriger u. anpassungsfähiger Affe mit bräunlichem Fell, rotem Gesäß u. langem Schwanz;* **Rhesusfaktor,** der ⟨o. Pl.⟩ (Med.): *zuerst beim Rhesusaffen entdeckter, dominant erblicher Faktor im Blut, dessen Vorhandensein od. Fehlen neben der Blutgruppe wichtiges Bestimmungsmerkmal beim Menschen ist, um Komplikationen bei Schwangerschaften u. Transfusionen vorzubeugen:* R. negativ *(fehlender Rhesusfaktor);* R. positiv *(vorhandener Rhesusfaktor);* Zeichen: rh (Rhesusfaktor negativ), Rh (Rhesusfaktor positiv).

Rhetor ['re:tɔr, auch: ...to:ɐ̯], der; -s, ...oren [re'to:rən; lat. rhētor < griech. rhḗtōr]: *Redner, Meister der Redekunst [im alten Griechenland]:* daß er sich offen mit diesem meisterlichen R. nicht messen kann (Zweig, Fouché 59); ⟨Abl.:⟩ **Rhetorik,** die; -, -en [lat. rhētorica < griech. rhētorikḗ (téchnē)]: **a)** ⟨Pl. ungebr.⟩ svw. ↑Redekunst: zündende R.; **b)** *Lehre von der wirkungsvollen Gestaltung der Rede;* **c)** *Lehrbuch der Redekunst:* Aristoteles, Cicero und viele andere schrieben -en; **Rhetoriker,** der; -s, -: *Redner, der die Rhetorik* (a) *beherrscht;* **rhetorisch** ⟨Adj.; Steig. selten⟩ [lat. rhētoricus < griech. rhētorikós]: **a)** *die Rhetorik betreffend, den Regeln der Rhetorik entsprechend:* -e Figuren *(Redefiguren);* die Frage ist rein r. *(um der Wirkung willen gestellt, ohne daß eine Antwort erwartet wird);* **b)** *die Redeweise betreffend, rednerisch:* mit -em Schwung; **c)** *phrasenhaft, schönrednerisch:* Vielen von ihnen (= Überschriften in Zeitungen) ist ein -er, emotional gefärbter Unterton eigen (Enzensberger, Einzelheiten I, 32).

Rheuma ['rɔyma], das; -s (ugs.): Kurzform von ↑Rheumatismus: mein R. plagt mich wieder.

rheuma-, Rheuma-: ~**bad,** das: *Badeort mit Heilanzeige gegen Rheumatismus;* ~**decke,** die: vgl. ~wäsche; ~**forschung,** die; ~**geschädigt** ⟨Adj.; o. Steig.; nicht adv.⟩; ~**klinik,** die (ugs.): *Klinik zur Behandlung rheumatischer Leiden;* ~**krank,** ~**leidend** ⟨Adj.; o. Steig.; nicht adv.⟩ (ugs.); ~**mittel,** das (ugs.): *Mittel gegen Rheumatismus;* ~**wäsche,** die ⟨o. Pl.⟩: *gegen Rheumatismus wirkende, wärmende Unterwäsche bes. aus Angorawolle.*

Rheumatiker [rɔy'ma:tikɐ], der; -s, - (Med.): *jmd., der an Rheumatismus leidet;* **rheumatisch** ⟨Adj.; o. Steig.⟩ [griech. rheumatikós] (Med.): **a)** *auf Rheumatismus beruhend, durch ihn bedingt:* -e Anfälle; dies Leiden ist r.; r. verdickte Glieder; **b)** ⟨nur attr.⟩ *von Rheumatismus befallen:* ein schmerzgeplagter, -er Mann; **Rheumatismus** [...ma'tɪsmʊs], der; -, ...men [lat. rheumatismus < griech. rheumatismós, eigtl. = das Fließen (der Krankheitsstoffe), zu: rheũma = das Fließen] (Med.): *schmerzhafte Erkrankung der Gelenke, Muskeln, Nerven, Sehnen:* akuter und chronischer R.; Sie werden sich einen scheußlichen R. holen (Hasenclever, Die Rechtlosen 420); an R. leiden; ein Mittel für, gegen R.; zu R. neigen; **rheumatoid** [...to'i:t] ⟨Adj.; o. Steig.; nicht adv.⟩ [zu ↑Rheumatismus u. griech. -oeidḗs = ähnlich] (Med.): *dem Rheumatismus ähnlich:* -e Arthritis; **Rheumatoid** [-], das; -[e]s, -e (Med.): *im Gefolge von schweren allgemeinen Erkrankungen, bes. von Infektionskrankheiten, auftretende Erkrankung mit Symptomen, die denen des Rheumatismus ähnlich sind;* **Rheumatologe,** der; -n, -n [↑-loge]: *Facharzt für rheumatische Erkrankungen.*

Rhexis ['rɛksɪs, 're:ksɪs], die; -, Rhexes ['rɛkse:s, 're:kse:s; griech. rhẽxis] (Med.): *Zerreißung* (z. B. eines Blutgefäßes).

rhin-, Rhin-: ↑rhino-, Rhino-; **Rhinalgie** [rinal'gi:], die; -, -n [...i:ən; zu griech. rhís (Gen.: rhinós) = Nase u. álgos = Schmerz] (Med.): *Schmerzen in, an der Nase;* **Rhinitis** [ri'ni:tɪs], die; -, ...itiden [...i'ti:dn̩] (Med.): *Entzündung der Nasenschleimhaut, Schnupfen, Nasenkatarrh;* **rhino-, Rhino-,** (vor Vokalen auch:) rhin-, Rhin- [rin(o)-; griech. rhís (Gen.: rhinós)] ⟨Best. in Zus. mit der Bed.⟩: *Nase* (z. B. rhinogen, Rhinoskop, Rhinalgie); **rhinogen** ⟨Adj.; o. Steig.⟩ [↑-gen] (Med.): **a)** *von der Nase ausgehend;* **b)** *durch die Nase eindringend;* **Rhinologe,** der; -n, -n [↑-loge]: *Facharzt auf dem Gebiet der Rhinologie;* **Rhinologie,** die; - [↑-logie]: svw. ↑Nasenheilkunde; **Rhinoplastik,** die; -, -en (Med.): *operative Bildung einer künstlichen Nase, Nasenkorrektur;* **Rhinoskop** [...'sko:p], das; -s, -e [zu griech. skopeĩn = betrachten]: svw. ↑Nasenspiegel (1); **Rhinoskopie** [...skopi:], die; -, -n [...i:ən] (Med.): *Untersuchung mit dem Rhinoskop;* **Rhinozeros** [ri'no:tserɔs], das; -[ses], -se [mhd. rinôceros < lat. rhīnocerōs < griech. rhinókerōs, zu: kéras = Horn; 2: unter Anlehnung an ↑Roß]: **1.** svw. ↑Nashorn. **2.** (salopp) *Dummkopf, Trottel.*

Rhizo- [ritso-; zu griech. rhíza] ⟨Best. in Zus. mit der Bed.⟩: *Wurzel, Sproß* (z. B. Rhizodermis); **Rhizodermis** [...'dɛrmɪs], die; -, ...men [zu griech. dérma = Hülle] (Bot.): *die Wurzel der höheren Pflanzen umgebendes Gewebe, das zur Aufnahme von Wasser u. Nährsalzen aus dem Boden dient;* **rhizoid** [...'i:t] ⟨Adj.; o. Steig.; nicht adv.⟩ [zu griech. -oeidḗs = ähnlich] (Bot.): *wurzelartig;* **Rhizoid** [-], das; -[e]s, -e (Bot.): *wurzelähnliches, fadenartiges Haftorgan bei Algen u. Moosen;* **Rhizom** [ri'tso:m], das; -s, -e [griech. rhízōma = das Eingewurzelte] (Bot.): *unterirdisch od. dicht über dem Boden wachsender, ausdauernder* (2) *Sproß (bei vielen Stauden), in dem Reservestoffe gespeichert sind u. von dem nach unten die eigentlichen Wurzeln, nach oben die Blatttriebe ausgehen; Wurzelstock;* **Rhizopode** [...'po:də], der; -n, -n ⟨meist Pl.⟩ [zu griech. poús (Gen.: podós) = Fuß]: svw. ↑Wurzelfüßer; **Rhizosphäre,** die; -, -n (Biol.): *die von Pflanzenwurzeln durchsetzte Schicht des Bodens.*

Rho [ro:], das; -[s], -s [griech. rhõ]: *siebzehnter Buchstabe des griechischen Alphabets* (Ρ, ϱ).

Rhodamine [roda'mi:nə] ⟨Pl.⟩ [zu griech. rhódon = Rose u. ↑Amin] (Chemie): *bes. in der Mikroskopie u. der Papierindustrie verwendete, synthetische, stark fluoreszierende rote Farbstoffe, die früher zum Färben von Wolle u. Seide dienten;* **Rhodan** [ro'da:n], das; -s [nach der roten Farbe verschiedener Lösungen] (Chemie): *einwertige Schwefel-Kohlenstoff-Stickstoff-Gruppe in chemischen Verbindungen;* **Rhodanid** [roda'ni:t], das; -s, -e (Chemie): *Salz des Rhodans;* **Rhodanzahl,** die; - (Chemie): *Kennzahl für den Grad der Ungesättigtheit von Fetten u. Ölen.*

Rhodeländer ['ro:dəlɛndɐ], das; -s, - [nach Rhode Island, Staat der USA]: *rotbraunes, schweres Haushuhn, das auch im Winter regelmäßig Eier legt.*

rhodinieren [rodi'ni:rən] ⟨sw. V.; hat⟩: *mit einer dünnen Schicht Rhodium überziehen:* ein rhodinierter Spiegel; **Rhodium** ['ro:di̯ʊm], das; -s [zu griech. rhódon = Rose, nach der meist rosenroten Farbe vieler Verbindungen mit Rhodium]: *sehr seltenes, gut verformbares Edelmetall, das sich chem. ähnlich dem Platin verhält u. wegen seines silberähnlichen Glanzes u. seiner Widerstandsfähigkeit zur galvanischen Herstellung dünner Schichten auf Silberschmuck, Spiegeln, Reflektoren u. ä. verwendet wird (chemischer Grundstoff);* Zeichen: Rh; **Rhododendron** [rodo'dɛndrɔn], der, auch: das; -s, ...dren [lat. rhododendron < griech. rhodódendron = Oleander, eigtl. = Rosenbaum]: *in vielen Arten kultivierter immergrüner Zierstrauch mit ledrigen Blättern u. fünfgliedrigen roten, violetten, gelben od. weißen Blüten in großen Dolden;* ⟨Zus.:⟩ **Rhododendrongebüsch,** das; **Rhododendronstrauch,** der.

Rhomben: Pl. von ↑Rhombus; **rhombisch** ['rɔmbɪʃ] ⟨Adj.; o. Steig.; nicht adv.⟩: *in der Form eines Rhombus; rautenförmig;* **Rhomboeder** [rɔmbo'|e:dɐ], das; -s, - [zu griech. hédra = Fläche] (Math.): *von sechs gleichen Rhomben begrenzter Körper, der auch als Form bei Kristallbildungen vorkommt;* **rhomboid** [...o'i:t] ⟨Adj.; o. Steig.; nicht adv.⟩ [griech. rhomboeidḗs]: *einem Rhombus ähnlich;* **Rhomboid** [-], das; -[e]s, -e (Math.): *Parallelogramm mit paarweise ungleichen Seiten;* **Rhombus** ['rɔmbʊs], der; -, ...ben [lat. rhombus < griech. rhómbos] (Math.): *Parallelogramm mit gleichen Seiten:* ²*Raute.*

Rhönrad ['rø:n-], das; -[e]s, ...räder [das Gerät wurde 1925 zuerst in der Rhön (dt. Mittelgebirge) entwickelt]: *[Turn]gerät aus zwei großen, durch einige Querstangen verbundenen Stahlrohrreifen, zwischen denen akrobatische Turn- u. Sprungübungen durchgeführt werden können u. mit dem man sich rollend fortbewegen kann.*

Rhotazismus [rota'tsɪsmʊs], der; -, ...men [griech. rhōtakismós = Gebrauch od. Mißbrauch des ↑Rho] (Sprachw.): *Lautwandel, bei dem ein zwischen Vokalen stehendes stimmhaftes s zu r wird* (z. B. bei verlieren/Verlust).

Rhus [ru:s], der; - [lat. rhūs < griech. rhoũs]: svw. ↑Sumach.

Rhyolith [ry̆o'li:t, auch: ...lɪt], der; -s u. -en, -e[n] [zu griech. rhýas = flüssig u. ↑-lith] (Geol.): *tertiäres od. quartäres Ergußgestein von graugrüner od. rötlicher Farbe.*

Rhythm and Blues ['rɪðəm ənd 'blu:z], der; - - -: *aufrüttelnder, von sozialem Engagement bestimmter Stil der amerikanischen Negermusik, der scharfen Beatrhythmus mit der Melodik des Blues verbindet;* **Rhythmen**: Pl. von ↑Rhythmus; **Rhythmik** ['rʏtmɪk], die; -: **1.** *rhythmischer Charakter, Art des Rhythmus* (2). **2. a)** *Kunst der rhythmischen Gestaltung, Rhythmus;* **b)** *Lehre vom Rhythmus, von der rhythmischen Gestaltung.* **3.** (Päd.) *rhythmische Erziehung; Anleitung zum Umsetzen von Melodie, Rhythmus, Dynamik der Musik in Bewegung;* **Rhythmiker,** der; -s, -: *Musiker, bes. Komponist, der das rhythmische Element bes. gut beherrscht u. in seiner Musik hervorhebt;* **rhythmisch** ⟨Adj.⟩ [lat. rhythmicus < griech. rhythmikós]: **1.** *nach bestimmtem Rhythmus erfolgend; in harmonisch gegliedertem Aufbau u. Wechsel der einzelnen Gestaltungselemente:* -es Tanzen; -e Gymnastik; r. wechseln Ebbe und Flut. **2.** *den Rhythmus betreffend, für den Rhythmus bestimmt:* -e Instrumente; viel -es Verständnis haben; er ist r. sehr begabt; er spielte r. sehr exakt; **rhythmisieren** [...mi'zi:rən] ⟨sw. V.; hat⟩: *in einen bestimmten Rhythmus bringen:* ein Thema r.; ⟨meist im 2. Part.:⟩ eine stark rhythmisierte Musik, Sprechweise; **Rhythmus** ['rʏtmʊs], der; -, ...men [...mən; lat. rhythmus < griech. rhythmós = Gleichmaß, eigtl. = das Fließen, zu: rheĩn = fließen; schon ahd. ritmusen (Dativ Pl.)]: **1. a)** (Musik) *Gliederung des Zeitmaßes; aus dem Metrum des thematischen Materials, aus Tondauer u. Wechsel der Tonstärke erwachsende Bewegung:* ein bewegter, schneller R.; zündende Rhythmen; Ü der R. der Großstadt; einen bestimmten R. laufen (Sport); **b)** (Sprachw.) *Gliederung des Sprachablaufs durch Wechsel von langen u. kurzen, betonten u. unbetonten Silben, durch Pausen u. Sprachmelodie:* ein strenger, gebundener R.; freie Rhythmen *(frei gestaltete, rhythmisch bewegte Sprache, aber ohne Versschema, Strophen u. Reime).* **2.** *Gleichmaß, gleichmäßig gegliederte Bewegung; periodischer Wechsel, regelmäßige Wiederkehr:* der R. der Jahreszeiten, von Ebbe und Flut. **3.** *Gliederung eines Werks der bildenden Kunst, bes. eines Bauwerks, durch regelmäßigen Wechsel bestimmter Formen:* ein horizontaler, vertikaler R.

Rhythmus-: ~**gitarre,** die: vgl. ~instrument; ~**gruppe,** die: *Gruppe der Rhythmusinstrumente im Jazz, die den Gegenpart zu den Melodieinstrumenten bildet;* ~**instrument,** das: *Musikinstrument (z. B. Gitarre, Banjo), das im Jazz den Beat* (1) *zu schlagen hat;* ~**störung,** die (Med.): *Unregelmäßigkeit im Schlagrhythmus des Herzens; Herzrhythmusstörung.*

Ria ['ri:a], die; -, -s [span. ría, zu: río < lat. rīvus = Fluß] (Geogr.): *langgestreckte Bucht, die durch Eindringen des Meeres in ein Flußtal u. dessen Nebentäler entstanden ist;* ⟨Zus.:⟩ **Riaküste,** Riasküste, die (Geogr.).

Rial [ri̯a:l], der; -[s], -s ⟨aber: 100 Rial⟩ [pers., arab. riyāl < span. real, ↑²Real]: *Währungseinheit im Iran und anderen arabischen Ländern.*

Riasküste: ↑Riaküste.

Ribattuta [riba'tu:ta], die; -, ...ten [ital. ribattuta (di gola) = das Zurückschlagen (der Kehle), zu: ribattere = zurückschlagen] (Musik): *dem Triller ähnliche u. diesen häufig einleitende musikalische Verzierung aus einem allmählich schneller werdenden Wechsel zweier Noten.*

ribbeln ['rɪbl̩n] ⟨sw. V.; hat⟩ [Intensivbildung zu landsch. ribben, Nebenf. von ↑reiben] (landsch.): *zwischen Daumen u. Zeigefinger rasch [zer]reiben.*

Ribisel ['ri:bi:zl̩], die; -, -[n] [ital. ribes < mlat. ribes = Johannisbeere < arab. rībās = eine Art Rhabarber] (österr.): *Johannisbeere;* ⟨Zus.:⟩ **Ribiselwein,** der (österr.).

Riboflavin [ribofla'vi:n], das; -s, -e [zu ↑Ribose u. lat. flāvus = gelb] (Biochemie): *in Hefe, Milch, Leber u. a. vorkommende, intensiv gelb gefärbte Substanz mit Vitamincharakter (Vitamin B_2);* **Ribonukleinsäure** [ribo-], die; -, -n [zu ↑Ribose] (Biochemie): *aus Phosphorsäure, Ribose u. organischen Basen aufgebaute chemische Verbindung in den Zellen aller Lebewesen, die verantwortlich ist für die Übertragung der Erbinformation vom Zellkern in das Zellplasma u. für den Transport von Aminosäuren im Zellplasma zu den Ribosomen, an denen die Verknüpfung der Aminosäuren zu Eiweißen erfolgt;* Abk.: RNS; **Ribose** [ri'bo:zə], die; -, -n [Kunstwort] (Biochemie): *bes. im Zellplasma vorkommendes Monosaccharid der Ribonukleinsäure;* ⟨Zus.:⟩ **Ribosenukleinsäure,** die (Biochemie): svw. ↑Ribonukleinsäure; **Ribosom** [...'zo:m], das; -s, -en ⟨meist Pl.⟩ (Biochemie): *vor allem aus Ribonukleinsäuren u. Protein bestehendes, für den Eiweißaufbau wichtiges, submikroskopisch kleines Körnchen.*

Ricercar [ritʃɛr'ka:ɐ̯], das; -s, -e, **Ricercare** [...'ka:rə], das; -[e]s, ...ri [ital. ricercare, zu: ricercare = abermals suchen] (Musik): *Instrumentalstück, in dem ein Thema imitatorisch verarbeitet wird* (Vorform der Fuge).

Richelieustickerei ['rɪʃəli̯ø-, auch: rɪʃə'li̯ø:-], die; -, -en [nach dem frz. Staatsmann u. Kardinal Richelieu (1585–1642)] (Handarb.): *Weißstickerei mit ausgeschnittenen Ornamenten, die mit Langettenstichen umfaßt, ausgeschnitten u. durch Stege miteinander verbunden werden.*

Richt- (richten): ~**antenne,** die (Funkt.): *Antenne, die elektromagnetische Wellen in eine bestimmte Richtung lenkt od. aus ihr empfängt;* ~**bake,** die (Seew.): *zwei in kurzem Abstand hintereinanderliegende Baken, deren verlängerte Verbindungslinie den richtigen Kurs anzeigt;* ~**baum,** der: vgl. ~kranz; ~**beil,** das: *Beil des Scharfrichters;* ~**blei,** das (Bauw.): svw. ↑Lot (1 a); ~**block,** der ⟨Pl. -blöcke⟩: *Block zum Auflegen des Kopfes bei der Hinrichtung durch Enthaupten;* ~**bogen,** der (Milit.): *Instrument zum Ausrichten der Höhe von Geschützen;* ~**bühne,** die (veraltet): *Schafott;* ~**charakteristik,** die (Funkt.): svw. ↑Strahlungscharakteristik; ~**empfang,** der ⟨o. Pl.⟩ (Funkt.): *Empfang mit Richtantennen;* ~**feier,** die (selten): svw. ↑~fest; ~**fest,** das: *Fest der Handwerker u. des Bauherrn nach Fertigstellung des Rohbaus;* ~**feuer,** das (Seew.): vgl. ~bake; ~**funk,** der (Funkt.): *Nachrichtenübermittlung mit Hilfe von Richtantennen;* ~**geschwindigkeit,** die (Bundesrepublik Deutschland Verkehrsw.): *für den Kraftfahrzeugverkehr (bes. auf Autobahnen) empfohlene [Höchst]geschwindigkeit;* ~**holz,** das (Bauw.): svw. ↑~scheit; ~**kanonier,** der: *Kanonier, der das Geschütz in die zum Treffen erforderliche Richtung bringt;* ~**kraft,** die (Physik): svw. ↑Rückstellkraft; ~**kranz,** der: *auf dem fertiggestellten Rohbau od. am Baukran befestigter, mit bunten Bändern geschmückter Kranz beim Richtfest;* ~**kreis,** der (Milit.): *Winkelmeßgerät zum Einstellen von Geschützen;* ~**krone,** die: vgl. ~kranz; ~**latte,** die (Bauw.): svw. ↑~scheit; ~**linie,** die ⟨meist Pl.⟩: *von einer höheren Instanz ausgehende Anweisung für jmds. Verhalten in einem bestimmten Einzelfall, in einer Situation, bei einer*

Tätigkeit o.ä.: allgemeine, politische, einheitliche -n; -n erlassen, ausgeben, beachten, einhalten, außer acht lassen; die -n der [Wirtschafts]politik entwickeln, festlegen; jmdm. -n für sein Verhalten geben; er hat sich nicht an die -n gehalten, dazu: **~linienkompetenz,** die: *Kompetenz* (1 b) *zur Festlegung der Richtlinien (bes. in der Politik);* **~meister,** der: *leitender Monteur im Stahlbau;* **~mikrophon,** das: *auf ein einzelnes Geräusch gerichtetes Mikrophon;* **~optik,** die (Milit.): vgl. ~kreis; **~platte,** die (Fertigungst.): *Stahlplatte auf stabilem Holzgestell, auf der Bleche, Platten o. ä. durch Bearbeitung von Hand die angestrebte Form erhalten;* **~platz,** der: *Platz für [öffentliche] Hinrichtungen;* **~preis,** der (Wirtsch.): **a)** *von Behörden od. Verbänden angesetzter Preis, der jedoch nicht eingehalten zu werden braucht* (Ggs.: Festpreis); **b)** *betrieblicher Voranschlag über einen noch nicht genau zu ermittelnden Preis;* **c)** *vom Hersteller einer Ware empfohlener, unverbindlicher Verkaufspreis;* **~punkt,** der: *Punkt, auf den eine Schußwaffe beim Schuß gerichtet ist;* **~satz,** der: *behördlich errechneter u. festgelegter Satz für etw.:* der derzeitige R. für Sozialmieten; **~schacht,** der (Bergbau): *senkrechter Schacht;* **~scheit,** das (Bauw.): *langes, schmales Brett [mit eingebauter Wasserwaage], mit dem man feststellen kann, ob eine Fläche waagerecht, eine Kante gerade ist;* **~schmaus,** der: svw. ↑Hebeschmaus; **~schnur,** die ⟨Pl. -schnuren⟩: **1.** *straff gespannte Schnur, mit der gerade Linien abgesteckt werden* (z. B. beim Bauen). **2.** ⟨Pl. selten⟩ *allgemeingültige Wertvorstellung, woran man sein Handeln u. Verhalten ausrichtet:* Ehrlichkeit war die R. ihres Handelns; dieser Ausspruch diente ihm als R. für sein Leben; etw. zur R. seines Verhaltens machen; **~schütze,** der: svw. ↑~kanonier; **~schwert,** das (früher): vgl. ~beil; **~spruch,** der: **1.** *Ansprache [in Gedichtform] beim Richtfest.* **2.** (veraltend) *Urteilsspruch:* wie lautet der R.?; sich einem R. unterwerfen; **~stätte,** die (geh.): svw. ↑~platz; **~strahler,** der (Funkt.): *Richtantenne, die die elektromagnetischen Wellen in eine bestimmte Richtung abstrahlt;* **~strecke,** die (Bergbau): *waagerechte Strecke, die möglichst geradlinig, dem Verlauf eines Gebirges* (3) *entsprechend hergestellt wird;* **~stuhl,** der (veraltet): *Richterstuhl;* **~waage,** die: svw. ↑Wasserwaage; **~weg,** der (veraltend): *abkürzender Fußweg* (a); **~wert,** der: *vorgegebener Wert, an dem tatsächliche Werte gemessen werden, sich orientieren können;* **~zahl,** die: vgl. ~wert.

Richte ['rɪçtə], die; - [mhd. riht(e), ahd. rihtī, zu ↑recht] (landsch.): *gerade Richtung:* *** aus der R. kommen** *(in Unordnung geraten);* **etw. in die R. bringen** *(etw. in Ordnung bringen);* **richten** ['rɪçtn̩] ⟨sw. V.; hat⟩ [mhd., ahd. rihten]: **1. a)** *in eine bestimmte Richtung bringen, gleichsam wie einen Strahl auf jmdn., etw. halten; lenken:* das Fernrohr auf etw. r.; die Augen, den Blick auf jmdn., himmelwärts, in die Ferne, zu Boden r.; das Schiff, den Kurs eines Schiffs nach Norden r.; der Kranke konnte sich nur mühsam [an seinem Stock] in die Höhe r.; Von allen Seiten richteten die Scheinwerfer ihre Lichtkegel auf ihn (Ott, Haie 124); ... ohne eine Mündung auf mich gerichtet zu sehen (Kunze, Jahre 11); die Waffe gegen sich selbst r. *(sich aus einer Situation heraus plötzlich erschießen, zu erschießen versuchen);* Deckenstrahler ... werfen gerichtetes Licht auf die Arbeitsbereiche (Wohnfibel 34); Ü all sein Tun, seine Aufmerksamkeit, seine Pläne, Wünsche auf ein bestimmtes Ziel r.; die universalistisch gerichtete *(orientierte)* Idee von der Gleichheit aller Menschen (Fraenkel, Staat 214f.); **b)** *sich mit einer mündlichen od. schriftlichen Äußerung an jmdn. wenden:* eine Bitte, Aufforderung, Mahnung, Rede an jmdn. r.; sein Gesuch an die zuständige Behörde r.; die Frage, der Brief war an dich gerichtet; das Wort an jmdn. r. *(jmdn. ansprechen).* **2. a)** *(von Sachen) sich in eine bestimmte Richtung wenden, gleichsam wie in einem Strahl auf jmdn., etw. fallen:* ihre Augen richteten sich auf mich; die Scheinwerfer richteten sich plötzlich alle auf einen Punkt; Ü sein ganzer Haß richtete sich auf sie; sein ganzes Denken war darauf gerichtet, wie die Gefahr abzuwenden sei; Die nach rückwärts gerichtete Romantik (Rehn, Nichts 46); **b)** *sich in kritisierender Absicht gegen jmdn., etw. wenden:* sich in/mit seinem Werk gegen soziale Mißstände r.; seine Kritik richtet sich gegen die Politik der Regierung; gegen wen richtet sich Ihr Verdacht?; diese Lehre ist gegen den Staat gerichtet. **3. a)** *sich ganz auf jmdn., etw. einstellen u. sich in seinem Verhalten entsprechend beeinflussen lassen:* sich nach jmds. Anweisungen, Wünschen r.; ich richte mich [mit meinen Urlaubsplänen] ganz nach dir; Sie haben sich nach dieser Vorschrift zu r.!; Sie sind hier Patient, und ich richte mich danach (Kirst, 08/15, 257); **b)** *in bezug auf etw. von anderen Bedingungen abhängen u. entsprechend verlaufen, sich gestalten:* wonach richtet sich der Preis?; das richtet sich danach, ob ...; Die Barzahlungen richten sich bei der Krankheit und der Arbeitslosigkeit nach dem letzten Einkommen des Versicherten (Fraenkel, Staat 315). **4. a)** *in eine gerade Linie, Fläche bringen:* sich gerade r.; einen [Knochen]bruch r.; seine Zähne mußten gerichtet werden; richt't euch! (militärisches Kommando, sich in gerader Linie aufzustellen); Werkstücke r. (Fertigungst.; *ihre angestrebte Form, z. B. durch Bearbeiten auf der Richtplatte, [wieder]herstellen*); **b)** *richtig einstellen* (3 a): eine Antenne r.; ein Geschütz r. *(auf das Ziel od. in die zum Schießen erforderliche Höhen- u. Seitenrichtung einstellen);* **c)** *senkrecht aufstellen; aufrichten:* ein Gebäude r. (Bauw.; *im Rohbau fertigstellen*). **5.** (bes. südd., österr., schweiz.) **a)** *in einen ordentlichen, gebrauchsfertigen, besseren Zustand bringen:* sich den Schlips, die Haare r.; Es gibt eine neue Wasserleitung, die Straße ist halbwegs gerichtet (Hörzu 12, 1976, 16); die Uhr r. *(reparieren)* lassen; das kann ich, das läßt sich schon r. *(einrichten);* ⟨auch o. Akk.-Obj.:⟩ ... weil er an seiner Hose r. mußte, die unbequem (Jahnn, Geschichten 143); **b)** *aus einem bestimmten Anlaß vorbereiten:* den Tisch, die Zimmer, die Betten [für die Gäste] r.; ich habe euch das Frühstück gerichtet; er hat seine Sachen für die Reise gerichtet; Ich richtete mich sofort zum Schlafen, es war Nacht (Enzensberger, Einzelheiten I, 179). **6. a)** *vor einem Gericht ein Urteil über jmdn., etw. fällen:* daß er (= der Landgerichtsdirektor) zwar nach dem Recht richtet, doch ... (Noack, Prozesse 191); Daß der Christus ... wiederkommen wird, um die Lebendigen und die Toten zu r. (Sommerauer, Sonntag 102); In der Öffentlichkeit ist er gerichtet *(verurteilt)*, längst ehe die Beweisaufnahme eröffnet wird (Noack, Prozesse 109); **b)** (geh.) *über jmdn., etw. [unberechtigterweise] urteilen, ein schwerwiegendes, negatives Urteil abgeben:* wir haben in dieser Angelegenheit, über diesen Menschen nicht zu r.; Ein Blinder richtet nicht (Frisch, Gantenbein 43). **7.** (geh. veraltend) *hinrichten:* wie ein Kreuz ..., an dem einer gerichtet wird (Lynen, Kentaurenfährte 263); der Täter hat sich [in seiner Zelle] selbst gerichtet *(durch Selbstmord für seine Tat bestraft);* ⟨Abl.:⟩ **Richter,** der; -s, - [mhd. rihter, ahd. rihtāri]: *jmd., der die Rechtsprechung ausübt, der vom Staat mit der Entscheidung von Rechtsstreitigkeiten beauftragt ist:* ein gerechter, milder, strenger, weiser R.; R. [am Oberlandesgericht, am Bundesgerichtshof] sein; gesetzlicher R. (jur.; *für einen Fall von vornherein zuständiger Richter*); vorsitzender R. (jur.; *bei einem Kollegialgericht mit der Vorbereitung u. Leitung der Verhandlung betrauter Richter*); einen R. als befangen ablehnen; jmdn. vor den R. bringen *(vor Gericht stellen);* Nach ... dreijähriger Untersuchungshaft, ... steht er ... zum erstenmal vor seinen -n *(kommt es für ihn zur ersten Gerichtsverhandlung;* Noack, Prozesse 105); jmdn. zum R. bestellen, wählen; Ü ganz zu schweigen von den ... Künsten, die von jeher ihre R. (= Kritiker) gefunden haben (Enzensberger, Einzelheiten I, 22); sich zum R. über jmdn., etw. aufwerfen *(abschätzig über jmdn., etw. urteilen).*

Richter-: **~amt,** das ⟨o. Pl.⟩: das R. ausüben; **~kollegium,** das; **~robe,** die; **~spruch,** der (veraltend): *Urteilsspruch;* **~stand,** der ⟨Pl. ungebr.⟩: *Gesamtheit der Richter in einem Staat;* **~stuhl,** der ⟨o. Pl.⟩: *Stuhl des Richters im Hinblick auf die Ausübung des Richteramtes:* auf dem R. sitzen *(das Amt des Richters ausüben);* Ü vor Gottes R. treten (geh.; *sterben*); **~tisch,** der: *Tisch, an dem das Richterkollegium sitzt;* **~wahlausschuß,** der (Bundesrepublik Deutschland): *Gremium, das bei der Berufung der Richter für die obersten Gerichtshöfe des Bundes mitwirkt.*

Richterin, die; -, -nen [mhd. rihterin]: w. Form zu ↑Richter; **richterlich** ⟨Adj.; o. Steig.; nicht präd.⟩: *den Richter betreffend, zu seinem Amt gehörend:* die -e Gewalt, Urteilsfähigkeit, Tätigkeit; ohne -e Genehmigung *(Genehmigung von seiten des Richters);* **Richterschaft,** die; -, -en ⟨Pl. selten⟩: *Gesamtheit der Richter.*

Richter-Skala, die; -, ...len [nach dem amerik. Seismologen Ch. F. Richter, geb. 1900]: *nach oben unbegrenzte Skala zur Messung der Erdbebenstärke.*

richtig ['rɪçtɪç; mhd. rihtec, ahd. rihtīg, zu ↑recht]: **I.** ⟨Adj.⟩ **1.** (Ggs.: falsch 2) **a)** *als Entscheidung, Verhalten o. ä. dem tatsächlichen Sachverhalt, der realen Gegebenheit entsprechend; zutreffend, nicht verkehrt:* der -e Weg; die -e Fährte; eine -e Ahnung, Erkenntnis; das war die -e Antwort auf solche Frechheit; er ist auf der -en Seite; das ist unzweifelhaft r.; das ist genau das -e für mich; ich finde das nicht r., halte das nicht für r.; [sehr] r.! (bestätigende Floskel); etw. r. beurteilen, verstehen, wissen, machen; sehe ich das r.? *(habe ich recht, trifft das zu?);* ⟨subst.:⟩ damit hat er das Richtige getroffen; **b)** *keinen [logischen] Fehler od. Widerspruch, keine Ungenauigkeiten, Unstimmigkeiten enthaltend:* eine -e Lösung, Auskunft, Antwort, Voraussetzung; seine Rechnung war r. *(fehlerlos);* ein Wort r. schreiben, übersetzen; etw. r. messen, wiegen; die Uhr geht r.; ⟨subst.:⟩ er hatte im Lotto nur drei Richtige (ugs.; *drei richtige Zahlen getippt*). **2. a)** *für jmdn., etw. am besten geeignet, passend:* den -en Zeitpunkt wählen, verpassen; der -e Mann am -en Platz; nicht in der -en Stimmung [zu etw.] sein; ich halte es für das -ste, wenn wir jetzt gehen; eine Sache r. anfassen; der Ort für dieses Gespräch ist nicht r. gewählt; ⟨subst.:⟩ für diese Arbeit ist er der Richtige *(der geeignete Mann);* ihr seid mir gerade die Richtigen! (ugs. iron.; als Ausdruck der Kritik); wenn erst der Richtige (ugs.; *der für die betreffende Frau passende Mann*) kommt, ...; **b)** *den Erwartungen, die man an die betreffende Person od. Sache stellt, entsprechend; wie es sich gehört; ordentlich:* seine Kinder sollten alle erst einen -en Beruf lernen; wir haben lange Jahre keinen -en Sommer mehr gehabt; ich brauche ein -es Essen; Väter sind mehr darauf bedacht, aus dem Jungen einen „richtigen Mann" zu machen (Hörzu 18, 1976, 115); der Neue, unser Nachbar ist r. *(ist in Ordnung, mit ihm kann man gut auskommen);* zwischen den beiden ist etwas nicht [ganz] r. *(ist etw. nicht in Ordnung);* etw. r. können; ich habe noch nicht r. gefrühstückt; erst mal muß ich r. ausschlafen; du hast die Tür nicht r. zugemacht; ⟨subst.:⟩ er hat nichts Richtiges gelernt; **nicht ganz r. [im Kopf/(ugs.:) im Oberstübchen] sein** (ugs.; *nicht ganz bei Verstand sein*). **3.** ⟨o. Steig.; nicht präd.⟩ **a)** *in der wahren Bedeutung des betreffenden Wortes; nicht scheinbar, sondern echt; wirklich, tatsächlich:* das ist nicht sein -er Name; die Kinder spielen mit -em Geld; sie ist eine -e *(typische)* Berlinerin; sie ist nicht die -e *(leibliche)* Mutter der Kinder; ... weil Du ihn gar nicht r. liebst (Freizeitmagazin 10, 1978, 41); **b)** (oft ugs.) *regelrecht, richtiggehend:* du bist ein -er Feigling; er ist noch ein -es *(im Grunde noch ein)* Kind; r. wütend werden, froh, erschrocken sein; dabei kam er sich r. dumm vor; hier ist es r. gemütlich; es ist r. kalt geworden; in ihrem Kleidchen sieht sie r. süß aus. **II.** ⟨Adv.⟩ *in der Tat, wie man mit Erstaunen feststellt:* sie sagte, er komme sicher bald, und r., da trat er in die Tür; ja r.; ich erinnere mich; das habe ich doch r. wieder versäumt.

richtig-, Richtig-: ~**gehend** ⟨Adj.; o. Steig.; nicht präd.⟩: **1.** ⟨nur attr.⟩ *(von Uhren) im richtigen Zeitmaß gehend u. die Zeit richtig anzeigend:* eine -e Uhr. **2.** *in einem solchen Maße, daß die betreffende Bezeichnung [nahezu] berechtigt ist:* das war eine -e Blamage für dich; er ist in letzter Zeit r. aktiv geworden; ~**liegen** ⟨st. V.; hat⟩ (ugs.): *mit seinem Verhalten, seiner Einstellung o. ä. der Erwartung anderer entgegenkommen, einem Trend entsprechend:* gemurmelte Zustimmung ... bestätigte ihm, daß er richtiggelegen hatte, einer mußte ja schließlich den Mund aufmachen (Kühn, Zeit 286); ~**machen** ⟨sw. V.; hat⟩ (ugs.): *begleichen:* eine Rechnung r.; ~**stellen** ⟨sw. V.; hat⟩: *einen Sachverhalt berichtigen u. der Wahrheit entsprechend richtig darstellen; berichtigen:* einen Irrtum, eine Behauptung r.; das muß ich erst mal r., dazu: ~**stellung,** die: die R. eines Mißverständnisses.

richtigerweise ⟨Adv.⟩: *zu Recht;* **Richtigkeit,** die; - [spätmhd. richticheit]: *das Richtigsein* (I, 1) *einer Sache:* die R. eines Beschlusses, einer Empfehlung, Theorie, Ansicht, Rechnung; die R. einer Abschrift bescheinigen, bestätigen; die R. eines Fahrscheins, eine Urkunde auf ihre R. prüfen; es muß alles seine R. haben *(ordnungsgemäß ablaufen o. ä.);* mit dieser Anordnung hat es seine R. *(sie besteht zu Recht, stimmt);* es gab keinen Zweifel an der R. seiner Aussage; für die R. einer Sache zeichnen; **Richtung,** die; -, -en [zu ↑richten (1–3)]: **1.** *[gerade] Linie der Bewegung auf ein bestimmtes Ziel hin:* die R. einer Straße, eines Flusses; die R. einhalten, ändern, wechseln; jmdm. die R. zeigen, weisen; die R. zum Wald, nach dem Wald einschlagen; R. auf den See nehmen; der Pfeil zeigt die R. an; daß der diensttuende Unteroffizier, der die Kompanie antreten ließ, kaum die R. (Milit.; *Aufstellung in gerader Linie*) kontrollieren konnte (Kuby, Sieg 78); aus welcher R. kam der Schuß?; aus allen -en *(von überall her)* herbeieilen; in R. Osten, des Dorfes, Berlin; in nördliche/nördlicher R. fahren; in der gleichen, entgegengesetzten R. weitergehen; in die falsche, in eine andere R. gehen; Im Gegensatz zum Stichel, der stets nur in einer R. geführt werden kann (Bild. Kunst III, 81); Ü die R. stimmt (ugs.; *es ist alles in Ordnung*); Plötzlich jedoch bekamen seine Gedanken eine andere R. (Hauptmann, Thiel 15); einem Gespräch eine bestimmte R. geben *(ein Gespräch auf ein bestimmtes Thema bringen);* ihre Geschenke lagen nicht immer in meiner R. *(entsprachen nicht immer dem, was ich mir gewünscht hätte);* der erste Schritt in R. auf dieses Ziel; der erste Versuch in dieser R. *(auf dieses Ziel hin, dieser Art).* **2.** *innerhalb eines geistigen Bereichs sich in einer bestimmten Gruppe verkörpernde spezielle Ausformung von Auffassungen o. ä.:* eine politische, literarische R.; die vielfältigen -en in der modernen Kunst; einer bestimmten R. angehören; Ü die Hauptleistungen dieser R. *(der Vertreter dieser Richtung)* sind ornamentale Bilder; ⟨Zus.:⟩ **richtunggebend** ⟨Adj.; o. Steig.⟩: *richtungweisend, wobei entscheidender Einfluß durch ein Vorbild ausgeübt od. eine maßgebende Entscheidung gefällt wird:* ein -er Gedanke; -e Parteibeschlüsse; mit etw. r. werden; Dieses Gesetz ... müsse auch für uns ... als r. für eine erhöhte Aktivität im Studium gelten (Leonhard, Revolution 68).

Richtungs-: ~**adverb,** das (Sprachw.): *Adverb, das eine Richtung angibt* (z. B. hierher, dorthin); ~**angabe,** die (Sprachw.): vgl. ~adverb; ~**anzeiger,** der (schweiz. auch amtl.): svw. ↑Fahrtrichtungsanzeiger; ~**blinker,** der (schweiz. auch amtl.): svw. ↑Blinkleuchte; ~**gewerkschaft,** die: *Gewerkschaft mit einer bestimmten weltanschaulichen od. [partei]politischen Ausrichtung (in Deutschland bis 1933);* ~**kämpfe** ⟨Pl.⟩: *Auseinandersetzungen zwischen verschiedenen Richtungen innerhalb einer Partei, weltanschaulichen Gruppe o. ä.;* ~**los** ⟨Adj.; -er, -este⟩: *ohne Richtung, ohne irgendwohin gerichtet zu sein:* diese r. blickenden Augen (Bachmann, Erzählungen 115); Ü ein -er *(sich treibenlassender, ohne jede Orientierung lebender)* Mensch, dazu: ~**losigkeit,** die; -; ~**stabil** ⟨Adj.; nicht adv.⟩: *die Fahrtrichtung sicher einhaltend od. deren Einhaltung gewährleistend:* Der -e Frontantrieb (Gute Fahrt 3, 1974, 27), dazu: ~**stabilität,** die; ~**verkehr,** der: *Fahrzeugverkehr in nur einer Richtung (z. B. auf der Autobahn);* ~**wechsel,** der.

richtungweisend ⟨Adj.; o. Steig.⟩: *auf einem bestimmten Gebiet Möglichkeiten für die künftige Entwicklung zeigend; die Richtung anzeigend [u. bestimmend]:* ein -er Vortrag; dieser Parteibeschluß gilt als r.

Rick [rɪk], das; -[e]s, -e, auch: -s [mhd. (md.) rick(e), zu: rīhen, ↑[1]reihen]: **1.** (landsch.) **a)** *Latte, Stange;* **b)** *Gestell aus Stangen; Lattengestell.* **2.** (Reiten) *Hindernis aus genau übereinanderliegenden Stangen.*

Ricke ['rɪkə], die; -, -n [wahrsch. Analogiebildung zu ↑Zicke u. ↑[2]Sicke] (Jägerspr.): *weibliches Reh.*

Rickettsie [rɪ'kɛtsi̯ə], die; -, -n ⟨meist Pl.⟩ [nach dem amerik. Pathologen H. T. Ricketts (1871–1910)] (Med., Biol.): *zwischen Bakterie u. Virus stehender Krankheitserreger;* **Rikkettsiose** [rɪkɛ'tsi̯o:zə] die; -, -n (Med.): *durch Rickettsien hervorgerufene Infektionskrankheit.*

Rideau [ri'do:], der; -s, -s [frz. rideau, wohl aus dem Germ.] (schweiz.; südwestd.): *[Fenster]vorhang; Gardine.*

ridikül [ridi'ky:l] ⟨Adj.⟩ [frz. ridicule < lat. ridiculus, zu: ridēre = lachen] (bildungsspr. veraltend): *lächerlich* (1 a): eine -e Aufmachung; -e Formulierungen; das Schnurrbärtchen r. gezwirbelt (K. Mann, Wendepunkt 423); **Ridikül** [-], Retikül, das od. der; -s, -e u. -s [frz. ridicule, unter Einfluß von: ridicule (↑ridikül) entstellt aus: réticule, eigtl. = kleines Netz(werk) < lat. reticulum, ↑Retikulum]: *meist als Behältnis für Handarbeiten dienende, beutelartige Tasche (bes. im 18./19. Jh.).*

rieb [ri:p]: ↑reiben.

Riech-: ~**fläschchen,** das (früher): *Fläschchen für Riechsalz od. Riechwasser;* ~**hirn,** das (Biol., Anat.): *Endhirn, dem über die Riechnerven die Meldungen aus dem Geruchsorgan zugeleitet werden;* ~**kolben,** der (derb scherzh.): *[große]*

Nase; ~**mittel,** das: *(früher bei Ohnmachten angewandte) stark riechende, belebend wirkende Substanz in Form von Riechsalz, Riechwasser o. ä.;* ~**nerv,** der (Anat.); ~**organ,** das: svw. ↑Geruchsorgan; ~**salz,** das: vgl. ~mittel; ~**stoff,** der: *Substanz mit einem charakteristischen Geruch:* pflanzliche, tierische -e; ~**wasser,** das: vgl. ~mittel.

riechbar ['ri:çba:ɐ̯] ⟨Adj.; nicht adv.⟩ (selten): *sich durch den Geruchssinn wahrnehmen lassend;* **riechen** ['ri:çn̩] ⟨st. V.; hat⟩ [mhd. riechen, ahd. riohhan, urspr. = rauchen, dunsten]: **1. a)** *durch den Geruchssinn, mit der Nase einen Geruch, eine Ausdünstung wahrnehmen:* den Duft der Rosen, ein Parfum, jmds. Ausdünstungen r.; Knoblauch nicht r. können *(den Geruch nicht ertragen können);* Hier (= in Rostock) roch man schon die See (Kempowski, Uns 365); Ü Durch Arbeit war der (= der Fünfzigmarkschein) nicht erworben, das roch Borkhausen sofort (ugs.; *meinte er sofort zu wissen;* Fallada, Jeder 182); Er muß ... die Hure im Weib gerochen (ugs.; *gespürt*) haben (Fries, Weg 110); * **jmdn. nicht r. können** (salopp emotional; *jmdn. aus seiner Umgebung unausstehlich, widerwärtig finden u. nichts mit ihm zu tun haben wollen*); **etw. nicht r. können** (salopp emotional) *etw. nicht ahnen, im voraus wissen können*); **b)** *den Geruch von etw. wahrzunehmen suchen, indem man die Luft prüfend durch die Nase einzieht:* an einer Rose, Parfümflasche, Salbe r.; * **mal dran r. dürfen** *(die betreffende Sache nicht wirklich bekommen, sondern sie nur kurze Zeit behalten, ansehen o. ä. dürfen).* **2.** *einen bestimmten Geruch verbreiten:* etw. riecht unangenehm, streng, scharf, stark, [wie] angebrannt; das Ei riecht schon [schlecht]; Tulpen riechen nicht; du, das riecht aber [intensiv, gut]!; er roch aus dem Mund, nach Alkohol; die Luft riecht nach Schnee *(es wird noch Schnee geben, wird wahrscheinlich bald schneien);* ⟨auch unpers.:⟩ wonach riecht es hier eigentlich?; hier riecht es nach Gas, Knoblauch, Baldrian; Es roch betäubend nach Schminke, Parfüm, Puder und Frau (J. Roth, Beichte 82); Ü Diese Art Glück riecht nicht gut, wie mir scheint (*erscheint mir zweifelhaft;* Th. Mann, Hoheit 101); ... daß alle Leute, die nach Flugzeugentführern riechen (ugs.; *die Flugzeugentführer sein könnten*), Araber sind? (Cotton, Silver Jet 8); halten viele alles, was auch nur entfernt nach Politik riecht (ugs.; *mit Politik zu tun hat*), für Massenverdummung (Kirst, Aufruhr 212); ⟨auch unpers.:⟩ es riecht nach Freispruch (ugs.; *es könnte zum Freispruch kommen;* Spoerl, Maulkorb 141); ⟨Abl.:⟩ **Riecher,** der; -s, -: (salopp): **1.** *Nase:* Soeft, den R. hoch erhoben (Kirst, 08/15, 332). **2.** *sicheres Gefühl, mit dem man etw. errät od. die sich ergebenden Möglichkeiten erfaßt, seine Vorteile wahrzunehmen u. Unannehmlichkeiten aus dem Wege zu gehen:* einen guten, den richtigen, gar keinen schlechten R. haben; einen R. für etw. entwickeln.

[1]**Ried** [ri:t], das; -[e]s, -e [mhd. riet, ahd. (h)riot, urspr. wohl = das Schwankende]: **a)** *Riedgräser u. Schilf:* das R. rauscht; mit Ried bestandene Teiche; **b)** *mit Ried* (a) *bewachsenes, mooriges Gebiet:* im Ried spazierengehen.

[2]**Ried** [-], die; -, -en, Riede ['ri:də], die; -, -n [mhd. riet = gerodetes Stück Land, zu: rieten = ausrotten] (österr.): *Nutzfläche in den Weinbergen.*

Ried- ([1]Ried): ~**bock,** der: *bes. in Savannen u. Wäldern Afrikas heimische, reh- bis hirschgroße Antilope;* ~**dach,** das: ↑Reetdach; ~**gras,** das: *überwiegend auf feuchten Böden wachsende grasartige Pflanze mit meist dreikantigen, nicht gegliederten Stengeln, schmalen Blättern u. kleinen Blüten in Ähren od. Rispen.*

Riede: ↑[2]Ried.

Riedel ['ri:dl̩], der; -s, - [aus dem Oberd., eigtl. = Wulst, wohl zu mhd. rīden = (zusammen)drehen] (Geogr.): *flache, meist langgestreckte, zwischen zwei Tälern liegende Erhebung.*

rief [ri:f]: ↑rufen.

Riefe ['ri:fə], die; -, -n [aus dem Niederd.]: svw. ↑Rille: Den Anstrich, der -n und Kerbe zudeckt (Kaiser, Villa 157); ⟨Abl.:⟩ **riefeln** ['ri:fl̩n], riefen ['ri:fn̩] ⟨sw. V.; hat⟩: *mit Riefen versehen;* **Riefelung,** die; -, -en: **1.** *das Riefeln.* **2.** *geriefelte Stelle, Musterung aus Rillen;* **riefen:** ↑riefeln; **Riefensamt,** der; -[e]s, -e (landsch.): *Kordsamt;* **riefig** ['ri:fɪç] ⟨Adj.; nicht adv.⟩: *Riefen aufweisend.*

Riege ['ri:gə], die; -, -n [aus dem Niederd. < mniederd. rīge, eigtl. = Reihe; entspr. mhd. rige, ↑Reihe; von dem dt. Erzieher F. L. Jahn (1778–1852) in die Turnerspr. eingef.] (bes. Turnen): *Mannschaft, Gruppe:* die R. turnt am Barren; die R. antreten lassen; Ü eine R. Abgeordneter (MM 16. 2. 68, 2).

Riegel ['ri:gl̩], der; -s, - [mhd. rigel, ahd. rigil, urspr. = Stange, Querholz]: **1. a)** *Vorrichtung mit quer zu verschiebendem [länglichem] Metallstück o. ä. zum Verschluß von Türen, Toren, Fenstern:* ein hölzerner, eiserner R.; den R. an der Tür vorlegen, vor-, zu-, auf-, zurückschieben; * **einer Sache,** (seltener:) **jmdm. einen R. vorschieben** *(etw., was man nicht länger dulden kann, unterbinden; etw. Unliebsames nicht länger zur Geltung, [Aus]wirkung kommen lassen);* **b)** (Schlosserei) *vom Schlüssel bewegter Teil in einem Schloß.* **2. a)** (Milit.) *von Truppen, Panzern o. ä. gebildete Abriegelung:* einen R. bilden; die Panzer durchbrachen den R.; **b)** (bes. Fußball) *durch die Stürmer verstärkte Verteidigung:* ein acht Mann starker R. vor dem Turiner Tor (Welt 28. 4. 65, 8); einen R. knacken, [um den Strafraum] aufziehen. **3.** *gleichmäßig unterteiltes, stangenartiges Stück, Streifen:* einen R. Blockschokolade, Seife kaufen. **4.** (Schneiderei) **a)** *statt eines Gürtels auf dem Rückenteil von Mänteln, Jacken an den Enden aufgenähter Stoffstreifen;* **b)** *schmaler, nur an den Enden aufgenähter Stoffstreifen, durch den ein Gürtel gezogen werden kann;* **c)** *querverlaufende Benähung der Enden eines Knopflochs, um dessen Ausreißen zu verhindern.* **5.** (Bauw.) *(beim Fachwerkbau) waagerechter Balken als Verbindung zwischen den senkrechten Hölzern.* **6.** (veraltend) *an der Wand befestigtes Brett mit Kleiderhaken.* **7.** (Jägerspr.) *Wildwechsel im Hochgebirge.*

Riegel-: ~**haus,** das [zu ↑Riegel (5)] (schweiz.): *Fachwerkhaus;* ~**holz,** das: *hölzerner Riegel* (1 a); ~**schloß,** das: *aus einem Riegel* (1 a) *bestehendes Schloß;* ~**stange,** die: *Stange zum Verriegeln einer Tür, eines Tores;* ~**stellung,** die (Milit.): *Verteidigungsstellung, durch die man versucht, sich gegen den Gegner abzuriegeln, ihn an einem weiteren Vordringen zu hindern;* ~**wand,** die (Bauw.): *Wand mit Riegeln* (5); ~**werk,** das [zu ↑Riegel (5)] (landsch.): *Fachwerk.*

Riegelhaube, die; -, -n [1. Bestandteil spätmhd. rigel, ahd. riccula < lat. rīcula, Vkl. von: rīca = Kopftuch] (früher): *bayrische Frauenhaube aus Leinen [mit Gold- u. Silberstikkerei] mit weißen Spitzenrüschen.*

riegeln ['ri:gl̩n] ⟨sw. V.; hat⟩ [mhd. rigelen]: **1.** (veraltet, noch landsch., bes. schweiz.) *ver-, ab-, zuriegeln:* Sie ... riegelte die Tür ihrer Garderobe (Frisch, Gantenbein 466). **2.** (Reiten) *durch wechselseitiges Anziehen der Zügel das Pferd in eine bestimmte Haltung zwingen.*

Riegenführer, der; -s, - (Turnen): *[Vor]turner, der eine Riege anführt;* **Riegenturnen,** das; -s: *Turnen in einer Riege.*

rieh [ri:]: ↑[2]reihen.

Riemchen ['ri:mçən], das; -s, -: **1.** ↑[1]Riemen (1): eine Sandalette mit schmalen R. **2.** (Bauw.) *schmales Bauelement (z. B. in Längsrichtung halbierter Ziegel, Fliese).*

[1]**Riemen** ['ri:mən], der; -s, - [mhd. rieme, ahd. riomo, urspr. wohl = abgerissener [Haut]streifen, vgl. [2]Reif]: **1.** ⟨Vkl. ↑Riemchen⟩ *längeres schmales Band aus Leder, festem Gewebe od. Kunststoff:* ein breiter, schmaler, langer, geflochtener R.; der R. ist gerissen; einen R. verstellen, länger machen, um den Koffer schnallen; Er schob sich den R. übers Kinn (Bieler, Bonifaz 116); die Tasche an einem R. über der Schulter tragen; etw. mit einem R. festschnallen, zusammenhalten; * **den R. enger schnallen** (ugs.; ↑Gürtel); **sich am R. reißen** (ugs.; *sich zusammennehmen u. sehr anstrengen, um [wenigstens] etw. noch zu erreichen, zu schaffen*). **2.** svw. ↑Treibriemen: der R. ist vom Rad abgegangen. **3.** *lederner Schnürsenkel.* **4.** (Zeitungsw. Jargon) *umfangreicher Artikel* (1): Ich stenographierte. Es wurde ein ganz hübsch langer R. (Simmel, Stoff 108). **5.** (derb) *Penis:* Schilling, der von uns allen den längsten R. hatte (Grass, Katz 40).

[2]**Riemen** [-], der; -s, - [mhd. rieme, ahd. riemo < lat. rēmus = Ruder] (Seemannsspr.): *längeres, mit beiden Händen bewegtes Ruder* (1).

riemen-, Riemen- ([1]Riemen): ~**antrieb,** der ⟨Pl. selten⟩ (Technik): *Antrieb von Maschinen mittels Treibriemen;* ~**bandwurm,** der: *in Süßwasserfischen u. Wasservögeln sich schmarotzend entwickelnder, nicht gegliederter Bandwurm;* ~**förmig** ⟨Adj.; o. Steig.; nicht adv.⟩; ~**peitsche,** die: *Peitsche aus Lederriemen;* ~**scheibe,** die (Technik): *radförmiges Maschinenteil, das beim Riemenantrieb zur Kraftübertragung zwischen dem Treibriemen u. der Welle dient;* ~**trieb,** der ⟨Pl. selten⟩ (Technik): *Antrieb, bei dem die Kraftübertragung zwischen zwei Wellen durch auf Riemenscheiben laufen-*

de Treibriemen erfolgt; **~werk,** das: *miteinander verbundene Riemen; Geflecht o. ä. aus Riemen;* **~wurm,** der: svw. ↑~bandwurm; **~zunge,** die [nach der riemenförmigen mittleren Lippe]: *Orchidee mit zahlreichen Blüten, die aus drei Lippen (2) gebildet sind, deren mittlere lang herabhängt.*

Riemer ['ri:mɐ], der; -s, - [spätmhd. riemer] (landsch.): *jmd., der Riemen herstellt; Sattler.*

rien ne va plus [rjɛ̃nva'ply] [frz. = nichts geht mehr]: (beim Roulette) Ansage des Croupiers, daß nicht mehr gesetzt werden kann.

Ries [ri:s], das; -es, -e ⟨aber: 5 Ries⟩ [mhd. ris(t), riʒ < mlat. risma < arab. rizma = Paket, Ballen] (veraltet): *Menge von tausend Stück (Maß für das Zählen von Papierbogen):* vier R. Papier einkaufen.

[1]**Riese** ['ri:zə], der; -n, -n [mhd. rise, ahd. riso, H. u.]: **1.** *in Märchen, Sagen u. Mythen auftretendes Wesen von übergroßer menschlicher Gestalt:* ein wilder, böser, gutmütiger, schwerfälliger R.; das Dickicht ..., in dem der Sage nach Bilgan, der R., hausen sollte (Böli, Erzählungen 56); Ü er ist ein R. *(ein sehr großer, kräftiger Mensch, Hüne);* er ist ein R. an Geist, Gelehrsamkeit *(ist sehr klug, gelehrt);* die felsigen -n *(die sehr hohen Berge)* Südtirols; -n *(Hochhäuser, Wolkenkratzer)* aus Beton und Glas; * **abgebrochener R.** (ugs. scherzh.; *sehr kleiner, relativ kleiner Mann*). **2.** (Astron.) svw. ↑Riesenstern. **3.** (ugs.) svw. ↑Riesenfelge: da ist er gleich ans Reck gegangen und hat einen -n gemacht (Kempowski, Immer 89). **4.** (salopp) *Tausendmarkschein:* für den alten Wagen wollte er noch zwei -n!; ein halber R. *(fünfhundert Mark);* **-riese** [-ri:zə], der; -, -n: Grundwort von subst. Zus. mit der Bed. *großes Unternehmen o. ä., das eine beherrschende Stellung in dem im Best. Genannten innehat:* Automobil-, Branchen-, Rüstungsriese.

[2]**Riese** [-], die; -, -n [mhd. rise, zu: rīsen = fallen, ↑Reise] (südd., österr.): kurz für ↑Holzriese.

[3]**Riese:** ↑Rise.

riesel-, Riesel-: **~fähig** ⟨Adj.; nicht adv.⟩ *(von einer körnigen Masse) so beschaffen, so fein u. trocken, daß ein Rieseln leicht möglich ist:* trockenes, -es Salz; **~feld,** das: *oft ein gewisses Gefälle aufweisendes Feld [am Rand einer Stadt], über das geeignete Abwässer zur Reinigung u. zur gleichzeitigen landwirtschaftlichen Nutzung geleitet werden;* **~wasser,** das ⟨Pl. ...wässer⟩: *über Rieselfelder geleitetes, landwirtschaftlich genutztes Abwasser;* **~wiese,** die: vgl. ~feld.

rieseln ['ri:zl̩n] ⟨sw. V.⟩ [mhd. riselen = tröpfeln, sachte regnen, zu: rīsen = fallen, ↑Reise]: **1.** ⟨hat⟩ **a)** *mit feinem hellem, gleichmäßigem Geräusch fließen, rinnen:* in der Nähe rieselte eine Quelle, ein Bächlein; **b)** *mit feinem hellem, gleichmäßigem Geräusch in vielen kleinen Teilchen leise, kaum hörbar nach unten fallen, gleiten, sinken:* leise rieselt der Schnee; von Zeit zu Zeit hat in den Wänden der Kalk gerieselt; Der General ... lauschte auf den hinter der Verschalung rieselnden Sand (Plievier, Stalingrad 171). **2.** ⟨ist⟩ **a)** *irgendwohin fließen, rinnen:* das Wasser rieselt über die Steine; Blut rieselte aus der Wunde in den Sand; er ließ den Sand durch die Finger r.; Ü Langsam rieselt widerlich graues Licht in den Stollen (Remarque, Westen 79); ein Schauder rieselte ihm durch die Glieder, über den Rücken; **b)** *sich in leichter u. stetiger Bewegung in vielen kleinen Teilchen nach unten bewegen:* feiner Schnee rieselte zur Erde; in den Vorgärten rieselten die Blüten zu Boden (Handke, Brief 19); der Kalk rieselte von den Wänden.

riesen ['ri:zn̩] ⟨sw. V.; hat⟩ [zu ↑[2]Riese] (südd., österr.): *mit einer Holzrutsche herablassen:* Baumstämme r.

riesen-, Riesen- ([1]Riese; oft emotional; kennzeichnet dann die außergewöhnliche, übermäßige, Erstaunen hervorrufende Größe, Ausdehnung der betreffenden Sache in räumlicher od. auch zeitlicher Hinsicht, die große Anzahl, Menge, den großen Umfang o. ä.): **~anstrengung,** die (ugs.); **~arbeit,** die ⟨o. Pl.⟩ (ugs.); **~aufgebot,** das (ugs.); **~baby,** das (ugs.): svw. ↑Elefantenbaby; **~bau,** der ⟨Pl. -ten⟩; **~baum,** der (ugs.); **~betrieb,** der (ugs.); **~blamage** ['---'--], die (ugs.); **~dame,** die (veraltend): *übermäßig dicke, große, auf Jahrmärkten als Attraktion gezeigte Frau;* **~dummheit,** die (ugs.); **~faultier,** das: *sehr großes, schwerfälliges, plumpes, zottig behaartes Säugetier einer ausgestorbenen Art mit starken Hinterbeinen u. kräftigem Schwanz, das sich von Pflanzen ernährte; Megatherium;* **~fehler,** der (ugs.); **~felge,** die (Turnen): *mit ausgestrecktem Körper u. gestreckten Armen ausgeführte Felge am Reck;* **~geschlecht,** das: *Geschlecht, Sippe von Riesen;* **~gestalt,** die: *Gestalt eines Riesen:* Ü die R. (ugs.; *die große, massige Gestalt*) des Boxers; **~gewinn,** der (ugs.); **~groß** ⟨Adj.; o. Steig.; nicht adv.⟩ (ugs.): eine -e Auswahl, Summe; eine -e Dummheit; die Überraschung war r.; **~hunger,** der (ugs.); **~käfer,** der: svw. ↑Nashornkäfer; **~krach,** der (ugs.); **~kraft,** die; **~portion,** die; **~rad,** das: *auf Jahrmärkten, bei Volksfesten o. ä. aufgebaute, elektrisch betriebene Anlage mit einem sich in vertikaler Richtung drehenden Rad von überdimensionaler Größe, an dessen Rand rundum Gondeln für Fahrgäste angebracht sind:* R., mit dem R. fahren; **~rindvieh,** das (ugs. Schimpfwort): vgl. ~roß; **~roß,** das ⟨Pl. ...rösser⟩ (ugs. Schimpfwort): *dummer, ungeschickter Mensch;* **~schaden,** der (ugs.); **~schildkröte,** die: svw. ↑Elefantenschildkröte; **~schlange,** die: *in den Tropen u. Subtropen heimische Schlange, die sehr groß werden kann u. sich um ihre Beute ringelt u. sie durch Erdrücken tötet;* **~schritt,** der (ugs.): -e machen; mit -en *(sehr schnell)* davoneilen; **~schweinerei,** die (ugs.); **~schwung,** der: svw. ↑~felge; **~skandal,** der (ugs.); **~slalom,** der (Ski): *(zu den alpinen Wettbewerben gehörender) Slalom, bei dem die durch Flaggen gekennzeichneten Tore in größerem Abstand stehen, so daß er dem Abfahrtslauf etwas ähnlicher ist;* **~spaß,** der (ugs.); **~stadt,** die; **~stern** (Astron.): *Fixstern mit großem Durchmesser u. großer Leuchtkraft;* **~summe,** die (ugs.); **~torlauf,** der (Ski): svw. ↑~slalom; **~welle,** die (Turnen): svw. ↑~felge; **~wuchs,** der (Med., Biol.): *abnormer übermäßiger Wuchs bei Menschen, Tieren od. Pflanzen; Gigantismus;* **~zelle,** die (Med., Biol.): *besonders große Zelle.*

riesenhaft ⟨Adj.; -er, -este; nicht adv.⟩: **a)** *eine außerordentliche, imponierende Größe, Ausdehnung, Stärke aufweisend; gewaltig* (2a), *riesig* (1a): ein -es Bauwerk; ein -er Kerl, Mann; **b)** (seltener) *ein außerordentliches Maß, einen sehr hohen Grad aufweisend; gewaltig* (2b), *riesig* (1b): eine -e Belastung; -e Anstrengungen unternehmen; Noch immer bleibt die Zahl r. (Jacob, Kaffee 184); ⟨Abl.:⟩ **Riesenhaftigkeit,** die; -; **riesig** ['ri:zɪç] ⟨Adj.⟩ (oft emotional): **1. a)** ⟨nicht adv.⟩ *außerordentlich, übermäßig groß, umfangreich; gewaltig* (2a): -e Häuser, Türme, Berge; ein -er Saal, Platz; ein -es Land; eine -e Menschenmenge; das Schloß, der Park hatte -e Ausmaße, war, wirkte r.; **b)** *das normale Maß weit übersteigend; einen übermäßig hohen Grad aufweisend; gewaltig* (2b): eine -e Freude, Begeisterung, Anstrengung; es war ein -er Spaß; er hat -e Kräfte; ich habe -en Durst, Hunger; eine -e Summe bezahlen; die Fortschritte, die er gemacht hat, sind wirklich r. **2. a)** ⟨nicht adv.⟩ (salopp) *hervorragend, wunderbar, großartig:* das war gestern bei dir eine -e Party; daß du mir da rausgeholfen hast, finde ich r.; der Film, die neue Mode ist einfach r.; **b)** (ugs.) ⟨intensivierend bei Adj. u. Verben⟩ *sehr, überaus:* der Film war r. interessant; wir haben uns r. darüber gefreut.

Riesin ['ri:zɪn], die; -, -nen: weibl. Form zu ↑[1]Riese (1).

Rieslaner [ri:s'la:nɐ], der; -s, - [zusgez. aus ↑*Ries*ling u. ↑Silv*aner*]: **a)** ⟨o. Pl.⟩ *aus Riesling* (a) *u. Silvaner* (a) *gezüchtete Rebsorte;* **b)** *Wein dieser Rebsorte mit relativ hohem Alkoholgehalt, aber wenig ausgeprägtem Bukett;* **Riesling** ['ri:slɪŋ], der; -s, -e [H. u.]: **a)** ⟨o. Pl.⟩ *Rebsorte mit kleinen, runden, goldgelben Beeren;* **b)** *aus den Trauben des Rieslings* (a) *hergestellter feiner, fruchtiger Weißwein mit zartem Bukett, leichter Säure u. mäßigem Alkoholgehalt.*

[1]**Riester** ['ri:stɐ], der; -s, - [aus dem Alemann., H. u.; viell. verw. mit mhd. riuʒe = Schuster] (veraltend): *kleines Stück Leder, mit dem das Oberleder eines Schuhes geflickt wird.*

[2]**Riester** [-], der; -s, - [mhd. riester, ahd. riostra] (landsch.): *Pflugsterz.*

riet [ri:t]: ↑raten.

Riet [-], das; -[e]s, -e [zu ↑Ried; die einzelnen Stäbe des Webeblatts wurden früher aus Ried hergestellt] (Weberei): *Webeblatt;* ⟨Zus.:⟩ **Rietblatt,** das (Weberei): *Riet.*

[1]**Riff** [rɪf], das; -[e]s, -e [aus dem Niederd. < mniederd. rif, ref, aus dem Anord., eigtl. = Rippe]: *langgestreckte, schmale Reihe von Klippen, langgestreckte, schmale Sandbank im Meer vor der Küste:* das Boot kenterte an einem R., lief auf ein R. auf.

[2]**Riff** [-], der; -[e]s, -s [engl. riff, viell. gek. aus: refrain = Refrain] (Musik): *(im Jazz) sich ständig wiederholende rhythmisch prägnante, dabei melodisch nur wenig abgewandelte Phrase.*

Riffel ['rɪfl̩], die; -, -n [1: zu ↑Riffel (2), nach der Ähnlichkeit mit den Zinken eines Rechens; 2: spätmhd. rif(f)el, ahd. rif(f)ila = Säge; Rechen]: **1.** ⟨meist Pl.⟩ *rillenförmige Vertiefung bzw. rippenförmige Erhöhung in einer Reihe gleichartiger Vertiefungen u. Erhöhungen:* die -n einer Säule. **2. a)** *Riffelkamm;* **b)** *Riffelmaschine.*

Riffel-: ~**beere,** die [die Beeren werden mit einem kammartigen Gerät gepflückt] (landsch.): **1.** *Heidelbeere.* **2.** *Preiselbeere;* ~**blech,** das: vgl. ~glas; ~**glas,** das: *Glas, das auf einer Seite geriffelt* (1) *ist;* ~**kamm,** der: *eisernes, kammähnliches Gerät zum Riffeln* (2) *des Flachses;* ~**maschine,** die: *Maschine zum Riffeln* (2) *des Flachses.*

riffeln ['rɪfl̩n] ⟨sw. V.; hat⟩ [1: zu ↑Riffel; 2: mhd. rif(f)eln, ahd. rif(f)ilōn = sägen]: **1.** *mit Riffeln* (1) *versehen:* ein Verfahren, um Glas zu r.; ⟨meist im 2. Part.:⟩ geriffeltes Glas, Blech; eine geriffelte Säule. **2.** *mit einem kammartigen Gerät durch Abstreifen von den Samenkapseln, von Blättern o. ä. befreien:* Flachs, Flachsstengel r. **3.** (landsch.) *Heidel-, Preiselbeeren mit einem kammartigen Gerät von den Sträuchern abstreifen;* ⟨Abl.:⟩ **Riffelung,** die; -, -en: **1. a)** ⟨o. Pl.⟩ *das Riffeln* (1): die maschinelle R. von Blech; **b)** *Gesamtheit von Riffeln* (1) *auf der Oberfläche von etw.:* die Schalen dieser Tiere wiesen eine zarte R. auf; Ü die Windstöße jagten eine dunkle R. nach der andern übers Wasser (Hausmann, Abel 152). **2.** *das Riffeln* (2): die R. des Flachses.

Rififi ['rɪfifi], das; -s ⟨meist o. Art.⟩ [nach dem gleichnamigen frz. Spielfilm (1955), der einen raffinierten Bankeinbruch behandelt; frz. (Jargon) rififi = Streiterei, Keilerei] (Jargon): *raffiniert ausgeklügeltes, in aller Heimlichkeit durchgeführtes Verbrechen:* R. in New York – Bank völlig ausgeraubt (Schlagzeile).

Rigaudon [rigo'dõ:], der; -s, -s [frz. rigaudon, wahrsch. nach dem Namen eines alten Tanzlehrers Rigaud]: **a)** *alter französischer Volkstanz provenzalischen Ursprungs im* $^2/_4$- *od.* $^4/_4$-*Takt;* **b)** *Satz der Suite.*

Rigg [rɪk], das; -s, -s [engl. rig(ging), zu: to rig = auftakeln] (Seemannsspr.): *gesamte Takelung eines Schiffes;* **Riggung** ['rɪgʊŋ], die; -, -en (Seemannsspr.): svw. ↑Rigg.

Righeit ['rɪkhaɪt], die; - [zu ↑rigid] (Geophysik): *Widerstandsfähigkeit fester Körper gegen Formveränderungen.*

right or wrong, my country ['raɪt ɔ: 'rɔŋ, 'maɪ 'kʌntrɪ; engl. = Recht od. Unrecht – (es handelt sich um) mein Vaterland; nach dem Ausspruch des amerik. Admirals Decatur (1779–1820)]: *ganz gleich, ob ich die Maßnahmen [der Regierung] für falsch od. richtig halte, meinem Vaterland schulde ich Loyalität.*

rigid [ri'gi:t], **rigide** [...i:də] ⟨Adj.; rigider, rigideste⟩ [lat. rigidus, zu: rigēre = starr, steif sein]: **1.** (Med.) *steif, starr.* **2.** (bildungsspr.) *streng, unnachgiebig:* rigide Normen, Verbote; **Rigidität** [rigidi'tɛ:t], die; - [1: lat. rigiditās]: **1.** (Med.) *Steifheit, [Muskel]starre.* **2.** (bildungsspr., bes. auch Psych.) *starres Festhalten an früheren Einstellungen, Gewohnheiten, Meinungen o. ä.*

Rigole [ri'go:lə], die; -, -n [frz. rigole < mfrz. regol < mniederl. regel(e) = gerade Linie < lat. rēgula, ↑Regel] (Landw.): *tiefe Rinne, kleiner Graben zur Entwässerung:* -n anlegen, graben; **rigolen** ⟨sw. V.; hat⟩ [frz. rigoler]: *tief pflügen, umgraben, bis in eine größere Tiefe lockern.*

Rigor ['ri:gɔr], der; -s [lat. rigor] (Med.): svw. ↑Rigidität (1): R. mortis [- 'mɔrtɪs] (Med.: *Totenstarre*); **Rigorismus** [rigo'rɪsmʊs], der; - [wohl frz. rigorisme, zu lat. rigor = Steifheit, Härte, Unbeugsamkeit] (bildungsspr.): *unbeugsames, starres Festhalten an bestimmten, bes. moralischen Grundsätzen;* **Rigorist** [rigo'rɪst], der; -en, -en [frz. rigoriste] (bildungsspr.): *jmd., dessen Grundhaltung durch Rigorismus geprägt ist;* **rigoristisch** ⟨Adj.⟩ (bildungsspr.): *auf Rigorismus beruhend, unerbittlich streng:* eine -e Haltung; r. argumentieren; **rigoros** [rigo'ro:s] ⟨Adj.; -er, -este⟩ [frz. rigo(u)reux < mlat. rigorosus = streng, hart, zu lat. rigor = Härte]: *sehr streng, unerbittlich, hart; rücksichtslos, ohne Rücksichtnahme:* -e Maßnahmen, Beschränkungen; -e Strenge, Kritik; er war noch -er; r. vorgehen, verfahren, durchgreifen; er hat es r. abgelehnt; ⟨Abl.:⟩ **Rigorosität** [rigorozi'tɛ:t], die; - (bildungsspr.): *Strenge, Unerbittlichkeit, Härte;* **rigoroso** [rigo'ro:zo] ⟨Adv.⟩ [ital. rigoroso] (Musik): *genau, streng im Takt;* **Rigorosum** [rigo'ro:zʊm], das; -s, ...sa [nlat. (examen) rigorosum = strenge Prüfung] (bildungsspr.): *mündliches Examen bei der Promotion.*

Rikambio [ri'kambi̯o], der; -s, ...ien [...i̯ən; ital. ricambio]: svw. ↑Rückwechsel.

Rikscha ['rɪkʃa], die; -, -s [engl. ricksha, kurz für rinjikisha < jap. jin-riki-sha, eigtl. = „Mensch-Kraft-Fahrzeug"]: *(in Ost- u. Südasien) der Beförderung von Personen dienender zweiräderiger Wagen, der von einem Menschen (häufig mit Hilfe eines Fahrrads od. Motorrads) gezogen wird.*

rilasciando [rila'ʃando] ⟨Adv.⟩ [ital. rilasciando, zu: rilasciare < lat. relaxāre, ↑Relaxans] (Musik): *langsamer werdend; im Takt nachlassend.*

Rille ['rɪlə], die; -, -n [niederd. rille, Vkl. von mniederd. rīde = Bach, also eigtl. = kleiner Bach]: *lange, schmale Vertiefung in der Oberfläche von etw. aus meist hartem Material:* die -n einer Säule, in einem Glas; die -n im Geweih des Hirschs; die -n der Schallplatten von Staub befreien; seine Stirn wies zahlreiche -n *(Falten)* auf; **rillen** ['rɪlən] ⟨sw. V.; hat⟩: *mit Rillen versehen:* die Oberfläche von etw. r.; ⟨meist im 2. Part.:⟩ gerillte Glasscheiben.

rillen-, Rillen-: ~**förmig** ⟨Adj.; o. Steig.; nicht adv.⟩: eine -e Vertiefung; ~**glas,** das: *Einmachglas mit einer Rille am Rand, die ein sicheres Verschließen gewährleistet;* ~**schiene,** die (Technik): *Schiene mit einer eingelassenen Rille (bes. als Schiene für die Straßenbahn).*

rillig ['rɪlɪç] ⟨Adj.; o. Steig.; nicht adv.⟩ (selten): *gerillt.*

Rimessa [ri'mɛsa], die; -, ...ssen [ital. rimessa, zu: rimettere = wiederholen] (Fechten): *Wiederholung eines Angriffs, wenn nach pariertem erstem Angriff die Riposte ausbleibt od. verzögert durchgeführt wird;* **Rimesse** [ri'mɛsə], die; -, -n [ital. rimessa, ↑Rimessa]: **1.** (Wirtsch.) **a)** *[akzeptierter] Wechsel, der vom Aussteller als Zahlungsmittel weitergegeben wird;* **b)** (selten) *Übersendung eines Wechsels.* **2.** (Fechten) svw. ↑Rimessa.

Rinascimento [rinaʃi'mɛnto], das; -[s] [ital. rinascimento, zu: rinascere = wieder geboren werden]: ital. Bez. für *Renaissance.*

Rind [rɪnt], das; -[e]s, -er [mhd. rint, ahd. (h)rint, eigtl. = Horntier]: **1. a)** *als Milch u. Fleisch lieferndes Nutz-, auch noch als Arbeitstier gehaltenes, seine Nahrung wiederkäuendes Tier mit breitem Schädel mit zwei Hörnern, langem, in einer Quaste endendem Schwanz u. einem großen Euter beim weiblichen Tier:* glatte, wohlgenährte, braune, schwarzweiß gefleckte -er; -er züchten; er bevorzugt Fleisch vom R.; **b)** ⟨o. Pl.⟩ (ugs.) kurz für ↑Rindfleisch: R. ist heute billiger. **2.** (Zool.) *Vertreter einer in mehreren Arten vorkommenden, zur Familie der Horntiere gehörenden Unterfamilie von Paarhufern* (Büffel, Bison, Wisent, Auerochse u. a.).

Rind- (Rind 1 a; vgl. auch: Rinder-; rinds-, Rinds-): ~**box,** das; -es [zum 2. Bestandteil vgl. Boxkalf]: *glattes Rindsleder für Schuhe,* dazu: ~**boxleder,** das; ~**fleisch,** das: *Fleisch vom Rind,* dazu: ~**fleischsuppe,** die; ~**leder,** das usw.: ↑Rindsleder usw.; ~**stück,** das: svw. ↑Beefsteak; ~**suppe,** die (österr.): svw. ↑Fleischbrühe; ~**vieh,** das ⟨Pl. -viecher⟩: **1.** ⟨o. Pl.⟩ *Gesamtheit von Rindern, Bestand an Rindern:* das R. auf die Weide treiben; er besitzt zwanzig Stück R. *(zwanzig Rinder).* **2.** (ugs., oft als Schimpfwort) *dummer Mensch, der durch sein Verhalten, seinen Unverstand Anlaß zum Ärger gibt:* du [blödes] R.!

Rinde ['rɪndə], die; -, -n [mhd. rinde, rinte, ahd. rinda, rinta, eigtl. = Abgerissenes, Zerrissenes]: **1.** *(bei Bäumen u. Sträuchern) äußere, den Stamm, die Äste u. Wurzeln umgebende, feste, oft harte, borkige Schicht:* rauhe, rissige, glatte R.; die weiße R. der Birken; die R. vom Stamm ablösen, abschälen; seinen Namen in die R. eines Baumes ritzen, schneiden. **2.** *äußere, etw. Weiches umgebende festere Schicht:* die R. vom Käse abschneiden; sie ißt beim Brot am liebsten die dunkle R. **3.** (Anat.) *äußere, vom* [3]*Mark* (1 a) *sich unterscheidende Schicht bestimmter Organe:* die R. des Hirns, der Nieren.

rinden-, Rinden- (Rinde 1): ~**boot,** das: *(von Naturvölkern hergestelltes) Boot aus großen Stücken Baumrinde;* ~**brand,** der (Bot.): *Krankheit von Bäumen, bei der die Rinde abstirbt;* ~**hütte,** die: *Hütte aus Stücken von Rinde;* ~**los** ⟨Adj.; o. Steig.; nicht adv.⟩: *keine Rinde [mehr] aufweisend.*

Rinder- (Rind 1 a; vgl. auch: Rind-; -rinds-, Rinds-): ~**bandwurm,** der: *Bandwurm, dessen* [1]*Finnen* (1) *in der Muskulatur des Rindes sitzen u. beim Genuß von rohem od. nicht durchgebratenem Fleisch in den Darm des Menschen gelangen;* ~**braten,** der (Kochk.): *Braten aus einem Stück Rindfleisch;* ~**bremse,** die: *sehr große Bremse mit bunt schillernden Facettenaugen, braungrauen Flügeln u. dunkel u. gelblich gezeichnetem Körper;* ~**brust,** die (Kochk.): *Bruststück vom Rind;*

~**filet,** das (Kochk.): ²*Filet* (a) *vom Rind;* ~**gulasch,** das, auch: der (Kochk.): *Gulasch aus Rindfleisch;* ~**hackfleisch,** das; ~**herde,** die: die R. auf die Weide treiben; ~**herz,** das (Kochk.); ~**leber,** die (Kochk.); ~**lende,** die (Kochk.): *Lendenstück vom Rind;* ~**pest,** die: *durch Viren hervorgerufene, meist tödlich verlaufende, sehr ansteckende Krankheit bei Rindern, die bes. mit einer Entzündung der Schleimhäute verbunden ist;* ~**rasse,** die: eine hochwertige R.; ~**schmorbraten,** der; ~**stück,** das (Kochk.): *Stück Braten- od. Kochfleisch vom Rind;* ~**talg,** der: *ausgelassenes Fett vom Rind;* ~**zucht,** die: *planmäßige Aufzucht von Rindern unter wirtschaftlichem Aspekt;* ~**zunge,** die (Kochk.).

rinderig ['rɪndərɪç] ⟨Adj.; nicht adv.⟩ [zu ↑Rind]: *(von Kühen) brünstig* (1); **rindern** ['rɪndɐn] sw. V.; hat⟩ *(von Kühen) brünstig* (1) *sein:* die Kuh fängt wieder an zu r.

rindig ['rɪndɪç] ⟨Adj.; o. Steig.; nicht adv.⟩ [zu ↑Rinde] (selten): *mit einer [dicken] Rinde* (1, 2) *versehen.*

rinds-, Rinds- (Rind 1 a; vgl. auch: Rind-; Rinder-): ~**braten,** der (Kochk., bes. südd., österr.): svw. ↑Rinderbraten; ~**fett,** das (südd., österr.): *Butterschmalz, ausgelassene Butter;* ~**filet,** das (Kochk., bes. südd., österr.): svw. ↑Rinderfilet; ~**gulasch,** das, auch: der (Kochk., bes. südd., österr.): svw. ↑Rindergulasch; ~**leber,** die (Kochk., bes. südd., österr.); ~**leder,** das: *aus der Haut des Rindes hergestelltes Leder:* eine Tasche aus R., dazu: ~**ledern** ⟨Adj.; o. Steig.; nur attr.⟩: *aus Rindsleder bestehend;* ~**lende,** die (Kochk., bes. südd., österr.): svw. ↑Rinderlende; ~**schmalz,** das (südd., österr.): svw. ↑~fett; ~**stück,** das (Kochk., bes. südd., österr.): svw. ↑Rinderstück; ~**talg,** der (bes. südd., österr.): svw. ↑Rindertalg; ~**zunge,** die (Kochk., bes. südd., österr.).

rinforzando [rɪnfɔr'tsando] ⟨Adv.⟩ [ital. rinforzando, zu: rinforzare = wieder verstärken] (Musik): *plötzlich deutlich stärker werdend, verstärkt* (Abk.: rf., rfz., rinf.); **Rinforzando** [-], das; -s, -s u. ...di (Musik): *plötzliche Verstärkung des Klanges auf einem Ton od. einer kurzen Tonfolge;* **rinforzato** [...'tsa:to] ⟨Adv.⟩ [ital. rinforzato] (Musik): *plötzlich verstärkt* (Abk.: rf., rfz., rinf.).

ring [rɪŋ] ⟨Adj.⟩ [mhd. (ge)ringe, ↑gering] (südd., schweiz. mundartl.): *leicht zu bewältigen, mühelos:* ein -er Weg; es geht ihm r. von der Hand.

Ring [-], der; -[e]s, -e [mhd. rinc, ahd. (h)ring]: **1.** ⟨Vkl. ↑Ringlein, Ringelchen⟩ **a)** *gleichmäßig runder, kreisförmig in sich geschlossener Gegenstand:* ein metallener R.; ein R. aus Messing, Holz, Gummi; ein R. als Türklopfer; der Stier hat einen R. durch die Nase; die Schlüssel waren an einem R. *(Schlüsselring)* befestigt; ... den Raubtieren, die von den ... Dompteuren abgerichtet werden, durch -e *(Reifen)* zu springen (Dönhoff, Ära 181); die Kinder spielen mit dem R. (*Gummiring* b); die erste mit einem numerierten -e versehene Jungdohle (Lorenz, Verhalten I, 47); R der R. schließt sich *(die Sache findet ihren Abschluß [indem man zum Ausgangspunkt zurückkehrt]);* **b)** kurz für ↑Fingerring: ein goldener, brillantenbesetzter, schmaler, breiter R.; ein R. aus massivem Gold, mit einem großen Stein; der R. blitzte an ihrer Hand; einen R. tragen; jmdm., sich einen R. anstecken, an den Finger stecken; einen R. vom Finger ziehen, abstreifen; ***die -e tauschen/wechseln** (geh.; *heiraten, mit jmdm. eine Ehe schließen*). **2.** (Sport) **a)** ⟨Pl.⟩ *Turngerät, das aus zwei hölzernen Ringen* (1 a) *besteht, die an zwei in einem bestimmten Abstand voneinander herabhängenden Seilen befestigt sind:* an den -n turnen; **b)** kurz für ↑Boxring: den R. betreten; den R. als Sieger verlassen; die beiden Boxer kletterten in den R.; R. frei zur zweiten Runde!; Ü R. frei für die nächsten Kandidaten! *(die nächsten Kandidaten können nun beginnen);* **c)** kurz für ↑Kugelstoßring: der Stoß ist ungültig, weil er den Ring nach vorne verlassen hat; **d)** kurz für ↑Wurfring. **3.** ⟨Vkl. ↑Ringlein, Ringelchen⟩ *etw., was wie ein Ring* (1 a) *geformt, einem Ring ähnlich ist; ringförmiges Gebilde; ringförmige Anordnung, Figur:* das Glas hinterließ einen feuchten R. auf dem Tisch; er warf einen Stein ins Wasser und beobachtete die immer größer werdenden -e auf der Wasseroberfläche; Droste rauchte ... und blies -e für Clärchens Amüsement (Baum, Paris 159); er zählte die -e *(Jahresringe)* auf dem Baumstumpf; sie hat dunkle, blaue, schwarze -e *(Augenschatten)* unter den Augen; er schoß zehn -e *(in den zehnten Ring auf der Schießscheibe);* die Kinder bildeten beim Spielen einen R., schlossen einen R. um den Lehrer; ein R. aus starrenden Menschen; der alte Stadtkern liegt innerhalb eines Ringes *(einer ringförmig angelegten Straße, einer Ringstraße).* **4.** *Vereinigung von Personen, die sich zu einem bestimmten Zweck, zur Durchsetzung gemeinsamer Ziele, zur Schaffung u. Nutzung bestimmter Einrichtungen o. ä. zusammengeschlossen haben:* einen R. für Theater- und Konzertbesuche gründen, organisieren, bilden; die Polizei hat den internationalen R. von Rauschgifthändlern auffliegen lassen; die Händler haben sich zu einem R. *(Kartell)* zusammengeschlossen.

ring-, Ring-: ~**artig** ⟨Adj.; o. Steig.⟩: *in der Art eines Ringes* (1 a); ~**arzt,** der (Boxen): *Arzt, der die Boxkämpfer bei einem Boxkampf gesundheitlich zu überwachen u. über deren Kampffähigkeit zu entscheiden hat;* ~**bahn,** die: *ringartig um eine Stadt, einen Stadtkern geführte Bahn;* ~**beschleuniger,** der (Kernphysik): *Beschleuniger, bei dem elektrisch geladene Teilchen auf ringförmigen Bahnen geführt werden;* ~**buch,** das: *einem Buch od. Heft ähnliche Mappe mit losen Blättern zum Beschreiben, die durch einem Ring* (1 a) *ähnliche Bügel festgehalten u. so beliebig entnommen od. ergänzt werden können;* ~**fahndung,** die: *Großfahndung der Polizei, bei der in einem größeren Gebiet nach bestimmten Personen gefahndet wird;* ~**finger,** der: *vierter Finger der Hand zwischen Mittelfinger u. kleinem Finger;* ~**flügel,** der (Technik): *den Rumpf eines Coleopters ringförmig umschließender Teil, der den Auftrieb liefert,* dazu: ~**flügelflugzeug,** das: svw. ↑Coleopter; ~**form,** die: **1.** *Form eines Ringes* (1 a): die Kommode hatte Griffe in R. **2.** *Kuchenform, mit der Kuchen gebacken werden, die die Form eines dickeren Ringes* (3) *haben;* ~**förmig** ⟨Adj.; o. Steig.⟩: *Ringform aufweisend; wie ein Ring* (1 a): ein -er Wall; -e Verbindungen (in der Chemie); ~**fuchs,** der (Boxen Jargon): *Boxer mit großer Erfahrung, der alle Tricks im Ring* (2 b) *kennt;* ~**geschmückt** ⟨Adj.; o. Steig.; nicht adv.⟩: *mit einem od. mehreren Ringen* (1 b) *geschmückt:* -e Hände; ~**heft,** das: vgl. ~buch; ~**knorpel,** der (Anat.): *einem Siegelring ähnlicher Knorpel im Kehlkopf;* ~**mauer,** die: *ringförmig angelegte Mauer um eine Burg, eine Stadt;* ~**muskel,** der (Anat.): *ringförmiger Muskel zum Verengen od. Verschließen bestimmter Hohlorgane;* ~**ofen,** der (Technik): *ringförmig, auch oval gebauter Brennofen, der kontinuierlich betrieben werden kann;* ~**reiten,** das; -s, -: *Spiel, Turnier, bei dem Reiter vom [galoppierenden] Pferd aus einen in bestimmter Höhe aufgehängten Ring* (1 a) *od. Kranz mit einer Lanze od. Stange herunterzuholen suchen;* ~**richter,** der (Boxen): *Schiedsrichter, der einen Boxkampf im Ring* (2 b) *leitet;* ~**scheibe,** die (Schießen): *Scheibe mit numerierten, konzentrisch um eine schwarze Kreisfläche angeordneten Ringen als Ziel beim Schießen;* ~**schlüssel,** der: *Schraubenschlüssel mit ringförmiger Öffnung;* ~**sendung,** die (Ferns., Rundf.): *Sendung, bei der eine Reihe von Sendern zusammengeschaltet u. mit eigenen Beiträgen beteiligt ist;* ~**stechen,** das; -s, -: svw. ↑~reiten; ~**straße,** die: *ringförmig angelegte, um eine Stadt, einen Stadtkern verlaufende, [breite] Straße;* ~**tausch,** der: *Tausch zwischen mehreren Partnern:* die Entlassung des Berliner Kripospions sei kein Teil eines internationalen -s gewesen (MM 30. 12. 66, 1); ~**tennis,** das: *Spiel, bei dem nach bestimmten, dem Tennis ähnlichen Regeln ein Gummiring* (b) *über ein Netz geworfen wird;* ~**verein,** der (veraltend): *Zusammenschluß mehrerer Vereinigungen von Verbrechern in Großstädten, die sich als Sport-, Sparverein, Verein zur Geselligkeit o. ä. tarnen;* ~**wall,** der: vgl. ~mauer; ~**wechsel,** der: *das Wechseln der Trauringe bei der Eheschließung.*

Ringel ['rɪŋl], der; -s, - [mhd. ringel(ın), Vkl. von ↑Ring]: *kleineres ring-, kreisförmiges, spiralförmiges Gebilde:* die schwarzen R. ihrer Haare; ein Luftballon mit bunten -n.

Ringel-: ~**blume,** die: **1.** *Pflanze mit gelben Blüten u. eingerollten Früchten, die auch in Gärten kultiviert wird.* **2.** (volkst.) svw. ↑Löwenzahn; ~**gans,** die: *bes. an der arktischen Küste lebende kleinere Gans mit schwarzem Kopf u. Hals, schwärzlicher Oberseite u. einer weißen, ringförmigen Zeichnung am Hals;* ~**locke,** die: *sich ringelnde Locke:* das Kind hatte einen Kopf voller -n; ~**natter,** die [viell. nach den Ringeln auf der Haut]: *an Gewässern lebende, einfarbig graugrüne od. mit schwarzen Flecken gezeichnete Natter mit einem halbmondförmigen weißen bis gelben, schwarz gesäumten Fleck an beiden Seiten des Hinterkopfes;* ~**piez** [-pi:ts], der; -[es], -e [urspr. nordd., berlin., 2. Bestandteil wohl aus dem Slaw., vgl. apoln. pieć = singen] (ugs. scherzh.): *fröhliches, geselliges Beisammensein mit Tanz:* einen schönen, zünftigen R. veranstalten; ***R. mit Anfassen** (ugs.

scherzh.; svw. ↑Ringelpiez); ~**reigen,** der (seltener), ~**reihen,** der: *Spiel, Tanz, bei dem sich Kinder bei den Händen fassen u. im Kreis tanzen:* R. tanzen, spielen; ~**schwanz,** der: *geringelter Schwanz:* der R. des Ferkels; ein Hund mit R.; ~**socke,** die: *Socke mit ringsum laufenden Querstreifen in verschiedenen Farben;* ~**spiel,** das (österr.): svw. ↑Karussell; ~**spinner,** der: *brauner Nachtfalter, der seine Eier spiralig um junge Zweige von Obst- u. anderen Laubbäumen legt;* ~**stechen,** das; -s, -: *Ringreiten;* ~**taube,** die [2: die Taube galt früher als seltener Vogel]: **1.** *in Wäldern u. Parkanlagen lebende graue Taube mit weißen Streifen auf den Flügeln u. einem weißen Ringel um den rot u. grün schillernden Hals.* **2.** (veraltet, noch landsch.) *besonders günstige Gelegenheit* (3), *Rarität [die man erworben hat];* ~**wurm,** der: *in zahlreichen Arten der unterschiedlichsten Länge im Wasser, im Boden od. auch parasitisch lebender Wurm mit meist langgestrecktem, aus vielen gleichartig gebauten Segmenten bestehendem Körper; Gliederwurm.*

Ringelchen ['rɪŋl̩çən], das; -s, -: ↑Ring (1, 3); **ringelig,** (seltener auch:) ringlig ['rɪŋ(ə)lɪç] ⟨Adj.; o. Steig.⟩ [zu ↑Ringel]: *wie Ringel, spiralähnlich geformt; sich ringelnd, in Ringeln:* -e Hobelspäne; die Haare fielen ihr wirr und r. ins Gesicht; **ringeln** ['rɪŋl̩n] ⟨sw. V.; hat⟩ /vgl. geringelt/ [mhd. ringelen]: **a)** *zu einem Ringel, zu Ringeln formen; Ringel, Kreise, Bogen, Schnörkel bilden, entstehen lassen:* der Hund ringelt seinen Schwanz; die Schlange ringelte ihren Körper um einen Ast; **b)** ⟨r. + sich⟩ *sich zu einem Ringel, zu Ringeln formen; die Form von Ringeln annehmen:* Locken ringeln sich um ihren Kopf; der Bart ringelte sich ebenso grau und hing nicht schlaff herab (Andres, Liebesschaukel 7).

[1]**ringen** ['rɪŋən] ⟨st. V.; hat⟩ [mhd. ringen, ahd. (h)ringan, eigtl. = sich im Kreise, sich hin u. her bewegen]: **1. a)** *sich handgreiflich mit jmdm. [unter Anwendung von Griffen u. Schwüngen] auseinandersetzen, mit körperlichem Einsatz gegen jmdn. kämpfen, um ihn zu bezwingen:* die beiden Männer rangen erbittert, bis zur Erschöpfung [miteinander]; Ü der Schwimmer rang mit den Wellen (geh.; *konnte sich wegen der starken Wellen kaum im Wasser behaupten*); Stundenlang ringt er mit dem Fels (geh.; *versucht er, ihn kletternd zu bezwingen;* Trenker, Helden 92); **b)** *unter Anwendung von bestimmten Griffen u. Schwüngen mit jmdm. einen genau nach Regeln festgelegten sportlichen Kampf austragen mit dem Ziel, den Gegner mit beiden Schultern auf den Boden zu drücken od. ihn nach Punkten zu schlagen:* taktisch klug, mit einem starken Gegner r.; er ringt *(ist Ringer)* seit einigen Jahren; ⟨subst.:⟩ er hat sich einen Meistertitel im Ringen geholt. **2. a)** *sich angestrengt, unter Einsatz aller Kräfte bemühen, etw. zu erreichen, zu erhalten, zu verwirklichen; heftig nach etw. streben:* hart, zäh, bitter, schwer um Anerkennung r.; sie rangen lange um Freiheit, Unabhängigkeit, Erfolg; Du hast um diese Frau gerungen, wie man so sagt (Frisch, Stiller 501); ⟨subst.:⟩ das jahrhundertelange Ringen zwischen Kirche und Staat; Ü er rang nach Atem, Luft *(konnte nur mühsam atmen);* sie rang nach/um Fassung *(konnte kaum, nur mühsam die Fassung bewahren);* er hat nach Worten/um Worte gerungen *(hat die richtigen Worte kaum finden können, hat sich nur mühsam äußern können);* **b)** *sich innerlich heftig mit etw. auseinandersetzen:* ich habe lange mit mir gerungen, ob ich das verantworten kann; er scheint [innerlich] mit einem Problem, mit seinem Schicksal zu r.; ich ... rang inbrünstig in mir selbst um erträglichere, freundlichere Bilder (Hesse, Steppenwolf 234). **3.** (geh.) **a)** *(die Hände) aus Verzweiflung, Angst o. ä. zusammenpressen, falten u. bewegen, winden:* weinend, klagend, jammernd, verzweifelt, flehend die/seine Hände r.; Kommt zu mir gelaufen und ringt die Hände: Hilf mir! (Apitz, Wölfe 232); **b)** *jmdm. unter großen Mühen u. gegen heftigen Widerstand aus der Hand, aus den Händen winden:* er rang ihm das Messer, die Pistole aus der Hand; Ü Uns wurde das Gesetz des Handelns nicht aus den Händen gerungen (Dönhoff, Ära 64). **4.** ⟨r. + sich⟩ (geh.) *mühsam aus jmdm. hervorkommen, sich jmdm. entringen* (2 b): ein tiefer Seufzer rang sich aus ihrer Brust.

[2]**ringen** [-] ⟨st. V.; hat⟩ [landsch. beeinflußt von ↑[1]ringen] (landsch.): svw. ↑wringen.

Ringer, der; -s, - [mhd. ringer, ahd. ringāri, zu ↑[1]ringen]: *jmd., der ringt* (1 b), *bes. Sportler, der Ringkämpfe wettkampfmäßig austrägt;* **ringerisch** ⟨Adj.; o. Steig.; nicht präd.⟩: *das Ringen betreffend, dazu gehörend:* seine -en Qualitäten; er war seinem Gegner sowohl kräftemäßig als auch r. überlegen.

ringhörig ⟨Adj.; nicht adv.⟩ [zu ↑ring] (schweiz. mundartl.): svw. ↑hellhörig; ⟨Abl.:⟩ **Ringhörigkeit,** die; - (schweiz. mundartl.): svw. ↑Hellhörigkeit.

Ringkampf, der; -[e]s, ...kämpfe [zu ↑[1]ringen]: **1.** *tätliche Auseinandersetzung, bei der zwei Personen miteinander ringen* (1 a): ein kurzer, harter, heftiger, erbitterter R.; aus der Balgerei der beiden Jungen entwickelte sich ein regelrechter R. **2. a)** ⟨o. Pl.⟩ *das Ringen* (1 b) *als sportliche Disziplin:* der R. erfordert Konzentration und Ausdauer; **b)** *sportlicher Kampf im Ringen* (1 b): bei der Veranstaltung wurden über zwanzig Ringkämpfe ausgetragen; **Ringkämpfer,** der; -s, -: svw. ↑Ringer.

Ringlein ['rɪŋlain], das; -s, - [mhd. ringelīn]: ↑Ring (1, 3).

Ringlotte [rɪŋ'glɔtə], die; -, -n (landsch., österr.): *Reneklode.*

rings [rɪŋs] ⟨Adv.⟩ [erstarrter Gen. Sg. von ↑Ring]: *im Kreis, in einem Bogen um jmdn., etw., auf allen Seiten; rundherum* (a): r. an den Wänden standen Bücherregale; sich r. im Kreise umsehen; der Ort ist r. von Bergen umgeben; die Gäste r. plauderten (Fühmann, Judenauto 19).

rings-: ~**herum** ⟨Adv.⟩: *im Kreis umher; im Kreis, in einem Bogen um jmdn., etw. herum; auf allen Seiten, rundherum* (a): r. an den Wänden hingen große Bilder; r. um dieses Monument ... standen andere Denkmäler (Koeppen, Rußland 86); ~**um** ⟨Adv.⟩: *ringsherum, im ganzen Umkreis:* r. nur Eis und Schnee; der See ... ist r. von hohen Bergen umgeben (Grzimek, Serengeti 329); ~**umher** ⟨Adv.⟩: *ringsherum, im Kreis herum:* r. war dunkle Nacht; er blickte r., aber niemand war zu sehen.

Rinne ['rɪnə], die; -, -n [mhd. rinne, ahd. rina, zu ↑rinnen]: **1. a)** *schmale, langgestreckte Vertiefung im Boden, durch die Wasser fließt od. fließen kann:* tiefe -n im Erdreich; lange, der Bewässerung dienende -n durchzogen das Gelände; eine -e graben, ausheben; **b)** kurz für ↑Fahrrinne: die R. der Hafeneinfahrt. **2.** *aus festem Material hergestellte schmale, lange Vertiefung (auch offenes Rohr o. ä.), durch die etw. [ab]fließen kann:* die R. am Dach muß repariert werden; das Wasser fließt durch eine hölzerne R. in das Faß. **3.** (Jägerspr.) svw. ↑Stoßgarn; **rinnen** ['rɪnən] ⟨st. V.⟩ [mhd. rinnen, ahd. rinnan]: **1.** *(von Flüssigkeiten, auch von einer trockenen, körnigen Masse) sich stetig u. nicht sehr schnell in nicht allzu großer Menge fließend od. in vielen kleinen Teilchen irgendwohin bewegen* ⟨ist⟩: der Regen rinnt [vom Dach, über die Scheiben, in die Tonne]; das Blut rann in einem dünnen Faden aus der Wunde, über sein Gesicht; Tränen rannen über ihre Wangen; sie ließ den Sand durch die Finger r.; Ü das Geld rinnt ihm [nur so] durch die Finger *(er gibt es schnell aus, kann nicht sparsam damit umgehen);* die Jahre rannen (geh.; *gingen schnell dahin, vergingen rasch).* **2.** *undicht sein; durch eine undichte Stelle Flüssigkeit herauslaufen lassen:* die Gießkanne rinnt; **rinnenförmig** ⟨Adj.; o. Steig.; nicht adv.⟩: *die Form einer Rinne* (1 a) *aufweisend, wie eine Rinne:* eine -e Vertiefung, Kehlung; **Rinnsal** ['rɪnza:l], das; -[e]s, -e (geh.): **a)** *sehr kleines, sacht fließendes Gewässer:* ein schmales, kleines, spärliches, klares, schmutziges R.; ein R. fließt, schlängelt sich durch die Wiesen; **b)** *Flüssigkeit, die in einer kleineren Menge irgendwohin rinnt:* ein R. von Blut, von Tränen; aus dem undichten Faß floß ein kleines R. von Öl; Ü ein R. aus Licht (Langgässer, Siegel 585); **Rinnstein,** der; -[e]s, -e: **a)** svw. ↑Gosse (1): nach dem Regen liefen die -e fast über, waren die -e verstopft; das Wasser fließt durch den R. in den Gully; er lag betrunken im R.; etw. in den R. werfen; Ü er hat ihn aus dem R. aufgelesen *(aus übelsten Verhältnissen herausgeholt);* er endete, landete schließlich im R. *(ist gänzlich verkommen);* **b)** svw. ↑Bordstein: er stolperte über den R.

Ripienist [ripi̯e'nɪst], der; -en, -en [ital. ripienista] (Musik): *(im 17./18. Jh. u. bes. beim Concerto grosso) Orchestergeiger od. Chorsänger;* **ripieno** [ri'pi̯e:no] ⟨Adv.⟩ [ital. ripieno, eigtl. = (an)gefüllt] (Musik): *mit vollem Orchester;* Abk.: rip.; **Ripieno** [-], das; -, -s u. ...ni [ital. ripieno] (Musik): *(im 17./18. Jh. u. bes. beim Concerto grosso) das volle Orchester im Gegensatz zum Concertino* (2).

Riposte [ri'pɔstə], die; -, -n [ital. riposta, zu: riposto, 2. Part. von: riporre < lat. repōnere = dagegensetzen, -stellen] (Fechten): *unmittelbarer Gegenangriff nach einer parierten Parade;* **ripostieren** [ripɔs'ti:rən] ⟨sw. V.; hat⟩ (Fechten): *eine Riposte ausführen.*

Rippchen ['rɪpçən], das; -s, -: **1.** *Fleisch aus dem Bereich der Rippen mit den dazugehörenden Knochen (bes. vom Schwein).* **2.** ↑Rippe; **Rippe** ['rɪpə], die; -, -n [mhd. rippe, ahd. rippa, eigtl. = Bedeckung (der Brusthöhle)]: **1.** *schmaler, gebogener Knochen im Rumpf des Menschen u. mancher Tiere, der nahezu waagerecht von der Wirbelsäule zum Brustbein verläuft u. mit anderen zusammen die Brusthöhle bildet:* sich beim Sturz eine R. brechen, quetschen; jmdm. im Streit ein Messer zwischen die -n jagen, stoßen; ein Messer zwischen die -n bekommen; man kann bei ihr alle/die -n zählen, sie hat nichts auf den -n (ugs.; *sie ist sehr mager*); er stieß, boxte ihn [mit dem Ellbogen, den Ellbogen] in die -n *(gab ihm einen Stoß in die Seite);* R das kann ich doch nicht durch die -n schwitzen (als Antwort auf die erstaunte Äußerung, daß jmd. [schon wieder] austreten gehen muß); ***sich** 〈Dativ〉 **etw. nicht aus den -n schlagen, schneiden können** (ugs.; *nicht wissen, wo man etw. hernehmen soll*). **2.** *etw., was einer Rippe* (1) *ähnlich sieht:* Cord mit breiten -n; ein Muster mit -n stricken; ein Heizkörper mit vier -n; kann ich mir eine R. *(ein [durch eine Markierung in mehrere kleine Stückchen eingeteiltes] von einer Tafel abgebrochenes Stück)* Schokolade nehmen? **3.** (Bot.) *stark hervortretende Blattader.* **4.** (Technik) *Bauteil, der einer Rippe* (1) *ähnlich ist u. zur Verstärkung eines flächigen Bauteils (z. B. Tragfläche eines Flugzeugs) dient.* **5.** (Technik) *Kühlrippe.* **6.** (Archit.) *ein Gewölbe od. eine Decke verstärkender od. tragender Teil.*

Rippelmarken ['rɪpl̩-] 〈Pl.〉: svw. ↑Rippeln; ^{1}**rippeln** ['rɪpl̩n] 〈sw. V.; hat〉 [zu ↑Rippe] (landsch.): *riffeln; rippen.*

^{2}**rippeln,** sich [-] 〈sw. V.; hat〉 [landsch. Nebenf. von ↑rappeln (5); vgl. mniederd. reppen = sich rühren] (landsch.): *sich bewegen, sich rühren:* er liegt da und rippelt sich nicht mehr; ***sich nicht r. und rühren** *(bewegungslos daliegen).*

Rippeln [-] 〈Pl.〉 (Geol.): *Erhebungen an der Oberfläche von Sandflächen, die wie Wellen aussehen (durch Wellen od. Wind hervorgerufen); Wellenfurchen.*

^{1}**rippen** 〈sw. V.; hat〉 (selten): *mit Rippen* (2) *versehen.*

^{2}**rippen,** sich 〈sw. V.; hat〉 (nordd. selten): svw. ↑^{2}rippeln in der Verbindung **sich r. und rühren** (↑^{2}rippeln).

Rippen-: ~**bogen,** der: *seitliche Wölbung des Körpers über den Rippen;* ~**bruch,** der: *Bruch einer od. mehrerer Rippen;* ~**fell,** das: *an den Rippen anliegender Teil des Brustfells,* dazu: ~**fellentzündung,** die: *durch bakterielle Infektion hervorgerufene Entzündung des Rippenfells; Pleuritis;* ~**heizkörper,** der: *Heizkörper, der in Rippen* (2) *aufgeteilt ist;* ~**knochen,** der: svw. ↑Rippe (1); ~**knorpel,** der; ~**knoten,** der (Handarb.): *Knoten des Makramee, der mit anderen zusammengereiht eine Rippe* (2) *bildet;* ~**muster,** das: einen Pullover mit R. stricken; ~**pulli,** ~**pullover,** der (ugs.): *Pullover mit Rippenmuster;* ~**resektion,** die (Med.); ~**samt,** der: svw. ↑Kordsamt; ~**speer,** der od. das 〈o. Pl.〉 [aus dem Niederd. < mniederd. ribbesper; urspr. nur Bez. für den Bratspieß, auf den das Fleisch gesteckt wurde]: *gepökeltes Rippchen vom Schwein:* Kasseler R.; ~**stoß,** der: *Stoß (meist mit dem Ellbogen) in jmds. Seite:* jmdm. einen R. geben, versetzen; sich mit Rippenstößen durch die Menge drängen; ~**stück,** das: *ein Stück Fleisch aus dem Bereich der Rippen* (1); ~**tabak,** der: *aus den gewalzten mittleren Rippen der Blätter hergestellter Tabak;* ~**werk,** das 〈o. Pl.〉 (selten): *Gesamtheit der Rippen:* Dabei wurde seine Brust sehr frei. Ein mageres R. (Jahnn, Geschichten 114).

Rippespeer, der od. das; [-e]s: svw. ↑Rippenspeer; **rippig** ['rɪpɪç] 〈Adj.; o. Steig.; nicht adv.〉 (selten): svw. ↑gerippt; **Rippsamt,** der; -[e]s: svw. ↑Kordsamt; **Rippspeer,** der od. das; -[e]s: svw. ↑Rippenspeer.

Ripresa [ri'pre:za], die; -, ...sen [ital. ripresa, zu: riprendere < lat. reprehendere = wieder (auf)nehmen] (Musik): *Wiederholung[szeichen].*

rips [rɪps]! 〈Interj.〉: lautm. für das Geräusch des Reißens. Vgl. rips, raps!

Rips [-], der; -es, -e [engl. ribs (Pl.) = Rippen]: *Gewebe mit Längs- od. Querrippen.*

rips-, Rips-: ~**artig** 〈Adj.; o. Steig.; nicht adv.〉: *in der Art des Ripses [gewebt];* ~**band,** das 〈Pl. -bänder〉: ^{1}*Band* (1) *aus Rips;* ~**kleid,** das: vgl. ~band; ~**möbel,** das: *Polstermöbel mit einem Bezug aus Rips.*

rips, raps! 〈Interj.〉: **1.** lautm. für das Geräusch des Reißens. **2.** lautm. Darstellung einer heftigen reißenden Bewegung, eines wiederholten schnellen Zubeißens o. ä.

rirarutsch! ['ri:'ra:'rʊtʃ] 〈Interj.〉 (Kinderspr.): Ausdruck, mit dem eine schnelle Bewegung, bes. das Rutschen begleitet wird.

Risalit [riza'li:t], der; -s, -e [ital. risalto, zu: risalire = hervorspringen] (Archit.): *(bes. bei profanen Bauten des Barocks) in ganzer Höhe des Bauwerks vorspringender Gebäudeteil (oft mit eigenem Giebel u. Dach).*

rischeln ['rɪʃl̩n] 〈sw. V.; hat〉 [landsch. Nebenf. von ↑rascheln] (landsch.): *leise rascheln, knistern.*

Rise ['ri:zə], die; -, -n [mhd. rīse, ahd. rīsa, zu: rīsen = nach unten fallen, ↑Reise]: *(im 13. u. 14. Jh. von Frauen getragene) Haube, die Kopf, Kinn u. Ohren vollkommen bedeckt u. nur Augen u. Nase freiläßt.*

risen ['ri:zn̩] 〈sw. V.; hat〉 [zu niederd. rīs = ^{2}Reis] (nordwestd.): svw. ↑veredeln.

Risiko ['ri:ziko], das; -s, -s u. ...ken, österr. auch: Risken [älter ital. ris(i)co, eigtl. = Klippe (die zu umschiffen ist), über das Vlat. zu griech. rhíza = Wurzel, übertr. auch: Klippe]: **a)** *möglicher negativer Ausgang bei einer Unternehmung, womit Nachteile, Verlust, Schaden verbunden sind:* bei einer Sache das R. fürchten, das R. in Kauf nehmen; die Risiken bedenken, abwägen; sie nahmen das R. bewußt auf sich; **b)** *mit einem Vorhaben, Unternehmen o. ä. verbundenes Wagnis:* ein großes R.; diese Sache ist kein R.; ein R. eingehen; die Versicherung trägt das R.; daß die Bande auf eigenes R. arbeite (Brecht, Groschen 174); ***das R. laufen** *(das Wagnis auf sich nehmen):* So hat Chruschtschow sich entschlossen, das R. zu laufen und das Kernstück aus dem Separatfriedensvertrag vorwegzunehmen (Dönhoff, Ära 78).

risiko-, Risiko-: ~**bereit** 〈Adj.; o. Steig.; nicht adv.〉: *bereit, ein Risiko auf sich zu nehmen, einzugehen,* dazu: ~**bereitschaft,** die; ~**faktor,** der: *Faktor, der ein besonderes Risiko für etw. darstellt;* ~**frei** 〈Adj.; o. Steig.〉: *ohne jedes Risiko;* ~**freudig** 〈Adj.〉: *gern das Risiko suchend:* der schwedische Slalomspezialist fährt sehr r.; ~**geburt,** die: *Geburt, bei der Gefahr für das Kind u./od. die Mutter besteht;* ~**lehre,** die (Wirtsch.): *Lehre von den Ursachen u. der Eindämmung der möglichen Folgen eines Risikos;* ~**los** 〈Adj.; o. Steig.〉: svw. ↑~frei; ~**patient,** der: *Patient, der auf Grund erblicher od. früherer Krankheiten bes. gefährdet ist;* ~**prämie,** die (Wirtsch.): **1.** *(bei der Kalkulation) Zuschlag für mögliche Risiken.* **2.** *Anteil eines Unternehmers als Vergütung für die Übernahme des Risikos;* ~**reich** 〈Adj.; o. Steig.; nicht adv.〉: *reich an Risiken.*

Risi-Pisi [ri:zi'pi:zi] 〈Pl.〉, (bes. österr.:) **Risipisi** [-], das; -[s], - [ital. risi e bisi, Reimbildung für: riso con piselli = Reis mit Erbsen] (Kochk.): *Gericht aus Reis, Erbsen, Butter u. Parmesan.*

riskant [rɪs'kant] 〈Adj.〉 [frz. risquant, zu: risquer = riskieren, zu: risque < älter ital. risco, ↑Risiko]: *mit einem Risiko verbunden:* ein -es Unternehmen; die Sache, der Plan ist, erscheint mir äußerst r.; Ich wunderte mich nur, daß Moss ... ein bißchen r. um die Kurve ging (Frankenberg, Fahrer 67); **riskieren** [rɪs'ki:rən] 〈sw. V.; hat〉 [frz. risquer, ↑riskant]: **1. a)** *trotz der Möglichkeit eines Fehlschlags o. ä. etw. zu tun versuchen, unternehmen:* sie riskiert es nicht, zu so später Stunde noch fortzugehen; wenn du nichts riskierst, kannst du auch nichts gewinnen; **b)** *durch sein Benehmen od. Handeln eine Gefahr o. ä. bewirken, heraufbeschwören:* er riskiert eben, daß man ihn auslacht; einen Unfall r.; Franzi ... mußte jeden Tag spätestens um 8 Uhr abends zu Hause sein, sonst riskierte sie einen Mordskrach (Kühn, Zeit 200); **c)** *etw. nur vorsichtig, mit einer gewissen Zurückhaltung tun, einen entsprechenden Versuch machen, wagen:* sie riskierte ein zaghaftes Lächeln; einen verstohlenen Blick r. **2.** *etw. durch sein Benehmen od. Handeln Nachteilen, der Gefahr des Verlustes aussetzen:* viel, wenig, nichts, alles, das Äußerste, seine Stellung r.; hier riskierte er Frau und Kinder und Leben um ein Stück Pferdefleisch (Plievier, Stalingrad 60).

risoluto [rizo'lu:to] 〈Adv.〉 [ital. risoluto < lat. resolūtus, ↑resolut] (Musik): *entschlossen u. kraftvoll.*

Risotto [ri'zɔto], der; -[s], -s, österr. auch: das; -s, - [s; ital. (milanesisch) risotto, zu: riso = Reis] (Kochk.): *Gericht aus Reis u. Parmesan mit Tomatensauce.*

Rispchen ['rɪspçən], das; -s, -: ↑Rispe; **Rispe** ['rɪspə], die; -, -n [mhd. rispe = Gebüsch, Gesträuch, verw. mit ↑^{2}Reis]: *Zweig od. Stengel mit vielen Verzweigungen, an deren Enden mehrere Blüten stehen:* die Blüten der Weinrebe sind in -n angeordnet; Gräser mit zarten -n.

rispen-, Rispen-: ~**förmig** ⟨Adj.; o. Steig.⟩: ~**gras,** das: *Gras, dessen Ährchen* (2) *in lockeren Rispen angeordnet sind;* ~**hirse,** die: svw. ↑Hirse (a).

rispig ['rɪspɪç] ⟨Adj.; o. Steig.; nicht adv.⟩: *rispenförmig.*

riß [rɪs]: ↑reißen; **Riß** [-], der; Risses, Risse [mhd. riʒ, ahd. riz = Furche, Strich, Buchstabe, zu ↑reißen]: **1.** *durch Zerreißen o. ä. bewirkte Trennung von Teilen eines festen Körpers, die zusammengehören u. dadurch stellenweise durch einen sehr schmalen [unregelmäßig verlaufenden] Zwischenraum getrennt sind:* ein kleiner, tiefer R.; ein R. im Stoff, im Felsen; in der Wand, in der Decke sind, zeigen sich Risse; der R. ist stärker, größer geworden; die Glasur hat Risse bekommen; einen R. leimen, verschmieren; Der R. zwischen alter und neuer Generation ist bekannt (Bloch, Wüste 31); die innige Freundschaft bekam einen R.; ***einen R./Risse im Hirn/Kopf haben** (↑hirnrissig). **2.** (selten) *der Vorgang des Reißens; das Reißen:* der R. des Films. **3.** (Technik, Geometrie) *[technische] Zeichnung, die nach den wichtigsten Linien od. nach dem Umriß angefertigt ist.* **4.** (Jägerspr.) *vom Fuchs o. ä. erlegte Beute.*

riß-, Riß-: ~**fest** ⟨Adj.; -er, -este⟩ (selten): svw. ↑reißfest; ~**werk,** das (Bergmannsspr.): *Gesamtheit der Risse* (3) *eines Bergwerks;* ~**wunde,** die: *durch Reißen der Haut od. der Muskulatur entstandene Wunde.*

rissig ['rɪsɪç] ⟨Adj.; nicht adv.⟩: *Risse* (1) *aufweisend; von Rissen* (1) *durchzogen:* -es Mauerwerk, -er Lehmboden; ihre Hände, die Haut ihrer Hände, ihre Lippen sind r. *(aufgesprungen);* das Leder wird r. *(brüchig).*

Rissole [rɪ'so:lə], die; -, -n [frz. rissole < afrz. rissole, roussole, über das Vlat. zu spätlat. russeolus = etwas rötlich, zu lat. russus = rot; nach der Farbe, die das Gericht nach dem Braten annimmt] (Kochk.): *kleine, halbmondförmige Pastete, die mit einer Farce* (3) *aus Fleisch od. Fisch gefüllt u. in schwimmendem Fett gebacken wird.*

Rist [rɪst], der; -es, -e [mhd. rist, mnd. wrist, eigtl. = Drehpunkt, Dreher]: **1. a)** (landsch., Sport) svw. ↑Spann: der Stiefel ist über dem R. zu eng; **b)** (Sport, sonst selten) *Handrücken:* er hat sich am R. der rechten Hand eine Verletzung zugezogen. **2.** svw. ↑Widerrist.

Rist- (Turnen): ~**griff,** der: *Griff, bei dem die Riste beider Hände nach oben zeigen u. die Daumen einander zugewandt sind;* ~**hang,** der: *Hang, bei dem der Turner im Ristgriff am Gerät hängt;* ~**sprung,** der: *Sprung (mit gestreckten Beinen u. nach vorne gebeugtem Oberkörper), bei dem die Hände den Rist beider Füße berühren.*

Riste ['rɪstə], die; -, -n [mhd. rīste] (landsch.): *Bündel aus Flachsfasern.*

ritardando [ritar'dando] ⟨Adv.⟩ [ital. ritardando, zu: ritardare < lat. retardāre = (ver)zögern] (Musik): *das Tempo verzögernd; langsamer werdend;* Abk.: rit., ritard.; **Ritardando** [-], das; -s, -s u. ...di (Musik): *allmähliches Langsamwerden des Tempos.*

rite ['ri:tə] ⟨Adv.⟩ [lat. rīte = auf rechte, gehörige Weise, zu: rītus, ↑Ritus]: **1.** *genügend (geringstes Prädikat bei der Doktorprüfung).* **2.** (bildungsspr.) *[in] ordnungsgemäß[er Weise];* **Riten** ['ri:tn̩]: Pl. von ↑Ritus.

ritenente [rite'nɛntə] ⟨Adv.⟩ [ital. ritenente, 1. Part. von: ritenere < lat. retinēre = zurückhalten] (Musik): *im Tempo zurückhaltend; zögernd;* **ritenuto** [rite'nu:to] ⟨Adv.⟩ [ital. ritenuto, 2. Part. von: ritenere, ↑ritenente] (Musik): *im Tempo zurückgehalten, verzögert;* Abk.: rit., riten.; **Ritenuto** [-], das; -s, -s, u. ...ti (Musik): *Verzögerung des Tempos.*

Rites de passage [ritdəpa'sa:ʒ] ⟨Pl.⟩ [frz. rites de passage] (Soziol., Völkerk.): svw. ↑Initiationsritus.

Ritornell [ritɔr'nɛl], das; -s, -e [ital. ritornello = Refrain; Wiederholungssatz, zu: ritornare = zurückkommen, wiederkehren]: **1.** (Literaturw.) *aus der italienischen Volksdichtung übernommene Gedichtform mit einer beliebigen Anzahl von Strophen zu je drei Zeilen, von denen jeweils zwei durch Reim od. Assonanz verbunden sind.* **2.** (Musik) *sich meist mehrfach wiederholender Teil eines Musikstücks.*

Ritratte [ri'tratə], die; -, -n [ital. ritratta, zu: ritrattare < lat. retractāre = zurückziehen]: svw. ↑Rückwechsel.

ritsch [rɪtʃ]! ⟨Interj.⟩: **1.** svw. ↑ratsch. **2.** lautm. für einen schnellen, heftigen Vorgang: er ... holt aus bis zu den Wolken und – ritsch! – saust die Spitze tief in den Boden (Fr. Wolf, Zwei 74); **ritsch, ratsch!** ⟨Interj.⟩: **1.** lautm. für die Geräusche, die durch aufeinanderfolgende schnelle, reißende Bewegungen, z. B. beim Zerreißen von Papier entstehen. **2.** svw. ↑ritsch (2).

Ritscher, Ritschert ['rɪtʃɐ(t)], der; -s, - [wohl zu mundartl. ritschen = Nebenf. von ↑rutschen; die breiige Speise „rutscht" gut] (österr.): *Eintopf aus Graupen, Rauchfleisch od. Schinken u. Hülsenfrüchten.*

ritt [rɪt]: ↑reiten; **Ritt** [-], der; -[e]s, -e [zu ↑reiten]: **a)** *das Reiten:* in wildem R. jagten sie über die Felder, Wiesen; **b)** *Ausflug o. ä. zu Pferde:* ein kurzer, weiter R.; ***ein R. über den Bodensee** *(eine Unternehmung, über deren Gefährlichkeit sich der Betreffende gar nicht im klaren ist;* nach der Ballade „Der Reiter und der Bodensee" des dt. Schriftstellers G. Schwab [1792–1850]); **auf einen/in einem R.** (ugs.; *auf einmal, ohne zu unterbrechen).*

Rittberger ['rɪtbɛrgɐ], der; -s, - [nach dem dt. Eiskunstläufer W. Rittberger (geb. 1891)] (Eiskunstlauf, Rollkunstlauf): *mit einem Bogen rückwärts eingeleiteter Sprung, bei dem man mit einem Fuß abspringt, in der Luft eine Drehung ausführt und mit dem gleichen Fuß wieder aufkommt.*

Ritter ['rɪtɐ], der; -s, - [mhd. ritter < mniederl. riddere < LÜ von afrz. chevalier; mhd. rīter, rītære = Reiter, zu ↑reiten]: **1.** (hist.) **a)** *(im MA.) Krieger gehobenen Standes, der in voller Rüstung mit Schild, Schwert [Lanze o. ä.] zu Pferd in den Kampf zieht;* **b)** *Angehöriger des Ritterstandes:* der Knappe wird zum R. geschlagen *(durch Ritterschlag in den Ritterstand aufgenommen).* **2.** *Bezeichnung für jmd., der einen bestimmten hohen Orden verliehen bekommen hat:* die Ritter des Hosenbandordens; R. des Ordens Pour le mérite. **3.** svw. ↑Ordensritter. **4.** (veraltend) svw. ↑Kavalier (1). **5.** ***ein irrender Ritter** (bildungsspr.; *jmd., der nur kurze Zeit an einem Ort bleibt, der immer wieder auf der Suche nach neuen Abenteuern ist;* nach frz. chevalier errant, dem Beinamen eines Ritters der Artusrunde); **ein R. ohne Furcht und Tadel** (1. *[im MA.] ein vorbildlicher, tapferer Ritter;* nach frz. chevalier sans peur et sans reproche, dem Beinamen des Ritters Bayard [1476–1524]. 2. *ein mutiger u. sich vorbildlich benehmender Mann*); **ein R. des Pedals** (scherzh.; *Rad[renn]fahrer*); **ein R. von der Feder** (scherzh.; *Schriftsteller*); **ein R. von der traurigen Gestalt** (abwertend; *jmd., der sehr lang u. hager ist, dazu eine schlechte Haltung hat u. außerdem heruntergekommen wirkt;* nach span. el caballero de la triste figura, dem Beinamen des ↑Don Quichote). **6.** ***arme R.** (Kochk.; *in Milch eingeweichte Brötchen od. Weißbrotscheiben, die paniert u. in der Pfanne gebacken werden).*

ritter-, Ritter-: ~**akademie,** die (hist.): *eine Art Fachschule, in der junge Adlige für den feudalen Militär- u. Hofdienst ausgebildet werden;* ~**bank,** die ⟨Pl. -bänke⟩ (früher): *Vertretung des niederen [Land]adels im Landtag;* ~**burg,** die; ~**bürtig** [...bʏrtɪç] ⟨Adj.; o. Steig.; nicht adv.⟩ (selten): *durch Geburt dem Ritterstand angehörend;* ~**dichtung,** die (Literaturw.): *(in der mittelhochdeutschen Blütezeit) Dichtung, die aus der ritterlich-adligen und höfischen Standeskultur erwächst u. deren höfische Ideale, Probleme, ihr Standes- und Lebensgefühl widerspiegelt u. zum Thema hat;* ~**dienst,** der: **1.** *(im MA.) Dienst, den ein Ritter* (1 b) *bei Hof zu leisten hat.* **2.** *Hilfe, Dienst, den ein Mann einer Frau aus Höflichkeit erweist;* ~**drama,** das (Literaturw.): *Drama, dessen Hauptfigur ein Ritter* (1 b) *ist;* ~**falter,** der: *sehr großer, farbenprächtiger Falter;* ~**gut,** das (früher): *Gut, das einem Angehörigen des Landadels gehört,* dazu: ~**gutsbesitzer,** der; ~**kampfspiel,** das (hist.): *als Spiel mit Kriegswaffen u. in voller Rüstung [zu Pferd] durchgeführter Kampf zweier od. mehrerer Ritter gegeneinander;* ~**kreuz,** das (ns.): *Orden in Form eines größeren Eisernen Kreuzes, der am Halsband getragen wird;* ~**orden,** der: *im Mittelalter gegründeter Orden, dessen Mitglieder vor allem die Aufgabe hatten, als geistliche Krieger Glaubensfeinde zu bekämpfen;* ~**roman,** der (Literaturw.): vgl. ~drama; ~**rüstung,** die; ~**saal,** der: *Festsaal eines Schlosses od. einer Burg;* ~**schlag,** der (hist.): *durch einen Schlag mit dem flachen Schwert auf Hals, Nacken od. Schulter symbolisierte feierliche Aufnahme eines Knappen in den Ritterstand;* ~**sitz,** der; ~**spiel,** das: svw. ↑~kampfspiel; ~**sporen** ⟨Pl.⟩; ~**sporn,** der ⟨Pl. -e⟩: *bes. als Zierpflanze kultivierte Blume, deren blaue od. violette, helmartige Blüten einen Fortsatz in der Form eines Sporns haben;* ~**stand,** der (hist.): *(im MA.) Adelsstand, dessen Angehörige die Lehnsfähigkeit besitzen;* ~**stern,** der: svw. ↑Amaryllis; ~**stück,** das: svw. ↑~drama; ~**und-Räuber-Roman,** der (mit Bindestrichen; Literaturw.): *im ausgehenden 18. Jh. entstandene Art der unterhaltenden, trivialen Literatur, in der vor allem Lüsternheit u. Intrigen die span-*

nungserregenden Elemente sind, die um die großartigen Taten eines Helden angeordnet sind; **~wesen,** das ⟨o. Pl.⟩ (hist.): svw. ↑Rittertum; **~zeit,** die ⟨o. Pl.⟩: *Zeit, in der Ritter lebten; Zeit des Rittertums.*

ritterhaft ⟨Adj.; -er, -este⟩: *einem Ritter* (1) *entsprechend, gemäß;* **ritterlich** ⟨Adj.⟩ [mhd. ritterlich]: **1.** svw. ↑ritterhaft: bestimmt hatten hier ... die Herzöge von Morea ihr -es Leben geführt (Geissler, Wunschhütlein 66). **2.** *edel, vornehm, anständig u. fair:* ein -er Gegner; einen Kampf r. austragen. **3.** *zuvorkommend-höflich u. hilfsbereit (bes. gegen Frauen):* er bot ihr r. den Arm; ⟨Abl.:⟩ **Ritterlichkeit,** die; -, -en: **1.** ⟨o. Pl.⟩ *das Ritterlichsein.* **2.** *ritterliche* (2) *Handlungsweise;* **Ritterling** ['rɪtɐlɪŋ], der; -s, -e [vgl. Herrenpilz]: *Pilz mit fleischigem Stiel u. hellen, am Ansatz des Stiels ausgebuchteten Lamellen;* **Ritterschaft,** die; - [mhd. rīt(t)erschaft] (hist.): **1.** *der Stand, die Würde eines Ritters.* **2.** *Gesamtheit aller Angehörigen des Ritterstandes;* **Rittersmann,** der; -[e]s, ...leute (veraltet): svw. ↑Ritter (1); **Rittertum,** das; -s (hist.): **1.** *Gesamtheit der Bräuche u. Lebensformen des Ritterstandes.* **2.** *Gesamtheit der Ritter* (1); **rittig** ['rɪtɪç] ⟨Adj.; o. Steig.; nicht adv.⟩: *(von Pferden) zum Reiten geschult;* ⟨Abl.:⟩ **Rittigkeit,** die; -; **rittlings** ['rɪtlɪŋs] ⟨Adv.⟩: *in der Haltung, in der ein Reiter auf dem Pferd sitzt:* er setzt sich, sitzt r. auf dem Stuhl; **Rittmeister,** der; -s, -: **1.** (hist.) *Anführer der Reiterei.* **2.** (früher) *Führer der Reiterabteilung.* **3.** *(im dt. Heer bis 1945 bei der Kavallerie) Chef einer Schwadron im Rang eines Hauptmanns.*

ritual [ri'tu̯a:l]: ↑rituell; **Ritual** [-], das; -s, -e u. ...lien [lat. rītuāle, subst. Neutr. von: rītuālis, ↑rituell]: **1. a)** *schriftlich fixierte Ordnung der (römisch-katholischen) Liturgie;* **b)** *Gesamtheit der festgelegten Bräuche u. Zeremonien eines religiösen Kultes; Ritus* (1). **2.** *wiederholtes, immer gleichbleibendes, regelmäßiges Vorgehen nach einer festgelegten Ordnung; Zeremoniell:* Ich sehe ihn, wie er mit letzter Präzision den Federhalter putzt – und dieses R. auch noch erläutert (Hochhuth, Stellvertreter 82).

Ritual-: **~buch,** das: **1.** (kath. Kirche) *Sammlung liturgischer Texte.* **2.** *Buch, in dem religiöse Bräuche u. Riten aufgezeichnet sind;* **~gesetz,** das: *Gesetz, dem ein religiöser Kult unterworfen ist;* **~handlung,** die: *Handlung, die nach einer festgelegten Ordnung abläuft; Ritual* (2); **~mord,** der: *Mord auf Grund eines religiösen Kultes.*

Rituale [ri'tu̯a:lə], das; -: svw. ↑Ritualbuch; **ritualisieren** [ritu̯ali'zi:rən] ⟨sw. V.; hat⟩: **1.** (Psych.) *zum Ritual werden lassen:* das Zubettbringen bei Kleinkindern wird oft ritualisiert; ritualisiertes Grußverhalten. **2.** (Verhaltensf.) *(ein bestimmtes Verhaltensmuster unter artgleichen Tieren) zum Ritual mit Signalwirkung werden lassen* (z. B. beim Balzverhalten); ⟨Abl.:⟩ **Ritualisierung,** die; -, -en; **rituell** [ri'tu̯ɛl] ⟨Adj.; o. Steig.⟩ [frz. rituel < lat. rītuālis = den religiösen Brauch betreffend, zu: rītus, ↑Ritus]: **1. a)** *nach Vorschrift eines Ritus; einem Ritus, einem kultischen Brauch, Zeremoniell folgend;* **b)** *auf einem religiösen, kultischen Brauch beruhend; den Ritus betreffend.* **2. a)** *feierlich, nach Art eines Ritus:* Der kraftlose König ... wird zum Gespött, wo nicht zum Gegenstand einer -en Opferung (Hofstätter, Gruppendynamik 145); **b)** *sich gleichbleibend u. regelmäßig in feierlicher Form wiederholend:* die ständig neu belebte, immer wieder r. zelebrierte Anspielung auf die Wedekind-Tradition (K. Mann, Wendepunkt 124); ⟨subst.:⟩ **Rituell** [-], das; -s, -e: ein genau vorgeschriebenes R.; **Ritus** ['ri:tʊs], der; -, ...ten [lat. rītus]: **1.** *hergebrachte Weise der Ausübung einer Religion; Ritual* (1 b). **2.** *Brauch, Gewohnheit bei feierlichen Handlungen:* ein Knabe, noch nach altem R. beschnitten ... (Fischer, Wohnungen 20); Ü Alles hatte seine festgelegte Ordnung, seinen eingefahrenen R. (Müthel, Baum 227).

Ritz [rɪt͜s], der; -es, -e [mhd. riz, zu ↑ritzen]: **1.** *(durch einen spitzen, harten Gegenstand verursachte) kleine, nicht allzu starke strichartige Vertiefung od. Verletzung auf einer sonst glatten Oberfläche:* in der Politur ist ein R. zu sehen; Selbstverständlich hätte ich nur einen ganz kleinen R. gemacht (Nossack, Begegnung 412). **2.** svw. ↑Ritze: Eva Dumont sah durch einen R. in der Fensterblende hinaus (Gaiser, Jagd 67); **Ritze** ['rɪt͜sə], die; -, -n [spätmhd. ritze]: *schmale, längliche Spalte zwischen zwei Teilen, die nicht restlos zusammengefügt sind:* eine tiefe R.; -n in den Türen, im Fußboden verstopfen, verschmieren; der Wind pfeift durch die -n; in den -n hat sich Schmutz angesammelt; **Ritzel** ['rɪt͜sl̩], das; -s, - (Technik): *kleines Zahnrad, das zwei zusammengehörende größere Zahnräder antreibt;* **ritzen** ['rɪt͜sn̩] ⟨sw. V.; hat⟩ /vgl. geritzt/ [mhd. ritzen, ahd. rizzen, rizzōn, Intensivbildung zu ↑reißen]: **1. a)** *(mit Hilfe eines spitzen, harten Gegenstandes) mit Einkerbungen versehen:* Glas [mit einem Diamanten] r.; **b)** *(mit einem spitzen, harten Gegenstand) Einkerbungen, Vertiefungen in etw. anbringen:* seinen Namen, ein Herz in den Baum, in die Bank r.; der Künstler ritzt die Zeichnung in die Kupferplatte. **2. a)** ⟨r. + sich⟩ *sich durch einen spitzen, harten Gegenstand die Haut leicht verletzen:* sich [an einem Stacheldraht] den Arm, mit einer Nadel [am Finger] r.; Druckstellen desselben Messers, mit dem sich Walter Matern und Eduard Amsel, als sie ... auf Blutsbrüderschaft aus waren, den Oberarm ritzten (Grass, Hundejahre 16); **b)** *(die Haut) leicht verletzen:* die Dornen ritzten Stirn und Arme; Ü Alles, was von ihren Feinden über sie gesagt wird, mag es wahr oder falsch sein, ritzt nur die Haut (Thieß, Reich 571). **3.** (schweiz.) *(ein Gesetz o. ä.) nicht achten, dagegen verstoßen:* diese Bestimmungen, Vorschriften werden dauernd geritzt; **Ritzer** ['rɪt͜sɐ], der; -s, - (ugs.): *kleine Schramme; Kratzer;* **Ritzhärte,** die; - (Technik): *bestimmte Härte eines Stoffes, die durch Ritzen mit einem [Schneid]diamanten geprüft wird;* **Ritzung,** die; -, -en ⟨Pl. selten⟩: *das Geritzte* (1 b); **Ritzzeichnung,** die; -, -en: *durch Einritzen in Stein, Elfenbein o. ä. angefertigte Zeichnung.*

Rivale [ri'va:lə], der; -n, -n [frz. rival < lat. rīvālis = Nebenbuhler, zu rīvus = Wasserlauf, also eigtl. = Bachnachbar, zur Nutzung eines Wasserlaufs Mitberechtigter] (bildungsspr.): *jmd., der sich mit einem od. mehreren anderen um jmdn., etw. bewirbt, der mit einem od. mehreren anderen rivalisiert:* jmds. schärfster R. sein; er schlug seine -n aus dem Felde; **Rivalin** [ri'va:lɪn], die; -, -nen (bildungsspr.): w. Form zu ↑Rivale; **rivalisieren** [rivali'zi:rən] ⟨sw. V.; hat⟩ [frz. rivaliser] (bildungsspr.): *um den Vorrang kämpfen:* er rivalisierte mit seinem Bruder um den ersten Platz; Die drei größten amerikanischen TV-Gesellschaften ... rivalisierten in Moskau gegeneinander (Spiegel 8, 1977, 145); ⟨oft im Part.:⟩ rivalisierende Parteien, Organisationen, Gruppen; **Rivalität,** die; -, -en [frz. rivalité] (bildungsspr.): *Kampf um den Vorrang:* die R. zweier Mächte; -en austragen; ⟨Zus.:⟩ **Rivalitätskampf,** der: Rivalitätskämpfe von Tiermännchen.

Riverboatparty ['rɪvəboʊt-], die; -, -s u. ...ties [engl.-amerik. riverboat party, aus: riverboat = Flußschiff u. party, ↑Party], **Riverboatshuffle** [...ʃʌfl], die; -, -s [engl.-amerik. riverboat shuffle, zu: shuffle = Tanz]: *Bootsfahrt auf einem Fluß od. See, während deren eine [Jazz]band spielt.*

riverso [ri'vɛrzo] ⟨Adv.⟩ [ital. riverso < lat. reversus, ↑[1]Revers] (Musik): *in umgekehrter Reihenfolge der Töne, rückwärts zu spielen.*

Riyal [ri'ja:l], der; -[s], -s ⟨aber: 100 Riyal⟩ [↑Rial]: *Währungseinheit in Saudi-Arabien u. anderen arabischen Staaten.*

Rizin [ri't͜si:n], das; -s: *in den Samen des Rizinus vorkommender hochgiftiger Eiweißstoff;* **Rizinus** ['ri:t͜sinʊs, österr. ri't͜si:nʊs], der; -, - u. -se [lat. ricinus = Name eines Baumes]: **1.** *hohe, als Strauch od. Baum wachsende Pflanze, aus deren Samen das Rizinusöl gewonnen wird.* **2.** ⟨o. Pl.⟩ svw. ↑Rizinusöl; ⟨Zus.:⟩ **Rizinusöl** [österr. ri't͜si:nʊs-], das: *aus dem Samen des Rizinus* (1) *gewonnenes Öl, das einen eigenartigen Geruch u. Geschmack hat u. bes. als Abführmittel bekannt ist;* **Rizinussamen** [österr. ri't͜si:nʊs-], der.

Roadie ['roʊdɪ], der; -s, -s [engl.-amerik. roadie, zu engl. road, ↑Roadster]: kurz für ↑Roadmanager; **Roadmanager** ['roʊd-], der; -s, - [engl. road manager]: *für die Bühnentechnik u. den Transport der benötigten Ausrüstung verantwortlicher Begleiter einer Rockgruppe;* **Roadster** ['roʊdstə], der; -s, - [engl.-amerik. roadster, zu engl. road = Straße, Reise(weg)]: *meist zweisitziges Cabriolet mit zurückklappbarem od. einzuknüpfendem Verdeck.*

Roaring Twenties ['rɔ:rɪŋ 'twɛntɪz] ⟨Pl.⟩ [amerik. roaring twenties = die stürmischen zwanziger (Jahre)]: *die 20er Jahre des 20. Jh.s in den USA u. Westeuropa, die durch die Folgeerscheinungen der wirtschaftlichen Blüte nach dem 1. Weltkrieg, durch Vergnügungssucht u. Gangstertum gekennzeichnet waren.*

Roastbeef ['ro:stbi:f u. 'rɔst...], das; -s, -s [engl. roast beef, aus: roast = gebraten u. beef = Rindfleisch] (Kochk.): *[Braten aus einem] Rippenstück vom Rind, das gewöhnlich nicht ganz durchgebraten wird:* ein zartes, abgehangenes R.; R. englisch *(= nicht durchgebraten).*

Robbe ['rɔbə], die; -, -n [niederd. rub(be), fries. robbe, H. u.]: *großes, in kalten Meeren lebendes Säugetier mit plumpem, langgestrecktem, von dicht anliegendem, kurzem Haar bedecktem Körper u. flossenähnlichen Gliedmaßen; Flossenfüßer:* -n fangen, jagen; ⟨Abl.:⟩ **robben** ['rɔbn̩] ⟨sw. V.⟩: **a)** *sich auf dem Bauch liegend, den Körper über den Boden schleifend, mit den aufgestützten Ellenbogen (schwerfällig, mühsam) fortbewegen* ⟨hat⟩: die Rekruten r. lassen; **b)** *sich robbend* (a) *über etw. hin, auf ein Ziel zu bewegen* ⟨ist⟩: durch den Schlamm, über die Straße, in den Graben r.

Robben- (↑Robbe): **~fang,** der; **~fänger,** der; **~fell,** das; **~jagd,** die; **~jäger,** der; **~schlag,** der: *Jagd auf Robben mit Hilfe von Schlägern, mit denen sie durch einen Schlag auf den Kopf getötet werden,* dazu: **~schläger,** der.

Robber ['rɔbɐ], der; -s, - [engl. rubber, H. u.] (Kartenspiel): *Doppelpartie bei Whist u. Bridge.*

Robe ['ro:bə], die; -, -n [frz. robe = Gewand, Kleid, urspr. = erbeutetes Kleid, aus dem Germ., vgl. Raub]: **1.** (geh.) *festliches langes Kleid, das nur zu besonderen Anlässen getragen wird:* die Damen trugen feierliche, glitzernde, kostbare -n; man erscheint bei der Premiere in großer R. *(in festlicher Kleidung [bezogen auf Frauen u. Männer]);* Ü *sie hat heute eine neue R. (scherzh.; ein neues Kleid)* an. **2.** (seltener) svw. ↑Talar: Der Richter trug keine R., nur einen ganz gewöhnlichen Straßenanzug (v. d. Grün, Glatteis 201); die -n der Geistlichen.

Robinie [ro'bi:ni̯ə], die; -, -n [nach dem frz. Botaniker J. Robin (gest. 1629)]: *hochwachsender Baum mit rissiger Borke, gefiederten Blättern u. duftenden, weißen Blüten in langen Trauben; falsche Akazie.*

Robinson ['ro:bɪnzɔn], der; -s, -e [nach der Titelfigur des Romans „Robinson Crusoe" des engl. Schriftstellers D. Defoe (1659–1731)]: *jmd., der gerne fern von der Zivilisation auf einer einsamen Insel, in der freien Natur leben möchte;* ⟨Abl.:⟩ **¹Robinsonade** [robɪnzo'na:də], die; -, -n: **a)** *Abenteuerroman (im Stil des Robinson Crusoe);* **b)** *Unternehmung o. ä., die zu einem Abenteuer (im Stil des Robinson Crusoe) wird:* ihre Reise war eine regelrechte R.

²Robinsonade [-], die; -, -n [nach dem engl. Torhüter J. Robinson (1878–1949)] (Fußball veraltend): *(vom Torhüter) das Hechten nach dem Ball als gekonnte Abwehrreaktion.*

Robinsonliste, die; -, -n [zu ↑Robinson] (Jargon): *Liste, in die jmd. sich eintragen lassen kann, der keine auf dem Postweg verschickten Werbesendungen mehr erhalten möchte;* **Robinsonspielplatz,** der; -es, ...plätze: vgl. Abenteuerspielplatz.

Roborans ['ro:borans], das; -, ...tia [robo'rantsi̯a] u. ...zien [...'rantsi̯ən; zu lat. roborāre = stärken, kräftigen] (Med.): *Stärkungs-, Kräftigungsmittel.*

Robot ['rɔbɔt], die; -, -en u. der; -[e]s, -e [spätmhd. robāt(e), aus dem Slaw., vgl. poln., tschech. robota = Arbeit] (veraltet): *Frondienst, -arbeit;* **roboten** ['rɔbɔtn̩, auch: ro'bɔtn̩] ⟨sw. V.; hat; 2. Part.: gerobotet, robotet⟩ [spätmhd. robāten, roboten]: **1.** (ugs.) *schwer arbeiten, sich plagen:* robotete Goron vom frühen Morgen bis in die Nacht (Maass, Gouffé 20). **2.** (früher) *Fronarbeit leisten;* **Roboter** ['rɔbɔtɐ, auch: ro'bɔtɐ], der; -s, - [zu tschech. robot = (Fron)arbeiter; nach dem engl. Titel „Rossum's Universal Robots" des 1920 erschienenen Romans des tschech. Schriftstellers K. Čapek (1890–1938)]: **1.** (Technik) *(der menschlichen Gestalt nachgebildeter) Automat mit beweglichen Gliedern, der ferngesteuert od. nach Sensorsignalen bzw. einprogrammierten Befehlsfolgen an Stelle eines Menschen bestimmte Tätigkeiten verrichtet; Maschinenmensch:* einen R. konstruieren, für bestimmte Arbeiten einsetzen; er arbeitet wie ein R. *(ohne eine Pause zu machen u. rein mechanisch);* Ü Man war praktisch nichts weiter als ein R. (*ein Mensch, der mechanisch Befehle auszuführen hat;* Eppendorfer, Ledermann 130). **2.** (früher) *Fronarbeiter;* **roboterhaft** ⟨Adj.⟩: *wie [ein] Roboter* (1): -e *(mechanische)* Bewegungen; -es *(schematisch vorgehendes)* Spezialistentum.

robust [ro'bʊst] ⟨Adj.; -er, -este; nicht adv.⟩ [lat. rōbustus, eigtl. = aus Hart-, Eichenholz, zu: rōbur = Kernholz; Eiche; Kraft]: **1.** *kräftig, stabil; nicht empfindlich od. leicht irritierbar:* eine -e Person, Frau; eine -e *(stabile)* Gesundheit, Konstitution; er ist eine -e *(nicht empfindsame)* Natur; körperlich, seelisch r. sein, aussehen, wirken; Ü ein dunkelhaariges Mädchen von etwa siebzehn Jahren mit etwas -er Schönheit (*nicht verfeinert wirkend;* Fallada, Trinker 20); das -e *(ungedämpfte)* Licht eines Sommernachmittags (Rilke, Brigge 12). **2.** *(von Gegenständen, Materialien o. ä.) widerstandsfähig, strapazierfähig, nicht empfindlich [u. daher im Gebrauch unkompliziert]:* ein -es Material; ein -er Motor; Schulranzen müssen r. sein (DM 45, 1965, 41); ⟨Abl.:⟩ **Robustheit,** die; -; **robusto** ⟨Adv.⟩ [ital. robusto] (Musik): *kraftvoll.*

Rocaille [ro'ka:j], das od. die; -, -s [frz. rocaille, eigtl. = Geröll, zu älter: roc = Felsen] (Kunstwiss.): svw. ↑Muschelwerk.

roch [rɔx]: ↑riechen.

Rochade [rɔ'xa:də auch: rɔ'ʃa:də], die; -, -n [zu ↑rochieren]: **1.** (Schach) *Doppelzug, bei dem die Positionen von König u. Turm gewechselt werden:* die R. machen, ausführen. **2.** (Mannschaftsspiele) *besonders von den Außenspielern vorgenommener Wechsel der Position auf dem Spielfeld.*

Roche ['rɔxə], der; -n[s], -n: svw. ↑Rochen.

röche ['rœçə]: ↑riechen.

röcheln ['rœçl̩n] ⟨sw. V.; hat⟩ [mhd. rü(c)heln, Iterativbildung zu: rohen, ahd. rohōn = brüllen, grunzen, lautm.]: *schwer atmen u. dabei (mit dem Luftstrom) ein rasselndes Geräusch hervorbringen:* der Kranke, Sterbende röchelt; der Atem der Schlafenden ging röchelnd; ⟨subst.:⟩ das Röcheln der Sterbenden.

Rochen ['rɔxn̩], der; -s, - [aus dem Niederd. < mniederd. roche, ruche, eigtl. = der Rauhe]: *(zu den Knorpelfischen gehörender) im Meer vorkommender Fisch mit scheibenförmig abgeflachtem Körper u. deutlich abgesetztem Schwanz.*

Rocher de bronze [rɔ'ʃe: də 'brõ:s], der; - - -, -s - - [rɔ'ʃe: - -; frz. rocher de bronze = eherner Fels, nach einem Ausspruch König Friedrich Wilhelms I. von Preußen (1688–1740)] (bildungsspr. veraltend): *jmd., der (in einer schwierigen Lage o. ä.) nicht leicht zu erschüttern ist.*

rochieren [rɔ'xi:rən, auch: rɔ'ʃi:rən] ⟨sw. V.⟩ [nach frz. roquer, zu älter frz. roc < span. roque = Turm im Schachspiel < arab. ruḫḫ]: **1.** (Schach) *die Rochade* (1) *ausführen* ⟨hat⟩. **2.** (Mannschaftsspiele) *die Position auf dem Spielfeld wechseln* ⟨hat/ist⟩: die Flügelstürmer rochieren ständig; Ich rochierte nach links, nach rechts (Walter, Spiele 49).

Rochus ['rɔxʊs; jidd. rochus, rauches = Ärger, Zorn, zu hebr. rôgez = zornig] in den Wendungen **einen R. auf jmdn. haben** (landsch.; *über jmdn. sehr verärgert sein;* **auf jmdn. wütend sein**); **aus R.** (landsch.; *aus Zorn, Wut*).

¹Rock [rɔk], der; -[e]s, Röcke ['rœkə; mhd. roc, ahd. roc(h), urspr. wohl = Gespinst]: **1.** ⟨Vkl. ↑Röckchen⟩ **a)** *Kleidungsstück für Frauen u. Mädchen, das von der Taille an abwärts (in enger od. weiter Form u. unterschiedlicher Länge) den Körper bedeckt:* ein enger, weiter, langer, kurzer, plissierter, glockiger R.; ein R. aus Mohair; der R. sitzt schlecht; einen R. an-, ausziehen, anhaben; sie trägt meist R. und Bluse; den R. raffen, schürzen, zurechtziehen; die Kinder hängten sich an den R. der Mutter *(drängten sich dicht an sie);* Stell dir vor, sie würde auf der Straße herumlungern. Da hätte ihr schon längst irgendein Rüpel unter den R. gelangt (Lentz, Muckefuck 150); ***hinter jedem R. hersein/herlaufen** (ugs.; *allen Frauen nachlaufen*); **b)** (Schneiderei) *Unterteil eines Kleides (von der Taille abwärts):* das Kleid hat einen weiten, engen R. **2.** (landsch.) *Jacke, Jackett (als Teil des Anzugs* (1): den R. an-, ausziehen, zuknöpfen, ein R. aus feinem Tuch; der feldgraue R. (veraltet; *Uniform*) des Soldaten; der grüne R. *(die Uniform)* des Försters; R der letzte R. hat keine Taschen *(als Mahnung an einen Geizigen);* ***den bunten R. anziehen/ausziehen** (veraltet; *zum Militärdienst gehen/vom Militärdienst zurückkommen*); **des Königs R. tragen** (veraltet; *Soldat sein [in einer Monarchie]*); **seinen R. ausziehen müssen** (veraltet; *als Offizier den Dienst quittieren müssen*).

²Rock [-], der; -[s], -[s] [amerik. rock]: **1.** ⟨o. Pl.⟩ kurz für ↑Rockmusik: R. und Beat versetzten den Jungen in eine lila Stimmung (Fels, Sünden 105); sie machen R., haben sich dem R. verschrieben. **2.** kurz für ↑Rock and Roll: R. (*im Stil des Rock* 1) tanzen; einen R. hinlegen.

¹Rock- (¹Rock 1, 2): **~ärmel,** der; **~aufschlag,** der: *Aufschlag* (4) *am Herrenjackett; ¹Revers;* **~bahn,** die (Schneiderei): *einzelne Bahn* (4) *eines aus mehreren Bahnen bestehenden Frauenrocks;* **~bund,** der: svw. ¹Bund (2); **~falte,** die: *Falte in einem Frauenrock;* **~futter,** das: ²*Futter* (1) *in einem* ¹*Rock* (1, 2); **~kragen,** der: Er packte mich am R., stieß mich ein Stück zurück (Innerhofer, Schattseite 65); **~länge,** die; **~saum,** der: *Saum am unteren Rand eines Frauenrocks;*

~**schoß,** der: **1.** svw. ↑Schoß (3a): Er zieht ein Hörrohr aus dem R., hält es ins Ohr (Hacks, Stücke 175); Ü mit wehenden, fliegenden Rockschößen (veraltet; *sehr schnell, eilig, mit großen Schritten*) eilte er durch den Gang. **2.** (veraltet) svw. ↑Schößchen: ***sich jmdm. an die Rockschöße hängen; sich an jmds. Rockschöße hängen** (1. *[von Kindern] sich ängstlich, schüchtern o. ä. bes. an die Mutter anklammern.* 2. *sich, aus Mangel an Selbständigkeit o. ä., bei irgendwelchen Unternehmungen immer an andere anschließen, von anderen Hilfe brauchen*); **an jmds. R./Rockschößen hängen** (vgl. sich an jmds. Rockschöße hängen); ~**tasche,** die; ~**zipfel,** der: **1.** *Zipfel am Saum eines Frauenrocks od. Kleides:* ein R. guckt unter dem Mantel hervor; Ü An meinem (= der Mutter) R. wirst du nie selbständig werden (Fels, Sünden 117); ***an jmds. R. hängen** (vgl. ↑Rockschoß 2). **2.** ***jmdn. [gerade noch] am/beim R. halten, erwischen** *(jmdn., der dabei ist wegzugehen, gerade noch erreichen):* er hat ihn gerade noch am R. erwischt, um ihn fragen zu können.

²Rock- (²Rock 1): ~**band,** die; ~**fan,** der; ~**festival,** das; ~**gruppe,** die: vgl. ~band; ~**lady,** die (ugs.): *[anerkannte] Rocksängerin;* ~**musical,** das: *Musical mit dem Rock entlehnter Bühnenmusik;* ~**musik,** die: *von Bands gespielte, aus einer Vermischung von Blues- und Countrystil entstandene Form stark rhythmischer, sehr lauter Unterhaltungs- u. Tanzmusik;* ~**musiker,** der; ~**oper,** die: vgl. ~musical; ~**sänger,** der; ~**sängerin,** die: w. Form zu ↑~sänger; ~**star,** der; ~**szene,** die ⟨Pl. selten⟩: *künstlerisches Milieu der Rockmusik u. ihrer Vertreter.*

Rock and Roll ['rɔk ɛnt 'rɔl, - - ro:l, engl. 'rɔk and 'roʊl, rɔkn'roʊl], der; - - -, - - -[s] [amerik. rock and roll, eigtl. = wiegen und rollen]: **1.** ⟨o. Pl.⟩ *(Anfang der 50er Jahre in Amerika entstandene Form der) [Tanz]musik, die den Rhythm and Blues der Farbigen mit Elementen der Country-Music u. des Dixielandjazz verbindet.* **2.** *stark synkopierter Tanz im ⁴/₄-Takt.*

Röckchen ['rœkçən], das; -s, -: **1.** ↑¹Rock (1). **2.** ***sich** ⟨Dativ⟩ **ein rotes R. verdienen [wollen]** (landsch.; *sich durch Zuträgerei o. ä. beliebt machen [wollen]*).

rocken ['rɔkn̩] ⟨sw. V.; hat⟩ [amerik. to rock, ↑Rock and Roll]: **a)** *Rockmusik machen:* Er (= Elvis Presley) rockt wie in alten Tagen (Hörzu 43, 1970, 41); **b)** *nach Rockmusik tanzen, sich im Rhythmus der Rockmusik bewegen:* die Zuschauer rockten begeistert.

Rocken [-], der; -s, - [mhd. rocke, ahd. rocko, H. u.]: kurz für ↑Spinnrocken; ⟨Zus.:⟩ **Rockenstube,** die (veraltet): *Spinnstube.*

Rocker ['rɔkɐ], der; -s, - [engl. rocker, zu: to rock, ↑rocken]: *Angehöriger einer lose organisierten Clique von männlichen Jugendlichen, die meist in schwarzer Lederkleidung u. mit schweren Motorrädern im Straßenbild auftauchen [u. zu Aggressionen neigen].*

Rocker-: ~**bande,** die: *Bande von Rockern;* ~**braut,** die: svw. ↑~mädchen; ~**gang,** die: *³Gang* (b) *von Rockern;* ~**gruppe,** die; ~**kluft,** die; ~**mädchen,** das: *Freundin eines Rockers;* ~**pfanne,** die (vulg.): svw. ↑~mädchen.

rockig ['rɔkɪç] ⟨Adj.; Steig. ungebr.⟩ (Jargon): *in der Art des ²Rock* (1).

Rock'n'Roll ['rɔkn̩'rɔl, ...ro:l, engl.: 'rɔkn'roʊl]: ↑Rock and Roll.

Rocks [rɔks] ⟨Pl.⟩ [engl. rocks, eigtl. = Brocken]: *[aus verschiedenen gefärbten Schichten bestehende] säuerlich-süße Fruchtbonbons.*

Rode- ['ro:də-]: ~**gemeinschaft,** die (DDR): *Gruppe von Bauern, die in Gemeinschaft eine Rodung vornimmt;* ~**hacke,** die; ~**land,** das: *gerodetes Land.*

¹Rodel ['ro:dl̩], der; -s, - [spätmhd. rodel = Urkunde, Register < lat. rotula, ↑Rolle] (südwestd., schweiz.): *Liste, Verzeichnis.*

²Rodel [-], der; -s, - [H. u.] (bayr.): *Rodelschlitten;* **³Rodel** [-], die; -, -n [1: zu ↑²Rodel; 2: zu mundartl. rodeln = rütteln, schütteln] (österr.): **1.** *kleiner Schlitten:* Die Kinder ... holen ihre R. aus dem Keller hervor (Vorarlberger Nachr. 30. 11. 68, 6). **2.** *Kinderrassel.*

Rodel-: ~**bahn,** die: *zum Rodeln geeignete Bahn* (3a); ~**partie,** die; ~**schlitten,** der: *zum Rodeln geeigneter niedriger Schlitten;* ~**sport,** der: *als Sport betriebenes Rodeln; Rennrodeln.*

rodeln ['ro:dl̩n] ⟨sw. V.⟩ [zu ↑²Rodel] (landsch.): **a)** *Schlitten fahren* ⟨hat, ist⟩: den ganzen Tag r.; **b)** *mit dem Schlitten über eine Fläche hin-, auf ein Ziel zufahren* ⟨ist⟩: er ist in den Graben, über den Hang, die Wiese hinunter gerodelt.

roden ['ro:dn̩] ⟨sw. V.; hat⟩ [aus dem Niederd. < mniederd. roden, Nebenf. von mhd. riuten, ↑reuten]: **1.** *(von Wald[flächen], Ödland o. ä.) durch Fällen der Bäume u. Ausgraben der Stümpfe urbar machen:* Wälder, Urwald, Ödland r.; ⟨auch ohne Obj.:⟩ sie zogen aus, um zu r. **2.** *(Bäume, Gehölz o. ä.) fällen u. die Wurzeln, Wurzelstöcke ausgraben:* daß eine ... Tanne, ... wenn man sie rodet ... nur durch ihren Samen weiterwächst (A. Zweig, Grischa 66). **3.** (landsch.) *(einen Weinberg [in der Absicht, ihn neu anzulegen]) tief umgraben.* **4.** (landsch.) *(von Bodenfrüchten) bei der Ernte aus dem Boden graben, herausholen:* Rüben, Möhren r.

Rodentizid [rodɛnti'tsi:t], das; -s, -e [zu lat. rōdere = nagen u. caedere (in Zus. -cidere) = töten]: *chemisches Mittel zur Bekämpfung schädlicher Nagetiere.*

Rodeo [ro'de:o], der od. das; -s, -s [engl. rodeo, eigtl. = Zusammentreiben des Viehs < span. rodeo, zu: rodear = zusammentreiben]: *(in den USA) Wettkämpfe der Cowboys, bei denen die Teilnehmer auf wilden Pferden od. Stieren reiten u. versuchen müssen, sich möglichst lange im Sattel bzw. auf dem Rücken der Tiere zu halten:* ein R. veranstalten; an einem R. teilnehmen.

Rodler ['ro:dlɐ], der; -s, -: *jmd., der rodelt, Schlitten fährt;* **Rodlerin,** die; -, -nen: w. Form zu ↑Rodler.

Rodomontade [rodomɔn'ta:də], die; -, -n [frz. rodomontade, ital. rodomontata, nach der Gestalt des Mohren Rodomonte in Werken der ital. Dichter M. M. Boiardo (1440–1494) u. L. Ariosto (1474–1533)] (veraltet): *Aufschneiderei, Großsprecherei;* **rodomontieren** [...'ti:rən] ⟨sw. V.; hat⟩ (veraltet): *prahlen.*

Rodonkuchen [ro'dõ:-], der; -s, - (landsch.): svw. ↑Ratonkuchen.

Rodung, die; -, -en: **1.** *das Roden.* **2.** *durch Roden* (1) *gewonnene Bodenfläche; Rodeland (als landwirtschaftliche Nutzfläche od. als Siedlungsland).*

Rogate [ro'ga:tə] ⟨o. Art.; indekl.⟩ [lat. rogāte = bittet!, nach dem ersten Wort des Eingangsverses der Liturgie des Sonntags, Joh. 16, 24] (ev. Kirche): *der fünfte Sonntag nach Ostern:* der Sonntag R.

Rogen ['ro:gn̩], der; -s, - [mhd. roge(n), ahd. rogo, rogan]: svw. ↑Fischrogen; **Rogener,** Rogner ['ro:g(ə)nɐ], der; -s, - [mhd. rogner] (Zool.): *weiblicher Fisch, der Rogen enthält;* **Rogenstein,** der; -s, -e [zu ↑Rogen; das Konglomerat ähnelt dem Fischrogen]: *ein Kalkoolith mit tonigem od. sandigem Bindemittel.*

Röggelchen ['rœgl̩çən], das; -s, - (landsch.): *aus zwei zusammengebackenen Hälften bestehendes Roggenbrötchen;* **Roggen** ['rɔgn̩], der; -s, (Sorten:) - [mhd. rocke, ahd. rocko]: **a)** *Getreideart mit langem Halm u. vierkantigen Ähren mit langen Grannen, deren Frucht bes. zu Brotmehl verarbeitet wird:* der R. steht gut, ist reif, ist winterhart; **b)** *Frucht des Roggens* (a): Säcke mit R. füllen.

Roggen-: ~**brot,** das: *Brot aus Roggenmehl;* ~**brötchen,** das; ~**ernte,** die; ~**halm,** der; ~**klima,** das: *Klimazone mit dem Roggen als charakteristischer Getreidepflanze;* ~**mehl,** das; ~**mischbrot,** das: svw. ↑Mischbrot; ~**muhme,** die (Volksk.): *weiblicher Dämon, der sich in den reifenden Kornfeldern aufhält u. die Kinder erschreckt;* ~**schlag,** der (landsch.): *Roggenfeld;* ~**schrot,** der od. das.

Rogner: ↑Rogener.

roh [ro:] ⟨Adj.; -er, -[e]ste⟩ [mhd., ahd. rō, urspr. = blutig]: **1.** ⟨o. Steig.; nicht adv.⟩ *ungekocht od. ungebraten:* ein -es Ei; -es Fleisch; -er Schinken; -e Milch; in -em Zustand; Gemüse r. essen; das Fleisch ist noch [ganz] r. *(überhaupt nicht gar);* -e Klöße *(aus geriebenen rohen Kartoffeln zubereitete Klöße).* **2. a)** ⟨o. Steig.; nicht adv.⟩ *nicht bearbeitet, nicht verarbeitet, unfertig:* -es Holz, Erz, Material; -e Bretter, Diamanten; (oft Fachspr., Gewerbespr.:) -es *(ungebleichtes)* Leinen; -e *(ungegerbte)* Felle; -e Seide *(Rohseide),* -er Zucker *(Rohzucker);* -e *(nicht zugerittene, nicht eingefahrene)* Pferde; eine Plastik aus dem -en [Stein] arbeiten, meißeln; **b)** *ohne genaue, ins einzelne gehende Be-, Verarbeitung, Ausführung; grob* (2): ein -er Entwurf; nach -er *(ungefährer)* Schätzung; ein r. behauener Stein, r. zusammengeschlagener Schrank; die Arbeit ist im -en *(in großen, in groben Zügen)* fertig; **c)** (veraltend) *von der Haut entblößt, blutig.* **3.** (abwertend) *anderen gegenüber gefühllos u. grob, sie körperlich od. seelisch verletzend:* ein -er Mensch; -e Sitten, Umgangsformen, Worte, Späße;

er hat das Schloß mit -er Gewalt *(mit Gewalt, u. nicht mit den entsprechenden sachgerechten Mitteln)* aufgekriegt; er ist sehr r. zu ihr, behandelt sie r. und gemein.

roh-, Roh-: **~bau,** der ⟨Pl. -ten⟩: **1.** *im Rohzustand befindlicher Bau, der nur aus den Mauern o. ä., Decken u. Dach besteht.* **2.** ***im R.** *(im Zustand eines Rohbaus* 1): im R. fertig, dazu: **~baufertig** ⟨Adj.; o. Steig.; nicht adv.⟩: *im Rohbau fertig;* **~baumwolle,** die (Textilind.); **~benzin,** das (Chemie); **~bilanz,** die (Wirtsch.): *bilanzmäßige Zusammenstellung der Summen der Hauptbuchkonten, insbes. zur Vorbereitung des Jahresabschlusses;* **~blech,** das (Metallbearb.); **~braunkohle,** die (Fachspr.); **~diamant,** der (Fachspr.); **~einkünfte** ⟨Pl.⟩: vgl. ~ertrag; **~einnahme,** die: vgl. ~ertrag; **~eisen,** das (Hüttenw., Metallbearb.): *Eisen im rohen, unverarbeiteten Zustand;* **~ertrag,** der (Wirtsch.): *(den Reinertrag übersteigender) Betrag, der sich aus dem betrieblichen Zugang an Werten unter Abzug des Waren- u. Materialeinsatzes errechnet;* **~erz,** das (Bergbau, Hüttenw.): vgl. ~eisen; **~erzeugnis,** das: svw. ↑~produkt; **~fassung,** die: *rohe, noch nicht in allen Einzelheiten ausgearbeitete Fassung* (2 b); **~film,** der (Fot.): *unbelichteter kinematographischer Film;* **~gas,** das (Chemie): vgl. ~eisen; **~gemüse,** das: *als Rohkost zubereitetes Gemüse;* **~gewicht,** das (Fertigungst.): *Gewicht eines Fabrikats vor Auftreten des durch die Fertigung bedingten Materialverlustes;* **~gewinn,** der (Wirtsch.): *[den Reingewinn übersteigender] Betrag, der sich aus dem Umsatz unter Abzug des Wareneinsatzes errechnet; Rohertrag (in Handelsbetrieben), Bruttogewinn;* **~gezimmert** ⟨Adj.; o. Steig.; nur attr.⟩: -e Tische; **~glas,** das ⟨o. Pl.⟩ (Fachspr.); **~holz,** das ⟨o. Pl.⟩ (Fachspr.): **1.** vgl. ~eisen. **2.** *bei der Holzernte anfallendes Holz ohne Berücksichtigung von Sorten od. Abmessungen;* **~kaffee,** der (Fachspr.): *ungerösteter Kaffee;* **~kautschuk,** der (Fachspr.); **~kohle,** die (Fachspr.); **~kost,** die: *pflanzliche Kost, insbes. aus rohem Obst u. Gemüse:* sich von R. ernähren, dazu: **~köstler** [-kœstlɐ], der: *jmd., der sich von Rohkost ernährt,* **~kostnahrung,** die, **~kostsalat,** der; **~leder** (Fachspr.): *ungegerbtes Leder;* **~manuskript,** das; **~marmor,** der (Fachspr.): *roher, unbearbeiteter Marmor;* **~material,** das: *Material* (1, 3), *das für eine [weitere] Be- od. Verarbeitung bestimmt ist;* **~metall,** das (Hüttenw., Metallbearb.): *bei der metallurgischen Gewinnung anfallendes, noch nicht gereinigtes Metall;* **~milch,** die (Fachspr.): *nicht bearbeitete Milch (unmittelbar vom Erzeuger);* **~öl,** das: *ungereinigtes Erdöl (od. Schweröl),* dazu: **~ölleitung,** die; **~opium,** das (Fachspr.); **~papier,** das (Fot.): *Spezialpapier, aus dem durch Aufbringen einer lichtempfindlichen Schicht Fotopapier hergestellt wird;* **~produkt,** das: *[Zwischen]produkt, das für eine weitere Be-, Verarbeitung bestimmt ist,* dazu: **~produktenhändler,** der; **~schrift,** die (selten): eindeutschend für ↑Konzept (1); **~seide,** die (Textilind.): *matte Seide, deren Fäden noch mit leimartiger Substanz behaftet u. deshalb steif u. strohig sind,* dazu: **~seiden** ⟨Adj.; o. Steig.; nur attr.⟩: *aus Rohseide;* **~seife,** die (Fachspr.); **~stahl,** der (Hüttenw., Metallbearb.): *unbearbeiteter Stahl in rohen Blöcken;* **~stoff,** der: *für eine industrielle Be-, Verarbeitung geeigneter od. bestimmter Stoff, den die Natur liefert; Rohprodukt, das die Natur liefert:* metallische, pflanzliche -e, dazu: **~stoffarm** ⟨Adj.; nicht adv.⟩ (Ggs.: rohstoffreich): ein -es Land, **~stoffbedarf,** der, **~stofflieferant,** der, **~stoffmangel,** der ⟨o. Pl.⟩, **~stoffpreis,** der, **~stoffquelle,** die, **~stoffreich** ⟨Adj.; nicht adv.⟩ (Ggs.: rohstoffarm), **~stoffreserve,** die, **~stoffverarbeitung,** die ⟨o. Pl.⟩, **~stoffversorgung,** die ⟨o. Pl.⟩; **~tabak,** der (Fachspr.): *getrockneter Tabak in unverarbeitetem Zustand;* **~übersetzung,** die: *erste, den Inhalt erfassende, sprachlich noch nicht ausgeformte Übersetzung;* **~umsatz,** der (Wirtsch.): *Bruttoumsatz vor Abzug von Preisnachlässen, Provisionen usw.;* **~ware,** die: vgl. ~produkt; **~wasser,** das ⟨Pl. -wässer⟩ (Fachspr.): *für den Verbrauch bzw. für spezielle Verwendung bestimmtes Wasser vor der Aufbereitung;* **~wolle,** die (Fachspr.): *bei der Schur gewonnene, noch nicht gereinigte, noch nicht bearbeitete Wolle;* **~zucker,** der: *roher, noch nicht raffinierter Zucker;* **~zustand,** der: *Zustand vor der Be- od. Verarbeitung:* Metall, Öl im R.

Roheit ['ro:hait], die; -, -en [spätmhd. rōheit]: **1.** ⟨o. Pl.⟩ *rohe* (3) *[Wesens]art:* über die R. eines Menschen, eines Verhaltens erschrecken. **2.** *rohe* (3) *Handlung, Äußerung:* ... begann das Männchen seine brüderlichen -en einzustellen und dem Weibchen den Hof zu machen (Lorenz, Verhalten I, 95); ⟨Zus.:⟩ **Roheitsdelikt,** das (Polizeiw. o. ä.): *Delikt, das in einer rohen Handlung, in einem rohen Verhalten besteht;* **Roheitstäter,** der (Polizeiw. o. ä.): *Straftäter, der ein Roheitsdelikt begangen hat;* **roherweise** ⟨Adv.⟩; **Rohling** ['ro:lɪŋ], der; -s, -e [zu ↑roh (2, 3)]: **1.** (abwertend) *roher Mensch:* die Tat eines -s. **2.** (Fachspr.) *[gegossenes od. geschmiedetes] Werkstück, das noch weiter bearbeitet werden muß:* aus einem R. einen Schlüssel feilen.

Rohr [ro:ɐ̯], das; -[e]s, -e [mhd., ahd. rōr = [Schilf]rohr; Schilf, H. u.]: **1. a)** ⟨Pl. selten⟩ *Pflanze mit auffällig langem, rohrförmigem Halm, Stengel, Stamm* (z. B. Schilfrohr): um den See wächst R.; das Dach der Hütte ist mit R. gedeckt; Stühle, Körbe aus R. *(Peddigrohr);* ***spanisches R.** (1. *[dickes] Peddigrohr.* 2. veraltet; *Stock aus Peddigrohr*); **ein schwankendes R. im Wind sein/schwanken wie ein R. im Wind** (geh.; *in seinen Entschlüssen unsicher sein;* nach Luk. 7, 24); **b)** ⟨o. Pl.⟩ *(an einer Stelle) dicht wachsendes Schilfrohr; Röhricht:* Wasservögel nisten im R. **2.** *langer zylindrischer Hohlkörper [mit größerem Durchmesser], der vor allem dazu dient, Gase, Flüssigkeiten, feste Körper weiterzuleiten:* ein verstopftes R.; das R. des Ofens, der Flöte; die -e der Wasserleitung, Fernheizung; -e [ver]legen; das Schlachtschiff feuerte aus allen -en *(Geschützrohren);* der Jäger saß mit geladenem R. (veraltet; *Gewehr*) auf dem Hochsitz; ***voll[es] R.** (ugs.; *äußerste Kraft, höchste Leistung, Geschwindigkeit, insbes. Vollgas;* urspr. Soldatenspr., von einem Geschütz[rohr], das mit größtmöglicher Ladung schießt): volles R. bringen; volles R. *(mit Vollgas)* fahren; **jmdn. auf dem R. haben** (ugs.; *Schlimmes mit jmdm. vorhaben;* eigtl. = mit dem Rohr [= Lauf 8] auf jmdn. zielen); **etw. auf dem R. haben** (ugs.; *etw. [Schlimmes] vorhaben*); **etw. ist im R.** (ugs.; *etw. [Schlimmes] ist zu erwarten, zu befürchten;* urspr. wohl Soldatenspr.). **3.** (salopp) *Penis:* ***ein R. verlegen** *(Geschlechtsverkehr ausüben);* **sich** ⟨Dativ⟩ **das R. verbiegen** *([vom Mann] eine Geschlechtskrankheit bekommen).* **4.** (südd., österr.) *Backröhre, -ofen.*

¹rohr-, Rohr- (Rohr 1): **~ammer,** die: *vor allem in Rohr u. Sumpf lebende, braune, schwarzgefleckte Ammer mit schwarzem Kopf u. weißlichem Nacken;* **~blatt,** das (Musik): *Blatt (Zunge) aus Rohr* (1 a) *im Mundstück von [Holz]blasinstrumenten, das durch den Luftstrom in Schwingung versetzt wird u. so den Ton erzeugt,* dazu: **~blattinstrument,** das (Musik); **~dach,** das: *mit Schilfrohr gedecktes Dach;* **~dommel,** die; -, -n [mhd. rōrtumel, -trumel, ahd. rōredumbil, 2. Bestandteil lautm. für den Paarungsruf]: *bes. im Rohr lebender, kurzbeiniger Sumpfvogel (Reiher) mit gedrungenem Körper u. überwiegend brauner Färbung;* **~farben** ⟨Adj.; o. Steig.; nicht adv.⟩: *hellbeige (wie Schilfrohr);* **~flechter,** der: *Flechter, der Rohr verarbeitet* (Berufsbez.); **~flöte,** die: **a)** *mundstücklose Flöte aus einem Stück Schilfrohr, Bambusrohr o. ä.;* **b)** *Panflöte mit Pfeifen aus Schilfrohr, Bambusrohr o. ä.;* **~geflecht,** das: *Geflecht aus Rohr* (1 a); **~kolben,** der: *bes. am Rand von Gewässern wachsende Pflanze mit langen, schmalen Blättern u. braunem Kolben an hohem, rohrförmigem Schaft;* **~matte,** die: *[Fuß]matte aus Schilfrohr;* **~möbel,** das ⟨meist Pl.⟩: **1.** svw. ↑Korbmöbel. **2.** *Möbel aus Bambusrohr;* **~pfeife,** die: svw. ↑~flöte (1); **~sänger,** der: *unauffällig gefärbter, geschickt kletternder Singvogel, der bes. im Schilfrohr u. auf Getreidefeldern lebt;* **~schilf,** das: *Schilf[rohr];* **~spatz,** der: **1.** svw. ↑~ammer: ***schimpfen wie ein R.** (ugs.; *erregt u. laut schimpfen;* nach dem eigentümlichen Warn- u. Zankruf des Vogels). **2.** svw. ↑Drosselrohrsänger; **~stock,** der: *(bes. als Züchtungsmittel dienender) dünner, biegsamer Stock [aus Bambusrohr];* **~stuhl,** der: vgl. ~möbel; **~weihe,** die: *in Rohr u. Sumpf lebende Weihe;* **~zucker,** der: *aus Zuckerrohr gewonnener Zucker.*

²rohr-, Rohr- (Rohr 2–4): **~ansatz,** der: *rohrförmiges Ansatzstück;* vgl. Tubus (2); **~bruch,** der: *¹Bruch* (1) *eines Leitungsrohrs;* **~flöte,** die (Orgelbau): *Register aus Labialpfeifen mit einem (den Ton heller machenden) kurzen Rohr im Deckel;* **~förmig** ⟨Adj.; o. Steig.; nicht adv.⟩: *von, in der Form eines Rohres* (2); **~krepierer,** der: *Geschoß, das im Rohr krepiert, bevor es die Waffe verlassen kann;* **~leger,** der: *Arbeiter od. Handwerker, der Leitungsrohre verlegt;* **~leitung,** die: *Leitung aus Rohren* (2), dazu: **~leitungssystem,** das; **~muffe,** die (Technik); **~netz,** das: *Netz von Rohrleitungen;* **~nudel,** die (südd.): *süßer, im Rohr* (4) *gebackener Hefekloß;* **~post,** die: *mit Saug- od. Druckluft betriebene Anlage, in der Hülsen, die insbes. Briefe, Mittei-*

lungen o. ä. enthalten, durch Rohrleitungen befördert werden, dazu: **~postbrief,** der, **~postbüchse,** die: *Büchse zur Beförderung von Rohrpostsendungen,* **~postsendung,** die; **~putzer** ⟨Pl.⟩ (Soldatenspr.): *Artillerie* (a); **~rahmen,** der (Kfz.-W.): *aus Stahlrohren geschweißter, besonders stabiler Rahmen für Kraftfahrzeuge;* **~rücklauf,** der (Milit.): *Rücklauf, Zurückschnellen des Geschützrohrs nach dem Abfeuern eines Geschosses;* **~schmied,** der (Berufsbez.); **~schoner,** der (Soldatenspr. scherzh.): *Präservativ;* **~zange,** die (Handw.): *Zange zum rutschfesten Greifen, zum Richten u. Biegen von Rohren o. ä.*

Röhrbein ['rø:ɐ̯-], das; -[e]s, -e: svw. ↑Vordermittelfuß; **Röhrchen** ['rø:ɐ̯çən], das; -s, -: ↑Röhre (1, 2): ein R. [mit] Tabletten; die Substanz in einem R. (Fachspr.; *in einem kleinen Reagenzglas*) über dem Bunsenbrenner erhitzen; der Autofahrer mußte ins R. (*in die Tüte* 2) blasen; **Röhre** ['rø:rə], die; -, -n [mhd. rœre, ahd. rōra, zu ↑Rohr; 5: wohl gek. aus ↑Bildröhre]: **1.** ⟨Vkl. ↑Röhrchen⟩ *langer zylindrischer Hohlkörper [mit geringerem Durchmesser], der vor allem dazu dient, Gase, Flüssigkeiten, feste Körper weiterzuleiten:* nahtlos gezogene -n; -n aus Stahl, Ton, Kunststoff [ver]legen, montieren; *** kommunizierende -n** (Physik; *untereinander verbundene, oben offene Röhren, für die gilt, daß eine Flüssigkeit in ihnen gleich hoch steht*). **2.** ⟨Vkl. ↑Röhrchen⟩ *[kleinerer] röhrenförmiger Behälter, [kleineres] röhrenförmiges Gefäß:* eine R. [mit] Tabletten. **3.** *Back-, Bratröhre:* eine Gans in der R. backen; das Essen steht in der R.; *** in die R. sehen/gucken** (ugs.; *bei der Verteilung leer ausgehen, das Nachsehen haben*). **4. a)** *Elektronenröhre, insbes. Radio- od. Fernsehröhre:* diese R. ist durchgebrannt; ein Radio mit 6 -n; eine R. auswechseln, erneuern; **b)** *Leucht[stoff]röhre, Neonröhre.* **5.** (ugs., oft abwertend) *Bildschirm, Fernsehgerät:* vor der R. sitzen; den ganzen Abend in die R. gucken, starren. **6.** (Jägerspr.) *röhrenförmiger unterirdischer Gang eines Baus* (5 a); **röhren** ['rø:rən] ⟨sw. V.⟩ [mhd. rēren, ahd. rērēn = brüllen, blöken, lautm.]: **1.** *(bes. vom brünstigen Hirsch) schreien, brüllen, einen längeren lauten, hohl u. rauh klingenden Laut von sich geben* ⟨hat⟩: Ü die Wasserspülung röhrte; röhrende Motorräder; kaum eingeschlafen, röhrte (scherzh.; *schnarchte*) er, daß die Wände zitterten; „Vorsicht!" röhrte er; einen Song r. **2.** (ugs.) *sich röhrend* (1) *irgendwohin bewegen* ⟨ist⟩: Sonntag für Sonntag röhren um die Hohensyburg ... Hunderte von Motorradfans (Zeit, Zeitmagazin 47, 1976, 23).

röhren-, Röhren-: **~blitzgerät,** das: *Elektronenblitzgerät;* **~blüte,** die (Bot.): *röhrenförmige Einzelblüte eines Korbblütlers;* **~förmig** ⟨Adj.; o. Steig.; nicht adv.⟩; **~hose,** die: *enganliegende Hose mit röhrenförmigen Beinen;* **~kleid,** das: *röhrenförmiges, gerade geschnittenes, enges Kleid ohne Taille;* **~knochen,** der (Zool.): *röhrenförmiger Knochen;* **~leitung,** die: *Leitung aus Röhren* (1); **~netz,** das: *Netz von Röhren* (1) *bzw. Rohrleitungen;* **~pilz,** der: *Röhrling;* **~stiefel,** der: *Stiefel mit röhrenförmigem Schaft;* **~system,** das: svw. ↑~netz; **~walzwerk,** das: *Walzwerk, in dem Röhren* (1) *hergestellt werden;* **~wurm,** der: *im Meer lebender Borstenwurm, der (insbes. im Sand) in einer selbstgebauten Röhre lebt.*

Röhricht ['rø:rɪçt], das; -s, -e [mhd. rœrach, rōrach, ahd. rōrahi = Schilfdickicht]: *Rohr* (1 b); **röhrig** ['rø:rɪç] ⟨Adj.; o. Steig.⟩ (Fachspr.): *wie eine Röhre geformt, einer Röhre ähnlich:* -e Blüten; **Röhrli** ['rø:ɐ̯li], das; -s, -[s] ⟨meist Pl.⟩: *knöchelhoher, bes. zu Röhrenhosen getragener, modischer Damenstiefel mit schlankem, hohem Absatz;* **Röhrling** ['rø:ɐ̯lɪŋ], der; -s, -e (Bot.): *Pilz mit dichtstehenden, senkrechten feinen Röhren an der Unterseite des Hutes.*

rojen ['ro:jən] ⟨sw. V.; rojete, gerojet; hat/ist⟩ [mniederd. rojen] (Seemannsspr.): svw. ↑rudern.

Rokoko ['rɔkoko, auch: ro'kɔko; österr.: rɔko'ko:], das; -[s] [frz. rococo, zu ↑Rocaille; nach dem häufig verwendeten Muschelwerk in der Bauweise dieser Zeit]: **1.** *durch zierliche, beschwingte Formen u. eine weltzugewandte, heitere od. empfindsame Grundhaltung gekennzeichneter Stil der europäischen Kunst (auch der Dichtung u. Musik), in den das Barock im 18. Jh. überging:* das Zeitalter, die Malerei, die Mode des -[s]; seine Gedichte sind [echtes] R. **2.** *Zeit[alter] des Rokoko:* die Malerei, Musik im R.

Rokoko-: **~kommode,** die; **~malerei,** die ⟨o. Pl.⟩; **~möbel,** das ⟨meist Pl.⟩; **~musik,** die; **~stil,** der ⟨o. Pl.⟩.

Roland ['ro:lant], der; -[e]s, -e [H. u.]: *überlebensgroßes Standbild eines geharnischten Ritters mit bloßem Schwert, das als Wahrzeichen (wahrscheinlich Symbol für Gerichtsbarkeit u. städtische Freiheiten) auf dem Marktplatz vieler, bes. nord- u. mitteldeutscher Städte steht:* Die -e als Rechtssymbol (Buchtitel); auch diese Stadt hat einen R.; ⟨Zus.:⟩ **Roland[s]säule,** die: svw. ↑Roland.

roll-, Roll-: **~back:** ↑Rollback; **~bahn,** die: **1.** (Flugw.) *Start- u. -Lande-Bahn; Runway; Piste* (3). **2.** (Milit.) *[provisorisch angelegte] befestigte Fahrbahn, Piste* (4) *für den Nachschub (bes. im 2. Weltkrieg an der Ostfront);* **~balken,** der (österr.): svw. ↑Rolladen: hörte ich ... den R. niederrollen (Roth, Kapuzinergruft 137); **~ball,** der ⟨o. Pl.⟩ (Sport): *Mannschaftsspiel, bei dem der Ball ins gegnerische Tor gerollt werden muß;* **~band,** das ⟨Pl. ...bänder⟩: svw. ↑Förderband; **~bett,** das: *[Kranken]bett, das gerollt werden kann;* **~bild,** das: svw. ↑Kakemono; **~braten,** der: *zusammengerolltes, mit Bindfaden umwickeltes od. in ein Netz gestecktes Fleisch zum Braten;* **~brett,** das: svw. ↑Rollerbrett; **~brücke,** die: svw. ↑~steg; **~fähre,** die (österr.): *an einem über eine Rolle laufenden Spannseil verkehrende Fähre;* **~feld,** das: *gesamter für Flugzeuge nutzbarer Teil eines Flugplatzes mit Start- u. -Lande-Bahnen, Rollbahnen* (1) *usw.;* **~film,** der: *auf eine Spule aus Holz od. Metall gewickelter Film,* dazu: **~filmkamera,** die; **~fuhrdienst,** der (veraltend): *im Auftrag der Bahn arbeitender Dienst* (2) *zur Beförderung von [Stück]gütern;* **~fuhrmann,** der ⟨Pl. ...männer u. ...leute⟩: **a)** (früher) svw. ↑~kutscher; **b)** (veraltend) *Fahrer od. Arbeiter beim Rollfuhrdienst;* **~fuhrunternehmen,** das: vgl. ~fuhrdienst; **~geld,** das: *Gebühr für den Rollfuhrdienst;* **~gut,** das: *vom Rollfuhrdienst zu befördernde Ware, Stückgut;* **~höcker,** der (Anat.): *höckerartiger Vorsprung am oberen Teil des Oberschenkelknochens, der einen Ansatzpunkt für wichtige Muskeln bildet;* **~hockey,** das (Sport): *dem Hockey ähnliches Mannschaftsspiel auf Rollschuhen;* **~holz,** das: svw. ↑Nudelholz; **~hügel,** der: svw. ↑~höcker; **~kasten,** der (österr.): svw. ↑~schrank; **~kommando,** das [urspr. Soldatenspr.; Rekruten wurden oft nachts von einem Trupp Älterer „verrollt" (= verprügelt)]: *Gruppe von Personen, die für bestimmte überraschend vorgenommene gewalttätige od. der Störung dienende Aktionen eingesetzt werden;* **~kragen,** der: *(aus gestricktem od. Trikotgewebe bestehender) Teil eines Pullovers, der am Hals umgeschlagen wird u. eine Art Kragen darstellt,* dazu: **~kragenpullover,** der; **~kunstlauf,** der usw.: vgl. Eiskunstlauf usw.; **~kur,** die (Med.): *bei Magenschleimhautentzündung, Magengeschwüren u. ä. angewandtes Verfahren, bei dem der Kranke nacheinander in den verschiedensten Stellungen liegen muß, damit ein zuvor eingenommenes Medikament von überall auf die Magenschleimhäute einwirken kann;* **~kutscher,** der (früher): *Kutscher bei einem Rollfuhrunternehmen;* **~laden** (nicht getrennt: Rolladen), der ⟨Pl. ...läden, seltener: ...laden⟩ [↑Laden (3)]: *aufrollbare, mittels eines breiten, festen Gurtes von innen zu bedienende Jalousie:* die Rolläden hochziehen, herunterlassen, schräg stellen, dazu: **~ladenschrank** (nicht getrennt: Rolladenschrank), der: svw. ↑Rollschrank; **~loch** (nicht getrennt: Rolloch), das (Bergmannsspr.): *steil abfallender Grubenbau, durch den Mineralien, Haufwerk u. ä. abwärts befördert werden können;* **~mops,** der [urspr. berlin., wohl nach der rundlichen Gestalt des Mopses (1)]: *entgräteter, marinierter Hering, der längsgeteilt um eine Gurke od. um Zwiebeln gerollt u. mit einem Holzstäbchen zusammengehalten ist;* **~schicht,** die (Bauw.): *Schicht einer Mauer, die aus Ziegelsteinen besteht, die auf der längeren Schmalseite stehen;* **~schiene,** die: *Schiene, auf der ein Rollsitz entlangläuft;* **~schinken,** der: *vom Knochen gelöster, mit Garn fest zusammengebundener, magerer Räucherschinken;* **~schnellauf,** der usw.: vgl. Eisschnellauf usw.; **~schrank,** der: *[Büro]schrank, der statt einer Tür eine aufrollbare Vorderseite hat; Jalousieschrank;* **~schuh,** der: *dem Schlittschuh vergleichbares, aber statt der Kufen mit vier in Kugellagern geführten Rollen* (1 b) *ausgestattetes Sportgerät:* -e anschnallen; die Kinder laufen auf -en, dazu: **~schuhbahn,** die, **~schuhlaufen,** das; -s, **~schuhläufer,** der, **~schuhläuferin,** die, **~schuhplatz,** der, **~schuhsport,** der: *alle auf Rollschuhen betriebenen Sportarten wie Rollschnellauf, -kunstlauf u. -hockey;* **~schwanzaffe,** der: svw. ↑Kapuzineraffe; **~sitz,** der: *mit Rollen auf einer Schiene laufender Sitz im Ruderboot, der mit den Bewegungen des Ruderers vor- u. zurückrollt;* **~splitt,** der: *mit Teer vermischter Splitt zum Ausbessern von Straßen;* **~sport,** der: kurz für ↑Rollschuhsport; **~sprung,** der (Sport): *Technik des Hochsprungs,* *bei der die Latte in fast waagerechter Körperhaltung mit einer Drehung überquert wird;* **~steg,** der: *zum schnellen Heranrollen mit Rädern versehene Gangway;* **~stuhl,** der: *Stuhl auf Rädern für Gelähmte u. Kranke,* dazu: **~stuhlfahrer,** der: *jmd., der sich nur im Rollstuhl fortbewegen kann;* **~tabak,** der: svw. ↑Rollentabak; **~technik,** die: vgl. -sprung; **~treppe,** die: *Treppe mit beweglichen Stufen, die sich an einem Förderband aufwärts od. abwärts bewegen:* die R. steht, läuft; Kinderunfälle auf -n; **~tür,** die: **1.** vgl. ~schrank. **2.** svw. ↑Schiebetür: **~verdeck,** das: *Verdeck (bei einigen Autos), das sich zurückschieben, aufrollen läßt;* **~wagen,** der: svw. ↑Tafelwagen; **~wäsche,** die ⟨o. Pl.⟩ (landsch.): svw. ↑Mangelwäsche; **~weg,** der: svw. ↑~bahn (2); **~werk,** das (Kunstwiss.): *Ornament aus verschlungenen u. gerollten Bändern an Wappen u. Kartuschen* (2); **~zeit,** die [zu ↑rollen (8)] (Jägerspr.): *Paarungszeit bei Schwarz- u. Haarraubwild.*

Rollback ['roʊlbæk], das; -[s], -s [amerik. rollback, zu engl. to roll back = zurückrollen, -fahren]: *[erzwungenes] Zurückstecken; das Sichzurückziehen:* R. im Ferntourismus; eine Politik des R.; **Röllchen** ['rœlçən], das; -s, -: **1.** ↑Rolle (1 b): die Gardine hängt an R. **2.** (früher) *steife, in den Ärmel des Jacketts gesteckte Manschette;* **Rolle** ['rɔlə], die; -, -n [mhd. rolle, rulle, urspr. = kleines Rad, kleine Scheibe od. Walze (in der Kanzleispr. = zusammengerolltes Schriftstück) < afrz. ro(l)le (= frz. rôle) = Rolle, Liste, Register < (m)lat. rotulus, rotula = Rädchen; Rolle, Walze, Vkl. von: rota = Rad, Scheibe; 6 a: nach dem urspr. auf Schriftrollen aufgezeichneten Probentext]: **1. a)** *etw. Walzenförmiges, zu einer Walze (länglich mit rundem Querschnitt) Zusammengerolltes od. -gewickeltes:* eine R. Toilettenpapier, Tapeten, Garn, Draht, Bonbons; die abgespulte R. ersetzen; aus dem Teig eine R. formen; das Geld wird in -n verpackt; Zeitungspapier in mannshohen -n; das Kind spielt mit der leeren R. *(Garnrolle);* den Faden von der R. abspulen; Blätter zu einer R. zusammendrehen; **b)** ⟨Vkl. ↑Röllchen⟩ *Kugel, Walze, Rad, [mit einer Rille versehene] Scheibe, worauf etw. rollt od. gleitet:* unter dem Sessel sind -n aus Metall; ein Fernsehtisch, Teewagen auf -n; das Seil des Flaschenzugs läuft über -n. **2.** (landsch.) svw. ↑²Mangel: die Wäsche in die, zur R. geben; ***jmdn. durch die R. drehen** usw. (↑²Mangel). **3.** (Bergmannsspr.) svw. ↑Rolloch. **4. a)** (Turnen) *Übung (am Boden, Barren, Schwebebalken o. ä.), bei der der Körper vor- od. rückwärts um die eigene Querachse gedreht wird:* eine R. rückwärts ausführen; **b)** *Figur im Kunstflug, bei der sich das Flugzeug um seine Längsachse dreht.* **5.** (Radsport) *leicht drehbare, hinten am Motorrad des Schrittmachers an einem Gestell befestigte Walze, die dem Radfahrer dichtes Mitfahren im Windschatten ermöglicht:* an der R. fahren; ***von der R. kommen** (ugs.; *nicht mehr mithalten können, den Anschluß verlieren*); **jmdn. von der R. bringen** (ugs.; *dafür sorgen, daß jmd. nicht mehr mithalten kann*). **6. a)** *von einem Schauspieler zu verkörpernde Gestalt:* eine wichtige, tragende, unbedeutende, kleine R.; die R. liegt ihm; die R. der Julia ist ihr auf den Leib geschrieben; diese R. ist falsch besetzt worden; er hat in dem Film eine R. als Detektiv; die R. des jugendlichen Liebhabers spielen; man übertrug ihm die R. des Hamlet, besetzte die R. des Hamlet mit ihm; seine R. gut, schlecht spielen; er hat seine R. *(den Rollentext)* schlecht gelernt; an einer R. arbeiten, feilen; für welche R. bist du vorgesehen?; eine Besetzung für eine R. suchen, finden; sie muß in diese schwierige R. erst hineinwachsen; der Schauspieler war eins mit seiner R., konnte sich mit seiner R. völlig identifizieren; ein Stück mit verteilten -n lesen; Ü wir begnügen uns mit der R. des Zuschauers; das Schicksal hatte ihm eine andere R. zugedacht; **b)** *Stellung, [erwartetes] Verhalten innerhalb der Gesellschaft:* anerzogene -n; die R. der Frau in Vergangenheit und Gegenwart; die führende R. der Partei; eine öffentliche R. übernehmen; die -n in der Gesellschaft vertauschen; er fühlte sich seiner R. als Vermittler nicht mehr gewachsen; ***[gern] eine R. spielen mögen/wollen** *(großes Geltungsbedürfnis haben);* **bei etw. eine R. spielen** *(an einer Sache in bestimmter Weise teilhaben, mitwirken);* **[k]eine R. [für jmdn., etw./bei jmdm., einer Sache] spielen** *([nicht] sehr wichtig, [un]wesentlich [für jmdn., etw.] sein):* das spielt doch keine R.!; es spielt keine R., ob ...; die größte R. spielt für ihn, was die anderen dazu sagen; **seine R. ausgespielt haben** *(seine Stellung, sein Ansehen verlieren);* **aus der R. fallen** (*sich unpassend, ungehörig benehmen; vor anderen etw. sagen od. tun, was Mißfallen erregt, weil es nicht dem erwarteten Verhalten entspricht;* urspr. von einem Schauspieler, der die entsprechende Stelle in seiner Textrolle nicht findet); **sich in seine R. finden** (geh.; *sich mit seiner Lage u. Stellung abfinden, mit den gegebenen Verhältnissen fertig werden*); **sich in seiner R. gefallen** (geh.; *sich auf seine Stellung u. seinen Einfluß etw. einbilden*); **sich in jmds. R. versetzen [können]** *(sich in die Lage des andern hineindenken [können]);* **rollen** ['rɔlən] ⟨sw. V.⟩ [mhd. rollen < afrz. ro(l)ler, über das Galloroman. zu (m)lat. rotulus, ↑Rolle]: **1.** ⟨ist⟩ **a)** *sich unter fortwährendem Drehen um sich selbst [fort]bewegen:* der Ball, die Billardkugel, der Würfel rollt; Räder rollen; die Wogen rollen *(überschlagen sich);* Ü Manchmal, wenn es nicht so rollt *(vorwärtsgeht)* (Trommel 45, 1976, 5); ... wie es nach dem abgebrochenen Studium nur langsam anfing zu r. (Becker, Irreführung 202); wenn diese Unregelmäßigkeiten bekannt werden, dann müssen Köpfe r. *(Leute zur Rechenschaft gezogen u. entlassen werden);* ⟨subst.:⟩ ***etw. kommt ins Rollen** (ugs.; *etw. beginnt, kommt in Gang*); **b)** *sich rollend* (1 a) *irgendwohin bewegen:* der Ball rollt ins Aus, über die Torlinie; das Geld rollte unter den Tisch; Tränen rollten ihr aus den Augen, über die Wangen; eine Lawine rollte donnernd zu Tal; ein Brecher rollte über das Deck *(ging über das Deck hinweg);* **c)** *eine Drehbewegung [von einer Seite zur andern] machen:* das Kind rollte auf den Rücken; im Schlaf war er auf die andere Seite gerollt; Der Albatros rollte *(schlingerte)* von Backbord nach Steuerbord (Ott, Haie 70); **d)** *sich auf Rädern fortbewegen:* der Wagen, das Auto, der Zug rollt; ⟨subst.:⟩ wie man einen Wagen mit ganz wenig Gas am Rollen hält (Frankenberg, Fahren 122). **2.** *in eine rollende Bewegung bringen, drehend befördern* ⟨hat⟩: Fässer über eine Rampe, in den Hof r.; Geröllbrocken, so wie der Berg sie in seinen Bächen zu Tal gerollt hatte (Böll, Tagebuch 42); die Kranke wurde mit dem Bett auf die Veranda gerollt; ⟨r. + sich:⟩ Kinder rollen sich im Gras; ich habe mich in meine Decke gerollt *(eingerollt);* ⟨subst.:⟩ ***etw. ins Rollen bringen** (ugs.; *etw. in Gang bringen, in Bewegung setzen*): eine kleine Zeitungsnotiz hat die Protestbewegung ins Rollen gebracht. **3.** *(einen Körperteil o. ä.) drehend hin u. her, im Kreis bewegen* ⟨hat⟩: den Kopf r.; sie rollte [voller Schrecken, wütend] die Augen/mit den Augen. **4.** ⟨hat⟩ **a)** *einrollen, zusammenrollen:* Decken, eine Zeltbahn r.; die Kniestrümpfe nach unten r.; Die Teppiche sind gerollt, die Fensterläden geschlossen (Frisch, Gantenbein 308); eine gerollte Landkarte; **b)** *zu etw., zu einer bestimmten Form zusammendrehen:* den Teig zu einer Wurst r.; Der Kollege hat seine Unterhose vor dem Bauch zu einem Wulst gerollt (Chotjewitz, Friede 155); **c)** *durch Zusammenrollen herstellen:* ich rolle mir eine Zigarette; Frauen ..., wenn sie ein Wollfließ von ihren Unterarmen abwickeln, um ein Strickknäuel daraus zu r. (Strittmatter, Wundertäter 346); **d)** ⟨r. + sich⟩ *(von flach daliegenden Stücken aus Papier, Textilfaser o. ä.) sich von den Rändern u. Ecken her hochbiegen, einrollen; uneben werden:* das Bild ist schlecht aufgeklebt und hat sich gerollt; an dieser Stelle rollt sich der Teppich immer wieder. **5.** (landsch.) svw. ↑²mangeln ⟨hat⟩: Wäsche r. **6.** (Kochk.) *auf einer Masse aus Kuchen-, Nudelteig o. ä. ein Nudelholz rollend hin u. her bewegen, bis der Teig als glatte, gleichmäßig dünne Schicht daliegt; ausrollen* ⟨hat⟩: den Teig r. **7.** ⟨hat⟩ **a)** *ein dumpfes, rollendes, rumpelndes Geräusch erzeugen:* der Donner rollt; ein Schuß rollt durch die Stille; das Echo rollt von den Bergen; rollendes Lachen; **b)** *als vibrierenden Laut mit dem Kehlkopf od. der Zunge hervorbringen:* der Kanarienvogel rollt; sie rollt das R so schön; mit rollendem R. **8.** (Jägerspr.) svw. ↑rauschen (4) ⟨hat⟩.

rollen-, Rollen-: **~besetzung,** die: *Verteilung der einzelnen Rollen* (6 a) *eines Bühnenstücks od. Films auf die Darsteller;* **~druck,** der ⟨Pl. -e⟩ (Druckw.): ²*Druck auf Papierbahnen, die von großen Rollen* (1 a) *ablaufen;* **~erfüllung,** die (Soziol.): *das Erfüllen der Erwartungen, das Anpassen des Verhaltens an die der Rolle* (6 b) *entsprechende Norm;* **~erwartung,** die (Soziol.): *die vom einzelnen als Träger einer Rolle* (6 b) *erwartete Verhaltensweise;* **~fach,** das (Theater, Film): *Art der Rollen* (6 a), *für die ein Darsteller nach Alter, Geschlecht u. Charakter bes. geeignet ist;* **~förmig** ⟨Adj.; o. Steig.; nicht adv.⟩; **~gemäß** ⟨Adj.⟩: *der Rolle*

(6a, b), *die jmd. einnimmt od. darstellt, gemäß;* **~konflikt,** der (Soziol.): *aus dem Ineinandergreifen verschiedener Rollen* (6b), *z. B. in der Familie u. im Beruf, u. aus Widersprüchen zwischen Rolle u. persönlicher Veranlagung u. Einstellung erwachsender Konflikt;* **~lager,** das (Technik, Bauw.): *Lager* (5a, b), *bei dem mit Hilfe von Rollen* (1b) *od. Walzen Schwankungen in der Lage ausgeglichen werden können u. die Reibung sich verringert;* **~spiel,** das (Soziol.): svw. ↑~verhalten; **~studium,** das (Theater, Film): *Vertiefung eines Schauspielers in eine Rolle* (6a); **~tabak,** der: *Kautabak aus entrippten, zusammengedrehten Tabakblättern;* **~tausch,** der: *das Vertauschen von Rollen* (6a, b); **~text,** der: *Text für eine Bühnen- od. Filmrolle;* **~verhalten,** das (Soziol.): *Verhalten gemäß einer bestimmten Rolle* (6b) *innerhalb der Gesellschaft:* beginnen die Kinder sich auch in sexueller Hinsicht in das R. der Erwachsenen einzuüben (Chotjewitz, Friede 26); **~verteilung,** die: **a)** vgl. ~besetzung; **b)** (Soziol.) *Verteilung der Aufgaben u. Verhaltensweisen innerhalb einer sozialen Gruppe:* die traditionelle R. der Geschlechter; **~zwang,** der (Soziol.): aus der Rolle (6b) *erwachsender Zwang.*

Roller ['rɔlɐ], der; -s, - [zu ↑rollen]: **1.** *eine Art Fahrzeug für Kinder, das aus einem Brett mit zwei Rädern u. einer Lenkstange besteht u. mit einem Bein entweder durch Abstoßen am Boden od. durch einen Trethebel vorwärts bewegt wird.* **2.** svw. ↑Motorroller. **3. a)** svw. ↑Harzer Roller; **b)** *rollender Trillergesang dieses Vogels.* **4.** (Sport) svw. ↑Rollsprung. **5.** (Fußball) *[mißglückter] Schuß aufs Tor, der den Ball nur über den Boden rollen läßt:* ein harmloser R. **6.** (Meeresk.) *lange, hohe Welle, die in schwerer Brandung bes. an Küsten der südlichen Halbkugel auftritt;* ⟨Zus.:⟩ **Rollerbrett,** das: *als Spiel- u. Sportgerät dienendes Brett auf vier federnd gelagerten Rollen, mit dem man sich stehend [mit Abstoßen] fortbewegt u. das nur durch Gewichtsverlagerung gesteuert wird; Skateboard;* **Rolli** ['rɔli], der; -s, -s [wohl geb. nach ↑Pulli] (Mode Jargon): *leichter [unter einer Weste, Bluse o. ä. zu tragender] Rollkragenpullover;* **rollieren** [rɔ'li:rən] ⟨sw. V.; hat⟩ [zu frz. rouler = rollen, heute aber unmittelbar zu ↑rollen gestellt]: **1.** (Schneiderei) *einen dünnen Stoff am Rand od. Saum zur Befestigung einrollen, rollend umlegen [u. umstechen].* **2.** (bildungsspr.) *nach einem bestimmten System turnusmäßig [ab-, aus]wechseln; roulieren* (2): durch ein rollierendes System wird eine Entzerrung der Sommerferien zwischen den Bundesländern erreicht; ⟨subst.:⟩ beim Rollieren wird jeweils nur die Hälfte der Gemeinderäte neu gewählt. **3.** (Technik) *die Oberfläche eines [metallenen] Werkstücks unter Druck zwischen rotierenden Scheiben aus hartem Stahl glätten u. polieren;* **Rollo** ['rɔlo, auch, österr. nur: rɔ'lo:], das; -s, -s: svw. ↑Rouleau.

Roll-on-roll-off-Schiff [roʊl'ɔnroʊl'ɔf-], das; -[e]s, -e [engl. roll-on-roll-off-ship, eigtl. = „Rolle-herauf-rolle-hinunter-Schiff“]: *Frachtschiff, das von Lastwagen mit Anhängern direkt befahren wird u. so ohne Kran unmittelbar be- u. entladen werden kann.*

Rom [ro:m; die Stadt Rom war in der Antike der Mittelpunkt der damals bekannten Welt] in Redensarten u. Sprichwörtern: R. ist nicht an/in einem Tage erbaut worden (↑erbauen 1); in R. gewesen sein und nicht den Papst gesehen haben (↑Papst); viele/alle Wege führen nach R. (↑Weg 2b); auf diesem Messer kann man bis nach R. reiten (↑¹Messer a); Zustände wie im alten R. (↑Zustand).

Rom-: **~fahrer,** der: *jmd., der eine [Pilger]reise nach Rom macht;* **~fahrerin,** die: w. Form zu ↑~fahrer; **~fahrt,** die: *[Pilger]fahrt nach Rom;* **~reise,** die: *Reise nach Rom.*

Romadur ['rɔmadu:ɐ̯, auch: roma'du:ɐ̯]; der; -[s], -s [frz. romadour, romatour, H. u.]: *dem Limburger Käse ähnlicher halb- od. vollfetter Weichkäse von länglicher, viereckiger Form.*

Roman [ro'ma:n], der; -s, -e [frz. roman < afrz. romanz, eigtl. = in romanischer Volkssprache (nicht in Latein) verfaßte Erzählung, zu lat. Rōmānicus = römisch]: **a)** ⟨o. Pl.⟩ *literarische Gattung erzählerischer Prosa, in der [in weit ausgesponnenen Zusammenhängen] das Schicksal eines einzelnen od. einer Gruppe von Menschen (in der Auseinandersetzung mit der Umwelt) geschildert wird [u. Raum, Zeit u. gesellschaftliche Verhältnisse dargestellt werden]:* der moderne R.; der R. *(die Romandichtung)* der Klassik; **b)** ⟨Vkl. ↑Romänchen⟩ *einzelnes Werk der Gattung Roman* (a): ein biographischer, utopischer, historischer R.; der R. ist spannend, liest sich leicht, spielt um die Jahrhundertwende, in Italien; einen R. schreiben, lesen; an einem R. schreiben; in einem R. schmökern; ein R. in Fortsetzungen *(der in Fortsetzungen erscheint [in einer Zeitung o. ä.]):* sein Erlebnisbericht hört sich an wie ein R. *(ist spannend, ungewöhnlich o. ä.);* Ü sie hat wieder einen ganzen/langen R. erzählt *(hat sehr ausführlich erzählt);* erzähl doch keine -e *(bleib in deiner Darstellung bei der Wahrheit!; fasse dich kürzer in deiner Darstellung!);* die Liebe der beiden jungen Leute war ein ganzer R. *(hatte romanhafte Züge);* er erzählte den R. seines ereignisreichen Lebens.

roman-, Roman-: **~artig** ⟨Adj.⟩; **~autor,** der; **~beilage,** die: *Beilage zu einer Zeitung, Zeitschrift o. ä., die einen Roman in Fortsetzungen enthält;* **~dichtung,** die: **1.** svw. ↑~literatur. **2.** *dichterisches Werk, das die Form des Romans* (a) *hat;* **~figur,** die: *Figur, Gestalt aus einem Roman* (b); **~form,** die: *literarische Form des Romans* (a); **~fragment,** das; **~gestalt,** die: vgl. ~figur; **~handlung,** die; **~heft, ~heftchen,** das: svw. ↑Heftchen (2); **~held,** der: *Hauptfigur eines Romans;* **~heldin,** die: w. Form zu ↑~held; **~leser,** der, **~leserin,** die; **~literatur,** die: *Literatur* (2) *der Gattung Roman;* **~schreiber,** der: *Autor von Romanen;* **~schriftsteller,** der; **~stoff,** der; **~titel,** der; **~trilogie,** die; **~werk,** das: **1.** *größerer, bedeutender Roman eines Autors.* **2.** *Gesamtwerk eines Romanautors;* **~zyklus,** der.

Romancero [roman'se:ro, span. rrɔman'θero]: ↑Romanzero; **Romänchen** [ro'mɛ:nçən], das; -s, -: **1.** ↑Roman (b). **2.** (scherzh.) *(zur Trivialliteratur gehörender) Roman, den jmd. mit Begeisterung liest:* sie liest gerne R.

Romancier [romã'si̯e:], der; -s, -s [frz. romancier] (bildungsspr.): *Romanschriftsteller.*

Romane [ro'ma:nə], der; -, -n [zu mlat. Romanus = Bewohner der älteren röm. Provinzen in Gallien < lat. Rōmānus = römisch]: *Angehöriger einer der indogermanischen Sprach- u. Völkerfamilie angehörenden Gruppe von Völkern, deren Sprache auf das Vulgärlateinische zurückgeht:* er ist ein R. *(hat südländische, romanische Züge);* **Romanentum,** das; -s: *Wesen u. Kultur der Romanen.*

romanesk [roma'nɛsk] ⟨Adj.; o. Steig.⟩ (bildungsspr. selten): svw. ↑romanhaft: die Vorgänge hatten -e Züge; **romanhaft** ⟨Adj.; -er, -este⟩: **a)** *breit ausgeführt, in der Art eines Romans:* die Darstellung ist r.; **b)** *wie in einem Roman; nicht ganz real od. glaubhaft:* etw. hat -e Züge, Elemente; seine Aussage erschien mir zu r.

Romani ['ro:mani, auch: ro'ma:ni], das; -[s] [Zigeunersprache romani, zu: rom = (Ehe)mann, Zigeuner < altind. ḍoma-ḥ = Mann niederer Kaste, der von Gesang u. Musizieren lebt]: *Zigeunersprache.*

Romania [ro'ma:ni̯a], die; - [mlat. Romania = das römische Reich; romanische Sprache < spätlat. Rōmānia = das römische Reich] (Sprachw.): **1.** *das gesamte Siedlungs- u. Kulturgebiet, in dem romanische Sprachen gesprochen werden.* **2.** *das gesamte, in den verschiedenen romanischen Sprachen verfaßte Schrifttum;* **Romanik** [ro'ma:nɪk], die; - [zu ↑romanisch]: *der Gotik vorangehende europäische Stilepoche des frühen Mittelalters, die sich bes. in der [Sakral]architektur (in der Bauform der Basilika mit Tonnengewölbe, Rundbogen), in der [Architektur]plastik u. der Wand- u. Buchmalerei ausprägte:* die Blütezeit, die Baukunst der R.; **Romanin,** die; -, -nen: w. Form zu ↑Romane; **romanisch** ⟨Adj.; o. Steig.⟩ [zu (m)lat. Romanus ↑Romane]: **1. a)** (Sprachw.) *(von bestimmten Sprachen) aus dem Vulgärlatein entstanden:* Französisch, Italienisch, Spanisch sind -e Sprachen; **b)** *den Romanen zugehörend, für die Romanen, ihre Kultur o. ä. typisch:* die -en Länder, Völker; Sie, die ... mit -em Charme zu liebäugeln weiß (Welt 17. 9. 66, 14). **2.** *die [Kunst der] Romanik betreffend, zu ihr gehörend; für die Romanik typisch:* der -e Stil; die -e Baukunst; eine -e Kirche; Kunstschätze aus -er Zeit; das Bauwerk ist r.; r. bauen; **romanisieren** [romani'zi:rən] ⟨sw. V.; hat⟩ [wohl nach frz. romaniser]: **1.** (veraltet) *römisch machen, dem römischen Reich eingliedern.* **2.** (bildungsspr.) *romanisch machen; nach romanischer* (1) *Art umgestalten.* **3.** (Sprachw.) *in lateinische Schriftzeichen umsetzen;* ⟨Abl.:⟩ **Romanisierung,** die; -; **Romanismus** [roma'nɪsmʊs], der; -, ...men: **1.** (Sprachw.) *eine für eine romanische Sprache charakteristische Erscheinung in einer nichtromanischen Sprache.* **2.** (veraltend) *papst-, kirchenfreundliche Einstellung.* **3.** (Kunstwiss.) *(an die italienisch*

Kunst der Renaissance angelehnte) Richtung in der niederländischen Malerei des 16. Jh.s; **Romanist** [roma'nɪst], der; -en, -en: **1.** *Wissenschaftler auf dem Gebiet der Romanistik* (1). **2.** (jur.) *Jurist, der sich bes. mit dem römischen Recht befaßt.* **3.** (Kunstwiss.) *zum Romanismus* (3) *gehörender Künstler;* **Romanistik,** die; -: **1.** *romanische Sprach- und Literaturwissenschaft.* **2.** *Lehre vom römischen Recht;* **Romanistin,** die; -, -nen: w. Form zu ↑Romanist (1); **romanistisch** ⟨Adj.; o. Steig.; nur attr.⟩: *die Romanistik betreffend:* -e Studien; **Romantik** [ro'mantɪk], die; - [zu ↑romantisch (2), geb. in Analogie zu ↑Klassik]: **1. a)** *Epoche des europäischen, bes. des deutschen Geisteslebens vom Ende des 18. bis zur Mitte des 19. Jh.s, die in Gegensatz stand zu Aufklärung u. Klassik (u. die sich auszeichnete durch ihr Bauen auf die Kraft des Gefühls, des Irrationalen, Märchenhaften u. durch ihre Rückwendung zur Vergangenheit):* die Zeit der deutschen, englischen, französischen R.; die Malerei der R.; **b)** *die romantische Bewegung:* die jüngere, ältere, die Heidelberger, Jenaer R.; die blaue Blume der R. (↑Blume 1 b). **2.** *das Romantische* (2 b), *der romantische* (2 b) *Zug, die romantische* (2 b) *Stimmung o. ä., die einer Sache anhaftet:* die R. eines Sonnenuntergangs, einer Landschaft; die süßliche R. des Films widerte ihn an; das Leben der Schiffer hat längst seine R. verloren; sie schwärmten von der R. des Wanderlebens; keinen Sinn für R. haben; **Romantiker,** der; -s, -: **1.** *Vertreter der romantischen Bewegung; Künstler (Dichter, Maler, Musiker) der Romantik* (1): die deutschen R.; die Märchen der R. **2.** *[allzu] schwärmerischer, gefühlsbetonter Mensch:* er ist ein R., der das Schöne liebt; Ludwig II. war ein R. auf dem Thron; nur R. (abwertend; *Phantasten, Menschen, die die Realität nicht richtig einschätzen können*) können an die Verwirklichung dieser Ideen glauben; **Romantikerin,** die; -, -nen: w. Form zu ↑Romantiker; **romantisch** ⟨Adj.⟩: [unter Einfluß von engl. romantic < frz. romantique, eigtl. = dem Geist der Ritterdichtung gemäß, romanhaft, zu afrz. romanz, ↑Roman]: **1.** ⟨o. Steig.⟩ *zur Romantik* (1) *gehörend, sie betreffend:* die -e Dichtung, Malerei, Musik; die -e Schule; die -en Dichter; diese Dichtung ist typisch r. **2. a)** *gefühlsbetont, schwärmerisch; die Wirklichkeit idealisierend:* ein -er Mensch; er ist eine -e Natur; eine -e Phase haben; -e *(unrealistische, idealisierende, überspannte)* Vorstellungen von etw. haben; er singt -e *(gefühlvolle)* Chansons; sie ist sehr r. veranlagt; ihre Liebe war sehr r.; **b)** *von einer das Gemüt ansprechenden [geheimnisvollen, gefühlvollen] Stimmung; malerisch, reizvoll:* eine -e Landschaft, Burgruine; ein -es Tal; r. wirken, aussehen; der Ort ist sehr r. gelegen; **romantisieren** [romanti'zi:rən] ⟨sw. V.; hat⟩ (bildungsspr.): **1.** *im Stil der Romantik* (1) *gestalten; den Stil der Romantik imitieren, nachempfinden* ⟨meist im 1. Part.⟩: romantisierende Elemente, Tendenzen. **2.** *in einem idealisierenden Licht erscheinen lassen; verklären, schönfärben:* Vorgänge, Zustände r.; ⟨auch o. Akk.-Obj.:⟩ Hier romantisiert der Erzähler. Er vergoldet das Grauen (Deschner, Talente 17); ⟨Abl.:⟩ **Romantisierung,** die; -, -en: **1.** *das Romantisieren.* **2.** *etw. Romantisiertes;* **Romantizismus** [romanti'tsɪsmʊs], der; -, ...men: **1.** ⟨o. Pl.⟩ **a)** (selten) svw. ↑Romantik (1); **b)** *die Romantik* (1) *nachahmende Geisteshaltung.* **2.** *der Romantik* (1) *nachempfundenes [Stil]element;* **romantizistisch** ⟨Adj.; o. Steig.⟩: *dem Romantizismus* (1) *zugehörend;* **Romanze** [ro'mantsə], die; -, -n [frz. romance < span. romance = volksliedhaftes Gedicht < aprovenz. romans (= afrz. romanz), ↑Roman]: **1.** *volksliedhaftes episches Gedicht mit balladenhaften Zügen, das von Heldentaten u. Liebesabenteuern erzählt:* ein Zyklus von -n. **2.** (Musik) *liedhaftes, ausdrucksvolles Instrumental- od. Vokalstück:* eine R. von Beethoven für Violine und Orchester. **3.** *episodenhaftes Liebesverhältnis [das durch die äußeren Umstände als bes. romantisch erscheint]:* eine heimliche R. zwischen zwei jungen Leuten; eine R. mit jmdm. haben; eine R. erleben; ⟨Zus.:⟩ **Romanzendichter,** der: *Dichter, der Romanzen* (1) *schreibt, geschrieben hat;* **Romanzensammlung,** die: *Sammlung von Romanzen* (1); **Romanzero** [roman'tse:ro], der; -s, -s [span. romancero] (Literaturw.): *Sammlung von [spanischen] Romanzen* (1).

Römer ['rø:mɐ], der; -s, - [köln. (16. Jh.) roemer, schon mhd. roemsch g(e)las = römisches Glas]: *Weißweinglas mit kugeligem Kelch u. etwa kegelförmigem, nach unten in eine große runde Standfläche übergehendem Fuß aus grünem od. braunem Glas:* Wein aus -n trinken.

Römer-: **~brief,** der ⟨o. Pl.⟩: *im N. T. enthaltener Brief des Apostels Paulus an die Römer;* **~kopf,** der: *Männerkopf mit scharfgeschnittenem Gesicht u. kurzem, in die Stirn gekämmtem Haar;* **~nase,** die: svw. ↑Adlernase; **~reich,** das ⟨o. Pl.⟩: *das römische Weltreich;* **~straße,** die: *von den Römern als Heer- u. Handelsstraße angelegte Straße;* **~topf** Ⓦⓩ, der: *ovaler, mit Deckel versehener Tontopf zum Dünsten u. Schmoren (bes. von Fleisch).*

römisch ['rø:mɪʃ] ⟨Adj.; o. Steig.; nicht adv.⟩ [mhd. rœmisch, ahd. rōmisk]: *das antike Rom u. seine Bewohner betreffend, von ihnen herrührend od. geschaffen, zu ihnen gehörend:* das -e Imperium; die -e Antike; die -e Geschichte; das -e Recht; ein -es Bad (↑irisch-römisch); ein -er Brunnen *(Schalenbrunnen);* -e Zahlen, Ziffern (Ggs.: arabische Zahlen, Ziffern); **römisch-irisch:** ↑irisch-römisch; **römisch-katholisch** ⟨Adj.; o. Steig.⟩: *der katholischen Kirche, die den Papst in Rom als ihr Oberhaupt anerkennt, zugehörend, sie betreffend:* die -e Kirche; er ist -er Konfession; r. [getauft] sein; Abk.: röm.-kath.

Rommé ['rɔme, auch: rɔ'me:], das; -s, -s [französierende Bildung zu engl. rummy, H. u.]: *Kartenspiel für 3 bis 6 Mitspieler, von denen jeder versuchen muß, seine Karten möglichst schnell nach bestimmten Regeln abzulegen.*

Ronde ['rɔndə, 'rõ:də], die; -, -n [frz. ronde, zu: rond = rund < lat. rotundus]: **1.** (Milit. veraltet) **a)** *Runde, Rundgang:* die R. machen; **b)** *Wachen u. Posten kontrollierender Offizier.* **2.** (Metallbearb.) *runde Blechscheibe, aus der ein Werkstück gefertigt wird;* **Rondeau** [rõ'do:, österr.: rɔn'do:], das; -s, -s [frz. rondeau = Tanzlied mit Kehrreim]: **1.** (Literaturw.) *aus dem Tanzlied beim Rundtanz entstandenes 12- bis 14zeiliges Gedicht mit nur 2 Reimen, bei dem die Anfangswörter der ersten Zeile nach dem 6. u. 12. u. nach dem 8. u. 14. Vers als verkürzter Refrain wiederkehren.* **2.** (österr.) **a)** *rundes Beet [als Teil einer größeren Gartenanlage];* **b)** *runder Platz;* **Rondel** [rõ'dɛl], das; -s, -s [frz. rondel]: svw. ↑Rondeau (1); **Rondell** [rɔn'dɛl], das; -s, -e [frz. rondelle = runde Scheibe]: **1.** *rundes Beet [als Teil einer größeren Gartenanlage].* **2.** *runder Platz.* **3.** (österr.) *kreisförmig angelegter Gartenweg.* **4.** (Archit.) *aus der Mauer einer Befestigung vorspringender runder Turm;* **Rondo** ['rɔndo], das; -s, -s [ital. rondo, zu: rondo = rund < lat. rotundus]: **1.** (Literaturw.) *mittelalterliches Tanzlied; Rundgesang, der zwischen Soloteil u. Chor wechselt.* **2.** (Musik) *[Schluß]satz einer Sonate od. Sinfonie, in dem das Hauptthema nach mehreren in Tonart u. Charakter entgegengesetzten Zwischensätzen [als Refrain] immer wiederkehrt.*

rönne ['rœnə]: ↑rinnen.

Rönne [-], die; -, -n [niederd. Form von ↑Rinne; das aufgestellte Netz ähnelt einer Rinne] (Jägerspr.): *Stoßgarn.*

röntgen ['rœntgn̩] ⟨sw. V.; hat⟩ [nach dem Entdecker der Röntgenstrahlen, dem dt. Physiker W. C. Röntgen (1845 bis 1923)]: *mit Röntgenstrahlen durchleuchten, untersuchen:* er wurde nach dem Unfall geröntgt; er mußte sich r. lassen; die Lunge, das gebrochene Bein r.; sich den Magen r. lassen; ein Werkstück, Material r.; ⟨subst.:⟩ er ist zum Röntgen gegangen; **Röntgen** [-], das; -s, - (Physik früher): *Einheit für die Menge einer Röntgen- u. Gammastrahlung;* Zeichen: R

röntgen-, Röntgen-: **~apparat,** der: vgl. ~gerät; **~arzt,** der: *Facharzt für Röntgenologie;* **~assistentin,** die; **~astronomie,** die: svw. ↑Gammaastronomie, dazu: **~astronomisch** ⟨Adj.; o. Steig.; nicht präd.⟩; **~aufnahme,** die: **1.** *das fotografische Aufnehmen eines Röntgenbildes.* **2.** svw. ↑~bild; **~auge,** das (scherzh.) ⟨meist Pl.⟩: er hat, macht -n *(er sieht, merkt alles, was um ihn herum vor sich geht);* **~befund,** der; **~behandlung,** die: *Heilbehandlung mit Röntgenstrahlen;* **~bestrahlung,** die; **~bild,** das: **1.** *beim Durchleuchten mit Röntgenstrahlen auf dem Röntgenschirm erscheinendes Abbild, bei dem die strahlenundurchlässigen Teile als Schatten erscheinen.* **2.** *fotografische Aufnahme des beim Durchleuchten mit Röntgenstrahlen entstehenden Bildes, bei der die strahlenundurchlässigen Teile weiß, die durchlässigen Teile schwarz erscheinen;* **~blick,** der ⟨o. Pl.⟩: vgl. ~auge; **~dermatitis,** die (Med.): *Dermatitis, die im Gefolge einer Behandlung mit Röntgenstrahlen auftritt;* **~diagnose,** die: *medizinische Diagnose mit Hilfe einer röntgenologischen Untersuchung;* **~diagnostik,** die; **~durchleuchtung,** die: *Untersuchung eines Körperteils, Organs o. ä. vor dem Röntgenschirm, bei der das Röntgenbild* (1) *nicht auf einer fotografischen Platte,*

Film o. ä. festgehalten wird; **~einrichtung,** die: dieser Arzt besitzt keine R.; **~film,** der: *Film für bzw. mit Röntgenaufnahmen;* **~fotografie,** die: **a)** *das Herstellen von Röntgenaufnahme od. Röntgenbild mit Hilfe der Fotografie;* **b)** svw. ↑~bild (2), ~aufnahme (2); **~gerät,** das: *Gerät, mit dem unter Verwendung von Röntgenstrahlen Untersuchungen durchgeführt werden;* **~institut,** das: *größere Arztpraxis für Röntgendiagnostik;* **~kater,** der: svw. ↑Strahlenkater; **~licht,** das ⟨o. Pl.⟩ (Physik): *durch Röntgenstrahlen erzeugtes Licht;* **~platte,** die: vgl. ~film; **~raum,** der: *Raum, in dem geröntgt wird;* **~reihenuntersuchung,** die: *Reihenuntersuchung, bei der die Lunge der Teilnehmenden einer Durchleuchtung im Schirmbildverfahren unterzogen wird;* **~röhre,** die: *Elektronenröhre, mit deren Hilfe Röntgenstrahlen erzeugt werden;* **~schichtverfahren,** das (Med.): *röntgenologische Untersuchung, bei der das untersuchte Organ o. ä. in mehreren verschieden tiefen Schichten aufgenommen wird;* **~schirm,** der: *Teil des Röntgengeräts, auf dem sich das durchleuchtete Organ o. ä. während der Aufnahme abbildet;* **~schwester,** die: vgl. ~assistentin; **~spektralanalyse,** die (Physik): *Bestimmung der chemischen Zusammensetzung von Stoffen mit Hilfe von Röntgenstrahlen;* **~spektrum,** das (Physik): *Darstellung der Intensität von Röntgenstrahlen in Abhängigkeit von der Wellenlänge;* **~strahlen** ⟨Pl.⟩ (Physik): *extrem kurzwellige, energiereiche elektromagnetische Strahlen; X-Strahlen;* **~strahlung,** die ⟨o. Pl.⟩: *von Röntgenstrahlen ausgehende Strahlung;* **~strukturanalyse,** die (Physik): *Untersuchung der Struktur von Kristallen mit Hilfe von Röntgenstrahlen;* **~technik,** die ⟨o. Pl.⟩; **~therapie,** die: *medizinische Therapie, die sich der Röntgenstrahlen bedient;* **~untersuchung,** die; **~zug,** der (DDR): *in einem Kraftfahrzeug untergebrachte Röntgeneinrichtung bes. für Röntgenreihenuntersuchungen.*

röntgenisieren [rœntgeni'zi:rən] ⟨sw. V.; hat⟩ (österr.): svw. ↑röntgen; **Röntgenogramm** [rœntgeno-], das; -s, -e [↑-gramm] (seltener): svw. ↑Röntgenbild (2); **Röntgenographie,** die; -, -n [↑-graphie]: **1.** ⟨o. Pl.⟩ *(in Medizin u. Technik) Untersuchung mit Hilfe von Röntgenstrahlen.* **2.** *(in Medizin u. Technik) Röntgenbild* (2); **röntgenographisch** ⟨Adj.; o. Steig.; nicht präd.⟩; **Röntgenologe,** der; -n, -n [↑-loge]: **1.** (früher) *Facharzt für Röntgenologie.* **2.** *Wissenschaftler auf dem Gebiet der Röntgenologie* (2); **Röntgenologie,** die; - [↑-logie]: **1.** (früher) *Teilgebiet der Physik, das die Eigenschaften u. Wirkungen der Röntgenstrahlen untersucht.* **2.** *Spezialgebiet der Medizin, das sich mit der Anwendung der Röntgenstrahlen in Diagnostik u. Therapie befaßt;* **röntgenologisch** ⟨Adj.; o. Steig.; nicht präd.⟩: *die Röntgenologie betreffend:* eine -e Untersuchung.

Rooming-in [ru:mɪŋ'ɪn], das; -[s] [amerik. rooming-in]: *gemeinsame Unterbringung von Mutter u. Kind im Krankenhaus, bes. auf der Wochenstation, wo der Säugling nicht mehr von der Mutter getrennt wird.*

Roquefort ['rɔkfo:ɐ̯, auch: –'–], der; -s, -s [nach dem frz. Ort Roquefort-sur-Soulzon (Dep. Aveyron)]: *fetter Käse aus Schafmilch, der im Innern von grünem Schimmelpilz durchzogen ist, der ihm eine bestimmte Schärfe im Geschmack verleiht;* ⟨Zus.:⟩ **Roquefortkäse,** der.

Rorate [ro'ra:tə], das; -, - [lat. rōrāte = tauet (ihr Himmel, von oben)!, nach dem ersten Wort des Eingangsverses der Liturgie der Messe, Jes. 45, 8] (kath. Kirche): *Votivmesse im Advent zu Ehren Marias;* ⟨Zus.:⟩ **Rorateamt,** das, **Roratemesse,** die: svw. ↑Rorate.

rören ['rø:rən]: svw. ↑röhren (1).

Ro-Ro-Schiff [ro'ro:-], das (Verkehrsw.): svw. ↑Roll-on-roll-off-Schiff.

Rorschachtest ['ro:ɐ̯ʃax-], der; -[e]s, -s, auch: -e [nach dem Schweizer Psychiater H. Rorschach (1884–1922)]: *psychologischer Test, bei dem von dem Probanden Klecksbilder gedeutet werden müssen.*

rosa ['ro:za] ⟨indekl. Adj.; o. Steig.; nicht adv.⟩ [zu lat. rosa = Rose]: **1.** *von einem ganz blassen Rot, von der Farbe der Heckenrosen:* ein r. Kleid, Hütchen; die Tapete ist r.; etw. r. färben, anmalen; ⟨ugs. auch gebeugt:⟩ eine -[n]e Schleife; den Fisch ... ziehen lassen, ... und dann ... die erste -ne Schicht von der Gräte heben (Bieler, Bonifaz 139). **2.** ⟨nur attr.⟩ (verhüll.) *für Homosexuelle; von Homosexuellen; Homosexuelle betreffend* (bes. in Namen): Die anvisierten Themen ... sind: ... Schwule gegen (Sub-)Kultur, Rosa Hilfe, Zeitungsarbeit (Don 5, 1979, 37); rosa Kalender; ⟨subst.:⟩ **Rosa** [-], das; -s, -, ugs.: -s: *rosa Farbe:* ein zartes, helles, dunkles R.; sie liebt [die Farbe] R.; das R. der Tapete; alle Babysachen sind in R.; ⟨Zus.:⟩ **Rosafarbe,** die: *die Farbe Rosa;* **rosafarben, rosafarbig** ⟨Adj.; o. Steig.; nicht adv.⟩: *in, von der Farbe Rosa:* -e Unterwäsche; die Wände waren r.; **Rosalie** [ro'za:li̯ə], die; -, -n [frz. rosalie, ital. rosalia] (Musik): *ein- od. mehrmalige Wiederholung einer um nur jeweils eine Stufe höher transponierten Sequenz;* **Rosanilin** [rozani'li:n], das; -s [aus lat. rosa = Rose u. ↑Anilin]: svw. ↑Fuchsin; **Rosarium** [ro'za:ri̯ʊm], das; -s, ...ien [...i̯ən; 1: mlat. rosarium, ↑Rosenkranz; 2: lat. rosārium = Rosengarten]: **1.** (selten) svw. ↑Rosenkranz (1). **2.** *gärtnerische Anlage, in der eine große Anzahl Rosensorten angepflanzt sind; Rosengarten;* **rosarot** ⟨Adj.; o. Steig.; nicht adv.⟩: *von einem ins Rosa hinüberspielenden hellen, blaustichigen Rot:* ein -er Farbton; -e Seide; die Wolken am Abendhimmel schimmerten r.; Ü ein junges Ding, freut sich ihres Lebens ... Für sie ist die Welt r. *(ist alles positiv u. heiter, ohne Schwere;* Bild und Funk 30, 1966, 21); **Rosazea** [ro'za:t̮sea], die; - [zu lat. rosāceus = aus Rosen; Rosen-]: svw. ↑Kupferrose; **Rosazee** [roza'tse:ə], die; -, -n ⟨meist Pl.⟩ (Bot.): *zur Familie der Rosen gehörende Pflanze; Rosengewächs.*

rösch [rø:ʃ, rœʃ] ⟨Adj.; -er, -[e]ste⟩ [mhd. rösch, ahd. rosc(i) = hitzig, schnell, verw. mit ↑rasch] (südd.): **1. a)** svw. ↑resch (a): -e Brötchen; als ich ihn (= den Fisch) über kleinem prasselndem Feuer r. werden ließ (Grass, Hundejahre 315); **b)** svw. ↑resch (b): eine -e Person; **c)** *trocken, spröde:* Einmal knistert ein -er Span (Grass, Hundejahre 295). **2.** (Bergmannsspr.) *grobkörnig:* -es Erz; **Rösche** ['rø:ʃə, 'rœʃə], die; -, -n [1: zu ↑rösch; 2: viell. zu mhd. rösch = abschüssig; vgl. mhd. rosche = (steiler) Abhang]: **1.** (südd.) *das Röschsein.* **2.** (Bergmannsspr.) *Graben, der Wasser (in der Grube) zu- od. abführt.*

Röschen ['rø:sçən], das; -s, -: **1.** ↑Rose (1 b). **2.** kurz für ↑Blumenkohlröschen. **3.** kurz für ↑Rosenkohlröschen; **Rose** ['ro:zə], die; -, -n [mhd. rōse, ahd. rōsa < lat. rosa = Edelrose]: **1. a)** *dornentragender Strauch mit gefiederten Blättern u. vielblättrigen, meist duftenden Blüten (in verschiedenen Farben):* eine wilde, hochstämmige, kletternde, schnellwachsende, gelbe, rote, weiße R.; die -n blühen schon; die R. *(der Rosenstrauch)* ist eingegangen; -n pflanzen, okulieren, züchten, schneiden; Spr keine R. ohne Dornen; **b)** ⟨Vkl. ↑Röschen⟩ *einzelne Rosenblüte mit Stengel:* eine duftende, langstielige, blühende, verwelkte, rote, gelbe R.; ein Strauß -n; jmdm. -n *(einen Rosenstrauß)* schenken; eine R. im Knopfloch tragen; das Mädchen ist schön wie eine R.; ***auf -n gebettet sein** (geh.; *in den besten Verhältnissen leben; es bes. gut u. leicht haben im Leben*); **nicht auf -n gebettet sein** (geh.; *es nicht leicht haben; finanziell nicht gutgestellt sein*). **2.** (seltener) svw. ↑Rosette (1 b); *Fensterrose.* **3.** *Schalloch bei Laute u. Gitarre; Schallrose, Rosette* (3). **4.** kurz für ↑Kompaßrose; *Windrose.* **5.** (Med.) svw. ↑Wundrose. **6.** (Jägerspr.) *kranzförmige Verdickung am unteren Ende von Geweih- u. Gehörnstangen.* **7.** (Jägerspr.) *(bei den meisten Hühnerarten) stark gefärbter Wulst über den Augen.* **8.** *(bei Edelsteinen) Form des Schliffs, bei der nur das Oberteil des Steins eine bestimmte Zahl von Facetten aufweist.* **9.** (Her.) *meist fünfblättrige stilisierte Rose (als pflanzliches Ornament);* **rosé** [ro'ze:] ⟨indekl. Adj.; o. Steig.; nicht adv.⟩ [frz. rosé = rosenfarben, zu: rose < lat. rosa = Rose]: *von einem zarten, blassen rosa Farbton:* ein Kleid aus r. Spitze; ⟨subst.:⟩ das Rosé des Stoffes; **Rosé** [-], der; -s, -s: *Wein von blaßroter Farbe, der durch eine bestimmte Form der Kelterung aus roten od. blauen Trauben hergestellt wird; Roséwein; Weißherbst;* **rosefarben, rosefarbig** ⟨Adj.; o. Steig.; nicht adv.⟩: svw. ↑rosé: ein -er Hut.

rosen-, Rosen- (Rose 1): **~ähnlich** ⟨Adj.; nicht adv.⟩; **~apfel,** der [nach der Färbung]: *saftiger, säuerlich-würziger Apfel mit dünner, glatter, roter bis bläulichroter, weißgepunkteter Schale;* **~beet,** das: *mit Rosen bepflanztes Beet;* **~blatt,** das: *Laubblatt od. Blütenblatt der Rose;* **~blüte,** die: **1.** ⟨o. Pl.⟩ *das Blühen, die Blütezeit der Rosen:* die R. hat begonnen. **2.** *einzelne Blüte einer Rose:* -n streuen; **~brötchen,** das [wohl nach den einem Rosenblatt ähnlichen Einschnitten] (nordd.): svw. ↑Kaiserbrötchen; **~busch,** der: *als Busch gewachsene Rose;* **~dorn,** der: *einzelner Dorn einer Rose;* **~duft,** der: *Duft der Rosenblüte;* **~farbe,** die ⟨o. Pl.⟩ (dichter.): *das rosige, rosarote Aussehen von etw.:* die R. ihres Gesichtes, des abendlichen Himmels, dazu:

~farben, ~farbig ⟨Adj.; o. Steig.; nicht adv.⟩ (dichter.): *von der Farbe der rosa Rosen:* ein -er Himmel; ein -er Umhang; ihre Wangen waren r.; **~garten,** der: svw. ↑Rosarium (2); **~gebinde,** das: vgl. ~strauß; **~geranie,** die: *Geranie mit stark duftenden Blättern u. kleinen, unscheinbaren rosa Blüten;* **~gewächs,** das (Bot.): *Vertreter einer Pflanzenfamilie, die Bäume, Sträucher, Stauden u. Kräuter umfaßt, oft mit gefiederten Blättern u. Blüten mit fünf Blütenblättern; Rosazee;* **~hag,** der (dichter. veraltet): svw. ↑~hecke; **~hain,** der (dichter. veraltet); **~hecke,** die: *Hecke aus Rosenbüschen;* **~hochzeit,** die: *10. Jahrestag der Heirat;* **~holz,** das [nach dem rosenähnlichen Duft u. der rosafarbenen Äderung; urspr. Bez. für alle duftenden od. roten exotischen Holzarten]: *dem Palisanderholz ähnliches, feinstrukturiertes, hartes gelblichrotes Holz, das für Möbel u. ä. verwendet wird;* **~käfer,** der [die Käfer sollen häufig auf Rosen zu finden sein]: **1.** (Zool.) *Käfer mit metallisch glänzendem, flachem Körper, der auf Blüten lebt.* **2.** svw. ↑Gartenlaubkäfer; **~knospe,** die; **~kohl,** der ⟨o. Pl.⟩: *Kohlart, von der die an einem hohen Stengel sitzenden kugeligen Röschen* (3) *als Gemüse gegessen werden;* **~kranz,** der [LÜ von mlat. rosarium (↑Rosarium), urspr. = Rosengirlande an einer Marienstatue] (kath. Kirche): **1.** *in einem Kreuz endende Kette aus 6 größeren u. 53 kleineren Perlen od. Kugeln in bestimmter Anordnung, die der Abfolge der herzusagenden Gebete des Rosenkranzes* (2) *entsprechen:* ein R. aus Silber, aus Perlmutt; Murmelnd zog die Schar der ... Nonnen ... vorüber, die Hände bewegten Rosenkränze (Seidel, Sterne 64). **2.** *Reihung von Gebeten (bes. Vaterunser u. Ave Maria), die in bestimmter Abfolge gebetet werden, unterbrochen durch Betrachtungen über Ereignisse aus dem Leben Jesu od. Mariens:* den [freudenreichen, schmerzhaften, glorreichen] R. beten, ableiern. **3.** (Med.) *(bes. bei Säuglingen) bei Rachitis auftretendes, zwischen Rippen u. Rippenknorpel aufgelagertes Knochengewebe (das wie die Perlen eines Rosenkranzes* 1 *zu ertasten ist),* zu 1, 2: **~kranzbeten,** das; -s, **~kranzmonat,** der (kath. Kirche): *Oktober;* **~lorbeer,** der: volkst. für ↑Oleander; **~monat,** der (dichter.): svw. ↑Juni; **~montag,** der: ↑Rosenmontag; **~öl,** das: *aus den Blütenblättern bestimmter Rosen durch Destillation gewonnenes ätherisches Öl mit starkem Rosenduft;* **~pappel,** die (landsch.): svw. ↑Malve; **~paprika,** der [wohl nach der leuchtendroten Farbe]: *aus der Paprikaschote gewonnenes scharfes Gewürz;* **~quarz,** der: *rosafarbener, durchscheinender Quarz, der als Schmuckstein verwendet wird;* **~rot** ⟨Adj.; o. Steig.; nicht adv.⟩: *von dem kräftigen Rosa der Alpenrosen:* ein -er Schimmer lag über den Bergen; **~schere,** die: *Gartenschere, die bes. für das Schneiden von Rosen vorgesehen ist;* **~semmel,** die (österr.): svw. ↑~brötchen; **~stock,** der: *[hochstämmiger] Rosenstrauch;* **~strauch,** der; **~strauß,** der; **~wasser,** das ⟨Pl. ...wässer⟩: *bei der Gewinnung des Rosenöls anfallendes Wasser (das u. a. als Aromastoff verwendet wird);* **~zeit,** die ⟨o. Pl.⟩: *Zeit der Rosenblüte:* Ü (dichter.:) die R. der Jugend; **~zucht,** die; **~züchter,** der; **~züchterin,** die.

Rosenkreuzer, der; -s, - [nach dem legendären Gründer Chr. Rosenkreuz (angeblich 1378–1484)]: *Mitglied eines seit dem 15. Jh. in verschiedenen Ausprägungen bestehenden okkultistisch-theosophischen Geheimbundes.*

Rosenmontag, der; -s, -e [niederrhein. rasen(d)montag, zu westmd. rosen = toben, rasen, tollen, ausgelassen sein, also eigtl. = rasender (wilder, toller) Montag]: *Montag vor Fastnacht;* ⟨Zus.:⟩ **Rosenmontagszug,** der: *am Rosenmontag stattfindender Fastnachtsumzug.*

Roseole [roze'o:lə], die; -, -n [zu lat. roseus = rosenrot] (Med.): *(im Gefolge bestimmter [Infektions]krankheiten od. idiopathisch auftretender) rotfleckiger Hautausschlag;* **Rosette** [ro'zɛtə], die; -, -n [frz. rosette, Vkl. von: rose = Rose]: **1.** (Archit.) **a)** *in der Form an eine (von oben gesehen) aufgeblühte Rosen- od. sonstige runde Blüte erinnerndes dekoratives Element:* ein mit Ranken und -n dekorierter Fries; **b)** svw. ↑Fensterrose. **2.** *aus Bändern geschlungene od. genähte, in der Form einer Rosette* (1 a) *ähnelnde Verzierung an Kleidungsstücken, auch an Ordensbändern.* **3.** svw. ↑Rose (3). **4.** (Bot.) *Gesamtheit von grundständigen, sternförmig angeordneten, meist dicht stehenden Blättern einer Pflanze.* **5.** svw. ↑Rose (8). **6.** (derb) *After:* jmdm., jmdn. in die R. treten; jmdm. ist flau, mulmig, jmd. hat ein komisches, mulmiges Gefühl um die R. (1. *jmd. muß dringend den Darm entleeren.* 2. *jmd. hat Angst*).

rosetten-, Rosetten-: **~fenster,** das (selten): svw. ↑Fensterrose; **~förmig** ⟨Adj.; o. Steig.; nicht adv.⟩: *von, in der Form einer Rosette* (1 a); **~pflanze,** die (Bot.): *Pflanze, deren Blätter eine Rosette* (4) *bilden.*

Roséwein, der; -[e]s, (Sorten:) -e: svw. ↑Rosé; **rosig** ['ro:zɪç] ⟨Adj.; Steig. selten⟩ [mhd. rōsic]: **1.** ⟨nicht adv.⟩ *von heller, zarter, rötlicher, rosaroter Färbung:* ein -es Gesicht; -e Haut; ein -es kleines Schweinchen; das Baby sieht r. und appetitlich aus. **2.** (emotional) *so beschaffen, daß sich damit Unbeschwertheit, Hoffnung u. Optimismus verbindet:* -e Zeiten; etw. in den -sten Farben schildern; in -er Laune sein; die Lage ist, die Aussichten sind nicht gerade r.; die Zukunft sieht nicht sehr r. aus; ihm geht es nicht gerade r.

Rosinante [rozi'nantə], die; -, -n [nach span. Rocinante (zu: rocin = [1]Klepper), dem Namen des Pferdes des ↑Don Quichotte] (bildungsspr. scherzh. selten): *nicht sehr edles, ausgemergeltes Pferd;* [1]*Klepper.*

Rosine [ro'zi:nə], die; -, -n [aus dem Niederd. < mniederd. rosīn(e) < pik. rosin (afrz. roisin), über das Vlat. zu lat. racēmus = Traube, Weinbeere]: *süß schmeckende getrocknete Weinbeere, die durch das Trocknen stark geschrumpft ist u. eine braune bis schwarze od. bläulichschwarze Färbung u. eine runzlige Schale bekommen hat:* ein Kuchen mit -n; Ü Ob Brieskorn sich diesen Brief sozusagen als R. *(als besonders schönen Brief)* obenauf gelegt hatte (Augsburger Allgemeine 29. 4. 78, 18); ***sich** ⟨Dativ⟩ **die [besten/größten/dicksten] -n heraus-, aus dem Kuchen picken, klauben** (ugs.; *sich von etw. das Beste nehmen, aussuchen u. aneignen*); **[große] -n im Kopf haben** (ugs.; *hochfliegende, nicht realisierbare Pläne, abwegige, unrealistische Vorstellungen haben*).

Rosinen-: **~bomber,** der (berlin.): *(während der Berliner Blokkade 1948/49 amerikanisches od. britisches) Flugzeug, das Versorgungsgüter (in die Stadt) einflog:* Über uns flogen in Dreiminutenabständen die R. in die Stadt (Lentz, Mukkefuck 332); **~brot,** das: *Brot mit eingebackenen Rosinen;* **~brötchen,** das: vgl. ~brot; **~kuchen,** der: vgl. ~brot; **~stolle,** die, **~stollen,** der: vgl. ~brot; **~wein,** der: *aus Rosinen hergestelltes weinähnliches Getränk.*

rosinfarben, rosinfarbig ⟨Adj.; o. Steig.; nicht adv.⟩: *von der Farbe einer Rosine.*

Rosmarin ['ro:smari:n, auch: ––'–], der; -s [lat. rōs marīnus, wohl eigtl. = Meertau]: **a)** *immergrüne, im Mittelmeerraum heimische strauchartige Pflanze, deren Blätter den Rosmarin* (b) *liefern;* **b)** *aus [getrockneten] Blättern des Rosmarins* (a) *bestehendes Küchengewürz.*

Rosmarin-: **~öl,** das: *aus Rosmarin* (a) *gewonnenes (u. a. bei der Herstellung von Kosmetika verwendetes) wohlriechendes ätherisches Öl;* **~pflanze,** die: *Pflanze der Art Rosmarin* (a); **~zweig,** der: *Zweig einer Rosmarinpflanze.*

Rosolio [ro'zo:lio], der; -s, -s [ital. rosolio, wohl zu lat. rosa = Rose u. oleum = Öl, da früher Rosenöl u. -wasser dem Likör zugesetzt wurden]: *aus Italien stammender süßer Kräuterlikör:* zwei R. *(Gläschen Rosolio),* bitte.

[1]**Roß** [rɔs], das; Rosses, Rosse u. Rösser ['rœsɐ; mhd. ros, ahd. (h)ros; H. u.]: **1.** ⟨Vkl. ↑Rößchen, Rößlein, (landsch.:) Rössel⟩ **a)** ⟨Pl. Rosse⟩ (geh.) *[edles] Pferd, bes. Reitpferd:* ein edles, feuriges R.; R. und Reiter; Marc Aurel auf seinem wackeren R. (Koeppen, Rußland 182); ***R. und Reiter nennen** *(etw., jmdn. offen nennen, deutlich sagen, wovon, von wem die Rede ist):* Brandt habe bisher zu seinem Verdacht „nicht R. und Reiter genannt" (Bergsträßer Anzeiger 30. 9. 72, 1); **jmdm. zureden wie einem lahmen/kranken R.** (↑Gaul 2); **auf dem, [s]einem hohen R. sitzen** *(hochmütig, überheblich sein);* **sich aufs hohe R. setzen** *(eine hochmütige, überhebliche Haltung annehmen);* **von seinem hohen R. herunterkommen, -steigen** *(seine hochmütige, überhebliche Haltung aufgeben);* **hoch zu R.** (scherzh.; *auf einem Pferd reitend*): sie kamen hoch zu R. daher; **b)** ⟨Pl. Rösser⟩ (südd., österr., schweiz.) *Pferd:* ... wie die (= die Pferdehändler) mit Schätzgriffen die Rösser befingerten (Kühn, Zeit 180). **2.** ⟨Pl. Rösser⟩ (ugs.) *Dummkopf, Trottel* (oft Schimpfwort): du R.!

[2]**Roß** [ro:s], das; -es, -e [mhd. rāʒ(e), ahd. rāʒa] (landsch., bes. md.): svw. ↑Wabe.

roß-, Roß- ([1]Roß): **~apfel,** der (bes. südd., österr., schweiz.): svw. ↑Pferdeapfel; **~arzt,** der (Milit. früher): *Tierarzt im Heer;* **~bolle,** die (südd.): svw. ↑Pferdeapfel; **~breiten** ⟨Pl.⟩ [in der Zeit der Segelschiffahrt sollen in diesen Gebieten bei Pferdetransporten nach Südamerika während längerer

Flauten oft Pferde wegen Futtermangels eingegangen sein] (Geogr.): *subtropische Zone mit schwachen Winden u. hohem Luftdruck:* die nördlichen, südlichen R.; **~chevreau,** das: *dem Chevreau ähnliches, aus Roßhaut gewonnenes Leder;* **~haar,** das ⟨o. Pl.⟩: *(als Füllmaterial für Matratzen, Polster o. ä. verwendetes) Pferdehaar:* ein Kissen mit R. füllen, dazu: **~haarfüllung,** die: *Füllung* (2 c) *aus Roßhaar,* **~haarmatratze,** die: *Matratze mit einer Roßhaarfüllung;* **~händler,** der (bes. südd., österr., schweiz.): svw. ↑Pferdehändler; **~haut,** die; **~kamm,** der: **1.** (veraltet abwertend) *Pferdehändler.* **2.** svw. ↑Pferdestriegel; **~kastanie,** die [die Samen der Roßkastanie wurden als Heilmittel für kranke Pferde verwendet]: **1.** *(bes. in Parkanlagen, Gärten u. an Straßen vorkommender) großer Baum mit großen, handförmigen Blättern, meist weißen od. roten, in aufrecht stehenden, länglichen Blütenständen angeordneten Blüten u. Kastanien* (2 b) *als Früchten.* **2.** svw. ↑Kastanie (2 b); **~kur,** die (ugs.): *für den Patienten überaus anstrengende, strapaziöse Behandlung* (3 a) *[die aber den gewünschten Erfolg bringt]; Gewaltkur;* **~leder,** das: *aus Pferdehaut hergestelltes Leder;* **~ledern** ⟨Adj.; o. Steig.; nur attr.⟩: *aus Roßleder hergestellt;* **~schlachter, ~schlächter,** der (landsch.): svw. ↑Pferdeschlächter; **~schlachterei, ~schlächterei,** die (landsch.:) svw. ↑Pferdeschlächterei; **~schwanz,** der (landsch.): svw. ↑Pferdeschwanz (1); **~schweif,** der (geh.): svw. ↑Pferdeschwanz (1); **~täuscher,** der [mhd. rost(i)uscher = Pferdetauscher]: **1.** (veraltet) *Pferdehändler.* **2.** (abwertend) *jmd., der mit Roßtäuschertricks arbeitet;* **~täuscherei** [-tɔyʃəˈrai̯], die; -, -en (abwertend): *Betrügerei mit Hilfe von Roßtäuschertricks;* **~täuschertrick,** der (abwertend): *betrügerischer Trick, mit dem Tatsachen vorgetäuscht werden sollen (um jmdn. zu veranlassen, auf einen für ihn unvorteilhaften Handel einzugehen).*

Rößchen [ˈrœsçən], das; -s, -: ↑[1]Roß (1); **Rosse**: Pl. von ↑[1]Roß (1 a).

Roße [ˈro:sə], die; -, -n (landsch.): svw. ↑[2]Roß.

Rössel [ˈrœsl̩], das; -s, - (landsch.): **1.** ↑Roß (1). **2.** (Schach) svw. ↑Springer (3); **Rösselenker,** der; -s, - (dichter. veraltend, noch scherzh.): *Wagenlenker, Kutscher;* **Rösselsprung,** der; -[e]s, -sprünge: **1.** (Schach landsch.) *Zug eines Springers* (3); **2.** *Rätsel, bei dem aus [nach Art eines Bilderrätsels verschlüsselten] Silben, die über ein kariertes Feld verteilt sind, ein Spruch o. ä. zusammengesetzt werden muß, wobei man die richtige Reihenfolge findet, indem man jeweils der Bewegung eines Springers folgt;* **rossen** [ˈrɔsn̩] ⟨sw. V.; hat⟩ (Fachspr.): *rossig sein.*

Roßenhonig, der; -s, (Sorten:) -e [zu ↑[2]Roß] (landsch.): svw. ↑Wabenhonig.

Rösser: Pl. von ↑[1]Roß (1 b, 2); **rossig** [ˈrɔsɪç] ⟨Adj.; nicht adv.⟩ (Fachspr.): *(von Stuten) brünstig* (1); **Rößlein** [ˈrœslai̯n], das; -s, - [mhd. rösselīn]: ↑[1]Roß (1 b); **Rößlispiel** [ˈrœsli-], das; -[e]s, -e (schweiz. mundartl.): *Karussell.*

[1]Rost [rɔst], der; -[e]s, -e [mhd., ahd. rōst = Rost; Scheiterhaufen; Glut; H. u.]: **a)** *verschiedenerlei Zwecken dienendes, aus parallel angeordneten od. sich kreuzenden [Metall]stäben, Drähten, Trägern, Latten o. ä. bestehender (gewöhnlich in horizontaler Lage verwendeter) gitterartiger Gegenstand:* der Boden der Kartoffelkiste besteht aus einer Art R.; ein Steak auf einem R. *(Bratrost)* braten; die Asche fällt durch einen gußeisernen R. in den Aschkasten; ein Kellerfenster mit einem R. abdecken; sich auf einem R. die Füße abtreten; der Duschraum ist mit einem R. [aus Latten] *(Lattenrost)* ausgelegt; **b)** regional kurz für ↑Bettrost; **c)** (Bauw.) kurz für ↑Pfahlrost.

[2]Rost [-], der; -[e]s, (Fachspr.:) -e [mhd., ahd. rost, zu ↑rot]: **1.** ⟨o. Pl.⟩ *etw., was durch Einwirken von Feuchtigkeit auf einen Gegenstand aus Eisen entsteht, sich in Form eines rötlichbraunen, ungleichmäßig sich bildenden Belags auf seiner Oberfläche ansetzt u. ihn auf diese Weise defekt macht:* an dem Blech bildet sich R.; der R. *(der Vorgang des Rostens)* hat das Eisen zerfressen, angegriffen, zerstört; den R. abschmirgeln, entfernen; das Fahrrad setzt R. an; etw. von R. befreien, vor R. *(vor dem Rosten)* schützen. **2.** (Bot.) *von Rostpilzen hervorgerufene, zum Verkümmern od. Absterben der befallenen Pflanzen führende Pflanzenkrankheit, die mit auffallenden, meist rostfarbenen, von den Sporen der Rostpilze herrührenden Flecken einhergeht.*

[1]Rost- ([1]Rost): **~braten,** der: *auf einem Bratrost gegarter Braten;* **~bratwurst,** die: vgl. ~braten; **~wurst,** die (landsch.): svw. ↑~bratwurst.

rost-, [2]Rost- ([2]Rost): **~ansatz,** der: **a)** *Ansatz* (3 a) *von Rost;* **b)** *Ansatz* (3 b) *von Rost;* **~befall,** der: *Befall von etw. mit Rost;* **~beständig** ⟨Adj.; nicht adv.⟩: *widerstandsfähig, geschützt gegen Rost;* **~bildung,** die: *Bildung* (3) *von Rost;* **~braun** ⟨Adj.; o. Steig.; nicht adv.⟩: *rötlichbraun wie Rost;* **~farben, ~farbig** ⟨Adj.; o. Steig.; nicht adv.⟩: *von der Farbe des Rosts;* **~fleck,** der: **1.** *rostige Stelle:* das Auto hat schon ein paar -e. **2.** *von (in Wasser gelöstem) Rost verursachter Fleck:* das Hemd hat einen R.; **~fraß,** der: *allmähliche Zerstörung von Eisen durch Rosten;* **~frei** ⟨Adj.; o. Steig.; nicht adv.⟩: **1.** (selten) *keinen Rost aufweisend.* **2.** *(bes. von Stahl) auf Grund der Beschaffenheit nicht rosten könnend:* -er Stahl; das Messer ist r.; **~hemmend** ⟨Adj.; o. Steig.; nicht adv.⟩: *den Vorgang des Rostens verlangsamend:* r. wirken; **~krankheit,** die (Bot.): *[2]Rost* (2): Gelbrost ist eine R.; **~laube,** die (ugs. scherzh.): *altes verrostetes Auto;* **~lösend** ⟨Adj.; o. Steig.; nicht adv.⟩: *festsitzenden Rost auf-, ablösend;* **~löser,** der; -s, -: *(gewöhnlich in Sprühdosen gehandeltes) ölartiges rostlösendes Mittel zum Lokkern festsitzender rostiger Schrauben o. ä.;* **~pilz,** der ⟨meist Pl.⟩ (Bot.): *in Tausenden von Arten vorkommender Pilz, der als Parasit Pflanzen befällt u. den [2]Rost* (2) *verursacht;* **~rot** ⟨Adj.; o. Steig.; nicht adv.⟩: vgl. ~braun; **~schaden,** der ⟨meist Pl.⟩: *durch Rost entstandener Schaden an Metall;* **~schicht,** die: *(auf Metall entstandene) Schicht Rost;* **~schutz,** der: **1.** *Schutz gegen das Rosten:* Maßnahmen zum R. **2.** *Rostschutzmittel, Rostschutzfarbe o. ä.:* etw. mit R. vorstreichen, dazu: **~schutzanstrich,** der: *vor dem Rosten schützender Anstrich,* **~schutzfarbe,** die: *Farbe für Rostschutzanstriche,* **~schutzmittel,** das: vgl. ~schutzfarbe, **~schutzöl,** das: vgl. ~schutzfarbe; **~stelle,** die: *Stelle auf einer Metallfläche, an der sich Rost gebildet hat;* **~umwandler,** der: *Mittel, das dünne Rostschichten auf chemischem Wege in vor neuer Korrosion schützende u. als Haftgrund für Anstriche geeignete Schichten umwandelt.*

röst-, Röst-: **~brot,** das: *geröstetes Brot;* **~frisch** ⟨Adj.; o. Steig.; nicht adv.⟩: *frisch geröstet, so frisch wie gerade geröstet:* -er Kaffee; **~kaffee,** der: *gerösteter Kaffee;* **~kartoffeln** ⟨Pl.⟩ (landsch.): *Bratkartoffeln;* **~kastanie,** die: vgl. ~brot; **~ofen,** der (Hüttenw.): *Anlage zum Rösten* (3) *von Erzen;* **~schnitte,** die (landsch.): *geröstete Scheibe Brot.*

Röste [ˈrø:stə, auch: ˈrœstə], die; -, -n [1: zu ↑rösten (3); 2: mhd. rœȝe, zu: rœȝen, ↑rösten (4)]: **1.** (Hüttenw.) svw. ↑Röstofen. **2.** (Fachspr.) **a)** *das Rösten* (4) *von Flachs, Hanf, Jute:* die biologische R. in kaltem Wasser dauert einige Wochen; **b)** *Platz, Grube, Wanne o. ä. zum Rösten* (4).

rosten [ˈrɔstn̩] ⟨sw. V.; ist, auch: hat⟩ [mhd. rosten, ahd. rostēn, zu ↑[2]Rost]: *[2]Rost* (1) *ansetzen, sich allmählich in [2]Rost* (1) *verwandeln:* das Auto fängt schon an zu r.; Aluminium rostet nicht *(kann nicht rosten);* Ü in der Übung bleiben, um nicht zu r. *(seine Fertigkeiten nicht zu verlieren).*

rösten [ˈrø:stn̩, auch: ˈrœstn̩] ⟨sw. V.; hat⟩ [mhd. rœsten, ahd. rōsten, zu ↑[1]Rost; 4: mhd. rœȝen = faulen machen, später zusammengefallen mit rösten (1–3)]: **1. a)** *etw. (bes. Nahrungsmittel) längere Zeit (über einem Feuer, im Backofen o. ä.) ohne Zusatz von Fett od. Wasser großer Hitze aussetzen, so daß es gar wird, eine braune Kruste bekommt, knusprig wird, ein bestimmtes Aroma erhält:* Brot, Kastanien, Fleisch, Haferflocken r.; einen Fisch auf dem Grill r.; frisch gerösteter Kaffee; Ü sich [in der Sonne] r. (scherzh.; *sich längere Zeit starker Sonnenbestrahlung aussetzen*); **b)** (selten) *geröstet* (1 a) *werden:* laß mein Steak noch etwas r.; Ü in der Sonne r. (scherzh.; *sich über längere Zeit starker Sonnenbestrahlung aussetzen*). **2.** (landsch.) **a)** svw. ↑braten (a): Kartoffeln r.; **b)** (selten) svw. ↑braten (b): die Steaks rösten in der Pfanne. **3.** (Hüttenw.) *(Erze) großer Hitze aussetzen, um bestimmte chemische Prozesse zu bewirken:* Erz r. **4.** (Fachspr.) *(bei der Gewinnung von Flachs, Hanf od. Jute) das Rohmaterial der Einwirkung von Tau, Regen u. Luft aussetzen, in [mit Chemikalien versetztes] Wasser legen od. mit Dampf behandeln, um so die Fasern von dem klebenden Pektin zu befreien:* Flachs r., Hanf r.; **Röster** [ˈrø:stɐ, auch: ˈrœstɐ], der; -s, - [2: das Obst wurde früher zusammen mit Brotschnitten u. Schmalz geröstet] (selten): **1.** *Gerät zum Rösten* (1 a) *von Brot; Toaster.* **2.** (österr.) **a)** *Mus aus Zwetschen od. Holunderbeeren;* **b)** *Kompott aus Zwetschen od. Holunderbeeren;* **Rösterei** [rø:stəˈrai̯, auch: rœstəˈrai̯], die; -, -en: *Einrichtung,*

Anlage, Betrieb zum Rösten (1 a); **Rösti** ['rø:sti], die; - (schweiz.): *aus besonders dünn geschnittenen od. geraspelten Pellkartoffeln zubereitete Bratkartoffeln.*

rostig ['rɔstɪç] ⟨Adj.; nicht adv.⟩ [mhd. rostec, ahd. rostag]: **1.** *²Rost aufweisend, gerostet:* -es Eisen; -e Nägel; Ü eine -e *(tiefe, rauhe)* Stimme; seine -en Glieder *(seinen ungeübten, steif gewordenen Körper)* bewegen. **2.** (selten) *ins Rostfarbene spielend:* ein warmes, -es Rot.

Rostra ['rɔstra], die; -, Rostren [lat. rōstra = (mit erbeuteten Schiffsschnäbeln gezierte) Rednerbühne, Pl. von: rōstrum, ↑Rostrum] (bildungsspr.): *Rednerbühne, -tribüne [im alten Rom]:* einseitige Äußerungen von der R. des Bundestages (MM 30. 4. 68, 2); **Rostrum** ['rɔstrʊm], das; -s, Rostren [lat. rōstrum = (Schiffs)schnabel] (Zool.): *[nach vorn gerichteter] spitz zulaufender [schnabelförmiger] Fortsatz.*

Röstung ['rø:stʊŋ, auch: 'rœstʊŋ], die; -, -en: **1.** *das Rösten.* **2.** *das Geröstetwerden.*

rot [ro:t] ⟨Adj.; -er, auch: röter, -este, auch: röteste; nicht adv.⟩ [mhd., ahd. rōt; 2: nach der roten Fahne der Arbeiterbewegung]: **1.** *von der Farbe frischen Blutes:* -e Farbe, Tinte; eine -e Fahne, Bluse; -e Kirschen, Johannisbeeren, Tomaten, Rosen; ein -er Abendhimmel; -es Herbstlaub; -e Glut; ein -es Licht; -er Wein *(Rotwein);* -e Wangen, Lippen; eine -e Nase; -es *(fuchsrotes, rostrotes, kupferfarbenes)* Haar; ein -es As *(Herzas od. Karoas);* die -e Rasse *(die Indianer);* eine -e *(auf Rot stehende)* Ampel; ein -er (ugs.; *rot schreibender*) Kugelschreiber; -es (Physik; *langwelliges*) Licht; -e Ringe, Ränder um die Augen haben; -e *(vom Weinen o. ä. gerötete)* Augen haben; er bekam einen [ganz] -en Kopf *(ihm stieg die Röte ins Gesicht);* r. wie Blut; r. glühen, leuchten; [im Gesicht] r. anlaufen; etw. r. anmalen; die Ampel ist r. (ugs.; *steht auf Rot*); sich die Augen r. weinen *(so viel weinen, daß die Augen sich röten);* einen Fehler r. anstreichen; ein rot gepunkteter Rock; der Kugelschreiber schreibt r.; Spr heute r., morgen tot (*der Tod kann sehr überraschend eintreten, ist oft nicht vorhersehbar;* wohl bezogen auf die frische rote Farbe der Wangen); ⟨subst.:⟩ ich hätte gern noch ein Glas von dem Roten (ugs.; *Rotwein*); wer ist denn die Rote (ugs.; *Rothaarige*) da drüben?; ***rot werden, sein** *(vor Scham, Verlegenheit erröten, errötet sein):* Ihr müßt ihnen was Säuisches sagen, daß sie r. werden (Hacks, Stücke 167); sie wurde r. bis über die Ohren und schlug die Augen nieder. **2.** (Politik Jargon, ugs. oft abwertend) *kommunistisch, sozialistisch, sozialdemokratisch, revolutionär, republikanisch, marxistisch, bolschewistisch:* eine -e Revolution; -e Literatur; das -e China; ein -er Abgeordneter; eine -e Regierung; er ist [ziemlich] r., r. angehaucht; R lieber r. als tot (ugs.; *es ist besser, kommunistisch, sozialistisch regiert zu werden als im Kampf gegen den Kommunismus, Sozialismus zu sterben*); ⟨subst.:⟩ die Roten haben die Wahlen gewonnen; ⟨subst.:⟩ **Rot** [-], das; -s, -, ugs.: -s: **1.** *rote Farbe:* ein kräftiges, leuchtendes, dunkles R.; das R. ihrer Lippen; die Ampel zeigt R. *(rotes Licht);* bei R. *(während die Ampel rotes Licht zeigt)* über die Kreuzung fahren; R. *(rote Schminke)* auflegen. **2.** (Kartenspiel) **a)** ⟨o. Art., o. Pl.⟩ *(dem Herz der französischen Spielkarte entsprechende) Farbe der deutschen Spielkarte:* R. ist Trumpf; **b)** *Spiel, bei dem Rot* (2 a) *Trumpf ist;* **c)** *Karte der Farbe Rot* (2 a): R. ablegen. **3.** ⟨o. Pl.⟩ svw. ↑Rouge (2): R. gewinnt; **Röt** [rø:t], das; -[e]s (Geol.): *oberste Stufe des Buntsandsteins* (a).

rot-, Rot-: **~acht** [auch: –'–], die [zu ↑Rot (2 a)]; **~alge,** die (Bot.): *rötlich bis rot gefärbte Alge;* **~anteil,** der (Physik): *Anteil an langwelligen (roten u. infraroten) Strahlen im Licht;* **~armist** ['ro:t|armɪst], der; -en, -en: *Angehöriger der Roten Armee;* **~auge,** das [nach dem roten Augenring]: svw. ↑Plötze; **~äugig** ⟨Adj.; o. Steig.; nicht adv.⟩: *rote Augen habend:* Albinos sind r.; **~backig, ~bäckig** ⟨Adj.; nicht adv.⟩: *rote Backen habend;* **~barsch,** der: *großer (zur Familie der Drachenköpfe gehörender) im Meer lebender (als Speisefisch beliebter) leuchtend roter Fisch; Goldbarsch,* dazu: **~barschfilet,** das; **~bart,** der (ugs.): *jmd., der einen roten Bart hat;* **~bärtig** ⟨Adj.; o. Steig.; nicht adv.⟩: *einen roten Bart habend;* **~blind** ⟨Adj.; o. Steig.; nicht adv.⟩: *nicht die Fähigkeit besitzend, Rot wahrzunehmen,* dazu: **~blindheit,** die; **~blond** ⟨Adj.; o. Steig.; nicht adv.⟩: **a)** *(vom Haar) als Farbe ein rötliches Blond habend;* **b)** *rotblondes* (a) *Haar habend;* **~brasse,** die; -, -n, **~brassen,** der; -s, -: *(zu den Meerbrassen gehörender, als Speisefisch beliebter) auf dem Rücken lachs- bis ziegelroter Fisch;* **~braun** ⟨Adj.; o. Steig.; nicht adv.⟩: *einen ins Rote spielenden braunen Farbton habend;* **~buch,** das [nach dem Vorbild der englischen ↑Blaubücher] (Dipl.): *mit rotem Einband od. Umschlag versehenes Farbbuch Österreichs, Spaniens od. der USA;* **~buche,** die: **1.** *(in verschiedenen Kulturformen vorkommende einheimische) Buche, deren Holz einen rötlichen Farbton hat.* **2.** ⟨o. Pl.⟩ *Holz der Rotbuche* (1); **~bunt** ⟨Adj.; o. Steig.; nicht adv.⟩ (Landw.): *(von Rindern) rötlichbraun u. weiß gescheckt:* -es Niederungsvieh; **~daus** [auch: –'–], das [zu ↑Rot (2 a)]; **~dorn,** der ⟨Pl. -dorne⟩: *rote Blüten hervorbringender Weißdorn;* **~eisen, ~eisenerz,** das, **~eisenstein,** der (Geol.): *dunkel- bis hellroter Hämatit;* **~empfindlich** ⟨Adj.; nicht adv.⟩ (Fot.): *(von lichtempfindlichem Material) für rotes Licht empfindlich,* dazu: **~empfindlichkeit,** die ⟨Pl. selten⟩ (Fot.); **~erde,** die (Geol.): *(wegen ihres hohen Gehalts an Eisenoxyden) rötlich gefärbte Erde;* **~färbung,** die: *rote Färbung;* **~fäule,** die (Fachspr.): *Kernfäule, bei der das befallene Holz einen roten Farbton annimmt;* **~feder,** die: *der Plötze ähnelnder, in Schwärmen in stehendem od. langsam fließendem Wasser vorkommender Fisch mit roten Flossen;* **~filter,** der, fachspr. meist: das (Fot.): *roter Filter* (2), *der blaues u. grünes Licht absorbiert;* **~fleckig** ⟨Adj.; o. Steig.; nicht adv.⟩: *(bes. von der Haut) rote Flecken aufweisend;* **~fuchs,** der: **1. a)** *Fuchs, dessen Fell gewöhnlich rotbraun bis rostrot ist;* **b)** *aus dem Fell eines Rotfuchses hergestellter Pelz.* **2.** *rötlichbraunes Pferd.* **3.** (ugs., oft abwertend) *rothaariger Mensch, Fuchs* (4); **~fußröhrling,** der: *Röhrling mit rotem Stiel;* **~gardist,** der: *Angehöriger einer „Rote Garde" genannten revolutionären Kampftruppe;* **~gardistin,** die: w. Form zu ↑~gardist; **~geädert** ⟨Adj.; o. Steig.; nur attr.⟩: **a)** *von roten Adern durchzogen:* -e Augen; **b)** *in Rot geädert:* -er Marmor; **~gefroren** ⟨Adj.; o. Steig.; nicht adv.⟩: *von Kälte gerötet:* -e Hände; **~gerber,** der [die mit Lohe gegerbten Häute sehen rötlich aus] (veraltet): svw. ↑Lohgerber; **~gerberei,** die (veraltet): svw. ↑Lohgerberei; **~geschminkt** ⟨Adj.; o. Steig.; nur attr.⟩: -e Lippen; **~gesichtig** ⟨Adj.; o. Steig.; nicht adv.⟩: *ein rotes, gerötetes Gesicht habend;* **~gestreift** ⟨Adj.; o. Steig.; nur attr.⟩: *mit roten Streifen versehen;* **~geweint** ⟨Adj.; o. Steig.; nicht adv.⟩: *von vielem Weinen gerötet:* -e Augen; **~gießer,** der (Gießerei): *jmd., der als Gießer Rotguß herstellt* (Berufsbez.); **~glühend** ⟨Adj.; o. Steig.; nicht adv.⟩: *im Zustand der Rotglut befindlich:* -es Eisen; **~glut,** die: *durch rotes Glühen sich äußernder Zustand eines stark erhitzten Stoffes (bes. eines Metalls);* **~gold,** das: *mit etwas Kupfer legiertes, rötliches Gold;* **~grünblind** ⟨Adj.; o. Steig.; nicht adv.⟩ (Med.): *nicht fähig, Rot u. Grün wahrzunehmen od. zu unterscheiden,* dazu: **~grünblindheit,** die (Med.); **~grundig** ⟨Adj.; o. Steig.; nicht adv.⟩: *einen roten Grund* (4) *habend;* **~güldigerz,** (fachspr.:) **~gültigerz,** das [zu gültig in der älteren Bed. „wertvoll, teuer"] (Mineral.): *silberhaltiges, in verschiedenen, meist roten Farbtönen auftretendes kristallinisches Mineral;* **~guß,** der (Gießerei): *Bronze mit einem verhältnismäßig hohen Anteil an Kupfer (u. Zusätzen von Zink u. Blei);* **~haarig** ⟨Adj.; o. Steig.; nicht adv.⟩: *rotes Haar habend,* dazu: **~haarigkeit,** die; -; **~haut,** die [LÜ von engl. redskin, nach der unter den Indianern Nordamerikas verbreiteten roten Körperbemalung] (scherzh.): *nordamerikanischer Indianer;* **~hirsch,** der: *großer Hirsch mit im Sommer rötlichbraunem Fell;* **~holz,** das (Fachspr.): **a)** *blaß- bis purpurrotes Farbholz;* **b)** *aus Skandinavien, Finnland, der Sowjetunion kommendes Kiefernholz;* **~kabis,** der (schweiz.): svw. ↑Rotkohl; **~kappe,** die: *großer, wohlschmeckender Röhrling, dessen Hut oft eine orange- bis braunrote Färbung hat;* **~kariert** ⟨Adj.; o. Steig.; nur attr.⟩: *mit roten Karos gemustert;* **~kehlchen** [-ke:lçən], das; -s, -: *kleiner einheimischer Singvogel, dessen Kehle u. Brust eine orangerote Färbung haben;* **~klee,** der: *rote Blüten hervorbringender Klee;* **~kohl,** der: *Kohl, dessen rötlichblaue Blätter einen Kopf bilden;* **~könig** [auch: –'––], der [zu ↑Rot (2 a)]; **~kopf,** der (ugs.): **a)** *jmd., der rotes Haar hat;* **b)** *Kopf eines rothaarigen Menschen:* ich erkenne ihn an seinem R.; **~kraut,** das (südd., österr.): svw. ↑~kohl; **~kreuzschwester,** die: *dem Roten Kreuz angehörende Krankenschwester;* vgl. Rote-Kreuz-Schwester; **~kupfererz,** das (Mineral.): *rotbraune bis graue Kristalle bildendes Mineral mit einem hohen Gehalt an Kupfer;* **~lackiert** ⟨Adj.; o. Steig.; nur attr.⟩: *in Rot lackiert;* **~lauf,** der ⟨o. Pl.⟩ [LÜ von griech. erysípelas (↑Erysipelas); 2. Bestandteil ahd.

louft = Rinde, Schale]: *mit roten Flecken od. roter bis blauroter Verfärbung der Haut einhergehende [bösartige] Infektionskrankheit bei Schweinen;* **~licht,** das ⟨o. Pl.⟩: *durch Lampen mit roten Glühbirnen od. rotem Filter erzeugtes rotes Licht:* einen Film bei R. entwickeln; jmdn. mit R. bestrahlen, behandeln, dazu, **~lichtbestrahlung,** die, **~lichtlampe,** die: *Lampe, die rotes u. (wärmendes) infrarotes Licht aus dem Licht einer Glühlampe herausfiltert u. die bei verschiedenen Beschwerden zur Bestrahlung eingesetzt wird;* **~lichtsünder,** der (ugs. scherzh.): *jmd., der bei Rot die Ampel passiert;* **~liegende,** das; -n [aus der Bergmannsspr., eigtl. = das rote, erzfreie Liegende in Kupferbergwerken] (Geol.): *ältere Abteilung des Perms;* **~milan,** der: svw. ↑Gabelweihe; **~nasig** ⟨Adj.; o. Steig.; nicht adv.⟩: *eine rote, gerötete Nase habend;* **~ober** [auch: –'––], der [zu ↑Rot (2 a)]; **~orange** ⟨indekl. Adj.; o. Steig.; nicht adv.⟩: *einen ins Rote spielenden orange Farbton habend;* **~rock,** der (Jägerspr. scherzh.): *Rotfuchs* (1 a); **~rübe,** die (westmd.): *rote Rübe,* dazu: **~rübensalat,** der; **~rückenwürger,** der: *Neuntöter;* **~schimmel,** der: *mit der Färbung eines Fuchses* (5) *zur Welt gekommener, noch nicht vollständig weißer Schimmel;* **~schopf,** der: svw. ↑~kopf; **~schwanz,** der, **~schwänzchen,** das: *kleiner Singvogel mit rostrotem Schwanz;* **~sehen** ⟨st. V.; hat⟩ (ugs.): *ärgerlich, wütend, zornig werden, so daß man zu übertriebenen, unvernünftigen Verhaltensweisen, Reaktionen neigt:* wenn jemand seine Kinder schlägt, sehe ich einfach rot; er sieht immer gleich rot; **~spon** [-ʃpo:n], der; -[e]s, -e [aus dem (Ost)niederd., 2. Bestandteil mniederd. spōn = Span; in die Fässer wurden gekochte Holzspäne eingelegt, um den Wein vor dem Verderben zu schützen] (nordd.): *Rotwein;* **~stein,** der: svw. ↑Rötel; **~stich,** der (Fot.): vgl. Grünstich, dazu: **~stichig** ⟨Adj.; nicht adv.⟩ (Fot.); **~stift,** der: *[Schreib]stift mit roter Mine:* mein R. ist leer; ***den R. ansetzen** *(geplante, vorgesehene Ausgaben einsparen);* **dem R. zum Opfer fallen** *(eingespart, gestrichen werden);* **~tanne,** die: *zu den Fichten* (1 a) *gehörender Nadelbaum mit oft rötlichbraunem Stamm;* **~tier,** das (Jägerspr.): *weiblicher Rothirsch;* **~ton,** der: *roter Farbton:* kräftige Rottöne; **~unter** [auch: –'––], der [zu ↑Rot (2 a)]; **~unterlaufen** ⟨Adj.; o. Steig.; nur attr.⟩: *mit Blut unterlaufen u. dadurch gerötet:* -e Augen, Prellungen; **~verschiebung,** die (Astron.): *Verschiebung der Spektrallinien des Lichts eines Sterns in Richtung auf das rote Ende des Spektrums hin;* **~wangig** ⟨Adj.; nicht adv.⟩ (geh.): vgl. ~backig; **~wein,** der: **1.** ⟨o. Pl.⟩ *aus [roten od. blauen] Trauben, deren Schalen mit vergoren werden u. dabei ihren Farbstoff abgeben, hergestellter Wein von rubin- bis tiefroter, ins Violette spielender Färbung:* er trinkt gern R.; zwei R. *(Gläser Rotwein),* bitte. **2.** *Sorte Rotwein* (1): hier gibt es schöne -e, dazu: **~weinfleck,** der, **~weinglas,** das; **~wild,** das (Jägerspr.): svw. ↑~hirsch u. ↑~tier; **~wurst,** die (landsch.): svw. ↑Blutwurst; **~zinkerz,** das (Mineral.): svw. ↑Zinkit; **~zunge,** die: *im Meer lebender Plattfisch mit gelb- bis rotbrauner, dunkel marmorierter Oberseite (Speisefisch).*

Rota ['ro:ta], die; - [aus kirchenlat. Rota Romana, eigtl. = römisches Rad (wohl nach der kreisrunden Bank der Richter)] (kath. Kirche): *höchster Gerichtshof der katholischen Kirche.*

Rotan ['ro:tan], **Rotang** ['ro:taŋ], der; -s, (Sorten:) -e [malai. rotan]: svw. ↑Peddigrohr; vgl. Rattan; ⟨Zus.:⟩ **Rotan[g]palme,** die: *mit Hilfe starker Stacheln kletternde Palme, die u. a. Peddigrohr u. spanisches Rohr liefert.*

Rotaprint Ⓦⓩ [rota'prɪnt], die; -, -s [zu lat. rotāre, ↑rotieren u. engl. to print = drucken] (Druckw.): **1.** ⟨o. Art., o. Pl.⟩ *Offsetdruck- u. Vervielfältigungsverfahren für kleinere Auflagen u. kleinere Formate.* **2.** svw. ↑Rotaprintmaschine.

Rotaprint- Ⓦⓩ: **~druck,** der ⟨o. Pl.⟩: svw. ↑Rotaprint (1); **~maschine,** die: *Maschine zum Drucken od. Vervielfältigen nach Rotaprint* (1); **~verfahren,** das.

Rotation [rota'tsi̯o:n], die; -, -en [lat. rotātio = kreisförmige Umdrehung, zu: rotāre, ↑rotieren]: **1.** *das Rotieren* (1), *kreisförmige Drehung um eine Achse:* die R. der Erde um die eigene Achse, um die Sonne; die R. eines Rades beschleunigen, verlangsamen; einen Kreisel in schnelle R. versetzen. **2.** (Landw.) svw. ↑Fruchtfolge. **3.** (Volleyball) *im Uhrzeigersinn erfolgender Wechsel der Positionen aller Spieler einer Mannschaft; Positionswechsel* (b).

Rotations-: **~achse,** die: *Achse, um die etw. rotiert* (1); **~bewegung,** die: *rotierende* (1) *Bewegung;* **~druck,** der ⟨o. Pl.⟩ (Druckw.): *Druckverfahren, bei dem das Papier zwischen zwei gegeneinander rotierenden Walzen hindurchläuft u. von einer zylindrisch gebogenen, einer der Walzen anliegenden Druckform bedruckt wird,* dazu: **~druckmaschine,** die (Druckw.); **~ellipsoid,** das (Math.): **a)** *durch Rotation der Fläche einer Ellipse gebildeter Rotationskörper von der Form eines Ellipsoids;* **b)** *durch Rotation einer Ellipse gebildete Rotationsfläche;* **~fläche,** die (Math.): *von einer (um in ihrer Ebene liegende Achse) rotierenden ebenen Kurve gebildete Fläche;* **~geschwindigkeit,** die (Physik): *Winkelgeschwindigkeit bei der Rotation* (1); **~hyperboloid,** das (Math.): vgl. ~ellipsoid; **~kolbenmotor,** der (Technik): *Verbrennungsmotor, der mit rotierenden Kolben arbeitet; Wankelmotor;* **~körper,** der (Math.): *von einer rotierenden ebenen Fläche gebildeter Körper; von einer Rotationsfläche begrenzter Körper;* **~maschine,** die (Druckw.): svw. ↑~druckmaschine; **~paraboloid,** das (Math.): vgl. ~ellipsoid; **~presse,** die (Druckw.): svw. ↑~maschine.

rotativ [rota'ti:f] ⟨Adj.; o. Steig.⟩ [vgl. engl. rotative] (Druckw.): *mit Hilfe rotierender Walzen, nach dem Prinzip des Rotationsdrucks vor sich gehend, arbeitend;* **Rotatorien** [rota'to:ri̯ən] ⟨Pl.⟩ [zu spätlat. rotātor ≙ Herumdreher] (Zool.): *Rädertiere.*

Röte ['rø:tə], die; -, -n [mhd. rœte, ahd. rōti; 2: nach dem aus den Pflanzen gewonnenen roten Farbstoff]: **1.** ⟨o. Pl.⟩ *das Rotsein, rote Färbung:* die R. des Abendhimmels; eine sanfte R. *(ein rötlicher Schimmer)* färbte den Himmel; die R. seiner Wangen wirkte krankhaft; eine [tiefe, brennende, fiebrige] R. stieg, schlug, schoß ihm ins Gesicht; eine leichte R. flog über sein Gesicht; ihr Gesicht war vor Scham, Zorn von einer glühenden R. bedeckt, übergossen. **2.** (Bot.) *als ausdauerndes, gelblichgrün blühendes Kraut wachsendes Rötegewächs* (z. B. Färberröte).

Rote-Bete-Salat, der; -[e]s, -e: *Salat aus roter Bete.*

Rötegewächs, das; -es, -e (Bot.): *Pflanze einer Familie mit zahlreichen (bes. in den Tropen vorkommenden, als Bäume, Sträucher, Kräuter wachsenden) Arten, zu der z. B. die Kaffeepflanzen u. die Röten gehören; Labkrautgewächs.*

Rote-Kreuz-Schwester, die; -, -n ⟨Gen. auch: der Roten-Kreuz-Schwester, Pl. auch: die Roten-Kreuz-Schwestern⟩: svw. ↑Rotkreuzschwester.

Rötel ['rø:tl̩], der; -s, - [spätmhd. rœtel(stein)]: **1.** ⟨o. Pl.⟩ *aus einem Gemisch von Roteisenstein u. Ton od. Kreide bestehender bräunlichroter Farbstoff, der (in Stangen od. Minen gepreßt) zum Zeichnen verwendet wird.* **2.** svw. ↑Rötelstift; **Röteln** ['rø:tl̩n] ⟨Pl.⟩: *Infektionskrankheit, die mit einem den Masern ähnlichen Ausschlag einhergeht;* **Rötelstift,** der; -[e]s, -e: *Zeichenstift mit einer Mine aus Rötel, Kreide aus Rötel;* **Rötelzeichnung,** die; -, -en: *mit Rötel ausgeführte Zeichnung;* **röten** ['rø:tn̩] ⟨sw. V.; hat⟩ [mhd. rœten, ahd. rōten]: **1.** (geh.) *rot färben; rot erscheinen lassen:* die Flammen röteten, die untergehende Sonne rötete den Himmel; die Sonne, die Kälte, der scharfe Wind hat sein Gesicht gerötet; Scham rötete ihr Gesicht; der Alkohol hatte seine Nase gerötet; seine Ohren waren vom Frost gerötet. **2.** ⟨r. + sich⟩ *rot werden, eine rote Färbung annehmen:* das Wasser rötete sich vom Blut des harpunierten Fisches; der Himmel rötete sich; ihre Haut begann sich zu r.; ⟨häufig im 2. Part.:⟩ mit [vom Weinen] geröteten Augen; eine juckende, stark gerötete Stelle am Bein; einen geröteten *(entzündeten)* Hals haben; **röter** ['rø:tɐ], **röteste** ['rø:təstə]: ↑rot.

rotieren [ro'ti:rən] ⟨sw. V.; hat⟩ [lat. rotāre = (sich) kreisförmig drehen, zu: rota, ↑Rota]: **1.** *sich im Kreis (um etw. od. um die eigene Achse) drehen:* langsam, schnell r.; der Propeller rotiert; das Restaurant im Fernsehturm rotiert ganz langsam um die Achse des Turmes; ein rotierender Plattenteller; der Rasierapparat hat rotierende Messer *(Messer, die bei eingeschaltetem Rasierapparat rotieren).* **2.** (ugs.) *sich über etw. (z. B. ein Problem, eine Situation) erregen u. in hektische Aktivität verfallen:* wenn mal etwas nicht genau planmäßig läuft, fängt er gleich an zu r. **3.** (Volleyball) *die Position[en] wechseln.*

Rotisserie [rotɪsə'ri:], die; -, -n [...i:ən; frz. rôtisserie, zu: rôtir = braten, rösten]: *Restaurant, in dem bestimmte Fleischgerichte [vor den Augen der Gäste] auf einem Grill zubereitet werden.*

rötlich ['rø:tlɪç] ⟨Adj.; o. Steig.; nicht adv.⟩ [mhd. rœteleht]: *sich im Farbton dem Rot nähernd, ins Rote spielend:* ein -er Schimmer, [Farb]ton; ein -es Braun; ⟨Zus.:⟩ **rötlichbraun**

⟨Adj.; o. Steig.; nicht adv.⟩: *einen ins Rötliche spielenden braunen Farbton habend.* **rötlichgelb** ⟨Adj.; o. Steig.; nicht adv.⟩: vgl. rötlichbraun; **Rötling** ['rø:tlɪŋ], der; -s, -e: *Pilz mit rötlichen bis lachsfarbenen Lamellen.*

Rotor ['ro:tɔr, auch: 'ro:to:ɐ̯], der; -s, -en [ro'to:rən; engl. rotor, Kurzf. von: rotator, zu: to rotate = kreisen]: **1.** (Technik) *rotierender, aus mehreren einzelnen, strahlenförmig um eine Achse angeordneten Blättern bestehender Flügel eines Drehflügelflugzeugs:* ein Hubschrauber mit zwei -en. **2.** svw. ↑Läufer (4). **3.** (Technik) kurz für ↑Flettnerrotor. **4.** (Funkt., Fernsehtechnik) *Vorrichtung zum Drehen einer Richt- od. Peilantenne.* **5.** *(in automatischen Armbanduhren) auf einer Welle sitzendes Teil, durch dessen Pendelbewegungen die Uhr sich automatisch aufzieht.*

Rotor-: **~antenne,** die (Funkt., Fernsehtechnik): *mit einem Rotor* (4) *ausgestattete Antenne;* **~blatt,** das (Technik): *Blatt eines Rotors* (1); **~flugzeug,** das: svw. ↑Drehflügelflugzeug; **~kopf,** der (Technik): *mittlerer Teil eines Rotors* (1), *an dem die Rotorblätter befestigt sind;* **~schiff,** das: *durch einen Flettnerrotor angetriebenes Schiff.*

rott [rɔt] ⟨Adj.; -er, -este; nicht adv.⟩ [zu ↑[2]rotten] (nordd.): *faul, morsch:* -es Holz; das Obst ist schon ganz r.

[1]Rotte ['rɔtə], die; -, -n [mhd. rot(t)e < afrz. rote < mlat. rupta, rut(t)a = Abteilung; (Räuber)schar, zu lat. ruptum, 2. Part. von: rumpere = ab-, zersprengen, also eigtl. = abgesprengte, zersprengte Schar]: **1.** (abwertend) *meist ungeordnete, nur eine lose Gemeinschaft bildende Gruppe von Menschen:* eine R. Plünderer/von Plünderern; eine lärmende R.; ***eine R. Korah** (bildungsspr. veraltet; *aufrührerische Horde; wilder, lärmender Haufen;* nach der von Korah angeführten Schar, die sich nach 4. Mos. 16, 5 gegen Moses empörte). **2.** (Milit.) **a)** *Gruppe von zwei gemeinsam operierenden Flugzeugen od. Schiffen;* **b)** (früher) *Reihe von (im Glied) hintereinanderstehenden Soldaten:* Vorn, in der zweiten R. stand der Brüning (Kempowski, Tadellöser 408). **3.** (Jägerspr.) *größere Gruppe von Wildschweinen, Wölfen:* eine R. Sauen. **4. a)** (Eisenb. früher) *größere Gruppe von Arbeitern, die für Gleisbauarbeiten eingesetzt werden;* **b)** (Forstw.) *Gruppe von Holzfällern.*

[2]Rotte [-], die; -, -n [zu ↑[2]rotten]: **1.** (Landw. nordd.) svw. ↑Röste (2). **2.** (Fachspr.) *das Verrotten, Verrottenlassen (von organischen Stoffen):* ... Müllkompostwerke ..., die den Müll nach einer mehr oder weniger starken R. einer neuerlichen Verwendung zuführen sollen (MM 22. 12. 73, 38).

[1]rotten ['rɔtn̩] ⟨sw. V.; hat⟩ [mhd. (md.) roten] (veraltet): **a)** ⟨r. + sich⟩ svw. ↑zusammenrotten; **b)** *zu einer* [1]*Rotte vereinen.*

[2]rotten [-], **rötten** ['rœtn̩] ⟨sw. V.⟩ [mniederd. rotten = faulen, vgl. verrotten] (nordd.): **1.** (Landw.) svw. ↑rösten (4) ⟨hat⟩. **2.** (selten) *faulen, modern, sich zersetzen* ⟨ist, auch: hat⟩: der Mist muß noch r.

rotten-, Rotten- ([1]Rotte): **~führer,** der (Eisenb. früher): svw. ↑~meister; **~meister,** der (Eisenb.): *Leiter einer Rotte* (4 a); **~weise** ⟨Adv.⟩: *in [einzelnen] Rotten [vor sich gehend].*

Rottweiler ['rɔtvai̯lɐ], der; -s, - [nach der baden-württembergischen Stadt Rottweil]: *(als Schutz- u. Wachhund geeigneter) kräftig u. stämmig gebauter, mittelgroßer Hund mit breitem, kräftigem Kopf, kurzer Schnauze u. kleinen Hängeohren, Stummel- od. kupiertem Schwanz u. kurzhaarigem schwarzem Fell mit einzelnen rötlichbraunen Partien.*

Rotulus ['ro:tulʊs], der; -, ...li [mlat. rotulus, ↑Rolle]: *(in der Spätantike u. im MA.) Buchrolle.*

Rotunde [ro'tʊndə], die; -, -n [1: mhd. rotunde, zu lat. rotundus = rund; 2: nach der Bauweise]: **1.** (Archit.) *Gebäude[teil] mit kreisrundem Grundriß.* **2.** (ugs. veraltend verhüll.) *rund gebaute öffentliche Toilette;* ⟨Zus. zu 2:⟩ **Rotundenfrau,** die (ugs. veraltend): *Toilettenfrau.*

Rötung ['rø:tʊŋ], die; -, -en ⟨Pl. selten⟩: *das Sichröten (bes. der Haut):* die Sonne bewirkt eine R. der Haut.

Rotüre [ro'ty:rə], die; - [frz. roture, urspr. = (zinspflichtiges) gepflügtes Land, zu lat. rumpere im Sinne von „den Boden aufbrechen" = pflügen] (veraltet abwertend): *Schicht der Nichtadeligen, Bürgerlichen.*

rotwelsch ['ro:tvɛlʃ] ⟨Adj.; o. Steig.⟩ [mhd. (md.) rōtwelsch, 1. Bestandteil wahrsch. rotwelsch rōt = falsch, untreu]: *in der Gaunersprache Rotwelsch, zu ihr gehörend;* **Rotwelsch** [-], das; -[s]: *deutsche Gaunersprache;* **Rotwelsche** ['ro:tvɛlʃə], das; -n ⟨nur mit bestimmtem Art.⟩: *die Gaunersprache Rotwelsch.*

Rotz [rɔt͜s], der; -es [mhd. ro(t)z, ahd. (h)roz = (Nasen)schleim]: **1.** (derb) *Nasenschleim:* wisch dir erst mal den R. ab!; ***R. und Wasser heulen** (salopp; *heftig weinen*); **frech wie [der] R. [am Ärmel]** (salopp; *außerordentlich frech*). **2.** (Tiermed.) *bes. bei Einhufern auftretende, meist tödlich verlaufende, mit Ausfluß aus der Nase u. Geschwüren in Nase, Lunge u. Haut einhergehende Infektionskrankheit:* das Pferd hat [den] R. **3.** *** der ganze R.** (derb verächtlich; *alles, das ganze Zeug*): ich zahle den ganzen R.; von mir aus kannst du den ganzen R. mitnehmen.

rotz-, Rotz-: **~bengel,** der (derb abwertend): *[kleiner] schmutziger, ungepflegter, unerzogener, frecher Junge:* diese verdammten R.!; **~bremse,** die (salopp scherzh.): *Schnurrbart, Schnauzbart;* **~bub[e],** der (österr., südd. derb abwertend): vgl. ~bengel; **~fahne,** die (derb): *Taschentuch;* **~frech** ⟨Adj.; o. Steig.⟩ (salopp abwertend): *sehr frech, rotzig* (2); **~göre,** die (derb abwertend): vgl. ~bengel; **~hobel,** der (derb scherzh.): *Mundharmonika;* **~junge,** der (salopp abwertend): vgl. ~bengel; **~kocher,** der (salopp scherzh.): *Tabakspfeife;* **~krank** ⟨Adj.; o. Steig.; nicht adv.⟩ (Tiermed.): *an Rotz* (2) *leidend;* **~krankheit,** die (Tiermed.): svw. ↑Rotz (2); **~lappen,** der (derb abwertend): *Taschentuch;* **~löffel,** der ⟨Pl. österr. auch: -n⟩ (derb abwertend): svw. ↑~bengel; **~nase,** die: **1.** (derb) *Nase, bes. eines Kindes, aus der Schleim läuft:* eine R. haben; „Du wirst deine R. (derb abwertend; *deine Nase*) nicht durch den Stacheldraht stecken" (Kirst, 08/15, 934). **2. a)** (derb abwertend) vgl. ~bengel; **b)** (salopp scherzh.) *kleines unerfahrenes Kind, unreifer junger Mensch:* aber ich war damals noch eine R. (Bieler, Mädchenkrieg 120); **~näsig** ⟨Adj.; o. Steig.⟩ (derb abwertend): **1.** ⟨nicht adv.⟩ *eine Rotznase* (1) *habend:* -e Gören. **2.** *(bes. von Kindern) [ungepflegt, schmutzig u.] ungezogen u. frech:* dieser -e Bursche!; sich r. (*wie eine Rotznase* 2 a) benehmen; **~nigel** [-ni:gl̩], der; -s, -[n] [2. Bestandteil mundartl. Nebenf. von ↑[3]Nickel] (österr. ugs.): vgl. ~bengel.

Rotze ['rɔt͜sə], die; - (landsch. derb): **1.** svw. ↑Rotz (1). **2.** *Schnupfen;* **rotzen** ['rɔt͜sn̩] ⟨sw. V.; hat⟩ [zu ↑Rotz] (derb abwertend): **a)** *sich geräuschvoll schneuzen:* er rotzte in ein dreckiges Taschentuch; **b)** *Schleim geräuschvoll (aus dem Bereich des Rachens u. der Nase) in den Mund ziehen [u. ausspucken]:* wenn du hier noch einmal so rotzt, schmeiß' ich dich raus!; **c)** *ausspucken:* Da rotzten die Leute in den Papierkorb (Kempowski, Uns 337); Ü [einer Frau] in die Muschel r. (vulg.; *[mit einer Frau] koitieren*); **Rotzer** ['rɔt͜sɐ], der; -s, - (landsch. derb, meist abwertend): svw. ↑Rotzbengel; **Rotzerei** [rɔt͜sə'rai̯], die; - (derb abwertend): *[dauerndes] Rotzen;* **rotzig** ['rɔt͜sɪç] ⟨Adj.⟩ [3: spätmhd. rotzig]: **1.** ⟨nicht adv.⟩ (derb) *mit Rotz* (1) *behaftet, beschmiert:* eine -e Nase; ein -es Taschentuch; grindige, -e Kinder (Fussenegger, Zeit 115). **2. a)** (salopp abwertend) *unverschämt frech; ungehörig:* sich r. benehmen; **b)** (salopp) *völlig respektlos u. unbekümmert; provozierend, herausfordernd:* das Stück ist r. inszeniert; mit der Elektrogitarre und -em Rock (Spiegel 4, 1978, 143). **3.** ⟨o. Steig.; nicht adv.⟩ (Tiermed.): svw. ↑rotzkrank.

Roué [rue:], der; -s, -s [frz. roué, zu: roué = gerädert (wohl im Sinne von „erschöpft von vielen Ausschweifungen")] (geh., veraltet): svw. ↑Lebemann.

Rouge [ru:ʒ], das; -s, -s ⟨Pl. ungebr.⟩ [frz. rouge, zu: rouge = rot < lat. rubeus]: **1.** *Make-up in roten Farbtönen, mit dem die Wangen u. Lippen geschminkt werden:* [etwas] R. auflegen, auftragen; das Wasser wusch Puder und R. herunter. **2.** *Rot als Farbe u. Gewinnmöglichkeit beim Roulett:* auf R. setzen; **Rouge et noir** [ruʒe'noa:ɐ̯], das; - - - [frz. rouge et noir = rot u. schwarz; vgl. Rouge (2) u. Noir]: *Glücksspiel mit 104 od. 312 Karten, bei dem Einsätze ähnlich wie beim Roulett gemacht werden u. das auch in Spielkasinos gespielt wird.*

Roulade [ru'la:də], die; -, -n ⟨meist Pl.⟩ [frz. roulade, zu: rouler, ↑rollen]: *Fleischscheibe, die mit Speck, Zwiebeln [Gurken] o. ä. belegt, gerollt u. dann geschmort wird;* **Rouleau** [ru'lo:], das; -s, -s [frz. rouleau = Rolle, zu: rôle, ↑Rolle]: *aufrollbarer Vorhang aus festerem Material; Rollo:* ein Zimmer mit halbgeschlossenen -s; die -s hochziehen, herablassen; **Roulett** [ru'lɛt], das; -[e]s, -e, **Roulette** [ru'lɛt(ə)], das; -s, -s [frz. roulette, eigtl. Vkl. von: rouleau, ↑Rouleau]: **1.** *Glücksspiel, bei dem auf Zahl u./od. Farbe gesetzt wird u. der Gewinner dadurch ermittelt wird, daß eine Kugel auf eine sich drehende Scheibe mit rot u. schwarz* *numerierten Fächern geworfen wird, die bei Stillstand der Scheibe in einem Fach liegenbleibt:* R. spielen; * **russisches R.** *(Mutprobe od. Austragungsart eines Duells, bei der jmd. einen nur mit einer Patrone geladenen Trommelrevolver auf sich selbst abdrückt, ohne vorher zu wissen, in welcher Patronenkammer sich die Patrone befindet).* **2.** *drehbare Scheibe, mit der Roulette* (1) *gespielt wird.* **3.** (Graphik) *gezähntes Rädchen aus Stahl, mit dem der Kupferstecher Vertiefungen in die Kupferplatte eindrückt;* **roulieren** [ru'li:rən] ⟨sw. V.; hat⟩ [frz. rouler < afrz. roller, ↑rollen]: **1.** (veraltet) *umlaufen.* **2.** *rollieren* (2).

Round-table-Konferenz ['raʊnd'teɪbl-], die; -, -en [engl. round-table conference = Konferenz am runden Tisch] (Politik): *[internationale] Konferenz, deren Sitzordnung [am runden Tisch] ausdrückt, daß alle Teilnehmer gleichberechtigt sind.*

Rout [raut], der; -s, -s [engl. rout = < mfrz. route < afrz. rote, ↑[1]Rotte] (veraltet): *Abendgesellschaft.*

Route ['ru:tə], die; -, -n [frz. route < vlat. (via) rupta = gebrochener (=gebahnter) Weg, zu lat. rumpere = brechen]: *festgelegte, eingeschlagene od. einzuschlagende Strecke; Reise-, Schiffs-, Flugweg:* die kürzeste, bequemste R. ausfindig machen, wählen, nehmen; der Dampfer hat seine R. geändert, verlassen; auf der nördlichen R.; Ü in der Außenpolitik vermutlich eine andere R. einschlagen; vgl. en route; ⟨Zus.:⟩ **Routenverzeichnis,** das; **Routine** [ru'ti:nə], die; - [frz. routine, eigtl. = Wegerfahrung]: **a)** *durch längere Erfahrung erworbene Fähigkeit, eine bestimmte Tätigkeit sehr sicher, schnell u. überlegen auszuführen:* ihm fehlt noch die R.; große, keine R. haben; R. zeigen; über langjährige R. verfügen; etw. mit R. erledigen; **b)** (meist abwertend) *[technisch perfekte] Ausführung einer Tätigkeit, die zur Gewohnheit geworden ist u. jedes Engagement vermissen läßt:* sein Spiel ist in R. erstarrt; etw. ist zur reinen R. geworden. **3.** (Seemannsspr.) *Zeiteinteilung für den Borddienst.*

routine-, Routine-: **~angelegenheit,** die: vgl. ~sache; **~arbeit,** die: *immer nach dem gleichen Schema zu verrichtende Arbeit;* **~frage,** die: *Frage, die in einer bestimmten Situation regelmäßig gestellt wird;* **~kontrolle,** die: *regelmäßig durchgeführte Kontrolle ohne besonderen Anlaß;* **~mäßig** ⟨Adj.; o. Steig.⟩: *in derselben Art regelmäßig wiederkehrend:* eine -e Überprüfung; jmdn. r. befragen; **~patrouille,** die: vgl. ~kontrolle; **~sache,** die: *sich ständig wiederholende, alltägliche Angelegenheit;* **~sitzung,** die; **~überprüfung,** die; **~untersuchung,** die.

Routinier [ruti'nje:], der; -s, -s [frz. routinier] (bildungsspr.): *jmd., der auf einem bestimmten Gebiet, in seinem Beruf o. ä. Routine* (a) *besitzt:* er ist ein R. im internationalen Marketing: unsere Mannschaft stellt eine Mischung aus alten -s und jungen Talenten dar; **routiniert** [ruti'ni:ɐt] ⟨Adj.; -er, -este⟩ [frz. routiné, zu: se routiner = sich gewöhnen] (bildungsspr.): *mit Routine* (a): ein -er Musiker, Politiker, Geschäftsmann; ihr Auftreten ist mir zu r.; etw. r. erledigen.

Rowdy ['raudi], der; -s, -s, auch: ...dies [...di:s; engl.-amerik. rowdy, H. u.] (abwertend): *[jüngerer] Mann, der sich in der Öffentlichkeit flegelhaft aufführt u. gewalttätig wird:* eine Gruppe jugendlicher -s löste im Fußballstadion eine Massenschlägerei aus; (mit dem Unterton widerstrebender Anerkennung:) meine -s *([wilden] Kinder)* haben nur Schrammen und blaue Flecken an den Beinen; **rowdyhaft** ⟨Adj.; -er, -este⟩: *in der Art eines Rowdys;* **Rowdytum,** das; -s (abwertend): *flegelhaftes Auftreten, Gewalttätigkeiten junger Leute in der Öffentlichkeit.*

royal [roa'ja:l] ⟨Adj.; o. Steig.⟩ [frz. royal < lat. rēgālis, zu: rēx, ↑[1]Rex] (selten): **a)** *königlich;* **b)** svw. ↑royalistisch; **Royal** [-], das; -s, Royalsegel [das Segel wurde 1683 erstmals auf dem Schiff „Royal Sovereign" geführt] (Seemannsspr.): *Rahsegel, das über den Bramsegeln angebracht ist;* **Royalismus** [roaja'lɪsmʊs], der; - [frz. royalisme, zu: royal, ↑royal]: *das Eintreten für das Königtum als Staatsform;* **Royalist** [roaja'lɪst], der; -en, -en [frz. royaliste]: *jmd., der für das Königtum als Staatsform eintritt;* **royalistisch** ⟨Adj.⟩: *für das Königtum als Staatsform eintretend; königstreu;* **Royalsegel,** das; -s, - (Seemannsspr.): svw. ↑Royal.

Rüb- ['ry:p-]: **~kohl,** der (schweiz.): svw. ↑Kohlrabi; **~öl,** das: *Öl, das aus dem Samen von Raps od. Rübsen gewonnen wird;* **~samen,** der: svw. ↑Rübsen.

rubato [ru'ba:to] ⟨Adv.⟩ [ital. (tempo) rubato, eigtl. = gestohlen(er Zeitwert), zu: rubare = stehlen] (Musik): *durch kleine Temposchiebungen zu beleben;* ⟨subst.:⟩ **Rubato** [-], das; -s, -s u. ...ti (Musik): *rubato gespielte Stelle in einem Musikstück.*

rubbelig ['rʊbəlɪç] ⟨Adj.⟩ [zu ↑rubbeln] (landsch., bes. nordd.): **a)** *von rauher Oberfläche; uneben; holprig;* **b)** *polternd* (2); **rubbeln** ['rʊbl̩n] ⟨sw. V.; hat⟩ [Intensivbildung zu niederd. rubben = reiben, verw. mit ↑[1]rupfen] (landsch., bes. nordd.): *kräftig reiben:* Wäsche [auf dem Waschbrett] r.; sich den Körper mit dem Handtuch r.

[1]Rubber ['rabɐ, engl.: 'rʌbə], der; -s [engl. (India) rubber, zu: to rub = (ab)reiben, (ab)schaben; nach der häufigen Verwendung als Radiergummi]: englische Bez. für *Kautschuk, Gummi.* Vgl. Cold Rubber.

[2]Rubber [-], der; -s, - [engl. rubber, H. u.] (Kartenspiel): svw. ↑Robber.

Rübchen ['ry:pçən], das; -s, -: ↑Rübe (1); **Rübe** ['ry:bə], die; -, -n [mhd. rüebe, ahd. ruoba]: **1.** ⟨Vkl. ↑Rübchen⟩ **a)** *Pflanze mit eingebuchteten Blättern u. einer dickfleischigen Pfahlwurzel, die als Gemüse- od. Futterpflanze angebaut wird:* -n pflanzen, [an]bauen, [ver]ziehen, hacken, häufeln, ausmachen, ernten; * **gelbe R.** (südd.; *Möhre*); **rote R.** *(Rübe mit einer runden Wurzel, die innen rot ist);* **b)** *dickfleischige, keilförmige, rundliche od. runde Wurzel der Rübe* (1 a): -n [ver]füttern. **2.** (salopp) *Kopf:* die R. einziehen; sich die R. stoßen; jmdm. die R. abhacken *(jmdn. enthaupten, hinrichten);* jmdm. eins auf die R. geben (salopp; *jmdm. einen Schlag auf den Kopf versetzen*); eins auf die R. kriegen *(einen Schlag auf den Kopf bekommen);* er zog, haute ihm die Latte über die R. *(schlug ihm mit der Latte auf den Kopf).* **3.** (salopp) *Bursche:* na, du [alte] R., wie geht's?; so eine freche R.!

Rubel ['ru:bl̩], der; -s, - [russ. rubl, zu: rubit = (ab)hauen, eigtl. = abgehauenes Stück (eines Silberbarrens)]: *Währungseinheit in der UdSSR* (1 Rubel = 100 Kopeken); Abk.: Rbl.: * **der R. rollt** (ugs.; *es wird viel Geld ausgegeben u. eingenommen*).

rüben-, Rüben-: **~acker,** der; **~älchen,** das: *winziger, für den Rübenanbau sehr schädlicher Fadenwurm, der an den Wurzeln von Rüben schmarotzt;* **~anbau,** der; **~artig** ⟨Adj.; o. Steig.⟩: *in der Art, Form einer Rübe;* **~bestand,** der; **~blatt,** das; **~blattwanze,** die: *sehr kleine, graubraune Wanze, die an Rüben u. Spinat schmarotzt;* **~ernte,** die; **~feld,** das; **~fliege,** die: *kleine Minierfliege, deren Larven bes. Rübenblätter schädigen;* **~gabel,** die: *Gabel zum Ausheben der Rüben aus dem Boden;* **~kraut,** das ⟨o. Pl.⟩ (landsch.): *Brotaufstrich aus Zuckerrübensirup;* **~lichter,** der; -s, - (Landw.): *Maschine zum [1]Lichten* (1 a) *eines zu starken Rübenbestandes;* **~miete,** die; **~saft,** der: svw. ↑~kraut; **~sau,** die (derbes Schimpfwort): vgl. ~schwein; **~schnitzel** ⟨Pl.⟩: *bei der Zuckergewinnung als Abfall anfallende Schnitzel von Zuckerrüben;* **~schwein,** das [aus der Soldatenspr., urspr. = Frontsoldat (der in einem Rübenacker in Dekkung liegt)] (derbes Schimpfwort): *grobschlächtiger, abstoßender Mensch;* **~sirup,** der: svw. ↑~kraut; **~wanze,** die: svw. ↑~blattwanze; **~zucker,** der: *Zucker aus Zuckerrüben.*

rüber ['ry:bɐ] ⟨Adv.⟩: ugs. für ↑her-, hinüber; **rüber-**: ugs. für ↑herüber-, hinüber-.

Rubidium [ru'bi:diʊm], das; -s [lat. rubidus = dunkelrot; das Metall hat zwei dunkelrote Spektrallinien] (Chemie): *sehr weiches, silbrig glänzendes Alkalimetall (chemischer Grundstoff);* Zeichen: Rb

Rubikon ['ru:bikɔn] in der Wendung **den R. überschreiten** (bildungsspr.; *einen [strategisch] entscheidenden Schritt tun;* nach dem Grenzfluß Rubikon (lat. Rubico) zwischen Italien u. Gallia cisalpina, mit dessen Überschreitung Cäsar 49 v. Chr. den Bürgerkrieg begann). Vgl. alea iacta est.

Rubin [ru'bi:n], der; -s, -e [mhd. rubīn < mlat. rubinus, zu lat. rubeus = rot]: *kostbarer roter Edelstein; roter Korund:* ein natürlicher, synthetischer R.; diese Uhr hat acht -e *(Steine).*

rubin-, Rubin-: **~farben, ~farbig** ⟨Adj.; o. Steig.; nicht adv.⟩: svw. ↑~rot; **~glas,** das: *rubinrotes [1]Glas* (1, 2 a); **~rot** ⟨Adj.; o. Steig.; nicht adv.⟩: *von klarem, leuchtendem, tiefem Rot.*

Rubra, Rubren: Pl. von ↑Rubrum; **Rubrik** [ru'bri:k, auch: ...brɪk], die; -, -en [1: übertr. von Rubrik (2); 2: spätmhd. rubrik(e) = rot geschriebene Überschrift (die einzelne Abschnitte trennt) < lat. rubrīca (terra) = rote Erde, roter Farbstoff; mit roter Farbe geschriebener Titel eines Gesetzes, zu: ruber = rot] (bildungsspr.): **1. a)** *Spalte, in die etw. nach einer bestimmten Ordnung [unter einer bestimmten Überschrift] eingetragen wird:* die -en einer Tabelle; das Blatt hat eine ständige R. „Der Abgeordnete hat das Wort"; eine R. anlegen; etw. in die letzte R. eintragen; etw. in, unter einer bestimmten R. anführen, verzeichnen, finden; **b)** *Kategorie, in die man jmdn., etw. gedanklich einordnet:* Gehört die Schrift ... zur R. „Klassiker ..." oder zur R. „Quellenliteratur"? (Leonhard, Revolution 124). **2.** (Buchw.) *rot ausgezeichneter Textanfang in mittelalterlichen Handschriften.* **3.** (Rel.) *[rot gedruckte] Anweisung für rituelle Handlungen in [katholischen] liturgischen Büchern;* **rubrizieren** [rubri'tsi:rən] ⟨sw. V.; hat⟩ [1: zu ↑Rubrik (1); 2: mlat. rubricare = rot schreiben]: **1.** *in eine bestimmte Rubrik (1) einordnen:* was in den Akten der amerikanischen Luftwaffe als „Ufos" ... rubriziert wird (Spiegel 17, 1966, 156); **2.** (Buchw. früher) *mit einer roten Überschrift, mit roten Initialen versehen;* **Rubrum** ['ru:brʊm], das; -s, Rubra u. Rubren [lat. rubrum = das Rote, subst. Neutr. von: ruber = rot] (bildungsspr. veraltet): **a)** *kurze Inhaltsangabe als Aufschrift auf Akten;* **b)** *Kopf (5 c) eines amtlichen Schreibens.*

Rübsen ['ry:psn̩], der; -s [gek. aus ↑Rübsamen]: *dem Raps ähnliche Kulturpflanze, aus deren Samen Öl gewonnen wird; Rübsamen.*

Ruch [ru:x, rʊx], der; -[e]s, Rüche ['ry:çə, 'rʏçə] ⟨Pl. selten⟩ [1: mhd. ruch, ↑Geruch; 2: aus dem Niederd. < mniederd. ruchte = Ruf, Leumund; vgl. anrüchig, Gerücht]: **1.** (dichter., geh.) *Geruch:* aus der Ofenklappe drang der R. von kaltem Koks (Bieler, Mädchenkrieg 512). **2.** (selten) *zweifelhafter Ruf:* im R. der Korruption stehen; in den R. der Willfährigkeit geraten; **ruchbar** ['ru:xba:ɐ̯, 'rʊx...] ⟨Adj.⟩ [älter: ruchtbar, zu ↑Ruch (2)] in den Verbindungen **r. werden** (geh.; *bekannt werden; in die Öffentlichkeit dringen*): die Sache wurde schnell r.; es wurde r., daß ...; **r. machen** (veraltet; *bekanntmachen, in die Öffentlichkeit tragen*).

ruchlos ['ru:xlo:s, 'rʊx...] ⟨Adj.; -er, -este; nicht adv.⟩ [mhd. ruochelōs = sorglos, unbekümmert, zu: ruoch(e) = Bedacht, Sorgfalt]: *ohne Skrupel, gewissenlos, gemein* (geh., veraltend): ein -er Mörder; eine -e Tat; ⟨Abl.:⟩ **Ruchlosigkeit,** die; -, -en: **a)** ⟨o. Pl.⟩ *ruchloses Verhalten;* **b)** *ruchlose Handlung.*

ruck!: ↑hau ruck!; **Ruck** [rʊk], der; -[e]s, -e [mhd. ruc, ahd. rucch, zu ↑rücken]: *kurze Bewegung, die abrupt, stoßartig einsetzt od. aufhört:* ein heftiger, starker R. ging durch den Zug, Bremsen kreischten; ein R. am Zügel; ein R. mit dem Kopf; plötzlich gab es einen R.; mit einem jähen R. riß ich mich los; mit einem R. hob er die schwere Kiste hoch; ohne den geringsten R. anfahren; Ü einer Sache einen R. geben (selten; *sie vorantreiben*); es gab ihr einen inneren R. *(traf sie innerlich);* wir fuhren in einem R. (ugs.; *ohne Halt*) bis Barcelona; Ich war mit einem R. (ugs.; *mit einemmal, plötzlich*) gewachsen (Bergengruen, Rittmeisterin 377); bei den Wahlen gab es einen R. nach links (ugs.; *einen erheblichen Stimmenzuwachs für die linken Parteien*); *** sich** ⟨Dativ⟩ **[innerlich] einen R. geben** (ugs.; *sich überwinden, etw. zu tun, wogegen man bestimmte Widerstände hat*).

Rück [rʏk]: ↑Rick.

rück-, Rück- (vgl. auch: zurück-, Zurück-): **~antwort,** die: **1.** *[schriftliche] Antwort* (a): sie trennte die zur R. bestimmte Kartenhälfte ab. **2.** *bereits bezahltes Telegramm, bereits frankierte Postkarte für eine Antwort,* dazu: **~antwortkarte, ~antwortpostkarte,** die; **~äußerung,** die; svw. ↑~antwort; **~beförderung,** die; **~besinnung,** die: *das Sichzurückbesinnen, Wiederaufgreifen:* die R. auf altbewährte Klassiker; **~bezüglich** ⟨Adj.; o. Steig.; nicht adv.⟩ (Sprachw.): *reflexiv:* ein -es Fürwort *(Reflexivpronomen);* **~bildung,** die (Med., Biol.): **1.** *funktions- od. altersbedingte Verkümmerung von Organen o. ä.; Involution* (2). **2.** *das Abklingen von Krankheitserscheinungen.* **3.** (Sprachw.) *Wort, das historisch gesehen aus einem Verb od. Adjektiv abgeleitet ist, aber wegen seiner Kürze den Anschein erweckt, die Grundlage des betreffenden Verbs od. Adjektivs zu sein; retrograde Bildung,* dazu: **~bildungsfähig** ⟨Adj.; nicht adv.⟩; **~bleibsel** ['rʏkblaipsl̩], das; -s, - (veraltet): svw. ↑~stand (1); **~blende,** die (Film): *in einen [Spiel]film eingeblendeter Abschnitt, der ein zur Zeit des dargestellten Handlungsablaufs bereits vergangenes Ereignis, Geschehen wiedergibt;* **~blenden** ⟨sw. V.; hat; nur im Inf. u. 2. Part. gebr.⟩ (Film): *als Rückblende einblenden:* Im dritten Akt wird eine Totschlagszene rückgeblendet (MM 5. 5. 69, 24); **~blick,** der: *gedankliches Betrachten, Zurückverfolgen von Vergangenem:* R. auf die zwanziger Jahre, in die Geschichte halten; *** im**/(seltener:) **in R. auf ...** *(in der nachträglichen Betrachtung von etw. Vergangenem),* dazu: **~blickend** ⟨Adj.; o. Steig.⟩ *in nachträglich betrachtender, untersuchender Weise:* eine -e Selbstbeobachtung; diese Taktik muß r. als verfehlt bezeichnet werden; **~blickspiegel,** der: svw. ↑~spiegel; **~buchen** ⟨sw. V.; hat; nur im Inf. u. 2. Part. gebr.⟩ (Kaufmannsspr.): svw. ↑stornieren (1), dazu: **~buchung,** die (Kaufmannsspr.): svw. ↑Stornobuchung; **~datieren** ⟨sw. V.; hat; nur im Inf. u. 2. Part. gebr.⟩: *etw. nachträglich mit einem früheren Datum versehen;* **~deckungsversicherung,** die (Versicherungsw.): *Versicherung, die ein Betrieb zur Deckung der Kosten abschließt, die sich aus Pensionszusagen ergeben;* **~drehend** ⟨Adj.; o. Steig.⟩ (Met.): *(vom Wind) sich entgegen der Uhrzeigerrichtung drehend* (Ggs.: rechtdrehend); **~einfuhr,** die (Wirtsch.): svw. ↑Reimport; **~entwicklung,** die (Med., Biol.): svw. ↑~bildung (1); **~erbittung,** die (Amtsdt.): *(von Dokumenten o. ä.) Bitte um Rückgabe:* wir senden Ihnen die Unterlagen unter R.; **~erinnerung,** die; **~eroberung,** die: die R. einer Stadt; **~erstatten** ⟨sw. V.; hat; nur im Inf. u. 2. Part. gebr.⟩: *jmdm. etw. zurückzahlen, zurückgeben:* jmdm. die Reisekosten, Auslagen r., dazu: **~erstattung,** die: **a)** *das Rückerstatten:* die R. von Steuern, Schulden; **b)** (jur.) *Entschädigung für widerrechtliche Enteignungen in der Zeit des Nationalsozialismus;* **~fahrkarte,** die: *Fahrkarte, die zur Hin- u. Rückfahrt berechtigt;* **~fahrlicht,** das (schweiz.): svw. ↑~fahrscheinwerfer; **~fahrschein,** der: vgl. ~fahrkarte; **~fahrscheinwerfer,** der (Kfz.-T.): *Scheinwerfer bei Kraftfahrzeugen, der beim Rückwärtsfahren aufleuchtet;* **~fahrt,** die: *Fahrt, Reise, die vom Ziel zum Ausgangspunkt zurückführt* (Ggs.: Hinfahrt); **~fall,** der [nach frz. recidive, zu lat. recidīvus, ↑rezidiv]: **1.** *erneutes Auftreten einer scheinbar überstandenen Krankheit:* ein R. ist im Befinden des Patienten eingetreten; einen schweren R. befürchten, bekommen, erleiden. **2.** *das Zurückfallen in einen früheren, schlechteren Zustand,* ein R. in alte Fehler, in die Kriminalität; das bedeutet den R. in die Barbarei. **3.** (jur.) *erneutes Begehen einer bereits begangenen u. abgebüßten Straftat:* Diebstahl im R., dazu: **~fällig** ⟨Adj.; o. Steig.; nicht adv.⟩ [LÜ von lat. recidīvus, ↑rezidiv]: **1.** *(von einer Krankheit) [nicht überwunden, sondern] erneut auftretend:* -e Beschwerden nach einer Operation. **2.** *etw. scheinbar Überwundenes erneut praktizierend:* er wurde r. und begann wieder zu trinken. **3.** (jur.) *erneut, wiederholt straffällig:* ein -er Betrüger; er wurde in kurzer Zeit wieder r., **~fälligkeit,** die ⟨o. Pl.⟩: *das Rückfälligwerden,* **~fallkriminalität,** die (jur.): *Kriminalität von Tätern, die rückfällig geworden sind,* **~falltat,** die (jur.): vgl. ~fallkriminalität, **~falltäter,** der (jur.): *Täter, der rückfällig (3) geworden ist;* **~fenster,** das: svw. ↑Heckfenster; **~flug,** der: vgl. ~fahrt (Ggs.: Hinflug); **~fluß,** der: **1.** *das Zurückfließen:* der R. des Blutes; Ü der R. der Urlauber legte den Verkehr lahm. **2.** (Wirtsch.) *das Zurückfließen von Geldern, Kapital, Aufwendungen o. ä.:* den R. der Petrodollars stoppen, dazu: **~flußstücke** ⟨Pl.⟩ (Bankw.): *Stücke einer Neuausgabe von Wertpapieren, die nicht zu längerfristigen Anlagezwecken erworben wurden, sondern bald wieder verkauft werden;* **~forderung,** die (Wirtsch.): *Aufforderung zur Rückgabe von Waren, Geld, Kapital o. ä.;* **~fracht,** die (Wirtsch.): *bei der Rückfahrt, beim Rückflug beförderte Fracht* (Ggs.: Hinfracht); **~frage,** die: *erneute, wiederholte Anfrage zur Klärung bestimmter Einzelheiten, die eine bereits besprochene Angelegenheit betreffen:* nach telefonischer R. konnte der strittige Punkt geklärt werden, dazu: **~fragen** ⟨sw. (landsch. auch: st.) V.; hat; nur im Inf. u. 2. Part. gebr.⟩: *eine Rückfrage stellen:* ich hatte mißtrauisch rückgefragt; **~front,** die: *Rückseite eines Gebäudes o. ä.* (Ggs.: Vorderfront); **~führung,** die: **1.** *das Zurückführen:* die R. der Truppen anordnen. **2.** (Völkerr.) *das Zurückkehrenlassen von Kriegs- od. Zivilgefangenen in ihr Land; Repatriierung;* **~gabe,** die: **1.** *das Zurückgeben von etw. [was man [aus]geliehen hat]:* die R. der Wertgegenstände regeln; gegen R. der Eintrittskarte; mit der Bitte um schnelle R. **2.** (Sport, bes. Fußball) *das Zurückspielen des Balles [zum eigenen Torwart]:* Kritisch wurde es besonders, als Liebrich eine R. machte (Walter, Spiele 210), dazu: **~gabepflicht,**

die: vgl. ~gaberecht, **~gaberecht,** das: *das Recht, eine Ware o. ä. zurückzugeben,* **~gabetermin,** der; **~gang,** der: *Verminderung, Abnahme von etw.:* der katastrophale R. des geistigen Lebens; einen merklichen R. an Besuchern, Geburten, Krankheiten zu verzeichnen haben; die Kriminalität ist im R. begriffen, dazu: **~gängig** 〈Adj.; nicht adv.〉: **1.** *in seiner Entwicklung so beschaffen, daß ein Rückgang zu verzeichnen ist:* Allgemein -e Arten ... sind im Brachland häufig anzutreffen (Tier 12, 1971, 42). **2. * etw. r. machen** *(etw., was bereits beschlossen, eingetreten ist, annullieren, für aufgehoben, ungültig erklären):* einen Beschluß, eine Vereinbarung, einen Kauf, die Verlobung r. machen, dazu: **~gängigmachung,** die; -, -en: *das Rückgängigmachen;* **~gebildet** 〈Adj.; o. Steig.; nicht adv.〉: **1.** (Med., Biol.) *in seiner Entwicklung im Zustand der Rückbildung* (1, 2): ein -es Organ. **2.** (Sprachw.) *als Rückbildung* (3) *gebildet, retrograd* (3); **~gekoppelt** 〈Adj.; o. Steig.; nicht adv.〉 (Kybernetik, Elektrot.): *mit Rückkopplung:* -e Schieberegister; **~gewinnung,** die: *das Wiedergewinnen von etw.:* die R. verlorener Gebiete; **~gliederung,** die: *das Wiedereingliedern:* die R. in den Arbeitsprozeß; **~grat,** das: svw. ↑Wirbelsäule: im weichen Sessel findet das R. wenig Halt; sich das R. verletzen, brechen; Ü das R. *(die wesentliche Stütze)* des Staates, der kleine Sparer (Remarque, Obelisk 57); er ist ein Mensch ohne R. *(ein Mensch, der nicht den Mut hat, seine Überzeugung offen nach außen zu vertreten);* *** jmdm. das R. brechen** (ugs.: 1. *auf jmdn. in einer Weise Druck ausüben, daß er seinen eigenen Willen aufgibt u. sich unterwirft; jmdm. die Widerstandskraft nehmen.* 2. *jmdn., ruinieren*); **jmdm. das R. stärken** *(jmdm. durch Unterstützung seiner Auffassung, Position o. ä. zeigen, daß man auf seiner Seite steht);* **R. zeigen/haben** *(offen zu seiner Auffassung, Überzeugung stehen, nicht bereit sein, sich entgegen seiner eigenen Auffassung, Überzeugung bestimmten Meinungen, Anweisungen zu unterwerfen),* dazu: **~gratlos** 〈Adj.; -er, -este; nicht adv.〉: *unfähig, Rückgrat zu zeigen, ohne Rückgrat* (Ü); **~grat[s]verbildung,** die: *Verbildung der Wirbelsäule,* **~grat[s]verkrümmung,** die: vgl. ~grat[s]verbildung, **~grat[s]verletzung,** die; **~griff,** der: **1.** (jur.) svw. ↑Regreß. **2.** *das Wiederaufgreifen von bestimmten Ideen, Vorstellungen, Erscheinungen o. ä.:* durch neue -e auf die Dialektik Hegels seine Anschauungen ändern; **~halt,** der 〈Pl. selten〉: **1.** *fester Halt:* wirtschaftlichen, moralischen R. brauchen; finanziellen R. suchen, finden; er hat an seinen Nachbarn einen festen R.; die Partei verlor aber schon bald ihren R. in der Arbeiterbewegung. **2. * ohne R.** *([ganz offen u.] ohne jeden Vorbehalt; rückhaltlos):* sich ohne R. zu etw. bekennen, dazu: **~haltlos** 〈Adj.; -er, -este〉: *[ganz offen u.] ohne jeden Vorbehalt:* -e Kritik; mit -er Offenheit; einen -en Kampf führen; mit ihm kann man r. über alles sprechen; jmdm. r. vertrauen, **~haltlosigkeit,** die; **~hand,** die 〈o. Pl.〉 (Sport, bes. [Tisch]tennis): *Schlag, der in einer Haltung ausgeführt wird, bei der die den Schläger führende Hand mit dem Handrücken zum Netz, in Richtung des Gegners zeigt:* R. spielen; den Ball mit der R. annehmen; eine mäßige R. haben, dazu: **~handschlag,** der (Sport, bes. [Tisch]tennis): svw. ↑~hand, **~handwurf,** der (Handball, Wasserball): *Wurf, bei dem der Spieler mit dem Rücken zum Tor od. zu einem Mitspieler den Ball wirft;* **~kampf,** der: vgl. ~spiel; **~kauf,** der (Kaufmannsspr.): svw. ↑Wiederkauf, dazu: **~kaufsrecht,** das (Kaufmannsspr.): svw. ↑Wiederkaufsrecht; **~kehr**: ↑Rückkehr; **~koppeln** 〈sw. V.; hat; nur im Inf. u. 2. Part. gebr.〉 (Kybernetik, Elektrot.): *eine Rückkopplung* (1, 2) *bewirken,* dazu: **~koppelung, ~kopplung,** die: **1.** (Kybernetik) svw. ↑Feedback (1). **2.** (Elektrot.) *Rückführung eines Teils der von einer Verstärkeranlage abgegebenen Energie auf die Anlage selbst (die in einem angeschlossenen Lautsprecher einen schrillen Ton erzeugen kann):* die Anlage hatte einen teuflischen Piepton, wegen der unvermeidlichen Rückkopplung (Spiegel 39, 1976, 207); **~kreuzen** 〈sw. V.; hat; nur im Inf. u. 2. Part. gebr.〉 (Biol.): *durch Rückkreuzung hervorbringen:* Auerochsen können aus Hausrindern rückgekreuzt werden; **~kreuzung,** die (Biol.): *Kreuzung eines mischerbigen Individuums mit einem Typ der Elterngeneration;* **~kühlen** 〈sw. V.; hat; nur im Inf. u. 2. Part. gebr.〉 (Technik): *auf die ursprüngliche Temperatur zurückbringen:* das Kühlwasser wird rückgekühlt; **~kühlung,** die (Technik): *das Rückkühlen;* **~lage,** die: **1. a)** *[gespartes] Geld, das zur Sicherheit, für den Notfall zurückgelegt wird:* eine kleine R. auf der Sparkasse haben; das Geld stammt aus -n; **b)** 〈Pl.〉 (Wirtsch.) *Kapital, das in Betrieben in Reserve gehalten wird; Reservefonds, -kapital:* eine gesetzliche, freie R.; offene *(in der Bilanz ausgewiesene), stille (in der Bilanz nicht ausgewiesene)* -n; -n gehören wie das Grundkapital zum Eigenkapital der Unternehmung (Rittershausen, Wirtschaft 78). **2.** *Haltung, bei der das Körpergewicht durch Neigen des Körpers nach hinten auf die Enden der Ski verlagert wird;* **~lauf,** der: *das Sichzurückbewegen, Zurückbewegtwerden, Zurücklaufen o. ä. in Richtung des Ausgangspunktes:* der R. des Wassers, der Maschine, des Lösungsmittels, dazu: **~laufeffekt,** der (Film): *Effekt, der darin besteht, daß etw., was sich im Film nach vorwärts bewegt, optisch als etw. Zurücklaufendes erscheint;* **~läufer,** der (Postw.): *Postsendung, die unzustellbar ist u. zurückgesandt wird,* **~läufig** 〈Adj.; o. Steig.〉: **1. a)** svw. ↑~gängig: eine -e Entwicklung konstatieren; die Produktion, die Gesamtzahl der Unfälle ist r.; **b)** *in Richtung des Ausgangspunktes verlaufend, führend:* die Ereignisse r. aufrollen; ein -es (Sprachw.; *vom Ende eines Wortes her alphabetisiertes*) Wörterbuch. **2.** (Astron.) *(von Planeten) eine Bahn von Ost nach West beschreibend, retrograd* (2) (Ggs.: rechtläufig): der Planet wandert ... r. etwa an der Grenze von Löwe und Jungfrau (Kosmos 1, 1965, 18); **~lehne,** die: svw. ↑Rückenlehne; **~licht,** das 〈Pl. -er〉: *kleine Lampe mit rotem Licht, die hinten an Fahrzeugen angebracht ist;* **~leuchte,** die: svw. ↑~licht; **~marsch,** der: vgl. ~fahrt (Ggs.: Hinmarsch): den R. antreten; auf dem R. sein; **~melder,** der (Elektrot.): *Fernmeldeanlage, die die Ausführung bestimmter Vorgänge optisch od. akustisch anzeigt;* **~nahme,** die 〈Pl. selten〉: *das Zurücknehmen;* **~paß,** der (Ballspiele, Eishockey): *Paß, der in die eigene Spielfeldhälfte zurückgespielt wird;* **~platz,** der (veraltet): vgl. ~sitz; **~porto,** das: *Porto, das einem Schreiben für die Rückantwort beigelegt ist;* **~prall,** der: *das Zurückprallen:* der R. eines Balles, Geschosses; **~projektion,** die (Film): *Darstellung des Hintergrunds einer Film- od. Theaterszene mit Filmbildern od. Diapositiven, die von hinten auf eine lichtdurchlässige Wand projiziert werden;* **~rechnung,** die (Wirtsch.): *Ermittlung des Materialverbrauchs als Teil der betrieblichen Kostenrechnung;* **~reise,** die: vgl. ~fahrt (Ggs.: Hinreise); **~reißer,** der (Ringen): *Griff, bei dem der Angreifer einen Nackenhebel ansetzt, sich mit dem Rücken zu Boden wirft u. dabei seinen Gegner mit sich reißt;* **~ruf,** der: *Telefongespräch als Antwort auf ein [kurz] zuvor geführtes Telefongespräch:* ich warte auf deinen R. **2.** (jur.) *Rücknahme des Nutzungsrechts (im Urheberrecht).* **3.** *das Zurückbeordern von etw.;* **~runde,** die (Sport): vgl. ~spiel; **~schalttaste,** die: svw. ↑~taste; **~schau,** die: vgl. ~blick: R. [auf die letzten Jahre] halten; etw. aus der R. sehen, dazu: **~schauend** 〈Adj.; o. Steig.〉: vgl. ~blickend; **~scheibe,** die: vgl. ~fenster; **~schein,** der (Postw.): *Bescheinigung, die jmd. bei Empfang eines Einschreibens, Paketes o. ä. als Bestätigung für den Absender unterschreibt;* **~schlag,** der: **1.** *plötzliche Verschlechterung, die nach einer Phase des Vorankommens [unerwartet] eintritt:* in seinem Leben gab es immer wieder Rückschläge; nach verheißungsvollem Anfang trat ein schwerer R. ein; einen R. erleben, erleiden, überwinden. **2.** (Sport) *das Zurückschlagen des Balles in die gegnerische Spielfeldhälfte; Return.* **3.** (Technik) svw. ↑~stoß, zu 2: **~schlagspiel,** das (Sport), **~schlagventil,** das (Technik): *Ventil, das sich bei Gegenströmung selbständig schließt u. dadurch das Zurückströmen von Flüssigkeit verhindert;* **~schluß,** der 〈meist Pl.〉: *aus einem bestimmten Sachverhalt abgeleitete logische Folgerung, aus der sich Erkenntnisse über einen anderen Sachverhalt gewinnen lassen:* die Rückschlüsse auf die Tat sind nicht zwingend; diese Anhaltspunkte erlauben keine Rückschlüsse, lassen allerhand Rückschlüsse zu; **~schnitt,** der (Landw., Gartenbau): *das Stutzen der Triebe (bes. bei Obstbäumen), durch das der Wuchs, die Erträge u. die Qualität der Früchte verbessert werden sollen:* Zierquitte und Mandelbäumchen erhalten einen R. (Augsburger Allgemeine 11. 6. 78, 42); **~schreiben,** das: vgl. ~antwort; **~schritt,** der: *Entwicklung, die zu einem schlechteren, längst überwundenen Zustand führt; das Zurückfallen auf eine niedrigere Stufe der Entwicklung:* eine solche Entscheidung würde einen R. bedeuten, mit sich bringen, dazu: **~schrittler,** der [...ʃrɪtlɐ], der; -s, -: *jmd., der sich jeder fortschrittlichen Entwicklung entgegenstellt; Reaktionär,* **~schrittlich** [...ʃrɪtlɪç] 〈Adj.〉: **a)** *gegen den Fortschritt gerichtet; reaktionär:* ein -er Politiker; daß Leute, die sich fortschrittlich nannten, so ausgesprochen -e Züge offenbarten (Gerlach, Demission 121); r. sein; **b)** *den Rückschritt ausdrückend:* eine -e Betriebsverfassung, dazu: **~schrittlichkeit,** die; -: *rückschrittliche Art, rückschrittliches Denken, Handeln;* **~schwingen** ⟨st. V.; ist; nur im Inf. u. 2. Part. gebr.⟩ (Turnen): *den Körper nach hinten schwingen;* **~schwung,** der (Turnen): *nach rückwärts ausgeführter Schwung;* **~seite,** die: *hintere, rückwärtige Seite von etw.* (Ggs.: Vorderseite): die R. des Zettels; er stellte die Leiter an die R. des Hauses, dazu: **~seitenwetter,** das ⟨o. Pl.⟩ (Met.): *unbeständiges, meist kühles Wetter (auf der Rückseite einer Kaltfront) mit raschem Wechsel zwischen Regenschauern u. Aufheiterung*; **seitig** ⟨Adj.; o. Steig.⟩: *auf der Rückseite befindlich, angebracht:* der -e Eingang; **~sendung,** die: vgl. ~fahrt; **~sicht,** die [2: LÜ von lat. respectus, ↑Respekt]: **1.** ⟨meist Sg.⟩ *Verhalten, das die besonderen Gefühle, Interessen, Bedürfnisse, die besondere Situation anderer berücksichtigt, feinfühlig beachtet:* keine R. kennen, verlangen; jmdm. R. schulden; keinerlei R. gegenüber jmdm. üben; du brauchst keine R. auf mich, auf meinen Zustand zu nehmen; er forderte mit R. auf den starken Alkoholkonsum *(unter Berücksichtigung des starken Alkoholkonsums)* des Angeklagten eine mildere Strafe; etw. ohne R. auf die persönlichen Verhältnisse der Betroffenen *(ohne Berücksichtigung ihrer persönlichen Verhältnisse)* anordnen; ***ohne R. auf Verluste** (ugs.; *Verlust, Schaden, Nachteile für sich selbst u. andere in Kauf nehmend; rücksichtslos*). **2.** ⟨Pl.⟩ *Gründe, Überlegungen, die Ausdruck bestimmter Umstände sind:* gesellschaftliche, finanzielle -en bewogen ihn, so zu handeln. **3.** ⟨o. Pl.⟩ *Sicht nach hinten (durch das Rückfenster eines Autos):* die Heizfolien an den Heckscheiben verschlechtern die R., zu 1: **~sichtlich** ⟨Präp. mit Gen.⟩ (Papierdt.): *unter Berücksichtigung:* r. seiner Fähigkeiten, **~sichtnahme,** die ⟨o. Pl.⟩: *das Rücksichtnehmen, Berücksichtigen bestimmter Gefühle, Interessen, Umstände:* eine verständnisvolle R.; im Straßenverkehr ist gegenseitige R. notwendig, **~sichtslos** ⟨Adj.; -er, -este⟩ (abwertend): **a)** *keine Rücksicht* (1) *auf jmdn., etw. nehmend; ohne Rücksichtnahme:* ein -er Autofahrer; -es Verhalten; er konnte furchtbar r. sein; sie schoben sich r. durch die Menschenmenge; **b)** *schonungslos:* eine -e Kritik; ein -er Kampf; -e Machtpolitik betreiben, dazu: **~sichtslosigkeit,** die; -; -en ⟨Pl. selten⟩: *das Rücksichtslossein, Mißachtung der Gefühle, Interessen o. ä. anderer:* das ist eine grobe R. von ihm; er fuhr mit äußerster R., **~sichtsvoll** ⟨Adj.⟩: *in taktvoller, schonender Art u. Weise:* -e Nachbarn; jmdn. r. behandeln; ich teilte ihr die Nachricht so r. wie möglich mit; **~siedeln** ⟨sw. V.; hat; nur im Inf. u. 2. Part. gebr.⟩: *jmdn., der längere Zeit in einem anderen Land gewohnt hat, in sein Herkunftsland zurückführen, zurückkehren lassen;* **~sied[e]lung,** die: einen Antrag auf R. stellen; **~siedler,** der; **~sitz,** der: *hinterer Sitz[platz] eines [Kraft]fahrzeuges* (Ggs.: Vordersitz); **~spiegel,** der: *kleiner Spiegel an, in einem Kraftfahrzeug, durch den der Fahrer die rückwärtige Fahrbahn u. den rückwärtigen Verkehr beobachten kann;* **~spiel,** das (Sport): *das zweite von zwei festgesetzten, vereinbarten Spielen zwischen den gleichen Mannschaften;* vgl. Hinspiel; **~sprache,** die: *Besprechung über Fragen, Angelegenheiten, die noch nicht geklärt sind:* nach R. mit ...; jmdn. um eine persönliche R. bitten; ***mit jmdm. R. nehmen/halten** *(Fragen, Angelegenheiten, die noch nicht geklärt sind, mit jmdm. besprechen);* **~spulen** ⟨sw. V.; hat⟩; nur im Inf. u. 2. Part. gebr.⟩: svw. ↑zurückspulen, dazu: **~spulknopf,** der: *Knopf, durch dessen Betätigung ein Film o. ä. zurückgespult wird,* **~spultaste,** die: vgl. ~spulknopf, **~spulung,** die: *das Zurückspulen;* **~stand,** der: **1.** *das, was von einem Stoff bei dessen Bearbeitung, Verarbeitung, Verwendung übrigbleibt; Rest:* ein chemischer R.; der R. einer Verbrennung; Giftstoffe aus Rückständen von Schädlingsbekämpfungsmitteln beseitigen. **2.** ⟨meist Pl.⟩ *Rechnungsbetrag, der bereits fällig, aber noch nicht bezahlt ist; noch ausstehende Geldsumme einer zu begleichenden Zahlung:* ein R. in der Miete; Rückstände eintreiben, bezahlen; ***im R. sein** *(noch etw. zu bezahlen haben):* ein R. in der Miete; mit der Miete im R. sein; **in R. geraten** *(fälligen Zahlungen nicht nachkommen [können]):* sie gerieten mit den Raten für das Klavier in R. **3. a)** *das Zurückbleiben hinter einer Verpflichtung, einer bestimmten Norm:* der R. in der Produktion kann nicht mehr aufgeholt werden; **b)** (Sport) *Abstand, mit dem jmd. hinter der Leistung seines Konkurrenten, seines Gegners zurückbleibt:* der R. des Hauptfeldes auf die Spitzengruppe betrug 2 Minuten, wuchs auf 6 Minuten an; er schob sich mit 38 Hundertstel Sekunden R. auf den zweiten Platz; Ü der Westen will den R. in der Rüstung aufholen, dazu: **~ständig** ⟨Adj.⟩: **1.** ⟨nicht adv.⟩ svw. ↑unterentwickelt: ein -es Agrarland in ein Industrieland verwandeln. **2.** svw. ↑~schrittlich: -es Denken. **3.** ⟨nicht adv.⟩ (veraltend) *ausstehend* (2): -en Lohn einklagen, zu 1, 2: **~ständigkeit,** die; -: *das Rückständigsein;* **~stau,** der: **a)** (Technik) *Stau, durch den ein Zurückfließen bewirkt wird:* durch den R. der Mosel kam es zu Überschwemmungen; **b)** *Stau, durch den sich eine lange Schlange von Fahrzeugen bildet;* **~stellkraft,** die (Physik): *Kraft, die bewirkt, daß etw., was schwingungsfähig ist u. ausschlägt* (8 a) *(z. B. ein Pendel), wieder in die Ausgangslage zurückgetrieben wird; Richtkraft,* **~stelltaste,** die: svw. ↑~taste; **~stellung,** die: **1.** (Wirtsch.) *Posten, die in der Bilanz als zu erwartende, in der Höhe noch unbestimmte Ausgaben (Verbindlichkeiten) ausgewiesen sind:* -en für Alterssicherung. **2.** *das Zurückstellen:* die R. vom Examen beantragen; es wurde die R. des Projekts um ein Jahr gefordert; **~stoß,** der: **1.** (Physik) *Antriebskraft, die dadurch entsteht, daß ein Körper Masse* (5), *bes. Brennstoff, Gas, Strahlen o. ä., abstößt, wodurch eine Kraft freigesetzt wird, die rückwirkend auf den abstoßenden Körper als antreibende Kraft einwirkt (z. B. bei Raketen).* **2.** *durch Rückstoß* (1) *ausgelöster [heftiger] Stoß nach rückwärts beim Abfeuern einer Schußwaffe o. ä.:* das Gewehr hat einen starken R., dazu: **~stoßantrieb,** der (Technik): *Antrieb durch Rückstoß* (1), **~stoßfrei** ⟨Adj.⟩: *(von Waffen) ohne Rückstoß* (2); **~strahler,** der: vgl. Katzenauge (2), Reflektor (5); **~strahlung,** die (Physik): svw. ↑Reflexion (1); **~strom,** der: vgl. ~fluß (1); **~stufung,** die: *das Zurückstufen, Versetzen auf eine niedrigere Stufe:* eine R. des Gehalts; **~taste,** die: *Taste an der Schreibmaschine, durch deren Betätigung der Wagen um einen Buchstaben zurückgeschoben wird;* **~tausch,** der: *das Zurücktauschen von Devisen in die Währung, aus der man sie ursprünglich umgetauscht hatte;* **~transport,** der: *das Zurücktransportieren;* **~tritt,** der: **1.** *das Zurücktreten, Niederlegen eines Amtes (bes. von Mitgliedern einer Regierung):* der R. des Kabinetts; seinen R. anbieten; jmdn. zum R. veranlassen; der Minister nahm seinen R. (veraltend; *trat zurück*). **2.** (jur.) *das Zurücktreten, einseitiges Sichlossagen von einem Vertrag, wobei beide Vertragspartner zur Rückgabe erbrachter Leistungen verpflichtet sind.* **3.** svw. ↑~trittbremse, dazu: **~trittbremse,** die: *Bremse an Zweirädern, bes. Fahrrädern, die durch Zurücktreten der Pedale betätigt wird,* **~trittsabsicht,** die: -en äußern, **~trittsdrohung,** die, **~trittserklärung,** die, **~trittsforderung,** die, **~trittsfrist,** die (jur.): *Frist, vor deren Ablauf ein Rücktritt* (2) *möglich ist,* **~trittsgesuch,** das, **~trittsrecht,** das ⟨o. Pl.⟩ (jur.): *das Recht, von einem Vertrag zurückzutreten;* **~übersetzen** ⟨sw. V.; hat; nur im Inf. u. 2. Part. gebr.⟩: *einen übersetzten Text wieder in die Sprache des Originals übersetzen;* **~übersetzung,** die; **~vergüten** ⟨sw. V.; hat; nur im Inf. u. 2. Part. gebr.⟩ (Wirtsch.): *eine Rückvergütung* (1 b, 2) *zahlen;* **~vergütung,** die: **1.** (Wirtsch.) **a)** *das Auszahlen eines Teils einer bereits gezahlten Summe als Rabatt od. Gewinnbeteiligung:* eine R. vornehmen; **b)** *der als Rückvergütung* (1 a) *gezahlte Betrag:* die R. überweisen. **2.** (Versicherungsw.) svw. ↑Beitragsrückerstattung; **~verladung,** die: *Verladung für den Rücktransport;* **~versicherer,** der: **1.** *jmd., der sich rückversichert* (1): „Du Drecksack, du erbärmlicher R.!" (Apitz, Wölfe 367). **2.** (Versicherungsw.) *Versicherungsgesellschaft, die gegen Entgelt eine andere Versicherungsgesellschaft finanziell absichert;* **~versichern** ⟨sw. V.; hat; nur im Inf. u. 2. Part. gebr.⟩: **1.** ⟨r. + sich⟩ *sich [übervorsichtig, überängstlich] nach verschiedenen Seiten hin od. bei einer [übergeordneten] Stelle, Person absichern.* **2.** (Versicherungsw.) *sich als Versicherungsgesellschaft bei einer anderen Versicherungsgesellschaft finanziell absichern;* **~versicherung,** die: *das Rückversichern* (1, 2); **~wand,** die: vgl. ~seite; **~wanderer,** der: *jmd., der aus der Emigration od. als Rücksiedler in seine Heimat zurückkehrt; Remigrant;* **~wandern** ⟨sw. V.; ist; nur im Inf. u. 2. Part. gebr.⟩: *aus der Emigration od. als Rücksiedler in seine Heimat zurückkehren;* **~wärtig** [...vɛrtɪç] ⟨Adj.; o. Steig.⟩: *hinter jmdm., einer Sache befindlich, im Rücken von jmdm., etw. befindlich:* die -en Verbindungen des Feindes zerstören; auf den -en Verkehr achten; **~wärts** ⟨Adv.⟩ [↑-wärts]: **1.**

(Ggs.: vorwärts) **a)** *nach hinten:* ein Blick r.; am Barren eine Rolle r. machen; **b)** *mit dem Rücken, der Rückseite voran:* r. gehen, fahren; den Wagen r. aus der engen Gasse manövrieren. **2.** (Ggs.: vorwärts) **a)** *in Richtung des Ausgangspunkts, von hinten nach vorn:* ein Band r. laufen lassen; dieses Wort kann man vorwärts und r. lesen; **b)** *in die Vergangenheit zurück:* Die nach r. gerichtete Romantik wird in bezug auf die Gegenwart leicht zynisch (Rehn, Nichts 46). **3.** (ugs.) *zurück, auf dem Rückweg:* r. fahren wir über Mainz, besuchen wir meinen Freund in Frankfurt. **4.** (südd., österr.) *hinten:* r. am Haus; von r. kommen; r. *(hinten)* einsteigen!, dazu: **~wärtsbewegung,** die, **~wärtsdrall,** der, **~wärtsdrehung,** die, **~wärtsgang,** der: **1.** (Technik) *Gang* (6) *eines Motorfahrzeugs für das Rückwärtsfahren:* im R. fahren; Ü am besten, wir legen schnell den R. ein (ugs. scherzh.; *verschwinden schnell*). **2.** *das Gehen mit dem Rücken voran,* **~wärtsgehen** ⟨unr. V.; ist⟩ (ugs.): *schlechter werden* (Ggs.: vorwärtsgehen), **~wärtsgewandt** ⟨Adj.; o. Steig.⟩: **1.** *nach hinten gewandt.* **2.** *auf Vergangenes gerichtet,* **~wärtsversicherung,** die (Versicherungsw.): *Versicherungsschutz für Schäden, die bereits vor Abschluß des Vertrags vorhanden, aber noch nicht bekannt waren;* **~wechsel,** der (Bankw.): *Wechsel, durch den jmd., der über mehrere Empfänger einen vom Aussteller nicht bezahlten Wechsel erhalten hat, einen der vorigen Empfänger auffordert, den fälligen Betrag zu zahlen; Rikambio; Ritratte;* **~weg,** der: vgl. ~fahrt (Ggs.: Hinweg): den R. antreten; jmdm. den R. abschneiden, versperren; sich auf den R. machen; auf dem R. wollten sie bei uns vorbeischauen; **~wendung,** die: *erneute Orientierung an einer Person, einer geistigen, ideologischen o. ä. Strömung, Bewegung:* die R. des europäischen Katholizismus nach Rom; **~wirkend** ⟨Adj.; o. Steig.⟩: **1.** *von einem bestimmten vergangenen Zeitpunkt an [gültig]:* die Lohnerhöhung gilt r. vom 1. März. **2.** *Rückwirkung* (1) *ausübend:* eine -e Kraft, dazu: **~wirkung,** die: **1.** *Wirkung, die durch jmdn. od. etw. ausgelöst wird u. auf diese Person od. Sache zurückwirkt:* wechselseitige -en; vom Militär können auch destruktive -en auf den eigenen Staat ausgehen. **2.** *rückwirkende* (1) *Gültigkeit:* dieses Gesetz hat keine R.; mit R. *(rückwirkend* 1); **~zahlbar** ⟨Adj.⟩: *so beschaffen, daß es zurückgezahlt werden kann:* r. in Raten; **~zahlung,** die: vgl. ~erstattung (a), dazu: **~zahlungsbedingungen** ⟨Pl.⟩, **~zahlungsfrist,** die: *Frist, innerhalb deren etw. zurückgezahlt werden muß,* **~zahlungstermin,** der: vgl. ~frist; **~zieher,** der: **1.** (ugs.) *das Zurückziehen von [groß angekündigten] Versprechungen, Forderungen, Behauptungen od. das Zurückweichen vor deren Konsequenzen:* ... und läßt sich dann unter dem Geschrei der Gegner zu dem R. herbei (Spiegel 52, 1965, 8); * **einen R. machen** (ugs.; *[einlenkend] zurückstecken*). **2.** (Fußball) *ein über den eigenen Kopf rückwärts gespielter Ball.* **3.** (salopp verhüll.) svw. Coitus interruptus (↑Koitus); **~zug,** der: *(bes. von Truppen o. ä.) das Sichzurückziehen [vor einem überlegenen Gegner, Feind]:* ein geordneter, planmäßiger, überstürzter R.; den R. der Truppen befehlen; den R. antreten, decken, sichern; einer Armee den R. abschneiden; auf dem R. sein; jmdn. zum R. zwingen; Ü Denn dann blieb den Menschen nichts als der R. nach innen (Thieß, Reich 370), dazu: **~zugsbefehl,** der, **~zugsbewegung,** die, **~zugsgebiet,** das: **a)** (Völkerk.) *Gebiet mit ungünstigen Lebensbedingungen, in das primitive Völker von erobernden Völkern abgedrängt wurden;* **b)** (Biol.) svw. ↑Refugialgebiet; **c)** (Sprachw.) svw. ↑Reliktgebiet (1), **~zugsgefecht,** das: *Kampfhandlung zur Sicherung des Rückzugs:* erbitterte -e; Truppenteile in -e verwickeln, **~zugslinie,** die, **~zugsmanöver,** das: vgl. ~gefecht.

ruckartig ['rʊk-] ⟨Adj.; o. Steig.⟩: **a)** *mit einem Ruck, unvermittelt:* r. stehenbleiben; sie bremste r.; **b)** *kurz, abgesetzt u. ungleichmäßig:* -e Bewegungen.

ruckedigu [rʊkədi'gu:] ⟨Interj.⟩: lautm. für das Gurren der Tauben; ⟨subst.:⟩ **Ruckedigu** [-], das; -s, -s: *das Gurren der Tauben.*

ruckeln ['rʊkl̩n] ⟨sw. V.; hat⟩ (landsch.): **a)** *ein wenig rucken, sich mit leichten Rucken bewegen:* der Wagen, der Zug ruckelt; **b)** *ein wenig rucken, mit leichten Rucken bewegen:* mit dem Stuhl r.; der Junge ruckelte an der Tür; **[1]rucken** ['rʊkn̩] ⟨sw. V.; hat⟩ [zu ↑Ruck]: *sich mit Rucken bewegen:* die Maschine ruckte und blieb stehen; **b)** *etw. mit einem Ruck, mit Rucken bewegen:* Ich ruckte die Kurbel auf Null (Bieler, Bonifaz 32).

[2]rucken [-] ⟨sw. V.; hat⟩ [lautm.] (landsch.): svw. ↑gurren.

rücken ['rʏkn̩] ⟨sw. V.⟩ [mhd. rücken, ahd. rucchen, H. u.]: **1.** ⟨hat⟩ **a)** *etw. über eine kleinere Strecke ruckweise [an einen anderen Platz] schieben od. ziehen:* einen Tisch an die Wand, nach rechts, unter das Fenster r.; die schwere Kiste ließ sich nicht [von der Stelle] r.; Holz r. (Forstw.; *das geschlagene Holz zum Lagerplatz transportieren*); **b)** *etw. durch kurzes Schieben, Ziehen [hin u. her] bewegen:* er rückte nervös an seiner Krawatte, Brille; an dem Zeiger der Uhr r.; **c)** *etw. durch kurzes Schieben, Ziehen an eine bestimmte Stelle bringen:* die Schachfiguren auf die schwarzen Felder r.; die Mütze in die Stirn r. **2.** ⟨ist⟩ **a)** *sich [sitzenderweise, mit seiner Sitzgelegenheit] auf jmdn., etw. hinbewegen:* er rückte ihr immer näher; er rückte [auf dem Sofa] in die Ecke; er war [mit seinem Stuhl] näher an den Tisch gerückt; der Zeiger rückte auf 12; Ü er ist an seine Stelle gerückt *(er hat seine Stelle, seinen Aufgabenbereich übernommen);* in den Bereich des Möglichen, in den Mittelpunkt r.; sein Vorhaben rückt in weite Ferne; **b)** *sich [sitzenderweise, mit seiner Sitzgelegenheit] ein wenig seitwärts bewegen, um jmdm. Platz zu machen:* kannst du ein bißchen r.? **3.** ⟨ist⟩ **a)** (bes. Milit.) svw. ↑ausrücken: die Truppen, Soldaten rücken an die Front, ins Feld, ins Manöver; **b)** (landsch.) *ausziehen, irgendwohin wandern, marschieren:* in die Natur, an einen See r.

Rücken [-], der; -s, - [mhd. rück(e), ruck(e), ahd. rucki, (h)rukki, eigtl. = der Gekrümmte]: **1.** *hintere Seite des Rumpfes beim Menschen zwischen Nacken u. Lenden; obere Seite des Rumpfes bei [Wirbel]tieren:* ein breiter, schmaler, gebeugter R.; jmdm. tut der R. weh; einen krummen R. haben; einen runden R. machen; den R. geradehalten; jmdm. den R. einreiben; sie drehte, wandte ihm demonstrativ den R. zu; auf dem R. liegen, schwimmen; auf den R. fallen; sie banden ihm die Hände auf den R.; jmdm. auf den R. klopfen; zum ersten Mal auf dem R. eines Pferdes sitzen; R. gegen R. stehen; hinter dem R. von jmdm. Schutz suchen; dem Hund über den R. streicheln; den Rucksack vom R. nehmen; Ü kaum wendet man den R. *(kaum ist man fort)*, da ...; solche Reden sind wie ein Dolch in den R. der Partei; die Sonne im R. *(hinter sich)* haben; er bemerkte nicht, was in seinem R. *(hinter ihm, ohne sein Wissen)* vor sich ging; jmd. versucht, mit dem R. an die Wand zu kommen *(eine günstigere Position einzunehmen);* * **verlängerter R.** (scherzh. verhüll.; *Gesäß*); **jmdm./jmdn. juckt [wohl] der R.** (↑Fell b, β); **einen breiten R. haben** (↑Buckel 1); **jmdm. den R. stärken/steifen** *(jmdm. Mut machen, ihn moralisch unterstützen);* **einen krummen R. machen** (↑Buckel 1); **den R. vor jmdm. beugen** (geh.; *jmdm. gegenüber unterwürfig sein*); **jmdm., einer Sache den R. wenden/kehren** *(nichts mehr mit jmdm., einer Sache zu tun haben wollen);* **den R. wenden/kehren** (geh.; *weggehen*); **den R. freihaben** *(ungehindert handeln können);* **sich** ⟨Dativ⟩ **den R. freihalten** *(sich in einer bestimmten Sache absichern);* **jmdm. den R. decken/freihalten** *(jmdn. in einer bestimmten Sache absichern);* **fast/beinahe auf den R. fallen** (ugs.; *sehr erstaunt, entsetzt o. ä. über etw. sein*); **schon viele Jahre/eine bestimmte Anzahl von Jahren auf dem R. haben** (↑Buckel 1); **auf jmds. R. geht viel** (ugs.; *jmd. kann viel [Kritik] vertragen, aushalten*); **hinter jmds. R.** *(ohne daß der Betroffene davon Kenntnis hat, darüber unterrichtet ist);* **jmdn., etw. im R. haben** (ugs.; *durch jmdn., etw. abgesichert sein*); **jmdm. in den R. fallen** *(als bisheriger Verbündeter, Freund o. ä. völlig überraschend gegen jmdn. Stellung nehmen);* **mit dem R. an der/zur Wand** *(in einer äußerst schwierigen Situation, in einer Lage, in der man sich energisch wehren, verteidigen muß):* der hat keine Chance. Der sieht sich ganz schnell mit dem R. an der Wand (Hörzu 8, 1976, 24); mit dem R. an der/zur Wand stehen, kämpfen; **jmdm. läuft es [heiß u. kalt] über den R./den R. herunter** (ugs.; *jmd. erschaudert vor Entsetzen, hat furchtbare Angst*). **2.** *länglicher od. flächiger oberer od. hinterer Teil von etw.:* der R. eines Buches, Sessels; der R. der Nase, des Fußes, der Hand; Am geeignetsten zum Ansteigen ist der ... begrünte R. der Ufermoränen (Eidenschink, Eis 33); auf dem R. des Berges wandern; den Umschlag mit dem R. des Messers aufreißen; das Haus steht mit dem R. *(der Rückseite)* zum Garten. **3.** ⟨o. Pl.⟩ *Rückenstück eines Schlachttiers.* **4.** ⟨meist o. Art. u. Pl.⟩ (Sport) *Rückenschwimmen:* Olympiasieger über 100 m R. sein.

rụcken-, Rụcken-: **~ausschnitt,** der: *Ausschnitt am Rücken:*

ein Kleid, Badeanzug mit tiefem R.; ~**breite,** die (Textilind.): *auf dem Rücken von Arm zu Arm gemessene Breite als Maß für Kleidungsstücke;* ~**deckung,** die: **1.** (bes. Milit.) *Deckung* (2) *gegen einen Angriff des Gegners, Feindes von hinten:* einem Stoßtrupp R. geben. **2.** *[ausdrückliche] Absicherung gegen mögliche Kritik, Angriffe, negative Konsequenzen:* SED-Funktionäre vermuten, daß Stoph für seine Taktik R. aus Moskau hat (Spiegel 50, 1977, 22); sich bei der Geschäftsleitung R. verschaffen; ~**flosse,** die: *Flosse auf dem Rücken eines Fischs;* ~**flug,** der (Kunstfliegen); ~**frei** ⟨Adj.; nicht adv.⟩ *(von Kleidern) den Rücken unbedeckt lassend:* ein -es Kleid; ~**gurt,** der: **1.** *Gurt, der das Tragen von Gegenständen auf dem Rücken erleichtert.* **2.** (Textilind.) *Gurt, der auf dem Rücken eines Kleidungsstükkes in Taillenhöhe angebracht ist;* ~**haar,** das: *Gesamtheit der Haare auf dem Rücken eines Tieres;* ~**kraulschwimmen,** das; -s (Schwimmen): *Kraulen in der Rückenlage;* ~**lage,** die: **1.** *Lage auf dem Rücken:* in der R. schwimmen; Einige Zeit kopulieren sie in der R. (Chotjewitz, Friede 102). **2.** (Skisport) svw. ↑Rücklage (2); ~**lehne,** die: *Lehne* (1) *für den Rücken;* ~**linie,** die; ~**mark,** das: [3]*Mark* (1 a), *das in der Wirbelsäule enthalten ist,* dazu: ~**mark[s]entzündung,** die, ~**mark[s]erkrankung,** die, ~**mark[s]erweichung,** die: *degenerative Veränderung des Rückenmarks; Myelomalazie,* ~**mark[s]punktion,** die, ~**mark[s]querschnitt,** der, ~**mark[s]schwindsucht,** die: *Degeneration der hinteren Stränge des Rückenmarks; Tabes* (1); ~**mark[s]tumor,** der, ~**mark[s]verletzung,** die; ~**muskel,** der ⟨meist Pl.⟩; ~**muskulatur,** die: *Gesamtheit der Muskeln im Rücken;* ~**naht,** die: *Naht in der Rückenpartie eines Kleidungsstückes;* ~**partie,** die: *hinterer Teil eines Kleidungsstückes;* ~**platte,** die: *an der Rückseite von etw. angebrachte, befindliche Platte* (1); ~**polster,** das: das R. des Sessels, der Couch; ~**schlächtig** [-ʃlɛçtɪç] ⟨Adj.; o. Steig.⟩ [zu ↑schlagen] (Fachspr.): *(von einem Wasserrad) von schräg oben her angetrieben;* vgl. mittel-, ober-, unterschlächtig; ~**schmerz,** der ⟨meist Pl.⟩: *Schmerz im Bereich des Rückens:* ich habe -en; ~**schwimmen** ⟨st. V.; im allg. nur im Inf. gebr.⟩: *in Rückenlage schwimmen* (Ggs.: brustschwimmen); ~**schwimmen,** das; -s: **1.** *das Rükkenschwimmen* (Ggs.: Brustschwimmen). **2.** svw. ↑~kraulschwimmen; ~**seite,** die; ~**stärkung,** die: *Stärkung des Selbstbewußtseins:* der Sieg gibt der Mannschaft die notwendige moralische R. für das nächste Spiel; ~**stück,** das: *Fleischstück vom Rücken eines Schlachttieres;* ~**stütze,** die: vgl. ~lehne: ein Schreibtischstuhl mit verstellbarer R.; ~**trage,** die: vgl. ~tragkorb; ~**tragkorb,** der: *Tragkorb, der auf dem Rücken getragen wird;* ~**wind,** der: *Wind, der von hinten kommt:* R. haben; die erste Halbzeit mit R. spielen; ~**wirbel,** der: *Wirbel als Teil des Rückgrats.*

ruckhaft ['rʊkhaft] ⟨Adj.; o. Steig.⟩: svw. ↑ruckartig.

Rückkehr ['rʏkke:ɐ̯], die; -: *das Zurückkommen nach längerer Abwesenheit:* eine glückliche, unerwartete R. in die Heimat; die R. der Kriegsgefangenen erwirken; bei, nach, vor seiner R. brach der Krieg aus; jmdn. zur R. bewegen; Ü die R. zu alten Gewohnheiten; er lehnt die R. in das politische Leben ab; ⟨Abl.:⟩ **Rückkehrer,** der; -s, -: *jmd., der nach längerer Zeit [in sein Land] zurückkehrt;* **Rückkunft** ['rʏkkʊnft], die; - (geh.): svw. ↑Rückkehr; **rücklings** ['rʏklɪŋs] ⟨Adv.⟩ [mhd. rückelinges, -lingen, ahd. ruchilingun]: **1. a)** *mit dem Rücken* (1): er lehnte r. am Arbeitstisch; **b)** *auf den, dem Rücken; nach hinten:* eine r. liegende Schildkröte; er gab ihr einen Stoß, daß sie r. hinfiel; sie stand vor ihm mit den Händen r. **2.** *von hinten:* r. erschlagen werden. **3.** *mit dem Rücken nach vorn:* er saß r. auf dem Pferd; **Rucksack** ['rʊk-], der; -[e]s, ...säcke [aus dem Oberd., schweiz. ruggsack, zu mhd. ruck(e) = Rücken]: *sackartiger Behälter mit zwei daran befestigten breiteren Riemen, der [beim Wandern] zum Transport von Lebensmitteln, Kleidungsstücken o. ä. auf dem Rücken getragen wird:* den R. packen, umhängen, umschnallen, ablegen; etw. im R. verstauen; Ü ein R. voll Sorgen *(eine große Menge Sorgen).*

rucksen ['rʊksn̩] ⟨sw. V.; hat⟩ (landsch.): svw. ↑[2]rucken.

ruckweise ['rʊkvaizə] ⟨Adv.⟩: *in Rucken:* etw. r. hochziehen, vorwärts bewegen; R bei dir kommt's wohl r. (landsch.; *du bist wohl nicht recht bei Verstand*)?; ⟨auch attr.:⟩ eine r. Bewegung; **ruck, zuck** [rʊk'tsʊk] ⟨Adv.⟩ [zu ↑[1]rucken u. ↑Zuck] (ugs.): *schnell [u. mühelos], im Handumdrehen:* das geht r., z.; etw. r., z. erledigen.

rüd [ry:t] ⟨Adj.⟩ (österr.): ↑rüde.

Rudbeckia [ru:t'bɛkia], (häufiger:) **Rudbeckie** [...ki̯ə], die; -, -n [nach dem schwed. Naturforscher O. Rudbeck (1630–1702)]: svw. ↑Sonnenhut.

rüde ['ry:də] ⟨Adj.⟩ [frz. rude < lat. rudis = roh] (abwertend): *von grober, ungehobelter Art; (im Benehmen, Umgang mit anderen) rücksichtslos u. gefühllos:* ein -s Benehmen; ein -er Geselle, Kerl; sein Ton war sehr r.

Rüde [-], der; -n, -n [mhd. rü(e)de, ahd. rudio, H. u., viell. zu ↑rot, also urspr. viell. = Hund von rötlichbrauner Farbe]: **1.** *(von Hunden, anderen Hundeartigen u. Mardern) männliches Tier.* **2.** (Jägerspr.) *Hetzhund, der bes. auf Sauen gehetzt wird;* ⟨Zus. zu 2:⟩ **Rüdemeister,** der (Jägerspr.): *Jäger, der die Meute der Rüden führt.*

Rudel ['ru:dl̩], das; -s, - [H. u.]: *Gruppe wildlebender Säugetiere der gleichen Art [die sich für eine bestimmte Zeit zusammengeschlossen haben]:* ein starkes R.; ein R. Hirsche/von Hirschen äst auf der Lichtung; ein R. Gemsen; Wölfe jagen im R./in -n; im R. auftreten, auftauchen; Ü ein R. von Schulkindern; die Ausstellungsbesucher kamen in [ganzen] -n; **rudelweise** ⟨Adv.⟩: **1.** *in Rudeln.* **2.** (ugs.) *scharenweise.*

rudeln, sich ['ru:dl̩n] ⟨sw. V.; hat⟩: *sich zu einem Rudel zusammenschließen:* Wölfe rudeln sich zum Jagen.

Ruder ['ru:dɐ], das; -s, - [mhd. ruoder, ahd. ruodar]: **1.** *zum Fortbewegen eines Ruderbootes dienende längere Stange, die an dem ins Wasser zu tauchenden Ende in ein leicht gewölbtes, breiteres Blatt ausläuft:* die Ruder auslegen, eintauchen, durchziehen, streichen *(gegen die Fahrtrichtung stemmen, um zu bremsen od. zu wenden),* ausheben *(das Ruderblatt aus dem Wasser heben),* einziehen; * **sich in die Ruder legen** (1. *kräftig rudern:* die Sportler legten sich [beim Start] in die Ruder. 2. ugs.; *mit Energie etw. in Angriff nehmen u. durchführen*). **2.** *Vorrichtung zum Steuern eines Schiffes mit einem meist senkrecht unten am Heck angebrachten Ruderblatt; Steuerruder:* das R. führen *(das Schiff steuern);* R. legen (Seemannsspr.; *mit Hilfe der Ruderpinne od. des Steuerrads das Ruderblatt 2 in eine bestimmte Richtung drehen*); das R. herumwerfen; der Rudergänger hat das R. *(die Steuerung des Schiffes)* übernommen/steht, sitzt am R. *(Steuerrad, steuert das Schiff);* das Schiff läuft aus dem R. (Seemannsspr.; *wird, z. B. durch hohen Seegang, aus dem Kurs geworfen*); Ü der Politiker sah sich gezwungen, das R. herumzuwerfen *(seinen politischen Kurs zu ändern);* * **ans R. kommen/gelangen** (ugs.; *bes. im politischen Bereich durch eigene Anstrengung od. besondere Umstände die Führung erlangen*): durch einen Putsch ans R. kommen; **am R. sein/bleiben** (ugs.; *bes. im politischen Bereich die Führung innehaben, behalten*). **3.** (Flugw.) kurz für **a)** ↑Höhenruder; **b)** ↑Querruder; **c)** ↑Seitenruder. **4.** (Jägerspr.) *Fuß bestimmter Schwimmvögel, bes. des Schwans.* **5.** (Jägerspr.) *Schwanzfedern des Auerhahns.*

Ruder-: ~**anzeiger,** der: svw. ↑~lage[n]anzeiger; ~**apparat,** der: svw. ↑~maschine; ~**ball,** der: *(bei der Marine) roter od. grüner Kegel am Großmast, der dem Hintermann die Ruderlage des Vordermannes anzeigt;* ~**bank,** die ⟨Pl. -bänke⟩: vgl. ~sitz; ~**becken,** das (Sport): *Becken* (2 a), *in dem die Ruderer [im Winter] trainieren;* ~**blatt,** das: **1.** *Blatt des Ruders* (1). **2.** *um einen senkrechten Schaft drehbare (hölzerne od. stählerne) Platte eines Ruders* (2); ~**boot,** das: *Boot, das mit Rudern* (1) *fortbewegt wird;* ~**club,** der: ↑~klub; ~**dolle,** die: svw. ↑Dolle; ~**feder,** die (Jägerspr.): *Schwungfeder der Wasservögel;* ~**füßer,** der (Zool.): *[mittel]großer Wasservogel, bei dem alle vier Zehen des Fußes durch Schwimmhäute verbunden sind* (z. B. Pelikan); ~**fußkrebs,** der: *in vielen Arten vorkommender, in Gewässern od. auf feuchtem Boden (z. B. Moos) [als Parasit] lebender winziger Krebs; Kopepode;* ~**gabel,** die: svw. ↑Dolle; ~**gänger,** der (Seemannsspr.): *Seemann, der (nach Weisung des Kapitäns o. ä.) das Schiff steuert;* ~**gast,** der (Seemannsspr.): svw. ↑~gänger; ~**gerät,** das: *Hometrainer zum Rudern;* ~**hals,** der: **1.** *schmaler Teil des Ruders* (1) *zwischen Stange u. Blatt.* **2.** *der sich verjüngende obere Teil des Ruderschaftes* (2); ~**haus,** das (Seemannsspr.): *(auf kleineren Schiffen) mit Steuerrad, Kompaß u. a. ausgerüstete Kabine* (2 b) *auf Deck, in der sich der Rudergänger aufhält;* ~**kahn,** der: vgl. ~boot; ~**kasten,** der (Sport): *in ein Ruderbecken montierter viersitziger Rumpf eines Ruderbootes zum Training;* ~**klub,** der; ~**knecht,** der (früher): *jmd., der gegen Entgelt ruderte;* ~**koker,** der (Seemannsspr.): [2]*Koker für den Ruderschaft* (2); ~**lage,** die: *Lage* (2 a) *des Ruderblattes* *(in bezug auf die Längsachse des Schiffes)*, dazu: **~lage[n]anzeiger,** der: *Anzeiger am Steuerrad od. -pult, der die jeweilige Ruderlage anzeigt;* **~maschine,** die: *(bei Seeschiffen) Maschine zur Betätigung eines großen Ruders* (2); **~pinne,** die (Seemannsspr.): svw. ↑Pinne (1); **~platz,** der: svw. ↑~sitz; **~rad,** das: svw. ↑Steuerrad (b); **~regatta,** die (Sport); **~schaft,** der: **1.** *Stange des Ruders* (1) *ohne Blatt.* **2.** *drehbar gelagerter Schaft des Ruders* (2), *an dem das Ruderblatt befestigt ist;* **~schiff,** das (früher): vgl. ~boot; **~schlag,** der: *das Eintauchen, Durchziehen u. Ausheben des Ruders als [taktmäßig wiederholter] Bewegungsvorgang:* ein gleichmäßiger, schneller R.; **~simulator,** der: svw. ↑~gerät; **~sitz,** der: *Sitz für den Ruderer im Ruderboot;* **~sklave,** der: vgl. Galeerensklave; **~sport,** der; **~verband,** der: vgl. Fußballverband; **~verein,** der; **~wettfahrt,** die: svw. ~regatta; **~wettkampf,** der; **~zeichen,** das: vgl. ~ball.

Ruderalpflanze [rude'ra:l-], die; -, -n [zu lat. rūdus (Gen.: rūderis) = Schutthaufen; zerbröckeltes Gestein] (Bot.): *Pflanze, die auf Schuttplätzen u. Wegrändern gedeiht* (z. B. Brennessel).

Ruderer, (gek. auch:) Rudrer ['ru:d[ə]rɐ], der; -s, - [mhd. ruoderære]: *jmd., der rudert;* **-ruderig,** (gek. auch:) -rudrig [-ru:d(ə)rɪç] in Zusb., z. B. vierruderig (mit Ziffer: 4rud[e]rig): *mit vier Rudern* (1) *versehen;* **Ruderin,** (auch:) Rudrerin, die; -, -nen: w. Form zu ↑Ruderer; **rudern** ['ru:dɐn] ⟨sw. V.⟩ [mhd. ruodern, ahd. (ga)ruoderōn]: **1. a)** *(zur Fortbewegung eines Bootes, in dem man mit dem Rücken zur Fahrtrichtung sitzt) das Ruder* (1) *in taktmäßig wiederholtem Bewegungsablauf in das Wasser eintauchen, durchziehen u. wieder aus dem Wasser heben* ⟨hat/ist⟩: kräftig r.; zu vieren/viert r.; um die Wette, gegen die Strömung r.; wir sind/haben den ganzen Nachmittag gerudert; **b)** *sich rudernd* (1 a) *irgendwohin bewegen* ⟨ist⟩: stromabwärts, über den Fluß, an Land r. **2.** ⟨hat⟩ **a)** *durch Rudern* (1 a) *fortbewegen, irgendwohin bewegen:* wer rudert den Kahn [an das andere Ufer]?; **b)** *rudernd* (1 a) *befördern, an einen bestimmten Ort bringen:* er ruderte die Kisten, die Fremden [in/mit seinem Boot] über den See, an das andere Ufer; **c)** *rudernd* (1 a) *zurücklegen* ⟨ist⟩: die Wettfahrtteilnehmer der Seniorenklasse müssen eine Strecke von 2000 m r. **3.** ⟨hat/ist⟩ **a)** *als Ruderer an einem sportlichen Wettkampf teilnehmen, einen Ruderwettkampf austragen:* unser Verein rudert gegen Germania RC; **b)** *als Ruderer in einem Ruderwettbewerb eine bestimmte Zeit erzielen:* sie haben eine neue Bestzeit gerudert. **4.** (ugs.) *wie mit einem Ruder* (1) *weitausholende, kräftige Bewegungen ausführen:* beim Gehen mit den Armen r. **5.** (Jägerspr.) *(von Wasservögeln) schwimmen* ⟨ist⟩.

Rüdheit, die; -, -en: **1.** ⟨o. Pl.⟩ *das Rüdesein.* **2.** *rüde Äußerung, Handlung;* **Rudiment** [rudi'mɛnt], das; -[e]s, -e [lat. rudīmentum = Anfang, erster Versuch, zu: rudis, ↑rüde]: **1.** (bildungsspr.) *etw., was sich aus einer früheren Epoche, einem früheren Lebensabschnitt noch als Rest erhalten hat, noch andeutungsweise vorhanden ist; Überbleibsel.* **2.** (Biol.) *verkümmertes, teilweise od. gänzlich funktionslos gewordenes Organ* (z. B. die Flügel beim ²Strauß, Pinguin). **3.** ⟨Pl.⟩ (veraltet) *erste Ansätze, Grundbegriffe, Anfangsgründe:* die -e der lateinischen Grammatik; ⟨Abl.:⟩ **rudimentär** [rudimɛn'tɛ:ɐ̯] ⟨Adj.; o. Steig.; meist attr.⟩ [frz. rudimentaire] (bildungsspr.): *nur [noch] als Anlage, im Ansatz, andeutungsweise vorhanden, unvollständig [entwickelt]:* -e Organe.

Rudolph ['ru:dɔlf], der; -[s], -s [H. u.] (Trampolinturnen): *ganzer Salto vorwärts mit eineinhalbfacher Schraube.*

Rudrer: ↑Ruderer; **Rudrerin:** ↑Ruderin; **-rudrig:** ↑-ruderig.

Ruf [ru:f], der; -[e]s, -e [mhd. ruof, ahd. (h)ruof, zu ↑rufen]: **1.** *[eine Aufforderung beinhaltende] laute kurze Äußerung, mit der man jmdn. über eine [weitere] Entfernung erreichen will:* ein lauter, [weithin] schallender, anfeuernder, entsetzter R.; der R. des Wächters, der Händler; ein R. ertönte, erscholl; gellende -e hallten über den See, durchbrachen die Stille; die -e wurden leiser, verstummten; auf seinen R. hin erschien ein Mädchen am Fenster; sie brachen in den R. *(Ausruf)* „Er lebe hoch!" aus. **2. a)** *(von bestimmten Vögeln u. vom Rotwild) in meist regelmäßigen Abständen mehrmals hintereinander ertönender, charakteristischer Laut (bes. zum Anlocken):* der R. des Kuckucks, Hirsches; **b)** (Jägerspr.) svw. ↑²Locke (a); **c)** *bestimmtes lautliches Signal, bestimmter Schall, Klang eines Instrumentes o. ä., mit dem etw. angekündigt, zu etw. aufgefordert, vor etw. gewarnt wird:* der R. des Jagdhorns, der Trompete, eines Nebelhorns; der R. der Glocke [zum Kirchgang]. **3.** ⟨o. Pl.⟩ **a)** *(von einer höheren Instanz ausgehende) Aufforderung zu einem bestimmten Tun od. Verhalten; Aufruf:* der R. zur Waffe; er war dem R. des Kaisers ... gefolgt (Strittmatter, Wundertäter 33); Ü dem R. des Herzens, des Gewissens, der Natur folgen/gehorchen; **b)** *öffentlich von einer größeren Gruppe von Personen nachdrücklich vorgebrachte Forderung, bekundetes Verlangen:* der R. nach Freiheit, Gerechtigkeit. **4.** ⟨o. Pl.⟩ *Berufung in ein hohes (wissenschaftliches od. künstlerisches) Amt, bes. auf einen Lehrstuhl:* an jmdn. ergeht ein R.; er bekam, erhielt einen R. [als ordentlicher Professor] an die Universität Berlin/nach Berlin; er hat den R. auf ein Ordinariat an der ausländischen Universität abgelehnt; der Dirigent, Regisseur nahm einen R. nach Wien an. **5.** ⟨o. Pl.⟩ *Beurteilung, die jmd., etw. von der Allgemeinheit erfährt; Meinung, die die Allgemeinheit von jmdm., etw. hat:* der R. dieses Hotels ist ausgezeichnet; dem neuen Leiter des Instituts geht ein hervorragender R. [als Wissenschaftler] voraus *(er gilt als hervorragend);* einen guten, schlechten, zweifelhaften R. haben; einen sehr guten R. genießen; er hat sich einen großen R. *(große Wertschätzung)*/den R. *(Namen)* eines Fachmanns erworben; [durch/mit etw.] seinen R. *(sein Ansehen)* wahren, gefährden, aufs Spiel setzen, ruinieren; das schadete seinem R./war seinem R. als vorzüglicher Vertreter seines Faches abträglich; in einen üblen R. kommen; er brachte sie in einen falschen R.; ... obwohl sie im R. einer halben Kokotte stand ... (Böll, Haus 21); ein Pianist von internationalem R. *(ein international anerkannter Pianist);* R jmd., etw. ist besser als sein R. (nach einer Stelle aus den „Epistolae ex Ponto" des röm. Dichters Ovid [43 v. Chr. bis etwa 18 n. Chr.]). **6.** ⟨o. Pl.⟩ (Papierdt.) *Telefonnummer:* Taxizentrale R. 33700. **7.** ⟨o. Pl.⟩ (veraltet) *Gerücht, Kunde:* es geht der R., daß ...

Ruf-: **~anlage,** die: *Anlage, mit der über Draht od. Funk [kodierte (z. B. als Tonsignal)] Nachrichten übermittelt werden können:* Endlich quäkte die R. seinen Namen (Fels, Sünden 125); **~bus,** der: *Bus für den öffentlichen Nahverkehr, der nach Bedarf fährt u. über eine Rufbussäule od. über Telefon vom Fahrgast angefordert werden kann:* Der R. – Zwitter zwischen Taxi und Linienbus (MM 14. 2. 78, 9), dazu: **~bussäule,** die: *Rufsäule zur Anforderung eines Rufbusses, wobei man die Nummer der gewünschten Zielhaltestelle sowie die Anzahl der Fahrgäste durch das Drücken von Knopftasten angibt,* **~buszentrale,** die: *Zentrale einer Rufanlage für Rufbusse, in der die über Rufbussäulen od. Telefon übermittelten Nachrichten der Fahrgäste empfangen u. an den Fahrer eines Rufbusses weitergeleitet werden;* **~fall,** der: svw. ↑Anredefall; **~mädchen,** das: svw. ↑Callgirl; **~mord,** der (emotional): *etw., was jmdn. ins Zwielicht bringt; etw. Nachteiliges, Ehrenrühriges, ein böswillig verbreitetes Gerücht, wodurch bewirkt wird, daß jmd. sein Ansehen verliert od. in hohem Maße einbüßt:* R. betreiben; Es gibt wahre Profis in R. (Zwerenz, Kopf 113); Ü Das war keine Berlin-Darstellung, das war R. an Berlin (Hörzu 15, 1976, 125), dazu: **~mordkampagne,** die: sie starteten gegen den Minister eine R.; **~name,** (seltener:) **~namen,** der: **1.** *[derjenige von mehreren] Vorname[n] einer Person, mit dem sie gerufen, angeredet wird:* der R. wird im Personalausweis unterstrichen. **2.** (Funkw. u. a.) svw. ↑Kennung (3); **~nähe,** die: svw. ↑~weite; **~nummer,** die (bes. Amtsspr.) *Telefonnummer;* **~säule,** die: *in eine Art Säule, in die eine Rufanlage montiert ist:* von einer R. aus die Polizei benachrichtigen; **~signal,** das: *Tonsignal einer Rufanlage;* **~taxi,** das: *als Rufbus eingesetztes Taxi;* **~ton,** der: svw. ↑~zeichen; **~verzugszeit,** die (Fernspr.): *Zeit, die nach dem Wählen einer Rufnummer bis zum Ertönen des Rufzeichens vergeht;* **~weite,** die: *Entfernung, über die ein Ruf* (1) *hörbar ist, in der man jmdn. mit einem Ruf* (1) *erreichen, herbeirufen kann:* außer R. sein; sich in R. befinden; bleib bitte in R.!; **~zeichen,** das: **1.** ⟨o. Pl.⟩ svw. ↑Freizeichen. **2.** (Funkw. u. a.) svw. ↑Kennung (3). **3.** (österr.) svw. ↑Ausrufezeichen.

¹Rufe ['ru:fə], die; -, -n [mhd. ruf(e), ahd. hruf] (südd.): *Kruste* (a), *Grind* (1).

²Rufe [-], **Rüfe** ['ry:fə], die; -, -n [wohl über das Ladin. zu lat. ruīna, ↑Ruine] (schweiz.): *Bergrutsch, Steinlawine.*

rufen ['ru:fn̩] ⟨st. V.; hat⟩ [mhd. ruofen, ahd. (h)ruofan, wahrsch. lautm.]: **1. a)** *sich durch einen Ruf* (1) *bemerkbar* *machen:* laut, mit kräftiger Stimme, aus Leibeskräften, wiederholt, lange r.; ruft da nicht jemand?; **b)** *einen Ruf* (2 a) *ertönen lassen:* im Wald ruft der Kuckuck; von fernher ruft ein Käuzchen. **2.** ⟨r. + sich⟩ *durch [längeres] Rufen* (1 a) *in einen bestimmten Zustand geraten:* sich heiser r. **3.** *mit lauter Stimme äußern, ausrufen:* aus dem Fenster, Hintergrund etw. r.; Hilfe, hurra r.; „Bravo!" riefen beide wie aus einem Munde; ⟨unpers.:⟩ aus dem Zimmer rief es *(jemand):* „Herein!". **4.** *rufend* (1 a) *nach jmdm., etw. verlangen:* das Kind rief nach seiner Mutter; der Gast rief nach der Bedienung, nach einem Glas Bier; nach, um Hilfe r.; ⟨südwestd. auch mit „über" + Akk.-Obj.:⟩ er rief über ihn; ⟨südwestd. u. schweiz. ugs. auch mit Dativobj.:⟩ der Gast rief dem Ober; er rief mir *(er rief mir zu),* ich solle kommen! **5.** *durch Anruf o. ä. jmdn. an einen bestimmten Ort bitten, wo er gebraucht wird; telefonisch o. ä. jmdn. herbeirufen, etw., jmdn. kommen lassen:* die Polizei, ein Taxi r.; der Arzt wurde ans Krankenbett, zu der Patientin gerufen; jmdn. ins Zimmer, vor Gericht, zu sich r.; jmdn. zu Hilfe r.; Ü dringende Geschäfte riefen ihn nach München *(veranlaßten ihn, nach München zu fahren);* Gott hat sie zu sich gerufen (geh. verhüll.; *sie ist gestorben*); sich, jmdm. etw. in Erinnerung/ins Gedächtnis r.; ***etw., jmd. kommt wie gerufen** (ugs.; *etw., jmd. kommt zufällig genau in dem Augenblick, wo man es, ihn braucht, benötigt*): Du kommst [mir] wie gerufen! **6. a)** *[durch Rufen* (1 a)*] zu etw. auffordern:* die Mutter ruft zum Essen; zum Widerstand, Aufstand r. *(aufrufen);* **b)** *durch ein akustisches Signal zur Teilnahme auffordern:* die Glocke ruft zum Gebet; das Horn rief zur Jagd. **7. a)** *mit einem bestimmten Namen nennen:* Meine Mutter ... rief mich „Menschlein", was ich haßte (Lentz, Muckefuck 7); ⟨südwestd. u. schweiz. ugs. auch mit Dativobj.:⟩ die Buben sollen mir „Mamma" r.; **b)** (geh., veraltet) *(mit seinem Namen) anreden:* er rief sie bei ihrem, mit ihrem Namen; wie das schöne Mädchen ... ihn einfach bei Namen rief (Th. Mann, Hoheit 71). **8.** *telefonisch od. über Funk mit jmdm. die Verbindung aufnehmen:* jmdn. [unter der Nummer 34 71 06] r.; Rufen Sie noch einmal zu Okapi (Gaiser, Jagd 115); Teddybär ruft Zeppelin (über Funk; *... bittet Zeppelin, sich zu melden*). **9.** (schweiz.) *etw. hervorrufen, zur Folge haben:* der Vorschlag rief einer heftigen Opposition; **Rufer** ['ru:fɐ], der; -s, - [mhd. ruofære = (Aus)rufer]: **1.** *jmd., der etw. ruft:* ein anderer korrigierte ... den R. (Kirst, 08/15, 883); ***ein R. in der Wüste** (↑Prediger 1). **2.** (Seemannsspr.) svw. ↑Sprachrohr; **Ruferin,** die; -, -nen: w. Form zu ↑Rufer (1).

Rüffel ['rʏfl̩], der; -s, - [rückgeb. aus ↑rüffeln] (ugs.): *(von einem Vorgesetzten o. ä. an jmdn. gerichtete) Äußerung, die Ärger u. Unzufriedenheit am Tun od. Verhalten des Betroffenen enthält, mit der etw. moniert wird:* etw. trägt jmdm. einen R. ein; jeder Untergebene hätte diesen Blick als R. verstanden (Zwerenz, Quadriga 33); jmdm. einen R. geben, erteilen *(jmdn. rüffeln);* einen R. bekommen *(gerüffelt werden);* **rüffeln** ['rʏfl̩n] ⟨sw. V.; hat⟩ [aus dem Niederd., wohl zu niederd. Ruffel = Rauhhobel; wahrsch. im Nhd. auch beeinflußt von ↑riffeln] (ugs.): *mit einem Rüffel zurechtweisen:* jmdn. wegen/für etw. r.; **Rüffler** ['rʏflɐ], der; -s, - (ugs.): *jmd., der jmdn. rüffelt.*

Rugby ['rakbi, engl.: 'rʌgbɪ], das; -[s] [engl. Rugby (football), nach der engl. Stadt Rugby] (Sport): *Kampfspiel* (1), *bei dem der eierförmige Ball nach bestimmten Regeln mit den Füßen od. Händen in die Torzone des Gegners zu spielen ist.*

Rüge ['ry:gə], die; -, -n [mhd. rüege]: *aus ernsterem Anlaß in entschiedener Form vorgebrachter Tadel:* eine empfindliche, scharfe, strenge R.; jmdm. wegen seines vorlauten Benehmens, für seine Frechheit eine R. erteilen *(jmdn. rügen);* eine R. erhalten, bekommen *(gerügt werden).*

Rüge-: **~brauch,** der (Volksk.): *bestimmte, an einen Brauch gebundene, inoffizielle Maßnahme, mit der eine gesellschaftliche Gruppe, eine Gemeinde ein ordnungs-, sittenwidriges Verhalten ihrer Mitglieder bestraft* (z. B. Aufstecken von Strohmännern, Haarabschneiden, Abdecken des Daches); **~frist,** die (jur.): *Verjährungsfrist für Mängelrügen;* **~gericht,** das (früher): *Gericht unterer Instanz für Vergehen geringerer Art;* **~sache,** die (früher): *geringfügige Strafsache, für die ein Rügegericht zuständig war.*

rügen ['ry:gn̩] ⟨sw. V.; hat⟩ [mhd. rüegen, ruogen, ahd. ruogen = anklagen; (öffentlich) mitteilen]: **1. a)** *mit einer Rüge zurechtweisen:* ich muß dich wirklich r.!; sie wurde wegen wiederholter Unpünktlichkeit streng gerügt; **b)** *jmds. Verhalten od. Tun, das man für nicht in Ordnung hält u. mißbilligt, mit gewissem Nachdruck kritisieren:* man rügte seinen Leichtsinn, die Unentschlossenheit der Regierung; **c)** *tadelnd feststellen, beanstanden:* Mängel r. **2.** *in Form einer Rüge äußern:* „Mischen Sie sich hier nicht ein ...!" rügte Schulz scharf (Kirst, 08/15, 237); **rügenswert** ⟨Adj.⟩: *so geartet, daß es zu rügen ist:* ein -es Benehmen; **Rüger,** der; -s, -: *jmd., der jmdn., etw. rügt.*

ruh-, Ruh-: **~bett,** das (schweiz.): svw. ↑Ruhebett; **~energie,** die (Physik): *diejenige Energie, die der Ruhmasse entspricht;* **~los** ⟨Adj.; -er, -este⟩ (selten): svw. ↑ruhelos; **~masse,** die (Physik): *(in der Relativitätstheorie) diejenige Masse* (5), *die ein atomares Teilchen im Zustand der Ruhe besitzt;* **~system,** das (Physik): *physikalisches Bezugssystem, in dem sich der jeweils betrachtete Körper (bes. ein Teilchen) im Zustand der Ruhe befindet.*

Ruhe ['ru:ə], die; - [mhd. ruo(we), ahd. ruowa]: **1.** *durch kein [lärmendes] Geräusch u. lebhaftes Treiben gestörter Zustand; [fast völlige] Stille:* eine wohltuende, friedliche R.; die sonntägliche, nächtliche R.; die R. des Waldes, der ländlichen Umgebung; die R. vor dem Sturm (auch übertr.: *gespannte Atmosphäre vor einem drohenden explosiven Ereignis*); R., bitte! (Aufforderung, durch Reden nicht [länger] zu stören); endlich war R. eingetreten; im Saal herrschte [vollkommene, völlige] R.; ihr müßt jetzt [endlich] R. halten! (ugs.; *ihr müßt euch ruhig verhalten, still sein!*); um R. *(Schweigen)* bitten; sie ermahnte, verwies die Kinder zur R.; R R. auf den billigen Plätzen [dahinten]!/R. im Saal, Unterhaus (ugs. scherzh.; Rufe, mit denen man Anwesende, die sich unterhalten o. ä., zum Stillsein auffordert); ***R. geben** *(still sein, sich ruhig verhalten):* wollt ihr mal/wohl R. geben! **2.** *Zustand erholsamer, beschaulicher Untätigkeit; Entspannung, Erholung:* notwendige, kurze R.; nach der anstrengenden Arbeit R. brauchen; R. suchen; der R. bedürfen; der R. pflegen; nach der Hektik des Arbeitstages sehnte er sich nach R.; sich keine/ein wenig R. gönnen; die Truppen liegen in R. (Milit.; *sind in Ruhestellung*); er ist Rektor in R. (*im Ruhestand;* Abk.: i. R.); ... Nächte ..., die den Geist nicht zur R. kommen ließen (Kirst, Aufruhr 198); angenehme R.! (Wunschformel; *schlafen Sie gut!*); sich zur R. legen, begeben (geh.; *sich schlafen legen*); ***sich zur R. setzen** *(aus Altersgründen seine berufliche Tätigkeit aufgeben; in den Ruhestand treten);* **die ewige R.** (geh.; *die Ruhe des Todes nach der Unruhe usw. des Lebens;* nach der Übersetzung der ersten Worte des Eingangsverses des ↑Requiems 1.: Gott gebe ihm/Herr, gib ihm die ewige R.!): die ewige R. finden; **in die ewige, zur ewigen R. eingehen** (geh. verhüll.; *sterben*); **jmdn. zur letzten**/(selten:) **zur R. betten/bringen/tragen** (geh. verhüll.; *jmdn. beerdigen*). **3.** *durch keinerlei Unfrieden, keinen Kampf, Streit o. ä. beeinträchtigter Zustand:* es herrschen R. und Ordnung im Land; die öffentliche R. wiederherstellen; ich möchte jetzt [endlich mal] meine R. haben *(ungestört sein)*!; und damit hatte man vor dem Schreihals R. gehabt (Plievier, Stalingrad 68); etw. in [aller] R. tun *(etw. tun, ohne sich zur Eile, Überstürzung drängen zu lassen);* in R. und Frieden leben; jmdn. nicht zur R. kommen lassen *(jmdn. mit Fragen, Bitten o. ä. dauernd behelligen);* * **[keine**/(seltener:) **nicht] R. geben** (ugs.; *in bezug auf etw., was man [bei jmdm. durch drängelndes Bitten o. ä.] erreichen möchte, [nicht] nachgeben, in seinen Bemühungen, Anstrengungen [nicht] nachlassen*); **jmdn. [mit etw.] in R. lassen** (ugs.; *jmdn. nicht [mit etw. Bestimmtem] behelligen, belästigen*). **4.** *durch keine Erregung gestörter Zustand des seelischen Gleichgewichts; Gelassenheit:* eine bewundernswerte, heitere, unerschütterliche, stoische, gekünstelte R.; von ihm geht eine wohltuende R. aus; er ist die R. selbst; R. ausstrahlen; die R. bewahren; die, seine R. verlieren; keine R. haben, finden; sich nicht/durch nichts aus der R. bringen lassen; in [aller] R. *(nicht im Affekt; ohne sich zu erregen)* etw. sagen, mit jmdm. noch einmal über etw. sprechen; etw. läßt jmdm. keine R. *(jmd. beschäftigt sich in Gedanken fortwährend mit der betreffenden Sache);* er wollte dieses schreiende ... Kind zur R. bringen (*beruhigen;* Musil, Mann 1487); sich zur R. zwingen; nicht zur R. kommen *(durch [immer neue] quälende Sorgen o. ä. voll innerer Unruhe sein);* R R. ist die erste Bürgerpflicht! (meist leicht scherzh.; als Ausruf der Beschwichtigung in Situationen allgemeiner Aufregung; nach der Aufforderung, die Minister F. W. Graf von Schulenburg-Kehnert nach der Schlacht von Jena 1806 an die Einwohner Berlins richtete); deine R. und Rothschilds Geld! (ugs. scherzh., als Ausruf des Wunsches); immer mit der R. [(scherzh.:) und mit Hoffmannstropfen] (berl. scherzh.:) und dann mit 'nem Ruck! (ugs.; *immer schön ruhig!; nichts überstürzen!*); ***die R. weghaben** (ugs.; *sich in einer Situation Zeit lassen, in der man sich üblicherweise beeilt; sich nicht aus dem seelischen Gleichgewicht bringen lassen;* drückt vorwurfsvolles od. bewunderndes Erstaunen aus): du hast vielleicht die R. weg! In fünf Minuten geht dein Zug, und du bestellst noch ein Bier. **5.** *Zustand, in dem etw., was [durch Antrieb] die Möglichkeit zur Bewegung hat, in einer Lage verharrt, stillsteht o.ä.; Unbeweglichkeit, Stillstand:* das Pendel ist, befindet sich in R.; das Rad kommt langsam zur R.; In bleierner R. lag der spiegelglatte See (Hartung, Junitag 57).

ruhe-, Ruhe-: **~bank,** die ⟨Pl. -bänke⟩: [1]*Bank* (1) *zum Ausruhen;* **~bedürfnis,** das ⟨o. Pl.⟩: *Bedürfnis nach Ruhe* (2); **~bedürftig** ⟨Adj.; nicht adv.⟩: er war lange unterwegs und ist nun r.; **~bett,** das (veraltet): *Liegesofa;* **~energie,** die (Physik): svw. ↑Ruhenergie; **~gehalt,** das: svw. ↑Pension (1 b), dazu: **~gehaltsfähig** ⟨Adj.; o. Steig.; nicht adv.⟩: *auf das Ruhegehalt anrechenbar:* -e Dienstbezüge; **~geld,** das: *Altersrente;* **~genuß,** der (österr. Amtsspr.): svw. ↑Pension (1 b); **~jahr,** das: svw. ↑Sabbatjahr; **~kissen,** das (veraltet): *Kissen, auf dem man ruht* (1 a); *Sofa-, Kopfkissen;* **~kleid,** das (Zool.): *(bei bestimmten männlichen Tieren) im Unterschied zum Hochzeitskleid* (2) *unauffällige, schlichte Färbung des Gefieders, der Haut zwischen den Paarungs- bzw. Brutzeiten;* **~lage,** die: **1.** (bes. Med.) *Lage, in der sich der Körper im Zustand größtmöglicher natürlicher Entspannung befindet.* **2.** *Lage eines Körpers im Zustand der Ruhe* (1): das Pendel ist, befindet sich in [der] R.; **~liege,** die: vgl. ~bank; **~los** ⟨Adj.; -er, -este⟩: **a)** *von innerer Unruhe erfüllt, getrieben;* **b)** *von einer gewissen Unrast zeugend; unruhig,* dazu: **~losigkeit,** die; -; **~masse,** die (Physik): svw. ↑Ruhmasse; **~ort,** der: vgl. ~platz; **~pause,** die: *Pause zum Ausruhen, Entspannen:* eine kurze R. einlegen; du solltest dir endlich mal eine R. gönnen!; **~periode,** die (Biol., Zool.): *bei bestimmten Pflanzen u. Tieren) Zeitabschnitt stark verminderten Stoffwechsels* (z. B. Winterruhe, -schlaf); **~platz,** der, (Vkl.:) **~plätzchen,** das: *Platz* (5) *zum Ausruhen;* **~posten,** der: *Posten, Stellung, die mit nur wenig Arbeit verbunden ist, nur wenig Anstrengung erfordert;* **~punkt,** der: *Stelle, an der eine Bewegung, der Ablauf eines Geschehens o.ä. zur Ruhe* (5) *kommt;* **~raum,** der: *mit einer Liege o.ä. ausgestatteter Raum, in dem sich Betriebsangehörige aus gesundheitlichen Gründen ausruhen können;* **~schmerz,** der (Med.): *(bes. bei Durchblutungsstörungen auftretende) Schmerzempfindung in der Brust od. in den Beinen auch bei (körperlicher) Ruhe;* **~sitz,** der: **1.** *Sitz, bei dem durch eine verstellbare Rückenlehne für eine bequeme Sitzhaltung gesorgt ist (z. B. in Autos, Flugzeugen).* **2.** svw. ↑Alterssitz; **~stadium,** das (Biol.): svw. ↑~periode; **~stand,** der ⟨o. Pl.⟩: *Lebensabschnitt, der für Berufstätige nach dem Ausscheiden aus dem Arbeitsleben beginnt:* in den R. gehen, versetzt werden; in den einstweiligen R. treten; er ist Rektor im R.; Abk.: i. R., dazu: **~ständler** [-ʃtɛntlɐ], der; -s, -: *jmd., der im Ruhestand ist;* **~ständlerin,** die; -, -nen: w. Form zu ↑~ständler, **~standsbeamte,** der, **~standsversorgung,** die: *gesetzlich geregelte Versorgung für Beamte im Ruhestand;* **~statt,** die; -, -stätten (geh.): **1.** (selten) vgl. ~platz. **2.** *Grabstätte:* hier fand sie ihre letzte/ist ihre R.; **~stätte,** die (geh.): svw. ↑~statt; **~stellung,** die: **1.** svw. ↑~lage. **2.** (Milit.) *(im Krieg) Stellung in Reserve;* **~stifter,** der: *jmd., durch dessen Vermittlung wieder Ruhe* (3) *hergestellt wird;* **~störend** ⟨Adj.; Steig. ungebr.; nicht adv.⟩: *die Ruhe* (1) *erheblich störend:* -er Lärm; **~störer,** der: *jmd., der ruhestörenden Lärm macht;* **~störung,** die: *Störung der Ruhe* (1): gegen jmdn. wegen [nächtlicher] R. Anzeige erstatten; **~strom,** der (Elektrot.): *elektrischer Strom, der im Unterschied zum Arbeitsstrom* (2) *ständig in einer Anlage fließt u. durch dessen Unterbrechung ein Mechanismus betätigt (z. B. Alarm ausgelöst) wird;* **~stunde,** die, (Vkl.:) **~stündchen,** das: vgl. ~pause; **~system,** das (Physik): svw. ↑Ruhsystem; **~tag,** der: **a)** *bestimmter, als arbeitsfreier Tag [gesetzlich] festgelegter Werktag:* Montag ist in diesem Restaurant [gesetzlicher] R.; **b)** *Sonn-, Feiertag (im Hinblick darauf, daß an ihm nicht gearbeitet wird);* **~voll** ⟨Adj.⟩ (geh.): *voll innerer Ruhe;* **~zeit,** die: *Zeit der Ruhe* (2); **~zustand,** der: svw. ↑Ruhe (5).

ruhen ['ru:ən] ⟨sw. V.; hat⟩ [mhd. ruo(we)n, ahd. ruowēn]: **1. a)** *irgendwo ruhig* (1) *sitzen, liegen [u. sich entspannen]; sich durch Nichtstun erholen:* nach der Arbeit ein wenig, eine Stunde, auf dem Sofa, im Lehnstuhl r.; ⟨unpers.:⟩ hier läßt es sich/läßt sich's gut r. *(das ist ein hübscher Ruheplatz);* R nach dem Essen sollst du ruhn oder tausend Schritte tun; Ü im Grabe r. (geh.: *gestorben sein*); in fremder Erde r. (geh.; *in einem fremden Land begraben sein*); hier ruht [in Gott] .../ruhe sanft!/in Frieden! (Grabinschriften); **b)** (geh.) *schlafen:* ich wünsche gut, wohl zu r./ich wünsche, wohl geruht zu haben. **2.** *[vorübergehend] zum Stillstand gekommen sein, nicht in Funktion, Tätigkeit, Betrieb sein:* der Betrieb, die Produktion ruht; am Wochenende, während des Streiks ruht die Arbeit *(wird nicht gearbeitet);* der Acker ruht *(wird zeitweise nicht bebaut);* an Feiertagen ruht der Verkehr in der Stadt fast völlig *(gibt es kaum Straßenverkehr);* die Waffen ruhen (geh.; *es wird [vorübergehend] nicht gekämpft*); das Arbeitsverhältnis ruht *(ist vorübergehend nicht wirksam);* (nur verneint üblich:) ihre Hände ruhen nie; er ruht nicht eher, bis er sein Ziel erreicht hat; diese Angelegenheit läßt ihn nicht r.; ***nicht r. und rasten**/(seltener, meist im Inf.:) **nicht, weder r. noch rasten** *(rastlos, unermüdlich tätig sein; [in bezug auf ein bestimmtes Ziel, das man erreichen will] in seinen Anstrengungen nicht nachlassen):* er ruhte und rastete nicht/wollte nicht, weder r. noch rasten, bis er seine Idee verwirklicht hatte. **3. a)** *auf etw., was als Stütze, Unterbau o.ä. dient, fest liegen, stehen; von etw. gestützt, getragen werden:* das Gewölbe ruht auf mächtigen Pfeilern; Ü (geh.:) die ganze Verantwortung, Last ruht auf seinen Schultern; **b)** *für eine Weile ruhig* (1) *irgendwo liegen, an etw. lehnen:* ihre Hände ruhten in ihrem Schoß; ihr Kopf ruhte an seiner Schulter; **c)** *sich gut aufbewahrt irgendwo befinden:* der Schmuck ruht in einer Schatulle; die Akten ruhen im Tresor; Ü sie ruht fest in ihrem Glauben; sie ruht [ganz] in sich selbst *(sie ist ein seelisch ausgeglichener, harmonischer Mensch).* **4.** *(von Augen, Blicken) [auf bestimmte Weise] auf jmdm., etw. längere Zeit verweilen:* sein Blick ruhte auf dem Bild, [freundlich, nachdenklich, prüfend] auf ihrem Gesicht; Ü (geh.:) auf dem (= dem Frommen) der Segen des Herrn ruht (Bobrowski, Mühle 134); **ruhenlassen** ⟨st. V.; hat⟩: *sich [vorläufig] mit etw. nicht [weiter] beschäftigen:* eine Frage, ein Problem r.; laß diese leidige Geschichte doch ruhen; man hatte den Fall vorerst ruhenlassen, (seltener:) ruhengelassen *(man hatte ihn nicht bearbeitet; hatte seine Bearbeitung unterbrochen);* **ruhig** ['ru:ɪç; mhd. ruowec]: **I.** ⟨Adj.⟩ **1.** *die Lage, Stellung nicht verändernd, sich nicht od. nur ganz leicht, kaum merklich bewegend; [fast] unbewegt, [fast] reglos:* -es *(schönes u. nicht windiges)* Wetter; die Kerze brennt mit -er Flamme; die See ist r. *(hat kaum Seegang);* er lag r. und schlief; r. [da]sitzen; Ü das Geschäft ist zur Zeit r. *(der Umsatz stagniert).* **2. a)** *[auf Grund seiner Lage] frei von lärmenden, störenden Geräuschen:* eine -e Wohnlage; -es Zimmer zu vermieten; in einer -en (Ggs.: lauten) Gegend, Straße wohnen; die Pension ist r. gelegen; Ü -e *(gedämpfte) Farben;* **b)** *keine lärmenden, störenden Geräusche verursachend, keine Unruhe verbreitend; leise:* -e Mieter, Nachbarn haben; nun seid doch mal r.!/seid jetzt endlich r.!; sich r. verhalten; Ü um diese Angelegenheit ist es r. geworden *(niemand spricht mehr davon).* **3. a)** *frei von äußeren Spannungen u. Aufregungen; ohne Zwischenfälle:* -e Zeiten; in der Hauptstadt ist es wieder r.; die Sitzung verlief r.; r. *(ungestört)* arbeiten können; **b)** *frei von Hektik u. Betriebsamkeit; in Wohlgefühl vermittelnder Weise geruhsam:* ein -es Leben führen; hier geht es r. zu; **c)** ⟨nicht präd.⟩ *ohne Eile u. Überstürzung, in Ruhe:* ein -es Gespräch führen; bei -er Überlegung muß man zugeben, daß ...; Lohmann läßt einen nicht r. nachdenken (H. Mann, Unrat 12). **4.** *von innerer Ruhe zeugend, ohne Erregung, Aufregung; gelassen:* ein -er Mensch; ein -es Wort miteinander sprechen; als Chirurg braucht er eine -e *(sichere)* Hand; das kannst du -en Gewissens *(mit gutem Gewissen)* tun; heute morgen ... bin ich etwas ruhiger (Jens, Mann 153); sei ganz r. *(unbesorgt),* es ist ihnen bestimmt nichts passiert; er gab sich Mühe, r. zu bleiben *(die Fassung zu bewahren);* sein Atem wird ruhiger *(beru-*

higt, normalisiert sich); r. (ohne Teilnahme od. Protest; gleichmütig) sahen sie zu, wie das Kind geschlagen wurde; Ü eine -e (ausgewogene) Melodie; ein -es Muster. **II.** ⟨Partikel⟩ (ugs.): **a)** als Ausdruck der Gleichgültigkeit od. Gelassenheit: *es kümmert mich nicht, es ist mir einerlei; meinetwegen* (2): soll er r. schreien; Lachen Sie mich r. aus, ich weiß es besser (Thieß, Legende 134); **b)** als Ausdruck freundlichen Einverständnisses, Zugeständnisses: *wenn Sie (usw.) möchten:* Sie dürfen während der Arbeit r. rauchen; sehen Sie sich r. um, Sie brauchen nichts zu kaufen; **c)** oft in Verbindung mit der Partikel „ja" od. „nur"; als Ausdruck der [Selbst]ermunterung: *unbesorgt, getrost:* das könnt ihr mir r. glauben; dir kann ich es ja r. sagen; **ruhigstellen** ⟨sw. V.; hat⟩ (Med.): *vorübergehend außer Funktion setzen, in einer Lage, Stellung halten, in der etw. nicht bewegt werden kann:* durch Schienung, Gipsverband ein gebrochenes Bein r.; Arzneien, die den Darm r. (Bruker, Leber 159); ⟨Abl.:⟩ **Ruhigstellung,** die; -.

Ruhm [ru:m], der; -[e]s [mhd. ruom, ahd. (h)ruom, urspr. = Geschrei (mit dem man sich brüstet), verw. mit ↑rufen]: *weitreichendes hohes Ansehen, das eine bedeutende Person auf Grund von herausragenden Leistungen, Eigenschaften bei der Allgemeinheit genießt:* unsterblicher, künstlerischer, vergänglicher R.; der R. eines Staatsmannes, Dichters; sein R. mehrte sich, stieg; jmdm. gebührt R.; R. erringen, erwerben, erlangen, genießen, ernten; jmds. R. verbreiten, in die Welt tragen; diese Tat hat ihm R. eingetragen, eingebracht; diese Erfindung begründete seinen R.; Gottes R. verkünden; zu dieser Zeit stand der Dichter auf der Höhe seines -es; sich mit R. bedecken; ... ohne Mühe und mit R. in Portugal einzuziehen (Schneider, Erdbeben, 62); Ü der zweifelhafte R. dieser Erfindung; Den höchsten R. des hellenistischen Zeitalters bildet seine Wissenschaft (Friedell, Aufklärung 167); * **sich nicht [gerade]**/(seltener:) **sich mit R. bekleckert haben** (ugs. iron.; *nur eine schwache Leistung o. ä. gezeigt haben;* scherzh. Umformung von „sich mit Ruhm bedecken").

ruhm-, Ruhm-: ~**bedeckt** ⟨Adj.; o. Steig.; nicht adv.⟩: *bei etw. Ruhm erworben habend; durch etw. zu Ruhm gelangt;* ~**begier** (geh.), ~**begierde,** die: *Begierde nach Ruhm;* ~**begierig** ⟨Adj.⟩: *von Ruhmbegierde erfüllt;* ~**bekränzt** ⟨Adj.; o. Steig.; nicht adv.⟩ (dichter.): svw. ↑~bedeckt; ~**gekrönt** ⟨Adj.; o. Steig.; nicht adv.⟩ (dichter.): svw. ↑~bedeckt; ~**los** ⟨Adj.; -er, -este⟩: *keinen Ruhm erlangend; nicht zum Ruhme gereichend; jmds. Ansehen nicht mehrend:* die -e Rückkehr von einer Verhandlung; nach Cromwells Tod brach die puritanische Herrschaft r. zusammen (Nigg, Wiederkehr 52), dazu: ~**losigkeit,** die; -; ~**redig** [-re:dıç] ⟨Adj.⟩ [unter Anlehnung an „Rede, reden" umgeb. aus frühnhd. rumretig = sich Ruhm bereitend] (geh.): *prahlerisch u. sich auf diese Weise selbst rühmend:* in die Prunkwohnung, wie sie der Baukünstler r. nannte (Fussenegger, Haus 63), dazu: ~**redigkeit,** die; (geh.); ~**reich** ⟨Adj.⟩: *reich an Ruhm; großen Ruhm erlangt habend:* ein -er Feldherr, Sieg; ~**sucht,** die ⟨o. Pl.⟩: vgl. ~begierde, dazu: ~**süchtig** ⟨Adj.⟩: vgl. ~begierig; ~**voll** ⟨Adj.⟩: svw. ↑~reich; ~**würdig** ⟨Adj.; nicht adv.⟩ (geh.): *Ruhm verdienend, des Ruhmes wert:* ein -er Held; eine -e Tat.

rühmen ['ry:mən] ⟨sw. V.; hat⟩ [mhd. rüemen, ruomen, ahd. (h)ruomen, zu ↑Ruhm]: **a)** *die Vorzüge einer Person, Sache nachdrücklich, überschwenglich lobend hervorheben:* ein Land, historische Stätten, die Leistungen der Wissenschaft, die Werke Gottes, jmds. Arbeitseifer r.; jmdn. vor aller Welt r.; man rühmte seine Großmut/ihn wegen seiner Großmut; im Zoologischen Garten, dessen Neuanlagen mir gerühmt wurden (Kaschnitz, Wohin 42); wenn er es geradezu als einen Fortschritt rühmt *(rühmend hinstellt)*, daß ... (Thieß, Reich 372); Man rühmt sich selber als „asiatischen Vorkämpfer" dieser Front (MM 2. 5. 69, 30); hoch gerühmt sein, werden; **b)** *auf etw.*/(seltener:) *jmdn. in Verbindung mit sich selbst rühmend* (a) *hinweisen; sich glücklich schätzen, etw. von sich behaupten zu können, etw., jmdn. vorweisen zu können:* er rühmt sich seiner Verwandtschaft mit dem Dichter; wenige dürfen sich r., ihn gesehen zu haben (Bergengruen, Rittmeisterin 411); ⟨Zus.:⟩ **rühmenswert** ⟨Adj.; -er, -este; nicht adv.⟩: *als Tun, Verhalten, Denken o. ä. verdienend, gerühmt zu werden; rühmlich:* eine -e Tat; sie hat sich dabei nicht sehr r. verhalten.

Ruhmes-: ~**blatt,** das meist in der Wendung * **kein**/(seltener:) **ein R. [von etw.] sein** (*[k]eine herausragende, ruhmwürdige Leistung o. ä. sein;* viell. eigtl. = ein Blatt aus einer ruhmvollen Geschichte): kein R. in der Geschichte eines Volkes sein; die ... Darstellungen von Pferden ..., die ein besonderes R. der griechischen Kunst sind (Bild. Kunst I, 169); ~**blume,** die [nach der Übersetzung des nlat. bot. Namens ↑Clianthus]: *Zierstrauch mit großen roten od. zwei- bis dreifarbigen Blüten; Clianthus;* ~**tag,** der: *ruhmreicher Tag;* ~**tat,** die: *ruhmreiche Tat;* ~**titel,** der (geh.): **1.** *rühmenswertes Verdienst:* dies letztere ..., gehört aber doch nicht zu den -n Josefinens (Kafka, Erzählungen 197). **2.** *jmdm. Ruhm eintragender Beiname:* jmdm. den R. eines Erfinders beilegen.

rühmlich ['ry:mlıç] ⟨Adj.⟩ [mhd. rüem(e)lich = ruhmvoll]: *zum Ruhme gereichend; rühmenswert:* eine -e Tat, Ausnahme; er hat kein -es *(ehrenhaftes, gutes)* Ende genommen; dieses Verhalten ist nicht sehr r. für ihn; **Rühmung,** die; -, -en [spätmhd. rüemunge] (geh.): *das Rühmen* (a): durch die R. Gottes (Thielicke, Ich glaube 122).

Ruhr [ru:ɐ̯], die; -, -en ⟨Pl. selten⟩ [mhd. ruor(e), ahd. (h)ruora, urspr. = (heftige) Bewegung; Unruhe (im Unterleib), zu ↑rühren]: *fiebrige Infektionskrankheit mit Entzündung des [Dick]darms u. dadurch bedingtem starkem, schleimigblutigem Durchfall:* die R. haben; die weiße/rote (volkst.; *mit schleimigen/mit blutigen Ausscheidungen verbundene*) R.; solche, die an der weißen und der roten R. ... gestorben waren (Plievier, Stalingrad 349).

ruhr-, Ruhr-: ~**epidemie,** die; ~**krank** ⟨Adj.; o. Steig.; nicht adv.⟩: *an Ruhr leidend;* ~**wurz,** die [das Kraut wurde früher als Mittel gegen Ruhr verwendet]: *an feuchten Stellen wachsendes Flohkraut mit zahlreichen gelben Blüten u. herzförmigen Blättern.*

rühr-, Rühr-: ~**besen,** der: *einem Schneebesen ähnliches, zum Rühren* (1 a) *dienendes Einsatzstück einer Küchenmaschine, eines Küchengeräts;* ~**ei,** das: **a)** ⟨Pl. selten⟩ *Gericht aus verquirlten, in der Pfanne gestockten Eiern:* es gibt R. mit Speck; **b)** ⟨nur Pl.⟩ (landsch.) svw. ↑~ei (a); ~**kelle,** die: *hölzerne Kelle zum Rühren, Umrühren;* ~**kuchen,** der: *Kuchen aus Rührteig;* ~**löffel,** der: vgl. ~kelle; ~**michnichtan,** das; -, -: *in feuchten Wäldern wachsendes Springkraut mit zitronengelben, trompetenähnlichen Blüten u. Kapselfrüchten, die bei Berührung aufspringen u. die Samen ausschleudern; Nolimetangere:* Ü ein Fräulein R. (ugs. spött.; *ein mimosenhaftes Mädchen*); ~**selig** ⟨Adj.⟩ [geb. nach ↑redselig]: **a)** ⟨nicht adv.⟩ *sich allzu leicht rühren lassend; rückhaltlos der Rührung hingegeben [u. sie unter Tränen äußernd]:* sie ist sehr r.; er wollte auf keinen Fall r. werden, wirken; **b)** *übertrieben gefühlvoll:* ein -es Theaterstück; die Lieder wurden äußerst r. vorgetragen, dazu: ~**seligkeit,** die ⟨o. Pl.⟩; ~**stück,** das: **a)** ⟨o. Pl.⟩ *in der Zeit der Empfindsamkeit* (2) *entstandene dramatische Gattung, deren Inhalt durch Konflikte zwischen Moral u. Laster im Kreis der bürgerlichen Familie gekennzeichnet ist, die im rührenden Versöhnungsschluß wieder aufgehoben werden;* **b)** *einzelnes Stück der Gattung Rührstück* (a); ~**teig,** der: *halbflüssiger Kuchenteig, der so lange gerührt wird, bis er reißend vom Löffel fällt;* ~**werk,** das: **a)** (Technik) *Behälter mit einer Vorrichtung zum Mischen von Flüssigkeiten [mit Gasen, feinkörnigen Substanzen];* **b)** *Teil einer Küchenmaschine zum Rühren von Teig.*

rühren ['ry:rən] ⟨sw. V.; hat⟩ [mhd. rüeren, ruoren, ahd. (h)ruoren, urspr. = bewegen, dann: anstoßen, anfassen, betasten]: **1. a)** *die Bestandteile eines [flüssigen] Stoffes mit einem Löffel o. ä. in kreisförmige Bewegung bringen, um sie [zu einer einheitlichen Masse] zu vermischen:* die Suppe, den Brei r.; der Teig muß eine halbe Stunde gerührt werden; mit dem Löffel im Kaffee, in der Kaffeetasse r.; du mußt r., damit die Soße nicht anbrennt; er ... rührte mit einem Span in der Asche (Wiechert, Jeromin-Kinder 55); **b)** *unter Rühren* (1 a) *hinzufügen:* ein Ei an den Grieß r.; das Puddingpulver in die kochende Milch r. *(damit verrühren)*. **2. a)** *ein Glied des Körpers, sich ein wenig bewegen:* [vor Müdigkeit] die Glieder, die Arme, die Beine nicht mehr r. können; vor Kälte die Finger kaum r. können; sie konnte sich in dem engen Kleidungsstück kaum r.; sich [vor Angst] nicht zu r. wagen; sich nicht [von der Stelle, vom Platz, vom Fleck] r., um nicht bemerkt zu werden; kein Lüftchen rührte sich *(es war windstill)*; der Verunglückte rührte sich nicht mehr *(lag leblos da)*; Nella klopfte, aber drinnen rührte sich nichts (*niemand kam,* *um zu öffnen;* Böll, Haus 189); Ü du mußt dich mehr r. *(mußt aktiver werden)*, wenn du vorankommen willst; schwunghaft blühte der Straußenhandel mit dem Schundschriftchen, und niemand rührte sich *(unternahm etwas; nichts geschah;* Maass, Gouffé 234); ***sich nicht r. können** (ugs.; *finanziell, wirtschaftlich sehr eingeengt sein*); **b)** (Milit.) *eine gelockerte stehende Haltung einnehmen:* Alle nahmen Haltung an ..., rührten dann wieder, als er es ihnen erlaubte (Kirst, 08/15, 232); Rühren Sie, Gefreiter Bodmer! (Remarque, Obelisk 9); ⟨als Kommando für eine Mehrheit auch: r. + sich:⟩ rührt euch! **3.** (geh.) *etw. vorsichtig berühren, anfassen:* nicht an die zerbrechlichen Gegenstände r.; R o rühret, rühret nicht daran *(wir wollen dieses schwierige Problem o. ä. nicht weiter erörtern;* Vers aus E. Geibels [dt. Dichter, 1815–1884] Gedicht „Wo still ein Herz von Liebe glüht"); Ü an einen Kummer, eine schmerzliche Erinnerung r. *(jmdn. im Gespräch wieder darauf bringen);* seine Fragen rühren an *(berühren)* schwierige Probleme; wir wollen nicht mehr daran, an diese/(seltener:) dieser Sache r. *(wollen die Sache auf sich beruhen lassen);* ein ... Parlament, an dessen Freiheiten die Ausnahmegewalt nicht r. *(dessen Freiheiten sie nicht antasten)* ... kann (Fraenkel, Staat 323). **4.** *innerlich berühren, weich stimmen; Rührung bei jmdm. bewirken:* er rührte die Menschen, die Herzen der Menschen; seine Worte rührten sie [zu Tränen *(in einem Maße, daß ihr die Tränen kamen)*]; es rührte ihn überhaupt nicht *(es ließ ihn völlig gleichgültig)*, daß ...; tief gerührt sein; er war über den freundlichen Empfang gerührt; ⟨oft im 1. Part.:⟩ eine rührende *(zu Herzen gehende)* Szene; ein rührender Anblick; (iron.:) sie ist von einer rührenden Ahnungslosigkeit; er sorgt in rührender Weise, rührend für seine Eltern; ⟨subst.:⟩ Es liegt etwas Rührendes in diesem unerschütterlichen Zutrauen (Hacks, Stücke 262); ***ein menschliches Rühren verspüren** (verhüll., auch scherzh.; *den Drang verspüren, seine Notdurft zu verrichten).* **5.** (geh.) *seine Ursache, seinen Grund in etw. haben:* viele Mißverständnisse rühren, das rührt daher, daß ...; ehemals habe er Hunger gelitten, woher die grünliche Färbung seines Gesichtes rühre (Th. Mann, Hoheit 55). **6.** (geh. veraltend) *(die Trommel, Harfe, Leier) schlagen:* die Leier r.; ⟨Abl.:⟩ **rührig** ['ry:rɪç] ⟨Adj.⟩ [spätmhd. rüeric]: *von regem Unternehmungsgeist erfüllt; ganz u. gar nicht untätig, sondern immer das Nötige, in einer Situation Geforderte unternehmend:* ein -er Geschäftsmann, Verlag; der Verein ist sehr r.; Bei den Midianitern, einem r. *(emsig)* ausgebreiteten Hirten- und Handelsvolk der Wüste (Th. Mann, Tod u. a. Erzählungen 192); ⟨Abl.:⟩ **Rührigkeit,** die; -: *rührige Art;* **rührsam** ['ry:ɐza:m] ⟨Adj.⟩ (veraltet): svw. ↑rührselig (b); **Rührung,** die; - [mhd. rüerunge]: *weich stimmende innere Bewegtheit:* R. ergriff, übermannte, überkam, überwältigte sie; eine tiefe R. fühlen, verspüren; vor R. weinen.

Ruin [ru'i:n], der; -s [ältere Form von ↑Ruine]: *durch etw., jmdn. verursachter Zustand, in dem die betreffende Person, Institution o. ä. wirtschaftlich, moralisch am Ende od. sonst in ihrer Existenz getroffen, vernichtet ist:* der R. des Geschäftes war nicht aufzuhalten; dieser Fehlschlag, der Alkohol war sein *(verursachte seinen)* R.; du bist noch mein R. (ugs.; *du wirst mich zugrunde richten*); das brachte mich an den Rand des -s; etw. führt zu jmds. finanziellem, wirtschaftlichem R.; **Ruine** [ru'i:nə], die; -, -n [frz. ruine < lat. ruīna = Einsturz; Ruine, zu: ruere = stürzen]: **a)** *stehengebliebene Reste eines zum [größeren] Teil zerstörten od. verfallenen [historischen] Bauwerkes:* eine malerische, romantische, von Gras überwachsene R.; die R. einer gotischen Kirche; von der Klosteranlage steht nur noch eine R.; sie besuchten -n von Burgen und Schlössern; Ü menschliche -n (ugs. emotional; *körperlich völlig verfallene Menschen*); **b)** ⟨nur Pl.⟩ *Trümmer von Ruinen* (a): die -n des Krieges sind verschwunden; Truppen, die ... in herumliegenden -n Feuerstellungen besetzt hatten (Plievier, Stalingrad 286).

Ruinen-: **~feld,** das: *Gelände, in dem nur noch Ruinen* (b) *stehen;* **~grundstück,** das: *Grundstück mit einer Ruine;* **~landschaft,** die: **1.** svw. ↑~feld. **2.** (Kunstwiss.) *Darstellung einer Landschaft mit Ruinen.*

ruinenhaft ⟨Adj.; o. Steig.; nicht adv.⟩: *als Ruine erscheinend, gestaltet; an eine Ruine erinnernd;* **ruinieren** [rui'ni:rən] ⟨sw. V.; hat⟩ [frz. ruiner < mlat. ruinare, zu lat. ruīna, ↑Ruine]: **a)** *in einen solch schlechten Zustand bringen, daß die betreffende Person, Sache in ihrer Existenz getroffen, radikal geschädigt, vernichtet ist:* seine Gesundheit r.; sich gesundheitlich, finanziell r.; sie hat ihn ruiniert, wird ihn r.; der Krieg hat den Staat wirtschaftlich ruiniert; die Konkurrenz ruinierte ihm die Preise; ihr ruiniert meine Nerven; der Alkohol ruinierte seine Gesundheit, seine Leber; ruinieren Sie nicht den tadelfreien Ruf eines Bildners der Jugend! (Fallada, Herr 89); ein ruinierter Geschäftsmann; völlig ruiniert sein; R ist der Ruf erst ruiniert, lebt es sich ganz ungeniert; **b)** *auf Grund von Unachtsamkeit stark beschädigen, unbrauchbar, unansehnlich machen:* bei dem Spaziergang im Regen habe ich meine/mir die Schuhe völlig ruiniert; Sie gehen mit Kleidern und Schuhen ins Bett, das ruiniert die Wäsche! (Fallada, Trinker 57); **ruinös** [rui'nø:s] ⟨Adj.; -er, -este⟩ [frz. ruineux < lat. ruīnōsus = baufällig]: **1.** *zum Ruin führend, beitragend:* ein -er Wettbewerb; -e Zinsen. **2.** ⟨nicht adv.⟩ (veraltend) *in baulichem Verfall begriffen, davon bedroht; baufällig, verfallen:* die -en Teile eines Gebäudes abreißen; die Plastiken an der Kirche sind in einem -en Zustand.

Ruländer ['ru:lɛndɐ], der; -s, - [H. u.]: **a)** ⟨o. Pl.⟩ *vom Spätburgunder abstammende helle Rebsorte, deren Trauben dicht mit kleinen, länglichen, rötlichgrauen Beeren besetzt sind;* **b)** *goldfarbener, alkoholreicher, wenig saurer Wein der Rebsorte Ruländer* (a).

Rülps [rʏlps], der; -es, -e [zu ↑rülpsen] (landsch. derb.): **1.** (abwertend) *flegelhafter [junger] Mann mit ungehobeltem, schlechtem Benehmen.* **2.** svw. ↑Rülpser; **rülpsen** ['rʏlpsn̩] ⟨sw. V.; hat⟩ [lautm.] (ugs.): **a)** *ungebührlich geräuschvoll u. laut aufstoßen* (4 a): er rülpste ein paarmal [laut, heftig]; ⟨subst.:⟩ laß dein dauerndes Rülpsen!; **b)** *rülpsen* (a) *u. dabei die Luft aus dem Magen, entsprechende Gerüche irgendwohin gelangen lassen:* Zwei Burschen gingen ganz nah an ihr vorbei und rülpsten ihr ins Gesicht (Handke, Frau 65); Er blieb vor mir stehen ... und rülpste mir sauren Biergeruch ins Gesicht (Böll, Und sagte 53); ⟨Abl.:⟩ **Rülpser,** der; -s, - (ugs.): **1.** *einzelnes Rülpsen:* einen R. unterdrücken. **2.** *jmd., der [dauernd] rülpst.*

rum [rʊm] ⟨Adv.⟩: ugs. kurz für ↑herum.

Rum [rʊm, südd., österr., schweiz.: ru:m], der; -s, -s [engl. rum, gek. aus älter: rumbullion, H. u.]: *Branntwein aus Melasse od. Saft des Zuckerrohrs.*

rum- (vgl. auch: herum-, Herum-): **~ballern** ⟨sw. V.; hat⟩ (ugs.): *ziellos durch die Gegend schießen, ballern* (1 a); **~fikken** ⟨sw. V.; hat⟩ (vulg.): *[wahllos] koitieren;* **~flachsen** ⟨sw. V.; hat⟩ (ugs.): *flachsen u. sich damit die Zeit vertreiben;* **~gammeln** ⟨sw. V.; hat⟩ (ugs.): svw. ↑gammeln (2); **~haben** ⟨unr. V.; hat⟩ (ugs.): *eine bestimmte Zeit hinter sich gebracht haben:* den Wehrdienst hab' ich dann [endlich] rum; weil er seine sechsundzwanzig Wochen Kranksein rumhatte *(er bereits 26 Wochen krank war;* Fallada, Jeder 26); **~hampeln** ⟨sw. V.; hat⟩ (ugs.): *sich in diese u. jene Richtung hampelnd bewegen:* du sollst nicht soviel r.!; Schauspieler bin ich zwar nicht, aber so ein bißchen r. (abwertend; *agieren* 3), das kann doch jeder (Hörzu 23, 1975, 22); **~hängen** ⟨st. V.; hat⟩ (ugs.): **1. a)** *[als Jugendlicher] keine feste Arbeit haben;* **b)** *sich irgendwo aufhalten, weil die betreffende Person nicht weiß, wie sie ihre Zeit verbringen soll:* ... als alleine in einer Diskothek rumzuhängen (Ossowski, Bewährung 17). **2.** svw. ↑herumhängen (1); **~kalbern** ⟨sw. V.; hat⟩ (ugs.): *kalbern u. sich damit die Zeit vertreiben;* **~labern** ⟨sw. V.; hat⟩ (salopp abwertend): *labern u. sich damit die Zeit vertreiben:* in der Kneipe dumm r.; **~latschen** ⟨sw. V.; hat⟩ (salopp): *latschend herumgehen* (1, 3 a); **~ludern** ⟨sw. V.; hat⟩ (ugs. abwertend): *sich herumtreiben* (2); **~machen** ⟨sw. V.⟩: **1.** (ugs.) *herumlegen* (2), *herumbinden* ⟨hat⟩: da mußt du einen Verband r. **2.** (ugs.) *eine bestimmte Zeit hinter sich bringen, ableisten* ⟨hat⟩: der Herbert, der noch die zwei Jahre r. kann (Kant, Impressum 123). **3.** (salopp) *in einer bestimmten Gegend umhergehen* ⟨ist⟩: Ick bin mit Erich Weinert auf'm Wedding rumgemacht (Kant, Impressum 339). **4.** (salopp) svw. ↑herummachen: an seinem Auto r. **5.** ⟨hat⟩ (salopp) **a)** *sich sexuell mit jmdm. abgeben, einlassen:* so eine zu sein, die mit allen rummacht (Rocco [Übers.], Schweine 18); **b)** svw. ↑herumfummeln (2): und sie machen stundenlang an dir rum und zahlen dir nicht einmal einen Kamillentee (Extra 9, 1976, 46); **~schmeißen** ⟨st. V.; hat⟩ (ugs.): svw. ↑herumwerfen; **~ständern** [-ʃtɛndɐn] ⟨sw. V.; hat⟩ (landsch. [bes. berlin.] salopp): *herumstehen* (1 a) *u. sich nicht von* *der Stelle bewegen;* **~vögeln** ⟨sw. V.; hat⟩ (vulg.): svw. ↑~ficken; **~würgen** ⟨sw. V.; hat⟩ (landsch. salopp): *sich mit körperlicher Arbeit in Haus u. Garten abmühen.*

Rum-: **~aroma,** das: *Aroma* (2), *das nach Rum schmeckt;* **~flasche,** die; **~kugel,** die: *[mit Schokoladenstreusel bestreute] kugelförmige Süßigkeit aus einer weichen Masse aus Zucker, Kokosfett, Kakao u. Rum[aroma];* **~topf,** der: **1.** *in einem Steintopf od. größeren Glas in Rum eingelegte, vorher gezuckerte Früchte.* **2.** *Steintopf, größeres Glas für den Rumtopf* (1); **~verschnitt,** der: *Mischung von Rum mit anderem Alkohol.*

Rumba ['rʊmba], die; -, -s, ugs. auch, österr. nur: der; -s, -s [span. (kuban.) rumba, eigtl. = herausfordernder Tanz, zu: rumbo = Herausforderung]: *(aus Kuba stammender) Gesellschaftstanz in raschem $^4/_4$ od. $^2/_4$ Takt u. mit vielfach verlagertem, stark betontem Rhythmus.*

Rumfordsuppe ['rʊmfɔrt-, engl.: 'rʌmfəd-], die; -, -n [nach Sir B. Thompson, Graf von Rumford (1753–1814)] (Kochk.): *Suppe aus getrockneten gelben Erbsen, Gewürzen, durchwachsenem Speck u. a.*

Rumination [rumina'tsi̯o:n], die; -, -en [1: lat. rūminātio, zu: rūmināre, ↑ruminieren]: **1.** (Zool.) *das Wiederkäuen.* **2.** (Med.) *erneutes Verschlucken von Speisen, die sich bereits im Magen befanden u. infolge einer Funktionsstörung des Magens durch die Speiseröhre in den Mund zurückbefördert werden (bes. bei Säuglingen).* **3.** (bildungsspr. veraltet) *reifliche Überlegung;* **ruminieren** [...'ni:rən] ⟨sw. V.; hat⟩ [1, 3: lat. rūmināre, zu: rūma, rūmen = Gurgel]: **1.** (Zool.) *wiederkäuen.* **2.** (Med.) *die Anzeichen von Rumination* (2) *zeigen.* **3.** (bildungsspr. veraltet) *reiflich überlegen;* **ruminiert** ⟨Adj.; o. Steig.⟩ (Bot.): *(von Pflanzensamen) gefurcht.*

^{1}**Rummel** ['rʊml̩], die; -, -n [mundartl. entstellt aus ↑Runkel, Runken] (landsch.): *Runkelrübe.*

^{2}**Rummel** [-], der; -s [zu ↑rummeln] (ugs.): **1.** *um jmdn. erzeugte lärmende Betriebsamkeit; viel Aufhebens, das von etw., in bezug auf jmdn. gemacht wird:* jeglicher R. um seine Person ist ihm zuwider; wenn der ganze R. der Feiertage, mit der Annahme der Verträge, um die neuen Autos erst vorbei ist, ...; den R. mitmachen müssen; keinen R. wollen; wozu machen, veranstalten sie einen solchen R.?; ***der ganze R.** (salopp; *alles zusammen, bes. in bezug auf etw., was man [ver]kaufen will, was jmdm. überlassen wird; der ganze Trödelkram*); **den R. kennen** (salopp, oft abwertend; *etw. gründlich kennen u. wissen, wie es dabei zugeht*). **2.** (landsch., bes. nordd.) *Jahrmarkt:* kam ... ein R. in unsere Gegend (Schnurre, Bart 37); die Kinder sind auf den R. gegangen; am Sonntag waren wir auf dem R.; **rummeln** ['rʊml̩n] ⟨sw. V.; hat⟩ [mhd. rummeln = lärmen, poltern, lautm.] (landsch.): *ein dumpfes, dröhnendes Geräusch von sich geben:* in der Ferne rummelt ein Gewitter; er hat Hunger, irgend etwas rummelt in seinem Bauch (Fallada, Mann 194); **Rummelplatz,** der; -es, -plätze (landsch., bes. nordd.): *Platz, auf dem ein Jahrmarkt abgehalten wird.*

Rummy ['rœmi, 'rʌmɪ], das; -s, -s [engl. rummy, H. u.] (österr.): svw. ↑Rommé.

Rumor [ru'mo:ɐ̯], der; -s [spätmhd. rumōr(e) < mlat. rumor = Lärm, Tumult < lat. rūmor = dumpfes Geräusch] (landsch., sonst veraltet): *Lärm, Unruhe;* ⟨Abl.:⟩ **rumoren** [ru'mo:rən] ⟨sw. V.; hat⟩ [1: spätmhd. rumōren] (ugs.): **1.** *durch Bewegung, z. B. Hinundherrücken, dumpfen Lärm machen; geräuschvoll hantieren:* jmdn. auf dem Boden, in der Küche, in seinem Zimmer r. hören; die Ratten rumorten (Böll, Tagebuch 62); ⟨auch unpers.:⟩ Es rumorte ununterbrochen, Abschüsse, Einschläge waren zu hören (Apitz, Wölfe 365). **2.** *jmdm. im Magen kollern:* der neue Wein rumorte in seinen Därmen; ⟨auch unpers.:⟩ es rumorte in seinem Bauch. **3.** *in jmdm. Unruhe hervorrufen, nach Entladung drängen:* in ihm, in seinem Kopf rumorte nur ein Gedanke. **4.** *seinem Unwillen Luft machen, gegen etw. aufbegehren [so daß es in dem betreffenden Land o. ä. zu Unruhen kommt]:* Damals, als die Studenten rumorten (Spiegel 18, 1975, 25); ⟨auch unpers.:⟩ Seit Ende Mai hat es im Lande Hellas ununterbrochen rumort (*hat es ... Unruhen gegeben;* MM 2. 9. 69, 2).

^{1}**Rumpel** ['rʊmpl̩], der; -s [zu ↑^{1}rumpeln] (südd., md.): **1.** svw. ↑Gerumpel. **2.** svw. ↑Gerümpel.

^{2}**Rumpel** [-], die; -, -n [zu ↑^{2}rumpeln] (md. veraltend): *Waschbrett.*

Rumpel- (^{1}Rumpel): **~kammer,** die (ugs.): *Abstellkammer für Gerümpel:* etw. in die R. tragen, stellen; dieses wackelige Möbel gehört in die R. *(ist nicht mehr zu gebrauchen);* Ü Reformvorschläge in die R. werfen, verbannen; **~kasten,** der (salopp abwertend): *altes, rumpelndes Gefährt, Klavier o. ä.;* **~kiste,** die (ugs.): vgl. ~kammer; **~stilzchen** [-ʃtɪlt͜sçən], das; -s [eigtl. = rumpelnder Kobold; 2. Bestandteil Vkl. von veraltet Stülz = Hinkender]: *zwergenhafte Gestalt des Volksmärchens, deren erpresserische Macht über ein mit seiner Hilfe Königin gewordenes Mädchen nur so lange besteht, bis sie ihm seinen Namen nennen kann.*

^{1}**rumpelig,** rumplig ['rʊmp(ə)lɪç] ⟨Adj.⟩ [zu ↑^{1}rumpeln]: **1.** *rumpelnd.* **2.** ⟨nicht adv.⟩ *holprig* (1).

^{2}**rumpelig,** rumplig [-] ⟨Adj.⟩ [zu ↑^{2}rumpeln] (md.): *faltig.*

^{1}**rumpeln** ['rʊmpl̩n] ⟨sw. V.; hat⟩ [mhd. rumpeln, Nebenf. von ↑rummeln] (ugs.): **a)** *ein polterndes Geräusch verursachen:* auf dem Boden r.; die Straßenbahn rumpelt und quietscht; mit den Koffern r.; **b)** *sich rumpelnd* (a) *[fort]bewegen:* der Wagen rumpelt durch die Stadt; die Kartoffeln rumpeln von einer Seite auf die andere.

^{2}**rumpeln** [-] ⟨sw. V.; hat⟩ [ablautende Intensivbildung zu md. rimpen = mhd. rimpfen, ↑rümpfen] (md.): **1.** *knittern.* **2.** (veraltend) *Wäsche auf der ^{2}Rumpel reiben.*

Rumpf [rʊmp͜f], der; -[e]s, Rümpfe ['rʏmp͜fə] [mhd. rumpf, H. u.]: **1.** *(bei Mensch u. Tier) Körper ohne Kopf u. Gliedmaßen:* der R. einer Statue; den R. drehen, beugen; der Kopf sitzt auf dem R.; den Kopf vom R. [ab]trennen. **2. a)** *Schiff ohne Aufbauten;* **b)** *Flugzeug ohne Tragflächen u. Fahrgestell.*

Rumpf-: **~beuge,** die (Gymnastik): *Übung, bei der man den Oberkörper vorwärts, rückwärts od. seitwärts beugt;* **~drehen,** das; -s (Gymnastik): *Übung, bei der man den Rumpf* (1) *dreht;* **~fläche,** die (Geol.): *durch langanhaltende Abtragung entstandene flachwellige bis ebene Fläche;* **~gebirge,** das (Geol.): *abgetragenes Faltengebirge, das nach der Einebnung erneut gehoben wurde;* **~kabinett,** das: *Kabinett, das nur mit einem Restbestand von Kabinettsmitgliedern amtiert;* **~kreisen,** das; -s (Gymnastik): *Übung, bei der der Oberkörper bei feststehenden [gegrätschten] Beinen einen Kreis um die Hüfte beschreibt.*

rümpfen ['rʏmp͜fn̩] ⟨sw. V.; hat⟩ [mhd. rümpfen, im Ablaut zu: rimpfen, ahd. (h)rimpfan = zusammenziehen]: *(die Nase, ungewöhnlich einen anderen Teil des Gesichts) mißbilligend kraus, in Falten ziehen:* bei einem üblen Geruch, einem Witz die Nase r.; Sabeth rümpfte ihre Brauen (Frisch, Homo 105); der Führer ... rümpfte sein ... Kinn (Th. Mann, Joseph 542).

Rumpler ['rʊmplɐ], der; -s, - [zu ↑^{1}rumpeln] (Reiten): *Stolpern des Pferdes [nach einem Sprung]:* einen R. ausbalancieren; ^{1}**rumplig:** ↑^{1}rumpelig.

^{2}**rumplig:** ↑^{2}rumpelig.

Rumpsteak ['rʊmp-ste:k], das; -s, -s [engl. rumpsteak, aus rump = Kreuz (9) (verw. mit ↑Rumpf) u. steak, ↑Steak]: *Scheibe [mit Fettrand] aus dem Rückenstück des Rindes, die kurz gebraten od. gegrillt wird.*

rums! [rʊms] ⟨Interj.⟩: **a)** lautm. für das Geräusch, das bei einem dumpftönenden Fall, Aufprall entsteht: r., lag der ganze Segen auf der Erde; r., war der Wagen aufgefahren; **b)** lautm. als Ausdruck eines plötzlichen, Wechsels in etw. Gegenteiliges: Rums, in die Zelle zurück, ein neues Verfahren (Kempowski, Uns 138); ⟨Abl.:⟩ **rumsen** ['rʊmzn̩] ⟨sw. V.; hat⟩ (landsch.): **a)** ⟨meist unpers.⟩ *[bei einem Aufprall o. ä.] dumpftönenden Lärm, Krach verursachen:* es hatte ganz gehörig gerumst über Warschau (Kuby, Sieg 15); **b)** *rumsend* (a) *auf etw. auftreffen:* gegen eine Mauerecke r.

Run [rʌn], der; -s, -s [engl. run, zu: to run = rennen, laufen]: *Ansturm, Sturm auf etw. wegen drohender Knappheit [in einer krisenhaften Situation]:* der vorweihnachtliche R. auf Spielzeug, auf die Geschäfte; wie stets in Krisenzeiten setzte ein R. auf Gold ein.

rund [rʊnt; mhd. runt < afrz. ront, rond < lat. rotundus = rund (wie eine Scheibe), zu: rota = Rad, Kreis]: **I.** ⟨Adj.; -er, -este⟩ **1.** ⟨nicht adv.⟩ *die Form eines Kreises, einer Kugel aufweisend u. dabei im wesentlichen ohne Ecken u. Kanten:* ein -er Tisch, Teller; ein -es Fenster, Beet; das mediterrane -e Steinhaus (Bild. Kunst 3, 40); ein -er *(einer Kugel vergleichbarer, ähnlicher)* Kopf; ein -er *(krummer)* Rücken; das Kind machte -e Augen (ugs.; *blickte verwundert, staunend*); die Erde ist r.; durch die Frisur wirkt ihr Gesicht -er; die Linie verläuft r. **2.** ⟨nicht adv.⟩ *(vom Körper, von einem Körperteil) rundlich; dicklich, fül-*

lig: -e Arme, Schultern, Knie; das Kind hat -e Bäckchen; er hat ein -es Kinn, einen -en Bauch; sie ist dick und r. geworden. **3.** ⟨o. Steig.⟩ (ugs.) *(von etw. Gezähltem, Gemessenem) ganz od. so gut wie ganz; voll:* ein -es Dutzend, Jahr, Jährchen, Stündchen; der Bau hat eine -e Million gekostet; er hat für die Arbeit -e drei Jahre gebraucht; eine -e *(abgerundete, aufgerundete)* Zahl; daß sich die Liegekur bis zum Abendessen, wenn man nur ein wenig r. rechnete, wieder auf eine Stunde beschränkte (Th. Mann, Zauberberg 269). **4.** *in sich abgerundet u. vollkommen:* der Wein hat einen -en Geschmack; (ugs.:) Eine gute und -e Sache (Fries, Weg 158); ein -er *(voller u. wohllautender)* Ton, Klang; davon wird die Welt wieder r. (*kommt sie wieder in Ordnung;* Bieler, Bonifaz 59); jedes Wort springt ihm so r. und appetitlich vom Munde (Th. Mann, Zauberberg 143); ***r. laufen** (1. ugs.; *so ablaufen, wie es sein soll; klappen:* bei uns läuft alles r., wir sind unserer Aufgabe gewachsen [Ziegler, Recht 180]. 2. Kfz.-T. Jargon; *[in bezug auf den Lauf von Motoren] gleichmäßig, ruhig:* der Motor läuft r. [Ggs.: unrund]). **II.** ⟨Adv.⟩ (ugs.) *(von etw. Gezähltem, Gemessenem) ungefähr, etwa:* er hat r. (Abk.: rd.) 100 Mark ausgegeben; in r. einem Jahr wird er fertig sein; ***r. um jmdn., etw.** *(rings um jmdn., etw. herum):* eine Reise r. um die Welt, Erde; eine Sendung r. um das Kind; Rund um mich herrscht sonntägliche Ruhe (R. Walser, Gehülfe 57); r. um die Uhr (*pausenlos;* ↑Uhr) im Einsatz sein; ⟨subst.:⟩ **Rund** [-], das; -[e]s, -e ⟨Pl. ungebr.⟩ [frz. rond, zu: rond, ↑rund]: **a)** *runde Form einer Sache:* das R. ihrer Wangen, des Auges; **b)** *etw. [Rundes], was jmdn. umgibt; runde [umgrenzte] Fläche:* das [weite] R. der Arena; Ü Als einziger im weiten R. (*weit und breit;* MM 9. 12. 66, 4).

rund-, Rund-: **~bank,** die ⟨Pl. -bänke⟩: *im Kreis od. Halbkreis [um einen Baum od. anderen Mittelpunkt] gebaute* [1]*Bank* (1); **~bau,** der ⟨Pl. -ten⟩: *Bauwerk mit kreisförmigem od. ovalem Grundriß [u. einer Kuppel als Dach];* **~beet,** das; **~bild,** das: *von einem Mittelpunkt her zu betrachtendes Gemälde auf einer gewölbten Fläche z. B. als Deckengemälde;* **~blick,** der: **a)** *Aussicht rundum, nach allen Seiten:* von hier oben genießt man einen herrlichen R.; **b)** *das Umherblicken, Ausschauhalten nach allen Seiten:* einen R. nehmen; **~bogen,** der (Kunstwiss., Archit.): *halbkreisförmiger Bogen, Gewölbe im Halbkreis über einer Maueröffnung,* dazu: **~bogenfenster,** das: *Fenster mit oberem Abschluß als Rundbogen, bes. in der altchristlichen Baukunst u. Romanik,* **~bogenfries,** der: *mit Rundbogen gemusterter* [1]*Fries;* **~brief,** der: **a)** *für einen größeren Kreis von Empfängern bestimmtes, von einer Zentralstelle aus in vervielfältigten Exemplaren verschicktes Schreiben;* **b)** *für mehrere Empfänger, z. B. Familienmitglieder, gedachter Brief, der von einem zum andern weitergeschickt wird;* **~dorf,** das: *rundes Angerdorf;* **~eisen,** das: **1.** *eisernes Bauteil an Maschinen von zylindrischer Form.* **2.** *löffelartig ausgehöhltes Werkzeug des Holzschneiders zum Ausschaben gerundeter Rillen;* **~erlaß,** der: *allen untergeordneten Dienststellen zugeleitete Anordnung einer Behörde;* **~erneuern** ⟨sw. V.; hat⟩ (Kfz.-T.): *die Lauffläche eines abgefahrenen Reifens durch Vulkanisieren mit neuem Profil versehen:* runderneuerte Reifen, dazu: **~erneuerung,** die; **~fahrkarte,** die: *Fahrkarte für eine Rundreise;* **~fahrt,** die: **1.** *[Besichtigungs]fahrt durch eine od. mehrere Städte od. Gebiete mit Rückkehr zum Ausgangspunkt.* **2.** (Sport) *[mehrtägiger] Wettbewerb im Fahrrad- od. Motorsport über verschiedene Etappen;* **~feder,** die: *vorn mit einer Rundung versehene Schreibfeder für Zierschriften;* **~feile,** die: *Feile, die nicht flach geformt, sondern im Querschnitt etwas eingebogen ist;* **~fenster,** das: *kreisrundes Fenster;* **~flug,** der: *kurzer Flug, meist im Kreis über einer Stadt, mit Rückkehr zum Ausgangspunkt;* **~frage,** die: *Frage [zu einem bestimmten Thema], die einer Reihe von Personen vorgelegt wird,* dazu: **~fragen** ⟨sw. V.; hat; nur im Inf. u. 2. Part. gebr.⟩: Stephens ... schickte den Führer zurück ins Dorf, ließ r., wer etwas auszusagen wüßte (Ceram, Götter 375); **~funk,** der: ↑Rundfunk u. rundfunk-, Rundfunk-; **~gang,** der: **1.** *Gang* (1) *rundherum, durch ein Gebäude od. Gebiet, von einer Person od. Sache zur andern:* einen R. machen, antreten. **2.** *Strecke, angelegter Gang (in einem Gebäude, Schiff o. ä.), der um etwas herumgeht; Umgang;* **~gehen** ⟨unr. V.; ist⟩: **1.** *einen Rundgang machen:* der alte Wärter, der morgens rundging, um die Spuren ... zu beseitigen (Böll, Haus 26). **2.** *herumgereicht werden:* der Krug geht rund; Ü die Geschichte ist schon überall rundgegangen (ugs.; *weitererzählt worden*). **3.** ***es geht rund** (ugs.; *es gibt viel Arbeit, ist starker Betrieb, so daß man nicht zur Ruhe kommt, in Atem gehalten wird*): im Büro geht's heute mächtig rund; **~gesang,** der: **1.** *bei einem geselligen Beisammensein das Singen reihum, in das alle einstimmen.* **2.** *Gesang in einer Runde von Menschen, bei dem alle mitmachen.* **3.** *eine Art Rondo* (1); **~gespräch,** das: *[öffentliches] Gespräch in einer Runde bes. von Fachleuten über ein bestimmtes Thema;* **~gewicht,** das (Schwerathletik): *kugelförmiges Gewicht mit Handgriff;* **~heraus** ⟨Adv.⟩: *ohne Umschweife, direkt, offen u. seiner Sache sicher:* etw. r. erklären, sagen, fragen; nannte er mich r. einen Gangster (Frisch, Stiller 410); **~herum** ⟨Adv.⟩: **a)** *an allen Seiten, im Umkreis um jmdn., etw. herum; rings:* seinen Bartkranz r. (A. Zweig, Grischa 45); **b)** *in die Runde:* r. blicken; **c)** *überall u. ganz u. gar; völlig:* r. naß werden; Ü ich habe dein Gerede r. satt; **~holz,** das: *Holz mit rundem Querschnitt (in der ursprünglichen Länge od. als vom Stamm abgesägtes Stück);* **~horizont,** der (Theater): *mit Landschaft u. Himmel bemalte Leinwand, die im Halbrund die Spielfläche umschließt;* **~kurs,** der: ([Motor]sport): *[mehrfach zu durchfahrende] Rennstrecke, bei der man [immer wieder] zum Ausgangspunkt zurückkommt:* ein drei Kilometer langer R.; **~lauf,** der: **1.** *das Umlaufen, Kreislauf:* so eine Woche, so ein kleiner R. vom Montag zum Sonntag und wieder Montag (Th. Mann, Zauberberg 401). **2.** (Turnen) *aus einer an der Decke befestigten Scheibe mit ringsherum herabhängenden Strickleitern bestehendes Turngerät, an dem von einer Gruppe sich im Kreise fortbewegender Turnender Laufschritte, Sprünge u. Schwünge geübt werden;* **~pfeiler,** der (Archit.): *Pfeiler mit kreisförmigem Querschnitt;* **~reise,** die: vgl. ~fahrt (1), dazu: **~reisekarte,** die; **~rücken,** der (Med.): *[durch fehlerhafte Körperhaltung entstandene] Wölbung des Rückens nach außen;* **~ruf,** der: *Ruf (durch Telefon, Funk o. ä.), der an alle innerhalb einer bestimmten Gruppe ergeht:* ein R. der Kriminalpolizei; **~schädel,** der (Anthrop.): *für bestimmte Menschenrassen charakteristischer runder Schädel,* dazu: **~schäd[e]lig** ⟨Adj.; o. Steig.; nicht adv.⟩: vgl. kurzköpfig; **~schau,** die (geh.): *Rundblick* (a), *Umschau;* **~schild,** der ⟨Pl. -schilde⟩ (früher): *runder Schild;* **~schlag,** der (Boxen, Faustball, Eishockey): *Schlag, der seinen Schwung durch eine nach hinten gerichtete Kreisbewegung des Armes bekommt:* mit einem R. befreite er sich aus der Umklammerung; Ü seinen polemischen R. gegen „die Arroganz der etablierten Filmemacher" (Praunheim, Sex 342); **~schreiben,** das: svw. ↑~brief (a); **~schrift,** die: *Schriftart mit betonten Rundungen,* dazu: **~schriftfeder,** die; **~sicht,** die: svw. ↑~blick (a); **~spruch,** der ⟨o. Pl.⟩ (schweiz.): svw. ↑Rundfunk; **~stab,** der (Archit.): *Zierstab mit [halb]kreisförmigem Querschnitt (bes. in der romanischen Baukunst);* **~strecke,** die (Sport): *für Motorsport-, Fahrrad- od. Laufwettbewerbe vorgesehene, zum Ausgangspunkt zurückführende Strecke, die meist mehrmals durchfahren od. durchlaufen werden muß,* dazu: **~streckenrennen,** das; **~strick,** der ⟨o. Pl.⟩ (Jargon): *durch Rundstricken gefertigtes Textilmaterial;* **~stricken** ⟨sw. V.; hat; nur im Inf. u. 2. Part. gebr.⟩: *mit einer Rundstricknadel od. -maschine ohne Umdrehen immer weiter stricken, so daß ein nahtloses, schlauchartiges Stück entsteht:* rundgestrickte Hosen, dazu: **~strickmaschine,** die, **~stricknadel,** die; **~stück,** das (nordd., bes. Hamburg): *[ovales, mit einer Kerbe versehenes] Brötchen;* **~stuhl,** der: svw. ~strickmaschine; **~tanz,** der: **a)** *gemeinsam im Kreis mit festgelegten Bewegungen (zeitweise Auflösung der Paare u. Partnerwechsel) durchgeführter Tanz;* **b)** *die Musik, Melodie, das Lied zum Rundtanz* (a): einen R. spielen; **~tischgespräch,** das (bes. DDR): eindeutschend für ↑Round-table-Konferenz; **~trunk,** der: *reihum gehender Trunk [aus der Flasche od. einem gemeinsamen Gefäß];* **~turm,** der; **~um** ⟨Adv.⟩: **a)** *in der Runde, ringsum, im Umkreis, rundherum* (a): Als ... die Welt r. sich zu verändern begann (Dönhoff, Ära 11); **b)** svw. ↑~herum (c): r. zufrieden; r. praktisch; **~umher** ⟨Adv.⟩ (veraltend): *nach allen Seiten, ringsumher:* r. blicken; **~umleinwand,** die: *zum Halbkreis gebogene Filmleinwand,* **~umschlag,** der: *Schlag nach allen Seiten, Rundschlag:* Ü Der R. des Kanzlers wird nicht nur in Manila Folgen haben (Spiegel 18, 1979, 21); **~umsicht,** die (Kfz.-W.): *Sicht nach allen Seiten:* der Wagen bietet tadellose R., **~umverglasung,** die; **~verkehr,** der: svw. ↑Kreisverkehr; **~weg** ⟨Adv.⟩ (emotional): *entschieden u. vollständig, ohne Diskussion od. Überlegung; unumwunden:* etw. r. leugnen, ablehnen; das ist r. falsch; ~**weg,** der: *Spazier-, Wanderweg, der wieder zum Ausgangspunkt zurückführt:* der R. ist ausgeschildert; ~**wirkmaschine,** die: vgl. ~strickmaschine; ~**zelt,** das.

Rundalow ['rʊndalo], der; -s, -s [zusgez. aus ↑rund u. ↑Bungalow]: *strohbedeckter, aus dem afrikanischen Kral entwickelter runder Bungalow [in senegalesischen Feriendörfern].*

Runde ['rʊndə], die; -, -n [spätmhd. runde = (Um)kreis; 2a: frz. ronde, zu (a)frz. rond, ↑rund]: **1. a)** *kleinerer Kreis von Personen, Gesellschaft:* eine heitere nächtliche R. [von Zechern]; die ganze R. sang mit; in fröhlicher R.; einer fehlt in der R.; sie nahmen ihn in ihre R. auf; eine sozialpolitische R. *(Verhandlungsrunde, Rundgespräch);* **b)** *die um jmdn. herum befindlichen Personen u. Sachen, Umkreis, Rund* (b): in die R. blicken; dunkle Tannen standen in der R.; „Kommt denn niemand?", fragte jetzt der Stöhnende in die R. (Sebastian, Krankenhaus 57). **2. a)** *im Bogen herum- u. zum Ausgangspunkt zurückführender Weg, Gang, Fahrt, Flug; Rundgang* (1): eine R. durch die Stadt, den Garten, durch die Kneipen machen; der Wächter beginnt, geht, machte seine -n; das Flugzeug zieht eine R. über der Stadt; dem Zollbeamten ist auf seiner R. nichts Verdächtiges begegnet; ***die R. machen** (ugs.: 1. *von einem zum andern im Kreis herumgereicht werden:* der Becher macht die R. 2. *(von Nachrichten, Geschichten usw.) rasch überall verbreitet, bekannt werden, sich herumsprechen*); **b)** (selten) *die Runde gehender Posten:* Nur weil zufällig die R. kommt, wird Plank nicht erschlagen (Mostar, Unschuldig 110). **3.** (Sport) **a)** *Durchgang auf einem Rundkurs, einer im Kreis od. Oval herumführenden Fahr-, Laufstrecke o. ä.:* eine R. laufen; er ist die schnellste R. gefahren; ruhig zog der Läufer seine -n; (Jargon:) die Wagen drehen ihre -n; in die letzte R. gehen; er hat einen Vorsprung von einer halben R. herausgeholt; Ü sie tanzten noch eine R. *(einen Tanz [rund um die Tanzfläche]);* **b)** *Durchgang in einem Wettbewerb; Spiel od. Serie von Spielen [jeder gegen jeden]):* eine R. Golf; spielen wir noch eine R. Skat?; die Mannschaft schied schon in der ersten R. aus; **c)** (Boxen) *Kampfabschnitt, zeitliche Einheit (von meist drei Minuten), die für sich bewertet wird:* die erste R. ging an den Herausforderer; in der achten R. wurde er ausgezählt; der Kampf ging über zehn -n; er quälte sich mühsam über die -n; Ring frei zur ersten R.!; ***über die -n kommen** (ugs.; *Schwierigkeiten mit einiger Mühe überwinden, bes. mit dem Geld gerade eben noch auskommen*); **jmdm. über die -n helfen** (ugs.; *jmdm. über Schwierigkeiten hinweghelfen u. ihn [wirtschaftlich] unterstützen*); **etw. über die -n bringen** (ugs.; *etw. zustande, zu einem guten Ende bringen; durchstehen*). **4.** *von einem Teilnehmer für jeden einzelnen einer Runde* (1 a), *einer Gesellschaft od. auch für jeden der im Lokal [zufällig] Anwesenden gestiftete Portion (je ein Glas, ein Becher voll) eines [alkoholischen] Getränkes; Lage:* eine R. Bier, Wein, Schnaps; Die erste R. geht auf den Wirt (Chotjewitz, Friede 153); eine R. ausgeben, stiften, spendieren, (salopp:) schmeißen. **5.** (Handarbeit) *Reihe beim Rundstricken (jeweils über dem herabhängenden Anfangsfaden beginnend):* zwanzig -n glatt rechts stricken; **Ründe** ['rʏndə], die; - (dichter.): *Rundheit, runde Form:* die R. der Erde (Strittmatter, Wundertäter 484); **Rundell** [rʊn'dɛl], das; -s, -e: svw. ↑Rondell; **runden** ['rʊndn̩] ⟨sw. V.; hat⟩: **1. a)** *rund machen, abrunden:* den Rücken zu einem Buckel r.; gerundete Formen; Ü diese Nachricht rundet das Bild, den Eindruck; Die Luxemburger rundeten ihren Besitz am Rhein (Feuchtwanger, Herzogin 108); **b)** (selten) *umrunden:* Sein Schiff rundete Kap Hoorn (Wochenpost 6. 6. 64, 6). **2.** ⟨r. + sich⟩ **a)** *rund werden;* die Backen runden sich; sie hat sich in letzter Zeit sehr gerundet *(ist dicker geworden);* Ü das Jahr rundet sich *(geht zu Ende);* **b)** *als etw. Rundes in Erscheinung treten, erkannt werden:* auf leuchtend blauer Rohseide rundete sich ... ein stahlblauer Kranz (A. Zweig, Claudia 30); **c)** *Gestalt annehmen:* das Bild, die Vorstellung rundet sich.

Runden- (Runde 3; Sport): ~**rekord,** der (Motorsport): *kürzeste Zeit, die für eine Runde* (3 a) *auf der betreffenden Rennstrecke herausgefahren wurde;* ~**spiel,** das (bes. Fußball): *Spiel innerhalb einer Qualifikationsrunde;* ~**zahl,** die: *vorher festgesetzte Zahl der in einem Boxkampf auszutragenden od. in Motorsportveranstaltungen zurückzulegenden Runden;* ~**zeit,** die: vgl. ~rekord.

Rundfunk ['rʊntfʊnk], der; -s [1923 gepr. von dem dt. Funktechniker H. Bredow (1879–1959), eigtl. = Funk, der in die Runde ausgestrahlt wird; seit 1924 amtlich für „Radio"]: **1.** *drahtlose Verbreitung von Informationen u. Darbietungen in Wort u. Ton:* die drei Massenmedien Presse, R. und Fernsehen. **2. a)** svw. ↑Radio (2 a): R. hören; etw. aus dem R. erfahren; das habe ich im R. gehört; **b)** *durch den Rundfunksender verkörperte Einrichtung des Rundfunks* (1): der Westdeutsche R.; den R. anrufen; er arbeitet beim R.; eine Aufnahme für den R.; das Spiel wird vom R. direkt übertragen; **c)** *Sendehaus:* den R. besetzen.

rundfunk-, Rundfunk- (vgl. auch: funk-, Funk-): ~**abkommen,** das: *internationales Abkommen über die Verteilung der verschiedenen Frequenzen;* ~**ansprache,** die: *für den Rundfunk gehaltene Ansprache [eines Politikers];* ~**anstalt,** die: *Rundfunksender (als Anstalt des öffentlichen Rechts);* ~**apparat,** der: svw. ↑~empfänger; ~**beitrag,** der: *für den Rundfunk verfaßter Beitrag* (3); ~**aussprache,** die: vgl. Bühnenaussprache; ~**empfang,** der: *Aufnahme der von einem Sender ausgestrahlten Wellen durch einen Rundfunkempfänger;* ~**empfänger,** der: *Empfangsgerät für Rundfunk;* ~**gebühr,** die ⟨meist Pl.⟩; ~**genehmigung,** die: vgl. Fernsehgenehmigung; ~**gerät,** das: svw. ↑~empfänger; ~**hörer,** der: *jmd., der Rundfunk hört;* ~**kommentar,** der: *Kommentar* (2) *im Rundfunk,* dazu: ~**kommentator,** der; ~**mechaniker,** der: *Handwerker, der Rundfunk- u. Fernsehgeräte anschließt, prüft u. repariert* (Berufsbez.); ~**programm,** das: **1.** *[Reihen]folge der Rundfunksendungen.* **2.** *Blatt, Heft o. ä., in dem das Rundfunkprogramm* (1) *angekündigt [u. erläutert] wird;* ~**redaktion,** die: vgl. Redaktion (2 a–c); ~**reportage,** die; ~**reporter,** der; ~**sender,** der: *Institution sowie technische Anlage, die Rundfunksendungen produziert u. ausstrahlt;* ~**sendung,** die: *in sich abgeschlossener Teil, einzelne Darbietung des Rundfunkprogramms* (1); ~**sprecher,** der: *Sprecher, der die einzelnen Sendungen, Musikstücke usw. ansagt u. die Nachrichten durchgibt; Nachrichtensprecher;* ~**sprecherin,** die: w. Form zu ↑~sprecher; ~**station,** die: *größerer Rundfunksender mit eigenem Programm;* ~**studio,** das: vgl. Fernsehstudio; ~**technik,** die ⟨o. Pl.⟩: *Zweig der Elektrotechnik, der sich mit der Einrichtung u. Wartung von Sende- u. Empfangseinrichtungen des Rundfunks befaßt,* dazu: ~**techniker,** der (Berufsbez.), ~**technisch** ⟨Adj.; o. Steig.; nicht präd.⟩; ~**teilnehmer,** der: *Inhaber einer Rundfunkgenehmigung, Rundfunkhörer;* ~**übertragung,** die: vgl. Fernsehübertragung; ~**werbung,** die: *Werbung im Rundfunk;* ~**zeitschrift,** die: vgl. Programmzeitschrift; ~**zeitung,** die: svw. ↑~zeitschrift.

Rundheit ['rʊnthait], die; - [spätmhd. runtheit]: *das Rundsein, runde Gestalt;* **rundlich** ⟨Adj.; nicht adv.⟩ [spätmhd. runtlīche (Adv.)]: **a)** *annähernd rund, mit einer Rundung versehen:* -e Kieselsteine; einen Diamanten r. schleifen; **b)** (fam. wohlwollend, meist von Frauen gesagt): *mollig, füllig, ein wenig dick:* eine -e Blondine; sie ist ein wenig r. geworden; ⟨Abl.:⟩ **Rundlichkeit,** die; -; **Rundling** ['rʊntlɪŋ], der; -s, -e: *kleine ländliche Siedlung [mit nur einem Zufahrtsweg u.] mit rund od. in Hufeisenform um einen Platz od. Anger gebauten Höfen;* **Rundung,** die; -, -en: *runde Form, Rundheit, Wölbung:* die neuen Modelle zeigen gefällige -en; deine Freundin hat beachtliche -en (salopp; *eine wohlproportionierte Figur*); in sanfter R. spannt sich der Brückenbogen über das Tal.

Rune ['ru:nə], die; -, -n [mhd. rūne, ahd. rūna = Geheimnis; Geflüster, lautm.]: *Zeichen der von den Germanen benutzten Schrift:* die -n wurden meist in Stein geritzt; Ü die unerbittlichen -n, die das Leben ihr in Stirn, Schläfen und Wangen ... geschnitten (Thieß, Legende 36).

Runen-: ~**alphabet,** das; ~**forschung,** die: *Wissenschaft, die sich mit der überlieferten Runenschrift u. ihrer Deutung befaßt;* ~**schrift,** die; ~**stein,** der: *erhalten gebliebener Stein mit Runen;* ~**zeichen,** das: svw. ↑Rune.

Runge ['rʊŋə], die; -, -n [mhd., mnd. runge, urspr. wohl = Rundstab] (Fachspr.): *(bei landwirtschaftlichen u. Lastfahrzeugen) seitlich an einer Ladefläche befestigte od. aufzusteckende Stange, die als Halterung für [abnehmbare] Seitenwände od. als Stütze für längeres Ladegut (z. B. Langholz, Rohre) dient;* ⟨Zus.:⟩ **Rungenwagen,** der (Eisenb.): *offener Güterwagen mit hochstehenden Rungen für den Transport von langem Ladegut.*

runisch ⟨Adj.; o. Steig.; nicht adv.⟩: *die Runen, die Zeit der Runen betreffend.*

Runkel ['rʊŋkl̩], die; -, -n (österr., schweiz.): svw. ↑Runkelrübe; **Runkelrübe,** die; -, -n [wahrsch. zu ↑Runken, nach der dicken Wurzel der Pflanze od. zu ↑Runzel, nach den auffallend runzligen Samen]: *auf schweren Böden feldmäßig angebaute krautige Pflanze, die als Wurzel eine dicke, weit aus dem Boden ragende weiße, gelbe od. rote, als Viehfutter verwendete Rübe entwickelt; Futterrübe;* **Runken,** der; -s, - [älter u. landsch. auch: Runksen, ↑Runks] (md.): *dickes, unförmiges Stück Brot;* **Runks,** der; -es, -e [älter: runckes, Schülerlatein des 15. Jh.s runcus = Runken; H. u.] (md., bes. obersächs.): **1.** svw. ↑Runken. **2.** *grober, ungeschliffener Mensch, Rüpel;* ⟨Abl.:⟩ **runksen** ['rʊŋksn̩] ⟨sw. V.; hat⟩ (landsch.): **a)** *sich ungesittet, rüpelhaft benehmen,* **b)** *grob u. unfair [Fußball] spielen.*

Runologe [runo'lo:gə], der; -n, -n [zu ↑Rune u. ↑-loge]: *Wissenschaftler auf dem Gebiet der Runologie;* **Runologie,** die; - [↑-logie]: *Runenforschung.*

Runs [rʊns], der; -es, -e, **Runse** ['rʊnzə], die; -, -n [mhd. runs(t), ahd. runs(a) = Fluß(lauf), eigtl. = das Rinnen; vgl. blutrünstig] (südd., österr., schweiz.): *Rinne [mit Wildbach] an Gebirgshängen:* steinige Runse[n].

runter ['rʊntɐ] ⟨Adv.⟩: ugs. für ↑herunter, hinunter (Ggs.: rauf): er fuhr r. nach Italien.

runter-, Runter- (ugs.; vgl. auch: herunter-, hinunter-): **~fallen** ⟨st. V.; ist⟩ (ugs.): *herunter-, hinunterfallen:* paß auf, daß du nicht runterfällst!; * **hinten r.** *(sich mit seiner Leistung o. ä. anderen gegenüber nicht behaupten können);* **~fliegen** ⟨st. V.; ist⟩: **1.** (ugs.) vgl. herunter-, hinunterfliegen. **2.** (salopp) *fliegen* (13); von der Schule r.; **~hauen** ⟨unr. V.; hat⟩: **1.** * **jmdm. eine/ein paar r.** (salopp; *jmdn. ohrfeigen*). **2.** (ugs. abwertend) *schnell u. ohne besondere Sorgfalt [auf der Maschine] schreiben:* ein Manuskript r.; **~holen** ⟨sw. V.; hat⟩: **1.** svw. ↑herunterholen. **2.** * **sich/jmdm. einen r.** (vulg.; svw. ↑masturbieren 1, 2); **~hungern** ⟨sw. V.; hat⟩ (ugs.): *durch Hungern verlieren:* sie hat schon einige Pfunde runtergehungert; **~kippen** ⟨sw. V.⟩ (ugs.): **1.** svw. ↑hinunterkippen (1) ⟨hat.⟩: einen Schnaps r. **2.** svw. ↑hinunterkippen (2); **~knallen** ⟨sw. V.; hat⟩ (derb): svw. ↑~hauen (1); **~langen** ⟨sw. V.; hat⟩: **1.** (landsch.) svw. ↑herunter-, hinunterreichen: lang mir bitte mal das Buch runter! **2.** (salopp) svw. ↑~hauen (1); **~putzen** ⟨sw. V.; hat⟩ (salopp): svw. ↑heruntermachen (a); **~rutschen** (ugs.): svw. ↑herunter-, hinunterrutschen: die Kinder rutschten am Treppengeländer runter; R rutsch mir den Buckel runter! (salopp; *laß mich damit in Ruhe!*); **~stufen** ⟨sw. V.; hat⟩ (Jargon): *[wegen veränderter Arbeitsbedingungen] in eine niedrigere Lohngruppe einstufen:* Facharbeiter sollten runtergestuft werden, dazu: **~stufung,** die; **~treten** ⟨st. V.⟩ (ugs.): **1.** *von einer erhöhten Stelle nach unten treten* ⟨ist⟩: vom Trittbrett, vom Bürgersteig r. **2.** ⟨hat⟩ **a)** *auf etw. treten, so daß es zu Boden gedrückt wird:* runtergetretenes Gras; **b)** svw. ↑abtreten (4 b): du hast deine Absätze schon wieder runtergetreten.

Runway ['rʌnweɪ], die; -, -s od. der; -[s], -s [engl. runway, zu: to run = laufen u. way = Weg] (Flugw.): *Start-u.-Lande-Bahn.*

Runzel ['rʊnts̮l̩], die; -, -n [mhd. runzel, ahd. runzula, Vkl. von mhd. runze, ahd. runza = Runzel] ⟨meist Pl.⟩: *Falte in der Haut:* viele -n auf der Stirn haben; Hände voller-n; ⟨Abl.:⟩ **runz[e]lig** ['rʊnts̮(ə)lɪç] ⟨Adj.; nicht adv.⟩: *stark gerunzelt, mit Runzeln, Falten bedeckt:* -e Haut, Hände; -e Beeren; der Apfel ist schon ganz r. geworden; **runzeln** ⟨sw. V.; hat⟩ [mhd. runzeln]: **a)** *in Falten ziehen, faltig zusammenziehen:* [ärgerlich, nachdenklich] die Stirn, die Augenbrauen r.; mit gerunzelter Stirn; **b)** ⟨r. + sich⟩ *Runzeln bekommen:* die Haut runzelt sich.

Rüpel ['ry:pl̩], der; -s, - [viell. als Scheltwort gebrauchte frühnhd. Kurzf. des m. Vorn. Ruprecht] (abwertend): *männliche Person, die sich schlecht, ungezogen benimmt, deren Betragen andere empört:* ein fauler, betrunkener R.; kommt dieser R. daher und schnauzt mich einfach an!; ⟨Abl.:⟩ **Rüpelei** [ry:pə'laj], die; -, -en (abwertend): **1.** ⟨o. Pl.⟩ *rüpelhaftes Benehmen.* **2.** *rüpelhafte Handlung:* solche -en lassen wir uns nicht gefallen!; **rüpelhaft** ⟨Adj.; -er, -este⟩ (abwertend): *wie ein Rüpel [sich benehmend]:* ein -er Mensch; sich r. benehmen; ⟨Abl.:⟩ **Rüpelhaftigkeit,** die; -, -en; **rüpelig** ⟨Adj.⟩: svw. ↑rüpelhaft.

[1]rupfen ['rʊpfn̩] ⟨sw. V.; hat⟩ [mhd. rupfen, ropfen, ahd. ropfōn]: **a)** *herausziehen, ruckartig [in einzelnen Büscheln] ausreißen:* Gras, Kräuter, Unkraut r.; das Pferd rupfte still an dem staubigen Gras neben den Geleisen (Wiechert, Jeromin-Kinder 842); **b)** *geschlachtetem Geflügel (z. B. einem Huhn) die Federn zupfend ausreißen (bevor es zum Essen zubereitet wird):* ein Huhn, eine Gans r.; eine gerupfte Gans; **c)** *von, aus etw. auf kräftige, ruckartige, zupfende Weise entfernen:* die Blätter vom Stiel r.; er war in seiner kurzen Ehe dürr geworden wie ein gerupfter Kohlstrunk (Bredel, Väter 275); **d)** (ugs.) *übervorteilen; jmdm. viel Geld abnehmen, ihn um sein Geld bringen:* der Wirt hat uns ganz schön gerupft; **e)** (landsch.) *(an etw.) reißen, ziehen:* jmdn. an den Haaren, am Arm r.; **f)** (Jargon) *unregelmäßig stoßen, ein stoßendes, reißendes Geräusch von sich geben:* die Kupplung rupft; ein schlecht gewachster Schi ... rupft (Eidenschink, Eis 103); ⟨subst.:⟩ weil Rupfen und undefinierbare Geräusche nicht abzustellen sind (ADAC-Motorwelt 6, 1973, 58); **[2]rupfen** [-] ⟨Adj.; o. Steig.; nur attr.⟩ [mhd. rupfīn]: *aus Rupfen [bestehend]:* ein -er Sack; **Rupfen** [-], der; -s, (Sorten:) - [mhd. rupfen (tuoch o. ä.)]: *grobes, poröses Gewebe aus Jute in Leinwandbindung:* ein Sack aus R.; die Wände sind mit R. bespannt; ⟨Zus.:⟩ **Rupfenleinwand,** die; **Rupfensack,** der.

Rupiah ['ru:pi̯a], die; -, - [indones. rupiah < Hindi rūpaiyā, ↑Rupie]: *Währungseinheit in Indonesien* (1 Rupiah = 100 Sen); Abk.: Rp; **Rupie** ['ru:pi̯ə], die; -, -n [Hindi rūpaiyā < aind. rūpya- = Silber]: *Währungseinheit in Indien u. anderen vorderasiatischen Staaten.*

ruppig ['rʊpɪç] ⟨Adj.⟩ [zu ↑rupfen]: **1.** (abwertend) *unhöflich-frech, schnodderig:* ein -er Mensch; hier herrscht ein -er Ton; der r. und bärbeißig wirkende Wehner (Hörzu 43, 1972, 133); er war sehr r. zu uns, hat r. geantwortet. **2.** *zerrupft, ungepflegt, struppig:* Ein kleines, -es, hinkendes Küken (Faller, Frauen 57); sein Bart sah r. aus; ⟨Abl.:⟩ **Ruppigkeit,** die; -, -en (abwertend): **1.** ⟨o. Pl.⟩ *ruppiges Benehmen.* **2.** *ruppige Handlung, Äußerung:* Da sie aber außer -en und auch bösartigen Fouls ... wenig zu bieten hatten (MM 22. 1. 68, 12); **Ruppsack,** der; -[e]s, ...säcke (ugs. abwertend): *ruppiger Mensch.*

Ruprecht ['ru:prɛçt] in der Fügung **Knecht R.** (landsch.; *oft mit einem Fell o. ä. bekleidete Gestalt als Begleiter des Nikolaus od. des Christkindes, der die Rute u./od. die Geschenke trägt;* nach dem m. Vorn. Ruprecht).

Ruptur [rʊp'tu:ɐ̯], die; -, -en [spätlat. ruptūra, zu lat. ruptum, 2. Part. von: rumpere = brechen, zerreißen]: **1.** (Med.) *Zerreißung (eines Gefäßes od. Organs), Durchbruch* (z. B. der Gebärmutter). **2.** (Geol.) *Riß, durch tektonische Bewegungen hervorgerufene Spalte im Gestein.*

rural [ru'ra:l] ⟨Adj.; o. Steig.⟩ [spätlat. rūrālis] (veraltet): *ländlich, bäuerlich.*

Rusch [rʊʃ], der; [e]s, -e [mniederd. rusch] (nordd. mundartl.): *Binse, Simse.*

Rüsche ['ry:ʃə], die; -, -n [frz. ruche, eigtl. = Bienenkorb (nach der Form des Besatzes) < vlat. rusca = Rinde (Bienenkörbe wurden urspr. aus Rinde gefertigt), aus dem Kelt.]: *dem schöneren Aussehen dienender Besatz aus gefälteltem Stoff od. geraffter Spitze an einem Kleid o. ä.:* eine R. um den Halsausschnitt; mit -n und Spitzen.

Ruschel ['rʊʃl̩], die; -, -n, auch: der, -s, - [zu ↑ruscheln] (landsch. abwertend): *unordentliche, schlampige, liederliche Person;* **ruschelig,** ruschlig ['rʊʃ(ə)lɪç] ⟨Adj.⟩ (landsch. abwertend): *unordentlich, schlampig;* **ruscheln** ⟨sw. V.; hat⟩ [landsch. Nebenf. von ↑rascheln] (landsch. abwertend): *unordentlich, schlampig sein;* ⟨Zus.:⟩ **Ruschelzone,** die [wohl zu ↑ruscheln in der Bed. „unordentlich daliegen"] (Geol.): *Zone starker Fältelungen u. Verwerfungen im Gestein.*

rüschen ⟨sw. V.; hat⟩: *mit Rüschen versehen.*

Rüschen-: **~bluse,** die; **~hemd,** das; **~kleid,** das; **~kragen,** der.

ruschlig: ↑ruschelig.

Rush [rʌʃ], der; -s, -s [engl. rush, zu: to rush = (vorwärts) stürmen, drängen]: **1.** (Sport) *plötzlicher Vorstoß (eines Läufers, eines Pferdes) beim Rennen.* **2.** *[wirtschaftlicher] Aufschwung, Ansturm;* **Rush-hour** ['rʌʃ-aʊə], die; -, -s [engl. rush hour, zu: hour = Stunde]: *Hauptverkehrszeit.*

Ruß [ru:s], der; -es, (fachspr.:) -e [mhd., ahd. ruoʒ, H. u.]: *schwarze, schmierige Substanz, die sich aus dem Rauch eines Feuers, beim Blaken einer Flamme an den Wänden usw. niederschlägt:* R. hat sich abgesetzt; Die Waggons sind mit fettem R. wie mit einer Schmiere bedeckt (Koeppen, Rußland 14); * **[k]einen R. machen** (thüring., obersächs.; *[keine] Umstände machen*).

ruß-, Ruß-: ~**beschmutzt** ⟨Adj.; o. Steig.; nicht adv.⟩: *von Ruß beschmutzt;* ~**entwicklung,** die: unter starker R. verbrennen; ~**farben,** ~**-farbig** ⟨Adj.; o. Steig.; nicht adv.⟩: *schwarz u. glanzlos;* ~**flöckchen,** das, ~**flocke,** die; ~**geschwärzt** ⟨Adj.; o. Steig.; nicht adv.⟩: vgl. ~beschmutzt; ~**preis,** der (schweiz.): *Preis, Gebühr für die Reinigung des Schornsteins;* ~**schwarz** ⟨Adj.; o. Steig.; nicht adv.⟩; ~**tinte,** die: *mit Ruß eingefärbte Tinte;* ~**verschmiert** ⟨Adj.; o. Steig.; nicht adv.⟩: vgl. ~beschmutzt.

Russe ['rʊsə], der; -n, -n [H. u.] (landsch.): *Schabe.*

Rüssel ['rʏsl̩], der; -s, - [mhd. rüezel, zu ahd. ruozzen = wühlen, also eigtl. = Wühler]: **1. a)** *zu einem röhrenförmigen, zum Tasten u. Greifen dienenden Organ ausgebildete Nase bei manchen Säugetieren:* der R. des Elefanten; Wildschweine wühlen mit ihren -n die Erde auf; **b)** *bewegliches [ausstülpbares] Organ zum Saugen od. Stechen bei verschiedenen Insekten, Würmern, Schnecken u. ä.* **2. a)** (salopp) *Nase:* nimm deinen R. weg!; **b)** (salopp) *Mund:* halt den R.!; **c)** (derb) *Penis.*

rüssel-, Rüssel-: ~**artig** ⟨Adj.; o. Steig.⟩; ~**förmig** ⟨Adj.; o. Steig.; nicht adv.⟩: *in der Form einem Rüssel* (1) *ähnlich;* ~**käfer,** der: *in vielen Arten verbreiteter, oft als Pflanzenschädling wirkender Käfer mit eiförmigem, hochgewölbtem Körper u. einem rüsselartig vorgezogenen Kopf;* ~**tier,** das: *Vertreter einer bis auf den Elefanten heute ausgestorbenen Ordnung sehr großer Säugetiere mit mächtigem Rüssel* (1 a) *u. langen Stoßzähnen:* Mammut und Mastodon waren -e.

rüsselig, rüßlig ['rʏs(ə)lɪç] ⟨Adj.; o. Steig.; nicht adv.⟩: *mit einem Rüssel [ausgestattet]:* ein -es Insekt.

rußen ['ru:sn̩] ⟨sw. V.; hat⟩ [mhd. (ge-, über)ruozen]: **1.** *unter Rußentwicklung brennen:* die Petroleumlampe rußt stark. **2.** *mit Ruß einfärben, schwärzen:* durch ein gerußtes Glas in die Sonne schauen.

Russen- ['rʊsn̩-]: ~**bluse,** die, ~**kittel,** der: *(früher zur Tracht russischer Bauern gehörende) kittelartige, gestickte Bluse mit schmalem Stehkragen u. Ärmelbündchen;* ~**stiefel,** der ⟨meist Pl.⟩: *(zum Russenkittel getragener) bis zum Knie reichender Schaftstiefel [aus rotem Leder].*

russifizieren [rʊsifi'tsi:rən] ⟨sw. V.; hat⟩ [zu Russe = Angehöriger eines ostslawischen Volkes in der UdSSR u. lat. facere = machen]: *an die Sprache, die Sitten u. das Wesen der Russen angleichen:* Manche von uns hatten russische Frauen geheiratet und waren nun völlig russifiziert (Leonhard, Revolution 80); ⟨Abl.:⟩ **Russifizierung,** die; -, -en; ⟨Zus.:⟩ **Russifizierungsprozeß,** der.

rußig ⟨Adj.; nicht adv.⟩ [mhd. ruozec, ahd. ruozag]: *von Ruß geschwärzt, mit Ruß überzogen:* -e Hände; die Wände sind alt und r.; du hast dich [am Ofen] r. gemacht.

russisch ['rʊsɪʃ] ⟨Adj.⟩ [mhd. (md.) rūzesch, zu: Rūz, ahd. Rūzo < mlat. Russus < mgriech. Ruós < aruss. Rus = Russe, aus dem Anord.]: **a)** ⟨Steig. selten⟩ *Rußland, die Russen betreffend; von den Russen stammend, zu ihnen gehörend:* -er Abstammung sein; wir haben -e Freunde; das ist echt r.; er war in -er Kriegsgefangenschaft *(in der UdSSR in Kriegsgefangenschaft);* die -e Armee (ugs.; *die Armee der UdSSR*); **b)** ⟨o. Steig.⟩ *in der Sprache der Russen:* -e Literatur; der Text ist r. abgefaßt; **Russisch** [-], das; -[s]: vgl. Deutsch; **Russisch Brot,** das; - -[e]s [H. u.]: *haltbares, härteres, hellbraunes, glänzendes Feingebäck in Form von Buchstaben;* **Russische,** das; -n: vgl. Deutsche; **Russischgrün,** das; -s [H. u.]: *leuchtendes, gut als Deckfarbe zu benutzendes Dunkelgrün;* **russisch-orthodox** ⟨Adj.; o. Steig.⟩: *der orthodoxen Kirche in ihrer russischen Ausprägung angehörend;* **russisch-römisch**: ↑Heißluftdampfbad; **russischsprachig** ⟨Adj.; o. Steig.⟩: vgl. deutschsprachig; **Russist** [rʊ'sɪst], der; -en, -en: *Vertreter der Russistik;* **Russistik,** die; -: *Wissenschaft von der russischen Sprache u. Kultur;* **Rußki** ['rʊski], der; -[s], -[s] (salopp): *Russe; russischer Besatzungssoldat:* Sie würden, die Amis und die -s, zusammenstoßen mit gewaltigem Krach (Fühmann, Judenauto 127).

Rüßler ['rʏslɐ], der; -s, -: svw. ↑Rüsselkäfer; **rüßlig**: ↑rüsselig.

Rüst-: ~**balken,** ~**baum,** der (Bauw.): *Rundholz, Träger für ein Baugerüst;* ~**gewicht,** das (Flugw.): *Gewicht eines Flugzeugs mit voller Ausrüstung, aber ohne Ladung;* ~**holz,** das: svw. ↑~baum; ~**kammer,** die (früher): *Raum (bes. in einer Burg od. Festung) zur Aufbewahrung von Waffen u. Rüstungen;* ~**stange,** die: svw. ↑~baum; ~**tag,** der (jüd. Rel.): *[Vorbereitung, Besinnung am] Vorabend eines kirchlichen Festes;* ~**zeit,** die: **1.** (ev. Kirche) *Freizeit* (2), *die der Besinnung u. gemeinsamen Erörterung theologischer Fragen dient:* sie haben an einer mehrtägigen R. teilgenommen. **2.** (Arbeitswiss.) *Zeit, die zur Vorbereitung einer bestimmten Arbeit nötig ist* (z. B. Einstellen der Maschine, Vorbereitung von Werkstücken u. a.): die -en würden sich ganz beachtlich verringern (Elektronik 11, 1971, A 59); ~**zeug,** das: **a)** *[Ausrüstungs]gegenstände u. Werkzeuge für einen bestimmten Zweck:* die „Münchner Rettungsbox" ... als ... R. für den Ernstfall (DM 49, 1965, 55); **b)** *für eine bestimmte Tätigkeit nötiges Wissen u. Können:* ihm fehlt das wissenschaftliche R. für diese Arbeit.

[1]**Rüste** ['rʏstə], die [spätmhd. rust, mniederd. ruste, niederd. Nebenf. von ↑Rast] in der Wendung **zur R. gehen** (dichter. veraltet: 1. *untergehen:* die Sonne geht zur R. 2. *zu Ende gehen, sich neigen:* der Tag geht zur R.

[2]**Rüste** [-], die; -, -n [zu ↑rüsten] (Seemannsspr.): *starke, herausragende Planke an der Außenseite eines Schiffes zum Befestigen von Ketten u. Beschlägen;* **rüsten** ['rʏstn̩] ⟨sw. V.; hat⟩ [mhd. rüsten, rusten, ahd. (h)rusten, urspr. = ausstatten, schmücken]: **1.** *sich bewaffnen, die militärische Stärke durch [vermehrte] Produktion von Waffen [u. Vergrößerung der Armee] erhöhen:* die Staaten rüsten [zum Krieg, für einen neuen Krieg]; sie gaben Milliarden aus, um gegeneinander zu r.; schlecht, gut, bis an die Zähne gerüstet sein. **2. a)** ⟨r. + sich⟩ (geh.) *sich für etw. bereit machen:* sich zur Reise, für einen Besuch r.; sich zum Kirchgang r. (schweiz.; *sich festlich kleiden*); Ü ... rüstet sich die Sonne schon zum Aufgang (Bamm, Weltlaterne 56); ⟨auch ohne „sich"⟩: sie rüsten zum Aufbruch; wir sind nicht dafür gerüstet; **b)** (landsch.) *vorbereiten, bereitmachen:* das Bett, das Essen, ein Fest r.; von vier Uhr ab steht der Tee gerüstet (A. Kolb, Schaukel 31); **c)** (schweiz.) *(von Gemüse, Salat u. ä.) putzen, richten, vorbereiten:* Spinat r.

Rüster ['rʏstɐ, auch: 'ry:stɐ], die; -, -n [zu mhd. rust = Ulme, H. u.]: **1.** svw. ↑Ulme. **2.** svw. ↑Rüsternholz; ⟨Abl.:⟩ **rüstern** [auch: 'ry:...] ⟨Adj.; o. Steig.; nur attr.⟩: *aus Rüsternholz [bestehend];* ⟨Zus.:⟩ **Rüsternholz** [auch: 'ry:...], das: *Holz der Rüster.*

rüstig ['rʏstɪç] ⟨Adj.⟩ [mhd. rüstec = gerüstet, bereit, ahd. hrustig = geschmückt]: **a)** ⟨nicht adv.⟩ *(trotz Alter) noch fähig, [anstrengende] Aufgaben zu erfüllen; noch nicht hinfällig, sondern frisch u. leistungsfähig:* eine -e alte Dame; er ist ein -er Siebziger; ein älterer Werkmeister, aber noch r. (Fallada, Jeder 383); der Rentner lief r. an der Spitze mit; **b)** (geh., veraltend) *kraftvoll:* der Wanderer schritt r. aus; ⟨Abl.:⟩ **Rüstigkeit,** die; -: *das Rüstigsein.*

Rustika ['rʊstika], die; - [zu lat. rūsticus, ↑rustikal] (bild. Kunst): *Mauerwerk aus rohen, nur an den Rändern gleichmäßig behauenen Quadern;* **rustikal** [rʊsti'ka:l] ⟨Adj.⟩ [mlat. rusticalis, zu lat. rūsticus = ländlich, schlicht, bäurisch]: **1. a)** *ländlich-schlicht, bäuerlich:* -e Hausmannskost; gerne r. essen; **b)** *eine ländlich-gediegene Note habend:* eine -e Einrichtung; -e Kleidung; ein handgewebter Stoff mit -em Muster; ein Schrank aus Eiche r.; r. gebeizte Möbel; das Haus ist r. möbliert. **2. a)** *von bäuerlich-robuster, unkomplizierter, schlichter Wesensart:* in seinen gutmütigen -en Tonfall mischte sich ... Ungeduld (Werfel, Himmel 113); sein Habitus ist ziemlich r.; **b)** (veraltend abwertend) *bäurisch, grob, ungehobelt:* ein -es Auftreten; zwei -e Burschen betraten das Lokal; **Rustikalität** [...kali'tɛ:t], die; -: *rustikale Art, rustikales Wesen.*

Rüstung ['rʏstʊŋ], die; -, -en [zu ↑rüsten; mhd. nicht belegt, ahd. rustunga = Werkzeug]: **1.** *(bes. im MA.) den Körperformen eines Kriegers angepaßter Schutz gegen Verwundungen [aus Metall], der ähnlich wie eine Uniform getragen wurde:* eine schwere, glänzende, metallene R.; eine R. anlegen, tragen; jmdn. in eine R. stecken; ein Ritter in voller R. **2.** *das Rüsten* (1), *Gesamtheit aller militärischen Maßnahmen u. Mittel zur Verteidigung eines Landes od. zur Vorbereitung eines kriegerischen Angriffs:* eine kostspielige, konventionelle, nukleare R.; Gespräche über die Begrenzung der strategischen R.; Milliarden in die R. stecken.

Rüstungs- (Rüstung 2): ~**abbau,** der; ~**auftrag,** der: *Auftrag* (2), *der Waffen od. Gegenstände der militär. Ausrüstung betrifft;* ~**ausgabe,** die ⟨meist Pl.⟩: *Ausgabe* (3) *für die Rüstung;* ~**begrenzung,** die; ~**beschränkung,** die; ~**betrieb,** der: *Betrieb der Rüstungsindustrie;* ~**budget,** das: *die Rüstung betreffender Teil des Haushaltsplans;* ~**etat,** der: svw. ↑~budget; ~**fabrik,** die: vgl. ~betrieb; ~**firma,** die: vgl.

~betrieb; ~**haushalt,** der: vgl. ~budget; ~**industrie,** die: *Industriezweig, der bes. für die Rüstung produziert;* ~**kontrolle,** die; ~**konzern,** der: vgl. ~betrieb; ~**material,** das: svw. ↑Kriegsmaterial; ~**monopol,** das; ~**politik,** die: *Politik, die ein Staat in bezug auf die Rüstung vertritt;* ~**potential,** das; ~**produktion,** die; ~**stopp,** der: *das Einstellen der Rüstung;* ~**wettlauf,** der: *das Wettrüsten:* daß keine nationale Wirtschaft ... den bisherigen R. mit Massenheeren und Massenvernichtungswaffen aushalten kann (Augstein, Spiegelungen 72).

Rute ['ru:tə], die; -, -n [mhd. ruote, ahd. ruota]: **1. a)** *langer, dünner, biegsamer Stock, Zweig:* eine lange, biegsame R.; eine R. abschneiden; jmdn. mit einer R. schlagen; **b)** *Rute, Bündel aus Ruten* (a) *zum Schlagen, Züchtigen:* die R. zu spüren bekommen; der Nikolaus mit Sack und R.; Ü sich unter jmds. R. beugen (veraltend; *sich jmds. Herrschaft unterwerfen*); * **sich** ⟨Dativ⟩ **[selbst] eine R. aufbinden** (veraltend; *eine unangenehme, sehr lästig werdende Verpflichtung eingehen*); **mit eiserner R. [regieren]** *(hart, rücksichtslos [regieren]).* **2.** kurz für ↑Angelrute. **3.** kurz für ↑Wünschelrute: die R. hat ausgeschlagen; er geht mit der R. *(ist Wünschelrutengänger).* **4.** *veraltetes Längenmaß unterschiedlicher Größe* (von 2,92 m bis 4,67 m). **5. a)** (Jägerspr.) *männliches Glied bei Schalen-, Raubwild u. Hund:* die R. des Rehbocks; **b)** (derb) *Penis:* Er schüttelt ... seine schlaffe R. (Genet [Übers.], Notre Dame 208); **c)** (Jägerspr.) *Schwanz bei Raubwild, Hund u. Eichhörnchen):* das Tier wedelt mit seiner buschigen R.

Ruten-: ~**besen,** der: *Besen aus gebundenen Ruten;* ~**bündel,** das: **1.** *Bündel aus Ruten.* **2.** vgl. Faszes; ~**gänger,** der: kurz für ↑Wünschelrutengänger.

Ruthenium [ru'te:ni̯ʊm], das; -s [nach Ruthenien, dem alten Namen der Ukraine] (Chemie): *mattgraues od. silberweiß glänzendes, sehr hartes, sprödes Schwermetall (chemischer Grundstoff);* Zeichen: Ru

Rutherfordium [razɐ'fɔrdi̯ʊm], das; -s [von den USA vorgeschlagene Bez., nach dem engl. Physiker E. Rutherford (1871–1937)] (Chemie): *das Transuran 104;* Zeichen Rf; vgl. Kurtschatovium.

Rutil [ru'ti:l], der; -s, -e [zu lat. rutilus = rötlich] (Chemie): *zu den Titanerzen gehörendes, metallisch glänzendes, meist rötliches Mineral (auch als Schmuckstein verwendet);* **Rutilismus** [ruti'lɪsmʊs], der; -: **1.** (Anthrop.) *Rothaarigkeit.* **2.** (Med., Psych.) *krankhafte Neigung zu erröten.*

Rutin [ru'ti:n], das; -s [zu lat. rūta = [2]Raute; nach dem häufigen Vorkommen in Rautengewächsen] (Pharm.): *in vielen Pflanzen enthaltene blaßgelbe bis grünliche kristalline Substanz, die gegen Schäden an den Blutgefäßen u. gegen Brüchigkeit der Kapillaren eingesetzt wird.*

Rutine: eindeutschend für ↑Routine.

rutsch! [rʊtʃ] ⟨Interj.⟩: vgl. rirarutsch!; **Rutsch,** der; -[e]s, -e: **1. a)** *das Rutschen nach unten, gleitende Abwärtsbewegung:* Ü Anilinglanz, R. in die Katastrophe und die falsche Revolution (Tucholsky, Werke II, 325); * **in einem/auf einen R.** (ugs.; *auf einmal, ohne Unterbrechung*): sie spulten den ganzen Film auf einen R. herunter; **b)** *rutschende Erd-, Gesteinsmassen:* in den Alpen kann ein Steinwurf -e und Lawinen auslösen. **2.** (ugs.) *kleiner Ausflug, kurze Fahrt, Spritztour:* über das Wochenende einen R. ins Grüne machen; auf einen R. an die Küste fahren; * **guten R.!** (ugs.; *gute Fahrt!*); **guten R. ins neue Jahr!** (ugs.; Wunschformel zum Jahreswechsel).

rutsch-, Rutsch-: ~**bahn,** die: **1.** *Gerüst mit schräger Bahn, auf der man hinunterrutschen kann:* ein Spielplatz mit Schaukeln, -en und Sandkasten. **2.** (ugs.) *glatte Fläche auf Eis, Schnee zum Rutschen* (1 a): [sich] eine R. machen; den Kindern machte es Spaß, über die R. zu schlittern; ~**fest** ⟨Adj.; nicht adv.⟩: **1.** *(bes. von Textilgewebe) so beschaffen, daß es ohne Schaden durch Rutschen* (1 a) *strapaziert werden kann:* die Kinderhose ist aus -em, unempfindlichem Material. **2.** *so beschaffen, daß man darauf od. damit nicht mehr so leicht rutscht:* ein -er Autoreifen, Teppichboden; ~**gefahr,** die: R. bei verschneiter, verschmutzter Fahrbahn; ~**partie,** die (ugs.): *Fortbewegung auf einer glatten Oberfläche unter häufigem Ausrutschen:* der Weg hinab durch den Wald war die reinste R.; eine R. machen; ~**sicher** ⟨Adj.; nicht adv.⟩: vgl. ~fest (2).

Rutsche ['rʊtʃə], die; -, -n: **1.** *einer Rutschbahn ähnliche schiefe Ebene, auf der man etw. rutschend befördern kann:* das Schüttgut gelangt über eine R. in den Waggon; Pakete auf -n weiterbefördern. **2.** (südd.) *Fußbank;* **rutschen** ['rʊtʃn̩] ⟨sw. V.; ist⟩ [spätmhd. rutschen, wahrsch. lautm.]: **1. a)** *sich gleitend über eine Fläche hinbewegen:* auf seinem Platz hin und her r.; über den gefrorenen Schnee, die vereiste Fahrbahn r.; der kleine Junge rutscht durchs Zimmer; der Teppich rutscht *(verschiebt sich);* die Kupplung rutscht *(faßt nicht);* ⟨subst.:⟩ auf dem glatten Boden geriet, kam er ins Rutschen; Ü daß er ... zu der Ansicht gelangen konnte, auch noch einmal auf einen besseren Posten zu r. (Kühn, Zeit 148); **b)** (landsch.) svw. ↑schlittern (1): die Kinder gehen r.; **c)** svw. ↑ausrutschen: sie rutschte und verletzte sich; er ist [auf der nassen Straße mit dem Auto] gerutscht; **d)** (ugs.) svw. ↑rücken (2 b): kannst du ein wenig r.?; rutsch mal! **2.** *[nicht fest sitzen (wie es sein sollte), sondern] sich [unabsichtlich] gleitend nach unten bewegen:* die Brille, der Rock rutscht; die Mütze rutschte [ihm vom Kopf]; der Schnee rutschte vom Dach; vom Stuhl r.; die Tasse ist ihr aus der Hand gerutscht; Der linke Hemdträger war auf den Oberarm gerutscht (Hausmann, Abel 139); das trockene Brot rutscht schlecht (ugs.; *läßt sich schwer hinunterschlucken*); das Essen will nicht r. (ugs.; *schmeckt nicht*); Ü die Preise beginnen zu r.; Am dritten Urlaubstag rutscht jeder auf ein Tief (BM 7. 3. 74, 13). **3.** (ugs.) *[kurz entschlossen] eine kurze Reise, Ausflug o. ä. unternehmen:* am Wochenende in die Alpen r.; er ist über die Feiertage mal eben nach Berlin gerutscht. **4.** (Jägerspr.) *(vom Hasen) sich beim Äsen langsam, mit kleinen Schüben fortbewegen;* **Rutscher,** der; -s, -: **1.** (ugs.) *ein einmaliges Rutschen, Ausrutschen:* ein R. auf dem glatten Boden. **2.** (österr. ugs.) *kurze Reise, Fahrt; Abstecher:* ein R. ins nahe gelegene Nachbarland. **3.** (landsch.) *schneller Tanz, Hopser* (2); **Rutscherei** [rʊtʃə'rai̯], die; - (ugs.): *[dauerndes] Rutschen;* **rutschig** ['rʊtʃɪç] ⟨Adj.; nicht adv.⟩: *so beschaffen, daß man darauf ausrutschen kann; glatt:* -es Kopfsteinpflaster; die Straße war feucht und r.

Rutte ['rʊtə], die; -, -n [mhd. rutte; vgl. Aalraupe]: svw. ↑Aalquappe (1).

Rüttel-: ~**beton,** der: *durch Rütteln* (3) *verdichteter Beton;* ~**falke,** der [zu ↑rütteln (4)]: vgl. Turmfalke; ~**flug,** der (Zool.): *das Rütteln* (4); ~**schwelle,** die (Verkehrsw.): *am Anfang von Wohnstraßen, Spielstraßen u. ä. quer zur Fahrbahn angebrachte Schwelle, durch die Autofahrer auf die Notwendigkeit zu bes. langsamer u. vorsichtiger Fahrweise hingewiesen werden sollen;* ~**sieb,** das (Technik): *Sieb, das durch einen Motor in rüttelnde Bewegung versetzt wird;* ~**tisch,** der (Bauw., Technik): *auf Federn* (3) *gelagerte Platte, die durch einen Vibrator in Schwingungen versetzt wird.*

Rüttelei [rʏtə'lai̯], die; -, -en ⟨Pl. ungebr.⟩ (ugs., meist abwertend): *[dauerndes] Rütteln* (1, 2): von der R. in dem klapprigen Fahrzeug war ihm ganz übel; **rütteln** ['rʏtl̩n] ⟨sw. V.⟩ [mhd. rütteln, Iterativbildung zu: rütten = erschüttern; vgl. zerrütten]: **1.** ⟨hat⟩ **a)** *schnell [ruckweise] hin u. her bewegen, heftig schütteln:* ein Sieb r.; jmdn. am Arm, an der Schulter r.; ich wurde aus dem Schlaf gerüttelt; **b)** *(etw., was sich nicht aus eigenem Antrieb bewegen kann) fassen u. heftig hin u. her bewegen od. zu bewegen [u. zu öffnen] versuchen:* an der Tür, am Gitter r.; der Sturm rüttelt an den Fensterläden; Rosa stürzte auf die Leiter zu, rüttelte unten, als wolle sie ihn herabschütteln (Jaeger, Freudenhaus 110); Ü ein Außenseiter rüttelt am Thron des Weltmeisters; an den Grundfesten der Außenpolitik r.; an dem Vertrag darf nicht gerüttelt *(nichts in Frage gestellt, nichts verändert)* werden; daran ist nicht, gibt es nichts zu r. *(das ist unabänderlich).* **2. a)** *sich [durch eine von außen einwirkende Kraft] ruckartig hin u. her bewegen, heftig erschüttert werden* ⟨hat⟩: Der Großbaum rüttelte wie verrückt in seiner Gabel (Hausmann, Abel 47); der Motor rüttelt (Jargon; *läuft unregelmäßig, stoßend*); **b)** *ruckartig fahren, sich fortbewegen* ⟨ist⟩: der Wagen ist über das Kopfsteinpflaster gerüttelt; als er im Omnibus nach Moabit rüttelte (Baum, Paris 83). **3.** (Bauw.) *durch Vibration mit Hilfe des Rüttlers eine lockere, körnige Masse verdichten* ⟨hat⟩: Beton, den Baugrund r. **4.** (Zool., Jägerspr.) *(bes. von Raubvögeln) mit Hilfe von kurzen, heftigen Flügelschlägen bei fast senkrechter Körperhaltung an einer Stelle in der Luft verweilen* ⟨hat⟩: über der Lichtung rüttelte ein Habicht; ein rüttelnder Falke; **Rüttler,** der; -s, - (Bauw.): *mit rotierenden Unwuchten arbeitende Maschine zum Rammen od. Verdichten von Baumaterialien.*

S

s, S [ɛs; ↑a, A], das; -, - [mhd., ahd. s]: *neunzehnter Buchstabe des Alphabets; ein Konsonant:* ein kleines s, ein großes S schreiben.

σ, ς, Σ: ↑Sigma.

's (ugs. od. dichter.): ↑es.

sa! [sa] ⟨Interj.⟩ [mhd. zā < (a)frz. ça = hierher!] (Jägerspr.): *Lockruf für einen Jagdhund.*

SA [ɛs'|a:], die; - (ns.): **Sturmabteilung** *(uniformierte politische Kampftruppe der Nationalsozialisten).*

SA- [ɛs'|a:-] (mit Bindestrich): **~Führer,** der; **~Mann,** der ⟨Pl. -Männer, seltener: -Leute⟩; **~Uniform,** die.

Saal [za:l], der; -[e]s, Säle ['zɛ:lə; mhd., ahd. sal]: **1.** ⟨Vkl. ↑Sälchen⟩ *für Festlichkeiten, Versammlungen o. ä. bestimmter größerer Raum in einem Gebäude:* ein großer, hoher, festlich geschmückter, erleuchteter S.; der S. war voller Menschen; der S. war überfüllt, bis auf den letzten Platz besetzt; den S. betreten, verlassen; aus dem S. gewiesen werden; bei Regen findet die Veranstaltung im S. statt. **2.** *die in einem Saal* (1) *versammelten Menschen:* der S. tobte vor Begeisterung.

saal-, Saal-: **~artig** ⟨Adj.; o. Steig.⟩: *wie ein Saal* (1) *[gebaut], groß u. weiträumig;* **~bau,** der ⟨Pl. -ten⟩ (Archit.): *Gebäude, in dem sich ein großer Saal* (1) *befindet;* **~kellner,** der (schweiz.): *Kellner in einem Hotel;* **~kirche,** die (Archit.): *Kirche, deren Innenraum nicht durch Stützen unterteilt ist; einschiffige Kirche;* **~miete,** die: *Miete für einen Saal* (1); **~ordner,** der: *Ordner* (1), *der bei Versammlungen in einem Saal* (1) *eingesetzt wird;* **~schlacht,** die: *Schlägerei in einem Saal zwischen Teilnehmern an einer [politischen] Versammlung;* **~schutz,** der: *die bei einer Versammlung eingesetzten Saalordner;* **~service** [-sɛrvi:s], der; - (schweiz.): *Personal, das im Speisesaal eines Hotels bedient;* **~tochter,** die (schweiz.): *Kellnerin;* **~tür,** die.

Saat [za:t], die; -, -en [mhd., ahd. sāt]: **1.** ⟨o. Pl.⟩ *das Säen:* frühe, späte S.; mit der S. beginnen; es ist Zeit zur S. **2.** ⟨Pl. ungebr.⟩ **a)** *zum Säen vorgesehene Samenkörner:* die S. in die Erde bringen; Spr wie die S., so die Ernte; **b)** (Fachspr.) *zum Setzen ausgewähltes Pflanzgut.* **3.** *etw. (bes. Getreide), was gesät worden [und daraus gewachsen] ist:* die S. ist [nicht] aufgegangen; die [junge] S. steht gut; die S. ist ausgewintert, ist erfroren; Ich habe ... nichts von dem frischen Smaragdgrün der jungen -en gesehen (Fallada, Trinker 12); Ü die S. des Bösen, der Gewalt, der Zwietracht war aufgegangen.

Saat-: **~beet,** das (Landw.): *Beet zum Züchten von gesetzten od. aus Samen hervorgegangenen jungen Pflanzen;* **~bestellung,** die: *das Bestellen* (6 a) *der Saat;* **~bett,** das (Landw.): *der für die Saat vorbereitete Boden;* **~eule,** die [die Raupen fressen u. a. an den Wurzeln der Saat]: vgl. Eule (5); **~feld,** das: **a)** *Feld, das für die Saat* (1) *bestimmt ist;* **b)** *Feld mit Saat* (3); **~furche,** die (Landw.): *Furche zur Aufnahme des Saatgutes;* **~gans,** die [die Gans ist oft auf Feldern mit Wintersaat anzutreffen]: *dunkle Gans mit orangeroten Füßen und schwarz-gelbem Schnabel;* **~getreide,** das: *Getreide, das für die Aussaat vorgesehen ist;* **~gut,** das ⟨o. Pl.⟩: svw. ↑Saat (2); **~kamp,** der (landsch.): svw. ↑Kamp (1); **~kartoffel,** die: *Kartoffel, die für die Aussaat vorgesehen ist;* **~korn,** das: **1.** ⟨o. Pl.⟩ *für die Saat bestimmtes bes. gutes* [1]*Korn* (2). **2.** *Samenkorn (bes. von Getreide od. Gräsern);* **~krähe,** die [der Vogel schadet der Wintersaat]: *Krähe mit schmalem, spitzem Schnabel;* **~land,** das ⟨o. Pl.⟩: *Land* (2), *das für die Aussaat bestimmt ist;* **~zeit,** die (Landw.): *Jahreszeit, die für die Saat* (1) *am besten geeignet ist;* **~zucht,** die (Landw.): *Züchtung von Saatgut.*

Saaten-: **~pflege,** die (Landw.): *Pflege* (6) *der Saat* (3); **~stand,** der: *Stand der Saat* (3).

Sabadille [zaba'dɪlə], die; -, -n [frz. sabadille, Nebenf. von: cévadille < span. cebadilla, wahrsch. Vkl. von: cebada = Gerste, zu lat. cibus = Speise, Nahrung]: *in Südamerika heimisches Liliengewächs, aus dessen giftigen Samen ein Mittel zur Bekämpfung von Läusen hergestellt wird.*

Sabbat ['zabat], der; -s, -e [hebr. šabạṭ, zu: šạvaṭ = ausruhen]: *nach jüdischem Glauben geheiligter, von Freitagabend bis Samstagabend dauernder Ruhetag, der mit bestimmten Ritualen begangen wird.*

Sabbat-: **~jahr,** das (jüd. Rel.): *(nach dem A.T.) alle sieben Jahre wiederkehrendes Ruhejahr, in dem der Boden brachlag, Schulden erlassen u. Sklaven freigelassen wurden;* **~ruhe,** die: *am Sabbat einzuhaltende Arbeitsruhe;* **~stille,** die: svw. ↑~ruhe.

Sabbatarier [zaba'ta:ri̯ɐ], der; -s, -, (auch:) **Sabbatist** [...'tɪst], der; -en, -en: *Anhänger einer christlichen Sekte, die nach jüdischer Weise den Sabbat einhält.*

Sabbel ['zabl̩], der; -s, - [zu ↑sabbeln] (nordd. abwertend): **a)** *Mund (in bezug auf Geschwätzigkeit):* Hältst du den S., neidischer Hund! (Fallada, Blechnapf 24); **b)** ⟨o. Pl.⟩ svw. ↑Sabber: wie ihm der S. aus dem Munde sabbelt (Hausmann, Abel 140); **Sabbellätzchen,** das; -s, - (nordd.): svw. ↑Sabberlätzchen; **sabbeln** ['zabl̩n] ⟨sw. V.; hat⟩ [Nebenf. von ↑sabbern] (nordd.): **1.** (abwertend) *[unaufhörlich u. schnell] reden, sprechen; schwatzen:* wie ein Buch s.; Ich also zu Kemal hin und eine Stunde mit ihm gesabbelt (Hornschuh, Ich bin 36); ⟨mit Akk.-Obj.:⟩ den ganzen Tag nur Unsinn, Mist s. **2.** svw. ↑sabbern (1); ⟨Zus. zu 1:⟩ **Sabbeltante,** die (nordd. abwertend): *Frau, die viel redet;* **Sabber** ['zabɐ], der; -s [zu ↑sabbern] (ugs.): *ausfließender Speichel:* ihm läuft, fließt der S. aus dem Mund; **Sabberei** [zabə'rai̯], die; -, -en (ugs., meist abwertend): *[dauerndes] Sabbern;* **Sabberlätzchen,** das; -s, - (fam.): svw. ↑Lätzchen; **sabbern** ['zabɐn] ⟨sw. V.; hat⟩ [aus dem Niederd., zu mniederd. sabben = Speichel ausfließen lassen, sudeln, wahrsch. zu ↑Saft] (ugs.): **1.** *Speichel ausfließen lassen:* der Hund sabbert; er sabbert immer beim Sprechen. **2.** (abwertend) svw. ↑sabbeln (1).

Säbel ['zɛ:bl̩], der; -s, - [spätmhd. sabel, wohl über poln. szabla < ung. szablya]: **a)** *lange Hiebwaffe mit [leicht] gekrümmter Klinge, die nur auf einer Seite eine Schneide hat:* den S. [blank]ziehen, schwingen; einen S. tragen; den S. in die Scheide stecken; jmdn. auf S. fordern *(zu einem Duell mit Säbeln fordern);* mit blankem *(gezogenem)* S.; ***mit dem S. rasseln** (abwertend; *sich kriegerisch gebärden; mit Krieg drohen*); **b)** (Fechten) *sportliche Hieb- u. Stoßwaffe mit gerader, vorn abgestumpfter Klinge:* mit -n fechten.

säbel-, Säbel-: **~antilope,** die: *(in der südlichen Sahara vorkommende) Antilope mit langen, wie Säbel gekrümmten Hörnern;* **~beine** ⟨Pl.⟩ (ugs. scherzhaft): **a)** *kurze, nach außen gebogene Beine:* ein kleiner Kerl mit -n; **b)** *Beine mit weit nach hinten gebogenen Waden (die von der Seite gesehen einem Säbel ähneln),* dazu: **~beinig** ⟨Adj.; nicht adv.⟩; **~duell,** das: *mit Säbeln* (1) *ausgetragenes Duell* (1); **~fechten,** das; -s (Fechten): *das Fechten mit Säbeln* (2) *als sportliche Disziplin,* dazu: **~fechter,** der; **~förmig** ⟨Adj.; o. Steig.; nicht adv.⟩; **~gefecht,** das (Fechten): *einzelner Kampf beim Säbelfechten;* **~gerassel,** das (abwertend): svw. ↑~rasseln; **~griff,** der; **~hieb,** der; **~klinge,** die; **~korb,** der: *über dem Säbelgriff angebrachter Korb* (3 d β); **~rasseln,** das; -s (abwertend): *kriegerisches Gebaren, das Drohen mit Krieg,* dazu: **~rasselnd** ⟨Adj.; o. Steig.; nur attr.⟩ (abwertend): eine -e Rede; -e Militärs; **~raßler** [-raslɐ], der; -s, - (abwertend): *jmd., der sich kriegerisch gebärdet, durch aggressives Verhalten seine Kampfeslust zur Schau stellt;* **~scheide,** die: *Scheide* (1) *für einen Säbel;* **~schnäbler** [-ʃnɛ:blɐ], der; -s, -: *schwarzweiß gefiederter Wasservogel mit langem [gebogenem] Schnabel;* **~spitze,** die.

säbeln ['zɛ:bl̩n] ⟨sw. V.; hat⟩ [zu ↑Säbel] (ugs., oft abwertend): *unsachgemäß, ungeschickt [ab]schneiden:* die Salami in dicke Scheiben s.; Klügler ... säbelte sich ... beim Brotschneiden in den Finger (Strittmatter, Wundertäter 43); **Säbler** ['zɛ:blɐ], der; -s, -: svw. ↑Säbelschnäbler.

Sabot [sa'bo:, za...], der; -[s], -s [frz. sabot = Holzschuh < mfrz. çabot, unter Einfluß von: botte = Stiefel (vgl. Botten) < afrz. çavate = Holzschuh, wohl aus dem Arab.]: *hochhackiger, hinten offener Damenschuh;* **Sabotage** [zabo'ta:ʒə], die; -, -n ⟨Pl. selten⟩ [frz. sabotage, zu: saboter, ↑sabotieren]: *absichtliche [planmäßige] Beeinträchtigung der Leistungsfähigkeit politischer, militärischer od. wirtschaftlicher Einrichtungen durch [passiven] Widerstand, Störung des Arbeitsablaufs od. Beschädigung u. Zerstörung von Anlagen, Maschinen o. ä.:* die Behörden vermuten, daß S. vorliegt, im Spiel ist; S. planen, begehen, treiben; jmdm.

S. vorwerfen; jmdn. der S. [an der Wirtschaft] überführen; etw. vor, gegen S. schützen; ⟨Zus.:⟩ **Sabotageakt,** der; **Sabotagetätigkeit,** die; **Saboteur** [zabo'tø:ɐ̯], der; -s, -e [frz. saboteur]: *jmd., der Sabotage treibt:* in unserem Betrieb sind offensichtlich -e am Werk; **sabotieren** [zabo'ti:rən] ⟨sw. V.; hat⟩ [frz. saboter = ohne Sorgfalt arbeiten, eigtl. = mit den Holzschuhen treten, zu: sabot, ↑Sabot]: **a)** *etw. durch Sabotage stören, vereiteln:* die Produktion, militärische Befehle s.; **b)** *hintertreiben, zu vereiteln suchen:* jmds. Wiederwahl s.; er hat meine Pläne sabotiert.

Sabre ['za:brə, engl.: 'seɪbə], der; -s, -s ⟨meist Pl.⟩ [hebr. ẕabbạr; dt. Aussprache u. Schreibung vom Engl. beeinflußt]: *in Israel geborenes Kind jüdischer Einwanderer.*

Saccharase [zaxa'ra:zə], die; - [zu lat. saccharum < griech. sákcharon < aind. śárkarā = Grieß, Körnerzucker] (Chemie): *Enzym, das Rohrzucker in Traubenzucker u. Fruchtzucker spaltet;* **Saccharid** [zaxa'ri:t], das; -s, -e ⟨meist Pl.⟩ (Chemie): *Kohlehydrat;* **Saccharimeter** [zaxari-], das; -s, - [↑-meter]: *optisches Gerät zur Bestimmung der Konzentration einer Zuckerlösung;* **Saccharimetrie,** die; - [↑-metrie] (Chemie): *Bestimmung der Konzentration einer Zuckerlösung;* **Saccharin** [zaxa'ri:n], das; -s: *(künstlich hergestellter) Süßstoff:* mit S. süßen; **Saccharose** [zaxa'ro:zə], die; - (Chemie): *Rohrzucker.*

sach-, Sach- ['zax-]: **~anlage,** die ⟨meist Pl.⟩ (Wirtsch.): *Betriebsvermögen in Form von Sachwerten (Grundstücken, Gebäuden, Maschinen o. ä.),* dazu: **~anlagevermögen,** das (Wirtsch.); **~antrag,** der: *Antrag* (2), *in dem ein bestimmtes Problem zum Gegenstand der Debatte gemacht wird;* **~aspekt,** der: *auf den Gegenstand einer Betrachtung o. ä. gerichteter Aspekt;* **~bearbeiter,** der: *jmd., der (beruflich) einen bestimmten Sachbereich zu bearbeiten hat; Dezernent, Referent* (2); **~bearbeiterin,** die: w. Form zu ↑~bearbeiter; **~befugnis,** die (jur.): svw. ↑Aktiv-, Passivlegitimation; **~begriff,** der: *Begriff* (1), *der einen Gegenstand im weitesten Sinn bezeichnet;* **~bereich,** der: *Bereich* (b), *der ein bestimmtes Aufgaben-, Arbeits- od. Wissensgebiet umfaßt;* **~beschädigung,** die (jur.): *vorsätzliche Beschädigung od. Zerstörung fremden Eigentums od. öffentlicher Einrichtungen;* **~bezogen** ⟨Adj.; o. Steig.⟩: *auf den in Frage stehenden Gegenstand bezogen; nicht allgemein:* eine -e Bemerkung, Äußerung; die Diskussion war zu wenig s.; s. argumentieren, dazu: **~bezogenheit,** die; **~bezüge** ⟨Pl.⟩: *Bezüge* (3) *in Form von Naturalien;* **~buch,** das: *Buch, das ein Sachgebiet, einen Gegenstand aus einem Sachgebiet populärwissenschaftlich, allgemeinverständlich darstellt;* **~dienlich** ⟨Adj.; nicht adv.⟩ (Amtsdt.): *der Aufklärung o. ä. bestimmter, meist kriminalistischer Zusammenhänge dienlich, förderlich:* die Kriminalpolizei erbittet -e Hinweise, Angaben; etw. ist [nicht] s.; **~diskussion,** die: *Diskussion, bei der es um Sachen, nicht um Personen geht;* **~einlage,** die (Wirtsch.): *nicht in Geld bestehende Einlage* (8 b) *eines Gesellschafters in das Gesellschaftsvermögen; Apport* (1); **~entscheidung,** die (jur.): *Entscheidung, die über eine Sache selbst, nicht nur über eine Verfahrensfrage getroffen wird;* **~firma,** die (Wirtsch.): *Firmenname, aus dem hervorgeht, welche Art Güter die so benannte Firma* (1 a) *produziert* (Ggs.: Personenfirma); **~forschung,** die ⟨o. Pl.⟩: *Forschung, die sich mit den Gegenständen eines volkskundlichen od. völkerkundlichen Bereichs befaßt;* **~frage,** die ⟨meist Pl.⟩: *Frage, die eine Sache selbst (nicht eine Person, das Verfahren o. ä.) betrifft:* -n erörtern, behandeln, lösen; **~fremd** ⟨Adj.; meist attr.⟩: *einer bestimmten Sache, Angelegenheit nicht gemäß, nicht angemessen od. zugehörig:* eine -e Argumentation, Entscheidung; -e Zwänge; **~gebiet,** das: *einen bestimmten Wissens-, Arbeitsbereich umfassendes Gebiet* (2); **~gedächtnis,** das: *Gedächtnis für Sachen (im Unterschied zum Personengedächtnis);* **~gemäß** ⟨Adj.⟩: *(so wie es einer bestimmten Sache) angemessen (ist), wie es ihr zukommt; fachmännisch:* eine -e Behandlung; die Pflege, Lagerung war nicht s.; etw. s. ausführen; **~gerecht** ⟨Adj.⟩: *so, daß es einer bestimmten Sache gerecht wird, gemäß, angemessen ist:* eine -e Lösung des Problems; **~gründung,** die (Wirtsch.): *[Form der] Unternehmensgründung, bei der die Gesellschafter Sacheinlagen machen;* **~gut,** das ⟨meist Pl.⟩ (Wirtsch.): *Vermögen eines Unternehmens, das nicht in Geld besteht;* **~kapital,** das (Wirtsch.): svw. ↑Realkapital; **~katalog,** der (Buchw.): *Katalog* (1) *einer Bibliothek, in dem die Bücher nach Sachgebieten geordnet sind;* **~kenner,** der: *jmd., der auf einem bestimmten Gebiet über Sachkenntnis verfügt;* **~kenntnis,** die ⟨Pl. selten⟩: *gründliche Kenntnisse, großes Wissen auf einem bestimmten Gebiet:* sein Vortrag verrät große S.; jmd. hat, besitzt, verfügt über [wenig, große] S.; etw. mit S. ausführen; seine Äußerungen zeugen von S.; seine Auslassungen waren von jeglicher S. ungetrübt, waren von keiner[lei] S. getrübt (scherzh.; *zeugten nicht von großen Kenntnissen*); **~konto,** das (Buchf.): *Konto, auf dem Sachwerte* (2) *verbucht werden* (Ggs.: Personenkonto); **~kunde,** die: **1.** svw. ↑~kenntnis. **2.** kurz für ↑~kundeunterricht, dazu: **~kundeunterricht,** der: *Unterrichtsfach der Grundschule, das die Bereiche Biologie, Erdkunde, Geschichte, Verkehrserziehung, Sexualerziehung u. a. umfaßt;* **~kundig** ⟨Adj.⟩: *Sachkunde* (1) *besitzend; mit Sachkunde* (1): ein -er Verkäufer; das Publikum ist s.; etw. s. beurteilen; **~lage,** die ⟨o. Pl.⟩: *die bestehende Situation; die [augenblickliche] Lage der Dinge in einem bestimmten Zusammenhang; Tatbestand:* die S. ist schwer einzuschätzen; die S. richtig beurteilen, erkennen, überblicken; etw. in Unkenntnis, in Verkennung der S. tun; **~legitimation** (jur.): svw. ↑~befugnis; **~leistung,** die ⟨meist Pl.⟩ (Amtsspr., Versicherungsw.): *Versicherungsleistung (bes. der Sozialversicherung), die nicht in Bargeld besteht;* **~lexikon,** das: svw. ↑Reallexikon; **~mangel,** der ⟨meist Pl.⟩ (jur.): *Fehler einer Ware o. ä., der eine erhebliche Minderung ihres Wertes od. der Tauglichkeit für ihren Verwendungszweck bedeutet,* dazu: **~mängelhaftung,** die (jur.); **~prämie,** die: *Prämie in Form von Sachen* (1): es wurden Bücher als S. verteilt; **~register,** das: *Register* (1 a), *das die in einem Werk vorkommenden Sachbegriffe erfaßt* (Ggs.: Personenregister); **~schaden,** der: *(bei Unglücksfällen) an Sachen* (1) *entstandener Schaden* (Ggs.: Personenschaden): es entstand ein S. von 10 000 Mark; **~spende,** die: *Spende in Form von Sachen* (1); **~titel,** der (Buchw.): *Titel eines Buches ohne Verfassernamen;* **~unterricht,** der: svw. ↑~kundeunterricht; **~verhalt** [...fɛɐ̯halt], der; -[e]s, -e: *die (tatsächlichen) Umstände, der (durch eine Reihe von Fakten zu umreißende) Stand der Dinge (in einem bestimmten Zusammenhang):* der S. ist noch unklar, ungeklärt; den wahren, wirklichen S. verschweigen; einen S. durchschauen, erkennen, klären, untersuchen; ein bestehender, nicht bestehender S. (Logik; *richtige, falsche Bezogenheit einer Eigenschaft auf einen Gegenstand*); **~versicherung,** die (Versicherungsw.): *Versicherung, die Schäden an Sachen* (1) *abdeckt* (z. B. Feuer-, Glasversicherung); **~verstand,** der: *genaue, zuverlässige Kenntnisse auf einem bestimmten Gebiet, die zu einer entsprechenden Tätigkeit, der Beurteilung, Einschätzung o. ä. von etw. befähigen:* keinen S. haben, besitzen, es fehlt ihm der notwendige S.; etw. mit, ohne S. tun; über wenig, großen, genug technischen S. verfügen, dazu: **~verständig** ⟨Adj.; seltener präd.⟩: *Sachverstand besitzend, von Sachverstand zeugend, expert, kompetent* (1 a): ein -es Urteil; das Publikum ist sehr s.; etw. s. beurteilen, begutachten; ⟨subst.:⟩ **~verständige,** der u. die; -n, -n (Dekl. ↑Abgeordnete): **1.** *jmd., der über große Sachkenntnis auf einem bestimmten Gebiet verfügt, die ihn befähigt, die Funktion eines Gutachters (bes. bei Gericht) auszuüben; Experte:* ein vereidigter -r; das Urteil der -n abwarten; einen -n hinzuziehen. **2.** (seltener) svw. ↑Sachkenner, zu 1: **~verständigenausschuß,** der, **~verständigengutachten,** das; **~verständnis,** das (selten): vgl. ~kenntnis; **~verzeichnis,** das: svw. ↑~register; **~walter** [...valtɐ], der; -s, - [mhd. sachwalter]: **1.** (geh.) *jmd., der für jmdn., etw. in der Öffentlichkeit eintritt, der sich zum Fürsprecher od. Verteidiger von jmdm., einer Sache gemacht hat:* Chruschtschow ... als ... S. der noch nicht Arrivierten aus Asien und Afrika (Dönhoff, Ära 177); sich zum S. der bürgerlichen Interessen machen. **2.** *jmd., der [stellvertretend] für einen anderen etw. (ein Amt) verwaltet:* Ich bin ... Angestellter und S. des Vereins (Bieler, Bonifaz 134). **3.** (jur.) *jmd., der als Interessenvertreter der Gläubiger den Schuldner bis zur Erfüllung des Vergleichs überwacht;* **~walterin,** die: w. Form zu ↑~walter; **~weiser,** der (seltener): svw. ↑~register; **~wert,** der: **1.** ⟨o. Pl.⟩ *Wert, den eine Sache an sich hat (u. der erhalten bleibt auch bei einer Geldentwertung):* der S. von Gebäuden, Grundstücken. **2.** ⟨meist Pl.⟩ *Sache, die einen Wert darstellt; Wertobjekt:* sein Vermögen in -en anlegen; **~wissen,** das: vgl. Faktenwissen; **~wort,** das ⟨Pl. ...wörter⟩: selten für ↑~begriff; **~wörterbuch,** das: *Wörterbuch, das Sachbegriffe alphabetisch erfaßt; Reallexikon:* ein S. der Literatur, der Kunst; **~zusammenhang,** der ⟨meist Pl.⟩: *zwischen einzelnen Fakten,*

Vorgängen o. ä. bestehender Zusammenhang; **~zwang,** der (Soziol.): *durch die jeweilige äußere Situation, durch die naturgesetzlichen, wirtschaftlichen u. a. Gegebenheiten auferlegter Zwang, auferlegte Beschränkung, die die Handlungsfreiheit des Menschen, bes. des Politikers, einengt.*

Sacharase usw.: ↑Saccharase usw.

Sache ['zaxə], die; -, -n [mhd. sache, ahd. sahha = (Rechts)angelegenheit, Ding; Ursache, zu ahd. sahhan = prozessieren, streiten, schelten]: **1.** ⟨Pl.⟩ *nicht näher bezeichnete Gegenstände* (1) *verschiedenster Art; etw. nicht genauer Bekanntes:* das Geschäft hat sehr schöne, preiswerte, ausgefallene -n *(Waren);* sie haben schöne alte -n *(Möbel u. ä.)* in ihrer Wohnung; die alten -n sind unbrauchbar geworden; sie legte ihre -n in die Schublade; die meisten -n *(Bilder)* der Ausstellung gefielen ihm nicht; Der Mann ... suchte seine -n *(Habseligkeiten)* zusammen und ging weg (Musil, Mann 1176); es gab köstliche -n *(Speisen, Gerichte)* zu essen; er trinkt gern harte, scharfe -n *(hochprozentige Alkoholika);* du mußt warme -n *(Kleidungsstücke)* mitnehmen; sie trägt sehr teure -n *(Kleider);* der Komponist hat sehr bekannte -n *(Musikwerke)* geschrieben; man kann nicht um 20.15 Uhr ... solche -n *(Fernsehfilme)* senden (Hörzu 12, 1973, 31); * **bewegliche -n** (jur., Wirtsch.; *Mobilien*); **unbewegliche -n** (jur., Wirtsch.; *Immobilien*). **2.** *nicht näher bestimmter Vorgang, Vorfall, Umstand; Angelegenheit, die jmdm. bekannt ist (u. auf die Bezug genommen wird):* eine wichtige, unangenehme, heikle, schlimme, aufregende, leichte, schöne S.; eine faule, dunkle S. (ugs.; *nicht korrekte, undurchsichtige Angelegenheit*); Die Mädchen (= Prostituierte) ließen sich von Fahrern ansprechen, und die S. (salopp; *der Koitus*) wurde gleich im Wagen erledigt (Simmel, Stoff, 701); etw. ist eine, keine ernste S. *(ist [nicht] schwerwiegend, beängstigend o. ä.);* die Reise war eine runde *(gelungene)* S.; die ganze S. war frei erfunden; es ist beschlossene S. *(ist abgemacht)*, daß wir morgen fahren; das Ganze war eine abgekartete S.; es ist die natürlichste, einfachste, selbstverständlichste o. ä. S. [von] der Welt ... *(es ist ganz natürlich, einfach, selbstverständlich ...);* sie haben unterwegs die tollsten -n erlebt; das ist nur eine halbe S. *(ist nicht richtig zu Ende geführt o. ä.);* das ist eine größere S. (oft scherzh. od. spött.; *eine Angelegenheit, die größere Ausmaße hat als eigentlich nötig od. erwartet*); ob die Entscheidung richtig war, ist eine andere S., ist eine S. für sich *(ist nicht so sicher, könnte man in Zweifel ziehen);* unsere S. steht gut, ist noch nicht spruchreif; die S. ist gelaufen; die S. ist die *(es ist so)*, daß uns für das Vorhaben zu wenig Zeit bleibt; er macht -n, die nicht gehen; das ist meine S. *(das geht keinen anderen etwas an);* das ist seine S. *(er muß sich selbst darum kümmern);* wie du damit fertig wirst, ist deine S. *(das mußt du selbst sehen);* S. *(Aufgabe, Angelegenheit)* der Jugend ist es, ... zu lernen (Niekisch, Leben 31); diese Lebensform ist nicht jedermanns S. *(sagt nicht jedem zu);* du hast dir die S. sehr leicht gemacht; so kommen wir der S. schon näher; an einer S. beteiligt sein; sich aus einer S. heraushalten; in welcher S. *(Angelegenheit)* kommen Sie?; etw. in eigener S. vorbringen *(etw., was einen selbst betrifft);* mit der S. nichts zu tun haben wollen; R die S. ist die und der Umstand der ... (ugs. scherzh.; einleitend vor einer weit ausholenden Äußerung); -n gibt's [die gibt's gar nicht]! (ugs.; Ausruf der Verwunderung od. Entrüstung); das sind doch keine -n! (landsch.; *das ist nicht in Ordnung, ist tadelnswert*); was sind denn das für -n? (ugs.; Ausruf der Entrüstung); mach Sachen! (ugs.; Ausruf der Verwunderung: *was du nicht sagst!*); das ist so eine S. *(eine schwierige, heikle Angelegenheit);* das sind ja nette -n! (iron.; *schlimme Dinge!*); S.! (Jugendspr.; *abgemacht!; einverstanden!*); [das ist] S. [mit (Rühr)ei] (Jugendspr.; *das ist großartig!*); * **unverrichteter S.,** (auch:) unverrichtetersache (*unverrichteter Dinge;* ↑Ding 2b); **[mit jmdm.] gemeinsame S. machen** *(sich mit jmdm. zu einer [fragwürdigen] Unternehmung o. ä. zusammentun);* **sagen, was S. ist** (ugs.; *sich offen zu etw. äußern, seine Meinung o. ä. zu etw. bekennen*); **[sich ⟨Dativ⟩] seiner S. sicher/gewiß sein** *(von der Richtigkeit seines Handelns o. ä. fest überzeugt sein);* **bei der S. sein/bleiben** *(bei einer Arbeit o. ä. sehr konzentriert, ganz aufmerksam sein, bleiben);* **zur S. kommen** *(sich dem eigentlichen Thema, der eigentlichen Angelegenheit o. ä. zuwenden);* **zur S.** *(um zur S. zu kommen, zurückzukommen):* zur S., Marquis! Wo sind meine Dessins (Th. Mann, Krull 439); **zur S., Schätzchen!** (ugs.; *Aufforderung, sich unverzüglich einer bestimmten Tätigkeit zuzuwenden;* nach dem 1968 gedrehten gleichnamigen dt. Spielfilm); **nichts zur S. tun** *(in einem bestimmten Zusammenhang nicht wichtig, ohne Belang sein).* **3.** (jur.) kurz für ↑Rechtssache: eine schwebende, anhängige S.; eine S. [vor Gericht] führen, verteidigen, vertreten; eine Verhandlung in -n Maier [gegen Schulze]; in einer S. aussagen; zu einer S. vernommen werden. **4.** ⟨o. Pl.⟩ *etw., wofür sich jmd. einsetzt, was für jmdn. ein Ziel, eine Aufgabe, ein Anliegen o. ä. ist:* für die gute, gerechte S. kämpfen; die sozialistische S., die S. *(die Ziele)* des Sozialismus; die S. *(die Belange)* der Arbeiter vertreten; etw. dient der großen S.; jmdn. für eine S. gewinnen. **5.** ⟨Pl.⟩ (ugs.) *(bei einem Motorfahrzeug) Stundenkilometer:* der Wagen fährt 180 -n; wieviel -n hat er drauf gehabt?; er ist mit 100 -n, mit -zig -n *(furchtbar schnell)* in die Kurve gegangen.

Säcchelchen ['zɛçlçən], das; -s, - ⟨meist Pl.⟩: *kleiner [wertvoller] Gegenstand (verschiedenster Art):* ein paar hübsche S.; Du hast da recht nette S. (scherzh.; *Schmuckstücke;* Th. Mann, Krull 158); R das sind so S.! (ugs.; *zweideutige Angelegenheiten, unklare Vorkommnisse*); **Sachenrecht,** das; -[e]s (jur.): *Teilbereich des bürgerlichen Rechts, der die Rechtsverhältnisse in bezug auf (bewegliche u. unbewegliche) Sachen regelt;* **Sacherln** ['zaxɐln] ⟨Pl.⟩ (österr.): svw. ↑Sächelchen.

Sachertorte ['zaxɐ-], die; -, -n [nach dem Wiener Hotelier F. Sacher (1816–1907)]: *süße, schwere, mit viel Butter u. Eiern u. wenig Mehl gebackene Schokoladentorte.*

sachlich ['zaxlıç] ⟨Adj.⟩: **1.** *nicht von Gefühlen od. Vorurteilen bestimmt; [nüchtern u.] ohne Gefühlsbeteiligung; nur auf den in Frage stehenden Sachzusammenhang bezogen; objektiv* (2) (Ggs.: unsachlich): ein -er Bericht; ein -es Urteil; eine wenig -e Bemerkung; er ist ein -er Mensch, sprach in -em Ton; er ist oft nicht s., kann nicht s. bleiben; etw. s. feststellen, bemerken, sagen; s. argumentieren; ein Problem s. behandeln; er sprach s. und kühl. **2.** ⟨o. Steig.; nicht präd.⟩ *in der Sache* (2) *begründet; von der Sache* (2) *her:* ein -er Unterschied, Irrtum; rein -e Erwägungen; etw. aus -en Gründen ablehnen; etw. ist s. richtig, falsch; die Forderungen sind s. nicht gerechtfertigt. **3.** *ohne Verzierungen od. Schnörkel; durch Zweckgebundenheit u. Schmucklosigkeit gekennzeichnet; nüchtern* (2b): ein -er Bau; eine sehr -e Einrichtung; der Stil ist s. und nüchtern; s. möblierte Büroräume; **sächlich** ['zɛçlıç] ⟨Adj.; o. Steig.; nicht adv.⟩ [zu ↑Sache] (Sprachw.): *weder männlich noch weiblich; mit dem bestimmten Artikel „das" verbunden:* das Wort „Mädchen" ist s.; dieses Substantiv ist s., das Geschlecht des Wortes ist s.; **Sachlichkeit,** die; -: **1.** *das Sachlichsein* (1): eine wohltuende, kühle S.; Es war nur Geschäftliches besprochen worden, Rede und Antwort waren von eisiger S. gewesen (Feuchtwanger, Herzogin 123). **2.** *das Sachlichsein* (3): ein Bauwerk von eindrucksvoller S.; Neue S. (*Kunstrichtung (zuerst der Malerei, dann auch der Literatur) der 20er Jahre, für die eine objektive Wiedergabe der Realität charakteristisches Anliegen war;* 1925 gepr. von dem dt. Kunsthistoriker G. F. Hartlaub, 1884–1963).

Sachs [zaks], der; -es, -e [mhd., ahd. sahs, wohl eigtl. = charakteristische Waffe der Sachsen]: *altgerm. Werkzeug zum Schneiden; kurzes Schwert (der Germanen);* **sächseln** ['zɛksl̩n] ⟨sw. V.; hat⟩: *sächsische Mundart, sächsisch, stark sächsisch gefärbtes Hochdeutsch sprechen:* er sächselt ganz unüberhörbar.

sacht, sachte ['zaxt(ə)] ⟨Adj.; sachter, sachteste⟩ [aus dem Niederd. < mniederd. sacht, Nebenf. von ↑sanft]: **1.** *(in bezug auf Berührung, Kontakt mit etw., jmdm.) behutsam-vorsichtig:* ein sachtes Streicheln; (landsch. mit erweiterter Endung:) Er befaßte sie in derselben ... sachtenen Weise, in der er die Blumen schnitt (Alexander, Jungfrau 362); etwas sacht[e] anfassen, berühren, streicheln; er legte ihr sacht[e] die Hand auf die Schulter, zog sacht[e] seine Hand zurück, küßte sie sacht[e]; er drückte sacht[e] die Klinke, ließ die Tür sacht[e] ins Schloß gleiten; Ü Ein sachtes *(schwaches)* Gefühl von Schuld (Kaiser, Villa 152). **2. a)** *leise u. nahezu unmerklich, ohne Aufmerksamkeit zu erregen, Aufsehen vermeidend:* er schüttelt sacht[e] den Kopf, mahnt sacht[e] zum Aufbruch, beginnt sacht[e] zu lächeln; Kluge ..., der sich eben sachte ... verdrücken wollte (Fallada, Jeder 186); **b)** *ohne starke, schnelle, heftige Bewegung; nur* *langsam, kaum merklich sich, seinen Zustand, seine Lage verändernd:* der Schnellzug fuhr sacht[e] an; das Flugzeug hob sacht[e] vom Boden ab; Wolken ..., die sachte zogen (Th. Mann, Zauberberg 687); Ü der Schupo mit der sachten *(breit-behäbigen, langsamen)* holsteinischen Aussprache (Fallada, Blechnapf 314); Es war mir doch bei sachtem (landsch.; *langsam, allmählich*) klargeworden, daß Catriona ihr Baby bekam (Fallada, Herr 171). **3.** *sanft* (6): ein sacht[e] ansteigendes Gelände; der Weg führt sacht[e] bergan; sacht[e] abfallende Felder; **sachtchen** ['zaxtçən] ⟨Adv.⟩ (obersächs.): *ganz sacht[e];* **sachte**: **I.** ⟨Adj.⟩ ↑sacht. **II.** ⟨Adv.⟩ (ugs.) **a)** als Ausdruck der Besorgnis, Beschwichtigung, Warnung, Zurechtweisung od. Ermahnung; *nicht so heftig; nicht so hastig, überstürzt* s. [s.], junger Mann!; immer [fein] s.!; mal s.!; Nun mal s., Mädchen (Jägersberg, Leute 79); **b)** (in Verbindung mit „so") *allmählich, langsam, nach u. nach:* wir müssen ihm das so s. beibringen; mach dich so ganz s. auf einen Besuch von ihm gefaßt.

Sack [zak], der; -[e]s, Säcke ['zɛkə] (als Maßangabe auch: Sack) [mhd., ahd. sac < lat. saccus < griech. sákkos = grober Stoff, Sack, aus dem Semit.]: **1. a)** ⟨Vkl. ↑Säckchen⟩ *größeres, längliches Behältnis aus [grobem] Stoff, starkem Papier, Kunststoff o. ä., das der Aufnahme, dem Transport od. der Aufbewahrung von festen Stoffen, Gütern dient:* ein voller, leerer, schwerer S.; ein S. Kartoffeln, Mehl, Kaffee, Zement, Briketts; drei Säcke [voll] Zucker; (als Maßangabe:) drei S. Weizen; ein S. aus Jute; der S. ist voll, geplatzt, hat ein Loch; einen S. füllen, vollmachen, zubinden, tragen, wiegen, ausschütten; Säcke schleppen, stapeln; etw. in einen S. stecken, stopfen, füllen; es ist dunkel wie in einem S. (ugs.; *sehr dunkel*); das Kleid sitzt, sieht aus wie ein S. *(ist unförmig, schlecht geschnitten);* er fiel um, lag da wie ein [nasser] S. (salopp; *wie leblos*); schlafen wie ein S. (salopp; *tief u. fest schlafen*); voll sein wie ein S. (salopp; *sehr betrunken sein*); angeben wie ein, zehn S. Seife (salopp; *sehr prahlen*); R hinein mit S. und Pfeife (Soldatenspr.; *drauflos mit allem Drum u. Dran*); du hast daheim wohl Säcke an den Türen! (salopp; Aufforderung an jmdn., die Tür zu schließen); Spr den S. schlägt man, den Esel meint man *(man tadelt jmdn., meint aber in Wirklichkeit jmdn. anders);* Ü ein S. voll Lügen; er brachte einen S. voll Neuigkeiten mit; *** den S. zubinden** (salopp; *ein Unternehmen beenden*); **jmdn. im S. haben** (salopp; *jmdn. gefügig gemacht haben*); **etw. im S. haben** (salopp; *einer Sache sicher sein können*); das Geschäft haben wir im S.!; **jmdn. in den S. stecken** (ugs.: 1. *jmdm. überlegen sein:* im Rechnen steckt er alle anderen Schüler in den S. 2. *jmdn. betrügen*); **in den S. hauen** (salopp: 1. *sich entfernen, davonmachen.* 2. *kündigen;* viell. urspr. [nach getaner Arbeit] das Werkzeug in einen Sack tun); **in S. und Asche gehen** (geh.; *Buße tun*); **mit S. und Pack** *(mit aller Habe);* **Sack Zement!** (salopp; Ausruf des Erstaunens, der Verwünschung; entstellt aus ↑Sakrament); **b)** (landsch., bes. südd., österr., schweiz.) *Hosentasche:* den Schlüssel in den S. stecken; **c)** (landsch., bes. südd., österr., schweiz.) *Geldbeutel:* keinen Pfennig im S. haben. **2.** (derb, meist abwertend) *Mann, Mensch:* ein alter, blöder, fauler, reicher S.; weiterarbeiten, ihr Säcke!; die Säcke von der Polente kommen (Genet [Übers.], Notre-Dame 200). **3.** *sackförmige Hautfalte unter den Augen, Tränensack* ⟨meist Pl.⟩: Säcke unter den Augen haben. **4.** (derb) svw. ↑Hodensack: sich den S. einklemmen; der Weißrusse lachte, und die andern kratzten sich am S. (Kempowski, Uns 31); *** jmdm. auf den S. fallen** (salopp; *jmdm. lästig fallen*); **etw. auf den S. kriegen** (salopp: 1. *eine Rüge erhalten.* 2. *verprügelt werden.* 3. *eine Niederlage erleiden*); **jmdm. auf den S. niesen/husten/treten** (Soldatenspr.: 1. *jmdn. grob zurechtweisen.* 2. *jmdn. drillen*).

sack-, Sack-: **~artig** ⟨Adj.; o. Steig.⟩; **~bahnhof,** der: svw. ↑Kopfbahnhof (Ggs.: Durchgangsbahnhof); **~band,** das ⟨Pl. -bänder⟩: *Band zum Zubinden eines Sacks;* **~förmig** ⟨Adj.; o. Steig.; nicht adv.⟩; **~garn,** das: *starkes Garn zum Nähen von Säcken;* **~gasse,** die: *Straße, die nur eine Zufahrt hat u. am Ende nicht mehr weiterführt:* wir waren in eine S. gefahren und mußten daher wenden; Ü die S. *(Ausweglosigkeit)* der Drogensucht; einen Ausweg aus der S. *(aus einer ausweglosen Situation)* suchen; die Friedensverhandlungen sind in eine S. geraten, befinden sich in einer S. *(haben sich festgefahren, kommen nicht voran);* **~geld,** das (südd., österr., schweiz.): *Taschengeld;* **~gleis,** das: *Gleis, das an einer Stelle endet;* **~grob** ⟨Adj.; o. Steig.⟩ (ugs. abwertend): *sehr grob* (4a); **~halter,** der (derb): *Suspensorium;* **~hüpfen,** das; -s: *Kinderspiel, bei dem die Kinder bis zur Hüfte od. Brust in einem Sack steckend um die Wette hüpfen;* **~karre,** die, **~karren,** der: *zweirädrige Karre mit einem Lattengestell für aufrecht zu transportierende Säcke;* **~kleid,** das: *sackartig geschnittenes Kleid;* **~laufen,** das; -s: vgl. ~hüpfen; **~leinen** ⟨Adj.; o. Steig.; nur attr.⟩: ein -es Hemd; **~leinen,** das: *grobes Gewebe aus Jute, Hanf, Baumwolle o. ä., aus dem Säcke hergestellt werden;* **~leinwand,** die: svw. ↑~leinen; **~lunge,** die (Med.): *mißgebildete Lunge mit Hohlräumen, die Luft od. Flüssigkeit enthalten;* **~messer,** das (südd., schweiz.): *Taschenmesser;* **~nadel,** die: *starke [leicht gebogene] Nadel zum Nähen von Säcken;* **~niere,** die (Med.): *Hydronephrose;* **~pfeife,** die: vgl. Dudelsack, dazu: **~pfeifer,** der; **~ratte,** die [zu ↑Sack (4)] (Soldatenspr.): *Filzlaus* (1); **~spinner,** der: svw. ↑~träger; **~träger,** der: *kleiner, bräunlicher od. schwärzlicher Schmetterling, dessen Raupen in sackartigen, mit Pflanzenteilen od. Sand verkleideten Gespinsten leben;* **~tuch,** das: **a)** ⟨Pl. -tuche⟩ svw. ↑~leinen; **b)** ⟨Pl. -tücher⟩ (südd., österr., schweiz.): *Taschentuch;* **~uhr,** die (südd., österr., schweiz.): *Taschenuhr;* **~weise** ⟨Adv.⟩: **a)** *in Säcken abgefüllt:* Kartoffeln werden s. geliefert; **b)** *in Säcke füllender, großer Menge:* er trug s. Müll aus dem Haus.

Säckchen ['zɛkçən], das; -s, -: ↑Sack (1 a); **Säckel** ['zɛkl̩], der; -s, - [landsch. Vkl. von ↑Sack (1)] (landsch., bes. südd., österr.): **1. a)** (veraltend) *Geldbeutel; Kasse:* Eigentlich arbeite die Österreichische Ärztekammer ... für den S. der Krankenkasse (Presse 17. 7. 69, 2); *** in seinen eigenen S. arbeiten** *(auf seinen eigenen finanziellen Vorteil bedacht etw. tun);* *** tief in den S. greifen** *(viel bezahlen):* für dein neues Auto hast du sicher tief in den S. gegriffen; **b)** *Hosentasche:* Münzen lose im S. tragen. **2.** (derb) svw. ↑Sack (2); ⟨Zus. zu 1 a:⟩ **Säckelmeister,** der (südd., österr.): svw. ↑Säckelwart; **säckeln** ['zɛkl̩n] ⟨sw. V.; hat⟩ (landsch.): *in Säcke füllen;* **Säckelwart,** der; -s, -e (südd., österr., schweiz.): *Kassenwart;* **[1]sacken** ['zakn̩] ⟨sw. V.; hat⟩: *in Säcke o. ä. füllen:* Kartoffeln [in Tüten] s.; Industriesalz, lose ... und gesackt (Horizont 12, 1977, 6).

[2]sacken [-] ⟨sw. V.; ist⟩ [aus dem Niederd. < mniederd. sacken, wahrsch. Intensivbildung zu ↑sinken]: **a)** *sinken:* das Flugzeug sackt nach unten; das Schiff begann tiefer zu s.; in die Knie, auf den Boden, nach hinten, zur Seite s.; unter den Tisch s.; er läßt sich aufs Bett s.; **b)** *sich senken:* der Grund, das Gebäude sackt.

säcken ['zɛkn̩] ⟨sw. V.; hat⟩ (früher): *(als Strafe bei bestimmten Verbrechen) in einem Sack ertränken;* **Sackerl** ['zakɐl], das; -s, -n [mundartl. Vkl. von ↑Sack (1)] (bayr., österr.): *Beutel.*

sackerlot! [zakɐ'lo:t] ⟨Interj.⟩ [frz. sacrelot, entstellt aus: sacre nom (de Dieu) = heiliger Name (Gottes)] (veraltet): Ausruf des Erstaunens od. der Verwünschung; **sackerment!** [zakɐ'mɛnt] ⟨Interj.⟩ [entstellt aus ↑Sakrament] (veraltet): vgl. sackerlot.

säckeweise ['zɛkə-] ⟨Adv.⟩ [zu ↑Sack]: svw. ↑sackweise (b); **Säckler** ['zɛklɐ], der; -s, -: **1.** (österr. veraltend) svw. ↑Säckelwart. **2.** (landsch., bes. schwäb.) *Handwerker, der Lederhosen u. -taschen herstellt.*

Sacra conversazione ['za:kra kɔnvɛrza'tsi̯o:nə], die; - - [ital., eigtl. = geheiligtes Gespräch] (bild. Kunst): *Darstellung der inmitten von Heiligen thronenden Madonna;* **Sacrificium intellectus** [zakri'fi:tsi̯ʊm ɪntɛ'lɛktʊs], das; - - [lat. = das Opfern der (eigenen) Einsicht]: **1.** (bildungsspr.) *das Aufgeben der eigenen Überzeugung angesichts einer fremden Meinung.* **2.** (kath. Kirche) *die von den Gläubigen geforderte Unterordnung des eigenen Erkennens unter die kirchliche Lehrmeinung.*

Sadduzäer [zadu'tsɛ:ɐ], der; -s, - ⟨meist Pl.⟩ [lat. Saddūcaeī (Pl.) < hebr. ẓaddûqîm]: *Angehöriger einer altjüdischen konservativen Partei;* **sadduzäisch** ⟨Adj.; o. Steig.; nicht adv.⟩: *die Sadduzäer betreffend.*

Sadebaum ['za:də-], der; -[e]s, Sadebäume [entstellt aus älter Sebenbaum, nach dem lat. Pflanzennamen herba Sabīna = Kraut der Sabiner (italischer Volksstamm)]: *in den höheren Gebirgen wachsender, auch als Zierstrauch kultivierter Wacholder.*

Sadhu ['za:du], der; -[s], -s [sanskr. sādhu = der Gute]: *als Eremit u. bettelnder Asket lebender Hindu.*

Sadismus [za'dɪsmʊs], der; -, ...men [frz. sadisme, nach dem frz. Schriftsteller Marquis de Sade (1740–1814)]: **a)** ⟨o. Pl.⟩ *anormale Veranlagung, beim Quälen anderer zu sexueller Erregung, Lust zu gelangen;* **b)** ⟨o. Pl.⟩ (abwertend) *Lust am Quälen, an Grausamkeiten:* diese Ausbildungsmethoden sind doch der reinste S.; **c)** *sadistische Handlung:* dieses Buch berichtet über Sadismen und sexuelle Verirrungen; **Sadist** [za'dɪst], der; -en, -en: **a)** *jmd., der sich durch Quälen anderer sexuell zu befriedigen sucht;* **b)** *jmd., der Freude daran hat, andere zu quälen:* Ein S. (= der Lehrer)! Der hat uns mit Prüfungen gequält (Kempowski, Immer 148); **Sadịstin,** die; -, -nen: w. Form zu ↑Sadist; **sadịstisch** ⟨Adj.⟩: **a)** *den Sadismus* (a) *betreffend, darauf beruhend; sexuelle Erregung, Lust an Quälereien empfindend:* -e Neigungen haben; -e Literatur; er ist s. [veranlagt]; **b)** (abwertend) *in grausamer Weise von Sadismus* (b) *bestimmt, geprägt:* mit -er Rohheit; jmdn. s. schikanieren; **Sadomasochịsmus** [zado-], der; -: *anormale Veranlagung, beim Ausführen u. Erdulden von Quälereien zu sexueller Erregung, Lust zu gelangen;* **Sadomasochịst,** der; -en, -en: *jmd., der beim Ausführen u. Erdulden von Quälereien sexuell erregt wird;* **Sadomasochịstin,** die; -, -nen: w. Form zu ↑Sadomasochist; **sadomasochịstisch** ⟨Adj.⟩ (Med.): *den Sadomasochismus betreffend.*

Säemann ['zɛ:ə-], der; -[e]s, ...männer ⟨Pl. ungebr.⟩ (selten): svw. ↑Sämann; **säen** ['zɛ:ən] ⟨sw. V.; hat⟩ [mhd. sæ(je)n, ahd. sāen, urspr. = (aus)streuen]: *[durch Streuen] Saatgut in die Erde bringen:* Korn, Getreide, Salat, Radieschen s.; ⟨o. Akk.-Obj.:⟩ mit der Hand, maschinell s.; der Bauer hat den ganzen Tag gesät; Ü sie wollen nur Unzufriedenheit, Zwietracht [zwischen uns] s.; ***wie gesät** *(dicht u. in großer Menge):* nach dem Sturm lagen die Kastanien wie gesät umher; **dünn gesät sein** *(bedauerlicherweise nur in geringer Zahl vorhanden sein):* Fachkräfte, anspruchsvolle Fernsehsendungen sind dünn gesät; ⟨Abl.:⟩ **Säer** ['zɛ:ɐ], der; -s, - (geh., selten): svw. ↑Sämann; **Säerin,** die; -, -nen: w. Form zu ↑Säer.

Safari [za'fa:ri], die; -, -s [Suaheli safari < arab. safar = Reise]: **a)** *(bes. in Ostafrika) längerer Fußmarsch [mit Trägern u. Lasttieren];* **b)** *[Gesellschafts]reise (nach Afrika) mit der Möglichkeit, Großwild zu beobachten u. zu jagen:* an -s teilnehmen; auf S. gehen; S. durch Zaire; **-safari** [-zafa:ri], die; -, -s: Grundwort in Zus. mit Subst. mit der Bed. *Reise, die unternommen wird, um etw. Bestimmtes näher kennenzulernen,* z. B. Stadtsafari, Fotosafari; ⟨Zus.:⟩ **Safaripark,** der: *Wildpark mit exotischen Tieren.*

Safe [seɪf], der, auch: das; -s, -s [engl. safe, eigtl. = sicher, geschützt]: **a)** svw. ↑Geldschrank; **b)** (seltener) *Schließfach im Tresor [eines Geldinstituts] zur sicheren Aufbewahrung von Geld, kostbarem Schmuck, Wertpapieren o. ä.*

Saffian ['zafi̯an, 'zafi̯a:n], der; -s [russ. safjan, über das Turkotat. < pers. saḫtiyān]: *feines, weiches (oft leuchtend eingefärbtes) Ziegenleder;* ⟨Zus.:⟩ **Sạffianleder,** das: *Saffian.*

Saflor [za'flo:ɐ̯], der; -s, -e [unter Anlehnung an ↑Safran u. ↑[1]Flor < älter ital. asfori, aus dem Arab.]: *Färberdistel.*

Safran ['zafran, 'zafra:n], der; -s, -e [mhd. saffrān < afrz. safran, span. azafrán < arab. za'farān]: **1.** *(zu den Krokussen gehörende) im Herbst blühende Pflanze mit Blüten mit dunkelgelben Narben* (3), *die bes. im Mittelmeerraum als Gewürz- u. Heilpflanze u. zur Gewinnung von Farbstoff angebaut wird.* **2.** *aus der Narbe* (3) *des Safrans* (1) *gewonnenes Färbemittel.* **3.** ⟨o. Pl.⟩ *als Gewürz verwendete, getrocknete Teile vom Fruchtknoten des Safrans* (1); **Safranin** [zafra'ni:n], der; -s, -e: *wie Safran* (2) *aussehendes chemisches Färbemittel.*

Saft [zaft], der; -[e]s, Säfte ['zɛftə; mhd. saf(t), ahd. saf]: **1.** *im Gewebe von Pflanzen enthaltene Flüssigkeit:* den S. von Birken abzapfen; die Wiesen stehen in vollem S. *(sind kräftig grün);* R Blut ist ein ganz besonderer S. (wird gesagt, wenn von der dem Blut zugesprochenen besonderen Macht [z. B. im Zusammenhang mit der engen Bindung Verwandter] die Rede ist; Goethe, Faust I, 1740); Ü er ist voller S. *(hat viel Kraft, Energie o. ä.),* hat keinen S. in den Knochen *(hat keine Energie, Kraft, keinen Schwung);* ***ohne S. und Kraft** (abwertend: 1. *ohne Kraft, Schwung.* 2. *ohne rechten Gehalt:* eine Rede, Suppe ohne S. und Kraft). **2. a)** *im Gewebe von Früchten enthaltene Flüssigkeit:* S. auspressen, einkochen, zu Gelee verarbeiten; gezuckerte Erdbeeren ziehen S., wenn man sie stehenläßt *(der S. tritt aus ihnen aus);* **b)** ⟨Vkl. ↑Säftchen⟩ *Getränk, das durch Auspressen von Obst od. Gemüse gewonnen worden ist:* S. aus Karotten, Äpfeln; er trank ein Glas S.; eine Flasche S. kaufen; der S. der Reben (dichter.; *Wein*). **3.** ⟨bes. Pl.⟩ *(nach früherer medizinischer Auffassung) aus der Nahrung kommende, vom Körper produzierte Flüssigkeit:* schlechte, kranke Säfte [im Körper] haben *(krank sein).* **4. a)** svw. ↑Fleischsaft: einen Braten im eigenen S. schmoren; ***im eigenen S. schmoren** (ugs.; *[in bezug auf ein Anliegen] nicht die erwünschte, nötige Behandlung, Beachtung finden*): Die großen Probleme der Mannheimer Kommunalpolitik schmoren ... im eigenen S. (MM 18. 1. 78, 13); **jmdn. im eigenen S. schmoren lassen** (ugs.; *jmdm. in einer schwierigen [auf eigenes Verhalten zurückzuführenden] Situation nicht helfen*); **b)** (österr.) *Soße.* **5.** (salopp) *etw., was z. B. zum Betrieb einer Sache notwendig ist:* na los, gib S. *(Gas);* paß auf, auf der Leitung ist S. *(Strom);* die Batterie hat keinen S. mehr *(ist leer).*

sạft-, Sạft-: ~**bereitung,** die; ~**braten,** der: *geschmorter Rinderbraten;* ~**fasten,** das: *Diät, bei der man ausschließlich frische gepreßte Obst- u. Gemüsesäfte zu sich nimmt;* ~**futter,** das (Landw.): *Viehfutter mit hohem Wassergehalt* (z. B. Rüben); ~**grün** ⟨Adj.; o. Steig.; nicht adv.⟩: *von frischem, kräftigem Grün:* -e Wiesen; ~**kur,** die: vgl. ~fasten; ~**laden,** der ⟨Pl. -läden⟩ (salopp abwertend): *schlecht geführter Betrieb* (1): diesen S. habe ich satt, ich kündige!; Ü Unsere parlamentarische Demokratie ... ist zur Zeit ein S. (Spiegel 21, 1968, 9); ~**los** ⟨Adj.; Steig. ungebr.⟩ (abwertend): *ohne Kraft, ohne Schwung:* eine -e Prosa; die Mannschaft spielte s.; ***saft- und kraftlos** (emotional abwertend; *ohne jeden Gehalt*); ~**orange,** die: *besonders saftige Orange;* ~**presse,** die: svw. ↑Presse (b); ~**reich** ⟨Adj.⟩: *viel Saft* (1, 2 a, 4 a) *enthaltend;* ~**sack,** der (derb abwertend; Schimpfwort): *männliche Person, die jmds. Unwillen erregt, über die man sich ärgert;* ~**tag,** der: vgl. ~fasten; ~**voll** ⟨Adj.⟩: **a)** (geh.) svw. ↑~reich; **b)** *kraftvoll.*

Säftchen ['zɛftçən], das; -s, -: ↑Saft (2 b); **Säftel** ['zɛftl̩], der; -s, - (landsch.): svw. ↑Saftsack; **Säftelehre,** die; -: svw. ↑Humoralpathologie; **saften** ['zaftn̩] ⟨sw. V.; hat⟩: **a)** *Saft* (2 a) *abgeben, ziehen:* Stachelbeeren und Brombeeren ... saften sehr (Wochenpost 20. 6. 64, 21); **b)** *durch Auspressen von Früchten Saft* (2 a) *gewinnen:* nach der Apfelernte wollen wir s.; **saftig** ['zaftɪç] ⟨Adj.⟩ [mhd. saftec]: **1.** *viel Saft* (1, 2 a, 4 a) *enthaltend, voller Saft:* Blumen mit -en Stengeln; ein -er Pfirsich, eine -e Birne; ein -er Braten; eine -e *(mit frischem, kräftigem Gras bewachsene)* Weide; Ü das -e Grün der Wiesen; Dantons ... -e *(lebensvolle)* Menschlichkeit (Sieburg, Robespierre 29). **2.** (ugs.) *so [beschaffen], daß es jmdn. [empfindlich] trifft, in unangenehmer Weise berührt:* eine -e Ohrfeige; -e Preise, Rechnungen; sie erlebten eine -e Überraschung; ein -er Fluch; dem werde ich einen -en Brief schreiben, s. die Meinung sagen; ein -er *(derber, unanständiger)* Witz; ⟨Abl.:⟩ **Sạftigkeit,** die; -, -en: **1.** ⟨o. Pl.⟩ *das Saftigsein.* **2.** *derbe, unanständige Äußerung.*

Saga ['za(:)ga], die; -, -s [aisl. saga = Erzählung, Bericht] (Literaturw.): *alte nordische* (1), *meist von den Kämpfen heldenhafter Bauerngeschlechter handelnde Erzählung in Prosa.*

Sagazität [zagat͜si'tɛ:t], die; - [lat. sagācitās] (veraltet): *Scharfsinn.*

sagbar ['za:kba:ɐ̯] ⟨Adj.; o. Steig.; nicht adv.⟩ [mhd. sagebære] (selten): *so beschaffen, daß es gesagt, ausgesprochen werden kann:* auf einer Bühne ist das kaum s.; ⟨subst.:⟩ manche Erinnerungen liegen an der Grenze, außerhalb des -en; ⟨Abl.:⟩ **Sagbarkeit,** die; -: *einer Sache innewohnende Möglichkeit, ausgesprochen zu werden:* das Schrecklichste ... lag ... jenseits der S. (Doderer, Wasserfälle 16); **Sage** ['za:gə], die; -, -n [mhd. sage, ahd. saga = Gesagtes]: *ursprünglich mündlich überlieferter Bericht über eine im einzelnen nicht verbürgte, nicht alltägliche, oft wunderbare Begebenheit:* eine alte, deutsche S.; die -n der Völker; die S. überliefert, daß ...; die S. erzählt von ...; in dieser S. wird berichtet ...; Ü das ist nur eine S. *(ein Gerücht);* etw. als fromme S. ansehen *(nicht glauben);* ***es geht die S. ...** *(es wird allgemein behauptet ...;* nach lat. fama est = es geht das Gerücht).

Säge ['zɛ:gə], die; -, -n [mhd. sege, ahd. sega]: **1.** *Werkzeug mit einem dünnen, gezähnten Blatt* (5) *aus gehärtetem Stahl, mit dem man durch Hinundherbewegen hartes Material (bes. Holz) zerschneiden kann:* die S. schärfen; ***die Singende**

S. *(aus einer Säge bestehendes Musikinstrument, das dadurch zum Tönen gebracht wird, daß die ungezähnte Seite des Sägeblatts mit einem Bogen* (5) *gestrichen wird).* **2.** (bayr., österr.) *Sägewerk:* in der S. arbeiten.

säge-, Säge- (Säge 1): **~band,** das ⟨Pl. ...bänder⟩: *endloses* (a) *Sägeblatt (bei Sägemaschinen);* **~blatt,** das: *dünnes, gezähntes Blatt* (5) *einer Säge;* **~bock,** der [2: nach den sägeförmigen Fühlern]: **1.** *Holzbock, auf den längere Holzstücke zum Sägen gelegt werden.* **2.** svw. ↑Bockkäfer; **~bügel,** der: svw. ↑Bügel (5); **~dach,** das: svw. ↑Scheddach; **~fisch,** der: *Rochen mit schwertartig verlängerter, doppelseitig sägeförmiger Schnauze;* **~förmig** ⟨Adj.; o. Steig.; nicht adv.⟩: *wie eine Säge gezähnt, gezackt;* **~maschine,** die: *Maschine zum Zerschneiden von Holz;* **~mehl,** das: *beim Sägen pulverig, mehlartig zerriebenes Holz:* eine mit S. ausgestopfte Puppe; den [Zirkus]boden mit S. bestreuen; **~messer,** das: *Messer mit sägeförmiger Klinge;* **~mühle,** die: vgl. ~werk; **~müller,** der: *Besitzer einer Sägemühle;* **~späne** ⟨Pl.⟩: vgl. ~mehl; **~werk,** das: *Betrieb, in dem bes. Baumstämme zu Balken, Brettern, Latten geschnitten werden;* **~werker,** der: *Facharbeiter in einem Sägewerk, der das Holz für die verschiedensten Zwecke zurechtschneidet* (Berufsbez.); **~zahn,** der: *Zahn eines Sägeblatts.*

sagen ['za:gn̩] ⟨sw. V.; hat⟩ [mhd. sagen, ahd. sagēn, eigtl. = zeigen, bemerken]: **1. a)** *Wörter, Sätze o. ä. äußern, aussprechen:* ja, nein, guten Abend s.; ich habe nichts gesagt; was hast du gesagt?; du sollst nicht immer „verflucht" s.; so etwas sagt man nicht *(das ist eine unfeine Ausdrucksweise);* „Wenn du Lust hast", sagte sie, „komm doch mit."; darauf sagte *(erwiderte)* er nur: „Mir ist es egal."; sie ist sehr zurückhaltend, ich möchte fast s., schüchtern; etw. laut, leise, deutlich, im Flüsterton, vorwurfsvoll s.; etw. im Ernst, im Scherz s. *(etw. sagen u. ernst, nicht ernst meinen);* etw. vor sich hin s.; sage *(sprich)* die Zauberformel; sag uns ein Gedicht (geh.; *trage uns auswendig ein Gedicht vor*); R das ist leichter gesagt als getan *(das ist viel schwieriger zu bewerkstelligen, als es den Anschein hat);* das kann man/kannst du laut s. (ugs.; *das ist ganz sicher richtig, darin stimme ich dir völlig zu*); gesagt, getan *(dem Aussprechen des Gedankens, des Vorsatzes folgte unmittelbar die Ausführung);* das sagt sich so leicht/einfach (ugs.; *das ist in der Praxis ein sehr viel schwierigeres Problem, als es jetzt vielleicht den Anschein hat*); Ü Hegel sagt an einer Stelle *(hat an einer Stelle geschrieben):* „..."; ***[ach,] was sage ich** *(das ist ja gar nicht richtig, das ist ja viel zu schwach ausgedrückt o. ä.):* er war nicht besonders nett, ach, was sage ich, er war ausgesprochen unfreundlich; **sagen wir [(ein)mal]** (1. *vielleicht, ungefähr:* das dauert, sagen wir mal, eine Stunde. 2. *beispielsweise:* wenn ein Kilo, sagen wir mal, acht Mark kostet, was kostet dann ein Zentner?); **sagen wir [doch]** *(ich schlage vor, daß wir uns darauf einigen):* wenn es dir recht ist, sagen wir doch [einfach] 20 Uhr, und zwar würde ich zu dir kommen; **sage und schreibe** (ugs.; *tatsächlich, wahrhaftig, obwohl es kaum zu glauben, zu fassen ist*): er hat mich sage und schreibe eine Stunde warten lassen; **um nicht zu s.** *(wenn es nicht so hart klänge, würde man am liebsten sagen):* es geht ihm schlecht, um nicht zu s., miserabel; **b)** *eine bestimmte Meinung, ein bestimmtes Urteil über etw., eine bestimmte Einstellung zu etw. haben [u. kundtun]:* meine Mutter sagt [immer], man soll den Kindern möglichst wenig verbieten; was sagt denn dein Vater dazu, daß du schon rauchst?; was werden die Leute [dazu] s., wenn du so eine Frau heiratest?; was würdest du s., wenn ich dich zum Essen einladen würde?; R was soll man dazu s.? *(das ist schwer zu beurteilen);* was soll man dazu noch sagen? (ugs.; *da erübrigt sich jeder Kommentar, das spricht für sich selbst*). **2.** *Worte, Äußerungen an jmdn. richten:* ich habe das nicht zu dir, sondern zu Peter gesagt; jmdm. Komplimente, Grobheiten, ein paar aufmunternde, tröstende Worte s.; jmdm. auf Wiedersehen sagen *(sich von jmdm. verabschieden);* ich habe es ihr ins Ohr gesagt *(geflüstert);* und dann muß ich mir von ihm auch noch sagen lassen *(mir den Vorwurf gefallen lassen),* ich hätte meine Aufsichtspflicht verletzt!; ***sich** ⟨Dativ⟩ **nichts s. lassen** *(keine Ratschläge annehmen, eigensinnig sein);* **sich** ⟨Dativ⟩ **von jmdm. nichts s. lassen** *(auf jmdn. nicht hören, jmds. Ratschläge nicht annehmen).* **3. a)** *jmdn. auf eine bestimmte Weise, mit einer bestimmten Anrede anreden:* du sollst nicht immer „Dicke" zu deiner kleinen Schwester s.; du kannst ruhig du zu mir sagen; (landsch.:) sie sagen sich du *(duzen sich);* **b)** *etw. auf eine bestimmte Weise, mit einem bestimmten Wort, Namen bezeichnen:* zu einem Fotoapparat kann man auch „Kamera" s.; wie kann man noch dazu s. *(welches andere Wort hat dieselbe Bedeutung)?;* **c)** *ein Wort, eine Wendung o. ä. beim Sprechen benutzen, gebrauchen:* ein völlig veraltetes Wort, das heute niemand mehr sagt; wer sagt heute noch „Beding"?; sagst du „Rotkohl" oder „Rotkraut"?; wie sagt der Mediziner *(was ist der medizinische Terminus)?;* wie sagt man in der Schweiz, auf Englisch *(was ist der schweizerische, englische Ausdruck dafür)?;* wie sagt man *(welches ist die korrekte Form):* „ich rufe dir" oder „ich rufe dich"?; dann ist ihm, wie man so schön sagt *(wie eine bekannte Redensart lautet),* der Kragen geplatzt. **4.** *etw. (einen Gedanken o. ä.) auf eine bestimmte Weise, mit bestimmten Worten ausdrücken; formulieren:* das hast du gut gesagt; so kann man es auch s.; wie man es auch sagt, es kann immer falsch ausgelegt werden; ich habe das in aller Deutlichkeit, sehr deutlich gesagt; sag es doch auf englisch; ich fahre, oder richtiger gesagt, fliege morgen nach Berlin; das geht ihn, wenn ich so s. darf *(wenn der Ausdruck gestattet ist),* einen Dreck an; er ist – wie soll ich sagen *(wie drücke ich es am besten aus)* – ein etwas schwieriger Mensch; ich kann es nicht anders s. *(das trifft genau den Sachverhalt);* ***es ist nicht zu s.** *(man kann es mit Worten gar nicht ausdrücken).* **5. a)** *etw. Bestimmtes mit sprachlichen Mitteln ausdrücken, zum Ausdruck bringen:* er hat mit wenigen Worten viel gesagt; willst du damit s., daß du dein Angebot zurückziehst?; das wollte ich damit nicht sagen *(so meinte ich es nicht);* der Redner hatte wirklich etwas zu sagen *(seine Rede bestand nicht nur aus leeren Worten);* er sagt, was er denkt *(scheut sich nicht, seine Meinung o. ä. zu sagen);* damit soll nicht gesagt sein *(damit meine ich nicht),* daß ...; R du sagst es! *(genauso ist es);* ***will sagen** *(womit ich sagen will; um es deutlicher auszudrücken):* er war nicht besonders erfolgreich, will s., ein absoluter Versager; **b)** *zum Inhalt haben, besagen:* das Gesetz sagt [eindeutig], daß ...; die Regel sagt nichts anderes, als daß ... **6.** *[jmdm.] etw. mit sprachlichen Mitteln mündlich zu verstehen geben, mitteilen:* ich werde es ihm sofort s.; er wollte [uns] nur s., daß er morgen nicht mitfährt; sag ihm aber nichts [davon]; hat er dir etwas gesagt?; warum hast du das nicht gleich gesagt?; sag [es], wenn du noch einen Wunsch hast; [jmdm.] seinen Namen, seine Gründe s. *(angeben, nennen);* [jmdm.] die Wahrheit s.; kannst du mir s. *(weißt du),* wie spät es ist?; kannst du mir etwas über ihn s. *(weißt du etwas über ihn)?;* sag mal, sagen Sie, gibt es hier ein Telefon?; ich habe mir s. lassen *(man hat mir erzählt),* daß du umziehen willst; zu meiner Schande, um der Wahrheit willen sei es gesagt *(sage ich es);* dann kriegst du es mit mir zu tun, das sag' ich dir (ugs.; *ich warne dich*); ich hab' dir's gesagt (ugs.; *ich habe dich vorher gewarnt*)!; das hätte ich dir gleich/vorher sagen können (ugs.; *das habe ich vorausgesehen*); ich hab's [dir] ja gleich gesagt (ugs.; *ich habe das vorausgesehen u. es dir auch gesagt*); ich will dir mal was s. (ugs.; *hör mir mal gut zu*)!; ich sage dir eins *(das solltest du dir merken, beherzigen):* ...; laß dir das gesagt sein (ugs.; *merke dir das u. beherzige es*)!; sag bloß, du hast den Schlüssel vergessen (ugs.; *du hast doch nicht etwa den Schlüssel vergessen*)!; ich kann dir gar nicht s. *(es mit Worten gar nicht ausdrücken),* wie mich das gefreut hat; das sag' ich (Kinderspr.; *das erzähle ich deinen Eltern, dem Lehrer o. ä.*); du kannst beruhigt sein, er sagt *(verrät)* garantiert nichts; R sag bloß! (ugs., oft iron.; *das ist aber beachtlich, erstaunlich o. ä.*): „Ich habe ihn gestern im Schach geschlagen." – „Sag bloß!"; wem sagen Sie das! (ugs.; *das ist etw., was ich aus eigener Erfahrung sehr gut weiß*); das brauchst du mir nicht zu s. (ugs.; *das weiß ich selber*); was Sie nicht sagen! (ugs., oft iron; *das überrascht mich aber, das ist ja unglaublich o. ä.*); das kann ich dir s.! (ugs.; *das versichere ich dir*); wenn ich es [dir] sage! (ugs.; *du kannst es mir ruhig glauben*); Ü das sagt mir mein Verstand, Instinkt, Gefühl; der Spiegel sagt ihr, daß sie nicht mehr die Jüngste ist; sein Benehmen sagt *(läßt erkennen)* viel über seinen Charakter; das Lexikon sagt darüber wenig *(enthält darüber wenig Informationen);* der Film, das Bild, die Musik sagt mir nichts *(hat für mich keinen Reiz, spricht mich nicht an);* was sagt uns die Fabel *(was ist ihre Aussage,*

Moral)?; ihr Blick sagte viel, alles (ugs.; *war sehr vielsagend, verriet viel*); das sagt alles *(das beweist alles, macht alles deutlich, macht alles durchschaubar);* der Name sagt mir nichts *(ich kann mit ihm nichts verbinden);* ***sich nichts mehr zu s. haben** *(nichts mehr miteinander anfangen können, kein Interesse mehr aneinander haben).* **7.** (veraltet) *von etw. erzählen, berichten:* von Abenteuern und Heldentaten singen und s. **8.** *bestimmte Schlüsse zulassen; bedeuten; besagen; heißen:* dieser einmalige Erfolg sagt noch nicht viel; das sagt doch immerhin, daß er davon etwas gewußt haben muß; damit ist viel, wenig, nichts gesagt *(das heißt viel, wenig, nichts);* R das will nichts s. *(das hat nichts zu bedeuten, ist nicht schlimm);* ***etw., nichts zu sagen haben** *(von Bedeutung, ohne Bedeutung sein; Grund, kein Grund zur Besorgnis sein):* nein, diese Schatten auf dem Röntgenbild haben nichts zu s. **9.** *anordnen, vorschreiben, bestimmen, befehlen:* er tut alles, was der Chef sagt; du hast mir gar nichts zu s.; von ihm lasse ich mir nichts s.; ***sich** ⟨Dativ⟩ **etw. nicht zweimal s. lassen** (ugs.; *einer Aufforderung [zu etw., was man sonst nicht darf, wozu man sonst selten Gelegenheit hat] gerne, freudig u. sofort Folge leisten*); **etw., nichts zu s. haben** *(auf Grund einer bestimmten Stellung das Recht, kein Recht haben, Anordnungen, Entscheidungen zu treffen):* er hat [in der Firma, hier] nicht viel, überhaupt nichts, eine ganze Menge zu s.; **das Sagen haben** (ugs.; *eine Stellung innehaben, auf Grund deren man Anordnungen, Entscheidungen treffen, anderen Vorschriften machen kann*): wer hat hier das Sagen? **10. a)** *etw. als Tatsache hinstellen; behaupten:* ich sage nicht, daß er es mit Absicht getan hat; der Zeuge sagt, daß er Sie um die fragliche Zeit gesehen hat; das kann man nicht [so ohne weiteres] s. *(das ist nicht sicher);* das ist nicht zu viel gesagt *(nicht übertrieben);* das läßt sich ohne Übertreibung s.; das kann jeder s. *(das kann jeder behaupten, weil das Gegenteil nicht zu beweisen ist);* ich möchte [fast] s. *(ich bin [fast] davon überzeugt),* daß du dich irrst; wie kannst du so etwas s.! *(es ist empörend, unerhört, so etw. zu behaupten);* daß er dumm ist, kann ich von ihm nicht s.; dasselbe kann ich auch von mir s. *(trifft auch auf mich zu);* ich würde nie etw. Schlechtes über ihn s.; man sagt [über ihn, von ihm], daß er von krummen Geschäften lebt; das sagst du so einfach! *(das ist keineswegs erwiesen);* da soll noch einer s./da sage noch einer, daß es keine Kavaliere mehr gibt *(das beweist doch, daß es entgegen der verbreiteten Meinung durchaus noch Kavaliere gibt);* R wer sagt das? *(woher willst du das wissen, ist das überhaupt erwiesen?);* das kann man wohl s.! *(das ist in der Tat richtig, wahr; das ist fast zu gelinde ausgedrückt);* na, wer sagt's denn! (ugs.; *na bitte, ich habe es doch gewußt*); na, wer sagt's denn, wenn er nur will, kann er sehr wohl!; sag das nicht! (ugs.; *das ist gar nicht so sicher*); hab ich's nicht gesagt (ugs.; *hatte ich nicht recht mit meiner Voraussage*)?; ***nicht gesagt sein** *(nicht sicher, erwiesen sein):* daß er darauf eingeht, ist noch gar nicht gesagt; **b)** *mündlich [zu einer Sache] etw. bemerken, etw. feststellen:* möchtest du noch etwas [zu diesem Thema, dazu] s.?; das Wichtigste habe ich, glaube ich, gesagt; dazu ließe sich noch manches s.; [zusammenfassend] kann man s.: es war ein Erfolg; das hat er nur so gesagt *(das hat er nicht ernst gemeint);* das hast du gesagt *(ich möchte feststellen, daß diese Bemerkung von dir kam);* er sagt das mit Recht *(seine Bemerkung ist zutreffend);* dann will ich nichts gesagt haben *(nehme ich meine Bemerkung zurück);* daß er sich Mühe gibt, muß man [ja, schon] s. *(einräumen, zugeben);* sag doch *(gib doch zu),* daß du Angst hast!; was ich noch s. wollte *(das wollte ich noch s.),* ich komme morgen etwas später; ich halte das, unter uns gesagt *(ich sage es, möchte aber, daß es unter uns bleibt),* für sehr ungeschickt von ihm; R das mußte einmal gesagt werden *(es war nötig, diese Wahrheit einmal auszusprechen);* Ü das sagt schon Platon *(das hat schon Platon geschrieben);* ⟨subst. 2. Part.:⟩ das oben Gesagte *(das weiter vorn in diesem Text Stehende);* ***wie gesagt** *(wie ich schon sagte):* ich bin da[,] wie gesagt[,] anderer Ansicht; **von etw. nichts gesagt haben** (ugs.; *etw. nicht angeordnet, erlaubt haben*): du solltest den Wagen waschen, von Fahren habe ich nichts gesagt. **11.** *etw. als Argument o. ä. anführen, vorbringen:* du kannst s., was du willst, du wirst mich nicht überzeugen; dagegen ist nichts zu s. *(einzuwenden);* darauf hat er nichts mehr gesagt, wußte er nichts mehr zu s. *(hatte er kein Gegenargument mehr);* R da kann man nichts von s. (nordd.; *daran gibt es nichts auszusetzen*): das Essen war wirklich gut, da kann man nichts von s.; du kannst s., was du willst (ugs.; *ich bleibe bei meiner Meinung*), die Frau sieht klasse aus. **12.** (ugs.) *etw. annehmen, für gewiß halten:* was sagst du? Wird es ein Gewitter geben?; ich würde s. *(ich glaube, meine),* das kostet mindestens 200 Mark. **13.** ⟨s. + sich⟩ *einen Gedanken, einen Vorsatz fassen, eine Überlegung anstellen:* da habe ich mir gesagt, am besten gehst du mal zum Arzt; da wird er sich wahrscheinlich gesagt haben: was dem einen recht ist, ist dem anderen billig; daß das nicht gutgehen kann, hättest du dir damals schon [selbst] s. können, müssen.

sagen-, Sagen- (Sage): **~buch,** das: *Buch, das eine Sammlung von Sagen enthält;* **~dichtung,** die ⟨o. Pl.⟩: *der Teil der Dichtung, den die Sagen darstellen;* **~forscher,** der: *Wissenschaftler auf dem Gebiet der Sagenforschung;* **~forschung,** die: *Wissenschaft, die die Herkunft, Verbreitung u. Motive der Sagen erforscht;* **~gestalt,** die; **~kreis,** der: *Kreis von Sagen, der sich um eine Person, ein Ereignis o. ä. gebildet hat:* der S. um Dietrich von Bern; **~kunde,** die ⟨o. Pl.⟩: svw. ↑~forschung; **~reich** ⟨Adj.; nicht adv.⟩: *reich an Sagen:* eine -e Landschaft; **~schatz,** der ⟨Pl. selten⟩ (geh.): *[einen kulturellen Reichtum darstellende] überlieferte Sagen eines Bereichs:* der griechische, deutsche S.; **~tier,** das: svw. ↑Fabeltier; **~umwittert** ⟨Adj.; nicht adv.⟩: vgl. ~umwoben; **~umwoben** ⟨Adj.; nicht adv.⟩ (geh.): *von Sagen umwoben:* eine -e Burg, Ruine; **~welt,** die ⟨o. Pl.⟩: *Welt der Sage; Sagendichtung.*

sägen ['zɛ:gn̩] ⟨sw. V.; hat⟩ /vgl. gesägt/ [mhd. segen, ahd. segōn]: **1. a)** *mit der Säge arbeiten:* er sägte draußen auf dem Hof; Ü die wackeren Burschen an den Baßgeigen, die ... wie die Waldarbeiter sägen (Frisch, Stiller 151); **b)** *mit der Säge zerschneiden:* Holz, Bäume s.; der Forstarbeiter sägte den Baumstamm in zwei Teile; **c)** *durch Sägen* (1 b) *etw. herstellen:* Bretter, Balken s. **2.** (salopp scherzhaft) *schnarchen:* kaum war er eingeschlafen, fing er an zu s. **3.** (Autorennsport Jargon) *zur Korrektur das Lenkrad kurz hin und her bewegen, um bei sehr hoher Geschwindigkeit nicht aus einer Kurve getragen zu werden.*

sagenhaft ⟨Adj.; -er, -este⟩: **1.** ⟨o. Steig.⟩ **a)** *in den Bereich der Sage gehörend, [nur] aus der Sage bekannt; mit Sagen verknüpft:* ein -er König; die Gestalt trägt -e Züge; eine Schatzsammlung aus -er Vorzeit (Jahnn, Geschichten 52); daß die Geschichte von Usirs ... Ermordung ... auf Thronstreitigkeiten ... s. *(in der Art einer Sage, als Sage)* anspielte (Th. Mann, Joseph 23); **b)** ⟨nicht adv.⟩ *nur aus rühmenden Erwähnungen, Erzählungen anderer bekannt:* Manchmal fragten wir Mielein nach jenen -en Tagen, die es angeblich einmal gegeben hatte (K. Mann, Wendepunkt 53). **2.** (ugs. emotional) **a)** ⟨nicht adv.⟩ *(bes. von etw. Positivem) unvorstellbar in seinem Ausmaß od. seiner Art:* ein -es Personengedächtnis; ein -er Reichtum; eine -e Begabung, Unordnung; die schnell improvisierten Feste ... waren einfach s. (Grass, Blechtrommel 540); Es ist s., was dieser Herr sich leistet (Frisch, Gantenbein 295); **b)** ⟨intensivierend bei Adj. u. Verben⟩ *überaus, in unvorstellbarem Ausmaß:* die Preise sind s. günstig; er gibt s. an.

Säger ['zɛ:gɐ], der; -s, -: **1.** *jmd., der sägt.* **2.** *Entenart mit langem, schmalem Schnabel, der einen gesägten Rand aufweist;* **Sägerei** [zɛ:gə'rai̯], die; -, -en ⟨Pl. ungebr.⟩ (ugs.): **1.** (meist abwertend) *[dauerndes] Sägen* (1). **2.** (abwertend) *dauerndes Schnarchen.*

sagittal [zagɪ'ta:l] ⟨Adj.; o. Steig.; nicht adv.⟩ [zu lat. sagitta = Pfeil, nach der Pfeilnaht des Schädels] (Biol., Anat.): *parallel zur Mittelachse des Körpers, zur Pfeilnaht liegend;* ⟨Zus.:⟩ **Sagittalebene,** die (Biol., Anat.): *jede zur Mittelachse des Körpers od. zur Pfeilnaht parallele Ebene.*

Sago ['za:go], der, österr.: das; -s [engl., niederl. sago < älter indon. sago = [3]Mark (1 a) der Sagopalme]: *aus dem Mark bes. der Sagopalme gewonnenes feinkörniges Stärkemehl, das in heißer Flüssigkeit aufquillt u. glasig wird, beim Erkalten stark bindend wirkt u. deshalb bei der Zubereitung von Pudding, Grütze, Kaltschale o. ä., aber auch als Einlage in Suppen u. Brühen verwendet wird.*

Sago-: ~baum, der: svw. ↑~palme; **~palme,** die: *Palme mit kurzem, lange Ausläufer bildendem Stamm, einer Krone gefiederter Blätter u. trockenen, schuppigen, glänzenden Früchten;* **~suppe,** die: *Fleischbrühe mit Sago.*

Sagum ['za:gʊm, 'zagʊm], das; -s, ...ga [lat. sagum, aus dem Kelt.]: *auf der Schulter zu schließender Mantel der römischen Soldaten aus dickem Wollstoff.*

sah [za:], **sähe** ['zɛ:ə]: ↑sehen.

Sahib ['za:hɪp], der; -[s], -s [Hindi ṣāhib < arab. ṣāḥib = Herr]: in Indien u. Pakistan titelähnliche Bezeichnung für einen Europäer (ohne Art. auch Anrede).

Sahne ['za:nə], die; - [spätmhd. (md., nd.) sane, viell. über das Mniederl. aus dem Roman.]: **1. a)** *der oben schwimmende fetthaltigste Teil der Milch; Rahm;* **b)** *durch Zentrifugieren gewonnene Sahne* (1 a): saure, süße, gefrorene, geeiste, gefrostete S.; die S. schlagen; nehmen Sie Zucker und S. zum Kaffee? **2.** kurz für ↑Schlagsahne (2): Erdbeeren, Eis mit S.; ein Stück Torte mit einer Portion S.

Sahne-: **~baiser,** das: *Baiser mit süßer Schlagsahne;* **~bonbon,** der od. das: *viereckiger Bonbon von zäher Konsistenz, der aus Zucker u. Sahne hergestellt wird;* **~creme,** die: *Creme* (2 b), *die vor allem Schlagsahne enthält;* **~eis,** das: *mit Sahne zubereitetes Speiseeis;* **~kännchen,** das: *Kännchen für die Kaffeesahne;* **~kartoffeln** ⟨Pl.⟩: *in einer Sahnesoße angerichtete, in Scheiben geschnittene Pellkartoffeln;* **~käse,** der: svw. ↑Butterkäse; **~kuchen,** der: vgl. ~torte; **~löffel,** der: *Löffel, der dazu dient, Schlagsahne aus der Schüssel auf den [Kuchen]teller zu geben;* **~marinade,** die: *mit Sahne zubereitete Marinade;* **~mayonnaise,** die: *mit ungesüßter Schlagsahne angereicherte Mayonnaise;* **~meerrettich,** der ⟨o. Pl.⟩: svw. ↑Meerrettichsahne; **~quark,** der: *viel Sahne enthaltender Quark;* **~schnitte,** die: *mit süßer Schlagsahne gefülltes Gebäck aus Blätterteig;* **~schnitzel,** das: *nicht paniertes, nach dem Braten mit Sahnesoße übergossenes Kalbsschnitzel;* **~soße,** die: *mit Sahne zubereitete Soße, Rahmsoße;* **~spritze,** die: die große S., mit der der Bäcker auf die Kuchen schrieb (Böll, Haus 140); **~torte,** die: *Torte mit mehreren Schichten Sahnecreme.*

sahnen ['za:nən] ⟨sw. V.; hat⟩ (veraltet): **a)** *mit Sahne füllen;* **b)** svw. ↑absahnen (1).

Sahnen-: ↑Sahne-.

sahnig ['za:nɪç] ⟨Adj.; nicht adv.⟩: **1.** *mit reichlich Sahne zubereitet:* ein -es Dessert; die Creme ist s. **2.** *in der Konsistenz wie geschlagene Sahne:* Quark s. schlagen.

Saibling ['zajplɪŋ], der; -s, -e [mundartl. Nebenf. von ↑Sälmling] (landsch.): *in kühlen Gewässern bes. der Alpen u. Voralpen lebender Lachsfisch.*

Saiga ['zajga], die; -, -s [russ. saiga]: *schafähnliche asiatische Antilope.*

saiger ['zajgɐ] (Bergmannsspr.): ↑seiger.

Saint-Simonismus [zɛ̃simo'nɪsmʊs], der; - [frz. saint-simonisme, nach dem frz. Sozialtheoretiker C. H. de Saint-Simon (1760–1825)]: *in der ersten Hälfte des 19. Jh.s entstandene frühsozialistische Bewegung, die das Prinzip der Assoziation* (2) *an die Stelle des Prinzips der Konkurrenz setzte, indem sie u. a. die Abschaffung des Privateigentums an Produktionsmitteln u. deren Überführung in Gemeineigentum forderte;* **Saint-Simonist** [zɛ̃simo'nɪst], der; -en, -en: *Anhänger, Vertreter des Saint-Simonismus.*

Saison [zɛ'zõ:, auch: zɛ'zɔŋ], die; -, -s, südd., österr. auch: -en [zɛ'zo:nən; frz. saison = (günstige, für bestimmte Geschäfte geeignete) Jahreszeit, wohl < lat. satio = (Zeit der) Aussaat, zu: satum, 2. Part. von: serere = säen]: **a)** *wichtigster u. bedeutendster Zeitabschnitt innerhalb eines Jahres, in dem etw. Bestimmtes am meisten vorhanden ist, stattfindet:* eine gute, schlechte, lebhafte, ruhige S.; die S. beginnt, ist in vollem Gang, läuft aus, endet; bald beginnt wieder die S. für Reisen in die Skigebiete; die S. für Spargel, Erdbeeren endet bald; an der See haben sie jetzt S.; innerhalb, während der S. ist dieses Hotel recht teuer, aber nach, außerhalb der S. ist es billiger; ***S. haben** (ugs. *sehr gefragt sein*): vor der Olympiade haben Fernsehapparate immer S.; **b)** *Zeitabschnitt im Hinblick auf Aktuelles* (z. B. in der Mode): das Modehaus stellt die Modelle der neuen S. vor; in dieser S. werden die Röcke kürzer getragen; auf der Messe werden die Autos der kommenden S. vorgestellt.

saison-, Saison-: **~abhängig** ⟨Adj.⟩: *von der Saison* (a) *abhängend;* **~arbeit,** die ⟨Pl. selten⟩: *Arbeit, die nur zu einer bestimmten Zeit des Jahres anfällt:* Weinlese ist S., dazu: **~arbeiter,** der; **~ausverkauf,** der: *am Ende einer Saison stattfindender Ausverkauf;* **~bedingt** ⟨Adj.⟩: svw. ↑~abhängig; **~beginn,** der; **~beschäftigung,** die: vgl. ~arbeit; **~betrieb,** der: **1.** *Betrieb* (1), *in dem nur während einer bestimmten Zeit des Jahres gearbeitet wird od. dessen Absatz saisonabhängig ist:* Eisdielen sind -e. **2.** *während einer bestimmten Zeit des Jahres herrschender Andrang:* in den Schwimmbädern herrscht der übliche S.; **~ende,** das; **~eröffnung,** die; **~gebunden** ⟨Adj.⟩: svw. ↑~abhängig; **~gemäß** ⟨Adj.⟩: *der Saison entsprechend, gemäß;* **~gerecht** ⟨Adj.⟩: svw. ↑~gemäß; **~geschäft,** das: *an eine Saison gebundenes Geschäft* (1, 2 a); **~index,** der (Wirtsch.): *Index* (3), *durch den saisonbedingte wirtschaftliche Schwankungen ausgedrückt werden;* **~kellner,** der; **~kellnerin,** die; **~krankheit,** die (Med.): *in einer bestimmten Jahreszeit gehäuft auftretende Krankheit;* **~kredit,** der (Bankw.): *Kredit, der von Banken an bestimmte saisonabhängige Betriebe zur Überbrückung der Flauten vergeben werden;* **~krippe,** die (DDR): *bes. während der Erntezeit geöffnete Kinderkrippe für die Kinder von Müttern, die in der Landwirtschaft arbeiten;* **~schluß,** der; **~schlußverkauf,** der: vgl. ~ausverkauf; **~schutz,** der (Kfz.-W.): svw. ↑Unterbodenschutz; **~start,** der (ugs.): svw. ↑~beginn; **~üblich** ⟨Adj.⟩: *in der Saison üblich od. häufig:* die Produktion konnte stärker als s. ausgeweitet werden; **~vertrag,** der: *Vertrag, der für eine Saison gilt;* **~wanderung,** die: *Ortswechsel von Arbeitskräften, die nach Saisonschluß für ein bestimmtes Gewerbe anderswo neue Arbeit suchen;* **~weise** ⟨Adv.⟩: *für eine Saison, während einer Saison.*

saisonal [zɛzo'na:l] ⟨Adj.; o. Steig.⟩ [wohl nach engl. seasonal]: *die Saison betreffend, von ihr bedingt:* -e Einflüsse, Faktoren; -e Arbeitslosigkeit; der Bedarf schwankt s.; **Saisonnier** [zɛzɔ'nie:], der; -s, -s [frz. (travailleur) saisonnier] (schweiz.): *Saisonarbeiter.*

Saite ['zajtə], die; -, -n [mhd. seite, ahd. seita, seito = Strick; Schlinge, Fallstrick; Fessel; Darmsaite; im 17. Jh. orthographisch von ↑Seite geschieden]: **a)** *eine Art dünner Strang (aus Tierdärmen, Pflanzenfasern, Metall od. Kunststoff), der auf ein Musikinstrument gespannt u. durch Streichen, Zupfen usw. in Schwingung versetzt wird u. Töne erzeugt:* die -n der Geige, Harfe, des Klaviers; die -n erklingen; eine S. ist gerissen; -n aufziehen, spannen; eine S. [nach]stimmen; die -n streichen; eine leere S. spielen (Musik; *eine Saite ohne Aufsetzen des Fingers streichen*); Ü Das ließ in mir ... eine verwandte S. erklingen (Brecht, Groschen 356); ***andere/strengere -n aufziehen** *(härtere Maßnahmen ergreifen, strenger vorgehen);* **b)** *Saite* (a) *(aus Metall od. Kunststoff) zur Bespannung von Tennis- od. Federballschlägern.*

Saiten-: **~brett,** das (Musik): *Griffbrett eines Saiteninstruments;* **~halter,** der (Musik): *Teil des Saiteninstruments, an dem die Saiten mit ihrem dem Wirbel entgegengesetzten Ende befestigt sind;* **~instrument,** das: *Musikinstrument, dessen Töne aus den Schwingungen gespannter Saiten (durch Zupfen, Streichen, Schlagen o. ä.) entstehen;* **~klang,** der (geh.); **~spiel,** das (geh.): *das Spielen auf einem Saiten-, meist Zupfinstrument.*

-saitig [-zajtɪç] in Zusb., z. B. fünfsaitig *(fünf Saiten habend);* **Saitling** ['zajtlɪŋ], der; -[e]s, -e: *Schafdarm, der zur Herstellung von Saiten für Musikinstrumente u. als Haut für feine Würstchen verwendet wird.*

Sake ['za:kə], der; - [jap. sake]: *aus Reis hergestellter japanischer Wein; Reiswein.*

Sakko ['zako, österr.: za'ko:], der, auch, österr. nur: das; -s, -s [italienisierende Bildung zu ↑Sack (älter für: Jackett)]: *[einzeln zu kaufendes] Jackett* (z. B. als Teil einer Kombination 2); ⟨Zus.:⟩ **Sakkoanzug,** der (veraltend): *Herrenanzug mit Sakko.*

sakra! ['zakra; entstellt aus ↑Sakrament] (südd. salopp): Ausruf des Erstaunens od. der Verwünschung: *verdammt!;* **sakral** [za'kra:l] ⟨Adj.; ohne Steig.⟩ [1: zu lat. sacer = heilig; 2: zu nlat. (os) sacrum = Kreuzbein, eigtl. = heiliger Knochen]: **1. a)** *[geweiht u. daher] heilig; religiösen Zwecken dienend:* -e Feiern, Handlungen, Akte; -e Bauten; **b)** *Heiliges, Religiöses betreffend:* wie im frühen Mittelalter verschmelzen wieder die -en und imperialen Ideen (Bild. Kunst 3, 28). **2.** (Anat.) *das Kreuzbein betreffend;* ⟨Zus.:⟩ **Sakralarchitektur,** die [zu ↑sakral (1)]: **a)** *Zweig der Architektur* (1), *der sich mit Sakralbauten befaßt;* **b)** *religiösen Zwecken dienende Bauwerke:* die S. des Barocks; **Sakralbau,** der ⟨Pl. -ten⟩: *religiösen Zwecken dienendes Bauwerk* (Ggs.: Profanbau): Kirchen und Tempel sind -ten; **Sakralfleck,** der [zu ↑sakral (2)] (Anthrop., Med.): svw. ↑Mongolenfleck; **sakralisieren** [zakrali'zi:rən] ⟨sw. V.; hat⟩: *weihen, mit der Würde des Heiligen ausstatten;* **Sakrament** [zakra'mɛnt], das; -[e]s, -e [mhd. sacrament < lat. sacrāmentum = Weihe, zu: sacrāre = (einer Gottheit) weihen]: **1.** (christl., bes. kath. Kirche) **a)** *von Jesus Christus eingesetzte zeichenhafte Handlung, die in traditionellen Formen vollzogen wird und nach christlichem Glauben dem Menschen in sinnlich wahrnehmbarer Weise die Gnade Gottes übermittelt:* das S. der Taufe empfangen, spenden; **b)** *das Mittel (z. B. Hostie), mit dem das Sakrament* (a) *gespendet wird:* das S. austeilen, empfangen. **2.** ***S. [noch mal]**! (derber Ausruf ungeduldiger Entrüstung); **sakramental** [zakramɛn'ta:l] ⟨Adj.; o. Steig.⟩ [mlat. sacramentalis]: *ein Sakrament betreffend, zu ihm gehörend:* ein -er Ritus; Ü die Technik ..., s. tradiert (Adorno, Prismen 195); **Sakramentalien** [...li̯ən] ⟨Pl.⟩ [mlat. sacramentalia] (kath. Rel.): **a)** *den Sakramenten ähnliche Zeichen od. Handlungen, die jedoch von der Kirche eingesetzt sind* (z. B. Weihen); **b)** *die durch Sakramentalien* (a) *geweihten Dinge* (z. B. Weihwasser); **Sakramẹnter,** der; -s, - [wohl eigtl. = jmd., auf den man mit „Sakrament" schimpft] (salopp, oft scherzh.): *jmd., über den man sich ärgert od. um den man sich sorgt, weil er zu leichtsinnig-unbekümmert ist:* ... fällt ihr ein, daß auch ihr Otto, der S., nicht auf sie hörte, so lang, bis es zu spät war (Fr. Wolf, Zwei 353); **sakramentlich** [zakra'mɛntlɪç] ⟨Adj.; o. Steig.⟩: svw. ↑sakramental (1); **Sakramẹntshäuschen,** das: *zur Aufbewahrung der geweihten Hostien dienendes, meist turmartig geformtes Behältnis [aus Stein], das sich im Chor von Kirchen befindet;* **Sakrifizium** [zakri'fi:ts̯i̯ʊm], das; -s, ...ien [...i̯ən; lat. sacrificium = Opfer, zu: sacrificāre = ein Opfer darbringen] (kath. Kirche, selten): *[Meß]opfer;* **Sakrileg** [zakri'le:k], das; -s, -e, (älter:) **Sakrilegium** [...'le:gi̯ʊm], das; -s, ...ien [...i̯ən; lat. sacrilegium = Tempelraub, zu: sacer = heilig u. legere = wegnehmen, stehlen]: *Vergehen, Frevel gegen Personen, Gegenstände, Stätten usw., denen religiöse Verehrung entgegengebracht wird:* ein S. begehen; Gotteslästerung und Kirchenschändung sind Sakrilege; ⟨Abl.:⟩ **sakrilẹgisch** ⟨Adj.⟩: *frevelhaft, gotteslästerlich;* **sakrisch** ['zakrɪʃ] ⟨Adj.⟩ [zu ↑sakra, Sakrament] (südd.): **a)** *böse, verdammt:* die Preußen, die -en, ... (Kühn, Zeit 14); **b)** ⟨intensivierend bei Adjektiven u. Verben⟩ *sehr, gewaltig, ungeheuer:* das Essen schmeckt s. gut; er hat sich s. gefreut; **Sakristan** [zakrɪs'ta:n], der; -s, -e [spätmhd. sacristan < mlat. sacristanus]: *[katholischer] Kirchendiener; Küster, Mesner;* **Sakristei** [...'ta̯i], die; -, -en [mhd. sacristīe < mlat. sacristia]: *Nebenraum in der Kirche für den Geistlichen u. die für den Gottesdienst benötigten Gegenstände;* **sakrosankt** [zakro'zaŋkt] ⟨Adj.; o. Steig.⟩ [lat. sacrōsānctus] (bildungsspr.): *solch eine Stellung im allgemeinen Bewußtsein einnehmend od. so beschaffen, daß man eine Scheu hat, es verändernd anzutasten, daran zu rühren, daß man es so, wie es ist, beläßt.*

Säkula: Pl. von ↑Säkulum; **säkular** [zɛku'la:ɐ̯] ⟨Adj.; o. Steig.; nicht adv.⟩ [mlat. saecularis = weltlich, heidnisch < (kirchen)lat. saeculāris = alle 100 Jahre stattfindend; weltlich, heidnisch]: **1.** (geh.) **a)** *alle hundert Jahre wiederkehrend;* **b)** *hundert Jahre dauernd;* **c)** *ein Jahrhundert betreffend.* **2.** (geh.) *weltlich, der Welt der (kirchlichen) Laien angehörend.* **3.** (geh.) *außergewöhnlich, herausragend, einmalig:* Makarenko ... eine -e Gestalt in der Geschichte der Pädagogik (Welt 11. 8. 62, Literatur). **4.** (Astron., Geol.) *(von Bewegungen von Himmelskörpern, Veränderungen der Erdoberfläche) in langen Zeiträumen ablaufend od. entstanden.*

Säkulạr-: **~feier,** die (geh.): *Hundertjahrfeier;* **~kleriker,** der (kath. Kirche): *Geistlicher, der nicht in einem Kloster lebt* (Ggs.: Regularkleriker); **~variation,** die (Geophysik): *langsame Veränderung des magnetischen Feldes der Erde.*

Säkularisation [zɛkulariza'ts̯i̯o:n], die; -, -en [frz. sécularisation, zu: séculariser, ↑säkularisieren]: **1.** *Einziehung od. Nutzung kirchlichen Besitzes durch weltliche Hoheitsträger; Verstaatlichung der Kirchengüter.* **2.** svw. ↑Säkularisierung (2); **säkularisieren** [zɛkulari'zi:rən] ⟨sw. V.; hat⟩ [frz. séculariser, zu mlat. saecularis, ↑säkular]: **1.** *kirchliche Güter in weltliche verwandeln; kirchlichen Besitz einziehen u. verstaatlichen:* Kirchengüter s. **2.** *aus kirchlicher Bindung, Abhängigkeit lösen, unter weltlichem Gesichtspunkt betrachten, beurteilen:* die Kunst wurde in der Renaissance säkularisiert; ⟨Abl.:⟩ **Säkularisịerung,** die, -, -en: **1.** svw. ↑Säkularisation (1): die S. der Stifte und Klöster. **2.** *Loslösung des einzelnen, des Staates u. gesellschaftlicher Gruppen aus den Bindungen an die Kirche.* **3.** (kath. Kirche) *Erlaubnis für Angehörige eines Ordens, das Kloster zu verlassen u. ohne Bindung an die Gelübde zu leben;* **Säkulum** ['zɛ:kulʊm], das; -s, ...la [lat. saeculum] (bildungsspr.): **1.** *Zeitraum von hundert Jahren; Jahrhundert:* die erste Hälfte unseres -s. **2.** *Welt; Zeitalter:* im S. der Aufklärung leben.

Salam [alaikum]! [za'la:m (a'la̯ikʊm); arab. = Heil, Friede (mit euch)!], (veraltet, noch scherzh.:) Salem aleikum! ['za:lɛm a'la̯ikʊm]: arabische Grußformel.

Salamander [zala'mandɐ], der; -s, - [mhd. salamander < lat. salamandra < griech. salamándra]: *Schwanzlurch mit rundem, langem Schwanz u. teilweise auffallender Zeichnung des Körpers, dessen auf dem Land lebende Arten vorwiegend mit Lungen atmen:* ***einen, den S. reiben** (Studentenspr.; *[zu Ehren einer Person od. des Bundes in gemeinschaftlichem Zeremoniell] die Gläser dreimal auf dem Tisch reiben, leeren u. nach kurzem Trommeln mit einem Schlag niedersetzen;* Brauch beim studentischen Kommers; H. u.).

Salami [za'la:mi], die; -, -[s], schweiz. auch: der; -s, - [ital. salame, zu: sale < lat. sāl = Salz]: *kräftig gewürzte, rötlichbraune, luftgetrocknete Dauerwurst aus Schweine-, Rind- u./od. Eselsfleisch, deren Haut oft mit einem weißen Belag, der durch das Trocknen an der Luft entsteht, überzogen ist od. einen weißen Überzug aus Kreide o. ä. hat.*

Salạmi-: **~brot,** das: *mit Salami belegte Scheibe Brot;* **~taktik,** die [nach den dünnen Scheiben, in die eine Salami aufgeschnitten wird]: *Taktik, [politische] Ziele durch kleinere Forderungen u. entsprechende Zugeständnisse von der Gegenseite zu erreichen suchen;* **~wurst,** die: svw. ↑Salami.

Salangane [zalaŋ'ga:nə], die; -, -n [frz., engl. salangane < malai. salangan]: *in Südostasien lebender schwalbenähnlicher Vogel, dessen Nester als Delikatesse gelten.*

Salär [za'lɛ:ɐ̯], das; -s, -e [frz. salaire < lat. salārium = Sold, zu: sāl = Salz, eigtl. = Salzration für Beamte u. Soldaten] (bes. schweiz., auch südd., österr., sonst veraltet): *Honorar, Gehalt; Lohn:* die Fraktionsvorsitzenden wollen ihr S. aufbessern (Augsburger Allgemeine 22./23. 4. 78, 48); **salarieren** [zala'ri:rən] ⟨sw. V.; hat⟩ [frz. salarier < mlat. salariare, zu lat. salārium, vgl. Salär] (schweiz.): *besolden, entlohnen* (bezogen auf ein regelmäßiges Einkommen): er wird seiner Tätigkeit angemessen salariert; ⟨Abl.:⟩ **Salarịerung,** die; -, -en (schweiz.): svw. ↑Salär.

Salat [za'la:t], der; -[e]s, -e [älter ital. (mundartl.) salata für: insalata (herba) = eingesalzenes (Salatkraut), zu: insalare = einsalzen, zu lat. sāl = Salz]: **1. a)** *mit verschiedenen süßen od. sauren Marinaden od. Dressings angemachte kalte Speise aus zerkleinerten Salatpflanzen, Obst, frischem od. gekochtem Gemüse, Fleisch, Wurst, Fisch o. ä.:* S. mit Joghurtdressing; S. anrichten, [mit Essig u. Öl] anmachen, abschmecken; ein köstlicher S. aus Früchten der Saison; gemischter S. *(verschiedene Salatpflanzen, Gurken, Tomaten u. ä. zerkleinert u. mit Marinade od. Dressing angemacht);* italienischer S. (Kochk.; *Gericht aus in Streifen geschnittenem, gebratenem Kalbfleisch, kleingeschnittener Salami, Tomaten, Gewürzgurken, Äpfeln, gekochten Sellerieknollen, gebunden mit Mayonnaise u. garniert mit Sardellen o. ä., Eiern, Tomaten, Pfeffergurken, Kapern u. Perlzwiebeln*); **b)** ⟨o. Pl.⟩ *Blattsalat, Kopfsalat:* ein Kopf S.; S. anbauen, ernten; in der Hitze fängt der S. an zu schießen; hast du den S. schon gewaschen, geputzt? **2.** ⟨o. Pl.⟩ (ugs.) *Durcheinander, Wirrwarr; Unordnung:* wer soll sich in diesem S. noch zurechtfinden?; R da/jetzt haben wir den S. (ugs. iron.; *jetzt ist das [erwartete] Unangenehme, sind die [erwarteten] Unannehmlichkeiten da*); ***der ganze S.** (abwertend; *das alles*); **-salat** [-zala:t], der; -[e]s (ugs. abwertend) Grundwort in Zus. mit Subst. mit der Bed. *Durcheinander,* z. B. Bandsalat *(Gewirr von abgespulten Tonbändern);* Wellensalat *(Gewirr von Stimmen u. Geräuschen durch Überlagerung mehrerer Rundfunksender).*

Salạt-: **~besteck,** das: *aus einem großen Löffel u. einer dem Löffel in der Form angeglichenen Gabel bestehendes Besteck, das dazu dient, Salat* (1 a) *aus einer Schüssel o. ä. zu nehmen;* **~blatt,** das: *Blatt einer Salatpflanze;* **~essig,** der: vgl. ~öl; **~gurke,** die: *Gurke* (1 b), *die sich bes. zum Bereiten von Salat* (1 a) *eignet;* **~häuptel,** das (österr.): svw. ↑~kopf; **~kartoffel,** die ⟨meist Pl.⟩: vgl. ~gurke; **~kopf,** der: *Kopf* (5 b) *einer Salatpflanze;* **~öl,** das; **~pflanze,** die; **~platte,** die: **1.** *Platte zum Anrichten von Salaten* (1 a). **2.** *Gericht, das aus verschiedenen auf einer Platte angerichteten, mit Garnierung versehenen Salaten* (1 a) *besteht;* **~schüssel,** die: vgl. ~platte (1); **~soße,** die; vgl. Marinade (1 b); **~zichorie,**

die: *Wegwarte, deren große, feste, bleiche Blattknospen* (1 a) *als Gemüse geschätzt werden.* Vgl. Chicorée.

Salatiere [zala'tie:rə, ...'tiɛ:rə], die; -, -n [unter Einfluß von ↑Salat zu frz. gleichbed. saladier, zu: salade = Salat] (veraltend): *Salatschüssel.*

Salbader [zal'ba:dɐ], der; -s, - [H. u.] (abwertend selten): *jmd., der salbadert;* **Salbaderei** [zalba:də'rai], die; -, -en (abwertend): *[dauerndes] Salbadern;* **salbadern** [zal'ba:dɐn] ⟨sw. V.; hat⟩ (ugs. abwertend): *salbungsvoll [frömmelnd], langatmig u. feierlich reden:* er hat eine Art zu s., die jedem auf die Nerven geht; **salbadrig** [zal'ba:drıç] ⟨Adj.⟩ (ugs. abwertend): *salbungsvoll [frömmelnd], langatmig u. feierlich:* -es Geschwätz.

Salband ['za:lbant], das; -[e]s, ...bänder [aus dem Ostmd., spätmhd. selbende = gewebtes, nicht geschnittenes Ende]: **1.** (Weberei) *Webkante an beiden Seiten eines Gewebes.* **2.** (Geol.) *Grenzfläche zwischen einem Gang* (8) *u. dem daneben liegenden Gestein.*

Salbe ['zalbə], die; -, -n [mhd. salbe, ahd. salba, eigtl. = Fett]: *Präparat zum Aufstreichen auf die Haut, bei dem die wirksamen Substanzen (Heilmittel) mit einer fettigen od. fettfreien Masse, die als Grundlage dient, vermengt sind:* S. auftragen; die S. verreiben; graue S. (früher; *Quecksilbersalbe*); S. [mit einem Spatel] auf die Wunde streichen.

Salbei ['zalbai (österr. nur so), auch: –'–], der; -s (österr. nur so) od. die; - [mhd. salbeie, ahd. salbeia, salveia < mlat. salvegia < lat. salvia, zu: salvus = gesund]: *strauchartige Pflanze mit gelben od. scharlachfarbenen Blüten, die als Gewürz-, Heil- u. Zierpflanze kultiviert wird.*

Salbei-: **~blatt,** das; **~öl,** das; **~tee,** der.

salben ['zalbn̩] ⟨sw. V.; hat⟩ [mhd. salben, ahd. salbōn]: **1.** (selten) *mit Salbe, Creme od. Öl einreiben:* jmdm. die wunden Schultern s.; das Badezimmer ..., wo sich Homers Helden gebadet und gesalbt hatten (Ceram, Götter 73). **2. a)** (kath. Kirche) *Mund, Stirn, Hände u. Füße (eines Schwerkranken od. Sterbenden) mit Chrisam benetzen u. dabei bestimmte Gebete sprechen:* Er hatte ... die Sterbenden gesalbt (Schaper, Kirche 10); **b)** *jmdn., der zu einem bestimmten Amt erhoben wird, während der Zeremonie mit Salböl benetzen:* der Priester wird während der Weihe gesalbt; das Öl, womit man die Könige der Erde salbt (Th. Mann, Joseph 111). **3.** (früher) *in feierlichem Zeremoniell mit Salböl weihen:* Justinian ..., vom Patriarchen zum Kaiser des Römischen Reiches gesalbt (Thieß, Reich 443).

Salbling ['zalplıŋ]: ↑Saibling.

Salböl ['zalp-], das; -[e]s, -e ⟨Pl. selten⟩: svw. ↑Öl (4); **Salbung,** die; -, -en: **1.** *das Salben.* **2.** *das Gesalbtwerden;* ⟨Zus.:⟩ **salbungsvoll** ⟨Adj.⟩ [eigtl. = mit der frommen Begeisterung eines Gesalbten, eines Priesters] (abwertend): *übertrieben würdevoll-feierlich:* er sprach, predigte s.

Sälchen ['zɛ:lçən], das; -s, -: ↑Saal (1).

Salchow ['zalço], der; -s, -s [nach dem schwed. Eiskunstläufer U. Salchow (1877–1949)] (Eiskunstlauf, Rollkunstlauf): *mit einem Bogen rückwärts eingeleiteter Sprung, bei dem man mit einem Fuß abspringt, in der Luft eine Drehung ausführt u. mit dem anderen Fuß wieder aufkommt.*

Saldenbilanz ['zaldn̩-], die; -, -en (Buchf., Bankw.): *aus einer vorübergehend aufgestellten Bilanz entwickelte Zusammenstellung der Salden eines Rechnungszeitraums;* **Saldenliste,** die; -, -n (Buchf., Bankw.): *Zusammenstellung der Salden der einzelnen Konten von Geschäftspartnern zur Abstimmung mit den entsprechenden Hauptbuchkonten;* **saldieren** [zal'di:rən] ⟨sw. V.; hat⟩ [ital. saldare, zu: saldo = fest, über das Vlat. zu lat. solidus, ↑solide]: **1.** (Buchf., Bankw.) *den Saldo ermitteln.* **2.** (Kaufmannsspr.) *(eine Rechnung, einen Rückstand) begleichen, bezahlen; eine Schuld tilgen.* **3.** (österr.) *die Bezahlung einer Rechnung bestätigen;* ⟨Abl.:⟩ **Saldierung,** die; -, -en; **Saldo** ['zaldo], der; -s, ...den, -s u. ...di [ital. saldo, eigtl. = fester Bestandteil bei der Kontenführung]: **1.** (Buchf., Bankw.) *Differenzbetrag, der sich nach Aufrechnung der Soll- u. Habenseite des Kontos ergibt;* vgl. per saldo, in saldo. **2.** (Kaufmannsspr.) *Betrag, der nach Abschluß einer Rechnung zu deren völliger Begleichung fällig bleibt.*

Saldo- (Buchf.): **-anerkennung,** die: *Anerkenntnis eines Saldos* (2) *durch einen Schuldner;* **~konto,** das (selten): *Konto, mit dem ein Saldo erfaßt wird;* **~übertrag,** der: *der auf ein neues Konto übertragene Saldo;* **~vortrag,** der: svw. ↑~übertrag.

Säle: Pl. von ↑Saal.

Salem aleikum: ↑Salam alaikum.

Salep ['za:lɛp], der; -s, -s [vulgärarab. sahlab < arab. ḫuṣā aṯ-ta'lab]: *getrocknete u. zu Pulver verarbeitete Knolle verschiedener Orchideen, die für Heilzwecke verwendet wird.*

Sales-manager ['seılzmænıdʒə], der; -s, - [engl.-amerik. sales manager, zu: sale = Verkauf u. ↑Manager] (Wirtsch.): *Verkaufsleiter in einem Unternehmen;* **Sales-promoter** ['seılzprəmoʊtə], der; -s, - [engl.-amerik. sales promoter, zu ↑Promoter] (Wirtsch.): *Kaufmann mit speziellen Kenntnissen u. Aufgaben auf dem Gebiet der Sales-promotion;* **Sales-promotion** ['seılz-], die; - [engl.-amerik. sales promotion, zu ↑[2]Promotion] (Wirtsch.): *Gesamtheit der Maßnahmen zur Förderung des Verkaufs* (bes. Werbung).

Salett[e]l [za'lɛtl̩], das; -s, -[n] [zu ital. saletta = kleiner Saal, Vkl. von: sala = Saal] (österr., auch bayr.): *Pavillon, Laube, Gartenhäuschen.*

Salicylat usw.: ↑Salizylat usw.

Saline [za'li:nə], die; -, -n [lat. salīnae (Pl.), zu: salīnus = zum Salz gehörend, zu: sāl = Salz]: **1.** *Anlage zur Gewinnung von Kochsalz durch Verdunstung von Wasser, in dem Kochsalz enthalten ist.* **2.** svw. ↑Gradierwerk; ⟨Zus.:⟩ **Salinenbetrieb,** der; **Salinensalz,** das ⟨o. Pl.⟩.

Saling ['za:lıŋ], die; -, -e[n] [wohl aus niederd. sadeling, eigtl. = Versattelung, zu: sadel = Sattel] (Seemannsspr.): *am oberen Teil des Mastes an beiden Seiten quer dazu befestigte kurze Stange, die die Wanten abstützt u. dadurch eine bessere Verspannung des Mastes bewirkt.*

salinisch ⟨Adj.; o. Steig.; nicht adv.⟩ (selten): **1.** *salzartig.* **2.** *salzhaltig.*

salisch ['za:lıʃ] ⟨Adj.; o. Steig.⟩ [Kunstwort aus ↑Silicium u. ↑Aluminium] (Mineral.): *(von gesteinsbildenden Mineralien) reich an Kieselsäure u. Aluminium.*

Salizylat, (chem. fachspr.:) Salicylat [zalitsy'la:t], das; -[e]s, -e [zu ↑Salizylsäure] (Chemie): *Salz der Salizylsäure;* **salizylathaltig,** (chem. fachspr.:) salicylathaltig ⟨Adj.; nicht adv.⟩: -e Medikamente können Darmblutungen hervorrufen; **Salizylpflaster** [zali'tsy:l-], das; -s, -: *Pflaster, das mit Salizylsäure getränkt ist;* **Salizylsäure,** (chem. Fachspr.:) Salicylsäure, die; - [zu lat. salix = Weide u. griech. hýlē = Holz; Stoff; die Säure wurde zuerst aus Salizin, einem Bitterstoff der Weidenrinde, hergestellt] (Chemie): *farblose, süß schmeckende kristalline Substanz, die wegen ihrer antibakteriellen u. fäulnishemmenden Wirkung als Konservierungsmittel verwendet wird.*

Salkante ['za:l-], die; -, -n (Weberei): *Salband* (1).

Salk-Impfung ['zalk-, engl.: 'sɔ:lk-], die; -, -en [nach dem amerik. Bakteriologen J. E. Salk (geb. 1914)]: *Impfung gegen Kinderlähmung;* **Salk-Vakzine,** die; - (Med.): *Impfstoff gegen Kinderlähmung.*

Salleiste ['za:l-], die; -, -n (Weberei): *Salband* (1).

[1]Salm [zalm], der; -[e]s, -e [mhd. salme, ahd. salmo < lat. salmo] (landsch., bes. rhein.): svw. ↑Lachs.

[2]Salm [-], der; -s, -e ⟨Pl. selten⟩ [aus dem Niederd. < mniederd. salm = Psalm] (landsch., bes. nordd. abwertend): *umständlich-breites Gerede.*

Salmi ['zalmi], das; -[s], -s [frz. salmis, H. u.] (Kochk.): *Ragout aus Wildgeflügel.*

Salmiak [zal'miak, auch, österr. nur so: '––], der, auch: das; -s [aus mlat. sal Armoniacum für lat. sāl Armeniacum = armenisches Salz]: *Verbindung von Ammoniak u. Salzsäure mit einem durchdringend-beizenden Geruch.*

Salmiak-: **~geist,** der: *in Wasser gelöstes Ammoniak, Ammoniaklösung;* **~lösung,** die; **~pastille,** die.

Salmler ['zalmlɐ], der; -s, - [zu ↑[1]Salm] (Zool.): *im Süßwasser tropischer u. subtropischer Regionen Amerikas u. Afrikas lebender kleiner bis mittelgroßer Knochenfisch;* **Sälmling** ['zɛlmlıŋ], der; -s, -e (landsch.): svw. ↑Saibling.

Salmonelle [zalmo'nɛlə], die; -, -n ⟨meist Pl.⟩ [nach dem amerik. Bakteriologen u. Pathologen D. E. Salmon (1850–1914)]: *Bakterie, die beim Menschen Darminfektion hervorruft;* ⟨Abl.:⟩ **Salmonellose** [...nɛ'lo:zə], die; -, -n (Med.): *durch Salmonellen verursachte Darmerkrankung.*

Salmoniden [zalmo'ni:dn̩] ⟨Pl.⟩: svw. ↑Lachsartige.

salomonisch [zalo'mo:nıʃ] ⟨Adj.; o. Steig.⟩ [nach dem biblischen König Salomo] (bildungsspr.): *einem Weisen entsprechend ausgewogen, Einsicht zeigend; klug, weise:* eine -e Entscheidung; ein -es Urteil; s. urteilen; **Salomon[s]siegel** ['za:lomɔn(s)-], das; -s, - [die Pflanze wurde früher wohl als Zaubermittel benutzt u. nach dem Siegelring Salomos benannt, der im Orient als Talisman der Weisheit u. Zauberei galt]: *(zu den Liliengewächsen gehörende) Pflanze mit grünlichweißen, glockenförmigen Blüten u. schwarzen Beeren, an deren Wurzelstock nach dem Absterben der oberirdischen Sprosse einem Siegel ähnliche Narben zu finden sind.*

Salon [za'lõ:, auch: za'lɔŋ, bes. österr.: za'lo:n], der; -s, -s [frz. salon < ital. salone = Festsaal, Vgr. von: sala = Saal]: **1.** *größerer, repräsentativer Raum als Empfangs- od. Gesellschaftszimmer.* **2.** (früher) **a)** *[regelmäßige] Zusammenkunft literarisch u. künstlerisch interessierter Kreise:* bei der Baronin ist ein literarischer, politischer S.; **b)** *Kreis von Personen, der sich regelmäßig trifft u. ständig die Meinungen über Kunst, Literatur, Wissenschaft u. Politik austauscht:* Es war ein kultivierter, intellektueller Salon, den Elsa Bernstein führte (Katia Mann, Memoiren 23). **3.** *[modern eingerichtetes, elegantes u. großzügig mit Luxus ausgestattetes] Geschäft* (z. B. eines Frisörs): Natascha – der S. für die modebewußte Dame; einen S. für Fußpflege, Kosmetik führen. **4. a)** *Ausstellungsraum, -saal:* den S. einer bestimmten Firma auf der Automobilausstellung suchen; im S. der Kunsthandlung kann man naive Malerei sehen; **b)** *Ausstellung (bes. Kunst-, Gemäldeausstellung):* Ein paar Monate nach dem Pariser S. entdecken wir den Kubismus, den Surrealismus, die Collage (Bieler, Mädchenkrieg 30).

salon-, Salon-: **~dame,** die (Theater): *Schauspielerin, die das Rollenfach der eleganten, mitunter intriganten Dame von Welt vertritt;* **~fähig** ⟨Adj.⟩: *(in den Umgangsformen o. ä.) in den Rahmen der Gesellschaft passend; [sich] den Normen der Gesellschaft entsprechend [benehmend];* **~kommunist,** der (iron.): *jmd., der sich für die Theorien des Kommunismus begeistert, sie aber in der Praxis nur dann vertritt, wenn er dadurch nicht auf persönliche Vorteile verzichten muß;* **~löwe,** der (abwertend): *eleganter, gewandter Mann, der aber oberflächlich ist u. Wert darauf legt, in Gesellschaft der Mittelpunkt der (weiblichen) Aufmerksamkeit zu sein;* **~musik,** die: *virtuos-elegant dargebrachte, gefällige, aber anspruchslose Musik;* **~orchester,** das: *kleines Ensemble (Streicher u. Klavier) für Unterhaltungsmusik;* **~stück,** das: vgl. ~musik; **~wagen,** der: *Eisenbahnwagen, der wie ein Salon eingerichtet ist.*

Saloon [sə'lu:n], der; -s, -s [engl.-amerik. saloon < frz. salon, ↑Salon]: *Lokal, dessen Einrichtung dem Stil der Wildwestfilme nachempfunden ist.*

salopp [za'lɔp] ⟨Adj.; -er, -[e]ste⟩ [frz. salope = dreckig, schmierig, schlampig, H. u.]: **1.** ⟨nicht adv.⟩ *(von Kleidung) betont bequem u. etwaige bestehende Formen u. direkte od. indirekte Vorschriften nicht berücksichtigend:* -e Freizeitkleidung; sich s. kleiden. **2.** *(von Benehmen u. Haltung) unbekümmert zwanglos, die Nichtachtung gesellschaftlicher Form ausdrückend:* -e Umgangsformen; eine -e Ausdrucksweise haben; sein Benehmen war reichlich s.; er plauderte s. mit seinem Chef; ⟨Abl.:⟩ **Saloppheit,** die; -, -en: **1.** ⟨o. Pl.⟩ *saloppes Wesen, saloppe Art.* **2.** *salopp ausgeführte Handlung.*

Salpe ['zalpə], die; -, -n [lat. salpa < griech sálpē = ein Fisch] (Zool.): *glasartig durchsichtiges Manteltier.*

Salpeter [zal'pe:tɐ], der; -s [mhd. salpeter < mlat. sal(le)petra < lat. sāl petrae, eigtl. = Salz des Steins, zu: sāl = Salz u. petra (↑Peter); nach der Entstehung an Kaligestein]: *weißes od. hellgraues Salz der Salpetersäure, das früher vor allem zur Herstellung von Düngemitteln u. Schießpulver verwendet wurde.*

salpeter-, Salpeter-: **~artig** ⟨Adj.; o. Steig.⟩: *von der Art des Salpeters;* **~dampf,** der: *von konzentrierter Salpetersäure infolge Zersetzung aufsteigender Dampf;* **~dünger,** der: *Düngemittel, in dem der Stickstoff in Form von Salpeter enthalten ist;* **~erde,** die: *salpeterhaltige Erde;* **~haltig** ⟨Adj.; nicht adv.⟩: *Salpeter enthaltend;* **~plantage,** die (früher): *Anlage zur Gewinnung von Salpeter durch Gärung aus Stallmist u. anderen tierischen Abfällen, vermischt mit Bauschutt, Kalk u. Pottasche;* **~säure,** die: *stark oxydierende, farblose Säure, die Silber u. die meisten unedlen Metalle löst.*

salpet[e]rig [zal'pe:t(ə)rɪç] ⟨Adj.; nur attr.⟩: vgl. Säure.

Salpingen: Pl. von ↑Salpinx; **Salpingitis** [zalpɪŋ'gi:tɪs], die; -, ...itiden [...gi'ti:dn̩] (Med.): *entzündliche Erkrankung eines od. beider Eileiter;* **Salpinx** ['zalpɪŋks], die; -, ...ingen [zal'pɪŋən; 1: griech. sálpigx (Gen.: sálpiggos); 2: nach der Form]: **1.** *trompetenähnliches Instrument der griechischen Antike.* **2.** (selten) **a)** (Anat.) *Eileiter;* **b)** (Med., Zool.) *Eustachische Röhre.*

Salse ['zalzə], die; -, -n [ital. salsa, zu lat. salsus = salzig; nach den oft salzhaltigen ausgeworfenen Substanzen] (Geol.): *kegelförmige Anhäufung von Schlamm u. Steinen, die von Gasquellen an die Oberfläche befördert wurden.*

Salta ['zalta], das; -s [lat. salta! = springe!; beim Vorwärtsziehen müssen gegnerische Steine übersprungen werden]: *auf einem Damebrett zu spielendes Brettspiel zwischen zwei Personen mit je 15 Steinen;* **Saltarello** [zalta'rɛlo], der; -s, ...lli [ital. saltarello, eigtl. = Hüpftanz, zu: saltare < lat. saltāre = hüpfen]: *lebhafter, der Tarantella ähnlicher Tanz Süditaliens u. Spaniens in schnellem Dreiertakt;* **saltato** [zal'ta:to] ⟨Adv.⟩ [ital. saltato] (Musik): *mit springendem Bogen [zu spielen];* vgl. spiccato; **Saltato** [-], das; -s, -s u. ...ti (Musik): *Spiel mit springendem Bogen;* vgl. Spiccato; **Salto** ['zalto], der; -s, -s u. ...ti [ital. salto < lat. saltus = Sprung, zu: saltum, 2. Part. von: salīre = springen]: **1.** (Sport) *frei in der Luft ausgeführte Rolle, schnelle Drehung des Körpers um seine Querachse (als Teil einer sportlichen Übung):* ein ein-, zwei-, dreifacher, doppelter S.; ein gehockter, gestreckter S.; ein S. vor-, rückwärts, aus dem Stand, vom Reck; einen S. springen. **2.** (Fliegerspr.) svw. ↑Looping; **Salto mortale** [- mɔr'ta:lə], der; - -, - - u. ...ti ...li [ital., eigtl. = Todessprung]: *[meist dreifacher] Salto, der von einem Akrobaten in großer Höhe ausgeführt wird:* einen S. m. am Trapez zeigen; Ü Da tat David zehn Schritte und kaufte die Ringe, aber die zehn Schritte [in den Westsektor Berlins] ... waren ein moralischer S. m. (*waghalsiges, gefährliches Unternehmen;* Kant, Impressum 202).

salü ['saly, sa'ly] ⟨Adv.⟩ [frz. salut, ↑Salut] (bes. schweiz. ugs.): Grußformel (zur Begrüßung und zum Abschied).

Salubrität [zalubri'tɛ:t], die; - [lat. salūbritās] (Med.): *gesunder körperlicher Zustand.*

Salut [za'lu:t], der; -[e]s, -e [frz. salut < lat. salūs (Gen.: salūtis) = Gruß, Wohlsein, Heil, zu: salvus, ↑salve!] (Milit.): *Ehrung, z. B. anläßlich von Staatsbesuchen, durch Abfeuern einer Salve aus Geschützen; Ehrengruß:* S. schießen; zur Begrüßung des Präsidenten, zur Geburt des Kronprinzen 21 Schuß S. abgeben; **salutieren** [zalu'ti:rən] ⟨sw. V.; hat⟩ [lat. salutāre = grüßen, eigtl. = zu jmdm. ↑salve sagen] (Milit.): **1. a)** *bei militärischem Zeremoniell vor einem Vorgesetzten od. Ehrengast Haltung annehmen u. ihn grüßen, indem man die Hand an die Kopfbedeckung legt:* der Posten salutierte; vor jmdm. s.; **b)** (veraltend, noch österr.) *militärisch grüßen, indem man die Hand an die Kopfbedeckung legt.* **2.** (seltener) *Salut schießen;* **Salutismus** [zalu'tɪsmʊs], der; -: *Lehre u. Wirken der Heilsarmee;* **Salutist** [zalu'tɪst], der; -en, -en: *Angehöriger der Heilsarmee;* **Salutschuß,** der ⟨meist Pl.⟩ (Milit.): *als Salut abgegebener Schuß:* Salutschüsse abgeben, abfeuern.

Salvation Army [sæl'veɪʃən 'ɑ:mɪ], die; - -: engl. Bez. für *Heilsarmee;* **Salvator** [zal'va:tɔr, auch: ...to:ɐ̯], der; -s, -en [...va'to:rən; kirchenlat. salvātor] (bildungsspr.): svw. ↑Heiland; **Salvatorianer** [zalvato'ri̯a:nɐ], der; -s, - [nlat. Societas Divini Salvatoris = Gesellschaft des göttlichen Heilandes]: *Angehöriger einer katholischen Ordensgemeinschaft für Priester u. Laien mit der Aufgabe der Seelsorge u. Mission;* Abk.: SOS; **salvatorisch** [...'to:rɪʃ] ⟨Adj.; o. Steig.; meist nur attr.⟩ [nlat., eigtl. = bewahrend, erhaltend] (jur.): *nur ergänzend geltend:* -e Klausel *(Rechtssatz, der nur gilt, wenn andere Normen keinen Vorrang haben);* **salve!** ['zalve] [lat. salvē!, Imperativ von: salvēre = gesund sein, zu: salvus = gesund, heil]: *sei gegrüßt!* (lat. Gruß); **Salve** ['zalvə], die; -, -n [frz. salve, eigtl. = Salutschießen (als Ehrengruß), zu lat. salvē, ↑salve!] (Milit.): *[auf ein Kommando gleichzeitig abgefeuerte] Anzahl von Schüssen aus Gewehren od. Geschützen:* die S. kracht; S. geben, schießen; aus einem Maschinengewehr eine S. abgeben; Ü eine S. des Beifalls, von Gelächter; **salvieren** [zal'vi:rən] ⟨sw. V.; hat⟩ [lat. salvāre = heilen, retten] (bildungsspr. veraltet): **1.** *retten.* **2.** ⟨s. + sich⟩ *sich von einem Verdacht reinigen;* **salvo errore** ['zalvo ɛ'ro:rə; zu lat. salvo = unbeschadet (zu: salvus, ↑salve!) u. error = Irrtum] (bildungsspr.): *Irrtum vorbehalten;* Abk.: s. e.; **salvo titulo** [- 'ti:tulo; lat.] (veraltet): *mit Vorbehalt des richtigen Titels;* Abk.: S. T.

Salweide ['za:l-], die; -, -n [mhd. salewīde, ahd. salewīda, verdeutlichende Zus. aus mhd. salhe, ahd. sal(a)ha = (Sal)weide u. ↑[1]Weide]: *oft an Flüssen stehende Weide mit großen dicken Kätzchen im Frühjahr u. breiten elliptisch geformten, oben mattgrünen, unten grau behaarten Blättern; Palmweide.*

Salz [zalt͜s], das; -es, -e [mhd., ahd. salz, eigtl. = das Schmutziggraue]: **1.** ⟨o. Pl.⟩ *im Bergbau od. durch Eindampfen von [Meer]wasser gewonnene weiße, kristalline Substanz, die als Speisewürze dient; Kochsalz:* feines, grobes, feuchtes S.; eine Prise, Messerspitze S.; S. an die Speisen, in die Suppe tun; die Suppe schmeckt fade, du hast das S. vergessen; Fleisch in S. legen *(einsalzen);* Spr S. und Brot macht Wangen rot *(einfache Kost ist gesund);* Ü ohne das S. der Ironie des Vortragenden wäre die Rede langweilig gewesen; ***attisches S.** (bildungsspr.; *fein scherzende, scharfsinnige Rede*); **S. auf die/in die Wunde streuen** *(jmdn. eine ohnehin schon als unangenehm, ärgerlich o. ä. empfundene Situation durch eine Äußerung od. eine Mitteilung noch deutlicher, schmerzlicher empfinden lassen);* **nicht das S. zum Brot/zur Suppe haben** (ugs.; *Mangel, Not leiden*); **jmdm. nicht das S. in der Suppe gönnen** (ugs.; *sehr mißgünstig sein*); **sich nicht das Salz aufs Brot/in die Suppe verdienen können** (ugs.; *nicht in der Lage sein, soviel zu verdienen, daß es zum Leben, für den Unterhalt reicht*). **2.** ⟨meist Pl.⟩ (Chemie) *chem. Verbindung aus einer Säure mit Metallen, Kohlenstoff od. Ammonium:* neutrales, saures S.; die Gewinnung von -en.

sạlz-, Sạlz-: **~ader,** die: *Ader* (3 d), *die Salz führt;* **~arbeiter,** der: *Arbeiter, der Salz gewinnt;* **~arm** ⟨Adj.⟩: *nur geringe Mengen Salz enthaltend; mit nur wenig Salz:* -e Kost; **~artig** ⟨Adj.; o. Steig.⟩: *von der Art des Salzes;* **~bad,** das: *medizinisches Bad in Salzwasser* (2); **~bergbau,** der: *zur Gewinnung von Salz betriebener Bergbau;* **~bergwerk,** das: *zur Gewinnung von Salz betriebenes Bergwerk;* **~bildend** ⟨Adj.; o. Steig.; nicht adv.⟩: Metalle und Säuren sind salzbildende Stoffe; **~bildner,** der: svw. ↑Halogen; **~boden,** der: *Boden* (1), *der viel Salz enthält;* **~brezel,** die: *mit groben Salzkörnern bestreute Brezel;* **~brötchen,** das: vgl. ~brezel; **~brühe,** die: svw. ↑Lake; **~brunnen,** der: *salzhaltiger Brunnen* (3); **~faß,** (Vkl.:) **~fäßchen,** das: **1.** svw. ↑~napf. **2.** (ugs. scherzh.) *auffallende Vertiefung zwischen den Schlüsselbeinen am Halsansatz beim* Menschen; **~fleisch,** das: svw. ↑Pökelfleisch; **~frei** ⟨Adj.; o. Steig.; nicht adv.⟩: *kein Salz enthaltend; frei von Salz;* **~führend** ⟨Adj.; o. Steig.; nicht adv.⟩ (Bergmannsspr.): *Salz enthaltend;* **~garten,** der: *flaches Becken (als Teil einer Saline 1), in dem Salzwasser (meist Meerwasser) in warmem Klima verdunstet, so daß Salz zurückbleibt;* **~gehalt,** der: *Gehalt an Salz;* **~gewinnung,** die: *das Gewinnen von Salz;* **~grube,** die: *Grube* (3 a), *in der Salz abgebaut wird;* **~gurke,** die: *in Salzlake in einem Faß eingelegte kleine Gurke;* **~haltig** ⟨Adj.; nicht adv.⟩: *Salz enthaltend;* **~hering,** der: *Hering, der eingesalzen u. dadurch haltbar gemacht wird; Pökelhering;* **~kartoffel,** die ⟨meist Pl.⟩: *ohne Schale in Salzwasser* (1) *gekochte Kartoffel;* **~klumpen,** der: *Klumpen aus Salz;* **~konzentration,** die ⟨o. Pl.⟩: *Gehalt an gelöstem Salz in einer Flüssigkeit* (z. B. im Blut); **~korn,** das ⟨Pl. -körner⟩: *kleines, festes Teilchen Salz in Form eines Korns;* **~kraut,** das ⟨o. Pl.⟩: *auf Salzboden wachsendes Kraut;* **~kruste,** die: *harte Schicht aus Salz;* **~lager,** das: *Lager* (4) *an Salz;* **~lagerstätte,** die: *Lagerstätte* (3) *des Salzes;* **~lake,** die: svw. ↑Lake; **~lecke,** die (Jägerspr.): *Stelle, wo aus Gestein Bittersalz austritt oder wo der Jäger Salz auslegt, das lebensnotwendiger Bestandteil der Nahrung des Wildes ist;* **~los** ⟨Adj.; o. Steig.⟩: *ohne Salz;* **~lösung,** die: *Lösung von Salz in Wasser;* **~luft,** die ⟨o. Pl.⟩: *salzhaltige Luft;* **~mandel,** die: *gesalzene u. geröstete Mandel;* **~napf,** der: *kleines Gefäß für Salz, das beim Essen benutzt wird;* **~pfanne,** die: **1.** (Geogr.) *flache Einsenkung in abflußlosen Trockengebieten, deren Boden mit Salzkrusten bedeckt ist.* **2.** (veraltet) *bei der Salzgewinnung benutzte Pfanne zum Sieden von Salz;* **~pflanze,** die: svw. ↑Halophyt; **~quelle,** die: *salzhaltige Quelle;* **~reich** ⟨Adj.; nicht adv.⟩: *reich an Salz;* **~sauer** ⟨Adj.; o. Steig.⟩: *Salzsäure enthaltend;* **~säule,** die: **1.** *(südlich des Toten Meeres im Gebirge vorkommende) durch Verwitterung isolierte Säule aus abgelagertem, an die Erdoberfläche gelangtem Steinsalz.* **2.** ***zur Salzsäule erstarren** (*fassungslos, entsetzt, sprachlos sein, so daß man innehält u. unbeweglich dasteht;* nach 1. Mos. 19, 26); **~säure,** die ⟨o. Pl.⟩: *stark ätzende Säure;* **~see,** der: *stark salzhaltiger See;* **~sieder,** der (veraltet): svw. ↑~werker; **~siederei,** die: svw. ↑Saline (1); **~sole,** die: svw. ↑Sole; **~stange,** die: *stangenförmiges, mit groben Salzkörnern bestreutes Gebäck;* **~stangel, ~stangerl,** das; -s, -[n] (österr.): svw. ↑~stange; **~steppe,** die: *mit einer Salzkruste bedeckte u. nur mit Salzpflanzen bewachsene Steppe;* **~steuer,** die: *Verbrauchssteuer für Speisesalz;* **~stock,** der: svw. ↑~lagerstätte; **~streuer,** der: *beim Essen benutztes kleines Gefäß mit durchlöchertem Deckel zum Streuen von Salz;* **~vorkommen,** das: *Vorkommen von Salz in der Erde od. im Meer;* **~wasser,** das: **1.** ⟨o. Pl.⟩ *zum Kochen verwendetes Wasser, in dem Kochsalz gelöst ist.* **2.** ⟨Pl. -wässer⟩ *Meerwasser.* **3.** ⟨Pl. -wässer⟩ svw. ↑Lake; **~werk,** das: svw. ↑Saline (1); **~werker,** der: *Facharbeiter, der Salz aus Sole od. Rohsalz aufbereitet;* **~wüste,** die: *Wüste mit Salzboden;* **~zoll,** der (früher): *auf die Ein- u. Ausfuhr von Salz erhobener Zoll.*

salzen ['zalt͜sn̩] ⟨sw. V.; hat gesalzen (selten auch: gesalzt)⟩ /vgl. gesalzen/ [mhd. salzen, ahd. salzan]: *einer Speise Salz beigeben:* das Essen s.; die Suppe ist stark, zu wenig, kaum gesalzen; gesalzene Butter; gesalzenes/(selten auch:) gesalztes Fleisch; **salzig** ['zalt͜sɪç] ⟨Adj.⟩: **a)** *Salz enthaltend:* -es Wasser; -e Tränen; **b)** *stark nach Salz schmeckend:* -es Fleisch; ich habe einen -en Geschmack auf der Zunge; die Suppe ist, schmeckt s.; ⟨Abl.:⟩ **Sạlzigkeit,** die; -.

Sam: ↑Uncle Sam.

Sämann ['zɛ:man], der; -[e]s, ...männer (dichter.): *jmd., der etw. sät.*

Samariter [zama'ri:tɐ, auch: ...rɪtɐ], der; -s, - [lat. Samarītēs, zu: Samaria = Landschaft in Palästina: nach dem biblischen Gleichnis (Luk. 10, 33) vom Barmherzigen Samariter]: **1.** *selbstlos helfender Mensch:* sich als barmherziger S. fühlen. **2.** (schweiz.) svw. ↑Sanitäter; ⟨Zus.:⟩ **Samariterdienst,** der: **1.** *Dienst des Samariters* (1). **2.** *selbstlose, aus Mitleid gewährte Hilfe für einen Kranken, der Pflege Bedürftigen od. in Not Geratenen:* Dankbarkeit für treue -e in der Alterskrankenpflege (Glaube 48, 1966, 12); **Samaritertum,** das; -s: *Verhaltensweise eines Samariters* (1); *barmherziges Helfen.*

Samarium [za'ma:ri̯ʊm], das; -s [nach dem Mineral Samarskit, in dem die Verbindung zuerst spektralanalytisch nachgewiesen wurde]: *hellgraues, in der Natur nur in Verbindungen, bes. als Silikat od. Phosphat, vorkommendes, u. a. für Kobaltlegierungen verwendetes Metall der seltenen Erden (chemischer Grundstoff);* Zeichen: Sm

Samarkand [zamar'kant], der; -[s], -s [nach der Stadt Samarkand in der UdSSR]: *in leuchtenden Farben geknüpfter Teppich mit Medaillons* (2) *auf meist gelbem Grund.*

Sä̱maschine, die; -, -n [zu ↑säen]: vgl. ↑Drillmaschine.

Samba ['zamba], der; -s, -s, ugs. auch: die; -, -s [port. (bras.) samba, aus einer afrik. Eingeborenenspr.]: *beschwingter und spritziger Gesellschaftstanz im* ²/₄-*Takt (nach einem Volkstanz der brasilianischen Schwarzen).*

Sambals ['zambals] ⟨Pl.⟩ [indones. sambal] (Kochk.): *sehr scharfe indonesische Würzsoßen.*

Same ['za:mə], der; -ns, -n (geh.): svw. ↑Samen (1 a): daß ... kein S. mehr Wurzel schlagen mag (Hagelstange, Spielball 312); **Samen** ['za:mən], der; -s, - [mhd. sāme, ahd. sāmo]: **1. a)** *aus der Blüte einer Pflanze sich entwickelndes Gebilde, aus dem sich eine neue Pflanze entwickeln kann; Samenkorn:* die runden, schwarzen, geflügelten S.; der S. keimt, geht auf; **b)** ⟨o. Pl.⟩ *eine Anzahl von Samen; Saat:* S. aussäen, streuen, züchten, gewinnen, beizen; Ü (geh.:) der S. des Guten, der Zwietracht geht in ihren Herzen auf. **2.** ⟨o. Pl.⟩ svw. ↑Sperma.

Sạmen-: **~anlage,** die (Bot.): *Teil der Blüte, aus dem sich der Samen bildet; Ovulum;* **~bank,** die ⟨Pl. -banken⟩ (Med., Tiermed.): *Einrichtung, die der Konservierung von Sperma für Samenübertragung dient;* **~bau,** der ⟨o. Pl.⟩: *Anbau* (2) *zur Gewinnung von Saatgut;* **~blase,** die (Med.): *am unteren Ende der männlichen Harnblase gelegenes, paariges, drüsenartiges Organ, das beim Samenerguß eine die Samenzellen zur Bewegung anregende Flüssigkeit in den Samenleiter absondert;* **~erguß,** der: svw. ↑Ejakulation; **~faden,** der (Med.): svw. ↑Spermium; **~faser,** die: *Faser an Samenkapseln bestimmter Pflanzen (z. B. Baumwolle), die gesponnen werden kann;* **~fluß,** der ⟨o. Pl.⟩ (Med.): *Ejakulation ohne geschlechtliche Erregung; Spermatorrhöe;* **~flüssigkeit,** die: svw. ↑Sperma; **~händler,** der: *jmd., der mit Pflanzensamen handelt;* **~handlung,** die: *Geschäft, in dem Pflanzensamen verkauft werden;* **~kapsel,** die: svw. ↑Kapsel (3); **~kern,** der: svw. ↑Kern (1 a, b); **~koller,** der (ugs.): *Koller* (1) *auf Grund aufgestauten sexuellen Verlangens;* **~korn,** das ⟨Pl. -körner⟩: *Samen* (1 a) *von geringer Größe:* ... daß in einem winzigen S. schon der ganze Baum war (Remarque, Triomphe 203); **~leiter,** der (Med.): *Kanal* (3), *in dem* *die Samenflüssigkeit in die Harnröhre geleitet wird;* **~pflanze,** die: svw. ↑Blütenpflanze; **~schale,** die (Bot.); **~spender,** der: *jmd., dessen Sperma in einer Samenbank für Samenübertragungen konserviert wird;* **~strang,** der: *den Samenleiter umschließender Gewebsstrang;* **~träger,** der (Bot.): *Pflanze (im Hinblick auf ihre Bestimmung als Saatgut);* **~übertragung,** die: *Übertragung von Sperma zur künstlichen Befruchtung;* **~zelle,** die: svw. ↑Spermium; **~zucht,** die: svw. ↑~bau.

Sämerei [zɛ:məˈrai̯], die; -, -en: **1.** ⟨nur Pl.⟩ *Pflanzensamen, Saatgut:* -en kaufen. **2.** svw. ↑Samenhandlung.

Samiel [ˈza:mi̯ɛl, auch: ...i̯e:l], der; -s ⟨o. Art., außer mit attr. Bestimmung⟩ [spätgriech. Samiél, aus dem Hebr., wohl eigtl. = der Blinde]: *Satan in der jüdischen Legende u. der deutschen Sage.*

sämig [ˈzɛ:mɪç] ⟨Adj.; nicht adv.⟩ [eigtl. mundartl. Nebenf. von ↑seimig]: *(von Suppen od. Soßen) durch Einkochen* (2) *od. durch Hinzufügen von Mehl, Grieß o. ä. etwas dickflüssiger:* eine -e Soße; ⟨Abl.:⟩ **Sämigkeit,** die; -.

sämisch [ˈzɛ:mɪʃ] ⟨Adj.; o. Steig.; nicht präd.⟩ [spätmhd. semisch (leder) = geschmeidig(es Leder), wohl zu frz. chamois, ↑chamois]: *die Sämischgerberei betreffend.*

Sämisch-: **~gerber,** der: *Gerber, der die Sämischgerberei beherrscht u. nach diesem Verfahren arbeitet* (Berufsbez.); **~gerberei,** die ⟨o. Pl.⟩: *Verfahren der Lederherstellung, bei dem die Häute mit Tran gegerbt werden; Fettgerberei;* **~leder,** das: *nach dem Verfahren der Sämischgerberei hergestelltes, besonders weiches Leder.*

Sämling [ˈzɛ:mlɪŋ], der; -s, -e: *aus Samen gezogene junge Pflanze, Keim* (1 a).

sammel-, Sammel-: **~aktion,** die: *Aktion* (1), *bei der etw. für einen bestimmten Zweck gesammelt wird;* **~album,** das: svw. ↑Album (1); **~anschluß,** der (Postw.): *Fernsprechanschluß mit einer Zentrale u. mehreren angeschlossenen Nebenstellen;* **~auftrag,** der (Postw.): *im Postscheckverkehr die Zusammenfassung von mehreren Überweisungen eines Absenders auf einer Liste;* **~band,** der ⟨Pl. ...bände⟩: *Buch, in dem verschiedene Texte eines od. mehrerer Autoren abgedruckt sind;* **~becken,** das: *Becken* (1, 2 a), *in dem man Flüssigkeit sich sammeln läßt;* Ü diese Partei ist ein richtiges S. aller reaktionären Kräfte; **~begriff,** der: *Begriff* (1), *der die Inhalte mehrerer Begriffe zusammenfaßt;* **~behälter,** der; **~bestellung,** die: *gemeinsame Bestellung* (1 a) *mehrerer Besteller (die auf diese Weise einen Preisnachlaß erhalten);* **~bewegung,** die: svw. ↑Sammlungsbewegung; **~bezeichnung,** die (Sprachw.): svw. ↑Kollektivum; **~büchse,** die: *Büchse* (c), *die zum Sammeln von Geld für einen bestimmten Zweck verwendet wird:* mit der S. klappern; **~depot,** das (Bankw.): *Depot, in dem Wertpapiere verschiedener Besitzer aufbewahrt werden;* **~eifer,** der: *Eifer, mit dem jmd. [etw.] sammelt;* **~fahrschein,** der: **a)** *Fahrschein für mehrere Personen;* **b)** *Fahrschein mit Abschnitten für mehrere Einzelfahrten;* **~fleiß,** der: vgl. ~eifer; **~frucht,** die (Bot.): *aus mehreren kleinen, rings um einen Stiel angeordneten Früchtchen bestehende Frucht* (z. B. Brombeere); **~fund,** der (Archäol.): *Fund von mehreren Gegenständen aus vorgeschichtlicher Zeit an einer Stelle; Depotfund;* **~gebiet,** das: sein S. sind Briefmarken mit Tiermotiven; **~gefäß,** das; **~grab,** das: *Grab für mehrere Tote;* **~gut,** das (Fachspr.): *zusammen beförderte Frachtstücke mehrerer Absender,* dazu: **~gutverkehr,** der; **~heizung,** die: svw. ↑Zentralheizung; **~kasse,** die: **1.** *für alle Abteilungen in einem Warenhaus zuständige, zentrale Kasse.* **2.** vgl. ~büchse; **~konnossement,** das (Seew.): *Frachtbrief für mehrere Frachtstücke;* **~konto,** das (Buchf.): *Konto, auf dem mehrere gleichartige Konten zusammen geführt werden;* **~ladung,** die (Fachspr.): *aus Sammelgut bestehende Ladung* (1); **~lager,** das: *Lager* (1 a), *in dem Menschen (z. B. Gefangene, Flüchtlinge) gesammelt werden;* **~leidenschaft,** die: vgl. ~eifer; **~linse,** die (Optik): *konvexe Linse, die Lichtstrahlen zu einem Punkt od. Bündel vereinigt;* **~liste,** die: *Liste mit Namen u. Beiträgen der Spender bei einer Sammlung;* **~mappe,** die: *Mappe* (1) *zum Sammeln von etw.;* **~name,** der (Sprachw.): svw. ↑Kollektivum; **~nummer,** die (Postw.): *Rufnummer für einen Sammelanschluß;* **~paß,** der: *gemeinsamer Paß* (1) *für eine Gruppe von Personen* (z. B. eine Reisegruppe); **~platz,** der: **a)** *Platz, an dem man etw. [Gesammeltes] zusammenträgt [u. lagert];* **b)** *Platz, an dem man sich zum vereinbarten Zeitpunkt versammelt; Treffpunkt;* **~punkt,** der: **1.** svw. ↑~platz (b). **2.** svw. ↑Brennpunkt (1); **~ruf,** der: *Ruf zum Sammeln* (2); **~schiene,** die (Elektrot.): *schienenförmige Leitung zum Zusammenführen u. Weiterleiten der über mehrere Zuleitungen zugeführten elektrischen Energie;* **~stätte,** die (geh.): svw. ↑~platz (b); **~stelle,** die: svw. ↑~platz; **~stück,** das: *Einzelstück aus einer Sammlung;* **~tasse,** die: *Tasse mit Untertasse [u. Teller] als bes. schönes Einzelstück;* **~tätigkeit,** die ⟨o. Pl.⟩: *Tätigkeit des Sammelns* (1 a, b, c); **~transport,** der: *Transport, bei dem Menschen (z. B. Flüchtlinge, Gefangene), Vieh od. Güter gemeinsam befördert werden;* **~trieb,** der: *[starke] Neigung, etw. zu sammeln* (1 a, b); **~überweisung,** die (Postw.): svw. ↑~auftrag; **~verwahrung,** die (Bankw.): *Aufbewahrung von Wertpapieren in einem Sammeldepot;* **~visum,** das: vgl. ~paß; **~werk,** das: svw. ↑~band; **~wut,** die (emotional): vgl. ~eifer, dazu: **~wütig** ⟨Adj.; nicht adv.⟩ (emotional).

Sammelei [zaməˈlai̯], die; -, -en ⟨Pl. selten⟩ (ugs. abwertend): *[dauerndes] Sammeln* (1 a, b, c).

sammeln [ˈzamḷn] ⟨sw. V.; hat⟩ /vgl. gesammelt/ [mhd. samelen, dissimiliert aus älter: samenen, ahd. samanōn, zu mhd. samen, ahd. saman, ↑zusammen]: **1. a)** *nach etw. suchen u. das Gefundene zu einer größeren Menge vereinigen, um es zu verbrauchen:* Beeren, Pilze, Kräuter, Brennholz s.; der Hamster sammelt Vorräte für den Winter; die Bienen sammeln Honig; emsig, eifrig, unermüdlich s.; Ü Material, Stoff, Zitate für ein Buch s.; **b)** *Dinge, für die man sich interessiert, zusammentragen, um sie (wegen ihres Wertes in größerer Anzahl, ihrer Schönheit, in einer bestimmten Ordnung) aufzuheben:* Gemälde, Briefmarken, Bierdeckel s.; ⟨auch ohne Akk.-Obj.:⟩ aus Liebhaberei, Leidenschaft s.; er hat lange an seinen Münzen gesammelt; ⟨2. Part.:⟩ die gesammelten Werke eines Dichters herausgeben; **c)** *verschiedene Leute bitten, etw. zu geben, zu spenden [u. so eine größere Menge davon zusammenbekommen]; eine Sammlung durchführen:* Altpapier, Geld s.; Unterschriften für eine Resolution s.; ⟨auch ohne Akk.-Obj.:⟩ für einen guten Zweck, für das Rote Kreuz s.; **d)** *[im Laufe der Zeit] an einer bestimmten Stelle zu einer größeren Menge zusammenkommen lassen:* Regenwasser in einer Tonne s.; Lichtstrahlen mit einer Linse s. *(zu einem Punkt od. Bündel vereinigen);* Ü Erfahrungen, Eindrücke, Kräfte s.; als Künstler Lorbeeren s. **2. a)** *versammeln, an einem Ort zusammenkommen lassen:* seine Leute s.; er sammelte seine Lieben um sich; eine Mehrheit hinter sich s. *(für seine Ziele gewinnen);* ⟨subst.:⟩ ***zum Sammeln blasen** *(eine Gruppe wieder zusammenrufen, weil man aufbrechen will;* urspr. Soldatenspr.); **b)** ⟨s. + sich⟩ *sich versammeln, an einem Ort zusammenkommen:* sich in, zu einer Gruppe s.; sich um jmdn., etw. s.; **c)** ⟨s. + sich⟩ *zusammenfließen, -strömen:* Lichtstrahlen sammeln sich im Brennglas; Schweißperlen traten auf seine Stirn und sammelten sich zu großen Tropfen (Ott, Haie 181). **3.** ⟨s. + sich⟩ *innere Ruhe suchen [um sich einer Person od. Sache zuwenden zu können]:* sich durch Nachdenken, durch eine Denkpause, in einer stillen Minute s.; sich zu einer Aufgabe s.

Sammelsurium [zamḷˈzu:ri̯ʊm], das; -s, ...rien [...i̯ən; mit lat. Endung scherzh. geb. zu niederd. sammelsūr = sauer angemachtes Gericht aus gesammelten Speiseresten] (abwertend): *etw., was sich mehr od. weniger zufällig beieinander findet u. von unterschiedlicher Art u. Qualität ist:* ein buntes S.; in dem Schuppen befand sich ein S. von Gerätschaften.

Sammet [ˈzamət], der; -s, -e (schweiz., sonst veraltet): ↑Samt; ⟨Zus.:⟩ **Sammetblume,** die (veraltet): ↑Samtblume.

Sammler [ˈzamlɐ], der; -s, -: **1. a)** *jmd., der etw. sammelt* (1 a, b): er ist ein S. seltener Erstausgaben; ein eifriger, passionierter S.; **b)** *jmd., der sammelt* (1 c): er betätigt sich als S. für das Rote Kreuz. **2. a)** (Technik) *Gerät zum Speichern, bes. von Elektrizität;* **b)** (Straßenbau) *Hauptstrang in der Kanalisation:* Rohre braunglänzend ..., Kanalisation, ein S. aus Zement (Frisch, Gantenbein 402).

Sammler-: **~fleiß,** der: *eifriges Bemühen beim Sammeln von etw.;* **~freude,** die; **~graphik,** die (Fachspr. veraltend): *Graphik, die vorwiegend für [private] Sammler hergestellt wird;* **~leidenschaft,** die ⟨o. Pl.⟩: *Leidenschaft* (2), *mit der jmd. etw. sammelt* (1 b); **~marke,** die: **1.** vgl. Sondermarke. **2.** (Fachspr.) *Signatur des od. der bisherigen Besitzer auf einer Graphik* (3); **~objekt,** das: *Objekt* (1), *das für Sammler von Wert ist;* **~stück,** das: vgl. ~objekt; **~wert,** der: *[Markt]wert, den ein [Kunst]gegenstand für Sammler hat.*

Sammlerin, die; -, -nen: w. Form zu ↑Sammler (1); **Sammlung**

['zamlʊŋ], die; -, -en [mhd. sam(e)nunge, ahd. samanunga = das Zusammenbringen]: **1.** *das Sammeln* (1 a, c): die S. [er]brachte, ergab eine stattliche Summe; eine S., -en [für das Rote Kreuz] veranstalten, durchführen. **2.** *aus Menschen unterschiedlicher Richtung o. ä. zusammengekommene Einheit; Vereinigung:* die ... Deutsche Staatspartei kann nicht als eine S. liberaler Kräfte angesehen werden (Fraenkel, Staat 187). **3. a)** *Gesamtheit gesammelter* (1 b) *Gegenstände:* eine bedeutende, reiche, reichhaltige, kostbare, wertvolle S.; eine S. von Gemälden, Münzen, Waffen; eine S. anlegen, zusammentragen, besitzen, versteigern; **b)** svw. ↑Anthologie: eine S. von Essays, Novellen, Aphorismen. **4.** *Ort, an dem gesammelte Gegenstände aufbewahrt werden; Museum:* die städtische S. besitzt, zeigt Werke moderner Meister; die S. ist heute geschlossen. **5.** *Gesammeltsein, innere Beherrschung [und Ausrichtung auf ein Thema, ein Problem o. ä.]:* innere, geistige S.; die äußerste S. aller Seelenkräfte (Langgässer, Siegel 283); ⟨Zus.:⟩ **Sammlungsbewegung,** die: *Bewegung* (3), *in der sich Gruppen mit unterschiedlichen Interessen zur Verwirklichung eines gemeinsamen Ziels vereinigen.*

Samos ['za:mɔs], der; -, -, seltener: **Samoswein,** der; -[e]s, -e: *griechischer Dessertwein [von der griech. Insel Samos].*

Samowar [zamo'va:ɐ̯, auch: '– – –], der; -s, -e [russ. samowar, wohl zu: sam = selbst u. warit = kochen]: *[kupferner] Kessel, in dem Wasser zur Zubereitung von Tee erhitzt u. gespeichert wird u. aus einem kleinen Hahn entnommen werden kann; russische Teemaschine:* ein kupferner, silberner S.; der S. summt.

Sampan ['zampan], der; -s, -s [chin. san pan, eigtl. = drei Bohlen]: *flaches, breites Ruder- od. Segelboot, das in Ostasien auch als Hausboot verwendet wird.*

Sampi ['zampi], das; -[s], -s [griech. sámpi]: *Buchstabe im ältesten griechischen Alphabet* (ϡ).

Sample ['zampl̩, eingl.: sɑ:mpl], das; -[s], -s [engl. sample, über das Afrz. zu lat. exemplum, ↑Exempel]: **1.** (bes. Markt-, Meinungsforschung; Statistik) **a)** *repräsentative Stichprobe;* **b)** *aus einer größeren Menge ausgewählte Gruppe von Personen, die repräsentativ für die Gesamtheit ist.* **2.** (Wirtsch.) *Warenprobe, Muster.*

Samstag ['zamsta:k], der; -[e]s, -e [mhd. sam(e)ʒtac, ahd. sambaʒtac, 1. Bestandteil über das Vulgärgriech. < griech. sábbaton, ↑Sabbat] (regional, bes. westd., südd., österr., schweiz.): *sechster Tag der mit Montag beginnenden Woche; Sonnabend;* vgl. Dienstag; **Samstag-**: vgl. Dienstag-; ⟨Zus.:⟩ **Samstagabendmesse,** die (kath. Kirche): **a)** *am Samstagabend stattfindender Gottesdienst;* **b)** svw. ↑Vorabendmesse; **samstags**: vgl. dienstags.

samt [zamt]: **I.** ⟨Präp. mit Dativ⟩ [mhd. samt, same[n]t, ahd. samet]: *mit; zusammen mit; nebst* (nennt etw., was in einem bestimmten Zusammenhang in etw. mit einbezogen ist): eine Blume s. Wurzeln; das Haus s. allem Inventar wurde versteigert; der Gutsbesitzer s. seinen Knechten suchte sie (Kesten, Geduld 14). **II.** ⟨Adv.⟩ nur in der Wendung **s. und sonders** *(alle[s] ohne Ausnahme, Unterschied):* sie wurden s. und sonders verhaftet.

Samt [zamt], der; -[e]s, -e [älter: Sammet, mhd. samît < afrz., aprovenz. samit < mlat. samitum < griech. hexámitos = sechsfädig, urspr. = sechsfädiges (Seiden)gewebe]: *feines Gewebe, meist aus Baumwolle, mit seidig-weicher, pelzartiger Oberfläche von kurzem* [2]*Flor* (2): ein Anzug aus schwarzem S.; ein mit grünem S. ausgeschlagenes Kästchen; eine Haut wie S. *(zarte, glatte Haut);* *** in S. und Seide** (veraltet; *in auffallend-teurer, vornehmer Kleidung*).

samt-, Samt-: **~anzug,** der: *Anzug aus Samt;* **~artig** ⟨Adj.; o. Steig.⟩: *ähnlich wie Samt;* **~auge,** das (dichter.): *dunkles, samtig schimmerndes Auge;* **~band,** das ⟨Pl. -bänder⟩: [1]*Band* (I, 1) *aus Samt;* **~blume,** die svw. ↑Tagetes; **~braun** ⟨Adj.; o. Steig.; nicht adv.⟩: *samtig braun;* **~grau** ⟨Adj.; o. Steig.; nicht adv.⟩: vgl. ~braun; **~grün** ⟨Adj.; o. Steig.; nicht adv.⟩: vgl. ~braun; **~handschuh,** der: vgl. ~anzug: *** jmdn. mit -en anfassen** (↑Glacéhandschuh); **~haut,** die ⟨o. Pl.⟩: *Haut wie Samt;* **~imitation,** die: *Gewebe, das aussieht wie Samt;* **~jacke,** die; **~kappe,** die; **~kissen,** das: *Kissen mit einem Bezug aus Samt;* **~kleid,** das; **~leder,** das: *Velourleder;* **~mieder,** das: *Mieder* (2) *aus Samt;* **~pantoffel,** der: *Pantoffel mit samtenem Obermaterial;* **~pfötchen,** das: *(bes. bei Katzen) Pfötchen, weich wie Samt:* sie geht wie auf S. *(ohne fest aufzutreten, ganz leise; mit sachten Schritten);* **~portiere,** die; **~vorhang,** der: ein schwerer S.; **~weber,** der: *Weber, der Samt herstellt* (Berufsbez.); **~weberei,** die: *Betrieb, in dem Samt hergestellt wird;* **~weich** ⟨Adj.; o. Steig.; nicht adv.⟩: *weich wie Samt:* -e Hände.

samten ['zamtn̩] ⟨Adj.; o. Steig.; nur attr.⟩ [mhd. samâtîn]: **a)** *aus Samt:* ein -es Künstlerjäckchen (Grass, Hundejahre 213); **b)** svw. ↑samtig (a): die samtene Schnauze des Tieres (Strittmatter, Wundertäter 473); In -em Piano setzten die Sopranstimmen ein (Thieß, Legende 5).

Samtgemeinde, die; -, -n [zu ↑samt] (Bundesrepublik Deutschland): *(bes. in Niedersachsen) Gemeindeverband, der aus mehreren selbständigen Gemeinden besteht.*

samtig ['zamtɪç] ⟨Adj.; o. Steig.; nicht adv.⟩: **a)** *zart, weich wie Samt; samtartig:* die -e Haut des Pfirsichs; **b)** *weich-, dunkeltönend:* der -e Klang ihrer Stimme.

sämtlich ['zɛmtlɪç] ⟨Indefinitpron. u. unbest. Zahlwort⟩ [mhd. same(n)tlich, zu ↑samt]: **1.** sämtlicher, sämtliche, sämtliches ⟨Sg.; nur attr.⟩: *aller, alle, alles* (1 a) *ohne irgendeine Ausnahme; vollständig, in der vollen Gesamtheit; ganz, gesamt:* -es Schöne; -er aufgehäufte Sand; der Verlust -er vorhandenen Energie; mit sämtlichem gedruckten Material; -es beschlagnahmte Eigentum wieder freigeben. **2.** sämtliche; ⟨unflekt.:⟩ sämtlich ⟨Pl.⟩: *alle* (2 a) *ohne irgendeine Ausnahme; ausnahmslos jede Person od. Sache einer Gruppe; die gesamten:* ⟨attr.:⟩ -e Beamten/(auch:) Beamte; -e anwesenden/(seltener auch:) anwesende Bürger; die Kleidung -er Gefangener/(seltener auch:) Gefangenen; angesichts -er vorhandener/(seltener auch:) vorhandenen Bücher; ⟨unflekt., alleinstehend:⟩ die Mitglieder waren s. *(allesamt, vollzählig)* erschienen.

Samum ['za:mʊm, auch: za'mu:m], der; -s, -s u. -e [arab. samūm] (Geogr.): *Staub od. Sand mitführender Wüstenwind in Nordafrika u. auf der Arabischen Halbinsel.*

Samurai [zamu'rai̯], der; -[s], -[s] [jap. samurai, eigtl. = Dienender]: *Angehöriger der japanischen Adelsklasse, der obersten Klasse der japanischen Feudalzeit.*

Sanatorium [zana'to:ri̯ʊm], das; -s, ...ien [...i̯ən; zu lat. sānāre, ↑sanieren]: *unter ärztlicher Leitung stehende Einrichtung, Anstalt* (a) *[in klimatisch günstiger, landschaftlich schöner Lage], in der chronisch Kranke od. Genesende behandelt werden:* sich in einem S. erholen; ⟨Zus.:⟩ **Sanatoriumsaufenthalt,** der; **sanatoriumsreif** ⟨Adj. o. Steig.; nicht adv.⟩: vgl. krankenhausreif.

Sancho Pansa ['zantʃo 'panza], der; - -, - -s [nach dem Namen des Begleiters des ↑Don Quichote]: *mit Mutterwitz ausgestatteter, realistisch denkender Mensch.*

Sancta Sedes ['zaŋkta 'ze:dɛs], die; - -: lat. Bez. für *Heiliger (Apostolischer) Stuhl;* vgl. apostolisch; **sancta simplicitas** [- zɪm'pli:tsitas; lat.]: *heilige Einfalt!* (bildungsspr. Ausruf des Unwillens bzw. Erstaunens über jmds. Dummheit, Begriffsstutzigkeit); **Sanctissimum** [zaŋk'tɪsimʊm]: ↑Sanktissimum; **Sanctus,** (auch:) Sanktus ['zaŋktʊs], das; -, - [lat. sānctus = heilig] (kath. Kirche): *Lobgesang in der katholischen Messe* (nach den Anfangsworten „Heilig, heilig, heilig ...").

Sand [zant], der; -[e]s, (Fachspr.:) -e u. Sände ['zɛndə; mhd., ahd. sant]: **1. a)** ⟨o. Pl.⟩ *aus verwittertem Gestein, meist aus Quarz bestehende, feinkörnige, lockere Substanz, die einen Teil des Erdbodens bildet:* feiner, grober, weißer, gelber, nasser, trockener, heißer S.; die Kinder backen Kuchen aus S.; der Wagen blieb im S. *(im sandigen Boden)* stecken; er liegt oft stundenlang im S. *(am Strand)* und schaut aufs Meer; den Boden bei Glatteis mit S. bestreuen; etw. mit S. *(Scheuersand)* reinigen, putzen, scheuern; *** wie S. am Meer** (ugs.; *in überreichem Maße, in sehr großer Menge;* nach 1. Mos. 22, 17 u. a.): im letzten Jahr gab es Pilze wie S. am Meer; **irgendwo ist S. im Getriebe** (ugs.; *es gibt irgendwo ein [verborgenes] Hindernis, der Ablauf von etw. ist gestört*); **jmdm. S. ins Getriebe streuen/ werfen/schmeißen** (ugs.; *jmdm. Schwierigkeiten bereiten*); **jmdm. S. in die Augen streuen** *(jmdm. etw. vortäuschen, vorspiegeln);* **auf S. gebaut haben** *(sich auf etw. sehr Unsicheres eingelassen haben, stützen, verlassen;* nach Matth. 7, 26); **jmdn. auf [den] S. setzen** *(bewirken, daß jmds. Unternehmungen ein Ende finden, daß jmd. in seinen Aktionen gehemmt ist, nicht mehr weiterkann;* wohl urspr. = jmdn. bei einem Turnier vom Pferd [in den Sand] werfen); **im Sand[e] verlaufen** *(ergebnislos, erfolglos bleiben u. in Vergessenheit geraten);* **etw. in den S. setzen** (ugs.; *mit etw. einen Mißerfolg haben*): die Klassenarbeit habe ich total in den S. gesetzt; **b)** ⟨Pl. -e⟩ (Fachspr., bes. Geol.) *Sandart, Sorte* *von Sand:* alluvialer S.; aus verschiedenen -en bestehender Boden. **2.** ⟨Pl. -e u. Sände⟩ (Seemannsspr.) *Sandbank:* das Schiff ist auf [einen] S. geraten.

sand-, Sand-: ~**aal,** der: *an sandigen Küsten lebender aalförmiger Fisch, der bei Gefahr sehr schnell im Sand verschwindet;* ~**art,** die; ~**artig** ⟨Adj.; o. Steig.⟩: *wie Sand;* ~**bad,** das: **1.** *Bad im Sand:* der Spatz nahm ein S. **2.** (Med.) *bei bestimmten, bes. rheumatischen Erkrankungen angewandtes Verfahren, bei dem der Körper (od. bestimmte Körperteile) mit heißem Sand bedeckt wird;* ~**bahn,** die (Sport): *ovale, einer Aschenbahn ähnliche Bahn für Motorradrennen,* dazu: ~**bahnrennen,** das (Sport); ~**bank,** die ⟨Pl. -bänke⟩: *bis an, auch über die Wasseroberfläche reichende, aus Sand bestehende Erhöhung des Bodens in Flüssen u. Meeren:* auf eine S. geraten, laufen; das Schiff ist auf einer S. gestrandet; ~**blatt,** das: *zu den größten u. wertvollsten Blättern einer Tabakpflanze gehörendes Blatt, das in Bodennähe wächst u. meist zur Herstellung von Zigarren verwendet wird;* ~**boden,** der: *lockerer, leichter, zu einem großen Teil od. ganz aus Sand bestehender Boden;* ~**büchse,** die (früher): *Büchse für den Streusand;* ~**burg,** die: svw. ↑Strandburg; ~**dorn,** der ⟨Pl. -dorne⟩ [der Strauch wächst bes. auf sandigem Boden]: *dorniger Strauch od. Baum mit gelbroten, an Vitamin C reichen Beeren;* ~**farben,** ~**farbig** ⟨Adj.; o. Steig.; nicht adv.⟩: *beige;* ~**floh,** der: **1.** *in den Tropen vorkommender, hellgelber Floh, dessen Weibchen sich tief in die Haut, bes. zwischen Zehen u. Fingern u. unter den Nägeln, einbohrt.* **2.** (Soldatenspr. veraltend) *Infanterist;* ~**förmchen** [-fœrmçən], das; -s, -: *kleines, einer Kuchenform ähnliches Schälchen, mit dessen Hilfe Kinder aus feuchtem Sand kleine kuchenähnliche Gebilde herstellen können;* ~**gräber,** der: *in mehreren Arten in Afrika heimisches, in der Erde lebendes Nagetier mit rückgebildeten Augen u. Ohren u. sehr langen Schneidezähnen; Maulwurfsratte;* ~**grube,** die: *Grube, Abbaustelle, aus der Sand geholt wird;* ~**guß,** der ⟨o. Pl.⟩ (Gießerei): *Gießverfahren, bei dem die Formen für den Guß aus Sand bestehen;* ~**hafer,** der: *wilde Art des Hafers;* ~**hase,** der: **1.** (Soldatenspr. veraltend) svw. ↑~floh (2). **2.** (scherzh.) *Fehlwurf beim Kegeln;* ~**haufen,** der; ~**hose,** die: *über trockenen, sandigen Gebieten entstehender Wirbelsturm, der Sand u. Staub in die Luft wirbelt; Staubhose;* ~**käfer,** der: svw. ↑~laufkäfer; ~**kasten,** der: **1.** *mit Brettern o. ä. eingefaßte Grube mit Sand, in der Kinder spielen können:* im S. spielen. **2.** (Milit.) *rechteckiger flacher Kasten, in dem mit Hilfe von Sand der Ausschnitt eines Geländes plastisch u. in bestimmtem Maßstab nachgebildet ist u. an dem militärische Planspiele durchgeführt werden können:* In Strategie und Taktik wurden wir von einem Sowjetoffizier am S. unterrichtet (Leonhard, Revolution 174), zu 2: ~**kastenspiel,** das (Milit.): *militärisches Planspiel am Sandkasten;* ~**kiste,** die: svw. ↑~kasten (1); ~**korn,** das ⟨Pl. -körner⟩: *einzelnes Korn (3) des Sandes;* ~**kuchen,** der: *feiner, lockerer Kuchen (aus einem Rührteig);* ~**laufkäfer,** der: *vor allem in sandigen Landschaften vorkommender, meist grüner, blauer od. kupferroter, metallisch glänzender Käfer;* ~**mann,** der, (häufiger:) ~**männchen,** das ⟨o. Pl.⟩: *in Erzählungen für kleine Kinder auftretendes kleines Männchen, das den Kindern Sand in die Augen streut, damit sie einschlafen;* ~**papier,** das: *mit feinem Sand hergestelltes Schleifpapier;* ~**pflanze,** die: *Pflanze, die auf Sandboden wächst;* ~**pier,** der (nordd.): svw. ↑Köderwurm; ~**pilz,** der: svw. ↑~röhrling; ~**reich** ⟨Adj.; nicht adv.⟩: *viel Sand aufweisend, enthaltend:* -er Boden; eine -e Gegend; ~**riff,** das (Geol.): *[über den Meeresspiegel hinausragende] parallel zur Küste verlaufende, langgestreckte Sandbank; Schaar;* ~**röhrling,** der: *bes. auf Sandböden in Kiefernwäldern wachsender Röhrling; Hirsepilz;* ~**sack,** der: **a)** *mit Sand gefüllter Sack:* Sandsäcke füllten das Loch im Deich; **b)** (Boxen) *frei hängender, walzenförmiger, mit Sand gefüllter Sack aus Leder zum Training für Boxer:* am S. trainieren; ~**schicht,** die: *Schicht aus Sand;* ~**schliff,** der (Geol.): svw. ↑Korrasion; ~**stein,** der: **1.** ⟨o. Pl.⟩ *Sedimentgestein aus Sandkörnern, die durch Bindemittel (Ton, Kalk u. a.) verbunden sind:* S. läßt sich leicht bearbeiten; Skulpturen aus S. **2.** *Stein, bes. Baustein aus Sandstein* (1): eine Mauer aus -en bauen, dazu: ~**steinbruch,** der, ~**steinplatte,** die, ~**steinquader,** der; ~**strahlen** ⟨sw. V.; nur im Inf. u. 2. Part. gebr.; 2. Part.: gesandstrahlt, fachspr. auch: sandgestrahlt⟩ (Technik): *die steinerne od. metallene Oberfläche von etw. mit einem Sandstrahlgebläse reinigen od. aufrauhen:* Werkstücke s.; die Fassade eines Gebäudes s. lassen; ~**strahlgebläse,** das (Technik): *mit Druckluft arbeitendes Gerät, das feinen Sand in einem Strahl auf die steinerne od. metallene Oberfläche von etw. schleudert, um diese zu reinigen od. aufzurauhen;* ~**strand,** der: *sandiger Strand;* ~**sturm,** der: *in heißen, trockenen Gebieten auftretender Sturm, der Sand u. Staub aufwirbelt u. mit sich führt;* ~**torte,** die: vgl. ~kuchen; ~**uhr,** die: *dem Messen bestimmter Zeitabschnitte, zeitlicher Abstände dienendes Gerät, das im wesentlichen aus zwei übereinander angeordneten, geschlossenen, bauchigen Gläsern besteht, die durch eine sehr enge Öffnung miteinander in Verbindung stehen, durch die feiner Sand innerhalb einer bestimmten Zeit vom oberen in das untere Glas rieselt:* die S. ist abgelaufen, dazu: ~**uhrmagen,** der (Med. Jargon): *im Aussehen einer Sanduhr ähnelnder, durch Narben od. Geschwüre ringförmig eingeschnürter Magen;* ~**weg,** der: *sandiger Weg;* ~**wehe,** die (veraltend): *vom Wind angewehte Menge von Sand;* ~**wespe,** die: **1.** svw. ↑Grabwespe. **2.** *Wespe mit einem an einem langen Stiel angesetzten Hinterleib, die für die Brut Röhren in den Sand gräbt;* ~**wüste,** die: *trockene, nur mit Sand bedeckte Wüste ohne Vegetation.*

Sandale [zan'da:lə], die; -, -n [lat. sandalium < griech. sandálion = Riemenschuh]: *leichter, meist flacher Schuh, dessen Oberteil aus Riemen od. durchbrochenem Leder besteht;* **Sandalette** [zanda'lɛtə], die; -, -n [französierende Bildung zu ↑Sandale]: *der Sandale ähnlicher, leichter, oft eleganter Damenschuh (mit meist höherem Absatz).*

Sandarak ['zandarak], der; -s [lat. sandaraca < griech. sandarákē]: *gelbliches Harz einer Zypressenart, das bes. zur Herstellung von Lacken u. Pflastern sowie als Räuchermittel verwendet wird.*

Sandel- ['zandl̩-; spätmhd. sandel < ital. sandalo, mlat. sandalum, griech. sántalon < arab. ṣandal, über das Pers. aus dem Aind.]: ~**baum,** der: *(in tropischen Gebieten, bes. in Indien heimischer u. kultivierter) Baum od. Strauch mit großen fleischigen od. ledrigen Blättern, der Sandelholz u. Sandelöl liefert;* ~**holz,** das: *vom Sandelbaum u. anderen tropischen Bäumen stammendes gelbes bis goldbraunes od. dunkelrotes, oft aromatisch riechendes Holz, das bes. zum Schnitzen, für Drechslerarbeiten o. ä. verwendet wird;* ~**[holz]öl,** das ⟨o. Pl.⟩: *farbloses, aromatisch riechendes Öl aus dem Holz des Sandelbaums, das bes. bei der Herstellung von Parfüms, Seifen o. ä. verwendet wird.*

sandeln ['zandl̩n] ⟨sw. V.; hat⟩ [zu ↑Sand]: **1.** (früher) svw. ↑sanden. **2.** (Holzverarb.) *die Oberfläche von Gegenständen aus [Nadel]holz mit einer Art Sandstrahlgebläse o. ä. so behandeln, daß die weicheren Teile herausgescheuert werden u. eine reliefartige Oberfläche entsteht:* Holz s.; gesandelte Planken. **3.** (landsch.) *im Sand, mit Sand spielen:* Eigenheim-Kinder sandeln gemeinsam (MM 21. 8. 72, 5); **sändeln** ['zɛndl̩n] ⟨sw. V.; hat⟩ (schweiz.): svw. ↑sandeln (3); **sanden** ['zandn̩] ⟨sw. V.; hat⟩ (früher, noch landsch.): *mit Sand bestreuen:* die Straße bei Glatteis s.

Sander ['zandɐ], der; -[s] [isländ. sandr] (Geol.): *wenig fruchtbare, ausgedehnte, fächerförmige Sand- u. Schotterfläche im Vorfeld eines Gletschers.*

sandig ['zandıç] ⟨Adj.; nicht adv.⟩: **a)** *viel Sand enthaltend, aus Sand bestehend:* -er Boden; ein -er Weg; die -e Heide; **b)** *mit Sand bedeckt, überzogen, beschmutzt:* die -en Kleidungsstücke ausschütteln; nach dem Sturm waren alle Gegenstände s.

Sandler ['zandlɐ], der; -s, - [wohl über mundartl. Lautungen zu mhd. seine = langsam, träge] (österr. ugs. abwertend): *jmd., der nichts taugt, nichts zustande bringt; untüchtiger Mensch; Nichtsnutz;* **Sandlerin,** die; -, -nen [eigtl. w. Form von ↑Sandler] (ugs.): *[attraktive] Frau, die als Schlepper (4 a) arbeitet:* fast jede S. beherrscht eine Fremdsprache (BM 5. 11. 75, 4).

sandte ['zantə]: ↑senden.

Sandwich ['zɛntvıtʃ, auch: 's...] der od. das; -[e]s u. -, -[e]s, auch: -e [engl. sandwich, nach J. Montague, 4. Earl of Sandwich (1718–1792), der am Spieltisch belegte Brote aß, um das Spiel nicht unterbrechen zu müssen]: **1.** *zwei zusammengelegte, innen mit Butter bestrichene u. mit Fleisch, Fisch, Käse, Salat o. ä. belegte Brotscheiben od. Hälften von Brötchen:* ein Diener bot ... Sandwiches an (Koeppen, Rußland 140). **2.** kurz für ↑Sandwichmontage. **3.** (Tischtennis) *Belag (2) des Schlägers aus einer Schicht Schaumgummi o. ä. u. einer Schicht Gummi mit Noppen.*

Sandwich-: **~bauweise,** die ⟨o. Pl.⟩: *Leichtbauweise (besonders bei Flugzeugen), bei der zwei Deckbleche od. -platten, zwischen denen sich Füllstoffe befinden, verklebt od. durch Löten verbunden werden;* **~belag,** der: svw. ↑Sandwich (4); **~board** [-bo:ɐ̯t], das; -s, -s: *geschichtete Holzplatte, die außen meist aus Sperrholz u. in der Mitte aus einer Faser- od. Spanplatte besteht od. einen Hohlraum enthält;* **~man** [-mən], der; -, -men [-mən]: svw. ↑~mann; **~mann,** der ⟨Pl. -männer⟩: *jmd., der mit zwei Plakaten, von denen er eins auf der Brust u. eines auf dem Rücken trägt, eine belebte Straße auf u. ab geht, um gegen Entgelt für etw. zu werben;* **~montage,** die (Fot.): *Fotomontage, die dadurch entsteht, daß zwei [teilweise abgedeckte] Negative Schicht an Schicht zusammengelegt u. vergrößert od. kopiert werden;* **~schläger,** der (Tischtennis): *Schläger mit Sandwich* (4); **~wecken,** der (österr.): *sehr lange u. dünne Form von Weißbrot.*

sanforisieren [zanfori'zi:rən] ⟨sw. V.; hat⟩ [engl. to sanforize, nach dem amerik. Erfinder Sanford L. Cluett (1874–1968)]: *Gewebe, bes. aus Baumwolle, durch ein bestimmtes Verfahren mit trockener Hitze so behandeln, daß sie später beim Waschen nicht mehr od. nur noch wenig einlaufen.*

sanft [zanft] ⟨Adj.; -er, -este⟩ [mhd. senfte, ahd. semfti (Adv. mhd. sanfte, ahd. samfto), urspr. = gut zusammenpassend]: **1.** *angenehm wirkend auf Grund einer Art, die Freundlichkeit, Ruhe u. Güte ausstrahlt:* ein -er Mensch; ein -es Mädchen; -e Augen; sie hat ein -es Wesen, Gesicht, Herz, Gemüt; s. lächeln, reden. **2.** *auf angenehm empfundene Weise behutsam, zart:* eine -e Berührung; ein -er Händedruck; mit -er Hand streicheln; mit -en Händen anfassen; sie hält ihn s. zurück. **3.** *nur in abgeschwächter Weise in Erscheinung tretend; nur verhalten, nicht stark u. intensiv:* ein -es Rot, Blau, Licht, Feuer; eine -e Musik, Stimme; ein s. schwankendes Schilf. **4. a)** *nur schwach spürbar, sacht:* ein -er Regen, Wind, Hauch; -e Kühlung; ein -es Rauschen; In Antwerpen regnete es s. (Kaschnitz, Wohin 145); **b)** *mit einer gewissen Zurückhaltung u. weniger direkt geäußert, in Erscheinung tretend:* -e Ermahnungen, Vorwürfe; einen -en Druck, Zwang ausüben; mit -er Gewalt; manchmal spürte ich eine -e Feindseligkeit mir gegenüber (Lenz, Brot 17); ***auf die -e [Tour]** (ugs.; *auf betont freundliche, zuvorkommende Art [mit der man etw. erreichen will]*). **5.** *friedlich, still u. ruhig:* ein -er Schlaf, Tod; ein -es Ende; s. schlafen; er ist s. entschlafen; ruhe s. (Inschrift auf Grabsteinen). **6.** *nicht steil, nicht schroff, sondern ganz allmählich, angenehm harmonisch in eine andere Höhenlage übergehend:* ein -er Hügel, Anstieg; eine -e Anhöhe, Steigung; -e Abhänge; der Pfad führte in -en Windungen nach oben; eine s. ansteigende Höhe; s. geschwungene Hänge; **Sänfte** ['zɛnftə], die; -, -n [mhd. senfte, ahd. samftī, semftī = Ruhe, Gemächlichkeit, Annehmlichkeit, zu ↑sanft]: *auf zwei Stangen befestigter, meist kastenförmiger, umkleideter Sitz, in dem Personen sich tragen lassen;* ⟨Zus.:⟩ **Sänftenträger,** der: *jmd., der mit anderen zusammen eine Sänfte trägt;* **Sanftheit,** die; -: *sanfte Beschaffenheit, Wesensart; Milde:* S. der Stimme, des Ausdrucks; **sänftigen** ['zɛnftɪgn̩] ⟨sw. V.; hat⟩ [mhd. senftigen] (geh.): **a)** *sanft machen:* den Schmerz, das Leid, das Gemüt s.; **b)** ⟨s. + sich⟩ *an als bedrückend, unangenehm empfundener Intensität geringer werden, abnehmen:* der Sturm, die Bewegung sänftigt sich; **sänftiglich** ['zɛnftɪklɪç] ⟨Adj.; nicht präd.⟩ (veraltet): *auf sanfte Art, vorsichtig-behutsam;* **Sänftigung,** die; -, -en ⟨Pl. selten⟩: die S. des Zorns; **Sanftmut,** die; - [rückgeb. aus ↑sanftmütig]: *sanfte, geduldige Gemütsart, sanftes, zartes Wesen;* **sanftmütig** ⟨Adj.⟩ [mhd. senftmüetec]: *Sanftmut besitzend, zeigend; voller Sanftmut:* ein -es Wesen haben; **Sanftmütigkeit,** die; - [mhd. senftmüetecheit]: *das Sanftmütigsein.*

sang [zaŋ]: ↑singen; **Sang** [-], der; -[e]s, Sänge ['zɛŋə; mhd. sanc, ahd. sang, zu ↑singen] (veraltet): **1.** ⟨o. Pl.⟩ svw. ↑Gesang (1): ***mit S. und Klang** (veraltend; *mit Gesang u. Musik*): mit S. und Klang marschierten sie durch die Stadt; (ugs. iron.: er ist mit S. und Klang durchs Abitur gefallen); **ohne S. und Klang** (ugs. selten; ↑sanglos). **2.** svw. ↑Gesang (2): alte Sänge; **sangbar** ['zaŋba:ɐ̯] ⟨Adj.⟩: *sich gut singen lassend; kantabel* (2): eine -e Komposition; er schreibt sehr s. *(sehr sangbare Kompositionen);* ⟨Abl.:⟩ **Sangbarkeit,** die; -: vgl. Kantabilität (2); **sänge** ['zɛŋə]: ↑singen; **Sänger** ['zɛŋɐ], der; -s, - [mhd. senger, ahd. sangari]: **1.** *jmd., der [berufsmäßig] singt:* ein guter, berühmter S.; die Sänger der Staatsoper; ich bin kein S. *(ich kann nicht singen);* jmdn. zum S. ausbilden; R darüber schweigt des -s Höflichkeit (↑Höflichkeit); Ü unsere gefiederten Sänger *(Singvögel);* der Zaunkönig ist ein eifriger S. *(singt viel).* **2. a)** (veraltet) *Verfasser einer Versdichtung, Dichter:* der S. der Odyssee; **b)** (geh.) *jmd., der etw. verherrlicht, besingt:* ein S. der Liebe; ein fahrender, wandernder S. *(Spielmann im Mittelalter).*

Sänger-: **~bühne,** die (Archit.): *kleinere Empore (in einer Kirche) für Chorsänger;* **~bund,** der: *Zusammenschluß mehrerer Chöre, Gesangvereine o. ä.;* **~chor,** der: svw. ↑Chor (1 a); **~fest,** das: *von einem od. mehreren Gesangvereinen, Chören o. ä. veranstaltetes Fest;* **~knabe,** der (selten): svw. ↑Chorknabe; **~knötchen,** das ⟨meist Pl.⟩ (Med.): *durch Überanstrengung der Stimmbänder beim Singen an den Stimmbändern sich bildendes Knötchen* (2 c); **~streit, ~wettstreit,** der: **a)** *Wettstreit unter Sängern* (1), *Chören o. ä.:* einen S. veranstalten; **b)** *Wettstreit unter Sängern* (2 a), *z. B. Minnesängern, bei dem Dichter eigene Verse, Lieder vortragen:* der sagenhafte S. auf der Wartburg.

Sängerin, die; -, -nen: w. Form zu ↑Sänger (1, 2 a); **Sängerschaft,** die; -, -en ⟨Pl. selten⟩: **1.** *Gesamtheit der Sänger [u. Sängerinnen] eines Chores, Gesangvereins o. ä.* **2.** *studentische Verbindung, die bes. Musik u. Chorgesang pflegt.*

sanges-, Sanges- (geh., veraltend): **~bruder,** der: *jmd., der (mit jmdm. zusammen) einem bestimmten Chor, Gesangverein o. ä. angehört;* **~freude,** die ⟨o. Pl.⟩: *Freude am Singen;* **~freudig, ~froh** ⟨Adj.; nicht adv.⟩: *voller Sangesfreude, gern u. viel singend:* eine Gruppe -er Wandervögel; **~kundig** ⟨Adj.; nicht adv.⟩: *sich auf das Singen verstehend, singen könnend;* **~lust,** die: vgl. ~freude; **~lustig** ⟨Adj.; nicht adv.⟩: vgl. ~freudig.

Sang-froid [sã'frwa], das; - [frz. sang-froid] (bildungsspr. veraltet): *Kaltblütigkeit.*

sanglich ['zaŋlɪç] ⟨Adj.⟩ (selten): svw. ↑sangbar; **sanglos** ⟨Adj.⟩ nur in der Verbindung **sang- und klanglos** (ugs.; *ohne viel Aufhebens, unbemerkt, unbeachtet*): sang- und klanglos verschwinden; der Verlag hat seine Produktion sang- und klanglos eingestellt.

Sangria [zaŋ'gri:a, auch: 'zaŋgria], die; -, -s [span. sangría, eigtl. = Aderlaß, zu: sangre = Blut]: *einer Bowle ähnliches spanisches Getränk aus Rotwein mit [Zucker u.] kleingeschnittenen Früchten;* **Sangrita**Ⓦ [zaŋ'grita], die; -, -s [span. (mex.) sangria]: *mexikanisches Mischgetränk aus Tomaten-, Orangen- u. wenig Zwiebelsaft sowie Gewürzen.*

Sanguiniker [zaŋ'gui:nikɐ], der; -s, - [zu ↑sanguinisch; nach der Typenlehre des altgriechischen Arztes Hippokrates (um 460–um 370) Mensch eines Typs, der durch lebhaftes, leichtblütiges Temperament gekennzeichnet ist; vgl. Choleriker, Melancholiker, Phlegmatiker] (bildungsspr.): *lebhafter, temperamentvoller, meist heiterer, lebensbejahender Mensch:* er ist ein typischer, ausgesprochener S.; **Sanguinikerin,** die; -, -nen: w. Form zu ↑Sanguiniker; **sanguinisch** ⟨Adj.⟩ [lat. sanguineus = aus Blut bestehend, blutvoll, zu: sanguis = Blut]: *das Temperament eines Sanguinikers habend, seinen Typ verkörpernd.*

Sani ['zani], der; -s, -s [Kurzf. von ↑Sanitäter] (Soldatenspr.): *als Sanitäter dienender Soldat;* **sanieren** [za'ni:rən] ⟨sw. V.; hat⟩ [lat. sānāre = gesund machen, heilen, zu: sānus = heil, gesund]: **1. a)** (Med.) *(eine bestimmte Stelle des Körpers) so behandeln, daß ein Krankheitsherd beseitigt wird:* eine Wunde, ein Geschwür s.; einen Zahn s.; ein saniertes Gebiß; **b)** (Milit.) *(einem Soldaten) nach dem Geschlechtsverkehr die Harnröhre mit einer desinfizierenden Lösung spülen, um eventuell vorhandene Erreger von Geschlechtskrankheiten abzutöten:* sich s. lassen. **2. a)** *durch Renovierung, Modernisierung od. Abriß alter Gebäude u. den Bau neuer Gebäude o. ä. umgestalten u. neuen Bedürfnissen anpassen:* die Altstadt s.; eine sanierte *(im Rahmen einer Sanierung 2 umgestaltete, renovierte)* Wohnung; **b)** (Fachspr.) *modernisierend umgestalten, reformieren:* das Gesundheitswesen, die Landwirtschaft, den Kohlebergbau s.; **c)** (Fachspr.) *wieder in einen intakten Zustand versetzen:* einen umgekippten Fluß s.; das versumpfte Gelände wird erhöht und damit saniert (Weinberg, Deutsch 124); Schäden in überbeanspruchten Landschaften s. *(beheben).* **3.** (Wirtsch.) **a)** *aus finanziellen Schwierigkeiten herausbringen, wieder rentabel machen:* einen Betrieb, eine Firma s.; **b)** ⟨s. + sich⟩ *seine finanziellen, wirtschaftlichen Schwierigkeiten überwinden, wieder rentabel werden:* die Firma, der Bauunternehmer hat sich [durch Verkäufe] weitgehend saniert; er hat sich auf Kosten der Steuerzahler saniert (spött.; *bereichert, gesundgestoßen*); ⟨Abl.:⟩ **Sanierung,** die; -, -en: **1.** *das Sanieren* (1). **2.** *das Sanieren* (2): die S. der Altstadt ist abgeschlossen; eine S. der gesetzlichen Rentenversicherung. **3.** *Wiederherstellung der wirtschaftlichen Rentabilität:* eine S. aus eigener Kraft; die Firma befindet sich in einer Phase der S.

Sanierungs-: ~**arbeiten** ⟨Pl.⟩; ~**gebiet,** das: *zur Sanierung* (2 a) *vorgesehenes Gebiet;* ~**maßnahme,** die ⟨meist Pl.⟩; ~**plan,** der: *Plan für eine Sanierung* (2); ~**programm,** das.

sanitär [zani'tɛ:ɐ̯] ⟨Adj.; o. Steig.; nicht präd.⟩ [frz. sanitaire, zu lat. sānitās, ↑Sanität]: **1.** *mit der Körperpflege, der Hygiene in Zusammenhang stehend, sie betreffend, ihr dienend:* die katastrophalen -en Verhältnisse in den Elendsvierteln; Toiletten, Waschräume und sonstige -e Anlagen; -e *(für sanitäre Anlagen bestimmte)* Armaturen; -e Keramik *(Sanitärkeramik);* -e *(im Bereich sanitärer Anlagen, zu ihrer Ausstattung benötigte)* Artikel. **2.** (veraltend) *gesundheitlich:* -e Bedenken gegen das Küssen von Kindern (Baum, Paris 62); **Sanitär** [-] ⟨Subst. o. Art.; unflekt.; o. Pl.⟩ (Jargon): *Sanitärbereich, Sanitärbranche:* Eisenhändler ..., firm im Einkauf S. (FAZ 97, 1958, 41).

sanitär-, Sanitär-: ~**anlagen** ⟨Pl.⟩: *sanitäre Anlagen;* ~**armatur,** die ⟨meist Pl.⟩: *sanitäre Armatur;* ~**bereich,** der ⟨o. Pl.⟩: *mit Herstellung, Vertrieb, Installation usw. von Produkten, die für sanitäre Anlagen bestimmt sind, befaßter Fachbereich, Wirtschaftszweig;* ~**branche,** die: vgl. ~bereich; ~**einrichtungen** ⟨Pl.⟩: svw. ↑~anlagen; ~**farbe,** die: *meist hellere Farbe, in der sanitärkeramische Erzeugnisse, Badewannen u. ä. hergestellt werden;* ~**installateur,** der: *auf Sanitärinstallationen* (a) *spezialisierter Installateur;* ~**installation,** die: **a)** *Installation* (1 a) *von Anlagen o. ä. aus dem Sanitärbereich;* **b)** ⟨meist Pl.⟩ *Installation* (1 b) *im Bereich sanitärer Anlagen:* Apartments mit modernsten -en; ~**keramik,** die ⟨o. Pl.⟩: **a)** *für die Installation in sanitären Anlagen bestimmte Keramik* (1 a); **b)** *keramisches Material, aus dem Sanitärkeramik* (a) *hergestellt wird:* das Waschbecken ist aus S.; ~**keramisch** ⟨Adj.; o. Steig.; nur attr.⟩: *aus Sanitärkeramik hergestellt:* -e Produkte; ~**porzellan,** das: vgl. ~keramik; ~**raum,** der: vgl. ~zelle; ~**technik,** die ⟨o. Pl.⟩: *Bereich der Technik, der sich mit der Entwicklung, Herstellung u. Installation von Erzeugnissen des Sanitärbereichs befaßt,* dazu: ~**techniker,** der: *Fachmann auf dem Gebiet der Sanitärtechnik,* ~**technisch** ⟨Adj.; o. Steig.; nicht präd.⟩; ~**zelle,** die (Bauw.): *Teil eines Gebäudes, einer Wohnung, in dem sanitäre Anlagen untergebracht sind.*

sanitarisch [zani'ta:rɪʃ] ⟨Adj.; o. Steig.; nicht präd.⟩ (schweiz.): **1.** svw. ↑sanitär (1). **2.** *das Gesundheitswesen betreffend, zu ihm gehörend, von den Gesundheitsbehörden ausgehend:* eine -e Untersuchung; **Sanität** [zani'tɛ:t], die; -, -en [lat. sānitās (Gen.: sānitātis) = Gesundheit] (schweiz., österr.): **1. a)** ⟨o. Pl.⟩ *militärisches Gesundheitswesen, Sanitätswesen;* **b)** *Sanitätstruppe.* **2.** (ugs.) *Unfallwagen, Sanitätswagen;* **Sanitäter** [zani'tɛ:tɐ], der; -s, -: **1.** *jmd., der in Erster Hilfe, Krankenpflege ausgebildet ist [u. in diesem Bereich tätig ist]:* zwei Sanitäter trugen den verletzten Spieler vom Platz. **2.** *als Sanitäter* (1) *dienender Soldat.*

Sanitäts-: ~**artikel,** der: *Artikel für den Sanitätsdienst, die Versorgung u. Pflege Kranker;* ~**auto,** das (ugs.): vgl. ~wagen; ~**bataillon,** das (Milit.): vgl. ~kompanie; ~**behörde,** die: svw. ↑Gesundheitsbehörde; ~**bereich,** der (Milit.): svw. ↑Revier (6 b); ~**depot,** das (Milit.): *Depot für Sanitätsmaterial;* ~**dienst,** der: **1.** ⟨o. Pl.⟩ *Dienst als Sanitäter:* S. haben. **2.** (Milit.) ⟨Pl. selten⟩ *militärisches Sanitätswesen:* die Offiziere des -es, dazu: ~**dienstgrad,** der (Milit.); ~**gefreite,** der (Milit.): vgl. ~soldat; ~**geschäft,** das: *Fachgeschäft für Sanitätsartikel;* ~**haus,** das: vgl. ~geschäft; ~**hund,** der (Milit. früher): *im Sanitätsdienst, bes. zum Auffinden Verwundeter eingesetzter, besonders ausgebildeter Hund;* ~**kasten,** der (bes. Milit.): *Kasten mit Verbandszeug, Sanitätsmaterial;* ~**kompanie,** die (Milit.): *Kompanie der Sanitätstruppe;* ~**korps,** das (Milit.): svw. ↑~personal; ~**kraftwagen,** der (bes. Milit.): *Krankenwagen;* ~**material,** das: vgl. ~artikel; ~**offizier,** der (Milit.): vgl. ~soldat; ~**personal,** das (Milit.): *Personal des Sanitätsdienstes* (2); ~**polizei,** die (bes. österr.): *Gesundheitspolizei;* ~**rat,** der: **1.** (früher, noch DDR) **a)** ⟨o. Pl.⟩ *Ehrentitel für um die Volksgesundheit verdiente Ärzte;* Abk.: San.-Rat; **b)** *Träger des Titels Sanitätsrat* (1 a). **2.** (österr.) **a)** ⟨o. Pl.⟩ *Titel für bestimmte Amtsärzte;* Abk.: San.-Rat; **b)** *Träger des Titels Sanitätsrat* (2 a). **3.** ⟨o. Pl.⟩ (österr.) *beratendes Fachgremium, das dem Gesundheitsminister zur Seite steht;* ~**raum,** der (bes. Milit.): *Raum zur Erste-Hilfe-Leistung o. ä.;* ~**soldat,** der (Milit.): *Soldat der Sanitätstruppe;* ~**stelle,** die (bes. Milit.): vgl. ~raum; ~**tasche,** die: vgl. ~kasten; ~**truppe,** die (Milit.): vgl. ~personal; ~**unteroffizier,** der (Milit.): vgl. ~soldat; ~**wache,** die: *mit Sanitätern od. Krankenschwestern besetzte Stelle für Erste-Hilfe-Leistungen;* ~**wagen,** der: *Krankenwagen;* ~**wesen,** das ⟨o. Pl.⟩ (bes. Milit. u. österr.): *[militärisches] Gesundheitswesen;* ~**zelt,** das : *(bei Massenveranstaltungen im Freien) Zelt, das eine Sanitätswache beherbergt;* ~**zug,** der (Milit.): **1.** vgl. ~kompanie. **2.** *Lazarettzug.*

sanitized ['sænɪtaɪzd; engl.-amerik. sanitized, zu: to sanitize = hygienisch machen] (Textilind.): *(von Geweben) mit einer Ausrüstung versehen, die die Entwicklung von Bakterien u. Pilzen auf der Haut hemmt.*

San-José-Schildlaus [sanxo'se-], die; -, ...läuse [nach der Stadt San Jose (span. San José) in Kalifornien (USA)]: *als gefährlicher Pflanzenschädling auftretende Schildlaus.*

sank [zaŋk]: ↑sinken.

Sanka ['zaŋka], der; -s, -s [gek. aus ↑Sanitätskraftwagen] (Soldatenspr.): *militärischer Sanitätswagen.*

sänke ['zɛŋkə]: ↑sinken.

Sankra ['zaŋkra], der; -s, -s [Kurzf. von ↑**San**itäts**kra**ftwagen] (Soldatenspr.): svw. ↑Sanka.

Sankt-Elms-Feuer [zaŋkt-], das; -s, -: svw. ↑Elmsfeuer.

Sanktion [zaŋk'tsi̯o:n], die; -, -en [frz. sanction < lat. sānctio = Heilung; Billigung; Strafandrohung, zu: sancīre = heiligen; als unverbrüchlich festsetzen; bei Strafe verbieten]: **1.** ⟨Pl. selten⟩ **a)** (bildungsspr.) *das Sanktionieren* (1 a), *Billigung, Zustimmung:* die Kirche hat jeglicher Art von Gewaltanwendung grundsätzlich ihre S. zu verweigern; **b)** (jur.) *das Sanktionieren* (1 b); *Bestätigung:* das Gesetz bedarf der S. durch das Parlament, des Parlaments; Ausnahmebefugnissen der Regierung nachträgliche S. erteilen. **2.** ⟨meist Pl.⟩ **a)** (Völkerr.) *Maßnahme, die (zur Bestrafung od. zur Ausübung von Druck) gegen einen Staat, der das Völkerrecht verletzt [hat], angewandt werden kann:* militärische -en; -en über ein Land verhängen; wirtschaftliche -en gegen einen Staat beschließen, anwenden, fordern; **b)** (Soziol.) *auf ein bestimmtes Verhalten eines Individuums od. einer Gruppe hin erfolgende Reaktion der Umwelt, mit der dieses Verhalten belohnt od. bestraft wird:* positive *(belohnende),* negative *(bestrafende)* -en; **c)** (bildungsspr.) *gegen jmdn. gerichtete Maßnahme zur Erzwingung eines bestimmten Verhaltens od. zur Bestrafung:* gegen Streikteilnehmer gerichtete -en der Unternehmensleitung. **3.** (jur.) *Teil, Klausel eines Gesetzes o. ä., worin die Rechtsfolgen eines Verstoßes, die gegebenenfalls zu verhängende Strafe festgelegt sind;* **sanktionieren** [zaŋktsi̯o'ni:rən] ⟨sw. V.; hat⟩: **1. a)** (bildungsspr.) *[öffentlich, als Autorität] billigen, gutheißen [u. dadurch legitimieren]:* Kirchen, die eher einen Atomkrieg sanktionieren als eine „Sünde" gegen das Fleisch (Deschner, Talente 361); mit der staatlich sanktionierten Ermordung ... unbequemer Politiker (Fraenkel, Staat 207); **b)** (jur.) *einer Sache Gesetzeskraft verleihen, ein Gesetz bestätigen:* das Parlament hat den Gesetzentwurf sanktioniert; durch den Friedensvertrag wurde die Annexion sanktioniert *(auf eine rechtliche Grundlage gestellt).* **2. a)** (Soziol.) *mit Sanktionen* (2 b) *belegen:* die soziale Umwelt sanktioniert *(bestraft)* jeden Regelverstoß; Lebensgemeinschaften von Homosexuellen sind ... sozial negativ sanktioniert (Schmidt, Strichjungengespräche 248); **b)** (bildungsspr.) *mit Sanktionen* (2 c) *belegen:* ... deren Entscheidungen ... nicht durch Zufügung von Rechtsnachteilen (etwa Mandatsverlust) sanktioniert werden können (Fraenkel, Staat 99); ⟨Abl.:⟩ **Sanktionierung,** die; -, -en ⟨Pl. selten⟩ (bildungsspr.): *das Sanktionieren;* **Sanktissimum** [zaŋk'tɪsimʊm], das; -s [kirchenlat. sānctissimum, eigtl. = Superlativ von lat. sānctus = heilig] (kath. Rel.): svw. ↑Allerheiligste (3); **Sankt-Nimmerleins-Tag** [zaŋkt-], der; -[e]s [scherzh. erfundener Heiligenname]: ↑Nimmerleinstag; **Sanktuar** [zaŋk'tu̯a:ɐ̯], das; -s, -e; **Sanktuarium** [zaŋk'tu̯a:ri̯ʊm], das; -s, ...ien [...i̯ən; lat. sānctuārium = Heiligtum] (kath. Rel.): **a)** *Altarraum einer katholischen Kirche;* **b)** *Aufbewahrungsort für einen Reliquienschrein;* **c)** *Reliquienschrein;* **Sanktus**: ↑Sanctus.

sann [zan], **sänne** ['zɛnə]: ↑sinnen.

Sansculotte [sãsky'lɔt(ə)], die; -, -n [frz. sans-culotte, eigtl.

= ohne Kniehose (wie sie die Aristokraten trugen)] (hist. abwertend): *Proletarier, proletarischer Revolutionär der Französischen Revolution.*

Sansevieria [zanze'vi̯e:ri̯a], die; -, ...ien [...i̯ən], **Sansevierie** [zanze'vi̯e:ri̯ə], die; -, -n [nach dem ital. Gelehrten R. di Sangro, Fürst von San Severo (1710–1771)]: **1.** *(zu den Liliengewächsen gehörende) in tropischen Regionen kultivierte Faserpflanze.* **2.** *Zierpflanze mit langen, schwertförmigen, aufrecht stehenden, harten, grundständigen Blättern.*

sans gêne [sã'ʒɛn; frz.] (bildungsspr. veraltet): **a)** *zwanglos, ungezwungen;* **b)** *nach Belieben.* Vgl. [1]Gene.

Sanskrit ['zanskrɪt, österr.: zans'krɪt], das; -s [sanskr. saṁskr̥ta = geregelt, genormt]: *noch heute in Indien als Literatur- u. Gelehrtensprache verwendete altindische Sprache;* ⟨Abl.:⟩ **sanskritisch** [...'kri:tɪʃ, auch: ...krɪtɪʃ] ⟨Adj.; o. Steig.⟩: *das Sanskrit betreffend;* **Sanskritist** [zanskri'tɪst], der; -en, -en: *Wissenschaftler auf dem Gebiet der Sanskritistik;* **Sanskritistik,** die; -: *Wissenschaft von der altindischen Literatursprache Sanskrit, der in dieser Sprache geschriebenen Literatur u. der altindischen Kultur.*

Santa conversazione ['zanta kɔnvɛrza'tsi̯o:nə]: ↑Sacra conversazione.

Santiklaus ['zanti-], der; -, -e od. ...kläuse [zusgez. aus Sankt Nikolaus] (schweiz.): svw. ↑Nikolaus.

sapere aude ['za:pərə 'au̯də; lat. = wage es, weise zu sein (nach Horaz)]: *habe den Mut, dich deines eigenen Verstandes zu bedienen* (Wahlspruch der Aufklärung).

Saphir ['za:fɪr, ...fi:ɐ̯, auch, österr. nur: za'fi:ɐ̯], der; -s, -e [(spät)lat. sapp(h)īrus < griech. sáppheiros, aus dem Semit.]: **1.** *wertvoller, meist [durchsichtig] blauer Edelstein.* **2.** svw. ↑Saphirnadel.

saphir-, Saphir-: **~blau** ⟨Adj.; o. Steig.; nicht adv.⟩; **~farben** ⟨Adj.; o. Steig.; nicht adv.⟩; **~nadel,** die: *Nadel mit einer Spitze aus Saphir am Tonabnehmer eines Plattenspielers;* **~quarz,** der (Mineral.): *intensiv blauer Quarz;* **~stift,** der: svw. ↑~nadel.

saphiren [za'fi:rən] ⟨Adj.; o. Steig.; nur attr.⟩ (selten): *aus Saphir* (1) *bestehend.*

sapienti sat! [za'pi̯ɛnti 'zat; lat. = genug für den Verständigen] (bildungsspr.): *für den Eingeweihten bedarf es keiner weiteren Erklärung o. ä.*

Sapin [za'pi:n], der; -s, -e, **Sapine** [za'pi:nə], die; -, -n [frz. sapine, zu: sapin = Tanne < lat. sappīnus] (Forstw.): *einer Spitzhacke ähnliches Gerät zum Bewegen langer Baumstämme o. ä. u. zum Auflockern des Bodens; Sappel.*

Saponin [zapo'ni:n], das; -s, -e [zu lat. sāpo (Gen.: sāpōnis) = Seife] (Bot.): *in vielen Pflanzen enthaltener Stoff (Glykosid), der zur Herstellung von Waschmitteln o. ä. u. von Medikamenten verwendet wird.*

Sappe ['zapə], die; -, -n [frz. sape, zu: saper = untergraben, zu mfrz. sape = Karst, aus dem Ital., H. u.] (Milit. früher): *Laufgraben in Richtung auf die feindlichen Stellungen.*

Sappel ['zapl̩], der; -s, - (österr.): svw. ↑Sapin.

sapperlot [zapɐ'lo:t] ⟨Interj.⟩ [vgl. sackerlot] (veraltet, noch landsch.): Ausruf der Verwunderung, des Unwillens, des Zorns o. ä.: s., das hätte ich ihm gar nicht zugetraut!; **sapperment** [zapɐ'mɛnt] ⟨Interj.⟩ [vgl. sackerment] (veraltet, noch landsch.): svw. ↑sapperlot.

Sappeur [za'pø:ɐ̯], der; -s, -e [frz. sappeur] (Milit.): **1.** (früher) *mit dem Bau von Sappen beauftragter Soldat.* **2.** (schweiz.) svw. ↑Pionier (1).

sapphisch ['zapfɪʃ, auch: 'zafɪʃ] ⟨Adj.; o. Steig.⟩: **1.** *typisch für die altgriechische Dichterin Sappho (um 600 v. Chr.), für ihr Werk:* Liebesgedichte von -er Ausdrucksstärke; -e Strophe (Verslehre; *antike vierzeilige Strophe aus drei gleich gebauten elfsilbigen Versen u. einem abschließenden zweitaktigen Kurzvers*). **2.** (bildungsspr. selten) *lesbisch:* -e Liebe; **Sapphismus** [za'pfɪsmʊs, auch: za'fɪsmʊs], der; - (bildungsspr. selten): *weibliche Homosexualität.*

sapr-, Sapr-: ↑sapro-, Sapro-; **Saprämie** [zaprɛ'mi:], die; -, -n [...i:ən; zu griech. haĩma = Blut] (Med.): *durch Fäulnisbakterien hervorgerufene schwere Blutvergiftung.*

sapristi [za'prɪsti] ⟨Interj.⟩ [entstellt aus lat. sacrāmentum Chrīstī = Sakrament Christi] (veraltet): svw. ↑sapperlot.

sapro-, Sapro-, (vor Vokalen:) sapr-, Sapr- [zapr(o); griech. saprós = faul] ⟨Best. in Zus. mit der Bed.⟩: *Fäulnis, faulender Stoff* (z. B. saprophil, Saprophage, Saprämie); **Saprobie** [za'pro:bi̯ə], die; -, -n ⟨meist Pl.⟩ [zu griech. bíos = Leben], **Saprobiont** [...'bi̯ɔnt], der; -en, -en [zu griech. biõn (Gen.: bioũntos), 1. Part. von: bioũn = leben] ⟨meist Pl.⟩ (Biol.): *in stark verschmutztem, schlammigem Wasser lebender Organismus* (Ggs.: Katharobie); **saprogen** ⟨Adj.; o. Steig.; nicht adv.⟩ [↑-gen] (Biol.): *Fäulnis bewirkend;* **Sapropel** [...'pe:l], das; -s, -e [zu griech. pēlós = Schlamm] (Biol.): *Faulschlamm;* **Saprophage,** der; -n, -n [zu griech. phageĩn = essen, fressen] (Biol.): *tierischer od. pflanzlicher Organismus, der sich von faulenden Stoffen ernährt;* **saprophil** [...'fi:l] ⟨Adj.; o. Steig.; nicht adv.⟩ [zu griech. phileĩn = lieben] (Biol.): *auf, in, von faulenden Stoffen lebend;* **Saprophyt** [...'fy:t], der; -en, -en [zu griech. phytón = Pflanze] ⟨meist Pl.⟩ (Biol.): *Organismus, bes. Bakterie, Pilz, der sich von faulenden Stoffen ernährt.*

Sarabande [zara'bandə], die; -, -n [frz. sarabande, ital. sarabanda < span. zarabanda, aus dem Arab.] (Musik): **a)** *Tanz im* $^3/_4$*-Takt;* **b)** *Satz einer Suite od. Sonate.*

Sarafan [zara'fa:n], der; -s, -e [russ. sarafan, wohl aus dem Pers.] (früher): *(zur russischen Frauentracht des 18. u. 19. Jahrhunderts gehörendes) ärmelloses Überkleid mit angesetztem Leibchen.*

Sardelle [zar'dɛlə], die; -, -n [ital. sardella, Vkl. von: sarda < lat. sarda, ↑Sardine]: **1.** *im Mittelmeer, im Schwarzen Meer u. an den Atlantikküsten Westeuropas u. -afrikas vorkommender, kleiner, heringsähnlicher Fisch, der eingesalzen od. mariniert gegessen wird.* **2.** ⟨meist Pl.⟩ (ugs. scherzh.) *Haarsträhnen (von noch verbliebenem Haar), die schräg über eine Glatze gelegt sind.*

Sardellen-: **~brötchen,** das: **a)** *mit Sardellen belegtes Brötchen;* **b)** (ugs. scherzh.) vgl. Sardelle (2); **~butter,** die: *mit zerkleinerten Sardellenfilets vermischte Butter;* **~filet,** das: [2]*Filet* (b) *von einer Sardelle;* **~paste,** die: *als Brotaufstrich verwendete Paste* (1) *aus Sardellen.*

Sardine [zar'di:nə], die; -, -n [spätmhd. sardien < ital. sardina < spätlat. sardīna, zu lat. sarda = Hering]: *an den Küsten West- und Südwesteuropas vorkommender kleiner Fisch (Hering), der meist in Öl konserviert gegessen wird:* -n ohne Haut und Gräten in Olivenöl; die Fahrgäste standen zusammengedrängt wie die -n im Bus.

Sardinen-: **~büchse,** die: *Konservenbüchse, die [in Öl] eingelegte Sardinen enthält:* Ü Die Tanzfläche ist eine bunte S. (Remarque, Obelisk 52); **~gabel,** die; **~heber,** der: *kleines Schäufelchen mit Ritzen zum Ablaufen des Öls, mit dem man Ölsardinen vorlegt.*

sardonisch [zar'do:nɪʃ] ⟨Adj.; o. Steig.⟩ [lat. sardonius (rīsus) < (spät)griech. sardónios (gélōs), eigtl. = bitteres Lachen, zu: sardónios = bitter, wohl nach der auf Sardinien wachsenden Pflanze Sardonia herba, deren Genuß Gesichtsverzerrungen hervorrufen soll] (bildungsspr.): *(vom Lachen, Lächeln o. ä.) boshaft, hämisch u. fratzenhaft verzerrt:* s. grinsen; Ü -e Weisheit (K. Mann, Wendepunkt 104); * **-es Lachen** (Med.; *scheinbares Lachen, das durch Gesichtskrämpfe hervorgerufen wird*).

Sardonyx [zar'do:nʏks], der; -[es], -e [griech. sardónyx, zu: sárdios = aus Sardinien u. ónyx, ↑Onyx]: *braun u. weiß gestreifter Chalzedon (Schmuckstein).*

Sarg [zark], der; -[e]s, Särge ['zɛrgə; mhd. sarc(h), ahd. sarc, über das Vlat < spätlat. sarcophagus, ↑Sarkophag] ⟨Vkl. ↑Särglein⟩: *kastenförmiges, längliches Behältnis mit Deckel, in das ein Toter gelegt wird:* ein schlichter, prunkvoller, blumengeschmückter S.; ein S. aus Eiche, aus Zink; den S. ins Grab senken; er stand am offenen S.

Sarg-: **~deckel,** der: **1.** *Deckel eines Sarges.* **2.** (Bergmannsspr.) *Gesteinsblock in einem* [1]*Gang* (7 b), *der sich gelöst hat, aber noch nicht heruntergefallen ist;* **~nagel,** der: **1.** *Nagel* (1) *für einen Sarg.* **2.** (ugs. scherzh.) *Zigarette (im Hinblick auf ihre gesundheitsschädigende Wirkung);* **~schreiner,** der (landsch.): svw. ↑~tischler; **~tischler,** der: *Tischler, der Särge herstellt;* **~träger,** der: *Mann, der mit anderen zusammen bei einem Begräbnis den Sarg trägt;* **~tuch,** das: *Tuch, das über den Sarg gebreitet wird.*

Särglein ['zɛrklai̯n], das; -s, -: ↑Sarg.

Sari ['za:ri], der; -[s], -s [Hindi sāṛī < aind. śāṭī = Tuch, Gewand]: *aus einer kunstvoll um den Körper gewickelten Stoffbahn bestehendes Gewand der Inderin.*

Sarkasmus [zar'kasmʊs], der; -, ...men [spätlat. sarcasmos < griech. sarkasmós = beißender Spott, zu: sarkázein = verhöhnen, eigtl. = zerfleischen, zu: sárx = Fleisch] (bildungsspr.): **1.** ⟨o. Pl.⟩ *beißender, verletzender Spott, Hohn, der jmdn., etw. lächerlich machen will:* sein S. *(seine sarkastische Art)* ist schwer erträglich; jmdm. mit S. begegnen. **2.** *sarkastische Äußerung, Bemerkung:* seine ...men sind gefürchtet; **sarkạstisch** ⟨Adj.⟩ [griech. sarkastikós] (bildungsspr.): *mit, von beißendem, verletzendem Spott:* er hat eine -e Art; eine -e Äußerung, Bemerkung machen; s. sein; „Langsamer ging's wohl nicht mehr", sagte James I s. (Kirst, 08/15, 787); **sarkoịd** [zarko'i:t] ⟨Adj.; o. Steig.⟩ [zu ↑Sarkom u. griech. -oeidḗs = ähnlich] (Med.): *(von Geschwülsten) einem Sarkom ähnlich;* **Sarkom** [zar'ko:m], das; -s, -e [zu griech. sárx = Fleisch] (Med.): *aus dem Bindegewebe hervorgehende bösartige Geschwulst;* **sarkomatös** [...koma'tø:s] ⟨Adj.; -er, -este⟩ (Med.): **a)** *(von Geweben) verändert in der Art eines Sarkoms;* **b)** *auf Sarkomatose beruhend;* **Sarkomatose** [...'to:zə], die; - (Med.): *ausgebreitete Bildung von Sarkomen;* **Sarkophag** [zarko'fa:k], der; -s, -e [spätlat. sarcophagus < griech. sarkophágos, eigtl. = Fleischverzehrer, zu: sárx = Fleisch u. phageĩn = essen, fressen (urspr. wurde zur Herstellung eine die Verwesung fördernde Kalksteinart verwendet)] (bildungsspr.): *(meist aus Stein od. Metall bestehender) prunkvoller, großer, in einer Grabkammer od. der Krypta einer Kirche o. ä. aufgestellter Sarg, in dem hochgestellte Persönlichkeiten beigesetzt werden.*

Sarong ['za:rɔŋ], der; -[s], -s [malai. sarung]: *um die Hüfte geschlungener, bunter Rock der Indonesierinnen.*

Sarraß ['zaras], der; ...rasses, ...rasse [poln. za raz = für den Hieb] (früher): *schwerer Säbel.*

Sarsaparille [zarzapa'rɪlə], die; -, -n [span. zarzaparilla] (Bot.): *in mehreren Arten in den Tropen wachsende Stechwinde, die in der Heilkunde verwendete Saponine enthält.*

Sarugh, (auch:) **Saruk** ['zarʊk], der; -[s], -s [nach dem iran. Ort Sarugh]: *Teppich in Blau-, Rot- u. Cremetönen mit kurzem Flor sowie Blumen, Palmetten u. Heratimuster.*

Sa-Springen [ɛs'|a:-], das; -s, - [Kurzwort für: schweres Springen der Kategorie a] (Pferdesport): *schwere Springprüfung mit längerem Parcours u. einer größeren Zahl von Hindernissen.*

saß [za:s]: ↑sitzen; **Saß** [zas], Sạsse, der; Sassen, Sassen [mhd. sāʒ, ahd. sāʒo, zu ↑sitzen] (MA.): **1.** *Besitzer von Grund u. Boden.* **2.** *Ansässiger; Einwohner.* **3.** svw. ↑Höriger.

Sassafras ['zasafras], der; -, - [frz. sassafras < span. sasafrás] (Bot.): svw. ↑Sassafrasbaum; ⟨Zus.:⟩ **Sạssafrasbaum,** der: *zu den Lorbeergewächsen gehörender Baum, dessen Holz u. Rinde durch ein darin enthaltenes ätherisches Öl einen intensiven Duft ausströmen; Nelkenzimtbaum;* **Sạssafrasöl,** das: *ätherisches Öl aus dem Holz des Sassafrasbaums.*

Sạssaparille: svw. ↑Sarsaparille.

¹Sasse: ↑Saß; **²Sạsse,** die; -, -n [zu (ost)niederd. sassen = sich niederlassen, zu ↑sitzen] (Jägerspr.): *Lager des Hasen.*

säße ['zɛ:sə]: ↑sitzen.

Satan ['za:tan], der; -s, -e [mhd. satān, ahd. satanās < kirchenlat. satan(ās), griech. satanãs < hebr. śạṭạn = Widersacher, böser Engel]: **1.** ⟨o. Pl.⟩ (bibl.) *der Widersacher Gottes; der Teufel; der Versucher:* das Reich, die Macht des -s; vom S. versucht werden, besessen sein; * **jmdn. hole der S./soll der S. holen** usw. (↑Teufel). **2.** (ugs. abwertend; häufig als Schimpfwort) *boshafter Mensch:* er, dieses Weib ist ein S.; **Satanas** ['za:tanas], der; -, -se (bildungsspr.): *Satan* (1); **Satanie** [zata'ni:], die; - (bildungsspr. selten): *teuflische Grausamkeit;* **satanisch** [za'ta:nɪʃ] ⟨Adj.⟩: **1.** (bildungsspr.) *sehr böse, boshaft; teuflisch:* ein -er Plan; -e Freude beherrschte ihn; er ... genoß s. den Niederschlag seiner Worte (W. Hasenclever, die Rechtlosen 396); **Satanismus** [zata'nɪsmʊs], der; -: **1.** *Verehrung, Verherrlichung des Satans.* **2.** *literarische Darstellung des Bösen, Grausamen, Perversen, Krankhaften.*

Sạtans-: **~braten,** der (bes. als Schimpfwort): svw. ↑Höllenbraten, Teufelsbraten; **~brut,** die ⟨o. Pl.⟩ (bes. als Schimpfwort): vgl. ↑Höllenbrut; **~kerl,** der: **1.** (bes. als Schimpfwort) *teuflischer Mensch.* **2.** vgl. Teufelskerl; **~messe,** die: svw. ↑Teufelsmesse; **~pilz,** der: *giftiger, nach Aas riechender Röhrenpilz mit dickem rötlichgelbem Stiel u. grauweißem Hut;* **~röhrling,** der: svw. ↑~pilz; **~weib,** das (bes. als Schimpfwort); vgl. Teufelsweib.

Satellit [zatɛ'li:t, auch: ...lɪt], der; -en, -en [frz. satellite < lat. satelles (Gen.: satellitis) = Leibwächter, H. u.]: **1.** (Astron.) *Himmelskörper, der einen Planeten auf einer unveränderlichen Bahn umkreist:* der Mond ist ein S. der Erde; Ü die osteuropäischen Länder ... -en *(Gefolgsleute; Abhängige)* Moskaus (Dönhoff, Ära 159). **2.** (Raumf.) *Flugkörper, der – auf eine Umlaufbahn gebracht – in elliptischer od. kreisförmiger Bahn die Erde (od. den Mond) umkreist u. dabei bestimmte wissenschaftliche od. technische Aufgaben erfüllt, Daten sammelt o. ä.* (z. B. Wettersatellit, Nachrichtensatellit): ein [un]bemannter S.; -en kreisen im Weltraum; einen -en in eine Umlaufbahn bringen; in, mit einem -en die Erde, den Mond umkreisen. **3.** (abwertend) kurz für ↑Satellitenstaat: Moskau und seine -en.

Satelliten-: **~bahn,** die: *Umlaufbahn eines Satelliten* (2); **~bild,** das: svw. ↑~foto; **~foto,** das (bes. Met.): *von einem [Wetter]satelliten hergestelltes Foto von einem bestimmten Bereich der Erdoberfläche;* **~staat,** der (abwertend): *Staat, der (trotz formaler äußerer Unabhängigkeit) von einem anderen Staat (bes. von einer Großmacht) abhängig ist;* **~stadt,** die: *größere, weitgehend eigenständige Ansiedlung am Rande einer Großstadt;* vgl. Trabantenstadt; **~übertragung,** die (Fernsehen): *Übertragung einer Sendung o. ä. über einen Fernsehsatelliten.*

Satemsprache ['za:tɛm-], die; -, -n [nach der Aussprache des Anlauts in altiran. satem = hundert als s] (Sprachw.): *Sprache aus der Gruppe der indogermanischen Sprachen, die die palatalen Verschlußlaute der indogermanischen Grundsprache nicht als Verschlußlaute erhalten, sondern in Reibelaute od. Zischlaute verwandelt haben* (Ggs.: Kentumsprache).

Satin [za'tɛ̃:, auch: za'tɛŋ], der; -s, -s [mhd. satin < afrz. satin, wohl < span. aceituni < arab. zaitūnīy = Seide aus Zaitun (=Hafen Tseutung in China)]: *Gewebe, Stoff in Atlasbindung mit glatter, glänzender Oberfläche;* **Satinage** [zati'na:ʒə], die; -, -n [frz. satinage]: *das Satinieren;* ⟨Zus.:⟩ **Satinbindung,** die (Textilind.): svw. ↑Atlasbindung; **Satinbluse,** die; **satinieren** [zati'ni:rən] ⟨sw. V.; hat⟩ [frz. satiner] (Fachspr.): *mit einer Satiniermaschine (unter starkem Druck) glätten u. mit Hochglanz versehen:* Papier, Leder, Kunststoff s.; eine satinierte Oberfläche; ⟨Zus.:⟩ **Satinịermaschine,** die (Fachspr.): svw. ↑Kalander.

Satire [za'ti:rə], die; -, -n [lat. satira, älter: satura, eigtl. = mit verschiedenen Früchten gefüllte Schale (übertr. im Sinne von „bunte Mischung")]: **1.** ⟨o. Pl.⟩ *Kunstgattung (Literatur, Karikatur, Film), die durch Übertreibung, Ironie u. [beißenden] Spott an Personen, Ereignissen Kritik übt, sie der Lächerlichkeit preisgibt, Zustände anprangert, mit scharfem Witz geißelt:* die S. geißelt bestimmte Zustände; er war ein Meister der S.; die Kunst der politischen S. **2.** *künstlerisches Werk, das zur Gattung der Satire* (1) *gehört:* eine beißende, bittere, geistvolle S.; eine gezeichnete S.; er schreibt -n; eine S. auf die Auswüchse des Konsumverhaltens; ⟨Zus.:⟩ **Satịrendichter,** der; **Satịrenschreiber,** der; ⟨Abl.:⟩ **Satịriker,** der; -s, - [spätlat. satiricus]: **a)** *Schöpfer von Satiren:* die S. unter den Schriftstellern; **b)** *jmd., der sich gerne bissig-spöttisch, ironisch äußert:* er ist ein Satiriker; **satịrisch** ⟨Adj.⟩ [lat. satiricus]: **a)** *in der Art der Satire* (1); *die Mittel der Satire* (1) *anwendend:* eine -e Zeitschrift; ein -er Roman, Essay; -e Zeichnungen, Bilder; ein -er *(Satiren schreibender)* Schriftsteller; Die Bilderserien waren lebendig, frisch, oft s. (Leonhard, Revolution 97); s. schreiben, zeichnen; **b)** *mit beißendem Spott:* eine -e Bemerkung; sich s. äußern; **satirisieren** [zatiri'zi:rən] ⟨sw. V.; hat⟩ (veraltet): *satirisch* (b) *darstellen:* die Zustände s.; er moralisiert und satirisiert in seiner Dichtung.

Satisfaktion [zatɪsfak'tsi̯o:n], die; -, -en ⟨Pl. selten⟩ [lat. satisfactio = Genugtuung, zu: satisfacere = Genüge leisten, befriedigen (aus: satis = genug u. facere = tun)]: **a)** (bildungsspr. veraltend) *Genugtuung* (2), *bes. in Form einer Ehrenerklärung:* S. fordern, verlangen, erhalten; jmdm. S. geben; **b)** (früher, noch Studentenspr.) *Zurücknahme einer Beleidigung o. ä. durch die Bereitschaft zum Duell:* unbedingte S.; S. fordern, nehmen, geben, erteilen; ⟨Zus.:⟩ **satisfaktiọnsfähig** ⟨Adj.; o. Steig.; nicht adv.⟩ (früher): *(nach einem bestimmten Ehrenkodex) berechtigt, Satisfaktion* (b) *zu fordern bzw. zu leisten;* **satisfaktiọnsunfähig** ⟨Adj.; o. Steig.; nicht adv.⟩ (früher): *nicht satisfaktionsfähig.*

Satrap [za'tra:p], der; -en, -en [lat. satrapēs < griech. satrápēs, eigtl. = der das Reich Schützende] (hist.): *Statthalter einer Provinz (im Persien der Antike):* Ü wem wolltet ihr denn ans Leben? Eurem „Führer" selbst, oder nur einem seiner -en? (abwertend; *seiner Chargen;* K. Mann, Mephisto 297); **Satrapie** [zatra'pi:], die; -, -n [...i:ən; lat. satrapīa < griech. satrapeía] (hist.): *von einem Satrapen verwaltetes Gebiet.*

¹Satsuma ['zatsuma], das; -[s] [nach der jap. Halbinsel

Satsuma (Kiuschu)]: *feine japanische Töpferware in schlichten Formen mit regelmäßiger, meist brauner od. schwarzer Glasur;* **²Satsuma** [za'tsu:ma], die; -, -s: *meist kernlose, sehr saftige Mandarinenart.*

satt [zat] ⟨Adj.; -er, -este⟩ [mhd., ahd. sat]: **1. a)** *nicht mehr hungrig; sich in einem Zustand befindend, in dem man kein Bedürfnis nach Nahrungsaufnahme mehr verspürt:* -e Gäste; s. sein; s. werden; sich s. essen; von etwas nicht s. werden; das Baby hat sich s. getrunken; wir kriegen unser Kind nicht mehr s. *(es hat immer Hunger);* etw. macht s. *(sättigt schnell);* Ü Leute, die sich nicht s. sehen können an dieser Akropolis (*die nicht aufhören können, sie sich anzusehen;* Frisch, Gantenbein 311); * **s. sein** (ugs.; *[völlig] betrunken sein*); **b)** *[alles, was man braucht, reichlich habend und daher] selbstzufrieden, selbstgefällig:* der -e, gebildete Bürger (Niekisch, Leben 343); er lebte s. in den Tag hinein. **2.** ⟨bes. attr.⟩ **a)** *(bes. in der Färbung) kräftig, voll, intensiv:* ein -es Rot, Grün; die vom Föhn um jeden Dunst befreite Luft ... malt die Welt in -esten Farben (Eidenschink, Fels 110); Ü ein -er Sound; **b)** (ugs.) *ansehnlich, beeindruckend (in bezug auf die Höhe einer Summe o. ä.):* ein -er Preis; mit einem -en Schuß das 1:0 erzielen; Der Umsatz kletterte ... auf -e 150000 Mark (DM 40, 1965, 12). **3.** * **jmdn. s. haben** (ugs.; *jmdn. nicht mehr leiden, ertragen können*); **einer Sache s. sein** (geh.; *einer Sache überdrüssig sein*); **etw. s. haben;** (geh.:) **einer Sache, jmds. s. sein** *(etw. leid sein, nicht mehr länger dulden):* ich bin es s., dir immer deine Sachen nachräumen zu müssen; **etw. s. bekommen/kriegen** (ugs.; *etw. leid werden*); **nicht s. werden, etw. zu tun** (ugs.; *nicht müde werden, etw. zu tun; etwas immer wieder tun*). **4.** ⟨adv.⟩ *(von etw.) so reichlich, ausgiebig, daß es den Bedarf völlig deckt:* nicht s. zu essen haben *(hungern müssen);* s. (landsch.; *genug*) Fleisch haben; ⟨nachgestellt bei Substantiven:⟩ Krimi s. – am Wochenende (Hörzu 34, 1978, 29). **5.** (schweiz.) *eng[anliegend], knapp, straff:* eine s. sitzende Bandage.

satt-, Satt-: ~**blau** ⟨Adj.; o. Steig.; nicht adv.⟩: *von kräftigem, tiefem Blau;* ~**braun:** vgl. ~blau; ~**dampf,** der (Technik): *Wasserdampf, der den Sättigungspunkt erreicht hat;* ~**gelb:** vgl. ~blau; ~**grün:** vgl. ~blau; ~**rot:** vgl. ~blau; ~**schwarz:** vgl. ~blau.

Satte ['zatə], die; -, -n [wohl zu niederd. setten = setzen, also eigtl. = Gefäß, in dem die Milch sich setzt] (nordd.): *größere, flache Schüssel (in der man Milch stehenläßt, damit diese Rahm absetzen, sauer werden kann).*

Sattel ['zatl̩], der; -s, Sättel ['zɛtl̩; mhd. satel, ahd. satal, H. u.]: **1. a)** *gepolsterter Sitz in geschwungener Form, der einem Reittier für den Reiter aufgelegt wird:* den S. auflegen, an-, abschnallen, abnehmen; das Pferd warf ihn aus dem S.; jmdn. aus dem S., in den S. heben; jmdm. in den S. helfen; sich aus dem, in den S. schwingen; mit, ohne S. reiten; vom S. fallen; er könnte stundenlang im S. sitzen *(reiten);* das Pferd geht unter dem S. *(ist an Reiter gewöhnt);* * **in allen Sätteln gerecht sein** *(alles gut können, wofür man eingesetzt wird);* **jmdm. in den S. helfen/jmdn. in den S. heben** *(jmdn. in eine einflußreiche Position, an die Macht bringen);* **fest im S. sitzen** *(seine Position unangefochten behaupten);* **sich im S. halten** *(seine Position behaupten);* **jmdn. aus dem S. heben** *(jmdm. die Macht, den Einfluß nehmen);* **b)** *Gestell für Gepäck, das auf dem Rücken eines Lasttiers festgeschnallt wird.* **2.** *Teil des Fahrrads, Motorrads, auf dem man sitzt:* der S. ist für mich zu niedrig; den S. höher stellen; sich auf den S. setzen, schwingen, auf dem S. sitzen. **3. a)** kurz für ↑Bergsattel; **b)** (Bergbau) *hügelförmiger Verlauf einer Schicht in der Erdrinde;* **c)** kurz für ↑Nasensattel. **4.** svw. ↑Passe: 1969er Röcke: ... der S. darf nicht fehlen (MM 6. 5. 69, 22). **5.** *am oberen Ende des Griffbretts von Saiteninstrumenten angebrachte Querleiste, auf der die Saiten aufliegen.* **6.** *mittlerer Teil des Pferdes* (2) *zwischen den Pauschen* (2).

sattel-, Sattel-: ~**bein,** das [nach der Form] (Anat.): svw. ↑Keilbein; ~**dach,** das: *Dach, das aus zwei schrägen Flächen besteht, die am First zusammenstoßen;* ~**decke,** die: *Decke, die über den Tierrücken gebreitet wird, bevor man den Sattel auflegt;* ~**druck,** der ⟨o. Pl.⟩: *durch falsch sitzenden Sattel erzeugter Druck auf den Körper des Pferdes;* ~**fertig** ⟨Adj.; o. Steig.; nicht adv.⟩: *(vom Pferd) soweit vorbereitet, daß es gesattelt werden kann;* ~**fest** ⟨Adj.; nicht adv.⟩: *sicher durch umfassendes Können, Wissen auf einem bestimmten Gebiet und dadurch allen Anforderungen gewachsen;* ~**gelenk,** das: *Gelenk mit zwei gegeneinander gekrümmten Flächen, die Drehbewegungen um zwei Achsen zulassen;* ~**gurt,** der: *vom Sattel aus um den Bauch des Pferdes geschnallter Gurt, der den Sattel festhält;* ~**kissen,** das: *Polster unter dem Sattelsitz;* ~**knopf,** der: *vorderes, verdicktes Ende des Sattels in Kugelform;* ~**nase,** die: *Nase, deren Rücken in der Form eines Sattels nach unten gebogen ist;* ~**pausche,** die: svw. ↑Pausche (1); ~**pferd,** das: *im Gespann links von der Deichsel eingespanntes Pferd* (Ggs.: Handpferd); ~**polster,** das: svw. ↑~kissen; ~**schlepper,** der: *Zugfahrzeug, auf dem der [einachsige] Anhänger mit einem wesentlichen Teil seiner Last aufruht;* ~**sitz,** der: *Sitzfläche des Sattels;* ~**tasche,** die: **a)** *(zu beiden Seiten) an dem seitlichen Teil des Sattels angebrachte Tasche;* **b)** *unter dem breiteren Ende des Sattels eines Fahrrads befestigte Tasche für Werkzeug;* ~**wunde,** die: *vom Satteldruck hervorgerufene Wunde auf dem Rücken des Pferdes;* ~**zeug,** das: *zum Satteln benötigte Dinge;* ~**zug,** der: *Lastzug, der aus Sattelschlepper u. [einachsigem] Anhänger besteht;* ~**zugmaschine,** die: svw. ↑~schlepper.

satteln ['zatl̩n] ⟨sw. V.; hat⟩ [mhd. satel(e)n, ahd. satalōn]: *(einem Reit- od. Lasttier) den Sattel auflegen:* ein Pferd s.; * **[für etwas] gesattelt sein** *(so gründlich vorbereitet sein, daß man mit Ruhe einer Sache entgegensehen kann);* **Sattelung,** Sattlung ['zat(ə)lʊŋ], die; -, -en: **a)** *das Satteln;* **b)** *Lage u. Art der Befestigung des Sattels auf dem Pferd.*

Sattheit, die; -: **1. a)** *Zustand des Sattseins;* **b)** *Selbstgefälligkeit, Selbstzufriedenheit:* ... wenn Bert Brecht die bürgerliche S. geißelt (Thielicke, Ich glaube 197). **2.** *[Leucht]kraft, Intensität:* die S. der Farben; **sättigen** ['zɛtɪgn̩] ⟨sw. V.; hat⟩ /vgl. gesättigt/ [mhd. set[t]igen]: **1.** (geh.) *satt* (1 a) *machen; jmds. Hunger stillen:* ... mit Speiseresten ..., an denen er sich gemächlich sättigte (Musil, Mann 1175); ... um das Junge ... mit Fischen ... zu s. (Lorenz, Verhalten I, 192); Ü jmds. Ehrgeiz, Neugier, Verlangen, Wissensdrang s. **2.** *(von Speisen) schnell satt machen:* die Suppe sättigt; Eierspeisen sind sehr sättigend. **3.** *soviel hinzufügen, bis die Aufnahmefähigkeit erreicht ist, um so viel steigern, daß ein Grenzwert erreicht ist:* durch großes Angebot den Markt s.; purpurrot ist eine stärker gesättigte Farbe als rosa. **4.** * **gesättigt sein von etw.** *(bes. viel von etw. enthaltend):* die Luft ist gesättigt vom Duft der Kräuter; ⟨Abl.:⟩ **Sättigung,** die; -, -en ⟨Pl. selten⟩ [spätmhd. setigung]: **1.** *das Sättigen* (1), *Stillen des Hungers; das Sattsein:* die S. der Hungernden; ein Gefühl der S. verspüren. **2.** (Fachspr.) *das Sättigen* (3): die S. einer Kochsalzlösung; die Luft hat eine hohe, einen hohen Grad der S. mit Wasserdämpfen.

Sättigungs-: ~**gefühl,** das ⟨o. Pl.⟩: *Gefühl des Sattseins;* ~**grad,** der (Wirtsch.): *Grad der Sättigung des Marktes mit einer bestimmten Ware;* ~**punkt,** der (Chemie): *Punkt, an dem eine Sättigung* (2) *eintritt;* ~**wert,** der: *Eigenschaft von Nahrungsmitteln zu sättigen:* ein hoher, geringer S.

Sattler ['zatlɐ], der; -s, - [mhd. sateler, ahd. satilari]: *jmd., der grobe Lederwaren (z. B. Sättel, Treibriemen, Koffer) herstellt* (Berufsbez.).

Sattler-: ~**arbeit,** die; ~**gehilfe,** der; ~**geselle,** der; ~**handwerk,** das ⟨o. Pl.⟩; ~**innung,** die; ~**lehrling,** der; ~**meister,** der: *Meister im Sattlerhandwerk;* ~**seife,** die: *Seife zur Reinigung von Leder;* ~**waren** ⟨Pl.⟩; ~**werkstatt,** die.

Sattlerei [zatlə'rai̯], die; -, -en: **a)** ⟨o. Pl.⟩ *Sattlerhandwerk:* die S. erlernen; **b)** *Sattlerwerkstatt;* **Sattlung:** ↑Sattelung.

sattsam ['zatza:m] ⟨Adv.⟩ [urspr. = üppig, stolz] (emotional): *mehr als genug, bis zum Überdruß, viel zu sehr:* s. hatten sie es durchgesprochen (A. Kolb, Daphne 44); (meist in der Fügung:) s. bekannt: s. bekannte Mißstände.

Saturation [zatura'tsi̯o:n], die; - [spätlat. saturātio = Sättigung] (bes. Chemie): **1.** *Sättigung.* **2.** *spezielles Verfahren bei der Zuckergewinnung, wobei überschüssiger Kalk aus dem Zuckersaft durch Kohlendioxyd abgeschieden wird;* **saturieren** [zatu'ri:rən] ⟨sw. V.; hat⟩ [lat. saturāre, zu: satur = satt]: **1.** (bildungsspr.) *bewirken, daß jmds. Verlangen, etw. Bestimmtes zu bekommen, gestillt ist; befriedigen:* die Gläubiger sollen in dem Konkursverfahren saturiert werden; jmd. hat seinen Bedarf [an etw.] saturiert; saturierte *(selbstzufrieden-übersättigte)* Wohlstandsbürger. **2.** (Fachspr. veraltend) svw. ↑sättigen (3); **Saturiertheit,** die; -; **Saturierung,** die: -, -en ⟨Pl. selten⟩.

Saturnalien [zatur'na:li̯ən] ⟨Pl.⟩ [lat. Sāturnālia; (im Rom der Antike) im Dezember gefeiertes Freudenfest zu Ehren des Gottes Saturn] (bildungsspr. selten): *ausgelassenes Fest;* ⟨Abl.:⟩ **saturnalisch** ⟨Adj.; o. Steig.⟩ (bildungsspr. selten): *den Saturnalien entsprechend; ausgelassen, rauschhaft:* ein -es Vergnügen; **saturnisch** [za'tʊrnɪʃ] ⟨Adj.; o. Steig.; nicht adv.⟩: **a)** *den römischen Gott Saturn betreffend, zu ihm gehörend;* **b)** *den Planeten Saturn betreffend, von ihm ausgehend;* **c)** ↑Vers; **Saturnismus** [zatʊr'nɪsmʊs], der; -, ...men [der Planet Saturn war bei den Alchimisten Symbol für Blei] (Med.): *Bleivergiftung.*

Satyr ['za:tyr], der; -s u. -n, -n ⟨meist Pl.⟩ [lat. satyrus, griech. sátyros]: **1.** *lüsterner Waldgeist u. Begleiter des Dionysos in der griechischen Sage.* **2.** (selten) *sinnlich-lüsterner Mann;* **Satyriasis** [zaty'ri:azɪs], die; - [spätlat. satyriasis < griech. satyríasis] (Med.): *krankhaft gesteigerter männlicher Geschlechtstrieb;* **Satyrspiel,** das; -[e]s, -e: *im Griechenland der Antike heiter-groteskes mythologisches Nachspiel* (1) *einer Tragödientrilogie, dessen Chor aus Satyrn bestand.*

Satz [zats], der; -es, Sätze ['zɛtsə], (als Maß- od. Mengenangabe auch:) - [mhd. sa(t)z, zu ↑setzen, eigtl. = das Setzen; das Gesetzte]: **1.** ⟨Vkl. ↑Sätzchen⟩ *im allgemeinen aus mehreren Wörtern bestehende, in sich geschlossene, eine Aussage, Frage od. Aufforderung enthaltende sprachliche Einheit:* ein kurzer, langer, verschachtelter S.; ein einfacher, zusammengesetzter, eingeschobener, abhängiger S.; das ist ein oft gehörter S. *(eine oft gehörte Äußerung);* Sätze bilden, konstruieren, zergliedern *(in ihre grammatischen Teile zerlegen);* einen S. sagen *(eine [bestimmte] Äußerung tun);* Er achtete auf Schreibfehler und den Bau der Sätze (Johnson, Mutmaßungen 115); mitten im S. abbrechen; in abgehackten, zusammenhanglosen Sätzen sprechen; das läßt sich nicht in/mit einem S. erklären *(bedarf weitläufigerer Erklärung).* **2.** ⟨meist Sg.⟩ *(in einem od. mehreren Sätzen 1 formulierte) Erkenntnis, Erfahrung od. Behauptung von allgemeiner Bedeutung; [philosophische od. wissenschaftliche] These:* ein sehr anfechtbarer S.; der S. *(Lehrsatz)* des Euklid, des Pythagoras; einen S. aufstellen, begründen, widerlegen. **3.** (Druckw.) ⟨o. Pl.⟩ **a)** *das Setzen* (3 g) *eines Manuskripts:* der S. beginnt, ist abgeschlossen; das Manuskript ist im S., geht in [den] S., wird zum S. gegeben; **b)** *abgesetztes* (12 b) *Manuskript, das die Vorlage für den Druck darstellt; Schriftsatz:* der S. ist unsauber, muß korrigiert werden. **4.** (Musik) **a)** svw. ↑Periode (8 a); **b)** ⟨Vkl. ↑Sätzchen⟩ *in sich geschlossener Teil eines mehrteiligen Musikwerks:* der erste, zweite S. einer Sinfonie, Sonate, Suite; ein schneller, langsamer S.; **c)** *Art, in der ein Musikwerk gesetzt ist; Kompositionsweise:* ein zwei-, drei-, mehrstimmiger S.; ein homophoner, polyphoner, kontrapunktischer S. **5.** (Amtsspr.) *in seiner Höhe festgelegter Betrag, Tarif für etw. [regelmäßig] zu Zahlendes od. zu Vergütendes* (z. B. Steuersatz, Beitragssatz, Zinssatz): ein hoher, niedriger S.; die Sätze der Steuer sind neu festgelegt worden; ein S. *(Spesensatz)* von 12 Pfennig pro Kilometer; der S. der Sozialfürsorge; Krankenhausleistungen sollten nach einheitlichen ... Sätzen vergütet werden (Hackethal, Schneide 219). **6.** *bestimmte Anzahl zusammengehöriger [gleichartiger] Gegenstände [verschiedener Größe]:* ein S. Teller, Schüsseln, Kochtöpfe; ein S. (= vier) Reifen; einige S./Sätze Briefmarken. **7.** (Jägerspr.) *(von Hasen u. Kaninchen) die auf einmal geborenen Jungen:* ein S. Hasen. **8.** (Fischereiw.) *bestimmte Anzahl eingesetzter Jungfische:* ein S. Forellen, Karpfen. **9.** (Datenverarb.) *Gruppe in bestimmter Hinsicht zusammengehöriger Daten einer Datei; Datensatz.* **10.** svw. ↑Bodensatz: auf dem Boden des Gefäßes hat sich ein schlammiger S. abgesetzt; der S. von Kaffee, Wein; beim Abgießen der Flüssigkeit bleibt der S. zurück. **11.** (Badminton, [Tisch]tennis, Volleyball) *Spielabschnitt, der nach einer bestimmten Zahl von gewonnenen Punkten beendet ist:* einen S. [Tennis] spielen, gewinnen, abgeben [müssen]; der zweite S. ging an den Australier; im zweiten S. wurde er stärker; er verlor in drei Sätzen. **12.** ⟨Vkl. ↑Sätzchen⟩ *[großer] Sprung; großer [eiliger] Schritt:* einen großen S. machen; er machte, tat einen S. über den Graben, zur Seite; in/mit wenigen Sätzen hatte er ihn eingeholt; als es klingelte, war er mit einem S. *(blitzschnell)* an der Tür; er mußte Sätze machen (ugs.; *mußte schnell laufen*), um den Zug noch zu erreichen.

satz-, Satz-: ~**aal,** der (Fischereiw.): vgl. ~fisch; ~**akzent,** der (Sprachw.): *Akzent* (1 a), *durch den die bedeutungstragenden Wörter im Satz hervorgehoben werden;* ~**analyse,** die (Sprachw.): *grammatische Analyse eines Satzes;* ~**anweisung,** die (Druckw.): *Anweisungen für den Schriftsatz;* ~**art,** die (Sprachw.): *Klasse von Sätzen* (z. B. Aussagesatz, Fragesatz usw.); ~**aussage,** die (Sprachw.): svw. ↑Prädikat (3); ~**ball,** der (Badminton, [Tisch]tennis, Volleyball): *Möglichkeit, Gelegenheit eines Spielers, den letzten zum Gewinn eines Satzes* (11) *noch benötigten Punkt zu erzielen;* ~**band,** das ⟨Pl. -bänder⟩ (Sprachw.): svw. ↑Kopula (2 b); ~**bau,** der ⟨o. Pl.⟩ (Sprachw.), dazu: ~**bauplan** (Sprachw.): *syntaktisches Muster, Grundform je einer bestimmten Art von Sätzen;* ~**brocken,** der: vgl. ~fetzen; ~**bruch,** der (Sprachw.): svw. ↑Anakoluth; ~**ergänzung,** die (Sprachw.): svw. ↑Objekt (4); ~**fehler,** der (Druckw.): *beim Satz* (3 a) *entstehender Fehler;* ~**fertig** ⟨Adj.; o. Steig.; nicht adv.⟩ (Druckw.): ein -es Manuskript; ~**fetzen,** der: *abgerissener Satz* (1); *durch Lärm o. ä. nur unvollständig an jmds. Ohr dringender Satz* (1): Lediglich S. drangen vorüber (Bastian, Brut 43); ~**fisch,** der (Fischereiw.): svw. ↑Besatzfisch; ~**form,** die (Sprachw.): *Satz* (1) *im Hinblick auf seine Form, seinen Bau:* einfache -en; ~**frage,** die (Sprachw.): svw. ↑Entscheidungsfrage; ~**ganze,** das: vgl. ~zusammenhang; ~**gefüge,** das (Sprachw.): *aus Hauptsatz u. einem od. mehreren Nebensätzen zusammengesetzter Satz;* ~**gegenstand,** der (Sprachw.): svw. ↑Subjekt (2); ~**gewinn,** der (Badminton, [Tisch]tennis, Volleyball); ~**glied,** das (Sprachw.): *einzelnes Wort od. Wortgruppe, die innerhalb eines Satzes eine bestimmte Funktion hat (als Subjekt, Prädikat, Objekt, Umstandsangabe);* ~**hase,** der (Jägerspr.): *weiblicher Feldhase; Setzhase;* ~**intonation,** die (Sprachw.): svw. ↑Intonation (5); ~**karpfen,** der (Fischereiw.): vgl. ~fisch; ~**kern,** der (Sprachw. selten): *aus Subjekt u. Prädikat bestehender Teil des Satzes; kleinste sinnvolle Einheit innerhalb eines Satzes;* ~**klammer,** die (Sprachw.): *Satzkonstruktion, bei der das finite Verb im Aussagesatz in zweiter, im Fragesatz in erster Position steht, während die infiniten Teile des Prädikats ans Satzende treten;* ~**konstruktion,** die (Sprachw.); ~**lehre,** die: **1.** (Sprachw.): svw. ↑Syntax. **2.** (Musik) *Harmonielehre u. Kontrapunkt* (1) *als Grundlage für das Komponieren;* ~**melodie,** die ⟨Pl. selten⟩ (Sprachw.): vgl. Intonation (5); ~**modell,** das (Sprachw.): svw. ↑Satzbauplan; ~**muster,** das (Sprachw.): svw. ↑Satzbauplan; ~**name,** der (Namenkunde): *(durch Zusammenziehung) aus einem Satz entstandener [Familien]name* (z. B. Suchenwirt); ~**rahmen,** der (Sprachw.): svw. ↑~klammer; ~**rechner,** der (Druckw.): *beim lochbandgesteuerten Maschinensatz verwendeter Digitalrechner;* ~**reif** ⟨Adj.; o. Steig.; nicht adv.⟩ (Druckw.): *(von einem Manuskript) so beschaffen, daß es in Satz gegeben werden kann:* ein -es Manuskript; ~**reihe,** die (Sprachw.): *nebenordnende Verbindung mehrerer gleichrangiger Teilsätze zu einem zusammengesetzten Satz;* ~**spiegel,** der (Druckw.): *die von Text, Abbildungen u. a. eingenommene Fläche einer Druckseite:* den S. vergrößern; ~**technik,** die (Druckw.), dazu: ~**technisch** ⟨Adj.; o. Steig.⟩ (Druckw.); ~**teil,** der (Sprachw.): **a)** svw. ↑~glied; **b)** *Teil eines Satzes;* ~**tisch,** der: *zu einem Satz* (6) *von Tischen gehörender Tisch;* ~**verbindung,** die (Sprachw.): *aus syntaktisch gleichwertigen, nebengeordneten Hauptsätzen zusammengesetzter Satz;* ~**verlust,** der (Badminton, [Tisch]tennis, Volleyball); ~**vorlage,** die (Druckw.): *Manuskript, das Vorlage für den Satz ist;* ~**weise** ⟨Adv.⟩: *in einzelnen Sätzen* (1); *Satz für Satz:* etw. s. korrigieren; ~**wertig** [-ve:rtɪç] ⟨Adj.; o. Steig.; nicht adv.⟩ (Sprachw.): *(von Infinitiv u. Partizip) durch das Hinzutreten anderer von ihm abhängiger Glieder zum Gliedsatz geworden:* -er Infinitiv *(Infinitivsatz);* -es Partizip *(Partizipialsatz);* ~**zeichen,** das (Sprachw.): *graphisches Zeichen (Komma, Punkt usw.), das innerhalb eines Satzes bzw. eines Textes bes. die Funktion der Gliederung hat:* S. setzen; ~**zusammenhang,** der ⟨Pl. selten⟩: **1.** *Zusammenhang [der einzelnen Wörter] eines Satzes.* **2.** (Sprachw.) *(einen Text als solchen konstituierender) gedanklicher u. inhaltlicher Zusammenhang zwischen einzelnen Sätzen.*

Sätzchen ['zɛtsçən], das; -s, -: ↑Satz (1, 4 b, 12); **-sätzig** [-zɛtsɪç] in Zusb., z. B. viersätzig (Musik; *aus vier Sätzen* 4 b *bestehend*); **Satzung** ['zatsʊŋ], die; -, -en ⟨häufig Pl.⟩ [mhd. satzunge = (Fest)setzung, (gesetzliche) Bestimmung] (jur.): *schriftlich niedergelegte rechtliche Ordnung, die sich ein Zusammenschluß von Personen (z. B. ein Verein) od. eine Körperschaft des öffentlichen Rechts gibt:* eine S. aufstellen; etw. ist in der S. niedergelegt; etw. in die -en aufnehmen; ⟨Zus.:⟩ **Satzungsänderung,** die; **satzungsge-**

mäß ⟨Adj.; o. Steig.⟩: *der Satzung entsprechend; so, wie es in der Satzung vorgesehen ist:* eine -e Behandlung des Falles; etw. ist s.; etw. s. ausführen.

Sau [zau̯], die; -, Säue [ˈzɔy̯ə] u. -en [mhd., ahd. sū, viell. eigtl. = Gebärerin od. lautm.] ⟨Vkl. ↑Säuchen⟩: **1. a)** ⟨Pl. Säue⟩ *weibliches Hausschwein, Mutterschwein:* die S. ferkelt; **b)** ⟨Pl. Säue⟩ (landsch.) *Hausschwein:* die S. grunzt; eine S. schlachten; ***jmdn. zur S. machen** (derb; *jmdn. in scharfer Form zurechtweisen;* wohl eigtl. = jmdn. so zurichten, daß er einer geschlachteten Sau gleicht); **etw. zur S. machen** (derb; *etw. zerstören, vernichten*); **wie eine gesengte S.** (derb abwertend: 1. *schlecht [in bezug auf die Ausführung, das Verhalten]:* er fährt, benimmt sich, schreibt wie eine gesengte S. 2. *sehr schnell [in bezug auf das Laufen vor Angst o. ä.]:* er rannte wie eine gesengte S.; nach dem Bild einer angeschossenen (Wild)sau, der ein Schuß die Schwarte verbrannt hat); **unter aller S.** (derb abwertend; *sehr schlecht;* wohl unter dem Einfluß von „unter aller Kritik" o. ä. nach dem Schwein, das man früher bei Wettbewerben dem schlechtesten als Trostpreis überreichte): sein Englisch ist unter aller S.; **keine S.** (derb; *niemand*): ich klingelte, aber keine S. war da; **c)** ⟨Pl. -en⟩ *[weibliches] Wildschwein.* **2.** ⟨Pl. Säue⟩ (derb abwertend) **a)** *jmd., der schmutzig u. ungepflegt ist, der keinen Wert auf Sauberkeit legt:* die S. stinkt vielleicht nach Schweiß; die S. hat wieder alles vollgekleckert; **b)** *jmd., dessen Verhalten als gemein o. ä. empfunden wird, über den man sich ärgert, wütend ist:* eine gemeine, faule, dumme, fette S.; diese verdammte S. hat mich betrogen; Betrachte dich als umgelegt, du rote S. (*Kommunist;* Kant, Impressum 431); **-sau,** die; -, -säue: in Zus. verwendetes Grundwort in der Bed. *Sau* (2 b), z. B. Judensau, Kommunistensau usw.; **[1]sau-, [1]Sau-**: Best. in Zus. mit Subst. u. Adj., das das im Grundwort Genannte in derber Weise emotional verstärkt u. meist auch noch starke Abneigung dagegen ausdrückt, z. B. saudreckig, -schwer, Saukram.

[2]Sau- (Sau 1): **~beller** [-bɛlɐ], der; -s, - (Jägerspr.): svw. ↑~finder; **~bohne,** die: **a)** *Pflanze (aus der Familie der Bohnen), die zur Gründüngung verwendet wird, deren große, nierenförmige, bräunliche Samen als Kraftfutter dienen u. in noch nicht reifem, grünem Zustand auch als Gemüse gegessen werden; Puffbohne, Pferdebohne:* -n anbauen; **b)** *Samen der Saubohne* (a): -n ernten; **c)** *als Nahrungsmittel verwendeter, noch nicht reifer, grüner Samen der Saubohne* (a): Heute gibt es -n mit Speck; **~bruch,** der (Jägerspr.): svw. ↑Gebräch (1); **~distel,** die [die Blüten einer Art ähneln dem Rüssel eines Schweins]: svw. ↑Gänsedistel; **~feder,** die (Jägerspr. früher): *an einem langen Schaft aus Holz befestigte, starke Klinge zum Abstechen von Schwarzwild;* **~finder,** der (Jägerspr.): *kleiner Jagdhund, der bei der Jagd das Schwarzwild aufstöbert;* **~hatz,** die (Jägerspr.): *Jagd auf Schwarzwild;* **~jagd,** die: svw. ↑~hatz; **~koben,** der: *[kleiner] Verschlag, Stall für Säue;* **~magen,** der (Kochk.): *mit einer Füllung (z. B. aus Kartoffeln u. Speck) zubereiteter Magen vom Schwein;* **~stall,** der: **1.** *Stall für Säue:* hier sieht es aus wie in einem S. **2.** (derb abwertend) *Raum, in dem, Stelle, an der es unordentlich, schmutzig aussieht:* ein Zimmer, ein Gebäude in einen S. verwandeln; **~tanz,** der (österr.): *Festessen nach dem Schweineschlachten.*

[2]sau-, [3]Sau- (derb, emotional verstärkend): **~arbeit,** die (abwertend): *Arbeit, die man ungern macht, über die man sich ärgert;* **~bande,** die (abwertend): *Gruppe von Menschen, die durch etw. jmds. Unwillen hervorruft;* **~bartel,** der; -s, - (landsch. abwertend): *Mann, über den man sich ärgert, weil er schmutzig ist od. Schmutz macht;* **~blöd, ~blöde, ~dämlich, ~doof, ~dumm** ⟨Adj.; o. Steig.⟩ (abwertend): *sehr dumm;* **~fraß,** der (abwertend): *schlechtes Essen, Fraß* (1 b); **~frech** ⟨Adj.; o. Steig.⟩ (abwertend): *sehr frech;* **~grob** ⟨Adj.; o. Steig.⟩: *sehr grob;* **~gut** ⟨Adj.; o. Steig.⟩: *sehr gut:* dem seine (= Jeans) sitze s. (M. Walser, Seelenarbeit 173); **~haufen,** der (abwertend): *Gruppe von Menschen, die einen ungeordneten Eindruck macht:* das ist doch der reinste S. hier!; **~hund,** der (abwertend): *Mann, der als gemein, niederträchtig empfunden wird;* **~igel,** der (abwertend): svw. ↑Schweinigel, dazu: **~igeln** ⟨sw. V.; hat⟩: svw. ↑schweinigeln; **~kalt** ⟨Adj.; o. Steig.⟩: *sehr kalt* (1): ein -er Winter, dazu: **~kälte,** die; **~kerl,** der (abwertend): svw. ↑~hund; **~klaue,** die (abwertend): *schlechte, unleserliche Handschrift, Klaue* (1 c); **~kram,** der (abwertend): svw. ↑Schweinkram; **~laden,** der (abwertend): *schlecht geführtes Geschäft (in dem man nicht das erhält, was man will, in dem man schlecht bedient wird);* **~mäßig** ⟨Adj.⟩: **a)** *ganz besonders ..., sehr [viel]:* -es Glück, Pech; draußen ist es s. kalt; es regnet s.; **b)** (abwertend) *überaus schlecht:* sie tanzt s.; der Betrieb bezahlt s.; **~schlecht** ⟨Adj.; o. Steig.⟩: *sehr schlecht:* ein -es Gewissen; mir ist heute s.; **~wetter,** das (abwertend): *besonders schlechtes, z. B. regnerisches Wetter;* **~wirtschaft,** die (abwertend): *unordentliche, schlecht geführte Wirtschaft;* **~wohl** ⟨Adv.⟩ meist in der Verbindung **sich s. fühlen** *(sich besonders wohl, behaglich fühlen);* **~wut,** die: *große Wut.*

sauber [ˈzau̯bɐ] ⟨Adj.⟩ [mhd. sūber, ahd. sūbar, über das Vlat. < lat. sōbrius = nüchtern, besonnen; urspr. = sittlich rein]: **1.** *frei von Schmutz, Verunreinigungen* (Ggs.: schmutzig 1 a): -e Hände, Fingernägel; -e Wäsche, Kleider; ein -es *(gewaschenes)* Hemd, Taschentuch; ein -es Glas, Besteck; -es Wasser; -e Flüsse, Wälder; die Luft ist hier noch s.; ein Glas s. ausspülen; sie hat die Scheiben sehr s. geputzt; er hält sein Auto, sein Werkzeug peinlich s.; die Stadt ist s. *(frei von herumliegendem Abfall);* das Kind ist schon s. *(verrichtet seine Notdurft nicht mehr in die Windel);* Ü der -e *(von Anstößigem freie)* Bildschirm (Spiegel 51, 1977, 60); „Mein Tor bleibt s. *(ich lasse kein Tor zu, halte alle Bälle)*", prophezeit Sepp Maier den Stürmern Tunesiens (Augsburger Allgemeine 10. 6. 1978, 25). **2.** *gut u. sorgfältig, wie man es sich vorstellt, wünscht:* eine -e Schrift, Arbeit; s. gekleidet sein; sie führt ihre Hefte sehr s.; die Kompetenzen s. trennen; eine s. geschlungene Krawatte; ein s. geschriebener Entwurf; das Loch ist s. gestopft. **3.** *so beschaffen, wie man es auf Grund bestimmter sittlicher o. ä. Vorstellungen erwartet, wünscht; sittlich einwandfrei, anständig:* ein -er Charakter; eine -e Haltung; Aber der ist astrein ... -er Junge (Degener, Heimsuchung 13); ich fürchte, die Sache ist nicht [ganz] s.; ihm wurde vorgeworfen, seine Vergangenheit sei nicht s.; Unsere Jugend soll s. bleiben (Ziegler, Kein Recht 302). **4.** *so beschaffen, daß es jedem gerecht wird, daß alles Erforderliche auch berücksichtigt ist:* eine -e Lösung; ein -er Vorschlag, Plan; der Redner bot eine schwerfällige, aber -e Darstellung des Problems. **5.** ⟨nur attr.⟩ (iron.) *sich in Ablehnung, Verachtung hervorrufender Weise anderen gegenüber verhaltend; nicht anständig:* dein -er Bruder hat mir das eingebrockt; ein -es Pärchen; wir werden dem -en Herrn, Burschen das Handwerk legen; ein -es Früchtchen, dein Sohn. **6.** (ugs., bes. südd., österr., schweiz.) *in einer Weise, Menge, die Beachtung, Anerkennung verdient; beachtlich:* das ist ein -es Sümmchen; der Fallschirmspringer sprang aus einer -en Höhe; [das ist] s.!, s., s.! (Ausrufe der Anerkennung). **7.** *fehlerlos, einwandfrei, nicht zu beanstanden u. daher gut:* die -e Kür der Turnerin begeisterte die Schiedsrichter; eine -e französische Aussprache; -e Technik ist Voraussetzung eines guten Klavierspiels; die Gitarre ist s. gestimmt. **8.** (südd., österr., schweiz.) *schmuck:* ein -es Mädel.

sauber-, Sauber-: **~halten** ⟨st. V.; hat⟩: **a)** *für den sauberen Zustand von etw. sorgen:* das Zimmer ist schwer sauberzuhalten; Kunststoffböden lassen sich leichter s.; **b)** *dafür sorgen, daß etw. frei bleibt von dem, was nicht dazugehört, was man nicht dabeihaben will:* Immerhin hielten wir ... das ganze Viertel sauber von Iwans (Küpper, Simplicius 122), dazu: **~haltung,** die ⟨o. Pl.⟩: *das Sauberhalten:* die S. der Umwelt; **~machen** ⟨sw. V.; hat⟩: *in einen sauberen Zustand bringen, säubern:* die Wohnung s.; sie mußte das Baby s. *(vom Kot in den Windeln säubern);* er machte sich die Fußnägel sauber; ⟨o. Akk.-Obj.:⟩ sie muß noch s. *(die Wohnung in einen sauberen Zustand bringen);* sie macht bei einem Arzt sauber *(verdient dort mit Saubermachen ihr Geld);* sie geht s. *(arbeitet als Putzfrau);* **~mann,** der ⟨Pl. -männer⟩ (scherzh.): **a)** *jmd., der ordentlich u. anständig ist, wie man es sich vorstellt, wünscht:* Heintje ... ein großer „Saubermann" ... freundlich und adrett (Hörzu 11, 1973, 20); **b)** *jmd., der für Sauberkeit* (3) *sorgt, der darauf achtet, daß die Moral gewahrt wird:* Schwierigkeiten ... mit den Pornostaatsanwälten, den Saubermännern (Börsenblatt 76, 1970, 5877).

Sauberkeit, die; - [mhd. sūberheit]: **1.** *sauberer Zustand:* die S. läßt zu wünschen übrig; hier herrscht Ordnung und S.; auf S. achten, Wert legen; Die Fenster blitzten vor S. (Kuby, Sieg 289). **2.** *sorgfältiger [u. guter] Zustand:* die S. der Schrift. **3.** *Lauterkeit, Anständigkeit:* die S. des

Charakters; Eine junge Frau, die sich ... ihre innere S. bewahrt hatte (Bernstorff, Leute 7).

Sauberkeits-: **~dressur,** die (abwertend): vgl. ~erziehung; **~erziehung,** die: *Erziehung zur Sauberkeit* (1); **~fimmel,** der (ugs. abwertend): sie hat einen S.

säuberlich ['zɔybɐlɪç] ⟨Adj.; nicht präd.⟩ [mhd. sūberlich, zu ↑sauber]: **1.** *[genau u.] sorgfältig, ordentlich; mit einer bis ins einzelne gehenden Sorgfalt:* eine -e Trennung der Begriffe; etw. s. zeichnen, durchstreichen, verpacken, zusammenlegen, forträumen; die Instrumente fein s. geordnet (Hackethal, Schneide 30). **2.** (veraltet) *sittlich einwandfrei, anständig:* ein -es Leben führen; ⟨Abl.:⟩ **Säuberlichkeit,** die; -; **säubern** ['zɔybɐn] ⟨sw. V.; hat⟩ [mhd. sūbern, ahd. sūbaran]: **1.** *den Schmutz o.ä. von etw. entfernen:* den Tisch, das Geschirr s.; seine Kleider, sich vom Schmutz s.; die Schuhe mit der Bürste s.; die Wunde muß zuerst sorgfältig gesäubert *(keimfrei, steril gemacht)* werden; er hat sich die Fingernägel gesäubert. **2.** *von etw., was nicht dazugehört, was man nicht dabeihaben will, befreien; von jmdm., der unerwünscht ist, sich irgendwo nicht aufhalten soll, befreien:* der Gärtner säubert das Beet von Unkraut; Bibliotheken von verbotenen Büchern s.; ein Gebiet von versprengten Truppenteilen, die Verwaltung von politischen Gegnern, das Viertel von Kriminellen, den Park von Obdachlosen s. **3.** (Schneiderei) *die Ränder einer Naht säumen;* ⟨Abl.:⟩ **Säuberung,** die; -, -en [1: mhd. sūberunge]: **1.** *das Säubern* (1): die S. des Schwimmbeckens. **2.** *das Entfernen von Personen, die unerwünscht sind, sich irgendwo nicht aufhalten sollen:* die S. des Landes von Feinden; die S. der Partei; einer S. zum Opfer fallen.

Säuberungs-: **~aktion,** die: *Aktion, die auf eine Säuberung* (2) *abzielt;* **~prozeß,** der; **~welle,** die.

Sauce: ↑Soße; **Sauce béarnaise** [sosbear'nɛ:z], die; - - [frz. (Sauce) béarnaise, nach der frz. Landschaft Béarn] (Kochk.): *dicke weiße Soße aus Weinessig, Weißwein, Butter, Eigelb u. Gewürzen, bes. Estragon u. Kerbel;* **Sauce hollandaise** [sosɔlã'dɛ:z], die; - - [frz. sauce hollandaise = holländische Soße, H. u.] (Kochk.): *Soße, bei der Weißwein, Eigelb u. Butter im Wasserbad kremig gerührt u. mit Pfeffer, Salz u. Zitronensaft abgeschmeckt werden.*

Säuchen ['zɔyçən], das; -s, -: ↑Sau.

Saucier [zo'sje:], der; -s, -s [frz. saucier, zu: sauce, ↑Soße]: *Koch, der bes. auf die Zubereitung von Soßen spezialisiert ist* (Berufsbez.); **Sauciere** [zo'sjɛ:rə, ...'sje:rə, österr.: ...ɛ:ɐ̯], die; -, -n [frz. saucière]: *zum Servieren von Soße verwendete, mit einer Art Untertasse fest verbundene, kleine [ovale] Schüssel [mit Henkel u. schnabelförmig auslaufendem Rand an der gegenüberliegenden Schmalseite];* **saucieren** [zo'si:rən] ⟨sw. V.; hat⟩ [frz. saucer] (Fachspr.): *(Tabak) mit einer Soße behandeln, beizen;* **Saucischen** [zo'si:sçən], das; -s, - [zu frz. saucisse = Brat-, Knackwurst, über das Vlat. zu lat. salsīcius = (ein)gesalzen]: *hauptsächlich aus Kalbfleisch hergestellte, [leicht geräucherte] kleine, dünne Brühwurst.*

sauen ['zau̯ən] ⟨sw. V.; hat⟩ [zu ↑Sau]: *ferkeln* (2a, b).

sauer ['zau̯ɐ] ⟨Adj.; saurer, -ste⟩ [mhd., ahd. sūr, H. u.]: **1.** ⟨nicht adv.⟩ **a)** *in der Geschmacksrichtung von Essig od. Zitronensaft liegend [u. beim Verzehren die Schleimhäute des Mundes zusammenziehend u. den Speichelfluß anregend]* (Ggs.: süß 1a): saure Äpfel, Drops; ein saurer Wein; saurer *(sauer eingelegter)* Hering; saure Gurken; dieses Brot ist mir zu s. *(enthält zuviel Säure, so daß es schwer verdaulich ist)*; etw. s. *(unter Beigabe von Essig)* kochen, einlegen; er ißt die Bohnensuppe s. *(mit Essig zubereitet)*; nach dem fetten Essen ist ihm s. aufgestoßen *(ist in ihm die Magensäure aufgestiegen)*; * **jmdm. s. aufstoßen** (ugs.; *jmdm. [als Folge seines Handelns] Unbehagen, Ärger o. ä. verursachen*); **gib ihm Saures**! (salopp; *verprügle ihn tüchtig!*); **b)** *durch Gärung geronnen, dickflüssig geworden u. sauer* (1a) *schmeckend:* saure Milch, Sahne; die Milch ist s. geworden; **c)** *durch Gärung[sstoffe] verdorben:* ein saurer Geruch kam aus dem Raum; Die Rosengasse roch ... nach ... sauren Trikots (*nach Ausdünstungen in den Trikots;* Grass, Hundejahre 274); das Essen, die Milch für den Kaffee ist s. geworden, riecht s.; **d)** ⟨nicht adv.⟩ (bes. Landw.) *[Kiesel-, Humus]säuren enthaltend u. kalkarm:* saurer Boden, Humus; **e)** (Chemie) *Säure enthaltend; die Eigenschaften einer Säure aufweisend:* saure Salze, Gesteine; diese Stoffe reagieren [leicht] s. **2.** *jmdm. als Arbeit, Aufgabe o.ä. schwer werdend; nur unter großen Mühen zu bewältigen:* eine saure Arbeit, Pflicht; Damit war der SC Preußen Münster den sauren Wochen entronnen (Zeit 29. 5. 64, 25); s. verdientes, erspartes Geld; s. erworbener Besitz; die langwierige Arbeit, schon das Bücken wurde ihr s., kam sie s. an *(fiel ihr schwer, machte ihr Mühe)*; * **es sich** ⟨Dativ⟩ **s. werden lassen** *(sich mit etw. abmühen, die mit etw. verbundene Mühe nicht scheuen)*. **3. a)** ⟨nur attr.⟩ *Verdruß über etw., Mißmut ausdrückend:* mit saurer Miene; mit saurem Lächeln; **b)** ⟨nicht attr.⟩ (salopp) *über etw. verärgert, wütend:* sie ist ganz schön s. [auf uns], daß wir sie nicht besucht haben; ich werde gleich s.; er ist s., weil ...; s. [auf etw.] reagieren. **4.** ⟨o. Steig.; nur präd.⟩ (Jargon) **a)** *einen Motorschaden habend, aufweisend:* der Rennwagen, die Maschine ist in den letzten Runden s. geworden; **b)** (bes. Sport) *konditionell verausgabt, stark erschöpft:* der Läufer war s.; um das junge Pferd bei den anstrengenden Seitengängen nicht s. zu machen (Dwinger, Erde 193); ⟨subst.:⟩ **Sauer** [-], das; -s (landsch.): **1.** (bes. Druckerspr.) *bezahlte, aber noch nicht geleistete Arbeit;* vgl. Süß. **2.** *sauer gekochtes Gänse-, Hasenklein.* **3.** kurz für ↑Sauerteig. **4.** kurz für ↑Schwarzsauer.

sauer-, Sauer-: **~ampfer,** der: *bes. auf Wiesen wachsender Ampfer mit länglich-elliptischen, säuerlich schmeckenden Blättern u. rötlichen Blüten, der für Salate u. als Suppengewürz verwendet wird;* **~braten,** der: *in Essig mit Gewürzen marinierter u. geschmorter Rinderbraten;* **~brunnen,** der: **a)** *kohlensaure Mineralquelle;* **b)** *kohlensaures Mineralwasser;* **~brut,** die ⟨o. Pl.⟩: *in Stöcken der Honigbiene auftretende, ansteckende Krankheit, bei der die abgestorbenen Larven einen sauren Geruch verbreiten;* **~dorn,** der ⟨Pl. -e⟩: *in vielen Arten verbreiteter dorniger Strauch mit gelben Blüten u. roten bis schwarzen, säuerlich schmeckenden Beerenfrüchten;* **~futter,** das: svw. ↑Gärfutter; **~gras,** das: svw. ↑Riedgras; **~kirsche,** die: **1.** *säuerlich schmeckende, rote Kirsche* (1). **2.** *Kirschbaum von meist strauchigem Wuchs mit Sauerkirschen als Früchten;* **~klee,** der: *kleine Pflanze mit kleeähnlichen Blättern, die Oxalsäure enthalten, u. gelben, weißen od. roten Blüten;* **~kohl,** der ⟨o. Pl.⟩ (landsch.), **~kraut,** das ⟨o. Pl.⟩: *feingehobelter, mit Salz, Gewürzen [u. Wein] der Gärung ausgesetzter u. auf diese Weise konservierter Weißkohl, der gekocht od. roh gegessen wird;* **~milch,** die: *durch Gärung geronnene, dickflüssige Milch; saure, dicke Milch,* dazu: **~milchkäse,** der: *aus Sauermilchquark hergestellter Käse,* **~milchquark,** der: *aus Milch durch Säuerung gewonnener Quark;* **~rahm,** der: *durch Einwirkung von Milchsäurebakterien entstandene saure Sahne,* dazu: **~rahmbutter,** die; **~stoff,** der ⟨o. Pl.⟩: *farbloses u. geruchloses Gas, das mit fast allen anderen Elementen Verbindungen bildet; chemischer Grundstoff;* Zeichen: O (↑Oxygenium): flüssiger S. (Physik; *durch Kühlung u. Kompression verflüssigter Sauerstoff*): einen Patienten mit reinem S. beatmen, dazu: **~stoffapparat,** der: svw. ↑~gerät, **~stoffarm** ⟨Adj.; nicht adv.⟩: *arm an Sauerstoff,* **~stoffarmut,** die: die S. des Blutes, **~stoffbad,** das: *Heilbad* (2), *dem Sauerstoff zugesetzt wird,* **~stoffbombe,** die: *kleinere bauchige Sauerstoffflasche,* **~stoffdusche,** die (Med.): *Atmen von reinem Sauerstoff über eine kurze Zeit,* **~stoffflasche,** die: *Flasche aus Stahl, in der Sauerstoff gespeichert wird,* **~stoffgebläse,** das (Technik): svw. ↑Schweißbrenner, **~stoffgerät,** das: *Atem[schutz]gerät, das durch künstliche Sauerstoffzufuhr den Aufenthalt in einer Umgebung gestattet, die Sauerstoff nur in unzureichender Menge für die Atmung zur Verfügung hat,* **~stoffhaltig** ⟨Adj.; nicht adv.⟩: *Sauerstoff enthaltend:* -es Blut, **~stoffmangel,** der ⟨o. Pl.⟩: *Mangel an Sauerstoff:* ein S. im Blut, im Zellgewebe, **~stoffmaske,** die: *Atemmaske zum Einatmen von Sauerstoff,* **~stoffsäure,** die (Chemie): *anorganische Säure, die Sauerstoff enthält,* **~stofftank,** der (Raketentechnik): *Tank zur Aufbewahrung von Sauerstoff,* **~stoffversorgung,** die ⟨o. Pl.⟩: *Versorgung mit Sauerstoff,* **~stoffzelt,** das (Med.): *zeltähnlicher Aufbau aus Kunststoff über dem Bett eines Patienten, unter dem dem Patienten mit Sauerstoff angereicherte Atemluft zugeführt wird,* **~stoffzufuhr,** die; **~süß** [auch: '–––] ⟨Adj.⟩ **1.** *säuerlich u. süß zugleich [schmeckend]:* -e Gurken; s. eingemachte Kürbisse. **2.** (ugs.): *freundlich, aber dabei mißgestimmt:* eine -e Miene; Eduard, beherrscht wie ein Feldherr ...., fragt mich s.: „Schmeckt's?" (Remarque, Obelisk 121); **~teig,** der: *durch Zusatz von Mehl u. Wasser in fortlaufender Gärung gehaltener Teig, der dem Brotteig als Mittel zur Gärung u. Lockerung zugesetzt wird;* **~topf,** der [urspr.

= Gefäß, in dem die sauer gewordenen Weinreste für die Essigherstellung aufbewahrt wurden] (ugs. abwertend): *humorloser Mensch mit vorwurfsvoll-mißvergnügter Miene,* dazu: ~**töpfisch** [-tœpfɪʃ] ⟨Adj.; nicht adv.⟩ (ugs. abwertend): *mißvergnügt u. humorlos; griesgrämig;* ~**wasser,** das ⟨Pl. -wässer⟩: svw. ↑~brunnen.

Sauerei [zauə'rai], die; -, -en (derb abwertend): svw. ↑Schweinerei.

säuerlich ['zɔyɐlɪç] ⟨Adj.⟩ [älter: sauerlecht]: **1.** ⟨nicht adv.⟩ **a)** *ein wenig, leicht sauer* (1 a): ein -er Apfel; die Bonbons sind, schmecken s.; **b)** *ein wenig, leicht sauer* (1 c): die Milch, die Suppe riecht schon s. **2.** *mißvergnügt; Mißvergnügen deutlich zum Ausdruck bringend:* ein -es Lächeln; ihre Miene war s.; s. lächeln, antworten; ⟨Abl.:⟩ **Säuerlichkeit,** die; -: *säuerliche Art;* **Säuerling** ['zɔyɐlɪŋ], der; -s, -e: **1.** *(zu den Knöterichgewächsen gehörende) Pflanze mit langstieligen, nierenförmigen Blättern u. roten Blüten in Rispen.* **2.** svw. ↑Sauerbrunnen; **säuern** ['zɔyɐn] ⟨sw. V.⟩ [mhd. siuren, ahd. sūren]: **1.** *der Gärung aussetzen u. auf diese Weise konservieren* ⟨hat⟩: Kohl s. **2.** *durch Gärung sauer werden* ⟨ist/hat⟩. **3.** (Kochk.) *durch Zusatz von Essig od. Zitronensaft sauer machen* ⟨hat⟩: Aal in leicht mit Essig gesäuertem Wasser kochen; **Säuernis** ['zɔyɐnɪs], die; - (geh.): **1.** *saurer Geschmack, das Saure:* die S. einer Frucht. **2.** (salopp) *das Sauersein* (3 b): Wo man hinhört – Kritik, S., Enttäuschung (Hörzu 46, 1973, 22); **Säuerung,** die; -, -en ⟨Pl. selten⟩: *das Säuern.*

Sauf- (derb, oft abwertend): ~**abend,** der: *geselliges Beisammensein am Abend, bei dem viel Alkohol getrunken wird:* einen S. veranstalten; sich zu einem S. treffen; ~**aus,** der; -, - (veraltend): *Trunkenbold;* ~**bold,** der: ↑Saufbold; ~**bruder,** der: vgl. ~kumpan; ~**gelage,** das: *Trinkgelage;* ~**kopp** [...kɔp], der; -s, ...köppe (bes. berlin.): *Trinker;* ~**kumpan,** der: *jmd., der mit [einem] andern viel Alkohol trinkt [u. mit ihm, ihnen befreundet ist];* ~**loch,** das (veraltend): *Trunkenbold;* ~**lust,** die ⟨o. Pl.⟩: *Lust, viel Alkohol zu trinken;* ~**orgie,** die: vgl. ~gelage; ~**sack,** der: *Trunkenbold;* ~**tour,** die: *Zechtour.*

Saufbold [...bɔlt], der; -[e]s, -e [zum 2. Bestandteil vgl. Witzbold] (derb abwertend): *Trunkenbold;* **saufen** ['zaufn̩] ⟨st. V.; hat⟩ [mhd. sūfen, ahd. sūfan]: **1. a)** *(bes. von größeren Tieren) Flüssigkeit zu sich nehmen:* die Kuh säuft aus der Tränke; **b)** (derb) svw. ↑trinken: Wenn du so lang wärst, wie du dumm bist, könntest du aus der Dachrinne s. (Tucholsky, Werke I 387); **c)** (derb abwertend): *in großen gierigen Schlucken od. geräuschvoll, in unkultivierter Weise größere Mengen Flüssigkeit trinken:* horch mal, wie der säuft. **2. a)** *(bes. von größeren Tieren) als Flüssigkeit zu sich nehmen:* die Kühe saufen Wasser; **b)** (derb) *als Getränk zu sich nehmen:* Wasser, Milch, Cola s.; wer hat meine Limonade gesoffen?; **c)** (derb abwertend) *als Flüssigkeit in größeren Mengen zu sich nehmen:* der trinkt die Milch nicht mehr, der säuft sie geradezu; Zwanzig Matrosen ... soffen ... zweihundertsechzig Liter (Jacob, Kaffee 55); **d)** *durch Saufen in einen bestimmten Zustand bringen:* der Hund hat den Eimer leer gesoffen; (derb in bezug auf Menschen:) in einem Zug soff er das Glas leer. **3. a)** (derb) *Alkohol trinken:* wir gehen jetzt s.; die saufen schon wieder; **b)** (derb) *Alkohol als Getränk zu sich nehmen:* Bier, Schnaps, Champagner s.; laß uns mal wieder einen s.; ***einen s.** *(ein alkoholisches Getränk zu sich nehmen):* wollen wir einen s. gehen?; **sich** ⟨Dativ⟩ **einen s.** *(Alkohol trinken, um Probleme o. ä. zu überwinden, sich aufzuheitern o. ä.);* **c)** ⟨s. + sich⟩ *sich durch viel Alkoholgenuß in einen bestimmten Zustand bringen:* sich dumm, arm, krank, zu Tode, um den Verstand s.; Die meisten haben sich schon wieder nüchtern gesoffen (v. d. Grün, Glatteis 128); **d)** *gewohnheitsmäßig Alkohol trinken; alkoholsüchtig sein:* Sie trank nicht, sie soff (Salomon, Boche 24); **Säufer** ['zɔyfɐ], der; -s, - (derb abwertend): *Trinker.*

Säufer-: ~**balken,** der (ugs. scherzh.): *(bis 1979) Schrägstrich, mit dem bei der [Zweit]ausfertigung eines Führerscheins (z. B. nach Verlust des Originals, nach Entzug wegen eines Trunkenheitsdelikts) die Zeilen für den Vermerk über die bestandene Fahrprüfung durchgestrichen sind;* ~**leber,** die (ugs.): *durch übermäßigen Alkoholkonsum hervorgerufene Leberzirrhose;* ~**nase,** die (ugs.): *von übermäßigem Alkoholkonsum knollig verdickte, blaurote Nase;* ~**stimme,** die: *von übermäßigem Alkoholkonsum rauhe Stimme;* ~**wahn,** der (Med.): svw. ↑Delirium tremens.

Sauferei [zaufə'rai], die; -en (derb abwertend): svw. ↑Trinkerei (1–3); **Säuferin,** die; -, -nen (derb abwertend): w. Form zu ↑Säufer; **säufst** [zɔyfst], **säuft** [zɔyft]: ↑saufen.

saug-, Saug-: ~**bagger,** der: *[schwimmfähiger] Bagger, der Sand, Kies o. ä. vom Grund eines Gewässers ansaugt;* ~**biopsie** [...biɔpsi:], die; -, -n [zu griech. bíos = Leben u. ópsis = das Sehen] (Med.): *Entnahme von lebendem Gewebe durch Saugen mit einer Sonde;* ~**bohner,** der: *Gerät zum Staubsaugen und Bohnern,* dazu: ~**bohnern** ⟨sw. V.; nur im Inf. gebr.⟩; ~**fähig** ⟨Adj.; nicht adv.⟩: *gut geeignet, Feuchtigkeit in sich aufzunehmen,* dazu: ~**fähigkeit,** die ⟨o. Pl.⟩; ~**ferkel,** das (Landw.): *Ferkel, das noch beim Muttertier saugt;* ~**flasche,** die: *Flasche mit aufgesetztem Sauger* (1 a); ~**fohlen,** das (Landw.): vgl. ~ferkel; ~**glocke,** die: *glockenförmiges Gerät, mit dem bei schwierigen Entbindungen das Kind mittels eines Vakuums aus dem Mutterleib herausgeholt wird; Vakuumextraktor;* ~**heber,** der: *hufeisenförmig gebogenes Glasrohr, mit dem man Flüssigkeit ansaugt, die dann so lange in ein anderes Gefäß nachfließt, wie dort der Pegel der Flüssigkeit niedriger liegt als in dem ersten Gefäß;* ~**kappe,** die (Technik): *Aufsatz auf Schornsteinen o. ä., der dazu dient, einen gleichmäßigen Abzug der Rauchgase zu gewährleisten;* ~**kopf,** der (Technik): svw. ↑~kappe; ~**korb,** der (Technik): *an Pumpen befindliches siebartiges Gefäß zur Aufnahme von Fremdkörpern;* ~**kraft,** die ⟨Pl. selten⟩: *Kraft, mit der etw. an- od. abgesaugt wird,* dazu: ~**kräftig** ⟨Adj.; nicht adv.⟩; ~**magen,** der (Zool.): *Teil des Magens bestimmter Insekten;* ~**napf,** der (Zool.): vgl. ~organ; ~**organ,** das (Zool.): *zum An- od. Festsaugen dienendes Organ am Körper bestimmter Tiere;* ~**post,** die (Fachspr.): *[billige] rauhe Papiersorte, die für Vervielfältigungen verwendet wird;* ~**reflex,** der (Med.): *reflektorisches Saugen bei Säuglingen;* ~**rohr,** das: svw. ↑Pipette; ~**rüssel,** der (Zool.): *(bei bestimmten Insekten) Rüssel, mit dem Nahrung aufgesaugt wird;* ~**warze,** die (Bot.): *Organ pflanzlicher Parasiten zum Eindringen in das sie nährende Gewebe;* ~**wirkung,** die ⟨o. Pl.⟩: *Wirkung, die durch Saugen erzielt wird;* ~**wurm,** der (Zool.): *parasitärer Plattwurm, der sich mit einem Saugnapf dort, wo er schmarotzt, festsaugt;* ~**wurzel,** die (Bot.): svw. ↑~warze.

Säugamme ['zɔyk-], die; -, -n [zu ↑säugen] (seltener): svw. ↑Amme; **saugen** ['zaugn̩] ⟨st., auch, bes. in techn. Bed.: sw. V.; hat⟩ [mhd. sūgen, ahd. sūgan]: **1. a)** *(Flüssiges) mit dem Mund unter Anspannung der Mundmuskulatur, mit dem Rüssel in sich hineinziehen, in sich aufnehmen:* Saft aus einer Apfelsine s.; Milch durch einen Strohhalm s.; die Mücke saugt das Blut; die Bienen saugen Nektar aus den Blüten; Krause sog hörbar Luft durch die Zähne (Sebastian, Krankenhaus 124); ⟨auch o. Akk.-Obj.:⟩ das Baby saugt [an der Mutterbrust]; Ü die Bäume saugen Wasser aus dem Boden; aus etw. neue Kraft s.; die ... Sensation, die das Publikum aus dem gewaltsamen Tod des armen Gouffé sog (Maass, Gouffé 150); **b)** *unter Anspannung der Mundmuskulatur (die dabei einen Unterdruck erzeugt) mit dem Mund, den Lippen an etw. ziehen:* an der Zigarette, an der Pfeife s.; die Kleine saugt *(lutscht)* noch am Daumen. **2. a)** *durch Saugen* (2 b) *mit einem Staubsauger reinigen:* er saugte den Teppich[boden], die Couch; das Wohnzimmer *(den Teppich, den Fußbodenbelag im Wohnzimmer)* s.; ⟨auch o. Akk.-Obj.:⟩ der Staubsauger saugt gut; **b)** *mit einem technischen Gerät (das Unterdruck erzeugt) absaugen, entfernen:* Zement, Getreide aus den Lastkähnen, Staub s. **3.** ⟨s. + sich⟩ **a)** *(als Flüssigkeit) in etw. eindringen:* das Wasser saugt sich in den Schwamm; das Wasser sog sich in Evelyns dünnes Kleid (Baum, Paris 16); Ü die Sonne ... saugte sich in den ... Raum (Böll, Und sagte 97); **b)** *(Flüssigkeit) in sich aufnehmen, in sich hineinziehen:* das Löschblatt sog sich voll Tinte; **säugen** ['zɔygn̩] ⟨sw. V.; hat⟩ [mhd. söugen, ahd. sougen, eigtl. = saugen machen od. lassen]: *(einen Säugling od. ein Jungtier an der Brust bzw. an Euter od. Zitzen der Mutter) saugend trinken lassen u. auf diese Weise nähren:* Eine, die mindestens zehn Kinder geboren und gesäugt hat (Kinski, Erdbeermund 56); die Kuh hat das Kalb gesäugt; **Sauger** ['zaugɐ], der; -s, -: **1. a)** *in Nachahmung der mütterlichen Brustwarze geformter, mit einem feinen Loch versehener Gummiaufsatz auf einer Flasche, womit Säuglinge u. Kleinkinder Milch aus der Flasche saugen;* **b)** svw. ↑Schnuller (a). **2. a)** svw. ↑Saugheber; **b)** (ugs.) svw. ↑Staubsauger; **Säuger** ['zɔygɐ], der; -s, - (Zool.): svw.

↑Säugetier; **Säugetier** ['zɔygə-], das; -[e]s, -e: *Tier, das lebende Junge zur Welt bringt u. (eine Zeitlang) durch Säugen ernährt:* der Hund ist ein S.; **Säugling** ['zɔyklɪŋ], der; -s, -e [spätmhd. sūgelinc]: *Kind, das noch an der Brust der Mutter od. mit der Flasche genährt wird.*

Säuglings-: ~**alter**, das ⟨o. Pl.⟩: die Sterblichkeit bei Kindern im S. ist zurückgegangen; ~**ausstattung**, die: svw. ↑Babyausstattung; ~**bewahranstalt**, die (veraltet): vgl. Kinderbewahranstalt; ~**gymnastik**, die: *Gymnastik für Säuglinge;* ~**heim**, das: vgl. Kinderheim; ~**krippe**, die: vgl. Kinderkrippe; ~**kutsche**, die (ugs. scherzh.): *Kinderwagen;* ~**nahrung**, die: *Nahrung speziell für Säuglinge;* ~**pflege**, die: *Pflege* (a) *des Säuglings;* ~**schwester**, die: *auf die Säuglingspflege spezialisierte Krankenschwester;* ~**schwimmen**, das; -s: *Schwimmunterricht für Säuglinge;* ~**sterblichkeit**, die: vgl. Kindersterblichkeit; ~**turnen**, das; -s: svw. ↑~gymnastik; ~**waage**, die: *Waage mit ovaler Schale, in die der Säugling zum Wiegen gelegt wird.*

säuisch ['zɔyɪʃ] ⟨Adj.⟩ [spätmhd. seuwisch, zu ↑Sau] (derb): **1.** (abwertend) *gegen den Anstand verstoßend:* -e Geschichten, Witze, -e Anrufe. **2. a)** *besonders stark, groß:* eine -e Kälte; **b)** ⟨intensivierend bei Adjektiven u. Verben⟩ *sehr:* etw. s. schön finden; mein Knie tut s. weh.

Säulchen ['zɔylçən], das; -s, -: ↑Säule (1); **Säule** ['zɔylə], die; -, -n [mhd. sūl (Pl. siule), ahd. sūl (Pl. sūli), im Ablaut zu got. sauls = Säule; H. u.]: **1.** ⟨Vkl. ↑Säulchen⟩ *kreisrunde, walzenförmige [sich nach oben leicht verjüngende], meist aus Basis, Schaft u. Kapitell bestehende senkrechte Stütze eines Bauwerks, die aber auch freistehend dekorativen Zwekken dienen kann:* eine dicke, schlanke, kannelierte, steinerne S.; eine dorische, ionische, korinthische S.; geborstene -n; -n aus Marmor; er stand da wie eine S. *(fest u. unbeweglich);* ein Plakat an die S. *(Litfaßsäule)* kleben; der Balkon ruht auf -n, wird von -n getragen, gestützt; ein Bett mit vier hohen -n *(pfostenartigen hölzernen Stützen;* Baum, Paris 46); der Eingang war von -n flankiert; Ü zu den -n *(Stützen, wichtigsten u. bedeutendsten Personen)* der Gesellschaft, eines Kreises, einer Wissenschaft zählen. **2.** kurz für ↑Marschsäule. **3.** kurz für ↑Quecksilbersäule. **4.** kurz für ↑Zapfsäule.

säulen-, Säulen- (Säule 1): ~**basilika**, die (Archit.): *Basilika, die Säulen als Stützen hat;* ~**bau**, der ⟨Pl. -ten⟩: *von Säulen getragener Bau;* ~**förmig** ⟨Adj.; o. Steig.; nicht adv.⟩; ~**fuß**, der (Archit.): *Basis* (2) *einer Säule;* ~**gang**, der: *überdachter Gang zwischen zwei Säulenreihen;* ~**halle**, die: *von Säulen getragene Wandelhalle, Vorhalle;* ~**hals**, der (Archit.): svw. ↑Hypotrachelion; ~**heilige**, der: *(in der Ostkirche bes. vom 5. bis ins 10./11. Jh.) zur Bußübung auf einer Säule lebender Einsiedler; Stylit:* Ü obwohl er ... wie ein ... -r durch den Alltag ging (Eppendorfer, Ledermann 141); ~**kaktus**, der: *hoher, meist unverzweigter Kaktus mit stark gerippten Trieben u. großen, langen, bei Nacht sich entfaltenden Blüten;* ~**kapitell**, das, ~**knauf**, ~**kopf**, der (Archit.): *Kapitell einer Säule;* ~**ordnung**, die (Archit.): *von der Säule bestimmte Proportionierung im architektonischen Aufbau des antiken Tempels;* ~**portal**, das (Archit.): *durch Säulen gegliedertes [Gebäude]portal;* ~**reihe**, die; ~**schaft**, der (Archit.): *langer Mittelteil einer Säule zwischen Basis u. Kapitell;* ~**statue**, die: *plastische Figur, die vor einer Säule steht u. mit ihr als Hintergrund verbunden ist;* ~**stumpf**, der; ~**tempel**, der: *von Säulen getragener antiker Tempel;* ~**vorbau**, der: svw. ↑Portikus.

Saum [zaum], der; -[e]s, Säume ['zɔymə; mhd., ahd. soum, zu mhd., ahd. siuwen = nähen]: **1.** ⟨Vkl. ↑Säumchen⟩ *nach der Innenseite [doppelt] umgeschlagener u. dort angenähter Stoffrand eines Kleidungs-, Wäschestücks, durch den ein Ausfransen verhindert werden soll:* ein breiter, schmaler S.; der S. eines Rocks, Ärmels; ein falscher S. *(als Saum angesetzter Stoffstreifen);* den S. abstecken, umlegen, bügeln, heften, nähen, auftrennen, auslassen. **2.** (geh.) *Rand [von etw. Flächenhaftem]:* Die Säume der Wolken glühten golden (Rehn, Nichts 88); am S. der Wiese, des Waldes.

Saum- [veraltet Saum, mhd., ahd. soum = Last(tier) < vlat. sauma = Packsattel < lat. sagma < griech. ságma = Decke; Packsattel]: ~**pfad**, der: *Gebirgsweg für Saumtiere;* ~**sattel**, der: *Sattel für die vom Saumtier beförderten Lasten;* ~**tier**, das: *im Gebirge zur Beförderung von Lasten eingesetztes Tier (bes. Maultier, Maulesel).*

Säumchen ['zɔymçən], das; -s, -: ↑Saum (1); **[1]säumen** ['zɔymən] ⟨sw. V.; hat⟩ [spätmhd. seumen]: **1.** *an einem Kleidungs-, Wäschestück einen Saum* (1) *nähen:* einen Rock, eine Tischdecke s. **2.** (geh.) *sich zu beiden Seiten von etw., rundherum um etw. befinden; sich an etw. entlang hinziehen:* Sträucher, Bäume säumen den Weg; Zuschauer säumten die Rennstrecke; ... säumte diese Stadt ... das Ufer einer stillen Bucht (Kusenberg, Mal 54).

[2]säumen [-] ⟨sw. V.; hat⟩ [mhd. sūmen, H. u.] (geh.): *aus Nachlässigkeit od. Trägheit mit der Ausführung von etw. warten; sich bei etw. zu lange aufhalten:* du darfst nicht länger s.; sie kamen, ohne zu s.; sehr lange ... hättet ihr nicht mehr s. dürfen mit seiner Erlösung (Th. Mann, Joseph 608); ⟨subst.:⟩ sie machten sich ohne Säumen auf den Weg; Ü das gewöhnliche Leben ... säumt nicht bei Überlegungen (Musil, Mann 1321).

Säumer ['zɔymɐ], der; -s, -: *Zusatzteil einer Nähmaschine zum [1]Säumen* (1); **Saumfarn**, der; -[e]s, -e: *in vielen Arten in den Tropen u. Subtropen verbreiteter, auch als Zierpflanze gezogener Tüpfelfarn mit Sporangien unter den umgeschlagenen Blatträndern.*

säumig ['zɔymɪç] ⟨Adj.⟩ [mhd. sūmic, ahd. sūmig] (meist geh.): *aus Nachlässigkeit etw. nicht termingerecht ausführend, sich mit etw. Zeit lassend:* ein -er Zahler; eine Rechnung s. begleichen; bei der Arbeit s. sein; ... einige Leute fingen, wie bei -em *(verspätetem)* Aktbeginn im Theater, leise zu trampeln an (Maass, Gouffé 324); ⟨Abl.:⟩ **Säumigkeit**, die; - (geh.): *das Säumigsein, säumige Art.*

Säumling ['zɔymlɪŋ], der; -s, -e (Holzverarb.): *beim Besäumen* (1) *von Brettern anfallender baumkantiger Abfall;* **Saumnaht**, die; -, -nähte: *Naht* (1 a), *mit der der Saum* (1) *festgenäht ist.*

Säumnis ['zɔymnɪs], die; -, -se od. das; -ses, -se [mhd. sūmnisse]: **1.** (geh.) *das [2]Säumen:* Es muß jedoch „ohne vermeidbare Säumnis" eine richterliche Entscheidung eingeholt werden (MM 7. 7. 72, 15). **2. a)** (jur.) *Versäumung eines gerichtlichen Termins zur mündlichen Verhandlung;* **b)** (geh., selten) *Versäumnis:* es gelte nicht den Strafvollzug, sondern die erzieherischen -se der Eltern anzugreifen (MM 24. 1. 70, 21); ⟨Zus. zu 1⟩: **Säumniszuschlag**, der: *Zuschlag, der auf verspätet abgeführte Steuern erhoben wird.*

saumselig ['zaumze:lɪç] ⟨Adj.⟩ [mhd. sūmeselic, zu: sūmen, ↑[2]säumen] (geh.): *bei der Ausführung von etw. recht langsam, sich Zeit lassend:* ein -er Mensch; er ist, arbeitet sehr s.; ⟨Abl.:⟩ **Saumseligkeit**, die; - (geh.): *das Saumseligsein, saumselige Art.*

Sauna ['zauna], die; -, -s u. ...nen [finn. sauna = Schwitzstube]: **1.** *dem Schwitzen dienender Aufenthalt in einem Raum od. Holzhäuschen, in dem trockene Hitze herrscht u. von Zeit zu Zeit Wasser zum Verdampfen gebracht wird, indem man es über heiße Steine gießt:* S. ist gut gegen Kreislaufbeschwerden. **2. a)** *[mit Holz ausgekleideter] Raum od. Holzhäuschen zum Saunieren:* in die S. gehen; aus der S. kommen; er war gestern in der S.; **b)** *Sauna* (2 a) *als Teil von [Bade]einrichtungen, die vorwiegend zur Aufnahme sexueller Kontakte dienen:* Sex-Center ... Sauna ... Ihre geheimen Wünsche werden wahr (MM 21. 3. 79, 47); ⟨Zus.:⟩ **Saunabad**, das: svw. ↑Sauna (1); **Saunatuch**, das ⟨Pl. -tücher⟩ (Flugw.): *feuchtheißes Tuch, das sich der Fluggast zur Erfrischung auf das Gesicht legt;* **saunen** ['zaunən], **saunieren** [zau'ni:rən] ⟨sw. V.; hat⟩: *ein Saunabad nehmen.*

Säure ['zɔyrə], die; -, -n [mhd. s(i)ure, ahd. sūrī, zu ↑sauer]: **1.** ⟨o. Pl.⟩ *saure Beschaffenheit:* die S. des Essigs, eines Apfels; Die Weine von der Mosel ... haben meist eine ganz leichte S. (Horn, Gäste 88). **2.** (Chemie) *chemische Verbindung, die in wäßriger Lösung Wasserstoffionen abgibt, mit Basen Salze bildet, blaues Lackmuspapier rot färbt u. einen mehr od. weniger sauren Geschmack hat:* eine schwache, starke, ätzende, salpetrige *(nur in verdünnten, wäßrigen Lösungen u. ihren Salzen beständige)* S.; die S. greift das Metall an, zerfrißt, zerstört das Gewebe; die -n des Bodens; er hat zuviel S. *(Magensäure).*

säure-, Säure-: ~**arm** ⟨Adj.; nicht adv.⟩: *arm an Säure* (1): ein -er Wein; ~**beständig** ⟨Adj.; o. Steig.; nicht adv.⟩: svw. ↑~fest; ~**farbstoff**, der (Chemie): *synthetischer, wasserlöslicher, organischer Farbstoff, der bei Zusatz von Säure Wolle u. Seide direkt färbt;* ~**fest** ⟨Adj.; o. Steig.; nicht adv.⟩: *unempfindlich, widerstandsfähig gegenüber Säure:* -es Porzellan; -e keramische Steine; ~**frei** ⟨Adj.; o. Steig.; nicht adv.⟩: *keine Säure enthaltend;* ~**gehalt**, der: *Gehalt an Säure;* ~**grad**, der: *Grad der Konzentration einer Säure;* ~**haltig** ⟨Adj.; nicht adv.⟩: *Säure enthaltend;* ~**heber**, der (Chemie):

Heber (2) *für Säuren;* **~mangel,** der: *Mangel an [Magen]säure;* **~mantel,** der (Fachspr.): *das Wachstum vieler Bakterien hemmende, dünne, Säure enthaltende Schicht auf der Oberfläche der Haut;* **~rest,** der (Chemie): *Atom od. Gruppe von Atomen, die von den Molekülen einer Säure nach Abspaltung des Wasserstoffs übrigbleibt;* **~schutzanzug,** der: *bei der Arbeit mit Säuren in chemischen Fabriken u. Laboratorien getragener Schutzanzug;* **~überschuß,** der: vgl. ~mangel; **~vergiftung,** die: *Vergiftung durch Säure;* **~wecker,** der: **1.** (Chemie) *die Bildung von Magensäure anregender Stoff.* **2.** ⟨Pl.⟩ (Milchwirtschaft) *Reinkultur* (3) *von Milchsäurebakterien, die für die Herstellung von Butter zum Rahm hinzugefügt werden u. ihm den notwendigen Säuregrad geben;* **~zahl,** die (Chemie): *bes. der Bestimmung des Alters von Fetten dienende Kennzahl für den Gehalt an Fettsäuren in Fetten;* Abk.: SZ

Sauregurkenzeit, die; -, auch: Saurengurkenzeit, -en, auch: die Saurengurkenzeiten [urspr. in der berlin. Kaufmannsspr. Bez. für die Zeit des Hochsommers, in der die Gurken reifen u. eingelegt werden, in der Ferien sind u. der Geschäftsbetrieb nicht allzu groß ist] (ugs. scherzh.): *im Ablauf des Jahres Zeitraum [während der Sommerferien], in dem es an geschäftlicher, politischer, kultureller o. ä. Aktivität fehlt, in dem sich saisonbedingt auf einem bestimmten Gebiet nichts ereignet.*

Saurier ['zaurie], der; -s, - [zu griech. saũros = Eidechse]: *ausgestorbenes, sehr großes, räuberisches od. pflanzenfressendes Reptil des Mesozoikums;* **Saurolith** [zauro'li:t, auch: ...lıt], der; -en, -en [zu ↑-lith]: *versteinerter Saurier.*

Saus [zaus] [mhd. sūs = das Sausen, Brausen, Lärm] nur in der Wendung **in S. und Braus leben** *([im Unterschied zu andern] allzu sorglos prassend leben);* **Sause** ['zauzə], die; -, -n [zu ↑sausen] (salopp): **a)** *Feier mit großem Alkoholkonsum:* er ... lud sie (=die Herren von der AGI) zu einer fröhlichen S. in sein Hotel ein (Prodöhl, Tod 30); **b)** *Zechtour:* eine [richtige] S. machen; **säuseln** ['zɔyzl̩n] ⟨sw. V.; hat⟩ [eigtl. = ein wenig sausen]: **1.** *[wie] durch eine leichte Bewegung der Luft ein leises Geräusch von sich geben* ⟨hat⟩: der Wind säuselt in den Zweigen; die Blätter, Bäume säuseln [im Wind]; ⟨auch unpers.:⟩ es säuselt in den Zweigen. **2.** (iron.) *mit [verstellter] leiser Stimme etw. zu jmdm. sagen* ⟨hat⟩: ich weiß nicht mehr, was sie alles gesäuselt hat; „... Sie haben uns nichts als Schwierigkeiten gemacht ...", säuselt das Stimmchen (Sobota, Minus-Mann 141); reif für die Zwangsjacke, kann ich dir s. (ugs.; *sagen;* Rechy [Übers.], Nacht 369). **3.** *sich [mit säuselndem Geräusch] sacht, gleitend fortbewegen, irgendwohin bewegen* ⟨ist⟩: Blätter säuseln zur Erde; er ... säuselte auf einmal wie ein Aal durch das Wasser (Lenz, Suleyken 80); **sausen** ['zauzn̩] ⟨sw. V.⟩ [mhd. sūsen, ahd. sūsōn]: **1.** *ein anhaltend starkes, scharfes od. gleichmäßig an- u. abschwellendes Geräusch wie bei einer Reibung von sich geben* ⟨hat⟩: der Wind, Sturm sauste [im Kamin]; das Blut sauste ihm in den Ohren; eine Wärme fuhr in ihm auf, sein Kopf sauste (*er spürte ein unangenehmes Sausen in seinem Kopf;* Gaiser, Jagd 91); ⟨auch unpers.:⟩ es sauste in der Telefonmuschel, in seinem Ohr; ⟨subst.:⟩ das Sausen des Windes. **2.** *sich [mit sausendem* (1) *Geräusch] sehr schnell fortbewegen, irgendwohin bewegen* ⟨ist⟩: zur Schule, ins Büro, nach Hause s.; die Mutter sauste in die Küche; er sauste mit dem Fahrrad um die Ecke; mit dem Auto durch die Stadt, über die Autobahn s.; er ist in den Graben gesaust (ugs.; *ist bei seiner Fahrt im Graben gelandet*); ein Zünder, er ist da ins Gebüsch gesaust (Remarque, Westen 48); die Lawine sauste in die Tiefe; der Fahrstuhl sauste abwärts; die Peitsche sauste auf den Rücken der Pferde; ihm war eine Schwelle auf den Arm gesaust (*mit Wucht gefallen;* Kühn, Zeit 15); Ü er ist durchs Examen, durchs Abitur gesaust (ugs.; *hat es nicht bestanden*); * **einen s. lassen** (derb; ↑fahren 11). **3.** (landsch.) *(von Federweißem) stark gären, schäumen* ⟨hat⟩; **sausenlassen** ⟨sw. V.; hat⟩ (salopp): **a)** *auf etw. verzichten; nicht weiter betreiben od. verfolgen:* ein Filmangebot, ein Konzert s.; **b)** *die Beziehungen zu jmdm. nicht mehr aufrechterhalten; jmdn. sich von einem entfernen lassen:* sie hätte den Schrankenwärter sausenlassen (Bieler, Bonifaz 191); **Sauser** ['zauze], der; -s, - (landsch.): svw. ↑Federweiße; **Sauseschritt,** der in der Fügung **im S.** (ugs. scherzh.; *äußerst schnell u. flüchtig, bei nichts länger verweilend;* nach Wilhelm Busch, Julchen: Einszweidrei! im S. [Läuft die Zeit, wir laufen mit]: Und so sind wir durch die zwanziger Jahre im S. geeilt; Hörzu 51, 1977, 26); **Sausewind,** der; -[e]s, -e: **1.** (dichter.) *starker Wind.* **2.** (ugs. scherzh.) *unsteter, sehr lebhafter Mensch.*

sauté [so'te:]: frz. Bez. für *sautiert* (↑sautieren).

Sauternes [so'tɛrn], der; -, - [nach dem frz. Ort u. der Landschaft Sauternes]: *fruchtiger, süßer französischer Weißwein.*

sautieren [zo'ti:rən] ⟨sw. V.; hat⟩ [frz. (faire) sauter, eigtl. = (in der Pfanne) springen machen < lat. saltāre = tanzen, springen] (Kochk.): **a)** *kurz in der Pfanne braten;* **b)** *(bereits gebratene Stücke Fleisch od. Fisch) kurz in frischem, heißem Fett schwenken.*

Savaladi [zava'la:di], die; -, - [ital. cervellata, ↑Zervelatwurst] (österr.): *Zervelatwurst.*

Savanne [za'vanə], die; -, -n [span. sabana < Taino (Indianerspr. der Karibik) zabana]: *tropisches Grasland mit einzeln od. in lockeren Gruppen stehenden Bäumen u. Sträuchern;* ⟨Zus.:⟩ **Savannenklima,** das.

Savarin [zava'rɛ̃:], der; -s, -s [nach dem frz. Schriftsteller J. A. Brillat-Savarin (1755–1826)]: *in einer Ringform gebakkener, mit Alkohol getränkter [u. mit Schlagsahne gefüllter] Hefekuchen.*

Savoir-faire [savwar'fɛ:r], das; - [frz. savoir-faire, eigtl. = zu tun wissen] (bildungsspr. veraltend): *Gewandtheit.*

Savoir-vivre [savwar'vi:vr], das; - [frz. savoir-vivre, eigtl. = zu leben wissen] (bildungsspr.): *die Kunst, das Leben zu genießen.*

Savoyerkohl [za'vɔye-], der; -[e]s [das Gemüse wurde früher häufig aus Südfrankreich eingeführt] (selten): *Wirsing.*

Saxhorn ['zaks-], das; -[e]s, ...hörner [vgl. Saxophon] (Musik): *dem* [2]*Kornett ähnliches Horn* (3) *mit Ventilen statt Klappen.*

Saxifraga [za'ksi:fraga], die; -, ...gen [zaksi'fra:gn̩; lat. saxifrag(i)a]: svw. ↑Steinbrech.

Saxophon [zakso'fo:n], das; -s, -e [nach dem belgischen Instrumentenbauer A. Sax (1814–1894); 2. Bestandteil ↑-phon]: *metallenes, weich klingendes Blasinstrument mit klarinettenartigem Mundstück u. stark konisch geformtem Rohr, das in einen nach oben gebogenen Schalltrichter ausläuft;* ⟨Abl.:⟩ **Saxophonist** [...fo'nıst], der; -en, -en: *jmd., der [berufsmäßig] Saxophon spielt.*

Säzeit ['zɛ:-], die; -, -en (seltener): svw. ↑Saatzeit.

sazerdotal [zatsɛrdo'ta:l] ⟨Adj.; o. Steig.⟩ [lat. sacerdōtālis, zu: sacerdōs (Gen.: sacerdōtis) = Priester] (veraltet): *priesterlich;* **Sazerdotium** [...'do:tsi̯ʊm], das; -s [1: lat. sacerdōtium]: **1.** (veraltet) *Amt, Würde eines Priesters.* **2.** *(im MA.) die geistliche Gewalt des Papstes.*

SB- [ɛs'be:-] (Abk. für: **S**elbst**b**edienungs-): **~Laden,** der; **~Markt,** der: *Supermarkt;* **~Tankstelle,** die.

S-Bahn ['ɛs-], die; -, -en [kurz für: **S**chnellbahn, **S**tadtbahn]: *elektrisch betriebene, auf Schienen laufende Schnellbahn für den Personenverkehr in Großstädten u. Stadtregionen.*

S-Bahn-: **~hof,** der: *Bahnhof der S-Bahn;* **~Station,** die; **~Wagen,** der; **~Zug,** der.

Sbirre ['sbırə], der; -n, -n [älter ital. sbirro, zu spätlat. birrus < griech. pýrrhos = Kapuzenmantel; nach der Kleidung] (früher): *Polizeidiener in Italien.*

Sbrinz [sbrınts], der; -[es] [nach dem Schweizer Ort Brienz (Kanton Bern)]: *[Schweizer] Hartkäse mit kleinen Löchern.*

Scabies: ↑Skabies.

Scampi ['skampi] ⟨Pl.⟩ [ital. scampi (Pl.)]: ital. Bez. für *eine Art kleiner Krebse.*

Scandium ['skandi̯ʊm], das; -s [nach Scandia = nlat. Name für Skandinavien (das Element wurde von dem schwed. Chemiker L. F. Nilson (1840–1899) entdeckt]: *silberweißes Leichtmetall (chemischer Grundstoff);* Zeichen: Sc

Scanner ['skænə], der; -s, - [engl. scanner, zu: to scan = kritisch prüfen < lat. scandere, ↑skandieren] (Med., graph. Technik): *Gerät, das ein zu untersuchendes Objekt (z. B. den menschlichen Körper od. eine Kopiervorlage) mit einem Licht- od. Elektronenstrahl punkt- bzw. zeilenweise abtastet [u. die erhaltenen Meßwerte weiterverarbeitet];* **Scanning** ['skænıŋ], das; -s [engl. scanning] (Med., graph. Technik): *Untersuchung mit Hilfe eines Scanners.*

Scat [skæt], der; -, -s [engl.-amerik. scat, eigtl. = Knall (lautm.)] (Jazz): *improvisiertes Singen von Silben ohne Wortbedeutung u. ohne zusammenhängenden Sinn als lautmalerische Nachahmung instrumentaler Phrasen.*

scemando [ʃe'mando] ⟨Adv.⟩ [ital. scemando, zu: scemare = vermindern] (Musik): *schwächer werdend, abnehmend.*

Scene [si:n], die; - [engl. scene < (m)frz. scène, ↑Szene] (Jargon): *Milieu, in dem sich Drogenabhängige bewegen:* ich als Fixer auf der S. (Zeitmagazin 14, 1980, 84); **Scenotest:** ↑Szenotest.

sch! [ʃ] 〈Interj.〉: **1.** *ruhig!, still!:* sch, da kommt jemand!; sch *(kein Wort darüber)*, das darf er nicht wissen! **2.** Ausruf, mit dem man jmdn. verscheucht: sch, weg da!

Schaar [ʃa:ɐ̯], das; -[e]s, -e [aus dem Niederd. < mniederd. schare = Küste] (Geol.): svw. ↑Sandriff.

Schab- ['ʃa:p-] (schaben; vgl. auch: Schabe-): **~baum,** der: svw. ↑Schärbaum; **~blatt,** das: *in Schabtechnik hergestelltes graphisches Blatt;* **~eisen,** das: **1.** *in der Schabkunst gebrauchtes Werkzeug, mit dem die aufgerauhte Kupferplatte überall dort geglättet wird, wo im Abdruck eine Aufhellung erreicht werden soll.* **2.** svw. ↑~messer (2); **~kunst,** die 〈o. Pl.〉: *graphische Technik, bei der eine aufgerauhte Kupferplatte mit einem speziellen Schabwerkzeug bearbeitet wird; Mezzotinto* (a), dazu: **~kunstblatt,** das: *in der Schabkunst ausgeführtes graphisches Blatt;* **~manier,** die 〈o. Pl.〉: svw. ↑~kunst: in der S. arbeiten; **~messer,** das: **1.** svw. ↑~eisen (1). **2.** *mit zwei Handgriffen versehenes, scharfkantiges Schabwerkzeug zur Bearbeitung von Holz od. Leder.* **3.** *altsteinzeitliches Schabwerkzeug;* **~technik,** die: *graphische Technik, bei der die weiße Grundierschicht eines dunkel überstrichenen Papiers durch Schaben od. Ritzen mit speziellen Werkzeugen (Schaber, Stichel o. ä.) stellenweise freigelegt wird;* **~werkzeug,** das: *Werkzeug zum Schaben.*

Schabau [ʃa'bau̯], der; -s, -s [altkölnisch schabau wasser, zu spätlat. sabaudius = aus Savoyen, also eigtl. = Wasser aus Savoyen] (landsch., bes. rhein.): *Schnaps, Alkohol* (2 b).

Schabbes ['ʃabəs], der; -, -: jidd. Bez. für ↑Sabbat.

Schabe ['ʃa:bə], die; -, -n [1: mhd. schabe = Mottenlarve, zu: schaben in der Bed. „abkratzen, nagen"; 2: zu ↑schaben]: **1. a)** *stark abgeplattetes Insekt von brauner Färbung u. unangenehmem Geruch, das in Ritzen u. Spalten lebt [u. an Lebensmitteln großen Schaden anrichtet];* **b)** (südd., schweiz.) *Motte.* **2. a)** svw. ↑Schabmesser (2); **b)** svw. ↑Schabeisen (1); **Schäbe** ['ʃɛ:bə], die; -, -n [spätmhd. schebe] (Gewerbespr.): *bei der Flachs- u. Hanfgewinnung entstehender Abfall aus holzigen Teilchen.*

Schabe- (vgl. auch: Schab-): **~baum,** der: svw. ↑Schärbaum; **~blatt,** das: svw. ↑Schabblatt; **~fleisch,** das: *rohes, durch den Fleischwolf gedrehtes, fett- u. sehnenfreies Rindfleisch;* **~messer,** das: svw. ↑Schabmesser.

Schabelle: ↑Stabelle.

schaben ['ʃa:bn̩] 〈sw. V.; hat〉 [mhd. schaben, ahd. scaban; urspr. = schneiden, spalten]: **1. a)** *etw. säubern, glätten, von einer Schicht befreien, indem man immer wieder mit etw. Scharfem, Rauhem fest darüberstreicht, -fährt:* Möhren s.; (Gewerbespr.:) Felle s.; (Technik:) ein Werkstück [maschinell] s.; etw. blank s. *(so schaben, daß es blank wird);* Ü jmdn., sich s. (ugs. scherzh.; *rasieren*); jmdm., sich den Bart s. (ugs. scherzh.; *jmdn., sich rasieren*); **b)** *durch Schaben, Raspeln, Reiben o. ä. zerkleinern:* Sellerie s. **2. a)** *[mit der scharfen, rauhen Seite] auf, an etw. entlangfahren u. dabei ein leises kratzendes Geräusch hervorbringen, an, auf etw. scheuern:* das rechte Vorderrad schabt am Kotflügel; **b)** *reiben, scheuern:* das Kinn, die Backe [mit dem Handrücken] s.; ich schabte mir genüßlich den Rücken an der Hauswand; ich schabte mich am Kinn; ich habe mir die Finger wund geschabt. **3.** *durch Schaben entfernen:* den Teig aus dem Topf, von der Tischplatte s.; er schabte den Lack vom Brett, das Fleisch von den Knochen. **4.** 〈s. + sich〉 (Jugendspr.) *sich ärgern:* da hat er sich unheimlich geschabt.

Schabenkraut, das; -[e]s [das abgeschnittene Kraut soll Schaben anlocken]: *im Mittelmeergebiet wachsende gelbblühende Königskerze;* **Schaber** ['ʃa:bɐ], der; -s, -: *Schabwerkzeug;* **Schaberei** [ʃa:bə'rai̯], die; -, -en 〈Pl. selten〉 (ugs., meist abwertend): *[dauerndes] Schaben.*

Schabernack ['ʃa:bɐnak], der; -[e]s, -e [mhd. (md.) schabirnack, mniederd. schavernak, H. u.]: **1. a)** *übermütiger Streich:* sich einen S. ausdenken; jmdm. einen S. spielen; er trieb gern mit den Nachbarn seinen S.; jmdm. etw. zum S. tun *(etw. tun, um jmdm. einen S. zu spielen);* **b)** (selten) *Scherz, Spaß:* etw. aus S. tun. **2.** (landsch. scherzh.) *Kind, das [gern] Schabernack treibt:* er ist ein kleiner S.

schäbig ['ʃɛ:bɪç] 〈Adj.〉 [mhd. schebic, eigtl. = räudig, zu (erst im 18. Jh. bezeugtem) Schabe, Schäbe = Krätze, Räude, zu ↑schaben (2 b)] (abwertend): **1. a)** *abgenutzt u. daher unansehnlich; ärmlich:* ein -er Mantel, Koffer; -e Möbel; s. *(schlecht, dürftig)* angezogen sein; **b)** *armselig, jämmerlich:* ein -es Dasein führen; in der Flasche war nur noch ein -er Rest; Es waren -e *(ganze)* zwölf Mann (Feuchtwanger, Erfolg 728). **2.** *erbärmlich u. verächtlich; unredlich u. gemein:* ein -er Kerl; eine -e Handlungsweise; ein -er Verrat; ich komme mir richtig s. vor; s. *(gemein, niederträchtig)* lachen. **3.** *kleinlich, geizig:* ein -er Mensch; sich [jmdm. gegenüber] s. zeigen, benehmen; ein -es *(sehr geringes, von Kleinlichkeit, Geiz zeugendes)* Trinkgeld; 〈Abl.:〉 **Schäbigkeit,** die; -, -en: **1.** 〈o. Pl.〉 *das Schäbigsein; schäbige [Wesens]art.* **2.** *schäbige Handlung od. Äußerung.*

Schablone [ʃa'blo:nə], die; -, -n [älter: Schablon < mniederd. schampelīon, schaplūn = Muster, Modell, H. u.]: **1.** *[ausgeschnittene, ausgestanzte] Form, Vorlage zum (beliebig häufigen) Übertragen bestimmter Umrisse, eines Musters, einer Schrift usw. auf einen Untergrund:* mit einer S. arbeiten, zeichnen. **2.** (meist abwertend) *vorgeprägte, starr vorgegebene, hergebrachte Form; Schema, Klischee:* sich nicht an die, an eine S. halten; in -n denken; jmdn., etw. in eine S. pressen/zwängen wollen; nach einer S. handeln, vorgehen, urteilen; etw. nach der S. machen; nach S. *(routinemäßig, nach Schema F)* arbeiten; die Kritiker, der Antiklerikalismus – sie sind längst zur S. geworden (Böll, Erzählungen 401).

schablonen-, Schablonen-: **~artig** 〈Adj.; o. Steig.〉; **~denken,** das; -s: *Denken in Schablonen* (2); **~druck,** der: **1.** *Vervielfältigungsverfahren, bei dem beschichtetes Seidenpapier mit einer Schreibmaschine ohne Farbband beschrieben u. dann abgezogen wird.* **2.** svw. ↑Siebdruck; **~mäßig** 〈Adj.〉: *nach Schablone* (2) *[geschehend, ausgeführt].*

schablonenhaft 〈Adj.; -er, -este〉: *nach [einer] Schablone* (2) *[vor sich gehend, gearbeitet, geformt usw.];* **schablonieren** [ʃablo'ni:rən] 〈sw. V.; hat〉: **1.** *nach einer Schablone* (1) *bearbeiten, herstellen.* **2.** (selten) *in eine Schablone* (2) *pressen, zwängen:* schablonierte Äußerungen, Meinungen; **schablonisieren** [ʃabloni'zi:rən] 〈sw. V.; hat〉: **1.** svw. ↑schablonieren (1). **2.** *in eine Schablone* (2) *pressen, zwängen:* die Menschen s.; 〈auch o. Akk.-Obj.:〉 man sollte hier nicht gedankenlos s.; eine schablonisierende Psychologie; 〈Abl.:〉 **Schablonisierung,** die; -, -en.

Schabotte [ʃa'bɔtə], die; -, -n [frz. chabotte, H. u.] (Technik): *schweres Fundament aus Stahl od. Beton für Hämmer* (2 a).

Schabracke [ʃa'brakə], die; -, -n [über das Slaw. od. Ung. < türk. çaprak = Satteldecke]: **1. a)** *verzierte Decke, die unter den Sattel gelegt bzw. über das Pferd gebreitet wird;* **b)** (Jägerspr.) *sich durch helle Färbung abhebender Teil der Flanken u. des Rückens bei bestimmten Tieren* (z. B. beim Mufflon). **2. a)** *übergelegte, überhängende Zier- u. Schutzdecke (bes. für Polstermöbel);* **b)** *Behang od. mit Stoff bezogene Verkleidung quer über Fenstern.* **3.** (salopp abwertend) **a)** *altes Pferd;* **b)** *alte [häßliche] Frau;* **c)** *alte, abgenutzte Sache;* 〈Zus.:〉 **Schabrackenschakal,** der [das dunklere Rückenfell erinnert an eine Schabracke (1 a)]: *Schakal mit überwiegend hellem, auf dem Rücken schiefergrauem Fell;* **Schabrackentapir,** der: *Tapir mit schwarzem vorderem Körper, schwarzen Hinterbeinen u. grauweißem übrigen Körper.*

Schabsel ['ʃa:psl̩], das; -s, - [zu ↑schaben]: *abgeschabtes Teilchen;* **Schabzi[e]ger,** der; -s, - [der Käse wird in getrocknetem Zustand zerrieben u. zum Würzen benutzt]: *(in Kegelform hergestellter) harter [Schweizer] Kräuterkäse;* 〈Zus.:〉 **Schabziegerklee,** der [die getrockneten u. zerriebenen Blätter werden dem Schabzieger beigemischt u. geben ihm Aroma u. Farbe]: *Bockshornklee mit stark aromatischem Geruch u. blauen Blüten.*

Schach [ʃax], das; -s, -s [mhd. schāch, zu arab. šāh māta, ↑schachmatt]: **1.** 〈o. Pl.〉 *Brettspiel für zwei Personen, die mit je sechzehn schwarzen bzw. weißen (Schach)figuren abwechselnd ziehen, wobei das eigentliche Ziel ist, den König anzugreifen u. matt zu setzen:* S., das königliche Spiel; S. spielen; eine Partie S. [mit jmdm.] spielen. **2.** (Schachspiel) *unmittelbare Bedrohung des Königs durch eine Schachstellung:* ewiges S. *(sich dauernd wiederholende Stellung, bei der der König jedesmal erneut bedroht wird);* S. [dem König]! *(Warnung an den Gegner, die besagt, daß man ihm Schach bietet);* S. [an]sagen; [dem gegnerischen König, dem Gegner] S. bieten *(den gegnerischen König unmittelbar bedrohen);* der Turm, der Gegner bietet S.; der gegnerische

König steht/ist im S.; den König aus dem S. ziehen; ***S. und matt!*** (↑matt 4); **jmdm., einer Sache S. bieten** (geh.; *sich jmdm., einer Sache energisch entgegenstellen*): dem Radikalismus S. bieten; **jmdn. in S. halten** (ugs.; *jmdn., etw. durch Drohung [mit der Waffe], Druck, energisches Verhalten daran hindern, gefährlich zu werden, Schlimmes anzurichten*): einen Einbrecher [mit dem Revolver] in S. halten; der Lehrer hatte es schwer, die Klasse in S. zu halten. **3.** (ugs.) *Schachspiel* (4).

schach-, Schach-: **~aufgabe,** die: svw. ↑~problem; **~blume,** die: svw. ↑~brettblume; **~brett,** das: *quadratisches Spielbrett mit achtmal acht abwechselnd hellen (weißen) u. dunklen (schwarzen) quadratischen Feldern, auf dem Schach gespielt wird,* dazu: **~brettartig** ⟨Adj.; o. Steig.⟩, **~brettblume,** die: *(zu den Liliengewächsen gehörende) Pflanze mit großer, hängender, glockenförmiger rotbrauner Blüte, die schachbrettartig gemustert ist,* **~brettmuster,** das: *schachbrettartiges Muster* (3): ein Stoff mit S.; **~buch,** das: *Lehrbuch für Schach;* **~ecke,** die (ugs.): *Teil einer Seite in einer Zeitung, Zeitschrift, der Schachprobleme o. ä., Interessantes vom Schachspiel enthält;* **~feld,** das: *Feld des Schachbretts;* **~figur,** die: *Figur des Schachspiels:* die -en aufstellen; Ü Der hat sich einen Plan gemacht, und darin bist du eine S. (*Figur* 5a, *mit der operiert wird;* H. Lenz, Tintenfisch 86); **~gebot,** das (Schachspiel): *das Schachbieten;* **~großmeister,** der: Internationaler S.; **~klub,** der; **[1]~matt** [-'-] ⟨Adj.; o. Steig.; nur präd.⟩ [mhd. schāchmat, über das Roman. < arab. šāh māta = der König ist tot, zu pers. šāh, ↑Schah]: **1.** [von Laien gemachte] Bemerkung, die den Gegner informiert, daß er das Spiel verloren hat: s.!; ***s. sein, jmdn. s. setzen*** (↑matt 4). **2.** *völlig erschöpft:* abends ist er s., kommt er s. nach Hause; die Spieler saßen s. in der Kabine; **[2]~matt** [-'-], das; -, -s ⟨Pl. selten⟩ (Schachspiel selten): svw. ↑Matt; **~meister,** der: *Sieger einer Schachmeisterschaft;* **~meisterschaft,** die; **~olympiade,** die: *alle zwei Jahre veranstalteter internationaler Schachwettkampf der Mannschaften;* **~partie,** die; **~problem,** das (Schachspiel): *Aufgabe für einen einzelnen Schachspieler, die beinhaltet, daß bei vorgegebener Figurenstellung das Matt in einer bestimmten Anzahl von Zügen herbeigeführt werden soll;* **~spiel,** das: **1.** ⟨o. Pl.⟩ svw. ↑Schach (1): ein Lehrbuch des -s. **2.** ⟨o. Pl.⟩ *das Schachspielen:* tägliches S. **3.** *Partie Schach, Schachpartie:* ein S. abbrechen. **4.** *Schachbrett u. -figuren:* ein S. besitzen; **~spieler,** der; **~stellung,** die (Schachspiel): *Stellung der Figuren, bei der der König im Schach* (2) *steht;* **~tisch,** der: *Tisch, dessen Platte ein Schachbrett darstellt;* **~turnier,** das; **~uhr,** die (Schachspiel): *Uhr mit zwei Zifferblättern, die bei einer wettkampfmäßigen Schachpartie für jeden der beiden Spieler getrennt die Gesamtzeit mißt, die zum Ausführen der Züge u. zum Überlegen benötigt wird;* **~weltmeister,** der; **~weltmeisterschaft,** die; **~wettkampf,** der; **~zug,** der: **1.** *Zug im Schachspiel.* **2.** *geschickte, diplomatische, nicht leicht zu durchschauende Maßnahme, Handlung zur Erreichung eines bestimmten, dem eigenen Interesse dienenden Ziels:* ein kluger, geschickter, raffinierter S.

Schachen ['ʃaxn̩], der; -s, - [1: mhd. schache]: **1.** (südd., österr. mundartl., schweiz.) *kleines [restliches] Waldstück.* **2.** (schweiz.) *Niederung, Uferland.*

Schacher ['ʃaxɐ], der; -s [hebr. saḥar = Erwerb, zu: sạḥar, ↑schachern] (abwertend): *von Gewinnsucht, von kleinlichem, hartnäckigem Streben nach dem größtmöglichen Vorteil bestimmtes Aushandeln von Preisen, von geschäftlichen Abmachungen; Handel, bei dem gefeilscht wird.*

Schächer ['ʃɛçɐ], der; -s, - [mhd. schæchære, ahd. scāhāri, zu mhd. schāch, ahd. scāh = Raub] (bibl.): *[mit Jesus Christus an einem Gabelkreuz gekreuzigter] Räuber, Mörder.*

Schacherei [ʃaxə'rai̯], die; -, -en (ugs. abwertend): *[dauerndes] Schachern;* **Schacherer** ['ʃaxərɐ], der; -s, - (abwertend): *jmd., der Schacher treibt.*

Schächerkreuz, das; -es, -e [zu ↑Schächer] (selten): svw. ↑Gabelkreuz.

schachern ['ʃaxɐn] ⟨sw. V.; hat⟩ [aus der Gaunerspr. < hebr. sạḥar = Handel treiben] (abwertend): *Schacher treiben:* überall wurde geschachert; er schachert mit Wolldekken; um eine Ware, um den Preis s.; Ü um politische Ämter s.

Schacht [ʃaxt], der; -[e]s, Schächte ['ʃɛçtə; 1: mhd. (ostmd.) schaht, niederd. Form von ↑Schaft; vermutlich urspr. = Meßstange (für die quadratische Fläche eines Schachts 1 a); 5: mniederd. schacht = (Meß)stange, vgl. Schacht (1)]: **1. a)** (Bergbau) *senkrecht (seltener schräg) ins Erdinnere führender [langgestreckter], verhältnismäßig enger Grubenbau, der die Erdoberfläche mit der Lagerstätte* (3) *verbindet:* (Bergmannsspr.:) der S. ist abgesoffen; einen S. [ab]teufen, [bis auf 900 Meter] niederbringen; einen S. ausmauern, in Beton ausbauen; einen S. befahren; die Bergleute fahren in den S. [ein]; **b)** *künstlich angelegter, senkrecht in das Erdinnere führender tiefer Hohlraum:* einen S. für den Brunnen ausheben; durch einen S. in den Abwasserkanal einsteigen; **c)** *einem Schacht ähnliche Schlucht od. Höhlung.* **2.** *von allen Seiten von Wänden umschlossener hoher, enger [Hohl]raum:* der dunkle S. des Hinterhofes; Licht fiel durch einen S. in den Keller; der Aufzug ist im S. steckengeblieben. **3.** (Hüttenw.) *senkrechter [zylindrischer] Teil bestimmter metallurgischer Öfen.* **4.** (Waffent.) *Öffnung an der Unterseite des Rumpfes von Bombenflugzeugen für den Abwurf von Bomben:* den S. öffnen. **5.** ⟨o. Pl.⟩ (nordd.) *Prügel:* S. kriegen.

Schacht-: **~abteufen,** das; -s (Bergbau): *das Abteufen eines Schachts* (1 a); **~anlage,** die (Bergbau): *Grube, Zeche;* **~holz,** das (Bergbau): *beim Ausbau eines Schachtes* (1 a) *verwendetes Holz;* **~meister,** der: *Vorarbeiter im Tiefbau;* **~ofen,** der (Hüttenw.): vgl. Schacht (3); **~sohle,** die (Bergmannsspr.): *Sohle, Boden des Schachtes* (1 a); **~sumpf,** der (Bergbau): *unterhalb der tiefsten Sohle einer Grube* (3 a) *gelegenes Ende eines Schachts* (1 a), *in dem sich alles der Grube zufließende [Grund]wasser sammelt.*

Schachtel ['ʃaxtl̩], die; -, -n ⟨Vkl. ↑Schächtelchen, Schächt[e]lein⟩ [1, 2: spätmhd. schahtel, älter: schattel, scatel < ital. scatola (mlat. scatula), ↑Schatulle, H. u.; 3: unter Anlehnung an Schachtel (1) zu ↑schachteln]: **1.** *zum Verpakken, Aufbewahren von Gegenständen, Waren dienender, verhältnismäßig flacher, dünnwandiger, nicht sehr fester Behälter aus Pappe, Kunststoff usw. mit Deckel, Klappe o. ä. zum Verschließen:* eine leere S.; eine S. mit vergilbten Fotos; etw. in einer S. aufbewahren; ***alte S.*** (salopp abwertend; *alte, ältliche Frau;* schon spätmhd. schattel = weibliche Scham; auch verächtl. = Weib). **2.** *Schachtel* (1) *mit der abgepackten Ware[nmenge], die sie enthält:* eine angebrochene S.; eine S. Zündhölzer, Zigaretten; er hätte gern die ganze S. [Pralinen] gehabt; er raucht am Tag eine S. [Zigaretten] *(den Inhalt einer Schachtel).* **3.** (Wirtsch. Jargon) kurz für ↑Schachtelbeteiligung (2): eine S. erwerben.

[1]Schachtel- ([1]Schachtel 1): **~boden,** der; **~macher,** der: *Hersteller von Schachteln;* **~rock,** der (Mode): *Rock, dessen Form einer Streichholzschachtel durch Kappnähte hervorgehoben wird.*

[2]Schachtel- (schachteln): **~beteiligung,** die (Wirtsch.): **1.** *Beteiligung einer Kapitalgesellschaft an einer anderen Kapitalgesellschaft (Schachtelgesellschaft) mit mindestens einem Viertel.* **2.** *Anteil auf Grund einer Schachtelbeteiligung* (1): -en veräußern; **~dividende,** die (Wirtsch.): *Dividende auf Grund einer Schachtelbeteiligung;* **~gesellschaft,** die (Wirtsch.): *Kapitalgesellschaft, an der eine andere Kapitalgesellschaft eine Schachtelbeteiligung besitzt;* **~halm,** der [1. Bestandteil niederd. Schacht für hochd. Schaft (↑Schacht), volksetym. angelehnt an ↑schachteln]: *bes. an feuchten Orten wachsende Farnpflanze (Kieselpflanze) mit derbem Stengel, dessen deutlich ausgeprägte, hohle Glieder jeweils an der Basis von schuppenförmigen, teilweise miteinander verwachsenen Blättchen umschlossen sind, so daß der Eindruck einer Schachtelung entsteht;* **~satz,** der (meist abwertend): *langer, kompliziert gebauter Satz mit einander untergeordneten Nebensätzen.*

Schächtelchen ['ʃɛçtl̩çən], **Schächtelein,** Schächtlein ['ʃɛçt(ə)lai̯n], das; -s, -: ↑[1]Schachtel; **schachteln** ['ʃaxtl̩n] ⟨sw. V.; hat⟩ [zu ↑Schachtel]: **1.** *mehrfach ineinanderstecken, -schieben, -fügen:* eins ins andere s. **2.** *so gestalten, daß die Teile ineinander geschachtelt, verschachtelt sind:* ein Ganzes vielfach s., in kleinste Untereinheiten s.; ein merkwürdig geschachteltes ... Deutsch (Bastian, Brut 60); ⟨Abl.:⟩ **Schachtelung,** die; -, -en: **1.** ⟨Pl. selten⟩ *das Schachteln.* **2.** *das Geschachteltsein, geschachtelte Anordnung.*

schachten ['ʃaxtn̩] ⟨sw. V.; hat⟩ [zu ↑Schacht (1 a)] (selten): **1.** *Erde o. ä. ausschachten:* warum wird dort geschachtet? **2.** *durch Schachten herstellen:* einen Graben s.

schächten ['ʃɛçtn̩] ⟨sw. V.; hat⟩ [hebr. šạḥaṭ = schlachten]:

gemäß jüdischer religiöser Vorschrift durch Schnitte in den Hals u. Ausblutenlassen schlachten; 〈Abl.:〉 **Schächter,** der; -s, -: *jmd., der Tiere schächtet.*

Schächtlein: ↑Schächtelchen.

Schächtung, die; -, -en: *das Schächten.*

schackern ['ʃakɐn], **schäckern** ['ʃɛkɐn] 〈sw. V.; hat〉 [lautm.] (landsch.): *(von Vögeln) schnarrend schreien.*

schad [ʃa:t]: landsch. für ↑schade.

schad-, Schad- (vgl. auch: schaden-, Schaden-; Schadens-): ~**fraß,** der (Fachspr.): *Fraß* (2) *tierischer Schädlinge:* diese Pflanzenkultur wurde durch S. vernichtet; ~**hirsch,** der (Jägerspr.): svw. ↑Mörder (2); ~**insekt,** das (Fachspr.): *Insekt, das ein Schädling ist;* ~**los** 〈Adj.; o. Steig.〉 in der Verbindung **sich [für etw.] [an jmdm. od. etw.] s. halten** *(sich für etw., bes. einen erlittenen Schaden, einen entgangenen Vorteil, eine Benachteiligung, auf Kosten einer Person od. Sache Ersatz, Entschädigung [ver]schaffen):* er wollte sich für seine Verluste an mir, an meinem Vermögen s. halten; als das Gemüse alle war, hat er sich an dem Braten s. gehalten *(hat er sich statt dessen reichlich von dem Braten genommen);* 〈auch mit Akk.-Obj.:〉 jmdn. [für etw.] s. halten (bes. jur., Wirtsch.; *entschädigen*), dazu: ~**losbürge,** der (jur.): *Bürge bei der Ausfallbürgschaft,* ~**loshaltung,** die; -; ~**stoff,** der (Fachspr.): *[chemischer] Stoff, der beim Auftreten in einer gewissen Menge Pflanzen, Tieren od. Menschen Schaden zufügt;* ~**wirkung,** die (Fachspr.): *durch einen Schädling od. Schadstoff hervorgerufene schädigende Wirkung.*

Schadchen ['ʃa:tçən], das; -s, - [über das Jidd. < aram. šadkan = Heiratsvermittler] (Gaunerspr.): *Heiratsvermittler[in], Kuppler[in].*

schade ['ʃa:də] 〈Adj.; o. Steig.〉 [mhd. schade sīn, eigtl. = eine Schade(n) sein, zu: Schade, alter Nom. von ↑Schaden] in den Verbindungen **es/das ist s.** *(es/das ist bedauerlich, betrüblich):* das ist sehr s.; es ist zu s., daß du nicht kommen kannst; 〈elliptisch:〉 o wie s.!; [wie] s., nur s., s. nur, [nur] zu s., daß das Wetter so schlecht ist; **es ist s. um etw., um jmdn.** *(was mit etw., mit jmdm. geschieht, ist bedauerlich):* es ist s. um die [verschwendete] Zeit; um diese Vase ist es nicht [weiter] s.; 〈elliptisch:〉 s. darum; s. um den netten Kerl; **zu s. für**/(auch:) **zu etw., für jmdn. sein** *(zu wertvoll, zu gut für etw., für jmdn. u. daher einem besseren Zweck angemessen sein):* der Anzug ist für ihn, für diesen Zweck [viel] zu s.; der Karton ist zu s. zum Wegwerfen; dafür, dazu ist mir meine Zeit zu s.; **sich** 〈Dativ〉 **zu s. für**/(auch:) **zu etw., für jmdn. sein** *(sich so hoch einschätzen, daß man jmdn., etw. als zu gering, zu minderwertig nicht in Betracht zieht, nicht akzeptiert):* du bist dir wohl zu s. für diese Arbeit?; **Schade** [-]: veraltender Nom. von ↑Schaden: es soll, wird dein S. nicht sein.

Schädel ['ʃɛ:dl], der; -s, - [mhd. schedel = Schädel; Trockenmaß; H. u.; viell. urspr. = Gefäß]: **1.** *Kopf* (1) *in seinem Knochenbau, Skelett des Kopfes* (1): der menschliche, tierische S.; den S. aufmeißeln; die Knochen des -s. **2.** *Kopf* (1) *[in seiner vom Knochenbau bestimmten Form]:* ein langer, schmaler, runder, kantiger, mächtiger, kahler S.; dem Opfer wurde der S. eingeschlagen, zertrümmert; sich an etw. den S. einrennen; ich habe mir den S. gestoßen; jmdm. eins auf, über den S. geben; * **jmdm. brummt/raucht der S.** (↑Kopf 1); **einen dicken/harten S. haben** *(einen Dickschädel haben);* **sich** 〈Dativ〉 **[an etw.] den S. einrennen** (↑Kopf 1); **mit dem S. durch die Wand wollen** (↑Kopf 1); **jmdn. vor den S. stoßen** (↑Kopf 1). **3.** *Verstand, Kopf* (3): Es ist verdammt, was für Blödsinn einem in kritischen Momenten in den S. kommt (Remarque, Triomphe 386); streng deinen S. mal an!; * **sich** 〈Dativ〉 **den S. zerbrechen** (↑Kopf 3); **etw. geht/will jmdm. nicht in den S. [hinein], aus dem S.** (↑Kopf 3); **sich** 〈Dativ〉 **etw. in den S. setzen** (↑Kopf 3).

Schädel-: ~**basis,** die (Med.): *knöcherne Basis des Hirnschädels,* dazu: ~**basisbruch,** der, ~**basisfraktur,** die; ~**bruch,** der: *Bruch eines od. mehrerer Knochen des Hirnschädels;* ~**dach,** das (Med.): *oberer, seitlicher u. hinterer, gewölbter Teil des Hirnschädels (aus platten Schädelknochen, die die Schädelhöhle bedecken),* dazu: ~**dachbruch,** der, ~**dachfraktur,** die; ~**decke,** die (bes. Med.): svw. ↑~dach; ~**form,** die; ~**fraktur,** die (Med.); ~**grund,** der 〈o. Pl.〉: svw. ↑~basis; ~**höhle,** die (Med.): *innerer Raum des Hirnschädels;* ~**index,** der (Anthrop.): *charakteristische Prozentzahl, die das Verhältnis der Breite zur Länge des Schädels angibt;* ~**kalotte,** die (Med.): *Kalotte* (3), *Schädeldach,* ~*decke;* ~**knochen,** der (Med.); ~**kult,** der (Völkerk.): *bei Naturvölkern anzutreffender kultischer Brauch der Aufbewahrung u. magischen Verwendung der Schädel [von Ahnen];* ~**lage,** die (Med.): svw. ↑Kopflage; ~**lehre,** die (Med., Anthrop.): *Lehre vom Bau, vom Messen u. von den Maßen des menschlichen Schädels; Kraniologie;* ~**lose** 〈Pl.〉 (Zool.): *zu den Chordaten gehörende kleine, fischähnliche Tiere ohne Extremitäten u. ohne Schädel;* ~**messung,** die (Med., Anthrop.); ~**naht,** die (Med.): *nahtähnliche Verbindung zwischen aneinandergrenzenden Knochen des Schädeldachs; Sutur;* ~**operation,** die; ~**tier,** das (Zool. veraltet): *Wirbeltier.*

schaden ['ʃa:dn] 〈sw. V.; hat〉 [mhd. schaden, ahd. scadōn, zu ↑Schaden]: *für jmdn., sich, etw. schädlich, nachteilig sein, eine Beeinträchtigung, einen Nachteil, Verlust darstellen; Schaden zufügen:* jmdm. geschäftlich, gesundheitlich s.; der Prozeß hat ihm, seinem Ansehen, seiner Beliebtheit sehr geschadet; das Lesen bei schlechtem Licht schadet deinen Augen; Zuviel essen ist ungesund. Schadet der Leber, der Galle, allem (Remarque, Obelisk 20); ein wenig laufen würde dir nichts s. (ugs.; *wäre ganz gut für dich, würde dir guttun*); das schadet diesem Geizkragen [gar] nichts (ugs.; *geschieht ihm ganz recht*); 〈auch unpers.:〉 es schadet [ihm] nichts (ugs.; *ist ganz gut [für ihn]*), wenn er einmal eine solche Erfahrung macht; es kann nichts s. (ugs.; *ist vielleicht besser*), wenn wir es gleich erledigen; **Schaden** [-], der; -s, Schäden ['ʃɛ:dn; mhd. schade, ahd. scado]: **1. a)** *(durch negative Einwirkungen, ungünstige Umstände, Ereignisse entstehende) materielle od. funktionelle Beeinträchtigung einer Sache [u. die Minderung, Herabsetzung ihres Wertes]:* ein kleiner, unbedeutender, geringer, beträchtlicher, großer, empfindlicher, ungeheuerer S.; (jur.:) materieller, immaterieller, ideeller, konkreter, realer, rechnerischer S.; es erwuchs ihm ein größerer S.; es entstanden unübersehbare Schäden; der S. beträgt 500 Mark, beläuft sich auf 500 Mark; einen S. herbeiführen, anrichten, verursachen; jmdm. [einen] S. zufügen; einen S. verhüten, verhindern, aufdecken; S. erleiden, davontragen; einen S. schätzen, tragen, wiedergutmachen, ersetzen, beheben; für einen S. aufkommen, Ersatz leisten, haften; sich gegen S., gegen Schäden durch Brand, Diebstahl, Unwetter versichern; Spr wer den S. hat, braucht für den Spott nicht zu sorgen; durch S. wird man klug; * **an etw. S. nehmen** (geh.; *in einer bestimmten Hinsicht geschädigt, beeinträchtigt werden*): S. an seiner Gesundheit nehmen; **ab/fort/weg mit S.!** (ugs.; *Schluß damit, weg damit, sei es wie es wolle!*); **b)** *negative Folge, die jmdm. in geistiger od. materieller Hinsicht aus etw. erwächst; etw., was sich bei einer Tätigkeit, dem Gebrauch von etw. o. ä. als schädlich, nachteilig, ungünstig für jmdn. erweist:* es ist dein eigener S.; daraus erwächst dir kein S.; es ist vielleicht gar kein S. *(ist vielleicht sogar ganz gut, nützlich),* daß alles so gekommen ist; wenn du das für uns tust, wird es, soll es dein S. nicht sein *(wird es von Nutzen für dich sein);* davon hat er weder S. noch Nutzen, hat er mehr S. als Nutzen; er mußte mit S. *(mit Verlust)* verkaufen; es ist nicht zu seinem S./(geh.:) gereicht ihm nicht zum S. *(ist ganz gut, nützlich für ihn),* wenn er durchhält; du kommst dabei nicht zu S. (geh.; *wirst dabei nicht benachteiligt*). **2.** *Beschädigung, beschädigte Stelle, [teilweise] Zerstörung:* das Haus weist einige Schäden auf; einen S. am Auto haben; einen S. ausbessern, reparieren, beheben; der Hagel hat gewaltige Schäden angerichtet. **3.** *körperliche, gesundheitliche Beeinträchtigung, Störung; körperlicher Mangel:* innere, organische, schwere körperliche Schäden; er hat bei dem Unfall einen S. am Bein davongetragen, erlitten, hat sich einen S. zugezogen; sie hat von Geburt an einen S. am Auge, an der Wirbelsäule; * **zu S. kommen** *(sich verletzen, sich eine Verletzung zuziehen):* sie ist bei dem Sturz zu S. gekommen. Vgl. Schade.

schaden-, Schaden- (vgl. auch: schad-, Schad-; Schadens-): ~**berechnung,** (auch:) Schadensberechnung, die (jur., Versicherungsw.): *Ermittlung des Betrages, den ein zum Schadenersatz Verpflichteter für einen Schaden* (1 a) *zu leisten hat;* ~**ersatz,** (BGB:) Schadensersatz, der (jur., Versicherungsw.): *für einen Schaden* (1 a), *der jmdm. entstanden ist, zu leistender Ausgleich durch jmdn., der dazu verpflichtet ist; Entschädigung für einen entstandenen Schaden:* S. fordern, verlangen, beanspruchen, leisten, verweigern, ablehnen; auf S. klagen; zum S. verpflichtet sein, dazu: ~**ersatzanspruch,** der (jur., Versicherungsw.), ~**ersatzforde-**

rung, die (jur., Versicherungsw.), **~ersatzleistung,** die (jur., Versicherungsw.), **~ersatzpflicht,** die (jur., Versicherungsw.), **~ersatzpflichtig** ⟨Adj.; o. Steig.; nicht adv.⟩; **~feststellung,** Schadensfeststellung, die (jur., Versicherungsw.); **~feuer,** das: *großen Schaden* (1 a) *verursachendes Feuer:* S. zerstörte Schule (MM 1. 2. 67, 3); **~freiheitsrabatt,** der (Versicherungsw.): *von der Kfz.-Haftpflichtversicherung gewährte Ermäßigung der Versicherungsprämie bei unfallfreiem Fahren während eines bestimmten Zeitraumes; Bonus* (1 b); **~freude,** die ⟨o. Pl.⟩: *boshaftes Vergnügen, heimliche Freude über das Mißgeschick, Unglück eines andern:* S. empfinden, äußern; etw. mit S. feststellen; R S. ist die reinste Freude; **~froh** ⟨Adj.⟩: *von Schadenfreude zeugend; Schadenfreude empfindend, voll Schadenfreude:* ein -es Gelächter; er fühlte die -en Blicke der andern; sei nicht so s.!; s. lachen, grinsen; **~nachweis,** (auch:) Schadensnachweis, der (jur., Versicherungsw.); **~verhütung,** die; **~versicherung,** die (jur., Versicherungsw.).

Schadens-: **~berechnung,** die: ↑Schadenberechnung; **~ersatz,** der usw. (BGB): ↑Schadenersatz usw.; **~fall,** der (jur., Versicherungsw.): *das Eintreten, Eingetretensein eines Schadens* (1 a): im S. *(wenn ein Schaden entsteht)* muß die Versicherung zahlen; **~feststellung,** die: ↑Schadenfeststellung; **~nachweis,** der: ↑Schadennachweis.

schadhaft ⟨Adj.; -er, -este; nicht adv.⟩ [mhd. schadhaft, ahd. scadohaft]: *einen Schaden* (2), *Defekt, Mangel aufweisend, durch einen solchen gekennzeichnet; beschädigt:* ein -es Dach; -e Wäsche ausbessern; in -em Zustand sein; einige Stellen des Zeltes waren schon recht s.; ⟨Abl.:⟩ **Schadhaftigkeit,** die; -: *das Schadhaftsein, schadhafte Beschaffenheit;* **schädigen** ['ʃɛ:dɪgn̩] ⟨sw. V.; hat⟩ /vgl. Geschädigte/ [mhd. schedigen]: *bei jmdm., etw. eine Beeinträchtigung, eine Verschlechterung des ursprünglichen Zustands bewirken, einen Schaden hervorrufen:* jmdn. gesundheitlich s.; diese Handlungsweise hat ihn geschäftlich, hat seinen Ruf, sein Ansehen geschädigt; damit schädigst du mutwillig deine Gesundheit, deine Augen; durch sein Verhalten schädigt er die Interessen der andern; ⟨Abl.:⟩ **Schädiger,** der; -s, - (jur., Versicherungsw.): *jmd., der einen andern geschädigt, ihm einen Schaden zugefügt hat;* **Schädigung,** die; -, -en: **1.** *das Schädigen, Geschädigtwerden:* das bedeutet eine S. seines Rufes, Ansehens, ihrer Geschäftsbeziehungen; Bei jeder mechanischen, thermischen, chemischen oder bakteriellen S. entwickelt sich am Orte der Einwirkung selbst ... eine Entzündung (Medizin II, 264). **2.** *das Geschädigtsein, Schaden* (2, 3): materielle, gesundheitliche -en; durch den Sauerstoffmangel des Gehirns ..., der ... zu irreparablen -en der Gehirnzellen führt (Medizin II, 295); **schädlich** ['ʃɛ:tlɪç] ⟨Adj.; nicht adv.⟩ [mhd. schedelich, ahd. in: unscadelīh = unschädlich]: *zu Schädigungen führend, negative Auswirkungen, unangenehme Folgen bringend:* -e Stoffe, Zusätze; ein -es Klima; -e Einflüsse; eine -e Wirkung; -e *(dem Menschen direkt od. indirekt Schaden zufügende)* Tiere; das ist s. für den Organismus, für die Gesundheit, für dich; Du denkst zu viel. Das ist immer s. (Remarque, Obelisk 197); ⟨Abl.:⟩ **Schädlichkeit,** die; -: *das Schädlichsein;* **Schädling** ['ʃɛ:tlɪŋ], der; -s, -e: *tierischer od. pflanzlicher Organismus, der – bes. wenn er in Massen auftritt – dem Menschen direkt od. indirekt (etwa an Nutztieren u. -pflanzen, Nahrungsmitteln, Vorräten o. ä.) Schaden zufügt* (Ggs.: Nützling): die Ernte wurde großenteils von -en vernichtet; ein Mittel zur Bekämpfung von -en; viele Insekten zählen zu den -en; Ü (abwertend:) die Angeklagten, so sagte man uns, wären bereits seit Jahren ... -e, Volksfeinde und Agenten gewesen (Leonhard, Revolution 23).

Schädlings-: **~befall,** der: *Befall (bes. von Pflanzen) durch Schädlinge;* **~bekämpfer,** der: *Fachmann für die Schädlingsbekämpfung* (Berufsbez.); **~bekämpfung,** die: *Bekämpfung von Schädlingen,* dazu: **~bekämpfungsmittel,** das.

Schador: ↑Tschador.

Schaf [ʃa:f], das; -[e]s, -e [mhd. schāf, ahd. scāf, H. u.]: **1.** ⟨Vkl. ↑Schäfchen, Schäflein⟩ *in Herden lebendes, mittelgroßes Säugetier mit dickem, wolligem Fell u. beim männlichen Tier oft großen, gewundenen Hörnern, das als Wolle, Fleisch, auch Milch lieferndes Nutztier gehalten wird u. in Steppen- u. Gebirgslandschaften wild lebt:* ein zottiges S.; mehrere -e der Herde haben gelammt, Lämmer geworfen; die -e blöken, grasen; geduldig, sanft, furchtsam wie ein S. sein; -e halten, züchten; die -e austreiben, weiden, scheren; Spr ein räudiges S. steckt die ganze Herde an; geduldige -e gehen viele in einen Pferch/Stall; *** das schwarze S. sein** *(derjenige sein, der in einer Gemeinschaft unangenehm auffällt, von ihr als Außenseiter betrachtet wird;* nach 1. Mos. 32ff.); **die -e von den Böcken trennen** (↑[1]Bock 1). **2. a)** (ugs.) *dummer, gutmütig-einfältiger Mensch* (auch als Schimpfwort): Daß du so ein vorurteilsvolles S. bist! (Remarque, Obelisk 207); du dummes, blödes S.!; **b)** ⟨Vkl. ↑Schäfchen⟩ (wohlwollend, fam.) *naiver Mensch, Dummerchen:* so ein kleines S., Schäfchen, es hat wieder alles weitererzählt; **c)** ⟨Vkl. ↑Schäfchen⟩ (Kosewort, bes. für Kinder) *Liebling, Herzchen:* komm ein wenig zu mir, mein kleines S., mein Schäfchen.

Schaf- (vgl. auch: Schafs-): **~blattern** ⟨Pl.⟩ [nach einer bei Schafen auftretenden Erkrankung mit gleichem Krankheitsbild] (landsch.): svw. ↑Windpocken; **~bock,** der: *männliches Schaf;* **~darm,** der; **~fell,** das; **~garbe,** die [die Pflanze wird gerne von Schafen gefressen]: *(zu den Korbblütlern gehörende, in vielen Arten) als Staude bes. auf Wiesen, an Wegrändern wachsende Pflanze mit stark geteilten Blättern u. meist weißen bis rosafarbenen, in Doldenrispen wachsenden Blüten, die als Arzneipflanze verwendet wird;* **~herde,** die; **~hirt,** der; **~hürde,** die; **~kälte,** die [der Kälteeinbruch erfolgt zur Zeit der Schafschur]: *häufig Mitte Juni in Mitteleuropa auftretender Einbruch von Kaltluft, der von unbeständigem, regnerischem Wetter begleitet ist;* **~käse,** der: svw. ↑Schafskäse; **~kopf,** der [nach der dem Kopf eines Schafs ähnelnden Figur, die die notierten Striche für Gewinne u. Verluste bilden]: **1.** auch: Schafskopf ⟨o. Pl.⟩ *Kartenspiel für vier Personen, das mit 32 Karten gespielt wird.* **2.** (ugs. Schimpfwort) *Schafskopf* (2); **~leder,** das: *aus der Haut von Schafen hergestelltes Leder,* dazu: **~ledern** ⟨Adj.; o. Steig.; nur attr.⟩; **~milch,** die: *von Milchschafen gewonnene Milch;* **~mist,** der; **~pelz,** der: eine Jacke, Weste, ein Mantel aus S.; **~pocken** ⟨Pl.⟩ (landsch.): svw. ↑Windpocken; **~quese,** die: svw. ↑Drehwurm; **~schur,** die: *das Abscheren der Wolle bei Schafen;* **~stall,** der; **~weide,** die; **~wolle,** die: *vom Schaf stammende gesponnene od. noch nicht gesponnene Wolle;* **~zucht,** die: *planmäßige Aufzucht von Schafen unter wirtschaftlichem Aspekt.*

Schäfchen ['ʃɛ:fçən], das; -s, -: **1.** ↑Schaf (1); *** seine** (seltener:) **sein S. ins trockene bringen**/(seltener:) **scheren** (ugs., oft leicht abwertend; *sich [auf Kosten anderer] wirtschaftlich sichern, großen Gewinn, Vorteil verschaffen;* urspr. wohl = Schafe auf trockene, höhergelegene Weiden bringen, um sie vor dem in sumpfigen Gebieten lebenden Leberegel zu schützen). **2.** ↑Schaf (2 b, c). **3.** (fam.) svw. ↑Schäflein (2): der Lehrer versammelte seine S. um sich. **4.** ⟨meist Pl.⟩ kurz für ↑Schäfchenwolke: am Himmel zogen weiße S.; ⟨Zus.:⟩ **Schäfchenwolke,** die ⟨meist Pl.⟩: svw. ↑Zirrokumulus; **Schäfer** ['ʃɛ:fɐ], der; -s, - [mhd. schæfære, spätahd. scāphare]: *jmd., der Schafe hütet u. betreut u. die für die Aufzucht u. Haltung notwendigen Arbeiten verrichtet* (Berufsbez.).

Schäfer-: **~dichtung,** die (Literaturw.): *Hirtendichtung der europäischen Renaissance u. des Barocks, in der die ländliche Welt der Schäfer u. Hirten manieristisch gestaltet u. auf einer künstlichen, wirklichkeitsfremden Ebene dargestellt wird;* **~gedicht,** das (Literaturw.): vgl. ~dichtung; **~hund,** der: **1.** *dem Wolf ähnlicher großer Hund mit spitzen, stehenden Ohren, langem buschigem Schwanz u. von dunkler bis schwarzer, an der Unterseite oft gelblicher Färbung, der bes. als Haus-, Wach-, Hütehund beliebt ist:* er besitzt einen [deutschen] S.; einen S. abrichten, dressieren. **2.** *Hund, der einem Schäfer beim Hüten der Schafe hilft:* der schottische, ungarische S.; in verschiedenen Ländern wurden verschiedene Typen von -en gezüchtet; **~karren,** der: *zweirädriger, geschlossener Karren, der einem Schäfer zum Wohnen auf der Weide dient;* **~roman,** der (Literaturw.): vgl. ~dichtung; **~spiel,** das (Literaturw.): vgl. ~dichtung; **~stündchen,** das [nach frz. heure du berger]: *heimliches Beisammensein [von Verliebten], bei dem Zärtlichkeiten ausgetauscht werden [u. bei dem es zu sexuellen Beziehungen kommt]:* ein S. haben; Daß es in der Zwischenzeit in seiner Wohnung zu einem S. zwischen Ottilie und ihren jeweiligen Besuchern gekommen sei (MM 12. 2. 70, 10); **~stunde,** die (seltener): svw. ↑~stündchen.

Schäferei [ʃɛ:fə'raj], die; -, -en: **1.** ⟨o. Pl.⟩ *das Halten, Aufziehen u. Züchten, Betreuen u. Hüten von Schafen:* die S. betreiben. **2.** *Betrieb (oft als Teil eines größeren landwirtschaftlichen Betriebes) zur Aufzucht u. Haltung von Schafen;* **Schäferin,** die; -, -nen (selten): w. Form zu ↑Schäfer.

Schaff [ʃaf], das; -[e]s, -e ⟨Vkl. ↑Schäffchen⟩ [mhd. schaf = offenes Gefäß; Kornmaß; kleines Schiff, ahd. scaph = Gefäß]: **1.** (südd., österr.) *offenes Gefäß, Bottich, Zuber.* **2.** (westmd., südd.) *Schrank, Regal;* **Schäffchen** [ˈʃɛfçən], das; -s, -: ↑Schaff; **Schaffe** [ˈʃafə], die; - [zu ↑schaffen (1)] (Jugendspr. veraltend): *etw., was als bes. eindrucksvoll, phantastisch empfunden wird; großartige Angelegenheit:* eine S., diese Show! Frisch, flott, frech (Hörzu 9, 1971, 55); **schaffen** [ˈʃafn̩] ⟨st. u. sw. V.; hat⟩ [mhd. schaffen (st. V. u. sw. V.), ahd. scaffan (st. V.) u. scaffōn (sw. V.), zu: scepfen, ↑²schöpfen]: **1.** ⟨st. V.⟩ *in eigener schöpferischer Leistung hervorbringen, schöpferisch gestalten:* ein Werk s.; der Künstler hat eine Plastik, ein neues Bild geschaffen; Gott schuf den Menschen; Das Treppenhaus ist nach dem Vorbild der Großen Oper in Paris geschaffen (Koeppen, Rußland 72); der schaffende *(schöpferische, schöpferisch arbeitende)* Mensch, Geist; ⟨subst.:⟩ Der zweite Brief ... schildert Gottlieb Theodors unermüdliches Schaffen *(Tätigsein)* auf dem Gebiet der Dämpfung (Hildesheimer, Legenden 30); * **für jmdn., etw./zu jmdm., etw. wie geschaffen sein** *(für etw. ganz besonders geeignet, tauglich, passend sein):* er ist für diesen Beruf, zum Lehrer wie geschaffen. **2.** ⟨st., seltener auch sw. V.⟩ *bewirken, daß etw. entsteht, zustande kommt; zustande bringen, zuwege bringen:* Raum, Platz für etw. s.; gute Voraussetzungen, Bedingungen s.; eine neue Lage, klare Verhältnisse, eine gute Atmosphäre s.; zu diesem Zweck müssen eine ganze Reihe von Einrichtungen, neuen Stellen geschaffen werden; wir müssen uns mehr Raum s. *(wir müssen dafür sorgen, daß wir mehr Raum haben);* du hast dir ein großes Vermögen geschaffen/(auch:) geschafft *(hast es dir erarbeitet);* du mußt dir etwas mehr Bewegung s. (seltener; *verschaffen, mußt dich etwas mehr bewegen*); häufig verblaßt: Ruhe, Ordnung, Klarheit, Abhilfe, Ersatz, Ausgleich s.; er weiß immer Rat, Hilfe zu s. *(eine Lösung, Regelung zu finden);* solche Ereignisse schaffen *(verursachen, erzeugen)* immer Unruhe, Verdruß; das Medikament hat ihr Beschwerden, Beklemmungen geschaffen *(hat sie bei ihr verursacht, bewirkt).* **3.** ⟨sw. V.⟩ (landsch., bes. südd.) **a)** *Arbeit leisten, arbeiten* (1 a): unermüdlich, den ganzen Tag s.; der will immer nur andere für sich s. lassen; ⟨subst.:⟩ jmdn. am Schaffen hindern; (ugs. scherzh., oft iron.:) frohes Schaffen!; * **sich** ⟨Dativ⟩ **zu s. machen** (1. *irgendwo, an, mit etw. tätig sein, sich beschäftigen, hantieren:* was machst du dir an meinem Schreibtisch zu s.?; sie machte sich im Garten zu s. 2. *sich zum Schein irgendwo, an, mit etw. beschäftigen; eine Betätigung vortäuschen:* um zu lauschen, machte er sich an der Tür, im Nebenzimmer zu s.); **mit jmdm., einer Sache etw. zu s. haben** *(mit jmdm., einer Sache etw. zu tun, zu jmdm., einer Sache eine Beziehung haben):* mit ihm will ich nichts zu s. haben; was hast du denn mit dieser Angelegenheit zu s.?; **b)** *beruflich tätig sein, arbeiten* (1 b): nur halbtags, am Bau, bei der Bahn, im Akkord s.; er schafft als Monteur; **c)** ⟨s. + sich; unpers.⟩ *sich in bestimmter Weise arbeiten* (1 a, b) *lassen:* mit dem Gerät schafft es sich leichter; **d)** ⟨s. + sich⟩ svw. ↑arbeiten (4 a): du hast dich müde geschafft; **e)** svw. ↑arbeiten (4 b): du hast dir die Hände wund geschafft. **4.** ⟨sw. V.⟩ **a)** *mit etw. fertig werden, zurechtkommen; erledigen können, bewältigen, fertigbringen:* eine ganze Menge, viel, das Soll s.; er schafft diese Arbeit allein nicht mehr; schafft ihr das noch bis heute abend?; wenn wir uns beeilen, schaffen wir es vielleicht noch; das schafft er nie!; das hätten wir geschafft!; das wäre geschafft!; vielleicht schaffst (ugs.; *erreichst*) du noch den früheren Zug; er hat die Prüfung nicht geschafft (ugs.; *ist durchgefallen*); beim letzten Versuch schaffte er (ugs.; *gelang ihm*) den neuen Rekord; er hat es geschafft, sie zum Mitkommen zu überreden; hier wird eben Geld verdient, und das Geld schafft bekanntlich alles (ugs.; *mit Geld kann man alles erreichen, Geld macht alles möglich;* R. Walser, Gehülfe 44); **b)** (ugs.) *nervös machen, fertigmachen, erschöpfen, zur Verzweiflung treiben:* die Arbeit, die Hitze hat mich heute geschafft; mit seiner ununterbrochenen Fragerei schafft er jeden; die Klasse schafft jeden Lehrer; sogar billigen Wermut trank er, weil Korn und Wacholder ihn nicht mehr schafften (*betrunken machten;* Grass, Hundejahre 288); Wir waren so geschafft *(müde, fertig, erschöpft)* und wollten ins Bett (Hörzu 19, 1972, 54); * **jmdm. zu s. machen** *(jmdm. Schwierigkeiten, Sorgen bereiten, große Mühe machen):* Die Umstellung von der Schwerelosigkeit ... auf die Erdanziehungskraft hatte den amerikanischen Astronauten anfangs zu s. gemacht (MM 25. 6. 73, 3); **c)** ⟨s. + sich⟩ (Jargon) *bei etw. großen Einsatz zeigen, sich verausgaben:* Er jodelt, tanzt Schuhplattler und schafft sich auf dem Schlagzeug (Hörzu 49, 1971, 24); Joy ... schafft sich auf der Bühne gewaltig, sie zerfließt geradezu (MM 12. 2. 74, 18). **5.** ⟨sw. V.⟩ *an einen bestimmten Ort bringen, von einem bestimmten Ort wegbringen; befördern:* die Kisten auf den Speicher, aus dem Haus, aus dem Weg, in den Keller, zur Seite s.; die Verletzten wurden auf dem schnellsten Weg ins Krankenhaus geschafft; (ugs.:) du mußt noch schnell die Pakete zur Post s. **6.** ⟨sw. V.⟩ (südd., österr.) *befehlen, anordnen:* er tut es nur, wenn es ihm sein Herr schafft; ⟨subst. zu 1:⟩ **Schaffen** [-], das; -s: *[gesamtes] von einem Künstler geschaffenes Werk:* das dramatische S. des Dichters ist in den ersten fünf Bänden enthalten; die Ausstellung zeigt das S. des Künstlers aus den letzten beiden Jahrzehnten.

schaffens-, Schaffens-: **~drang,** der ⟨o. Pl.⟩: *starker innerer Antrieb, produktiv zu arbeiten, sich zu betätigen:* er machte sich voller S. an sein neues Werk; **~freude,** die ⟨o. Pl.⟩: vgl. ~drang, dazu: **~freudig** ⟨Adj.; nicht adv.⟩: -e Literaten, Baumeister, dazu: **~freudigkeit,** die; **~kraft,** die ⟨o. Pl.⟩: *Vermögen, Kraft, produktiv zu arbeiten, sich zu betätigen:* voll ungebrochener S. sein; **~lust,** die ⟨o. Pl.⟩: vgl. ~drang, dazu: **~lustig** ⟨Adj.; nicht adv.⟩; **~prozeß,** der: *Prozeß einer produktiven Betätigung:* der dichterische S.; den S. eines Künstlers verfolgen; **~weise,** die: vgl. ~prozeß: die unterschiedliche S. zweier bildender Künstler.

Schaffer, der; -s, - [1: zu ↑schaffen (3); 2: Nebenf. von ↑Schaffner (2)]: **1.** (landsch., bes. südd.) *jmd., der sehr fleißig ist, viel arbeitet:* der neue Kollege scheint ein richtiger S. zu sein. **2.** (südd., österr. veraltet) *Aufseher, Verwalter auf einem Gutshof:* Der S. zählte zwölf Burschen ... ab, hieß sie Mistgabeln holen (Kisch, Reporter 213); **Schafferei** [ʃafəˈrai̯], die; - (landsch., bes. südd., oft abwertend): *[dauerndes] mühseliges, anstrengendes Arbeiten; Plackerei;* **schaffig** [ˈʃafɪç] ⟨Adj.; nicht adv.⟩ (südd., schweiz. mundartl.): *fleißig, arbeitsam:* eine -e Person; ⟨Abl.:⟩ **Schaffigkeit,** die; - (südd., schweiz. mundartl.): *Fleiß, Arbeitsamkeit;* **Schäffler** [ˈʃɛflɐ], der; -s, - [zu ↑Schaff (1)] (bayr.): svw. ↑Böttcher; ⟨Zus.:⟩ **Schäfflertanz,** der (bayr.): *traditioneller Volkstanz der Schäffler;* **Schaffner** [ˈʃafnɐ], der; -s, - [mhd. schaffenære = Aufseher, Verwalter, umgebildet aus: schaffære, zu ↑schaffen]: **1.** *jmd., der in öffentlichen Verkehrsmitteln Fahrausweise verkauft, kontrolliert, die Stationen ausruft o. ä.:* wir müssen beim S. nachlösen. **2.** (veraltet) *Aufseher, Verwalter auf einem Gutshof;* ⟨Abl.:⟩ **Schaffnerei** [ʃafnəˈrai̯], die; -, -en (veraltet): **a)** *Amt, Posten eines Schaffners* (2); **b)** *Wohnung eines Schaffners* (2); **Schaffnerin,** die; -, -nen: w. Form zu ↑Schaffner; **schaffnerlos** ⟨Adj.; o. Steig.; nicht adv.⟩ (Verkehrsw.): *nicht mit einem Schaffner* (1) *besetzt; ohne Schaffner:* ein -er Wagen, Zug; die Linie 8 ist, verkehrt jetzt s.; **Schaffung,** die; -: *das Schaffen* (2), *Herstellen, Zustandebringen:* die S. neuer Arbeitsplätze.

Schäflein [ˈʃɛːflai̯n], das; -s, -: **1.** ↑Schaf (1). **2.** (fam.) *jmd., der jmds. Führung, Obhut anvertraut ist, unter jmds. Aufsicht steht:* erst als der Vater alle seine S. wieder um sich versammelt sah, wurde die Wanderung fortgesetzt; die Bischöfe ermahnten ihre S.

Schafott [ʃaˈfɔt], das; -[e]s, -e [niederl. schavot < afrz. chafaut = Bau-, Schaugerüst, aus dem Vlat., vgl. Katafalk] (früher): *Stätte, meist erhöhtes Gerüst für Hinrichtungen durch Enthauptung; Blutgerüst:* das S. besteigen; jmdn. aufs S. bringen; er endete auf dem S.

Schafs- (vgl. auch: Schaf-): **~fell,** das; **~käse,** der: *aus Schafmilch hergestellter Käse;* **~kleid** in der Fügung **ein Wolf im S.** (↑Wolf); **~kopf,** der: **1.** ⟨o. Pl.⟩ svw. ↑Schafkopf (1). **2.** auch: Schafkopf (ugs. Schimpfwort) *einfältiger Mensch, Dummkopf:* was hast du da wieder gemacht, du S.!; **~milch,** die; **~nase,** die: **1.** *grüner bis gelblicher, länglich geformter Apfel, dessen unteres Ende oft noch einmal eine länglich gestreckte Form hat.* **2.** (ugs. Schimpfwort) *naiver, einfältiger, unvernünftiger Mensch:* was hast du da wieder gemacht, du S.!; **~pelz,** der.

[1]**Schaft** [ʃaft], der; -[e]s, Schäfte [ˈʃɛftə; mhd. schaft, ahd. scaft, urspr. = Speer, Speerschaft]: **1. a)** *gerader, langgestreckter, schlanker Teil eines Gegenstandes, der häufig*

der Handhabung des Gegenstands dient: der S. eines Meißels, eines Beils, eines Messers; der S. eines Pfeils, eines Speeres, einer Lanze, eines Ruders, eines Schlüssels; (Archit.:) der S. einer Säule, eines Turms, einer Fiale; **b)** *aus Holz od. Metall gefertigter Teil von Handfeuerwaffen, in dem vorne der Lauf, die Abzugsvorrichtung u. ä. gelagert sind u. der gleichzeitig der Handhabung dient.* **2. a)** *Stamm eines Baumes zwischen der Verzweigung der Wurzeln u. der Verzweigung der Krone:* mit Birken ..., die ihre dünnen weißen Schäfte regellos zum Licht emporreckten (Kasack, Birkenwäldchen 47); **b)** (Bot.) *langer, blattloser Stiel von Blüten bei bestimmten Pflanzen, die deutlich abgesetzte Blüten od. Blütenstände tragen.* **3.** (Zool.) **a)** *über die Haut hinausragender Teil eines Haares;* **b)** kurz für ↑Federschaft. **4. a)** *Teil eines Schuhes oberhalb der Sohle (einschließlich des Futters):* in dieser Abteilung der Fabrik werden die Schäfte gearbeitet; **b)** *oberer, die Wade meist bis zum Knie umschließender Teil eines Stiefels:* Stiefel mit hohen Schäften. **5.** (Weberei) *Rahmen aus Metall od. Holz, mit dessen Hilfe in einem Webstuhl die Kettfäden beim Weben gehoben u. gesenkt werden.* **6.** (Jägerspr.) *(von Fuchs u. Fischotter) männliches Geschlechtsteil.*

[2]Schaft [-], der; -[e]s, Schäfte [ˈʃɛftə; landsch. Nebenf. von ↑Schaff (2)] (südd., schweiz.): *Schrank, Regal.*

Schaft- ([1]Schaft): **~leder,** das: *meist weicheres Leder für die Herstellung der Schäfte* (4) *bei Schuhen u. Stiefeln;* **~leisten,** der: *Leisten* (2) *zum Spannen des Schaftes* (4) *von Stiefeln;* **~ring,** der (Archit.): *Wirtel* (3); **~stiefel,** der: *Stiefel mit hohem, meist festem Schaft* (4).

schäften [ˈʃɛftn̩] ⟨sw. V.; hat⟩ [mhd. scheften, schiften]: **1.** *mit einem [1]Schaft* (1 a) *versehen:* eine Lanze, ein Beil s. **2.** (Bot. veraltend) *veredeln:* eine Pflanze s. **3.** (landsch. veraltend) *verprügeln.*

Schah [ʃa:], der; -s, -s [pers. šāh = König]: **a)** ⟨o. Pl.⟩ *Titel, Würde des [persischen] Herrschers;* **b)** *[persischer] Herrscher; Inhaber, Träger des Titels Schah* (a), *der Würde eines Schahs.*

Schakal [ʃaˈka:l], der; -s, -e [(türk. çakal <) pers. šaġāl, šäġāl < altind. śr̥gālạḥ]: *in Asien, Südosteuropa u. Afrika heimisches, in Körperbau u. Größe zwischen Fuchs u. Wolf stehendes Raubtier mit schlankem Körper u. langem, buschigem Schwanz, das überwiegend nachts jagt u. sich meist von kleineren Tieren, Aas u. Abfällen ernährt.*

Schake [ˈʃa:kə], die; -, -n [aus dem Niederd., H. u.] (Technik): *Ring, ringähnlich geformtes Teil als Kettenglied bestimmter Ketten* (z. B. beim Anker); **Schäkel** [ˈʃɛ:kl̩], der; -s, - [aus dem Niederd., wohl Vkl. von ↑Schake; vgl. ostfries., niederd. schakel] (Technik): *ringähnlich geformtes, nicht geschlossenes od. U-förmiges Teil, dessen beide Enden mit einem Bolzen geschlossen werden können u. das zum Verbinden zweier Kettenglieder, bes. der beiden Enden einer Kette, dient;* **schäkeln** [ˈʃɛ:kl̩n] ⟨sw. V.; hat⟩ (Technik): *mit einem Schäkel verbinden:* die Enden einer Kette s.

Schäker [ˈʃɛ:kɐ], der; -s, - [wohl über das Jidd. zu hebr. ḥêq = Busen; weiblicher Schoß] (veraltend, noch scherzh.): **a)** *jmd., der [gerne] schäkert* (a), *scherzt, lacht, neckische Späße mit jmdm. macht:* na, du kleiner S.!; er glaubt immer sehr witzig zu sein, dieser S.; **b)** *jmd., der [gerne] schäkert* (b), *flirtet:* ein trüber Spiegel des Abteils, alles noch einmal ... Spesenverzehrer und ... fette S. auf Suche (Hildesheimer, Tynset 94); **Schäkerei** [ʃɛ:kəˈrai̯], die; -, -en (veraltet, noch scherzh.): **a)** *das Schäkern* (a), *Scherzen, Spaßmachen;* **b)** *das Schäkern* (b), *Flirten;* **schäkern** [ˈʃɛ:kɐn] ⟨sw. V.; hat⟩ (veraltend, oft scherzh.): **a)** *scherzen, neckische Späße mit jmdm. machen:* er schäkert öfter mit den spielenden Kindern auf der Straße; **b)** *mit jmdm. flirten, indem man ihn neckt:* er schäkert mit der Kellnerin.

schal [ʃa:l] ⟨Adj.⟩ [mhd. (md.) schal < mniederd. schal, eigtl. = trocken, dürr]: *(von bestimmten Getränken) meist durch zu langes Stehen nicht den erwarteten guten, würzigen, frischen Geschmack aufweisend; abgestanden:* -es Bier; -er Wein, Sekt; die Getränke waren s., schmeckten s.; Ü -e *(abgeschmackte)* Witze, Späße; ein -es Gefühl *(ein Gefühl der Langeweile, des Widerwillens)* bemächtigte sich seiner; das Leben erschien ihr s. *(reizlos, leer);* Gebet und Messe wurden ihr s. (*verloren ihren Sinn für sie;* Schneider, Erdbeben 67).

Schal [-], der; -s, -s, auch: -e [(engl. shawl <) pers. šāl]: **a)** *schmales, [sehr] langes rechteckiges Tuch, das um den Hals gelegt od. geschlungen wird (als Schutz vor Kälte od. als schmückendes Zubehör):* ein langer, dicker, seidener, wollener, gestrickter S.; einen S. tragen, (ugs.:) umhaben; sich einen S. umlegen, umbinden, um den Hals wickeln, legen, binden; **b)** *einer der beiden seitlich am Fenster herabhängenden Teile der Übergardine:* die -s für das Küchenfenster sind je 1 m breit.

schal-, [1]Schal- (Schale; vgl. auch: schalen-, Schalen-): **~los** ⟨Adj.; o. Steig.; nicht adv.⟩ (selten): ↑schalenlos; **~obst,** das: ↑Schalenobst; **~tier,** das: ↑Schalentier; **~wild,** das (Jägerspr.): ↑Schalenwild.

[2]Schal- (schalen): **~brett,** das (Bauw.): *einfaches, oft [teilweise] baumkantiges Brett für Schalungen, Verschalungen;* **~holz,** das ⟨o. Pl.⟩ (Bauw.): vgl. ~brett; **~material,** das: vgl. ~brett; **~platte,** die (Bauw.): vgl. ~brett.

Schäl-: **~blasen** ⟨Pl.⟩, **~blasenausschlag,** der, **~blattern** ⟨Pl.⟩: svw. ↑Pemphigus; **~eisen,** das (Forstw.): *Werkzeug zum Entrinden von Baumstämmen, das aus einem an einem langen, kräftigen Holzstiel befestigten, schweren eisernen Blatt (in der Form eines Ruderblatts) besteht;* **~flechte,** die (Med.): *bei Säuglingen auftretende Flechte mit großflächigen, den ganzen Körper bedeckenden Abschuppungen;* **~furche,** die (Landw.): *beim Schälen* (5) *entstandene flache Akkerfurche;* **~kartoffel,** die ⟨meist Pl.⟩ (landsch.): svw. ↑Salzkartoffel; **~kur,** die (Med., Kosmetik): *bei bestimmten Hauterkrankungen u. zu kosmetischen Zwecken angewendetes Behandlungsverfahren, bei dem die obersten Hautschichten (mit Hilfe einer Salbe o. ä. od. einer Bestrahlung) abgelöst werden;* **~maschine,** die: **a)** *[Haushalts]maschine zum Schälen von Obst, Gemüse;* **b)** *Maschine zum Schälen von Getreide;* **c)** *Maschine zum Entrinden von Baumstämmen;* **~schaden,** der ⟨meist Pl.⟩ (Forstw.): *durch Schälen* (6) *entstandener Schaden an jungen Bäumen;* **~wald,** der (Forstw. früher): *der Gewinnung von Gerbrinde dienender Wald.*

Schalander [ʃaˈlandɐ], der; -s, - [H. u.] (südd. veraltend): *Raum in einer Brauerei, in dem sich die Arbeiter während der Pausen aufhalten, sich umziehen u. essen.*

[1]Schälchen [ˈʃɛ:lçən], das; -s, -: ↑Schale (1–4).

[2]Schälchen [-], das; -s, -: ↑Schal (a).

Schale [ˈʃa:lə], die; -, -n [1: mhd. schal(e), ahd. scala; 2: mhd. schāle, ahd. scāla, eigtl. = die Abgetrennte, viell. weil Trinkschalen häufig aus den abgetrennten Hirnschalen erschlagener Feinde hergestellt wurden od. flach aus Holz ausgeschnitten wurden]: **1.** ⟨Vkl. ↑Schälchen⟩ **a)** *das Innere einer Frucht, eines Samens o. ä. umhüllende, meist festere äußerste Schicht:* die S. einer Banane, Apfelsine, eines Apfels; die S. abziehen, entfernen, mitessen; die Kartoffeln werden mit, in der S. gekocht; das Getreide von den -n befreien; die -n *(Häute)* einer Zwiebel; **b)** *harte, holzartige, den Kern einer Nuß o. ä. umschließende Hülle:* die Mandel ist nicht leicht aus ihrer harten S. herauszubekommen; Spr in einer rauhen S. steckt oft ein guter Kern *(ein grob, schroff, abweisend wirkender Mensch kann in Wahrheit sehr gutmütig, hilfsbereit sein);* in einer rauhen S. steckt oft ein weicher Kern *(ein grob, schroff, abweisend wirkender Mensch kann ein sehr weiches Herz haben);* Ü er hat eine rauhe S. *(er ist [nur] nach außen hin, gibt sich [nur] grob, schroff, unfreundlich);* **c)** *das Innere eines Vogeleis umschließende, harte, vorwiegend aus Kalk aufgebaute, zerbrechliche Hülle:* bei einigen Eiern ist die S. gesprungen; das Küken hat die S. des Eis gesprengt; **d)** *bestimmte [Weich]tiere umgebende, feste äußere Hülle, panzerartiges Gehäuse:* die -n des Krebses, der Muschel; **e)** (landsch.) *Rinde:* die S. des Käses. **2.** ⟨Vkl. ↑Schälchen⟩ *gewöhnlich flaches, (in der Aufsicht) meist rundes od. ovales, oben offenes Gefäß:* eine gläserne, hölzerne, silberne S. [mit Obst]; eine kleine S. mit Stecknadeln; eine praktische S. für die Schreibutensilien, zum Ablegen der Seife; ein Schälchen *(Schälchen voll)* Milch für die Katze; Der Tee wurde nicht in Tassen gereicht, sondern in -n ohne Henkel (Leonhard, Revolution 120); eine Küchenwaage mit einer rechteckigen S. *(Waagschale);* die linke S. *(Waagschale)* hängt tiefer; ***die S. seines/des Spottes, Zorns** o. ä. **über jmdn./jmdm. ausgießen** (geh.; *jmdn. in höchstem Maße verspotten, jmdm. unverhüllt zu spüren geben, daß man sehr zornig auf ihn ist o. ä.;* nach Offenb. 15, 7; 16, 1). **3.** ⟨Vkl. ↑Schälchen⟩ (bes. österr.) *Tasse* (1 a): eine S. Kaffee trinken. **4.** ⟨Vkl. ↑Schälchen⟩ *etw., was die Form einer Schale* (2), *einer halbierten Hohlkugel hat:* Haftgläser sind winzige -n aus Kunststoff; eine aus Knochen bestehende S. schützt das Gehirn vor Verletzungen; die -n eines Büstenhalters; er trank aus der S. seiner hohlen Hand. **5.** in Verbindungen wie [zu den folgenden Wendungen vgl. [1]Kluft (b)]: * **in S. sein** (ugs.; *seine besten Kleider anhaben, besonders fein angezogen sein*): er war ganz groß in S.; **sich in S. werfen/schmeißen** (ugs.; *seine besten Kleider anziehen, sich feinmachen*): er hatte sich in S. geworfen. **6.** (Bauw.) *(bes. aus Spannbeton gegossener) flächiger, gekrümmter od. geschwungener tragender Bauteil, bes. als Dachkonstruktion.* **7.** (Technik) *selbsttragende [röhrenförmige] Außenhaut, äußere Wandung (bes. eines Flugzeugs).* **8.** (Fachspr.) *unten ausgehöhlter Cabochon* (b). **9.** (Jägerspr.) *bes. bei Hirsch, Reh, Wildschwein) Klaue* (2). **10.** (Tiermed.) *bes. bei Pferden vorkommende Gelenkentzündung am Fuß, bei der es zu schalenförmigen Auftreibungen des betroffenen Knochens kommt u. die dazu führt, daß das Pferd lahmt.* **11.** (Physik) *(in bestimmten Atom- u. Kernmodellen) eine von mehreren als zwiebelschalenartig übereinander liegend gedachten Schichten, aus denen sich eine Elektronenhülle od. ein Atomkern aufbaut;* **schalen** ['ʃa:lən] ⟨sw. V.; hat⟩ [zu ↑Schale (1)] (Bauw.): *eine [Ver]schalung anfertigen, aufbauen; verschalen* (2): ⟨subst.:⟩ die Bauarbeiter sind noch beim Schalen; **schälen** ['ʃɛ:lən] ⟨sw. V.; hat⟩ [mhd. scheln, ahd. scelan]: **1. a)** *etw. von seiner Schale* (1 a, c, e) *befreien, indem man mit einem Messer o. ä. ringsum eine dünne Schicht abschneidet od. die Schale abzieht:* einen Apfel [mit einem Messer] s.; eine Banane s.; Kartoffeln s.; ein gekochtes Ei s. (landsch.; *aus der Schale lösen*); einen Baumstamm s. *(entrinden);* die Mandeln müssen, bevor sie geschält werden, überbrüht werden; geschälte Tomaten; **b)** ⟨s. + sich⟩ *in einer bestimmten Weise geschält* (1 a) *werden können:* die Kartoffeln schälen sich schlecht; wenn man Tomaten überbrüht, lassen sie sich besser schälen; **c)** *die Schale* (1 a, c, e) *von etw. durch Schälen* (1 a) *entfernen:* die Männer schälten die Rinde von den Baumstämmen; **d)** *etw. aus seiner Schale* (1 a, c), *Umhüllung o. ä. [langsam, sorgsam] herauslösen; herausschälen* (1 a): er schälte das Schokoladenei aus dem roten Stanniolpapier; Ü sie schälte sich aus ihren Kleidern *(zog ihre Kleider langsam, umständlich aus).* **2.** ⟨s. + sich⟩ **a)** *(von der Haut) die oberste, abgestorbene Schicht in Fetzen, in kleinen Stücken abstoßen:* die Haut schält sich nach dem Sonnenbrand; **b)** *eine sich schälende* (2 a) *Haut o. ä. haben:* du schälst dich [am Rücken]; ihre Nase schält sich. **3.** *etw. [aus etw.] herausschneiden:* den Knochen aus einem Schinken s.; eine faule Stelle aus einem Apfel s. **4. a)** svw. ↑herausschälen (2 a): die autobiographischen Elemente aus einem Roman s.; **d)** ⟨s. + sich⟩ svw. ↑herausschälen (2 b). **5.** (Landw.) *(ein Stoppelfeld) kurz nach der Ernte flach pflügen:* und auf ein paar Roggenschlägen ist auch schon die Stoppel geschält (Fallada, Mann 28). **6.** (Jägerspr.) *(von bestimmten Wildarten) die Rinde junger Bäume abnagen.*

schalen-, Schalen- (vgl. auch: schal-, [1]Schal-): **~amöbe,** die: *Amöbe mit einem Gehäuse;* **~bau,** der ⟨Pl.: ...bauten⟩: *in Schalenbauweise errichteter [Hallen]bau;* **~bauweise,** die: **1.** *Bauweise, bei der Schalen* (6) *verwendet werden.* **2.** *(im Fahrzeugbau) Bauweise, bei der die äußeren Wandungen tragende Funktion haben, Schalen* (7) *darstellen;* **~brunnen,** der (Archit.): *Brunnen* (2) *mit zwei od. mehreren übereinanderliegenden, schalenförmigen Wasserbecken;* **~förmig** ⟨Adj.; o. Steig.; nicht adv.⟩: *die Form einer Schale* (2), *einer halbierten Hohlkugel o. ä. aufweisend;* **~kreuz,** das (Technik): *im Wind um eine senkrechte Achse rotierendes kreuz- od. sternförmiges Gebilde, an dessen Enden je eine halbkugelförmige Schale* (4) *befestigt ist (als Teil des Windgeschwindigkeitsmessers);* **~los** ⟨Adj.; o. Steig.; nicht adv.⟩: *keine Schale* (1, 5) *habend;* **~modell,** das (Physik): vgl. Schale (11); **~obst,** das: *Früchte mit harter, holziger Schale* (z. B. Nüsse); **~sessel,** der: *Sessel, bei dem Sitzfläche, Rükkenlehne u. Seitenteile aus einem Stück bestehen u. die Form einer Schale* (4) *bilden;* **~sitz,** der: *(bes. in sportlichen Automobilen) Sitz, der aus einer durchgehenden, mit dünnem Schaumstoff gepolsterten Schale* (4) *aus Kunststoff besteht;* **~tier,** das: *Tier, das von einer Schale* (1 d) *geschützt ist;* **~weichtier,** das (Zool.): *Weichtier mit einer Schale* (1 d); *Konchifere;* **~wild,** das (Jägerspr.): *Wild, das Schalen* (9) *hat.*

Schalheit, die; -: *das Schalsein.*

Schälhengst, der; -es, -e: *Beschäler* (1), *Zuchthengst.*

Schalk [ʃalk], der; -[e]s, -e u. Schälke ['ʃɛlkə; mhd. schalc, ahd. scalc, urspr. = Knecht, H. u.] (veraltend): *jmd., der gern mit anderen seinen Spaß treibt, anderen Streiche spielt:* er ist ein rechter, großer S.; Ü ihm schaut der S. *(die Schalkhaftigkeit)* aus den Augen; **jmdm. sitzt der S./jmd. hat den S. im Nacken** (*jmd. ist ein Schalk;* eigtl. = einen schalkhaften Dämon im Nacken sitzen haben);

Schalke ['ʃalkə], die; -, -n [mniederd. schalk, auch: Träger, Stütze, übertr. von Schalk = Knecht, Diener] (Seemannsspr.): *[eiserne] Leiste, Latte zum Verschalken von Luken o. ä.;* **schalken** ['ʃalkn̩] ⟨sw. V.; hat⟩ (Seemannsspr.): *eine Luke o. ä. mittels einer Persenning (die mit Hilfe einer am Süll verkeilten Schalke befestigt wird) wasserdicht verschließen;* **schalkhaft** ⟨Adj.; -er, -este⟩ (geh.): *in der Art eines Schalks, wie ein Schalk:* ein -er Mensch; s. lächeln ⟨Abl.:⟩ **Schalkhaftigkeit,** die; -, -en (geh.): **1.** ⟨o. Pl.⟩ *schalkhaftes Wesen.* **2.** (selten) *schalkhafte Tat, Äußerung o. ä.;* **Schalkheit,** die; -, -en: *Schalkhaftigkeit.*

Schalkragen, der; -s, -, südd., österr., schweiz. auch: -krägen: *Kragen in der Form eines schmalen Schals an Mänteln, Jacken o. ä., der an der Vorderseite ohne Absatz weit nach unten gezogen ist;* **Schalkrawatte,** die; -, -n: *breite Krawatte, die wie ein Halstuch im offenen Hemd getragen wird.*

Schalks-: **~auge,** das ⟨meist Pl.⟩ (geh.): *schalkhaft blickendes Auge;* **~knecht,** der (veraltet abwertend): *arglistiger Mensch, Bösewicht;* **~narr,** der (veraltet): **1.** *Hofnarr, berufsmäßiger Possenreißer.* **2.** (selten) *Schalk;* **~streich,** der (veraltend): *lustiger Streich, wie er für einen Schalk typisch ist; Eulenspiegelei.*

Schall [ʃal], der; -[e]s, -e od. Schälle ['ʃɛlə], österr. nur: -e [mhd. schal, ahd. scal, zu mhd. schellen, ahd. scellan, ↑schellen]: **1.** (geh.) *nachhallendes Geräusch, schallender Klang, Ton:* ein heller, dumpfer S.; der S. der Trompeten, Glocken; der laute S. näher kommender Schritte; nie vernommene Schälle *(Laute)* drangen an sein Ohr; * **etw. ist leerer S.** *(etw. ist bedeutungslos, unwesentlich);* **etw. ist S. und Rauch** (*etw. hat keine Bedeutung, besagt nichts, ist vergänglich;* nach Goethe, Faust I, 3457). **2.** ⟨o. Pl.⟩ (Physik) *in einem Medium* (3) *wellenförmig sich ausbreitende Schwingungen, die vom menschlichen Gehör wahrgenommen werden können; akustische Schwingungen:* der S. breitet sich in der Luft mit etwa 330 Metern pro Sekunde aus; das Flugzeug ist schneller als der S.; die Wand reflektiert, absorbiert den S.; die Lehre vom S. *(die Akustik).*

schall-, Schall-: **~absorbierend** ⟨Adj.; o. Steig.; nicht adv.⟩; **~absorption,** die; **~analyse,** die: **1.** (Akustik) *Zerlegung eines Geräusches o. ä. in seine einzelnen Töne, Klanganalyse.* **2.** (Literaturw.) *Analyse der Schallform, des Klanges eines Textes [im Rahmen textkritischer Untersuchungen];* **~archiv,** das: svw. ↑Lautarchiv; **~aufnahme,** die: svw. ↑Tonaufnahme; **~aufzeichnung,** die: **1.** svw. ↑~aufnahme. **2.** *mit einem Kathodenstrahloszillographen erfolgende Aufzeichnung von Schall;* **~barriere,** die (selten): svw. ↑~mauer; **~becher,** der: **1.** *den Klang prägender u. verstärkender röhren- od. trichterförmiger vorderster Teil eines Blasinstruments.* **2.** *Aufsatz einer Orgelpfeife;* **~blase,** die (Zool.): *[paarige] blasenartige Ausstülpung der Mundschleimhaut eines Froschlurches, die als Resonator wirkt u. die Stimme des Tieres verstärkt;* **~boden,** der: svw. ↑Resonanzboden; **~brechung,** die (Akustik): *Brechung* (1) *des Schalls;* **~dämmend** ⟨Adj.; o. Steig.; nicht adv.⟩; **~dämmstoff,** der (Technik): *schalldämmender Baustoff;* **~dämmung,** die; **~dämpfend** ⟨Adj.; o. Steig.; nicht adv.⟩: vgl. ~absorbierend; **~dämpfer,** der: **1.** (Technik) **a)** *Vorrichtung, Teil einer Maschine o. ä. zur Verminderung der Lautstärke;* **b)** (Kfz.-T.) svw. ↑Auspufftopf. **2.** (Musik) svw. ↑Dämpfer (1). **3.** *vorn am Lauf von Handfeuerwaffen aufsetzbares Teil zur Dämpfung des beim Schießen entstehenden Knalls;* **~dämpfstoff,** der (Technik): *schalldämpfender Baustoff;* **~dämpfung,** die; **~deckel,** der: *baldachinartiger Überbau einer Kanzel* (1), *der bewirkt, daß die Stimme des Predigers von den Zuhörern besser gehört wird;* **~dicht** ⟨Adj.; o. Steig.; nicht adv.⟩: *keinen Schall durchlassend;* **~druck,** der (Akustik): *durch Schallschwingungen hervorgerufener Druck;* **~durchlässig** ⟨Adj.; nicht adv.⟩: vgl. ~dicht; **~empfindung,** die: *Wahrnehmung von Schall mit dem Gehör;* **~folie,** die: *Schallplatte in Form einer dünnen, nur einseitig bespielten Kunststoffolie;* **~geber,** der (Akustik): svw. ↑~quelle; **~gedämpft** ⟨Adj.; o. Steig.; nicht adv.⟩: *mit einem Schalldämpfer o. ä. versehen:* ein -er Kompressor; **~geschwindigkeit,** die: *Geschwindigkeit, mit der sich der Schall [in einem bestimmten Me-*

dium (3)] *ausbreitet;* **~grenze,** die: svw. ↑~mauer; **~isolation,** die; **~isolierend** ⟨Adj.; o. Steig.; nicht adv.⟩; **~isoliert** ⟨Adj.; o. Steig.; nicht adv.⟩: *gegen Schall isoliert;* **~isolierung,** die; **~kasten, ~körper,** der: svw. ↑Resonanzkörper; **~lehre,** die (nicht getrennt: Schallehre): svw. ↑Akustik; **~leiter,** der (nicht getrennt: Schalleiter): *Stoff, in dem sich der Schall in einer bestimmten Weise ausbreitet:* Wasser ist ein guter S.; **~loch,** das (nicht getrennt: Schalloch): **a)** *Öffnung, Loch im Resonanzboden od. in der Decke* (8) *eines Saiteninstruments, durch das Schallschwingungen abgestrahlt werden;* **b)** *fensterartige Öffnung an einem Glockenturm, durch die der Klang der Glocken nach außen dringen kann;* **~mauer,** die: *extrem hoher Luftwiderstand, der entsteht, wenn ein Flugzeug o. ä. Schallgeschwindigkeit erreicht (u. durch dessen Überwindung es zum Überschallknall kommt):* die S. durchbrechen; Ü der Benzinpreis hat jetzt die S. von einer Mark durchbrochen *(hat die Grenze von einer Mark, die lange Zeit als unerreichbar galt, überschritten);* **~messung,** die; **~meßverfahren,** das (Milit.); **~nachahmend** ⟨Adj.; o. Steig.⟩ (Sprachw.): svw. ↑lautnachahmend; **~nachahmung,** die (Sprachw.): svw. ↑Lautmalerei; **~öffnung,** die: *Öffnung, durch die der Schall austreten kann;* **~ortung,** die: *Ortung mit Hilfe des Schalls;* **~pegel,** der: vgl. Lärmpegel; **~platte,** die: *aus Kunststoff gepreßte, kreisrunde, meist schwarze, dünne Scheibe mit auf jeder Seite je einer langen, spiralförmigen, feinen Rille, in der Tonaufnahmen gespeichert sind, die mit Hilfe eines Plattenspielers wiedergegeben werden können:* eine S. produzieren, machen, besprechen; eine S. auflegen, abspielen, sich anhören; -n *(Musik von Schallplatten)* hören; die Sinfonie habe ich zu Hause auf S.; eine S. von Bob Dylan *(mit Aufnahmen von ... gespielter Musik);* **~platten-:** ↑Schallplatten-; **~quelle,** die: vgl. Lichtquelle; **~reflexion,** die; **~reiz,** der: *akustischer Reiz;* **~rohr,** das, **~röhre,** die: *röhrenförmiger Teil eines Blasinstruments;* **~rose,** die: *Schalloch einer Gitarre od. Laute;* **~schatten,** der (Fachspr.): *Bereich, der gegen Schall abgeschirmt ist;* **~schluckend** ⟨Adj.; o. Steig.; nicht adv.⟩; **~schutz,** der: vgl. Lärmschutz; **~schwelle,** die (Akustik): svw. ↑Hörschwelle; **~sicher** ⟨Adj.; nicht adv.⟩: svw. ↑schalldicht; **~signal,** das: *akustisches Signal;* **~spektrum,** das (Akustik): *Spektrum eines Geräusches, Klanges o. ä.;* **~stück,** das: svw. ↑~becher (1); **~tot** ⟨Adj.; o. Steig.; nicht attr.⟩ (Fachspr.): *keine Schallreflexion aufweisend:* ein -er Raum; **~trichter,** der: *trichterförmiger Teil verschiedener Musikinstrumente, Geräte, durch den der Schall verstärkt u. in eine bestimmte Richtung gelenkt wird:* der S. eines Horns, eines Megaphons, eines Grammophons; Ü der Meister ... brüllte, indem er die Hände zu einem S. formte: ... (Fels, Sünden 83); **~übertragung,** die (Fachspr.): quadrophone S.; **~undurchlässig** ⟨Adj.; o. Steig.⟩; **~verstärkend** ⟨Adj.; o. Steig.; nicht adv.⟩; **~verstärkung,** die; **~wand,** die: *[die vordere Wand einer Lautsprecherbox bildende] Platte, auf der hinter entsprechenden Löchern ein od. mehrere Lautsprecher befestigt sind;* **~wandler,** der (Elektrot.): *elektroakustischer Wandler* (z. B. Mikrophon); **~welle,** die (Physik): *von einer Schallquelle ausgehende Welle;* **~wiedergabe,** die; **~wort,** das ⟨Pl. -wörter⟩ (Sprachw.): *lautmalendes Wort;* **~zeichen,** das (Amtsspr.): *akustisches Zeichen* (z. B. Hupsignal).

schallen ['ʃalən] ⟨sw. u. st. V.; schallte/(seltener:) scholl, hat geschallt⟩ [mhd. schallen, zu ↑Schall]: **a)** *weitgehend ungedämpft u. daher laut u. weithin vernehmlich [u. nachhallend] tönen, weithin hörbar sein:* etw. schallt laut, dumpf, hell, dröhnend; draußen schallten Schritte, Schüsse, Stimmen, Rufe; schallendes Gelächter; schallend lachen; eine schallende *(kräftige u. klatschende)* Ohrfeige; ⟨auch unpers.:⟩ die Tür fiel ins Schloß, daß es schallte; Ü der Lärm schallte ihr noch in den Ohren *(wirkte so sehr nach, daß sie das Gefühl hatte, ihn immer noch zu hören);* **b)** *(von einem schallenden* a *Geräusch o. ä.) sich ausbreiten, sich fortpflanzen:* Glockengeläut schallte über die Felder; lautes Gelächter scholl *(drang laut)* aus dem Nebenraum; ein Ruf schallte durch den Saal; ⟨auch unpers.:⟩ Stephanie ... heulte, daß es durchs ganze Haus schallte (Lederer, Bring 97); **c)** *von einem schallenden* (a) *Geräusch o. ä. erfüllt sein:* der Saal schallte von Gelächter; **schallern** ['ʃalɐn] ⟨sw. V.; hat⟩ [Iterativbildung zu ↑schallen] (ugs.): *laut schallend knallen* (1 a): * **jmdm. eine s.** (salopp; *jmdm. eine Ohrfeige geben*); **eine geschallert kriegen/bekommen** (salopp; *geohrfeigt werden*).

Schallplatten-: **~abteilung,** die: *Abteilung in einem Kaufhaus o. ä., in der Schallplatten verkauft werden;* **~album,** das: svw. ↑Plattenalbum; **~archiv,** das: svw. ↑Plattenarchiv; **~aufnahme,** die: svw. ↑Plattenaufnahme; **~bar,** die: svw. ↑Plattenbar; **~cover,** das: svw. ↑~hülle; **~firma,** die: *Unternehmen, das Schallplatten herausgibt;* **~gemeinschaft,** die: vgl. Buchgemeinschaft; **~geschäft,** das: **1.** *Laden, in dem Schallplatten verkauft werden.* **2.** ⟨o. Pl.⟩ *Produktion u. Vertrieb von Schallplatten als Erwerbsquelle:* er will ins S. einsteigen; **~hülle,** die: *quadratische Hülle, in der eine Schallplatte verkauft u. aufbewahrt wird; Cover* (b); **~industrie,** die; **~jockei, ~jockey,** der (selten): *Diskjockey;* **~klub,** der: vgl. ~gemeinschaft; **~musik,** die: *Musik von Schallplatten;* **~presse,** die: *Gerät, Maschine zum Pressen von Schallplatten;* **~produktion,** die: **a)** *das Produzieren einer Schallplatte;* **b)** *für eine Schallplatte produzierte Aufnahme:* eine hervorragende S.; **~produzent,** der: *jmd., der [berufsmäßig] Schallplatten produziert;* **~sammlung,** die; **~spieler,** der: svw. ↑Plattenspieler; **~ständer,** der: svw. ↑Plattenständer; **~tasche,** die: svw. ↑Plattentasche; **~unterhalter,** der (DDR): *jmd., der ein Publikum mit Schallplatten unterhält;* **~vertrag,** der: *Vertrag, den ein Musiker, Sänger o. ä. mit einer Plattenfirma abschließt;* **~vortrag,** der: vgl. Diavortrag.

Schalm [ʃalm], der; -[e]s, -e [urspr. = Abgeschnittenes, verw. mit ↑Schale (2)] (Forstw.): *in die Rinde eines (zu fällenden) Baumes geschlagenes Zeichen.*

Schalmei [ʃal'mai̯], die; -, -en [mhd. schal(e)mī(e) < afrz. chalemel(le) < spätlat. calamellus = Röhrchen, Vkl. von lat. calamus, ↑Kalmus]: **1.** (Fachspr.) *Rohrblattinstrument.* **2.** (früher) *Blasinstrument (bes. der Hirten) mit doppeltem Rohrblatt u. 6–7 Grifflöchern auf der Vorderseite.* **3.** *Spielpfeife einer Sackpfeife.* **4.** *Zungenstimme bei der Orgel.* **5.** *einfaches, volkstümliches Blasinstrument mit mehreren gebündelten Röhren aus Metall;* ⟨Zus.:⟩ **Schalmeibläser,** der: *jmd., der Schalmei* (1, 2, 5) *bläst;* **schalmeien** [ʃal'mai̯ən] ⟨sw. V.; hat⟩ (selten): *Schalmei* (1, 2, 5) *spielen;* **Schalmeienklang,** der; -[e]s, ...klänge.

schalmen ['ʃalmən] ⟨sw. V.; hat⟩ (Forstw.): *mit einem Schalm versehen, markieren:* einen Baum s.

Schalom! [ʃa'lɔm; hebr. šạlôm = Friede]: hebräische Begrüßungsformel.

Schalotte [ʃa'lɔtə], die; -, -n [frz. échalotte < afrz. échaloigne < spätlat. (cēpa) ascalōnia, eigtl. = die (Zwiebel) aus Askalon (bibl. Palästina)]: **1.** *Lauch, der bes. wegen der Zwiebeln u. röhrenförmigen Blätter kultiviert wird.* **2.** *kleine, eiförmige, mild-aromatische Zwiebel einer Schalotte* (1).

schalt [ʃalt]: ↑schelten.

schalt-, Schalt-: **~algebra,** die (Informationst.); **~anlage,** die (Elektrot.): *Anlage zum Verbinden u. Trennen elektrischer Leitungen;* **~bild,** das (Elektrot.): svw. ↑~plan; **~brett,** das (Elektrot.): svw. ↑~tafel; **~element,** das (Elektrot.): *Element, Bauteil o. ä. einer Schaltung* (1 b); **~faul** ⟨Adj.⟩: *selten, ungern schaltend* (2 a); **~freudig** ⟨Adj.⟩: *häufig, gern schaltend* (2 a); **~gestänge,** das (Kfz.-T.): *Gestänge, das den Schalthebel* (2) *mit dem Getriebe verbindet;* **~getriebe,** das (Technik): *schaltbares Getriebe;* **~hebel,** der: **1.** *Hebel eines Schalters:* der S. steht auf „aus"; Ü er sitzt an den -n der Macht *(hat eine sehr einflußreiche politische Position).* **2.** *Hebel einer Gangschaltung;* **~jahr,** das: *Jahr mit einem Schalttag;* * **alle -e [ein]mal** (ugs.; *sehr selten*): ihn sehe ich auch nur alle -e mal; **~kasten,** der: *Kasten, Wandschrank o. ä., in dem eine Schalttafel untergebracht ist;* **~knüppel,** der: *Schalthebel einer Knüppelschaltung;* **~kreis,** der (Elektronik): **a)** *Art u. Weise, wie ein Schaltkreis* (b) *aufgebaut ist;* **b)** *eine Einheit bildender Teil einer Schaltung* (1 b); **~pause,** die (Rundfunkt.): *durch ein beim Sender erfolgendes [Um]schalten bedingte Sendepause;* **~plan,** der (Elektrot.): *graphische Darstellung der Schaltung einer elektrischen Einrichtung, eines elektrischen Geräts mit Hilfe von Schaltzeichen;* **~pult,** das: *in der Art eines Pultes schräg liegende Schalttafel;* **~satz,** der (Sprachw.): *als Einschub in einem anderen Satz stehender, nicht abhängiger Satz;* **~schema,** das (Elektrot.): *schematische Darstellung einer Schaltung* (1 a); **~schrank,** der: vgl. ~kasten; **~sekunde,** die: *Sekunde, die man von Zeit zu Zeit einschaltet od. ausläßt, um die bürgerliche Zeit an die astronomische Zeit anzugleichen;* **~skizze,** die: vgl. ~plan; **~station,** die: vgl. ~zentrale: Ü er war die S. (Sport; *derjenige Spieler, der das Zusammenspiel seiner Mannschaft leitete*) im Mittelfeld; **~stelle,** die:

Stelle, von der aus bestimmte, bes. politische Vorgänge gesteuert werden, von der Macht ausgeübt wird; ~**stellung,** die: svw. ↑Schalterstellung; ~**tafel,** die (Elektrot.): *Tafel o. ä., auf der alle zur zentralen Steuerung einer elektrischen Anlage o. ä. nötigen Schalter, Regler, Instrumente usw. angeordnet sind;* ~**tag,** der: *Tag, den man alle vier Jahre zusätzlich zu den 365 Tagen eines normalen Jahres (als 29. Februar) einschaltet, um so immer wieder die Differenz zwischen Kalenderjahr u. Sonnenjahr auszugleichen;* ~**tisch,** der (Elektrot.): vgl. ~pult; ~**uhr,** die: *mit einem elektrischen Schalter gekoppelte Uhr, die es ermöglicht, ein elektrisches Gerät o. ä. zu einem an der Uhr einzustellenden beliebigen Zeitpunkt automatisch ein- od. auszuschalten;* ~**vorrichtung,** die; ~**weg,** der: *räumlicher Abstand zwischen zwei benachbarten Gängen eines Getriebes, der (beim Schalten) von bestimmten beweglichen Teilen der Gangschaltung überwunden werden muß:* der Wagen hat angenehm kurze -e; ~**werk,** das: *Getriebe, das eine ruckweise erfolgende Bewegung erzeugt* (z. B. Malteserkreuz); ~**zeichen,** das (Elektrot.): *Symbol zur Darstellung eines Schaltelements in einem Schaltplan o. ä.;* ~**zentrale,** die (Technik): *Ort, von dem aus eine technische, bes. eine elektrische Anlage zentral gesteuert werden kann:* Ü Aberdeen ist Europas S. für die Erdölförderung in der Nordsee (MM 31. 10. 77, 3).

schaltbar ['ʃaltbaːɐ̯] ⟨Adj.; o. Steig.; nicht adv.⟩: *sich [in einer bestimmten Weise] schalten* (1 a, 2 a) *lassend;* **schalten** ['ʃaltn̩] ⟨sw. V.; hat⟩ [mhd. schalten, ahd. scaltan = stoßen, schieben]: **1. a)** *(ein Gerät, eine technische Anlage o. ä.) durch Betätigen eines Schalters in einen bestimmten Zustand versetzen:* einen Schalter, ein Gerät auf „aus" s.; die Heizung auf „warm" s.; [ein Kofferradio] auf Batteriebetrieb s.; die Waschmaschine schaltet sich automatisch auf „Schleudern"; Dann wird der Heini die zweite Sirene s. *(einschalten;* Fr. Wolf, Zwei 347); ⟨auch o. Akk.-Obj.:⟩ du mußt zweimal s. *(den Schalter zweimal betätigen);* an diesem Hebel schaltet man *(zum Schalten muß man diesen Hebel betätigen);* wir schalten jetzt zum Hessischen Rundfunk *(stellen eine Verbindung her u. übernehmen das dortige Programm);* Ü ... schalteten die Leitungsmitglieder ... plötzlich von epischer Breite auf anekdotische Kürze (Kant, Impressum 332); **b)** *[automatisch] geschaltet* (1 a) *werden:* die Ampel schaltet gleich auf Gelb; **c)** ⟨s. + sich⟩ *sich in einer bestimmten Weise schalten* (1 a) *lassen:* das Gerät, der Schalter schaltet sich spielend leicht. **2. a)** *eine Gangschaltung betätigen, einen Gang einlegen:* er schaltet sehr viel; erst kuppeln, dann s.; [vom 3.] in den 4. Gang, in den Leerlauf s.; er schaltet sehr gefühlvoll; das Getriebe schaltet *(wechselt die Gänge)* automatisch; **b)** ⟨s. + sich⟩ *sich in einer bestimmten Weise schalten* (2 a) *lassen:* das Getriebe schaltet sich einwandfrei; der Wagen *(das Getriebe des Wagens)* schaltet sich schlecht. **3.** *(als zusätzliches Element) in etw. einfügen, einschieben, eingliedern:* zwischen die beiden Jobs schalte ich ein paar Urlaubstage; eine Parenthese in einen Satz s.; Es drängt ihn heftig zu ihnen, aber da ist etwas zwischen sie geschaltet (A. Zweig, Grischa 10). **4.** (Elektrot.) *in einer bestimmten Weise in einen Stromkreis o. ä. integrieren, anschließen, miteinander elektrisch verbinden:* Nebelscheinwerfer müssen so geschaltet sein, daß sie nicht zusammen mit dem Fernlicht brennen; etw. in Reihe, parallel s. **5.** (geh.) *in einer bestimmten Weise handeln, verfahren, mit etw. umgehen:* Wie herrlich waren die Monate, da man nach freiem Gutdünken s. konnte (St. Zweig, Fouché 144); er kann s., wie es ihm beliebt; meist in der Fügung **s. und walten** *(nach eigener Entscheidung verfahren).* **6.** (ugs.) *die Zusammenhänge von etw. [plötzlich] durchschauen, etw. [plötzlich] verstehen u. darauf reagieren, etw. Bestimmtes begreifen, verstehen:* bis er geschaltet hatte, war alles zu spät; er schaltet [manchmal] etwas langsam; er hat gleich [richtig] geschaltet; die zuständigen Behörden haben schnell geschaltet *(gehandelt, Maßnahmen ergriffen);* **Schalter,** der; -s, - [älter = Schiebefenster, spätmhd. schalter = Schieber, Riegel]: **1.** *Vorrichtung zum Herstellen od. Unterbrechen einer elektrischen Verbindung, mit deren Hilfe [durch Betätigen eines kleinen Hebels, eines Druck- od. Drehknopfes] eine elektrische Einrichtung, Anlage, ein elektrisches Gerät z. B. an- u. abgestellt od. auf eine andere Art des Betriebs umgestellt werden kann:* ein S. zum Drehen, Drücken; einen S. betätigen; an einem S. drehen; einen S. an-, ausmachen (ugs.; *durch Betätigen eines Schalters etw. an-, ausschalten).* **2.** *kleiner Raum od. abgeteilter Teil eines größeren Raumes, der auf einer Seite mit einer Theke, einem [Schiebe]fenster od. einer Tür mit kleinem Fenster abschließt u. von dem aus das Publikum (bes. in Bahnhöfen, Banken od. Postämtern) abgefertigt wird:* der S. ist [vorübergehend] geschlossen, nicht besetzt; Briefmarken gibt es an S. 5; er reichte ihm das Formular durch den S. *(durch das Schalterfenster o. ä.).*

Schalter-: ~**angestellte,** der u. die: vgl. ~beamte; ~**beamte,** der: *an einem Schalter* (2) *Dienst tuender Beamter;* ~**dienst,** der: *Dienst an einem Schalter* (2); ~**fenster,** das: *fensterartige Trennwand an einem Schalter* (2); ~**halle,** die: *Halle* (1), *in der sich mehrere Schalter* (2) *befinden;* ~**raum,** der: vgl. ~halle; ~**schluß,** der: *Zeitpunkt, zu dem die Schalterstunden enden;* ~**stunden** ⟨Pl.⟩: *Zeit, während derer die Schalter* (2) *einer bestimmten Einrichtung geöffnet sind:* S. von 8.30 Uhr bis 12 Uhr.

Schaltung, die; -, -en: **1. a)** *Art u. Weise, wie die Bestandteile einer elektrischen Anlage, eines elektrischen Geräts elektrisch miteinander verbunden sind:* eine einfache S. mit drei Transistoren; der Fernseher hat eine sehr komplizierte S.; **b)** *Gesamtheit von Bauteilen u. zugehörigen elektrischen Verbindungen (in einem Gerät o. ä.):* eine sauber gelötete S.; eine integrierte S. *(als Ganzes gefertigte Schaltung, deren einzelne Bauteile nicht ausgetauscht werden können);* eine gedruckte S. *(Schaltung, deren Verbindungen mit Hilfe eines besonderen Druckverfahrens auf eine Platte aus isolierendem Material aufgebracht sind);* elektronische Bauteile zu einer S. zusammensetzen; **c)** *Schaltplan, Schaltbild:* kannst du mir die S. bitte fotokopieren? **2.** (Rundfunkt.) *Funkverbindung, Telefonverbindung o. ä. (zu einem bestimmten Ort):* wir nehmen jetzt eine S. ins Olympiastadion vor; die S. hat leider nicht geklappt. **3.** *Gangschaltung.*

Schalung ['ʃaːlʊŋ], die; -, -en (Bautechnik): **1.** (selten) *das Schalen.* **2.** *zusammengeschlagene Bretter, Holzplatten o. ä., die als Form zum Gießen von Beton dienen;* **Schälung** ['ʃɛːlʊŋ], die; -, -en (selten): *das Schälen* (1 a, 5, 6).

Schaluppe [ʃa'lʊpə], die; -, -n [frz. chaloupe, wohl aus dem Niederl.]: **1.** (früher) *(in der Küstenschiffahrt von Nord- u. Ostsee* 1) *kleineres, einmastiges [Fracht]schiff mit Kuttertakelung.* **2.** *Beiboot mit Riemen od. einem Segel.*

Scham [ʃaːm], die; - [mhd. scham(e), ahd. scama, urspr. = Beschämung, Schande, H. u.]: **1.** *durch das Bewußtsein, (bes. in moralischer Hinsicht) versagt zu haben, durch das Gefühl, sich eine Blöße gegeben zu haben, ausgelöste, mit bestimmten körperlichen Reaktionen (bes. Erröten) u. dem Wunsch, sich vor anderen zu verbergen, verbundene [quälende] Empfindung:* brennende S. erfüllte sie (Werfel, Himmel 115); [tiefe] S. empfinden; aus/vor Scham erröten, vergehen, die Augen niederschlagen; etw. ohne S. *(ohne sich zu schämen)* tun, sagen. **2.** *dem Menschen eigentümlicher Wesenszug, Scham* (1) *empfinden zu können u. daraus resultierende Scheu, bestimmte Dinge zu tun:* die S. verbietet mir, das zu tun; er hat keine S. [im Leibe]; R nur keine falsche S. *(hier ist Zurückhaltung, Bescheidenheit o. ä. nicht am Platze)!* **3.** (selten) *Schamröte:* ihm stieg die S. ins Gesicht. **4.** (geh. verhüll.) *Schamgegend:* [sich] die S. bedekken, verhüllen; Es war „Kanaan" ..., der nackt gehen sollte mit bloßer S. (Th. Mann, Joseph 417); Hast du ... ihre S. geküßt? (Sobota, Minus-Mann 15).

scham-, Scham-: ~**behaarung,** die ⟨Pl. selten⟩: svw. ↑Schamhaar (2); ~**bein,** das [zu ↑Scham (3)] (Anat.): *(paarweise auftretender) vorderer Teil des Hüftbeins;* ~**beinfuge,** die (Anat.): *schmaler Zwischenraum zwischen linkem u. rechtem Schambein;* ~**berg,** der (Anat.): *mit Schamhaaren bewachsene, leicht hervortretende Erhebung unmittelbar oberhalb der äußeren Geschlechtsorgane (bes. der Frau);* ~**dreieck,** das (selten): *der Form eines auf dem Kopf stehenden Dreiecks ähnliches Schamhaar* (1) *der Frau;* ~**frist,** die (Politik Jargon): *Frist, die man verstreichen läßt (bes. nach einer Wahl), ehe man seine wirklichen Absichten offen zutage legt;* ~**fuge,** die (Anat.): svw. ↑~beinfuge; ~**gefühl,** das ⟨o. Pl.⟩: *Fähigkeit, Scham* (1) *zu empfinden:* das verbietet mir mein natürliches S.; er hat kein S.; jmds. S. verletzen; ~**gegend,** die: *Gegend* (d) *der äußeren Geschlechtsorgane;* ~**glied,** das (selten): *Penis;* ~**haar,** das: **1.** *in der Schamgegend wachsendes, gewachsenes Haar.* **2.** ⟨o. Pl.⟩ *Gesamtheit der Haare in der Schamgegend eines Menschen;* ~**hügel,** der (Anat.): svw. ↑~berg; ~**lippe,** die ⟨meist Pl.⟩ (Anat.): *(in zwei Paaren vorhandene) wulstige Hautfalte des äußeren weiblichen Ge-*

schlechtsorgans: große/äußere *(außen behaarte, den Genitalbereich nach außen abschließende)* S.; kleine/innere *(unter der entsprechenden großen Schamlippe liegende, eine Oberfläche aus Schleimhaut aufweisende, nicht behaarte, den Scheidenvorhof begrenzende)* S.; **~los** ⟨Adj.; -er, -este⟩: **a)** *(im sexuellen Bereich) ohne jedes Schamgefühl, gegen Sitte u. Anstand verstoßend [u. die Gefühle der Mitmenschen verletzend, ihre Entrüstung hervorrufend]:* sie ist eine -e Person; die -e Verführerin (Schneider, Erdbeben 89); -e Gebärden; Unglaublich, einem alten Mann derart s. nachzulaufen! (Bieler, Mädchenkrieg 59); **b)** *skrupellos, gewissenlos (gegen die guten Sitten verstoßend):* -e Ausbeutung, Heuchelei; ein -er Betrug; jmdn. in schamlosester Weise ausnutzen; sich s. bereichern; jmdn. s. hintergehen; **c)** *dreist, unverschämt:* eine -e Übertreibung, Lüge; seine Forderungen sind geradezu s.; s. lügen, dazu: **~losigkeit,** die: **a)** ⟨o. Pl.⟩ *das Schamlossein, schamloses Wesen;* **b)** *schamlose Handlung, Äußerung o. ä.;* **~ritze,** die: svw. ↑~spalte; **~rot** ⟨Adj.; nicht adv.⟩: *Schamröte zeigend, aufweisend:* mit -em Gesicht; er wurde s. *(errötete aus Scham);* **~röte,** die ⟨o. Pl.⟩: *durch die Empfindung von Scham* (1) *hervorgerufene Röte* (1 b): die S. stieg ihr ins Gesicht; diese Äußerung trieb ihr die S. ins Gesicht; **~spalte,** die (Anat.): *spaltartige Öffnung zwischen den beiden äußeren Schamlippen einer Frau;* **~teile** ⟨Pl.⟩ (selten): *Geschlechtsteile;* **~verletzend** ⟨Adj.; nicht adv.⟩: *das Schamgefühl verletzend;* **~voll** ⟨Adj.⟩: svw. ↑schamhaft.

Schamade [ʃa'ma:də], die; -, -n [frz. chamade < ital. chiamata = Ruf, zu: chiamare < lat. clāmāre = rufen] (Milit. früher): *mit Trommel od. Trompete gegebenes Zeichen der Kapitulation:* ***[die] S. schlagen, blasen** (1. veraltet; *mit der Trommel, der Trompete das Zeichen zur Kapitulation geben.* 2. bildungsspr. selten; *klein beigeben, aufgeben).*

Schamane [ʃa'ma:nə], der; -n, -n [tungus. shaman] (Völkerk.): *mit magischen Fähigkeiten, bes. der Fähigkeit, mit Geistern in Verbindung zu treten, ausgestattete Person, die bei manchen, bes. asiatischen Völkern als Priester, Medizinmann o. ä. fungiert;* ⟨Zus.:⟩ **Schamanentrommel,** die (Völkerk.): *Trommel, mit der ein Schamane sich in Trance versetzt;* **Schamanismus** [ʃama'nɪsmʊs], der; - (Völkerk.): *Glaube an die Fähigkeit (der Schamanen), mit Geistern in Verbindung zu treten.*

schämen ['ʃɛ:mən], sich ⟨sw. V.; hat⟩ [mhd. schämen, ahd. scamēn]: **1.** *Scham* (1) *empfinden:* sich sehr, zutiefst, entsetzlich, zu Tode, in Grund und Boden s.; er schämt sich seiner Nacktheit, seiner proletarischen Herkunft; er schämt sich für sein Versagen; ich schäme mich für dich; Ich selbst war früher leicht in Sachen verwickelt, über die *(derentwegen)* ich mich heute schäme (Seghers, Transit 7); ich schäme mich [darum] vor mir selbst; er schämt sich wegen seines Versagens; Sie schämt sich nicht ein bißchen, mit ihm über den Dorfplatz zu gehen (Waggerl, Brot 125); schäm dich, so zu lügen!; du solltest dich [was (ugs.)] s. *(das ist eine Schande für dich)*!; [pfui,] schäm dich (ugs.; *das ist sehr häßlich, gemein, unanständig, ungezogen o. ä. von dir*)!; schämst du dich [denn] gar nicht *(wie kannst du dich nur so verhalten)*? **2.** *sich scheuen, etw. zu tun:* er schämt sich, seinen Irrtum einzugestehen.

schamfilen [ʃam'fi:lən] ⟨sw. V.; hat⟩ [niederd., wohl umgebildet aus: schamfēren = schimpfieren] (Seemannsspr.): **a)** *(bes. von Leinen o. ä.) scheuern u. dabei schadhaft werden:* das Tau schamfilt; **b)** ⟨meist im 2. Part.⟩ *durch Scheuern, Reiben beschädigen:* eine schamfilte Leine.

schamhaft ['ʃa:mhaft] ⟨Adj.; -er, -este⟩ [mhd. scham(e)haft, ahd. scamahaft]: *sehr leicht dazu neigend, Scham zu empfinden, peinlich berührt zu sein; Scham zeigend, voller Scham:* ein -es junges Mädchen; ein -er Blick; s. die Augen niederschlagen; s. errötend senkte sie den Blick; s. bedeckte sie ihre Beine (Genet [Übers.], Totenfest 85); Ü daß das zu Preissteigerungen führen muß, wird s. (iron.; *unehrlicherweise*) verschwiegen, dazu: **Schamhaftigkeit,** die; -: **a)** (selten) *schamhaftes Wesen;* **b)** *schamhafte Art u. Weise;* **schämig** ['ʃɛ:mɪç] ⟨Adj.⟩ [vgl. geschämig] (landsch. selten): *verschämt:* Als er in die Tür tritt, den Fliederstrauß s. vor dem Gesicht (Bredel, Väter 26); ⟨Abl.:⟩ **Schämigkeit,** die; - (landsch. selten).

Schammes ['ʃaməs], der; -, - [jidd. schammes < hebr. šammạš] (jüd. Rel.): *Diener in einer Synagoge u. Assistent des Vorstehers jüdischer Gemeinden.*

¹Schamott [ʃa'mɔt], der; -s [H. u.] (ugs. abwertend): *unnützer, wertloser Kram; Krempel:* alles bloß Müll und S. (Schnurre, Bart 104); für 20 Mark kannst du den ganzen S. *(alles zusammen)* haben; **²Schamott** [-], der; -s (österr., ugs.), **Schamotte** [ʃa'mɔtə], die; - [H. u.]: *feuerfester Ton, der zur Herstellung von Schamottesteinen o. ä. u. Schamottenmörtel verwendet wird.*

Schamotte-: **~mörtel,** der: vgl. ~stein; **~platte,** die; **~stein,** der: *feuerfester Stein aus Schamotte, bes. zum Auskleiden von Öfen; Ofenstein;* **~ziegel,** der: svw. ↑~stein.

schamottieren [ʃamɔ'ti:rən] ⟨sw. V.; hat⟩ (österr.): *mit Schamottesteinen auskleiden:* einen Kamin s.

Schampon ['ʃampɔn]: ↑Shampoo; **schamponieren** [ʃampo'ni:rən] ⟨sw. V.; hat⟩: *mit Shampoo behandeln, einschäumen:* jmdm. das Haar s.; den Wagen s. lassen; der Teppich wird mit dem Mittel gründlich schamponiert; **Schampun** [ʃam'pu:n]: ↑Shampoo; **schampunieren** [ʃampu'ni:rən] ⟨sw. V.; hat⟩: svw. ↑schamponieren.

Schampus ['ʃampʊs], der; - (ugs.): *Champagner.*

¹Schand- (emotional): Best. in Zus. mit Subst., das ausdrückt, daß das im Grundwort Genannte als empörend, unerhört, skandalös empfunden wird, z. B. Schandmauer, Schandschrift, Schandurteil, Schandvertrag.

²Schand-: **~bube,** der (veraltet emotional verstärkend): *Bube* (1); **~fleck,** der (emotional): *häßliche Stelle, die in ärgerlicher Weise den ästhetischen Eindruck eines Gegenstandes, einer Gegend beeinträchtigt; Fleck* (1), *der etw. verschandelt:* der Tintenklecks, die Brandstelle ist ein S. auf dem antiken Sekretär; die Mülldeponie stellt einen S. in der Landschaft dar; das Hochhaus ist ein S. der Altstadt; Ü die Fünf ist ein S. auf seinem Zeugnis; er war schon immer der S. [in] unserer Familie; Du S. auf der Ehre des deutschen Soldaten (Remarque, Obelisk 179); **~geld,** das: vgl. ~preis; **~kerl,** der (emotional): vgl. ~bube: diese -e!; **~mal,** das: **1.** (früher) *²Mal* (1), *das jmdm. als Zeichen eines Verbrechens, einer Schande beigebracht, eingebrannt wurde.* **2.** svw. ↑~fleck: lauter Schmutzflecke und -e in sonst reiner Landschaft (K. Mann, Wendepunkt 430); **~maul,** das (salopp abwertend): **1.** vgl. Dreckschleuder (a, b): dieses alte S. (Fallada, Herr 179). **2.** vgl. ~schnauze (2); **~pfahl,** der: vgl. Pranger; **~preis,** der (emotional): **a)** *ein viel zu geringer Preis, den man für etw. bekommt:* etw. für einen S. verkaufen; **b)** *ein viel zu hoher Preis für etw., was man erwerben möchte:* der Händler forderte einen S. für das Fahrzeug; **~säule,** die: vgl. Pranger; **~schnauze,** die (derb abwertend): **1.** vgl. Dreckschleuder (a, b). **2.** *Schnauze* (2 c): wenn Sie so was noch einmal sagen, schlage ich Ihnen ein paar in Ihre S. (Fallada, Mann 67); **~tat,** die: **1.** (emotional) *verabscheuungswürdige Handlung, durch die anderen [körperlicher] Schaden zugefügt wird.* **2.** (ugs. scherzh.) *leichtsinnige, unbekümmert-übermütige Handlung, Unternehmung* meist in der Wendung **zu jeder S./zu allen -en bereit sein** *(alles mitmachen, was andere vorschlagen, gern möchten);* **~zeichen,** das: svw. ↑~mal (1).

schandbar ['ʃantba:ɐ̯] ⟨Adj.⟩ [mhd. schandebære]: **1.** *so geartet, daß man es als Schande empfindet; schändlich, abscheulich, verwerflich:* sein -es Benehmen; er hat sich in der Sache s. verhalten, benommen. **2.** (ugs.) **a)** *überaus schlecht, ganz schrecklich:* -es Wetter; das Gebäude ist in einem -en Zustand; **b)** ⟨intensivierend bei Adj. u. Verben⟩ *sehr, überaus:* ein s. schlechtes Ergebnis; es ist alles s. teuer geworden; ⟨Abl. zu 1:⟩ **Schandbarkeit,** die; -, -en: Die Alten haben ... viele -en hingenommen (Zwerenz, Kopf 161); **Schande** ['ʃandə], die; - [mhd. schande, ahd. scanta; verw. mit ↑Scham]: *etw., was auf Grund eines beschämenden, peinlichen Vorfalls den Verlust od. die Minderung des Rufs, der Ehre von jmdm. zur Folge hat, jmds. Ansehen in hohem Maße schadet:* eine große, unerträgliche, unauslöschliche S.; S. des Jahrhunderts ... die Apartheid (Horizont 13, 1978, 2); etw. bringt jmdm. S.; er hat seiner Familie, seinem Namen S. gemacht; ich will dir diese S. ersparen, nicht antun; jmdn. vor S. bewahren; zu seiner S. muß gesagt werden, daß ...; es ist eine [wahre] S. *(ist unerhört)*, daß er euch nicht geholfen hat; es ist keine S. *(nicht schlimm)*, daß du den Geburtstag vergessen hast; ich finde es eine S. *(finde es unglaublich)*, daß ...; (scherzh. vorwurfsvoll:) Schmach und S. über ihn!; mach' mir keine S.! (gelegtl. scherzh.; *benimm dich so, daß ich mich nicht für dich zu schämen brauche*); ein Mädchen gerät in S. (veraltet; *bekommt ein uneheliches Kind*); etw. gereicht jmdm. zur S. (geh.; *ist eine Schande für jmdn.*).

Schandeck ['ʃandɛk], das; -s, -s, **Schandeckel,** der; -s, - [1. Bestandteil wohl zu (ost)fries. schampen = schonen, schützen] (Seemannsspr.): *die ganz außen liegende, das Deck seitlich abschließende Planke* (1), *die die Spanten abdeckt.* **schänden** ['ʃɛndn̩] ⟨sw. V.; hat⟩ [mhd. schenten, ahd. scenten, zu ↑Schande]: **a)** *jmdm., jmds. Ehre, Ansehen o. ä. Schande zufügen:* mit dieser Tat hat er das Ansehen, den Namen der Familie geschändet; geschändeter konnte niemand sein als Jaakob (Th. Mann, Joseph 140); ⟨auch ohne Akk.-Obj.:⟩ den Arbeitsplatz zu verlassen, schändet ähnlich, wie es Fahnenflucht tut (Niekisch, Leben 226); R Arbeit schändet nicht (wird gesagt, wenn jmd. eine weniger angesehene Arbeit [gegen Bezahlung] verrichtet); **b)** (veraltend) *jmdn. [mit Gewalt] sexuell mißbrauchen:* eine Frau, Knaben s.; **c)** *etw., was Achtung, Respekt verdient, durch eine Handlung, ein Tun entweihen, beschädigen:* eine Kirche, ein Kunstwerk, ein Grab, ein Denkmal s.; einen Leichnam s.; Ü geschändete *(mißachtete)* Kulturwerte; **d)** (selten) *den Anblick, Eindruck von etw. beeinträchtigen:* eine Narbe schändet sein Gesicht; das protzige Hochhaus schändet die Landschaft; **schandenhalber** ⟨Adv.⟩ [eigtl. = um Schande zu vermeiden] (österr., südd., schweiz. veraltet od. scherzh.): svw. ↑anstandshalber: der Hofrat selbst macht kaum noch ehren- und s. ein Hehl daraus (Th. Mann, Zauberberg 115); **Schänder,** der; -s, -: *jmd., der etw. od. jmdn. schändet od. geschändet hat:* wenn sie mich ... einen S. der Familienehre genannt hätten (Th. Mann, Krull 275); **schändlich** ['ʃɛntlɪç] ⟨Adj.⟩ [mhd. schentlich, ahd. scantlīh]: **1.** *so geartet, daß man es als Schande empfindet:* -e Taten, Absichten; ein -es Leben führen; ein -es Ende nehmen; sie mußten für einen -en Lohn arbeiten; es ist s. *(empörend)*, wie sie behandelt wird; Unsere Generation ist s. verraten worden (Kirst, 08/15, 886). **2.** (ugs.) **a)** *unerhört; sehr, überaus schlecht:* wegen der Frostaufbrüche ist die Straße in einem -en Zustand; es ist -es *(scheußliches, schreckliches)* Wetter; **b)** ⟨intensivierend bei Adj. u. V.⟩ *sehr, überaus:* das Kleid war s. teuer; er hat s. viel Geld; ⟨Abl.:⟩ **Schändlichkeit,** die; -, -en: **1.** ⟨o. Pl.⟩ *das Schändlichsein.* **2.** *schändliche Tat:* die -en des Diktators; **Schändung,** die; -, -en: **1.** *das Schänden:* Judenverfolgung, Massenhinrichtung, S. (Kirst, 08/15, 930). **2.** *das Geschändetwerden.*

schanghaien [ʃaŋ'haian] ⟨schanghaite, hat schanghait⟩ [engl. to shanghai, nach der chin. Stadt Schanghai, da dies in chinesischen Städten sehr häufig vorkam] (Seemannsspr.): *jmdn. (bes. einen Matrosen) betrunken machen, ihn in diesem Zustand anheuern u. [mit Gewalt] aufs Schiff bringen.*

Schani ['ʃa:ni], der; -s, - [älter auch = Kellner; nach der österr. ugs. Form des frz. m. Vorn. Jean = Johannes, Hans; vgl. Köbes] (österr.): **1.** (salopp) *guter Freund.* **2.** *jmd., der jmd. Gleichrangigen unterwürfig bedient:* ich bin doch nicht dein S.!; ⟨Zus.:⟩ **Schanigarten,** der (österr.): *eine Art kleiner Garten für Gäste, der im Sommer auf dem Gehsteig vor [Vorstadt]gasthäusern eingerichtet wird.*

[1]**Schank** [ʃaŋk], der; -[e]s, Schänke ['ʃɛŋkə; mhd. schanc = Schenkgefäß, zu ↑schenken] (veraltet): **1.** ⟨o. Pl.⟩ svw. ↑[1]Ausschank (1). **2.** ⟨Pl. ungebr.⟩ svw. ↑[1]Ausschank (2a); [2]**Schank** [-], die; -, -en (österr.): svw. ↑[1]Ausschank (2).

Schank-: ~**betrieb,** der: svw. ↑~wirtschaft; ~**bier,** das: *(leichter gebrautes) Bier, das direkt vom Faß abgezapft u. ausgeschenkt wird;* ~**bursch,** der (österr.): *junger Mann, der hinter dem Schanktisch die Getränke an die Bedienung ausgibt;* ~**erlaubnis,** die: svw. ↑~konzession, dazu: ~**erlaubnissteuer,** die; ~**gerechtigkeit,** die (veraltet): svw. ↑~konzession; ~**gewerbe,** das; ~**konzession,** die: *Konzession* (1), *eine Gastwirtschaft o. ä. zu betreiben od. alkoholische Getränke auszuschenken;* ~**raum,** der: *Raum, in dem alkoholische Getränke ausgeschenkt werden;* ~**steuer,** die: svw. ↑~erlaubnissteuer; ~**stube,** die: svw. ↑~raum; ~**tisch,** der: *Theke, in die eine Zapfanlage für Faßbier u. Kühlschränke für Flaschen u. ä. eingebaut sind;* ~**wirt,** der: *Inhaber od. Pächter einer Schankwirtschaft;* ~**wirtin,** die: w. Form zu ↑~wirt; ~**wirtschaft,** die: *Gaststätte, in der nur Getränke ausgeschenkt werden.*

Schanker ['ʃaŋkɐ], der; -s, - [frz. chancre < lat. cancer, ↑Krebs (3 a)] (Med.): *bei Geschlechtskrankheiten auftretendes Geschwür an den Genitalien:* harter, weicher S.

Schantung, (Fachspr.:) Shantung ['ʃantʊn], der; -s, -s, **Schantungseide,** (Fachspr.:) Shantungseide, die; -, -n [nach der chin. Provinz Schantung]: *Seidengewebe aus Tussahseide mit ausgeprägten Fadenverdickungen.*

Schanz [ʃants], die; -, -en: ↑[1]Schanze (3).

Schanz-: ~**arbeit,** die ⟨meist Pl.⟩ (Milit. früher): *schwere Erdarbeiten mit Spaten;* ~**bau,** der ⟨o. Pl.⟩ (Milit. früher): *das Bauen einer Verschanzung;* ~**gerät,** das (Milit. früher): svw. ↑~zeug; ~**kleid,** das (Seemannsspr.): *an der äußeren Seite der Relingstützen eines Schiffes befestigter knie- bis hüfthoher Schutzbezug aus starkem imprägniertem Segeltuch od. Kunststoff;* ~**korb,** der (früher): **1.** *hoher, aus Weidenruten geflochtener Korb.* **2.** (Milit. früher) *(als Deckung dienender) mit Erde gefüllter Schanzkorb* (1); ~**pfahl,** der (Milit. früher): *starker Pfahl zum Bauen von Verschanzungen;* ~**werk,** das (Milit. früher): *Festungsanlage mit Verschanzung;* ~**zeug,** das (Milit. früher): *Gerät (z. B. Spaten) für Schanzarbeiten.*

[1]**Schanze** ['ʃantsə], die; -, -n [spätmhd. schanze, auch: Reisigbündel, H. u.]: **1.** (Milit. früher) *als Verteidigungsanlage aufgeworfener Erdwall für einen militärischen Stützpunkt [im Feld]:* an der Grenze -n errichten. **2.** kurz für ↑Sprungschanze: der Skispringer kam gut von der S. ab. **3.** (Seemannsspr.) *(bes. auf Kriegsschiffen) der Aufbau bzw. das Deck auf dem hinteren Teil des Schiffes.*

[2]**Schanze** [-], die [mhd. schanze < afrz. cheance, ↑Chance] in der Wendung **sein Leben [für jmdn., etw.] in die S. schlagen** (↑Leben 1).

schanzen ['ʃantsn̩] ⟨sw. V.; hat⟩: **1.** (Milit. früher) **a)** *mit einem Spaten o. ä. Erdarbeiten zum Anlegen einer* [1]*Schanze* (1) *verrichten:* erst mußten die Soldaten s.; **b)** *durch Schanzen* (a) *schaffen, herstellen, anlegen:* eine Stellung für das Geschütz s. **2.** (Schülerspr.) *schwer arbeiten, büffeln.*

Schanzen-: ~**bau,** der ⟨o. Pl.⟩ (Milit. früher): svw. ↑Schanzbau; ~**rekord,** der (Skispringen): *größte Weite, die auf einer bestimmten* [1]*Schanze* (2) *gesprungen wird;* ~**tisch,** der (Skispringen): *Fläche am Ende des Anlaufs* (2 b) *einer* [1]*Schanze* (2), *von der sich der Skispringer abdrückt.*

Schanzer, der; -s, - (Milit. früher): *jmd., der schanzt* (1).

Schapel ['ʃa:pl̩]: ↑Schappel.

Schapf [ʃapf], der; -[e]s, -e, **Schapfe** ['ʃapfə], die; -, -n [Nebenf. von ↑Schaff] (landsch., bes. schweiz.): *Gefäß mit langem Stiel zum Schöpfen;* **Schapp** [ʃap], der od. das; -s, -s [niederd. Nebenf. von ↑Schaff] (Seemannsspr.): **a)** *Schrank, Spind;* **b)** *[Schub]fach.*

[1]**Schappe** ['ʃapə], die; -, -n [landsch. Schappe = Abfall bei der Seidenherstellung (u. daraus hergestelltes [minderwertiges] Garn), zu landsch. schappen, Nebenf. von ↑schaben] (Textilind.): *Seidengewebe aus Schappeseide;* [2]**Schappe** [-], die; -, -n [zu landsch. schappen, ↑[1]Schappe] (Bergmannsspr.): *Werkzeug zum Bohren in lockerem Gestein, das aus einem stählernen Zylinder mit einer Pflugschar ähnlichen Schneiden besteht.*

Schappel ['ʃapl̩], das; -s, - [mhd. schap(p)el < afrz. chapel (=frz. chapeau), ↑Chapeau]: **1.** *(im MA. von Frauen als Kopfputz getragener) mit Ornamenten verzierter Metallreif od. Kranz aus Blüten.* **2.** *(zu bestimmten Volkstrachten gehörender, bei festlichen Gelegenheiten von Frauen getragener) Kopfschmuck in der Form einer Krone aus Blüten u. mit Perlen u. Steinen bestickten Bändern.*

Schappeseide, die; -, -n (Textilind.): svw. ↑Florettseide; **Schappespinnerei,** die; -, -en: *Spinnerei zur Herstellung von Schappeseide.*

[1]**Schar** [ʃa:ɐ̯], die; -, -en [mhd. schar, ahd. scara, wohl zu ↑[1]scheren, also eigtl. = die Abgetrennte]: *größere Anzahl von Personen od. von Tieren:* eine S. kunstbegeisterter, unternehmungslustiger Besucher; die Festteilnehmer zogen S. auf S., S. um S. durch die Straßen; * **in [großen, hellen** usw.] **-en** *(in großer Menge, Zahl):* die Vögel flogen in großen -en in den Süden; **-en von ...** *(sehr viele):* -en von Menschen strömten herbei; [2]**Schar** [-], die; -, -en, landw. auch: das; -[e]s, -e (Landw.): kurz für ↑Pflugschar.

Scharade [ʃa'ra:də], die; -, -n [frz. charade, eigtl. = (seichte) Unterhaltung, aus dem Provenz., urspr. wohl lautm.]: *Rätsel, bei dem das Lösungswort in seine Silben zerlegt u. jede Silbe pantomimisch dargestellt wird.*

Schärbaum ['ʃɛ:ɐ̯-], der; -[e]s, ...bäume [zu ↑schären] (Weberei): svw. ↑Kettbaum.

Scharbe ['ʃarbə], die; -, -n [mhd. scharbe, ahd. scarba, viell. eigtl. = Krächzer]: svw. ↑Kormoran.

schärbeln: ↑scherbeln (2).

Scharbock, der; -[e]s [aus dem Niederd. < mniederd. scher-, schorbuk, wahrsch. (über das Mniederl.) entstellt aus mlat. scorbutus, ↑Skorbut] (veraltet): svw. ↑Skorbut; ⟨Zus.:⟩ **Scharbockskraut,** das: *Pflanze mit goldgelben Blüten u.*

rundlich-herzförmigen, glänzenden Blättern, die viel Vitamin C enthält u. bei Skorbut als Heilkraut verwendet wird.
Schäre ['ʃɛ:rə], die; -, -n ⟨meist Pl.⟩ [mhd. schere, aus dem Anord., zu ↑[1]scheren]: *kleine, sehr flache, oft zerklüftete Felseninsel, die mit mehreren anderen der Küste vorgelagert ist.*
scharen ['ʃa:rən] ⟨sw. V.; hat⟩ [mhd. schar(e)n, ahd. scarōn] (geh.): **a)** ⟨s. + sich⟩ *sich (in einer* [1]*Schar) zusammenfinden; sich versammeln:* die Klasse hat sich um den Lehrer geschart; ... scharten sich fragwürdige Gestalten zu einer Gruppe (Kisch, Reporter 204); wenn sie sich unter eine Fahne scharen (Tucholsky, Werke II, 120); **b)** *jmdn. mit anderen zusammen (als Anhänger* 1) *um sich versammeln:* er verstand es, die Jugend um sich zu s.
schären ['ʃɛ:rən] ⟨sw. V.; hat⟩ [Nebenf. von ↑[3]scheren (3) in der veralteten Bed. „Seile spannen"] (Weberei): *Kettfäden auf die Walze am Webstuhl wickeln.*
Schärenkreuzer, der; -s, - [zu ↑Schäre] (Segeln): *Segelboot mit langem, schlankem Rumpf, mit überhängendem Bug u. Heck u. hohen, schmalen Segeln [u. Kajüte];* **Schärenküste,** die; -, -n: *Küste mit vorgelagerten Schären.*
scharenweise ⟨Adv.⟩: *in großer Zahl:* die Gäste kamen s.
scharf [ʃarf; mhd. scharf, ahd. scarf, eigtl. = schneidend, zu ↑[1]scheren]: **I.** ⟨Adj.; schärfer, schärfste⟩ **1.** ⟨nicht adv.⟩ **a)** *gut u. leicht schneidend* (Ggs.: stumpf 1 a): ein -es Messer; das Instrument hat eine -e Klinge; Vorsicht, die Sense ist sehr s.!; die Axt schärfer machen (ugs.; *schärfen*); Spr allzu s. macht schartig; Ü die Bügelfalten [der Hose] müssen ganz s. sein; Jünglinge in s. gebügelten Flanellhosen (Th. Mann, Zauberberg 105); **b)** *(am Rand o. ä.) nicht abgerundet u. glatt, sondern in eine Spitze, in einen spitzen Winkel zulaufend [u. deshalb oft verletzend]:* -e Ecken, Kanten; sich an den -en Dornen, Stacheln die Haut aufreißen; die -en Zähne, Krallen drangen tief in den Arm ein; die Ränder der Scherben sind s. **2. a)** *(bes. von Speisen o. ä.) sehr stark mit Salz, Pfeffer o. ä. gewürzt; von kräftig ausgeprägtem, durchdringendem Geschmack:* -er Senf, Essig; das Gulasch, das Essen war ziemlich s.; Der Schnaps war s. und brennend (Böll, Adam 56); die Soße schmeckt s.; ⟨subst.:⟩ einen Scharfen (ugs.; *einen hochprozentigen Schnaps*) trinken; **b)** ⟨nicht adv.⟩ *(von bestimmten Chemikalien o. ä.) nicht schonend, sondern ätzend u. etw. angreifend:* -e Putzmittel machen stumpf; diese Lösung, Säure ist zu s. für das Gewebe; **c)** *(vom Geruch) stechend, streng:* -e Dämpfe; der -e Raubtiergeruch der Löwenzwinger. **3. a)** *(von Tönen, Lauten, Geräuschen u. ä.) unangenehm durchdringend u. von großer Intensität u. daher ein Gefühl des Unbehagens hervorrufend:* er hat eine -e Stimme; plötzlich ertönte ein -es Zischen; Ü Begleitet ... werden diese Auseinandersetzungen ... durch scharfes Getrommel in den feindlichen ... Metropolen (Dönhoff, Ära 229); **b)** *unangenehm hell u. in den Augen das Empfinden eines Schmerzes hervorrufend:* vor dem -en Licht muß man die Augen schließen; auf einem staubigen Platz voll -er Sonne (Geissler, Wunschhütlein 65); **c)** *(von Wind, Frost o. ä.) unangenehm eisig u. dadurch die Empfindung eines Schmerzes hervorrufend:* es wehte ein -er Wind. **4. a)** *(von den Sinnesorganen) in hohem Grade ausgebildet u. für Reize empfänglich; genau wahrnehmend:* er hat schärfere Augen als ich; wir mußten s. *(angestrengt u. konzentriert)* hinsehen, um etwas zu erkennen; er betrachtete ihn s. *(durchdringend u. aufmerksam prüfend);* **b)** *ein optimales Sehvermögen bewirkend:* eine -e Brille. **5.** *deutlich, klar [hervortretend], nicht verschwommen, genau abgegrenzt:* -e Umrisse; die Aufnahme, das Photo ist nicht sehr s., ist gestochen s.; die Kamera s. einstellen *(so einstellen, daß die Aufnahme scharf wird);* das Objekt hebt sich s. vom Hintergrund ab. **6.** *stark ausgeprägt [u. deshalb streng wirkend]:* sie hat -e Gesichtszüge, eine -e Nase; das Gesicht ist s. geschnitten. **7.** *(das Wichtige, das, worauf es ankommt) genau erfassend, wahrnehmend:* ein -er Verstand; einen -en Blick, ein -es Auge für etw. haben; eine Frage, ein Problem s. beleuchten. **8.** *in hart angreifender Weise; schonungslos:* eine -e Kritik, Bemerkung, Antwort; ein -er Verweis; -e Reden führen; -er Hohn, Spott; eine -e Zunge haben *(zu scharfen Äußerungen neigen);* er war, wurde sehr s. gegen ihn; er kritisierte, tadelte ihn s., aufs schärfste; jmdn. s. anfassen. **9.** *in seiner Wirkung deutlich spürbar; massiv* (2), *heftig:* eine -e Aussprache; schärfsten Protest einlegen; -e Gegenmaßnahmen ergreifen; s. durchgreifen, vorgehen; jmdm. s. widersprechen; s. opponieren. **10.** *mit rücksichtsloser Genauigkeit, streng u. unnachsichtig; ohne die geringste Konzession:* ein -es Verhör, ein -es Urteil; er gehört zu den schärfsten Prüfern; ein neues, sehr -es Gesetz; -e Bewachung anordnen; jmdn. s. vernehmen, prüfen; er wird s. bewacht; ⟨subst.:⟩ er ist ein ganz Scharfer (ugs.; *jmd., der überaus streng nach Vorschrift seinen Dienst als Prüfer, Polizist, Ankläger o. ä. versieht*). **11.** *hart u. rücksichtslos, rigoros, ohne nachzugeben mit Verbissenheit geführt:* -e Kämpfe, Auseinandersetzungen. **12. a)** *sehr schnell; in hohem Tempo:* ein -er Ritt, Lauf; in -em Galopp reiten; s. fahren, laufen; er ging s. in die Kurve; der Amüsierdoktor ... trank s. *(schnell u. viel)* hintereinander (Lenz, Brot 101); **b)** *(von Autos) mit starkem Motor u. deshalb schnell u. aggressiv gefahren:* die schärfsten Minis, die man sonst nur auf Rennpisten trifft (Auto 7, 1965, 36); **c)** *abrupt u. heftig [geschehend, verlaufend]:* eine -e Kehrtwendung machen; s. bremsen; eine -e Kurve *(Stelle, an der eine Straße eine plötzliche starke Biegung macht).* **13.** *(von Hunden) auf den Mann dressiert, bissig:* ein -er [Wach]hund; sei vorsichtig, der Köter ist s.!; ein -er (Jägerspr.; *mutiger, Raubwild angreifender*) Jagdhund. **14.** ⟨o. Steig.⟩ **a)** *(von Munition) explosiv:* mit -en Patronen schießen; die Bomben s. machen; **b)** *mit richtiger, echter, explosiver Munition:* -e Schüsse abfeuern; das Gewehr ist s. geladen; Achtung, hier wird s. geschossen! **15.** (Ballspiele) *(von einem Wurf, Schuß o. ä.) kraftvoll, wuchtig:* durch einen -en Schuß aus der zweiten Reihe kam es zum Ausgleich. **16.** *deutlich, stark akzentuiert:* eine -e Aussprache; s. artikulieren. **17.** (Schiffbau) *(von Bootsformen) spitz zulaufend:* ein -es Heck. **18.** (ugs.) **a)** *ganz phantastisch u. großartig u. (beim Sprechenden) Bewunderung auslösend:* Der sieht gut aus, fährt ein -es Auto (Degener, Heimsuchung 148); mal sechs Wochen durch Amerika trampen – s.; **b)** *in seiner Unerhörtheit, Unglaublichkeit kaum noch zu überbieten:* ganz schön s., was einem so alles zugemutet, geboten wird; ⟨subst.:⟩ Jeden Tag ließ er sich von ihr zum Essen ausführen ... Und jetzt kommt das Schärfste: er ließ sie nicht ran (Rechy [Übers.], Nacht 233). **19.** (ugs.) *vom Sexualtrieb beherrscht; geil; sinnlich:* ein -er Bursche; Wenn ich daran dachte, daß ich am Mittwochnachmittag zu Frau L. gehen würde, war ich am Montag schon s. (Ziegler, Kein Recht 24); der Pornofilm machte ihn s. **20.** ***s. auf etw. sein** (ugs.; *von einem heftigen Verlangen nach etw. erfüllt sein*); **s. auf jmdn. sein** (ugs.: 1. *mit jmdm. koitieren wollen.* 2. *jmdm. übelwollen*); **s. darauf sein, etw. zu tun** (ugs.; *ein besonderes Interesse, heftiges Verlangen haben, zeigen, etw. zu tun*); **es s. auf jmdn. haben** (österr.; *[heimliche] Feindschaft, [verborgenen] Haß gegen jmdn. hegen*). **II.** ⟨Adv.⟩ *ganz nahe, dicht, unmittelbar:* das Geschoß pfiff s. über unsere Köpfe weg; die Autos fuhren s. rechts heran.
scharf-, Scharf-: **~äugig** ⟨Adj.⟩ (selten): *aufmerksam; [alle Vorgänge] scharf* (I 4 a) *beobachtend;* **~blick,** der ⟨o. Pl.⟩: *Fähigkeit, jmdn., etw. klar zu erkennen, sofort zu durchschauen;* **~blickend** ⟨Adj.; o. Steig.⟩: *mit Scharfblick [begabt];* **~einstellung,** die (Fot.): *Einstellung des Gerätes (Kamera, Projektor), mit der das Bild scharf* (I 5) *wird;* **~feuerfarbe,** die (Fachspr.): *(für die Glasur von Porzellan od. Keramik verwendete) Farbe, die bei sehr hoher Temperatur gebrannt werden kann;* **~kantig** ⟨Adj.; nicht adv.⟩: *scharfe* (I 1 b) *Kanten habend;* **~krallig** ⟨Adj.; nicht adv.⟩: vgl. ~kantig; **~machen** ⟨sw. V.; hat⟩ (ugs.): **1.** *(einen Hund) auf jmdn., auf ein Tier hetzen.* **2.** *jmdn. mit Worten zu Taten anregen, die sich gegen jmdn., etw. richten,* zu 2: **~macher,** der (ugs.): *jmd., der andere scharfmacht,* **~macherei** [-maxə'rai], die; -, -en ⟨Pl. ungebr.⟩ (ugs.): *[dauerndes] Scharfmachen;* **~richter,** der [urspr. = der mit Schwert od. Beil (scharf I 10) Richtende]: svw. ↑Henker; **~schießen,** das; -s: *Schießen mit scharfer* (I 14 a) *Munition;* **~schuß,** der (Ballspiele): *scharfer* (I 15), *kraftvoller, wuchtiger Schuß [aufs Tor];* **~schütze,** der: **1.** (Milit.) *Schütze mit besonderer Ausbildung u. Ausrüstung, der ein Ziel auch in großer Entfernung genau trifft.* **2.** (Ballspiele) *besonders guter u. erfolgreicher Torschütze,* zu 1: **~schützenabteilung,** die (Milit.); **~sicht,** die: svw. ↑~blick; **~sichtig** ⟨Adj.; o. Steig.⟩: svw. ↑~blickend, **~sichtigkeit,** die: svw. ↑~sicht; **~sinn,** der: *wacher Intellekt, der sofort das Wesentliche erfaßt;* **~sinnig** ⟨Adj.⟩: *mit dem Verstand genau erfassend u. durchdringend; logisch denkend; klug u. gescheit;* **~sinnigkeit,** die: svw. ↑~sinn; **~zackig** ⟨Adj.; nicht adv.⟩: vgl. ~kantig; **~zahnig**

⟨Adj.; nicht adv.⟩: vgl. ~kantig; **~züngig** ⟨Adj.⟩: **a)** *eine scharfe* (I 8) *Zunge besitzend;* **b)** *mit scharfer* (I 8) *Zunge [gesprochen]*, dazu: **~züngigkeit,** die; -.

Schärfe ['ʃɛrfə], die; -, -n [mhd. scher(p)fe, ahd. scarfī, scarphī, eigtl. = Schneide]: **1.** ⟨o. Pl.⟩ *Eigenschaft [gut] zu schneiden:* die S. der Klinge, der Axt prüfen; Ü die Bügelfalten hatten ihre schneidende S. verloren (Böll, Tagebuch 7). **2.** ⟨o. Pl.⟩ **a)** *[durch starkes Würzen bewirkter] kräftig ausgeprägter [durchdringender] Geschmack:* die S. des Essens, des Senfs trieb mir den Schweiß auf die Stirn; **b)** *(von bestimmten Chemikalien o. ä.) Kraft der ätzenden Wirkung:* die S. der Säure, des Putzmittels; **c)** *(vom Geruch) durchdringende, stechende Strenge:* der Stallgeruch mit seiner S. (Th. Mann, Krull 220). **3.** ⟨o. Pl.⟩ **a)** *Eigenschaft, scharf* (I 3 a) *zu sein:* die S. ihrer Stimme; **b)** *Eigenschaft, scharf* (I 3 b) *zu sein:* die S. des Lichtes mildern; **c)** *(von Wind, Frost o. ä.) Eigenschaft, scharf* (I 3 c) *zu sein:* die S. des Frostes drang bis in die Knochen. **4.** ⟨o. Pl.⟩ *(von den Sinnesorganen) eine scharfe* (I 4 a), *in hohem Grade ausgebildete Wahrnehmung von Reizen:* die S. des Gehörs, seiner Augen hat nachgelassen. **5.** *(bes. von Konturen o. ä.) Deutlichkeit, Klarheit:* die S. (= des Fotos) hatte unter der Vergrößerung nicht gelitten (Kant, Impressum 186). **6.** ⟨o. Pl.⟩ *scharfes* (I 7), *genaues Erfassen, Wahrnehmen (des Wichtigen):* die S. ihres Verstandes imponierte. **7.** ⟨o. Pl.⟩ *scharfes* (I 8), *schonungsloses Angreifen, schonungslose Härte:* die S. der Kritik, seiner Worte war verletzend. **8.** *deutlich spürbare Heftigkeit:* er vermied in der Diskussion jede S., alle -n; ich lächelte, um der Bemerkung die S. zu nehmen; er drückte sich absichtlich mit einer großen, ohne jede S. aus. **9.** ⟨o. Pl.⟩ *rücksichtslose, unnachsichtige Strenge; Unnachsichtigkeit:* die S. des Prüfers war nicht gerechtfertigt. **10.** *Rücksichtslosigkeit, Rigorosität:* die S. der Auseinandersetzungen. **11.** ⟨o. Pl.⟩ (Ballspiele) *Kraft u. Wucht:* ein Serviceball von unheimlicher S. (Th. Mann, Krull 394); **schärfen** ['ʃɛrfn̩] ⟨sw. V.; hat⟩ [mhd. scherp(f)en, ahd. scerfan]: **1. a)** *(durch Schleifen od. Wetzen) scharf* (I 1 a), *zum Schneiden geeignet machen:* die Klinge des Messers, die Axt, Sense s.; **b)** *spitz machen, spitzen, zuspitzen:* wenn ... die allzu geschärfte Bleistiftspitze abbricht (Bergengruen, Rittmeisterin 395). **2. a)** *in seiner Funktion verbessern, verfeinern:* den Verstand, das Bewußtsein s.; Jedenfalls schärft es (= das Spielen auf alten Instrumenten) die Ohren (Hollander, Akazien 110); er hat durch seine Reisen den Blick, das Auge für Außergewöhnliches geschärft; er versuchte seinen Schülern den Geist zu s.; **b)** ⟨s. + sich⟩ *sich ausbilden, sich verfeinern:* sein Blick, sein Sinn für Schönheit hat sich allmählich geschärft. **3.** (Milit.) *(Munition) mit Zündern versehen, explosiv machen;* **Schärfentiefe,** die; - (Fot.): *(bei der Scharfeinstellung eines Objektivs) Bereich vor u. hinter der eingestellten Entfernung, der noch scharf wird;* **schärfer** ['ʃɛrfɐ], **schärfste** ['ʃɛrfstə]: ↑scharf (I).

Scharführer, der; -s, - (ns.): vgl. Hauptscharführer.

Schärfung, die; - (selten): *das Schärfen.*

Scharia [ʃa'ri:a], Scheria [ʃe'ri:a], die; - [arab. šar'īya]: *das religiöse Gesetz des Islams, das kultische Pflichten verzeichnet sowie ethische Normen u. Rechtsgrundsätze für alle Lebensbereiche aufstellt.*

[1]**Scharlach** ['ʃarlax], der; -s, -e ⟨Pl. ungebr.⟩ [mhd. (md.) scharlach = (rotgefärbter) Wollstoff, unter Einfluß des Mniederd. über das Afrz. zu mlat. scarlatum = rot gefärbtes Gewand, wohl über das Arab. u. Pers. zu griech. kyklás = den Körper umschließendes Frauenkleid, zu: kýklos, ↑Zyklus]: **1.** *sehr kräftiger, leuchtender, hellroter Farbton:* Roben in Weiß und S. **2.** (früher) *scharlachrot gefärbter Stoff:* sich in S. kleiden; [2]**Scharlach** [-], der; -s [gek. aus älter: Scharlachfieber, LÜ von vlat. febris scarlatina, nach dem intensiv roten Hautausschlag]: *[im Kindesalter auftretende] ansteckende Infektionskrankheit mit plötzlichem, sehr hohem Fieber, Kopf- u. Halsschmerzen, Erbrechen u. Schüttelfrost, scharlachrotem Mund- u. Rachenraum, weißem, pelzigem Belag auf der Zunge (der nach drei bis vier Tagen verschwindet) u. rotem Hautausschlag.*

scharlach-, Scharlach- ([1, 2]Scharlach): **~artig** ⟨Adj.; o. Steig.⟩: *in der Art des [2]Scharlachs; wie Scharlach [verlaufend];* **~ausschlag,** der: *bei [2]Scharlach auftretender Hautausschlag;* **~eiche,** die: [nach der bes. auf diesem Baum vorkommenden Kermesschildlaus, die einen scharlachroten Farbstoff liefert]: *an der Mittelmeerküste heimische, immergrüne, strauchig wachsende Eiche mit steifen, harten, gezähnten länglichen Blättern; Kermeseiche;* **~farbe,** die: svw. ↑[1]Scharlach (1); **~farben, ~farbig** ⟨Adj.; o. Steig.; nicht adv.⟩: svw. ↑~rot; **~fieber,** das (ugs.): svw. ↑[2]Scharlach; **~friesel,** der od. das ⟨meist Pl.⟩ (ugs.): svw. ↑~ausschlag; **~milbe,** die: *kleine, scharlachrote Milbe, die in den oberen Bodenschichten lebt;* **~rot** ⟨Adj.; o. Steig.; nicht adv.⟩: *eine kräftige, leuchtend hellrote Farbe aufweisend.*

scharlachen ⟨Adj.; o. Steig.; meist attr.⟩ [mhd. scharlach(en), zu ↑[1]Scharlach] (geh., selten): svw. ↑scharlachrot: die scharlachne Schabracke, die er auf dem Rücken trug (Th. Mann, Joseph 755); ein -er Umhang.

Scharlatan ['ʃarlatan], der; -s, -e [frz. charlatan < ital. ciarlatano, unter Einfluß von: ciarlare = schwatzen, zu: cerretano = Marktschreier, eigtl. = Einwohner der Stadt Cerreto (die als marktschreierische Händler bekannt waren)] (abwertend): *jmd., der in beredter Weise vorgibt, über bestimmte Fähigkeiten zu verfügen, u. andere, die sich ihm deshalb anvertrauen, auf diese Weise hinters Licht führt;* **Scharlatanerie** [...nə'ri:], die; -, -n [...i:ən], **Scharlatanismus** [...'nɪsmʊs], der; -, ...men: **a)** ⟨o. Pl.⟩ *Verhalten[sweise] eines Scharlatans;* **b)** *einzelne etw. vortäuschende Handlung, Schwindelei eines Scharlatans.*

scharlenzen [ʃar'lɛntsn̩] ⟨sw. V.; ist⟩ [wohl aus älter nhd. schalantzen = (müßig) umherschlendern, Streckform von ↑schlenzen] (veraltet): *müßig gehen u. gaffen.*

Scharm: ↑Charme; **scharmant:** ↑charmant; **Scharmante** [ʃar'mantə], die; -, -n (veraltet): *Liebste;* **scharmieren** [ʃar'mi:rən] ⟨sw. V.; hat⟩ [frz. charmer] (veraltet): *entzücken, bezaubern.*

Scharmützel [ʃar'mʏtsl̩], das; -s, - [mhd. scharmutzel, -mützel < älter ital. scaramuzzo = Gefecht, wohl aus dem Germ., verw. mit ↑schirmen; vgl. ital. schermire = verteidigen] (Milit. veraltet): *kurzer, auf kleinen Raum beschränkter Zusammenstoß weniger gegnerischer Soldaten, begleitet von einem kleinen Feuergefecht; Geplänkel* (1); **scharmützeln** ⟨sw. V.; hat⟩ [spätmhd. scharmutzeln, -mützeln] (Milit. veraltet): *ein kleines Gefecht führen;* **scharmutzieren** [ʃarmʊ'tsi:rən] ⟨sw. V.; hat⟩ [spätmhd. scharmitzieren] (veraltet, noch landsch.): *heimlich flirten:* Wahrscheinlich scharmutzierte sie mit dem jungen Maurer (Fallada, Trinker 48).

Scharnier [ʃar'ni:ɐ̯], das; -s, -e [frz. charnière, über das Galloroman. zu lat. cardo (Gen.: cardinis) = Türangel]: *einem Gelenk* (b) *ähnliche Vorrichtung, bei der ein Zapfen od. Bolzen in einer Führung steckt u. sich um eine Achse dreht:* -e anbringen, befestigen; das S. ölen, fetten; ein Fenster aus seinen -en heben; ⟨Zus.:⟩ **Scharnierband,** das ⟨Pl. -bänder⟩: *zwei od. mehrere aneinandergefügte Scharniere;* **scharnieren** [ʃar'ni:rən] ⟨sw. V.; hat⟩ (selten): *mit Scharnieren versehen;* **Scharniergelenk,** das; -[e]s, -e (Anat.): *Gelenk* (a), *das Bewegungen nur um eine Achse zuläßt.*

Schärpe ['ʃɛrpə], die; -, -n [frz. écharpe = Armbinde < afrz. escherpe = an einer Schlinge (um den Hals) getragene (Pilger)tasche, H. u.]: *breites, um die Hüften od. schräg über Schulter u. Brust getragenes, einem Schal ähnliches Band (als Schmuck einer Uniform od. als Teil an der Kleidung):* eine bunte, seidene S.; eine S. umbinden.

Scharpie [ʃar'pi:], die; - [frz. charpie, zu afrz. charpir < lat. carpere = pflücken, zupfen] (früher): *(als Verbandmaterial verwendete) zerzupfte Leinwand.*

scharr-, Scharr-: **~eisen,** das: svw. ↑Scharre; **~fuß,** der (landsch.): svw. ↑Kratzfuß; **~füßeln** ⟨sw. V.; hat⟩ (landsch.): *einen Kratzfuß machen;* **~harz,** das [das Harz wird von den Bäumen gescharrt (3 a)] (Fachspr.): svw. ↑Galipot.

Scharre ['ʃarə], die; -, -n (veraltet): *Werkzeug zum Scharren* (3) *od. Kratzen;* **scharren** ['ʃarən] ⟨sw. V.; hat⟩ [mhd. scharren]: **1. a)** *(die Füße, die Krallen o. ä.) wiederholt schleifend über eine Oberfläche bewegen u. dabei ein dem Kratzen ähnliches Geräusch verursachen:* man hörte die Pferde ungeduldig s.; der Hund scharrt an der Tür; die Studenten scharrten [mit den Füßen] *(schoben die Füße auf dem Boden hin und her zum Zeichen des Mißfallens);* sie (= die Flügeltür) pendelte scharrend hin und her (Kirst, 08/15, 100); ⟨auch mit Akk.-Obj.:⟩ die Pferde scharren den Sand, den Boden; **b)** *(von Füßen o. ä.) wiederholt über eine Oberfläche schleifen u. dabei ein dem Kratzen ähnliches Geräusch verursachen:* seine (= des Stieres) Hufe scharren, er schnaubt durch die Nüstern (Koeppen, Rußland 9); viele Sohlen scharrten über die Fliesen. **2.** *mit den Füßen, Krallen in* *etw. wühlen:* die Hühner scharren im Sand [nach Würmern]; alle neun Schritte scharrt er mit der linken Stiefelspitze im Schulhofkies (Grass, Hundejahre 108). **3. a)** *(mit den Füßen, einem Gerät) schabend od. kratzend über eine Fläche hinfahren u. etw. fortbewegen, irgendwohin bewegen:* die Tiere scharren den Schnee von den Flechten; Knochen aus der Erde s.; den Schutt auf einen Haufen s.; sie haben die Toten einfach in die Erde gescharrt; Harz von den Bäumen s. (Fachspr.; *abkratzen*); Ü sie scharren Geld (abwertend; *versuchen gierig, möglichst viel Geld für sich zusammenzubekommen*); **b)** *durch Schaben od. Kratzen etw. bewirken od. hervorbringen:* ein Loch s.; Der Hahn scharrt sich eine Mulde in die Erde (Grzimek, Serengeti 144); **Scharrer,** der; -s, - (selten): *jmd., der scharrt* (3).

Scharriereisen, das; -s, - (Handw.): *Werkzeug für Steinmetze zum Scharrieren;* **scharrieren** [ʃa'ri:rən] ⟨sw. V.; hat⟩ [zu frz. charrue = Pflug < lat. carrūca = ein vierrädriger Wagen, zu: carrus, ↑Karre] (Handw.): *(von Steinmetzen) die Oberfläche eines Steins so bearbeiten, daß parallele Fugen entstehen.*

Scharschmied, der; -[e]s, -e: *Schmied, der Pflugscharen herstellt od. repariert.*

Scharte ['ʃartə], die; -, -n [mhd. schart(e) = Einschnitt, Bruch, Öffnung, zu mhd. schart, ahd. scart = verstümmelt, zerhauen, zu ↑[1]scheren]: **1. a)** *durch Herausbrechen od. -springen entstandene schadhafte Stelle in einer glatten Fläche (bes. in einer Schneide od. in einem geschliffenen Rand):* das Messer, die Klinge hat [am Rand] eine S.; die Sense hat -n bekommen; ***eine S. auswetzen** (↑auswetzen); **b)** (veraltet) *Riß, Schrunde in der Haut:* eine S. an der Unterlippe haben. **2.** kurz für ↑Schießscharte. **3.** *(schwer zugänglicher) Einschnitt in einem Bergrücken, schmaler Bergsattel.*

Scharteke [ʃar'te:kə], die; -, -n [wohl über das Schülerlat. < mniederd. scarteke = altes Buch, Urkunde, H. u.] (abwertend): **1. a)** *altes u. seinem Inhalt nach wertloses u. schlechtes Buch;* **b)** (veraltend) *anspruchsloses Theaterstück.* **2.** *ältere, unansehnlich gewordene, unsympathische Frau.*

schartig ['ʃartɪç] ⟨Adj.; nicht adv.⟩: **1.** *voller Scharten* (1): eine -e Klinge; die Sense ist s. geworden. **2.** *voller Scharten* (3), *tief eingeschnitten:* ein -er Gebirgsgrat.

Scharung ['ʃa:rʊŋ], die; - [zu ↑[2]Schar] (Geogr.): *das Aufeinandertreffen der einzelnen Züge eines Faltengebirges in spitzem Winkel.*

Scharwache, die; -, -n [zu ↑[1]Schar] (früher): *von einer kleinen Gruppe (bes. Bürgern einer Stadt) gebildete Wache.*

Scharwenzel [ʃar'vɛntsl̩], (seltener:) Scherwenzel [ʃɛr...], der; -s, - [1: übertr. von Bed. 2 im Sinne von „jmd., der wie eine Trumpfkarte (beliebig) eingesetzt werden kann"; 2: wohl unter Einfluß von ↑Wenzel < tschech. červenec = (roter) Herzbube, zu: červený = rot]: **1.** (veraltend abwertend) *jmd., der herumscharwenzelt; übergeschäftiger, immer dienstbeflissener Mensch.* **2.** (landsch.) *(im Kartenspiel) Bube;* **Scharwenzelei** [...tsə'laj], (seltener:) Scherwenzelei [ʃɛr...], die; - (ugs. abwertend): *[dauerndes] Herumscharwenzeln;* **scharwenzeln** [ʃar'vɛntsl̩n], (seltener:) scherwenzeln [ʃɛr...] ⟨sw. V.; hat/ist⟩ (ugs. abwertend): svw. ↑herumscharwenzeln: um jmdn., vor jmdm. s.

Scharwerk, das; -[e]s [mhd. scharwerc, zu: schar (↑[1]Schar) = in festgelegter Reihenfolge umgehende (Verpflichtung zur) Fronarbeit] (veraltet, noch landsch.): *harte Arbeit, Fronarbeit;* **scharwerken** ⟨sw. V.; hat⟩ (veraltet, noch landsch.): *hart u. schwer arbeiten;* ⟨Abl.:⟩ **Scharwerker,** der; -s, - (veraltet, noch landsch.): *jmd., der hart u. schwer arbeitet, Frondienst leistet.*

Schas [ʃa:s], der; -, - [mundartl. Nebenf. von ↑Scheiß(e)] (bayr., österr. derb): *hörbar entweichende Blähung:* ***S. mit Quasteln** [- - 'kvastl̩n] (österr.; *alles Blödsinn*).

Schaschlik ['ʃaʃlɪk], der; -s, -s [russ. schaschlyk, aus dem Turkotat.]: *kleine Stückchen Fleisch, die [zusammen mit Speck, Zwiebeln, Paprika u. Tomaten] auf einen Spieß gereiht, gebraten od. gegrillt u. scharf gewürzt gegessen werden.*

schassen ['ʃasn̩] ⟨sw. V.; hat⟩ [urspr. Studentenspr., zu frz. chasser = (fort)jagen, über das Vlat. < lat. captāre = Jagd auf jmdn., etw. machen] (ugs.): **1.** *jmdn. kurzerhand (aus einem Amt, aus der Schule, aus einem Betrieb o. ä.) fortjagen* (1 b), *wegjagen:* einen Schüler [aus/von der Schule] s. *(der Schule verweisen);* er wurde als Unruhestifter [aus dem Betrieb] geschaßt *(entlassen, herausgeworfen);* Bonns CDU-Spitzen wollen Innenminister ... aus dem Kabinett s. (Spiegel 29, 1969, 18). **2.** (landsch.) *fassen, ergreifen:* Damals waren er und sein Filmteam von Rebellen auf den Philippinen geschaßt worden (Hörzu 37, 1973, 127). **3.** (landsch.) *jagen* (3 a): in der Grundausbildung wurden wir ganz schön geschaßt.

schatten ['ʃatn̩] ⟨sw. V.; hat⟩ [mhd. schatewen, ahd. scatewen] (dichter.): **a)** *Schatten spenden:* Nußbaum, Ahorn und Linde ... schatteten den Zechern (A. Zweig, Grischa 226); ein schattender Baum; **b)** *einen Schatten werfen:* so peitscht kein Sturm, so schattet keine Wolke (Kaiser, Bürger 6); Ü das Leid schattet über mir (Kaiser, Bürger 33);

Schatten [-], der; -s, - [mhd. schate(we), ahd. scato]: **1. a)** *durch einen von einer Lichtquelle getroffenen Körper verursachte dunkle[re] Fläche auf der dem Licht abgewandten Seite dieses Körpers:* die S. der Häuser, der Berge; die S. werden länger; unsere S. huschten über die Wände, schnellten zur Decke hinauf (Roehler, Würde 134); gegen Abend werfen die Gegenstände lange S.; Ü (dichter.:) die Nacht breitet ihre S. über das Land; über ihr Leben war ein S. gefallen (dichter.; *es hatte sich durch traurige Ereignisse verdüstert*); ein S. lag auf ihrem Glück *(es war durch etwas beeinträchtigt);* Da legte sich ein S. auf die freundlichen Züge des Fliegeroffiziers (*sein Gesicht verdüsterte sich, wurde traurig;* Mehnert, Sowjetmensch 363); der S. des Todes lag bereits auf ihm (dichter.; *sein Tod kündigte sich an durch bestimmte Zeichen*); ***nur noch der/ein S. seiner selbst sein** *(äußerlich erkennbar krank u. elend sein);* **jmdm. wie ein S. folgen** *(jmdm. überallhin folgen, ihn nicht aus den Augen lassen);* **die S. der Vergangenheit** *(Vergangenes, das mit seinem negativen Aspekt bis in die Gegenwart nachwirkt);* **einen S./seinen S. auf etw. werfen** (geh.; *etw. beeinträchtigen, in negativer Weise beeinflussen*); **seine S. vorauswerfen** *(sich durch bestimmte Vorzeichen ankündigen):* das Unheil warf seine S. voraus; **über seinen S. springen** *(sich überwinden, etw. zu tun, was einem nicht liegt o. ä.):* er kann nicht über seinen S. springen; **nicht über seinen [eigenen] S. springen können** *(nicht anders handeln können, als es seinem Wesen od. seiner Gewohnheit entspricht);* **sich vor seinem eigenen S. fürchten** *(sehr ängstlich sein);* **b)** ⟨o. Pl.⟩ *Bereich, der nicht unmittelbar von der Sonne od. einer anderen Lichtquelle getroffen wird, in dem nur gedämpfte Helligkeit, Halbdunkel [u. zugleich Kühle] herrscht:* weit und breit gab es keinen S. *(keine schattige Stelle);* hier herrschte ... der kühle und feuchte S. der uralten Bäume (Seidel, Sterne 120); die Platanen geben, spenden genug S.; aus dem S. heraustreten; sich im S. aufhalten; es sind 30° *(eine Temperatur von 30°)* im S.; sie saßen im S. der Sonnenschirme; das Tal lag schon im S.; aus der Sonne in den S. gehen; Ü warum fällt der Erfolg ... denen zu, die ihn nicht verdienen, während andere unverdient im S. bleiben? (Thielicke, Ich glaube 38); ***[immer, lange Zeit, zeitlebens** o. ä.] **in jmds. S. stehen** *(neben einem anderen nicht die verdiente, gebührende Beachtung finden):* er stand immer im S. seines älteren Bruders, seines berühmten Vaters; **etw./jmdn. in den S. stellen** *(etw. an Qualität o. ä./jmdn. in seinen Leistungen weit übertreffen):* seine Erfindung stellt alles bisher Dagewesene in den S. **2.** *Figur, Gestalt o. ä., die nur in ihren Umrissen, nur schemenhaft als Silhouette erkennbar ist (dadurch, daß sie sich von einem helleren Hintergrund abhebt):* ein S. taucht aus dem Dunkel auf; die Schiffe zogen als ferne S. am Horizont vorüber; Der klotzige S. der Brücke gegen den düsteren Himmel (Schnabel, Marmor 35); ***einem S. nachjagen** (geh.; *ein unrealistisches Ziel verfolgen*). **3.** *dunkle Stelle, dunkler Fleck, der auf etw. erscheint:* dunkle S. auf den Negativen der Fotos; auf [den Röntgenbildern] der Lunge zeigen sich verdächtige S. *(dunkle Stellen, die auf eine Lungenkrankheit schließen lassen);* sie hatte [tiefe, bräunliche, dunkle] S. *(Ringe)* unter den Augen; Ü ein S. (geh.; *Makel*) liegt auf seiner Vergangenheit; nicht der S. *(nicht die geringste Spur)* eines Verdachts; ***einen S. haben** (ugs.; *geistig nicht ganz normal sein*). **4.** (bildungsspr.) *die als Schatten gedachte Gestalt eines Verstorbenen, Abgeschiedenen (im Totenreich der Antike):* das Reich der S. (Myth.; *Totenreich, Unterwelt*); ***in das Reich der S. hinabsteigen** (bildungsspr. verhüll.; *sterben*). **5.** *jmd., der einen anderen ständig begleitet, sich in seiner Nähe hält, dessen Aufgabe es ist, einen anderen zu observieren:* ihr S. war wieder bei ihr; der S. ließ ihn nicht aus den Augen; (Sport Jargon:) der Stürmer konnte sich nicht von seinem S. lösen.

schatten-, Schatten-: **~baum,** der (Bot.): *Baum, der durch den Schatten, den benachbarte Bäume werfen, nicht in seinem Wachstum behindert wird;* **~bild,** das: **1.** *durch einen Schatten auf einer Fläche erzeugtes Bild, als Bild deutbare Figur.* **2.** svw. ↑~riß; **~blatt,** das (Bot.): *Blatt eines Laubbaums, das im Innern der Baumkrone od. auf ihrer Nordseite wächst;* **~blüher,** der (Bot.): *Pflanze, die einen schattigen Standort braucht;* **~blume,** die [nach dem Standort]: *(zu den Liliengewächsen gehörende) in Laubwäldern wachsende Pflanze mit herzförmigen Blättern u. weißen, aufrechtstehenden Blütentrauben;* **~boxen,** das; -s (Boxen): *Art des Trainings, bei dem man ohne Gegner (gegen den eigenen Schatten od. gegen sein Spiegelbild) boxt;* **~dasein,** das: in den Wendungen **[nur] ein S. führen/fristen** *([meist von Sachen] nur kümmerlich existieren; sich nicht entwickeln können);* **aus dem/seinem S. hervor-, heraustreten** *(aus einem Status der Unbedeutendheit, einer kümmerlichen Existenz[form] o. ä. herauskommen, ihn überwinden):* die Partei ist aus ihrem S. herausgetreten; **~dunkel,** das (dichter.): das Wild trat aus dem S. heraus; **~fechten,** das; -s (Fechten): vgl. ~boxen; **~fürst,** der (Myth.): *Fürst des Schattenreichs;* **~gehölz,** das (Bot.): vgl. ~baum; **~holz,** das (Bot.): svw. ↑~gehölz; **~kabinett,** das (Politik): *von einer parlamentarischen Opposition aufgestelltes Kabinett für den Fall eines Regierungswechsels:* ein S. aufstellen; **~kaiser,** der: *Kaiser, der nur nominell regiert, keine Regierungsgewalt hat;* **~kampf,** der: *Kampf gegen einen in der Realität nicht existierenden bzw. nicht anwesenden Gegner;* **~könig,** der: vgl. ~kaiser; **~los** ⟨Adj.; o. Steig.; nicht adv.⟩: *ohne Schatten* (1), *keinen Schatten* (1) *bietend:* ein -er Platz; der Hof war s., dazu: **~losigkeit,** die; -; **~morelle,** die: **a)** *Sauerkirsche mit großen, braunroten Früchten;* **b)** *Frucht der Schattenmorelle* (a); **~pflanze,** die (Bot.): vgl. ~blüher (Ggs.: Sonnenpflanze); **~reich** ⟨Adj.; nicht adv.⟩: *viel Schatten* (1) *bietend; sehr schattig:* ein -es Tal; **~reich,** das (Myth.): *Totenreich; Hades;* **~riß,** der [vgl. [2]Reiß-]: *Darstellung von Gegenständen u. Personen (bes. als Bildnis im Profil) als nur den Umriß erkennen lassender schwarzer Schatten:* ein S. von Goethe; einen S. herstellen; **~seite,** die (Ggs.: Sonnenseite): **1.** ⟨Pl. selten⟩ *dem Licht, der Sonne abgewandte Seite von etw.:* die S. ihnen zuwendend ..., stieg ein mächtiger Hügelrücken empor (Kuby, Sieg 399); Ü auf der S. leben *(nicht vom Glück begünstigt sein, in armseligen o. ä. Verhältnissen leben).* **2.** ⟨meist Pl.⟩ *negativer Aspekt bei einer sonst positiven Sache; Nachteil; Kehrseite* (2): die -n einer Sache; man sollte nicht immer nur die -n *(das Negative, Kritikwürdige, Unschöne)* sehen, dazu: **~seitig** ⟨Adj.; o. Steig.; nur attr.⟩ (österr.): *auf der Schattenseite* (1) *liegend; schattseitig;* **~spendend** ⟨Adj.; o. Steig.; meist nur attr.⟩ (geh.): ein -er Baum; **~spender,** der (geh.): der Garten hatte viele Bäume als S.; **~spiel,** das: **1.** ⟨o. Pl.⟩ svw. ↑~theater: Figuren des chinesischen -s. **2.** *Stück für das Schattentheater:* Mörike ist Verfasser von -en. **3.** ⟨meist Pl.⟩ *durch eine bestimmte Stellung einer Hand od. beider Hände vor einer Lichtquelle erzeugtes Schattenbild* (1) *an der Wand (bes. als Kinderspiel):* -e machen; **~theater,** das ⟨o. Pl.⟩: *Form des Puppenspiels, bei dem sich die Silhouetten flächiger, ausgeschnittener Figuren auf einem von rückwärts angeleuchteten Schirm bewegen.*

schattenhaft ⟨Adj.; -er, -este; Steig. ungebr.⟩ (geh.): *einem Schatten ähnlich, nur undeutlich erkennbar, nur umrißhaft:* eine -e Gestalt huschte vorbei; nur -e Umrisse waren zu erkennen; etw. ist nur s. auszumachen; Ü er hat nur noch -e *(vage, ungenaue)* Erinnerungen an die Ereignisse; sie führen ein -es *(unscheinbares, unbeachtetes)* Dasein, Leben; **schattieren** [ʃaˈtiːrən] ⟨sw. V.; hat⟩: **1.** *(in der Malerei) mit Schatten* (1 a) *versehen, durch Andeutung von Schatten* (1 a) *nuancieren; abschattieren:* den Hintergrund des Bildes, eine Zeichnung s. **2.** (seltener) *(von Farben) abstufen, nuancieren* (a): Farben s.; ein schattiertes Grün. **3.** (Gartenbau) *(bes. Frühbeete, Gewächshäuser u. ä.) gegen zu starke Sonneneinstrahlung beschatten:* ein Frühbeet s.; ⟨auch ohne Akk.-Obj.:⟩ während der heißesten Sommerwochen wird über Mittag ... schattiert (MM 26. 6. 71, 43); ⟨Abl.:⟩ **Schattierung,** die; -, -en: **1.** *das Schattieren.* **2.** *das Schattiertsein.* **3.** ⟨meist Pl.⟩ **a)** *Spielart, Variante von etw.:* Teilnehmer der verschiedensten, aller politischen -en *(Richtungen);* **b)** svw. ↑Nuance (1); **schattig** [ˈʃatɪç] ⟨Adj.; nicht adv.⟩ [spätmhd. schatic]: *Schatten* (1 b) *aufweisend; im Schatten* (1 b) *liegend:* ein schattiger Garten; ein -es Plätzchen, eine -e Bank suchen; die Pflanzen gedeihen nur an -en Orten; sie saßen in -er *(durch Schatten bewirkter)* Kühle; hier ist es s. und kühl; **Schattseite,** die (österr., schweiz.): svw. ↑Schattenseite (Ggs.: Sonnseite): Ich ... überlegte: S. oder Sonnseite (Innerhofer, Schattseite 51); ⟨Abl.:⟩ **schattseitig** ⟨Adj.; o. Steig.; nur attr.⟩ (österr., schweiz.): svw. ↑schattenseitig (Ggs.: sonnseitig).

Schatulle [ʃaˈtʊlə], die; -, -n [ital. scatola < mlat. scatula, ↑Schachtel]: **1.** (bildungsspr.) *kleiner, verschließbarer, meist verzierter Kasten zur Aufbewahrung von Geld od. Wertsachen o. ä.:* eine kostbare, reichverzierte S.; eine S. aus Holz; etw. in einer S. aufbewahren. **2.** (veraltet) svw. ↑Privatschatulle.

Schatz [ʃats], der; -es, Schätze [ˈʃɛtsə; mhd. scha(t)z, ahd. scaz = Geld(stück), Vermögen, H. u.]: **1.** *angehäufte Menge, Ansammlung von kostbaren Dingen (bes. Schmuck, Gegenständen aus edlem Metall u. ä.):* ein riesiger, kostbarer, verborgener S.; der S. der Nibelungen; einen S. vergraben, finden, hüten, rauben; einen S. heben *(aus der Verborgenheit ans Licht bringen; entdecken).* **2.** ⟨meist Pl.⟩ *angesammelte Dinge von [großem] persönlichem Wert; [wertvoller] Besitz in Form von einzelnen Dingen, Gegenständen verschiedenster Art:* eine große Münzsammlung war sein kostbarster S.; er hat im Laufe seines Lebens mancherlei Schätze angesammelt, zusammengetragen; voller Stolz zeigte er uns seinen S., seine Schätze *(das, was er an Wertvollem angesammelt hatte);* die Kinder breiteten ihre Schätze vor uns aus *(zeigten uns die Dinge, die sie besaßen u. liebten);* nicht für alle Schätze dieser Erde würde er das tun, hergeben; Ü ein größerer Vorrat an Lebensmitteln war in dieser Zeit ein wahrer S. *(war ein großes Glück für jmdn.);* seine Freundschaft, seine Gesundheit betrachtete er als großen S. *(als großen Reichtum).* **3.** (geh.) *Reichtümer verschiedenster Art, die sich an einem bestimmten Ort, in einem Land vorfinden:* diesen S. naiver ... Volkskunst (Grass, Hundejahre 71); die reichen Schätze der Museen des Landes; ein kleines Land voll verborgener Schätze *(Schönheiten, Kunstschätze, Bodenschätze u. ä.);* Ü ungeahnte Schätze des Geistes und der höchsten Menschlichkeit (Thieß, Reich 64); ein S. von Erinnerungen war ihm geblieben; er verfügte über einen S. an/(selten:) von Humor, Erfahrung, Menschenkenntnis. **4.** (jur.) *Fundsache, die so lange verborgen war, daß ihr Eigentümer nicht mehr zu ermitteln ist.* **5.** ⟨Vkl. ↑Schätzchen⟩ **a)** (veraltend) *Geliebte[r], Freund[in]:* er, sie hat einen S.; sie ist mit ihrem S. zum Tanzen gegangen; häufiger in der Anrede, als Koseform: [mein] S., Schätzchen; Da hättest du mich sehen sollen, Schätzchen!; **b)** (ugs.) *geliebter Mensch, bes. Kind:* der kleine S., das Schätzchen; du bist mein Schätzchen *(mein liebes Kind);* **c)** (ugs.) *liebenswürdiger, hilfsbereiter o. ä. Mensch:* er ist ein wahrer S.; du bist ein S. [, daß du das gemacht hast] *(es war sehr nett von dir);* sei ein S. *(tu mir den Gefallen; sei so nett)* und hole mir die Zeitung. **6.** ⟨Pl.⟩ (Bankw.) kurz für ↑Schatzanweisungen.

Schatz-: **~anweisung,** die ⟨meist Pl.⟩ (Bankw.): *Schuldverschreibung des Staates;* **~fund,** der: **1.** (jur.) *das Finden eines Schatzes* (4). **2.** (seltener) svw. ↑Depotfund; **~gräber,** der (veraltend od. scherzh.): *jmd., der in der Erde nach irgendwelchen Schätzen* (1, 3) *sucht;* **~haus,** das: *Thesaurus* (1); **~kammer,** die (früher): *Räumlichkeiten in einem öffentlichen Gebäude, in dem der Staatsschatz aufbewahrt wurde;* Ü diese Provinz ist die S. des Landes *(hat viele Naturschätze);* **~kanzler,** der: Bez. für den *Finanzminister in England;* **~kästchen,** das (veraltend od. scherzh.): *Kästchen, in dem jmd. etw. für ihn Wertvolles aufbewahrt;* **~meister,** der: **1.** *jmd., der bei einem Verein, einer Partei o. ä. die Kasse verwaltet.* **2.** (früher) *mit der Verwaltung des königlichen bzw. staatlichen Vermögens betrauter Beamter;* **~schein,** der (Bankw.): *kurzfristige Schatzanweisung; kurzfristiger Schatzwechsel;* **~sucher,** der: vgl. ~gräber; **~wechsel,** der (Bankw.): *Wechsel des Bundes, der Länder u. a., der nur eine Laufzeit von einer bestimmten Anzahl von Tagen hat.*

schätzbar [ˈʃɛtsbaːɐ̯] ⟨Adj.; o. Steig.; nicht adv.⟩: *so beschaffen, daß es geschätzt, abgeschätzt, taxiert werden kann:* ein -er Wert; ⟨Abl.:⟩ **Schätzbarkeit,** die; -; **Schätzchen** [ˈʃɛtsçən], das; -s, -: ↑Schatz (5); **Schätze:** Pl. von ↑Schatz;

schatzen [ˈʃatsn̩] ⟨sw. V.; hat⟩ [mhd. schatzen, ahd. scazzōn = Schätze sammeln; ein Vermögen taxieren, besteuern] (veraltet): *mit Abgaben belegen;* **schätzen** [ˈʃɛtsn̩] ⟨sw. V.; hat⟩ [mhd. schetzen]: **1. a)** *[nach dem äußeren Eindruck] hinsichtlich Größe, Maß, Wert od. Alter einschätzen, bewerten:* etw. hoch, niedrig s.; er hat den Abstand nicht richtig geschätzt; jmdn. älter, jünger s., als er ist; grob geschätzt, werden wir in einer Woche fertig werden; sein Vermögen, der Schaden wird auf mehrere Millionen geschätzt; die Entfernung auf einen Kilometer s.; daß ein Gebot von dem Kaiser Augustus ausging, daß alle Welt geschätzt würde (veraltet; *[in einer Volkszählung] gezählt würde;* Luther, Bibelübersetzung, Luk. 2, 1); **b)** *taxieren* (1 b): einen Gebrauchtwagen, ein Haus, Grundstück s.; etw. [von einem Taxator] s. lassen. **2.** (ugs.) *annehmen, vermuten, für wahrscheinlich halten:* ich schätze, wir sind in einer Woche fertig; er schätzt, daß er um 3 Uhr hier sein wird; wann, schätzt du, kannst du kommen; ich schätze, daß ich mit diesem Kauf einen Fehler gemacht habe. **3. a)** *von jmdm. eine hohe Meinung haben; jmdn. sehr hoch achten:* jmdn. sehr, außerordentlich, nicht sonderlich s.; die beiden schätzen sich/(geh.:) einander sehr *(sie mögen sich sehr, haben große Sympathie füreinander);* er ist ein sehr geschätzter Künstler; **b)** *etw. sehr [in seinem Wert o. ä.] hoch einstufen, für wertvoll erachten; sehr gern mögen:* er schätzt ihre Zuverlässigkeit, seinen Rat; er schätzt einen guten Wein *(trinkt ihn gerne);* Man lernt die einfachsten Sachen wieder s. (*in ihrem Wert zu würdigen;* Remarque, Triomphe 171); etw. zu s. wissen *(den Wert, die Bedeutung von etw. richtig erkennen);* du weißt dein Glück nicht zu s.!; sich glücklich s. (geh.; *sehr froh sein, daß* ...); veraltend in Geschäftsbriefen: ihr geschätztes Schreiben; **schätzenlernen** ⟨sw. V.; hat⟩: **a)** *eine hohe Meinung von jmdm. bekommen:* mit der Zeit hat er ihn sehr schätzengelernt; **b)** *etw. zu würdigen lernen:* jmds. Fähigkeiten s.; mit der Zeit wirst du die Annehmlichkeiten dort noch s.; **schätzenswert** ⟨Adj.; nicht adv.⟩: *einer positiven Einschätzung wert:* ein -es Verhalten; **Schätzer,** der; -s, -: svw. ↑Taxator: ein vereidigter S.; **Schatzung,** die; -, -en: **1.** (veraltet) *das Schatzen, Belegen mit Abgaben.* **2.** (schweiz.) *[amtliche] Schätzung des Geldwertes einer Sache;* **Schätzung,** die; -, -en [mhd. schetzunge = Steuer]: **1.** *das Schätzen* (1 a): eine grobe, vorsichtige, vorläufige S. ergab, ...; er gab verschiedene, abweichende -en; nach meiner S./meiner S. nach ... *(wie ich es einschätze, ...).* **2.** *das Schätzen* (1 b): eine S. des Gebäudes, des Grundstückswertes vornehmen lassen. **3.** (veraltend) svw. ↑Wertschätzung: brauche ich dich nicht zu ermahnen ..., sie deine mindere S. niemals merken zu lassen (Th. Mann, Krull 402); **schätzungsweise** ⟨Adv.⟩: *einer ungefähren Schätzung* (1) *nach:* es sind s. 1 000 Meter; **Schätzwert,** der; -[e]s, -e: *der angenommene od. durch Taxieren festgesetzte Wert von etw.:* der S. des Vermögens, eines Hauses.

schau [ʃau̯] ⟨Adj.⟩ [zu ↑Schau (2)] (Jugendspr. veraltend): *so beschaffen o. ä., daß es Bewunderung hervorruft; großartig, ausgezeichnet:* ein -er Hit, Film; ein -er Macker; jmd., etw. ist s.; s.!; * **[einen] auf s. machen** *(die Aufmerksamkeit auf sich zu lenken versuchen; sich aufspielen; prahlen);* **Schau** [-], die; -, -en [mhd. schouwe = prüfendes Blicken, (amtliche) Besichtigung, zu: schouwen, ↑schauen]: **1.** (seltener) svw. ↑Ausstellung (2): eine internationale, regionale, landwirtschaftliche S.; etw. auf/bei einer S. zeigen, ausstellen, vorführen. **2.** (seltener) svw. ↑Show: eine S. mit vielen Stars; das Fernsehen zeigt eine neue S., bereitet eine S. vor; R mach keine S.! (Jugendspr.; *zier dich nicht so!*); Ü die ganze Veranstaltung war eine reine S., war auf S. angelegt *(es ging dabei nur um Schaueffekte, um sensationelle Wirkung);* Helmut war diese S. *(das Sichaufspielen, der spektakuläre Auftritt)* peinlich wegen der Bedienung (M. Walser, Pferd 82); * **[die/eine] S. sein** (Jugendspr.; *großartig, toll sein*): er, seine Schwester ist [eine] große S.; sein Motorrad ist die S.; die Party war eine S.; **[s]eine S./die große S. abziehen** (ugs.; *sich groß aufspielen; sich in Szene setzen*); **eine S. machen** (Jugendspr.; *angeben, sich aufspielen*); **jmdm. die S. stehlen** (*jmdn. [durch eine Leistung, durch sein Aussehen o. ä.] ausstechen, übertrumpfen in seiner Wirkung auf andere;* LÜ von engl. to steal someone's show, urspr. Theaterspr.). **3.** (geh.) *Betrachtung; intuitives, schauendes Erfassen (geistiger Zusammenhänge):* eine mystische, innere, religiöse S.; höchstes Ziel ... ist nicht mehr die philosophische S. der Idee (Fraenkel, Staat 263). **4.** (geh.) *Blickwinkel:* etw. aus historischer S. betrachten, in anderer S. darstellen. **5.** * **zur S. stellen** (1. *[zum Zwecke des Verkaufs, zum Anschauen, Betrachten o. ä.] an einem bestimmten Ort sichtbar auf-, ausstellen:* Waren zur S. stellen; Kunstwerke in einem Park zur S. stellen; der Tote wurde in einem gläsernen Sarg öffentlich zur S. gestellt; sie stellte sich nackt zur S. 2. *offen, öffentlich [demonstrativ] zeigen:* seine Gefühle, seine Mißstimmung unverhohlen zur S. stellen); **zur S. tragen** *(seine innere Verfassung, Haltung, Einstellung o. ä. demonstrativ zeigen, unverhohlen erkennen lassen);* **zur Schau stehen** (selten; *öffentlich gezeigt werden, ausgestellt sein*).

schau-, Schau-: **~begier,** die (geh.): *Begierde, etw. [Bestimmtes] zu sehen,* dazu: **~begierig** ⟨Adj.⟩: vgl. ~lustig: eine -e Menge; **~bild,** das: **1.** svw. ↑Diagramm (1): ein S., auf dem das Bevölkerungswachstum graphisch dargestellt ist. **2.** *Demonstrationszwecken dienende maßstäbliche Darstellung von etw.:* das S. eines Gebäudekomplexes, einer Stockwerksaufteilung, eines Straßenverlaufs; **~brot,** das ⟨meist Pl.⟩ (jüd. Rel.): *Brot aus ungesäuertem Teig, das im Allerheiligsten der Stiftshütte aufbewahrt wird;* **~bude,** die: *Jahrmarktsbude, in der bestimmte anspruchslose Darbietungen gezeigt werden,* dazu: **~budenbesitzer,** der; **~bühne,** die (veraltend): svw. ↑Theater; **~effekt,** der: *auf optische Wirkung berechneter Effekt;* **~fenster,** das: *nach der Straße hin durch [eine] große Glasscheibe[n] abgeschlossener Raum eines Geschäftes, in dem Waren ausgestellt sind; Auslage* (1 b): ein geschmackvoll dekoriertes S.; volle S.; die S. eines Kaufhauses betrachten, sich ansehen; etw. aus dem S. nehmen; etw. liegt, steht im S.; etw. im S. ausstellen; Ü die Messe ist ein S. der westlichen Welt; * **[daherkommen] wie aus dem S.** (ugs. abwertend; *allzusehr aufgeputzt [sein]*), dazu: **~fensterauslage,** die, **~fensterbummel,** der: *Bummel durch Geschäftsstraßen, bei dem man die Auslagen in den Schaufenstern betrachtet:* einen S. machen, **~fensterdekorateur,** der, **~fensterdekoration,** die, **~fenstergestalter,** der: svw. ↑~fensterdekorateur (Berufsbez.), **~fenstergestalterin,** die: w. Form zu ↑~fenstergestalter, **~fenstergestaltung,** die, **~fensterkrankheit,** die ⟨o. Pl.⟩ (Med.): *intermittierendes Hinken,* **~fensterpuppe,** die: *lebensgroße Gliederpuppe, an der in Schaufenstern bes. Kleidung ausgestellt wird; Modellpuppe* (2), **~fensterreklame,** die: *Reklame (für etw.) durch Auslage im Schaufenster,* **~fensterscheibe,** die: *große Glasscheibe, mit der das Schaufenster verglast ist,* **~fensterware,** die: *im Schaufenster befindliche Ware;* **~fensterwettbewerb,** der: *Wettbewerb, bei dem die gelungenste Schaufenstergestaltung ausgezeichnet wird;* **~flug,** der: *Flugvorführung;* **~frisieren,** das; -s: *Veranstaltung, bei der Friseure vor einem Publikum neue Frisuren an Modellen, die sie frisieren, zeigen;* **~gepränge,** das (geh.): *großes Gepränge;* **~gerüst,** das (selten): svw. ↑Tribüne (2); **~geschäft,** das ⟨o. Pl.⟩: *Vergnügungs-, Unterhaltungsindustrie, die publikumswirksame Unterhaltung bes. in Form von Shows, Revuen u. a. Darbietungen produziert; Showbusineß:* die Großen des -s; im S. sein Geld verdienen; ins S. einsteigen; als Sportler ins S. überwechseln; **~haus,** das: kurz für ↑Leichenschauhaus; **~kampf,** der (Boxen): *Darbietung eines Boxkampfes, bei dem es nicht um einen Wettbewerb geht;* **~kasten,** der: *an einer Wand aufgehängter od. als Tisch aufgestellter, an der Vorderseite bzw. Oberseite mit Glasscheibe versehener Kasten, in dem etw. ausgestellt od. ausgehängt wird:* Fotos im S. aushängen; **~lauf,** der: svw. ↑Schaulaufen; **~laufen** ⟨st. V.; ist; nur im Inf. u. 2. Part. gebr.⟩ (Eislauf): *eine Darbietung im Eiskunstlauf zeigen (bei der es nicht um einen Wettbewerb geht);* ⟨subst.:⟩ **~laufen,** das; -s (Eislauf); **~loch,** das: *Guckloch, durch das man ins Innere einer Maschine o. ä. sehen kann;* **~lust,** die ⟨o. Pl.⟩ (häufig abwertend): *starkes Verlangen, Vorgänge, Ereignisse (die als Sensation erlebt werden) zu beobachten, dabei zuzuschauen:* seine S. befriedigen, dazu: **~lustig** ⟨Adj.⟩ (häufig abwertend): die -e Menge; ⟨subst.:⟩ **~lustige,** der u. die; -n, -n: eine Menge von -n drängte sich an der Unfallstelle; **~münze,** die: *Münze, die aus einem bestimmten Anlaß geprägt wird, die also keinen Geldwert hat; Gedenkmünze;* **~objekt,** das: *zur Schau gestellter Gegenstand;* **~orchester,** das: *Tanz- od. Unterhaltungsorchester, das seine musikalischen Darbietungen mit Schaueffekten verbindet;* **~packung,** die: *für die Auslage im Schaufenster o. ä. bestimmte leere Hülle, Verpackung eines Produkts;* **~platz,** der: *Ort, Stelle,* *an der sich etw. Bestimmtes abspielt, etw. Bestimmtes stattfindet:* der S. der Ereignisse, des Verbrechens, des Krieges; der S. der Handlung (eines Theaterstückes, Romans o. ä.); ***vom S. abtreten** (1. geh. verhüll.; *sterben.* 2. *sich von öffentlicher Tätigkeit zurückziehen;* nach der älteren Bedeutung „Theater"); **~prozeß,** der (abwertend): *auf propagandistische Massenwirkung angelegtes öffentliches Gerichtsverfahren (eines Regimes);* **~seite,** die: *die schönere, reicher geschmückte o. ä. Seite von etw., die normalerweise im Blick des Beschauers ist* (Ggs.: Kehrseite 1 a): die S. eines Gebäudes, einer Münze; Ü jmdm. seine S. zukehren; **~spiel,** das: ↑Schauspiel usw.; **~stellen** ⟨sw. V.; nur im Inf. gebr.⟩ (selten): *in der Öffentlichkeit zeigen; zur Schau stellen;* **~steller,** der; -s, -: *jmd., der (im Wohnwagen von Ort zu Ort ziehend) auf Messen u. Jahrmärkten ein Fahrgeschäft betreibt, etw. zeigt, vorführt;* **~stellung,** die (selten): **1.** *das Schaustellen; Zurschaustellen:* „... Entschuldigung", sagte Vi-vi verlegen bei dieser S. von Gefühlen (Brand [Übers.], Gangster 61). **2.** *Vorführung von etw.:* Zum Grammophon gab er ihr eine gymnastische S. (Feuchtwanger, Erfolg 795); **~stück,** das: **1.** *Gegenstand, der (wegen seiner Kostbarkeit, Seltenheit o. ä.) nur zum Anschauen bestimmt ist:* eine Vitrine mit kostbaren -en. **2.** (selten) svw. ↑~spiel; **~tafel,** die: *aufgestellte od. aufgehängte Tafel, auf der etw. (zum Zwecke der Belehrung) dargestellt, demonstriert ist;* **~tanz,** der: vgl. ~lauf: ein S. der Meisterpaare; **~turnen,** das; -s: vgl. ~lauf: ein S. veranstalten; **~vitrine,** die: *Vitrine, in der etw. ausgestellt wird.*

Schaub [ʃaup], der; -[e]s, Schäube ['ʃɔybə; mhd., ahd. schoub, zu ↑schieben, eigtl. = Zusammengeschobenes] (südd., österr., schweiz.): *Garbe, Strohbund.*

schaubar ['ʃauba:ɐ] (geh., selten): svw. ↑erschaubar, sichtbar; ⟨Abl.:⟩ **Schaubarkeit,** die; -.

Schaube ['ʃaubə], die; -, -n [spätmhd. schaube, schūbe, wohl < ital. giubba, giuppa, ↑Joppe]: *(im Spätmittelalter von Männern getragenes) mantelartiges Kleidungsstück mit sehr weiten Ärmeln [u. Pelzverbrämung].*

Schauder ['ʃaudɐ], der; -s, - [zu ↑schaudern] (geh.): **1.** *heftige Empfindung von Kälte; Frösteln, das jmdn. plötzlich befällt (u. bes. im Bereich des Rückens empfunden wird):* beim Betreten des kalten Raumes überlief, durchrieselte ihn ein S., liefen ihm kalte S. den Rücken hinunter. **2.** *heftige Empfindung von Grauen, Angst, Entsetzen od. Ehrfucht, die jmdn. plötzlich befällt:* ein S. befällt, ergreift, erfüllt jmdn.; ein S. der Ehrfurcht befiel sie in den alten Gemäuern; etw. mit frommem S. *(mit Ehrfurcht)* betrachten.

schauder-, Schauder-: **~erregend** ⟨Adj.; nicht adv.⟩: *Grauen, Angst, Entsetzen hervorrufend:* ein -er Anblick; **~geschichte,** die (seltener): svw. ↑Schauergeschichte; **~voll** ⟨Adj.; o. Steig.; nicht adv.⟩ (geh., seltener): vgl. ~erregend.

schauderbar ⟨Adj.⟩ (ugs. scherzh.): svw. ↑schauderhaft: ein -er Geruch; **schauderhaft** ⟨Adj.; -er, -este⟩ (ugs. abwertend): **1.** *widerlich; scheußlich; abstoßend:* ein -es Wetter; ein -er Anblick; s. sein, schmecken. **2.** ⟨intensivierend bei Adj. u. Verben⟩ *sehr, überaus:* ein s. schlechtes Wetter; es war s. kalt; es stank ganz s.; **schaudern** ['ʃaudɐn] ⟨sw. V.; hat⟩ [aus dem Niederd. < mniederd. (mittelfränk.) schudern, Iterativbildung zu mniederd. schüdden = schütte(l)n]: **1.** *für einen kurzen Augenblick einen Schauder* (1), *ein heftiges [von Zittern begleitetes] Kältegefühl haben; frösteln:* Als er ... zurückkommt, schaudert er vor Kälte (Fallada, Blechnapf 318); ⟨meist unpers.:⟩ ihn/(auch:) ihm schauderte beim Betreten des kühlen Kellers; es schauderte sie in der abendlichen Kühle; ⟨subst.:⟩ ein Schaudern befiel ihn. **2.** *einen Schauder* (2) *empfinden:* Kufalt schaudert bei dem Gedanken an das ... Alkoholgespenst (Fallada, Blechnapf 246); sie schaudern vor Angst; etw. läßt, macht jmdn. s.; ⟨meist unpers.:⟩ jmdn./(auch:) jmdm. schaudert [es] bei, vor etw.; ihn schauderte vor seinen leeren Zimmern (A. Zweig, Claudia 17); kriegerische und politische Umstürze: wir haben es schaudernd *(mit Schaudern)* erlebt (Mostar, Unschuldig 16); ⟨subst.:⟩ ein angstvolles Schaudern ergriff sie; er dachte mit Schaudern *(voller Angst)* an den nächsten Tag; **schauderös** [ʃaudə'rø:s] ⟨Adj.; -er, -este⟩ (ugs. scherzh.): svw. ↑schauderhaft (1).

schauen ['ʃauən] ⟨sw. V.; hat⟩ [mhd. schouwen, ahd. scouwōn = sehen, betrachten, eigtl. = aufpassen; bemerken]: **1.** (bes. südd., österr., schweiz.) **a)** *bewußt den Blick (auf ein bestimmtes Ziel) richten, gerichtet halten; blicken* (a), *sehen* (1 b): er stand da und schaute nur *(ließ den Blick verweilen od. schweifen);* auf jmdn., auf die Uhr, aus dem Fenster, durch das Fernglas, in den Schrank, unters Bett, zu Boden s.; jmdm. in die Augen s.; Wohin man s. kann, schneit es (Frisch, Cruz 55); nach rechts, um sich s.; Ü alle schauten auf die Olympiastadt; die Fenster der Wohnung schauen auf die Straße, zur Straße *(sind nach der Straßenseite gerichtet);* **b)** *in bestimmter Weise dreinschauen; blicken* (b): traurig, düster, fragend, freundlich s.; wie sie dasteht, ... wie sie wild schaut, das ist Pose (Feuchtwanger, Erfolg 650); der hat vielleicht geschaut, als er uns sah; seine Augen schauten vergnügt, spöttisch; Ü der Himmel schaute düster. **2.** (geh.) *(mit dem geistigen Auge) wahrnehmen, intuitiv erfassen; erschauen* (1 b): Sabbas ... suchte Gott zu s. von Angesicht zu Angesicht (Schaper, Kirche 174); ⟨auch ohne Akk.-Obj.:⟩ Alte, erfahrene Augen nehmen besser wahr als jugendblöde, welche zwar sehen, aber nicht schauen (Th. Mann, Joseph 593). **3.** (südd., österr.) *etw. anschauen, betrachten:* Bilder, alte Filme s.; sie haben stundenlang Fernsehen geschaut *(ferngesehen);* als Aufforderung: Schauen Sie, was ich gefunden habe (Frisch, Nun singen 153); ***schau, schau!** (Ausruf der Verwunderung). **4.** (südd., österr., schweiz.) *sich um jmdn., etw. kümmern, von Zeit zu Zeit nach jmdm., etw. sehen:* ab und zu nach den Kindern, nach den alten Eltern s.; die Nachbarin hat nach den Blumen geschaut. **5.** (südd., österr., schweiz.) *(bei jmdm., einer Sache) auf etw. Bestimmtes, für einen Wichtiges, auf eine bestimmte Eigenschaft achten, Wert legen, mit etw. genau sein:* auf Ordnung, Sauberkeit s.; er schaut nicht aufs Geld, auf Schönheit. **6.** (südd., österr., schweiz. ugs.) *zusehen, sich bemühen, etw. Bestimmtes zu erreichen:* schau, daß du bald fertig wirst; sie mußten s., den Zug nicht zu versäumen; der soll s., wie er mit der Sache zu Rande kommt. **7.** (südd., österr., schweiz.) *nachschauen; festzustellen suchen:* Es hat geklopft? ... Ich werde s., wer es ist (Frisch, Nun singen 108); du wolltest im Vorübergehen s., ob Elvira weiß ... (Frisch, Cruz 81). **8.** (südd., österr., schweiz.) ⟨verblaßt als Imp.⟩ leitet eine Äußerung ein, durch die man jmdn. von etw. überzeugen, jmdn. beschwichtigen will o. ä.: schau [mal], es ist doch gar nicht so schlimm.

[1]**Schauer** ['ʃauɐ], der; -s, - [mhd. schur, ahd. scūr = Sturm, Hagel, Regenschauer; 3: wohl unter Einfluß des nicht verwandten ↑Schauder]: **1.** (Met.) **a)** *Niederschlag von großer Intensität, aber kurzer Dauer:* Hagel, Graupeln treten nur in Form von -n auf; **b)** kurz für ↑Regenschauer: örtliche, gewittrige, vereinzelte S.; in einen S. geraten; Ü Brände loderten auf, und S. roter Funken stoben durch die Straßenlabyrinthe (Plievier, Stalingrad 217). **2.** (geh.) svw. ↑Schauder (1): ein S. durchrieselte, überlief ihn, lief ihm den Rücken hinunter. **3.** (geh.) svw. ↑Schauder (2): ein S. ergreift, befällt jmdn.; ein Bild des Menschen ..., das den zuschauenden Völkern kalte S. den Rücken hinunterjagte (Dönhoff, Ära 52).

[2]**Schauer** [-], der; -s, - [mhd. schouwære, ahd. scouwāri] (geh., selten): *Schauender.*

[3]**Schauer** [-], der; -s, - (Seemannsspr.): kurz für ↑Schauermann.

[4]**Schauer** [-], der od. das; -s, - [mhd. schur, ahd. scūr, Nebenf. von ↑Scheuer] (landsch.): *Schutzdach (gegen Regen od. Sonne); Schuppen.*

[1]**schauer-, Schauer-** ([1]Schauer 1): **~artig** ⟨Adj.; o. Steig.⟩ (Met.): -e Regenfälle; **~nähe,** die (Met.): in S. böig auffrischender Wind; **~regen,** der: *schauerartiger Regen;* **~wetter,** das.

[2]**schauer-, Schauer-** ([1]Schauer 3): **~bild,** das: *Anblick, der jmdn. erschauern läßt:* im Hof bot sich ihnen ein S.; **~drama,** das: vgl. ~geschichte; **~effekt,** der; **~erregend** ⟨Adj.⟩: svw. ↑schaudererregend; **~geschichte,** die: *Geschichte, Erzählung, in der unheimliche, schauererregende Dinge vorkommen; Gruselgeschichte* (b): eine S. von E. T. A. Hoffmann; Ü er hat wieder -n erzählt (abwertend; *hat etwas [Negatives] sehr übertrieben dargestellt*); **~märchen,** das: vgl. ~geschichte; **~roman,** der: vgl. ~geschichte; **~stück,** das: vgl. ~geschichte; **~voll** ⟨Adj.⟩ (geh., selten): svw. ↑~erregend.

schauerlich ⟨Adj.⟩: **1.** *so beschaffen, daß es Schauder* (2), *Entsetzen erregt; grausig:* ein -er Anblick; eine -e Tat; die Schreie waren, klangen s. **2.** (ugs. abwertend) **a)** *sehr stark; sehr schlimm; so beschaffen, geartet, daß jmd., etw. einem in höchstem Maß mißfällt:* ein -er Stil, Geschmack;

Dauernd ist er beschäftigt ... mit ... all diesen -en Leuten (Baldwin [Übers.], Welt 291); das Wetter war s.; **b)** ⟨intensivierend bei Adj. u. Verben⟩ *in einem sehr schlimmen Maß; sehr:* es war s. kalt; sie haben s. gefroren; er gibt s. an; ⟨Abl.:⟩ **Schauerlichkeit,** die; -, -en ⟨Pl. selten⟩.

Schauermann, der; -[e]s, Schauerleute [niederl. sjouwer(man), zu: sjouwen = hart arbeiten] (Seemannsspr.): *Hafenarbeiter, dessen Tätigkeit im Laden u. Löschen von Fracht besteht.*

schauern [ˈʃauɐn] ⟨sw. V.; hat⟩ [spätmhd. schawern = gewittern, hageln] (selten): **1. a)** *einen Kälteschauer verspüren; frösteln:* er schauerte vor Kälte; der eisige Wind ließ uns s.; ⟨auch unpers.:⟩ ihn/ihm schauerte; es schauerte ihn, ihm; **b)** *von einem Kälteschauer überlaufen werden:* alle Glieder schauerten ihm; Meine Hände sind kalt, und meine Haut schauert (Remarque, Westen 91). **2.** *von einem* [1]*Schauer* (2) *ergriffen werden:* er schauerte vor Entsetzen; ⟨auch unpers.:⟩ ihn/ihm schauerte vor Schrecken; es schauerte uns. **3.** ⟨unpers.⟩ (selten) *(von Niederschlag) als* [1]*Schauer* (1) *niedergehen:* es schauert.

Schaufel [ˈʃaufl̩], die; -, -n [mhd. schūvel, ahd. scūvala, zu ↑schieben]: **1. a)** *(zum Aufnehmen von nicht sehr grobem Material, bes. von Erde, Sand o. ä. bestimmtes) Gerät, das aus einem breiten, in der Mitte leicht vertieften Blatt* (5), *das in bestimmtem Winkel an einem langen [Holz]stiel befestigt ist, besteht; Schippe:* eine S. Sand, Erde; ein paar -n Kohle aufs Feuer, in den Ofen werfen; etw. auf die S. nehmen; **b)** kurz für ↑Kehrichtschaufel: den zusammengekehrten Schmutz mit S. und Besen aufnehmen. **2.** (Fachspr.) *das vordere, hochgebogene Ende des Skis.* **3.** (Jägerspr.) *fächerartig ausgebreitete Schwanzfedern des Auerhahns.* **4.** (Jägerspr.) *verbreitertes Ende am Geweih (von Elch u. Damhirsch); Geweihschaufel.* **5.** (Fachspr.) *Blatt von Ruder u. Paddel.* **6.** *einer Schaufel* (1) *ähnlicher Teil an bestimmten technischen Geräten* (z. B. eines Schaufelbaggers).

schaufel-, Schaufel-: **~bagger,** der: svw. ↑~radbagger; **~blatt,** das: *Blatt* (5) *der Schaufel;* **~förmig** ⟨Adj.; o. Steig.; nicht adv.⟩: *in der Form eines Schaufelblatts;* **~geweih,** das: vgl. Schaufel (3); **~lader,** der: *(bei Erdarbeiten gebrauchtes) Fahrzeug mit hydraulisch sich hebender Schaufel* (6) *bes. zum Wegräumen von Erdreich;* **~rad,** das: *Teil eines technischen Gerätes o. ä., bestehend aus einem großen Rad, das an seinem äußeren Rand mit schaufelförmigen Schöpfgefäßen besetzt ist,* dazu: **~radbagger,** der: *bei Grabarbeiten eingesetzter Bagger, der mit einem Schaufelrad ausgerüstet ist;* **~raddampfer,** der: svw. ↑Raddampfer; **~stiel,** der: *Stiel der Schaufel* (1).

Schäufele [ˈʃɔyfələ], das; -s, - [landsch. Vkl. von ↑Schaufel = Schulterstück eines Schlachttiers] (alemann.): *(im Schwarzwald zubereitetes) geräuchertes od. gepökeltes Schulterstück vom Schwein;* **schaufelig** ⟨Adj.; o. Steig.; nicht adv.⟩ (selten): svw. ↑schaufelförmig; **schaufeln** [ʃaufln] ⟨sw. V.⟩ [mhd. schūveln]: **1.** ⟨hat⟩ **a)** *mit einer Schaufel* (1 a) *arbeiten, hantieren:* er hat zwei Stunden geschaufelt; die Kinder schaufelten *(spielten mit Kinderschaufeln)* im Sand; **b)** *etw. mit einer Schaufel* (1 a) *an eine bestimmte Stelle hin-, von einer bestimmten Stelle wegschaffen:* Kohlen aus dem Waggon, Kartoffeln in den Keller s.; Schnee s. *(mit einer Schaufel wegräumen).* **2.** *durch Schaufeln* (1 a) *herstellen, anlegen* ⟨hat⟩: ein Loch, ein Grab, einen Graben s.; sie mußten sich einen Weg durch den Schnee s. **3.** *(von einem Raddampfer) sich mit Hilfe von Schaufelrädern fortbewegen* ⟨ist⟩: der Raddampfer schaufelt flußauf. **4.** (Fußball Jargon) *den Ball von unten hochschlagen u. irgendwohin schießen* ⟨hat.⟩: den Ball aus dem Strafraum, vors Tor s.; **Schaufler** [ˈʃauflɐ], der; -s, -: **1.** (selten) *jmd., der mit Schaufeln beschäftigt ist:* die S. hatten viel Mühe mit dem hohen Schnee. **2.** (Jägerspr.) *Elch- od. Damhirsch mit Geweihschaufeln;* **schauflig:** ↑schaufelig.

Schaukel [ˈʃaukl̩], die; -, -n [wohl aus dem Niederd. mit Diphthongierung des niederd. ū, z. B. ostfries. schūkel]: **1. a)** *(als Spielgerät für Kinder) an zwei Seilen, Ketten o. ä. waagerecht aufgehängtes Brett, auf dem sitzend man hin u. her schwingt:* die S. anstoßen; auf der S. hin und her schwingen; sich auf die S. setzen; **b)** *Wippe.* **2.** (Dressurreiten) *Lektion, bei der sich das Pferd in bestimmter Schrittzahl ohne Anhalten vor- bzw. rückwärts bewegen muß.*

Schaukel-: **~bewegung,** die: *schaukelnde Bewegung:* der Heuwagen schwankte mit heftigen -en heimwärts; **~brett,** das: *als Sitz dienendes Brett bei einer Schaukel* (1 a); **~gang,** der: *schaukelnder Gang;* **~gaul,** der (landsch.): svw. ↑~pferd; **~gerüst,** das: *im Freien aufgestelltes Gerüst aus Holzbalken od. Stahlrohren, an dem die Schaukel* (1 a) *aufgehängt ist;* **~pferd,** das: *auf abgerundeten Kufen stehendes Holzpferd, auf dem Kinder schaukeln können;* **~politik,** die ⟨o. Pl.⟩ (abwertend): *Politik, die sich allzuleicht der jeweiligen Situation anpaßt, ohne festen Standpunkt zwischen den verschiedenen Fronten wechselt:* eine S. betreiben; **~reck,** das (Turnen): svw. ↑Trapez, Hängereck; **~ringe** ⟨Pl.⟩ (Turnen): *zwei (an dicken, von der Decke herabhängenden Seilen befestigte) Ringe, an denen man hängend schwingt u. schaukelt;* **~stuhl,** der: *[gepolsterter] Lehnstuhl, der auf nach oben gebogenen Kufen steht u. dem Benutzer Schaukelbewegungen ermöglicht.*

Schaukelei [ʃaukəˈlai], die; - (ugs. abwertend): *[dauerndes] Schaukeln;* **schaukelig** [ˈʃaukəlɪç] ⟨Adj.; nicht adv.⟩ (seltener): **a)** svw. ↑wackelig: ein -er Stuhl; **b)** *schaukelnd* (2 a): die Überfahrt war ziemlich s. *(die See war unruhig bei der Überfahrt);* **schaukeln** [ˈʃaukl̩n] ⟨sw. V.⟩ [wohl unter Einfluß des parallel entstandenen ↑Schaukel zu spätmhd. schucken, mniederd. schocken = sich hin und her bewegen; vgl. mniederl. schokken, ↑[2]Schock]: **1. a)** *(auf einer Schaukel o. ä.) auf u. ab, vor u. zurück u. hin u. her schwingen* ⟨hat⟩: wild s.; an der Reckstange, den Ringen, auf der [Schiff]schaukel, der Wippe s.; oben ... schaukelten Papageien in metallenen Ringen (Schneider, Erdbeben 24); **b)** *sich mit etw. (auf dem Boden Stehenden, worauf man sitzt o. ä.) in eine schwingende Bewegung bringen* ⟨hat⟩: auf, mit dem Schaukelpferd s.; Er schaukelte auf dem Küchenstuhl, bis sich die hinteren Beine lockerten (Fels, Sünden 94); im, mit dem Schaukelstuhl s. **2. a)** *sich in einer schwingenden, schwankenden o. ä. Bewegung befinden* ⟨hat⟩: die Boote, Kähne schaukeln [am Quai]; das Schiff hat bei dem Seegang mächtig geschaukelt; Lampions, die Zweige schaukeln im Wind; Ü das Bild der Sonne schaukelte in dem braunen ... Wasser (Gaiser, Jagd 193); **b)** (ugs., oft scherzh.) *sich leicht schwankend, hin u. her schwingend od. schwebend fortbewegen* ⟨ist⟩: immerzu schaukeln gelbe Blätter von oben nach unten (Grass, Blechtrommel 552); Betrunkene sind über den Marktplatz geschaukelt; ich ... stieg in die Elf, ließ mich ... bis Nackenheim s. (Böll, Und sagte 12). **3. a)** *in eine schwingende o. ä. Bewegung versetzen* ⟨hat⟩: das Baby in der Wiege s.; ein Kind auf den Knien s. *(wiegen);* die Wiege s. *(hin u. her bewegen);* ich schaukelte mich in der Hängematte, im Schaukelstuhl; der Wind, die Wellen schaukelten den Kahn; **b)** (ugs. oft scherzh.) *leicht schwingend od. schwankend fortbewegen* ⟨hat⟩: der Wagen schaukelte die Ausflügler ins Grüne; Frau Grün ... schaukelt ihren unförmigen Leib mit großer Behendigkeit durch die Küche (Ossowski, Flatter 141). **4.** (salopp) *durch geschicktes Lavieren, Taktieren o. ä. bewerkstelligen, zustande bringen* ⟨hat⟩: Der schaukelt das bestimmt irgendwie mit der Aufenthaltsgenehmigung (Ziegler, Kein Recht 377); wir werden die Sache schon s.; **Schaukler,** der; -s, -: **1.** *jmd., der schaukelt* (1). **2.** (abwertend, selten) *jmd., der eine Schaukelpolitik betreibt;* **schauklig:** ↑schaukelig.

Schaum [ʃaum], der; -[e]s, Schäume [ˈʃɔymə] ⟨Pl. selten⟩ [mhd. schūm, ahd. scūm]: **1.** *aus einer Vielzahl von luftgefüllten, aneinanderhaftenden Bläschen bestehende, lockere Masse (die sich auf bzw. aus Flüssigkeiten bildet):* weißer, flockiger, sahniger S.; gebremster (Werbespr.; *reduzierter*) S.; der S. der Seifenlauge *(Seifenschaum),* des Bieres *(Bierschaum);* die Sonne, die Segel ... die jagenden Schäume *(die Gischt)* des Meeres (Frisch, Cruz 62); der S. zergeht; den S. von der kochenden Suppe abschöpfen; S. schlagen *(Seifenschaum herstellen);* Eiweiß zu S. *(Eischnee)* schlagen; *** S. schlagen** (abwertend; *übermäßig angeben; prahlen*). **2.** *schaumiger Speichel; Geifer:* jmdm. tritt (in einem Anfall) S. vor den Mund; S. flockt vom Maul seines Pferdes (Kaiser, Villa 30). **3.** (dichter.) *Vergängliches, Unbeständiges:* alles war nur S. gewesen.

schaum-, Schaum-: **~artig** ⟨Adj.; o. Steig.⟩: eine -e Masse; **~bäckerei,** die (südd., österr.): svw. ↑~gebäck; **~bad,** das: **a)** *Badezusatz, der Schaum entwickelt;* **b)** *Wannenbad, dem Schaumbad* (a) *zugesetzt wurde;* **c)** *das Baden im Schaumbad* (b); **~bedeckt** ⟨Adj.; o. Steig.; nicht adv.⟩; **~beton,** der: *lockerer, poriger Beton;* **~bildung,** die; **~bläschen,** das: *einzelnes Bläschen, das in einer Vielzahl Schaum bildet;* **~flokke,** die; **~gebäck,** das: *vorwiegend aus Eischnee u. Zucker* *hergestelltes, lockeres Gebäck;* **~geborene,** die; -n (griech. Myth.): *Beiname der griechischen Göttin Aphrodite;* **~gebremst** ⟨Adj.; o. Steig.; nicht adv.⟩ (Werbespr.): *mit reduzierter Schaumbildung:* ein -es Waschmittel; **~glas,** das (Technik): *mit Gasbläschen durchsetztes Glas, das durch Treibgas auf das Vielfache seines Volumens aufgetrieben ist;* **~gold,** das: *unechtes Blattgold aus einer Legierung von Kupfer u. Zink;* **~gummi,** der: *Schaumstoff aus natürlichem od. synthetischem Kautschuk,* dazu: **~gummimatratze,** die, **~gummipolster,** das; **~kamm,** der: *mit Schaum bedeckter Wellenkamm;* **~kelle,** die: vgl. ~löffel; **~kopf,** der: vgl. ~kamm; **~kraft,** die ⟨o. Pl.⟩: *Stärke der Schaumbildung:* die S. des Waschpulvers; **~kraut,** das: *Kreuzblütler in mehreren Arten mit weißen, rötlichen od. lila Blüten u. einfachen od. gefiederten Blättern;* **~krone,** die: **1.** vgl. ~kamm. **2.** *(durch Eingießen in ein Gefäß verursachte) starke Schaumbildung auf einer Flüssigkeit:* -n auf den Biergläsern; **~leder,** das (DDR): *sehr leichtes synthetisches Leder;* **~löffel,** der: *siebartig durchlöcherter Schöpflöffel, mit dessen Hilfe Schaum von Flüssigkeiten abgeschöpft bzw. feste Teile aus einer Flüssigkeit herausgehoben werden können;* **~los** ⟨Adj.; o. Steig.; nicht adv.⟩; **~löscher,** der: svw. ↑~löschgerät; **~löschgerät,** das: *Feuerlöschgerät, das mit Schaum arbeitet;* **~reiniger,** der: *Reinigungsmittel, das starken Schaum entwickelt, mit dem etw. gereinigt werden kann;* **~rolle,** die (bes. österr.): *mit Schlagsahne gefüllte Rolle aus Blätterteig;* **~schläger,** der: **1.** (seltener) svw. ↑Schneebesen. **2.** (abwertend) *jmd., der prahlt, angibt, in seinen Reden sehr übertreibt, um andere zu beeindrucken,* zu 2: **~schlägerei** [–––'–], die (abwertend): **1.** ⟨o. Pl.⟩ *das Schaumschlagen:* alles war nur S. **2.** *angeberische, übertreibende Äußerung, mit der jmd. Eindruck zu machen sucht;* **~speise,** die: *bes. lockere schaumige Nachspeise;* **~stoff,** der: *sehr leichter Kunststoff von poröser Struktur, der bes. als Isoliermaterial verwendet wird;* **~teppich,** der (Flugw.): *vor der Notlandung eines Flugzeugs auf die Landepiste eines Flughafens aufgesprühte Schicht aus Schaum, die die Reibung beim Aufkommen auf den Boden verringern soll:* einen S. legen; **~wäsche,** die: *bes. Autowäsche mit einem schäumenden Reinigungsmittel;* **~wein,** der [nach frz. vin mousseux]: **1.** *aus Wein hergestelltes alkoholisches Getränk, das Kohlensäure enthält u. moussiert.* **2.** (volkst.) svw. ↑Sekt; **~welle,** die (seltener): *Welle, auf deren Kamm sich Schaum gebildet hat:* das schmale Flüßchen ... mit den weißen -n (Kaschnitz, Wohin 32); **~zikade,** die: *Zikade, deren Larven sich in einer schaumartigen Absonderung entwickeln.*

schäumbar ['ʃɔymba:ɐ̯] ⟨Adj.; o. Steig.; nicht adv.⟩ (Technik): *so beschaffen, daß es geschäumt* (3) *werden kann:* -e Stoffe; **schäumen** ['ʃɔymən] ⟨sw. V.⟩ [älter: schaumen, mhd. schūmen, ahd. scūman]: **1. a)** *(von flüssigen Stoffen) auf der Oberfläche Schaum* (1) *entwickeln, bilden* ⟨hat⟩: die Seifenlauge schäumt; das Bier, der Sekt schäumte in den Gläsern; die Brandung, Gischt schäumte; **b)** *in Verbindung mit Wasser Schaum* (1) *entwickeln, bilden* ⟨hat⟩: das Reinigungsmittel, Waschpulver, die Seife schäumt; eine stark schäumende Zahnpasta; **c)** *unter Schaumentwicklung fließen o. ä.* ⟨ist⟩: Bier schäumte in die Gläser; der Sturzbach schäumte weit über die Ufer. **2.** (geh.) *außer sich sein (vor Zorn, Wut o. ä.) [u. wütend, geifernd seiner Erregung Luft machen]* ⟨hat⟩: er schäumte vor Wut; dagegen ... schäumte Latrille in der Presse (*äußerte sich geifernd dazu;* Maass, Gouffé 344); „Auf alle ...!" schäumte Kluttig (*rief er vor Wut schäumend aus;* Apitz, Wölfe 40); schäumend vor Wut verließ er den Raum. **3.** (Technik) *in Schaum umwandeln; mit Hilfe von Luft, Gas o. ä. in eine poröse Form bringen* ⟨hat⟩: Beton s.; geschäumter Kunststoff; **schaumig** ['ʃaumɪç] ⟨Adj.; nicht adv.⟩ [spätmhd. schūmig]: **a)** *aus Schaum bestehend:* eine -e Masse; Butter und Zucker s. *(zu Schaum)* rühren, schlagen; **b)** *mit Schaum bedeckt:* die See war s.

schaurig ['ʃaurɪç] ⟨Adj.⟩: **1.** *Schauder hervorrufend; gruselig, unheimlich:* eine -e Geschichte; unter -en Umständen; das Geräusch war, klang s. **2.** (meist ugs.) **a)** *sehr unangenehm, schlimm (in seiner Stärke, seinen Ausmaßen o. ä.), gräßlich:* ein -es Wetter; eine -e Musik; er spricht ein -es Englisch; die Aufführung war s.; der Tenor war, sang s.; das ist ja s.!; **b)** ⟨verstärkend bei Adj. u. Verben⟩ *sehr, überaus:* ein s. schlechter Text; ich habe mich s. gelangweilt.

Schauspiel, das; -[e]s, -e: **1. a)** ⟨o. Pl.⟩ svw. ↑Drama (1 a); **b)** *Bühnenstück ernsten Inhalts, das (im Unterschied zum Trauerspiel) einen positiven Ausgang hat; Drama* (1 b): die „Iphigenie", ein S. von Goethe; ein S. schreiben, aufführen, inszenieren; in ein S. gehen. **2.** (geh.) ⟨Pl. selten⟩ *(ein sich dem zufälligen Betrachter bietender) Anblick, Vorgang, dem eine bestimmte Dramatik eigen ist, der die Aufmerksamkeit auf sich zieht, die Schaulust, Teilnahme weckt o. ä.:* der Sonnenuntergang war ein erhabenes, fesselndes S.; ihr Abschied auf dem Bahnsteig war ein ergreifendes S.; sie wollten sich das S. *(das Ereignis)* ihres öffentlichen Auftritts nicht entgehen lassen; sie haben sich das S. der Denkmalsenthüllung angesehen; sie wollten den Leuten kein S. geben *(ihre Auseinandersetzung nicht vor anderen austragen);* ***ein S. für [die] Götter [sein]** (↑Bild 2).

Schauspiel-: **~dichter,** der: *dramatischer Dichter;* **~dichtung,** die: *dramatische Dichtung;* **~direktor,** der (veraltet); **~eleve,** der: svw. ~schüler; **~haus,** das: *Theater, in dem besonders Schauspiele aufgeführt werden;* **~kunst,** die ⟨o. Pl.⟩: *Kunst der darstellerischen Gestaltung durch Sprache, Mimik, Gestik; Darstellungskunst;* **~musik,** die: svw. ↑Bühnenmusik; **~schule,** die: *Ausbildungsstätte für Schauspieler;* **~schüler,** der; **~schülerin,** die.

Schauspieler, der; -s, -: *jmd., der (nach entsprechender Ausbildung) bestimmte Rollen (von Stücken) auf der Bühne od. im Film künstlerisch gestaltet, darstellt* (Berufsbez.): ein bekannter, berühmter S.; S. sein, werden; Ü er ist ein [schlechter] S. (abwertend; *kann sich [nicht] gut verstellen, gibt sich [nicht] so, wie er wirklich ist od. wie ihm zumute ist*); ⟨Zus.:⟩ **Schauspielerberuf,** der ⟨o. Pl.⟩: *Beruf des Schauspielers;* **Schauspielerei** [ʃauʃpi:lə'rai], die; -: **1.** (ugs.) *die Ausübung des Schauspielerberufs:* die S. an den Nagel hängen; sich der S. ergeben. **2.** (ugs. abwertend) *das Schauspielern:* das ist alles nur S.; seine dauernde S. ist widerwärtig; **Schauspielerin,** die; -, -nen: w. Form zu ↑Schauspieler; **schauspielerisch** ⟨Adj.; o. Steig.; nicht präd.⟩: *den Beruf des Schauspielers betreffend; in der Weise des Schauspielers:* eine große -e Begabung, ein -es Talent, Können; jmds. -e Arbeit *(seine Arbeit als Schauspieler);* etw. s. darstellen, gestalten; **schauspielern** ['ʃauʃpi:lɐn] ⟨sw. V.; hat⟩: **a)** (ugs.) *(ohne Ausbildung, ohne Könnerschaft) als Schauspieler auftreten:* er hat gesungen und geschauspielert; **b)** (abwertend) *etw. vortäuschen, spielen, was nicht der Wahrheit, der Wirklichkeit der eigenen Situation entspricht:* er hat schon immer gern geschauspielert.

Schaute ['ʃautə], der; -n, -n (jidd.): svw. ↑[4]Schote.

[1]**Scheck** [ʃɛk], der; -s, -s, seltener: -e [engl. cheque, amerik. check, H. u.]: *bargeldloses Zahlungsmittel in Form eines Scheins, der von einer Bank o. ä. an einen bestimmten Kontoinhaber ausgegeben wird u. auf dem der Kontoinhaber seiner Bank die Anweisung gibt, dem Empfänger eine bestimmte Geldsumme auszuzahlen od. an dessen Bank zu überweisen:* ein ungedeckter, falscher S.; einen S. ausfüllen; einen S. über 100 Mark ausstellen, ausschreiben, einlösen.

[2]**Scheck** [ʃɛk], der; -en, -en: svw. ↑[1]Schecke.

Scheck- ([1]Scheck): **~abteilung,** die (Bankw., Wirtsch.): *Abteilung, die für die Verrechnung von Schecks zuständig ist;* **~betrug,** der: *Betrug durch Abgabe eines ungedeckten Schecks zur Begleichung einer finanziellen Verbindlichkeit,* dazu: **~betrüger,** der; **~buch,** das (früher): *eine Art Heft mit eingehefteten Scheckvordrucken;* **~diskontierung,** die (Bankw.): *Ankauf von ausländischen Schecks unter Abzug der Zinsen;* **~fähigkeit,** die (jur.): *generelle Berechtigung einer Person, mit Schecks zahlen zu können;* **~fälscher,** der: *jmd., der Schecks fälscht,* dazu: **~fälschung,** die; **~heft,** das: vgl. ~buch; **~inkasso,** das (Bankw.): *das Einziehen* (8 a) *eines Schecks, den jmd. von einem anderen erhalten hat u. bei der eigenen Bank zur Verrechnung einreicht;* **~karte,** die (Bankw.): *kleine Karte mit einer Kennummer, mit Kontonummer, Namen u. Unterschrift eines Kontoinhabers, die von einer Bank o. ä. an den Kontoinhaber ausgegeben wird u. mit der die Bank o. ä. garantiert, daß die Schecks des Kontoinhabers [bis zu einer bestimmten Höhe] eingelöst werden;* **~recht,** das ⟨o. Pl.⟩ (jur.): *gesetzliche Regelung des Scheckverkehrs;* **~sperre,** die: *das Sperren von Schecks;* **~verkehr,** der (Bankw.): *bargeldloser Zahlungsverkehr mit Schecks;* **~vordruck,** der: *als Scheck gedruckter Schein.*

[1]**Schecke** ['ʃɛkə], der; -n, -n [zu mhd. schecke = scheckig, zu afrz. eschec = Schach, also eigtl. = schachbrettartig gemustertes Pferd]: *Tier mit scheckigem Fell, bes. Pferd*

od. Rind; ²**Schecke** [-], die; -, -n: *weibliches Tier mit scheckigem Fell, bes. Stute od. Kuh;* **schẹckig** [ˈʃɛkɪç] ⟨Adj.; nicht adv.⟩ [mhd. scheckeht, zu: schecken = scheckig, bunt machen, zu: schecke, ↑¹Schecke]: **a)** *(von bestimmten Tieren, bes. Pferden od. Rindern) mit vielen weißen Flecken im [schwarzen od. braunen] Fell; gescheckt:* -e Kühe, Kaninchen; Ü das Kleid ist mir zu s. (ugs. abwertend; *zu bunt gemustert*); **b)** *voller Flecken:* sein Gesicht war vor Wut ganz s.; ***sich s. lachen** (ugs.; *über etw., was man lustig findet, sehr lachen*); ⟨Zus.:⟩ **schẹckigbraun** ⟨Adj.; o. Steig.; nicht adv.⟩: *mit vielen unregelmäßigen braunen Flekken, Stellen [versehen, gesprenkelt]:* -es Vieh; **Schẹckung,** die; -, -en: *das Scheckig-, Geschecktsein;* **Schẹckvieh,** das; -[e]s: *scheckiges Vieh.*

Schedbau [ˈʃɛt-], der; -[e]s, -ten [zu engl. shed = Hütte]: *eingeschossiger Bau mit einem Scheddach;* **Scheddach** [ˈʃɛt-], das; -[e]s, ...dächer: *Dach, bes. auf Fabrik-u. Ausstellungshallen, das aus mehreren parallel gebauten Satteldächern besteht; Sägedach.*

scheel [ʃe:l] ⟨Adj.⟩ [aus dem Niederd. < mniederd. schēl; mhd. schelch, ahd. scelah, urspr. = schief(äugig)] (ugs.): *ablehnende, reservierte Gefühle ausdrückend* (z. B. Mißtrauen, Neid, Geringschätzung): jmdn. mit -en Blicken, Augen ansehen; -e Gesichter machen; Von den Posten s. beobachtet, gingen die vier am Zaun entlang (Apitz, Wölfe 82).

scheel-, Scheel-: **~äugig** ⟨Adj.; Steig. ungebr.; nicht adv.⟩: svw. ↑~blickend; **~blickend** ⟨Adj.; Steig. ungebr.; nur attr.⟩: *neidisch, mißgünstig blickend;* **~sucht,** die ⟨o. Pl.⟩ (veraltend): *Neid, Mißgunst,* dazu: **~süchtig** ⟨Adj.⟩ (veraltend): *neidisch, mißgünstig.*

Schefe [ˈʃe:fə], die; -, -n [H. u.] (südd.): svw. ↑¹Schote.

Scheffel [ˈʃɛfl̩], der; -s, - [mhd. scheffel, ahd. sceffil]: **a)** *alte Maßeinheit von unterschiedlicher Größe (zw. 50 u. 222 l), bes. für Getreide;* **b)** (landsch.) *Bottich:* ***in -n** *(in großen Mengen):* etw. in -n einheimsen; **sein Licht [nicht] unter den S. stellen** (↑Licht 2b); **scheffeln** [ˈʃɛfl̩n] ⟨sw. V.; hat⟩ [älter = in Scheffel (a) füllen] (ugs. abwertend): *etw. in großen Mengen in seinen Besitz bringen u. anhäufen:* das einzige, worüber er redet, ist, wie er noch mehr Geld, Tantiemen, Profit s. kann; Ü Eine neue Sportgroßmacht scheffelt Medaillen (Spiegel 44, 1975, 203); **schẹffelweise** ⟨Adv.⟩ (ugs.): *in großen Mengen.*

Scheherazade [ʃeheraˈza:də], **Scheherezade** [ʃehereˈza:də], die; -: *Märchenerzählerin [aus Tausendundeiner Nacht].*

Scheibchen [ˈʃaipçən], das; -s, -: ↑¹Scheibe (1 a, 2, 3); ⟨Zus.:⟩ **scheibchenförmig** ⟨Adj.; o. Steig.; nicht adv.⟩; **scheibchenweise** ⟨Adv.⟩: *in dünnen Scheibchen:* die Wurst s. essen; Ü etw. s. (ugs.; *nach u. nach*) berichten; ¹**Scheibe** [ˈʃaibə], die; -, -n [mhd. schībe, ahd. scība]: **1. a)** ⟨Vkl. ↑Scheibchen⟩ *flacher, kreisförmiger Gegenstand [zum Drehen od. Rollen]:* eine metallene S.; eine S. aus Holz, Kunststoff; der Diskus ist eine S.; der Mond stand als honigfarbene S. am Himmel; **b)** (Technik) kurz für ↑Riemenscheibe; **c)** (Technik) kurz für ↑Dichtungsscheibe; **d)** (Sport, Milit.) kurz für ↑Schießscheibe; **e)** (ugs.) svw. ↑Schallplatte: eine S. auflegen; Die heiße S. ist ... seit April auf den vordersten Rängen (Hörzu 23, 1975, 45). **2.** ⟨Vkl. ↑Scheibchen⟩ *(von bestimmten Lebensmitteln) flächiges, mehr od. weniger dünnes einzelnes Stück, das von einem ganzen Stück abgeschnitten, abgetrennt worden ist:* eine S. Brot, Wurst, Zitrone; Eier in -n schneiden; ***sich** ⟨Dativ⟩ **von jmdm., etw. eine S. abschneiden [können]** (ugs.; *jmdn., etw. als nachahmenswertes Vorbild nehmen*). **3.** ⟨Vkl. ↑Scheibchen⟩ *Platte aus dünnem Glas, die in einen [Fenster]rahmen eingesetzt ist:* bunte, blanke, schmutzige, zerbrochene -n; die -n klirrten; die S. des Wagens herunterdrehen, herunterkurbeln; die -n der Vitrine putzen; ... lag sein Sohn ... vor der ... flimmernden S. des eingeschalteten Gerätes (Simmel, Stoff 17). **4.** (ugs. verhüll.) svw. ↑Scheiße (2): so eine S.!

²**Scheibe** [-], die; -, -n [zu ↑scheiben] (Sport Jargon): *Kegelkugel;* **scheiben** [ˈʃaibn̩] ⟨sw. V.; hat⟩ [Nebenf. von ↑schieben] (bayr., österr.): *kegeln* (1 a).

scheiben-, Scheiben- (¹Scheibe): **~artig** ⟨Adj.; o. Steig.; nicht adv.⟩; **~blüte,** die [nach dem Stand auf der scheibenförmigen Fläche des Körbchens (3)] (Bot.): *von Randblüten umgebene, in der Mitte des Körbchens stehende kleinere Blüte bei Korbblütlern;* **~bremse,** die (Kfz.-T.): *Backenbremse, bei der eine sich drehende Scheibe beim Abbremsen von zwei Bremsbacken gefaßt wird;* **~brot,** das: *in Scheiben* (2) *geschnittenes, abgepacktes Brot;* **~egge,** die: *¹Egge, die keine Zinken, sondern Scheibenräder hat;* **~entfroster,** der: svw. ↑Defroster (a, b); **~förmig** ⟨Adj.; o. Steig.; nicht adv.⟩; **~gardine,** die: *Gardine, die dicht an der ¹Scheibe* (3) *des Fensterrahmens angebracht ist;* **~hantel,** die (Gewichtheben): svw. ↑Hantel (2); **~heizanlage,** die: *Heizanlage gegen das Beschlagen od. Vereisen der Windschutz-[u. Heck]-Scheibe bei Kraftfahrzeugen;* **~honig,** der: **1.** *in Scheiben geschnittener Wabenhonig.* **2.** (ugs. verhüll.) svw. ↑Scheiße (2); **~kleister,** der (ugs. verhüll.): svw. ↑~honig (2); **~kupplung,** die (Kfz.-T.): *Kupplung, die mit Hilfe einer Kupplungsscheibe funktioniert;* **~pilz,** der: *becher- od. schüsselförmiger Schlauchpilz;* **~rad,** das: *scheibenförmiges Rad, das keine Felge u. keine Speichen hat;* **~schießen,** das; -s (Sport, Milit.): *der Übung dienendes Schießen od. Preisschießen auf eine Ziel-, Schießscheibe;* **~waschanlage,** die (Kfz.-T.): *kleine [elektrische] Wasserpumpe in einem Kraftfahrzeug, die Wasser auf die Windschutzscheibe sprüht, die dann mit Hilfe der Scheibenwischer gereinigt wird;* **~wascher,** der (Kfz.-T.): svw. ↑~waschanlage; **~weise** ⟨Adv.⟩: *in ¹Scheiben* (2); **~wischer,** der: *an der Windschutzscheibe eines Kraftfahrzeugs meist in doppelter Ausführung angebrachte Vorrichtung (in Form eines Armes 2, an dem eine schmale Schiene mit einem Gummibelag auf der unteren Seite befestigt ist), die sich bei Betätigung zur Reinigung der Scheibe automatisch hin u. her bewegt:* die S. einschalten; Handzettel unter den S. klemmen.

scheibig [ˈʃaibɪç] ⟨Adj.; o. Steig.; nicht adv.⟩ (selten): *scheibenförmig.*

Scheibtruhe, die; -, -n [zu ↑scheiben] (bayr., österr.): *Schubkarren:* sah ich ihn ... eine S. an den türkischen Gastarbeitern vorbeischieben (Innerhofer, Schattseite 190).

Scheich [ʃaiç], der; -[e]s, -s u. -e [arab. šaiḫ = Ältester]: **1. a)** *Oberhaupt eines arabischen Herrschaftsgebiets [mit dem Titel eines Königs, Prinzen o. ä.];* **b)** *Oberhaupt eines arabischen Dorfs, eines Familienverbandes o. ä.;* **c)** ⟨o. Pl.⟩ *arabischer Titel für Männer, die im gesellschaftlichen Leben eine bestimmte Stellung einnehmen* (z. B. geistliche Würdenträger, Professoren). **2.** *Hindu, der zum islamischen Glauben übergetreten ist.* **3.** (salopp) *Freund, Mann einer Frau:* sie hat einen neuen S., kommt mit ihrem S. zu der Party; **Scheichtum,** das; -s, -tümer [-ty:mɐ]: *Territorium mit einem Scheich* (1 a) *als Oberhaupt.*

Scheide [ˈʃaidə], die; -, -n [mhd. scheide, ahd. sceida; 2: nach lat. vagīna, ↑Vagina]: **1.** *schmale, längliche Hülle aus festerem Material für Waffen mit einer Klinge:* das Schwert aus der S. ziehen, in die S. stecken. **2.** (Med.) *bis zur Gebärmutter führender, röhrenförmiger, dehnbarer Teil des weiblichen Geschlechtsorgans, der beim Geschlechtsverkehr den Penis aufnimmt; Vagina.* **3.** (veraltend) *Grenze* (1 b): die S. zweier Gemarkungen; Ü (geh.:) er stand an der S. zwischen Leben und Tod.

Scheide- (scheiden): **~geld,** das ⟨o. Pl.⟩ (veraltet): svw. ↑~münze; **~kunst,** die ⟨o. Pl.⟩ (veraltet): *Chemie;* **~linie,** die: *Grenze* (1 b); **~mauer,** die (veraltet): svw. ↑Brandmauer; **~münze,** die [zu ↑scheiden (2 a)] (Geldw. veraltet): *Münze mit geringem Wert;* **~wand,** die: *Wand, die etw. voneinander trennt;* **~wasser,** das: *Salpetersäure, die zum Trennen einer Legierung aus Gold u. Silber verwendet wird;* **~weg,** der in der Wendung **am S. stehen** *(vor einer schwierigen, schwerwiegenden Entscheidung stehen).*

scheiden [ˈʃaidn̩] ⟨st. V.⟩ [mhd. scheiden, ahd. sceidan]: **1.** *jmds. Ehe durch ein Gerichtsurteil für aufgelöst erklären* ⟨hat⟩: ich bin [schuldig, unschuldig] geschieden; ihre Ehe wurde nicht sofort geschieden; ihre Eltern leben geschieden; sich [von seinem Mann, seiner Frau] s. lassen *(seine Ehe gerichtlich lösen lassen).* **2.** ⟨hat⟩ **a)** *eine Trennung zwischen Personen od. Dingen bewirken; voneinander trennen:* eine Grenze, die zwei Welten [voneinander] scheidet; ihre unterschiedliche Erziehung scheidet die beiden; Jütland scheidet die Nordsee von der Ostsee; ***geschiedene Leute sein** *(nichts mehr miteinander zu tun haben wollen);* **b)** *einen Unterschied machen, voneinander unterscheiden:* Diese Tatsache bestimmte ihre Haltung und scheidet die Christen der antiken Welt ... von denen späterer Zeit (Thieß, Reich 257); **c)** ⟨s. + sich⟩ *auseinandergehen* (5); *sich unterscheiden:* in dieser Frage scheiden sich die Meinungen, Ansichten; **d)** (bes. Hüttenw., Chemie) *eine Substanz von einer andern Substanz, von anderen Substanzen abtrennen, aussondern, reinigen o. ä.:* Metalle s.; Erz aus taubem Gestein s. **3.** ⟨ist⟩ **a)** (geh.) *(von Personen)* *auseinandergehen* (1 a): wir schieden grußlos, als Freunde, ohne Verstimmung; **b)** (meist geh.) *seinen Aufenthalt bei jmdm., an einem bestimmten Ort beenden u. [für längere Zeit, immer] weggehen, abreisen o. ä.:* wir sahen ihn mit Bedauern, ungern [von hier] s.; Ü aus dem Dienst, Amt s. *(seinen Dienst aufgeben, sein Amt niederlegen);* ⟨subst.:⟩ R Scheiden tut weh; Scheiden bringt Leiden.

Scheiden-: ~**abstrich,** der (Med.): *Abstrich (2 a) von der Scheide* (2); ~**ausfluß,** der (Med.): svw. ↑Ausfluß (3 b); ~**eingang,** der: vgl. ~öffnung; ~**entzündung,** die: *Kolpitis;* ~**flora,** die: *Gesamtheit der Milchsäurebakterien in der Scheide* (2); ~**krampf,** der: *krampfhaftes Zusammenziehen der Muskulatur der Scheide* (2); ~**muschel,** die: *weißliche od. rosafarbene, meist in Sandböden eingegrabene Muschel* (1 a) *mit langen, schmalen Schalen in Form einer Scheide* (1); ~**öffnung,** die: *von den kleinen Schamlippen umschlossene Öffnung der Scheide* (2); ~**spekulum,** das (Med.): *Spekulum, mit dem die Scheide* (2) *untersucht wird; Mutterspiegel;* ~**spiegel,** der: svw. ↑~spekulum; ~**vorfall,** der (Med.): *Verlagerung der Scheide* (2) *nach unten.*

Scheiding [ˈʃaidɪŋ], der; -s, -e ⟨Pl. ungebr.⟩ [eigtl. = der Sommer u. Herbst Scheidende] (veraltet): *September;*

Scheidung [ˈʃaidʊŋ], die; -, -en [mhd. scheidunge]: **1.** *Ehescheidung:* die S. einreichen, aussprechen; jmds. S. betreiben; in eine S. einwilligen; in S. leben, liegen. **2.** *das Scheiden* (2): die begriffliche S. von Neonazismus und Neofaschismus.

Scheidungs-: ~**anwalt,** der: *Rechtsanwalt, der auf Ehescheidungen spezialisiert ist;* ~**begehren,** das (geh.): svw. ↑~klage; ~**gesuch,** das (geh.): svw. ↑~klage; ~**grund,** der: *Anlaß der Scheidung* (1); ~**klage,** die: *Antrag auf Ehescheidung:* der S. stattgeben; ~**prozeß,** der; ~**richter,** der: vgl. ~anwalt; ~**termin,** der: *Termin für den Scheidungsprozeß;* ~**urteil,** das: *Urteil über die Bedingungen der Scheidung* (1); ~**waise,** die: *Kind, dessen Eltern geschieden sind.*

Scheik [ʃaik], der; -[e]s, -s u. -e: svw. ↑Scheich (1).

Schein [ʃain], der; -[e]s, -e [mhd. schīn, ahd. scīn; 3: eigtl. = beweisende (=sichtbare) Urkunde]: **1.** ⟨Pl. ungebr.⟩ **a)** *Erscheinung, die von einer Lichtquelle, einem Leuchtkörper od. von etw. Blankem ausgeht, ausstrahlt u. einen mehr od. weniger großen Umkreis erhellt; bes. Lichtschein:* der flackernde S. einer Kerze; der fahle, silberne S. des Mondes; der warme, matte, milde S. einer Lampe; der grelle S. der Neonröhre störte ihn; der rote S. des brennenden Hauses erhellte den Hof; der S. der Straßenlaterne lag bleich auf der Zimmerdecke; der S. der Taschenlampe fiel ins Zimmer; im S. der sinkenden Sonne stehen; **b)** *Hauch* (3 b): ihr Gesicht wurde einen S. freundlicher; wieder erglomm ein zarter S. von Farbe auf seinen fahlen Wangen (Th. Mann, Krull 153). **2.** ⟨o. Pl.⟩ **a)** *äußeres Ansehen, Aussehen, äußeres Bild von etw.; Anschein:* der S. ist, spricht gegen ihn; wenigstens den äußeren S. aufrechterhalten, bestehen lassen, retten; den S. der Legalität, Demokratie wahren; Frau Wirsich, die sich heute mit dem S. von feinerem Weltgebaren umgeben hatte (R. Walser, Gehülfe 24); R der S. trügt; ***zum S.** *(in irreführender Absicht);* **b)** *etw., was in Wirklichkeit nicht so ist, wie es sich äußerlich darstellt:* das ist alles leerer, bloßer S. **3.** *Bescheinigung* (2): der S. ist abgelaufen, verfallen; einen S. unterschreiben. **4.** kurz für ↑Geldschein: wortlos blätterte der Mann die -e auf den Tisch.

schein-, Schein-: ~**angriff,** der: *Angriff, der [zur Irreführung des Gegners] nur vorgetäuscht wird;* ~**architektur,** die (Archit.): *perspektivisch gemalte Architektur an Decken u. Wänden;* ~**argument,** das: *nur zum Zweck der Rechtfertigung von etw. vorgebrachtes Argument, das aber nicht stichhaltig ist;* ~**beschäftigung,** die: *[berufliche] Tätigkeit, die nur vorgetäuscht wird;* ~**bewegung,** die: *optische Täuschung, die darin besteht, daß sich etw., was sich nicht bewegt, zu bewegen scheint;* ~**beweis,** der: vgl. ~argument; ~**blüte,** die: **1.** (Bot.) *aus dichtgedrängten Blüten bestehender Blütenstand, der wie eine einzelne Blüte aussieht.* **2.** *scheinbarer [wirtschaftlicher] Aufschwung;* ~**dasein,** das: svw. ↑~existenz; ~**dolde,** die: svw. ↑~blüte (1); *Trugdolde;* ~**ehe,** die: *Ehe, die nur beim Standesamt registriert ist, aber nicht wirklich geführt wird;* ~**existenz,** die: **1.** *nur scheinbare, vorgegebene Existenz von etw.* **2.** (bildungsspr.) **a)** *sinnloses Leben;* **b)** *jmd., der ein sinnloses Leben führt;* ~**firma,** die: *Firma, die nur im Handelsregister eingetragen ist, aber nicht wirklich existiert;* ~**frage,** die: *sinnlose, überflüssige Frage;* ~**friede,** der: vgl. ~angriff; ~**frucht,** die: vgl. ~blüte (1); ~**füßchen,** das (Biol.): *vorübergehende Bildung eines Fortsatzes aus Plasma bei Einzellern;* ~**gefecht,** das: vgl. ~angriff; ~**geschäft,** das: *Geschäft* (1 a), *das nur vorgetäuscht wird;* ~**gesellschaft,** die: vgl. ~firma, dazu: ~**gesellschafter,** der; ~**gewinn,** der (Wirtsch.): *Differenz zwischen den Anschaffungskosten von etw. und den [durch Preissteigerungen bewirkten] höheren Reproduktionskosten* (Ggs.: ~verlust): die Ausschüttung von -en vermeiden; ~**grund,** der: vgl. ~argument; ~**heilig** ⟨Adj.⟩ (ugs. abwertend): *Aufrichtigkeit, Nichtwissen od. Freundlichkeit vortäuschend; heuchlerisch:* ein -er Bursche; ein -es Gesicht machen; tu jetzt bloß nicht so s.!; er erkundigte sich s. nach seinem Befinden, dazu: ~**heiligkeit,** die (ugs. abwertend): *scheinheiliges Wesen, scheinheiliges Verhalten;* ~**kauf,** der: vgl. ~geschäft; ~**lösung,** die: *Lösung, die in Wirklichkeit keine ist;* ~**manöver,** das: vgl. ~angriff; ~**opposition,** die: vgl. ~lösung; ~**problem,** das: vgl. ~lösung; ~**schwangerschaft,** die (Med.): *nur eingebildete Schwangerschaft, die aber Symptome wie bei einer Schwangerschaft erzeugt;* ~**sieg,** der: **a)** vgl. ~lösung; **b)** *zu teuer erkaufter Sieg; Pyrrhussieg;* ~**tod,** der (Med.): *todesähnlicher Zustand, in dem keine sichtbaren Lebenszeichen mehr zu erkennen sind;* ~**tot** ⟨Adj.; o. Steig.; nicht adv.⟩: **a)** (Med.) *ohne sichtbare Lebenszeichen; scheinbar tot:* die Wiederbelebung -er Neugeborener; **b)** (salopp) *(vom Standpunkt des Sprechers) ziemlich alt:* die ist ja schon s.; ⟨subst.:⟩ ~**tote,** der u. die; ~**verlust,** der (Wirtsch.): *Differenz zwischen den Anschaffungskosten von etw. und den [durch Preissenkungen bewirkten] niedrigeren Reproduktionskosten* (Ggs.: ~gewinn); ~**vertrag,** der: vgl. ~geschäft; ~**welt,** die: *nur in Gedanken existierende Welt, Vorstellung vom Leben, der Gesellschaft, die der Wirklichkeit nicht entspricht:* in einer S. leben; ~**werfer,** der [zu ↑Schein (1 a)]: *Lampe mit einem sehr hellen u. weitreichenden kegelförmigen Lichtstrahl:* grelle, starke S.; die S. auf-, abblenden; die S. aufflammen, aufblitzen lassen; in den Kegel des -s geraten; das Gebäude wird von -n angestrahlt; Ü Mensch, hat das Mädchen ein paar S. *(strahlende Augen)*, dazu: ~**werferkegel,** der: *kegelförmiger Lichtstrahl eines Scheinwerfers,* ~**werferlicht,** das: die Autos fuhren schon mit S.; ***im S. [der Öffentlichkeit] stehen** (↑Rampenlicht a); ~**widerstand,** der: vgl. ~angriff.

scheinbar [ˈʃainba:ɐ̯] ⟨Adj.; o. Steig.⟩ [mhd. schīnbære, ahd. scīnbāre = leuchtend, sichtbar]: **1.** *nur dem äußeren Eindruck nach, aber nicht in Wirklichkeit:* mit -er Ruhe, Gelassenheit, Begeisterung reagieren; das ist nur ein -er Widerspruch; sie waren nur s. unabhängig, mächtig; die Zeit stand s. still; sie verließen nur s. einträchtig das Lokal; vgl. aber: anscheinend. **2.** (ugs.) svw. ↑anscheinend;

scheinen [ˈʃainən] ⟨st. V.; hat; landsch. auch: sw. V.; hat⟩ [mhd. schīnen, ahd. scīnan]: **1. a)** *(bes. von natürlichen Lichtquellen) anhaltend Helligkeit ausstrahlen, Licht leuchten lassen:* die Sonne scheint [heute ungewöhnlich warm]; die Sterne schienen die ganze Nacht; die Sonne, Lampe schien mir ins Gesicht; der Mond schien [hell] durch das Oberlicht; **b)** *glänzen* (a): das Blech schien in der Sonne. **2.** *den Eindruck erwecken, so aussehen, als ob es so sei:* ⟨in Verbindung mit „zu" u. einem Infinitiv:⟩ er scheint arm, geizig, glücklich, abweisend zu sein; ihr Gesicht schien schmaler geworden [zu sein]; sie schienen es zufrieden zu sein (ugs.; *sie schienen damit zufrieden zu sein*); er schien diesen Wandel nicht zu merken; ihnen schien mein Besuch eine Abwechslung zu bedeuten; ⟨unpers., in Verbindung mit „daß":⟩ es scheint, daß es nicht nur um einfache Differenzen geht; mir, uns scheint [es], mir, uns will [es] scheinen, daß besondere Gründe für diplomatische Beziehungen sprechen.

Scheiß [ʃais], der; - (salopp abwertend): *etw., womit man nicht einverstanden ist, was man ablehnt od. für belanglos hält:* was soll der S.?; viel S. reden; mach keinen S.!;

[1]scheiß-, Scheiß-: präfixoides Best. in Zus. mit Subst. u. Adj., das auf derb emotionale Weise Abneigung, Ärger o. ä. ausdrückt; z. B. Scheißarbeit, -beruf, -bleistift, -modern.

[2]scheiß-, Scheiß-: ~**dreck,** der (salopp abwertend): **1.** svw. ↑Kot (1). **2.** (emotional verstärkend) svw. ↑Dreck (2, 3); ~**egal** ⟨Adj.; o. Steig.; nur präd.⟩ (salopp): *völlig egal* (I 2): das ist mir doch s.; ~**eimer,** der (derb): *Kübel* (b); ~**freundlich** ⟨Adj.; o. Steig.⟩ (salopp abwertend): *in unangenehmer Weise übertrieben u. unecht freundlich;* ~**haufen,**

der (derb): svw. ↑Kot (1); ~**haus,** das (derb): svw. ↑Abort, dazu: ~**hausparole,** die (derb): *übles Gerücht:* das sind doch -n!; ~**kerl,** der (derbes Schimpfwort): svw. ↑Dreckskerl; ~**kram,** der (salopp abwertend): vgl. ~dreck (2); ~**liberal** ⟨Adj.; o. Steig.⟩ (salopp abwertend): *sich nicht eindeutig festlegend, nach allen Seiten offen;* ⟨subst.:⟩ ~**liberale,** der u. die (salopp abwertend); ~**vornehm** ⟨Adj.; o. Steig.⟩ (salopp abwertend): *betont vornehm:* das Hotel ist ein -er Laden.

Scheiße ['ʃaisə], die; - [mhd. schīʒe] (derb): **1.** svw. ↑Kot (1): ein Haufen S.; in S. treten; es roch penetrant nach S.; Ü mir steht die S. bis zum Hals *(ich befinde mich in einer ziemlich ausweglosen Situation);* ***jmdn. aus der S. ziehen** (↑Dreck 1); **aus der [größten] S. [heraus]sein** (↑Dreck 1); **jmdn., etw. durch die S. ziehen** *(übel, verleumderisch über jmdn., etw. reden);* **in der S. sitzen/stecken** (↑Dreck 1); **jmdn., etw. mit S. bewerfen** (↑Dreck 1). **2.** (abwertend) *etw., was als schlecht usw. empfunden, angesehen wird:* alles, was du bisher geliefert hast, war S.; der Film ist große S.; überall auf dieser Welt, wo S. gebaut wird, haben die Yankees ihre dreckigen ... Finger drinstekken (Spiegel 46, 1975, 7); (in Flüchen o. ä.:) S.!; so eine S.!; S., verfluchte, verdammte!; du [liebe] S.!; Schöne S., sagte der Bildhauer (Kuby, Sieg 21); Ich hätte laut S. brüllen können (Plenzdorf, Leiden 75); **scheißen** ['ʃaisn̩] ⟨st. V.; hat⟩ [mhd. schīʒen, ahd. scīʒan, eigtl. = (aus)scheiden] (derb): **1. a)** *den Darm entleeren:* s. müssen, gehen; vor Angst in die Hosen s.; R dir hat man [wohl] ins Gehirn geschissen [u. vergessen umzurühren] *(du bist nicht ganz bei Verstand);* **b)** *eine Darmblähung entweichen lassen:* ungeniert, wie ein Waldesel *(mehrmals u. laut)* s. **2.** *jmdn., etw. geringschätzen; auf jmdn., etw. gleichgültig od. mit Verachtung verzichten:* er scheißt auf alle Etikette; „Wir scheißen auf den Präsidenten", schrie er (Spiegel 42, 1975, 180); scheiß drauf! *(ist doch völlig gleichgültig!);* **jmdm. [et]was s.** *(keineswegs geneigt sein, jmds. Wunsch zu erfüllen);* **geschissen gut** (landsch.; *für den beabsichtigten Zweck gerade gut genug).* **Scheißer,** der; -s, -: **1.** (derbes Schimpfwort) svw. ↑Dreckskerl: Inge ... schrie sofort los, Spione, S. (Degenhardt, Zündschnüre 10). **2.** (derb abwertend) *jmd., der gering geschätzt, nicht beachtet wird, der nichts darstellt:* wenn du so weitermachst, bist du nichts als ein lebenslanger kleiner S. (Augsburger Allgemeine 7. 5. 78, II); Sie werden ... jedes Zugeständnis ... als Rückzugsgefecht liberaler S. verachten (MM 13. 10. 70, 6); **Scheißerei** [ʃaisə'rai], die; - (derb): **a)** *Darmentleerung;* **b)** *Durchfall:* gewaltig die S. haben; **Scheißeritis** [ʃaisə'ri:tɪs], die; - (salopp): svw. ↑Scheißerei (b).

Scheit [ʃait], das; -[e]s, -e u. (österr. u. schweiz.) -er [mhd. schīt, ahd. scīt] (südd., österr., schweiz.): *Holzscheit:* ein glimmendes, verkohltes S.; ein paar -e auf-, nachlegen, im Kamin aufschichten; die -e prasseln.

scheit-, Scheit-: ~**holz,** das: *der Länge nach gespaltenes [Brenn]holz;* ~**recht** ⟨Adj.; o. Steig.⟩ (Bauw.): *geradlinig u. waagerecht;* ~**stock,** der (schweiz.): *Hackklotz.*

Scheitel ['ʃaitl̩], der; -s, - [mhd. scheitel(e) = oberste Kopfstelle; Haarscheitel, ahd. sceitila = Kopfwirbel]: **1. a)** *Linie, die das Kopfhaar in eine rechte u. linke Hälfte teilt:* ein gerader, scharfer S.; der S. ist schief; einen S. ziehen; sie trägt den S. rechts, links, in der Mitte; sich den S. mit dem Schwamm ziehen können (ugs. scherzh.; *eine Glatze haben*); **b)** *(von Menschen u. bestimmten Tieren) oberste Stelle des Kopfes:* genau auf dem S. hatte er einen Wirbel; ***vom S. bis zur Sohle** *(von Kopf bis Fuß,* ↑Kopf 1): er ist ein Gentleman vom S. bis zur Sohle; **c)** (dichter.) *[Haupt]haar:* Das ... farblose Exterieur Herrn von Hüons mit seinem spärlichen S. (Th. Mann, Krull 375). **2. a)** *oberste Stelle, höchster Punkt von etw.:* wird der S. der ... Hochwasserwelle ... in der Nacht ... Mannheim erreichen (MM 27. 6. 73, 15); der S. eines Gewölbes; im S. des Torbogens ist ein Relief angebracht; **b)** (Astron.) svw. ↑Zenit. **3.** (Math.) **a)** *Schnittpunkt der Schenkel eines Winkels;* **b)** *Schnittpunkt einer Kurve mit der Symmetrieachse.*

scheitel-, Scheitel-: ~**abstand,** der (Astron.): *Abstand eines Gestirns vom Zenit;* ~**auge,** das (Zool.): svw. ↑Pinealauge; ~**bein,** das: *(bei Menschen u. Wirbeltieren) paariger Knochen des Schädeldachs, der beim Menschen die Seitenwände des Schädels bildet;* ~**höhe,** die: **a)** *höchste Stelle einer Erhebung, eines Berges;* **b)** *höchster Punkt der Flugbahn eines Geschosses;* ~**kamm,** der: *(bes. bei Menschenaffen) Knochen in Form einer Leiste, der längs über die Mitte des Schädels verläuft;* ~**käppchen,** das: *kleine, runde, flache Kopfbedeckung, die bes. von [kath.] Geistlichen getragen wird;* ~**kreis,** der: **1.** (Astron.) *Kreis, der durch Zenit u. Nadir geht.* **2.** (Math.) *Kreis um den Mittelpunkt einer Ellipse od. Hyperbel mit dem Radius der großen Halbachse;* ~**los** ⟨Adj.; o. Steig.; nicht adv.⟩: *ohne Scheitel* (1 a); ~**naht,** die: svw. ↑Kranznaht; ~**organ,** das: svw. ↑Pinealorgan; ~**punkt,** der: svw. ↑Scheitel (2, 3); ~**recht** ⟨Adj.; o. Steig.; nicht adv.⟩ (veraltend): *senkrecht;* ~**wert,** der (Math., Physik): svw. ↑Amplitude; ~**winkel,** der (Math.): *Winkel, der einem anderen, gleich großen Winkel an zwei sich schneidenden Geraden gegenüberliegt;* ~**zelle,** die (Biol.): *(bei niederen Pflanzen) teilungsfähige Zelle an der Spitze des Vegetationspunktes.*

scheiteln ['ʃaitl̩n] ⟨sw. V.; hat⟩ [mhd. scheiteln, ahd. (zi)sceitilōn]: *einen Scheitel* (1) *ziehen:* du mußt das Haar anders s.; sie hatte das Haar in der Mitte gescheitelt.

scheiten ['ʃaitn̩] ⟨sw. V.; hat⟩ [zu ↑Scheit] (schweiz.): *Holz spalten;* **Scheiterhaufen,** der; -s, -: **1.** *Holzstoß, auf dem [im Mittelalter] zum Tode Verurteilte, bes. Hexen* (2), *öffentlich verbrannt wurden:* einen S. errichten; jmdn. auf den S. bringen; sie starben auf dem S. **2.** (südd.) *Süßspeise aus geschnittenen Brötchen, Milch, Eiern, Zucker u. Rosinen;* **scheitern** ['ʃaitɐn] ⟨sw. V.; ist⟩ [zu ↑Scheit, eigtl. = in Stücke (Scheite) gehen]: **1. a)** *[auf Grund von bestimmten Umständen] ein angestrebtes Ziel o. ä. nicht erreichen, es erfolglos aufgeben müssen:* sie ist [im Leben] gescheitert; er ist [mit seinen Plänen] gescheitert; die deutsche Mannschaft scheiterte an Italien mit 3:4; **b)** *mißlingen, mißglükken, fehlschlagen:* alle Bemühungen scheiterten [am Widerstand einzelner, an den Verhältnissen]; die Verhandlungen erneut s. lassen, für gescheitert erklären; das Experiment, ihr Werk war gescheitert; ihre Ehe ist gescheitert; eine gescheiterte Existenz *(ein Mensch, der es im Leben zu nichts gebracht hat)* sein; ⟨subst.:⟩ die Revolte war zum S. verurteilt *(mußte zwangsläufig mißlingen).* **2.** (veraltend) *zerschellen, stranden:* das Schiff ist [an den Felsen, auf einem Riff] gescheitert.

Schelch [ʃɛlç], der od. das; -[e]s, -e [spätmhd. schelch, wohl zu ↑schalten] ([west]md.): *größerer Kahn.*

Schelf [ʃɛlf], der od. das; -s, -e [engl. shelf] (Geogr.): svw. ↑Festland[s]sockel.

Schelfe ['ʃɛlfə], Schilfe, die; -, -n [spätmhd. schelve, schilf, ahd. scel(i)va] (landsch.): [1]*Schote; Schale* (1 a).

schelf[e]rig ['ʃɛlf(ə)rɪç] ⟨Adj.; nicht adv.⟩ (landsch.): svw. ↑schilf[e]rig; **schelfern** ['ʃɛlfɐn] ⟨sw. V.; hat⟩ [landsch. Nebenf. von: schelfen = (ab)schälen, zu ↑Schelfe] (landsch.): svw. ↑schilfern: Die Farbe ... schelferte (Richartz, Büroroman 127).

Schelfmeer, das; -[e]s, -e: *Meeresteile über dem Schelf.*

Schellack ['ʃɛlak], der; -s, -e [niederl. schellak, zu älter schel = Schuppe, (Fisch)haut, nach dem Aussehen]: *von Schildläusen abgesondertes Harz, das zur Herstellung bes. von Lacken, Kunststoffen verwendet wird; Gummilack.*

Schelladler ['ʃɛl-], der; -s, - [zu ↑schellen, nach dem hellen Laut des Vogels]: *in den gemäßigten Regionen Eurasiens heimischer, meist auf hohen Bäumen nistender, kleinerer dunkelbrauner Adler.*

[1]**Schelle** ['ʃɛlə], die; -, -n [frühnhd., mhd. nicht belegt, ahd. in: fuoʒscal = Fußfessel, wohl zu ↑Schale]: **1.** *ringförmige Klammer, Bügel zum Befestigen od. Abdichten von Rohren:* eine Rohrleitung mit -n verschrauben. **2.** ⟨Pl.⟩ (veraltet) *Handschellen.*

[2]**Schelle** [-], die; -, -n [mhd. schelle, ahd. scella = Glöckchen; 3: nach den Symbolen auf den Karten; vgl. Schilten]: **1. a)** *kleines, kugelförmiges, mit einem Schlitz versehenes Glöckchen, in dem sich innen ein Kügelchen aus Metall befindet u. das sehr hell klingt:* die -n an der Narrenkappe klingeln; **b)** (landsch.) *kleine Glocke:* Friedchen Bohr ... schüttelte seine S. (Degenhardt, Zündschnüre 194). **2.** (landsch.) *[elektrische] Klingel* (z. B. an der Tür): unsere S. geht nicht, ist kaputt; die S. läuten. **3.** ⟨Pl.⟩ *Farbe im deutschen Kartenspiel, die dem Karo* (2) *entspricht.*

[3]**Schelle** [-], die; -, -n [gek. aus Maulschelle, zu frühnhd. schellen = schallen] (landsch.): *Ohrfeige.*

schellen ['ʃɛlən] ⟨sw. V.; hat⟩ [zu ↑[2]Schelle] (landsch.): **1.** svw. ↑klingeln (a): das Telefon schellt; die Glöckchen am Zaumzeug schellten *(bimmelten, läuteten);* ⟨unpers.:⟩ an der Haustür schellt es; mach auf, es hat geschellt! **2.** svw.

↑klingeln (b): an der Wohnungstür dreimal s.; mit einer Glocke s.; man hörte den Lumpensammler an der Ecke s. *(bimmeln, läuten)*. **3.** svw. ↑klingeln (c): er schellte nach dem Diener.

Schellen, das; -, - ⟨meist o. Art.⟩: svw. ↑²Schelle (3).

¹**Schellen-** (²Schelle): **~baum,** der: *vor allem in Militärkapellen verwendetes Musikinstrument, das aus einer langen Stange zum Tragen u. mehreren daran befestigten, waagerecht verlaufenden Stangen, an denen Glöckchen hängen, besteht;* **~geklingel,** das; **~geläut[e],** das; **~kappe,** die: svw. ↑Narrenkappe (a); **~klang,** der; **~knopf,** der (landsch.): svw. ↑Klingelknopf; **~kranz,** der: *Musikinstrument, das aus einem Holzreifen mit Schlitzen, in denen an Metallstiften ringförmige Metallscheibchen lose angebracht sind, besteht u. das durch rhythmisches Schlagen od. Schütteln zum Tönen gebracht wird;* **~schlitten,** der: *Pferdeschlitten, an dem ²Schellen (1 a) angebracht sind;* **~trommel,** die: *einem Schellenkranz ähnelndes Musikinstrument, das zusätzlich mit einem Fell zum Trommeln bespannt ist.*

²**Schellen-** (Schellen): **~acht** [auch: --'-], die; **~as** [auch: --'-], das; **~daus** [auch: --'-], das; **~könig** [auch: --'--], der; **~ober** [auch: --'--], der; **~unter** [auch: --'--], der.

Schellfisch ['ʃɛl-], der; -[e]s, -e [aus dem Niederd. < mniederd. schellevisch, zu: schelle = Schale, nach dem in Schichten auseinanderfallenden Fleisch]: *Dorsch* (b).

Schellhammer ['ʃɛl-], der; -s, ...hämmer [zu ↑²Schelle; im Ggs. zur Glocke wird die Schelle geschmiedet]: *Hammer zur Herstellung von ²Nieten.*

Schellhengst ['ʃɛl-], der; -[e]s, -e: svw. ↑Schälhengst.

Schellkraut ['ʃɛl-], das; -[e]s: svw. ↑Schöllkraut; **Schellwurz** ['ʃɛl-], die; -: svw. ↑Schöllkraut.

Schelm [ʃɛlm], der; -[e]s, -e [mhd. schelm(e), schalm(e) = Pest, Seuche; Leichnam (auch Schimpfwort), ahd. scalmo = Pest, Seuche; H. u.]: **1.** *jmd., der gern anderen Streiche spielt, schelmischer* (1) *Mensch, bes. Kind; Schalk:* ***jmdm. sitzt der S. im Nacken/jmd. hat den S. im Nacken** (seltener; ↑Schalk). **2.** (veraltet) *unehrlicher, durchtriebener Mensch; Gauner:* Spr nur ein S. gibt mehr, als er hat *(in fragwürdiger Weise leichtfertig handelt der, der über seine Verhältnisse großzügig ist)*.

Schelmen-: **~geschichte,** die: vgl. ~roman; **~gesicht,** das; **~roman,** der (Literaturw.): *Roman (bes. des 16. u. 17. Jh.s), dessen Held sich als Umhergetriebener niederer Abkunft mit allen Mitteln, Listen u. Schlichen durchs Leben schlägt u. dabei mit allen Schichten der Gesellschaft, die aus seiner Sicht in desillusionierter Weise geschildert werden, in Berührung kommt; pikarischer Roman;* **~streich,** der: **1.** *Streich, mit dem jmd. überlistet wird.* **2.** (veraltet) *Gaunerei, Betrug;* **~stück,** das: svw. ↑~streich.

Schelmerei [ʃɛlmə'rai̯], die; -, -en: **1. a)** svw. ↑Schelmenstreich (1); **b)** ⟨o. Pl.⟩ *zu Neckereien aufgelegtes Wesen:* Sie lachte ihn an, voll unschuldiger S. (Seidel, Sterne 77). **2.** (veraltet) svw. ↑Schelmenstreich (2): die Härte der Strafe beweist einen außerordentlichen Grad von S. (Th. Mann, Joseph 608); **Schelmin,** die; -, -nen: w. Form zu ↑Schelm; **schelmisch** ['ʃɛlmɪʃ] ⟨Adj.⟩: **1.** *in der Art eines Schelms, wie ein Schelm* (1); *schalkhaft:* s. lächeln; jmdn. s. ansehen. **2.** (veraltet) *in der Art eines Schelms* (2); *betrügerisch, verschlagen.*

Schelt- (schelten): **~name,** der (veraltend): *als Name verwendetes Scheltwort;* **~rede,** die (geh.): *längere [laute] Äußerung, mit der man jmdn. schilt;* **~wort,** das ⟨Pl. -e⟩ (geh.): *Schimpfwort.*

Schelte ['ʃɛltə], die; -, -n ⟨Pl. selten⟩ [mhd. schelte, ahd. scelta = Tadel, strafendes Wort] (geh.): *durch [laute] strafende Worte geäußerter scharfer Tadel:* S. bekommen; sei pünktlich, sonst gibt es S.!; **schelten** ['ʃɛltn̩] ⟨st. V.; hat⟩ [mhd. schelten, schelden, ahd. sceltan = tadeln, schmähen]: **1.** (geh., oft auch landsch.) **a)** svw. ↑schimpfen (1 a): er schalt, weil ihm niemand half; er hat auf ihn gescholten; er schalt über sie, ihre Unpünktlichkeit; **b)** svw. ↑schimpfen (1 b): die Mutter schilt mit dem Kind, schalt das Kind heftig; Ü ich kann Ihren ... Gedanken nicht s. (Th. Mann, Krull 183). **2.** (geh.) *herabsetzend heißen, nennen, als etw. hinstellen:* er schalt ihn einen Narren; er hat ihn unehrlich, dumm gescholten.

Scheltopusik [ʃɛlto'pu:zɪk], der; -s, -e [russ. scheltopusik, eigtl. = der Gelbbäuchige]: *in Südosteuropa u. Vorderasien heimische, große braune bis kupferfarbene Schleiche.*

Schema ['ʃe:ma, österr. veraltend auch: 'sçe:ma], das; -s, -s u. -ta, auch: ...men [lat. schēma < griech. schēma = Haltung, Stellung; Gestalt, Figur, Form]: **1.** *die wesentlichen Züge berücksichtigendes Konzept* (1), *das man [in Gedanken] von einem Sachverhalt hat u. nach dem man sich bei der Beurteilung od. Ausführung von etw. richtet:* ein festes, starres, einfaches S.; ein S. aufstellen; einem S. folgen; sich [streng] an ein vorgegebenes S. halten; nach diesem S. sollen alle anderen Artikel geschrieben werden; diese Idee paßt in kein S., läßt sich in kein S. pressen *(entspricht nicht den üblichen Maßstäben);* ***nach S. F** (abwertend; *gedankenlos u. routinemäßig, ohne das Besondere des Einzelfalls zu bedenken;* nach den beim preuß. Heer mit einem F gekennzeichneten, nach einem bestimmten Muster aufzusetzenden Frontrapporten). **2.** *die wesentlichen Merkmale von etw. wiedergebende, bei der Ausführung, Herstellung von etw. als Vorlage dienende graphische Darstellung:* das S. einer elektrischen Schaltung aufzeichnen; etw. durch ein S. veranschaulichen; ⟨Zus.:⟩ **Schemabrief,** der (Bürow.): *Brief mit festgelegtem Text für wiederholt im Briefwechsel auftretende Situationen;* **Schemata:** Pl. von ↑Schema; **schematisch** [ʃe'ma:tɪʃ, österr. veraltend auch: sçe'ma:tɪʃ] ⟨Adj.⟩: **1.** *einem Schema entsprechend, folgend:* eine -e Darstellung, Zeichnung; etw. s. abbilden; die Tabelle zeigt s. die wirtschaftliche Entwicklung. **2.** (meist abwertend) *routinemäßig, mechanisch* (4 b) *u. ohne eigene Überlegung:* eine -e Arbeit, Tätigkeit; er führte die Anweisung rein s. aus; etw. s. betrachten; **schematisieren** [ʃemati'zi:rən, österr. veraltend auch: sçema...] ⟨sw. V.; hat⟩: **1.** *einen Sachverhalt einem Schema* (1, 2) *gemäß darstellen, behandeln:* einen komplizierten Sachverhalt in wenigen Thesen s. **2.** (meist abwertend) *etw. [zu stark] vereinfachen:* so stark können die Dinge nicht schematisiert werden; ⟨Abl.:⟩ **Schematisierung,** die; -, -en; **Schematismus** [ʃema'tɪsmʊs, österr. veraltend auch: sçema...], der; -, ...men (bildungsspr. abwertend): **1. a)** ⟨o. Pl.⟩ *gedankenlos, mechanisch* (4 a) *an einem Schema* (1) *orientiertes Denken u. Handeln:* mit reinem S. sind diese Probleme nicht zu lösen; **b)** *schematische* (2) *Handlung o. ä.* **2. a)** (österr.) *Rangliste für öffentliche Bedienstete;* **b)** (kath. Kirche) *statistisches Handbuch von Diözesen od. Orden.*

Schembart ['ʃɛm-], der; -[e]s, ...bärte [mhd. schem(e)bart, zu: schem(e), ↑Schemen]: *Maske mit Bart;* ⟨Zus.:⟩ **Schembartlaufen,** das: *(im späten MA.) Fastnachtsumzug, bei dem Schembärte getragen wurden.*

Schemel ['ʃe:ml̩], der; -s, - [mhd. schemel, ahd. (fuoʒ)scamil < spätlat. scamillus, Vkl. von lat. scamnus = ¹Bank (1)]: **a)** *Hocker* (1): ein zierlicher, wackeliger, dreibeiniger S.; sie saß in der Küche auf einem S.; **b)** (südd.) *Fußbank.*

¹**Schemen:** Pl. von ↑Schema.

²**Schemen** ['ʃe:mən], der, auch: das; -s, - [mhd. schem(e) = Schatten(bild), zu ↑scheinen]: *etw., was nur in schwachen Umrissen, nicht deutlich zu erkennen ist:* ... glichen sie (= die Männer) ... durch den Dunst ziehenden S. (Plievier, Stalingrad 8); Ü sie (= die Partei) ist marxistischen S. nachgejagt (Augstein, Spiegelungen 26); **schemenhaft** ⟨Adj.; -er, -este⟩ (geh.): *nur undeutlich, verschwommen zu erkennen; schattenhaft; wie ein ²Schemen:* im Nebel sah er die Häuser nur s.

Schenk [ʃɛŋk], der; -en, -en [mhd. schenke, ahd. scenco, zu ↑schenken (5)]: **a)** *Mundschenk;* **b)** (veraltet) *Schankwirt.*

Schenk-: seltener für ↑Schank-.

Schenke ['ʃɛŋkə], die; -, -n [(spät)mhd. schenke = Schenke; Gabe, Geschenk, zu ↑schenken (5)]: *[kleinere] Schankwirtschaft,* ¹*Ausschank* (2 a): was der Wirt dieser schlichten S. für wenig Geld auffahren ließ, war vortrefflich (Bamm, Weltlaterne 89).

Schenkel ['ʃɛŋkl̩], der; -s, - [mhd. schenkel, eigtl. = Bein; 2: LÜ von lat. crūs (angulī)]: **1.** *Teil des Beines zwischen Hüfte u. Knie; Oberschenkel:* stramme, kräftige, muskulöse, dicke, dünne, magere, sehnige S.; dem Pferd die S. geben (Reiten; *es durch den Druck der Schenkel antreiben*); sich lachend auf die S. schlagen; mit gespreizten -n. **2.** (Math.) *eine der beiden Geraden, die einen Winkel bilden:* die beiden S. des Winkels sind gleich lang. **3.** *einer der beiden von einem gemeinsamen Ansatzpunkt ausgehenden Teile eines Geräts* (z. B. einer Schere, Zange usw.).

Schenkel-: **~beuge,** die (Anat.); **~bruch,** der; **~druck,** der (Reiten): svw. ↑~hilfe; **~hals,** der (Anat.): svw. ↑Oberschenkelhals; **~halsbruch,** der, **~halsfraktur,** die (Med.); **~hilfe,** die (Reiten): *zur Lenkung mit den Schenkeln auf die Flanken des Pferdes ausgeübter Druck;* **~knochen,** der: *Knochen* *des Ober- od. Unterschenkels;* **~kopf,** der (Anat.): svw. ↑Oberschenkelkopf; **~weichen,** das; -s (Reiten): *Übung, bei der das Pferd sich vorwärts u. seitwärts zugleich bewegt.*

schenken ['ʃɛŋkn̩] ⟨sw. V.; hat⟩ [mhd. schenken, ahd. scenken; urspr. zu trinken geben, eigtl. = schief halten (von einem Gefäß, aus dem eingeschenkt wird)]: **1.** *jmdm. etw. (aus seinem Besitz od. was man für diesen Zweck gekauft hat) geben, als Gabe überreichen, als Geschenk zuteil werden lassen [um ihm eine Freude zu machen]:* jmdm. Blumen, Schokolade, Geld s.; jmdm. etw. als Andenken, zum Geburtstag, zu Weihnachten s.; die Eltern schenkten dem Sohn zum Examen eine Reise; sie schenken sich/(geh.:) einander immer etwas zum Geburtstag; den Rest des Geldes schenke ich dir *(du darfst ihn behalten);* Wer wird dem Staat was s.? (*wird das, was einem zusteht, nicht in Anspruch nehmen?;* Gaiser, Schlußball 45); ⟨ohne Dativobj.:⟩ sie hatten sich vorgenommen, etwas/nichts zu s. *(ein/kein Geschenk zu machen);* ⟨ohne Dativ- u. Akkusativobjekt:⟩ sie schenkt gerne *(ist sehr gebefreudig);* [für etw., von jmdm.] etw. geschenkt bekommen/kriegen; er möchte nichts geschenkt haben *(möchte nicht, daß man ihm etwas schenkt);* sie nimmt nichts geschenkt *(möchte nichts umsonst haben);* etw. ist [fast, halb] geschenkt (ugs.; *ist sehr billig*); möchte ich nicht [einmal] geschenkt haben, das wäre mir geschenkt zu teuer (abwertend; *das gefällt mir nicht, ist so beschaffen, daß ich es nicht einmal umsonst haben möchte*); sie trägt meist geschenkte Sachen; R geschenkt ist geschenkt *(was man einmal einem anderen geschenkt hat, kann man nicht wieder zurückverlangen);* Ü sie schenkte (geh.; *gebar*) ihm fünf Kinder; was Hellas der Welt geschenkt hat (geh.; *was es kulturell hervorgebracht hat*) ...: seine grandiose Gedankenwelt (Thieß, Reich 645); sich jmdm. s. (dichter.; *sich jmdm. hingeben* 2b). **2.** *jmdm. zuteil werden lassen, verleihen:* etw. schenkt neue Lebensfreude, Schönheit, Kraft, Jugend. **3.** *jmdm., sich etw. (was lästig, mühevoll o. ä. ist) ersparen, erlassen:* er hat sich und anderen nie etwas geschenkt *(hat sich und anderen sehr viel abverlangt);* das kannst du dir s. *(das ist unwichtig);* sie waren so müde, daß sie sich den Museumsbesuch geschenkt haben *(darauf verzichtet haben);* ihr ist in ihrem Leben nichts geschenkt worden *(sie hat es nicht leicht gehabt);* in dieser Schule wird den Kindern nichts geschenkt *(sie müssen viel arbeiten);* die Mühe soll dir geschenkt sein; Ein halbes Jahr haben sie mir geschenkt auf Bewährung (*von der Strafe erlassen;* Fallada, Blechnapf 7); Er winkt ab und sagt: „Geschenkt" (ugs.; *laß nur; ist nicht wichtig, uninteressant;* Becker, Irreführung 133). **4.** verblaßt: jmdm., einer Sache Aufmerksamkeit, Beachtung s. *(jmdn., etw. beachten);* jmdm. keinen Blick s. (geh.; *ihn nicht anschauen, beachten*); jmdm., einem Tier die Freiheit s.; jmdm. seine Freundschaft, seine Gunst s.; sie schenkte ihm ein Lächeln (geh.; *lächelte ihn an*); jmdm. das Leben s. (geh.; *ihn begnadigen*); jmdm. Glauben, Vertrauen s. (geh.; *jmdm. glauben, vertrauen*); kannst du mir ein wenig Zeit s. (geh.; *hast du ein wenig Zeit für mich*)? **5.** (geh., veraltend) **a)** *(als Getränk) ausschenken, reichen, anbieten:* Im Speisesaal wurden alle Getränke geschenkt, die ... nur irgend in Betracht kommen (Th. Mann, Zauberberg 118); **b)** *(von Getränken) eingießen:* Wein ins Glas, Kaffee in die Tassen s.; **Schenkenamt,** das; -[e]s, ...ämter (hist.): *Amt des Schenken* (a); **Schenker,** der; -s, -: **1.** (jur.) *jmd., der eine Schenkung macht.* **2.** *jmd., der schenkt.* **3.** (veraltet) *Bierwirt;* **Schenkerin,** die; -, -nen: w. Form zu ↑Schenker; **Schenkung,** die; -, -en [spätmhd. schenkunge = das Einschenken; Geschenk] (jur.): *in Geld od. Sachwerten bestehende Zuwendung an jmdn.:* eine S. [an jmdn.] machen, beurkunden; ⟨Zus.:⟩ **Schenkungssteuer,** die: *Steuer, der eine Schenkung unterliegt;* **Schenkungsurkunde,** die.

Scheol [ʃe'o:l], der; -s [hebr. šĕ'ôl]: *(im A. T.) das als Unterwelt gedachte Totenreich, in dem die Toten mit verminderter Lebenskraft weiterexistieren.*

schepp [ʃɛp] ⟨Adj.⟩ [mhd. schep] ([süd]westdt.): *schief.*

scheppern ['ʃɛpɐn] ⟨sw. V.; hat⟩ [lautm.] (ugs.): *(bes. von aneinanderschlagenden, durcheinanderfallenden o. ä. Gegenständen, Teilen [aus Metall]) klappern, klirren:* die leeren Eimer, Büchsen, Milchkannen scheppern; auf den schnellen Elektrokarren schepperte die Last (Johnson, Mutmaßungen 14); ⟨unpers.:⟩ In dem Sack schepperte es ... sind meine Rennpokale (Lentz, Muckefuck 266); auf der Kreuzung hat es gescheppert (salopp; *hat es einen Zusammenstoß gegeben*); Ü irgendwo scheppert 'n Radio (Schnurre, Fall 24); wenn du nicht hörst, dann scheppert es gleich *(dann gibt es Schläge).*

Scher [ʃe:ɐ̯], der; -[e]s, -e [mhd. scher(e), ahd. scero, zu ↑¹scheren, eigtl. = der die Erde Durchschneidende] (südd., österr., schweiz. mundartl.): *Maulwurf.*

Scher-: **~baum,** der: **1.** *Stange der Gabeldeichsel.* **2.** *Baumstamm, der beim Flößen zur Eingrenzung der Baumstämme u. zur Abweisung von Hindernissen dient;* **~blatt** Ⓦ, das [zu ↑¹scheren (1 a–c)]: *(an elektrischen Rasierapparaten) mit feinen [schlitzförmigen] Öffnungen versehenes Blatt* (5) *zum Rasieren kurzer Haare;* **~brett,** das [zu ↑⁴scheren (2)] (Seemannsspr.): *(in der Hochseefischerei) jedes der beiden am Schleppnetz befestigten Bretter, die sich beim Fischen durch den Widerstand des Wassers schräg zur Zugrichtung stellen u. dadurch das Netz geöffnet halten;* **~degen,** der (Gerberei früher): *Werkzeug zum ¹Scheren* (2), *das aus einer scharfen Klinge mit zwei Handgriffen besteht;* **~festigkeit,** die (Technik): *Festigkeit eines Materials gegen Abscherung* (1); **~gang,** der (Schiffsbau): *oberste Planke der Schiffshaut unter dem Oberdeck;* **~kamm,** der [zu ↑¹scheren (1 a–c)]: *(an elektrischen Rasierapparaten o. ä.) mit kleinen scharfen Zinken versehener Kamm aus Stahl o. ä. zum Abrasieren etwas längerer Haare;* **~kopf,** der: *Teil des Trockenrasierapparates, der Scherblatt u. Scherkamm enthält, der das Barthaar abrasiert;* **~kraft,** die (Technik): *eine Scherung* (1) *od. Abscherung* (1) *bewirkende Kraft;* **~maschine,** die (Textilind.): *Maschine zum ¹Scheren* (1 d); **~maus,** die [2: verdeutlichende Zus. mit ↑Scher]: **1.** *größere [sehr gut schwimmende u. tauchende] Wühlmaus mit dunkelbraunem Fell.* **2.** (südd., österr., schweiz.) *Maulwurf;* **~messer,** das [zu ↑¹scheren (1)]; **~sprung,** der (bes. Turnen): *Sprung, bei dem die gestreckten Beine in der Luft scherenartig aneinander vorbeigeführt werden;* **~wolle,** die [zu ↑¹scheren (1 a)]: svw. ↑Schurwolle.

Scherbe ['ʃɛrbə], die; -, -n ⟨meist Pl.⟩ [mhd. scherbe, schirbe, ahd. scirbi, verw. mit mhd. scharben, ↑Scherflein]: *Stück von einem zerbrochenen Gegenstand aus Glas, Porzellan o. ä.:* die -n des Tellers, Spiegels, der Fensterscheibe liegen auf dem Boden; -n zusammenkehren, auflesen; bei dem Streit hat es -n gegeben *(zerbrechliche Gegenstände sind im Affekt zerschlagen worden);* sich an einer scharfen, spitzen S. schneiden, verletzen; der Krug ging [klirrend] in -n *(zerbrach),* zersprang in tausend -n; im Zorn hat er die Vase in -n geschlagen; Spr -n bringen Glück (als scherzhafter Trost, wenn jmdm. ein Porzellangefäß o. ä. zerbrochen ist); Ü vor den -n seines Glückes stehen; die Hoffnung lag in -n (Remarque, Triomphe 313); **Scherbel** ['ʃɛrbl̩], der; -s, - (landsch., bes. westmd.): svw. ↑Scherbe; **scherbeln** ['ʃɛrbl̩n] ⟨sw. V.; hat⟩: **1.** (landsch.) *[mit Schwung u. ausgelassen-fröhlich] tanzen:* Mit der kleinen schwarzen Frieda ... hat der Chef gescherbelt (Fallada, Mann 45). **2.** (schweiz.) *in einer Art tönen, ein Geräusch in einer Art verursachen, daß es sich anhört, als ob Scherben zusammengekehrt würden;* **Scherben** ['ʃɛrbn̩], der; -s, -: **1.** (südd., österr.) svw. ↑Scherbe. **2.** (südd.) *irdener Topf [für Blumen].* **3.** (Keramik) *gebrannter, aber noch nicht glasierter keramischer Werkstoff.*

Scherben-: **~gericht,** das: svw. ↑Ostrazismus: Ü Der ... Oberbürgermeister ... warnte ... davor, ein „Scherbengericht" über die Staatsanwaltschaft ... zu veranstalten (MM 10. 8. 71, 7); **~haufen,** der: den S. wegräumen; Ü ... daß ... Erhard nicht versuchen wird, den S. der Koalition zusammenzuleimen (Dönhoff, Ära 27); **~kobalt,** das: *in der Natur rein vorkommendes Arsen.*

Scherbett: ↑Sorbet.

Scherchen ['ʃe:ɐ̯çən], das; -s, -: ↑Schere (1); **Schere** ['ʃe:rə], die; -, -n [mhd. schære, ahd. scāri (Pl.), wohl eigtl. = zwei Messer]: **1.** ⟨Vkl. ↑Scherchen⟩ *Werkzeug zum Schneiden, das aus zwei durch einen Bolzen über Kreuz drehbar miteinander verbundenen u. mit [ringförmig auslaufenden] Griffen versehenen Klingen besteht, deren Schneiden beim Zusammendrücken der Griffe streifend gegeneinander bewegt werden:* eine scharfe, spitze, stumpfe S.; die S. schleifen; mit der S. [ein Stück] Papier [gerade] schneiden. **2.** ⟨meist Pl.⟩ *paariges, scherenartiges, gegeneinander bewegliches Greifwerkzeug bestimmter Krebse u. Spinnen:* die -n des Hummers, des Skorpions. **3.** (nordwestd.) svw. ↑Gabeldeichsel. **4.** (Turnen) *im Stütz ausgeführte Übung am Seitpferd, bei der die gestreckten Beine in einer dem*

Öffnen u. Schließen einer Schere vergleichbaren Bewegung aus der Hüfte in gleichzeitigem Wechsel vor bzw. hinter das Gerät geschwungen werden. **5.** (Ringen) *mit gekreuzten Beinen durchgeführter Griff, bei dem Hals od. Hüfte des Gegners zwischen den Schenkeln u. Knien des Angreifers eingeklemmt wird.* **6.** (Basketball) *Deckung eines Spielers von hinten u. vorne gleichzeitig durch zwei Gegenspieler.* **7.** *jeder der beiden nach unten gerichteten Arme der Kandare, an denen die Zügel befestigt werden.* **8.** (Gaunerspr.) *von Taschendieben beim Stehlen angewendeter Griff, bei dem zwei Finger (bes. Zeige- u. Mittelfinger) gestreckt in jmds. Tasche geführt werden u. der bestimmte Gegenstand zwischen sie eingeklemmt aus der Tasche gezogen wird:* eine S. machen; **[1]scheren** ['ʃe:rən] <st., selten auch: sw. V.; hat> [mhd. schern, ahd. sceran]: **1. a)** *mit einer Schere o. ä. von Haaren befreien:* Schafe, einen Pudel s.; ihm wurde der Kopf geschoren; **b)** *mit einer Schere o. ä. unmittelbar über der Haut abschneiden, bis zum Ansatz wegschneiden:* die Haare s.; den Bart s. (veraltend; *abrasieren*); den Schafen die Wolle s.; **c)** *durch* [1]*Scheren* (1 b) *vorhandener Haare entstehen lassen:* sie schoren den Frauen eine Glatze; **d)** (Textilind.) *durch Abschneiden hervorstehender Fasern die Oberfläche von etw. ausgleichen:* Tuche, Teppiche, Samt s.; **e)** *durch Schneiden kürzen u. in die gewünschte Form bringen:* den Rasen, die Hecken, Sträucher s. **2.** (Gerberei) svw. ↑entfleischen (2). **3.** (ugs. selten) *betrügen* (b): er hatte sie um zweitausend Mark geschoren; **[2]scheren** [-] <sw. V.; hat> [wohl zu veraltet scheren = ausbeuten, quälen (vgl. ungeschoren), grammat. beeinflußt von ↑[4]scheren] (ugs.): **a)** <s. + sich> *jmdm., einer Sache Beachtung schenken, Interesse entgegenbringen; sich um jmdn., etw. kümmern* (1 b) <nur verneint od. einschränkend>: er schert sich nicht, nur wenig um ihn, sein Wohlergehen, die Vorschriften; **b)** (veraltend) *jmdm. Sorge, Kummer, Verdruß o. ä. bereiten; stören, angehen:* es schert ihn [herzlich] wenig, nicht im geringsten, was die Leute über ihn reden; was scheren uns seine Probleme?; **[3]scheren** [-] <sw. V.; hat> [1 a: zu ↑Schere (4); 1 b: zu ↑Schere (1); 2: zu ↑Schere (6); 3: zu ↑schirren]: **1. a)** (Turnen) *am Seitpferd eine Schere ausführen;* **b)** (Gymnastik) *in Bauch- od. Rückenlage die gestreckten Beine kreuzen.* **2.** (Basketball) *einen Spieler durch zwei Gegenspieler von hinten u. vorne gleichzeitig decken.* **3.** (Seemannsspr.) svw. ↑einscheren (2).

[4]scheren [-] <sw. V.> [spätmhd. schern = schnell weglaufen, ahd. scerōn = ausgelassen sein, eigtl. = springen]: **1.** <s. + sich> *ohne noch einen Moment zu zögern, schleunigst sich irgendwohin begeben* <hat>: er soll sich an die Arbeit, ins Bett s.; ... schert euch zu eurer Truppe! herrschte er sie an (Plievier, Stalingrad 161). **2.** (Seemannsspr.) *(von Schiffen infolge der schrägen Anströmung des Wassers) seitlich ausscheren* (a) <ist>.

scheren-, Scheren-: **~arm,** der (Technik): *(an Geräten o. ä.) Arm* (2), *der sich nach dem Prinzip des Scherengitters auseinanderziehen u. zusammenschieben läßt;* **~artig** <Adj.; o. Steig.>; **~assel,** die: *[sehr kleiner] asselartiger Krebs mit kräftig ausgebildeten Scheren* (2) *am zweiten Beinpaar;* **~bahn,** die (Kegeln): *Kegelbahn* (b), *die sich zur Standfläche der Kegel hin in der Art einer geöffneten Schere* (1) *verbreitert;* **~deichsel,** die (nordwestd.): svw. ↑Gabeldeichsel; **~fernrohr,** das: *(früher bes. im militärischen Bereich verwendetes) Fernrohr mit zwei um das Okular drehbaren Armen, an deren äußeren Enden jeweils ein Objektiv angebracht ist;* **~futteral,** das; **~gitter,** das: *(bes. vor Eingängen als Schutz dienendes) Gitter, das sich in Führungsschienen zusammenschieben läßt, wobei sich seine gekreuzten [Metall]stäbe scherenartig gegeneinander bewegen;* **~griff,** der (Turnen): *Helfergriff, bei der die eine Hand des Helfers auf der Brust des Übenden u. die andere Hand auf dessen Rücken liegt;* **~monteur,** der: *Facharbeiter in der Industrie, der Scheren* (1) *zusammensetzt u. ihre Funktionstüchtigkeit prüft* (Berufsbez.); **~schlag,** der (Fußball): *im Sprung ausgeführter Schlag nach dem Ball, wobei der Spieler in einer dem Öffnen einer Schere vergleichbaren Beinbewegung den Ball mit dem nach vorne gerissenen Absprungbein tritt;* **~schleifer,** der: **1.** *Handwerker, der Scheren* (1), *Messer o. ä. schleift* (Berufsbez.). **2.** (landsch. abwertend) svw. ↑Promenadenmischung; **~schnabel,** der: *Möwe, deren Ober- u. stark verlängerter Unterschnabel an die Klingen einer Schere* (1) *erinnern;* **~schnitt,** der: *in meist kleinerem Format in den Umrissen aus Papier geschnittene Figur[engruppe], Pflanze[n], Ornamente o. ä.:* einen S. anfertigen, machen; **~sprung,** der (bes. Turnen): svw. ↑Schersprung; **~stellung,** die (Bergsteigen): *Stellung der Füße quer zum Hang, wobei die Spitze des talseitigen Fußes leicht talwärts gerichtet ist;* **~treppe,** die: *Treppe (z. B. als Zugang zu Dachböden), die wie ein Scherengitter auseinandergezogen u. zusammengeschoben werden kann;* **~zaun,** der: *Holzzaun, bei dem sich die Latten scherenartig in einem nicht sehr spitzen Winkel kreuzen.*

Scherer ['ʃe:rɐ], der; -s, -: *jmd., der etw.* [1]*schert* (1, 2); **Schererei** [ʃe:rə'rai̯], die; -, -en <meist Pl.> [zu ↑[2]scheren] (ugs.): *etw., was Komplikationen mit sich bringt u. jmdm. Ärger, Umstände verursacht; Unannehmlichkeit:* das gibt nur unnötige -en; [wegen etw., mit jmdm.] -en bekommen, haben, kriegen; die Umbuchung machte ihm allerhand, eine Menge -en.

Scherflein ['ʃɛrflai̯n], das; -s, - <Pl. selten> [Vkl. von spätmhd. scher(p)f = eine Scheidemünze, wohl zu mhd. scharben, ahd. scarbōn = zerschneiden] (geh.): *kleiner Geldbetrag (als Spende für etw., jmdn.):* von jmdm. ein S. bekommen, ein S. für/schweiz.:) an die Notleidenden; meist in der Wendung **ein, sein S. [zu etw.] beitragen/beisteuern/geben** *(einen, seinen kleinen [finanziellen] Beitrag zu etw. leisten).*

Scherge ['ʃɛrgə], der; -n, -n [mhd. scherge = Gerichtsdiener, ahd. scario = Scharführer, zu ↑[1]Schar] (abwertend): *jmd., der unter Anwendung von Gewalt jmds. (bes. einer politischen Macht) Aufträge vollstreckt; Handlanger:* ... umstellt, verfolgt, gehetzt von den -n eines blutigen Regimes (Remarque, Triomphe 198).

Scheria: ↑Scharia; **Scherif** [ʃe'ri:f], der; -s u. -en, -s u. -e[n] [arab. šarīf = der Hochgeehrte]: **a)** <o. Pl.> *Titel der Nachkommen des Propheten Mohammed;* **b)** *Träger dieses Titels.*

Scherling ['ʃe:ɐ̯lɪŋ], der; -s, -e [zu ↑[1]scheren (1 a)] (Fachspr.): *geschorenes Schaffell.*

Schernken ['ʃɛrnkn̩], der; -s, - [H. u., vgl. österr. mundartl. Schienke = dicker Nagel mit breitem Kopf] (österr.): *(an den Sohlen von Bergschuhen) starker, breiter Nagel;* <Zus.:> **Schernkenschuh,** der.

Scherung ['ʃe:rʊŋ], die; -, -en [zu ↑Schere]: **1.** (Mechanik) *durch zwei parallel zueinander in entgegengesetzter Richtung wirkende Kräfte hervorgerufene Verformung eines Materials.* **2.** (Math.) *durch Parallelverschiebung bestimmter Punkte od. Seiten einer geometrischen Figur bewirkte mathematische Abbildung, bei der die Figur zwar ihre Form, nicht aber ihren Flächeninhalt ändert.*

Scherwenzel usw.: ↑Scharwenzel usw.

[1]Scherz [ʃɛrt̮s], der; -es, -e [H. u., viell. zu ital. scorza = Rinde] (bayr., österr., schweiz.): *ein abgeschnittenes dikkes Stück Brot, bes. das Anfangs- bzw. Endstück des Brotlaibs.*

[2]Scherz [-], der; -es, -e [mhd. scherz = Vergnügen, Spiel, zu ↑[4]scheren]: *nicht ernstgemeinte [einfallsreiche, witzige] Äußerung, Handlung o. ä., die nur der Belustigung dienen, Heiterkeit erregen soll; Spaß:* ein netter, harmloser, gelungener S.; es war doch nur [ein] S.; ist das S. oder Ernst?; dieser S. ging zu weit; das war ein schlechter S. *(das hätte man nicht sagen, tun sollen, weil es in der betreffenden Situation unpassend, ungehörig o. ä. war);* [einen] S. machen; seine -e über jmdn., etw. machen *(sich über jmdn., etw. lustig machen);* seinen S., seine -e mit jmdm. treiben *(jmdn., indem man ihn aufzieht, anführt o. ä., zum Anlaß der Belustigung nehmen);* er läßt sich schon einen S. gefallen *(nimmt nicht gleich jede Neckerei, jeden kleinen Streich übel, versteht Spaß);* sich mit jmdm. einen S. erlauben *(jmdn. irreführen u. dadurch in eine unangenehme Situation bringen, kränken o. ä.);* etw. aus, im, zum S. sagen, tun *(etw. nicht ernst meinen);* verschone mich mit solchen -en *(solchen Albernheiten, solchem Unsinn);* und lauter, all solche/und ähnliche -e (ugs.; in bezug auf eine Reihe unerfreulicher od. nicht ernst zu nehmender Dinge, die man nicht im einzelnen aufzählen will; *u. dergleichen mehr, u. ähnliche Dinge*); R S. beiseite! (nach einer Reihe scherzhafter Bemerkungen als [Selbst]aufforderung, nur das zu sagen, was man im Ernst meint, was den Tatsachen entspricht o. ä.); [ganz] ohne S. (als Versicherung, daß etw. Gesagtes, so unglaubhaft es auch klingen mag, wirklich den Tatsachen, der Überzeugung o. ä. entspricht; *im Ernst*); mach keinen S., keine -e! (ugs.; als Ausruf ungläubigen Erstaunens; *das ist doch wohl nicht wahr?, das kann doch nicht dein Ernst sein?*).

scherz-, Scherz-: **~artikel,** der: *kleinerer Gegenstand, der sich für Scherze, Schabernack (bes. in der Faschingszeit) eignet, eigens dafür hergestellt wird:* Pappnasen und Knallfrösche sind S.; **~bold,** der: ↑Scherzbold; **~frage,** die: svw. ↑~rätsel; **~gedicht,** das: *in Inhalt u. meist auch in der Form scherzhaftes* (b) *Gedicht;* **~geschäft,** das (jur.): *nicht ernstgemeinte Willenserklärung, die in der Erwartung abgegeben wird, daß man ihre Scherzhaftigkeit erkennt;* **~lied,** das: vgl. ~gedicht; **~macher,** der: vgl. ~bold; **~name,** der: *lustiger Spitzname;* **~rätsel,** das: *scherzhafte Denkaufgabe, bei der etw. herauskommt, womit man nicht rechnet;* **~rede,** die: **a)** *scherzhafte Rede* (1); **b)** ⟨meist Pl.⟩ *Neckerei* (2); **~ware,** die: svw. ↑~artikel; **~weise** ⟨Adv.⟩: *im Scherz:* etw. s. äußern, fragen; **~wort,** das ⟨Pl. -e⟩: *scherzhafte lustige Bemerkung.*

scherzando [skɛrˈtsando] ⟨Adv.⟩ [ital. scherzando, zu: scherzare, ↑Scherzo] (Musik): *scherzend, launig; in der Art eines Scherzos;* **Scherzbold** [-bɔlt], der; -[e]s, -e [zum 2. Bestandteil vgl. Witzbold] (ugs.): *jmd., der gerne scherzt.*

Scherzel, Scherzl [ˈʃɛrtsl̩], das; -s, - [zu ↑[1]Scherz]: **1.** (bayr., österr.) svw. ↑[1]Scherz. **2.** (Kochk.) *Schwanzstück vom Rind.*

scherzen [ˈʃɛrtsn̩] ⟨sw. V.; hat⟩ [mhd. scherzen = sich vergnügen]: **1.** (geh.) *einen Scherz, Scherze machen:* sie scherzten den ganzen Abend [miteinander]; damit ist nicht zu s. *(das muß man ernst nehmen, da muß man vorsichtig sein; das kann unangenehme, ernste Folgen haben!);* über jmdn., etw. s.; ich scherze nicht *(ich meine es ernst);* Sie scherzen wohl!/(geh.:) Sie belieben zu s.! *(das kann nicht Ihr Ernst sein!);* er setzte sich zu ihr und scherzte *(schäkerte)* mit ihr. **2.** *scherzend, im Scherz äußern:* „vor Verlegenheit wurdest du rot“, scherzte er später ahnungslos (A. Zweig, Claudia 34); **scherzhaft** ⟨Adj.; -er, -este⟩: **a)** *nicht [ganz] ernst gemeint, im Scherz:* eine -e Frage, Übertreibung; **b)** *auf spaßige, witzige Weise unterhaltend; launig:* ein -es Gedicht; **scherzhafterweise** ⟨Adv.⟩: *aus, im Scherz:* etw. s. fragen; **Scherzhaftigkeit,** die; -.

Scherzl: ↑Scherzel.

Scherzo [ˈskɛrtso], das; -s, -s u. ...zi [ital. scherzo, eigtl. = Scherz, zu: scherzare = scherzen, aus dem Langobardischen] (Musik): *bewegtes, meist launiges Musikstück (bes. als [dritter] Satz in Sinfonien, Sonaten u. Kammermusik);* **scherzoso** [skɛrˈtso:zo] ⟨Adv.⟩ [ital. scherzoso] (Musik, selten): svw. ↑scherzando.

schesen [ˈʃe:zn̩] ⟨sw. V.; ist⟩ [zu niederd. sche(e)s(e) = Kutsche < frz. chaise, ↑Chaise] (nordd.): *eilig, hastig laufen, rennen:* durch die Gegend s.

scheu [ʃɔy] ⟨Adj.; -er, -[e]ste⟩ [mhd. schiech = scheu, verzagt; abschreckend, häßlich; im Nhd. lautlich an ↑Scheu, scheuen angeglichen]: **a)** *sich aus Ängstlichkeit von jmdm., etw. fernhaltend:* ein -er Mensch; er hat ein -es Wesen; -e *(Scheu verratende)* Blicke, Gesten; ein -es *(schüchternes, zaghaftes)* Lächeln; ein -er *(schüchterner, zaghafter)* Kuß; mit -er *(zurückhaltender, verschämter)* Zärtlichkeit; er stand in -er (geh.; *respektvoller*) Entfernung; s. sein, wirken; das Kind blieb s. an der Tür stehen; sich s. umsehen; **b)** *angespannt auf Gefahren achtend u. sofort bereit zu fliehen; furchtsam die Nähe des Menschen meidend, nicht zutraulich:* ein -es Reh; das Wild ist sehr s.; s. werden (*[meist von Pferden] scheuen* 2); s. machen *([meist von Pferden] erschrecken u. wild machen, in Aufregung versetzen).*

Scheu [-], die; - [mhd. schiuhe = (Ab)scheu, Schreckbild]: **a)** *Gefühl der Ängstlichkeit, Bangigkeit, das einen veranlaßt, sich von jmdm., etw. fernzuhalten; das Scheusein; scheues* (a) *Wesen, Verhalten:* eine instinktive, kindliche, seltsame, unbestimmte S.; eine fromme, ehrfürchtige, andächtige S.; mit heiliger S. (geh.; *Ehrfurcht*); voller S. [vor jmdm. od. etw.] sein; eine gewisse S. haben, empfinden; jmdm. S. einflößen; S. haben, etw. zu tun; seine, alle S. überwinden, vergessen, fallenlassen, verlieren, ablegen; die S. *(die Abneigung, die Bedenken)* der Regierung vor Eingriffen in die Wirtschaft; **b)** *scheues* (b) *Wesen, Verhalten:* das Wild zeigte keine S.; die Katze läßt sich ohne S. streicheln; **Scheuche** [ˈʃɔyçə], die; -, -n [identisch mit ↑Scheu; vgl. scheuchen]: svw. ↑Vogelscheuche; **scheuchen** [ˈʃɔyçn̩] ⟨sw. V.; hat⟩ [identisch mit ↑scheuen (Fortbildung des mhd. Hauchlauts)]: **1.** *durch Gebärden, [drohende] Zurufe fortjagen, irgendwohin treiben:* Fliegen s.; die Henne vom Nest s.; die Schwestern im ... Kindergarten ... scheuchten die Dreijährigen ... ins Ställchen (Bieler, Bonifaz 217); Ü Die Flammen ... scheuchten die Dunkelheit in die Ecken des Raumes (A. Zweig, Claudia 122). **2.** *jmdn. veranlassen, sich irgendwohin zu begeben, etw. zu tun:* jmdn. zum Arzt, an die Arbeit, in die Berufsschule s.; sie braucht immer einen, der sie scheucht *(antreibt, anspornt);* sich nicht s. *(herumkommandieren)* lassen; Ü Die noch draußen standen, wurden durch eine ... Regendusche in die Wagen gescheucht (Chr. Wolf, Himmel 221); **Scheuel** [ˈʃɔyl̩], der; -s, - [spätmhd. schaul, zu ↑scheuen] (veraltet) noch in den Verbindungen **Greuel und S.** *(Greuel u. Abscheu, Graus);* **jmdm. ein Greuel und [ein] S. sein** *(jmdm. äußerst zuwider sein);* **scheuen** [ˈʃɔyən] ⟨sw. V.; hat⟩ [mhd. schiuhen, ahd. sciuhen]: **1. a)** *etw. aus Scheu* (a), *aus Furcht vor möglichen Unannehmlichkeiten zu vermeiden suchen:* keine Kosten, Mühe, Arbeit s.; Entscheidungen, Auseinandersetzungen, Opfer s.; sie scheute den weiten Weg nicht, um die Kinder noch einmal zu sehen; der Hund hat den Kampf mit dem Wolf nicht gescheut; Er ... scheute als junger Mann die Frauen (*mied die Frauen, ihre Gesellschaft;* Bergengruen, Rittmeisterin 338); ⟨geh., veraltet mit Gen.:⟩ sie scheute der Mühe nicht (Rilke, Brigge 143); **b)** ⟨s. + sich⟩ *Angst, Hemmungen, Bedenken* (2) *haben; vor etw. zurückschrecken:* sich vor kriminellen Mitteln s.; er scheute sich [davor], ihm den Verlust zu melden; sich vor [nichts und] niemand[em] s. **2.** *(meist von Pferden) vor etw. zurückschrecken u. aufgeregt, wild werden:* das Pferd scheute [vor der Lokomotive]; er versuchte, das scheuende Pferd zu beruhigen.

Scheuer [ˈʃɔyɐ], die; -, -n [mhd. schiur(e), ahd. sciura, verw. mit ↑Scheune]: **1.** (bes. [süd]westd.) *Scheune:* *** die S. voll haben** (ugs.; *im Unterschied zu andern genug [von etw.] besitzen*). **2.** svw. ↑Doppelbecher.

scheuer-, Scheuer- (scheuern): **~besen,** der (nordd.): svw. ↑Schrubber; **~bürste,** die: *Bürste zum Scheuern* (1 a); **~eimer,** der (nordd.): svw. ↑Putzeimer; **~fest** ⟨Adj.; Steig. ungebr.; nicht adv.⟩: *widerstandsfähig gegen Scheuern* (2), dazu: **~festigkeit,** die; **~frau,** die (veraltend): svw. ↑Putzfrau; **~hader,** der (ostmd.): svw. ↑[2]Hader (b); **~lappen,** der: *Lappen zum Scheuern* (1 a), dazu: **~lappengeschwader,** das (ugs. scherzh.): *mehrere gemeinsam arbeitende Putzfrauen; Putzkolonne;* **~leiste,** die: **1.** svw. ↑Fußleiste. **2.** (Seew.) *Leiste an einem Boot od. Schiff, die Beschädigungen, z. B. beim Anlegen, verhindern soll;* **~mittel,** das: *(feine Körner enthaltendes) Reinigungsmittel zum Scheuern* (1 a); **~prahm,** der (Seew.): *Boot, von dem aus ein größeres Schiff von außen gereinigt wird;* **~pulver,** das: vgl. ~mittel; **~sand,** der ⟨Pl. selten⟩: **a)** *Sand, der zum Scheuern* (1 a) *verwendet wird;* **b)** vgl. ~mittel; **~tuch,** das ⟨Pl. ...tücher⟩: vgl. ~lappen; **~wunde,** die: *durch Scheuern* (2 a) *verursachtes Wundsein.*

Scheuermann-Krankheit [ˈʃɔyɐman-], **Scheuermannsche Krankheit,** die; - [nach dem dän. Orthopäden H. W. Scheuermann (1877–1960)]: *Entwicklungsstörung der Wirbelsäule bei Jugendlichen, die zu Buckel u. starrem Rundrücken führen kann.*

scheuern [ˈʃɔyɐn] ⟨sw. V.; hat⟩ [mhd. (md.) sch(i)ŭren, H. u.]: **1. a)** *(mit entsprechenden Hilfsmitteln, z. B. mit einem feuchten Tuch u. Scheuerpulver, einer Bürste) kräftig reibend bearbeiten, um etw. Anhaftendes (z. B. Schmutz, Rost) zu entfernen:* den Fußboden, die Dielen s.; Töpfe und Pfannen s.; ⟨auch ohne Akk.-Obj.:⟩ kräftig, tüchtig, fest s.; später ... finde ich immer eine Arbeit und muß nicht s. gehen (*mein Geld als Putzfrau verdienen;* Hornschuh, Ich bin 51); **b)** *durch Scheuern* (1 a) *entfernen:* Schmutz von den Dielen, Tinte von den Fingern s.; **c)** *durch Scheuern* (1 a) *in einen bestimmten Zustand bringen, ein bestimmtes Äußeres geben:* die Fliesen blank, weiß s.; ich habe mir die Füße sauber gescheuert. **2.** *(von einer Sache)* **a)** svw. ↑reiben (2): der Kragen scheuert; der Schuh scheuert an der Ferse; **b)** *durch Scheuern* (2 a) *in einen bestimmten Zustand versetzen:* die Riemen haben meine Schultern ganz rot gescheuert (Keun, Mädchen 32); die Schuhe scheuern meine Füße wund; **c)** *sich kräftig reibend über etw. hinbewegen:* er bremste, die Reifen scheuerten über den Asphalt; das Tau scheuert an der Bordwand. **3.** *an etw. Festem, Rauhem kräftig reiben:* das Schwein scheuert sich, seinen Rücken, sich mit dem Rücken an der Mauer; ich scheuere [mir] den Rücken an der Stuhllehne; der Rehbock scheuert das Gehörn am Baum, um den Bast abzufegen. **4. a)** ⟨s. + sich⟩ *an einer bestimmten Stelle des Körpers in einen bestimmten Zustand dadurch geraten, daß an der*

Stelle etw. scheuert (2a): ich habe mich [am Knie] wund, blutig gescheuert; **b)** *einen Körperteil dadurch, daß an ihm etw. scheuert* (2a), *in einen bestimmten Zustand bringen:* ich habe mir den Ellbogen [an der Wand] wund, rot gescheuert. **5. *jmdm. eine s.** (salopp; *jmdm. eine Ohrfeige geben*); **eine gescheuert kriegen/bekommen** (salopp; *eine Ohrfeige bekommen*).

Scheuertor, das; -[e]s, -e [zu ↑Scheuer] (bes. [süd]westd.): *Scheunentor.*

Scheuklappe, die; -, -n ⟨meist Pl.⟩ [zu ↑scheuen]: *(am Zaum von Pferden in Augenhöhe zu beiden Seiten angebrachte) Klappe, die die Sicht nach der Seite u. nach hinten verwehrt u. das Scheuen verhindern soll:* einem Pferd -n anlegen; Ü -n haben, tragen *(in seinen Anschauungen eng begrenzt sein, keinen Weitblick haben);* „Autodidakten", die ... die -n *(Einseitigkeit)* des Spezialistentums nicht kannten (Ceram, Götter 67); etw. ohne -n *(vorurteilsfrei)* betrachten; **Scheuleder,** das; -s, -: svw. ↑Scheuklappe.

Scheune ['ʃɔynə], die; -, -n [mhd. schiun(e), ahd. scugin(a) = Schuppen, Obdach, eigtl. = die Bedeckende]: *im Gehöft od. im Freien liegendes landwirtschaftliches Gebäude zur Unterbringung von Getreide, Heu, Stroh, Hülsenfrüchten o. ä., auch zum Dreschen:* die Ernte in die S. bringen, einfahren; Ü dieses Lokal ist vielleicht eine S.! (ugs.; *ein übler Laden*); ⟨Zus.:⟩ **Scheunendrescher,** der in der Wendung **wie ein S. essen** o. ä. (salopp; *[unmäßig] viel essen, bei einer Mahlzeit große Mengen vertilgen*); **Scheunentor,** das: *Tor einer Scheune:* der Leiterwagen schwankte durch das S.; die Deckung des Boxers ist offen wie ein S. (Jargon; *weit offen*); ***dastehen wie die Kuh/der Ochs vorm S.** (↑Kuh 1 a).

Scheurebe, die; -, -n [nach dem dt. Züchter G. Scheu (1879 bis 1949)]: **a)** ⟨o. Pl.⟩ *Rebsorte aus einer Kreuzung von Silvaner u. Riesling;* **b)** *aus der Scheurebe* (a) *hergestellter Wein mit vollem, würzigem Bukett.*

Scheusal ['ʃɔyza:l], das; -s, -e, ugs.: ...säler [spätmhd. schiusel = Schreckbild, Vogelscheuche, zu ↑scheuen] (abwertend): **a)** *Ungeheuer, grauenerregendes Tier, [Fabel]wesen:* die -e auf dem Gemälde der „Versuchung des heiligen Antonius" von Grünewald; Er ist ... kein S. in Menschengestalt (Noack, Prozesse 72); **b)** *roher, brutaler Mensch, dessen Handeln mit Abscheu erfüllt:* du [bist ein] S.!; Hitler, der braune Rattenfänger, dieses S. (Kempowski, Uns 86); diese kleinen Scheusäler (ugs. scherzh.; *Kinder, die gern andere necken, ärgern*) können doch keine Ruhe geben!; **c)** *abstoßend häßlicher Mensch:* für so ein ... S. mit Bleiwarze auf der Unterlippe (Wohmann, Absicht 473); **scheußlich** ['ʃɔyslɪç] ⟨Adj.⟩ [mhd. schiuʒlich = scheu; abscheulich, zu: schiuʒen = (Ab)scheu empfinden, Intensivbildung zu ↑scheuen] (emotional): **1. a)** *sehr übel, kaum erträglich im Geschmack, in seiner Wirkung auf die Sinne, so daß man die betreffende Sache, Person impulsiv ablehnt:* -e Häuser; -es Neonlicht; eine -e Gegend; ein -er Anblick, Kerl; die Suppe schmeckte, roch s.; **b)** *durch Gemeinheit, Roheit Entsetzen erregend:* ein -es Verbrechen; der nächste ... Krieg, der wohl noch -er sein wird (Hesse, Steppenwolf 127); er hat sich ihr gegenüber s. *(verabscheuungswürdig)* benommen. **2.** (ugs.) **a)** ⟨nicht adv.⟩ *im höchsten Grade unangenehm:* es war -es Wetter, ein -er Tag; Mir ist trostlos zumute ... Einfach s. (Dürrenmatt, Meteor 56); **b)** ⟨intensivierend bei Verben u. Adj.⟩ *auf unangenehme Weise in äußerstem Maße:* es war s. kalt auf dem Schiff; er hat sich s. erkältet; ⟨Abl.:⟩ **Scheußlichkeit,** die; -, -en: **1.** ⟨o. Pl.⟩ *scheußliche* (1, 2a) *Art.* **2.** ⟨meist Pl.⟩ *etw. Scheußliches* (1b), *scheußlicher Vorfall, scheußliche Tat:* die -en des Krieges.

Schi usw.: ↑Ski usw.

Schia ['ʃi:a], die; - [arab. šīʿa = Partei]: *eine der beiden Hauptrichtungen des Islam, die allein Ali, den Schwiegersohn des Propheten Mohammed, sowie dessen Nachkommen als rechtmäßige Stellvertreter des Propheten anerkennt.*

Schibbeke ['ʃɪbəkə], **Schibbike** ['ʃɪbɪkə], die; -, -n [H. u., viell. aus dem Slaw.] (ostmitteld.): *Holunderbeere.*

schibbeln ['ʃɪbl̩n] ⟨sw. V.; hat⟩ [Iterativbildung zu ↑schieben] (westmd.): **1.** ⟨hat⟩ **a)** *vor sich her rollen lassen:* eine Kugel, ein Faß, einen Klicker s.; **b)** ⟨s. + sich⟩ *sich wälzen:* Ü sie schibbelte sich *(kugelte sich)* vor Gelächter (Winckler, Bomberg 29). **2.** *rollend laufen* ⟨ist⟩: die Kugel schibbelt über den Boden.

Schibboleth [ʃɪ'bo:lɛt], das; -s, -e u. -s [hebr. šibbọlẹt = Ähre; Strom, nach Richter 12, 5f. Losung der Gileaditer] (bildungsspr. selten): *Erkennungszeichen, Losungswort.*

Schicht [ʃɪçt], die; -, -en [aus dem Niederd., Md. < mniederd., md. schicht = Reihe; Abteilung von Menschen, auch: waagerechte Gesteinslage, Flöz; zu mniederd. schichten, schiften = ordnen, reihen, trennen, aufteilen; 3: über die Bed. „Flöz" übertr. im Sinne von „Abteilung, die gerade in einem Flöz arbeitet]: **1.** *in flächenhafter Ausdehnung u. in einer gewissen Höhe über, unter etw. anderem liegende einheitliche Masse:* die unteren, oberen, mittleren -en des Gesteins, des Waldbodens, der Luft; die geologischen -en *(durch Ablagerung entstandenen Gesteinsschichten);* die fotografische S. *(lichtempfindliche Schicht eines fotografischen Materials);* eine S. Kohle wechselte mit einer S. Erz; eine S. Nudeln, Kohl in eine Auflaufform füllen; sie verbarg ihr faltiges Gesicht hinter einer S. von Puder; der Staub lag in einer dicken S. auf den Büchern; Ü überzog eine S. von Unwirklichkeit die ganze Szene (Hesse, Steppenwolf 119). **2.** svw. ↑Gesellschaftsschicht: die untersten, oberen, besitzenden, herrschenden, gebildeten -en; weite, alle -en der Bevölkerung; die begüterte, führende geistige, politisch führende S.; die kulturell tragenden -en; die S. der Beamten, Intellektuellen, Arbeiter; mit Hilfe des Taschenbuchs neue -en als Leser gewinnen; zu einer bestimmten sozialen S. gehören. **3. a)** *Abschnitt eines Arbeitstages als tägliche Arbeitszeit in Betrieben, in denen die Arbeitsplätze in einem bestimmten Turnus mehrmals am Tag besetzt werden:* die erste S. dauert von 6 bis 2 Uhr; die S. verkürzen, wechseln; S. *(in Schichten)* arbeiten; S. machen (ugs.; *als Schichtarbeiter Feierabend machen*); eine S. [ver]fahren (Bergmannsspr.; *zu einer Schicht in die Grube fahren*); von der S. kommen; zur S. gehen; **b)** *Gruppe von gemeinsam in einer Schicht* (3a) *Arbeitenden:* die zweite S. ist eben eingefahren.

schicht-, Schicht-: **~ablösung,** die: *Ablösung* (2) *nach einer Schicht* (3a); **~arbeit,** die ⟨o. Pl.⟩: *Arbeit in Schichten* (3a), dazu: **~arbeiter,** der: *jmd., der Schichtarbeit leistet;* **~beginn,** der: *Beginn einer Schicht* (3a); **~dienst,** der: vgl. ~arbeit; **~ende,** das: vgl. ~beginn; **~frei** ⟨Adj.; o. Steig.; nicht adv.⟩: *im Rahmen der Schichtarbeit arbeitsfrei;* **~gestein,** das (Geol.): svw. ↑Sedimentgestein; **~holz,** das ⟨o. Pl.⟩: **1.** *in bestimmter Länge geschnittenes, in Stößen gleicher Höhe, nach Baumarten getrennt, aufgeschichtetes Holz.* **2.** *Sperrholz aus mehr als drei Holzschichten;* **~käse,** der: *Magerquark mit einer Zwischenschicht von fetthaltigerem Quark;* **~lohn,** der: *nach Schichten gezahlter Lohn;* **~preßstoff,** der (Technik): *Werkstoff, der aus mehreren mit Kunstharzen imprägnierten [Papier]schichten besteht u. unter Druck hart geworden ist; Laminat;* **~schluß,** der: vgl. ~beginn; **~spezifisch,** schichtenspezifisch ⟨Adj.⟩ (Soziol.): *für eine bestimmte Schicht* (2) *spezifisch:* -e Kodes; **~stoff,** der (Technik): svw. ↑~preßstoff; **~stufe,** die (Geol.): *Stufe im Gelände, die von der härteren Schicht durch Verwitterung u. Abtragung gebildet wird, wobei die weichere Schicht weiträumig abgetragen wird; Landstufe;* **~unterricht,** der: *Schulunterricht, bei dem die Schüler im Wechsel mit denen einer anderen Schule od. anderer Klassen jeweils vor- od. nachmittags Unterricht haben;* **~wechsel,** der: *zu einer bestimmten Zeit jeweils nach Beendigung einer Schicht* (3a) *erfolgende Ablösung;* **~weise,** schichtenweise ⟨Adv.⟩: **1.** *in Schichten* (1); *Schicht für Schicht:* etw. s. übereinanderlegen, abtragen. **2.** *in einzelnen Gruppen; Gruppe für Gruppe:* s. essen; Weil wir schichtweise unterrichtet wurden (*Schichtunterricht hatten;* Grass, Hundejahre 327); **~wolke,** die: svw. ↑Stratus.

Schichte ['ʃɪçtə], die; -, -n (österr.): svw. ↑Schicht (1); **schichten** ['ʃɪçtn̩] ⟨sw. V.; hat⟩ [aus dem Niederd., Md. < mniederd. schichten, heute als Abl. von ↑Schicht empfunden]: **1.** *in Schichten* (1) *aufeinanderlegen:* Holz, Ziegel, Steine, Blatt auf Blatt s.; Meine Mutter schichtete die Wäsche in den Schrank (Kempowski, Tadellöser 180); sie schichteten die Bretter zu einem Stapel; Die Toten lagen zu Haufen geschichtet (Remarque, Funke 226). **2.** ⟨s. + sich⟩ (österr.) *sich in Schichten* (1) *zerteilen:* die Wolken ... fingen nun an, sich ... zu s. (Broch, Versucher 188).

schichten-, Schichten-: **~folge,** die (Geol.): *mehrere übereinanderlagernde geologische Schichten;* **~kopf,** der (Geol., Bergbau): *Ausstrich* (2) *einer zur Erdoberfläche steil ansteigenden Gesteinsschicht bzw. eines Flözes;* **~spezifisch:** ↑schichtspezifisch; **~weise:** ↑schichtweise.

-schichtig [-ʃɪçtɪç; zu ↑Schicht (1, 3 a)] in Zusb., z. B. dreischichtig (*in drei Schichten* 1, 3 a; mit Ziffern: 3schichtig); **Schichtung,** die; -, -en: *Gestaltung, Aufbau, Anlage in Schichten* (1, 2).
schick [ʃɪk] ⟨Adj.⟩ [frz. chic = famos, niedlich, zu: chic, ↑[1]Schick]: **1.** *(in bezug auf Kleidung, Aufmachung o. ä.) durch seinen Geschmack, den besonderen modischen Einfall, die betonte Eigenart reizvoll u. Gefallen erregend:* ein -es Kleid; -e Schuhe; ein -er Hut, Mantel; eine -e Handtasche; was bist du heute wieder s.!; s. aussehen, angezogen sein. **2.** ⟨nicht adv.⟩ *gut aussehend; hübsch [u. flott]:* ein enorm -es Mädchen; ich hätte doch Chancen bei viel -eren Typen (Freizeitmagazin 10, 1978, 40). **3.** (ugs. emotional) *von jmdm. als schön, großartig empfunden; jmds. anerkennende Begeisterung hervorrufend:* ein -es Auto, Zimmer; eine -e Tapete; als -er Zeitvertreib gelten Billard und Flippern (Petra 3, 1974, 13); (iron.:) Ich hatte danach einen -en Bänderriß (Spiegel 41, 1976, 122); die -en *(heute gängigen u. beliebten)* Schlagworte (Hörzu 49, 1976, 5); die -e *(vornehme)* Gesellschaft; das gilt [heute] als s.; ich finde es s., daß ihr heiraten wollt; s. ausgehen; **[1]Schick** [-], der; -s, - [unter Einfluß von frz. chic = Geschicklichkeit, Geschmack; schon frühnhd. schick = Art u. Weise, rückgeb. aus ↑(sich) [1]schicken]: **1.** ⟨o. Pl.⟩ **a)** *(in bezug auf Kleidung, Aufmachung o. ä.) schicke* (1) *Wirkung, schickes Aussehen:* der unauffällige S. ihrer Kleidung; der S. eines Kostüms; sie hat S. *(versteht sich zu kleiden);* **b)** *Leichtigkeit, Eleganz in Auftreten u. Benehmen:* S. hatte die (= Frau Rakitsch; Gaiser, Schlußball 48). **2.** ⟨o. Pl.⟩ (landsch.) **a)** *Richtigkeit, nötige Ordnung:* nun kriegt das alles wieder seinen S. (Kempowski, Uns 47); *** seinen S. nicht [ganz] haben** (ugs.; *nicht [recht] bei Verstand sein*); **b)** *Wohlgenährtheit, gesunde Beleibtheit; wohlgenährtes Aussehen:* Alle Wetter ..., die hat guten S.! (Bredel, Väter 265). **3.** (schweiz.) *vorteilhafter Handel:* einen guten S. machen.
[2]Schick [-], der; -s, -e [frz. chique, zu: chiquer, ↑[2]schicken] (süd[west]d.): *Kautabak, Priem.*
[1]schicken [ˈʃɪkn̩] ⟨sw. V.; hat⟩ /vgl. geschickt/ [mhd. schicken = (ein)richten; entsenden; sich einfügen; wohl Veranlassungsverb zu ahd. skehan, ↑geschehen]: **1.** *veranlassen, daß etw. zu jmdm. gelangt, an einen bestimmten Ort gebracht od. befördert wird:* jmdm. Blumen, einen Brief, ein Paket, einen Gruß s.; er hat das Telegramm an uns, an unsere Adresse, nach Berlin geschickt; er hat [uns] endlich ein Lebenszeichen geschickt; die Waren werden [Ihnen] ins Haus geschickt; Ü Der Zigarrenrauch schickte bläuliche Fäden in die Höhe (*ließ ... aufsteigen;* A. Zweig, Claudia 116); schickte er einen triumphierenden Blick zu seinem Lehrer (*blickte er ihn triumphierend an;* Thieß, Legende 169). **2. a)** *veranlassen, sich zu einem Zweck, mit einem bestimmten Auftrag an einen bestimmten Ort zu begeben:* eine Abordnung, seinen Stellvertreter, einen Boten s.; jmdm. Hilfspersonal s.; jmdn. einkaufen/zum Einkaufen in den Ort s.; ein Kind zum Arzt, zum Bäcker, in die Schule, nach Hause, ins/zu Bett, schlafen s.; jmdn. über die Grenze, an die Front s.; wer hat dich denn [zu mir] geschickt?; ... er habe die Mädchen dann für sich auf den Strich geschickt (Spiegel 24, 1976, 67); sie schickten ihre Söhne auf die höhere Schule, auf die Universität *(ließen sie sie besuchen);* jmdn. in die Verbannung s. *(verbannen);* jmdn. in den Krieg s. *(im Krieg als Soldat kämpfen lassen);* Ü jmdn. auf die Bretter, zu Boden s. (Jargon, bes. Boxen; *jmdm. einen Schlag versetzen, daß er zu Boden fällt*); einen Mitspieler s. (Jargon, bes. Fußball; *ihm den Ball in den freien Raum in Richtung auf das gegnerische Tor vorlegen*); als die Starter die 32 Läuferinnen ... auf die 10-km-Strecke schickten (*sie die 10-km-Strecke laufen ließen;* Olymp. Spiele 27); **b)** *jmdn. zu bestimmten Diensten o. ä. rufen, holen lassen:* nach dem Arzt, nach der Hebamme s.; man hatte schon nach einem Priester geschickt. **3.** ⟨s. + sich⟩ **a)** *eine unangenehme Lage, die man nicht ändern kann, geduldig ertragen:* sich ins Warten s.; es fiel ihm schwer, sich in die neuen Verhältnisse, Umstände, Gegebenheiten zu s.; sie schickten sich schließlich ins Unvermeidliche; sich in Gottes Willen s. *(ergeben);* sie weiß sich zu s. (veraltend; *den Umständen anzupassen*); **b)** (veraltend) *sich von selbst zu gegebener Zeit regeln; sich bei Gelegenheit ergeben:* das wird sich alles noch s.; wie es sich gerade schickt; **c)** (südwestd.) *sich gut aufführen; brav sein;* **d)** (südd.) *sich bei, wegen etw. beeilen:* sich s. müssen. **4.** ⟨s. + sich⟩ **a)** *auf Grund gesellschaftlicher Konventionen erlaubt sein, sich empfehlen* (meist verneint): bei Tisch, in Gesellschaft, für dich schickt sich das nicht; Es schickt sich wohl nicht ..., daß ich meinen Staatsanwalt verhöre (Frisch, Stiller 261); R eines schickt sich nicht für alle! (Goethe, Beherzigung); **b)** *sich für jmdn., etw. herkömmlicherweise [eher, besser] eignen:* Eine kleine Höhle war es, die sich eher für ein Tier, denn für einen Menschen schickte (Nigg, Wiederkehr 120).
[2]schicken [-] ⟨sw. V.; hat⟩ [frz. chiquer, eigtl. = kauen, essen] (landsch.): *priemen.*
schicker [ˈʃɪkɐ] ⟨Adj.; nicht adv.⟩ [jidd. schicker, zu hebr. šiker = betrunken machen] (ugs.): *[leicht] betrunken:* nach dem dritten Glas Sekt war sie ganz schön s.
Schickeria [ʃɪkəˈriːa], die; - [ital. sciccheria = Schick, Eleganz, zu: scicche < frz. chic, ↑schick] (Jargon): *in der Mode u. im Gesellschaftsleben tonangebende Schicht der oberen Zehntausend:* die internationale, Münchner S.
schickern [ˈʃɪkɐn] ⟨sw. V.; hat⟩ [jidd. schickern, zu ↑schicker] (landsch.): *Alkohol trinken.*
schicklich ⟨Adj.⟩ [mhd. (md.) schicklich = geordnet, zu ↑[1]schicken] (geh.): *einer bestimmten menschlichen od. gesellschaftlichen Situation angemessen, wie es die Konvention [u. das Taktgefühl] vorschreibt:* ein -es Benehmen; jmdm. in -em Abstand folgen; zu einer -en Zeit kommen; es ist nicht s., jmdn. so anzustarren; etw. nicht s. finden; **schicklicherweise** ⟨Adv.⟩ (geh.): *der Schicklichkeit Rechnung tragend; aus Gründen der Schicklichkeit;* **Schicklichkeit,** die; - [spätmhd. schickelīchheit = (richtige An)ordnung] (geh.): *schickliche Art des Verhaltens;* **Schicksal** [ˈʃɪkzaːl], das; -s, -e [älter niederl. schicksel = Anordnung; Fatum]: **a)** *von einer höheren Macht über jmdn. Verhängtes, ohne sichtliches menschliches Zutun sich Ereignendes, was das Leben entscheidend bestimmt:* ein trauriges, sonderbares S.; das S. eines Volkes; sein S. war besiegelt, hatte sich entschieden; das war kein leichtes S. für sie; sein S. ist zu beklagen; das S. nahm seinen Lauf; die -e, denen er begegnet war (Mühel, Baum 71); [das ist] S. (ugs.; *das muß man als Schicksal hinnehmen*); ihn ereilte das gleiche S. wie seinen Vorgänger; ein schweres S. durchmachen; sein S. hinnehmen, annehmen, meistern, tragen; das S. vorhersagen; etw. entscheidet über jmds. S.; er wird seinem S. nicht entgehen; seinem S. folgen *(es auf sich nehmen);* Ironie des -s: Der ... Kreislaufspezialist ... erlag zwei Tage später einem Herzinfarkt (Hörzu 50, 1973, 5); an jmds. S. schuld sein; sich gegen sein S. aufbäumen; sich in sein S. ergeben; in jmds. S. eingreifen; sich mit seinem S. abfinden, aussöhnen; mit seinem S. hadern; er hat sich über sein S. erhoben; sie sind vom S. geschlagen *(müssen ein hartes Schicksal erdulden);* Ü was wird das S. dieser alten Villen sein? *(was wird mit ihnen geschehen?);* *** jmdn. seinem S. überlassen** *(sich nicht weiter um jmdn. kümmern, ihn allein lassen);* **b)** ⟨o. Pl.⟩ *höhere Macht, die in einer nicht zu beeinflussenden Weise das Leben bestimmt u. lenkt:* das S. hat ihn bevorzugt, hat es gut mit ihm gemeint, hat ihn dazu ausersehen; Diotima ..., die das S. für ihn bestimmt hatte (Musil, Mann 185); das S. herausfordern; dem S. entgegentreten, aus dem Wege gehen; etw. dem S. überlassen [müssen] *(den Ausgang der Dinge nicht beeinflussen [können]);* eine Laune des blinden -s; *** S. spielen** (ugs.; *etw. zu lenken, in die Wege zu leiten suchen*); ⟨Abl.:⟩ **schicksalhaft** ⟨Adj.; o. Steig.⟩: **a)** *vom Schicksal* (b) *bestimmt, sich menschlichem Einfluß entziehend, ohne menschliches Zutun geschehend, zustande kommend u. unabwendbar:* -e Vorgänge; ein -er Prozeß; sein Weg war s. vorgezeichnet; **b)** *jmds. weiteres Schicksal* (a) *bestimmend, sich auf jmds. Leben entscheidend auswirkend:* Wenn ich die -e Bedeutung jener Formel für uns alle ... markieren darf (Thielicke, Ich glaube 117); diese Begegnung war für ihn s.; **schicksallos** ⟨Adj.; o. Steig.; nicht adv.⟩ (bildungsspr.): *kein Schicksal* (a) *[zu erdulden] habend, von dem man geprägt ist:* die -en Götter; Der -e Kleinbürger wäre er (= als beamteter Lehrer) geworden (M. Walser, Pferd 42).
schicksals-, Schicksals-: **~bedingt** ⟨Adj.; o. Steig.⟩; **~bestimmend** ⟨Adj.; o. Steig.⟩: *für die Zukunft, die weitere Entwicklung entscheidend, ausschlaggebend;* **~drama,** das (Literaturw.): **a)** ⟨o. Pl.⟩ *Tragödie, in der sich der Held einem dämonischen, unheimlichen Schicksal wehrlos ausgeliefert sieht;* **b)** *einzelne Tragödie der Gattung Schicksalsdrama*

(a); ~**faden,** der [nach dem Faden, den die Schicksalsgöttin spinnt] (geh.): *Faden, an dem das Schicksal eines Menschen hängt:* Die Schicksalsfäden ihrer Zukunft laufen in ... Berlin zusammen (Quick 1, 1959, 4); ~**frage,** die: *wesentliche Frage, von deren Entscheidung viel für die betreffende Person, Institution o. ä. abhängt:* die -n unserer Geschichte; ~**fügung,** die; ~**gefährte,** der: svw. ↑Leidensgenosse; ~**gefährtin,** die: w. Form zu ↑~gefährte; ~**gemeinschaft,** die: *Gemeinschaft von Menschen, die das gleiche schwere Schicksal verbindet;* ~**genosse,** der: svw. ↑Leidensgenosse; ~**genossin,** die: w. Form zu ↑~genosse; ~**glaube,** der: svw. ↑Fatalismus, dazu: ~**gläubig** ⟨Adj.⟩: svw. ↑fatalistisch; ~**göttin,** die (griech., germ. Myth.): *Göttin, dämonische Gestalt, die bei der Geburt eines Menschen dessen Schicksal voraussagt;* ~**roman,** der; ~**schlag,** der: *nur schwer zu ertragendes, einschneidendes Ereignis in jmds. Leben:* von grausamen Schicksalsschlägen getroffen werden; sich nur schwer von seinem S. erholen; ~**schwer** ⟨Adj.; o. Steig.; nicht adv.⟩ (geh.): *von der Art, daß jmds. Schicksal davon abhängt, jmds. Leben dadurch einschneidend verändert wird:* ein -er Brief, Tag; ~**trächtig** ⟨Adj.; o. Steig.; nicht adv.⟩: *schicksalsschwer, schicksalsvoll;* ~**voll** ⟨Adj.; o. Steig.; nicht adv.⟩ (geh.): *schicksalsschwere Ereignisse o. ä. mit sich bringend, dadurch gekennzeichnet:* in -er Zeit; ~**wende,** die: *in jmds. Leben eintretende schicksalhafte Wende.*

Schickschuld, die; - (jur.): *Bringschuld, bei der das Geld an den Gläubiger zu senden ist.*

Schickse [ˈʃɪksə], die; -, -n [aus der Gaunerspr. < jidd. schickse(n) = Christenmädchen; Dienstmädchen, zu hebr. šeqez = Unreines; Abscheu]: **1.** (derb abwertend) *Flittchen:* sie ist eine S. **2.** (ns., salopp) *Jüdin:* daß Kaltenbrunner die S. aufbewahrt, damit ... (Hochhuth, Stellvertreter 209).

Schickung, die; -, -en [spätmhd. schickunge, zu ↑¹schicken] (geh.): svw. ↑Fügung (1): Eine böse, aber heilsame S., wenn es kein Zufall war (Rinser, Mitte 33); Als bedeutende S. kam hinzu, daß das deutsche Buchdruckgewerbe aus Frankfurt am Main nach Leipzig zog (Jacob, Kaffee 145).

Schieb- (schieben): ~**fach**: ↑Schubfach; ~**karre[n]**: ↑Schubkarre[n]; ~**kasten**: ↑Schubkasten; ~**lade**: ↑Schublade; ~**lehre,** die (Technik): *²Lehre mit zwei gegeneinander verschiebbaren Teilen, von denen der eine mit einem Nonius versehen ist; Meßkluppe, -schieber.*

Schiebe- (schieben): ~**bock,** der (landsch.): svw. ↑Schubkarre; ~**bühne,** die: **1.** (Eisenb.) *meist in einer Vertiefung rollende Vorrichtung, auf der Eisenbahnfahrzeuge von einem Gleis auf ein parallel laufendes gefahren werden können.* **2.** (Theater) *Bühne, bei der die Dekorationen auf den Seiten hereingefahren werden;* ~**dach,** das: *zurückschiebbarer Teil im Verdeck eines Personenkraftwagens;* ~**deckel,** der: *über einen kleinen Behälter zu schiebender (statt z. B. zu schraubender) Deckel;* ~**fenster,** das: *zum Öffnen nach oben, unten od. nach der Seite zu verschiebendes Fenster;* ~**ramsch,** der (Skat): *Ramsch, bei dem die Spieler nacheinander den Skat aufnehmen u. zwei [andere] Karten dafür weitergeben;* ~**sitz,** der: *verschiebbarer Sitz;* ~**tür,** die: *zum Öffnen seitlich verschiebbare Tür;* ~**wand,** die: *seitlich verschiebbare Wand;* ~**widerstand,** der (Elektrot.): *durch Verschieben eines Läufers (4) veränderbarer elektrischer Widerstand.*

schieben [ˈʃiːbn̩] ⟨st. V.⟩ [mhd. schieben, ahd. scioban; 6: unter Einfluß der Gaunerspr.]: **1.** ⟨hat⟩ **a)** *durch entsprechend starkes Drücken fortbewegen:* Kulissen [über die Bühne] s.; wir mußten die schwere Kiste über den Flur s.; die Lokomotive schob den Waggon auf ein Nebengleis; wir haben den Schrank zu zweit in die Ecke geschoben; ⟨auch ohne Akk.-Obj.⟩ unser Auto sprang nicht an, also schoben wir; du sollst s., nicht ziehen; fest, kräftig s.; **b)** *etw., was Rollen od. Räder hat, angefaßt halten u. beim Gehen mit vorwärts bewegen:* einen Kinderwagen, ein Fahrrad s.; den Einkaufswagen durch den Supermarkt s. **2.** ⟨hat⟩ **a)** *nur leicht mit den Fingern gegen etw. drücken u. dadurch seine Lage in eine bestimmte Richtung hin verändern:* den Hut in den Nacken, die Brille auf die Stirn, ein Buch zur Seite s.; Büroklammern auf einen Haufen, die Blumenvase nach rechts, links, hinten, vorn s.; **b)** *in gleitender Weise von etw. weg- od. irgendwohin bewegen:* die Tasse, die Decke von sich s.; das Brot in den Ofen s.; den Riegel vor die Tür s.; der Gast schob seinen Stuhl näher an den Tisch; Kuchen in den Mund s.; die Hände in die Manteltaschen s. *(stecken);* (Fußball Jargon:) der Fußballspieler schob den Ball ins Tor; Ü einen Verdacht von sich s.; die USA an die Peripherie der Weltpolitik s. wollen. **3.** ⟨hat⟩ **a)** *durch Schieben* (1 a) *jmdn. irgendwohin drängen:* die Mutter schiebt die Kinder hastig in den Zug, aus dem Zimmer; (Fußball Jargon:) er versuchte zu köpfen, wurde aber von hinten geschoben; Ü er muß immer geschoben werden (ugs.; *tut nichts von sich aus*); **b)** ⟨s. + sich⟩ *mit leichtem Schieben* (1 a) *sich bemühen, sich durch etw., was wenig Platz bietet, hindurch od. in es hinein zu bewegen:* er schob sich rücksichtslos, geschäftig durchs Gewühl; die Menge schiebt sich durch die Straßen; ich schob *(zwängte)* mich in die Kirchenbank; **c)** ⟨s. + sich⟩ *wie gleitend sich [vorwärts] bewegen [u. allmählich irgendwohin gelangen]:* eine Kaltfront schiebt sich über Mitteleuropa; eine dunkle Wolke schiebt sich vor die Sonne; er schob sich näher; der Rock schob sich in die Höhe; Ü (Sport Jargon:) der Läufer schob sich im Wettkampf nach vorn, an die Spitze des Feldes, auf den 2. Platz. **4.** *für etw. Unangenehmes jmdn., etw. verantwortlich machen, es jmdm. zur Last legen* ⟨hat⟩: sie schob die Schuld, die Verantwortung für den Fehler, den Verdacht auf ihre Kollegin; er schob seine Kopfschmerzen, seine Müdigkeit auf den Föhn. **5.** ⟨ist⟩ (salopp) **a)** *[träge, schlurfend, bewußt lässig] gehen:* er schob durchs Zimmer, verärgert um die Ecke; **b)** *mit den Füßen über den Boden schleifend, gleitend tanzen; einen Schieber* (5) *tanzen:* er schob mit ihr über das Parkett; Sie schieben gut, es ist ein Vergnügen, ihnen zuzusehen (Th. Mann, Unordnung 700). **6.** (salopp) *gesetzwidrige Geschäfte machen, auf dem schwarzen Markt mit etw. handeln* ⟨hat⟩: mit Zigaretten, Kaffee, Rauschgift s.; er hat nach dem Krieg geschoben; Devisen s. **7.** (Skat) *(beim Schieberamsch) den Skat nicht aufnehmen, sondern ihn, ohne hineingesehen zu haben, weitergeben* ⟨hat⟩: ich schiebe; schiebst du?

Schieber [ˈʃiːbɐ], der; -s, - [zu ↑schieben; 4: vgl. schieben (6), Schiebung]: **1.** *verschiebbare Absperrvorrichtung bei Türen, Geräten, Rohrleitungen, Maschinen:* den S. öffnen; weil der Wärter (= im Zoo) den falschen S. zog (Grzimek, Serengeti 254). **2.** *Eßgerät für Kinder, mit dem das Essen auf den Löffel geschoben wird.* **3.** svw. ↑Bettpfanne. **4.** (ugs.) *jmd., der [in wirtschaftlichen Krisenzeiten] unerlaubte, unsaubere Geschäfte macht:* Lisa ... schwimmt ... auf den Wogen der deutschen Inflation. Sie ist die schöne Helena der S. (Remarque, Obelisk 11). **5.** (ugs.) svw. ↑Onestep; ⟨Zus.:⟩ **Schiebergeschäft,** das (ugs.): *unerlaubtes, unsauberes Geschäft;* **Schiebermütze,** die (ugs.): *Schirmmütze mit breiter Form (für Reise u. Sport);* **Schiebung,** die; -, -en (ugs.): **1.** *Schiebergeschäft, betrügerisches Vorgehen:* eine kleine S. mit Wolldecken; -en machen, aufdecken. **2.** *ungerechtfertigte Bevorzugung, Begünstigung:* das ist ja S.!; die Zuschauer auf dem Sportplatz riefen: „Schiebung!"; er hat durch S. diesen Posten bekommen.

schiech [ʃiːç] ⟨Adj.⟩ [mhd. schiech, ↑scheu] (landsch., bes. österr., bayr.): **1.** *[nicht von geraden, schönen Formen, sondern etw. verwachsen u.] häßlich:* ein -es Objekt, dumm-klobig und von ungewohnter breiter Form (Doderer, Wasserfälle 127); Soll ich mich ängstigen, soll der Murkel s. werden wegen ein bißchen Geld? (Fallada, Mann 34). **2.** *zornig, wütend:* Das ist ein Skandal, da werd ich leicht s. (Kraus, Tage 275).

schied [ʃiːt]: ↑scheiden; **Schied** [-], der; -s, -e [zu ↑scheiden] (veraltet): *die Trennung, Scheidung; das Scheiden;* ⟨Abl.:⟩ **schiedlich** ⟨Adj.; nicht präd.⟩ [mhd. schidlich] (selten): *(in Streitsachen) versöhnlich, nachgiebig; verträglich, friedfertig:* auf daß die beiden Völker s. nebeneinander hausen (Broch, Versucher 72); einen Streit s. und friedlich beilegen; **schiedlich-friedlich** ⟨Adj.⟩: *ohne Streit, im guten:* sich s. einigen; s. auseinandergehen.

schieds-, Schieds-: ~**gericht,** das: **1.** (jur.) **a)** *Institution, die an Stelle eines staatlichen Gerichts bei Rechtsstreitigkeiten eine Entscheidung durch Schiedsspruch fällt;* **b)** *Gruppe von Personen, die ein Schiedsgericht* (1 a) *bildet.* **2.** (Sport) **a)** *Gremium von Kampf- od. Schiedsrichtern, das als höchstes Kampfgericht bei Differenzen zur Entscheidung angerufen wird od. selbst in einen Wettkampf eingreift;* **b)** svw. ↑Kampfgericht, dazu: ~**gerichtlich** ⟨Adj.; o. Steig.; nicht präd.⟩: **1.** *das Schiedsgericht* (1) *betreffend, zu ihm gehörend.* **2.** *vom Schiedsgericht, mit Hilfe des Schiedsgerichts [durch-, herbeigeführt];* ~**klausel,** die (jur.): *Bestimmung in einem Vertrag o. ä., die festlegt, daß Rechtsstreitigkeiten durch ein Schiedsgericht* (1) *beigelegt werden;* ~**kommission,** die (jur.): **1.** svw. ↑~gericht. **2.** (DDR) *gewählte Kommission in sozialen Wohnbereichen u. Genossenschaften sowie in Privatbetrieben, die über geringfügige Vergehen u. kleinere zivilrechtliche Streitigkeiten eigenverantwortlich entscheidet;* **~mann,** der ⟨Pl. ...leute od. ...männer⟩ (früher): svw. ↑Friedensrichter; **~richter,** der: **1.** (jur.) *Angehöriger des Schiedsgerichts* (1). **2.** (Ballspiele) *jmd., der das Spiel unparteiisch leitet, bei einem Verstoß gegen die Regeln unterbricht, Strafen ausspricht o. ä.:* der S. pfeift das Spiel an, gibt einen Strafstoß, stellt einen Spieler vom Platz; R S. [ans] Telefon (Fußball Jargon; wird gerufen, wenn eine Entscheidung des Schiedsrichters spöttisch kritisiert wird). **3.** (Sport) *Kampfrichter,* dazu: **~richterauszeit,** die (Basketball): *Auszeit, die der Schiedsrichter anordnet,* **~richterball,** der (Ballspiele): *(nach unterbrochenem Spiel) durch einen Wurf vom Schiedsrichter für das Spiel freigegebener Ball, Hochball,* **~richterbeleidigung,** die, **~richtereinwurf,** der (Wasserball): svw. ↑~richterball, **~richterentscheidung,** die, **~richtergespann,** das (Eishockey, Hockey, Handball): *die beiden Schiedsrichter, die das Spiel leiten,* **~richterkreis,** der (Eishockey): *roter Halbkreis, den nur die Schiedsrichter betreten dürfen, wenn sie mit den Kampfrichtern sprechen,* **~richterlich** ⟨Adj.; o. Steig.; nicht präd.⟩: *den Schiedsrichter betreffend, zu seinem Amt gehörend:* die -e Gewalt, Tätigkeit; ohne -e Genehmigung *(Genehmigung von seiten des Schiedsrichters),* **~richtern** [...rıçtɐn] ⟨sw. V.; hat⟩: *das Amt eines Schiedsrichters ausüben:* Es gibt keine höhere Autorität über ihnen, die da s. könnte (Bruder, Der Homosexuelle 73), **~richterstuhl,** der (Badminton, Tennis, Volleyball): *auf einem Gestell in bestimmter Höhe befestigter Sitz am Rande des Spielfeldes, von dem aus der Schiedsrichter das Feld gut überblicken kann,* **~richterurteil,** das, **~richterwurf,** der (bes. Handball, Korbball): svw. ↑~richterball, *Hochwurf* (1 a); **~spruch,** der (jur.): *Entscheidung eines Schiedsgerichts* (1); **~urteil,** das (jur.): *Urteil des Amtsgerichts* (bezogen auf bestimmte Fälle); **~verfahren,** das: *Verhandlung u. Entscheidung von Rechtsstreitigkeiten durch ein Schiedsgericht* (1); **~vergleich,** der: *durch ein Schiedsgericht* (1) *bewirkter Vergleich;* **~vertrag,** der: vgl. ~klausel.

schief [ʃi:f] ⟨Adj.⟩ [mhd. (md.) schief, in md., mniederd. Lautung hochsprachlich geworden]: **1. a)** *nicht senkrecht, gerade in die Höhe stehend, wie man es erwartet, wie es sein sollte, sondern von der Senkrechten abweichend nach rechts od. links geneigt:* ein -er Pfosten, Turm; eine -e Mauer, Wand; er hält den Kopf s.; der Baum ist s. gewachsen; Ü das ist ja alles krumm und s.; **b)** *keine waagerechte Lage habend, sich nicht parallel zu etw. (z. B. zur Wand, Decke) befindend, wie man es erwartet, wie es sein sollte, sondern davon [nach oben oder unten] abweichend:* einen -en Mund, eine -e Schulter, Hüfte haben; der Tisch steht s.; der Teppich liegt s.; das Bild hängt s.; er hat sich die Mütze s. aufgesetzt; die Schuhe haben -e *(einseitig abgetretene)* Absätze; Ü sich in einer -en Lage, Situation befinden; jmdm. einen -en *(skeptisch-mißgünstigen)* Blick zuwerfen; * **s. geladen haben**; **s. sein** (landsch.; *betrunken sein;* nach dem Bild einer schlecht verteilten [Fracht]ladung); **jmdn. s. ansehen** (ugs.; *sich reserviert-ablehnend jmdm. gegenüber verhalten*). **2.** *dem Sachverhalt nur zum Teil entsprechend u. daher einen falschen, von der Wirklichkeit abweichenden Eindruck vermittelnd:* einen -en Vergleich gebrauchen; die Presse hat eine -e Darstellung des Vorfalls gebracht; du hast ein völlig -es Bild von den Verhältnissen; eine -e Ansicht von etw. haben; etw. s. beurteilen; das siehst du ganz s.

schief-, Schief-: **~blatt,** das ⟨Pl. selten⟩ (selten): svw. ↑Begonie; **~gehen** ⟨unr. V.; ist⟩ (ugs.): *keinen guten Verlauf nehmen; nicht das gewünschte Ergebnis zeigen; nicht glücken:* die Sache wäre fast schiefgegangen, hätte s. können; warum ist ihre Ehe schiefgegangen?; Was er auch anfaßt, alles geht ihm schief (Fallada, Jeder 204); dann kann's leicht mit dir s. (K. Mann, Wendepunkt 132); R [keine Angst/nur Mut] es wird schon s.! (scherzh.; *glücken, gelingen*); **~gewikkelt** in der Wendung **s. sein** (ugs.; *sich im Irrtum befinden; sich gründlich irren;* viell. nach dem Bild einer nicht exakt gewickelten Garnrolle): wenn du glaubst, du kannst mich herumkommandieren, bist du s.; **~hals,** der (Med.): *krankhafte schiefe Stellung des Halses,* dazu: **~halsig** ⟨Adj.; nicht adv.⟩; **~lachen,** sich ⟨sw. V.; hat⟩ (ugs.): svw. ↑kranklachen; **~laufen** ⟨st. V.; hat⟩: **1.** vgl. ~treten. **2.** (ugs.) svw. ↑~gehen; **~liegen** ⟨st. V.; hat⟩ (ugs.): *von falschen Voraussetzungen ausgehen; einen falschen Standpunkt vertreten:* mit seinen Vermutungen, Ansichten s.; **~mäulig** ⟨Adj.⟩ (ugs.): **1.** *mit schiefem Maul, Mund.* **2.** svw. ↑mißgünstig; **~treten** ⟨st. V.; hat⟩: *so gehen, daß das Betroffene nicht gleichmäßig, sondern nur einseitig abgetreten* (4 b) *wird:* die Absätze s.; **~wink[e]lig** ⟨Adj.; o. Steig.⟩: *keinen rechten Winkel aufweisend, bildend, beschreibend usw.*

Schiefe ['ʃi:fə], die; -: *schiefe Lage od. Richtung.*

Schiefer ['ʃi:fɐ], der; -s, - [mhd. schiver(e), ahd. scivaro = Stein-, Holzsplitter, zu ↑scheiden, also eigtl. = Abgespaltenes]: **1.** *aus dünnen, ebenen Lagen bestehendes, meist dunkles Gestein* (1), *das sich leicht in flache Platten spalten läßt:* S. abbauen, brechen, verarbeiten; ein Dach mit S. *(Schieferplatten)* [ein]decken. **2.** (landsch., bes. österr.) *kleiner Splitter [aus Holz]:* ich habe mir einen S. in die Haut, unter den Nagel [ein]gezogen.

schiefer-, Schiefer- (Schiefer 1): **~bedachung,** die: svw. ↑~dach; **~bergbau,** der ⟨o. Pl.⟩: *Gewinnung von Schiefer durch Abbau im Bergwerk od. im Tagebau;* **~blau** ⟨Adj.; o. Steig.; nicht adv.⟩: *graublau u. stählern schimmernd;* **~bruch,** der: *Steinbruch, in dem Schiefer abgebaut wird;* **~dach,** das: *Dach, das mit Schieferplatten gedeckt ist;* **~dekker,** der (landsch.): svw. ↑Dachdecker; **~dunkel** ⟨Adj.; o. Steig.; nicht adv.⟩: vgl. ~blau; **~farben, ~farbig** ⟨Adj.; o. Steig.; nicht adv.⟩: *von der Farbe des Schiefers;* **~gebirge,** das (Geol.): *Gebirge, bei dessen Aufbau Schiefer überwiegt;* **~grau** ⟨Adj.; o. Steig.; nicht adv.⟩: vgl. ~blau; **~griffel,** der: svw. ↑Griffel (1); **~kasten,** der (landsch. veraltet): svw. ↑Federmäppchen; **~platte,** die: *(bes. zum Decken von Dächern verwendete) flache, viereckige Platte aus Schiefer;* **~öl,** das: *aus Ölschiefer gewonnenes Öl;* **~stift,** der: svw. ↑Griffel (1); **~tafel,** die: *[kleine] flache Schieferplatte [mit eingravierten Zeilen od. Kästchen u. einem Rahmen aus Holz], auf der man (z. B. mit Kreide) schreiben kann;* **~ton,** der ⟨Pl. -e⟩ (Geol.): *meist dunkler, fester, dem Schiefer ähnlicher Ton.*

schieferig ['ʃi:fərıç]: ↑schiefrig; **[1]schiefern** ['ʃi:fɐn] ⟨sw. V.; hat⟩ [zu ↑Schiefer]: **1.** (Weinbau) *Erde mit [zerkleinertem] Schiefer bestreuen.* **2.** ⟨s. + sich⟩ **a)** *sich in dünne Platten spalten;* **b)** (landsch.) *sich in Splittern [ab]lösen, abschilfern.* **3.** ⟨s. + sich⟩ (landsch., bes. österr.) *sich einen Splitter einreißen, einziehen;* **[2]schiefern** [-] ⟨Adj.; o. Steig.; nicht adv.⟩: **1.** *aus Schiefer [bestehend].* **2.** svw. ↑schieferfarben; **Schieferung,** die; -, -en ⟨Pl. selten⟩: **1.** *das Schiefern* (1). **2.** *das Sichschiefern* (2).

Schiefheit, die; -, -en: **1.** ⟨o. Pl.⟩ *das Schiefsein.* **2.** *schiefe Ansicht o. ä., Unausgeglichenheit, Ungenauigkeit:* wenn man alle die Ungenauigkeiten und -en anmerken wollte ... (Tucholsky, Werke II, 247).

schiefrig ['ʃi:frıç] ⟨Adj.; o. Steig.; nicht adv.⟩: **1.** *dem Schiefer* (1) *ähnlich.* **2.** svw. ↑schieferfarben.

schieg [ʃi:k] ⟨Adj.⟩ [südd. mundartl. Nebenf. von ↑schief] (veraltet): ↑schief; **schiegen** ['ʃi:gn̩] ⟨sw. V.⟩ (landsch.): **1.** *mit eingekehrten Füßen gehen* ⟨ist⟩. **2.** *(die Schuhe) schieftreten* ⟨hat⟩; **schieggen** [-] (schweiz.): ↑schiegen.

Schielauge, das; -s, -n (veraltet): **1.** * **-n machen** (scherzh.; *durch [begehrliche] Blicke verraten, daß man etw. gerne haben möchte*). **2.** *jmd., der schielt;* **schieläugig** ⟨Adj.⟩ (selten): *schielend;* **schielen** ['ʃi:lən] ⟨sw. V.; hat⟩ [mhd. schilhen, ahd. scilihen, zu ↑scheel]: **1.** *einen Augenfehler haben, bei dem beide Augen nicht parallel geradeaus blicken, die Blickrichtung eines od. beider Augen nach innen od. außen abweicht:* das Kind schielt; heftig, stark, leicht [auf dem rechten Auge] s. **2.** (ugs.) **a)** *sich bemühen, etw. sehen zu können:* um die Ecke, über den Zaun s.; er schielte durchs Schlüsselloch; **b)** *[darauf bedacht, nicht bemerkt zu werden, verstohlen] irgendwohin blicken:* argwöhnisch nach dem Eingang s.; er schielt hilflos zu seiner Frau; nun wird sie verlegen, als der Richter nach ihren Beinen schielt (Spiegel 44, 1974, 128); **c)** *etw. haben wollen:* nach jmds. Geld, nach dem Ministersessel s.; Kluncker schielt auf die 35-Stunden-Woche (*will sie einführen;* MM 26. 2. 79, 2); **Schieler,** der; -s, -: *jmd., der schielt.*

Schiemann ['ʃi:-], der; -[e]s, ...männer [niederd. schēmann, mniederd. schimman, H. u.] (Seew. früher): *Bootsmannsmaat;* **schiemannen** ⟨sw. V.; hat⟩ (Seew. früher): *Dienste eines Bootsmannsmaats verrichten.*

schien [ʃi:n]: ↑scheinen.

Schienbein, das; -[e]s, -e [mhd. schinebein, eigtl. = spanförmiger Knochen, zu ↑Schiene]: *vorderer, stärkerer der beiden vom Fuß bis zum Knie gehenden Knochen des Unterschenkels.*

Schienbein-: ~**bruch,** der: [1]*Bruch* (2a) *des Scheinbeins;* ~**fraktur,** die: svw. ↑-bruch; ~**knöchel,** der (Anat.): *am etwas verbreiterten Ende des Schienbeins ausgebildeter innerer Fußknöchel;* ~**schoner,** der, ~**schützer,** der (bes. Fußball, Eishockey): *unter den Strümpfen getragenes Polster, das das Schienbein vor Verletzungen schützt.*

Schiene ['ʃi:nə], die; -, -n [mhd. schine, ahd. scina = Schienbein, eigtl. = abgespaltenes Stück, Span, zu ↑schneiden]: **1.** *langgestreckter, geformter Stahl, auf dessen Profil* (4a) *die Räder von Schienenfahrzeugen passen:* die -n prüfen, kontrollieren; die -n waren verbogen, gelockert; -n [für die Straßenbahn] legen, verschweißen; diese Fahrzeuge sind an -n gebunden; der Kran bewegt sich, fährt auf -n; der Zug ist aus den -n gesprungen *(entgleist);* Ü eine Reaktivierung der S. *(der Eisenbahn;* Augsburger Allgemeine 13./14. 5. 78, 47); * **aus den -n werfen** (selten; ↑Gleis a). **2. a)** *schmale lange Latte aus Metall, Holz, Kunststoff o. ä. mit einem Steg od. einer Rille als führende Vorrichtung für Teile, die durch Gleiten od. Rollen zu bewegen sind:* -n für den Flaschenzug montieren; die Rollen der Gardine laufen in einer S.; Es gab Leitern, die bis zur Decke reichten u. dort in -n liefen (Simmel, Stoff 334); **b)** *schmale Leiste (meist aus Metall) mit einer Rille zum Zusammenhalten einzelner Teile, zum Schutz od. als Zierde:* an den Kanten der Stufen sind -n aus Messing angebracht. **3.** (Med.) *(aus Holz, Metall, Kunststoff o. ä. hergestellte) Stütze, die dazu dient, verletzte Gliedmaßen ruhigzustellen od. (bei Kindern) gelockerte [Milch]zähne zu fixieren.* **4.** svw. ↑Reißschiene. **5.** *(in einem Schalt- od. Kraftwerk) stabile, starke, nicht isolierte elektrische Leitung.* **6.** (früher) *aus einer gebogenen Platte bestehender Teil der Rüstung, der Arme od. Beine bedeckt;* **schienen** ['ʃi:nən] ⟨sw. V.; hat⟩: **1.** *durch eine Schiene* (3) *ruhigstellen:* den gebrochenen Arm s.; der Bruch mußte geschient werden. **2.** (früher) ⟨meist im 2. Part.⟩ *mit einer Rüstung angetan sein.*

schienen-, Schienen-: ~**bahn,** die: *Bahn, die auf Schienen fährt* (z. B. Eisenbahn, Untergrund-, Hochbahn o. ä.); ~**bremse,** die: *aus einem Elektromagneten bestehende zusätzliche* [1]*Bremse einer Straßenbahn od. eines Triebwagens, die sich gleichsam an den Schienen festsaugt;* ~**bruch,** der: die Strecke war wegen eines -s gesperrt; ~**bus,** der: *Triebwagen, dessen Karosserie der eines Omnibusses ähnlich ist;* ~**ersatzverkehr,** der (DDR): *(bei Störung der Zugverbindung als Ersatz eingesetzte) Omnibusse, die die Reisenden befördern;* ~**fahrzeug,** das: *Fahrzeug, das auf Schienen* (1) *fährt od. gleitet;* ~**gebunden** ⟨Adj.; o. Steig.; nicht adv.⟩: *nur auf Schienen fahrend; an Schienen gebunden:* -e Fahrzeuge; ~**gleich** ⟨Adj.; o. Steig.; nicht adv.⟩ (Verkehrsw.): vgl. niveaugleich: die Beseitigung -er Bahnübergänge planen; ~**netz,** das: *Netz* (2b) *von Schienen;* ~**omnibus,** der: svw. ↑~bus; ~**räumer,** der: *Gerät, das an einer Lok o. ä. montiert ist, um damit Hindernisse von Schienen zu räumen;* ~**stoß,** der (früher): *Lücke zwischen zwei aneinanderstoßenden Schienen;* ~**strang,** der: *(über eine lange Distanz sich erstreckende) zu Gleisen montierte Schienen;* ~**triebwagen,** der: svw. ↑Triebwagen; ~**verkehr,** der; ~**weg,** der: *Gleis (als Verbindung zwischen Orten).*

[1]**schier** [ʃi:ɐ̯] ⟨Adv.⟩ [mhd. schiere = bald, ahd. scēro, scioro = schnell, sofort]: drückt auf emotionale Weise aus, daß etw. einem außerordentlichen, erstaunlichen Zustand, Grad, Ausmaß sehr nahe kommt; *geradezu, nahezu, fast:* eine s. unübersehbare Menschenmenge; ich möchte s. verzweifeln; das ist s. unmöglich.

[2]**schier** [-] ⟨Adj.; o. Steig.; nicht adv.⟩ [mhd. schīr = lauter, hell, zu ↑scheinen] (landsch.): *[unvermischt] rein; blank* (3): -es Gold; -es Fleisch *(Fleisch ohne Fett, Sehnen u. Knochen);* Ü die -e Ungezogenheit, Bosheit, Dummheit; ⟨Abl.:⟩ **schieren** ['ʃi:rən] ⟨sw. V.; hat⟩: **a)** (landsch.) *auslesen, ausscheiden;* **b)** (Fachspr.) *(Eier) mit einer speziellen Lampe durchleuchten, um unbrauchbare auszusondern.*

Schierling ['ʃi:ɐ̯lɪŋ], der; -s, -e [mhd. schirlinc, ahd. scer[i]linc, zu einem im Hochd. untergegangenen Wort mit der Bed. „Mist"; die Pflanze wächst bes. bei Dunghaufen]: *sehr hohe, giftige Pflanze mit weißen Doldenblüten;* ⟨Zus.:⟩ **Schierlingsbecher,** der [nach der im antiken Athen üblichen Methode, jmdm., der zum Tode verurteilt war, einen Trank zu reichen, dem das Gift des Schierlings beigemischt war] (bildungsspr.): *Gefäß mit einem Getränk, dem Gift beigemischt ist:* den S. nehmen, leeren, trinken (bildungsspr.; *sich mit Gift töten);* **Schierlingstanne,** die: *(in Asien u. Nordamerika heimische) Kiefer mit silbrigen Streifen auf der Unterseite der Nadeln u. kugeligen Zapfen; Hemlocktanne.*

schieß-, Schieß-: ~**ausbildung,** die: *Ausbildung im Umgang mit Schußwaffen;* ~**baumwolle,** die: svw. ↑Nitrozellulose; ~**befehl,** der: S. erteilen; ~**bude,** die: *(auf dem Rummelplatz) Bude, in der man gegen einen Einsatz auf ein [bewegliches] Ziel schießt u. für eine gewisse Anzahl von Treffern einen Preis erhält,* dazu: ~**budenbesitzer,** der, ~**budenfigur,** die: *Figur, die in einer Schießbude u. a. als Ziel dient:* Als S. würdest du dich besser eignen ..., weil dich die Leute bestimmt um jeden Preis treffen möchten (Fels, Sünden 106); Ü er ist eine richtige S., sieht aus wie eine S. (ugs.; *wirkt auf Grund seines Äußeren lächerlich u. komisch);* ~**eisen,** das (ugs.): *Schußwaffe;* ~**gewehr;** das (Kinderspr.): svw. ↑Gewehr; ~**hund,** der (Jägerspr. veraltet): *Jagdhund [der angeschossenes Wild aufspürt];* * **aufpassen wie ein S.** (ugs.; *sehr aufmerksam alles beobachten, was vor sich geht, um gegebenenfalls entsprechend reagieren zu können);* ~**lehre,** die: *Lehre vom Schießen* (1a); ~**mäßig** ⟨Adv.⟩: *im Hinblick auf das Schießen:* s. wurden gute Ergebnisse erzielt; ~**meister,** der (Bergmannsspr.): svw. ↑Sprengmeister; ~**pflicht,** die (schweiz.): *Schießübung, zu der bestimmte militärische Ränge verpflichtet sind;* ~**platz,** der: *Platz für Schießübungen;* ~**prügel,** der (salopp): svw. ↑Gewehr; ~**pulver,** das: *(heute auf der Basis von Schießwolle hergestellter) explosiver Stoff für Sprengungen, Feuerwerkskörper u. zum Schießen mit Feuerwaffen:* * **das S. [auch] nicht [gerade] erfunden haben** (↑Pulver 1c); ~**scharte,** die (früher): *[längliche] Öffnung im Mauerwerk von Burgen, Festungen o. ä., von der aus auf den Feind geschossen wurde;* ~**scheibe,** die: *Scheibe mit verschiedenen Markierungen als Ziel beim Schießen;* ~**sport,** der; ~**stand,** der: *Anlage mit Schießscheiben u. ä. für Schießübungen od. sportliche Wettbewerbe;* ~**übung,** die; ~**waffe,** die (schweiz.): svw. ↑Schußwaffe; ~**wolle,** die: svw. ↑Nitrozellulose; ~**wütig** ⟨Adj.; nicht adv.⟩ (ugs.): *schnell dazu bereit [rücksichtslos] zu schießen* (1a): ein -er Gangster; ist die Polizei zu s.?

schießen ['ʃi:sn̩] ⟨st. V.⟩ [mhd. schieȥen, ahd. scioȥan]: **1.** ⟨hat⟩ **a)** *einen Schuß abgeben, von der Schußwaffe Gebrauch machen:* sicher s.; Hände hoch oder ich schieße!; der Befehl lautet: ohne Anruf s.; es wurde aus dem Fenster, aus dem Haus, vom Dach her geschossen; er schoß wild um sich; die Panzer schossen mitten in die Menschenmenge; nach der Scheibe, in die Luft, auf jmdn. s.; Wer hat sie (landsch.; *auf sie)* geschossen? (Fr. Wolf, Menetekel 293); Ü als ob wir gegen die Gewerkschaft schießen *(sie mit Angriffen in Bedrängnis bringen;* v. d. Grün, Glatteis 225); er schießt gut, schlecht *(ist ein guter, schlechter Schütze);* **b)** *mit etw. (einer bestimmten Waffe) einen Schuß abgeben:* mit der Pistole, der Armbrust, dem Bogen s.; **c)** *als Geschoß verwenden; mit etw. (als Geschoß) einen Schuß abgeben:* mit Schrot, mit einem Pfeil, mit Übungsmunition, mit scharfer Munition s.; das havarierte Schiff schoß Buntfeuer; Ü scharfe, wütende Blicke s.; plötzlich wird mit Witzen geschossen *(angegriffen),* die etwas zu scharf sind, etwas vergiftet (Frisch, Stiller 131); **d)** *sich in bestimmter Weise zum Schießen* (1a) *eignen:* das Gewehr, die Flinte schießt gut, schießt nicht [mehr]; **e)** *(jmdn. an einer bestimmten Stelle) mit einem Schuß treffen:* er hat ihn/ihm in die Wade, in den Arm geschossen; sich durch die Schläfe, ins Herz s.; **f)** *(ein Geschoß) durch Abfeuern an ein bestimmtes Ziel bringen:* die Harpune in den Rücken des Hais s.; er hat sich eine Kugel in den Kopf geschossen; eine Rakete, einen Satelliten ins All, auf seine Umlaufbahn s.; Was sagt eine Frau zu ihrem Mann, ehe er in den Weltraum geschossen wird (Kaschnitz, Wohin 162); **g)** *etw. durch einen Schuß, durch Schüsse an etw. verursachen:* Löcher in die Tür, in die Wand s.; er schoß nur Löcher in die Luft *(traf nichts);* **h)** *mit einem Schuß, mit Schüssen treffen u. damit in einen bestimmten Zustand bringen, etw. bewirken:* das Dorf wurde in Grund und Boden geschossen; einen Vogel vom Baum s. *(mit einem Schuß treffen, so daß er vom Baum fällt);* eine Festung sturmreif s. *(durch Beschießen in einen solchen Zustand bringen, daß sie gestürmt werden kann);* jmdn. zum Krüppel s. *(jmdn. durch einen Schuß zum Krüppel machen);* **i)** *durch einen Schuß, durch Schüsse etw. erzielen, bekommen:* auf der

Scheibe eine Zwölf s.; jmdm. eine Rose s.; er hat einen Preis geschossen; **j)** ***jmdm. eine s.** (salopp; *jmdm. eine Ohrfeige geben*); **k)** *(Jagdwild o. ä.) durch einen Schuß, durch Schüsse erlegen, töten:* Rebhühner, Hasen s.; **l)** ⟨s. + sich⟩ (früher) *mit jmdm. ein Duell* (1), *einen Zweikampf mit Schußwaffen, bes. mit Pistolen, austragen:* er hat sich mit seinem Rivalen geschossen und wurde dabei schwer verletzt. **2.** *den Ball so heftig [mit dem Fuß] anstoßen, werfen, daß er in eine bestimmte Richtung rollt od. fliegt* ⟨hat⟩: knallhart, zaghaft, mit Genauigkeit s.; der Stürmer schoß mit dem linken Bein; aufs Tor, hoch über das Tor s.; ein Tor s. *(einen Treffer erzielen);* Simmet schoß ... die Borussen in Führung (*erzielte das Führungstor;* Welt 10. 5. 65, 17); der Kapitän schoß seine Mannschaft ins Finale *(erzielte die Treffer, die für das Erreichen des Finales nötig waren);* er konnte sich an die Spitze der Torjäger s. *(erzielte die meisten Treffer)*. **3.** ⟨ist⟩ (ugs.) **a)** *sich sehr rasch u. mit großer Wucht (wie ein abgefeuertes Geschoß) bewegen:* heftig schoß er vom Stuhl in die Höhe; wir sahen das Auto um die Ecke s.; [vor Freude] einen Purzelbaum s.; Ü plötzlich schießt ihr ein Gedanke durch den Kopf; ***[das ist] zum Schießen** (ugs.; ↑knallen 2a; wohl eigtl. = zum Purzelbaumschießen vor Ausgelassenheit); **b)** *(bes. von flüssigen Stoffen) sehr schnell u. wie durch einen Druck angetrieben fließen:* von allen Seiten schoß das Wasser über die Felsen ins Tal; ich spürte mein Blut in den Kopf, in die Beine s.; Ü jähe Röte schoß ihr ins Antlitz (*sie wurde plötzlich sehr rot;* A. Zweig, Claudia 85); lodernder Zorn schießt in seine Augen *(er blickt plötzlich sehr zornig drein);* **c)** *mit sehr viel Wucht (wie durch einen Druck) plötzlich aus etw. kommen:* Flammen schießen aus dem Dachstuhl; Blut schießt in einem dicken Strahl aus der Wunde; er drehte die Hähne auf, und das Wasser schoß in die Wanne; Bald schoß der Regen in Güssen zur Erde (v. d. Grün, Irrlicht 19); **d)** *sehr schnell wachsen:* das Kind ist in den letzten Wochen [kräftig in die Höhe] geschossen; man kann die Saat förmlich aus dem Boden s. sehen; durch die Hitze schießt der Salat *(bildet Blüten u. Samen aus)*. **4.** ⟨hat⟩ **a)** *[(bei einer günstigen Gelegenheit) schnell hintereinander] fotografieren:* ein paar Aufnahmen fürs Familienalbum s.; **b)** (landsch.) *[ohne es geplant zu haben] eine günstige Gelegenheit nützend (eine kleinere Sache) kaufen:* das Kleid habe ich im Ausverkauf geschossen. **5.** (Jargon) svw. ↑fixen (2) ⟨hat⟩. **6.** (Weberei) *(das Schiffchen des Webstuhls) von einer Seite auf die andere schleudern* ⟨hat⟩. **7.** (Bergmannsspr.) *(Gestein) sprengen* ⟨hat⟩. **8.** (österr.) *die Farbe verlieren; bleichen, verschießen* ⟨ist⟩: die Vorhänge sind geschossen; **Schießen** [-], das; -s, -: *[sportliche] Veranstaltung, bei der geschossen wird:* ein S. abhalten; ***etw. geht aus wie das Hornberger S.** (ugs.; *etw., um das viel Aufhebens gemacht wird, bringt im Endeffekt kein Ergebnis, endet ergebnislos;* nach der Sage, daß die Bürger von Hornberg zur Begrüßung eines Fürsten so oft Salutschüsse übten, daß bei seiner Ankunft keine Munition mehr vorhanden war); **schießenlassen** ⟨st. V.; hat⟩ (salopp): *auf etw. verzichten; nicht weiterbetreiben od. verfolgen:* einen Plan, ein Vorhaben s.; Laß Antonia schießen und genieß die Sache hier (Rocco [Übers.], Schweine 168); **Schießer,** der; -s, - (Jargon): svw. ↑Fixer; **Schießerei** [ʃi:sə'rai̯], die; -, -en: **1.** (meist abwertend) *[dauerndes] Schießen:* die S. geht mir auf die Nerven. **2.** *wiederholter Schußwechsel:* eine heftige, wilde S.; es war zu einer S. zwischen Gangstern und Polizei gekommen; bei der S. gestern gab es mehrere Verletzte; **Schießet** ['ʃi:sət], der, auch: das; -s, -s (schweiz.): svw. ↑Schießen.

Schiet [ʃi:t], der; -s, **Schiete** ['ʃi:tə], die; - (nordd., verhüll.): svw. ↑Scheiße; **Schietkram,** der; -s (nordd., verhüll.): svw. ↑Mist (2c): so ein S.!; der S. hört auf, sonst werde ich mal bannig ungemütlich (Fallada, Herr 63).

Schiff [ʃɪf], das; -[e]s, -e [mhd. schif, ahd. scif, eigtl. = ausgehöhlter Stamm, Einbaum; 2: LÜ von mlat. navis < lat. nāvis = Schiff; 3, 4: nach der Form; 5: nach der schon ahd. Bed. „Gefäß"]: **1.** ⟨Vkl. ↑Schiffchen, ↑Schifflein⟩ *großes, bauchiges, an beiden Enden meist schmaler werdendes od. spitz zulaufendes Wasserfahrzeug:* ein schönes, schnelles, modernes, abgetakeltes, stolzes S.; das S. läuft vom Stapel, sticht in See, nimmt Kurs nach Norden, läuft einen Hafen an, legt [am Kai] an, geht, liegt [im Hafen] vor Anker; das S. schlingert, stampft, treibt ohne Ruder [auf dem Wasser]; das S. geriet in Seenot, lief [auf ein Riff] auf, legt, neigt sich zur Seite, bricht auseinander; das S. wird gerammt, ist leck, schlägt voll Wasser, sackt ab, funkt SOS, ging unter, sank; das S. läuft unter schwedischer Flagge; S. [backbord, steuerbord] voraus!; S. klar zum Auslaufen, klar zum Gefecht (Meldung des wachhabenden Offiziers an den Kapitän); ein S. bauen, auf Kiel legen, vom Stapel lassen; das S. muß noch getrimmt werden; ein S. chartern; ein S. beladen, kapern, versenken, heben, abwracken; die Taufe, der Stapellauf eines -es; an, von Bord eines -es gehen; Ü (geh.:) das S. des Staates lenken; ***das S. der Wüste** (geh.; *Kamel*). **2.** (Archit.) *(bes. in Kirchen) großer, länglicher, in der Form einem Schiff* (1) *ähnlicher Innenraum.* **3.** (Druckw.) (im Buchdruck) *[Zink]platte mit einem Stahlrahmen, auf die die Buchstaben zu Worten u. Sätzen gesetzt werden, auf der umbrochen u. mit der gedruckt wird.* **4.** ⟨Vkl. ↑Schiffchen⟩ (Weberei selten) svw. ↑Schiffchen (2). **5.** ⟨Vkl. ↑Schiffchen, ↑Schifflein⟩ (landsch. veraltet) *auf der einen Seite in den Herd eingelassene kleine Wanne für [warmes] Wasser.*

schiff-, Schiff- (gelegtl. mit Schiffs- wechselnd): **~bau,** der ⟨o. Pl.⟩; **~bauer,** der; -s, -: *jmd., der an der Herstellung, dem Innenausbau od. der Reparatur eines Schiffes mitarbeitet* (Berufsbez.); **~bauingenieur,** der: *jmd., der Schiffe, Schiffsmaschinen u. ä. entwirft u. plant u. den Bau, die Montage u. ä. leitet u. überwacht* (Berufsbez.); **~bauwesen,** das ⟨o. Pl.⟩: *Gesamtheit aller für die Herstellung u. Instandhaltung von Schiffen nötigen Einrichtungen;* **~bruch,** der ⟨Pl. selten⟩: *Untergang, Zerstörung eines Schiffes* (z. B. infolge hohen Wellenganges im Sturm): die Überlebenden des -s mußten ins Krankenhaus gebracht werden; Ü ... indem er von seinen eigenen Schiffbrüchen *(Mißerfolgen u. Fehlschlägen)* berichtet (Frisch, Gantenbein 478); ***[mit etw.] S. erleiden** *(keinen Erfolg haben)*, dazu: **~brüchig** ⟨Adj.; o. Steig.; nicht adv.⟩: *einen Schiffbruch gehabt habend:* die -e Mannschaft konnte gerettet werden; Ü Die Großfamilie ist vielleicht die einzige Rettung für viele -e Ehen (Wohngruppe 118), **~brüchige,** der u. die ⟨Dekl. ↑Abgeordnete⟩: *jmd., der von einem Schiffbruch betroffen ist:* die -n retten, bergen, an Bord nehmen; **~brücke,** die: svw. ↑Pontonbrücke; **~fahrt,** die ⟨o. Pl.⟩ (getrennt: Schiff-fahrt): *Verkehr mit Schiffen, auf dem Wasser*, dazu: **~fahrtsgericht,** das: *Gericht zur Regelung der die Binnenschiffahrt betreffenden Verfahren*, **~fahrtsgesellschaft,** die: *Gesellschaft* (4b), *die eine od. mehrere Schiffahrtslinien besitzt u. unterhält*, **~fahrtskaufmann,** der, **~fahrtskunde,** die: *Gesamtheit aller zur Führung eines Schiffes nötigen Wissensgebiete (bes. Navigation); Nautik*, **~fahrtslinie,** die, **~fahrtspolizei,** die: *Polizei, der die Sicherheit u. Ordnung auf Seewasserstraßen obliegt*, **~fahrtsrecht,** das: *Gesamtheit der Rechtsvorschriften zur Regelung der mit der Schiffahrt zusammenhängenden Fragen*, **~fahrtsstraße,** die (Amtsspr.), **~fahrtsweg,** der: *Wasserstraße, die von der Schiffahrt benutzt wird*, **~fahrtszeichen,** das: *Zeichen, das Hinweise für die Navigation auf Binnengewässern gibt;* **~lände,** die (schweiz.): svw. ↑Lände; **~schaukel,** die: *auf Jahrmärkten od. Volksfesten aufgestellte große Schaukel, bei der man in kleinen, an Stangen aufgehängten Schiffchen [stehend] hin- u. herschwingt.*

schiffbar ['ʃɪfba:ɐ̯] ⟨Adj.; o. Steig.; nicht adv.⟩: *zum Befahren mit Schiffen geeignet; für Schiffe befahrbar:* dieser Fluß ist für alle Schiffe s.; ein Gewässer s. machen; ⟨Abl.:⟩ **Schiffbarkeit,** die; -; **Schiffbarmachung** [...maxʊŋ], die; -; **Schiffchen** ['ʃɪfçən], das; -s, -: **1.** ↑Schiff (1, 4, 5). **2.** (ugs.) *(bes. zur Uniform getragene) längliche, längsgefaltete Kopfbedeckung, die an beiden Enden spitz zuläuft; Krätzchen* (2). **3.** *kleines Metallgehäuse, in dem sich die Spule in der Nähmaschine befindet.* **4.** (Weberei) *[kleines] längliches, an beiden Enden spitz zulaufendes Gehäuse für die Spule des Schußfadens; Weberschiffchen.* **5.** (Handarb.) *kleiner, länglicher, an beiden Enden spitz zulaufender Gegenstand für Okkiarbeit.* **6.** (Bot.) *aus den beiden vorderen, häufig am Rand miteinander verwachsenen Blütenblättern gebildeter Teil der Schmetterlingsblüte.*

Schiffchen-: **~arbeit,** die (Handarb.): svw. ↑Okkiarbeit; **~mütze,** die: svw. ↑Schiffchen (2); **~spitze,** die (Handarb.): svw. ↑Okkispitze.

Schiffe ['ʃɪfə], die; - [zu ↑schiffen (2)] (salopp): *Urin;* **schiffeln** ['ʃɪfl̩n] ⟨sw. V.; ist⟩ (landsch.): *Kahn fahren;* **schiffen** ['ʃɪfn̩] ⟨sw. V.⟩ [2: urspr. Studentenspr., zu ↑Schiff in der alten Bed. „Gefäß" (Studentenspr. = „Nachtgeschirr"); 3:

übertr. von (2)]: **1.** (veraltet, noch altertümelnd) *(mit einem Schiff) zu Wasser fahren* ⟨ist⟩: nach Australien, über den Atlantik s.; ... und schiffen neun Tage lang durch Ägyptenland den Strom hinauf (Th. Mann, Joseph 760). **2.** (salopp) *urinieren* ⟨hat⟩: s. müssen, gehen; an den Baum s.; ich habe mir dabei ... in die Hose geschifft vor Schreck (Kempowski, Immer 154). **3.** (salopp) *heftig regnen* ⟨hat⟩: es schifft heute schon den ganzen Tag; **Schiffer,** der; -s, -: *Führer eines Schiffes.*

Schiffer-: ~**bart,** der: *Bart, der in einem schmalen Streifen von Schläfe zu Schläfe das Gesicht umrahmt u. Backen u. den vorderen Teil des Kinns freiläßt;* ~**klavier,** das: svw. ↑Akkordeon; ~**knoten,** der: *Knoten, mit dem bes. Seeleute Tauwerk verbinden od. festmachen;* ~**mütze,** die: *dunkelblaue Schirmmütze mit hohem steifen Rand u. einer Kordel über dem Schirm;* ~**scheiße,** die [1. Bestandteil viell. zu ↑Schiffe] (derb): Großmutter, die nun von ihrer Lieblingsvokabel, S., ... Gebrauch machte (Lentz, Muckefuck 221); ***doof/dumm sein wie S.** (derb; *sehr doof/dumm sein*).

Schifferin ['ʃɪfərɪn], die; -, -en (selten): w. Form zu ↑Schiffer; **Schifflein** ['ʃɪflai̯n], das; -s, -: **1.** ↑Schiff (1). **2.** ↑Schiff (5).

Schiffs- (gelegtl. mit schiff-, Schiff- wechselnd): ~**agent,** der: *jmd., der im Auftrag einer Reederei Buchungen für Passagiere u. Fracht durchführt;* ~**anker,** der; ~**arzt,** der: *an Bord eines Seeschiffs eingesetzter Arzt;* ~**ausrüster,** der: **1.** svw. ↑Reeder. **2.** *jmd., der ein Schiff mit Proviant u. allem sonstigen Bedarf versorgt;* ~**bau,** der ⟨o. Pl.⟩, dazu: ~**bauer,** der: svw. ↑Schiffbauer; ~**bauch,** der (ugs.): *das Innere eines Schiffes:* die Fracht wird im S. gestaut; ~**besatzung,** die: *Besatzung* (1) *eines Schiffes;* ~**bohrwurm,** der: *im Meer lebende, große Muschel, die Gänge in das Holz von Schiffen u. Hafenanlagen bohrt;* ~**boot,** das (Zool.): svw. ↑Perlboot; ~**brief,** der (Amtsspr.): *Schiffszertifikat der Binnenschiffahrt;* ~**brücke,** die: svw. ↑Pontonbrücke; ~**eigentümer,** ~**eigner,** der: *jmd., dem ein Schiff gehört;* ~**fahrt,** die: *Fahrt mit einem Schiff;* ~**flagge,** die: *Flagge als Erkennungszeichen u. Verständigungsmittel für Schiffe;* ~**fracht,** die; ~**führer,** der: svw. ↑Schiffer; ~**führung,** die: *Gesamtheit der am Führen eines Schiffes Beteiligten;* ~**halter,** der: *(zu den Barschen gehörender) Fisch mit einem abgeflachten Kopf mit einer Saugscheibe, mit der er sich an Schiffen od. großen Fischen festsaugt;* ~**hebewerk,** das (Wasserbau): *Anlage mit sehr großen, mit Wasser gefüllten, einem Trog ähnlichen Behältern, in die Schiffe hineinfahren, u. Schienen, auf denen sich diese Behälter bewegen, wodurch ermöglicht wird, daß Schiffe sehr große Niveauunterschiede zwischen zwei Abschnitten einer Binnenwasserstraße überwinden;* ~**journal,** das: svw. ↑Logbuch; ~**junge,** der: *jmd. (meist Jugendlicher), der auf einem Schiff im Beruf des Matrosen ausgebildet wird;* ~**kapitän,** der; ~**katastrophe,** die; ~**klassifikation,** die: *Einordnung eines Schiffes in eine bestimmte Klasse nach Bauart, Verwendungszweck, Ausrüstung o.ä.;* ~**koch,** der: vgl. ~arzt; ~**kollision,** die: eine schwere S. vor der Küste Irlands; ~**körper,** der: svw. ↑~rumpf; ~**kreisel,** der: *in ein Schiff eingebautes schweres Schwungrad zum Dämpfen von Schlingerbewegungen;* ~**küche,** die; ~**ladung,** die; ~**last,** die: svw. ↑Last (4); ~**laterne,** die (Seemannsspr.): *Positionslicht eines Schiffes;* ~**leib,** der: svw. ↑~rumpf; ~**liste,** die: *(von größeren Häfen herausgegebene) Liste mit den Ankunfts- u. Abfahrtszeiten der Schiffe;* ~**makler,** der: *Makler, der Fracht, Liegeplatz o.ä. für ein Schiff vermittelt;* ~**manifest,** das (Amtsspr.): *(für den Zoll benötigte) Aufstellung der geladenen Waren eines Schiffes;* ~**mannschaft,** die: svw. ↑~besatzung; ~**maschine,** die: *Motor eines Schiffes;* ~**modell,** das; ~**name,** der; ~**papiere** ⟨Pl.⟩: *alle Urkunden u. Ausweise, die das Schiff, die Ladung, die Besatzung [u. die Passagiere] betreffen;* ~**passage,** die: eine S. buchen; ~**planke,** die; ~**propeller,** der: svw. ↑~schraube; ~**raum,** der: *Rauminhalt eines Schiffes;* ~**register,** das (Amtsspr.): *amtliches Verzeichnis der Schiffe eines Bezirks mit den Angaben über die jeweiligen rechtlichen Verhältnisse;* ~**reise,** die: eine S. machen; ~**rumpf,** der; ~**schraube,** die: *einem Propeller* (1) *ähnliches, meist am Heck unterhalb der Wasserlinie angebrachtes Teil eines Schiffes, das durch schnelle Rotation im Wasser das Schiff antreibt;* ~**tagebuch,** das: svw. ↑Logbuch; ~**tau,** das; ~**taufe,** die: *kurz vor dem Stapellauf erfolgende Taufe eines Schiffes;* ~**verkehr,** der: svw. ↑Schiffahrt; ~**vermögen,** das: *aus Schiff, Fracht o.ä. bestehendes Vermögen eines Reeders;* ~**volk,** das (dichter., sonst veraltet): svw. ↑~besatzung; ~**werft,** die; ~**zertifikat,** das (Amtsspr.): *Urkunde, die als Nachweis dient, daß ein Schiff ins Schiffsregister eingetragen ist;* ~**zettel,** der: *Begleitpapier für eine Schiffsfracht;* ~**zimmerer,** der (Fachspr.), ~**zimmermann,** der: **a)** *jmd., der die [Decks]aufbauten u.ä. der Schiffe aus Holz anfertigt* (Berufsbez.); **b)** vgl. ~arzt; ~**zoll,** der; ~**zwieback,** der: *(auf Schiffen als eiserne Ration verwendeter) bes. trockener u. haltbarer Zwieback.*

[1]**schiften** ['ʃɪftn̩] ⟨sw. V.; hat⟩ [mhd. schiften, scheften, ↑schäften]: **1.** (Bauw.) **a)** *Winkel u. Abmessungen von schräg aufeinander zulaufenden Balken o.ä. ermitteln;* **b)** *(Schnittflächen von Balken) schräg zuschneiden;* **c)** *(Balken) nur durch Nageln verbinden.* **2.** (Jägerspr.) *dem Beizvogel neue Schwungfedern einsetzen.*

[2]**schiften** [-] ⟨sw. V.; hat⟩ [engl. to shift] (Seemannsspr.): **1.** *(bei Wind von hinten) das Segel von der einen Seite auf die andere bringen, ohne dabei die Fahrtrichtung zu ändern.* **2.** *(von der Ladung) [ver]rutschen.*

Schifter ['ʃɪftɐ], der; -s, - [zu ↑[1]schiften] (Bauw.): *Balken mit schrägen Schnittflächen;* **Schiftung,** die; -, -en (Bauw.): *das [1]Schiften* (1 b).

Schiismus [ʃi'ɪsmʊs], der; - [zu ↑Schia]: *Lehre der Schiiten;* **Schiit** [ʃi'i:t], der; -en, -en: *Anhänger der Schia;* **Schiitenführer** [ʃi'i:tn̩-], der; -s, -: *religiöser Führer der Schiiten;* **schiitisch** ⟨Adj.; o. Steig.⟩: *der Schia angehörend, sie betreffend.*

Schikane [ʃi'ka:nə], die; -, -n [frz. chicane, zu: chicaner = das Recht verdrehen, ↑schikanieren]: **1. a)** *[unter Ausnutzung staatlicher od. dienstlicher Machtbefugnisse getroffene] Maßnahme, durch die jmdm. unnötig Schwierigkeiten bereitet werden; kleinliche, böswillige Quälerei:* dieses Verbot ist eine S.; das ist nur S., die reinste S.; alles S.!; etw. aus S. *(um jmdn. zu schikanieren)* tun. **2.** ***mit allen -n** (ugs.; *mit allem erdenklichen Zubehör, Komfort, Luxus*); ein Sportwagen, eine moderne Küche mit allen -n. **3.** (Sport) *in eine Autorennstrecke eingebauter schwieriger Abschnitt, der zur Herabsetzung der Geschwindigkeit zwingt:* die Fahrer gehen in die S. **4.** (Technik) *eingebauter fester Körper (z.B. Zapfen, Schwelle), der einen Widerstand bietet;* **Schikaneur** [ʃika'nø:ɐ̯], der; -s, -e [frz. chicaneur = Rechtsverdreher] (veraltend): *jmd., der andere schikaniert;* **schikanieren** [ʃika'ni:rən] ⟨sw. V.; hat⟩ [frz. chicaner, H. u.]: *jmdn. mit Schikanen quälen, ärgern:* seine Ehefrau, seine Angestellten s.; der Feldwebel schikanierte die Rekruten bis aufs Blut; **schikanös** [ʃika'nø:s] ⟨Adj.; -er, -este⟩: *Schikane bezweckend, anwendend:* -e Maßnahmen; Vorschriften s. anwenden.

Schilcher ['ʃɪlçɐ], der; -s, - (österr.): svw. ↑[1]Schiller (2).

[1]**Schild** [ʃɪlt], der; -[e]s, -e [mhd. schilt, ahd. scilt, eigtl. = Abgespaltenes]: **1.** *meist runde od. ovale, leicht gekrümmte Platte (als Teil der Ausrüstung eines Kriegers), die am Arm getragen wird u. dem Schutz des Körpers dient:* ein runder, ovaler, spitzer S.; S. und Speer; sein Wappenzeichen im S. führen; sich mit dem S. decken; jmdn. auf den S. heben (hist.; *jmdn. [den neuen König, Führer] zum Zeichen der Wahl für alle sichtbar auf einem Schild hochheben*); Ü Hier stehe ich, ... ein S. (geh.; *Schutz, [Be]schützer*) des Rechts (Hacks, Stücke 294); ***etw. [gegen jmdn., etw.] im -e führen** (*heimlich etw. planen, was sich gegen jmdn., etw. richtet; etw. Böses beabsichtigen;* nach dem auf den Schild gemalten Wappen, das den Eingeweihten erkennen ließ, ob der Besitzer des Schildes Freund od. Feind war); **jmdn. auf den S. [er]heben** (geh.; 1. *jmdn. spontan, ohne Formalitäten zum [An]führer machen, erklären.* 2. *jmdn. zum Leitbild erklären*). **2.** svw. ↑Wappenschild: ***seinen S. blank/rein erhalten** (veraltet; *seine Ehre rein, unbefleckt erhalten;* bezogen auf den Ahnen- u. Adelsschild, der als Symbol für die Ehre galt). **3.** *schildförmiger, länglicher Schirm an Mützen.* **4.** (Jägerspr.) *verdicktes u. verfilztes Blatt* (6 a) *eines Keilers.* **5. a)** (Technik, Waffent.) *Schutzplatte [an Geschützen];* **b)** (Kernt.) *Ummantelung des Reaktorkerns, die den Austritt von Strahlung weitgehend verhindern soll;* [2]**Schild** [-], das; -[e]s, -er [urspr. = [1]Schild (1, 2) als Erkennungszeichen, Amts-, (Wirts)kennzeichen usw.]: **1.** ⟨Vkl. ↑Schildchen⟩ *flächiges Stück Holz, Metall, Pappe, Papier, Stoff o.ä., insbes. Tafel, Platte, mit einem Zeichen, einer Aufschrift o.ä.:* ein S. anbringen, befestigen, annageln, aushängen, aufstellen, entfernen; ein S. beschriften, malen; der Gepäckträger hat ein S. an der Mütze; ein S. *(Etikett)* auf eine Flasche kleben, von etw. entfernen;

auf dem S. stand sein Name. **2.** (Jägerspr.) *Brustfleck (bes. bei Waldhühnern).* Vgl. [1]Schild (4).

schild-, Schild- ([1]Schild): **~bogen,** der (Archit.): *bogenförmiger Abschluß, der sich an der Stelle ergibt, wo ein Tonnengewölbe mit der Wölbung auf eine Mauer auftrifft;* **~bürger,** der [urspr. wohl = mit Schild bewaffneter Bürger (vgl. Spießbürger), dann auf die Einwohner des sächs. Städtchens Schilda(u) bezogen, die Helden eines bekannten Schwankbuches des 16. Jh.s] (spött.): *jmd., der einen Schildbürgerstreich begeht,* dazu: **~bürgerstreich,** der (spött.): *Handlung, deren eigentlicher od. ursprünglicher Zweck in törichter Weise verfehlt wird;* **~drüse,** die [benannt nach ihrer Lage am Schildknorpel]: *lebenswichtige, den Seitenflächen des Kehlkopfs u. der oberen Luftröhre aufliegende Hormondrüse mit innerer Sekretion (beim Menschen, bei höheren Wirbeltieren):* an einer Überfunktion der S. leiden, dazu: **~drüsenerkrankung,** die, **~drüsenfunktion,** die, **~drüsenhormon,** das, **~drüsenhypertrophie,** die, **~drüseninsuffizienz,** die, **~drüsenüberfunktion,** die ⟨o. Pl.⟩, **~drüsenunterfunktion,** die ⟨o. Pl.⟩, **~drüsenvergrößerung,** die; **~farn,** der: *Farn mit lederartig derben Wedeln [u. stern- od. schildförmig wachsenden schuppigen Gebilden an der Unterseite];* **~fisch,** der [nach den schildförmigen Saugorganen]: svw. ↑Saugfisch; **~förmig** ⟨Adj.; o. Steig.; nicht adv.⟩; *in, von der Form eines (bes. spitz od. rund zulaufenden, länglichen)* [1]*Schildes* (1); **~halter,** der (Her.): *[Tier]figur, die den Wappenschild hält;* **~käfer,** der: *Käfer mit schildförmigem, Kopf u. Körper überragendem Rückenteil;* **~knappe,** der (hist.): *Knappe* (2) *[der den Schild des Ritters zu tragen hatte];* **~knorpel,** der: *größter Knorpel des Kehlkopfs, der aus zwei rechtwinklig zueinander liegenden Platten besteht, die vorn in einer Rundung zusammenstoßen;* **~kröte,** die [mhd. schildkrote, nach ihrem Schutzpanzer]: *(bes. in Tropen u. Subtropen) auf dem Land u. im Wasser lebendes, sich an Land sehr schwerfällig bewegendes Tier mit rundem, knöchernem, außen hornigem Bauch- u. Rückenpanzer, in den Kopf, Beine u. Schwanz eingezogen werden können,* dazu: **~krötensuppe,** die: *pikante Suppe aus dem Fleisch der Seeschildkröte:* falsche S. (Gastr.; *Mockturtlesuppe*); **~krot[t]** [-kroːt, -krɔt], das; -[e]s [landsch. Krott(e) = Kröte] (landsch., bes. österr.): *Schildpatt;* **~laus,** die: *kleines, schädliches Insekt, dessen Weibchen einen mit einer Schutzschicht bedeckten schildförmigen Leib hat;* **~mauer,** die (Archit.): *quer zur Längsachse auf ein Tonnengewölbe auftreffende Mauer;* **~mütze,** die: *Mütze mit* [1]*Schild* (3); **~patt,** das; -[e]s [2. Bestandteil zu niederd. padde = Kröte]: *gemustertes, gelbes od. hellrotbraunes Horn* (2) *vom Panzer der [Karett]schildkröte:* ein Kamm aus S., dazu: **~pattkamm,** der; **~träger,** der: svw. ↑~knappe; **~wache,** die (veraltend): **1.** *aus einem od. mehreren bewaffneten Soldaten bestehende militärische Wache (insbes. vor einem Eingang).* **2.** *Wachdienst der Schildwache* (1): *** S. stehen** *(als Schildwache 1 Wache stehen).*

Schildchen ['ʃɪltçən], das; -s, -: ↑[2]Schild (1): ein S. mit dem Namen, Preis; Flaschen mit S. *(Etiketten)* versehen.

Schilder-: **~brücke,** die (Verkehrsw.): *brückenartige Konstruktion quer über Autobahnen, Schnellstraßen o. ä. mit Verkehrsschildern für jede Fahrspur bzw. einem entsprechenden mehrteiligen Verkehrsschild;* **~haus:** ↑Schilderhaus; **~häuschen:** ↑Schilderhäuschen; **~maler,** der: *Handwerker, der Schilder malt* (Berufsbez.); **~wald,** der (ugs. spött.): *große, unübersichtliche Zahl von Verkehrsschildern.*

Schilderei [ʃɪldə'rai], die; -, -en [niederl. schilderij, zu: schilderen, ↑schildern] (veraltet): *bildliche Darstellung, Gemälde:* Gänge ..., die mit den lieblichsten -en der Vorkommnisse ... aller drei Jahreszeiten ausgemalt waren (Th. Mann, Joseph 73).

Schilderer ['ʃɪldərɐ], der; -s, -: *jmd., der etw. schildert, anschaulich beschreibt:* ein genialer S. der Natur; **Schilderhaus** ['ʃɪldɐ-], das; -es, ...häuser [zu Soldatenspr. veraltet schildern = Schildwache stehen]: *Holzhäuschen für die Schildwache (zum Unterstellen bei schlechtem Wetter);* **Schilderhäuschen,** das; -s, -: svw. ↑Schilderhaus; [1]**schildern** ['ʃɪldɐn] ⟨sw. V.; hat⟩ [mniederd., niederl. schilderen = (Wappen) malen; anstreichen, zu ↑[1]Schild (2)]: *ausführlich, im einzelnen beschreiben, darstellen, wiedergeben u. dadurch jmdm. ein anschauliches, lebendiges Bild von etw., von jmdm. vermitteln:* etw. anschaulich, lebhaft, in allen Einzelheiten s.; eine Landschaft, einen Vorgang s.; die Greuel des Krieges sind kaum zu s.; jmdm. seine Eindrücke s.; er schilderte, wie er empfangen worden war; [2]**schildern** [-] ⟨sw. V.; hat⟩ (Jägerspr.): *(von jungen Rebhühnern) ein* [2]*Schild* (2) *bekommen;* **schildernswert** ⟨Adj.; -er, -este⟩: *wert, geschildert zu werden;* **Schilderung,** die; -, -en: **1.** *das Schildern:* die S. dieser Vorgänge ist schwierig; die S. [von etw.] unterbrechen. **2.** *Darstellung* (3 b), *durch die jmd., etw. geschildert wird:* seine S. entspricht der Wahrheit; es liegen verschiedene -en des Ereignisses vor.

Schilf [ʃɪlf], das; -[e]s, -e ⟨Pl. selten⟩ [mhd. schilf, ahd. sciluf, dissimiliert aus lat. scirpus = Binse]: **1.** *Schilfrohr:* rings um den See wächst S.; ein Dach mit S. decken. **2.** *Rohr, Röhricht.*

schilf-, Schilf-: **~bedeckt** ⟨Adj.; o. Steig.; nicht adv.⟩; **~bewachsen** ⟨Adj.; o. Steig.; nicht adv.⟩; **~dach,** das: *mit Schilfrohr gedecktes Dach;* **~dickicht,** das; **~gras,** das: svw. ↑Schilf (1); **~gürtel,** der: ein breiter S. umgibt den See; **~leinen** ⟨Adj.; o. Steig.; nur attr.⟩: *aus Schilfleinen [hergestellt];* **~leinen,** das: *schwere, bräunlich bis grünlich gefärbte Leinwand für Sommerjoppen u. Jagdkleidung;* **~matte,** die: *Matte aus Schilfrohr;* **~rohr,** das: **1.** *bes. an Ufern von Teichen u. Seen wachsendes Gras mit sehr hohen, kräftigen, rohrförmigen Halmen, langen, scharfkantigen Blättern u. ästiger Rispe aus rotbraunen Ährchen; Schilf* (1). **2.** *Halm des Schilfrohrs* (1): ein S. brechen; **~rohrsänger,** der: *Rohrsänger mit weißlichem Augenstreif.*

Schilfe ['ʃɪlfə], die; -, -n (landsch.): ↑Schelfe.

schilfen ['ʃɪlfn̩] ⟨Adj.; o. Steig.; nur attr.⟩: *aus Schilf* (1).

schilf[e]rig ['ʃɪlf(ə)rɪç], schelf[e]rig ['ʃɛl...] ⟨Adj.; nicht adv.⟩ (landsch.): *schilfernd:* -e Haut.

schilfern ['ʃɪlfɐn], schelfern ['ʃɛlfɐn] ⟨sw. V.; hat⟩ (landsch.): *(bes. von der Haut) sich in kleinen Schuppen ablösen; abschilfern:* die Haut schilfert; ⟨auch s. + sich:⟩ seine Haut schilfert sich.

schilfig ['ʃɪlfɪç] ⟨Adj.⟩: *mit Schilf bewachsen:* -e Ufer.

schilfrig: ↑schilferig.

Schill [ʃɪl], der; -[e]s, -e [H. u.] (bes. österr.): *Zander.*

[1]**Schiller** ['ʃɪlɐ], der; -s, - [zu ↑schillern]: **1.** (veraltend) ⟨o. Pl.⟩ *schillerndes Farbenspiel, wechselnder Glanz:* ein Grau mit grünlichem S. **2.** (landsch.) svw. ↑Schillerwein.

[2]**Schiller** [-; nach dem dt. Dichter F. Schiller (1759–1805)] ⟨Eigenn.; o. Art.⟩: in der R so was lebt und S. mußte sterben! (ugs. scherzh.; Ausruf der Empörung u. Entrüstung über einen besonders Einfältigen, Dummen).

Schiller-: **~falter,** der: *schwarzbrauner Falter mit weißen Flecken, bei dem das Männchen blau schillert;* **~farbe,** die: *schillernde Farbe;* **~glanz,** der: *schillernder Glanz;* **~wein,** der: *rosafarbener, rötlich schillernder württembergischer Wein aus einem Gemisch von Weiß- u. Rotweintrauben.*

schillerig ['ʃɪlərɪç], schillrig ⟨Adj.⟩ (selten): *schillernd.*

Schillerkragen, der; -s, - [Schiller (↑[2]Schiller) wird auf vielen Bildern entsprechend dargestellt]: *offener Hemdkragen, der über dem Jackenkragen getragen wird;* **Schillerlocke,** die; -, -n [1: nach den Darstellungen, die Schiller ohne Perücke mit den eigenen Locken zeigen; 2: übertr. von (1)]: **1.** *tütenförmiges Stück Blätterteiggebäck, insbes. mit Schlagsahne- od. Cremefüllung.* **2.** *geräucherter, eingerollter Streifen Fisch (bes. Bauchlappen des Dornhais).*

schillern ['ʃɪlɐn] ⟨sw. V.; hat⟩ [frühnhd. Intensivbildung zu ↑schielen in der früheren Nebenbed. „in mehreren Farben spielen"]: *in wechselnden Farben, Graden der Helligkeit glänzen:* die Oberfläche des Teichs schillert; etw. schillert in allen Farben; die Seide schillert ins Rötliche; eine [bunt] schillernde Seifenblase; Ü das ganze Leben schillert reich und vielfältig aus diesem Roman *(läßt seine bunte u. verwirrende Vielfalt erkennen);* ⟨oft im 1. Part.:⟩ ein schillernder *(zwiespältiger u. schwer durchschaubarer)* Charakter; ein schillernder *(unbestimmter, verschwommener)* Begriff.

Schilling ['ʃɪlɪŋ], der; -s, -e ⟨aber: 30 Schilling⟩ [mhd. schillinc, ahd. scilling, H. u., viell. eigtl. = schildartige Münze, zu ↑[1]Schild]: **1.** *Währungseinheit in Österreich* (1 Schilling = 100 Groschen); Zeichen: S, ö. S. **2.** (hist.) *alte europäische Münze.* **3.** eindeutschend für ↑Shilling.

schillrig ['ʃɪlrɪç]: ↑schillerig.

Schillum ['ʃɪlʊm], das; -s, -s [engl. chillum < Hindi chilam, aus dem Pers.]: *an einem Ende trichterförmig erweitertes, meist aus Holz gefertigtes Röhrchen bes. zum Rauchen von Haschisch u. Marihuana:* ich tat so, als wäre es mein soundsovieltes S. (Christiane, Zoo 46).

schilpen ['ʃɪlpn̩] ⟨sw. V.; hat⟩ [lautm.]: *(vom Sperling) kleine, helle Laute von sich geben.*

schilt [ʃɪlt]: ↑schelten.

Schilten ['ʃɪltn̩] ⟨Pl.; o. Art.; als s. Sg. gebraucht⟩ [nach den Symbolen auf den Karten; vgl. Schellen (↑²Schelle 1 b)] (schweiz.): svw. ↑²Schelle (3).

Schimäre, Chimäre [ʃi'mɛ:rə], die; -, -n [frz. chimère < lat. chimaera, ↑Chimäre] (bildungsspr.): *Trugbild, Hirngespinst:* einer S. nachjagen; ⟨Abl.:⟩ **schimärisch** ⟨Adj.⟩ (bildungsspr.): *trügerisch:* das Geld ist eine -e Gottheit.

Schimmel ['ʃɪml̩], der; -s, - [1: mhd. schimel, verw. mit ↑scheinen; 2: spätmhd. schimmel, aus mhd. schemeliges perd = Pferd mit der Farbe des Schimmels (1); 3: vgl. Amtsschimmel]: **1.** ⟨o. Pl.⟩ *weißlicher, grauer od. grünlicher Belag, der auf feuchten od. faulenden organischen Stoffen entsteht:* auf der Marmelade hat sich S. gebildet; den S. abkratzen; das Obst, das Brot war mit/von S. überzogen, bedeckt. **2.** *weißes Pferd:* * **jmdm. zureden wie einem lahmen/kranken S.** (↑Gaul 2). **3. a)** (ugs.) *Schablone, Schema, Lernhilfe;* **b)** (Musik Jargon) *einer [Schlager]melodie unterlegter, inhaltlich beliebiger Text, der nur den sprachlichen Rhythmus des endgültigen Textes markieren soll;* **c)** (jur. Jargon) *Musterentscheidung, die auch formal als Vorbild dient.*

Schimmel- (Schimmel 1): **~bildung**, die ⟨Pl. ungebr.⟩; **~bogen**, der [nach der unterschiedlichen Färbung] (Druckw.): *nur einseitig od. auf einer Seite nur blaß bedruckter Druckbogen;* **~fleck**, der; **~geruch**, der; **~pilz**, der: *auf feuchten od. faulenden organischen Stoffen wachsender Pilz* (2).

schimmelig, schimmlig ['ʃɪm(ə)lɪç] ⟨Adj.⟩ [mhd. schimelec, ahd. scimbalag]: *voll Schimmel* (1): -es Brot; das Kompott ist s. geworden; etw. riecht s. *(nach Schimmel);* * **sich [über jmdn., etw.] s. lachen** (landsch.; *sehr über etw., was lustig ist, lachen*); **schimmeln** ['ʃɪmln] ⟨sw. V.⟩ [mhd. schimelen, ahd. scimbalōn]: **1.** *sich mit Schimmel* (1) *bedecken, schimmelig werden* ⟨hat/ist⟩: das Obst schimmelt [leicht]; das Brot hat, ist geschimmelt. **2.** *schimmelnd irgendwo liegen* ⟨hat⟩: die Akten haben jahrzehntelang in einem feuchten Keller geschimmelt; Ü die Ergebnisse dieser Umfrage schimmeln (ugs.; *liegen ungenutzt, unbeachtet*) irgendwo in einem Archiv; laß dein Geld nicht im Kasten s.!; **Schimmelreiter**, der; -s: *(in der germanischen Sage u. im Volksglauben) gespenstischer Reiter auf einem Schimmel, der in den Nächten um die Wintersonnenwende an der Spitze eines Geisterheers durch die Lüfte jagt.*

Schimmer ['ʃɪmɐ], der; -s, - ⟨Pl. ungebr.⟩ [rückgeb. aus ↑schimmern]: **1. a)** *matter od. sanfter [Licht]schein, schwacher Glanz, leichtes Funkeln:* ein schwacher, matter, heller S.; der S. der Sterne, des Goldes, der kostbaren Seide; sie saßen beim traulichen S. der Kerzen. **2.** *Anflug, Hauch, Andeutung, leise Spur:* der S. eines Lächelns lag auf ihrem Gesicht; ein ferner S. der Erinnerung leuchtete über seine Augen (Sommer, Und keiner 216); * **ein S. [von]** *(ein sehr geringes Maß, ein klein wenig):* doch noch einen S. von Hoffnung, Anstand haben; in ihm ist kein/nicht ein S. *(keine Spur, kein Funke)* [von] Ehrgefühl, Vernunft; **keinen [blassen]/nicht den geringsten/leisesten S. haben** (ugs.; 1. *überhaupt nichts von etw. verstehen:* er hat keinen S. von Politik; du hast ja keinen S.! 2. *von etw. nichts wissen:* hast du keinen S., wo sich der Koffer befinden könnte?; **schimmern** ['ʃɪmɐn] ⟨sw. V.; hat⟩ [aus dem Niederd. < mniederd. schēmeren, md. schemmern, Intensivbildung zu md. schemen = blinken]: **1.** *einen Schimmer* (1) *verbreiten, von sich geben:* die Kerze schimmert; in der Ferne schimmert ein Licht; zwischen den Büschen, durch die Bäume schimmerte ein See; etw. schimmert rötlich, wie Perlmutter; durch die Vorhänge schimmerte *(drang als Lichtschein)* Licht. **2.** *sich andeutungsweise, schwach in etw., durch etw. hindurch usw. zeigen, abzeichnen, abheben:* die Schrift schimmert durch das Papier; Ü jeder Satz wirkte wie gehämmert, Moltkes Vorbild schimmerte aus jeder Zeile (Niekisch, Leben 172).

schimmlig: ↑schimmelig.

Schimpanse [ʃɪm'panzə], der; -n, -n [aus einer afrik. Eingeborenenspr. des Kongogebietes]: *(in Äquatorialafrika heimischer) in Gruppen (vorwiegend auf Bäumen) lebender, sehr beweglicher Menschenaffe mit [braun]schwarzem Fell, der kleiner u. schwächer als der Gorilla ist.*

Schimpf [ʃɪmpf], der; -[e]s, -e ⟨Pl. ungebr.⟩ [älter = Spott, Hohn; mhd. schimph, ahd. scimph = Scherz, Kurzweil; Kampfspiel] (geh.): *Beleidigung, Demütigung, Schmach:* jmdm. einen S. antun, zufügen; einen S. erleiden, erdulden; * **S. und Schande!** (Ausruf des Abscheus); **mit S. und Schande** *(unter schimpflichen Umständen):* jmdn. mit S. und Schande davonjagen.

Schimpf-: **~kanonade**, die (ugs.): *Kanonade, Flut von Schimpfwörtern:* eine S. loslassen; **~name**, der: *starke Herabsetzung bezweckender [Bei]name; scheltende, stark herabsetzende Benennung:* ein S. für jmdn.; jmdm. einen -n geben; jmdn. mit -en belegen; **~rede**, die: *Rede* (1, 2 a), *mit der jmd. sich schimpfend gegen jmdn., etw. wendet;* **~wort**, das ⟨Pl.: -wörter od. -worte⟩: *Beschimpfung, beleidigendes [derbes] Wort:* ein grobes, unflätiges S.; jmdn. mit einer Flut von Schimpfwörtern überschütten.

Schimpfe ['ʃɪmpfə], die ⟨meist o. Art.⟩; - (ugs.): *Schimpfen, das sich gegen jmdn. (od. etw.) richtet, das Schimpfen mit jmdm. (od. gegen etw.):* na warte, zu Hause kriegst du S. [von deiner Mutti]!; Große S. kam von einundzwanzig Lesern (Kant, Impressum 368); **schimpfen** ['ʃɪmpfn̩] ⟨sw. V.; hat⟩ [mhd. schimphen, ahd. scimphen = scherzen, spielen, verspotten]: **1. a)** *[in bezug auf jmdn., etw.] seinem Unwillen, Ärger mit heftigen Worten [unbeherrscht] Ausdruck geben:* heftig, ständig s.; „Schweinerei!" schimpfte er; auf jmdn., etw. s.; gegen die Regierung s.; er hat sehr über ihn geschimpft; ⟨subst.:⟩ mit [deinem] Schimpfen erreichst du gar nichts; Ü schimpfende *(aufgeregt schilpende)* Sperlinge; **b)** *jmdn. schimpfend* (1 a) *zurechtweisen, ausschimpfen:* die Mutter schimpft mit dem Kind; ⟨landsch. mit Akk.-Obj.:⟩ jmdn. [wegen einer Sache] s. **2. a)** (geh.) *jmdn. als etw. beschimpfen, herabsetzend, beleidigend als etw. bezeichnen:* jmdn., sich selbst [einen] Esel s.; **b)** ⟨s. + sich⟩ (salopp spött.) *etw. Bestimmtes zu sein vorgeben, sich nennen, bezeichnen als:* und Sie schimpfen sich Fachmann!; „Dir imponiert natürlich solch Graf, bloß weil er sich blaublütig schimpft ...!" (Fallada, Trinker 42); und so was schimpft sich Schnellzug *(wird nun Schnellzug genannt, soll nun ein Schnellzug sein)!;* ⟨Abl.:⟩ **Schimpferei** [ʃɪmpfə'raj], die; -, -en (abwertend): *[dauerndes] Schimpfen;* **schimpfieren** [ʃɪm'pfi:rən] ⟨sw. V.; hat⟩ [mhd. schim-, schumfieren < afrz. (d)esconfire = besiegen, des Ansehens berauben (Bedeutungswandel parallel zu ↑Schimpf)] (veraltet): *verunglimpfen, entehren:* Zouzous Art, die Liebe zu s. (Th. Mann, Krull 410); **schimpflich** ⟨Adj.⟩ [mhd. schimphlich = kurzweilig, scherzhaft, spöttisch]: *schändlich, entwürdigend, entehrend:* eine -e Handlung, Niederlage; sie nahm ein -es Ende; jmdn. s. behandeln; ⟨Abl.:⟩ **Schimpflichkeit**, die; -, -en: **1.** ⟨o. Pl.⟩ *das Schimpflichsein, schimpfliche Art.* **2.** ⟨Pl.⟩ (selten) *schimpflicher Umstand, schimpfliche Handlung.*

Schinakel [ʃi'na:kl̩], das; -s, -[n] [ung. csónak = Boot, Kahn] (österr. ugs.): **1.** *kleines Ruderboot.* **2.** svw. ↑Kahn (4).

Schind-: **~anger**, der (veraltet): *Platz, wo Tiere abgedeckt werden;* **~luder**, das [aus dem Niederd., eigtl. = totes Tier, das geschunden (= abgedeckt) wird] in der Wendung **mit jmdm., etw. S. treiben** (ugs.; *jmdn., etw. schändlich, nichtswürdig, übel behandeln;* eigtl. = wie ein Aas behandeln, dem die Haut abgezogen wird): mit seinen Untergebenen S. treiben; er treibt mit seiner Gesundheit S., dazu: **~luderei** [...lu:də'raj], die; -, -en: *das Schindludertreiben mit jmdm. od. etw.;* **~mähre**, die (abwertend): *altes, abgemagertes, verbrauchtes Pferd.*

Schindel ['ʃɪndl̩], die; -, -n [mhd. schindel, ahd. scindula < lat. scindula]: **1.** *dünnes Holzbrettchen zum Decken des Daches u. Verkleiden der Außenwände.* **2.** (Her.) *eines der kleinen, einer Schindel* (1) *ähnlichen Rechtecke od. Parallelogramme, die ein Beizeichen bilden;* ⟨Zus.:⟩ **Schindeldach**, das; ⟨Abl.:⟩ **schindeln** ⟨sw. V.; hat⟩: *mit Schindeln* (1) *decken od. verkleiden.*

schinden ['ʃɪndn̩] ⟨st. V.; hat⟩ [mhd. schinden, ahd. scinten; 3 a: urspr. Studentenspr. (über die Bed. „erpressen")]: **1.** *quälen, grausam behandeln, insbes. jmdn. durch übermäßige Beanspruchung seiner Leistungsfähigkeit quälen:* Menschen, Tiere [zu Tode] s.; Untergebene, Arbeiter, Rekruten s.; Ü (ugs.:) den Motor s. **2.** ⟨s. + sich⟩ (ugs.) *sich mit etw. sehr abplagen, abmühen:* er hat sich in seinem Leben genug geschunden; sich mit einer Arbeit s. und plagen [müssen]; sich mit dem Gepäck s. **3. a)** (ugs.) *einsparen, indem man die Bezahlung umgeht, etw. nicht bezahlt:* Fahrgeld, das Eintrittsgeld s.; **b)** *etw., was einem [in diesem Umfang] nicht zusteht, mit zweifelhaften Mitteln erzielen, gewinnen; herausschlagen:* [bei jmdm.] Eindruck, Mitleid, Applaus s. [wollen]; [bei jmdm.] ein paar Zigaretten s. *(schnorren);*

Zeilen s. *(einen Text strecken, längen, um viele Zeilen nachweisen zu können);* Zeit s. *(sich so verhalten, daß etw. verzögert wird, Zeit gewonnen wird);* die italienische Mannschaft versuchte Zeit zu s. (Sport; *das Spiel zu verzögern, um einen günstigen Spielstand nicht zu gefährden*). **4.** (veraltet) *(ein verendetes Tier) abhäuten, abdecken:* ein Tier s.; ⟨Abl.:⟩ **Schinder,** der; -s, - [1: zu ↑schinden (1); 2: mhd. schindære]: **1.** (abwertend) *jmd., der andere schindet:* er ist ein S. und Ausbeuter; der Unteroffizier galt als ein übler S. (Soldatenspr.; *Schleifer*). **2.** (veraltet) *Abdecker:* ***zum S.** usw. (↑Henker). **3.** (selten, abwertend) *Schindmähre;* ⟨Abl.:⟩ **Schinderei** [ʃɪndəˈrai̯], die; -, -en (abwertend): **1.** *[dauerndes] Schinden.* **2.** *Qual, Strapaze:* diese Arbeit, dieser Marsch war eine arge S.; ⟨Zus.:⟩ **Schinderkarre,** die, **Schinderkarren,** der (früher): *Karren des Schinders, Abdeckers für den Transport der abzudeckenden Tiere.*

schindern [ˈʃɪndɐn] ⟨sw. V.; hat⟩ [mhd. schindern = schleifen; polternd schleppen] (obersächs.): *schlittern* (1 a).

Schinder[s]knecht, der; -[e]s, -e (veraltet): **1.** *Gehilfe des Schinders, Abdeckers.* **2.** *Gehilfe des Scharfrichters.*

Schinken [ˈʃɪŋkn̩], der; -s, - [mhd. schinke, ahd. scinco = Knochenröhre, Schenkel, eigtl. = krummer Körperteil; 3: aus der Studentenspr.; urspr. = dickes, in Schweinsleder gebundenes Buch]: **1.** *Hinterkeule eines Schlachttieres (bes. vom Schwein), Fleisch von einer Schweinskeule, das geräuchert od. gekocht insbes. als Aufschnitt gegessen wird:* gekochter, roher S.; S. im Brotteig; [ein Pfund] Schwarzwälder, westfälischer S.; eine Scheibe S.; einen S. anschneiden; Rührei mit S.; ein Brötchen mit S. belegen. **2.** (salopp) *Oberschenkel; Gesäß:* dicke S.; jmdn. auf den S. hauen; eilig trabten seine Beinchen hinter meinen langen S. (selten; *Beinen*) her (Fallada, Herr 94). **3.** (ugs. scherzh. od. abwertend) **a)** *großes, dickes Buch:* ein alter S.; Er liest mit Vorliebe utopische Romane ... oder historische S. wie „Ein Kampf um Rom" (Chotjewitz, Friede 41); **b)** *großes Gemälde [von geringem künstlerischem Wert]:* ein S. von Rubens; an der Wand über dem Sofa hing ein gräßlicher S.; **c)** *umfangreiches [älteres] Bühnenstück, aufwendiger Film [von geringem künstlerischem Wert]:* solche S. sehe ich mir nicht an.

Schinken-: ~**ärmel,** der (Mode): svw. ↑Keulenärmel; ~**brot,** das: *mit Schinken belegtes [Butter]brot;* ~**brötchen,** das: **1.** vgl. ~brot. **2.** *Brötchen mit eingebackenen kleinen Schinkenstücken;* ~**klopfen,** (nordd., md.:) ~**kloppen,** das: **1.** *Spiel, bei dem jmd., der sich bückt u. dem die Augen zugehalten werden, erraten muß, wer ihm auf das Gesäß geschlagen hat.* **2.** (ugs. scherzh.) *wiederholtes Schlagen auf jmds. Gesäß;* ~**knochen,** der; ~**röllchen,** das (Kochk.): *[gefülltes] Röllchen aus einer Scheibe Schinken;* ~**salat,** der (Kochk.): *Salat aus kleinen Streifen gekochtem Schinken u. anderen Zutaten (gekochtem Sellerie, Äpfeln o. ä.);* ~**schrote** [-ʃroːtə], die; -, -n [ostmd. Schrote = abgeschnittenes Stück, zu ↑Schrot] (bes. obersächs.): *abgeschnittenes Stück Schinken;* ~**semmel,** die (österr.): vgl. ~brötchen; ~**speck,** der: *Speck, der zu einem Teil aus magerem Schinken besteht;* ~**wurst,** die: *Wurst aus grob gehacktem, magerem Schweinefleisch, Speck u. Schinken.*

Schinn [ʃɪn], der; -s [mniederd. schin, eigtl. = Haut, zu ↑schinden], **Schinne** [ˈʃɪnə], die; -, -n ⟨meist Pl.⟩ (landsch., bes. nordd.): *Kopfschuppe;* ⟨Abl.:⟩ **schinnig** (landsch., bes. nordd.): *voller Kopfschuppen:* -es Haar.

schinschen [ˈʃɪnʃn̩]: ↑tschintschen.

Schintoismus, Shintoismus [ʃɪntoˈɪsmʊs], der; - [zu jap. shintō = Weg der Götter]: *die durch Naturverehrung u. Ahnenkult gekennzeichnete einheimische Religion Japans;* **Schintoist,** Shintoist, der; -en, -en: *Anhänger des Schintoismus;* ⟨Abl.:⟩ **schintoistisch,** shintoistisch ⟨Adj.; o. Steig.⟩.

Schipfe [ˈʃɪpfə], die; -, -n [H. u., viell. zu mhd. schipfes = quer] (schweiz.): **1.** *[vorgelagerte] Uferbefestigung.* **2.** *am Ufer angebrachter massiver Stützpfeiler einer Brücke.*

Schippchen [ˈʃɪpçən], das; -s, -: **1.** *kleine Schippe, Schaufel mit kurzem Stiel, der mit einer Hand gefaßt wird.* **2.** ↑Schippe (2); **Schippe** [ˈʃɪpə], die; -, -n [mniederd., md. schüppe, eigtl. = Gerät zum Schieben, zu ↑schieben; 3: nach der Form des Symbols auf der Karte]: **1. a)** ⟨Vkl. ↑Schippchen (1), ↑Schipplein⟩ (nordd., md.) *Schaufel* (1): im Sandkasten spielen Kinder mit S. und Eimer; ***jmdn. auf die S. nehmen/laden** (salopp; *jmdn. verulken od. verspotten [ohne daß er es merkt];* H. u., viell. eigtl. = wie Dreck, Kehricht behandeln, den man auf die Schaufel nimmt); **b)** ⟨meist Pl.⟩ (ugs. abwertend) *langer Fingernagel.* **2.** ⟨Vkl. ↑Schippchen (2), Schipplein⟩ (ugs. scherzh.) *mißmutig vorgeschobene Unterlippe:* eine S. ziehen, machen. **3.** ⟨Pl.; o. Art.; als s. Sg. gebraucht⟩ *Pik (im Kartenspiel);* **schippen** [ˈʃɪpn̩] ⟨sw. V.; hat⟩ [zu ↑Schippe] (nordd., md.): *schaufeln* (1, 2): Kohlen, Schnee s.; **Schippen:** ↑Schippe (3).

Schippen-: ~**as** [auch: ––ˈ–], das, ~**bube** [auch: ––ˈ––], der, ~**dame** [auch: ––ˈ––], die, ~**könig** [auch: ––ˈ––], der: *Spielkarten mit der Farbe Schippen.*

[1]**Schipper,** der; -s, - (nordd., md.): *jmd., der schippt.*

[2]**Schipper** [ˈʃɪpɐ], der; -s, - [mniederd. schipper(e), zu: schip = Schiff] (nordd.): *Schiffer;* **schippern** [ˈʃɪpɐn] ⟨sw. V.⟩ (ugs.): **1.** *eine Reise auf dem Wasser machen, mit dem Schiff fahren* ⟨ist⟩: durchs Mittelmeer s.; mit, auf einem Dampfer flußabwärts s.; Ü Konserven schipperten nach Nord- und Südamerika (MM 12. 11. 76, 6). **2.** *mit einem Schiff irgendwohin fahren, transportieren* ⟨hat⟩: Erz von Kanada nach Hamburg s.

Schipplein [ˈʃɪplai̯n], das; -s, -: **1.** svw. ↑Schippchen (1). **2.** ↑Schippe (2).

Schiras [ˈʃiːras], der; - [nach der iran. Stadt Schiras]: *blau-, auch rotgrundiger Teppich aus glänzender Wolle.*

Schiri [ˈʃiːri, auch: ˈʃɪri], der; -s, -s (Sport Jargon): Kurzw. für ↑Schiedsrichter.

Schirm [ʃɪrm], der; -[e]s, -e [mhd. schirm, ahd. scirm = Schutz, urspr. wohl = Fellüberzug des [1]Schildes]: **1. a)** *dachförmig aufspannbarer Regen- od. Sonnenschutz mit Schaft [u. Griff od. Fuß]:* den S. aufspannen, öffnen, schließen, zuklappen, auf-, zumachen, neu beziehen lassen; bei schlechtem Wetter einen S. *(Regenschirm)* mitnehmen; die Gäste saßen unter bunten -en *(Sonnenschirmen);* Ü Der blaue S. des Himmels (Musil, Mann 1379); ***einen S. in die Ecke stellen/einen S. [in der Ecke] stehenlassen** (ugs. verhüll.; *eine Blähung abgehen lassen*); **b)** kurz für ↑Fallschirm: der S. hat sich nicht geöffnet, hat sich verheddert; **c)** (Bot.) *schirmförmiger Hut der Schirmlinge.* **2.** *aus unterschiedlichem Material (Stoff, Plastik usw.) bestehender Teil der Lampe, der die Lichtquelle umgibt u. zum Abblenden dient.* **3. a)** *schildähnlicher Gegenstand zum Schutz gegen zu helles Licht od. direkte [Hitze]strahlung:* ein S. gegen radioaktive Strahlung; einen S. vor den Ofen stellen; beim Schweißen einen S. vor das Gesicht halten; einen grünen S. *(Augenschirm)* als Sonnenschutz tragen; **b)** (Jägerspr.) *gegen Sicht schützende, aus Reisig, Schilf o. ä. hergestellte Deckung für den Jäger;* **c)** *schildähnlicher Teil der Mütze, der bes. die Augen vor Sonnenlicht schützt;* **d)** *Schutz bietende Einrichtung, Gesamtheit von abschirmenden Einrichtungen, Anlagen, Vorkehrungen:* der atomare S. der Sowjetunion. **4.** kurz für ↑Bildschirm: diese Sendung wird bald über den S. gehen *(im Fernsehen gesendet werden).*

schirm-, Schirm-: ~**bild,** das (Fachspr.): **1.** *auf dem Bildschirm sichtbar werdendes Bild, bes. Röntgenbild* (1). **2.** *Röntgenbild* (2), dazu: ~**bildaufnahme,** die (Fachspr.): *Röntgenaufnahme* (1, 2), ~**bilden** ⟨sw. V.; schirmbildete, hat geschirmbildet⟩ (Fachspr.): *röntgen,* ~**bildfotografie,** die (Fachspr.): *Röntgenfotografie* (a, b), ~**bildgerät,** das (Fachspr.): *Röntgengerät,* ~**bildreihenuntersuchung,** die (Fachspr.): *Röntgenreihenuntersuchung,* ~**bildstelle,** die (DDR): *für die Durchführung von Schirmbildreihenuntersuchungen zuständige Stelle,* ~**bilduntersuchung,** die (Fachspr.): *Röntgenuntersuchung,* ~**bildverfahren,** das (Fachspr.): *Verfahren der Schirmbildfotografie u. der medizinischen Auswertung von Schirmbildern, Schirmbildaufnahmen;* ~**fabrik,** die; ~**förmig** ⟨Adj.; o. Steig.; nicht adv.⟩: *in, von der Form eines aufgespannten Schirmes* (1 a); ~**futteral,** das; ~**gitter,** das (Elektrot.): *Gitter einer speziellen Elektronenröhre (Schirmgitterröhre, Tetrode), das das Steuergitter gegen die Anode abschirmt,* dazu: ~**gitterröhre,** die: *Elektronenröhre mit Schirmgitter; Tetrode;* ~**griff,** der: *Griff eines Schirmes* (1 a); ~**herr,** der: *jmd., der offizieller Förderer, Betreuer einer seinem Schutz unterstehenden Institution, Veranstaltung usw. ist; Schutzherr; Gönner, Förderer:* der Bürgermeister war der S. der Festspiele; ~**herrschaft,** die: *Amt des Schirmherrn, Funktion, wie sie ein Schirmherr od. eine entsprechende Institution, Organisation usw. ausübt; Patronat* (2): die Tagung findet unter der S. des Bundespräsidenten statt; ~**hülle,** die: vgl. ~futteral; ~**lampe,** die: *Lampe mit Schirm* (2); ~**macher,** der: *Hersteller von Schirmen* (1 a) (Berufsbez.); ~**mütze,** die: *Mütze mit Schirm* (3 c); ~**pilz,** der: svw. ↑Schirmling

(1); ~**qualle,** die: *große, schirmförmige [bunte] Qualle;* ~**ständer,** der: *Ständer für Schirme* (1a); ~**überzug,** der: **1.** vgl. ~futteral. **2.** *[Stoff]bespannung eines Schirms* (1a).

schirmen ['ʃɪrmən] ⟨sw. V.; hat⟩ [mhd. schirmen, ahd. scirmen, eigtl. = mit dem Schild parieren, zu ↑Schirm] (geh.): *schützen, indem etw., was jmdm. od. einer Sache abträglich, schädlich ist, ferngehalten, abgehalten wird:* jmdn. vor Gefahren s.; Seydel schirmte seine Augen mit der Hand (Werfel, Himmel 177); ⟨Abl.:⟩ **Schirmer** ['ʃɪrmɐ], der; -s, - [mhd. schirmære] (geh.): *Schirm-, Schutzherr, Beschützer;* **Schirmling** ['ʃɪrmlɪŋ], der; -s, -e: *schirmförmiger, eßbarer Blätterpilz, bes. der Parasol[pilz];* **Schịrmung,** die; -, -en [spätmhd. schirmunge] (geh.): **a)** *das Schirmen;* **b)** *das Geschirmtwerden.*

Schirokko [ʃi'rɔko], der; -s, -s [ital. scirocco < arab. šarqīy = östlich(er Wind), zu: šarq = Osten]: *aus den Wüstengebieten Nordafrikas kommender, heißer [trockener], Staub mitführender Wind im Mittelmeerraum.*

schirren ['ʃɪrən] ⟨sw. V.; hat⟩ [zu ↑Geschirr]: **1.** (seltener) svw. ↑anschirren. **2.** *(ein Zugtier) an, vor, in etw. spannen, indem man ihm das Geschirr umlegt:* ein Pferd an, vor den Wagen s.; ⟨Zus.:⟩ **Schịrrmeister,** der [spätmhd. schirremeister]: **1.** (Milit. früher) *mit der Verwaltung von Gerät u. [Kraft]fahrzeugen betrauter Unteroffizier.* **2.** (früher) *Verwalter des Geschirrs, der Geräte u. Fahrzeuge;* ⟨Abl.:⟩ **Schịrrung,** die; -, -en.

Schirting ['ʃɪrtɪŋ], der; -s, -e u. -s [engl. shirting, eigtl. = Hemdenstoff, zu: shirt = Hemd]: *leichtes, steifes, glänzendes Baumwollgewebe in Leinwandbindung (Futterstoff).*

Schirwan ['ʃɪrvan], der; -[s], -s [nach der Schirwansteppe (Aserbaidschan, UdSSR)]: *meist blaugrundiger, enggeknüpfter, kurzgeschorener kaukasischer Teppich mit geometrischer Musterung.*

Schisma ['ʃɪsma, auch: 'sçɪsma], das; -s, ...men u. (selten:) -ta [spätmhd. sc(h)isma < kirchenlat. schisma < griech. schísma = Spaltung] (Kirche): **a)** *Kirchenspaltung:* alle Versuche, das S. zu überwinden, scheiterten; **b)** *in der Weigerung, sich dem Papst, den ihm unterstehenden Bischöfen unterzuordnen, bestehendes kirchenrechtliches Delikt;* **Schismatiker** [ʃɪs'ma:tikɐ, auch: sçɪs...], der; -s, - [kirchenlat. schismaticus < griech. schismatikós] (Kirche): *jmd., der sich des Schismas* (b) *schuldig gemacht hat, Anhänger einer schismatischen Gruppe; jmd., der ein Schisma* (a) *verursacht hat;* **schismatisch** [ʃɪs'ma:tɪʃ, auch: sçɪs...] ⟨Adj.; o. Steig.; nicht adv.⟩: **a)** *ein Schisma* (a) *betreffend;* **b)** *eine Kirchenspaltung betreibend, verursacht habend, des Schismas* (b) *schuldig:* ein -er Priester; man erklärte die Reformbestrebungen für s.

schiß [ʃɪs]: ↑scheißen; **Schiß** [-], der; Schisses, Schisse ⟨Pl. selten⟩ [zu ↑scheißen]: **1.** (derb) **a)** *Kot;* **b)** *das Ausscheiden von Kot:* Solche Menschen zu lieben, ist wie ein anständiger S.; man fühlt sich wohl danach (Zwerenz, Kopf 147). **2.** ⟨o. Pl.⟩ (salopp, oft abwertend) *Angst:* S. haben; da haben sie S. gekriegt und sind abgehauen; der ist untergetaucht aus S. vor irgendwem (Simmel, Stoff 349); **Schisser** ['ʃɪsɐ], der; -s, - (salopp abwertend): *ängstlicher Mensch; Angsthase;* **Schịßhase,** der; -n, -n (salopp abwertend): svw. ↑Angsthase.

Schißlaweng [ʃɪsla'vɛŋ]: ↑Zislaweng.

Schiwa ['ʃi:va], der; -s, -s [sanskr. Śiva = der Gnädige]: *figürliche Darstellung des hinduistischen Gottes Schiwa.*

schizo-, Schizo- [ʃit̮so-, auch: sçit̮so-; zu griech. schízein = spalten] ⟨Best. in Zus. mit der Bed.⟩: *Spaltung, Trennung* (z. B. schizogen, Schizophrenie); **schizogẹn** ⟨Adj.; o. Steig.⟩ [↑-gen] (Biol.): *durch Spaltung od. Auseinanderweichen (von Zellwänden) entstanden:* -e Hohlräume; **Schizogonie** [...go'ni:], die; - [zu griech. gonḗ = Fortpflanzung] (Biol.): *ungeschlechtliche Fortpflanzung (bei Einzellern) durch mehrfache gleichzeitige Teilung der Zelle;* **schizoid** [...'i:t] ⟨Adj.; Steig. ungebr.⟩ [zu griech. -oeidḗs = ähnlich] (Psych., Med.): *die Symptome der Schizophrenie in leichterem Grade zeigend, seelisch gespalten, eine autistische, introvertierte Veranlagung habend;* **Schizoide** [...'i:də], der u. die; -n, -n ⟨Dekl. ↑Abgeordnete⟩ (Psych., Med.): *jmd., der schizoid ist;* **Schizomyzẹt,** der; -en, -en ⟨meist Pl.⟩ (Biol. veraltet): *Bakterie; Spaltpilz;* **schizophren** [...'fre:n] ⟨Adj.⟩ [zu griech. phrḗn = Geist, Gemüt]: **1.** ⟨o. Steig.⟩ (Psych., Med.) *an Schizophrenie leidend, von ihr zeugend, für sie kennzeichnend; auf ihr beruhend; spaltungsirre:* ein -er Patient; -e Symptome; s. denken. **2.** (bildungsspr.) **a)** *in sich widersprüchlich, in hohem Grade inkonsequent:* eine -e Politik; eine völlig -e Haltung; es ist doch s., als erklärter Gegner der parlamentarischen Demokratie bei den Bundestagswahlen zu kandidieren; **b)** *verrückt, absurd:* eine völlig -e Idee; unsere Situation ist wirklich ziemlich s.; **Schizophrene** [...'fre:nə], der u. die; -n, -n ⟨Dekl. ↑Abgeordnete⟩ (Psych., Med.): *jmd., der schizophren* (1) *ist;* **Schizophrenie** [...fre'ni:], die; -, -n [...i:ən]: **1.** ⟨Pl. selten⟩ (Psych., Med.) *mit einer Bewußtseinsspaltung, dem Verlust des inneren Zusammenhangs der geistigen Persönlichkeit, mit Sinnestäuschungen, Wahnideen einhergehende Psychose; Spaltungsirresein:* an S. leiden, erkranken. **2.** ⟨o. Pl.⟩ (bildungsspr.) *das Schizophrensein, schizophrener* (2) *Charakter;* **Schizophyzee** [...fy't̮se:ə], die; -, -n ⟨meist Pl.⟩ [zu griech. phŷkos = Tang, Seegras] (Biol.): svw. ↑Blaualge; **schizothym** [...'ty:m] ⟨Adj.; Steig. ungebr.⟩ [zu griech. thymós = Empfindung, Gemüt] (Psych., Med.): *eine latent bleibende, nicht zum Durchbruch kommende Veranlagung zur Schizophrenie besitzend, für eine solche Veranlagung kennzeichnend;* **Schizothyme** [...'ty:mə], der u. die; -n, -n ⟨Dekl. ↑Abgeordnete⟩ (Psych., Med.): *jmd., der schizothym ist;* **Schizothymie** [...ty'mi:], die; - (Psych., Med.): *das Schizothymsein, schizothyme Veranlagung.*

Schlabber ['ʃlabɐ], die; -, -n [zu ↑schlabbern] (landsch., oft abwertend): *Mundwerk:* ihre S. steht nicht still *(sie redet ununterbrochen);* halt endlich die S.

Schlạbber-: ~**jacke,** die (Mode): *Jacke im Schlabberlook;* ~**kleid,** das (Mode): vgl. ~jacke; ~**latz,** der, ~**lätzchen,** das (ugs.): svw. ↑Lätzchen; ~**look,** der (Mode Jargon): *Mode, bei der die Kleidungsstücke sehr weit geschnitten sind, so daß sie nur lose am Körper anliegen;* ~**maul,** das (landsch. abwertend): *geschwätziger Mensch.*

Schlabberei [ʃlabə'rai̯], die; -, -en: **1.** (ugs. abwertend) *das Schlabbern* (2). **2.** (landsch. abwertend) *[dauerndes] Schlabbern* (4); **schlabberig,** schlabbrig ['ʃlab(ə)rɪç] ⟨Adj.⟩ (ugs.): **1.** *(bes. von Stoffen) weich u. schmiegsam u. daher locker fallend:* Zwei- und Dreiteiler aus schlabberigem ... Strickstoff (Freundin 5, 1978, 17). **2.** (meist abwertend) *(bes. von Speisen, Getränken) wäßrig, dünn [u. fade im Geschmack]:* eine -e Suppe; der Kaffee war eine -e Brühe; ⟨Abl.:⟩ **Schlạbberigkeit,** Schlạbbrigkeit, die; -; **schlabbern** ['ʃlabɐn] ⟨sw. V.; hat⟩ [aus dem Niederd., lautm.]: **1.** (ugs.) *eine Flüssigkeit geräuschvoll auflecken:* der Kater schlabbert seine Milch; Ü ... vom „Suppentopf für eine Mark zehn", den er mit Juanita ... schlabbert (BM 24. 8. 76, 12). **2.** (ugs. abwertend) *(aus Ungeschicklichkeit od. Achtlosigkeit) beim Essen od. Trinken einen Teil der Nahrung od. des Getränks wieder aus dem Mund fallen od. fließen lassen u. dadurch die eigene Kleidung, den Platz, an dem man sich befindet, beschmutzen:* das Kind hat schon wieder geschlabbert; die andern essen achtlos schlabbernd; Ü Der Rotz schlabbert ihr aus der Nase (Kinski, Erdbeermund 375). **3.** (ugs.) *sich auf Grund schlabberiger* (1) *Beschaffenheit schlenkernd [hin u. her] bewegen:* ein langer, weiter Strickrock schlabberte ihr um die Beine. **4.** (landsch., oft abwertend) *unaufhörlich, ununterbrochen reden; schwatzen:* ununterbrochen, stundenlang mit der Nachbarin s.; **schlabbrig**: ↑schlabberig; **Schlabbrigkeit**: ↑Schlabberigkeit.

Schlacht [ʃlaxt], die; -, -en [mhd. slaht(e), ahd. slahta = Tötung, zu ↑schlagen]: *heftiger, längere Zeit anhaltender [aus mehreren einzelnen, an verschiedenen Orten ausgetragenen Gefechten bestehender] Kampf zwischen größeren militärischen Einheiten:* die S. von, um Verdun; eine schwere, blutige, mörderische, entscheidende S.; die S. wütete, tobte drei Tage lang; eine S. schlagen; eine S. gewinnen, verlieren, für sich entscheiden; jmdm. eine S. liefern; in die S. ziehen; Truppen in die S. führen; in der S. verwundet werden, fallen; R es sieht wie nach einer S. aus (ugs.; *es herrscht ein großes Durcheinander*); Ü die beiden Mannschaften lieferten sich eine [erbitterte] S.; die S. am kalten Büfett (scherzh.; *der allgemeine Andrang auf das kalte Büfett*); wen wird die Union gegen Schmidt in die S. (ugs.; *den Wahlkampf*) schicken?

schlạcht-, [1]Schlạcht- (schlachten 1): ~**bank,** die ⟨Pl. -bänke⟩: *niedrige [1]Bank* (2a) *o. ä., auf der geschlachtet wird, auf der geschlachtete Tiere ausgeschlachtet u. zerteilt werden:* ein Tier zur S. führen; * **sich wie ein Lamm zur S. führen lassen** (geh.; *den Vollzug schwerer Bestrafung, Schädigung o. ä. ohne Widerspruch od. Gegenwehr, geduldig, ergeben hinnehmen*); ~**bar** ⟨Adj.; o. Steig.; nicht adv.⟩:

(von Haustieren) den gesetzlichen Bestimmungen gemäß zum Schlachten in Frage kommend; **~block,** der ⟨Pl. -blöcke⟩: *Holzblock o. ä., auf dem geschlachtet wird;* **~erlaubnis,** die: *behördliche Erlaubnis zum Schlachten (eines bestimmten Tieres, einer Anzahl von Tieren);* **~fest,** das: *anläßlich einer Hausschlachtung veranstaltetes Essen, bei dem es Schlachtplatten gibt;* **~geflügel,** das: vgl. ~tier; **~gerät,** das: **1.** *Gerät* (1 a) *zum Schlachten.* **2.** ⟨o. Pl.⟩ *Gerät* (2) *zum Schlachten;* **~gewicht,** das (Fachspr.): *Gewicht eines geschlachteten Tiers ohne Haut bzw. Federn, Kopf, Füße u. die meisten Eingeweide* (Ggs.: Lebendgewicht a); **~halle,** die: *Halle (in einem Schlachthof), in der geschlachtet wird;* **~haus,** das: **a)** *zu einem Schlachthof od. einer Fleischerei gehörendes Gebäude, in dem geschlachtet wird;* **b)** svw. ↑~hof; **~hof,** der: **a)** *in einem größeren Gebäudekomplex untergebrachte Einrichtung, in der Schlachtvieh geschlachtet u. zerlegt sowie das gewonnene Fleisch gelagert u. zum Teil weiterverarbeitet wird;* **b)** *Gebäudekomplex, in dem ein Schlachthof* (a) *untergebracht ist;* **~messer,** das: *Messer zum Schlachten;* **~opfer,** das (Rel.): *Opfer* (1), *bei dem ein Tier geschlachtet u. einer Gottheit geopfert wird;* **~platte,** die (Gastr.): *im wesentlichen aus verschiedenerlei frischer Wurst u. Wellfleisch bestehendes Essen;* **~raum,** der: vgl. ~halle; **~reif** ⟨Adj.; o. Steig.; nicht adv.⟩: *(von schlachtbaren Tieren) in dem Zustand befindlich, in dem ein Tier sein soll, wenn es geschlachtet wird;* **~schüssel,** die (Gastr.): svw. ↑~platte; **~tag,** der: *Tag, an dem geschlachtet wird;* **~tier,** das: *zum Schlachten gehaltenes Haustier,* dazu: **~tierbeschau,** die; **~vieh,** das: vgl. ~tier, dazu: **~viehmarkt,** der: *Markt, auf dem schlachtreifes Vieh gehandelt wird.*

[2]**Schlacht-** (Schlacht): **~feld,** das: *Schauplatz einer Schlacht:* das S. an den Thermopylen; er ist auf dem S. geblieben (veraltet verhüll.; *gefallen*); die Unglücksstelle glich einem S.; der Tod auf dem S.; Ü nach der Party war die Wohnung ein S. *(in größter Unordnung);* **~flieger,** der: **1.** (Milit.) *Pilot eines Schlachtflugzeugs.* **2.** (ugs.) svw. ↑Schlachtflugzeug; **~flotte,** die (Milit.): *Gesamtheit der Schlachtschiffe, Panzerschiffe, Schlachtkreuzer einer Kriegsflotte;* **~flugzeug,** das (Milit.): *für das Eingreifen in den Erdkampf ausgerüstetes Flugzeug;* **~gebrüll,** das ⟨o. Pl.⟩ (früher): *von in die Schlacht ziehenden Kriegern angestimmtes Gebrüll, durch das man sich gegenseitig anfeuern u. dem Gegner Angst einflößen wollte;* **~gesang,** der (früher): **1.** vgl. ~gebrüll. **2.** *Gesang* (2), *wie er von in die Schlacht ziehenden Kriegern angestimmt wurde;* **~geschrei,** das (früher): vgl. ~gebrüll; **~getümmel,** das ⟨o. Pl.⟩: *bei einer Schlacht entstehendes Getümmel;* **~gewühl,** das: vgl. ~getümmel; **~kreuzer,** der (Milit. früher): *einem Schlachtschiff ähnliches, jedoch weniger gepanzertes Kriegsschiff;* **~linie,** die (Milit. früher): svw. ↑~reihe; **~ordnung,** die (Milit. früher): *Art, in der ein Heer für eine Schlacht aufgestellt war;* **~plan,** der (Milit.): *taktischer Plan, nach dem ein Feldherr in einer bevorstehenden Schlacht vorzugehen gedenkt:* ein genialer S.; Ü wir müssen erst mal einen S. machen (ugs.; *überlegen, wie wir bei unserem Vorhaben vorgehen wollen*); **~reihe,** die (Milit. früher): *geschlossene Reihe, breite Formation von zur Schlacht aufgestellten Kriegern;* **~roß,** das (veraltet): *für den Einsatz im Kampf, in der Schlacht abgerichtetes Pferd eines Reiters;* Ü er ist ein altes S. (ugs.; *ist sehr erfahren*); **~ruf,** der (früher): *verabredete Parole o. ä., die in den Kampf ziehende Krieger zur Anfeuerung o. ä. riefen;* **~schiff,** das (Milit.): *stark bewaffnetes u. gepanzertes, großes Kriegsschiff;* **~szene,** die: *in einer Schlacht sich abspielende Szene:* er malt gerne -n.

Schlachta ['ʃlaxta], die; - [poln. szlachta < ahd. slahta = Geschlecht] (hist.): *niederer Adel in Polen.*

schlachten ['ʃlaxtn̩] ⟨sw. V.; hat⟩ [mhd. slahten, ahd. slahtōn, zu ↑Schlacht]: **1.** *(ein Haustier, dessen Fleisch für die menschliche Ernährung verwendet werden soll) fachgerecht töten:* ein Schwein, Pferd, Huhn s.; Und feierte den Sieg der Revolte, indem Maurikios mit seiner ganzen Familie geschlachtet (salopp abwertend; *auf grausame, kaltblütige Weise ermordet*) wurde (Jahnn, Geschichten 47). **2.** (ugs. scherzh.) *anbrechen* (2) *[u. verbrauchen, verzehren]:* eine Flasche Whisky, eine Tafel Schokolade s.

Schlachten-: **~bummler,** der [bes. im dt.-frz. Krieg 1870/71 aufgekommene Bez. für Zivilisten, die aus Neugierde an die Front kamen] (Sport Jargon): *Anhänger einer [Fußball]mannschaft, eines Sportlers, der sich bei einem auswärtigen Spiel, Wettkampf als Zuschauer einfindet;* **~maler,** der: *Maler, der vorwiegend Schlachten, Schlachtszenen darstellt,* dazu: **~malerei,** die ⟨o. Pl.⟩.

Schlachter ['ʃlaxtɐ], der; -s, - [mhd. (in Zus.) -slahter, ahd. slahtari, zu ↑schlachten]: **a)** (nordd.) *Fleischer;* **b)** *Fachkraft, die (bes. in einem Schlachthof) berufsmäßig Tiere schlachtet;* **Schlächter** ['ʃlɛxtɐ], der; -s, - [mhd. (in Zus.) -slehter]: **a)** (nordd., bes. berlin.) *Fleischer;* **b)** svw. ↑Schlachter (b).

Schlachter-, Schlächter- (nordd.) usw.: ↑Fleischer- usw.

Schlachterei [ʃlaxtə'rai̯], die; -, -en (nordd.): *Fleischerei;* **Schlächterei** [ʃlɛxtə'rai̯], die; -, -en: **1.** (nordd., bes. berlin.) *Fleischerei.* **2.** (emotional abwertend) *massenweises, kaltblütiges Töten:* die Robbenjagd ist eine abscheuliche S.

Schlachtschitz ['ʃlaxtʃɪts], der; -en, -en [poln. szlachcic, zu: szlachta, ↑Schlachta] (hist.): *Angehöriger der Schlachta.*

Schlachtung, die; -, -en ⟨Pl. selten⟩: *das Schlachten* (1).

schlack [ʃlak] ⟨Adj.⟩ [mhd. slack, ahd. slak] (schwäb., bayr.): *träge; schlaff;* **Schlack** [-], der; -[e]s [mniederd. slagge, wohl zu: slaggen, slakken, ↑[2]schlacken] (nordd.): **1.** *breiige Masse, Brei.* **2.** *Schneeregen, Schneematsch;* ⟨Zus.:⟩ **Schlackdarm,** der (nordd.): svw. ↑Mastdarm.

Schlacke ['ʃlakə], die; -, -n [aus dem Niederd. < mniederd. slagge = Abfall beim Erzschmelzen, zu ↑schlagen]: **1.** *bei der Verbrennung von Steinkohle, Koks in kleineren od. größeren Stücken zurückbleibende harte poröse Masse, Verbrennungsrückstand:* die -n aus dem Ofen holen; der Koks bildet S.; der Ofen ist voller S. **2.** (Hüttenw.) *beim Schmelzen, Verhütten von Erz zurückbleibende, zunächst flüssige, beim Erkalten zu einer glasartigen Masse erstarrende Substanz; Hochofenschlacke.* **3.** (Geol.) *unregelmäßig geformter, blasig-poröser Brocken Lava.* **4.** ⟨Pl.⟩ (Physiol.) svw. ↑Ballaststoffe: die Nahrung sollte reich an -n sein; [1]**schlakken** ['ʃlakn̩] ⟨sw. V.; hat⟩: *beim Verbrennen Schlacke* (1) *bilden, zurücklassen:* die Kohle schlackt stark.

[2]**schlacken** [-] ⟨sw. V.; hat; unpers.⟩ [mniederd. slakken, zu: slak = schlaff, schwach; breiig] (nordd.): *als Schlackerschnee, -regen zur Erde fallen:* es hat den ganzen Tag geschlackt.

schlacken-, Schlacken-: **~arm** ⟨Adj.⟩: *wenig Schlacken* (4) *enthaltend:* -e Kost; **~bahn,** die (Sport seltener): svw. ↑Aschenbahn; **~diät,** die: *schlackenreiche, bes. bei Stuhlverstopfung angezeigte Diät;* **~frei** ⟨Adj.; o. Steig.⟩: **a)** vgl. ~arm; **b)** *keine Schlacken* (1) *enthaltend, zurücklassend:* etw. verbrennt s.; **~grube,** die: *Grube zur Lagerung von [Hochofen]schlacken;* **~halde,** die: vgl. ~grube; **~haltig** ⟨Adj.; nicht adv.⟩: vgl. ~arm; **~kost,** die: svw. ↑~diät; **~los** ⟨Adj.; o. Steig.⟩: vgl. ~frei; **~reich** ⟨Adj.⟩: vgl. ~arm; **~sand,** der: *sehr fein granulierte Hochofenschlacke;* **~stein,** der: *aus Hochofenschlacke hergestellter Pflasterstein;* **~stoffe** ⟨Pl.⟩: svw. ↑Schlacke (4); **~wolle,** die (Fachspr.): *aus Schlacke* (2) *gewonnenes, der Glaswolle ähnliches, bes. als Isolierstoff verwendetes Produkt.*

Schlacker- ['ʃlakɐ-] ([2]schlackern; nordd.): **~regen,** der: *Schneeregen;* **~schnee,** der: *(fallender od. am Boden liegender) nasser, im Tauen begriffener Schnee;* **~wetter,** das: *Wetter mit viel Schlackerregen, -schnee.*

schlackerig, schlackrig ['ʃlak(ə)rɪç] ⟨Adj.; nicht adv.⟩ [zu ↑[1]schlackern] (ugs.): *[1]schlackernd, zum [1]Schlackern neigend:* weite -e Hosenbeine; die -en Arme der Puppe; [1]**schlackern** ['ʃlakɐn] ⟨sw. V.; hat⟩ [aus dem Niederd., Intensivbildung zu ↑[2]schlacken, urspr. von schlaff herunterhängenden Segeln] (nordd., westmd.): **a)** *sich lose [herab]hängend ungleichmäßig hin u. her bewegen; schlenkern:* hin und her s.; die schlackernden Gliedmaßen der Marionette; Dann trieben wir es, daß uns ... die Knie schlackerten (Spiegel 34, 1975, 83); das Rad schlackerte *(rotierte ungleichmäßig)* gefährlich; **b)** *sich schlackernd* (a) *irgendwohin bewegen:* Ich ... halte ... die Schürze mit den Äpfeln fest, die gegen meine Beine schlackert (Kinski, Erdbeermund 21); **c)** *(mit etw.) schlackernde* (a) *Bewegungen machen:* mit den Armen s.; der Dackel schlackerte mit den Ohren; [2]**schlackern** [-] ⟨sw. V.; hat⟩ (nordd.): svw. ↑[2]schlacken.

[1]**schlackig** ['ʃlakɪç] ⟨Adj.; nicht adv.⟩ [zu ↑Schlacke]: *viel Schlacke* (1) *enthaltend, aufweisend.*

[2]**schlackig** [-] ⟨Adj.; nicht adv.⟩ [zu ↑Schlack] (nordd.): *(vom Wetter) mit viel [Schnee]regen verbunden [so daß der Boden aufgeweicht wird]:* -es Wetter; **schlackrig**: ↑schlackerig.

Schlackwurst ['ʃlak-], die; -, -würste [eigtl. = Wurst(masse), die in den ↑Schlackdarm gefüllt wird]: svw. ↑Zervelatwurst.

[1]**Schlaf** [ʃla:f], der; -[e]s [mhd., ahd. slāf, zu ↑schlafen]:

1. a) *der Erholung des Organismus dienender Zustand der Ruhe, der Entspannung (bei Menschen u. Tieren), in dem die Augen gewöhnlich geschlossen, das Bewußtsein ausgeschaltet u. viele Körperfunktionen herabgesetzt sind:* ein leichter, fester, tiefer, unruhiger, erquickender, traumloser S.; der S. überwältigt, überkommt, übermannt jmdn., kommt über jmdn., flieht jmdn. (geh.; *jmd. kann nicht schlafen*); er hat einen leichten S. *(wacht leicht auf, wenn er schläft)*; versäumten S. nachholen; er braucht viel S.; er konnte keinen S. finden (geh.; *nicht einschlafen*); aus dem S. erwachen, fahren; jmdn. aus dem S. [er]wecken, rütteln, reißen; in tiefem S. liegen; er spricht im S. *(während er schläft)*; in S. sinken, fallen (geh.; *von Müdigkeit überwältigt einschlafen*); jmdn. in [den] S. singen; das Kind hat sich in [den] S. geweint; jmdn. um den, seinen S. bringen (geh.; *am Schlafen hindern*); die Sorge um den Sohn bringt sie um den, ihren S., raubt ihr den S. (geh.; *quält sie so sehr, daß sie nachts nicht od. nur schlecht schlafen kann*); er braucht seine acht Stunden S.; ***den S. des Gerechten schlafen** (scherzh.; *fest schlafen;* nach Sprüche 24, 15); **etw. im S. können, beherrschen** o. ä. *(etw., ohne die geringste Mühe, Konzentration aufwenden zu müssen, können, beherrschen o. ä.)*: Schulz beherrschte die Materie im S. (Kirst, 08/15, 80); **nicht im S. an etw. denken, auf etw. kommen** o. ä. (ugs.; *etw. unter keinen Umständen tun wollen, etw. nicht einmal in Erwägung ziehen*); **etw. fällt jmdm. nicht im S. ein** (ugs.; *jmd. will etw. unter keinen Umständen tun, nicht einmal in Erwägung ziehen*): Es fiel ihm ... nicht einmal im S. ein, seine Frau ... zu verdächtigen (Musil, Mann 202); **b)** ⟨Vkl. ↑Schläfchen⟩ *das [eine bestimmte Zeit dauernde] Schlafen:* mittags hielt er seinen S., machte er ein kurzes Schläfchen. **2.** (ugs. scherzh., auch verhüll.) *teils noch schleimige, teils bereits getrocknete, körnige, gelblichweiße Absonderung der Augen, die sich während des Schlafens in den Augenwinkeln angesammelt hat:* du hast noch S. in den Augen[winkeln]; wisch dir mal den S. aus den Augen, von der Backe; Ü wie der Christ allezeit aufgefordert ist, sich den S. aus den Augen zu reiben und aufzubrechen (Nigg, Wiederkehr 79); **²Schlaf** [-], der; -[e]s, Schläfe [ˈʃlɛːfə; mhd. slāf] (veraltet): *Schläfe.*

schlaf-, Schlaf-: **~anfall,** der (Med.): *unvermittelt u. anfallartig auftretender unwiderstehlicher Schlafdrang;* **~anzug,** der: *Kombination aus zusammengehörender Hose u. Jacke aus einem meist leichten Stoff, die während des Schlafes getragen wird;* **~auge,** das ⟨meist Pl.⟩: **1.** *Auge einer Puppe, das sich schließt, sobald man die Puppe in eine horizontale Lage bringt.* **2.** (Kfz.-T. Jargon) *Scheinwerfer, bes. bei sportlichen Autos, der im ausgeschalteten Zustand unsichtbar in der Karosserie versenkt ist u. sich beim Einschalten herausklappt;* **~baum,** der (Zool.): *Baum, auf dem eine Gruppe von Vögeln, ein Vogel regelmäßig die Nacht zubringt;* **~bedürfnis,** das: *Bedürfnis nach Schlaf;* **~bedürftig** ⟨Adj.; nicht adv.⟩: *Schlaf benötigend,* dazu: **~bedürftigkeit,** die; **~bursche,** der (veraltet): svw. ↑Bettgeher; **~couch,** die: *Couch, die sich ausziehen, ausklappen o. ä. läßt, so daß sie zum Schlafen benutzt werden kann;* **~dauer,** die; **~decke,** die: *Bettdecke* (1); **~deich,** der: *durch Bau eines neuen Außendeichs zum Binnendeich gewordener ehemaliger Außendeich;* **~drang,** der: *Drang einzuschlafen;* **~ecke,** die: *Ecke, Bereich eines Zimmers, in dem das Bett steht;* **~entzug,** der; **~forschung,** die; **~gast,** der: *jmd., der dort, wo er Gast ist, auch übernachtet;* **~gelegenheit,** die: *zum Schlafen geeigneter Platz [mit einem Bett o. ä.], zum Schlafen geeignetes Möbelstück o. ä.;* **~gemach,** das (geh.): vgl. ~zimmer; **~genosse,** der (veraltend): *jmd., der mit jmdm. gemeinsam in einem Raum übernachtet;* **~gewohnheit,** die ⟨meist Pl.⟩: *das Schlafen betreffende Gewohnheit eines Menschen, Tieres;* **~haltung,** die: svw. ↑~stellung; **~kabine,** die: *Teil des Führerhauses in einem Fernlastwagen, in dem der Fahrer in einer Art Koje schlafen kann;* **~kammer,** die: vgl. ~zimmer; **~klinik,** die: *Klinik für Schlafkuren, Schlaftherapien;* **~koje,** die (ugs.): svw. ↑~kabine; **~krankheit,** die: *vor allem durch Schlafsucht, nervöse Störungen, Erschöpfung u. hohes Fieber gekennzeichnete, gefährliche (von Tsetsefliegen übertragene) tropische Infektionskrankheit; Hypnosie* (1); **~kur,** die (Med.): *als Kur durchgeführte Schlaftherapie;* **~läuse** ⟨Pl.⟩ (ugs. scherzh.) in Wendungen wie **[die] S. haben** *(auf Grund großer Müdigkeit ein Jucken, Kribbeln auf der Kopfhaut od. an anderen Körperstellen verspüren);* **~lernmethode,** die (Fachspr.): *Methode zur Vertiefung von [Fakten]wissen, bei der dem Lernenden während bestimmter Schlafphasen Tonbandaufnahmen mit dem Lernstoff vorgespielt werden; Hypnopädie;* **~lied,** das: *Lied, mit dem man ein Kind in den Schlaf singt;* **~los** ⟨Adj.; o. Steig.; nicht adv.⟩: **a)** *wachend, ohne zu schlafen verbracht:* -e Nächte; **b)** *keinen Schlaf finden könnend:* sich s. im Bett wälzen, zu b: **~losigkeit,** die; -: an S. leiden; **~mangel,** der; **~maus,** die (Zool.): svw. ↑Bilch; **~mittel,** das: *pharmazeutisches Mittel gegen [Ein]schlafstörungen,* dazu: **~mittelmißbrauch,** der, **~mittelsucht,** die ⟨o. Pl.⟩, **~mittelsüchtig** ⟨Adj.; o. Steig.; nicht adv.⟩, **~mittelvergiftung,** die; **~mohn,** der ⟨o. Pl.⟩ (Bot.): *weiß od. violett blühender Mohn* (1 a) *einer bes. im östlichen Mittelmeerraum heimischen Art, aus dem Opium gewonnen wird;* **~mütze,** die: **1.** (früher) *im Bett getragene Mütze.* **2.** (ugs.) **a)** *jmd., der übertrieben viel, lange schläft:* jetzt steht aber endlich auf, ihr -n!; **b)** (abwertend) *jmd., der unaufmerksam, langsam, träge ist:* die S. hat wieder nichts davon gemerkt, dazu: **~mützig** [-mʏtsɪç] ⟨Adj.⟩ (ugs. abwertend): *die charakteristischen Eigenschaften einer Schlafmütze* (2 b) *habend,* dazu: **~mützigkeit,** die; - (ugs. abwertend); **~nische,** die: vgl. ~ecke; **~phase,** die (Fachspr.); **~pille,** die: vgl. ~mittel; **~platz,** der: *Platz* (2) *zum Schlafen;* **~position,** die: svw. ↑~stellung; **~pulver,** das: *pulverförmiges Schlafmittel;* **~puppe,** die: *Puppe mit Schlafaugen;* **~ratte,** die (ugs.): *jmd., der gern viel schläft;* **~raum,** der: *Raum, bes. in Heimen, Jugendherbergen o. ä., in dem geschlafen wird;* **~rock,** der: *Morgenrock, Hausmantel o. ä.;* ***im S.** (Kochk.; *in einer Umhüllung aus Mürbe- od. Blätterteig*): Äpfel, Bratwürste im S.; **~saal,** der: *größerer Schlafraum mit vielen Schlafstellen;* **~sack,** der: *rechteckige, an drei Seiten geschlossene, sackartige, in der Art einer Steppdecke hergestellte Hülle, die beim Übernachten im Freien, im Zelt o. ä. eine Bettdecke ersetzt;* **~stadium,** das (Fachspr.): svw. ↑~phase; **~stadt,** die (ugs., leicht abwertend): *Trabantenstadt (die man eigentlich nur zum Schlafen aufsucht);* **~statt,** die (geh.): svw. ↑Bettstatt; **~stätte,** die (geh.): svw. ↑~platz; **~stelle,** die: **a)** *Schlafgelegenheit:* jmdm. eine S. anbieten; **b)** svw. ↑~platz: die Bergsteiger suchten sich eine geschützte S.; **~stellung,** die: *Haltung des Körpers eines schlafenden Menschen od. Tieres;* **~störung,** die ⟨meist Pl.⟩ (Med.): *in der Unfähigkiet, einzuschlafen od. nachts durchzuschlafen, bestehende Störung:* unter -en leiden; **~stube,** die (veraltend): svw. ↑~zimmer; **~sucht,** die (Med.): svw. ↑Hypersomie, dazu: **~süchtig** ⟨Adj.; o. Steig.; nicht adv.⟩ (Med.): *an Schlafsucht leidend;* **~tablette,** die: vgl. ~mittel: sie war so verzweifelt, daß sie -n genommen hat (ugs. verhüll.; *sich mit einer Überdosis an Schlaftabletten das Leben genommen hat*); **~therapie,** die (Med.): *in der künstlichen Erzeugung eines lange dauernden Schlafes bestehende Therapie;* **~tiefe,** die ⟨o. Pl.⟩: *Tiefe des Schlafs;* **~tier,** das (ugs.): **a)** *Stofftier, das ein Kind mit ins Bett nimmt;* **b)** svw. ↑~mütze (2 a); **~trank, ~trunk,** der: *vor dem Schlafengehen genommener [dem Einschlafen förderlicher] Trunk;* **~trunken** ⟨Adj.; nicht adv.⟩ (geh.): *noch benommen vom Schlaf, noch nicht richtig wach:* jmdn. s. ansehen; Ich ... wankte s. hinüber (Lentz, Muckefuck 125), dazu: **~trunkenheit,** die; **~verhalten,** das (Fachspr.): *Art u. Weise, wie sich jmd. im Schlaf verhält;* **~wach-Rhythmus,** der (mit Bindestrichen; Physiol.): *periodischer Wechsel von Schlafen u. Wachen;* **~wagen,** der: *Eisenbahnwagen mit kojenartigen Betten für die Reisenden,* dazu: **~wagenabteil,** das, **~wagenplatz,** der, **~wagenschaffner,** der; **~wandeln** ⟨sw. V.; hat/(auch:) ist⟩: *im Schlaf aufstehen, umhergehen u. verschiedenerlei Handlungen ausführen (ohne sich später daran erinnern zu können); somnambulieren, nachtwandeln:* er hat heute wieder geschlafwandelt; **~wandler,** der: *jmd., der schlafwandelt, der die Gewohnheit hat, schlafzuwandeln; Somnambule, Nachtwandler;* **~wandlerin,** die; -, -nen: w. Form zu ↑~wandler, dazu: **~wandlerisch** ⟨Adj.; o. Steig.⟩: *einem Schlafwandler eigentümlich; somnambul* (b), *nachtwandlerisch:* ein -er Blick; er bewegte sich mit -er Sicherheit; **~zeit,** die: *Zeit, die ein Mensch, ein Tier seinem Lebensrhythmus entsprechend schläft;* **~zentrum,** das (Physiol.): *Teil des Gehirns, der den Rhythmus von Schlafen u. Wachen steuert;* **~zimmer,** das: **a)** *besonders eingerichtetes Zimmer zum Schlafen;* **b)** svw. ↑~einrichtung: wir wollen uns ein neues S. kaufen, dazu: **~zimmeraugen** ⟨Pl.⟩ (ugs.): svw. ↑~zimmerblick, **~zimmerblick,** der (ugs.): *betont sinnlicher Blick (einer Frau) mit nicht ganz geöffneten Lidern [der auf Männer erotisierend wirken soll]:* einen S. haben;

die Blonde mit dem S., ~**zimmereinrichtung,** die, ~**zimmerfenster,** das, ~**zimmermöbel,** das ⟨meist Pl.⟩, ~**zimmerschrank,** der, ~**zimmertür,** die; ~**zustand,** der.

Schläfchen [ˈʃlɛ:fçən], das; -s, -: ↑¹Schlaf (1 b); **Schläfe** [ˈʃlɛ:fə], die; -, -n [mhd., ahd. slāf, identisch mit ↑Schlaf; der Schlafende liegt meist auf einer der Schläfen]: *beiderseits oberhalb der Wange zwischen Auge u. Ohr gelegene Region des Kopfes:* die linke, rechte S.; graue -n *(graue Haare an den Schläfen)* haben; ihm hämmerten, pochten die -n; er spürte ein Pochen in den -n; jmdm. eine Pistole an die S. halten; sich eine Kugel in die S. jagen; **schlafen** [ˈʃla:fn̩] ⟨sw. V.; hat⟩ [mhd. slāfen, ahd. slaf(f)an, eigtl. = schlaff, matt werden, verw. mit ↑schlaff]: **1. a)** *sich im Zustand des Schlafes befinden:* fest, tief, unruhig, im Sitzen, bei offenem Fenster s.; daliegen und s.; s. gehen; sich s. legen; ich bin aufgestanden, weil ich nicht [mehr] s. konnte; ich habe die letzte Nacht nur zwei Stunden geschlafen; schlaf gut, schön!; haben Sie gut geschlafen?; er schläft noch halb *(ist noch nicht richtig wach);* die Sorge, der Lärm ließ ihn nicht s.; sich schlafend stellen; darüber will ich noch, noch ein paar Nächte s. *(das will ich erst morgen, erst in einigen Tagen entscheiden);* ⟨subst.:⟩ er ist seit zwei Tagen nicht zum Schlafen gekommen; Ü der Erfolg seines Rivalen ließ ihn nicht s. *(ließ ihm keine Ruhe, beschäftigte ihn fortwährend);* im Winter schläft die Natur; die kleine Stadt schlief unter schwarzverhängtem Himmel (Geissler, Wunschhütlein 121); **b)** ⟨s. + sich; unpers.⟩ *einen bestimmten Einfluß darauf haben, wie jmd. schlafen* (1 a) *kann:* auf dem Sofa schläft es sich gut; bei dem Lärm schläft es sich schlecht; **c)** ⟨s. + sich⟩ *sich durch Schlafen* (1 a) *in einen bestimmten Zustand bringen:* sich gesund s. **2.** *übernachten, untergebracht sein:* du kannst bei uns s.; wir schliefen im Zelt, im Freien, auf dem Fußboden, im Heu; in diesem Zimmer schläft die Tochter *(hat sie ihr Bett);* macht es dir etwas aus, mit ihm im gleichen, in einem Zimmer zu s.?. **3. a)** (verhüll.) *koitieren* (a): ich möchte mit dir s.; die beiden schlafen miteinander; **b)** ⟨s. + sich⟩ (salopp) *[um ein bestimmtes Ziel zu erreichen] nacheinander mit verschiedenen Partnern koitieren:* sie hat sich schon durch die ganze Chefetage geschlafen; sie schläft sich variantenreich nach oben ... und angelt sich schließlich einen griechischen Reeder (Spiegel 48, 1977, 248). **4.** (ugs.) *unaufmerksam sein, nicht aufpassen [u. einen Fehler machen, eine Gelegenheit verpassen]:* wenn er unterrichtet, schläft die halbe Klasse; die Konkurrenz hat geschlafen und die Marktlücke nicht genutzt.

Schläfen-: ~**ader,** die: *an der Schläfe verlaufende Ader;* ~**bein,** das (Anat.): *Schädelknochen im Bereich der Schläfe;* ~**gegend,** die; ~**haar,** das: vgl. ~locke; ~**lappen,** der (Anat.): *einer der fünf Lappen* (4 d) *des Großhirns;* ~**locke,** die ⟨meist Pl.⟩: *Locke an der Schläfe:* ein orthodoxer Jude mit -n.

Schlafengehen, das; -s: *das Sichhinlegen, Sichzurückziehen zum Schlafen:* vor dem S.; **Schlafenszeit,** die; -, -en ⟨Pl. selten⟩: *Zeit, schlafen zu gehen:* es ist S.; **Schläfer** [ˈʃlɛ:fɐ], der; -s, - [mhd. slæfære]: **1.** *jmd., der schläft* (1 a), *Schlafender:* die S. wecken; er ist ein unruhiger S. *(hat einen unruhigen Schlaf).* **2.** (Zool.) svw. ↑Bilch; **schläferig:** ↑schläfrig; **Schläferin,** die; -, -nen: w. Form zu ↑Schläfer (1); **schläfern** [ˈʃlɛ:fɐn] ⟨sw. V.; hat; unpers.⟩ (selten): *von Müdigkeit befallen sein:* es schläfert mich; mich schläfert; **schlaff** [ʃlaf] ⟨Adj.; nicht adv.⟩ [mhd., ahd. slaf]: **1. a)** *nicht straff, nicht gespannt, locker hängend:* ein -es Seil; die -e *(welke)* Haut und die Taschen unter den Augen (Frisch, Gantenbein 224); wo die winzige Fahne des Hausmeisters s. aus dem Fenster hing (Böll, Adam 49); **b)** *nicht prall, nicht fest:* ein -es Kissen; und schlug mit ihrem kräftigen Handrücken auf seinen -en Bauch (Brand [Übers.], Gangster 72); Frauen mit -en Brüsten (Tucholsky, Werke 12); den Salat verbrauchen, bevor er welk und schlaff wird; **c)** *[vor Erschöpfung, Müdigkeit] matt, kraftlos; schlapp:* -e Glieder, Muskeln; ein -er Händedruck; Herr Mayer reichte mir eine -e Hand (Salomon, Boche 8); Zweiling ... ging mit -en Knien zur Ecke (Apitz, Wölfe 76); das schwüle Wetter macht einen ganz s.; Ü Ein großes düsteres Tuch ... wehte dort im -en *(schwachen)* Winde (Leip, Klabauterflagge 62). **2.** (abwertend) *träge, energielos [u. unentschlossen], keine Unternehmungslust, Initiative habend:* ein -er Typ; sei doch nicht immer so s.!; „Sie lassen den Kopf hängen, Sie zeigen sich s. ..." (Th. Mann, Krull 82). **3.** (Jugendspr. abwertend) *keinen Reiz, keinen Schwung habend, langweilig:* -e Musik; eine -e Party; das Popkonzert war ziemlich s.; ⟨Abl.:⟩ **Schlaffheit,** die; -.

Schlafittchen [ʃlaˈfɪtçən], das [aus dem Niederd., Md., viell. umgedeutet aus: Schlagfittich = Schwungfedern des Gänseflügels] in Wendungen wie **jmdn. am/beim S. kriegen, packen, fassen, haben** o. ä. (ugs.; *jmdn. [beim Versuch davonzulaufen] packen, festhalten o. ä., z. B. um ihn zur Rechenschaft zu ziehen, zur Rede zu stellen, zu bestrafen*): Als ob der Leibhaftige mich schon am S. hätt' (Plievier, Stalingrad 201).

schläfrig, (selten:) schläferig [ˈʃlɛ:f(ə)rɪç] ⟨Adj.⟩ [mhd. slāferic, ahd. slāfarag]: **a)** ⟨nicht adv.⟩ *ein Bedürfnis nach Schlaf verspürend, geneigt einzuschlafen (ohne im eigentlichen Sinne müde zu sein):* s. werden; die Spritze, die Musik, seine monotone Stimme machte mich s.; s. blickte er zur Uhr; Ü im Licht der -en *(matt scheinenden)* Sonne (Schnurre, Bart 22); Es sei ... ein -er *(ruhiger, ereignisloser)* Tag gewesen (R. Walser, Gehülfe 115); **b)** *einen schläfrigen* (a) *Eindruck machend, von Schläfrigkeit* (a) *zeugend:* in -em Tonfall; mit -en Bewegungen, Augen; seine -e Stimme; ein -er Blick; ein -es Gesicht; gleichgültig und s. schaute er mich an; ⟨Abl.:⟩ **Schläfrigkeit,** die; -: **a)** *das Schläfrigsein, schläfrige* (a) *Verfassung:* wo er ... einfach stundenlang rauchend dasaß, ohne die geringste S. (Gaiser, Jagd 39); **b)** *das Schläfrigsein, schläfrige* (b) *Art;* **schläfst** [ʃlɛ:fst], **schläft** [ʃlɛ:ft]: ↑schlafen.

Schlag [ʃla:k], der; -[e]s, Schläge [ˈʃlɛ:gə; mhd. slac, ahd. slag, zu ↑schlagen; 4: LÜ von lat. apoplēxia, ↑Apoplexie; 15: übertragen vom Prägen der Münzen, bei dem das gleiche Bild in eine Vielzahl von Münzen geschlagen wird]: **1. a)** *durch eine heftige, schnelle, ausholende Bewegung herbeigeführtes Auftreffen auf etw., Treffen von jmdm., etw.:* ein starker, kräftiger, heftiger, leichter, schwacher S.; das war ein tödlicher S.; ein S. auf den Kopf, ins Genick, vor die Brust; ein S. mit der Hand, mit der Faust, mit einem Stock, mit einem harten Gegenstand; die Schläge des Hammers auf den Amboß; jmdm. einen S., ein paar Schläge versetzen; er teilt gern Schläge aus *(schlägt gern zu);* jmdm. einen aufmunternden S. geben; er wich dem S. geschickt aus; mit einem einzigen S. streckte er seinen Gegner zu Boden; von einem harten S. seines Gegners getroffen, sank er zu Boden; *** S. auf S.** *(in rascher Aufeinanderfolge, schnell nacheinander, ohne Unterbrechung):* die Fragen, die schlechten Nachrichten kamen S. auf S.; **ein S. unter die Gürtellinie** (↑Gürtellinie); **etw. ist ein S. ins Gesicht** (↑Gesicht 1 a); **[das war] ein S. ins Kontor** (ugs.; *[das war] eine böse, unangenehme Überraschung, eine große Enttäuschung;* wohl eigtl. = ein Ereignis, das wie ein Blitzschlag [in ein Haus o. ä.] wirkt); **etw. ist ein S. ins Wasser** *(etw. verläuft ergebnislos, ist eine wirkungslose Maßnahme, ist ganz umsonst);* **einen S. haben** (ugs.; *nicht recht bei Verstand sein, verrückt sein*); **keinen S. tun** (ugs.; ↑Handschlag); **jmdm. einen S. versetzen** *(für jmdn. eine bittere Enttäuschung sein, jmdn. hart treffen);* **einen vernichtenden** o. ä. **S. gegen jmdn. führen** *(einem Gegner, Widersacher durch einen Angriff, durch gezieltes Vorgehen eine vernichtende Niederlage beibringen, ihn damit bezwingen);* **etw. auf einen S. tun** (ugs.; *verschiedene Dinge gleichzeitig, auf einmal erledigen*); **mit einem S./**(auch:) **-e** (ugs.; *ganz plötzlich, auf einmal*): die Lage änderte sich mit einem S.; durch diesen Film wurde der junge Regisseur mit einem S. berühmt; **zum entscheidenden S. ausholen** *(sich anschicken, einem Gegner, Widersacher durch einen Angriff, durch gezieltes Vorgehen eine Niederlage beizubringen u. dadurch eine Entscheidung zu eigenen Gunsten herbeizuführen);* **b)** ⟨Pl.⟩ *Strafe, die jmd. in Form von Schlägen* (1 a) *erhält:* jmdm. Schläge androhen, verabreichen, verpassen; ihr bekommt gleich Schläge *(werdet gleich durchgeprügelt, verprügelt, durchgehauen);* **c)** *durch einen Schlag* (1 a), *einen heftigen Aufprall o. ä. hervorgerufenes lautes Geräusch:* Ein dumpfer, heftiger S. an der Haustür (Langgässer, Siegel 605); im Keller tat es einen fürchterlichen S. **2. a)** *in regelmäßigen, rhythmischen [mit einem entsprechenden Ton, Geräusch verbundenen] Stößen erfolgende Bewegung:* die Schläge des Ruders, eines Pendels; er hörte den S. der Wellen; er fühlte die heftigen Schläge ihres Herzens, den unregelmäßigen S. ihres Pulses; Rico hörte sein Herz mit dumpfen Schlägen gegen die Brust pochen (Thieß, Legende 131); **b)** *(von einer Uhr, einer Glocke o. ä.) durch Anschlagen erzeugter Ton, regelmäßige Folge von [gleichen] Tönen:*

der S. eines Gongs, einer Standuhr klang durch das Haus; der S. der Glocke einer Kirchturmuhr war von ferne zu hören; vom Kirchturm erklangen zwölf schwere Schläge; wie vom hohlen S. großer Pauken und trockenem Trommelwirbel (Maass, Gouffé 326); ⟨S. + Zeitangabe:⟩ S. *(genau um)* drei Uhr; S. *(genau um)* Mitternacht; S. acht Uhr *(genau, pünktlich um acht Uhr)* kamen wir an; **c)** ⟨o. Pl.⟩ *(von bestimmten Singvögeln) lauter, rhythmischer, meist melodischer Gesang in deutlich voneinander abgesetzten Tonfolgen:* der S. der Nachtigall, der Finken, Wachteln. **3. a)** kurz für ↑Blitzschlag: ein lauter, dumpfer, schwerer, zündender S.; ein kalter S. *(irgendwo einschlagender, aber nicht zündender Blitz);* das Gewitter kam näher, ein S. folgte dem andern; **b)** *den Körper treffender, durchlaufender Stromstoß:* er hat bei der Reparatur des Gerätes einen leichten S., mehrere Schläge bekommen. **4.** (ugs.) kurz für ↑Schlaganfall: er hat einen S. bekommen, hat schon zwei Schläge gehabt; der dritte S. hat ihn getroffen; er hat sich von seinem letzten S. nie mehr so richtig erholt; **der S. soll dich treffen!** (salopp; Ausruf der Verwünschung); **jmdn. trifft/rührt der S.** (ugs.; *jmd. ist aufs höchste überrascht, ist starr vor Staunen, Entsetzen, Schreck*); **wie vom S. getroffen/gerührt sein** (ugs.; *verstört, fassungslos sein, starr vor Entsetzen, Schreck sein*); vgl. Schlägelchen. **5.** *Unheil, das über jmdn. hereingebrochen ist; Unglück, das jmdn. getroffen hat; niederdrückendes, unglückseliges Ereignis:* ein harter, schwerer, furchtbarer S.; sie hat die Schläge des Schicksals, die Schläge, die ihr das Leben zufügte, tapfer ertragen; der Verlust ihres einzigen Kindes war ein schrecklicher S. für die beiden; er hat sich von diesem S. noch nicht erholt. **6.** (Forstw.) **a)** *das Fällen von Bäumen, Einschlag* (3 a): in diesem Waldgebiet sind einige Schläge vorgesehen; **b)** *Stück eines Waldes, in dem Bäume gefällt werden, gefällt worden sind.* **7.** (Landw.) *zusammenhängendes Stück Ackerland, auf dem in der Regel nur eine Art von Pflanzen angebaut wird:* ein S. Weizen von etwa 100 Hektar. **8.** (Segeln) *Strecke, die beim Kreuzen* (6) *zwischen zwei Wenden zurückgelegt wird.* **9.** (Seemannsspr.) *nicht verknotete, um einen Gegenstand gelegte Schlinge eines Taus:* einen S. auf den Poller legen; ein halber S. *(Knoten, bei dem ein Ende des Taus um den gespannten Teil geschlungen wird).* **10.** (Schneiderei, Mode) *nach unten sich vergrößernde Weite des Hosenbeins:* die Hose paßt ihr gut, aber der S. war ihr nicht weit genug; eine Hose mit S. **11.** kurz für ↑Taubenschlag: die Tauben sind jetzt alle im S. **12.** (veraltend) *Tür eines Autos, einer Kutsche:* den S. öffnen, schließen, zuschlagen, zuwerfen; der Lakai wartete am -e (Th. Mann, Hoheit 43). **13.** (ugs.) *mit einer Kelle, einem großen Löffel zugemessene Portion (bei einer Essenausgabe):* ein S. Suppe, Eintopf; noch einen S. Bohnen verlangen, nachholen; * **[einen] S. bei jmdm. haben** (ugs.; *jmds. Sympathie, Wohlwollen haben; bei jmdm. in gutem Ansehen stehen; sich jmds. Gunst erfreuen;* wohl aus der Soldatenspr., eigtl. = von dem, der das Essen austeilt, einen zusätzlichen Schlag bekommen). **14.** ⟨o. Pl.⟩ (österr.) *Schlagsahne (bes. für den Kaffee):* er bestellte einen Kaffee, ein Stück Obstkuchen mit S.; sie trinkt ihren Kaffee ohne S. **15. a)** kurz für ↑Menschenschlag: ein stämmiger, dunkler, hellhäutiger, robuster, ernster S.; in diesem Hochland lebt ein ganz anderer, ganz besonderer S. [von Menschen]; er ist ein Typ, ein Mensch gleichen, unseres -es, vom gleichen, von anderem S.; er ist noch ein Beamter vom alten S. *(von der guten, gediegenen alten Art);* Ü das sind noch Möbel alten -s/vom alten S. *(gediegen, gut verarbeitet, wie man sie früher hatte);* **b)** *Gruppe innerhalb einer Rasse von Haustieren, die sich durch typische Merkmale wie Größe, Farbe, Zeichnung o. ä. von den übrigen Vertretern ihrer Rasse unterscheidet:* ein mittelgroßer, kleinerer S. von Pferden; das Kaninchen stammt, ist von einem anderen S.; einen neuen S. züchten.

schlag-, Schlag-: **~abtausch,** der (Boxen): *schnelle Folge von wechselseitigen Schlägen:* ein kurzer, heftiger, wilder, rascher S.; er suchte den S.; Ü S. *(kurze, heftige Auseinandersetzung)* mit der Gewerkschaft (MM 24. 3. 66, 12); **~ader,** die: *Blutgefäß, in dem das Blut vom Herzen zu einem Organ od. Gewebe strömt; Arterie;* **~anfall,** der: *Gehirnschlag, Apoplexie:* einen S. bekommen, haben, überstehen; auch von dem zweiten S. hat er sich wieder erholt; **~artig** ⟨Adj.; attr. vor Verbalsubstantiven; nicht präd.⟩: *ganz plötzlich, schnell; innerhalb kürzester Zeit [geschehend]; in einem Augenblick:* eine -e Veränderung; ein -er Wechsel der Verhältnisse; eine -e Lähmung setzte ein; etw. ändert sich, wechselt s.; s. wurde ihm alles klar; **~ball,** der: **1.** ⟨o. Pl.⟩ *zwischen zwei Mannschaften ausgetragenes (dem Baseball ähnliches) Ballspiel, bei dem der Ball mit dem Schlagstock von einem Mal* (3 a) *ins Spielfeld geschlagen wird u. der Gegner ihn zu fangen sucht, während der Schläger* (2) *eine Runde durchs Spielfeld läuft u., wenn er vom Gegner mit dem Ball nicht abgeworfen wird, erneut das Recht zum Schlagen für seine Mannschaft gewinnt.* **2.** *beim Schlagball* (1) *verwendeter kleiner lederner Ball,* dazu: **~ballspiel,** das: svw. ↑~ball (1); **~baß,** der (Musik): *Baß* (4 a), *der bes. im Jazz in einer Technik gespielt wird, bei der die Saiten so heftig von vorne gezupft werden, daß sie gegen das Griffbrett schlagen, wodurch ein zusätzlicher rhythmischer Effekt entsteht;* **~baum,** der: *senkrecht aufrichtbare Schranke (bes. an Grenzübergängen):* den S. öffnen, herunterlassen; der Wagen mußte am geschlossenen S. des Werkstores, des Kasernentores anhalten; Der Vopo am S. trat an Brunners Seite (Simmel, Affäre 64); **~besen,** der (Musik): svw. ↑Stahlbesen; **~bohrer,** der: *elektrische Bohrmaschine, bei der sich der Bohrer, während er rotiert, gleichzeitig hämmernd vor- u. zurückbewegt;* **~bohrmaschine,** die: svw. ↑~bohrer; **~bolzen,** der: *Teil des Schlosses bei Feuerwaffen, der, durch eine Feder gespannt, bei Betätigung des Abzugs mit seiner abgerundeten Spitze auf das Zündhütchen schlägt u. so die Ladung entzündet;* **~fertig** ⟨Adj.⟩: *Schlagfertigkeit besitzend, aufweisend; von Schlagfertigkeit zeugend:* ein -er Mensch; sie ist eine -e Person; sie antwortete mit -er Zunge; eine -e Antwort geben; er parierte s., dazu: **~fertigkeit,** die ⟨o. Pl.⟩: *Fähigkeit, schnell u. mit passenden, treffenden, witzigen Worten auf etw. zu reagieren:* seine S. hat ihm schon oft geholfen; er besitzt große S.; **~fest** ⟨Adj.; -er, -este; nicht adv.⟩ (Fachspr.): *widerstandsfähig gegen Schläge* (1 a): -e Kunststoffe, dazu: **~festigkeit,** die; **~fluß,** der (veraltet): svw. ↑~anfall; **~hand,** die (Boxen): *Hand, in der ein Boxer die größere Schlagkraft besitzt u. mit der er die entscheidenden Schläge ausführt;* **~holz,** das: *beim Baseball, Schlagball verwendeter, sich zum Griff hin verjüngender Stock aus Holz, mit dem der Ball geschlagen wird;* **~instrument,** das: *Musikinstrument, dessen Töne auf unterschiedliche Weise durch Anschlagen entstehen;* **~kraft,** die ⟨o. Pl.⟩: **1. a)** *Kraft zum Schlagen, über die jmd. verfügt; Wucht eines Schlages:* er hat eine ungeheuere S. in seinen Fäusten; im Mittelgewicht gewann ... Schulz ... auf Grund seiner überlegenen S. (Neues D. 2. 6. 64, 8); **b)** *Kampfkraft, Kampfstärke:* die militärische S.; die S. der Truppe, einer Armee erhöhen. **2.** *Fähigkeit, eine starke, überzeugende, verblüffende Wirkung zu erzielen; Wirkungskraft, Wirksamkeit:* die S. eines Arguments, Ausspruchs, Vergleichs; die politische S. der Führungsgremien (Fraenkel, Staat 280); Kernworte von überraschender S. (Carossa, Aufzeichnungen 165), dazu: **~kräftig** ⟨Adj.⟩: **1.** ⟨nicht adv.⟩ **a)** *große Schlagkraft* (1 a) *besitzend, von Schlagkraft zeugend:* ein äußerst -er Boxer; **b)** *über große Schlagkraft* (1 b), *Kampfkraft verfügend, davon zeugend:* eine -e Armee; Sie gehen davon aus, daß die Linke um so -er ist (Stamokap 118). **2.** *Schlagkraft* (2), *Überzeugungskraft aufweisend; überzeugend:* -e Beispiele, Worte; seine Argumente waren am -sten; **~licht,** das ⟨Pl. -er⟩ (bes. Malerei, Fot.): *intensives Licht, Lichtstrahl, der [auf einem Bild] ein Objekt, einen Gegenstand hell, leuchtend aus der dunkleren Umgebung heraushebt:* vorüberfahrende Autos warfen -er in das unbeleuchtete Zimmer; * **ein S. auf jmdn., etw. werfen** *(jmdn., etw. sehr deutlich kennzeichnen, charakterisieren, in seiner Eigenart hervorheben):* dieser Plan wirft ein [besonderes, kennzeichnendes] S. auf ihn, auf seine Denkweise, dazu: **~lichtartig** ⟨Adj.; o. Steig.⟩: *wie durch ein Schlaglicht beleuchtet, plötzlich sehr klar u. deutlich:* die -e Erhellung eines Problems; dieser Umstand ließ das Problem s. hervortreten; **~loch,** das: *Loch, aufgerissene Stelle in der Straßendecke:* Schlaglöcher ausbessern, beseitigen; **~mann,** der ⟨Pl. -männer⟩ (Rudern): *im Heck des Bootes sitzender Ruderer, der für alle Tempo u. Rhythmus der Schläge im Boot bestimmt;* **~obers,** das (österr.): *Schlagsahne;* **~rahm,** der (landsch.): *Schlagsahne;* **~reif** ⟨Adj.; nicht adv.⟩: *geeignet, geschlagen, gefällt zu werden, schlagbar:* -e Bäume; diese Kiefern sind alle s.; **~ring,** der: *aus vier nebeneinander angeordneten, häufig mit Spitzen u. Kanten versehenen, über die Finger zu streifenden metallenen*

Ringen bestehende Waffe zum Zuschlagen: Herstellung, Verkauf und Gebrauch von -en sind verboten; **~sahne,** die: **1.** *Sahne* (1), *die sich bes. zum Schlagen eignet:* einen Beutel, einen Viertelliter S. kaufen; S. schlagen; sie gab ein wenig S. an die Soße. **2.** *schaumig geschlagene, gesüßte Sahne* (1): Kuchen, Eis mit S.; **~schatten,** der (bes. Malerei, Fot.): *scharf umrissener Schatten, den [auf einem Bild] eine Person, ein Gegenstand wirft:* Die schwarzen Schwestern Dietz standen am Fußende des Sarges, warfen ihren S. auf den Bahnsteig (Bieler, Bonifaz 102); **~scheibe,** die: *dem Puck ähnliche Scheibe aus Hartgummi, die beim Hornußen verwendet wird;* **~seite,** die ⟨meist o. Art.⟩ (Seemannsspr.): *(von einem Schiff) starke seitliche Neigung:* das Schiff hatte starke, schwere S.; der Kahn bekam, zeigte deutlich S.; * **[eine] S. haben** (ugs. scherzh.; *betrunken sein u. deshalb nicht mehr geradegehen können, schwanken*): als er aus der Kneipe kam, hatte er ganz schön S., eine ganz schöne S.; **~stark** ⟨Adj.; nicht adv.⟩ (bes. Boxen): *über große Schlagkraft* (1 a) *verfügend;* **~stock,** der: **a)** *kurzer, fester, meist aus Hartgummi bestehender Stock (bes. für den polizeilichen Einsatz):* die Polizisten gingen mit Schlagstöcken gegen die Demonstranten vor; **b)** (seltener) svw. ↑Trommelstock; **~uhr,** die: *Uhr, die durch Anschlagen die Zeit auch akustisch anzeigt;* **~werk,** das: *Mechanismus in einer Schlaguhr, durch den das Schlagen der Uhr ausgeführt wird;* **~wetter** ⟨Pl.⟩ (Bergbau): *schlagende Wetter,* dazu: **~wetterexplosion,** die (Bergbau): *durch schlagende Wetter verursachte Explosion;* **~wort,** das ⟨Pl. -wörter u. -e⟩ [urspr. = Stichwort für den Schauspieler]: **1.** ⟨Pl. -e, seltener auch: -wörter⟩ **a)** *treffender, kurzer, prägnanter, oft formelhafter, dabei meist leicht verständlicher u. an Emotionen appellierender Ausspruch, der oft als Parole, als Mittel zur Propaganda o. ä. eingesetzt wird:* die Schlagworte der Aufklärung, der Französischen Revolution; Hinter dem bekannten S. „Brot und Spiele" muß man sich die spätrömischen Massen südländischer Unbeschäftigter vorstellen (Gehlen, Zeitalter 67); **b)** (oft abwertend) *abgegriffener, oft ungenauer, verschwommener, bes. politischer Begriff, den jmd. meist unreflektiert gebraucht; abgegriffene Redensart, Gemeinplatz:* solche -e helfen niemandem; er hat immer ein paar -e zur Hand, antwortet immer nur mit -en, wirft häufig mit -en um sich. **2.** ⟨Pl. -wörter⟩ (Buchw.) *einzelnes, meist im Titel eines Buches vorkommendes, kennzeichnendes, den Inhalt des Buches charakterisierendes Wort für Karteien, Kataloge o. ä.,* dazu: **~wortkatalog,** der (Buchw.): *alphabetischer Katalog von Bibliotheken, in dem die Bücher nicht nach den Namen der Verfasser, sondern nach Schlagwörtern aufgeführt sind;* **~zahl,** die (Rudern, Kanusport): *Anzahl der mit Ruder od. Paddel in einer Minute ausgeführten Schläge im Boot;* **~zeile,** die (Zeitungsw.): *durch große Buchstaben hervorgehobene, bes. auffällige Überschrift eines Beitrags auf der ersten Seite einer Zeitung:* auffällige, reißerische -n; als S. stand ...; bei diesem Ereignis brachten die Zeitungen große -n; er hat schon öfter -n geliefert, für -n gesorgt *(soviel Aufsehen erregt, daß viele Zeitungen mit Schlagzeilen darüber berichteten);* * **-n machen** *(soviel Aufsehen erregen, daß die Presse mit Schlagzeilen darüber berichtet):* die Nachricht machte -n; Die frühere Hoteltelefonistin hatte Anfang vergangenen Jahres -n gemacht, als sie zu 21 Monaten Gefängnis verurteilt wurde (MM 9. 2. 66, 10); **~zeug,** das: *zusammengehörende, von einem einzigen Musiker gespielte Gruppe von Schlaginstrumenten (wie Trommel, Tamtam, Rassel, Becken, Gong, Triangel u. a.) in einem Orchester, einer Band:* S. spielen; das S. bedienen; der Mann am S. hat schon bei verschiedenen Bands gespielt, dazu: **~zeuger** [-tsɔygɐ], der; -s, -: *jmd., der [berufsmäßig] Schlagzeug spielt:* ein virtuoser S.; er möchte gern S. werden; in einer Band als S. spielen.

schlagbar [ˈʃlaːkbaːɐ̯] ⟨Adj.; o. Steig.; nicht adv.⟩: **1.** *die Möglichkeit bietend, geschlagen, besiegt zu werden:* ein durchaus -er Gegner; der Läufer ist auf seiner Spezialstrecke kaum s.; auch diese Mannschaft ist s. **2.** svw. ↑schlagreif; **Schlage** [ˈʃlaːgə], die; -, -n (landsch.): svw. ↑Hammer (1); **Schlägel** [ˈʃlɛːgl̩], der; -s, - [vgl. Schlegel] (Bergmannsspr.): *schwerer, auf beiden Seiten flacher Hammer des Bergmanns; Fäustel;* **Schlägelchen** [ˈʃlɛːglçən], das; -s, - (landsch.): *leichter Schlag* (4), *Schlaganfall:* Jetzt hat er sein erstes S. abbekommen (MM 21. 4. 72, 13); **schlagen** [ˈʃlaːgn̩] ⟨st. V.⟩ /vgl. schlagend/ [mhd. slahen, slā(he)n, ahd. slahan; 14: zu ↑Schlag (15)]: **1.** ⟨hat⟩ **a)** *jmdm. einen Schlag* (1 a), *mehrere Schläge versetzen, ihn mit einer heftigen, schnellen, ausholenden gezielten Bewegung mit der Hand od. einem Gegenstand treffen:* jmdn. heftig, nur leicht, mit der Hand, mit einem Stock s.; er hat das arme Tier so geschlagen, daß es blutete; **b)** ⟨s. + sich⟩ *sich prügeln* (2): er hat sich wieder mit seinem Klassenkameraden geschlagen; du sollst dich, ihr sollt euch doch nicht immer s.!; **c)** *durch einen Schlag* (1 a), *durch mehrere Schläge in einen bestimmten Zustand versetzen:* er hat ihn blutig, bewußtlos, k. o. geschlagen; man hat ihn regelrecht zum Krüppel geschlagen; er schlug seinen Gegner zu Boden *(traf ihn mit einem Schlag so, daß er umfiel);* er hat die ganze Einrichtung in Stücke, hat alles in Scherben geschlagen; **d)** *die Bewegung eines Schlages* (1 a) *in einer bestimmten Richtung ausführen; einen Schlag, mehrere Schläge in eine bestimmte Richtung führen, irgendwohin setzen:* mit der Faust auf den Tisch s.; er schlug dreimal mit dem Hammer auf den Grundstein; jmdm./(seltener:) jmdn. auf die Finger, auf die Hand, ins Gesicht s.; er schlug ihm/(seltener:) ihn wohlwollend auf die Schulter; er schlug mehrere Male [mit einem Knüppel] gegen die Tür; er hat nach mir geschlagen; er schlug wild um sich; das Pferd, der Esel hat hinten [mit den Hufen] geschlagen *(ausgeschlagen);* **e)** *schnell in eine bestimmte Richtung bewegen, mit einer raschen, heftigen Bewegung irgendwohin führen [u. auftreffen lassen]:* sie hat ihm den Schirm auf den Kopf, das Heft um die Ohren geschlagen; Er schlug fröstelnd die Arme unter die Achseln (Winckler, Bomberg 162); sie schlug beschämt, entsetzt die Hände vors Gesicht; **f)** *etw. in rascher Folge mehrfach heftig bewegen, mit etw. heftige Bewegungen ausführen:* der Vogel schlug mit den Flügeln; das Kind hat im Wasser heftig mit den Beinen geschlagen; **g)** *durch einen Schlag* (1 a), *durch mehrere Schläge hervorbringen, entstehen lassen:* einen Durchbruch durch die Wand, Löcher ins Eis s.; er hat ihm mit dem Stock ein Loch in den Kopf geschlagen; ⟨subst.:⟩ Allein das Schlagen einer Standstufe erfordert schon die Beherrschung der Technik (Eidenschink, Eis 45); **h)** *durch einen Schlag* (1 a), *durch mehrere Schläge, Stöße irgendwohin befördern, geraten lassen; treiben:* einen Nagel in die Wand, durch das Brett s.; Pfähle, einen Pflock in den Boden s.; er hat den Ball mit einem mächtigen Schuß ins Aus geschlagen; drei Eier in die Pfanne s. *(sie aufschlagen u. in die Pfanne gleiten lassen);* Kartoffeln durch ein Sieb s. *(pressen, sie passieren);* das Raubtier schlägt die Zähne in sein Opfer *(packt es mit den Zähnen u. beißt zu);* der Adler schlug die Fänge in seine Beute *(packte sie fest mit den Krallen);* der Schuhmacher schlägt *(spannt)* die Schuhe über einen Leisten; **i)** *mit einem Schlag* (1 a), *mit mehreren Schlägen von irgendwo entfernen:* er hat ihm den Löffel, das Buch aus der Hand geschlagen; er schlug ihm den Hut vom Kopf; die Handwerker waren dabei, den alten Mörtel von den Steinen zu s.; **j)** *mit Hilfe von Nägeln, Haken o. ä., die irgendwo eingeschlagen werden, befestigen:* ein Bild, ein Plakat an die Wand s.; er hat das Kabel mit Krampen ans Mauerwerk geschlagen; Christus, die Mörder wurden ans Kreuz geschlagen *(gekreuzigt);* **k)** *bes. durch Hauen mit einer Axt o. ä. fällen:* Bäume, Holz s.; einen kleinen Wald s. *(die Bäume des Waldes fällen);* **l)** *durch schnelle Bewegungen mit einem entsprechenden Gerät bearbeiten, so daß ein bestimmter Zustand erreicht wird:* das Eiweiß steif, schaumig, zu Schaum s.; Sahne, Eierschnee s.; der flüssige Teig muß eine halbe Stunde geschlagen werden; **m)** (veraltend) *mit bestimmten Maschinen prägen:* Auch sollen schon Münzen geschlagen worden sein, deren Rückseite den gekrönten sizilischen Erben darstellt (Benrath, Konstanze 147); **n)** (verblaßt) *durch eine bestimmte Bewegung entstehen lassen, ausführen, bilden, beschreiben:* mit dem Zirkel einen Kreis, einen Kreisbogen, den Inkreis s.; er schlug einen Bogen um das Haus *(ging in einem Bogen um das Haus);* sie schlug das Kreuz *(bekreuzigte sich);* am Rücken schlägt die Jacke Falten *(entstehen, bilden sich bei der Jacke Falten).* **2. a)** *wiederholt u. in schneller Bewegung [hörbar] gegen etw. prallen, irgendwo auftreffen* ⟨hat/ist⟩: der Regen schlug heftig ans Fenster, gegen die Scheibe; die Wellen schlagen ans Ufer, gegen das Schiff; die Segel schlugen gegen die Masten; das Kind hatte einen großen Beutel umgehängt, der ihm beim Laufen dauernd gegen die Beine schlug; **b)** *[versehentlich] mit Heftigkeit, großer Wucht gegen etw. prallen, stoßen, auf* *etw., über etw. hinweg geschleudert werden* ⟨ist⟩: auf den Boden, mit dem Kopf gegen die Wand s.; der Fensterladen schlug mit lautem Krach gegen die Wand; er hörte, wie im Haus eine Tür schlug *(geräuschvoll ins Schloß fiel)*; die Wellen schlugen über den Deich; **c)** *sich heftig, geräuschvoll hin u. her bewegen, hin u. her geschleudert werden* ⟨hat⟩: der Fensterladen schlägt fortwährend im Wind; die Fahnen, die Segel schlugen mit knallendem Geräusch hin und her. **3.** ⟨ist/(auch:) hat⟩ **a)** *mit großer Schnelligkeit, Wucht irgendwohin geschleudert werden, auftreffen, eindringen u. dabei zünden, explodieren:* der Blitz ist in die Eiche geschlagen; mehrere Geschosse, Bomben schlugen in das Gebäude; **b)** *mit Heftigkeit in schneller Bewegung irgendwo hervordringen, sich irgendwohin bewegen:* aus den Fenstern, aus dem Dach schlugen die Flammen; dicker Qualm schlug aus dem Schornstein; bei der Explosion schlug eine riesige Stichflamme zum Himmel. **4.** ⟨ist⟩ **a)** *plötzlich irgendwohin dringen u. sichtbar, hörbar, spürbar werden:* die Röte, das Blut schlug ihr ins Gesicht; plötzlich schlägt mir ein scharfer Geruch in die Nase; Die Helligkeit schlug um unsere geschlossenen Lider (A. Zweig, Claudia 41); **b)** *sich bei jmdm. irgendwo, bes. in einem Organ, plötzlich unangenehm bemerkbar machen, sich schädigend auswirken:* die Nachricht ist ihm auf den Magen, die Galle geschlagen; das war auch ihm auf die Laune geschlagen *(hatte sie ihm verdorben;* Fallada, Herr 109); ⟨auch s. + sich; hat:⟩ die Erkältung hat sich ihm auf die Nieren geschlagen. **5.** ⟨hat⟩ **a)** *mit einer raschen Bewegung über etw. legen, decken, ausbreiten, als Hülle um etw. legen, von etw. wegnehmen:* er schlug eine Plane, Decke über die Waren; sie schlägt die Decke zur Seite und springt aus dem Bett; ein Stück Papier um den Salatkopf s.; er schlug *(legte)* ein Bein über das andere; er schlug *(legte, schlang)* die Arme um sie; **b)** *in etw. einwickeln, in etw. packen:* ein Geschenk in Seidenpapier s.; sie schlägt die Spargel immer in ein feuchtes Tuch. **6.** ⟨hat⟩ **a)** *mit raschen, rhythmischen Bewegungen zum Erklingen, Tönen bringen:* die Trommel, die Pauke, die Triangel s.; er schlägt die Laute, Zither (veraltend; *spielt auf der Laute, auf der Zither*); **b)** *durch Schlagen* (6 a) *eines Instruments hervorbringen, erklingen, ertönen lassen:* einen langen Wirbel [auf der Trommel] s.; er schlug die Töne auf der Pauke zuerst ganz leise und steigerte sie dann zu lautem Donner; **c)** *durch rhythmische Bewegungen hörbar, sichtbar werden lassen:* den Takt [mit dem Fuß] s.; er schlug den Rhythmus mit den Fingern. **7.** ⟨hat⟩ **a)** *in Schlägen* (2 a), *leichten, regelmäßigen Stößen spürbar sein, arbeiten:* sein Puls schlägt schwach, schnell, nicht regelmäßig; sein Herz schlägt ruhig, hat aufgehört zu s.; vor Aufregung schlug ihr das Herz bis zum Hals [hinauf]; Ü nach seiner Tat schlug ihm das Gewissen (geh.; *fühlte er sich schuldig, bedrückt, machte er sich große Vorwürfe*); **b)** *mit einem Schlag* (2 b), *mit einer Folge von Schlägen, Tönen hörbar werden, etw. akustisch anzeigen:* die Uhr schlägt richtig, sehr genau, falsch; von ferne hört man die Glocke dumpf, dröhnend, langsam s.; die Standuhr schlägt neun Uhr, Mitternacht; er hörte die Uhr Stunde um Stunde s.; ich habe eine geschlagene (ugs.; *wahrhaftig eine ganze, eine volle*) Stunde auf ihn gewartet; Ü die Abschiedsstunde, die Stunde der Rache, der Wahrheit hat geschlagen *(ist gekommen, ist angebrochen)*; **c)** *(von bestimmten Singvögeln) den Schlag* (2 c), *einen [rhythmischen] melodischen Gesang ertönen, hören lassen:* Nachtigallen, Finken, Wachteln, Drosseln schlagen. **8.** ⟨hat⟩ **a)** *in einer kriegerischen Auseinandersetzung über einen Gegner den Sieg erringen, ihn überwinden, besiegen:* den Gegner, Feind vernichtend, entscheidend s.; die Feinde im Kampf, mit Waffengwalt s.; **b)** *in einem Wettkampf, Wettbewerb o. ä. einem Konkurrenten gegenüber der Bessere, der Sieger sein, ihm eine Niederlage beibringen, ihn bezwingen, besiegen:* er hat den Weltmeister, den Titelverteidiger geschlagen; im nächsten Lauf schlug er ihn um einige Meter, um Längen; unsere Mannschaft hat den Mitbewerber um den Titel 3:0, mit 3:0 Toren geschlagen; mit seinem Erstlingswerk hat er die gesamte ausländische Konkurrenz geschlagen; * **sich geschlagen geben**/(geh.:) **bekennen** *(eingestehen, zugeben, daß man der Bewzungene, der Verlierer ist)*; **c)** ⟨s. + sich⟩ *sich bei etw. in bestimmter Weise behaupten; eine Situation in bestimmter Weise durchstehen:* sich in einem Kampf gut, wacker s.; unsere Mannschaft schlug sich ganz ordentlich, so recht und schlecht; du hast dich in der Diskussion vortrefflich geschlagen; **d)** ⟨s. + sich⟩ (ugs.) *sich heftig darum bemühen, etw. Bestimmtes zu bekommen, zu erreichen:* die Leute haben sich um die Eintrittskarten, um die besten Plätze, um die Waren geschlagen; die beiden schlugen sich darum, wer zuerst fahren durfte; **e)** ⟨s. + sich⟩ (früher) *mit jmdm. ein Duell* (1), *einen Zweikampf mit Waffen, bes. mit Degen od. Säbel, austragen:* er hat sich mit seinem Rivalen geschlagen; ⟨ohne „sich":⟩ eine Mensur s. *(austragen)*; eine schlagende Verbindung *(studentische Verbindung, in der Mensuren 2 ausgetragen werden)*. **9.** *(bei bestimmten Brettspielen, bes. Schach, die Figur, den Spielstein eines Mitspielers) durch einen Zug aus dem Spiel bringen* ⟨hat⟩: er schlug seinen Turm mit der Dame; das ist schon das dritte Mal, daß du mich *(einen meiner Steine)* schlägst!; ⟨auch ohne Akk.-Obj.:⟩ die Bauern ziehen gerade, schlagen aber schräg. **10.** (geh.) *hart treffen, heimsuchen, in unheilvoller Weise über jmdn. kommen* ⟨hat⟩: er haderte mit dem Schicksal, das ihn unerbittlich schlug; ⟨meist im 2. Part.:⟩ sie ist eine vom Schicksal geschlagene Frau; er ist ein geschlagener *(gebrochener, ruinierter)* Mann; er ist mit einer schlimmen Krankheit geschlagen *(hat eine schlimme Krankheit)*. **11.** *zu etw. hinzufügen, dazurechnen* ⟨hat⟩: alle Unkosten auf den Verkaufspreis, auf die Ware s. *(sie damit belasten)*; die Zinsen werden zum Kapital geschlagen; das Erbteil hat er allein zu seinem Besitz s. wollen; dieses Gebiet hat man zum Nachbarland geschlagen. **12.** *in ein bestimmtes Gebiet, Fach hineinreichen, fallen* ⟨hat/ist⟩: diese Frage schlägt in einen ganz anderen Bereich; das schlägt nicht in mein Fach *(dafür bin ich nicht zuständig, damit habe ich nichts zu tun)*. **13.** ⟨s. + sich⟩ (seltener) *sich in eine bestimmte Richtung wenden, in eine bestimmte Richtung gehen, sie einschlagen* ⟨hat⟩: ich ging zuerst geradeaus und schlug mich dann nach rechts, seitwärts. **14.** *in der Art, im Wesen, im Aussehen jmdm. ähnlich werden; nach jmdm. geraten* ⟨ist⟩: sie schlägt ganz nach dem Vater; er schlägt mehr nach seinem Großvater, nach der Mutter; **schlagend** ⟨Adj.⟩ [1. Part. zu ↑schlagen]: *klar u. eindeutig, sehr überzeugend, stichhaltig:* ein -er Beweis, Vergleich; Eine -ere Argumentation gibt es nicht (Th. Mann, Zauberberg 551); etw. s. beweisen, widerlegen; **Schlager,** der; -s, - [wohl nach dem durchschlagenden Erfolg, der mit einem Blitzschlag verglichen wird]: **1.** *leicht eingängiges, meist anspruchsloses Lied, Musikstück, das für eine bestimmte, meist kürzere Zeit einen hohen Grad an Beliebtheit erreicht:* ein zündender, sentimentaler, seichter, beliebter, bekannter S.; der S. wurde zum Hit; ein S. aus den zwanziger Jahren; einen S. singen, spielen, komponieren; sie hört den ganzen Tag S. **2.** *etw., was (für eine bestimmte Zeit) großen Erfolg hat, sich sehr gut verkauft:* sein Buch wurde ein S.; die Skateboards sind in diesem Sommer der große S.; das Theaterstück wurde zum S. der Saison; **Schläger** [ˈʃlɛːgɐ], der; -s, - [in Zus. mhd. -sleger, ahd. -slagari = jmd., der schlägt]: **1.** (abwertend) *gewalttätiger, roher Mensch, der sich häufig mit anderen schlägt, bei Auseinandersetzungen brutal zuschlägt:* ein übler S. sein; er war im höchsten Grade reizbar und als hemmungsloser S. berüchtigt (Fallada, Trinker 145). **2.** (Baseball, Schlagball) *Spieler, der den Ball mit dem Schlagstock ins Spielfeld schlägt.* **3.** *(je nach Sportart verschieden gestaltetes) Gerät, mit dem der Ball bzw. der Puck gespielt wird:* den S. *(Tennisschläger)* neu bespannen lassen; mit dem S. *(Eishockeyschläger)* auf den Gegner eindreschen. **4.** (Fechten) *Hiebwaffe mit gerader Klinge, die bei der Mensur* (2) *verwendet wird.* **5.** (landsch.) svw. ↑Schneebesen.

Schlager-: ~**festival,** das: *Festival, bei dem Schlager* (1) *vorgetragen u. von einer Jury bewertet [u. ausgezeichnet] werden;* ~**musik,** die ⟨o. Pl.⟩: *Musik in der Art von Schlagern* (1); ~**sänger,** der: *jmd., der [berufsmäßig] Schlager singt;* ~**sängerin,** die: w. Form zu ↑~sänger; ~**spiel,** das (Sport Jargon): *Spiel zwischen zwei Mannschaften, das aus irgendeinem Grund bes. interessant ist, eine besondere Bedeutung hat;* ~**text,** der; ~**wettbewerb,** der: vgl. ~festival.

Schläger-: ~**bande,** die: *vorwiegend aus Schlägern* (1) *bestehende* [1]*Bande* (1); ~**box,** die [LÜ von engl.-amerik. batter's box] (Baseball): *umgrenztes Feld links u. rechts des Heimbase, in dem der Schläger* (2) *steht;* ~**trupp,** der: svw. ↑~truppe; ~**truppe,** die: vgl. ~bande: neonazistische -en; ~**typ,** der: *Schläger* (1), *der in seinem Äußeren bereits eine gewisse Brutalität, Gewalttätigkeit erkennen läßt.*

Schlägerei [ʃlɛ:gəˈraj], die; -, -en: *heftige, oft brutale tätliche Auseinandersetzung zwischen zwei od. mehreren Personen:* eine wüste, blutige, wilde S.; eine S. beginnen, verhindern; an einer S. beteiligt sein; in eine S. geraten; es kam zu einer allgemeinen S.; **schlägern** [ˈʃlɛ:gɐn] ⟨sw. V.⟩ (österr.): *Bäume fällen:* Drei Holzfäller ... schlägerten Samstag vormittag auf dem Hang über der Attersee-Bundesstraße (Express 7. 10. 68, 3); ⟨Abl.:⟩ **Schlägerung,** die; -, -en (österr.): *das Schlägern;* **Schlagetot,** der; -s, -s (veraltet): *gefährlicher, äußerst brutaler Schläger, Raufbold.*

Schlaks [ʃla:ks], der; -es, -e [aus dem Niederd., zu niederd. slack, ↑[2]schlacken] (salopp abwertend): *junger Bursche, der hoch aufgeschossen ist u. sich mit seinen langen Gliedern ungeschickt bewegt:* er ist ein richtiger, liebenswerter S.; ⟨Abl.:⟩ **schlaksen** [ˈʃla:ksn̩] ⟨sw. V.; ist⟩ (salopp abwertend): *sich schlaksig bewegen:* Gelangweilt schlakst er dem anderen Ausgang zu (Ossowski, Flatter 185); **schlaksig** [ˈʃla:ksɪç] ⟨Adj.⟩ (salopp abwertend): *in der Art eines Schlakses, hochaufgeschossen u. etw. ungeschickt in seinen Bewegungen:* ein -er Bursche; er schlendert s. durch die Stadt; ⟨Abl.:⟩ **Schlaksigkeit,** die; -.

Schlamassel [ʃlaˈmasl̩], der, auch (österr. nur): das; -s [jidd. schlamassel = Unglück, Pech, zu ↑schlimm u. jidd. massel, ↑[1]Massel] (ugs.): *schwierige, verfahrene Situation, großes Durcheinander, in das jmd. auf Grund eines ärgerlichen, unangenehmen Mißgeschicks gerät:* da haben wir den S.!; [mitten] im dicksten, gröbsten, tiefsten S. stecken, sitzen; in einen großen S. hineingeraten; wie kommen wir aus diesem S. wieder heraus?; **Schlamastik** [ʃlaˈmastɪk], die; -, -en (landsch., bes. österr.): svw. ↑Schlamassel: er gerät mit in Ihre S. (Fallada, Herr 85).

Schlamm [ʃlam], der; -[e]s, -e u. Schlämme [ˈʃlɛmə; mhd. (md.) slam = Kot, wohl eigtl. = schlaffe, weiche Masse]: **a)** *feuchter, breiiger Schmutz; schmierige, aufgeweichte Erde:* arsenhaltige Schlämme; in den Rillen hatte sich S. festgesetzt; im S. steckenbleiben; Ich sitze im Dreck, wate im S., spaziere durch Schnee und Regen (K. Mann, Wendepunkt 417); die Schuhe vom S. reinigen; **b)** *weiche, schmierige Ablagerung aus Sand, Erde u. organischen Stoffen am Grund von Gewässern:* den S. aufwühlen; im Wasser wate ich bis über die Knöchel im S.; Da hatte der Anker Grund gefaßt und schlierte durch den S. (Schnabel, Marmor 86).

schlamm-, Schlamm-: ~**bad,** das: *Heilbad (2) in mineralischem Schlamm;* ~**bedeckt** ⟨Adj.; o. Steig.; nicht adv.⟩: -e Äcker; ~**beißer,** der: svw. ↑Schmerle; ~**erde,** die: *nasse Heilerde;* ~**farben:** ↑~grau; ~**fieber,** das: svw. ↑Feldfieber; ~**grau** ⟨Adj.; o. Steig.; nicht adv.⟩: *grau wie Schlamm;* ~**kasten,** der: *Auffangbehälter für Schlamm;* ~**packung,** die (Med.): *Packung (2) mit sehr warmem Heilschlamm, bes. zur Linderung rheumatischer Leiden;* ~**pfütze,** die: *schlammige Pfütze;* ~**schleuder,** die (landsch.): svw. ↑Dreckschleuder; ~**sprudel,** der: svw. ↑Salse; ~**tümpel,** der: vgl. ~pfütze; ~**vulkan,** der: svw. ↑Salse.

Schlämm-: ~**anstrich,** der (Bauw.): *aus Kalkmilch u. etw. feinem Sand bestehender Anstrich für Mauerwerk;* ~**kreide,** die: *durch Schlämmen gereinigte natürliche Kreide, die bes. für Anstriche u. als Polierstoff [in Zahnputzmitteln] verwendet wird;* ~**putz,** der (Bauw.): *durch Schlämmen (3) aufgetragener dünner Putz.*

schlammen [ˈʃlamən] ⟨sw. V.; hat⟩: **a)** *Schlamm absetzen, bilden;* **b)** *trockene Erde unter Beifügung von Wasser zu Schlamm machen;* **schlämmen** [ˈʃlɛmən] ⟨sw. V.; hat⟩ [spätmhd. slemmen]: **1.** *(ein Gewässer) von Schlamm befreien u. reinigen, entschlammen:* der Teich muß geschlämmt werden. **2.** (Technik) *körnige od. bröckelige Substanzen in Wasser aufwirbeln u. sich absetzen lassen, so daß mit Hilfe von Sieben u. Filtern die einzelnen Korngrößen sortiert werden können.* **3.** (Bauw.) *einen Schlämmanstrich an einer Hauswand anbringen.* **4.** (Gärtnerei) svw. ↑einschlämmen; **schlammig** [ˈʃlamɪç] ⟨Adj.; nicht adv.⟩: **a)** *[viel] Schlamm enthaltend:* -es Wasser; **b)** *mit Schlamm beschmutzt, bedeckt:* ein -er Weg; die Schuhe sind ganz s.

Schlamp [ʃlamp], der; -[e]s, -e (südd. abwertend): *jmd., der unordentlich, schlampig ist;* **Schlampampe** [ʃlamˈpampə], die; -, -n (ugs. veraltet abwertend): svw. ↑Schlampe (1); **schlampampen** [ʃlamˈpampn̩] ⟨sw. V.; hat⟩ [aus dem Niederd. < mniederd. slampampen] (landsch.): *schlemmen* (a); **Schlampe** [ˈʃlampə], die; -, -n [zu ↑schlampen] (ugs. abwertend): **1.** *unordentliche, in ihrem Äußeren nachlässige u. ungepflegte weibliche Person, schlampige Frau:* sie ist eine ausgesprochene, eine alte S.; eine S. mit immer speckigem Büstenhalter und durchlöcherten Schlüpfern (Grass, Blechtrommel 360). **2.** *Frau, die ein liederliches Leben führt:* Die S., die hat es schon mit wer weiß wieviel Kerlen getrieben (Chotjewitz, Friede 39); **schlampen** [ˈʃlampn̩] ⟨sw. V.; hat⟩ [älter u. landsch. auch: schmatzen, schlürfen, unmanierlich essen u. trinken, spätmhd. slampen = schlaff herabhängen] (ugs. abwertend): **1. a)** *ohne die geringste Sorgfalt, in grober Weise nachlässig u. unzuverlässig eine bestimmte Arbeit durchführen, arbeiten:* die Werkstatt hat bei der Reparatur geschlampt; **b)** *äußerst liederlich mit etw. umgehen:* wenn du nur endlich aufhören wolltest, mit all deinen Sachen so zu s. **2.** (landsch. abwertend) *lose [u. liederlich] am Körper herabhängen, um den Körper schlenkern:* die Hose schlampt [um seine Beine]; **Schlampen** [-], der; -s, - (südd., österr. abwertend): svw. ↑Schlampe; **Schlamper** [ˈʃlampɐ], der; -s, - (landsch. abwertend): *liederlicher Mann:* ... diesen S., der soff und der es ewig mit Weibern hatte (Plenzdorf, Leiden 21); **Schlamperei** [ʃlampəˈraj], die; -, -en (ugs. abwertend): **a)** *schlampiges* (b) *Vorgehen, Verhalten; sehr große Nachlässigkeit:* das ist eine unglaubliche, unerhörte S.!; man darf solche -en nicht dulden, einreißen lassen; jetzt ist aber Schluß mit der S.! **2.** ⟨o. Pl.⟩ *Unordnung, Durcheinander:* in einer Einkaufstasche, eine phantastische kleine S. aus Fenchel, Artischocken und Pflaumenkuchen (Andersch, Rote 82); **Schlamperl** [ˈʃlampɐl], das; -s, -[n] (österr. salopp): *Freundin:* komm auch hin, bring dein S. mit, servus! (Kraus, Tage I, 78); **schlampert** [ˈʃlampɐt] ⟨Adj.⟩ (österr. abwertend): svw. ↑schlampig; **schlampig** [ˈʃlampɪç] ⟨Adj.⟩ (ugs. abwertend): **a)** *im Äußeren nachlässig u. ungepflegt, liederlich, unordentlich:* eine -e Frau; ihr Haushalt ist s.; sich s. anziehen; s. herumlaufen; **b)** *ohne die geringste Sorgfalt [ausgeführt]; in grober u. auffälliger Weise nachlässig; schluderig:* eine -e Arbeit; s. arbeiten; s. mit etw. umgehen; ⟨Abl.:⟩ **Schlampigkeit,** die; -, -en: **1.** ⟨o. Pl.⟩ *schlampige* (a) *Art, das Schlampigsein:* ihre S. ging ihm auf die Nerven. **2.** *schlampige* (b) *Handlung, Arbeit.*

schlang [ʃlaŋ]: ↑[1,2]schlingen; **Schlange** [ˈʃlaŋə], die; -, -n [mhd. slange, ahd. slango, zu ↑[1]schlingen]: **1.** ⟨Vkl. ↑Schlängelchen, Schlänglein⟩ *(in zahlreichen Arten vorkommendes) oft giftiges Kriechtier mit langgestrecktem, walzenförmigem Körper ohne Gliedmaßen u. mit langer, vorne gespaltener Zunge, das sich in Windungen gleitend fortbewegt:* falsch, listig, klug wie eine S. sein; die S. schlängelt, windet sich durch das Gras, gleitet über den Sand, ringelt sich zusammen; die S. züngelt, zischt; R da beißt sich die S. in den Schwanz (↑Katze 1 a); ***eine S. am Busen nähren** (geh.; *jmdm., in dessen hinterlistigem, heimtückischem Wesen man sich täuscht, vertrauen u. Gutes erweisen;* nach einer Fabel des griech. Fabeldichters Äsop [6. Jh. v. Chr.]); **sich winden wie eine S.** *(sich auf jede nur mögliche Art u. Weise aus einer unangenehmen, heiklen Situation zu befreien suchen).* **2.** (abwertend) *weibliche Person, die als falsch, [hinter]listig, heimtückisch gilt:* sie ist eine richtige S.; Die S. (= Gerda) nennt ihn bereits beim Vornamen. (Remarque, Obelisk 175). **3. a)** svw. ↑Menschenschlange: an der Kasse bildete sich schnell eine S.; die S. rückte jetzt langsam vor in den Laden hinein, doch hinter uns war die S. gewachsen (Seghers, Transit 166); sich in die S. einreihen; sich ans Ende der S. stellen; ***S. stehen** *(in einer langen Reihe anstehen):* beim Wohnungsamt, vor dem Fahrkartenschalter S. stehen; **b)** svw. ↑Autoschlange: eine kilometerlange S. hatte sich vor der Steigung gebildet. **4.** (Technik) *schlangenförmig gebogenes Rohr als Element einer Heiz- od. Kühlanlage;* vgl. Heizschlange, Kühlschlange. **5.** (Milit.) svw. ↑Feldschlange; **schlänge** [ˈʃlɛŋə]: ↑[1,2]schlingen; **Schlängelchen** [ˈʃlɛŋlçən], das; -s, - (selten): ↑Schlange (1); **schlängelig,** schlänglig [ˈʃlɛŋ(ə)lɪç] ⟨Adj.; o. Steig.; nicht adv.⟩ (selten): *wie eine Schlange* (1) *gewunden; in Form einer Schlangenlinie;* **Schlängellinie** [ˈʃlɛŋl-], die; -, -n: *geschlängelte Linie* (1 a); **schlängeln** [ˈʃlɛŋl̩n], sich ⟨sw. V.; hat⟩: **1. a)** *sich in Windungen gleitend fortbewegen:* die Ringelnatter schlängelt sich durch das Gras, über den Sand, die Steine; **b)** *in einer Schlangenlinie verlaufen, sich winden:* der Fluß schlängelt sich durch das Tal; ein schmaler Pfad schlängelt sich bergaufwärts; ⟨2. Part.:⟩ eine geschlängelte *(in kleinen [gleichmäßigen] Windungen gezeichnete)* Linie. **2.** *sich irgendwo, wo kaum noch Raum ist, geschmeidig hindurchbewegen, in eine bestimmte Richtung bewegen:* sie schlängelte sich durch die Menge nach vorn; Also schlängelte ich mich errötend durch die Reihen (Lentz, Muckefuck 285); Ü Er ... schlängelt sich *(zieht sich mit Geschick)* aus der Affaire (Kinski, Erdbeermund 152); **Schlängelung** ['ʃlɛŋəlʊŋ], die; -, -en: *schlängeliger Verlauf:* die S. des Weges; **Schlängelweg** ['ʃlɛŋl̩-], der; -[es], -e: Ein S. führte vor das Schloß (Kuby, Sieg 377).

schlangen-, Schlangen-: **~adler,** der: *Greifvogel, der sich bes. von Schlangen u. Lurchen ernährt;* **~ähnlich** ⟨Adj.⟩; **~artig** ⟨Adj.; o. Steig.⟩: *in der Art einer Schlange* (1); **~beschwörer,** der: *(bes. in Indien) jmd., der durch Musik Schlangen zu tanzähnlichen, rhythmischen Bewegungen veranlaßt;* **~biß,** der: Erste Hilfe bei Schlangenbissen; **~brut,** die (geh. abwertend): svw. ↑Natternbrut; **~ei,** das: **1.** *Ei einer Schlange.* **2.** *etw., was etw. Unheilvolles in sich birgt, woraus sich etw. Unheilvolles entwickelt;* **~farm,** die: *Einrichtung, in der Giftschlangen gehalten od. gezüchtet werden;* **~förmig** ⟨Adj.; o. Steig.; nicht adv.⟩; **~fraß,** der ⟨o. Pl.⟩ (salopp abwertend): *Essen, das einem nicht schmeckt, schlecht zubereitet, kaum genießbar ist:* das war der reinste S.!; **~gezücht,** das: svw. ↑~brut; **~gift,** das: *von den Drüsen der Giftschlangen abgesondertes Gift;* **~gleich** ⟨Adj.; o. Steig.⟩: *wie eine Schlange:* s. bewegte sie sich durch die Räume; **~grube,** die (bildungsspr.): *Ort, Stelle, an der Gefahren lauern; Situation, die Gefahren in sich birgt:* der NDR-Mann ... hat sich ... mit der glamourösen S. am Hudson River arrangiert (Hörzu 47, 1977, 36); Parilla ... geriet familiär von einer S. in die andere (Zwerenz, Quadriga 168); **~gurke,** die: *lange, schlanke Salatgurke;* **~halsvogel,** der: *([sub]tropischer) entengroßer Wasservogel mit langem, schlangenhaft biegsamem Hals;* **~haut,** die; **~kaktus,** der: *Kaktus mit langen, schlangenförmigen hängenden od. kriechenden Trieben;* **~klug** ⟨Adj.; o. Steig.⟩ (selten): *listig-klug:* ... dessen Praxis sich ... dank der -en Konkurrenz ... erheblich vermindert hatte (A. Zweig, Grischa 154); **~leder,** das: *aus Schlangenhäuten hergestelltes Leder;* **~leib,** der, dazu: **~leibig** ⟨Adj.; o. Steig.; nicht adv.⟩: -e Dämonen; **~linie,** die: *in zahlreichen [gleichmäßigen] Windungen verlaufende, an eine sich fortbewegende Schlange erinnernde Linie:* eine S. am Rande, darunter, in zittriger Schrift, die Worte ... (Jens, Mann 150); Fahrer hatte zuviel getankt und fuhr in S. (MM 13. 4. 78, 27); **~mensch,** der: *Akrobat, der über eine schlangenartige Gelenkigkeit verfügt;* **~serum,** das: **1.** *Antiserum gegen Schlangengift.* **2.** *Blutserum der Giftschlangen;* **~stab,** der (selten): *Äskulapstab;* **~stern,** der: *Meerestier mit rundem, scheibenartigem Körper, von dem lange, schlangenhaft bewegliche Arme abzweigen;* **~tanz,** der: **1.** *artistischer Tanz, bei dem die Tänzerin eine sich windende Schlange* (1) *hält.* **2.** *(bes. in Indien) Tanz, bei dem die Tänzerin mit Körper u. Armen die Bewegungen einer Schlange nachahmt;* **~toxin,** das: svw. ↑~gift; **~zunge,** die: **1.** *lange, vorn gespaltene, weit vorstreckbare Zunge einer Schlange.* **2.** (abwertend, selten) *jmd., der listige, boshafte Reden führt, doppelzüngig ist,* dazu: **~züngig** ⟨Adj.⟩ (abwertend, selten): *listig, doppelzüngig.*

schlangenhaft ⟨Adj.; -er, -este⟩ (selten): *wie eine Schlange, einer Schlange ähnlich;* **Schlänglein** ['ʃlɛŋlain], das; -s, - dichter.): ↑Schlange (1); **schlänglig:** ↑schlängelig.

schlank [ʃlaŋk] ⟨Adj.⟩ [mhd. (md.) slanc = mager, mniederd. slank = biegsam, verw. mit ↑[1]schlingen]: **1.** ⟨nicht adv.⟩ *wohlproportioniert groß u. zugleich schmal gewachsen, geformt:* eine -e Gestalt, Figur; ein -er junger Mann; ein Mädchen von -em Wuchs; -e Hände, Finger, Arme, Beine; ein -es Reh; -e Pappeln, Birken, Stämme, Säulen; die Wagen ... sind Neubauten mit leichterer und schlankerer Karosserie (Auto 7, 1965, 57); das Kleid macht dich s. *(läßt dich schlank erscheinen);* man mußte sich s. machen *(weniger Platz einzunehmen versuchen),* um aneinander vorbeizukommen; Die Hosenformen sind ebenfalls s. geschnitten (Herrenjournal 3, 1966, 36); ⟨subst.:⟩ R du bist mir gerade der Schlankste! (ugs. iron.; *du bist mir der Richtige, bist mir vielleicht einer!;* als Ausdruck der Kritik); Ü Man sollte den Text „schlanker machen" *(kürzen;* Spiegel 39, 1974, 36). **2.** (landsch.) *in der Bewegung nicht irgendwie behindert u. daher entsprechend schnell:* in -em Galopp, Trab; -en Schrittes; ein eiliger Zug fährt s. ... vorbei (Fallada, Blechnapf 177); Ü Dieses Laisser-faire stützte sich teils auf die -e *(nicht eigentlich begründete)* Annahme, daß ... (Spiegel 36, 1974, 50); **Schlankel,** Schlankl ['ʃlaŋkl̩], der; -s, -[n] [zu bayr., österr. schlanken = schlenkern; schlendern; vgl. [1]Schlingel] (österr. ugs.): *Schelm, Schlingel:* 100 000 Kronen per Waggon hast gemacht – ... du S.! (Kraus, Tage II, 213); **schlankerhand** ⟨Adv.⟩ (ugs.): *ohne weiteres, ohne lange zu überlegen:* so s. werde hier überhaupt ja nicht abgereist (Th. Mann, Zauberberg 270); **Schlankheit,** die; -: *das Schlanksein, schlanke* (1) *Beschaffenheit;* ⟨Zus.:⟩ **Schlankheitskur,** die: *Kur zum Schlankwerden, zur Gewichtsabnahme;* **Schlankl:** ↑Schlankel; **schlankweg** ⟨Adv.⟩ (ugs.): *ohne weiteres, ohne zu zögern:* etw. s. ablehnen, behaupten, auslassen; jmdn. s. einen Lügner nennen; indes ich war s. *(einfach)* dazu nicht imstande (Broch, Versucher 281); Das ging s. *(geradezu)* aus allen Büchern hervor (Strittmatter, Wundertäter 193); **schlankwüchsig** ⟨Adj.; o. Steig.; nicht adv.⟩ (Fachspr.): *von schlankem Wuchs.*

Schlapfen ['ʃlapfn̩], der; -s, - (bayr., österr. ugs.): svw. ↑Schlappen; **schlapp** [ʃlap] ⟨Adj.; nicht adv.⟩ [mniederd. slap = schlaff; in niederd. Lautung über die Soldatenspr. ins Hochd. gelangt]: **1. a)** *vor Erschöpfung nicht recht bei Kräften, ohne Spannkraft u. Schwung:* einen -en Eindruck machen; nach der langen Wanderung waren wir, fühlten wir uns s.; Ü Schlappen Akkus ist zuweilen nicht mehr zu helfen (Gute Fahrt 2, 1974, 48); **b)** (ugs. abwertend) *ohne inneren Antrieb, ohne Energie, Schwung:* -e Kerls, die ein bequemes Leben suchen (Sebastian, Krankenhaus 126); es wird ein -er Gesang (Remarque, Westen 37); du bist s. mit ihm *(zu nachsichtig, milde ihm gegenüber)* gewesen (Fallada, Herr 208). **2.** *schlaff hängend; nicht straff:* unter -em Weinlaub (Lenz, Brot 54); s. wie ein Ballon, der immer mehr Luft verliert (Bastian, Brut 63).

schlapp-, Schlapp-: **~hut,** der: *weicher Herrenhut mit breiter, schlaff hängender Krempe;* **~machen** ⟨sw. V.; hat⟩ (ugs.): *infolge übermäßiger Anstrengung od. Beanspruchung am Ende seiner Kräfte sein u. nicht durchhalten:* viele waren den Strapazen des Marsches nicht gewachsen und machten schlapp; nur jetzt nicht s. (Dürrenmatt, Meteor 61); **~ohr,** das: **1.** (ugs.) *(bei bestimmten Tieren) herunterhängendes Ohr:* ein Hund mit -en. **2.** (salopp abwertend) svw. ↑~schwanz; **~sack,** der (derb abwertend): svw. ↑~schwanz; **~schuh,** der (landsch.): **a)** *Hausschuh, Pantoffel;* **b)** (abwertend) *zu weiter Schuh;* **~schwanz,** der (salopp abwertend): *willensschwacher, energieloser, weichlicher Mensch; Schwächling:* der Neue ist ein S.; sie hat einen S. geheiratet, dazu: **~schwänzig** ⟨Adj.; nicht adv.⟩ (salopp abwertend): *willensschwach, energielos, weichlich.*

Schläppchen ['ʃlɛpçən], das; -s, -: ↑Schlappen.

Schlappe ['ʃlapə], die; -, -n [eigtl. = Klaps, Ohrfeige, lautm.; schon früh zu ↑schlapp gestellt]: *Niederlage, die – wenn auch nicht größeren Ausmaßes – den Betreffenden vorübergehend zurückwirft, Mißerfolg, der jmds. Position zunächst schwächt:* bei den Wahlen eine schwere S. einstecken müssen, erleiden; diese Debatte fügte der Regierung eine empfindliche S. zu.

schlappen ['ʃlapn̩] ⟨sw. V.⟩ [zu ↑schlapp] (ugs.): **1.** *schlaff herabhängen* ⟨hat⟩: die Pflanzen schlappen in der Hitze; ob das Tonband lief oder schon abgespult im Leeren schlappte (Fries, Weg 151); sein ... Haar schlappt bei jedem Schritt an die Kopfhaut (*schlägt schlappend daran;* Lenz, Brot 147). **2.** *(von Tieren) mit der Zunge schlagend Flüssigkeit aufnehmen* ⟨hat⟩: der Hund ... schlappte etwas Wasser (Küpper, Simplicius 78). **3.** *(von Schuhen) zu weit sein, so daß bei jedem Schritt die Ferse aus dem Schuh herauskommt* ⟨hat⟩: die neuen Schuhe schlappen. **4.** *sich [in Schlappen, weichen Schuhen o. ä.] leicht schlurfend irgendwohin bewegen; latschen* (1) ⟨ist⟩: ... schlappte (er) in Filzpantoffeln über das Linoleum (Bieler, Mädchenkrieg 298); nach Hause s.; **Schlappen** [-], der; -s, - ⟨Vkl. ↑Schläppchen⟩ [aus dem Niederd.] (ugs.): *Pantoffel; weicher bequemer Hausschuh:* S. tragen; er hatte S. an den Füßen; auf S.; Dann bin ich so in S. auf der Polizeiwache erschienen (Bottroper Protokolle 15).

schlapperig ['ʃlapərɪç]: ↑schlabberig; **Schlappermilch,** die; - [zu ↑schlappern (1)] (landsch.): *saure Milch;* **schlappern** ['ʃlapɐn] ⟨sw. V.; hat⟩ [2: zu ↑schlapp] (landsch.): **1.** svw. ↑schlabbern (1–3). **2.** *schlottern.*

Schlappheit, die; -: *das Schlappsein, schlappe* (1) *Art;* **schlapprig** ['ʃlaprɪç]: ↑schlabberig.

Schlaraffenland [ʃla'rafn̩-], das; -[e]s [zu spätmhd. slūraffe = Faulpelz, 1. Bestandteil mhd. slūr = das Herumtreiben; träge od. leichtsinnige Person]: *märchenhaftes Land der*

Schlemmer u. Faulenzer: ein Leben wie im S.; **Schlaraffenleben,** das; -s: *Leben wie im Schlaraffenland;* **schlaraffisch** ⟨Adj.⟩ (selten): *wie im Schlaraffenland:* s. graben sie (= die Käfer) sich ein (= ins Brot; Carossa, Aufzeichnungen 98).

schlau [ʃlau̯] ⟨Adj.; -er, -[e]ste⟩ [niederd. slū, eigtl. = schleichend, verw. mit ↑schlüpfen]: **a)** *die Fähigkeit besitzend, seine Absichten mit geeigneten Mitteln, die anderen verborgen sind od. auf die sie nicht kommen, zu erreichen; auf diese Fähigkeit hindeutend:* er ist ein -er Bursche, Fuchs, Hund, ein -es Aas; er hat -e Augen; sich ein -es Leben machen (ugs.; *sich sein Leben möglichst bequem einrichten*); sie denken, sie sind s.; das war sehr s. (iron.; *dumm, ungeschickt*); sich s. [bei etw.] vorkommen; s. lächeln; **b)** (ugs.) svw. ↑klug (a): er sei jedenfalls so s. gewesen, daß er immer versetzt wurde (Kempowski, Tadellöser 233); **c)** (ugs.) svw. ↑klug (b): Irgendein -er Mensch hat herausgefunden, daß ... (Hörzu 12, 1976, 127); klappte er sein „schlaues *([Fach]wissen vermittelndes)* Buch" wieder zu (MM 29. 6. 74, 10); ***aus etw. nicht s. werden** (↑klug b); **aus jmdm. nicht s. werden** (↑klug b); **d)** (ugs.) svw. ↑klug (c): um von diesen „schlaue" Tips zu bekommen (MM 29. 7. 78, 25); manchmal sei es s., die Männer siegen zu lassen (Chr. Wolf, Nachdenken 136); es ist am -esten, er wartet hier weiter (Fallada, Jeder 132).

Schlau-: ~**berger** [-bɛrgɐ], der; -s, - [vgl. Drückeberger] (ugs., oft scherzh.): *jmd., der schlau* (a) *ist:* Manchem „Schlauberger" möchte es so passen, mit Hilfe einer harmlosen Erkältung die Urlaubszeit um ein paar schöne Tage zu verlängern (MM 4. 6. 66); ~**fuchs,** der (ugs.): svw. ↑~berger; ~**kopf,** der (ugs.): svw. ↑~berger; ~**meier,** der [vgl. Kraftmeier] (ugs., oft scherzh.): svw. ↑~berger.

Schlaube ['ʃlau̯bə], die; -, -n [niederd. slū(w)e, mniederd. slū, wohl zu ↑schlüpfen] (landsch.): **a)** *Schale von Kernfrüchten:* Die Stachelbeeren ... waren unreif ... Er futterte und spuckte -n (Grass, Katz 165); **b)** *Schale von Hülsenfrüchten;* ⟨Abl. zu b:⟩ **schlauben** ['ʃlau̯bn̩] ⟨sw. V.; hat⟩ (landsch.): *enthülsen.*

Schlauch [ʃlau̯x], der; -[e]s, Schläuche ['ʃlɔy̯çə; mhd. slūch = abgestreifte Schlangenhaut, Röhre, Schlauch, eigtl. = Schlupfhülse, verw. mit ↑schlüpfen]: **1. a)** *biegsame Röhre aus Gummi od. Kunststoff, durch die Flüssigkeiten od. Gase geleitet werden:* der S. am Wasserhahn, Gashahn ist undicht; einen S. aufrollen, ausrollen, an eine Leitung anschließen; den Arm mit einem S. abbinden; mit dem S. den Rasen sprengen, den Garten wässern; ***etw. ist ein S.** (ugs.; *etw. ist eine große, langanhaltende Anstrengung für jmdn.*); **auf dem S. stehen** (salopp; *in einer schwierigen Situation ratlos sein, nicht weiterwissen*); **b)** *durch ein Ventil mit Luft gefüllter, ringförmiger Gummischlauch bei Auto- od. Fahrradreifen:* der S. vom Vorderrad ist geplatzt; den S. aufpumpen, reparieren, kleben, flicken; **c)** (früher) *sackartiger lederner Behälter für Flüssigkeiten:* ein S. voll Wein; er säuft wie ein S. (salopp; *trinkt viel Alkohol*). **2.** (ugs.) *langer, schmaler Raum o. ä.:* der dunkle S. des Korridors, einer Gleisunterführung; das Zimmer, Café war ein S.; ein eisiger Luftstrom fegte durch den langen S. (Plievier, Stalingrad 316). **3.** (salopp) *Etuikleid.*

schlauch-, Schlauch-: ~**artig** ⟨Adj.; o. Steig.⟩; ~**blatt,** das (Bot.): *trichter-, kannen-, flaschen- od. schlauchförmiges Blatt mit nach innen verlagerter Oberseite;* ~**boot,** das: *aufblasbares Boot aus Gummi od. Kunststoff;* ~**filter,** der, fachspr. meist: das (Technik): *schlauchartig geformter Filter zur Entstaubung von Gasen;* ~**förmig** ⟨Adj.; o. Steig.; nicht adv.⟩; ~**kragen,** der: *schlauchförmiger, weich um den Hals drapierter Kragen an Kleidern u. Blusen;* ~**los** ⟨Adj.; o. Steig.; nicht adv.⟩: *ohne Schlauch* (1 b): -e Reifen; ~**pilz,** der (Bot.): *in zahlreichen Arten vorkommender Pilz mit Sporenbildung im Innern von Zellschläuchen;* ~**reifen,** der: *mit einem Schlauch* (1 b) *versehener Reifen;* ~**rolle,** die: *Gerät zum Aufrollen eines Wasserschlauches;* ~**ventil,** das: *Ventil eines Schlauchreifens;* ~**wagen,** der: *Wagen mit Schlauchrolle;* ~**wurm,** der (Zool.): *Wurm mit einem nahezu zellfreien Raum zwischen Darm u. Hautmuskelschlauch.*

schlauchen ['ʃlau̯xn̩] ⟨sw. V.; hat⟩ [aus der Soldatenspr., eigtl. = weich machen wie einen Schlauch]: **1.** (ugs.) **a)** *scharf herannehmen:* die Rekruten s.; ... wurde an den verschiedensten Arbeitsplätzen so lange eingesetzt und geschlaucht, bis er ... (Ziegler, Konsequenz 177); **b)** *jmdn. bis zur Erschöpfung anstrengen:* die Arbeit, das Training hat uns ganz schön geschlaucht; Manchmal geben wir Nachmittag und Abend je eine Vorstellung. Das schlaucht (BM 27. 4. 76, 17). **2.** (landsch.) *auf jmds. Kosten gut leben:* bilde dir nicht ein, daß du nun den ganzen Tag bei mir s. kannst! (Nachbar, Mond 21). **3.** (Fachspr.) *eine Flüssigkeit durch einen Schlauch* (1 a) *in ein Faß leiten.* **4.** (salopp veraltend) *viel Alkohol trinken:* gestern haben wir anständig einen geschlaucht.

Schläue ['ʃlɔy̯ə], die; - [zu ↑schlau]: *das Schlausein* (a): seine S. half ihm hier nicht weiter; seine Züge verrieten S.; **schlauerweise** ⟨Adv.⟩: *aus Schläue:* s. hat er ihr davon nichts gesagt.

Schlaufe ['ʃlau̯fə], die; -, -n [ältere Form von ↑Schleife]: **a)** *[geknotetes] an etw. befestigtes ringförmiges o. ä. Band [aus Bindfaden, Leder] als Griff zum Festhalten od. Tragen:* die S. an einem Skistock; Im Taxi, die Hand in der S. (Frisch, Gantenbein 200); die Schnur am Paket mit einer S. versehen; **b)** *in einer bestimmten Breite zusammengenähter Stoffstreifen bzw. angenähte gedrehte Schnur an Kleidungsstücken zum Durchziehen des Gürtels, eines Bandes od. für einen Knopfverschluß;* **Schlaufzügel,** der; -s, - (Reiten): *(bei Pferden, die ständig gegen den Zügel gehen, verwendeter) langer Riemen, der vom Sattelgurt durch den Trensenring in die Hand des Reiters führt.*

Schlauheit, die; -: svw. ↑Schläue.

Schlawiner [ʃla'viːnɐ], der; -s, - [aus dem Namen Slowene (Slawonier); die slowenischen Hausierer galten als besonders gerissene Geschäftemacher] (salopp abwertend): *gerissener, pfiffiger, unzuverlässiger Mensch; Gauner* (2); *Schlingel:* Sagt mir doch so ein S. im Verhör, er hat nicht desertieren wollen (Hacks, Stücke 232).

schlecht [ʃlɛçt] ⟨Adj.; -er, -este⟩ [mhd., ahd. sleht; urspr. = glatt; eben; Bedeutungswandel über die spätmhd. Bed. „einfach, schlicht"; vgl. schlicht]: **1.** *von geringer Qualität, viele Mängel aufweisend, minderwertig* (Ggs.: gut 1): -e Ware; -es Essen; -e *(stickige, verbrauchte)* Luft; die Milch ist s. geworden *(verdorben);* -e Literatur; ein -er Film; -e Arbeit leisten; er fährt s. Auto; ein -es/s. Englisch sprechen; um zum Teil wieder gutzumachen, was sie s. gemacht hatten (Niekisch, Leben 305); seine Leistungen sind nicht s. *(recht gut).* **2.** *wenig, schwach, unzulänglich, (nach Menge, Stärke, Umfang) nicht ausreichend* (Ggs.: gut 1): ein -es Gedächtnis haben; ein -es Gehalt; er ist ein -er Esser; zur Blütezeit war es kalt, und die Bienen sind nicht geflogen, so daß die Obsternte s. werden wird; seine Augen werden immer -er; s. bezahlte Arbeit; die Vorstellung war s. besucht; s. geschlafen haben; s. zu Fuß sein; die Geschäfte gehen s.; der Kamin zieht s.; hier ist s. geheizt; s. *(schwer, langsam)* lernen; die Wunde heilt s.; das organische Leben auf Erden ist s. gerechnet fünfhundertfünfzig Millionen Jahre alt (Th. Mann, Krull 307); ***nicht s.** *(sehr):* sie staunte nicht s., als sie hörte, daß er sich einen Mercedes gekauft hat. **3.** (Ggs.: gut 2) **a)** *ungünstig, nachteilig für etw., nicht glücklich, schlimm:* -e Zeiten; das ist ein -es Zeichen; -er Laune sein; das ist ein -er Tausch!; ein -es Beispiel geben; -es Wetter; der Schauspieler hat eine -e Presse *(wird nicht gut beurteilt);* s. *(elend, krank)* aussehen; -e Manieren haben; er schreibt einen -en Stil; das ist keine -e *(eine gute, glückliche)* Idee; ein kleines Auto wäre nicht s.!; Viehарzt auf dem Lande wäre nicht das -este (Plievier, Stalingrad 276); mit jmdm., um jmdn. steht es s. *(sein Gesundheitszustand od. seine wirtschaftliche Lage ist besorgniserregend);* im Heim hat sie es sehr s. gehabt; wir sind s. dabei weggekommen *(haben weniger erhalten, als wir uns vorgestellt hatten);* das Essen ist mir s. bekommen; etwas s. vertragen; ich finde das s.; bei der Prüfung hat er s. abgeschnitten; s. über jmdn. reden; s. aufgelegt sein; heute geht es s., paßt es mir s.; das Versteck ist s. getarnt; **b)** *unangenehm:* ein -er Geruch; das ist eine -e Angewohnheit, Eigenschaft von ihm; das Essen schmeckt s. **4.** *böse; charakterlich, moralisch nicht einwandfrei* (Ggs.: gut 4 b): -e Menschen; ein -er Charakter; einen -en Ruf haben, in -em Ruf stehen; in -e Gesellschaft geraten; -e *(unanständige, zweideutige)* Witze erzählen; mit -em Gewissen; sie ist durch ihren Umgang s. geworden; Der jüngste Sohn hatte einst s. getan in der Heimat (Seghers, Transit 251); ⟨subst.:⟩ er hat zwar schon einige dumme Streiche gemacht, aber er ist noch lange nicht der Schlechteste; sie hat nichts Schlechtes getan. **5.** ⟨nur präd.⟩ *körperlich unwohl, übel:* mir ist ganz s.; von dem fetten Essen wurde es ihr s.; auf der

Fahrt ist vielen s. geworden. **6.** 〈nur adv.〉 *schwerlich, kaum:* das kann man ihr doch s. sagen!; ich kann hier s. weggehen, kann den Kranken s. allein lassen; schließlich konnte es s. *(unmöglich)* nur ein Zufall gewesen sein (Schnurre, Bart 47). **7.** (geh., veraltet) *schlicht, einfach:* Ketura war ... ein s. kanaanitisch Weib (Th. Mann, Joseph 437); ***s. und recht** *(so gut es geht):* sie hat sich s. und recht durchs Leben geschlagen; s. und recht seine Arbeit tun; **mehr s. als recht** *(auf Grund der Gegebenheiten, Voraussetzungen [leider] nicht besonders gut):* er klimperte mehr s. als recht auf dem Klavier.

schlecht-, Schlecht-: **~beleuchtet** 〈Adj.; schlechter beleuchtet, am schlechtesten beleuchtet; nur attr.〉: -e Vorstadtstraßen; **~beraten** 〈Adj.; schlechter beraten, am schlechtesten beraten; nur attr.〉: ein -er Kunde; **~bezahlt** 〈Adj.; schlechter bezahlt, am schlechtesten bezahlt; nur attr.〉: ein -er Job; **~gehen** 〈unr. Verb.; ist〉: **a)** *in einem schlechten Gesundheitszustand sein:* lange ist es ihr schlechtgegangen, nun erholt sie sich allmählich; **b)** *sich [wirtschaftlich] in einer üblen Lage befinden:* nach dem Krieg ist es allen schlechtgegangen; **~gelaunt** 〈Adj.; schlechter gelaunt, am schlechtesten gelaunt; nicht adv.〉: er schimpfte s. vor sich hin; **~hin** [-'-, auch: '-'-] 〈Adv.〉: **1.** 〈einem Subst. nachgestellt〉 *in reinster Ausprägung, an sich, als solche[r]:* er war der Romantiker s.; man müsse gegen das Prinzip des Privateigentums s. losziehen (Niekisch, Leben 206). **2. a)** *geradezu, ganz einfach:* sie sagte s. die Wahrheit (Maass, Gouffé 262); wenn er alles Geistige s. zur Ideologie ... erklärt (Fraenkel, Staat 139); **b)** 〈vor einem Adj.〉 *absolut, ganz u. gar, geradezu:* das ist s. unmöglich; als wäre mit dem Tonfilm oder dem Fernsehen jedesmal etwas s. Neues auf den Plan getreten (Enzensberger, Einzelheiten I, 8), dazu: **~hinnig** 〈Adj.; o. Steig.; nur attr.〉 (Papierdt.): *absolut, völlig:* eine -e Unmöglichkeit; **~machen** 〈sw. V.; hat〉 (ugs.): *Nachteiliges über jmdn., etw. sagen; herabsetzen, verächtlich machen:* er versuchte, seine Kollegen beim Chef schlechtzumachen; nichts gefällt ihr, und alles muß sie s.!; **~sitzend** 〈Adj.; o. Steig.; nur attr.〉: vgl. gutsitzend (a); **~weg** [-'-, auch: '-'-] 〈Adv.〉 [mhd. slehtis weg]: *geradezu, einfach, schlechthin* (2): das ist s. falsch; **~wetter,** das 〈o. Pl.〉: bei S. findet die Veranstaltung im Saale statt, dazu: **~wetterflug,** der, **~wetterfront,** die (Met.), **~wettergebiet,** das, **~wettergeld,** das: *an Bauarbeiter bei witterungsbedingtem Arbeitsausfall im Winter zu zahlende Unterstützung,* **~wetterperiode,** die.

schlechterdings ['ʃlɛçtɐ'dɪŋs] 〈Adv.〉 [aus älterem: schlechter Dinge]: **a)** 〈meist in Verbindung mit einer Verneinung〉 *ganz u. gar, durchaus:* das kann er s. nicht abstreiten; es war mir s. unmöglich, früher zu kommen; **b)** *überhaupt, geradezu:* s. alles macht ihn nervös; **Schlechterstellung,** die; -, -en: vgl. Besserstellung; **Schlechtheit,** die; - (veraltend): svw. ↑Schlechtigkeit (1); **Schlechtigkeit,** die; -, -en [älter = Geringheit, spätmhd. slehtecheit = Glattheit; Aufrichtigkeit; vgl. schlecht]: **1.** 〈o. Pl.〉 *das Schlechtsein, schlechte [Charakter]eigenschaft, Beschaffenheit:* die S. der Welt; daß ich nicht aus purer S. Böses tat (Roth, Beichte 89). **2.** *schlechte, böse Tat:* jmdm. -en antun.

Schleck [ʃlɛk], der; -s, -e (südd., schweiz.): *Leckerbissen:* ***das ist kein S.** (↑Honiglecken); **schlecken** ['ʃlɛkn̩] 〈sw. V.; hat〉 [spätmhd. slecken = naschen, verw. mit ↑lecken]: **1. a)** *lecken, leckend verzehren:* die Katze schleckt die Milch; Hesse umschlang ... die Flasche und soff und schleckte und wollte gar nicht mehr aufhören (Marchwitza, Kumiaks 229); **b)** *an etw. lecken:* die Kinder schlecken am Eis. **2.** (bes. südd.) *naschen, Süßigkeiten essen:* sie schleckt gern; Eis, Kuchen, Bonbons s.; 〈Abl.:〉 **Schlecker,** der; -s, - (ugs.): svw. ↑Schleckermaul; **Schleckerei** [ʃlɛkə'raj], die; -, -en (bes. südd., österr.): *Süßigkeit, Leckerei;* **schleckerhaft** 〈Adj.; -er, -este; nicht adv.〉 (landsch.): svw. ↑naschhaft; 〈Zus.:〉 **Schleckerkram,** der (nordd.): *Naschwerk, Süßigkeit;* **Schleckermaul,** das (ugs. scherzh.): *jmd., der gern nascht;* **schleckern** ['ʃlɛkɐn] 〈sw. V.; hat〉 (landsch.): **1.** svw. ↑schlecken (1, 2). **2.** 〈unpers.〉 *nach etw. gelüsten, auf etw. Appetit haben:* mich schleckert nach einem Stück Sahnetorte; **schleckig** 〈Adj.; nicht adv.〉 (landsch.): **a)** *naschhaft, vernascht;* **b)** *wählerisch, verwöhnt, bestimmte Speisen grundsätzlich ablehnend;* **Schleckmaul,** das; -[e]s, ...mäuler (schweiz.): svw. ↑Schleckermaul; **Schleckwerk,** das; -[e]s 〈o. Pl.〉 (landsch.): *Süßigkeiten.*

Schlegel ['ʃle:gl̩], der; -s, - [mhd. slegel, ahd. slegil; zu ↑schlagen; 2: nach der Form]: **1. a)** (Handw.) *Werkzeug zum Schlagen, [Holz]hammer mit breiter od. abgerundeter Fläche;* **b)** (Musik) *meist paarweise verwendeter Holzstab mit abgerundetem Ende od. einem Kopf aus weichem, elastischem Material zum Anschlagen von Schlaginstrumenten.* **2.** (südd., österr.) *[Hinter]keule von Schlachttieren, Geflügel, Wild;* 〈Abl.:〉 **schlegeln** 〈sw. V.; hat〉 (landsch.): *mit dem Schlegel schlagen, klopfen, stampfen.*

Schlehdorn ['ʃle:-], der; -[e]s, -e [spätmhd. schlehedorn]: *zu den Rosengewächsen gehörender, stark verzweigter, sehr dorniger [Zier]strauch mit kleinen weißen, schon im Vorfrühling erscheinenden Blüten u. kugeligen, dunkelblauen, wie bereift aussehenden, sauren Steinfrüchten, aus denen Schnaps bereitet wird u. die, wie auch Blüten u. Blätter, als Hausmittel (schmerzlindernd, mild abführend u. a.) verwendet werden; Schwarzdorn;* **Schlehe** ['ʃle:ə], die; -, -n [mhd. slēhe, ahd. slēha, slēwa, eigtl. = die Bläuliche]: **1.** svw. ↑Schlehdorn. **2.** *Frucht des Schlehdorns.*

Schlehen-: **~blüte,** die; **~likör,** der; **~schnaps,** der; **~spinner,** der: *rostbrauner, nicht flugfähiger Nachtschmetterling, dessen bunte, mit bürstenförmig angeordneten gelben od. braunen Rückenhaaren ausgestattete Raupe an Laub- u. Nadelbäumen Schaden anrichten kann; Aprikosenspinner.*

Schlei [ʃlaj], der; -[e]s, -e: ↑Schleie.

Schleich- (schleichen): **~handel,** der: *heimlicher, unter Umgehung von Bestimmungen, vorgeschriebenen Handelswegen, Beschränkungen u. ä. durchgeführter Handel, bes. in Zeiten von Warenverknappung u. Rationalisierung; Schwarzhandel,* dazu: **~händler,** der; **~katze,** die: *in mehreren Arten bes. in Afrika, Asien vorkommendes, ziemlich kleines, kurzbeiniges Raubtier mit spitzer Schnauze u. langem Schwanz* (z. B. Ichneumon, Manguste, Mungo); **~pfad,** der: vgl. ~weg; **~tempo,** das: svw. ↑Kriechtempo; **~weg,** der: *verborgener, nur wenigen bekannter Weg;* **~werbung,** die: *(in Presse, Rundfunk, Fernsehen) innerhalb einer redaktionellen, nicht der Werbung dienenden Sendung erfolgende Zurschaustellung, Nennung od. Anpreisung eines Marken- od. Firmennamens.*

Schleiche ['ʃlajçə], die; -, -n [gek. aus ↑Blindschleiche]: **1.** (Zool.) *Vertreter einer Familie der Echsen mit schlangenförmigem Körper, langem Schwanz, der abgeworfen werden kann, meist verkümmerten Gliedmaßen u. – im Unterschied zur Schlange – beweglichen Augenlidern* (z. B. Blindschleiche, Scheltopusik). **2.** (ugs. abwertend) **a)** svw. ↑Schleicher; **b)** *sehr langsam sich bewegender Mensch od. langsames Fahrzeug:* kannst du die S. da vorn nicht endlich überholen?; **schleichen** ['ʃlajçn̩] 〈st. V.〉 /vgl. schleichend/ [mhd. slīchen, ahd. slīhhan, eigtl. = gleiten]: **a)** *sich leise, vorsichtig u. langsam, heimlich [zu einem Ziel] bewegen* 〈ist〉: auf leisen Sohlen s.; die Katze schleicht; ein Dieb schleicht durch den Garten; er ist nachts ums Haus geschlichen; auf Zehenspitzen schlich sie ins Zimmer, um die Kinder nicht zu wecken; 〈2. Part. + kommen:〉 mit schlechtem Gewissen kommen sie geschlichen; **b)** 〈s. + sich〉 *sich heimlich u. leise nähern od. entfernen* 〈hat〉: er hat sich aus dem Haus geschlichen; ***schleich dich!** (bes. südd.; *geh weg!, verschwinde!*); **c)** *[vor Müdigkeit, Erschöpfung] ganz langsam vorankommen, gehen* 〈ist〉: er schleicht wie eine Schnecke; wir waren so erschöpft, daß wir nur noch s. konnten; müde schlichen sie nach Hause; so stundenlang Kolonne s., dreißig Meter Abstand stur Vordermann (H. Kolb, Wilzenbach 144); Nicht zur Arbeit geschlichen (salopp; *gegangen*), weils mir stank (Degener, Heimsuchung 50); **schleichend** 〈Adj.; o. Steig.; nicht adv.〉: *allmählich, fast unbemerkt beginnend u. sich ausbreitend u. verstärkend:* eine -e Krankheit; -e Inflation; **Schleicher,** der; -s, - [mhd. slīchære] (abwertend): *heuchlerischer Mensch, der überall im Hintergrund unauffällig, leisetreterisch dabei ist, sich anbiedert u. seine Vorteile sucht;* **Schleicherei** [ʃlajçə'raj], die; -, -en (abwertend): *schleicherisches Verhalten;* **schleicherisch** 〈Adj.〉 (abwertend): *kriecherisch u. auf Umwegen seine Vorteile suchend:* -e Unterwürfigkeit.

Schleie ['ʃlajə], die; -, -n [mhd. slīhe, ahd. slīo, eigtl. = die Schleimige]: *in pflanzenreichen Süßgewässern lebender Karpfenfisch mit schleimiger Haut u. sehr kleinen Schuppen, dunkelgrünem bis grünlichbraunem Rücken u. zwei kurzen Barteln, der als Speisefisch geschätzt wird.*

Schleier ['ʃlajɐ], der; -s, - [mhd. sleier, H. u.]: **1.** *[Kopf od. Gesicht verhüllendes] feines, meist durchsichtiges Gewebe:* Kranz u. S.; den S. anstecken, herunterlassen, hochnehmen, vor das Gesicht schlagen; die Braut trägt einen langen S.; ein Hut mit S.; Witwenkleidung mit schwarzem S.; sie blickte wie durch einen S. *(konnte nicht klar sehen);* ***einen S. vor den Augen haben** *(undeutlich sehen);* **den S. nehmen** (geh.; *Nonne werden*); **den S. [des Geheimnisses] lüften** (geh.; *ein Geheimnis enthüllen*); **den S. des Vergessens/der Vergessenheit über etw. breiten** (geh.; *etw. Unangenehmes verzeihen u. vergessen sein lassen*). **2. a)** *Dunst-, Nebelschleier:* ein dichter S. ist über die Landschaft gebreitet; das Licht lag hinter dem wohlriechenden S. aus Rauch (A. Zweig, Claudia 22); obwohl die Sonne blind hinter hohen, perlmutterartig unterlaufenen -n stand (Gaiser, Jagd 184); **b)** (Fot.) *gleichmäßige, nicht von der Aufnahme herrührende Trübung im Negativ:* der Film hat einen S.; **c)** (Bot.) *mit Hutrand u. Stiel verbundenes, umhüllendes Häutchen bei einigen jungen Pilzen, das später als kleiner Rest am Stiel zurückbleibt;* **d)** (Zool.) *bei bestimmten Vögeln Kranz von kurzen Federn um die Augen herum.*

schleier-, Schleier-: **~eule,** die: *in Dachräumen, Türmen, Ruinen od. auf Bäumen nistender bräunlicher, an der Unterseite bräunlichgelber bis weißer Eulenvogel mit ausgeprägtem Schleier* (2d) *u. befiederten Läufen;* **~fisch,** der: svw. ↑~schwanz; **~gewand,** das; **~los** ⟨Adj.; o. Steig.; nicht adv.⟩: *ohne Schleier* (1); **~schwanz,** der: *Goldfisch von gedrungener Form mit bes. langen, zart u. durchsichtig wie ein Schleier wirkenden Schwanzflossen;* **~stoff,** der; **~tanz,** der: *Tanz, bei dem die Tänzerin – sich ver- u. enthüllend – lange Schleier kunstvoll bewegt,* dazu: **~tänzerin,** die.

schleierhaft ⟨Adj.; -er, -este⟩ in der Verbindung **etw. ist/bleibt jmdm. s.** (ugs.; *etw. ist/bleibt jmdm. unerklärlich, ist ihm ein Rätsel*): Wo hier noch Menschen lebten, war mir s. (Kempowski, Tadellöser 439); **schleierig** ⟨Adj.; o. Steig.; nicht adv.⟩: *wie ein Schleier [wirkend]:* Das Wasser wurde sichtbar, silbergrau, in lange, schleierige Linien gegliedert (Andersch, Rote 137).

Schleif- ([1]schleifen 1): **~apparat,** der; **~automat,** der; **~band,** das ⟨Pl. ...bänder⟩ (Technik): *mit einem Poliermittel versehenes, umlaufendes Band, mit dem Oberflächen (z. B. von Holz) glattgeschliffen werden;* **~bank,** die ⟨Pl. ...bänke⟩: *Drehbank mit Vorrichtung zum Schleifen;* **~box,** das; -[es] [↑Boxkalf], **~boxleder,** das (Gerberei): *abgeschliffenes, von der groben Narbung befreites u. mit glatten Narben versehenes Rindsleder (als Oberleder);* **~funkenprobe,** die (Technik): *Prüfverfahren für Stahl an einer schnellaufenden Schleifscheibe, wobei aus Farbe, Form u. Helligkeit der an den heißen Spänen entstandenen Funken die chemische Zusammensetzung des Werkstoffs ermittelt wird; Funkenprobe;* **~kontakt,** der (Elektrot.): *gleitender Kontakt an einem beweglichen, rotierenden Teil (bei Generatoren, Maschinen o. ä.);* **~körper,** der (Technik): *Werkzeug in vorgefertigter Form mit entsprechenden Schneiden, an dem etw. geschliffen wird* (z. B. Schleifstein, Schleifring); **~lack,** der: *bes. wertvoller, fester Lack, der sich nach dem Trocknen schleifen läßt, wodurch eine glänzende u. sehr widerstandsfähige Oberfläche erzielt wird,* dazu: **~lackbett,** das, **~lackmöbel,** das ⟨meist Pl.⟩: weiße, grüne, blaue, rote S.; **~maschine,** die: *Maschine zum* [1]*Schleifen* (1), *zur spanenden u. polierenden Behandlung von Oberflächen;* **~mittel,** das: *feinkörnige, harte u. scharfkantige Substanz (in Form von Pulver, Paste od. als Schleifstein, -scheibe o. ä.) zum Schleifen von Werkstücken aus Holz, Glas, Metall usw.;* **~papier,** das: *festes Papier, auf das Körner eines Schleifmittels aufgeleimt sind* (z. B. Sand-, Schmirgelpapier); **~rad,** das: svw. ↑~scheibe; **~ring,** der (Elektrot.): *ringförmiger Schleifkontakt;* **~scheibe,** die: *scheibenförmiger Schleifkörper aus Sandstein, Karborund o. ä.;* **~stein,** der: *Stein zum Schleifen* (1), *Wetzen.*

Schleifbahn, die (landsch.): svw. ↑[2]Schleife (1); [1]**Schleife** ['ʃlaifə], die; -, -n [älter: Schleuffe, mhd. sloufe, ahd. slouf, zu mhd., ahd. sloufen = schlüpfen machen, Veranlassungsverb zu ↑schlüpfen; vgl. Schlaufe]: **1. a)** *Schnur, Band, das so gebunden ist, daß zwei Schlaufen entstehen; eine Art Schlinge:* eine S. binden, machen, lösen, aufziehen; die S. am Schuhband ist aufgegangen; **b)** *etw., was in Form einer Schleife* (1 a) *als Schmuck für, an etw. gedacht ist:* eine weiße, rote, seidene S.; sie trug eine S. im Haar; Frack mit weißer S.; Kränze mit großen, bedruckten -n. **2.** *starke Biegung, fast bis zu einem Kreis herumführende Kurve bei einer Straße, einem Flußlauf o. ä.:* die große S. der Saar bei Mettlach; der Fluß macht, bildet eine S.; das Flugzeug zieht eine S. über der Stadt; das Kreischen der Straßenbahn, wenn sie in die S. der Endstation einbog (Böll, Tagebuch 27); wie ein Schlittschuhläufer in gelassenen -n läuft er über den öffentlichen Rasen (Frisch, Gantenbein 21); [2]**Schleife** [-], die; -, -n [mhd. sleife, sleipfe, ahd. sleifa, zu ↑[2]schleifen]: **1.** (landsch.) *Schlitterbahn.* **2.** (früher) *schlittenähnliches Transportgerät;* [1]**schleifen** ['ʃlaifn̩] ⟨st. V.⟩ [mhd. slīfen, ahd. slīfan, urspr. = gleiten, glitschen]: **1.** ⟨hat⟩ **a)** *durch gleichmäßiges Reiben der Oberfläche an etw. Rauhem (z. B. an einem Schleifstein, Wetzstahl o. ä.) schärfen:* ein Messer, eine Schere, Säge, Sense s.; ein scharf geschliffenes Schwert; **b)** *die Oberfläche von Glas, Edelsteinen o. ä. mit einem Werkzeug od. einer Maschine bearbeiten, so daß eine bestimmte Form entsteht:* Diamanten s.; rund geschliffenes Glas; Ü geschliffene *(stilistisch ausgefeilte, geistreiche)* Dialoge. **2.** (bes. Soldatenspr.) *hart ausbilden, [aus Schikane] drillen* ⟨hat⟩: Dich schleif' ich noch mal, und wenn dir der Arsch auf Grundeis geht (Chotjewitz, Friede 54). **3.** (landsch.) *auf einer* [2]*Schleife schlittern* ⟨ist⟩: im Winter sind wir immer geschliffen; [2]**schleifen** ⟨sw. V.⟩ [mhd., ahd. slei[p]fen = gleiten machen, schleppen; Veranlassungsverb zu ↑[1]schleifen]: **1.** *[gewaltsam, mit Mühe] über den Fußboden od. eine Fläche hinwegziehen* ⟨hat⟩: er schleifte die Kiste über den Hof; Ab und zu brach jemand zusammen ... und wurde ins Hinterzimmer geschleift (Lentz, Muckefuck 269); jmdn. am Haar s.; die Lokomotive erfaßte den Wagen und schleifte ihn noch zwanzig Meter weit; Meine Mutter schleifte *(schleppte, schaffte)* unterdessen Wertsachen in den Keller (Kempowski, Tadellöser 299); ⟨auch s. + sich:⟩ Für viele handelte es sich nur noch ... darum, sich ein kurzes Stück durch den Schnee s. zu können (Plievier, Stalingrad 97); Ü jmdn. in ein Lokal, ins Kino s. *(überreden, dorthin mitzukommen);* Ein Freund hat seinen Freund verraten. Er schleift ihn vors Gericht (Reinig, Schiffe 74). **2. a)** *(von Sachen) in der Bewegung den Boden od. eine Fläche reibend berühren* ⟨hat/(seltener:) ist⟩: das Kleid schleift auf/über den Boden; die Schuhe schleiften durch den Staub; die Fahrradkette schleift am Schutzblech; dein Gürtel schleift *(hängt auf den Boden);* die Kupplung s. lassen (Kfz.-T.; *noch nicht voll einrücken bzw. lösen, so daß die Verbindung zwischen Motor u. Getriebe nur zum Teil, reibend hergestellt wird*); Ü Da kritisierten die Gesellen den Meister insgeheim, weil er faul sei und den Kram s. lasse (*sich um nichts kümmere, keinerlei Anordnungen treffe;* Chotjewitz, Friede 91); **b)** *schleppend laufen, schlurfen* ⟨ist⟩: Auf einmal schleifte er zur Zellentür, preßte das Ohr an und horchte (Apitz, Wölfe 328); ⟨subst.:⟩ Tappen, Schlurfen, müdes Schleifen von Füßen (Plievier, Stalingrad 340). **3.** *niederreißen, dem Erdboden gleichmachen* ⟨hat⟩: eine Festung, die Mauern s.; die Sowjets haben das Berliner Stadtschloß s. lassen.

Schleifen- ([1]Schleife): **~blume,** die [nach der Form der Blüten]: *auf Beeten u. als Einfassung gezogene krautige Zierpflanze, deren weiße, rote od. violette Blüten in traubigen Blütenständen je zwei größere Kronblätter außen u. zwei kleinere innen haben; Iberis;* **~fahrt,** die, **~flug,** der: *[Rund]fahrt, -flug mit vielen Schleifen.*

Schleifer, der; -s, - [1: mhd. slīfære]: **1.** *Facharbeiter, der etw. schleift u. bestimmte Schleifmaschinen bedient, z. B. Glas-, Edelsteinschleifer* (Berufsbez.). **2.** (Soldatenspr.) *jmd., der jmdn.* [1]*schleift* (2): der Feldwebel ist ein S.; die Angst, erneut den -n alten Stils ausgeliefert zu werden (Noack, Prozesse 182). **3.** (Musik) *schneller Vorschlag aus zwei od. drei Tönen.* **4.** *alter Bauerntanz in langsamem Dreiertakt, Vorläufer des Walzers;* **Schleiferei** [ʃlaifə'rai], die; -, -en: **1.** *das* [1]*Schleifen* (1, 2). **2.** *Betrieb od. Werkstatt zum* [1]*Schleifen* (1); **Schleifspur,** die; -, -en [zu ↑[2]schleifen (1)]: *von etw., was über den Boden geschleift wurde, hinterlassene Spur;* **Schleifung,** die; -, -en: *das* [2]*Schleifen* (3): die S. der Festung wurde angeordnet.

Schleim [ʃlaim], der; -[e]s, -e [mhd. slīm, urspr. = Schlamm, klebrige Flüssigkeit]: **1.** *zähflüssige, klebrige Masse, die bei Menschen, Tieren u. einigen Pflanzen in bestimmten Drüsen gebildet bzw. in den Zellwänden abgelagert wird:* blutiger, eitriger, schaumiger S.; S. in der Nase, im Hals, im Mund; Die -e ärgern Leopold. Er kann nicht abhusten (H. G. Adler, Reise 138); die Schnecke sondert einen S. ab, der ihre Bahn schlüpfrig macht. **2.** *sämige, dickflüssige bis breiartige Speise [für Magenkranke], aus Körnerfrüchten (Hafer, Reis, Gerste) od. Flocken* (2) *gekocht* *u. durch einen Durchschlag gepreßt:* Jahrhundertelang haben sich Ärzte und Hebammen die Köpfe zerbrochen ..., wie man diese Breie, -e ... und Brühen in die kleinen Münder stopfen könne (Courage 2, 1978, 16).

schleim-, Schleim-: **~absondernd** ⟨Adj.; o. Steig.; meist nur attr.⟩: -e Drüsen, dazu: **~absonderung,** die; **~beutel,** der (Anat., Med.): *mit einer schleimigen Flüssigkeit gefülltes Säckchen, das in Lücken von Gelenken od. an stark hervortretenden Muskeln u. Sehnen als Polster gegen Druck u. Reibung dient:* der S. am rechten Knie wurde verletzt, dazu: **~beutelentzündung,** die (Med.); **~bildend** ⟨Adj.; o. Steig.; meist nur attr.⟩: vgl. ~absondernd; **~drüse,** die (Med.): *merokrine, einen Schleim absondernde Drüse;* **~fisch,** der: *langgestreckter, den Meeresboden bewohnender Fisch mit schleimiger Haut, stumpfer Schnauze u. langer Rückenflosse;* **~gewebe,** das (Med.): *schleimiges, gallertiges Bindegewebe;* **~haut,** die (Med.): *schleimabsondernde Haut, die die Höhlungen des Körpers u. bestimmter Organe auskleidet:* Beläge auf der S. des Rachens und der Luftwege (Medizin II, 173); **~lösend** ⟨Adj.; o. Steig.; nicht adv.⟩: *(bei Erkältungskrankheiten) verhärteten Schleim loslösend:* -e Mittel; Brusttee wirkt s.; **~pilz,** der: *auf faulendem Holz od. im Moder gedeihender Mikroorganismus aus vielkernigem Protoplasma ohne Chlorophyll; Myxomyzet;* **~scheißer,** der (derb abwertend): svw. ↑Schleimer: ihr S. und Jasager! (Ziegler, Kein Recht 214); **~stoff,** der: *Schleim* (1) *in seiner jeweiligen chem. Zusammensetzung;* **~suppe,** die (Kochk.): *wässerige Suppe aus einem Schleim* (2) *als Säuglings- u. Krankenkost;* **~zelle,** die: *schleimabsondernde Zelle in Schleimhäuten u. Schleimdrüsen.*

schleimen ['ʃlaimən] ⟨sw. V.; hat⟩: **1.** *Schleim absondern:* Weder schleimten Augen noch Nase, nichts trübte den Blick (Grass, Hundejahre 291). **2.** (abwertend) *schmeichelnd, heuchlerisch reden od. schreiben.* **3.** (veraltet) *von Schleim befreien, säubern;* vgl. Darmschleimer; ⟨Abl. zu 2:⟩ **Schleimer,** der; -s, - (abwertend): *Schmeichler, Heuchler, Schönredner:* Memmen, dachte sie, S., Kriecher, Speckjäger (Bieler, Mädchenkrieg 436); **schleimig** ⟨Adj.⟩ [mhd. slîmic = klebrig, schlammig]: **1.** *aus Schleim [bestehend], wie Schleim aussehend; feucht, glitschig:* ein -er Auswurf; die Schnecke zieht eine -e Spur; die Suppe ist s. **2.** (abwertend) *falsch, freundlich, schmeichelnd u. heuchlerisch:* ich scheiß auf dein -es Gequatsche (Sobota, Minus-Mann 135).

schleißen ['ʃlaisn̩] ⟨st., auch: sw. V.⟩ [mhd. slîȥen, ahd. slîȥ(ȥ)an = spalten, (ab)reißen, vgl. schlitzen]: **1.** ⟨st. od. sw. V.; hat⟩ **a)** (früher) *bei Vogelfedern die Fahne* (5) *vom Kiel ablösen:* sie hat Federn geschlissen/geschleißt; **b)** (landsch. veraltend) *Holz in feine Späne spalten.* **2.** ⟨st. V.; ist⟩ (veraltet) *zerreißen, sich in Fetzen auflösen, verschleißen:* der Stoff, das Kleid schliß ziemlich schnell; ⟨Abl. zu 2:⟩ **schleißig** ⟨Adj.; nicht adv.⟩ (landsch., bes. bayr.): *verschlissen, abgenutzt:* mit einer -en Schaffnerjacke über dem dünnen Kleid (Kühn, Zeit 287).

Schlemihl [ʃle'mi:l], der; -s, -e [jidd. schlemiel = ungeschickte Person, unschuldiges Opfer von Streichen, H. u., viell. zu hebr. šęlęm = (Dank)opfer]: *jmd., dem [durch eigene Dummheit] alles mißlingt, Pechvogel:* jetzt frag ich Sie ..., ist mein Vater nicht ein S. gewesen, daß er das große Unternehmen verkauft hat? (Werfel, Tod 13).

schlemm [ʃlɛm] ⟨Adj.⟩ (Bridge, Whist) in den Verbindungen **s. machen/werden, sein** *(alle Stiche bekommen);* **Schlemm** [-], der; -s, -e [engl. slam, eigtl. = Knall, Schlag, zu: to slam = zuschlagen, -knallen] (Bridge, Whist): *gewonnenes Spiel, bei dem man 12 od. alle 13 Stiche bekommt.*

schlemmen ['ʃlɛmən] ⟨sw. V.; hat⟩ [spätmhd. slemmen = (ver)prassen, wohl unter Einfluß von ↑Schlamm zu mhd. slampen, ↑schlampen]: **a)** *besonders gut u. reichlich essen u. trinken:* ein Restaurant, in dem man s. kann; in unserem Frankreichurlaub haben wir mal wieder richtig geschlemmt; **b)** *in schlemmerischer Weise verzehren:* Austern s.; ⟨Abl.:⟩ **Schlemmer,** der; -s, -: *jmd., der gern schlemmt.*

Schlemmer-: **~lokal,** das: *Restaurant, in dem man schlemmen kann;* **~mahl,** das (geh.): *besonders üppiges u. feines Essen;* **~mahlzeit,** die: vgl. ~mahl.

Schlemmerei [ʃlɛmə'rai], die; -, -en (oft abwertend): **1.** ⟨o. Pl.⟩ *[dauerndes] Schlemmen* (a). **2.** (selten) *Essen, bei dem geschlemmt wird;* **schlemmerhaft** ⟨Adj.; -er, -este⟩: *in der Art eines Schlemmers, wie ein Schlemmer:* ein -es Leben führen; **Schlemmerin,** die; -, -en: w. Form zu ↑Schlemmer; **schlemmerisch** ⟨Adj.⟩: *schlemmerhaft, schlemmend:* in seiner Rolle als -er Prinz Charming (K. Mann, Wendepunkt 32); **Schlemmertum,** das; -s: *das Schlemmersein.*

Schlempe ['ʃlɛmpə], die; -, (Sorten:) -n [urspr. = Spül-, Abwasser, zu ↑schlampen] (Fachspr.): *beim Brennen von Kartoffeln, Getreide u. a. als Rückstand anfallendes, als Futtermittel verwendetes eiweißreiches Produkt.*

Schlendergang, der; -[e]s: *schlendernder* [1]*Gang* (1 a); **schlendern** ['ʃlɛndɐn] ⟨sw. V.; ist⟩ [aus dem Niederd., eigtl. wohl = gleiten, zu ↑[1]schlingen]: **a)** *langsam u. gemächlich, mit lässigen Bewegungen, so, als hätte man kein bestimmtes Ziel, gehen:* wenn wir so schlendern, kommen wir zu spät; mit schlendernden Schritten; **b)** *sich schlendernd irgendwohin begeben:* durch den Park, gemächlich nach Hause, über den Boulevard, zum See s.; auf und ab s.; **Schlenderschritt,** der; -[e]s, -e: *schlendernder Schritt,* [1]*Gang* (1 a): er näherte sich in langsamem S.; **Schlendrian** ['ʃlɛndria:n], der; -[e]s [2. Bestandteil viell. frühnhd. jān = Arbeitsgang] (ugs. abwertend): *von Nachlässigkeit, Trägheit, einer gleichgültigen Einstellung, einem Mangel an Engagement gekennzeichnete Art u. Weise, bei etw. zu verfahren, bes. seine tägliche Arbeit zu verrichten, sein Leben zu gestalten:* Leiding ... hat gegen S. und Vetternwirtschaft angekämpft (Welt 14. 9. 65, 10); Also bleibt alles beim alten S. (Gruhl, Planet 253).

Schlenge ['ʃlɛŋə], die; -, -n [mniederd. slenge, zu ↑[1]schlingen] (nordd.): *der Landgewinnung od. dem Schutz des Ufers dienende buhnenartige Anlage, die aus zwei Reihen ins Watt gerammter Pfähle u. einer dazwischen befestigten dichten Lage Reisig besteht;* **Schlenker** ['ʃlɛŋkɐ], der; -s, - [zu ↑schlenkern] (ugs.): **a)** *[plötzlich] aus einer [geradlinigen] Bewegung heraus beschriebener Bogen:* der Fahrer konnte gerade noch rechtzeitig einen S. machen und so den Zusammenstoß vermeiden; **b)** *wieder auf den eigentlichen Weg zurückführender kleinerer Umweg:* auf der Fahrt von Frankfurt nach Basel haben wir einen kleinen S. über Straßburg gemacht; **Schlenkerich,** Schlenkrich ['ʃlɛŋk(ə)rıç], der; -s, -e (ostmd.): **1.** *[plötzlicher, heftiger] Stoß, Schwung.* **2.** *leichtlebiger Mensch;* **schlenkerig,** schlenkrig ['ʃlɛŋk(ə)rıç] ⟨Adj.⟩ (ugs.): **a)** *zum Schlenkern* (1 b) *neigend:* ein langer -er Rock; **b)** *schlenkernd* (1 b): mit -en Bewegungen; **schlenkern** ['ʃlɛŋkɐn] ⟨sw. V.⟩ [spätmhd. slenkern = schleudern, zu ↑[1]schlingen]: **1.** ⟨hat⟩ **a)** *(etw., mit etw.) [nachlässig] hin u. her schwingen:* die Arme, mit den Armen s.; schlenker nicht so mit der Milchkanne!; Daß er eine deutsche Zeitung in der Hand schlenkert (Frisch, Gantenbein 290); **b)** *sich locker, pendelnd hin u. her bewegen:* ein langer Rock schlenkerte ihr um die Beine; ihre Arme schlenkerten in den Gelenken (Langgässer, Siegel 469); eine schlenkernde Bewegung. **2.** (landsch.) *schlendern* ⟨ist⟩: durch die Straßen s.; **Schlenkrich:** ↑Schlenkerich; **schlenkrig:** ↑schlenkerig.

schlenzen ['ʃlɛntsn̩] ⟨sw. V.; hat⟩ [viell. weitergebildet aus ↑schlenkern od. zu ↑schlendern] (Sport, bes. [Eis]hockey, Fußball): *durch eine ruckartige schiebende od. schaufelnde Bewegung, ohne mit dem Schläger, dem Fuß auszuholen, schießen:* den Ball ins Tor s.; er schlenzte den Puck aus spitzem Winkel ins Netz; ⟨Abl.:⟩ **Schlenzer,** der; -s, - (Sport, bes. [Eis]hockey, Fußball): *geschlenzter Ball* (2), *Schuß:* mit einem geschickten S. erzielte er den Ausgleich.

Schlepp [ʃlɛp], der [gek. aus ↑Schlepptau] in Verbindungen wie **jmdn., etw. in S. nehmen** *(sich daran machen, jmdn., etw. zu schleppen):* die Motorjacht nahm uns, unser Boot in S.; ein Jeep nahm uns in S.; **im S. [einer Sache]** *(geschleppt werdend):* der Wagen fährt im S. [eines Traktors]; ⟨mit Ellipse:⟩ „im S." (Hinweis, daß ein Fahrzeug im Schlepp fährt; *„dieses Fahrzeug wird geschleppt"*); **jmdn., etw. im S. haben** (1. *jmdn., etw. schleppen.* 2. *von jmdm., etw. begleitet, verfolgt o. ä. werden:* dieser Engländer hat zwei CIA-Bullen im S. [Cotton, Silver-Jet 38]).

Schlepp-: **~angel,** die (Angeln): *Angel, die von einem fahrenden Boot durchs Wasser gezogen wird;* **~antenne,** die (Flugw.): *Antenne eines Flugzeugs, die während des Fluges unten aus dem Rumpf heraushängt;* **~bügel,** der (Skisport): *ankerförmiger Teil eines Schlepplifts, gegen den man sich mit dem Gesäß lehnt, um sich den Hang hinaufziehen zu lassen;* **~dach,** das (Bauw.): *an das eigentliche Dach eines Gebäudes sich anschließendes, einen vorspringenden Gebäudeteil bedeckendes kleineres Pultdach;* **~dampfer,** der (Seew.): *Schlepper [mit Dampfantrieb];* **~fahrzeug,** das: *Fahrzeug, das ein anderes schleppt;* **~fischerei,** die (Angeln):

Fischen mit Schleppangeln; **~flug,** der (Segelfliegen): *Flug, bei dem ein Segelflugzeug geschleppt wird;* **~flugzeug,** das (Segelfliegen): *Motorflugzeug, mit dem Segelflugzeuge in die Höhe geschleppt werden;* **~gebühr,** die (Schiffahrt): *Gebühr, die für die Inanspruchnahme eines Schleppers* (1) *zu entrichten ist;* **~haken,** der (Schiffahrt): *Haken auf einem Schlepper* (1), *an dem die Schlepptrosse befestigt ist;* **~jagd,** die (Pferdesport): *Reitjagd* (b) *mit einer Meute, bei der auf einer Schleppe* (2a) *geritten wird;* **~kahn,** der (Schiffahrt): *Lastkahn ohne eigenen Antrieb, der [von einem anderen Fahrzeug] geschleppt werden muß;* **~kleid,** das: svw. ↑Schleppenkleid; **~lift,** der (Skisport): *Skilift, bei dem man, auf den Skiern stehend, den Berg hinaufgezogen wird;* **~lohn,** der (Schiffahrt): vgl. ~gebühr; **~netz,** das: *Netz, das [beim Fischfang] durch das Wasser od. über den Grund gezogen wird; Dredsche;* **~pinsel** (ungetrennt: Schleppinsel), der (graph. Technik, Malerei): *flacher, fächerförmiger feiner Haarpinsel zum gleichmäßigen, feinen Verteilen von noch feuchter Farbe;* **~säbel,** der (früher): *Säbel, der an langen Riemen getragen wird, so daß er auf dem Boden schleift;* **~schiff,** das: vgl. ~fahrzeug; **~schiffahrt,** die (Schiffahrt): *Binnenschiffahrt mit Schleppkähnen, geschleppten Flößen;* **~seil,** das: *Seil zum Schleppen, auch für den Start von Segelflugzeugen mit Hilfe eines Schleppflugzeugs od. einer Winde;* **~start,** der (Segelfliegen): *Start eines Segelflugzeugs mit Hilfe eines Schleppflugzeugs;* **~tau,** das: vgl. ~seil: * **in jmds. S., im S. [einer Sache]** (1. *von jmdm., etw. geschleppt werdend:* der Kahn fährt im S. [eines Motorschiffes]. 2. *in jmds. Gefolge, Begleitung:* der Star mit einer Gruppe Fans im S.); **etw., jmdn. im S. haben** (↑Schlepp); **jmdn., etw. ins S. nehmen** (↑Schlepp); **jmdn. ins S. nehmen** (ugs.; *sich jmds., der alleine nicht so gut zurecht kommt, besonders annehmen, ihm über die Runden helfen o. ä.*); **~trosse,** die: vgl. ~seil; **~winde,** die: **1.** (Segelfliegen) *Winde, mit deren Hilfe Segelflugzeuge auf eine bestimmte Höhe gebracht werden.* **2.** (Schiffahrt) *Winde, Winsch für die Schlepptrosse, das Schleppseil eines Schleppers;* **~zug,** der (Schiffahrt): *ein od. mehrere Schiffe mit einem sie schleppenden Schleppfahrzeug.*

Schleppe ['ʃlɛpə], die; -, -n [aus dem Niederd., zu ↑schleppen]: **1.** *Teil eines langen, meist festlichen Kleides, der den Boden berührt u. beim Gehen nachgeschleift wird:* eine lange, seidene, rauschende S.; die S. heben, hochraffen; zwei Nichten trugen der Braut die S. *(folgten ihr gehend u. hielten dabei die Schleppe mit den Händen hoch).* **2. a)** (Pferdesport, Jagdw.) *künstliche Fährte;* **b)** (Jägerspr.) *Fährte (bes. von Wildenten) im Schilf, Rohr o. ä.* **3.** (Landw.) *von einem Zugtier od. einem Schlepper gezogenes Gerät zum Einebnen des Bodens auf Äckern od. zur Verteilung von Maulwurfshaufen, Kothaufen auf Weiden;* **schleppen** ['ʃlɛpn̩] ⟨sw. V.; hat⟩ /vgl. schleppend/ [mhd. (md.) slepen < mniederd. slēpen = ²schleifen]: **1. a)** *(bes. ein Fahrzeug o. ä.) [unter großem Kraftaufwand langsam] hinter sich herziehen:* der Trawler schleppt ein Netz; der Kahn wird von einem anderen Schiff geschleppt; **b)** *schleppend* (1 a) *irgendwohin bewegen:* einen defekten Wagen in die Werkstatt s.; einen Lastkahn stromauf s.; ein Segelflugzeug auf eine bestimmte Höhe s. **2. a)** (ugs.) *jmdn. [gegen dessen eigentlichen Willen] irgendwo hinbringen, irgendwohin mitnehmen:* jmdn. ins Kino, in eine Kunstausstellung s.; jmdn. mit zu Freunden s.; auch wenn es einer Frau gelänge, ihn zum Standesamt zu s. (Hörzu 40, 1974, 106); jmdn. zum Polizeirevier, vor den Richter s. *([unter Anwendung von Gewalt] dorthin führen);* **b)** (Jargon) *gegen Bezahlung Fluchthilfe leisten:* ⟨subst.:⟩ er ist beim Schleppen erwischt worden. **3.** (selten) *sich schleifend über etw. hinbewegen:* das lange Kleid schleppt [auf dem Boden]; der Anker schleppt über den Grund. **4. a)** *(etw. Schweres) unter großer Anstrengung, Mühe tragen:* schwere Zuckersäcke, Möbel s.; sie sparte sich einen Träger und schleppte ihre Koffer selbst; **b)** *(etw. Schweres) schleppend* (4 a) *irgendwohin befördern:* Pakete zum Bahnhof s.; zu zweit schleppten sie den Verletzten zum Auto; der Fuchs schleppte den erbeuteten Hasen *(trug ihn, indem er ihn auf dem Boden schleifen ließ)* zu seinem Bau; Ü jetzt schleppe ich den Brief schon seit drei Tagen durch die Gegend (ugs.; *trage ihn mit mir herum*); Ein Vermögen haben wir schon zum Optiker geschleppt (ugs.; *beim Optiker ausgegeben;* Kempowski, Tadellöser 202); **c)** ⟨s. + sich⟩ *sich durch Schleppen* (4 a) *in einen bestimmten Zustand versetzen:* sich müde s.; ich habe mich an dem Kasten [halb] zu Tode geschleppt. **5.** (ugs.) *(ein Kleidungsstück) über eine lange Zeit immer wieder benutzen, tragen:* den Mantel schleppt er schon seit drei Jahren; wie lange willst du das Kleid noch s.? **6.** ⟨s. + sich⟩ *sich mühsam, schwerfällig, mit letzter Kraft fortbewegen, irgendwohin bewegen:* sich gerade noch zum Bett s. können; daß sie nicht mehr gehen kann, sondern sich auf Händen und Füßen mühsam durchs Zimmer schleppt (Thieß, Legende 108); Ü mühsam schleppt sich der Lastwagen über die Steigung; der Schlußchorus schleppt sich belanglos ins Finale (Fries, Weg 149); **c)** *sich über eine bestimmte Zeit, Dauer hinziehen:* der Prozeß schleppt sich nun schon über drei Jahre, ins dritte Jahr. **7.** ⟨s. + sich⟩ (landsch.) **a)** *sich schleppend* (4 a) *mit etw. abmühen:* ich mußte mich allein mit all dem Gepäck s.; Ü mit diesem Kummer schleppt er sich schon seit Jahren.

Schleppen-: **~kleid,** das: *Kleid mit einer Schleppe* (1); **~träger,** der: *jmd., der jmdm. die Schleppe* (1) *trägt;* **~trägerin,** die: w. Form zu ↑~träger.

schleppend ⟨Adj.⟩ [1. Part. von schleppen]: **a)** *schwerfällig, mühsam u. deshalb langsam:* ein -er Gang; mit -en Schritten; eine -e Unterhaltung; sein Französisch ist schon recht gut, nur noch etwas s.; s. gehen, sprechen; **b)** *langsam u. gedehnt:* ein -er Gesang, eine -e Melodie; er spielt den Satz für meine Begriffe zu s.; **c)** *sich über eine [unangemessen] lange Zeit hinziehend, nicht recht vorankommend, [zu] langsam vor sich gehend:* er beklagte sich über die -e Abfertigung der Kunden, die -e Bearbeitung seines Antrags; die Arbeiten, Verhandlungen gehen nur s. voran; **Schlepper,** der; -s, -: **1.** *kleineres (mit kräftiger Maschine u. einer speziellen Ausrüstung ausgestattetes) Schiff zum Schleppen u. Bugsieren anderer Schiffe.* **2.** *Traktor.* **3.** (Bergmannsspr. früher) *Bergarbeiter, dessen Arbeit darin besteht, Förderwagen [durch Ziehen] fortzubewegen.* **4.** (ugs., meist abwertend) **a)** *jmd., der jmdm., einem oft unseriösen, illegalen, betrügerischen o. ä. Unternehmen auf fragwürdige Weise Kunden o. ä. zuführt:* Prostituierte lehnen an den Hauswänden, S. machen die Passanten an (Zeit 52, 1976, Zeitmagazin 7); sie machen die S., locken ahnungslose Opfer in die Falle (Quick 49, 1958, 45); **b)** *jmd., der schleppt* (2 b); *Fluchthelfer:* S. und Schleuser vom Format der Ost-West-Fluchthelfer (Spiegel 49, 1977, 41); **Schlepperei** [ʃlɛpə'rai̯], die; -, -en ⟨Pl. selten⟩ (ugs. abwertend): **1.** *[dauerndes] Schleppen* (4): es war eine furchtbare S. **2.** *das Tätigsein als Schlepper* (4 a).

schletzen ['ʃlɛtsn̩] ⟨sw. V.; hat⟩ [H. u.] (schweiz. mundartl.): *(eine Tür) schlagen, zuschlagen.*

Schleuder ['ʃlɔydɐ], die; -, -n: **1.** *kleines Gerät (verschiedener Form) zum Schleudern von Steinen od. sonstigen Geschossen mit Hilfe der Schnellkraft eines gedehnten Gummibandes od. der Fliehkraft des in einer kreisenden Bewegung beschleunigten Geschosses:* die Bengel schießen mit -n auf Vögel. **2. a)** kurz für ↑Wäscheschleuder; **b)** svw. ↑Zentrifuge. **3.** (ugs.) *Auto, Motorrad o. ä.:* als Adolfs S. durch den TÜV muß (Chotjewitz, Friede 125).

Schleuder-: **~akrobat,** der: *Akrobat, der Kunststücke mit dem Schleuderbrett zeigt;* **~ball,** der: **1.** ⟨o. Pl.⟩ *Mannschaftsspiel, bei dem ein Schleuderball* (2) *möglichst weit geschleudert werden muß, um die gegnerische Mannschaft nach bestimmten Regeln aus dem Spielfeld zu treiben.* **2.** *lederner Ball mit einer Schlaufe für das Schleuderballspiel od. den Schleuderballweitwurf,* dazu: **~ballspiel,** das, **~ballweitwurf,** der ⟨o. Pl.⟩: *Wurfübung, bei der ein Schleuderball möglichst weit geschleudert werden muß;* **~beton,** der (Technik): *nach einem besonderen Verfahren unter Ausnutzung der Zentrifugalkraft in einer rotierenden Form hergestellter Beton mit einer besonders hohen Dichte (für Röhren, hohle Masten u. ä.);* **~brett,** das: *bes. im Zirkus verwendetes, einer Wippe ähnliches Gerät, mit dessen Hilfe sich Artisten gegenseitig in die Höhe schleudern können;* **~flug,** der (Flugw.): vgl. ~start; **~gang,** der: *Phase eines Waschprogramms, während deren die Maschine schleudert;* **~gefahr,** die: *Gefahr, ins Schleudern* (2 a) *zu geraten;* **~honig,** der: *in einer Zentrifuge aus den Waben geschleuderter Honig;* **~kurs,** der (Kfz.-W.): *Kursus, in dem Autofahrer lernen, ein ins Schleudern geratenes Fahrzeug zu beherrschen;* **~maschine,** die: *Zentrifuge;* **~preis,** der (ugs.): *besonders niedriger Preis:* Qualitätsware zu -en; **~pumpe,** die (Technik): svw. ↑Kreiselpumpe; **~schule,** die (Kfz.-W.): vgl. ~kurs; **~sitz,** der (Flugw.): *(bes. bei Kampfflugzeugen) besonderer,* *mit einem Fallschirm versehener Sitz, mit dem sich der Pilot im Notfall aus der Maschine katapultieren kann;* **~stange,** die: *Gardinenstange* (b); **~start,** der (Flugw.): *Katapultstart;* **~technik,** die: **1.** (Kfz.-W.) *Technik des kontrollierten Schleuderns* (2 a) *[in Notsituationen].* **2.** (Skisport) *besondere Technik zum Ausführen von Schwüngen, bei der der Skiläufer in einer bestimmten Phase schleudert* (2 a); **~trauma,** das (Med.): *für die Opfer von Auffahrunfällen typische Verletzung der Halswirbelsäule, zu der es kommt, wenn der Kopf des Betroffenen nach vorn u. anschließend ruckartig wieder zurückgeschleudert wird;* **~ware,** die ⟨Pl. selten⟩ (ugs.): *zu einem Schleuderpreis angebotene Ware.*

Schleuderei [ʃlɔydəˈrai̯], die; -, -en (ugs.): *dauerndes [als unangenehm empfundenes] Schleudern* (2 a); **Schleuderer,** Schleudrer [ˈʃlɔyd(ə)rɐ], der; -s, -: **1.** *jmd., der schleudert* (1 a, b, 4 a), *mit einer Schleuder schießt.* **2.** (Kaufmannsspr. Jargon) *jmd., der zu Schleuderpreisen verkauft;* **schleudern** [ˈʃlɔydɐn] ⟨sw. V.⟩ [verw. mit mhd. slūdern, ↑schludern]: **1.** ⟨hat⟩ **a)** *aus einer drehenden Bewegung heraus mit kräftigem Schwung werfen, davonfliegen lassen:* der Hammerwerfer schleuderte den Hammer 60 m weit; paß auf, daß du nicht aus dem Karussell geschleudert wirst; der Wagen wurde aus der Kurve geschleudert; **b)** (geh.) *mit großer Wucht, mit kräftigem Schwung werfen:* einen Speer s.; Joan hatte eine Vase ergriffen und sie zu Boden geschleudert (Remarque, Triomphe 254); Ü Jupiter schleudert Blitze; einen Bannfluch s. *(verhängen);* Er schleuderte zornige Blicke in die Menge (Genet [Übers.], Tagebuch 276); **c)** *jmdn., etw. durch einen heftigen Stoß o. ä. in rasche Bewegung versetzen [so daß er, es durch die Luft fliegt]:* Sie schleudert ... die ... Schuhe von ihren Füßen (Remarque, Obelisk 272); der Wagen schleuderte sie zur Seite und bremste sogleich (Gaiser, Schlußball 195); bei dem Aufprall wurde er aus dem Wagen geschleudert. **2.** ⟨ist⟩ **a)** *im Fahren mit heftigem Schwung [abwechselnd nach rechts u. nach links] aus der Spur rutschen:* in der Kurve fing der Wagen plötzlich an zu s.; ⟨subst.:⟩ er war auf nasser Fahrbahn ins Schleudern geraten; * **ins Schleudern geraten/kommen** (ugs.; *die Kontrolle über etw. verlieren, unsicher werden, sich einer Situation plötzlich nicht mehr gewachsen sehen*): In Fragen der Geschäftsordnung kamen sie allerdings immer mal wieder ins Schleudern (MM 9. 5. 79, 36); **jmdn. ins Schleudern bringen** (ugs.; *bewirken, daß jmd. die Kontrolle über etw. verliert, unsicher wird, einer Situation plötzlich nicht mehr gewachsen ist*): mit solchen Fragen kannst du ihn ganz schön ins Schleudern bringen; **b)** *sich schleudernd* (2 a) *irgendwohin bewegen:* der Wagen ist auf, gegen einen geparkten LKW, in den Graben geschleudert; der Wagen schleudert nach links *(bricht nach links aus).* **3.** ⟨hat⟩ **a)** *in einer Zentrifuge, einer Wäscheschleuder o. ä. schnell rotieren lassen:* etw. in einer Zentrifuge s.; Honig s. *(mit Hilfe einer Zentrifuge aus den Waben herausschleudern);* Wäsche s. *(mit Hilfe einer Wäscheschleuder von einem Großteil der Feuchtigkeit befreien);* der Waschautomat schleudert gerade *(die darin befindliche Wäsche wird gerade geschleudert);* **b)** *durch Schleudern* (3 a) *aus etw. herausbekommen:* den Honig aus den Waben, das Wasser aus der Wäsche s. **4.** (Turnen) **a)** *aus dem Hang heraus einen Überschlag rückwärts an den Ringen ausführen* ⟨hat⟩; **b)** *aus dem Schleudern* (4 a) *heraus eine bestimmte Haltung einnehmen* ⟨ist⟩: in den Streckhang s.; **Schleudrer**: ↑Schleuderer.

schleunig [ˈʃlɔynɪç] ⟨Adj.; Komp. selten; nicht präd.⟩ /vgl. schleunigst/ [mhd. sliunec = eilig, ahd. sliumo, sniumo = sofort] (geh.): **a)** *unverzüglich, sofortig, schnellstmöglich:* wir bitten um -ste Erledigung; daß jedermann s. ... seinen Weisungen nachkommt (Th. Mann, Joseph 203); **b)** *schnell u. eilig:* Mit immer den gleichen -en Schritten ... drängte er zwischen den Instrumenten hindurch (Erh. Kästner, Zeltbuch 62); s. davonlaufen; **schleunigst** [ˈʃlɔynɪçst] ⟨Adv.⟩ [Sup. zu ↑schleunig]: **a)** (bes. in Aufforderungen o. ä.) *sofort, auf der Stelle:* bring mir s. das Buch!; schaffen Sie uns s. etwas zum Frühstück (Brecht, Mensch 32); **b)** *von Eile getrieben, in aller Eile; eilends:* Rousselin ... sucht s. das Weite (Sieburg, Robespierre 217); Schleunigst wurde noch ein neunter Gutachter bestellt (Prodöhl, Tod 157).

Schleuse [ˈʃlɔyzə], die; -, -n [niederl. sluis < mniederl. slūse (> mniederd. slūse) < afrz. escluse < spätlat. exclūsa, zu lat. exclūsum, 2. Part. von: exclūdere = ausschließen, abhalten]: **1.** (Wasserbau) **a)** *Vorrichtung zum Absperren eines Wasserstroms, zum Regulieren des Durchflusses (in Flüssen, Kanälen):* eine S. öffnen, schließen; Ü der Himmel öffnet seine -n (geh.; *es beginnt stark zu regnen*); Anstelle eines Geständnisses, das die -n meines männlichen Selbstmitleides öffnen würde (Frisch, Gantenbein 261); **b)** *aus zwei Toren u. einer dazwischen liegenden Kammer bestehende Anlage (in Binnenwasserstraßen, Hafeneinfahrten), mit deren Hilfe Schiffe Niveauunterschiede überwinden können:* eine S. bauen; durch eine S. fahren; in eine S. einfahren. **2.** *den einzigen Zugang zu einem [abgeschirmten] Raum darstellender, hermetisch abschließbarer [kleiner] Raum, den man beim Betreten u. Verlassen des [abgeschirmten] Raumes passieren muß u. in dem man z. B. Schutzkleidung an- bzw. ablegt, in dem Desinfektionen vorgenommen werden o. ä. od. der einen Druckausgleich zwischen zwei Räumen, Bereichen verhindern soll:* der Astronaut kann die Kapsel nur durch eine S. verlassen. **3.** (veraltend) *Gully, Kanal* (2); **schleusen** [ˈʃlɔyzn̩] ⟨sw. V.; hat⟩: **1.** *durch eine Schleuse* (1 b) *bringen:* ein Schiff s. **2.** *eine Schleuse* (2) *passieren lassen, durch eine Schleuse bringen:* Wie bei der OP-Abteilung werden Personal, Materialien und Geräte „geschleust" (MM 3. 4. 74, 31). **3. a)** *auf einem langen, umständlichen, hindernisreichen Wege [in vielen Etappen] o. ä. irgendwohin bringen, geleiten o. ä.:* eine Reisegesellschaft durch den Zoll, die Paßkontrolle s.; dann schleuste ihn der Pförtner durch lange Gänge (Fels, Sünden 82); **b)** *heimlich, auf ungesetzliche Weise o. ä. irgendwohin bringen:* einen Agenten in ein Ministerium s.; Werksgeheimnisse ins Ausland s.; daß er ... in den Marseiller Untergrund geschleust worden ist (Kantorowicz, Tagebuch I, 133).

Schleusen-: **~geld,** das (Schiffahrt): *Gebühr für die Benutzung einer Schleuse* (1 b); **~kammer,** die (Wasserbau): *zwischen den Toren einer Schleuse* (1 b) *liegende Kammer;* **~tor,** das (Wasserbau): *Tor einer Schleuse* (1); **~treppe,** die (Wasserbau): *Reihe von mehreren hintereinander angeordneten Schleusen* (1 b) *zur stufenweisen Überwindung größerer Niveauunterschiede;* **~wärter,** der: *jmd., der eine Schleuse* (1 b) *bedient* (Berufsbez.), dazu: **~wärterhypothese,** die (Kommunikationsf.): *Hypothese über eine Instanz im Meinungsbildungsprozeß, von der es abhängt, welche Informationen weitergegeben werden u. welche nicht.*

Schleuser, der; -s, - (Jargon): svw. ↑Schlepper (4 b): in Rummelsburg hatte er viele S. kennengelernt, die von ihren Auftraggebern böse betrogen worden waren (Spiegel 39, 1978, 185); **Schleusung,** die; -, -en: *das Schleusen* (1–3).

schlich [ʃlɪç]: ↑schleichen; **Schliche** ⟨Pl.⟩ [mhd. slich = schleichender Gang, zu ↑schleichen]: *Listen, Tricks:* er kennt alle S.; * **jmdm. auf die S./hinter jmds. S. kommen** *(jmds. Absichten erkennen, durchschauen, jmds. heimliches Treiben entdecken):* Bis die Banken hinter seine S. kamen, war von dem Betrüger kein Geld mehr zu holen (MM 6. 7. 68, 54).

schlicht [ʃlɪçt; aus dem Niederd., Md. < mniederd. slicht, Nebenf. von ↑schlecht]: **I.** ⟨Adj.; -er, -este⟩ **1. a)** *auf das Nötigste, das Wesentliche beschränkt, sich beschränkend, in keiner Weise aufwendig, ohne Zierat od. überflüssiges Beiwerk [u. nur verhältnismäßig bescheidenen Ansprüchen genügend]:* -e weiße Bettwäsche; -e Kleidung; eine -e Wohnungseinrichtung; eine -e Mahlzeit; in -en *(einfachen u. bescheidenen)* Verhältnissen leben; Mir haben meine Eltern den -en Vornamen Karl gegeben (Lentz, Muckefuck 7); eine -e Melodie; -es (geh.; *glattes*) Haar; die Zimmer sind s. und sauber (Gute Fahrt 4, 1974, 47); Die s. gezimmerte Bank (Th. Mann, Zauberberg 77); **b)** *nicht besonders gebildet, geistig nicht sehr aufgeschlossen:* ein -es Gemüt; es waren alles -e Leute. **2.** *durch das Fehlen überflüssiger u. störender Elemente, durch Einfachheit besonderes Gefallen hervorrufend, einen besonderen ästhetischen Reiz ausübend:* eine -e Form; ein -es Muster, Ornament; eine -e Feier; die -e Schönheit dieser Architektur; ein Kleid, eine Dame von -er Eleganz; die -e Frömmigkeit Maria Theresias (Thieß, Reich 462). **3.** ⟨nur attr.⟩ *bloß* (2), [2]*rein* (2 a): das ist eine -e Tatsache; es war ... der -e Selbsterhaltungstrieb (Sieburg, Blick 80); ein -es Gebot der Menschlichkeit (Dürrenmatt, Meteor 57). **4.** ⟨o. Steig.⟩ (Handarb. nordd.) svw. ↑recht ... (1 b) u. ↑rechts (1 c) (Ggs.: kraus 3): -e Maschen; s. stricken. **5.** * **s. um s.** (*im direkten Tausch, Leistung gegen Leistung;* schlicht steht hier in der älteren Bed. „auf geradem Wege, direkt"): Verrechnungsschwierigkeiten gibt es dabei nicht; wir tauschen s. um s. (Dönhoff, Ära 89). **II.** ⟨Adv.⟩ *ganz einfach, einfach nur; unverblümt gesagt:* das ist s. gelogen, falsch; es scheint s. unvorstellbar (MM 22. 7. 74, 2); Ganze Partien des „Ulysses" sind s. langweilig (Tucholsky, Werke 385); ***s. und einfach** (ugs. verstärkend; *schlicht* II): ich werde es s. und einfach abstreiten; **s. und ergreifend** (ugs. scherzh.; *schlicht* II): er hat es s. und ergreifend vergessen.

Schlicht- (schlichten 2; Fachspr.): **~eisen,** das: *aus einer gebogenen Klinge bestehendes Werkzeug zum Schlichten von Leder;* **~feile,** die: *feine Feile zum Glätten von Oberflächen;* **~hammer,** der: *besonders geformter Hammer zum Glattklopfen von Blech o. ä.;* **~hobel,** der: *Hobel zum Glätten (von Holz);* **~mond,** der [nach der Form]: svw. ↑~eisen.

Schlichte ['ʃlɪçtə], die; -, -n [zu ↑schlichten] (Fachspr.): *klebrige Lösung aus Stärke o. ä. in Wasser zum Schlichten von Kettfäden;* **schlichten** ['ʃlɪçtn̩] ⟨sw. V.; hat⟩ [mhd., ahd. slihten, zu ↑schlecht in der alten Bed. „eben, glatt"]: **1.** *als unbeteiligter Dritter zwischen streitenden Parteien vermitteln u. deren Streit beilegen:* es gelang ihm nicht [, den Streit] zu s.; schlichtend [in eine Auseinandersetzung] eingreifen. **2.** (Fachspr.) **a)** *(eine Oberfläche) glätten:* ein hölzernes, metallenes Werkstück, eine Oberfläche s.; **b)** *(Leder) weich u. geschmeidig machen;* **c)** *(Kettfäden) mit einer leimartigen Flüssigkeit behandeln, um sie widerstandsfähiger zu machen:* die Kettfäden werden vor der Verarbeitung in der Webmaschine zunächst geschlichtet; ⟨Abl.:⟩ **Schlichter,** der; -s, -: *jmd., der etw. schlichtet* (1), *jmd., der dazu eingesetzt ist (z. B. bei Tarifkonflikten), eine Einigung zwischen zwei streitenden Parteien herbeizuführen:* sich als S. zur Verfügung stellen, anbieten; Der Staat sollte sich als S. nur einschalten, wenn ... (Fraenkel, Staat 327); **Schlichtheit,** die; -: *das Schlichtsein, schlichte* (1, 2) *Art, Beschaffenheit;* **Schlichtung,** die; -, -en ⟨Pl. selten⟩: **1.** *das Schlichten* (1), *Beilegung eines Streits durch Vermittlung eines Dritten:* er bemüht sich um die S. des Konflikts. **2.** *das Schlichten* (2).

Schlichtungs-: **~ausschuß,** der: *mit der Schlichtung* (1) *tariflicher Konflikte beauftragter Ausschuß;* **~kommission,** die: vgl. ~ausschuß; **~stelle,** die: vgl. ~ausschuß; **~verfahren,** das: *Verfahren der Schlichtung* (1) *bei tariflichen Konflikten (durch einen Schlichtungsausschuß o. ä.);* **~versuch,** der.

schlichtweg [-'-, auch: '-'-] ⟨Adv.⟩: svw. ↑schlechtweg: das ist s. kriminell (v. d. Grün, Glatteis 257); zum Abendessen zu bleiben, lehnten Quangels s. ab (Fallada, Jeder 245); Die Nuschke und Grotewohl sind doch nicht s. Verräter ... (Augstein, Spiegelungen 35).

Schlick [ʃlɪk], der; -[e]s, (Arten:) -e [aus dem Niederd. < mniederd. slīk, zu: sliken = gleiten, niederd. Form von ↑schleichen]: *am Boden von Gewässern (bes. im Wattenmeer) abgelagerter od. angeschwemmter, feinkörniger, glitschiger, an organischen Stoffen reicher Schlamm.*

Schlick-: **~ablagerung,** die: **a)** ⟨o. Pl.⟩ *das Sichablagern von Schlick;* **b)** *aus Schlick bestehende Ablagerung* (1 b); **~bad,** das: vgl. Schlammbad; **~bildung,** die ⟨o. Pl.⟩: *das Sichbilden von Schlick;* **~fall,** der ⟨o. Pl.⟩ (Fachspr.): svw. ↑~ablagerung (a); **~fänger,** der (Fachspr.): *Vorrichtung [im Watt], die dazu dient, den Schlickfall zu fördern* (z. B. Buhne, Lahnung); **~gras,** das ⟨o. Pl.⟩: *im Watt wachsendes Gras;* **~sand,** der: *stark sandhaltiger Schlick;* **~schlitten,** der: *flacher hölzerner Behälter, den man wie einen Schlitten über den Schlick ziehen od. schieben kann (zum Transportieren von Material bei Arbeiten im Watt);* **~torf,** der: svw. ↑Darg; **~watt,** das: *Watt, dessen Boden überwiegend aus weichem Schlick besteht [u. das schlecht zu begehen ist].*

schlicken ['ʃlɪkn̩] ⟨sw. V.; hat⟩ (Fachspr.): *(von Gewässern) Schlick ablagern;* **schlickerig,** schlickrig ['ʃlɪk(ə)rɪç] ⟨Adj.; nicht adv.⟩ (nordd.): *mit nassem Schmutz, Schlamm behaftet, schlammig, schlickig u. rutschig:* ein -er Feldweg; **Schlikkermilch** ['ʃlɪkɐ-], die; - [zu ↑schlickern (1)] (landsch.): *dicke Milch, saure Milch;* **schlickern** ['ʃlɪkɐn] ⟨sw. V.⟩ [1: wohl übertr. von der älteren Bed. „Schlamm" ansetzen, im Fließen stocken; 2: wohl übertr. von (3); 3: wohl zu niederd. sliken = schleichen; 4: Nebenf. von ↑schleckern]: **1.** (landsch.) *(von Milch) gerinnen* ⟨hat⟩. **2.** (landsch.) *[hin u. her] schwanken wie eine gallertartige Masse* ⟨hat/ist⟩. **3.** (landsch.) **a)** *auf dem Eis schlittern* ⟨hat⟩; **b)** *irgendwohin schlickern* (3 a) ⟨ist⟩. **4.** ⟨hat⟩ (nordd.) **a)** *naschen* (1): die Kinder sollen nicht soviel s.; **b)** *schlickernd* (4 a) *verzehren:* er schlickert schon wieder Lakritzen, Honigkuchen; **schlickig** ['ʃlɪkɪç] ⟨Adj.; nicht adv.⟩ (nordd.): *Schlick aufweisend, mit Schlick bedeckt, voller Schlick, aus Schlick bestehend:* der -e Grund des Teiches; -er Boden; seine Stiefel waren ganz s.; **schlickrig:** ↑schlickerig.

schlief [ʃli:f]: ↑schlafen.

Schlief [-], der; -[e]s, -e ⟨Pl. selten⟩ [zu ↑schliefen od. ↑[1]schleifen] (landsch.): svw. ↑Klinsch; **schliefbar** ['ʃli:fba:ɐ̯] ⟨Adj.; o. Steig.; nicht adv.⟩ (österr.): *so gebaut, daß der Schornsteinfeger hindurchkriechen, -steigen kann:* ein -er Kamin, Abzug; **schliefen** ['ʃli:fn̩] ⟨st. V.; schloff, ist geschloffen⟩ [mhd. slifen, ahd. sliofan; vgl. schlüpfen]: **1.** (österr., südd.) svw. ↑schlüpfen: in die Hose s.; er wollte aus dem Zimmer s. **2.** (Jägerspr.) *(von Erdhunden, Frettchen) in einen Bau kriechen:* den Erdhund [in den Dachsbau] s. lassen; **Schliefer,** der; -s, -: **1.** (landsch.) *Splitter [unter der Haut].* **2.** (Zool.) *dem Murmeltier ähnliches Säugetier mit graubraunem Pelz; Klippdachs.* **3.** (Jägerspr.) *Hund, der bei der Erdjagd in den Bau des gejagten Tieres schlieft;* **schlieferig:** ↑schliefrig; **Schlieferl** ['ʃli:fɐl], das; -s, -[n] (österr. ugs.): **1.** (auch südd.) *kriecherischer Mensch [der sich bei Vorgesetzten einzuschmeicheln versucht].* **2.** (Kochk.) *Hörnchennudel* (meist als Beilage); **schliefern** ['ʃli:fɐn], sich ⟨sw. V.; hat⟩ [zu ↑Schliefer (1)] (landsch.): *sich einen Splitter einreißen:* er hat sich [an einem Brett] geschliefert; **schliefig** ['ʃli:fɪç] ⟨Adj.; nicht adv.⟩ [zu ↑Schlief] (landsch.): svw. ↑klinschig; **schliefrig,** schlieferig ['ʃli:f(ə)rɪç] ⟨Adj.; nicht adv.⟩ (landsch.): *glatt, schlüpfrig.*

Schlier [ʃli:ɐ̯], der; -s [1: mhd. slier = Lehm, Schlamm; vgl. schlieren]: **1.** (südd., österr.) svw. ↑Mergel. **2.** (Geol.) *blaugraue, feingeschichtete, sandig-mergelige Ablagerung in der Molasse des Alpen- u. Karpatenvorlandes;* **Schliere** ['ʃli:rə], die; -, -n: **1.** ⟨o. Pl.⟩ ([ost]md.) *schleimige Masse, Schleim.* **2. a)** (Technik) *[streifige] Stelle in einem lichtdurchlässigen Stoff, an der der sonst homogene Stoff eine andere Dichte aufweist u. dadurch andere optische Eigenschaften besitzt:* optische Gläser dürfen keine -n aufweisen; **b)** (Geol.) *streifige, in der Zusammensetzung vom übrigen Gestein unterschiedene Zone in einem Gestein;* **c)** *Streifen o. ä. auf einer Glasscheibe, einem Spiegel o. ä.:* abgenutzte Wischerblätter hinterlassen auf der Windschutzscheibe -n; **schlieren** ['ʃli:rən] ⟨sw. V.; hat/ist⟩ [bes. md., niederd., wohl verw. mit ↑schlaff] (Seemannsspr.): *(von Tauen o. ä.) rutschen, gleiten:* die Leine schliert über die Klampe; **schlierig** ['ʃli:rɪç] ⟨Adj.; nicht adv.⟩ (landsch.): *schleimig, schlüpfrig, glitschig;* **Schliersand,** der; -[e]s (österr.): *feiner, von einem Bach angeschwemmter Sand.*

Schließ-: **~anlage,** die: *mehrere innerhalb eines Gebäudes o. ä. eingebaute [Tür]schlösser, deren verschiedene Schlüssel jeweils nur zu einer bestimmten Kombination von Schlössern passen;* **~fach,** das: *zur zeitweiligen Aufbewahrung von Gegenständen [gegen eine Gebühr] zur Verfügung stehendes verschließbares Fach* (1) (z. B. zur Gepäckaufbewahrung auf Bahnhöfen): ein S. mieten; etwas in einem S. deponieren; **~kette,** die: *Kette, mit deren Hilfe etwas verschlossen, gegen Diebstahl o. ä. gesichert wird;* **~korb,** der: *mit einem Deckel verschließbarer größerer Korb;* **~muskel,** der: **1.** *[ringförmiger] Muskel, der dazu dient, die Öffnung eines Hohlorgans (durch Kontraktion) zu verschließen, geschlossen zu halten.* **2.** (Zool.) *starker Muskel, mit dessen Hilfe Muscheln ihre Schale schließen, geschlossen halten;* **~rahmen,** der (Druckw.): *Rahmen aus Metall, in den der Satz* (3 b) *eingespannt wird, damit er beim Drucken zusammenhält;* **~tag,** der (bes. DDR): *Wochentag, an dem ein Laden, eine Gaststätte o. ä. regelmäßig geschlossen bleibt;* **~zelle,** die (Bot.): *Zelle in der Oberhaut der Pflanze, die zusammen mit einer benachbarten gleichartigen Zelle eine Spaltöffnung bildet u. diese reguliert;* **~zylinder,** der: *zylindrischer Teil eines Sicherheitsschlosses, der mit dem Schlüssel gedreht wird.*

schließbar ['ʃli:sba:ɐ̯] ⟨Adj.; o. Steig.; nicht adv.⟩ *sich schließen lassend:* einen Koffer ..., der schwer s. war (Seghers, Transit 182); **Schließe** ['ʃli:sə], die; -, -n: *meist aus Metall bestehender Verschluß* (z. B. als Spange, Schnalle): die S. eines Gürtels; eine alte Bibel mit silberner S.; **schließen** ['ʃli:sn̩] ⟨st. V.; hat⟩ /vgl. geschlossen/ [mhd. sliezen, ahd. sliozan; H. u.]: **1. a)** *bei einer Sache bewirken, daß sie nach außen abgeschlossen, zu ist* (Ggs.: öffnen 1 a): eine Kiste, einen Koffer, eine Tasche, eine Flasche, einen Briefumschlag s.; die Hand [zur Faust] s.; er schloß die Hand um das zarte Gebilde (Langgässer, Siegel 582); er schloß die Augen [bis auf einen schmalen Spalt]; ein Buch s.

(zuschlagen); einen Gürtel, ein Armband s. *(den Verschluß eines Gürtels, Armbands schließen);* jmdm. das Kleid s. *(den Reißverschluß, die Knöpfe o. ä. des Kleides schließen);* ein hinten geschlossenes *(zu schließendes)* Kleid; eine geschlossene Anstalt *(Heilanstalt o. ä., deren Insassen die Anstalt nicht frei verlassen dürfen);* **b)** *in eine solche Stellung bringen, so bewegen, handhaben, daß dadurch etw. geschlossen wird* (Ggs.: öffnen 1 a): einen Deckel, eine Klappe, eine Tür, einen Knopf, einen Reißverschluß, ein Ventil, einen Hahn s.; die Beine, die Lippen [fest] s. *(in gegenseitige Berührung bringen);* mit geschlossenen Beinen; bei [halb] geschlossener Blende; **c)** *(eine Öffnung, einen Durchlaß o. ä.) undurchlässig, unpassierbar o. ä. machen* (Ggs.: öffnen 1 a): einen Durchgang, Zugang [mit einer Barriere] s.; ein Rohr mit Hilfe eines Hahns s.; eine Lücke s. *(ausfüllen);* einen gebrochenen Deich wieder s. *(an der beschädigten Stelle reparieren);* einen [Strom]kreis s. *(vervollständigen);* einen Kontakt s. *(eine elektrische Verbindung herstellen);* ein geschlossenes *(vollständiges)* Oval; Ü eine Grenze s. *(das Passieren einer Grenze untersagen).* **2. a)** *sich in einer bestimmten Weise schließen* (Ggs.: öffnen 2 a): die Türen des Zuges schließen automatisch; **b)** ⟨s. + sich⟩ *sich zusammenlegen, -falten:* die Blüten schließen (Ggs.: öffnen 2 b) sich; die Fangarme schlossen sich um das Opfer. **3.** *sich auf eine bestimmte Weise schließen* (1 b) *lassen:* die Tür, der Deckel schließt nicht richtig, etwas schwer. **4.** ⟨s. + sich⟩ *in einen geschlossenen* (1) *Zustand gelangen:* die Tür schloß sich; die Wunde hat sich geschlossen; der Kreis schließt sich. **5. a)** ⟨s. + sich⟩ *sich anschließen* (4): an den Vortrag schloß sich noch eine Diskussion; **b)** *anschließen* (3): er aber schloß daran die Worte: „Ich wünsche recht guten Appetit ..." (Th. Mann, Krull 300); **c)** *anschließen* (2): schließ die Lampe doch direkt an die Batterie! **6. a)** ***etw. in sich s.** *(etw. [mit] enthalten):* die Aussage schließt einen Widerspruch in sich; **b)** *einschließen* (3): wir wollen ihn [mit] in unser Gebet s.; **c)** *umfangen, umfassen, umgreifen u. (an einer bestimmten Stelle [am Körper]) festhalten:* jmdn. in die Arme s.; die Mutter schloß das Kind fest an ihre Brust; er schloß die Münze fest in seine Hand. **7. a)** *etw. für Besucher, Kunden o. ä. zeitweilig unzugänglich machen* (Ggs.: öffnen 1 c): er schließt seinen Laden über Mittag; der Schalter wird um 17 Uhr geschlossen; das Museum ist heute geschlossen; unser Betrieb bleibt mittwochs geschlossen; **b)** *geschlossen* (7 a) *werden:* die Läden schließen um 18 Uhr; wir schließen über Mittag; die Börse schloß freundlich (Börsenw.; *bei Börsenschluß standen die Kurse günstig*); Die Standardwerte schlossen (Börsenw.; *standen bei Börsenschluß im Kurs*) bis zu 3 DM pro Aktie niedriger (MM 25. 1. 74, 1); **c)** *(eine Firma, Institution o. ä.) veranlassen, den Betrieb einzustellen:* die Behörden haben die Schule wegen der Epidemie [bis auf weiteres] geschlossen; er hat seinen Laden aus Altersgründen geschlossen *(aufgegeben);* **d)** *den Betrieb einstellen, ruhen lassen:* die Schulen schließen im Sommer für sechs Wochen; die Fabrik mußte s., weil die Zulieferungen ausblieben. **8. a)** *einen Schlüssel im Schloß herumdrehen:* du mußt zweimal s.; **b)** *(von einem Schlüssel, einem Schloß) [in einer bestimmten Weise] zu betätigen sein, funktionieren:* der Schlüssel, das Schloß schließt etwas schwer, nicht richtig; der Schlüssel schließt (landsch.; *paßt*) zu beiden Türen. **9. a)** *einschließen* (1): den Schmuck in eine Kassette s.; er schloß ihn in den Keller; ⟨auch s. + sich:⟩ warum schließt er sich in sein Zimmer?; **b)** *anschließen* (1): er schloß sein Fahrrad [mit einer Kette] an einen Zaun. **10. a)** *(eine Veranstaltung o. ä.) beenden, für beendet erklären:* eine Sitzung, Versammlung s.; „die Verhandlung ist geschlossen", sagte der Richter; **b)** *zum Ende bringen, beenden:* er schloß seinen Brief, Vortrag mit den Worten ...; die Rednerliste ist geschlossen *(weitere Wortmeldungen können nicht berücksichtigt werden);* ⟨auch o. Akk.-Obj.:⟩ hiermit möchte ich für heute s.; Ich schloß *(beendete meine Mahlzeit)* mit einer ... Äpfelcharlotte (Fallada, Herr 140); **c)** *zu reden aufhören* (Ggs.: anfangen 1 c): „Das ist meine felsenfeste Überzeugung", schloß er; **d)** *zu Ende gehen, enden:* mit diesen Worten, mit dieser Szene schließt das Stück. **11.** *(einen Vertrag o. ä.) eingehen, abschließen:* einen Vertrag, Pakt s.; mit jmdm. die Ehe s.; Frieden s.; ⟨verblaßt:⟩ eine Bekanntschaft s. *(jmdn. kennenlernen);* sie schlossen Freundschaft *(wurden Freunde);* einen Kompromiß s. *(sich auf einen Kompromiß einigen).* **12. a)** *(eine Tatsache, eine Annahme) von etw. ableiten, herleiten:* aus deiner Reaktion schließe ich, daß du anderer Meinung bist; daraus ist zu s., daß ...; das läßt sich [nicht] ohne weiteres daraus s.; von dem Stil können wir mit einiger Sicherheit auf den Autor, auf die Entstehungszeit des Werkes s.; das Gebäude mußte also viel älter sein, als sich nach seinem Äußeren s. ließ (Geissler, Wunschhütlein 26); ... die sich, aus ihren Gesten zu s., gerade verabschieden wollten (Langgässer, Siegel 100); **b)** *etw. an einem Fall Beobachtetes, Vorhandenes auch für andere Fälle für zutreffend, gültig halten:* [nach dem Prinzip der Induktion] vom Besonderen auf das Allgemeine s.; man kann von den hiesigen Verhältnissen nicht so ohne weiteres auf die Zustände in Frankreich s.; R du solltest nicht immer von dir auf andere s. (ugs.; *was für dich zutrifft, muß deswegen nicht auch für andere zutreffen*); ⟨Abl.:⟩ **Schließer,** der; -s, -: **1.** *Gefängnisschließer.* **2.** *Türschließer* (1). **3.** *Türschließer* (2); **Schließerin,** die; -, -nen: w. Form zu ↑Schließer (1, 2); **schließlich** [ˈʃliːslɪç] ⟨Adv.⟩: **1. a)** *nach einer langen Zeit des Wartens, nach vielen Verzögerungen, nach einer langwierigen Prozedur; endlich, zum Schluß, zuletzt:* er willigte s. [doch] ein; nach einer langen Odyssee kamen wir s. doch an unser Ziel; und s. ist es dann zum Eklat gekommen; man einigte sich s. auf einen Kompromiß; dieser Trend wird sich s. doch durchsetzen; ⟨selten auch attr.:⟩ sein -er (ugs.; *schließlich erreichter*) Erfolg; ***s. und endlich** (ugs. verstärkend; *schließlich*): s. und endlich haben wir es doch geschafft; **b)** kündigt, meist in Verbindung mit „und", das letzte Glied einer längeren Aufzählung an: Von den zahlreichen karolingischen Schulen seien hier nur einige erwähnt, ... die ornamentarme Palastschule, ... die Schule von Reims ... und s. die ... anglo-fränkische Gruppe (Bild. Kunst 3, 66). **2.** drückt aus, daß die jeweilige Aussage nach Auffassung des Sprechers eine allein ausreichende u. sofort einleuchtende Erklärung, Begründung für etw. anderes darstellt: ihm kannst du keinen Vorwurf machen, er hat s. nur seine Pflicht getan; er ist s. mein Freund; ich kann ihn s. nicht einfach sitzenlassen; er muß s. selbst wissen, was er tut; **Schließung,** die; -, -en ⟨Pl. selten⟩: **1.** *das Schließen* (1). **2.** *das Schließen* (7 c): sie demonstrierten gegen die geplante S. der Zeche; die Verhältnisse haben ihn zur S. seines Betriebes gezwungen. **3.** *das Schließen* (10 a): die S. der Versammlung. **4.** *das Schließen* (11): die S. eines Vergleichs, einer Ehe.

schliff [ʃlɪf]: ↑[1]schleifen; **[1]Schliff** [-], der; -[e]s, -e [mhd. slif, zu ↑[1]schleifen]: **1. a)** ⟨o. Pl.⟩ *das Schleifen* (1 b) *von etw.:* der S. von Diamanten ist mühevoll; **b)** *Art u. Weise, in der etw. geschliffen ist:* ein mugeliger S.; die Kristallgläser, Edelsteine haben einen schönen S.; das geätzte oder mit S. *(geschliffenen Flächen)* dekorierte Glasgeschirr (Horn, Gäste 33). **2. a)** ⟨o. Pl.⟩ *das Schleifen* (1 a), *Schärfen* (1), *Herstellen einer Schneide:* beim S. der Messer; **b)** *Art u. Weise, in der etw. geschliffen, mit einer Schneide versehen ist:* die Messer haben einen glatten, welligen S.; die Schere mit einem neuen S. versehen lassen. **3.** (Geol.) kurz für ↑Gletscherschliff. **4.** kurz für ↑Dünnschliff. **5.** ⟨o. Pl.⟩ **a)** *verfeinerte Umgangsformen (die jmdm. durch seine Erziehung vermittelt werden); Lebensart, die jmd. erworben hat:* ihm fehlt jeder S.; er hat keinen S.; jmdm. S. beibringen; der Aufenthalt im Internat hatte ihm den fehlenden S. gegeben; **b)** *bestimmte Vollkommenheit:* man möge Doris ... nach Mailand schicken, damit ihr Gesang ... den letzten S. empfange (Werfel, Himmel 52); der neuen Bedienung fehlt noch der S.; ließ die Ausführung ... den ... gewohnten S. vermissen (Gute Fahrt 3, 1974, 18).

[2]Schliff [-], der; -[e]s, -e (landsch.): svw. ↑Schlief; ***S. backen** (landsch.: *mit etw. scheitern, Mißerfolg haben*).

Schliff- ([1]Schliff): **~art,** die: *Art des [1]Schliffs* (1 b, 2 b); **~fläche,** die: *geschliffene* (1 b) *Fläche von etw.:* die S. eines Edelsteins nachpolieren; **~form,** die: vgl. ~art.

schliffig [ˈʃlɪfɪç]: svw. ↑schliefig.

schlimm [ʃlɪm] ⟨Adj.⟩ [mhd. slim(p) = schief, schräg (vgl. ahd. slimbī = Schräge), erst im Nhd. = übel, schlecht, böse]: **1.** *schwerwiegend (u. daher üble Folgen nach sich ziehend):* ein -er Fehler, Irrtum; ein -es Vergehen; man hat ihm die -sten Dinge nachgesagt; der Vorwurf gegen sie ist sehr s.; das ist sehr s. für ihn *(trifft ihn sehr hart);* er hat sich bei dem Plan s. (ugs.; *in schwerwiegender Weise; sehr*) verkalkuliert. **2.** *in hohem Maße unangenehm, unerfreulich; negativ* (2 a); *übel, arg:* das sind -e Nachrichten;

das war eine -e Sache, Lage; -e Zustände; eine -e Erfahrung; es ist nicht so s., ist alles halb so s.; es war -er als vorher; so s. ist es auch wieder nicht; ist es s., wenn wir später kommen?; es ist gerade s. genug, daß wir warten müssen; das -ste ist, daß ...; was -er ist, wir mußten Strafe zahlen; es wäre weniger s. gewesen, wenn ...; es wurde immer -er; ist nicht s.! (entschuldigende Floskel; *das macht nichts!*); die Sache hätte -er ausgehen können; es hätte s. kommen können; es steht s. *(bedrohlich)* um ihn; ⟨subst.:⟩ es ist nichts Schlimmes, Schlimmeres; man fürchtet Schlimmes, das Schlimmste; es gibt Schlimmeres; ich kann nichts Schlimmes *(Negatives)* dabei, daran finden. **3.** *(in moralischer Hinsicht) schlecht, böse, niederträchtig:* ein -er Bursche, Geselle; Die Gegend sei „schlimm" und die Leute berüchtigt (Ossowski, Bewährung 111); ⟨subst., oft scherzh.:⟩ er ist ein ganz Schlimmer *(ein Schwerenöter).* **4.** ⟨o. Steig.; nicht adv.⟩ (fam.) *(von einem Körperteil, Organ o. ä.) entzündet; schmerzend o. ä.:* er hat einen -en Hals, Zahn; In Schiewenhorst bekam Hedwig Lau -e Mandeln (Grass, Hundejahre 99); die Wunde ist immer noch sehr s. **5.** ⟨intensivierend bei Adj. u. Verben⟩ (ugs.) *sehr:* heute ist es s. kalt; sie waren von den Strapazen s. mitgenommen; Ich fing so s. an zu heulen, daß ... (Schnurre, Bart 118); **schlimmstenfalls** ⟨Adv.⟩: *im ungünstigsten Falle:* s. müssen wir uns mit einem Notquartier begnügen.

Schling- (^{1}schlingen): **~gewächs,** das: svw. ↑~pflanze; **~natter,** die (Zool.): *Vertreter einer Gattung von Nattern, die ihre Beute durch Umschlingen töten;* **~pflanze,** die: *Pflanze, die in die Höhe wächst, indem sie sich an einer vorhandenen Stütze emporwindet; Windepflanze;* **~stich,** der (Handarb., Schneiderei): *[Stick]stich, mit dem etw. (am Rand) befestigt wird;* **~strauch,** der: vgl. ~pflanze.

Schlingbeschwerden ⟨Pl.⟩ (Med.): *Beschwerden beim Schlukken;* **Schlingbewegung,** die; -, -en ⟨meist Pl.⟩: *(von verschiedenen Tieren) bestimmte Bewegung der Muskulatur von Schlund u. Hals, durch die die Beute heruntergewürgt wird.*

Schlinge ['ʃlɪŋə], die; -, -n [zu ↑^{1}schlingen; mhd. slinge, ahd. slinga = Schleuder]: **1.** *zu runder od. länglicher Form ineinander verknüpftes Stück Bindfaden, Draht, Stoff o. ä. [das zusammengezogen werden kann]:* eine S. knüpfen, machen; die S. zuziehen, lockern; eine S. aus Draht *(Drahtschlinge);* den verletzten Arm in der S. *(einem zu einer Schlinge geknoteten Tragtuch, einer Binde)* tragen; jmdm. die S. um den Hals legen (um ihn aufzuhängen); * **jmdm. die S. um den Hals legen** *(jmdn. in seine Gewalt bringen).* **2.** *aus einer in bestimmter Weise aufgestellten Drahtschlinge bestehendes Fanggerät:* -n legen, stellen, aufstellen; Hasen in einer S. fangen; ein Tier ist in die S. gegangen, ist in der S. verendet; Ü er hat sich in seiner eigenen S. gefangen *(ist Opfer seiner eigenen List geworden);* die Polizei stand im Begriff, die S. zuzuziehen *(die Verbrecher zu fassen);* * **sich aus der S. ziehen** (↑Kopf 1). **3.** *Teil eines [lockeren] Gewebes o. ä., der in der Form einer Schlinge* (1) *ähnlich ist:* die -n des Frotteestoffes, des Netzes, des Teppichbodens. **4.** (Eiskunstlauf, Rollkunstlauf) *in einem verkleinerten Achter gelaufene Figur mit einer ovalen Eindrehung.*

^{1}**Schlingel** ['ʃlɪŋl̩], der; -s, - [zu mhd., mniederd. slingen (↑^{1}schlingen) in der Bed. „schleichen, schlendern", eigtl. = Müßiggänger] (scherzh.): *Junge, junger Mann, der zu vielerlei Streichen o. ä. aufgelegt ist:* schlimme Jungen nennt man die S., die Äpfel mausen (Böll, Haus 169); ^{2}**Schlingel** [-], das; -s, - [zu ↑Schlinge] (landsch.): *Öse (an Kleidungsstücken);* ^{1}**schlingen** ['ʃlɪŋən] ⟨st. V.; hat⟩ [mhd. slingen, ahd. slingan = hin und her ziehend schwingen; winden, flechten, auch: sich winden, kriechen, schleichen]: **1. a)** *um etw. winden od. legen [u. die Enden verknüpfen od. umeinanderlegen]:* einen Schal um den Hals, ein Tuch um den Kopf s.; eine Kordel um das Paket s.; Das Tau wurde ... um einen Baum geschlungen (Klepper, Kahn 198); Die weiten Ärmel seines ... Hemdes ... hatte der Jüngling sich um die Hüften geschlungen (Th. Mann, Joseph 62); **b)** *(Arme, Hände) fest um jmdn., etw. legen:* die Arme um jmdn., um jmds. Hals s.; sie saß ... auf ihrem Bett, die Hände um die Knie geschlungen (Baum, Paris 66); **c)** ⟨s. + sich⟩ *sich um etw. herumschlingen, winden:* Efeu schlingt sich um den Baumstamm; die Arme des Kindes schlangen sich um den Hals der Mutter; die Natter schlingt sich um ihre Beute *(umschlingt sie).* **2.** *in etw. flechten:* Bänder ins Haar s. **3.** *durch Umeinanderwinden u. Verknüpfen (der Enden eines Bindfadens, Bandes o. ä.) herstellen:* einen Knoten s. **4.** *umeinander winden u. verknüpfen:* die Enden eines Seils zu einem Knoten s. **5.** (österr.) *mit einem Schlingstich befestigen:* ein Knopfloch s.

^{2}**schlingen** [-] ⟨st. V.; hat⟩ [mhd. (ver)slinden, ahd. (far)slintan, im Frühnhd. mit ↑^{1}schlingen zusammengefallen]: **a)** *([gierig,] hastig,) ohne [viel] zu kauen, essen, das Essen herunterschlucken:* er kaut nicht richtig, er schlingt nur; wir tranken und aßen und schlangen, ... denn wir hatten schon seit Tagen nichts Vernünftiges mehr gegessen (Schnurre, Bart 163); **b)** *etw. [gierig] hastig essen:* er schlang seine Suppe in großer Hast; die Beute s. *(von bestimmten Tieren; ganz herunterschlingen);* die wilde ... Art, in der er (=ein Hund) das Futter in sich schlang *(fraß);* ^{3}**schlingen** [-] ⟨sw. V.; hat⟩ (Fischerei): *mit der Drahtschlinge fangen:* Holzflößer hatten ihm gezeigt, wie ... Fische geschlingt werden (Lenz, Brot 13).

Schlingen- (Textilind.): **~flor,** der: ^{2}*Flor* (2), *der aus Schlingen* (3) *besteht:* ein Teppich aus S.; **~gewebe,** das: svw. ↑Frottiergewebe; **~stoff,** der: svw. ↑Frottee; **~ware,** die ⟨o. Pl.⟩: *Teppichboden mit Schlingenflor.*

Schlingensteller [...ʃtɛlɐ], der; -s, -: *jmd., der Schlingen* (2) *zum Tierfang aufstellt.*

Schlinger ['ʃlɪŋɐ], der; -s, - (Zool.): *Tier, das Beute unzerkleinert herunterschluckt* (z. B. Schlangen, Fische).

Schlinger- (Seemannsspr.): **~bewegung,** die: *Bewegung des Schlingerns* (a) *eines Bootes od. Schiffes;* **~bord,** das: vgl. ~leiste; **~kiel,** der: *Kiel, der die Schlingerbewegungen dämpfen soll;* **~leiste,** die: *(an verschiedenen Einrichtungsgegenständen eines Schiffes) hochkant angebrachte Leiste, die ein Abrutschen von Gegenständen beim Schlingern* (a) *des Schiffs verhindern soll;* **~tank,** der: *mit Wasser gefüllter Tank in einem Schiff, der dem Schlingern* (a) *entgegenwirken soll.*

schlingern ['ʃlɪŋɐn] ⟨sw. V.⟩ [aus dem Niederd. < mniederd. slingern = hin und her schlenkern, zu ↑^{1}schlingen]: **a)** *(von Schiffen) sich im Seegang o. ä. um seine Längsachse drehen in der Weise, daß abwechselnd die eine u. die andere Längsseite stärker ins Wasser taucht; rollen* ⟨hat⟩: das Boot, Schiff schlingert; ein schlingerndes Boot; ⟨subst.:⟩ das Stampfen und Schlingern der Jollen; Ü das Taxi begann plötzlich wild zu s. *(geriet in heftiges Schleudern;* Simmel, Stoff 616); * **ins Schlingern kommen/geraten** (↑schleudern 2 a); **b)** *sich schlingernd* (a), *mit Schlingerbewegungen fortbewegen* ⟨ist⟩: die Boote schlingerten durch die rauhe See; Ü Nun ... schlingerte er als ein Betrunkener über die Bühne *(ging er schwankend über die Bühne;* Thieß, Legende 203).

Schlipf [ʃlɪpf], der; -[e]s, -e [spätmhd. slipf(e)] (schweiz.): *Berg-, Fels-, Erdrutsch;* **schlipfen** ['ʃlɪpf̩n] ⟨sw. V.; ist⟩ [mhd. slipfen, ahd. sliphen, verw. mit ↑schlüpfen] (schweiz.): *ausgleiten, rutschen;* **Schlipp** [ʃlɪp], der; -[e]s, -e [zu niederd. slippen = gleiten, rutschen, wohl verw. mit ↑schlüpfen] (Seemannsspr.): svw. ↑Slip (3); **Schlippe** ['ʃlɪpə], die; -, -n [1: mniederd. slip(p)e, eigtl. wohl = (Nach)schleifendes; 2: wohl eigtl. = etw., in das man hineinschlüpft; beide wohl verw. mit ↑schlüpfen]: **1.** (nordd.) *Rockzipfel.* **2.** (landsch.) *enger Durchgang; schmales Gäßchen;* **schlippen** ['ʃlɪpn̩]: ↑slippen; **Schlipper** ['ʃlɪpɐ], der; -s [wohl zu (ost)md. schlippern = gerinnen, eigtl. = schwanken, schaukeln, nach der Bewegung der geronnenen Milch; viell. weitergebildet aus (m)niederd. slippen, ↑Schlipp] (landsch.): *abgerahmte, dicke Milch;* ⟨Abl.:⟩ **schlipperig,** schlipprig ['ʃlɪp(ə)rɪç] ⟨Adj.; o. Steig.; nicht adv.⟩ (landsch.): *gerinnend:* -e Milch; **Schlippermilch,** die; - (landsch.): *dicke Milch, Sauermilch;* **schlipprig:** ↑schlipperig; **Schlips** [ʃlɪps], der; -es, -e [aus dem Niederd., Nebenf. von mniederd. slip(p)e, ↑Schlippe] (ugs.): svw. ↑Krawatte (1): ein gemusterter S.; einen S. umbinden, tragen; dieses Lokal kann man nicht ohne S. betreten *(nicht in salopper Kleidung);* * [in den folgenden Wendungen hat „Schlips" noch die urspr. Bed. „Rockschoß, -zipfel" (↑Schlippe)] **jmdm. auf den S. treten** *(jmdn. mit einer Äußerung od. Handlung zu nahe treten; jmdn. beleidigen);* **sich auf den S. getreten fühlen** *(verletzt, gekränkt sein über jmds. Rede od. Verhalten);* **jmdn. am S. fassen/beim S. nehmen** (svw. jmdn. ins ↑Gebet nehmen); ⟨Zus.:⟩ **Schlipshalter,** der: svw. ↑Krawattenhalter; **Schlipsnadel,** die: svw. ↑Krawattennadel.

schliß: ↑schleißen; **schlissig** ['ʃlɪsɪç] ⟨Adj.; nicht adv.⟩ (landsch.): *verschlissen:* ein -es Kleidungsstück; s. sein.

Schlittel ['ʃlɪtl̩], das; -s, - (landsch., bes. schweiz.): *kleiner Schlitten* (1); ⟨Abl.:⟩ **schlitteln** ['ʃlɪtl̩n] ⟨sw. V.; ist⟩ (österr., schweiz.): svw. ↑rodeln; ⟨Zus.:⟩ **Schlittelsport,** der; **schlitten** ['ʃlɪtn̩] ⟨sw. V.; ist⟩ (schweiz.): svw. ↑schlitteln; **Schlitten** [-], der; -s, - [mhd. slite, ahd. slito, zu mhd. slīten = gleiten]: **1.** *(bes. von Kindern verwendeter) mit zwei vorn hochgebogenen Kufen versehener, niedriger, aus Holzlatten bestehender Sitz verschiedener Länge zum gleitenden Fahren bzw. Abfahren im Schnee; Rodelschlitten:* die Kinder fahren S., fahren mit dem S. den Hang hinunter; ***mit jmdm. S. fahren** (ugs. abwertend; 1. *jmdn. in übler Weise schikanieren.* 2. *jmdn. grob zurechtweisen).* **2.** *zum Transportieren von Personen od. Sachen dienendes Fahrzeug auf Kufen:* den S. anspannen; ***unter den S. kommen** (veraltend; *[moralisch] herunterkommen, verkommen).* **3.** (salopp) *Auto,* (seltener:) *Motorrad, Fahrrad o. ä.:* er fährt einen tollen, alten S.; wenn man in so einem S. sitzt, ist man eben wer (Ossowski, Bewährung 16). **4.** (Technik) *beweglicher, hin- u. herschiebbarer Teil an bestimmten Maschinen, Geräten:* der S. an der Schreibmaschine, Kreissäge. **5.** (Schiffbau) *Konstruktion aus Holz, auf dem ein Schiff beim Stapellauf ins Wasser gleitet.* **6.** (derb abwertend) *Prostituierte:* „Na, 's werden ...keine Jungfern mehr dort (= im Bordell) sein." „Das nicht, ... aber eingefahrene S." (Ott, Haie 128).

Schlitten-: **~bahn**: vgl. Rodelbahn; **~fahrt,** die: *Fahrt mit einem Pferdeschlitten;* **~geläut[e],** das: *das Klingen der Glöckchen am Geschirr der einen Schlitten ziehenden Pferde;* **~hund,** der: *Hund, der dazu verwendet wird, Schlitten* (2) *zu ziehen* (z. B. Polarhund); **~kufe,** die; **~partie,** die: svw. ↑~fahrt; **~pferd,** das: *vor einen Schlitten* (2) *gespanntes Pferd;* **~sport,** der: svw. ↑Rodelsport.

Schlitterbahn, die; -, -en (landsch.): svw. ↑Rutschbahn (2); **schlittern** ['ʃlɪtɐn] ⟨sw. V.⟩ [aus dem Niederd., Iterativbildung zu mhd. slīten, ↑Schlitten]: **1. a)** *(bes. von Kindern) mit einem Anlauf über eine glatte Schnee- od. Eisfläche rutschen* ⟨hat⟩: die Kinder schlitterten; **b)** *sich schlitternd* (1 a) *über etw. hin bewegen* ⟨ist⟩: sie sind über den zugefrorenen Teich geschlittert. **2.** *(unbeabsichtigt) auf einer glatten Fläche, auf glattem Untergrund [aus]gleiten, ins Rutschen kommen* ⟨ist⟩: der Wagen schlitterte auf der vereisten Straße; die Dose schlitterte über das Garagendach. **3.** *unversehens, ohne Absicht, ohne es zu wollen in eine bestimmte [unangenehme] Situation hineingeraten; hineinschlittern* (2) ⟨ist⟩: Die ... Leute ... schlittern unaufgeklärt in die größten Abenteuer (Hackethal, Schneide 211); das Unternehmen ist in die Pleite geschlittert; **Schlittler,** der; -s, - (schweiz.): *Rodler;* **Schlittschuh,** der; -[e]s, -e ⟨meist Pl.⟩ [unter Anlehnung an ↑Schlitten umgebildet aus älter Schrittschuh; vgl. mhd. schritschuoch, ahd. scritescuoh = ein Schuh zu weitem Schritt]: *unter dem Schuh befestigte od. zu befestigende schmale Kufe aus Stahl, die es ermöglicht, sich auf dem Eis gleitend fortzubewegen:* die -e an-, abschnallen; sie sind, haben S. gelaufen, gefahren *(eisgelaufen).*

Schlittschuh-: **~bahn,** die; **~lauf,** der: svw. ↑Eislauf; **~laufen,** das; -s; **~läufer,** der; **~läuferin,** die: w. Form zu ↑~läufer.

Schlitz [ʃlɪts], der; -es, -e [mhd. sliz, ahd. sliz, sliʒ = Schlitz, Spalte, zu ↑schleißen]: **1.** *längliche, schmale Öffnung, die in etw. eingeschnitten o. ä. ist od. durch Verschieben von Teilen vorübergehend hergestellt werden kann:* der S. des Briefkastens; Ich öffnete den ... S. in der Trennscheibe (Simmel, Stoff 405); er steckte eine Münze in den S. des Automaten; ein S. *(Spalt)* in der Mauer; seine Augen wurden zu -en *(waren bis auf einen schmalen Spalt zugekniffen).* **2.** (ugs.) kurz für ↑Hosenschlitz: den S. zuknöpfen, aufmachen. **3.** *offener, schmaler, länglicher Einschnitt in einem Kleidungsstück:* ein Rock, Ärmel mit seitlichen -en. **4.** (vulg.) *Vagina.*

schlitz-, Schlitz-: **~ärmel,** der: vgl. ~mode; **~auge,** das ⟨meist Pl.⟩: **a)** *(bes. bei Angehörigen der mongoliden Rasse) Auge mit bes. schmaler Lidspalte, das sich scheinbar nicht weit öffnen läßt;* **b)** (oft abwertend od. als Schimpfwort) *jmd., der Schlitzaugen* (a) *hat:* Du dreckiger Iwan ... Halunke, S. (Hilsenrath, Nazi 76), dazu: **~äugig** ⟨Adj.; o. Steig.; nicht adv.⟩: *Schlitzaugen* (a) *habend:* eine -e Schönheit; **~förmig** ⟨Adj.; o. Steig.; nicht adv.⟩; **~kohl,** der [nach den tief geschlitzten Blättern]: svw. ↑Federkohl; **~messer,** das: *Messer, das zum Aufschlitzen verwendet wird;* **~mode,** die ⟨o. Pl.⟩: *Kleidermode des 15. u. 16. Jh.s, bei der die Kleidungsstücke zur Zierde vielfach mit Schlitzen* (3) *versehen u. diese mit andersfarbigem Stoff unterlegt waren;* **~öffnung,** die: *Öffnung in Form eines Schlitzes* (1); **~ohr,** das [2: Betrüger wurden früher durch Einschlitzen der Ohren bestraft u. gekennzeichnet]: **1.** *geschlitzte Ohrmuschel.* **2.** (ugs. abwertend) *jmd., der listig, durchtrieben seine Ziele verfolgt:* er ist ein S., dazu: **~ohrig** [-|o:rɪç] ⟨Adj.⟩ (ugs.): *sehr geschickt, durchtrieben im Verfolgen seiner Ziele:* ein -er Geschäftsmann, dazu: **~ohrigkeit,** die; -; **~trommel,** die (Völkerk.): *aus einem ausgehöhlten Baumstamm hergestelltes Idiophon, das in seinem Klang einem Gong ähnlich ist;* **~verschluß,** der (Fot.): *Verschluß an einer Kamera, bei dem das Licht durch einen Schlitz einfällt.*

schlitzen ['ʃlɪtsn̩] ⟨sw. V.; hat⟩ [mhd. slitzen, zu ↑schleißen] (veraltend): **a)** *mit einem Schlitz* (3), *mit Schlitzen versehen:* einen Rock s.; geschlitzte Ärmel; **b)** *der Länge nach aufschlitzen:* Fische s. und ausnehmen; mit langen Messern schlitzten die Fouriere das Fleisch (Gaiser, Jagd 184).

schloff [ʃlɔf], **schlöffe** ['ʃlœfə]: ↑schliefen.

Schlögel ['ʃlø:gl̩], der; -s, - (österr.): svw. ↑Schlegel (2).

schlohweiß ['ʃlo:'vais] ⟨Adj.; o. Steig.; nicht adv.⟩ [älter: schloßweiß = weiß wie ↑Schloßen]: *(im allg. nur bezogen auf das Haar alter Menschen) ganz, vollkommen weiß:* er hatte -es Haar; eine -e Dauerwellenfrisur; Der General ist s. (Th. Mann, Hoheit 5).

Schlorre ['ʃlɔrə], die; -, -n ⟨meist Pl.⟩ [zu ↑schlorren] (landsch.): *Hausschuh, Pantoffel:* In Holzschuhen kam August Pokriefke. Erna Pokriefke kam in -n (Grass, Hundejahre 168); **schlorren** ⟨sw. V.⟩ [laut- u. bewegungsnachahmend; vgl. schlurren] (landsch.): **a)** *schlurfend* (1) *gehen; einen schlurfenden Gang haben* ⟨hat/ist⟩: du schlorrst so!; **b)** *sich schlurfend* (1) *zu etw., über etw. hin bewegen* ⟨ist⟩: Mutter Truczinski schlorrte in die Küche (Grass, Blechtrommel 212).

schloß [ʃlɔs]: ↑schließen; **Schloß** [-], das; Schlosses, Schlösser ['ʃlœsɐ; mhd., ahd. sloʒ = (Tür)verschluß, Riegel; mhd. auch = Burg, Kastell, zu ↑schließen]: **1. a)** *(an Türen u. bestimmten verschließbaren Behältern angebrachte) Vorrichtung zum Verschließen, Zuschließen mit Hilfe eines Schlüssels:* ein einfaches, rostiges S.; das S. der Tür, des Koffers, Schrankes, der Schublade; ein S. ölen, öffnen, aufbrechen; ein neues S. anbringen; der Schlüssel dreht sich im, steckt im S.; die Tür ist ins S. gefallen *(ist zugeschlagen);* die Tür ins S. drücken, ziehen *(zudrücken, zuziehen);* **b)** ⟨Vkl. ↑Schlößchen⟩ kurz für ↑Vorhängeschloß: ein S. vor die Tür hängen; ein S. ist vorgelegt, das mir den Zugang versperrt (Kaiser, Villa 92); ***ein S. vor dem Mund haben** *(in bezug auf etw. schweigen, keine Äußerung machen);* **jmdm. ein S. vor den Mund legen, hängen** *(jmdn. [in einem bestimmten Zusammenhang] zum Schweigen veranlassen);* **hinter S. und Riegel** (ugs.; *im/ins Gefängnis*): jmdn. hinter S. und Riegel bringen, setzen; hinter S. und Riegel sitzen, sein; **unter S. und Riegel** (ugs.; *unter Verschluß*): die wertvollen Gegenstände sind alle unter S. und Riegel. **2.** ⟨Vkl. ↑Schlößchen⟩ *Schnappverschluß:* das S. an der Handtasche, am Koppel, am Armband; das S. einer Perlenkette öffnen. **3.** *beweglicher Teil an Handfeuerwaffen, in dem die Patronen eingeführt werden, das Abfeuern u. Auswerfen der Hülse erfolgt:* das S. des Gewehrs. **4. a)** ⟨Vkl. ↑Schlößchen⟩ *meist mehrflügeliges (den Baustil seiner Zeit u. den Prunk seiner Bewohner repräsentierendes) Wohngebäude des Adels:* das königliche S.; ein prunkvolles, altes, verfallenes, verwunschenes S.; das Heidelberger S.; die Schlösser der Loire, der Barockzeit; das S. in, von, zu Mannheim; ein S. bewohnen, besichtigen; auf dem S.; im S. wohnen; ***ein S./Schlösser in die Luft bauen** (↑Luftschlösser); **ein S. auf dem/im Mond** *(etw. völlig Unrealistisches, etw., was nur in jmds. Vorstellung existiert);* **b)** ⟨o. Pl.⟩ *Bewohner des Schlosses:* das S. geriet in Aufregung; nun, da das ganze S. in der Gluthitze schlief (Fallada, Herr 197).

schloß-, Schloß-: **~anlage,** die: *weitläufiger Gebäudekomplex eines Schlosses;* **~artig** ⟨Adj.; o. Steig.⟩: *(in seiner Bauform) einem Schloß* (4) *ähnlich:* ein -es Gebäude, Bauwerk; **~bau,** der ⟨Pl. -ten⟩; **~berg,** der ⟨o. Pl.⟩: *Anhöhe, auf dem ein Schloß steht od. einmal stand;* **~garten,** der: svw. ↑~park; **~gespenst,** das: *in einem alten Schloß* (4) *hausendes Gespenst;* **~herr,** der: *Besitzer u. Bewohner eines Schlosses;* **~herrin,** die: **1.** w. Form zu ↑~herr. **2.** *Gemahlin des Schloßherrn;* **~hof,** der: *meist vor dem Schloß sich erstreckender Hof* (1); **~hund,** der nur in der Wendung **heulen wie ein S.** (ugs.; *laut u. heftig weinen*); **~kapelle,** die; **~kirche,**

die: *zu einer Schloßanlage gehörende Kirche;* **~park,** der: *zu einer Schloßanlage gehörender Park* (1); **~verwalter,** der; **~vogt,** der.

Schlößchen ['ʃlœsçən], das; -s, -: ↑Schloß (1 b, 2, 4); **schlösse** ['ʃlœsə]: ↑schließen.

Schloße ['ʃlo:sə], die; -, -n ⟨meist Pl.⟩ [mhd. slōʒ(e)] (landsch., bes. md.): *Hagelkorn:* in so'ner Nacht, ... wo die -n uns fast die Scheiben zertrommeln (Fr. Wolf, Zwei 5); **schloßen** ['ʃlo:sn̩] ⟨sw. V.; hat; unpers.⟩ [↑Schloße] (landsch., bes. md.): svw. ↑hageln (1).

Schlosser ['ʃlɔsɐ], der; -s, - [mhd. sloʒʒer, zu ↑Schloß]: *Handwerker u. Facharbeiter, der Metall u. Kunststoff verarbeitet, bestimmte Gegenstände, Teile daraus herstellt bzw. formt u. montiert* (Berufsbez.); **Schlösser**: Pl. von ↑Schloß.

Schlosser-: **~anzug,** der: *Arbeitsanzug eines Schlossers;* **~arbeit,** die; **~geselle,** der; **~handwerk,** das ⟨o. Pl.⟩; **~lehrling,** der: vgl. ~meister; **~meister,** der: *Meister* (1) *im Schlosserhandwerk;* **~werkstatt,** die.

Schlosserei [ʃlɔsə'raj], die; -, -en: **1.** *Werkstatt des Schlossers:* in der S. arbeiten. **2.** ⟨o. Pl.⟩ **a)** *das Ausführen von Schlosserarbeiten:* die S. macht ihm Spaß; **b)** *Schlosserhandwerk:* er hat die S. erlernt. **3.** ⟨o. Pl.⟩ (Bergsteigen) *Gesamtheit der metallenen Gegenstände u. Hilfsmittel, die beim Klettern im Fels benötigt werden;* **schlossern** ⟨sw. V.; hat⟩ (ugs.): *[gelegentlich u. ohne eigentliche Ausbildung] Schlosserarbeiten verrichten:* er schlossert manchmal.

[1]**Schlot** [ʃlo:t], der; -[e]s, -e, seltener: Schlöte ['ʃlø:tə; mhd., ahd. slāt, viell. zu mhd. slāte = Schilfrohr, also viell. eigtl. = hohler Halm]: **1.** (landsch.) *Fabrikschornstein, Schornstein eines Dampfschiffs:* die Großindustrie mit ihren rauchenden -en (Thienemann, Umwelt 28); aus den -en der Fabriken steigt schwarzer, dicker Qualm; die -e rauchen, qualmen *(die Fabriken arbeiten);* er raucht, qualmt wie ein S. (ugs. abwertend; *ist ein starker Raucher*). **2.** (Geol.) *(meist senkrecht aufsteigender) Schacht in der Erdkruste, durch den bei der Vulkantätigkeit Gase u. Magma aus dem Erdinnern an die Oberfläche gelangen.* **3.** (Geol.) *Doline in Karstgebieten.* **4.** (ugs. abwertend) *nichtsnutziger, unzuverlässiger o. ä. Mann; komischer Kerl:* Die beiden sind zwar -e, aber im Grunde unbezahlbar (Kirst, 08/15, 466).

[2]**Schlot** [-], der; -[e]s, -e [mniederd. slōt, afries. slāt, H. u.] (nordd.): *kleiner Entwässerungsgraben [hinter dem Binnendeich].*

Schlot- ([1]Schlot): **~baron,** der (ugs. abwertend veraltend): *Großindustrieller, der durch sein protziges Auftreten, seinen Reichtum Ärgernis erregt;* **~feger,** der (landsch.): *Schornsteinfeger;* **~junker,** der (ugs. abwertend): svw. ↑~baron.

Schlöte: Pl. von ↑[1]Schlot.

Schlotte ['ʃlɔtə], die; -, -n [älter = schmales, hohes Pflanzenblatt (bes. der Zwiebel), mhd. slāte = Schilfrohr; 1: unter Einfluß von ↑Schalotte]: **1.** (landsch.) **a)** svw. ↑Schalotte; **b)** ⟨meist Pl.⟩ *röhrenartiges Blatt der Zwiebel, das bes. als Gewürz an Salat geschnitten wird.* **2.** (Geol., Bergmannsspr.) *durch Sickerwasser entstandener Hohlraum in löslichem Gestein;* ⟨Zus. zu 1:⟩ **Schlottenzwiebel,** die: svw. ↑Schalotte (1).

Schlottergelenk, das; -[e]s, -e (Med.): *abnorm bewegliches Gelenk;* **schlotterig**: ↑schlottrig; **Schlottermilch,** die (landsch.): *saure Milch;* **schlottern** ['ʃlɔtɐn] ⟨sw. V.; hat⟩ [mhd. slot(t)ern, Intensivbildung zu: sloten = zittern]: **1.** *(vor Kälte od. durch eine heftige Gefühlsbewegung, bes. Angst, Aufregung u. a. bewirkt) heftig zittern:* die Kinder schlotterten [vor Angst, vor Kälte]; es war der Schrecken, der seine Glieder s. machte (Plievier, Stalingrad 179); er schlotterte am ganzen Leib; die Knie schlotterten ihm; wenn ... das Thermometer ... so tief absinkt, daß die Mieter in ihren Wohnungen schlottern (ugs.; *frieren; vor Kälte zittern;* BM 4. 12. 76, 9); mit schlotternden Knien ging er hinaus. **2.** *(bes. von zu weiten Kleidungsstükken u. ä.) lose, schlaff (am Körper, einem Körperteil) herabhängen, sich (bei einer Bewegung des Trägers) schlenkernd hin u. her bewegen:* die Hosen schlottern ihm um die Beine; die Wollsocken schlotterten über den Stiefelrand (*hingen lose;* Gaiser, Jagd 75); **schlottrig,** schlotterig ['ʃlɔt(ə)rɪç] ⟨Adj.⟩: **1.** ⟨nicht adv.⟩ *schlotternd* (1): er hatte vor Aufregung feuchte Hände und -e Knie. **2.** *schlotternd* (2): Er zog an der Hose, die s. am Körper herabhing (Marchwitza, Kumiaks 21).

schlotzen ['ʃlɔtsn̩] ⟨sw. V.; hat⟩ [wohl laut- u. bewegungsnachahmend, H. u.] (schwäb.): *(bes. Wein) genüßlich trinken:* ein Viertel Wein s.; ⟨Abl.:⟩ **Schlotzer,** der; -s, - (bes. schwäb.): *Schnuller.*

Schlucht [ʃlʊxt], die; -, -en u. (dichter. veraltet:) Schlüchte ['ʃlʏçtə; aus dem Niederd., Md., für mhd. sluft, ↑Schluft]: *enges, tiefes Tal; enger, tiefer, steilwandiger Einschnitt im Gelände:* eine tiefe, felsige, dunkle S.; dort unten in der S. fließt ein Bach; Ü Der Zug fuhr durch die schwarzen -en der Vorstadt (Schnabel, Marmor 78).

schluchzen ['ʃlʊxtsn̩] ⟨sw. V.; hat⟩ [frühnhd. Intensivbildung zu mhd. slūchen = schlingen, schlucken]: *krampfhaft, stoßweise atmend, weinend [seelischen] Schmerz, tiefe innere Bewegung äußern:* heftig, erbärmlich, herzzerbrechend s.; mit schluchzender Stimme; „Ja!" schluchzte sie *(sagte sie schluchzend);* ⟨auch mit Richtungsangabe:⟩ Und sie schluchzten feucht ins Tuch (H. Mann, Stadt 381); Ü eine schluchzende *(sentimentale, gefühlsselig gespielte)* Melodie; schluchzende Geigen; ⟨Abl.:⟩ **Schluchzer** ['ʃlʊxtsɐ], der; -s, -: *einmaliges, kurzes [Auf]schluchzen:* einen S. unterdrücken.

Schluck [ʃlʊk], der; -[e]s, -e, selten auch: Schlücke ['ʃlʏkə] ⟨aber: drei, einige Schluck[e] Wasser; Vkl. ↑Schlückchen⟩ [mhd. sluc, zu ↑schlucken]: **1. a)** *Flüssigkeitsmenge, die man mit einem Mal schluckt:* ein[ige] S. Wasser, Kaffee; einen [kräftigen, tüchtigen, tiefen, großen, kleinen] S. trinken, [aus der Flasche] nehmen; etw. S. für/um S., bis auf den letzten S. austrinken; Ü hast du einen S. *(etwas)* zu trinken für uns?; ***ein [kräftiger, tüchtiger** usw.] **S. aus der Pulle** (salopp; *eine beachtliche Menge, die aus etw. [Verfügbarem] genommen, gefordert wird*): Sie (= die Bundespost) verlangt einen kräftigen S. aus der Pulle: bis 1975 allein 800 Millionen Mark mehr (Hörzu 18, 1973, 22); **b)** (ugs.) *[alkoholisches] Getränk:* ein guter S. **2.** *das Hinunterschlucken eines Schluckes* (1 a) *Flüssigkeit (als einzelner Vorgang):* mit ein paar kräftigen -en leerte er sein Glas; mit/in hastigen -en trinken.

schluck-, Schluck-: **~auf,** der; -s [nach der niederd. Imperativbildung Sluck-up]: *wiederholtes, (durch reflexartige Zusammenziehung des Zwerchfells hervorgerufenes) unwillkürliches, ruckartiges Einatmen, das mit einem glucksenden Geräusch verbunden ist:* den, einen S. bekommen, haben; **~beschwerden** ⟨Pl.⟩: *Beschwerden beim Schlucken;* **~bruder,** der (ugs. scherzh.): *Trinker;* **~impfstoff,** der: *Impfstoff für die Schluckimpfung;* **~impfung,** die: *Impfung, bei der der Impfstoff nicht eingespritzt, sondern geschluckt wird:* eine S. gegen Kinderlähmung durchführen; **~reflex,** der (Med., Zool.): *reflexartiger Vorgang des Schluckens (angeborener Reflex, durch den Nahrung, Flüssigkeit usw. vom Mund in die Speiseröhre gelangt);* **~specht,** der: **1.** (landsch. scherzh.) *jmd., der viel, gern Alkoholisches trinkt.* **2.** (Verkehrsw. Jargon spött.) **a)** *Fahrzeug, dessen Motor zuviel Benzin verbraucht;* **b)** *überhöhter Benzinverbrauch von Fahrzeugmotoren:* Kampf dem S.!; **~weise** ⟨Adv.⟩: *Schluck für Schluck, in Schlucken:* die Arznei s. einnehmen; ⟨auch attr.:⟩ das s. Einnehmen.

Schlückchen ['ʃlʏkçən], das; -s, -: ↑Schluck; **schlückchenweise** ⟨Adv.⟩: *Schlückchen für Schlückchen, in kleinen Schlucken;* vgl. schluckweise; **schlucken** ['ʃlʊkn̩] ⟨sw. V.; hat⟩ [mhd., mniederd. slucken, Intensivbildung zu einem germ. Verb mit der Bed. „hinunterschlingen"]: **1. a)** *(bes. etw. in den Mund Aufgenommenes) durch reflexartige zusammenziehende Bewegung der Zungen- u. Halsmuskeln vom Mund in die Speiseröhre u. den Magen gelangen lassen:* einen Bissen, eine Tablette s.; eine bittere Flüssigkeit, einen heißen Gesundheitstee s.; beim Schwimmen Wasser s. *(versehentlich in den Mund bekommen);* **b)** *Zungen- u. Halsmuskeln [wie] beim Schlucken von etw. bewegen, betätigen:* erkältet sein und nicht s. können; ⟨subst.:⟩ Beschwerden beim Schlucken haben; Ü als sie das hörte, schluckte sie [nur] *(verschlug es ihr die Sprache, hatte sie Mühe, sich zu beherrschen [u. nichts zu sagen]).* **2.** (salopp) *Alkohol trinken:* viel, zwei Flaschen Bier täglich s. **3.** (ugs.) *([schädliche] Stoffe) einatmen:* viel Staub s. [müssen]. **4.** (ugs. abwertend) *seinem Besitz, seiner Sphäre einverleiben; in seinen Besitz, in seine Gewalt bringen:* ein Konzern schluckt die kleineren Betriebe; hohe Gewinnanteile s.; ein Gebiet s. *(seinem Besitz einverleiben).* **5.** (ugs.) **a)** *etw. Unangenehmes widerwillig, aber ohne Widerrede, ohne Gegenwehr hinnehmen:* eine Beleidigung, einen Tadel, eine Benachteiligung s. [müssen]; ⟨auch mit personalem Obj.:⟩ da man einen anderen Kandidaten nicht hatte, schluckte man diesen (Niekisch, Leben 68); etw. zu s. bekommen *(zu fühlen bekommen, hinnehmen müssen)*; **b)** *ohne Widerspruch, Anzweiflung hinnehmen:* eine Entschuldigung, Ausrede s.; Der Mann schien die Geschichte auch zu s. (Spiegel 39, 1978, 194); **c)** *Mühe haben, etw. innerlich zu verarbeiten, mit etw. fertig zu werden:* an etw. s., zu s. haben. **6.** (ugs.) **a)** *etw. in sich aufnehmen u. verschwinden lassen:* der Gully schluckt große Wassermengen; die Fabriktore schlucken die Massen der Arbeiter; der trockene Erdboden schluckt viel Wasser *(saugt es auf)*; der Teppich schluckt den Schall; dunkle Farben schlucken Licht; die weiche Federung ..., die ... auch solche Unebenheiten schluckt *(ausgleicht;* Auto 6, 1965, 33); **b)** *verbrauchen, verschlingen:* der Motor, der Wagen schluckt viel Benzin; die Anschaffungen haben viel Geld geschluckt; **Schlucken** [-], der; -s: svw. ↑Schluckauf; ⟨Abl.:⟩ **Schlucker,** der; -s, - [eigtl. jmd., der alles herunterschlucken muß; ahd. slucko = Schlemmer]: **1.** ***armer S.** (ugs.; *mittelloser, bedauernswerter Mensch*). **2.** (Jargon, sonst selten) *jmd., der etw. schluckt:* Die wenigsten der Gefangenen, die Gabeln, Löffel, Schrauben ... hinunterschlucken, beabsichtigen, sich das Leben zu nehmen. Sie werden im Knastjargon kurz „Schlucker" genannt (Ossowski, Bewährung 25); **schlucksen** ['ʃlʊksn̩] ⟨sw. V.; hat⟩ [spätmhd. sluckzen] (ugs.): *den Schluckauf haben, hören lassen;* ⟨Abl.:⟩ **Schluckser,** der; -s, - (ugs.): *[ruckartiges Einatmen u. glucksendes Geräusch beim] Schluckauf.*

Schluderarbeit ['ʃlu:dɐ-], die; -, -en (ugs. abwertend): *schludrige Arbeit:* S. leisten, abliefern; **Schluderei** [ʃlu:də'raj], die; -, -en (ugs. abwertend): **1.** ⟨o. Pl.⟩ *dauerndes Schludern.* **2.** *Nachlässigkeit, Versäumnis;* **Schluderer** ['ʃlu:dərɐ], der; -s, - [spätmhd. slüderer, zu: slüdern, ↑schludern] (ugs. abwertend): *jmd., der schludert; schludriger Mensch;* **schluderig,** schludrig ['ʃlu:d(ə)rɪç] ⟨Adj.⟩ (ugs. abwertend): **1.** *(in bezug auf die Ausführung von etw.) flüchtig, nachlässig:* -e Arbeit, Haushaltsführung; eine -e Schrift; ein -er Mensch; etw. s. nähen, reparieren; sei nicht so s.! **2.** *(bes. von der Kleidung) schlampig [aussehend]:* -e Kleider; **Schluderjan** ['ʃlu:dɐja:n], der; -s, -e [vgl. Dummerjan] (ugs. abwertend): svw. ↑Schludrian (1); **schludern** ['ʃlu:dɐn] ⟨sw. V.; hat⟩ [spätmhd. slüdern = schlendern, schlenkern] (ugs. abwertend): *schludrig arbeiten:* beim Nähen, bei der statischen Berechnung s.; mit dem Material s. *(es vergeuden)*; **Schluderwirtschaft,** die; - (ugs. abwertend): *schludrige Wirtschaft, schludrige Führung von Angelegenheiten:* die S. in diesem Haus muß aufhören; **Schludrian** ['ʃlu:dria:n], der; -s, -e (ugs. abwertend): **1.** *jmd., der schludert; schludriger Mensch.* **2.** ⟨o. Pl.⟩ *schludrige Arbeitsweise:* Kampf dem S.!; **schludrig:** ↑schluderig; ⟨Abl.:⟩ **Schludrigkeit,** die; -, -en (ugs. abwertend): **1.** ⟨o. Pl.⟩ *schludrige Art, Beschaffenheit.* **2.** *Verhalten, Umstand, der Schludrigkeit* (1) *erkennen läßt.*

Schluf [ʃlu:f], der; -[e]s, -e u. Schlüfe ['ʃly:fə; mhd. sluf = das (Durch)schlüpfen, zu ↑schliefen] (Bergsteigen): *enge Stelle [in einer Höhle], die nur kriechend passierbar ist;* **Schluff** [ʃlʊf], der; -[e]s, -e u. Schlüffe ['ʃlʏfə; 1: zu mhd. sluf (↑Schluf) in der Bed. „das Ausgleiten"]: **1.** *staubfeiner, lehmiger Sand, sehr feines Sediment:* Im ersten Abschnitt stießen die Arbeiter auf S. (MM 27. 11. 69, 5). **2.** (südd. veraltend) [3]*Muff.* **3.** (südd., österr.) *enger Durchlaß, enger [Durch]gang:* Er (= der Raum) ist nichts als ein schmaler S., der neben dem Stiegenhaus gelegen ist (Fussenegger, Zeit 305); **schluffen** ['ʃlʊfn̩] ⟨sw. V.; ist⟩ [zu niederd. sluf = matt, träge; verw. mit schliefen] (nordd., westmd.): *schlurfen;* **Schluffen** [-], der; -s, - (nordd., westmd.): *Pantoffel:* Momentan trägt er ... S. an den Füßen und ausgebeulte Jeans (Frau im Spiegel 43, 1976, 18); Ich liebe mein Bierchen am Abend, die S., die bereitstehen (Hörzu 45, 1977, 20); **schluffig** ['ʃlʊfɪç] ⟨Adj.; nicht adv.⟩ [zu ↑Schluff (1)]: *lehmig, tonig;* **Schluft** [ʃlʊft], die; -, Schlüfte ['ʃlʏftə; mhd. sluft = das Schlüpfen; Schlucht, zu ↑schliefen] (veraltet): *Schlucht:* ... um aus aller Kraft anzuspielen auf den Keiler, der den Schäfer und Herrn zerriß in Libanons Schlüften (Th. Mann, Joseph 194).

schlug [ʃlu:k], **schlüge** ['ʃly:gə]: ↑schlagen.

Schlummer ['ʃlʊmɐ], der; -s [spätmhd. (md.) slummer, wohl rückgeb. aus ↑schlummern] (geh.): *Schlaf (als Zustand wohltuender Entspannung, Erquickung, in dem man der Unruhe, Sorge o.ä. entrückt ist):* ein leichter, kurzer S.; ein tiefer S. überkam, überwältigte ihn; nach langem S. aufwachen; jmdn. aus dem S. reißen, aus seinem S. aufwecken; in süßem S. liegen, in S. sinken; Ü statt sich mit verlogenen politischen „Schuldfragen" in S. zu wiegen ... *(seine Wachsamkeit u. geistige Aktivität einzuschläfern;* Hesse, Steppenwolf 127); alle Materie habe teil, sei es auch im tiefsten S. nur *(nur unbewußt)*, an dieser Lust (Th. Mann, Krull 318).

Schlummer-: ~**kissen,** das (geh.): *weiches Kopfkissen;* ~**lied,** das (geh.): *Schlaflied;* ~**mutter,** die (ugs. scherzh.): *Vermieterin eines Zimmers, einer Schlafstelle; Zimmerwirtin;* ~**rolle,** die: vgl. ~kissen; ~**stunde,** die, (Vkl.:) ~**stündchen,** das (geh.): *kürzerer Zeitraum, in dem man schläft u. seine Tätigkeit o.ä. vorübergehend unterbricht;* ~**trunk,** der (geh.): *Schlaftrunk.*

schlummern ['ʃlʊmɐn] ⟨sw. V.; hat⟩ [spätmhd. (md.) slummern, zu: slummen = schlafen, eigtl. = schlaff, schlapp sein]: **1.** (geh.) *(wohltuend ruhig, allen Störungen o. ä. vorübergehend entrückt) schlafen:* sanft, ruhig, tief s.; Ü die schlummernde Stadt, Natur; im Grab s. *(tot sein u. im Grab liegen)*; das Volk schlummerte noch in geistiger Unmündigkeit. **2.** *ungenutzt od. unentfaltet, unentwickelt verborgen liegen:* dieser Hinweis hat jahrelang in den Akten geschlummert; in jmdm. schlummern Kräfte, Neigungen; die in den Atomkernen schlummernden Energien; ein schlummerndes Talent entfalten; eine schlummernde *(latente)* Krankheit.

Schlump [ʃlʊmp], der; -[e]s, -e [mniederd. slump, H. u.] (nordd., Jägerspr., Soldatenspr.): *Glückstreffer, Zufallstreffer.*

Schlumpe ['ʃlʊmpə]: Nebenf. von ↑Schlampe: Wozu Hähnchen fangen für die S., sie hat gelacht, dachte er (Augustin, Kopf 354); [1]**schlumpen** ['ʃlʊmpn̩]: Nebenf. von ↑schlampen (1).

[2]**schlumpen** [-] ⟨sw. V.; hat⟩ [mniederd. slumpen, zu: slump, ↑Schlump] (nordd., Jägerspr., Soldatenspr.): *schlecht zielen u. nur zufällig gut treffen.*

schlumperig, schlumprig ['ʃlʊmp(ə)rɪç] ⟨Adj.⟩ (landsch.): svw. ↑schlampig.

Schlumpf [ʃlʊmpf], der; -[e]s, Schlümpfe ['ʃlʏmpfə; H. u.]: **1.** (landsch.) *jmd., über dessen Verhalten man auf eine mehr gutmütige Weise empört ist:* du bist vielleicht ein S.! Hast mir alle Äpfel aufgegessen. **2. a)** *zwergenhafte Phantasiegestalt der Comicliteratur;* **b)** (ugs.) *kleinwüchsiger Mensch, Zwerg* (2).

schlumpig ['ʃlʊmpɪç]: Nebenf. von ↑schlampig; **schlumprig:** ↑schlumperig; **Schlumps** [ʃlʊmps], der; -es, -e (landsch. abwertend): *Schlamper; Mensch, der einem nicht sonderlich sympathisch ist:* er rennt wie ein S. durch die Gegend; Der Kunze Paul ist ein S., aber er ist die Partei hier (Hacks, Stücke 376).

Schlumpschütze, der; -n, -n [zu ↑[2]schlumpen] (Jägerspr., Soldatenspr. abwertend): *schlechter Schütze;* **Schlumpsoldat,** der; -en, -en (Soldatenspr. abwertend): *schlechter Soldat.*

Schlund [ʃlʊnt], der; -[e]s, Schlünde ['ʃlʏndə; mhd., ahd. slunt, zu ↑[2]schlingen]: **1. a)** *trichterförmiger Raum, der den Übergang zwischen [hinterer] Mundhöhle u. Speiseröhre bildet; [hinterer] Rachen:* mir brennt der S.; mir kratzt es im S.; ihm ist eine Gräte im S. steckengeblieben; **b)** *Mundhöhle (bei Tieren):* Obwohl der Reiher ... mit vollem Magen und S. auf das Nest kommt ... (Lorenz, Verhalten I, 192); der Wolf riß den S. *(Rachen)* auf; sich etw. in den S. (salopp; *Mund*) stopfen; ***den S. nicht voll [genug] kriegen [können]** (salopp; ↑Hals 2); **jmdm. etw. in den S. werfen/schmeißen** (salopp; ↑Rachen 2); **c)** (Jägerspr.) *Speiseröhre beim Schalenwild.* **2.** (geh.) *tiefe, gähnende Öffnung:* der S. eines Kraters, einer Höhle, einer Kanone.

Schlunze ['ʃlʊntsə], die; -, -n [zu ↑schlunzen] (abwertend): **1.** (md., nordd.) *unordentliche Frau; Schlampe:* ... und deren dunkle Stimme sagte dann in der Diele: „Na, du gierige S. ..." (Böll, Haus 6). **2.** (landsch.) *dünne Suppe, dünner Kaffee;* **schlunzen** ['ʃlʊntsn̩] ⟨sw. V.⟩ [wohl urspr. = schlaff herabhängen, lose baumeln, wahrsch. verw. mit ↑schlendern, schlenzen] (md. salopp abwertend): **1.** *unordentlich (schlunzig) arbeiten* ⟨hat⟩. **2.** *nachlässig [einher]gehen* ⟨ist⟩; **schlunzig** ['ʃlʊntsɪç] ⟨Adj.⟩ (md. salopp abwertend): *unordentlich, schlampig.*

Schlup [ʃlu:p]: ↑Slup.

Schlupf [ʃlʊpf], der; -[e]s, Schlüpfe ['ʃlʏpfə] u. -e ⟨Pl. ungebr.⟩ [mhd. slupf = Schlüpfen; Schlinge, Strick, zu ↑schlüpfen]: **1.** (veraltend) *Unterschlupf, Zufluchtsort:* Eines Morgens, als er in seinen S. wollte, faßten sie ihn. Man hatte ihn verraten (Strittmatter, Wundertäter 319). **2.** (veraltend) *Durchschlupf, Schlupfloch* (2): ein S. im Zaun. **3.** (landsch.) [3]*Muff.* **4.** (Zool.) *das Ausschlüpfen:* der S. der Küken, der Libelle aus der Larve. **5.** (Technik) *(durch unzulängliche Reibung, Gleiten usw. verursachtes) Zurückbleiben eines [Maschinen]teils gegenüber einem anderen bezüglich Geschwindigkeit, Drehzahl o. ä. bei der Übertragung von Bewegung:* ... daß die Räder nur noch S. haben, also so stark durchdrehen, daß der Wagen stehenbleibt (Frankenberg, Fahren 80).

schlupf-, Schlupf-: **~hose,** die (veraltet): *Schlüpfer* (1); **~jacke,** die (veraltet): *Pullover;* **~loch,** das: **1.** vgl. ~winkel. **2.** *Loch zum Durchschlüpfen, Durchschlupf:* die Katze kroch durch das S. in der Mauer; Ü Jeder Kompromiß enthält Schlupflöcher (MM 26. 8. 71, 2); **~pforte,** die: *enge, niedrige Pforte (bes. in Burg- u. Stadtmauern);* **~reif** ⟨Adj.; o. Steig.; nicht adv.⟩ (Zool.): *so beschaffen, daß es [jetzt] ausschlüpfen kann;* **~schuh,** der: vgl. ~stiefel; **~stiefel,** der: *bequem geschnittener Stiefel ohne Knopf-, Schnür- od. Reißverschluß;* **~wespe,** die (Zool.): *rot-gelb bis schwarz gefärbte Wespe, deren Larven sich als Parasiten in Eiern, Larven od. Puppen anderer Insekten entwickeln u. diese töten;* **~winkel,** der: **1.** *Winkel, geschützte Stelle, wo sich ein Tier verstecken kann:* die Mäuse kommen aus ihren -n. **2.** (oft abwertend) *verborgener, geheimer Zufluchtsort, Versteck:* das Gebirge bot den Banditen sichere S.; **~zeit,** die (Zool.): *Zeit des Ausschlüpfens.*

schlupfen ['ʃlʊpfn̩] (südd., österr., schweiz.): ↑schlüpfen; **schlüpfen** ['ʃlʏpfn̩] ⟨sw. V.; ist⟩ [mhd. slüpfen, slupfen, ahd. slupfen, Intensivbildung zu ↑schliefen]: **1. a)** *sich gewandt u. schnell [gleitend, durch eine Öffnung] in eine bestimmte Richtung bewegen:* aus dem Zimmer, durch die Tür, durch den Zaun, hinter den Vorhang, in das Bett, unter die Decke s.; die Maus schlüpfte aus dem Loch; **b)** *gleiten:* Die winzigen Darmschlingen können bis in den Hodensack ... s. (Hackethal, Schneide 88); die nasse Seife schlüpft mir aus der Hand, durch die Finger; Ü ein Wort schlüpft jmdm. über die/von den Lippen *(entfährt jmdm.);* da ist uns ein Fehler geschlüpft (schweiz.; *durchgeschlüpft, entgangen).* **2.** *etw. schnell, bes. mit gleitenden, geschmeidigen Bewegungen an-, aus-, überziehen:* in ein Kleidungsstück, in die Schuhe s.; aus den Kleidern s.; Ü in die Rolle eines anderen s. *(die Rolle eines anderen geschickt übernehmen u. sie ganz ausfüllen).* **3.** *sich aus dem Ei, der Puppe, der Larve herauslösen; ausschlüpfen, auskriechen:* das Küken ist [aus dem Ei] geschlüpft; der Schmetterling schlüpft aus der Larve; ⟨Abl.:⟩ **Schlüpfer,** der; -s, -: **1.** ⟨oft auch im Pl. mit singularischer Bed.⟩ *Unterhose, bes. für Damen, mit kurzen Beinen:* einen neuen S., ein Paar neue S. anziehen. **2.** *bequem geschnittener, sportlicher Herrenmantel mit großen, tiefen Armlöchern.*

schlüpfrig ['ʃlʏpfrɪç] ⟨Adj.⟩ [mhd. slipfe(ri)c = glatt, glitschig, zu: slipfe(r)n, ahd. slipfen = ausgleiten, Intensivbildung zu ↑[1]schleifen; frühnhd. an ↑schlüpfen angelehnt]: **1.** ⟨nicht adv.⟩ *feucht u. glatt, mit einer Oberfläche, auf, an der jmd. od. etw. leicht [ab-, aus]rutscht, -gleitet:* -e Straßen; s. wie ein Aal; Ü wie kann dann mein ... Schicksal auf einem derart -en *(unsicheren)* Boden gegründet werden? (Thielicke, Ich glaube 198). **2.** (abwertend) *zweideutig, anstößig, unanständig:* ein -er Witz, Roman; s. daherreden; ⟨Abl.:⟩ **Schlüpfrigkeit,** die; -, -en: **1.** ⟨o. Pl.⟩ *schlüpfrige* (1) *Beschaffenheit.* **2. a)** ⟨o. Pl.⟩ *schlüpfrige* (2) *Art;* **b)** *schlüpfrige* (2) *Äußerung, schlüpfrige* (2) *Stelle (in einem Buch usw.).*

Schluppe ['ʃlʊpə], die; -, -n [niederd. Form von ↑Schlupf] (nordd., md.): *Schlinge, Schlaufe.*

Schlurf [ʃlʊrf], der; -[e]s, -e [zu ↑schlurfen] (österr. ugs. abwertend): **1.** (veraltet) *Geck* (1). **2.** *nachlässig gekleideter, langhaariger Jugendlicher, Gammler;* **schlurfen** ['ʃlʊrfn̩] ⟨sw. V.⟩ [Nebenf. von ↑schlürfen]: **1.** ⟨ist⟩ **a)** *geräuschvoll [u. schleppend] gehen, indem man die Schuhe über den Boden schleifen läßt:* man hörte ihn s.; schlurfende Schritte: **b)** *sich schlurfend* (1 a) *zu etw., über etw. hin bewegen:* er schlurfte in die Küche. **2.** (landsch.) svw. ↑schlürfen (1, 2) ⟨hat⟩; **schlürfen** ['ʃlʏrfn̩] ⟨sw. V.⟩ [lautm.]: **1.** ⟨hat⟩ **a)** *Flüssigkeit geräuschvoll in den Mund einsaugen:* laut s.; **b)** *etw. schlürfend trinken:* ein heißes Getränk vorsichtig s.; seine Suppe s. *(schlürfend essen).* **2.** *etw. langsam u. mit Genuß in kleinen Schlucken trinken* ⟨hat⟩: ein Glas Likör s.; Ü weil ... er den grundlosen Haß wird bis auf die Neige zu s. bekommen (Buber, Gog 178). **3.** (landsch.) svw. ↑schlurfen (1) ⟨ist⟩; **Schlurfschritt,** der; -[e]s, -e: *schlurfender* (1) Schritt; **schlurren** ['ʃlʊrən] ⟨sw. V.; ist⟩ [laut- u. bewegungsnachahmend; vgl. schlorren] (landsch., bes. nordd.): *schlurfen* (1); **Schlurren** [-], der; -s, - (nordd.): *Pantoffel; hinten niedergetretener [Haus]schuh.*

Schluse ['ʃlu:zə], die; -, -n [(ost)niederd., H. u.; 2: übertr. von (1)] (landsch., bes. nordd., ostmd.): **1.** *Schale (von Hülsen-, Beerenfrüchten, Getreidekörnern usw.).* **2.** ⟨Pl.⟩ (abwertend) *Falschgeld; entwertetes Geld;* ⟨Zus. zu 2:⟩ **Schlusenmark,** die ⟨o. Pl.⟩ (landsch. abwertend): *entwertete [Reichs]mark:* der Makel ..., statt D-Mark oder Dollar nur ostdeutsche „Schlusenmark" in der Tasche zu haben (Stern 38, 1979, 260).

Schluß [ʃlʊs], der; Schlusses, Schlüsse ['ʃlʏsə; spätmhd. sluʒ, zu ↑schließen]: **1.** (Ggs.: Anfang, Beginn) **a)** ⟨o. Pl.⟩ *Zeitpunkt, an dem etw. aufhört, insbes. beendet wird; letztes Stadium; Ende:* der plötzliche, vorzeitige S. einer Veranstaltung; (Politik:) S. der Debatte!; es ist S. [mit etw.] *(etw. hat aufgehört; mit etw. wird aufgehört, ist aufgehört worden);* mit dem schönen Wetter, mit den hohen Gewinnen ist S.; mit dem Rauchen, Trinken ist jetzt S.; Und dann war S. mit den Gärten (ugs.; *dann kamen, folgten keine Gärten mehr;* Schnurre, Bart 104); S. für heute!; jetzt ist aber S. [damit]!, S. [damit]!, S. jetzt! *(jetzt ist es genug!);* S., ich gehe jetzt/ich gehe jetzt, S.! (ugs.; soll ausdrücken, daß man über die betreffende Sache, Entscheidung usw. nicht mehr weiter zu sprechen od. nachzudenken wünscht; *genug!*); beim Erzählen keinen S. *(kein Ende)* finden [können]; am, zum S. des Jahres abrechnen; nach, gegen S. einer Veranstaltung gehen; kurz vor S. *(Laden-, Geschäfts-, Dienstschluß usw.);* damit komme ich zum S. meiner Ausführungen; zum/am S. *(zuletzt, schließlich)* bedankte er sich doch noch; R [nun ist aber] S. im Dom! (landsch., bes. westmd.; *Schluß, genug!;* nach der Ankündigung der abendlichen Domschließung durch die Domschweizer); *** mit jmdm. ist S.** (ugs.: 1. *jmd. muß sterben.* 2. *jmd. ist am Ende seiner Kräfte*); **mit jmdm., mit etw. ist S.** (ugs.; *jmd., etw. ist ruiniert*); **S. machen** (1. *Feierabend machen, seine Tagesarbeit beenden.* 2. ugs.; *seine Arbeit, Stellung aufgeben:* er hat bei der Firma Cülz S. gemacht); **[mit etw.] S. machen** *([mit etw.] aufhören):* mit dem Rauchen, Trinken S. machen; macht endlich S. [mit dem Krieg]!; **[mit sich, mit dem Leben] S. machen** (ugs.; *sich das Leben nehmen*); **[mit jmdm.] S. machen** *(ein Liebesverhältnis, eine Freundschaft, eine Bindung endgültig lösen);* **b)** *letzter Abschnitt, letzter, äußerster Teil einer räumlich od. schriftlich, sprachlich festgelegten Folge, Reihe:* der S. einer [Häuser]reihe; S. folgt [im nächsten Heft]; den S. bilden; Goethe hat für dieses Schauspiel zwei Schlüsse geschrieben; der Gepäckwagen befindet sich am S. des Zuges. **2. a)** *Folgerung, Ableitung:* ein kühner, falscher, zwingender S.; die Tatsachen lassen sichere Schlüsse zu, erlauben Schlüsse auf das Vorliegen besonderer Umstände; voreilige Schlüsse ziehen, ableiten; auf Grund der Tatsachen kam er zu dem S., daß ...; *** etw. ist der Weisheit letzter S.** (1. *darauf läuft alle Weisheit, laufen alle Überlegungen letztlich hinaus.* 2. *etw. ist die höchste Weisheit;* nach Goethe, Faust II, 11574); **b)** (Logik) *Ableitung von Aussagen aus anderen Aussagen mit Hilfe von bestimmten Regeln der Logik:* direkte, indirekte Schlüsse; der S. *(das logische Schließen)* vom Allgemeinen auf das Besondere. **3.** (veraltet) **a)** ⟨o. Pl.⟩ *das [Ab]schließen:* kurz vor S. des Tores; **b)** *Abkommen, Abschluß, Beschluß; Entschluß.* **4.** (Musik) *abschließende Ton-, Akkordfolge, insbes. Kadenz.* **5.** (Rugby) *hinterster Spieler mit der besonderen Aufgabe, das Mal zu verteidigen.* **6.** (Börsenw.) *Mindestbetrag od. Mindeststückzahl für die Kursfeststellung.* **7.** ⟨o. Pl.⟩ **a)** (Fachspr.) *dichtes [Ab]schließen:* die Fenster, Türen, Kolben haben guten S. *(schließen dicht),* haben keinen S. *(schließen nicht dicht);* **b)** (Reiten) *festes Anliegen der Schenkel des Reiters am Pferdeleib:* guten S., keinen S. *(das Pferd fest, nicht fest zwischen den Schenkeln)* haben; mit den Knien [guten] S. nehmen *(die Knie an den Leib des Pferdes drücken).* **8.** (Elektrot. Jargon) kurz für ↑Kurzschluß (1).

schluß-, Schluß-: **~abrechnung,** die: vgl. ~bilanz: die S. machen; **~abstimmung,** die (Parl.): *letzte, endgültige Abstim-*

mung; **~akkord,** der (Musik): *letzter, abschließender Akkord eines Musikstücks:* Ü der S. (geh.; *Ausklang*) eines Festes; **~akt,** der: **1.** *letzter, abschließender Akt* (1 a, b). **2.** *letzter, abschließender Akt* (2) *eines Bühnenstücks;* **~ball,** der: *Abschlußball;* **~band,** der ⟨Pl. -bände⟩: *letzter Band eines mehrbändigen Werkes;* **~bearbeitung,** die: vgl. ~bericht; **~bemerkung,** die: vgl. ~bericht; **~bericht,** der: *abschließender Bericht;* **~besprechung,** die: vgl. ~bericht; **~bilanz,** die (Kaufmannsspr.): *Bilanz, die am Schluß [eines Jahres] aufgestellt wird;* **~bild,** das: vgl. ~akt (2); **~braten,** der (österr.): *Braten von der Kalbskeule;* **~brief,** der (Kaufmannsspr.): *Brief o. ä., der den Kauf einer (nicht börsenmäßig gehandelten) Ware betrifft u. die ausführlichen Kaufbedingungen enthält, auf die sich der Käufer vorab festlegt, der Verkäufer aber erst, wenn er sichergestellt hat, daß er sie erfüllen kann;* **~chor,** der (Musik): *letzter, abschließender Chor* (2) *insbes. einer Oper, eines Vokalwerkes;* **~deklaration,** die: vgl. ~erklärung; **~dreieck,** das (bes. Fußball): *die aus dem Torwart u. den beiden Verteidigern bestehende Spielergruppe einer Mannschaft;* **~drittel,** das (Eishockey): *letzter Spielabschnitt;* **~effekt,** der: *abschließender, krönender Effekt (am Schluß einer Rede, Aufführung usw.);* **~endlich** ⟨Adv.⟩ (bes. schweiz.): *schließlich, endlich, am Ende, zum Schluß:* Schönheitsoperationen sind s. nicht nur eine Frage der Komplexe, sondern auch des Geldes (DM 15, 1967, 52); **~erklärung,** die: *zusammenfassende, abschließende [offizielle] Erklärung;* **~etappe,** die: *letzte, abschließende Etappe* (1); **~feier,** die: *Feier, mit der etw. abgeschlossen wird;* **~folge,** die: vgl. ~folgerung; **~folgern** ⟨sw. V.; schlußfolgerte, hat geschlußfolgert⟩: *eine Schlußfolgerung aus etw. ziehen, etw. aus etw. als Schlußfolgerung ableiten:* aus den erwähnten Umständen läßt sich die strittige Behauptung nicht s.; aus meiner Bemerkung schlußfolgerte er, daß ...; „Also ist sie es nicht gewesen", schlußfolgerte er; **~folgerung,** die: *logische Folgerung, mit der man aus etw. auf etw. schließt; Schluß, mit dem man etw. aus etw. folgert:* eine logische, zwingende, überzeugende, falsche S.; die einzig richtige S. daraus ist: ...; aus etw. ergeben sich wichtige -en; aus etw. die richtige S. ziehen, ableiten; der Verfasser kam, gelangte zu der S., daß ...; **~formel,** die: *abschließende, beschließende Formel* (1): -n in Briefen; **~gedanke,** der: *abschließender Gedanke:* der S. einer Rede; **~gong,** der (bes. Boxen): *Gongschlag, der den Schluß der letzten Runde anzeigt:* der S. bewahrte ihn vor dem K.o.; **~griff,** der (Turnen): *Griff, bei dem die Hände am Gerät eng nebeneinanderliegen;* **~hälfte,** die (Sport): *zweite Spielzeithälfte* (Ggs.: Anfangshälfte); **~hang,** der (Turnen): *Hang, bei dem die Hände am Gerät eng nebeneinanderliegen;* **~kapitel,** das: *abschließendes, letztes Kapitel* (1): das S. eines Romans; **~kette,** die (bes. Logik): *Kette, zusammenhängende Folge von [syllogistischen] Schlüssen [von deren Konklusionen nur die abschließende ausdrücklich formuliert wird];* **~kommuniqué,** das: vgl. ~erklärung; **~kurs,** der (Börsenw.): *letzter Kurs eines Wertpapiers vor Börsenschluß;* **~läufer,** der (Leichtathletik): *letzter Läufer einer Staffel;* **~läuferin,** die: w. Form zu ↑~läufer; **~leuchte,** die (bes. binnendt. Verkehrsw.): *Schlußlicht* (1); **~licht,** das ⟨Pl. -er⟩: **1.** *rotes Licht, das an Fahrzeugen das hintere Ende kenntlich macht:* die beiden -er des Autos sind defekt; er sah nur noch die -er [des Zuges] *(verpaßte den Zug knapp).* **2.** (ugs.) **a)** *letzter einer Reihe[nfolge], Kolonne usw.:* das S. bilden, machen; **b)** *Letzter, Schlechtester unter vielen; jmd. bzw. etw., was am schlechtesten abschneidet:* dieser Verein ist das S. der Bundesliga; ... während die Baugewerkschaft ... das lohnpolitische „Schlußlicht" bildete (MM 9. 2. 74, 5); **~mann,** der ⟨Pl. -männer⟩: **1.** svw. ↑~läufer. **2.** (Ballsport Jargon) *Torwart.* **3.** (Rugby) svw. ↑~spieler; **~minute,** die: *letzte Minute, bes. eines sportlichen Wettkampfes;* **~nahme,** die; -, -n (schweiz. Amtsspr.): *Beschlußfassung;* **~note,** die (jur.): *beim Abschluß eines Geschäfts vom Handelsmakler auszustellende Bescheinigung über die Vertragsparteien, den Gegenstand u. die Geschäftsbedingungen;* **~notierung,** die (Börsenw.): *letzte Notierung vor Börsenschluß;* **~pfiff,** der (Ballspiele): *Pfiff, mit dem der Schiedsrichter den Schluß des Spiels anzeigt;* **~phase,** die: *letzte Phase;* **~prüfung,** die: svw. ↑Abschlußprüfung (1); **~punkt,** der: **1.** *den Satzschluß bezeichnender Punkt:* den S. setzen, vergessen. **2.** *endgültiger, deutlicher Abschluß:* der S. einer Entwicklung, einer Feier; * **einen S. unter/hinter etw. setzen** *(etw. Unangenehmes endgültig abschließen, beendet sein lassen):* sie wollten einen S. unter das Gewesene setzen; **~rechnung,** die [2: bei der Rechnung wird von einer Mehrheit zunächst auf die Einheit u. dann auf die gefragte neue Mehrheit „geschlossen"]: **1.** (Wirtsch., jur.) *Schlußabrechnung insbes. des Konkursverwalters.* **2.** (Math.) *Dreisatz[rechnung];* **~redakteur,** der (Zeitungsw., Buchw.): *Redakteur für die Schlußredaktion;* **~redaktion,** die (Zeitungsw., Buchw.): *letzte, abschließende, endgültige Redaktion* (1); **~rede,** die: **1.** *abschließende Rede od. abschließender Teil einer Rede.* **2.** svw. ↑Epilog; **~regel,** die (Logik): *Regel für das logische Schließen;* **~runde,** die (Sport): **1.** *letzte Runde eines Rennens.* **2.** *letzte Runde eines Box-, Ringkampfes.* **3.** svw. ↑Endrunde; **~s** (mit Bindestrich), das: *das in der früheren deutschen Schrift u. im Frakturdruck besonders gestaltete einfache s im Auslaut von Wörtern u. Silben* (ꞩ); **~satz,** der: **1. a)** *letzter, abschließender Satz:* der S. einer Rede; **b)** (Logik) svw. ↑Konklusion. **2.** (Musik) *letzter Satz eines Musikstückes;* **~schein,** der: svw. ↑~note; **~schritt,** der (Turnen): *Schritt, mit dem man in Schlußstellung gelangt;* **~signal,** das (Fachspr., z. B. Funkw.): *Signal, das den Schluß, die Beendigung anzeigt;* **~sirene,** die (bes. Basketball, Eishockey): *Sirenenton, der den Schluß des Spiels anzeigt;* **~spieler,** der (Rugby): *hinterster Spieler mit der besonderen Aufgabe, das Mal zu verteidigen;* **~sprung,** der (bes. Turnen): *Sprung mit geschlossenen Beinen (häufig als Abschluß einer Übung);* **~spurt,** der (Ballspiele): *besondere Anstrengung, besonderer Einsatz gegen Schluß eines Spiels;* **~stand,** der (bes. Turnen): vgl. ~stellung; **~stein,** der: **1.** (Archit.) *[verzierter] Stein im Scheitel eines Bogens od. Gewölbes.* **2.** *etw., was den Abschluß, die Vollendung bildet:* das war der S. der Entwicklung; **~stellung,** die (bes. Turnen): *Stellung mit geschlossenen Beinen u. Füßen;* **~strich,** der: *abschließender Strich am Ende eines Schriftstücks, einer Rechnung:* einen S. unter die Rechnung ziehen; * **einen S. unter etw. ziehen** *(etw. Unangenehmes endgültig abschließen, beendet sein lassen):* man sollte einen S. [unter die Sache, Affäre] ziehen; **~szene,** die: vgl. ~akt (2); **~teil,** der: *abschließender Teil; Abschnitt, Teil, der den [Be]schluß bildet:* der S. der Rede, des Romans, des Musikstückes; **~ton,** der: vgl. ~akkord; **~urteil,** das (jur.): *Endurteil, das den gesamten Streitgegenstand betrifft* (vgl. Teilurteil); **~veranstaltung,** die: *abschließende Veranstaltung;* **~verhandlung,** die (jur.): vgl. ~urteil; **~verkauf,** der: *Saisonschlußverkauf im Preis herabgesetzter Waren, bes. Sommer- od. Winterschlußverkauf:* etw. im/beim S. kaufen; **~verteilung,** die (jur.): *die im Konkursverfahren gerichtlich zu genehmigende Verteilung der verwerteten Konkursmasse;* **~verzeichnis,** das (jur.): *im Konkursverfahren vom Konkursverwalter zur Vorbereitung der Schlußverteilung erstelltes Verzeichnis, in das alle zu berücksichtigenden Konkursgläubiger aufgenommen werden;* **~vortrag,** der: *abschließender, letzter Vortrag;* **~weise,** die (Logik): *Art des logischen Schlusses, der logischen Ableitung:* logische, wissenschaftliche -n; **~wort,** das ⟨Pl. -e⟩: *abschließende Äußerung:* der Moderator der Sendung sprach noch ein kurzes S.; **~zeichen,** das (Fachspr., z. B. Funkw.): *Zeichen, das den Schluß, die Beendigung anzeigt.*

Schlüssel ['ʃlʏsl], der; -s, - [mhd. slüʒʒel, ahd. sluʒʒil, zu ↑schließen]: **1. a)** *Gegenstand zum Öffnen u. Schließen eines Schlosses:* der S. zur Wohnung[stür]; der S. für den Koffer; der S. schließt gut; der S. paßt [nicht ins Schlüsselloch]; der S. steckt [im Schloß]; den S. ins Schloß stecken; den S. [im Schloß] herumdrehen; den S. abziehen; dem neuen Mieter die S. übergeben; dem Sieger die S. [der Stadt, der Festung] übergeben (früher; als Zeichen der Machtübergabe); **b)** kurz für ↑Schraubenschlüssel: die Schraube mit dem S. anziehen, festziehen, lockern. **2.** *Mittel, das den Zugang bedeutet; Mittel zum Erschließen des Zugangs od. Verständnisses:* Fleiß und Umsicht sind der S. zum Erfolg; hierin liegt der S. zu diesem Geheimnis, zur Lösung des Problems, zum Verständnis der Dichtung, zur Psyche des Menschen; im Neid lag der S. für alle seine Handlungen. **3. a)** *[listenmäßige] Anweisung zur Umformung von Informationen, Texten, Zeichen in eine andere Gestalt, die dem Uneingeweihten das unmittelbare Verständnis erschwert od. unmöglich macht, bzw. Anweisung, die über die Rückübertragung Aufschluß gibt; Anweisung u. Aufschluß über die Ver- u. Entschlüsselung:* den S. einer Geheimschrift kennen; ein Telegramm in/nach einem bestimmten S. abfassen; ein Geheimschreiben mit/nach einem S. entziffern;

b) *gesonderter Teil von Lehr- u. Übungsbüchern, der die Lösungen der gestellten Aufgaben enthält:* der S. zu diesem Übungsbuch kostet 3 Mark; **c)** *Schema für die Verteilung, Aufteilung, Zuweisung, Aufgliederung:* die Beträge werden nach einem bestimmten S. errechnet, verteilt. **4.** (Musik) **a)** *am Beginn der Notenlinien stehendes Zeichen der Notenschrift, das den Bereich der Tonhöhen von Noten festlegt; Notenschlüssel;* **b)** *Notationsweise, bei der ein bestimmter Schlüssel* (4 a) *benutzt wird:* die Melodie ist in einem ungebräuchlichen S. geschrieben, notiert.

schlüssel-, Schlüssel-: **~bart,** der; svw. ↑Bart (2); **~begriff,** der: vgl. ~wort (1 c); **~bein,** das [für frühnhd. Schlüssel der Brust, nach gleichbed. lat. clāvicula, LÜ von griech. kleís; nach der S-Form altgriechischer Schlüssel]: *beidseitig ausgebildeter Röhrenknochen des Schultergürtels, der das Brustbein mit dem Schulterblatt verbindet,* dazu: **~beinarterie,** die: *Schlagader an jeder Körperseite zur Blutversorgung der oberen Extremitäten sowie von Hals u. Kopf,* **~beinbruch,** der, **~beinvene,** die: *starke Vene für das gesamte Blut von Arm u. Schulter sowie teilweise für das Blut der Brustwand;* **~betrieb,** der: vgl. ~industrie: ein wichtiger S. der chemischen Industrie; **~blume,** die [nach der Blütenform]: **1.** (volkst.) *(bes. auf sonnigen Wiesen wachsende) Primel mit wohlriechenden, dottergelben Blüten.* **2.** svw. ↑Primel; **~brett,** das: *Brettchen, das mit mehreren Haken zum Aufhängen von Schlüsseln* (1 a) *versehen ist u. an Wänden o. ä. befestigt wird;* **~bund,** der od. das; -[e]s, -e: *Anzahl von Schlüsseln, die durch einen Ring o. ä. zusammengehalten werden;* **~fertig** ⟨Adj.; o. Steig.; nicht adv.⟩: svw. ↑bezugsfertig; **~figur,** die: *wichtige, einflußreiche Figur* (5 a, c), *deren Handeln u. Wirken der Schlüssel* (2) *zur Erklärung bestimmter Zusammenhänge ist; wichtige, für eine bestimmte Sache sehr einfluß- u. aufschlußreiche Person:* er ist [eine, die] S. dieser politischen Bewegung, Affäre; Der Zürcher Rechtsanwalt Hubert Weisbrod ... wird immer mehr zur S. im Lockheed-Korruptionsskandal (Welt 11. 2. 76, 1); **~frage,** die: *zentrale, entscheidende Frage, die den Schlüssel* (2) *zu etw. enthält:* die S. für die Konsolidierung des Entspannungsprozesses (Horizont 13, 1978, 10); **~funktion,** die: vgl. ~stellung (1); **~gewalt,** die ⟨o. Pl.⟩: **1.** (jur.) *Befugnis des einen Ehepartners, den anderen in Dingen, die die Haushaltsführung betreffen, mit rechtlicher Wirkung zu vertreten.* **2.** (kath. Kirche) *die dem Papst u. dem Bischofskollegium übertragene höchste Kirchengewalt;* **~haken,** der: vgl. ~brett; **~industrie,** die (Wirtsch.): *Industrie (im Bereich der Grundstoff- u. Produktionsgütererzeugung), deren Produkte für die anderen Industriezweige unentbehrlich od. äußerst wichtig sind;* **~kind,** das (Jargon): *tagsüber (nach dem Schulunterricht od. Kindergarten) weitgehend sich selbst überlassenes Kind berufstätiger Eltern, das den Wohnungsschlüssel meist um den Hals hängen hat;* **~korb,** der (früher): *kleiner Korb zur Aufbewahrung von Schlüsseln;* **~loch,** das: *Loch im Schloß zum Hineinstecken des Schlüssels:* den Schlüssel ins S. stecken; durchs S. sehen, gucken; **~person,** die: vgl. ~figur; **~position,** die: *wichtige, führende, beherrschende Position; Stellung von entscheidendem Einfluß:* die S. der Bauern für die Ernährungsbasis der Gesellschaft (Stamokap 56); jmd., etw. nimmt eine S. ein, hat eine S.; er, diese Partei hat eine politische S. inne; sich in einer S. befinden; in eine S. gelangen; **~problem,** das: vgl. ~frage; **~reiz,** der (Psych.): *spezifischer Reiz in Form bestimmter Merkmale (wie Farbe, Duft, Geräusch, Gestalt), der ein bestimmtes, insbes. instinktives Verhalten in Gang setzt:* -e für Triebhandlungen; **~ring,** der: **1.** *Ring, der mehrere Schlüssel zusammenhält.* **2.** *ringähnlicher oberer Teil des Schlüssels;* **~rohr,** das: *rohrähnlicher mittlerer Teil des Schlüssels zwischen Schlüsselring u. -bart;* **~rolle,** die: vgl. ~stellung (1): jmdm., einer Sache kommt eine S. in einer Auseinandersetzung zu; Eine S. in der Geschichte des Tourismus fällt den Bergsteigern zu (Enzensberger, Einzelheiten I, 192); **~roman,** der (Literaturw.): *Roman, in dem wirkliche Personen, Zustände u. Geschehnisse verschlüsselt dargestellt werden;* **~stelle,** die (bes. Bergsteigen): *schwierigste Stelle (insbes. eines Anstiegs);* **~stellung,** die: **1.** *Stellung von entscheidender Bedeutung, von entscheidendem Einfluß; wichtige od. führende, beherrschende Position:* die S. der Elektronik in der Wirtschaft; jmd., etw. hat eine S. [inne]; jmd. nimmt in, bei, für etw. eine S. ein; sich in einer S. befinden; in eine S. gelangen. **2.** (Milit.) *militärische Stellung von entscheidender Bedeutung:* -en beziehen, erobern, verlieren; **~tasche,** die: *Täschchen für einen Schlüsselbund;* **~übergabe,** die: *Übergabe der Schlüssel [eines Neubaus an den Mieter od. Bauherrn];* **~wort,** das ⟨Pl. -wörter⟩: **1. a)** *Kennwort für ein Kombinationsschloß;* **b)** *Wort, mit dessen Hilfe man einen Text ver- u. entschlüsseln kann;* **c)** *Wort von zentraler Bedeutung u. weitgehendem Aufschluß in einem bestimmten Bereich od. Zusammenhang.* **2.** *verschlüsseltes Wort; Wort mit verschlüsselter Bedeutung;* **~zahl,** die: **1.** vgl. ~wort (1). **2.** (Wirtsch.) *Verhältniszahl zur Bestimmung des Anteils an einem Gesamtbetrag (bes. im Rahmen eines [Verteiler]schlüssels).*

schlüsseln ['ʃlʏsl̩n] ⟨sw. V.; hat⟩: **1.** (Fachspr.) *nach einem bestimmten Verhältnis, Schlüssel* (3 c) *aufteilen.* **2.** (Ringen) *mit Hilfe eines Armschlüssels einklemmen u. festhalten:* der Gegner kann seinen geschlüsselten Arm nicht mehr einbeugen; ⟨Abl.:⟩ **Schlüsselung,** die; -, -en; **schlüssig** ['ʃlʏsɪç] ⟨Adj.⟩ [1: zu ↑Schluß (2); 2: zu ↑Schluß (3 b)]: **1.** *folgerichtig u. den Tatsachen entsprechend auf Grund gesicherter Schlüsse; überzeugend, zwingend:* eine -e Beweisführung, Argumentation, Behauptung; -e (jur.; *beweiskräftige Schlüsse zulassende*) Dokumente, Fakten; der Beweis ist [in sich] s.; etw. s. beweisen, widerlegen; es ist s. erwiesen, daß er der Täter war. **2.** ***sich** ⟨Dativ⟩ **[über etw.] s. sein**/(veraltet ohne „sich":) **s. sein** *(sich in bezug auf etw. entschlossen, entschieden haben):* er war sich s. darüber, daß ...; (meist verneint:) ich bin mir immer noch nicht s., ob ich es tun soll; **sich** ⟨Dativ⟩ **[über etw.] s. werden**/(veraltet ohne „sich":) **s. werden** *(sich in bezug auf etw. fest entschließen, entscheiden):* er kann sich nicht [darüber] s. werden; du mußt dir doch endlich s. werden, was du tun willst; Im Jahre 1890 hatte sich Daphnes Vater ... nach einer Braut umgesehen. In München konnte er nicht s. werden (A. Kolb, Daphne 13); ⟨Abl. zu 1:⟩ **Schlüssigkeit,** die; -: *das Schlüssigsein:* eine Argumentation auf ihre S. prüfen.

Schlutte ['ʃlʊtə], die; -, -n [H. u.] (schweiz.): **1.** *Arbeitskittel.* **2.** *Nachtjacke;* **Schlüttli** ['ʃlʏtli], das; -s, - (schweiz.): *Säuglingsjäckchen.*

Schmach [ʃma:x], die; - [mhd. smāch, ahd. smāhī, eigtl. = Kleinheit, Geringfügigkeit, zu mhd. smæhe, ahd. smāhi = klein, gering, verächtlich] (geh. emotional): *etw., was als Kränkung, Schande, Herabwürdigung, Demütigung empfunden wird:* die S. einer Niederlage; dieser Friede ist eine S. für jeden Patrioten; es ist keine S., das auf sich zu nehmen; [eine] S. erleiden, erdulden, ertragen; jmdm. [eine] S. antun, zufügen; etw. als S. empfinden; (in Verbindung mit „Schande" emotional verstärkend:) er wurde mit S. und Schande aus seinem Amt entlassen; (scherzh.:) was, du hast unsere Verabredung vergessen? S. und Schande über dich!

schmach-: **~bedeckt** ⟨Adj.; -er, -este; nicht adv.⟩ (geh.); **~beladen** ⟨Adj.; nicht adv.⟩ (geh.); **~voll** ⟨Adj.⟩ (geh.): **1.** *[große] Schmach bringend; erniedrigend, entehrend:* ein -er Friedensschluß; eine -e Niederlage; s. unterliegen.

Schmacht [ʃmaxt], der; -[e]s [mhd. smaht, zu ↑schmachten] (landsch., bes. nordd.): *starker Hunger.*

Schmacht-: **~fetzen,** der (salopp abwertend): **1.** *etw., was (als künstlerische Produktion) rührselig ist* (z. B. ein Schlager, Musikstück, Film, Buch). **2.** (seltener) svw. ↑~lappen (1); **~korn,** das (Landw.): *infolge Notreife nur kümmerlich ausgebildetes Getreidekorn;* **~lappen,** der (salopp abwertend): **1. a)** *schmachtender Liebhaber;* **b)** *Schwächling.* **2.** (selten) svw. ↑~fetzen (1); **~locke,** die (ugs. spött.): *in die Stirn fallende Locke (die in dem Betrachter Vorstellungen von Zärtlichkeit u. erotischer Sehnsüchtigkeit auslösen);* **~riemen,** der [urspr. = breiter Gürtel, der bes. von Wanderern zur Stützung des leeren Magens getragen wurde] (landsch.): *Gürtel; Leibriemen; Koppel:* ***den S. umschnallen/enger schnallen** *(sich auf Hunger u. Entbehrung einstellen).*

schmachten ['ʃmaxtn̩] ⟨sw. V.; hat⟩ /vgl. schmachtend/ [aus dem Niederd. < mniederd. smachten (mhd. nur in: versmahten = verschmachten, ahd. nur in: gismāhteōn = schwinden, schwach werden), zu mhd. smāch, ahd. smāhi, ↑Schmach] (geh.): **1.** *Entbehrung (bes. Durst, Hunger) leiden:* in der Hitze s.; im Kerker s.; unter jmds. Gewaltherrschaft s.; jmdn. s. lassen. **2.** *leidend nach jmdm., nach etw. verlangen; sich schmerzlich sehnen:* nach einem Tropfen Wasser s.; nach der Geliebten s. **3.** *durch Blicke, Gesten o. ä. ein Schmachten* (2) *zum Ausdruck bringen:* ... obgleich sie keineswegs schmachtete (Zuckmayer, Herr 85); **schmachtend** ⟨Adj.⟩ (oft spött.): *voll Hingebung u. schmerzlicher Sehnsucht; rührselig, sentimental:* ein -er Blick, Gesang; jmdn. s. anblicken; **schmächtig** ['ʃmɛçtɪç] ⟨Adj.; nicht adv.⟩ [mhd. smahtec, zu: smaht, ↑Schmacht]: *dünn u. von zartem Gliederbau:* ein -er Körper; jmd. ist klein und s.; ⟨Abl.:⟩ **Schmächtigkeit,** die; -.

Schmack [ʃmak], die; -, -en [zu niederd. smacken = schlagen; das Schiff hatte urspr. ein Segel mit schlagendem Zipfel] (früher): *kleines, vorn u. hinten rund gebautes, anderthalbmastiges Seeschiff.*

schmackbar ['ʃmakba:ɐ̯] ⟨Adj.⟩ (schweiz.): *schmackhaft.*

Schmackeduzken [ʃmakə'dʊtskn̩], **Schmackeduzjen** [...tsjən] ⟨Pl.⟩ [wohl zu niederd. smacken (↑Schmack) u. zu ↑Dutt] (berlin.): *Rohrkolben;* **Schmackes** ['ʃmakəs] ⟨Pl.⟩ [zu md. schmacken = schlagen; geräuschvoll fallen lassen, verw. mit schmecken] (landsch., bes. rhein.): **1.** *Hiebe, Schläge:* S. kriegen. **2.** *Schwung, Kraft:* er schlug den Nagel mit S. in die Wand.

schmackhaft ['ʃmakhaft] ⟨Adj.; -er, -este⟩ [mhd. smachhaft, zu: smack, ↑Geschmack]: *wohlschmeckend, von angenehmem Geschmack:* ein -es Gericht; -es Fleisch; das Essen s. zubereiten; ***jmdm. etw. s. machen** (ugs.; *jmdm. etw. so darstellen, daß er es für gut hält, Lust dazu bekommt*): jmdm. ein Vorhaben, einen Gedanken, einen Beruf s. machen; ⟨Abl.:⟩ **Schmackhaftigkeit,** die; -; **schmackig** ['ʃmakɪç] ⟨Adj.⟩ (bes. Werbespr.): *schmackhaft.*

Schmadder ['ʃmadɐ], der; -s (nordd. salopp abwertend): *etw., was von breiig-nasser Konsistenz ist u. als unangenehm empfunden wird;* **schmaddern** ['ʃmadɐn] ⟨sw. V.; hat⟩ [wahrsch. verw. mit ↑schmettern, eigtl. lautm.] (nordd. salopp abwertend): *mit etw. mehr od. weniger Flüssigem kleckern u. dadurch anderes beschmutzen.* **2.** ⟨unpers.⟩ *regnen u. schneien zugleich, naß schneien:* es schmaddert.

schmafu [ʃma'fu:] ⟨indekl. Adj.; o. Steig.; nicht attr.⟩ [wohl entstellt aus frz. je m'en fous = ich mach mir nichts daraus] (österr. landsch.): *schäbig, schuftig:* sich s. benehmen.

Schmäh [ʃmɛ:], der; -s, -[s] [mhd. smæhe = Beschimpfung; verächtliche Behandlung, zu ↑schmähen] (österr. ugs., bes. wiener.): **1. a)** *[billiger] Trick;* **b)** *Schwindelei, Ausflucht, Unwahrheit;* **c)** ⟨o. Pl.⟩ *das Schmähen, Schmähendes;* **d)** ***jmdn. am S. halten** *(jmdn. zum besten halten; jmdm. etw. vormachen).* **2.** ⟨o. Pl.⟩ *verbindliche Freundlichkeit; Sprüche u. Scherze:* Wiener S.

schmäh-, Schmäh-: ~**brief,** der: vgl. ~schrift; ~**rede,** die: **1.** *Rede, mit der jmd., etw. geschmäht wird:* eine S. gegen jmdn. halten. **2.** ⟨meist Pl.⟩ *schmähende Äußerung; Schmähung:* -n führen; ~**ruf,** der: vgl. ~rede (2): jmdn. mit -en überschütten; ~**schrift,** die: *Schrift, mit der jmd., etw. geschmäht wird; Pamphlet;* ~**sucht,** die ⟨o. Pl.⟩: *stark ausgeprägte Neigung, andere zu schmähen,* dazu: ~**süchtig** ⟨Adj.⟩ (selten): *gerne dazu neigend, andere zu schmähen;* ~**wort,** das ⟨Pl. -e⟩: vgl. ~rede (2): jmdm. -e nachrufen.

Schmähe ['ʃmɛ:ə], die; -, -n [mhd. smæhe] (selten): *Schmähung* (2); **schmähen** ['ʃmɛ:ən] ⟨sw. V.; hat⟩ [mhd. smæhen, ahd. smāhen, zu mhd. smāch, ahd. smāhi, ↑Schmach] (geh.): *mit verächtlichen Reden beleidigen, beschimpfen, schlechtmachen:* seinen Gegner s.; jmdn. als Ketzer s.; **schmählich** ['ʃmɛ:lɪç] ⟨Adj.⟩ [mhd. smaeh(e)lich = verächtlich; schimpflich, ahd. smāhlīh = gering, zu mhd. smāch, ahd. smāhi, ↑Schmach] (geh.): *in solch einer Weise, daß man es verachten muß, daß es als eine Schande anzusehen ist; schändlich:* ein -er Verrat; eine -e Niederlage; eine -e Rolle spielen; sein Ende war s.; etw. endet s.; jmdn. s. behandeln, im Stich lassen; s. versagen; ich habe mich s. (verblaßt; *in übler Weise, sehr*) getäuscht; ⟨Abl.:⟩ **Schmählichkeit,** die; - (geh.); **Schmähung,** die; -, -en [spätmhd. smæhunge]: **1.** *das Schmähen.* **2.** svw. ↑~rede (2): wüste -en [gegen jmdn., gegen etw.] ausstoßen; jmdn. mit -en überschütten, überhäufen.

schmal [ʃma:l] ⟨Adj.; schmaler u. schmäler, schmalste, seltener: schmälste⟩ [mhd., ahd. smal, urspr. = klein, gering] (bes. von Tieren): **1.** *von ziemlich geringer Ausdehnung in die Breite, in seitlicher Richtung* (Ggs.: breit 1 a): ein -es Band, Brett, Fenster; -e Hände, Hüften; eine -e Figur; ein -er Weg, Durchgang; ein -es *(dünnes, kleines)* Büchlein; ihre Augen sind s.; die Lippen s. machen; s. in den Hüften, in den Schultern sein; du bist -er *(dünner)* geworden; Mein Gesicht ist eingefallen, schmäler geworden (Ziegler, Labyrinth 20); den Fluß an der -sten Stelle überqueren; eine s. *(eng)* geschnittene Hose. **2.** (geh.) *knapp, unzureichend, karg:* ein -es Einkommen; -e Kost; mit einem so -en Geldbeutel *(so wenig Geld)* kann man keine großen Sprünge machen; hier wird nur eine -e *(geringe)* Auswahl geboten; seine Rente ist sehr s. [bemessen].

schmal-, Schmal-: ~**blätt[e]rig** ⟨Adj.; o. Steig.; nicht adv.⟩ (Bot.): *mit schmalen Blättern;* ~**brüstig** [-brʏstɪç] ⟨Adj.; nicht adv.⟩: *mit schmalem Brustkorb; dünn:* ein -es kleines Kerlchen; Ü ein -er Schrank; -e *(engstirnige)* Ansichten; die Zeitschrift ist dünn, s. nicht nur im Umfang (Weber, Tote 263); ~**fenstrig** ⟨Adj.; o. Steig.; nicht adv.⟩; ~**film,** der: *(bes. von Amateuren benutzter) schmaler Film* (2) *für Filmaufnahmen,* dazu: ~**filmkamera,** die, ~**filmprojektor,** der; ~**geiß,** die (Jägerspr.): vgl. ~reh; ~**gliedrig** ⟨Adj.; nicht adv.⟩: -e Hände; ~**hans** nur in der Wendung **bei jmdm. ist S. Küchenmeister** (ugs.; *bei jmdm. geht es äußerst knapp zu, muß sehr mit dem Essen gespart werden;* nach der Vorstellung eines mageren Küchenmeisters, der selbst nicht genug zu essen hat u. als „schmaler Hans" od. „Hans Schmal" bezeichnet wird; ↑Hans); ~**hüftig** [-hʏftɪç] ⟨Adj.; nicht adv.⟩: *mit schmalen Hüften;* ~**kost,** die: *schmale, unzureichende Ernährung;* ~**lippig** ⟨Adj.; nicht adv.⟩: *mit schmalen Lippen:* ein -es, asketisches Gesicht (Salomon, Boche 86); ~**nasen** ⟨Pl.⟩ (Zool.): *mit Ausnahme des Menschen nur altweltliche Teilordnung der Herrentiere mit schmaler Nasenscheidewand u. nach vorn gerichteten, eng stehenden Nasenlöchern;* ~**randig** ⟨Adj.; nicht adv.⟩: *mit schmalem Rand;* ~**reh,** das (Jägerspr.): *weibliches Reh im zweiten Lebensjahr, das noch keine Jungen hat;* ~**schult[e]rig** ⟨Adj.; nicht adv.⟩: *mit schmalen Schultern;* ~**seite,** die: *die kürzere Seite von etw., Seite mit der geringsten Ausdehnung:* der Schrank nimmt die ganze S. des Zimmers ein; ~**spur,** die ⟨o. Pl.⟩ (Eisenb.): *Spurweite, die geringer ist als die Normalspur;* vgl. Schmalspur-, dazu: ~**spurbahn,** die: *auf Schmalspur laufende Kleinbahn,* ~**spurgleis,** das; ~**spurig** ⟨Adj.⟩: *auf schmaler Spur, eng zusammen:* eine -e Bahn; der Skiläufer fährt sehr s.; Ü Laut Statistik ... arbeiten 309 000 Bundesbürger zur Zeit nur noch „schmalspurig" (MM 31. 8. 74, 44); ~**tier,** das (Jägerspr.): *weibliches Tier, bes. vom Hochwild, im zweiten Lebensjahr, das noch keine Jungen hat;* ~**vieh,** das (veraltend): *Kleinvieh;* ~**wand,** die: an der Schmalseite eines Hauses, Zimmers o. ä. gelegene Wand.

schmälen ['ʃmɛ:lən] ⟨sw. V.; hat⟩ [mhd. smeln, eigtl. = klein machen] (geh., veraltend): *tadeln, schelten, herabsetzen; mit jmdm. schimpfen:* die eintönige Arbeit s.; Wenn du mit mir s. und rechten willst ... (Th. Mann, Joseph 274); ⟨subst.:⟩ Lassen wir das Schmälen! (Molo, Frieden 45); **schmäler** ['ʃmɛ:lɐ]: ↑schmal; **schmälern** ['ʃmɛ:lɐn] ⟨sw. V.; hat⟩ [spätmhd. smelern]: *verringern, verkleinern, [im Wert] herabsetzen:* jmds. Rechte, Verdienste, jmdn. in seinen Rechten, Verdiensten s.; Nichts schmälert den Triumph des Entdeckers (Ceram, Götter 122); Bäume schmälern den Ertrag der Wiesen; durch diese Einwände soll der Wert des Buches nicht geschmälert werden; ich will dir dein Vergnügen nicht s.; ⟨Abl.:⟩ **Schmälerung,** die; -, -en: **1.** *das Schmälern.* **2.** *Geschmälertwerden;* **Schmalheit,** die; -: *schmale Beschaffenheit, geringe Breite.*

Schmalspur-: Best. in Zus. mit Subst. (meist Berufsbez.), durch das spöttisch gekennzeichnet werden soll, daß der im Grundwort genannte Beruf od. die Tätigkeit nur dilettantisch, nur nebenbei u. ohne vollständige Ausbildung ausgeübt wird, z. B. Schmalspurakademiker, Schmalspurjurist, Schmalspurpolitiker; Sie ... finden aus ihrem Schmalspurdenken nie mehr heraus (Zwerenz, Quadriga 183); **schmälste** ['ʃmɛ:lstə]: ↑schmal.

Schmalte ['ʃmaltə], die; -, -n [ital. smalto, ↑Email]: *pulverig gemahlener, kobaltblauer Farbstoff für feuerfeste Glasuren;* **schmalten** ⟨sw. V.; hat⟩ (veraltend): *mit Schmalte überziehen; emaillieren.*

[1]**Schmalz** [ʃmalts], das; -es, (Sorten:) -e [mhd., ahd. smalz, zu ↑schmelzen]: **1.** *eine weiche, streichbare Masse bildendes, ausgelassenes tierisches Fett (bes. von Schweinen od. Gänsen):* S. auslassen, aufs Brot schmieren; mit S. kochen; Pfannkuchen in S. schwimmend backen; Ü S. *(Kraft)* in den Knochen haben; das allein gibt dem Leben S. und Tunke (A. Zweig, Grischa 460). **2.** (landsch.) svw. ↑Butterschmalz. **3.** (Jägerspr.) *Fett* (2) *des Dachses u. des Murmeltieres;* [2]**Schmalz** [-], der; -es (ugs. abwertend): **1.**

(übertrieben empfundenes) Gefühl, Sentimentalität: er rezitierte, sang mit viel S. **2.** *sehr sentimentales Lied o. ä.*

Schmalz-: **~brot,** das: *mit Schmalz bestrichene Brotscheibe;* **~fleisch,** das: *fettreiches, zu einer streichfähigen Masse eingekochtes Fleisch;* **~gebäck,** das, **~gebackene,** das; -n (Kochk.): *in einem Bad aus siedendem Fett (Schmalz, Butterschmalz, Talg, Öl od. Mischungen) hergestelltes Backwerk* (z. B. Berliner Pfannkuchen); **~locke,** die: vgl. ~tolle: Der Kellner ... mit den -n (Schnurre, Ich 23); **~schnitte,** die: svw. ↑~brot; **~stulle,** die (berlin.): svw. ↑~brot; **~tolle,** die (ugs. scherzh.): *pomadisierte Haartolle;* **~topf,** der: *Gefäß [aus Steingut], in dem Schmalz aufbewahrt wird.*

Schmälze ['ʃmɛltsə], die; -, -n (Fachspr.): *ölige Substanz, mit der bes. Wollfasern vor dem Spinnen behandelt werden;* **schmalzen** ['ʃmaltsn̩] ⟨sw. V.; hat⟩ [mhd. smalzen] (Kochk.): *mit Schmalz zubereiten, bes. mit heißem Schweineschmalz, auch Butter o. ä. übergießen; abschmälzen:* geschmalzte/(seltener:) geschmalzene Nudeln; Ü ein geschmalzter *(sehr hoher)* Preis; **schmälzen** ['ʃmɛltsn̩] ⟨sw. V.; hat⟩ [mhd. smelzen]: **1.** svw. ↑schmalzen: der Geruch von geschmälztem Rotkohl (Strittmatter, Wundertäter 332). **2.** (Fachspr.) *Wollfasern vor dem Spinnen mit einer Schmälze behandeln, um einen gleichmäßigen u. geschmeidigen Faden zu bekommen;* **schmalzig** ⟨Adj.⟩ [mhd. smalzec = fettig, auch schon übertr. = schmeichlerisch] (abwertend): *gefühlvoll, sentimental:* ein -es Gedicht; mit -er Stimme; er singt viel zu s.; **Schmalzler** ['ʃmaltslɐ], der; -s (bes. bayr.): *[mit Schmalz versetzter] Schnupftabak.*

Schmankerl ['ʃmaŋkɐl], das; -s, -n [tirol. schmankerl = leckeres Essen, H. u.] (bayr., österr.): **a)** *als Tüte geformtes Stück süßen Gebäcks aus einem ganz dünn ausgebackenen Teig:* -n backen; **b)** *besonderer Leckerbissen:* Da (= in Bremen) gibt es Pökelfleisch und Heringe fürs „Labskaus", Grünkohl und Grützwurst ... und vielerlei -n mehr (Augsburger Allgemeine 29. 4. 78, 44); Ü die Zuhörer mit musikalischen -n erfreuen.

Schmant [ʃmant], der; -[e]s [mniederd. smand, verw. mit: smade = weich, glatt]: **1.** (bes. westmd., nordostd.) **a)** *[saure] Sahne;* **b)** *Haut auf der gekochten Milch.* **2.** (ostmd.) *feuchter [Straßen]schmutz, Schlamm;* ⟨Zus. zu 1 a:⟩ **Schmantkartoffeln** ⟨Pl.⟩ (landsch.): svw. ↑Sahnekartoffeln.

schmarotzen [ʃma'rɔtsn̩] ⟨sw. V.; hat⟩ [frühnhd. schmorotzen = auf Kosten anderer leben < spätmhd. smorotzen = betteln, H. u.]: **1.** (abwertend) *faul auf Kosten anderer leben:* er schmarotzt immer noch bei seinen Verwandten; eine Großbauerntochter, die zwar früh der Bauernarbeit den Rücken gekehrt hatte, aber noch immer von ihr schmarotzte (Innerhofer, Schattseite 105). **2.** (Biol.) *(von Tieren u. Pflanzen) als Parasit* (1) *auf od. in einem Lebewesen od. einer Pflanze leben:* der Bandwurm schmarotzt im Darm des Menschen; eine schmarotzende Orchidee; ⟨Abl.:⟩ **Schmarotzer** [ʃma'rɔtsɐ], der; -s, - [spätmhd. smorotzer = Bettler]: **1.** (abwertend) *jmd., der schmarotzt* (1). **2.** (Biol.) *tierischer od. pflanzlicher Organismus, der schmarotzt* (2); *Parasit* (1): viele Pilze sind S.

Schmarotzer-: **~fliege,** die: *Fliege, deren Larve unter der Haut von Säugetieren lebt* (z. B. Dasselfliege); **~pflanze,** die: *als Schmarotzer wachsende Pflanze;* **~tier,** das: vgl. ~pflanze; **~wespe,** die: *Wespe, die ihre Eier auf von einer anderen Art Wespen gefangenen Spinnen ablegt, so daß sich die Larve dort als Schmarotzer entwickelt.*

schmarotzerhaft ⟨Adj.; -er, -este⟩: *wie ein Schmarotzer, als Schmarotzer:* s. leben; **schmarotzerisch** ⟨Adj.⟩: *wie ein Schmarotzer;* **Schmarotzertum,** das; -s: *das Leben als Schmarotzer, schmarotzerhaftes Dasein.*

Schmarre ['ʃmarə], die; -, -n [aus dem Niederd. < mniederd. smarre; vgl. Schmarren] (ugs.): *[vernarbte] Wunde, Schmiß:* auf seinem Gesicht zog sich eine tiefe S. vom linken Auge bis zum Mund (Plievier, Stalingrad 125); Ü bei diesem Geschäft hat er eine empfindliche S. bekommen *(einen Verlust, spürbaren Schaden erlitten);* **Schmarren** ['ʃmarən], der; -s, - [eigtl. wohl = breiige Masse, Fett; mit stark auseinandergehenden Bedeutungsentwicklungen zu ↑Schmer]: **1.** (österr., auch südd.) *süße Mehlspeise [auch mit Grieß, Semmeln od. Kartoffeln zubereitet]; Eierkuchen, der in der Pfanne mit Gabeln zerrissen u. nochmals überbakken wird:* den S. mit Puderzucker bestreuen. **2.** (ugs. abwertend) **a)** *etw. (z. B. ein Film), was bedeutungslos, minderwertig, ohne künstlerische Qualität ist;* **b)** *unsinnige Äußerung, Unsinn:* red keinen solchen S.!; das ständige Geschrei der oppositionellen Presse ... hatte er für Blumenkohl gehalten, für hysterisch übertriebene S. (Feuchtwanger, Erfolg 583); **c)** * **einen S.** (drückt Ärger u. Ablehnung aus; *überhaupt nichts*): das geht dich einen S. an!; kriegen wir wenigstens die U-Bahn? Einen S. kriegen wir! (Kronen-Zeitung 10. 10. 68, 4); von Wirtschaft versteht er einen S.

Schmasche ['ʃmaʃə], die; -, -n ⟨meist Pl.⟩ [mhd. (Pl.) smaschīn, mniederd. smāsche, aus dem Poln.] (Fachspr.): *Fell eines früh- od. totgeborenen Lammes.*

Schmatz [ʃmats], der; -es, -e, auch: Schmätze ['ʃmɛtsə] ⟨Vkl. ↑Schmätzchen⟩ [spätmhd. smaz, smūz, zu ↑schmatzen] (ugs.): *[lauter] Kuß:* jmdm. einen S. geben; **Schmätzchen** ['ʃmɛtsçən], das; -s, -: ↑Schmatz; **schmatzen** ['ʃmatsn̩] ⟨sw. V.; hat⟩ [mhd. smatzen, älter: smackezen, Weiterbildung aus: smacken, ↑schmecken]: **a)** *einen solchen Laut, solche Laute [beim Essen] hervorbringen, die durch Schließen u. plötzliches Öffnen der nassen Lippen u. der Zunge entstehen:* laut, behaglich s.; ihr sollt beim Essen nicht s.!; **b)** *etw. mit einem schmatzenden Laut tun:* die Katze schmatzt ihre Milch; Mir schmatzte er einen Kuß auf den Mund, das hinterließ einen nassen Fleck (Kempowski, Tadellöser 178); **c)** (unpers. od. von Sachen) *ein schmatzendes Geräusch abgeben:* sie küßten sich, daß es schmatzte; der feuchte Boden schmatzt unter unseren Füßen; Es schmatzte, pappte und sog (Gaiser, Jagd 498); **Schmatzer,** der; -s, - (salopp): svw. ↑Schmatz; **Schmätzer** ['ʃmɛtsɐ], der; -s, - [nach den Lauten des Vogels]: *zu den Drosseln gehörender, bunter Singvogel, der meist am Boden, z. B. auf Wiesen od. zwischen Geröll, lebt u. sich hüpfend bewegt.*

Schmauch [ʃmaux], der; -[e]s [mhd. smouch] (landsch. u. fachspr.): *dicker, unangenehmer, qualmender Rauch, der sich bei ohne Flamme verbrennenden, nur glimmenden Stoffen (z. B. Tabak, Schießpulver) entwickelt:* ein Projektil ... zieht ... einen typischen „Schmauch" hinter sich her (MM 24. 6. 71, 3); ⟨Abl.:⟩ **schmauchen** ['ʃmauxn̩] ⟨sw. V.; hat⟩: *mit Genuß rauchen:* er schmaucht seine Pfeife, eine Zigarre; ⟨Zus.:⟩ **Schmauchring,** der (Kriminalistik): *Rückstand von Pulver an einer Einschußstelle;* **Schmauchspur,** die ⟨meist Pl.⟩ (Kriminalistik): *Reste unverbrannten Pulvers (beim Täter, an der Waffe, der Aufschlagstelle) nach einem Schuß:* an der Hand des Toten fanden sich -en.

Schmaus [ʃmaus], der; -es, Schmäuse ['ʃmɔyzə; aus der Studentenspr.] (veraltend, noch scherzh.): **1.** *reichhaltige, bes. leckere u. mit Genuß verzehrte Mahlzeit:* das war ein köstlicher S. **2.** [1]*Mahl* (2) *mit einem Essen, das man mit Genuß zu sich nimmt:* wir wollen einen großen S. halten; **schmausen** ['ʃmauzn̩] ⟨sw. V.; hat⟩ [aus der Studentenspr., urspr. wohl = unsauber essen u. trinken (verw. mit ↑schmuddelig)] (veraltend, noch scherzh.): **a)** *vergnügt u. mit Genuß essen:* sie saßen an langen Tischen und schmausten; **b)** *mit Behagen verzehren:* wir schmausen unsere Weihnachtsgans; ⟨Abl.:⟩ **Schmauserei** [ʃmauzə'rai], die; -, -en (veraltend): *ausgiebiges Schmausen.*

Schmeck-: **~haare** ⟨Pl.⟩ (Zool.): *(bei Insekten) der Wahrnehmung des Geschmacks dienende, auf den Fühlern, den Mundgliedmaßen u. den Vorderbeinen befindliche, meist haarartige Gebilde aus Chitin;* **~sinn,** der: svw. ↑Geschmackssinn; **~sphäre,** die (Anat.): *Bereich der Großhirnrinde, der als Zentrum des Geschmackssinns fungiert;* **~zentrum,** das: (Anat.): svw. ↑~sphäre.

schmecken ['ʃmɛkn̩] ⟨sw. V.; hat⟩ [mhd. smecken (Nebenf. smacken) = kosten, wahrnehmen; riechen, duften, ahd. smecken = Geschmack empfinden]: **1. a)** *mit der Zunge, dem Gaumen den Geschmack von etw. prüfend feststellen, erkennen:* ich schmecke allerhand Gewürze im Essen; wenn man Schnupfen hat, kann man nichts s.; das Salz des Meeres auf den Lippen s.; er schmeckte Blut, und das belebte ihn (Fels, Sünden 116); ⟨auch o. Obj.:⟩ er schmeckte mit der Zunge; Ü der Mann ... schmeckte schon unter dem Gaumen eine schale, brütende Langeweile (Langgässer, Siegel 15); Das Großkapital zieht sich zurück, ohne daß es am Bier geschmeckt *(sich finanziell zu beteiligen versucht)* hat (Welt 9. 2. 78, 1); **b)** (südd., österr., schweiz.) *mit dem Geruchssinn wahrnehmen, riechen:* ich ... schmeckte die Wagenschmiere und das salzige Leder im Wind, und da wußte ich, daß Pferdemarkt war (Schnurre, Bart 105); * **jmdn. nicht s. können** (jmdn. nicht ↑riechen können): Gartennachbarn ..., die sich ... nicht sonderlich s. können (Südd. Zeitung 25. 6. 77, 17). **2. a)** *eine bestimmte (z. B.*

süße, saure, bittere) Empfindung im Mund hervorrufen, einen bestimmten Geschmack haben: das Essen schmeckt gut, würzig, [zu] salzig, scharf, angebrannt; Wild muß ein wenig streng s.; einige Aperitifs ..., von denen einer fader schmeckte als der andere (Ott, Haie 134); Läßt die Speckgrieben anbrennen, bis sie wie Rosinen schmecken (Hausmann, Abel 26); die Suppe schmeckt heute nach gar nichts *(ist schlecht gewürzt);* der Wein schmeckt nach [dem] Faß, Korken; tranken wir ... einen nach Zimt und Rosen schmeckenden rötlichen Wein (Koeppen, Rußland 27); ⟨unpers.:⟩ es hat [mir] sehr gut geschmeckt; es schmeckte ihm köstlich auf der Zunge (Böll, Mann 61); Bitter schmeckte Pippig diese Erkenntnis (Apitz, Wölfe 198); R das schmeckt nach mehr (ugs.; *schmeckt so gut, daß man mehr davon essen möchte*); das schmeckt rauf wie runter (salopp; *schmeckt ganz schlecht;* eigtl. = es schmeckt genauso wie Erbrochenes); das schmeckt wie eingeschlafene Füße (salopp; *schmeckt widerlich, ekelerregend*); **b)** *[bei jmdm.] eine angenehme Empfindung im Mund hervorrufen; für jmdn. einen guten Geschmack haben; jmdm. munden:* das Essen hat geschmeckt; die Krankenkost wollte ihm nicht so recht s.; ⟨meist unpers.:⟩ schmeckt es?; [nun] laßt es euch s.!; den Kindern scheint es zu s. *(sie greifen tüchtig zu);* Ü nach dem Urlaub schmeckt die Arbeit noch nicht wieder; diese Kritik schmeckte ihm gar nicht; ⟨Abl.:⟩ **Schmecker** ['ʃmɛkɐ], der; -s, -: **1.** (südd., österr. mundartl., schweiz. mundartl.) *Nase, Witterung:* einen guten S. haben. **2.** (Jägerspr.) **a)** svw. ↑ [1]Äser; **b)** svw. ↑ Lecker (3).

Schmeichel-: **~kätzchen,** das, **~katze,** die (fam.): *Kind, Mädchen, das sehr zärtlich ist, sich anschmiegt [u. mit Schmeicheln etw. erbitten, erreichen möchte];* **~name,** der: svw. ↑ Kosename; **~rede,** die: *Rede, mit der jmdm. geschmeichelt* (1 a) *wird;* **~wort,** das ⟨Pl. -e; meist Pl.⟩: *schmeichelndes Wort:* jmdm. -e sagen.

Schmeichelei [ʃmajçə'laj], die; -, -en: *Worte, die jmdn. angenehm berühren sollen, indem sie seine Vorzüge hervorheben u. ihn loben:* jmdm. -en sagen; **schmeichelhaft** ⟨Adj.; -er, -este⟩: *ehrend, das Ansehen u. das Selbstbewußtsein hebend:* -e Reden; das war sehr s. für ihn; diese Worte klingen wenig s. *(enthalten einen Tadel);* Ü diese Fotografie von ihr ist sehr s. *(läßt sie hübscher aussehen, als sie in Wirklichkeit ist);* **schmeicheln** ['ʃmajçl̩n] ⟨sw. V.; hat⟩ [mhd. smeicheln, Weiterbildung aus: smeichen, urspr. = streichen]: **1. a)** *übertrieben Gutes über jmdn. sagen, ihn wortreich loben [um sich beliebt zu machen]:* man schmeichelte ihr, sie sei eine große Künstlerin; sie schmeicheln ihrem Vorgesetzten; ⟨auch o. Dativobj.:⟩ er versteht zu s.; „Sie haben herrlich gesungen", schmeichelte er; sich geschmeichelt fühlen; **b)** *jmds. Selbstgefühl heben:* es schmeichelt ihm, daß ...; diese Worte schmeicheln seiner Eitelkeit; **c)** *jmds. äußere Vorzüge zur Geltung bringen, jmdn. in ein günstiges Licht stellen:* dies Kleid schmeichelt jeder Dame; Samt schmeichelt; ⟨häufig im 2. Part.:⟩ die Aufnahme ist geschmeichelt *(läßt den Aufgenommenen hübscher erscheinen, als er in Wirklichkeit ist);* ein geschmeicheltes Bild; **d)** ⟨s. + sich⟩ *stolz sein, sich etw. darauf einbilden, daß ...:* ich schmeichle mir, das schon längst erkannt zu haben; Im November 1958 ... konnte er (= Nikita Chruschtschow) sich noch s., eine Milliarde Kommunisten, ein Drittel der Menschheit hinter sich zu haben (Dönhoff, Adenauer 228). **2. a)** *liebkosen, zärtlich sein:* Kinder schmeicheln gern; sie hat mit ihrer Mutter geschmeichelt; Ü ein schmeichelndes *(lieblich duftendes)* Parfüm; **b)** ⟨s. + sich⟩ *in jmds. Ohr, Sinne sanft hineindringen, eingehen:* die Klänge schmeicheln sich ins Ohr; Mit nichts hätte Goldmund sich rascher wieder in sein Herz s. können (Hesse, Narziß 349); schmeichelnde Musik; ⟨Abl.:⟩ **Schmeichler** ['ʃmajçlɐ], der; -s, - [spätmhd. smeicheler]: *jmd., der schmeichelt, Schönredner;* **Schmeichlerin,** die; -, -nen: w. Form zu ↑ Schmeichler; **schmeichlerisch** ⟨Adj.⟩: *[übertrieben] schmeichelnd, sich anbiedernd:* mit -en Worten; Rosalie schob sich s. näher (Langgässer, Siegel 524).

schmeidig ['ʃmajdɪç] ⟨Adj.⟩ (geh., veraltet): svw. ↑ geschmeidig (1); **schmeidigen** ['ʃmajdɪgn̩] ⟨sw. V.; hat⟩ (bildungsspr. selten): *geschmeidig, schmiegsam machen:* Ich muß mir Bewegung machen ..., um das Holzbein zu s. (Th. Mann, Zauberberg 676); ⟨auch s. + sich:⟩ Cranachs Handschrift schmeidigt sich dabei zur Kalligraphie (MM 27. 1. 73, 80); ⟨Abl.:⟩ **Schmeidigung,** die; -, -en (bildungsspr. selten): **1.** *das Geschmeidigmachen.* **2.** *das Geschmeidigwerden.*

[1]**schmeißen** ['ʃmajsn̩] ⟨st. V.; hat⟩ [mhd. smīʒen, ahd. (bi)smīʒan, eigtl. = beschmieren, bestreichen] (ugs.): **1. a)** *mit Schwung werfen, schleudern:* wütend schmiß er ein Glas an die Wand, den Aschbecher nach ihr; jmdm. einen Stein ins Fenster s.; etw. auf den Boden, aus dem Fenster s.; wir sollen alles auf einen Haufen s.; den Ball in die Luft s.; jmdn. ins Wasser, etw. über die Mauer s.; er schmiß die Tür [ins Schloß] *(schlug sie heftig zu);* Ü jmdn. aus dem Zimmer, aus der Schule s. (*hinausweisen* 1); Mahlke schmiß er *(skizzierte er mit schnellen, flüchtigen Strichen)* nicht mit Rötel aufs Papier, sondern mit knirschender Schulkreide auf die Schultafel (Grass, Katz 45); **b)** *mit etw. werfen:* mit Steinen s.; die Demonstranten schmeißen mit Tomaten; schmissen wir reichlich mit Schneebällen nach toten Gegenständen (Küpper, Simplicius 117); Nur ein paar Meter ... entfernt ... schmeißen sich Berliner Gören mit Eierpampe (BM 12. 8. 75, 5); Ü er hat mit Geld, mit Geschenken um sich geschmissen *(viel ausgegeben, verschenkt);* **c)** ⟨s. + sich⟩ *sich irgendwohin fallen lassen:* sie schmiß sich weinend aufs Bett; sie schmiß sich in den Sessel; er hat sich vor den Zug geschmissen (salopp; *sich das Leben genommen, indem er sich vor einen Zug geworfen hat*); **d)** *(bes. eine Lehre o. ä.) aus einem Gefühl starker Unlust o. ä. heraus abbrechen, aufgeben; hinwerfen* (3 b): seinen Job, das Studium s.; er hat den Kursus geschmissen; **e)** ⟨s. + sich⟩ *sich [für einen bestimmten Anlaß] besonders festlich, sorgsam kleiden:* zur Feier des Tages hat er sich in seinen Smoking geschmissen. **2.** *ausgeben, spendieren:* eine Lage, Runde [Bier] s.; Komm, schmeiß einen Kognak (Remarque, Obelisk 187); der Maine-Gouverneur ... schmiß ihm *(gab für ihn)* eine Party, rote Teppiche wurden ausgerollt (Spiegel 46, 1977, 120). **3.** *mit etw. geschickt fertig werden; etw. umsichtig u. sicher durchführen, bewältigen:* wir werden die Sache schon s.; sie hat den großen Haushalt ohne Hilfe geschmissen; deshalb braucht der Kommandeur jemand, der hier den ganzen Laden für ihn schmeißt (Kirst, 08/15, 388). **4.** (Theater, Ferns. usw. Jargon) *[durch Ungeschick, Vergeßlichkeit o. ä.] verderben, mißlingen lassen:* eine Szene, die Vorstellung s.; wenn ich mal keinen Einfall habe oder den Text verschwitze, ist die Sendung geschmissen (Hörzu 40, 1973, 26); [2]**schmeißen** [-] ⟨sw. V.; hat⟩ [mhd. smeiʒen, Vergröberung der Grundbed. von ↑ [1]schmeißen; vgl. Geschmeiß] (Jägerspr.): *(von Greifvögeln) Kot abwerfen, sich entleeren:* der Falke hat geschmeißt; ⟨Zus. zu [2]schmeißen:⟩ **Schmeißfliege,** die: *große, metallisch blau od. goldgrün glänzende Fliege, die gern auf Fleisch, auf offenen Wunden od. auf tierischen od. menschlichen Exkrementen sitzt u. dort ihre Eier ablegt;* **Schmelz** [ʃmɛlʦ], der; -es, -e [vgl. ahd. smelzi = Gold-Silber-Legierung, zu ↑ schmelzen]: **1.** *glänzender Überzug, Glasur, Email:* der S. beginnt abzublättern; Westerwälder Steinzeug mit blauem S. **2.** *oberste Schicht des Zahnes; Zahnschmelz.* **3.** *schimmernder, strahlender u. doch weicher Ausdruck, Glanz, Klang von etw.:* der S. der Stimme, des Gesichts, der Farben; er spielte mit innigem S. (Hartung, Piroschka 24); Ü verblaßter S. der Jugend; Der S. des großen Abenteuers ist abgebraucht (Spiegel 52, 1965, 96).

schmelz-, Schmelz-: **~bad,** das (Technik): *die Schmelze* (2 a) *im Schmelztiegel;* **~butter,** die: svw. ↑ Butterschmalz; **~farbe,** die: svw. ↑ Muffelfarbe; **~fluß,** der: *glühend-flüssiges od. verflüssigtes Material* (Lava, Metall o. ä.), dazu: **~flüssig** ⟨Adj.; o. Steig.; nicht adv.⟩; **~glas,** das ⟨Pl. ...gläser⟩: svw. ↑ Email; **~gut,** das (Technik): *zum Schmelzen bestimmtes Material;* **~hütte,** die: *Hütte* (3) *zur Metallgewinnung;* **~käse,** der: *aus zerkleinertem [Hart]käse unter Zugabe bestimmter Salze durch Schmelzen gewonnener, rindenloser [streichbarer] Käse;* **~ofen,** der (Technik): *großer Ofen (in einem Hüttenwerk, einer Gießerei o. ä.), in dem Metalle geschmolzen u. legiert werden;* **~punkt,** der (Physik): *Temperatur, bei der ein fester Stoff schmilzt:* Eisen hat einen S. von mehr als 1 500°; **~schupper** [...ʃʊpɐ], der; -s, - (Zool. veraltend): *Vertreter einer urtümlichen Ordnung von Knochenfischen, deren Haut von Ganoidschuppen bedeckt ist; Ganoiden;* **~schweißer,** der: *Facharbeiter, der Schmelzschweißungen ausführt* (Berufsbez.); **~schweißung,** die (Technik): *Verfahren, bei dem durch Aufschmelzen* (2) *eines Werkstoffes an der vorgesehenen Nahtstelle zwei Werkstücke fest miteinander verbunden werden;* **~temperatur,** die: *Temperatur, bei der ein fester Stoff schmilzt;* **~tiegel,** der:

Tiegel zum Schmelzen (von Metall, Glas o. ä.): ein S. aus feuerfestem Ton mit Zusatz von Graphit; Ü Noch immer ist die Stadt (= London) ein S. der Völker und der Rassen (Koeppen, Rußland 161); der S. Amerika; ~**vorgang,** der; ~**wärme,** die (Physik): *Wärmemenge, die ein Kilogramm eines Materials nach Erreichen der Schmelztemperatur verbraucht, bis es vollständig in den flüssigen Zustand übergegangen ist;* ~**wasser,** das ⟨Pl. ...wasser⟩: *beim Schmelzen von Schnee u. Eis heraustretendes Wasser:* S. läßt im Frühjahr Bäche und Flüsse anschwellen; Schäden durch Frost und S., dazu: ~**wasserrinne,** die (Geol.): *von subglazialen Schmelzwassern geschaffene Abflußrinne [die heute oft als langgestreckter See erscheint].*

schmelzbar ['ʃmɛltsba:ɐ̯] ⟨Adj.; o. Steig.; nicht adv.⟩: *sich schmelzen, verflüssigen lassend:* ein leicht -es Material; ⟨Abl.:⟩ **Schmelzbarkeit,** die; -; **Schmelze** ['ʃmɛltsə], die; -, -n: **1.** *das [Zer]schmelzen, Flüssigwerden:* Der Schnee, nachts leicht gefroren, neigte jetzt eher zur S. (A. Zweig, Grischa 457). **2. a)** (Technik) *in flüssigen Zustand gebrachtes Material, Flüssigkeit aus geschmolzenem Material:* eine S. herstellen; Strom durch eine S. aus Metall schicken; **b)** (Geol.) *Gestein, Erz, das durch Erstarren flüssig gewesener [vulkanischer] Materialien entstanden ist.* **3.** (veraltend) svw. ↑Schmelzhütte; **schmelzen** ['ʃmɛltsn̩] ⟨st. V.⟩ /vgl. schmelzend/ [1: mhd. smelzen, ahd. smelzan (st. V.), eigtl. = weich werden, zerfließen; 2: mhd., ahd. smelzen (sw. V.), urspr. Veranlassungsverb von ↑schmelzen (1)]: **1.** *unter dem Einfluß von Wärme flüssig werden, zergehen* ⟨ist⟩: Quecksilber schmilzt schon bei − 38°; der Schnee ist [in/an der Sonne] geschmolzen; Die Platte wird in der Röhre gut durchgehitzt, bis der Käse geschmolzen ist (Horn, Gäste 178); ⟨subst.:⟩ das Metall zum Schmelzen bringen; Ü unsere Zweifel schmolzen *(schwanden)* schnell; Die Zigeunerbande schmolz in Schwermut (Hartung, Piroschka 23). **2.** *durch Wärme flüssig machen, zergehen lassen* ⟨hat⟩: Erz, Eisen s.; die Sonne schmolz den Schnee; Ü Angst, die die Knochen zu Gelatine schmilzt (Remarque, Funke 126); **schmelzend** ⟨Adj.⟩ [1. Part. von ↑schmelzen]: *weich, warm, gefühlvoll:* -e Blicke; Helmut habe in der Schule immer die -sten Stimmungsbilder geschrieben (M. Walser, Pferd 41); die Nachtigall singt s.; ⟨Abl.:⟩ **Schmelzer,** der; -s, -: *Facharbeiter in einer Schmelzhütte* (Berufsbez.); **Schmelzerei** [ʃmɛltsə'rai], die; -, -en: **1.** svw. ↑Schmelzhütte. **2.** *das Schmelzen* (2); **Schmelzung,** die; -, -en: *das Schmelzen* (2): -en durchführen.

Schmer [ʃme:ɐ̯], der od. das; -s [mhd. smer, ahd. smero = Fett; vgl. schmieren] (landsch.): *Bauchfett (bes. beim Schwein).*

schmer-, Schmer-: ~**bauch,** der (ugs. abwertend od. scherzhaft): **a)** *dicker, vorgewölbter Bauch mit starkem Fettansatz:* einen S. haben; möge es dir zum S. gedeihen! (scherzh.; *möge es dir gut bekommen!*); **b)** *jmd., der mit einem Schmerbauch* (a) *behaftet ist:* da kommen zwei Schmerbäuche herangeschnauft, dazu: ~**bäuchig** ⟨Adj.; nicht adv.⟩ (ugs.): *mit einem Schmerbauch behaftet:* Dort sitzt der -e Schwiegersohn auf dem Drehstuhl (Zwerenz, Kopf 23); ~**fluß,** der ⟨o. Pl.⟩ (Med.): svw. ↑Seborrhö; ~**wurz,** die: *sich windende Pflanze mit einer dicken, unterirdischen Knolle, herzförmigen Blättern, Blüten in Trauben u. erbsengroßen, scharlachroten Beeren.*

Schmerl [ʃmɛrl], der; -s, -e [mhd. smirel, ahd. smerlo] (landsch.): svw. ↑Merlin; **Schmerle,** die; -, -n [mhd. smerl(e)]: *kleiner Karpfenfisch; Schlammbeißer; Bartgrundel.*

Schmerling ['ʃme:ɐ̯lɪŋ], der; -s, -e [zu ↑Schmer]: *als Speisepilz geschätzter Pilz mit braungelbem, bei Nässe schmierigem Hut, gelben, später olivfarbenen Röhren u. blaßgelbem Stiel mit braunen, körnigen Punkten.*

Schmerz [ʃmɛrts], der; -es, -en [mhd. smerze, ahd. smerzo]: **1.** *sehr unangenehme Empfindung, die durch Krankheit, Verletzung od. andere Störungen im Körper ausgelöst wird:* ein starker, scharfer, stechender, schneidender, brennender, bohrender, wilder, flüchtiger, dumpfer S.; anhaltende, kolikartige, rasende, unerträgliche -en; die -en kommen immer wieder, treten unregelmäßig auf; das sind rheumatische -en; ein jäher S. überfiel ihn; Plötzlich durchfuhr ihn ein höllischer S. (Brecht, Geschichten 112); wo sitzt der Schmerz?; der S. läßt nach, klingt ab; einen S. empfinden; er hat den S. kaum gespürt; -en haben, leiden, ertragen; die -en verbeißen; jede Berührung verursacht ihm -en; ein Laut des -es; an heftigen -en leiden; sich in -en winden; etw. unter großen -en tun; von -en geplagt, überwältigt, gepeinigt sein; ein vom S. verzerrtes Gesicht; vor S. halb ohnmächtig sein, fast vergehen; R S., laß nach! (ugs. scherzh.; ↑Schreck). **2.** *tiefe seelische Bedrückung, Kummer, Leid:* ein seelischer S.; der S. um einen Menschen, über einen Verlust; der S. übermannte sie; der S. der Enttäuschung; das ist mein großer S. *(Kummer);* sich gegenseitig -en bereiten; Tränen des Zorns und des -es; er erkannte mit -en, daß alles umsonst war; jmdn. mit -en (ugs.; *ungeduldig, sehnlichst*) erwarten; diese Worte erfüllten sie mit S.; eine von/vom S. gebeugte Trauernde; R hast du sonst noch -en? (ugs.; *hast du noch mehr [unerfüllbare, sinnlose] Wünsche?*); Spr kurz ist der S. [und ewig ist die Freude] (als Aufforderung, sich einer unangenehmen Sache zu stellen u. schnell damit fertig zu werden); geteilter S. ist halber S. *(gemeinsam läßt sich Schweres leichter ertragen).*

schmerz-, Schmerz-: ~**anfall,** der; ~**bekämpfung,** die; ~**empfindlich** ⟨Adj.; nicht adv.⟩: *empfindlich gegen Schmerzen, leicht Schmerzen empfindend:* er ist an dem verletzten Arm/der verletzte Arm ist noch sehr s., dazu: ~**empfindlichkeit,** die ⟨o. Pl.⟩; ~**empfindung,** die: Ausschaltung der bewußten S. (Medizin II, 192); ~**frei** ⟨Adj.; o. Steig.⟩: *frei von Schmerzen, ohne Schmerzen:* der Patient ist endlich s.; durch die Akupunktur ist es möglich, Patienten bei vollem Bewußtsein s. zu operieren (Hörzu 29, 1972, 66), dazu: ~**freiheit,** die ⟨o. Pl.⟩; ~**gebeugt** ⟨Adj.; o. Steig.; nicht adv.⟩; ~**gefühl,** das: *Empfindung eines Schmerzes, von Schmerzen:* ein unbestimmtes S. im Rücken; ~**geplagt** ⟨Adj.; o. Steig.; nicht adv.⟩; ~**grenze,** die: svw. ↑~schwelle; ~**klinik,** die [nach engl.-amerik. pain clinic] (Med.): *Klinik, in der Patienten behandelt werden, die unter bestimmten sehr schmerzhaften Krankheiten leiden;* ~**lindernd** ⟨Adj.; o. Steig.; nicht adv.⟩: *geeignet, Schmerzen zu lindern, erträglicher zu machen:* -e Mittel; diese Salbe wirkt sehr schnell s., dazu: ~**linderung,** die; ~**los** ⟨Adj.; -er, -este⟩: *keine Schmerzen verursachend; ohne Schmerzen:* eine -e Behandlung, Geburt; Ü könnte dann nach einer Übergangsfrist ... die Wachablösung s. vollzogen werden (Spiegel 7, 1975, 23); *** kurz und s.** (↑kurz 3b), dazu: ~**losigkeit,** die; -; ~**mittel,** das: *schmerzstillendes Mittel;* ~**schwelle,** die (Physiol.): *Grenze, oberhalb deren ein Reiz subjektiv als Schmerz empfunden wird:* dieser Lärm überschreitet bald die S.; ~**stillend** ⟨Adj.; o. Steig.; nicht adv.⟩: *den Schmerz, das Schmerzgefühl beseitigend:* -e Mittel; Morphium wirkt s.; ~**tablette,** die: vgl. ~mittel; ~**verzerrt** ⟨Adj.; o. Steig.; nicht adv.⟩: *vom Schmerz verzerrt:* mit -em Gesicht; ~**voll** ⟨Adj.⟩: *großen Schmerz (1, 2) ausdrückend, unter großen Schmerzen:* ein -er Abschied; Der Wirt verzieht s. das Gesicht (Jägersberg, Leute 85); ~**zentrum,** das (Physiol.): ein Analgetikum, das das S. direkt anspricht.

schmerzen ['ʃmɛrtsn̩] ⟨sw. V.; hat⟩ [mhd., ahd. smerzen, eigtl. = (auf)reiben]: **1.** *körperlich weh tun, Schmerzen verursachen:* der Kopf, das Bein, die Wunde schmerzt [ihn/ihm]; es hat heftig geschmerzt; eine vibrierende Tenorstimme, die Egon in den Ohren schmerzte (Jaeger, Freudenhaus 154); das Bier schmerzte auf den Zähnen, so kalt war es (Simmel, Affäre 48); eine stark schmerzende Verletzung. **2.** *seelisch weh tun, mit Kummer erfüllen:* der Verlust, die harten Worte schmerzten sie sehr; es schmerzt mich, daß du nie geschrieben hast; ⟨auch o. Obj.:⟩ Aber nicht einmal diese Erkenntnis schmerzt (Rinser, Mitte 138); ⟨Zus.:⟩ **schmerzenreich**: svw. ↑schmerzensreich.

schmerzens-, Schmerzens- [entspr. der früher schwachen Beugung von ↑Schmerz]: ~**geld,** das (jur.): *Entschädigung in Geld für einen erlittenen immateriellen Schaden:* zu den Krankenhauskosten kommt ein S.; S. fordern, erhalten; eine Klage auf S.; ~**kind,** das (veraltend): *Sorgenkind;* ~**lager,** das (veraltet): *Lager, Bett eines Schwerkranken;* ~**laut,** der: svw. ↑Klagelaut; ~**mann,** der (Kunstwiss.): *Darstellung des leidenden Christus:* ein byzantinischer S.; ~**mutter,** die (Kunstwiss.): svw. ↑Mater dolorosa; ~**reich** ⟨Adj.; o. Steig.; nicht adv.⟩ (geh.): *voller Schmerzen, viele Schmerzen erleidend:* die -e Maria (christl. Rel.); ~**ruf,** der; ~**schrei,** der: *Aufschrei, lauter Schrei vor Schmerzen:* einen S. ausstoßen; mit einem S.; ~**zug,** der (geh.): *schmerzlicher Ausdruck:* ein S. um den Mund.

schmerzhaft ['ʃmɛrtshaft] ⟨Adj.; -er, -este⟩ [spätmhd. smerzenhaft]: **1.** *körperlichen Schmerz verursachend; mit Schmerzen verbunden:* eine -e Wunde; -es Ziehen im Leib;

diese Verletzung ist sehr s.; Schmerzhaft wird eine Blähung unterdrückt (Richartz, Büroroman 39). **2.** *seelischen Schmerz verursachend, ein inneres Schmerzgefühl auslösend:* ein -es Erleben; die -e soziale Wirklichkeit (Bausinger, Dialekte 43); die Trennung war für sie sehr s.; 〈Abl.:〉 **Schmẹrzhaftigkeit,** die; -; **schmẹrzlich** 〈Adj.〉 [mhd. smerz(en)lich]: *Leid, Kummer verursachend, bedrückend; voll Trauer:* ein -er Verlust, Verzicht; die -sten Erfahrungen; die -e Gewißheit haben, daß ...; ein -es *(sehnsüchtiges)* Verlangen; es ist mir s. *(es tut mir leid, ich bedauere),* Ihnen mitteilen zu müssen ...; jmdn. s. vermissen; und ... der Bundesrepublik die verpaßte Chance s. vor Augen zu führen (Dönhoff, Ära 107); 〈Abl.:〉 **Schmẹrzlichkeit,** die; -.

Schmetten ['ʃmɛtn̩], der; -s [tschech. smetana] (ostmd.): *Sahne;* 〈Zus.:〉 **Schmẹttenkäse,** der.

Schmẹtterball, der; -[e]s, ...bälle [zu ↑schmettern] (Tennis, Tischtennis, Faustball u. a.): *geschmetterter* (1 c) *Ball:* seine Schmetterbälle sind gefürchtet; einen S. schlagen, spielen, gekonnt zurückschlagen.

Schmetterling ['ʃmɛtɐlɪŋ], der; -s, -e [aus dem Obersächs., wohl zu ↑Schmetten; nach altem Volksglauben fliegen Hexen in Schmetterlingsgestalt umher, um Milch u. Sahne zu stehlen]: **1.** *in vielen Arten vorkommendes Insekt mit meist zwei beschuppten, buntgemusterten Flügelpaaren u. einem Saugrüssel; Falter;* vgl. Lepidopteren: -e flattern, gaukeln umher; ein leuchtender S. sitzt auf der Blume; der S. hat seine Flügel zusammengeklappt; -e fangen, sammeln, aufspießen; die Raupe verpuppt sich und wird dann zum S. **2.** (Turnen) *frei gesprungener Salto, bei dem der Körper, am höchsten Punkt fast waagerecht in der Luft befindlich, eine halbe bis dreiviertel Drehung um die eigene Längsachse ausführt; Butterfly* (3). **3.** 〈meist o. Art. u. ungebeugt〉 *Schmetterlingsschwimmen, -stil:* 100 m S.

Schmẹtterlings-: **~blüte,** die (Bot.): *Blüte mit einer charakteristischen, einem Schmetterling, der seine oberen Flügel zusammengelegt hat, ähnlichen Form;* **~blütler,** der (Bot.): *Pflanze einer weitverbreiteten Pflanzenfamilie mit unpaarig gefiederten Blättern, Schmetterlingsblüten u. in einer (bei der Reife in zwei Hälften aufspringenden) Hülse wachsenden Früchten;* **~kasten,** der: vgl. ~sammlung; **~kescher,** der: vgl. ~netz; **~kunde,** die: *Wissenschaft von den Schmetterlingen, ihrer Entwicklung u. Verbreitung; Lepidopterologie;* **~netz,** das: *engmaschiges, feines Netz an einem Stiel zum Fangen von Schmetterlingen;* **~sammlung,** die: *in Kästen unter Glas aufbewahrte Sammlung von getöteten u. aufgespießten Schmetterlingen;* **~schwimmen,** das; -s: *Schwimmen im Schmetterlingsstil;* **~stil,** der 〈o. Pl.〉: svw. ↑Butterflystil.

schmettern ['ʃmɛtɐn] 〈sw. V.; hat〉 [1: mhd. smetern = klappern, schwatzen, lautm.; Bedeutungswandel im Frühnhd.]: **1. a)** *heftig u. laut knallend irgendwohin werfen, schleudern, schlagen:* ein Glas an die Wand s.; die Welle schmetterte ihn zu Boden; die Tür ins Schloß s.; **b)** *wuchtig aufprallen, gegen etw. schlagen, fallen:* schmetterten die Wellen ... gegen den auf und nieder wuchtenden Bug der „Scharhörn" (Hausmann, Abel 44); wir schmetterten nicht auf den Grund (Schnabel, Marmor 38); die Tür schmettert, fällt schmetternd ins Schloß; **c)** (Tennis, Tischtennis usw.) *(den Ball) von oben schräg nach unten mit großer Wucht schlagen:* ans Netz stürmen und s.; der japanische Titelträger schmetterte zu überhastet. **2. a)** *laut klingen, schallen:* Trompeten schmettern; vom Platz her schmettert Marschmusik; Schrill begann der Vogel wieder zu s. (Remarque, Triomphe 400); ein schmetternder Akkord; **b)** *mit lauter Stimme singen od. rufen:* sie schmetterten fröhlich ihre Lieder; die Kapelle schmettert einen Marsch, einen Tusch; „Champagner!" schmettert Riesenfeld mit Diktatorstimme (Remarque, Obelisk 54); er schmetterte seine Anklage in den Saal; 〈Zus.:〉 **Schmẹtterschlag,** der: **1.** (bes. Faustball, Volleyball) *Schlag, mit dem der Ball geschmettert wird.* **2.** (Tennis, Tischtennis; seltener) svw. ↑Schmetterball.

Schmicke ['ʃmɪkə], die; -, -n [spätmhd. smicke, zu ↑schmikken] (landsch., bes. nordd.): *Peitsche[nschnur];* **schmicken** ['ʃmɪkn̩] 〈sw. V.; hat〉 [niederd. smicken, wohl Nebenf. von: smacken, ↑Schmack] (landsch., bes. nordd.): **a)** *[mit der Peitsche] schlagen;* **b)** *die Peitsche so schwingen, daß sie einen pfeifenden Ton von sich gibt.*

Schmied [ʃmi:t], der; -[e]s, -e [mhd. smit, ahd. smid]: **a)** *Handwerker, der glühendes Metall auf dem Amboß mit dem Hammer* (1) *bearbeitet, formt* (Berufsbez.); vgl. Hufschmied; **b)** *Facharbeiter od. Handwerker, der [Werk]stücke aus Metall erhitzt, härtet o. ä. u. sie mit handwerklichen Arbeitsmitteln od. maschinell (für die Weiterverarbeitung zu Metallerzeugnissen) in eine bestimmte Form bringt* (Berufsbez.); vgl. Grobschmied, Kesselschmied, Kupferschmied; **schmiedbar** ['ʃmi:tba:ɐ̯] 〈Adj.; o. Steig.; nicht adv.〉: *so beschaffen, daß man es schmieden kann:* Gußeisen ist nicht s.; 〈Abl.:〉 **Schmiedbarkeit,** die; -; **Schmiede** ['ʃmi:də], die; -, -n [mhd. smitte, ahd. smitta]: **1. a)** *Werkstatt eines Schmieds:* * **vor die rechte S. gehen/kommen** *(sich an die richtige Stelle, Person wenden):* mit so etwas mußte ich vor die rechte S. gehen und die ... war unbedingt die Mama (Fallada, Herr 213); **b)** *[Abteilung in einem] Betrieb, in dem Metall durch Schmieden be-, verarbeitet wird.* **2.** *Gebäude, in dem sich eine Schmiede* (1 a, b) *befindet.*

schmiede-, Schmiede-: **~arbeit,** die: *geschmiedetes Erzeugnis, Produkt;* **~amboß,** der: svw. ↑Amboß (1); **~beruf,** der: *Beruf, der zum Schmiedehandwerk gehört* (z. B. Schlosser); **~eisen,** das: **a)** *schmiedbares Eisen;* **b)** *[kunstvoll] geschmiedetes Eisen;* **~eisern** 〈Adj.; o. Steig.; nur attr.〉: *aus Schmiedeeisen [kunstvoll] hergestellt:* ein -es Portal; ein -er Leuchter; **~feuer,** das: *Feuer für das Erhitzen von Metall, das geschmiedet wird;* **~hammer,** der: **1.** *[schwerer] Hammer, der beim Schmieden verwendet wird.* **2.** *Hammer* (2) *zum Schmieden von Werkstücken:* Der Boden ... zitterte vom rhythmischen ... Niederfallen der tonnenschweren Schmiedehämmer (Chr. Wolf, Himmel 219); **~handwerk,** das; **~kunst,** die 〈o. Pl.〉: *kunstfertiges, künstlerisches Schmieden;* **~ofen,** der: vgl. ~feuer; **~presse,** die: vgl. ~hammer (2); **~stück,** das (Fachspr.): *zu schmiedendes od. geschmiedetes Werkstück;* **~zange,** die: *Zange zum Festhalten des Metalls beim Schmieden.*

schmieden ['ʃmi:dn̩] 〈sw. V.; hat〉 [mhd. smiden, ahd. smidōn, eigtl. = mit einem scharfen Werkzeug arbeiten]: **1.** *glühendes Metall mit dem Hammer od. maschinell bearbeiten, um es in eine bestimmte Form zu bringen:* mit der Hand s.; er schmiedete den Stahl zu einer Klinge; Ü Während Robespierre ... tagaus, tagein erscheint, um den revolutionären Willen des Volkes zu s. (Sieburg, Robespierre 83). **2. a)** *durch Schmieden* (1) *herstellen:* Waffen, Gitter, Hufeisen s.; Ü Der General ... bringt es jetzt fertig, ... eine Achse mit Bonn zu s. (Dönhoff, Ära 130); **b)** *durch Schmieden* (2 a) *befestigen:* einen Sträfling an eine Kette s.; Ü er ist in seinem Haß an ihn geschmiedet.

Schmiege ['ʃmi:gə], die; -, -n [mhd. smiuge = Biegung, Krümmung]: **1.** (Schiffbau) *nicht rechteckiger Winkel, der beim Zusammentreffen von zwei gekrümmten Bauteilen entsteht.* **2. a)** (Technik) *Winkelmaß mit beweglichen Schenkeln;* **b)** (landsch.) *zusammenklappbarer Zollstock;* **schmiegen** ['ʃmi:gn̩] 〈sw. V.; hat〉 [mhd. smiegen, eigtl. wohl = rutschen, gleiten]: **a)** *(aus einem Bedürfnis nach Schutz, Wärme, Zärtlichkeit), sich, einen Körperteil ganz eng an jmdn., an, in etw. Weiches drücken:* er schmiegte seinen Kopf in ihren Schoß; 〈meist s. + sich:〉 sie schmiegte sich an mich; das Kind schmiegt sich fest in die Arme der Mutter; sich in die Sofaecke, eine Wolldecke s.; **b)** *sich einer [Körper]form elastisch, genau anpassen:* das Kleid schmiegt sich an ihren Körper; das blonde Haar schmiegte sich duftig um die hohe Stirn (Bild u. Funk 47, 1966, 67); Ü die Berge schmiegten sich an den Strom; 〈Abl.:〉 **schmiegsam** ['ʃmi:kza:m] 〈Adj.; nicht adv.〉: **1. a)** *sich schmiegend* (b), *sich leicht einer Form anpassend:* -es Leder; **b)** (geh.) *anpassungsfähig:* ein -er Mensch sein. **2.** (geh.) *geschmeidig* (2): einen -en Körper haben; 〈Abl.:〉 **Schmiegsamkeit,** die; -, -en 〈Pl. ungebr.〉.

Schmiele ['ʃmi:lə], die; -, -n [mhd. smel(e)he, spätahd. smelha, zu ↑schmal]: *in zahlreichen Arten vorkommendes, zierliches, hohes Gras mit meist zweiblütigen, kleinen Ährchen;* **Schmielgras,** das; -es, ...gräser: svw. ↑Schmiele.

schmier-, Schmier- (schmieren): **~block,** der 〈Pl. ...blöcke u. -s〉 (ugs.): vgl. ~heft; **~blutung,** die (Med.): *sehr schwache Menstruation;* **~dienst,** der 〈Kfz.-T.〉: *Tätigkeitsbereich, Service in einer Werkstatt für das Abschmieren von Autos;* **~fähig** 〈Adj.; nicht adv.〉: *so beschaffen, daß es gut schmiert* (1 b), dazu: **~fähigkeit,** die 〈o. Pl.〉; **~fett,** das: vgl. ~mittel; **~film,** der: *Film* (1), *der aus einer schmierigen Masse besteht:* auf der Straße bildet sich bei Regen ein tückischer S.; das Öl muß einen zerreißfesten S. bilden; **~fink,** der; -en, auch: -s, -en (ugs. abwertend): **1. a)** *(bes. von Kindern)* *jmd., der flüchtig u. nachlässig schreibt, malt;* **b)** *(von Kindern) jmd., der sich, etw. schmutzig gemacht, beschmiert hat.* **2. a)** *jmd., der Wände, Mauern o. ä. mit [politischen] Parolen, Symbolen o. ä. versieht:* unbekannte -en hatten an die Wände der Hörsäle faschistische Parolen gesprüht; **b)** *jmd., der in einer Weise schreibt, publiziert, die man als diffamierend, abstoßend empfindet u. ablehnt:* sie liefern den -en die Schlagzeilen; Der Brief des anonymen -en hat seine Wirkung getan (Hörzu 27, 1972, 75); **~geld,** das ⟨meist Pl.⟩ (ugs. abwertend): *Bestechungsgeld:* -er bezahlen, verteilen; von jmdm. -er entgegennehmen, erhalten; **~heft,** das (ugs.): *Heft, in das man ins unreine schreibt; Kladde* (1 a); **~infektion,** die (Med.): *Infektion durch Übertragung von Auswurf, Eiter o. ä.;* **~käse,** der (landsch.): svw. ↑Streichkäse; **~kur,** die (Med.): *Einreibungen mit grauer Quecksilbersalbe bei Syphilis:* dem Patienten wurde eine S. verordnet; **~mittel,** das: *Mittel zur Schmierung von etw., bes. von Maschinen[teilen];* **~nippel,** der (Technik): *mit einem Kugelventil versehener Verschluß an einer Schmierstelle;* **~öl,** das: vgl. ~mittel; **~papier,** das (ugs.): vgl. ~heft; **~plan,** der (Technik): *Plan, auf dem die einzelnen Schmierstellen von Maschinen u. die verschiedenen dafür benötigten Schmiermittel angegeben sind;* **~schicht,** die: svw. ~film; **~seife,** die: *schwarze od. grüne weiche Seife;* **~stelle,** die (Technik): *Stelle, an der eine Maschine geschmiert werden muß;* **~stoff,** der: vgl. ~mittel; **~zettel,** der: vgl. ~heft.

Schmierage [ʃmiˈra:ʒə], die; -, -n [französierende Bildung zu ↑schmieren] (ugs. scherzh.): *Schmiererei;* **Schmierakel** [ʃmiˈra:kl̩], das; -s, - [scherzh. Bildung unter Anlehnung an ↑Mirakel] (ugs. scherzh.): *Schmiererei;* **Schmieralie** [ʃmiˈra:li̯ə], die; -, -n [frühnhd. scherzh. Bildung nach Wörtern der Kanzleispr. auf -alia] (ugs. scherzh.): *Schmiererei;*

[1]**Schmiere** [ˈʃmi:rə], die; -, -n [spätmhd. smir = Schmierfett]: **1. a)** *ölige, fetthaltige Masse, bes. Schmiermittel:* im Kugellager ist keine S. mehr; **b)** (ugs.) svw. ↑Gelenkschmiere; **c)** (ugs.) *Salbe.* **2.** *feuchter, klebriger Schmutz:* der Regen ... verwandelte das Zeug in haftende S. (Gaiser, Schlußball 30). **3.** (landsch.) **a)** *Brotaufstrich:* hast du noch etwas S. für mich?; **b)** *Scheibe Brot mit [streichbarem] Belag:* mach mir bitte eine S. mit Leberwurst! **4.** (landsch.) *Prügel:* S. bekommen; an die S. wird er noch lange denken. **5.** (ugs. abwertend): **a)** *[provinzielles] niveauloses Theater:* das Theater bietet nur drittklassige Aufführungen, es ist die letzte S.; **b)** (veraltet) *[armselige] Wanderbühne, Theatertruppe.*

[2]**Schmiere** [-], die; - [aus der Gaunerspr. < jidd. schmiro = Bewachung, Wächter, zu hebr. šạmar = bewachen] (Gaunerspr.): *Wache:* „Was, die S. willst du rufen, ich werde es dir zeigen!" (MM 16. 3. 70, 5); * **[bei etw.] S. stehen** (salopp; *bei einer unerlaubten, ungesetzlichen Handlung die Aufgabe haben, aufzupassen u. zu warnen, wenn Gefahr besteht, entdeckt zu werden*): Während einer ... die Schlösser aus den Tresoren schweißte, stand der andere „Schmiere" (MM 6. 11. 66, 11).

schmieren [ˈʃmi:rən] ⟨sw. V.; hat⟩ [mhd. smir(we)n, ahd. smirwen, zu ↑Schmer]: **1. a)** *etw. mit Schmiermitteln versehen:* die quietschenden Türangeln, Gelenke, Bremsen s.; * **wie geschmiert** (ugs.; *reibungslos*): nach dem Urlaub ging, lief alles wie geschmiert; **b)** *durch seine fettige, ölige Beschaffenheit bewirken, daß etw. [gut] gleitet:* das dünne Öl schmiert nicht mehr so gut, wenn der Motor warm ist (Frankenberg, Fahren 122); **c)** *[ein]fetten:* die Stiefel s. **2. a)** *auf etw. streichen, als Brotaufstrich auftragen:* Honig, Marmelade aufs Brot s.; schmier die Butter nicht so dick!; **b)** *etw. mit etw. bestreichen, mit Aufstrich versehen:* kannst du mir ein paar Brote s.?; Butter-, Wurst-, Schmalzbrote s. *(Brotscheiben mit Butter, Wurst, Schmalz bestreichen);* sie gab den Kindern geschmierte Brötchen; **c)** *streichend über eine Fläche, irgendwohin verteilen:* [sich] Creme ins Gesicht, Pomade ins Haar s.; er schmierte Lehm in die Fugen. **3. a)** (ugs. abwertend) *(bes. von Kindern) flüchtig u. nachlässig schreiben, malen:* fürchterlich in seinem Heft s.; ⟨auch mit Akk.-Obj.:⟩ die Schulaufgaben ins Heft s.; er hatte eine Telefonnummer auf den Zettel geschmiert; **b)** (ugs.) *nicht sauber, nicht einwandfrei schreiben; Kleckse, Flecken machen, die verwischen:* der Kugelschreiber schmiert; die Tinte schmiert; die Farbe schmiert (Druckw.; *die Schrift o. ä. wird beim Drucken unrein, wird durch Farbe verschmiert*). **4.** (abwertend) **a)** *[politische] Parolen, Symbole o. ä. an Wänden, Mauern anbringen:* gestern nacht sind wieder Parolen an die Häuserwände geschmiert worden; **b)** *in einer Weise schreiben, die von anderen als minderwertig empfunden wird; schnell u. ohne Sorgfalt verfassen:* einen Artikel für die Zeitung s.; er hat mehr als 20 Dramen geschmiert; Abhandlungen über die Gedichte irgendeines Dichterlings zu s., ...: das züchtet nur leeren Hochmut (Musil, Mann 1336). **5.** (salopp abwertend) *bestechen:* einen Stadtrat s.; er schmierte sich ganze Garden Beamte und Angestellte (Seghers, Transit 284); ⟨auch o. Akk.-Obj.:⟩ früher habe man ja auch s. müssen, wenn man habe gut fahren wollen (Fühmann, Judenauto 52). **6.** * **jmdm. eine s.** (salopp; *jmdm. eine Ohrfeige versetzen*). **7.** (Kartenspiel, bes. Skat, Jargon) *demjenigen, mit dem man zusammenspielt, eine Karte mit vielen Augen beigeben.* **8.** (Musik Jargon) **a)** *unsauber, verschwommen (auf einem Instrument) spielen;* **b)** *(beim Singen) einen Ton unsauber zum anderen hinüberziehen.*

Schmieren- ([1]Schmiere 5): **~komödiant,** der (abwertend): **a)** (veraltet) *Schauspieler an einer* [1]*Schmiere* (5); **b)** *jmd., der mit theatralischem Gebaren auf billige, abgeschmackte Weise auf andere zu wirken versucht;* **~komödie,** die (abwertend): **a)** (veraltet) *[niveauloses] Stück, dessen Handlung, Komik auf billigen, abgeschmackten Einfällen beruht;* **b)** *theatralisches Gebaren, mit dem jmd. auf billige, abgeschmackte Weise auf andere zu wirken versucht;* **~theater,** das (abwertend): **a)** svw. ↑[1]Schmiere (5).

Schmierer [ˈʃmi:rɐ], der; -s, - (abwertend): **1.** (selten) *jmd., der schmiert* (3 a, 4). **2.** (österr.) *Buch, Heft mit einer fertigen Übersetzung, das in der Schule als unerlaubtes Hilfsmittel benutzt wird;* **Schmiererei** [ʃmi:rəˈrai̯], die; -, -en (ugs. abwertend): **1.** ⟨o. Pl.⟩ *[dauerndes] Schmieren* (3, 4). **2.** *[Hin]geschmiertes;* **schmierig** [ˈʃmi:rɪç] ⟨Adj.⟩: **1.** ⟨nicht adv.⟩ *feucht-klebrig [u. rutschig]:* ein -e Schicht; die Erde wird weich und s.; der Regen hatte die Fahrbahn s. gemacht. **2.** *voller feucht-klebrigem Schmutz; in klebriger, unappetitlicher Weise schmutzig:* eine -e Schürze; ein -es Handtuch; -e Hände haben; eine -e Unterkunft; die Matrosen hausten in -en Löchern; er brachte mir ein -es Buch. **3.** (abwertend) **a)** *durch auffällig anbiederndes Verhalten widerlich, auf unangenehme Art freundlich:* der -e Kerl hatte etwas ganz anderes vor; er grinste s.; **b)** *auf unangenehme Weise zweideutig; unanständig:* -e Witze, Andeutungen machen; ⟨Abl.:⟩ **Schmierigkeit,** die; -: **1.** (selten) *schmierige* (2) *Beschaffenheit.* **2.** (abwertend) *schmieriges* (3) *Wesen;* **Schmierung,** die; -, -en: *das Schmieren* (1 a).

schmilzt [ʃmɪltst]: ↑schmelzen.

Schmink-: **~büchse,** die (selten): vgl. ~topf; **~stift,** der: *Schminke in Form eines Stifts;* **~täschchen,** das: *Täschchen für Schminke, Kosmetika;* **~tisch,** der: *Tisch (bes. für Schauspieler) mit Spiegel, an dem sich jmd. schminkt, schminken läßt;* **~topf,** der: *Topf, Töpfchen mit Schminke:* ein Schminktisch mit vielen Schminktöpfen; die ist wohl in einen S. gefallen! (salopp scherzh.; *sie ist sehr aufdringlich, auffällig geschminkt*); **~wurz,** die: *(in vielen Arten im Mittelmeergebiet vorkommender) Borretsch, dessen Wurzeln roten Farbstoff enthalten; Ochsenwurzel.*

Schminke [ˈʃmɪŋkə], die; -, -n [spätmhd. (md.) sminke, smikke, wohl aus dem Fries., eigtl. = fette Tonerde]: *kosmetisches Mittel zum (verschönernden) Färben, bes. der Haut u. der Lippen;* **schminken** [ˈʃmɪŋkn̩] ⟨sw. V.; hat⟩ [spätmhd. sminken, smicken]: *Schminke, Make-up auflegen, auftragen:* die Lippen, das Gesicht s.; der Maskenbildner schminkt ihm die Augen; sich leicht, stark, aufdringlich, für eine Rolle s.; sie schminkt sich nicht *(trägt, verwendet kein Make-up);* Ü der Bericht ist stark geschminkt *(beschönigt sehr).*

[1]**Schmirgel** [ˈʃmɪrgl̩], der; -s [ital. smeriglio, über das Mlat. zu mgriech. smerí < griech. smýris]: *feinkörniges Gestein, das als Mittel zum Schleifen benutzt wird:* Ü ... von den Gefahren des Miteinander wissen, von denen der S. Gewohnheit einer der schlimmsten ist (Kant, Impressum 199).

[2]**Schmirgel** [-], der; -s, - [eigtl. = Klebriges, zu ↑schmieren] (ostmd.): *schmutziger Saft, der sich in Tabakspfeifen ansetzt.*

Schmirgel-: **~leinwand,** die: vgl. ~papier; **~papier,** das: *mit Schmirgel beschichtetes Schleifpapier;* **~scheibe,** die: vgl. ~papier.

[1]**schmirgeln** [ˈʃmɪrgl̩n] ⟨sw. V.; hat⟩ [zu ↑[1]Schmirgel]: **a)** *etw. mit Schmirgel[papier] bearbeiten, um es zu schleifen, zu glätten o. ä.:* Rohre (vor dem Streichen) s.; **b)** *durch*

Schmirgeln (a) *entfernen:* die Farbe vom Holz, den Rost von den Rohren s.

[2]schmirgeln [-] ⟨sw. V.; hat⟩ [zu ↑Schmer, schmieren] (veraltet): *nach schlechtem, ranzigem Fett riechen.*

schmiß [ʃmɪs]: ↑[1]schmeißen; **Schmiß** [-], der; Schmisses, Schmisse [zu veraltet schmeißen = schlagen]: **1.** (Studentenspr.) *Narbe von einer Wunde, die einem Mitglied einer schlagenden Verbindung beim Fechten im Gesicht beigebracht wurde:* Ihr schneidiges Gegenüber, ..., mit Schmissen auf der Backe (Kempowski, Zeit 162); Ü ich habe mir beim Rasieren einen S. beigebracht (ugs. scherzh.; *mich geschnitten*). **2.** ⟨o. Pl.⟩ (ugs.) *mitreißender Schwung:* der Schlager, neue Tanz hat S.; S. in eine Sache bringen; der neuen Mode fehlt der S.; die brasilianische Nationalmannschaft spielte mit mehr S. **3.** (bes. Theater Jargon) *das [1]Schmeißen* (4): Nachdem der „letzte Dinosaurier der Opernbühne" ... schon die „Walküre" durch einen bösen S. aufs Spiel gesetzt hatte (Spiegel 45, 1976, 216); **schmissig** [ˈʃmɪsɪç] ⟨Adj.⟩ (ugs.): *mitreißenden Schwung habend:* ein -er Marsch; ⟨subst.:⟩ etw. -es spielen.

[1]Schmitz [ʃmɪts], der; -es, -e [zu veraltet schmitzen, mniederd. smitten = beschmutzen, Intensivbildung zu ↑[2]schmeißen]: **1.** (veraltet, noch landsch.) *[Schmutz]fleck.* **2.** (Druckerspr.) *verwischter od. doppelter Abdruck von Buchstaben auf einem Druckbogen.*

[2]Schmitz [-], der; -es, -e, **Schmitze** [ˈʃmɪtsə], die; -, -n [mhd. smitz(e) = Schlag (mit der Peitsche), zu: smitzen, ↑schmitzen] (landsch., bes. ostmd.): **1.** *Peitsche[nschnur].* **2.** *Schlag mit der Peitsche, Gerte;* **schmitzen** [ˈʃmɪtsn̩] ⟨sw. V.; hat⟩ [mhd. smitzen, wohl über eine Streckform zu ↑Schmicke] (landsch., bes. ostmd.): *[mit der Peitsche, Gerte] schlagen.*

Schmock [ʃmɔk], der; -[e]s, Schmöcke [ˈʃmœkə], auch: -e u. -s [eigtl. früher in Österreich häufiger Hundename, viell. zu slowen. smòk = Drache; verbreitet durch das Lustspiel „Die Journalisten" des dt. Schriftstellers G. Freytag (1816–1895)] (abwertend): *gesinnungsloser Journalist, Schriftsteller:* Aber das Paris der Schmöcke, das Paris ... Sternheims gibt es nicht (Tucholsky, Werke I, 212).

Schmok [ʃmo:k], der; -s [mniederd. smōk, niederd. Form von ↑Schmauch] (nordd.): *Rauch, Qualm:* Wenn Ostwind ... schwarzen S. über die Kastanien ... in Richtung Flugplatz wälzte (Grass, Hundejahre 315); **schmöken** [ˈʃmø:kn̩] ⟨sw. V.; hat⟩ [niederd. smöken, niederd. Form von ↑schmauchen] (nordd.): svw. ↑rauchen (2): nie wieder Zigaretten s., hörst du? (Kempowski, Zeit 115); **Schmöker** [ˈʃmø:kɐ], der; -s, - [aus der Studentenspr., zu ↑schmöken, eigtl. = altes od. schlechtes Buch, aus dem man einen Fidibus herausriß, um seine Pfeife zu „schmöken"] (ugs.): *[dickes] Buch, dessen Inhalt nicht sehr anspruchsvoll ist:* ein spannender S.; was liest du denn da für einen S.?; Das erste Spiel ging auf einen sentimentalen S. zurück, den ... Betty uns einmal vorgelesen hatte (K. Mann, Wendepunkt 31); **schmökern** [ˈʃmø:kɐn] ⟨sw. V.; hat⟩ (ugs.): *gemütlich, in aller Ruhe etw. Unterhaltendes, Spannendes o. ä. lesen:* er schmökert gern; den ganzen Tag Kriminalromane s.; in einem Buch s.; der Verfasser bekennt ..., daß er ... unersättlich geschmökert hat, ... also ein Romanleser im ursprünglichen Sinne ist (Greiner, Trivialroman 12).

Schmoll-: **~ecke,** die: vgl. ~winkel; **~mund,** der: **a)** *Mund, der sich beim Schmollen so verändert, daß die Lippen dicker als üblich hervortreten:* einen S. machen, ziehen; sie hat einen S. wie die Bardot *(hat einen Mund, der immer wie zum Schmollen verzogen aussieht);* **~winkel,** der in Wendungen wie **sich in den S. zurückziehen** (ugs.; *gekränkt, unmutig, beleidigt auf etw. reagieren u. nicht ansprechbar sein*); **im S. sitzen** (ugs.; *schmollen*).

Schmolle [ˈʃmɔlə], die; -, -n [H. u., vgl. mhd. smoln = eine Krume ablösen, reichen] (bayr., österr.): svw. ↑Krume (2).

schmollen [ˈʃmɔlən] ⟨sw. V.; hat⟩ [mhd. smollen = unwillig schweigen, H. u.]: *(bes. von Kindern) sich nicht ansprechen lassen, schweigen u. mit weinerlich-trotzigem Gesichtsausdruck Unmut, Unwillen zum Ausdruck bringen:* sie schmollt schon den ganzen Tag; mit jmdm. s. *(sich schmollend jmdm. gegenüber verhalten).*

schmollieren [ʃmɔˈli:rən] ⟨sw. V.; hat⟩ [zu ↑Schmollis] (Studentenspr.): *Bruderschaft trinken;* **schmollis!** [ˈʃmɔlɪs] (Studentenspr.): Zuruf beim Brüderschaftstrinken; **Schmollis** [-], das; -, - [viell. nach dem Namen eines alkoholischen Getränks] (Studentenspr.): *der Zuruf* „schmollis!": in der Wendung **mit jmdm. S. trinken** *(mit jmdm. Brüderschaft trinken).*

schmolz [ʃmɔlts], **schmölze** [ˈʃmœltsə]: ↑schmelzen.

Schmonzes [ˈʃmɔntsəs], der; - [jidd. schmonzes = Unsinn, H. u.; viell. zu ↑Schmus] (ugs. abwertend): svw. ↑Geschwätz (a); **Schmonzette** [ʃmɔnˈtsɛtə], die; -, -n [mit französierender Endung zu ↑Schmonzes geb.] (ugs. abwertend): *wenig geistreiches, kitschiges Stück, albernes Machwerk:* Wenn die alten -n ... im Fernsehen laufen, nehme ich Schlaftabletten (Hörzu 4, 1975, 18).

Schmor-: **~braten,** der: *geschmortes Stück Rindfleisch;* **~fleisch,** das: *Fleisch zum Schmoren;* **~pfanne,** die: vgl. ~topf; **~topf,** der: **a)** *Topf mit Deckel, der bes. zum Schmoren verwendet wird;* **b)** (ugs.) *Gericht aus geschmortem Fleisch.*

schmoren [ˈʃmo:rən] ⟨sw. V.; hat⟩ [aus dem Niederd. < mnd. smoren, eigtl. = ersticken]: **1. a)** *kurz anbraten u. dann in Brühe, Fond o. ä. in einem zugedeckten Topf o. ä. langsam gar werden lassen:* das Fleisch im eigenen Saft s.; ***jmdn. s. lassen** (ugs.; *jmdn. [in einer unangenehmen Situation] längere Zeit in Ungewißheit lassen*): die hatten mich drei Tage in der Zelle s. lassen; **etw. s. lassen** (ugs.; *etw. längere Zeit unbeachtet liegenlassen, nicht bearbeiten, nicht verwenden*); **b)** *(von angebratenem Fleisch, Fisch, Gemüse) in Brühe, Fond o. ä. in einem zugedeckten Topf o. ä. langsam garen:* der Braten, Kohl schmort schon seit einer halben Stunde auf dem Herd, in der Pfanne. **2.** (ugs.) *[in unangenehmer Weise] großer Hitze ausgesetzt sein [u. schwitzen]:* die schadhafte Kabine, in der ... 60 Menschen bei kaum vorhandener Lüftung schmorten (MM 20. 4. 75, 23); wir schmorten in der prallen Sonne.

schmorgen [ˈʃmɔrgn̩] ⟨sw. V.; hat⟩ [H. u.] (westmd. abwertend): *geizig sein; knausern.*

Schmu [ʃmu:], der; -s [aus der Gaunerspr., H. u., viell. aus dem Jidd. (vgl. Schmus)] (ugs.): *etw., was nicht ganz korrekt ist:* erzähl' mir keinen S.!; ***S. machen** *(sich auf nicht ganz korrekte Weise einen Vorteil verschaffen; auf harmlose Weise betrügen):* Kommandanten, Versorgungsoffiziere ... sollen gemeinsam mit Schiffshändlern S. gemacht haben (Spiegel 37, 1966, 39); weil die immer S. mit den Schnäpsen machten (Fallada, Mann 79).

schmuck [ʃmʊk] ⟨Adj.; -er, -[e]ste⟩ [aus dem Niederd. < mniederd. smuk = geschmeidig, biegsam, zu ↑schmücken] (veraltend): *in der Aufmachung, der äußeren Erscheinung sehr ansprechend, von angenehmem, nettem Aussehen, hübsch:* ein -es Mädchen, Paar; eine -e Uniform, Tracht; ein -es Haus, Dorf, Auto; die Kinder sahen alle sehr s. aus, waren sehr s. herausgeputzt; **Schmuck** [-], der; -[e]s, -e ⟨Pl. selten⟩ [aus dem Niederd., Md., urspr. = Ornat, Zierat]: **1.** ⟨o. Pl.⟩ **a)** *das Geschmückt-, Verziertsein, Zierde:* die Hülle dient auch dem S.; die Stadt zeigte sich im S. der Fahnen (geh.; *war mit Fahnen geschmückt*); die Blumen auf den Balkonen trugen zum S. des Hauses bei; **b)** *schmückende* (a) *Ausstattung, Zutat; schmückendes Beiwerk; Verzierung:* gestaffelte Trichterportale zeigen reichen figuralen und ornamentalen plastischen S. (Bild. Kunst 3, 19); die Bücher ... stehen ... als wohnlicher S. im Möbel (Wohmann, Absicht 91); Ü wenn seine schwachen Worte allen rhetorischen S. ... verloren hatten (Thielicke, Ich glaube 136). **2. a)** *meist aus kostbarem Material bestehende Gegenstände (wie Ketten, Reife, Ringe), die zur Verschönerung, zur Zierde am Körper getragen werden:* goldener, silberner, echter, kostbarer, wertvoller, alter, ererbter, modischer, unechter S.; S. besitzen, tragen, anlegen; den S. ablegen, verwahren; sie hat ihren S. versichern lassen; sie ließ den S. umarbeiten; sie hatte sich mit zuviel S. behängt; **b)** (seltener) *Schmuckstück:* auf dem Kopf trug sie einen herrlichen S., ein Diadem aus Gold und Edelsteinen.

schmuck-, Schmuck-: **~blatt,** das, dazu: **~blattelegramm,** das: *Telegramm für besondere Anlässe, bes. Glückwunschtelegramm, das auf einem Schmuckblatt zugestellt wird;* **~gegenstand,** der: *als Schmuck* (1 a), *der Zierde dienender Gegenstand;* **~kästchen,** das, **~kasten,** der: *kleiner Kasten zur Aufbewahrung von Schmuck* (2 a): eine Kette aus dem S. nehmen, ins Schmuckkästchen zurücklegen; Ü ihre Wohnung, ihr Haus ist das reinste Schmuckkästchen (scherzh.; *ist liebevoll ausgestattet u. immer sehr sauber u. ordentlich hergerichtet*); **~koffer,** der: vgl. ~kastchen; **~los** ⟨Adj.; -er, -este⟩: *keinen Schmuck* (1 b), *keine Verzierung aufweisend* *u. daher einfach, schlicht, sachlich wirkend:* ein -es Kleid; ein -er Raum; ein -es *(nicht mit Blumen geschmücktes)* Grab; daß ich ... die Chronik dieser letzten Kämpfe ... s. niederschrieb (Kantorowicz, Tagebuch I, 541), dazu: **~losigkeit,** die; -; **~nadel,** die: *als Schmuckstück dienende Anstecknadel, schmale Brosche;* **~ring,** der: *als Schmuckstück dienender Ring:* außer dem Ehering trug sie noch mehrere -e; **~sachen** ⟨Pl.⟩: *Schmuck* (2a): sie hat ihre S. im Safe; **~schatulle,** die: vgl. ~kästchen; **~stein,** der: *zur Herstellung von Schmuck* (2a) *od. auch kunstgewerblichen Gegenständen verwendeter Stein von bes. schönem Aussehen;* vgl. Halbedelstein; **~stück,** das: *oft aus kostbarem Material bestehender Gegenstand [wie Kette, Reif, Ring], der zur Verschönerung, zur Zierde am Körper getragen wird:* ein goldenes, kostbares, altes S.; ein S. umarbeiten, neu fassen lassen; Ü diese Plastik ist ein S. *(ein besonders schönes, kostbares Stück)* seiner Sammlung; dieser Ort gilt als ein S. im Odenwald; wie geht es deinem S.? (scherzh.; *deiner Liebsten*); **~telegramm,** das: kurz für ↑~blattelegramm; **~waren** ⟨Pl.⟩: *Schmuckstücke, die sich als Ware im Handel befinden,* dazu: **~warengeschäft,** das, **~warenindustrie,** die.

schmücken ['ʃmʏkn̩] ⟨sw. V.; hat⟩ [mhd. smücken, smucken = in etw. hineindrücken; an sich drücken; sich ducken, Intensivbildung zu ↑schmiegen, also urspr. = sich in ein prächtiges Kleid schmiegen, sich köstlich kleiden]: **a)** *mit schönen Dingen, mit Schmuck* (1b, 2a) *ausstatten, verschönern, mit etw. Verschönerndem versehen:* ein Haus, die Straßen mit Girlanden, Blumen, Lampions s.; sie schmückte den Weihnachtsbaum mit Kugeln, Kerzen und Lametta; die Frauen waren dabei, die Braut [mit Schleier und Kranz] zu s.; die kleinen Mädchen schmückten sich mit Blumenkränzen; sie schmückt sich gerne *(trägt gern Schmuck u. schöne Kleider);* eine reich, festlich geschmückte Tafel; Ü er schmückte ... seine Novellen mit Zitaten aus den griechischen Klassikern (Thieß, Reich 491); schmückende Beiwörter, Zusätze; **b)** *als Schmuck, Verzierung bei einer Person od. Sache vorhanden sein u. sie dadurch wirkungsvoll verschönern:* bunte Blumen schmückten den Tisch; Malereien schmücken die Wände; Das Kreuz schmückte ihn ungemein (*war ein sehr wirkungsvoller, schöner Schmuck für ihn;* Kuby, Sieg 302); ⟨Abl.:⟩ **Schmückung,** die; -, -en ⟨Pl., selten⟩ (seltener): *das Schmücken, Verzieren:* Beliebt ist die S. eines Kirchenschiffpfeilers mit übereinandergestaffelten Figuren (Bild. Kunst 3, 55).

Schmuddel ['ʃmʊdl̩], der; -s [zu ↑schmuddeln] (ugs. abwertend): *an etw. haftender, etw. bedeckender unangenehmer [klebriger, schmieriger] Schmutz:* als sie die Vorhänge öffnete, sah sie erst richtig den ganzen S. im Zimmer; **Schmuddelei** [ʃmʊdə'lai̯], die; -, -en (ugs. abwertend): **1.** *das Schmuddeln:* eine solche S., solche -en kann man im Krankenhaus nicht länger dulden. **2.** ⟨o. Pl.⟩ *schlampiger Zustand, Unsauberkeit;* **schmuddelig,** schmuddlig ['ʃmʊd(ə)lɪç] ⟨Adj.; nicht adv.⟩ (ugs. abwertend): *mit [klebrigem, schmierigem] Schmutz behaftet; unsauber, schmutzig u. unordentlich:* -e Kleider, Wäsche; ein -er Kragen, Kittel; ein -es Tischtuch, Lokal; Der kleine, dicke Emporkömmling, der immer ein wenig s. und ölig aussah (Kranz, Märchenhochzeit 16); **schmuddeln** ['ʃmʊdl̩n] ⟨sw. V.; hat⟩ [aus dem Niederd., zu mniederd. smudden = schmutzen] (ugs. abwertend): **1.** *unsauber, schlampig arbeiten; nachlässig, unordentlich mit etw. hantieren u. dabei Schmutz machen:* schmudd[e]le nicht wieder so! **2.** *leicht schmuddelig werden, schmutzen:* dieser Hemdkragen, der Stoff schmuddelt immer so schnell; **Schmuddelwetter,** das; -s (ugs.): *feuchtes, naßkaltes, regnerisches Wetter, bei dem leicht Schmutz, Matsch auf den Straßen u. Wegen entsteht;* **schmuddlig**: ↑schmuddelig.

Schmuggel ['ʃmʊgl̩], der; -s: *das Schmuggeln* (1): S. treiben; er wurde beim S. erwischt; vom S. leben; **Schmuggelei** [ʃmʊgə'lai̯], die; -, -en: *[dauerndes] Schmuggeln:* er wurde wegen S., wegen einiger -en festgenommen; **schmuggeln** ⟨sw. V.; hat⟩ [aus dem Niederd., eigtl. = sich ducken, lauern, verw. mit ↑schmiegen]: **1.** *Waren gesetzwidrig, den Zoll umgehend ein- od. ausführen:* Diamanten, Kaffee, Tabak s.; sie schmuggelten Waffen; ⟨auch ohne Akk.-Obj.:⟩ hier an der Grenze schmuggeln alle. **2.** *heimlich, unerlaubt irgendwohin bringen, schaffen:* einen Kassiber aus der Zelle, einen Brief ins Gefängnis s.; Waffen über die Grenze, Rauschgift nach den USA s.; ... und schmuggelt einen Juden aus dem Lager (Hochhuth, Stellvertreter 221); In Frankfurt schmuggelt er sich mit einer Bahnsteigkarte in den Alpenexpreß (Noack, Prozesse 234); er schmuggelte ihr *(steckte ihr heimlich)* einen Zettel in die Handtasche; ⟨Zus.:⟩ **Schmuggelgut,** das: svw. ↑Schmuggelware, **Schmuggelware,** die: *gesetzwidrig ein- od. ausgeführte, geschmuggelte Ware;* **Schmuggler** ['ʃmʊglɐ], der; -s, -: *jmd., der [gewerbsmäßig] Schmuggel treibt.*

Schmuggler-: **~bande,** die: [1]*Bande* (1) *von Schmugglern;* **~organisation,** die: vgl. ~bande; **~pfad,** der: *Pfad, Weg über eine Grenze, der häufig von Schmugglern benutzt wird;* **~ring,** der: vgl. ~bande; **~schiff,** das: *Schiff, mit dessen Hilfe Schmuggel getrieben wird, das Schmuggelware führt.*

schmulen ['ʃmu:lən] ⟨sw. V.; hat⟩ [H. u., viell. zu Schmul = veraltete Bez. für: Jude (aus dem hebr. Namen Šĕmû'el = Samuel), also eigtl. = verstohlen wie ein jüdischer Händler blicken] (landsch., bes. berlin.): *verstohlen, unauffällig irgendwohin sehen, heimlich etw. beobachten:* er schmulte um die Ecke; beim Versteckspielen schmult er immer.

schmunzeln ['ʃmʊnt͡sl̩n] ⟨sw. V.; hat⟩ [spätmhd. (md.) smonczelen, Iterativbildung zu älter: smunzen = lächeln, H. u.]: *aus einer gewissen Belustigung, Heiterkeit, Befriedigung heraus, mit Wohlgefälligkeit od. Verständnis für etw., Einblick in etw. erkennen lassend [vor sich hin, in sich hinein] lächeln:* freundlich, belustigt, verschmitzt, beifällig, befriedigt s.; er mußte s., als er daran dachte; er schmunzelte über ihre Bemerkung; jmdm. schmunzelnd zuhören; ⟨subst.:⟩ ein Schmunzeln unterdrücken.

schmurgeln ['ʃmʊrgl̩n] ⟨sw. V.; hat⟩ [Nebenf. von ↑[2]schmirgeln] (landsch., bes. nordd.): **1.** *in heißem, spritzendem Fett gar werden; brutzeln:* wir empfingen keine Besucher, solange unsere Mastvögel in der schweren Eisenpfanne schmurgelten (Lentz, Muckefuck 143). **2.** *in heißem, spritzendem Fett gar werden lassen; bratend, schmorend zubereiten:* was schmurgelst du denn da wieder Schönes?

Schmus [ʃmu:s], der; -es [aus dem Rotwelschen < jidd. schmūs < hebr. šĕmû'ạh = Gerücht; Gehörtes] (ugs.): *großartiges, wortreiches Getue; schöne [schmeichelnde] Worte; Gerede, Geschwätz:* das ist doch alles S.!; so ein S.!; Ich will es ihnen zeigen. Wie heißt dieser S.: Allen Gewalten zum Trotz sich erhalten (Kuby, Sieg 114); mach nicht soviel S.!; jetzt reden wir mal ohne S.; ⟨Abl.:⟩ **schmusen** ['ʃmu:zn̩] ⟨sw. V.; hat⟩ (ugs.): **1.** *mit jmdm. zärtlich sein, Liebkosungen austauschen:* die beiden schmusten miteinander; die Mutter schmust mit ihrem Kind; als sie eine Kanne voll hatten, legten sie sich auf eine Decke ins Farnkraut und schmusten und wollten gerade richtig loslegen (Degenhardt, Zündschnüre 46). **2.** (abwertend) *sich bei jmdm. anbiedern, ihm schöntun, schmeicheln:* es ist widerlich wie er ihm, wie er mit ihm schmust, damit er den Posten bekommt; **Schmuser,** der; -s, - (ugs.): **1.** *jmd., der [gerne] schmust* (1), *zärtlich mit jmdm. ist:* Wahrscheinlich beneiden mich ungezählte Ehefrauen ... Mein Mann ist ein S. (Hörzu 50, 1974, 87). **2.** (abwertend) *jmd., der gerne jmdm. schmust* (2), *schöntut; Schmeichler:* ein unangenehmer S.; **Schmuserei** [ʃmu:zə'rai̯], die; -, -en (ugs. abwertend): **1.** *[dauerndes] Schmusen* (1): die S. der beiden störte die Mitreisenden; Natürlich gibt es -en auf dem Schulhof (Spiegel 12/13, 1978, 104). **2.** *[dauerndes] Schmusen* (2), *Schmeicheln:* seine S. mit dem Chef ist nicht mehr zu ertragen.

Schmutt [ʃmʊt], der; -[e]s [niederd. Form von ↑Schmutz] (nordd.): *feiner Regen;* **Schmutz** [ʃmʊt͡s], der; -es [spätmhd. smuz]: **1.** *etw. (wie Staub, aufgeweichte Erde o. ä.), was irgendwo Unsauberkeit verursacht, was etw. verunreinigt:* feuchter, klebriger, trockener S.; der S. der Straße; der S. unter den Möbeln; der S., den die Handwerker hinterlassen haben; etw. macht viel, keinen S.; den S. zusammenkehren, auffegen, aufwischen, abwaschen, von den Schuhen abkratzen, von den Fensterscheiben wischen; mußt du immer durch den größten, dicksten S. laufen?; im S. stekkenbleiben; er war über und über mit S. bedeckt; du mußt dich vom S. reinigen; Der Strohsack und die Decken starrten vor S. (Niekisch, Leben 288); Ü ... aber daß Lisbeth mich in diesen S. gestoßen *(in diese unsauberen Geschichten, Affären gezogen)* hat (Brod, Annerl 86); ***S. und Schund** *(minderwertige geistige Produkte, bes. Literatur);* **etw. geht jmdn. einen feuchten S. an** (↑Kehricht 1); **jmdn., etw. in den S. treten/ziehen/zerren** *(jmdn., etw. verunglimpfen, herabsetzen, verleumden):* wie kannst du deinen besten Freund, den Namen deines Freundes so in den S. ziehen!;

jmdn. mit S. bewerfen *(jmdn. in übler Weise beschimpfen, verleumden).* **2.** (südwestd., schweiz.) *Fett, Schmalz:* die Gans hat viel S.; den S. von der Brühe abschöpfen.

schmutz-, Schmutz-: ~**abweisend** ⟨Adj.; nicht adv.⟩: *Schmutz nicht, nur schwer annehmend, nicht leicht schmutzend:* ein -er Anstrich; -es Material; der Umschlag des Buches, Heftes ist s.; ~**arbeit,** die: svw. ↑Dreckarbeit (a); ~**blatt,** das (Druckw.): vgl. ~titel; ~**bürste,** die: *Schuhbürste für den gröbsten Schmutz;* ~**fänger,** der: **1.** *Gegenstand, der so beschaffen ist, daß sich leicht Schmutz daran festsetzt:* die verschnörkelte Lampe ist ein richtiger S. **2.** *bei Fahrrädern u. Kraftfahrzeugen am Schutzblech bzw. Kotflügel angebrachtes, hinter dem Rad herabhängendes, meist trapezförmiges Stück Gummi, das das Emporschleudern des Schmutzes beim Fahren verhindert.* **3.** (Technik) *in Rohrleitungen angebrachtes Sieb, das Schmutz auffängt;* ~**fink,** der; -en, auch: -s, -en (ugs.; auch als Schimpfwort): **1.** *jmd., der schmutzig ist, etw. schmutzig macht:* dieser S. läuft mit den dreckigen Schuhen durch das ganze Haus; wie du wieder aussiehst, du S.!. **2.** *jmd., der in den Augen eines anderen etw. moralisch, sittlich Verwerfliches getan hat, unmoralisch handelt:* Mädchen, die noch naiv genug sind, jeden S. anzuhimmeln (Böll, Ansichten 265); ~**fleck,** der: *durch Verschmutzung entstandener Fleck:* ein S. im Teppich; Er radierte -e weg (Gerlach, Demission 19); Ü Die mannigfaltigen Baulichkeiten ... lauter -e und Schandmale in sonst reiner Landschaft (K. Mann, Wendepunkt 430); ~**geier,** der: *(in Afrika, Südeuropa u. Asien heimischer) Geier mit vorwiegend weißem Gefieder u. unbehaartem, gelbem Kopf, der sich von Aas u. Abfällen ernährt;* ~**konkurrenz,** die (abwertend): *mit unlauteren, unredlichen Mitteln arbeitende Konkurrenz;* ~**lappen,** der: *Lappen zum Aufwischen des gröbsten Schmutzes;* ~**literatur,** die (abwertend): *minderwertige, gegen Moral u. Sitte verstoßende Literatur;* ~**partikel,** das, auch: die: [1]*Partikel, das etw. verschmutzt;* ~**schicht,** die: *von Schmutz gebildete Schicht;* ~**spritzer,** der: auf der Scheibe sind viele S.; ~**streifen,** der; ~**teilchen,** das: vgl. ~partikel; ~**titel,** der (Druckw.) [das Blatt soll das eigentliche Titelblatt vor Beschmutzung schützen]: *erstes Blatt in einem Buch, auf dem meist nur sein verkürzter Titel angegeben ist;* ~**unempfindlich** ⟨Adj.; nicht adv.⟩: vgl. ~abweisend; ~**verschmiert** ⟨Adj.; o. Steig.; nicht adv.⟩: ein -es Gesicht; ~**wäsche,** die: *gebrauchte, zum Waschen bestimmte, schmutzige Wäsche;* ~**wasser,** das ⟨Pl. -wässer⟩: *schmutziges Wasser;* ~**zulage,** die: *Zulage bei Lohn od. Gehalt auf Grund einer Arbeit, bei der man sich sehr schmutzig macht.*

schmutzen ['ʃmʊtsn̩] ⟨sw. V.; hat⟩ [spätmhd. smutzen = beflecken]: **1.** *Schmutz annehmen, schmutzig werden:* der helle Stoff schmutzt schnell, leicht; dieses Material schmutzt nicht [so leicht]. **2.** ⟨auch: schmützen, schmützte, geschmützt⟩ (südwestd., schweiz.) *fetten* (1); *Fett an etw. geben:* das Backblech s.; gut geschmutzte/geschmützte Kartoffeln, Rösti; **Schmutzerei** [ʃmʊtsəˈrai̯], die; -, -en (abwertend): *etw. Unanständiges, Verwerfliches, moralisch, sittlich nicht zu Rechtfertigendes:* bei den finanziellen -en der Firma ... wirtschaftete gar der Gatte der Prinzessin ... kräftig in seine Tasche (Horizonte 12, 1977, 30); ehe der Pastor sich noch mit einem Wort gegen diese S. hat zur Wehr setzen können (Fallada, Jeder 350); **Schmutzian** ['ʃmʊtsi̯a:n], der; -[e]s, -e [vgl. Grobian] (auch als Schimpfwort): svw. ↑Schmutzfink; **schmutzig** ['ʃmʊtsɪç] ⟨Adj.⟩ [spätmhd. smotzig]: **1.** ⟨nicht adv.⟩ **a)** *mit Schmutz behaftet, nicht sauber* (Ggs.: sauber 1): -e Wäsche; -e Kleider, Hemden, Schuhe; -e Hände, Füße; ein -es Gesicht; das ist eine ziemlich -e *(Schmutz verursachende, mit Schmutz einhergehende)* Arbeit; Die Sohlen ihrer brüchigen Stiefeletten hatten -e *(aus Schmutz bestehende)* Abdrücke ... hinterlassen (Simmel, Stoff 479); der frisch gewaschene Pullover ist schon wieder s.; du hast dich, deinen Anzug s. gemacht; er macht sich nicht gern s. *(verrichtet nicht gern schmutzige Arbeiten);* Ü -e *(unklare, nicht reine, ins Graue spielende)* Farben; der Raum sank in -e *(graue)* Dämmerung (Remarque, Triomphe 165); **b)** *auf Sauberkeit, Reinlichkeit, Gepflegtheit keinen Wert legend; unreinlich u. ungepflegt:* ein -er Ober; Ich schweige von dem -en ... Absteigequartier (Th. Mann, Krull 89); der Koch in diesem Restaurant ist ziemlich s.; dort ist es mir zu s. **2.** (abwertend) **a)** *frech, respektlos, unverschämt:* laß deine -en Bemerkungen; sein -es Lächeln ärgerte sie; lach nicht so s.!; **b)** ⟨nicht adv.⟩ *unanständig, unsittlich, obszön, schlüpfrig:* -e Gedanken, Witze; -e Lieder singen; der Schatten der Kirchen ... hat aus dem Eros, dem heiteren, eine heimliche, -e, sündhafte Bettgeschichte gemacht (Remarque, Obelisk 228); du hast eine -e Phantasie *(du denkst immer gleich an etw. Unanständiges, Zweideutiges);* seine Geschichten sind immer ziemlich s.; **c)** ⟨nicht adv.⟩ *in moralischer Hinsicht sehr zweifelhaft, anrüchig; unlauter:* -e Geschäfte, Praktiken; ein -er Handel; mit -en Mitteln arbeiten; eine -e Gesinnung, Handlungsweise; In der ganzen Anstalt herrschte ein einfach -er Geiz (Fallada, Trinker 137); ein -er Krieg (↑Krieg); dieses Gewerbe war ihm zu s. **3.** (südwestd., schweiz.) *fett, fettig.*

schmutzig-: ~**blau** ⟨Adj.; o. Steig.; nicht adv.⟩: *die Farbe eines unklaren, nicht reinen, ins Graue spielenden Blaus aufweisend:* das -e Meer; ~**gelb** ⟨Adj.; o. Steig.; nicht adv.⟩: vgl. ~blau; ~**grau** ⟨Adj.; o. Steig.; nicht adv.⟩: *die Farbe eines trüben, nicht reinen Graus aufweisend:* der -e Himmel; ~**grün** ⟨Adj.; o. Steig.; nicht adv.⟩: vgl. ~blau; ~**rot** ⟨Adj.; o. Steig.; nicht adv.⟩: vgl. ~blau; ~**weiß** ⟨Adj.; o. Steig.; nicht adv.⟩: vgl. ~blau.

Schmutzigkeit, die; -, -en: **1.** ⟨o. Pl.⟩ *das Schmutzigsein.* **2.** *schmutzige Äußerung, Handlung o. ä.:* muß ich mir seine -en noch länger anhören?

Schnabel ['ʃna:bl̩], der; -s, Schnäbel ['ʃnɛ:bl̩; mhd. snabel, ahd. snabul, wohl verw. mit ↑schnappen]: **1.** ⟨Vkl. ↑Schnäbelchen⟩ *(bei verschiedenen Wirbeltieren, bes. den Vögeln) aus Ober- u. Unterkiefer gebildeter, vorspringender, oft spitz auslaufender, von einer Hornschicht überzogener Fortsatz am Kopf:* ein langer, spitzer, krummer, gekrümmter, breiter, dicker, starker, gelber S.; den S. aufreißen, aufsperren, wetzen; daß eine Hochbrutente einem mit einem Küken im S. abfliegenden Kolkraben nachflog (Lorenz, Verhalten I, 200); der Vogel pickte, hackte mit dem S. ein Loch in die Rinde; der Storch klappert mit dem S. **2.** ⟨Vkl. ↑Schnäbelchen⟩ (ugs.) *Mund des Menschen:* mach, sperr mal deinen S. auf!; sie steckte jedem der Kinder ein Bonbon in den S.; * **reden, sprechen, wie einem der S. gewachsen ist** (ugs.; *unbekümmert, freiheraus u. ohne Ziererei sprechen*); **den S. halten** (ugs.; ↑Mund 1); **den S. [nicht] aufmachen/auftun** (ugs.; ↑Mund 1); **sich** ⟨Dativ⟩ **den S. verbrennen** (ugs.; ↑Mund 1); **jmdm. [mit etw.] den S. stopfen** (ugs.; ↑Mund 1); **seinen S. an anderen Leuten wetzen** (ugs.; *boshaft, abfällig über andere reden; über jmdn. lästern*). **3.** *nach außen verlängerte Ausbuchtung, kleine Röhre zum Ausgießen an einer Kanne, einem Krug:* an der Kanne ist der S. abgebrochen. **4.** (früher) *(bei antiken od. mittelalterlichen Schiffen) verlängerter, spitz zulaufender Bug.* **5.** (Musik) *schnabelförmiges Mundstück bei bestimmten Blasinstrumenten.*

schnabel-, Schnabel-: ~**flöte,** die: *Blockflöte;* ~**förmig** ⟨Adj.; o. Steig.; nicht adv.⟩: *wie ein Schnabel* (1) *geformt, an einen Schnabel erinnernd;* ~**hieb,** der: *mit dem Schnabel ausgeführter Hieb, Stoß:* der Vogel versuchte, den Angreifer mit -en zu vertreiben; ~**kerf,** der (Zool.): *Vertreter einer Überordnung von Insekten (z. B. Wanzen) mit Mundwerkzeugen, die an einen Schnabel* (1) *erinnern;* ~**krokodil,** das: *großes Krokodil von schlankem Körperbau, dessen Schnauze äußerst lang u. schmal u. vom übrigen Schädel deutlich abgesetzt ist;* ~**schiff,** das (früher): *antikes od. mittelalterliches Schiff mit einem Schnabel* (4); ~**schuh,** der (früher): *(im MA. üblicher) Halbschuh ohne Absatz für Männer u. Frauen, dessen Spitze nach vorn stark verlängert u. oft nach oben gebogen war;* ~**tasse,** die: *Tasse, vor allem für Bettlägerige, aus der über einen Schnabel* (3) *in Form einer kleinen Röhre auch im Liegen getrunken werden kann;* ~**tier,** das: *(in Australien heimisches, zu den Kloakentieren gehörendes) mittelgroßes Säugetier mit einem breiten, dem Entenschnabel ähnlichen Schnabel, kurzem, sehr dichtem, dunkelbraunem Fell, abgeplattetem Schwanz u. Füßen mit Schwimmhäuten, das sehr gut schwimmen u. tauchen kann u. dessen Junge aus Eiern schlüpfen;* ~**wal,** der: *zu den Zahnwalen gehörender großer Wal, dessen Schnauze schnabelförmig verlängert ist.*

Schnäbelchen ['ʃnɛ:blçən], das; -s, -: ↑Schnabel (1, 2); **Schnäbelei** [ʃnɛ:bəˈlai̯], die; -, -en: **1.** (seltener) *das Schnäbeln* (1): er beobachtete die S. der Tauben. **2.** (ugs. scherzh.) *dauerndes Küssen, Küsserei:* Schluß mit der S., ihr da, sagt Frau Remann (Fries, Weg 303); **schnäbeln** ['ʃnɛ:bl̩n] ⟨sw. V.; hat⟩ [spätmhd. snäbeln]: **1.** *(von bestimmten Vögeln) die Schnäbel aneinanderreiben, sich mit den Schnä-*

beln mehrfach berühren: die beiden Tauben schnäbeln [sich]; zwei schnäbelnde Tukane. **2.** (ugs. scherzh.) *sich zärtlich küssen:* das Pärchen schnäbelte unaufhörlich; die beiden schnäbelten lange miteinander; Ich drehe mich um: ich sehe, wie sie sich schnäbeln (Genet [Übers.], Notre Dame 92); **schnabulieren** [ʃnabu'li:rən] ⟨sw. V.; hat⟩ [mit romanisierender Endung zu ↑Schnabel geb.] (fam.): *mit Appetit, mit Behagen verzehren, essen:* sie saßen alle um einen großen Tisch und schnabulierten eifrig Süßigkeiten und Obst.

Schnabus ['ʃna:bʊs], der; -, -se [scherzh. latinis. Bildung zu ↑Schnaps] (landsch., bes. berlin.): *Schnaps:* etwas müsse er noch mitnehmen, einen S. noch (Kempowski, Uns 147).

Schnack [ʃnak], der; -[e]s, -s u. Schnäcke ['ʃnɛkə; urspr. auch hochd.; mniederd. snack, zu ↑schnacken] (nordd.): **1.** *gemütliche Plauderei, Unterhaltung; Schwatz:* sie hielten einen kleinen S. an der Haustür; sie treffen sich öfter zu einem S. **2.** (abwertend) *leeres Gerede; Geschwätz, Unsinn:* das ist doch alles nur dummer, fauler S.; du glaubst doch nicht an den S.? **3.** *witziger, komischer Spruch:* sie ... spielten eine Zeitlang Karten, machten manchen S. (Nachbar, Mond 277); außerdem trage er mit seinen Schnäcken manchmal zur allgemeinen Erheiterung bei (Kempowski, Uns 139); Das wurde direkt zu einem S. *(zu einer stehenden Redensart).* Bei jeder Gelegenheit sagten wir das (Kempowski, Immer 79).

schnackeln ['ʃnakl̩n] ⟨sw. V.; hat⟩ [lautm.]: **1.** (landsch., bes. bayr.) *(bes. mit den Fingern od. der Zunge) ein schnalzendes Geräusch hervorbringen:* er schnackelte ein paarmal mit den Fingern. **2.** ⟨unpers.⟩ (ugs.) *einen Knall, Krach verursachen, hervorrufen:* wenn der Blitz einschlägt, schnackelt es ganz schön; da vorne an der Ecke hat es wieder geschnackelt *(hat es einen Unfall, Zusammenstoß gegeben);* Ü in der Familie hat es mal wieder geschnackelt (bes. südd.; *Krach gegeben*); wenn er noch lange meckert, dann schnackelt's (bes. südd.; *dann gibt es Ohrfeigen, Prügel*); * [zu den Wendungen vgl. klappen (3)] **es hat geschnakkelt** (bes. südd.; *es ist geglückt, es hat geklappt*); **es hat [bei jmdm.] geschnackelt** (bes. südd.: 1. *jmd. hat etw. endlich begriffen, verstanden:* na, hat's [bei dir] geschnackelt? 2. *jmd. hat sich plötzlich verliebt:* bei den beiden hat's geschnackelt. 3. *jmd. ist schwanger geworden, erwartet ein Kind:* sie glaubt, bei ihr hat es geschnackelt).

schnacken ['ʃnakn̩] ⟨sw. V.; hat⟩ [mniederd. snacken] (nordd.): **a)** *reden, sprechen:* er schnackt am liebsten platt, in Mundart; wir müssen mal in Ruhe darüber s.; **b)** *sich mit jmdm. gemütlich, zwanglos unterhalten, plaudern:* mit dem Nachbarn s.; Ab und zu kamen die Fahrer herauf, die wollten bloß ein bißchen s. (Kempowski, Uns 22).

Schnaderhüpfel ['ʃna:dɐhʏpfl̩], **Schnaderhüpferl** [...pfɐl], das; -s, - [wohl zu ↑schnattern u. ↑hüpfen] (bayr., österr.): *kurzes, meist vierzeiliges Lied [mit lustigem, oft auch anzüglichem Inhalt], das häufig mit einem Jodler verknüpft ist.*

schnafte ['ʃnaftə] ⟨Adj.; o. Steig.⟩ [H. u.] (berlin. veraltend): *fabelhaft, großartig, hervorragend, erstklassig:* eine s. Sache; ein -r Typ; der Abend war s.

¹Schnake ['ʃna:kə], die; -, -n [spätmhd. snāke; H. u.]: **1.** *(zu den Mücken gehörendes) Insekt mit schlankem Körper, langen dünnen Beinen u. Fühlern u. schmalen Flügeln, das sich von Pflanzensäften ernährt.* **2.** (landsch.) svw. ↑Stechmücke: Die Rheinanlieger werden auch in den nächsten Jahren mit den -n leben müssen (MM 21. 8. 71, 4).

²Schnake [-], die; -, -n [älter: Schnacken, zu mniederd. snakken, ↑schnacken; unter Bezug auf ↑Grille (2a), ¹Mucke (2) an ↑¹Schnake angelehnt] (nordd. veraltet): *lustiger, drolliger Einfall; scherzhafte Erzählung.*

³Schnake [-], die; -, -n [mniederd. snake, verw. mit ahd. snahhan = kriechen] (nordd. veraltet): *Ringelnatter.*

Schnaken- (¹Schnake): **~larve,** die: *Larve einer ¹Schnake;* **~plage,** die (landsch.): *durch eine Vielzahl von ¹Schnaken (2) hervorgerufene Plage;* **~stich,** der (landsch.): *Stich einer ¹Schnake* (2).

schnäken ['ʃnɛ:kn̩] ⟨sw. V.; hat⟩ [(west)md. Form von mhd. snöuken = schnüffeln, schnuppern] (landsch., bes. westmd.): *naschen* (1, 2); ⟨Abl.:⟩ **Schnäker** ['ʃnɛ:kɐ], der; -s, - (landsch., bes. westmd.): *jmd., der gerne schnäkt;* **Schnäkerei** [ʃnɛ:kə'rai̯], die; -, -en (landsch., bes. westmd.): **1.** ⟨o. Pl.⟩ *[dauerndes] Schnäken.* **2.** *Leckerei, Näscherei.*

schnakig ['ʃna:kɪç] ⟨Adj.⟩ [zu ↑²Schnake] (nordd. veraltet): *lustig, scherzhaft, drollig.*

schnäkig ['ʃnɛ:kɪç] ⟨Adj.; nicht adv.⟩ [zu ↑schnäken] (landsch.): **1.** *im Essen sehr wählerisch, mäkelig:* sei nicht so s. und iß auch das Gemüse! **2.** *naschhaft:* er ist so s., daß er sich am liebsten nur von Süßigkeiten ernähren würde.

Schnällchen ['ʃnɛlçən], das; -s, -: ↑Schnalle (1); **Schnalle** ['ʃnalə], die; -, -n [mhd. snalle, zu: snal = rasche Bewegung, snallen (↑schnallen), wohl nach dem Auf- u. Zuschnellen des Dorns an einer Schnalle, zu ↑schnell; 4: nach Jägerspr. Schnalle = Geschlechtsteil bes. von Füchsin u. Wölfin; vgl. 3]: **1.** ⟨Vkl. ↑Schnällchen⟩ *am Ende eines Riemens, Gürtels befestigte einfache Vorrichtung (eine Art Ring aus Metall, Horn, Plastik), durch die das andere Ende des Riemens, Gürtels durchgesteckt u. meist mit Hilfe eines Dorns* (3a) *zusätzlich festgehalten wird:* eine metallene, runde, ovale S.; die S. am Schuh drückt; die S. des Gürtels öffnen, aufmachen, schließen, zumachen; die Tasche wird mit zwei -n geschlossen. **2.** (österr.) *Türklinke:* In dem Raum mit zwei Türen ohne -n sind mindestens vierzig Männer untergebracht (Zenker, Froschfest 54). **3.** (Jägerspr.) *(bei Hunden u. Haarraubwild) äußeres weibliches Geschlechtsteil.* **4. a)** (derb) *Prostituierte;* **b)** (ugs. Schimpfwort) *weibliche Person, über die man sich ärgert:* blöde S.!; **schnallen** ['ʃnalən] ⟨sw. V.; hat⟩ [mhd. snallen = schnellen, sich mit schnappendem Laut bewegen; 2: wohl im Sinne von „(sich) etw. aufschnallen = (sich) etw. im Gedächtnis festmachen"; 3: Nebenf. von mhd. snellen (↑schnellen) = ein Schnippchen schlagen]: **1. a)** *einer Sache, die mit einer Schnalle versehen ist, mit Hilfe dieser Schnalle eine bestimmte Weite geben:* den Riemen, Gürtel enger, weiter s.; die Gurte um die Decken waren nur lose, zu locker geschnallt; **b)** *mit Hilfe von Riemen, Gurten o. ä., die mit Schnallen versehen sind, irgendwo befestigen:* eine Decke auf den Koffer s.; du kannst dir schon den Rucksack auf den Rücken s.; sie schnallten den Verletzten auf eine Bahre; **c)** *durch Aufmachen, Lösen von Schnallen an Riemen, Gurten o. ä. von etw. losmachen u. abnehmen:* die Tasche vom Gepäckträger s. **2.** (salopp) *begreifen, kapieren:* etw. nicht s.; Ich sollte mich am Riemen reißen, raunte er mir zu, ob ich das geschnallt hätte (Kempowski, Tadellöser 61). **3.** (salopp) *irreführen, täuschen, prellen, übervorteilen:* sie haben ihn ganz schön geschnallt. **4.** (südd.) svw. ↑schnalzen: mit den Fingern, mit der Zunge s.; **Schnallenschuh,** der; -[e]s, -e: *Halbschuh, der mit einer Schnalle geschlossen wird od. verziert ist;* **schnalzen** ['ʃnaltsn̩] ⟨sw. V.; hat⟩ [spätmhd. snalzen, Intensivbildung zu mhd. snallen, ↑schnallen]: **1.** *durch eine rasche, schnellende Bewegung (mit der Zunge od. auch den Lippen, mit den Fingern, einer Peitsche o. ä.) einen kurzen, knallenden Laut erzeugen:* genießerisch, vor Vergnügen mit der Zunge s.; mit den Fingern s.; er schnalzte ein paarmal mit der Peitsche, und die Pferde zogen an. **2.** (seltener) *mit einer schnellenden Bewegung von einer Stelle weg, irgendwohin bewegen:* dann schnalzten sie brennende Streichhölzer von den Reibflächen der Schachteln in einen Heuhaufen (MM 26. 5. 67, 4); ⟨Abl.:⟩ **Schnalzer,** der; -s, - (ugs.): *durch Schnalzen hervorgerufenes Geräusch:* die S. der Peitsche waren weithin zu hören; ⟨Zus.:⟩ **Schnalzlaut,** der (Sprachw.): *(in afrikanischen Sprachen vorkommender) durch Schnalzen mit der Zunge gebildeter Laut.*

schnapp! [ʃnap] ⟨Interj.⟩ lautm. für ein schnelles Zuschnappen, Zuklappen o. ä. u. das damit verbundene klappende Geräusch, den leichten Knall: s., s.!, fuhr die Schere durch den Stoff; es machte s.!, und die Tür war zu. Vgl. schnipp, schnapp!

Schnapp-: **~hahn,** der [spätmhd. snaphan, wohl zu mhd. snap = Straßenraub (eigtl. = das Schnappen), vgl. spätmhd. strūchhan = Strauchdieb]: *(im MA.) [berittener] Wegelagerer;* **~messer,** das: **1.** svw. ↑Klappmesser. **2.** *Messer, dessen Klinge im ¹Heft verborgen ist u. bei Betätigung eines Knopfes herausschnellt;* **~sack,** der [eigtl. = Sack, aus dem man sich etw. zu essen schnappt] (veraltet): *Rucksack, Ranzen, Tasche für Proviant:* Einer holt aus seinem S. die Dinge hervor, die er wahllos aus dem Rinnstein aufgelesen (Kisch, Reporter 12); **~schloß,** das: *Schloß* (1), *das durch Einrasten, Einschnappen fest schließt:* Die Tür ... hatte ein S. und war von außen ohne Schlüssel nicht zu öffnen (Kirst, 08/15, 75); ein Koffer mit Schnappschlössern; **~schuß,** der: *Momentaufnahme, mit der eine gerade sich ergebende Situation, ein einzelner [charakteristischer]*

Punkt innerhalb eines Vorgangs, eines Bewegungsablaufs im Bild festgehalten wird; ~**verschluß,** der: vgl. ~schloß.

schnappen ['ʃnapn̩] ⟨sw. V.⟩ [mhd. (md.), mniederd. snappen, Intensivbildung zu: snaben = schnappen, schnauben, urspr. laut- u. bewegungsnachahmend für klappende Kiefer]: **1.** ⟨hat⟩ **a)** *etw. mit dem Maul, den Zähnen, dem Schnabel in rascher Bewegung zu fassen suchen:* der Hund hat nach meinen Fingern, nach mir geschnappt; Im Wasser schnappten Hechte nach Barschen und Barsche nach Fliegen (Bieler, Bonifaz 137); das Tier schnappte wild um sich; Ü nach der Anstrengung stand sie eine Zeitlang am Fenster und schnappte nach Luft *(atmete rasch u. mühsam, rang nach Atem);* „Warum verkaufen Sie den nicht selber?" schnappt Heinrich *(sagt Heinrich nach Atem ringend;* Remarque, Obelisk 15); **b)** *mit dem Maul, den Zähnen, dem Schnabel in rascher Bewegung fassen:* der Hund schnappte die Wurst; Mauerseglern, die jetzt sehr tief flogen, um schnell noch ein paar Fliegen zu s. vorm Regen (Schnurre, Bart 109); Ü er ging schnell zum Fenster, um Luft zu s. *(frische Luft zu atmen;* Böll, Adam 64); laß uns noch ein wenig frische Luft s. *(ins Freie gehen, um an der Luft zu sein).* **2.** ⟨hat⟩ (ugs.) **a)** *schnell ergreifen, mit raschem Zugriff festhalten [und mitnehmen, für sich behalten]:* er schnappte seine Mappe und rannte die Treppe hinunter; er wäre weitergerutscht, aber er schnappte auf seiner Luftfahrt einen Ast (Andres, Liebesschaukel 30); ich schnappte mir noch rasch ein Brötchen und steckte es in die Tasche; mit einem plötzlichen harten Griff schnappt er sich Mantel, Hut und Maulkorb (Spoerl, Maulkorb 14); schnapp dir einen Zettel und rechne mit!; Ich trat das Schießeisen mit dem Fuß zur Seite und schnappte mir die Kleine (Cotton, Silver-Jet 7); den werd ich mir noch s.!; Ü Meinst du, es warten nicht schon genug darauf, meinen Posten zu s.? (Remarque, Funke 25); ***etw. geschnappt haben** (ugs.; *etw. [endlich] begriffen, verstanden haben*): hast du das geschnappt?; **jmdn. hat es geschnappt** (ugs.; *jmd. ist verwundet worden, hat eine Verletzung davongetragen*): Nicht vor Schmerz, obwohl es ihn ganz schön geschnappt hatte diesmal (Schnurre, Fall 27); **b)** *zu fassen kriegen, ergreifen u. festnehmen, gefangennehmen:* die Polizei hat den Dieb geschnappt; Von einer Wehrmachtsstreife wurde er nachmittags im Kino geschnappt (Küpper, Simplicius 65); laßt euch an der Grenze ja nicht s.!; Ü jmdn. hat es geschnappt (ugs.; *hat es erwischt* 3, *er ist krank, verletzt*). **3. a)** *eine [unerwartete] rasche, schnellende, oft mit einem klappenden, leise knallenden Geräusch verbundene Bewegung irgendwohin ausführen* ⟨ist⟩: das Brett schnappte in die Höhe, als er darauftrat; der Stiel des Rechens wäre ihm fast ins Gesicht geschnappt; der Riegel ist ins Schloß geschnappt; Jakob zog die Tür einwärts, bis sie in die Schließleiste schnappte (Johnson, Mutmaßungen 42); **b)** *ein durch eine rasche, schnellende Bewegung entstehendes klappendes, leise knallendes Geräusch hervorbringen* ⟨hat⟩: er hörte die Schere nur ein paarmal s., und die Haare waren ab; Pippig schloß ab. Zweimal schnappte der Riegel (Apitz, Wölfe 193); ***es hat [bei jmdm.] geschnappt** (ugs.: 1. *jmds. Geduld ist zu Ende.* 2. *jmd. hat sich plötzlich verliebt:* bei den beiden hat es geschnappt. 3. *jmd. ist schwanger geworden, erwartet ein Kind:* sie glaubt, bei ihr hat es geschnappt). **4.** (landsch.) *hinken* (1 a) ⟨hat⟩: seit dem Unfall schnappt er; ⟨Abl.:⟩ **Schnapper,** der; -s, - (ugs.): **1. a)** *das Schnappen* (1 a) *nach etw.; zuschnappender Biß:* mit einem S. hat ihm der Hund ein Stück aus der Hose gerissen; **b)** *kurzes, heftiges Atemholen mit offenem Mund.* **2. a)** *das mit einem klappenden, leise knallenden Geräusch verbundene Zuschnappen, Zuklappen:* mit einem S. war die Tür im Schloß; **b)** svw. ↑Falle (3 a): gleich darauf klappte und knackte es: Der S. der Tür saß im Schloß (Bastian, Brut 49); **Schnäpper** ['ʃnɛpɐ], der; -s, -: **1.** kurz für ↑Fliegenschnäpper. **2.** (Med. Jargon) *lanzettförmige Nadel zur Entnahme von Blut (am Finger od. Ohrläppchen), die durch Auslösen einer Feder nach vorne schnellt.* **3.** (früher) *Armbrust, die mittels eines Hebels gespannt wurde u. mit der vorwiegend Kugeln geschossen wurden; Balester, Kugelarmbrust.* **4.** (landsch.) *Schnappschloß, bes. Vorhängeschloß.*

Schnaps [ʃnaps], der; -es, Schnäpse ['ʃnɛpsə] ⟨Vkl. ↑Schnäpschen⟩ [niederd. Snaps, urspr. = Mundvoll, schneller Schluck, zu ↑schnappen] (ugs.): *hochprozentiges alkoholisches Getränk, bes. Branntwein, Klarer:* ein doppelter, doppelstöckiger, selbstgebrannter, klarer, scharfer, harter, milder, weicher S.; eine Flasche S.; er trinkt gern [einen] S., ein Schnäpschen; er trank fünf Schnäpse *(fünf Gläser Schnaps);* Ein Freund habe ihn auf ein Glas S. eingeladen (Baum, Paris 87); der Geruch von kaltem Rauch u. S. hing in der Luft.

Schnaps-: ~**brenner,** der (ugs.): svw. ↑Branntweinbrenner; ~**brennerei** [auch: – – –'–], die (ugs.): svw. ↑Branntweinbrennerei; ~**bruder,** der (ugs. abwertend): *gewohnheitsmäßiger Trinker, der bes. hochprozentige alkoholische Getränke zu sich nimmt;* ~**bude,** die (ugs. abwertend): *meist kleineres Lokal, in dem viel, vorwiegend Branntwein getrunken wird;* ~**budike,** die (landsch. abwertend): svw. ↑~bude; ~**drossel,** die (ugs. abwertend): vgl. ~bruder; ~**fahne,** die (ugs.): *nach Branntwein riechende Alkoholfahne;* ~**flasche,** die; ~**glas,** das ⟨Pl. -gläser⟩; ~**idee,** die (ugs.): *unsinniger, seltsamer Einfall; verrückte Idee:* das ist so eine S. von ihm; wer hat dich denn auf diese S. gebracht?; ~**leiche,** die (ugs. scherzh.): vgl. Bierleiche; ~**nase,** die (ugs.): vgl. Säufernase; ~**nummer,** die: svw. ↑~zahl; ~**pulle,** die (salopp); ~**stamperl,** das (bayr., österr.): svw. ↑Stamperl; ~**zahl,** die (scherzh.): *Zahl, die aus mehreren gleichen Ziffern besteht:* wer eine S., etwa 55, 111, erreicht, muß eine Runde ausgeben.

Schnäpschen ['ʃnɛpsçən], das; -s, -: ↑Schnaps; **schnapsen** ['ʃnapsn̩], **schnäpseln** ['ʃnɛpsl̩n] ⟨sw. V.; hat⟩ (ugs. scherzh.): *Schnaps trinken:* sie schnapsen beide ganz gern; wir haben gestern etwas zuviel geschnäpselt.

schnarchen ['ʃnarçn̩] ⟨sw. V.; hat⟩ [mhd. snarchen, lautm.]: *beim Schlafen meist mit geöffnetem Mund tief ein- u. ausatmen u. dabei ein dumpfes, kehliges Geräusch (ähnlich einem Ach-Laut) von sich geben:* leicht, laut, pfeifend s.; ⟨Abl.:⟩ **Schnarcher,** der; -s, - (ugs.): **a)** *jmd., der schnarcht;* **b)** *Schnarchton;* ⟨Abl.:⟩ **Schnarcherei** [ʃnarçə'rai̯], die; -: *[dauerndes, als lästig empfundenes] Schnarchen;* ⟨Zus.:⟩ **Schnarchkonzert,** das (ugs. scherzh.): *lautes Schnarchen (einer od. mehrerer Personen);* **Schnarchton,** der: *durch Schnarchen entstehendes Geräusch.*

schnarpen ['ʃnarpn̩], **schnarpfen** ['ʃnarp͜fn̩] ⟨sw. V.; hat⟩ [Intensivbildung zu ↑schnarren] (bayr.): *knirschen;* **Schnarre** ['ʃnarə], die; -, -n [zu ↑schnarren]: svw. ↑Knarre (1); **schnarren** ['ʃnarən] ⟨sw. V.; hat⟩ [mhd. snarren, lautm.]: **1.** *[schnell aufeinanderfolgende] durchdringende, sich hölzern- trocken anhörende Töne ohne eigentlichen Klang von sich geben (so, als ob zwei Gegenstände vibrierend aneinander reiben):* die Klingel schnarrt laut; das Telefon auf seinem Schreibtisch begann zu s.; Ü er schnarrt [militärisch] eine Antwort; Nur wenn er mit dem Kommandanten sprach, begann seine Stimme laut zu s. (Ott, Haie 353); ⟨häufig im 1. Part.:⟩ mit schnarrender Stimme sprechen. **2.** (Jägerspr.) *(von der Wachtel) ein Schnarren* (1) *als Lockruf ertönen, hören lassen;* ⟨Zus.:⟩ **Schnarrwerk,** das (Musik): *Gesamtheit aller Zungenstimmen einer Orgel.*

Schnat [ʃna:t], die; -, -en, **Schnate** ['ʃna:tə], die; -, -n [mhd. snat(t)e = Striemen, Wundmal, eigtl. wohl = Einschnitt, Geschnitztes] (landsch.): **1.** *junges, abgeschnittenes Reis.* **2.** *Grenze (einer Flur);* **Schnätel** ['ʃnɛ:tl̩], das; -s, -: *Pfeifchen aus Weidenrinde.*

Schnatter-: ~**ente,** die: **1.** *schnatternde* (1) *Ente.* **2.** (ugs. abwertend) svw. ↑~gans (2); ~**gans,** die: **1.** vgl. ~ente (1). **2.** (ugs. abwertend) *Mädchen, Frau, die [dauernd] schnattert* (2); ~**liese,** die [zum 2. Bestandteil vgl. Heulliese] (ugs. abwertend): svw. ↑~gans (2).

Schnatterei [ʃnatə'rai̯], die; -, -en (ugs.): svw. ↑Geschnatter; **Schnatterer,** der; -s, - (selten): *jmd., der schnattert* (2); **schnatterig** ['ʃnatərɪç] ⟨Adj.⟩: *schnatternd;* **Schnatterin** ['ʃnatərɪn], die; -, -nen (selten): w. Form zu ↑Schnatterer; **schnattern** ['ʃnatɐn] ⟨sw. V.; hat⟩ [mhd. snateren, lautm.]: **1.** *(bes. von Gänsen u. Enten) schnell aufeinanderfolgende, helle, harte, fast klappernde u. schnalzende Laute von sich geben:* die Gänse schnatterten aufgeregt. **2.** (ugs.) *eifrig, hastig [u. aufgeregt] über allerlei [unwichtige u. alberne] Dinge schwatzen:* sie schnatterte unaufhörlich, ohne daß ihr noch jemand zuhörte. **3.** (landsch.) *(bes. vor Kälte) zittern:* Schnatternd vor Kälte saß er nun auf den Flurplatten der Zentrale (Ott, Haie 283); während er ... dastand und mit den Zähnen schnatterte *(so zitterte, daß die Zähne aufeinanderschlugen;* Th. Mann, Joseph 207); **Schnattrer:** ↑Schnatterer; **schnattrig** ['ʃnatrɪç]: ↑schnatterig.

schnatz [ʃnat͜s] ⟨Adj.; -er, -este⟩ [zu ↑schnatzen] ([west]md.): *hübsch [zurechtgemacht], gut aussehend:* ein -es Mädchen; **Schnatz** [-], der; -es, Schnätze ['ʃnɛt͜sə] ([west]md.):

Kopfputz, bes. zur Krone aufgestecktes Haar; **schnätzeln** [ˈʃnɛtsl̩n] ⟨sw. V.; hat⟩ (hess.): svw. ↑schnatzen; **schnatzen** [ˈʃnatsn̩] ⟨sw. V.; hat⟩ [mhd. snatzen = sich putzen, frisieren] ([west]md.): **1.** *festlich kleiden, schmücken.* **2.** *das Haar zur Krone aufstecken.*

Schnau [ʃnau̯], die; -, -en [niederd. snau, niederl. snaun; H. u.] (früher): *kleines zweimastiges Schiff, das an Bug u. Heck schmal wird u. spitz zuläuft.*

schnauben [ˈʃnau̯bn̩] ⟨sw., seltener st. V.; hat⟩ [mhd. (md.) snūben, mniederd. snūven, lautm.]: **1.** *heftig u. geräuschvoll durch die Nase atmen, bes. Luft heftig u. geräuschvoll aus der Nase blasen:* das Pferd schnaubte ungeduldig; Der Kommandant ... schnaubte durch die Nase, weil ihm anscheinend der Mündungsqualm des Geschützes nicht wohlriechend genug war (Ott, Haie 251); „Ein Mißverständnis? Wieso?" schnob er (*stieß er heftig hervor;* Jahnn, Geschichten 209); [vor] Wut, Entrüstung, Zorn o. ä. s. *(vor Wut, Entrüstung, Zorn o. ä. außer sich sein).* **2.** (landsch.) *sich schneuzen:* er schnaubte laut in sein Taschentuch; ich schnaubte mir die Nase; ⟨auch s. + sich:⟩ ich schnaubte mich.

schnäubig [ˈʃnɔybɪç] ⟨Adj.;⟩ [wohl verw. mit schnuppern; vgl. schnäkig, schnaukig] (hess.): *(bes. beim Essen) wählerisch.*

Schnauf [ʃnau̯f], der; -[e]s, -e (landsch.): *[hörbarer] Atemzug;* **schnaufen** [ˈʃnau̯fn̩] ⟨sw. V.; hat⟩ [mhd. snūfen, mniederd. snūven (↑schnauben), lautm.]: **a)** (landsch.) svw. ↑atmen: die Luft hier ist zum Schneiden, man kann kaum s.; **b)** *tief u. geräuschvoll, zumindest deutlich hörbar atmen:* vergnügt, angestrengt, erregt, wütend s.; er schnaufte unruhig, heftig, kurzatmig, schnell; beim Treppensteigen schnauft er stark; Sie schnaufte laut vor Konzentration (Baum, Paris 158); Der Arzt ... schnaufte Proteste (*brachte seinen Protest zum Ausdruck, indem er kurz, heftig u. äußerst geräuschvoll dabei atmete;* Kirst, 08/15, 781); „Das ist gut gegen Angst ...", schnauft sie (*stößt sie, heftig atmend, hervor;* Bieler, Mädchenkrieg 415); ⟨Abl.:⟩ **Schnaufer,** der; -s, -: **1.** (ugs.) *[hörbarer] Atemzug:* einen S. tun, vernehmen, hören lassen; Vom ersten S. an wird man vergiftet (Fels, Sünden 104); sobald die Pferde einen S. lang *(für einen Augenblick)* ruhig liegen (Andres, Die Vermummten 114); ***den letzten S. tun** (verhüll.; *sterben*); **bis zum letzten S.** (↑Atemzug). **2.** (schweiz.) *unreifer Junge;* **Schnauferl** [ˈʃnau̯fɐl], das; -s, -, österr.: -n (Jargon): *altes, gut gepflegtes Modell eines Autos;* **Schnaufpause,** die; -, -n (österr.): svw. ↑Verschnaufpause: er gönnt sich gerade eine S.

schnaukig [ˈʃnau̯kɪç] ⟨Adj.⟩ [vgl. schnäkig] (hess.): svw. ↑schnäubig.

Schnaupe [ˈʃnau̯pə], die; -, -n [zu ↑schnaufen] (landsch.): svw. ↑Schnabel (2).

Schnauz [ʃnau̯ts], der; -es, Schnäuze [ˈʃnɔytsə] ⟨Vkl. ↑Schnäuzchen (1)⟩ (landsch., bes. schweiz.): *Schnurrbart:* ein Mann mit einem gepflegten, wilden, struppigen S.; **Schnauzbart,** der; -[e]s, -bärte [zu ↑Schnauze (2)]: **1.** *großer Schnurrbart.* **2.** (ugs.) *Mann mit Schnauzbart* (1): die beiden Schnauzbärte gerieten heftig aneinander; ⟨Abl.:⟩ **schnauzbärtig** ⟨Adj.; o. Steig.; nicht adv.⟩: *einen Schnauzbart* (1) *habend, tragend:* ein blonder, -er Mann; **Schnäuzchen** [ˈʃnɔytsçən], das; -s, -: **1.** ↑Schnauz: ein Jüngling mit S. (Frisch, Homo 103). **2.** ↑Schnauze (1, 2 a, 3); **Schnauze** [ˈʃnau̯tsə], die; -, -n [älter: Schnauße, mniederd. snūt(e), lautlich beeinflußt von ↑schneuzen]: **1.** ⟨Vkl. ↑Schnäuzchen⟩ *[stark] hervorspringendes, mit der Nase verbundenes Maul bestimmter Tiere:* eine lange, spitze S.; die Katze hat dem Hund die S. zerkratzt; die S. fühlt sich kalt, feucht an. **2.** (häufig derb abwertend) **a)** ⟨Vkl. ↑Schnäuzchen⟩ *Mund des Menschen:* Die kleine, von blonden Locken umwachsene S. des Soldaten verzog sich (Genet [Übers.], Totenfest 220); mach endlich die/deine S. auf! *(rede endlich!);* jmdn. auf die S. hauen; du kannst gleich ein paar auf die S. kriegen, haben; er schlug ihm die Zigarette aus der S.; ***die S. voll haben** (salopp; *keine Lust mehr haben, einer Sache überdrüssig sein; mit seiner Geduld am Ende sein*); **eine große S. haben** (↑Mund 1 a); **die S. [nicht] aufbringen, auftun** (↑Mund 1 a); **die S. halten** (↑Mund 1 a); **seine S. halten** (↑Mund 1 a); **die S. aufreißen, [zu] voll nehmen** (↑Mund 1 a); **jmdm. [mit etw.] die S. stopfen** (↑Mund 1 a); **sich** ⟨Dativ⟩ **die S. verbrennen** (↑Mund 1 a); **immer mit der S. voran/vornweg sein** (↑Mund 1 a); **frei [nach] S., nach S.** (salopp; *nach Gutdünken*); **b)** svw. ↑Maul (2 b): er hat eine freche, lose S.; den ganzen Tag dröhnt eure S. durch die Gänge (Sobota, Minus-Mann 141); wahrscheinlich besteht der einzige Einfluß, den er hat, in seiner großen S. (Fallada, Jeder 331); der Berliner hat Herz mit S. *(hat zwar eine derb-rauhe Art, verbirgt dahinter aber Hilfsbereitschaft, Mitgefühl usw.);* **c)** *Gesicht:* Wir alle haben noch dasselbe leere Lächeln auf unseren -n (Remarque, Obelisk 24); ***jmdm. die S. lackieren/polieren, jmdm. in die S. hauen/schlagen, jmdm. eins vor die S. geben** (↑Fresse 2); **auf die S. fallen** (↑Bauch 1 a). **3.** ⟨Vkl. ↑Schnäuzchen⟩ (ugs.) svw. ↑Schnabel (3): S. und Henkel der Kanne sind abgebrochen. **4.** (ugs.) svw. ↑Nase (2 a): die S. des Unfallwagens hat sich um einen Baum gewickelt; er (= der Flugzeugführer) muß also die S. seiner Maschine auf einen dritten Punkt C halten (Frankenberg, Fahren 78); **schnauzen** [ˈʃnau̯tsn̩] ⟨sw. V.; hat⟩ (ugs.): **a)** *etw. [mit groben Worten] laut, heftig u. befehlend sagen:* „paß doch auf!" schnauzt er; **b)** *mit groben Worten laut, heftig u. befehlend sprechen, seine Meinung äußern:* die Polizisten schnauzten; **Schnauzer,** der; -s, -: **1.** *kleiner, lebhafter Hund mit gedrungenem Rumpf, rauhem, drahtigem Fell, den Farben Schwarz od. Grau u. einer Art kräftigem Schnauzbart.* **2.** (ugs.) svw. ↑Schnauzbart; **Schnäuzer** [ˈʃnɔytsɐ], der; -s, -: svw. ↑Schnauzbart: Ich ... schlanker Typ, mit S. (Du & ich 5, 1979, 22); **schnauzig** [ˈʃnau̯tsɪç] ⟨Adj.⟩ [zu ↑schnauzen]: *grob u. befehlend [schimpfend]:* der -e Feldwebel; etw. s. sagen.

Schneck [ʃnɛk], der; -s, -en ⟨Vkl. ↑Schneckchen⟩ (landsch., bes. südd., österr.): **1.** *Schnecke* (1). **2.** *hübsches, reizendes o. ä. Kind, Mädchen:* ein goldiger S.; auch in der Anrede, als Koseform: [mein] S.; **Schneckchen** [ˈʃnɛkçən], das; -s, -: **1.** ↑Schneck. **2.** ↑Schnecke (1, 9); **Schnecke** [ˈʃnɛkə], die; -, -n [mhd. snecke, ahd. snecko, eigtl. = Kriechtier]: **1.** ⟨Vkl. ↑Schneckchen⟩ *in zahlreichen Arten in Gewässern od. auf dem Land lebendes Weichtier mit länglichem Körper, mit zwei Fühlerpaaren am Kopf u. (bei bestimmten Arten) mit einem Gehäuse auf dem Rücken, in das es sich ganz zurückziehen kann, das sich auf einer von ihm selbst abgesonderten Spur aus Schleim auf einer Kriechsohle sehr langsam fortbewegt:* eine S. kriecht über den Weg; der Salat war voller -n; die S. ist in ihrem Gehäuse; er ist langsam wie eine S.; ***jmdn. zur S. machen** (ugs.; *jmdm. heftige Vorwürfe machen, so daß der Betroffene mutlos, schuldbewußt, seelisch bedrückt ist*). **2.** (ugs.) *kleines, rundes flaches [mit Zuckerguß überzogenes] Gebäckstück, dessen Teig so gerollt ist, daß es in der Form einem Schneckenhaus ähnlich sieht.* **3.** ⟨meist Pl.⟩ *in eine Art Spirale gelegter, über dem Ohr festgesteckter Zopf, der in der Form einem Schneckenhaus ähnlich sieht:* Jetzt nimmt sie den Hut ab, dicke strohblonde -n sitzen an den Ohren (Bredel, Väter 114). **4.** (Anat.) svw. ↑Cochlea (1). **5.** *spiralförmig geschnitzter Abschluß des Halses bestimmter Saiteninstrumente* (z. B. Geige, Bratsche, Cello, Kontrabaß). **6.** (Archit.) **a)** svw. ↑Volute; **b)** svw. ↑Wendeltreppe. **7.** (Technik) **a)** *in einen zylindrischen, kegelförmigen o. ä. Schaft eingeschnittenes endloses Gewinde;* **b)** *Förderanlage für pulveriges Schüttgut, die aus einem Rohr mit einer darin sich drehenden Wendel besteht.* **8.** (Jägerspr.) ⟨meist Pl.⟩ *Horn des männlichen Mufflons.* **9.** ⟨Vkl. ↑Schneckchen⟩ (landsch. selten): svw. ↑Schneck (2). **10.** (salopp) *Prostituierte.* **11.** (salopp) *Vagina.*

schnecken-, Schnecken-: ~**artig** ⟨Adj.; o. Steig.⟩: *in der Art einer Schnecke* (1); ~**bohrer,** der: *Holzbohrer* (1) *mit nur einer großen Windung an der Spitze;* ~**förderer,** der (Technik): svw. ↑Schnecke (7 b); ~**förmig** ⟨Adj.; o. Steig.⟩: *von der Form eines Schneckenhauses; spiralig gewunden;* ~**fraß,** der: *durch den Fraß* (2) *von Schnecken* (1) *entstandener Schaden;* ~**frisur,** die: svw. ↑Schnecke (3); ~**gang,** der: **1.** *Gangart einer Schnecke; sehr langsame Gangart.* **2.** (Anat.) *in der Schnecke* (4) *gelegener gewundener Gang im Ohr;* ~**gehäuse,** das: svw. ↑~haus; ~**getriebe,** das (Technik): *Getriebe, das die Bewegung der Schnecke* (7 a) *auf eine sie kreuzende Welle überträgt;* ~**gewinde,** das (Technik): *Gewinde mit großer Steigung* (2); ~**haus,** das: *aus Kalk bestehendes, wie eine Spirale gewundenes, in eine Spitze auslaufendes Gehäuse der Schnecke* (1), *in dessen Gang im Innern sie sich ganz zurückziehen kann:* ***sich in sein S. zurückziehen** *(sich aus einem bestimmten Anlaß heraus von seiner Umgebung, von anderen zurückziehen, für sich bleiben);* ~**horn,** das ⟨Pl. ...hörner; meist Pl.⟩:

Fühler der Schnecke (1); **~klee,** der: *(in verschiedenen Arten vorkommender) gelb, violett od. bunt blühender Klee mit Früchten in spiralig eingerollten od. sichelförmigen Hülsen;* **~linie,** die (selten): *Spirale;* **~nudel,** die (landsch.): svw. ↑Schnecke (2); **~post,** die (scherzh. veraltend): *sehr langsame Art, sich von der Stelle zu bewegen od. zu reisen:* auf, mit der S. fahren; **~rad,** das (Technik): *(in einem Schneckengetriebe) Zahnrad, das in die Schnecke (7 a) greift;* **~tanz,** der ⟨meist Pl.⟩ [eigtl. = etw., was so unwahrscheinlich ist wie das Tanzen einer Schnecke] (schweiz.): *unnötige Schnörkel, leere Ausrede, überflüssiges Kompliment; Umstände, Schererei:* dialektische Schneckentänze; Schneckentänze machen *(sich zieren);* **~tempo,** das (ugs.): *sehr langsames Tempo:* im S. schleichen; die Arbeiten gingen im S. vorwärts; **~windung,** die (selten): *spiralförmige Windung.*

schnẹckenhaft ⟨Adj.; o. Steig.⟩ (ugs.): svw. ↑schneckenartig;

Schneckerl [ˈʃnɛkɐl], das; -s, -[n] (österr. ugs.): *Locke, die sich einringelt:* als Kind hatte er den Kopf voller -n.

schnedderengteng [ˈʃnɛdərɛŋˈtɛŋ], **schnedderengtengteng** [ˈʃnɛdərɛŋtɛŋˈtɛŋ] ⟨Interj.⟩: lautm. für den Klang der Trompete.

Schnee [ʃneː], der; -s [mhd. snē, ahd. snēo]: **1.** *Niederschlag in Form von Schneeflocken:* weißer, frisch gefallener, verharschter, schmutziger, pappiger S.; der S. liegt auf Dächern und Bäumen; der Schnee knirscht [unter den Sohlen], klebt, pappt [an den Laufflächen der Skier]; S. fegen, schippen, räumen; junger S. *(Neuschnee, Pulverschnee)* eignet sich besonders gut zum Wedeln; ich bevorzuge schnellen *(ein gutes, schnelles Skifahren ermöglichenden)* S.; stumpfer *(ein langsames Skifahren bewirkender)* S. ist die Ursache für viele Unfälle auf der Piste; das Tal liegt in tiefem S.; die Landschaft versinkt im S.; ihre Haut ist weiß wie S.; R und wenn der ganze Schnee verbrennt [die Asche bleibt uns doch] (ugs. scherzh.; *wir lassen uns trotzdem nicht entmutigen*); ***S. von gestern, vorgestern, vom letzten, vom vergangenen** o. ä. **Jahr** (ugs.; *Dinge, Tatsachen, die niemanden mehr interessieren*); **aus dem Jahre S.** (österr.; *uralt*): unser Auto stammt noch aus dem Jahre S.; **Anno S., im Jahre S.** (österr.; *vor sehr langer Zeit*): das war ja schon im Jahre S., daran kann ich mich nicht mehr erinnern. **2.** kurz für ↑Eierschnee: das Eiweiß zu S. schlagen. **3.** (Jargon) *Kokain.* Vgl. Snow.

schnee-, Schnee-: **~alge,** die: *in den Alpen u. den Polargebieten auf Altschnee lebende Blau-, Grün- od. Kieselalge;* **~ammer,** die: *(bes. in felsigen Tundren lebende) Ammer mit schwarzen Schwanzfedern u. Schwingen, deren sonstiges Gefieder beim Männchen weiß ist;* **~arm** ⟨Adj.; nicht adv.⟩: *[nur] eine geringe Menge Schnee aufweisend* (Ggs.: ~reich): ein -er Winter; **~ball,** der: **1.** *kleine, aus Schnee geformte feste Kugel:* einen S. machen, werfen; auf jmdn., nach jmdm. [mit] Schneebälle[n] werfen. **2.** *(als Zierstrauch kultivierte) Pflanze in verschiedenen Arten mit meist weißen in einer kleinen Kugel angeordneten Blüten;* **~bällchen,** das (Kochk. landsch.): *Kloß aus gekochten, zerquetschten Kartoffeln;* **~ballen** ⟨sw. V.; hat; meist nur im Inf. u. 2. Part. gebr.⟩ (selten): *mit Schneebällen* (1) *werfen;* **~ball[en]strauch,** der (selten): svw. ↑~ball (2); **~ballschlacht,** die: *(von zwei od. mehreren Personen) das gegenseitige Sichbewerfen mit Schneebällen* (1); **~ballsystem,** das: **1.** *(in der Bundesrepublik Deutschland verbotene) Form des Warenabsatzes, bei der sich der Käufer verpflichtet, einen Teil des Kaufpreises dadurch zu begleichen, daß er neue Kunden vermittelt, die den gleichen Bedingungen unterliegen; Hydrasystem.* **2.** *Verbreitungsart einer Nachricht o. ä., die jeden Empfänger zur Weitergabe verpflichtet;* **~batzen,** der (ugs.); **~bedeckt** ⟨Adj.; o. Steig.; nicht adv.⟩: -e Berge, Ebenen; **~beere,** die: *(als Zierstrauch kultivierte) Pflanze mit kleinen, rosa od. weißen, glockenförmigen Blüten u. kleinen, runden, dikken schneeweißen Früchten;* **~beladen** ⟨Adj.; o. Steig.; nicht adv.⟩: -e Äste; **~berg,** der: an den Straßenrändern türmten sich -e; **~besen,** der: *Küchengerät od. Einsatzstück eines Küchengeräts od. einer Küchenmaschine mit verschiedenen Formen (z. B. in Form einer Glocke spiralig gedrehten federnder Draht od. meistens einer Art Keule aus mehreren gebogenen Drähten geformt) bes. zum Schlagen von Eiweiß, Sahne u. zum Rühren o. ä.;* **~blind** ⟨Adj.; o. Steig.; nicht adv.⟩: *(durch zu starke Strahlung des von der Sonne beschienenen Schnees) kaum noch Sehvermögen habend,* dazu: **~blindheit,** die: *starke Beeinträchtigung des Sehvermögens durch die Strahlung des Schnees in der Sonne;* **~bö,** die: *Schnee mit sich führende Bö;* **~brett,** das: *an bestimmten Abhängen einem Brett ähnlich flach überhängende, an der Oberfläche verfestigte Schneemassen;* **~brille,** die: *besondere (oft stark getönte) Brille zum Schutz gegen Schneeblindheit;* **~bruch,** der: *das Abbrechen von Ästen, Wipfeln od. Stämmen (bes. alter Bäume), weil der daraufliegende Schnee zu schwer ist;* **~decke,** die: *zusammenhängende Fläche von Schnee* (1 b); **~erhellt** ⟨Adj.; o. Steig.; nicht adv.⟩ (meist dichter.): -e Nächte; **~Eule,** die (mit Bindestrich): *einem Uhu ähnliche, weiße Eule mit brauner Zeichnung, die sich bes. von Schneehühnern ernährt u. am Tage aktiv ist;* **~fahne,** die: *(bei großer Kälte) von starkem Wind aufgewirbelter pulvriger Schnee;* **~fall,** der ⟨meist Pl.⟩: *fallender Schnee:* heftige, plötzliche, anhaltende Schneefälle; **~fang,** der: *eine Art Gitter am Rande eines schrägen Daches (über der Regenrinne), das abrutschenden Schnee aufhalten soll;* **~fink,** der: *der Schneeammer ähnlicher Vogel mit schwarzem Fleck an der Kehle, grauem Kopf u. braunem Rücken;* **~feld,** das: *großes Gebiet mit zusammenhängender Schneedecke; größeres, schneebedecktes Gebiet;* **~fläche,** die: *schneebedeckte Fläche;* **~fleck,** der: *Stelle, an der Schnee liegt:* zwischen grauem Fels leuchtete hier und da ein S.; **~flocke,** die ⟨meist Pl.⟩: *kleines, leichtes, lockeres, weißes, zartes Gebilde aus mehreren zusammenhaftenden Eiskristallen;* **~floh,** der: *dem Gletscherfloh ähnliches Insekt;* **~fräse,** die: *(bei sehr hohem Schnee eingesetztes) Schneeräumgerät, das mit Hilfe von rotierenden Trommeln, auf die eine Art Schaufeln schräg aufgesetzt sind, den Schnee schichtweise aufnimmt u. seitlich nach oben wegschleudert;* **~frei** ⟨Adj.; o. Steig.; nicht adv.⟩: *frei von Schnee;* **~gans,** die *(in verschiedenen Tundren u. kalten, schneereichen Gegenden lebende) Gans mit weißem Gefieder u. schwarzen Federn an den Schwingen;* **~gebirge,** das (geh. selten): *Gebirge mit Gletschern;* **~gekrönt** ⟨Adj.; o. Steig.; nicht adv.⟩ (dichter.): -e Berge, Gipfel; **~gemse,** die: svw. ↑~ziege; **~gestöber,** das: *dicht fallende, wirbelnde Schneeflocken bei heftigem Wind;* **~glatt** ⟨Adj.; o. Steig.; nicht adv.⟩: *von einer dichten festgetretenen od. -gefahrenen Schneedecke überzogen u. dadurch glatt geworden,* dazu: **~glätte,** die: Warnung vor S.; **~glöckchen,** das: *kleine, als erste im Februar blühende Blume, deren weiße Blüte einer kleinen Glocke ähnlich sieht;* **~grenze,** die: *Grenze zwischen schneebedecktem u. schneefreiem Gebiet;* **~hang,** der: *mit Schnee bedeckter Hang;* **~harsch,** der: ↑Harsch; **~hase,** der: *(bes. in den Alpen lebender) Hase mit relativ kurzen Ohren, dessen Fell im Sommer rotbraun, im Winter weiß ist;* **~haube,** die (dichter.): die Pfosten des Gartenzauns trugen -n; **~hemd,** das (Milit.): *langer weißer Kittel, der bei Schnee zur Tarnung über die Uniform gezogen wird;* **~himmel,** der: *Himmel mit Schneewolken;* **~höhe,** die; **~höhle,** die: *in den Schnee gegrabene Höhle;* **~hügel,** der; **~huhn,** das: *einem Rebhuhn ähnliches Rauhfußhuhn, dessen Gefieder im Sommer erdfarben, im Winter völlig weiß ist;* **~hütte,** die: vgl. Iglu; **~kanone,** die: *einer Kanone ähnliches Gerät, das künstlich Schnee erzeugt u. in die Luft bläst (um auf Pisten o. ä. fehlenden Schnee zu ergänzen);* **~kappe,** die (dichter.): vgl. ~haube; **~katze,** die [vgl. Laufkatze]: **1.** *Gerät, mit dem die Spur einer Loipe gewalzt wird.* **2.** svw. ↑~raupe; **~kette,** die ⟨meist Pl.⟩: *mehrere netzartig verspannte, grobmaschige Ketten* (1 a), *die über die Reifen eines Kraftfahrzeugs gezogen werden, damit diese auf verschneiten Straßen nicht rutschen:* der Paß ist nur mit -n befahrbar; **~kleid,** das (dichter.): die Sträucher tragen ein weißes S.; **~klumpen,** der; **~könig,** der (ostmd.): svw. ↑Zaunkönig: ***sich freuen wie ein S.** (ugs.; *sich sehr freuen*); **~kristall,** das ⟨meist Pl.⟩: vgl. Eiskristall; **~kruste,** die: *gefrorene Oberfläche einer Schneedecke;* **~lage,** die: svw. ↑~verhältnisse; **~landschaft,** die; **~last,** die: die Äste brachen unter der S.; **~laue, ~lauene,** die (schweiz.): vgl. Lawine; **~lawine,** die: vgl. Lawine; **~lehne,** die (österr.): *mit Schnee bedeckter Abhang;* **~leopard,** der: svw. ↑Irbis; **~luft,** die: *Luft, bei der man die subjektive Empfindung hat, daß es bald schneit;* **~mann,** der: *aus Schnee geformte, menschenähnliche Gestalt, meist mit einer Mohrrübe als Nase u. einem Zylinder auf dem Kopf;* **~mantel,** der (dichter.): vgl. ~kleid; **~masse,** die ⟨meist Pl.⟩: die Autos wurden von den -n begraben; **~matsch,** der: *halb getauter, schlammiger Schnee;* **~menge,** die ⟨meist Pl.⟩; **~mobil,** das: *(bes. im Polargebiet) zur Fortbewegung im Schnee verwendetes Kettenfahrzeug;* **~mond,** der ⟨o. Pl.⟩ (dichter.):

Januar; ~**mütze,** die (dichter.): vgl. ~haube; ~**naß** ⟨Adj.; o. Steig.; nicht adv.⟩: vgl. regennaß; ~**pflug,** der: **1.** *Schneeräumgerät, bei dem ein od. zwei (keilförmig zulaufende) gewölbte u. nach vorn geneigte Stahlbleche vor ein Fahrzeug montiert sind, mit deren Hilfe der Schnee auf die Seite geschoben wird.* **2.** (Ski) *Technik zum Abbremsen beim Skifahren, bei der die Enden beider Skier nach außen gedrückt werden, bis sich die Spitzen auf etwa Handbreite genähert haben,* zu 2: ~**pflugbogen,** der (Ski): *im Schneepflug gefahrener Bogen;* ~**pneu,** der (schweiz.): svw. ↑Winterreifen; ~**räumer,** der, ~**räumgerät,** das: *Gerät zum Beseitigen von Schnee;* ~**raupe,** die: *geländegängiges Raupenfahrzeug mit besonderen Geräten zum Präparieren der Piste* (1); ~**regen,** der: *Schnee* (1 a) *im Übergang zum Regen;* ~**reich** ⟨Adj.; nicht adv.⟩: *eine große Menge Schnee aufweisend* (Ggs.: ~arm); ~**reifen,** der: **1.** svw. ↑~schuh (2). **2.** (selten) svw. ↑M-und-S-Reifen; ~**rose,** die: svw. ↑Christrose; ~**rute,** die (österr.): svw. ↑~besen; ~**schauer,** der: *Schneefall;* ~**schaufel,** die: *besondere Schaufel mit sehr breitem, gewölbtem Blatt* (5) *zum Beseitigen von Schnee;* ~**schicht,** die; ~**schieber,** der: svw. ↑~schaufel; ~**schimmel,** der: *(vor allem nach der Schneeschmelze auftretende) Pflanzenkrankheit, bei der Keimlinge des Wintergetreides von bestimmten Schimmelpilzen überzogen sind;* ~**schippe,** die (landsch.): svw. ↑~schaufel; ~**schipper,** der (landsch. ugs.): *jmd., der Schnee mit einer Schaufel räumt;* ~**schläger,** der (selten): svw. ↑~besen; ~**schleuder,** ~**schleudermaschine,** die: *einer Schneefräse ähnliches Gerät zum Beseitigen von Schnee;* ~**schmelze,** die: *das Schmelzen des Schnees bei Tauwetter;* ~**schuh,** der (veraltet): **1.** *Ski.* **2.** *großer, mit einem kräftigen Geflecht aus Sehnen verankerter Rahmen, der, unter den Schuh geschnallt, beim Gehen ein Einsinken im Schnee verhindert;* ~**schutzanlage,** die: svw. ↑~zaun; ~**sicher** ⟨Adj.; o. Steig.; nicht adv.⟩: *(von bestimmten Orten, Gebieten) mit Sicherheit genug Schnee für das Ausüben des Wintersports habend;* ~**sturm,** der: *heftiger Schneefall bei Sturm;* ~**teppich,** der (dichter.): svw. ↑~decke; ~**treiben,** das: *wirbelndes Niederfallen von Schneeflocken bei Wind;* ~**verhältnisse** ⟨Pl.⟩: *Menge u. Beschaffenheit des gefallenen Schnees;* ~**verwehung,** die: *durch den Wind angewehte große Menge tiefen, lockeren Schnees;* ~**wächte,** die: svw. ↑Wächte; ~**wasser,** das: *Wasser, aus dem der Schnee besteht, das beim Schneien irgendwo zusammenläuft, sich bildet, gesammelt hat;* ~**webe,** die (veraltet): svw. ↑~wehe; ~**wehe,** die: *auf einer Anhöhe, in einer Senke angewehte Schneeverwehung:* das Auto blieb in einer S. stecken; ~**weiß** ⟨Adj.; o. Steig.; nicht adv.⟩ (emotional): *strahlend weiß; weiß wie [frisch gefallener] Schnee:* -es Haar; ~**wetter,** das ⟨o. Pl.⟩ (selten): *Wetter, bei dem es [viel] schneit;* ~**wiesel,** das: *(bei hohem Schnee eingesetztes) Raupenfahrzeug mit einer Kufe unter dem Bug, das Personen, Material, Verpflegung o. ä. durch unwegsames Gelände transportiert;* ~**wittchen** [-'vɪtçən], das [2. Bestandteil zu niederd. wit = weiß, eigtl. = Schneeweißchen (nach der im Märchen zum schwarzen Haar kontrastierenden hellen Hautfarbe)]: *Gestalt des Volksmärchens, die wegen ihrer Schönheit von ihrer Stiefmutter verfolgt u. schließlich mit einem vergifteten Apfel fast umgebracht wird;* ~**wolke,** die: vgl. Regenwolke; ~**wüste,** die: *ödes Gebiet, in dem außer Schnee kaum etw. zu finden ist;* ~**zaun,** der: *besonderer Zaun, der freies Gelände vor Schneeverwehungen schützt;* ~**ziege,** die: *(in den Hochgebirgen des Nordwesten Amerikas lebendes) der Ziege ähnliches Tier mit rein weißem, dichtem Fell.*

schneeig ['ʃne:ɪç] ⟨Adj.; o. Steig.; meist attr.⟩: **1.** *von Schnee bedeckt:* die -en Gipfel leuchten in der Sonne. **2.** (geh.) *in Art, Aussehen dem Schnee ähnlich:* Das Meer ... warf seinen glitzernden -en Schaum gegen die Felsenküste (Salomon, Boche 41).

Schneid [ʃnai̯t], der; -[e]s, südd., österr.: die; - [aus dem Südd., zu ↑Schneide in der mundartl. Bed. „Kraft, Mut"] (ugs.): *Mut (der mit einer gewissen Forschheit, mit Draufgängertum verbunden ist):* es gehört S. dazu, das zu wagen; ihm fehlt der S. *(er traut sich nicht);* sie hatten keinen S. im Leib; den S. [nicht] aufbringen, sich zu beschweren; ***jmdm. den/die S. abkaufen** *(jmdn. den Mut zu etw. nehmen).*

schneid-, Schneid-: ~**bohrer,** der: svw. ↑Gewindebohrer; ~**brenner,** der (Technik): *dem Schweißbrenner ähnliches Gerät zum Zerschneiden von Metall:* die Insassen des Autos mußten mit -n aus den Trümmern befreit werden; ~**eisen,** das: svw. ↑~mutter; ~**fähig** ⟨Adj.; o. Steig.; nicht adv.⟩: **a)** *(von einem bestimmten Material) sich schneiden* (1) *lassend; geeignet, geschnitten zu werden;* **b)** (seltener) *die Fähigkeit zum Schneiden besitzend;* ~**fläche,** die: svw. ↑Schnittfläche; ~**kante,** die: vgl. ~fläche; ~**kluppe,** die: svw. ↑Kluppe; ~**mutter,** die ⟨Pl. ...muttern⟩ (Technik): *ringförmiges Werkzeug zum Schneiden von Gewinden auf der Außenseite von etw.;* ~**ware,** die ⟨meist Pl.⟩ (Kaufmannsspr.): *zum Schneiden bestimmter Gegenstand* (z. B. Messer, Schere); ~**werkzeug,** das.

schneidbar ['ʃnai̯tba:ɐ̯] ⟨Adj.; o. Steig.; nicht adv.⟩: *sich schneiden lassend; geeignet, geschnitten zu werden;* **Schneide** ['ʃnai̯də], die; -, -n [mhd. snīde, zu: snīden, ↑schneiden]: **1. a)** *die geschärfte Kante der Klinge o. ä. eines zum Schneiden bestimmten Werkzeugs od. Gerätes:* eine scharfe, stumpfe S.; die S. des Messers, der Axt, der Sense, der Schere; **b)** *Klinge* (1 a), *bes. eines Messers:* die S. ist aus Stahl. **2.** (Geogr.) *schmaler, zugespitzter Grat aus Fels, Eis od. Schnee.* **3.** svw. ↑Schneidegras.

Schneide-: ~**bohne,** die ⟨meist Pl.⟩: *Bohnenart, die bei der Zubereitung in dünne Streifen geschnitten wird;* ~**brett,** das: *[in der Küche verwendetes] Brett als Unterlage, auf der etw. geschnitten werden kann;* ~**diamant,** der (Technik): *zum Schneiden bes. von Glas verwendeter Diamant;* ~**gerät,** das; ~**gras,** das: *(in vielen Arten vorkommendes) hohes Riedgras der Tropen u. Subtropen;* ~**maschine,** die; ~**mühle,** die (selten): svw. ↑Sägemühle, Sägewerk; ~**raum,** der: *Raum, in dem die Filme* (3 a) *zurechtgeschnitten u. zusammengesetzt werden;* ~**technik,** die: **1.** *Technik des Holzschnitts;* ~**tisch,** der (bes. Ferns.): *Spezialgerät der Cutterin, mit dessen Hilfe aus verschiedenen Filmszenen u. Tonaufnahmen der eigentliche Film zusammengestellt wird;* ~**werkzeug,** das; ~**zahn,** der: *(bei Säugetier u. Mensch) einer der vorderen Zähne des Gebisses, der durch seine meißelähnliche Form zum Abbeißen geeignet ist.*

Schneidelholz ['ʃnai̯dl̩-], das; -es [zu ↑schneiteln] (Forstw.): *abgehauene Zweige von Nadelhölzern;* ⟨Zus.:⟩ **Schneidelholzbetrieb,** der ⟨o. Pl.⟩ (Forstw.): *Verfahren, die Bäume eines Waldes in bestimmten Zeitabständen bis auf die Krone zu entasten, um das folgende reichliche Ausschlagen* (9) *an den Stellen des Abtriebs* (2 b) *zu nutzen;* **schneiden** ['ʃnai̯dn̩] ⟨unr. V.; hat⟩ [mhd. snīden, ahd. snīdan; 21: LÜ von engl. to cut a person]: **1. a)** *(mit dem Messer od. einem anderen Schneidewerkzeug) durch einen od. mehrere Schnitte o. ä. zerteilen, zerlegen; aufschneiden [u. in eine bestimmte Form bringen]:* Papier, Glas s.; Käse, Schinken, Brot s.; etw. in Scheiben, Stücke, Würfel, Streifen s.; die Stämme zu Brettern s.; Ü ⟨subst.:⟩ hier ist eine Luft zum Schneiden *(sehr schlechte, verbrauchte Luft);* **b)** *(mit dem Messer od. einem anderen Schneidewerkzeug) von etw. abtrennen, ablösen; abschneiden; aus etw. heraustrennen, -lösen; herausschneiden:* Rosen s.; jmdm., sich eine Scheibe Brot, vom Brot s.; einen Artikel aus der Zeitung s.; eine faule Stelle aus dem Apfel s.; Gras, Korn s. *(mähen);* im Wald wird Holz geschnitten *(werden Bäume gefällt).* **2.** *durch Schneiden* (1 b) *kürzen [u. in eine bestimmte Form bringen]; beschneiden; stutzen:* das Haar, die Fingernägel s.; das Gras, der Rasen muß geschnitten werden; die Bäume, Hecken, Sträucher s.; jmdm., sich die Haare [kurz] s. lassen. **3. a)** *(aus einem bestimmten Material) durch Bearbeiten mit einem Messer od. anderem Schneidewerkzeug herstellen:* Weidenpfeifchen, sich einen Spazierstock s.; Bretter, Bohlen aus den Stämmen s.; Scherenschnitte aus Papier s.; **b)** *(mit einem Messer od. einem dafür vorgesehenen Werkzeug) in ein Material eingravieren, einschneiden* (1 b): ein Herz in die Rinde eines Baumes s.; ein Gewinde s. (fachspr.; *mit dem Schneideisen herstellen, in das Metall o. ä. einschneiden*); **c)** *(mit einem Messer od. einem dafür vorgesehenen Werkzeug) aus einem Material herausarbeiten:* einen Stempel, einen Druckstock, eine Gemme s.; etw. in Stein s.; Ü ein fein, regelmäßig, markant geschnittenes *(geformtes)* Gesicht; mandelförmig geschnittene Augen. **4.** *(ein Kleidungsstück) zuschneiden:* das Kleid nach einem Muster, etw. aus der Hand *(ohne Muster)* s.; ⟨meist im 2. Part.; *einen bestimmten Zuschnitt habend:*⟩ ein weit, gerade, gut geschnittenes Kleid; der Mantel, Anzug ist elegant geschnitten; Ü eine gut geschnittene Wohnung (Jargon; *Wohnung mit guter Raumaufteilung*). **5.** (Film, Rundf., Ferns.) **a)** svw. ↑cutten: einen Film, ein Tonband s.; ⟨auch ohne Akk.-Obj.:⟩ weich, hart s.; **b)**

svw. ↑mitschneiden: eine Sendung [auf Tonband] s. **6. a)** *jmdm., sich eine Schnittwunde beibringen:* der Friseur hat ihn beim Rasieren geschnitten; er hat sich an einer Glasscherbe, mit dem Küchenmesser geschnitten; ich habe mir/mich in den Finger geschnitten; Ü Du schneidest dich eklig *(täuschst dich sehr, irrst dich gründlich)*, wenn du das glaubst (H. Mann, Unrat 139); **b)** *unbeabsichtigt einen Schnitt in etw. machen:* mit der Schere in den Stoff s. **8.** (Tiermed.) svw. ↑kastrieren: ein Schwein s. **9.** (Med. Jargon) **a)** *etw. (in einem chirurgischen Eingriff) aufschneiden:* der Finger, das Geschwür ist geschnitten worden; **b)** *an jmdm. einen chirurgischen Eingriff vornehmen:* wahrscheinlich muß der Patient geschnitten werden. **10. a)** *(eine Linkskurve) durch unvorschriftsmäßiges Fahren abkürzen, nicht ausfahren:* der Fahrer, der Wagen hatte die Kurve geschnitten; **b)** *(beim Überholen, Einordnen) schräg, von der Seite her vor ein anderes Fahrzeug fahren u. es dabei behindern:* ein LKW hatte ihn, seinen Wagen geschnitten. **11.** *(von Linien, Bahnen o. ä.) kreuzen* (3); *in ihrem nicht parallelen Verlauf in einem Punkt zusammentreffen:* die beiden Verkehrswege schneiden sich; die Autostraße schneidet hier die Bahnlinie; (Geom.:) die Geraden schneiden sich. **12.** (Tennis, Tischtennis, Ballspiele) *(dem Ball) Drall verleihen:* die Bälle s.; ⟨auch ohne Akk.-Obj.:⟩ er schneidet dauernd. **13.** *(ein bestimmtes Gesicht) machen, durch Verziehen des Gesichts hervorbringen:* eine Grimasse, Fratze s.; ein spöttisches, saures, weinerliches Gesicht s.; er schnitt eine Miene, als wolle er weinen. **14.** *in bestimmter Weise scharf sein, die Fähigkeit haben, etw. abzuschneiden, zu zerschneiden:* das Messer, die Schere schneidet gut, schlecht; die Sichel schneidet nicht mehr *(ist stumpf geworden)*. **15.** *(als Friseur) in bestimmter Weise mit der Schere arbeiten:* der Friseur schneidet gut, schlecht; er kann nicht s. *(hat keine bes. Fähigkeit im Haareschneiden)*. **16.** *durch Hineinschneiden mit der Schere od. einem anderen Schneidewerkzeug hervorbringen, [unbeabsichtigt] verursachen:* er hat mit dem Messer ein Loch ins Tischtuch geschnitten. **17.** *mit dem Messer zerkleinern u. etw. anderem zusetzen:* Wurst, Kräuter in die Suppe schneiden. **18.** *etw. durch Herausschneiden in einem Material herstellen:* Gucklöcher in die Türen s. **19.** svw. ↑einschneiden (2): Der Koffergriff schneidet in meine Hand (Imog, Wurliblume 232); die Leine schnitt in die Hüften (Ott, Haie 279); etw. schneidet jmdm. ins Fleisch; Ü die Wagenräder schneiden in den Sand *(graben sich beim Fahren in den Sand)*. **20.** *(bes. von Wind, Kälte u. ä.) einen scharfen Schmerz (auf der Haut) verursachen:* das eiskalte Wasser schneidet; der Schnee schnitt den Läufern ins Gesicht (Maegerlein, Triumph 107); ein schneidender Wind; es herrscht eine schneidende Kälte; er spürte ein schneidendes *(quälendes, schmerzendes)* Hungergefühl; Ü Es schnitt ihm ins Herz (geh.; *bereitete ihm Schmerz*), sie so lachen ... zu hören (Sebastian, Krankenhaus 90); er sprach mit schneidender Stimme, mit schneidendem Hohn *(mit einer Schärfe, die schmerzt)*. **21.** *jmdn. bei einer Begegnung absichtlich, demonstrativ nicht beachten, übersehen u. ihm damit zeigen, daß man nichts mehr mit ihm zu tun haben möchte:* seit dem Vorkommen wird er von einigen Leuten geschnitten. **22.** (Skat) *mit einer niederen Karte stechen (zugleich eine höhere Karte zurückhalten, bis man mit ihr eine große Punktzahl stechen kann):* mit dem König s.; **Schneider** ['ʃnaidɐ], der; -s, - [mhd. snīdære; 2: früher spottete man, ein Schneider wiege nicht mehr als 30 Lot (Anspielung auf die sozial schlechte Stellung der Schneider); 8: nach den dünnen, langen Beinen; 9: nach der kleinen Gestalt]: **1.** *Handwerker, der (aus Stoffen nach Maß) Kleidung anfertigt, näht* (Berufsbez.): ein tüchtiger, teurer, guter S.; etw. beim/vom S. arbeiten, anfertigen, nähen, machen lassen; R herein, wenn's kein S. ist! (scherzh.; Aufforderung einzutreten; wohl hergenommen von der Vorstellung des seine Rechnungen eintreibenden Schneiders); * **frieren wie ein S.** (ugs.; *sehr kälteempfindlich sein; sehr [leicht] frieren;* der Schneider wurde früher wegen seines geringen Körpergewichts für schwächlich, nicht genügend abgehärtet angesehen). **2.** (Skat) *Punktzahl 30:* S. ansagen *(ankündigen, daß der Spielgegner keine 30 Punkte bekommen wird);* S./im S. sein *(weniger als 30 Punkte haben);* aus dem S. sein *(mehr als 30 Punkte erreicht haben);* * **aus dem S. sein** (1. ugs.; *eine schwierige Situation überwunden, das Schlimmste überstanden haben.* 2. ugs. scherzh.; *älter sein als 30 Jahre;* eigtl. = beim Skatspiel mehr als 30 Punkte haben). **3.** (Tischtennis) *(in einem Satz) Punktzahl 11 (in nichtoffizieller Wertung):* S. sein *(weniger als 11 Punkte erreicht haben);* S. bleiben, nicht aus dem S. kommen *(nicht mehr als 11 Punkte erreichen);* * **jmdn. S. spielen/machen** *(verhindern, daß der Gegner mehr als 11 Punkte erreicht)*. **4.** (ugs.) kurz für ↑Schneidegerät (verschiedener Art): ein S. für Eier, Tomaten. **5.** (Jägerspr.) *schwach entwickeltes Tier* (Hirsch, seltener Auerhahn u. Birkhahn). **6.** (Jägerspr.) *Jäger, der auf der Treibjagd ohne Beute geblieben ist.* **7.** (Landw.) *kastrierter Eber.* **8.** (Zool.) **a)** *Bez. für verschiedene langbeinige Insekten;* **b)** svw. ↑Weberknecht. **9.** *kleiner, in Schwärmen lebender Karpfenfisch mit bräunlichgrünem Rücken u. gelblichen Bauch- u. Brustflossen, der in schnellfließenden Gewässern vorkommt.*

Schneider-: ~**arbeit,** die: *von einem Schneider hergestellte Maßarbeit* (1): der Anzug ist S.; ~**atelier,** das: *Atelier* (1) *eines Maßschneiders;* ~**büste,** die: svw. ↑~puppe; ~**etikett,** das: *(in ein Kleidungsstück eingenähtes) Etikett eines Maßschneiders;* ~**forelle,** die (ugs. scherzh. veraltend): *Hering;* ~**geselle,** der: vgl. ~meister; ~**gesellin,** die: w. Form zu ↑~geselle; ~**handwerk,** das ⟨o. Pl.⟩; ~**karpfen,** der: *Bitterling* (1); ~**kleid,** das: *von einem Maßschneider angefertigtes Kleid;* ~**kostüm,** das: vgl. ~kleid; ~**kreide,** die: *(vom Schneider zum Aufzeichnen des Schnittmusters auf den Stoff o. ä. verwendete) weiße od. farbige Kreide;* ~**leinen,** das: svw. ↑Steifleinen; ~**meister,** der: *Meister* (1) *im Schneiderhandwerk;* ~**muskel,** der [die Bez. spielt auf den ↑Schneidersitz an] (Anat.): *schmaler, langer Muskel, der auf der Vorderseite des Oberschenkels, auf der Innenseite des Knies bis zum Schienbein hin verläuft;* ~**puppe,** die: *[auf einem Ständer stehende] Form, die dem Oberkörper entspricht, über der der Schneider ein in Arbeit befindliches Kleidungsstück absteckt o. ä.;* ~**schere,** die; ~**sitz,** der ⟨o. Pl.⟩: *Sitzhaltung [eines auf dem Boden Sitzenden], bei der die Oberschenkel gegrätscht u. die Unterschenkel bzw. die Füße über Kreuz darübergelegt sind:* im S. dasitzen; ~**werkstatt,** die; ~**zunft,** die.

Schneiderei [ʃnaidə'rai], die; -, -en: **1.** *Werkstatt, Atelier eines Schneiders.* **2.** ⟨o. Pl.⟩ **a)** *Ausübung des Schneiderhandwerks; das Schneidern:* die S. hat er an den Nagel gehängt; **b)** *Schneiderhandwerk:* er hat die S. gelernt; **Schneiderin,** die; -, -nen: w. Form zu ↑Schneider; **schneiderisch** ⟨Adj.; o. Steig.⟩: *die Schneiderei (2 b) betreffend:* -e Kenntnisse; sich s. betätigen; **schneidern** ['ʃnaidɐn] ⟨sw. V.; hat⟩: **1.** *(als Schneider, Schneiderin) anfertigen, nähen:* Kleider, Mäntel s.; [sich] einen Anzug beim ersten Schneider, nach Maß s. lassen; sie schneidert *(näht, ohne es eigentlich gelernt zu haben)* ihre Sachen selbst; ⟨subst.:⟩ sie verdient sich ihren Lebensunterhalt mit Schneidern *(sie näht Kleidung gegen Entgelt)*. **2.** (Jargon) *(eine Karosserie) entwerfen:* Fiat ließ es sich nicht nehmen, für Coupé und Spider verschiedene Karosserien s. zu lassen (Auto 7, 1965, 40); **schneidig** ['ʃnaidɪç] ⟨Adj.⟩ [mhd. snīdec = schneidend, scharf, kräftig]: **1.** *(in soldatischer Weise) forsch u. selbstbewußt; zackig; mit Schneid:* ein -er Soldat; eine -e Ansprache halten; Er stieß die Tür auf, ... und ... rief dann s.: „Aufstehen!" (Kirst, 08/15, 65). **2.** *(in seiner Erscheinung o. ä.) flott, sportlich:* er ist ein -er Bursche; seine Erscheinung ist s.; s. daherkommen; Ü -e *(flotte, schwungvolle)* Musik. **3.** *mit einer Schneide* (1 a) *versehen; scharfkantig:* während die eine Seite (= des Kletterhammers) abgeflacht ist, soll die andere spitz oder s. verlaufen (Eidenschink, Bergsteigen 23); ⟨Abl.:⟩ **Schneidigkeit,** die; -.

schneien ['ʃnaiən] ⟨sw. V.⟩ [mhd. snīen, ahd. snīwan]: **1.** ⟨unpers.⟩ *(von Niederschlag) als Schnee zur Erde fallen* ⟨hat⟩: draußen hat es geschneit; es schneit heftig, stark, leise, ununterbrochen; es hat aufgehört zu s.; es schneit dicke Flocken/in dicken Flocken *(der Schnee fällt in dicken Flocken zur Erde);* Ü es schneit [auf dem Bildschirm] (Fernsehtechnik Jargon; *das Bild flimmert*). **2.** *in großer Menge, wie Schnee herabfallen* ⟨ist⟩: Papierschnitzel, Blütenblätter schneiten auf die Straße. **3.** (ugs.) *unerwartet, überraschend an einen bestimmten Ort, zu jmdm. kommen* ⟨ist⟩: In diesen Reigentrunk (= ein Umtrunk) schneite spät ein Landstreicher (Winckler, Bomberg 240). Vgl. Haus (1 b).

Schneise ['ʃnaizə], die; -, -n [spätmhd. (md.) sneyße, mhd. sneite, zu ↑schneiden]: **1.** *von Bäumen u. Unterholz freigehaltener, mehr od. weniger breiter, gerader Streifen innerhalb eines Waldes; Waldschneise:* eine breite, steile S.; eine S.

[in den Wald] schlagen, hauen; Ü der Sturm, das abstürzende Flugzeug hatte eine lange S. in den Wald gerissen *(hatte die Bäume des Waldes in einem langen Streifen umgerissen)*. **2.** kurz für ↑Flugschneise; **schneiteln** ['ʃnaitl̩n] ⟨sw. V.; hat⟩ [spätmhd. sneiteln, Iterativbildung zu mhd. sneiten = (ab-, be)schneiden] (Forstw., Landw.): *von überflüssigen Ästen befreien; entästen:* Bäume, Reben s.

schnell [ʃnɛl] ⟨Adj.⟩ /vgl. schnellstens/ [mhd., ahd. snel, urspr. = tatkräftig, H. u.]: **1.** (Ggs.: langsam 1) **a)** *(bes. in bezug auf eine Fortbewegung) durch ein relativ hohes Tempo gekennzeichnet; mit relativ hoher, großer Geschwindigkeit; rasch:* ein -es Tempo; eine -e Fahrt; er hat einen -en Gang; sie wurden immer -er *(ihr Tempo erhöhte sich immer mehr)*; dieser Wagentyp ist nicht sehr s. *(kann keine hohe Geschwindigkeit fahren)*; s. laufen, fahren; könntest du einen Schritt -er gehen?; er geht, fährt zu s.; er lief so s. er konnte; s. sprechen, schreiben; **b)** *(bes. in bezug auf eine Tätigkeit, den Ab-, Verlauf von etw. o. ä.) innerhalb kurzer Zeit [vor sich gehend], nur wenig Zeit in Anspruch nehmend; rasch:* eine -e Drehung, Bewegung; eine -e Wendung nehmen; einen -en Entschluß fassen; eine -e Erledigung der Angelegenheit erbitten; -e Fortschritte machen; eine -e Auffassung haben; sich s. verbreiten, ausbreiten; s. um sich greifen; etw. s. schaffen; die Ware war s. verkauft; sie waren überraschend s. fertig; alles ging rasend s.; sich s. einleben, zurechtfinden; kannst du s. mal kommen; als Aufforderung: s. [,s.]!; nicht so s.!; -er!; mach s.! (ugs.; *beeile dich!*); so s. wie/(seltener:) als möglich; so s. macht ihm das keiner nach *(es wird nicht leicht sein, ihm das nachzumachen)*; wie heißt er noch s. (ugs.; *es liegt mir auf der Zunge, aber ich weiß es im Augenblick nicht mehr*); * **auf die -e** (ugs.: 1. *flüchtig u. wie nebenher [ohne auf etw. wirklich einzugehen, etw. richtig, ernsthaft od. gründlich auszuführen o. ä.]:* etw. auf die -e erledigen. 2. *kurzfristig:* er hat kein Geld, und woher kriegt er auf die -e was? [Fallada, Jeder 18]). **2.** ⟨nicht adv.⟩ *hohe Fahrgeschwindigkeit ermöglichend:* eine -e Straße, Strecke; ein -es Auto; Voraussetzung ist ... die Beherrschung der -en Schi (Eidenschink, Bergsteigen 91); die Bahn in diesem Stadion ist sehr s.; Als der Skandinavier sprang, hatten die Sonnenstrahlen den Schnee „schnell" gemacht (Gast, Bretter 113). **3.** ⟨nur attr.⟩ (ugs.) *ohne großen Zeitaufwand herzustellen, auszuführen, zu erwerben o. ä.:* -es Geld; Heute wollen die Bengels doch nur die -e Mark machen (Hörzu 50, 1977, 36); -e Rezepte für kleine Imbisse (Petra 11, 1966, 94). **4.** *(in bezug auf eine Tätigkeit, die mit einer gewissen Geschwindigkeit, mit Schnelligkeit vonstatten geht) zügig, flott, rasch:* -es Handeln ist erforderlich; eine -e Bedienung; sie ist sehr s. *(fix)* [bei der Arbeit]; er ist nicht sehr s. *(ist ein wenig langsam bei der Arbeit o. ä.)*; du bist zu s. *(nicht sorgfältig genug)*; er arbeitet s.; die Sache ging s. über die Bühne; es ging -er als man dachte; das geht mir zu s. *(ich komme nicht mit)*; ich muß noch s. *(kurz)* etwas nachsehen.

schnẹll-, Schnẹll-: ~**arbeitsstahl,** der: *[in Elektroöfen gewonnener] Stahl mit großer Härte u. Verschleißfestigkeit;* ~**aufzug,** der: *bes. schnell fahrender Aufzug* (2); ~**bahn,** die (Verkehrsw.): svw. ↑S-Bahn; ~**bauweise,** die: *Form des Bauens mit Fertigteilen;* ~**binder,** der (Bauw.): *schnell erstarrendes Bindemittel;* ~**bleiche,** die (ugs.): *Schnellkurs, den jmd. macht, dem jmd. unterworfen wird:* wir hatten Lehrer, ... die ... eine S. durchgemacht hatten (Kempowski, Immer 117), dazu: ~**bleichekurs,** der (ugs.); ~**boot,** das: *kleines, wendiges, sehr schnelles Kriegsschiff;* ~**bremsung,** die (Eisenb.): *Vollbremsung, die den Zug sehr schnell zum Stehen bringt:* eine S. machen, auslösen; ~**büffet,** das: vgl. ~gaststätte; ~**bügelei** [-by:gəlaj], die; -, -en (DDR): vgl. ~reinigung; ~**bus,** der: vgl. ~bahn; ~**dampfer,** der (veraltet): *(auf dem Nordatlantik verkehrendes) großes Fahrgastschiff;* ~**dienst,** der: svw. ↑Expreßdienst: die Reinigung hat einen S.; ~**dreher,** der (Wirtsch.; Werbespr.): *Produkt, das sich schnell verkauft* (Ggs.: Langsamdreher); ~**drehstahl,** der: svw. ↑~arbeitsstahl; ~**drucker,** der (Datenverarb.): *zu einer Datenverarbeitungsanlage gehörendes Gerät, das Daten mit hoher Geschwindigkeit ausdruckt;* ~**feuer,** das ⟨o. Pl.⟩ (Milit.): *Feuer* (4), *bei dem die einzelnen Schüsse in sehr schneller Folge hintereinander abgegeben werden,* dazu: ~**feuergeschütz,** das, ~**feuergewehr,** das, ~**feuerpistole,** die, ~**feuerschießen,** das (Schießsport): *Schießen mit Pistolen, bei dem in kurzer Zeit eine bestimmte Anzahl von Schüssen abgegeben werden muß,* ~**feuerwaffe,** die; ~**filter,** der: *Filter* (1 b), *mit dessen Hilfe etw. in kurzer Zeit gefiltert werden kann:* Kaffee mit einem S. zubereiten; ~**füßig** ⟨Adj.; nicht adv.⟩: *mit schnellen, leichten Schritten:* s. daherkommen, dazu: ~**füßigkeit,** die; -; ~**gang,** der (Technik): svw. ↑Overdrive, dazu: ~**ganggetriebe,** das (Technik); ~**gaststätte,** die: *Gaststätte, in der man (ohne langes Warten) Schnellgerichte verzehren kann;* ~**gefrierverfahren,** das: *Gefrierverfahren, bei dem Lebensmittel besonders schnell auf eine sehr niedrige Temperatur gebracht werden;* [1]~**gericht,** das: *(bei besonderen Anlässen eingesetztes)* [1]*Gericht, das beschleunigte Verfahren abwickelt;* [2]~**gericht,** das: **a)** [2]*Gericht, das sich schnell u. ohne viel Mühe zubereiten läßt;* **b)** [2]*Gericht auf der Speisekarte eines Restaurants, das sehr schnell (ohne lange Wartezeit) serviert werden kann;* ~**hefter,** der: svw. ↑Hefter; ~**imbiß,** der: **a)** vgl. ~restaurant; **b)** (selten) vgl. [2]~gericht; ~**käfer,** der (Zool.): *in sehr vielen Arten vorkommende Käfer mit langgestrecktem, flachem Körper, dessen Larven vielfach als Pflanzenschädlinge gelten;* ~**kaffee,** der (seltener): svw. ↑Pulverkaffee; ~**kocher,** der (ugs.): svw. ↑~kochtopf; ~**kochplatte,** die: *Kochplatte eines Elektroherdes, die bes. schnell heiß wird;* ~**kochtopf,** der: svw. ↑Dampfkochtopf; ~**kraft,** die: ↑Schnellkraft; ~**küche,** die (DDR): vgl. ~imbiß; ~**kurs,** der: *Kurs* (3 a), *in dem ein Lehrstoff, eine Tätigkeit o. ä. in sehr kurzer Zeit vermittelt wird;* ~**kursus,** der: svw. ↑~kurs; ~**laster** (ungetrennt: Schnellaster), der: svw. ↑~lastwagen; ~**lastwagen** (ungetrennt: Schnellastwagen), der: vgl. ~transporter; ~**lauf** (ungetrennt: Schnellauf), der (Leichtathletik veraltend): *Lauf über eine kürzere Distanz,* dazu: ~**läufer** (ungetrennt: Schnelläufer), der; ~**läufig** (ungetrennt: schnelläufig) ⟨Adj.⟩ (Technik): *(von Maschinen o. ä.) schnell laufend:* eine -e Maschine; ~**lebig** (ungetrennt: schnellebig) ⟨Adj.; nicht adv.⟩: **a)** (Fachspr. selten) *nur kurze Zeit lebend, kurzlebig* (1): -e Tiere; diese Insekten sind s.; **b)** *hektisch, betriebsam u. ohne die Fähigkeit zu Besinnung u. Bewahrung:* eine -e Zeit; diese Epoche war besonders s.; **c)** *ohne Dauer; sich schnell verändernd; kurzlebig* (2 a): eine -e Mode, dazu: ~**lebigkeit,** die; -; ~**merker,** der (ugs. scherzh., häufig iron.): *jmd., der eine rasche Auffassungsgabe hat, der etw. schnell feststellt, erkennt:* er ist ein, ist gerade kein S. *(ist ein wenig langsam im Denken)*; ~**paket,** das (Postw.): *Paket, das auf dem schnellsten Wege befördert, schnellstmöglich zugestellt wird;* ~**presse,** die (Druckw.): *Druckmaschine, bei der ein Zylinder den Papierbogen gegen die Druckform preßt;* ~**rechner,** der: *elektronische Rechenmaschine;* ~**reinigung,** die: *Reinigung* (2), *die besonders schnell arbeitet, Expreßreinigung;* ~**restaurant,** das: vgl. ~gaststätte; ~**richter,** der: *an einem Schnellverfahren beteiligter Richter;* ~**schreiber,** der (ugs.): **a)** *jmd., der sehr schnell schreibt;* **b)** *Schriftsteller, der in kurzen Zeitabständen Bücher o. ä. veröffentlicht:* dieser Autor ist ein S.; ~**schrift,** die (selten): svw. ↑Kurzschrift: ~**schritt,** der ⟨o. Pl.⟩ meist in der Fügung **im S.** *(mit schnellen, raschen Schritten)*; ~**segler,** der (früher): *schnelles Segelschiff;* ~**siede[r]kurs,** der (ugs.): *Kurzlehrgang;* ~**stahl,** der: svw. ↑~arbeitsstahl; ~**straße,** die: *gut ausgebaute Straße, die nur für den schnellen Verkehr bestimmt ist u. nur von bestimmten Kraftfahrzeugen befahren werden darf;* ~**transporter,** der: *auf kurzen Strecken eingesetzter kleinerer LKW;* ~**triebwagen,** der (Eisenb.): *als Schnellzug eingesetzter Triebwagen;* ~**verband,** der: *Verbandmaterial, mit dem eine Wunde schnell verbunden werden kann;* ~**verbindung,** die: *schnelle Verkehrsverbindung:* eine S. nach New York; ~**verfahren,** das: **1.** (bes. Technik) *Verfahren, das einen Arbeitsgang, Herstellungsprozeß o. ä. abkürzt:* ein S. beim Gefrieren von Lebensmitteln anwenden; Sie lernten es (= Singen u. Tanzen) im S. (*es wurde ihnen sehr schnell beigebracht, ohne gründliche Ausbildung;* Bravo 29, 1976, 62). **2.** (jur.) *Strafverfahren ohne vorausgehende schriftliche Anklage; beschleunigtes Verfahren:* Im S. verurteilt und hingerichtet (Kühn, Zeit 313); ~**verkehr,** der (Verkehrsw.): **1.** *Kfz.-Verkehr mit Fahrzeugen, die mehr als 40 Stundenkilometer fahren können:* Autobahnen sind nur für den S. zugelassen. **2.** *schnelle Verkehrsverbindung:* es gibt einen S. mit Linienmaschinen zwischen den großen Städten; ~**waage,** die: *Waage, die (im Unterschied zur Balkenwaage) das Gewicht auf einer Skala anzeigt;* ~**wachsend** ⟨Adj.; o. Steig.; nicht adv.⟩: *(von Pflanzen) sich durch schnelles Wachstum auszeichnend:* -e Hölzer; ~**weg,** der (Verkehrsw.): vgl. ~straße; ~**wüchsig** ⟨Adj.; o. Steig.; nicht adv.⟩: vgl. ~wachsend;

~zug, der: *schnell fahrender Zug, der über weitere Strecken verkehrt u. nur an wichtigen Stationen hält,* dazu: **~zugstation,** die, **~zugverbindung,** die, **~zugzuschlag,** der.

Schnelle, die; -, -n /vgl. schneli/ [1: mhd. snelle; 2: zu ↑schnellen; 3: wohl weil die Flüssigkeit nur mit einer schnellenden Bewegung aus dem Gefäß herausgebracht werden konnte]: **1.** ⟨o. Pl.⟩ (geh., selten) svw. ↑Schnelligkeit: das Verhängnis, das er mit großer S. sich ballen sah (Th. Mann, Zauberberg 987). **2.** (Geogr.) svw. ↑Stromschnelle: ein breit ... dahinströmender Fluß, mit kleinen Wirbeln und -n (Tucholsky, Werke 300). **3.** (Kunstwiss.) *(im 16. Jh. gefertigter) Krug aus Steinzeug von zylindrischer, sich nach oben wenig verjüngender Form u. Reliefschmuck;* **schnellen** ['ʃnɛlən] ⟨sw. V.⟩ [mhd. snellen]: **1.** *sich federnd, mit Schnellkraft, mit einem Schwung, mit einem schnellen Ruck o. ä. (in eine bestimmte Richtung, an einen Ort o. ä.) bewegen* ⟨ist⟩: ein Fisch schnellt aus dem Wasser; ein Pfeil schnellt in die Luft/durch die Luft; er setzte sich in die Dornen, schnellte aber sofort wieder in die Höhe *(erhob sich blitzschnell wieder);* Ü die Preise waren schlagartig in die Höhe geschnellt; die Temperatur, das Fieber schnellte vorübergehend auf 40°. **2.** *mit einer schnellen, schwungvollen Bewegung schleudern* ⟨hat⟩: er schnellt die Angelschnur ins Wasser; er hat sich mit dem Trampolin in die Luft geschnellt; Abel ... schnellte *(schwang)* sich ... wieder an Deck (Hausmann, Abel 145). **3.** (landsch.) svw. ↑schnippen: mit den Fingern s.; ⟨Abl. zu 3:⟩ **Schneller,** der; -s, -: **1.** (landsch.) *knipsendes Geräusch, das durch Schnippen mit zwei Fingern entsteht.* **2.** (landsch.) svw. ↑Murmel. **3.** (Musik) *musikalische Verzierung in Form eines umgekehrten Mordents;* **Schnellheit,** die; - (selten): svw. ↑Schnelligkeit; **Schnelligkeit,** die; -, -en ⟨Pl. selten⟩ [mhd. snel(lec)heit]: **a)** *Tempo einer [Fort]bewegung; Geschwindigkeit* (6): die S. der Läufer wird immer größer; die S. *(der Fahrzeuge, Maschinen)* steigern, herabsetzen; **b)** ⟨o. Pl.⟩ *das Fixsein, Schnellsein bei einer Tätigkeit o. ä.; Behendigkeit; Fähigkeit, etw. mit wenig Zeitaufwand auszuführen:* die S., mit der sie arbeitet, ist erstaunlich; die Stenotypistin schreibt mit unglaublicher S.; **Schnellkraft,** die; - [zu ↑schnellen]: svw. ↑Elastizität: die S. der Sprungfedern; **schnellstens** ⟨Adv.⟩: *so schnell wie möglich; unverzüglich:* etw. s. erledigen; das Übel muß s. abgestellt werden; **schnellstmöglich** ⟨Adj.; o. Steig.; nicht präd.⟩: *so schnell wie irgend möglich; möglichst schnell:* etw. s. ausführen, erledigen; den -en Termin *(denjenigen Termin, der am schnellsten zu bekommen ist)* wahrnehmen.

Schnepfe ['ʃnɛpfə], die; -, -n [mhd. snepfe, ahd. snepfa, verw. mit ↑Schnabel; 2 b: Bedeutungsübertr. parallel mit der von ↑Schnepfenstrich]: **1.** *in Wäldern u. sumpfigen Gegenden lebender größerer Vogel mit langen Beinen u. langem, geradem Schnabel.* **2. a)** (ugs. Schimpfwort) *weibliche Person (über die man sich ärgert):* sie ist eine blöde S.; **b)** (salopp abwertend) *Prostituierte [die auf der Straße ihrem Gewerbe nachgeht].* **3.** (landsch.) svw. ↑Schnabel (3).

Schnepfen-: **~dreck,** der (Kochk.): *aus Leber, Herz u. Gedärm der Schnepfe hergestellte Delikatesse;* **~jagd,** die: *Jagd auf Schnepfen* (1): ***auf S. gehen** (salopp; *eine Prostituierte aufsuchen*); **~strich,** der: **1.** ⟨o. Pl.⟩ (Jägerspr.) *das Hinundherfliegen der männlichen Schnepfe während der Balz.* **2.** (salopp) *Bezirk, Straße, in der sich Prostituierte aufhalten;* **~vogel,** der ⟨meist Pl.⟩: *an Ufern, in Mooren u. Sümpfen lebender hochbeiniger Vogel mit langem Schnabel;* **~zug,** der (Jägerspr.): *Zug der Schnepfen im Frühjahr u. Herbst.*

Schneppe ['ʃnɛpə], die; -, -n [aus dem Md., Niederd., mniederd. snibbe, verw. mit ↑Schnabel]: **1.** (landsch.) svw. ↑Schnabel (3). **2.** (landsch.) svw. ↑Schnepfe (2). **3.** (Mode früher) *vorn spitz zulaufende Verlängerung der Schneppentaille;* ⟨Zus.:⟩ **Schneppenhaube,** die (Mode früher): *den Kopf eng umschließende Haube mit einer schnabelförmigen Spitze auf der Stirn;* **Schneppentaille,** die (Mode früher): *eng geschnürtes Mieder (als Teil der weiblichen Kleidung) mit einer Schneppe* (3) *an der Vorderseite;* **Schnepper** ['ʃnɛpɐ], der; -s, - [zu ↑schnappen]: **1.** (bes. Turnen) *ruckartige, schnelle Bewegung, bei der der in der Hüfte nach rückwärts gebogene Körper gestreckt wird:* ein Sprung, Aufschwung mit S. **2.** svw. ↑Schnäpper; **schneppern** ['ʃnɛpɐn] ⟨sw. V.; hat/ist⟩ (bes. Turnen): *mit zurückgebogenem Oberkörper springen:* in den Handstand s.; ⟨Zus.:⟩ **Schnepperspruung,** der (bes. Turnen): *Sprung, bei dem man den in der Hüfte nach rückwärts gebogenen Körper mit einer ruckartigen Bewegung wieder streckt.*

schnetzeln ['ʃnɛts̩ln] ⟨sw. V.; hat⟩ /vgl. Geschnetzelte/ [Nebenf. von ↑schnitzeln] (landsch.): *Fleisch in dünne Streifen schneiden:* Leber s.; geschnetzeltes Kalbfleisch.

Schneuß [ʃnɔys], der; -es, -e [zu veraltet Schneuße = (Vogel)schlinge, Nebenf. von ↑Schneise, nach der länglichen Form] (Archit.): svw. ↑Fischblase (2).

Schneuze ['ʃnɔytsə], die; -, -n [zu ↑schneuzen (2)] (veraltet): svw. ↑Dochtschere; **schneuzen** ['ʃnɔyts̩n] ⟨sw. V.; hat⟩ [mhd. sniuzen, ahd. snūzen, lautm.; 2: vgl. putzen]: **1.** *die Nase durch kräftiges Ausstoßen der Luft von Ausscheidungen der Nasenschleimhaut befreien; [sich, jmdm.] die Nase putzen:* sich kräftig, heftig, geräuschvoll s.; Hier schneuzte er sich durch die Finger (Kirst, 08/15, 334); sich in ein Taschentuch s.; die Nase s.; die Mutter schneuzte dem Kind die Nase; der Zimmermann ... schneuzt sich die Nase zwischen Daumen und Zeigefinger (Kreuder, Gesellschaft 137). **2.** (veraltet) *den zu lang gewordenen Docht einer Kerze od. Lampe o. ä. kürzen, beschneiden:* die Kerzen s.; ⟨Zus. zu 1:⟩ **Schneuztuch,** das ⟨Pl. ...tücher⟩ (südd., österr. veraltet): svw. ↑Taschentuch.

schnicken ['ʃnɪkn̩] ⟨sw. V.; hat⟩ [lautm.] (landsch.): **1.** svw. ↑schnippen (2 b): mit den Fingern s. **2.** *mit einer schleudernden Bewegung abschütteln:* die Wassertropfen von der Hand s.; vielleicht schnicken sie (= die Maurer) noch den Speis von der Kelle (Kreuder, Gesellschaft 137); **Schnickschnack,** der; -[e]s [aus dem Niederd., verdoppelnde Bildung mit Ablaut zu ↑schnacken] (ugs.; meist abwertend): **1.** *wertloses Zeug; Beiwerk, Zierrat o. ä., den man als überflüssig empfindet:* billiger, überflüssiger S.; S. *(modischer Flitter; Spielereien)* wie Federboas, Perlenstirnbänder ... und Schlenkertäschchen (Bunte 44, 1974, 26); Sandwichs anständig angerichtet ... aber ohne viel S. (*Verzierungen, Beiwerk;* Fussenegger, Zeit 173). **2.** *inhaltlose Worte; leeres Gerede, Geschwätz:* er ... sprach sinnlosen S. (Kant, Impressum 192).

schnieben ['ʃni:bn̩] ⟨sw., seltener st. V. (schnob, hat geschnoben)⟩ [landsch. Nebenf. von ↑schnauben] (landsch.): vgl. schnauben (1); **schniefen** ['ʃni:fn̩] ⟨sw. V.; hat⟩ (bes. landsch.): *(beim Atmen, bes. wenn die Nase läuft) die Luft hörbar einziehen:* er hat Schnupfen und schnieft dauernd; Toni schniefte vor Rührung (Fels, Sünden 105).

schniegeln ['ʃni:gl̩n] ⟨sw. V.; hat⟩ [aus dem Ostmd., zu ↑Schnecke (3)] (ugs.; oft abwertend): *(meist auf Männer bezogen) sich mit übertriebener Sorgfalt kleiden, frisieren u. ä.; sich stutzerhaft herrichten* ⟨meist im 2. Part.⟩: In der Schwanthalerhöhe erschien er ... geschniegelt, zog die Blicke der Weiblichkeiten auf sich (Kühn, Zeit 140); ***geschniegelt und gebügelt** (ugs. scherzh.; *sehr herausgeputzt).*

schnieke ['ʃni:kə] ⟨Adj.; -er, schniekste⟩ [unter Einfluß von ↑schniegeln zu niederd. snikke(r) = hübsch (zurechtgemacht)] (berlin.): **1.** *schick, elegant:* die feinen Herren in den -n Anzügen (Christiane, Zoo 30); sie ist eine s. Person; s. sein; sich s. herausputzen. **2.** *großartig; prima* (2): eine s. Sache; das ist ja s.

Schniepel ['ʃni:pl̩], der; -s, - [zu niederd. snip(pe) = Zipfel, verw. mit ↑Schnabel]: **1.** (landsch. salopp) svw. ↑Frack: vorläufig noch in Loden und Manchester, doch bald in S. oder Stresemann (Bieler, Mädchenkrieg 449). **2.** (landsch. salopp) svw. ↑Penis: es ist nicht wichtig, wie lange dir dein S. steif bleibt (Rocco [Übers.], Schweine 76). **3.** (veraltet) svw. ↑Geck, ↑Stutzer.

Schnipfel ['ʃnɪpfl̩], der; -s, - [zu ↑schnipfeln] (landsch.): svw. ↑Schnipsel; **Schnipfelchen,** das; -s, - (landsch.): svw. ↑Schnipselchen; **schnipfeln** ['ʃnɪpfl̩n] ⟨sw. V.; hat⟩ [landsch. Nebenf. von ↑schnippeln] (landsch.): *in kleine Stücke, Stückchen schneiden:* Manja rührt den Omelettenteig, schnipfelt den Schinken (Fussenegger, Zeit 309); **schnipp!** [ʃnɪp] ⟨Interj.⟩ lautm. für ein schnippendes Geräusch, z. B. einer Schere: die Schere machte s., und die Haarsträhne war ab; vgl. s., schnapp!; **Schnippchen** nur noch in der Wendung **jmdm. ein S. schlagen** (ugs.; *mit Geschick jmds. Absichten [die einen selbst betreffen] durchkreuzen;* eigtl. = mit den Fingern schnippen als Geste der Geringschätzung für den anderen bzw. als Ausdruck der Freude darüber, jmds. Absichten entgangen zu sein); **Schnippe,** die; -, -n: *(bei Pferden) weißes Zeichen an der Oberlippe;* **Schnippel,** der od. das; -s, - (ugs.): *kleines abgeschnittenes od. abgerissenes Stück von etw.:* von dem Stoff, dem Schinken ein S. abschneiden; auf dem Boden liegen lauter S.; **Schnippelchen,** das; -s, -: *kleiner Schnippel;* **Schnippelei** [ʃnɪpə'lai], die; -, -en (ugs. abwertend): *[dauerndes] Schnippeln* (1);

schnippeln ['ʃnɪpl̩n] ⟨sw. V.; hat⟩ [landsch. Intensivbildung zu ↑schnippen] (ugs.): **1.** *mit kleinen Schnitten (mit Schere od. Messer) an etw. schneiden u. dabei Teile wegschneiden:* an der Wurst s.; sie hat an ihren Haaren geschnippelt. **2.** *etw. durch kleine Schnitte (mit Schere od. Messer) in etw. hervorbringen, herstellen:* ein Loch [in den Stoff] s. **3.** *durch Herausschneiden mit kleinen Schnitten (mit Schere od. Messer) entfernen:* Wir ... schnippeln mit Scheren die faulen Trauben aus den Reben (Fichte, Versuch 286). **4.** *(mit dem Messer o. ä.) kleinschneiden, zerkleinern:* Bohnen, Mandeln s. **5.** (ugs.) *zuschneiden, schneidern:* ein paar tausend Meter Baumwolljersey, aus denen Versace seine T-Shirt-Kleider schnippelt (Spiegel 48, 1977, 260); **schnippen** ⟨sw. V.; hat⟩ [mhd. snippen = schnappen]: **1. a)** *mit einer schnellenden Bewegung des gebeugten Zeigefingers kleine Teilchen o. ä. von einer Stelle wegschleudern:* die Asche der Zigarette in den Aschenbecher s.; Krümel von der Tischdecke s.; Eine Frau beginnt Blüten von den Stengeln zu s. (Fichte, Versuch 12); **b)** *durch leichtes Anschlagen (an den Zeigefinger) aus einer geöffneten Packung o. ä. herausschleudern:* Er schnippte eine Zigarette aus der Pakkung (Fels, Sünden 22). **2. a)** *(die Schere) auf- u. zuschnappenlassen u. dabei ein helles Geräusch hervorbringen:* Ein Friseur stand ... in seiner Ladentür, schnippte mit der Schere (Böll, Tagebuch 124); **b)** *die Kuppe des Mittelfingers von der Kuppe des Daumens abschnellen lassen u. dabei ein helles Geräusch hervorbringen; schnalzen* (1); *schnellen* (3): Herr Belfontaine schnippte ungeduldig mit Daumen und Mittelfinger (Langgässer, Siegel 102).

schnippisch ['ʃnɪpɪʃ] ⟨Adj.⟩ [älter auch: schnuppisch, zu ostmd. aufschnuppen = die Luft durch die Nase ziehen (um eine Mißbilligung zu zeigen)] (abwertend): *(meist auf junge Mädchen od. Frauen bezogen) kurz angebunden, spitz u. respektlos-ungezogen [antwortend, jmdm. begegnend]:* sie ist eine -e Person; s. sein, antworten, fragen; ⟨Abl.:⟩ **Schnippischkeit,** die; -, -en: **1.** ⟨o. Pl.⟩ *das Schnippischsein.* **2.** *schnippische Äußerung; schnippisches Verhalten.*

Schnippler ['ʃnɪplɐ], der; -s, - [zu ↑schnippeln] (Jargon): *Strafgefangener, Gefängnisinsasse, der Selbstmord begeht, indem er sich eine Schlagader aufschneidet;* **schnipp, schnapp!** ⟨Interj.⟩ lautm. für das Geräusch, das beim Schneiden mit einer Schere entsteht; **Schnippschnapp[schnurr],** das; -s: *ein Kartenspiel für 4 u. mehr Spieler;* **schnips!** ⟨Interj.⟩ lautm. für ein schnipsendes Geräusch; **Schnipsel** ['ʃnɪpsl̩], der od. das; -s, -: *kleines, abgeschnittenes od. abgerissenes Stück von etw.:* S. von Stoff, Papier liegen auf dem Boden; ... zerriß sie den Karton ... in kleine Stücke, streute die S. ... in den Schnee (Johnson, Ansichten 223); **Schnipselei** [ʃnɪpsə'lai̯], die; -, -en: *das Schnipseln;* **schnipseln** ['ʃnɪpsl̩n] ⟨sw. V.; hat⟩ (ugs.): svw. ↑schnippeln; **schnipsen** ['ʃnɪpsn̩] ⟨sw. V.; hat⟩: svw. ↑schnippen; **Schnipser** ['ʃnɪpsɐ], der; -s, -: *schnipsende, schnellende Bewegung des Zeigefingers:* mit zwei kleinen -n des Zeigefingers gegen die Zigarette ließ ich etwas Asche ... fallen (Genet [Übers.], Totenfest 33).

Schnirkelschnecke ['ʃnɪrkl̩-], die; -, -n [Schnirkel = ältere Nebenf. von ↑Schnörkel] (Zool.): *Lungenschnecke mit kugeligem Gehäuse* (z. B. Weinbergschnecke).

schnitt [ʃnɪt]: ↑schneiden; **Schnitt** [-], der; -[e]s, -e [mhd., ahd. snit]: **1.** *das Einschneiden* (1 a), *Durchschneiden, Abschneiden* (1) *u. ä.:* der S. mit dem Messer ging tief ins Fleisch; ein radikaler S. *(ein kräftiges Beschneiden, Zurückschneiden)* ... rettet den Bestand an guten Sträuchern (Wohmann, Absicht 110); etw. mit einem schnellen, tiefen S. durchtrennen, abschneiden. **2. a)** *durch Hineinschneiden in etw. entstandener Spalt; Einschnitt* (1): ein tiefer, langer S.; der S. *(die Schnittwunde)* ist gut verheilt; Mit einer Rasierklinge hatte er sich einen S. vom Ohr bis zur Gurgel beigebracht (Ott, Haie 207); Er machte den S. (= bei der Operation) bis zum Nabel und klammerte die kleineren Blutgefäße ab (Remarque, Triomphe 99); Ü Die Bahnlinie legte einen S. quer durch das Land (Chr. Wolf, Himmel 222); **b)** *durch Abschneiden, Auseinanderschneiden o. ä. entstandene Schnittfläche:* ein glatter, sauberer S. **3.** *(von schnittreifem Gras, Getreide u. ä.) das Abmähen, Ernten:* der erste, zweite S.; der Sommer erlaubte mehrere -e; Der erste S. der Wiesen sowie von Luzerne und Klee (Welt 19. 8. 65, 9); das Korn ist reif für den S.; * **einen/seinen S. [bei etw.] machen** (ugs.; *bei einem Geschäft einen bestimmten Gewinn machen;* bezieht sich urspr. auf die Getreideernte [= Schnitt]; ein guter Schnitt bedeutete einen guten Gewinn). **4.** *durch Bearbeitung mit einer Schere od. anderem Schneidwerkzeug hervorgebrachte Form:* das Kleid, der Anzug hat einen tadellosen, eleganten S.; sie, ihr Haar hat einen kurzen, modischen, sportlichen S. *(durch Schneiden des Haares hervorgebrachte Frisur; Haarschnitt);* ein Auto von stromlinienförmigem S.; Edelsteine mit facettenreichem S. (selten; *Schliff*); Ü eine Wohnung mit gutem S. *(guter Raumaufteilung);* ihr Gesicht, Profil, Augen u. Mund haben einen feinen, klassischen S. *(sind fein, klassisch geschnitten, geformt).* **5.** (Fachspr., bes. Biol., Med.) *(zu mikroskopischen o. ä. Zwecken) mit dem Mikrotom hergestelltes, sehr dünnes Plättchen aus Organ- od. Gewebeteilen:* ein histologischer S.; -e anfertigen. **6.** (Film, Ferns.) **a)** *das Schneiden* (5 a): Er überwacht den S., also Auswahl und Reihenfolge der Einstellungen (Hörzu 39, 1971, 36); bei dem S. sind einige gute Szenen verlorengegangen; **b)** *Aneinanderreihung der Bilder verschiedener Fernsehkameras zu einer zusammenhängenden Abfolge:* ein harter *(übergangsloser)*, weicher *(allmählicher, mit Übergängen erfolgender)* S.; jähe -e, die widersprüchliche Bildinhalte aufeinanderprallen lassen (Gregor, Film 170); [den] S. [besorgte]: Gisela Meyer. **7.** svw. ↑Schnittmuster: einen S. ausrädeln; ein Kleidungsstück mit, nach einem S., ohne S. nähen. **8.** (Buchw.) *die drei Schnittflächen eines Buchblocks:* der S. des Lexikons ist grau, ist vergoldet. **9.** *[zeichnerische] Darstellung eines Körpers in einer Schnittebene* (z. B. Längs-, Quer-, od. Schrägschnitt): ein waagerechter, senkrechter S. durch ein Gebäude, ein Organ, eine Pflanze; einen S. anfertigen; etw. im S. darstellen. **10.** (ugs.) *Durchschnitt, Durchschnittswert, -menge, -maß o. ä.:* ich rechne einen S. (= eine durchschnittliche Einnahme) von vierhundert Mark (Aberle, Stehkneipen 106); er fährt einen S. von 200 km/h; Die ... Strecke ... ist ... mit guten -en *(Durchschnittsgeschwindigkeiten)* befahrbar (Hobby 13, 1968, 75); er raucht im S. *(durchschnittlich)* 20 Zigaretten am Tag. **11.** * **der Goldene S.** (Math.; *Bez. für die Teilung einer Strecke in zwei Teile, deren größerer sich zum kleineren verhält wie die ganze Strecke zum größeren Teil;* LÜ von mlat. sectio aurea). **12.** (Geom.) *Gesamtheit der gemeinsamen Punkte zweier geometrischer Gebilde.* **13.** (selten) svw. ↑Holz-, Linolschnitt. **14.** (landsch. veraltend) *kleines od. halbgefülltes Glas (Bier od. Wein)* /als Maßangabe/: ein S. Bier. **15.** (Ballspiele) *Drall, den der Ball durch Anschneiden* (5) *bekommt.*

schnitt-, Schnitt-: **~blume,** die ⟨meist Pl.⟩: **a)** *Blütenpflanze, deren Blüten mit dem Stengel abgeschnitten u. als Blumen für die Vase, für Gebinde o. ä. verwendet werden:* Nelken, Rosen sind -n; **b)** *Blume, die – im Unterschied zur Topfblume – abgeschnitten u. einzeln od. meist in Sträußen in Vasen gestellt wird;* **~bohne,** die: svw. ↑Gartenbohne; **~brot,** das: *Brot, das in Scheiben geschnitten u. [fest] verpackt verkauft wird;* **~entbindung,** die (Med.): *Entbindung durch Kaiserschnitt;* **~fest** ⟨Adj.; -er, -este; nicht adv.⟩: *von einer mittleren Festigkeit in der Konsistenz, so, daß sich etw. gut schneiden läßt:* -e Tomaten; die Wurst ist nicht s.; **~fläche,** die: **1.** *Fläche (an etw.), die durch Abschneiden eines Teils an etw. entstanden ist; Schnitt* (2 b): die S. am Käse ist trocken geworden. **2.** (Math.) vgl. Schnitt (12); **~form,** die: *Form des Zuschnitts:* Es ist offensichtlich, daß die Jacke nicht zu der Hose paßt, weder in der Farbe noch in der S. (Handke, Kaspar 34); **~frisur,** die: *Frisur, die durch Schneiden des Haares hervorgebracht wird;* **~führung,** die: *Art, in der ein Schnitt* (2 a) *ausgeführt wird:* eine exakte S.; **~gerade** ⟨Adj.; o. Steig.⟩: *gerade verlaufend, wie ein Schnitt* (2 a); **~grün,** das ⟨o. Pl.⟩ (Gartenbau): *abgeschnittenes Grün* (2) *bestimmter Pflanzen, das beim Binden von Blumensträußen verwendet wird* (z. B. Farn, Asparagus); **~gut,** das ⟨Pl. selten⟩: *etw., was (mit Hilfe einer Maschine) verkleinert, abgeschnitten o. ä. wurde:* das S. der Küchenmaschine, der Mähmaschine; **~holz,** das: *zu Brettern, Bohlen o. ä. geschnittenes Holz;* **~kante,** die: vgl. ~fläche (1); **~käse,** der: *Käse, der in Scheiben geschnitten ist od. sich zum Aufschneiden in Scheiben eignet (im Unterschied zum Streichkäse);* **~kurve,** die: vgl. ~linie; **~lauch,** der: *(im Garten od. auch in Töpfen gezogene) Art des Lauchs mit dünnen röhrenartigen Blättern, die kleingeschnitten bes. als Salatgewürz verwendet werden; Graslauch:* ein Bund S.; Omelett mit S., dazu: **~lauchlocken** ⟨Pl.⟩ (ugs. scherzh.): *glattes, [leicht strähnig wirkendes]*

Haar, **~lauchsalat,** der; **~linie,** die: **a)** *Linie, an der zwei Flächen aufeinanderstoßen;* **b)** *Linie, die eine andere kreuzt;* **~meister,** der: svw. ↑Cutter; **~meisterin,** die: svw. ↑Cutterin; **~menge,** die (Math.): *Menge (2) aller Elemente, die zwei Mengen gemeinsam sind:* die S. S ist die Menge aller Elemente, die den Mengen A und B gemeinsam sind (S = A ∩ B). **~modell,** das: *Modell* (1 a, β), *das einen Gegenstand mit Schnitt* (9) *zeigt;* **~muster,** das: **a)** *aus Papier ausgeschnittene Vorlage, nach der die Teile eines Kleidungsstücks zugeschnitten werden:* das S. auf den Stoff stecken; **b)** (ugs.) svw. ↑~musterbogen: dem Modeheft liegt ein S. bei, dazu: **~musterbogen,** der: *großer Papierbogen, der (in sich überschneidenden Linien verschiedener Art) mehrere aufgezeichnete, zum Ausradeln vorgesehene Schnittmuster* (a) *enthält;* **~punkt,** der: **a)** (Geom.) *Punkt, in dem sich Linien od. Kurven schneiden:* der S. zweier Geraden; **b)** *Bereich, Stelle, an der sich Straßen, Strecken o. ä. kreuzen:* der S. mehrerer wichtiger Bahnlinien; im S. zweier Verkehrswege liegen; **~reif** ⟨Adj.; o. Steig.; nicht adv.⟩: *(bes. von Getreide) so weit gereift, daß es geschnitten werden kann:* -es Getreide; das Feld *(das Getreide des Feldes)* ist s.; **~salat,** der: svw. ↑Pflücksalat; **~verletzung,** die: vgl. ~wunde; **~ware,** die: **1.** svw. ↑Meterware. **2.** svw. ↑~holz; **~werkzeug,** das: svw. ↑Schneidewerkzeug; **~wunde,** die: *durch einen scharfen Gegenstand o. ä. verursachte klaffende Wunde.*

Schnittchen, das; -s, -: **1.** ↑Schnitte. **2.** *kleine [getoastete] mit Fleisch, Fisch, Käse o. ä. belegte, garnierte [Weiß]brotscheibe, die zu Wein o. ä. gereicht wird;* **Schnitte,** die; -, -n [mhd. snite, ahd. snita]: **1.** (landsch.) *meist in Querrichtung von etw. abgeschnittene [dünne] Scheibe* (2): eine S. Weißbrot, Filet, Speck, Sandkuchen; eine S. vom Schweizer Käse abschneiden. **2.** (landsch.) *[belegte od. mit Brotaufstrich bestrichene] Brotscheibe:* eine belegte S.; eine S. mit Käse essen; zwei -n für die Frühstückspause mitnehmen. **3.** (österr.) svw. ↑Waffel; **Schnitter,** der; -s, - [mhd. snitære, ahd. snitari] (veraltend): svw. ↑Mäher (2); **Schnitterin,** die; -, -nen (veraltend): w. Form zu ↑Schnitter; **schnittig** ['ʃnɪtɪç] ⟨Adj.⟩ [urspr. = schneidig (1, 2)]: **1.** *(bes. von Autos) von eleganter, sportlicher Form; gut geschnitten [u. durch seine Form große Geschwindigkeiten ermöglichend]:* ein -er Sportwagen; eine -e Jacht; Chromblitzend und s. rollt der Uralt-Racer durch die Straßen (Freizeitmagazin 26, 1978, 28); der Flitzer ist s. gebaut. **2.** ⟨nicht adv.⟩ (selten) *schneidfähig* (b): *ein nicht mehr sehr -es Messer.* **3.** ⟨nicht adv.⟩ *(von Getreide u. Gras) reif zum Schnitt; erntereif:* -es Getreide; ⟨Abl.:⟩ **Schnittigkeit,** die; -; **Schnittling** ['ʃnɪtlɪŋ], der; -s (bayr., österr. selten): *Schnittlauch;* **Schnitz** [ʃnɪt͜s], der; -es, -e [mhd. sniz, zu ↑schnitzen] (landsch.): *[kleineres, geschnittenes] Stück [gedörrtes] Obst:* ein S. von einem Apfel.

Schnitz-: **~altar,** der: *geschnitzter Altaraufsatz;* **~arbeit,** die: *Geschnitztes, Schnitzerei;* **~bild,** das: *geschnitzte bildliche Darstellung;* **~holz,** das: *[in einer bestimmten Weise] zum Schnitzen geeignetes Holz;* **~kunst,** die; **~messer,** das; **~werk,** das: *künstlerisch gestaltete Schnitzarbeit.*

Schnitzel ['ʃnɪt͜sl̩; spätmhd. snitzel = abgeschnittenes Stück (Obst)]: **1.** ⟨das; -s, -⟩ *dünne Scheibe zartes Kalb- od. Schweinefleisch, die (oft paniert) in der Pfanne gebraten wird:* ein saftiges S.; Wiener S. *(paniertes Schnitzel vom Kalb).* **2.** ⟨der od. (österr. nur:) das; -s, -⟩ *abgeschnittenes, abgerissenes, beim Schnitzen, Schnitzeln entstandenes kleines Stückchen von etw. (z. B. Papier, Holz o. ä.):* die S. zusammenfegen; eine Woche später zerriß er, was er geschrieben hatte. Er machte S. daraus (Strittmatter, Wundertäter 259).

Schnitzel-: **~bank,** die ⟨Pl. -bänke⟩ [2: nach den Anfangsworten des dabei gesungenen Volksliedes „Ei, du schöne Schnitzelbank"]: **1.** (veraltet) *Werkbank zum Schnitzen.* **2.** *(als Fastnachtsbrauch mancherorts noch gepflegter) Brauch, große Tafeln mit bildlichen Darstellungen örtlicher Vorfälle herumzutragen u. diese in Versen satirisch zu kommentieren;* **~jagd,** die: **1.** (Pferdesport) *Reitjagd, bei der die Teilnehmer eine aus Papierschnitzeln bestehende Spur verfolgen müssen.* **2.** *einer Schnitzeljagd* (1) *ähnliches, im Freien gespieltes Kinderspiel, bei dem ein Mitspieler mit Hilfe einer von ihm ausgelegten Spur aus Papierschnitzeln o. ä. gefunden werden muß;* **~werk,** das: *Vorrichtung an einer Küchenmaschine zum Schnitzeln von Gemüse o. ä.*

Schnitzelei [ʃnɪt͜sə'la͜i], die; -, -en: **1.** ⟨o. Pl.⟩ (ugs.) *das Schnitzeln* (1): so einen Salat zu machen, ist doch eine elende S. **2.** ⟨o. Pl.⟩ (landsch.) *das Schnitzeln* (2). **3.** (landsch.) *etw., was jmd. geschnitzelt* (2) *hat;* **schnitzeln** ['ʃnɪt͜sl̩n] ⟨sw. V.; hat⟩ [zu ↑Schnitzel (2), mhd. in ver-, zersnitzelen = zerschneiden]: **1.** *(mit einem Messer o. ä., einer Maschine) in viele kleine Stückchen zerschneiden:* Elke ... schnitzelt Bohnen (Hacks, Stücke 60); fein geschnitzeltes Gemüse. **2.** (landsch.) svw. ↑schnitzen; **schnitzen** ['ʃnɪt͜sn̩] ⟨sw. V.; hat⟩ [mhd. snitzen, Intensivbildung zu ↑schneiden]: **a)** *mit einem Messer kleine Stücke, Späne von etw. (bes. Holz, Elfenbein) abschneiden, um so eine Figur, einen Gegenstand, eine bestimmte Form herzustellen:* er kann gut s.; er schnitzt an einem Kruzifix *(ist dabei, eines zu schnitzen);* **b)** *schnitzend* (a) *herstellen:* eine Madonna s.; eine Rohrflöte s.; eine [aus Holz, Elfenbein] geschnitzte Schachfigur; **c)** *durch Schnitzen* (a) *an einer Sache anbringen:* ein Ornament in eine Tür s.; eine Inschrift in eine Holztafel s.; **Schnitzer,** der; -s, - [1: mhd. snitzære, ahd. snizzāre; 2: eigtl. = falscher Schnitt]: **1.** *jmd., der schnitzt* (a), *der Schnitzwerke schafft:* der S. [dieses Altars] scheint von Riemenschneider beeinflußt gewesen zu sein. **2.** (ugs.) *aus Unachtsamkeit o. ä. begangener Fehler, mit dem gegen etw. verstoßen wird:* Irgendwo haben die Konstrukteure einen enormen S. gemacht (Zwerenz, Kopf 147); mit der Bemerkung hat er sich einen groben S. geleistet; zähle die S. von dieser ungebildeten Frau Stöhr (Th. Mann, Zauberberg 28); **Schnitzerei** [ʃnɪt͜sə'ra͜i], die; -, -en: **1.** *etw., was jmd. geschnitzt hat, geschnitzte Figur, Verzierung o. ä.:* Ich ... betastete die -en der massigen Anrichte (Johnson, Mutmaßungen 52). **2.** ⟨o. Pl.⟩ *das Schnitzen* (a); **Schnitzler,** der; -s, - (schweiz.): svw. ↑Schnitzer (1).

schnob [ʃno:p], **schnöbe** ['ʃnø:bə]: **1.** ↑schnauben. **2.** ↑schnieben; **schnobern** ['ʃno:bɐn] ⟨sw. V.; hat⟩ [Nebenf. von ↑schnuppern] (landsch.): svw. ↑schnuppern (a): an etw. s.; Zwei Kühe ... kamen dicht an den Zaun und schnoberten (Remarque, Funke 99).

schnöd [ʃnø:t] ⟨Adj.⟩ (bes. südd., österr.): svw. ↑schnöde.

Schnodder ['ʃnɔdɐ], der; -s [mhd. snuder] (derb): *Nasenschleim;* **schnodderig,** schnoddrig ['ʃnɔd(ə)rɪç] ⟨Adj.⟩ [urspr. von jmdm. gesagt, der (so unerfahren, jung ist, daß er) sich noch nicht einmal die Nase selbst putzen kann u. schon deswegen nicht mitreden sollte] (ugs.; oft abwertend): *provozierend lässig, großsprecherisch, den angebrachten Respekt vermissen lassend:* ein -er Bursche; seine -e Art; Noch immer fand sie mich zynisch ..., sogar schnoddrig (Frisch, Homo 153); habe mein Vater absichtlich und etwas schnoddrig 70 Pfennig auf die Tischplatte gepfeffert, obwohl die Rasur nur 50 macht (Kinski, Erdbeermund 18); ⟨Abl.:⟩ **Schnodderigkeit,** Schnoddrigkeit, die; -, -en (ugs. oft abwertend): **1.** ⟨o. Pl.⟩ *schnodderige Art, schnodderiges Wesen, das Schnodderigsein:* verbarg seine Angst hinter schlecht gespielter Schnoddrigkeit (Apitz, Wölfe 41). **2.** *schnodderige Äußerung, Handlung:* wirft er mit provokanten Schnoddrigkeiten ... um sich (K. Mann, Wendepunkt 285); **schnoddrig:** ↑schnodderig; **Schnoddrigkeit:** ↑Schnodderigkeit.

schnöde ['ʃnø:də] ⟨Adj.⟩ [mhd. snœde = verächtlich] (geh. abwertend): **1.** ⟨nicht adv.⟩ *nichtswürdig, erbärmlich, verachtenswert:* um des -n Mammons, Geldes willen; aus -r Feigheit, Angst; es war nichts als -r Geiz, s. Habgier; Dieses dumme Geld, wie s. *(unwürdig)* doch eigentlich die beständige Sorge um so etwas sei! (R. Walser, Gehülfe 41). **2.** *in besonders häßlicher, gemeiner Weise Geringschätzung, Verachtung zum Ausdruck bringend u. dadurch beleidigend, verletzend, demütigend:* -r Undank; eine s. Antwort, Beleidigung, Zurechtweisung; jmdn. s. behandeln, im Stich lassen, abweisen; jmds. Unerfahrenheit, Gastfreundschaft s. ausnutzen, jmds. Vertrauen s. mißbrauchen; **schnöden** ['ʃnø:dn̩] ⟨sw. V.; hat⟩ (schweiz.): *sich in schnöder (2), abfälliger Weise äußern;* **Schnödheit,** (häufiger:) **Schnödigkeit** ['ʃnø:dɪçka͜it], die; -, -en [mhd. snœdeheit] (geh. abwertend): **a)** ⟨o. Pl.⟩ *schnödes Wesen, schnöde Art, das Schnödesein;* **b)** *schnöde* (2) *Bemerkung, Handlung.*

schnofeln ['ʃno:fl̩n] ⟨sw. V.; hat⟩ [Nebenf. von ↑schnüffeln] (österr. ugs.): **1. a)** svw. ↑schnüffeln (1 a); **b)** *spionieren, schnüffeln* (4). **2.** (selten) *durch die Nase sprechen;* **Schnoferl** ['ʃno:fɐl], das; -s, -[n] (österr. ugs.): **1.** *beleidigtes Gesicht:* mach jetzt kein S.! **2.** svw. ↑Schnüffler (1).

schnökern ['ʃnø:kɐn] ⟨sw. V.; hat⟩ [vgl. schnäken]: **1.** (landsch.) svw. ↑naschen (1). **2.** (bes. nordd.) svw. ↑schnüffeln (4 a).

schnopern ['ʃno:pɐn], **schnoppern** ['ʃnɔpɐn] ⟨sw. V.; hat⟩ (landsch.): svw. ↑schnobern.

Schnorchel ['ʃnɔrçl̩], der; -s, - [landsch. Schnorchel, Schnorgel = Mund, Nase]: **1.** *ein- u. ausfahrbares Rohr zum Ansaugen von Luft für die Maschinen bei Unterwasserfahrt in geringer Tiefe (bei Unterseebooten, auch bei modernen Panzern).* **2.** (Sporttauchen) *mit einem Mundstück am unteren [u. einem gegen das Eindringen von Wasser schützenden Ventil am oberen] Ende versehenes Rohr zum Atmen beim Schwimmen unter Wasser;* ⟨Abl.:⟩ **schnorcheln** ['ʃnɔrçl̩n] ⟨sw. V.; hat⟩: *mit Hilfe eines Schnorchels tauchen (um das Leben unter Wasser zu beobachten od. um Fische o. ä. zu harpunieren):* an der Südküste der Insel kann man gut s.; **Schnorcheltauchen,** das; -s: *das Schnorcheln.*

Schnörkel ['ʃnœrkl̩], der; -s, - [älter: Schnirkel, wahrsch. entstanden aus älter Schnögel = Schnecke(nlinie) u. Schnirre = Schleife]: *der Verzierung dienende, gewundene, geschwungene, spiralige o. ä. Form, Linie:* alte Möbel, ein schmiedeeisernes Gitter mit allerlei -n; Stanislaus machte hinter seinem Namen einen riesigen S. (Strittmatter, Wundertäter 301); Ü wie man ... mit einem eleganten S. den Vortrag beende (Thieß, Legende 90).

schnörkel-, Schnörkel-: **~kram,** der (ugs. abwertend): *Geschnörkel;* **~los** ⟨Adj.⟩: **a)** *nicht geschnörkelt, ohne [überflüssige] Schnörkel; klare Linien aufweisend:* eine -e Linie, Form; **b)** *kein überflüssiges, störendes Beiwerk aufweisend; nüchtern, sachlich:* er spricht eine klare, -e Sprache; die Bayern spielten s. (Sport Jargon; *überflüssige Spielzüge vermeidend*); **~schrift,** die: *schnörkelige Schrift.*

Schnörkelei [ʃnœrkə'laj], die; -, -en (ugs. abwertend): *Vielzahl von Schnörkeln; Geschnörkel:* ohne die vielen -en, die ganze S. würde mir die Fassade besser gefallen; **schnörkelhaft** ⟨Adj.; -er, -este⟩ (selten): svw. ↑schnörkelig; **schnörkelig,** schnörklig ['ʃnœrk(ə)lıç] ⟨Adj.⟩: **a)** *mit [vielen] Schnörkeln versehen:* ein gemaltes Holzschild, drauf -e Inschrift: ... (Grass, Hundejahre 21); **b)** *einem Schnörkel ähnelnd, aus Schnörkeln bestehend:* ein -es Ornament; **schnörkeln** ['ʃnœrkl̩n] ⟨sw. V.; hat⟩ (ugs.): *mit Schnörkeln versehen, in schnörkeliger Form ausführen:* sorgfältig schnörkelte er seine Unterschrift unter den Brief; ⟨meist im 2. Part.:⟩ eine geschnörkelte Vase, Linie, Schrift; ein geschnörkelter Giebel; Ü eine geschnörkelte Sprache; **schnörklig**: ↑schnörkelig.

Schnörre ['ʃnœrə], die; -, -n [südd. Form von niederd. snurre, ↑Schnurrbart] (schweiz. ugs.): *Mund.*

schnorren ['ʃnɔrən] ⟨sw. V.; hat⟩ [vgl. schnurren (3)] (ugs.): *sich [immer wieder] in der Art eines Bettlers an jmdn. wenden, ihn angehen, von ihm etw. (Kleinigkeiten wie Zigaretten, etwas Geld) zu erbitten; nassauern:* Sie wollen ja nicht ihr ganzes Leben Gammler sein und s. (Spiegel 39, 1966, 78); er schnorrt ständig bei, von seinen Freunden Zigaretten; Ü es sei schlechter ... Stil, Pläne zu offerieren und dann bei städtischen Stellen sozusagen s. zu gehen (MM 15. 7. 67, 5).

schnörren ['ʃnœrən] ⟨sw. V.; hat⟩ [zu ↑Schnörre] (schweiz. ugs.): *daherreden.*

Schnorrer, der; -s, - (ugs.): *jmd., der schnorrt;* **Schnorrerei** [ʃnɔrə'raj], die; -, -en (ugs. abwertend): **1.** ⟨o. Pl.⟩ *[fortwährendes] Schnorren:* seine S. wird mir langsam zu viel. **2.** *einzelner Akt des Schnorrens:* mit diesen dauernden -en hat er sich ziemlich unbeliebt gemacht; **Schnorrerin,** die; -, -nen (ugs. meist abwertend): w. Form zu ↑Schnorrer.

Schnösel ['ʃnø:zl̩], der; -s, - [aus dem Niederd., wohl verw. mit niederd. snot = Nasenschleim] (ugs. abwertend): *junger Mann, dessen Benehmen als in empörender Weise frech o. ä. empfunden wird:* dieser S. von zweiundzwanzig Jahren grinst dem Inspektor ins Gesicht? (Nachbar, Mond 88); ⟨Abl.:⟩ **schnöselig,** schnöslig ['ʃnø:z(ə)lıç] ⟨Adj.⟩ (ugs. abwertend): *wie ein Schnösel [sich benehmend]:* ein -er Bursche; sich s. benehmen; **Schnöseligkeit,** Schnösligkeit, die; - (ugs. abwertend): *das Schnöseligsein:* seine S. ist mir zuwider; **schnöslig**: ↑schnöselig; **Schnösligkeit**: ↑Schnöseligkeit.

Schnucke ['ʃnʊkə], die; -, -n [H. u., viell. zu (m)niederd. snukken = einen Laut ausstoßen, lautm.] (nordd. selten): *Schaf, Heidschnucke.*

Schnuckelchen ['ʃnʊkl̩çən], das; -s, - [wohl zu landsch. schnuckeln = nuckeln (1); naschen; wohl lautm.]: *Schäfchen* (auch als Kosewort bes. für ein Mädchen): komm her, mein kleines S.!; **schnuckelig,** schnucklig ['ʃnʊk(ə)lıç] ⟨Adj.; nicht adv.⟩ (ugs.): **a)** *(bes. von jungen Mädchen) durch ein gefälliges, adrettes Äußeres, oft verbunden mit einem sanften, freundlichen Wesen, Zuneigung hervorrufend und anziehend wirkend:* eine -e Blondine; Sie hat im wesentlichen nur ... ihren zugegebenermaßen schnuckeligen Korpus vorzuweisen (MM 8. 8. 70, 9); **b)** *nett* (1 b), *ansprechend, allgemein gefallend:* ein -es kleines Häuschen, Auto; eine -e Kneipe; in einem schnuck!igen Pavillon im Wiener Sezessionsstil (BM 10. 3. 74, 8); **Schnukki** ['ʃnʊki], das; -s, -s (ugs.): svw. ↑Schnuckelchen; **Schnukkiputz,** der; -es, -e (ugs.): svw. ↑Schnuckelchen; **schnucklig**: ↑schnuckelig.

Schnuddel ['ʃnʊdl̩], der; -s [mhd. snudel] (landsch.): *Nasenschleim;* **schnuddelig,** schnuddlig ['ʃnʊd(e)lıç] ⟨Adj.; nicht adv.⟩: **1.** (landsch.) **a)** *mit Nasenschleim behaftet, beschmutzt;* **b)** svw. ↑schmuddelig. **2.** (berlin.) *besonders fein u. lecker [aussehend]:* eine -e Torte; **schnuddeln** ['ʃnʊdl̩n] ⟨sw. V.; hat⟩ (landsch.): *die Nase hochziehen;* **Schnuddelnase,** die; -, -n (landsch.): *laufende Nase:* In der Schule wäre ich mit S. Zielscheibe des Spottes geworden (Pilgrim, Mann 9); **schnuddlig**: ↑schnuddelig.

Schnüffel-: **~krankheit,** die ⟨o. Pl.⟩ (Tiermed.): *bei Schweinen vorkommende, mit starkem Ausfluß aus der Nase u. schnarrenden Atemgeräuschen einhergehende ansteckende Viruserkrankung;* **~nase,** die (ugs. abwertend): *jmd., der viel schnüffelt* (4); *Schnüffler* (1): was will denn die S. schon wieder hier?; **~stoff,** der (Jargon): *zum Schnüffeln* (2 a) *geeigneter Stoff:* Alleskleber ist ein beliebter S.

Schnüffelei [ʃnʏfə'laj], die; -, -en: **1.** (ugs. abwertend) **a)** ⟨o. Pl.⟩ *[fortwährendes] Schnüffeln* (4 b): „Ich konnte die ewige S. nicht mehr ertragen!" ... „Dauernd unter den Augen der Kontrolleure ...!" (Bild 12. 4. 64, 40); **b)** *Fall von Schnüffelei* (1 a): bei der Überprüfung der Verfassungstreue kommt es immer wieder zu widerlichen -en. **2.** ⟨o. Pl.⟩ (abwertend): *[fortwährendes, gewohnheitsmäßiges] Schnüffeln* (2 a): mit der blödsinnigen S. macht ihr euch doch nur kaputt; **schnuffeln** ['ʃnʊfl̩n] ⟨sw. V.; hat⟩ (landsch.): svw. ↑schnüffeln (1, 3); **schnüffeln** ['ʃnʏfl̩n] ⟨sw. V.; hat⟩ [aus dem Niederd. < mniederd. snuffelen]: **1. a)** *(meist von Tieren) in kurzen, hörbaren Zügen durch die Nase die Luft einziehen, um einen Geruch wahrzunehmen:* der Hund schnüffelt an einem Laternenpfahl; Instinktiv schnüffelte er also, und er bemerkte den Geruch (Genet [Übers.], Notre Dame 263); **b)** *(einen Geruch) schnüffelnd* (1 a) *wahrnehmen:* Er ... schnüffelte den penetranten Geruch des Behandlungszimmers (Sebastian, Krankenhaus 57). **2.** (Jargon) **a)** *sich durch das Inhalieren von Dämpfen bestimmter leicht flüchtiger Stoffe (z. B. Lösungsmittel von Lacken, Klebstoffen) berauschen:* ⟨subst.:⟩ das Schnüffeln ist besonders unter Schülern verbreitet; **b)** *(einen Stoff) zum Schnüffeln* (2 a) *benutzen:* er schnüffelt Alleskleber, Benzol. **3.** (ugs.) *die Nase in wiederholten kurzen Zügen hochziehen:* hör endlich auf zu s.!; Die Frauen schnüffelten und Viehmanns Opa weinte laut (Degenhardt, Zündschnüre 206). **4.** (ugs. abwertend) **a)** *[aus Neugier] etw., was einem anderen gehört, heimlich, ohne dazu berechtigt zu sein, durchsuchen, um sich über den Betreffenden zu informieren:* Es ist nicht meine Art, in fremden Zimmern zu s. (Frisch, Homo 209); Die Tochter muß während seiner Abwesenheit in seiner Tasche geschnüffelt haben (Jägersberg, Leute 99); **b)** *(als Detektiv, Spitzel o. ä.) heimlich Informationen über jmdn. sammeln, um den Betreffenden zu überführen, zu denunzieren o. ä.:* ich habe den Verdacht, daß er vom Verfassungsschutz ist und nur herkommt, um zu s.; **Schnüffler** ['ʃnʏflɐ], der; -s, - (ugs. abwertend): **1. a)** *jmd., der gern, viel schnüffelt* (4 a): er ist ein verdammter S.; **b)** *jmd., der [berufsmäßig] schnüffelt* (4 a); *Spion, Spitzel, Kriminalpolizist o. ä.:* Die S. sind unterwegs. Bei der Firma Maßmann ... wurde die gesamte Belegschaft ... systematisch bespitzelt (v. d. Grün, Glatteis 257); die S. des sowjetischen Nachrichtendienstes (Welt 12. 2. 76, 1). **2.** (Jargon) *jmd., der gewohnheitsmäßig schnüffelt* (2 a); **Schnüfflerin,** die; -, -nen (ugs. abwertend): w. Form zu ↑Schnüffler.

schnullen ['ʃnʊlən] ⟨sw. V.; hat⟩ [lautm., vgl. lullen] (landsch.): *saugend lutschen:* schnullte ... unersättlich an seinem Zeigefinger (Carossa, Aufzeichnungen 22); **Schnuller,** der; -s, -: **a)** *kleines, auf einer mit einem Ring versehenen Scheibe aus Plastik befestigtes, hohles, einem Sauger* (a) *ähnliches Bällchen aus Gummi, das man Säuglingen [um* *sie zu beruhigen] in den Mund steckt, damit sie daran saugen;* **b)** (landsch.) svw. ↑Sauger (1 a).

Schnulze [ˈʃnʊlt͜sə], die; -, -n [viell. durch Versprechen für Schmalz od. in Anlehnung an niederd. snulten = gefühlvoll daherreden] (ugs. abwertend): **a)** *künstlerisch wertloses, sentimentales, rührseliges, kitschiges Lied od. Musikstück:* eine billige S.; Der erfolgreiche Popkünstler singt Melodien der Klassiker als -n (Hörzu 2, 1974, 42); **b)** *künstlerisch wertloses, sentimentales, rührseliges, kitschiges Theaterstück, Fernsehspiel o. ä.:* Wie denken Sie über ihre früheren Filme, z. B. die -n mit Maria Schell? (Hörzu 43, 1971, 14); ⟨Abl.:⟩ **schnulzen** [ˈʃnʊlt͜sn̩] ⟨sw. V.; hat⟩ (ugs. abwertend): *schnulzig singen, schnulzige Musik spielen:* wenn ein westdeutscher „Sänger“ vom Fernweh nach Italien schnulzt (Zeit 5. 6. 64, 23); ⟨auch unpers.:⟩ „Das Glück ist rosarot“, schnulzt es im Hintergrund (MM 18. 4. 70, 77); **Schnulzensänger,** der; -s, - (ugs. abwertend): *jmd., der [als Schlagersänger] Schnulzen* (a) *singt, auf Platte aufnimmt;* **Schnulzensängerin,** die; -, -nen (ugs. abwertend): w. Form zu ↑Schnulzensänger; **schnulzig** [ˈʃnʊlt͜sɪç] ⟨Adj.⟩ (ugs. abwertend): *wie eine Schnulze beschaffen, wirkend; in der Art einer Schnulze:* ein -es Lied; er singt, spielt das ein bißchen sehr s.

Schnupf-: **~tabak,** der: *Tabak zum Schnupfen* (1 a), dazu: **~tabakdose, ~tabaksdose,** die; **~tuch,** das (veraltend): svw. ↑Taschentuch.

schnupfen [ˈʃnʊpf̩n] ⟨sw. V.; hat⟩ [mhd. snupfen = schnaufen, Intensivbildung zu ↑schnauben]: **1. a)** *fein pulverisierten Tabak durch stoßweises, kräftiges Einatmen in die Nasenlöcher einziehen:* er hat das Rauchen aufgegeben und schnupft jetzt nur noch; **b)** *(einen fein pulverisierten Stoff) in der Art, wie man es beim Schnupfen* (1 a) *tut, zu sich nehmen:* Kokain s.; Ich schnupfe das weiße Pulver, und meine Atemwege sind wie durch Zauberhand befreit (Kinski, Erdbeermund 122); **c)** *sich durch das Schnupfen* (1 b) *von etw. in einen bestimmten Zustand versetzen:* 139 Drogenabhängige schnupften oder spritzten sich letztes Jahr ... zu Tode (Spiegel 44, 1975, 73). **2. a)** *stoßweise durch die Nase einatmen, um herauslaufenden Nasenschleim od. in die Nase geratene Tränen zurückzuhalten, wieder nach oben zu ziehen:* sie schnupfte noch etwas, während sie sich die Tränen trocknete; **b)** *unter wiederholtem Schnupfen* (2 a) *äußern:* „Ausgerechnet Adolar“, schnupfte sie, „warum gerade er? ...“ (Lentz, Muckefuck 158); **Schnupfen** [-], der; -s, - ⟨Pl. selten⟩ [spätmhd. snupfe]: **1.** *mit der Absonderung von Schleim, der oft das Atmen durch die Nase stark behindert, verbundene Entzündung der Nasenschleimhäute:* [den, einen] S. haben. **2.** (salopp scherzh. verhüll.) svw. ↑Kavaliersschnupfen; ⟨Zus. zu 1:⟩ **Schnupfenmittel,** das: *Mittel gegen Schnupfen;* **Schnupfenspray,** das od. der: svw. ↑Nasenspray; **Schnupfer,** der; -s, -: *jmd., der die Gewohnheit hat, zu schnupfen* (1 a); **Schnupferin,** die; -, -nen: w. Form zu ↑Schnupfer; **schnuppe** [ˈʃnʊpə] ⟨Adj.⟩ nur in der ugs. Verbindung **[jmdm.] s. sein** (*[jmdm.] einerlei, egal, gleichgültig sein;* eigtl. = [für jmdn.] wertlos wie eine Schnuppe 1): das ist doch s.; wie du es machst, ist mir s.; der Typ ist mir völlig s.; **Schnuppe** [-], die; -, -n [mniederd. snup(p)e, zu: snuppen = den Kerzendocht säubern, eigtl. = schneuzen; niederd. Form von ↑schnupfen; vgl. putzen]: **1.** (nordd., mitteld.) *verkohlter Docht (einer Kerze o. ä.), verkohltes Ende eines Dochts.* **2.** (selten) kurz für ↑Sternschnuppe; **Schnupperlehre,** die; -, -n (bes. schweiz.): *mehrtägige Mitarbeit eines zukünftigen Auszubildenden in einem Betrieb, um seine in Aussicht genommene* [1]*Lehre* (1) *kennenzulernen, in sie „hineinzuschnuppern“; Probelehre;* **schnuppern** [ˈʃnʊpɐn] ⟨sw. V.; hat⟩ [Iterativbildung von mniederd. snuppen, ↑Schnuppe]: **a)** *(meist von Tieren) in kurzen, leichteren Zügen durch die Nase die Luft einziehen, um einen Geruch [intensiver] wahrzunehmen:* Die Hunde schnupperten (Lentz, Muckefuck 180); die Katze ... schnupperte flüchtig an der Maus (Roehler, Würde 9); ... holte eine Zigarre hervor, an der er schnupperte (Simmel, Stoff 578); Er schnupperte in den Wind (Rehn, Nichts 87); **b)** *(einen Geruch) schnuppernd* (a) *wahrnehmen:* Mit welcher Wollust schnupperte ich die schweren, süßen Düfte ...! (K. Mann, Wendepunkt 143); Ü er wollte mal wieder Seeluft s. (ugs.; *an der See sein*).

[1]**Schnur** [ʃnuːɐ̯], die; -, Schnüre [ˈʃnyːrə], bes. fachspr. auch: -en [mhd., ahd. snuor, eigtl. = gedrehtes od. geflochtenes Band]: **1.** ⟨Vkl. ↑Schnürchen⟩ **a)** ⟨Pl. selten⟩ *langes, dünnes, aus mehreren zusammengedrehten od. -geflochtenen Fäden, Fasern o. ä. hergestelltes, im Querschnitt mehr od. weniger kreisrundes, flexibles, einem Bindfaden ähnliches, jedoch meist dickeres Gebilde:* eine dicke, dünne, lange S.; eine S. um etw. binden, aufwickeln, spannen; eine S. aufknoten *einen in der Schnur befindlichen Knoten lösen);* Perlen auf eine S. aufziehen; *** über die S. hauen** (ugs.; svw. über die ↑Stränge (1 b) schlagen; eigtl. = mehr von einem Balken abschlagen, als es die gespannte Meßschnur anzeigt); **b)** *meist kordelartige, eine bestimmte Länge aufweisende, zu einem Gebrauchsgegenstand gehörende, oft an diesem befestigte Schnur* (a), *die einem bestimmten Zweck dient:* die Schnüre des Rucksacks, des Zeltes; **c)** *als Besatz, Verzierung o. ä. an Kleidungsstücken, Einrichtungsgegenständen o. ä. befestigte, meist farbige Kordel o. ä.:* seine Jacke war mit silbernen Schnüren besetzt; um den Mützenrand, um das Sofakissen lief eine dünne rote S. **2.** (ugs.) *[im Haushalt verwendetes] elektrisches Kabel [an elektrischen Geräten]:* die S. der Lampe, des Staubsaugers ist kaputt; eine neue S. an etw. anbringen.

[2]**Schnur** [-], die; -, -en [mhd. snu(or), ahd. snur(a)] (veraltet): *Schwiegertochter.*

schnur-, Schnur- ([1]Schnur): **~artig** ⟨Adj.; o. Steig.⟩: *die Form einer Schnur* (1 a) *habend;* **~baum,** der (Gartenbau): *Spalierobstbaum mit senkrecht, schräg nach oben od. waagerecht wachsendem Leittrieb; Kordon* (3); **~besatz,** der: *aus einer Schnur* (1 c) *bestehender Besatz:* ein Kissen mit S.; **~förmig** ⟨Adj.; o. Steig.; nicht adv.⟩: *die Form einer Schnur* (1 a) *aufweisend;* **~gerade,** (ugs.:) **~grade** ⟨Adj.; o. Steig.; nicht adv.⟩ (emotional): *vollkommen gerade, gerade wie eine gespannte Schnur* (1 a): eine s. Linie; sie standen in -r Reihe; die Straße verläuft s.; **~keramik,** die ⟨o. Pl.⟩ (Archäol.): **1.** *mit Abdrücken von Schnüren, Schnurornamenten verzierte Keramik der Jungsteinzeit.* **2.** *schnurkeramische Kultur,* dazu: **~keramiker,** der ⟨meist Pl.⟩ (Archäol.): *Träger der schnurkeramischen Kultur,* **~keramisch** ⟨Adj.; nur attr.⟩ (Archäol.): *die Schnurkeramik betreffend;* **~spiel,** das: svw. ↑Fadenspiel; **~stracks** ⟨Adv.⟩ (ugs.): **a)** *auf dem kürzesten, schnellsten Wege, direkt, ohne Verzug, ohne Umweg; geradewegs* (a): Kaum ... aus dem Krankenhaus entlassen, ging Helene Parilla s. zur Gattin des Medizinprofessors (Zwerenz, Quadriga 116); **b)** *ohne Umschweife, direkt; geradewegs* (b); *sofort:* Sawatzki tritt s. aus der KP aus (Grass, Hundejahre 483); eine wackere Närrin, die s. zum Gegenehebruch schreitet (Frisch, Stiller 328); **~wurm,** der (Zool.): *meist im Meer lebender, sehr große Längen erreichender, meist schnurförmiger, dünner Wurm mit einem vorstülpbaren Rüssel, der oft mit einem Giftstachel ausgestattet ist.*

Schnür-: **~band,** das ⟨Pl. ...bänder⟩ (bes. nordd., mitteld.): *[bandförmiger] Schnürsenkel;* **~boden,** der: **1.** (Theater) *Raum über der Bühne, wo die Seile befestigt sind, mit deren Hilfe die Kulissen u. Prospekte herabgelassen u. hinaufgezogen werden.* **2.** (Schiffbau) *große überdachte Fläche in einer Werft, auf der die einzelnen Teile (z. B. die Spanten) eines zu bauenden Schiffes in natürlicher Größe aufgezeichnet werden;* **~brust,** die (veraltet): *Teil der Unterkleidung von Frauen, das als eine Art Korsett die weibliche Brust betonen soll u. hinten geschnürt wird;* **~leib,** der, **~leibchen,** das (veraltet): svw. ↑~mieder (1); **~mieder,** das: **1.** (früher) *Mieder* (1), *das geschnürt wurde.* **2.** *Mieder* (2), *das geschnürt wird;* **~riemen,** der: **a)** *Riemen, mit dem etw. verschnürt, zugeschnürt wird;* **b)** *Schnürsenkel [aus Leder];* **~schuh,** der: *Schuh, der geschnürt wird:* ***Kamerad S.** (↑Kamerad); **~senkel,** der (regional, bes. nordd., md.): *[an beiden Enden mit einer steifen Hülse versehene] Schnur od. schmales, festes gewebtes* [1]*Band zum Zuschnüren eines Schnürschuhs;* **~stiefel,** der: vgl. ~schuh.

Schnürchen [ˈʃnyːɐ̯çən], das; -s, -: ↑Schnur (1): ***wie am S.** (ugs.; *völlig reibungslos, ohne Stockungen, ohne Schwierigkeiten u. in flüssigem Tempo; glatt;* urspr. bezogen auf das Beten des Rosenkranzes); in ihrem Haushalt geht, läuft, klappt immer alles wie am S.; er konnte das Gedicht wie am S. [hersagen]; **schnüren** [ˈʃnyːrən] ⟨sw. V.⟩ [mhd. snüeren]: **1.** ⟨hat⟩ **a)** *mit etw. (z. B. mit einer Schnur, einem Riemen o. ä.), was durch mehrere Ösen o. ä. geführt, fest angezogen u. dann verknotet o. ä. wird, zubinden:* [jmdm., sich] die Schuhe s.; Ich sollte Essig trinken und mein Korsett fester s. (Langgässer, Siegel 347); Schuhe ..., die ... ganz hinauf geschnürt werden (Remarque, Westen 17); ⟨subst.:⟩ Stiefel zum Schnüren; **b)** *(mehrere einzelne Dinge* *[gleicher Art] mit Hilfe einer Schnur o.ä. (zu etw.) zusammenbinden:* das Reisig wurde zu dicken Bündeln geschnürt; **c)** *durch Zusammenbinden mehrerer einzelner Dinge [gleicher Art] herstellen:* ein Bündel s. **d)** *mit Hilfe einer um die betreffende Sache fest herumgebundenen Schnur o.ä. gegen ein ungewolltes Sichöffnen, Auseinanderfallen sichern:* ein Paket s.; **e)** *mit Hilfe einer Schnur o.ä. (an einer bestimmten Stelle) sicher befestigen, anbringen:* er schnürte den Seesack auf den Dachgepäckträger; jmdm. die Hände auf den Rücken s.; der Ermordete war in eine Zeltbahn geschnürt *(eingeschnürt);* **f)** *(eine Schnur o.ä.) fest (um etw.) binden:* einen Strick um einen Koffer s.; jmdm., sich einen Riemen um den Bauch s. **2.** ⟨hat⟩ **a)** *[jmdm.] durch zu enges Anliegen am Körper an der betreffenden Stelle einen unangenehmen, schmerzhaften Druck verursachen:* der Verband schnürt [mich]; Diese Hosengedichte drücken nämlich scheußlich am Knie, schnüren im Spalt (Dwinger, Erde 55); Ü Todesangst schnürte ihm Kehle und Magen (Hesse, Narziß 64); **b)** ⟨s. + sich⟩ *sich schnürend irgendwo hineindrücken:* Tief schnüren sich die Lederriemen in das Fleisch (Grzimek, Serengeti 288); **3.** ⟨s. + sich⟩ (früher) *den Körper mit Hilfe eines fest geschnürten Mieders in eine bestimmte Form bringen* ⟨hat⟩: sie schnürt sich [zu stark]; sie war wie immer zu fest geschnürt (Langgässer, Siegel 338); sich die Taille s. *(einschnüren).* **4.** ⟨ist⟩ (Jägerspr.) **a)** *(bes. vom Fuchs) die einzelnen Tritte in einer Linie hintereinandersetzend traben:* Füchse, Luchse, Wölfe schnüren; **b)** *sich schnürend* (4 a) *irgendwohin bewegen:* ein Fuchs schnürte über die Lichtung; Ü Ich ... schnürte (scherzh.; *ging in mäßigem Tempo, gleichmäßigen Schrittes*) ... durch eine tunnelartige Allee (Grass, Katz 126); **Schnürlregen** ['ʃny:ɐ̯l-], der; -s, - ⟨Pl. selten⟩ (österr.): *anhaltender, strömender Regen* ⟨meist in der Fügung⟩: **Salzburger S.** (für die Gegend um Salzburg ist der plötzliche, lang anhaltende Regen klimatisch typisch); **Schnürlsamt,** der; -[e]s, -e (österr.): *Kordsamt, Manchester.*

schnurr-, Schnurr-: **~bart,** der [aus dem Niederd., zu niederd. snurre = Schnauze, eigtl. = Lärmgerät]: *über der Oberlippe wachsender Bart:* ein kleiner, buschiger, gezwirbelter, gewichster, gepflegter S.; [einen] S. tragen, dazu: **~bartbinde,** die: *Binde, mit der man (bes. während der Nacht) den Schnurrbart in Form hält,* **~bärtig** ⟨Adj.; o. Steig.; meist attr.⟩: *einen Schnurrbart tragend:* ein -er Polizist; **~haar,** das (Zool.) ⟨meist Pl.⟩: *langes, kräftiges, auf der Oberlippe mancher Raubtiere (bes. Katzen) wachsendes, seitlich weit abstehendes Tasthaar;* **~pfeiferei** [---'-], die ⟨meist Pl.⟩ [zu veraltet Schnurrpfeife = schnurrende Pfeife der Kinder, auch der Bettelmusikanten, dann: Kinderei, Unnützes] (veraltet): **a)** *verrückter Einfall, abwegige Idee;* **b)** *etw., was merkwürdig, seltsam, aber unnütz, wertlos, überflüssig, nur Tand ist; Kuriosität:* zu Hause hat er eine ganze Sammlung von solchen -en.

Schnurrant [ʃnʊ'rant], der; -en, -en [mit latinis. Endung zu ↑schnurren (3) geb.] (veraltet): *umherziehender Straßenmusikant;* **Schnurre** ['ʃnʊrə], die; -, -n [älter = Schnurrpfeife, ↑Schnurrpfeiferei] (veraltend, noch geh.): *kurze unterhaltsame Erzählung von einer spaßigen od. wunderlichen Begebenheit:* Anekdoten über unser Familienleben ... Manchmal hatten diese -n sogar den pikanten Reiz, wahr zu sein (K. Mann, Wendepunkt 155); **schnurren** ['ʃnʊrən] ⟨sw. V.⟩ [mhd. snurren = rauschen, sausen; lautm.; 3: eigtl. = mit der Schnurrpfeife (↑Schnurrpfeiferei) als Bettelmusikant umherziehen; betteln]: **1. a)** *ein anhaltendes, verhältnismäßig leises, tiefes, gleichförmiges, summendes, aus vielen kurzen, nicht mehr einzeln wahrnehmbaren Lauten bestehendes Geräusch von sich geben* ⟨hat⟩: der Ventilator, das Spinnrad, der Kühlschrank schnurrt; während Verschlüsse klicken, Kameras schnurren (Spiegel 9, 1966, 61); **b)** *sich schnurrend* (1 a) *(irgendwohin) bewegen* ⟨ist⟩: Es (= das Maschinchen) ist so etwas wie ein Fieseler Storch ... Für gewöhnlich schnurrt es mit 220 km/st durch die Lüfte (Grzimek, Serengeti 24); **c)** (ugs.) *reibungslos, ohne Stockungen u. rasch ablaufen, vor sich gehen* ⟨hat⟩: Es dauert eine ganze Weile, bis die Arbeit so schnurrt, wie er es gewohnt ist (Fallada, Jeder 283). **2.** *(bes. von Katzen) als Äußerung des Behagens einen schnurrenden* (1 a) *Laut hervorbringen* ⟨hat⟩: eine große ... Katze ... putzte sich das Fell und schnurrte vor Behagen (Schröder, Wanderer 31). **3.** (landsch.) svw. ↑schnorren ⟨hat⟩; **Schnurrer,** der; -s, - (landsch., meist abwertend): svw. ↑Schnorrer; **Schnurrerei** [ʃnʊrə'rai̯], die; -, -en (landsch. abwertend): svw. ↑Schnorrerei; **Schnurrerin,** die; -, -nen (landsch., meist abwertend): w. Form zu ↑Schnurrer; **schnurrig** ['ʃnʊrɪç] ⟨Adj.⟩ (veraltend, noch geh.): *in belustigender Weise komisch:* eine -e Geschichte; ein -er Alter, Kauz; ein -er Einfall; ⟨Abl.:⟩ **Schnurrigkeit,** die; -, -en: **1.** ⟨o. Pl.⟩ *das Schnurrigsein:* daß sie ihren ganzen Humor und ihre ganze S. ... beibehalten hat (Katia Mann, Memoiren 161). **2.** *etwas Schnurriges, schnurrige Äußerung, Handlung, Idee o.ä.:* mit derlei -en sorgte er immer wieder für Heiterkeit.

Schnürung, die; -, -en (selten): **1.** ⟨o. Pl.⟩ *das Schnüren* (1). **2.** *geschnürte Verbindung, Befestigung o.ä.:* die S. ist zu fest, hat sich gelockert.

schnurz [ʃnʊrts] ⟨Adj.⟩ nur in der ugs. Verbindung **[jmdm.] s. sein** (salopp; ↑schnuppe; H. u., wohl aus der Studentenspr.): Der Jachmann ist ihm s., den beachtet er gar nicht (Fallada, Mann 82); Die Menschheit ist mir s. und piepe (Kuby, Sieg 158); **schnurzegal, schnurzpiepe** ⟨Adj.⟩ nur in der ugs. Verbindung **[jmdm.] s. sein** (salopp; ↑schnuppe): Es ist mir schnurzegal, ob es noch Hoffnung für sie gibt oder nicht (Baldwin [Übers.], Welt 297).

Schnütchen ['ʃny:tçən], das; -s, -: ↑Schnute; **Schnute** ['ʃnu:tə], die; -, -n ⟨Vkl. ↑Schnütchen⟩ [mniederd. snūt(e) = Schnauze]: **1.** (fam., bes. nordd.) *Mund, bes. eines Kindes:* komm her, ich will dir mal die S. abwischen. **2.** (ugs.) *Gesichtsausdruck, der Verdrossenheit, Enttäuschung, Beleidigtsein o.ä. ausdrückt:* wenn wir jedesmal so 'ne S. gezogen hätten wie du, wären wir heute alle bloß noch am Heulen (Degenhardt, Zündschnüre 36).

schob [ʃo:p], **schöbe** ['ʃø:bə]: ↑schieben.

Schober ['ʃo:bɐ], der; -s, - [mhd. schober, ahd. scobar = (Getreide-, Heu)haufen, eigtl. = (Zusammen)geschobenes]: **1.** *überdachtes Brettergerüst, Feldscheune zum Aufbewahren bes. von Heu, Stroh.* **2.** (südd., österr.) *im Freien kasten- od. kegelförmig aufgerichteter [mit einer Plane o.ä. abgedeckter] Haufen aus Heu, Stroh, Getreide:* Heu in S. setzen *(zu Schobern aufschichten);* **Schöberl** ['ʃø:bɐl], das; -s, -[n] [eigtl. = (Hinein)geschobenes] (österr.): *Suppeneinlage aus gesalzenem, gebackenem Biskuitteig, der in Rhomben od. Würfel geschnitten ist;* **schobern** ['ʃo:bɐn], **schöbern** ['ʃø:bɐn] ⟨sw. V.; hat⟩ [mhd. schoberen] (landsch., bes. österr.): *in Schober* (2) *setzen:* Heu s.

Schochen ['ʃɔxn̩], der; -s, Schöchen ['ʃœxn̩; mhd. schoche, Nebenf. von: schoc, ↑^{1}Schock] (südd., schweiz.): *[kleinerer] Heuhaufen;* **^{1}Schock** [ʃɔk], das; -[e]s, -e ⟨aber: 2 Schock⟩ [mhd. schoc, eigtl. = Haufen]: **1.** (veraltend) *Anzahl von 60 Stück:* ein S. Eier kostet/(seltener:) kosten 15 Mark; mit drei S. Eiern. **2.** (ugs.) *Menge, Haufen; viele:* sie hat ein ganzes S. Kinder; mit dem S. Sorgen am Hals (Kühn, Zeit 159).

^{2}Schock [-], der; -[e]s, -s, selten: -e [frz. choc, zu: choquer = (an)stoßen, beleidigen, wohl < mniederl. schocken = stoßen; vgl. schaukeln]: **1.** *durch ein plötzliches katastrophenartiges od. außergewöhnlich belastendes Ereignis ausgelöste seelische Erschütterung, ausgelöster großer Schreck [wobei der Betroffene nicht mehr fähig ist, seine Reaktionen zu kontrollieren]:* bei dem Vorfall, der Todesnachricht erlitt, bekam sie einen [schweren, leichten] S.; sein Entschluß war ein S. für sie, hat ihr einen S. versetzt, gegeben *(hat sie sehr bestürzt, hart getroffen);* nach einem Vorfall unter S. (*Schockwirkung* 2) stehen, handeln. **2.** (Med.) *(z.B. durch Herzinfarkt, schwere Verletzungen, Verbrennungen, Infektionen verursachtes) akutes Kreislaufversagen mit ungenügender Sauerstoffversorgung lebenswichtiger Organe:* durch den starken Blutverlust entwickelte sich ein S., kam das Unfallopfer in einen S.

schock-, Schock- (^{2}Schock): **~artig** ⟨Adj.; o. Steig.; nicht präd.⟩: *wie ein ^{2}Schock wirkend;* **~behandlung**: **1.** *Behandlung eines ^{2}Schocks* (2). **2.** *Heilverfahren für bestimmte seelische Krankheiten, bei dem ein Krampfzustand od. ^{2}Schock* (2) *künstlich ausgelöst wird* (vgl. Elektro-, Insulinschock); **~gefroren, ~gefrostet** ⟨Adj.; o. Steig.; nicht adv.⟩: *(bes. von Lebensmitteln) bei sehr tiefer Temperatur schnell eingefroren;* **~therapie,** die: svw. ↑~behandlung (2); **~wirkung,** die: **1.** *einen ^{2}Schock* (1) *auslösende Wirkung von etw.* **2.** *Einwirkung eines ^{2}Schocks* (1): unter S. stehen.

schockant [ʃɔ'kant] ⟨Adj.; -er, -este⟩ [frz. choquant, eigtl. 1. Part. von: choquer, ↑^{2}Schock] (veraltend): *zur Entrüstung Anlaß gebend; empörend; anstößig;* **Schockelei** [ʃɔkə'lai̯], die; -, -en (landsch.): svw. ↑Schuckelei; **schockeln** ['ʃɔkl̩n]

⟨sw. V.⟩ [landsch. Nebenf. von ↑schaukeln] (landsch.): **a)** svw. ↑schuckeln (a) ⟨hat⟩; **b)** svw. ↑schuckeln (b) ⟨ist⟩; **schocken** ['ʃɔkn̩] ⟨sw. V.; hat⟩ [1, 2: engl. to shock, zu: shock = ²Schock; 3: zu landsch. schocken = (zu)werfen, verw. mit ↑schaukeln]: **1.** (ugs.) *heftig schockieren:* jmdn. durch etw. s.; der Horrorfilm schockte das Fernsehpublikum; die geschockten Frauen alarmierten die Polizei (Quick 31, 1976, 14). **2.** (Med.) *(Nerven- u. Geisteskranke) mit künstlich (z. B. elektrisch) erzeugtem ²Schock* (2) *behandeln.* **3.** (Handball, Kugelstoßen) *[aus dem Stand] mit gestrecktem Arm werfen;* **Schocker** ['ʃɔkɐ], der; -s, - (ugs.): *(in bezug, Hinblick auf Tabus verletzende od. gruselige Literatur, Filme o. ä.) etw.,* (seltener:) *jmd., der schockt* (1): der Film, Roman ist ein, gilt als [pornographischer] S.; Er ist und bleibt ein S. Dieser Frank Zander (Freizeitmagazin 12, 1978, 9); **schockieren** [ʃɔ'ki:rən] ⟨sw. V.; hat⟩ [frz. choquer, ↑²Schock]: *(bes. durch etw., was in provozierender Weise von der sittlichen, gesellschaftlichen Norm abweicht) jmdm. einen Schock* (1) *versetzen; (jmdn.) in Entrüstung versetzen:* Nicola ... schockierte ihre Familie mit Nacktphotos in dem US-Herrenmagazin „Oui" (Spiegel 25, 1974, 122); über etw. schockiert sein; **schocking**: ↑shocking.

Schockschwerenot! ['ʃɔk-ʃve:rə'no:t; zu ¹Schock (1)] (veraltet): Ausruf des Unwillens, der Entrüstung; **schockweise** ⟨Adv.⟩: **1.** *in ¹Schocks* (1). **2.** (ugs.) *in großer Anzahl, scharenweise:* Kommen jetzt nicht s. Überläufer durch die Stellungen ...? (A. Zweig, Grischa 61).

Schockwurf, der; -[e]s, ...würfe [zu ↑schocken (3)]: **1.** (Handball) *Wurfart, bei der der Ball in Hüfthöhe mit beiden Händen vor dem Körper gehalten u. mit einer kräftigen, stoßartigen Vorwärtsbewegung der Arme geworfen wird.* **2.** svw. ↑Kugelschocken.

Schof [ʃo:f], der; -[e]s, -e [niederd. Form von ↑Schaub]: **1.** (nordd.) *(bes. zum Dachdecken verwendetes) Bund Stroh od. Ried.* **2.** (Jägerspr.) *Familie von Wildgänsen od. -enten.*

Schofar [ʃo'fa:ɐ̯], der; -[s], -oth [...fa'ro:t; hebr. šôfar]: *meist aus einem Widderhorn gefertigtes Blasinstrument ohne Mundstück (das im jüdischen Kult z. B. zum Neujahrsfest geblasen wird).*

schofel ['ʃo:fl̩] ⟨Adj.; schofler, -ste⟩ [aus der Gaunerspr., zu jidd. schophol = gemein, niedrig < hebr. šạfal] (ugs. abwertend): *in einer Empörung, Verachtung o. ä. hervorrufenden Weise schlecht, schäbig, schändlich:* eine schofle Gesinnung; das war s. von ihm; sich jmdm. gegenüber s. verhalten; ich kam mir s. vor, weil ich sie allein ließ (v. d. Grün, Glatteis 103); in Geldsachen zeigt er sich immer ausgesprochen s. *(in beschämender Weise geizig, kleinlich);* **Schofel,** der; -s, - (abwertend): **1.** *etw. (bes. eine Ware), was schofel ist, nichts taugt; Schund:* lauter, nichts als S.! **2.** *schofle männliche Person; Schuft:* so ein S.!; **schofelig,** schoflig ['ʃo:f(ə)lɪç] ⟨Adj.⟩: ↑schofel.

Schöffe ['ʃœfə], der; -n, -n [mhd. scheffe(ne), ahd. sceffino, eigtl. = der (An)ordnende, zu ↑schaffen]: *bei Gerichten ehrenamtlich eingesetzter Laie, der zusammen mit dem Richter die Tat des Angeklagten beurteilt u. das Maß der Strafe festlegt.*

schöffen-, Schöffen-: **~bank,** die ⟨Pl. ...bänke⟩: *Sitzplatz der Schöffen im Gerichtssaal;* **~gericht,** das: *(beim Amtsgericht) aus meist einem Richter u. zwei Schöffen gebildetes Strafgericht:* erweitertes S. *(Schöffengericht, zu dem ein zweiter Richter zugezogen wurde);* **~kollektiv,** das (DDR); **~stuhl,** der: svw. ↑~gericht: eine Strafsache vor den S. bringen; **~wahl,** die.

schöffenbar ⟨Adj.; o. Steig.; nicht adv.⟩ (veraltet): zum Schöffen wählbar; **Schöffin,** die; -, -nen: w. Form zu ↑Schöffe.

Schofför: ↑Chauffeur.

schoflig: ↑schofelig.

Schogun, Shogun ['ʃo:gʊn], der; -s, -e [jap. shōgun] (hist.): *[erblicher] Titel japanischer kaiserlicher Feldherrn, die lange Zeit an Stelle der machtlosen Kaiser das Land regierten;* **Schogunat,** Shogunat [ʃogu'na:t], das; -[e]s (hist.): *Regierung eines Schoguns.*

Schoko ['ʃo:ko], die; -, -s ⟨meist mit Mengenangabe⟩ (ugs.): Kurzf. von ↑Schokolade (1, 2); oft in Zus., z. B. Schokolinse; **Schokolade** [ʃoko'la:də], die; -, -n [wohl über älter niederl. chocolate < span. chocolate < mex. chocolatl = Kakaotrank]: **1.** *mit Zucker [Milch o. ä.] gemischte Kakaomasse, die meist in Tafeln gewalzt od. in Figuren gegossen ist:* bittere *(herbe),* halbbittere, süße S.; eine Tafel S.; ein Riegel, Stück[chen] S.; ein Weihnachtsmann, Osterhase aus S.; Gebäck mit S. überziehen. **2.** *Getränk aus geschmolzener, in Milch aufgekochter Schokolade* (1), *das meist heiß mit Schlagsahne serviert wird:* [eine *(eine Tasse)*] heiße S. trinken; zwei Tassen S. bestellen.

schokolade-, Schokolade-: seltener für ↑schokoladen-, Schokoladen-; **schokoladen** ⟨Adj.; o. Steig.; nur attr.⟩: *aus Schokolade* (1).

schokoladen-, Schokoladen-: **~bein,** das ⟨o. Pl.⟩ (Fußball Jargon): *Bein, in dem der Spieler keine Schußkraft hat:* sein S. trainieren; **~braun** ⟨Adj.; o. Steig.; nicht adv.⟩: *von warmem Dunkelbraun:* ein kleiner, -er Neger; -e Haut; **~creme,** die: *mit geschmolzener Schokolade zubereitete Creme* (2a, b); **~ei,** das: vgl. ~figur; **~eis,** das; **~fabrik,** die; **~farben,** **~farbig** ⟨Adj.; o. Steig.; nicht adv.⟩: *von warmer dunkelbrauner Farbe;* **~figur,** die: *(meist in buntes Stanniolpapier eingewickelte) Figur aus Schokolade;* **~geschäft,** das; **~glasur,** die: *mit geschmolzener Schokolade od. Schokoladenpulver zubereitete Glasur;* **~guß,** der: svw. ↑~glasur: ein Rührkuchen mit S.; **~hase,** der: vgl. ~figur; **~herz,** das: vgl. ~figur; **~krem,** die, ugs. auch: der: ↑~creme; **~osterhase,** der: vgl. ~figur; **~plätzchen,** das: **1.** *mit buntem Zucker bestreutes Plätzchen* (3) *aus Schokolade.* **2.** *Plätzchen* (2) *mit Schokoladenglasur;* **~pudding,** der: S. mit Vanillesoße; **~pulver,** das: *mit weißem Zucker verarbeitetes Kakaopulver;* **~raspel** ⟨Pl.⟩: *geraspelte Schokolade;* **~rippe,** die: *Rippe* (2) *aus Schokolade;* **~sauce,** die: ↑~soße; **~seite,** die (ugs.): **a)** *vorteilhaftere Seite (des Gesichts):* Bei den meisten Menschen ist die linke Seite die sogenannte „Schokoladenseite" (Hörzu 3, 1976, 75); **b)** *dasjenige, was an dem Wesen, der Art von jmdm., etw. bes. angenehm ist:* Wenn man irgendwo zu Besuch ist ... zeigt und erlebt man immer nur die „Schokoladenseite" (Hörzu 10, 1976, 118); zeigte sich der Sommer ... von seiner „Schokoladenseite" *(war der Sommer sonnig u. warm;* Hörzu 44, 1975, 5); **~soße,** die: Birne Helene mit heißer S.; **~streusel** ⟨Pl.⟩: *sehr kleine, stiftförmige Splitter aus Schokolade (bes. zum Bestreuen von Backwaren);* **~tafel,** die: *Tafel aus Schokolade* (1); **~taler,** der: vgl. ~figur; **~torte,** die; **~überzug,** der: svw. ↑~glasur.

schokolieren [ʃoko'li:rən] ⟨sw. V.; hat⟩: *mit Schokolade überziehen:* Haselnußkerne s.

Scholar [ʃo'la:ɐ̯], der; -en, -en [mlat. scholaris, ↑Schüler] (früher): *(bes. im MA.) Schüler, Student:* ein fahrender S. *(mittelloser Student auf der Wanderung von einer Universität zu einer anderen);* **Scholarch** [ʃo'larç], der; -en, -en [mlat. scholarcha, zu griech. árchōn, ↑Archont] (MA.): *Vorsteher einer Kloster-, Stifts- od. Domschule;* ⟨Abl.:⟩ **Scholarchat,** das; -[e]s, -e (MA.): *Amt eines Scholarchen;* **Scholastik** [ʃo'lastɪk], die; - [mlat. scholastica = Schulwissenschaft, Schulbetrieb, zu lat. scholasticus = zur Schule gehörend < griech. scholastikós = studierend, zu: scholḗ = (der Wissenschaft gewidmete) Muße, ↑Schule]: **1.** *christlich-aristotelische Philosophie u. Theologie des Mittelalters, die die kirchlichen Dogmen vernunftmäßig zu begründen u. mit der antiken Philosophie in Einklang zu bringen suchte* (etwa 9.–14. Jh.). **2.** (abwertend) *engstirnige, dogmatische Schulweisheit;* **Scholastikat,** das; -[e]s, -e: *Studienzeit des Scholastikers* (2); **Scholastiker** [ʃo'lastikɐ], der; -s, - [mlat. scholasticus]: **1.** *Vertreter der Scholastik* (1). **2.** *junger Ordensgeistlicher während des philosophisch-theologischen Studiums, bes. bei den Jesuiten.* **3.** (abwertend) *Verfechter der Scholastik* (2); *Haarspalter;* **scholastisch** ⟨Adj.⟩: **1.** ⟨o. Steig.⟩ *die Scholastik* (1) *betreffend, auf ihr beruhend, ihrer Methode entsprechend.* **2.** (abwertend) *spitzfindig u. die Wirklichkeit nicht [genügend] berücksichtigend;* **Scholastizismus** [ʃolasti'tsɪsmʊs], der; -: **1.** *einseitige Überbewertung der Scholastik* (1). **2.** (abwertend) *Spitzfindigkeit, Wortklauberei;* **Scholiast** [ʃo'li̯ast], der; -en, -en [spätgriech. scholiastḗs]: *Verfasser von Scholien;* **Scholie** ['ʃo:li̯ə], die; -, -n, **Scholion** [...i̯ɔn], das; -s, Scholien [...i̯ən]; griech. schólion, zu: scholḗ, ↑Schule]: *erklärende u. textkritische Anmerkung, Randbemerkung [alexandrinischer Philologen] in griechischen u. römischen Handschriften.*

scholl [ʃɔl], **schölle** ['ʃœlə]: ↑schallen.

Scholle ['ʃɔlə], die; -, -n [mhd. scholle, ahd. scolla, eigtl. = Abgespaltenes, zu ↑Schild; 4: mniederd. scholle, nach der flachen Form des Fisches]: **1. a)** *beim Pflügen o. ä. umgebrochenes großes, flaches Stück Erde:* die frischen -n des Ackers; beim Graben bröckelten die -n auseinander;

mit dem Pflug -n aufwerfen; **b)** ⟨o. Pl.⟩ *nutzbares Stück Erdboden, Ackerland:* ... daß das bißchen S. ihn ... nicht würde ernähren können (Mostar, Unschuldig 122); Ü die heimatliche S. (*Erde* 3); auf eigener S. *(eigenem Grund u. Boden)* sitzen. **2.** kurz für ↑Eisscholle: [riesige] -n trieben, schwammen auf dem Fluß. **3.** (Geol.) *von Verwerfungen umgrenzter Teil der Erdkruste.* **4. a)** *(bes. im Atlantik u. in seinen Nebenmeeren lebender) in zahlreichen Arten vorkommender Plattfisch, der als Speisefisch geschätzt wird* (z.B. Heilbutt, Flunder); **b)** *mittelgroße Scholle* (4a) *mit goldbrauner, gelb bis dunkelrot gefleckter Oberseite.*

Schollen-: **~brecher,** der: *aus Zahnrädern bestehende Ackerwalze, mit der die Schollen* (1a) *vorm Säen zerkrümelt werden;* **~filet,** das (Kochk.): [2]*Filet* (b) *einer Scholle* (4); **~gebirge,** das (Geol.): *aus Schollen* (3) *bestehendes Gebirge.*

[1]**schollern** ['ʃɔlɐn] ⟨sw. V.; hat⟩ [zu ↑Scholle (1)] (Gartenbau): *(gefrorenen Boden) mit einer breiten Hacke wiederholt umbrechen.*

[2]**schollern** [-] ⟨sw. V.; hat⟩ [wohl ablautende Iterativbildung zu ↑schallen; vgl. schallern]: *(bes. von niederfallenden Erdklumpen o.ä.) ein dumpf rollendes Geräusch hören lassen, dumpf tönen:* die Erde fiel schollernd auf den Sargdeckel; Ü während ... die Gitarre schollerte (Th. Mann, Zauberberg 943).

Scholli ['ʃɔli] nur in der Wendung **mein lieber S.!** (ugs.; Ausruf des Erstaunens od. des Unwillens; zu frz. joli = hübsch, niedlich, in Anreden: mein Kleiner).

schollig ['ʃɔlɪç] ⟨Adj.; nicht adv.⟩ [zu ↑Scholle (1a)]: **1.** *Schollen* (1a, 2) *aufweisend.* **2.** *einer Scholle* (1a) *ähnlich:* -e Erdklumpen.

Schöllkraut ['ʃœl-], das; -[e]s [spätmhd. schelkraut, wohl unter Anlehnung an ↑Schelle zu lat. chelīdonia (herba) < griech. chelidónion, zu: chelidōn = Schwalbe; in den Mittelmeerländern blüht die Pflanze, wenn die Schwalben aus Afrika zurückkehren]: *auf Schutt, Brachland o. ä. wachsende Staude mit ästigen, einen orangefarbenen, giftigen Milchsaft enthaltenden Stengeln, gefiederten Blättern u. hellgelben Blütendolden, die in der Volksmedizin als Heilpflanze verwendet wird.*

schölte ['ʃœltə]: ↑schelten.

Scholtisei [ʃɔlti'zai], die; -, -en [spätmhd. scholtissīe, zu: scholtheiȝe = Schultheiß] (nordd. veraltet): *Amt des Gemeindevorstehers.*

schon [ʃo:n] ⟨Adv.⟩ [mhd. schōn(e), ahd. scōno, urspr. Adv. von ↑schön]: **1. a)** drückt aus, daß etw. [aus der Sicht des Sprechers] früher, schneller als erwartet, geplant, vorauszusehen eintritt, geschieht od. eingetreten, geschehen ist: er kommt s. heute, um 15.00 Uhr; s. bald darauf reiste er ab; es ist s. alles vorbereitet; er hat das tatsächlich s. vergessen; die Polizei wartete s. auf ihn; nach fünf Kilometern lag er s. vorne; das kann ich dir s. jetzt versichern; sag bloß, du gehst s.; **b)** drückt aus, daß kurz nach dem Eintreten eines Vorgangs ein anderer Vorgang so schnell, plötzlich folgt, daß man den Zeitunterschied kaum feststellen, nachvollziehen kann: er klaute das Fahrrad, und s. war er weg; kaum hatte er den Rücken gewandt, s. ging der Krach los; In demselben Augenblick s. zog sie mit einem Ruck die Hand wieder aus der meinen (Th. Mann, Krull 422); **c)** drückt aus, daß vor dem eigentlichen Beginn eines Vorgangs etw. geschieht, geschehen soll, was damit zusammenhängt: ich komme in einer Stunde wieder, du kannst ja s. [mal] die Koffer packen; die Männer trinken vor dem Essen s. [mal] ein Schnäpschen. **2. a)** drückt [Erstaunen od. Unbehagen darüber] aus, daß das Genannte mehr an Zahl, Menge, Ausmaß darstellt, weiter fortgeschritten ist, als geschätzt, vermutet, gewünscht: er ist tatsächlich s. 90 Jahre; das ist s. sehr viel; wir sind s. zu dritt; 48 v.H. der Weltbevölkerung sind s. Kommunisten (Dönhoff, Ära 141); es ist s. fünf [Minuten] vor zwölf *(fast zu spät);* **b)** drückt aus, daß zur Erreichung eines bestimmten Ziels, zur Erlangung einer bestimmten Sache weniger an Zahl, Menge, Ausmaß notwendig ist, als geschätzt, vermutet, gewünscht: eine winzige Prise von dem Gift genügt s., um einen Menschen zu töten; s. ein 1:0 würde den Gruppensieg bedeuten; s. für 500 DM kann man in die USA fliegen; s. Kinder im Alter von 12 Jahren sind von Drogen abhängig. **3. a)** (in Verbindung mit einer Angabe, seit wann etw. existiert, bekannt ist, gemacht wird) betont, daß etw. keine neue Erscheinung, kein neuer Zustand, Vorgang ist, sondern lange zuvor entstanden ist: s. Platon hat diese Ideen vertreten; s. bei Platon ...; s. als Kinder/als Kinder s. hatten wir eine Vorliebe für sie; dieses System hat sich s. früh, damals, lange, längst, immer bewährt; Bei uns frißt jeder Margarine. Seit Jahren s. (Fries, Weg 223); **b)** drückt aus, daß eine Erscheinung, ein Ereignis, Vorgang nicht zum ersten Mal stattfindet, sondern zu einem früheren Zeitpunkt in vergleichbarer Weise stattgefunden hat: ich kenne das s.; in diesem Bereich werden, wie s. gesagt, Veränderungen stattfinden; er hat, wie s. so oft, versagt; ich war vorhin s. im Begriff zu gehen; ist das heute so, wie es s. einmal war? **4.** betont, daß von allem anderen, oft Wichtigerem abgesehen, allein das Genannte genügt, um eine Handlung, einen Zustand, Vorgang zu erklären o.ä.: [allein] s. der Gedanke daran ist schrecklich; Willy hat erklärt, daß er ... bankrott sei, s. deshalb könne es nicht sein (Remarque, Obelisk 327); das ist s. darum wichtig, weil ...; s. der Name ist bezeichnend; s. aus diesem Grund muß die Beweisaufnahme zurückgestellt werden; belaste sie nicht, ihr geht es s. so schlecht genug. **5. a)** als Partikel mit der Funktion, eine Äußerung [emotional] zu bekräftigen: das, es ist s. ein Elend!; ich kann mir s. denken, was du willst; das will s. was heißen; du wirst s. sehen!; es ist s. mal ganz schön zu faulenzen; ich habe das nie vertragen können und jetzt s. gar nicht; **b)** (ugs.) als Partikel mit der Funktion, einer ungeduldigen Haltung Nachdruck zu geben: mach, komm s.!; hör s. auf [mit diesem Blödsinn]!; nun sagen Sie [doch] s.!; **c)** als Partikel mit der Funktion, die Bedingung von etw. zu bekräftigen: wenn ich das s. mache, dann möchte ich über alles informiert werden; **d)** als Partikel mit der Funktion, die Wahrscheinlichkeit einer Aussage als Reaktion auf bestehende Zweifel o.ä. in zuversichtlichem, beruhigendem Ton zu unterstreichen: es wird s. [gut] gehen, wird s. [wieder] werden; keine Sorge, er wird s. wiederkommen; du wirst das s. schaffen; die Wahrheit wird s. eines Tages ans Licht kommen; R es wird s. schiefgehen (↑schiefgehen); **e)** als Partikel mit der Funktion, Einverständnis, Nachgiebigkeit, jedoch nicht ganz ohne Vorbehalte, etwas zögernd, abwehrend auszudrücken: s. gut, s. gut, nun hör bloß mit dieser Hysterie auf (Baldwin [Übers.], Welt 259); ich glaube dir s.; das ist s. möglich, nur, doch ...; die Veranstaltung war s. gut, aber ...; „Hat es dir gefallen"? „Ja, doch s."; „Was du sagst, ist s. wahr", sagte sie langsam. **6.** als Partikel mit der Funktion, einer Äußerung (Frage) einen einschränkenden, oft geringschätzigen Unterton zu verleihen: was hast du s. zu bieten?; wem nützt das s.?; was kann der s. ausrichten?; was weiß sie s.?; was ist s. Geld?; was hätte ich s. tun können?; was kann der s. wollen? **7.** (landsch.; in Fragen) svw. ↑noch (6).

schön [ʃø:n] ⟨Adj.⟩ [mhd. schœne, ahd. scōni, urspr. = ansehnlich; was gesehen wird, zu ↑schauen]: **1. a)** *von einem Aussehen, das bes. durch Form u. Proportion so anziehend auf jmdn. wirkt, daß es als etw. Besonderes, das man mit großem Wohlgefallen, Genuß anschaut, empfunden wird:* eine [ungewöhnlich] -e Frau; -e Augen, Hände, Gesichtszüge; ein -es Profil, einen -en Körper haben; dieser alte Schrank ist ein ausgesucht -es Stück; sie ist s. von Gestalt; Sie war nicht hübsch, aber sehr s. (Th. Mann, Krull 441); sie hat ein Lächeln, das sie s. macht; ⟨subst.:⟩ sie hat einen ausgeprägten Sinn für das Schöne; sie war die Schönste von allen; **b)** *so beschaffen, daß es in seiner Art besonders reizvoll, ansprechend ist, sehr angenehm od. wohltuend auf das Auge od. Ohr wirkt:* -e Farben; ein -er Anblick; eine -e Gegend, Landschaft; eine auffällig -e Stimme haben; (scherzh. als Anrede im vertraulichen Ton:) -e Frau, was wünschen Sie?; sie hat immer ausnehmend -e Kleider, Stoffe; die Blumen sind sehr s.; er hat sehr s. Orgel gespielt; das ist s. anzuschauen; **c)** *von einer Art, die jmdm. sehr gut gefällt, die jmds. Geschmack entspricht:* sie hat eine -e Wohnung, sie ist s. eingerichtet; das sind nichts als -e *(leere, schmeichlerische)* Worte; du kannst sagen, was du willst, ich finde die Geschichte, das Bild s.; ihre Handschrift ist s.; ⟨subst.:⟩ bring mir bitte etw. Schönes mit; **d)** *in einer Weise verlaufend, die angenehme Gefühle auslöst; sich so auswirkend, daß man sich wohl fühlt:* wir haben einen -en Tag, Urlaub verlebt; das war eine -e Zeit; mach dir ein paar -e Stunden, geh ins Kino; ich hatte einen -en Traum; das ist eine -e Entspannung; er hatte einen -en Tod *(er ist ohne Qualen, längere Krankheit gestorben);*

in Höflichkeitsformeln: ich wünsche Ihnen einen -en Sonntag, Abend, Morgen, ein -es Wochenende; das Wetter ist anhaltend s. *(sonnig u. klar);* das war alles nicht s. für sie; was hier passiert, was sie hier treiben, das ist nicht mehr s. (ugs.; *übersteigt das erträgliche Maß*); wir haben es s. hier; ich hatte mir alles so s. gedacht, aber es ist nichts daraus geworden; meine Erwartungen haben sich aufs -ste bestätigt; R das ist zu s., um wahr zu sein; **e)** (bes. nordd.) svw. ↑gut (1 a): das ist ein -er Wein; das kann man nur bei einem -en Glas Bier (Aberle, Stehkneipen 72); das riecht, schmeckt s. **2. a)** *von einer Art, die Anerkennung verdient, die als positiv, erfreulich empfunden wird:* Das ist ein -er Zug an, von ihm; das war nicht s. von dir; er hat ihr gegenüber nicht s. gehandelt; der Wein ist s. klar; (iron.:) „Ich bin ganz und gar gegen Schnüffelei." Zwischenrufe („Wie schön"), Gelächter (Spiegel 9, 1979, 27); **b)** *(gegenüber Kindern) so, daß man es nur loben kann:* das habt ihr s. gemacht; das hast du aber s. gemalt! **3.** verblaßt in Höflichkeitsformeln: [recht] -e Grüße an ..., bestellen; haben Sie -sten Dank für ihre Bemühungen; danke, bitte s.; bitte s., können Sie mir sagen, wieviel Uhr es ist? **4.** ⟨Vkl. ↑schönchen⟩ verblaßt als Ausdruck des Einverständnisses: [also, na] s.!; „Schön", sagte er; das ist ja alles s. und gut (ugs.; *zwar in Ordnung*), aber ... **5.** (in Verbindung mit „so") verblaßt als Ausdruck kritischer od. ironischer Distanz: diese Partei steht, wie es so s. heißt, auf dem Boden der Verfassung; Christentum ist, wie man so s. sagt, praktizierter Humanismus. **6.** (ugs.) als verstärkende Partikel in Aufforderungssätzen: s. der Reihe nach!; s. ruhig bleiben!; s. langsam fahren!; bleib s. liegen!; seid s. brav!; paßt s. auf! **7.** ⟨nicht präd.⟩ (ugs.) *im Hinblick auf Anzahl, Menge, Ausmaß beträchtlich:* 50 Mark in der Stunde ist ja ein -es Stück Geld (Hornschuh, Ich bin 48); einen -en Schrecken davontragen; er hat ein -es *(hohes)* Alter erreicht; das ist eine -e Leistung; -e Scheiße!; du bist [mir] ein -er Schwätzer; ich habe ganz s. arbeiten müssen; der war [ganz] s. dämlich; ich finde das [ganz] s. verrückt; er sitzt [ganz] s. in der Tinte. **8.** (ugs. iron.) *so, daß es wenig erfreulich ist; zu Unmut, Verärgerung Anlaß gebend:* das sind ja -e Aussichten; du machst [mir] ja -e Geschichten; das war eine -e Bescherung, ein -er Reinfall; das wird ja immer -er mit dir; ⟨subst.:⟩ da hast du etwas Schönes angerichtet!; R das wäre ja noch -er! *(das kommt gar nicht in Frage!).*

Schon- (schonen): **~bezug,** der: Schonbezüge für Autositze; **~frist,** die: *Zeitraum, der jmdm. noch gegeben ist, bis etw. für ihn Unangenehmes o. ä. eintritt, einsetzt;* **~gang,** der: **1. a)** (Kfz.-T.) *Gang* (6a), *der es ermöglicht, bei höherer Geschwindigkeit mit niedrigerer Drehzahl u. geringerem Kraftstoffverbrauch zu fahren;* **b)** svw. ↑Overdrive. **2.** *der Teil des Programms* (1 d) *einer Waschmaschine, der für feine, empfindliche Wäsche vorgesehen ist, sie durch weniger intensiven, langsameren Umlauf der Trommel u. geringere Temperatur schont;* **~klima,** das: *Klima mit kaum schwankender Witterung, das gut vertragen wird, den Organismus in keiner Weise belastet* (Ggs.: Reizklima); **~kost,** die: *leichtverdauliche Kost, die speziell als Diät od. für Kranke geeignet ist,* dazu: **~kostgericht,** das; **~platz,** der (DDR): *Arbeitsplatz, der Arbeitern zugewiesen wird, die aus gesundheitlichen Gründen vorübergehend nicht in der Lage sind, schwere Arbeit zu verrichten:* der Schwangeren wurde ein S. zugewiesen; **~speise,** die: vgl. ~kost; **~waschgang,** der: svw. ↑~gang (2); **~zeit,** die (Jagdw.): *bestimmter Zeitraum im Jahr, in dem bestimmte Wildarten nicht gejagt werden dürfen; Hegezeit* (Ggs.: Jagdzeit).

schön-, Schön-: **~bär,** der [nach den zottig behaarten Raupen]: *bes. in feuchten, buschreichen Wäldern lebender Schmetterling mit weiß u. gelb gefleckten Vorderflügeln, die grünschwarz glänzen, und Hinterflügeln, die rot u. schwarz gezeichnet sind;* **~blatt,** das: *in den Tropen in zahlreichen Arten vorkommendes Gummiguttgewächs mit Blüten, die in Trauben od. Rispen stehen, u. Blättern, die einander gegenüberstehen;* **~druck,** der ⟨Pl. -e⟩ (Druckw.) (Ggs.: Widerdruck): **a)** *das Bedrucken der ersten Seite eines zweiseitigen Druckbogens;* **b)** *zuerst gedruckte Seite eines zweiseitigen Druckbogens;* **~echse,** die: *in mehreren Arten im tropischen Asien auf Sträuchern od. Bäumen lebende Echse mit auffallend langen Beinen u. langem Schwanz;* **~färben** ⟨sw. V.; hat⟩: *etw. [Schlechtes, Fehlerhaftes] als nicht so schwerwiegend darstellen, etw. allzu günstig darstellen; beschönigen,* dazu: **~färber,** der, **~färberei** [---'-], die, **~färberisch** ⟨Adj.⟩; **~geist,** der [LÜ von frz. bel esprit] (auch leicht abwertend): *jmd., der sich sichtbar nicht so sehr mit alltäglichen Dingen beschäftigt, sondern in Belletristik, Kunst o. ä. schwelgt, darin aufgeht u. dabei einen vergeistigten, intellektualistischen Eindruck macht:* Jean Cocteau ...; sein Name war eines der Losungsworte, an denen die jungen Schöngeister von Cambridge bis Kairo ... sich erkannten (K. Mann, Wendepunkt 197), dazu: **~geisterei** [-gaistə'rai], die; - (auch leicht abwertend), **~geistig** ⟨Adj.⟩; **~machen** ⟨sw. V.; hat⟩ (ugs.): **1. a)** *verschönern;* **b)** ⟨s. + sich⟩ *mit der Absicht, sich [für einen bestimmten Anlaß] ein besonders angenehmes, reizvolles Aussehen zu verleihen, sorgfältig Gesichts- u. Körperpflege betreiben u. sich gut, hübsch anziehen:* sich für jmdn., für das Fest s. **2.** *(von Hunden) Männchen machen;* **~reden** ⟨sw. V.; hat⟩ (ugs.): *schmeicheln,* dazu: **~rederei** [---'-], die, **~redner,** der, **~rednerei** [-re:dnə'rai], die; -, **~rednerisch** ⟨Adj.⟩; **~schreiben** ⟨st. V.; hat⟩: *Schönschrift schreiben,* dazu: **~schreibheft,** das: *Heft für Schönschreibübungen (jüngerer Schüler),* **~schreibkunst,** die: *Kunst des Schönschreibens; Kalligraphie,* **~schreibübung,** die: *Übung im Schönschreiben:* Meine Schrift war unter aller Sau, ich mußte bei unserem Deutschlehrer -en machen (Kempowski, Immer 76); **~schrift,** die: **a)** *ordentliche, regelmäßige Schrift [zu der jüngere Schüler durch Übungen im Deutschunterricht angehalten werden];* **b)** (ugs.) svw. ↑Reinschrift: die Hausaufgaben in S. abschreiben; **~tuer** [-tu:ɐ], der; -s, - (ugs.): *Schmeichler,* dazu: **~tuerei** [-tu:ə'rai], die; - (ugs.), **~tuerisch** [-tu:ərɪʃ] ⟨Adj.⟩ (ugs.), **~tun** ⟨unr. V.; hat⟩ (ugs.): „Fräulein", tat er ihr damals schön, „...Wenn man so schön ist, darf man nicht allein aufs Oktoberfest" (Kühn, Zeit 180); **~wetterlage,** die (Met.): *Hoch* (2), *schönes Wetter, das über einen längeren Zeitraum anhält;* **~wetterperiode,** die: vgl. ~wetterlage; **~wetterwolke,** die: *flache Haufenwolke.*

schönchen ['ʃø:nçən] ⟨Adv.⟩ (landsch.): in vertraulichem Ton svw. ↑schön (4): Nee, wirklich, sagt er hastig, kann nich. S., sagt Butgereit, dann nich (Schnurre, Fall 26); [1]**Schöne** ['ʃø:nə], die; -n, -n (oft iron.): *Frau:* die S. an seiner Seite wirkte etwas ordinär; ***die -n der Nacht** *(Frauen, die in Nachtlokalen, Nachtbars als Bardamen, Stripteasetänzerinnen o. ä. angestellt sind, auftreten od. als Prostituierte tätig sind;* LÜ von frz. belles-de-nuit); [2]**Schöne** [-], die; - [mhd. schœne] (dichter.): svw. ↑Schönheit.

schonen ['ʃo:nən] ⟨sw. V.; hat⟩ [mhd. schōnen = schön, d. h. rücksichtsvoll, behutsam behandeln, zu: schōn(e), ↑schon]: **a)** *jmdn., etw. nicht strapazieren, rücksichtsvoll, behutsam behandeln:* Handschuhe anziehen, um die Hände beim Spülen zu s.; seine Stimme, Augen, Kräfte s.; die Bücher, die Möbel sind nicht geschont worden; warum schonst du deinen erbittertsten Feind?; eine schonende Behandlung; man versuchte, ihm die traurige Nachricht schonend beizubringen; **b)** ⟨s. + sich⟩ *Rücksicht auf seine Gesundheit nehmen:* sie schont sich nicht, zu wenig.

schönen ['ʃø:nən] ⟨sw. V.; hat⟩ [zu ↑schön]: **1. a)** (Textilind.) svw. ↑avivieren; **b)** (Fachspr.) *trübe Flüssigkeiten, bes. Wein, künstlich klar machen:* den Wein s. ist etwas anderes, als ihn zu „verbessern"; Ü Bei der Urabstimmung ... soll das Ergebnis von der IG Metall geschönt worden sein (Spiegel 13, 1979, 68). **2.** (veraltend) *verschönern:* Das Kunstlicht im Guckkasten schönt (Spiegel 9, 1979, 96).

[1]**Schoner** ['ʃo:nɐ], der; -s, - [zu ↑schonen] (veraltend): *[kleine] Decke, Hülle o. ä. zum Schutz gegen schnelle Abnutzung von Gebrauchsgegenständen:* Auch auf den alten, fast wertlosen Küchenstühlen lagen kleine gestickte S. (Sommer, Und keiner 49).

[2]**Schoner** [-], der; -s, - [engl. schooner, wohl zu engl. (mundartl.) to scoon = über das Wasser gleiten]: *Segelschiff mit zwei Masten, wobei der hintere Mast höher als der vordere ist.*

Schönheit, die; -, -en [mhd. schœnheit]: **1.** ⟨o. Pl.⟩ *das Schönsein* (1 a): ihre natürliche, jugendliche, strahlende, feurige S. war unwiderstehlich; die klassische S. des Stils, seines Gesichts; Die Frage nach S. oder Häßlichkeit wurde vor ihrem Gesicht hinfällig (Jens, Mann 26); ihre Kür war von einzigartiger S.; du Wunschbild, dessen S. ich küsse (Th. Mann, Krull 207). **2. a)** *etw., was [an einer Sache] schön* (1 b) *ist; das Schöne* (1 b): landschaftliche, farbliche -en; die S. ihres Gesangs faszinierte ihn; sie zeigte ihm die -en der Umgebung, Stadt, des Landes; **b)** *schöne* (1 a)

Person: sie ist eine [ungewöhnliche, langweilige, verblühte] S.; eine S. war er gerade nicht.

schönheits-, Schönheits-: ~**begriff,** der: *das, was für jmdn., in einer Epoche o. ä. als Inbegriff des Schönen* (1 a, b) *gilt:* der S. des Altertums, der Griechen; ~**chirurgie,** die: *chirurgische Kosmetik;* ~**empfinden,** das: vgl. ~sinn; ~**farm,** die [LÜ von engl.-amerik. beauty farm]: *eine Art Klinik, Sanatorium – meist in einer landschaftlich schönen Gegend –, in dem sich vor allem Frauen einige Zeit aufhalten mit dem Ziel, ihre natürliche Schönheit durch entsprechende Behandlung zu erhalten, zu verbessern oder wiederherzustellen;* ~**fehler,** der: *etw., was das Gesamtbild von etw. beeinträchtigt:* der Fleck ist ein S.; Ü das Projekt hat [nur] einen kleinen S.: Es ist zu teuer; ~**fleck,** der: *kleiner, dunkler, natürlicher od. aufgemalter Fleck im Gesicht [einer Frau], bes. auf der Wange, Stirn, neben der Nase;* ~**gefühl,** das: vgl. ~sinn; ~**ideal,** das: vgl. ~begriff; ~**königin,** die: *jüngere Frau, die in einem Schönheitswettbewerb den ersten Platz bekommen hat;* ~**konkurrenz,** die: vgl. ~wettbewerb; ~**korrektur,** die: vgl. ~operation; ~**kult,** der: *Kult* (2), *der in bezug auf Schönheit* (1) *betrieben wird;* ~**mittel,** das: svw. ↑Kosmetikum; ~**operation,** die: *kosmetische* (c) *Operation;* ~**pflästerchen,** das: *aufgemalter, angeklebter Schönheitsfleck:* Sie wurde ... von Frau Kluntsch ... unterwiesen, wie man sich S., ..., dort anklebt, wo man will, daß die Männer hinschauen (Strittmatter, Wundertäter 136); ~**pflege,** die: *Gesichts-, Haut- u. Körperpflege, die einem ansprechenden, gepflegten, schöneren Aussehen dient; Kosmetik* (1); ~**preis,** der: *Preis, der einer Frau in einem Schönheitswettbewerb verliehen wird:* wir gewinnen beide keinen S. mehr; ~**reparatur,** die: *Reparatur, die keinen Schaden behebt, sondern nur dem besseren Aussehen von etw. dient:* der Mieter soll die Kosten für die -en übernehmen; ~**salon,** der: svw. ↑Kosmetiksalon; ~**sinn,** der ⟨o. Pl.⟩: *ausgeprägter Sinn für das, was schön* (1 a, b) *ist:* etw. stört jmds. S.; ~**trunken** ⟨Adj.⟩ (dichter.): *berauscht vom Anblick von etw. Schönem* (1 a, b); ~**wettbewerb,** der: *Wettbewerb, bei dem aus einer Anzahl von jungen Bewerberinnen die Schönste ermittelt wird.*

Schönling, der; -s, -e (abwertend): *gut aussehender jüngerer Mann mit übertrieben gepflegtem Äußeren:* den dummen Modetucken und arroganten -en (Praunheim, Sex 197).

schonsam ['ʃo:nza:m] ⟨Adj.⟩ (veraltet): *schonend.*

schönstens ⟨Adv.⟩ (ugs.): verblaßt in Höflichkeitsformeln: ich lasse sie s. grüßen.

Schonung, die; -, -en [1: mhd. schōnunge]: **1.** ⟨o. Pl.⟩ *das Schonen von etw., jmdm.; rücksichtsvolle, nachsichtige Behandlung:* das Gesetz kennt keine S.; sein Zustand, Magen verlangt S.; etw. mit S. behandeln; etw. ohne S. durchsetzen; sie flehten um S. **2.** *eingezäuntes Waldgebiet mit jungem Baumbestand:* Betreten der S. verboten!

schonungs-, Schonungs-: ~**bedürftig** ⟨Adj.; nicht adv.⟩: er ist noch s.; ~**los** ⟨Adj.; o. Steig.⟩: *ohne die geringste Schonung* (1), *Rücksicht:* die Forderung eines gerechten und -en Gerichts über die Kriegsverbrecher (Leonhard, Revolution 226); etw. mit -er Offenheit anprangern; s. die Namen der Verantwortlichen nennen, dazu: ~**losigkeit,** die; -; ~**voll** ⟨Adj.; o. Steig.⟩: jmdn. mit -em Respekt behandeln.

Schopf [ʃɔpf], der; -[e]s, Schöpfe ['ʃœpfə; mhd. schopf; ahd. scuft, eigtl. = Büschel, Quaste; verw. mit ↑Schuppen]: **1. a)** kurz für ↑Haarschopf (a): ein dichter, wirrer S.; Meine Freundin hat kastanienbraunes Haar, und ich habe von Natur aus einen hellblonden ... S. (*hellblondes Haar;* MM 10. 6. 67, 37); **b)** (selten) *Haarbüschel.* **2.** (Jägerspr.) *verlängerte Federn am Hinterkopf einiger Vögel* (z. B. Eichelhäher, Wiedehopf). **3.** *Büschel von Blättern* (z. B. bei der Ananasfrucht). **4.** *lange Stirnhaare des Pferdes.* **5.** (landsch., bes. schweiz.) **a)** *Schuppen; Nebengebäude;* **b)** *Wetterdach.*

schopf-, Schopf-: ~**artig** ⟨Adj.; o. Steig.; nicht adv.⟩: *in der Art eines Schopfes* (1); ~**braten,** der (österr.): *gebratener Kamm* (3 a) *des Schweines;* ~**förmig** ⟨Adj.; o. Steig.; nicht adv.⟩: svw. ↑~artig; ~**tintling,** der: *größerer Tintling mit weißen, später rosa u. schließlich schwarzen Lamellen, die nach der Sporenreife tintenartig zerfließen.*

Schöpf- ([1]schöpfen): ~**brunnen,** der: *Brunnen* (1), *aus dem das Wasser mit Eimern geschöpft wird;* ~**eimer,** der: *Eimer zum Schöpfen von Wasser [aus dem Schöpfbrunnen];* ~**gefäß,** das: vgl. ~eimer; ~**kelle,** die: *großer Schöpflöffel; Kelle:* Suppe mit der S. auffüllen; ~**krug,** der: vgl. ~eimer; ~**löffel,** der: *großer, runder od. ovaler, tiefer Löffel mit langem Stiel:* der gläserne S. einer Bowle; ~**papier,** das [zu ↑[1]schöpfen (5)]: *geschöpftes Papier;* ~**rad,** das: *Wasserrad mit Zellen, in denen beim Drehen des Rades Wasser nach oben befördert wird;* ~**werk,** das: *zur Entwässerung tiefliegender landwirtschaftlicher Nutzflächen eingesetzte Pumpanlage.*

[1]**schöpfen** ['ʃœpfn̩] ⟨sw. V.; hat⟩ [mhd. schepfen, scheffen, ahd. scephen, zu ↑Schaff (1)]: **1.** *(den Teil einer Flüssigkeit) mit einem Gefäß, mit der hohlen Hand o. ä. entnehmen, heraus-, nach oben holen:* Wasser aus der Quelle, aus dem Fluß, Brunnen s.; bei dem Unwetter hatten sie viel Wasser aus dem Boot zu s.; Suppe auf die Teller s.; Ü aus jahrelanger Erfahrung s.; solchen Verfassern, die aus der Phantasie schöpfen (Th. Mann, Krull 39). **2.** (geh.) *Atemluft in sich hereinholen:* [tief] Atem s.; er ging nach draußen, um Luft zu s.; vgl. Atem (2), Luft (1 b). **3.** (geh.) *(in bezug auf geistige Dinge) aus etw. für sich erhalten, gewinnen, beziehen:* seine Kenntnisse, sein Wissen, seine Weisheit aus einem Buch s.; in der ... endgeschichtlichen Erwartung, aus welcher der urchristliche Mensch die Kraft seines Lebens schöpfte (Nigg, Wiederkehr 12); neuen, wieder Mut s. *(wieder Mut bekommen, zuversichtlich werden);* neue, wieder Hoffnung s. *(wieder hoffen können);* Verdacht s. *(einen Verdacht haben).* **4.** (Jägerspr.) *(von Wild) Wasser zu sich nehmen.* **5.** (Fachspr.) *Papierbrei mit einem Sieb aus der Bütte herausnehmen u. auf die Formplatte gießen.*

[2]**schöpfen** [-] ⟨sw. V.; hat⟩ [mhd. schepfen, ahd. scepfen] (veraltet): *[er]schaffen;* ⟨Abl.:⟩ [1]**Schöpfer,** der; -s, - [mhd. schepfære, ahd. scepfāri = Gott, LÜ von lat. creātor]: **a)** *jmd., der etw. Bedeutendes geschaffen, hervorgebracht, gestaltet hat:* er war der S. großer Kunstwerke; Gott ist der S. aller Dinge, Himmels und der Erde; Diese Organisation ist zugleich S. der Europäischen Zahlungsorganisation (Fraenkel, Staat 136); **b)** ⟨o. Pl.⟩ *Gott als Schöpfer, als Erschaffer der Welt:* Ich bin meinem S. dankbar, daß ich auch in meinem Alter eine Aufgabe habe (Hörzu 6, 1976, 10); dank deinem S. (ugs.; *sei froh*), daß du mit so was nichts zu tun hast (Kant, Impressum 383).

[2]**Schöpfer** [-], der; -s, - [zu ↑[1]schöpfen (1)]: **a)** *Schöpfkelle;* **b)** *Gefäß zum Schöpfen.*

Schöpfer- ([1]Schöpfer; geh.): ~**geist,** der ⟨o. Pl.⟩: *schöpferischer Drang;* ~**hand,** die ⟨o. Pl.⟩: *schöpferisches Wirken:* die S. Gottes; ~**kraft,** die: *schöpferische Kraft:* die S. Gottes, eines Künstlers.

schöpferisch ['ʃœpfərɪʃ] ⟨Adj.⟩: *etw. Bedeutendes schaffend, hervorbringend, gestaltend:* ein -er Mensch, Geist, Kopf; Gottes -e Kraft; -e Phantasie, Unruhe; eine -e Anlage, Begabung; mit dem Fanatismus des -en Genius (Thieß, Reich 487); er wartet auf den -en Augenblick *(die Zeit, in der ihm ein Einfall für sein Werk kommt);* er wollte eine -e Pause *(eine Pause, um sich durch neue Ideen inspirieren zu lassen)* einlegen; er ist [nicht] s. [veranlagt]; In Deutschland wird die Gotik ... s. weiterentwickelt (Bild. Kunst 3, 22); s. bedeutsam an diesem Werk ist ...; **Schöpfung,** die; -, -en [mhd. schepf(en)unge = Gottes Schöpfung, Geschöpf; 1: wohl unter Einfluß von engl. creation]: **1.** ⟨o. Pl.⟩ *von Gott erschaffene Welt:* die Wunder der S.; der Mensch als die Krone der S. **2.** (geh.) *vom Menschen Geschaffenes; Kunstwerk:* die -en der Literatur, der bildenden Kunst, der Musik; die -en eines Beethoven, Rembrandt; diese Einrichtungen sind seine S. *(gehen auf ihn zurück);* Die Kaderparteien sind eine S. unseres Jahrhunderts *(sind in unserem Jahrhundert entstanden;* Fraenkel, Staat 245). **3.** ⟨o. Pl.⟩ **a)** (geh.) *Erschaffung:* Stadt und Land schulden Ihnen Dank für die S. desselben (= Ihres Museums; Th. Mann, Krull 354); **b)** *Erschaffung der Welt durch Gott.*

Schöpfungs-: ~**akt,** der ⟨o. Pl.⟩: *Akt der Schöpfung* (3 b): Der Morgen wie ein S., aus Wüste und Nacht wird Licht, Vogelfederbäume, Pelikane (Stricker, Trip 54); Ü (geh.:) der dichterische S.; ~**bericht,** der: *Bericht über die Schöpfung* (3 b) *im Alten Testament (bes. 1. Mos. 1);* ~**geschichte,** die ⟨o. Pl.⟩: *Schöpfungsbericht im 1. Buch Mose;* ~**tag,** der: *einer der sieben Tage des Schöpfungsberichts.*

Schöppchen ['ʃœpçən], das; -s, -: ↑Schoppen (1); **schöppeln** ['ʃœpl̩n] ⟨sw. V.; hat⟩: **1.** (landsch.) *gern, gewohnheitsmäßig einen Schoppen trinken.* **2.** (schweiz.) *einem Säugling die Flasche geben.*

schoppen ['ʃɔpn̩] ⟨sw. V.; hat⟩ [mhd. schoppen, Intensivbildung zu ↑schieben]: **1.** (südd., österr., schweiz.) *vollstopfen,* *etw. hineinstopfen:* Gänse s. *(nudeln).* **2. a)** *sich bauschen:* Seine (= des Blousons) Weite schoppt ... oberhalb der Taille über einem Strickbund (MM 16. 9. 72, 45); **b)** *bauschen* ⟨meist im 2. Part.⟩: blusige Oberteile und weit geschoppte Ärmel (MM 27. 1. 73, 45).

Schoppen [-], der; -s, - [frz. (nord- u. ostfrz. Mundart) chopenne < (a)frz. chopine < mniederd. schōpen (mhd. schuofe) = Schöpfkelle, ablautend zu ↑Schaff (1)]: **1.** ⟨Vkl. ↑Schöppchen⟩ *Glas mit einem Viertelliter [auch mit einem halben Liter] Wein,* (seltener:) *Bier:* einen S. trinken, bestellen. **2.** (früher) *Hohlmaß von ca. einem halben Liter.* **3.** (südd., schweiz.) *Milchflasche für einen Säugling.* **4.** (landsch.) *Schuppen;* ⟨Zus.:⟩ **Schoppenwein,** der: *in Gläsern ausgeschenkter offener Wein;* **schoppenweise** ⟨Adv.⟩: *in Schoppen (1), Gläsern.*

Schöps [ʃœps], der; -es, -e [spätmhd. schöpʒ, aus dem Slaw., vgl. tschech. skopec, poln. skop(ek)] (ostmd., österr.): *Hammel (1, 2).*

Schöpsen-: ~**braten,** der (ostmd., österr.): *Hammelbraten;* ~**fleisch,** das (ostmd., österr.): *Hammelfleisch;* ~**schlegel,** der (österr.): *Hammelkeule.*

Schöpserne ['ʃœpsɐnə], das; -n (österr.): *Hammelfleisch.*

schor [ʃo:ɐ̯], **schöre** ['ʃø:rə]: ↑[1]scheren.

schoren ['ʃo:rən] ⟨sw. V.; hat⟩ [mhd. schorn, zu: schor = Schaufel] (landsch.): *[um]graben:* Wer ... bei noch offenem Boden nach Schneefall „schoren" will, der ... (MM 22. 12. 73, 38).

Schores ['ʃo:rəs], der; - [Nebenf. von ↑Sore] (Gaunerspr.): svw. ↑Beschores.

Schorf [ʃɔrf], der; -[e]s, -e [mhd. schorf, ahd. scorf- (in Zus.), eigtl. = rissige Haut; verw. mit ↑Scherbe]: **1.** *krustenartig eingetrocknetes, abgestorbenes Hautgewebe [das sich über einer Wunde gebildet hat]:* auf der Wunde hat sich S. gebildet; als ob ein S. von ihr abgefallen wäre (Musil, Mann 526); den S. abkratzen. **2.** (Bot.) *durch Pilze hervorgerufene Pflanzenkrankheit mit schorfartigen Ausbildungen* (z. B. auf Blättern, Früchten, Zweigen von Obstbäumen, an Kartoffel- u. Sellerieknollen); ⟨Zus.:⟩ **schorfbedeckt** ⟨Adj.; o. Steig.; nicht adv.⟩: *mit Schorf bedeckt:* -e Lippen; ⟨Abl.:⟩ **schorfig** ['ʃɔrfɪç] ⟨Adj.; nicht adv.⟩: **a)** *mit Schorf bedeckt:* -e Lippen; **b)** *aus Schorf bestehend:* ein -er Ausschlag; der Junge ... fühlte die -e Kruste auf den Lippen; **c)** *in seiner Oberfläche rauh, rissig:* eine -e Rinde; ein -er Baumstamm; die ausgebrannten ... Häuser ... und die -en Mauern (Schnurre, Fall 46).

Schörl [ʃœrl], der; -[e]s, -e [H. u.]: *schwarzer Turmalin.*

Schorle ['ʃɔrlə], **Schorlemorle** ['ʃɔrlə'mɔrlə], die; -, -n, seltener: das; -s, -s [H. u.]: *Getränk aus Wein bzw. Apfelsaft o. ä. u. Mineralwasser.*

Schornstein ['ʃɔrn-], der; -s, -e [mhd. schor(n)stein, spätahd. scor(en)stein, urspr. wohl = Kragstein, der den Rauchfang über dem Herd trug; 1. Bestandteil mniederd. schore = Stütze, zu mhd. schorren, ahd. scorrēn = herausragen, verw. mit ↑[1]scheren]: *über das Dach hinausragender od. auch freistehend senkrecht hochgeführter Abzugskanal für die Rauchgase einer Feuerungsanlage od. für andere Abgase, der zugleich für die zur Verbrennung nötige Frischluftzufuhr sorgt:* ein gemauerter S.; die -e eines Gebäudes, einer Fabrik, eines Schiffes ragen in die Luft, rauchen; der S. wurde gereinigt, gefegt, abgetragen, gesprengt; ***der S. raucht [wieder]** (ugs.; *das Geschäft geht [wieder] gut; es kommt Geld herein*); **der S. raucht von etw.** (ugs.; *durch eine bestimmte Tätigkeit wird das Geld zum Lebensunterhalt verdient*): von irgend etwas muß der S. ja rauchen; **etw. in den S. schreiben** (ugs.; ↑Esse 1 b); **sein Geld zum S. hinausjagen** (ugs.; *sein Geld sinnlos vergeuden*); ⟨Zus.:⟩ **Schornsteinfeger,** der: *Handwerker, der den Ruß aus Schornsteinen fegt u. Feuerungsanlagen wartet* (Berufsbez.).

Schose ['ʃo:zə], die; -, -n: eindeutschend für ↑Chose: er hatte das Gefühl, als ordne sich die ganze S. bald (Lenz, Tintenfisch 103).

schoß [ʃɔs]: ↑schießen; **[1]Schoß** [ʃo:s], der; -es, Schöße ['ʃø:sə] [mhd. schōʒ, ahd. scōʒ(o) = Kleiderschoß, Mitte des Leibes, eigtl. = Vorspringendes, Ecke; Zipfel, zu ↑schießen in der veralteten Bed. „emporragen, hervorspringen"; vgl. Geschoß]: **1.** *beim Sitzen durch den Unterleib u. die dazu ungefähr rechtwinkligen Oberschenkel gebildete Vertiefung:* sich auf jmds., sich jmdm. auf den S. setzen; auf jmds. S. sitzen; sie nahm das Kind auf den S., hatte es auf dem S.; das Kind kletterte, wollte auf ihren, seinen S.; seinen Kopf in jmds. S. legen; ihre Hände lagen im S.; Ü (geh.:) der Erfolg fiel ihm wie eine reife Frucht in den S.; ***wie in Abrahams S.** (↑Abraham); **etw. fällt jmdm. in den S.** *(etw. wird jmdm. zuteil, ohne daß er sich darum zu bemühen braucht).* **2. a)** (geh.) *Leib der Frau im Hinblick auf Empfängnis, Gebären; Mutterleib:* dunkel wie der S. der Empfängnis und Geburt (Fries, Weg 46); Sie (= Windeln) erinnern mich an ... kreißende Schöße! (Dürrenmatt, Meteor 35); Ü der fruchtbare S. der Erde; aus dem S. des Vergessens tauchte das Bild eines Hauses auf (Langgässer, Siegel 531); er ist in den S. *(die Geborgenheit)* der Familie, Kirche zurückgekehrt; im S. *(Innern)* der Erde; diese Dinge liegen noch im S. der Zukunft *(darüber, über ihre Entwicklung läßt sich noch nichts sagen);* **b)** (verhüll.) *weibliche Geschlechtsteile:* nach dem ... Bild vom Mann, der ihr zu oft und zu brutal an den S. ... ging (Lynen, Kentaurenfährte 30). **3. a)** *an der Taille angesetzter Teil an männlichen Kleidungsstücken* (z. B. Frack, Cut, Reitrock): Ich ... ergriff ihn bei den Schößen seines ... Mantels (Jahnn, Geschichten 209); er stürzte mit fliegenden Schößen hinaus; in einem Frack mit kurzen Schößen (Thieß, Legende 123); **b)** ⟨Vkl. ↑Schößchen⟩ svw. ↑Schößchen; **[2]Schoß** [-], die; -, -en u. Schöße ['ʃø:sə] (österr.): *Damenrock;* **[3]Schoß** [ʃɔs], der; Schosses, Schosse [mhd. schoʒ, ahd. scoʒ, scoʒʒa, zu ↑schießen]: svw. ↑Schößling; **[4]Schoß** [-], der; Schosses, Schosse[n] u. Schösse[r] ['ʃœsə, 'ʃœsɐ; mhd. schoʒ, zu ↑schießen in der Bed. „zuschießen"] (veraltet): *Zoll, Steuer, Abgabe.*

Schoß- ([1]Schoß): ~**bluse,** die: *über dem Rock getragene, auf Taille gearbeitete Bluse mit Schößchen;* ~**hund,** der, ⟨Vkl.:⟩ ~**hündchen,** das: *bes. von Damen gehaltener, zierlicher Hund einer Zwerghundrasse;* ~**kind,** das: *kleines Kind, das man besonders verwöhnt:* er ist immer das S. gewesen; Ü ein S. des Glücks *(vom Glück begünstigter Mensch);* ~**rock,** der (früher): *knielanger Männerrock mit langen Schößen.*

Schoßbrett, das; -[e]s, -er [mhd. schoʒbrett] (bayr. veraltet): svw. ↑[2]Schütz (1).

Schößchen ['ʃø:sçən], das; -s, - [Vkl. von ↑[1]Schloß (3 b)]: *an der Taille gekräuselt od. glockig angesetzter Teil an Damenjacken, Blusen, Kleidern;* ⟨Zus.:⟩ **Schößchenjacke,** die: *Damenjacke mit Schößchen:* ein schlankes Kostüm ... mit ... S. und schmalem ... Rock (IWZ 38, 1979, 46); **Schößchenkleid,** das: vgl. Schößchenjacke; **Schosse:** Pl. von ↑[3,4]Schoß; **schösse** ['ʃœsə]: ↑schießen; **Schöße:** Pl. von ↑[1,2]Schoß; **Schösse:** Pl. von ↑[4]Schoß; **Schößel** ['ʃø:sl̩], der, auch: das; -s, - (österr.): **1.** svw. ↑Schößchen. **2.** *Frackschoß:* einen Frack ... mit ... Pikeeweste, schwarzen Seidengallons und einer Hintertasche im linken S. (Radecki, Tag 45); **schossen** ['ʃɔsn̩] ⟨sw. V.; hat⟩ [eigtl. = schußartig emporwachsen, mhd. schoʒʒen = (hoch)hüpfen] (Fachspr.): *(von Getreide, Rüben, Salat) [kurz vor der Blüte] unerwünscht schnell u. kräftig in die Höhe wachsen:* mit den beiden Spielarten ... als vorzüglichen, kaum schossenden ... Sommersalaten (MM 31. 1. 70. 57); **Schossen:** Pl. von ↑[4]Schoß; **Schosser,** der; -s, - (Fachspr.): *zweijährige Sellerie-, Rüben-, Salatpflanze, die schon im ersten Jahr blüht u. keine richtigen Knollen bzw. keine Salatköpfe bildet;* **Schösser:** Pl. von ↑[4]Schoß; **Schoßgabel,** die; -, -n (Landw.): *Gabel* (2) *mit engstehenden, am Ende verdickten Zinken zum Aufnehmen von Kartoffeln, Rüben o. ä.;* **Schößling** ['ʃœslɪŋ], der; -s, -e [spätmhd. schöʒling, mhd. schüʒ(ʒe)linc]: **a)** *an einem Strauch, Baum senkrecht wachsender, langer junger Trieb;* **b)** *aus einem Schößling* (a) *gezogene junge Pflanze:* warum er Jaakob mit dem größten Teile der Einkäufe an ... Sämereien und -en betraute (Th. Mann, Joseph 273); Ü Was also tun mit einem so zart geratenen S. (scherzh.; *Kind;* St. Zweig, Fouché 5).

Schot [ʃo:t], die; -, -en [mniederd. schōte, niederd. Form von ↑[1]Schoß in der Bed. „Zipfel"; von der unteren Ecke des Segels übertr. auf das daran befestigte Tau] (Seew.): *Tau, das die Segel in die richtige Stellung zum Wind bringt.*

[1]Schote ['ʃo:tə], die; -, -n [mhd. schōte, eigtl. = die Bedeckende]: **1.** *längliche Kapselfrucht aus zwei miteinander verwachsenen Fruchtblättern u. mehreren Samen an einer Mittelwand:* die reifen -n sind aufgeplatzt, aufgesprungen; dürre -n (= des Ginsters) raschelten (Grass, Hundejahre 258); -n aufbrechen und die Erbsen herausholen; sie ißt die [leeren] -n. **2.** (landsch.) *Erbse* (1).

[2]Schote [-], die; -, -n: ↑Schot.

[3]Schote [-], die; -, - [H. u.] (salopp): *zum Spaß erfundene Geschichte:* eine S. erzählen; jmdm. -n auftischen.
[4]Schote [-], der; -n, -n [jidd. schōte, schaute = Narr < hebr. šôṭeh] (salopp): *Narr, Einfaltspinsel.*
schoten-, Schoten- ([1]Schote): **~förmig** ⟨Adj.; o. Steig.; nicht adv.⟩: *die Form einer Schote aufweisend;* **~frucht,** die: svw. ↑[1]Schote (1); **~pfeffer,** der (veraltet): *Paprika.*
[1]Schott [ʃɔt], der; -s, -s [frz. chott < arab. (maghrebinisch) šaṭ] (Geogr.): *mit Salzschlamm gefülltes Becken in Nordafrika.*
[2]Schott [-], das; -[e]s, -en, selten: -e [mniederd. schot = Riegel, Schiebetür, eigtl. = Eingeschossenes]: **1.** (Seemannsspr.) *in Längs- u. Querrichtung verlaufende wasserdichte u. feuersichere Stahlwand im Rumpf eines Schiffes:* die Schotten öffnen, schließen; Ü die -en dicht machen (nordd.; *alle Türen u. Fenster schließen*); in 4-Tage-Betrieben, wo Donnerstag abend „die Schotten dicht gemacht werden" (*Arbeitsschluß ist;* Hörzu 34, 1972, 87). **2.** *Verschluß eines Wagenkastens:* daß der Sarg ... wie ein Baumstamm krachend gegen die -en des Wagens schlug (Jahnn, Geschichten 100); **[1]Schotte** ['ʃɔtə], der; -n, -n [urspr. = Fischlaich; zu ↑schießen im Sinne von „Ausgeschossenes, Ausgeworfenes"] (nordd.): *junger Hering.*
[2]Schotte [-], die; - [mhd. schotte(n), ahd. scotto, wohl über das Roman. u. Vlat. zu lat. excoctum, 2. Part. von: excoquere = auskochen] (südd., schweiz.): *Molke;* **[1]Schotten** ['ʃɔtn̩], der; -s (südd., österr.): *Quark.*
[2]Schotten [-], der; -s, - [nach dem farblichen Muster des ↑[1]Kilts der Schotten]: *blaugrüner od. bunter großkarierter [Woll]stoff in Köper- od. Leinenbindung, wobei die Musterung durch Farbwechsel in Kette u. Schuß entsteht.*
Schotten-: ~karo, -muster, das: *für [2]Schotten charakteristisches Karomuster;* **~rock,** der: **1.** svw. ↑[1]Kilt (1). **2.** *Damenrock aus [2]Schotten;* **~stoff,** der: svw. ↑[2]Schotten; **~witz,** der: *Witz, der die übertriebene Sparsamkeit als Charakteristikum der Schotten herausstellt.*
Schotter ['ʃɔtɐ], der; -s, - [verw. mit ↑Schutt, schütten, aus dem Md. in die Fachspr. übernommen]: **1.** *kleine od. zerkleinerte Steine als Untergrund im Straßen- u. Gleisbau:* Die Straße ist nicht ausgebaut. Tiefe Schlaglöcher im aufgeschütteten S. (Jägersberg, Leute 34). **2.** *Ablagerung von Geröll [in Flüssen, Bächen]:* Er (= der Sturzbach) ... überdeckte die Wiesen mit S. und Sand (Molo, Frieden 36).
Schotter-: ~decke, die: *aus Schotter bestehende Schicht der Straße;* **~stein,** der ⟨meist Pl.⟩: *einzelner Stein des Schotters;* **~straße,** die: *nur mit Schotter aufgeschüttete Straße;* **~weg,** der: vgl. ~straße.
schottern ['ʃɔtɐn] ⟨sw. V.; hat⟩: *mit Schotter aufschütten:* Obwohl der Weg nur geschottert war und steil anstieg, befahl der Zugführer Gleischschritt (Spiegel 51, 1966, 36); auf dem geschotterten Kasernenhof (Strittmatter, Wundertäter 140); ⟨Abl.:⟩ **Schotterung,** die; -, -en.
Schottisch, der; -en, -en, **Schottische** ['ʃɔtɪʃ(ə)], der; -n, -n [vgl. Ecossaise]: *aus der Ecossaise hervorgegangener deutscher Paartanz in geradem Takt u. mit Wechselschritt (als Vorläufer der Polka).*
Schraffe ['ʃrafə], die; -, -n: **1.** ⟨meist Pl.⟩ *Strich einer Schraffur.* **2.** svw. ↑Serife; **schraffen** ['ʃrafn̩] ⟨sw. V.; hat⟩: svw. ↑schraffieren; **schraffieren** [ʃra'fi:rən] ⟨sw. V.; hat⟩ [aus dem Niederd. < mniederd. schrafferen, mniederl. schraeffeeren < ital. sgraffiare = kratzen; stricheln]: *eine bestimmte Fläche in einer künstlerischen od. technischen Zeichnung, in einer geographischen Karte mit feinen parallelen Strichen bedecken:* eine Zeichnung s.; hier (= auf der Karte) war ihr neuer Wirkungsbereich fein säuberlich, mit roter Tinte zierlich schraffiert, verzeichnet (Kirst, 08/15, 674); Ü Überlandleitungen, die den Himmel schraffieren (Fries, Weg 272); ⟨Abl.:⟩ **Schraffierung,** die; -, -en: **1.** *das Schraffieren.* **2.** svw. ↑Schraffur; **Schraffung,** die; -, -en: **1.** *das Schraffen.* **2.** svw. ↑Schraffur; **Schraffur** [ʃra'fu:ɐ̯], die; -, -en: *feine parallele Striche, die eine Fläche in einer künstlerischen od. technischen Zeichnung, in einer geographischen Karte in bestimmter Absicht (z. B. Schattenwirkung, Reliefdarstellung) herausheben:* aus kräftigen Umrißlinien, denen schräge, geradlinige -en zu körperlichem Aussehen verhelfen (Bild. Kunst 3, 84).
schräg [ʃrɛ:k] ⟨Adj.⟩ [frühnhd., eigtl. = gekrümmt, gebogen]: **1.** *von einer [gedachten] senkrechten od. waagerechten Linie in gerader Richtung in einem spitzen od. stumpfen Winkel abweichend:* eine -e Linie, Fläche, Wand; eine -e Kopfhaltung; aus seinen -en, braungoldnen Augen (Benrath, Konstanze 47); mit Kornfeldern, die ... im -en Licht schimmern (Remarque, Westen 112); das Zimmer ist s. *(hat eine schräge Wand);* den Schreibtisch, einen Schrank, das Klavier s. stellen; s. über die Straße gehen; die Rosen s. anschneiden; den Kopf s. halten; s. stehende Augen; er wohnt s. gegenüber; die Sonnenstrahlen fallen s. ins Zimmer; Ü Marie sah mich s. (ugs.; *prüfend, mißbilligend*) an mit ihrem listigen Lächeln (Seghers, Transit 277). **2.** (ugs.) *von der Norm, vom Üblichen, Erwarteten abweichend:* -e Musik *(moderne Musik; Jazzmusik);* Nachbarn haben oft -e *(seltsame, falsche)* Vorstellungen (MM 23. 9. 72, 4); Schutz vor -en *(nicht vertrauenswürdigen)* Firmen (Hörzu 47, 1975, 103); ein Meineid ist eine verdammt -e Sache (*ein schwerwiegendes Delikt;* Quick 29, 1958, 49); er malte für damalige Begriffe zu s. *(modern).*
schräg-, Schräg-: ~aufzug, der (Hüttenw.): *an großen Hochöfen eingesetzter Aufzug für den Materialtransport von den Lagern zur Gichtbühne;* **~balken,** der (Her.): *breiter Mittelstreifen bei doppelter schräger Teilung des Wappenschildes;* **~band,** das ⟨Pl. -bänder⟩ (Schneiderei): *schräg zum Fadenlauf geschnittenes Band zum Einfassen o. ä.;* **~bau,** der ⟨o. Pl.⟩ (Bergbau): *Abbauverfahren in steil gelagerten Flözen;* **~heck,** das: *schräg abfallendes Heck bei Pkws;* **~hin** ⟨Adv.⟩: *schräg* (1), *in schräger Richtung;* **~kante,** die: *schräge Kante;* **~lage,** die ⟨Pl. selten⟩: **a)** *schräge Lage:* das Schiff hat S.; **b)** (Med.) *Querlage, bei der die Längsachse des Kindes die der Gebärmutter in einem spitzen Winkel schneidet;* **~laufend** ⟨Adj.; o. Steig.; nur attr.⟩: *schräg verlaufend;* **~schnitt,** der: *bezüglich einer Ebene od. Achse schräg verlaufender Schnitt;* **~schrift,** die (Druckw.): *Kursivschrift [der Fraktur];* **~streifen,** der: *schräg zum Fadenlauf geschnittener Stoffstreifen zum Ansetzen an einen Saum o. ä.;* **~strich,** der: **a)** *schräg* (1) *verlaufender Strich;* **b)** *von rechts oben nach links unten verlaufender Strich zwischen zwei Wörtern od. Zahlen zum Ausdruck einer Alternative od. einer Zusammengehörigkeit* (z. B. Ein-/Ausgang); **~über** [-'--] ⟨Adv.⟩ (selten): *schräg gegenüber.*
Schräge ['ʃrɛ:gə], die; -, -n [spätmhd. schreck]: **1.** *schräge Fläche von etw.:* den ... -n der Dächer folgend (Genet [Übers.], Totenfest 230); in der Richtung des Hügels ..., auch noch ... an seiner S. hinauf, waren Wohnungen ... gelegen (Th. Mann, Joseph 60). **2.** ⟨Pl. ungebr.⟩ *schräge Beschaffenheit, Lage; schräger Verlauf;* **schrägen** ['ʃrɛ:gn̩] ⟨sw. V.; hat⟩ [mhd. schregen = mit schrägen Beinen gehen]: **a)** *in eine schräge Lage, Stellung bringen:* Sie ... schrägte den Kopf (Bastian, Brut 134); mit geschrägten Körpern (MM 3. 2. 71, 36); **b)** svw. ↑abschrägen; **Schragen** ['ʃra:gn̩], der; -s, - [mhd. schrage = kreuzweis stehende Holzfüße unter Tischen o. ä.] (geh., veraltend, noch landsch.): *in verschiedener Funktion (z. B. als Bett, [Toten]bahre, Sägebock) verwendetes, auf kreuzweise verschränkten [hölzernen] Füßen ruhendes Gestell:* das Bett ..., ein S. aus ungehobelten Brettern (Fussenegger, Zeit 29); Ein Leichenzug ..., drei Schiffe ..., auf deren letztem ... Osiris ... auf einem löwenfüßigen S. lag (Th. Mann, Joseph 764); Sie waren der schönste hoffnungslose Fall, den ich je auf dem S. *(Operationstisch)* hatte (Dürrenmatt, Meteor 59); **Schrägheit,** die; -: *das Schrägsein;* **Schrägung,** die; -, -en (selten): svw. ↑Schräge.
schrak [ʃra:k], schräke ['ʃrɛ:kə]: ↑[2]schrecken.
schral [ʃra:l] ⟨Adj.; o. Steig.; nicht adv.⟩ [niederd. schrāl = schlecht, elend] (Seemannsspr.): *(vom Wind) in spitzem Winkel von vorn in die Segel fallend u. daher ungünstig;* ⟨Abl.:⟩ **schralen** ['ʃra:lən] ⟨sw. V.; hat⟩ (Seemannsspr.): *(vom Wind) schral in die Segel fallen.*
Schram [ʃra:m], der; -[e]s, Schräme ['ʃrɛ:mə; spätmhd. schram, ↑Schramme] (Bergmannsspr.): *horizontaler od. geneigter Einschnitt in ein abzubauendes Flöz;* **Schrambohrer, Schrämbohrer,** der; -s, - (Bergbau): *Bohrer zur Herstellung eines Schrams;* **schrämen** ['ʃrɛ:mən] ⟨sw. V.; hat⟩ (Bergmannsspr.): *einen Schram machen;* ⟨Zus.:⟩ **Schrämmaschine,** die (Bergbau): *Maschine zur Herstellung eines Schrams;* **Schramme** ['ʃramə], die; -, -n [mhd. schram(me) = lange Wunde; Riß, Felsspalte, verw. mit ↑[1]scheren]: *von einem [vorbeistreifenden] spitzen od. rauhen Gegenstand durch Abschürfen hervorgerufene, als längliche Aufritzung sichtbare Hautverletzung od. Beschädigung einer glatten Oberfläche:* -n am Arm, im Gesicht; das Auto, der Tisch hatte schon eine S. [abbekommen]; Ü er kann schon ein paar

-n *(schon einiges Unangenehme, was ihm widerfährt)* vertragen.

Schrammelmusik ['ʃraml-], die; -: *von Schrammeln gespielte volkstümliche Wiener Musik;* **Schrammeln** ⟨Pl.⟩ [urspr. Bez. des von den Brüdern Johann (1850–1893) u. Joseph Schrammel (1852–1895) gegründeten Ensembles]: *aus 2 Violinen, Gitarre u. Akkordeon (urspr. Klarinette) bestehendes Quartett, das volkstümliche Wiener Musik spielt;* **Schrammelquartett,** das; -[e]s, -e: svw. ↑Schrammeln.

schrammen ['ʃramən] ⟨sw. V.; hat⟩ [spätmhd. schrammen]: *durch eine od. mehrere Schrammen verletzen, beschädigen:* sich die Stirn [an der Wand] s.; die rechte Seite (= des Büfetts) schrammte den Möbelwagen (Remarque, Triomphe 428); Ich hatte mir eine Hand blutig geschrammt *(so geschrammt, daß sie blutete;* Simmel, Stoff 700); **schrammig** ['ʃramıç] ⟨Adj.; nicht adv.⟩ (selten): *verschrammt:* wie ein Büro möbliert ... mit -en alten Rollschränken (Johnson, Ansichten 171); die Jungs kamen mit -en Knien vom Fußballspiel nach Hause.

Schrank [ʃraŋk], der; -[e]s, Schränke ['ʃrɛŋkə; spätmhd. schrank = [vergittertes] Gestell, abgeschlossener Raum, mhd. schranc, ahd. scranc = Verschränkung, Verflechtung, zu ↑schräg]: **1.** ⟨Vkl. ↑Schränkchen⟩ *höheres, kastenartiges, mit Türen versehenes, meist verschließbares Möbelstück zur Aufbewahrung von Kleidung, Geschirr, Büchern, Nahrungsmitteln u. a.:* ein schwerer eichener, kombinierter S.; eingebaute Schränke; einen S. zusammenbauen, aufstellen, öffnen, abschließen, aufbrechen, ausräumen; etw. aus dem S. nehmen; etw. in den S. tun, stellen, legen; Kleider in den S. hängen; die Mahlkes hatten immer die Schränke voll *(hatten ... gefüllte Vorratskammern u. genug zu essen),* hatten Verwandte auf dem Land und mußten nur zugreifen (Grass, Katz 166); Ü er ist ein S. (ugs.; *ein großer, breitschultriger, kräftiger Mann*). **2.** (Jägerspr.) *(bes. bei Edelwild) seitliche Abweichung der Tritte von einer gedachten geraden Linie.*

schrank-, Schrank-: ~**aufsatz,** der; ~**bett,** das: *hochklappbares, in eine Schrankwand integriertes Bett;* ~**element,** das: *Element* (8) *in der Funktion eines Schranks;* ~**fach,** das: *Fach* (1), *Gefach in einem Schrank:* die oberen Schrankfächer; ~**fertig** ⟨Adj.; o. Steig.; nicht adv.⟩: *[in einer Wäscherei] gewaschen u. gegebenenfalls gebügelt, so daß die betreffende Wäsche in den Schrank gelegt werden kann:* -e Wäsche; ~**koffer,** der: *Koffer, in dem die Kleidung wie in einem Schrank aufgehängt wird;* ~**spiegel,** der: *innen auf einer Schranktür, außen auf einem Schrank fest angebrachter Spiegel;* ~**tür,** die; ~**wand,** die: *sich größtenteils aus Schrankelementen zusammensetzende Anbauwand:* Altdeutsche S. 365 cm breit ... mit Barfach und Fernsehfach (MM 11. 12. 71, 5); ~**zimmer,** das (veraltend): svw. ↑Ankleidezimmer.

Schränkchen ['ʃrɛŋkçən], das; -s, -: ↑Schrank (1); **Schranke** ['ʃraŋkə], die; -, -n [mhd. schranke = absperrendes Gitter]: **1.** *in einer Vorrichtung im Falle der Absperrung waagerecht liegende größere, dickere Stange:* die -n der Rennbahn, des Bahnübergangs; die S. öffnen, schließen; die S. wird heruntergelassen, geht hoch; das Auto durchbrach die geschlossene S.; die S. passieren; Sie (= die Kanzlei) war ... ein ... Raum mit Schaltern und einer S. (Seghers, Transit 104); Ü Die Verfassung ... verbietet den Gerichten ..., „... Verwaltungsbeamte ... vor die -n der Gerichte *(vor Gericht)* zu laden" (Fraenkel, Staat 287); ***jmdn. in die -n fordern** *(eine Auseinandersetzung mit jmdm. erzwingen u. Rechenschaft von ihm verlangen;* nach den Schranken der Turnierplätze des Rittertums); **für jmdn. in die -n treten** *(für jmdn. entschieden eintreten;* urspr. stellvertretend für einen Schwächeren den Kampf mit dem Gegner aufnehmen). **2.** ⟨meist Pl.⟩ *jmdm. durch etw., jmdn. gesetzte Grenze, die er in seinem Verhalten zu beachten hat:* moralische, verfassungsrechtliche -n; die -n des Bürgertums; die schmerzhaft empfundene S. zwischen Denken und Tun (Chr. Wolf, Nachdenken 66); zwischen ihnen fiel eine S.; der Phantasie sind keine -n gesetzt *(man darf seiner Phantasie freien Lauf lassen);* die -n der Konvention durchbrechen, überspringen, überwinden; -n zwischen sich und anderen aufrichten; keine -n mehr kennen, sich keinerlei -n auferlegen *(hemmungslos, ohne Beherrschung sein);* innerhalb der -n der staatlichen Gesetze; ***sich in -n halten** (geh.; *sich unter Anstrengung beherrschen; an sich halten);* **etw. hält sich in -n** *(etw. übersteigt nicht das erträgliche Maß);* **etw. in -n halten** *(etw. in seinem Ausmaß das erträgliche Maß nicht übersteigen lassen);* **jmdn. in die/seine -n weisen/verweisen** *(jmdn. zur Mäßigung auffordern);*

Schränkeisen ['ʃrɛŋk-], das; -s, -: *Gerät zum Schränken der Säge;* **schränken** ['ʃrɛŋkn̩] ⟨sw. V.; hat⟩ [mhd. schrenken = schräg stellen, verschränken, flechten, ahd. screnken = schräg stellen]: **1.** (Fachspr.) *die Zähne eines Sägeblattes abwechselnd rechts u. links abbiegen.* **2.** (Jägerspr.) *(bes. von Edelwild) die Tritte in seitlicher Abweichung von einer gedachten geraden Linie aufsetzen;* **Schranken** ['ʃraŋkn̩], der; -s, - (österr.): *Bahnschranke.*

schranken-, Schranken-: ~**los** ⟨Adj.; -er, -este⟩: **1. a)** *durch keine Schranken* (2) *behindert od. sich behindern lassend; keine gesetzte Grenze respektierend:* ein -er Despotismus, Individualismus; -e Freiheit; seine Privilegien s. ausnutzen; **b)** svw. ↑grenzenlos (2 a): ein -es Vertrauen; in Brasilien diktiert der Kaffee ... Ihm muß s. gehorcht werden (Jacob, Kaffee 223). **2.** ⟨o. Steig.; nicht adv.⟩ (selten) *unbeschrankt:* ein -er Bahnübergang, zu 1: ~**losigkeit,** die; -; ~**wärter,** der: svw. ↑Bahnwärter, dazu: ~**wärterhäuschen,** das.

Schränker ['ʃrɛŋkɐ], der; -s, - [zu ↑Schrank] (Gaunerspr.): *Geldschrankknacker.*

Schranne ['ʃranə], die; -, -n [mhd. schranne, ahd. scranna] (südd. veraltend): **1.** *Stand bes. zum Verkauf von Fleisch- u. Backwaren.* **2.** *Markt[halle] zum Verkauf von Getreide.*

Schranz [ʃrants], der; -es, Schränze ['ʃrɛntsə; mhd. schranz, auch: = geschlitztes Kleid] (südd., schweiz. mundartl.): *[dreieckiger] Riß* (1) *[im Stoff];* **Schranze** ['ʃrantsə], die; -, -n, seltener: der; -n, -n ⟨meist Pl.⟩ [mhd. schranze, eigtl. = Person, die ein geschlitztes Kleid trägt] (abwertend): **a)** *jmd., der zur engeren Umgebung einer höhergestellten Persönlichkeit gehört u. ihr zum Munde redet, schmeichelt;* **b)** (veraltet) *Hofschranze;* **schranzen** ['ʃrantsn̩] ⟨sw. V.; hat⟩ [zu ↑Schranze] (veraltet abwertend): *sich wie eine Schranze* (b) *verhalten;* **schranzenhaft** ⟨Adj.; -er, -este⟩: *wie eine Schranze* (a).

Schrape ['ʃra:pə], die; -, -n [mniederd. schrape, zu ↑schrapen] (nordd.): svw. ↑Schrapper; **schrapen** ['ʃra:pn̩] (nordd.): ↑schrappen; **Schraper** ['ʃra:pɐ], der; -s, - (Musik): *meist röhrenförmiges Instrument mit geriffelter, gezahnter od. gekerbter Oberfläche, über die der Spieler mit einem Stäbchen od. Plättchen streicht, so daß eine rasche Folge von Anschlägen entsteht.*

Schrapnell [ʃrap'nɛl], das; -s, -e u. -s [nach dem engl. Offizier H. Shrapnel (1761–1842)]: **1.** (Milit. früher) svw. ↑Kartätsche (1): die Luft ist voll mit pfeifenden Kugeln und platzenden -s (Kinski, Erdbeermund 85). **2.** (derb abwertend) *nicht mehr als attraktiv empfundene, ältere Frau:* er ist mit einem alten S. verheiratet; ⟨Zus. zu 1:⟩ **Schrapnellkugel,** die.

Schrappeisen ['ʃrap-], das; -s, - [zu ↑schrappen]: *Eisen* (2) *zum Schrappen* (2 a); **schrappen** ['ʃrapn̩] ⟨sw. V.⟩ [aus dem Niederd. < mniederd. schrapen] (landsch., bes. nordd.): **1.** *mit einem Messer o. ä. mit schnellen, kurzen, in einer Richtung ausgeführten Bewegungen die äußere Schicht von etw. entfernen; schaben* ⟨hat⟩: Möhren, Kartoffeln s.; Fische s. *(entschuppen);* Ü jmdn. s., sich [den Bart] s. (scherzh.; *[sich] rasieren*). **2.** ⟨hat⟩ **a)** *durch [kräftiges] Schaben, Kratzen säubern, reinigen:* Töpfe und Pfannen s.; die Wände s. *(die Tünche von den Wänden abkratzen);* **b)** *durch kräftiges Schaben, Kratzen entfernen:* den Schmutz von den Stiefeln s. **3. a)** *scheuernd, kratzend sich über eine rauhe Fläche hinbewegen u. dabei ein entsprechendes Geräusch von sich geben* ⟨ist⟩: der Kiel schrappte über den Sand; **b)** *kratzen* (1 c) ⟨hat⟩: auf der Geige s. **4.** (abwertend) *[Geld o. ä.] zusammenraffen, -kratzen* ⟨hat⟩: er schrappte und schrappte, als hätte er noch nicht genug; Die Dickbälger schrappen die Profite (Marchwitza, Kumiaks 112); **Schrapper** ['ʃrapɐ], der; -s, -: **1.** (Technik) *mit Hilfe von Haspel u. Seilen bewegtes, kastenartiges Gerät ohne Boden zum Schürfen u. Fördern von Schüttgut, Salz, Kohle o. ä.:* der S. holt das Salz, die Haspeln heulen (Grass, Blechtrommel 649). **2.** (landsch.) *Werkzeug, Gerät zum Schrappen* (1, 2). **3.** (landsch. abwertend) *jmd., der schrappt* (4); *geiziger, habgieriger Mensch;* **Schraps** [ʃraps], der; -es [vgl. Schrapsel] (berlin.): *etw., wofür man keine Verwendung mehr hat; nutzloses, wertloses Zeug:* was ... in diesem Schubfach lag. Es konnte nur alter, längst vergessener S. sein (Fallada, Jeder 102); **Schrapsel** ['ʃra:psl̩], das; -s, - (nordd.): *beim Schrappen* (1, 2) *entstandener Abfall; das Abgekratzte, Abgeschabte.*

Schrat [ʃra:t], der; -[e]s, -e, (landsch., bes. südd.:) **Schrätel** [ˈʃrɛ:tl̩], der; -s, - [mhd. schrat(te), ahd. scrato, eigtl. wohl = verkümmertes Geschöpf, Knirps]: *(im alten Volksglauben) koboldhaftes Wesen; zottiger Waldgeist.*

Schrạtsegel, das; -s, - [zu (m)niederd. schräd = schräg, verw. mit ↑schroten] (Geol.): svw. ↑²Karre; ⟨Zus.:⟩ **Schrạt-** *Schiff steht, nicht an einer Rah befestigt ist.*

Schratt [ʃrat], der; -[e]s, -e: svw. ↑Schrat.

Schratte [ˈʃratə], die; -, -n ⟨meist Pl.⟩ [eigtl. = Zerrissenes, verw. mit ↑schroten] (Geol.): svw. ↑²Karre; ⟨Zus.:⟩ **Schrạttenfeld,** das: svw. ↑Karrenfeld; **Schrạttenkalk,** der ⟨o. Pl.⟩: *von Schratten zerklüftetes Kalkgestein.*

Schraub-: **~deckel,** der: *an der Innenseite des Randes mit einem Gewinde versehener Deckel, der auf etw. geschraubt wird;* **~getriebe,** das (Technik): svw. ↑Schraubengetriebe; **~klotz,** der: svw. ↑~stollen; **~stock,** der ⟨Pl. ...stöcke⟩: *zangenartige Vorrichtung, zwischen deren verstellbare Bakken ein zu bearbeitender Gegenstand eingespannt wird:* ein Werkstück in den S. [ein]spannen, dazu: **~stockbacke,** die; **~stollen,** der: *ein-, aufschraubbarer Stollen* (z. B. an Fußballschuhen); **~verschluß,** der: *mit einem Gewinde versehener Verschluß in Form eines Bolzens, Deckels o. ä.:* eine Wärmflasche, Thermosflasche mit S.; **~zwinge,** die (Technik): *Zwinge, deren Backen mittels einer Schraubenspindel verstellbar sind.*

Schräubchen [ˈʃrɔypçən], das; -s, -: ↑Schraube (1); **Schraube** [ˈʃraubə], die; -, -n [mhd. schrūbe, H. u., viell. aus dem Afrz. (afrz. escrou = ²Mutter)]: **1.** ⟨Vkl. ↑Schräubchen⟩ *mit Gewinde u. Kopf versehener [Metall]bolzen, der in etw. eingedreht wird u. zum Befestigen od. Verbinden von etw. dient:* die S. sitzt fest, hat sich gelockert; eine S. eindrehen, anziehen, lockern, lösen; das Türschild mit -n befestigen; Ü daß Moskau die S. in der Sowjetzone immer fester anzieht *(daß Moskau die Sowjetzone immer mehr unter Druck setzt, ihre Entscheidungsfreiheit immer mehr einengt;* Dönhoff, Ära 107); ***eine S. ohne Ende** (1. Technik; *Schraubenwelle, die in ein Schraubenrad eingreift u. dieses in stete Umdrehung versetzt.* 2. *auf Wechselwirkung zweier od. mehrerer Faktoren beruhender [fruchtloser] Vorgang, dessen Ende nicht abzusehen ist:* Preissteigerung und Lohnerhöhung sind eine S. ohne Ende); **bei jmdm. ist eine S. locker/los[e]** (salopp; *jmd. ist nicht recht bei Verstand, ist nicht normal*); **die S. überdrehen** (ugs.; *mit einer Forderung o. ä. zu weit gehen*); **jmdn. in die -n nehmen** (ugs.; ↑Daumenschraube); **jmdn. in der S. haben** (ugs.; *jmdn. unter Druck setzen, zu einer bestimmten Handlung, einem bestimmten Verhalten zwingen*). **2. a)** kurz für ↑Schiffsschraube: eine zwei-, vierflügelige S.; **b)** kurz für ↑Luftschraube. **3.** (Sport) **a)** (Turnen, Kunstspringen) *Sprung mit ganzer Drehung um die Längsachse des gestreckten Körpers;* **b)** (Kunstfliegen) *mehrmalige Drehung des Flugzeugs um seine Längsachse.* **4.** (ugs. abwertend) *etwas absonderliche [mürrische] ältere Frau:* die neue Laborantin ist eine richtige S.; und so wird man langsam eine alte S. (Geissler, Wunschhütlein 48); **Schraubel** [ˈʃraubl̩], die; -, -n (Bot.): *Blütenstand in Form eines einzigen Seitensprosses mit schraubig zugeordneten Blüten* (z. B. bei der Taglilie); **schrauben** [ˈʃraubn̩] ⟨sw. V.; hat⟩ /vgl. geschraubt/ [spätmhd. schrūben]: **1. a)** *mit einer Schraube, mit Schrauben befestigen:* ein Schild an die Tür s.; eine Metallplatte auf das Gerät s.; **b)** *durch Lösen der Schraube[n] entfernen:* den Kotflügel von der Karosserie s. **2. a)** *etw., was mit einem Gewinde versehen ist, durch Drehen in, auf etw. [in bestimmter Weise] befestigen:* die Mutter [fest] auf die Schraube s.; Garderobehaken in die Wand s.; du mußt die Glühbirne fester [in die Lampe] s., sonst gibt es Wackelkontakt; **b)** *etw., was mit einem Gewinde versehen ist, durch Drehen aus, von etw. lösen:* den Deckel vom Marmeladenglas, die Kappen aus den Gewinden s. **3.** *mit Hilfe einer Schraubenspindel o. ä. auf eine bestimmte Höhe drehen:* den Klavierschemel höher, niedriger s.; Er schraubte den Docht der Lampe so hoch, wie es anging (Jahnn, Geschichten 155). **4.** *machen, daß etw. in bestimmtem Maße steigt, zunimmt, wächst:* Preise, Ansprüche, Erwartungen in die Höhe, ständig höher s.; Joachim Leitert schraubte *(steigerte)* ... den Rundenrekord auf 125.84 km/st (Neues D. 15.6.64, 3). **5.** ⟨s. + sich⟩ *sich in schraubenförmigen Windungen irgendwohin bewegen:* der Adler, das Flugzeug schraubte sich in die Höhe, höher und höher, über die Wolken; schraubten sich zwei Eichhörnchen jagend um den Stamm (A. Zweig, Grischa 64); Ü Er schraubte sich, auf Deckung achtend, aus dem Wagen (Kirst, 08/15, 450). **6.** (Turnen) *eine Schraube* (3 a) *ausführen:* bei einem Unterschwung s.

schrauben-, Schrauben-: **~bakterie,** die ⟨meist Pl.⟩ (selten): svw. ↑Spirille; **~bolzen,** der: *mit einem Gewinde versehener Bolzen; Schraube ohne Kopf;* **~dampfer,** der: **1.** *mit Schiffsschrauben angetriebener Dampfer.* **2.** (salopp abwertend) *durch ihre Korpulenz auffallende, ältere Frau;* **~dreher,** der (Fachspr.): svw. ↑~zieher; **~feder,** die (Technik, bes. Fahrzeugbau): *schraubenförmig gewundene Feder* (3) *aus Stahl[draht];* **~fläche,** die: *Fläche, die durch Schraubung einer Raumkurve entsteht* (z. B. die Wendelfläche); **~flügel,** der: *Flügel* (2 b) *einer [Schiffs-, Luft]schraube;* **~förmig** ⟨Adj.; o. Steig.⟩: *in Form einer Schraubenlinie:* eine -e Bewegung; die Hörner der Schraubenziege sind s. gewunden; **~gang,** der: *Gewindegang einer Schraube* (1); **~getriebe,** das (Technik): *Getriebe, bei dem durch Drehung einer Schraubenspindel ein auf diese geschraubtes Bauteil in Längsrichtung verschoben wird;* **~gewinde,** das; **~kopf,** der: ein sechs-, vierkantiger S.; ein halbrunder, geschlitzter S.; **~linie,** die: *wie die Schraubengänge in gleichmäßigen, schräg ansteigenden Windungen verlaufende Linie;* **~mutter,** die ⟨Pl. ...muttern⟩: *an der Innenfläche mit einem Gewinde versehener [flacher] zylindrischer Hohlkörper [aus Metall], der das Gewinde eines Schraubenbolzens drehbar umschließt; ²Mutter:* die S. fest anziehen, lockern; **~rad,** das (Technik): *Zahnrad mit schraubenförmig gewundenen Zähnen;* **~salto,** der (Turnen): *Salto mit Schraube* (3 a), *Drehsalto;* **~schlüssel,** der: *Werkzeug, das aus einem an einem od. beiden Enden mit einem Maul versehenen Schaft besteht u. zum Anziehen u. Lockern von Schrauben od. Schraubenmuttern mit eckigem Kopf dient:* Ü du brauchst wohl einen S.? (salopp abwertend; *du bist wohl nicht recht bei Verstand?*); **~spindel,** die (Maschinenbau): *Spindel mit Schraubengewinde;* **~welle,** die (Maschinenbau): *Welle mit Schraubengewinde;* **~winde,** die (Technik): *Winde, bei der die Last durch das Betätigen einer Schraubenspindel angehoben wird;* **~windung,** die; **~wurf,** der (Wasserball): svw. ↑Rückhandwurf; **~ziege,** die: *im Himalajagebiet u. in den benachbarten Hochgebirgen lebende große Ziege mit im Sommer rötlichbraunem, im Winter graubraunem Fell u. mit schraubenförmig gewundenen, langen Hörnern beim männlichen Tier;* **~zieher,** der: *Werkzeug, das aus einem vorne spatelförmig abgeflachten stählernen Stift mit Handgriff besteht u. zum Anziehen u. Lockern von Schrauben mit geschlitztem Kopf dient; Schraubendreher;* **~zwinge,** die (Technik): svw. ↑Schraubzwinge.

schraubig [ˈʃraubɪç] ⟨Adj.; o. Steig.⟩ (Fachspr.): *einer Schraubenlinie entsprechend, in einer Schraubenlinie:* die Anordnung der Blüten an der Seitenachse ist s.; etw. ist s. gewunden; **Schraubung,** die; -, -en (Fachspr.): *schraubenförmige Bewegung, schraubenförmiger Verlauf (von etw.);* **Schraufen** [ˈʃraufn̩], der; -s, - [mundartl. Nebenf. von ↑Schraube] (österr. ugs.): **1.** svw. ↑Schraube (1). **2.** *Niederlage (im Sportwettkampf).*

Schrebergarten [ˈʃre:bɐ-], der; -s, ...gärten [nach dem dt. Arzt u. Pädagogen D. G. M. Schreber (1808–1861)]: *Kleingarten innerhalb einer Gartenkolonie am Stadtrand:* einen S. haben; am Wochenende ist er meistens mit seiner Familie in seinem S.; ⟨Zus.:⟩ **Schrẹbergartenkolonie,** die; **Schrẹbergärtner,** der: *jmd., der einen Schrebergarten besitzt, gepachtet hat [u. bearbeitet, pflegt]:* ***geistiger S.** (↑Kleinrentner).

Schreck [ʃrɛk], der; -[e]s, -e ⟨Pl. ungebr.⟩ [mhd. schrecke, zu ↑¹schrecken]: *heftige Gemütserschütterung, die meist durch das plötzliche Erkennen einer Gefahr, Bedrohung ausgelöst wird:* ein großer, mächtiger, ungeheurer, höllischer, jäher, panischer, eisiger, tödlicher S.; ein freudiger S. durchfuhr sie; ein heftiger S. befällt, ergreift, packt, durchzuckt, lähmt jmdn.; der S. fuhr ihm in die Glieder, Knochen; der S. saß, lag ihr noch in den Gliedern; einen S. bekommen; krieg [bloß, ja] keinen S. (ugs. als Ausdruck der Entschuldigung, daß etw. nicht so ist, wie es sein sollte od. erwartet wird; *ich hoffe, es stört dich nicht, du nimmst keinen Anstoß daran*), bei mir sieht's ganz wüst aus; jmdm. einen S. einjagen; auf den S. [hin] (ugs.; *um uns von dem Schreck zu erholen*) sollten wir erst mal einen Kognak trinken; nachdem sie sich von ihrem [ersten] S. erholt, den S. überwunden hatte ...; vor S. zittern, bleich, starr, wie gelähmt sein; R S., laß nach! (ugs. scherzh.; *das darf doch wohl nicht wahr sein!; auch das noch!*); ***ach du S.!/[ach] du mein S.!/[ach du] heiliger S.!** (ugs.; Ausrufe unangenehmen Überraschtseins): Ach du S. ... da hast du dir was eingekauft (Kuby, Sieg 43); **-schreck,** der ⟨o. Pl.⟩ (ugs.): Grundwort in Zus. mit Subst. mit der Bed. *jmd., der von der im Bestimmungswort genannten Personengruppe als schrecklich* (2) *empfunden wird,* z. B. Bürger-, Beamten-, Rekrutenschreck.

schrẹck-, Schrẹck-: **~aphasie,** die (Med.): *Aphasie* (1) *infolge plötzlichen Erschreckens;* **~bild,** das: *Anblick, Vorstellung von etw., was einen mit Schreck erfüllt;* **~erfüllt** ⟨Adj.; -er, -este; nicht adv.⟩: *von Schreck erfüllt;* **~erstarrt** ⟨Adj.; o. Steig.; nicht adv.⟩: *starr vor Schreck;* **~färbung,** die (Zool.): *(bei verschiedenen Tieren) auffällige Färbung u. Zeichnung des Körpers, durch die Feinde abgeschreckt werden sollen;* **~gespenst,** das: **a)** *jmd., der Angst u. Schrecken hervorruft, der als schrecklich* (2) *empfunden wird:* er ist für die Regierung das S. unter den politischen Publizisten; **b)** (emotional verstärkend) *drohende [tödliche] Gefahr, Gespenst* (2): das S. eines Atomkrieges; die Kinderlähmung bleibt als ein S. (MM 22. 7. 67, 9); **~gestalt,** die: svw. ↑~gespenst (2); **~geweitet** ⟨Adj.; o. Steig.; nicht adv.⟩: -e Pupillen, Augen; **~lähmung,** die (Med., Zool.): *plötzliche, kurz andauernde Bewegungsunfähigkeit infolge eines heftigen Schrecks;* **~laut,** der: **a)** (selten) svw. ↑Schreckenslaut: Das Kind erwachte mit einem S. (Apitz, Wölfe 252); **b)** (Jägerspr.) *(bes. von Hirschen, Rehen) bei Witterung einer Gefahr [zur Warnung] ausgestoßener spezifischer Laut;* **~mittel,** das; **~reaktion,** die; **~schraube,** die (ugs. abwertend): *[weibliche] Person, die auf Grund ihres Äußeren, Verhaltens, Wesens als schrecklich* (2) *empfunden wird:* ein Knochengestell, dünnes Kraushaar, vorstehende Zähne – eine wahre S. (Richartz, Büroroman 98); **~schuß,** der: *Schuß (aus einer Schreckschußpistole), durch den jmd. erschreckt werden soll:* die Polizei feuerte einige Schreckschüsse ab; Ü dieser S. hat mich ernüchtert, nie wieder werde ich trinken, keinen Tropfen mehr (Fallada, Trinker 89), dazu: **~schußpistole,** die: *(zum Selbstschutz dienende) Pistole, aus der Schreckschüsse abgegeben werden;* **~sekunde,** die: *kürzere Zeitspanne, während deren eine Person infolge eines Schrecks reaktionsunfähig ist, zu keiner zweckgemäßen Handlung fähig ist:* wie lang ist eine S.?; eine kurze, lange S. haben; **~starre,** die: vgl. ~lähmung; **~stellung,** die (Zool.): *(bes. bei Insekten) bestimmte starre Körperhaltung als Schreckreaktion od. zur Abschreckung von Feinden;* **~stoff,** der ⟨meist Pl.⟩ (Zool.): **1.** *chemische Substanz in der Haut bestimmter schwarmbildender Fische, die bei einer Verletzung frei wird u. bewirkt, daß die übrigen Tiere des Schwarms sich sofort aus der Nähe des verletzten Tieres entfernen.* **2.** *(bes. von bestimmten Insekten) in bestimmten Drüsen produziertes, stark riechendes od. ätzendes Sekret, das einen Angreifer abschrecken soll;* **~wort,** das ⟨Pl. -e⟩ (selten) svw. ↑Schreckenswort: ein neues S. fuhr den satten Bürgern in die Glieder.

Schrecke [ˈʃrɛkə], die; -, -n: svw. ↑Heuschrecke; [1]**schrecken** [ˈʃrɛkn̩] ⟨sw. V.; hat⟩ [mhd. (er)schrecken, ahd. screcken = aufspringen, eigtl. = springen machen]: **1. a)** (geh.) *in Schrecken versetzen, ängstigen:* die Träume, Geräusche schreckten sie; jmdn. mit Drohungen, durch Strafen s. [wollen]; **b)** svw. ↑[1]aufschrecken: du hast mich [mit dem Lärm] aus dem Schlaf, aus meinen Gedanken, Träumen geschreckt; **c)** (dichter.) *vor Schreck, Angst, Ekel o. ä. zurückfahren; zurückschrecken:* Vor Käfern schrecktest Du (Kaiser, Villa 16). **2.** svw. ↑abschrecken (2b): Eier s. **3.** (Jägerspr.) *(von Hirschen, Rehen) einen Schrecklaut, Schrecklaute ausstoßen:* ein Bock schreckte in den Bleeken (Löns, Gesicht 137). **4.** (Jägerspr.) *flüchtiges Haarwild durch einen plötzlichen Ruf, Pfiff zum Stehen bringen, um es leichter treffen zu können;* [2]**schrecken** [-] ⟨st. u. sw. V., schreckt/(veraltet:) schrickt, schreckte/(veraltend:) schrak, ist geschreckt⟩ [mhd. (er)schrecken = [2]aufschrecken, ahd. screckan = springen]: svw. ↑[2]aufschrecken: aus dem Schlaf s.; **Schrẹcken,** der; -s, -: **1.** ⟨Pl. ungebr.⟩ svw. ↑Schreck: ein unheimlicher, heilloser S.; einen tüchtigen S. kriegen; ein S. überkam sie; die Nachricht rief S. hervor, verbreitete S.; jmdn. in S. versetzen, halten; etw. nicht ohne/mit S. feststellen, bemerken; etw. erfüllt jmdn. mit S. (geh.; *ängstigt jmdn. sehr*); bei dem Unfall mit dem [bloßen] S. *(ohne Schaden, schlimme Folgen)* davongekommen sein; der Gedanke hat für sie nichts von seinem S. verloren (geh.; *ist nach wie vor schreckenerregend für sie*); zu meinem S. mußte ich feststellen, daß ...; R lieber ein Ende mit S. als ein S. ohne Ende (Ausruf des preußischen Majors Ferdinand v. Schill, der 1809 eine allgemeine Erhebung gegen Napoleon I. auszulösen versuchte). **2.** ⟨meist Pl.⟩ (geh.) *Schrecken, Angst hervorrufende Wirkung von etw., das Schreckenerregende:* die Schrecken des Krieges, des Alters; das Rasiermesser ... hatte nichts von seinem S. verloren (Hesse, Steppenwolf 110). **3.** ⟨meist mit bestimmtem Art.⟩ (emotional) *jmd., der Schrecken auslöst, als schrecklich* (2) *empfunden wird:* er ist der S. der Nachbarschaft, der Schule; der Feldwebel war der S. der Rekruten; ⟨Zus.:⟩ **schrẹckenerregend** ⟨Adj.⟩: *von einer Art, so beschaffen, daß es Schrecken* (1) *erregt:* -e Ereignisse; sein Zorn war s.; s. aussehen, brüllen.

schrẹckens-, Schrẹckens- (Schrecken 1): **~anblick,** der; **~bild,** das: *Bild* (2) *des Schreckens;* **~blaß** ⟨Adj.; o. Steig.; nicht adv.⟩: vgl. ~bleich; **~bleich** ⟨Adj.; o. Steig.; nicht adv.⟩: *sehr bleich [vor Schrecken]:* mit -em Gesicht; s. werden; **~botschaft,** die; **~herrschaft,** die: *Schrecken verbreitende Herrschaft* (1); **~laut,** der: *vor Schrecken, Angst ausgestoßener Laut;* **~meldung,** die; **~nachricht,** die; **~nacht,** die: *Nacht, in der etw. Schreckliches* (1) *geschehen ist;* **~regime,** das: vgl. ~herrschaft; **~ruf,** der: in laute -e ausbrechen; **~schrei,** der; **~tat,** die; **~vision,** die; **~voll** ⟨Adj.⟩ (geh.): **1.** ⟨nicht adv.⟩ *voll des Schrecklichen* (1): es war eine -e Zeit. **2.** svw. ↑schreckerfüllt: ein -er Blick, Schrei; jmdn. s. ansehen; s. zurückweichen; **~wort,** das ⟨Pl. -e⟩: das S. kam auf ... „Es fehlt noch was"! (Kant, Impressum 215); **~zeit,** die: die S. des Krieges.

schrẹckhaft ⟨Adj.; -er, -este⟩ [spätmhd. schreckhaft]: **1.** *leicht zu erschrecken:* ein -es Kind; sie hat ein -es Wesen; nicht sonderlich, sehr s. sein; s. reagieren. **2.** ⟨nicht adv.⟩ (dichter. veraltend) *(in bezug auf die Heftigkeit eines plötzlichen Gefühls) einem Schrecken* (1) *ähnlich:* überflutete sie jäh ein -es Erstaunen (Werfel, Himmel 179); zu seiner -en Freude (Th. Mann, Krull 192); die Genugtuung, die mir dieser Erfolg bereitete, war fast -er Art (ebd. 19). **3.** (veraltet) *schreckenerregend, schrecklich* (1): -e Visionen; ⟨Abl. zu 1:⟩ **Schrẹckhaftigkeit,** die; -: *das Schreckhaftsein;* **schrẹcklich** ⟨Adj.⟩ [spätmhd. schriclich]: **1.** *durch seine Art, sein Ausmaß Schrecken, Entsetzen auslösend:* eine -e Nachricht; ein -es Geschehen, Erlebnis; die Unfallstelle bot einen -en Anblick; es gab ein -es Erwachen, nahm ein -es Ende; er ist auf -e Weise ums Leben gekommen; er war s. (geh.; *furchterregend*) in seinem Zorn; das ist ja s.!; oh, wie s.!; der Tote war s. anzusehen; ⟨subst.:⟩ sie haben Schreckliches durchgemacht. **2.** (ugs. abwertend) *in seiner Art, seinem Verhalten o. ä. so unangenehm, daß es Abneigung od. Entrüstung hervorruft, als unleidlich, unerträglich empfunden wird:* er ist ein -er Mensch, Kerl!; -e Zustände; es ist wirklich s. mit dir, nie kann man es dir recht machen; es ist mir s., ihm das sagen zu müssen; er hat sich [ganz] s. benommen, aufgeführt. **3.** (ugs.) **a)** ⟨nicht adv.⟩ *in einer als unerträglich empfundenen Weise stark, groß:* eine -e Hitze; ein -er Lärm; -en Hunger haben; **b)** ⟨intensivierend bei Adjektiven u. Verben⟩ *in erstaunlich od. erschreckend hohem Maße, überaus:* jmdn. s. nett, eingebildet, dumm finden; etw. s. gern tun; s. viel zu tun haben; wir haben darüber s. gelacht; sich über etw. s. freuen; ⟨Abl. zu 1:⟩ **Schrẹcklichkeit,** die; -, -en ⟨Pl. ungebr.⟩: *das Schrecklichsein:* weil das Motiv die S. des Mörders erhöht (Reinig, Schiffe 125); **Schrecknis** [ˈʃrɛknɪs], das; -ses, -se (geh.): *etw., was Schrecken* (1) *erregt:* die S. des Todes; die -se des Krieges, seiner Gefangenschaft; um der Wiederholung solcher -se vorzubeugen (Menzel, Herren 69).

Schredder: ↑Shredder.

Schrei [ʃrai], der; -[e]s, -e [mhd. schrei, ahd. screi, zu ↑schreien]: *unartikuliert ausgestoßener, oft schriller Laut eines Lebewesens; (beim Menschen) oft durch eine Emotion ausgelöster, meist sehr lauter Ausruf:* ein lauter, gellender, markerschütternder, wilder, wütender, gräßlicher, kurzer, langgezogener, klagender, erstickter S.; ein S. des Entsetzens, der Überraschung, der Freude; die -e der Kinder; die heiseren -e der Möwen; ein S. ertönte, war zu hören, durchbrach die Stille, verhallte, entrang sich seinem Munde; einen S. ausstoßen, von sich geben, unterdrücken; sie ... tat einen kleinen, hellen S. (Schaper, Kirche 156); mit einem wilden S. stürzte er sich auf ihn; Ü der S. (geh.; *das große Verlangen, die ungestüme Forderung*) der Armen nach Brot; Ein S. der Empörung und des Entsetzens (geh.; *wilde Empörung, großes Entsetzen*) geht durch das französische Volk (Mostar, Unschuldig 29); ***der letzte S.** (ugs.; *die neueste, die ganz aktuelle Mode;* für ↑Dernier cri): Reggae ist der letzte S.; sie ist stets nach dem letzten S. gekleidet.

Schrei-: ~**adler,** der [nach den schrillen Lauten]: *(in Osteuropa, Asien u. Indien lebender) kleinerer Adler, der seine Beutetiere am Boden laufend jagt;* ~**hals,** der (ugs.): *jmd., der viel Geschrei macht, häufig schreit:* von den Nazis bestellte Schreihälse; was sind denn das für Schreihälse draußen auf der Straße?; (fam.:) na, du kleiner S.; seid jetzt einmal still, ihr Schreihälse, und geht zu den andern Kindern; ~**krampf,** der: *meist als hysterische Reaktion auf etw. auftretendes, unkontrolliertes, lautes Schreien:* einen S. bekommen; in Schreikrämpfe fallen, ausbrechen; ~**vogel,** der: *in den Tropen heimischer, zu den Sperlingen gehörender Vogel, der im Vergleich zu den Singvögeln einen einfacher gebauten Kehlkopf aufweist.*

schreib-, Schreib-: ~**abteil,** das (Eisenb.): *als Büro eingerichtetes Abteil in einem Zug, in dem von Reisenden Schreibarbeiten erledigt werden können;* ~**arbeit,** die: *Arbeit, bei der geschrieben wird:* mit -en beschäftigt sein; ~**art,** die (selten): *Stil;* ~**bedarf,** der: *beim Schreiben benötigtes Arbeitsmaterial;* ~**block,** der ⟨Pl. -s⟩: *Block* (5), *dessen Blätter zum Beschreiben dienen;* ~**faul** ⟨Adj.; nicht adv.⟩ *zu faul, zu bequem zum Schreiben, ungern Briefe schreibend:* 18jähriger Boy sucht nette Brieffreundin, die nicht s. ist (Bravo 29, 1976, 46), dazu: ~**faulheit,** die; ~**feder,** die: *Feder* (2a) *zum Schreiben;* ~**fehler,** der: *beim Schreiben entstehender, unterlaufender Fehler;* ~**gerät,** das: *Gerät, das zum Schreiben benötigt wird:* verschiedene -e wie Federhalter, Bleistift und Kugelschreiber lagen auf seinem Tisch; ~**gewandt** ⟨Adj.; nicht adv.⟩: **a)** *fähig (bes. auf einer Schreibmaschine od. in Stenographie), gewandt, zügig zu schreiben;* **b)** *fähig, sich schriftlich gewandt, in gutem Stil auszudrücken;* ~**heft,** das: *zum Schreiben dienendes* [2]*Heft* (a) *mit liniertem Papier;* ~**kopf,** der: vgl. Kugelkopf, dazu: ~**kopfmaschine,** die; ~**kraft,** die: *jmd. (meist weibl. Person), der, vorwiegend unter Verwendung von Maschinenschreiben u. Stenographie, [berufsmäßig] Schreibarbeiten ausführt;* ~**krampf,** der: *durch Überanstrengung beim Schreiben hervorgerufener Krampf der Muskulatur der Hand; Graphospasmus;* ~**kreide,** die: *bes. zum Schreiben auf Wandtafeln verwendete Kreide* (2); ~**kunst,** die ⟨o. Pl.⟩: *Fähigkeit, schön zu schreiben, bes. verschiedene Schriften künstlerisch zu gestalten;* ~**mappe,** die: *Mappe für Schreib-, Briefpapier, die auch als Unterlage beim Schreiben dienen kann;* ~**mäppchen,** das: svw. ↑Federmäppchen; ~**maschine,** die: *Gerät, mit dessen Hilfe durch Niederdrücken von Tasten Schriftzeichen mittels Farbband auf ein in das Gerät eingespanntes Papier übertragen werden, so daß eine dem Druck ähnliche Schrift auf einem Schriftstück entsteht:* er kann gut S. schreiben; sich an die S. setzen; etw. auf der S. schreiben; einen Bogen Papier in die S. einspannen; ein neues Farbband in die S. einlegen, einziehen, dazu: ~**maschinenpapier,** das: *zum Beschreiben mit der Schreibmaschine geeignetes, meist weißes Papier in DIN-A4-Format,* ~**maschinenschrift,** die: *mit einer Schreibmaschine geschriebene Schrift;* ~**papier,** das: *zum Beschreiben geeignetes, meist weißes Papier;* ~**platte,** die: *größere Platte* (1), *meist als Teil eines Möbelstücks, die als Unterlage beim Schreiben dient:* ein Regal, ein Pult mit einer S.; ~**pult,** das: *Pult* (a) *mit einer Schreibplatte;* ~**satz,** der ⟨o. Pl.⟩ (Druckw.): svw. ↑Composersatz; ~**schale,** die: *Schale, in der auf einem Schreibtisch die Schreibgeräte, Radiergummis, Büroklammern o. ä. aufbewahrt werden;* ~**schrank,** der: *einem Schrank ähnliches Möbelstück mit einer herausklappbaren Schreibplatte;* ~**schrift,** die: **1.** *mit der Hand geschriebene Schrift (im Unterschied zur Druckschrift* (1) *od. zur Schreibmaschinenschrift).* **2.** (Druckw.) *einer mit der Hand geschriebenen Schrift nachgebildete, ähnliche Druckschrift* (1); ~**stift,** der: *zum Schreiben dienender* [1]*Stift* (2); ~**stil,** der; *Art u. Weise, in der sich jmd. schriftlich ausdrückt; Stil;* ~**stube,** die: **a)** (veraltet) *Raum, in dem Schreibarbeiten erledigt werden, Büro:* In den -n lagen die Wachstäfelchen, in der Bibliothek die Papyrussorten (Ceram, Götter 25); **b)** (Milit.) *Büro im militärischen Bereich, bes. in einer Kaserne:* Drei Wochen nach dem Bombenteppich wurden alle Flakhelfer ... zur S. gerufen (Lentz, Muckefuck 259), zu b: ~**stubenhengst,** der (Soldatenspr. abwertend): *Soldat, der in der Schreibstube beschäftigt ist;* ~**tafel,** die: *Tafel unterschiedlichen Materials u. verschiedener Größe, auf die geschrieben wird;* ~**tisch,** der: *einem Tisch ähnliches Möbelstück zum Schreiben, das meist an einer od. an beiden Seiten Schubfächer zum Aufbewahren von Schriftstücken, Akten o. ä. besitzt:* am, hinterm S. sitzen; die Akten liegen auf dem S., sind im S. verwahrt, dazu: ~**tischgarnitur,** die: *aus Schreibschale, Tintenfaß, Briefbeschwerer, Brieföffner, Schreibunterlage o. ä. bestehende Garnitur* (1 a) *für den Schreibtisch,* ~**tischlampe,** die, ~**tischmörder,** der: vgl. ~tischtäter, ~**tischschublade,** die, ~**tischsessel,** der: *für das Arbeiten an einem Schreibtisch geeigneter, zu einem Schreibtisch gehörender Sessel,* ~**tischstuhl,** der: vgl. ~tischsessel, ~**tischtäter,** der: *jmd., der von verantwortlicher Position aus eine unrechte Tat, ein Verbrechen vorbereitet, veranlaßt, den Befehl dafür gibt, von andern ausführen läßt;* ~**übung,** die: *Übung für schönes, geläufiges Schreiben:* die -en der Abc-Schützen; ~**unkundig** ⟨Adj.; nicht adv.⟩: *des Schreibens nicht kundig, es nicht gelernt habend;* ~**unterlage,** die: *eine glatte Fläche bietende, elastische Unterlage aus Leder, Kunststoff o. ä., die das Schreiben erleichtert;* ~**unterricht,** der: *(im ersten Jahr der Grundschule einsetzende) Unterweisung im Schreiben;* ~**utensilien** ⟨Pl.⟩: vgl. ~gerät; ~**verbot,** das: *Verbot, sich schriftstellerisch, journalistisch o. ä. zu betätigen, Geschriebenes zu veröffentlichen:* im Dritten Reich war ihm S. erteilt worden; ~**waren** ⟨Pl.⟩ *zum Schreiben benötigte u. in entsprechenden Geschäften erhältliche Gegenstände,* dazu: ~**warengeschäft,** das: *Geschäft, Laden, in dem Schreibwaren u. ähnliche Artikel verkauft werden,* ~**warenhandlung,** die: vgl. ~warengeschäft, ~**warenladen,** der: vgl. ~warengeschäft; ~**weise,** die: **1.** *Art, in der ein Wort geschrieben wird:* die S. verschiedener Fachwörter, eines Namens; Präsident Johnson und das amerikanische Außenministerium verwenden für das Wort „Vietnam" drei -n (Spiegel 6, 1966, 106). **2.** svw. ↑~stil; ~**wut,** die (ugs. scherzh.): *[plötzlicher] Drang, viel zu schreiben* (2 b), dazu: ~**wütig** ⟨Adj.⟩ (ugs. scherzh.); ~**zeug,** das: vgl. ~gerät; ~**zimmer,** das: *(bes. in Hotels, Sanatorien o. ä.) für die Erledigung von Schreibarbeiten eingerichtetes Zimmer.*

Schreibe [ˈʃrai̯bə], die; -, -n: **1.** ⟨o. Pl.⟩ **a)** (ugs.) svw. ↑Schreibstil: er hat eine gute, flotte, flüssige S.; Sie rutschen ab. Ihre S. ist auch nicht mehr das, was sie einmal war (Simmel, Stoff 235); **b)** *etw. Geschriebenes, geschriebener Text:* Das Umformen ... aus einer Rede in eine S. (Weinberg, Deutsch 5); R eine S. ist keine Rede/eine Rede ist keine S. *(schriftlich drückt man sich anders aus als mündlich).* **2.** (ugs.) svw. ↑Schreibgerät: hast du mal eine S. für mich?; **schreiben** [ˈʃrai̯bn̩] ⟨st. V.; hat⟩ [mhd. schrīben, ahd. scrīban < lat. scrībere = schreiben, eigtl. = mit dem Griffel einritzen]: **1. a)** *Schriftzeichen, Buchstaben, Ziffern, Noten o. ä., in einer bestimmten lesbaren Folge mit einem Schreibgerät auf einer Unterlage, meist Papier, hervorbringen:* schön, deutlich, sauber, ordentlich, wie gestochen, unleserlich, groß, klein, schnell, langsam, unbeholfen, orthographisch richtig s.; auf einen Zettel, auf weißes Papier s.; auf/mit der Maschine s.; in gut leserlicher, in lateinischer Schrift s.; in/mit großen, kleinen Buchstaben s.; am liebsten mit der Hand s.; mit dem Bleistift, mit einem Kugelschreiber, mit Tinte s.; nach Diktat s.; er kann weder lesen noch s.; das Kind lernt s.; ⟨subst.:⟩ jmdm. das Schreiben beibringen; **b)** *(vom Schreibgerät) beim Schreiben* (1 a) *bestimmte Eigenschaften aufweisen:* der Bleistift schreibt gut, weich, hart; die Feder schreibt zu breit; **c)** ⟨s. + sich; unpers.⟩ *sich mit den gegebenen Mitteln in bestimmter Weise schreiben* (1 a) *lassen:* auf diesem groben Papier schreibt es sich nicht gut, etwas holprig; mit der neuen Feder schreibt es sich viel besser, flüssiger. **2. a)** *aus Schriftzeichen, Buchstaben, Ziffern o. ä. in einer bestimmten lesbaren Folge bilden, zusammensetzen:* ein Wort, eine Zahl s.; den Satz zu Ende s.; sie kann Noten s.; seinen Namen an die Tafel, auf einen Zettel, s.; sie schreibt auf der Maschine 250 Anschläge in der Minute; er hat den ganzen Text noch einmal mit der Hand geschrieben; wie schreibt man diese Zusammensetzung?; man schreibt den Titel dieser Zeitschrift groß, mit großen Anfangsbuchstaben; dieses Substantiv wird mit „h" geschrieben; er schreibt eine gute, leserliche Handschrift *(seine Handschrift ist gut, leserlich);* Ü Schmerz war in seinen Zügen geschrieben *(drückte sich darin aus);* **b)** *schreibend* (1 a), *schriftlich formulieren, in schriftlicher Form abfassen, gestalten, verfassen; von etw. der Autor, Verfasser sein:* einen Brief, eine Beschwerde, einen Antrag, ein Gesuch, einen Wunschzettel s.; jmdm., an jmdn. eine Karte, ein paar Zeilen s.; schreiben Sie mir doch bitte etwas ins Gästebuch; er schreibt Romane, Gedichte, Erzählungen, seine Memoiren, Artikel für eine Zeitung; er hat ein Buch, einen Bericht über Afrika geschrieben; er hat in seinem Zeitungsartikel die Wahrheit, lauter Märchen, Lügen, Unsinn geschrieben *(schriftlich verbreitet)*; sie schreibt in ihren Lebenserinnerungen *(äußert sich darin dahin gehend)*, daß sie immer alles allein entscheiden mußte; was schreiben denn die Zeitungen über den Vorfall *(was wird in den Zeitungen darüber berichtet)*?; der Autor schreibt einen guten Stil, eine geschliffene Prosa; die geschriebene Sprache, das geschriebene Wort; das geschriebene Recht *(in bestimmten juristischen Texten festgelegtes Recht im Unterschied zum ungeschriebenen Recht)*; **c)** *komponierend schaffen u. niederschreiben; der Komponist von etw. sein:* eine Oper, eine Symphonie, Schlager s.; wer hat die Musik zu diesem Film geschrieben? **3. a)** *als Autor künstlerisch, schriftstellerisch, journalistisch o. ä. tätig sein:* er ist Maler, und sein Freund schreibt; sie schreibt schon lange, aus innerem Zwang; er schreibt für eine Zeitung, für den Rundfunk, in einem Magazin; er hat schon immer gegen den Krieg geschrieben *(ist in seinen schriftstellerischen, journalistischen o. ä. Arbeiten dagegen angegangen)*; er hat über die Antike geschrieben; ⟨subst.:⟩ er hat großes Talent zum Schreiben; **b)** *in bestimmter Weise schriftlich formulieren, sich schriftlich äußern, etw. sprachlich gestalten; einen bestimmten Schreibstil haben:* der Autor schreibt gut, lebendig, anschaulich, interessant, spannend, überzeugend, schlecht, ziemlich langweilig; sie schreibt englisch und deutsch; er schreibt immer in gutem, hervorragendem Deutsch; **c)** *mit der schriftlichen Formulierung, sprachlichen Gestaltung, Abfassung, Niederschrift von etw. beschäftigt sein:* an einem Roman, an seinen Memoiren s.; er schreibt schon lange an seiner Examensarbeit. **4. a.)** *eine schriftliche Nachricht senden, schriftliche Mitteilung machen; sich schriftlich an jmdn. wenden:* ihr Sohn hat lange nicht geschrieben; er schreibt postlagernd, unter einer Deckadresse; sie haben einige Male aus dem Urlaub geschrieben; von dem Vorfall/über den Vorfall hat er nichts geschrieben *(mitgeteilt, berichtet)*; du hast deinen Eltern, an deine Eltern lange nicht geschrieben; er hat wegen dieser Sache an den Bundespräsidenten geschrieben; sie hat mir nur wenig von dir, von deinen Plänen/über dich, über deine Pläne geschrieben *(mitgeteilt, berichtet)*; er schreibt seinen Eltern öfter um Geld *(bittet sie schriftlich darum)*; **b)** ⟨s. + sich⟩ *mit jmdm. brieflich in Verbindung stehen, korrespondieren:* die beiden schreiben sich (geh.:) einander schon lange; schreibt ihr euch noch?; (ugs.:) ich schreibe mich mit ihm seit Jahren. **5.** ⟨s. + sich⟩ (ugs.) *den Regeln entsprechend eine bestimmte Schreibweise* (1) *haben:* er, sein Name schreibt sich mit „k" am Ende; das Wort Thron schreibt sich mit „th"; wie schreibt sich dieses Fremdwort? **6.** ⟨s. + sich⟩ (veraltend, noch landsch.) *heißen* (1): sie schreibt sich jetzt Müller; weißt du, wie er sich schreibt? **7.** (veraltend) *als Datum, Jahreszahl, Jahreszeit o. ä. haben:* wir schreiben heute den 21. September; man schreibt das Jahr 1925; den Wievielten schreiben wir heute?; bereits schrieb man späte Tage des September (Th. Mann, Krull 425). **8.** *(von Geldbeträgen) irgendwo schriftlich festhalten, eintragen, verbuchen:* schreiben Sie [mir] den Betrag auf die Rechnung; die Summe haben wir auf Ihr Konto, zu Ihren Lasten geschrieben. **9.** *jmdm. schriftlich einen bestimmten Gesundheitszustand bescheinigen:* der Arzt hat ihn gesund, dienstfähig, arbeitsfähig, tauglich geschrieben; ich kann Sie leider noch nicht gesund s.; er wollte sich vom Arzt krank, arbeitsunfähig s. lassen; **Schreiben** [-], das; -s, -: *schriftliche Mitteilung meist sachlichen Inhalts, offiziellen Charakters:* ein amtliches, dienstliches, vertrauliches, geheimes S.; ein langes, kurzes, persönliches, freundliches S.; ein S. abfassen, aufsetzen, an jmdn. richten; wir bestätigen Ihnen Ihr S. vom ...; auf Ihr S. vom ... teilen wir Ihnen mit; für Ihr S. danken wir Ihnen; in Ihrem S. erwähnten Sie, daß ...; sich in einem S. an jmdn. wenden; gleichzeitig mit diesem S. geht ein Paket an Sie ab.

Schreiber, der; -s, -: [mhd. schrībære, ahd. scrībāri]: **1.** *jmd., der etw. schreibt, schriftlich formuliert, etw. geschrieben, schriftlich formuliert, abgefaßt hat:* der Schreiber eines Briefes, dieser Zeilen; Er wollte Rechenschaft ablegen. Leider war er ein ungeschickter S. (Maass, Gouffé 341). **2.** (veraltend) *jmd., der [berufsmäßig] Schreibarbeiten ausführt; Sekretär, Schriftführer:* er ... war seines Zeichens S. (Böll, Tagebuch 74); ein halbzerfallener Gasstrumpf beleuchtete kaum den ... Schreibtisch des protokollierenden -s (Fallada, Herr 89). **3.** (oft abwertend) *Verfasser, Autor eines literarischen, journalistischen o. ä. Werkes:* ein armseliger, übler, schlechter S.; ein ordentlicher, solider S.; wer ist der S. dieses Stückes?; **Schreiberei** [ʃrajbəˈraj], die; -, -en [spätmhd., (md.) schrīberie] (abwertend): *[dauerndes] Schreiben:* diese S. ans Finanzamt bringt ja doch nichts ein; ich hatte wegen dieses Vorfalls viele unangenehme, unnötige -en; **Schreiberin,** die; -, -nen [mhd. schrībærinne]: w. Form zu ↑Schreiber (1, 3); **Schreiberling** [ˈʃrajbɐlɪŋ], der; -s, -e (abwertend): *Autor, der schlecht [u. viel] schreibt:* Skandalgeschichten eines Schlüsselromans von einem obskuren S. (Zeit 27. 3. 64, 13); **Schreiberseele,** die; -, -n [wohl eigtl. = von der pedantischen Art eines Schreibers (2) bei Behörden] (abwertend): *engherziger, kleinlicher Mensch:* er ist eine richtige S.; **Schreiberstube,** die; -, -n (veraltet): svw. ↑Schreibstube (a): heller Lichtschein fiel in die düstere S. (Fallada, Herr 90); **Schreibung,** die; -, -en: svw. ↑Schreibweise (1): die schwierige S. eines Wortes; verschiedene -en eines Namens.

schreien [ˈʃrajən] ⟨st. V.; hat⟩ /vgl. schreiend/ [mhd. schrīen, ahd. scrīan, lautm.]: **1. a)** *einen Schrei, Schreie ausstoßen, sehr laut, oft unartikuliert rufen:* laut, durchdringend, schrill, gellend, hysterisch, mörderisch, lange, anhaltend, aus Leibeskräften s.; das Baby hat kläglich, stundenlang, die ganze Nacht geschrie[e]n *(laut geweint)*; vor Angst, Schmerz, Freude, Begeisterung s.; die Zuhörer schrien vor Lachen (ugs.; *lachten sehr laut, unbändig*); er schrie wie ein gestochenes Schwein (ugs.; *sehr laut, gellend*); die Affen bewegen sich aufgeregt in den Bäumen und schreien; ab und zu schrie ein Käuzchen in der Dunkelheit; die Kinder liefen laut schreiend davon; ⟨subst.:⟩ man hörte das Schreien der Möwen; Ü die Sägen knirschten und schrien manchmal, wenn sich ein Span gegen das Blatt stemmte (Fallada, Trinker 106); * **zum Schreien sein** (ugs.; *sehr komisch, ungeheuer lustig sein, sehr zum Lachen reizen*); ihre Aufmachung war zum Schreien; **b)** ⟨s. + sich⟩ *sich durch Schreien* (1 a) *in einen bestimmten Zustand bringen:* wir haben uns auf dem Fußballplatz heiser geschrien; die Kinder werden sich schon müde s. **2. a)** *mit sehr lauter Stimme, übermäßig laut sprechen, sich äußern:* sie hörte den Besucher nebenan laut, wütend, mit erregter Stimme s.; ich verstehe dich gut, du brauchst nicht so zu s.!; schrei mir nicht so in die Ohren; den ganzen Abend schon schreit er *(schimpft er laut)* mit seinen Kindern; **b)** *mit sehr lauter Stimme, übermäßig laut sagen, ausrufen:* Verwünschungen s.; er schrie förmlich seinen Namen; er schrie Hilfe; hurra s.; entsetzt schrie er: „Halt!"; „Bravo, bravo!" schrien alle; „Lassen Sie die verdammte Heulerei!" schrie Lebigot wütend (Maass, Gouffé 345); sie schrie ihm ins Gesicht, er sei ein Lügner; **c)** *laut schreiend* (1 a, 2 a) *nach jmdm., etw. verlangen:* die Kinder schrien nach ihrer Mutter, nach Brot, nach etwas zum Essen; das Vieh schreit nach Futter; die Bedrohten schrien nach/um Hilfe; Ü das Volk schrie nach (geh.; *forderte heftig*) Rache, Vergeltung; Der Platz über der Chaiselongue schrie ... nach einem Wandbehang (scherzh.; *an diesem Platz mußte unbedingt ein Wandbehang angebracht werden;* Lentz, Muckefuck 83); **schreiend** [ˈʃrajənt] ⟨Adj.; meist attr.⟩: **1.** *sehr grell, auffällig, ins Auge fallend:* -e Farben, Musterungen; Ein grelles, klirrendes Tohuwabohu von -en Plakaten (K. Mann, Wendepunkt 59); s. bunte Tapeten; die Stoffe, Farben sind mir zu s. **2.** ⟨nicht präd.⟩ *große Empörung hervorrufend, unerhört, skandalös:* eine -e Ungerechtigkeit; -es Unrecht; ein -es Mißverhältnis; ihr Bild in der Presse mit einer so s. irreführenden Beschriftung (Maass, Gouffé 321); **Schreier,** der; -s, -: **1.** *jmd., der sehr laut spricht, schimpft, herumschreit, ruft o. ä.:* wer ist denn dieser S. von nebenan?; der Lehrer hat die größten S. kurzerhand aus dem Klassenzimmer gewiesen. **2.** *jmd., der sich in aufsässiger, rechthaberischer, zänkischer o. ä. Weise meist lautstark äußert u. Unruhe stiftet:* Besonders widerlich wirkte, wie die größten S. still wurden, wenn man sie beförderte (Tucholsky, Werke I 269); Was wollten die S. eigentlich, die ihm vorwarfen, er mache mit seinen Bauten die Stadt kaputt (Zwerenz, Erde 14); **Schreierei** [ʃrajəˈraj], die; -,

-en (abwertend): *[dauerndes] Schreien:* mit deiner S. weckst du noch das Kind auf.

Schrein [ʃrain], der; -[e]s, -e [mhd. schrīn, ahd. scrīni = Behälter < lat. scrīnium = zylinderförmiger Behälter für Buchrollen] (veraltet): *mit Deckel verschließbarer, kastenförmiger od. mit Türen verschließbarer, aufrecht stehender od. hängender, schrankähnlicher Behälter aus Holz meist zum Aufbewahren von kostbareren Dingen, Reliquien o. ä.:* der geschnitzte S.; die Reliquien befinden sich in einem S.; **Schreiner** ['ʃrainɐ], der; -s, - [mhd. schrīnære] (regional, bes. westmd. u. südd.): svw. ↑Tischler: er ist S., möchte gern S. werden; einen Tisch vom S. reparieren lassen; **Schreinerei** [ʃrainə'rai], die; -, -en (regional, bes. westmd. u. südd.): svw. ↑Tischlerei; **schreinern** ['ʃrainɐn] ⟨sw. V.; hat⟩: (regional, bes. westmd. u. südd.): svw. ↑tischlern (a, b).

schreiten ['ʃraitn̩] ⟨st. V.; ist⟩ [mhd. schrīten, ahd. scrītan, urspr. wohl = drehen, winden, verw. mit ↑schräg] (geh.): **1.** *in gemessenen Schritten, ruhig gehen:* würdevoll, feierlich, aufrecht, langsam, gemächlich s.; an der Spitze des Zuges s.; er schritt durch die Halle, über den Teppich, zum Ausgang; Ü Champollion schreitet von Entdeckung zu Entdeckung (*macht eine Entdeckung nach der andern;* Ceram, Götter 126). **2.** *mit etw. beginnen, zu etw. übergehen, etw. in Angriff nehmen:* zur Wahl, zur Verlobung, zum Angriff s.; jetzt müssen wir zur Tat, zum Werk, zu anderen Maßnahmen s. *(etw. tun, unternehmen, andere Maßnahmen ergreifen);* ⟨Zus.:⟩ **Schreittanz,** der: *alter, von Gruppen od. mehreren Paaren in meist langsamen, oft gravitätischen Schritten getanzter Tanz unterschiedlicher Form* (z. B. Allemande, Pavane); **Schreitvogel,** der: svw. ↑Stelzvogel.

Schrenz [ʃrɛnts], der; -es, -e [zu ↑Schranz, eigtl. = zerrissener Stoff] (veraltend): *minderwertiges, großenteils aus Altpapier hergestelltes Papier* (z. B. Packpapier, Löschpapier); ⟨Zus.:⟩ **Schrenzpapier,** das: svw. ↑Schrenz.

schrickst [ʃrɪkst], **schrickt** [ʃrɪkt]: ↑[2]schrecken.

schrie [ʃri:]: ↑schreien.

schrieb [ʃri:p]: ↑schreiben; **Schrieb** [-], der; -s, -e (ugs., oft abwertend): *Schreiben, Brief:* ein langer, kurzer, unpersönlicher, unfreundlicher, unverschämter, taktloser S.; Hier ist ein S. von der Stadt, soll mich um Arbeit bemühen (Degener, Heimsuchung 99); auf einen solchen S. antworte ich erst gar nicht; **Schrift** [ʃrɪft], die; -, -en [mhd. schrift, ahd. scrift, unter dem Einfluß von lat. scrīptum zu ↑schreiben]: **1. a)** *Gesamtheit der in einem System zusammengefaßten graphischen Zeichen, bes. Buchstaben, mit denen Laute, Wörter, Sätze einer Sprache sichtbar festgehalten werden u. so die lesbare Wiedergabe einer Sprache ermöglichen:* die griechische, lateinische, kyrillische S.; die S. der Japaner, Chinesen; eine derartige Mischung aus Buchstabenschrift, aus syllabischer und bildlicher S. (Silbenschrift u. Bilderschrift) kann nicht schlagartig voll ausgebildet vorhanden gewesen sein (Ceram, Götter 320); ***nach der S. sprechen** (landsch.; *hochdeutsch, dialektfrei, nicht mundartlich sprechen*); **b)** *Folge von Buchstaben, Wörtern, Sätzen, wie sie sich in einer bestimmten materiellen Ausprägung dem Auge darbietet:* die verblaßte, verwitterte, kaum noch lesbare S. auf einem Schild; die bunten -en der Leuchtreklame; die S. an der Tafel war verwischt; die S. wegwischen; **c)** svw. ↑Druckschrift (1): für das Lexikon werden fünf verschiedene -en verwendet; das Vorwort ist in einer anderen S. gedruckt; **d)** svw. ↑Handschrift (1): eine kleine, schräge, steile, regelmäßige, gut leserliche, ordentliche S.; seine S. läßt zu wünschen übrig; seine S. verstellen; Mit seiner nach links geneigten, spitzen, ganz ungewöhnlich in die Länge gezogenen, aber zugleich eng zusammengedrängten S. bedeckte er die Seiten (Kuby, Sieg 186). **2.** *geschriebener, meist im Druck erschienener längerer Text bes. wissenschaftlichen, literarischen, religiösen, politischen o. ä. Inhalts; schriftliche Darstellung, Abhandlung:* eine philosophische S.; eine S. über Medizin, Technik, über religiöse Fragen; er hat verschiedene -en naturwissenschaftlichen Inhalts verfaßt, herausgegeben, veröffentlicht; er besitzt sämtliche, die gesammelten -en *(Werke)* dieses Dichters; er hat eine S. *(eine Eingabe, Beschwerde)* aufgesetzt, ans Landratsamt gerichtet; ***die [Heilige] S.** *(die Bibel):* Die Heilige S. sagt uns: „Verliert nicht das Vertrauen ..." (Glaube 46, 1966, 2); die [Heilige] S. auslegen, erläutern, erklären. **3.** ⟨Pl.⟩ (schweiz.) *Ausweispapiere, Personaldokumente:* die -en kontrollieren, vorzeigen; das Gericht ordnete den Einzug, die Überprüfung der -en des verdächtigen Ausländers an.

schrift-, Schrift-: **~art,** die (Druckw.): *durch bestimmte Typen u. Schriftgrade festgelegte Art, in der ein Druck erscheint;* **~auslegung,** die: *Auslegung von Texten der Bibel;* **~bild,** das: **1.** (Druckw.) **a)** *erhabenes Schriftzeichen auf einer Drucktype;* **b)** *Abdruck des Schriftbildes* (1 a) *einer Drucktype.* **2.** *äußere Form, Gestalt, Ausprägung einer Schrift* (1 c, d): ein angenehmes, ausgewogenes, harmonisches, unruhiges, flatteriges S.; **~deutsch** ⟨Adj.; o. Steig.⟩: *hochdeutsch* (a) *in der (bestimmten sprachlichen Gesetzmäßigkeiten folgenden) schriftlichen Form;* ⟨subst.:⟩ **~deutsch,** das: vgl. Deutsch (a); **~deutsche,** das: vgl. [2]Deutsche (a); **~experte,** der (jur., Kriminalistik): svw. ↑~sachverständige; **~fälscher,** der: *jmd., der in betrügerischer Absicht jmds. Handschrift nachahmt, eine Handschrift fälscht;* **~farn,** der [nach der Schriftzeichen ähnelnden Musterung der Unterseite der Blätter]: *in den wärmeren Gebieten Europas, Asiens u. Afrikas wachsender, zu den Tüpfelfarngewächsen gehörender Farn mit dicken dunkelgrünen Blättern, die an der Unterseite dicht mit graubraunen, breiten Haaren bedeckt sind;* **~form,** die ⟨o. Pl.⟩ (jur.): *für bestimmte Rechtsgeschäfte geltende Vorschrift, die eine vom Ausstellenden eigenhändig mit seinem Namen unterzeichnete Urkunde erfordert;* **~führer,** der: *jmd., der bei Versammlungen, Verhandlungen, in Vereinen, Gremien o. ä. für das Anfertigen von Protokollen, Führen der Rednerliste, die Erledigung der Korrespondenz o. ä. zuständig ist;* **~gelehrte,** der (Rel.): *im frühen Judentum Gelehrter, der sich vor allem durch Frömmigkeit u. gründliche Kenntnisse der religiösen Überlieferung, bes. der Gesetze, auszeichnete u. dessen Aufgabe es war, die Schriften des Alten Testaments zu studieren u. zu kommentieren;* **~gießer,** der: *jmd., der in einer Schriftgießerei Drucktypen aus einer Bleilegierung gießt* (Berufsbez.); **~gießerei,** die: *Betrieb der graphischen Industrie, in dem Drucktypen aus Metall gegossen werden;* **~gläubig** ⟨Adj.; nicht adv.⟩: *sich in seinem Glauben vorbehaltlos an den Text der Bibel haltend; bibelgläubig;* **~grad,** der (Druckw.): *mit dem Punkt* (6) *als Einheit angegebene Größe einer Druckschrift* (1), *die die Höhe des Schriftbildes* (1 b) *bestimmt;* **~höhe,** die (Druckw.): *Ausdehnung einer Drucktype vom Fuß bis zur Ebene des Schriftbildes* (1); **~kegel,** der (Druckw.): svw. ↑Kegel (4); **~leiter,** der (veraltend): *Redakteur bei einer Zeitung;* **~leitung,** die (veraltend): *Redaktion einer Zeitung;* **~linie,** die (Druckw.): *gedachte gerade Linie, die durch die untere Grenze der Buchstaben einer Druckschrift* (1) *ohne die Unterlänge gegeben ist;* **~metall,** das: svw. ↑Letternmetall; **~musterbuch,** das (Druckw.): *Buch, das Schriftproben aller Druckschriften* (1) *enthält, die eine Druckerei, eine Schriftgießerei o. ä. produziert;* **~probe,** die: **1.** (Druckw.) *kurzer gedruckter Text meist in verschiedenen Schriftgraden.* **2.** *kurzer geschriebener Text als Handschriftenprobe;* **~rolle,** die: vgl. Buchrolle; **~sachverständige,** der (jur., Kriminalistik): *Gutachter, der Urkunden zur Feststellung ihrer Echtheit untersucht u. vergleicht;* **~satz,** der: **1.** (Druckw.) svw. ↑Satz (3 b). **2.** (jur.) *im gerichtlichen Verfahren schriftliche Erklärung der am Verfahren beteiligten Parteien;* **~schneider,** der: *Facharbeiter der Industrie, der aus Schriftmetall Buchstaben ausschneidet, Buchstaben mit der Graviermaschine graviert o. ä.* (Berufsbez.); **~seite,** die: *Seite einer Münze, auf der ihr Wert angegeben ist;* **~setzer,** der: *Facharbeiter, auch Handwerker, der Manuskripte mit Hilfe von Blei-, Foto- od. Lichtsatz in eine Druckform od. -vorlage umwandelt;* **~spiegel,** der (Druckw.): svw. ↑Satzspiegel; **~sprache,** die: *Hoch-, Standardsprache in der (bestimmten sprachlichen Gesetzmäßigkeiten folgenden) schriftlichen Form,* dazu: **~sprachlich** ⟨Adj.; o. Steig.⟩: *die Schriftsprache betreffend, zu ihr gehörend:* -e Wendungen; sich s. ausdrücken; **~steller,** der: *jmd., der [beruflich] literarische Werke verfaßt:* ein bekannter, berühmter, erfolgreicher, zeitgenössischer, deutscher, französischer S.; er will S. werden; er lebt als freier, freischaffender S.; Ihr habt die antiken S. *(die Werke antiker Schriftsteller)* gelesen (Ott, Haie 343), dazu: **~stellerei** [-ʃtɛlə'rai], die ⟨o. Pl.⟩: *Tätigkeit als Schriftsteller, Arbeit eines Schriftstellers:* was macht seine S.?; er will sich der S. widmen; Ich sehe in der S. die beste aller möglichen Beschäftigungen (Zwerenz, Kopf 170); er hält nicht viel von ihrer S., **~stellerin,** die; -, -nen; weibl. Form zu ↑~steller, **~stellerisch** ⟨Adj.; o. Steig.⟩: *den Schriftsteller, die*

Tätigkeit, das Werk eines Schriftstellers betreffend, dazu gehörend; als Schriftsteller: die -e Arbeit, Tätigkeit; sein -es Werk; er hat eine -e Begabung, übt einen -en Beruf aus; sich s. betätigen; er arbeitet nebenher noch viel s., **~stellern** [-ʃtɛlɐn] ⟨sw. V.; hat⟩: *als Schriftsteller arbeiten, sich schriftstellerisch betätigen:* ihre Mutter ... schriftstellerte erfolgreich unterm Namen Daniel Stern (Spiegel 28, 1976, 115); ein schriftstellernder Lehrer, Journalist, **~stellername,** der: *Pseudonym eines Schriftstellers, einer Schriftstellerin;* **~stück,** das: *offiziell schriftlich Niedergelegtes; offizielles, amtliches Schreiben:* ein S. aufsetzen, anfertigen, verlesen, einreichen, unterzeichnen; er zeigte ein S. vor und wurde daraufhin sofort durchgelassen; **~type,** die: svw. ↑Drucktype; **~verkehr,** der ⟨o. Pl.⟩: **a)** *Austausch von schriftlichen Äußerungen, Mitteilungen, bes. von Behörden, Institutionen, Firmen o. ä.:* mit jmdm. in regem S. stehen, in S. treten; **b)** *im Schriftverkehr* (1) *ausgetauschte schriftliche Äußerungen, Mitteilungen, Schreiben, Schriftstücke:* den gesamten S. durchsehen, noch einmal durchlesen; **~walter,** der (ns.): svw. ↑Redakteur; **~wart,** der: svw. ↑~führer; **~wechsel,** der: svw. ↑~verkehr; **~zeichen,** das (bes. Druckw.): *zu einer Schrift* (1 a) *gehörendes, beim Schreiben verwendetes graphisches Zeichen:* griechische, chinesische, arabische S.; geschriebene, gedruckte S.; verschiedene S. kommen bei diesem Druck nur schlecht heraus; **~zug,** der: **a)** *in einer ganz bestimmten, charakteristischen Weise geschriebenes Wort bzw. kurze Wortgruppe:* der steile, schräge, unleserliche S. einer Unterschrift; der S. des Namens einer Firma; **b)** ⟨Pl.⟩ *in ganz bestimmter, charakteristischer Weise geformte, geprägte Schrift* (1 b, d): regelmäßige, deutliche, verschnörkelte, unleserliche Schriftzüge; Die Blätter, überdeckt mit Martins kräftig ansetzenden und dann fahrigen Schriftzügen (Feuchtwanger, Erfolg 709).

Schriftenreihe, die; -, -n: *unter einem bestimmten Gesamtaspekt zusammengehörende Reihe von Schriften* (2), *die ein Verlag veröffentlicht:* eine naturwissenschaftliche, philosophische S.; der Verlag bringt eine neue S. über Arzneimittel und Drogen heraus; **Schriftenverzeichnis,** das; -ses, -se: *Bibliographie, Literaturangabe[n];* **schriftlich** ⟨Adj.; o. Steig.⟩ [mhd. schriftlich]: *durch Aufschreiben, Niederschreiben festgehalten; in geschriebener Form* (Ggs.: mündlich): -e Unterlagen, Anweisungen, Aufforderungen, Anträge; die -e Überlieferung alter Sitten und Gebräuche; eine -e Erklärung abgeben; eine -e Einladung erhalten; -e Arbeiten, Hausaufgaben erledigen; eine -e Prüfung machen; jmdm. etw. s. mitteilen; etwas s. niederlegen; eine Frage s. beantworten; jmdn. s. einladen; ein s. *(durch Niederschreiben)* festgehaltenes Interview; du mußt die Sache s. machen (ugs.; *in schriftlicher Form festlegen*); laß dir das lieber s. geben (ugs.; *laß dir dafür lieber eine schriftliche Bestätigung geben*); er selbst hatte drei Jahre Bautzen gemacht, das hatte er s. (ugs.; *darüber hatte er eine Bescheinigung;* Kant, Impressum 316); R das kann ich dir s. geben (ugs.; *dessen kannst du absolut sicher sein, darauf kannst du dich verlassen*); ⟨subst.:⟩ haben Sie etwas Schriftliches darüber in der Hand (ugs.; *besitzen Sie darüber schriftliche Unterlagen, eine schriftliche Bestätigung o. ä.*)?; ⟨Abl.:⟩ **Schriftlichkeit,** die; - (selten): *schriftliche Fixierung:* Grammatiken für ... Sprachen mit nur geringer S. (Sprachpflege 11, 1967, 239); **Schrifttum,** das; -s: *Gesamtheit der veröffentlichten Schriften* (2) *eines bestimmten [Fach]gebietes, einer bestimmten Thematik, Zielsetzung:* das belletristische, naturwissenschaftliche, politische S.; das S. zu diesem Thema ist in der Bibliographie nicht vollständig erfaßt; es galt, ein Beispiel zum Thema Volk im S. zu geben (Kant, Impressum 56).

schrill [ʃrɪl] ⟨Adj.⟩ [wohl zu ↑schrillen unter Einfluß von engl. shrill = schrill; lautm.]: *durchdringend hell, hoch u. grell klingend, so daß es als unangenehm od. gar schmerzhaft empfunden wird:* -e Schreie, Töne ausstoßen; das -e Klingeln des Weckers, des Telefons; seine Stimme war s.; Ü Sein Haß ... kippte ins -e Extrem (Zwerenz, Erde 20); **schrillen** ['ʃrɪlən] ⟨sw. V.; hat⟩ [unter Einfluß von engl. to shrill = schrillen zu älter schrellen, schrallen = laut bellen; lautm.]: *schrill tönen:* die Klingel, die [Alarm]glocke, das Telefon schrillt [durch das Haus]; Eine Sirene schrillte. Die Ambulanz (Remarque, Triomphe 224); **Schrillheit,** die; -: *das Schrillsein.*

schrinken ['ʃrɪŋkn̩] ⟨sw. V.; hat⟩ [engl. to shrink, eigtl. = schrumpfen (lassen)] (Textilind.): *Geweben aus Wolle Wärme u. Feuchtigkeit zuführen, um sie krumpfecht u. geschmeidig zu machen.*

schrinnen ['ʃrɪnən] ⟨sw. V.; hat⟩ [wohl niederd. Form von veraltet schrinden (mhd. schrinden, ahd. scrindan) = bersten, (auf)reißen] (nordd.): *weh tun, schmerzen:* die Wunde hat geschrinnt.

Schrippe ['ʃrɪpə], die; -, -n [in niederd. Form zu veraltet schripfen = (auf)kratzen, verw. mit ↑schrappen] (bes. berlin.): *länglich-breites, an der Oberfläche eingekerbtes Brötchen:* Ich hätte morgens die -n geholt und Kaffee gekocht (Plenzdorf, Leiden 107); ... ein junger Mensch ... Offene blaue Augen, Blondhaar wie frische -n (Strittmatter, Wundertäter 251).

schritt [ʃrɪt]: ↑schreiten; **Schritt** [-], der; -[e]s, -e [mhd. schrit, ahd. scrit, zu ↑schreiten]: **1. a)** *(beim Gehen) das Vorsetzen eines Fußes vor den anderen, das Wegsetzen von dem anderen:* große, kleine, lange, ausgreifende, schnelle -e; -e nähern sich, werden hörbar; sein S. stockt; das Kind macht den ersten unsicheren S.; er verlangsamte, beschleunigte seinen S., seine -e; bitte, treten Sie einen S. zurück, näher; einen S. zur Seite machen, tun; die Freude beflügelte meine -e; den S. wechseln *(in den gleichen Schritt übergehen, den der od. die anderen auch haben);* er ging mit schwankenden, gemessenen, feierlichen -en durch den Saal; sie war mit wenigen -en an der Tür, blieb nach einigen -en stehen; ich möchte gerne noch ein paar -e gehen (ugs.; *spazierengehen*); er kam zaghaften, beschwingten -es herbei; S. vor S. setzen *(langsam u. zaghaft vorwärts gehen);* R S. vor S. kommt auch zum Ziel; ***einen [guten] S. am Leib[e] haben** (ugs.; *schnell gehen*); **auf S. und Tritt** *(überall, wo der Betroffene sich auch gerade hinbegibt):* wir begegneten auf S. und Tritt bekannten Gesichtern; er verfolgte das Mädchen auf S. und Tritt; **mit jmdm. S. halten** *(genauso schnell wie jmd. gehen);* **mit etw. S. halten** *(nicht hinter einer Entwicklung zurückbleiben):* wir müssen mit der Konkurrenz S. halten; **b)** *Gleichschritt:* aus dem S. kommen, geraten; im S. gehen, bleiben; **c)** svw. ↑Schrittempo: das Pferd geht im S.; [im] S. fahren. **2.** ⟨o. Pl.⟩ *Art u. Weise, wie jmd. geht:* sie hat einen wiegenden S.; jmdn. am S. erkennen. **3.** *Entfernung, die ungefähr die Länge eines Schrittes* (1 a) *hat:* er stand nur ein paar, wenige -e von uns entfernt; man erkennt die Schrift auf hundert S./-e Entfernung; ***jmdm. drei -e vom Leib[e] bleiben** (ugs.; *jmdm. nicht zu nahe kommen*); **sich** ⟨Dativ⟩ **jmdn., etw. drei -e vom Leib[e] halten** (ugs.; *sich jmdn., etw. fernhalten*). **4.** *Teil der Hose, an dem die Beine zusammentreffen:* die Hose ist im S. zu lang, zu kurz, kneift im S. **5.** *einem ganz bestimmten Zweck dienende, vorgeplante Maßnahme:* ein entscheidender, bedeutsamer S.; -e unternehmen, veranlassen, du hättest diesen S. nicht tun sollen; in seiner Anmaßung ging er noch einen S. weiter *(wußte er nicht, wo seine Grenze war);* ***der erste S.** *(der Anfang);* **den ersten S. tun** *(mit etw. beginnen, im Hinblick auf etw. den Anfang machen);* **den zweiten S. vor dem ersten tun** *(bei etw. nicht richtig vorgehen, indem man gleich mit etw. beginnt, dem sinnvollerweise andere Aktionen als Voraussetzung hätten vorausgehen sollen);* **einen S. zu weit gehen** *(die Grenze des Erlaubten, Möglichen überschreiten);* **S. für S.** *(ganz langsam; allmählich);* **S. um S.** *(immer mehr).*

schritt-, Schritt-: **~fehler,** der (Basketball, Handball): *Fehler eines Spielers, da er mehr als die erlaubte Anzahl Schritte mit dem Ball in der Hand macht;* **~geschwindigkeit,** die: svw. ↑~tempo; **~kombination,** die (Sport): *das Aneinanderreihen bestimmter Schritte [im Rhythmus der Musik];* **~landung,** die (Leichtathletik): *Landung (beim Weitsprung) in Schrittstellung;* **~länge,** die: **1.** *Länge eines Schrittes.* **2.** (Schneiderei) *Länge zwischen der Begrenzung des unteren Rumpfes u. der Fußsohle;* **~macher,** der: **1.** svw. ↑Pacemacher. **2.** (Radrennen) *Motorradfahrer, der dicht vor dem Radfahrer fährt u. dadurch Windschutz gibt.* **3.** (Leichtathletik) *Läufer, der durch ein hohes Anfangstempo (das er nicht durchhält) andere Läufer zieht.* **4.** kurz für ↑Herzschrittmacher. **5.** *Person od. Gruppe von Personen, die durch vorwärtsdrängendes, fortschrittliches Denken od. Handeln den Weg für Neues bereitet:* S. für den technisch-wissenschaftlichen Fortschritt, zu 2: **~machermaschine,** die: *Motorrad eines Schrittmachers;* **~messer,** der: *kleines Gerät, das durch die Erschütterungen beim Gehen die zurückgelegte Strecke mißt; Hodometer;* **~regel,** die (Ballspiele): *Regel, die nur eine bestimmte Anzahl Schritte mit dem Ball in* *der Hand zuläßt;* ~**sprung,** der (Turnen, Gymnastik): *als Sprung angesetzter, langer Schritt, bei dem das hintere Bein gestreckt ist;* ~**stellung,** die: *Stellung, bei der ein Bein nach vorn, das andere nach hinten gesetzt ist; Stellung der Beine beim Schritt;* ~**tanz,** der (nicht getrennt: Schrittanz): *Tanz, bei dem die Figuren geschritten werden;* ~**tempo,** das (nicht getrennt: Schrittempo): *relativ langsames Tempo, u. zwar so langsam, als ob man ginge:* im Stau kamen wir nur im S. vorwärts; ~**überschlag,** der (Turnen): *Überschlag, bei dem die Beine nacheinander vom Boden gelöst werden u. auch wieder nacheinander aufkommen;* ~**weise** ⟨Adv.⟩: *in langsamer Weise, Schritt für Schritt:* in der Hauptstraße kamen wir nur s. vorwärts; wir mußten uns das s. *(allmählich)* erkämpfen; ⟨auch attr.:⟩ man konnte eine s. Annäherung der Standpunkte beobachten; ~**weite,** die: *Entfernung zwischen den Füßen beim Schritt;* ~**zähler,** der: svw. ↑~messer.

Schrofen ['ʃro:fn̩], der; -s, - [mhd. schrof(fe)] (landsch., bes. österr.): *[nicht sehr] steiler [bewachsener] Fels:* Obwohl sich mein Bergsteigen auf brüchiges, schweres Gehgelände und S. beschränkte (Eidenschink, Fels 47); **schroff** [ʃrɔf] ⟨Adj.⟩ [urspr. = rauh, steil, rückgeb. aus mhd. schrof(fe), ↑Schrofen]: **1.** *sehr stark, nahezu senkrecht abfallend od. ansteigend u. zerklüftet:* eine -e Felswand; der Gipfel ragt s. in die Höhe. **2.** *durch eine abweisende u. unhöfliche Haltung ohne viel Worte seine Ablehnung zum Ausdruck bringend:* die -e Weigerung kränkte ihn sehr; einmal schien er milde und weich, dann abweisend und s. (Jens, Mann 36). **3.** *plötzlich u. unvermittelt:* ein -er Übergang; die ... Tür, durch die Riccardo schnell und s. hinausgegangen ist (Hochhuth, Stellvertreter 176); Der mittelalterliche Grundsatz ... stand im -en *(krassen)* Widerspruch zu den politischen Traditionen (Fraenkel, Staat 285); **Schroff** [-], der; -[e]s u. -en, -en: svw. ↑Schrofen; **Schroffen** ['ʃrɔfn̩], der; -s, - (landsch., bes. österr.): svw. ↑Schrofen; **Schroffheit,** die; -, -en: **1.** ⟨o. Pl.⟩ *das Schroffsein.* **2.** *schroffe Äußerung o. ä.;* **schroffig** ['ʃrɔfɪç], **schrofig** ['ʃro:fɪç] ⟨Adj.; nicht adv.⟩ [spätmhd. schroffeht]: *mit Schrofen:* schroffiges, schrofiges Gelände.

schroh [ʃro:] ⟨Adj.; -er, -[e]ste⟩ [spätmhd. schrāch] ([west]md.): *rauh, roh, grob.*

schröpfen ['ʃrœpfn̩] ⟨sw. V.; hat⟩ [1: mhd. schrepfen]: **1.** (Med.) *Blut über einem erkrankten Organ ansaugen, um die Haut besser zu durchbluten od. das Blut durch feine Schnitte in der Haut abzusaugen.* **2.** (ugs.) *[durch ein bestimmtes Geschäftsgebaren o. ä.] jmdm. mit List od. Geschick unverhältnismäßig viel Geld abnehmen:* sie haben ihn beim Kartenspielen ordentlich geschröpft; von jetzt ab zahlen Sie hier den doppelten Preis. Generaldirektoren muß man s. (Dürrenmatt, Grieche 61). **3.** (Landw., Gartenbau) **a)** *die Entwicklung zu üppig wachsender junger Saat bewußt unterbrechen;* **b)** *die Rinde von Bäumen (z. B. Steinobst) schräg einschneiden;* ⟨Abl. zu 1:⟩ **Schröpfer,** der; -s, - (selten): svw. ↑Schröpfkopf; ⟨Zus.:⟩ **Schröpfkopf,** der: *Saugglocke aus Gummi od. Glas zum Schröpfen* (1); **Schröpfung,** die; -, -en: *das Schröpfen* (1, 3).

Schropphobel ['ʃrɔp-]: ↑Schrupphobel.

Schrot [ʃro:t], der od. das; -[e]s, -e [mhd. schrōt, ahd. scrōt = abgeschnittenes Stück, eigtl. = Hieb, Schnitt, zu ↑schroten]: **1.** ⟨o. Pl.⟩ *grobgemahlene Getreidekörner:* Brot aus S. backen; das Vieh mit S. füttern; Getreide zu S. mahlen. **2.** *kleine Kügelchen aus Blei für die Patronen bestimmter Feuerwaffen:* mit S. schießen; der Treiber hat aus Versehen eine Ladung S. abbekommen; ich hörte die -e ... prasselnd ... einschlagen (Fallada, Herr 124). **3.** (Münzk., veraltend) *Bruttogewicht einer Münze;* ***von altem, echtem** usw. **S. und Korn** (1. *von Redlichkeit u. Tüchtigkeit:* lauter anständige, einfache ... Männer von bestem S. und Korn [Zwerenz, Kopf 145]. 2. *genauso, wie es für das im vorangehenden Substantiv Genannte typisch ist:* ein Asozialer von echtem S. und Korn [Bild und Funk 27, 1966, 29]; urspr. = Münze, bei der das Verhältnis von Gewicht u. Feingehalt richtig bewertet ist). Vgl. Korn (6).

Schrot- (Schrot, schroten): ~**ausschlag,** der: *(bei Schweinen) harmloser Ausschlag mit Knötchen, die einem Schrotkorn ähnlich sind;* ~**axt,** die (früher): **1.** *besondere Axt zum Zerhauen von Bäumen.* **2.** *eiserne Axt von Bergleuten in der Form eines Winkeleisens;* ~**baum,** der (früher): *starker Balken zum Auf- u. Abladen von Lasten;* ~**blatt,** das: *Blatt* (2 c) *eines Schrotschnitts;* ~**brot,** das: *aus Schrot* (1) *gebackenes Brot;* ~**büchse,** die: *Gewehr, mit dem man mit Schrot* (2) *schießt;* ~**effekt,** der (Elektrot.): *in Elektronenröhren auftretendes, durch schwankenden Anodenstrom hervorgerufenes Rauschen;* ~**feile,** die: svw. ↑Schruppfeile; ~**flinte,** die: svw. ↑~büchse; ~**hobel,** der: svw. ↑Schrupphobel; ~**käfer,** der: svw. ↑Hirschkäfer; ~**korn,** das: *einzelnes Korn des Schrots* (1); ~**kugel,** die: *einzelnes Kügelchen des Schrots* (2); ~**ladung,** die: *bestimmte Menge Schrot* (2) *als Munition;* ~**lauf,** der: *(bei einem kombinierten Jagdgewehr im Unterschied zum Kugellauf) Gewehrlauf für Schrot* (2); ~**leiter,** die [älter Schrot = der Länge nach von einem Baumstamm abgeschnittener Balken] (früher): *zwei durch Querhölzer verbundene starke Balken zum Auf- u. Abladen von Fässern;* ~**mehl,** das: *mit Schrot* (1) *vermischtes Mehl;* ~**meißel,** der: *Meißel zum Durchtrennen von Metall;* ~**mühle,** die: *Mühle* (1 a) *zum Schroten* (1) *von Getreidekörnern;* ~**patrone,** die: *Schrot* (2) *enthaltende Patrone;* ~**säge,** die: *große Säge mit bogenförmigem Blatt* (5), *grober Zähnung u. zwei Griffen zum Zersägen von Baumstämmen;* ~**schere,** die (früher): *Draht-, Metallschere;* ~**schnitt,** der: *besondere Technik des Holz- u. Metallschnitts, bei der in die Platte geschlagene Punkte auf schwarzem Grund weiß erscheinen;* ~**schuß,** der: *Schuß aus einer Schrotflinte,* dazu: ~**schußkrankheit,** die: *(Steinobst befallende) Pflanzenkrankheit, bei der sich auf den Blättern kleine, rote Flecken bilden, in deren Bereich das Gewebe eintrocknet u. herausfällt, so daß kleine, runde Löcher entstehen;* ~**stuhl,** der (selten): svw. ↑~mühle; ~**waage,** die (veraltend): svw. ↑Wasserwaage.

schroten ['ʃro:tn̩] ⟨sw. V.; hat⟩ [mhd. schroten, ahd. scrōtan, eigtl. = hauen, [ab]schneiden]: **1.** *(bes. Getreidekörner) grob mahlen, zerkleinern:* das Korn als Viehfutter s.; ⟨häufig im 2. Part.:⟩ Suppe, die aus geschroteter Gerste und geschrotetem Kürbis bestand (Kant, Impressum 223). **2.** (veraltet) *schwere Lasten rollen, wälzen od. schieben;* **Schröter** ['ʃrø:tɐ], der; -s, - [eigtl. = der Abschneider, nach den geweihähnlichen Zangen] (selten): svw. ↑Hirschkäfer.

Schrothkur ['ʃro:t-], die; -, -en [nach dem österr. Landwirt u. Naturheilkundler J. Schroth (1800–1856)]: *[Abmagerungs]kur, bei der wasserarme Diät verabreicht wird.*

Schrötling ['ʃrø:tlɪŋ], der; -s, -e [zu ↑Schrot (3)] (veraltet): *abgeschnittenes Stück Metall zum Prägen von Münzen;*
Schrott [ʃrɔt], der; -[e]s, -e ⟨Pl. selten⟩ [eigtl. niederrhein. Form von ↑Schrot]: **1.** *unbrauchbare, meist zerkleinerte Abfälle aus Metall od. [alte] unbrauchbar gewordene Gegenstände aus Metall o. ä.:* S. sammeln, lagern, verkaufen; mit S. handeln; Berge von S.; Dann setzten Panzer nach, ... verbissen sich, bis sie S. waren (Kirst, 08/15, 607); ***(ein Fahrzeug) zu S. fahren** *(bei einem Unfall das Fahrzeug so beschädigen, daß es verschrottet werden muß):* er hat in vier Monaten zwei Autos zu S. gefahren. **2.** (ugs.) *unbrauchbares (oft altes u. kaputtes) Zeug:* er weiß mit jedem S. etwas anzufangen; dem hören sie zu, selbst wenn er noch so einen S. *(Unsinn)* erzählt (Fichte, Wolli 100); Ü sonst aber konnte nur menschlicher S. damit rechnen, in den heimischen Lazaretten und Krankenhäusern gelbkreuzfreie Münchner Luft zu atmen (Kühn, Zeit 249).

schrott-, Schrott- (Schrott 1): ~**handel,** der; ~**händler,** der; ~**haufen,** der: **1.** *größere Ansammlung von Schrott.* **2.** (ugs. scherzh.) *[altes] rostendes, verbeultes Auto:* er hat seinen S. endlich verkauft; ~**laube,** die (ugs. scherzh.): svw. ↑~haufen (2); ~**platz,** der; ~**presse,** die: *Gerät, mit dem sperriger Schrott zusammengepreßt wird;* ~**reif** ⟨Adj.; o. Steig.; nicht adv.⟩: *so unbrauchbar, kaputt o. ä., daß es verschrottet werden kann:* ein -es Auto; ***(ein Fahrzeug) s. fahren** (↑Schrott 1); ~**transport,** der; ~**verwertung,** die; ~**wert,** der: *Wert, den ein Gegenstand hat, der nur noch als Schrott verwendet werden kann:* nach dem Unfall hatte das Auto nur noch S.

schrubben ['ʃrʊbn̩] ⟨sw. V.; hat⟩ [aus dem Niederd. < mniederd. schrubben = kratzen] (ugs.): **1. a)** *mit einer Bürste o. ä. kräftig reiben, um es zu reinigen:* den Fußboden, die Fliesen s.; Er schrubbte und salbte sich (Dorpat, Ellenbogenspiele 41); sie schrubbte dem Kind den Rücken; ⟨auch ohne Akk.-Obj.:⟩ Und zu Haus putzte und scheuerte und schrubbte sie (Brand [Übers.], Gangster 20); **b)** *durch Schrubben* (1 a) *entfernen:* das Fett von den Kacheln s.; **c)** *durch Schrubben* (1 a) *in einen bestimmten Zustand bringen:* Ich habe ... die Korporalschaftsstuben sauber geschrubbt (Remarque, Westen 23). **2.** *über etw. heftig hin-*

schleifen: Geräusche, die entstehen, wenn eine verklemmte Tür über einen Steinboden schrubbt (Handke, Kaspar 97); ⟨Abl. zu 1:⟩ **Schrubber,** der; -s, - (ugs.): *einem Besen ähnliche Bürste mit langem Stiel;* **schrubbern** ['ʃrʊbɐn] ⟨sw. V.; hat⟩ (landsch.): *mit dem Schrubber scheuern, putzen;* **Schrubbesen,** der; -s, - (landsch.): svw. ↑Schrubber.

Schrulle ['ʃrʊlə], die; -, -n [aus dem Niederd. < mniederd. schrul = verrückte Laune; Groll] (abwertend): **1.** *seltsame, wunderlich anmutende Angewohnheit, die zum Wesenszug eines Menschen geworden ist:* er hat den Kopf voller -n, nichts als -n im Kopf; wir haben oft unter seinen -n zu leiden; das ist eine seiner -n, damit muß man sich abfinden. **2.** *alte, wunderliche Frau;* ⟨Abl.:⟩ **schrullenhaft** ⟨Adj.; -er, -este⟩ (ugs.): svw. ↑schrullig; ⟨Abl.:⟩ **Schrullenhaftigkeit,** die; -, -en ⟨Pl. selten⟩ (ugs.): svw. ↑Schrulligkeit; **schrullig** ['ʃrʊlɪç] ⟨Adj.⟩ (ugs.): **a)** *(oft von älteren Menschen) befremdende, meist lächerlich wirkende Angewohnheiten od. Prinzipien habend u. eigensinnig daran festhaltend:* ein -er Alter; **b)** *seltsam, närrisch; etw. eigen, verrückt:* -e Geschichten, Behauptungen; so späte Reue wäre ihm s. vorgekommen (Bieler, Mädchenkrieg 417); ⟨Abl.:⟩ **Schrulligkeit,** die; -, -en: **1.** ⟨o. Pl.⟩ *das Schrulligsein.* **2.** *schrullige Angewohnheit o. ä.*

schrumm [ʃrʊm]!, **schrummfidebum** ['ʃrʊmfidə'bʊm]! ⟨Interj.⟩ (veraltend): lautm. für den Klang von Streichinstrumenten, bes. beim Schlußakkord.

Schrumpel ['ʃrʊmpl̩], die; -, -n [zu ↑schrumpeln] (landsch.): **1.** *Falte, Runzel.* **2.** *alte Frau (mit Falten u. Runzeln);* **schrumpelig** ['ʃrʊmpəlɪç]: ↑schrumplig; **schrumpeln** ['ʃrʊmpl̩n] ⟨sw. V.; ist⟩ [Weiterbildung von niederd., md. schrumpen, Nebenf. von ↑schrumpfen] (landsch.): svw. ↑schrumpfen; **Schrumpf** [ʃrʊmpf], der; -[e]s [Rückbildung zu ↑schrumpfen] (Fachspr.): *das Schrumpfen:* Diese Faser ... weist einen relativ geringen S. auf (Herrenjournal 1, 1966, 65).

schrumpf-, Schrumpf-: ~**beständig** ⟨Adj.; nicht adv.⟩: *beständig gegen Schrumpfen* (1); ~**blase,** die (Med.): *Harnblase mit stark verringertem Fassungsvermögen;* ~**folie,** die: *Folie aus Kunststoff, die unter bestimmten Bedingungen schrumpft u. dadurch den Gegenstand, über den sie gezogen ist, luftdicht abschließt;* ~**frei** ⟨Adj.; nicht adv.⟩: *nicht schrumpfend:* -e Stoffe, Textilien; ~**germane,** der (ugs. abwertend): *jmd., der die germanische Rasse für allen anderen überlegen hält, aber selbst von relativ kleinem Wuchs ist u. auch sonst keine typisch germanischen Rassenmerkmale aufweist;* ~**kopf,** der (Völkerk.): *(als Trophäe von Kopfjägern) nach einer bestimmten Methode aufbereiteter, eingeschrumpfter Schädel eines getöteten Feindes;* ~**leber,** die (Med.): *durch Veränderung des Gewebes als Folge einer Zirrhose geschrumpfte u. verhärtete Leber;* ~**niere,** die (Med.): *durch Veränderung des Gewebes geschrumpfte u. verhärtete Niere.*

schrumpfen ['ʃrʊmpfn̩] ⟨sw. V.; ist⟩ [nhd. für mhd. schrimpfen = rümpfen, einschrumpfen]: **1.** *sich zusammenziehen [u. eine faltige, runzlige Oberfläche bekommen]:* die Äpfel, die Kartoffeln sind durch das Einlagern geschrumpft; dieses Gewebe sollte nicht s.; Ü Die Dinge schrumpfen mit der Zeit – oder vergrößern sich in unserer Erinnerung (K. Mann, Wendepunkt 431). **2.** *weniger werden; abnehmen:* der Vorrat, das Kapital schrumpft; **schrumpfig** ['ʃrʊmpfɪç] ⟨Adj.⟩: svw. ↑schrumplig; **Schrumpfung,** die; -, -en: *das Schrumpfen;* ⟨Zus.:⟩ **Schrumpfungsprozeß,** der: Der S. des Bahntourismus hält unvermindert an (Zeit 14. 3. 75, 51); **schrumplig** ['ʃrʊmplɪç] ⟨Adj.⟩ (ugs.): **1.** *[eingetrocknet u. dadurch] viele Falten aufweisend; runzlig, verschrumpelt:* eine -e Schale, Haut haben; die Äpfel sind s. und haben Flecken; Ihr Gesicht war etwas s. (Keun, Mädchen 184). **2.** *voller Knitter, knittrig:* die Bluse ist durch das Waschen s. geworden.

Schrund [ʃrʊnt], der; -[e]s, Schründe ['ʃrʏndə] (bes. österr., schweiz.): **1.** *Gletscherspalte, Felsspalte:* hier haben die Lawinen den S. mit Schnee aufgefüllt. **2.** (selten) svw. ↑Schrunde (1): die Knie bekamen Schründe und Risse (Salomon, Boche 135); **Schrunde** ['ʃrʊndə], die; -, -n [mhd. schrunde, ahd. scrunta = Riß, Spalt, zu veraltet schrinden, ↑schrinnen]: **1.** *(durch Verletzung zugefügter) Riß in der Haut:* blutige -n; ihre Hände waren voller -n. **2.** svw. ↑Schrund (1); **schrundig** ['ʃrʊndɪç] ⟨Adj.⟩ [1: spätmhd. schründic] (landsch.): **1.** *(von der Haut) rissig u. rauh:* -e Hände. **2.** *mit Rissen, Spalten:* -e Pfade, Wege.

Schrupp- (Fachspr.): ~**feile,** die: *grobe Feile für grobe Vorarbeiten an Werkstücken, Schrotfeile;* ~**hobel,** der: *Hobel mit stark gerundeter Schneide zum groben Ebnen von Holzflächen; Schrothobel;* ~**stahl,** der: vgl. ~hobel.

schruppen ['ʃrʊpn̩] ⟨sw. V.; hat⟩ [eigtl. landsch. Nebenf. von ↑schrubben] (Fachspr.): *Werkstücke durch Abheben dicker Späne grob bearbeiten.*

Schub [ʃu:p], der; -[e]s, Schübe ['ʃy:bə; mhd. schub = Aufschub, Abschieben der Schuld auf andere; urspr. nur Rechtsspr., zu ↑schieben]: **1. a)** (selten) *das Schieben, der Stoß:* mit einem kräftigen S. wurde das Hindernis aus dem Weg geräumt; **b)** (Physik, Technik) *Kraft, mit der etw. nach vorn getrieben, gestoßen wird:* Bereits bei 2000 Touren legt der ... Sechszylinder fühlbar zu, und nur wenig später ist bemerkenswerter S. zu verspüren (Auto 5, 1970, 53); dies Raketentriebwerk erzeugt einen S. von 680 Tonnen; **c)** (Mechanik) svw. ↑Scherung (1). **2.** *Gruppe von gleichzeitig sich in Bewegung setzenden, abgefertigten, beförderten Personen od. bearbeiteten Sachen:* ein neuer S. wird eingelassen; wenn der eine S. gegessen hatte und der andere sich draußen drängte, die Tische zu reinigen (Kirst, 08/15, 182); der erste S. Brötchen ist schon verkauft; immer neue Schübe von Flüchtlingen kamen durch; er war beim letzten, kam mit dem letzten S.; * **jmdn. auf den S. bringen** (Jargon; *[in einem Sammeltransport] über die Grenze abschieben*); **per S.** (Jargon; *zwangsweise*): wurde ich per S., das heißt in einem vergitterten Zugabteil, in die Strafanstalt Scheuerental überführt (Ziegler, Konsequenz 24). **3.** *in unregelmäßigen Abständen auftretende Erscheinung einer fortschreitenden Erkrankung; einzelner Anfall:* depressive Schübe; Schizophrenie tritt meist in Schüben auf. **4.** (landsch.) svw. ↑Schubfach: wandte sie sich zur Kasse, zog den S. auf (Johnson, Ansichten 162); ein Schrank mit mehreren Schüben.

schub-, Schub-: ~**boot,** das: svw. ↑~schiff; ~**düse,** die (Technik): *Düse eines [Raketen]triebwerks, durch die die erhitzte Luft unter Beschleunigung ausströmt u. den Schub* (1 b) *erzeugt;* ~**energie,** die: svw. ↑~kraft; ~**fach,** das: *herausziehbarer offener Kasten, bewegliches Fach* (1) *in einem Möbelstück* (Kommode, Schrank o. ä.): das S. klemmt; das S. aufziehen, herausnehmen, hineinschieben, abschließen; die Wäsche ins oberste S. legen; eine Kommode mit drei großen Schubfächern; ~**fenster,** das: svw. ↑Schiebefenster; ~**festigkeit,** die: svw. ↑Scherfestigkeit; ~**flotte,** die: *Gesamtheit der [in einer Reederei] für die Schubschiffahrt zur Verfügung stehenden Schiffe;* ~**haft,** die ⟨o. Pl.⟩: svw. ↑Abschiebungshaft; ~**karre,** die, ~**karren,** der: **1.** *einrädrige Karre zum Befördern kleinerer Lasten, die an zwei Stangen mit Griffen angehoben u. geschoben wird.* **2.** (Leichtathletik) *Vorwärtsbewegung auf den Händen im Liegestütz, wobei ein Helfer die gegrätschten Beine des Turners faßt u. schiebend mitgeht;* ~**kasten,** der: svw. ↑~fach; ~**kraft,** die: **1.** svw. ↑Schub (1 b): Ü Neue S. für die Aktienkurse muß von der Konjunkturbelebung kommen (Zeit 14. 3. 75, 41). **2.** svw. ↑Scherkraft; ~**lade,** die, (seltener:) ~**laden,** der: svw. ↑~fach: Eine solche Summe hat man nicht in der S. liegen (Langgässer, Siegel 512); Ü die Pläne, Gesetzesvorlagen blieben in den Schubläden *(wurden nicht verwirklicht)*, dazu: ~**ladisieren** [...ladi'zi:rən] ⟨sw. V.; hat⟩ (schweiz.): *hinauszögern, in der Schublade verschwinden u. in Vergessenheit geraten lassen:* die Reformvorschläge, Ideen wurden sehr bald wieder schubladisiert, ~**ladkasten,** der (österr.): svw. ↑Kommode; ~**lehre,** die (Fachspr.): svw. ↑Schieblehre; ~**leichter,** der: *Leichter* (b) *bei der Schubschiffahrt;* ~**leistung,** die: vgl. ~kraft (1): Raketen mit einer nutzbaren S. von annähernd 600 Tonnen (Spiegel 24, 1967, 132); ~**modul,** der (Mechanik): *Quotient aus der Änderung der Schubspannung u. der Änderung des Winkels (Verzerrung), die bei der Beanspruchung eines Werkstücks auf Schub* (1 c) *auftreten;* ~**prahm,** der: *Prahm in der Schubschiffahrt;* ~**schiff,** das: *starkes Motorschiff in der Binnenschiffahrt, dessen Bug in voller Breite so geformt ist, daß er sich dem Heck von zu schiebenden Leichtern u. Prahmen anpaßt,* dazu: ~**schiffahrt,** die: *Schiffahrt mit Schubschiffen;* ~**schlepper,** der: svw. ↑~schiff; ~**spannung,** die (Mechanik): *bei Veränderungen in der Form eines Körpers durch verschiedene tangential von außen wirkende Kräfte auftretende Spannung, Scherspannung;* ~**stange,** die: svw. ↑Pleuelstange; ~**tasche,** die (Schneiderei): *schräg angesetzte Tasche an Jacke, Mantel, Kleid o. ä., in die die Hände bequem hineingeschoben werden können;* ~**weise** ⟨Adv.⟩: *in Schüben* (2, 3), *Schub* *für Schub:* die Leute werden s. eingelassen; die Anfälle treten s. auf; ⟨selten auch attr.:⟩ ein -s Vorwärtskommen; ~**wirkung,** die: die Düse übt eine S. aus.

Schubbejack ['ʃʊbəjak], der; -s, -s (nordd.): svw. ↑Schubiack: Möchte doch verdammt wissen, wo dieser S. sich herumtreibt (Bredel, Väter 25); **schubben** ['ʃʊbn̩], **schubbern** ['ʃʊbɐn] ⟨sw. V.; hat⟩ [mniederd. schubben, verw. mit ↑schaben] (nordd.): *kratzen, scheuern:* Zebras benutzen einen Felsblock, um ihr Fell zu schubbern (Grzimek, Serengeti 308); ... eine Liebesschaukel ... Da schaukelt er sie, ... schubbert sie, ... redet natürlich zweideutige Dinge (Augustin, Kopf 358).

Schuber ['ʃu:bɐ], der; -s, - [zu ↑Schub]: **1.** *Schutzkarton, in den ein Buch hineingeschoben werden kann.* **2.** (österr.) *Absperrvorrichtung, Schieber, Riegel.*

Schubiack ['ʃu:bjak], der; -s, -s od. -e [niederl. schobbejak, zu: schobben = (sich) kratzen u. Jack = Jakob] (ugs. abwertend): *niederträchtiger Mensch, Lump.*

Schüblig ['ʃy:plɪç] (schweiz. mundartl.) svw. ↑Schübling; **Schübling** ['ʃy:plɪŋ], der; -s, -e [mhd. schübelinc, eigtl. = (in einen Darm) geschobene Wurst(füllung)] (südd., schweiz.): *langes Würstchen aus Rindfleisch u. Schweinefleisch mit Speckstückchen, geräuchert u. kurz gekocht.*

Schubs [ʃʊps], der; -es, -e (ugs.): *[leichter] Stoß:* jmdm. einen S. geben; **schubsen** ['ʃʊpsn̩] ⟨sw. V.; hat⟩ [zu mhd. (md.) schuppen, ↑²schuppen] (ugs.): *(jmdn., etw.) durch plötzliches Anstoßen in eine bestimmte Richtung in Bewegung bringen; jmdm. einen Schubs geben:* jmdn. zur Seite, vom Stuhl, ins Wasser s.; er wurde unsanft ins Auto geschubst; sie drängelten und schubsten; er hat mich geschubst, daß ich hingefallen bin; er schubste *(drängelte)* sich nach vorn; ⟨Abl.:⟩ **Schubserei** [ʃʊpsə'rai̯], die; -, -en (ugs. abwertend): *dauerndes, lästiges Schubsen:* hör auf mit deiner S., du kommst doch nicht eher an die Reihe!

schüchtern ['ʃʏçtɐn] ⟨Adj.⟩ [urspr. = scheu gemacht (von Tieren), aus dem Niederd., zu mniederd. schüchteren = (ver)scheuchen, Weiterbildung von ↑scheu(ch)en]: **a)** *scheu, zurückhaltend, anderen gegenüber gehemmt:* ein -es Kind; ein -er Liebhaber; mit -er Stimme; sie ist noch sehr s.; eine sich sonst s. gebende Walliserin (Menzel, Herren 63); er steht s. abseits, lächelt s., fragt s.; **b)** *nur vorsichtig, zaghaft [sich äußernd], in Erscheinung tretend:* eine -e Hoffnung; beim ersten -en Versuch; eine s. vorgebrachte Bitte; ⟨Abl.:⟩ **Schüchternheit,** die; -: *das Schüchternsein* (a), *Scheu:* kindliche S.; er kann seine S. nicht überwinden, verliert alle S.

Schuckelei [ʃʊkə'lai̯], die; -, -en (landsch. abwertend): *dauerndes Schuckeln:* von der S. ist ihm ganz übel geworden; **schuckeln** ['ʃʊkl̩n] ⟨sw. V.⟩ [landsch. Nebenf. von ↑schaukeln] (landsch.): **a)** *sich schaukelnd hin u. her bewegen, wackeln* ⟨hat⟩: der Wagen hat mächtig geschuckelt; **b)** *sich schaukelnd, stoßend vorwärts bewegen* ⟨ist⟩: die alte Straßenbahn ist um die Ecke geschuckelt.

schuddern ['ʃʊdɐn] ⟨sw. V.; hat⟩ [mniederd. schoddern, spätmhd. (md.) schudern] (nordd., westmd.): *frösteln, schauern:* sie schudderten im kühlen Abendwind; Ü Weil es mich schuddert, wenn ich an eine Blamage denke (Kant, Impressum 12).

schuf [ʃu:f], **schüfe** ['ʃy:fə]: ↑schaffen.

Schuffel ['ʃʊfl̩], die; -, -n [mniederd. schuffel = Schaufel] (Fachspr.): *im Gartenbau verwendete Hacke* (1) *mit flachem, zweischneidigem Blatt zum Lockern des Bodens u. Beseitigen von Unkraut.*

Schuft [ʃʊft], der; -[e]s, -e [aus dem Niederd., viell. zusgez. aus niederd. Schufut = elender Mensch, eigtl. = Uhu; der lichtscheue Vogel ist als häßlich verschrien] (abwertend): *jmd., der gemein, niederträchtig ist; Schurke:* Der Ermordete war ein S., der seinen Tod wohlverdient hatte (Reinig, Schiffe 128); (als Schimpfwort:) „Du S., du gemeiner, dreckiger, verlogener S.!" (Brand [Übers.], Gangster 79).

schuften ['ʃʊftn̩] ⟨sw. V.; hat⟩ [wohl zu niederd. schoft, niederl. schuft = ein Viertel eines Tagewerks, verw. mit ↑Schub, eigtl. = in einem Schub arbeiten] (ugs.): **a)** *schwer, hart arbeiten:* sein Leben lang s. müssen; er hat am Bau geschuftet; sie schuften und schuften und kommen doch nicht weiter; sie schuften für einen Hungerlohn; für die Familie s.; sie schuftet für zwei *(schafft so viel, wie es eigentlich nur zwei Leute fertigbringen)*; **b)** *durch Schuften* (a) *in einen bestimmten Zustand geraten:* sich müde s.; Leute ..., die sich zu Tode rauchen, zu Tode schuften oder zu Tode ärgern (Habe, Namen 21); ⟨Abl.:⟩ **¹Schufterei** [ʃʊftə'rai̯], die; -, -en (ugs. abwertend): **1.** ⟨o. Pl.⟩ *dauerndes Schuften:* ich habe mich damals glücklich gefühlt trotz der vielen S. (Hörzu 11, 1976, 20). **2.** *einzelne Tätigkeit, bei der man sich sehr abmühen muß:* der Umzug war vielleicht eine S.!

²Schufterei [-], die; -, -en [zu ↑Schuft] (abwertend): svw. ↑Schuftigkeit: solche -en lasse ich mir nicht bieten; **schuftig** ['ʃʊftɪç] ⟨Adj.⟩ (abwertend): *niederträchtig, gemein, ehrlos:* ein -er Mensch; das halte ich für s.; er hat sich uns gegenüber sehr s. aufgeführt; ⟨Abl.:⟩ **Schuftigkeit,** die; -, -en (abwertend): **a)** ⟨o. Pl.⟩ *das Schuftigsein, schuftiges Wesen, Niedertracht:* Man soll nicht glauben, daß S. den Menschen unbetroffen läßt (Zwerenz, Kopf 149); **b)** *gemeine, niederträchtige Handlung:* -en begehen.

Schuh [ʃu:], der; -[e]s, -e u. - [mhd. schuoch, ahd. scuoh, wohl eigtl. = Schutzhülle]: **1.** ⟨Pl. -e; Vkl. ↑Schuhchen, Schühchen⟩ *Fußbekleidung aus einer festen, aber biegsamen, glatten od. mit Profil* (5) *versehenen [Leder- od. Kunstleder]-sohle [mit Absatz* (1)*] u. einem Oberteil aus weicherem Leder od. Stoff, das den ganzen Fuß bis über die Knöchel od. nur Teile bedecken od. lediglich aus einzelnen Riemen gebildet sein kann:* hohe, feste, leichte, hochhackige, spitze, pelzgefütterte -e; ein Paar -e; ein eleganter, modischer S. (Werbespr., wobei die Einzahl als Typenbezeichnung statt des Plurals steht); die -e passen, drücken, sind bequem; -e kaufen; die -e anziehen, zuschnüren, abbürsten, putzen, einfetten, besohlen, auf den Spanner tun; das Kind braucht neue -e; sein einziges Paar guter -e (Sommer, Und keiner 203); R umgekehrt wird ein S. draus (*die Sache ist umgekehrt, muß andersherum angefangen werden;* bei bestimmten Schuhen wurde das Oberleder früher so an die Sohle genäht, daß das Werkstück vor der Fertigstellung gewendet werden mußte); * **wissen, wo jmdn. der S. drückt** (ugs.; *jmds. geheime Sorgen, Nöte kennen;* auf einen Ausspruch des griech. Schriftstellers Plutarch [etwa 46–125] zurückgehend); **sich** ⟨Dativ⟩ **die -e nach etw. ablaufen, abgelaufen haben** (ugs.; *sich lange [vergeblich] um etw. bemühen, bemüht haben*); **sich** ⟨Dativ⟩ **etw. an den Schuhen abgelaufen haben** (ugs.; *eine Erfahrung längst gemacht haben, etw. längst kennen;* urspr. von den wandernden Handwerksgesellen stammend); **nicht in jmds. -en stecken mögen** (svw. nicht in jmds. Haut stecken mögen; ↑Haut 1 a). **2.** ⟨Pl. -e⟩ (Technik) **a)** *Schutzhülle aus Metall od. Kunststoff am unteren Ende eines Pfahls an Verbindungsstellen von Bauteilen o. ä.;* **b)** kurz für ↑Brems-, Hemm-, Kabelschuh. **3.** ⟨Pl. -⟩ (früher) svw. ↑Fuß (4).

schuh-, Schuh-: ~**absatz,** der: ↑Absatz (1); ~**abstreifer,** der: svw. ↑Abtreter; ~**anzieher,** der: svw. ↑~löffel; ~**band,** das ⟨Pl. -bänder⟩ (regional, bes. südd., md., teilweise nordd.): svw. ↑Schnürsenkel; ~**bandel,** das (bayr., österr. ugs.), ~**bändel,** das (schweiz. ugs.): ↑~band; ~**bendel,** der od. das: ↑~bändel; ~**bürste,** die: *Bürste mit harten Borsten zum Reinigen od. mit weicheren zum Polieren der Schuhe;* ~**creme,** die: *weiche, cremeartige Masse, die als Politur dünn auf das [Ober]leder aufgetragen wird:* schwarze, braune, farblose S.; ~**fabrik,** die; ~**fetischismus,** der: *sexuelle Faszination u. Erregbarkeit durch [Frauen]schuhe,* dazu: ~**fetischist,** der; ~**fett,** das: svw. ↑Lederfett; ~**flicker,** der (veraltet): *[einfacher, ländlicher] Schuhmacher;* ~**geschäft,** das; ~**größe,** die: *in bestimmten Zahlen ausgedrücktes Maß, nach dem Schuhe gekauft werden:* ich habe S. 39; R das ist nicht meine S. (ugs.; *das paßt nicht zu mir*); ~**industrie,** die; ~**karton,** der: *Pappkarton für Schuhe, die zum Verkauf angeboten werden;* ~**kombinat,** das (DDR); ~**laden,** der ⟨Pl. -läden⟩; ~**lappen,** der: *weicher Lappen zum Blankreiben von Schuhen;* ~**leisten,** der: vgl. Leisten (1); ~**löffel,** der: *länglicher, löffelartiger Gegenstand, der bei der Ferse in den Schuh gehalten wird, um ein leichteres Hineingleiten des Fußes zu ermöglichen;* ~**los** ⟨Adj.; o. Steig.⟩: *keine Schuhe tragend, ohne Schuhe:* Sepps -e Füße hopsten zwischen den Schraubstöcken herum (H. Gerlach, Demission 63); ~**lotter,** der in der Wendung **den S. haben** (schweiz. ugs.; *mit aufgegangenen Schuhbändern herumlaufen*); ~**macher,** der [mhd. schuochmacher]: *Handwerker, der Schuhe fachmännisch repariert, besohlt u. auf Wunsch auch [nach Maß] anfertigt* (Berufsbez.), dazu: ~**macherei** [-maxə'rai̯], die: **1.** ⟨o. Pl.⟩ *Handwerk des Schuhmachers:* die S. erlernen. **2.** *Werkstatt des Schuhmachers,* ~**machermeister,** der, ~**ma-**

cherwerkstatt, die; ~**mode,** die: vgl. Mode (1 a): dieser Absatz entspricht der neuesten S.; ~**nagel,** der: *kleiner Nagel, Stahlstift, mit dem die Sohle am Schuh befestigt wird;* ~**nummer,** die: vgl. ~größe: wir haben die gleiche S.; ~**platteln** ⟨sw. V.; hat; nur im Inf. u. 2. Part. gebr.⟩: *Schuhplattler tanzen:* er kann s., hat prächtig geschuhplattelt; ~**plattler,** der [zu platteln = Platten (d. h. Handflächen u. Schuhsohlen) zusammenschlagen]: *(bes. in Oberbayern, Tirol u. Kärnten heimischer) Volkstanz, bei dem die Männer hüpfend u. springend sich in rhythmischem Wechsel mit den Handflächen auf Schuhsohlen, Knie u. Lederhosen schlagen;* ~**putzer,** der: **a)** *jmd., der gegen Entgelt auf der Straße Schuhe putzt;* **b)** (selten) *Gerät, mit dem Schuhe in einem Arbeitsgang gereinigt u. poliert werden:* ein elektrischer S., dazu: ~**putzkasten,** der: *Kasten, in dem Bürsten, Lappen u. Cremes zum Schuhputzen aufbewahrt werden;* ~**riemen,** der (bes. westmd.): svw. ↑Schnürsenkel; ~**schachtel,** die: svw. ↑~karton; ~**schnabel,** der: *in Sümpfen u. an Flußufern Afrikas lebender, hochgewachsener, graublauer Stelzvogel mit großem Kopf u. einem gelbbraunen, breiten, wie ein Holzschuh geformten Schnabel:* ~**schnalle,** die; ~**sohle,** die: svw. Sohle (1): durchgelaufene -n; *** sich die -n nach etw. ablaufen** (↑Schuhe 1); ~**spanner,** der: *den ganzen Schuh od. nur die Spitze ausfüllender u. mit einem Spannbügel im Absatz festzuklemmender Gegenstand, mit dem ein Schuh in seiner Form gehalten werden soll, solange er nicht getragen wird;* ~**spitze,** die; ~**waren** ⟨Pl.⟩: *Erzeugnisse der Schuhindustrie,* dazu: ~**warenladen,** der; ~**werk,** das ⟨o. Pl.⟩: *Schuhe (in bezug auf Art u. Beschaffenheit):* festes, schlechtes S. tragen; ~**wichse,** die (ugs.): *[schwarze] Schuhcreme:* Als Othello kommt der helle Blonde schwarz wie S. (Hörzu 22, 1977, 55); ~**zeug,** das ⟨o. Pl.⟩ (ugs.): svw. ~werk.

Schuhchen ['ʃu:çən], **Schühchen** ['ʃy:çən], das; -s, -: ↑Schuh (1): Dann kaufe ich Babywäsche, ein Paar Schuhchen (Kinski, Erdbeermund 260).

Schuhu ['ʃu:hu], der; -s, -s [lautm.] (landsch.): *Uhu.*

Schuko- Ⓦ ['ʃu:ko-, kurz für **Schutzkontakt**]: ~**steckdose,** die, ~**stecker,** der: *Steckdose u. Stecker mit besonderem Schutzkontakt.*

schul-, Schul-: ~**abgang,** der ⟨Pl. selten⟩: *Abgang* (1 b) *von der Schule:* nach S. machte er die Lehre bei einem Tischler, dazu: ~**abgänger,** der: *Schüler[in], der (die) von der Schule abgeht;* ~**abschluß,** der: *auf Grund des Schulbesuchs* (1) *erworbene Qualifikation, die im Abschlußzeugnis* (2) *dokumentiert ist:* welchen S. haben Sie?; S.: mittlere Reife/Abitur; ~**alter,** das ⟨o. Pl.⟩: *Entwicklungsabschnitt des Kindes vom etwa 6. Lebensjahr bis zum Eintritt der Pubertät;* ~**amt,** das: **1.** *Behörde für das Schulwesen.* **2.** (veraltet) *Lehramt;* ~**anfang,** der: **1.** ⟨o. Pl.⟩ *erster Schultag eines Schulanfängers:* er bekam zum S. eine große Schultüte. **2.** ⟨Pl. selten⟩ *Unterrichtsbeginn nach den Ferien,* zu 1: ~**anfänger,** der: *Kind, das gerade in die Schule gekommen ist;* ~**angst,** die (Psych.); ~**arbeit,** die: **1.** ⟨meist Pl.⟩ *[schriftliche] Hausaufgabe:* ich muß noch [meine] -en machen; sie hilft ihrem Kind bei den -en. **2.** (österr.) svw. ↑Klassenarbeit. **3.** ⟨o. Pl.⟩ *von Lehrer u. Schüler in der Schule zu leistende Arbeit:* die praktische, tägliche S.; die Unterrichtsstunde als Grundform der S. (Klein, Bildung 20); ~**arzt,** der: *Arzt, der Schüler u. Lehrer an einer Schule gesundheitlich betreut,* dazu: ~**ärztlich** ⟨Adj.; o. Steig.; nicht präd.⟩: ein -es Attest; ~**atlas,** der: *auf die Bedürfnisse im Schulunterricht abgestimmter Atlas* (1); ~**aufbau,** der ⟨o. Pl.⟩: *Aufbau* (3) *der Schule* (1) *nach Schulstufen u. Schultypen;* ~**aufgabe,** die ⟨meist Pl.⟩: **1.** svw. ↑~arbeit (1). **2.** (landsch.) svw. ↑Klassenarbeit; wir schreiben morgen wieder eine S. in Latein; ~**aufsatz,** der: *als Haus- od. Klassenarbeit geschriebener Aufsatz;* ~**aufsicht,** die ⟨o. Pl.⟩: *staatliche Aufsicht* (1) *über die Schulen* (1), dazu: ~**aufsichtsbehörde,** die; ~**ausflug,** der: vgl. Klassenausflug; ~**ausgabe,** die: vgl. ~atlas: eine S. des Nibelungenliedes; ~**ausspeisung,** die (österr.): svw. ↑~speisung; ~**bahn,** die (österr.): *vorgeschriebener Verlauf der schulischen Ausbildung;* ~**bank,** die ⟨Pl. ...bänke⟩: *mit einem Pult* (a) *verbundene Bank für Schüler:* in dem Klassenraum standen fünf Reihen Schulbänke; Ü von der S. [weg] (ugs.; *unmittelbar nach Schulabgang*) kam er in die Lehre; *** [noch] die S. drücken** (ugs.; *[noch] zur Schule gehen*): 18jähriger ... drückt noch die S., sucht ... Mädchen (Mannheimer Wochenblatt 28. 5. 75, 4); **miteinander die S./die gleiche S. gedrückt haben/[miteinander] auf einer S. gesessen haben** (ugs.; *in der gleichen Klasse* 1 a *gewesen sein*): bis zur Quarta hatte er mit Reinhold die gleiche S. gedrückt (Hollander, Akazien 7); ~**bau,** der ⟨Pl. -ten⟩: vgl. ~gebäude: moderne Schulbauten; ~**begehung,** die (DDR): *Besichtigung einer Schule u. ihrer Einrichtungen durch Vertreter der Elternschaft, Partei o. ä. zur Kontrolle der materiellen Sicherung der Erziehungs- u. Bildungsarbeit;* ~**beginn,** der: svw. ↑~anfang (2); ~**behörde,** die: svw. ↑~amt (1); ~**beispiel,** das: *typisches, klassisches Beispiel:* Das S. für die geschlechtsgebundene Vererbung ist die ... Bluterkrankheit (Fischer, Medizin II, 97); ~**beratung,** die: *von Schulpsychologen u. Schuljugendberatern durchgeführte Beratung von Schülern, Eltern u. Lehrern bei der Ein- od. Umschulung od. bei Schulschwierigkeiten;* ~**besuch,** der ⟨Pl. selten⟩: **1.** *Besuch der Schule* (1): pflichtmäßiger, regelmäßiger S. **2.** (schweiz.) *Hospitation eines Schulrates o. ä. im Schulunterricht;* ~**betrieb,** der: **1.** *organisierter Ablauf des Schulunterrichts.* **2.** *(in Ländern des Sozialismus) schuleigener Betrieb, in dem Schüler polytechnische Grundlehrgänge absolvieren können;* ~**bibliothek,** die; ~**bildung,** die ⟨o. Pl.⟩: *durch die Schule* (1) *vermittelte Bildung:* eine gute, keine abgeschlossene S. haben; ~**brot,** das: *belegtes Brot, das der Schüler in die Schule mitnimmt;* ~**bub,** der (südd., österr., schweiz.): svw. ↑~junge; ~**buch,** das: *Lehr- u. Arbeitsbuch für den Schulunterricht;* ~**bücherei,** die; ~**buchkommission,** die: *Fachkommission zur Prüfung der Schulbücher;* ~**bus,** der: *Bus, der Schüler zur Schule u. zurück befördert;* ~**chor,** der: im S. mitsingen; ~**chronik,** die; ~**dienst,** der ⟨o. Pl.⟩: *Lehrtätigkeit an einer Schule* (1), *Dienst* (1 b) *in der Schule:* in den S. treten; im S. tätig sein; ein Beamter im S.; ~**drama,** das (Literaturw.): **a)** ⟨o. Pl.⟩ *für Schüler zur Aufführung an Schulen bestimmte dramatische* (1) *Dichtung des Humanismus u. Barock, die [in lateinischer Sprache verfaßt] erzieherische Zwecke verfolgte;* **b)** *einzelnes Schauspiel in der Form des Schuldramas* (a); ~**eigen** ⟨Adj.; o. Steig.; nicht adv.⟩: *der Schule* (1) *gehörend:* -es Gelände; -e Geräte; ~**entlassen** ⟨Adj.; o. Steig.; nicht adv.⟩: *aus der Schule* (1) *entlassen;* ⟨meist subst.:⟩ ~**entlassene,** der u. die; -n, -n ⟨Dekl. ↑Abgeordnete⟩: Mangel an Ausbildungsplätzen für Schulentlassene; ~**entlassung,** die; ~**entwachsen** ⟨Adj.; o. Steig.; nicht adv.⟩: *dem Schulalter entwachsen;* ~**erziehung,** die: vgl. ~bildung; ~**fach,** das: *an der Schule* (1) *unterrichtetes Fach* (4 a); ~**fähig** ⟨Adj.; o. Steig.; nicht adv.⟩: svw. ↑~reif, dazu: ~**fähigkeit,** die ⟨o. Pl.⟩; ~**fahrt,** die; ~**fall,** der: vgl. ~beispiel: das Kind hat einen S. von Delirium (Keun, Mädchen 147); ~**feier,** die; ~**ferien** ⟨Pl.⟩: *staatlich festgelegte Ferien für die Schulen;* ~**fernsehen,** das: vgl. ~funk; ~**fest,** das; ~**fibel,** die (veraltend): svw. ↑[1]Fibel (1); ~**frei** ⟨Adj.; o. Steig., nicht adv.⟩: *frei von, ohne Schulunterricht:* ein -er Tag; heute ist, haben wir s. (*keine Schule* 3); s. *(einen Tag, Tage, an denen keine Schule ist)* bekommen; ~**fremd** ⟨Adj.; o. Steig.; nicht adv.⟩: *nicht zur Schule* (1) *gehörend, nicht zur Schule in Beziehung stehend:* -e Prüflinge; -e Interessen; ~**fremdenprüfung,** die: *Form der Reifeprüfung, auf die sich der Prüfling ohne entsprechenden Schulbesuch vorbereitet hat;* ~**freund,** der: *[früherer] Mitschüler, mit dem man befreundet ist:* er ist ein alter S. meines Vaters; ~**freundin,** die: w. Form zu ↑~freund; ~**fuchs,** der (ugs. veraltend abwertend): *jmd. (bes. ein Lehrer, Gelehrter), der kleinlich ist, Kleinigkeiten übertrieben wichtig nimmt:* sie hatte ... diesen langweiligen Sklodowski geheiratet, diesen pedantischen S. (Fussenegger, Zeit 58); ~**funk,** der: *für den Schulunterricht ausgestrahlte Rundfunksendungen, die zur Ergänzung u. Unterstützung des Unterrichtsprogrammes dienen sollen;* ~**funktionär,** der (DDR); ~**gang,** der: **1.** [1]*Gang* (2) *zur Schule:* Besorgte Mütter puppten ihre Kinder zum S. ... mollig an (Welt 24. 11. 65, 13); meist in der Fügung **der erste S.** *(der erste Schultag eines Schulanfängers):* sich ... frei nehmen, um mit Erich den ersten S. zu machen (Kühn, Zeit 273). **2.** (Reiten) *zur Hohen Schule gehörende Gangart* (z. B. Passage); ~**garten,** der: *schuleigenes Gelände, das zur Unterstützung des botanischen Unterrichts dient u. von Schülern betreut wird;* ~**gebäude,** das: *Gebäude, in dem der Schulunterricht stattfindet;* ~**gebrauch,** der ⟨o. Pl.⟩ in der Verbindung **für den S.** *(zur [Be]nutzung, Verwendung im Schulunterricht [bestimmt]):* ein Geschichtsatlas für den S.; ~**gegenstand,** der (österr.): svw. ↑~fach; ~**geld,** das ⟨o. Pl.⟩: *bestimmter Betrag, der für den Besuch einer Schule zu zahlen ist:* er ist von der Zahlung des -es befreit; R du hast dein S. umsonst ausgegeben/du kannst dir das, dein S. wiedergeben lassen (vgl. Lehrgeld), dazu: **~geldfreiheit**, die ⟨o. Pl.⟩: *Erlaß des Schulgeldes;* **~gelehrsamkeit**, die (abwertend): svw. ↑~weisheit; **~gemäß** ⟨Adj.; o. Steig.⟩: *der Schule* (3) *entsprechend; wie es in der Schule gelehrt wird:* Das Referat war nach dem ... Schema Einleitung–Hauptteil–Schluß s. aufgebaut (Johnson, Mutmaßungen 68); **~gemeinde**, die: *Gesamtheit der Lehrer, Schüler u. Eltern einer Schule;* **~gerecht** ⟨Adj.; Steig. selten⟩: *den Regeln o. ä. der Schule* (1, 6) *entsprechend;* **~gesundheitspflege**, die ⟨o. Pl.⟩: *Gesundheitspflege im Bereich der Schule* (1); **~glocke**, die (veraltend): *Klingel* (1), *mit der Beginn u. Ende der Schulstunden angezeigt werden;* **~gottesdienst**, der: *für die Schule* (5) *abgehaltener Gottesdienst;* **~grammatik**, die: vgl. ~atlas; **~haus**, das: vgl. ~gebäude; **~heft**, das: [2]*Heft* (a) *für den Schulgebrauch;* **~hof**, der: *zur Schule* (2) *gehörender Hof, auf dem sich die Schüler während der [großen] Pause aufhalten;* **~hort**, der (DDR): *einer Schule* (1) *angegliederter Kinderhort;* **~hygiene**, die: svw. ↑~gesundheitspflege, dazu: **~hygienisch** ⟨Adj.; o. Steig.; nicht präd.⟩; **~inspektion**, die; **~inspektor**, der; **~jahr**, das: **1.** *Zeiteinheit für die Arbeit an der Schule, die mit der Erteilung des Jahreszeugnisses u. der Entscheidung über Versetzung od. Nichtversetzung abschließt:* in der Bundesrepublik beginnt das S. am 1. August. **2.** (in Verbindung mit Zahlen) *Klasse* (b): die Lehrerin übernahm, unterrichtete ein 7. S.; **~jugend**, die: *Jugendliche, die die Schule* (1) *besuchen*, dazu: **~jugendberater**, der: vgl. ~beratung; **~junge**, der (ugs.): *Junge* (1 a), *der die Schule besucht; jüngerer Schüler* (Ggs.: ~mädchen): jmdn. wie einen [dummen] -n *(wie jmdn., der noch belehrt werden muß, noch unfertig ist)* behandeln; **~kamerad**, der; **~kameradin**, die: w. Form zu ~kamerad; **~kenntnisse** ⟨Pl.⟩: *in der Schule* (1) *vermittelte, erworbene Kenntnisse:* gute S. besitzen; **~kind**, das; **~kindergarten**, der: *der Schule angegliederter Kindergarten zur einjährigen Förderung schulpflichtiger Kinder, die noch nicht schulreif sind;* **~klasse**, die: **a)** *Klasse* (1 a); **b)** *Klasse* (1 b); **~kleid**, das: ein praktisches S.; **~kollege**, der (schweiz., österr.): *Mitschüler, Schulkamerad;* **~kollegin**, die (schweiz., österr.): w. Form zu ↑~kollege; **~kollegium**, das: svw. ↑Lehrerkollegium; **~krank** ⟨Adj.; o. Steig.; nicht adv.⟩ (ugs.): *angeblich krank, um dem Unterricht fernbleiben zu können*, dazu: **~krankheit**, die: er hat mal wieder die S.; **~landheim**, das: *Heim in ländlicher Umgebung, in dem sich Schulklassen unter Führung ihrer Lehrer jeweils für einige Tage od. Wochen zur Erholung u. zum Unterricht aufhalten;* **~leben**, das ⟨o. Pl.⟩: *Gesamtheit der Vorgänge, das Geschehen innerhalb der Schule;* **~lehrer**, der (ugs.); **~lehrerin**, die (ugs.): w. Form zu ~lehrer; **~leistung**, die: *schulische Leistung* (2 a): seine -en sind hervorragend, lassen zu wünschen übrig, dazu: **~leistungstest**, der: *standardisierter Test zur Feststellung des Lernerfolges u. der Motivation der Schüler;* **~leiter**, der; **~leiterin**, die: w. Form zu ~leiter; **~leitung**, die: **1.** ⟨o. Pl.⟩ *Leitung* (1 a) *einer Schule:* die S. übernehmen; mit der S. beauftragt sein. **2.** *Leitung* (1 b) *einer Schule:* auf Beschluß der S. wurde ...; **~mädchen**, das (ugs.; Ggs.: ~junge); **~mann**, der ⟨Pl. ...männer⟩: *Pädagoge* (1): ein tüchtiger, erfahrener S.; **~mappe**, die: *Mappe für Hefte, Bücher o. ä., die der Schüler mit in die Schule nimmt;* **~mäßig** ⟨Adj.; o. Steig.; nicht präd.⟩: **a)** *der Schule* (3) *entsprechend;* **b)** *was die Schule* (1) *betrifft, angeht;* **~medizin**, die ⟨o. Pl.⟩: *die in Fachkreisen mit weit überwiegender Mehrheit anerkannten, an den Hochschulen gelehrten Lehren u. Praktiken der Heilkunde;* **~meister**, der: **1.** (veraltend, sonst ugs. scherzh.) *Lehrer (bes. einer Grundschule auf dem Lande)*. **2.** (abwertend) *jmd., der gern schulmeistert*, dazu: **~meisterei** [...majstə'raj], die; -, -en: **1.** ⟨o. Pl.⟩ (veraltend, sonst ugs. scherzh.) *Lehrtätigkeit an der Schule; Lehrberuf:* „Ich will ... meinen Beruf wechseln ... zurück zur S." (Remarque, Obelisk 241). **2.** (abwertend) **a)** ⟨o. Pl.⟩ *das Schulmeistern;* **b)** *Äußerung o. ä. in der Art eines Schulmeisters* (2), **~meisterhaft** ⟨Adj.; -er, ~este⟩, **~meisterlich** ⟨Adj.⟩ (abwertend): *zur Schulmeisterei* (2) *neigend, wie ein Schulmeister* (2), **~meistern** ⟨sw. V.; hat⟩ (abwertend): *in pedantischer Art korrigieren u. belehren:* jmdn. s.; ⟨auch o. Akk.-Obj.:⟩ er schulmeistert gern; **~möbel**, das ⟨meist Pl.⟩; **~modell**, das: Die integrierte Gesamtschule galt als der Hessen liebstes S. (Zeit 19. 9. 75, 13); **~müde** ⟨Adj.; Steig. selten; nicht adv.⟩ (ugs.): *des Schulbesuchs überdrüssig;* **~musik**, die: **1.** *Musikunterricht u. alle musikalische Betätigung in der Schule* (1). **2.** *Studienfach an Musikhochschulen zur Ausbildung von Musiklehrern für höhere Schulen;* **~note**, die: *Note* (2 a); **~orchester**, das: *aus Schülern [u. Lehrern] gebildetes Orchester einer Schule;* **~ordnung**, die: *Gesamtheit der Bestimmungen zur Regelung des Schulbetriebs* (1); **~pädagogik**, die, dazu **~pädagogisch** ⟨Adj.; o. Steig.; nicht präd.⟩: *die Schulpädagogik betreffend, dazu gehörend;* **~pause**, die: *Pause zwischen den Unterrichtsstunden;* **~pedell**, der; **~pensum**, das: *in der Schule zu bewältigendes Pensum* (b); **~pflegschaft**, die: *aus Vertretern der Lehrer- u. Elternschaft, des Schulträgers u. a. gebildeter Beratungsausschuß einer Schule;* **~pflicht**, die ⟨o. Pl.⟩: *gesetzliche Pflicht für schulfähige Kinder zum regelmäßigen Besuch einer allgemeinbildenden Schule:* die Einführung der allgemeinen S., dazu: **~pflichtig** ⟨Adj.; o. Steig.; nicht adv.⟩: *das Alter erreicht habend, in dem man der Schulpflicht nachkommen muß:* ein -es Kind; noch nicht s. sein; sie ist jetzt im -en Alter *(ist jetzt so alt, daß sie die Schule besuchen muß);* **~platz**, der: svw. ↑~hof; **~politik**, die: *Gesamtheit von Bestrebungen im Hinblick auf das Schulwesen*, dazu: **~politisch** ⟨Adj.; o. Steig.; nicht präd.⟩; **~praktiker**, der: svw. ↑~mann; **~praktikum**, das: *Praktikum, das von Studenten, die den Lehrberuf ergreifen wollen, an einer Schule abzuleisten ist;* **~psychologe**, der: *Wissenschaftler auf dem Gebiet der Schulpsychologie;* **~psychologie**, die: **1.** *Teilgebiet der angewandten Psychologie, auf dem man sich diagnostisch, beratend u. therapeutisch mit den psychologischen Problemen des Schullebens (z. B. Erziehungs-, Schulschwierigkeiten, Schulangst) beschäftigt.* **2.** *(bes. in der 1. Hälfte des 20. Jh.s) bestimmte, an den Universitäten gelehrte Psychologie im Gegensatz zur Tiefenpsychologie;* **~ranzen**, der: *Ranzen* (1); **~rat**, der: *Beamter der Schulaufsichtsbehörde;* **~raum**, der: vgl. ~zimmer; **~recht**, das ⟨o. Pl.⟩: *das Schulwesen betreffendes Recht* (1 a); **~reform**, die: *Reform des Schulwesens;* **~reif** ⟨Adj.; o. Steig.; nicht adv.⟩: *(in bezug auf ein Kind) so beschaffen, daß es auf Grund seines körperlichen, geistigen u. seelischen Entwicklungsstandes eingeschult werden kann*, dazu: **~reife**, die, **~reifetest**, der: *Test zur Ermittlung der Schulreife;* **~sack**, der (schweiz.): *Ranzen* (1); **~schiff**, das: *[Segel]schiff zur Ausbildung von Seeleuten;* **~schluß**, der ⟨o. Pl.⟩: **1.** *Ende der täglichen Unterrichtszeit:* komm bitte nach S. gleich nach Hause. **2.** (landsch.) *Ende der Schulzeit, Beendigung der schulischen Ausbildung:* Nach S. Metzgerlehrling gesucht (Augsburger Allgemeine 22. 4. 78, XX); **~schwänzer**, der (ugs.): *Schüler, der die Schule* (3) *schwänzt;* **~schwänzerin**, die: w. Form zu ↑~schwänzer; **~schwester**, die: *Angehörige eines der Frauenorden, deren ausschließliche Arbeitsgebiete Schule u. Erziehung sind* (z. B. Englische Fräulein, Ursulinen); **~schwierigkeiten** ⟨Pl.⟩: *Schwierigkeiten eines Schülers in bezug auf die schulischen Anforderungen;* **~sparen**, das; -s: *von der Schule organisiertes Sparen, wobei die Schüler dazu angehalten werden, regelmäßig kleine Beträge auf ihr Sparbuch einzuzahlen;* **~speisung**, die ⟨o. Pl.⟩: *Essenausgabe* (1) *in der Schule;* **~sport**, der: vgl. ~musik (1); **~sprecher**, der: svw. ↑Schülersprecher; **~sprecherin**, die: w. Form zu ↑~sprecher; **~streß**, der: *starke, auf die Dauer gesundheitliche Schäden verursachende körperlich-seelische Belastung der Schüler durch die besonders hohen intellektuellen Anforderungen in der Schule (u. durch die Vernachlässigung der übrigen Bedürfnisse bei oft fehlender Geborgenheit in der Familie);* **~stube**, die (veraltend): vgl. ~zimmer; **~stufe**, die: *mehrere Klassen* (1 b) *umfassende Stufe innerhalb des Schulaufbaus* (z. B. Mittelstufe); **~stunde**, die: *Unterrichtsstunde in der Schule;* **~system**, das; **~tafel**, die: *Schiefertafel;* **~tag**, der: *Tag, an dem Schule* (3) *ist:* heute ist sein erster S. *(geht er zum ersten Mal in die Schule);* **~tasche**, die: svw. ↑~mappe; **~test**, der: svw. ↑~leistungs-, ~reifetest; **~theke**, die (schweiz.): svw. ↑~mappe, ~ranzen; **~tor**, das; **~träger**, der (Amtsspr.): *Institution, Behörde o. ä., die dazu verpflichtet ist, eine Schule zu unterhalten;* **~tür**, die; **~turnen**, das: vgl. ↑~sport; **~tüte**, die: *eine Art große, spitze, oben offene Tüte aus Pappe, die – mit Süßigkeiten u. a. gefüllt – ein Kind (von seinen Eltern) am ersten Schultag als Geschenk bekommt;* **~typ**, der: 1951 wurde ein neuer S. geschaffen: die Zehnklassenschule (Klein, Bildung 24); **~uhr**, die; **~unterricht**, der; **~verband**, der: *Verband zur Errichtung, Verwaltung u. Finanzierung kommunaler Schulen;* **~versuch**, der: *praktische Erprobung neuer Formen der schulischen Organisation u. des Schulunterrichts:* was aber geschieht mit den Kindern nach einem mißlungenen S.? (Quick 45,

1975, 79); ~**verwaltung,** die: vgl. ~amt (1); ~**vorstand,** der; ~**vorsteher,** der; ~**wanderung,** die; ~**wart,** der (landsch.): *Hausmeister einer Schule;* ~**wechsel,** der ⟨Pl. selten⟩: der Umzug der Eltern machte einen S. erforderlich; ~**weg,** der: *Wegstrecke zwischen Wohnung u. Schulgebäude:* einen kurzen, weiten S. haben; der Unfall passierte auf dem S.; ~**weisheit,** die (abwertend): *nur angelerntes Wissen;* R Es gibt mehr Dinge zwischen Himmel und Erde, als unsere S. sich träumen läßt (*als man denkt, sich vorstellt;* nach Shakespeare, Hamlet, I, 5); ~**werkstatt,** die: vgl. ~betrieb (2); ~**wesen,** das ⟨o. Pl.⟩; ~**wettbewerb,** der: *in einer Schule veranstalteter od. zwischen verschiedenen Schulen ausgetragener Wettbewerb;* ~**wissen,** das: svw. ↑~kenntnisse; ~**zeit,** die ⟨Pl. selten⟩: *Zeit, Jahre des Schulbesuchs* (1); ~**zeugnis,** das: *Zeugnis über die schulischen Leistungen eines Schülers;* ~**zimmer,** das: *Zimmer, Raum, in dem der Schulunterricht stattfindet;* ~**zwang,** der ⟨o. Pl.⟩: vgl. ~pflicht.

Schuld [ʃʊlt], die; -, -en [mhd. schulde, ahd. sculd(a), zu ↑sollen]: **1.** ⟨o. Pl.⟩ *Ursache von etw. Unangenehmem, Bösem od. eines Unglücks, das Verantwortlichsein, die Verantwortung dafür:* es ist nicht seine, ihn trifft keine S. *(er ist nicht dafür verantwortlich zu machen, kann nichts dazu),* daß die Sache so endete; die S. liegt an, bei mir; er hat, trägt die S. an dem Mißerfolg, Zerwürfnis, Unfall; jmdm., den Umständen, Verhältnissen die S. an etw. beimessen, zuschreiben; die, alle S. auf jmdn. abzuwälzen, jmdm. zuzuschieben suchen; jmdm. die S. [an etw.] geben *([für etw.] verantwortlich machen);* ⟨in den folgenden Wendungen als Subst. verblaßt u. deshalb klein geschrieben:⟩ **[an etw.] s. haben/sein** *([an etw.] die Schuld haben, [für etw.] verantwortlich sein):* immer, an allem soll ich s. haben, sein; **jmdm., einer Sache [an etw.] s. geben** *(jmdn., etw. für etw. verantwortlich machen):* man gab ihm s. an dem Zwischenfall. **2.** ⟨o. Pl.⟩ *bestimmtes Verhalten, bestimmte Handlung, Tat, womit jmd. gegen sittliche Werte, Normen od. gegen die rechtliche Ordnung verstößt; begangenes Unrecht, sittliches Versagen, strafbare Verfehlung:* S. und Sühne; eine persönliche, kollektive S.; er hat eine schwere S. auf sich geladen (geh.; *hat sich ein schweres Vergehen zuschulden kommen lassen*); sich keiner S. bewußt sein *(sich nicht schuldig 1 fühlen; nicht das Gefühl haben, etw. falsch gemacht zu haben);* Gott um Vergebung unserer S. *(Sünden)* bitten. **3.** ⟨meist Pl.⟩ *Geldbetrag, den jmd. einem anderen schuldig ist:* [bei jmdm.] -en haben/machen *(den Betrag, die Beträge für eine empfangene Ware, Dienstleistung o. ä. noch nicht bezahlt haben/nicht gleich bezahlen, schuldig bleiben);* eine S. tilgen, löschen; jmdm. eine S. erlassen; -en eintreiben, einklagen, einfordern, einziehen; seine -en bezahlen, begleichen, abzahlen; in -en geraten, sich in -en stürzen *(viele Schulden machen);* R er hat mehr -en als Haare auf dem Kopf (ugs.; *hat sehr viele Schulden*); ***tief/bis über die, beide Ohren in -en stecken** (ugs.; *völlig verschuldet sein*). **4.** ***[tief] in jmds. Schuld sein/stehen** (geh.; *jmdm. sehr zu Dank verpflichtet sein*).

schuld-, Schuld-: ~**anerkenntnis,** das (jur., Wirtsch.): *vertragliche Anerkennung des Bestehens eines Schuldverhältnisses;* ~**bekenntnis,** das: ein S. ablegen; ~**beladen** ⟨Adj.; nicht adv.⟩ (geh.): *große Schuld* (2) *auf sich geladen habend; mit Schuld beladen;* ~**betrag,** der; ~**betreibung,** die (schweiz.): svw. ↑Zwangsvollstreckung; ~**beweis,** der: -e gegen einen leugnenden Angeklagten führen; ~**bewußt** ⟨Adj.; nicht adv.⟩: *sich seiner Schuld* (1, 2) *bewußt u. deshalb bedrückt, verlegen, kleinlaut:* s. schweigen; jmdn. s. anblikken; eine -e *(Schuldbewußtsein ausdrückende)* Miene, dazu: ~**bewußtsein,** das; ~**brief,** der: svw. ↑~schein; ~**buch,** das: svw. ↑Staatsschuldbuch; ~**fähig** ⟨Adj.; o. Steig.; nicht adv.⟩ (jur.): *(auf Grund seiner geistig-seelischen Entwicklungsstufe u. a.) fähig, das Unrecht einer Tat einzusehen u. nach dieser Einsicht zu handeln* (Ggs.: ~unfähig): der Angeklagte ist s., wurde auf Grund eines psychologisch-psychiatrischen Gutachtens für s. erklärt, dazu: ~**fähigkeit,** die ⟨o. Pl.⟩ (jur.; Ggs.: ~unfähigkeit); ~**forderung,** die: **a)** *Einforderung einer Schuld* (3); **b)** *eingeforderte Schuld* (3): eine S. bezahlen; ~**frage,** die: *Frage nach der Schuld od. Unschuld bes. eines Angeklagten:* die S. aufwerfen, aufrollen; die S. ist noch nicht geklärt; ~**frei** ⟨Adj.; o. Steig.; nicht adv.⟩: *frei von, ohne Schuld* (2); ~**gefängnis,** das (früher): *Gefängnis zur Verbüßung der Schuldhaft;* ~**gefühl,** das: *Gefühl, sich jmdm. gegenüber nicht so verhalten zu haben, nicht so gehandelt zu haben, wie es gut, richtig gewesen wäre:* daß sie weint ..., um mir -e zu machen (Rocco [Übers.], Schweine 109); ~**geständnis,** das: ein S. machen, ablegen; ~**haft,** die (früher): *Haft* (2) *für säumige Schuldner;* ~**knechtschaft,** die (früher): *Leibeigenschaft eines zahlungsunfähigen Schuldners;* ~**komplex,** der: *durch ein gesteigertes Schuldgefühl hervorgerufener Komplex* (2); ~**konto,** das (ugs.) meist in den Wendungen **etw. geht, kommt auf jmds. S.** (ugs.; *etw. ist jmds. Schuld*); **jmdn., etw. auf dem/seinem S. haben** (↑Konto); ~**los** ⟨Adj.; o. Steig.; nicht adv.⟩: *ohne Schuld* (1), *keine Schuld tragend, ohne eigenes Verschulden:* er war s.; sich s. fühlen; s. geschieden werden, dazu: ~**losigkeit,** die; -: *das Schuldlossein;* ~**recht,** das (jur.): *Recht* (1 a), *das die Schuldverhältnisse regelt;* ~**schein,** der: *schriftliche Bestätigung einer Schuld* (3); ~**spruch,** der: *Rechtsspruch, in dem ein Angeklagter schuldig gesprochen wird;* ~**summe,** die: *Summe, die man jmdm. schuldet;* ~**titel,** der (jur., Wirtsch.): *Urkunde, die zur Zahlung einer Schuld verpflichtet* (z. B. ein Vollstreckungsbefehl); ~**tragend** ⟨Adj.; o. Steig.; nur attr.⟩: *(an etw.) die Schuld* (1) *tragend:* der -e Unfallgegner; ⟨subst.:⟩ ~**tragende,** der u. die; -n, -n ⟨Dekl. ↑Abgeordnete⟩: der S. kann für den entstandenen Schaden haftbar gemacht werden; ~**turm,** der (früher): svw. ↑~gefängnis; ~**übernahme,** die (jur., Wirtsch.): *vertragliche Übernahme einer Schuld durch einen Dritten;* ~**unfähig** ⟨Adj.; o. Steig.; nicht adv.⟩ (jur.; Ggs.: ~fähig), dazu: ~**unfähigkeit,** die (jur.; Ggs.: ~fähigkeit); ~**verhältnis,** das (jur., Wirtsch.): *Rechtsverhältnis zwischen Schuldner u. Gläubiger;* ~**verschreibung,** die (jur., Wirtsch.): *meist festverzinsliches, auf den Inhaber lautendes Wertpapier, in dem sich der Aussteller zu einer bestimmten [Geld]leistung verpflichtet;* ~**versprechen,** das (jur., Wirtsch.): *einseitig verpflichtender Vertrag, durch den unabhängig von einem bestimmten Verpflichtungsgrund (z. B. ein Kauf, Darlehen) eine Leistung versprochen wird;* ~**voll** ⟨Adj.; nicht adv.⟩ (geh.): *voll Schuld* (2), *schuldbewußt.*

schulden [ˈʃʊldn̩] ⟨sw. V.; hat⟩ [mhd. schulden = verpflichtet sein < ahd. sculdōn = sich etw. zuziehen, es verdienen]: **a)** *zur Begleichung von Schulden od. als Entgelt o. ä. zahlen müssen:* jmdm. eine größere Summe s.; ich schulde dir noch 50 Mark; was schulde ich Ihnen [für die Reparatur]?; Oberst Gomez schuldet Ihnen noch das Honorar für Ihre Konsultation (Remarque, Triomphe 57); **b)** *aus sittlichen, gesellschaftlichen o. ä. Gründen jmdm. ein bestimmtes Verhalten, Tun, eine bestimmte Haltung schuldig sein:* jmdm. Dank, Respekt, Rechenschaft, eine Antwort, Erklärung s.; (selten:) ich schulde *(verdanke)* ihm mein Leben.

schulden-, Schulden- (Schuld 3): ~**berg,** der (ugs.): *große Menge Schulden, große Schuldsumme:* sein S. wuchs auf rund 20 000 Mark an; den S. abtragen; ~**frei** ⟨Adj.; o. Steig.; nicht adv.⟩: *ohne Schulden, nicht mit Schulden belastet:* ein -es Grundstück; s. sein; ~**haftung,** die (jur.): *Haftung für die Verbindlichkeiten einer Person od. einer Gesellschaft;* ~**last,** die: *bedrückende Menge Schulden;* ~**masse,** die: *sämtliche Schulden (beim Konkurs);* ~**ruf,** der (schweiz.): *öffentliche Aufforderung zu fristgerechter Anmeldung von Forderungen* (z. B. im Konkursverfahren); ~**tilgung,** die.

schuldhaft ⟨Adj.; o. Steig.⟩: *von der Art od. auf eine Weise, daß man sich dadurch schuldig* (1) *macht, durch eigene Schuld* (1): ein -es Verhalten, Versäumnis; Operationsfehler, die ... als -e Fehler zu bewerten sind (Hackethal, Schneide 101); dem Prozeß s. fernbleiben; einen Verkehrsunfall s. verursachen; **schuldig** [ˈʃʊldɪç] ⟨Adj.⟩ [mhd. schuldec < ahd. sculdig]: **1.** ⟨nicht adv.⟩ *(an etw.) die Schuld tragend, in bezug auf jmdn., etw. Schuld auf sich geladen habend:* die -e Person; sie wurde bei der Scheidungsklage als der -e Teil erklärt; der Angeklagte war s.; er ist des Betruges s., hat sich des Betruges s. gemacht (geh.; *hat einen Betrug begangen*); er ist an dem Unglück s., ist an ihr s. geworden; sich s. fühlen, bekennen, jmdn. [für] s. befinden, für s. erklären; s. *(als schuldiger Teil)* geschieden werden; auf s. plädieren (jur.; *die Schuldigsprechung beantragen*); auf s. erkennen (jur.; *den Schuldspruch fällen*); ***jmdn. s. sprechen** *(jmdn. gerichtlich verurteilen).* **2. a)** ⟨nur präd.⟩ *[als materielle Gegenleistung] zu geben verpflichtet:* jmdm. [noch] Geld, 100 Mark, die Miete s. sein *(schulden);* was bin ich Ihnen s.? *(welchen Betrag darf ich Ihnen als Ausgleich für Ihre Mühe o. ä. bezahlen?);* jmdm. Dank, Rechenschaft, eine Erklärung s. sein; den Beweis hierfür bist du mir noch s. geblieben *(hast du mir noch nicht* *gegeben, geliefert);* Ü das ist sie sich selbst s. *(ihr Ehrgefühl verlangt es von ihr);* ***jmdm. nichts s. bleiben** *(auf jmds. Angriff mit gleicher Schärfe reagieren; jmdm. mit gleicher Münze heimzahlen);* **b)** ⟨nur attr.⟩ *aus Gründen des Anstandes, der Höflichkeit geboten, gebührend, geziemend:* jmdm. die -e Achtung, den -en Respekt erweisen; ⟨subst.:⟩ **Schuldige,** der u. die; -n, -n ⟨Dekl. ↑Abgeordnete⟩: *jmd., der schuldig* (1) *ist;* **Schuldiger** ['ʃʊldɪgɐ], der; -s, - [mhd. schuldigære] (bibl.): *jmd., der sich schuldig* (1) *gemacht hat, an jmdm. schuldig geworden ist;* **schuldigermaßen** ⟨Adv.⟩: *verdientermaßen, gemäß der Schuld* (1, 2); **Schuldigkeit,** die; -, -en: **1.** ***seine [Pflicht und] S. tun** *(dasjenige tun, wozu man verpflichtet ist od. sich verpflichtet fühlt, was von einem als Selbstverständlichkeit erwartet wird).* **2.** (veraltend) *Betrag, den man jmdm. für etw. schuldig* (2) *ist:* Als ich ... den Wirt nach meiner S. fragte, weigerte er sich, Geld von mir anzunehmen (Buber, Gog 115); **Schuldigsprechung,** die; -, -en: *das Fällen des Schuldspruchs;* **Schuldner,** der; -s, - [spätmhd. schuldener]: *jmd., der einem anderen bes. Geld schuldet;* **Schuldnerin,** die; -, -nen: w. Form zu ↑Schuldner; **Schuldnerverzeichnis,** das; -, -se (jur.): *beim Amtsgericht geführtes Verzeichnis, in dem alle Schuldner, die im Rahmen einer Zwangsvollstreckung den Offenbarungseid leisten mußten od. eine Haftstrafe verbüßen mußten, bis zum Nachweis der Befriedigung des Gläubigers, längstens jedoch für drei Jahre, registriert sind;* **Schuldnerverzug,** der; -[e]s (jur.): *Verzögerung einer geschuldeten [Geld]leistung; Leistungsverzug.*

Schule ['ʃu:lə], die; -, -n [mhd. schuol(e), ahd. scuola < lat. schola = Unterricht(sstätte); Muße, Ruhe < griech. scholḗ, eigtl. = das Innehalten (bei der Arbeit)]: **1.** *Lehranstalt, in der Kindern u. Jugendlichen durch planmäßigen Unterricht Wissen u. Bildung vermittelt werden:* eine öffentliche, private, konfessionelle, höhere S.; eine S. für taubstumme Kinder; die S. besuchen, wechseln; er will später an die, zur S. gehen (ugs.; *will Lehrer werden*); sie unterrichtet an einer privaten S.; er geht in, auf die höhere S.; Schüler in die S. aufnehmen; sie kommt dieses Jahr in die, zur S. *(wird eingeschult);* noch in die, zur S. gehen *(noch Schüler sein);* wir sind zusammen in die, zur S. gegangen (ugs.; *waren in der gleichen Klasse*); von der S. abgehen; jmdn. von der S. weisen; sie ist von der S. geflogen (ugs.; *vom Schulbesuch ausgeschlossen worden*); R ich bin auch mal zur S. gegangen (als ironische od. empörte Zurückweisung überflüssiger Belehrungen); Ü die harte, strenge S. der Not, Wahrheit; er ist in eine harte S. gegangen, hat eine harte S. durchgemacht *(hat im Leben viel Schweres durchgemacht, bittere Erfahrungen gemacht);* ***alle -n durchsein/durchgemacht haben** (ugs.: 1. *sehr viel Lebenserfahrung haben.* 2. *durch Erfahrung genau wissen, wie man mit entsprechenden Tricks o. ä. etw. erreichen kann; sich in allen Schlichen auskennen*); **aus der S. plaudern**/(seltener:) **schwatzen** *(interne Angelegenheiten Außenstehenden mitteilen).* **2.** *Schulgebäude:* eine große, moderne S.; eine S. bauen; die S. betreten, verlassen; ***hinter/neben die S. gehen** (ugs.; *weil es einem keinen Spaß macht, nicht zum Unterricht gehen*). **3.** ⟨o. Pl.⟩ *in der Schule erteilter Unterricht:* die S. beginnt um 8 Uhr, ist um 1 Uhr aus; heute haben wir, ist keine S.; morgen fällt die S. aus; die S. versäumen, schwänzen; S. halten (veraltet; *unterrichten*); sie ist gut in der S., kommt in der S. nicht mit; komm nach der S. bitte gleich nach Hause. **4.** ⟨o. Pl.⟩ *Ausbildung, durch die jmds. Fähigkeiten auf einem bestimmten Gebiet zu voller Entfaltung gekommen sind:* sein Spiel verrät eine ausgezeichnete S.; die Sängerin hat keine S.; gewinnt man eine gute S. in der Diskretion (Jünger, Capriccios 43); der Hund hat mal S. gehabt *(ist abgerichtet worden).* Das ist kein x-beliebiger (Grass, Hundejahre 440); ***[die] Hohe S.** (1. Reiten; *bestimmte Dressurübungen, deren Beherrschung vollendete Reitkunst ist:* Hohe S. reiten. 2. *vollkommene Beherrschung einer bestimmten künstlerischen, wissenschaftl. od. sportlichen Disziplin:* Das Umbauen eines Hauses ist die Hohe S. der Innenarchitektur [Wohnfibel, Reklame 6]). **5.** *Lehrer- u. Schülerschaft einer Schule* (1): die ganze S. versammelte sich in der Aula, nahm an der Feier teil. **6.** *bestimmte künstlerische od. wissenschaftliche Richtung, die von einem Meister, einer Kapazität ausgeht u. von ihren Schülern vertreten wird:* die S. Rembrandts, Dürers; die florentinische S.; Ü er ist ein Pädagoge der alten S. *(der früher herrschenden Richtung);* ein Diplomat alter S.; ***S. machen** *(viele Nachahmer finden):* hoffentlich macht sein Beispiel nicht S.! **7.** *Lehr- u. Übungsbuch für eine bestimmte [künstlerische] Disziplin:* S. des Klavier-, Flötenspiels. **8.** kurz für ↑Baumschule; **¹schulen** ['ʃu:lən] ⟨sw. V.; hat⟩: **a)** *(in einem bestimmten Beruf, Tätigkeitsfeld) für eine spezielle Aufgabe, Funktion intensiv ausbilden:* jmdn. gründlich, systematisch, politisch s.; Mitarbeiter für ihre neue Aufgabe methodisch, in Sonderkursen s.; ⟨häufig im 2. Part.:⟩ erstklassig, vorbildlich, psychologisch geschulte Mitarbeiter; geschulte statt gedrillte Polizisten (MM 21. 9. 67, 6); **b)** *durch systematische Übung bes. leistungsfähig machen, vervollkommnen, zu voller Entfaltung bringen:* das Auge, durch Auswendiglernen das Gedächtnis s.; ⟨auch s. + sich:⟩ er hat sich an den flämischen Malern geschult; ⟨häufig im 2. Part.:⟩ ein geschultes *(geübtes)* Auge, Ohr haben; sie hat eine geschulte *(ausgebildete)* Stimme; **c)** *abrichten, dressieren:* Blindenhunde s.; es (= das Pferd) im Leichttraben auf beiden Beinen richtig zu s. (Dwinger, Erde 171).

²schulen [-] ⟨sw. V.; hat⟩ [mniederd. schulen = (im Verborgenen) lauern] (nordd.): *von der Seite mißtrauisch od. verstohlen nach jmdm., etw. blicken; schielen:* um die Ecke, über den Gartenzaun s.

Schüler ['ʃy:lɐ], der; -s, - [mhd. schuolære, ahd. scuolāri < mlat. scholaris < spätlat. scholāris = zur Schule gehörig; Schüler]: **1.** *Junge, Jugendlicher, der eine Schule* (1) *besucht:* ein guter, mittelmäßiger, durchschnittlicher, schlechter S.; er ist ein ehemaliger S. von ihm; einen S. loben, tadeln, anspornen; ***ein fahrender S.** (früher; ↑Scholar). **2.** *jmd., der in einem bestimmten wissenschaftlichen od. künstlerischen Gebiet von einer Kapazität, einem Meister ausgebildet wird u. seine Lehre, Stilrichtung o. ä. vertritt:* ein S. Raffaels; ein S. von Röntgen; als Dramatiker ist er ein S. der alten Griechen *(hat er sich an den alten Griechen geschult).*

Schüler- (Schüler 1): **~arbeit,** die: *(bes. im Kunst-, Werkunterricht angefertigte) Arbeit eines Schülers:* eine Ausstellung von -en; **~aufführung,** die; **~austausch,** der: *Austausch von Schülern verschiedener Nationalität (zur Förderung der internationalen Verständigung);* **~ausweis,** der; **~bibliothek,** die: *Schulbücherei für Schüler;* **~bogen,** der (DDR Päd.): *Bogen, auf dem der Lehrer seine Beobachtungen über die schulische Entwicklung eines Schülers einträgt;* **~briefwechsel,** der: *Briefwechsel zwischen Schülern verschiedener Länder;* **~brigade,** die (DDR): vgl. Brigade (3); **~bücherei,** die: svw. ↑~bibliothek; **~fahrkarte,** die: *Fahrkarte mit Gebührenermäßigung für Schüler;* **~heim,** das: *Wohnheim für auswärtige Schüler;* **~hort,** der: svw. ↑Schulhort; **~karte,** die: svw. ↑~fahrkarte; **~kollektiv,** das (DDR); **~lotse,** der: *als Verkehrshelfer ausgebildeter Schüler, der in unmittelbarer Nähe des Schulgebäudes Mitschüler über verkehrsreiche Fahrbahnen lotst,* dazu: **~lotsendienst,** der; **~mitbestimmung, ~mitverantwortung,** die: svw. ↑~mitverwaltung (1); **~mitverwaltung,** die: **1.** *Beteiligung der Schüler an der Gestaltung des Schullebens.* **2.** *aus Schulsprecher u. Klassensprechern u. ihren Vertretern zusammengesetztes Gremium, das die Schülerschaft in der Schülermitverwaltung* (1) *vertritt* (Abk.: SMV); **~monatskarte,** die: vgl. ↑~fahrkarte; **~mütze,** die (früher): *von Schülern getragene Mütze, die durch Farbe, Form o. ä. die Zugehörigkeit zu einer bestimmten Schule* (1) *u. Schulstufe kenntlich machte;* **~sprache,** die ⟨o. Pl.⟩: *Jargon* (a) *der Schüler;* **~sprecher,** der: *von Schülern gewählter Mitschüler, der die Interessen der Schülerschaft einer Schule vertritt;* **~sprecherin,** die: w. Form zu ↑~sprecher; **~streich,** der; **~tagebuch,** das (DDR): *Heft, in das der Lehrer bestimmte Mitteilungen für die Eltern schreibt;* **~versammlung,** die; **~wochenkarte,** die: vgl. ~fahrkarte; **~zahl,** die: Rückgang der -en; **~zeitung,** die: *von Schülern gestaltete u. herausgegebene Zeitung innerhalb einer Schule* (1).

schülerhaft ⟨Adj.; -er, -este⟩: **1.** (abwertend) *(in der Ausführung o. ä. von etw.) fehlendes Können, fehlende geistige Reife erkennen lassend; unfertig, unreif:* eine -e Arbeit, Leistung. **2.** ⟨o. Steig.⟩ *einem Schüler* (1) *entsprechend, ähnlich:* Ich hätte Charakter gezeigt, ... der ... nur mit Feigheit oder -er Schüchternheit zu erklären wäre (Becker, Irreführung 211); ⟨Abl.:⟩ **Schülerhaftigkeit,** die; -; **Schülerin,** die; -, -nen: w. Form zu ↑Schüler; **Schülerschaft,** die; -, -en ⟨Pl. selten⟩: *Gesamtheit der Schüler u. Schülerinnen [einer Schule* (1)]; **schulisch** ['ʃu:lɪʃ] ⟨Adj.; o. Steig.; nicht präd.⟩: *die Schule* (1, 3) *betreffend, durch die, in der Schule* *[erfolgend]:* -e Fragen; die -e Betreuung, Arbeit; im -en Bereich; seine -en Leistungen sind gut; s. versagen.

Schulp [ʃʊlp], der; -[e]s, -e [mniederd. schulp = Muschel(schale)]: *kalkige (2) od. hornige Schale der Kopffüßer.*

schülpen ['ʃʏlpn̩], **schülpern** ['ʃʏlpɐn] ⟨sw. V.; hat/ist⟩ [mniederd. schulpen, wohl lautm.] (nordd.): svw. ↑schwappen.

Schulter ['ʃʊltɐ], die; -, -n [mhd. schulter, ahd. scult(er)ra, H. u.]: **1.** *oberer Teil des Rumpfes zu beiden Seiten des Halses, mit dem die Arme verbunden sind:* die linke, rechte S.; breite, schmale, gerade, hängende, vom Alter gebeugte -n; die -n bedauernd hochziehen, enttäuscht hängen lassen; die -n heben, senken; die, mit den -n zucken; jmdm. bis an die, bis zur S. reichen; sie legte ihren Kopf an seine S.; im Zorn jmdn. an den -n packen, rütteln; jmdm. kameradschaftlich, jovial auf die S. klopfen; der Ringer zwang, legte seinen Gegner auf die -n *(besiegte ihn);* er nahm, hob sein Kind auf die -n; mit hängenden -n dastehen (als Zeichen der Enttäuschung); sich über jmds. S. beugen; den Arm um jmds. -n legen; Ü die ganze Verantwortung liegt, lastet auf seinen -n; ***S. an S.** (1. *so nah, dicht neben jmdm., nebeneinander, daß man sich mit den Schultern berührt:* Der bebrillte Herr ... saß ... beinahe S. an S. mit mir [Th. Mann, Krull 334]. 2. *gemeinsam [im Einsatz* 3b *um ein u. dieselbe Sache]:* sollte es [= das deutsche Volk] S. an S. mit dem Westen oder ... Osten seine Freiheit wiederzugewinnen suchen? [Niekisch, Leben 150]); **jmdm./**(selten:) **einer Sache die kalte S. zeigen** (ugs.; *jmdm. keine Beachtung [mehr] schenken, ihm mit Gleichgültigkeit od. Nichtachtung begegnen, ihn abweisen; etw. als nicht in Betracht kommend von sich weisen, zurückweisen;* wohl nach engl. to show [od. to give] one the cold shoulder); **etw. auf die leichte S. nehmen** (↑Achsel 1a); **etw. auf seine -n nehmen** (↑Achsel 1a); **auf beiden -n [Wasser] tragen** (↑Achsel 1a); **jmdn. über die S. ansehen** (↑Achsel 1a); **auf jmds. -n stehen** *(sich auf jmds. wissenschaftliche Erkenntnisse, Lehren stützen, sie für die eigene Arbeit nutzen [u. weiterentwickeln]).* **2.** *Teil eines Kleidungsstückes, der die Schulter* (1) *bedeckt:* die linke S. sitzt nicht; das Jackett ist in den -n zu eng, zu weit; ein Mantel mit wattierten -n. **3.** *oberer, fleischiger Teil des Vorderbeins (bes. bei Schlachtvieh u. Wild).* **4.** *waagerechter Absatz in einem abfallenden Gebirgskamm.*

schulter-, Schulter-: **~blatt,** das: *einer der beiden flachen, breiten, flügelähnlichen Knochen oben auf beiden Seiten des Rückens;* **~breit** ⟨Adj.; o. Steig.; nicht adv.⟩; **~breite,** die: *Breite der Schultern* (1); **~brücke,** die (Gymnastik, Turnen): svw. ~standbrücke; **~decker,** der: *Flugzeug, bei dem die Oberkante der Tragflügel mit der Oberkante des Rumpfes in gleicher Höhe liegt;* **~frei** ⟨Adj.; o. Steig.; nicht adv.⟩: *die Schultern* (1) *nicht bedeckend:* ein -es Cocktailkleid; **~gelenk,** das: *Kugelgelenk zwischen Schulterblatt u. Oberarmknochen;* **~gürtel,** der: *(beim Menschen u. bei Wirbeltieren) paarig angelegter, aus Schulterblatt u. Schlüsselbein gebildeter Teil des Skeletts;* **~halfter,** die, auch: das: *mit einem Schulterriemen befestigte* [2]*Halfter, die an der Seite oberhalb der Taille getragen wird;* **~hoch** ⟨Adj.; o. Steig.; nicht adv.⟩: *so hoch, daß es bis zur obersten Grenze der Schulter* (1) *reicht:* ein schulterhohes Gatter; das Reck, der Barrenholm ist s.; **~höhe,** die ⟨o. Pl.⟩: *Höhe der obersten Grenze der Schulter* (1): die gestreckten Arme bis in S. heben; **~klappe,** die: *[bei Uniformen zur Kennzeichnung des Dienstgrades] auf die Schultern* (2) *aufknöpfbarer od. fest aufgenähter Stoffstreifen;* **~knochen,** der; **~kragen,** der: *breiter Kragen, der die Schultern* (1) *bedeckt;* **~kreisen,** das; -s (Gymnastik): *Übung, bei der man mit den Schultern* (1) *kreist:* S. vorwärts, rückwärts; **~lage,** die (Med.): *Querlage, bei der eine Schulter des Kindes vorangeht;* **~lang** ⟨Adj.; o. Steig.; nicht adv.⟩: *(bes. vom Haar) so lang, daß es bis zu den Schultern reicht:* sie hat -es schwarzes Haar; das Haar s. tragen; **~linie,** die: *Umrißlinie der Schultern:* eine gerade, abfallende S.; ein Kleid mit weicher S.; **~niederlage,** die (Ringen); vgl. ~sieg; **~passe,** die; **~polster,** das: *(bes. in Mänteln, Jacken) zur Verbreiterung der Schultern* (1) *eingenähtes Polster;* **~prellung,** die; **~riegel,** der ⟨meist Pl.⟩: svw. ↑~klappe; **~riemen,** der: *(zur Uniform) über der Schulter getragener schmaler Lederriemen (der durch Karabinerhaken mit dem Gürtel verbunden ist);* **~schluß,** der ⟨o. Pl.⟩ (schweiz.): *Zusammenhalten (von Interessengemeinschaften o. ä.):* der S. der Auslandsschweizer; **~schwung,** der (Ringen): *Griff, bei dem der Gegner am Oberarm gepackt, über die Schulter gezogen u. zu Boden geworfen wird;* **~sieg,** der (Ringen): *Sieg durch Schultern* (2) *des Gegners;* **~sitz,** der: *Sitz auf jmds. Schultern;* **~stand,** der: **1.** (Kunstfahren) vgl. ~sitz. **2.** (Turnen) *Übung, bei der der Turner auf einer od. beiden Schultern (auf einem Holm o. ä.) steht,* dazu: **~standbrücke,** die (Turnen); **~stoß,** der (Boxen): *(regelwidriger) mit der Schulter ausgeführter Stoß im Nahkampf;* **~stück,** das: **1.** ⟨meist Pl.⟩ svw. ↑~klappe: Offiziere mit ... goldenen, mit silbernen -en (Plievier, Stalingrad 325); Einen Trenchcoat mit -en und Lederknöpfen (Kempowski, Tadellöser 208). **2.** *Stück von der Schulter* (3); **~tasche,** die: *mit einem Riemen über der Schulter getragene Tasche;* **~tuch,** das ⟨Pl. -tücher⟩: vgl. ~kragen; **~verrenkung,** die: *Verrenkung des Schultergelenks;* **~wärts** ⟨Adv.⟩ [↑-wärts]: *seitwärts zur Schulter hin:* den Kopf s. neigen; **~wehr,** die (Milit. früher): *schulterhoher Wall vor einem Schützengraben;* **~wurf,** der (Ringen): *bestimmter Griff, durch den der Gegner auf beide Schultern geworfen wird;* **~zucken,** das; -s: er gab mit resigniertem S. ... den Eingang frei (A. Zweig, Grischa 49).

-schulterig, -schultrig [-ʃʊlt(ə)rɪç] in Zusb., z. B. breitschulterig *(mit breiten Schultern);* **schultern** ['ʃʊltɐn] ⟨sw. V.; hat⟩: **1.** *auf die Schulter[n] nehmen:* ein Gewehr, den Rucksack s.; er trug das Gepäck geschultert *(auf der Schulter).* **2.** (Ringen) *den Gegner mit beiden Schultern (für eine bestimmte Zeit) auf die Matte drücken u. dadurch besiegen:* er schulterte seinen Gegner in der zweiten Runde.

Schultheiß ['ʃʊltais], der; -en, -en [mhd. schultheiȝe, ahd. sculdheiȝo, eigtl. = Leistung Befehlender, zu ↑Schuld u. ↑[1]heißen (3)]: **1.** (früher) *Gemeindevorsteher.* **2.** (schweiz.) *(im Kanton Luzern) Vorsitzender des Regierungsrates;* ⟨Zus. zu 1:⟩ **Schultheißenamt,** das (veraltet).

-schultrig: ↑schulterig.

Schulung, die; -, -en: **1. a)** *das Schulen* (a); *intensive Ausbildung:* eine eingehende klinische, politische S. erfahren; die Staatsbürger durch S. ... für den jeweils gewünschten Zeitgeist zu präparieren (Dönhoff, Ära 181); **b)** *das Schulen* (b); *Vervollkommnung:* die ständige S. des Urteilsvermögens, der Stimme, des Reaktionsvermögens; das Talent durch systematische S. voll zur Wirkung zu bringen (Klein, Bildung 109). **2.** *Lehrgang, Kurs, in dem jmd. geschult* (a) *wird:* eine S. durchführen, leiten; an einer S. für Funktionäre teilnehmen.

Schulungs- [Schulung 1a]: **~abend,** der; **~brief,** der: vgl. Unterrichtsbrief; **~kurs,** der; **~lehrgang,** der; **~leiter,** der; **~material,** das; **~stunde,** die; **~thema,** das.

Schulze ['ʃʊltsə], der; -n, -n [spätmhd. schultz, schultesse, gek. aus mhd. schultheiȝe, ↑Schultheiß] (früher): *Gemeindevorsteher;* ⟨Zus.:⟩ **Schulzenamt,** das.

Schummel ['ʃʊml̩], der; -s (ugs.): *leichter Betrug, unbedeutende Betrügerei:* das ist doch alles S.; **Schummelei** [ʃʊmə'lai], die; -, -en (ugs.): **1.** ⟨o. Pl.⟩ *[dauerndes] Schummeln* (1). **2.** *Handlung des Schummelns* (1); **schummeln** ['ʃʊml̩n] ⟨sw. V.; hat⟩ [H. u.] (ugs.): **1.** *mogeln* (1): beim Kartenspielen s.; Er wollte ... gesehen haben, wie auf der Mattscheibe geschummelt wurde (Hörzu 27, 1975, 8). **2.** *mogeln* (2): Briefe in die Zelle s.; Laß dir nicht einfallen, einwandfreie Ware vom Blech zu s.! (Strittmatter, Wundertäter 74); er hatte sich auf einen Tribünenplatz geschummelt.

Schummer ['ʃʊmɐ], der; -s, - [mniederd. schummer, Nebenf. von ↑Schimmer] (landsch.): svw. ↑Dämmerung; **schummerig,** schummrig ['ʃʊm(ə)rɪç] ⟨Adj.; nicht adv.⟩ (ugs.): **a)** *halbdunkel, nur schwach be-, erleuchtet; dämmerig:* Jetzt eine schummrige Bar, einen Bourbon mit Eis ...! (Cotton, Silver Jet 160); und versuchte, in der schummrigen Küche mein Gesicht zu erkennen (Schnurre, Bart 117); **b)** *(vom Licht) schwach, keine rechte Helligkeit bewirkend:* Man muß zugeben, daß Darling Dolly im schummrigen ... Licht sehr niedlich aussieht (Rechy [Übers.], Nacht 126); die Beleuchtung ist schummrig (Dürrenmatt, Meteor 63); ⟨Abl.:⟩ **Schummerigkeit,** Schummrigkeit, die; - (ugs.); **Schummerlicht,** das; -[e]s (ugs.): *Dämmerlicht;* **schummern** ['ʃʊmɐn] ⟨sw. V.; hat⟩: **1.** ⟨unpers.⟩ (landsch.) *dämmern* (1a): Die Nacht ging herum. ... Es schummerte schon (Strittmatter, Wundertäter 441); ⟨subst.:⟩ im Schummern *(in der Dämmerung)* konnte er sein Gesicht nicht erkennen. **2.** (Fachspr.) *auf einer Landkarte die Hänge in verschiedenen Grautönen darstellen, um der Geländedarstellung eine plastische Wirkung zu geben:* im Licht liegende Hänge werden heller geschummert als im Schatten liegende; eine geschummerte Karte; **Schummerstündchen,** das; -s, - (landsch.): svw. ↑Dämmerstündchen; **Schummerstunde,** die; -, -n ⟨Pl. selten⟩ (landsch.): svw. ↑Dämmerstunde; **Schummerung,** die; -, -en [1: mniederd. schummeringe]: **1.** (landsch.) *Dämmerung* (a). **2.** (Fachspr.) **a)** ⟨o. Pl.⟩ *das Schummern* (2); **b)** *mit dem Mittel des Schummerns hervorgebrachte Geländedarstellung:* eine Karte mit Höhenlinien und S.

Schummler ['ʃʊmlɐ], der; -s, - (ugs.): *jmd., der [dauernd] schummelt;* **Schummlerin,** die; -, -nen (ugs.): w. Form zu ↑Schummler.

schummrig: ↑schummerig; **Schummrigkeit**: ↑Schummerigkeit.

Schumperlied ['ʃʊmpɐ-], das; -[e]s, -er (ostmd.): *derbes Volkslied, Liebeslied;* **schumpern** ['ʃʊmpɐn] ⟨sw. V.; hat⟩ [H. u., viell. Nebenf. von schles. schampern = tänzelnd gehen] (ostmd.): *auf dem Schoß schaukeln, wiegen:* die Großmutter schumperte das Kind.

schund [ʃʊnt]: ↑schinden; **Schund** [-], der; -[e]s [zu ↑schinden (4), eigtl. = Abfall beim Schinden] (abwertend): **1.** *etw. Wertloses, Minderwertiges (bes. Literatur), was dazu geeignet ist, einen ungünstigen Einfluß auf die Entwicklung junger Menschen auszuüben:* dieser Film ist der größte S., den du dir vorstellen kannst; der Verlag publiziert viel S.; was liest du da wieder für einen S.?; ***S. und Schmutz** (↑Schmutz 1). **2.** (ugs.) *schlechtes, wertloses, unbrauchbares Zeug, minderwertige Ware:* ich werfe den ganzen S. in den Müll; kauf doch nicht so einen S.! auf dem Flohmarkt gab es fast nur S.

Schund-: **~film,** der (abwertend): vgl. ~literatur; **~heft,** das (abwertend): [2]*Heft* (c), *das Schundliteratur enthält;* **~literatur,** die ⟨o. Pl.⟩: *Literatur, die Schund* (1) *ist;* **~roman,** der (abwertend): vgl. ~literatur; **~ware,** die (ugs. abwertend): *minderwertige Ware.*

schundig ['ʃʊndɪç] ⟨Adj.; nicht adv.⟩ (ugs. abwertend): *minderwertig, wertlos:* alles ... war Ersatz, erbärmliches, -es Zeug (K. Mann, Wendepunkt 52); dieser -e Kram gehört auf den Müll!

Schunkel-: **~lied,** das: *Lied, nach dessen Rhythmus man gut schunkeln* (1 a) *kann;* **~schnulze,** die (abwertend): vgl. ~lied; **~walzer,** der: vgl. ~lied.

schunkeln ['ʃʊŋkl̩n] ⟨sw. V.⟩ [niederd., md. Nebenf. von ↑schuckeln]: **1. a)** *sich (in fröhlicher, ausgelassener Stimmung) in einer Gruppe mit untergehakten Armen gemeinsam im Rhythmus einer Musik hin und her wiegen* ⟨hat⟩: spätestens nach dem dritten Glas Wein fangen sie dann an zu s.; ⟨subst.:⟩ Jonny Hill, die Stimmungskanone brachte die Westfalenhalle zum Schunkeln (Hörzu 11, 1976, 8); **b)** *sich schunkelnd* (1 a) *irgendwohin bewegen* ⟨ist⟩: wir hielten uns untergefaßt und schunkelten durch die Wirtshäuser und durch die Straßen (Fühmann, Judenauto 48). **2.** (landsch.) **a)** *sich hin u. her wiegen, schaukeln, hin u. her schwanken* ⟨hat⟩: das kleine Boot schunkelte heftig und kippte fast um; ⟨subst.:⟩ die Wellen brachten den Kahn ganz schön zum Schunkeln; **b)** *sich schunkelnd* (1 a) *irgendwohin bewegen* ⟨ist⟩: ein altes Auto schunkelte über die Landstraße.

Schupf [ʃʊpf], der; -[e]s, -e [mhd. schupf, zu: ↑schupfen] (südd., schweiz.): *[leichter] Stoß; Schubs;* **schupfen** ['ʃʊpfn̩] ⟨sw. V.; hat⟩ [mhd. schupfen, (md.) schuppen, ↑[2]schuppen] (südd., schweiz., österr.): **a)** *stoßen, anstoßen:* jmdn. von hinten s.; **b)** *werfen:* einen Ball s.

Schupfen [-], der; -s, - [mhd. schupfe, vgl. Schopf (5)] (österr., südd.): *Schuppen, Wetterdach.*

Schupfer ['ʃʊpfɐ], der; -s, - [zu ↑schupfen] (österr. ugs.): *[leichter] Stoß; Schubs;* **Schupflehen,** das; -s, - [zu ↑schupfen in der Bed. „wegstoßen"]: *(vom MA. bis zum 19. Jh. in Süddeutschland) einem Bauern ursprünglich auf unbestimmte Zeit gegebenes, jederzeit zurückholbares Lehen, das später lebenslänglich u. dann auf die Lebenszeit der Frau u. eines Kindes ausgedehnt vergeben wurde;* **Schupfnudel,** die; -, -n ⟨meist Pl.⟩ [zu ↑schupfen in der landsch. Bed. „rollen, wälzen"] (südd.): *in Fett gebackener kleiner Kloß aus Kartoffelpüree, Mehl u. Ei.*

[1]**Schupo** ['ʃu:po], die; - (ugs.): Kurzwort für ↑**Schutzpolizei**: was die S. macht, das ist doch meist Mist, das sind eben keine Kriminalisten! (Fallada, Jeder 254); [2]**Schupo** [-], der; -s, -s (ugs.:) Kurzwort für ↑**Schutzpolizist**: er wurde von zwei -s abgeführt.

[1]**Schupp** [ʃʊp], der; -[e]s, -e [vgl. Schubs] (nordd.): *[leichter] Stoß; Schubs:* jmdm. einen S. geben.

[2]**Schupp** [-], der; -s, -en [russ. schuba = Pelz] (Fachspr.): *Fell, Pelz des Waschbären.*

Schüppchen ['ʃʏpçən], das; -s, -: ↑Schuppe; **Schuppe** ['ʃʊpə], die; -, -n [mhd. schuop(p)e, ahd. scuobba, urspr. = abgeschabte Fischschuppe, zu ↑schaben]: **1.** ⟨Vkl. ↑Schüppchen⟩ *kleines hartes Plättchen an der Oberfläche des Körpers mancher Tiere (z. B. Fische, Reptilien, Schmetterlinge):* die silbrig glänzenden -n des Fisches; die Flügel des Schmetterlings sind mit feinen schillernden -n bedeckt. **2.** *(bei manchen Pflanzen vorhandenes) einer Schuppe* (1) *ähnelndes Gebilde:* die -n eines Tannenzapfens. **3.** ⟨Vkl. ↑Schüppchen⟩ *etw., was einer Schuppe* (1) *ähnelt, nachgebildet ist:* die schimmernden -n eines Harnischs. **4.** ⟨meist Pl.⟩ **a)** *Hautschuppe;* **b)** *Kopfschuppe:* er hat -n; ein Haarwasser gegen -n. **5.** ***es fällt jmdm. wie -n von den Augen** (*jmdm. wird etwas plötzlich klar, jmd. hat plötzlich eine Erkenntnis, eine Einsicht;* nach Apg. 9, 18; bestimmte Augenkrankheiten wurden früher mit Schuppen verglichen, die die Augen bedecken).

Schüppe ['ʃʏpə], die; -, -n (landsch.): svw. ↑Schippe.

Schüppel ['ʃʏpl̩], der; -s, -[n] [wohl weitergebildet aus ↑Schopf] (südd., österr.): *Büschel:* ein S. Stroh.

schüppeln ['ʃʏpl̩n] ⟨sw. V.; hat⟩ [(ost)md., ablautende Iterativbildung von ↑schieben] (veraltet): *schiebend bewegen, rollen.*

[1]**schuppen** ['ʃʊpn̩] ⟨sw. V.; hat⟩ [zu ↑Schuppe]: **1.** *(einen Speisefisch) von den Schuppen befreien* (2): Fische s. **2.** ⟨s. + sich⟩ **a)** *Hautschuppen bilden u. abstoßen:* seine Haut schuppt sich; ⟨auch ohne „sich":⟩ die Haut schuppt stark; **b)** *eine sich schuppende* (2 a) *Haut haben:* du schuppst dich [auf dem Rücken].

[2]**schuppen** [-] ⟨sw. V.; hat⟩ [mhd. (md.) schuppen, ablautende Intensivbildung zu ↑schieben] (landsch.): *leicht anstoßen; schubsen.*

schüppen ['ʃʏpn̩] ⟨sw. V.; hat⟩ (landsch.): svw. ↑schippen.

Schuppen ['ʃʊpn̩], der; -s, - [zu ↑Schopf (5), in md. u. niederd. Lautung hochsprachlich geworden]: **1. a)** *einfaches, oft aus Holz gebautes, manchmal an einer Seite offenes Bauwerk zum Unterstellen von Geräten, Materialien, Fahrzeugen u. a.:* ein S. für die Gartengeräte; den Traktor in den S. stellen; **b)** kurz für ↑Lokomotivschuppen; **c)** *großes am Kai errichtetes Gebäude, das dem Güterumschlag dient.* **2.** (ugs. abwertend) *häßliches od. schlecht gebautes Gebäude:* das neue Gebäude der Wasserwerke ist ja ein entsetzlicher S.; Der S. da drüben ist das Baubüro (Fels, Sünden 54). **3.** (ugs.) *meist großräumiges [Tanz]lokal [in dem Rockgruppen o. ä. auftreten]:* ein toller S.; Später tingelte sie allein mit ihrer Gitarre ... durch die Berliner S. (Courage 2, 1978, 44).

schuppen-, Schuppen- (Schuppe): **~artig** ⟨Adj.; o. Steig.⟩: *in der Form an eine Schuppe* (1, 2) *erinnernd, in der Anordnung an die Schuppen eines Fisches erinnernd:* -e Metallplättchen; kleine Küchel..., die s. in eine Auflaufform gelegt werden (Horn, Gäste 211); **~baum,** der (Paläobotanik): *bes. im Karbon häufiger, heute ausgestorbener Baum, dessen Rinde von schuppenartigen, oft stark vorspringenden, von den abgefallenen Blättern hinterlassenen Narben bedeckt ist;* **~bildung,** die: *das Sichbilden von Schuppen;* **~blatt,** das (Bot.): *schuppenartig dem Stengel anliegendes, kein Chlorophyll enthaltendes, weißliches Blatt mancher Pflanzen;* **~flechte,** die (Med.): *chronische Hautkrankheit, bei der es zur Bildung von roten Flecken u. fest darauf haftenden, silberweißen Hautschuppen kommt; Psoriasis;* **~förmig** ⟨Adj.; o. Steig.; nicht adv.⟩; **~harnisch,** der: *aus einzelnen metallenen Schuppen* (3) *zusammengesetzter Harnisch;* **~kriechtier,** das (Zool.): *zu den Echsen u. Schlangen gehörendes Kriechtier, dessen Körper mit Schuppen* (1) *bedeckt ist;* **~los** ⟨Adj.; o. Steig.; nicht adv.⟩: *ohne Schuppen* (1): -e Haut (eines Fisches); **~panzer,** der: **1.** (früher) vgl. ~harnisch. **2.** *aus Schuppen* (2) *bestehender Panzer* (2): der S. des Gürteltieres; **~reptil,** das (Zool.): svw. ↑~kriechtier; **~tier,** das (Zool.): *in Afrika u. Asien vorkommendes, insektenfressendes Säugetier, dessen Körper mit großen, dachziegelartig angeordneten Schuppen* (2) *bedeckt ist.*

schuppig ['ʃʊpɪç] ⟨Adj.; nicht adv.⟩: **a)** *mit Schuppen* (1–3) *bedeckt, viele Schuppen aufweisend:* ein -er Fisch; die -e Haut des Reptils; **b)** *mit Schuppen* (4) *bedeckt, viele Schuppen aufweisend:* er hat eine sehr -e Haut; sein Haar ist s.; **c)** *im Aussehen an Schuppen* (1–3), *bes. die Schuppen eines Fisches erinnernd:* ein -es Ornament; Beide ... Figuren waren s. geklopft, als hätte der Künstler ... Fisch und Fischer dauernd verwechselt; **Schuppung,** die; -, -en (selten): *das Sichschuppen (der Haut).*

Schups [ʃʊps], der; -[e]s, -e (südd.): svw. ↑Schubs; **schupsen** ['ʃʊpsn̩] ⟨sw. V.; hat⟩ (südd.): svw. ↑schubsen.

¹Schur [ʃuːɐ̯], die; -, -en [mhd. schour, (md.) schūr, zu ↑¹scheren]: **1. a)** *das Scheren von Schafen:* zweimal im Jahr wird die S. vorgenommen; die Schafe zur S. zusammentreiben; **b)** *bei der Schur* (1 a) *gewonnene Wolle.* **2.** (Landw.) *das Mähen von Wiesen o. ä., Schneiden von Hecken o. ä.:* zwei -en jährlich; bei der Hecke, Wiese ist bald eine S. fällig; **²Schur** [-], der; -[e]s [mhd. schuor, (md.) schūr, zu ↑²scheren] (veraltet): *Verdruß, Plage, Schererei:* **jmdm. einen S. tun** (veraltet; *jmdn. ärgern, jmdm. absichtlich Verdruß, Ärger bereiten*); **etw. jmdm. zum S. tun** (veraltet; *etw. tun, um jmdm. Verdruß zu bereiten, um jmdn. zu ärgern*): das tut er mir zum S.

Schür-: **~eisen,** das: *Schürstange, Schürhaken;* **~haken,** der: *am unteren Ende hakenförmig gebogene Eisenstange zum Schüren des Feuers;* **~loch,** das: *Öffnung eines Ofens, durch die hindurch man mit einer Schürstange o. ä. das Feuer schüren kann;* **~stange,** die: vgl. ~haken.

schüren ['ʃyːrən] ⟨sw. V.; hat⟩ [mhd. schürn, ahd. scuren, viell. eigtl. = stoßen, zusammenschieben]: **1.** *(ein Feuer) durch Stochern mit einem Feuerhaken o. ä. anfachen, zum Aufflammen bringen:* das Feuer s.; Regina steht beim Herd und schürt die Glut (Waggerl, Brot 53). **2.** *anstacheln, entfachen, entfesseln [u. steigern]:* jmds. Haß, Neid, Eifersucht, Leidenschaft, Hoffnung s.; warum sie auf schmutzige Weise bestrebt ist, zwischen den Völkern Feindschaft zu s. (Horizont 12, 1977, 9); Sie sollten in Irland den Haß gegen England s. (Weber, Tote 142); **Schürer,** der; -s, - (landsch.): *Feuerhaken, Schüreisen.*

Schurf [ʃʊrf], der; -[e]s, Schürfe ['ʃʏrfə; zu ↑schürfen] (Bergmannsspr.): *bei der Suche nach Lagerstätten ausgehobene, nicht sehr tiefe Grube o. ä.*

Schürf-: **~arbeiten** ⟨Pl.⟩ (Bergbau); **~bohrung,** die (Bergbau); **~feld,** das (Bergbau): vgl. ~stelle (1); **~graben,** der (Bergbau): *nicht sehr tiefer, zur Auffindung einer Lagerstätte gezogener Graben;* **~grube,** die (Bergbau, Bauw.): *zur Erkundung der oberen Schichten des Bodens ausgehobene nicht sehr tiefe Grube;* **~loch,** das (Bergbau, Bauw.): vgl. ~grube; **~recht,** das: *Recht zum Schürfen nach Bodenschätzen;* **~schacht,** der (Bergbau): vgl. ~graben; **~stelle,** die: **1.** (Bergbau) *Stelle, an der geschürft* (4) *wird.* **2.** *Stelle am Körper, die eine Schürfung* (2) *aufweist;* **~stollen,** der (Bergbau): vgl. ~graben; **~wunde,** die: *durch Schürfen* (1 a) *entstandene Wunde.*

schürfen ['ʃʏrfn̩] ⟨sw. V.; hat⟩ [mhd. schür(p)fen, ahd. scurphen = aufschneiden, ausweiden, verw. mit ↑scharf]: **1. a)** *(die Haut) durch ein starkes Schaben, Kratzen o. ä. mit etw. Scharfem, Rauhem oberflächlich verletzen:* sich ⟨Dativ⟩ die Haut, das Knie s.; **b)** *durch Schürfen* (1 a) *in einen bestimmten Zustand bringen:* sich [am Knie] wund s.; sich den Arm blutig s.; **c)** ⟨s. + sich⟩ *sich eine Schürfung, eine Schürfwunde zuziehen:* er hat sich am Ellenbogen [leicht] geschürft. **2.** *sich schabend, scharrend [geräuschvoll] über etw. hinwegbewegen:* der Schild der Planierraupe schürft über den Boden. **3.** (Bauw.) *eine an der Oberfläche liegende Schicht des Bodens abtragen, abgraben* (z. B. als Vorarbeit beim Straßenbau). **4.** (Bergbau) **a)** *an der Oberfläche liegende Schichten des Bodens abtragen, um eine Lagerstätte aufzufinden od. zugänglich zu machen:* auf der anderen Seite des Flusses soll auch demnächst geschürft werden; nach Gold, Uran s. *(schürfend suchen);* Ü wenn wir der Sache wirklich auf den Grund kommen wollen, müssen wir allerdings noch erheblich tiefer s. *(uns noch erheblich eingehender damit beschäftigen, noch gründlicher darüber nachdenken);* **b)** *(im Tagebau) abbauen, fördern:* Braunkohle, Erz s.; ⟨Abl. zu 4:⟩ **Schürfer,** der; -s, - (Bergbau): *jmd., der schürft;* **Schürfung,** die; -, -en: **1.** *durch Schürfen* (1 a) *entstandene Verletzung.* **2.** (selten) *das Schürfen* (3, 4).

schürgen ['ʃʏrgn̩] ⟨sw. V.; hat⟩ [mhd. schürgen, weitergebildet aus: schürn, ↑schüren] (landsch.): **1.** *schieben, stoßen:* einen Wagen s.; sie schürgten den Kleiderschrank an die Wand. **2.** *treiben:* das Vieh auf die Weide s.

-schürig [-ʃyːrɪç; zu ↑¹Schur] in Zusb., z. B. zweischürig (mit Ziffer: 2schürig; vgl. einschürig).

Schurigelei [ʃuːriːgəˈlai̯], die; -, -en (ugs. abwertend): **1.** ⟨o. Pl.⟩ *[dauerndes] Schurigeln.* **2.** *Handlung, die dazu dient, jmdn. zu schurigeln;* **schurigeln** ['ʃuːriːgl̩n] ⟨sw. V.; hat⟩ [(ostmd.) Iterativbildung zu mhd. schürgen, ↑schürgen] (ugs. abwertend): *jmdm. aus Boshaftigkeit, Gehässigkeit durch fortwährende Schikanen, durch ungerechte, ungerechtfertigt strenge Behandlung das Leben schwermachen:* der Meister schurigelte ständig seinen Lehrling; er ist früher oft geschurigelt worden; ich lasse mich von Ihnen nicht länger s.!

Schurke ['ʃʊrkə], der; -n, -n [H. u.; viell. verw. mit ↑schüren, vgl. ahd. fiurscurgo = Feuerschürer] (abwertend): *jmd., der Böses tut, moralisch verwerflich handelt, eine niedrige Gesinnung hat:* ein gemeiner, ein ausgemachter S.; dieser verdammte S.!; er spielt in dem Western die Rolle des S.; ⟨Zus.:⟩ **Schurkenstreich,** der; -[e]s, -e (veraltend abwertend): *schurkische Tat:* Hätten sie einen kühl berechneten S. im Schilde geführt, er hätte vielleicht sogar gelingen können (Augstein, SPD 6), **Schurkentat,** die; -, -en (veraltend abwertend): svw. ↑Schurkenstreich; **Schurkerei** [ʃʊrkəˈrai̯], die; -, -en (abwertend): *schurkische Tat, Handlung, Handlungsweise:* so eine verdammte S.!; Seit einigen Jahren schon hatte ich unzählige -en verübt (Roth, Beichte 105); **Schurkin** ['ʃʊrkɪn], die; -, -nen (abwertend): w. Form zu ↑Schurke; **schurkisch** ⟨Adj.⟩ (abwertend): *das Wesen eines Schurken habend, dem Wesen eines Schurken entsprechend, in der Art eines Schurken; gemein, niederträchtig:* der -e Mestize sinkt entseelt zu Boden (Tucholsky, Werke II, 13); die -en Praktiken der Ölgesellschaften; er hat ziemlich s. gehandelt.

Schurre ['ʃʊrə], die; -, -n [zu ↑schurren] (landsch., Fachspr.): *Rutsche* (1): die S. ..., durch die der Ofen mit Kohle beschickt wurde (Gerlach, Demission 83); **schurren** ['ʃʊrən] ⟨sw. V.⟩ [mniederd. schurren, Nebenf. von ↑scharren] (landsch.): **1. a)** *ein scharrendes o. ä. Geräusch hervorrufen, verursachen* ⟨hat⟩: die Takelage schurrte; ⟨subst.:⟩ strich der Filzstreifen, der die Unterkante der Tür säumte, mit einem ... fast unhörbaren Schurren über den schwellenden Bodenbelag (Kuby, Sieg 384); **b)** *sich mit einem schurrenden* (1 a) *Geräusch irgendwohin bewegen* ⟨ist⟩: die Platte schurrt über das Dach; die Großmutter schurrte (mit ihren Pantoffeln) über den Fußboden, durch das Zimmer. **2.** svw. ↑scharren (1 a) ⟨hat⟩: Einige der Zuschauer gehen tatsächlich, einige pfeifen oder schurren mit den Füßen (Becker, Tage 33); **Schurrmurr** ['ʃʊrˈmʊr], der; -s [Wortspielerei zur Bez. von Durcheinanderliegendem, eigtl. wohl „Zusammengescharrtes"] (nordd.): **a)** *Durcheinander;* **b)** *altes Gerümpel, wertloses Zeug.*

Schurwolle, die; -, (Arten:) -n [zu ↑¹Schur]: *von lebenden Schafen gewonnene Wolle:* ein Pullover aus reiner, aus echter S.; **schurwollen** ⟨Adj.; o. Steig.; nur attr.⟩ (selten): *aus Schurwolle hergestellt:* Einreiher aus rein -em Fischgrat-Cheviot (Herrenjournal 2, 1966, 76).

Schurz [ʃʊrt͜s], der; -es, -e [mhd. schurz, verw. mit: schurz, ahd. scurz = kurz; abgeschnitten]: **a)** *einer Schürze ähnliches, aber meist kürzeres Kleidungsstück, das bei der Verrichtung bestimmter Arbeiten die darunter getragene Kleidung schützt:* der Schmied trägt einen ledernen S.; **b)** (landsch.) svw. ↑Schürze: dann kommt die Alte herein, hat einen S. umgebunden (Innerhofer, Schattseite 133); **c)** kurz für ↑Lendenschurz: Aus seinen breiten Blättern machten Adam und Heva sich -e (Th. Mann, Joseph 111); **Schürze** ['ʃʏrt͜sə], die; -, -n [aus dem Niederd. < mniederd. schörte, verw. mit mhd. schurz (↑Schurz), eigtl. = die Abgeschnittene]: **1.** *(über der Kleidung getragenes) vor allem die Vorderseite des Körpers [teilweise] bedeckendes, von zwei auf dem Rücken verschnürten Bändern o. ä. gehaltenes, oft auch mit einem Latz u. daran befestigten Trägern versehenes Kleidungsstück, das bes. zum Schutz der Kleidung vor Beschmutzung u. Beschädigung bei der Verrichtung bestimmter Arbeiten dient:* eine S. voll Äpfel; [sich] eine S. umbinden, vorbinden; eine S. tragen, anziehen; die S. ausziehen, ablegen; sie trocknete sich die Hände an der S. ab; ***jmdm. an der S. hängen** (ugs. abwertend; *im Handeln, in wichtigen Entscheidungen von jmdm. abhängig sein, sich von ihm beeinflussen od. bevormunden lassen*); **hinter jeder S. herlaufen/hersein** o. ä. (ugs. veraltend spött.; *ein Schürzenjäger sein*). **2.** (Jägerspr.) *Haare am äußeren Genital des weiblichen Rehs;* **schürzen** ['ʃʏrt͜sn̩] ⟨sw. V.; hat⟩ [mhd. schürzen, zu: schurz, ↑Schurz]: **1. a)** *(einen langen, weiten Rock o. ä.) aufheben u. zusammenraffen u. in der*

Höhe der Hüften festhalten, befestigen: sie schürzte ihr Kleid, sich das Kleid u. stieg die Treppe hinauf; ⟨häufig im 2. Part.:⟩ mit geschürzten Röcken watete sie durch den Fluß; **b)** *(die Lippen) leicht nach vorne schieben u. kräuseln:* Hortense schürzte verächtlich die Lippen (Apitz, Wölfe 179); der kleine Mund ist immer entschlossen geschürzt (Zeit 7. 2. 75, 2); **c)** ⟨s. + sich⟩ *(von den Lippen) sich leicht nach vorne schieben u. kräuseln:* ihre Lippen schürzten sich. **2.** (geh.) **a)** *(einen Knoten) binden:* einen Knoten s.; Ü der Knoten [der dramatischen Handlung] ist geschürzt *(der Konflikt [des Dramas] erreicht bald seinen Höhepunkt)*; **b)** *(etw.) zu einem Knoten verschlingen:* er schürzte die Kordel zu einem Knoten; **c)** ⟨s. + sich⟩ *(zu einem Knoten) werden, (in einen Knoten) übergehen:* Sie strich ... ihr Haar entlang, von der Stirn nach dem Nacken, wo es sich zum Knoten schürzte (A. Zweig, Claudia 130); Ü hier schürzt sich die dramatische Handlung zum Knoten *(hier spitzt sich der dramatische Konflikt zu)*.

schürzen-, Schürzen-: **~artig** ⟨Adj.; o. Steig.; nicht adv.⟩: *einer Schürze ähnelnd:* ein -es Kleidungsstück; **~band,** das ⟨Pl. -bänder⟩: *an einer Schürze angenähtes Band, durch das die Schürze gehalten wird:* ***jmdm. am S. hängen** (↑Schürze 1); **~jäger,** der (ugs. abwertend): *Mann, der ständig Frauen umwirbt, für erotische, sexuelle Beziehungen zu gewinnen sucht:* er ist ein stadtbekannter S.; **~kittel,** der; **~kleid,** das: *leichtes, in der Art einer Schürze mit Bändern auf dem Rücken geschlossenes Kleid;* **~latz,** der: *Latz einer Schürze;* **~stoff,** der (Textilw.): *fester, meist kräftig appretierter Stoff, der bes. zur Herstellung von Schürzen u. Hauskleidern verwendet wird;* **~tasche,** die: *auf eine Schürze aufgesetzte Tasche;* **~träger,** der: vgl. ~band; **~zipfel,** der: *Zipfel einer Schürze:* ***jmdm. am S. hängen** (↑Schürze 1).

Schurzfell, das; -[e]s, -e (veraltet): *Lederschurz;* **Schurzleder,** das; -s, - (veraltet): *Lederschurz;* **Schürzung** ['ʃʏrtsʊŋ], die; -, -en ⟨Pl. selten⟩ (selten): *das Schürzen, Sichschürzen, Geschürztsein.*

Schuß [ʃʊs], der; Schusses, Schüsse ['ʃʏsə], (als Mengenangabe:) - [mhd. schuʒ, ahd. scuʒ, zu ↑schießen]: **1. a)** *das Abschießen eines Geschosses, das Abfeuern einer Waffe; das Schießen:* ein gezielter, meisterlicher, schlechter S.; ein S. mit einem Gewehr, Bogen; ein S. auf eine Scheibe, ins Blaue; es fielen zwei Schüsse *(es wurde zweimal geschossen)*; jeder hat drei Schüsse *(darf dreimal schießen)*; er traf auf den ersten Schuß; er erlegte den Bock mit einem einzigen S.; der Jäger kam nicht zum S.; Ü der Fotograf kam nicht zum S. (ugs.; *kam nicht dazu, ein bestimmtes Motiv zu fotografieren)*; bist du denn gestern bei der Blonden noch zum S. gekommen (salopp; *dazu gekommen, mit ihr zu schlafen)*?; ***weit/weitab vom S.** (ugs.: 1. *in sicherer Entfernung von etw. Gefährlichem, Unangenehmem:* „Halte dich weit vom S.!"; Remarque, Obelisk 328. 2. *fern vom Mittelpunkt des Geschehens, abseits:* Es [= dieses Lokal] ist allerdings schon eine ganze Weile geschlossen ... es liegt zu weit vom S.; aus der Soldatenspr., eigtl. = weit entfernt vom Gefecht, von der Front sein); **zum S. kommen** (ugs.; ↑Zug); **b)** *Geschoß (in seiner Rolle bei einem Schuß* 1 a), *(abgeschossenes, im Flug befindliches, irgendetwas treffendes) Geschoß:* ein S. aus dem Hinterhalt, aus einer Pistole; der S. hat getroffen, hat das Ziel verfehlt, ist abgeprallt; ein S. geht los, löst sich; einen S. abgeben; du jagst ein paar Schüsse in die Luft (Kuby, Sieg 245); der Zerstörer setzte dem feindlichen Schnellboot einen S. vor den Bug (als Aufforderung zu stoppen, beizudrehen); Ü der S. kann leicht nach hinten losgehen (ugs.; *diese Maßnahme kann sich leicht unversehens gegen den Urheber richten*); das war ein S. nach hinten (ugs.; *mit dieser Maßnahme hat sich der Urheber selbst geschadet*); ***jmdm. einen S. vor den Bug setzen/geben** (ugs.; *jmdn. nachdrücklich warnen, etw., was man mißbilligt, fortzusetzen*); **einen S. vor den Bug bekommen** (ugs.; *nachdrücklich gewarnt werden, etw., was jmdm. mißfällt, fortzusetzen*); **etw. vor/in den S. bekommen** (Jägerspr.; *etw. ins Schußfeld bekommen*): nach zweistündigem Ansitzen bekam er den Bock endlich vor den S.; **jmdm. vor/in den S. kommen** (1. Jägerspr.; *in jmds. Schußfeld geraten.* 2. ugs.; *jmdm., den zu treffen einem gerade gelegen kommt, [z.B. weil man ihn wegen etw. zur Rede stellen will] unversehens begegnen:* na warte, wenn der Halunke mir mal vor den S. kommt!); **c)** *das Aufprallen, Einschlagen eines Geschosses:* ein S. mitten in die Stirn (Plievier, Stalingrad 260); und traf ... im unteren Drittel, während der erste S. ziemlich hoch gesessen hatte (Kuby, Sieg 280); er brach unter den Schüssen der Polizisten zusammen; ***ein S. ins Schwarze** (ugs.; *eine genau zutreffende, das Wesentliche einer Sache treffende Bemerkung; vollkommen richtige Antwort, Lösung eines Rätsels o.ä.*); **ein S. in den Ofen** (ugs.; *ein völliger Fehlschlag;* wohl nach der Vorstellung, daß ein so abgegebener Schuß ohne Wirkung durch den Rauchabzug verpuffe): Die Versuche, bürgerliche Firmen aufzuziehen, erwiesen sich jedoch als „S. in den Ofen" (Spiegel 9, 1978, 49); **d)** *beim Abfeuern einer Feuerwaffe entstehender Knall:* Von draußen ein peitschender S. (Erich Kästner, Schule 12); In der Ferne hallte wieder ein S. durch die Nacht (Simmel, Stoff 20); Drei S. Salut rollten durch das Löwenburger Tal (Spiegel 19, 1967, 27); in den S. fallen (Sport; *gleichzeitig mit dem Startschuß die Hände od. Füße aus der Startstellung herausbewegen*); **e)** *Schußverletzung, Schußwunde:* der S. ist gut geheilt, hat sich entzündet, muß sofort operiert werden; er liegt mit einem S. im Bein im Lazarett; ***einen S. haben** (ugs.; ↑Vogel): Mensch, die hat aber 'n Schuß! (Ossowski, Bewährung 12); **f)** *für einen Schuß* (1 a) *ausreichende Menge Munition, Schießpulver:* 10 S. Munition, Schrot; er hatte noch drei S. im Magazin; zwei Kästen à dreihundert S. (H. Kolb, Wilzenbach 157); ***keinen S. Pulver wert sein** (ugs.; *charakterlich, menschlich nichts taugen;* aus der Soldatenspr.; eigtl. = die ehrenhafte Hinrichtung durch die Kugel nicht verdient haben [u. gehängt werden]): dieser Schurke ist keinen S. Pulver wert. **2. a)** *das Schlagen, Treten, Stoßen o.ä. eines Balles o.ä. (bes. beim Fußballspiel):* ein S. aufs Tor; der Stürmer wollte gerade zum S. ansetzen; sein Bewacher ließ ihn nicht zum S. kommen; **b)** *durch einen Schuß* (2 a) *in Bewegung versetzter Ball o.ä.:* dessen S. prallt von einem Italiener ab, dem Rechtsaußen Heiß vor die Füße (Welt 28. 4. 65, 8); mußte sich Tilkowski gewaltig strecken, um einen S. von Jones über die Latte zu lenken (Welt 13. 5. 65, 6); **c)** *das Auftreffen eines Schusses* (2 b): ein S. gegen die Latte; **d)** ⟨o. Pl.⟩ (Sport Jargon) *Fähigkeit, einen Ball in einer bestimmten Weise zu treten, zu schlagen o.ä.:* er hat, besitzt einen guten S. [im rechten Bein]; er hat heute keinen S. *(kann heute nicht gut schießen)*. **3.** (bes. Bergbau) **a)** *für eine Sprengung angelegtes [mit einer Sprengladung versehenes] Bohrloch;* **b)** *zur Gewinnung von Erz o.ä. durchgeführte Sprengung:* die Gesteinsmasse konnte mit drei Schüssen losgesprengt werden. **4.** (Jargon) **a)** *Injektion einer Droge (bes. von Heroin):* eine Dosis Heroin für den nächsten S. (Spiegel 35, 1979, 86); ***[jmdm., sich] einen S. setzen/drücken/machen** *([jmdm., sich] eine Droge injizieren)*; selbst Polizeibeamte sind mitunter überrascht, wie schnell sich jemand den letzten S. setzt (Spiegel 52, 1978, 40); **der goldene S.** *([in der Absicht, sich das Leben zu nehmen, vorgenommene] Injektion einer tödlichen Dosis Heroin o.ä.)*; **b)** *Menge, Dosis einer Droge (bes. Heroin), die normalerweise für eine Injektion ausreicht.* **5. *einen S. tun/machen** (ugs.; *[von Kindern, Jugendlichen] in kurzer Zeit ein beträchtliches Stück wachsen*): der Junge hat mit 19 Jahren noch mal einen tüchtigen S. getan. **6.** *schnelle, ungebremste Fahrt o.ä.:* im S. (Skisport; *in Schußfahrt*) zu Tal; **S. fahren** (Skisport; *in Schußfahrt abfahren* 1 c); ***in S. kommen** (ugs.; 1. *in Schwung, in schnelle Fahrt kommen.* 2. *anfangen, loslegen*). **7.** *kleine Menge einer Flüssigkeit [die, z.B. bei der Bereitung von Speisen, etw. anderem zugesetzt wird]:* einen S. Essig, Sahne in die Suppe tun; Tee mit einem S. Rum; Cola mit S. *(mit etw. Kognak, Rum o.ä.)*; Herr Schalzhauser bestellte jedem eine Weiße mit S. (*mit etw. Fruchtsirup, Himbeersaft;* Schnurre, Bart 109). Ü er hat einen S. Leichtsinn im Blut; einen Song mit einem schönen S. Schwermut (Degener, Heimsuchung 125). **8.** (Textilind.) *in Querrichtung verlaufende Fäden in einem Gewebe od. in Querrichtung aufgespannte Fäden auf einem Webstuhl* (Ggs.: Kette 3): der S. ist aus Baumwolle. **9. *** [die folgenden Wendungen beziehen sich wohl auf ein Geschütz, das zum Abschuß vorbereitet ist od. wird] **in/** (seltener auch:) **im S. sein** (ugs.: 1. *in Ordnung, in gutem, gepflegtem Zustand sein:* mein Auto ist jetzt wieder [gut] in S. 2. *in guter körperlicher Verfassung sein; gesund, wohlauf sein:* Seitdem war ich eigentlich nie richtig mehr in S.; Bottroper Protokolle 17); **in S. kommen** (ugs.: 1. *in einen ordentlichen, guten, gepflegten Zustand kommen:* ich muß erst mal dafür sorgen, daß der Garten wieder in S. kommt. 2. *einen guten Gesundheitszustand erlangen:* er ist nach seiner Operation schnell wieder in S. gekommen); **etw. in S. bringen/haben/halten/kriegen** o. ä. (ugs.; *etw. in Ordnung, in einen guten, gepflegten Zustand bringen usw.*): eine ... Staatsmacht ..., die ihr Land tadellos in S. hat (Kempowski, Immer 133); ich halte dir deine Wagen in S. (Frankenberg, Fahrer 130).

schuß-, Schuß-: **~abgabe,** die ⟨o. Pl.⟩ (Papierdt.): *Abgabe eines Schusses* (1 b): vor der S.; **~bahn,** die: svw. ↑Geschoßbahn; **~bändig** ⟨Adj.; nicht adv.⟩ (Jägerspr.): *(von Hunden, auch Pferden) an Schüsse* (1 d) *gewöhnt u. daher nicht unruhig werdend, wenn in der Nähe geschossen wird;* **~bein,** das (Fußball Jargon): *Bein, mit dem ein Fußballspieler [gewöhnlich] schießt;* **~bereich,** der: vgl. ~feld; **~bereit** ⟨Adj.; o. Steig.; nicht adv.⟩: **1. a)** *bereit, jederzeit sofort zu schießen:* machen Sie sich s.!; **b)** *(von einer Waffe) feuerbereit:* mit -em Gewehr saß er in seinem Versteck. **2.** (ugs.) **a)** *bereit, jederzeit sofort zu fotografieren:* die Fotografen machten sich s.; **b)** *(von einer Kamera) jederzeit sofort ausgelöst werden könnend:* mit -er Kamera erwarteten sie den Star; **~dichte,** die (Textilind.): *die auf einen bestimmten Abschnitt der Kette entfallende Anzahl an Schußfäden;* **~entfernung,** die: *(horizontale) Entfernung zwischen der Schußwaffe u. der Stelle, wo das Geschoß auftrifft;* **~faden,** der (Textilind.): *in Querrichtung verlaufender Faden in einem Gewebe* (Ggs.: Kettfaden); **~fahrt,** die (Skisport): *ungebremste geradlinige Abfahrt;* **~feld,** das: **1.** *innerhalb der Schußweite einer Waffe liegender Bereich:* ein freies S. haben *(nichts im Schußfeld haben, das einen am sicheren Zielen hindert);* Ü Neben Nollau ... gerät vor allem der frühere Kanzleramtchef ... ins S. *(in den Mittelpunkt öffentlicher Kritik;* MM 2. 5. 74, 1); der Spieler hatte freies S. (Fußball; *konnte direkt aufs Tor schießen*); **~fertig** ⟨Adj.; o. Steig.; nicht adv.⟩: vgl. ~bereit; **~fest** ⟨Adj.; nicht adv.⟩: **1.** ⟨o. Steig.⟩ svw. ↑kugelsicher: -es Glas; die Elitetruppe – ... in -er Nylonkluft – nähert sich von hinten der Maschine (Spiegel 44, 1977, 27). **2.** (Jägerspr.) svw. ↑~bändig, dazu: **~festigkeit,** die; **~freudig** ⟨Adj.; nicht adv.⟩ (Sport Jargon): *gern, viel aufs Tor schießend:* ein -er Linksaußen; **~garn,** das (Textilind.): vgl. ~faden; **~gelegenheit,** die (Sport); *Gelegenheit, aufs Tor zu schießen;* **~gerecht** ⟨Adj.; o. Steig.; nicht adv.⟩ (Jägerspr.): **1.** *(vom Jäger) mit Schußwaffen vertraut u. richtig umzugehen wissend.* **2.** *(vom Wild) an einer Stelle befindlich, wo es der Jäger mit hoher Wahrscheinlichkeit tödlich treffen kann;* **~gewaltig** ⟨Adj.; nicht adv.⟩ (Sport Jargon): *besonders große Schußkraft besitzend;* **~glück,** das (Sport Jargon): *Glück beim Schießen aufs Tor o. ä.:* die Bayern hatten kein großes S.; **~kanal,** der (Med.): *durch das Eindringen eines Geschosses in den Körper verursachte röhrenförmige Verletzung:* der Verlauf des -s kann Aufschlüsse über den Standort des Schützen geben: **~kraft,** die ⟨o. Pl.⟩ (Sport): *Fähigkeit, den Ball mit viel Wucht [aufs Tor] zu schießen:* er ist wegen seiner ungeheuren S. von allen Torwarten gefürchtet; **~kreis,** der (Hockey): *durch eine halbkreisförmige Linie begrenzter Teil des Spielfeldes vor dem Tor, von dem aus direkt auf dieses Tor geschossen werden darf:* der Torwart hatte den S. verlassen; **~licht,** das (Jägerspr.) svw. ↑Büchsenlicht: es ist [gerade noch] S.; **~linie,** die: *(gedachte) gerade Linie zwischen einer auf ein Ziel gerichteten Schußwaffe u. diesem Ziel; Feuerlinie* (2): Strehl ... sah Nestor zurücktreten wie aus einer S. (Molsner, Harakiri 25); Ü sich wenigstens aus der S. zurückzuziehen, dem permanenten Leistungsdruck ein wenig auszuweichen (Spiegel 30, 1976, 48); ***in die/in jmds. S. geraten** *(in eine Lage geraten, in der man heftiger [öffentlicher] Kritik ausgesetzt ist):* der Staatssekretär ist in die S. geraten; Das Wirtschaftsmagazin des ZDF ist in die S. geraten (Hörzu 27, 1975, 8); **sich in die S. begeben** *(sich heftiger [öffentlicher] Kritik aussetzen);* **~lücke,** die (Sport Jargon): *Lücke in der Abwehr, durch die ein Schuß aufs Tor möglich ist:* er fand keine S.; **~möglichkeit,** die (Sport): vgl. ~gelegenheit; **~nähe,** die: *Entfernung eines Schützen vom Ziel, die so klein ist, daß ein sicherer Schuß möglich ist:* sich bis auf S. an ein Tier heranschleichen; **~pech,** das (Sport Jargon): vgl. ~glück; **~position,** die (Sport): *Position, von der aus ein Spieler aufs Tor schießt, schießen kann:* er stand in guter S.; **~recht** ⟨Adj.; o. Steig.; nicht adv.⟩ (Jägerspr.): svw. ↑~gerecht; **~richtung,** die: *Richtung eines Schusses* (1 b); *Richtung, in die geschossen wird, werden soll;* **~scheu** ⟨Adj.; nicht adv.⟩ (Jägerspr.): *(von Hunden, auch Pferden) auf Schüsse* (1 d) *ängstlich, unruhig reagierend;* **~schwach** ⟨Adj.; nicht adv.⟩ (Sport Jargon): *kaum in der Lage, gezielt u. erfolgreich aufs Tor zu schießen:* ein -er Stürmer; **~schwäche,** die (Sport Jargon): die S. der Stürmer war erschreckend; **~sicher** ⟨Adj.; o. Steig.; nicht adv.⟩: svw. ↑kugelsicher; **~stark** ⟨Adj.; nicht adv.⟩ (Sport Jargon): vgl. ~schwach; **~stärke,** die (Sport Jargon): die Mannschaft ist wegen ihrer S. gefürchtet; **~verletzung,** die: *durch einen Schuß* (1 b) *verursachte Verletzung;* **~waffe,** die: *Waffe, mit der man schießen kann:* der Polizist machte von der S. Gebrauch, dazu: **~waffengebrauch,** der (Polizeiw.); **~wechsel,** der: *gegenseitiges Sichbeschießen:* es kam zu einem kurzen, längeren S. zwischen den Geiselnehmern und der Polizei; Bei einem S. in einer Wohnung ... ist ... der 20 Jahre alte Hauptwachtmeister ... erschossen worden (MM 27. 12. 74, 11); **~weis** ⟨Adv.⟩ (österr. ugs.): *plötzlich in großem Ausmaß:* den ganzen Vormittag hat das Telefon nicht ein einziges Mal geklingelt, und jetzt kommt es s.; **~weite,** die: **1.** *Entfernung, die ein abgeschossenes Geschoß überwindet.* **2.** (Jägerspr.) svw. ↑~nähe; **~winkel,** der (Sport): *von der Torlinie u. der kürzesten Verbindung zwischen Tor u. schießendem Spieler gebildeter Winkel:* ein ungünstiger, zu spitzer S.; **~wunde,** die: vgl. ~verletzung; **~zeichen,** das (Jägerspr.): **a)** *Reaktion eines Tieres, auf das gerade geschossen worden ist, aus der der Jäger sieht, ob bzw. wie er das Tier getroffen hat;* **b)** *etw. (bes. Haare, Blut, Knochensplitter), was der Jäger am Anschuß* (1 a) *vorfindet u. woraus er Aufschlüsse über die Art der Verwundung des getroffenen Tieres erhalten kann;* **~zeit,** die (Jägerspr.): svw. ↑Jagdzeit.

[1]Schussel ['ʃʊsl̩], der; -s, - [wohl zu ↑Schuß in der Bed. „übereilte, schnelle Bewegung"] (ugs.; oft abwertend): *schusseliger Mensch:* paß doch auf, du alter S.!; Die (= die Hosen) hat doch wieder dieser S. von Keßler versaubeutelt (Fallada, Mann 92); **[2]Schussel** [-], die; -, -n: **1.** (ugs. selten) *schusselige weibliche Person.* **2.** (landsch.) svw. ↑Schusselbahn.

Schüssel ['ʃʏsl̩], die; -, -n [mhd. schüʒʒel(e), ahd. scuʒʒila < lat. scutula, scutella = Trinkschale, Vkl. von: scutra = flache Schale]: **1. a)** *gewöhnlich tieferes, meist rundes od. ovales, oben offenes Gefäß, das bes. zum Auftragen von Speisen benutzt wird:* eine flache, tiefe, runde, silberne S.; eine S. aus Porzellan, Plastik; bringen Sie doch bitte noch eine S. Reis; eine S. mit Spinat, voll Pudding; ein Satz -n; eine dampfende S. auftragen; der Hund kann die S. auslecken; von dem Salat könnte ich eine ganze S. *(eine ganze Schüssel voll)* alleine essen; ***aus einer S. essen** (ugs.; *zusammengehören u. zusammenhalten*); **vor leeren -n sitzen** (ugs.; *hungern müssen, nichts zu essen haben*); **b)** (veraltend) *etw. in einer Schüssel* (1 a) *Angerichtetes, Aufgetragenes; Gericht, Speise:* man trug die köstlichsten -n auf; Stanko ..., der ... zu seinen kalten -n im Gardemanger ... zurückgekehrt war (Th. Mann, Krull 218). **2.** (salopp, oft abwertend) *Auto:* was hast du denn für die S. bezahlt? **3.** (Jägerspr.) *Lager des Trappen.* **4.** (Jägerspr.) svw. ↑Teller.

schüssel-, Schüssel-: **~flechte,** die [nach der Form]: *bes. auf Steinen u. auf Rinde wachsende Laubflechte;* **~förmig** ⟨Adj.; o. Steig.; nicht adv.⟩: *in der Form einer Schüssel ähnlich:* eine -e Muschelschale; **~pfennig,** der (früher): *kleiner, einseitig geprägter Pfennig aus Silber mit tellerartig aufgebogenem Rand;* **~treiben,** des (Jägerspr. scherzh.) *nach Beendigung einer Jagd veranstaltetes Essen:* mit einem S. im Fahnensaal der Wachenburg klingt der Hubertustag aus (MM 18. 10. 71, 20); **~tuch,** das ⟨Pl. -tücher⟩ (nord.): *zum Geschirrspülen u. feuchten Abwischen von Arbeitsflächen o. ä. in der Küche verwendetes Tuch; Spültuch.*

Schusselbahn, die; -, -en [zu ↑schusseln] (landsch.): *Schlitterbahn;* **Schusselfehler,** der; -s, - [zu ↑Schussel] (landsch.): *Flüchtigkeitsfehler;* **schusselig,** schußlig ['ʃʊs(ə)lɪç] ⟨Adj.⟩ (ugs. abwertend): *(aus einer inneren Unausgeglichenheit, aus einem Mangel an Konzentration heraus) zur Vergeßlichkeit neigend u. fahrig* (a), *gedankenlos:* sei doch nicht so s.!; ich bin von Natur aus sehr schusselig. Ich verliere alles oder lasse es irgendwo stehen (Bild 26. 6. 64, 4); ⟨Abl.:⟩ **Schusseligkeit,** Schußligkeit, die; -, -en (ugs. abwertend): **a)** ⟨o. Pl.⟩ *das Schusseligsein, schusseliges* (a) *Wesen, schusselige Art:* Jedenfalls hatte Dora in ihrer Schusseligkeit nicht die Aorta getroffen (Bieler, Bonifaz 100); **b)** *schusselige Handlung;* **schusseln** ['ʃʊsl̩n] ⟨sw. V.⟩ [zu ↑[1]Schussel]: **1.** (ugs.) *viele vermeidbare, auf Unachtsamkeit* *beruhende Fehler machen, gedankenlos u. unordentlich arbeiten* ⟨hat⟩: er hat bei seinen Hausaufgaben furchtbar geschusselt. **2.** (ugs.) *schusselig* (a) *umherlaufen, irgendwohin laufen* ⟨ist⟩: sie schusselte aufgeregt durch die Wohnung. **3.** (landsch.) **a)** *schlittern* (1 a) ⟨hat⟩; **b)** *schlittern* (1 b) ⟨ist⟩; **Schusser** [ˈʃʊsɐ], der; -s (landsch., bes. südd.): *Murmel;* **schussern** [ˈʃʊsɐn] ⟨sw. V.; hat⟩ (landsch., bes. südd.): *mit Murmeln spielen;* **schussig** [ˈʃʊsɪç] ⟨Adj.⟩ (landsch.): *hastig, übereilig:* sei doch nicht so s.!; **-schüssig** [-ʃʏsɪç] (Textilind.) in Zusb., z. B. zweischüssig (mit Ziffer: 2schüssig; *pro Fach* 3 *zwei Schußfäden aufweisend;* von Geweben); **Schußler** [ˈʃʊslɐ], der; -s, - (ugs.): svw. ↑Schussel; **schußlig:** ↑schusselig; **Schußligkeit:** ↑Schusseligkeit.

Schuster [ˈʃuːstɐ], der; -s, - [spätmhd. schuster, schuo(ch)ster < mhd. schuochsūter, aus: schouch (↑Schuh) u. sūter, ahd. sūtāri < lat. sūtor = (Flick)schuster, eigtl. = Näher]: **1.** (ugs.) *Schuhmacher:* die Schuhe zum S. bringen; Spr S. bleib bei deinem Leisten (*tu nur das, wovon du etwas verstehst, u. pfusche anderen nicht ins Handwerk;* nach einem Ausspruch des altgriech. Malers Apelles, mit dem er auf die Kritik eines Schuhmachers antwortete); ***auf -s Rappen** (scherzh.; *zu Fuß;* eigtl. = mit Hilfe der Schuhe): auf -s Rappen reisen, kommen. **2.** (salopp abwertend) *Pfuscher, Stümper.* **3.** (landsch.) *Weberknecht.* **4.** (Tischtennis) *Punktzahl 5 (in nichtoffizieller Wertung).* Vgl. Schneider (3).

Schuster-: **~ahle,** die; **~arbeit,** die: **1.** ⟨o. Pl.⟩ *Arbeit des Schuhmachers:* dieser Schuh ist gute S. **2.** (salopp abwertend) *Pfusch[arbeit], Pfuscherei;* **~baß,** der (ugs. scherzh.): *(statt der richtigen Baßstimme gesungene) primitive Baßstimme, die der Melodie einfach in der tieferen Oktave folgt;* **~brust,** die: **1.** *Einsenkung des Brustbeins, wie sie sich früher bes. bei Schustern (durch das Anpressen des Schuhleistens an die Brust) ausbildete.* **2.** (Med. Jargon) *Trichterbrust;* **~draht,** der: svw. ↑Pechdraht; **~fleck,** der (Musik Jargon abwertend): *Rosalie;* **~geselle,** der; **~handwerk,** das ⟨o. Pl.⟩; **~hocker,** der: vgl. ~schemel; **~junge,** der [2: urspr. Bez. für die billigste Art Brötchen; spielt auf die sozial schlechte Stellung der Schuster an]: **1.** (veraltet) *Schusterlehrling.* **2.** (berlin. veraltend) *Brötchen aus Roggenmehl.* **3.** ***es regnet -n** (berlin. salopp; *es regnet stark*). **4.** (Druckerspr.) *(im Bleisatz entgegen der Regel) allein auf der vorangehenden Seite bzw. in der vorangehenden Spalte stehende Anfangszeile eines neuen Abschnitts;* **~kotelett,** das (nordd., berlin. scherzh.): *Kartoffelpuffer;* **~kugel,** die (früher): *mit Wasser gefüllte Kugel zur Verstärkung des Lampenlichtes am Arbeitsplatz [des Schuhmachers];* **~laibchen,** das (österr.): *mit Kümmel bestreutes, großes, rundes Brötchen aus Weizen- u. Roggenmehl;* **~lehrling,** der; **~palme,** die [wegen ihrer Anspruchslosigkeit konnte die Pflanze gut in Schusterwerkstätten, die meist wenig Licht hatten, gehalten werden]: *japanisches Liliengewächs (Zimmerpflanze) mit großen, sehr langen, oft weißgebänderten, dunkelgrünen Blättern u. dicht dem fleischigen Wurzelstock aufsitzenden, braunen Blüten; Metzgerpalme; Fleischerpalme;* **~pastete,** die (nordd., ostmd.): *Gericht (Auflauf o. ä.) aus Resten von Fleisch, Gemüse, Kartoffeln usw.;* **~pech,** das: *Pech für den Schusterdraht;* **~pfriem,** der; **~schemel,** der: *niedriger, dreibeiniger Schemel, auf dem der Schuhmacher bei der Arbeit sitzt;* **~werkstatt,** die.

Schusterei [ʃuːstəˈrai̯], die; -, -en: **1.** (veraltet) **a)** *Schusterwerkstatt;* **b)** ⟨o. Pl.⟩ *Schusterhandwerk.* **2.** (ugs. abwertend) *[dauerndes] Schustern* (1, 2); **schustern** [ˈʃuːstɐn] ⟨sw. V.; hat⟩: **1.** (veraltet; noch ugs.) *Schusterarbeit verrichten.* **2.** (ugs. abwertend) *Pfuscherarbeit machen, pfuschen.*

Schute [ˈʃuːtə], die; -, -n [1: (m)niederd. schūte, zu ↑schießen (vgl. [1]Schoß), wohl nach dem weit ausladenden Vordersteven; 2: nach der weiten Form]: **1.** *zum Transport insbes. von Schüttgut benutztes offenes Wasserfahrzeug (meist ohne Eigenantrieb):* eine S. mit Sand, Bauschutt, Kohlen beladen. **2.** svw. ↑Kiepenhut; ⟨Zus.:⟩ **Schutenhut,** der: svw. ↑Kiepenhut.

Schutt [ʃʊt], der; -[e]s [urspr. = künstliche Aufschüttung, zu ↑schütten]: *gänzlich verfallene od. zerstörte, in kleinere u. kleinste Stücke zerbröckelte Reste von Gesteinsmassen, Mauerwerk o. ä., die vormals zu einem größeren [massiven] Ganzen (Fels od. Bauwerk) gehörten:* ein Haufen S.; [den] S. wegräumen; S. *(Schutt u. Abfall, Müll)* abladen verboten!; ***etw. in S. und Asche legen** *(etw. zerstören u. niederbrennen);* **in S. und Asche liegen** *(zerstört u. niedergebrannt sein);* **in S. und Asche sinken** (geh.; *zerstört u. niedergebrannt werden).*

Schutt-: **~abladeplatz,** der: *Platz zum Abladen u. Lagern von Schutt u. Abfall, Müll:* dieses Gerümpel gehört auf den S.; Ü den Psychoanalytiker als S. benutzen; **~berg,** der; **~feld,** das (Geol.): *weite, von Gesteinsschutt bedeckte Bodenfläche;* **~halde,** die: **1.** *Aufschüttung, Anhäufung von Schutt.* **2.** (Geol.) *natürliche Anhäufung von Gesteinsschutt am Fuß steiler Felshänge;* **~haufen,** der: *Haufen aus Schutt, Abfall;* **~karren,** der: *Karren zum Transport von Schutt;* **~kegel,** der (Geol.): *Kegel, kegelförmige Anhäufung aus Gesteinsschutt am Fuß steiler Felshänge;* **~platz,** der: svw. ↑~abladeplatz.

Schütt-: **~beton,** der (Bauw.): *lockerer, in Schalungen geschütteter u. danach nicht od. nur wenig verdichteter Beton;* **~boden,** der (landsch.): *[Dach]boden, Speicher, auf dem Getreide u. Stroh gelagert wird;* **~gelb,** das [wohl verhüll. Eindeutschung von gleichbed. niederl. schijtgeel, eigtl. = „Scheißgelb"]: svw. ↑Luteolin; **~gewicht,** das (Wirtsch.): *durchschnittliches Gewicht einer Volumeneinheit eines [lokker] geschütteten Gutes;* **~gut,** das (Wirtsch.): *loses Gut, das in Transportmittel geschüttet u. unverpackt befördert wird* (z. B. Erz, Kohle, Getreide, Sand); **~ladung,** die: svw. ↑Bulkladung; **~stein,** der (schweiz.): *Spülstein, Ausguß.*

Schütte [ˈʃʏtə], die; -, -n [zu ↑schütten; 3: mhd. schüt(e)]: **1. a)** *(bes. in Küchenschränken) kleiner, herausziehbarer Behälter (in Form einer Schublade) zur Aufbewahrung loser Vorräte, die sich schütten lassen:* drei Eßlöffel Mehl aus der S. nehmen; **b)** *Behälter, worin man loses Material (z. B. Kohlen o. ä.) tragen u. aufbewahren u. dessen Inhalt man durch eine oben freigelassene Öffnung ausschütten bzw. in etw. schütten kann;* **c)** (bes. Schiffahrt) *Rutsche zum Verladen von Schüttgut.* **2.** (landsch.) **a)** *Bund, Bündel [Stroh]:* zwei -n Stroh; **b)** *Aufgeschüttetes (bes. Stroh, Laub o. ä.):* auf einer S. *(auf einem Strohlager)* schlafen. **3.** (schweiz.) svw. ↑Schüttboden. **4.** (Forstw., Bot.) *Krankheit, die Nadelbäume befällt u. ein Abwerfen der Nadeln bewirkt.* **5.** (Jägerspr.) **a)** *Futter, das für Fasanen, Rebhühner od. Schwarzwild ausgelegt wird;* **b)** *Futterplatz, wo die Schütte* (5 a) *ausgelegt wird.*

Schüttel-: **~becher,** der: svw. ↑Mixbecher; **~frost,** der: *Geschütteltwerden, heftiges Zittern am ganzen Körper, verbunden mit starkem Kältegefühl u. schnell ansteigendem Fieber:* mit S. im Bett liegen; **~krampf,** der (Med.): svw. ↑Klonus; **~lähmung,** die (Med.): svw. ↑Parkinsonsche Krankheit; **~reim,** der: *doppelt reimender Paarreim mit scherzhafter Vertauschung der Anfangskonsonanten der am Reim beteiligten Wörter od. Silben* (z. B.: Ich wünsche, daß mein Hünengrab/ich später mal im Grünen hab'); **~rost,** der: [1]*Rost* (a) *in einem Ofen, den man hin u. her bewegen kann, um die Asche hindurchzuschütteln;* **~rutsche,** die (Bergbau): *von einem Motor „geschüttelte" Blechrinne, damit das transportierte Material besser gleitet;* **~sieb,** das: vgl. ~rost; **~vers,** der (selten): vgl. ~reim.

schütteln [ˈʃʏtl̩n] ⟨sw. V.; hat⟩ [mhd. schüt(t)eln, ahd. scutilōn, Intensivbildung zu ↑schütten]: **1. a)** *kräftig, kurz u. schnell hin u. her bewegen [so daß es in schwankende Bewegung gerät]:* jmdn. [bei den Schultern nehmen und] heftig, kräftig s. [um ihn zur Vernunft zu bringen]; jmdn. am Arm s.; [die Medizin] vor Gebrauch s.!; die Betten s. *(aufschütteln);* der Löwe schüttelt seine Mähne; drohend die Faust, die Fäuste [gegen jmdn.] s.; verneinend den Kopf s.; verwundert den Kopf [über etw.] s.; jmdm. zur Begrüßung, beim Abschied die Hand s. *(mit lebhafter Bewegung die Hand geben);* der Wind schüttelt die Bäume; bei der Fahrt über den Schotterweg wurde der Wagen, wurden wir tüchtig geschüttelt; ein Hustenanfall schüttelte ihn; der Ekel schüttelt ihn *(er muß sich schütteln vor Ekel);* das Fieber schüttelt ihn *(bewirkt, daß er heftig zittert);* ⟨unpers.:⟩ es schüttelte ihn [vor Kälte, Ekel] *(er mußte sich [vor Kälte, Ekel] schütteln);* es schüttelte mich am ganzen Körper; Ü das Grauen, das Heimweh schüttelt ihn *(hat ihn heftig gepackt);* von Angst geschüttelt sein, werden; eine von Krieg und Verrat geschüttelte *(erschütterte)* Welt; **b)** ⟨s. + sich⟩ *heftig hin u. her gehende od. drehende Bewegungen machen:* der Hund schüttelt sich; **c)** ⟨s. + sich⟩ *geschüttelt* (1 a) *werden:* sich im Fieber, vor Lachen s.; sich vor etw. s. *(sich vor etw. ekeln).* **2.** *durch Schütteln* (1 a) *zum Herunter-, Herausfallen bringen:* Obst [vom Baum] s.; den Staub von, aus den Kleidern s.; Mehl durch ein Sieb s.; jmdn. aus dem Schlaf s. *(durch Schütteln wecken)*; * **jmdm., sich** ⟨Dativ⟩ **einen s.** (salopp; *[jmdn.] masturbieren*). **3.** *[heftig] hin u. her gehende od. drehende Bewegungen machen:* [verwundert, verneinend] mit dem Kopf s.; **schütten** ['ʃʏtn̩] ⟨sw. V.; hat⟩ [mhd. schüt(t)en, ahd. scutten, eigtl. = heftig bewegen]: **1. a)** *in zusammenhängender od. gedrängter Menge niederrinnen, -fallen, -gleiten lassen, gießen:* Wasser [aus dem Eimer] in den Ausguß s.; Mehl in ein Gefäß s.; Korn auf den Boden s.; die Abfälle, Kohlen alle auf einen Haufen s.; Er lädt sein Gewehr ..., schüttet ein wenig Pulver auf die Pfanne (Hacks, Stücke 203); jmdm., sich etw. ins Glas s.; ich habe mir, ihm [unabsichtlich] den Wein über den Anzug geschüttet; der Preis für geschüttete (fachspr.; *nicht gestapelte, nicht abgepackte*) Briketts; **b)** ⟨unpers.⟩ (ugs.) *heftig regnen:* es schüttete die ganze Nacht; **c)** (ugs.) *durch Hinein-, Darauf-, Darüberschütten von etw. in einen mehr od. weniger gefüllten od. bedeckten Zustand bringen:* den Boden voll Korn s.; (salopp übertreibend:) Am Abend hatten sie sich in der „Propellerschenke" voll Bier geschüttet (H. Gerlach, Demission 71). **2.** (Fachspr.) *(bes. vom Getreide, von einer Quelle) ergiebig sein, einen Ertrag von bestimmter Güte od. Menge liefern:* der Weizen schüttet gut, schlecht in diesem Jahr; eine besonders reich schüttende Quelle.

schütter ['ʃʏtɐ] ⟨Adj.⟩ [in mundartl. (südd., österr.) Lautung hochspr. geworden; mhd. schiter, ahd. scetar = dünn, lückenhaft; urspr. = gespalten, zersplittert]: **1.** *spärlich im Wachstum, nicht dichtstehend; dürftig [wachsend]:* ein -er Fichtenwald; sein Haar ist s. [geworden]. **2.** (geh.) *kümmerlich, dürftig, schwach:* die -e Wiener Abwehr (Welt, 1. 12. 67, 7); mit -er Stimme antworten; Über Sandwege, die nur s. die kriechenden Wurzeln der Strandkiefern bedeckten (Grass, Hundejahre 33).

Schüttergebiet ['ʃʏtɐ-], das; -[e]s, -e (Geol.): *durch Linien gleichzeitiger Erschütterung (Homoseisten) charakterisiertes Erdbebengebiet;* **schüttern** ['ʃʏtɐn] ⟨sw. V.; hat⟩ [zu ↑schütten]: *(von [heftig] schwingender, stoßender Bewegung) erschüttert werden:* der Fußboden schütterte jetzt etwas vom Maschinengedröhn (Hartung, Piroschka 11); dort ... kam meine Straßenbahn heulend und schütternd um die Ecke (Bieler, Bonifaz 40); mit einer leise schütternden *(zitternden)* Hand (A. Zweig, Grischa 104); **Schüttler** ['ʃʏtlɐ], der; -s, - (ugs.): *von einem Schütteln der Glieder Befallener;* **Schüttung,** die; -, -en (Fachspr.): **1.** (bes. von Schüttgut) **a)** *das Schütten:* die S. des Materials, der Erde, des Betons; **b)** *Art, Form des Geschüttetwerdens, -seins:* die Kohlen werden in loser S. *(nicht abgepackt)* geliefert. **2.** *das Geschüttete (bes. das Schüttgut bzw. das Aufgeschüttete):* die S. soll einmal die ganze Senke ausfüllen; die S. (Bauw.; *Schotterlage auf der Packlage*) einer Schotterstraße. **3.** (Fachspr.) *Ergiebigkeit einer Quelle, geschüttete (2) Menge.*

Schutz [ʃʊts], der; -es, -e ⟨Pl. selten, bes. schweiz.⟩ [mhd. schuz, urspr. = Umdämmung, Aufstauung des Wassers, zu ↑[1]schützen]: **1.** ⟨o. Pl.⟩ *etw., was eine Gefährdung abhält od. einen Schaden abwehrt:* die Hütte war als S. gegen, vor Unwetter errichtet worden; warme Kleider sind der beste S. gegen Kälte; Abhärtung ist ein guter S., verleiht einen guten S. gegen Erkältungen; das Dach bot [wenig] S. vor dem Gewitter, gegen das Gewitter; durch den Raubbau am Wald verlor die Insel ihren natürlichen S.; seine Begleitung bedeutete einen zuverlässigen S. für die Frauen; den S. einer Hütte aufsuchen, verlassen; jmds. S., den S. des Gesetzes genießen, besitzen; jmdm. [seinen] S. gewähren, bieten; vor dem Regen unter einem Baum S. suchen, finden; bei jmdm. [vor Verfolgung] S. suchen; [den] S. *(Sicherung u. Bewahrung)* aller Grundrechte durch den Staat erklärte man zur ersten Aufgabe; jmdn. jmds. S. *(Obhut)* empfehlen, anvertrauen; die Verbrecher entkamen in/unter dem S. der Dunkelheit; sich in/unter jmds. S. begeben; ohne männlichen S. *(Beistand)* wollte sie nicht nach Hause gehen; jmdn. um [seinen] S. bitten; jmd., etw. steht unter jmds. S., unter dem S. des Gesetzes; der Flüchtling stellte sich unter den S. der Polizei; jmdn., etw. unter [polizeilichen] S. stellen; er wurde unter polizeilichem S. *(unter polizeilicher Aufsicht, Bewachung)* abgeführt; unter jmds. S. *(Obhut)* aufwachsen; das Fest stand unter dem S. *(der Schirmherrschaft)* des Bürgermeisters; zum S. der Augen eine Sonnenbrille tragen; ein wirksames Mittel zum S. gegen/vor Ansteckung; Maßnahmen zum S. der Bevölkerung vor Verbrechern; ich brauche 13 Leibwächter zu meinem [persönlichen] S.; ⟨veraltet geh. in bestimmten Wortpaaren:⟩ jmds. S. und Schirm/Schild sein; jmdm. S. und Schirm gewähren; zu S. und Trutz zusammenstehen; * **jmdn. [vor jmdm., gegen jmdn.] in S. nehmen** *(jmdn. gegen jmds. Anfeindung verteidigen)*. **2.** (bes. Technik Jargon) *Vorrichtung, die zum Schutz gegen etw. konstruiert ist:* einen S. an einer Kreissäge montieren.

schutz-, Schutz-: ~**alter,** das (Jargon): *Alter, bis zu dem Jugendliche im Hinblick auf sexuelle Verführung o.ä. durch Gesetz geschützt sind;* ~**anstrich,** der: **1.** *Anstrich zum Schutz [gegen Witterungseinflüsse].* **2.** (Milit. seltener) svw. ↑Tarnanstrich; ~**anzug,** der: *Arbeits- od. Kampfanzug, der zum Schutz gegen schädigende Einwirkungen getragen wird;* ~**aufsicht,** die (jur. früher): *Überwachung u. Schutz Minderjähriger durch das Jugendamt (auf Grund gerichtlicher bzw. behördlicher Anordnung in Fällen drohender Verwahrlosung);* ~**bedürfnis,** das ⟨o. Pl.⟩: das S. der Gesellschaft vor Gewaltakten; ~**bedürftig** ⟨Adj.; nicht adv.⟩: -e Personengruppen; ~**befohlene,** der u. die ⟨Dekl. ↑Abgeordnete⟩ (jur., sonst veraltend, geh.): *jmds. Schutz, Obhut Anvertraute[r]; Schützling;* ~**behälter,** der (bes. DDR): *spezieller Behälter für bestimmte Stoffe zum Schutz der Umwelt, bes. vor schädlichen Strahlen;* ~**behauptung,** die (bes. jur.): *Behauptung, mit der jmd. sein Verhalten [nachträglich] zu rechtfertigen, zu begründen versucht, die man aber als wenig glaubwürdig betrachtet:* eine Aussage als S. werten; ~**bekleidung,** die: vgl. ~anzug; ~**bereich,** der (Milit.): *für Zwecke der Verteidigung abgegrenzter Bereich, in dem die Benutzung von Grundstücken behördlich angeordneten Beschränkungen unterliegt;* ~**blech,** das: **1.** *halbkreisförmiges, gewölbtes Blech über den Rädern, bes. von Zweirädern, zum Auffangen des Schmutzes.* **2.** *schützendes Blech; schmutzende od. gefährliche bewegliche Teile von Maschinen od. anderen Vorrichtungen abdeckende Verkleidung aus Blech o.ä.;* ~**brief,** der: **1.** (Politik, Dipl.; bes. auch hist.) *Urkunde mit der staatlichen Zusage des Schutzes:* dem gegnerischen Unterhändler, einem Durchreisenden einen S. ausstellen. **2.** (Versicherungsw.) *Versicherung (2 a) für Kraftfahrer, die dem Versicherungsnehmer bei Pannen, Unfällen, im Krankheitsfalle o.ä. im In- u. Ausland die jeweils erforderliche Hilfeleistung gewährt* (z.B. Abschleppen des Fahrzeugs, Rücktransport eines erkrankten Fahrers in den Heimatort im anderen Verkehrsmittel, Vorschießen von Reparaturkosten u.a.); ~**brille,** die: *Brille zum Schutz der Augen vor Verletzungen, Schädigung;* ~**bündnis,** das: *Bündnis zum gegenseitigen Schutz;* ~**bürger,** der (hist.): *Einwohner ohne [volles] Bürgerrecht, der einen weitergehenden rechtlichen Schutz genoß als Fremde bzw. Ausländer;* ~**dach,** das: *Schutz gewährende Überdachung;* ~**damm,** der: *Damm zum Schutz gegen Überschwemmungen usw.;* ~**einrichtung,** die: *dem Schutz dienende Einrichtung* (2 b, 3, 4); ~**engel,** der: **1.** (jüd., islam., kath. Rel.) *jedem Menschen beigegebener beschützender Engel:* seinen S. herausfordern *(sich leichtsinnig in Gefahr begeben u. Leben u. Gesundheit aufs Spiel setzen);* Aber ich hab einen S. *(Glück)* gehabt, ich bin auf'm Hintern gelandet (Kempowski, Immer 190). **2.** *Beschützer[in], Helfer[in] in der Not:* Du warst ein S. aller Armen (Bergengruen, Rittmeisterin 181). **3.** (Jargon) *Zuhälter;* ~**fähig** ⟨Adj.; o. Steig.; nicht adv.⟩ (jur.): *als Gegenstand rechtlichen (z.B. urheber-, patentrechtlichen) Schutzes geeignet:* eine -e Erfindung, dazu: ~**fähigkeit,** die ⟨o. Pl.⟩; ~**farbe,** die: **1.** svw. ↑Tarnfarbe. **2.** *Farbe, die den Schutzanstrich (1) bildet bzw. dafür geeignet ist;* ~**färbung,** die (Zool.): *tarnende u. vor Feinden schützende Färbung (bei bestimmten Tieren);* ~**film,** der: *vor Schädigung, Zerstörung, Verfall schützender Film (1), dünner Überzug:* Leder, Holz mit einem S. überziehen; ~**frist,** die (jur.): *Frist, während der etw. gesetzlich geschützt ist;* ~**gebiet,** das: **1.** *staatlich zu einem bestimmten Zweck abgegrenztes u. vor anderweitiger Nutzung geschütztes Gebiet, insbes. Naturschutzgebiet.* **2.** (bes. hist.) *(meist auf die deutschen Kolonien bezogen) der Oberhoheit eines Staates unterstelltes fremdes Gebiet:* die deutschen -e; ~**gebühr,** die: *Gebühr für etw., die gewährleisten soll, daß das Betreffende wirklich nur von Interessenten genommen wird:* der Prospekt ist gegen eine S. von einer Mark erhältlich; ~**geist,** der; -[e]s, -er: **1.** *schützender guter Geist:* sein S. bewahrte ihn vor einer Fehlentscheidung, vor einem Fehltritt. **2.** (geh., dichter.) *Beschützer[in]:* sie ist der S. des Hauses, der Familie; **~geländer,** das: *vor Absturz o. ä. schützendes Geländer;* **~gemeinschaft,** die (jur., Wirtsch.): *Zusammenschluß zum Schutz der Interessen von Inhabern unsicherer Wertpapiere:* eine S. gründen; **~gesetz,** das: ein S. erlassen; **~gewahrsam,** der (jur.): *dem persönlichen Schutz dienender Gewahrsam für jmdn., dem unmittelbare Gefahr für Leib u. Leben droht:* jmdn. in S. nehmen; **~gewalt,** die (hist.): svw. ↑²Mund; **~gitter,** das: *zum Schutz angebrachtes Gitter;* **~glas,** das: **1.** *Glas, das Gegenstände schützen soll:* ein Gemälde mit S. versehen. **2.** *Spezialglas, das gegen körperliche Schädigung schützen soll:* ... hielt ich mir den Schirm ... vors Gesicht, versuchte durch das dunkle S. zu schauen (Innerhofer, Schattseite 32); **~glocke,** die: *schützende Glocke* (5); **~gott,** der (Myth.): *schützender Gott;* **~göttin,** die: w. Form zu ↑~gott; **~hafen,** der (Schiffahrt): *Hafen, der Schiffen vor allem Schutz vor Stürmen, Eis o.ä. bietet;* **~haft,** die (jur.): **1.** (verhüll.) *(insbes. politisch motivierte) Vorbeugehaft:* jmdn. in S. nehmen. **2.** (früher) *Schutzgewahrsam;* **~häftling,** der: vgl. ~haft; **~haube,** die: **1.** *dem Schutz dienende Haube* (2 d). **2.** (Kfz.-W.) svw. ↑Haube (2 a); **~haut,** die: *schützende Haut* (3), *hautähnlicher schützender Überzug;* **~heilige,** der u. die (kath. Rel.): svw. ↑Patron (2): der S. dieser Stadt, der Autofahrer; **~helm,** der: *helmähnlicher Kopfschutz; helmähnliche Kopfbedeckung, die vor allem gegen Schlag u. Stoß schützen soll:* der S. des Bauarbeiters, Feuerwehrmanns, Rennfahrers; **~herr,** der: **1. a)** (hist.) *jmd., der Inhaber besonderer Macht über bestimmte unter seinen Schutz gestellte Abhängige war;* **b)** (bes. hist.) *Inhaber der Schutzherrschaft* (1 b) *über ein Gebiet.* **2.** (veraltet) *Schirmherr;* **~herrschaft,** die: **1. a)** (hist.) *Amt, Funktion des Schutzherrn* (1 a); **b)** (bes. hist.) *Oberhoheit in bestimmten Angelegenheiten (bes. Außenpolitik, Verteidigung od. auch Verwaltung), die ein od. mehrere Staaten über ein fremdes, unter ihren Schutz gestelltes Staatsgebiet ausüben.* **2.** (veraltet) *Schirmherrschaft;* **~hülle,** die: *schützende Hülle:* die S. des Jagdgewehrs; das Buch aus der S. *(der Buchhülle, dem Schutzumschlag)* nehmen; **~hund,** der (Fachspr.): *Hund (bestimmter Rassen), der zum Schutz von Personen od. Sachen eingesetzt wird;* **~hütte,** die: *wetterfeste Hütte, einfaches [Holz]haus (bes. im Gebirge) zum Schutz gegen Unwetter u. zum Übernachten;* **~impfen** ⟨sw. V.; schutzimpfte, hat schutzgeimpft⟩: *einer Schutzimpfung unterziehen,* dazu: **~impfung,** die: *Impfung zum Schutz gegen Infektion:* eine S. [gegen Pocken] durchführen, erhalten; **~insel,** die (seltener): svw. ↑Verkehrsinsel; **~kappe,** die: *schützende Kappe* (2 a); **~karton,** der (Buchw.): *als Schutz gegen Beschädigungen dienende [an einer Schmalseite offene] feste Hülle aus Karton, in die das Buch hineingeschoben wird;* **~klausel,** die (Wirtsch., Politik): *Vertragsklausel, die angibt, wem unter welchen Bedingungen ein Schutz gegen entstehende wirtschaftliche Nachteile gewährt wird;* **~kleidung,** die: vgl. ~anzug; **~kontakt,** der (Elektrot.): *(vor Stromschlag schützender) zusätzlicher Kontakt an Steckern u. Steckdosen, durch den elektrische Geräte geerdet werden, so daß bei bestimmten gefährlichen Defekten sofort ein Kurzschluß eintritt,* dazu: **~kontaktsteckdose,** die (Kurzwort: Schukosteckdose), **~kontaktstecker,** der (Kurzwort: Schukostecker); **~lack,** der: vgl. ~farbe (2); **~leiste,** die; **~leute:** Pl. von ↑~mann; **~los** ⟨Adj.; -er, -este⟩: *ohne Schutz, hilflos, wehrlos:* dem Gegner, dem Unwetter, den Anfeindungen s. ausgeliefert sein, dazu: **~losigkeit,** die; -; **~macht,** die (Politik): **1.** *Staat, der die Wahrnehmung der Rechte u. Interessen (bes. auch den diplomatischen Schutz der Staatsbürger) eines dritten Staates gegenüber einem fremden Staat übernommen hat.* **2.** *Staat, der einem anderen Staat Schutz gegen Angriffe von dritter Seite garantiert.* **3.** (bes. hist.) *Staat, der eine Schutzherrschaft o. ä. ausübt;* **~mann,** der ⟨Pl. -männer u. -leute⟩: **1.** (ugs.) *Polizist (bes. Schutzpolizist):* ***eiserner S.** (scherzh.; *Notrufsäule der Polizei*). **2.** (Ballsport Jargon) *Spieler, der einen Gegenspieler ganz eng, genau deckt:* der Torjäger war durch seinen S. völlig ausgeschaltet; **~mantel,** der: **1. a)** *zum Schutz vor etw. dienender Mantel;* **b)** (bild. Kunst) *beschützend ausgebreiteter Mantel (bes. der Madonna).* **2.** (bes. Fachspr.) *schützender Mantel* (2), *schützende Ummantelung,* zu 1 b: **~mantelmadonna,** die; **~marke,** die: *Warenzeichen, Fabrik-, Handelsmarke:* eingetragene S.; **~maske,** die: *Maske* (2 a), *die als Schutz, bes. gegen das Einatmen giftiger Gase bzw. verseuchter Luft vor dem Gesicht getragen wird;* **~maßnahme,** die: *schützende Maßnahme; vorbeugende Maßnahme zum Schutz einer Person od. Sache;* **~mauer,** die (auch Fachspr.): *zum Schutz für od. gegen jmdn. od. etw. gebaute, feste Mauer;* **~mittel,** das: vgl. ~maßnahme; **~netz,** das: **1.** (auch Technik) *schützendes Netz* (1). **2.** (bes. Artistik) *Netz* (1) *zum Auffangen bei Absturz;* **~ort,** der ⟨Pl. -orte⟩: *Ort, wo jmd. Schutz findet;* **~panzer,** der: *schützender Panzer* (1–3); **~patron,** der: svw. ↑~heiliger; **~pflanzung,** die (Landw., Forstw.): *Anpflanzung aus Bäumen od. Sträuchern, die vor allem dem Schutz (gegen extreme Witterungseinflüsse, Lawinen o. a.) dient;* **~plane,** die; **~platte,** die; **~polizei,** die: *Zweig der Polizei, dessen Aufgabe im Schutz des Bürgers u. in der Aufrechterhaltung der öffentlichen Ordnung u. Sicherheit besteht* (Kurzwort: ↑¹Schupo); **~polizist,** der: *Polizist der Schutzpolizei* (Kurzwort: ↑²Schupo); **~polster,** das; **~raum,** der: *Raum zum Schutz vor der Wirkung von Angriffswaffen; Luftschutzraum;* **~recht,** das (jur.): *Recht[sanspruch] auf den rechtlichen Schutz für geistiges Eigentum, Erfindungen, Gebrauchsmuster, Handelsmarken o.ä.;* **~scheibe,** die: *als Schutz dienende Glasscheibe;* **~schicht,** die: vgl. ~film; **~schild,** der: *schützender Schild* (1, 5 a); *schildförmiger Schutz;* **~schirm,** der (bes. Fachspr.): *[vor Strahlung] schützender Schirm* (3 a α); **~sperre,** die (Boxen): svw. ↑K.-o.-Sperre; **~staat,** der (Politik): **1.** *Staat, dem von ein od. mehreren Schutzmächten Schutz gegen Angriffe dritter Staaten garantiert ist.* **2.** (bes. hist.) *Protektorat* (2 b); **~stoff,** der (Fachspr.): *einen biologischen Schutz bewirkender Stoff* (z. B. Antikörper, Impfstoff); **~suchend** ⟨Adj.; o. Steig.; nicht präd.⟩; **~truppe,** die (hist.): *Kolonialtruppe in den deutschen Schutzgebieten,* dazu: **~truppler,** der: *Angehöriger der Schutztruppe;* **~überzug,** der; **~umschlag,** der: *ein Buch o. ä. vor Verschmutzung schützender [bedruckter] Umschlag;* **~und-Trutz-Bündnis** (mit drei Bindestrichen), das (veraltend): *zu Schutz u. Trutz geschlossenes Bündnis; Bündnis, das dem wechselseitigen Schutz dient u. die gemeinsame Abwehr von Angriffen bezweckt;* **~verband,** der: **1.** *eine Wunde schützender Verband.* **2.** *(bes. innerhalb einer Kommune 1) Zusammenschluß zum Schutz der Interessen bestimmter Wirtschaftszweige:* der S. [für] Handel und Gewerbe; **~verpflichtung,** die (hist.): svw. ↑²Mund; **~vorkehrung,** die: vgl. ~maßnahme; **~vorrichtung,** die: *Vorrichtung zum Schutz vor Gefahren:* -en gegen den Schnee, gegen Lawinen; **~waffe,** die: **1.** (bes. hist.) *Teil der Kampfausrüstung, der der [Be]deckung u. dem Schutz des Körpers bzw. Kopfes dient (insbes. Helm, Panzer, Schild).* **2.** (Fechten) *Teil der Wettkampfausrüstung, der zum Schutz des Körpers bzw. des Gesichtes dient;* **~wald,** der: vgl. ~pflanzung; **~wall,** der: vgl. ~mauer; **~wand,** die: vgl. ~mauer; **~weg,** der (österr.): *Fußgängerüberweg, Zebrastreifen;* **~wehr,** die (veraltet; noch Fachspr.): *Anlage, Mauer, Wand usw., die dem Schutz vor Gefahren bzw. der Abwehr von Angriffen dient;* **~wirkung,** die; **~zelt,** das (Straßenbau); **~zoll,** der (Politik, Wirtsch.): *Einfuhrzoll zum Schutz der einheimischen Wirtschaft gegenüber ausländischen Konkurrenten; Repressivzoll,* dazu: **~zollpolitik,** die: *Politik der Erhebung von Schutzzöllen u. der auf Schutzzöllen basierenden staatlichen Maßnahmen,* **~zollpolitiker,** der (oft abwertend): *Politiker, der eine Schutzzollpolitik vertritt.*

¹Schütz [ʃʏts], der; -en, -en: **1.** veraltet für ↑¹Schütze (1 a). **2.** kurz für ↑Feldschütz.

²Schütz [-], das; -es, -e [zu ↑schützen; vgl. mhd. schuz, ↑Schutz]: **1.** (Fachspr.) *in Wassergräben, Kanälen, an Schleusen, Wehren angebrachte Absperr- u. Regulierungsvorrichtung, bes. in Form einer senkrechten Platte o.ä., die aufgezogen u. heruntergelassen werden kann.* **2.** (Elektrot.) *durch Fernschaltung betätigter elektromagnetischer Schalter, der in die Ausgangsstellung zurückkehrt, wenn die elektromagnetische Antriebskraft nicht mehr wirkt.*

¹Schütze [ˈʃʏtsə], der; -n, -n [mhd. schütze, ahd. scuzz(i)o, zu ↑schießen]: **1. a)** *jmd., der mit einer Schußwaffe (Gewehr, Pistole, Armbrust, Bogen usw.) schießt:* ein guter, schlechter S.; der S. *(die Person, die geschossen hatte)* konnte ermittelt werden; **b)** (Sport) *den Ball o.ä. [ins Tor] schießender, werfender Spieler:* ein gefährlicher, schlechter S.; der S. des dritten Tors. **2.** *Mitglied eines Schützenvereins.* **3. a)** *Soldat des untersten Dienstgrades beim Heer* (1 b): ***S. Arsch [im letzten/dritten Glied]** (Soldatenspr. derb veraltend; *geringgeschätzter Soldat ohne Rang*); **S. Hülsensack** (Soldatenspr. veraltet; *dummer, tölpelhafter einfacher Sol-*

dat; eigtl. = Soldat, der nur dazu taugt, die leeren Hülsen aufzusammeln); **b)** (DDR) *Soldat bei der motorisierten Waffengattung des Heeres* (1 b); **c)** (veraltet) *Infanterist.* **4.** (Astrol.) **a)** *Tierkreiszeichen für die Zeit vom 23. 11. bis 21. 12.:* im Zeichen des -n geboren sein; **b)** *jmd., der im Zeichen Schütze* (4 a) *geboren ist:* sie ist [ein] S.

[2]**Schütze** [-], die; -, -n: svw. ↑[2]Schütz (1).

[1]**schützen** ['ʃʏtsn̩] ⟨sw. V.; hat⟩ [mhd. schützen, eigtl. = eindämmen, (Wasser) aufstauen, entweder zu ↑schießen (= [einen Riegel] vorstoßen) od. zu ↑schütten (mhd. schüten = [einen Schutzwall] anhäufen)]: **1.** *jmdm., einer Sache Schutz gewähren, einen Schutz [ver]schaffen:* jmdn., ein Land [vor Gefahren, Feinden, gegen Gefahren, Feinde] s.; das Eigentum, jmds. Interessen [vor, gegen Übergriffe] s.; etw. vor der Sonne, vor, gegen Nässe s.; Die Damen kreischten und suchten sich mit vorgehaltenen Armen zu s. (Th. Mann, Krull 28); sich vor, gegen Ansteckung s.; sich vor Betrug, Betrügern, gegen Betrug, Betrüger s.; das Dach schützt [dich] vor dem Regen; die Dunkelheit schützt den Dieb vor Entdeckung; der Vormarsch der Soldaten wurde durch Artilleriefeuer geschützt; warme Kleidung schützt [dich] vor Kälte; ein schützendes Dach; sich schützend vor ein Kind stellen; eine [vor, gegen Wind] geschützte Stelle. **2.** *unter gesetzlichen Schutz stellen u. dadurch gegen [anderweitige] [Be]nutzung, Auswertung o. ä. schützen* (1): eine Erfindung durch ein Patent s.; ein Buch urheberrechtlich s. lassen; der Name des Fabrikates ist [gesetzlich] geschützt *(darf von anderen nicht verwendet werden);* eine Landschaft, Tiere, Pflanzen s. (Fachspr.; *unter Naturschutz stellen*); Seitdem hat man den Leoparden schleunigst wieder geschützt (Grzimek, Serengeti 279); [2]**schützen** [-] ⟨sw. V.; hat⟩ (Technik): *durch ein* [2]*Schütz* (1) *stauen.*

Schützen [-], der; -s, - [spätmhd. schutzen, zu ↑schießen]: svw. ↑Weberschiffchen.

Schützen-: ~**bruder,** der: *eines der Mitglieder ein u. desselben Schützenvereins;* ~**bruderschaft,** die: *katholischer Schützenverein;* ~**division,** die (DDR Milit.): *eine motorisierte S.;* ~**fest,** das: **1.** *mit einem Wettkampf der Schützen* (2) *verbundenes Volksfest.* **2.** (Ballsport Jargon) *Spiel, in dem eine Seite besonders viele Tore erzielt;* ~**feuer,** das (Milit.): gegen ein gezieltes S. angreifen; ~**fisch,** der: *in Südostasien heimischer kleinerer, seitlich abgeplatteter, grüngrauer Fisch, der bei der Jagd auf Insekten mit dem Maul gezielt Wasser verspritzt* (Aquarienfisch); ~**gesellschaft,** die: vgl. ~verein; ~**gilde,** die: vgl. ~verein; ~**graben,** der: *zum Schutz der Infanteristen angelegter, beim Kampf Deckung bietender Graben:* Schützengräben ausheben, ziehen; im S. liegen, dazu: ~**grabenkrieg,** der; ~**haus,** das: *Vereinshaus der Schützen* (2); ~**hilfe,** die (ugs.): *Unterstützung durch hilfreiches, jmds. Vorgehen, Handeln schützendes u. förderndes Verhalten:* Holden prangerte gleichzeitig die Bonner S. für Portugal an (Neues D. 20. 6. 64, 5); jmdm. S. geben, gewähren; S. von jmdm. bekommen; S. erhielten die Befürworter eines gemäßigten Tempos auf den Straßen von Experten, die ... (MM 28. 2. 74, 12); ~**hof,** der: *Schützenhaus [u. Schießplatz];* ~**kette,** die (Milit.): *tief gestaffelte Gruppierung der beim Angriff vorrückenden Schützen:* in S. vorrücken; ~**könig,** der: **1.** *preisgekrönter Sieger des Wettschießens der Schützen* (2) *beim Schützenfest.* **2.** (Ballsport Jargon) *Spieler, der die meisten Tore geschossen hat, erfolgreichster Torschütze (eines Spiels, einer Meisterschaftsrunde usw.);* ~**linie,** die: vgl. ~kette; ~**loch,** das: *von einzelnen Schützen ausgehobenes Loch zur eigenen Deckung beim Kampf;* ~**panzer,** der: *gepanzertes Kettenfahrzeug, das Panzergrenadieren bzw. Schützen* (3 b) *als Transport- u. Kampffahrzeug dient;* ~**panzerwagen,** der: vgl. ~panzer; ~**platz,** der: *Platz, auf dem das Schützenfest stattfindet;* ~**reihe,** die: vgl. ~kette; ~**schnur,** die (Milit.): *[silberne] Schnur, die als Auszeichnung für gutes Schießen an der Uniform getragen wird;* ~**stand,** der (Milit.): *für ein od. zwei Schützen ausgebautes Schützenloch, aus dem in gedeckter Stellung geschossen wird;* ~**verein,** der: *der Tradition verpflichteter Verein, dessen Mitglieder das Schießen als Sport o. ä. betreiben;* ~**wiese,** die: vgl. ~platz; ~**zunft,** die (schweiz.): *Schützenverein.*

Schützer, der; -s [zu ↑schützen]: **1.** (als Kurzf. von Zus.) *als besonderer Schutz für etw. angefertigte Sache* (z. B. Knieschützer, Ohrenschützer). **2.** (veraltend, geh.) *jmd., der jmdm., einer Sache seinen Schutz gewährt; Beschützer;*

Schützling ['ʃʏtslɪŋ], der; -s, -e: *jmd., der dem Schutz eines anderen anvertraut ist, der betreut, für den gesorgt wird; Schutzbefohlener:* die -e eines Trainers, einer Kindergärtnerin.

Schwa [ʃva:], das; -[s], -[s] [hebr. šĕwạ, Name des Vokalzeichens für den unbetonten e-Laut] (Sprachw.): *in bestimmten unbetonten Silben auftretende, gemurmelt gesprochene Schwundstufe des e, bei fremdsprachlichen Wörtern auch anderer voller Vokale* (Lautzeichen: [ə]).

Schwabacher ['ʃva:baxɐ], die; - [H. u.] (Druckw.): *deutsche Druckschrift* (1) *mit verhältnismäßig breit u. grob wirkenden Buchstaben.*

Schwabbelei [ʃvabə'lai̯], die; -, -en ⟨Pl. selten⟩: **1.** (ugs. abwertend) *[dauerndes] Schwabbeln* (1), *zitterndes Wackeln.* **2.** (landsch.) *[dauerndes] Schwabbeln* (2), *Geschwätz, Gerede:* sie geht seinen -en lieber aus dem Weg; **schwabbelig,** schwabblig ['ʃvab(ə)lɪç] ⟨Adj.; nicht adv.⟩ (ugs.): *in gallertartiger Weise weich u. unfest [bis dickflüssig] u. dabei leicht in eine zitternde, in sich wackelnde Bewegung geratend:* ein -er Pudding; ein -er Bauch, Busen; ein fetter, -er Kerl; Sein Fleisch war aufgequollen und s. (Ott, Haie 164); **schwabbeln** ['ʃvabl̩n] ⟨sw. V.; hat⟩ [aus dem Md., Niederd., zu: schwabben = schwappen]: **1.** (ugs.) *sich als schwabbelige Masse zitternd, in sich wackelnd hin u. her bewegen:* der Pudding schwabbelte auf dem Teller; der dicke Wirt, leise schwabbelnd vor Diskretion und Beileid (Geissler, Wunschhütlein 84). **2.** (landsch. abwertend) *[unnötig viel, dummes Zeug] reden, schwätzen:* Und schwabbel nicht wieder so'n Unsinn (Nachbar, Mond 186). **3.** (Technik) *mit Hilfe von rotierenden, mit Lammfell, Filz o. ä. belegten Scheiben u. einem Poliermittel glätten, glänzend machen;* **Schwabber,** der; -s, - (Seemannsspr.): svw. ↑Dweil; **schwabbern** ['ʃvabɐn] ⟨sw. V.; hat⟩: **1.** (ugs.) svw. ↑schwabbeln (1): Der Vater ... hatte ein schwabberndes Tripelkinn (Werfel, Himmel 166). **2.** (landsch. abwertend) svw. ↑schwabbeln (2). **3.** (Seemannsspr.) *mit einem Schwabber reinigen:* das Deck s.; **schwabblig:** ↑schwabbelig.

Schwabe ['ʃva:bə], die; -, -n [unter scherzh. Anlehnung an den dt. Stammesnamen zu ↑Schabe]: svw. ↑Schabe (1 a).

schwäbeln ['ʃvɛ:bl̩n] ⟨sw. V.; hat⟩: *schwäbisch gefärbtes Hochdeutsch, schwäbisch, schwäbische Mundart sprechen:* leicht s.; Er schwäbelte breit (Werfel, Himmel 188); **Schwabenalter,** das; -s [nach einem alten Sprichwort werden Schwaben erst mit 40 Jahren klug] (scherzh.): *Alter von vierzig Jahren, in dem man vernünftig wird:* das S. erreichen, haben; im S. sein; **Schwabenstreich,** der; -[e]s, -e [wohl nach den komischen Abenteuern im Grimmschen Märchen „Die sieben Schwaben"] (scherzh.): *unüberlegte, törichte, lächerlich wirkende Handlung [aus Überängstlichkeit].*

schwach [ʃvax] ⟨Adj.; schwächer, schwächste⟩ [mhd. swach, eigtl. = schwankend, sich biegend]: **1.** ⟨nicht adv.⟩ (Ggs.: stark 1) **a)** *in körperlicher Hinsicht keine od. nur geringe Kraft besitzend, über nur geringe Kräfte verfügend; von mangelnder Kraft zeugend; nicht kräftig:* ein -es Kind; ein abgemagerter, -er Mann; sie konnte es mit ihren -en Armen nicht tragen; eine -e Gesundheit, Konstitution haben; für diese Arbeit ist sie zu s.; er ist schwächer als ich; er ist schon alt und s.; er ist noch krank und s., fühlt sich noch sehr s.; Er bewegt die Augen; er ist zu s. *(geschwächt)* zum Antworten (Remarque, Westen 56); ihre Beine waren noch zu s., um sie zu tragen; ⟨subst.:⟩ der Stärkere muß dem Schwachen helfen; Ü er ist auch nur ein -er Mensch *(ist ein Mensch mit Fehlern u. Schwächen);* sie ist zu s. *(zu nachgiebig)*, um die Kinder richtig zu erziehen; jetzt nur nicht s. werden *(nicht schwankend werden, nicht nachgeben);* wenn ich daran denke, wird mir ganz s. (ugs.; *wird mir ganz flau*); mach mich nicht s.! *(rege mich nicht auf, mach mich nicht nervös);* wenn ich diese Frau sehe, werde ich s. *(vergesse ich alle meine Vorsätze u. möchte mit ihr ein Abenteuer haben);* Sie hakte die Bluse auf. „Du machst mich s. *(läßt mich alle meine Vorsätze vergessen, machst mich nachgiebig)* mit deinen schönen Redensarten" (Bieler, Bonifaz 112); **b)** *in seiner körperlichen Funktion nicht sehr leistungsfähig; anfällig, nicht widerstandsfähig:* ein -es Herz, eine -e Lunge, -e Augen haben; er hat -e Nerven; Mein Gedächtnis wird jetzt schwächer mit jedem Tag (Frank, Tag 46); Ü er hat einen -en Willen *(gibt Versuchungen leicht nach, ist nicht sehr standhaft);* sie hat einen -en Charakter *(ist labil, haltlos, nicht in sich gefestigt).* **2.** ⟨nicht adv.⟩ *dünn, nicht stabil, nicht fest u. daher* *keine große Belastbarkeit aufweisend* (Ggs.: stark 2a): -e Bretter, Mauern, Balken, Äste, Zweige; ein zu -er Draht; dafür ist das Seil zu s.; das Eis, die Eisdecke ist noch zu s. zum Schlittschuhlaufen; dieses Glied der Kette ist etwas schwächer als die übrigen; Ü der Plan hat einige -e Stellen. **3.** *nicht sehr zahlreich* (Ggs.: stark 3a, b): eine -e Beteiligung; der -e Besuch einer Veranstaltung; es war nur ein -es Feld (Sport; *eine geringe Anzahl von Beteiligten*) am Start; der Saal war nur s. besetzt; das Land ist s. bevölkert, besiedelt. **4.** ⟨nicht adv.⟩ *keine hohe Konzentration aufweisend, wenig gehaltvoll, -reich* (Ggs.: stark 4): -er Kaffee, Tee; eine -e Salzlösung, Lauge; ein -es Gift; mit so wenig Fleisch wird die Brühe zu s. **5.** ⟨nicht adv.⟩ *keine hohe Leistung* (3) *erbringend; keinen hohen Grad an Leistungskraft, Wirksamkeit besitzend; nicht leistungsstark* (Ggs.: stark 5): eine -e Maschine; ein -er Motor; eine -e Glühbirne; ein ziemlich -er Magnet; ein -es Fernglas; die Brille ist sehr s.; die Gläser der Brille sind zu s.; die Firma ist finanziell recht s. **6.** (Ggs.: stark 6) **a)** *in geistiger od. körperlicher Hinsicht keine guten Leistungen erbringend; nicht tüchtig, nicht gut:* ein -er Kandidat; er ist der schwächste Schüler in der Klasse; der Boxer traf auf einen -en Gegner; er ist ein guter Weitspringer, aber ein -er Läufer; eine -e Opposition; der Schüler ist s., ist in letzter Zeit schwächer geworden, ist besonders in Mathematik recht s.; unsere Schwimmer waren diesmal ziemlich s., sind s. geschwommen; die gesamte Mannschaft hat heute sehr s. gespielt; ⟨subst.:⟩ den Schwachen, den Schwächeren in der Klasse muß man etwas mehr helfen; **b)** ⟨nicht adv.⟩ *als Ergebnis einer geistigen od. körperlichen Leistung in der Qualität unzulänglich, dürftig, wenig befriedigend:* die -e Arbeit eines Schülers, eines Künstlers; ein -es Buch; das ist sein schwächstes Werk, Theaterstück; eine -e Vorstellung, Veranstaltung; -e Leistungen; diese Zeit ist für einen Läufer seines Formats recht s.; Akers Gegenargument ist demgegenüber s. (DM 5, 1966, 5); die Party war s. (ugs.; *enttäuschend, nicht gelungen*). **7.** *nur wenig ausgeprägt; in nur geringem Maße vorhanden, wirkend; von geringem Ausmaß, in geringem Grade; nicht intensiv, nicht heftig, nicht kräftig* (Ggs.: stark 7): eine -e Strömung, Rauchentwicklung, Hitze; -es Feuer, Licht; es erhob sich ein -er *(leichter)* Wind; ein -er Puls; er spürte einen -en Druck auf den Ohren; eine -e Erinnerung an etw. haben; sein Bericht gibt nur ein -es *(nur wenig deutliches)* Bild von der Wirklichkeit; nur -en Widerstand leisten; -er Beifall, ein -es Lob; es blieb nur eine -e *(geringe, nur wenig)* Hoffnung; es zeigten sich -e *(leichte, kaum erkennbare)* Anzeichen von Besserung; um ihre Lippen spielte ein -es *(nur angedeutetes)* Lächeln; aus der offenen Tür kommt der -e *(kaum wahrnehmbare)* Geruch von Weihrauch (Remarque, Obelisk 155); seine Worte waren für sie nur ein -er *(geringer)* Trost; das ist doch nur ein -er Trost (ugs.; *das nutzt doch nichts, hilft auch nur wenig*); der Erfolg war nur s.; das Geschäft, die Börse ist zur Zeit s. *(es herrscht eine geringe Nachfrage)*; ein Land mit s. entwickelter Wirtschaft; ein s. betonter Takt, Vokal; eine s. betonte Silbe; dieser Zug ist nur s. ausgeprägt; sein Herz, Puls schlägt nur noch s.; das Feuer brannte s.; die Blumen duften nur s.; er hat sich nur s. gewehrt; die sich bei ... politischen Seminaren nur s. *(wenig)* beteiligen konnten (Leonhard, Revolution 168); während die Verfolger näherkamen und Viktor s. *(kaum merklich)* ... nickte (Lenz, Brot 17). **8.** (Ggs.: stark 9) ⟨o. Steig.⟩ (Sprachw.) **a)** *durch gleichbleibenden Stammvokal u. (bei Präteritum u. Partizip) durch das Vorhandensein des Konsonanten „t" gekennzeichnet:* die -e Konjugation; -e *(schwach konjugierte)* Verben; die Verben „tanzen, enden, zeigen" werden s. konjugiert, gebeugt; **b)** *in den meisten Formen durch das Vorhandensein des Konsonanten „n" gekennzeichnet:* in der -en Deklination; -e *(schwach deklinierte)* Substantive; die Substantive „Mensch, Hase, Automat" werden s. gebeugt; **-schwach** [-ʃvax] ⟨Suffixoid⟩: *das im ersten Bestandteil Genannte nur in geringem Maße besitzend, aufweisend, beherrschend, vermögend:* einkommensschwache, lohnschwache, finanzschwache Bevölkerungsschichten; strukturschwache Gemeinden; leseschwache, lernschwache Kinder.

schwạch-, Schwạch-: **~begabt** ⟨Adj.; schwächer, am schwächsten begabt; nur attr.⟩: *wenig, nicht sehr begabt:* ein -er Schüler; **~betont** ⟨Adj.; schwächer, am schwächsten betont; nur attr.⟩: *wenig, nicht stark betont:* -e Silben; **~bevölkert** ⟨Adj.; schwächer, am schwächsten bevölkert; nur attr.⟩: *wenig, nur in geringem Maße bevölkert:* ein -es Land; **~bewegt** ⟨Adj.; schwächer, am schwächsten bewegt; nur attr.⟩: *wenig, kaum in Bewegung befindlich:* die -en Wellen; **~blau** ⟨Adj.; o. Steig.; nicht adv.⟩: *ein zartes, mattes Blau aufweisend:* der morgendliche -e Himmel; **~entwickelt** ⟨Adj.; schwächer, am schwächsten entwickelt; nur attr.⟩: *wenig, nicht sehr hoch entwickelt:* ein -es Land; **~kopf,** der (abwertend): *dummer, unvernünftiger, uneinsichtiger, unfähiger Mensch:* wie kannst du diesem S. so etwas anvertrauen, dazu: **~köpfig** ⟨Adj.; nicht adv.⟩ (abwertend); **~punkt,** der: svw. ↑~stelle; **~sichtig** ⟨Adj.; nicht adv.⟩ (Med.): *an Schwachsichtigkeit leidend:* ein -er Patient; er ist schon von Geburt an s.; **~sichtigkeit,** die (Med.): *Mangel an Sehkraft; verminderte Sehschärfe; Augenschwäche;* **~sinn,** der ⟨o. Pl.⟩: **1.** (Med.) *[angeborener] in verschiedenen Schweregraden auftretender geistiger Defekt, Mangel an Intelligenz:* leichter, hochgradiger S. **2.** (ugs. abwertend) *unsinniges, törichtes Reden, Handeln; Blödsinn:* was er da redet, ist doch S.!; so ein S.!; dieser „Protest" war der reinste S. (K. Mann, Memoiren 102); hör doch auf mit diesem S.; **~sinnig** ⟨Adj.⟩: **1.** ⟨nicht adv.⟩ (Med.) *an Schwachsinn* (1) *leidend:* ein -es Kind; die Frau ist hochgradig s. **2.** (ugs. abwertend) *dumm, töricht, unqualifiziert:* was soll das -e Gerede; Was für ein Spiel spielte denn dieser -e Anwalt? (Genet [Übers.], Notre Dame 249); **~stelle,** die: *Stelle, an der etw. für Störungen anfällig ist, an der bei etw. leicht Fehler entstehen; schwacher, verwundbarer Punkt:* eine S. in der Spionageabwehr; Ungewöhnliche klimatische Belastungen aber offenbaren unsere gesundheitlichen -n (Hörzu 9, 1979, 137); **~strom,** der (Elektrot.): *elektrischer Strom mit geringer Stromstärke u. meist niedriger Spannung,* dazu: **~stromtechnik,** die (Elektrotechnik veraltend): *mit Schwachstrom arbeitende Nachrichtentechnik.*

Schwäche ['ʃvɛçə], die; -, -n [mhd. sweche = dünner Teil der Messerklinge, zu ↑schwach]: **1.** ⟨Pl. selten⟩ **a)** *fehlende körperliche Kraft; Mangel an körperlicher Stärke; [plötzlich auftretende] Kraftlosigkeit:* die körperliche, physische S. eines Kindes; eine allgemeine S. überkam, befiel sie; sie hat die S. überwunden; er wollte seine S. nicht zeigen; er ist vor S. umgefallen, zusammengebrochen; **b)** *fehlende körperliche Funktionsfähigkeit, mangelnde Fähigkeit zu wirken, seine Funktion auszuüben:* eine S. des Herzens, des Kreislaufs, der Nẹrven; die S. seiner Augen nahm zu. **2. a)** *menschliche, charakterliche, moralische Unvollkommenheit, Unzulänglichkeit; nachteilige menschliche Eigenschaft, Eigenheit:* jeder hat seine persönlichen, kleinen, verzeihlichen -n; jmds. -n erkennen, ausnutzen; er kannte seine eigenen -n; einer S. nachgeben; Würde unsereiner der S. seines Fleisches immer widerstehen? (H. Mann, Stadt 54); **b)** *Mangel an Können, Begabung [auf einem bestimmten Gebiet], an Beherrschung einer Sache [der zu einer nachteiligen Position einem andern gegenüber führt]:* die militärische, strategische S. eines Gegners; seine S. auf dem Gebiet der Fremdsprachen, in Mathematik; mein Vater stellte sich vor und entschuldigte die -n meines Spieles mit meinem zarten Alter (Th. Mann, Krull 27). **3.** ⟨o. Pl.⟩ *besondere Vorliebe, die jmd. für jmdn., etw. hat, große Neigung zu jmdm., etw. [das man selbst nicht ohne weiteres steuern kann]; besonderes Faible:* seine S. für schöne Frauen, für Abenteuer, für teure Kleidung ist bekannt; Isabel verriet eine S. für Familiengeschichten (Fries, Weg 35); ich habe eine S. für Sie, trotzdem Sie ständig gegen mich wühlen und hetzen (Fallada, Jeder 345). **4.** *etw., was bei einer Sache als Mangel* (2), *Fehler empfunden wird, der die Sache beeinträchtigt; nachteilige Eigenschaft von etw.:* künstlerische, sprachliche, inhaltliche -n eines Werkes; die entscheidende S. dieses Systems ist seine Kompliziertheit; Ulrich wußte genau, wo die S. seiner Überlegungen stak (Musil, Mann 873); der Roman weist einige -n auf.

Schwạ̈che- (Schwäche 1a): **~anfall,** der: *plötzlich, anfallartig auftretende körperliche Schwäche:* einen S. haben, erleiden; **~gefühl,** das: vgl. ~anfall: jmdn. überkommt ein S.; **~zustand,** der.

schwächen ['ʃvɛçn̩] ⟨sw. V.; hat⟩ [mhd. swechen]: **1.** *der körperlichen Kräfte berauben; kraftlos, schwach* (1) *machen; entkräften* (1): das Fieber hat ihn, hat seinen Körper geschwächt; das hat seine Gesundheit, Konstitution geschwächt *(verschlechtert, gemindert);* Nur Kinder oder geschwächte, kranke Personen kommen ... durch ihren Biß um (Grzimek, Serengeti 187). Ü den Gegner durch fortgesetzte Angriffe s.; ein geschwächter Mittelstand verfällt dem Radikalismus nur allzu leicht (Fraenkel, Staat 197). **2.** *seiner Wirksamkeit berauben; in seiner Wirkung herabsetzen, mindern; weniger wirkungsvoll machen:* jmds. Ansehen, Prestige, Macht s.; der Fehlschlag schwächte seine Position entscheidend; zweite Kammern sollten ... ihren (= der Parteien) Einfluß s. (Fraenkel, Staat 327); **schwächer** ['ʃvɛçɐ]: ↑schwach; **Schwachheit,** die; -, -en [mhd. swachheit = Unehre, Schmach]: **1.** ⟨o. Pl.⟩ *schwacher* (1) *Zustand; Mangel an Kraft, körperlichen u. seelischen Anforderungen standzuhalten:* die S. seines Körpers, seiner Augen; die S. eines Greises, des Alters. **2.** (selten) svw. ↑Schwäche (2 a): seelische, menschliche -en; * **sich** ⟨Dativ⟩ **keine -en einbilden** (ugs.; *sich keine falschen, übertriebenen Hoffnungen machen; nicht damit rechnen, daß bestimmte Wünsche erfüllt werden*): bilde dir bloß keine -en ein ... es gibt Dutzende wie dich (Rechy [Übers.], Nacht 33); **schwächlich** ['ʃvɛçlɪç] ⟨Adj.; nicht adv.⟩ [mhd. swechlich = schmählich, schlecht]: *körperlich, gesundheitlich ziemlich schwach, oft auch kränklich:* ein -es Kind, Mädchen; er war immer etwas s., sah blaß und s. aus; Ü es war ein ziemlich -es *(recht schwaches* 6 b, *schlechtes, dürftiges)* Theaterstück; ⟨Abl.:⟩ **Schwächlichkeit,** die; -, -en ⟨Pl. selten⟩; **Schwächling** ['ʃvɛçlɪŋ], der; -s, -e (abwertend): *schwächlicher, kraftloser Mensch:* du S., du kannst nicht einmal diesen Koffer hochheben; Will ist sicher gefährlich, aber Fred ist nicht gerade ein S. (*ist ziemlich stark;* Brand [Übers.], Gangster 57); Ü der Thronfolger war ein S. *(war willensschwach, energielos, hatte kein Durchsetzungsvermögen);* **Schwachmatikus** [ʃvax'ma:tikʊs], der; -, -se u. ...ker [scherzh. latinis. Bildung nach ↑Asthmatikus, Phlegmatikus usw.] (scherzh. veraltend); svw. ↑Schwächling: ... viele Magere, die schon als Kinder schlecht aßen und -se waren (MM 29. 8. 69, 29); **schwächste** ['ʃvɛçstə]: ↑schwach; **Schwächung,** die; -, -en: **1.** *das Schwächen* (1), *Entkräften* (1); *das Geschwächt-, Entkräftetsein:* diese Krankheit führt zu einer erheblichen S. des Körpers; Ü die großen Verluste brachten eine ziemliche S. des Gegners. **2.** *das Schwächen* (2), *Geschwächtsein; Herabsetzung, Minderung in der Wirksamkeit:* Vor allem hält er Unzufriedenheit für eine gefährliche S. seiner Position (Nossack, Begegnung 178).

Schwad [ʃva:t], der, auch: das; -[e]s, -e (veraltend): svw. ↑Schwade; **Schwade** ['ʃva:də], die; -, -n, [1]**Schwaden** ['ʃva:dn̩], der; -s, - [spätmhd., mniederd. swade, eigtl. = durch einen Schnitt gezogene Spur]: *abgemähtes, in einer Reihe liegendes Gras, Getreide o. ä.:* In den nächsten Tagen war uns das Wenden von Schwaden auf den Feldern zugewiesen, oder wir hatten riesige Schober zu bauen (Kisch, Reporter 213); die Maschine mäht das Getreide und legt es zu einem Schwad zusammen.

[2]**Schwaden** [-], der; -s, - [mhd. swadem, -en, verw. mit ahd. swedan = schwelend verbrennen]: **1.** ⟨meist Pl.⟩ *in der Luft treibende, sich bewegende wolkenähnliche Zusammenballung von Dunst, Nebel, Dampf, Rauch o. ä.:* dichte, bläuliche, dunkle S. von Rauch hingen über den Häusern; weiße S. zogen über den See; Ihm war, als brodele die Luft um ihn in dicken, dumpfriechenden S. (Kirst, 08/15, 144); Ü Mücken stiegen in S. auf und verfolgten uns (Reinig, Schiffe 11). **2.** (Bergmannsspr.) *schädliche Luft in der Grube [mit hohem Gehalt an Kohlendioxyd].*

[1]**schwadenweise** ⟨Adv.⟩: *in* [1]*Schwaden:* das Korn lag s. ausgebreitet; das Heu wird s. gewendet.

[2]**schwadenweise** ⟨Adv.⟩: *in* [2]*Schwaden:* der Nebel zog s. durch das Tal.

schwadern ['ʃva:dɐn] ⟨sw. V.; hat⟩ [wohl spätmhd. swadern = rauschen; klappern, mhd. swateren, ↑schwatzen] (südd.): **1.** *schwatzen, sich lebhaft unterhalten.* **2.** *plätschern; plätschernd überschwappen, niederfallen.*

Schwadron [ʃva'dro:n], die; -, -en [ital. squadrone, eigtl. = großes Viereck, zu: squadra = Viereck, zu lat. quadrus, ↑Quader] (Milit. früher): *kleinste Einheit der Kavallerie;* **schwadronenweise,** schwadronsweise ⟨Adv.⟩ (Milit. früher): *in einzelnen Schwadronen, Schwadron um Schwadron;* **Schwadroneur** [ʃvadro'nø:ɐ̯], der; -s, -e [französierende Bildung zu ↑schwadronieren] (veraltend): *jmd., der viel, gerne schwadroniert;* **schwadronieren** [...'ni:rən] ⟨sw. V.; hat⟩ [eigtl. = beim Fechten wild u. planlos um sich schlagen, zu ↑Schwadron; viell. beeinflußt von ↑schwadern]: *wortreich, laut u. lebhaft, unbekümmert, oft auch aufdringlich reden, von etw. erzählen:* Er schwadronierte von diesem und jedem und kam dann auf Spoelmanns zu sprechen (Th. Mann, Hoheit 143); ⟨subst.:⟩ Wir gerieten in ein lärmendes, großspuriges Schwadronieren (Bergengruen, Rittmeisterin 353); **schwadronsweise**: ↑schwadronenweise.

Schwafelei [ʃva:fə'lai̯], die; -, -en (ugs. abwertend): *[dauerndes] Schwafeln; unsinniges, törichtes Gerede;* **Schwafeler,** Schwafler ['ʃva:f(ə)lɐ], der; -s, - (ugs. abwertend): *jmd., der schwafelt, unsinnig, töricht daherredet;* **schwafeln** ['ʃva:fl̩n] ⟨sw. V.; hat⟩ [H. u.] (ugs. abwertend): *sich [ohne genaue Sachkenntnis] wortreich über etw. äußern; unsinnig, töricht daherreden:* was schwafelt er denn da wieder!; Auf einmal fängt man selber an, von Sinn und Verantwortung zu s., alle diese hochtrabenden Worte (Chr. Wolf, Nachdenken 159); **Schwafler**: ↑Schwafeler.

Schwager ['ʃva:gɐ], der; -s, Schwäger ['ʃvɛ:gɐ; 1: mhd. swāger = Schwager; Schwiegervater, -sohn, ahd. suāgur, eigtl. = der zum Schwiegervater Gehörige; 2: älter nhd. (bes. Studentenspr.) auch Anrede an Nichtverwandte]: **1.** *Ehemann der Schwester; Bruder eines Ehepartners:* mein zukünftiger S.; sie hat mehrere Schwäger. **2.** (früher, bes. als Anrede) *Postillion, Postkutscher;* **Schwägerin** ['ʃvɛ:gərɪn], die; -, -nen [mhd. swægerinne]: *Ehefrau des Bruders; Schwester eines Ehepartners;* **schwägerlich** ['ʃvɛ:gɐlɪç] ⟨Adj.; nur attr.⟩ (selten): *den Schwager betreffend; zum Schwager gehörend, von ihm ausgehend; auf Schwägerschaft beruhend:* er besuchte seine Schwester auf dem -en Gut; er hörte nicht auf den wohlgemeinten -en Rat; das -e Verhältnis war getrübt; **Schwägerschaft,** die; -, -en ⟨Pl. selten⟩: *verwandtschaftlicher Grad eines Schwagers, einer Schwägerin zu jmdm.;* **Schwäher** ['ʃvɛ:ɐ], der; -s, - [mhd. sweher, ahd. swehur] (veraltet): **1.** *Schwiegervater.* **2.** *Schwager.*

Schwaige ['ʃvai̯gə], die; -, -n [mhd. sweige, ahd. sweiga] (bayr., österr.): *Alm-, Sennhütte mit zugehöriger Alm;* **schwaigen** ['ʃvai̯gn̩] ⟨sw. V.; hat⟩ (bayr., österr.): **1.** *eine Schwaige, einen Schwaighof bewirtschaften.* **2.** *in einer Schwaige den Käse zubereiten;* **Schwaiger,** der; -s, - (bayr., österr.): **1.** *jmd., der eine Schwaige, einen Schwaighof bewirtschaftet.* **2.** *jmd., der in einer Schwaige den Käse zubereitet;* **Schwaigerin,** die; -, -nen: w. Form zu ↑Schwaiger (2); **Schwaighof,** der; -[e]s, ...höfe (bayr., österr.): *Bauernhof, auf dem überwiegend Viehzucht u. Milchwirtschaft betrieben wird.*

Schwälbchen ['ʃvɛlpçən], das; -s, -: ↑Schwalbe; **Schwalbe** ['ʃvalbə], die; -, -n [mhd. swalbe, swalwe, ahd. swal(a)wa]: *schnell u. gewandt fliegender Singvogel mit braunem od. schwarz u. weiß gefärbtem Gefieder, langen, schmalen, spitzen Flügeln u. gegabeltem Schwanz:* die -n kehren im Frühjahr sehr zeitig zurück; Spr eine S. macht noch keinen Sommer *(ein einzelnes positives Anzeichen, ein hoffnungsvoller Einzelfall läßt noch nicht auf eine endgültige Besserung der Situation, auf eine grundsätzliche Wendung, eine allgemeine Entwicklung zum Guten hin schließen).*

Schwalben-: **~nest,** das: **1.** *Nest der Schwalbe.* **2.** (Seemannsspr.) *im Cockpit kleinerer Schiffe eingebautes kleines Fach zum Ablegen von Dingen, die man schnell zur Hand haben will.* **3.** (Seemannsspr. früher) *seitlich halbkreisförmig über die Bordwand hinausragender Geschützstand bei Kriegsschiffen.* **4.** *auf der Uniform der Musiker von Militärkapellen den Oberarm am Ansatz der Schulter umschließendes halbmondförmiges Abzeichen;* zu 1: **~nestersuppe,** die (Kochk.): *Suppe, die aus den Nestern der den Schwalben ähnlichen Salangane bereitet wird, aus deren Speichel sie bestehen;* **~schwanz,** der: **1.** *gegabelter Schwanz der Schwalbe.* **2.** (scherzh. veraltend) **a)** *Frack:* auch Napoleon hätte lächerlich in einem S. ausgesehen (Remarque, Obelisk 13); **b)** *langer Rockschoß eines Fracks:* er ging so rasch davon, daß seine Schwalbenschwänze flatterten. **3.** *größerer Schmetterling mit vorwiegend gelben, schwarz gezeichneten Flügeln, deren hinteres Paar in je einer schwanzähnlichen Spitze ausläuft,* dazu: **~schwanzverbindung,** die (Technik): *Verbindung von Bauteilen, Maschinenteilen, bes. von Brettern durch trapezförmige, ineinandergreifende Teile zur gegenseitigen Befestigung, Verklammerung,* **~schwanzzinkung,** die (Technik): svw. ↑~schwanzverbindung.

Schwalch [ʃvalç], der; -[e]s, -e [Nebenf. von ↑Schwalk] (landsch.): *Dampf, Qualm, Rauch:* ein dunkler S. lag über den Dächern; Ü Das hatte aber nichts von dem S. *(Gewoge)* der Träume (Musil, Mann 757); **schwạlchen** ⟨sw. V.; hat⟩ (veraltet): *qualmen, rußen:* die Kerze schwalcht; **Schwalk** [ʃvalk], der; -[e]s, -e [niederd. swalk, zu ↑ [1]schwellen] (nordd.): *Schwalch;* **Schwall** [ʃval], der; -[e]s, -e ⟨Pl. selten⟩ [mhd. swal, zu ↑ [1]schwellen]: *mit einer gewissen Heftigkeit sich ergießende, über jmdn., etw. hereinbrechende Menge von etw., bes. einer Flüssigkeit:* ein S. Wasser schlug gegen die Mauer, ergoß sich über ihn, schoß an ihm vorüber; Ein S. von Tabakrauch und Biergeruch empfängt mich (Remarque, Obelisk 161); Ü Ein S. heftig herausgestoßener, mißtönender Laute schlug an sein Ohr (Hauptmann, Thiel 16); Ein Wirbel von Besitz platschte unvermutet in dickem S. über ihn herein (Feuchtwanger, Erfolg 622).

schwamm [ʃvam]: ↑schwimmen.

Schwamm [-], der; -[e]s, Schwämme [ˈʃvɛmə; mhd., ahd. swamm, swamp]: **1.** *in zahlreichen Arten bes. im Meer lebendes, auf dem Grund festsitzendes, oft große Kolonien bildendes, niederes Tier von sehr einfachem Aufbau, dessen Körper Hohlräume umschließt, in die durch viele Poren die Nahrung einströmt:* nach Schwämmen tauchen. **2.** ⟨Vkl. Schwämmchen⟩ *aus dem feinfaserigen Skelett eines bestimmten Schwammes* (1) *od. aus einem künstlich hergestellten porigen Material bestehender, weicher, elastischer Gegenstand von großer Saugfähigkeit, der bes. zum Waschen u. Reinigen verwendet wird:* ein nasser, feuchter, trockener S.; die Torfpolster saugen sich voll wie Schwämme (Simmel, Stoff 57); einen S. anfeuchten, ins Wasser tauchen, ausdrücken; etw. mit einem S. reinigen, abwischen; sich mit einem S. waschen; ***S. drüber**! (ugs.; *die Sache soll vergessen sein; reden wir nicht mehr darüber*): Manchmal hab' ich zwar 'ne Mordswut auf Sie gehabt ... Aber S. drüber! Im Grunde können Sie mir ja leid tun (Ziegler, Kein Recht 216); **sich mit dem S. frisieren/kämmen können** (ugs. scherzh.; *eine Glatze haben*). **3.** ⟨Vkl. Schwämmchen⟩ (südd., österr.) svw. ↑Pilz (1): eßbare, schmackhafte, giftige Schwämme; Schwämme suchen, sammeln, putzen. **4.** ⟨Pl. selten⟩ *Hausschwamm; Kellerschwamm:* in diesem Haus ist, sitzt der S.; das Haus hat den S., ist vom S. befallen.

schwạmm-, Schwạmm-: ~**artig** ⟨Adj.; o. Steig.⟩; ~**dose,** die (veraltet): *Dose zum Aufbewahren eines kleinen Schwammes* (2); ~**gummi,** der, auch: das: *weicher, poriger Gummi, der große Saugfähigkeit besitzt:* eine Matte, Unterlage aus S.; ~**gurke,** die: svw. ↑Luffa; ~**koralle,** die: svw. ↑Lederkoralle; ~**kürbis,** der: svw. ↑Luffa; ~**spinner,** der [nach der schwammartigen Hülle des Geleges]: *mittelgroßer Nachtfalter mit graubraunen bis gelblichweißen Flügeln, dessen Raupen bes. an Obstbäumen u. Eichen als Schädlinge auftreten;* ~**tuch,** das: *feinporiges, saugfähiges Tuch aus Kunststoff zum Reinigen, Abwischen o. ä.*

Schwämmchen [ˈʃvɛmçən], das; -s, -: ↑Schwamm (2, 3).

schwämme [ˈʃvɛmə]: ↑schwimmen.

Schwammerl [ˈʃvamɐl], das; -s, -[n] [mit südd. Verkleinerungssuffix geb. zu ↑Schwamm (3)] (bayr., österr.): svw. ↑Pilz (1): große, kleine, eßbare, schmackhafte Schwammerl[n]; **schwammig** [ˈʃvamɪç] ⟨Adj.⟩: **1.** ⟨nicht adv.⟩ *weich u. porös wie ein Schwamm* (2): eine -e Masse; wenn das Material feucht wird, fühlt es sich s. an. **2.** ⟨nicht adv.⟩ (abwertend) *weich u. aufgedunsen, dicklich aufgeschwemmt:* ein -es Gesicht; ein -er Körper, Leib; Drei hagere und ein -er Spanier schienen heftig zu streiten (Seghers, Transit 55). **3.** (abwertend) *den Inhalt nur sehr vage angebend, ausdrückend; nicht klar u. eindeutig; verschwommen:* ein -er Begriff; eine -e Ausdrucksweise, Formulierung; diese Darstellung ist zu s., es müßte vieles präzisiert werden; sich s. ausdrücken. **4.** ⟨nicht adv.⟩ *vom Schwamm* (4) *befallen:* -e Balken; der Fußboden ist zum Teil s.; ⟨Abl.:⟩ **Schwạmmigkeit,** die; -: *das Schwammigsein; schwammige* (1, 2, 3) *Beschaffenheit.*

Schwan [ʃvaːn], der; -[e]s, Schwäne [ˈʃvɛːnə; mhd., ahd. swan, lautm.] ⟨Vkl. ↑Schwänchen⟩: *großer Schwimmvogel mit langem [S-förmigem] Hals, weißem, weichem Gefieder, breitem Schnabel u. kurzen Schwimmfüßen:* ein stolzer S.; die Schwäne schwimmen auf dem Teich, kommen ans Ufer; Schwäne füttern; ***mein lieber S.**! (salopp: 1. Ausruf des Erstaunens. 2. [scherzhafte] Drohung; ironische Anrede; wohl gek. aus „Nun sei bedankt, mein lieber Schwan"; R. Wagner, Lohengrin); **Schwänchen** [ˈʃvɛːnçən], das; -s, -: ↑Schwan.

schwand [ʃvant], **schwände** [ˈʃvɛndə]: ↑schwinden.

schwanen [ˈʃvaːnən] ⟨sw. V.; hat⟩ [mniederd., wohl Scherzübersetzung von lat. olet mihi = „ich rieche", bei der lat. olēre = riechen mit lat. olor = Schwan verknüpft wird] (ugs.): *von jmdm. [als etw. Unangenehmes] vorausgeahnt werden:* ihm schwante nichts Gutes; mir schwant, es habe sich was zugetragen (Dürrenmatt, Meteor 42); Nur der Forstwart ... strahlte; denn ihm schwante, was bevorstand (Kosmos 2, 1965, 34).

schwạnen-, Schwạnen-: ~**gesang,** der [nach antikem Mythos singt der Schwan vor dem Sterben] (geh.): *letztes Werk (bes. eines Komponisten od. Dichters):* Ü Der „Zauberberg" ist zum S. dieser *(Abgesang auf diese)* Existenzform geworden (Th. Mann, Zauberberg V); ~**hals,** der: **1.** *Hals eines Schwans.* **2.** (oft scherzh.) *langer, schlanker Hals.* **3.** *langer, starker Pferdehals mit einem Knick am oberen Ende.* **4.** (Jägerspr.) *mit zwei großen, halbkreisförmigen Bügeln versehene Falle zum Fangen von Raubwild* (z. B. Füchsen). **5.** (Technik) *S-förmig gekrümmter Bauteil, bes. Rohr, [biegsames] rohrartiges Verbindungsstück o. ä.;* ~**jungfrau,** Schwạnjungfrau, die (bes. nord. Myth.): *überirdische weibliche Sagengestalt, die sich durch Überwerfen eines entsprechenden Federkleides in einen Schwan verwandelt;* ~**weiß** ⟨Adj.; o. Steig.; nicht adv.⟩ (geh.): *weiß wie das Gefieder eines Schwans.*

schwang [ʃvaŋ]: ↑schwingen; **Schwang** [-], der [mhd. swanc = schwingende Bewegung; lustiger Streich, zu ↑schwingen] nur noch in den Wendungen **im -e sein** (1. *als Verhaltensweise, Gepflogenheit o. ä. [vorübergehend] allgemein verbreitet, üblich sein.* 2. *über jmdn., zu einem Thema geäußert werden:* Über den Himmel ... Da sind viele Fragen im -e; Thielicke, Ich glaube 161); **in S. kommen** *(als Verhaltensweise, Gepflogenheit o. ä. [vorübergehend] allgemeine Verbreitung erlangen, üblich werden);* **schwänge** [ˈʃvɛŋə]: ↑schwingen.

schwanger [ˈʃvaŋɐ] ⟨Adj.; o. Steig.; nicht adv.⟩ [mhd. swanger, ahd. swangar, eigtl. = schwer(fällig)]: *ein Kind im Mutterleib tragend:* eine -e Frau; im -en Zustand *(im Zustand des Schwangerseins);* die ... Hände ... vor dem schweren, -en (geh.; *ein Kind tragenden*) Leib gefaltet (Baum, Paris 30); [von jmdm.] s. sein, werden; sie ist im vierten Monat, zum zweitenmal s.; mit einem Kind, von einem Mann s. gehen (geh.; *ein Kind von jmdm. austragen*); ***mit etw. s. gehen** (ugs. scherzh.; *sich schon einige Zeit mit einem bestimmten Plan, einer geistigen Arbeit beschäftigen*); ⟨subst.:⟩ **Schwạngere,** die; -n, -n ⟨Dekl. ↑Abgeordnete⟩: *schwangere Frau.*

Schwạngeren-: ~**beratung,** die: *Beratung von Schwangeren durch die Gesundheitsfürsorge;* ~**fürsorge,** die: *staatliche Fürsorge für Schwangere;* ~**geld,** das: *Geld, das nicht arbeitsfähige erwerbstätige Schwangere anstelle des Arbeitslohns gezahlt bekommen;* ~**gelüst,** das: *Gelüst Schwangerer nach bestimmten Speisen;* ~**gymnastik,** die: svw. ↑Schwangerschaftsgymnastik.

schwängern [ˈʃvɛŋɐn] ⟨sw. V.; hat⟩ [mhd. swengern]: **1.** (oft abwertend) *(bes. außerhalb der Ehe) schwanger machen:* ein Mädchen, eine Minderjährige s.; Er warf sie ins Moos und schwängerte sie (Lynen, Kentaurenfährte 206). **2.** *die Luft mit etw. ausfüllen:* die Luft war von Rauch geschwängert; Ü Den Boden der Hütte schwängerten ihre wilden Wünsche (A. Zweig, Grischa 70); **Schwạngerschaft,** die; -, -en: *das Schwangersein; Zustand einer Frau von der Empfängnis bis zur Geburt des Kindes:* eine ungewollte, unerwünschte, eingebildete S.; eine S. im dritten Monat; eine S. feststellen, unterbrechen.

Schwạngerschafts-: ~**abbruch,** der: *Abbruch einer Schwangerschaft:* einen S. vornehmen [lassen]; ~**beschwerden** ⟨Pl.⟩: *bei einer Schwangerschaft auftretende Beschwerden;* ~**erbrechen,** das: *(bes. bei Erstgebärenden) in den ersten drei Monaten der Schwangerschaft auftretende [morgendliche] Übelkeit mit Brechreiz, die bes. durch die hormonelle Umstellung im Körper (auch durch psychische Faktoren) bedingt ist;* ~**gymnastik,** die: *spezielle Gymnastik für Schwangere zur Erleichterung der Geburt;* ~**narbe,** die ⟨meist Pl.⟩: svw. ↑~streifen; ~**streifen,** der ⟨meist Pl.⟩: *bei Schwangeren in der Haut von Bauch u. Hüften auftretender bläulich-rötlicher, später gelblich-weißer Streifen;* ~**test,** der: *Labortest zur Feststellung einer Schwangerschaft;* ~**unterbrechung,** die: svw. ↑~abbruch; ~**verhütung,** die: svw. ↑Empfängnisverhütung; ~**zeichen,** das: *Anzeichen für eine Schwangerschaft* (z. B. Ausbleiben der Periode, kindliche Herztöne).

Schwạngerung, die; -, -en: *das Schwängern.*

Schwanjungfrau: ↑Schwanenjungfrau.

schwank [ʃvaŋk] 〈Adj.; Steig. selten; nicht adv.〉 [mhd. swanc; verw. mit ↑schwingen] (geh.): **1.** *[lang u. dünn, schmal u. dadurch] schwankend:* -e Zweige; ein -er Kahn; wie ein -es Rohr im Wind; der enorme Aufwand an Statistik steht methodisch auf -em *(unsicherem)* Grund (Muttersprache 10, 1966, 318); Er stand groß, s. *(schlank u. biegsam)* und bewaffnet vor ihr (Musil, Mann 1075). **2.** *in sich nicht gefestigt; ohne festen Charakter; unstet; unentschieden:* dem -en Menschen, der in sich ... wie ein Kork auf- und niedertanzte (Musil, Mann 1353); **Schwank** [-], der; -[e]s, Schwänke [mhd. swanc (↑Schwang) = (Fecht)-hieb; lustiger Einfall, Streich]: **1.** (Literaturw.) **a)** *kurze launige, oft derbkomische Erzählung in Prosa od. Versen;* **b)** *lustiges Schauspiel mit Situations- u. Typenkomik:* Die Freunde des „Ohnsorg-Theaters", das den S. darbietet (Bild und Funk 12, 1966, 25). **2.** *lustige, komische Begebenheit; Streich:* einen S. aus seiner Jugendzeit erzählen; Mit der Familie Jungverdorben hatte sich das Schicksal einen argen S. gestattet (Sommer, Und keiner 19); **schwanken** [ˈʃvaŋkn̩] 〈sw. V.〉 [spätmhd. swanken, zu ↑schwank]: **1. a)** *sich schwingend hin u. her, auf u. nieder bewegen* 〈hat〉: die [Kronen, Wipfel, Äste der] Bäume schwankten leicht, heftig [im Wind, hin und her]; das Boot schwankte sanft; der Boden schwankte unter ihren Füßen; sie schwankte vor Müdigkeit; die Betrunkenen schwankten schon mächtig; auf schwankenden Beinen; mit schwankenden Schritten; Ü Unruhig schwankt zwischen beiden Parteien die Waage (St. Zweig, Fouché 13); **b)** *sich schwankend* (1 a) *fortbewegen, irgendwohin bewegen* 〈ist〉: der alte Mann schwankte über die Straße; ein Fuder (= Heu) nach dem andern schwankt in das gewaltige Maul der Scheune (Radecki, Tag 12). **2.** *in seinem Zustand, Befinden, Grad, Maß o. ä. [ständigen] Veränderungen ausgesetzt sein; nicht stabil sein* 〈hat〉: die Preise, Kurse, Temperaturen schwanken; die Zahl der Teilnehmer schwankte zwischen 100 und 150; in einer Gemütsverfassung, die zwischen Ekel, Gleichgültigkeit und nervöser Gereiztheit schwankte (Ott, Haie 285); seine Stimme schwankte *(veränderte ihren Klang)* [vor Ergriffenheit]; eine schwankende Gesundheit. **3.** *unsicher sein bei der Entscheidung zwischen zwei od. mehreren [gleichwertigen] Möglichkeiten* 〈hat〉: zwischen zwei Methoden s.; er schwankt noch, ob ...; sie hat einen Augenblick geschwankt, ehe ...; dieser Vorfall ließ, machte ihn wieder s.; sich durch nichts in seinem Vorsatz schwankend machen lassen; ein schwankender *(nicht in sich gefestigter)* Charakter; 〈subst.:〉 nach anfänglichem Schwanken; ins Schwanken geraten; 〈Abl. zu 2:〉 **Schwankung**, die; -, -en: *das Schwanken* (2): das Barometer zeigt keinerlei S.; die Kurse sind starken -en ausgesetzt, unterworfen.

Schwanz [ʃvants], der; -es, Schwänze [ˈʃvɛntsə; mhd. swanz, urspr. = wiegende Bewegung beim Tanz, rückgeb. aus: swanzen = sich schwenkend bewegen, verw. mit ↑schwingen]: **1.** 〈Vkl. Schwänzchen〉 *(bei Wirbeltieren) Verlängerung der Wirbelsäule über den Rumpf hinaus, meist als beweglicher, schmaler Fortsatz des hinteren Rumpfendes (der zum Fortbewegen, Steuern, Greifen o. ä. dienen kann):* ein langer, gestutzter, buschiger S.; der S. eines Vogels, Fischs, Affen; einem Hund den S. kupieren; der Hund klemmt, kneift den S. ein, läßt den S. hängen, wedelt [vor Freude] mit dem S.; das Kind faßte die Katze am, beim S.; Ü der S. eines Papierdrachens, Flugzeugs, Kometen; die Kinder bildeten den S. *(Schluß)* des Festzugs; der Vorfall zog einen S. *(eine lange Kette, Reihe)* weiterer Verwicklungen nach sich; Wie man Wünsche beim S. packt (Titel eines Theaterstücks von Pablo Picasso; in: Hörzu 43, 1971, 77); die Zeit am -e zu halten *(sie festzuhalten;* Th. Mann, Zauberberg 754); ***kein S.** (salopp; *niemand*); **den S. einziehen** (salopp; *sich einschüchtern lassen u. seine [vorher großsprecherisch geäußerte] Meinung nicht mehr vertreten od. auf seine zu hohen Ansprüche verzichten*); **den S. hängen lassen** (salopp; *bedrückt sein*); **jmdm. auf den S. treten** (salopp; ↑Schlips); **sich auf den S. getreten fühlen** (salopp; ↑Schlips); **jmdm. Feuer unter den/dem S. machen** (salopp; ↑Feuer 3); **einen S. bauen/machen** (ugs.; ↑bauen 8 a). **2. a)** (derb, oft salopp) *Penis:* Bei einer Irritation des Mannes steht sein S. nicht (Pilgrim, Mann 84); **b)** (derb abwertend veraltet) Schimpfwort für eine männliche Person: Der Russe ... sagte, mein Großvater sei ein alter blutiger S. (Kempowski, Uns 106).

schwanz-, Schwanz-: ~**appell**, der (Soldatenspr. früher): *militärärztliche Untersuchung;* ~**borsten** 〈Pl.〉 (Zool.): *paarige, Sinnesorgane tragende, borstenartige Anhänge am Hinterleib von primitiven Insekten; Raife;* ~**ende**, das; ~**feder**, die 〈meist Pl.〉: *bes. der Steuerung beim Flug dienende lange, breite Feder am Schwanz eines Vogels;* ~**flosse**, die: **1.** *hinterste Flosse, hinterster Teil eines Fisches.* **2.** svw. ↑Flosse (3); ~**haar**, das; ~**lastig** 〈Adj.; o. Steig.; nicht adv.〉: *(von Flugzeugen) hinten zu stark belastet;* ~**los** 〈Adj.; o. Steig.; nicht adv.〉: *ohne Schwanz;* ~**lurch**, der (Zool.): *Lurch mit langgestrecktem Körper, langem Schwanz u. zwei Paar kurzen Gliedmaßen;* ~**meise**, die: *Meise mit langem schwarzem, weiß eingefaßtem Schwanz;* ~**parade**, die (Soldatenspr. früher): svw. ↑~appell; ~**spitze**, die; ~**stück**, das (Kochk.): **a)** *Stück der hinteren Rinderkeule;* **b)** *hinteres Stück vom Fisch mit dem Schwanz* (Ggs.: Kopfstück); ~**wedelnd** 〈Adj.; o. Steig.〉: *mit dem Schwanz wedelnd;* ~**wirbel**, der: *einer der letzten, hintersten Wirbel der Wirbelsäule im Anschluß an das Kreuzbein;* ~**wurzel**, die: *Stelle am Rumpf, an der der Schwanz beginnt.*

Schwänzchen [ˈʃvɛntsçən], das; -s, -: ↑Schwanz (1); **Schwänzelei** [ʃvɛntsəˈlai], die; - (ugs. abwertend): *Scharwenzelei;* **schwänzeln** [ˈʃvɛntsl̩n] 〈sw. V.〉 [mhd. swenzeln = schwenken; zieren]: **1. a)** *mit dem Schwanz wedeln* 〈hat〉: der Hund näherte sich schwänzelnd; Ü Eine schwarze Schleppe mit feurigem Kopf raste schlenkernd zu diesem Meer hinauf wie eine Rakete. Sie schwänzelte (Gaiser, Jagd 90); **b)** *schwanzwedelnd irgendwohin laufen* 〈ist〉. **2.** (ugs. iron.) **a)** *tänzelnd gehen* 〈hat〉: Sie schwänzelte leicht beim Gehen (Sommer, Und keiner 68); **b)** *sich schwänzelnd* (2 a) *irgendwohin bewegen* 〈ist〉: die Schauspielerin schwänzelte durch ihre Garderobe. **3.** (ugs. abwertend) *scharwenzeln* 〈hat/ist〉; **schwänzen** [ˈʃvɛntsn̩] 〈sw. V.; hat〉 /vgl. geschwänzt/ [mhd. swenzen = schwenken; aus der Studentenspr. über gaunerspr. schwentzen = herumschlendern; zieren; vgl. mhd. swanzen, ↑Schwanz] (ugs.): *an etw. planmäßig Stattfindendem, bes. am Unterricht o. ä. nicht teilnehmen; dem Unterricht o. ä. fernbleiben, weil man gerade keine Lust dazu hat:* die Schule, eine [Unterrichts]stunde, Biologie, das Praktikum, den Dienst s.; Die Katakomben sollten wir doch nicht s. *(zu besichtigen versäumen;* Werfel, Himmel 187); 〈auch o. Akk.-Obj.:〉 er hat neulich wieder geschwänzt; 〈Abl.:〉 **Schwänzer**, der; -s, - (ugs.): *jmd., der schwänzt.*

schwapp! [ʃvap] 〈Interj.〉 lautm. für ein schwappendes, klatschendes Geräusch: schwipp, s.!; 〈subst.:〉 **Schwapp** [-], der; -[e]s, -e, Schwaps [ʃvaps], der; -es, -e (ugs.): **1.** *schwappendes, klatschendes Geräusch.* **2.** *[Wasser]guß;* **schwappen** [ˈʃvapn̩] 〈sw. V.〉 [zu ↑schwapp]: **1. a)** *(von Flüssigem) sich in etw. hin u. her bewegen, überfließen [u. dabei ein klatschendes Geräusch von sich geben]* 〈hat〉: das Wasser schwappte in der Badewanne; **b)** *sich schwappend* (1 a) *irgendwohin bewegen* 〈ist〉: der Kaffee ist aus der Tasse, über den Rand geschwappt; eine seifige Welle schwappte ihnen um die Füße (Gerlach, Demission 45); Ü Die „Scharhörn" schwappte vorn dreimal hintereinander aufs Wasser (Hausmann, Abel 39). **2.** *etw. überschwappen lassen u. dabei vergießen:* Bier auf den Tisch s.; **schwaps!** [ʃvaps]: ↑schwapp; **Schwaps**: ↑Schwapp; **schwapsen** [ˈʃvapsn̩]: ↑schwappen.

Schwäre [ˈʃvɛːrə], die; -, -n [mhd. (ge)swer, ahd. swero = Geschwür, zu ↑schwären] (geh.): *eiterndes Geschwür:* als sei er mit -n und Aussatz geschlagen (Th. Mann, Joseph 634); Ü daß es alte -n unseres Blutes sind (Benn, Stimme 14); **schwären** [ˈʃvɛːrən] 〈sw. V.; hat〉 [mhd. swern, ahd. sweran] (geh.): *eitern u. schmerzen:* an ihren ... Hälsen ... schwärten Eiterpusteln (Ott, Haie 242); Ü Ich wollte Harlem sehen, ... die schwärende Wunde von New York (Koeppen, New York 33); **schwärig** [ˈʃvɛːrɪç] 〈Adj.; o. Steig.〉 (geh.): *Schwären bildend; schwärend.*

Schwarm [ʃvarm], der; -[e]s, Schwärme [ˈʃvɛrmə; 1: mhd., ahd. swarm = Bienenschwarm, lautm., verw. mit ↑schwirren; 2: rückgeb. aus ↑schwärmen]: **1.** *größere Anzahl sich ungeordnet, durcheinanderwimmelnd zusammen fortbewegender gleichartiger Tiere, Menschen:* ein S. Bienen, Mükken, Krähen; Schwärme von Insekten; ein S. von Gästen, Schulkindern, Fotografen; Heringe leben in Schwärmen; Dann verließ man in eiligem S. das Schiffchen (Lenz, Suleyken 38); Ü Dabei werden Schwärme von Teilchen ausgesendet (Kosmos 3, 1965, 116); gab es einen S. von

Fragen (R. Walser, Gehülfe 160). **2.** ⟨Pl. ungebr.⟩ (emotional) **a)** *jmd., den man schwärmerisch verehrt:* der Schauspieler, Lehrer war mein S., der S. der Klasse; Er war jetzt dreiundvierzig, zu alt für einen S., zu jung für ein Onkelchen (Bieler, Mädchenkrieg 433); **b)** (selten) *etw., wofür man schwärmt:* dieser Sportwagen, diese Stereoanlage ist mein S.

schwarm-, Schwarm-: **~beben,** das ⟨meist Pl.⟩ (Geol.): *Erdbeben, bei dem sich die Spannungen in der Erdkruste in mehreren [schwächeren] Stößen ausgleichen;* **~bildend** ⟨Adj.; o. Steig.; nicht adv.⟩ (Zool.): *einen Schwarm* (1) *bildend:* -e Insekten, Fische; **~geist,** der ⟨Pl. -geister⟩: **a)** (hist.) *Anhänger einer von der offiziellen Reformationsbewegung abweichenden Strömung;* **b)** *Phantast:* ... die (= Gefahren) aber mit den -ern – auch ... Brandt ist ein S. – hier wieder Einzug gehalten haben (Spiegel 16, 1975, 34); **~linie,** die: svw. ↑Schützenlinie; **~weise** ⟨Adv.⟩: *in Schwärmen;* **~zeit,** die: svw. ↑Schwärmzeit.

schwärmen ['ʃvɛrmən] ⟨sw. V.⟩ [mhd. swarmen, swermen = sich als (Bienen)schwarm bewegen; dann im 16. Jh. als Bez. für das Treiben von Sektierern im Sinne von „wirklichkeitsfern denken, sich begeistern"]: **1. a)** *(von bestimmten Tieren, bes. Insekten) sich im Schwarm bewegen* ⟨hat⟩: über dem ... Komposthaufen schwärmten die Fliegen (Broch, Versucher 103); die Bienen schwärmen jetzt *(fliegen zur Gründung eines neuen Staates aus);* **b)** *sich schwärmend* (1 a) *irgendwohin bewegen* ⟨ist⟩: die Mücken schwärmten um die Lampe; Ü Vielköpfige Menschenmenge schwärmte in die Neueröffnung der Kaufhäuser (Johnson, Achim 189). **2.** ⟨hat⟩ **a)** *jmdn. schwärmerisch verehren; etw. sehr gern mögen:* für große Hüte s.; in ihrer Jugend hatten sie für ihn, diesen Filmstar, diese Musik geschwärmt; daß er bedingungslos für das Irrationale schwärmt (Brod, Annerl 93); **b)** *von jmdm., etw. begeistert reden:* noch lange hatte der Alte davon (= von dem Restaurant) geschwärmt (Koeppen, Rußland 141); ... schwärmte sie plötzlich vom Kinderkriegen (Rehn, Nichts 12); ⟨subst.:⟩ sie gerät leicht ins Schwärmen; ⟨Abl.:⟩ **Schwärmer,** der; -s, - [urspr. = Sektierer]: **1. a)** *jmd., der schwärmt* (2); *unrealistischer Mensch; Phantast:* er ist und bleibt ein S.; **b)** (hist.) svw. ↑Schwarmgeist (a). **2.** *Feuerwerkskörper, der beim Abbrennen unter Funkenentwicklung umherfliegt:* S. hüpften und zischten über die Straße (Roehler, Würde 120). **3.** (Zool.) *bes. in den Tropen heimischer, meist nachts fliegender [großer] Schmetterling mit langen, schmalen Vorderflügeln u. kleinen Hinterflügeln;* **Schwärmerei** [ʃvɛrmə'raj], die; -, -en: *das Schwärmen* (2 a): eine jugendliche, literarische S.; Dr. Guillotin hatte ... seine S. für körperliche Sauberkeit so weit gesteigert, daß ... (Sieburg, Blick 45); **Schwärmerin,** die; -, -nen: w. Form zu ↑Schwärmer (1 a); **schwärmerisch** ⟨Adj.⟩: **a)** *zu sehr gefühlsbetonter Begeisterung, übertriebener Empfindsamkeit neigend od. davon erfüllt u. eine entsprechende Haltung zum Ausdruck bringend, sie erkennen lassend:* ein -es Mädchen; in seinen -en Jugendstunden (Musil, Mann 390); er ist mir zu s.; „Das waren Zeiten", sagt er s. (Remarque, Obelisk 265); **b)** ⟨Steig. selten⟩ *zu den Schwärmern* (1 b) *gehörend, sie betreffend; in der Art der Schwärmer:* weil er (= Cromwell) keine Staatskirche bildet, obwohl er gegen -e Sekten mit Härte vorgeht (Fraenkel, Staat 153 f.); **Schwärmzeit** ['ʃvɛrm-], die; -, -en: *Zeit des Schwärmens bei bestimmten Insekten.*

Schwarte ['ʃvartə], die; -, -n [mhd. swart(e), urspr. = behaarte menschliche Kopfhaut, Haut von Tieren; H. u.]: **1. a)** *dicke, derbe Haut bes. vom Schwein:* eine dicke, geräucherte S.; die S. vom Schweinebraten, Speck abschneiden; die S. kann man nicht essen; **b)** (Jägerspr.) *Haut von Schwarzwild, Dachs u. Murmeltier.* **2.** (ugs., oft abwertend) *(urspr. in Schweinsleder gebundenes) dickes [altes] Buch:* eine dicke S. lesen; Wir liehen uns die grünen -n (= Bände von Karl May) aus (Lentz, Muckefuck 127). **3.** (salopp) *(menschliche) Haut:* Man muß den Herrschenden die S. aufschlitzen, bis sie Blut speien und ihre Schuld zugeben (Fels, Sünden 106); dich sollte man verprügeln, bis die S. kracht!; ***jmdm./jmdn. juckt die S.** (↑Fell c); **jmdm. die S. gerben** (↑Fell c); **daß [jmdm.] die S. kracht** *(sehr viel;* in bezug auf eine Arbeit, Anstrengung): sie mußten arbeiten, daß die S. krachte. **4.** (Med.) *durch Druck od. [Rippenfell]entzündung entstandene große, breite Narbe im Bindegewebe.* **5.** (Fachspr.) *beim Zersägen von Baumstämmen in Längsrichtung erstes u. letztes Stück, das nur eine Schnittfläche hat u. im übrigen von Rinde umgeben ist;* **schwarten** ['ʃvartn̩] ⟨sw. V.; hat⟩: **1.** (Jägerspr.) svw. ↑abschwarten: Ich werde sie (= die Wildsau) s. (Degenhardt, Zündschnüre 182). **2.** (ugs. selten) *viel lesen.* **3.** (landsch.) *verprügeln;* **Schwartenmagen,** der; -s, ...mägen: svw. ↑Preßkopf; **schwartig** ['ʃvartɪç] ⟨Adj.; nicht adv.⟩: *eine Schwarte* (1, 4), *Schwarten aufweisend; von der Art einer Schwarte.*

schwarz [ʃvarts] ⟨Adj.; schwärzer, schwärzeste⟩ [mhd., ahd. swarz, urspr. = schmutzfarbig; 6: eigtl. = im Dunkeln, im Verborgenen liegend]: **1.** ⟨nicht adv.⟩ *von der dunkelsten Farbe, die alle Lichtstrahlen absorbiert, kein Licht reflektiert* (Ggs.: [2]weiß 1): s. wie Ruß; -es Haar; -er Samt; eine -e Krawatte; -e Schuhe, Strümpfe; eine -e Katze; zu einer Feier im -en Anzug erscheinen; eine Trauerkarte mit -em Rand; sein Gesicht war s. von Ruß; sie ist s. gekleidet; ein Kleid s. färben; der Stoff ist [weiß und] s. gestreift, gemustert; das kleine Schwarze *(knielange, festliche schwarze Kleid);* R Denn was man s. auf weiß besitzt, kann man getrost nach Hause tragen (Goethe, Faust I, 1966 f.); das kann ich dir s. auf weiß geben (↑schriftlich); ***s. werden** (Skat ugs.; *keinen Stich bekommen;* zu schwarz im Bedeutungszusammenhang „ohne Geld"); **jmd. kann warten, bis er s. wird** (ugs.; *jmd. wird umsonst auf etw. warten;* eigtl. in bezug auf das Verwesen der Leiche); **etw. ist s. von Menschen, von etw.** (emotional; *etw. ist gedrängt voll von Menschen, besät von etw.*); **aus s. weiß machen [wollen]** *(durch seine Darstellung eine Sache in ihr Gegenteil verkehren [wollen]);* **s. auf weiß** (ugs.; *zur Sicherheit, Bekräftigung schriftlich, so daß man sich darauf verlassen kann;* eigtl. = mit schwarzer Tinte [Druckerschwärze] auf weißes Papier geschrieben [gedruckt]): etw. s. auf weiß haben, besitzen. **2.** ⟨nicht adv.⟩ **a)** *sehr dunkel aussehend, von sehr dunklem Aussehen:* -e Kirschen; -er Pfeffer; -es Brot *(Schwarzbrot);* -er Kaffee *(Kaffee ohne Milch);* eine -e (geh.; *sternlose*) Nacht; der Kaffee ist s. *(sehr stark);* der Kuchen ist s. geworden (ugs.; *ist beim Backen verbrannt*); den Kaffee s. *(ohne Milch)* trinken; **b)** *der Rasse der Negriden angehörend, zu dieser Rasse gehörend:* wenn sie in die umliegenden Garnisonsnester fuhren und mit -en GIs Prügeleien anfingen (Fels, Sünden 97); die -e Rasse *(die Negriden);* der -e Erdteil *(Afrika);* seine Hautfarbe ist s. **3.** ⟨nicht adv.⟩ (ugs.) *von Schmutz dunkel:* -e Hände, Fingernägel; der Kragen ist ganz s.; du bist s. an der Nase; du hast dich s. gemacht; ***jmdm. nicht das Schwarze unter dem Nagel gönnen** (ugs.; *jmdm. gegenüber mißgünstig sein*). **4.** ⟨selten⟩ (ugs., meist abwertend): **a)** ⟨nicht adv.⟩ *katholisch [u. konservativ]:* „... daß in Hamburg und nicht im schwarzen Bayern" gegen die Sexual-Richtlinien geklagt wurde (Spiegel 17, 1976, 98); **b)** *einer christlichen Partei angehörend, ihr gemäß, sie betreffend:* s. wählen; ⟨subst.:⟩ bei der ... Arbeiterkammerwahl die Schwarzen zu wählen, weil es sonst in der Arbeiterkammer allzu rot wurde (Innerhofer, Schattseite 122). **5.** ⟨nicht adv.⟩ **a)** *unheilvoll, düster:* von -en Gedanken geplagt werden; alles s. in s. sehen, malen; **b)** *boshaft; niederträchtig; einem andern schaden wollend:* eine -e Tat; -e Pläne, Gedanken, einen -en Verdacht hegen; er hat eine -e Seele *(einen schlechten Charakter).* **6.** ⟨o. Steig.; nicht präd.⟩ (ugs.) *illegal; ohne behördliche Genehmigung:* -e Geschäfte; vor dem -en Umtausch von Devisen warnt der Fachmann (Augsburger Allgemeine 11. 2. 78, 21); etw. s. kaufen; s. über die Grenze gehen; ⟨subst.:⟩ **Schwarz** [-], das; -[es], -: **1.** *schwarze Farbe, schwarzes Aussehen:* ein tiefes S.; das S. ihres Haars, ihrer Augen; Frankfurter S. *(stark deckende Kupfer- u. Buchdruckschwärze);* S. *(schwarze Kleidung; Trauerkleidung)* tragen; in S. gekleidet sein, gehen. **2.** ⟨o. Pl.⟩ svw. ↑Noir.

schwarz-, Schwarz-: **~afrika** [ʃvarts|'afrika], das; -s ⟨o. Art. außer mit attributiver Bestimmung⟩: *größtenteils von Angehörigen der schwarzen Rasse bewohntes Gebiet Afrikas südlich der Sahara;* **~arbeit,** die ⟨o. Pl.⟩: *illegale, bezahlte, aber nicht behördlich angemeldete Arbeit, Tätigkeit, für die keine Steuern entrichtet werden:* am Wochenende machte der [arbeitslose] Maurer S.; ein Haus in S. bauen; das Geld für sein Auto mit S. verdienen, dazu: **~arbeiten** ⟨sw. V.; hat⟩: *Schwarzarbeit verrichten,* **~arbeiter,** der: *jmd., der Schwarzarbeit verrichtet;* **~äugig** ⟨Adj.; o. Steig.; nicht adv.⟩: *schwarze Augen habend;* **~bärtig** ⟨Adj.; o. Steig.; nicht adv.⟩: *einen schwarzen Bart tragend;* **~beere,** die (südd., österr.): *Heidelbeere;* **~behaart** ⟨Adj.; o. Steig.;

nicht adv.〉: -e Arme; **~blättchen,** das: svw. ↑Mönchsgrasmücke; **~blau** 〈Adj.; o. Steig.; nicht adv.〉: *tief dunkelblau u. fast in Schwarz übergehend;* **~blech,** das: *nach dem Auswalzen nicht weiter behandeltes, nicht gegen Korrosion geschütztes, dünnes Eisenblech;* **~braun** 〈Adj.; o. Steig.; nicht adv.〉: vgl. ~blau; **~brenner,** der: *jmd., der ohne amtliche Genehmigung Branntwein brennt;* **~brennerei,** die: *Brennerei* (a) *ohne amtliche Genehmigung;* **~brot,** das: *[überwiegend] aus Roggenmehl gebackenes Brot;* **~bunt** 〈Adj.; o. Steig.; nicht adv.〉 (Fachspr.): *(von Rindern) schwarz u. weiß gefleckt:* -e Kühe; 〈subst.:〉 auf den Weiden sah man vorwiegend Schwarzbunte; **~dorn,** der 〈Pl. -dorne〉: svw. ↑Schlehdorn; **~drossel,** die: svw. ↑Amsel; **~erde,** die (Geol.): **a)** svw. ↑Steppenschwarzerde; **b)** svw. ↑Tirs; **~fahren** 〈st. V.; ist〉: **a)** *um des finanziellen Vorteils willen ohne Fahrschein, Fahrkarte fahren;* **b)** *ein Kraftfahrzeug lenken, ohne einen Führerschein zu besitzen,* dazu: **~fahrer,** der, **~fahrt,** die; **~färbung,** die; **~fäule,** die: *(bei Pflanzen u. Früchten auftretende) Pilzkrankheit mit Fäulnis u. schwarzen Verfärbungen;* **~fersenantilope,** die: svw. ↑Impala; **~fuchs,** der: **1. a)** *in Nordamerika u. Kanada verbreiteter schwarzer Rotfuchs* (1 a); **b)** *Pelz aus dem Fell eines Schwarzfuchses* (1 a). **2.** *dunkler Fuchs* (5) *mit rötlichem Schimmer;* **~gallig** 〈Adj.; nicht adv.〉 (veraltend): *von düsterer Gemütsart u. leicht reizbar,* dazu: **~galligkeit,** die (veraltend): *schwarzgallige Gemütsart:* an unheilbarer Schwermut, Melancholie, S. leidend (Habe, Namen 414); **~gehen** 〈unr. V.; ist〉 (ugs.): **1.** svw. ↑wildern. **2.** *schwarz über die Grenze gehen;* **~gekleidet** 〈Adj.; o. Steig.; nur attr.〉: *in Schwarz gekleidet;* **~gelockt** 〈Adj.; o. Steig.; nicht adv.〉: drei -e Ausländer (Prodöhl, Tod 45); **~gerändert** 〈Adj.; o. Steig.; nur attr.〉: *einen schwarzen Rand aufweisend:* -e Augen; ein -er Briefumschlag; **~geräuchert** 〈Adj.; o. Steig.; nur attr.〉: -es Schweinefleisch; 〈subst.:〉 **~geräucherte,** das; -n: *schwarzgeräuchertes Schweinefleisch;* **~geschäft,** das: *illegales Geschäft* (1 a) *mit verbotener od. rationierter Ware;* **~gestreift** 〈Adj.; o. Steig.; nur attr.〉: ein -es Kleid; **~grau** 〈Adj.; o. Steig.; nicht adv.〉: vgl. ~blau; **~grün** 〈Adj.; o. Steig.; nicht adv.〉: vgl. ~blau; **~haarig** 〈Adj.; o. Steig.; nicht adv.〉: *schwarzes Haar habend;* **~handel,** der: *illegaler Handel mit verbotenen od. rationierten Waren:* Kurz nach dem Krieg betrieb er ... einen gutgehenden S. mit Seidenstrümpfen (Kirst, 08/15, 278); er ... rauchte ... Fehlfarben, die er im S. gegen Türbeschläge eintauschte (Grass, Hundejahre 323), dazu: **~händler,** der: *jmd., der mit verbotenen od. rationierten Waren illegal Handel treibt;* **~hemd,** das: **1.** *schwarzes Hemd als Teil der Uniform faschistischer Organisationen, bes. in Italien.* **2.** 〈meist Pl.〉 *Träger des Schwarzhemds* (1): die -en marschieren durch die Straßen; **~hören** 〈sw. V.; hat〉: **a)** *Rundfunk hören, ohne sein Gerät behördlich angemeldet zu haben u. die fälligen Gebühren zu entrichten;* **b)** (veraltend) *[ohne Immatrikulation u.] ohne die fälligen Gebühren zu entrichten, eine Vorlesung an der Universität besuchen,* dazu: **~hörer,** der: *jmd., der schwarzhört;* **~käfer,** der (Zool.): *(bes. in den Tropen u. Subtropen lebender) größerer dunkler bis schwarzer Käfer mit meist stark verkümmerten Flügeln, der von [faulenden] Pflanzenstoffen lebt u. auch als Pflanzen- u. Vorratsschädling auftritt;* **~kehlchen,** das: *Singvogel mit schwarzer Oberseite, weißer u. orangefarbener Unterseite (beim Männchen), der sein Nest am Boden baut;* **~kiefer,** die: *Kiefer mit schwarzgrauer, rissiger Rinde;* **~kittel,** der: **1.** (Jägerspr. scherzh.) *Wildschwein.* **2.** (abwertend) *katholischer Geistlicher.* **3.** (bes. Fußball Jargon) *Schiedsrichter (im schwarzen Dreß);* **~kümmel,** der: *bes. im Mittelmeergebiet in mehreren Arten vorkommende, zu den Hahnenfußgewächsen gehörende Pflanze mit einzeln stehenden, verschiedenfarbigen Blüten;* **~kunst,** die: svw. ↑Schabkunst; **~künstler,** der: *jmd., der die Schwarze Kunst, die Zauberkunst, Magie betreibt;* **~malen** 〈sw. V.; hat〉: *in düsteren Farben schildern, pessimistisch darstellen:* alles s., dazu: **~maler,** der (ugs.): *jmd., der etw., die Dinge schwarzmalt,* **~malerei,** die (ugs.): *das Schwarzmalen;* **~markt,** der: *schwarzer Markt:* etw. auf dem S. [ver]kaufen, dazu: **~marktgeschäft,** das: *Geschäft auf dem Schwarzmarkt; Schwarzgeschäft,* **~marktpreis,** der: *auf dem Schwarzmarkt üblicher, überhöhter Preis:* -e zahlen; Zu -en kann man auch heute jede Treibstoffmenge beziehen (Das neue Zeitalter 25, 1973, 9); **~pappel,** die: *Pappel mit schwärzlich-rissiger Borke u. breiter Krone;* **~plättchen,** das: svw. ↑Mönchsgrasmücke; **~pulver,** das [wohl nach der Farbe]: *aus einer Mischung von Kalisalpeter, Schwefel u. Holzkohle bestehendes [Schieß]pulver, das heute für Sprengungen, zur Herstellung von Zündschnüren u. in der Feuerwerkerei verwendet wird;* **~rock,** der (abwertend): *Geistlicher;* **~Rot-Gold** (mit Bindestrichen), das: *Farben der deutschen Fahne von 1919 bis 1933 u. seit dem Ende des zweiten Weltkriegs;* **~rotgolden** 〈Adj.; o. Steig.; nicht adv.〉: *die Farben Schwarz, Rot u. Gold aufweisend:* die -e Fahne; **~Rot-Mostrich, ~Rot-Senf** (mit Bindestrichen), das (ugs. scherzh., iron.): *Schwarz-Rot-Gold:* daß es ... zu viele Richter, Staatsanwälte ... und Professoren gab, für die Schwarz-Rot-Gold eben Schwarz-Rot-Mostrich war und die die Demokratie zum Teufel wünschten (Spiegel 43, 1978, 49); **~sauer,** das (nordd.): *[mit Backobst u. Klößen serviertes] Gericht aus Fleisch od. Gänseklein u. Schweine- bzw. Gänseblut, das mit Essig angesäuert ist;* **~schimmel,** der: svw. ↑Rappschimmel; **~schlachten** 〈sw. V.; hat〉: *[in Not-, Kriegszeiten] (Schlachtvieh) ohne behördliche Genehmigung schlachten:* im Krieg wurde auf dem Bauernhof öfter [ein Schwein] schwarzgeschlachtet, dazu: **~schlachtung,** die; **~sehen** 〈st. V.; hat〉 (ugs.): *in bezug auf etw., jmdn. die Zukunftsaussichten negativ, pessimistisch einschätzen u. als Ausdruck des Beteiligtseins entsprechende Befürchtungen hegen:* er sieht immer nur schwarz; für deine Urlaubspläne, das Examen, den Kandidaten sehe ich schwarz; Teichmann und Stollenberg sahen schwarz für den Fall, daß Heynes Briefe einmal der Zensur in die Hände fielen (Ott, Haie 253). **2.** *fernsehen, ohne sein Gerät behördlich angemeldet zu haben u. die fälligen Gebühren zu entrichten,* dazu: **~seher,** der: **1.** (ugs.) *jmd., der schwarzsieht* (1). **2.** *jmd., der schwarzsieht* (2), **~seherei** [-ze:əˈrai̯], die; -, -en 〈Pl. ungebr.〉 (ugs.): *das Schwarzsehen;* **~seherisch** 〈Adj.; nicht adv.〉 (ugs.): *einen Schwarzseher* (1) *kennzeichnend, für ihn typisch;* **~sender,** der: *ohne behördliche Genehmigung betriebene Fernmelde-, Funkanlage;* **~specht,** der: *größerer schwarzer Specht mit roter Kopfplatte beim Männchen u. rotem Fleck am Hinterkopf des Weibchens;* **~storch,** der: svw. ↑Waldstorch; **~umflort** 〈Adj.; o. Steig.; nur attr.〉: *mit einem schwarzen Flor als Zeichen der Trauer versehen:* eine -e Fahne; **~umrändert** 〈Adj.; o. Steig.; nur attr.〉: *von einem schwarzen Rand umgeben; einen schwarzen Rand aufweisend:* -e Augen; ein -er Brief; **~umrandet** 〈Adj.; o. Steig.; nur attr.〉: ein -es Revers eines weißen Kleids; **~wasserfieber,** das: *im Verlauf einer schweren Malaria das Auftreten reinen Blutfarbstoffs im Urin mit entsprechender Dunkel- bis Schwarzfärbung;* **~weiß** [auch: –ˈ–] 〈Adj.; o. Steig.; nicht adv.〉: **a)** *schwarz u. weiß:* ein s. gestreifter Rock, Pullover; **b)** *in Schwarz, Weiß u. Abstufungen von Grau:* s. fotografieren, zu b: **~weißaufnahme** [–ˈ––––], die: *Fotografie, die Farben u. Helligkeiten durch Schwarz, Weiß u. Abstufungen von Grau wiedergibt,* **~weißbild** [–ˈ––], das: **a)** svw. ↑~weißaufnahme; **b)** vgl. ~weißaufnahme, **~weißempfang** [–ˈ–––], der: S. von Farbfernsehsendungen, **~weißfernseher** [–ˈ––––], der, **~weißfernsehgerät** [–ˈ–––––], das: *Fernsehgerät, bei dem die Bilder in Schwarzweiß* (b) *wiedergegeben werden,* **~weißfilm** [–ˈ––], der: **1.** *Film* (2) *für Schwarzweißaufnahmen.* **2.** *Film* (3 a) *mit Schwarzweißaufnahmen,* **~weißfoto** [–ˈ–––], das: svw. ↑~weißaufnahme, **~weißfotografie** [–ˈ–––––], die: **1.** 〈o. Pl.〉 *fotografisches Verfahren, das Farben u. Helligkeiten durch Schwarz, Weiß u. Abstufungen von Grau wiedergibt.* **2.** svw. ↑~weißaufnahme, **~weißgerät** [–ˈ–––], das: kurz für ↑~weißfernsehgerät, **~weißkunst** [–ˈ––], die: *graphische, zeichnerische Technik im Unterschied zu einer Farbe verwendenden Technik* (z. B. Malerei, Aquarell), **~weißmalen** [–ˈ–––] 〈sw. V.; hat〉: *nicht differenziert beurteilen, sondern einseitig positiv od. negativ darstellen:* die Figuren des Dramas sind vom Autor, in dieser Inszenierung zu sehr schwarzweißgemalt, **~weißmalerei** [–ˈ––––], die: *das Schwarzweißmalen,* **~weißrot** 〈Adj.; o. Steig.; nicht adv.〉: vgl. ~rotgolden, 〈subst.:〉 **~Weiß-Rot** (mit Bindestrichen), das: *Farben der deutschen Fahne von 1871 bis 1918 u. 1933 bis 1945,* **~weißzeichnung** [–ˈ–––], die: vgl. ~weißaufnahme; **~wild,** das (Jägerspr.): *Wildschweine;* **~wurz,** die: svw. ↑Beinwell; **~wurzel,** die: *krautige, einen milchigen Saft enthaltende Pflanze, deren schwarze Pfahlwurzel als Gemüse verwendet wird,* dazu: **~wurzelgemüse,** das.

[1]**Schwarze** [ˈʃvartsə], der; -n, -n 〈Dekl. ↑Abgeordnete〉: **1.** svw. ↑Neger (1). **2.** 〈o. Pl.; mit best. Artikel〉 (veraltet) *der Teufel.* **3.** (österr.) *schwarzer Kaffee;* [2]**Schwarze** [-],

die; -n, -n ⟨Dekl. ↑Abgeordnete⟩: svw. ↑Negerin; [3]**Schwarze** [-], das; -n: *schwarzer Mittelpunkt einer Zielscheibe:* ein Schuß ins S.; * **ins S. treffen** *(mit etw. genau das Richtige tun, sagen);* **Schwärze** ['ʃvɛrtsə], die; -, -n [mhd. swerze, ahd. swerza]: **1.** ⟨o. Pl.⟩ *schwarze Färbung, tiefe Dunkelheit von etw.:* die S. der Nacht; Ü die S. dieser Geschichte (Küpper, Simplicius 47); eine Flamme der Zuversicht, aus aller S. (Kaschnitz, Wohin 209). **2.** *schwarzer Farbstoff aus verkohlten Resten tierischer od. pflanzlicher Stoffe;* **Schwärzegrad,** der; -[e]s, -e (Fot.): *Grad der Schwärzung* (2); **schwärzen** ['ʃvɛrtsn̩] ⟨sw. V.; hat⟩ [mhd. swerzen, ahd. swerzan = schwarz machen; 2: zu spätmhd. (rotwelsch) swereze = (Schwärze der) Nacht, eigtl. = bei Nacht Waren über die Grenze schaffen]: **1.** *schwarz machen, färben; mit einer schwarzen Schicht bedecken:* der Ruß hatte ihre Gesichter geschwärzt; auf den alten ... Gasthof zu, dessen Mauern ... von der Zeit geschwärzt *(schwarz geworden)* waren (Lenz, Suleyken 41); Ü (geh. selten:) Die Freude über das schöne Fest wurde geschwärzt (*getrübt;* Feuchtwanger, Herzogin 19). **2.** (südd., österr. ugs.) *schmuggeln;* **Schwärzer,** der; -s, - (südd., österr. ugs.): *Schmuggler;* **schwärzlich** ['ʃvɛrtslɪç] ⟨Adj.; o. Steig.; nicht adv.⟩: *leicht schwarz getönt; sich im Farbton dem Schwarz nähernd, ins Schwarze spielend:* ein -er Giraffenbulle (Grzimek, Serengeti 108); Die Gliedmaßen ... verfärben sich s. (Medizin II, 170); **Schwärzung,** die; -, -en: **1.** *das Schwärzen* (1). **2.** (Fot.) *Schwarzfärbung von fotografischem Material.*

Schwatz [ʃvats], der; -es, -e ⟨Vkl. ↑Schwätzchen⟩ [spätmhd. swaz, zu ↑schwatzen] (fam.): *[kürzere] zwanglose Unterhaltung [anläßlich eines zufälligen Zusammentreffens], bei der man sich gegenseitig Neuigkeiten o. ä. erzählt:* einen [kleinen] S. mit der Nachbarin, dem Postboten halten; sich Zeit zu einem gemütlichen, ausgiebigen S. nehmen; bei einem S. mit dem Nachbarn erfuhr ich, daß ...

Schwatz-: ~**base,** die (ugs. abwertend): *[weibliche] Person, die gern u. viel schwatzt;* ~**bude,** die (ugs. abwertend): *Parlament;* ~**liese,** die [zum 2. Bestandteil vgl. Heulliese] (ugs. abwertend): *weibliche Person, die gern u. viel schwatzt;* ~**maul,** das (derb abwertend): *jmd., der gern u. viel schwatzt;* ~**sucht,** die ⟨o. Pl.⟩ (abwertend): *Sucht zu schwatzen,* dazu: ~**süchtig** ⟨Adj.; nicht adv.⟩ (abwertend): *begierig zu schwatzen.*

Schwätzchen ['ʃvɛtsçən], das; -s, -: ↑Schwatz; **schwatzen** ['ʃvatsn̩], (bes. südd.:) **schwätzen** ['ʃvɛtsn̩] ⟨sw. V.; hat⟩ [spätmhd. swatzen, swetzen, zu mhd. swateren = rauschen, klappern, wohl lautm.; vgl. schwadern]: **1.** *sich zwanglos mit Bekannten über oft belanglose Dinge unterhalten:* sie schwatzten oft die halbe Nacht lang; sie kam, um [ein bißchen] mit ihnen zu schwatzen; Ich habe gar keine Lust zu schwätzen (Th. Mann, Krull 164); eine fröhlich schwatzende Runde; Ü Wasser (= der Brunnen), das in der Nacht gemütlich schwätzt und den Mann unterhält (Waggerl, Brot 17); Ein Barock-Pavillon. Er enthielt zahllose schwatzende Papageien (Doderer, Wasserfälle 34). **2.** (abwertend) **a)** *sich wortreich über oft belanglose Dinge auslassen:* über die Regierung, von seinen Lehrern, von einem Ereignis schwatzen; der ... Kerl, der so hübsch vom Aufbau der Persönlichkeit geschwatzt hatte? (Hesse, Steppenwolf 245); **b)** *etw. schwatzend* (2 a) *vorbringen:* Unsinn, dummes Zeug schwatzen; daß das alles nicht wahr sein konnte, was der Viviani geschwätzt hatte (Sommer, Und keiner 198); **c)** *sich während des Unterrichts mit seinem Nachbarn heimlich u. leise unterhalten:* wer schwatzt denn da fortwährend?; ⟨subst.:⟩ durch sein Schwatzen den Unterricht stören. **3.** (abwertend) *aus einem unbeherrschten Redebedürfnis heraus Dinge weitererzählen, über die man hätte schweigen sollen:* da muß wieder einer geschwatzt haben!; man schwatzt über dich; ⟨Abl.:⟩ **Schwätzer,** der; -s, - [spätmhd. swetzer] (abwertend): **1.** *jmd., der [nur] gern u. viel redet:* ein hohler, geistloser S.; man soll auch nicht ununterbrochen reden, denn sonst wird man als ein S. angesehen (Horn, Gäste 61). **2.** *jmd., der schwatzt* (3): „Du bist ein S. Zwischen mir und ihr wirst du keinen Unfrieden stiften mit deinem blöden Gewäsch." (Fels, Sünden 27); **Schwätzerei** [ʃvɛtsə'rai], die; -, -en: svw. ↑Geschwätz; **Schwätzerin,** die; -, -nen: w. Form zu ↑Schwätzer; **schwätzerisch** ⟨Adj.⟩ (abwertend): *von, in der Art eines Schwätzers;* **schwatzhaft** ⟨Adj.; -er, -este⟩ (abwertend): *zum Schwatzen* (2, 3) *neigend u. viel, meist Unnötiges redend, wobei die betreffende Person nichts für sich behalten kann:* er ist s.; Der „Eilbote", ein s. abgefaßtes hauptstädtisches Journal, hatte genau zu berichten gewußt, ... (Th. Mann, Hoheit 33); ⟨Abl.:⟩ **Schwatzhaftigkeit,** die; -: *schwatzhafte Art.*

Schwebe ['ʃve:bə], die [mhd. swebe] in der Fügung **in [der] S.** (1. *in einem Schwebezustand, frei schwebend, im Gleichgewicht:* in S. gleichsam zwischen Himmel und Erde [Werfel, Himmel 240]; führte er langsam sein Glas zum Mund, trank, hielt es einen Augenblick lang in der S. [Langgässer, Siegel 137]. 2. *unentschieden, noch ganz offen:* das bleibt hier in S. [Seidler, Stilistik 197]; eine Frage, eine Entscheidung in der S. lassen; schien das Schicksal der Räterepublik in der S. zu sein [Niekisch, Leben 73]).

Schwebe-: ~**bahn,** die: *an Drahtseilen od. einer Schiene hängende Bahn zur Beförderung von Personen u. Lasten;* ~**balken,** der (Turnen): *auf einem Gestell angebrachter, langer [gepolsterter] Balken, auf dem Gleichgewichtsübungen (im Frauenturnen wettkampfmäßig) durchgeführt werden;* ~**baum,** der: **1.** svw. ↑~balken. **2.** (Pferdezucht) *zur Trennung zwischen den einzelnen Ständen der Pferde hängend angebrachtes, geschältes, geglättetes Rundholz od. Stahlrohr;* ~**hang,** der (Turnen): *Übung am Reck, Barren od. an den Ringen, bei der der Körper frei nach unten hängt u. die Beine nach vorn gestreckt sind;* ~**kabine,** die: *Kabine einer Schwebebahn;* ~**kippe,** die (Turnen): *mit einem Schwebehang beginnende [2]Kippe* (2); *Hangkippe;* ~**lage,** die: vgl. Schwebe; ~**stacheln** ⟨Pl.⟩ (Biol., Zool.): *bei Kleinlebewesen (z. B. Globigerinen) rings um den Körper gebildete stachelartige Auswüchse, mit deren Hilfe es sich im Plankton in der Schwebe hält;* ~**stoff,** der: ↑Schwebstoff; ~**stütz,** der (Turnen): *Übung, bei der der Körper, nur auf die Arme gestützt, frei schwebt u. die Beine nach vorn od. aufwärts gestreckt sind;* ~**teilchen,** das: svw. ↑Schwebstoff; ~**zustand,** der: *Zustand der Ungewißheit, in dem noch nichts entschieden ist:* ein politischer S.; erotische Vorspiegelungen, die im S. blieben (Hasenclever, Die Rechtlosen 446).

schweben ['ʃve:bn̩] ⟨sw. V.⟩ [mhd. sweben, ahd. sweben = sich hin u. her bewegen; vgl. schweifen]: **1. a)** *frei od. von oben her aufgehängt in der Luft, im Wasser o. ä. in der Schwebe bleiben, sich im Gleichgewicht halten, ohne zu Boden zu sinken* ⟨hat⟩: ein Vogel schwebt in der Luft; der Ballon schwebt über den Dächern; ein weißes Wölkchen schwebt am Himmel; über dem vereisten Rand schwebte Nebel (Plievier, Stalingrad 81); über dem Abgrund, zwischen Himmel und Erde s.; runde orangefarbene Papierlaternen schwebten *(hingen schwebend herab)* glühend im dunklen Laub der Kastanie (Seidel, Sterne 134); der Turner schwebt *(hängt)* am Reck, an den Ringen; Ü Ich schwebe mehr über dem Ganzen (*stehe darüber, beaufsichtige es;* Kirst, Aufruhr 110); in Ängsten, zwischen Leben und Tod s.; ich schwebe zwischen Traum und Wirklichkeit; in Lebensgefahr, in Hoffnung, Furcht s.; Untreue sei das Damoklesschwert, das über ihrer Ehe schwebe (Schwaiger, Wie kommt 105); im schwebenden Zustand zwischen Wachen und Schlaf (Apitz, Wölfe 256); **b)** *sich in der Luft, im Schwebezustand gleitend fortbewegen* ⟨ist⟩: der Ballon schwebt dem Meer zu; wir schweben im Ballon über das Land; ein Blatt schwebt zu Boden; Glühwürmchen schweben durch die Nacht; ein Taschenkrebs schwebte auf seinen Spinnenbeinen schnell seitwärts (Hausmann, Abel 160); Schmetterlinge schweben von Blüte zu Blüte; Stanislaus sah die Nonnen durch das Krankenzimmer s. (*sich fast lautlos gleitend bewegen;* Strittmatter, Wundertäter 211); sich schwebend, schwebenden Schrittes fortbewegen; Ü schwebende (Sprachw.; *zwischen metrischer Skandierung u. sinngemäßer, natürlicher Sprechweise einen Ausgleich suchende*) Betonung. **2.** *(von Sachen) unentschieden, noch nicht abgeschlossen sein* ⟨hat⟩: sein Prozeß schwebt noch; gegen ihn schwebt ein Verfahren wegen Diebstahls; niemand darf in das schwebende Verfahren eingreifen; ⟨Zus.:⟩ **Schwebfliege,** die: *in vielen Arten verbreitetes, meist metallisch glänzendes, schwarzgelb gefärbtes, einer Hummel od. Biene ähnliches Insekt, das schwirrend fast bewegungslos in der Luft schweben, aber auch gewandt u. schnell fliegen kann; Schwirrfliege;* **Schwebstoff,** der ⟨meist Pl.⟩ (Chemie): *Stoff, der in feinster Verteilung in einer Flüssigkeit od. einem Gas schwebt, ohne [gleich] abzusinken;* **Schwebung** ['ʃve:bʊŋ], die; -, -en (Physik, Akustik): *bei Überlagerung zweier gleichgerichteter Schwingungen mit nur geringen Unterschieden in der Frequenz auftretende Er-*

scheinung periodisch schwankender Amplituden, die sich als An- u. Abschwellen des Tons bemerkbar macht.

Schwede ['ʃve:də], der in der Fügung **[du] alter Schwede!** (salopp; kameradschaftlich-vertrauliche Anrede: *alter Freund!;* wahrsch. nach den altgedienten schwedischen Korporalen, die der preuß. König Friedrich Wilhelm I. [1688–1740] nach dem 30jährigen Krieg im Lande beließ u. als Ausbilder in seine Dienste nahm).

Schweden-: **~küche,** die: *(um die 60er Jahre übliche) meist dreifarbige Anbauküche mit aufzuschiebenden Schränken u. abgeschrägten oberen Teilen;* **~platte,** die (Gastr.): *bunt garnierte Platte meist mit geräucherten u. marinierten Spezialitäten von Meeresfrüchten (als Vorspeise);* **~punsch,** der: *eiskalt od. heiß serviertes Getränk aus Arrak, Wein u. Gewürzen;* **~schanze,** die: volkst. Bez. für *vor- od. frühgeschichtliche Befestigungsanlage.*

Schwefel ['ʃve:fl], der; -s [mhd. swevel, ahd. sweval, viell. eigtl. = der Schwelende] (Chemie): *nichtmetallischer Stoff, der in verschiedenen Modifikationen auftritt (bei gewöhnlicher Temperatur in auffällig gelben Kristallen mit rhombischer Struktur) u. bei der Verbrennung blaue Flammen u. charakteristische scharfe Dämpfe entwickelt (chemischer Grundstoff);* Zeichen: S (↑Sulfur).

schwefel-, Schwefel-: **~artig** ⟨Adj.; o. Steig.⟩; **~bad,** das: **1.** *medizinisches Bad mit schwefelhaltigem Wasser.* **2.** *Kurort für Schwefelbäder;* **~bakterie,** die ⟨meist Pl.⟩ (Biol.): *Bakterienart, die Schwefel od. Schwefelwasserstoff oxydiert u. mit Hilfe der frei werdenden Energie organische Verbindungen aufbauen kann;* **~bande,** die [wohl urspr. Spitzname für eine sehr rüde sich gebärdende Studentenverbindung „Sulphuria" (zu lat. sulphur, ↑Sulfur) 1770 in Jena] (ugs. abwertend od. scherzh.): *Gruppe, bes. von Jugendlichen od. Kindern, deren Aktivitäten als mutwillig, wild, übermütig, ärgerlich empfunden werden:* ihr seid eine richtige S.!; Teufelswort Sozialismus; diese S. mit ihren Tischlern an Vorsitzplätzen und ihren Maurern auf Tribünen (Kant, Impressum 156); **~bergwerk,** das; **~blume, ~blüte,** die: *durch Destillieren von verunreinigtem Schwefel u. rasches Abkühlen des Dampfes gewonnener Schwefel in Form eines feinen, gelben Pulvers;* **~dampf,** der: *schwefelhaltiger, ätzender Dampf;* **~dioxid,** (chem. fachspr. für:) **~dioxyd** [--'---], das (Chemie): *aus der Verbrennung von Schwefel entstehendes farbloses, stechend riechendes u. zum Husten reizendes Gas;* **~doppelsalz,** das (Chemie): *Doppelsalz des Schwefels;* **~eisen,** das (Chemie): svw. ↑Eisensulfid; **~farbe,** die: **1.** svw. ↑~gelb. **2.** svw. ↑~farbstoff; **~farben, ~farbig** ⟨Adj.; o. Steig.; nicht adv.⟩: *von der Farbe des Schwefels:* Der Himmel war schwarz, die Luft schwefelfarben von dem Staub (Simmel, Affäre 132); **~farbstoff,** der (Chemie): *Schwefel enthaltendes Mittel, mit dem bes. Baumwolle in verschiedenen Tönungen licht- u. waschecht gefärbt werden kann;* **~gelb** ⟨Adj.; o. Steig.; nicht adv.⟩: *hellgelb wie reiner Schwefel, oft mit einem Stich ins Grünliche od. Graue;* **~gelb,** das ⟨o. Pl.⟩: *schwefelgelbe Farbe;* **~geruch,** der: *Geruch nach brennendem Schwefel;* **~haltig** ⟨Adj.; nicht adv.⟩: *Schwefel enthaltend;* **~holz, ~hölzchen,** das (veraltet): *Zündholz;* **~kalk,** der: *Mischung aus Kalk u. Schwefel[blüte],* dazu: **~kalkbrühe,** die: *als Pflanzenschutzmittel, bes. gegen Mehltau dienende, aber bei trockenem Wetter leicht zur Schädigung der Pflanzen führende wäßrige Aufschwemmung von Schwefelkalk;* **~kies,** der: svw. ↑Pyrit; **~kohlenstoff** [--'---], der (Chemie): *Verbindung von Schwefel u. Kohlenstoff, die hochexplosive u. auf Haut u. Lunge stark giftig wirkende Dämpfe bildet;* **~kopf,** der: *in Büscheln an Baumstümpfen wachsender Pilz mit rötlichem bis schwefelgelbem Hut;* **~kur,** die (Med.): *Trink- u. Badekur mit schwefelhaltigen Wässern;* **~leber,** die [nach der an Leber erinnernden Färbung] (Chemie): *aus Kaliumkarbonat u. Schwefel gewonnene Substanz aus braunen, später gelbgrünen Stücken, die für Bäder bei Hautkrankheiten verwendet wird;* **~milch,** die (Chemie, Med.): *feinverteilter Schwefel in kolloidaler Lösung zur äußeren Anwendung bei Hautkrankheiten, z.B. bei Krätze;* **~puder,** der: *gelber, schwefelhaltiger Puder;* **~quelle,** die: *schwefelhaltige Heilquelle;* **~regen,** der: *Regen, der feinen Blütenstaub mitgenommen hat, welcher als hauchdünne gelbliche Schicht nach dem Verdunsten zurückbleibt;* **~salbe,** die: *schwefelhaltige Heilsalbe;* **~sauer** ⟨Adj.; o. Steig.; meist attr. in Fügungen wie⟩: schwefelsaures Kalium (Chemie; svw. ↑Kaliumsulfat); **~säure,** die (Chemie): *farblose, ölige, stark hygroskopische Flüssigkeit (Schwefelverbindung), die in konzentrierter Form selbst Kupfer u. Silber auflösen kann;* **~wasserstoff** [--'--], der (Chemie): *farbloses, brennbares, unangenehm nach faulen Eiern (in denen es sich entwickelt) riechendes, stark giftiges Gas, das u. a. in vulkanischen Gasen u. Schwefelquellen vorkommt u. durch Zersetzung von Eiweiß entsteht,* dazu: **~wasserstoffgruppe,** die (Chemie): *Gruppe von Ionen von Metallen (deren Sulfide sich nicht in Säure lösen), die bei der chemischen Analyse durch Einwirkung von Schwefelwasserstoffsäure ausgefällt* (1) *werden,* **~wasserstoffsäure,** die (Chemie).

schwefelig: ↑schweflig; **schwefeln** ['ʃve:fl̩n] ⟨sw. V.; hat⟩: **1. a)** *Lebensmittel mit gasförmigem od. in Wasser gelöstem Schwefeldioxyd haltbar machen:* Trockenobst, Rosinen, Wein s.; geschwefelte Lebensmittel; **b)** *Weinfässer u. ä. durch Verbrennen von Schwefel sterilisieren;* **c)** *Textilien mit Schwefeldioxyd bleichen.* **2.** (Landw.) *in Wasser gelösten, feinverteilten Schwefel auf Obstbäume od. Weinstöcke spritzen:* Reben gegen Mehltau s.; ⟨Abl.:⟩ **Schwefelung,** die; -, -en; **schweflig,** schwefelig ['ʃve:f(ə)lıç] ⟨Adj.⟩ [spätmhd. swebelic]: **a)** *schwefelhaltig:* -e Dämpfe; -e Säure (Chemie; *farblose Flüssigkeit, die aus Schwefeldioxyd u. Wasser entsteht, an der Luft aber bald in Schwefelsäure übergeht*); hier riecht es s. *(nach Schwefel);* **b)** *schwefelartig:* eine -e Farbe; das schweflige und fahle Licht des Weltuntergangs (Thielicke, Ich glaube 103).

Schwegel ['ʃve:gl̩], die; -, -n [mhd. swegel(e), ahd. swegala]: **1. a)** *(im MA.) Holzblasinstrument;* **b)** *mit einer Hand zu spielende, zylindrisch gebohrte Blockflöte mit nur drei Grifflöchern, zu der der Spieler mit der andern Hand eine kleine Trommel schlagen kann.* **2.** *Orgelregister mit zylindrischen Labialpfeifen;* ⟨Abl. zu 1:⟩ **Schwegler,** der; -s, - [mhd. swegeler]: *jmd., der die Schwegel bläst.*

Schweif [ʃvaif], der; -[e]s, -e [mhd. sweif, urspr. = schwingende Bewegung, ahd. sweif = Schuhband, zu ↑schweifen]: *längerer [buschiger, geschwungener] Schwanz:* ein schöner, seidiger S.; Die Pferde standen schwitzend still ... Die -e peitschten (Lentz, Muckefuck 205); der Hund wedelt mit dem S.; Ü ein Komet mit S.; zieht sie wie der Rattenfänger von Hameln einen S. von Hippies hinter sich her (Kinski, Erdbeermund 362).

Schweif-: **~affe,** der: *langhaariger südamerikanischer Affe mit langem, buschigem Schwanz;* **~kern,** der (Anat., Med.): *neben dem Sehhügel gelegener Teil des Großhirns;* **~reim,** der (Verslehre): *Schema, bei dem, auf je ein Reimpaar folgend, die dritte und sechste Zeile einer Strophe sich reimen;* **~stern,** der: svw. ↑Komet; **~wedeln** ⟨sw. V.; hat⟩: **1.** *(von Hunden) mit dem Schwanz wedeln:* schweifwedelnd begrüßte er seinen Herrn. **2.** (veraltet abwertend) *Vorgesetzten gegenüber kriecherisch sein, sich einschmeicheln:* er hat die ganze Zeit beim Chef geschweifwedelt, zu 2: **~wedler** [-ve:dlɐ], der; -s, - (veraltet abwertend): *Kriecher.*

schweifen ['ʃvaifn̩] ⟨sw. V.⟩ /vgl. geschweift/ [mhd. sweifen, ahd. sweifan = schwingen, in Drehung versetzen]: **1.** (geh.) *ziellos [durch die Gegend] ziehen, wandern, streifen* ⟨ist⟩: durch die Wälder, die Stadt, die Räume s.; faßte sie die Wanderschaft ... als Urtrieb auf, in die Ferne zu s. (Nigg, Wiederkehr 19); Ü seine Blicke s. lassen. **2.** (Fachspr.) *(einem Werkstück o. ä.) eine gebogene Gestalt geben* ⟨hat⟩: ein Brett, ein Stück Blech s.; ⟨Abl. zu 2:⟩ **Schweifung,** die; -, -en: **a)** ⟨o. Pl.⟩ *das Schweifen;* **b)** *geschweifte Linie:* ein Rokokotisch mit zierlichen -en.

Schweige- (schweigen): **~gebot,** das: *Befehl, Anordnung, daß [über eine bestimmte Sache] nicht gesprochen werden darf;* **~geld,** das: *Bestechungsgeld, das jmdm. gezahlt wird, um zu erreichen, daß er über etw. (z.B. über eine von ihm beobachtete Straftat) Stillschweigen bewahrt;* **~marsch,** der: *schweigend durchgeführter Protest-, Trauermarsch;* **~minute,** die: *Minute, in der alle schweigend dastehen (zum Ausdruck des Gedenkens, der Trauer um einen Toten o. ä.); Gedenkminute:* eine S. einlegen; **~pflicht,** die: *Verpflichtung (für Angehörige bestimmter Berufe), über bestimmte Angelegenheiten zu schweigen, um Dienst- u. Berufsgeheimnisse zu wahren:* die ärztliche S.; darüber besteht, das unterliegt der S.; jmdn. von seiner S. entbinden; **~zone,** die (Akustik): *gürtelförmig in einiger Entfernung um das Zentrum einer Detonation o. ä. liegendes Gebiet, in dem nichts von dem Knall zu hören ist, während er weiter nach außen als schwächerer, reflektierter Schall wieder vernehmbar ist.*

schweigen ['ʃvaign] ⟨st. V.; hat⟩ [mhd., ahd. swīgen, eigtl. wohl = schwinden, nachlassen]: **a)** *nicht [mehr] reden, nicht antworten, nichts erzählen, wortlos sein:* verbissen, verstockt, beharrlich, hartnäckig, trotzig, bedrückt, verlegen, betroffen, ratlos s.; der Redner schweigt [einen Augenblick]; schweig! (herrische Aufforderung: *sag ja nichts mehr [dagegen]!*); ich habe lange geschwiegen; kannst du s. *(etwas, was man dir anvertraut, für dich behalten)*?; man schweigt so vor sich hin (ugs.; *sitzt wortlos da*); aus Angst, Verlegenheit, Höflichkeit, vor Staunen, Schreck s.; schweigend dastehen; in schweigender *(ohne Worte ausgedrückter)* Andacht, Zustimmung, Anklage; der Angeklagte schweigt auf alle Fragen; über, von etw. s. *(nichts davon sagen);* davon hatte er seiner Frau geschwiegen (*hatte nichts davon zu seiner Frau gesagt;* Plievier, Stalingrad 102); zu allen Vorwürfen hat er geschwiegen *(sich nicht geäußert, nicht verteidigt);* du hast am Krieg nicht schlecht verdient und zu allen Sauereien geschwiegen (*nichts dagegen gesagt od. unternommen;* Kirst, 08/15, 847); Ü darüber schweigt die Geschichte, die Erinnerung; und die Öffentlichkeit schweigt dazu *(niemand protestiert);* ***ganz zu s. von ...** *(das ... will ich erst gar nicht erwähnen, denn darauf trifft das vorher Gesagte besonders zu):* die Gegend gefiel mir nicht, die Unterkunft war schlecht, ganz zu s. vom Essen; **b)** *aufhören, aufgehört haben zu tönen, Geräusche hervorzubringen:* der Sänger, der Gesang, das Radio schweigt; ab ein Uhr nachts schwieg der Sender; endlich schweigen draußen die Baumaschinen; die Geschütze schweigen (geh.; *es wird nicht mehr geschossen*); Ü von diesem Tag an schwiegen die Waffen (geh.; *war der Krieg beendet*); die Wüste schweigt; Die Berge schwiegen silbergrau (Frisch, Stiller 143); ⟨subst.:⟩ **Schweigen,** das; -s [mhd. swīgen]: *das Nichtsprechen, Stille:* ein lastendes, betretenes, peinliches, bedrückendes, verlegenes, eisiges, beklommenes S.; es herrschte tiefes S.; S. trat ein; Kleines S. um ein Mißverständnis (Frisch, Nun singen 114); das S. brechen *(endlich [wieder] reden, aussagen);* jmdm. S. auferlegen; man betrachtet sein S. als Zustimmung; eine Zone, Mauer des -s; jmd. ist zum S. verurteilt *(darf od. kann aus einem bestimmten Grund nicht aussagen);* R S. im Lande, im Walde *([aus Verlegenheit od. Angst] wagt niemand etw. zu sagen);* ***sich in S. hüllen** *(sich geheimnisvoll über etw. nicht äußern, keine Auskunft geben u. dadurch zu allerhand Vermutungen Anlaß geben);* **jmdn. zum S. bringen** (1. *[mit Gewalt, Drohungen, Versprechungen o. ä.] jmdn. veranlassen, daß er nichts mehr [aus]sagt; jmdn. mundtot machen.* 2. verhüllend; *jmdn. töten, umbringen*); ⟨Abl.:⟩ **schweigsam** ['ʃvaikza:m] ⟨Adj.; nicht adv.⟩: *nicht gesprächig, wortkarg, nicht zum Reden aufgelegt:* ein -er Mensch; s. sein, wirken; warum bist du heute so s.?; er arbeitete s. und verbissen; **Schweigsamkeit,** die; -.

Schwein [ʃvain], das; -[e]s, -e [mhd., ahd. swīn; 2: schon mhd., nach der sprichwörtlichen Schmutzigkeit des Tieres]: **1.** ⟨Vkl. ↑Schweinchen⟩ **a)** *kurzbeiniges Tier mit gedrungenem Körper, länglichem Kopf, rüsselartiger Schnauze, rosafarbener bis schwarzer, borstiger Haut u. meist geringeltem Schwanz, das vor allem wegen seines Fleisches als Haustier (im Stall) gehalten wird; Hausschwein:* ein fettes, trächtiges S.; das S. grunzt, quiekt; -e züchten, mästen, füttern; ein S. schlachten, abstechen; er blutet, schwitzt wie ein S. (derb; *heftig*); besoffen, voll wie ein S. (derb; *stark betrunken*); sie haben sich wie die -e *(sehr unanständig)* benommen; R wo haben wir denn schon zusammen -e gehütet? (als Zurückweisung der Anrede mit „Du": *seit wann duzen wir uns denn?*); **b)** ⟨o. Pl.⟩ (ugs.) kurz für ↑Schweinefleisch: S. gibt es heute im Sonderangebot. **2. a)** (derb abwertend, oft als Schimpfwort) *jmd., den man wegen seiner Handlungs- od. Denkweise als verachtenswert betrachtet:* das S. hat mich betrogen; Feige -e, sagt Hotte, verdrücken sich wie die leibhaftigen Ratten (Degener, Heimsuchung 184); du S.!; **b)** ⟨Vkl. ↑Schweinchen⟩ (derb) *jmd., bes. Kind, der sich od. etw. beschmutzt hat:* welches S. hat denn hier gegessen? Das sieht ja furchtbar aus!; **c)** (ugs.) *Mensch [als kleines, hilfloses, den Starken ausgeliefertes Geschöpf]:* Die Bonzen regieren, und wir kleinen -e werden in die Pfanne gehauen (Ziegler, Konsequenz 94); ***ein armes S.** (ugs.; *ein armer, bedauernswerter Mensch*): Wir haben da ... zwei Gruppen von Arbeitslosen: die armen -e und die anderen (Spiegel 42, 1974, 72); **kein S.** (salopp; *kein Mensch, niemand;* vgl. kein Schwanz): das glaubt doch kein S. (Degenhardt, Zündschnüre 68). **3.** ***[großes] S. haben** (ugs.; *Glück haben, das man eigentlich nicht verdiente; aus einer Gefahr od. unangenehmen Situation glücklich u. ohne Schaden herauskommen;* vgl. unter aller ↑Sau 1 b). **4.** (Zool.) *in mehreren Arten vorkommender Paarhufer* (z. B. Wild-, Warzenschwein); **-schwein** [-], das; -[e]s, -e: in Zus. verwendetes Grundwort in der Bed. *Schwein* (2 a), z. B. Kapitalisten-, Kommunistenschwein. Vgl. -sau.

schwein-, Schwein-: **~igel,** der [urspr. volkst. Bez. des Igels nach seiner Schnauzenform] (ugs. abwertend): **a)** *unsauberer Mensch; jmd., der alles beschmutzt:* diese S. haben überall Papier und Flaschen rumliegen lassen!; **b)** *unanständiger, bes. obszöne Witze erzählender Mensch,* dazu: **~igelei** [ʃvain|i:gə'lai], die; -, -en (ugs. abwertend): *Zote;* **~igeln** ['ʃvain|i:gln] ⟨sw. V.; hat⟩ (ugs. abwertend): **a)** *Schmutz, Flecken machen:* wer hat da wieder geschweinigelt?; **b)** *zweideutige, obszöne Witze erzählen, Zoten reißen:* Wer nicht schweinigelt, ist kein Soldat (Remarque, Westen 105); **~kram,** der (landsch.): *etw. Unanständiges, Schmutziges, Obszönes.*

Schweinchen ['ʃvainçən], das; -s, -: ↑Schwein (1 a, 2 b); **schweine-,** [1]**Schweine-:** präfixoides Best. in Zus. mit Subst. u. Adj., das das im Grundwort Genannte emotional verstärkt, z. B. Schweinearbeit, -bande, -dusel, -glück; jmdn. schweinemäßig *(sehr schlecht)* behandeln. Vgl. [1]sau-, [1]Sau-.

[2]**Schweine-** (vgl. auch Schweins-): **~backe,** die (Kochk., nordd.): *Kinnbacken des Schweins;* **~bandwurm,** der: vgl. Rinderbandwurm; **~bauch,** der: *Fleischstück vom Bauch des Schweins;* **~beuschel,** das (österr.; Kochk.): vgl. Beuschel (1); **~borste,** die ⟨meist Pl.⟩: svw. ↑Schweinsborste; **~braten,** der (Kochk.): *Braten aus Schweinefleisch;* **~fett,** das: vgl. ~schmalz; **~filet,** das: vgl. Rinderfilet; **~fleisch,** das: *Fleisch vom Schwein* (1 a); **~gulasch,** das, auch: der: vgl. Rindergulasch; **~hack,** das (nordd.), **~hackfleisch,** das; **~hatz,** die (Jägerspr.): svw. ↑Sauhatz; **~herde,** die; **~herz,** das (Kochk.); **~hirt,** der; **~koben, kofen,** der: svw. ↑Koben; **~kopf,** der: svw. ↑Schweinskopf; **~kotelett,** das: ↑Schweinskotelett; **~lendchen,** das, **~lende,** die (Kochk.): *Lendenstück vom Schwein;* **~mast,** die: *das Mästen von Schweinen;* **~mästerei,** die: *Betrieb, in dem Schweine gemästet werden;* **~metzger,** der (landsch.): svw. ↑~stecher; **~ohr,** das (bes. nordd.): ↑Schweinsohr; **~pest,** die: *durch Viren hervorgerufene, meist tödlich verlaufende, sehr ansteckende Krankheit bei Schweinen, die mit inneren Blutungen, Fieber, Entzündungen im Darm u. in der Lunge einhergeht;* **~priester,** der (salopp abwertend, oft als Schimpfwort): *männliche Person, die man ablehnt, verachtet:* Miststück ..., Bauernrüpel, mickriger S. (Degener, Heimsuchung 33); **~rippchen,** das, **~rippe,** die (Kochk.); **~rotlauf,** der: svw. ↑Rotlauf; **~schlachter, ~schlächter,** der (landsch.): svw. ↑~stecher; **~schmalz,** das: *durch Auslassen* (6) *hauptsächlich von zerkleinertem Bauchfett des Schweins gewonnenes weißes, streichbares Fett;* **~schnitzel,** das; **~stall,** der: vgl. Saustall (1, 2); **~stecher,** der (landsch. veraltend): *jmd., der [auf den einzelnen Bauernhöfen] Schweine fachgerecht schlachtet, Wurst, Schmalz u. ä. bereitet;* **~trog,** der: vgl. Futtertrog: Das Gulasch, das man uns heute vorgesetzt hat, gehört in den S. (Ziegler, Konsequenz 19); **~zucht,** die: *planmäßige Aufzucht von Schweinen unter wirtschaftlichem Aspekt.*

[3]**Schweine-** (derb, emotional verstärkend): **~arbeit,** die: *sehr schwierige, unangenehme, anstrengende u. langwierige Arbeit;* **~fraß,** der: svw. ↑Fraß (b); **~geld,** das: *sehr viel, ungerechtfertigt viel:* er hat ein S. [damit] verdient; **~hund,** der [urspr. Hund für die Saujagd, dann in der Studentenspr. als grobes Schimpfwort]: *gemeiner Kerl, Lump:* er ist ein Betrüger und S.; ***der innere S.** *(der durch Feigheit, Trägheit u. Schwäche hervorgerufene innere Widerstand gegen ein als notwendig u. richtig erkanntes Tun):* den inneren S. überwinden.

Schweinerei [ʃvainə'rai], die; -, -en [zu älter „schweinen" = sich wie ein Schwein benehmen] (derb, abwertend): **a)** *unordentlicher, sehr schmutziger Zustand:* wer diese S. hier angerichtet hat, der soll sie auch wegmachen!; **b)** *sehr ärgerliche, unangenehme Sache, Frechheit, Gemeinheit, üble Machenschaft:* Dieser Affenfraß ... sei eine gottverdammte S. (Ott, Haie 115); die größte S. in der Geschichte dieses ganzen Schweinekrieges (Plievier, Stalingrad 143); S.! (Ausruf der Entrüstung); **c)** *moralisch Verwerfliches, Anstößiges (meist auf Sexuelles bezogen):* hat er ... rund zweihundertmal mit Silvia -en getrieben (Ziegler, Kein Recht 302); **schweinern** ['ʃvainɐn] ⟨Adj.; o. Steig.; nicht adv.⟩ [für älter schweinen, mhd. swīnīn] (südd., österr.): *aus Schweinefleisch:* -e Dillsuppe (Bieler, Bonifaz 125); ⟨subst.:⟩ **Schweinerne,** das (südd., österr.): *Schweinefleisch:* etwas -s; stellt der Janda ein -s in Aussicht (Zenker, Froschfest 161); **schweinisch** ⟨Adj.⟩ (ugs. abwertend): **a)** *liederlich, schmutzig:* das Zimmer sieht wirklich s. aus; **b)** *äußerst unanständig, anstößig, zotenhaft:* -e Witze, Gesänge; er hat sich s. benommen.

schweins-, Schweins- (vgl. auch [2]Schweine-): **~auge, ~äuglein,** das: **1.** *Auge des Schweins.* **2.** *kleines, blinzelndes, dem Auge eines Schweins ähnelndes Auge:* Die Schweinsäuglein hinter dem Kneifer blinzeln tückisch (Zwerenz, Kopf 25); **~borste,** die (meist Pl.): vgl. Borste (1 a); **~braten,** der (Kochk., bes. südd., österr., schweiz.): svw. ↑Schweinebraten; **~filet,** das: svw. ↑Schweinefilet; **~fuß,** der ⟨meist Pl.⟩ (Kochk.): vgl. Kalbsfuß; **~galopp,** der in der Fügung **im S.** (ugs. scherzh.; *weil man keine Zeit hat, schnell u. nicht so sorgfältig od. gründlich wie üblich od. nötig*): wir mußten die neueste Geschichte im S. durchnehmen; ich habe mich im S. angezogen, damit ich noch pünktlich zur Bahn kommen konnte; **~gulasch,** das, auch: der: svw. ↑Schweinegulasch; **~hachse,** die (Kochk.): vgl. Hachse (a); **~haxe,** die (südd., Kochk.): svw. ↑~hachse; **~karree,** das (österr., Kochk.): vgl. Karree (2); **~keule,** die (Kochk.); **~knochen,** der; **~kopf,** der: **a)** *(als Speise zubereiteter) Kopf des geschlachteten Schweins;* **b)** *Kopf, der wie ein Schweinskopf* (a) *aussieht:* ein Mann mit einem dicken S., zu a: **~kopfsülze,** die; **~kotelett,** das (Kochk.): *Kotelett vom Schwein;* **~leder,** das: *aus der Haut von Schweinen hergestelltes Leder:* ein in S. gebundener alter Foliant, dazu: **~ledern** ⟨Adj.; o. Steig.; nicht adv.⟩: *aus Schweinsleder bestehend:* -e Handschuhe; **~lende,** die (Kochk., bes. südd., österr.): svw. ↑Schweinelende; **~ohr,** das: **1.** *Ohr des Schweins.* **2.** *flaches Gebäck aus Blätterteig in Form von zwei gegeneinandergelegten Spiralen.* **3.** *in Hexenringen wachsender violetter, zuerst keulen-, dann ohrförmiger Pilz mit von Sporen ockergelb bestäubter Außenseite;* **~rippchen,** das usw. (Kochk., bes. südd., österr.): svw. ↑Schweinerippchen usw.; **~rücken,** der; **~schnitzel,** das (österr.): svw. ↑Schweineschnitzel; **~stelze,** die (österr.): svw. ↑Eisbein; **~wurst,** die: *aus Schweinefleisch bereitete Wurst;* **~zunge,** die.

Schweiß [ʃvais], der; -es, (Med.:) -e [mhd., ahd. sveiʒ]: **1.** *wäßrige, Salz enthaltende Absonderung (der Schweißdrüsen), die bei großer Wärme, Erhitzung aus den Poren austritt:* kalter S. bedeckt jmds. Körper; S. bricht jmdm. aus, bricht jmdm. aus allen Poren, läuft, rinnt jmdm. [in Strömen] übers Gesicht, tritt jmdm. auf die Stirn, steht jmdm. in großen Tropfen auf der Stirn; bei der Krankheit können starke -e auftreten; sich den S. trocknen, abwischen; [wie] in S. gebadet sein *(heftig, am ganzen Körper schwitzen);* bei einer schweren körperlichen Arbeit in S. kommen, geraten; sein Gesicht war mit S. bedeckt; ihre Kleider rochen nach S.; er war naß von, vor S.; sein Haar war von S. verklebt; R des -es der Edlen wert (geh.; *das lohnt die Mühe, die es kostet;* nach Klopstock; aus der Ode „Der Zürchersee“ [1750]); Ü an dem Werk hängt der S. von Generationen (geh.; *viele Generationen haben daran gearbeitet*); die Arbeit hat jmdm. viel S. gekostet (geh.; *war sehr mühevoll*); Er liebte den S. nicht (scherzh.; *strengte sich nicht gerne an;* Kirst, 08/15, 13); *** im -e seines Angesichts** (*unter großer Anstrengung;* nach 1. Mos. 3, 19). **2.** (Jägerspr.) *Blut (von Wild u. vom Jagdhund) sofern es aus dem Körper austritt, ausgetreten ist:* das Tier hat viel S. verloren; eine Spur von S.

schweiß-, [1]Schweiß- (Schweiß): **~absonderung,** die: *das Absondern von Schweiß* (1); **~ausbruch,** der: *plötzlich einsetzendes starkes Schwitzen;* **~band,** das ⟨Pl. -bänder⟩: **1.** svw. ↑~leder. **2.** (bes. Tennis) *um das Handgelenk getragenes Band aus saugfähigem Stoff, das verhindern soll, daß der Schweiß auf die Handfläche gelangt;* **~bedeckt** ⟨Adj.; o. Steig.; nicht adv.⟩: ein -es Gesicht; der Körper war s.; **~bildung,** die; **~bläschen,** das ⟨meist Pl.⟩ (Med.): vgl. Friesel; **~blatt,** das ⟨meist Pl.⟩: svw. ↑Armblatt; **~drüse,** die ⟨meist Pl.⟩: *in der Haut vorhandene Drüse, die Schweiß nach außen absondert;* **~echt** ⟨Adj.; o. Steig.; nicht adv.⟩ (Fachspr.) *(von Textilien) unempfindlich gegen Schweißabsonderungen:* ein -es Gewebe, dazu: **~echtheit,** die (Fachspr.); **~fährte,** die (Jägerspr.): *Blutspur von angeschossenem Wild;* **~feucht** ⟨Adj.; o. Steig.; nicht adv.⟩: -e Haare; er war s.; **~fleck,** der: *Flecken in einem Kleidungsstück, der von Schweiß herrührt,* dazu: **~fleckig** ⟨Adj.; nicht adv.⟩: ein -es Hemd; **~friesel,** der od. das ⟨meist Pl.⟩: svw. ↑Friesel; **~fuchs,** der: *rotbraunes Pferd, dessen Fell von grauen Einsprengungen durchsetzt ist;* **~fuß,** der ⟨meist Pl.⟩: *Fuß mit übermäßiger Schweißabsonderung:* Schweißfüße haben; **~futter,** das: vgl. ~band (1); **~gebadet** ⟨Adj.; o. Steig.; nicht adv.⟩: *naß von Schweiß:* s. aus einem Traum aufwachen; er, sein Körper war s.; **~geruch,** der: *unangenehmer Geruch, der von sich zersetzendem Schweiß ausgeht;* **~halsung,** die (Jägerspr.): *breites, gefüttertes Halsband mit einem drehbaren Ring, das dem Schweißhund angelegt wird;* **~hemmend** ⟨Adj.; nicht adv.⟩: *die Schweißbildung hemmend:* ein -es Mittel; **~hund,** der (Jägerspr.): *Jagdhund, der speziell zum Aufspüren des angeschossenen Wildes auf der Schweißfährte abgerichtet ist;* **~leder,** das: *Lederband am inneren Hutrand (bei Herrenhüten), das das Material gegen Schweiß schützt;* **~naß** ⟨Adj.; o. Steig.; nicht adv.⟩: *naß von Schweiß:* schweißnasses Haar; er, seine Hände waren s.; **~perle,** die ⟨meist Pl.⟩: *Schweißtropfen auf der Hautoberfläche:* -n traten auf seine Stirn, standen ihm auf der Stirn; sein Gesicht war mit -n bedeckt; **~pore,** die: *Pore in der Haut, aus der Schweiß austritt;* **~rand,** der ⟨meist Pl.⟩: *von einem Schweißfleck zurückbleibender Rand in einem Kleidungsstück:* die Bluse hat häßliche Schweißränder unterm Arm; **~riemen,** der (Jägerspr.): *mehrere Meter langer Lederriemen, der an der Schweißhalsung befestigt wird;* **~sekretion,** die: vgl. ~absonderung; **~spur,** die (Jägerspr.): svw. ↑~fährte; **~treibend** ⟨Adj.; Steig. selten; nicht adv.⟩: *kräftiges Schwitzen bewirkend; diaphoretisch:* ein -es Mittel *(Diaphoretikum);* ein -er Tee; Ü das war eine -e (scherzh.; *mühevolle, anstrengende*) Arbeit, Tätigkeit; **~triefend** ⟨Adj.; o. Steig.; nicht adv.⟩; **~tropfen,** der ⟨meist Pl.⟩: *Tropfen von Schweiß:* S. stehen jmdm. auf der Stirn, laufen jmdm. über das Gesicht; Ü diese Arbeit hat manchen S. gekostet *(war sehr mühevoll);* **~tuch,** das ⟨Pl. -tücher⟩ (veraltet): *Tuch zum Abwischen des Schweißes;* **~übergossen** ⟨Adj.; o. Steig.; nicht adv.⟩; **~überströmt** ⟨Adj.; o. Steig.; nicht adv.⟩: ein -es Gesicht; er war s.; **~verklebt** ⟨Adj.; o. Steig.; nicht adv.⟩: -es Haar; der Körper war s. *(klebrig von Schweiß);* **~wolle,** die [die frisch geschorene Wolle enthält neben anderen Verunreinigungen auch noch den sogenannten Wollschweiß] (Fachspr.): *frisch geschorene, noch ungewaschene Wolle.*

[2]Schweiß- (schweißen 1): **~brenner,** der: *Gerät zum autogenen Schweißen, bei dem durch ein brennbares Gasgemisch eine Stichflamme von hoher Temperatur erzeugt wird; Sauerstoffgebläse;* **~brille,** die: *Schutzbrille, die beim Schweißen getragen wird;* **~draht,** der: *Draht, der beim Schweißen als Bindemittel verwendet wird;* **~fuge,** die: svw. ↑~naht; **~gerät,** das; **~naht,** die: *Stelle, an der etw. zusammengeschweißt worden ist;* **~stahl,** der: *aus Roheisen gewonnener Stahl;* **~technik,** die: *Technik des Schweißens;* **~verfahren,** das.

schweißbar ['ʃvaisba:ɐ̯] ⟨Adj.; o. Steig.; nicht adv.⟩: *sich schweißen lassend; geeignet zum Schweißen:* ein -er Werkstoff; ⟨Abl.:⟩ **Schweißbarkeit,** die; -; **schweißen** ['ʃvaisn̩] ⟨sw. V.; hat⟩ [mhd. sweiʒen, ahd. sweiʒʒen = Schweiß absondern; rösten, braten, urspr. = schwitzen machen]: **1.** (Technik) *Werkstoffteile (aus Metall od. Kunststoff) unter Anwendung von Wärme od. Druck fest zusammenfügen, miteinander verbinden:* Rohre aus Metall, aus Kunststoff s.; Säcke aus Plastik werden geschweißt; ⟨auch ohne Akk.-Obj.:⟩ in dieser Werkhalle wird geschweißt und lakkiert. **2.** (landsch.) svw. ↑schwitzen: die Füße werden schwerer, die Hände schweißen (Bieler, Bonifaz 122); Schnaubend und schweißend parierte der Gaul (Winckler, Bomberg 23). **3.** (Jägerspr.) *(von Wild) bluten, Blut verlieren:* das angeschossene Tier schweißte; **Schweißer,** der; -s, -: *Facharbeiter, der mit dem Schweißen von Werkstoffen beschäftigt ist* (Berufsbez.); **schweißig** ['ʃvaisɪç] ⟨Adj.; nicht adv.⟩ [mhd. sveiʒic]: *feucht von Schweiß; verschwitzt:* -e Hände; -es Haar; ... war sie ... s. und roch schlecht (Böll, Adam 61); **Schweißung,** die; -, -en: *das Schweißen* (1).

Schweizer ['ʃvaitsɐ], der -s, - [2: diese Fachkräfte kamen urspr. aus der Schweiz; 3: nach der Ähnlichkeit der Kleidung mit der des Schweizers (4); 4: zu: Schweizergarde = aus Schweizer Soldaten bestehende päpstliche Leibgarde]: **1.** kurz für: Schweizer Käse. **2.** (Landw.) *ausgebildeter*

Melker: als S. arbeiten. **3.** (landsch.) (in katholischen Kirchen) *Küster.* **4.** *Angehöriger der päpstlichen Garde.*

schweizer-, Schweizer-: ~**degen,** der [wohl nach den zweischneidigen Schwertern der alten schweizerischen Söldner] (Druckerspr.): *Facharbeiter, der sowohl das Drucker- wie das Setzerhandwerk erlernt hat;* ~**deutsch** ⟨Adj.; o. Steig.⟩: *in der (mündlichen) Verkehrssprache der deutsch sprechenden Schweiz; schweizerisch mundartlich:* die -en Mundarten; er spricht s.; ⟨subst.:⟩ ~**deutsch,** das; -[s]: vgl. Deutsch; ~**deutsche,** das; -n: vgl. [2]Deutsche; ~**haus,** ~**häuschen,** das: svw. ↑Chalet; ~**land,** das; -[e]s (seltener): *das Land der Schweizer; Schweiz;* ~**pfeife,** die [1: urspr. häufig verwendetes Musikinstrument bei den Schweizer Söldnern; 2: übertr. von (1)] (Musik): **1.** alte Bez. für ↑Querpfeife. **2.** *Orgelregister mit überblasenden Labialpfeifen von enger Mensur* (3b) *u. scharfem Ton;* ~**psalm,** der: *schweizerische Nationalhymne.*

Schweizerei [ʃvaitsə'rai], die; -, -en (seltener): svw. ↑Meierei.

Schwel-: ~**brand,** der: *Brand, der nur schwelt, keine offene Flamme entwickelt;* ~**feuer,** das: vgl. ~brand; ~**gas,** das ⟨meist Pl.⟩ (Technik): *beim Schwelen* (2) *von Stein- od. Braunkohle anfallendes gasförmiges Produkt;* ~**kohle,** die (Technik): *für die Schwelung verwendete Braunkohle;* ~**koks,** der (Technik): *bei der Schwelung gewonnener Koks;* ~**teer,** der: vgl. ~koks.

schwelen ['ʃve:lən] ⟨sw. V.; hat⟩ [aus dem Niederd. < mniederd. swelen]: **1.** *langsam, ohne offene Flamme [unter oft starker Rauchentwicklung] brennen:* das Feuer schwelt nur, schwelt unter der Asche; die Balken des Hauses schwelen noch; eine schwelende Müllhalde; schwelende Lumpen; Ü Haß, Argwohn, Verbitterung schwelten in ihm (geh.; *waren untergründig in ihm wirksam*); der unter der Decke schwelende Antisemitismus (Fraenkel, Staat 147). **2.** (Technik) *(bes. Stein- u. Braunkohle) unter Luftabschluß erhitzen (wobei Schwelkoks, Schwelgase, Schwelteer gewonnen werden);* **Schwelerei** [ʃve:lə'rai], die; -, -en (Technik): *technische Anlage, in der geschwelt wird.*

schwelgen ['ʃvɛlgn̩] ⟨sw. V.; hat⟩ [mhd. swelgen, ahd. swelgan, eigtl. = (ver)schlucken, schlingen]: **1.** *sich an reichlich vorhandenem gutem Essen u. Trinken gütlich tun; genußreich essen u. trinken:* die Gäste des Hotels schwelgten; es wurde geschwelgt und gepraßt. **2.** (geh.) **a)** *sich einer Sache in Gedanken, in Gefühlen ganz überlassen, etw. (im Geiste) genießen:* sie schwelgten in Erinnerungen, in neuen Eindrücken; er schwelgte im Vorgefühl seines Triumphes; **b)** *etw. (von dem man bes. angetan od. fasziniert ist) in einem sehr hohen Maß od. im Übermaß verwenden o. ä.:* die künstlerische Maßlosigkeit, welche man dem in Farben, Gestalten, Formen schwelgenden Byzantiner zum Vorwurf gemacht hat (Thieß, Reich 426); ⟨Abl.:⟩ **Schwelger,** der; -s, - (selten) [mhd. swelher = Schlucker, Säufer]: *jmd., der zum Schwelgen neigt;* **Schwelgerei** [ʃvɛlgə'rai], die; -, -en: *das Schwelgen* (1, 2); **schwelgerisch** ⟨Adj.⟩: *genießerisch; schwelgend; üppig.*

Schwell [ʃvɛl], der; -[e]s, -e [zu ↑[1]schwellen] (Seemannsspr.): *Dünung, die in einen Hafen hineinläuft od. die Küste erreicht:* ein Tragflügelboot erzeugt keinen S.

Schwell-: ~**formverb,** das (Sprachw.): svw. ↑Funktionsverb; ~**kopf,** der: **1.** (scherzh.) *Kopf (eines Menschen).* **2. a)** *überlebensgroße Hohlform eines menschlichen Kopfes, die bei Fastnachtsumzügen (von Männern) über dem Kopf getragen wird;* **b)** *Träger eines Schwellkopfs* (2a): im Fastnachtszug marschierende Schwellköpfe; ~**körper,** der (Anat.): *Gewebe (bes. im Bereich der äußeren Geschlechtsorgane), das die Fähigkeit hat, sich mit Blut zu füllen u. dadurch an Umfang u. Festigkeit zuzunehmen;* ~**vers,** der (Verslehre): *durch vergrößerte Silbenzahl aufgeschwellte Form des Stabreims;* ~**werk,** das: *(bei der Orgel) Gruppe von Registern, die im Jalousieschweller stehen.*

Schwelle ['ʃvɛlə], die; -, -n [mhd. swella, ahd. swelli = tragender Balken]: **1.** *(auf dem Boden) in den Türrahmen eingepaßter Anschlag* (11) *aus Holz od. Stein; Türschwelle:* eine hohe, steinerne S.; die S. des Raumes überschreiten; an, auf der S. stehenbleiben; über die S. des Zimmers, des Hauses treten, stolpern; Ü Sie hatten verstanden, alle moralischen -n und Barrieren in ihm abzubauen (Prodöhl, Tod 198); er darf ihre S. nicht mehr betreten, nicht mehr seinen Fuß über ihre S. setzen (geh.; *nicht mehr in ihr Haus, ihre Wohnung kommen*); jmdn. von der S. weisen (geh.; *jmdn. von seiner Tür weisen, ihn nicht eintreten lassen*); er befindet sich an der S. der Dreißiger (geh.; *wird dreißig Jahre alt*); wir stehen an der S. eines neuen Jahrzehnts; er steht auf der S. zum Greisenalter. **2.** kurz für ↑Eisenbahnschwelle: -n [ver]legen, erneuern, auswechseln; -n aus Holz, aus Beton. **3.** (Geogr.) *flache, keine deutlichen Ränder aufweisende submarine od. kontinentale Aufwölbung der Erdoberfläche.* **4. a)** (Physiol.) *Grenze (bis zu der od. von der an Reize, Empfindungen ausgelöst, wahrgenommen werden);* **b)** (Psych.) *Grenze (zwischen Bewußtsein u. Nichtbewußtsein):* etw. liegt unterhalb der S., dringt nicht über die S. des Wachbewußtseins. **5.** (Bauw.) *(beim Fachwerkbau) unterer waagerechter Balken einer Riegelwand.*

[1]**schwellen** ⟨st. V.; ist⟩ /vgl. geschwollen/ [mhd. swellen, ahd. swellan]: **1.** *[in einem krankhaften Prozeß] an Umfang zunehmen, sich [durch Ansammlung, Stauung von Wasser od. Blut im Gewebe] vergrößern:* die Adern auf der Stirn schwollen ihm; die Füße, Beine schwellen; die Mandeln sind geschwollen; er hat eine geschwollene Backe, geschwollene Gelenke; Ü (geh.:) die Knospen der Rosen schwellen; die Herbstsonne ließ die Früchte s.; schwellende *(volle)* Lippen, Formen; ein schwellendes *(dickes, weiches)* Moospolster. **2.** (geh.) *bedrohlich wachsen, an Ausmaß, Stärke o. ä. zunehmen:* der Fluß, das Wasser schwillt; während der Donner ... verhallte, schwoll der Wind zum Sturm (Schneider, Erdbeben 105); der Lärm schwoll *(steigerte sich)* zu einem Dröhnen; [2]**schwellen** ⟨sw. V.; hat⟩ [mhd., ahd. swellen, Veranlassungsverb zu ↑[1]schwellen]: **1.** (geh.) *blähen, bauschen; prall machen:* der Wind schwellte die Segel, die Vorhänge; Ü Wieder schwellte ihn das Glücksgefühl (scherzh.; *erfüllte es ihn ganz*), Soldat sein zu dürfen (Kirst, 08/15, 221); mit geschwellter Brust (scherzh.; *voller Stolz*) erzählte er von seinen Erfolgen. **2.** (landsch.) *in Wasser kochen bis zum Weichwerden.* **3.** (Gerberei) *Häute, Leder in einer bestimmten Flüssigkeit quellen lassen:* Vater Busebergs Schnürmanschette, aus Pfundleder, das man mit Weißbeize schwellt (Lentz, Muckefuck 20).

Schwellen-: ~**angst,** die ⟨o. Pl.⟩ [LÜ von niederl. drempelvrees] (bes. Werbepsych.): *(durch innere Unsicherheit gegenüber dem Unvertrauten, Neuen verursachte) Hemmung eines potentiellen Käufers, Interessenten, ein bestimmtes Geschäft, das Gebäude einer öffentlichen Institution o. ä. zu betreten:* S. haben; S. vor einem Buchladen, vor dem Betreten eines Buchladens; Ohne S. ... strömen die Massen in die Museen (BM 20. 7. 77, 12); ~**holz,** das: *Holz, aus dem Schwellen* (2) *hergestellt werden;* ~**reiz,** der (Physiol.): *geringster noch wahrnehmbarer, noch eine Reaktion auslösender Reiz;* ~**wert,** der (Physik, Elektrot.): *kleinster Wert einer Größe, der als Ursache einer erkennbaren Veränderung ausreicht.*

Schweller ['ʃvɛlɐ], der; -s, -: *(beim Harmonium) durch Kniehebel bediente Vorrichtung, mit der ein kontinuierliches Zu- u. Abnehmen der Tonstärke bewirkt werden kann; Kniehebel* (2); **Schwellung,** die; -, -en: **1.** (Med.) **a)** *das* [1]*Schwellen* (1): der Insektenstich verursacht eine S.; eine S. des Beins durch kalte Umschläge verhindern; **b)** *das Angeschwollensein:* die S. (der Mandeln) ist zurückgegangen; **c)** *angeschwollene, dick gewordene Stelle:* eine S. am Kniegelenk. **2.** (Geogr.) *rundliche Erhebung.*

Schwelung, die; -, -en (Technik): *das Schwelen* (2): die S. von Braunkohle.

Schwemm-: ~**fächer,** der (Geol.): svw. ↑~kegel; ~**gut,** das ⟨o. Pl.⟩: *ans Ufer eines Gewässers Angeschwemmtes:* Ü Diesem hoffnungslosen S. aus aufgelösten Sanitätsstellen (Plievier, Stalingrad 241); ~**kegel,** der (Geol.): *(vor einer Flußmündung) durch Ablagerung des vom Wasser mitgeführten Schutts entstandener fächerförmiger Schuttkegel;* ~**land,** das ⟨o. Pl.⟩: *durch Anschwemmung, Ablagerung (von Meeren u. Flüssen) entstandenes fruchtbares Land;* ~**sand,** der ⟨o. Pl.⟩: *angeschwemmter Sand;* ~**stein,** der ⟨meist Pl.⟩ (Bauw. veraltend): *aus Bimsstein* (1) *hergestellter Baustein.*

Schwemme ['ʃvɛmə], die; -, -n [spätmhd. swemme]: **1.** *flache Stelle am Ufer eines Flusses, Teichs o. ä., an der bes. Pferde u. Schafe (zum Zweck der Säuberung od. der Abkühlung bei großer Hitze) ins Wasser getrieben werden:* Vieh, Schafe in die S. treiben; die Pferde in die S. reiten, zur S. führen; * **jmdn. in die S. reiten** (ugs.: 1. *jmdn. zum Trinken animieren.* 2. *jmdn. in eine schwierige Lage bringen:* Wenn er das kleine Mädchen zu tief in die S. geritten hat, muß er sie auch wieder herausholen [Frenssen, Jörn Uhl 167]); **in die S. gehen** (landsch.; *ein Bad nehmen, ins Bad steigen*).

2. (Wirtsch.) *zeitweises, zeitlich begrenztes Überangebot an bestimmten Produkten:* daß es ... auf dem Obst- und Gemüsemarkt ... zu vielen -n und Preiszusammenbrüchen kommen wird (Welt 23. 8. 65, 9). **3.** (österr.) *Warenhausabteilung mit niedrigen Preisen.* **4.** *einfaches [Bier]lokal; Kneipe:* in eine S. gehen; **-schwemme,** die; -, -n: ugs. gebrauchtes Grundwort von Zus. mit Subst. mit der Bed. „Überangebot", z. B. Butter-, Eier-, Milchschwemme; Lehrerschwemme, Akademikerschwemme; **schwemmen** ['ʃvɛmən] ⟨sw. V.; hat⟩ [mhd. swemmen = schwimmen machen, Veranlassungsverb zu ↑schwimmen]: **1.** *(von bewegtem od. fließendem Wasser od. anderer Flüssigkeit) etw., jmdn. an eine Stelle hin-, von einer Stelle wegschwimmen lassen:* eine Leiche wurde an Land geschwemmt; Der Humusboden ... von Regengüssen in die Meere geschwemmt (Gruhl, Planet 85); Das Wasser hat das Etikett von der Flasche geschwemmt (*es abgelöst u. weggeschwemmt;* Fries, Weg 108); Ü Heute schwemmt jeder Sommer Millionen Menschen nach Italien (geh.; Grzimek, Serengeti 246). **2.** (landsch., bes. österr.) *(Wäsche) spülen:* Die Arbeitsanzüge ... mußte sie ...waschen, ... einseifen, s., auswinden (Innerhofer, Schattseite 93). **3.** (Gerberei) *einweichen, wässern:* Felle, Häute s. **4.** (österr.) *(Holz) flößen* (1 a): Baumstämme s.; **Schwemmsel** ['ʃvɛmzl̩], das; -s (Fachspr.): *feste Stoffe, die auf dem Wasser schwimmen, vom fließenden Wasser mitgeführt werden.*

Schwende ['ʃvɛndə], die; -, -n [mhd. swende, ahd. swendi = Rodung, zu mhd. swenden, ahd. swenten = schwinden machen]: *durch Abbrennen urbar gemachter Wald, Rodung;* **schwenden** ['ʃvɛndn̩] ⟨sw. V.; hat⟩: *durch Abbrennen urbar machen;* **Schwẹndwirtschaft,** die; - (Fachspr.): *Verfahren zur Gewinnung landwirtschaftlicher Nutzflächen durch Abbrennung von Waldflächen.*

Schwengel ['ʃvɛŋl̩], der; -s - [mhd. swengel, swenkel, zu: swenken, ↑schwenken]: **1.** *(im Innern der Glocke 1 lose befestigter) Stab mit verdicktem Ende, der beim Läuten an die Wand der Glocke schlägt u. so den Klang erzeugt; Glockenschwengel:* der S. der Glocke. **2.** *beweglicher Teil der Pumpe* (1) *in Form einer leicht geschwungenen Stange, die durch eine Vor- u. Rückwärtsbewegung die Saugvorrichtung im Innern der Pumpe in Tätigkeit setzt; Pumpenschwengel:* der S. der Pumpe. **3.** (derb) *Penis:* Der Hengst ... strullte mit langem S. einige Liter unter sich (Degenhardt, Zündschnüre 127); ⟨Zus.:⟩ **Schwẹngelbrunnen,** der: In der Mitte des Hofes steht ein S. (Kisch, Reporter 28).

Schwenk [ʃvɛŋk], der; -[e]s, -s, selten: -e [zu ↑schwenken]: **1.** *[rasche] Drehung, Richtungsänderung:* die Kolonne machte einen S. nach rechts; Ü ein modischer S. *(Hinwendung)* zur Mütze. **2.** (Film, Ferns.) *Bewegung, Drehung (der laufenden Kamera um ihre senkrechte od. waagerechte Achse, bei der sie mehr od. weniger lange über das zu fotografierende Objekt wandert):* ein kurzer, minutenlanger S.; ein S. auf jmdn.; Ein langer S. über Berlin (Praunheim, Sex 279); ein S. mit der Kamera vom Hellen ins Dunkle; die Kamera macht einen S.

Schwẹnk-: **~arm,** der: **1.** *selbständige Vorrichtung od. Teil eines Gerätes o. ä. mit einem schwenkbaren Arm.* **2.** svw. ↑~kran; **~bereich,** der: *Bereich, innerhalb dessen sich etw. schwenken* (4) *läßt;* **~bewegung,** die; **~braten,** der (landsch.): *auf einem über einer Feuerstelle hin u. her schwenkbaren Rost gegrilltes Stück Fleisch;* **~glas,** das ⟨Pl. ...gläser⟩: svw. ↑Schwenker (1); **~hahn,** der: *schwenkbarer Wasserhahn;* **~kartoffeln** ⟨Pl.⟩: *in Butter geschwenkte Salzkartoffeln;* **~kran,** der: *Kran mit schwenkbarem Ausleger; Schwenkarm;* **~pfanne,** die: *bes. zum Braten u. Schwenken verwendete Pfanne mit hohem Rand.*

schwenkbar ['ʃvɛŋkba:ɐ̯] ⟨Adj.; o. Steig.; nicht adv.⟩: *sich schwenken, um eine Achse drehen lassend:* ein -er Kran, Hebel; s. sein; etw. s. anordnen; **Schwẹnke,** die; -, -n (landsch.) svw. ↑Schaukel; **schwẹnken** ['ʃvɛŋkn̩] ⟨sw. V.⟩ [mhd., ahd. swenken = schwingen machen, schleudern; schwanken]: **1.** ⟨hat⟩ **a)** *[mit ausgestrecktem Arm über seinem Kopf] schwingend [winkend, grüßend o. ä.] hin u. her, auf u. ab bewegen:* Fähnchen, den Hut, Tücher s.; die Arme s.; etw. durch die Luft, hin und her, in der Hand s.; Ü (scherzh. veraltend:) Ich habe ... getanzt und Mädchen geschwenkt ... und war toll und voll (Reinig, Schiffe 55); Diese Kleine, die ihren Hintern vor versammelter Mannschaft schwenkt (*beim Gehen aufreizend bewegt;* Kirst, 08/15, 339); **b)** (selten) *mit etw. eine schwingende, schwenkende* (1 a) *Bewegung machen:* mit Fähnchen, Taschentüchern s.; sie schwenkten *(schlenkerten)* mit den Armen; **c)** (landsch.) *durch eine schwenkende* (1 a), *schleudernde Bewegung von etw. entfernen:* die Tropfen von der nassen Bürste s. **2.** *(zum Zwecke der Reinigung) in Wasser o. ä. leicht hin u. her bewegen, [aus]spülen* ⟨hat⟩: die Gläser, das Geschirr in heißem Wasser s.; der Stoff läßt sich in einer Seifenlauge s. **3.** *mit einer Drehung (die Richtung einer Vorwärtsbewegung ändernd) einbiegen; einen Schwenk* (1), *eine Schwenkung machen* ⟨ist⟩: in einen Seitenweg, nach Süden, nach rechts, um die Ecke s.; (als militär. Kommando:) Das Ganze rechts schwenkt marsch ... oder: Links schwenkt marsch (Plievier, Stalingrad 23); Ü er ist in das andere Lager geschwenkt *(hat das Lager, die Partei o. ä. gewechselt).* **4.** *etw. mit einem Schwenk* (1) *in eine andere Richtung, Position bringen* ⟨hat⟩: die Kamera s.; riesige Kräne schwenkten Stahlträger in ihre Positionen (Simmel, Stoff 636); Panzer schwenkten langsam ihre Rohre (Böll, Adam 65). **5.** ⟨hat⟩ (Kochk.) **a)** *(bereits Gekochtes) kurz, unter leichten Rüttelbewegungen in einer Kasserolle mit heißem Fett hin u. her bewegen:* Kartoffeln, Gemüse in Butter s.; **b)** svw. ↑sautieren: Fleischstücke, Wild s. **6.** (landsch.) *jmdn. hinauswerfen, entlassen* ⟨hat⟩: einen Schüler [von der Schule] s.; ⟨Abl.:⟩ **Schwẹnker,** der; -s, -: **1.** kurz für ↑Kognakschwenker. **2.** (Film, Ferns.) *Assistent des Kameramanns, der während der Aufnahmen die notwendigen Kamerabewegungen ausführt;* **Schwẹnkung,** die; -, -en: *das Schwenken* (3); *Schwenk* (1): eine S. machen *(sich drehen u. damit eine andere Richtung einschlagen);* eine S. nach links, um 90°; Ü Andeutungen einer ideologischen S. (Leonhard, Revolution 161).

schwer [ʃve:ɐ̯] ⟨Adj.⟩ [mhd. swære, ahd. swār(i)]: **1. a)** *von großem Gewicht; nicht leicht* (Ggs.: leicht 1 a): -es Gepäck; ein -er Koffer, Stein; -e *(große)* Tropfen prasselten an die Scheiben; die -en Körper der Tiere; die Möbel sind sehr s.; die Kiste war s. wie Blei *(sehr schwer);* die Äste sind s. von Früchten; wir hatten s. zu tragen; die Sachen wiegen sehr s. *(haben großes Gewicht);* der Wagen war s. beladen *(hatte eine schwere Ladung);* ⟨subst.:⟩ du darfst nichts Schweres *(keine schweren Lasten)* heben; Ü -e *(derbe)* Schuhe; ein Armband aus -em *(massivem)* Gold; -er *(lehmiger)* Boden; er ist ein großer, -er Mann; -e Pferde *(Pferde, die durch ihren kräftigen Körperbau als Arbeitspferde geeignet sind);* ein -es *(großkalibriges)* Geschütz; -e Fahrzeuge, Lastwagen *(groß u. mit starkem Motor);* ein -es Motorrad; -e *(dicht gewebte, hochwertige)* Stoffe; -e Teppiche; das Auto hat -es Geld (ugs.; *viel Geld*) gekostet; er hat -e Dollars (ugs.; *ein großes Dollarvermögen*) verdient; die Gangster waren s. bewaffnet *(hatten großkalibrige Waffen bei sich);* **b)** ⟨nicht adv.; in Verbindung mit Maßangaben nachgestellt⟩ *ein bestimmtes Gewicht habend:* ein zwei Zentner -er Sack; der Fisch war 3 Kilo s.; etw. ist nur wenige Gramm s.; wie s. bist du? (ugs.; *wieviel wiegst du*); er ist zu s. (ugs.; *hat ein zu hohes Körpergewicht*); Ü eine mehrere Millionen -e (ugs.; *ein großes Vermögen besitzende*) Frau. **2. a)** *große (körperliche od. geistige) Anstrengung, großen Einsatz erfordernd; mühevoll* (Ggs.: leicht 2 a): -e Arbeit; ein -er Beruf; er hat einen -en Dienst; diese Arbeit ist viel zu s. für sie; er muß sehr s. arbeiten; sich etw. s. erkämpfen, erkaufen müssen; er hört, atmet s. *(mit großer Anstrengung);* **b)** *Schwierigkeiten bietend; einen hohen Schwierigkeitsgrad aufweisend; schwierig, nicht einfach* (Ggs.: leicht 2 b): eine -e Aufgabe; ein -es Amt; die Klassenarbeit, die Rechenaufgabe war ziemlich s.; der Werkstoff ist s. *(schwierig)* zu bearbeiten; die Frage ist s. zu beantworten; es ist s. zu sagen, ob er sein Ziel erreichen wird; er hat sich die Sache zu s. gemacht; es war nicht s. für ihn, sich durchzusetzen; Ü er hat es s. mit sich selbst *(ist ein schwieriger Mensch);* ⟨subst.:⟩ jetzt haben wir das Schwerste überstanden; sie haben Schweres *(schwierige Zeiten)* durchgemacht. **3.** drückt einen hohen Grad, ein großes Ausmaß von etw. aus; *sehr [heftig, schlimm, gut o. ä.]* (Ggs.: leicht 3): ein -er Schock, Schaden; ein -es Unglück, Vergehen; eine -e Schuld, Krankheit; seine Verletzung ist nicht sehr s. *(nicht sehr schlimm);* jmdm. s. zu schaffen machen; s. aufpassen, etw. s. büßen müssen; s. verletzt, verwundet, enttäuscht sein; (ugs.:) sich s. ärgern, blamieren; (ugs.:) s. beleidigt, betrunken sein; gestehen beide. „Wir sind s. verliebt." (Freizeitmagazin 26, 1978, 39); s. im Irrtum sein; s. in Form sein; das will ich s. hoffen (ugs.; *das erwarte ich auf jeden Fall*). **4.** (Ggs.: leicht 4) **a)** *(von Speisen u. ä.) sehr gehaltvoll [u. dadurch nicht leicht bekömmlich]; nicht gut verträglich:* -es Essen; -e Weine; – Arlecq und Paasch rauchten ... -e Importe (Fries, Weg 245); die Nachspeise war sehr s.; sie kochen zu s. *(zu schweres Essen);* ⟨subst.:⟩ er darf nichts Schweres essen; **b)** *(von Düften u. ä.) sehr stark, intensiv u. süßlich:* ein -es Parfüm; der -e Geruch des Flieders weht aus den Gärten (Remarque, Obelisk 124); **c)** ⟨nicht adv.⟩ *sehr feucht, lastend:* eine -e Luft; Die Luft war s. Kein Hauch war zu spüren (Koeppen, Rußland 124). **5.** ⟨nicht adv.⟩ (Seemannsspr.) *stürmisch:* Sie wurden auf hoher See von -em Wetter überrascht (Jahnn, Geschichten 154); eine -e See *(Sturzwelle)* fegte über Bord; Er hatte harte ... Nächte, wenn die See s. war (Jahnn, Geschichten 150). **6.** ⟨nicht adv.⟩ *mit hohem, großem Anspruch; nicht leicht zugänglich od. verständlich; nicht zur bloßen Unterhaltung geeignet* (Ggs.: leicht 5 b): eine -e Lektüre; -e Musik; das Buch ist ihm zu s.

schwer-, Schwer-: **~arbeit,** die ⟨o. Pl.⟩: *schwere körperliche Arbeit:* Verbot der S. und Nachtarbeit von Frauen (Rittershausen, Wirtschaft 11); **~arbeiter,** der: *jmd., der Schwerarbeit verrichtet, leistet,* dazu: **~arbeiterzulage,** die: *Lohnzulage für Schwerarbeit;* **~athlet,** der: *jmd., der Schwerathletik betreibt;* **~athletik,** die: *sportliche Disziplin, die Gewichtheben, Kunst-, Rasenkraftsport u. Ringen umfaßt; Kraftsport,* dazu: **~athletisch** ⟨Adj.; o. Steig.; meist attr.⟩: *der Schwerathletik zugehörig, eigentümlich:* eine -e Disziplin; **~behindert** ⟨Adj.; o. Komp.; Sup.: schwerstbehindert; nicht adv.⟩ (Amtsspr.): *durch eine schwere körperliche od. geistige Behinderung dauernd geschädigt (u. in der Erwerbsfähigkeit stark gemindert):* -e Kinder; er ist, gilt als s., ⟨subst.:⟩ **~behinderte,** der u. die (Amtsspr.), dazu: **~behindertenausweis,** der: *amtlicher Ausweis für einen Schwerbehinderten;* **~beladen** ⟨Adj.; schwerer beladen, am schwersten beladen; nur attr.⟩: -e Erntewagen, Fahrzeuge, Lasttiere; **~benzin,** das: *Benzin mit einem hohen Siedepunkt (als Ausgangsmaterial für petrochemische Produkte);* **~beschädigt** ⟨Adj.; nicht adv.⟩: **1.** ⟨schwerer beschädigt, am schwersten beschädigt; nur attr.⟩ *in starkem Maße beschädigt:* ein -er Wagen. **2.** ⟨Steig. vgl. schwerbehindert⟩ (früher) svw. ↑schwerbehindert; **~beton,** der (Bauw.): *Beton mit Kies, Schotter, Sand als Zuschlagstoffen;* **~bewaffnet** ⟨Adj.; schwerer bewaffnet, am schwersten bewaffnet; nur attr.⟩: *mit [mehreren] schweren Waffen ausgerüstet* (Ggs.: leichtbewaffnet): -e Gangster; ⟨subst.:⟩ **~bewaffnete, der;** **~blütig** ⟨Adj.; nicht adv.⟩: *von ernster Natur; langsam u. bedächtig im Denken u. Handeln:* ein -er Menschenschlag, dazu: **~blütigkeit,** die; -; **~chemikalie,** die ⟨meist Pl.⟩: *Produkt der anorganischen chemischen Industrie von einem niederen Grad der Reinheit* (Ggs.: Feinchemikalie); **~erziehbar** ⟨Adj.; schwerer, am schwersten erziehbar; nur attr.⟩: *Verhaltensstörungen aufweisend u. dadurch in der Erziehung schwierig:* -e Kinder, Jugendliche; ⟨subst.:⟩ **~erziehbare,** der u. die; -n, -n ⟨Dekl. ↑Abgeordnete⟩, dazu: **~erziehbarkeit,** die; -; **~fallen** ⟨st. V.; ist⟩: *große Schwierigkeiten bereiten; große Mühe machen* (Ggs.: leichtfallen): es fiel ihm schwer, sich zu konzentrieren; du mußt das schon tun, auch wenn's [dir] schwerfällt *(auch, wenn du es nicht gerne tust);* **~fällig** ⟨Adj.⟩: *(bes. in bezug auf die Art u. Weise der [Fort]bewegung) durch großes Gewicht, Steifheit o. ä. langsam [u. umständlich], ohne Leichtigkeit:* ein -er Gang; -e Bewegungen; er ist ein etwas -er *([in körperlicher bzw. in geistiger Hinsicht] unbeholfener, langsamer, umständlicher)* Mensch; s. sein; s. gehen, sich bewegen; Ü ein -es *(umständliches)* Verfahren; der -e *(langsam arbeitende)* Beamtenapparat, dazu: **~fälligkeit,** die; -: die S. seines Ganges; Ü die S. der Behörden; **~flüchtig** ⟨Adj.; nicht adv.⟩ (Technik): *nicht leicht verdunstend, verdampfend,* dazu: **~flüchtigkeit,** die ⟨o. Pl.⟩; **~flüssig** ⟨Adj.; nicht adv.⟩ (Technik): *erst bei hohen Temperaturen schmelzend; zäh fließend:* Öl ist ein -er Stoff, dazu: **~flüssigkeit,** die ⟨o. Pl.⟩; **~gängig** ⟨Adj.; Steig. ungebr.; nicht adv.⟩ (Technik): *sich schwer handhaben, bewegen, drehen lassend:* eine -e Lenkung, Schaltung; **~gewicht,** das: **1.** (Schwerathletik) **a)** ⟨o. Pl.⟩ *höchste Körpergewichtsklasse;* **b)** *Sportler der Körpergewichtsklasse Schwergewicht* (1 a). **2.** (ugs. scherzh.) *jmd. mit großem Körpergewicht:* er/sie ist ein S.; Ü Scheuermann ... als juristisches S. *(als tüchtiger Jurist)* weit und breit bekannt (Kirst, Aufruhr 171). **3.** ⟨o. Pl.⟩ *Hauptgewicht (das auf etw. liegt, gelegt wird):* das S. der Arbeit hat sich verlagert; das S. *(Hauptinteresse)* liegt auf etw.: daß ich das S. meiner Untersuchungen ... auf die Erforschung des Studiums richtete (Jens, Mann 70); **~gewichtig** ⟨Adj.; nicht adv.⟩: *mit, von hohem [Körper]gewicht:* immerhin hat der -e Publikumsliebling über 13 Kilo abgenommen (Freizeitrevue 29, 1975, 29); **~gewichtler** [-gəvɪçtlɐ], der; -s: svw. ↑~gewicht (1 b); **~gründig** ⟨Adj.; nicht adv.⟩ (schweiz.): svw. ↑~wiegend; **~gut,** das (Seew.): *Fracht, Ladegut von sehr hohem Gewicht;* **~halten** ⟨st. V.; hat; unpers.⟩: *schwierig sein; Schwierigkeiten machen:* es hält schwer, sich mit der Sache anzufreunden; es dürfte s., einen geeigneten Mann für diese Tätigkeit zu finden; **~hörig** ⟨Adj.; nicht adv.⟩: *in seiner Hörfähigkeit beeinträchtigt; nicht gut hörend:* ein -es Kind; er ist sehr s.; Ü mir scheint, ihr seid [auf einem Ohr] s. (ugs.; *ihr wollt nicht hören, ihr stellt euch taub*), ⟨subst.:⟩ **~hörige,** der u. die; -n, -n: *jmd., der an Schwerhörigkeit leidet,* dazu: **~hörigkeit,** die; -: *das Schwerhörigsein;* **~industrie,** die: *(Gesamtheit der) Unternehmen der eisenerzeugenden u. eisenverarbeitenden Industrie sowie des Bergbaus:* das Land hat keine S.; Die S. *(die Repräsentanten der Schwerindustrie)* entdeckte die „aufbauenden Kräfte" im Nationalsozialismus (K. Mann, Wendepunkt 192), dazu: **~industriell** ⟨Adj.; o. Steig.; nur attr.⟩: *der Schwerindustrie zugehörig, ihr entstammend:* -e Fabrikate, ⟨subst.:⟩ **~industrielle,** der; **~kraft,** die ⟨o. Pl.⟩ (Physik, Astron.): *Gravitation der Erde; Anziehungskraft, die die Erde auf jeden Körper ausübt:* die S. aufheben, überwinden; **~krank** ⟨Adj.; o. Steig.; nur attr.⟩: **a)** *von schwerer Krankheit betroffen; ernstlich krank:* ein -es Kind; **b)** (Jägerspr.) *angeschossen:* ein -es Tier, ⟨subst.:⟩ **~kranke,** der u. die: *schwerkranker Mensch;* **~kriegsbeschädigt** ⟨Adj.; o. Steig.; nicht adv.⟩: vgl. kriegsbeschädigt, ⟨subst.:⟩ **~kriegsbeschädigte,** der u. die; **~laster,** der (ugs.): vgl. ~lastzug; **~lasttransport,** der: vgl. ~lastzug; **~lastzug,** der: *Spezialfahrzeug für besonders schwere Transportgüter;* **~löslich** ⟨Adj.; schwerer, am schwersten löslich; nur attr.:⟩ eine -e Substanz; **~machen** ⟨sw. V.; hat⟩ (Ggs.: leichtmachen): **a)** ⟨s. + sich⟩ *sich bei/mit etw. große Mühe geben:* sie haben sich die Sache nicht gerade schwergemacht; **b)** *erschweren, schwierig machen:* jmdm. die Arbeit, das Leben s.; man hat ihm die Prüfung sehr schwergemacht; **~metall,** das: *Metall mit hohem spezifischem Gewicht* (z. B. Blei, Silber, Gold); **~mut,** die; - [rückgeb. aus schwermütig < mhd. swærmüetec]: *durch Traurigkeit, Mutlosigkeit, innere Leere u. ä. gekennzeichneter lähmender Gemütszustand:* S. befällt, erfüllt jmdn.; in S. verfallen, versinken; Ü die Einsamkeit und S. *(Düsterkeit, Verlassenheit)* der Landschaft (Koeppen, Rußland 39); **~mütig** ⟨Adj.⟩: *an Schwermut leidend, zu Schwermut neigend; in, von einer traurigen, düsteren, depressiven seelischen Gestimmtheit:* ein -er Mensch; ihr Gesicht hat einen -en Zug; s. sein; nach dem Tod ihres Kindes ist sie s. geworden; Ü eine -e *(schwermütig stimmende)* Landschaft; Die Indianer ... viele ihrer Geschichten sind s. oder bitter (Lüthi, Es 70); ⟨Abl.:⟩ **~mütigkeit,** die; -: *das Schwermütigsein; Schwermut;* **~mutsvoll** ⟨Adj.⟩ (geh.): *von Schwermut erfüllt:* ein -er Blick; **~nehmen** ⟨st. V.; hat⟩: *als schwierig, bedrückend o. ä. empfinden, zu ernst nehmen* (Ggs.: leichtnehmen): alles, alle Dinge, einen Tadel [zu] s.; du brauchst die Sache nicht so schwerzunehmen *(sie dir nicht so sehr zu Herzen zu nehmen);* er nimmt das Leben zu schwer *(es fehlt ihm alle Leichtigkeit, Heiterkeit);* **~öl,** das: *bei der Destillation von Erdöl u. Steinkohlenteer anfallendes Öl, das als Treibstoff, Schmier- u. Heizöl verwendet wird;* **~punkt,** der (Physik): *(bei einem starren Körper) derjenige Punkt, der als Angriffspunkt der auf ihn wirkenden Schwerkraft zu denken ist, bei dessen Unterstützung ein frei schwebender Körper im Gleichgewicht bleibt; Massenmittelpunkt:* den S. eines Körpers berechnen; etw. in seinem S. aufhängen, unterstützen; Ü der S. *(das Hauptgewicht)* seiner Tätigkeit liegt in der Forschung; ein Baum bildet den optischen S. *(Mittelpunkt)* des Bildes; daß es (= Athen) ... der politische S. *(das Zentrum)* der hellenischen Welt ... gewesen (Thieß, Reich 446), dazu: **~punktaktion,** die: *schwerpunktmäßig durchgeführte Aktion,* **~punktbetrieb,** der (DDR): *Industriebetrieb, der vorrangig bestimmte Produkte fertigt,* **~punktindustrie,** die (DDR): vgl. ~punktbetrieb, **~punktmäßig** ⟨Adj.; o. Steig.; nicht präd.⟩: *auf bestimmte Zentren o. ä. konzentriert:* ein -er Streik, **~punktprogramm,** das: *Programm (eines*

Vorhabens), das sich auf bestimmte Themen konzentriert: Forschungsstätte mit speziellem S. (Welt 1. 11. 67, 2), **~punktstreik,** der: *Streik, der nicht generell, sondern nur an bestimmten Orten, in bestimmten Schlüsselbetrieben durchgeführt wird;* **~reich** ⟨Adj.; o. Steig.; nur attr.⟩ (ugs.): *sehr reich:* ein -er Mann; **~spat,** der: svw. ↑Baryt; **~transport,** der: svw. ↑~lasttransport; **~tun,** sich ⟨unr. V.; hat⟩ (ugs.): *mit etw., jmdm. Schwierigkeiten haben; nur schwer mit etw., jmdm. zurechtkommen* (Ggs.: leichttun): er tut sich schwer mit dem Lernen, mit seinem Lehrer; ich habe mir/(selten:) mich bei der Sache schwergetan; **~verbrecher,** der: *jmd., der schwere Verbrechen begangen hat;* **~verdaulich** ⟨Adj.; schwerer, am schwersten verdaulich; nur attr.⟩: *(von Speisen) schwer zu verdauen:* -e Speisen; Ü eine -e (ugs.; *schwierige*) Lektüre; **~verkäuflich** ⟨Adj.; schwerer, am schwersten verkäuflich; nur attr.⟩ (Ggs.: leichtverkäuflich): -e Artikel; **~verletzt** ⟨Adj.; schwerer, am schwersten verletzt⟩ (Ggs.: leichtverletzt): die -en Passagiere, ⟨subst.:⟩ **~verletzte,** der u. die: es gab Tote und -e; **~verständlich** ⟨Adj.; schwerer, am schwersten verständlich; nur attr.⟩ (Ggs.: leichtverständlich): etw. ist in -er Sprache abgefaßt; **~verträglich** ⟨Adj.; schwerer, am schwersten verträglich; nur attr.⟩: svw. ↑~verdaulich; **~verwundet** ⟨Adj.; schwerer, am schwersten verwundet; nur attr.⟩ (Ggs.: leichtverwundet), ⟨subst.:⟩ **~verwundete,** der u. die; **~wasserreaktor,** der: *mit schwerem Wasser arbeitender Kernreaktor;* **~wiegend** ⟨Adj.; -er, -ste u. schwerer, am schwersten wiegend; nicht adv.⟩: *ernst zu nehmend; gewichtig; von großer Tragweite:* -e Bedenken; ein -er Entschluß; seine Gründe waren s., wurden für s. erachtet.

Schwere, die; - [mhd. swære, ahd. swārī] (geh.): **1.** *lastendes Gewicht eines Körpers, Gegenstandes (das ihm gemäß der Schwerkraft eigen ist):* etw. sinkt gemäß seiner S. nach unten; Die Haltung des Oberkörpers richtet sich nach der S. *(dem Gewicht)* des Rucksacks (Eidenschink, Bergsteigen 30); das Gesetz der S. (Physik; *der Schwerkraft*); Ü Es wurde mir so leicht ... und dennoch hatte ich in den Beinen eine bleierne S. (Mostar, Unschuldig 113). **2.** *Schwierigkeitsgrad:* da kommt es darauf an, ob der einzelne den Blick dafür besitzt und die S. der Stelle (= beim Klettern im Fels) beurteilen kann (Eidenschink, Bergsteigen 39). **3.** *Ausmaß, hoher Grad:* die S. der Schuld, der Verantwortung, der Krankheit; die Art und S. eines Vergehens; die S. des Unwetters; Ü das Gericht wendete das Gesetz in seiner vollen S. *(Strenge, Härte)* an. **4. a)** *(von Speisen u. ä.) Gehalt (der etw. schwer verträglich sein läßt):* die S. der Weine ist unterschiedlich; **b)** *(von Düften u. ä.) Intensität u. Süße:* die S. des Parfüms; **c)** *lastende Feuchtigkeit:* die S. der Luft machte uns zu schaffen.

schwere-, Schwere-: **~anomalie,** die (Geophysik): *Abweichung der beobachteten Fallbeschleunigung vom Normalen infolge unterschiedlicher Verteilung leichter u. schwerer Massen in der Erdkruste;* **~feld,** das (Geophysik): *Gravitationsfeld eines Himmelskörpers, bes. der Erde;* **~grad,** der: Krankheitsverläufe verschiedener -e; **~los** ⟨Adj.; o. Steig.; nicht adv.⟩: *nicht der Schwerkraft unterworfen; ohne Gewicht, ohne Schwere* (1): die Raumfahrer befinden sich in einem -en Zustand, schweben s. im Raum; der -e Körper im freien Fall; Ü (geh.) der Tag war von einer -en *(unbeschwerten)* Heiterkeit, dazu: **~losigkeit,** die; -: der Zustand der S.; Ü die S. (geh.; *Leichtigkeit*) ihrer Bewegungen.

Schwerenot ['ʃve:rəno:t, auch: ––'–; urspr. verhüll. Bez. für ↑Epilepsie] (veraltend): Ausruf des Ärgers od. Unwillens: S. [noch mal]!; es ist, um die S. zu kriegen!; als Verwünschungsformel: daß dich die S.! ⟨Abl.:⟩ **Schwerenöter** [-nø:tɐ, auch: ––'––], der; -s, - [urspr. = jmd., dem man die schwere Not (= Epilepsie) wünscht] (ugs. scherzh.): *Mann, der durch seinen Charme u. eine gewisse Durchtriebenheit Eindruck zu machen u. sich etw. zu verschaffen versteht.*

schwerlich ⟨Adv.⟩ [mhd. swærlīche = drückend, mühsam, ahd. swārlīhho]: *wohl nicht; nicht leicht; kaum* (1 c): sie werden s. vor Abend ankommen; ohne Erlaubnis würde er das s. gemacht haben; sie wird s. Zeit haben für uns.

schwerst-, Schwerst- (vgl. schwer-, Schwer-): **~arbeit,** die; **~arbeiter,** der; **~behinderte,** der u. die; **~kranke,** der u. die; **~kriminalität,** die.

Schwert [ʃve:ɐ̯t], das; -[e]s, -er [mhd., ahd. swert, swerd, H. u.]: **1.** *(in Altertum u. MA. gebräuchliche) Hieb- u. Stichwaffe mit kurzem Griff u. langer, relativ breiter, ein- od. zweischneidiger Klinge:* ein rostiges, altes, scharfes, schartiges S.; ein S. tragen; das S. ziehen, zücken; das S. in die Scheide stecken; die -er kreuzen (geh., *mit Schwertern miteinander kämpfen*); sein S. gürten; jmdn. durch das S./mit dem S. hinrichten; von einem S. durchbohrt werden; Ü Die Luftwaffe ist Amerikas schärfstes S. im Dschungelkrieg (Spiegel 18, 1966, 116); ***ein zweischneidiges S.** *(etw., was gute, aber auch schlechte Seiten hat);* **das S. des Damokles hängt/schwebt über jmdm.** (↑Damoklesschwert); **das/sein S. in die Scheide stecken** (geh., bildungsspr.; *einen Streit beenden*). **2.** (Schiffbau) *(bei der Jolle) Holz- od. Stahlplatte, die durch eine in Längsrichtung im Boden verlaufende Öffnung ins Wasser gelassen wird, um das Abdriften des Bootes zu verringern.*

schwert-, Schwert-: **~adel,** der: **1.** *(im MA.) durch die Schwertleite in den Ritterstand erhobener Adel.* **2.** *für militärische Verdienste verliehener Briefadel;* **~artig** ⟨Adj.; o. Steig.; nicht adv.⟩: die -e, s. verlängerte Schnauze des Fisches; **~boot,** das: svw. ↑Jolle (2); **~feger,** der [zu ↑fegen (4)] (früher): *Handwerker, der die Feinarbeit an den roh geschmiedeten Schwertern vornahm;* **~fisch,** der: *großer, im Meer lebender Raubfisch mit schwertförmig verlängertem Oberkiefer;* **~förmig** ⟨Adj.; o. Steig.; nicht adv.⟩: vgl. ~artig; **~fortsatz,** der [LÜ aus dem Lat.-Griech.; nach der Form] (Anat.): *unterster, knorpeliger Teil des Brustbeins;* **~geklirr,** das: svw. ↑Schwertergeklirr; **~kampf,** der; **~kämpfer,** der; **~klinge,** die; **~knauf,** der; **~leite** [-laitə], die; -, -n [mhd. swertleite, 2. Bestandteil zu ↑leiten] (MA.): svw. ↑Ritterschlag; **~lilie,** die: *Gartenblume mit schwertförmigen Blättern u. großen Blüten meist in hell- od. dunkelvioletter bzw. hellgelber Farbe; Iris;* **~liliengewächs,** das ⟨meist Pl.⟩ (Bot.): *Vertreter einer Pflanzenfamilie mit vielen Arten u. Gattungen, zu der u. a. Krokus, Iris u. Gladiole gehören;* **~schlucker,** der: *Artist, der ein Schwert bis zum Knauf in seinem Mund verschwinden läßt; Degenschlucker;* **~streich,** der ⟨Pl. selten⟩: *Hieb mit dem Schwert;* ***ohne S.** (geh., veraltend; *ohne Blutvergießen*): die Festung war ohne S. gefallen; **~tanz,** der: svw. ↑Schwertertanz; **~träger,** der: *kleiner, zu den Zahnkarpfen gehörender Fisch mit olivfarbenem Rücken u. silbrigem Bauch, bei dem (beim Männchen) der untere Teil der Schwanzflosse schwertförmig ausgebildet ist u. der häufig in Warmwasseraquarien gehalten wird;* **~wal,** der: *räuberischer Delphin mit schwarzer Körperoberseite, weißer Unterseite u. einer schwertförmigen Rükkenflosse.*

Schwertel ['ʃve:ɐ̯tl̩], der, österr.: das; -s, -: **1.** (selten) svw. ↑Gladiole. **2.** (österr.) svw. ↑Schwertlilie; **Schwertergeklirr,** das; -s: *das Klirren der Schwerter im Gefecht; Schwertgeklirr;* **Schwertertanz,** der; -es, ...tänze: *Waffentanz von Männern mit gezogenen Schwertern (als Schautanz); Schwerttanz.*

Schwester ['ʃvɛstɐ], die; -, -n [mhd., ahd. swester]: **1.** *Person weiblichen Geschlechts in einer Geschwisterreihe:* meine ältere, jüngere, kleine, leibliche S.; ich habe zwei -n; Ü Gewissermaßen die vornehmere S. der Fichte ist die Weißtanne (Mantel, Wald 19). **2.** *Mitmensch weiblichen Geschlechts, mit dem man sich verbunden fühlt:* unsere Brüder und -n im anderen Teil Deutschlands; liebe -n und Brüder im Herrn! **3.** *Nonne, Ordensschwester:* eine geistliche, dienende S.; in der Anrede: S. Maria; in Namen von Orden: die Barmherzigen -n, die Grauen -n, -n der christlichen Liebe, -n unserer Lieben Frau. **4.** kurz für ↑Krankenschwester: S. sein, werden; S. Anna hat Nachtdienst; sie arbeitet als S.; der Patient ruft, verlangt nach der S. **5.** ***eine barmherzige S.** (verhüll.; *Prostituierte, die von bestimmten Freiern kein Geld verlangt*).

Schwester- (vgl. auch: Schwestern-): **~anstalt,** die: vgl. ~firma; **~betrieb,** der: vgl. ~firma; **~firma,** die: *eine mehrerer Firmen eines Unternehmens;* **~herz,** das ⟨o. Pl.⟩ (veraltet, noch scherzh.): *Schwester; Freundin;* **~kind,** das (veraltet): *Kind der Schwester* (1); **~liebe,** die: *Liebe der Schwester* (1); **~mann,** der (veraltet): *Schwager;* **~partei,** die: *Partei des gleichen Typs, mit gleicher politischer Zielsetzung:* die CSU, die S. der CDU; **~schiff,** das: *eines mehrerer Schiffe gleichen Typs;* **~sohn,** der (veraltet): vgl. ~kind; **~stadt,** die: die beiden Schwesterstädte Mannheim und Ludwigshafen; **~tochter,** die (veraltet): vgl. ~kind.

schwesterlich ⟨Adj.; o. Steig.⟩ [mhd. swesterlich]: *wie eine gute Schwester handelnd, im Geiste von Schwestern:* -e Zuneigung, Hilfe; sich s. verbunden sein; ⟨Abl.:⟩ **Schwesterlichkeit,** die; -.

Schwestern- (vgl. auch: Schwester-): **~haube,** die: *zur Berufskleidung einer Krankenschwester gehörende Kopfbedeckung;* **~haus,** das: svw. ↑~wohnheim; **~helferin,** die: *Helferin in der Krankenpflege;* **~liebe,** die: *Liebe zwischen Schwestern* (1); **~orden,** der: svw. ↑Frauenorden; **~paar,** das (geh.): vgl. Brüderpaar; **~schule,** die: *Fachschule für Krankenschwestern,* dazu: **~schülerin,** die: *Krankenschwester während der Berufsausbildung;* **~tracht,** die: **1.** *Berufskleidung der Krankenschwester.* **2.** *Kleidung der Ordensschwester;* **~wohnheim,** das; **~zimmer,** das: *(in einem Krankenhaus o. ä.) Aufenthaltsraum für die Schwestern* (4).

Schwesternschaft, die; -: *Gesamtheit aller Krankenschwestern [eines Krankenhauses].*

Schwibbogen ['ʃvɪp-], der; -s, - [mhd. swiboge, ahd. swibogo, zu ↑schweben, eigtl. = Schwebebogen] (Archit.): *großer Bogen* (2), *dessen oberer Abschluß waagrecht gemauert ist.*

schwieg [ʃvi:k]: ↑schweigen.

Schwiegel ['ʃvi:gl̩]: ↑Schwegel.

Schwieger ['ʃvi:gɐ], die; -, -n [mhd. swiger, ahd. swigar] (veraltet): *Schwiegermutter.*

Schwieger-: **~eltern** ⟨Pl.⟩: *Eltern des Ehepartners;* **~kinder** ⟨Pl.⟩: *Ehepartner der Kinder;* **~mutter,** die [2: H. u.]: **1.** *Mutter des Ehepartners.* **2.** (Jargon) *Verbandsklammer;* **~sohn,** der: *Ehemann der Tochter;* **~tochter,** die: *Ehefrau des Sohnes;* **~vater,** der: *Vater des Ehepartners.*

Schwiele ['ʃvi:lə], die; -, -n [mhd. swil(e), ahd. swil(o), zu ↑[1]schwellen]: **1.** ⟨meist Pl.⟩ *durch Druck verdickte u. verhärtete Stelle in der Haut:* durch die schwere Arbeit hat er -n an den Händen bekommen; auf den harten Stühlen konnte man sich -n ansitzen. **2.** (Med.) *Verdickung des Gewebes durch Narben, die von Entzündungen zurückbleiben:* eine charakteristische bindegewebige Narbe ..., die man im Herzmuskel als S. bezeichnet (Medizin II, 170); ⟨Abl.:⟩ **schwielig** ['ʃvi:lɪç] ⟨Adj.; nicht adv.⟩: *voller Schwielen* (1): -e Hände; -e Fußsohlen.

Schwiemel ['ʃvi:ml̩], der; -s, - [spätmhd. (md.) swīmel, zu mniederd. swīmen, mhd. sweimen = schweben]: **1.** (nordd.) *Schwindel, Taumel.* **2.** ([ost]md.) *liederlich lebender Mensch;* **Schwiemelei** [ʃvi:mə'lai̯], die; - ([ost]md.): *liederlicher Lebenswandel;* **Schwiemeler**: ↑Schwiemler; **Schwiemelfritze,** der; -n, -n [2. Bestandteil ↑-fritze] ([ost]md.): svw. ↑Schwiemel (2); **schwiemelig,** schwiemlig ['ʃvi:m(ə)lɪç] ⟨Adj.; nicht adv.⟩ (nordd.): *schwindelig, benebelt:* Es war einem manchmal ganz s. (H. Mann, Unrat 132); **Schwiemelkopf,** der; -[e]s, ...köpfe; **schwiemeln** ['ʃvi:mln̩] ⟨sw. V.; hat⟩: **1.** (nordd.) *taumeln, schwindlig sein.* **2.** ([ost]md.) *liederlich leben, sich herumtreiben; zechen;* vgl. beschwiemelt; **Schwiemler,** der; -s, -: svw. ↑Schwiemel (2); **schwiemlig**: ↑schwiemelig.

schwierig ['ʃvi:rɪç] ⟨Adj.; nicht adv.⟩ [mhd. swiric, sweric = voll Schwären, eitrig; nhd. an ↑schwer angelehnt]: **1. a)** *viel Mühe machend, Anstrengungen erfordernd; nicht einfach:* eine -e Aufgabe, Arbeit; ein -es Unternehmen, Experiment; eine -e Lektüre; die Klassenarbeiten werden immer -er; die Verhandlungen waren, gestalteten sich s.; die Maschine ist sehr s. zu bedienen; **b)** *kompliziert [u. möglicherweise von unangenehmen Folgen begleitet]; verwickelt:* ein -es Problem, Thema; er befindet sich in einer -en *(verzwickten u. unangenehmen)* Situation; die Panzer waren in einem -en *(unübersichtlichen)* Gelände; die Verhältnisse in diesem Land sind sehr s. geworden. **2.** *schwer zu behandeln, zu etw. zu bewegen, zufriedenzustellen:* ein -er Mensch, Charakter; ein -es Kind; er ist sehr s.; im Alter wurde er immer -er; ⟨Abl.:⟩ **Schwierigkeit,** die; -, -en: **1.** *etw., was für jmdn. noch ungelöst ist, womit er sich schwertut, große Mühe hat:* große, unerwartete, erhebliche -en; das ist die S.; hierin liegt die S.; die -en häuften sich, haben sich erst im Verlauf der Arbeit eingestellt; dem Plan stehen beträchtliche -en entgegen; die Durchführung bereitet ernsthafte, technische -en; man muß erst die -en überwinden, aus dem Weg räumen; die Sache hat ihre S., ist mit -en verknüpft; auf -en stoßen, mit -en kämpfen. **2.** ⟨meist Pl.⟩ *etw., was für jmdn. sehr unangenehm ist, sehr unangenehme Folgen hat:* geschäftliche, finanzielle -en; jmdm. -en machen, in den Weg legen; wenn du damit nicht aufhörst, bekommst du, kriegst du -en; es gab -en mit der Behörde; laß die Finger davon, das macht -en!; in -en *(eine schwierige* (2) *Situation)* kommen, geraten; jmdn. in -en *(eine schwierige* 1 b *Lage)* bringen; ich habe mich mit allen gut verstanden, nur mit Werner hatte ich -en *(konnte ich nur sehr schlecht auskommen).* **3.** (bes. Sport) *hohe Anforderung, die an die Durchführung, Ausführung einer Sache gestellt wird:* Wendy Griner ... lief in ihrem Kürtraining Passagen von großer Schönheit und S. (Maegerlein, Triumph 27).

Schwierigkeits-: **~grad,** der: eine Kür, Texte mit hohem S.; Anzahl und -e der Probleme nehmen in der Industriegesellschaft ständig zu (Gruhl, Planet 251); **~note,** die (Sport): *Note, mit der die Schwierigkeit* (3) *einer Übung bewertet wird;* **~stufe,** die: vgl. ~grad.

schwill [ʃvɪl], **schwillst** [ʃvɪlst], **schwillt** [ʃvɪlt]: ↑[1]schwellen.

schwimm-, Schwimm-: **~abzeichen,** das: *Abzeichen (als Auszeichnung) für besondere Leistungen im Schwimmen;* **~anlage,** die: *Anlage* (3) *für das Schwimmen [als Wettbewerb];* **~anstalt,** die (selten): svw. ↑Badeanstalt; **~anzug,** der: **1. a)** *besonders geschnittenes, enganliegendes Trikot einer Schwimmerin für Wettkampfsport;* **b)** *Spezialanzug eines Kampfschwimmers der Marine.* **2.** svw. ↑Badeanzug; **~art,** die: *bestimmte Art des Schwimmens* (z. B. Brustschwimmen); **~aufbereitung,** die (Technik, bes. Hüttenw.): svw. ↑Flotation; **~bad,** das: *Anlage* (3) *mit [einem] Schwimmbecken [Umkleidekabinen, Liegewiese(n) o. ä.];* **~bagger,** der: *im Wasserbau eingesetzter, schwimmfähiger Bagger;* **~bahn,** die: *Bahn* (3 a) *eines Schwimmbeckens;* **~bassin,** das: svw. ↑~becken; **~becken,** das: *großes, mit Wasser gefülltes Becken* (2 a), *in dem man schwimmen kann;* **~bekleidung,** die (selten); **~beutler,** der (Zool.): *an od. in [stehenden] Gewässern lebende Beutelratte;* **~bewegung,** die ⟨meist Pl.⟩: *mit Armen u. Beinen durchgeführte, fürs Schwimmen charakteristische Bewegung;* **~blase,** die: **1.** *mit Luft gefülltes Hohlorgan im Leib eines Fisches, das u. a. die Anpassung an die Wassertiefe ermöglicht.* **2.** *mit Luft gefüllter Hohlraum verschiedener Meeresalgen* (z. B. des Blasentangs); **~dock,** das: *schwimmfähiges Dock (das sich absenken läßt);* **~fähig** ⟨Adj.; o. Steig.; nicht adv.⟩: *fähig, zu schwimmen; so beschaffen, daß es auf der Wasseroberfläche treibt;* dazu: **~fähigkeit,** die ⟨o. Pl.⟩; **~fest,** das: *sportliche Veranstaltung in festlichem Rahmen mit Wettkämpfen im Schwimmen;* **~flagge,** die: svw. ↑Rettungsboje; **~flosse,** die: **1.** svw. ↑Flosse (2). **2.** (selten) svw. ↑Flosse (1); **~fuß,** der ⟨meist Pl.⟩: *Fuß bestimmter Tiere mit Schwimmhäuten;* **~gürtel,** der: **1.** *Gürtel aus Korkteilen, der jmdn. (der nicht schwimmen kann) im Wasser trägt.* **2.** (ugs. scherzh.) *[sichtbarer] Fettansatz um die Taille herum;* **~halle,** die: *(im Hallenbad) Halle mit Schwimmbecken;* **~haut,** die: *Haut zwischen den Zehen der Schwimmvögel;* **~hose,** die: **1.** *Hose des Schwimmanzugs* (1 b). **2.** svw. ↑Badehose; **~käfer,** der: *(in verschiedenen Arten vorkommender) im Wasser lebender Käfer mit elliptisch abgeplatteten Hinterbeinen;* **~kissen,** das: *aufblasbares Kissen (aus Gummi od. Kunststoff), das jmdn. im Wasser trägt;* **~kompaß,** der: *Magnetkompaß, dessen als Schwimmkörper konstruierte Kompaßrose sich in einem Gemisch aus Alkohol u. Wasser bewegt;* **~körper,** der: *schwimmfähiger Hohlkörper;* **~kran,** der: *auf einem Ponton montierter Kran;* **~kunst,** die ⟨meist Pl.⟩: seine Schwimmkünste zeigen; **~lehrer,** der; **~meister,** der (nicht getrennt: Schwimmeister): **1.** *jmd., der hervorragend schwimmen kann; Meister, Könner im Schwimmen.* **2.** svw. ↑Bademeister; **~panzer,** der (selten): svw. ↑Amphibienpanzer; **~ring,** der: vgl. ~kissen; **~sand,** der: *(durch Grundwasser) breiig fließender, feiner Sand;* **~schüler,** der: *jmd., der schwimmen lernt;* **~sport,** der: *das Schwimmen als sportliche Betätigung;* **~stadion,** das: vgl. ~anlage; **~stil,** der: vgl. ~art; **~trikot,** das: vgl. ~anzug (1 a); **~unterricht,** der; **~vogel,** der: *Vogel mit Schwimmfüßen;* **~wagen,** der: *Amphibienfahrzeug;* **~wanze,** die: *olivbraun glänzende, im Wasser lebende Wanze;* **~weste,** die: *aufblasbare od. aus festem, schwimmfähigem Material (z. B. Kork) bestehende Weste zur Rettung Schiffbrüchiger.*

schwimmen ['ʃvɪmən] ⟨st. V.⟩ [mhd. swimmen, ahd. swimman]: **1. a)** *sich im Wasser aus eigener Kraft (durch bestimmte Bewegungen der Flossen, der Beine u. Arme) fortbewegen* ⟨hat/ist⟩: gut, schnell, schlecht s.; auf dem Rücken, im Schmetterlingsstil s.; er hat/ist im vergangenen Sommer viel geschwommen; das Kind kann [noch nicht] s.; wir sind heute s. gewesen; wie ein Fisch [im Wasser] *(ganz ausgezeichnet)*, wie eine bleierne Ente (ugs. scherzh.; *nicht od. nur schlecht)* s. können; im Springbrunnen schwimmen Fische; **b)** *schwimmend* (1 a) *irgendwohin gelangen* ⟨ist⟩: ans andere Ufer, zur Insel s.; er ist über den Fluß, durch den See geschwommen *(hat ihn schwimmend* *durchquert).* **2.** *eine Strecke schwimmend* (1) *zurücklegen* ⟨ist⟩: wir sind einige Kilometer geschwommen. **3.** ⟨ist⟩ **a)** *als Schwimmer in einem sportlichen Wettbewerb an den Start gehen:* im nächsten Durchgang schwimmt die Titelverteidigerin; sie schwimmt für die USA; **b)** *in einem sportlichen Wettbewerb als Schwimmer eine bestimmte Zeit erzielen, erreichen:* einen neuen Rekord, neue Bestzeit s.; Michael Holthaus ..., der ... in Berlin 4:44,0 geschwommen war (MM 4. 8. 69, 16); **c)** *in einem sportlichen Wettbewerb eine bestimmte Strecke schwimmend* (1) *zurücklegen:* 100 Meter Kraul s.; 400 m Lagen s. **4. a)** *in einer Flüssigkeit, bes. in Wasser, nicht untergehen* ⟨hat⟩: Holz, Kork schwimmt; wenn Wasser genügend Salz enthält, kann ein Ei s.; **b)** *auf einer Flüssigkeit, bes. auf Wasser treiben* ⟨hat/ist⟩: die Kinder ließen auf dem Teich Schiffchen s.; Wrackteile waren/(selten): hatten auf dem Wasser geschwommen; auf/in der Milch schwimmt eine Fliege; ⟨auch im 2. Part.:⟩ schwimmende Inseln; ein schwimmendes Hotel; schwimmende Fracht *(Fracht, die per Schiff transportiert wird);* das Fleisch in schwimmendem Fett *(in so viel Fett, daß es darin schwimmt)* braten; Ü Der Mond schwamm weich in einer Wolke (Fries, Weg 309); auf dieser Katastrophenstimmung schwammen die Radikalen nach oben. **5.** ⟨hat⟩ **a)** *von einer Flüssigkeit übergossen od. bedeckt sein:* wenn er geduscht hat, schwimmt immer das Bad; kannst du nicht aufpassen, der ganze Boden schwimmt!; ihre Augen schwammen *(waren mit Tränen gefüllt);* **b)** *(von einer Flüssigkeit) sich auf etw. verbreiten, sich in Menge ergießen:* ein Blechtisch, auf dem ein wenig Bier schwimmt (Bamm, Weltlaterne 11). **6.** *etw. in Überfluß haben od. genießen* ⟨ist⟩: in Wonne, Freude, Glück s.; Ida Katut schwamm in Vergnügen und Aufregung (Baum, Bali 173). **7.** ⟨ist⟩ **a)** svw. ↑verschwimmen: Die Zahlen schwammen vor ihren übermüdeten Augen (Sebastian, Krankenhaus 144); **b)** *in einem Zustand sein, in dem alles undeutlich u. verschwommen ist:* sein Kopf schwamm ihm, er sank ihm nieder (Gaiser, Jagd 182). **8.** (ugs.) *den Anforderungen nicht gewachsen u. deshalb unsicher sein* ⟨hat⟩: der Redner begann zu s.; die Schauspielerin schwamm bei der Generalprobe; ⟨subst.:⟩ ins Schwimmen kommen/geraten (ugs.; *[in Bedrängnis kommen u. dadurch] die Sicherheit verlieren);* **schwimmenlassen** ⟨st. V.; hat⟩: svw. ↑fahrenlassen (2); **Schwimmer,** der; -s, - [1: spätmhd. swimmer]: **1.** *jmd., der schwimmen* (1) *kann.* **2.** *jmd., der das Schwimmen* (3) *als sportliche Disziplin betreibt, an einem Wettbewerb im Schwimmen teilnimmt.* **3.** (Technik) **a)** *Körper, dessen Auftriebskraft in einer Flüssigkeit eine Last od. ein Gerät über deren Oberfläche hält* (z. B. beim Wasserflugzeug anstelle des Fahrgestells); **b)** *Körper, der durch seinen Auftrieb in einer Flüssigkeit in Verbindung mit einem Ventil den Zu- od. Abfluß regelt;* **c)** *Körper, der durch seinen Auftrieb in einer Flüssigkeit als Anzeiger für die vorhandene Flüssigkeitsmenge verwendet wird;* ⟨Zus.:⟩ **Schwimmerbecken,** das: *für Schwimmer vorgesehenes Becken* (2a) *mit bestimmter Wassertiefe in einem Schwimmbad;* **Schwimmerei** [ʃvɪmə'raj], die; - (ugs.): *[dauerndes] Schwimmen:* die S. macht mir viel Spaß; du wirst durch deine S. zu sehr angestrengt; **Schwimmergrenze,** die; -, -n: *Markierung, die das Ende des Gebiets für Schwimmer anzeigt;* **Schwimmerin,** die; -, -nen: w. Form zu Schwimmer (1, 2); **schwimmerisch** ⟨Adj.; nicht präd.⟩: *das Schwimmen betreffend; in bezug auf das Schwimmen, im Schwimmen:* -es Können, Bemühen; **Schwimmerventil,** das; -s, -e (Technik): *aus einem Schwimmer* (3b), *einem Ventil u. a. bestehender Abschluß einer Wasserleitung zu einem Becken.*

schwind-, Schwind-: ~**maß,** das (Bauw.): *Maß für die Änderung der äußeren Abmessungen eines Körpers o. ä. durch Schwinden des Materials; Schwundmaß;* ~**spannung,** die (Bauw.): *im Beton durch Schwinden hervorgerufene Spannung;* ~**sucht,** die (veraltet): svw. ↑Lungentuberkulose, dazu: ~**süchtig** ⟨Adj.; o. Steig.; nicht adv.⟩ (veraltet): *an Schwindsucht erkrankt; an Schwindsucht leidend,* ~**süchtige,** der u. die (veraltet): *jmd., der an Schwindsucht erkrankt ist.*

Schwindel ['ʃvɪndl̩], der; -s [1: spätmhd. swindel, rückgeb. aus ↑schwindeln (1); 2: beeinflußt von ↑Schwindler]: **1.** *Zustand, bei dem man das Gefühl hat, man würde benommen sein u. taumeln, die ganze Umgebung würde sich um einen herum drehen:* ein jäher, plötzlicher S.; ein leichter, heftiger S. überkam ihn; sie leidet zeitweise an, unter S. **2.** (abwertend) *Betrug, Täuschung, Unwahrheit:* ein ausgemachter, unerhörter S.; der S. kam heraus, flog auf; nichts als S.; den S. kenne ich! *(darauf falle ich nicht herein!);* auf jeden S. reinfallen *(sich leicht betrügen lassen);* ***der ganze S.** (ugs. abwertend; *alles, das Ganze):* was kostet der ganze S.?

schwindel-, [1]**Schwindel-** (Schwindel 1): ~**anfall,** der; ~**erregend** ⟨Adj.; nicht adv.⟩: *bei jmdm. Schwindel hervorrufend:* die Fensterputzer arbeiteten in -er Höhe; sie standen an einem -en Abgrund; Ü die Preise kletterten in -e Höhen; er hat eine -e Karriere hinter sich; ~**frei** ⟨Adj.; o. Steig.; nicht adv.⟩: *nicht schwindlig werdend:* s. sein; ~**gefühl,** das: ihn überkam, ergriff ein heftiges S.; das Mittel erregt Brechreiz und S.

[2]**Schwindel-** (Schwindel 2; schwindeln (2); abwertend): ~**manöver,** das: ein groß angelegtes S.; ~**meier,** der (ugs.): *jmd., der häufig schwindelt* (2); ~**unternehmen,** das: das S. ist aufgeflogen.

Schwindelei [ʃvɪndə'laj], die; -, -en (abwertend): **1.** *kleine Betrügerei:* einträgliche -en betreiben. **2.** *[dauerndes] Schwindeln* (2): niemand glaubte ihr ihre -en; **schwindelhaft** ⟨Adj.; -er, -este, Steig. ungebr.⟩ (abwertend): **a)** *nicht ganz korrekt; unwahr:* -e Darstellungen; **b)** (selten) *zum Schwindeln* (2) *neigend, unaufrichtig;* **schwindelig** ['ʃvɪndəlɪç]: ↑schwindlig; **schwindeln** ['ʃvɪndl̩n] ⟨sw. V.; hat⟩ [1: mhd. swindeln, ahd. swintilōn, Weiterbildung von ↑schwinden, urspr. = in Ohnmacht fallen; 2: beeinflußt von ↑Schwindler]: **1. a)** ⟨unpers.⟩ *von jmdm. als Zustand des Taumelns, Stürzens empfunden werden (wo sich alles zu drehen scheint):* mir/(seltener:) mich schwindelt; als er in die Tiefe blickte, schwindelte ihm/ihn; es schwindelt mir vor den Augen; Ü eine Freiheit zu gewinnen, die mich s. macht (Thielicke, Ich glaube 144); **b)** *vom Schwindel* (1) *befallen sein u. sich zu drehen scheinen:* mein Kopf schwindelt [mir]; der Kopf schwindelte ihm, als er die vielen Zahlen hörte; ⟨oft im 1. Part.:⟩ in schwindelnden *(schwindelerregenden)* Höhen. **2.** (abwertend) **a)** *(beim Erzählen o. ä.) von der Wahrheit abweichen, lügen, nicht ganz aufrichtig u. korrekt sein:* da hast du doch geschwindelt; sie schwindelt häufig; in jedem Geschäft wird geschwindelt (Gaiser, Schlußball 22); **b)** *etw. sagen, was nicht ganz der Wahrheit entspricht:* das hat er alles geschwindelt; „Ich weiß es nicht", schwindelte sie; das ist aber geschwindelt *(das ist aber nicht wahr).* **3.** *durch nicht ganz einwandfreie Kniffe, durch Täuschung irgendwohin bringen, schaffen:* etw. durch den Zoll s.; wenn es Hansen gelungen ist, eine Flasche Slibowitz ... in seine Stube zu s. (Fussenegger, Haus 422); ⟨auch s. + sich:⟩ sich durch das Leben s.; er konnte sich geschickt durch alle Kontrollen, durch das Examen s.; **schwinden** ['ʃvɪndn̩] ⟨st. V.; ist⟩ [mhd. swinden, ahd. swintan]: **1.** (geh.) **a)** *immer mehr, ohne daß sich der entsprechende Vorgang aufhalten läßt, abnehmen:* die Vorräte, das Geld, das Vermögen schwindet; die Kräfte des Patienten schwanden immer mehr; der Ton, der Sender schwindet (Rundfunkt.; *nimmt an Stärke ab*); Ü der Mut, die Hoffnung schwindet; Nach dem Zusammenbruch der ... Räterepublik ... schwand mein politisches Interesse (K. Mann, Wendepunkt 75); ich spürte meine Angst s.; **b)** *dahingehen, vergehen:* die Jahre schwinden; Der Romanschreiber Fontane schwindet mit seiner Zeit (Tucholsky, Werke II, 356); das Bewußtsein schwand, die Sinne schwanden ihm *(er wurde ohnmächtig);* **c)** *nach u. nach entschwinden, verschwinden:* ihre zierliche Gestalt schwand in der Dämmerung [den Blicken]; das Horn auf der Stirn schwand nur langsam (Fallada, Herr 186); die Erinnerung an die Ereignisse schwand allmählich [aus seinem Gedächtnis]; das Lächeln schwand aus ihrem Gesicht; ⟨subst.:⟩ vielleicht sind die Kokainwirkungen schon im Schwinden begriffen (Brod, Annerl 184). **2.** (Fachspr.) *(von Werkstücken o. ä.) durch Abkühlen, Erhärten od. Trocknen im Volumen abnehmen;* **Schwindler** ['ʃvɪndlɐ], der; -s, - [älter = Phantast, Schwärmer, beeinflußt von engl. swindler = Betrüger (aus dem Dt.)] (abwertend): *jmd., der schwindelt* (2); **schwindlerhaft** ⟨Adj.; -er, -este, Steig. ungebr.⟩ (abwertend): *in der Art eines Schwindlers;* **Schwindlerin,** die; -, -nen (abwertend): w. Form zu ↑Schwindler; **schwindlerisch** ⟨Adj.; präd. ungebr.⟩ (abwertend): *Schwindel* (2) *bezweckend; betrügerisch;* **Schwindlerwesen,** das ⟨o. Pl.⟩; **schwindlig** ['ʃvɪndlɪç] ⟨Adj.⟩: **1.** ⟨nicht adv.⟩ *von Schwindel* (1) *befallen:* ich werde leicht s.; mir wurde richtig s. vom Wein; die Höhe machte sie s. **2.** *schwindelerregend:* ... vor dem s. hoch die Mauersegler kreisten (Schnurre, Bart 101); **Schwịndling,** der; -s, -e: *Pilz mit schlankem Stil u. weit voneinander entfernten, mit weißem Porenstaub gefüllten Lamellen, der bei Trockenheit stark einschrumpft;* **Schwịndung,** die; - (Fachspr.): *das Schwinden* (2).

Schwịng-: **~achse,** die (Kfz.-T.): svw. ↑Pendelachse; **~blatt,** das (selten): svw. ↑Membran; **~boden,** der: *elastischer, federnder, leicht nachgebender Boden (in Turn- u. Sporthallen);* **~fest,** das (schweiz.): *sportliche Veranstaltung in festlichem Rahmen mit Wettkämpfen im Schwingen* (9); **~flügel,** der (Bauw.): *Fensterflügel, der auf beiden Seiten seiner waagerechten Mittelachse am Rahmen befestigt ist u. um diese gedreht wird,* dazu: **~flügelfenster,** das; **~kreis,** der (Elektrot.): *geschlossener Kreis elektrischer Leiter, der einen Kondensator u. eine Spule enthält u. in dem Ladungsträger zu elektrischen Schwingungen angeregt werden;* **~maschine,** die (Landw.): *Maschine zum Reinigen von Hanf u. Flachs;* **~messer,** das (veraltet): *Gerät in der Form eines Schwerts (aus Holz) zum Reinigen von Hanf u. Flachs;* **~metall,** das (Technik): *zwischen zwei Metallplatten gelegter Gummiklotz zum Lagern von stoßempfindlichen Geräten, Armaturen* (z. B. Motoren); **~quarz,** der: svw. ↑Piezoquarz; **~tor,** das: *[Garagen]tor, an dessen oberem Ende auf jeder Seite eine Rolle befestigt ist, die in waagerechten Führungsschienen läuft u. beim Öffnen das Tor – mit Hilfe von Spiralfedern od. einem Gegengewicht – nach oben ins Innere des Raumes schwingen läßt;* **~tür,** die: svw. ↑Pendeltür.

Schwinge ['ʃvɪŋə], die; -, -n [mhd. swinge = Flegel (2), Wanne bes. zum Reinigen von Getreide, zu ↑schwingen]: **1.** (geh.) **a)** *Flügel* (1 a) *bes. eines großen Vogels mit großer Spannweite:* der Adler breitet seine -n aus: Um uns herum ... schlugen dunkle -n (= von Fledermäusen; Menzel, Herren 50); Ü die metallischen -n (geh.; *Tragflächen*) der Düsenmaschine; die silbernen -n *(stilisierten Flügel eines Vogels)* auf dem Kragenspiegel der Luftwaffe; die -n der Hoffnung, des Geistes, des Todes; mit einer samtenen S. bedeckte er (= der Alkohol) alle meine Sorgen (Fallada, Trinker 18); **b)** svw. ↑Flügel (1 b): die gebrochene S. eines Erzengels (Langgässer, Siegel 470). **2.** (landsch., bes. österr.) *flacher, länglicher Korb aus Span- od. Weidengeflecht mit zwei Griffen:* Eilig pflücken die Mädchen, im Nu füllt sich die mitgebrachte S. (Fussenegger, Zeit 148). **3.** (Technik) *Teil des Getriebes, das um einen festen Drehpunkt hin u. her schwingt.* **4.** (Landw.) kurz für ↑Flachs-Hanfschwinge.

Schwingel ['ʃvɪŋl̩], der; -s; - [mundartl. Nebenform von ↑Schwindel; der Same der Pflanze erzeugte, wenn er ins Mehl gelangte, häufig Schwindelgefühle]: *(in vielen Arten vorkommendes) Rispengras mit flachen od. zusammengerollten Blättern.*

schwingen ['ʃvɪŋən] ⟨st. V.⟩ /vgl. geschwungen/ [mhd. swingen, ahd. swingan]: **1. a)** ⟨hat/ist⟩ *sich von einem bestimmten Befestigungspunkt aus mit einer gewissen Regelmäßigkeit einen Bogen beschreibend hin u. her bewegen:* die Schaukel schwingt; das Pendel s. lassen; Die Flügel (= des Fensters) schwangen knarrend im kühlen Nachtwind (Sebastian, Krankenhaus 83); an den Ringen hängen und s.; der Artist schwingt am Trapez [durch die Kuppel]; **b)** *mit einem schwingenden* (1 a) *Gerät hin u. her bewegen* ⟨hat⟩: er schwang das Kind in der Schaukel durch die Luft. **2.** *[mit ausgestrecktem Arm über seinem Kopf] in einem Bogen geführt hin u. her, auf u. ab bewegen* ⟨hat⟩: Fahnen, Tücher, Fähnchen s.; die Peitsche, ein Seil s.; er schwang den Hammer, die Axt mit Verbissenheit; die Arme, die Beine s.; etw. durch die Luft, hin u. her, in der Hand s.; die Meßdiener schwangen den Weihrauchkessel über dem Altar; er hat grüßend den Hut geschwungen *(geschwenkt)*. **3.** ⟨s. + sich⟩ *jmdn., sich, etw. mit einem Schwung [einen Bogen beschreibend auf etw. zu]bewegen* ⟨hat⟩: sich aufs Fahrrad, aufs Pferd, in den Sattel s.; er hat sich behende über die Mauer geschwungen; In wehenden Nachthemden schwangen sich Gestalten aus den Betten (Kirst, 08/15, 219); Ü der Vogel schwingt sich in die Luft, in die Lüfte; * **schwing dich!** (landsch., bes. südd.; *geh weg, verschwinde!*). **4. a)** (Physik) *(von Wellen) sich ausbreiten, sich in einer bestimmten Richtung fortpflanzen* ⟨hat⟩: elektromagnetische Wellen schwingen in Fortpflanzungsrichtung; **b)** (geh.) *sich als Schallwellen akustisch wahrnehmbar ausbreiten* ⟨hat/ist⟩: der Orgelklang schwang durch die Kirche; Vom Hochhaus schwangen zwölf Schläge über die Dächer (Fries, Weg 50). **5.** ⟨hat⟩ **a)** *in schnelle, schwingende* (1 a) *Bewegung kommen [u. akustisch wahrnehmbar sein]; vibrieren:* die Membran schwingt; durch den Gleichschritt begann die Brücke zu s.; Die Luft schwang von entferntem, vielstimmigem Hochgeschrei (Th. Mann, Hoheit 23); ⟨subst.:⟩ der Anschlag der Taste bringt die Saite zum Schwingen; **b)** *in jmds. Äußerung o. ä. zum Ausdruck kommen:* ein bitterer Vorwurf, Freude, Kritik schwingt in ihrer Stimme, in seinen Worten; in dieser Musik schien mir ... diese Ätherklarheit zu s. (Hesse, Steppenwolf 179); **c)** *[als Nachklang o. ä.] noch gegenwärtig sein:* die Klänge, die Töne des Schlußakkords schwangen noch im Raum; wir hörten ihre Stimme, ihre Worte s., nachdem sie bereits gegangen war. **6.** (Ski) *in Schwüngen abfahren* (1 c) ⟨ist⟩: ins Tal, zu Tal s.; fast bedächtig schwang er durch die Tore (Olymp. Spiele 1964, 16). **7.** ⟨s. + sich⟩ (geh.) *in einem Bogen verlaufen, sich in einem Bogen erstrecken* ⟨hat⟩: In weitem Bogen schwang sich die Bucht (Salomon, Boche 41); Ü Eine so gewaltig sich über Jahrtausende schwingende Brücke muß auf ungeheuren Pfeilern ruhen (Thieß, Reich 123). **8.** (Landw.) *(Flachs, Hanf) von Holzresten reinigen* ⟨hat⟩. **9.** (schweiz.) *ringen, indem man den Gegner mit der rechten Hand am Gürtel, mit der linken am aufgerollten Hosenbein faßt u. versucht, ihn zu Boden zu werfen* ⟨hat⟩: mit einem starken Gegner s.; ⟨subst.:⟩ er ist Meister im Schwingen; ⟨Abl.:⟩ **Schwịnger,** der; -s, -: **1.** (Boxen) *mit angewinkeltem, steif gehaltenem Arm geführter Schlag, dessen Wirkung durch den Schwung des Körpers unterstützt wird:* einen S. schlagen. **2.** (schweiz.) *jmd., der das Schwingen* (9) *als sportliche Disziplin betreibt, an einem Wettbewerb im Schwingen* (9) *teilnimmt;* **schwịngerisch** ⟨Adj.; o. Steig.; nicht präd.⟩ (schweiz.): *das Schwingen* (9) *betreffend; in bezug auf das Schwingen* (9); *im Schwingen* (9); **Schwinget** ['ʃvɪŋət], der; -s (schweiz.): svw. ↑Schwingfest; **Schwịngung,** die; -, -en: **1.** *schwingende* (1 a), *einen Bogen beschreibende Bewegung:* die Lampe im Flur war in leiser, stetiger S. (Böll, Haus 171). **2.** *das Schwingen* (2, 5 a). **3.** (Physik) *periodisch auftretende Änderung einer physikalischen Größe durch regelmäßige, zwischen bestimmten Grenzen hin u. her führende Bewegung:* elektromagnetische, mechanische -en; heute weiß man, daß das Licht S. ist, und zwar transversale S. (Natur 42). **4.** (geh.) *durch einen Impuls veranlaßte Regung, Reaktion:* die glänzende Darlegung ... übertrug sich selbsttätig ... in einen Bezirk, der seelische -en hervorrief (Thieß, Legende 34). **5.** (geh.) *bogenförmiger Verlauf:* die Brücke zieht sich in eleganter S. über das Tal.

schwịngungs-, Schwịngungs-: **~dämpfend** ⟨Adj.; nicht adv.⟩; **~ebene,** die (Physik): svw. ↑Polarisationsebene; **~dämpfer,** der (Technik): *Vorrichtung, durch die eine mechanische Schwingung* (3) *verringert wird,* dazu: **~dämpfung,** die (Technik); **~dauer,** die (Physik): svw. ↑Periode (3 a); **~fähigkeit,** die: *Fähigkeit zu schwingen* (5 a); **~gedämpft** ⟨Adj.; o. Steig.; nicht adv.⟩ (Technik): die -e Lagerung von Wellen; **~kreis,** der (Elektrot.): svw. ↑Schwingkreis; **~periode,** die: svw. ↑Periode (3 a); **~richtung,** die (Physik): *Richtung der Schwingung* (3) (z. B. einer elektromagnetischen Welle); **~weite,** die (Physik): svw. ↑Amplitude; **~zahl,** die: svw. ↑Frequenz (2 a); **~zustand,** der (Physik): *momentaner Zustand einer physikalischen Größe während des Verlaufs einer Schwingung* (3).

schwipp! [ʃvɪp]: ↑schwapp!; **Schwippe** ['ʃvɪpə], die; -, -n [mhd. (md.) swippe, zu ↑schwippen (1), eigtl. = die Wippende] (landsch.): svw. ↑Peitsche; **schwippen** ['ʃvɪpn̩] ⟨sw. V.⟩ [aus dem Md., Niederd., ablautend zu ↑schwappen]: **1.** svw. ↑wippen ⟨hat⟩. **2.** svw. ↑schwappen ⟨hat/ist⟩; **Schwịppschwager,** der; -s, ...schwäger [wohl zu ↑schwippen in der Bed. „schief sein", eigtl. = schiefer (d. h. nicht richtiger) Schwager] (ugs.): *Schwager des Ehepartners od. des Bruders bzw. der Schwester;* **Schwịppschwägerin,** die; -, -nen (ugs.) w. Form zu ↑Schwippschwager; **schwịpp, schwạpp!**: ↑schwapp; **schwips!** [ʃvɪps]: ↑schwapp; **Schwips** [-], der; -es, -e [urspr. österr., zu ↑schwippen (2)] (ugs.): *durch Genuß von Alkohol hervorgerufener leichter Rausch:* einen S. haben; sich einen [kleinen] S. antrinken. Vgl. beschwipsen, beschwipst.

schwirbelig ['ʃvɪrbəlɪç]: ↑schwirblig; **schwirbeln** ['ʃvɪrbl̩n] ⟨sw. V.; hat⟩ [zu mhd. swerben = sich wirbelnd bewegen] (landsch.): *im Kreis drehen; schwindeln* (1); **schwirblig** ['ʃvɪrblɪç] ⟨Adj.; nicht adv.⟩ (landsch.): *schwindlig* (1).

Schwirl [ʃvɪrl], der; -s, -e [H. u., viell. verw. mit ↑schwirren]: *unscheinbarer, meist bräunlich gefärbter Singvogel, der einen monotonen, surrenden Gesang von sich gibt.*

Schwirr-: **~fliege,** die: svw. ↑Schwebfliege; **~flug,** der: svw. ↑Rüttelflug; **~holz,** das (Völkerk.): *lanzettförmiges Holzbrettchen mit Einkerbungen, das, rasch in kreisende Bewegung versetzt, schwirrende u. brummende Geräusche von sich gibt;* **~vogel,** der (veraltet): svw. ↑Kolibri.

schwirren ['ʃvɪrən] ⟨sw. V.⟩ [aus dem Niederd. < mniederd. swirren, lautm.]: **1. a)** *ein leises, hohes, helles, zitterndes Geräusch hervorbringen, hören lassen* ⟨hat⟩: die Mücken schwirren; die Sehne des Bogens schwirrte; Setzt Ihr Zweifel in meine Fechtkunst? Meine Klinge schwirrt (Hacks, Stücke 89); **b)** *mit schwirrendem* (1 a) *Geräusch fliegen* ⟨ist⟩: Käfer, Insekten schwirren durch die Dämmerung; eine Schar Vögel schwirrt über das Feld; Pfeile, Granatsplitter sind um seinen Kopf geschwirrt, schwirren ihm um die Ohren; Ü Gerüchte schwirren [durch das Haus]; daß ihm derlei Gedanken durch den Kopf s. wollten (H. Kolb, Wilzenbach 141); **c)** (ugs.) *sich schnell irgendwohin begeben* ⟨ist⟩: mit dem Auto am Wochenende an die See s.; Die drei Töchter des Feldwebels Knopf schwirren aus dem Hause (Remarque, Obelisk 90). **2.** *von etw. erfüllt u. deshalb unruhig u. voller Geräusche sein* ⟨hat⟩: die Stadt schwirrt von Gerüchten, Parolen, neuen Nachrichten; ⟨auch unpers.:⟩ es schwirrte von Zurufen (Gaiser, Jagd 20).

Schwitz-: **~bad,** das: *starkes Schwitzen bewirkendes Heißluft-, Dampf- od. Wasserbad;* **~bläschen,** das ⟨meist Pl.⟩: **1.** svw. ↑Hidroa. **2.** vgl. Friesel; **~kammer,** die (früher): *Raum für Schwitzbäder;* **~kasten,** der: **1.** (früher) *hölzerner Kasten für Schwitzbäder, mit einer Öffnung für den Kopf.* **2.** (Ringen) *Griff, bei dem man die Armbeuge von hinten um den Hals des Gegners legt u. dessen Kopf gegen den eigenen Oberkörper preßt:* jmdn. in den S. nehmen, im S. haben; sich aus dem S. befreien; **~kur,** die: *Kur mit schweißtreibenden Mitteln, Schwitzbädern u. ä.;* **~packung,** die: vgl. ~bad; **~wasser,** das ⟨o. Pl.⟩: svw. ↑Kondenswasser.

Schwitze ['ʃvɪtsə], die; -, -n [zu ↑schwitzen (3)] (Kochk.): svw. ↑Mehlschwitze; **schwitzen** ['ʃvɪtsn̩] ⟨sw. V.; hat⟩ [mhd. switzen, ahd. swizzen, zu ↑Schweiß]: **1. a)** *Schweiß absondern:* leicht, stark s.; ich schwitze wie ein Affe, wie ein [Tanz]bär (ugs.; *sehr stark*); vor Aufregung, Angst s.; am ganzen Körper, unter den Armen s.; die Füße, die Hände schwitzten ihm; du mußt mal richtig s. *(eine Schwitzkur machen)*, um die Erkältung loszuwerden; er war klatschnaß geschwitzt; ⟨subst.:⟩ ich bin ganz schön ins Schwitzen gekommen; Ü so hätte er im gleichen Alter in einem Extemporale geschwitzt (*angestrengt gearbeitet;* Gaiser, Jagd 98); über mathematischen Problemen s. *(angestrengt versuchen, sie zu lösen);* **b)** ⟨s. + sich⟩ *durch Schwitzen* (1 a) *in einen bestimmten Zustand kommen:* du hast dich ja total naß geschwitzt. **2. a)** *[sich beschlagen u.] Kondenswasser absondern:* die Fenster, die Wände, die Mauern schwitzen; Mit absoluter Wärmedämmung, damit Aluminium nicht mehr schwitzt (Augsburger Allgemeine 12. 4. 78, 34); **b)** *(von Bäumen) Harz absondern.* **3.** (Kochk.) *in heißem Fett [hell]braun werden lassen:* Mehl [in Butter] s.; **schwitzig** ['ʃvɪtsɪç] ⟨Adj.; nicht adv.⟩ (ugs.): *mit Schweiß bedeckt; schwitzend* (1 a): -e Hände haben.

Schwof [ʃvo:f], der; -[e]s, -e [aus der Studentenspr., eigtl. ostmd. Form von ↑Schweif (vgl. mhd. sweif = schwingende Bewegung)] (ugs.): *[öffentlicher] Tanz:* ein zwangloses Beisammensein mit S.; als die Syncopaters ... zum S. aufspielten (Fries, Weg 94); **schwofen** ['ʃvo:fn̩] ⟨sw. V.; hat⟩ (ugs.) *tanzen:* Wo früher Bürgersleute und Soldaten schwoften, toben heute Discojünger (Hörzu 16, 1979, 32); Ich war im „Forsthaus" s.! (Bredel, Prüfung 101).

schwoien ['ʃvɔyən], **schwojen** ['ʃvo:jən] ⟨sw. V.; hat⟩ [H. u., vgl. gleichbed. niederl. zwaaien] (Seemannsspr.): *(von vor Anker liegenden Schiffen) sich treibend um den Anker drehen.*

schwoll [ʃvɔl], **schwölle** ['ʃvœlə]: ↑[1]schwellen.

schwömme ['ʃvœmə]: ↑schwimmen.

schwor [ʃvo:ɐ̯]: ↑schwören; **schwören** ['ʃvø:rən] ⟨st. V.; hat⟩ /vgl. geschworen/ [mhd. swern, ahd. swerian]: **1. a)** *einen Eid, Schwur leisten, ablegen:* feierlich, öffentlich, vor Gericht, leichtfertig s.; mit erhobener Hand s.; auf die Verfassung s.; falsch s. *(einen Falscheid od. Meineid ablegen);* ⟨mit einem Subst. des gleichen Stammes od. einem sinnverwandten Subst als Obj.:⟩ einen Schwur, Eid, Meineid, Fahneneid s. *(leisten, ablegen);* **b)** *in einem Eid, Schwur versichern od. geloben:* nach der Vernehmung muß der Zeuge s., daß er die Wahrheit gesagt hat; als Sachverständiger muß ich s., daß ich unparteiisch bin; (Eidesformel:) ich schwöre es [, so wahr mir Gott helfe]; ich könnte, möchte [darauf] s. (ugs.; *bin ganz sicher, fest davon überzeugt*), daß er es war; ich hätte s. können, mögen (ugs.; *war fest davon überzeugt*), daß heute Donnerstag ist. **2. a)** *nachdrücklich, unter Verwendung von Beteuerungsformeln versichern; beteuern:* ich schwöre [dir], daß ich davon nichts gewußt habe; er schwor bei allen Heiligen, bei seiner Ehre, bei Gott, unschuldig zu sein; **b)** *geloben, [unter Verwendung von Beteuerungsformeln] feierlich versprechen:* er hat [mir] geschworen, das nie wieder zu tun; wir schworen uns ewige Treue, Freundschaft; wenn du ihn nicht in Ruhe läßt, kriegst du es mit mir zu tun, das schwör' ich dir (ugs.; *darauf kannst du dich verlassen*). **3.** ⟨s. + sich⟩ (ugs.) *sich (etw.) ganz fest vornehmen:* Da hab' ich mir geschworen ..., das zahl ich denen heim (M. Walser, Eiche 28); weil der eine sich geschworen hat, nie wieder in ein Flugzeug zu steigen (Grzimek, Serengeti 90). **4.** *etw. (für einen bestimmten Zweck) für das am besten Geeignete halten; jmdn. (für eine bestimmte Aufgabe, Funktion) für den am besten Geeigneten halten:* meine Mutter schwört [in solchen Fällen] ja auf ihren Kräutertee, aber ich nehme doch lieber Tabletten; Ebenso wie bei den Türen schwört Aldra auch bei den Fenstern auf das Naturmaterial (Augsburger Allgemeine 29. 4. 78, 39); ich halte ihn für einen Kurpfuscher, aber sie schwört auf ihn.

Schwuchtel ['ʃvʊxtl̩], die; -, -n [wohl zu landsch. schwuchteln = tanzen, tänzeln] (salopp, meist abwertend): *[femininer] Homosexueller:* Nur einige -n, die ihre Rolle krampfhaft überbetonen (Chotjewitz, Friede 117).

schwul [ʃvu:l] ⟨Adj.⟩ [eigtl. = ältere Form von ↑schwül, vgl. warmer ↑Bruder] (ugs.): **1. a)** ⟨nicht adv.⟩ *(von Männern) homosexuell veranlagt, empfindend:* Ich habe eine Menge -e Freunde (Simmel, Stoff 70); manche sind so s., die vögeln eine Frau überhaupt nicht (Zwerenz, Kopf 186); **b)** *für einen Homosexuellen charakteristisch, zu ihm gehörend; auf (männlicher) Homosexualität beruhend:* ich mag seine -e Art nicht; -es Empfinden ... als Bestandteil gesunder Erziehung (him 4, 1979, 53); **c)** ⟨nur attr.⟩ *für (männliche) Homosexuelle bestimmt, geschaffen, von Homosexuellen, von Homosexualität geprägt:* -e Kneipen; eine -e Zeitung; -e Literatur; In Amerika gibt es jetzt -e Kirchen (Praunheim, Sex 198). **2.** (selten) *lesbisch:* Themen wie „Schwule Frauen im Berufsleben" (Spiegel 36, 1974, 61); **schwül** [ʃvy:l] ⟨Adj.; nicht adv.⟩ [älter: schwul, aus dem Niederd. < mniederd. swūl, swōl, verw. mit ↑schwelen]: **a)** *durch Schwüle* (a) *gekennzeichnet:* -es Wetter; -e Luft; ein -er Nachmittag; -e Wärme, Hitze; es ist heute furchtbar s.; es war unerträglich s. in dem Zimmer (Langgässer, Siegel 117); **b)** *bedrückend, beklemmend, beklommen, bang:* eine -e Stimmung, Atmosphäre; **c)** *von Sinnlichkeit erfüllt; sinnliches Verlangen hervorrufend, betörend, erotisierend:* der -e Duft der Blüten; ihr -es Parfüm; -e Phantasien, Träume; der -e Zauber orientalischer Paläste und Basare war noch unwiderstehlicher (K. Mann, Wendepunkt 72); als Objekt pikanter Darstellungen, an deren -er Erotik sich die Voyeure delektieren konnten (MM 16. 1. 74, 22); **Schwül** [-], der; -[e]s (österr. ugs.): *durch Alkoholgenuß verursachter Rausch:* einen S. haben; **Schwule** ['ʃvu:lə], der u. (selten:) die; -n, -n ⟨Dekl. ↑Abgeordnete⟩ (ugs.): *jmd., der schwul* (1 a, 2) *ist;* **Schwüle** ['ʃvy:lə], die; -: **a)** *als unangenehm empfundene feuchte Wärme od. Hitze:* es herrschte eine dumpfe, drückende, lastende, gewittrige, unerträgliche S.; die S. des Tages; **b)** *schwüle* (b) *Stimmung, Beklommenheit;* **c)** *schwüles* (c) *Wesen, schwüle Atmosphäre:* Düfte von geradezu berauschender S.

Schwulen-: **~bar,** die: vgl. ~lokal; **~bewegung,** die ⟨Pl. selten⟩: *Bewegung* (3) *mit dem Ziel, die Gleichberechtigung der Homosexuellen durchzusetzen;* **~gruppe,** die: *Zusammenschluß von (im Sinne der Schwulenbewegung) engagierten männlichen Homosexuellen:* die S. trifft sich jeden Montag abend; **~kneipe,** die (ugs.): vgl. ~lokal; **~lokal,** das: *vorwiegend von männlichen Homosexuellen besuchtes Lokal;* **~organisation,** die: vgl. ~gruppe: die Zusammenarbeit zwischen Lesben- und -en (Courage 2, 1978, 50); **~szene,** die ⟨o. Pl.⟩ (Jargon): *Szene, Milieu der männlichen Homosexuellen;* **~treff,** der (ugs.): *Ort (meist ein Lokal), an dem*

sich männliche Homosexuelle treffen: das Café ist als S. bekannt.
Schwulheit, die; - (selten): *das Schwulsein, schwules* (1 a, b, 2) *Wesen;* **Schwuli** ['ʃvu:li], der; -s, -s (ugs. scherzh.): *Homosexueller:* mit Vorliebe für -s, genauer für Pädophile (Sobota, Minus-Mann 76); **Schwulibus** ['ʃvu:libʊs] in der Fügung **in S.** (ugs. scherzh.; *in Schwierigkeiten, in Bedrängnis*): in S. sein, kommen; **Schwulität** [ʃvuli'tɛ:t], die; -, -en ⟨meist Pl.⟩ (ugs.): *Schwierigkeit, Bedrängnis, peinliche Lage:* in -en sein, kommen; jmdn. in große -en bringen, in eine S. geraten.
Schwulst [ʃvʊlst], der; -[e]s [mhd. swulst = Geschwulst, zu ↑[1]schwellen] (abwertend): **1.** *etw., was zur prachtvollen Gestaltung, zur Verschönerung, zur Ausschmückung von etw. dienen soll, was aber als bombastisch, übertrieben aufwendig u. daher als unschön, abstoßend, geschmacklos empfunden wird:* ich mag den S. der barocken Kirchen nicht; seine Gedichte sind frei von allem S.; naturalistisch-expressionistische Stücke wie „Vatermord" ..., voll von Zorn, S. und Schmerz (Express 4. 10. 68, 7). **2.** (Literaturw. veraltet) *(in der Literatur des Spätbarocks häufige) bis zur Geschmacklosigkeit übertriebene Häufung von rhetorischen Figuren, dunklen Metaphern u. Tropen.*
Schwulst-: **~periode,** die (Literaturw. veraltet): vgl. ~zeit; **~stil,** der (Literaturw. veraltet): *überladener, durch Schwulst* (2) *gekennzeichneter literarischer Stil (des Spätbarocks);* **~zeit,** die (Literaturw. veraltet): *Zeit des Schwulststils.*
schwulstig ['ʃvʊlstɪç] ⟨Adj.⟩ [zu ↑Schwulst]: **1.** ⟨nicht adv.⟩ *krankhaft geschwollen, aufgeschwollen, verschwollen, aufgedunsen:* ein -es Gesicht; -e Lippen; ein -er Finger. **2.** (österr. abwertend) svw. ↑schwülstig; **schwülstig** ['ʃvʏlstɪç] ⟨Adj.⟩ (abwertend): *durch Schwulst* (1) *gekennzeichnet, überladen:* -e Verzierungen, Ornamente; eine -e Architektur; ein -er Stil; eine -e Sprache; er redet, schreibt allzu s.; ⟨Abl.:⟩ **Schwülstigkeit,** die; -, -en (abwertend).
schwummerig, schwummrig ['ʃvʊm(ə)rɪç] ⟨Adj.; nicht adv.⟩ [wohl zu ↑schwimmen, eigtl. = das Gefühl des Schwimmens, Schwankens empfindend] (ugs.): **a)** *schwindelig, flau, benommen:* ein -es Gefühl; da kann einem schwummrig werden vor Lampenfieber (Goetz, Prätorius 24); **b)** *unbehaglich, beklommen, bang:* Das sei eine ziemliche Angstpartie gewesen, ... ihr sei ganz schwummrig geworden (Kempowski, Tadellöser 14).
Schwumse ['ʃvʊmzə], die; - [H. u., wohl laut- u. bewegungsnachahmend] (landsch.): svw. ↑Prügel.
Schwund [ʃvʊnt], der; -[e]s [zu ↑schwinden]: **1. a)** *[allmähliches] Schwinden, Verschwinden, Sichverringern, Sichverkleinern von etw.:* Dann wieder der sanfte S. aller Neugierde (Frisch, Gantenbein 207); ein durch Ernährungsstörungen bedingter S. (Med.; *Atrophie*) der Muskulatur; **b)** (bes. Kaufmannsspr.) *durch natürliche Einflüsse bewirktes [allmähliches] Abnehmen des Gewichtes, des Volumens von etw.:* bei längerer Lagerung ist bei Backwaren mit einem leichten S. [des Gewichtes] zu rechnen; das Gewicht des Käses hat sich durch [natürlichen] S. um 4% verringert; **c)** (Kaufmannsspr.) *Verringerung der Menge einer Ware infolge undichter, beschädigter Verpackung o. ä.:* S. durch Leckage ist bei der Transportversicherung mitversichert. **2.** (bes. Kaufmannsspr.) *durch Schwund* (1 b, c) *verlorene Menge:* der S. beträgt 9%, 5 kg. **3.** (Rundfunkt., Funkt.) svw. ↑Fading.
Schwund-: **~ausgleich,** der (Rundfunkt., Funkt.): **a)** *das Ausgleichen des Schwundes* (3); **b)** *Vorrichtung in Rundfunkempfängern, Funkgeräten zum automatischen Schwundausgleich* (a); **~maß,** das (Fachspr.): svw. ↑Schwindmaß; **~regelung,** die (Rundfunkt., Funkt.): svw. ↑~ausgleich; **~stufe,** die (Sprachw.): *Stufe des Ablauts, bei der der Vokal ausfällt.*
Schwung [ʃvʊŋ], der; -[e]s, Schwünge ['ʃvʏŋə; spätmhd. swunc, zu ↑schwingen]: **1. a)** *kraftvolle, rasche, einen Bogen beschreibende Bewegung:* der Schlittschuhläufer machte plötzlich einen S. nach rechts; der Skiläufer fuhr einen eleganten S.; vermutlich wird sie ihre Schwünge noch lange ziehen (*noch lange als Skiläuferin aktiv bleiben;* Maegerlein, Piste 84); der Reiter setzte in kühnem S. über den Graben; der Turner beendete seine Übung mit einem eleganten S.; **b)** *geschwungene Linienführung:* der elegante S. ihrer Brauen, des Brückenbogens; in, mit kühnem S. überspannt die Brücke das Tal. **2.** ⟨o. Pl.⟩ *kraftvolle, rasche Bewegung, Zustand kraftvollen, raschen Sichbewegens:* wo das Ding (= das Messer) gegenschlägt und seinen S. verliert (Böll, Mann 4); daß er stoppen mußte, wo er so schön im S. war (Grass, Blechtrommel 35); ***S. holen** *(sich, bes. auf einer Schaukel, an einem Turngerät in ausholender Weise in schnelle Bewegung versetzen):* er setzte sich auf die Schaukel und holte kräftig S.; [die folgenden Wendungen beziehen sich auf Schwungräder von Maschinen o. ä.] **S. in etw. bringen/etw. in S. bringen** (ugs.; *etw. beleben, richtig in Gang bringen*): der neue Chef hat S. in den Laden gebracht; **jmdn. in S./** (auch:) **auf den S. bringen** (ugs.; *jmdn. veranlassen, aktiv zu werden, intensiver, schneller zu arbeiten o. ä.*): ich werd' euch schon in S. bringen!; **in S. sein** (ugs.: 1. ↑Fahrt 1. 2. *in gutem, gut funktionierendem Zustand sein:* der Laden ist gut in S. 3. *bei einer Arbeit o. ä. gut, rasch vorankommen:* wenn er so richtig in S. ist, schafft er unglaublich viel); **in S. kommen** o. ä. (ugs.: 1. ↑Fahrt 1. 2. *in guten, gut funktionierenden Zustand gelangen:* ich werde schon dafür sorgen, daß der Haushalt wieder in S. kommt. 3. *bei einer Arbeit o. ä. gut, rasch vorankommen:* ich muß erst mal richtig in S. kommen); **etw. in S. haben, halten** (ugs.; *etw. [für das man verantwortlich ist] in gutem, gut funktionierendem Zustand haben, halten*): sie hat, hält ihren Betrieb in S.; **in etw. kommt S.** *(etw. kommt in Bewegung, kommt richtig in Gang):* es muß etwas geschehen, daß endlich mal S. in den Laden kommt. **3.** ⟨o. Pl.⟩ *innerer Antrieb, starker Drang, sich zu betätigen, aktiv zu sein; Begeisterung, innere Spannkraft; Elan:* An den Arbeitslosen erstickten Kraft und S. der Arbeiterbewegung (Niekisch, Leben 256); Er war müde, aber er hatte neuen S. bekommen (Baum, Paris 78); mit viel S. an die Arbeit gehen. **4.** ⟨o. Pl.⟩ *einer Sache innewohnende, mitreißende Kraft, mitreißendes Wesen:* die Musik hat [viel, keinen] S.; seine Rede hatte keinerlei S. **5.** ⟨o. Pl.⟩ (ugs.) *größere Menge, Anzahl:* ein S. Ostarbeiter (Kempowski, Tadellöser 242); 'nen S. Tabak (Fallada, Blechnapf 387); ich habe zu Hause noch einen ganzen S. [von den Dingern].
schwung-, Schwung-: **~bein,** das (Sport): *Bein, mit dem man Schwung holt, um einen Sprung, eine Übung zu unterstützen;* **~feder,** die (Zool.): *eine der großen, verhältnismäßig steifen, aber doch elastischen Federn des Flügels, durch die der zum Fliegen nötige Auftrieb erzeugt wird;* **~kippe,** die (Turnen): *aus dem Schwingen heraus ausgeführte Kippe;* **~kraft,** die (Physik): svw. ↑Zentrifugalkraft; **~los** ⟨Adj.; -er, -este⟩: **a)** ⟨nicht adv.⟩ *keinen Schwung* (3) *habend;* **b)** *keinen Schwung* (4) *habend:* eine trockene, -e Ansprache, dazu: **~losigkeit,** die; -; **~rad,** das (Technik): *aus einem schweren Material gefertigtes Rad* (2), *das, einmal in Rotation versetzt, seinen Lauf nur sehr allmählich verlangsamt;* **~scheibe,** die (Technik): vgl. ~rad; **~seil,** das (Gymnastik): *für gymnastische Übungen verwendetes langes Seil;* **~stemme,** die (Turnen): *Turnübung, bei der man sich aus dem Hang heraus mit kräftigem Schwung in den Stütz zieht;* **~teil** (Turnen): *Teil einer Turnübung, die durch das Schwingen des Körpers gekennzeichnet ist;* **~übung,** die (Turnen): vgl. ~teil; **~voll** ⟨Adj.⟩: **1.** *viel Schwung* (4) *habend:* eine -e Melodie, Inszenierung; ein -er Vortrag; in -en Worten setzte er sich für ihn ein. **2.** *mit viel Schwung* (2) *ausgeführt, vor sich gehend:* eine -e Handbewegung, Geste. **3.** *elegant, kühn geschwungen; in eleganten Bogen verlaufend:* -e Linien, Formen, Ornamente, Arabesken; eine -e Handschrift; **~wurf,** der (Handball): *Wurf, bei dem man aus der Höhe der Hüfte ausholt.*
schwunghaft ⟨Adj.; -er, -este⟩: *(bes. in bezug auf Geschäfte) lebhaft, rege, viel Erfolg zeitigend, gutgehend:* einen -en Handel mit etw. treiben; das Geschäft mit den Taschenrechnern entwickelt sich s.; Die Lufthansa-Aktien ... werden bereits s. gehandelt (Test 45, 1965, 53).
schwupp! [ʃvʊp] ⟨Interj.⟩ [lautm.]: bezeichnet eine plötzliche, ruckartige, rasche u. kurze Bewegung: s., schnellte das Gummi zurück; Schwupp, stand eine neue Flasche auf dem Tischchen (Strittmatter, Wundertäter 364); vgl. schwapp!, schwipp!; **Schwupp** [-], der; -[e]s, -e (ugs.): **1.** *plötzliche, ruckartige, rasche u. kurze Bewegung:* mit einem S. schnappte das Tier seine Beute; ***in einem/auf einen S.** (ugs.; *in einem Zuge, auf einmal*): er erledigte alles in einem S. **2.** *Stoß:* jmdm. einen [leichten] S. geben. **3.** *auf einmal mit kräftigem Schwung gegossene Menge Flüssigkeit; Guß* (2 a): er nahm den Eimer und goß ihm einen S. Wasser ins Gesicht; **schwuppdiwupp!** ['ʃvʊpdi'vʊp] ⟨Interj.⟩ [lautm.]: svw. ↑schwupp; **Schwupper** ['ʃvʊpɐ], der;

-s, - (md.): *[kleines] Versehen, Fehler; Schnitzer:* er macht nicht nur die üblichen S. (Tucholsky, Werke II, 197); **schwups** [ʃvʊps] ⟨Interj.⟩ [lautm.]: svw. ↑schwupp; **Schwups** [-], der; -es, Schwüpse ['ʃvʏpsə] (ugs.): svw. ↑Schwupp.

schwur [ʃvu:ɐ̯]: ↑schwören; **Schwur** [-], der; -[e]s, Schwüre ['ʃvy:rə; mhd. swuor, ahd. eidswuor]: **a)** *in beteuernder Weise gegebenes Versprechen; Gelöbnis:* ein feierlicher, heiliger S.; einen S. halten, verletzen; Ü er hat den S. getan *(den festen Vorsatz gefaßt)*, nicht mehr zu trinken; **b)** *Eid (vor einer Behörde o. ä.), feierliche Beteuerung der Wahrheit einer Aussage:* einen S. auf die Fahne, Verfassung leisten; die Hand zum S. erheben.

Schwur-: **~finger,** der ⟨meist Pl.⟩: *Daumen, Zeige- od. Mittelfinger der Schwurhand;* **~gericht,** das: *mit hauptamtlichen Richtern u. Schöffen besetzte Strafkammer, die für besonders schwere Straftaten zuständig ist,* dazu: **~gerichtsprozeß,** der, **~gerichtsurteil,** das, **~gerichtsverfahren,** das, **~gerichtsverhandlung,** die; **~hand,** die: *rechte Hand, die man beim Schwören eines Eides (mit ausgestrecktem Daumen, Zeige- u. Mittelfinger) erhebt.*

schwüre ['ʃvy:rə]: ↑schwören.

Science-fiction ['saɪəns'fɪkʃən], die; - [engl. science fiction, zu: science < (a)frz. science < lat. scientia = Wissenschaft u. fiction < frz. fiction < lat. fictio, ↑Fiktion]: **a)** *Bereich derjenigen (bes. im Roman, im Film, im Comic Strip, oft in trivialer Form, seltener auch mit sozialkritischem Anspruch behandelten) Thematiken, die die Zukunft der Menschheit in einer fiktionalen, vor allem durch umwälzende, teils rein phantastische, teils tatsächlich mögliche naturwissenschaftlich-technische Entwicklungen geprägten Welt betreffen;* **b)** *Science-fiction-Literatur:* S. schreiben, lesen.

Science-fiction-: **~Autor,** der: *jmd., der Science-fiction-Literatur schreibt;* **~Autorin,** die: w. Form zu ↑~Autor; **~Film,** der: vgl. ~Literatur; **~Hörspiel,** das: vgl. ~Literatur; **~Literatur,** die ⟨o. Pl.⟩: *Literatur mit Thematiken aus dem Bereich der Science-fiction* (a); **~Roman,** der: vgl. ~Literatur; **~Schriftsteller,** der: svw. ↑~Autor; **~Serie,** die: *Fernsehserie mit einer Thematik aus dem Bereich der Science-fiction* (a): „Raumschiff Enterprise" und ähnliche -n.

Scientology [saɪən'tɔlədʒɪ], die; - [amerik. scientology, zu lat. scientia = Wissenschaft u. engl. -logy = ↑-logie]: *mit religiösem Anspruch auftretende Bewegung, deren Anhänger behaupten, eine wissenschaftliche Theorie über das Wissen u. damit den Schlüssel zu (mit Hilfe bestimmter auf der Grundlage der Dianetik entwickelter psychotherapeutischer Techniken zu erlangender) vollkommener geistiger u. seelischer Gesundheit zu besitzen.*

scilicet ['stsi:litsɛt] ⟨Adv.⟩ [lat.] (bildungsspr.): *nämlich* (Abk.: sc., scil.).

Scilla: ↑Szilla.

Scoop [sku:p], der; -s, -s [engl. scoop, auch: Gewinn, eigtl. = Schöpfkelle] (Presse Jargon): *von nur einer Zeitung veröffentlichte sensationelle Meldung, mit deren Veröffentlichung die betreffende Zeitung allen anderen Zeitungen u. sonstigen Medien zuvorkommt; sensationeller Exklusivbericht:* 1878 gelang dem „Times"-Mann ... der bis dahin größte S. Auf dem Berliner Kongreß lud ihn Bismarck zum Abendessen ein (Spiegel 19, 1966, 146).

Scooter: ↑Skooter.

Scordatura [skɔrda'tu:ra], die; - (Musik): svw. ↑Skordatur.

Score [skɔ:], der; -s, -s [engl. score < mengl. scor < anord. skor = (Ein)schnitt, Kerbholz]: **a)** (Golf, Minigolf) *(durch die Anzahl der für ein Loch, bei einem Spiel benötigten Schläge angegebenes) Ergebnis eines Spielers;* **b)** (bes. Mannschaftsspiele) *Spielstand, Spielergebnis;* **c)** (Psych.) *Ergebnis eines Tests;* ⟨Zus. zu a:⟩ **Scorekarte,** die (Golf, Minigolf): *vorgedruckte Karte, auf der die Anzahl der von einem Spieler gespielten Schläge notiert wird;* **scoren** ['skɔ:rən] ⟨sw. V.; hat⟩ [engl. to score] (Sport): *einen Punkt, ein Tor o. ä. erzielen:* für die Bayern scorten Müller und Meier; **Scorer** ['skɔ:rɐ], der; -s, - [engl. scorer] (Golf, Minigolf): *jmd., der die von den einzelnen Spielern gemachten Schläge zählt.*

Scotch [skɔtʃ], der; -s, -s [1: engl. Scotch, kurz für Scotch whisky = schottischer Whisky]: **1.** *schottischer, aus Gerste [mit Beimengungen von anderem Getreide] hergestellter Whisky.* **2.** svw. ↑Scotchterrier; ⟨Zus.:⟩ **Scotchterrier,** der [engl. Scotch terrier = schottischer Terrier]: *kleiner, kurzbeiniger Terrier mit gedrungenem Körper u. langhaarigem, rauhem, meist grauem Fell.*

Scotismus [sko'tɪsmʊs], der; - [engl. Scotism, nach dem schott. Philosophen u. Theologen J. Duns Scotus (etwa 1266–1308)] (Philos.): *philosophische Richtung der Scholastik, die u. a. bes. durch ihren (im Gegensatz zur Auffassung des Thomismus stehenden) Voluntarismus gekennzeichnet ist;* **Scotist** [sko'tɪst], der; -en, -en [engl. Scotist] (Philos.): *Vertreter, Anhänger des Scotismus.*

Scout [skaʊt], der; -[s], -s [engl. scout = Kundschafter < mengl. scoute < afrz. escoute, über das Vlat. zu lat. auscultāre, ↑auskultieren]: engl. Bez. für ↑Pfadfinder.

Scrabble Ⓦᶻ ['skræbl], das; -s, -s [engl. scrabble, zu: to scrabble = scharren, herumsuchen, aus dem (M)niederl.]: *Spiel für zwei bis vier Mitspieler, bei dem kleine, mit je einem Buchstaben bedruckte eckige Spielsteine nach bestimmten Regeln auf einem Brett in der Art eines Kreuzworträtsels zu Wörtern zusammengelegt werden.*

scratch [skrætʃ] ⟨Adj.; nur präd.⟩ [engl.] (Golf): *ohne Vorgabe:* er spielt s.; ⟨Zus.:⟩ **Scratchspieler,** der (Golf): *Spieler, der ohne Vorgabe spielt.*

Screening ['skri:nɪŋ], das; -s, -s [engl. screening, zu: to screen = prüfen, auswählen] (Med., Biol., Chemie), **Screening-Test,** der, **Screening-Verfahren,** das (Med., Biol., Chemie): *an einer großen Zahl von Objekten (Organismen, chem. Stoffgruppen u. a.) durchgeführte Untersuchung, die dazu dient, bestimmte Kriterien (Krankheiten, Eigenschaften, Verhaltensmuster u. a.) erkennen u. auswerten zu können* (z. B. Reihenuntersuchung auf bestimmte Krankheiten): Das Gros der verdächtigen Stoffe läßt sich dabei in einem sogenannten Screening-Verfahren ... durchmustern (MM 7. 4. 70, 3).

Scribble ['skrɪbl], das; -s, -s [engl. scribble, eigtl. = Gekritzel] (Werbespr.): *erster, noch nicht endgültiger Entwurf für eine Werbegraphik.*

Scrip [skrɪp], der; -s, -s [engl. scrip, gek. aus: subscription = Unterzeichnung, Unterschrift] (Wirtsch.): **1.** *Schuldschein für nicht gezahlte Zinsen von Schuldverschreibungen, der den Anspruch auf Zahlung der Zinsen vorläufig aufhebt.* **2.** *Interimsschein.*

Scudo ['sku:do], der; -s, ...di [ital. scudo < lat. scūtum = länglicher Schild, nach der urspr. Form der Münze]: *heute nicht mehr gültige italienische Münze.*

sculpsit ['skʊlpsɪt; lat. = hat (es) gestochen; 3. Pers. Sg. Perf. von: sculpere = (ein)meißeln]: *gestochen von ...* (auf Kupferstichen hinter der Signatur od. dem Namen des Künstlers); Abk.: sc., sculps.

Scylla: ↑Szylla.

Seal [zi:l, engl.: si:l], der od. das; -s, -s [engl. seal = Robbe]: **1. a)** *Fell einer Pelzrobbe;* **b)** *aus Seal* (1 a) *hergestellter wertvoller, brauner bis schwarzer Pelz.* **2.** *Kleidungsstück aus Seal* (1 b): sie trug einen S.; ⟨Zus.:⟩ **Sealmantel,** der: *Mantel aus Seal* (1 b), **Sealplüsch,** der: svw. ↑Sealskin (b); **Sealskin** ['zi:lskɪn, engl.: 'si:lskɪn], der od. das; -s, -s [a: engl. sealskin = Robbenfell, zu: skin = Fell]: **a)** svw. ↑Seal (1); **b)** *als Imitation von Seal* (1 b) *hergestellter, glänzender Plüsch mit langem Flor.*

Séance [ze'ã:s(ə)], die; -, -n [frz. séance = Sitzung, zu: séant = Sitzung haltend, 1. Part. von: seoir = sitzen < lat. sedēre = sitzen]: **1.** (Parapsych.) *spiritistische Sitzung mit einem Medium.* **2.** (bildungsspr. veraltend) *Sitzung.*

Sebcha ['zɛpxa], die; -, -n [arab. (maghrebinisch) sabḫa] (Geogr.): svw. ↑[1]Schott.

Seborrhö, Seborrhöe [zebɔ'rø:], die; -, ...öen [...ø:ən; zu lat. sebum = Talg u. griech. rhoḗ = das Fließen] (Med.): *krankhaft gesteigerte Absonderung von Talg; Schmerfluß.*

sec [zɛk] ⟨Adj.; o. Steig.; als nachgestelltes Attr. zur Bezeichnung einer Sorte⟩ [franz. sec < lat. siccus = trocken]: svw. ↑dry; **secco** ['zɛko] ⟨Adj.; o. Steig.; als nachgestelltes Attr. zur Bezeichnung einer Sorte⟩ [ital. secco < lat. siccus, ↑sec]: svw. ↑dry; **Secco** [-], das; -[s], -s [vgl. a secco] (Musik): svw. ↑Seccorezitativ; ⟨Zus.:⟩ **Seccomalerei,** die: *Malerei auf trockenem Putz* (Ggs.: Freskomalerei); **Seccorezitativ,** das (Musik): *nur von einem Tasteninstrument begleitetes Rezitativ.*

Secentismus [zetʃɛn'tɪsmʊs], der; - [ital. secentismo, zu: secento, ↑Secento] (Literaturw.): *bes. durch den [2]Marinismus geprägter Stil der ital. Barockdichtung des 17. Jahrhunderts;* **Secentist** [zetʃɛn'tɪst], der; -en, -en [ital. secentista] (Kunstwiss., Literaturw.) *Künstler, Dichter des Secento;* **Secento** [ze'tʃɛnto], das; -[s] [ital. secento, Nebenf. von: seicento, ↑Seicento] (Kunstwiss., Literaturw.): svw. ↑Seicento.

Sech [zɛç], das; -[e]s, -e [mhd. sech, ahd. seh(h), H. u., viell. über das Roman. zu lat. secāre, ↑sezieren]: *messerartiges, vor der Pflugschar sitzendes Teil eines Pfluges, das den Boden aufreißt.*

sechs [zɛks] ⟨Kardinalz.⟩ [mhd., ahd. sehs] (als Ziffer: 6): vgl. acht; **Sechs** [-], die; -, -en: **a)** *Ziffer 6;* **b)** *Spielkarte mit sechs Zeichen;* **c)** *Anzahl von sechs Augen beim Würfeln:* eine S. würfeln; **d)** *Zeugnis-, Bewertungsnote 6:* eine S. geben *(eine Leistung mit der Note 6 bewerten);* **e)** (ugs.) *Wagen, Zug der Linie 6:* hier hält nur die S. Vgl. [1]Acht.

sechs-, Sechs- (vgl. auch: acht-, Acht-): **-achser,** der (ugs.): vgl. Dreiachser; **-achsig** ⟨Adj.; o. Steig.; nicht adv.⟩ (mit Ziffer: 6achsig) (Technik): vgl. dreiachsig; **~achteltakt,** der: vgl. Dreiachteltakt; **-adrig** ⟨Adj.; o. Steig.; nicht adv.⟩ (Elektrot.): vgl. einadrig; **-armig** ⟨Adj.; o. Steig.; nicht adv.⟩: vgl. achtarmig; **-bändig** ⟨Adj.; o. Steig.; nicht adv.⟩: vgl. achtbändig; **-beinig** ⟨Adj.; o. Steig.; nicht adv.⟩: vgl. dreibeinig; **-blätt[e]rig** ⟨Adj.; o. Steig.; nicht adv.⟩ (Bot.): vgl. achtblättrig; **-eck,** das: vgl. Achteck; **-eckig** ⟨Adj.; o. Steig.; nicht adv.⟩: vgl. achteckig; **-einhalb** ⟨Bruchz.⟩ (mit Ziffern: 6½): s. Kilo; vgl. ~undeinhalb; **-ender,** der; -s, - (Jägerspr.): vgl. Achtender; **-flach,** das, **-flächner,** der (Math.): *von sechs Vierecken begrenztes Polyeder;* **-flächig** ⟨Adj.; o. Steig.; nicht adv.⟩: *sechs Flächen aufweisend:* ein -er Körper; **~füßer,** der: **1.** (Zool. veraltet): svw. ↑Insekt. **2.** *sechsfüßiger Vers;* **-füßig** ⟨Adj.; o. Steig.; nicht adv.⟩ (Verslehre): vgl. fünffüßig; **-geschossig** ⟨Adj.; o. Steig.; nicht adv.⟩: vgl. achtgeschossig; **-hebig** ⟨Adj.; o. Steig.; nicht adv.⟩ (Verslehre): *sechs Hebungen enthaltend:* ein -er Vers; **-hundert** ⟨Kardinalz.⟩ (mit Ziffern: 600): vgl. hundert; **-jährig** ⟨Adj.; o. Steig.; nur attr.⟩ (mit Ziffer: 6jährig): vgl. achtjährig; **-jährlich** ⟨Adj.; o. Steig.; nicht präd.⟩ (mit Ziffer: 6jährlich): vgl. achtjährlich; **-kampf,** der (Sport): vgl. Fünfkampf; **-kant** [-kant], das od. der; -[e]s, -e (Technik): *Körper (meist aus Metall), dessen Querschnitt ein regelmäßiges Sechseck darstellt,* dazu: **-kanteisen,** das (Technik): *stabförmiges Eisen, dessen Querschnitt ein regelmäßiges Sechseck darstellt,* **-kantig** ⟨Adj.; o. Steig.; nicht adv.⟩: vgl. achtkantig, **-kantmutter,** die: *Mutter in Form eines Sechskants,* **-kantschraube,** die: *Schraube mit einem Kopf in Form eines Sechskants,* **-kantstahl,** der (Technik): vgl. ~kanteisen; **-köpfig** ⟨Adj.; o. Steig.; nicht adv.⟩: *aus sechs Personen bestehend:* eine -e Kommission, Familie; **-mal** ⟨Wiederholungsz., Adv.⟩: vgl. achtmal; **-malig** ⟨Adj.; o. Steig.; nur attr.⟩ (mit Ziffer: 6malig): vgl. achtmalig; **-monatig** ⟨Adj.; o. Steig.; nur attr.⟩ (mit Ziffer: 6monatig): vgl. achtmonatig; **-monatlich** ⟨Adj.; o. Steig.; nicht präd.⟩ (mit Ziffer: 6monatlich): vgl. achtmonatlich; **~monatsziel,** das (Kaufmannsspr.): vgl. Dreimonatsziel; **-motorig** ⟨Adj.; o. Steig.; nicht adv.⟩: vgl. einmotorig; **~paß,** der [zu ↑Paß (4)]: *aus sechs Dreiviertelkreisen zusammengesetzte Figur des gotischen Maßwerks;* **-rädrig** ⟨Adj.; o. Steig.; nicht adv.⟩: vgl. dreirädrig; **-saitig** ⟨Adj.; o. Steig.; nicht adv.⟩: vgl. dreisaitig; **-seitig** ⟨Adj.; o. Steig.; nicht adv.⟩: vgl. achtseitig; **-silbig** ⟨Adj.; o. Steig.; nicht adv.⟩: vgl. achtsilbig; **-spaltig** ⟨Adj.; o. Steig.; nicht adv.⟩: vgl. dreispaltig; **-spänner,** der: vgl. Dreispänner; **-spännig** ⟨Adj.; o. Steig.; nicht adv.⟩: vgl. achtspännig; **-spurig** ⟨Adj.; o. Steig.⟩: *sechs Spuren habend:* eine -e Straße; s. *(in sechs Reihen nebeneinander)* fahren; **-stellig** ⟨Adj.; o. Steig.; nicht adv.⟩: vgl. achtstellig: eine -e Zahl; -e *(in die Hunderttausende gehende)* Umsätze; **-stern,** der: svw. ↑Hexagramm; **-stimmig** ⟨Adj.; o. Steig.⟩: vgl. dreistimmig; **-stöckig** ⟨Adj.; o. Steig.; nicht adv.⟩ (mit Ziffer: 6stöckig): vgl. achtstöckig; **-strahlig** ⟨Adj.; o. Steig.; nicht adv.⟩: **1.** *(von Sternen) sechs Zacken habend:* ein -er Stern. **2.** vgl. dreistrahlig; **-stündig** ⟨Adj.; o. Steig.; nur attr.⟩ (mit Ziffer: 6stündig): vgl. achtstündig; **-stündlich** ⟨Adj.; o. Steig.; nicht präd.⟩ (mit Ziffer: 6stündlich): vgl. achtstündlich; **~tagefahrt,** die (Motorsport): *internationales, sechs Tage dauerndes, durch schwieriges Gelände führendes Rennen für Motorradfahrer;* **~tagerennen,** das (Radsport): *sechs Tage u. sechs Nächte dauerndes, in einer Halle ausgetragenes Rennen;* **~tagewerk,** das (christl. Rel.): svw. ↑Hexaemeron; **~tagewoche,** die: vgl. Fünftagewoche; **-tägig** ⟨Adj.; o. Steig.; nur attr.⟩ (mit Ziffer: 6tägig): vgl. achttägig; **-täglich** ⟨Adj.; o. Steig.; nicht präd.⟩ (mit Ziffer: 6täglich): vgl. achttäglich; **~tausend** ⟨Kardinalz.⟩ (mit Ziffern: 6000): vgl. tausend; **~tausender,** der: vgl. Achttausender; **-teilig** ⟨Adj.; o. Steig.; nicht adv.⟩ (mit Ziffer: 6teilig): vgl. achtteilig; **-tonner,** der: vgl. Achttonner; **~uhrvorstellung,** die: vgl. Achtuhrvorstellung; **~uhrzug,** der: vgl. Achtuhrzug; **-unddreißigflach,** das, **-unddreißigflächner,** der (Math.): svw. ↑Triakisdodekaeder; **-undeinhalb** ⟨Bruchz.⟩ (mit Ziffern: 6½): svw. ↑~einhalb; **-undsechzig** ⟨Kardinalz.⟩ (mit Ziffern: 66): vgl. acht; **-undsechzig,** das; -: *mit einem Skatblatt gespieltes Kartenspiel für zwei bis vier Mitspieler, bei dem mindestens 66 Punkte erreicht werden müssen, um eine Spielrunde zu gewinnen;* **~vierteltakt,** der: vgl. Fünfvierteltakt; **-wertig** ⟨Adj.; o. Steig.; nicht adv.⟩ (Chemie): vgl. dreiwertig (1); **-wöchentlich** ⟨Adj.; o. Steig.; nicht präd.⟩ (mit Ziffer: 6wöchentlich): vgl. dreiwöchentlich; **-wöchig** ⟨Adj.; o. Steig.; nur attr.⟩ (mit Ziffer: 6wöchig): vgl. dreiwöchig; **-zackig** ⟨Adj.; o. Steig.; nicht adv.⟩: vgl. dreizackig: ein -er Stern; **-zählig** ⟨Adj.; o. Steig.; nicht adv.⟩ (Bot.): *(von Blüten) eine aus sechs od. zweimal sechs Kronblättern bestehende Krone (5) habend;* **-zeiler,** der: *sechszeilige Strophe o. ä.;* **-zeilig** ⟨Adj.; o. Steig.; nicht adv.⟩ (mit Ziffer: 6zeilig): vgl. achtzeilig; **~zimmerwohnung,** die: vgl. Fünfzimmerwohnung; **-zollig, -zöllig** ⟨Adj.; o. Steig.; nicht adv.⟩ (mit Ziffer: 6zollig, 6zöllig): *im Durchmesser, in der Länge o. ä. sechs Zoll messend:* ein -es Rohr; **-zylinder,** der (ugs.): **a)** kurz für ↑Sechszylindermotor; **b)** *Kraftfahrzeug mit einem Sechszylindermotor;* **-zylindermotor,** der: *sechszylindriger [Kfz-]Motor;* **-zylindrig** ⟨Adj.; o. Steig.; nur attr.⟩ (mit Ziffer: 6zylindrig): vgl. achtzylindrig.

Sechseläuten ['zɛksəlɔytn̩], das; -s, - [nach altem Brauch verkündete zur Zeit der Frühjahrs-Tagundnachtgleiche eine Glocke um 6 Uhr abends das Ende der Arbeitszeit im Winter] (schweiz.): *am dritten Montag im April gefeiertes Züricher Frühlingsfest;* **Sechser** ['zɛksɐ], der; -s, - [urspr. = Münze vom sechsfachen Wert einer kleineren Einheit; nach 1874 volkst. Bez. für das neu eingeführte 5-Pfennigstück]: **1.** (berlin.) *Fünfpfennigstück:* er hat einen S. gefunden; das kostet einen S. *(fünf Pfennige);* *** nicht für einen S.** (ugs.; *kein bißchen*): er hat nicht für einen S. Humor. **2.** (ugs.) vgl. Dreier (2). **3.** (landsch.) vgl. Dreier (3).

Sechser-: **~karte,** die: *Fahrkarte für sechs Fahrten;* **~pack,** der, **~packung,** die: *Packung, die von einer Ware sechs Stücke enthält:* Dosenbier im praktischen Sechserpack; **~reihe,** die: vgl. Dreierreihe.

sechserlei ⟨best. Gattungsz.; indekl.⟩ [↑-lei]: vgl. achterlei; **sechsfach** ⟨Vervielfältigungsz.⟩ (mit Ziffer: 6fach) [↑-fach]: vgl. achtfach; ⟨subst.:⟩ **Sechsfache,** das; -n (mit Ziffer: 6fache): vgl. Achtfache; **Sechsling** ['zɛkslɪŋ], der; -s, -e ⟨meist Pl.⟩ [nach dem Muster von Zwilling geb.]: vgl. Fünfling; **sechst** [zɛkst] in der Fügung **zu s.** *(als Gruppe von sechs Personen):* wir sind zu s.; **sechst...** ['zɛkst...] ⟨Ordinalz. zu ↑sechs⟩ [mhd. sehste, ahd. seh(s)to] (als Ziffer: 6.): am sechsten November; ⟨subst.:⟩ Leo der Sechste; vgl. acht...; **sechst-, Sechst-** ⟨Ordinalz. zu ↑sechs⟩; ⟨in Zus.:⟩ vgl. dritt-, [1]Dritt-: der sechsthöchste Berg der Welt; **sechstel** ['zɛkstl̩] ⟨Bruchz.⟩ (als Ziffer: $\frac{1}{6}$): vgl. achtel; **Sechstel** [-], das, schweiz. meist: der; -s, - [mhd. sehsteil]: vgl. Achtel (a); **sechstens** ['zɛkstn̩s] ⟨Adv.⟩ (als Ziffer: 6.): vgl. achtens.

Sechter ['zɛçtɐ], der; -s, - [mhd. sehter, ahd. sehtāri < lat. sextārius = ein Hohlmaß (der 6. Teil eines congius, eines größeren Hohlmaßes)]: **1.** (früher) *Getreidemaß von etwa sieben Litern.* **2.** (österr.) *Kübel, Eimer o. ä., bes. Melkeimer.*

sechzehn ['zɛçtse:n] ⟨Kardinalz.⟩ [mhd. sehzehen, ahd. seh(s)zēn] (mit Ziffern: 16): vgl. acht.

sechzehn-, Sechzehn-: **-ender,** der; -s, - (Jägerspr.): vgl. Achtender; **~hundert** ⟨Kardinalz.⟩ (mit Ziffern: 1600): *eintausendundsechshundert:* im Jahre s.; **-jährig** ⟨Adj.; o. Steig.; nur attr.⟩ (mit Ziffern: 16jährig): vgl. achtjährig; **~meterlinie,** die (Fußball): *den Sechzehnmeterraum begrenzende, parallel zur Torlinie verlaufende Linie;* **~meterraum,** der (Fußball): svw. ↑Strafraum; **~millimeterfilm,** der: *sechzehn Millimeter breiter Film (2) (der bes. von Amateuren verwendet wird).*

sechzehntel [...tl̩] ⟨Bruchz.⟩ (in Ziffern: $\frac{1}{16}$): vgl. achtel; **Sechzehntel** [-], das, schweiz. meist der; -s, -: **a)** vgl. Achtel (a); **b)** (Musik) svw. ↑Sechzehntelnote; ⟨Zus.:⟩ **Sechzehntelnote,** die (Musik): vgl. Achtelnote; **sechzig** ['zɛçtsɪç] ⟨Kardinalz.⟩ [mhd. sehzic, ahd. seh(s)zug] (mit Ziffern: 60): vgl. achtzig; **Sechzig** [-], die; -: vgl. Achtzig; **sechziger** ['zɛçtsɪgɐ] ⟨indekl. Adj.⟩ (mit Ziffern: 60er): vgl. achtziger; **Sechziger** [-], der; -s, -: vgl. Achtziger; **Sechzigerin,** die; -, -nen: w.

Form zu ↑Sechziger; **Sechzigerjahre** [auch: '– – –'– –] ⟨Pl.⟩: vgl. Achtzigerjahre; **sechzigjährig** ⟨Adj.; o. Steig.; nur attr.⟩ (mit Ziffern: 60jährig): vgl. achtjährig; **sechzigst...** ['zɛçtsɪçst...] ⟨Ordinalz. zu ↑sechzig⟩ (in Ziffern: 60.): vgl. achtzigst...; **sechzigstel** [...stl] ⟨Bruchz.⟩ (in Ziffern: $\frac{1}{60}$): vgl. achtel; **Sechzigstel** [-], das, schweiz. meist der; -s, -: vgl. Achtel (a).

Secondhandkleidung ['sɛkənd'hænd-], die; - [engl. secondhand = aus zweiter Hand; gebraucht]: *Kleidung aus zweiter Hand, gebrauchte Kleidung;* **Secondhandladen,** der; -s, Secondhandläden: svw. ↑Secondhandshop; **Secondhandshop,** der; -s, -s [engl. second-hand shop]: *Gebrauchtwarengeschäft:* Auch sollten Sie nach -s ... suchen, wenn Sie etwas für Ihr Kind brauchen (Freundin 5, 1978, 89).

Seda: Pl. von ↑Sedum.

Sedarim: Pl. von ↑Seder.

sedat [ze'da:t] ⟨Adj.; -er, -este⟩ [lat. sēdātus, zu: sēdāre = beruhigen, beschwichtigen, Veranlassungsverb zu: sedēre = sitzen] (veraltet, noch landsch.): *gesetzt* (2); **sedativ** [zeda'ti:f] ⟨Adj.; nicht adv.⟩ (Med.): *gegen Erregung wirkend; beruhigend:* ein -es Medikament; die Tropfen wirken s. und schmerzlindernd; **Sedativ** [-], das; -s, -e [...i:və] (Med.): svw. ↑Sedativum; **Sedativa**: Pl. von ↑Sedativum; **Sedativum** [zeda'ti:vʊm], das; -s, ...va (Med.): *sedativ wirkendes Medikament;* **sedentär** [zedɛn'tɛ:ɐ̯] ⟨Adj.; o. Steig.; nicht adv.⟩ [frz. sédentaire < lat. sedentārius = sitzend]: **1.** (veraltet) *seßhaft.* **2.** (Geol.) *(von Sedimenten) aus tierischen od. pflanzlichen Stoffen aufgebaut; biogen:* Torf ist ein -es Sediment.

Seder ['ze:dɐ], der; -[s], Sedarim [zeda'ri:m] [hebr. seder, eigtl. = Ordnung] (jüd. Rel.): *häusliche Feier am ersten u. zweiten Abend des jüdischen Passahfestes;* ⟨Zus.:⟩ **Sederabend,** der.

Sedez [ze'de:ts], das; -es [zu lat. sēdecim = sechzehn] (Buchw.): *Buchformat in der Größe eines sechzehntel Bogens, das sich durch viermaliges Falzen eines Bogens ergibt;* Zeichen: 16°; ⟨Zus.:⟩ **Sedezformat,** das (Buchw.): svw. ↑Sedez.

Sedia gestatoria ['ze:di̯a dʒɛsta'to:ri̯a], die; - - [ital. sedia gestatoria, aus: sedia = Stuhl, Sessel (< mlat. sedium, zu lat. sedēre, ↑sedat) u. gestatorio < lat. gestātōrius = zum Tragen dienend, zu: gestāre = tragen] (kath. Kirche): *Tragsessel des Papstes, in dem er bei feierlichen Aufzügen getragen wird;* **sedieren** [ze'di:rən] ⟨sw. V.; hat⟩ [zu lat. sedēre, ↑sedat] (Med.): *(durch Verabreichung eines Sedativums) beruhigen;* ⟨Abl.:⟩ **Sedierung,** die; -, -en; **Sedile** [ze'di:lə], das; -[s], ...lien [...li̯ən; lat. sedīle = Sitz] (kath. Kirche): *Sitz ohne Rückenlehne für die amtierenden Geistlichen bei der Eucharistiefeier;* **Sediment** [zedi'mɛnt], das; -[e]s, -e [lat. sedimentum = Bodensatz, zu: sedēre, ↑sedat]: **1.** (Geol.) *etw. durch Sedimentation* (1) *Entstandenes, bes. durch Sedimentation entstandenes Gestein.* **2.** (bes. Chemie, Med.) *durch Sedimentation* (2) *entstandener Bodensatz:* die festen Bestandteile des Urins setzen sich auf dem Boden des Glases als S. ab; **sedimentär** [zedimɛn'tɛ:ɐ̯] ⟨Adj.; o. Steig.; nicht adv.⟩ (Geol.): *durch Sedimentation* (1) *entstanden:* -e Lagerstätten; ⟨Zus.:⟩ **Sedimentärgestein,** das (Geol.): svw. ↑Sedimentgestein; **Sedimentation** [zedimɛnta'tsi̯o:n], die; -, -en: **1.** (Geol.) *Ablagerung von Stoffen, die an anderer Stelle abgetragen od. von pflanzlichen od. tierischen Organismen abgeschieden wurden:* durch S. entstandene Gesteinsschichten, Riffe. **2.** (Chemie, Med.) *das Ausfällen, Sichabsetzen von festen Stoffen; Bildung eines Bodensatzes;* **Sedimentgestein,** das; -[e]s, -e (Geol.): *sedimentäres Gestein, Schichtgestein:* Sandstein ist ein S.; **sedimentieren** [zedimɛn'ti:rən] ⟨sw. V.; hat⟩: **1.** (Geol.) *sich ablagern, ein Sediment* (1) *bilden.* **2.** (Chemie, Med.) *ausfällen, sich als Bodensatz niederschlagen;* **Sedimentlot,** das; -[e]s, -e (Fachspr.): *Echolot zur Erfassung von Strukturen u. Schichten im Meeresboden;* **Sedisvakanz** [zedɪsva'kants], die; -, -en [zu lat. sēdis (Gen. von: sēdēs = Stuhl) u. ↑Vakanz] (kath. Kirche): *Zeitraum, während dessen das Amt des Papstes, eines Bischofs unbesetzt ist;* **Sedition** [zedi'tsi̯o:n], die; -, -en [lat. sēditio] (veraltet): *Aufruhr, Aufstand.*

Seduktion [zedʊk'tsi̯o:n], die; -, -en [(spät)lat. sēductio, zu: sēdūcere = verführen] (veraltet): *Verführung.*

Sedum ['ze:dʊm], das; -s, Seda [lat. sedum, H. u.] (Bot.): svw. ↑Fetthenne.

[1]**See** [ze:], der; -s, -n ['ze:ən; mhd. sē, ahd. se(o), H. u.]: *größere Ansammlung von Wasser in einer Bodenvertiefung des Festlandes, stehendes Binnengewässer:* ein kleiner, großer, tiefer, blauer, klarer, stiller S.; ein künstlicher S.; der S. war spiegelglatt, war zugefroren; in dem Wald liegt ein verträumter S.; ein Haus am S.; auf einem S. segeln; durch einen S. schwimmen; im S. baden; über den S. schwimmen, fahren; R still ruht der S. (ugs.; *es ereignet sich nichts;* nach dem 1871 komponierten Lied des dt. Schriftstellers u. Komponisten Heinrich Pfeil, 1835–99); Ü der Hund hat einen S. in der Küche gemacht (fam. verhüll.; *hat dort uriniert*). [2]**See** [-], die; -, -n ['ze:ən; schon mniederd. sē (w.)]: **1.** ⟨o. Pl.⟩ **a)** *Meer:* eine stürmische, tobende, aufgewühlte, ruhige S.; die S. war bewegt; die S. ging hoch *(es herrschte starker Seegang);* er liebt die S.; eine Stadt, ein Haus an der S.; an die S. fahren; von S. *(aus Richtung der offenen See)* kommende Schiffe; bei ruhiger S. *(bei geringem Wellengang);* die offene S. *(die See in größerer Entfernung von der nächstgelegenen Küste);* der Handel zur S. *(Seehandel);* ***auf S.** *([an Bord eines Schiffes] auf dem Meer):* er ist seit einer Woche auf S.; ein Sonnenuntergang auf S.; **auf S. bleiben** (geh. verhüll.; *bei einer Fahrt auf dem Meer den Tod finden*); **auf hoher S.** *(weit draußen auf dem Meer);* **in S. gehen/stechen** *([mit einem Schiff] auslaufen):* wir gehen morgen in S.; die „München" stach am 8. November wieder in S.; **zur S.** (Bestandteil mancher Dienstgrade bei der Marine 1b; Abk.: z. S.): Leutnant, Kapitän zur S.; **zur S. fahren** *(auf einem Seeschiff beschäftigt sein, Dienst tun);* **zur S. gehen** (ugs.; *Seemann werden*); **b)** (Seemannsspr.) *Seegang, Wellen, Wellengang:* schwere, rauhe, grobe, kabbelige, achterliche S.; durch den Sturm hatte sich eine hohe S. aufgebaut; wir hatten [eine] heftige S.; das Verhalten eines Bootes in der S.; das Boot war in der kurzen S. *(bei den kurzen Wellen)* kaum zu bändigen; die See ging lang *(die Wellen waren lang).* **2.** (Seemannsspr.) *[Sturz]welle, Woge:* eine S. nach der anderen ging, schlug über das Schiff; die -n gingen sieben Meter hoch; das Schiff nahm haushohe -n über; er wurde von einer überkommenden S. von Bord gespült.

[1]**see-, See-** ([1]See): **~artig** ⟨Adj.; o. Steig.; nicht adv.⟩: *einem See ähnlich;* **~forelle,** die: *in Süßwasserseen lebender, einer Forelle ähnlicher Lachsfisch;* **~grund,** der: *Grund eines Sees;* **~jungfer,** die: *metallisch bläulichgrün glänzende Libelle mit vier gleich großen Flügeln;* **~promenade,** die: *Promenade an einem Seeufer;* **~rose,** die: *in Binnengewässern wachsende Wasserpflanze mit großen, glänzenden, runden od. ovalen, meist auf der Wasseroberfläche schwimmenden Blättern u. großen, gleichfalls schwimmenden od. über der Wasseroberfläche stehenden, weißen od. gelben Blüten;* **~ufer,** das: *Ufer eines Sees.*

[2]**see-, See** ([2]See): **~aal,** der ⟨o. Pl.⟩: *in Gelee mariniertes Fleisch vom Dornhai;* **~adler,** der: *vor allem an Küsten u. in Landschaften mit vielen Gewässern heimischer, großer, rot- bis schwarzbrauner Adler, der sich vorwiegend von Fischen u. Wasservögeln ernährt;* **~amt,** das (Seew.): *Behörde zur Untersuchung von Seeunfällen (in der Handelsschiffahrt);* **~anemone,** die (Zool.): **a)** svw. ↑Aktinie; **b)** svw. ↑~rose; **~bad,** das: *an der See gelegenes Bad* (3); **~bär,** der: **1.** (Zool.) **a)** svw. ↑Bärenrobbe; **b)** svw. ↑Pelzrobbe. **2.** (Seemannsspr.) *plötzlich auftretende, sehr hohe Welle.* **3.** (ugs. scherzh.) *[alter] erfahrener Seemann:* er ist ein richtiger S.; **~beben,** das: *in einem vom Meer bedeckten Teil der Erdkruste auftretendes Erdbeben;* **~beschädigt** ⟨Adj.; o. Steig.; nicht adv.⟩ (Seew.): *havariert;* **~bestattung,** die: *(an Stelle einer Beerdigung vorgenommene) feierliche Versenkung der Urne mit der Asche des Verstorbenen im Meer;* **~blockade,** die: vgl. Blockade; **~brasse,** die, **~brassen,** der: svw. ↑Meerbrasse; **~brise,** die: vgl. ~wind; **~dorn,** der (Bot.): svw. ↑Sanddorn; **~drache,** der (Zool.): *(zu den Knorpelfischen gehörender) im Meer lebender Fisch mit großem, gedrungenem Kopf u. langem, sich nach hinten verjüngendem u. in einen peitschenartigen Schwanz auslaufendem Körper; Meerdrache;* **~drift,** die: *Drift* (2) *auf See;* **~Elefant,** der (mit Bindestrich): *sehr große Robbe mit rüsselartig verlängerter Nase; Elefantenrobbe;* **~erfahren** ⟨Adj.; nicht adv.⟩: *See-Erfahrung habend:* er ist sehr s.; **~Erfahrung,** die ⟨o. Pl.⟩ (mit Bindestrich): *auf See in der Schiffahrt gewonnene Erfahrung:* er hat noch nicht genügend S.; **~fähig** ⟨Adj.; nicht adv.⟩: svw. ↑~tüchtig; **~fahrend** ⟨Adj.; nur attr.⟩: *(von Nationen o. ä.) Seefahrt*

betreibend: die Portugiesen waren ein -es Volk; **~fahrer,** der (veraltend): *jmd., der (bes. als Kapitän eines Segelschiffes) weite Seefahrten, Entdeckungsfahrten macht:* Heinrich der S.; Sindbad der S.; daß das Haus einstmals einem vornehmen Mann gehört hatte, einem Kaufmann oder S. (Seghers, Transit 45), dazu: **~fahrernation,** die: *seefahrende Nation,* **~fahrervolk,** das: *seefahrendes Volk;* **~fahrt,** die: **1.** ⟨o. Pl.⟩ *Schiffahrt auf dem Meer (als Wirtschaftszweig):* S. betreiben; S. ist not (nach dem Titel des 1913 erschienenen Romans des dt. Schriftstellers Gorch Fock, 1880–1916, der auf die lat. Übers. [navigare necesse est] einer Stelle bei Plutarch zurückgeht); ***die christliche S.** (scherzh.; *alles, was mit der Seefahrt zusammenhängt*): auch in der christlichen S. haben Frauen eine schwere Ausgangsposition im Rennen auf die Topjobs (Hörzu 49, 1972, 92). **2.** *Fahrt übers Meer:* eine S. machen, zu 1: **~fahrt[s]buch,** das (Seew.): *Ausweis für Seeleute, in dem bei einer Abmusterung vom Kapitän Art u. Dauer des geleisteten Dienstes bescheinigt wird,* **~fahrt[s]schule,** die: *Fachschule od. -hochschule für die Ausbildung von Kapitänen;* **~feder,** die (Zool.): *nicht festgewachsene, nur lose im Sand steckende, meist federförmige Koralle; Federkoralle;* **~fest** ⟨Adj.; nicht adv.⟩: **1.** svw. ↑~tüchtig. **2.** *nicht anfällig für Seekrankheit.* **3.** *(von Gegenständen an Bord eines Schiffes) gegen ein Umhergeschleudertwerden bei stärkerem Seegang gesichert:* das ... Porzellangeschirr und die Gläser ... sind s. eingebaut (Skipper 8, 1979, 30); **~fisch,** der: *im Meer lebender Fisch;* **~fischerei,** die: *Fang von Seefischen;* **~flotte,** die: *Flotte von Seeschiffen;* **~flugzeug,** das: svw. ↑Wasserflugzeug; **~fracht,** die: vgl. Luftfracht, dazu: **~frachtbrief,** der; **~funk,** der: *Funk zwischen Schiffen od. zwischen Stationen an der Küste u. Schiffen;* **~gang,** der ⟨o. Pl.⟩: *wellenförmige Bewegung der See, Wellengang:* wir hatten bei der Überfahrt starken, schweren S.; **~gängig** ⟨Adj.; o. Steig.; nicht adv.⟩ (Seemannsspr.): svw. ↑~tüchtig; **~gebiet,** das; **~gefecht,** das: *Gefecht zwischen feindlichen Kriegsschiffen auf See;* **~gehend** ⟨Adj.; o. Steig.; nur attr.⟩ [LÜ von engl. seagoing] (Seemannsspr.): svw. ↑~tüchtig; **~gemälde,** das: svw. ↑~stück; **~gestützt** ⟨Adj.; o. Steig.; nicht adv.⟩ (Milit.): *auf einem Kriegsschiff stationiert:* -e Mittelstrekkenraketen; **~gras,** das: *in der Nähe der Küste auf dem Meeresboden wachsende grasähnliche Pflanze, deren getrocknete Blätter u. a. als Polstermaterial verwendet werden,* dazu: **~grasmatratze,** die: *mit Seegras gefüllte Matratze;* **~grün** ⟨Adj.; o. Steig.; nicht adv.⟩: svw. ↑meergrün; **~gurke,** die (Zool.): *meist auf dem Meeresboden lebendes, gurken- bis wurmförmiges Meerestier mit einer lederartigen Haut u. um die Mundöffnung angeordneten, der Nahrungsaufnahme dienenden Tentakeln;* **~hafen,** der (Ggs.: Binnenhafen): **1.** *für Seeschiffe geeigneter, erreichbarer Hafen.* **2.** *Stadt mit einem Seehafen:* Hamburg ist [ein] S.; **~handel,** der: *auf dem Seeweg abgewickelter Handel;* **~hase,** der [H. u.] (Zool.): *(zu den Knochenfischen gehörender) im Meer lebender, plumper, hochrückiger Fisch, dessen schuppenlose Haut mit Höckern u. Stacheln besetzt ist; Meerhase;* **~hecht,** der: *im Meer lebender, dem Hecht ähnlicher Raubfisch; Meerhecht;* **~heilbad,** das: *an der See gelegenes Heilbad* (1); **~herrschaft,** die ⟨o. Pl.⟩: *auf den Besitz einer überlegenen [Kriegs]flotte gegründete Herrschaft* (1), *Kontrolle über das Meer u. bes. seine Wasserstraßen:* das 19. Jahrhundert stand im Zeichen der britischen S.; **~höhe** die (selten): svw. ↑Meereshöhe; **~hund,** der: **1.** *Robbe mit (beim erwachsenen Tier) weißgrauem bis graubraunem Fell.* **2.** ⟨o. Pl.⟩ *aus dem Fell junger Seehunde hergestellter Pelz:* ein Mantel aus S., dazu: **~hundsbart,** der (ugs.): svw. ↑~hundsschnauzbart, **~hundsfang,** der, **~hundsfänger,** der, **~hundsfell,** das, **~hundsjagd,** die, **~hundsjäger,** der, **~hundsschnauzbart, ~hundsschnauzer,** der (ugs.): *weit herabhängender Schnauzbart;* **~igel,** der: *am Meeresboden lebendes Tier, dessen kugeliger bis scheibenförmig abgeflachter Körper von einer kalkigen Schale umgeben ist, auf der lange Stacheln stehen;* **~jungfrau,** die (Myth.): svw. ↑Meerjungfrau; **~kabel,** das: *im Meer verlegtes Kabel;* **~kadett,** der (Milit.): *Offiziersanwärter bei der Marine;* **~kanal,** der: *zwei Meere miteinander verbindender Kanal für Seeschiffe;* **~karte,** die: *nautischen Zwecken dienende Karte* (6) *mit Angaben für die Navigation;* **~kasse,** die (Seew.): *Organisation der Kranken- u. Rentenversicherung für Seeleute;* **~kiste,** die: svw. ↑Seemannskiste; **~klar** ⟨Adj.; o. Steig.; nicht adv.⟩ (Seemannsspr.): *fertig zur Fahrt aufs Meer:* das Schiff ist s.; ein Schiff s. machen; **~klima,** das (Geogr.): *bes. in Küstengebieten herrschendes, vom Meer beeinflußtes Klima, das sich durch hohe Luftfeuchtigkeit u. verhältnismäßig geringe Temperaturschwankungen auszeichnet;* **~krank** ⟨Adj.; o. Steig.; nicht adv.⟩: *an Seekrankheit leidend:* s. werden; **~krankheit,** die: *durch das Schwanken eines Schiffes auf bewegtem Wasser verursachte, mit Schwindelgefühl einhergehende Übelkeit, die häufig zum Erbrechen führt;* **~kreuzer,** der (Segelsport): svw. ↑Kreuzer (2); **~krieg,** der: *mit Seestreitkräften [u. Flugzeugen] auf See geführter Krieg um die Seeherrschaft,* dazu: **~kriegführung,** die, **~kriegsrecht,** das ⟨o. Pl.⟩; **~kuh,** die: *großes, an eine Robbe erinnerndes Säugetier, das an Küsten u. in Binnengewässern der Tropen u. Subtropen lebt u. sich von Wasserpflanzen ernährt;* **~küste,** die (selten): svw. ↑Küste; **~lachs,** der: **a)** svw. ↑Köhler (2); **b)** ⟨o. Pl.⟩ *Fleisch des Köhlers* (2) *als Nahrungsmittel, bes. in Form von Lachsersatz;* **~leopard,** der: *in der Antarktis lebende große Robbe, deren Fell auf der Oberseite grau gefärbt u. schwarz gefleckt ist;* **~leute**: Pl. von ↑~mann; **~lilie,** die (Zool.): *in großer Tiefe im Meer lebender Haarstern, der mit seinem langen, am Grund festsitzenden Stiel u. seinen vielfach verzweigten Armen an eine Blume erinnert;* **~lotse,** der (Seew.): *auf See Dienst tuender Lotse* (Berufsbez.); **~löwe,** der: *Robbe mit verhältnismäßig schlankem Körperbau u. einer schmalen Schnauze mit langen, borstenähnlichen Schnurrhaaren, die löwenähnlich brüllen kann;* **~luft,** die ⟨o. Pl.⟩: *frische, kräftig-würzige Luft, die man am Meer atmet:* die S. wird dir guttun; ich möchte mal wieder ein bißchen S. atmen, schnuppern (ugs.; *möchte gern wieder einmal an die See fahren*); **~macht,** die: *Staat, der über beträchtliche Seestreitkräfte verfügt* (Ggs.: Landmacht); **~mann,** der ⟨Pl. -leute⟩: *jmd., der auf einem Seeschiff beschäftigt ist* (Berufsbez.), dazu: **~männisch** ⟨Adj.; o. Steig.; präd. ungebr.⟩: *zu einem Seemann gehörend, für einen Seemann charakteristisch, in der Art eines Seemanns:* sein -es Geschick; eine -e Ausdrucksweise; er ist ein s. erfahrener Mann; **~manns-**: ↑seemanns-, Seemanns-; **~mannschaft,** die ⟨o. Pl.⟩ (Seemannsspr.): *Gesamtheit aller (erlernten od. durch praktische Erfahrung erworbenen) Fähigkeiten u. Kenntnisse, die man für die Seefahrt benötigt:* zur S. gehören auch wetterkundliche Kenntnisse; **~mäßig** ⟨Adj.; o. Steig.⟩ (Fachspr.): *(von Verpackungen) für den Seetransport geeignet:* Frachtgut s. verpacken; **~maus,** die [1: die etwa mausgroßen leeren Kapseln erinnern, vom Wind über den Strand getrieben, an schnell laufende Mäuse; 2: H. u.]: **1.** (volkst.) *im Umriß rechteckiges, von einer dunklen Hornschale umgebenes, an den Ecken fadenförmig ausgezogenes Ei eines Hais od. Rochens.* **2.** svw. ↑~raupe; **~meile,** die: *in der Seefahrt zur Angabe von Entfernungen verwendete Längeneinheit; nautische Meile;* Zeichen: sm; **~mine,** die: *zum Einsatz gegen Schiffe im Wasser verlegte* [1]*Mine* (2); **~moos,** das ⟨o. Pl.⟩: *in Kolonien im flachen Wasser am Meeresgrund lebende Polypen* (1), *deren an fein verzweigte, zarte Pflanzen erinnernde Stöcke getrocknet u. [grün] gefärbt zur Dekoration verwendet werden;* **~möwe,** die: *am Meer lebende Möwe;* **~nadel,** die: *im Meer lebender Fisch, dessen langgestreckter, stabförmiger Körper mit kleinen Plättchen aus Knochen besetzt ist u. dessen Kopf vorn in ein langes, röhrenförmiges Organ ausläuft, mit dem er seine Nahrung aufsaugt;* **~nebel,** der: *auf See auftretender Nebel;* **~nelke,** die: *mit zahlreichen kurzen u. feinen Tentakeln ausgestattete, oft lebhaft gefärbte Seerose;* **~neunauge,** das: svw. ↑Meerneunauge; **~not,** die ⟨o. Pl.⟩: *Situation höchster Gefahr auf See, in der dringend Hilfe benötigt wird; Situation, in der die Gefahr besteht, daß ein Schiff, ein gewassertes Flugzeug untergeht:* eine Besatzung aus S. retten; in S. geraten, sein; die durch die Notwasserung in S. geratenen Passagiere wurden von einem irischen Frachter aufgenommen, dazu: **~notdienst,** der, **~notkreuzer,** der: svw. ↑~notrettungskreuzer, **~notrettungsdienst,** der, **~notrettungsflugzeug,** das, **~notrettungskreuzer,** der: *für den Einsatz zur Rettung in Seenot geratener Menschen bestimmtes kleineres Schiff,* **~notruf,** der: *Funkspruch, -signal zur Anforderung von Hilfe bei Seenot,* **~notsignal, ~notzeichen,** das: *Funkzeichen zur Anforderung von Hilfe bei Seenot;* **~nymphe,** die (Myth.): svw. ↑Meerjungfrau; **~offizier,** der: *Offizier der Marine* (b); **~ohr,** das: *im Meer, bes. im Bereich der Brandung, lebende Schnecke, deren Gehäuse an eine menschliche Ohrmuschel erinnert; Meerohr;* **~otter,** der: svw. ↑Meerotter; **~pferd, ~pferdchen,** das: *im Meer lebender, meist in aufrechter Haltung schwim-*

mender kleiner Fisch, dessen mit kleinen knöchernen Plättchen bedeckter, bizarr geformter Körper mit dem nach vorn geneigten Kopf an ein Pferd erinnert; Hippocampus (2); ~**pocke,** die: *im Meer, bes. in der Gezeitenzone, meist in [großen] Kolonien lebendes kleines Krebstier, dessen aus Kalk bestehendes, kegelförmiges, oben eine kraterförmige Öffnung aufweisendes äußeres Skelett fest auf einem im Wasser befindlichen Gegenstand angeheftet ist; Meereichel;* ~**protest,** der (Seew. jur.): svw. ↑Verklarung; ~**raub,** der: *[auf See begangener] Raub* (1) *eines Schiffes, einer Schiffsladung:* vom S. lebend, dazu: ~**räuber,** der: *jmd., der [gewohnheitsmäßig] Seeraub begeht; Pirat,* dazu: ~**räuberei** [---'-], die: **1.** ⟨o. Pl.⟩ *[gewohnheitsmäßige] Betätigung als Seeräuber, seeräuberisches Handeln:* die S. bekämpfen; jmdn. wegen S. verurteilen. **2.** ⟨meist Pl.⟩ (selten) *seeräuberische Handlung:* die ihm zur Last gelegten -en, ~**räuberisch** ⟨Adj.; o. Steig.; nicht adv.⟩: *den Tatbestand der Seeräuberei erfüllend; wie ein Seeräuber vorgehend:* ein -er Überfall; -e Praktiken; s. lebende Stämme, ~**räuberschiff,** das, ~**räuberunwesen,** das ⟨o. Pl.⟩ (abwertend), ~**räuberwesen,** das ⟨o. Pl.⟩; ~**raupe,** die: *im Meer lebender Ringelwurm mit schuppenartigen Plättchen auf dem Rücken u. buntschillernden Borsten an den Seiten;* ~**recht,** das ⟨o. Pl.⟩: *die Nutzung der Meere, bes. die Seeschiffahrt regelndes Recht,* dazu: ~**rechtlich** ⟨Adj.; o. Steig.; nicht präd.⟩: das ist s. nicht möglich; ~**reise,** die: *übers Meer führende Reise;* ~**reisende,** der; ~**rose,** die: *in vielen Arten vorkommendes, oft lebhaft gefärbtes, im Meer lebendes Tier mit zahlreichen Tentakeln, das an eine Blume erinnert; Seeanemone* (2); ~**sack,** der: *bes. von Seeleuten benutzter, mit Tragegurten u. einem Tragegriff versehener größerer Sack aus wasserdichtem Segeltuch zum Verstauen der auf eine Reise mitzunehmenden persönlichen Gegenstände;* ~**salz,** das: svw. ↑Meersalz; ~**sand,** der: *am Meeresgrund liegender, vom Meer angespülter feiner Sand;* ~**sandmandelkleie,** die (Kosmetik): *mit feinstem Seesand vermischte Mandelkleie;* ~**schaden,** der (Amtsspr.): *auf See entstandener Schaden an einem Schiff od. seiner Ladung,* dazu: ~**schaden[s]berechnung,** die; ~**scheide,** die: *[am Meeresgrund festsitzendes] einzeln od. in Kolonien lebendes Manteltier mit schlauch- od. walzenförmigem Körper;* ~**schiff,** das: *seetüchtiges Schiff,* dazu: ~**schiffahrt,** die ⟨o. Pl.⟩ (Ggs.: Binnenschiffahrt, Küstenschiffahrt), dazu: ~**schiffahrt[s]straße,** die: *mit dem Meer in Verbindung stehende Wasserstraße,* Unterelbe, Nord-Ostsee-Kanal und andere -n, ~**schiffer,** der: *Führer eines Seeschiffs;* ~**schildkröte,** die: svw. ↑Meeresschildkröte; ~**schlacht,** die: vgl. ~krieg; ~**schlag,** der ⟨o. Pl.⟩ (Seemannsspr.): **1.** *das Übergehen* (6) *von Seen* (2): die Luken müssen gegen S. gesichert werden. **2.** *Zusammenwirken von Schwell u. Sog an einer Küste:* die Küstenlinie hat sich durch S. allmählich verändert; ~**schlange,** die: **1.** *an Küsten warmer Meere vorkommende, im Wasser lebende Giftschlange, die sich vorwiegend von Fischen ernährt.* **2.** (Myth.) *schlangenartiges Seeungeheuer;* ~**schwalbe,** die: *am Wasser, bes. am Meer lebender, vorwiegend weiß od. hell gefärbter Vogel, der bes. wegen seines gegabelten Schwanzes u. seiner schmalen, spitzen Flügel an eine Schwalbe erinnert;* ~**seide,** die: svw. ↑Muschelseide; ~**seite,** die: *dem Meer zugewandte Seite* (Ggs.: Landseite): die S. des Deiches; ~**sieg,** der: *in einer Seeschlacht errungener Sieg;* ~**skorpion,** der: svw. ↑Drachenkopf; ~**sperre,** die (Milit.): *Zustand, daß ein bestimmtes Seegebiet zum Sperrgebiet erklärt worden ist:* ~**spinne,** die: *(in vielen Arten vorkommende) in Ufernähe im Meer lebende Krabbe mit langen, dünnen, an eine Spinne erinnernden Beinen; Meerspinne;* ~**staat,** der (veraltend): *Seefahrt treibender Staat, Seemacht;* ~**stadt,** die: *an der See gelegene Stadt;* ~**stern,** der: *(in vielen Arten vorkommendes) im Meer lebendes sternförmiges Tier mit meist fünf Armen, das an der Oberseite eine rauhe, stachelige Haut u. an der Unterseite viele kleine, der Fortbewegung dienende Saugorgane besitzt;* ~**straße,** die: *über das Meer führende Route, von Schiffen befahrene Strecke,* dazu: ~**straßenordnung,** die (jur.): *internationales Gesetz zur Regelung des Schiffsverkehrs auf See;* ~**streitkräfte** ⟨Pl.⟩: svw. ↑Marine (1 b); ~**stück,** das (bild. Kunst): *Gemälde, das die See, die Küste, eine Flußlandschaft, einen Hafen, eine Seeschlacht o. ä. darstellt; Marine* (2); ~**sturm,** der (selten): *Sturm auf See;* ~**tang,** der: *große, in Küstennähe im Meer wachsende, meist auf Felsen festsitzende Braun- od. Rotalge;* ~**taucher,** der: *mittelgroßer, an nordischen Meeren lebender Wasservogel, der sehr gut tauchen kann;* ~**teufel,** der: svw. ↑~skorpion; ~**tiefe,** die (selten): *Meerestiefe;* ~**tier,** das (selten): svw. ↑Meerestier; ~**törn,** der (Seemannsspr.): *Törn auf See;* ~**transport,** der: vgl. ~handel; ~**tüchtig** ⟨Adj.; nicht adv.⟩: *(von Schiffen, Booten) für die Fahrt auf See geeignet,* dazu: ~**tüchtigkeit,** die; ~**umschlagplatz,** der: *Umschlagplatz für zur See transportierte Güter;* ~**unfall,** der: *Unfall (von Schiffen) auf See;* ~**ungeheuer,** das: svw. ↑Meerungeheuer; ~**untüchtig** ⟨Adj.; o. Steig.; nicht adv.⟩: vgl. ~tüchtig, dazu: ~**untüchtigkeit,** die; ~**verkehr,** der: vgl. ~handel; ~**versicherung,** die: *Transportversicherung für den Seetransport;* ~**vogel,** der: *am Meer lebender Vogel [der seine Nahrung im Meer findet];* ~**volk,** das: *seefahrendes Volk;* ~**walze,** die: svw. ↑~gurke; ~**warte,** die: *bes. der Seefahrt dienendes meereskundliches Forschungsinstitut;* ~**wärtig** [-vɛrtɪç] ⟨Adj.; o. Steig.; nicht adv.⟩ [↑-wärtig]: *auf der Seeseite gelegen, der See zugewandt, sich in Richtung auf die [offene] See bewegend:* ein -er Wind; eine -e Strömung; -e (Fachspr.; *auf dem Seeweg weiterzubefördernde*) Güter; 40 Prozent des -en (Fachspr.; *auf dem Seeweg abgewickelten*) Außenhandels (FAZ 29. 7. 61, 5); ~**wärts** ⟨Adv.⟩ [↑-wärts]: *zur See hin, der [offenen] See zu, vom Land weg:* der Wind weht s.; hundert Meter weiter s. gelegen; ~**wasser,** das ⟨o. Pl.⟩, dazu: ~**wasseraquarium,** das, ~**wasserstraße,** die, ~**wasserwellenbad,** das; ~**weg,** der: **1.** *von der Schiffahrt benutzte Route über das Meer:* der S. nach Indien. **2.** ⟨o. Pl.⟩ *Weg des Verkehrs, des Transports über das Meer:* der S. ist kürzer als der Landweg; den S. wählen; etw. auf dem S. befördern; ~**weib,** das (Myth.): svw. ↑Meerjungfrau; ~**wesen,** das ⟨o. Pl.⟩; ~**wetteramt,** das: vgl. ~wetterbericht; ~**wetterbericht,** der: *für die Seeschiffahrt herausgegebener Wetterbericht;* ~**wetterdienst,** der: vgl. ~wetterbericht; ~**wind,** der: *von der See her wehender Wind* (Ggs.: Landwind); ~**wolf,** der: *im Meer lebender Fisch mit einem auffallend plumpen Kopf u. einem sehr kräftigen Gebiß, der als Speisefisch geschätzt wird; Austernfisch;* ~**zeichen,** das: *Zeichen, das Hinweise für die Navigation auf See gibt:* Baken, Tonnen, Leuchttürme und andere S.; feste, schwimmende S.; ~**zollgrenze,** die: *Zollgrenze, die das Zollgebiet eines Landes gegen die offene See abgrenzt;* ~**zunge,** die: *bes. im Meer lebender Fisch mit plattem, länglichovalem Körper, der als Speisefisch sehr geschätzt wird,* dazu: ~**zungenfilet,** das.

seel-, Seel-: ~**sorge,** die ⟨o. Pl.⟩: *geistliche Beratung, Hilfe für ein Gemeindemitglied in wichtigen Lebensfragen (bes. in innerer Not):* praktische S. treiben; er ist in der S. tätig, dazu: ~**sorger** [...zɔrgɐ], der; -s, -: *in der Seelsorge tätiger Geistlicher,* ~**sorgerisch** [...zɔrgərɪʃ] ⟨Adj.; o. Steig.⟩: *die Seelsorge betreffend, auf ihr beruhend:* -e Arbeit; -er Dienst; Seine Antworten waren substantiell und s. (Hörzu 47, 1972, 173), ~**sorgerlich,** ~**sorglich** ⟨Adj.; o. Steig.⟩: svw. ↑~sorgerisch: -e Betreuung, Arbeit; An dieser Stelle beginnt ein seelsorgerliches Gespräch (Ruthe, Partnerwahl 117).

Seelchen ['ze:lçən], das; -s, - [Vkl. von ↑Seele (3)]: *sehr empfindsame [zur Rührseligkeit neigende] Frau:* Erstaunlich, ... wie wenig dieses S. dem Leichtfuß gleicht (Hörzu 15, 1976, 10); **Seele** ['ze:lə], die; -, -n [mhd. sēle, ahd. sē(u)la; wahrsch. eigtl. = die zum See Gehörende; nach germ. Vorstellung wohnten die Seelen der Ungeborenen u. Toten im Wasser]: **1.** *das, was das Fühlen, Empfinden, Denken eines Menschen ausmacht; Gesamtheit der Bewußtseinsvorgänge; Psyche:* ihre ganze S. lag offen vor mir; eine empfindsame, unruhige, gespaltene, kindliche S. haben; gleichgestimmte -n haben; Was kann ich ... für meine S. tun, die wie ein ungelöstes Rätsel in mir wohnt (Musil, Mann 125); Schaden an seiner S. nehmen (bibl.; *moralisch verdorben werden*); tief in jmds. S. sehen; R nun hat die arme/liebe S. Ruh (*ist jmd. endlich zufrieden, hat jmd. endlich erhalten, was er möchte;* nach Luk. 12, 19); zwei -n wohnen, ach, in meiner Brust (*widerstreitende Gefühle haben;* nach Goethe, Faust I, 1112); Ü Spiel, Stil hat keine S. *(hat kein Gefühl, wirkt kalt);* ihr Blick war ganz S. *(ganz Gefühl, seelenvoll);* sie lebten in einer Welt ohne S. *(in einer seelenlosen, rücksichtslosen Welt);* * **ein Herz und eine S. sein** (↑Herz 2); **eine schwarze S. haben** *(einen schlechten Charakter haben);* **jmdm. die S. aus dem Leib fragen** (ugs.; *mit Penetranz alles mögliche wissen wollen*); **jmdm. die S. aus dem Leib prügeln** (ugs.; *jmdn. sehr, heftig verprügeln*); **sich** ⟨Dativ⟩ **die S. aus dem Leib reden** (ugs.;

alles versuchen, um jmdn. zu überzeugen, zu gewinnen, zu bewegen); **sich** ⟨Dativ⟩ **die S. aus dem Leib schreien** (ugs.; *mit großer Lautstärke schreien*); **jmdm. etw. auf die S. binden** (ugs.; *jmdn. eindringlich bitten, sich um etw. zu kümmern*); **jmdm. auf der S. knien** (ugs.; *jmdn. heftig, eindringlich bitten, drängen, etw. zu tun*); **auf jmds. S. liegen/lasten; jmdm. auf der S. liegen/lasten** (geh.; *jmdn. bedrücken*): die Schuld lastete schwer auf seiner S.; **jmdm. auf der S. brennen** (ugs.; *ein dringendes Anliegen für jmdn. sein*); **jmdm. aus der S. sprechen/reden** (ugs.; *genau das aussprechen, was der andere auch empfindet*); **aus ganzer/tiefster S.** (1. *zutiefst:* ich hasse ihn aus ganzer/tiefster S. 2. *mit großer Begeisterung:* sie sangen aus ganzer/tiefster S. [heraus]); **in jmds. S. schneiden; jmdm. in die S. schneiden** (geh.; *jmdm. innerlich sehr weh tun; großen Kummer verursachen*); **in tiefster/in der S.** (1. *zutiefst.* 2. *aufrichtig:* das tut mir in tiefster/in der S. weh, leid); **mit ganzer S.** *(mit großem Engagement)*; **mit Leib und S.** (↑Leib); **sich** ⟨Dativ⟩ **etw. von der S. reden/schreiben** *(über etw., was einen bedrückt, sprechen/schreiben u. sich dadurch abreagieren)*. **2.** (Rel.) *substanz-, körperloser Teil des Menschen, der nach religiösem Glauben unsterblich ist, nach dem Tode weiterlebt:* wie die armen -n am Rocksaum des Erzengels (Bieler, Bonifaz 114); zwei Messen für die [armen] -n [im Fegefeuer]; seine S. läutern, reinigen; meiner Seel[e]! (bes. südd., österr.; Ausruf des Erstaunens, Erschreckens od. der Beteuerung); ***die S. aushauchen** (↑[1]Geist 1 a); **hinter etw. hersein wie der Teufel hinter der [armen] S.** *(ganz versessen auf etw. sein)*. **3.** *Mensch:* eine brave, ehrliche, treue S.; seine Frau ist eine gute S.; keine S. *(niemand)* war zu sehen; nirgends war eine menschliche S. (geh.; *jemand*), die ihm helfen konnte; er ist eine durstige S. (ugs.; *trinkt viel [Alkohol]*); Es war ein Spaziergang für ... gesetzte -n (Werfel, Himmel 62); eine Gemeinde mit, von sechzig -n (veraltend; *Mitgliedern*); der Ort hatte, zählte knapp 5 000 -n (veraltend; *Einwohner*); R zwei -n und ein Gedanke *(zwei Menschen denken dasselbe)*; ***eine S. von Mensch/von einem Menschen sein** *(ein sehr gütiger, verständnisvoller Mensch sein)*. **4.** ***die S. einer Sache/von etw. sein** *(die wichtigste Person für das Gelingen, den Erfolg von etw. sein; die Person sein, die dafür sorgt, daß alles funktioniert, die alles lenkt):* die S. des Geschäfts sein; er hält sich für die S. des Betriebs; Ü Von außen unerkenntlich ... ist der Schalter die S. dieses modernen ... Lötwerkzeugs (Elektronik 11, 1971, A 68). **5.** (Waffent.) *das Innere des Laufs od. Rohrs einer Feuerwaffe.* **6.** (Fachspr.) *innerer Strang von Kabeln, Seilen o. ä.* **7.** (Musik) *Stimmstock von Saiteninstrumenten.*

[1]seelen-, Seelen-: **~achse,** die (Waffent.): *gedachte Mittellinie der Seele* (5); **~adel,** der (geh.): svw. ↑~größe; **~amt,** das (kath. Kirche): *Totenmesse:* ein S. abhalten; **~angst,** die (geh.): *tiefgreifende Angst, die psychische Ursachen hat;* **~arzt,** der: **a)** (ugs.) *Psychoanalytiker; Psychiater;* **b)** (ugs.) *jmd., der sich verständnisvoll um die psychischen Probleme eines anderen, anderer kümmert;* **~blindheit,** die (Med., Psych.): svw. ↑Agnosie (1); **~bräutigam,** der (bes. Mystik): *Christus als Bräutigam der Seele;* **~briefkasten,** der (scherzh.): *Rubrik in einer [illustrierten] Zeitschrift, in der Leserbriefe, die persönliche, private Schwierigkeiten beinhalten, u. die Antwort darauf abgedruckt werden;* **~bunker,** der (scherzh.): *Kirchengebäude;* **~drama,** das (Literaturw.): *Drama, das im wesentlichen den Verlauf eines psychischen Konflikts zum Gegenstand hat;* **~fang,** der: *mit allen Mitteln betriebene Gewinnung leichtgläubiger Menschen für einen [alleinseligmachenden] Glauben:* auf S. ausgehen; **~forscher,** der (volkst. abwertend): svw. ↑~arzt (a); **~friede[n],** der: *innere Ruhe:* seinen Seelenfrieden finden, verlieren; **~gemeinschaft,** die: *[weitgehende] Übereinstimmung der Empfindungen, seelische Gemeinschaft:* ... spann sich vielleicht für eine Stunde eine flüchtige S. zwischen ihnen an (Hesse, Sonne 31); **~größe,** die: *edle Gesinnung;* **~güte,** die (geh.): svw. ↑Güte; **~haushalt,** der (ugs.): *alle seelischen Belange, seelischer Zustand, seelische Verfassung:* seinen S. in Ordnung bringen; **~heil,** das (christl. Rel.): *Erlösung der Seele* (2) *von Sünden:* für sein S. beten; um sein S. besorgt sein; Ü er ist auf mein S. bedacht, kümmert sich um mein S. (scherzh.; *ist darauf bedacht, kümmert sich darum, daß ich mich wohl fühle, zufrieden bin*); **~hirt[e],** der (christl. Rel. veraltend): *Geistlicher:* einen italienischen Seelenhirten zum Papst machen; **~klo,** das (salopp): *jmd., dem man seine inneren Nöte, Probleme anvertraut:* ich bin doch nicht dein S.; **~kraft,** die (veraltend): svw. ↑~stärke; **~kunde,** die (geh., veraltend): *Kenntnis der menschlichen Seele,* (auch für:) *Psychologie,* dazu: **~kundig** ⟨Adj.; o. Steig.; nicht adv.⟩: *die menschliche Seele kennend;* **~kundlich** [...kʊntlɪç] ⟨Adj.; o. Steig.⟩: *die Seelenkunde betreffend,* (auch für:) *psychologisch;* **~lage,** die (geh.): *[augenblickliche] psychische Verfassung, Gestimmtheit;* **~leben,** das ⟨o. Pl.⟩ (geh.): *Psyche;* **~lehre,** die (veraltet): *Psychologie;* **~los** ⟨Adj.; -er, -este⟩: **a)** ⟨o. Steig.⟩ *unbeseelt:* daß es überhaupt keinen Gott gibt, sondern daß alles ... -es Naturgesetz ist (Thielicke, Ich glaube 41); **b)** (geh.) *ohne Gefühl, ohne innere Wärme; ohne innere Anteilnahme* (Ggs.: seelenvoll): ein -er Blick; er ist ein -er Roboter; sein Vortrag am Klavier war s., dazu: **~losigkeit,** die; -; **~massage,** die (ugs.): *psychologisch geschickte Beeinflussung, die positiv auf jmdn. wirkt; freundlicher Zuspruch, der jmdn. [wieder] aufrichtet, tröstet;* **~messe,** die (kath. Kirche): *Totenmesse;* **~not,** die (emotional geh.): vgl. ~angst; **~qual,** die (emotional geh.): vgl. ~angst; **~roman,** der (Literaturw.): vgl. ~drama; **~schmalz,** das (ugs.): *penetrante Gefühlsduselei:* Wahlkämpfer Erhard 1965: „Biederkeit und S." (Spiegel 24, 1976, 170); **~schmerz,** der (geh.): vgl. ~angst; **~stärke,** die (geh.): *psychische Stabilität:* Er hätte ... nicht die S. gehabt, die man brauche, um dem Trott zu entgehen (M. Walser, Pferd 42); **~taubheit,** die (Med., Psych.): *akustische Agnosie* (1); **~tier,** das (bes. Mystik): *Tier, bes. Vogel, von dem die Vorstellung besteht, daß die menschliche Seele nach dem Tode des Menschen dessen Gestalt angenommen hat;* **~verfassung,** die: vgl. ~lage; **~verkäufer,** der (abwertend): **1.** (Seemannsspr. abwertend) *schlecht gebautes od. zum Abwracken reifes Schiff, das eigentlich seeuntüchtig ist, aber trotzdem auf See eingesetzt wird.* **2.** (ugs.) *jmd., der Menschen skrupellos [für Geld] anderen ausliefert:* wenn ein S. wie du von Kameradschaft spricht, dann ist eine ganz schöne Schweinerei im Rohr (Kirst, 08/15, 841); **~verwandt** ⟨Adj.; o. Steig.; nicht adv.⟩: *im Hinblick auf Empfindungen weitgehend übereinstimmend,* dazu: **~verwandtschaft,** die; **~voll** ⟨Adj.⟩ (geh.): *voll innerer Wärme, gefühlvoll* (Ggs.: seelenlos b): ein -er Blick; der Vortrag des Pianisten war s.; **~wanderung,** die (bes. ind. Religionen): svw. ↑Reinkarnation; **~wärmer,** der (ugs. scherzh.): **1.** *Weste, Jacke o. ä. aus Wolle.* **2.** *Schnaps;* **~zustand,** der: vgl. ~lage.

[2]seelen-, Seelen- (emotional): **~froh** ⟨Adj.; o. Steig.; meist nur präd.⟩: *sehr froh; außerordentlich erleichtert:* obwohl er ... s. war, ... nicht mehr allein in der Schlafstube liegen zu müssen (Hesse, Sonne 24); **~gut** ⟨Adj.; o. Steig.; nicht adv.⟩: *sehr gütig;* vgl. seelensgut; **~ruhe,** die: *unerschütterliche Ruhe, Gemütsruhe:* etw. in aller S. tun; etw. mit ungetrübter S. über sich ergehen lassen, dazu: **~ruhig** ⟨Adj.; o. Steig.⟩: *mit unerschütterlicher Ruhe;* **~vergnügt** ⟨Adj.; o. Steig.; meist nur präd.⟩: *still u. vergnügt:* der Opa saß s. in seinem Lehnstuhl.

seelensgut ['ze:lənsˈgu:t] ⟨Adj.; o. Steig.; nicht adv.⟩: svw. ↑herzensgut; vgl. seelengut; **seelisch** ['ze:lɪʃ] ⟨Adj.; o. Steig.; selten präd.⟩: *die Seele* (1) *betreffend, dazu gehörend; psychisch:* -e Regungen, Spannungen, Kämpfe, Belastungen; einen -en Knacks haben; auf einem -en Tiefpunkt sein; das -e Gleichgewicht verlieren, wiederfinden; die Krankheit hat -e Ursachen, war s. bedingt; s. zusammenbrechen.

seemanns-, Seemanns-: **~amt,** das: *für Belange der Seeleute zuständige Behörde;* **~art,** die ⟨o. Pl.⟩: *unter Seeleuten übliche Art u. Weise, etw. zu tun:* nach S.; **~ausdruck,** der: vgl. ~sprache; **~brauch,** der; **~braut,** die: *Freundin, Braut eines Seemanns:* das ist das Los einer S.; **~ehe,** die: *Ehe, in der der Mann Seemann ist;* **~gang,** der ⟨o. Pl.⟩: *für Seeleute typischer [wiegender]* [1]*Gang* (1 a); **~garn,** das ⟨o. Pl.⟩: *[größtenteils] nur erfundener, stark übertreibender Bericht eines Seemanns über ein erstaunliches Erlebnis o. ä.:* das ist doch alles nur S.; ***S. spinnen** (*von erstaunlichen, angeblich auf einer Seereise erlebten Dingen erzählen;* früher mußten die Matrosen auf See in ihrer Freizeit aus aufgelöstem alten Takelwerk neues Garn wickeln, wobei sie sich von ihren Abenteuern erzählten); **~grab,** das in der Wendung **ein S. finden** (geh.; *[als Seemann] auf See umkommen, ertrinken*); **~heim,** das: **a)** *soziale Einrichtung in einer Hafenstadt, die bes. den Zweck hat, Seeleuten in der Fremde Unterkunft, soziale Kontakte u. seelsorgerliche Betreuung zu bieten;* **b)** *Gebäude, in dem ein Seemannsheim* (a) *unterge-*

bracht ist; ~**kiste,** die (früher): *truhenartige Kiste, in der der Seemann seine Kleidungsstücke u. andere Dinge seines persönlichen Gebrauches aufbewahrte u. transportierte;* ~**knoten,** der: svw. ↑Schifferknoten; ~**leben,** das ⟨o. Pl.⟩; ~**lied,** das; ~**los,** das (geh.): *Los* (2) *eines Seemanns;* ~**mission,** die (christl. Kirche); ~**sprache,** die: *Fach- u. Berufssprache der Seeleute,* dazu: ~**sprachlich** ⟨Adj.; o. Steig.⟩; ~**tod,** der: *Tod durch Ertrinken auf See:* den S. finden, sterben.

seen-, Seen-: ~**artig** ⟨Adj.; o. Steig.; nicht adv.⟩: svw. ↑seeartig; ~**gebiet,** das: *Gebiet, in dem viele, mehrere Seen liegen;* ~**kunde,** die: *Teilgebiet der Hydrobiologie, das sich mit den Süßgewässern u. den darin lebenden Organismen befaßt; Limnologie,* dazu: ~**kundlich** ⟨Adj.; o. Steig.; nicht präd.⟩; ~**platte,** die (Geogr.): *flache od. nur leicht hügelige Landschaft mit vielen Seen:* die finnische S.

Segel ['ze:gl], das; -s, - [mhd. segel, ahd. segal, wohl urspr. = abgeschnittenes Tuchstück]: *[aus Bahnen* (4) *genähtes] großflächiges [drei- od. viereckiges] Stück starkes [Segel]-tuch o. ä., das mit Hilfe bestimmter am Mast eines [Wasser]-fahrzeuges befestigter Vorrichtungen (Stangen, Taue usw.) ausgespannt wird, damit der Wind gegen seine Fläche drükken u. dem Schiff, Fahrzeug usw. Fahrt geben kann:* volle, pralle, geschwellte, schlaffe S.; der Wind schwellt, bläht die S.; die S. hissen/heißen, auf-, einziehen, ein-, herunter-, niederholen; (Seemannsspr.:) die S. klarmachen, reffen, streichen, bergen; [die] S. setzen (Seemannsspr.; *aufrollen, aufziehen*); unter S. (Seemannsspr.; *mit gesetzten Segeln*) die Flußmündung passieren; unter S. bleiben; unter S. gehen (Seemannsspr.; *die Segel setzen u. absegeln*); * **[vor jmdm., vor etw.] die S. streichen** (geh.; *den Kampf, den Widerstand [gegen jmdn., gegen etw.] aufgeben*); **mit vollen -n** (ugs.; *mit aller Kraft, mit ganzem Einsatz*).

segel-, Segel-: ~**anweisung,** die (Seew.): *Sammlung von Angaben u. Verhaltensregeln, die für die Schiffahrt in einem bestimmten Gebiet wichtig sind;* ~**artig** ⟨Adj.; o. Steig.; nicht adv.⟩: *wie ein Segel [gebildet], in der Art eines Segels;* ~**boot,** das: *Boot, das mit Mast[en] u. Segel ausgerüstet ist u. durch die Kraft des Windes fortbewegt wird;* ~**fahrt,** die: *Fahrt mit dem Segelschiff od. -boot;* ~**falter,** der: *dem Schwalbenschwanz ähnlicher, großer, gelbschwarz gezeichneter Tagfalter;* ~**fertig** ⟨Adj.; o. Steig.; nicht adv.⟩ (Seemannsspr.): *(von Segelbooten, -schiffen) seeklar;* ~**fläche,** die (Fachspr.): *gesamte Fläche der Segel eines Segelbootes od. -schiffes;* ~**fliegen** ⟨st. V.; nur im Inf. gebr.⟩: *mit dem Segelflugzeug fliegen:* s. lernen; ~**flieger,** der: *Flieger, der das Segelfliegen betreibt;* ~**fliegerei,** die ⟨o. Pl.⟩; ~**fliegerohren** ⟨Pl.⟩ (salopp): *abstehende Ohren;* ~**flosser** [-flɔsɐ], der; -s, -: *im Amazonas heimischer, silbriggrauer, scheibenförmiger Buntbarsch mit dunklen Querstreifen, der als Aquarienfisch beliebt ist;* ²*Skalar;* ~**flug,** der: *(antriebsloser) Flug* (1, 2) *mit einem Segelflugzeug;* ~**flugplatz,** der; ~**flugsport,** der; ~**flugwettbewerb,** der; ~**flugzeug,** das: *für motorloses Fliegen (Steigen im Aufwind od. Gleiten mit geringem Höhenverlust) konstruiertes Luftfahrzeug;* ~**jacht,** (seem. auch:) ~yacht, die: vgl. ~boot; ~**karte,** die (Seew.): *Seekarte in mittlerem Maßstab;* ~**klar** ⟨Adj.; o. Steig.; nicht adv.⟩ (Seemannsspr.): *(von Segelbooten, -schiffen) seeklar;* ~**klub,** der: *Klub für sportliches Segeln;* ~**los** ⟨Adj.; o. Steig.; nicht adv.⟩: *ohne Segel;* ~**macher,** der: *Handwerker, der Segel herstellt u. [Reparatur]arbeiten an Segeln, Takelage o. ä. ausführt* (Berufsbez.); ~**partie,** die: *Ausflug, Ausfahrt mit dem Segelboot;* ~**qualle,** die: *im Mittelmeer u. Atlantik weitverbreitete Qualle mit segelartig hochgestelltem Luftbehälter, die oft in großen Schwärmen an der Wasseroberfläche treibt;* ~**regatta,** die: *Regatta für Segelboote;* ~**schiff,** das: vgl. ~boot; ~**schiffahrt,** die: *Schiffahrt mit Segelschiffen;* ~**schlitten,** der: svw. ↑Eisjacht; ~**schule,** die: vgl. Reitschule; ~**schulschiff,** das: *als Schulschiff dienendes Segelschiff;* ~**sport,** der: *Sport, der im sportlich od. wettkampfmäßig ausgeübten Segeln besteht;* ~**törn,** der (Seemannsspr.): *Törn auf einem Segelboot;* ~**tuch,** das ⟨Pl. -e⟩: *kräftiges, dichtes [leinwandbindiges] Gewebe aus Baumwolle, Flachs o. ä. mit wasserabweisender Imprägnierung], aus dem Segel, Zelte, Planen usw. hergestellt werden:* Turnschuhe aus S., dazu: ~**tuchdach,** das: das S. eines Lastwagens, ~**tucheimer,** der, ~**tuchschuh,** der, ~**tuchverdeck,** das; ~**werk,** das ⟨o. Pl.⟩: svw. ↑Takelage; ~**wind,** der: wir hatten gestern guten S.; ~**yacht,** die: ↑~jacht; ~**zeichen,** das (Sport): *im Großsegel oben angebrachte Kennzeichnung der Bootsklasse, der Registriernummer u. der Nationalität.*

segeln ['ze:gln] ⟨sw. V.⟩ [mhd. sigelen, mniederd. sēgelen]: **1.** ⟨ist⟩ **a)** *mit Hilfe eines Segels (u. der Kraft des Windes) fahren, sich mit Hilfe eines Segels fort-, vorwärts bewegen:* das Schiff segelt schnell, langsam [aus dem Hafen]; täglich segelten Schiffe nach London; wann segelt das Schiff *(wann segelt das Schiff ab)*?; das Schiff segelt mit, vor dem Wind, dicht/hart am Wind, gegen den Wind; das Schiff segelte unter englischer Flagge; Ü diese Publikation segelt (ugs. spött.; *läuft*) unter dem Namen Literatur; Anzeigen – das ist etwas anderes, sie segeln (ugs.; *laufen, liegen*) außerhalb der Verantwortung der Redaktion (Funkschau 19, 1971, 1880); **b)** (salopp) *gewichtig u. ziemlich rasch gehen:* Tante Berta segelte um die Ecke, kam ins Wohnzimmer gesegelt. **2. a)** *mit einem Segelschiff, -boot, -schlitten usw. (in einer bestimmten Richtung) fahren* ⟨ist/hat⟩: s. können, lernen; schnell, langsam s.; er hat, ist früher viel gesegelt; wir sind stundenlang gesegelt; mit einer Jolle s.; wann segeln wir *(segeln wir ab)*?; wir segelten mit, vor dem Wind, dicht, hart am Wind, gegen den Wind; unter englischer Flagge s.; **b)** ⟨s. + sich; unpers.⟩ *unter bestimmten Umständen, in bestimmter Weise segeln* ⟨hat⟩: bei diesem Sturm segelt es sich schlecht. **3. a)** (selten) *(ein Segelschiff, -boot usw.) [irgendwohin] steuern, durch Steuern u. durch Bedienen der Einrichtungen fortbewegen, irgendwohin bringen* ⟨hat⟩: eine Jacht [nach Kiel] s.; **b)** ⟨s. + sich⟩ *beim Segeln bestimmte Eigenschaften haben* ⟨hat⟩: die Jacht segelt sich gut; **c)** *segelnd zurücklegen, bewältigen* ⟨ist/hat⟩: er ist/(seltener:) hat die Strecke in drei Stunden gesegelt; Knoten s.; Ü die Opposition wäre gern einen anderen Kurs gesegelt *(hätte gern einen anderen Kurs eingeschlagen).* **4.** *segelnd ausführen, durchführen, bewältigen* ⟨hat/ist⟩: eine Kurve s.; (Sport:) einen Rekord s.; eine Regatta s. *(sich an einer Segelregatta beteiligen).* **5.** (selten) *mit einem Segelboot, -schiff usw. befördern, an einen bestimmten Ort transportieren* ⟨hat⟩: die aus China nach England gesegelte erste Ladung der neuen Tee-Ernte (MM 12. 1. 68, 21). **6.** ⟨ist⟩ **a)** *schweben, gleitend fliegen:* die Wolken segeln am Himmel; ein Raubvogel segelt hoch in der Luft; Blätter segeln durch die Luft; **b)** (ugs.) *mit Schwung fliegen* (11), *gleiten:* das Auto segelte aus der Kurve; ein Stein kam gesegelt; **c)** (salopp) *fliegen* (12), *[hin]fallen, stürzen:* auf den Boden s.; er segelte aus der Hängematte; **d)** (salopp) *fliegen* (13): von der Schule s.; **e)** (salopp) *(durch die Prüfung) fallen:* durchs Examen s. **7.** *(von Segelflugzeugen, -fliegern usw.) fliegen* (1–7) ⟨ist/hat; vgl. fliegen⟩.

Segen ['ze:gn], der; -s, - [mhd. segen = Zeichen des Kreuzes, Segen(sspruch), ahd. segan, rückgeb. aus ↑segnen]: **1. a)** ⟨Pl. selten⟩ (bes. Rel.) *durch [Gebets]worte, Formeln, Gebärden ausgedrückter Wunsch, durch den jmdm. od. einer Sache [göttliche] Gnade bzw. Glück u. Gedeihen vermittelt werden soll; insbes. die [Gebets]worte, Formeln, Gebärden selbst, die Gnade, Glück, Gedeihen vermitteln [sollen]:* der väterliche, päpstliche S.; jmdm. den S. geben, spenden, erteilen; den S. erhalten, bekommen; die Großmutter hat alle drei Päpste gesehen, und von allen hat sie sich den S. geholt (Schwaiger, Wie kommt 34); über jmdn., über etw. den S. sprechen; heile, heile S.! [Morgen gibt es Regen, übermorgen ...] (Kinderreim bzw. dessen Anfang, der zur Tröstung bei Schmerzen gesprochen wird); den S. *(das segenspendende liturgische Gebet)* sprechen, singen; es läutete zum S. (kath. Rel.; *abschließender Teil der Messe, der aus der Spendung bzw. dem Sprechen, Singen des Segens besteht*); sie leben ohne den S. der Kirche *(nicht kirchlich getraut)* zusammen; **b)** ⟨o. Pl.⟩ (salopp) *Einwilligung, Billigung:* seinen S. zu etw. geben; meinen S. hast du!; ohne seinen S. geschieht hier nichts. **2.** ⟨o. Pl.⟩ **a)** *glückbringende u. -erhaltende göttliche Gnade, Gunst; Förderung u. Gedeihen gewährender göttlicher Schutz:* der S. [Gottes, des Himmels] ruhte auf ihm; darauf ruht kein S.; jmdm. Glück und [Gottes reichen] S. wünschen; **b)** *Glück, Wohltat:* der S. der Arbeit, Selbstbeschränkung; diese Erfindung ist ein wahrer, kein reiner S.; eine gute Köchin ist ein S. für einen großen Haushalt; [es ist] ein S., daß es nicht regnet; etw. bringt [jmdm.] keinen S.; etw. zum S. der Menschheit nutzen; Spr sich regen bringt S. *(wenn man nicht untätig ist, dann zeigt sich auch entsprechender Erfolg).* **3.** ⟨o. Pl.⟩ **a)** *reicher Ertrag, [unverhoffte] reiche Ernte, [Aus]beute, Menge:* der S. der Ernte; die Obstbäume trugen reichlich, wir wußten gar nicht, wohin mit dem S.; das ist der ganze S. (ugs. iron.: *das ist alles*)?; **b)** (ugs. iron.) *Menge, Fülle, die [plötzlich] unangenehm in Erscheinung tritt bzw. jmdm. gegen seinen Willen zuteil wird:* die Stricke rissen, und der ganze S. kam herunter; Kurvenflug ... Und da wollen sie auch schon unter mir ... abschwirren, ich ... picke mir einen raus, der bekommt seinen S. (Grass, Katz 60).

segen-, Segen- (vgl. auch: segens-, Segens-): **~bringend** ⟨Adj.; nur attr.⟩; **~erteilung,** die: svw. ↑~spendung; **~spendend** ⟨Adj.; nur attr.⟩ (geh.); **~spendung,** die: *das Spenden des Segens* (1 a) *durch den Priester.*

segens-, Segens- (vgl. auch: segen-, Segen-): **~formel,** die: *Formel, die einen Segen* (1 a) *enthält:* eine S. sprechen; **~reich** ⟨Adj.⟩: **1.** *reich an Segen* (2 a): jmdm. eine -e Zukunft wünschen. **2.** *reich an Segen, voller Segen* (2 b), *reichen Nutzen bringend:* eine -e Erfindung, Einrichtung; s. wirken; **~spruch,** der: *Spruch, der einen Segen* (1 a) *enthält;* **~voll** ⟨Adj.⟩: svw. ↑~reich; **~wunsch,** der: **1.** *Wunsch, der Inhalt od. Teil eines Segens* (1 a) *ist; Wunsch, mit dem man Segen* (2 a) *auf jmdn. od. etw. herabruft.* **2.** ⟨Pl.⟩ *Wünsche, mit denen man jmdm. Glück u. Segen wünscht; Glückwünsche.*

Segerkegel ['ze:gɐ-], der; -s, - [nach dem dt. Techniker H. Seger (1839–1893)] (Technik): *eine der aus keramischer Masse bestehenden, kleinen, schlanken Pyramiden, die je nach Zusammensetzung bei unterschiedlichen Hitzegraden erweichen u. die Temperatur im keramischen Ofen anzeigen;* **Segerporzellan,** das; -s: *Berliner Weichporzellan, das dem japanischen Porzellan ähnlich ist.*

Segge ['zɛgə], die; -, -n [aus dem Niederd. < mniederd. segge, aus dem (M)niederl.]: *Gras einer artenreichen Gattung der Riedgräser.*

Segler ['ze:glɐ], der; -s, - [spätmhd. segeler, mniederd. sēgeler = Schiffer]: **1. a)** *Segelschiff, größeres Segelboot;* **b)** svw. ↑Segelflugzeug. **2. a)** *jmd., der segelt, Segelsport betreibt;* **b)** (geh.) *segelnder* (6 a) *Vogel:* die großen S. der Lüfte (Kosmos 3, 1965, 124). **3.** *sehr schnell fliegender, schwalbenähnlicher Vogel von graubrauner bis schwärzlicher Färbung mit sichelförmigen, schmalen Flügeln u. kurzem Schwanz, der zum Nestbau seinen Speichel verwendet;* **Seglerin** ['ze:glərɪn], die; -, -nen: w. Form zu ↑Segler (2 a).

Segment [zɛ'gmɛnt], das; -[e]s, -e [lat. segmentum = (Ab-, Ein)schnitt, zu: secāre, ↑sezieren]: **1.** (bildungsspr.) *Abschnitt, Teilstück (in bezug auf ein Ganzes).* **2.** (Geom.) **a)** *von einem Kurvenstück u. der zugehörigen Sehne begrenzte Fläche;* **b)** *von einer gekrümmten Fläche u. einer sie schneidenden Ebene begrenzter Teil des Raumes bzw. eines Körpers.* **3.** (Zool., Med.) *Abschnitt eines [gleichförmig gegliederten] Organs; einer der hintereinander gelegenen Abschnitte, aus denen der Körper der meisten Tiere u. des Menschen besteht:* die -e der Wirbelsäule; die Segmente des Regenwurms. **4.** (Sprachw.) *[kleinster] Abschnitt einer sprachlichen Äußerung, der durch deren Zerlegung in sprachliche (bes. phonetisch-phonologische, morphologische) Einheiten entsteht.*

Segment-: **~bogen,** der (Archit.): svw. ↑Flachbogen; **~förmig** ⟨Adj.; o. Steig.; nicht adv.⟩: *die Form eines Segments* (2) *besitzend;* **~massage,** die (Med.): vgl. ~therapie; **~therapie,** die (Med.): *Therapie, durch die von der Haut aus (durch Wärme, Kälte, Massage usw.) über die Nervenbahnen auf die im zugeordneten Segment* (3) *gelegenen inneren Organe eingewirkt werden soll.*

segmental [zɛgmɛn'ta:l] ⟨Adj.; o. Steig.⟩ (Geom.): *als Segment* (2) *vorliegend, segmentförmig;* **segmentär** [...'tɛ:ɐ̯] ⟨Adj.; o. Steig.⟩: *aus einzelnen Segmenten zusammengesetzt;* **Segmentation** [...ta'tsi̯o:n], die; -, -en: **1.** svw. ↑Furchung. **2.** svw. ↑Segmentierung (2); **segmentieren** [...'ti:rən] ⟨sw. V.; hat⟩ (bildungsspr., Fachspr.): *[in Segmente] zerlegen; gliedern,* dazu: **Segmentierung,** die; -, -en: **1.** (bildungsspr.) *das Segmentieren.* **2.** (Zool.) svw. ↑Metamerie (1). **3.** (Sprachw.) *Zerlegung einer kompletten sprachlichen Einheit in einzelne Segmente* (4).

segnen ['ze:gnən] ⟨sw. V.; hat⟩ [mhd. segenen, ahd. seganōn < (kirchen)lat. sīgnāre, ↑signieren]: **1.** (bes. Rel.) **a)** *(mit der entsprechenden Gebärde) jmdm., einer Sache den Segen* (1 a) *geben:* der Pfarrer segnet das Brautpaar, die Fluren; der Vater segnete den Sohn; segnend die Hände heben, ausbreiten; **b)** *über jmdm., über etw. das Kreuzeszeichen machen:* Brot und Wein s.; ⟨seltener s. + sich:⟩ sich s. *(sich bekreuzigen);* **c)** (geh.) *(von Gott) jmdm., einer Sache seinen Segen* (2 a) *geben, gewähren:* Gott segnete seine Opferbereitschaft; Gott segne dich, dein Werk! **2.** (geh., oft spött.) *mit etw., mit jmdm. [reich] bedenken, ausstatten; beglücken:* es war, als segne er seine Zuhörer mit allen Wohltaten, die den Katalog eines Meister-Friseurs geziert hätten (Böll, Haus 22); ⟨meist im 2. Part.:⟩ mit etw., mit jmdm. gesegnet sein; [nicht] mit irdischen Glücksgütern, [nicht] mit Talenten gesegnet sein; (geh.:) die Ehe war mit Kindern gesegnet; gesegneten Leibes sein (geh. veraltet; *schwanger sein*); gch nicht zurück über das Meer, ehe mein Schoß nicht gesegnet ist (geh.; *ehe ich nicht schwanger bin;* Jahnn, Geschichten 13); ein gesegneter (geh.; *mit Vorzügen reich ausgestatteter; reicher, fruchtbarer)* Landstrich; eine gesegnete (geh.; *reiche*) Ernte; ein gesegnetes (geh.; *schönes, herrliches*) Fleckchen Erde; im gesegneten (geh.; *hohen*) Alter von 88 Jahren; er hat einen gesegneten (ugs.; *gesunden, guten*) Schlaf, Appetit. **3.** (veraltend) *über etw. glücklich sein, für etw. dankbar sein; preisen:* ich werde den Tag s., an dem ich diese Arbeit abschließen kann; ich segne deinen Entschluß; **Segno** ['zɛnjo], das; -s, -s u. ...ni ['zɛnji; ital. segno = Zeichen < lat. sīgnum, ↑Signum] (Musik): *(bei Wiederholung eines Tonstückes) Zeichen, von dem an od. bis zu dem noch einmal gespielt werden soll;* Abk.: s.; vgl. al segno, dal segno; **Segnung,** die; -, -en [mhd. segenunge]: **1.** *das Segnen.* **2.** ⟨meist Pl.⟩ (oft spött.) *Wirkung des Segens* (2 a), *segensreiche Wirkung:* die -en des Fortschritts, der Kultur.

[1]**Segregation** [zegrega'tsi̯o:n], die; -, -en [spätlat. sēgregātio = Trennung, zu lat. sēgregāre, ↑segregieren] (Biol.): *Aufspaltung der Erbfaktoren während der Reifeteilung der Geschlechtszellen;* [2]**Segregation** [sɛgrɪ'geɪʃən], die; -, -s [engl. segregation = spätlat. sēgregātio, ↑[1]Segregation] (Soziol.): *Trennung von Personen[gruppen] mit gleichen sozialen (religiösen, rassischen, schichtspezifischen u. a.) Merkmalen von Personen[gruppen] mit anderen Merkmalen, um Kontakte untereinander zu vermeiden;* **segregieren** [zegre'gi:rən] ⟨sw. V.; hat⟩ [lat. sēgregāre] (bildungsspr.): *trennen, abspalten:* nach Rassen segregierte Schulen.

Seguidilla [zegi'dɪlja], die; - [span. seguidilla, zu: seguida = Folge, zu: seguir < lat. sequi, ↑Sequenz]: *spanischer Tanz im ¾-Takt mit Kastagnetten- u. Gitarrenbegleitung.*

seh-, Seh-: **~achse,** die (Med.): **1.** *Achse des Augapfels u. der Linse* (2 b). **2.** *Gerade zwischen der Stelle des schärfsten Sehens (dem gelben Fleck) auf der Netzhaut u. dem beim Sehen fixierten Punkt; Sehlinie;* **~bahn,** die (Anat., Physiol.): *Bahn des Sehnervs* (vgl. Nervenbahn); **~behindert** ⟨Adj.; o. Steig.; nicht adv.⟩: *an einer Behinderung, Schwäche des Sehvermögens leidend:* s. sein; **~beteiligung,** die (Ferns.): *(bes. prozentuale) Beteiligung der Fernsehteilnehmer am Sehen einer Fernsehsendung; Einschaltquote bei Fernsehsendungen;* **~fehler,** der: *Abweichung von der normalen Funktion, Mangel in bezug auf die Funktion[sweise] des Auges;* **~feld,** das: svw. ↑Gesichtsfeld; **~geschädigt** ⟨Adj.; o. Steig.; nicht adv.⟩: *geschädigt in bezug auf die Sehkraft;* **~hilfe,** die: *Vorrichtung, Gerät zur Verbesserung der Sehleistung des Auges* (z. B. Brille, Lupe, Fernrohr); **~hügel,** der: svw. ↑Thalamus, dazu: **~hügelregion,** die: svw. ↑~hügel; **~kraft,** die ⟨o. Pl.⟩ *(mehr od. weniger starke) Fähigkeit des Auges zu sehen:* jmds. S. läßt nach, nimmt ab; die Ärzte konnten ihm die S. [des rechten Auges] erhalten; **~kreis,** der: svw. ↑Gesichtskreis (1); **~leistung,** die: die S. des Auges verbessern; **~leute** ⟨Pl.⟩ (ugs. scherzh. od. abwertend): *Leute, die nur zu etw. gekommen sind, um es sich anzusehen (anstatt sich mitzubeteiligen):* Ledertreffen ... natürlich haben wir viele sogenannte S. dabei gehabt, einfach Leute, die eine gewisse Neugier angezogen hat (Eppendorfer, Ledermann 99); **~linie,** die: svw. ↑~achse (2); **~loch,** das (Anat.): *Pupille;* **~nerv,** der: *paarig angelegter sensorischer Hirnnerv, der mit seinen Verzweigungen in der Netzhaut des Auges endet;* **~öffnung,** die (Anat.): *Pupille;* **~organ,** das (Fachspr.): *Organ zum Sehen; Auge;* **~probe,** die (Fachspr.): *bei der Bestimmung der Sehschärfe verwendete, auf Tafeln od. als Projektion dargebotene Folge von Zeichen abnehmender Größe, die aus einer bestimmten Entfernung zu identifizieren sind;* **~prüfung,** die (Fachspr.): *Prüfung der Sehleistung, bes. der Sehschärfe (auch des Formen- u. Farbensehens u. der Tiefenwahrnehmung);* **~purpur,** der (Med., Zool.): *roter Farbstoff in den Stäbchen der Netzhaut;* **~raum,** der (Fachspr.): *Raum der optischen Wahrnehmung, in dem die gesehenen Dinge in ihrer Beziehung zueinander u. zum Stand-*

ort des Sehenden erlebt werden; **~rohr,** das: svw. ↑Periskop; **~rot,** das: svw. ↑~purpur; **~schärfe,** die: *Grad der Fähigkeit des Auges, Einzelheiten des Gesichtsfeldes scharf zu erkennen bzw. zu unterscheiden;* **~schlitz,** der: *Schlitz für das Sehen nach draußen, für die Beobachtung:* der S. eines Panzers, Bunkers; **~schule,** die: *augenärztliche Anstalt, Einrichtung, bes. für Kinder, zur Behandlung von Schwachsichtigkeit u. Schielen durch Übung des Sehens;* **~schwach** ⟨Adj.; nicht adv.⟩: *an Sehschwäche leidend;* **~schwäche,** die: *Schwäche der Sehkraft, Augenschwäche;* **~störung,** die: *Störung des Sehvermögens;* **~test,** der: *Sehprüfung; bes. Test zur Prüfung der Sehschärfe (beim Erwerb des Führerscheins usw.);* **~vermögen,** das ⟨o. Pl.⟩: *Fähigkeit des Auges zu sehen; Vermögen des Sehens:* das S. verlieren, wiedergewinnen; **~weise,** die: *Weise des Sehens, Erfassens, Betrachtens [u. Gestaltens]:* ... Sammelwissenschaft mit eigener Methode oder doch S. (Fraenkel, Staat 15); **~weite,** die: **1.** ⟨o. Pl.⟩ *Entfernung, auf die man jmdn., etw. noch [deutlich] sehen kann:* in [jmds.] S. sein, bleiben; außer S. sein. **2.** (Med.) *geringste Entfernung, auf die das Auge sich ohne Schwierigkeiten einstellen kann;* **~werkzeug,** das (Fachspr.): *Werkzeug, Mittel des Sehens; Sehorgan;* **~winkel,** der: svw. ↑Gesichtswinkel (a); **~zentrum,** das (Med.): *eines von drei Feldern der Großhirnrinde, in denen der optische Reiz in bewußte Wahrnehmung umgesetzt u. diese als Erinnerungsbild fixiert wird.*

sehen ['ze:ən] ⟨st. V.; hat⟩ [mhd. sehen, ahd. sehan]: **1.** *mit dem Gesichtssinn, mit den Augen [mehr od. weniger gut] (optische) Eindrücke wahrnehmen, erfassen:* gut, schlecht, scharf, weit s.; sehe ich recht? (Ausruf der Überraschung); er kann wieder sehen *(ist nicht mehr blind);* er sieht nur noch auf/mit einem Auge; * **jmdn. sehend machen** (geh.; *jmdm. die Augen öffnen*). **2. a)** *den Blick irgendwohin richten, gerichtet halten; blicken:* auf den Bildschirm, auf die Uhr s.; gespannt, erwartungsvoll auf jmdn. s.; aus dem Fenster s.; durchs Schlüsselloch s.; durch die Brille, durchs Fernrohr s.; in alle Schubladen s.; in die Sonne s.; jmdm. [fest, tief] in die Augen s.; jmds. Augen sehen in die Ferne; nach der Uhr s.; nach oben, nach unten, zum Himmel sehen; [nach] rückwärts, [nach] vorwärts s.; (Verweis in Texten:) siehe Seite 115 (Abk.: s. S.); siehe oben (Abk.: s. o.); siehe unten (Abk.: s. u.); * **sieh[e] da!**/(ugs. scherzh.:) **sieh mal [einer] guck!** (Ausruf des Erstaunens, der Überraschung, des überraschten Erkennens); **etw. sieht jmdm. aus den Augen** *(etw. ist jmdm. am Gesichts[ausdruck] anzusehen):* die Dummheit, der Schalk sah ihm aus den Augen; **b)** ⟨s. + sich⟩ *durch Sehen, Blicken, Ausschauhalten in einen bestimmten Zustand kommen:* er hat sich müde, matt danach gesehen; **c)** *Bewußtsein, Vorstellung, Aufmerksamkeit, Interesse, Erwartung auf jmdn., auf etw. richten od. gerichtet halten:* alles sah auf den kommenden Präsidenten; hoffnungsvoll in die Zukunft s. **3.** *größtenteils von Bedeckendem, Verhüllendem umgeben, aber selbst teilweise frei, nicht bedeckt u. daher dazwischen, darin sichtbar sein; aus etw. ragen, hervorstehen u. daher sichtbar, zu sehen sein; hervorsehen:* das Boot sah nur ein Stück aus dem Wasser. **4.** *eine Lage mit [Blick in] einer bestimmten Richtung haben:* die Fenster sehen auf den Garten/nach dem Garten. **5. a)** *erblicken, bemerken [können], als vorhanden feststellen [können]:* jmdn. plötzlich, oft, den ganzen Tag, schon von weitem, nur flüchtig, im Büro, vom Fenster aus s.; es war so neblig, daß man die Hand nicht vor den Augen sah; jmdn., etw. [nicht] zu s. bekommen; niemand war zu s.; die Berge waren gut, kaum, nur verschwommen zu s. *(sichtbar);* von jmdm., von etw. ist nichts zu s. *(jmd., etw. ist nicht zu sehen, ist nicht da, nicht vorhanden);* meine Augen sind so überanstrengt, daß ich alles doppelt sehe; ich sehe es [un]deutlich, verwundert, mit Staunen; er wurde von verschiedenen Personen beim Verlassen seiner Wohnung gesehen; ich habe ihn davonlaufen sehen/(selten:) gesehen; Hast du [es] gesehen? Er ist verletzt; den möchte ich s. *(den gibt es nicht),* der das kann!; laß [mich] s. *(zeige [mir]),* was du hast; sich am Fenster s. lassen *(zeigen);* wann sehen wir uns *(treffen wir uns; wann kommen wir zusammen)*?; wir sehen ihn (geh.; *er ist*) häufig bei uns [zu Besuch]; wir sehen (geh.; *haben*) häufig Gäste [bei uns] zum Tee; ⟨2. Part.:⟩ ein gern gesehener *(ein erwünschter)* Gast; überall gern gesehen *(willkommen)* sein; gesehen! (*zur Kenntnis genommen!* [Vermerk auf Schriftstücken, Akten]); ⟨subst.:⟩ wir kennen uns vom Sehen; * **etw. gern s.** *(etw. gern haben; etw. mögen):* meine Eltern sehen diese Freundschaft nicht gern; so etwas ist/wird hier nicht gern gesehen; er sieht es gern, wenn man ihn fragt; **jmdn., etw. nicht mehr s. können** (ugs.: 1. *den Anblick einer Person od. Sache, die man oft zu sehen bekommen hat, nicht mehr ertragen; etw., was man oft gesehen hat, nicht mehr leiden können:* ich kann ihn, das Kleid nicht mehr s. 2. *den Anblick u. Genuß von etw. nicht mehr ertragen:* seitdem kann ich Haferschleim nicht mehr s.); **[und] hast du nicht gesehen** (ugs.; *sehr schnell u. plötzlich; unversehens, im Nu*): [und] hast du nicht gesehen, war er verschwunden; **sich s. lassen [können]** *(beachtenswert sein; vor einer Kritik bestehen können):* diese Leistung kann sich s. lassen; **sich mit jmdm., mit etw. s. lassen können** *(gewiß sein können, mit jmdm., mit etw. einen guten Eindruck zu machen; mit jmdm., mit etw. vor einer Kritik bestehen können):* mit ihm, mit dieser Figur, Leistung kann sie sich s. lassen; **sich [bei jmdm.] s. lassen** (ugs.; *zu jmdm. hingehen, bei jmdm. einen [kurzen] Besuch machen*): laß dich mal wieder [bei uns] s.!; nach der Blamage können wir uns bei denen nicht mehr s. lassen; **b)** *als Erinnerungs- od. als Vorstellungsbild erfassen, vor sich, vor dem geistigen Auge haben (als ob man sähe); sich jmdn., etw. [deutlich] vorstellen [können]:* ich sehe ihn noch deutlich [vor mir]; ich sehe noch deutlich, wie er sich verabschiedete; sie sah ihren Sohn schon als großen Künstler; er sah sich schon als der neue Chef/(selten:) als den neuen Chef, schon in leitender Stellung, am Ziel angelangt; **c)** *durch Nachsehen festzustellen suchen; nachsehen:* es hat geklopft. Ich werde s., wer es ist. **6. a)** *[sich] etw. ansehen; betrachten:* einen Film s.; den Sonnenuntergang s.; er macht große Reisen, um die Welt zu s.; das muß man gesehen haben *(das ist sehenswert)*!; viel zu s. bekommen; da gibt es nichts [Besonderes] zu s.; das ist nur für Geld zu s. *(zu besichtigen);* laß [es] [mich] s. *(zeige es mir);* sich als Hungerkünstler s. lassen *(als Hungerkünstler auftreten);* **b)** ⟨s. + sich⟩ *durch Sehen* (6 a) *in einen Zustand kommen:* sich satt, müde [an etw.] s. **7.** *erleben:* wir haben ihn selten so fröhlich gesehen; noch nie haben wir eine so große Begeisterung gesehen; hat man so etwas schon gesehen! (Ausruf der Verwunderung); ihr habt ihn jahrelang in Not gesehen und habt ihm nicht geholfen; er hat schon bessere Zeiten gesehen; Ü dieser Schrank hat auch schon bessere Zeiten gesehen (scherzh.; *war einmal in einem besseren Zustand*). **8. a)** *[be]merken, feststellen:* überall nur Fehler s.; nur seinen Vorteil s.; von der einstigen Begeisterung war nichts mehr zu s.; wir sahen, mußten mit Bestürzung s., daß wir nicht mehr helfen konnten; ich sehe schon, so ist das nicht zu machen; wie ich sehe, ist hier alles in Ordnung; Hast du gesehen? Er weiß es nicht; da sieht man's wieder!; siehst du [wohl]/(ugs.:) siehste (*merkst du jetzt, daß ich recht habe* [Äußerung, mit der man darauf hinweist, daß sich eine Ansicht, Befürchtung, Hoffnung bestätigt hat]); ich möchte doch [einmal] s. *(feststellen, herausfinden),* ob er es wagt; wir werden [ja, schon] s./wir wollen s. *(warten wir ab, das wird sich dann schon herausstellen);* ihr werdet schon s. [was geschieht]! (warnende Äußerung); seht *(ihr müßt wissen),* das war so: ...; wir sahen unsere Wünsche alle erfüllt, unsere Erwartungen enttäuscht; wir sahen uns betrogen *(stellten fest, daß wir betrogen worden waren);* wir sehen uns (verblaßt; *sind*) genötigt, nicht in der Lage, etwas zu tun; **b)** *beurteilen, einschätzen:* alles negativ, falsch, verzerrt s.; die Verhältnisse nüchtern s.; das dürfen Sie nicht so eng s.!; die Dinge s., wie sie sind; wir müssen die Tat im richtigen Zusammenhang s.; ⟨2. Part.:⟩ menschlich gesehen *(im Hinblick auf die menschlichen Beziehungen),* fühle ich mich bei ihnen viel wohler; auf die Dauer gesehen *(für die Dauer),* ist dies wohl die bessere Lösung; **c)** *erkennen, erfassen:* das Wesen, den Kern einer Sache [deutlich] s.; ich sehe nur allzu deutlich, wie es gemeint ist; er hat in seinem Roman einige Figuren sehr gut gesehen *(erfaßt, aufgefaßt u. gestaltet);* er sieht in ihm nur den *(betrachtet ihn nur als)* Gegner; er sah darin nichts Befremdliches *(hielt es durchaus nicht für befremdlich);* Sie sehen *(ersehen)* daraus, daß ...; daran läßt sich s. *(ermessen),* wie ...; **d)** *überlegen, prüfen, festzustellen suchen:* s., ob es einen Ausweg gibt; s., was sich tun läßt. **9. a)** *sich um jmdn., etw. kümmern [indem man hingeht u. nachsieht]:* sieh bitte mal nach den Kartoffeln, vielleicht sind sie schon gar!; nach den Kindern, nach dem Kranken s.; **b)** *suchen, forschen, Ausschau halten:* nach neuen Möglichkeiten für etw. s. **10. a)** *(bei jmdm., einer Sache) auf etw. Bestimmtes, für einen Wichtiges, auf eine bestimmte Eigenschaft achten, Wert legen; mit etw. genau sein:* auf Ordnung, Sauberkeit s.; er sieht nur auf seinen Vorteil, aufs Geld; du solltest mehr auf dich selbst s.; nicht auf den Preis s. *(sich durch einen höheren Preis nicht vom Kauf einer Sache, die gefällt, abhalten lassen);* wir müssen darauf s., daß die Bestimmungen eingehalten werden; **b)** (landsch.) *auf jmdn., etw. aufpassen; jmdn., etw. im Auge behalten:* bitte, sieh auf das Kind. **11.** *zusehen, sich bemühen, etw. Bestimmtes zu erreichen; sich darum kümmern, daß (wie) man etw. Bestimmtes erreicht:* sieh, daß du bald fertig wirst; er soll [selbst] s., wie er das Problem löst; R man muß s., wo man bleibt (ugs.; *man muß Vorteile, die sich bieten, auch wahrnehmen, ausnützen).*

sehens-, Sehens-: **~wert** ⟨Adj.; nicht adv.⟩: *wert, angesehen, betrachtet, besichtigt zu werden:* -e Baudenkmäler, Gemäldesammlungen; was er an Zauberkunststücken bot, war s.; **~würdig** ⟨Adj.; nicht adv.⟩: svw. ↑~wert, dazu: **~würdigkeit,** die: *etw., was an einem Ort, in einer Gegend sehenswürdig, -wert ist* (z. B. Kunst-, Bauwerk, Naturdenkmal): die -en einer Stadt besichtigen.

Seher ['ze:ɐ], der; -s, - [zu ↑sehen 5 b]: **1.** *jmd., dem durch Visionen od. unerklärliche Intuitionen außergewöhnliche Einsichten zuteil werden:* Tiresias, der blinde S. **2.** (Gaunerspr.) *Auskundschafter, Beobachter.* **3. a)** (Jägerspr.) *Auge des Haarraubwildes, des Hasen, Kaninchens u. Murmeltiers;* **b)** ⟨Pl.⟩ (ugs. scherzh., bes. Jugendspr.) *Augen.*

Seher- (Seher 1): **~blick,** der ⟨o. Pl.⟩: *visionärer, intuitiver Blick* (4) *des Sehers;* **~gabe,** die ⟨o. Pl.⟩: die S. haben; **~kunst,** die: *die Kunst des Sehens* (5 b); *Mantik.*

Seherin, die; -, -nen: w. Form zu ↑Seher (1); **seherisch** ['ze:ərɪʃ] ⟨Adj.; Steig. ungebr.⟩: *[wie] vom Seher* (1) *geäußert, stammend, den Seher kennzeichnend, bezeugend, dem Seher eigen[tümlich].*

Sehne ['ze:nə], die; -, -n [mhd. sen(e)we, sene, ahd. sen(a)wa, eigtl. = Verbindendes]: **1.** *starker, fester Strang aus straff u. dicht gebündelten Bindegewebsfasern, der (als Teil des Bewegungsapparates) Muskeln mit Knochen verbindet:* ihm ist eine S. gerissen; ich habe mir bei der Turnübung eine S. gezerrt. **2.** *Strang, starke Schnur o. ä. zum Spannen des Bogens:* die S. straffen, spannen; der Pfeil schnellt von der S. **3.** (Geom.) *Gerade, die zwei Punkte einer gekrümmten Linie verbindet:* in den Kreis eine S. einzeichnen.

sehnen ['ze:nən], sich ⟨sw. V.; hat⟩ [mhd. senen, H. u.]: *innig, schmerzlich, sehnsüchtig nach jmdm., nach etw. verlangen:* sich nach jmdm., nach etw. s.; sich nach Liebe, Ruhe, Freiheit s.; sich nach der Heimat, nach Hause, nach dem Bett s.; sich nach einer guten Tasse Kaffee s.; sie sehnte sich [danach] allein zu sein; sehnendes Verlangen; **Sehnen** [-], das; -s (geh.): *das Sichsehnen; Sehnsucht:* heißes, inniges, stilles S. ergriff ihn.

sehnen-, Sehnen-: **~defekt,** der; **~entzündung,** die (Med.): *Entzündung des Sehnenbindegewebes;* **~haut,** die (Med.): *das die Sehnen u. ihre Faserbündel umhüllende lockere Bindegewebe;* **~naht,** die (Med.): *Naht* (1 b), *die die beiden Enden einer durchtrennten Sehne vereinigt;* **~plastik,** die (Med.): *chirurgische Plastik zur Behebung eines Sehnendefektes;* **~reflex,** der (Med.): *Muskelreflex, der durch Schlag auf die Sehne ausgelöst wird;* **~riß,** der (Med.); **~scheide,** die (Med.): *Schlauch aus Bindegewebe, in dem sich die Sehne gleitend bewegt,* dazu: **~scheidenentzündung**; die; **~schnitt,** der (Holzverarb.): *parallel zur Achse geführter Schnitt durch einen Baumstamm; Tangentialschnitt, Fladerschnitt;* **~transplantation,** die (Med.); **~verkürzung,** die (Med.): *operative Verkürzung einer Sehne;* **~verlängerung,** die (Med.): *chirurgische, bes. operative Verlängerung einer Sehne;* **~zerrung,** die (Med.): *durch [ruckartige] Überdehnung verursachte [schmerzhafte] Zerrung einer Sehne:* sie hat sich bei der Gymnastik eine S. zugezogen.

sehnig ['ze:nɪç] ⟨Adj.; nicht adv.⟩ [spätmhd. seneht]: **1.** *voller Sehnen:* das Fleisch war zäh und s. **2.** *kräftig u. ohne überflüssiges Fett:* die [mageren und] -en Beine des Läufers; durchtrainierte und -e Gestalten; hager und s. sein.

sehnlich ['ze:nlɪç] ⟨Adj.; nicht präd.⟩ [mhd. sen(e)lich, zu ↑sehnen]: *sehnsüchtig verlangend:* es ist mein -er, -ster Wunsch, ihn wiederzusehen; jmdn. s., -st erwarten; etw. s., -st verlangen, [herbei]wünschen; ⟨Abl.:⟩ **Sehnlichkeit,** die; -: **1.** (selten) *das Sehnsüchtigsein:* ... mit welchem Grade von S. er warte (Th. Mann, Joseph 270). **2.** (schweiz.) *Sehnsucht;* **Sehnsucht** ['ze:nzʊxt], die; -, ...süchte [...zʏçtə; mhd. sensuht]: *inniges, schmerzliches Verlangen nach jmdm., etw. [was man entbehrt, was von einem fern ist]:* eine brennende, verzehrende, ungestillte, unbestimmte, stille S.; S. nach Liebe und Anerkennung, nach der Heimat; ⟨gelegentlich mit „in“:⟩ das Heimweh und die S. in die Ferne (Jens, Mann 63); Ach, diese S., weiß zu sein (Frisch, Stiller 228); Italien, das Land der S., meiner S.; alles Menschliche ist ihm vertraut, die ganze Skala der Sehnsüchte und Leidenschaften (K. Mann, Wendepunkt 376); S. haben, bekommen, fühlen, [er]wecken; der Gedanke daran erfüllte ihn mit S.; du wirst schon mit S. (ugs.; *sehr)* erwartet!; von S., von [der] S. nach etw. ergriffen, erfüllt, gepackt, gequält, verzehrt sein, werden; vor S. [fast] vergehen; sich vor S. verzehren; ⟨Abl.:⟩ **sehnsüchtig** ⟨Adj.⟩: *voller Sehnsucht; innig, schmerzlich, verlangend:* -es Verlangen; -e Blicke; mit -en Augen standen die Kinder vor den Schaufenstern; etw. s. erwarten, erhoffen; jmdm. s. nachblicken; ⟨Zus.:⟩ **sehnsuchtsvoll** ⟨Adj.⟩ (geh.): *sehnsüchtig.*

sehr [ze:ɐ̯] ⟨Adv.; [noch] mehr, meist ...⟩ [mhd. sēre, ahd. sēro (Adv.) = schmerzlich; gewaltig, heftig, sehr, zu mhd., ahd. sēr (Adj.) = wund, verwundet, schmerzlich]: *in hohem Maße, besonders, überaus:* s. reich, traurig, beschäftigt sein; das ist s. schön, s. gut; er wäre s. wohl imstande gewesen, den Auftrag zu erledigen; er ist zu s. verbittert, um noch gerecht urteilen zu können; er war mit seiner Zahlung s. im Rückstand; er hat sich s. angestrengt; [ich] danke s.!; bitte s.!; **sehren** ['ze:rən] ⟨sw. V.; hat⟩ [mhd. sēren, zu: sēr, ↑sehr] (veraltet; noch dichter., mundartl.): *versehren, verwunden.*

Seiber ['zaɪ̯bɐ], der; -s [md. Nebenf. von spätmhd. seiffer, ahd. seifar; vgl. Seifer] (landsch.): *(bes. von kleinen Kindern) aus dem Mund laufender Speichel;* **seibern** ['zaɪ̯bɐn] ⟨sw. V.; hat⟩ (landsch.): *(bes. von kleinen Kindern) Speichel aus dem Mund laufen lassen.*

Seicento [seɪ̯'tʃɛnto], das; -[s] [ital. seicento, eigtl. = 600, kurz für: 1600 = 17. Jh.]: *[Kunst]zeitalter des 17. Jahrhunderts in Italien.*

Seich [zaɪ̯ç], der; -[e]s, **Seiche** ['zaɪ̯çə], die; - [1: mhd. seich(e), ahd. seih, zu ↑seichen (1)]: **1.** (landsch. salopp) *Harn:* das Gesöff schmeckte wie warmer Seich; Handgranaten, Maschinenpistolen, gefrorene Seiche (Plievier, Stalingrad 182); Ü gegen Lehrer, die uns ... mit idealistischer Seiche bepinkeln (Spiegel 51, 1967, 55). **2.** (landsch. salopp abwertend) *[seichtes] Gerede; Geschwätz:* den Seich der Politiker nicht mehr hören können; Wir sind hier im Dienst. Den privaten Seich können Sie sich sparen (Kirst 08/15, 371); **seichen** ['zaɪ̯çn̩] ⟨sw. V.; hat⟩ [2: mhd. seichen, ahd. seihhen, Veranlassungsverb zu ahd. sīhan, ↑seihen]: **1.** (landsch. salopp) *harnen:* ins Bett, in die Hosen s. **2.** (landsch. salopp abwertend) *seichtes Gerede von sich geben.*

Seiches [sɛʃ] ⟨Pl.⟩ [frz. seiches, zu: sèche, w. Form von: sec (↑sec); fachspr. orthographisch von diesem geschieden] (Fachspr.): *periodische Schwankungen des Niveaus* (1) *von Binnenseen.*

seicht [zaɪ̯çt] ⟨Adj.; -er, -este⟩ [mhd. sīht(e), H. u., urspr. wohl = sumpfig, feucht]: **1.** ⟨nicht adv.⟩ *mit geringer Tiefe, nicht tief:* durch -es Wasser waten; ein -es Gewässer; der Main stand zu s. (Kisch, Reporter 57). **2.** (abwertend) *flach* (4), *oberflächlich, banal:* eine -e Komödie; eine -e Unterhaltung; er wollte ihn aus dem Sumpf der -en Sentimentalität herausreißen (Kirst, 08/15, 149); ⟨Abl.:⟩ **Seichtheit,** die; -, -en.

seid [zaɪ̯t]: ↑¹sein.

Seide ['zaɪ̯də], die; -, -n [mhd. sīde, ahd. sīdə < mlat. seta, H. u.]: **a)** *sehr feiner, dünner Faden vom Kokon eines Seidenspinners:* sie näht mit S.; **b)** *feines Gewebe aus Seide* (a): reine, matte, schillernde, schwere, echte, japanische S.; das Kleid ist aus S.; die Jacke ist auf, mit S. gefüttert.

Seidel ['zaɪ̯dl̩], das; -s, - [mhd. sīdel(īn), über das Mlat. < lat. situla = (Wein)krug, Eimer]: **1.** *Bierglas:* er schwenkt sein S. und sagt: „Prost“. **2.** (veraltet) *Flüssigkeitsmaß.*

Seidelbast, der; -[e]s, -e [spätmhd. zīdelbast (zum 1. Bestandteil vgl. Zeidler, zum 2. Bestandteil Linde), älter mhd. an ↑Seide angelehnt wegen des seidigen Glanzes der

Blüten oder des Bastes (1)]: *Strauch mit rosenroten, duftenden Blüten und erbsengroßen, roten, giftigen, fleischigen Steinfrüchten.*

seiden ['zaidn̩] ⟨Adj.; o. Steig.⟩ [mhd., ahd. sīdīn]: **a)** ⟨nur attr.⟩ *aus Seide:* ein -es Kleid; sie trägt -e Unterwäsche; **b)** *wie Seide, seidig:* ihr Haar glänzte s.

seiden-, Seiden-: **~artig** ⟨Adj.; o. Steig.; nicht adv.⟩; **~äffchen,** das: svw. ↑Pinseläffchen; **~atlas,** der: *Satin;* **~band,** das; **~bast,** der: svw. ↑~leim; **~bau,** der ⟨o. Pl.⟩: *Zucht von Seidenraupen;* **~bluse,** die; **~brokat,** der; **~damast,** der; **~faden,** der; **~finish,** das (Fachspr.): *Endverarbeitung von Baumwollgeweben, die künstlichen Glanz erhalten;* **~gewebe,** das; **~glanz,** der: *matter Glanz des Seidengewebes,* dazu: **~glänzend** ⟨Adj.; o. Steig.; nicht adv.⟩: *wie Seide glänzend;* **~gras,** das: *in wärmeren Gebieten in hohen Stauden wachsendes Gras, dessen aus paarweisen Ährchen gebildete Blütenrispen von seidenglänzenden Haaren bedeckt sind;* **~hemd,** das; **~kokon,** der: *Kokon des Seidenspinners;* **~kleid,** das; **~kokon,** der (selten): *Kokon des Seidenspinners;* **~leim,** der: *leimartiger Eiweißstoff, der den Rohseidenfaden umgibt u. verklebt;* **~papier,** das: *sehr dünnes, weiches, durchscheinendes Papier aus Zellstoff;* **~raupe,** die: *Raupe des Seidenspinners,* dazu: **~raupenzucht,** die; **~reiher,** der: *in südlichen Ländern vorkommender weißer Reiher mit seidenweichen Schmuckfedern auf dem Rücken u. im Nacken;* **~schal,** der; **~schnur,** die; **~schwanz,** der [nach dem seidenweichen Gefieder]: *rötlichbrauner Singvogel mit Haube* (2c), *schwarzer Kehle u. Flügeln, die an ihren Enden gelb, weiß, schwarz u. rot gezeichnet sind;* **~spinner,** der: *bes. in Ost- u. Südasien vorkommender Schmetterling, dessen Raupen zur Verpuppung einen Kokon bilden, aus dem Seide hergestellt wird,* dazu: **~spinnerei,** die: **a)** *das Verspinnen von Seide* (a); **b)** *Betrieb, in dem Seide* (b) *hergestellt wird;* **~stickerei,** die; **~stoff,** der; **~strumpf,** der; **~tuch,** das; **~weich** ⟨Adj.; o. Steig.; nicht adv.⟩: *sehr weich:* -es Papier, Haar; **~zucht,** die: svw. ↑~raupenzucht.

seidig ['zaidɪç] ⟨Adj.; o. Steig.⟩: *weich u. glänzend wie Seide:* ein -es Fell; -e Haare; Das helle Fell schimmerte in -en Reflexen unterm warmen Kerzenlicht (Frank, Tage 135); etw. fühlt sich s. an.

seiend ['zaiənt]: ↑ [1]sein; ⟨subst.:⟩ **Seiende** ['zaiəndə], das; -n (Philos.): *das, von dem ausgesagt wird, daß es ist; das, was ist.*

Seife ['zaifə], die; -, -n [1: mhd. seife, ahd. seifa; 2: mhd. sīfe (Bergmannsspr.) = Anschwemmung eines erzführenden Wasserlaufs, zu: sīfen = tröpfeln, sickern; mit Seife (1) verw. mit ↑Sieb]: **1.** *meist aus fester, auch aus flüssiger, pastenartiger Substanz bestehendes Mittel zum Waschen, das bes. zur Körperpflege in Form eines runden, ovalen, viereckigen Stücks verwendet wird:* ein Stück milde, feine, parfümierte S.; grüne S. *(Schmierseife)*, die Seife schäumt, duftet stark; S. kochen, sieden; sich ⟨Dat.⟩ die Hände mit S. waschen. **2.** (Geol.) *Anhäufung von schweren od. bes. widerstandsfähigen Mineralen (z. B. Metalle, Erze, Diamanten) in Sand- u. Kieselablagerungen;* **seifen** ['zaifn̩] ⟨sw. V.; hat⟩: **1.** *mit Seife* (1) *waschen, reinigen:* Gantenbein als Papi, der sie seift (Frisch, Gantenbein 472); sie seiften [sich] Gesicht und Arme. **2.** (Geol.) *Minerale auswaschen.*

seifen-, Seifen-: **~artig** ⟨Adj.; o. Steig.; nicht adv.⟩; **~artikel,** der ⟨meist Pl.⟩: *Wasch-, Reinigungsmittel;* **~bad,** das: *Seifenlauge, die bes. zur Pflege von [entzündeten] Fingern verwendet wird;* **~baum,** der: svw. ↑~baumgewächs, dazu: **~baumgewächs,** das [seine Früchte enthalten Saponin]: *in tropischen u. subtropischen Gebieten in zahlreichen Arten wachsender Strauch od. Baum, der als Nutzpflanze vielseitig kultiviert wird;* **~blase,** die: *aus den Bläschen von Seifenwasser mit Hilfe eines Strohhalms od. Röhrchens geblasenes u. schnell wieder zerplatzendes kugelartiges Gebilde (woran Kinder Freude u. Vergnügen haben):* eine schillernde S.; die Kinder machten -n, lassen -n aufsteigen; Gerüchte zerplatzten wie -n; Ü die Reformen entpuppten sich als reine -n *(als leere Versprechungen);* **~fabrik,** die; **~flocke,** die; **~gebirge,** das (Geol.): *Gebirge mit Ablagerungen von Erzen u. Edelsteinen;* **~industrie,** die; **~kiste,** die (ugs.): *[von Kindern, Jugendlichen] selbstgebasteltes, primitives Fahrzeug ohne Motor aus Holz mit vier Rädern,* dazu: **~kistenrennen,** das: *Wettfahrt mit Seifenkisten;* **~kraut,** das [Blätter u. Wurzeln enthalten Saponin]: *in vielen Arten vorkommendes Nelkengewächs mit blaßrosa bis weißen Blüten, die als Arzneipflanze verwendet wird;* **~lappen,** der (landsch.): svw. ↑Waschlappen; **~lauge,** die: *Lauge aus Seife, Seifenpulver;* **~mittel,** das: *Waschmittel;* **~napf,** der: vgl. ↑~schale; **~oper,** die [LÜ von engl.-amerik. soap opera, wohl weil solche Sendungen, von (Waschmittel)firmen finanziert, bes. im Werbefernsehen, -funk laufen] (ugs.): *rührselige Hörspiel- od. Fernsehspielserie, Unterhaltungsserie:* die US-Serie (= Holocaust) verhökere das Thema des Judenmordes zugunsten einer hemmungslos ans Gefühl appellierenden S. (Spiegel 5, 1979, 28); **~pulver,** das: *Waschmittel, das aus pulverisierter Seife besteht;* **~rinde,** die: svw. ↑Quillajarinde; **~schale,** die: *kleine Schale für ein Stück Seife;* **~schaum,** der: *Schaum, der sich aus Seife in Verbindung mit Wasser z. B. durch Reiben gebildet hat;* **~sieder,** der (veraltet): *Handwerker, Arbeiter in einer Seifenfabrik:* *** jmdm. geht ein S. auf** (ugs., bes. berlin.; ↑Licht 2a; Seifensieder waren früher oft gleichzeitig auch Kerzengießer; in der Studentenspr. wird scherzh. der Hersteller für das Produkt gesetzt): Geht Ihnen noch immer kein S. auf? (Zwerenz, Quadriga 195), dazu: **~siederei,** die; **a)** ⟨o. Pl.⟩ *das Herstellen von Seife;* **b)** *Seifenfabrik;* **~wasser,** das: *Wasser, das aufgelöste Seife, aufgelöstes Seifenpulver enthält.*

Seifer ['zaifɐ], der; -s (landsch.): svw. ↑Seiber; **seifern** ['zaifɐn] ⟨sw. V.; hat⟩ (landsch.): svw. ↑seibern.

seifig ['zaifɪç] ⟨Adj.⟩: **a)** *voller Seife:* er trocknete seine -en Hände ab; **b)** *wie Seife, der Seife ähnlich:* der Kognak hat einen leicht -en Geschmack; die Nüsse schmecken s.; **Seifner** ['zaifnɐ], der; -s, - [zu ↑Seife (2)] (veraltet): *jmd., der Minerale auswäscht.*

Seige ['zaigə], die; -, -n [mhd. seige = Bodensenke, zu: seigen = sinken machen, zu: sīgen = sinken] (Bergmannsspr.): *vertiefte Rinne, in der das Grubenwasser abläuft;* **seiger** ['zaigɐ] ⟨Adj.; o. Steig.⟩ (Bergmannsspr.): *senkrecht:* ein -er Schacht; **Seiger** [-], der; -s, - [(spät)mhd. seigære, seiger, urspr. = Waage, zu: seigen, ↑Seige] (landsch. veraltend): *Uhr.*

Seiger-: **~ofen,** der [zu ↑seigern (b)] (Hüttenw.): *Schmelzofen;* **~riß,** der [zu ↑seiger] (Bergbau): *senkrechter, gedachter Durchschnitt eines Bergwerks;* **~schacht,** der [zu ↑seiger] (Bergbau): *senkrechter Schacht.*

seigern ['zaigɐn] ⟨sw. V.; hat⟩ [mhd. seigern = (aus)sondern, auslesen]: **a)** (veraltet) *seihen; sickern;* **b)** (Hüttenw.) *[sich] ausscheiden; ausschmelzen;* **Seigerung,** die; -, -en (Hüttenw.): *Entmischung einer zunächst gleichmäßig zusammengesetzten Legierung im Verlauf des Gießens u. Erstarrens.*

Seigneur [zɛn'jøːɐ̯], der; -s, -s [frz. seigneur = Herr < lat. senior, ↑Senior]: **1.** (hist.) *französischer Grund-, Lehnsherr.* **2.** (bildungsspr. veraltet): svw. ↑Grandseigneur.

Seihe ['zaiə], die; -, -n (landsch.): **a)** *Filter[tuch] für Flüssigkeiten;* **b)** *Rückstand beim Filtern;* **seihen** ['zaiən] ⟨sw. V.; hat⟩ [mhd. sīhen, ahd. sīhan = seihen; ausfließen]: svw. ↑durchseihen; ⟨Abl.:⟩ **Seiher** ['zaiɐ], der; -s, - (landsch.): *Filter für Flüssigkeiten;* ⟨Zus.:⟩ **Seihpapier,** das (landsch.): *Filterpapier;* **Seihtuch,** das ⟨Pl. ...tücher⟩.

Seil [zail], das; -[e]s, -e [mhd., ahd. seil]: *aus Fasern, Drähten od. sonstigem festen Material zusammengedrehtes, einem Strick ähnliches, aber längeres Gebilde, das dicker als eine Leine u. dünner als ein Tau ist:* das S. des Bergsteigers ist gerissen; am S. gehen, einen Gletscher überqueren; er balanciert auf einem gespannten Seil; der angeschlagene Boxer hing müde in den -n *(Ringseilen);* etw. mit einem S. hochziehen; die Kinder springen, hüpfen über das S.

seil-, Seil-: **~akrobat,** der: *Artist, der auf einem hoch in der Luft gespannten Seil akrobatische Balanceakte ausführt;* **~artig** ⟨Adj.; o. Steig.; nicht adv.⟩; **~bahn,** die: **a)** *der Überquerung, Überwindung von tiefen Taleinschnitten u. großen Höhenunterschieden dienendes Beförderungsmittel, bei dem die Transportvorrichtungen (Gondel, Kabine o. ä.) an einem Drahtseil, einer Schiene hängend od. auf Schienen laufend von einem Zugseil mit Stromantrieb bewegt werden:* mit einer S. fahren; **b)** *gesamte Anlage, die für eine Seilbahn* (a) *erforderlich ist:* eine S. auf den Berg bauen; **~ende,** das; **~fähre,** die: *Fähre, die an einem über das Wasser gespannten Seil geführt wird;* **~fahrt,** die (Bergmannsspr.): *Beförderung im Förderkorb:* Da in dem alten Schacht die S. nicht stattfinden konnte (Marchwitza, Kumiaks (193); **~förderung,** die: *Beförderung durch eine Seilbahn;* **~hüpfen** ⟨im Inf. gebr.⟩: svw. ↑~springen; **~hüpfen,** das; **~kommando,** das (Bergsteigen): *verbindlich vereinbarte Zurufe zwischen den Mitgliedern einer Seilschaft;* **~künstler,** der: svw.

↑~akrobat; ~**mannschaft,** die: svw. ↑Seilschaft; ~**scheibe,** die (Bergbau): *im Fördergerüst gelagerte Stahlscheibe, über die das Förderseil zur Fördermaschine läuft;* ~**schwebebahn,** die: svw. ↑~bahn; ~**sicherung,** die (Bergsteigen); ~**sitz,** der (Bergsteigen): *Tragesitz aus einem Seil zum Transport von Verletzten;* ~**springen** ⟨im Inf. gebr.⟩ *(von Kindern) über ein Sprungseil springen;* ~**springen,** das; ~**stärke,** die; ~**tanzen** ⟨im Inf. gebr.⟩: *auf einem hoch in der Luft gespannten Seil akrobatische Balanceakte ausführen,* dazu: ~**tänzer,** der: svw. ↑~akrobat, ~**tänzerin,** die: w. Form zu ↑~tänzer; ~**trommel,** die: *Trommel, auf die ein Seil auf- od. abgewickelt werden kann;* ~**werk,** das ⟨o. Pl.⟩: *aus Seilen Gefertigtes;* ~**winde,** die: *Winde mit Seiltrommel.*

[1]**seilen** ['zailən] ⟨sw. V.; hat⟩ [1: mhd. seilen]: **1.** *Seile herstellen.* **2.** (selten) *an-, abseilen.*

[2]**seilen** [-] ⟨sw. V.; hat⟩ [(m)niederd. seilen, zusgez. aus: segelen, niederd. Form von ↑segeln] (nordd.): *segeln.*

Seiler ['zailɐ], der; -s, - [spätmhd. seiler]: *Handwerker, der Seile herstellt* (Berufsbez.).

Seiler-: ~**bahn,** die: *langer, ebener Platz, auf dem Seile hergestellt werden;* ~**meister,** der: *Seiler, der die Meisterprüfung abgelegt hat;* ~**ware,** die ⟨meist Pl.⟩.

Seilerei [zailə'rai], die; -, -en: **1.** ⟨o. Pl.⟩ *die Herstellung von Seilen.* **2.** *Betrieb eines Seilers;* **Seilschaft,** die; -, -en (Bergsteigen): *Gruppe von Bergsteigern, die bei einer Berg-, Klettertour durch ein Seil verbunden ist:* eine S. bilden; eine erfahrene, ausgezeichnete S.

Seim [zaim], der; -[e]s, -e [mhd. (honec)seim, ahd. (honang)seim, H. u.] (veraltet od. geh.): *klebrige, zähe Flüssigkeit:* die Entengrütze hatte am Land einen bräunlichen S. zurückgelassen (Augustin, Kopf 242); **seimig** ['zaimɪç] ⟨Adj.⟩ (veraltet od. geh.): *dick-, zähflüssig:* ein gelblich -es Bächlein (K. Mann, Wendepunkt 52).

[1]**sein** [zain] ⟨unr. Verb; bin, ist, sind, seid; war; ist gewesen⟩ /vgl. gewesen/ [mhd., ahd. sīn]: **I. 1. a)** *sich in einem bestimmten Zustand, in einer bestimmten Verfassung, Lage befinden; sich bestimmten Umständen ausgesetzt sehen; eine bestimmte Eigenschaft, Art haben:* gesund, müde, ruhig, betrunken, lustig s.; schön, jung, klug, gutmütig s.; er war sehr freundlich, entgegenkommend; das Brot ist gut, trocken; wie ist der Wein?; das Wetter ist schlecht; der Fluß ist gefroren; die Geschichte ist merkwürdig; das ist ja unerhört!; das kann doch nicht wahr sein!; wie alt bist du?; ich bin 15 [Jahre alt]; sie ist den Streit/des Streites müde; er ist des Diebstahls schuldig; er ist noch am Leben; der Hut ist aus der Mode; er war ganz außer Atem, nicht bei Sinnen; sie ist in Not, Gefahr, ohne Schuld; er war bei ihnen zu Gast; ⟨unpers.:⟩ es ist kalt, dunkel hier; es ist abends noch lange hell; es ist *(herrscht)* Sommer, Ebbe; es ist besser so; wie war es denn?; es ist *(verhält sich)* nicht so, wie du denkst; ***sei es, wie es wolle, sei dem/dem sei, wie ihm wolle, wie dem auch sei** *(wie immer es sich auch verhält; gleichgültig, ob es sich so oder so verhält):* sei es wie es wolle, ich werde nicht teilnehmen; **nicht so s.** (ugs.; *sich großzügig, nachsichtig zeigen*): ach, sei doch nicht so, und gib es mir; **b)** *jmds. Besitz, Eigentum darstellen, jmdm. gehören:* das ist meins/(ugs.:) mir; (ugs.:) ist dieses Haus deinen Eltern?; welches von den Bildern ist deins? Ü ich bin dein (dichter.; *bin dir in Liebe verbunden*); **c)** *sich in bestimmter Weise fühlen, ein bestimmtes Befinden haben:* mir ist schlecht, übel, wieder besser; ist dir kalt?; bei diesem Gedanken ist mir nicht wohl; ist dir etwas? (ugs.; *fehlt dir etwas, fühlst du dich nicht wohl?*); ⟨unpers.:⟩ es ist mir nicht gut heute; mir ist es kalt; ***jmdm. ist, als [ob] ...** *(jmd. hat das unbestimmte Gefühl, den Eindruck, als [ob] ...):* mir ist, als hätte ich ein Geräusch gehört/als ob ich ein Geräusch gehört hätte; **jmdm. ist [nicht] nach etw.** (ugs.; *im Augenblick [keine] Lust auf etw., zu etw. haben*): mir ist heute nicht nach Feiern; **d)** ⟨in Verbindung mit einem Gleichsetzungsnominativ⟩ drückt die Identität od. eine Klassifizierung, Zuordnung aus: er ist Lehrer, ein Künstler; er ist ein richtiger Bayer; sie ist ja noch ein Kind; du bist ein Schuft; er ist der Schuldige; die Katze ist ein Haustier; diese Behauptung ist eine Gemeinheit; das ist die Hauptsache; R das wär's *(das reicht, das ist alles [was ich sagen, haben wollte, was getan werden mußte]);* ***es s.** *(etw. getan haben, der Schuldige, Gesuchte sein):* ich weiß genau, du warst es [der die Sachen genommen hat]; am Ende will es keiner gewesen s.; **wer s.** (ugs.; *es zu etwas gebracht haben, Ansehen genießen*): im Fußball sind wir [wieder] wer; Im Dorf ist er wer: Bis zur Gebietsreform Bürgermeister (Chotjewitz, Friede 81); **nichts s.** (ugs.; *im Leben nichts erreicht haben, es zu nichts gebracht haben*): ihr Mann ist nichts; **e)** *(in bezug auf das Ergebnis einer Rechenaufgabe) zum Resultat haben, ergeben:* fünfzehn und sechs ist/(ugs.:) sind einundzwanzig; fünf weniger drei ist zwei; zwei mal zwei ist vier; **f)** ⟨unpers.⟩ dient der Angabe einer bestimmten Zeit, eines Zeitpunktes: es ist 19 Uhr, ein Uhr nachts; es ist Abend, schon spät; es war noch früh am Morgen; bald wird es Morgen, wieder Frühling s. **2. a)** *sich an einer bestimmten Stelle, einem bestimmten Ort befinden, aufhalten, sich dorthin begeben haben, dorthin gebracht worden sein:* an seinem Platz, bei jmdm., in Hamburg, in Urlaub s.; es war niemand im Haus; wo ist er denn?; er ist zu Hause; sie ist [dort] zur Kur; das Geld ist auf der Bank, auf seinem Konto; die Getränke sind im Kühlschrank; seine Wohnung ist *(liegt)* im dritten Stock; **b)** *aus einem bestimmten Bereich, Ort, irgendwoher, von jmdm. stammen, kommen:* er ist aus gutem Haus, aus einer kinderreichen Familie; sie ist aus Berlin, aus Österreich; woher ist der Käse?; das Paket ist von deiner Mutter, von zu Hause. **3. a)** *an einem bestimmten Ort, zu einer bestimmten Zeit stattfinden, vonstatten gehen:* die erste Vorlesung ist morgen; das Konzert ist am 30. April; der Vortrag ist um 8 Uhr in der Stadthalle; **b)** *an einem bestimmten Ort, zu einer bestimmten Zeit, unter bestimmten Umständen geschehen, sich ereignen, zutragen:* die meisten Unfälle sind nachts, bei Nebel; das letzte Erdbeben war dort um 1900; ⟨unpers.:⟩ es war im Sommer letzten Jahres; es war in Berlin; **c)** ⟨meist im Inf. in Verbindung mit Modalverben⟩ *geschehen, sich abspielen, vor sich gehen, passieren:* eine Sache wie diese darf, soll nicht s.; muß das s.?; schicke bitte das Geld, es braucht ja nicht sofort zu s.; das kann doch nicht s.! *(das ist doch nicht möglich!);* wenn etwas ist (ugs.; *sich etw. Wichtiges ereignet*), rufst du mich an; war etwas (ugs.; *ist etw. Wichtiges, Mitteilenswertes geschehen*) während meiner Abwesenheit?; ⟨unpers.:⟩ es sei!, so sei es denn! *(es möge, es soll, kann so geschehen!);* R was s. muß, muß s. *(es ist unvermeidbar);* sei's drum *(es ist schon gut, es macht nichts);* ***sei es ... sei es/sei es ... oder** *(entweder ... oder; kann, mag sein [daß] ... oder [daß]; ob ... oder [ob]):* einer muß einlenken, sei es der Osten oder [sei es] der Westen; das Prinzip ist das gleiche, sei es in der Luft, sei es im Wasser. **4.** *wirklich dasein, bestehen; in der Wirklichkeit existieren:* vieles wird noch s. *([weiter] existieren)*, wenn wir nicht mehr sind *(gestorben sind);* alles, was einmal war und noch immer ist; in diesem Bach sind viele Fische; wenn er nicht gewesen wäre, hätte sich alles anders entwickelt; diese Einrichtung ist nicht mehr, ist gewesen (landsch.; *es gibt sie nicht mehr*); die Königinmutter ist nicht mehr (geh.; *ist gestorben*); das wird niemals s. *(eintreten);* das war einmal *(gehört der Vergangenheit an, besteht nicht mehr);* ist [irgend] etwas? (ugs.; *gibt es etw. Besonderes, einen Grund zur Beunruhigung?*); ⟨unpers.:⟩ es sind keine Zweifel mehr; R was nicht ist, kann noch werden *(man kann immer noch damit rechnen, darauf hoffen);* ⟨subst.:⟩ das menschliche Sein *(Leben, Dasein);* R Sein oder Nichtsein, das ist hier die Frage (*hier geht es um eine ganz wichtige Entscheidung; hierbei handelt es sich um eine existentielle Frage;* nach der Übersetzung der Stelle im Drama „Hamlet" [III, 1] des engl. Dichters W. Shakespeare, 1564–1616: To be or not to be, that is the question). **II. 1.** ⟨mit Inf. mit „zu" als Hilfsverb⟩ **a)** entspricht einem mit „können" verbundenen Passiv; *...werden können:* er ist durch niemanden zu ersetzen *(kann durch niemanden ersetzt werden);* die Schmerzen waren kaum, nicht zu ertragen *(waren unerträglich);* das ist mit Geld nicht zu bezahlen *(ist unbezahlbar);* **b)** entspricht einem mit „müssen" verbundenen Passiv; *... werden müssen:* fehlerhafte Exemplare sind unverzüglich zu entfernen *(müssen unverzüglich entfernt werden);* der Ausweis ist unaufgefordert vorzuzeigen *(muß unaufgefordert vorgezeigt werden).* **2.** ⟨mit einem 2. Part. als Hilfsverb⟩ **a)** dient der Perfektumschreibung: der Zug ist eingetroffen; er ist gestorben; der Regen ist schnell wieder abgetrocknet; wir sind [über den See] gerudert; ⟨mit Ellipse eines Verbs der Bewegung im Übergang zum Vollverb:⟩ sie sind mit dem Wagen in die Stadt (ugs.; *sind in die Stadt gefahren*); Vom Café bin ich mit Antje gleich zum Friedrichstadt-Palast (ugs.; *bin mit ihr dorthin gegangen;*

Schädlich, Nähe 45); **b)** dient der Bildung des Zustandspassivs: das Fenster ist geöffnet; damit waren wir gerettet; ⟨subst. zu I, 4:⟩ **Sein** [-], das; -s (Philos.): *das Existieren alles ideell u. materiell Vorhandenen; die Wirklichkeit alles Daseienden:* das menschliche S.; ideales und materiales S.; die logischen Begriffe besitzen ideales S.; die Philosophie des -s.

[2]**sein** [-] ⟨Possessivpron.⟩ [mhd., ahd. sīn]: bezeichnet die Zugehörigkeit od. Herkunft eines Wesens od. Dinges, einer Handlung od. Eigenschaft in bezug auf eine in der 3. Pers. Sg. genannte Person od. Sache männlichen od. sächlichen Geschlechts: **1. a)** ⟨vor einem Subst.⟩ α) s. Hut; -e Jacke; -e Kinder; einer -er Freunde/von -en Freunden; meinem Vater s. Hut (salopp; *meines Vaters Hut*); das Dorf und -e Umgebung; (geh.:) im Auftrag Seiner Majestät [des Kaisers]; er leiht mir s. Buch *(das Buch, das ihm gehört);* das ist s. erstes Buch *(das erste Buch, das er geschrieben hat);* ich lese s. Buch *(das Buch, das er mir geschenkt hat);* da vorne fährt s. Zug. *(der Zug, mit dem er fahren wollte);* sie geht in -e Klasse *(in die Klasse, in die auch er geht);* der Graben ist -e (ugs.; *ist gut und gerne*) drei Meter breit; β) als Ausdruck einer Gewohnheit, einer gewohnheitsmäßigen Zugehörigkeit, Regel o. ä.: er muß jetzt -e Tabletten *(die Tabletten, die er zur Zeit nehmen muß)* einnehmen; er hat -en Zug *(den Zug, den er gewöhnlich benutzt)* verpaßt; er macht auch dieses Jahr -e Kur *(die Kur, die er schon einmal, schon öfter gemacht hat);* er mit -em [ewigen] Genörgel (ugs.; *mit dem Genörgel, das man bei ihm gewohnt ist, von ihm bereits kennt*); **b)** ⟨o. Subst.⟩ das Buch ist s. (landsch.; *gehört ihm*); sind das deine Handschuhe oder -e? das ist nicht mein Messer, sondern -s/(geh.:) -es. **2.** ⟨subst.⟩ (geh.:) ich hatte meine Werkzeuge vergessen und benutzte die -en; sie soll die Seine *(seine Frau)* werden; er fuhr zu den Seinen *(zu seiner Familie, seinen Angehörigen);* er hat das Seine *(sein Teil; das, was er dazu tun konnte)* getan; R jedem das Seine (*jeder soll haben, was ihm zusteht, was er gerne möchte;* vgl. suum quique); den Seinen gibt's der Herr im Schlaf (*manche Leute haben soviel Glück, daß sie ohne Anstrengung viel erreichen;* Ps. 127, 2); [3]**sein** [-; mhd., ahd. sīn] (dichter. veraltet): svw. ↑seiner: sie gedachte s.; er erbarmte sich s.; **seiner** ['zainɐ] ⟨Gen. des Personalpronomens „er"⟩: sie erinnerte, entledigte sich s.; Dann wurde die Polizei s. habhaft (Niekisch, Leben 100); **seinerseits** ⟨Adv.⟩ [↑-seits]: *von sich, von ihm, von seiner Seite aus:* er s. wollte/er wollte s. nichts davon wissen; es war ein Mißverständnis s.; **seinerzeit** ⟨Adv.⟩: **1.** *zu jener (der angesprochenen, erwähnten) Zeit, damals:* s., es ist fast 50 Jahre her, hatten wir alle nichts zu essen; das war nicht Krämer; an den war s. noch nicht zu denken (Apitz, Wölfe 225). **2.** (österr. veraltet) *zu einem späteren Zeitpunkt:* wir werden s. darüber noch einmal verhandeln; ⟨Abl.:⟩ **seinerzeitig** ⟨Adj.; o. Steig.; nur attr.⟩: *in jener (der angesprochenen, erwähnten) Zeit bestehend, vorhanden, gegeben; damalig:* denen, die von den -en Einschränkungsmaßnahmen betroffen worden sind (Bundestag 188, 1968, 10167); als älteste Tochter des -en *(früheren, ehemaligen)* österreichischen Vizekanzlers (Vorarlberger Nachr. 25. 11. 68); **seinesgleichen** ⟨indekl. Pron.⟩ [spätmhd. seins geleichen, ↑-gleichen]: *Person, Sache von gleicher Art, gleichem Wert; jmd. wie er, eine Sache wie diese:* er verkehrt am liebsten mit s.; ich will nicht sagen, mein Kaffeehaus sei das beste unter sämtlichen s. (Bergengruen, Rittmeisterin 17); Als Meister des Gespräches hat er heute nicht s. (K. Mann, Wendepunkt 200); (abwertend:) von ihm und s. kann man nicht mehr erwarten; **seinethalben** ⟨Adv.⟩ [gek. aus: von seine(n)t halben, mhd. von sīnent halben, ↑-halben] (veraltend): svw. ↑seinetwegen; **seinetwegen** ⟨Adv.⟩ [älter: von seine(n)t wegen, mhd. von sīnen wegen]: *aus Gründen, die ihn betreffen; ihm zuliebe:* sie kommt nur s.; s. haben wir den Zug verpaßt; **seinetwillen** ⟨Adv.⟩ [älter: umb seinet willen, ↑willen] nur in der Fügung **um s.** *(mit Rücksicht auf ihn; ihm zuliebe):* um s. hat sie ihren Lebensstil geändert; **seinige** ['zainɪgə], der, die, das; -n, -n ⟨Possessivpron.⟩ [spätmhd. (md.) sīnec] (geh., veraltend): *der, die, das* [2]*seine* (2): sie stellte ihr Auto neben das s.; er wird das Seinige *(sein Teil)* dazu beitragen; sie soll die Seinige *(seine Frau)* werden; er wollte die Seinigen *(seine Familie, seine Angehörigen)* besuchen.

seinlassen [zu ↑[1]sein] (ugs.): *nicht tun, unterlassen, bleibenlassen; mit etw. aufhören:* ich werde es doch lieber s.; Wenn ihr solche Bedingungen stellt, lassen wir das Ganze lieber sein (Remarque, Obelisk 163).

Seising ['zaizɪŋ]: ↑Zeising.

Seismik ['zaismɪk], die; - [zu ↑seismisch]: *Wissenschaft, Lehre von der Entstehung, Ausbreitung u. Auswirkung der Erdbeben;* ⟨Abl.:⟩ **seismisch** ⟨Adj.; o. Steig.⟩ [zu griech. seismós = (Erd)erschütterung, zu: seíein = erschüttern]: **1.** *die Seismik betreffend, zu ihr gehörend, auf ihr beruhend:* -e Instrumente, Messungen, Untersuchungen, Forschungen. **2.** ⟨nicht adv.⟩ *Erdbeben betreffend, darauf beruhend, durch ein Erdbeben verursacht:* -e Erschütterungen; die -en Bedingungen einer Region; **seismo-, Seismo-** [zaismo-] ⟨Best. in Zus. mit der Bed.⟩: *Erdbeben (z. B. seismographisch, Seismologie);* **Seismogramm,** das; -s, -e [↑-gramm]: *Aufzeichnung von Erschütterungen des Erdbodens, bes. von Erdbeben durch ein Seismometer;* **Seismograph,** der; -en, -en [↑-graph]: svw. ↑Seismometer: der S. registrierte ein Erdbeben; Ü der Duden zeigt wie ein S. jede sprachliche Veränderung an; ⟨Abl.:⟩ **seismographisch** ⟨Adj.; o. Steig.⟩: *mit Hilfe eines Seismographen arbeitend, durchgeführt; durch einen Seismographen [ermittelt]:* -e Untersuchungen, Messungen; ein Erdbeben s. ermitteln; **Seismologe,** der; -n, -n [↑-loge]: *Wissenschaftler, Forscher, Fachmann auf dem Gebiet der Seismik;* **Seismologie,** die; - [↑-logie]: svw. ↑Seismik; **seismologisch** ⟨Adj.; o. Steig.⟩: svw. ↑seismisch (1); **Seismometer,** das; -s, - [↑-meter]: *Gerät zur Registrierung und Messung von Erschütterungen des Erdbodens, bes. von Erdbeben; Seismograph;* **Seismometrie,** die; - [↑-metrie]: *Messung von Erdbeben mit Hilfe eines Seismometers;* ⟨Abl.:⟩ **seismometrisch** ⟨Adj.; o. Steig.⟩: *die Seismometrie betreffend, zu ihr gehörend; mit Hilfe eines Seismometers [arbeitend, durchgeführt]:* -e Instrumente, Messungen, Untersuchungen; ein Beben s. ermitteln.

seit [zait; mhd. sīt, ahd. sīd, aus einem ahd. adv. Komp., eigtl. = später als]: **I.** ⟨Präp. mit Dativ⟩ gibt den Zeitpunkt an, zu dem ein noch anhaltender Zustand, Vorgang begonnen hat: s. kurzem, neuem, längerem, alters, Jahrhunderten; ich habe das s. Wochen kommen sehen; er wird s. Kriegsende vermißt; dieses Problem hat mich s. eh und je, jeher (ugs.; *schon immer*) beschäftigt; s. wann bist du wieder in Wien? **II.** ⟨Konj.⟩ gibt den Zeitpunkt an, zu dem ein bestimmter Zustand, Vorgang eingetreten ist: ich fühle mich viel besser, s. ich die Kur gemacht habe; s. er die Firma übernommen hat, ist der Umsatz gestiegen.

seit- ['zait-; zu ↑Seite]: **~ab** [zait'|ap] ⟨Adv.⟩ **a)** *an, auf der Seite; abseits:* s. liegende Felder; Und manche wohnen s. in der unzugänglichen Wildnis (Zwerenz, Kopf 176); s. von den Feldern grasten die Ziegen; **b)** (selten) svw. ↑beiseite (b): Sie rieb sich die Augen, streckte die Arme s. und gähnte (Strittmatter, Wundertäter 85); **~beugen** ⟨sw. V.; hat; gew. im Inf. u. 2. Part.⟩ (Turnen): *das Beugen des Oberkörpers in Grätschstellung abwechselnd nach links u. rechts über die Hüfte zur Seite;* **~halte,** die (Turnen): *Armhaltung, bei der ein Arm, die Arme zur Seite gestreckt werden;* **~pferd,** das (Turnen): *Pferd* (2), *das (im Unterschied zum Langpferd) in Querrichtung steht;* **~spreizen,** das (Turnen): *das Spreizen eines Beines zur Seite beim Ausfall* (4 c); **~wärts** [↑-wärts]: **I.** ⟨Adv.⟩ **a)** *zur Seite:* den Körper etwas s. wenden; **b)** *an, auf der Seite:* s. stehen die Angeklagten. **II.** ⟨Präp. mit Gen.⟩ (geh.) *auf der Seite von etw.:* s. des Weges, dazu: **~wärtsbewegung,** die, **~wärtshaken,** der (Boxen): *Schlag mit angewinkeltem Arm, bei dem die Faust seitlich [von unten nach oben] geführt wird.*

seitdem wohl verkürzt aus mhd. sīt dem māle = seit der Zeit]: **I.** ⟨Adv.⟩ *von da an:* Seine Frau war lange hier. Er schickt uns s. jedes Jahr ein paar Kisten (Remarque, Obelisk 216); nichts hat sich s. hier geändert. **II.** ⟨Konj.⟩ (selten) svw. ↑seit (II): s. sie liebt, ist sie völlig verändert; er hatte Angst vor Ratten, s. er im Gefängnis gesessen hatte.

Seite ['zaitə], die; -, -n [mhd. sīte, ahd. sīta, eigtl. = die schlaff Herabfallende; 7: nach lat. latus]: **1. a)** *eine von mehreren ebenen Flächen, die einen Körper, Gegenstand begrenzen:* die vordere, hintere, obere, untere S. einer Kiste; die -n eines Würfels, einer Pyramide; auf sämtlichen -n des Pakets waren Aufkleber angebracht; **b)** *linke od. rechte, vordere od. hintere, zwischen oben u. unten befindliche Fläche eines Raumes, Gegenstands, Körpers:* nur noch eine S. des Zimmers muß tapeziert werden; die -n der Kassette sind poliert, der Deckel nicht; an der vorderen S. des Rathauses waren viele Fahnen angebracht, die großen Fenster liegen auf der östlichen S. des Hauses; **c)** *rechter od. linker flächiger Teil eines Gegenstands, Körpers:* die ganze rechte S. des Autos muß neu lackiert werden; der Kahn legte sich bedenklich auf die S. *(drohte zu kentern)*. **2. a)** *der rechts od. links [von der Mitte] gelegene Teil einer räumlichen Ausdehnung:* die Angeklagten nahmen fast eine ganze S. des Saales ein; wir wohnen auf der anderen S. des Flusses; auf, zu beiden -n von etw.; der Angriff kam von der S.; ⟨als Subst. verblaßt u. daher klein geschrieben:⟩ ... hing ihm der ... Schnurrbart ... zu seiten des Mundes herab (Th. Mann, Zauberberg 543); **b)** *Ort, Stelle, die außerhalb eines bestimmten Bereiches, in einer gewissen Entfernung von jmdm., etw. liegt:* geh auf die/zur S.! *(aus dem Weg);* jmdn. auf die S. *(beiseite)* winken; die Bücher zur S. legen, räumen; zur S. treten, gehen, ausweichen; jmdn. zur S. nehmen *(sich mit jmdm. aus einem Kreis von anderen Gesprächspartnern absondern, um ihm eine vertrauliche Mitteilung zu machen);* Ü jmdn. zur S. schieben *(jmdn. [aus einer Position] verdrängen);* ***etw. auf die S. schaffen** (ugs.; *auf nicht ganz korrekte Art beschaffen*): er hat Ersatzteile, Baumaterial auf die S. geschafft; **jmdn. auf die S. schaffen** (salopp; *jmdn. umbringen, ermorden*); **etw. auf die S. legen** (↑Kante 2): bei meinem Gehalt kann ich nichts auf die S. legen; **auf die große, kleine S. müssen** (österr.; *(bes. von Schülern) seine Notdurft verrichten*); **etw. auf der S. haben** (↑Kante 2): sie hat ein ganz hübsches Sümmchen auf der S.; **zur S. sprechen** (Theater; *auf der Bühne eine Bemerkung machen, die nicht für den Partner bestimmt ist, sondern nur für das Publikum*); **c)** *Teil eines Gebiets, das dies- od. jenseits einer Grenze o. ä. liegt:* die spanische S. der Pyrenäen; die Stadt liegt [schon] auf tschechischer S. **3. a)** *Partie des menschlichen Körpers, die als fließender Übergang zwischen seiner vorderen u. hinteren Fläche in Längsrichtung von Kopf bis Fuß verläuft:* der Junge trägt sein Fahrtenmesser an der S.; den Säugling abwechselnd auf die linke u. rechte S. legen; sich im Schlaf auf die andere S. drehen; auf einer S. gelähmt sein; jmdn. von der S. fotografieren; sein Kopf fiel vor Müdigkeit zur S.; Ü sie verbrachte eine glückliche Zeit an der S. ihres Mannes (geh.; *mit ihrem Mann*); sich nicht gern an jmds. S. *(mit jmdm.)* sehen lassen; ***S. an S.** (↑Schulter); **jmds. grüne S.** (scherzh.; *jmds. unmittelbare Nähe;* vgl. grün 4): setz dich, komm, rück an meine grüne S.! **lange -n haben** (landsch.; *viel essen u. trinken können;* eigtl. wohl = viel Platz im Körper haben); **jmdn. jmdm., etw. einer Sache an die S. stellen** *(jmdn. mit jmdm., etw. mit etw. vergleichen, gleichstellen, messen);* **sich auf die faule S. legen** (↑Haut); **jmdm. mit [Rat u. Tat] zur S. stehen** *(jmdm. helfen, beistehen);* **jmdm. nicht von der S. gehen/weichen** (ugs.; *jmdn. keinen Augenblick allein lassen*); **jmdn. von der S. ansehen** *(jmdn. mit Geringschätzung ansehen, behandeln);* **b)** *Partie des menschlichen Oberkörpers, die als fließender Übergang zwischen Brust u. Rücken in Längsrichtung zwischen Hüfte u. Achsel verläuft, bes. der Teil, der über den Hüften u. unter den Rippen liegt:* mich/mir schmerzt die ganze rechte S.; sich vor Lachen die -n halten; jmdm. einen Stoß in die S. geben; er hat Stiche, Schmerzen in der S. **4.** *(von Tieren mit vier Beinen) rechte od. linke Hälfte des Körpers, die zwischen Rücken u. Brust, Vorder- u. Hinterbeinen liegt:* eine S. Speck *(großes Stück Speck vom geschlachteten Schwein; Speckseite);* er klopfte seinem Pferd die -n. **5.** *eine von mehreren möglichen Richtungen:* er wich nach der falschen, verkehrten S. aus; sich nach allen -n umsehen; die Bühne ist nur nach einer S. offen; die Schüler stoben nach allen -n auseinander; die Fans strömten von allen -n *(von überall her)* herbei; Ü nach der S. der politischen Wissenschaft hat ... Heller die Weberschen Anregungen fruchtbar gemacht (Fraenkel, Staat 113). **6. a)** *beiderseitig beschriebenes od. bedrucktes Blatt eines Hefts, Druckerzeugnisses o. ä.:* eine S. aus dem Notizbuch herausreißen; die -n umblättern; in den -n einer Illustrierten blättern; ein Lesezeichen zwischen die -n legen; **b)** *eine der beiden [bezifferten] Flächen eines Blattes, einer Buch-, Heft-, Zeitungsseite o. ä.:* leere -n; das Buch ist 300 -n stark *(hat 300 Seiten);* siehe S. 11; eine neue S. aufschlagen; Fortsetzung auf S. 42; die neuesten Meldungen stehen auf der ersten S.; Abk.: S.; **c)** *eine der beiden Flächen eines flachen Gegenstands:* die untere, obere S.; die erste, zweite S. einer Schallplatte; der Stoff hat eine glänzende u. eine matte S.; sie wendete die innere S. ihrer Schürze nach außen; R das ist [nur] die eine/andere S. der Medaille *(das ist [nur] die eine/andere von zwei [gegensätzlichen] Erscheinungsformen, die ein u. dieselbe Sache aufweist, die in gewisser Weise zusammengehören);* Spr alles, jedes Ding hat [seine] zwei -n *(alles, jedes Ding hat [seine] Vor- u. Nachteile).* **7.** (Math.) **a)** *Linie, die die Fläche eines Vielecks begrenzt;* **b)** *linkes od. rechtes Glied einer Gleichung.* **8. a)** *eine von mehreren Erscheinungsformen; Art u. Weise, wie sich etw. darbietet:* die menschliche, soziale, juristische S. eines Konflikts; die technische S. des Problems außer Acht lassen; dieser Geschichte kann man sogar eine komische S. abgewinnen; auf der einen S. ..., auf der anderen S. ...; alles von der leichten, heiteren S. nehmen; etw., die Dinge von allen -n *(gründlich, umfassend)* untersuchen; **b)** *eine von mehreren Verhaltensweisen, Eigenschaften, Eigenarten, die jmd. zum Ausdruck bringen kann, durch die jmd., etw. geprägt ist:* sein Charakter hat viele, zwiespältige -n; seine rauhe, unfreundliche S. herauskehren; ganz neue -n an jmdm. entdecken; auch die guten -n an jmdm. sehen; sich von der besten S. zeigen; von der S. kenne ich ihn ja gar nicht *(er zeigt sich sonst ganz anders);* das Frühjahr hatte sich von der regnerischen S. gezeigt; [in beiden folgenden Wendungen bedeutet „Seite" urspr. die beim Kampf (nicht) geschützte Körperseite] ***jmds. schwache S. sein** (ugs.: 1. *etw. nicht besonders gut können:* Mathematik ist seine schwache S. 2. *eine Schwäche* (3) *für jmdn., etw. haben:* Frauen u. Alkohol sind seine schwachen -n); **jmds. starke S. sein** (ugs.; *etw. besonders gut können*): Logik ist nicht gerade seine stärkste S. **9. a)** *die eine von zwei Personen, Parteien* (4), *die einen unterschiedlichen Standpunkt vertreten od. sich als Gegner, in Feindschaft gegenüberstehen:* beide -n zeigten sich in den Verhandlungen unnachgiebig; auf welcher S. stehen Sie eigentlich?; er stand auf der S. der Aufständischen; sie schlug sich auf die andere S.; im Krieg auf die andere S., die S. des Feindes überlaufen; das Recht war auf ihrer S.; ⟨als Subst. verblaßt u. daher klein geschrieben:⟩ auf seiten der Werktätigen herrscht Erbitterung; die Kritik ist ihm von seiten der Parteispitze übel angekreidet worden; Ü auf der S. des Fortschritts stehen; ***jmdn. auf seine S. bringen/ziehen** *(jmdn. für seinen Standpunkt, seine Absichten, Pläne gewinnen);* **auf beiden -n Wasser tragen** *(es mit keiner Partei verderben wollen);* **b)** ⟨o. Pl.⟩ *Person, [gesellschaftliche] Gruppe, Instanz o. ä., die einen bestimmten Standpunkt vertritt, eine bestimmte Funktion hat:* von anderer, dritter, offizieller, unterrichteter S. erfahren wir, wird uns mitgeteilt, daß ...; von kirchlicher S. wurden keine Einwände erhoben; ich werde von meiner S. *(von mir aus)* nichts unternehmen. **10.** *Familie; Linie* (7): das hat sie von der väterlichen, mütterlichen/von väterlicher, mütterlicher S.

seiten-, Seiten-: **~abweichung,** die (Milit.): svw. ↑Derivation (2); **~altar,** der: *Altar neben dem Hochaltar, meist im Seitenschiff;* **~angriff,** der: *Angriff von der Seite* (2 a); **~ansicht,** die: *Ansicht, die etw. von der Seite* (1 b) *her zeigt:* die S. eines Schlosses; **~arm,** der: svw. ↑Arm (2); **~aus,** das (Ballspiele): kurz für ↑~auslinie; **~ausgang,** der: svw. ↑Nebenausgang: am S. warten; **~auslinie,** die (Ballspiele): svw. ↑Auslinie; **~bau,** der: svw. ↑Nebengebäude; **~bewegung,** die (Musik): svw. ↑Gegenbewegung; **~blick,** der: *Blick zur Seite* (2 b), *der sich [kurz, unbemerkt] auf jmdn., etw. richtet u. dabei meist etw. Bestimmtes ausdrückt:* jmdm. einen flüchtigen, ironischen, prüfenden, scheuen, vielversprechenden, koketten S. zuwerfen; durch, mit einem [lächelnden, bösen] S. jmdm. etw. zu verstehen geben; mit einem kurzen S. auf die Kinder brachen sie das Gespräch ab; Ü Ein S. ins „gewöhnliche" Leben (Leonhard, Revolution 224); **~bordmotor,** der: *Außenbordmotor, der an der Seite eines Bootes angebracht ist;* **~bühne,** die (Theater): *seitlicher Teil der Bühne;* **~deckung,** die (Milit.): svw. ↑Flankendeckung; **~druck,** der ⟨Pl. ...drücke⟩ (Physik): *Druck, den eine Flüssigkeit auf die Seitenwände des Behälters ausübt;* **~eingang,** der: vgl. ~ausgang; **~fach,** das: **1.** *[kleineres] Fach* (1), *das sich seitlich von etw. befindet:* eine Tasche mit mehreren Seitenfächern. **2.** (selten) svw. ↑Nebenfach: freie Wahl der Seitenfächer nach Interesse u. Befähigung (Kosmos 1, 1965, 31); **~fläche,** die: svw. ↑Seite (1 b): die -n eines Quadrats; **~flügel,** der: **1.** svw. ↑Flügel (4). **2.**

Flügel (2a) *eines Flügelaltars;* **~front,** die: *Front* (1 a) *an der Seite eines Gebäudes;* **~führung,** die (Kfz.-T.): *das Haften der Reifen* (2) *beim Kurvenfahren;* **~gang,** der: **1. a)** *Nebengang;* **b)** *seitlich von Eisenbahnabteilen verlaufender Gang.* **2.** ⟨o. Pl.⟩ (Reiten) *Übung, bei der das Pferd mit der Vor- und Hinterhand auf zwei verschiedenen Hufschlägen* (1) *vorwärts u. seitwärts geht;* **~gasse,** die: vgl. ~straße; **~gebäude,** das: svw. ↑Nebengebäude; **~gewehr,** das: **a)** (früher): *an der Seite getragene Hieb- od. Stichwaffe, die als Handwaffe od. Bajonett benutzt wurde:* das S. ziehen; **b)** (milit.) *kurze Waffe, die als Bajonett auf das Gewehr aufgesetzt wird:* aufgepflanzte -e; **~halbierende,** die; -n, -n (Geom.): *Gerade, die eine Ecke eines Dreiecks mit dem Mittelpunkt der gegenüberliegenden Seite verbindet;* **~hieb,** der: **1.** (Fechten) *Hieb von der Seite.* **2.** *eigentlich nicht zum Thema gehörende Bemerkung, mit der man jmdn. kritisiert, angreift; bissige Anspielung:* jmdm. einen S. versetzen; mit einem S. auf den Außenminister sagte er ...; **~kanal,** der: vgl. ~straße; **~kette,** die (Chemie): *kurze Kette* (2b) *von Kohlenstoffatomen, die von einer längeren abzweigt;* **~knospe,** die (Bot.): *seitenständige Knospe;* **~kulisse,** die (Theater): vgl. ~bühne; **~lage,** die: *Lage auf der Seite* (3a): den Verletzten in S. bringen; in S. schwimmen; **~lähmung,** die: *Lähmung einer Körperseite;* **~lang** ⟨Adj.; o. Steig.⟩: *(von schriftlichen Darlegungen) in aller Breite; sich über viele Seiten erstreckend:* -e Briefe schreiben; etw. s. beschreiben; **~laut,** der (Sprachw.): svw. ↑Lateral; **~lehne,** die: svw. ↑Armlehne; **~leitwerk,** das (Flugw.): *am Heck befindlicher Teil des Leitwerks zur Steuerung des Flugzeugs bei einer Drehbewegung zur Seite;* **~linie,** die: **1.** svw. ↑Nebenlinie (1, 2). **2.** (Zool.) svw. ↑~organ. **3.** (bes. Ballspiele) svw. ↑Auslinie, zu 2: **~linienorgan,** das: svw. ↑~organ; **~loge,** die (bes. Theater): *Loge an der Seite des Parketts* (2); **~moräne,** die (Geol.): svw. ↑Randmoräne; **~naht,** die; **~organ,** das (Zool.): *Sinnesorgan von Fischen, Molchen u. Froschlarven, durch das die Geschwindigkeit u. die Richtung von Wasserströmungen wahrgenommen wird;* **~pfad,** der: vgl. ~straße; **~portal,** das: *Portal an der Seitenfront einer Kirche o. ä. od. seitlich des Hauptportals;* **~richtig** ⟨Adj.; o. Steig.⟩: *im Hinblick auf die Lage der Seiten mit dem Original übereinstimmend* (Ggs.: ~verkehrt); **~riß,** der (Bauw.): *Zeichnung, Darstellung der Seitenansicht eines Bauwerks, Gegenstands;* **~ruder,** das (Flugw.): *bewegliche Klappe des Seitenleitwerks;* **~scheitel,** der: *Scheitel auf der linken od. rechten Kopfhälfte;* **~schiff,** das (Archit.): *Raum in einer Kirche, der seitlich vom Hauptschiff liegt;* **~schneider,** der: *einer Schere ähnliche Zange, mit kurzen, scharfen, aufeinanderliegenden Schneiden;* **~schritt,** der (bes. Tanzen): *Schritt zur Seite;* **~schwimmen,** das: *Schwimmart, bei der der Körper auf der Seite im Wasser liegt;* **~sproß,** der: vgl. ~Knospe; **~sprung,** der: **1.** (veraltet) *Sprung zur Seite:* er rettete sich mit einem raschen S. **2.** *erotisches Abenteuer, vorübergehende sexuelle Beziehung außerhalb der Ehe, einer festen Bindung:* ein kleiner, harmloser S.; einen S. machen; sie hat ihm den S. verziehen; **~ständig** ⟨Adj.; o. Steig.; nicht adv.⟩ (Bot.): *seitwärts stehend, wachsend; zur Seite hin ausgebildet;* **~stechen,** das: *stechender Schmerz in der Seite* (3b); *Milzstechen:* vom Laufen S. bekommen, haben; **~steuer,** das (Flugw.): svw. ↑~ruder; **~strang,** der (Anat., Physiol.): *Nervenbahn, die seitlich in der weißen Substanz des Rückenmarks verläuft;* **~straße,** die: svw. ↑Nebenstraße: stille, kleine, ruhige -n; in eine S. einbiegen; **~streifen,** der: svw. ↑Randstreifen: S. nicht befahrbar (Hinweis auf Verkehrsschildern); **~stück,** das (selten): **1.** *an der Seite gelegenes Stück.* **2.** svw. ↑Gegenstück; **~tal,** das: *kleineres Tal, das von einem größeren abzweigt;* **~tasche,** die: **a)** *seitliche Tasche eines Kleidungsstücks;* **b)** vgl. ~fach; **~teil,** das, auch: der: **1.** *Teil an der Seite von etw.* **2.** *Teil einer Seite;* **~trakt,** der: svw. ↑Nebentrakt; **~tür,** die: svw. ↑Nebentür (1); **~verkehrt** ⟨Adj.; o. Steig.⟩: *im Hinblick auf die Lage der Seiten im umgekehrten Verhältnis zum Original, spiegelbildlich* (Ggs.: ~richtig): die Dias, einen Film s. vorführen; **~wagen,** der (schweiz.): *Beiwagen;* **~wahl,** die (Ballspiele): *Wahl der Spielfeldhälfte;* **~wechsel,** der (Ballspiele; [Tisch]tennis; Fechten): *Wechsel der Spielfeldhälften o. ä.;* **~weg,** der: *kleinerer Weg, der von einem größeren abzweigt; Nebenweg;* **~weise** ⟨Adv.⟩: vgl. abschnittsweise; **~wind,** der: *Wind, der von seitlicher Richtung kommt;* **~zahl,** die: **1.** *Gesamtheit der Seiten* (6b) *eines Druckerzeugnisses.* **2.** *Zahl, die auf den Seiten eines Druckerzeugnisses steht.*

seitens ['zaitn̩s] ⟨Präp. mit Gen.⟩ (Papierdt.): *auf, von seiten:* s. des Gerichts, der Verteidigung; bisher hat man s. der Geschäftsleitung noch nichts unternommen.

seither ⟨Adv.⟩ [mhd. sīt her, z. T. auch umgedeutet aus dem mhd. Komp. sider = später]: **1.** (selten) *seitdem* (I): ich habe ihn im April gesprochen, s. habe ich ihn nicht mehr gesehen. **2.** (hochsprachlich nicht korrekt) *bisher;* ⟨Abl.:⟩ **seitherig** ⟨Adj.; o. Steig.; nur attr.⟩: **a)** *seitdem* (I) *[stattfindend, vorhanden o. ä.]:* brachte der „Observer" eine Meldung über den Mord und kommentierte die -e Abwesenheit des Lords (Prodöhl, Tod 264); **b)** (hochsprachlich nicht korrekt) *bisherig:* seine -en Erfolge.

-seitig [-zaitɪç] in Zusb., z. B. linksseitig, vielseitig, vierseitig (mit Ziffern: 4seitig); **seitlich** ['zaitlɪç]: **I.** ⟨Adj.; o. Steig.⟩: *an, auf der Seite [befindlich]; nach der, zur Seite hin [gewendet]; von der Seite [kommend]:* die -e Begrenzung der Straße; bei -em Wind begann der Wagen zu schlingern; der Eingang ist s.; er stand s. von mir; Dreimal mußte der Fahrer stoppen und s. ein Papier herausschwenken (Grass, Hundejahre 300). **II.** ⟨Präp. mit Gen.⟩: *neben:* er stand s. des Weges; er schaute s. des Vorhangs hinaus; **Seitling** ['zaitlɪŋ], der; -s, -e: *größerer, fleischiger Blätterpilz, der einen seitenständigen Stiel hat od. ungestielt seitlich angewachsen ist;* **seitlings** ['zaitlɪŋs] ⟨Adv.⟩ (veraltet) **a)** *nach der Seite:* s. reiten; **b)** *auf der, auf die Seite:* er fiel s.; **-seits** [-zaits; mit sekundärem s zum Akk. sīt von mhd. sīte (↑Seite), z. B. in: jensīt, ↑jenseits] in Zus., z. B. diesjenseits; einerseits; meiner-, seinerseits.

Sejm [se:(i)m, auch: zaim, poln. sɛjm], der; -s [poln. sejm]: **a)** (hist.) *polnischer Reichstag;* **b)** *polnische Volksvertretung.*

Sekans ['ze:kans], der; -, ...nten [ze'kantn̩; zu lat. secāns, ↑Sekante] (Math.): *Verhältnis der Hypotenuse zur Ankathete im rechtwinkligen Dreieck;* Zeichen: sec; **Sekante** [ze'kantə], die; -, -n [nlat. linea secans, aus lat. līnea (↑Linie) u. secāns, 1. Part. von: secāre, ↑sezieren] (Math.): *Gerade, die eine Kurve, bes. einen Kreis, schneidet.*

sekkant [zɛ'kant] ⟨Adj.; -er, -este⟩ [ital. seccante, 1. Part. von: seccare, ↑sekkieren] (österr., sonst bildungsspr.): *lästig, zudringlich:* Der ... Beamte ... nörgelt und stichelt und treibt. Er ist s. und laut (Sobota, Minus-Mann 133); Doch diese Art der Metagogie ist mehr s. als suggestiv (Deschner, Talente 60); **Sekkatur** [zɛka'tu:ɐ̯], die; -, -en [ital. seccatura] (österr., sonst bildungsspr.): *das Sekkieren;* **sekkieren** [zɛ'ki:rən] ⟨sw. V.; hat⟩ [ital. seccare, eigtl. = (aus)trocknen < lat. siccāre, zu: siccus, ↑secco] (österr., sonst bildungsspr.): *belästigen, jmdm. mit etw. zusetzen:* die Nachbarn s.; „Guido" ..., den seine derzeitige Freundin ... nicht schlägt und sekkiert (Spiegel 19, 1978, 238).

Sekond [ze'kɔnt], die; -, -en [ital. seconda, zu: secondo < lat. secundus, ↑Sekunde] (Fechten): *Stellung, bei der die Waffe in der zweiten Faustlage gehalten wird, wobei die Klingenspitze an der Hüfte des Gegners vorbeizeigt.*

sekret [ze'kre:t] ⟨Adj.; -er, -este⟩ [lat. sēcrētus = abgesondert, adj. 2. Part. von: sēcernere, ↑sezernieren] (veraltet): *geheim:* die Vergrößerungen der -en Photos des Gendarmen Wirrba bei Ausstellung gewisser Grenzscheine (Fr. Wolf, Zwei 315); **[1]Sekret** [-], das -s, -e [lat. sēcrētum = Geheimnis] (veraltet): *vertrauliche Mitteilung;* **[2]Sekret** [-], das; -s, -e [zu lat. sēcrētum, 2. Part. von: sēcernere, ↑sezernieren] (Med., Biol.): *Absonderung* (2); *bes. von einer Drüse produzierter u. abgesonderter Stoff, der im Organismus bestimmte biochemische Aufgaben erfüllt* (z. B. Speichel, Hormone): das S. einer Wunde; die Drüsen geben -e ab; Er wischte sich ein wasserhelles S. aus den Augen (Tucholsky, Werke II, 515); **[3]Sekret** [-], die; -, -en ⟨Pl. ungebr.⟩ [mlat. (oratio) secreta] (kath. Kirche): *in der lateinischen Meßliturgie leise gesprochenes Gebet des Priesters, das die Gabenbereitung abschließt u. zur Präfation überleitet;* **Sekretar** [zekre'ta:ɐ̯], der; -s, -e [spätmhd. secrētāri < mlat. secretarius = (Geheim)schreiber, zu lat. sēcrētus, ↑sekret] (veraltet): *Geschäftsführer, Abteilungsleiter;* **Sekretär** [...tɛ:ɐ̯], der; -s, -e [(frz. secrétaire <) mlat. secretarius, ↑Sekretar; 5: die schwarzen Schmuckfedern am Hinterkopf erinnern an einen früheren Schreiber, der seine Schreibfeder hinters Ohr gesteckt hat]: **1.** *jmd., der einer [leitenden] Persönlichkeit des öffentlichen Lebens zur Abwicklung der Korrespondenz, für technisch-organisatorische Aufgaben o. ä. zur Verfügung steht:* der S. eines Schriftstellers, Künstlers; er reiste mit einem S., wurde auf der Tournee von seinem S. begleitet.

2. a) *leitender Funktionär einer Organisation* (z. B. Partei, Gewerkschaft); **b)** (seltener) *Schriftführer:* er ist S. des Vereins. **3.** (Bundesrepublik Deutschland) *Beamter des mittleren Dienstes (bei Bund, Ländern u. Gemeinden).* **4.** *schrankartiges Möbelstück mit herausklappbarer Schreibplatte:* ein antiker, barocker, englischer, zierlicher S. **5.** *in der afrikanischen Steppe heimischer, langbeiniger, grauer Greifvogel mit langen Schmuckfedern am Hinterkopf;* **Sekretariat** [...ta'ri̯a:t], das; -[e]s, -e [mlat. secretariatus = Amt des Geheimschreibers]: **a)** *der Leitung einer Organisation, Institution, eines Unternehmens beigeordnete, für Verwaltung u. organisatorische Aufgaben zuständige Abteilung;* **b)** *Raum, Räume eines Sekretariats* (a); **Sekretärin,** die; -, -nen: *Angestellte, die jmdm. zur Abwicklung der Korrespondenz u. Erledigung technisch-organisatorischer Aufgaben zur Verfügung steht;* **Sekretarius** [...'ta:ri̯ʊs], der; -, ...ii [...rii] (veraltet): *Sekretär* (1); [1]**sekretieren** [...'ti:rən] ⟨sw. V.; hat⟩ [zu ↑[2]Sekret] (Med., Biol.): *absondern, ausscheiden;* [2]**sekretieren** [-] ⟨sw. V.; hat⟩ [zu ↑[1]Sekret]: *(bes. von Büchern) unter Verschluß halten:* das gesamte, damals sekretierte Werk von Marcel Proust (Jens, Mann 71); **Sekretin** [...'ti:n], das; -s, -e (Med.): *im Zwölffingerdarm gebildetes Hormon, das die Sekretion* (1) *der Bauchspeicheldrüse anregt;* **Sekretion** [...'tsi̯o:n], die; -, -en [lat. sēcrētio = Absonderung, Trennung]: **1.** (Med., Biol.): *Produktion u. Absonderung eines Sekrets durch eine Drüse:* Drüsen mit äußerer, innerer S.; dieses Mittel fördert die S. der Bauchspeicheldrüse. **2.** (Geol.) *[teilweise] Ausfüllung eines Hohlraums eines Gesteins von außen nach innen durch Ausscheidungen einer eingedrungenen Minerallösung;* **sekretorisch** [...'to:rɪʃ] ⟨Adj.; o. Steig.⟩ (Med., Biol.): *die Sekretion* (1) *betreffend, sie beeinflussend od. verursachend.*

Sekt [zɛkt], der; -[e]s, -e [älter: Seck, gek. aus frz. vin sec < ital. vino secco = süßer, schwerer, aus Trockenbeeren gekelterter Wein, aus: vino = Wein (< lat. vīnum) u. secco, ↑secco]: *durch Nachgärung gewonnener Schaumwein (der beim Öffnen der Flasche stark schäumt):* deutscher S.; der S. schäumt, perlt, moussiert.

Sekt-: ~**fabrikant,** der: *Hersteller von Sekt, Besitzer einer Sektkellerei;* ~**flasche,** die: *dickwandige Flasche zur Abfüllung von Sekt;* ~**flöte,** die: *enger Sektkelch;* ~**frühstück,** das: *am späten Vormittag serviertes Frühstück mit besonderen Delikatessen u. Sekt;* ~**glas,** das ⟨Pl. -gläser⟩ *langstieliges Glas für Sekt;* ~**kelch,** der: *kelchförmiges Sektglas;* ~**kellerei,** die: *Kellerei, in der Sekt hergestellt wird;* ~**korken,** der: *besonders großer, dicker, pilzförmiger, mit dem oberen Ende auf dem Flaschenrand aufsitzender Korken für Sektflaschen:* die S. knallten; ~**kübel,** der, ~**kühler,** der: *Kübel, Gefäß, in dem mit Eisstücken der Sekt kühl gehalten wird;* ~**laune,** die ⟨o. Pl.⟩ (scherzh.): *durch Sekt hervorgerufene, beschwingte Stimmung, in der man sich im Überschwang leicht zu etw. hinreißen läßt, was einem hinterher unverständlich vorkommt;* ~**pfropfen,** der: svw. ↑~korken; ~**pulle,** die (salopp): *Sektflasche;* ~**schale,** die: *schalenförmiges Sektglas;* ~**steuer,** die ⟨Pl. selten⟩: *Verbrauchssteuer auf Sekt.*

Sekte ['zɛktə], die; -, -n [mhd. secte < spätlat. secta = philosophische Lehre; Sekte; befolgter Grundsatz, zu lat. sequi (2. Part.: secūtum) = folgen]: *kleinere Glaubensgemeinschaft, die sich von einer größeren Religionsgemeinschaft, einer Kirche abgespalten hat:* eine christliche, koptische, buddhistische S.; eine S. gründen; Ü Der Frühmarxismus ... als die Lehre einer kleinen „kommunistischen" S. (Fraenkel, Staat 192); ⟨Zus.:⟩ **Sektenwesen,** das ⟨o. Pl.⟩: *das Vorhanden- und Aktivsein von Sekten;* ⟨Abl.:⟩ **Sektierer** [zɛk'ti:rɐ], der; -s, - [zu älter sektieren = eine Sekte bilden]: **1.** *Anhänger, Wortführer einer Sekte:* mit jener Unterwürfigkeit, wie man sie sonst nur bei gläubigen -n findet (Tucholsky, Zwischen 14). **2. a)** (kommunist.) *jmd., der sektiererisch* (2 a) *vorgeht;* **b)** (DDR) svw. ↑Linksabweichler; **Sektiererei** [...rə'rai̯], die; -, -en ⟨Pl. ungebr.⟩ (abwertend): *sektiererische Abweichung;* **sektiererisch** ⟨Adj.; Steig. selten; nicht adv.⟩: **1.** *zu einer Sekte gehörend, für sie charakteristisch; nach Art eines Sektierers:* fanatisch -e Gruppen; Welcher -e Unsinn hat sich nicht dieser Bangemacherei ... mit Hilfe des Jüngsten Gerichts bedient! (Thielicke, Ich glaube 264); **2. a)** (kommunist.) *eine vermeintlich radikale Politik (innerhalb der Arbeiterbewegung) betreibend, die losgelöst von den unmittelbaren Interessen der werktätigen Massen* (3 b) *ist;* **b)** (DDR) svw. ↑linksabweichlerisch; **Sektierertum,** das; -s: *sektiererische Art, sektiererisches Verhalten.*

Sektion [zɛk'tsi̯o:n], die; -, -en [lat. sectio = das Schneiden; der Abschnitt, zu: sectum, 2. Part. von: secāre, ↑sezieren; 4: wohl nach russ. sekzija]: **1.** *Abteilung, Gruppe innerhalb einer Behörde, Institution, Organisation:* Er ... begründete die deutsche S. des Internationalen Kunstkritikerverbandes (Welt 20. 2. 65, 17); Er ... leitete darin (= im Ministerium) die einflußreichste S. (Musil, Mann 92); die Sitzungen des Plenums finden am Vormittag, die der -en am Nachmittag statt. **2.** (Med.) *das Sezieren, Öffnung u. Zergliederung einer Leiche (zur Feststellung der Todesursache):* eine S. anordnen, vornehmen, durchführen. **3.** (Technik) *vorgefertigtes Bauteil, bes. eines Schiffes:* -en zusammenschweißen; Der Expreß ... besteht aus zwei -en (Neues D. 25. 3. 78, 13). **4.** (DDR) *Wissenschaftsbereich an einer Hochschule:* die Studenten der S. Architektur (Wochenpost 30, 1976, 17).

Sektions-: ~**befund,** der (Med.): *Befund einer Sektion* (2); ~**chef,** der (österr.): *höchster Ministerialbeamter;* ~**sitzung,** die: *Sitzung einer Sektion* (1).

Sektor ['zɛktɔr, auch: 'zɛkto:ɐ̯], der; -s, -en [...'to:rən; 1: übertr. von (2); 2: (spät)lat. sector, eigtl. = Schneider, Abschneider, zu: secāre, ↑sezieren]: **1.** *Bereich, [Sach]gebiet:* der gewerbliche, modische, soziale, religiöse S.; auf einem S. Fachmann sein; durch manche erhellende Untersuchung im S. Schule (Welt 7. 11. 64, 3). **2.** (Geom.) **a)** [1]*Kreisausschnitt:* den Flächeninhalt eines -s berechnen; Ü nur einen winzigen S. *(Ausschnitt)* konnte er überblikken; **b)** svw. ↑Kugelsektor. **3.** *eines der vier Besatzungsgebiete in Berlin und Wien nach dem zweiten Weltkrieg:* „Sie betreten den sowjetischen Sektor von Groß-Berlin" (Kant, Impressum 203); ⟨Zus.:⟩ **Sektorengrenze,** die: *Grenze zwischen Sektoren* (4).

Sekund [ze'kʊnt], die; -, -en (österr.): *Sekunde* (3); **Sekunda** [ze'kʊnda], die; -, ...den [nlat. secunda (classis) = zweite (Klasse), zu lat. secundus, ↑Sekunde; a: vgl. Prima (a)]: **a)** *sechste u. siebente (Unter- u. Obersekunda genannte) Klasse eines Gymnasiums;* **b)** (österr.) *zweite Klasse eines Gymnasiums;* **Sekundakkord,** der; -[e]s, -e (Musik): *dritte Umkehrung des Dominantseptakkords* (in der Generalbaßschrift mit einer 2 unter der Baßstimme); **Sekundaner** [zekʊn'da:nɐ], der; -s, -: *Schüler einer Sekunda;* **Sekundanerin,** die; -, -nen: w. Form zu ↑Sekundaner; **Sekundant** [...'dant], der; -en, -en [lat. secundāns (Gen.: secundantis), 1. Part. von: secundāre, ↑sekundieren]: **1.** (bildungsspr.) *jmd., der jmdm. bei einem Duell od. einer Mensur* (2) *als Berater u. Zeuge persönlich beisteht:* man schickt seinen -en, aber fragt doch nicht telegraphisch an, ob einer bereit sei, sich zu schlagen (Katia Mann, Memoiren 76). **2.** (Sport, bes. Boxen, Schach) *persönlicher Betreuer u. Berater bei einem Wettkampf;* **Sekundanz** [...'dants], die; -, -en: *das Sekundieren* (1–3); **sekundär** [...'dɛ:ɐ̯] ⟨Adj.; o. Steig.⟩ [frz. secondaire < lat. secundārius = (der Reihe nach) folgend]: **1.** (bildungsspr.) **a)** *an zweiter Stelle [stehend], zweitrangig, in zweiter Linie [in Betracht kommend]:* etw. hat nur -e Bedeutung, spielt eine -e *(untergeordnete)* Rolle; Nach meiner Erfahrung war das Original s., wenn nur die Beglaubigung vorlag (Noack, Prozesse 255); etw. für s. halten, erklären; **b)** *nachträglich hinzukommend, nicht ursprünglich:* -e Impotenz; Das Fernsehen vermittelt dem Kind ein -es Welterlebnis (Welt 13. 2. 65, Die Frau); könnte auch die ... „Erhebung" von 1933 s. als „Revolution von oben" interpretiert werden (Fraenkel, Staat 299). **2.** (Chemie) *(von chemischen Verbindungen o. ä.) jeweils zwei von mehreren gleichartigen Atomen durch zwei bestimmte andere Atome ersetzend od. mit zwei bestimmten anderen verbindend:* -e Salze, -e Alkohole; vgl. primär (2), tertiär (3). **3.** (Elektrot.) *den Teil eines Netzgeräts betreffend, über den die umgeformte Spannung als Leistung* (2 c) *abgegeben wird, zu diesem Teil gehörend, mit seiner Hilfe.* Vgl. primär (3).

Sekundar- [...'da:ɐ̯]: ~**arzt,** der (österr.): *Assistenzarzt;* ~**lehrer,** der (schweiz.): *Lehrer an einer Sekundarschule;* ~**schule,** die (schweiz.): *Mittelschule* (1), *Realschule;* vgl. Primarschule; ~**stufe,** die: *auf der Primarstufe aufbauende, weiterführende Schule:* S. I *(5.–10. Schuljahr);* S. II *(11.–13. Schuljahr).* Vgl. Primarstufe.

Sekundär-: ~**elektronen** ⟨Pl.⟩ (Physik): *Elektronen, die beim Auftreffen einer primären Strahlung auf ein Material (bes. Metall) aus diesem herausgelöst werden;* ~**elektronenver-**

vielfacher, der (Physik): svw. ↑Multiplier; **~emission,** die (Physik): *Emission von Sekundärelektronen;* **~infektion,** die (Med.): *erneute Infektion eines bereits infizierten Organismus;* **~literatur,** die (Wissensch.): *(in Bibliographien zusammengestellte) wissenschaftliche Literatur über Primärliteratur;* **~rohstoff,** der (DDR): *Altmaterial:* beim Sammeln von -en (Freiheit 144, 1978, 5); **~seite,** die (Elektrot.): *der Teil eines Netzgeräts, über den die umgewandelte Spannung als Leistung* (2c) *abgegeben wird;* **~spannung,** die (Elektrot.): *Stromspannung in einer Sekundärwicklung;* **~spule,** die (Elektrot.): svw. ~wicklung; **~statistik,** die: *statistische Auswertung von Material, das nicht primär für statistische Zwecke erhoben wurde;* **~strahlung,** die (Physik): *durch das Auftreffen einer primären Strahlung auf Materie erzeugte neue Strahlung;* **~wicklung,** die (Elektrot.): *Wicklung, Spule eines Transformators, über die Leistung* (2c) *abgegeben wird.*

Sekundawechsel, der; -s, - (Kaufmannsspr.): *zweite Ausfertigung eines Wechsels [für die Abwicklung des überseeischen Zahlungsverkehrs];* **Sekündchen** [ze'kyntçən], das; -s, -: ↑Sekunde (1); **Sekunde** [ze'kʊndə], die; -, -n [verkürzt aus spätlat. pars minūta secunda = kleinster Teil zweiter Ordnung (vgl. Minute), zu lat. secundus = der Reihe nach folgend, zweiter, zu einem alten 2. Part. von: sequi = folgen]: **1.** ⟨Vkl. ↑Sekündchen⟩ **a)** *sechzigster Teil einer Minute als Grundeinheit der Zeit;* Abk.: Sek.; Zeichen: s; (bei Angabe eines Zeitpunktes:) ^{s}; (älter:) sec: es ist 8 Uhr, 10 Minuten und 15 -en; es ist auf die S. *(genau)* 12 Uhr; bis auf eine S. war er an Berts Europarekord herangekommen (Lenz, Brot 128); Ein Klaviervirtuose vermag z. B. 30 bis 50 Anschläge per S. auszuführen (Wieser, Organismen 138); **b)** (ugs.) *sehr kurze Zeitspanne; Augenblick:* wir dürfen keine S. verlieren; eine S. [bitte]! *(warten Sie bitte einen Augenblick!);* in der nächsten S. war er bereits verschwunden; Ihr Gesicht wird in einer S. *(von einem Augenblick zum andern)* hart und verschlossen (Remarque, Obelisk 254). **2.** (Musik) **a)** *zweiter Ton einer diatonischen Tonleiter vom Grundton an;* **b)** *Intervall von zwei diatonischen Tonstufen:* eine große S. *(Ganzton).* **3.** (Fachspr.) *3600ster Teil eines Grades* (3); Zeichen: ″. **4.** (Druckw., Buchw.) *auf der dritten Seite eines Druckbogens in der linken unteren Ecke angebrachte Zahl mit Sternchen zur Kennzeichnung der Reihenfolge für den Buchbinder.* Vgl. Prime (2).

sekunden-, Sekunden-: **~herztod,** der (Med.): *plötzlicher Tod durch Herzversagen u. Kreislaufstillstand;* **~lang** ⟨Adj.; o. Steig.; nicht präd.⟩: *einige Sekunden* (b) *lang, für einen Moment:* ein -es Zögern; s. wurde er wieder wankend in seinem Entschluß; **~pendel,** das: *Pendel, dessen halbe Schwingungsdauer eine Sekunde* (1a) *beträgt;* **~schnell** ⟨Adj.; o. Steig.⟩: *sehr schnell; sich innerhalb von Sekunden* (b) *vollziehend:* sich s. entscheiden müssen, dazu: **~schnelle,** die ⟨o. Pl.⟩ meist in der Fügung **in S.** *(sehr schnell [geschehend, sich vollziehend]):* das Pulver löst sich in S. auf; **~zeiger,** der: *die Sekunden [auf einem eigenen Zifferblatt] anzeigender Uhrzeiger.*

sekundieren [zekʊn'di:rən] ⟨sw. V.; hat⟩ [frz. seconder = beistehen < lat. secundāre = begünstigen, zu: secundus (↑Sekunde) in der übertr. Bed. = begünstigend; begleitend]: **1. a)** (bildungsspr.) *jmdn., etw. [mit Worten] unterstützen:* jmdm. s.; sie ... fing an, mir bei meinen Darbietungen zu s. (Th. Mann, Krull 47); sie sekundieren dem Faschismus (Frisch, Stiller 314); Ü Die schwarzen, dichten Augenbrauen wurden sekundiert von Haarbüscheln in Ohr und Nase (Doderer, Wasserfälle 119); **b)** (bildungsspr.) *sekundierend* (1a), *beipflichtend äußern:* „Höchste Zeit!" sekundiert Betty Jones (Fr. Wolf, Menetekel 114); **c)** (Musik) *die zweite Stimme singen od. spielen u. jmdn., etw. damit begleiten:* jmdm. auf der Flöte s.; ein zweiter Sopran sekundierte [dem Lied]. **2.** (bildungsspr.) *jmdm. bei einem Duell od. einer Mensur* (2) *als Berater u. Zeuge persönlich beistehen:* seinem Freund s. **3.** (Sport, bes. Boxen, Schach) *einen Teilnehmer während des Wettkampfes persönlich betreuen u. beraten:* von wem wird der Herausforderer sekundiert?; **sekundlich** (selten), **sekündlich** [ze'kyntlıç] ⟨Adj.; o. Steig.; nicht präd.⟩: *in jeder Sekunde geschehend, sich vollziehend:* Es gibt Paarung auf dieser Welt, s., millionenfach (Hagelstange, Spielball 325); Blitzschlangen ..., begleitet von s. krachenden Donnerschlägen (L. Frank, Wagen 10); **Sekundogenitur** [zekʊndogeni'tu:ɐ̯], die; -, -en [zu lat. secundō = zweitens u. genitūra = Geburt] (Rechtsspr. früher): *Besitz[recht], Anspruch des Zweitgeborenen u. seiner Linie (in Fürstenhäusern).*

SekuritⓌⓩ [zeku'ri:t, auch: ...'rıt], das; -s [Kunstwort; zu lat. sēcūritās = Sicherheit]: *nicht splitterndes Sicherheitsglas;* **Sekurität** [zekuri'tɛ:t], die; -, -en [frz. securité < lat. sēcūritās] (bildungsspr.): *Sicherheit.*

sela! ['ze:la, auch: ze'la:] ⟨Interj.⟩ [zu ↑Sela, das Zeichen wurde volkst. als Schlußzeichen beim musikalischen Vortrag gedeutet] (veraltend): *abgemacht! Schluß!;* **Sela** [-], das; -s, -s [hebr. selah, H. u.]: *in den alttestamentlichen Psalmen häufig auftretendes Wort, das möglicherweise als eine Anweisung für den musikalischen Vortrag zu verstehen ist.*

Selachier [ze'laxi̯ɐ] ⟨Pl.⟩ [zu griech. sélachos = Haifisch] (Zool.): *Haifische.*

seladon ['ze:ladɔn, auch: 'zɛl...; zela'dõ:] ⟨Adj.; o. Steig.⟩ [zu ↑[1]Seladon] (veraltend): *zartgrün, blaßgrün;* **[1]Seladon** [-], das; -s, -s [wohl nach dem graugrünen Gewand des Céladon, ↑[2]Seladon]: *chinesisches Porzellan mit grüner Glasur in verschiedenen Nuancen;* **[2]Seladon** [-], der; -s, -s [nach dem Schäfer Céladon im Roman „L'Astrée" des frz. Dichters H. d'Urfé (1568–1625)] (bildungsspr. veraltet): *schmachtender Liebhaber;* **seladongrün** ⟨Adj.; o. Steig.⟩: svw. ↑seladon; **Seladonporzellan,** das; -s, -e: svw. ↑[1]Seladon.

Selam [aleikum]! [ze'la:m a'lai̯kʊm]: ↑Salam [alaikum]!

selb... [zɛlp...] ⟨Demonstrativpron.; steht mit dem mit einer Präp. verschmolzenen Art. od. mit vorangehendem Demonstrativpron.; veraltet auch ohne vorangehenden Art. für: der-, die-, dasselbe⟩ [mhd. selp, ahd. selb, H. u.]: **a)** am -en Tag; beim -en Arzt; im -en Haus; vom -en Stoff; zur -en Zeit; Diese -en Strukturen regeln ... die Kontrolle (Habermas, Spätkapitalismus 22); an -er (veraltend; *derselben*) Stätte; Es werde eine neue Brücke errichtet ... und -e (veraltend; *diese*) müsse als dringendes Vorhaben betrachtet ... werden (Fussenegger, Haus 192); **b)** kurz für ↑der-, die-, dasselbe: „Geben Sie her. Selbe Adresse?" – „Ja." (Remarque, Obelisk 71).

selb- (bildungsspr., sonst veraltet): **~ander** ⟨Ordinalz.⟩: *(von zwei Personen o. a.) miteinander, zusammen:* In einer Art Wackelschritt zogen sie s. um den Saal (Th. Mann, Zauberberg 455); **~dritt** ⟨Ordinalz.⟩: *als Dritter (zusammen, mit zwei anderen):* er war s. unterwegs; **~ständig:** ↑selbständig; **~viert** ⟨Ordinalz.⟩: vgl. ~dritt usw.

selber ['zɛlbɐ] ⟨indekl. Demonstrativpron.⟩ [mhd. selber, erstarrter stark gebeugter Nom. Sg. von ↑selb...]: svw. ↑selbst I; **Selbermachen,** das; -s (ugs.): *das selbst Herstellen, Hervorbringen von etw.:* S. macht Freude; Möbel, Instrumente zum S.; **selbig** ['zɛlbıç] ⟨Demonstrativpron.⟩ [spätmhd. selbic = derselbe] (veraltend; noch altertümelnd): bezieht sich auf eine vorher genannte Person od. Sache: *dieser, diese, dieses selbe:* Selbiges Bauvorhaben (= der Turmbau zu Babel) wiederholte sich zweitausend Jahre später (Prodöhl, Tod 42); am -en/an -em Tag; im -en Haus; zur -en Stunde; **selbst** [zɛlpst; (spät)mhd. selb(e)s, erstarrter Gen. Sg. Mask. von ↑selb...]: **I.** ⟨indekl. Demonstrativpron.; immer in betonter Stellung⟩ steht immer nach dem Bezugswort od. betont nachdrücklich, daß nur die im Bezugswort genannte Person od. Sache gemeint ist u. niemand od. nichts anderes: du s. *(persönlich)* hast es gesagt; der Wirt s. *(persönlich)* hat uns bedient; der Fahrer s. *(seinerseits)* blieb unverletzt; das Haus s. *(an sich)* ist sehr schön, wenn man von der häßlichen Umgebung einmal absieht; du hast es s. gesagt *(kein anderer als du hat es gesagt);* ich habe ihn nicht s. *(persönlich)* gesprochen; er wollte s. *(in eigener Person)* vorbeikommen; sie muß alles s. machen *(es hilft ihr niemand);* sie bäckt, kocht, näht s. *(läßt es keinen anderen für sich tun);* er kann sich wieder s. versorgen *(braucht keine Hilfe mehr);* das Kind kann schon s. (ugs.; *alleine*) laufen; sie hatte es s. *(mit eigenen Augen)* gesehen; das weiß ich s. *(das braucht mir niemand zu sagen);* das muß er s. wissen *(ist seine ganz persönliche Sache);* wie geht's dir? Gut! Und s.? (ugs.; *und wie geht es dir?*); er denkt nur an sich s. *(ist sehr egoistisch);* etw. ganz aus sich s. *(aus eigenem Antrieb)* tun; etw. läuft ganz von s. *(ohne Anstoß von außen);* etw. versteht sich von s. *(ist selbstverständlich);* das kommt ganz von s. *(ohne Anstoß von außen);* sie kommt nicht zu sich s. *(hat keine Zeit für sich);* ***etw. s. sein** (ugs.; *die Verkörperung von etw. [einer Eigenschaft]* *sein*): die Ruhe, die Bescheidenheit s. sein. **II.** ⟨Adv.⟩ *sogar, auch:* s. wenn er wollte, könnte er das nicht tun; s. der Fahrer war bei dem Unfall unverletzt geblieben; ⟨subst.:⟩ **Selbst,** das; - [nach engl. the self] (geh.): *das (seiner selbst bewußte) Ich:* das erwachende, bewußte S.; Es gilt, auf die ... Stimmen des besseren S. zu lauschen (Natur, 104); sein wahres, eigenes S. finden.

selbst-, Selbst-: **~abholer,** der: **a)** (Kaufmannsspr.) *Käufer, der einen erworbenen Gegenstand, Waren (von größerem Gewicht od. Umfang, die normalerweise geliefert werden) [im eigenen Auto] abtransportiert:* Getränkemarkt für S.; **b)** (Postw.) *Postkunde, der für ihn bestimmte Postsendungen selbst abholt;* **~achtung,** die: *Achtung* (1), *die man vor sich selbst hat; Gefühl für die eigene menschliche Würde:* seine S. verlieren, wiedergewinnen; **~analyse,** die (Psych.); **~anklage,** die: **a)** (geh.) *Anklagen, Vorwürfe, die jmd. gegen sich selbst richtet [u. mit denen er sich öffentlich eines begangenen Unrechts bezichtigt]:* bittere -en; eine unbestimmte S., der Vorwurf, daß er ... dem Notruf des anderen nicht ... gehorcht hatte (Jahnn, Nacht 137); sich in -en ergehen; **b)** selten für ↑~kritik: die ... KP-Führung ... zwang die Abweichler zur S. (MM 31. 8. 66, 2); **~anschluß,** der (Postw., veraltet): *Fernsprechanschluß, der Ferngespräche ohne Vermittlung ermöglicht;* **~anschuldigung,** die: vgl. ~anklage (a); **~ansteckung,** die (Med.): *Infektion durch einen Erreger, der bereits im Körper vorhanden ist;* **~anzeige,** die: **1.** (jur.) *Anzeige* (1) *eines Vergehens, das man selbst begangen hat; Anzeige, die der Täter selbst vornimmt.* **2.** *Anzeige* (2b) *eines Buches durch den Verfasser selbst;* zu 1: **~anzeiger,** der (jur.); **~aufgabe,** die ⟨o. Pl.⟩: **a)** *das Sich-selber-Aufgeben als Persönlichkeit;* **b)** *das Verlieren des Lebenswillens, der Lebenskraft;* **~aufopferung,** die ⟨Pl. selten⟩: *Hingabe an eine Aufgabe o. ä., bei der jmd. seine eigenen Bedürfnisse od. Interessen ganz hintanstellt [bis hin zur Opferung des eigenen Lebens]:* die Rettungsmannschaften arbeiteten mit S. *(mit größter Einsatzbereitschaft);* **~aufzug** (Fachspr.): *Automatik bei einer Uhr, mit deren Hilfe sie sich selbsttätig aufzieht;* **~auslieferung,** die: vgl. ~anzeige (1); **~auslöschung,** die (Fachspr.): vgl. ~aufgabe; **~auslöser,** der (Fot.): *Vorrichtung an einer Kamera, mit der man (nach entsprechender Einstellung) Aufnahmen machen kann, ohne dabei die Kamera selbst bedienen zu müssen:* er hat Fotos von sich mit S. gemacht; **~bedarf,** der (seltener): svw. ↑Eigenbedarf; **~bedienung,** die: **1.** *Form des Einkaufs, bei der der Kunde die gewünschten Waren selbst aus dem Regal nimmt u. zur Kasse bringt:* bitte keine S.!; werden ... Lebensmittel ... in S. *(zum Sich-selbst-Bedienen)* angeboten (MM 2. 9. 75, 25); ein Geschäft mit S. **2.** *Form des Sich-selbst-Bedienens in Gaststätten o. ä. ohne Bedienungspersonal (in denen die Gäste das, was sie verzehren möchten, [am Büfett] selbst zusammenstellen u. an ihren Platz bringen müssen):* eine Gaststätte, Cafeteria mit S., dazu: **~bedienungsgaststätte,** die, **~bedienungsgeschäft,** das, **~bedienungsladen,** der, **~bedienungsrestaurant,** das; **~beeinflussung,** die: svw. ↑~suggestion; **~befleckung,** die (kath. Theol., sonst veraltend): *(als lasterhaft empfundene) Onanie;* **~befreiung,** die: **1.** (jur.) *Ausbruch eines Gefangenen aus dem Gewahrsam.* **2.** ⟨Pl. selten⟩ (Psych.) *das Sichfreimachen von inneren Zwängen, dem Gefühl der Unfreiheit, Unsicherheit o. ä.:* der Ausbruch aus dem Elternhaus war ein Akt der S.; **~befriedigung,** die: svw. ↑Masturbation (a): das Mädchen machte immer S. (Hornschuh, Ich bin 23); Ü schreiben ist für mich ... irgendeine Art der geistigen S. (Fichte, Wolli 59); **~begrenzung,** die: vgl. ~beschränkung; **~behalt** [-bəˌhalt], der; -[e]s, -e (Versicherungsw.): svw. ↑~beteiligung; **~behauptung,** die; -: *das Sichbehaupten eines Individuums in seiner Umwelt;* **~beherrschung,** die: *Fähigkeit, Affekte, Gefühle o. ä. durch den Willen zu steuern, ihnen nicht ungezügelt freien Lauf zu lassen:* [keine] S. haben, besitzen, (geh.:) üben; die S. bewahren, verlieren; **~bekenntnis,** das ⟨meist Pl.⟩ (geh. veraltend): *Darstellung des eigenen Lebens [in schriftlicher, literarischer Form]:* -se schreiben; **~beköstigung,** die: *Beköstigung auf eigene Kosten (auf der Reise o. ä.);* **~bemitleidung,** die; -; **~beobachtung,** die: svw. ↑Introspektion; **~beschädigung,** die: *Beschädigung (Körperverletzung o. ä.), die sich jmd. absichtlich selbst beibringt;* **~bescheidung,** die (geh.): *das Sichbescheiden, Verzichten auf bestimmte Ansprüche;* **~beschränkung,** die ⟨Pl. selten⟩: *bewußtes Sichbeschränken auf einen bestimmten Bereich (durch Verzicht auf anderes):* sie hat ... zu viele Interessen gehabt; die weise S. hat ihr gefehlt (Chr. Wolf, Nachdenken 62); sich S. auferlegen; **~beschuldigung,** die: vgl. ~anklage (a); **~besinnung,** die (geh.): *Nachdenken über sich selbst, Besinnung auf das eigene Handeln u. Denken:* ein Augenblick der S.; S. fordern; **~bespiegelung,** die (abwertend): *narzißtische Selbstbeobachtung, Selbstbewunderung:* die Dandys ... waren mit S. beschäftigt (Zeitmagazin 47, 1979, 87); **~bestätigung,** die (Psych.): *Bewußtsein vom eigenen Wert, den eigenen Fähigkeiten o. ä. (das jmdm. mit einem Erfolgserlebnis zuwächst):* [bei, durch, in etw.] S. suchen, finden; Die Sexualität wird benutzt ... als Mittel zur S. (Ruthe, Partnerwahl 75); **~bestäubung,** die (Bot.): *Bestäubung einer Blüte durch den von ihr selbst hervorgebrachten Blütenstaub;* **~bestimmung,** die ⟨o. Pl.⟩ [c: LÜ von engl. self-determination]: **a)** (Politik, Soziol.) *Unabhängigkeit des einzelnen von jeder Art der Fremdbestimmung* (z. B. durch staatliche Gewalt, gesellschaftliche Zwänge): die S. der Frauen in der Gesellschaft; **b)** (Philos.) *Unabhängigkeit des Individuums von dem Bestimmtwerden durch eigene Triebe, Begierden u. ä.:* Er glaubt an die Vernunft – an die sittliche S. (Zuckmayer, Fastnachtsbeichte 142); **c)** (Politik) *Unabhängigkeit eines Volkes von anderen Staaten (Souveränität nach außen) u. die Unabhängigkeit im innerstaatlichen Bereich (Volkssouveränität):* nationale, demokratische S.; International wird in erster Linie unter S. der Anspruch auf staatliche Unabhängigkeit der Nation verstanden (Zeit 17. 4. 64, 4), dazu: **~bestimmungsrecht,** das ⟨o. Pl.⟩: **a)** (jur.) *Recht des einzelnen auf Selbstbestimmung* (a): Die Hilfeleistungspflicht des Arztes hat ... ihre Grenzen im S. des Patienten (Noack, Prozesse 223); **b)** (Völkerrecht) *Recht eines Volkes auf Selbstbestimmung* (c): das S. der Völker, Nationen; **~betätigung,** die: künstlerische S.; **~beteiligung,** die (Versicherungsw.): *finanzielle Beteiligung in bestimmter Höhe, die der Versicherte bei einem Schadensfall selbst übernimmt:* eine Versicherung mit einer S. von 300 DM; **~betrachtung,** die (geh.): vgl. ~beobachtung; **~betrug,** der: *das Sich-selbst-Betrügen, Nichteingestehen von etw. vor sich selber:* etw. ist reiner S.; Dieser Schwindel mit Begriffen mündet in einen gigantischen S. (Gruhl, Planet 189), dazu: **~betrügerisch** ⟨Adj.⟩; **~beweihräucherung,** die (ugs. abwertend): *das Sich-selbst-Beweihräuchern, Prahlen, Angeben;* **~bewirtschaftung,** die: die S. eines Hofes; **~bewunderung,** die: vgl. ~beweihräucherung; **~bewußt** ⟨Adj.⟩: **a)** (Philos.) *Selbstbewußtsein* (a) *aufweisend:* der Mensch als -es Wesen; **b)** *Selbstbewußtsein* (b) *besitzend, zeigend, zur Schau tragend; selbstsicher:* eine sehr -e Frau; ein -es Kind; ein -es *(von Selbstbewußtsein zeugendes)* Auftreten; er ist, zeigt sich sehr s., dazu: **~bewußtsein,** das: **a)** (Philos.) *Bewußtsein (des Menschen) von sich selbst als denkendem Wesen;* **b)** *das Überzeugtsein von seinen Fähigkeiten, von seinem Wert als Person, das sich bes. in selbstsicherem Auftreten ausdrückt:* [nicht] sehr viel, wenig, ein ausgeprägtes, übersteigertes S. haben; etw. gibt jmdm., stärkt jmds. S.; etw. erschüttert jmds. S.; Ü das nationale S.; das S. *(der Stolz)* des Bürgertums, der Arbeiterklasse; **~bezichtigung,** die: vgl. ~anklage (a); **~bezogen** ⟨Adj.⟩: *durch Selbstbezogenheit gekennzeichnet,* dazu: **~bezogenheit,** die: *narzißtisches Gerichtet-, Bezogensein auf die eigene Person; Ichbezogenheit;* **~bezwingung,** die (geh.): vgl. ~überwindung; **~bild,** das (Psych.): *Persönlichkeitsbild, das jmd. von sich selbst hat* (Ggs.: Fremdbild): ein gestörtes S. haben; **~bildnis,** das: *von ihm selbst geschaffenes Bildnis eines Künstlers; Selbstporträt:* ein S. von Dürer; Ü da ... diese ganze Niederschrift nichts anderes als ein S. (geh.; *eine Selbstdarstellung*) ... ist (Kaschnitz, Wohin 185); **~binder,** der (veraltend): **1.** svw. ↑Krawatte. **2.** (Landw.) svw. ↑Bindemäher; **~biographie,** die (veraltend): svw. ↑Autobiographie; **~bräuner** [-brɔynɐ], der; -s, -: *Lotion od. Creme, die die Haut (ohne Sonneneinwirkung) bräunt;* **~bucher** [-bu:xɐ], der; -s, - (Postw.): *Postkunde, dem die Möglichkeit eingeräumt worden ist, seine Postsendungen selbst freizumachen;* **~darstellung,** die: **a)** *Darstellung* (3a) *der eigenen Person, Gruppe o. ä. (um auf die Öffentlichkeit Eindruck zu machen, seine Fähigkeiten zeigen zu können o. ä.):* der Politiker nimmt jede Gelegenheit zur S. in der Öffentlichkeit wahr; ihre ... 60-Minuten-Show: eine Stunde der S. (Hörzu 4, 1974, 8); Ü die S. des Handwerks in einer Ausstellung; **b)** svw. ↑~bildnis; **~disziplin,** die ⟨o. Pl.⟩: *Diszipliniertheit, die jmdn. auszeichnet; Beherrschtheit;* **~eigen** ⟨Adj.; o. Steig.; nur attr.⟩ (veraltet): *jmdm., einer Sache selbst* *[zu]gehörend:* auf dem Kreuz, dem -en (Bobrowski, Mühle 24); **~einkehr,** die (geh.): vgl. ~besinnung; **~einschätzung,** die: *Einschätzung der eigenen Person im Hinblick auf bestimmte Fähigkeiten, Fehler u. ä.;* **~eintritt,** der (Wirtsch.; jur.): *Übernahme des Geschäfts, das ein Kommissionär für einen Kommittenten ausführen soll, durch den Kommissionär selbst;* **~entäußerung,** die (geh.): *gänzliches Zurückstellen der eigenen Bedürfnisse, Wünsche o. ä. zugunsten eines anderen od. einer Sache:* Als Staatsmann ... beispielhaft bescheiden bis zur S. (Weinberg, Sprache 119); **~entfaltung,** die: *[Möglichkeit der] Entfaltung der eigenen Anlagen u. Fähigkeiten durch Ausbildung od. Übung;* **~entfremdung,** die (bes. marx.): *Entfremdung des Menschen von sich selbst;* **~entlader,** der; -s, - (Fachspr.): *LKW od. Güterwagen der Bahn mit automatischer Kippvorrichtung;* **~entlarvung,** die; **~entleibung,** die (geh.): svw. ↑~mord; **~entspannung,** die: *das Sichentspannen mit Hilfe bestimmter Techniken;* **~entzündlich** ⟨Adj.; o. Steig.; nicht adv.⟩: *(von bestimmten Stoffen) sich selbst entzündend;* **~entzündung,** die: *das Sich-selbst-Entzünden (eines Stoffes);* **~erfahrung,** die ⟨o. Pl.⟩ (Psych.): *das Sich-selbst-Verstehenlernen durch Sprechen über sich selbst u. seine Probleme (u. durch das Kennenlernen ähnlicher Probleme bei anderen),* dazu: **~erfahrungsgruppe,** die (Psych.): *Gruppe* (2), *die ein Training in Selbsterfahrung absolviert;* **~erhaltung,** die ⟨o. Pl.⟩: *Erhaltung des eigenen Lebens,* dazu: **~erhaltungstrieb,** der: *Trieb, Instinkt eines Individuums, der auf die Selbsterhaltung ausgerichtet ist;* **~erkenntnis,** die ⟨o. Pl.⟩: vgl. ~einschätzung: es fehlt ihm die S.; Spr S. ist der erste Schritt zur Besserung; **~erniedrigung,** die (geh.): *das Herabwürdigen seiner selbst;* **~erwählt** ⟨Adj.; o. Steig.; nur attr.⟩ (geh.): ein -es Schicksal; **~erzeuger,** der: *jmd., der bestimmte Dinge (bes. Nahrungsmittel) seines täglichen Bedarfs selbst erzeugt;* **~erziehung,** die: *das Sich-selbst-Erziehen;* **~fahrer,** der: **1.** *jmd., der ein Fahrzeug mietet u. es selbst fährt:* die Vermietung von PKWs an S. **2.** (Fachspr.) *Fahrstuhl, der nicht von einem Fahrstuhlführer bedient wird.* **3.** *Krankenfahrstuhl, mit dem sich der Behinderte ohne Hilfe fortbewegen kann.* **4.** *jmd., der einen (ihm zustehenden) Dienstwagen selbst fährt (ohne Chauffeur).* **5.** (seltener) svw. ↑Partikulier; **~fahrlafette,** die (Milit.): *Fahrzeug, auf das ein schweres Geschütz (z. B. Raketenwerfer) montiert ist;* **~finanzierung,** die (Wirtsch.): svw. ↑Eigenfinanzierung; **~findung,** die (geh.): *das Zu-sich-selbst-Finden, Sich-selbst-Erfahren als Persönlichkeit;* **~gebacken** ⟨Adj.; o. Steig.; nur attr.⟩: *selber gebacken, hergestellt u. nicht im Laden, beim Bäcker gekauft:* -e Plätzchen; **~gebastelt** ⟨Adj.; o. Steig.; nur attr.⟩; **~gebaut** ⟨Adj.; o. Steig.; nur attr.⟩: ein -es Instrument; **~gebrauch,** der ⟨o. Pl.⟩: svw. ↑Eigengebrauch; **~gebraut** ⟨Adj.; o. Steig.; nur attr.⟩: ein -er Kaffee; **~gedreht** ⟨Adj.; o. Steig.; nur attr.⟩: eine -e Zigarette; ⟨subst.:⟩ eine Selbstgedrehte (ugs.; *selbstgedrehte Zigarette*) rauchen; **~gefällig** ⟨Adj.⟩ (abwertend): *sehr von sich, seinen Vorzügen, Leistungen u. ä. überzeugt u. auf penetrante Weise eitel, dünkelhaft:* ein -er Mensch; ein -es *(von Selbstgefälligkeit zeugendes)* Lächeln; s. reden; sich s. im Spiegel betrachten, dazu: **~gefälligkeit,** die; -; **~gefühl,** das ⟨o. Pl.⟩ (geh.; seltener): vgl. ~bewußtsein: ein gesundes, übersteigertes S.; jmds. S. stärken, verletzen; **~gemacht** ⟨Adj.; o. Steig.; nur attr.⟩: -e Marmelade; **~genäht** ⟨Adj.; o. Steig.; nur attr.⟩: ein -es Kleid; **~genügsam** ⟨Adj.⟩: *an sich selbst Genüge findend, in sich ruhend u. sich bescheidend, ohne den Ehrgeiz od. das Bestreben, sich hervorzutun od. Besonderes zu erreichen:* ein -es Leben führen; s. sein, leben, dazu: **~genügsamkeit,** die; **~genuß,** der (veraltend, abwertend): vgl. ~liebe; **~gerecht** ⟨Adj.⟩ (abwertend): *von der eigenen Unfehlbarkeit überzeugt, keiner Selbstkritik zugänglich:* ein -er Mensch; ein -es *(von Selbstgerechtigkeit zeugendes)* Verhalten; er ist sehr s.; s. argumentieren, dazu: **~gerechtigkeit,** die (abwertend); **~geschneidert** ⟨Adj.; o. Steig.; nur attr.⟩: ein -es Kostüm; **~geschrieben** ⟨Adj.; o. Steig.; nur attr.⟩: ein -er Lebenslauf; **~gespräch,** das ⟨meist Pl.⟩: *jmds. Sprechen, das nicht an einen Adressaten gerichtet ist; Gedanken, die jmd. laut ausspricht, ohne einen Zuhörer zu haben; Gespräch, das jmd. gleichsam mit sich selbst führt:* -e führen, halten; in ein S. vertieft sein; Ü dies lange, leidvolle S. *(die Auseinandersetzung mit sich selbst)* des vom Kriege zerstörten Dichters (K. Mann, Wendepunkt 55); **~gestrickt** ⟨Adj.; o. Steig.; nur attr.⟩: ein -er Pullover; Ü das ist seine -e (ugs., scherzh.; *von ihm selbst erfundene*) Methode; **~gewählt** ⟨Adj.; o. Steig.; nur attr.⟩: ein -es Exil; **~gewiß** ⟨Adj.⟩ (geh., selten): *selbstbewußt, selbstsicher,* dazu: **~gewißheit,** die (geh., selten); **~gezogen** ⟨Adj.; o. Steig.; nur attr.⟩: **1.** *im eigenen Garten gezogen:* -es Gemüse. **2.** *(von Kerzen) selbst hergestellt:* -e Kerzen; **~haftend** ⟨Adj.; o. Steig.; nicht adv.⟩: svw. ↑~klebend: -e Aufkleber, Folien; **~härtend** ⟨Adj.; o. Steig.; nicht adv.⟩ (Technik): *(von bestimmten Stoffen) von selber härtend, fest werdend:* -er Klebstoff; **~haß,** der (bes. Psych.): *gegen die eigene Person gerichteter Haß;* **~heilung,** die (Med.): **1.** *das Von-selbst-Heilen einer Wunde o. ä. durch die regenerative Kraft des Organismus.* **2.** *das Gesunden ohne Einwirkung von außen,* dazu: **~heilungskraft,** die (Med.); **~herrlich** ⟨Adj.⟩: *(in seinen Entscheidungen, Handlungen) eigenmächtig, sich über andere hinwegsetzend:* eine -e Art; ein -es Verhalten; s. sein; etw. s. entscheiden, dazu: **~herrlichkeit,** die ⟨o. Pl.⟩; **~hilfe,** die ⟨o. Pl.⟩: *das Sich-selbst-Helfen (ohne Inanspruchnahme fremder Hilfe); Eigenhilfe:* sie haben in S. *(ohne fremde Hilfe)* gebaut; zur S. schreiten. **2.** (jur.) *rechtmäßige, eigenmächtige Durchsetzung od. Sicherung eines Anspruchs, wenn obrigkeitliche Hilfe nicht schnell genug zu erlangen ist,* zu 1: **~hilfeaktion,** die (Sozialpolitik); **~hilfegruppe,** die: *Gruppe* (2) *von Personen mit gleichartigen Problemen, Schwierigkeiten, die sich zusammenschließen, um sich untereinander zu helfen* (z. B. Gruppen von Alkoholikern); **~hypnose,** die: svw. ↑Autohypnose; **~induktion,** die (Elektrot.): *Rückwirkung eines sich ändernden elektrischen Stroms auf sich selbst bzw. auf den von ihm durchflossenen Leiter;* **~ironie,** die ⟨o. Pl.⟩: *Ironie, mit der jmd. sich selbst begegnet, seine Probleme, Schwierigkeiten, Fehler o. ä. ironisiert:* S. besitzen; **~justiz,** die (jur.): *gesetzlich nicht zulässige Vergeltung für ein Unrecht, die ein Betroffener selbst übt;* **~kasteiung,** die (geh.): *das Sich-selbst-Kasteien* (b); **~klebefolie,** die: *Folie mit einer Haftschicht auf der Rück- bzw. Unterseite;* **~klebend** ⟨Adj.; o. Steig.; nicht adv.⟩: -e Folie; **~kontrolle,** die: **1.** *das Sich-selbst-Kontrollieren (in seinen Handlungen, Reaktionen u. ä.):* die Schüler zur S. anhalten. **2.** *(im publizistischen Bereich) eigenverantwortliche Kontrolle, die Mißbräuche der Meinungs- u. Pressefreiheit verhindern soll:* die S. der Medien; **~kosten** ⟨Pl.⟩ (Wirtsch.): *Kosten, die für den Hersteller bei der Fertigung einer Ware bzw. beim Erbringen einer Leistung anfallen:* die S. senken, verringern, dazu: **~kostenpreis,** der (Wirtsch.): etw. zum S. abgeben; **~kritik,** die ⟨Pl. selten⟩: *kritische Betrachtung, Beurteilung des eigenen Denkens u. Tuns; das Erkennen u. Eingestehen eigener Fehler auf dem Wege der Selbsterkenntnis:* S. üben; jmdm. fehlt es an S., dazu: **~kritisch** ⟨Adj.⟩: eine -e Feststellung; s. sein; **~ladegewehr,** das: vgl. ~ladepistole; **~ladepistole,** die: *Pistole, die sich nach einem abgegebenen Schuß automatisch neu lädt;* **~lader,** der (ugs.): svw. ↑~ladepistole; **~ladevorrichtung,** die: *Vorrichtung zum Selbstladen (bei einer Schußwaffe);* **~lauf,** der: *Entwicklung, die etw. nimmt ohne Zutun, ohne Steuerung von außen:* etw. dem S. überlassen; Neue Erkenntnisse ... setzen sich nicht im S. *(von selbst, ohne Zutun)* durch (Junge Welt 27. 10. 76, 2), dazu: **~läufig** ⟨Adj.; o. Steig.⟩: periodische -e *(von selbst ablaufende)* Außenweltprozesse (Gehlen, Zeitalter 17); **~laut,** der: svw. ↑Vokal; **~liebe,** die: *egozentrische Liebe zu sich selbst; Eigenliebe;* **~liegend** ⟨Adj.; o. Steig.; nicht adv.⟩ (Fachspr.): *(in bezug auf Teppichfliesen) lose verlegt, nicht geklebt;* **~lob,** das: *das Hervorheben eigener Leistungen o. ä. vor anderen; Eigenlob:* etw. nicht ohne S. darstellen; **~los** ⟨Adj.; -er, -este⟩: *nicht auf den eigenen Vorteil bedacht; uneigennützig u. zu Opfern bereit:* ein -er Mensch; -e *(von Selbstlosigkeit zeugende)* Hilfe; er hat ganz s. gehandelt *(ohne an sich selbst zu denken),* dazu: **~losigkeit,** die; -; **~medikation,** die (Med.): *das Anwenden von Medikamenten nach eigenem Ermessen, ohne Verordnung durch einen Arzt:* machen sie (= viele Patienten) den Versuch der „Selbstmedikation", der Heilung auf eigene Faust (MM 17. 10. 75, 3); **~mitleid,** das (abwertend): *resignierendes, klagendes Sich-selbst-Bemitleiden;* **~montage,** die: *das Selbstmontieren:* ein Swimmingpool zur S.; **~mord,** der: *das Sich-selbst-Töten, vorsätzliche Auslöschung des eigenen Lebens:* ein versuchter S.; erweiterter S. (jur.; *Selbstmord, bei dem jmd. noch eine od. mehrere andere Personen in sein Schicksal mit hineinzieht u. sie ebenfalls tötet*); S. begehen, verüben, machen; durch S. enden; jmdn. in den/zum S. treiben; mit S. drohen; Rauchen ist ein S. auf Raten; S. durch Erschießen; ein S. mit Messer und Gabel (ugs. scherzh.;

ein allmähliches Sichzugrunderichten durch falsche bzw. übermäßige Ernährung); Ü etw. ist/wäre [reiner, glatter] S. (ugs.; *[in bezug auf eine gefährliche, waghalsige od. in anderer Hinsicht törichte Unternehmung o. ä.] etw. ist sehr riskant*); sein Verhalten grenzt an S. *(ist in höchstem Maße gefährlich)*; **~morddrohung,** die: *das Drohen mit Selbstmord;* **~mörder,** der: *jmd., der Selbstmord begeht;* **~mörderin,** die; **~mörderisch** ⟨Adj.; nicht adv.⟩: **1.** ⟨nur attr.⟩ (selten) *einen Selbstmord bezweckend, herbeiführend:* ein -er Akt; er handelte in -er Absicht. **2.** *sehr gefährlich, halsbrecherisch (u. darum töricht); einem Selbstmord, der Selbstvernichtung gleichkommend:* ein -es Unternehmen; es ist ein -er Vorschlag, die Industrialisierung rückgängig zu machen; der Rettungsversuch war s.; **~mordgedanke,** der ⟨meist Pl.⟩: *auf einen eigenen Selbstmord gerichtetes Denken:* -n haben; sich mit -n tragen, (ugs.:) herumschlagen; **~mordgefährdet** ⟨Adj.; nicht adv.⟩: *in/von einer psychischen Verfassung, die einen Selbstmord befürchten läßt:* -e Patienten; der Gefangene gilt als s.; **~mordkandidat,** der: **a)** (seltener) *jmd., der selbstmordgefährdet ist;* **b)** *jmd., der auf Grund seiner Lebensführung in Gefahr ist, eines Tages [unfreiwillig] zum Selbstmörder zu werden oder sich auf andere Weise zugrunde zu richten;* **~mordversuch,** der: *Versuch, Selbstmord zu begehen:* einen S. unternehmen, begehen, machen, verhindern; **~mordwelle,** die: *Häufung von Selbstmorden;* **~porträt,** das: svw. ↑~bildnis; **~prüfung,** die: *kritische Auseinandersetzung mit sich selbst, seinen Handlungen, Antrieben u. a.:* sich einer kritischen S. stellen; sich eine S. auferlegen; eine Zeit der S.; **~quälerei,** die: *selbstquälerisches Verhalten;* **~quälerisch** ⟨Adj.⟩: *im Übermaß selbstkritisch:* sich s. nach seinem Verschulden fragen; **~redend** ⟨Adv.⟩ (gespreizt): svw. ↑natürlich (II 1): s. werde ich das tun; s., daß die Angelegenheit vertraulich zu behandeln ist; das bedeutet s. nicht, daß ...; **~reflexion,** die: vgl. ~kritik; **~reinigung,** die (Biol.): *das Sich-selbst-Regenerieren:* die S. der Flüsse u. Seen; **~schließend** ⟨Adj.; o. Steig.; nicht adv.⟩: *(von Türen) automatisch schließend;* **~schuß,** der ⟨meist Pl.⟩: *(als Sicherungsmaßnahme) Vorrichtung, bei deren Berührung ein Schuß ausgelöst wird;* **~schutz,** der: *das Sichschützen, Sichabschirmen gegen bestimmte negative Einflüsse, Gefährdungen u. ä.:* sein Verhalten war eine Art S.; **~sicher** ⟨Adj.⟩: *Selbstsicherheit besitzend, zeigend, zur Schau stellend:* eine -e Person; eine -e Miene zur Schau tragen; s. sein, antworten, dazu: **~sicherheit,** die ⟨o. Pl.⟩: *in jmds. Selbstbewußtsein begründete Sicherheit im Auftreten o. ä.:* seine S. verlieren; sehr viel S. besitzen; **~steller** [-ʃtɛlɐ], der; -s, - (jur.): *jmd., der sich nach einer begangenen Straftat selbst der Polizei stellt;* **~steuerung,** die (Technik): *automatische Steuerung (einer Maschine o. ä.);* **~studium,** das: *Wissensaneignung durch Bücher (ohne Vermittlung durch Lehrer od. Teilnahme an einem Unterricht):* sich Kenntnisse durch, im S. aneignen; Lehrbücher für das S., zum S.; **~sucht,** die: *nur auf den eigenen Vorteil o. ä. bedachte, nur sich selbst kennende Einstellung,* dazu: **~süchtig** ⟨Adj.⟩: ein -er Mensch; -es Verhalten; s. sein, handeln; **~suggestion,** die (selten): svw. ↑Autosuggestion; **~tätig** ⟨Adj.; o. Steig.⟩: **1.** *automatisch [funktionierend]:* etw. reguliert, öffnet, schließt sich s. **2.** (seltener) *aus eigenem Antrieb, selbständig; aktiv:* eine -e Mitwirkung; **~tätigkeit,** die ⟨o. Pl.⟩: *Aktivität aus eigenem Antrieb; Eigeninitiative;* **~täuschung,** die: *Täuschung, der sich jmd. selbst hingibt; Selbstbetrug:* der S. erliegen; sich keiner S. hingeben; **~tor,** das (Ballspiele): svw. ↑Eigentor; **~tötung,** die (Amtsspr.): svw. ↑~mord; **~tragend** ⟨Adj.; o. Steig.; nicht adv.⟩ (Technik): *ohne Stützung von außen:* eine -e Konstruktion; **~überhebung,** die (geh.): *Einbildung, Dünkelhaftigkeit;* **~überschätzung,** die: *Überschätzung der eigenen Person, der eigenen Fähigkeiten:* er leidet an S. (ugs.; *bildet sich sehr viel ein auf seine Fähigkeiten*); **~überwindung,** die: *das Überwinden innerer Widerstände gegen etw., jmdn.:* etw. kostet jmdn. S.; etw. nur mit großer S. schaffen; **~unterricht,** der: vgl. ~studium; **~verachtung,** die; **~verantwortlich** ⟨Adj.; o. Steig.; nicht präd.⟩: svw. ↑eigenverantwortlich, dazu: **~verantwortlichkeit,** die; **~verbrennung,** die: *Form des Selbstmords, bei dem jmd. [seine Kleider mit Benzin übergießt u.] sich selbst verbrennt;* **~verdient** ⟨Adj.; o. Steig.; nur attr.⟩: -es Geld; **~verfaßt** ⟨Adj.; o. Steig.; nur attr.⟩: ein -es Gedicht; **~vergessen** ⟨Adj.; nicht präd.⟩ (geh.): *so völlig in Gedanken versunken, daß man die Umwelt gar nicht wahrnimmt:* s. dasitzen; sie trällerte s. einen Schlager, dazu: **~vergessenheit,** die (geh.): *völlige Versunkenheit, Entrücktheit;* **~verlag,** der: **a)** *Verlag, der allein aus der Person des Autors (Autorengemeinschaft) besteht, der ein Werk selbständig herausbringt;* **b)** *das Selbstverlegen eines Druckwerks durch den Autor unter Umgehung eines Verlages:* ein Buch im S. herausbringen, dazu: **~verleger,** der; **~verleugnung,** die: vgl. ~entäußerung; **~vernichtung,** die: *Vernichtung des eigenen Lebens;* **~verschulden,** das (Amtsspr.): *eigenes Verschulden (als Ursache für etw.):* der Unfall ist durch S. eingetreten, dazu: **~verschuldet** ⟨Adj.; o. Steig.; nur attr.⟩: eine -e Notlage; **~versorger,** der: *jmd., der sich selbst (mit Nahrung, bestimmten Gütern o. ä.) versorgt;* **~versorgung,** die; **~verständlich: I.** ⟨Adj.⟩ *keiner besonderen Begründung, keiner Frage, Bitte o. ä. bedürfend; sich aus sich selbst verstehend:* ein ganz -es Verhalten; eine -e Hilfsbereitschaft, Rücksichtnahme; das ist die -ste Sache der Welt; etw. ist ganz s. für jmdn.; etw. s. finden, als s. hinnehmen, betrachten; etw. für s. halten. **II.** ⟨Adv.⟩ *was sich von selbst versteht; ohne Frage; natürlich* (II 1): ich tue das s. gerne; billigst du das? S. nicht!; das habe ich s. vorausgesetzt; gehen Sie mit? S.; **~verständlichkeit,** die; -, -en: *etw., was sich von selbst versteht, was man erwarten, voraussetzen o. ä. kann:* es ist doch eine S., hier Hilfe zu leisten; Sanitäranlagen sind S. *(sind selbstverständlich vorhanden)*; etw. als S. ansehen; etw. mit der größten S. *(Unbefangenheit, Natürlichkeit, mit dem richtigen Gefühl)* tun; mit größter S. hat er sich für andere eingesetzt; **~verständnis,** das ⟨o. Pl.⟩: *Bild, Vorstellung von sich selbst, mit der eine Person, eine Gruppe o. ä. lebt, sich identifiziert [u. sich in der Öffentlichkeit darstellt]:* ein intaktes S. haben; das S. des Schriftstellers; Ü das S. der Bundesrepublik, der heutigen Universität; **~verstümmelung,** die: *vorsätzliche Verstümmelung, Verletzung des eigenen Körpers (bes. um sich dem Kriegsdienst zu entziehen):* jmdn. wegen S. verurteilen; **~versuch,** der: *(zu Forschungszwecken) am eigenen Körper vorgenommener Versuch;* **~verteidigung,** die: *das Sich-selbst-Verteidigen:* Judo als Mittel einer waffenlosen S.; **~vertrauen,** das: *jmds. Vertrauen in die eigenen Kräfte, Fähigkeiten:* ein gesundes, kein, zu wenig S. haben; sein S. wiederfinden; jmds. S. stärken; etw. hebt jmds. S.; **~verwaltet** ⟨Adj.; o. Steig.; nur attr.⟩: *in Selbstverwaltung geführt:* ein -es Jugendhaus; **~verwaltung,** die: *Verwaltung, Wahrnehmung von Gemeinschaftsaufgaben (eines Verbandes, eines Gemeinwesens o. ä.) durch auf Zeit gewählte Vertreter;* **~verwirklichung,** die (Fachspr., bes. Philos., Psych.): *Entfaltung der eigenen Persönlichkeit durch das Realisieren von Möglichkeiten, die in einem selbst angelegt sind;* **~vorwurf,** der ⟨meist Pl.⟩: *Vorwurf, den sich jmd. selbst macht;* **~wählferndienst,** der (Postw.): *über das Ortsnetz hinausgehender Fernsprechverkehr ohne Vermittlung durch ein Fernamt;* **~wählfernverkehr,** der (Postw.): svw. ↑~wählferndienst; **~wertgefühl,** das ⟨Pl. selten⟩ (Psych.): *Gefühl für den eigenen Wert;* **~zerfleischung,** die (geh.): *zerstörerische Selbstkritik:* ihre Fähigkeit zur Selbstkritik, die oft bis zur S. geht (Hörzu 12, 1976, 16); **~zerstörerisch** ⟨Adj.⟩: *die Zerstörung der eigenen psychischen u./od. physischen Existenz verursachend:* -e Tendenzen; **~zerstörung,** die; **~zeugnis,** das ⟨meist Pl.⟩ (geh. veraltend): *literarisches Zeugnis eigenen Tuns u. Denkens, Erlebens u. ä.:* -se Goethes; ein Roman in -sen; **~zucht,** die ⟨o. Pl.⟩ (geh.): vgl. ~disziplin; **~zufrieden** ⟨Adj.⟩ (häufig abwertend): *auf eine unkritische [leicht selbstgefällige] Weise mit sich u. seinen Leistungen zufrieden u. ohne Ehrgeiz:* ein -er Mensch; mit -em *(von Selbstzufriedenheit zeugendem)* Lächeln; s. sein, dreinschauen, dazu: **~zufriedenheit,** die; **~zweck,** der ⟨o. Pl.⟩: *Zweck, der in etw. selber liegt, der nicht auf etw. außerhalb Bestehendes abzielt:* etw. ist kein, reiner S.; die Wirtschaft ist nicht S., sondern nur Werkzeug (Gruhl, Planet 263); etw. ist [zum] S. geworden *(hat sich völlig verselbständigt, losgelöst von seinem eigentlichen Ziel)*; **~zweifel,** der: *in Selbstkritik begründeter, auf sich selbst, sein eigenes Denken u. Tun gerichteter Zweifel.*

selbständig [ˈzɛlp-ʃtɛndɪç] ⟨Adj.⟩ [zu frühnhd. selbstand = Person, spätmhd. selbstĕnde = für sich bestehend]: **a)** *unabhängig [von fremder Hilfe o. ä.]; eigenständig; aus eigener Kraft handelnd:* ein -er Mensch; an -es Arbeiten gewöhnt sein; s. handeln, urteilen, denken, arbeiten; das Kind ist schon sehr s. für sein Alter; **b)** *nicht von außen gesteuert; in seinen Handlungen frei, nicht von anderen ab-*

hängig: ein -er Staat; ein -es – von Amerika losgelöstes – Europa (Dönhoff, Ära 128); er hat eine ganz -e Stellung, Position; ein -er Unternehmer, Handwerksmeister *(mit eigenem Betrieb, Unternehmen);* die -en Berufe *(Berufe, in denen jmd. nicht als Angestellter arbeitet);* das Land ist s. geworden *(hat seine staatliche Autonomie bekommen);* wirtschaftlich s. sein; ***sich s. machen** (1. *ein eigenes Unternehmen gründen.* 2. scherzh.; *abhanden kommen; weglaufen u. ä.:* ein Knopf von meinem Mantel hat sich s. gemacht); ⟨subst.:⟩ **Selbständige,** der u. die; -n, -n ⟨Dekl. ↑Abgeordnete⟩: *jmd., der einen selbständigen Beruf ausübt;* ⟨Abl.:⟩ **Selbständigkeit,** die; -: **a)** *selbständige* (a) *Art, Eigenständigkeit:* die S. des Denkens; **b)** *selbständige* (b) *Art, das Selbständigsein; Unabhängigkeit:* die S. der Staaten Afrikas; seine S. erringen, wahren; **selbstisch** ⟨Adj.⟩ [nach engl. selfish] (geh. veraltend): *ichbezogen, egoistisch; nur auf sich selbst bezogen:* ein sehr -er Mensch; -e Motive, Gründe; s. sein, handeln.

Selch [zɛlç], die; -, -en [zu ↑selchen] (bayr., österr.): svw. ↑Selchkammer.

Selch- (bayr., österr.): **~fleisch,** das: *Rauchfleisch;* **~kammer,** die: *Räucherkammer;* **~karree,** das: vgl. Karree (2).

selchen [ˈzɛlçn̩] ⟨sw. V.; hat⟩ /vgl. Geselchtes/ [vgl. ahd. arselchen = dörren] (bayr., österr.): *räuchern:* Fleisch, Wurst s.; ⟨Abl.:⟩ **Selcher,** der; -s, - (bayr., österr.): *Fleischer, der Geselchtes herstellt u. verkauft;* **Selcherei** [zɛlçəˈrai̯], die; -, -en (bayr., österr.): *Fleisch- u. Wursträucherei;* ⟨Zus.:⟩ **Selcherladen,** der; **Selchermeister,** der.

Selekta [zeˈlɛkta], die; -, ...ten [zu lat. sēlēctum, 2. Part. von: sēligere = auslesen, auswählen] (früher): *Oberklasse für begabte Schüler nach Abschluß der eigentlichen Schule;* **Selektaner** [...ˈta:nɐ], der; -s, -: *Schüler einer Selekta;* **Selektanerin,** die; -, -nen: w. Form zu ↑Selektaner; **selektieren** [...ˈti:rən] ⟨sw. V.; hat⟩ [zu ↑Selektion] (bildungsspr.): **1.** *aus einer vorhandenen Anzahl von Individuen od. Menge von Dingen diejenigen heraussuchen, deren [positive] Eigenschaften sie für einen bestimmten Zweck bes. geeignet machen:* Saatgut, Tiere für die Zucht s.; selektierende Methoden. **2.** (ns. verhüll.) *(Häftlinge im Konzentrationslager) für die Gaskammer aussondern:* Erber ... habe in regelmäßigen Abständen auf der Rampe von Birkenau selektiert (MM 29. 1. 66, 18); ⟨Abl.:⟩ **Selektierung,** die, -, -en; **Selektion** [...ˈtsi̯o:n], die; -, -en [engl. selection < lat. sēlēctio = das Auslesen]: **1.** (Biol.) *[natürliche] Auslese u. Fortentwicklung durch Überleben der jeweils stärksten Individuen einer Art; Zuchtwahl:* Züchtung neuer Sorten durch S. **2.** (bildungsspr.) *Auswahl:* die S. von geeigneten Mitgliedern für eine homogene Gruppe; Diese verbesserte S. enthält auch eine Reihe kleiner Allbereichsverstärker (Funkschau 19, 1971, 1963); die S., d. h. die Auswahl von Wörtern, die sich zu einem sinnvollen Satz kombinieren lassen, ist beschränkt. **3.** (ns. verhüll.) *Aussonderung für die Gaskammer;* **selektionieren** [...tsi̯oˈni:rən] ⟨s. V.; hat⟩: svw. ↑selektieren; **selektionistisch** ⟨Adj.⟩ (bildungsspr.): *die Selektion (1, 2) betreffend.*

Selektions-: **~beschränkung,** die (Sprachw.): vgl. Selektion (2); **~filter,** der, fachspr. meist: das (Optik): *Filter, das nur Strahlen bestimmter Frequenzen durchläßt;* **~lehre,** die, **~theorie,** die: vgl. Evolutionstheorie.

selektiv [zelɛkˈti:f] ⟨Adj.⟩ [engl. selective = zielgerichtet]: **1.** *auf Auswahl, Auslese beruhend; auswählend:* eine -e Wirkung; die Medien können uns nur s. informieren; auf eine kleine Auswahl Reize s. ansprechen. **2.** (Funkw.) *trennscharf:* Die sechs Übernahmebefehle rufen die Stationen s. auf (Elektronik 11, 1971, 374); ⟨Abl.:⟩ **Selektivität** [...iviˈtɛ:t], die; - (Funkw.): *technische Fertigkeit eines Empfangsgerätes, die gewünschte Welle herauszusuchen u. trennscharf zu isolieren:* verlustarme S. auch für höchste VHF-Frequenzen (Funkschau 19, 1971, 1966).

Selen [zeˈle:n], das; -s [zu griech. selḗnē = Mond, so benannt wegen der Verwandtschaft mit dem Element Tellur (zu lat. tellūs = Erde)]: *in verschiedenen Modifikationen (z. B. rot u. amorph od. dunkelbraun u. glasig) vorkommendes Halbmetall, das auch die Eigenschaft eines Halbleiters haben kann u. je nach Dunkel od. Helligkeit seine Leitfähigkeit ändert (chemischer Grundstoff);* Zeichen: Se; ⟨Abl.:⟩ **Selenat** [zeleˈna:t], das; -[e]s, -e (Chemie): *Salz der Selensäure;* **selenig** [zeˈle:nɪç] ⟨Adj.⟩ (Chemie): *Selen enthaltend:* -e Säure; [1]**Selenit** [zeleˈni:t], das; -s, -e (Chemie): *Salz der selenigen Säure;* [2]**Selenit** [-, auch: ...nɪt], der; -s, -e [griech. líthos selēnítes, eigtl. = mondartiger Stein, nach der blassen Farbe]: svw. ↑Gips (1); **Selenographie,** die; - [↑-graphie]: *Beschreibung u. kartographische Darstellung der Mondoberfläche;* **Selenologe,** der; -n, -n [↑-loge]: *Wissenschaftler auf dem Gebiet der Selenologie;* **Selenologie,** die; - [↑-logie]: *Wissenschaft von der Beschaffenheit u. Entstehung des Mondes; Geologie der Mondgesteine;* **selenologisch** ⟨Adj.; o. Steig⟩: *die Selenologie betreffend;* ⟨Zus. zu ↑Selen:⟩ **Selensäure,** die (Chemie): *Sauerstoffsäure des Selens;* **Selenzelle,** die (Physik): *mit Selen als lichtempfindlichem Körper arbeitende Photozelle,* dazu: **Selenzellenbelichtungsmesser,** der.

Selfaktor [zɛlfˈ|aktɔr], der; -s, -s [engl. self-actor, aus: self = selbst u. actor = Handelnder]: *Spinnmaschine mit einem hin u. her fahrenden Wagen, auf dem sich Spindeln drehen;* **Selfgovernment** [ˈzɛlfˈgavɐnmənt, engl.: sɛlfˈgʌvnmənt], das; -s, -s [engl. self-government, zu: government = Regierung]: engl. Bez. für: *Selbstverwaltung;* **Selfmademan** [ˈzɛlfme:tmɛn, engl.: ˈsɛlfmeɪdˈmæn], der; -s, ...men [...mɛn; engl. selfmade man, eigtl. = selbstgemachter Mann]: *jmd., der sich aus eigener Kraft hochgearbeitet hat u. zu beruflichem Erfolg gekommen, reich geworden ist:* die Geschichte eines der letzten großen Selfmademen der deutschen Wirtschaft (Börsenblatt 7, 1974, 440); **Selfservice** [ˈzɛlfzø:gvɪs, engl.: ˌsɛlfˈsə:vɪs], der; - [engl. self-service]: svw. ↑Selbstbedienung.

selig [ˈze:lɪç] ⟨Adj.⟩ [mhd. sælec, ahd. sālig]: **1.** (christl., bes. kath. Rel.) **a)** *[von allen irdischen Übeln erlöst u.] des ewigen Lebens, der himmlischen Wonnen teilhaftig:* s. werden; er hat ein -es Ende gehabt *(ist in dem Glauben gestorben, die ewige Seligkeit zu erlangen);* bis an mein -es Ende *(bis zum Tod);* er ist s. entschlafen; Gott hab ihn s.!; der Glaube allein macht s.; R wer's glaubt, wird s. (↑glauben 2 a); vgl. Angedenken; **b)** ⟨nur attr., veraltend auch unflektiert nachgestellt⟩ *verstorben:* durchaus im Stil des -en Papas (K. Mann, Wendepunkt 122); Schwester Modesta s. hat mir die Richtung beschrieben (Bieler, Mädchenkrieg 383); vgl. Selige; **c)** ⟨nur attr. in Verbindung mit dem Namen⟩ (kath. Kirche) *seliggesprochen:* Heiligsprechungsprozeß der -en Dorothea von Montau (Grass, Hundejahre 133). **2. a)** *einem tiefen [spontanen] Glücksgefühl hingegeben; wunschlos glücklich; zutiefst beglückt:* in -em Nichtstun verharren; sie sanken in -en Schlummer; Beschäftigungen ..., deren Ausübung ... reiner -er Selbstzweck ist (Hildesheimer, Legenden 97); sich s. in den Armen liegen; sie war s., Lob spenden zu können (Fels, Sünden 78); das macht mich ganz s.; er war s. über/ (schweiz. auch:) für diese Nachricht; werde s. mit deiner Erbschaft, mit deinem Geld!; s. lächeln; **b)** (ugs.) *leicht betrunken:* nach dem dritten Glas war er schon ganz s.; sie wankten s. nach Hause.

selig-, Selig-: **~preisen** ⟨st. V.; hat⟩: **1.** (geh., veraltet) *für selig (2 a), wunschlos glücklich erklären:* für diese Erfolge ist er wirklich seligzupreisen. **2.** (christl., bes. kath. Rel.) *als der ewigen Seligkeit teilhaftig preisen,* dazu: **~preisung,** die; **~sprechen** ⟨st. V.; hat⟩ (kath. Kirche): *(einen Verstorbenen) durch einen päpstlichen Akt in einen Stand erheben, durch den er (ähnlich einem Heiligen) an bestimmten Orten verehrt werden kann; beatifizieren:* der Papst sprach den Märtyrer selig, dazu: **~sprechung,** die; -, -en (kath. Kirche): *das Seligsprechen; Beatifikation.*

-selig [-ze:lɪç]: **1.** in Zus., z. B. glückselig, gottselig, leutselig. **2.** ⟨Suffixoid⟩ *in der im ersten Bestandteil genannten Sache od. Tätigkeit schwelgend, ganz erfüllt davon:* eine operettenselige Zeit; fußballselige Jungen; dieser Autor ist sehr schreibselig; **Selige** [ˈze:lɪgə], der u. die ⟨Dekl. ↑Abgeordnete⟩: **1. a)** ⟨nur Sg.⟩ (veraltet, noch scherzh.) *verstorbener Ehemann bzw. verstorbene Ehefrau:* mein Seliger sagte immer ...; Er stand neben dem Bett u. glotzte auf meine Selige (Dürrenmatt, Meteor 20); **b)** ⟨nur Pl.⟩ (christl., bes. kath. Rel.) *die Toten als Erlöste, in die ewige Seligkeit Eingegangene:* die Gefilde der -n. **2.** (kath. Kirche) *jmd., der seliggesprochen wurde;* **Seligkeit,** die; -, -en [mhd. sælecheit, ahd. sālicheit]: **1.** ⟨o. Pl.⟩ meist in Verb. mit „ewig" (christl., bes. kath. Rel.): *Verklärung, Vollendung im Reich Gottes u. ewige Anschauung Gottes:* die ewige S. erlangen, gewinnen; die Bomber hatten ... seine Frau in die ewige S. befördert (verhüll.; *getötet;* Rehn, Nichts 66); Ü von einem Sieg hängt doch nicht meine S. ab *(ich muß nicht um jeden Preis siegen);* von diesem Motorrad hängt seine Seligkeit ab *(er möchte es unbedingt haben).*

2. *tiefes [rauschhaftes] Glücksgefühl, Zustand wunschlosen Glücklichseins:* ihre S. war groß; alle -en des Lebens auskosten; in S. schwimmen (ugs.; *sehr selig sein*); ... vergaß der Oberbaurat trotz aller -en nicht, den Wecker auf ... halb acht zu stellen (Borell, Romeo 137); sie verging fast vor S.; **-seligkeit**: vgl. -selig.

Seller ['zɛlɐ, engl.: 'sɛlɐ], der; -s, - [engl. seller = Ware (im Hinblick auf ihren Verkaufswert), zu: to sell = verkaufen]: kurz für ↑Bestseller, ↑Longseller.

Sellerie ['zɛləri, österr.: zɛlə'ri:], der; -s, -[s] od. (österr. nur:) die; -, - u. (österr.:) -n [...'ri:ən; ital. (lombardisch) selleri, Pl. von: sellero < spätlat. selīnon < griech. sélinon = Eppich]: *Gemüsepflanze mit dicken, innen weißen Knollen, kräftigen Stengeln u. gefiederten Blättern, die bes. zum Würzen von Speisen dient u. deren Knolle außerdem als Gemüse od. Salat verwendet wird.*

Sellerie-: **~gemüse,** das; **~grün,** das: *Stengel u. Blätter des Selleries;* **~knolle,** die; **~kraut,** das: svw. ↑~grün; **~salat,** der; **~salz,** das: *mit pulverisiertem Sellerie gewürztes Speisesalz;* **~staude,** die.

Seller-Teller ['zɛlɐ-, engl.: 'sɛlɐ-], der; -s, - [zu ↑Seller]: *(in Zeitungen od. Zeitschriften veröffentlichte) Liste der in einem bestimmten Zeitraum am meisten verkauften Bücher, Schallplatten.*

selten ['zɛltn̩] ⟨Adj.⟩ [mhd. selten, ahd. seltan (Adv.)]: **1.** *in kleiner Zahl [vorkommend, vorhanden]; nicht oft, nicht häufig [geschehend]:* ein -es Ereignis; -e Tiere, Pflanzen, Steine; eine -e Ausnahme; ein -er Gast; bei diesem barocken Schrank handelt es sich um ein sehr -es Stück; das geht in den -sten Fällen gut; ein -e *(ungewöhnliche)* Begabung; sie war eine -e *(außergewöhnliche)* Schönheit; -e Erden (Chemie veraltend; *Oxyde der Metalle der seltenen Erden*); Störche werden hierzulande immer -er; seine Besuche sind s. geworden; du machst dich sehr s. (ugs.; *man sieht dich kaum noch*); das ist mir s. begegnet; wir sehen uns nur noch s.; ich habe s. so gelacht wie in diesem Film; s. so gelacht! (ugs. iron.; *das ist aber gar nicht komisch od. witzig*); er spricht s. darüber; ein Sommer wie s. einer (Dürrenmatt, Meteor 9); Spr ein Unglück kommt s. allein; Ü er ist ein -er Vogel (ugs.; *ein seltsamer, sonderbarer Mensch*). **2.** ⟨intensivierend bei Adjektiven u. Adverbien⟩ *besonders:* ein s. schönes Exemplar; das Angebot ist s. günstig; er hat sich s. dumm angestellt; ⟨Zus.:⟩ **Seltenerdmetall,** das (Chemie): *Metall der seltenen Erden;* ⟨Abl.:⟩ **Seltenheit,** die; -, -en: **1.** ⟨o. Pl.⟩ *seltenes Vorkommen, das Seltensein:* ich weise auf die S. dieser Erscheinung hin; das Edelweiß gehört zu den wegen ihrer S. geschützten Alpenpflanzen. **2.** *etwas selten Vorkommendes:* diese Ausgabe letzter Hand ist eine S.; es ist eine S., daß ...; solche Spiele gehören heute fast schon zu den -en im Fußball, dazu: **Seltenheitswert,** der ⟨o. Pl.⟩: dies Bild hat S.; ein Exemplar von, mit großem S.

Selter, Selters ['zɛltɐ(s); nach der Quelle in dem Ort (Nieder)selters im Taunus]: **1.** die; -, -: kurz für ↑Seltersflasche: Herr Ober, bitte eine S.! **2.** das; -: kurz für ↑Selterswasser: Selters wurde zischend versprüht (Kempowski, Tadellöser 69); **Selterflasche,** die: svw. ↑Seltersflasche; **Selterser** ['zɛltɐzɐ] in der Fügung **S. Wasser** (veraltend): svw. ↑Selterswasser (1); **Seltersflasche,** die: **a)** *Flasche mit Mineralwasser;* **b)** (veraltend) *Flasche [mit Patentverschluß], die für Mineralwasser bestimmt ist;* **Selterswasser,** das: **1.** ⟨Pl. (Sorten:) -wässer⟩ *natürliches od. mit Kohlensäure versetztes Mineralwasser:* zwei Flaschen S. **2.** ⟨Pl. -wasser⟩ *Flasche od. Glas mit Selterswasser* (a): er hat drei S. bestellt; **Selterwasser,** das: svw. ↑Selterswasser: Wodka trank er wie S. (Ziegler, Labyrinth 212).

seltsam ['zɛltza:m] ⟨Adj.⟩ [mhd. seltsæne, ahd. seltsāni, eigtl. = nicht häufig zu sehen, im Nhd. an Bildungen auf -sam angelehnt]: *vom Üblichen abweichend u. nicht recht begreiflich; eigenartig, merkwürdig:* eine -e Erscheinung; die -sten Erlebnisse; er erzählt -e Geschichten; ein -er Mensch *(jmd., der in seinem Benehmen u. seinen Ansichten anders ist als andere, der ungewöhnlich reagiert u. handelt);* ich habe ein -es *(ungutes)* Gefühl bei dieser Sache; das ist s., kommt mir s. vor; sie ist alt und s. geworden; mir ist ganz s. zumute; sich s. benehmen; jmdn. s. anblicken; Seltsam, die Pforte stand heut offen (Schröder, Wanderer 13); ihre Stimme klang s. weich; **seltsamerweise** ⟨Adv.⟩: *auf seltsame, merkwürdige Weise; es mutet seltsam an, daß ...:* s. bin ich gar nicht müde; **Seltsamkeit,** die; -, -en [spätmhd. selzenkeit]: **a)** ⟨o. Pl.⟩ *seltsame Art:* die S. des Geschehens; **b)** *seltsame Erscheinung, seltsamer Vorgang:* man entdeckte bei näherem Hinsehen allerhand -en; nach einem Leben voller -en (Jens, Mann 9).

Sem [ze:m], das; -s, -e [griech. sēma = Zeichen, Merkmal] (Sprachw.): *kleinste Komponente einer Wortbedeutung; Bedeutungsmerkmal:* die Bedeutung von „Hengst" ist bestimmt durch die -e „männlich" und „Pferd"; **Semantem** [zeman'te:m], das; -s, -e (Sprachw.): **1.** svw. ↑Semem. **2.** (selten) svw. ↑Sem. **3.** *(im Gegensatz zum Morphem) der Teil des Wortes, der die lexikalische Bedeutung trägt;* **Semantik** [ze'mantɪk], die; - [zu griech. sēmantikós = bezeichnend, zu: sēmaínein = bezeichnen, zu: sēma, ↑Sem] (Sprachw.): **1.** *Wissenschaft, Lehre von den Bedeutungen; Teilgebiet der Linguistik, das sich mit den Bedeutungen sprachlicher Zeichen u. Zeichenfolgen befaßt:* strukturelle, interpretative, praktische S. **2.** (selten) *Bedeutung, Inhalt (eines Wortes, Satzes od. Textes);* **Semantiker,** der; -s, - (Sprachw.): *Wissenschaftler auf dem Gebiet der Semantik* (1); **semantisch** ⟨Adj.; o. Steig.⟩ (Sprachw.): **1.** *die Semantik* (1) *betreffend, zu ihr gehörend.* **2.** *die Semantik* (2), *die Bedeutung, den Inhalt betreffend;* **Semaphor** [zema'fo:ɐ̯], das od. (österr. nur:) der; -s, -e [zu griech. sēma (↑Sem) u. phorós = tragend]: *Signalmast mit beweglichen Flügeln;* **Semasiologie** [zemazio...], die; - [zu griech. sēmasía = das Bezeichnen u. ↑-logie] (Sprachw.): *Wissenschaft, Lehre von den Bedeutungen; Teilgebiet der [älteren] Sprachwissenschaft, das sich bes. mit den Wortbedeutungen u. ihren [historischen] Veränderungen befaßt* (Ggs.: Onomasiologie); **semasiologisch** ⟨Adj.; o. Steig.⟩ (Sprachw.): *die Semasiologie betreffend, zu ihr gehörend;* **Semem** [ze'me:m], das; -s, -e [geb. nach ↑Morphem] (Sprachw.): *die Bedeutung, die inhaltliche Seite eines sprachlichen Zeichens.*

Semester [ze'mɛstɐ], das; -s, - [zu lat. sēmēstris = sechsmonatig, zu: sex = sechs u. mēnsis = Monat]: **a)** *Studienhalbjahr an einer Hochschule:* das neue S. beginnt Anfang April; er hat schon 14 S. Jura, Chemie studiert; durch seine Krankheit hat er zwei S. verloren *(zwei Semester lang nicht studieren können);* ein Student im dritten S.; er ist/steht jetzt im 6. S.; **b)** (Studentenspr.) *jmd., der im soundsovielten Semester seines Studiums steht:* die ersten S. versammeln sich zur feierlichen Immatrikulation; er hat sich das von einem achten S. erklären lassen; ***ein älteres/höheres S.** (ugs. scherzh.; *ältere Person; jmd., der nicht mehr sehr jung ist*): ... daß sich nicht nur die jungen Leute von heute für James-Bond-Modelle brennend interessieren. Auch die älteren S. (Herrenjournal 1, 1966, 10).

Semester-: **~anfang,** der; **~arbeit,** die: vgl. Seminararbeit; **~beginn,** der; **~ende,** das; **~ferien** ⟨Pl.⟩: *vorlesungsfreie Zeit am Ende jedes Semesters;* **~schluß,** der: zum S.; **~zeugnis,** das: *Zwischenzeugnis am Ende eines Semesters.*

semi-, Semi- [zemi-; lat. sēmi = halb] ⟨Best. in Zus. mit der Bed.⟩: halb-, Halb- (z. B. semiprofessionell, Semifinale); **semiarid** ⟨Adj.; o. Steig.; nicht adv.⟩ (Geogr.): *im größten Teil des Jahres trocken:* -es Klima; **Semideponens,** das; -, ...nentia u. ...nenzien (Sprachw.): *Verb, das (bei aktivischer Bedeutung) einige Formen aktivisch, die anderen passivisch bildet;* **Semifinale** ['ze:mi-], das; -s, -, auch: -s (Sport): svw. ↑Halbfinale; **semihumid** ⟨Adj.; o. Steig.; nicht adv.⟩ (Geogr.): *im größten Teil des Jahres feucht:* -es Klima; -e Gebiete; **Semikolon,** das; -s, -s u. ...kola: *aus einem Komma mit darübergesetztem Punkt bestehendes Satzzeichen, das etwas stärker trennt als ein Komma, aber doch im Unterschied zum Punkt den Zusammenhang eines [größeren] Satzgefüges verdeutlicht; Strichpunkt;* **semilateral** ⟨Adj.; o. Steig.; nicht adv.⟩: svw. ↑halbseitig (a); **semilunar** ⟨Adj.; o. Steig.; nur attr.⟩ (Fachspr., bes. Med.): *halbmondförmig:* eine -e Hautfalte; ⟨Zus.:⟩ **Semilunarklappe,** die (Med.): *halbmondförmige Herzklappe am Ausgang zu einer der großen Arterien.*

Seminar [zemi'na:ɐ̯], das; -s, -e, (österr. u. schweiz. auch:) -ien [...i̯ən; lat. sēminārium = Pflanzschule, Baumschule, zu: sēmen = Samen, Setzling]: **1.** *Lehrveranstaltung [an einer Hochschule], bei der die Teilnehmer mit Referaten u. Diskussionen unter wissenschaftlicher Leitung bestimmte Themen erarbeiten:* das S. findet vierzehntäglich statt; ein S. ankündigen, durchführen, leiten; er hat ein S. über die Geschichte der Arbeiterbewegung belegt; Ü das S. *(die Teilnehmer des Seminars)* macht eine Exkursion. **2.**

Institut (1) *für einen bestimmten Fachbereich an einer Hochschule mit den entsprechenden Räumlichkeiten u. einer Handbibliothek [in dem Seminare* (1) *abgehalten werden]:* das germanistische, juristische S.; er ist Assistent am Seminar für Alte Geschichte; im S. arbeiten. **3.** vgl. Priesterseminar, Predigerseminar. **4. a)** (früher) *Ausbildungsstätte für Volksschullehrer;* **b)** *mit dem Schulpraktikum einhergehender Lehrgang für Studienreferendare vor dem 2. Examen.*

Seminar-: **~arbeit,** die: *innerhalb eines Seminars* (1) *anzufertigende Arbeit;* **~bibliothek,** die; **~leiter,** der; **~schein,** der: *Bescheinigung über die [erfolgreiche] Teilnahme an einem Seminar* (1); **~teilnehmer,** der; **~übung,** die: *Seminar* (1).

Seminarist, der; -en, -en: *jmd., der an einem Seminar* (3, 4) *ausgebildet wird;* **Seminaristin,** die; -, -nen: w. Form zu ↑Seminarist; **seminaristisch** 〈Adj.; o. Steig.〉: *in Form eines Seminars* (1, 3, 4) *[stattfindend]:* -e Ausbildung; einen Stoff s. erarbeiten.

Semiologie [zemiolo'gi:], die; - [zu griech. sēmeĩon = Zeichen u. ↑-logie]: **1.** (Philos., Sprachw.) *Lehre von den Zeichen, Zeichentheorie.* **2.** (Med.) svw. ↑Symptomatologie; 〈Abl.:〉 **semiologisch** 〈Adj.; o. Steig.〉: *die Semiologie betreffend:* die Sprache als -es System; **Semiotik** [ze'mio:tık], die; - [zu griech. sēmeiōtikós = zum (Be)zeichnen gehörend]: **1.** (Philos., Sprachw.) svw. ↑Semiologie (1). **2.** (Med.) svw. ↑Symptomatologie; 〈Abl.:〉 **semiotisch** 〈Adj.; o. Steig.〉: *die Semiotik betreffend.*

semipermeabel 〈Adj.; o. Steig.〉 [zu ↑semi-, Semi-] (Fachspr.): *nur halb, nur für bestimmte Substanzen durchdringbar, durchlässig:* semipermeable Membranen; 〈Abl.:〉 **Semipermeabilität,** die; -; **semiprofessionell** 〈Adj.; o. Steig.〉: *fast professionell* (2).

semisch 〈Adj.; o. Steig.〉 (Sprachw.): *das Sem betreffend:* -e Felder, Verknüpfungsbeschränkungen.

Semit [ze'mi:t], der; -en, -en [nach Sem, dem ältesten Sohn Noahs im A. T.]: *Angehöriger einer sprachlich u. anthropologisch verwandten Gruppe von Völkern bes. in Vorderasien u. Nordafrika;* **Semitin,** die; -, -nen: w. Form von ↑Semit; **semitisch** 〈Adj.; o. Steig.〉: *die Semiten betreffend, zu ihnen gehörend:* Arabisch und Hebräisch sind -e Sprachen; **Semitist** [zemi'tıst], der; -en, -en: *Wissenschaftler auf dem Gebiet der Semitistik;* **Semitistik,** die; -: *wissenschaftliche Erforschung der semitischen Sprachen u. Literaturen;* **semitistisch** 〈Adj.; o. Steig.〉: *die Semitistik betreffend.*

Semivokal, der; -s, -e [zu ↑semi-, Semi-]: svw. ↑Halbvokal.

Semmel ['zɛml̩], die; -, -n [mhd. semel(e), ahd. semala = feines Weizenmehl < lat. simila, wohl aus dem Semit.] (regional, bes. österr., bayr., ostmd.): svw. ↑Brötchen: frische, knusprige -n; geriebene -n; eine S. mit Butter bestreichen; ***etw. geht weg wie warme -n** *(etw. läßt sich bes. schnell u. gut verkaufen);* **jmdm. etw. auf die S. schmieren** (↑Butterbrot).

semmel-, Semmel-: **~blond** 〈Adj.; o. Steig.; nicht adv.〉: **a)** *von hellem, gelblichem Blond:* -e Haare; **b)** *mit semmelblondem Haar:* ein -es Mädchen; **~brösel,** das 〈meist Pl.〉: ↑Brösel (b); **~kloß,** der (selten): vgl. ~knödel; **~knödel,** der (bayr., österr.): *aus eingeweichten altbackenen Semmeln mit Butter, Mehl, Eiern u. Gewürzen zubereiteter Knödel:* Gulasch mit -n; **~mehl,** das: ↑~brösel: der Teig wird mit S. bestreut und mit Butterflöckchen belegt; **~teig,** der (Bäckerei): *Hefeteig, aus dem die Brötchen geformt u. gebacken werden.*

semper aliquid haeret ['zɛmpɐ 'a:likwıt 'hɛ:rɛt; lat.] (bildungsspr.): *immer bleibt etwas hängen* (auf Verleumdung u. üble Nachrede bezogen); **semper idem** [- 'i:dɛm; lat.] (bildungsspr.): *immer derselbe* (Ausspruch Ciceros über den Gleichmut des Sokrates).

sempern ['zɛmpɐn] 〈sw. V.; hat〉 [zu mundartl. semper = wählerisch (im Essen), zimperlich, Nebenf. von mundartl. zimper, ↑zimperlich] (österr. ugs.): *nörgeln, jammern.*

Sempervivum [zɛmpɛr'vi:vʊm], das; -s, ...va [...va]: svw. ↑Hauswurz.

semplice ['zɛmplitʃe] 〈Adv.〉 [ital. semplice < lat. simplex, ↑simpel] (Musik): *einfach, schlicht.*

sempre ['zɛmprə] 〈Adv.〉 [ital. sempre < lat. semper] (Musik): *immer.*

Semstwo ['zɛmstvo], der; -s, -s [russ. semstwo] (früher): *Organ der regionalen Selbstverwaltung im zaristischen Rußland.*

[1]**Sen** [zɛn], der; -[s], -[s] [indones. sén]: *Währungseinheit in Indonesien* (100 Sen = 1 Rupiah).

[2]**Sen** [-], der; -[s], -[s] [jap. sen, aus dem Chines.]: *Währungseinheit in Japan* (100 Sen = 1 Yen).

Senar [ze'na:ɐ̯], der; -s, -e [lat. sēnārius, zu: sēni = je sechs] (antike Verslehre): *Vers mit sechs Hebungen.*

Senat [ze'na:t], der; -[e]s, -e [1.: lat. senātus, eigtl. = Rat der Alten, zu: senex = alt, bejahrt]: **1.** (hist.) *der Staatsrat als Träger des Volkswillens im Rom der Antike.* **2.** *(in einem parlamentarischen Zweikammersystem) eine Kammer des Parlaments* (z. B. in den USA). **3.** *Regierungsbehörde in Hamburg, Bremen u. West-Berlin.* **4.** *beratende Körperschaft mit gewissen Entscheidungskompetenzen, die sich in einem bestimmten Verhältnis aus sämtlichen, an einer Universität od. Hochschule vertretenen Personalgruppen zusammensetzt.* **5.** *aus mehreren Richtern zusammengesetztes Gremium an höheren deutschen Gerichten;* **Senator** [ze'na:tɔr, auch: ...to:ɐ̯], der; -s, -en [...na'to:rən; lat. senātor]: *Mitglied eines Senats* (1–4); **senatorisch** [zena'to:rıʃ] 〈Adj.; o. Steig.; nicht adv.〉: *den Senat betreffend.*

Senats-: **~beschluß,** der; **~präsident,** der; **~sitzung,** die; **~sprecher,** der; **~verwaltung,** die; **~vorlage,** die: *vom Senat vorgelegter [Gesetzes]entwurf.*

Send [zɛnt], der; -[e]s, -e [mhd. sent = Reichs-, Landtag < spätlat. synodus, ↑Synode] (früher): *[geistliche] Gerichtsversammlung; kirchliches [Sitten]gericht.*

Send- (senden): **~bote,** der (früher): *jmd., der eine Botschaft überbringt:* -n ausschicken; Ü Schneeglöckchen, die -n des Frühlings; **~brief,** der (früher): *offener Brief;* **~gericht,** das (früher): svw. ↑Send; **~schreiben,** das (früher): *an mehrere Personen od. an die Öffentlichkeit gerichtetes [offizielles] Schreiben.*

Sende-: **~anlage,** die: vgl. ~gerät; **~antenne,** die (Elektrot.); **~bereich,** der (Rundf., Ferns.): *Bereich, in dem Sendungen [besonders gut] empfangen werden u. für den bestimmte Sendungen ausgestrahlt werden;* **~einrichtung,** die: vgl. ~gerät; **~folge,** die (Rundf., Ferns.): **1.** *Reihenfolge der Sendungen.* **2.** (selten) *Sendung in Fortsetzungen;* **~gebiet,** das (Rundf., Ferns.): svw. ↑~bereich; **~gerät,** das (Elektrot.): *Gerät, mit dem man Funksprüche, Rundfunk- od. Fernsehsendungen senden kann;* **~haus,** das: svw. ↑Funkhaus; **~leistung,** die (Elektrot.): *Leistung* (2 c) *eines Sendegeräts;* **~leiter,** der; **~mast,** der: *Mast für die Sendeantenne eines Rundfunk- od. Fernsehsenders;* **~pause,** die (Rundf., Ferns.): *Pause zwischen Sendungen:* bis zum Beginn des Spielfilms tritt eine kurze S. ein; Ü du hast jetzt erst einmal S. (ugs.; *bist still*); Bis zehn konnten wir ... was aufreißen, dann war S., Sense (Degener, Heimsuchung 13); **~plan,** der; **~programm,** das (selten): Sendefolge (1); **~raum,** der: *Raum im Funkhaus für Aufnahme u. Übertragung von Ton- u. Fernsehsendungen;* **~reihe,** die: *mehrere thematisch zusammenhängende Sendungen;* **~saal,** der: vgl. ~raum; **~schluß,** der; **~station,** die (Funk, Rundf., Ferns.): *Station, die Sendungen ausstrahlt;* **~stelle,** die: svw. ↑~station; **~störung,** die (Rundf., Ferns.): *durch eine technische Störung verursachte Unterbrechung einer Sendung;* **~turm,** der: vgl. ~mast; **~und Empfangsgerät,** das (mit Bindestrich; Elektrot.); **~zeichen,** das: svw. ↑Pausenzeichen (2); **~zeit,** die (Rundf., Ferns.): **1.** *Zeit, die für eine Sendung zur Verfügung steht.* **2.** *Zeit, während der ein Sender Sendungen ausstrahlt.*

senden ['zɛndn̩] 〈unr. V., hat; bei (Rund)funk u. Ferns.: binnendeutsch: sendete, gesendet, schweiz.: sandte, gesandt〉 [mhd. senden, ahd. senten, eigtl. = reisen machen]: **1.** (geh.) svw. ↑schicken (1): jmdm. einen Brief, einen Gruß, Blumen s.; er hat das Paket nach Hamburg, an uns gesandt/(selten:) gesendet; wir senden [Ihnen] die Waren ins Haus; Ü Da sandte sie aus ihren Augenwinkeln einen schnellen Blick zu Abel hin (Hausmann, Abel 65). **2.** (geh.) svw. ↑schicken (2 a): eine Abordnung, einen Boten s.; Truppen, Hilfspersonal in ein Katastrophengebiet s.; sie schienen ihm zu kommen wie vom Himmel gesandt (Schaper, Kirche 49); Ü die Sonne sandte/(selten:) sendete ihre wärmenden Strahlen zur Erde. **3. a)** svw. ↑ausstrahlen (4): das Fernsehen sendet eine Aufzeichnung der Festspiele; im Radio wurden soeben Reiserufe gesendet/(schweiz.:) gesandt; Radio Bern sendete/(schweiz.:) sandte vor Jahren ein ähnliches Hörspiel; **b)** *über eine Funkanlage in den Äther ausstrahlen:* Morsezeichen, Hilferufe senden; das Schiff, der Funker sendete Peilzeichen; **Sender,** der; -s, - [2: spätmhd. sender]: **1. a)** *Anlage, die Signale, Informationen u. a. in elektromagnetische Wellen umwandelt u. in dieser Form abstrahlt:* ein leistungsstarker, schwacher S.; ein anderer S. schlägt durch; feindliche S. stören; Wir haben ... zwei S. nach Peilungen ausgehoben (Kirst, 08/15, 573); die Maschine (= Flugzeug) ... unsichtbar gelenkt und von -n angetastet (Gaiser, Jagd 23); **b)** *Rundfunk-, Fernsehsender:* mehrere ausländische S. übernehmen das Programm; unser S. wird von einem anderen überlagert; die angeschlossenen S. kommen mit eigenem Programm wieder; einen S. gut, schlecht empfangen, (ugs.:) hereinbekommen; der Staatsakt wurde von allen deutschen -n übertragen; auf dem S. sein (Jargon; *gesendet werden*). **2.** (selten) *jmd., der jmdn., etw. irgendwohin schickt:* hieß er der Herr der Seuchen, so darum, weil er zugleich ihr S. war und ihr Arzt (Th. Mann, Joseph 430); ⟨Zus.:⟩ **Senderanlage,** die: svw. ↑Sendeanlage, **Sendersuchlauf,** der (Rundfunkt.): *(beim Rundfunk- u. Fernsehgerät) Vorrichtung, die selbsttätig die Frequenz für den qualitativ besten Empfang eines Senders* (1) *sucht;* **Sendling** ['zɛntlɪŋ], der; -s, -e (veraltet, noch schweiz.): *[Send]bote;* **Sendung,** die; -, -en [1 a: mhd. sendunge]: **1. a)** (selten) *das Senden* (1): die S. der Bücher hat sich verzögert; durch S. per Expreß kommen die Waren schneller an; **b)** *das (als bestimmte Menge von Waren) Gesandte* (1): eine postlagernde, zollpflichtige S.; eine S. Orangen; wir mußten eine S. Bastelmaterial zurückgeben; eine S. zustellen; die neue S. ist eingetroffen; wir bestätigen Ihnen den Empfang der S. **2.** ⟨o. Pl.⟩ (geh.) **a)** *große [geschichtliche] Aufgabe, wichtiger [schicksalhafter] Auftrag, Mission:* die politische S. der Partei; als Bernadettes S. schon lange erfüllt ... war (Langgässer, Siegel 151); an seine S. als Retter der Menschheit glauben. **3. a)** (Rundfunkt., Ferns.) *das Ausstrahlen über einen Sender* (1 b): die S. des Konzerts mußte unterbrochen werden; Ich ... merkte gar nicht, daß ich schon auf S. war (Jargon; *daß bereits gesendet* 3a *wird;* Hörzu 38, 1972, 14); Achtung, S. läuft!; **b)** *Rundfunk-, Fernsehsendung:* aktuelle, politische, kulturelle -en ausstrahlen; eine S. in Farbe, in Schwarzweiß, in Stereo empfangen; die S. zum 200. Todestag des Dichters war sehr interessant; **c)** *das Gesendete* (3 b): ... sowjetische Agentensender. Wir haben fast alle -en abgehört (Kirst, 08/15, 573); feindliche -en stören; ⟨Zus. zu 2:⟩ **Sendungsbewußtsein,** das: *jmds. feste Überzeugung, zu einer Sendung auserwählt zu sein:* in ihm verbanden sich Können und S. fest mit der Gier nach Ruhm und Reichtum.

Senesblätter ['ze:nəs-] usw.: ↑Sennesblätter.

Seneschall ['ze:nəʃal], der; -s, -e [mhd. seneschal(t) < (a)frz. sénéchal, über das Fränk. < ahd. senescalh, eigtl. = Altknecht; vgl. Marschall] (hist.): *oberster Beamter am fränkischen Hof, dem die Verwaltung, das Heerwesen u. die Gerichtsbarkeit unterstellt sind.*

Seneszenz [zenɛs'tsɛnts], die; - [zu lat. senēscere = alt werden] (Med.): *das Altern u. die dadurch bedingten körperlichen Veränderungen.*

Senf [zɛnf], der; -[e]s, -e [mhd. sen(e)f, ahd. senef < lat. sināpi(s) < griech. sínapi, wohl aus dem Ägypt.]: **1.** *aus gemahlenen Senfkörnern mit Essig u. Gewürzen hergestellte gelbbraune, breiige, würzig bis scharf schmeckende Masse:* scharfer, milder S.; ein Glas, eine Tube S.; S. auf den [Papp]teller klecksen; zu Weißwürsten braucht man süßen S.; Würstchen mit S.; Ü Sie geben jetzt also den ganzen S. (abwertend; *die ganze Geschichte, die ganze Sache*) an den Süddeutschen Rundfunk durch (Molsner, Harakiri 124); ***[seinen] S. dazugeben** (ugs.; *[ungefragt] seine Meinung sagen, seinen Kommentar zu etw. geben*): Sogar Herr Sauerbruch gab S. dazu (Hochhuth, Stellvertreter 58); **einen langen S. machen** (ugs.; *langatmig u. ausführlich erzählen*). **2.** *in verschiedenen Arten, vor allem im Mittelmeerraum wachsende Pflanze, aus deren in Schoten enthaltenen Samenkörnern Senf* (1) *hergestellt wird.*

senf-, Senf-: **~bad,** das: *Bad* (1), *dem Senfmehl zugesetzt ist (bes. gegen Erkältungskrankheiten);* **~butter,** die (Kochk.): *mit Senf* (1) *vermischte Butter;* **~farben, ~farbig** ⟨Adj.; o. Steig.; nicht adv.⟩: *von der Farbe des Senfs* (1); *bräunlichgelb;* **~gas,** das: *braune, ölige, stechend riechende, äußerst giftige Substanz;* **~gelb** ⟨Adj.; o. Steig.; nicht adv.⟩: vgl. ~farben; **~gurke,** die: *geschälte u. in Stücke geschnittene, in Essig mit Senfkörnern eingelegte Gurke;* **~korn,** das ⟨meist Pl.⟩: *kleines, hellgelbes Körnchen, Samenkorn des Senfs* (2), *das als Gewürz verwendet wird;* **~mehl,** das: *gemahlene Senfkörner;* **~öl,** das: *aus Senfkörnern gepreßtes, scharf riechendes ätherisches Öl;* **~packung,** die: svw. ↑~wickel; **~papier, ~pflaster,** das (früher): *Papier mit Senfmehl, das auf die Haut aufgelegt wird, um durch einen Reiz die Durchblutung zu verbessern;* **~same,** der: svw. ↑~korn; **~soße,** die: *mit Senf* (1) *zubereitete Soße;* **~spiritus,** der (früher): *in Spiritus gelöstes Senföl;* **~teig,** der: *mit heißem Wasser angerührtes Senfmehl;* **~topf,** der: *[kleiner] Topf aus Ton od. Steingut für Senf* (1); **~tunke,** die: svw. ↑~soße; **~umschlag,** der: vgl. ~wickel; **~wickel,** der: *Wickel mit einem in Senföl getränkten od. mit Senfteig bestrichenen Tuch.*

Senge ['zɛŋə] ⟨Pl.⟩ [eigtl. wohl = Hieb, der brennt] (landsch.): svw. ↑Prügel: S. bekommen, beziehen, kriegen; du willst doch keine S. haben? (Genet [Übers.], Querelle 46); es gibt, setzt S.; **sengen** ['zɛŋən] ⟨sw. V.; hat⟩ [mhd. sengen, ahd. bisengan]: **1. a)** (selten) *die Oberfläche von etw. leicht, ein wenig verbrennen:* sie hat beim Bügeln die Bluse, den Kragen gesengt; **b)** *durch leichtes, flüchtiges Abbrennen mit einer Flamme von restlichem Flaum u. Federn befreien:* gerupftes Geflügel s.; sie hat die Gans gesengt; ***s. und brennen** (veraltend; *plündern u. durch Brand zerstören*): die Landsknechte zogen sengend und brennend durch das Land; ⟨subst.:⟩ Und das, daß der böse Pfalzgraf Österreich verwüstete mit Sengen und Brennen (Hacks, Stücke 23). **2. a)** *an der Oberfläche leicht, ein wenig brennen:* die Schuhe fingen an zu s.; **b)** *sehr heiß scheinen:* die Sonne sengt; in der sengenden Sonne arbeiten; eine sengende *(sehr große)* Hitze lag über der Stadt. **3.** (Textilind.) svw. ↑gasieren; **seng[e]rig** ['zɛŋ(ə)rɪç] ⟨Adj.; nicht adv.⟩ (landsch.): *angebrannt [riechend]:* ein -er Geruch; hier riecht es s.

Senhor [zɛn'jo:ɐ̯], der; -s, -es [...'jo:rɛs; port. senhor < lat. senior, ↑Senior] (in Portugal): **1.** *Bezeichnung u. Anrede eines Herrn.* **2.** *Herr* (3), *Besitzer;* **Senhora** [zɛn'jo:ra], die; -, -s [port. senhora]: w. Form zu ↑Senhor (1, 2); **Senhorita** [zɛnjo'ri:ta], die; -, -s [port. senhorita]: *(in Portugal) Bezeichnung u. Anrede eines Mädchens, einer unverheirateten [jungen] Frau;* **senil** [ze'ni:l] ⟨Adj.⟩ [lat. senīlis = greisenhaft, zu: senex, ↑Senior]: **1.** (bildungsspr., oft abwertend) *durch hohes Alter körperlich u. geistig nicht mehr voll leistungsfähig; greisenhaft u. in seinen Äußerungen u. Handlungen mehr od. weniger kindisch:* die Wiederwahl des -en Hindenburg (K. Mann, Wendepunkt 236); s. werden, sein; Ich wollte das Mädchen nicht anfassen. Plötzlich kam ich mir s. vor (Frisch, Homo 122). **2.** ⟨nur attr.⟩ (Med.) *das Greisenalter betreffend, im hohen Lebensalter auftretend:* -e Demenz; ⟨Abl.:⟩ **Senilität** [zenili'tɛ:t], die; - (bildungsspr., oft abwertend): *verminderte körperliche u. geistige Leistungsfähigkeit durch hohes Alter; Greisenhaftigkeit.*

senior ['ze:ni̯ɔr, auch: ...i̯o:ɐ̯] ⟨indekl. Adj.; nur nachgestellt hinter Personennamen⟩ [lat. senior = älter, Komp. von: senex = alt]: dient der Bezeichnung des Vaters zur Unterscheidung vom Sohn, bes. bei Gleichheit von Vor- u. Zunamen: *der ältere* (Ggs.: junior); Abk.: sen.: [Hans] Krause sen.; **Senior** [-], der; -s, -en [ze'ni̯o:rən]: **1.** (Ggs.: Junior 1) **a)** ⟨Pl. selten⟩ (oft scherzh.) *Vater (im Verhältnis zum Sohn);* **b)** ⟨o. Pl.⟩ (Kaufmannsspr.) *älterer Teilhaber, Geschäftspartner:* das Geschäft ist vom S. auf den Junior übergegangen. **2.** (Sport) **a)** *Sportler im Alter von mehr als 18 (od. je nach Sportart) 20, 21 od. 23 Jahren:* er startet in diesem Jahr bereits bei den -en; **b)** *ältester Sportler einer Mannschaft:* der routinierte Libero ist der S. der Elf. **3.** ⟨meist Pl.⟩ (bes. Werbesprache) *älterer Erwachsener [als Konsument in der Modebranche]* (Ggs.: Junior 3): eine flotte Kombination für -en. **4.** ⟨Pl.⟩ *alte Menschen (im Rentenalter):* verbilligte Fahrten für -en; Ich finde Extraprogramme für -en abwertend (Hörzu 50, 1977, 169). **5.** *der Älteste (eines [Familien]kreises, einer Versammlung o. ä.):* Holdria ... ist zur Zeit S. einer Hausgenossenschaft (Hesse, Sonne 58); Professor Dr. Göppert ..., ein S. der einschlägigen Forschung (MM 27. 8. 69, 10). **6.** (Studentenspr.) *Erster Chargierter eines studentischen Korps;* ⟨Abl.:⟩ **Seniorat** [zeni̯o'ra:t], das; -[e]s, -e [mlat. senioratus = Würde, Amt eines Seniors (5)]: svw. ↑Ältestenrecht (1); ⟨Zus.:⟩ **Seniorchef,** der (Kaufmannsspr.): *Geschäfts-, Firmeninhaber, dessen Sohn in der Firma mitarbeitet.*

Senioren-: **~heim,** das: svw. ↑Altenwohnheim; **~karte,** die: *durch einen Seniorenpaß verbilligte Fahrkarte;* **~klasse,** die (Sport): *Klasse* (4) *der Senioren* (2 a); **~klub,** der: *Klub, der der Freizeitgestaltung der Senioren* (4) *dient;* **~konvent,** der (Studentenspr.): *Vertretung der studentischen Korps* *eines Hochschulortes;* ~**nachmittag,** der: svw. ↑Altennachmittag; ~**paß,** der (Bundesrepublik Deutschland): *(von der Bundesbahn ausgestelltes) Dokument, mit dem Senioren* (4) *Fahrkarten zu ermäßigten Preisen kaufen;* ~**wohnheim,** das: svw. ↑Altenwohnheim.

Seniorin [ze'nio:rın], die; -, -nen: w. Form zu ↑Senior (1 b, 2, 5); **Seniorreise,** die; -, -n (bes. Werbespr.): *organisierte Reise für Senioren* (4); **Senium** ['ze:niʊm], das; -s [lat. senium] (Med.): *Greisenalter.*

senk-, Senk-: ~**blei,** das (Bauw.): svw. ↑Lot (1 a); ~**fuß,** der (Med.): *Fuß, dessen Wölbung sich gesenkt hat,* dazu: ~**fußeinlage,** die; ~**grube,** die (Bauw.): *auszementierte Grube ohne Abfluß zur Aufnahme von Fäkalien;* ~**kasten,** der (Technik): *(in große Wassertiefen versenkbarer) Kasten aus Stahl od. Beton mit erhöhtem Druck im Innern, der Arbeiten unter Wasser ermöglicht; Caisson;* ~**lot,** das (Bauw.): svw. ↑Lot (1 a); ~**recht** ⟨Adj.; o. Steig.⟩: **1. a)** (Geom.) *(mit einer Geraden o. ä.) einen rechten Winkel bildend:* eine -e Linie konstruieren; die Schenkel des Winkels stehen s. aufeinander; **b)** *in einer geraden Linie von unten nach oben od. von oben nach unten verlaufend:* -e Wände, Stäbe; der Rauch steigt s. in die Höhe; die Felswände ragen fast s. empor; bleib, halt dich s.! (ugs.; *fall nicht um!*); * **immer [schön] s. bleiben!** (ugs.; *immer Haltung, Fassung bewahren*); **das einzig Senkrechte** (ugs.; *das einzig Richtige*). **2.** (schweiz.) *aufrecht, rechtschaffen:* jeder -e Eidgenosse; ⟨subst.:⟩ ~**rechte,** die: **a)** (Geom.) svw. ↑Lot (3); **b)** *senkrechte* (1 b) *Linie:* In Folge der Perspektive gibt es in der Ferne keine auffallend großen -n (Fotomagazin 8, 1967, 41), ⟨zu 1 b:⟩ ~**rechtstart,** der: *Start, bei dem ein Flugzeug o. ä. sich senkrecht in die Luft hebt,* ~**rechtstarter,** der: **1.** svw. ↑Coleopter. **2.** *jmd., der ohne lange Anlaufzeit eine ungewöhnlich steile Karriere macht; etw., was plötzlich ungewöhnlich großen Erfolg hat:* ein S. in der Politik sein; ihr neues Buch entpuppte sich als S.; ~**reis,** das (selten): *Setzling, Steckling; Ableger;* ~**rücken,** der: *(bei bestimmten Tieren, bes. bei Pferden) Rücken, bei dem die Wirbelsäule nach unten durchgebogen ist;* ~**schnur,** die: *Lotleine;* ~**waage,** die: *Aräometer;* ~**wehe,** die: *Vorwehe.*

Senke ['zɛŋkə], die; -, -n [mhd. senke, zu ↑senken]: *[größere, flache] Vertiefung im Gelände:* während der Bug des Bootes in das Wasser schnitt, das ... eine eiszeitliche S. füllte (Lenz, Muckefuck 120); das Haus liegt in einer kleinen S., ist in eine kleine S. geschmiegt; **Senkel** ['zɛŋkl̩], der; -s, - [mhd. senkel, auch: Zugnetz, Anker, ahd. senkil = Anker, zu ↑senken]: **1.** svw. ↑Schnürsenkel. **2.** * **jmdn. in den S. stellen** (1. *jmdn. scharf zurechtweisen:* Kneib vom Bundestrainer in den S. gestellt [MM 2. 6. 77, 15]. 2. *jmdn. hinbiegen* (2 b): Anstaltszöglinge waren für ihn Schuldige, die man ... „in den S. stellen muß" [Ziegler, Konsequenz 203]; zu Senkel (1) in der älteren Bedeutung „Senkblei"; eigtl. = etw. ins Lot bringen); **senken** ['zɛŋkn̩] ⟨sw. V.; hat⟩ [mhd., ahd. senken, eigtl. = sinken machen, versenken]: **1. a)** *abwärts, nach unten bewegen:* die Arme, den Kopf s.; die Startflagge s.; die Fahnen [zur Ehrung der Toten] s.; der Dirigent senkte den Taktstock; ein ... Mann, der in der Zeitung las, nun die Blätter senkte und mich ansah (Böll, Und sagte 77); er hielt seinen Kopf gesenkt; Ü den Blick, die Augen s. (geh.; *zu Boden blicken*); er senkte die Stimme (geh.; *sprach leiser [u. dunkler]*); mit gesenktem Blick stand sie vor ihm; **b)** *nach unten u. in eine bestimmte Lage, an eine bestimmte Stelle bringen:* die Taucherglocke ins Wasser s.; den Sarg ins Grab, den Toten in die Erde s.; der Baum senkt seine Wurzeln in den Boden; Ü (geh.:) jmdm. den Keim des Bösen ins Herz s.; Das größte Licht ... wurde mir ins Herz gesenkt durch die Gnade Gottes (Nigg, Wiederkehr 175). **2.** (Bergmannsspr.) **a)** *(die Sohle einer Strecke) tiefer legen;* **b)** svw. ↑abteufen. **3.** ⟨s. + sich⟩ **a)** *abwärts, nach unten bewegt werden:* die Schranke senkt sich; der Vorhang senkte sich während des rauschenden Finales; das Boot hob und senkte sich in der Dünung; der Brustkorb hebt und senkt sich; **b)** *abwärts, nach unten sinken; herabsinken:* der Förderkorb senkt sich; die Äste senkten sich unter der Last des Schnees; Ü (geh.:) der Abend, die Nacht senkt sich auf die Erde; Schlaf senkt sich auf die Augen. **4.** ⟨s. + sich⟩ **a)** *allmählich niedriger werden, in die Tiefe gehen, absinken* (1 b): der Boden, der Grund senkt sich; der Wasserspiegel hat sich kaum merklich gesenkt; das Haus, die Mauer, die Straße senkte sich um einige Zentimeter; **b)** *leicht abschüssig verlaufen, abfallen* (4): das Gelände senkt sich nach Osten; ich ... lief zwei Stunden ..., dann senkte sich der Weg nach Reuthen (Bieler, Bonifaz 7). **5. a)** *bewirken, daß etw. niedriger wird:* die lange Trockenheit hat den Grundwasserspiegel gesenkt; **b)** *bewirken, daß etw. weniger, geringer wird:* das Fieber, den Blutdruck s.; die Löhne, Steuern, Produktionskosten s.; die Zahl der Arbeitslosen ist gesenkt worden; die Preise s. *(herabsetzen).* **6.** (Fachspr.) *(mit einem Senker 1) [vorgebohrte] Löcher für Schrauben, Nieten o. ä. bohren;* ⟨Abl.:⟩ **Senker,** der; -s, -: **1.** (Technik) *einem Bohrer ähnliches Werkzeug zum Bohren von Löchern in einer bestimmten Form od. zum Erweitern von vorgebohrten Löchern.* **2.** (selten) *Steckling; Ableger.* **3.** (Bot.) *(bei Schmarotzerpflanzen) eine Art Wurzel, die in die Wirtspflanze eindringt;* **Senkung,** die; -, -en: **1.** ⟨o. Pl.⟩ *das Senken* (1). **2.** ⟨o. Pl.⟩ *das Senken* (5 b), *Verringerung; Verminderung:* die S. der Steuern, der Löhne, des Massenkonsums; eine S. um 5%; Bekämpfung von Infektionskrankheiten durch S. abnorm hoher Temperaturen (Medizin II, 15). **3.** (Geol.) *das Sichsenken von Teilen der Erdkruste, das bei vulkanischer Aktivität, bei Gebirgsbildung u. a. auftritt* (Ggs.: Hebung 3): in diesem Gebiet können mehrere -en beobachtet werden. **4.** (selten) svw. ↑Senke: dazu mußte lediglich eine flache S. ... durchquert werden (Doderer, Abenteuer 23). **5.** (Verslehre) *unbetonte Silbe eines Wortes im Vers* (Ggs.: Hebung 4). **6.** (Med.) kurz für ↑Blutsenkung: -en und Blutbilder zeigten Übliches (Lentz, Muckefuck 157); eine S. machen. **5.** (Med.) svw. ↑Deszensus (2).

Senkungs-: ~**abszeß,** der (Med.): *Abszeß, der entfernt von der Stelle, an der er sich gebildet hat, an die Körperoberfläche gelangt;* ~**feld,** das (Geol.): *von Verwerfungen begrenztes Gebiet mit Senkungen* (3); ~**geschwindigkeit,** die (Med.): kurz für ↑Blutkörperchensenkungsgeschwindigkeit; ~**küste,** die (Geogr.): *durch Ingression entstandene Küste.*

Senn [zɛn], der; -[e]s, -e [spätmhd. senne, ahd. senno, viell. eigtl. = Melker] (bayr., österr., schweiz.): *Almhirt, der auf der Alm die Milch zu Butter u. Käse verarbeitet.*

Senna ['zɛna], die; -: svw. ↑Sennesblätter.

¹Senne ['zɛnə], der; -n, -n (bayr., österr.): svw. ↑Senn; **²Senne** [-], die; -, -n [mhd. senne] (bayr., österr.): svw. ↑Alm; **sennen** ['zɛnən] ⟨sw. V.; hat⟩ (bayr., österr.): *als Senn arbeiten;* **Senner,** der; -s, - [mhd. sennære] (bayr., österr.): svw. ↑Senn; **Sennerei** [zɛnə'rai̯], die; -, -en (bayr., österr., schweiz.): *Alm, auf der die Milch an Ort u. Stelle zu Käse verarbeitet wird;* **Sennerin** ['zɛnərın], die; -, -nen (bayr., österr.): w. Form zu ↑Senner.

Sennesblätter ['zɛnəs-] ⟨Pl.⟩ [mhd. sene = Sennespflanze, -blatt < mlat. sene < arab. sanā]: *Blätter verschiedener Arten der Kassie;* ⟨Zus.:⟩ **Sennesblättertee,** der: *aus Sennesblättern gebrauter Tee, der als Abführmittel verwendet wird;* **Sennespflanze,** die; -, -n: svw. ↑Kassie; **Sennesschote,** die; -, -n: *Frucht der Sennespflanze.*

Sennhütte, die; -, -n (bayr., österr.): svw. ↑Almhütte; **Sennin** ['zɛnın], die; -, -nen (bayr., österr.): svw. ↑Sennerin; **Senntum,** das; -s, ...tümer (schweiz.): *einem Sennen unterstehende Viehherde;* **Sennwirtschaft,** die; - (bayr., österr.): svw. ↑Sennerei.

Senon [ze'no:n], das; -s [nach dem kelt. Stamm der Senonen] (Geol.): *zweitjüngste Stufe der oberen Kreideformation;* **senonisch** ⟨Adj.; o. Steig.; nicht adv.⟩: *das Senon betreffend.*

Señor [zɛn'jo:ɐ̯], der; -s, -es [...'jo:rɛs; span. señor < lat. senior, ↑Senior] (in Spanien): **1.** *Bezeichnung u. Anrede eines Herrn.* **2.** *Herr* (3), *Besitzer;* **Señora** [zɛn'jo:ra], die; -, -s [span. señora]: w. Form zu ↑Señor (1, 2); **Señorita** [zɛnjo'ri:ta], die; -, -s: *(in Spanien) Bezeichnung u. Anrede eines Mädchens, einer unverheirateten [jungen] Frau.*

Sensal [zɛn'za:l], der; -s, - [ital. sensale < arab. simsār, aus dem Pers.] (österr.): *freiberuflich tätiger Makler;* **Sensalie** [zɛnza'li:], die; -, -n [...'li:ən], **Sensarie** [zɛnza'ri:], die; -, -n [...'ri:ən] (österr.): *Maklergebühr.*

Sensation [zɛnza'tsi̯o:n], die; -, -en [frz. sensation, eigtl. = Empfindung < mlat. sensatio, zu spätlat. sēnsātus = empfindend, zu lat. sēnsūs, ↑sensuell]: **1. a)** *aufsehenerregendes, unerwartetes Ereignis, Geschehen:* eine technische S. [ersten Ranges]; seine Rede war eine politische S.; ihre Hochzeit war die S. des Jahres; er war die S. des Abends; der Roman ist eine literarische S.; eine S. wittern; mit diesem Film sorgte er für eine S.; S. *(Aufsehen)* machen, erregen; der Prozeß riecht nach S.; etw. als, zur

S. aufbauschen, zur S. machen; **b)** *aufsehenerregende, außergewöhnliche Leistung, Darbietung:* Menschen, Tiere, -en (Programmtitel); das Publikum will -en sehen. **2.** (Med.) *subjektive körperliche Empfindung, Gefühlsempfindung* (z. B. Hitzewallung bei Aufregungen); ⟨Abl.:⟩ **sensationell** [zɛnzaʦi̯o'nɛl] ⟨Adj.⟩ [frz. sensationnel]: *[unerwartet u.] großes Aufsehen erregend:* eine -e Nachricht; eine -e Überraschung; einen -en Sieg erringen, -e Triumphe feiern; der Prozeß nahm eine -e Wendung; die Aufklärung eines -en Falles; seine Fähigkeiten sind s.; der Erfolg war s.; eine s. aufgemachte Story; s. wirken; die Mannschaft hat das schwere Spiel s. hoch gewonnen.

sensations-, Sensations-: **~bedürfnis,** das: vgl. ~gier; **~blatt,** das (abwertend): *Zeitung, die aufregende Neuigkeiten berichtet, Ereignisse zu Sensationen aufbauscht;* **~gier,** die (abwertend): *Gier nach Sensation* (1); **~hascherei** [-haʃə'rai̯], die; -, -en (abwertend): *Bestreben, Aufsehen zu erregen, ein Ereignis zur Sensation aufzubauschen:* jmdn. der S. bezichtigen; die plumpen -n der Regenbogenpresse; **~hunger,** der (abwertend): vgl. ~gier, dazu: **~hungrig** ⟨Adj.⟩ (abwertend); **~lust,** die (abwertend): vgl. ~gier, dazu: **~lüstern** ⟨Adj.⟩ (abwertend): *von großem Verlangen nach Sensation* (1) *erfüllt:* eine -e Menge; **~mache,** die (ugs. abwertend): svw. ↑~hascherei (1); **~meldung,** die: *sensationelle Meldung;* **~nachricht,** die: vgl. ~meldung; **~presse,** die (abwertend): vgl. ~blatt; **~prozeß,** der: *sensationeller Prozeß;* **~sucht,** die: vgl. ~gier.

Sense ['zɛnzə], die; -, -n [mhd. sënse, segens(e), ahd. segensa]: *landwirtschaftliches Gerät zum Mähen, dessen langes, bogenförmig gekrümmtes, am freien Ende allmählich spitz zulaufendes Blatt* (5) *rechtwinklig am langen Stiel befestigt ist:* die S. dengeln; das Gras mit der S. mähen; ***S. sein** (salopp; *Schluß [mit etw.] sein*): Nun ist aber S. mit der Debatte! (Kant, Impressum 353); nach neun Jahren Gruppenmusik war S. (Hörzu 25, 1973, 42); bei mir ist jetzt S. *(ich habe genug davon, mache Schluß);* [jetzt ist] S.! *(Schluß!, Feierabend!);* **sensen** ['zɛnzn̩] ⟨sw. V.; hat⟩ (selten): *mit der Sense mähen.*

sensen-, Sensen-: **~baum,** der: *Stiel einer Sense;* **~blatt,** das: *Blatt* (5) *einer Sense;* **~förmig** ⟨Adj.; o. Steig.; nicht adv.⟩: *von der Form eines Sensenblattes; bogenförmig gekrümmt;* **~griff,** der; **~mann,** der: **1.** (veraltet) *Schnitter.* **2.** (verhüll.) *(der als Schnitter mit der Sense dargestellte) Tod;* **~schmied,** der (früher): *Schmied, der Sensenblätter herstellt;* **~stein,** der: *Wetzstein zum Schärfen des Sensenblatts;* **~wurf,** der: svw. ↑~baum.

sensibel [zɛn'zi:bl̩] ⟨Adj.; sensibler, -ste; nicht adv.⟩ [frz. sensible < lat. sēnsibilis = der Empfindung fähig, zu: sentīre, ↑Sentenz]: **1.** *von besonderer Feinfühligkeit; seelisch leicht beeinflußbar; empfindsam:* ein sensibler Mensch, ein sensibles Kind; sie ist, wirkt sehr s.; Ü eine Creme für die sensible *(empfindliche)* Haut um die Augen; die Instrumente reagieren sehr s.; Wir wählten die Badische Froschschenkelsuppe ..., die sehr s. mit feinen Kräutern gewürzt ... war (Saarbr. Zeitung 5. 10. 79, 41). **2.** ⟨o. Steig.⟩ (Med.) *empfindlich gegenüber Schmerzen u. Reizen von außen; schmerzempfindlich* (Ggs.: insensibel): sensible Nerven; **Sensibilisator** [zɛnzibili'za:tɔr, auch: ...to:ɐ̯], der; -s, -en [...za'to:rən] (Fot.): *Farbstoff, der die Empfindlichkeit fotografischer Schichten für rotes u. gelbes Licht erhöht;* **sensibilisieren** [...'zi:rən] ⟨sw. V.; hat⟩: **1.** (bildungsspr.) *sensibel* (1), *empfindlich machen (für die Aufnahme von Reizen u. Eindrücken):* sie ist durch das Leid sensibilisiert worden; Sie fühlen sich ... von seinen Texten „sensibilisiert" (Spiegel 50, 1976, 196). **2.** (Med.) *(den Organismus) gegen bestimmte Antigene empfindlich machen, die Bildung von Antikörpern bewirken:* Man kann das Serum erst dann spritzen, wenn ein gerade geborenes Kind seine Rh-negative Mutter sensibilisiert hat (MM 19. 6. 68, 3); Der Allergiker, der sich ... gegen Rindereiweiß sensibilisiert hat (Reform-Rundschau 10, 1969, 13). **3.** (Fot.) *(von Filmen) mit Hilfe von Sensibilisatoren lichtempfindlich machen;* ⟨Abl.:⟩ **Sensibilisierung,** die; -, -en; **Sensibilismus** [...'lɪsmʊs], der; - (bildungsspr. selten): *[hochgradige] Empfindlichkeit für äußere Eindrücke, Reize;* **Sensibilist** [...'lɪst], der; -en, -en (bildungsspr.): *jmd., der für äußere Eindrücke [sehr] empfänglich ist;* **Sensibilität,** die; - [frz. sensibilité < spätlat. sēnsibilitās = Empfindbarkeit]: **1.** (bildungsspr.) *sensibles* (1) *Wesen, besondere Feinfühligkeit, Empfindsamkeit.* **2.** (Med.) *Reiz-, Schmerzempfindlichkeit (des Organismus u. bestimmter Teile des Nervensystems).* **3.** (Fot.) *(von Filmen) [Licht]empfindlichkeit.* **4.** (Elektrot.) *Eigenschaft eines Funkempfängers, auf gesendete Impulse zu reagieren;* **sensitiv** [zɛnzi'ti:f] ⟨Adj.; nicht adv.⟩ [frz. sensitif < mlat. sensitivus, zu: lat. sentīre, ↑Sentenz] (bildungsspr.): *von übersteigerter Feinfühligkeit; überempfindlich:* die empfindsame und geängstigte, -e Seele (Gehlen, Zeitalter 63); je -er der Charakter ist, desto spezifischer wird er auf Schuldkomplexe ... antworten (Kretschmer, Beziehungswahn 12); ⟨Abl.:⟩ **Sensitivität,** die; - (bildungsspr.): *sensitives Verhalten; sensitive Beschaffenheit;* ⟨Zus.:⟩ **Sensitivitätstraining,** das (Psych.): svw. ↑Sensitivity-Training; **Sensitivity-Training** [sɛnsɪ'tɪvɪtɪ-], das; -s [engl.-amerik. sensitivity training] (Psych.): *gruppentherapeutische Methode zur Beseitigung von Hemmungen beim Ausdrücken von Gefühlen;* **Sensomotorik** ['zɛnzo-, auch: ---'--], die; - (Psych.): *Gesamtheit des durch Reize bewirkten Zusammenspiels von Sinnesorganen u. Muskeln;* **Sensor** ['zɛnzɔr, auch: ...o:ɐ̯], der; -s, -en [...'zo:rən] ⟨meist Pl.⟩ [engl. sensor, zu lat. sēnsus, ↑sensuell] (Technik): **1.** *Meßfühler.* **2.** *durch bloßes Berühren zu betätigende Schaltvorrichtung bei elektronischen Geräten;* **sensoriell** [zɛnzo'ri̯ɛl], **sensorisch** [zɛn'zo:rɪʃ] ⟨Adj.; o. Steig.; attr.⟩ (Med.): *die Sinnesorgane, die Aufnahme von Sinnesempfindungen betreffend:* sensorische Nerven; **Sensorium** [zɛn'zo:ri̯ʊm], das; -s, ...rien [...ri̯ən; spätlat. sēnsōrium = Sitz der Empfindung]: **1.** (Med.) **a)** (veraltet) *Bewußtsein;* **b)** ⟨Pl.⟩ *Gebiete der Großhirnrinde, in denen Sinnesreize bewußt werden.* **2.** (bildungsspr.) *Empfindungsvermögen, Gespür:* ein S. für etw. entwickeln, haben; ... daß ihr (= der Gesellschaft) das S. dafür fehlt, die Wahrheit noch erkennen zu können (Zwerenz, Kopf 117); **Sensortaste,** die; -, -n: svw. ↑Sensor (2); **Sensualismus** [zɛnzu̯a'lɪsmʊs], der; - [zu spätlat. sēnsuālis, ↑sensuell] (Philos.): *Lehre, nach der alle Erkenntnis allein auf Sinneswahrnehmung zurückzuführen ist;* ⟨Abl.:⟩ **Sensualist** [...'lɪst], der; -en, -en: *Anhänger, Vertreter des Sensualismus* (1); **sensualistisch** ⟨Adj.; o. Steig.⟩ **1.** ⟨nicht adv.⟩ *den Sensualismus* (1) *betreffend.* **2.** (bildungsspr. veraltet) *sinnlich:* Kreuders Sprache ist nicht neu. Aber sie bekundet -e Qualitäten (Deschner, Talente 170); **Sensualität** [...li'tɛ:t], die; - [spätlat. sēnsualitās] (Med.): *Empfindungsvermögen (der Sinnesorgane);* **sensuell** [zɛn'zu̯ɛl] ⟨Adj.⟩ [frz. sensuel < spätlat. sēnsuālis = sinnlich, zu lat. sēnsus = Sinn, Wahrnehmung, zu: sentīre, ↑Sentenz]: **1.** (bildungsspr. veraltet) *sinnlich:* die jüngere, Carla, beeindruckte die Herrenwelt durch -en Charme (K. Mann, Wendepunkt 12). **2.** ⟨o. Steig.; nicht adv.⟩ *die Sinne, die Sinnesorgane betreffend; sinnlich wahrnehmbar;* **Sensumotorik:** ↑Sensomotorik; **Sensus communis** ['zɛnzʊs kɔ'mu:nɪs], der; - - [lat. = die allgemein herrschende Meinung] (bildungsspr.): *gesunder Menschenverstand;* **Sentenz** [zɛn'tɛnʦ], die; -, -en [mhd. sentenzie < lat. sententia = Meinung; Urteil; Sinnspruch, zu: sentīre (2. Part.: sēnsum) = wahrnehmen, empfinden]: **1.** (bildungsspr.) *kurz u. treffend formulierter, einprägsamer Ausspruch, der eine Meinung, eine Erkenntnis od. ein Urteil enthält; Sinnspruch, Denkspruch:* Eine dunkle, aber schlagende S. war ihm geglückt (Werfel, Tod 50); „Wer verliert", sagte er darauf, seine S. wiederholend, „wird vorsichtig" (Apitz, Wölfe 339). **2.** ⟨Pl.⟩ (Theol.) *die fundamentalen theologischen Lehrsätze der Kirchenväter u. der Heiligen Schrift enthaltende Sammlung.* **3.** ([jur.] veraltet) *richterliches Urteil, Urteilsspruch;* ⟨Zus.:⟩ **sentenzartig** ⟨Adj.⟩ (bildungsspr.): svw. ↑sentenziös (a); **sentenzhaft** ⟨Adj.⟩ (bildungsspr.): svw. ↑sentenziös (a); **sentenziös** [zɛntɛn'ʦi̯ø:s] ⟨Adj.⟩ [frz. sentencieux, zu: sentence = Sentenz] (bildungsspr.): **a)** *in der Art der Sentenz* (1); *knapp u. pointiert formuliert;* **b)** *reich an Sentenzen* (1); **Sentiment** [zãti'mã:], das; -s, -s [frz. sentiment < mlat. sentimentum, zu lat. sentīre, ↑Sentenz]: **a)** *Empfindung, Gefühl:* Dieser Tote hatte nicht gewußt, was es ihn kostet, -s durch helle, harte Vernunft zu unterdrücken (Feuchtwanger, Erfolg 708); **b)** (selten) *Gefühl der Voreingenommenheit od. Reserviertheit:* die Möglichkeiten unserer Gesellschaft ohne -s nützen; **sentimental** [zɛntimɛn'ta:l] ⟨Adj.⟩ [engl. sentimental, zu: sentiment < frz. sentiment, ↑Sentiment]: **a)** (oft abwertend) *allzu gefühlsbetont, [übertrieben] gefühlvoll, rührselig:* -e Lieder, Filme; du bist'n -er, wehleidiger Tropf (Ott, Haie 58); in -er Stimmung sein; Sonnenuntergänge an der See machen mich s.; ihre Briefe klangen s.; sie sang sehr s.; **b)** (selten) *empfindsam [u. leicht schwärmerisch,* *romantisch]:* die ... Schwierigkeit war, den wissenschaftlichen Text in eine -e Form zu bringen (Praunheim, Sex 6); Naturbeschreibungen, die dann zur Zeit Rousseaus zu einer -en Naturbegeisterung wurden (Mantel, Wald 10); **Sentimentale** [zɛntimɛnˈta:lə], die; -n, -n ⟨Dekl. ↑Abgeordnete⟩: *Schauspielerin, die das Rollenfach des jugendlich-sentimentalen Mädchens vertritt;* **sentimentalisch** ⟨Adj.⟩: **a)** (veraltet) svw. ↑sentimental (b); **b)** (Literaturw.) *die verlorengegangene ursprüngliche Natürlichkeit durch Reflexion wiederzugewinnen suchend* (Ggs.: naiv 2); **Sentimentalität,** die; -, -en [engl. sentimentality] (oft abwertend): *sentimentale Art; Empfindsamkeit; Rührseligkeit:* das sind bloße, überflüssige -en; keine Zeit für S. haben; S. empfinden; Tierliebe, die von S. trieft.

senza [ˈzɛntsa] ⟨Adv.⟩ [ital. senza < lat. in absentiā = in Abwesenheit von ...] (Musik) *ohne* (meist in Verbindung mit einer Vortragsanweisung): s. pedale *(ohne Pedal);* s. sordino (*ohne Dämpfer;* bei Streichinstrumenten u. Klavier); s. tempo *(ohne bestimmtes Zeitmaß).*

separat [zepaˈra:t] ⟨Adj.; o. Steig.; präd. selten⟩ [lat. sēparātum, 2. Part. von: sēparāre, ↑separieren]: *als etw. Selbständiges von etw. anderem getrennt, für sich, gesondert:* die Wohnung hat einen -en Eingang; die beiden Staaten schlossen einen -en Frieden; s. wohnen; ein Heft einer Zeitschrift s. bestellen; Meine Autogrammpost wird ... s. bearbeitet (DM 45, 1965, 14); **Separat-**: Best. in Zus. mit Subst. mit der Bed. *Sonder-, Einzel-, Extra-,* z. B. Separatgespräch, Separatinteresse.

Separat-: **~abkommen,** das; **~druck,** der: svw. ↑Sonderdruck; **~eingang,** der; **~friede[n],** der: *Frieden, der nur mit einem von mehreren Gegnern, nur einseitig von einem der Bündnispartner mit dem Gegner abgeschlossen wird,* dazu: **~friedensvertrag,** der; **~staat,** der: *Staat, der durch separatistische Bestrebungen auf einem Teil des Gebiets eines einheitlichen Staates gegründet worden ist.*

Separata: Pl. von ↑Separatum; **Separate** [ˈsɛp(ə)rɪt, engl. ...p(ə)rɪt], das; -s, -s [engl.-amerik. separate, zu lat. sēparātus, ↑separat] (Mode): *zwei- od. dreiteilige Kombination* (2), *deren Einzelteile man auch getrennt tragen kann:* ein sportlich-elegantes S.; **Separation** [zeparaˈtsi̯o:n], die; -, -en [lat. sēparātio = Absonderung]: **1.** *Gebietsabtrennung (zur Angliederung an einen anderen Staat od. zur politischen Verselbständigung).* **2.** (veraltend): *Absonderung, Trennung:* ein Lokal, wo ... die Offiziere ... gern unter sich gewesen wären, aber so ganz ließ sich die S. nicht durchführen (Kuby, Sieg 307). **3.** *(bes. im 18. u. 19. Jh.) Verfahren zur Beseitigung der Gemengelage; Flurbereinigung;* **Separatismus** [...ˈtɪsmʊs], der; - [vgl. engl. separatism] (oft abwertend): *(im politischen, kirchlich-religiösen od. weltanschaulichen Bereich) Streben nach Separation* (1, 2), *nach Absonderung, bes. das Streben nach Gebietsabtrennung, um einen separaten Staat zu gründen;* **Separatist** [...ˈtɪst], der; -en, -en [engl. separatist, frz. séparatiste = urspr. religiöser Sektierer, zu engl. to separate = trennen < lat. sēparāre] (oft abwertend): *Vertreter, Anhänger des Separatismus;* **separatistisch** ⟨Adj.⟩ (oft abwertend): *den Separatismus betreffend, ihn vertretend:* -e Strömungen; „Diese -en Gauner werden sich nicht lange ihres Sieges erfreuen ..." (Marchwitza, Kumiaks 154); **Separativ** [...ˈti:f, auch: ˈze...], der; -s, -e [zu spätlat. sēparātīvus = trennend] (Sprachw.): *Kasus, der eine Trennung od. Absonderung von etw. angibt* (z. B. der Ablativ im Lat. u. Griech.); **Separator** [zepaˈra:tɔr, auch: ...to:ɐ̯], der; -s, -en [...rato:rən; lat. sēparātor = Trenner] (Techn.): *Vorrichtung, Gerät, das die verschiedenen Bestandteile eines Gemisches, Gemenges o. ä. voneinander trennt;* **Separatum** [zepaˈra:tʊm], das; -s, ...ta ⟨meist Pl.⟩ [zu lat. sēparātum, ↑separat] (bildungsspr.): svw. ↑Sonderdruck; **Séparée** [zepaˈre:], das; -s, -s: kurz für ↑Chambre separée; **separieren** [zepaˈri:rən] ⟨sw. V.; hat⟩ [spätmhd. seperieren < lat. sēparāre = absondern, trennen. 2: frz. séparer < lat. sēparāre]: **1.** (fachspr.) *mit Hilfe eines Separators trennen.* **2.** (veraltend) *absondern, trennen:* die Gesunden von den Kranken s.; Nicht von der Bundesrepublik will sich das Ulbricht-Regime s., sondern ... von dem deutschen Volk (FAZ 4. 10. 61, 11); separiertes Zweibettzimmer ab 500.– (Kronen-Zeitung 6. 10. 68, 53).

sepia [ˈze:pi̯a] ⟨indekl. Adj.; nicht adv.⟩ [zu ↑Sepia (2)]: *von stumpfem Grau- od. Schwarzbraun;* **Sepia** [-], die; -, Sepien [...i̯ən; lat. sēpia < griech. sēpía = Tintenfisch]: **1.** *zehnarmiger Kopffüßer* (z. B. Tintenfisch). **2.** ⟨o. Pl.⟩ *aus einem Drüsensekret der Sepia* (1) *gewonnener grau- bis schwarzbrauner Farbstoff.*

sepia-, Sepia-: **~braun** ⟨Adj.; o. Steig.; nicht adv.⟩: svw. ↑sepia; **~schote,** die: svw. ↑Schulp; **~zeichnung,** die: *Feder- od. Pinselzeichnung mit aus Sepia* (2) *hergestellter Tinte, Tusche.*

Sepie [ˈze:pi̯ə], die; -, -n: svw. ↑Sepia (1).

Sepp[e]lhose [ˈzɛpl̩...], die; -, -n [nach der (bes. in Bayern häufigen) landsch. Kurzf. „Seppl" des m. Vorn. Josef]: *kurze [Trachten]lederhose mit Trägern;* **Sepp[e]lhut,** der; -[e]s, ...hüte: *meist mit einem Gemsbart u. Zierband geschmückter Trachtenhut für Männer.*

Seppuku [ˈzɛpuku], das; -[s], -s [jap. seppuku]: svw. ↑Harakiri.

Sepsis [ˈzɛpsɪs], die; -, Sepsen [griech. sēpsis = Fäulnis] (Med.): svw. ↑Blutvergiftung.

Sept [zɛpt], Septe [ˈzɛptə], die; -, -en: svw. ↑Septime.

Septa: Pl. von ↑Septum.

Septakkord: ↑Septimenakkord; **Septe**: ↑Sept; **September** [zɛpˈtɛmbɐ], der; -[s], - [lat. (mēnsis) September = siebter Monat (des römischen Kalenders), zu: septem = sieben]: *neunter Monat des Jahres;* Abk.: Sept.; vgl. April; **Septenar** [zɛpteˈna:ɐ̯], der; -s, -e [lat. septēnārius, zu: septēnī = je sieben] (Verslehre): *(in der römischen Metrik) achthebiger, meist trochäischer Vers, bei dem der letzte Versfuß unvollständig ist;* **septennal** [zɛptɛˈna:l] ⟨Adj.; o. Steig.; nur attr.⟩ [spätlat. septennālis, zu lat. septem = sieben u. annus = Jahr] (veraltet): *siebenjährig, sieben Jahre dauernd;* **Septennat,** das; -[e]s, -e [zu lat. sept(u)ennis = siebenjährig] u. **Septennium** [zɛpˈtɛni̯ʊm], das; -s, ...ien [...i̯ən; spätlat. sept(u)ennium]: **a)** (bildungsspr. veraltet) *Zeitraum von sieben Jahren;* **b)** *(von 1874–1887) siebenjährige Geltungsdauer des Wehretats des deutschen Heeres u. der Festlegung seiner Friedensstärke;* **septentrional** [zɛptɛntri̯oˈna:l] ⟨Adj.; o. Steig.⟩ [lat. septentriōnālis, zu: septemtrio = der Große ↑Bär] (bildungsspr. veraltend): *nördlich;* **Septett** [zɛpˈtɛt], das; -[e]s, -e [relatinisiert aus ital. settetto, zu: sette < lat. septem = sieben] (Musik): **a)** *Komposition für sieben solistische Instrumente od. sieben Solostimmen [mit Instrumentalbegleitung];* **b)** *Ensemble von sieben Instrumental- od. Vokalsolisten;* **Septim** [zɛpˈti:m], die; -, -en (Musik): svw. ↑Septime; **Septima** [ˈzɛptima], die; -, Septimen [...ˈti:mən; lat. septima = die Siebte] (österr.): *siebte Klasse eines Gymnasiums;* **Septimaner** [zɛptiˈma:nɐ], der; -s, - (österr.): *Schüler einer Septima;* **Septimanerin,** die; -, -nen (österr.): w. Form zu ↑Septimaner; **Septime** [zɛpˈti:mə], die; -, -n [zu lat. septimus = der Siebte] (Musik): **a)** *siebter Ton einer diatonischen Tonleiter;* **b)** *Intervall von sieben diatonischen Tonstufen,* ⟨Zus.:⟩ **Septimenakkord,** Septakkord, der (Musik): *Akkord aus Grundton, Terz, Quint u. Septime od. aus drei übereinandergebauten Terzen;* **Septimole** [zɛptiˈmo:lə], die; -, -n: svw. ↑Septole.

septisch [ˈzɛptɪʃ] ⟨Adj.; o. Steig.⟩ [griech. sēptikós = Fäulnis bewirkend, zu: sēpsis, ↑Sepsis] (Med.): **1.** *die Sepsis betreffend, darauf beruhend.* **2.** *mit Keimen behaftet, nicht aseptisch* (a).

Septole [zɛpˈto:lə], die; -, -n [geb. nach ↑Triole] (Musik): *Folge von sieben Noten, die den Taktwert von 4, 6 od. 8 Noten haben;* **Septuagesima** [zɛptu̯aˈge:zima], die; - [mlat. septuagesima, eigtl. = der siebzigste (Tag vor Ostern)]: *(im Kirchenjahr) neunter Sonntag vor Ostern;* Sonntag S./Seputagesimä [...mɛ]; **Septuaginta** [...ˈgɪnta], die; - [lat. septuāginta = siebzig; nach der Legende von 72 jüdischen Gelehrten verfaßt]: *älteste u. wichtigste griechische Übersetzung des Alten Testaments;* Zeichen: LXX

Septum [ˈzɛptʊm], das; -s, ...ta u. ...ten ⟨meist Pl.⟩ [lat. sēptum] (Anat., Med., Zool.): *Scheidewand;* ⟨Zus.:⟩ **Septumdefekt,** der (Med.): **1.** *(meist durch Verletzung erworbener) Defekt der Nasenscheidewand.* **2.** *[angeborener] Herzfehler, bei dem die Scheidewand des Vorhofs od. die Herzscheidewände nur lückenhaft ausgebildet sind;* **Septumdeviation,** die (Med.): *[meist angeborene] Verbiegung der Nasenscheidewand (die u. a. zur Beeinträchtigung der Atmung durch die Nase u. des Riechvermögens führen kann).*

sepulkral [zepʊlˈkra:l] ⟨Adj.; o. Steig.⟩ [lat. sepulcrālis, zu: sepulcrum = Grab] (bildungsspr.): *das Grab[mal] od. Begräbnis betreffend.*

sequentiell [zekvɛnˈtsi̯ɛl] ⟨Adj.; o. Steig.⟩ [nach engl. sequential, zu: sequent = folgend < lat. sequēns, ↑Sequenz] (elektronische Datenverarb.): *(von der Speicherung u.*

Verarbeitung von Anweisungen eines Computerprogramms) fortlaufend, nacheinander zu verarbeiten; **Sequenz** [ze'kvɛnt̮s], die; -, -en [spätlat. sequentia = (Reihen)folge, zu lat. sequēns (Gen.: sequentis), 1. Part. von: sequi = folgen]: **1.** (bildungsspr., Fachspr.) *Reihe[nfolge], Aufeinanderfolge von etw. Gleichartigem:* die S. der Aminosäuren in einem Proteinmolekül; Das Lebewesen merkt sich die günstige S. der Ereignisse (Wieser, Organismen 30). **2.** (Musik) *Wiederholung eines musikalischen Motivs auf höherer od. tieferer Tonstufe:* -en über die ganze Tastatur, mal mit der Linken, mal mit der Rechten (Kempowski, Tadellöser 137). **3.** *hymnusartiger Gesang in der mittelalterlichen Liturgie.* **4.** (Film) *aus einer unmittelbaren Folge von Einstellungen gestaltete, kleinere filmische Einheit:* die S. der im Fluß dahintreibenden toten Partisanen (Gregor, Film 23). **5.** (Kartenspiel) *Serie aufeinanderfolgender gleicher Karten gleicher Farbe.* **6.** (Datenverarb.) *Folge von Befehlen od. von hintereinander gespeicherten Daten;* ⟨Abl. zu 3:⟩ **sequenzieren** [...'t̮si:rən] ⟨sw. V.; hat⟩ (Musik): *ein bestimmtes musikalisches Motiv auf höherer oder tieferer Tonstufe wiederholen;* **Sequester** [ze'kvɛstɐ], der; -s, - [1: lat. sequester; 2: lat. sequestrum; beide zum Adj. sequester = vermittelnd, zu: sequi, ↑Sequenz; 3: zu spätlat. sequestrāre, ↑sequestrieren]: **1.** (jur.) *jmd., der amtlich mit der treuhänderischen Verwaltung einer strittigen Sache beauftragt ist.* **2.** ⟨auch: das⟩ (jur.) svw. ↑Sequestration (1): etw. unter S. stellen. **3.** ⟨auch: das⟩ (bes. Zahnmed.) *Abstoßung eines Sequesters* (3); ⟨Zus. zu 1:⟩ **Sequesterverwaltung,** die (jur.): svw. ↑Sequestration (1); **Sequestration** [...tra't̮si̯o:n], die; -, -en [1: spätlat. sequestrātio]: **1.** (jur.) *Verwaltung von etw. durch einen Sequester* (1). **2.** (bes. Zahnmed.) *Abstoßung eines Sequesters* (3); **sequestrieren** [zekvɛs'tri:rən] ⟨sw. V.; hat⟩ [spätlat. sequestrāre = absondern, trennen]: **1.** (jur.) *unter Sequester* (2) *stellen.* **2.** (Med.) *ein Sequester* (3) *bilden;* ⟨Abl.:⟩ **Sequestrierung,** die; -, -en; **Sequestrotomie** [...stroto'mi:], die; -, -n [...i:ən; zu griech. tomḗ = der Schnitt] (bes. Zahnmed.): *operative Entfernung eines Sequesters* (3).

Sequoia [ze'kvo:ja], (häufiger:) **Sequoie** [...jə], die; -, -n [nlat., nach Sequoyah, dem Namen eines amerik. Indianerhäuptlings (1760–1843)]: *Mammutbaum; Wellingtonia.*

Sera: Pl. von ↑Serum; **Sérac** [ze'rak, frz. se...], der; -s, -s [frz. sérac; eigtl. (mundartl.) = ein fester, weißer Käse, über das Vlat. < lat. serum, ↑Serum] (Geogr.): *zacken- od. turmartiges Gebilde, in das Gletschereis an Brüchen aufgelöst sein kann.*

Serafim: ↑Seraph.

Serail [ze'ra:j, ze'raj(l), frz.: se'raj], das; -s, -s [frz. sérail < ital. serraglio, türk. saray < pers. särāi = Palast]: *Palast [eines Sultans], orientalisches Fürstenschloß:* Die Entführung aus dem S. [Titel einer Oper von W. A. Mozart]; Ü Er selbst, der Chef, hielt in seinem mit Teppichen ausgestatteten Wagen üppiges S. (veraltet; *hielt ... mit Prunk hof;* Fussenegger, Haus 274).

Serapeion [zera'pai̯ɔn], das; -s, ...eia [...aɪa; griech. Serapeĩon] u. **Serapeum** [...'pe:ʊm], das; -s, ...een [...e:ən; lat. Serāpēum]: *dem ägyptisch-griechischen Gott Serapis geweihter Tempel.*

Seraph ['ze:raf], der; -s, -e u. -im, (ökum.:) Serafim [...fi:m; kirchenlat. seraphīm (Pl.) < hebr. śĕrāfîm, H. u.] (Rel.): (nach dem A. T.) *Engel der Anbetung mit sechs Flügeln [u. der Gestalt einer Schlange];* **seraphisch** [ze'ra:fɪʃ] ⟨Adj.; o. Steig.⟩ (bildungsspr.): *von der Art eines Seraphs; engelgleich; entrückt, erhaben:* der Engel des Todes ..., der sie alle in -er Gelassenheit überragte (Fries, Weg 136).

serbeln ['zɛrbl̩n] ⟨sw. V.; hat⟩ [mhd. serblen] (schweiz.): *kränkeln, welken;* ⟨Abl.:⟩ **Serbling** ['zɛrblɪŋ], der; -s, -e (schweiz.): *jmd., etw., was serbelt.*

seren [ze're:n] ⟨Adj.⟩ [lat. serēnus] (bildungsspr. veraltet): *heiter.*

Seren ['ze:rən]: Pl. von ↑Serum.

Serenade [zere'na:də], die; -, -n [frz. sérénade < ital. serenata, zu: sereno < lat. serēnus = heiter; in der Bed. beeinflußt von ital. sera = Abend]: **1.** (Musik) *aus mehreren Sätzen bestehende Komposition für [kleines] Orchester:* Mozarts „Kleine Nachtmusik" ist eine S. **2.** *Konzertveranstaltung [im Freien an kulturhistorischer Stätte], auf deren Programm bes. Serenaden* (1) *stehen:* die erste, zweite S. der Schwetzinger Festspiele 1980. **3.** (veraltet) *Ständchen* (2 a): er brachte ihr, sang ihr zur Laute eine schwärmerische S.; **Serenissima** [zere'nɪsima], die; -, ...mä: w. Form zu ↑Serenissimus; **Serenissimus** [...mʊs], der; -, ...mi [lat. serenissimus, Sup. von: serēnus, ↑seren; als Titel römischer Kaiser: Serēnus = der Durchlauchtige]: **a)** (veraltet) *Anrede für einen regierenden Fürsten; Durchlaucht;* **b)** (scherzh.) *Fürst eines Kleinstaates;* **Serenität** [zereni'tɛ:t], die; - [lat. serēnitās, zu: serēnus, ↑seren] (veraltet): *Heiterkeit.*

Serge [zɛrʃ, 'zɛrʒə, frz.: sɛrʒ], auch: Sersche ['zɛrʃə], die, österr. auch: der; -, -n [frz. serge, über das Vlat. < lat. sērica = seidene Stoffe, zu: sēricus < griech. sērikos = seiden, nach dem ostasiatischen Volksstamm der Serer] (Textilind.): *Gewebe in Köperbindung aus [Kunst]seide, [Baum-, Zell]wolle od. Kammgarn, das für Futter- od. Anzugsstoffe verwendet wird.*

Sergeant [zɛr'ʒant, frz.: sɛr'ʒã, engl. 'sa:dʒənt], der; -en, -en, (bei engl. Ausspr.:) -s, -s [frz. sergent bzw. engl. sergeant, älter auch = Gerichtsdiener < mlat. serjantus, sergantus = Diener < lat. serviēns, 1. Part. von: servīre, ↑servieren] (Milit.): frz. bzw. engl. Bez. für den *Dienstgrad eines Unteroffiziers.*

Serial ['sɪərɪəl], das; -s, -s [engl. serial, zu: series < lat. seriēs, ↑Serie] (Ferns., Rundfunk Jargon): *Serie* (3): Wenn ab Montag ... das teuerste S. der deutschen TV-Geschichte anläuft (Spiegel 42, 1979, 255); **Serie** ['ze:ri̯ə], die; -, -n [mhd. serje < lat. seriēs = Reihe, Reihenfolge, zu: serere = fügen, reihen]: **1.** *Aufeinanderfolge von Geschehnissen, Erscheinungen, Dingen, die einander gleichen, ähnlich sind:* eine S. von Verbrechen, Anschlägen; eine S. schwerer Verkehrsunfälle ereignete sich in der Nacht zum Sonntag; er kann auf eine lange S. von Erfolgen zurückblicken. **2. a)** *bestimmte Anzahl, Reihe von gleichartigen, zueinander passenden Dingen, die ein Ganzes, eine zusammenhängende Folge darstellen:* eine S. von Briefmarken, Fotos, Bildern; Monets S. der Kathedrale von Rouen (Bild. Kunst III, 37); **b)** *Anzahl in gleicher Ausführung gefertigter Erzeugnisse der gleichen Art:* die S. dieser Fernsehgeräte, dieser Hängeregale, dieses Geschirrs läuft aus; ein Wagen der gleichen S.; Mit nur kleinen -n müssen sich die beiden privaten Flugzeugwerke ... begnügen (Welt 24. 9. 66, 17); *** in S. herstellen/bauen/fertigen** o. ä. *(serienmäßig, in Serienfertigung herstellen, bauen, fertigen o. ä.);* **in S. gehen** *(serienmäßig, in Serienfertigung produziert werden):* das neue Waffensystem geht nächstes Jahr in S. **3.** *inhaltlich, thematisch zusammengehörende, zahlenmäßig begrenzte Folge von Sendungen in Funk u. Fernsehen bzw. von Veröffentlichungen in der Presse od. als Reihe von Büchern, die in meist regelmäßigen Abständen gesendet bzw. veröffentlicht werden:* nächste Woche beginnt im Rundfunk eine S. zum Thema Umweltschutz; die Romanverfilmung durch das Fernsehen ist als sechsteilige S. geplant; die Bildbände erscheinen als S., in einer S.; **seriell** [ze'ri̯ɛl] ⟨Adj.; o. Steig.⟩ [frz. sériel]: **1.** (selten) *in einer Serie* (2), *als Serie [herstellbar, gefertigt, erscheinend]:* Kunst ist technisch reproduzierbar, s. herstellbar (MM 26. 11. 65, 50). **2.** ⟨nicht adv.⟩ (Musik) *eine Kompositionstechnik verwendend, die vorgegebene, konstruierte Reihen von Tönen zugrunde legt u. zueinander in Beziehung setzt:* -e Musik; die -en Spätwerke Strawinskys. **3.** (Datenverarb.) *(in bezug auf die Übertragung, Verarbeitung von Daten) zeitlich nacheinander.*

serien-, Serien-: **~anfertigung,** die: *Anfertigung einer bestimmten Anzahl von Erzeugnissen der gleichen Art in gleicher Ausführung;* **~auto,** das: *Auto eines Typs, der in Serienbau produziert wird;* **~bau,** der ⟨o. Pl.⟩: vgl. ~anfertigung; **~betrüger,** der: vgl. ~einbrecher; **~einbrecher,** der: *jmd., der Serien von Einbrüchen verübt;* **~fabrikation,** die: vgl. ~anfertigung; **~fahrzeug,** das: vgl. ~auto; **~fertigung,** die: vgl. ~anfertigung; **~held,** der: *Held einer Serie* (3) *im Fernsehen, Rundfunk;* **~herstellung,** die: vgl. ~anfertigung; **~mäßig** ⟨Adj.; o. Steig.⟩ **a)** *in Serienfertigung [ausgeführt]:* die -e Herstellung eines Produktes; als erstes s. gebautes Tragflügel-Sportboot (Spiegel 5, 1966, 78); einen Wagen s. bauen; **b)** *bei der Serienanfertigung bereits eingebaut, vorhanden:* -e Scheibenbremsen; der Wagen ist s. mit einem Sicherheitspaket ausgerüstet, hat s. Verbundglasscheiben; **~produktion,** die: vgl. ~anfertigung; **~reif** ⟨Adj.; o. Steig.; nicht adv.⟩: *Serienreife aufweisend:* der -e Prototyp einer Maschine; **~reife,** die: *Stand der Entwicklung u. Erprobung eines Erzeugnisses, der die Serienanfertigung ermöglicht, rechtfertigt:* einen neuartigen Motor zur S. entwickeln;

~**schaltung,** die (Elektrot.): svw. ↑Reihenschaltung; ~**wagen,** der: vgl. ~auto; ~**weise** ⟨Adv.⟩: **1.** *in Serien* (2), *als ganze Serie:* ein Produkt s. fertigen, nur s. verkaufen; ⟨auch attr. vor Verbalsubstantiven⟩ die -e Produktion bestimmter Erzeugnisse. **2.** (ugs.) *in großer Zahl, in großen Mengen:* legen sie s. Geiseln um? (Kirst, 08/15, 621).

Serife [ze'ri:fə], die; -, -n [(engl. serif, ceriph) wohl zu niederl. schreef = Strich, Linie] (Druckw.): *kleiner, abschließender Querstrich am oberen od. unteren Ende von Buchstaben; Schraffe* (2); ⟨Zus.:⟩ **serifenlos** ⟨Adj.; o. Steig.; nicht adv.⟩ (Druckw.): *keine Serifen aufweisend:* -e Buchstaben.

Serigraphie [zerigra'fi:], die; -, -n [...i:ən; zu lat. sēricus (↑Serge) u. ↑-graphie]: svw. ↑Siebdruck.

serio ['ze:ri̯o] ⟨Adv.⟩ [ital. serio < lat. sērius, ↑seriös] (Musik): *ernst, feierlich, ruhig, gemessen;* **seriös** [ze'ri̯ø:s] ⟨Adj.⟩ [frz. sérieux < mlat. seriosus, zu lat. sērius = ernsthaft]: **1. a)** *ordentlich, solide* (3) *wirkend, gediegen, anständig:* ein -er Herr; ein -es Hotel; diese Leute sind, wirken, gelten als sehr s.; ein s. gekleideter Besucher; **b)** *ernst, würdig, feierlich:* sie waren alle in -es Schwarz, in -e dunkle Anzüge gekleidet; er macht immer einen sehr -en Eindruck; ⟨subst.:⟩ Ärzte hatten für ihn etwas so schrecklich Seriöses (Geissler, Wunschhütlein 110); **c)** (selten) svw. ↑solide (1): ein -er Lederkoffer, hellgelb, Inbegriff Schweizer Wohlstandslebens (Fries, Weg 114). **2.** *(bes. in geschäftlicher Hinsicht) vertrauenswürdig, glaubwürdig, zuverlässig:* eine -e Firma; ein -er Geschäftspartner; ... daß die Finanzplanung dieser Bundesregierung nicht s. sei (Bundestag 190/1968, 10307). **3.** *ernstgemeint, ernsthaft, ernst zu nehmen:* nur -e Angebote sind erwünscht; es war kein einziger -er Bewerber dabei; er ist ein ganz -er Künstler; solche Anzeigen sind nicht s.; ⟨Abl.:⟩ **Seriosität** [zeri̯ozi'tɛ:t], die; - [mlat. seriositas] (geh.): *seriöse Beschaffenheit, Art; seriöses Wesen.*

Sermon [zɛr'mo:n], der; -s, -e [spätmhd. sermōn < lat. sermo (Gen.: sermōnis) = Vortrag]: **1.** (veraltet) *Rede, Predigt:* Der S. des Geistlichen war vorüber (Hauptmann, Schuß 69). **2.** (ugs.) *langatmiges, langweiliges Gerede, nichtssagendes Geschwätz:* sie hörte geduldig seinen S. an.

Serodiagnostik [zero-], die; - [zu ↑Serum u. ↑Diagnostik]: (Med.) *Diagnostik von Krankheiten durch serologische Untersuchungen;* **Serologe,** der; -n, -n [zu ↑-loge]: *Facharzt, Wissenschaftler auf dem Gebiet der Serologie;* **Serologie,** die; - [zu ↑-logie]: *Forschungsgebiet der Medizin, das sich bes. mit dem Serum in Diagnostik u. Therapie befaßt;* **serologisch** ⟨Adj.; o. Steig.⟩: *die Serologie betreffend, zu ihr gehörend, auf ihr beruhend:* -e Untersuchungen; **serös** [ze'rø:s] ⟨Adj.; o. Steig.; nicht adv.⟩ (Med.): **1.** *aus Serum bestehend, mit Serum vermischt:* -e Körperabscheidungen. **2.** *Serum, ein serumähnliches Sekret absondernd:* -e Drüsen.

Serpent [zɛr'pɛnt], der; -[e]s, -e [frz. serpent, ital. serpente < lat. serpēns, ↑Serpentin] (früher): *einem Horn* (3 a) *ähnliches Blasinstrument mit schlangenförmig gewundener, aus Holz bestehender u. mit Leder umwickelter Röhre;* **Serpentin** [zɛrpɛn'ti:n], der; -s, -e [mlat. serpentina, zu lat. serpēns (Gen.: serpentis) = Schlange, viell. nach der einer Schlangenhaut ähnlichen Musterung einzelner Stücke]: *meist grünes, seltener weißes, braunes od. schwarzes Mineral von geringer Härte, das zur Herstellung kunstgewerblicher Gegenstände, auch von Schmucksteinen verwendet wird;* **Serpentine,** die; -, -n [zu spätlat. serpentīnus = schlangenartig]: **a)** *in vielen Kehren, Windungen schlangenförmig an steilen Berghängen ansteigende Straße, ansteigender Weg:* Berghänge mit endlos scheinenden -en; **b)** *Kehre, Windung einer schlangenförmig an steilen Berghängen ansteigenden Straße bzw. eines Weges:* eine steile S.; Auf ihn führte ein in -en und Spiralen verlaufender Weg (Schröder, Wanderer 115); ⟨Zus.:⟩ **Serpentinenstraße,** die: *in Serpentinen* (b) *verlaufende Straße.*

Serradella [zɛra'dɛla], **Serradelle** [...lə], die; -, ...llen [port. serradella < lat. serrātula = die Gezackte, zu: serra = Säge, nach der Blattform]: *(zu den Schmetterlingsblütlern gehörende) mittelgroße Pflanze mit gefiederten Blättern u. blaßrosa od. weißen, in Trauben stehenden Blüten, die bes. als Futterpflanze angebaut wird.*

Sersche: ↑Serge.

Serum ['ze:rʊm], das; -s, Seren u. Sera [lat. serum = wäßriger Teil der geronnenen Milch]: **1.** kurz für ↑Blutserum. **2.** kurz für ↑Immunserum.

Serum-: ~**behandlung,** die: *Behandlung durch Injektion von Serum* (2); ~**diagnostik,** die (Med.): svw. ↑Serodiagnostik; ~**eiweißkörper** ⟨Pl.⟩ (Med., Biol.): *die im Blutserum u. in der Lymphe enthaltenen Albumine u. Globuline;* ~**elektrophorese,** die (Med.): *elektrophoretisches Verfahren bei serologischen Untersuchungen;* ~**gewinnung,** die; ~**konserve,** die: *reines, haltbar gemachtes Blutserum, das als Blutersatz gebraucht wird;* ~**proteine** ⟨Pl.⟩ (Med., Biol.): svw. ↑~eiweißkörper; ~**therapie,** die: vgl. ~behandlung.

Serval ['zɛrval], der; -s, -e u. -s [frz. serval < port. cerval = Luder, eigtl. = Hirschkatze, zu lat. cervus = Hirsch]: *in Steppen u. Savannen Afrikas lebende, hochbeinige kleinere Raubkatze mit relativ kleinem Kopf u. großen Ohren u. einem gelblichen bis bräunlichen Fell mit schwarzen Flecken;* ⟨Zus.:⟩ **Servalkatze,** die: svw. ↑Serval.

Servante [zɛr'vantə], die; -, -n [frz. servante, eigtl. = Dienerin, eigtl. = w. Form des 1. Part. von: servir = dienen < lat. servīre, ↑servieren] (veraltet): *Anrichte; Serviertisch.*

Servela ['zɛrvəla], die, auch: der; -, -[s] [frz. cervelas < ital. cervellata, ↑Zervelatwurst]: **1.** (landsch.) svw. ↑Zervelatwurst. **2.** (landsch., bes. südd.) *kleine Fleischwurst, Brühwurst.*

[1]**Service** [zɛr'vi:s], das; - [...'vi:s] od. -s [...'vi:səs], - [...'vi:s od. ...'vi:sə; frz. service, eigtl. = Dienstleistung (↑[2]Service), beeinflußt von frz. servir in der Bed. „Speisen auftragen" (↑servieren)]: *in Form, Farbe, Musterung übereinstimmendes, aufeinander abgestimmtes mehrteiliges Eß- od. Kaffeegeschirr:* ein einfaches, geblümtes, geschmackvolles, kostbares S.; ein S. für zwölf Personen; das S. ist nicht mehr vollständig; [2]**Service** ['zø:ɐ̯vɪs, engl.: 'sə:vɪs], der, auch: das; -, -s [...vɪs od. ...vɪsɪs] ⟨Pl. selten⟩ [engl. service = Dienst, Bedienung < (a)frz. service < lat. servitium = Sklavendienst, zu: servīre, ↑servieren]: **1.** ⟨o. Pl.⟩ **a)** *(im gastronomischen Bereich) Bedienung u. Betreuung von Gästen:* Sauna und Swimmingpool waren noch nicht gebaut ... der S. und die Einrichtung schlecht (Gute Fahrt 4, 1974, 39); Mädchen für Büfett und Mithilfe im S. *(beim Bedienen der Gäste)* gesucht (Vorarlberger Nachr. 26. 11. 68, 9); **b)** svw. ↑Kundendienst (1): ein reibungslos funktionierender S. für ein Fabrikat; Besonders peinlich, wenn das weit weg von Ihrem S. *(von dem Ort, der Einrichtung für den Kundendienst)* ... passiert (Elektronik 12, 1971, A 5. **2.** (Tennis) **a)** *Aufschlag* (2): ein harter S.; beim S. war er zu unkonzentriert; **b)** *Aufschlagball:* sein erster S. ging ins Netz; ⟨Zus. zu 1 b:⟩ **servicefreundlich** ⟨Adj.; nicht adv.⟩ (bes. Werbespr.): *so konstruiert, daß bei Reparatur, Wartung o. ä. eine gute Handhabung gewährleistet ist:* ein -es Fernsehgerät; **Servicenetz,** das: *über einen bestimmten Raum, Bereich systematisch verteilte Einrichtungen für Reparatur, Wartung o. ä. bestimmter technischer Erzeugnisse:* die Firma hat ein weltweites S. aufgebaut.

Servier-: ~**brett,** das (veraltend): svw. ↑Tablett; ~**fräulein,** das (veraltet); ~**mädchen,** das (veraltend): *Serviererin, Kellnerin;* ~**tisch,** der: *kleiner Tisch zum Abstellen von Speisen, Getränken, Geschirr o. ä.;* ~**tochter,** die (schweiz.) *Serviererin, Kellnerin;* ~**wagen,** der: vgl. ~tisch.

servieren [zɛr'vi:rən] ⟨sw. V.; hat⟩ [frz. servir = dienen; bei Tisch bedienen < lat. servīre = Sklave sein, dienen, zu: servus = Sklave]: **1.** *zum Essen, Trinken auf den Tisch bringen [u. anbieten]; auftragen:* der Kellner servierte die Suppe, den Braten, einen Nachtisch; sie servierte ihren Gästen Liköre, Tee und Gebäck; ⟨auch ohne Akk.-Obj.:⟩ schon kam ein sauber gekleidetes Mädchen in das Zimmer und begann zu s. (*die Speisen aufzutragen;* Leonhard, Revolution 218); Ü Mit welch nachlässiger Eleganz servierte er die Pointen (*trug er sie vor;* K. Mann, Wendepunkt 146); er hat ihm schon viele Lügen, Märchen serviert *(erzählt, aufgetischt).* **2.** (Tennis) *den Service* (2 a) *ausführen; aufschlagen* (4): der Deutsche servierte erneut so schwach, daß der Australier leicht retournieren konnte (MM 8. 7. 67, 17). **3.** (Ballspiele, bes. Fußball) *einem Mitspieler in aussichtsreicher Position (den Ball) genau zuspielen:* dem einschußbereiten Stürmer den Ball s.; **Serviererin** [zɛr'vi:rərɪn], die; -, -nen: *weibliche Person, die, [als Angestellte in einer Gaststätte] die Gäste bedient;* **Serviette** [zɛr'vi̯ɛtə], die; -, -n [frz. serviette = Tellertuch, Handtuch, zu: servir, ↑servieren]: *meist quadratisches Tuch aus Stoff od. [saugfähigem] Papier, das beim Essen zum Abwischen des Mundes u. zum Schützen der Kleidung benutzt wird:* leinene, bunte -n; -n aus Damast, aus Papier; die S. entfalten, zusammenlegen, zerknüllen, auf die Knie legen, einem Kind umbinden; ⟨Zus.:⟩ **Serviettenkloß,** der: *großer Kloß aus einem bes. mit Semmeln hergestellten Teig, der, in einem Tuch eingebunden, in kochendem Salzwasser gegart wird;* **Serviettenring,** der: *größerer Ring, der eine zusammengerollte Serviette zusammenhält;* **servil** [zɛr'vi:l] ⟨Adj.⟩ [lat. servīlis, zu: servus = Sklave] (bildungsspr. abwertend): *untertänige Beflissenheit zeigend, kriecherisch schmeichelnd; unterwürfig:* -e Beamte, Höflinge; ein -es Lächeln; eine -e Gesinnung, Haltung; wenn er selbst sprach, wählte er seine Worte wohl und behutsam, keineswegs s. oder gar verängstigt (Habe, Namen 8); **Servilismus** [zɛrvi'lɪsmʊs], der; -, ...men ⟨Pl. selten⟩ (bildungsspr. abwertend selten), **Servilität** [...li'tɛ:t], die; -, -en ⟨Pl. selten⟩ [frz. servilité] (bildungsspr. abwertend): **1.** ⟨o. Pl.⟩ *das Servilsein, servile Gesinnung, Haltung; Unterwürfigkeit:* Servilismus, der den Kellnern oft nachgesagt wird (Habe, Namen 28); Leutnant Brack ... ohne den mindesten Anflug von Servilität, bat ... um die Auskunft (Kirst, 08/15, 753). **2.** *servile Gesinnung, Haltung kennzeichnende Handlung, Äußerung;* **Servis** [zɛr'vi:s], der; - [frz. service, ↑²Service] (veraltet): **1.** *Dienst, Dienstleistung.* **2.** ⟨Pl. Servisgelder⟩ **a)** *Geld für Verpflegung, Unterkunft;* **b)** *Orts-, Wohnungszulage;* **Serviteur** [zɛrvi'tøːɐ̯], der; -s, -e [frz. serviteur = Diener, zur servir, ↑servieren] (veraltet): **1.** *kleine Anrichte; Serviertisch.* **2.** *Verbeugung;* **Servitium** [zɛr'vi:tsi̯ʊm], das; -s, ...ien [...i̯ən; lat. servitium, ↑²Service]: **1.** (veraltet) *Dienstbarkeit; Sklaverei.* **2.** ⟨Pl.⟩ *(im MA.) Abgaben neuernannter Bischöfe u. Äbte an die römische Kurie;* **Servitut** [zɛrvi'tu:t], das; -[e]s, -e [lat. servitūs (Gen.: servitūtis) = Verbindlichkeit] (jur.): svw. ↑Dienstbarkeit (3).

Servo- ['zɛrvo-; zu lat. servus = Sklave, Diener] ⟨Best. in Zus. mit der Bed.⟩: *eine zusätzliche Funktion erfüllend, zusätzlich verstärkend, vergrößernd; Hilfs-* (z. B. Servobremse, Servogerät, Servoeinrichtung); **Servobremse,** die; -, -n (Technik): *Bremse mit einer zusätzlichen Vorrichtung, die die Wirkung des Bremsens verstärkt;* **Servofokus,** der; -, -se [zu Fokus 1] (Fot.) svw. ↑Autozoom; **Servolenkung,** die; -, -en (Technik): *Lenkung (bei Kraftwagen), deren Wirkung durch eine hydraulische Vorrichtung verstärkt wird;* **Servomotor,** der; -s, -en (Technik): *Hilfsmotor, der bei bestimmten technischen Anlagen u. Einrichtungen die zur Bewegung eines Bauteils erforderliche Energie liefert;* **Servus!** ['zɛrvʊs; aus lat. servus = (dein) Diener!] (bes. südd., österr.): freundschaftlicher Gruß beim Abschied, beim Sichbegegnen, zur Begrüßung: Leb wohl! Geh heim! Ich werd' allein fertig! S.! (Roth, Radetzkymarsch 81); Ich stürmte auf ihn zu. „S., Ernst, was machtst du denn hier?" (Leonhard, Revolution 148).

Sesam ['ze:zam], der; -s, -s [lat. sēsamum < griech. sḗsamon, aus dem Semit.]: **1. a)** *(mit mehreren Arten in Indien u. Afrika heimische) krautige, dem Fingerhut* (2) *ähnliche Pflanze mit weißen bis roten glockigen Blüten, deren flache, glatte längliche Samen sehr ölhaltig sind;* **b)** *Samen des Sesams* (1 a). **2.** * **S., öffne dich!** (scherzh.; Ausruf bei dem [vergeblichen] Versuch, etw. zu öffnen od. ein Hindernis zu überwinden, eine Lösung herbeizuführen, ein bestimmtes Ziel zu erreichen o. ä.; nach der eine Schatzkammer öffnenden Zauberformel in dem orientalischen Märchen „Ali Baba und die vierzig Räuber" aus „Tausendundeiner Nacht").

Sesam-: **~bein,** das [der kleine Knochen wird mit Sesam (1 b) verglichen] (Anat.): *in Sehnen u. Bändern, bes. im Bereich von Gelenken der Hand u. des Fußes, sitzender kleiner, platter, rundlicher Knochen:* die Kniescheibe ist ein außergewöhnlich großes S.; **~brot,** das: *Brot, das mit Sesam* (1 b) *bestreut ist [u. dessen Teig Sesam enthält];* **~brötchen,** das: vgl. ~brot; **~gewächs,** das ⟨meist Pl.⟩: *in Indien u. Afrika heimische, krautige, seltener auch als Strauch wachsende Pflanze mit ganzrandigen od. gefiederten Blättern u. glockenförmigen zweilippigen Blüten, deren wichtigste Gattung der Sesam ist;* **~knochen,** der (Anat.): svw. ↑~bein; **~kuchen,** der: *bei der Gewinnung von Öl aus Sesam* (1 b) *entstehender Rückstand, der als Viehfutter verwendet wird;* **~öl,** das: *aus Sesam* (1 b) *gewonnenes Öl.*

Sesel ['ze:zl̩], der; -s, - [lat. seselis < griech. séselis]: *(in mehreren Arten in Europa, Asien u. Westafrika) in niedrigen bis mittelhohen Stauden wachsende Pflanze mit vielstrahligen Dolden u. eiförmigen Früchten (Heil- u. Gewürzpflanze).*

Sessel ['zɛsl̩], der; -s, - [mhd. seʒʒel, ahd. seʒʒal]: **1.** *gewöhnlich mit Armlehnen versehenes, meist weich gepolstertes, bequemes Sitzmöbel (für eine Person) mit Rückenlehne:* ein gepolsterter, niedriger, tiefer, bequemer, weicher, drehbarer S.; in einem S. sitzen; sich in einen S. setzen; in einen S. sinken; sich in einen S. fallen lassen; sich aus, von einem S. erheben; Ü der Minister hing allzu sehr an seinem S. (ugs.; *Amt, Posten*). **2.** (österr.) svw. ↑Stuhl: in der Eßecke stand ein Tisch mit sechs -n.

Sessel-: **~bahn,** die: svw. ↑~lift; **~lehne,** die: eine gepolsterte, hohe, schräge S.; **~lift,** der: *Seilbahn mit Sitzen für eine od. zwei Personen, die an einem gewöhnlich fest mit dem Seil gekoppelten Bügel hängen.*

seßhaft ['zɛshaft] ⟨Adj.; -er, -este; nicht adv.⟩ [mhd. seʒhaft, zu mhd., ahd. seʒ = (Wohn)sitz]: **a)** ⟨o. Steig.⟩ *einen festen Wohnsitz, einen bestimmten Ort als ständigen Aufenthalt besitzend:* -e und nomadisierende Stämme leben dort nebeneinander; sich an ein -es Leben, eine -e Lebensweise gewöhnen müssen; er ist jetzt s. in Berlin *(wohnt jetzt in Berlin, hat sich dort niedergelassen);* die griechischen Stämme waren s. geworden *(hatten sich angesiedelt;* Bild. Kunst I, 57); sich s. machen; **b)** *es vorziehend, einen festen Wohnsitz, einen Ort des ständigen Aufenthalts zu besitzen; nicht dazu neigend, seinen Wohnsitz, seinen Aufenthaltsort häufig zu wechseln:* es waren -e Leute, die ihr Dorf nicht verlassen wollten; er ist noch -er als sein Bruder; ⟨Abl.:⟩ **Seßhaftigkeit,** die; -: *das Seßhaftsein.*

sessil [zɛ'si:l] ⟨Adj.; o. Steig.; nicht adv.⟩ [lat. sessilis = zum Sitzen geeignet] (Zool.): *(von im Wasser lebenden Tieren) festsitzend, festgewachsen;* **Sessilität** [zɛsili'tɛ:t], die; - (Zool.): *Lebensweise sessiler Tiere* (z. B. der Korallen); **¹Session** [zɛ'si̯o:n], die; -, -en [lat. sessio, zu: sessum, 2. Part. von sedēre = sitzen] (bildungsspr.): *sich über einen längeren Zeitraum erstreckende Tagung, Sitzungsperiode:* die Arbeit der Regierung und des Parlaments ... in der anlaufenden S. (Presse 9. 10. 68, 1); **²Session** ['sɛʃən], die; -, -s [engl. session, wohl gek. aus ↑Jam Session]: *musikalische Großveranstaltung* (bes. des Jazz).

Sester ['zɛstɐ], der; -s, - [mhd. sehster, ahd. sehstāri, ↑Sechter]: svw. ↑Sechter.

Sesterz [zɛs'tɛrts], der; -es, -e [lat. sēstertius]: *antike römische Silbermünze.*

Sestine [zɛs'ti:nə], die; -, -n [ital. sestina, zu: sesto < lat. sextus, ↑Sexte] (Literaturw.): **1.** *sechszeilige Strophe.* **2.** *Gedicht mit sechs Strophen zu je sechs Zeilen u. einer zusätzlichen dreizeiligen Strophe.*

¹Set [zɛt, engl.: sɛt], das, auch: der; -[s], -s [engl. set, zu: to set = setzen]: **1.** *Satz* (6): ein S. zum Frisieren aus Kamm, Bürste, Spiegel; Dazu das reinwollene S.: sandfarbene Hemdbluse und Strümpfe (Petra 10, 1966, 23). **2.** *Deckchen aus Stoff, Bast, Kunststoff o. ä. für ein Gedeck, das mit mehreren anderen (dazu passenden) zusammen oft anstelle einer Tischdecke aufgelegt wird; Platzdeckchen.* **3.** (Sozialpsych.) *körperliche Verfassung u. innere Einstellung, Bereitschaft zu etw.* (z. B. eines Drogenabhängigen); **²Set** [-], das; -[s] [engl. set, ↑¹Set] (Druckw.): *Maßeinheit für die Dicke, Breite des Buchstabens einer Schrift, deren Satz aus Einzelbuchstaben besteht;* **Setter** ['zɛtɐ, engl.: 'sɛtə], der; -s, - [engl. setter, zu: to set (↑¹Set) in der jägerspr. Bed. „vorstehen"]: *größerer hochbeiniger Jagdhund mit langem, glänzendem, meist rotbraunem, langhaarigem Fell;* **Setting** ['zɛtɪŋ], das; -s, -s [engl. setting, eigtl. = Rahmen, Umgebung] (Sozialpsych.): *Gesamtheit von Merkmalen der Umgebung, in deren Rahmen bestimmte Prozesse stattfinden od. sich bestimmte Erlebnisse (etw. von Drogenabhängigen) ereignen.*

Settlement ['sɛtlmənt], das; -s, -s [engl. settlement, zu: settle = Sessel, aus dem Germ.] (selten): *Ansiedlung, Niederlassung, Kolonie.*

Setz-: **~arbeit,** die (Bergbau, Hüttenw.): svw. ↑~wäsche; **~ei,** das (landsch., bes. nordostd.): *Spiegelei;* **~eisen,** das: *Stahlstift, der auf den Kopf eines Nagels gesetzt wird, um ihn tief einzutreiben;* **~fehler,** der (Druckw.): *Fehler im Schriftsatz;* **~hase,** der [zu ↑setzen (6)] (Jägerspr.): svw. ↑Satzhase; **~holz,** das: svw. ↑Pflanzholz; **~kartoffel,** die ⟨meist Pl.⟩: svw. ↑Saatkartoffel; **~kasten,** der: **1.** (Gartenbau) *flacher Kasten für junge Gemüse- od. Blumenpflanzen, die zum Auspflanzen bestimmt sind.* **2.** (Druckw.) *flacher Kasten für die Lettern eines Schriftsatzes;* **~kopf,** der: svw. ↑Nietkopf; **~latte,** die (Bauw.): svw. ↑Richtscheit; **~maschine,** die: **1.** (Druckw.) *Maschine zur Herstellung eines Schriftsatzes.* **2.** (Bergbau) *Maschine, in der die geförderten*

Erze mit Hilfe von strömendem Wasser u. von Sieben nach dem spezifischen Gewicht ausgesondert werden; **~maß,** das (Bauw., Landw.): *Maß, in dem sich ein bestimmter Boden nach der Aufschüttung setzt;* **~milch,** die (landsch.): svw. ↑Sauermilch; **~schiff,** das (Druckw.): svw. ↑Schiff (3); **~stück,** das (landsch. veraltet): svw. ↑Versatzstück; **~teich,** der (Fachspr.): *Teich, in dem junge Fische herangezogen werden;* **~waage,** die: svw. ↑Wasserwaage; **~wäsche,** die (Bergbau, Hüttenw.): *bei der Erzaufbereitung angewandtes Verfahren der Läuterung* (1); **~zwiebel,** die (selten): *Steckzwiebel.*

setzen ['zɛtsn̩] ⟨sw. V.⟩ /vgl. gesetzt/ [mhd. setzen, ahd. sezzen, eigtl. = sitzen machen]: **1.** ⟨s. + sich; hat⟩ **a)** *[sich irgendwohin begebend] eine sitzende Stellung einnehmen:* jmdn. auffordern, sich zu s.; setz dich!; setzt euch!; sich bequem, aufrecht s.; sich an den Tisch, ans Fenster, auf einen Stuhl, auf seinen Platz, auf seine vier Buchstaben, in den Sessel, ins Gras, in die Sonne, in den Schatten, neben jmdn., unter einen Baum, zu jmdm. s.; der Vogel setzte sich ihm auf die Schulter *(ließ sich dort nieder);* die Fliegen setzten sich auf den Kuchen; auf die Nachricht von seiner Erkrankung hin setzte sie sich sogleich auf die Bahn *(fuhr sie sogleich mit der Bahn zu ihm);* sich zu Tisch *(zum Essen an den Tisch)* s.; **b)** verblaßt in präpositionalen Verbindungen; drückt aus, daß man sich in einen Zustand, eine Lage bringt, bestimmte Verhältnisse für sich herstellt: sich an die Spitze s. (↑Spitze 3a); sich auf eine andere Fahrbahn s. *(sich auf eine andere Fahrbahn begeben);* sich an jmds. Stelle s. (↑Stelle 1a); sich in den Besitz von etw. s. (↑Besitz); es verstehen, sich bei jmdm. in Gunst zu s. *(sich jmds. Gunst zu verschaffen);* sich ins Unrecht s. (↑Unrecht 1a); sich mit jmdm. in Verbindung (↑Verbindung 4b), ins Einvernehmen (↑Einvernehmen) s.; sich zur Wehr s. (↑[1]Wehr). **2.** ⟨hat⟩ **a)** *zu bestimmtem Zweck an eine bestimmte Stelle bringen u. die betreffende Person, Sache eine gewisse Zeit dort belassen; jmdm., einer Sache einen bestimmten Platz geben:* ein Kind auf einen Stuhl, aufs Töpfchen, sich auf den Schoß s.; den Oleander auf den Balkon, nach draußen s.; einen Topf auf den Herd s.; den Hut auf den Kopf s.; den Becher [zum Trinken] an den Mund s.; ein Huhn [zum Brüten] auf die Eier s.; Karpfen in einen Teich s.; beim Laufenlernen einen Fuß vor den andern s.; der Gast wurde in die Mitte, neben die Dame des Hauses gesetzt; Als er in volltrunkenem Zustand einen geliehenen Wagen an einen Laternenpfahl setzte (*gegen einen Laternenpfahl fuhr;* Hörzu 13, 1976, 28); einen Stein (bei einem Brettspiel) s.; ⟨auch o. Akk.-Obj.:⟩ hast du schon gesetzt?; **b)** verblaßt in präpositionalen Wendungen; drückt aus, daß man bestimmte Verhältnisse für jmdn., etw. herstellt, daß man jmdn., etw. in einen bestimmten Zustand bringt: jmdn. auf schmale Kost s. *(jmdm. wenig zu essen geben);* einen Hund auf die Fährte s. *(zum Suchen auf einer Fährte veranlassen);* ein Schiff auf Grund s. *(auflaufen lassen);* etw. außer Betrieb s. *(eine Maschine o.ä. zu arbeiten aufhören lassen; etw. abstellen);* etw. in Betrieb s. *(eine Maschine o.ä. zu arbeiten beginnen lassen; etw. anstellen);* Dinge zueinander in Beziehung s. *(eine Beziehung zwischen ihnen herstellen, sie in Beziehung zueinander betrachten);* etw. in einem Text in Klammern s. *(einklammern);* jmdn. in Erstaunen s. *(jmdn. erstaunen);* etw. an die Stelle von etw. s. (↑Stelle 1a); etw. ins Werk s. (↑Werk); etw. in Szene s. (↑Szene); etw. in Musik s. (↑Musik); etw. in die Zeitung s. (↑Zeitung); etw. in Tätigkeit s. (↑Tätigkeit 2); ein Pferd in Trab s. (↑Trab); Geld in Umlauf s. (↑Umlauf); keinen Fuß mehr über jmds. Schwelle s. (↑Fuß); keinen Fuß vor die Tür s. [können] (↑Fuß); die Worte gut zu s. wissen (↑Wort). **3.** ⟨hat⟩ **a)** *an der dafür bestimmten Stelle einpflanzen:* Salat, Tomaten s.; Kartoffeln s. *(Saatkartoffeln in die Erde bringen);* deshalb habe sie ... die hohen Malven gesetzt (M. Walser, Pferd 94); **b)** *in einer bestimmten Form aufstellen, lagern:* Getreide in Puppen s.; Holz, Briketts s. *(schichten, stapeln);* **c)** *[herstellen u.] aufstellen:* einen Herd, Ofen s.; einen Zaun s. (landsch.; *anbringen*); jmdm. einen Grabstein, ein Denkmal s. *(errichten);* **d)** *aufstecken; aufziehen:* den diplomatischen Stander s.; vor der Ausfahrt die Segel s.; das Schiff hatte keine Positionslaternen gesetzt; **e)** *irgendwohin schreiben:* seine Anschrift links oben auf den Briefbogen s.; seinen Namen unter ein Schreiben s.; ein Gericht auf die Speisekarte s. *(in die Speisekarte aufnehmen);* jmds. Namen, jmdn. auf eine Liste s. *(in eine Liste aufnehmen);* etw. auf den Spielplan, auf die Tagesordnung s. *(in den Spielplan, in die Tagesordnung aufnehmen);* einen Punkt, ein Komma s. *(in einem Text anbringen);* er setzt *(verwendet beim Schreiben)* überhaupt keine Satzzeichen; ein Buch auf den Index s. (↑Index 2); [jmdm.] einen Betrag auf die Rechnung s. *(berechnen);* **f)** (Druckw.) *einen Schriftsatz von etw. herstellen:* Lettern, Schrift, ein Manuskript [mit der Hand, mit der Maschine] s.; **g)** *bei einer Wette, einem Glücksspiel als Einsatz geben:* ein Pfand s.; seine Uhr als, zum Pfand s.; beim letzten Rennen hatte er sein ganzes Geld auf ein Pferd gesetzt; ⟨auch o. Akk.-Obj.:⟩ er setzt immer auf dasselbe Pferd; Ü auf jmdn. s. *(an jmds. Erfolg, Sieg glauben u. ihm sein Vertrauen schenken);* verblaßt: seine Hoffnung auf jmdn., etw. s. *(in einer bestimmten Angelegenheit darauf hoffen, daß sich durch jmdn. etw. für einen erreichen läßt);* sein Vertrauen auf jmdn., etw. s. (↑Vertrauen); Zweifel in etw. s. (↑Zweifel); **h)** *in bezug auf etw. eine bestimmte Anordnung treffen, etw. festlegen, bestimmen:* jmdm. eine Frist s.; die Freiheit absolut s. *(auffassen);* einer Sache eine Grenze, Grenzen, Schranken s. *(Einhalt gebieten);* einer Sache ein Ende, Ziel s. *(dafür sorgen, daß etw. aufhört);* du mußt dir ein Ziel s. *(etw. zum Ziel, zur Aufgabe machen);* Akzente s. *(auf etw. besonderen Nachdruck legen u. sich dadurch hervortun);* Prioritäten s. (↑Priorität); Zeichen s. (↑Zeichen); **i)** (Sport) *einen Spieler, eine Mannschaft im Hinblick auf die zu erwartende besondere Leistung für den Endkampf einstufen u. ihn teilweise od. ganz aus den Ausscheidungskämpfen herausnehmen:* die deutsche Meisterin wurde als Nummer zwei gesetzt; ⟨subst. 2. Part.:⟩ der erste Gesetzte schied bereits in der Vorrunde aus. **4. a)** *einen großen Sprung über etw. machen; etw. in einem od. mehreren großen Sprüngen überqueren* ⟨ist, auch: hat⟩: das Pferd setzt über den Graben, über ein Hindernis; die Jungen setzten über den Deich und versteckten sich; **b)** *ein Gewässer mit technischen Hilfsmitteln überqueren* ⟨ist, auch: hat⟩: die Römer setzten hier über den Rhein; **c)** *über ein Gewässer befördern* ⟨hat⟩: jmdn. ans andere Ufer s.; sich vom Fährmann über den Fluß s. lassen. **5.** ⟨s. + sich; hat⟩ **a)** *in etw. nach unten sinken:* die weißen Flöckchen in der Lösung haben sich gesetzt; die Lösung muß sich erst s. *(klären);* der Schaum auf dem Bier hat sich noch nicht gesetzt; der Kaffee muß sich erst s. *(der Kaffeegrund muß sich nach dem Brühen erst am Boden sammeln);* das Erdreich setzt *(senkt)* sich; **b)** *als bestimmter Stoff o.ä. irgendwohin dringen:* die Giftstoffe setzen sich unter die Haut; der Staub, Geruch, Tabakrauch setzt sich in die Kleider. **6.** (Jägerspr.) *(vom Haarwild außer Schwarzwild) ein Junges, Junge zur Welt bringen* ⟨hat⟩. **7.** ***es setzt etw.** (ugs.; *es gibt Prügel*): gleich setzt es Prügel, Hiebe; wenn du nicht hörst, setzt es etwas; ⟨Abl.:⟩ **Setzer,** der; -s, - [mhd. setzer = Aufsteller, Taxator, ahd. sezzari = Stifter] (Druckw.): *Schriftsetzer;* **Setzerei** [zɛtsə'raj], die; -, -en (Druckw.): *Abteilung in einem Betrieb des graphischen Gewerbes, in der der Schriftsatz hergestellt wird;* **Setzling** ['zɛtslɪŋ], der; -s, -e [mhd. sezelinc (im Weinbau)]: **1.** *Jungpflanze, die für ihr weiteres Gedeihen an einen andern Standort versetzt wird.* **2.** *junger Fisch, der zu weiterem Wachstum in einen Setzteich gebracht wird;* **Setzung,** die; -, -en: **1.** *das Setzen* (3h), *Aufstellen von Normen o.ä.:* Nur diejenigen -en sind normativ legitimiert, die ... (Habermas, Spätkapitalismus 137). **2.** *das Sichsetzen* (5a): die -en des Bodens bewegen sich innerhalb der Toleranzgrenze; wenn Temperaturanstieg die ... S. des Schnees begünstigt (Eidenschink, Eis 132).

Seuche ['zɔyçə], die; -, -n [mhd. siuche, ahd. siuhhī = Krankheit, Siechtum, zu ↑siech]: *sich schnell ausbreitende, gefährliche Infektionskrankheit:* eine verheerende S.; die S. forderte viele Todesopfer, breitete sich aus, griff um sich, wütete; eine S. bekämpfen, eindämmen; an einer S. erkranken, sterben.

seuchen-, Seuchen-: **~abwehr,** die: svw. ↑~bekämpfung; **~bekämpfung,** die: *Verhütung u. Bekämpfung von Seuchen;* **~fest** ⟨Adj.; nicht adv.⟩ (Med.): *widerstandsfähig gegen eine Seuche,* dazu: **~festigkeit,** die (Med.); **~gefahr,** die: *Gefahr, daß eine Seuche ausbricht;* **~gesetz,** das: *Gesetz zur Seuchenbekämpfung;* **~herd,** der: *Stelle, von der aus sich eine Seuche ausbreitet;* **~schutz,** der: svw. ↑~bekämpfung; **~verhütung,** die: svw. ↑~bekämpfung.

seufzen ['zɔyftsn̩] ⟨sw. V.; hat⟩ [mhd. siufzen, älter: siuften, ahd. sūft(e)ōn, zu ahd. sūfan = schlürfen (↑saufen), lautm.]: **a)** *als Ausdruck von Kummer, Sehnsucht, Resignation, Erleichterung o. ä. hörbar tief u. schwer ein- u. [mit klagendem Ton] ausatmen, oft ohne sich dessen bewußt zu sein:* tief, schwer, beklommen, erleichtert s.; Er seufzte leise in sich hinein (Hausmann, Abel 165); Ü Die Tür zu Georgs Zimmer seufzt leise (Remarque, Obelisk 86); wenn sie (= die Arbeiter) unter der Reparationslast seufzten (geh.; *litten;* Niekisch, Leben 115); **b)** *seufzend* (a) *äußern, sagen:* „ja, ja", seufzte Herr Rogge schuldbewußt (Fallada, Hoppel-Poppel 26); ⟨Abl.:⟩ **Seufzer,** der; -s, - [älter: Seufze, mhd. siufzel]: *Laut des Seufzens; einmaliges Seufzen:* ein lauter, schwerer, befreiender, wohliger S.; ein S. der Erleichterung; ein S. entrang sich ihm; einen tiefen S. tun; einen S. ausstoßen, unterdrücken, ersticken; seinen letzten S. tun (geh.; *sterben*).

Sevillana [sevɪl'ja(:)na], die; -, -s [span. sevillana, eigtl. = (Tanz) aus Sevilla]: *in Sevilla herausgebildete Variante der Seguidilla:* Spanische Folklore – Sevillanas und Fandangos (MM 2. 5. 69, 42).

Sex [zɛks, sɛks], der; -[es] [engl. sex < lat. sexus = Geschlecht] (ugs.): **1.** *[dargestellte] Sexualität [in ihrer durch die Unterhaltungsindustrie verbreiteten Erscheinungsform]:* kommerzialisierter S.; „Gepflegter Sex", wie er bei der Nightclub-Eröffnung ... versprochen wurde (Hörzu 7, 1972, 16); ... die (= Zweideutigkeiten) unter dem Vorwand „künstlerischer Filme" nichts weiter als billigsten „Sex" propagieren (Bild 6. 5. 64, 2). **2.** *Geschlechtsverkehr, sexuelle Betätigung:* ehelicher S.; S. während der Schwangerschaft (Börsenblatt 12, 1979, 1004); Zuerst machen sie S. (salopp; *schlafen sie miteinander*), dann werden sie schwanger (Spiegel 42, 1977, 261); Obwohl es in Amerika Bundesstaaten gibt ..., in denen die Paare für die Ausübung von oralem S. eingesperrt werden können (Spiegel 6, 1978, 198); Sein Onkel hatte ihn beim S. mit einer Zehnjährigen erwischt (MM 21. 9. 76, 3); Das Geld, das ich für S. erhielt (Rechy [Übers.], Nacht 65). **3.** *Sex-Appeal:* Was er ausstrahlt, ist „Magnetismus, Sex" (Hörzu 10, 1973, 135); Sie spielt die liebestolle Lu ... Mit mehr S. als sechs einschlägige Stars zusammen (Bild 10. 4. 64, 4). **4.** *Geschlecht, Sexus.*

Sex-: **~Appeal** (mit Bindestrich) ['zɛks-, (engl.:) 'sɛks ə'pi:l], der: *erotische, sexuelle Anziehungskraft (bes. einer Frau):* S. haben; **~biene,** die (salopp, oft abwertend): vgl. ~bombe: Stewardessen wollen keine -n sein; vgl. Biene (2); **~bombe,** die (salopp): *Frau, bes. Filmschauspielerin, von der eine starke sexuelle Reizwirkung ausgeht;* **~boutique,** die: *Laden, in dem Bücher mit sexuellem Inhalt u. Mittel zur sexuellen Stimulation verkauft werden;* **~film,** der: *Film mit hauptsächlich sexuellen Szenen;* **~idol,** das: *(bes. von weiblichen Personen) sexuelles Idol:* **~laden,** der: svw. ↑~boutique; **~Live-Show** (mit Bindestrichen), die: *unmittelbar vor Zuschauern ausgeführte sexuelle Handlungen;* **~magazin,** das: *Magazin* (4 a) *mit sexuellem Themenkreis;* **~muffel,** der (salopp scherzh.): *Mann, dem der sexuelle Bereich gleichgültig ist;* **~objekt,** das: svw. ↑Sexualobjekt; **~orgie,** die: *sexuelle Orgie;* **~postille,** die (spött. abwertend): vgl. ~magazin; **~praktik,** die: *sexuelle Praktik;* **~protz,** der (salopp scherzh.): *Mann, der mit seiner sexuellen Leistung protzt;* **~shop,** der: svw. ↑~boutique; **~spiel,** das: vgl. ~praktik; **~welle,** die (ugs.): *[nach einer Zeit weitgehender Tabuisierung der Sexualität] sich in der Allgemeinheit für kürzere Zeit ausbreitende sexuelle Freizügigkeit.*

Sexagesima [zɛksa'ge:zima] ⟨o. Art.; indekl.⟩ [mlat. sexagesima, eigtl. = der sechzigste (Tag vor Ostern)]: *(im Kirchenjahr) achter Sonntag vor Ostern:* Sonntag S./Sexagesimä [...mɛ]; **sexagesimal** [...gezi'ma:l] ⟨Adj.; o. Steig.⟩: *auf die Grundzahl 60 bezogen:* ein -es Zahlensystem; ⟨Zus.:⟩ **Sexagesimalsystem,** das ⟨o. Pl.⟩ (Math.): *auf der Grundzahl 60 aufbauendes Zahlensystem;* vgl. Dezimalsystem; **Sexagon** [...'go:n], das; -s, -e [zu lat. sex = sechs u. griech. gōnía = Winkel, Ecke]: *Sechseck.*

Sex and Crime ['sɛks ənd 'kraɪm; engl. sex and crime; vgl. Crime]: Kennzeichnung von Filmen (seltener von Zeitschriften) mit ausgeprägter sexueller u. krimineller Komponente.

Sexer ['zɛksɐ], der; -s, - [zu ↑Sex (4)]: *jmd., der Jungtiere, bes. Küken, nach männlichen u. weiblichen Tieren aussortiert* (Berufsbez.); **Sexerin** ['zɛksərɪn], die; -, -en: w. Form zu ↑Sexer; **sexig** ['zɛksɪç] ⟨Adj.⟩: seltener für ↑sexy: ein -es Gesangsidol; Sittenreport über eine frivole Welt – sehr frei, unerhört s. und spannend (MM 3.10.66, 52); **Sexismus** [zɛ'ksɪsmʊs], der: *ideologische Grundlage für die Diskriminierung u. Unterdrückung des weiblichen durch das männliche Geschlecht, die in der Annahme besteht, daß sich Frauen u. Männer auf Grund ihrer biologischen Unterschiede auch in ihrem Denken u. Handeln unterscheiden u. verschiedene geistige u. seelische Eigenschaften besitzen;* **Sexist** [zɛ'ksɪst], der; -en, -en: *Vertreter des Sexismus;* **Sexistin,** die; -, -nen: w. Form zu ↑Sexist; **sexistisch** ⟨Adj.⟩: *den Sexismus betreffend, vertretend, darauf beruhend;* **Sexologe** [zɛkso'lo:gə], der; -n, -n [↑-loge]: *Wissenschaftler auf dem Gebiet der Sexologie;* **Sexologie,** die; - [↑-logie]: *Wissenschaft, die sich mit der Erforschung der Sexualität u. des sexuellen Verhaltens befaßt;* **Sexologin,** die; -, -nen: w. Form zu ↑Sexologe; **sexologisch** ⟨Adj.; o. Steig.⟩: *die Sexologie betreffend, dazu gehörend.*

Sext [zɛkst], die; -, -en [2: (kirchen)lat. sexta (hōra) = sechste (Stunde)]: **1.** (Musik) svw. ↑Sexte. **2.** (kath. Kirche) *drittes Tagesgebet des Breviers (zur sechsten Tagesstunde, 12 Uhr);* **Sexta** ['zɛksta], die; -, ...ten [nlat. sexta classis = sechste Klasse; a: vgl. Prima (a)]: **a)** *erste Klasse des Gymnasiums;* **b)** (österr.) *sechste Klasse des Gymnasiums;* **Sextakkord,** der; -[e]s, -e (Musik): *erste Umkehrung des Dreiklangs mit der Terz im Baß* (in der Generalbaßbezifferung durch eine unter od. über dem Baßton stehende 6 gekennzeichnet); **Sextaner** [zɛks'ta:nɐ], der; -s, -: *Schüler einer Sexta;* ⟨Zus.:⟩ **Sextanerblase,** die (ugs. scherzh.): *schwache Blase:* eine S. haben; Ü Sein Kurs ging ...: los. Vorher erst mal alle aufs Klo. Die -n (*Schüler mit ihren Sextanerblasen;* Kempowski, Uns 166); **Sextanerin,** die; -, -nen: w. Form zu ↑Sextaner; **Sextant** [...'tant], der; -en, -en [nlat. sextans, Gen.: sextantis = sechster Teil (nach dem als Meßskala benutzten Sechstelkreis)]: *(bes. in der Seefahrt zur astronomisch-geographischen Ortsbestimmung benutztes) Winkelmeßinstrument zur Bestimmung der Höhe eines Gestirns;* **Sexte** ['zɛkstə], die; -, -n [mlat. sexta vox = sechster Ton, zu lat. sextus = sechster] (Musik): **a)** *sechster Ton einer diatonischen Tonleiter vom Grundton an;* **b)** *Intervall von sechs diatonischen Tonstufen;* **Sextett** [zɛks'tɛt], das; -[e]s, -e [relatinisiert aus ital. sestetto zu: sei, lat. sex = sechs] (Musik): **a)** *Komposition für sechs solistische Instrumente od. (selten) sechs Solostimmen;* **b)** *Ensemble von sechs Instrumental- od. (selten) Vokalsolisten;* **Sextillion** [...tɪ'lio:n], die; -, -en [zu lat. sexta = sechste, geb. nach ↑Million (eine Sextillion ist die 6. Potenz einer Million)]: *eine Million Quintillionen* (geschrieben: 10^{36}, eine Eins mit 36 Nullen); **Sextole** [zɛks'to:lə], die; -, -n [geb. nach ↑Triole] (Musik): *Folge von sechs Noten, deren Dauer insgesamt gleich der Dauer von vier der Taktart zugrundeliegenden Notenwerten ist.*

sexual [zɛ'ksua:l] ⟨Adj.; o. Steig.⟩ [spätlat. sexuālis, ↑sexuell] (selten): svw. ↑sexuell: Die soziale Sinnlosigkeit der -en Anomalität (Schelsky, Soziologie 73).

sexual-, Sexual-: **~aufklärung,** die ⟨o. Pl.⟩: svw. ↑Aufklärung (2 b); **~delikt,** das: svw. ↑~straftat; **~erziehung,** die: *Erziehung, die sich auf die sexuelle Entwicklung u. das sexuelle Verhalten des Menschen bezieht;* **~ethik,** die ⟨o. Pl.⟩: *Ethik im Bereich des menschlichen Geschlechtslebens;* **~ethisch** ⟨Adj.; o. Steig.⟩: *die Sexualethik betreffend, darauf beruhend;* **~forscher,** der: svw. ↑Sexologe; **~forschung,** die: svw. ↑Sexologie; **~hormon,** das: svw. ↑Geschlechtshormon; **~hygiene,** die: *Hygiene im Bereich des menschlichen Geschlechtslebens;* **~kunde,** die ⟨o. Pl.⟩: *Schulfach, in dem Kinder u. Jugendliche über die biologischen Grundlagen der menschlichen Sexualität unterrichtet werden,* dazu: **~kundeunterricht,** der: *Unterricht im Fach Sexualkunde;* **~leben,** das ⟨o. Pl.⟩: *sexuelle Aktivität als Teil der Existenz, Liebesleben:* ... daß sie (= Kinder) selbst so etwas wie ein S. haben (Wohngruppe 62); **~moral,** die: vgl. ~ethik; **~mord,** der: svw. ↑Lustmord, dazu: **~mörder,** der: svw. ↑Lustmörder; **~neurose,** die (Med., Psych.): *mit Störungen im Sexualleben zusammenhängende Neurose;* **~objekt,** das: *Person, die zur Befriedigung sexueller Wünsche dient:* die Frau als [bloßes] S.; das Schlagwort vom kindlichen S. (Spiegel 35, 1978, 150); **~organ,** das: svw. ↑Geschlechtsorgan; **~pädagoge,** der: **a)** *Pädagoge, der Sexualkundeunterricht erteilt;* **b)** *Pädagoge auf dem Gebiet der Sexualpädagogik;* **~pädagogik,** die: *pädagogische Disziplin, deren Aufgabe die theoretische Grundlegung der Sexualerziehung ist;* **~partner,** der: *Partner in einer sexuellen Beziehung Geschlechtspartner;*

~pathologie, die: *wissenschaftliche Disziplin, die sich mit den krankhaften Störungen u. pathologischen Erscheinungsformen der menschlichen Sexualität befaßt,* dazu: **~pathologisch** ⟨Adj.; o. Steig.⟩: *die Sexualpathologie betreffend, dazu gehörend;* **~psychologie,** die: *wissenschaftliche Disziplin, die die psychologischen Aspekte der Sexualität erforscht;* **~straftat,** die: *Straftat, die die sexuelle Freiheit des einzelnen verletzt* (z. B. sexueller Mißbrauch [von Kindern], Vergewaltigung); **~täter,** der: *jmd., der sich durch sein sexuelles Verhalten strafbar macht, sich sexuell gegen andere vergeht:* die Frau wurde das Opfer eines -s; Wie schütze ich mein Kind vor -n? (MM 20. 5. 77, 37); **~trieb,** der: svw. ↑Geschlechtstrieb; **~verbrechen,** das: vgl. ~straftat; **~verbrecher,** der: vgl. ~täter; **~verkehr,** der: svw. ↑Geschlechtsverkehr; **~wissenschaft,** die ⟨o. Pl.⟩: svw. ↑Sexologie, dazu: **~wissenschaftler,** der: svw. ↑Sexologe; **~zyklus,** der (Biol., Med.): *durch Geschlechtshormone gesteuerter periodischer Vorgang.*

sexualisieren [zɛksu̯ali'zi:rən] ⟨sw. V.; hat⟩: *jmdn., etw. in Beziehung zur Sexualität bringen u. die Sexualität in den Vordergrund stellen:* ... werden Kinder schon in sehr frühem Alter sexualisiert (Reform-Rundschau 11, 1977, 6); Mit ihm und Evelyn wurde die Arbeitsatmosphäre extrem sexualisiert (Praunheim, Sex 234); ⟨Abl.:⟩ **Sexualisierung,** die; -, -en: *das Sexualisieren;* **Sexualität** [...i'tɛ:t], die; -: *Gesamtheit der im Geschlechtstrieb begründeten Lebensäußerungen, Empfindungen u. Verhaltensweisen:* die weibliche S.; die S. des Mannes geht im Alter zurück; Reduktion des Eros auf bloße S. (Bodamer, Mann 75); **sexuell** [zɛ'ksu̯ɛl] ⟨Adj.; o. Steig.⟩ [frz. sexuel < spätlat. sexuālis]: *die Sexualität betreffend, darauf bezogen:* -e Kontakte, Tabus; -e Freizügigkeit, Askese; außerhalb der -en Sphäre; Ist Kalypso nur erotisch, so Kirke nur s. (Bodamer, Mann 118); ein Mädchen s. mißbrauchen; da ich sowohl s. als auch in anderer Beziehung ihr Partner bin (Wohngruppe 105); ⟨subst.:⟩ dann drücken sie damit eine Zuneigung aus, die nicht nur aufs Sexuelle begrenzt ist (Freizeitmagazin 26, 1978, 41); **Sex und Crime**: ↑Sex and Crime; **Sexuologe** [zɛksu̯o'lo:gə], der; -n, -n (bes. DDR): svw. ↑Sexologe; **Sexuologie,** die; - (bes. DDR): svw. ↑Sexologie; **Sexuologin,** die; -, -nen (bes. DDR): w. Form zu ↑Sexuologe; **sexuologisch** ⟨Adj.; o. Steig.⟩ (bes. DDR): svw. ↑sexologisch; **Sexus** ['zɛksʊs], der; -, - ['zɛksu:s; lat. sexus = Geschlecht]: **1.** ⟨Pl. selten⟩ (Fachspr.) **a)** *differenzierte Ausprägung eines Lebewesens im Hinblick auf seine Aufgabe bei der Fortpflanzung;* **b)** *Geschlechtstrieb als zum Wesen des Menschen gehörige elementare Lebensäußerung; Sexualität:* Die ... Entfesselung des S. (Hörzu 41, 1974, 116); Das Bild der modernen Frau, die ... frei von ... Hemmungen ihren S. im Kampf um den Mann einsetzt (Bodamer, Mann 113). **2.** (Sprachw. selten) svw. ↑Genus (2); **sexy** ['zɛksi, auch: 'sɛksi] ⟨Adj.; attr. selten u. unflektiert⟩ [engl. sexy, zu: sex, ↑Sex] (ugs.): *sexuell attraktiv od. zu einer entsprechenden Wirkung verhelfend:* s. Wäsche; Warum sind Mann und Frau die -sten Geschöpfe? (Börsenblatt 1, 1968, 7); Er (= einteiliger Badeanzug) ... ist ... -er als Bikini oder Tanga (Spiegel 22, 1979, 215); s. sein, wirken, aussehen, gekleidet sein; May Spils schildert das kurzweilige Liebesleben zweier „Fummler" mit ... Witz, ... spannend und hinreißend s. (MM 2. 2. 68, 32).

Seychellennuß [ze'ʃɛlən-], die; -, ...nüsse [nach der Inselgruppe der Seychellen im Indischen Ozean]: *einen von dicker, faseriger u. fleischiger Hülle umgebenen Steinkern enthaltende, einsamige Frucht der Seychellennußpalme;* ⟨Zus.:⟩ **Seychellennußpalme,** die: *auf den Seychellen vorkommende, hohe Palme mit säulenförmigem Stamm, großen, fächerförmigen Blättern u. Seychellennüssen als Früchten.*

sezernieren [zetsɛr'ni:rən] ⟨sw. V.; hat⟩ [lat. sēcernere = absondern, ausscheiden] (Med., Biol.): *ein Sekret absondern:* weil sie (= die Zelle) solche Makromoleküle ... als Exotoxin sezerniert (Medizin II, 303).

Sezession [zetsɛ'sio:n], die; -, -en [lat. secessio = Absonderung, Trennung]: **1.** *Absonderung; Verselbständigung von Staatsteilen:* im Herbst 1948 nach ... der S. des Berliner Abgeordnetenhauses (Kantorowicz, Tagebuch I, 480). **2. a)** *Absonderung einer Künstlergruppe von einer älteren Künstlervereinigung;* **b)** *Künstlergruppe, die sich von einer älteren Künstlervereinigung abgesondert hat;* **c)** ⟨o. Pl.⟩ *Jugendstil in Österreich;* ⟨Abl.:⟩ **Sezessionist** [...sio'nɪst], der; -en, -en: **1.** *Anhänger einer Sezession* (1): ... als ob Äthiopien unter den Schlägen der eritreischen -en ... zerbrechen würde (Augsburger Allgemeine 11. 2. 78, 2). **2. a)** *Mitglied einer Sezession* (2 b); **b)** *Künstler der Sezession* (2 c); **sezessionistisch** ⟨Adj.; o. Steig.⟩: *die Sezession betreffend, dazu gehörend, ihr entsprechend;* ⟨Zus.:⟩ **Sezessionsstil,** der ⟨o. Pl.⟩: svw. ↑Sezession (2 c).

sezieren [ze'tsi:rən] ⟨sw. V.; hat⟩ [lat. secāre = (zer)schneiden, zerlegen] (Anat.): *eine Leiche öffnen u. anatomisch zerlegen:* eine Leiche s.; ⟨auch o. Akk.-Obj.:⟩ In zwei Präparierkursen ... muß ... der ... Student der Medizin s. (Medizin II, 16); Ü geschüttelt von einem Verlangen, das er genau s. *(zergliedern)* kann (Remarque, Triomphe 312); ⟨Zus.:⟩ **Seziermesser,** das (Anat.): *beim Sezieren verwendetes, langes, starkes Messer zum Aufschneiden der großen Organe;* **Seziersaal,** der (Anat.): *Saal der Anatomie* (2), *in dem seziert wird.*

S-förmig ['ɛs-] ⟨Adj.; o. Steig.; nicht adv.⟩: *in der Form eines S.*

sforzando [sfɔr'tsando] ⟨Adv.⟩ [ital. sforzando]: svw. ↑sforzato; **Sforzando,** das; -s, -s u. ...di: svw. ↑Sforzato; **sforzato** [...'tsa:to] ⟨Adv.⟩ [ital. sforzato = verstärkt, zu: sforzare = anstrengen, verstärken] (Musik): *verstärkt, plötzlich hervorgehoben, betont* (Vortragsanweisung für einen Einzelton od. Akkord); Abk.: sf, sfz; ⟨subst.:⟩ **Sforzato** [-], das; -s, -s u. ...ti: *plötzliche Betonung eines Tones od. Akkordes.*

sfumato [sfu'ma:to] ⟨Adv.⟩ [ital. sfumato, zu: sfumare = abtönen, zu. fumo < lat. fūmus = Rauch] (Kunstwiss.): *mit weichen, verschwimmenden Umrissen gemalt, so daß das Bild wie durch einen zarten Schleier gesehen erscheint.*

Sgraffiato, Sgraffito [sgra...]: svw. ↑Graffiato, Graffito.

Shag [ʃɛk, engl.: ʃæg], der; -s, -s [engl. shag, eigtl. = Zottel]: *feingeschnittener Pfeifentabak;* ⟨Zus.:⟩ **Shagpfeife,** die; **Shagtabak,** der.

[1]**Shake** [ʃeɪk], der; -s, -s [engl. shake, zu: to shake = schütteln]: **1.** svw. ↑Mixgetränk. **2.** *Modetanz mit schüttelnden Bewegungen;* [2]**Shake** [-], das; -s, -s (Jazz): *meist von Trompete, Posaune od. Saxophon auszuführendes, heftiges Vibrato über einer Einzelnote, ähnlich dem Triller beim Klavierspiel;* **Shakehands** ['ʃeɪkhændz], das; -, - ⟨meist Pl.⟩ [engl. shakehands]: *Händedruck, Händeschütteln:* S. machen; **Shaker** ['ʃeɪkə], der; -s, - [engl. shaker]: svw. ↑Mixbecher.

Shampoo [ʃɛm'pu:, auch: ʃam'pu:], **Shampoon** [ʃɛm'pu:n, auch, österr. meist: ʃam'po:n], das; -s, -s [engl. shampoo, zu: to shampoo = das Haar waschen, eigtl. = massieren < Hindi chhāmpō = knete!, Imperativ von: chhāmpnā = (die Muskeln) kneten u. pressen]: *Schaum bildendes Haarwaschmittel in flüssiger od. Pulverform;* **shampoonieren** [ʃɛmpu'ni:rən, auch: ʃamp...] ⟨sw. V.; hat⟩: svw. schampunieren, schamponieren.

Shantung usw.: ↑Schantung usw.

Shanty ['ʃɛnti, auch: 'ʃanti], das; -s, -s u. ...ties [...ti:s; engl. shanty, chantey, zu frz. chanter = singen < lat. cantāre]: *volksliedhaftes Seemannslied mit Refrain.*

Shaping ['ʃeɪpɪŋ], die; -, -s [engl. shaping, zu: to shape = formen, konstruieren]: kurz für ↑Shapingmaschine; ⟨Zus.:⟩ **Shapingmaschine,** die (Technik): *Hobelmaschine zur Metallbearbeitung, bei der das Werkzeug stoßende Bewegungen ausführt, während das Werkstück fest eingespannt ist.*

Share [ʃɛə], der; -, -s [engl. share]: engl. Bez. für *Aktie.*

Shedbau usw.: ↑Schedbau usw.

Sheriff ['ʃɛrɪf], der; -s, -s [engl. sheriff < aengl. scīrgerēfa = Grafschaftsvogt]: **1.** *hoher Verwaltungsbeamter in einer englischen od. irischen Grafschaft.* **2.** *oberster, gewählter Vollzugsbeamter einer amerikanischen Stadt mit begrenzten richterlichen Befugnissen.*

Sherpa ['ʃɛrpa], der; -s, -s [engl. sherpa, Name für die Angehörigen eines tibetischen Volksstammes]: *als Lastträger bei Expeditionen im Himalaja arbeitender Tibetaner;* **Sherpani** [...pani], die; -, -s: w. Form zu ↑Sherpa.

Sherry ['ʃɛri], der; -s, -s [engl. sherry < span. jerez, nach dem Namen der span. Stadt Jerez de la Frontera]: *ein span. Süßwein.*

Shetland ['ʃɛtlənd], der; -[s], -s [nach den Shetlandinseln]: *graumelierter Wollstoff in Leinwand- od. Köperbindung;* ⟨Zus.:⟩ **Shetlandpony,** das: *langhaariges, gedrungenes Pony mit kräftigem Rücken, ziemlich großem Kopf u. kleinen spitzen Ohren, das als Zugtier u. als Reittier für Kinder sehr beliebt ist;* **Shetlandwolle,** die: *Wolle von auf den Shetlandinseln gezüchteten Schafen.*

Shilling ['ʃɪlɪŋ], der; -s, -s ⟨aber: 20 Shilling⟩ [↑Schilling]:

1. *mittlere Einheit der Währung in Großbritannien (bis zur Einführung des Dezimalsystems);* Zeichen: s, sh: zwölf pence waren ein S., zwanzig S. ein Pfund Sterling. **2.** *Währungseinheit in Kenia u. anderen ostafrikanischen Ländern.*

Shimmy ['ʃɪmi], der; -s, -s [engl.-amerik. shimmy, eigtl. = Hemdchen, weil sich die Tänzer so bewegen, als versuchten sie, ihr Hemd von den Schultern zu streifen]: *Gesellschaftstanz der 20er Jahre im 2/2- od. 3/4-Takt.*

Shintoismus usw.: ↑Schintoismus usw.

Shirt [ʃə:t], das; -s, -s [engl. shirt]: *[kurzärmeliges] Baumwollhemd.*

Shit [ʃɪt], der, auch: das; -s [engl. shit, eigtl. = Scheiße] (Jargon): svw. ↑Haschisch: S. rauchen.

shocking ['ʃɔkɪŋ] ⟨Adj.; o. Steig.; nur präd.⟩ [engl. shocking, 1. Part. von: to shock, ↑schocken]: *schockierend, anstößig, peinlich:* ich finde das s.; ihr Benehmen war wirklich s.

Shoddy ['ʃɔdi], das, auch: der; -s, (Sorten:) -s [engl. shoddy, H. u.]: *Reißwolle von guten, nicht verfilzten Strickwaren.*

Shogun usw.: ↑Schogun usw.

Shooting-Star ['ʃu:tɪŋ 'stɑ:], der; -s, -s [engl.-amerik. shooting star, eigtl. = Sternschnuppe]: **a)** *jmd., der schnell an die Spitze (z.B. im Schlagergeschäft) gelangt; Senkrechtstarter;* **b)** *neuer, sehr schnell erfolgreich gewordener Schlager:* die Hitparade brachte den S. der Woche.

Shop [ʃɔp], der; -s, -s [engl. shop, verw. mit ↑Schuppen]: *Laden, Geschäft;* **Shop-in-Shop-System** ['ʃɔpɪn'ʃɔp-], das; -s: *System von Einkaufszentren, in denen selbständige kleine Shops im gemeinschaftlichen Gebäude nebeneinanderliegen;* **Shopping** ['ʃɔpɪŋ], das; -s, -s: *Einkaufsbummel;* ⟨Zus.:⟩ **Shopping-Center,** das: *Einkaufszentrum.*

Shorthornrind ['ʃɔ:ɐthɔrn-, engl.: 'ʃɔ:thɔ:n-], das; -[e]s, -er [engl. shorthorn = „Kurzhorn"]: *mittelschweres Rind mit kurzen Hörnern, kleinem Kopf u. kurzem Hals.*

Shorts [ʃɔrts, engl.: ʃɔ:ts] ⟨Pl.⟩ [engl. shorts = die Kurzen, zu: short = kurz; verw. mit Schurz]: *kurze, sportliche Hose für Damen od. Herren;* **Short story** ['ʃɔ:t 'stɔ:rɪ], die; - -, - ...ries [...rɪs; engl.-amerik. short story]: *Kurzgeschichte; kurze, novellistische Erzählung;* **Shorty** ['ʃɔ:tɪ], das, auch: der; -s, -s, auch: ...ties [...tɪs; engl. ugs. shorty = kleines kurzes Ding]: *Damenschlafanzug mit kurzer Hose.*

Shout [ʃaut], der; -s, **Shouting** ['ʃautɪŋ], das; -s [engl. shout, shouting = der Schrei, das Schreien, zu: to shout = rufen, schreien]: *aus einzelnen Rufen u. Schreien entwickelter, urspr. von kultischen Negergesängen stammender Gesangsstil im Jazz u. Blues;* ⟨Abl.:⟩ **Shouter,** der; -s, -: *Sänger im Stil des Shouts.*

Show [ʃoʊ], die; -, -s [engl. show, zu: to show = zeigen]: *Schau, Vorführung eines großen, bunten Unterhaltungsprogramms in einem Theater, Varieté o. ä., bes. als Fernsehsendung:* eine S. für junge Leute; ***eine S. abziehen** (↑Schau 2); **eine S. machen** (↑Schau 2): **jmdm. die S. stehlen** (↑Schau 2).

Show-: **~block,** der ⟨Pl. ~blöcke⟩: *Show als Einlage (7) in einer Fernsehsendung:* die Quizsendung hatte zwei Showblöcke; **~business,** das [engl. show business]: svw. ↑Schaugeschäft; **~down** [-'daun], der od. das; -[s], -s [engl. showdown, zu: to show (↑Show) u. down = herunter]: *Kraftprobe, Entscheidungskampf* (selten): Mit seinen neuen Thesen erzwang Hackethal den S. mit der westdeutschen Schulmedizin (Spiegel 40, 1978, 131); **~geschäft,** das: svw. ↑Schaugeschäft: er hat sich aus dem S. zurückgezogen; **~girl,** das: *in einer Show auftretende Tänzerin od. Sängerin;* **~man** [-mən], der; -s, ...men [...mən; engl. showman]: **1.** *jmd., der im Showgeschäft tätig ist.* **2.** *geschickter Propagandist, der aus allem eine Schau zu machen versteht:* Karrieremensch mit breitem Slang ... Choleriker und S. (Sobota, Minus-Mann 76); **~master,** der [dt. Bildung aus engl. show (↑Show) u. master (↑Master)]: *jmd., der eine Show arrangiert u. präsentiert;* **~star,** der: ein beliebter, erfolgreicher S.

Shredder, Schredder ['ʃrɛdɐ], der; -s, - [engl. shredder, zu: to shred = zerfetzen]: *technische Anlage zum Verschrotten u. Zerkleinern von Autowracks.*

Shrimp [ʃrɪmp], der; -s, -s ⟨meist Pl.⟩ [engl. shrimp, zu aengl. scrimman = sich winden]: *kleine, eßbare Garnele;* *¹Granat; Nordseekrabbe.*

Shunt [ʃant], der; -s, -s [engl. shunt, zu: to shunt, ↑shunten]: **1.** (Elektrot.) *parallelgeschalteter Widerstand (bei einem Meßgerät).* **2.** (Med.) **a)** *durch einen angeborenen Defekt entstandene Verbindung zwischen großem u. kleinem Kreislauf;* **b)** *operativ hergestellte künstliche Verbindung zwischen Blutgefäßen des großen u. kleinen Kreislaufs;* **shunten** ['ʃantn̩] ⟨sw. V.; hat⟩ [engl. to shunt, eigtl. = beiseite schieben] (Elektrot.): *durch Parallelschaltung eines Widerstandes die Stromstärke regeln.*

Shylock ['ʃaɪlɔk], der; -[s], -s [Name einer Figur aus dem Schauspiel „Der Kaufmann von Venedig" des engl. Dichters W. Shakespeare (1564–1616)]: *hartherziger, erpresserischer Geldverleiher, mitleidloser Gläubiger.*

si [si:; ital. si, ↑Solmisation]: *Silbe, auf die beim Solmisieren der Ton h gesungen wird.*

siamesisch [zia'me:zɪʃ] ⟨Adj.; o. Steig.; nicht adv.⟩ in der Fügung **siamesische Zwillinge** (↑Zwilling); **Siamkatze** ['zi:am-], die; -, -n [zu Siam = früherer Name von Thailand]: *aus Asien stammende mittelgroße Katze mit langem Schwanz, blauen Augen u. weißem bis cremefarbenem od. braunem Fell, das vorn am Kopf, an den Rändern der Ohrmuscheln sowie an Pfoten u. Schwanzspitze deutlich dunkler gezeichnet ist.*

Sibilant [zibi'lant], der; -en, -en [lat. sībilāns (Gen.: sībilantis), 1. Part. von: sībilāre = zischen] (Sprachw.): *Reibelaut, bei dessen Artikulation sich eine Längsrille in der Zunge bildet* (z. B. s, z, sch).

Sibylle [zi'bʏlə], die; -, -n [lat. Sibylla < griech. Síbylla, in der Antike Name von (etwa zwölf) weissagenden Frauen]: *weissagende Frau, geheimnisvolle Wahrsagerin;* **sibyllenhaft** ⟨Adj.; -er, -este⟩: svw. ↑sibyllinisch; **sibyllinisch** [zibʏ'li:nɪʃ] ⟨Adj.⟩ (bildungsspr.): *geheimnisvoll, rätselhaft, (in der Bedeutung) dunkel:* -e Worte; Er sagte s.: „Wir haben eine Leiche. Weiter nichts. Alles andere ist Hypothese." (Prodöhl, Tod 157).

sic! [zi:k, zɪk] ⟨Adv.⟩ [lat. sīc = so]: (in Klammern in einem zitierten Text, dazwischengesetzt od. am Rande vermerkt, als Hinweis auf einen [Rechtschreib]fehler od. einen ungewöhnlichen Ausdruck, den man in dieser Form gehört od. gelesen hat) *so, ebenso; wirklich so!*

sich [zɪç] ⟨Reflexivpron. der 3. Pers. (Dativ u. Akk. Sg. u. Pl.), Sg. 1. Pers.: mir, mich, Sg. 2. Pers.: dir, dich; Pl. 1. Pers.: uns, Pl. 2. Pers.: euch⟩ [mhd. sich, ahd. sih]: **1. a)** ⟨Akk.⟩ weist auf ein Subst. od. Pron. (meist das Subj. des Satzes) zurück: er versteckte s.; sie waschen s. und die Kinder; er hat nicht nur andere, sondern auch s. [selbst] getäuscht; ich frage mich, ob das stimmt; ⟨fest zum Verb gehörend:⟩ s. freuen; s. schämen; s. wundern; er/sie muß s., sie müssen s. noch ein wenig gedulden; hat er s. schon [bei dir] bedankt?; **b)** ⟨Dativ⟩: damit haben sie s. [und uns] geschadet; man soll nicht immer andern, sondern manchmal auch s. [selbst] die Schuld geben; ⟨fest zum Verb gehörend:⟩ s. etw. aneignen, einbilden; was maßen Sie s. an!; ⟨als verstärkender, weglaßbarer Rückbezug:⟩ er kauft s. jedes Jahr eine Dauerkarte; er erhofft s. davon Vorteile. **2.** ⟨Pl.⟩ *einander:* s. grüßen; s. prügeln; sie haben sich geküßt; sie helfen s. [gegenseitig]; Ich glaube, daß Kitsch und Theorie, Unterhaltung und Lernen s. nicht ausschließen (Praunheim, Sex 311). **3.** ⟨nach einer Präp.⟩ **a)** hebt den Rückbezug hervor: er hat den Vorwurf auf sich bezogen; man soll die Schuld zuerst bei sich suchen; das ist eine Sache für sich *(muß gesondert betrachtet werden);* nach der Sitzung hat er den Gast mit zu sich *(in seine Wohnung)* genommen; ***etw. an sich** *(etw. in seinem Wesen, in seiner eigentlichen Bedeutung):* das Ding an s.; die Natur an s. ist weder gut noch böse; **an [und für] sich** (↑an 3); **für sich** (↑für 2a): sie will ihn ganz für s. haben; **von sich aus** *(aus eigenem Antrieb):* die Kinder haben von s. aus aufgeräumt; **b)** betont die Präp.: die Waren an s. nehmen; die Schuld auf s. nehmen; sie haben das Kind zu s. genommen; Geld bei s., viel Arbeit vor s., hinter s. haben; das hat nichts auf s. *(ist unwesentlich),* hat viel für s.; diese Bowle hat es in s. *(enthält mehr Alkohol, als man denkt);* sie hat bei ihrer Klage die Gewerkschaft hinter s. *(wird von der Gewerkschaft unterstützt);* was denken Sie denn, wen Sie vor s. haben! (zurechtweisend: *wie reden Sie denn mit mir!*); ***etw. an s. haben** (↑an 3); **an s. halten** (↑an 3); **nicht [ganz] bei s. sein** (↑bei 2g); **wieder zu s. kommen** (↑kommen 12). **4.** oft in unpers. Ausdrucksweise für „man" od. passivisch: es läuft s. gut in diesen Schuhen; hier wohnt, lebt es s. schön; heiße Suppe ißt s. nicht so schnell; ⟨oft in Verbindung mit „lassen":⟩ das Brot läßt s. nicht schneiden; wie läßt s. diese Dose öffnen?; das ließ s. nicht voraussehen.

Sichel ['zɪçl], die; -, -n [mhd. zichel, ahd. zihhila, wohl < lat. sēcula = kleine Sichel, zu: secāre = (ab)schneiden, mähen]: *Gerät zum Schneiden von Gras o. ä., das aus einer halbkreisförmig gebogenen, vorn zugespitzten Metallklinge mit der Schnittkante nach innen u. einem meist hölzernen Griff besteht:* die Ränder des Rasens mit der S. schneiden; Hammer und S. (↑Hammer 1); Ü die S. des Mondes; ⟨Zusb.:⟩ **sichelförmig** ⟨Adj.; o. Steig.⟩: *in der Form einer Sichel;* **sicheln** ⟨sw. V.; hat⟩: *mit der Sichel [ab]schneiden.*

sicher ['zɪçɐ; mhd. sicher, ahd. sichur < lat. sēcūrus = sorglos, unbekümmert, sicher, zu: cūra, ↑Kur]: **I.** ⟨Adj.⟩ **1.** *ungefährdet, von keiner Gefahr bedroht; geschützt:* Aktion „-er Schulweg“; -e Technik; bei dieser Maschine sollte man sich in -em Abstand halten; die Arbeitsplätze müssen wieder s. werden; hier konnte er vor allen Verfolgern s. sein; sich vor Beobachtung s. fühlen; lassen sich Atomkraftwerke s. machen?; nichts ist vor ihrer Neugier s.; das Geld s. aufbewahren; bei diesem Verkehr kann man nicht mehr s. über die Straße gehen; das -ste/am -sten wäre es, wenn du mit der Bahn führest; sie spielt auf s. *(geht kein Risiko ein);* R s. ist s. *(lieber zuviel als zuwenig Vorsicht).* **2.** *zuverlässig:* ein -er Beweis; das weiß ich aus -er Quelle; ein -es *(gesichertes)* Einkommen haben; dieser Mann ist nicht s. *(man kann sich nicht darauf verlassen, daß er geliehenes Geld zurückgibt);* ***langsam, aber s.** (↑langsam). **3.** *auf Grund von Übung, Erfahrung so beschaffen, daß man sich darauf verlassen, dem anvertrauen kann:* ein -es Urteil; einen -en Geschmack haben; der Chirurg braucht eine -e Hand; sie fährt sehr s. Auto; du hast sehr s. gespielt; er steht nicht mehr s. auf den Beinen *(ist betrunken).* **4.** *ohne Hemmungen zu zeigen, selbstbewußt:* ein -es Auftreten haben; Wenn Mama hier wäre, würde ich mich völlig s. fühlen, Mama hatte eine wunderbar -e Art, mit allen Arten von Leuten umzugehen (Andersch, Sansibar 78); er ist seiner selbst sehr s. **5.** *ohne jeden Zweifel bestehend od. eintretend; gewiß:* ein -er Sieg; er ist in den -en Tod gerannt; ich bin [mir] meiner Sache gar nicht so s.; eine empfindliche Strafe ist ihm s.; ich bin sicher, daß ... **II.** ⟨Adv.⟩ **a)** *höchstwahrscheinlich, mit ziemlicher Sicherheit:* s. kommt er bald; er geht s. nicht; das ist s./s. ist das sehr schwierig; das hast du s. nicht gewollt; da läßt sich s. etwas machen; du hast s. davon gehört; s. nicht!; **b)** *gewiß, sicherlich, ohne Zweifel:* du hast s. gemerkt, daß ...; „Kommst du?“ „Aber s.!“; das ist s. richtig; R „Aber s.“, sagte Blücher (scherzh.; Bekräftigungsformel); **-sicher** [-zɪçɐ] ⟨Suffixoid⟩: **a)** *gegen das im Bestimmungswort Genannte geschützt:* diebstahlssichere Aufbewahrung; Geldscheine fälschungssicher machen; rutschsichere Reifen; **b)** *in bezug auf die im Bestimmungswort genannte Person, Sache od. Tätigkeit geeignet, brauchbar:* kindersichere Geräte, Steckdosen; Noch modischer und paßformsicherer sind die Modelle (Herrenjournal 3, 1966, 56); bremssichere Reifen; der Wagen hat eine kurvensichere Straßenlage.

sicher-, Sicher-: ~**gehen** ⟨unr. V.; ist⟩: *erst dann etw. tun, wenn man weiß od. sich vergewissert hat, daß es nicht mit einem Risiko verbunden ist:* er wollte s. und nichts dem Zufall überlassen (Brand [Übers.], Gangster 77); um sicherzugehen, erkundige dich lieber erst beim Fachmann; ~**stellen** ⟨sw. V.; hat⟩: **1.** *in behördlichem Auftrag beschlagnahmen, vor unrechtmäßigem Zugriff od. die Allgemeinheit gefährdender Nutzung sichern:* Diebesgut, ein fahruntüchtiges Auto s.; Die (= Kaninchen) sind beschlagnahmt, sichergestellt, sequestriert, Volkseigentum (Kant, Impressum 151). **2.** *dafür sorgen, daß etw. sicher vorhanden ist od. getan werden kann; gewährleisten, garantieren* (b): die Ölversorgung muß sichergestellt werden; jmdn. finanziell s.; Staatswesen ..., in dem ... das Funktionieren autonomer politischer Parteien sichergestellt ist (Fraenkel, Staat 242). **3.** (seltener) *zweifelsfrei nachweisen, beweisen:* etwas experimentell s., dazu: ~**stellung,** die: *das Sicherstellen* (1–3); ~**wirkend** ⟨Adj.; sicherer, am sichersten wirkend; nur attr.⟩: *mit Sicherheit eine Wirkung ausübend.*

Sicherheit, die; -, -en [mhd. sicherheit, ahd. sichurheit]: **1.** ⟨o. Pl.⟩ *Zustand des Sicherseins, Geschütztseins vor Gefahr od. Schaden; höchstmögliches Freisein von Gefährdungen:* soziale, wirtschaftliche, militärische, nationale S.; die öffentliche S. und Ordnung; die S. am Arbeitsplatz *(Gesamtheit der Vorrichtungen u. Maßnahmen, durch die möglichst alle Unfallrisiken bei der jeweiligen Arbeit ausgeschaltet werden sollen);* die S. der Arbeitsplätze *(Garantie für das Bestehenbleiben der vorhandenen Arbeitsplätze);* die innere S. *(das Gesichertsein des Staates u. der Bürger gegenüber Terrorakten, Revolten u. Gewaltverbrechen);* die aktive S. *(Fahrsicherheit)* und die passive S. *(dem Schutz der Insassen dienende Vorrichtungen wie z. B. Knautschzone)* im Auto; die S. hat Vorrang; unsere S. ist bedroht; das bietet keine S.; ein Gefühl der S.; für die S. sorgen; in S. sein; du solltest zur S. deinen Schreibtisch verschließen; ***jmdn., sich, etw. in S. bringen** *(jmdn., sich, etw. aus dem Gefahrenbereich wegbringen, [vor dem Zugriff anderer] sichern);* **sich, jmdn. in Sicherheit wiegen** *(glauben od. jmdm. einreden, daß keine Gefahr [mehr] besteht, was sich dann später meist als Irrtum erweist).* **2.** ⟨o. Pl.⟩ *Gewißheit, Bestimmtheit:* bei diesem Stoff haben Sie die S., daß er sich gut waschen läßt; mit an S. grenzender Wahrscheinlichkeit; das steht mit S. fest; ich kann es nicht mit [letzter] S. sagen; mit ziemlicher S. ist er gestern abgereist; der Trost ... hört in zwei Fällen mit tödlicher S. (emotional übertreibend; *ganz bestimmt*) auf (Thielicke, Ich glaube 42). **3.** ⟨o. Pl.⟩ *das Freisein von Fehlern u. Irrtümern, Zuverlässigkeit:* die S. seines Urteils, Geschmacks; die S. der Ergebnisse ist vielfach von dem methodisch klaren Vorgehen abhängig (Mantel, Wald 86); mit traumwandlerischer S. urteilen. **4.** ⟨o. Pl.⟩ *Gewandtheit, Selbstbewußtsein, sicheres Auftreten:* S. im Benehmen, Auftreten; sie hat, zeigt S. und Selbstvertrauen; er bewegt sich mit großer S. auf dem diplomatischen Parkett. **5.** (Wirtsch.) *hinterlegtes Geld, Wertpapiere o. ä. als Bürgschaft, Pfand für einen Kredit:* -en geben, leisten; eine Monatsmiete muß als S. hinterlegt werden; die Bank fragt nach -en; das Netz sozialer -en. **6.** ⟨o. Pl.⟩ kurz für ↑Staatssicherheitsdienst: Seit dem Tage aber ... haben die Genossen von der S. offenbar Befehl, ihre Tarnkappen daheim ... zu lassen (Spiegel 1/2, 1977, 22).

sicherheits-, Sicherheits-: ~**abstand,** der (Verkehrsw.): *bei der Fahrt immer einzuhaltender Abstand zwischen zwei Kraftfahrzeugen, der so groß sein muß, daß das hintere auch bei unvorhergesehenem, ruckartigem Anhalten des vorausfahrenden immer noch rechtzeitig zum Stehen gebracht werden kann:* den S. einhalten; ~**auto,** das: *Auto, das bes. auf Sicherheit gebaut ist:* ein S. entwickeln; ~**beauftragte,** der u. die: *Mitarbeiter in einem Betrieb, der die Sicherheit an den Arbeitsplätzen u. die Einhaltung der Sicherheitsvorschriften überwachen soll;* ~**behörde,** die; ~**bestimmung,** die ⟨meist Pl.⟩ svw. ↑~vorschrift; ~**bindung,** die (Sport): *Skibindung, die sich beim Sturz automatisch löst u. damit oft schwere Fußverletzungen verhindert;* ~**debatte,** die (Politik Jargon): *Debatte (im Bundestag) über die äußere od. innere Sicherheit;* ~**fach,** das: svw. ↑Geheimfach; ~**faktor,** der: *der Sicherheit* (1) *dienende Vorrichtung, Institution od. Tatsache;* ~**farbe,** die: *kräftige, auch bei schlechter Beleuchtung gut sichtbare Farbe* (z. B. für Fahrzeuge od. für die Bekleidung von Straßenarbeitern); ~**garantie,** die; ~**glas,** das ⟨Pl. ...gläser⟩: *splitterfreies Glas;* ~**gründe** ⟨Pl.⟩ in der Fügung **aus -en** *(um mögliche Gefahren auszuschließen);* ~**gurt,** der: **a)** *Gurt, mit dem man sich im Auto od. Flugzeug anschnallt, um bei einem Ruck od. Unfall nicht vom Sitz geschleudert zu werden; Haltegurt;* **b)** svw. ↑~gürtel; ~**gürtel,** der: *(von Seglern, Kunstturnern, Bauarbeitern auf dem Dach od. auf einem Gerüst benutzter) fester, um den Leib u. über die Schultern gelegter Gurt, an dem Halteleinen befestigt sind;* ~**halber** ⟨Adv.⟩: *zur Sicherheit, um sicherzugehen:* ich sehe s./s. sehe ich noch einmal nach; ~**ingenieur,** der: *für den Arbeitsschutz zuständiger Ingenieur in einem größeren technischen Betrieb;* ~**inspektion,** die (DDR): **a)** *für Arbeits- u. Gesundheitsschutz verantwortliche Abteilung in einem größeren Betrieb;* **b)** *entsprechende Abteilung einer übergeordneten staatlichen Behörde, die die Sicherheitsinspektion* (a) *anleitet u. kontrolliert;* ~**inspektor,** der (DDR); *technisch qualifizierter, hauptamtlich für den Arbeits- u. Gesundheitsschutz in einem größeren Betrieb verantwortlicher Mitarbeiter;* ~**kettchen,** das: *dünnes, lose am Verschluß einer Halskette, eines Armbands o. ä. hängendes Kettchen, das den Verlust des Schmuckstückes verhindern soll, falls das Schloß aufgeht;* ~**kette,** die: **a)** *stabile [Eisen]kette, die innen so vor der Wohnungstür eingehängt wird, daß diese sich einen Spaltbreit öffnen läßt, um jmdn., der draußen steht, zwar sehen, aber sein gewaltsames Eindringen verhindern zu können;* **b)** *Gliederkette, mit der etw. abgesperrt* *od. gesichert wird;* **~lampe,** die (Bergbau): *tragbare Lampe mit offen brennendem, aber durch ein dichtes Drahtgitter geschütztem Licht, das durch besondere Leuchterscheinungen etwa auftretende gefährliche Gase anzeigt;* **~leistung,** die: *das Hinterlegen einer Sicherheit* (5): nur gegen S.; **~maßnahme,** die: das ist nur eine S.; **~nadel,** die: *eine bestimmte Art von Nadel, die so gebogen ist, daß sich beide Enden parallel zueinander befinden, so daß die Spitze mit leichtem Druck in die am Ende angebrachte Vorrichtung hineingebracht werden u. etw. auf diese Weise fest- od. zusammengehalten werden kann;* **~organe** ⟨Pl.⟩ (bes. DDR): *mit Staatsschutz u. Spionageabwehr befaßte Dienststellen;* **~pakt,** der (Politik): *die gegenseitige [militärische] Sicherheit garantierender Pakt zwischen zwei od. mehreren Staaten;* **~polizei,** die: **a)** *für die öffentliche Sicherheit zuständige Abteilungen der Polizei* (z. B. Kriminal-, Wasserschutz-, Verkehrspolizei); **b)** (ns.) *geheime Staatspolizei;* **~rat,** der ⟨o. Pl.⟩: *Organ der Vereinten Nationen zur Beilegung von Konflikten zwischen Staaten der Welt;* **~risiko,** das (Politik Jargon): *jmd. od. etw., was die Sicherheit gefährdet:* sind Extremisten ein S.?; **~schloß,** das: *(durch einen im Gehäuse drehbar gelagerten, in geschlossenem Zustand aber durch mehrere Stifte festgehaltenen Zylinder) bes. gesichertes Türschloß;* **~schlüssel,** der: *[numerierter] Schlüssel, der nur für ein einziges Sicherheitsschloß paßt;* **~schwelle,** die: *Grenzwert (für Temperatur, Druck, Geschwindigkeit o. ä.), bis zu dem etw., z. B. eine Maschine, noch als sicher gelten kann:* die S. für Atomkraftwerke läßt sich noch nicht eindeutig bestimmen; **~ventil,** das (Technik): *Ventil in einem Dampfkessel o. ä., das sich bei zu hohem Innendruck automatisch öffnet;* **~verschluß,** der: *zusätzliche Sperre, die das Aufgehen eines Verschlusses, z. B. bei einem Schmuckstück, unmöglich macht;* **~verwahrung,** die: svw. ↑Sicherungsverwahrung; **~vorkehrung,** die: -en treffen; **~vorschrift,** die: *um der Sicherheit willen erlassene Vorschrift.*

sicherlich ⟨Adv.⟩ [mhd. sicherlîche, ahd. sichurlîcho]: *aller Wahrscheinlichkeit nach; ganz gewiß; mit ziemlicher Sicherheit; sicher* (II): das war s./s. war das nur ein Versehen; seine s. übertriebenen Äußerungen (Dönhoff, Ära 62); **sichern** ⟨sw. V.; hat⟩ [mhd. sichern, ahd. sihhurōn]: **1. a)** *sicher machen, vor einer Gefahr schützen:* ein Fahrrad [mit einem Speichenschloß] gegen Diebstahl s.; die Tür mit einer Kette s.; du mußt dich gegen/vor Verlust dieser Kunstwerke s.; sich durch ein Seil [beim Bergsteigen] s.; die Grenzen s.; er hat sich nach allen Seiten *(gegen Einwände, die von verschiedenen Seiten kommen könnten)* gesichert; das Gewehr s. *(den Abzug blockieren, daß nicht versehentlich ein Schuß gelöst werden kann);* Jandell ... füllte das Magazin seiner Pistole nach, lud durch, sicherte und verstaute die Waffe unter dem Kopfkissen (Zwerenz, Quadriga 16); **b)** *garantieren* (b): das Gesetz soll die Rechte der Menschen s.; dazu bestimmt, ... dem inländischen Produzenten einen bestimmten Marktpreis zu s. (Fraenkel, Staat 132); ⟨2. Part.:⟩ ein gesichertes *(festes)* Einkommen haben; seine Zukunft ist gesichert *(wirtschaftlich garantiert);* das Resultat ist wissenschaftlich, statistisch gesichert; ein gesicherter Lebensabend. **2. a)** *in seinen Besitz bringen; verschaffen; (für jmdn. od. sich) sicherstellen:* sich einen Platz, einen Vorsprung, ein Vorkaufsrecht s.; ich habe mir eine Theaterkarte gesichert; dieser Sprung hat ihm den Sieg gesichert; **b)** *(am Tatort Beweismittel polizeilich) ermitteln, solange sie noch erkennbar sind:* die Polizei sichert die Spuren, Fingerabdrücke. **3.** (Jägerspr.) *lauschen, horchen, Witterung nehmen:* das Reh sichert mit vorgelegten Lauschern; ein sichernder Hirsch; ⟨Abl.:⟩ **Sicherung,** die; -, -en [mhd. sicherunge = Bürgschaft, Schutz]: **1. a)** ⟨o. Pl.⟩ *das Sichern, Schützen, Sicherstellen:* Erhaltung und S. des Bestehenden; die S. der Arbeitsplätze hat Vorrang; diese Maßnahme dient der S. des Friedens; **b)** *etw. dem Schutz, dem Sichersein Dienendes:* Politik des knappen Geldes als S. gegen Inflation; vermochte Hitler mit Hilfe scheinbar legaler Manipulationen rasch die schwachen -en innerhalb seines Kabinetts zu überspielen (Fraenkel, Staat 207); das Netz sozialer -en *(die gesetzlich verankerten sozialen Leistungen, die den einzelnen Bürger vor sozialer Not schützen);* **c)** svw. ↑Sicherheit (5). **2. a)** (Elektrot.) *Vorrichtung, durch die [mit Hilfe eines dünnen, bei Überhitzung schmelzenden Drahtes] ein Stromkreis unterbrochen wird, falls die entsprechende Leitung zu stark belastet ist od. in ihr eine Störung, ein Kurzschluß auftritt:* eine S. von 10 Ampère; die automatische S. wieder hineindrücken; die S. ist durchgebrannt, herausgesprungen; Kurz vor Mittag haute es die -en durch. Mit einem Schlag standen die Maschinen still (Fels, Sünden 87); *** **jmdm. brennt die S. durch** (ugs.; *jmd. verliert die Beherrschung, die Kontrolle über sich selbst*); **b)** *technische Vorrichtung, mit der etw. so gesichert wird, daß es nicht von selbst aufgehen, wegrutschen, losgehen kann:* jede Schußwaffe muß eine S. haben; Der Lastwagen hielt. Ich nahm die Haken aus der S., klappte den Verschlag herunter und sprang ... ab (Bieler, Bonifaz 58).

sicherungs-, Sicherungs-: **~abtretung,** die (Wirtsch.): *das Abtreten einer eigenen Forderung als Sicherheitsleistung eines Schuldners gegenüber seinem Gläubiger;* **~geber,** der (Wirtsch.): *Schuldner bei der Sicherungsübereignung* (Ggs.: ~nehmer); **~grundschuld,** die (Wirtsch.): *Grundschuld zur Sicherung einer Forderung;* **~gruppe,** die: *Gruppe von Spezialisten bei der Kriminalpolizei, die für die Spurensicherung besonders ausgebildet sind;* **~haken,** der: *Haken, mit dem etw. gesichert, festgehalten wird;* **~hebel,** der: *Hebel an einer Schußwaffe, der jeweils zum Sichern od. Entsichern umgelegt wird;* **~hypothek,** die (Wirtsch.): *Hypothek, deren Höhe von der eigentlichen u. vom Gläubiger ausdrücklich nachzuweisenden Forderung bestimmt ist;* **~kasten,** der: *Kasten od. Schränkchen an der Wand, in dem die für den Bereich eines Stromzählers bestimmten elektrischen Leitungen zusammenlaufen u. die entsprechenden Sicherungen* (2 a) *montiert sind;* **~maßnahme,** die: vgl. Sicherheitsmaßnahme; **~nehmer,** der (Wirtsch.): *Gläubiger bei der Sicherungsübereignung* (Ggs.: ~geber); **~seil,** das (Bergsteigen); **~übereignen** ⟨sw. V.; hat; nur im Inf. u. 2. Part. gebr.⟩ (Wirtsch.): *dem Gläubiger als Sicherheit für eine Schuld übergeben:* die Bank hat sich Teile des beweglichen Vermögens s. lassen; **~übereignung,** die (Wirtsch.): *Übergabe zur Sicherung einer Forderung, ohne daß der Gläubiger dabei schon Besitz od. Nutzungsrecht erwirbt;* **~verwahrte,** der od. die; -n, -n ⟨Dekl. ↑Abgeordnete⟩ (jur.): *jmd., der in Sicherungsverwahrung sitzt;* **~verwahrung,** die (jur.): *um der öffentlichen Sicherheit willen über die eigentliche Strafe hinaus verhängter Freiheitsentzug für einen gefährlichen Hangtäter.*

Sichler ['zɪçlɐ], der; -s, - [nach dem sichelförmig gebogenen Schnabel]: *zu den Ibissen gehörender Sumpfvogel.*

Sicht [zɪçt], die; -, -en ⟨Pl. selten⟩ [mhd., ahd. siht; zu ↑sehen; 1: aus der Seemannsspr.; 3: urspr. mniederd. LÜ von ital. vista]: **1.** ⟨o. Pl.⟩ **a)** *Möglichkeit, [in die Ferne] zu sehen; Zugang, den der Blick zu mehr od. weniger entfernten Gegenständen hat:* gute, schlechte, klare, freie S. haben; heute ist kaum S.; die S. beträgt nur fünfzig Meter; die S. auf die Berge ist verhängt, öffnet sich; Häuser versperren uns die S.; indem er dem Torhüter in der S. gestanden hatte (Frisch, Stiller 254); hier sind wir gut gegen S. geschützt; **b)** *Sichtweite:* ein Schiff kommt in S.; Land in S.!; er verfolgte das Flugzeug mit dem Glas, bis es außer S. war; in S. der Küste segeln; auf S. fliegen *(in direkter Steuerung, nicht im Blindflug nach Instrumenten);* **c)** (selten) *das Sehen:* Augen, in deren Winkeln sich durch angespannte S. Fältchen gebildet hatten (Seghers, Transit 192). **2.** *Betrachtungsweise, Sehweise, Anschauung:* deine S. ist oberflächlich (Hochhuth, Stellvertreter 84); er hat eine eigene S. der Welt entwickelt; Die Sprache ist ein sehr umfassendes Phänomen, das viele -en bietet (Seidler, Stilistik 12); aus meiner S. ist das anders; in der S. des Historikers liegen die Gewichtungen anders; eine unglückselige Entdeckung wie die meine verleitet zu pessimistischer S. in Dingen der Kunstgeschichte (Hildesheimer, Legenden 65). **3.** ⟨o. Pl.⟩ (Kaufmannsspr.) *das Vorzeigen, Vorlage:* ein Wechsel auf S.; Fälligkeit bei S.; zehn Tage nach S. zahlbar; *** **auf lange/weite/kurze S.** *(für lange, kurze Zeit, Dauer):* auf weite S. planen; auf lange S. müssen neue Energiequellen gefunden werden.

sicht-, Sicht-: **~behinderung,** die: S. durch parkende Autos; **~beton,** der (Archit.): *(als künstlerisches Ausdrucksmittel) unverkleidet belassener Beton, auf dem die Abdrücke der ehemaligen Holzverschalung erhalten bleiben:* ein moderner Kirchenraum in S.; **~blende,** die: *Vorhang, leichte Trennwand, Jalousie o. ä. als Schutz vor unerwünschten Ein- od. Durchblicken;* **~einlage,** die (Bankw.): *kurzfristige Einlage* (8 a), *über die jederzeit verfügt werden kann;* **~feld,** das: svw. ↑Blickfeld; **~fenster,** das (Technik): *Scheibe aus Glas od. durchsichtigem Kunststoff, durch die der Blick in das Innere eines Gerätes ermöglicht wird:* ein Backofen mit

-n; ~**flug,** der (Flugw.): *Flug mit Bodensicht u. entsprechender Orientierung;* ~**gerät,** das (Elektronik): *Gerät, das auf einem Leuchtschirm die gespeicherten Informationen sichtbar macht;* ~**grenze,** die: *Grenze, bis zu der man entsprechend den Wetter- u. Umweltbedingungen sehen u. Einzelheiten erkennen kann:* die S. liegt heute wegen Nebels bei nur dreißig Metern; ~**guthaben,** das (Bankw.): svw. ↑~einlage; ~**karte,** die: *Fahrausweis* (1), *der durch bloßes Vorzeigen zum Mitfahren berechtigt* (z. B. Zeitkarte, Schwerbehindertenausweis), dazu: ~**karteninhaber,** der; ~**kartei,** die (Bürow.): *übersichtliche Kartei aus schuppenartig übereinander angeordneten od. mit farbigen Reitern versehenen Karteikarten;* ~**linie,** die (Verkehrsw.): *Linie, von der aus eine Straße, Kreuzung o. ä. eingesehen werden kann:* bis zur S. vorfahren; ~**schutz,** der: *Schutz vor unerwünschten Einblicken, vor unerwünschter Beobachtung;* ~**verhältnisse** ⟨Pl.⟩: *[wetterbedingte] Verhältnisse der Sicht* (1 a); ~**vermerk,** der: svw. ↑Visum, dazu: ~**vermerkfrei** ⟨Adj.; o. Steig.⟩ (Amtsspr.): *ohne ein Visum erlaubt:* die Einreise in dieses Land ist s.; ~**wechsel,** der (Bankw.): *Wechsel, der auf Sicht, d. h. bei Vorlage, fällig wird;* ~**weite,** die: *Entfernung, bis zu der etw. gesehen u. erkannt werden kann; Sicht* (1 b): die S. betrug etwa zweihundert Meter; das Schiff näherte sich fast auf S.; außer, in S. sein; ~**werbung,** die: *deutlich u. weithin sichtbare Werbung.*

sichtbar ['zɪçtba:ɐ̯] ⟨Adj.⟩: **a)** *mit den Augen wahrnehmbar, erkennbar:* die -e Welt; im Röntgenbild war das Geschwür deutlich s.; weithin s. funkelte die Leuchtschrift über den Dächern; die Stelle, wo hinter entfernteren Hängen und ihr nicht s. *(für sie nicht zu sehen)* die ausgedehnten Gebäude des Zarenhauses liegen mußten (Musil, Mann 1198); **b)** *deutlich [erkennbar], sichtlich, offenkundig:* -e Fortschritte machen; die Unterschiede in ihren Ansichten traten immer -er zutage; sein Befinden hat sich s. verschlechtert; Gesetze, die s. unter dem Druck der Straße zustande kommen (Fraenkel, Staat 225); etw. s. machen *(verdeutlichen);* ⟨Abl.:⟩ **Sichtbarkeit,** die; -: *Erkennbarkeit; sichtbare, deutliche Beschaffenheit:* die mögliche S. Gottes auf Erden (Werfel, Himmel 225); **sichtbarlich** ⟨Adj.; meist adv.⟩ (geh., altertümelnd): *deutlich, sichtbar; offensichtlich:* der Stern, der die Sonne s. begleitet (A. Zweig, Grischa 71); daß das Dunkelblanke in deinem Gesicht ... -er hervortritt (Th. Mann, Joseph 468); **sichten** ['zɪçtn̩] ⟨sw. V.; hat⟩ [1: aus der Seemannsspr., zu ↑Sicht; 2: mniederd. sichten = sieben, zu ↑Sieb; heute als identisch mit sichten (1) empfunden]: **1.** *in größerer Entfernung wahrnehmen; erspähen:* sie sichteten am Horizont ein Schiff, einen Eisberg; die Schiffbrüchigen s.; Wild s.; der Raubvogel schießt nieder zur gesichteten Beute. **2.** *durchsehen u. ordnen:* einen Nachlaß s.; das Material s.; die Papiere wurden gesichtet und in Ordnung befunden; Er trennte diese Äußerungen in offenbare und geheime und sichtete sie ... in drei Klassen (Jahnn, Geschichten 81); **sichtig** ['zɪçtɪç] ⟨Adj.; Steig. ungebr.; nicht adv.⟩ [aus der Seemannsspr.; mhd. sihtec, ↑-sichtig]: *(vom Wetter u. ä.) klar, so daß man gute Sicht hat:* bei -em Wetter; die Luft war klar und s.; **-sichtig** [-zɪçtɪç; mhd. sihtec = sichtbar, sehend] in Zusb., z. B. kurzsichtig, weitsichtig; **Sichtigkeit,** die; -: *sichtige Beschaffenheit;* **sichtlich** ['zɪçtlɪç] ⟨Adj.; o. Steig.; nicht präd.; meist adv.⟩ [mhd. sihtlich = sichtbar]: *offenkundig, deutlich, spürbar, merklich, in sichtbarem Maße:* mit -er Freude; sie war s. gespannt; s. erschrocken, beeindruckt sein; das war ihm s. zu viel; **Sichtung,** die; -, -en: **1.** ⟨o. Pl.⟩ *das Sichten* (1): nach S. der Schiffbrüchigen vom Flugzeug aus wurden Rettungsaktionen eingeleitet. **2.** *das Sichten* (2), *Prüfen u. Ordnen;* die Erfassung und S. des Nachlasses.

Siciliano [zitʃi'lia:no], der; -s, -s u. ...ni [ital. (danza) siciliana, eigtl. = (Tanz) aus Sizilien]: *aus einem alten sizilianischen Volkstanz im $^6/_8$- od. $^{12}/_8$-Takt entwickeltes, ursprünglich schnelles, später langsames, oft in Moll gehaltenes Musikstück bes. der Barockzeit mit punktiertem Rhythmus u. meist lyrischer Melodie;* **Sicilienne** [zisi'liɛn, (frz.:) sisi'ljɛn], die; -, -s [frz. sicilienne]: svw. ↑Siciliano.

[1]**Sicke** ['zɪkə], die; -, -n [H. u.] (Technik): *rinnenförmige Vertiefung, Kehlung, [zur Versteifung dienende] Randverzierung:* eine Karosserie mit glatten Seitenflächen und durchlaufenden -n.

[2]**Sicke** [-], die; -, -n [niederd. sike, Vkl. von ↑sie] (landsch., veraltend, Jägerspr.): *Weibchen eines kleinen Vogels* (z. B. bei Drossel od. Wachtel): so ein Kanarienvogel ist treu wie ein Hund, besonders die -n (Zwerenz, Kopf 145).

sicken ['zɪkn̩] ⟨sw. V.; hat⟩ [zu [1]Sicke] (Technik): *(ein Blech, ein Werkstück) mit [1]Sicken versehen:* ein Waggon mit gesickter Außenhaut aus nichtrostendem Stahl; ⟨Zus.:⟩ **Sickenhammer,** der; **Sickenmaschine,** die.

Sicker- (sickern): ~**anlage,** die: *Anlage, Vorrichtung, durch die Regenwasser u. Abwässer schneller im Boden versickern können;* ~**grube,** die: svw. ↑Senkgrube; ~**schacht,** der: *mit Steinen u. Kies gefüllter Schacht, durch den abzuleitendes Wasser in das Grundwasser sickern kann;* ~**stelle,** die: *undichte Stelle, an der Wasser durchsickern kann;* ~**verlust,** der: *in einem stehenden Gewässer durch Versickern entstandener Verlust;* ~**wasser,** das ⟨o. Pl.⟩: **1.** *in den Boden dringendes [Regen]wasser.* **2.** *an einer schadhaften Stelle in einem Deich, Damm o. ä. durchsickerndes Wasser.*

sickern ['zɪkɐn] ⟨sw. V.; ist⟩ [urspr. mundartl., Iterativbildung zu ↑seihen in der urspr. Bed. „ausfließen"]: *(von Flüssigkeiten) allmählich, tröpfchenweise durch etw. hindurchrinnen, spärlich fließen:* das Regenwasser sickert in den Boden; Blut ist durch den Verband gesickert; Ü Die Nacht sickerte vom Himmel (Zuckmayer, Herr 112); die Pläne der Regierung waren in die Presse gesickert *(heimlich gelangt).*

Sick-out ['sɪkaʊt, '-'-, -'-], das; -s, -s [amerik. sick-out, zu engl. sick = krank u. out = (her)aus]: *Krankmeldung, um die eventuelle Bestrafung für die Teilnahme an einem Streik zu umgehen.*

sic transit gloria mundi ['zi:k ('zɪk) 'tranzɪt 'glo:ria 'mʊndi; spätlat. = so vergeht der Ruhm der Welt; offiziell verwendet beim Einzug eines neuen Papstes zur Krönung]: bildungsspr., oft scherzh., wenn ein Mächtiger gestürzt o. ä. wird.

Sideboard ['saɪdbɔ:d], das; -s, -s [engl. sideboard, eigtl. = Seitenbrett]: *längeres, niedriges Möbelstück, das an der Wand eines Raumes steht u. als Ablage, Anrichte dient.*

siderisch [zi'de:rɪʃ] ⟨Adj.; o. Steig.⟩ [lat. sīdereus, zu: sīdus = Stern(bild)]: *auf die Sterne bezogen, Stern...:* die -e Umlaufzeit *(Umlaufzeit eines Gestirns in seiner Bahn);* ein -es Jahr *(Sternjahr);* -es Pendel (Parapsych.: *frei an einem dünnen Faden od. Haar pendelnder Metallring od. Kugel zum Nachweis von Wasseradern od. Bodenschätzen).*

Siderit [zide'ri:t, auch: ...rɪt], der; -s, -e [zu griech. sídēros = Eisen]: *karbonatisches Eisenerz von meist gelblichbrauner Farbe; Eisenspat;* **Siderographie** [zidero...], die; -, -n [...i:ən; ↑-graphie]: **a)** ⟨o. Pl.⟩ *Tiefdruckverfahren mit gravierten Stahlplatten für Wiedergaben mit bes. scharfen Konturen* (z. B. bei Briefmarken); **b)** *einzelnes in diesem Verfahren gedrucktes Stück;* **Siderolith** [zidero'li:t, auch: ...lɪt], der; -s u. -en, -e[n] [↑-lith]: *Meteorit aus Eisenstein;* **Siderose** [zide'ro:zə], die; -, -n (Med.): *Ablagerung von Partikeln von Eisen od. Eisenoxyd in Geweben;* **Sideroskop** [...'sko:p], das; -s, -e [zu griech. skopeĩn = betrachten]: *in der Augenheilkunde verwendetes Gerät zum Nachweis von Eisensplittern im Auge.*

Sideronym [zidero'ny:m], das; -s, -e [zu lat. sīdus (↑siderisch) u. griech. ónyma = Name]: *Pseudonym aus dem Namen eines Sterns od. aus einem astronomischen Begriff.*

Siderosphäre [zidero-], die; - [zu griech. sídēros = Eisen u. ↑Sphäre] (Geol.): svw. ↑Nife.

sie [zi:] ⟨Personalpron.; 3. Pers. (Nom. u. Akk. Sg. u. Pl.)⟩ [1: mhd. si(e), ahd. si(u); 2 a: mhd. si(e), ahd. sie; b: aus früheren Anreden wie z. B.: Euer Gnaden (sie) haben geruht ...]: **1.** ⟨Fem. Sg.⟩ **a)** steht für ein weibliches Substantiv, das eine Person od. Sache bezeichnet, die auf Grund des Kontextes od. der Sprechsituation bekannt ist, von der schon die Rede war: ⟨Nom.:⟩ „Was macht eigentlich Maria?" – „Sie geht noch zur Schule."; wenn s. nicht gepflegt wird, geht die Maschine kaputt; er verdient das Geld, und s. *(die [Ehe]partnerin)* führt den Haushalt; vgl. er; ⟨Gen.:⟩ ihrer, (veraltet:) ihr: wir werden uns ihrer annehmen; ⟨Dativ:⟩ ihr: wir haben es ihr versprochen; ⟨Akk.:⟩ ich werde s. sofort benachrichtigen; erst wenn man s. nicht mehr hat, begreift man, was die Gesundheit wert ist; **b)** (veraltet) (in Großschreibung) Anrede an eine w. Untergebene (die weder mit du noch mit Sie angeredet wurde): ⟨Nom.:⟩ gebe Sie es zu!; hat Sie Ihren Auftrag erledigt?; ⟨Gen.:⟩ Ihrer, Ihr: ich bedarf Ihrer nicht mehr; ⟨Dativ:⟩ Ihr: wer hat Ihr das erlaubt?; ⟨Akk.:⟩ ich habe Sie nicht nach Ihrer Meinung gefragt! **2.** ⟨Pl.⟩ **a)** steht für ein Substantiv im Pl. od. für mehrere Substantive, die eine Person od. Sache bezeichnen, die auf Grund des Kontextes od. der Sprechsituation bekannt sind, von denen schon die Rede war: 〈Nom:〉 s. wollen heiraten; hier wollen s. (ugs.; *man, die Leute, die Behörden o. ä.*) jetzt eine Autobahn bauen; 〈Gen.:〉 ihrer, veraltet: ihr: um sich ihrer zu entledigen, verbrannte er die Sachen; ihr aller Leben; 〈Dativ:〉 ihnen: er wird sich bei ihnen entschuldigen; 〈Akk.:〉 wir haben s. alle nach ihrer Meinung gefragt; **b)** (in Großschreibung) Anrede an eine od. mehrere Personen (die allgemein üblich ist, wenn die Anrede du bzw. ihr nicht angebracht ist): 〈Nom.:〉 nehmen Sie doch Platz, meine Herren, mein Herr!; jmdn. mit Sie anreden; he, Sie da!; Sie Flegel, Sie!; 〈Gen.:〉 Ihrer (geh.): wir werden Ihrer gedenken; 〈Dativ:〉 Ihnen: ich kann es Ihnen leider nicht sagen; 〈Akk.:〉 aber, ich bitte Sie!; ***zu etw. muß man Sie sagen** (ugs. scherzh.; *etw. ist von überragender Qualität*): zu dem Kuchen muß man [schon] Sie sagen; 〈subst.:〉 [1]**Sie** [-], das; -[s], -[s]: das förmliche S.; lassen wir doch das steife S.!, [2]**Sie** [-], die; -, -s (ugs.): *Person od. Tier männlichen Geschlechts:* der Kanarienvogel ist eine S.; Gepflegte, sehr sportliche S. sucht unabhängige, charmante Freundin (Augsburger Allgemeine 29. 4. 78, 31).

Sieb [zi:p], das; -[e]s, -e [mhd. sip, ahd. sib]: **1.** *Gerät, das im ganzen od. am Boden aus einem gleichmäßig durchlöcherten Material od. aus einem netz- od. gitterartigen [Draht]geflecht besteht u. das dazu dient, Festes aus einer Flüssigkeit auszusondern od. kleinere Bestandteile einer [körnigen] Substanz von den größeren zu trennen:* ein feines, grobes S.; Tee, Kaffe durch ein S. gießen; Pudding, einen Brei durch ein S. rühren, schlagen, streichen; die Arbeiter schippten Sand, Kies auf das S.; das S. *(siebähnlich eingebaute Vorrichtung)* an der Benzinpumpe ist verdreckt, muß gereinigt werden; Ü Unser verdammtes Gedächtnis ist ein S. (Remarque, Obelisk 266); vgl. Gedächtnis. **2.** (Druckw.) *aus netzartiger Gaze hergestellte Druckform für den Siebdruck:* die Farbe mit einer Rakel auf dem S. verteilen.

sieb-, Sieb-: **~ähnlich** 〈Adj.〉: *einem Sieb* (1) *ähnlich;* **~artig** 〈Adj.; o. Steig.〉: *von, in der Art eines Siebs* (1): s. perforiert; **~bein,** das (Anat.): *an der Schädelbasis zwischen den Augenhöhlen gelegener, die Stirn- von der Nasenhöhle trennender, siebartig durchlöcherter Knochen;* **~bespannung,** die: *Bespannung* (2 a) *eines Siebs;* **~boden,** der: *Boden eines Siebs;* **~druck,** der 〈Pl. -e〉 **1.** 〈o. Pl.〉 *Druckverfahren, bei dem die Farbe durch ein feinmaschiges Gewebe auf das zu bedruckende Material gepreßt wird.* **2.** *im Siebdruckverfahren hergestelltes Druckerzeugnis; Schablonendruck* (2); *Serigraphie,* dazu: **~drucker,** der (Berufsbez.), **~druckmaschine,** die, **~druckschablone,** die, **~drucktechnik,** die, **~druckverfahren,** das; **~käse,** der: *passierter Quark;* **~kette,** die (Elektrot.): svw. ↑~schaltung; **~kohle,** die (Fachspr.): *klassierte* (2) *Kohle;* **~kreis,** der (Elektrot.): *(aus einer od. mehreren Spulen u. einem od. mehreren Kondensatoren bestehende) Schaltung zum Ausfiltern einer bestimmten Frequenz aus einem Gemisch von Frequenzen;* **~macher,** der: *jmd., der berufsmäßig Siebe* (1) *herstellt* (Berufsbez.); **~platte,** die: **1.** (Anat.) *Stirnhöhle u. Nasenhöhle voneinander trennender, siebartig durchlöcherter Teil des Siebbeins.* **2.** (Bot.) *siebartig durchbrochene Zellwand;* **~röhre,** die (Bot.): *röhrenförmige Transportbahnen im Phloem;* **~schaltung,** die (Elektrot.): *aus mehreren zusammengeschalteten Siebkreisen bestehende Schaltung;* **~teil,** der (Bot.): svw. ↑Phloem; **~zelle,** die (Bot.): *Zelle einer Siebröhre.*

[1]**sieben** ['zi:bn] 〈sw. V.; hat〉 [spätmhd. si(e)ben]: **1.** *durch ein Sieb schütten; durchsieben:* Sand, Kies s.; Mehl in eine Schüssel s. **2.** *eine [größere] Anzahl von Personen, von Sachen kritisch durchgehen, prüfen u. eine strenge Auswahl treffen, die Personen, Sachen, die ungeeignet sind, ausscheiden:* Bewerber, Kandidaten s.; Auch entzieht sich der Vorgang der Nachrichtenauswahl seiner Kontrolle: die Redaktion siebt das Material ... hinter verschlossenen Türen (Enzensberger, Einzelheiten 23); 〈auch o. Akk.-Obj.:〉 bei der Prüfung haben sie [schwer] gesiebt; unter den Bewerbern wurde sehr gesiebt.

[2]**sieben** [-] 〈Kardinalz.〉 [mhd. siben, ahd. sibun] (als Ziffer: 7): vgl. acht; **Sieben** [-], die; -, -en, auch: -: **a)** *Ziffer 7:* eine S. schreiben; die böse S. *(die Unglückszahl 7);* **b)** *Spielkarte mit sieben Zeichen:* eine S. ablegen; ***böse S.** (ugs. veraltend; *zänkische, streitsüchtige Ehefrau;* nach der Sieben im Karnöffel, auf der anfangs der Teufel, später eine Hexe dargestellt war); **c)** (ugs.) *Wagen, Zug der Linie 7:* wo hält die S.? Vgl. [1]Acht.

sieben-, Sieben- (vgl. auch: acht-, Acht-): **~adrig** 〈Adj.; o. Steig.; nicht adv.〉 (Elektrot.): vgl. einadrig; **~armig** 〈Adj.; o. Steig.; nicht adv.〉: vgl. achtarmig; **~bändig** 〈Adj.; o. Steig.; nicht adv.〉: vgl. achtbändig; **~blätt[e]rig** 〈Adj.; o. Steig.; nicht adv.〉 (Bot.): vgl. achtblättrig; **~eck,** das: vgl. Achteck; **~eckig** 〈Adj.; o. Steig.; nicht adv.〉: vgl. achteckig; **~einhalb** 〈Bruchz.〉 (mit Ziffern: 7 1/2): s. Meter (vgl. ~undeinhalb); **~gescheit** 〈Adj.; o. Steig.〉 (spött.): svw. ↑neunmalklug; **~geschossig** 〈Adj.; o. Steig.; nicht adv.〉: vgl. achtgeschossig; **~hundert** 〈Kardinalz.〉 (mit Ziffern: 700): vgl. hundert; **~jährig** 〈Adj.; o. Steig.; nur attr.〉 (mit Ziffer: 7jährig): **a)** *sieben Jahre alt;* **b)** *sieben Jahre dauernd:* nach -er Ehe; der Siebenjährige Krieg *(Krieg zwischen England u. Frankreich u. deren Verbündeten von 1756–63);* **~jährlich** 〈Adj.; o. Steig.; nicht präd.〉 (mit Ziffer: 7jährlich): vgl. achtjährlich; **~köpfig** 〈Adj.; o. Steig.; nicht adv.〉: **1.** vgl. sechsköpfig: ein -es Gremium. **2.** *sieben Köpfe habend:* ein -es Ungeheuer; **~mal** 〈Wiederholungsz., Adv.〉: vgl. achtmal; **~malig** 〈Adj.; o. Steig.; nur attr.〉 (mit Ziffer: 7malig): vgl. achtmalig; **~meilenschritt,** der 〈meist Pl.〉 (ugs. scherzh.): *sehr großer Schritt:* -e machen; Ü die Inflation schreitet mit -en fort; **~meilenstiefel** 〈Pl.〉 [LÜ von frz. bottes de sept lieus] in Verbindungen wie **S. anhaben** (ugs. scherzh.; *mit sehr großen Schritten [u. deshalb sehr schnell] gehen*); **mit -n** (ugs. scherzh.: 1. *mit sehr großen Schritten [u. deshalb sehr schnell]:* mit -n gehen. 2. *sehr schnell:* die Entwicklung schreitet mit -n voran); **~meter,** der; -s, -: **a)** (Hallenhandball) svw. ↑Siebenmeterwurf; **b)** (Hockey) svw. ↑Siebenmeterball (a), dazu: **~meterball,** der (Hockey, Hallenhandball): *nach bestimmten schweren Regelverstößen verhängte Strafe, bei der der Ball vom Siebenmeterpunkt, von der Siebenmeterlinie aus direkt auf das Tor geschossen wird,* **~meterlinie,** die (Hallenhandball): vgl. ~meterpunkt, **~meterpunkt,** der (Hockey): *sieben Meter vor dem Tor befindlicher Punkt, von dem aus ein Siebenmeterball ausgeführt wird,* **~meterschießen,** das; -s (Hokkey): *Entscheidung eines Spiels durch eine bestimmte Anzahl von Siebenmeterbällen,* **~meterwurf,** der (Hallenhandball): vgl. ~meterball; **~monatig** 〈Adj.; o. Steig.; nur attr.〉 (mit Ziffer: 7monatig): vgl. achtmonatig; **~monatlich** 〈Adj.; o. Steig.; nicht präd.〉 (mit Ziffer: 7monatlich): vgl. achtmonatlich; **~monatskind,** das: *schon nach siebenmonatiger Schwangerschaft geborenes Kind;* **~punkt,** der: *Marienkäfer mit sieben schwarzen Punkten auf der roten Oberseite;* **~sachen** 〈Pl.; nur in Verb. mit einem Possessivpronomen〉 (ugs.): *Sachen, die man für einen bestimmten Zweck braucht, bei sich führt; Habseligkeiten:* seine S. zusammensuchen, packen, verstauen; hast du deine S. beisammen?; **~saitig** 〈Adj.; o. Steig.; nicht adv.〉: vgl. dreisaitig; **~schläfer,** der [1: älter = Langschläfer, nach der Legende von sieben Brüdern, die bei einer Christenverfolgung eingemauert wurden u. nach 200jährigem Schlaf wieder erwachten]: **1.** *Bilch mit auf der Oberseite grauem, auf der Unterseite weißem Fell u. langem, buschigem Schwanz, der einen bes. langen Winterschlaf hält.* **2.** volkst. Bez. für den als Lostag geltenden 27. Juni (nach altem Volksglauben sollen auf einen regnerischen 27. Juni stets sieben regnerische Wochen folgen); **~stellig** 〈Adj.; o. Steig.; nicht adv.〉: vgl. achtstellig, sechsstellig; **~stern,** der: *kleine, einheimische, wildwachsende Pflanze, deren an einem langen, dünnen Stengel sitzende, meist weiße Blüte die Form eines siebenzackigen Sterns hat;* **~stöckig** 〈Adj.; o. Steig.; nicht adv.〉 (mit Ziffer: 7stökkig): vgl. achtstöckig; **~strahlig** 〈Adj.; o. Steig.; nicht adv.〉: vgl. sechsstrahlig; **~stündig** 〈Adj.; o. Steig.; nur attr.〉 (mit Ziffer: 7stündig): vgl. achtstündig; **~stündlich** 〈Adj.; o. Steig.; nicht präd.〉 (mit Ziffer: 7stündlich): vgl. achtstündlich; **~tagefieber,** das: svw. ↑Denguefieber; **~tägig** 〈Adj.; o. Steig.; nur attr.〉 (mit Ziffer: 7tägig): vgl. achttägig; **~täglich** 〈Adj.; o. Steig.; nicht präd.〉 (mit Ziffer: 7täglich): vgl. achttäglich; **~tausend** 〈Kardinalz.〉 (mit Ziffern: 7000): vgl. tausend; **~tausender,** der: vgl. Achttausender; **~teilig** 〈Adj.; o. Steig.; nicht adv.〉 (mit Ziffer: 7teilig): vgl. achtteilig; **~tonner,** der: vgl. Achttonner; **~uhrvorstellung,** die: vgl. Achtuhrvorstellung; **~uhrzug,** der: vgl. Achtuhrzug; **~undeinhalb** 〈Bruchz.〉 (mit Ziffern: 7 1/2): svw. ↑~einhalb; **~undsiebzig** 〈Kardinalz.〉 (mit Ziffern: 77): vgl. acht; **~wertig** 〈Adj.; o. Steig.; nicht adv.〉 (Chemie): vgl. dreiwertig (1); **~wöchentlich** 〈Adj.; o. Steig.; nicht präd.〉 (mit Ziffer:

7wöchentlich): vgl. dreiwöchentlich; **~wöchig** ⟨Adj.; o. Steig.; nur attr.⟩ (mit Ziffer: 7wöchig): vgl. dreiwöchig; **~zackig** ⟨Adj.; o. Steig.; nicht adv.⟩: vgl. dreizackig: ein -er Stern; **~zahl,** die ⟨o. Pl.⟩: *Zahl 7, Anzahl von sieben:* nicht nur im Märchen spielt die S. eine wichtige Rolle; **~zählig** ⟨Adj.; o. Steig.; nicht adv.⟩ (Bot.): vgl. sechszählig; **~zehn** usw. (veraltet): svw. ↑siebzehn usw.; **~zeiler,** der: vgl. Sechszeiler; **~zeilig** ⟨Adj.; o. Steig.; nicht adv.⟩ (mit Ziffer: 7zeilig): vgl. achtzeilig; **~zimmerwohnung,** die: vgl. Fünfzimmerwohnung.

Siebener ['zi:bənɐ], der; -s, - (landsch.): vgl. Dreier (3); **siebenerlei** ⟨best. Gattungsz.; indekl.⟩ [↑-lei]: vgl. achterlei; **Siebenerschiit,** der; -en, -en: svw. ↑Ismailit; **siebenfach** ⟨Vervielfältigungsz.⟩ (mit Ziffer: 7fach) [↑-fach]: vgl. achtfach; ⟨subst.:⟩ **Siebenfache,** das; -n (mit Ziffer: 7fache); **Siebenling** [...lɪŋ], der; -s, -e ⟨meist Pl.⟩ [nach ↑Zwilling geb.]: vgl. Fünfling; **siebent** ['zi:bn̩t] in der Fügung **zu s.** (↑siebt); **siebent...** ['zi:bn̩t...] ⟨Ordinalz. zu ↑[2]sieben⟩ [mhd. siebende, siebente, ahd. sibunto] (als Ziffer: 7.): svw. ↑siebt...; **siebent-, Siebent-** ⟨Ordinalz. zu ↑[2]sieben⟩; ⟨in Zus.:⟩ svw. ↑siebt-, Siebt-; **siebentel** ['zi:bn̩tl̩] ⟨Bruchz.⟩ (als Ziffer: $\frac{1}{7}$): svw. ↑siebtel; **Siebentel** [-], das, schweiz. meist: der; -s, - [aus älter siebentel]: svw. ↑Siebtel; **siebentens** ['zi:bn̩təns] ⟨Adv.⟩ (als Ziffer: 7.): svw. ↑siebtens; **siebenzig** ['zi:bn̩tsɪç] usw. (veraltet): svw. ↑siebzig usw.; **siebt** [zi:pt] in der Fügung **zu s.** *(als Gruppe von sieben Personen):* sie kamen zu s.; **siebt...** [zi:pt...] ⟨Ordinalz. zu ↑[2]sieben⟩ [mhd. sibte, ahd. sibunto] (als Ziffer: 7.): vgl. sechst...; **siebt-, Siebt-** ⟨Ordinalz. zu ↑[2]sieben⟩; ⟨in Zus.:⟩ vgl. [1]dritt-, [1]Dritt-; **siebtel** ['zi:ptl̩] ⟨Bruchz.⟩ (als Ziffer: $\frac{1}{7}$): vgl. achtel; **Siebtel** [-], das, schweiz. meist der; -s, - [↑Siebentel]: vgl. Achtel (a); **siebtens** ['zi:ptn̩s] ⟨Adv.⟩ (als Ziffer: 7.): vgl. achtens.

Siebung, die; -, -en [zu ↑[1]sieben]: **1.** *das Sieben* (1). **2.** *das Sieben* (2): während ... von den Personen ... nach strengster S. nur eine ganz kleine Anzahl übriggeblieben war (Musil, Mann 216).

siebzehn ['zi:ptse:n] ⟨Kardinalz.⟩ [mhd. sibenzehen] (mit Ziffern: 17): vgl. acht; **siebzehnhundert** ⟨Kardinalz.⟩ (mit Ziffern: 1 700): *eintausendundsiebenhundert:* das Jahr s.; s. Kubikzentimeter; **siebzehnjährig** ⟨Adj.; o. Steig.; nur attr.⟩ (mit Ziffern: 17jährig): vgl. achtjährig; **siebzehntel** [...tl̩] ⟨Bruchz.⟩ (in Ziffern: $\frac{1}{17}$): vgl. achtel; **Siebzehntel** [-], das, schweiz. meist: der; -s, -: vgl. Achtel (a); **Siebzehnundvier,** das; -: *Glücksspiel mit Karten für zwei od. mehrere Mitspieler, bei dem es gilt, eine Punktzahl von 21 zu erreichen od. möglichst nahe an diese Punktzahl heranzukommen;* **siebzig** ['zi:ptsɪç] ⟨Kardinalz.⟩ [mhd. sibenzec, ahd. sibunzug] (mit Ziffern: 70): vgl. achtzig; **Siebzig** [-], die; -: vgl. Achtzig; **siebziger** ['zi:ptsɪgɐ] ⟨indekl. Adj.⟩ (mit Ziffern: 70er): vgl. achtziger; **Siebziger** [-], der; -s, -: vgl. Achtziger;

Siebzigerin, die; -, -nen: w. Form zu ↑Siebziger; **Siebzigerjahre** [auch: '– – –'– –] ⟨Pl.⟩: vgl. Achtzigerjahre; **siebzigjährig** ⟨Adj.; o. Steig.; nur attr.⟩ (mit Ziffern: 70jährig): vgl. achtzigjährig; **siebzigst...** ['zi:ptsɪçst...] ⟨Ordinalz. zu ↑siebzig⟩ (in Ziffern: 70.): vgl. achtzigst...; **siebzigstel** [...stl̩] ⟨Bruchz.⟩ (in Ziffern: $\frac{1}{70}$): vgl. achtel; **Siebzigstel** [-], das, schweiz. meist: der; -s, -: vgl. Achtel (a).

siech [zi:ç] ⟨Adj.; nicht adv.⟩ [mhd. siech, ahd. sioh] (geh.): *(bes. von alten Menschen) [schon] über eine längere Zeit u. ohne Aussicht auf Besserung krank, schwach u. hinfällig:* meine -e Großmutter; er ist s. und alt; **Siechbett,** das; -[e]s, -en (veraltet): svw. ↑Krankenbett (1); **Sieche,** der u. die; -n, -n ⟨Dekl. ↑Abgeordnete⟩ (veraltet): *jmd., der siech ist;* **siechen** ['zi:çn̩] ⟨sw. V.; hat⟩ [mhd. siechen, ahd. siuchan, siuchēn] (veraltet): *siech sein.*

Siechen- (veraltet): **~bett,** das: svw. ↑Siechbett; **~haus, ~heim,** das (früher): *[Pflege]heim für Sieche.*

Siechheit, die; - [mhd. siech(h)eit] (veraltet): svw. ↑Siechtum; **Siechtum,** das; -s [mhd. siechtuom] (geh.): *das Siechsein:* Volle Heilung, chronisches S. ... können die Folge sein (Hackethal, Schneide 196); er starb nach langem S.

siede-, Siede-: ~barometer, das: svw. ↑Hyposometer; **~druck,** der ⟨Pl. -drucke⟩ (Physik): *herrschender [Luft]druck, von dessen Höhe es abhängt, bei welcher Temperatur etw. zu sieden beginnt;* **~fleisch,** das (südd., schweiz.): svw. ↑Siedfleisch; **~grad,** der (selten): svw. ↑~punkt; **~heiß** ⟨Adj.; o. Steig.; nicht adv.⟩ (selten): svw. ↑siedendheiß; **~hitze,** die (selten): *Temperatur, die ein flüssiger Stoff hat, wenn er kocht:* wenn das Öl fast S. erreicht hat; Ü die bis zur S. *(zum äußersten)* getriebene Nervosität und Gereiztheit (Apitz, Wölfe 355); **~punkt,** der (Physik): *(vom herrschenden [Luft]druck abhängige) Temperatur, bei der ein bestimmter Stoff vom flüssigen in den gasförmigen Aggregatzustand übergeht, zu kochen beginnt; Kochpunkt:* Öl hat einen höheren S. als Wasser; Ü stieg die allgemeine Stimmung in kürzester Zeit auf den S. *(erreichte ihren Höhepunkt;* Kirst, 08/15, 171); **~salz,** das: *durch Eindampfen einer Kochsalzlösung gewonnenes Kochsalz;* **~temperatur,** die (Physik): svw. ↑~punkt; **~wasserreaktor,** der (Kerntechnik): *Kernreaktor, bei dem das als Kühlmittel u. Moderator* (3) *dienende Wasser zum Sieden kommt.*

siedeln ['zi:dl̩n] ⟨sw. V.; hat⟩ [mhd. sidelen, ahd. gisidalen = ansässig machen]: *sich an einem bestimmten Ort (meist in einer noch nicht besiedelten Gegend) niederlassen u. sich dort ein [neues] Zuhause schaffen; eine Siedlung gründen:* an den Ufern haben schon die Kelten gesiedelt; Niemand dachte daran, in dem unwirtlichen Gelände zu s. (Buber, Gog 7); er hat 1945 in Mecklenburg gesiedelt (DDR früher; *ist Neubauer geworden*); Ü Hat ein Volk gesiedelt *(sich in einem Bienenstock niedergelassen)*, entnimmt der Imker ... den Honig (Tier 19, 1971, 19); ⟨Abl.:⟩ **Siedelung**: ↑Siedlung.

Siedelungs-: ↑Siedlungs-.

sieden ['zi:dn̩] ⟨st. (unr.) u. sw. V.; hat⟩ [mhd. sieden, ahd. siodan]: **1. a)** ⟨fachspr. nur: siedete, gesiedet⟩ (landsch., fachspr.) svw. ↑kochen (3 a): das Wasser, die Milch siedet schon lange; Wasser siedet bei 100 °C; siedende *(sehr große)* Hitze; die Suppe ist siedend heiß *(sehr heiß);* Ü mir siedet das Blut *(ich errege mich aufs äußerste)*, wenn ich diese Ungerechtigkeit sehe; in ihm siedete es *(er war sehr wütend);* **b)** (landsch.) *zum Kochen bringen:* Wasser s. **2.** ⟨meist: sott, gesotten⟩ (landsch.) **a)** svw. ↑kochen (1 a): Eier, Krebse s.; gesottener Fisch; gesottene Kartoffeln (bayr.; *Pellkartoffeln*); ⟨auch o. Akk.-Obj.:⟩ in der Küche wurde gebraten u. gesotten; ⟨subst.:⟩ Rindfleisch zum Sieden (Vorarlberger Nachr. 29. 11. 68, 20); ⟨subst. 2. Part.⟩ Gebratenes und Gesottenes; **b)** svw. ↑kochen (1 c): hart, weich gesottene Eier. **3.** (landsch.) svw. ↑kochen (3 b): die Kartoffeln müssen noch fünf Minuten s. **4.** (landsch.) svw. ↑kochen (5): Teer s. **5.** (veraltet) *durch Kochen einer Flüssigkeit herstellen, gewinnen:* Salz, Seife s. **6.** ⟨meist: siedete, gesiedet⟩ svw. ↑kochen (6): er siedete [vor Wut]; **siedendheiß** ⟨Adj.; o. Steig.⟩: **a)** ⟨nur attr.⟩ (landsch.) svw. ↑kochendheiß; **b)** (ugs.) in der Wendung **jmdm. s. einfallen** *(sich – weil man es vergessen hat od. beinahe vergessen hätte – mit Schrecken wieder an etw. erinnern, was man zu einer bestimmten Zeit erledigen, beachten o. ä. sollte):* Da ... fiel mir plötzlich s. ein, was meine Freundin gesagt hatte (Hörzu 10, 1977, 30); **Sieder,** der; -s, - (selten): **1. a)** kurz für ↑Leim-, Salz-, Seifensieder; **b)** kurz für ↑Tauchsieder. **2.** (Technik) *Behälter, in dem Wasser zum Sieden gebracht wird;* **Siederei** [zi:də'raj], die; -, -en (selten): *Betrieb, Raum, in dem gesiedet* (5) *wird* (z. B. Seifensiederei); **Siedfleisch** ['zi:t-], das; -[e]s (südd., schweiz.): *Fleisch zum Kochen; Suppenfleisch.*

Siedler ['zi:dlɐ], der; -s, - [älter nhd., schon spätmhd. in der Zus. sidlerguot]: **1. a)** *jmd., der gesiedelt hat, siedelt; Kolonist:* weil im frühen Mittelalter holländische S. die Weichselniederung entwässerten (Grass, Hundejahre 36); **b)** (DDR früher) svw. ↑Neubauer (Ggs.: Altbauer). **2.** (landsch.) svw. ↑Kleingärtner. **3.** *jmd., der eine Siedlerstelle hat.*

Siedler-: ~bedarf, der (landsch.): *von Siedlern* (2) *gebrauchtes Arbeitsmaterial, Gerät* (2); **~familie,** die: vgl. ~frau; **~frau,** die: *Frau eines Siedlers;* **~haus,** das: *Haus eines Siedlers;* **~stelle,** die: svw. ↑Heimstätte (2); **~stolz,** der (scherzh. veraltend): *selbstgezogener Tabak:* er raucht S.

Siedlerin, die; -, -nen: w. Form zu ↑Siedler; **Siedlung,** die; -, -en [nhd., spätmhd. in der Zus. sidlungsrecht = Siedlungsabgabe]: **1. a)** *Gesamtheit von beieinander stehenden, meist am Rande od. [etwas] außerhalb einer Stadt erbauten Wohnhäusern:* er wohnt in einer modernen, neuen S. [am Stadtrand]; **b)** *Gesamtheit der Bewohner einer Siedlung* (1 a): die ganze S. steht geschlossen hinter der Bürgerinitiative. **2.** *Gesamtheit der an einem von seßhaften Menschen bewohnten Ort stehenden Bauten:* menschliche -en; eine römische, keltische, indianische S.; -en mit über 100 000 Einwohnern heißen Großstädte; eine S. gründen. **3. a)** svw. ↑Siedlerstelle; **b)** (DDR früher) *Anwesen eines Siedlers* (1 b); *Neu-*

bauernsiedlung. **4.** ⟨o. Pl.⟩ (Papierdt.) *das Ansiedeln von Menschen, bes. auf Siedlerstellen:* die Landbeschaffung zu Zwecken der S. obliegt den gemeinnützigen Siedlungsunternehmen. **5.** (Zool.) *Kolonie von Tieren:* bei einigen in -en brütenden Formen (Lorenz, Verhalten 240).

siedlungs-, Siedlungs-: ~**archäologie,** die: *Teilgebiet der Archäologie, das sich mit der Erforschung früh- u. vorgeschichtlicher Siedlungsformen befaßt;* ~**dichte,** die: svw. ↑Bevölkerungsdichte; ~**form,** die: Hufendorf, Straßendorf und andere ländliche -en; ~**gebiet,** das: die Gegend war römisches S.; ~**gelände,** das: vgl. ~land; ~**geographie,** die: *Gebiet der Siedlungskunde, das sich mit Lage, Form, Größe, Verteilung, Struktur u. Funktion der Siedlungen* (2) *befaßt;* ~**geschichte,** die: *Gebiet der Siedlungskunde, das sich mit der geschichtlichen Entwicklung der Siedlungen* (2) *u. Siedlungsformen befaßt;* ~**gesellschaft,** die: vgl. ~unternehmen; ~**haus,** das: *zu einer Siedlung* (1 a) *gehörendes Haus;* ~**kern,** der: vgl. Stadtkern; ~**kunde,** die: *(als Teilgebiet der Kulturgeographie) Wissenschaft von den Siedlungen* (2) *(z. B. unter geographischen, geschichtlichen Gesichtspunkten);* ~**land,** das ⟨o. Pl.⟩: *zum Siedeln geeignetes, besiedeltes Land:* neues S. erschließen; ~**politik,** die ⟨o. Pl.⟩: *auf die Ansiedlung von Menschen (in bestimmten Gebieten) gerichtete Politik:* die israelische S. in den besetzten Gebieten; ~**raum,** der ⟨o. Pl.⟩: vgl. ~land; ~**unternehmen,** das: *gemeinnütziges Unternehmen, dessen Aufgabe es ist, Land zu erwerben u. Siedlerstellen zur Verfügung zu stellen;* ~**wesen,** das: *alles, was mit der Ansiedlung von Menschen, bes. der Vergabe von Siedlerstellen zusammenhängt.*

Sieg [zi:k], der; -[e]s, -e [mhd. sic, sige, ahd. sigi, sigu]: *Erfolg, der darin besteht, sich in einer Auseinandersetzung, im Kampf, im Wettstreit o. ä. gegen einen Gegner, Gegenspieler o. ä. durchgesetzt zu haben, ihn überwunden, besiegt zu haben* (Ggs.: Niederlage 1): ein glorreicher, leichter, schwer errungener, glücklicher, knapper, deutlicher S.; ein diplomatischer, politischer, militärischer S.; ein S. im Wahlkampf; der S. war schwer erkämpft, teuer erkauft; einen S. [über einen Feind, einen Rivalen] erringen, davontragen; einen S. feiern; jmdm. den S. entreißen; auf S. spielen (Sport Jargon; *alles daran setzen, das Spiel zu gewinnen*); das Spiel endete mit einem hohen, klaren, verdienten S. der Heimmannschaft; jmdm. zum S. verhelfen; nationalsozialistischer Hochruf: S. Heil!; Ü ein S. über sich selbst *(Erfolg, der darin besteht, daß man sich zu etw. überwindet, einer Versuchung widersteht o. ä.);* es war ein S. der Gerechtigkeit, der Humanität, des Guten [über das Böse], der Wahrheit; der Vernunft zum S. verhelfen.

sieg-, Sieg-: ~**gekrönt** ⟨Adj.; o. Steig.; nicht adv.⟩ (geh.): s. kehrten sie aus der Schlacht, von der Olympiade zurück; ~**gewohnt** ⟨Adj.; nicht adv.⟩: eine -e Armee, Mannschaft; ~**heil,** das (ns.): *Siegheilruf,* dazu: ~**heilruf,** der (ns.): *„Sieg Heil!" lautender Ruf;* ~**los** ⟨Adj.; o. Steig.; nicht adv.⟩: *ohne Sieg [geblieben]:* eine -e Armee, Mannschaft; Ü Schwestern des Sisyphus, ... -e *(erfolglose)* Kämpferinnen gegen den Hunger (Koeppen, Rußland 22); ~**punkt,** der (Sport): *(innerhalb eines Wettbewerbs) für einen Sieg gegebener Punkt:* die Mannschaft hat schon drei -e; ~**reich** ⟨Adj.⟩: **a)** *den Sieg errungen habend, Sieger[in] seiend:* die -e Mannschaft erhielt einen Pokal; sie kehrten s. aus der Schlacht zurück; daß das deutsche Heer im Kriege bis zum Ende s. war *(in allen Schlachten gesiegt hat;* Remarque, Obelisk 96); er ging s. aus dem Wahlkampf hervor; **b)** *mit einem Sieg (für jmdn.) ausgehend:* ein -er Feldzug, Kampf; **c)** *reich an Siegen:* eine -e Laufbahn als Sportler; ~**rune:** ↑Sigrune; ~**wette,** die: *Pferdewette, bei der man auf den Sieg eines bestimmten Pferdes setzt;* ~**wurz,** die [der von einer netzartigen Hülle umgebene Wurzelstock wurde mit einem Kettenhemd verglichen u. sollte als Amulett seinen Träger unverwundbar machen]: svw. ↑Gladiole.

Siegel ['zi:gl̩], das; -s, - [mhd. sigel, mniederd. seg(g)el < lat. sigillum = Abdruck des Siegelrings, Vkl. von: signum, ↑Signum]: **1. a)** *Stempel zum Abdruck, Eindruck eines Zeichens in weiche Masse, zum Siegeln; Petschaft;* **b)** *Siegelabdruck* (a), *einen Siegelabdruck tragendes Stück Siegellack o. ä., mit dem etw. versiegelt ist:* ein S. an etw. anbringen; ein S. aufbrechen, öffnen; etw. mit einem S. verschließen; Ü das Buch trägt unverkennbar sein S. *(ist deutlich als sein Werk zu erkennen);* * **[jmdm.] etw. unter dem S. der Verschwiegenheit, strengster Geheimhaltung** o. ä. **mitteilen** o. ä. *([jmdm.] etw. unter der Voraussetzung, daß es nicht weitergesagt wird, mitteilen o. ä.):* er hat es mir unter dem S. der Verschwiegenheit anvertraut. **2. a)** *Stempel, mit dem man ein Siegel* (2 b) *auf etw. drückt:* bei dem Einbruch im Rathaus sind mehrere S. entwendet worden; **b)** *Stempelabdruck, mit dem Behörden o. ä. die Echtheit von Dokumenten, Urkunden o. ä. bestätigen; Dienstsiegel:* das Schriftstück trug das S. des Bundespräsidenten, der Universität Göttingen; ein S. fälschen; **c)** *Pfandsiegel.* **3.** *von jmdm. als Siegelbild benutzte Darstellung o. ä.:* das S. des Königs ist ein Doppeladler.

siegel-, Siegel-: ~**abdruck,** der: **a)** *Abdruck eines Siegels* (1 a), *eines Siegelrings o. ä.;* **b)** svw. ↑Siegel (2 b); ~**artig** ⟨Adj.; o. Steig.; nicht adv.⟩ (selten); ~**baum,** der: *zu den Schuppenbäumen gehörender fossiler Baum, dessen Stamm von siegelartigen, bienenwabenartig geformten (von abgefallenen Blättern herrührenden) Narben bedeckt ist; Sigillarie;* ~**bewahrer,** der (hist.): *(im MA.) mit der Aufbewahrung des fürstlichen, staatlichen Siegels beauftragter Beamter;* ~**bild,** das: *Motiv, Zeichen, das ein Siegel* (1 b, 2 b) *zeigt;* ~**bruch,** der (jur.): *(strafbare) Beschädigung, Ablösung, Unkenntlichmachung o. ä. eines amtlichen Siegels;* ~**fälschung,** die; ~**führer,** der: *jmd., der ein bestimmtes Siegel* (3) *führt;* ~**kunde,** die: svw. ↑Sphragistik, dazu: ~**kundlich** ⟨Adj.; o. Steig.⟩; ~**lack,** der: *im kalten Zustand harte, bei Erwärmung schmelzende, meist rote Masse zum Versiegeln (bes. von Briefen, Urkunden o. ä.);* ~**marke,** die: *Papierstreifen mit dem Siegel einer Behörde zum Versiegeln von Räumen;* ~**ring,** der: *(heute oft nur noch als Schmuckstück getragener) Fingerring mit einem in eine Metallfläche od. einen Stein eingravierten Siegelbild, den man (an Stelle eines Petschafts) zum Siegeln benutzen kann:* ein silberner S. mit einem Monogramm; ~**stempel,** der: *Petschaft, Siegel* (1 a); ~**wachs,** das: *zum Siegeln verwendetes, geeignetes Wachs.*

siegeln ['zi:gl̩n] ⟨sw. V.; hat⟩ [mhd. sigelen]: **a)** *mit einem Siegel* (1 b) *versehen:* einen Brief, eine Urkunde s.; **b)** (seltener) *mit einem Siegel* (2 b) *versehen, beglaubigen;* ⟨Abl.:⟩ **Siegelung,** Sieglung ['zi:g(e)lʊŋ], die; -, -en (selten).

siegen ['zi:gn̩] ⟨sw. V.; hat⟩ [mhd. sigen; vgl. ahd. ubarsiginōn, -sigirōn, zu ↑Sieg]: *als Sieger, Siegerin aus einem Kampf, einer Auseinandersetzung, einem Wettstreit o. ä. hervorgehen; einen Sieg erringen:* in einer Schlacht, im Kampf, im Streit, im sportlichen Wettkampf s.; über jmdn. s.; die Volkspartei hat gesiegt *(die Wahl gewonnen);* unsere Mannschaft hat [hoch, knapp, mit 2:0] gesiegt *(gewonnen);* Ü die Wahrheit wird am Ende doch s.; bei ihr siegte das Gefühl über den Verstand; wann siegt endlich einmal die Vernunft?; R Frechheit siegt (ugs.; *mit Dreistigkeit erreicht man sein Ziel*); ⟨Abl.:⟩ **Sieger,** der; -s, - [frühnhd., vgl. mhd. (rhein.) segere]: *jmd., der bei einem Kampf, Wettstreit o. ä. den Sieg errungen hat* (Ggs.: Besiegte): wer ist [der] S.?; unsere Elf wurde [bei, in dem Turnier] S.; als S. aus einer Schlacht, einem [Wahl]kampf, Prozeß, Wettstreit hervorgehen; die S. ehren; die Fußballfans jubelten den -n zu; die Verfassung wurde dem Land von den -n diktiert; er wurde zum S. nach Punkten, durch technischen K.o. erklärt; * **zweiter S. sein/bleiben** (Sport Jargon; *in einem Zweikampf, Wettkampf einem anderen unterliegen*).

Sieger- (vgl. auch: Sieges-): ~**ehrung,** die: *feierlicher Akt, bei dem die Sieger eines [sportlichen] Wettbewerbs geehrt werden [u. bei dem Urkunden, Medaillen o. ä. überreicht werden];* ~**kranz,** der: *[Lorbeer]kranz, der dem Sieger, der Siegerin eines Wettbewerbs, Wettstreits aufgesetzt, umgehängt wird;* ~**land,** das: vgl. ~macht; ~**lorbeer,** der: *Lorbeer* (3) *zur Ehrung eines Siegers, einer Siegerin;* ~**macht,** die: *Macht* (4 a), *die einen Krieg gewonnen hat;* ~**mannschaft,** die (bes. Sport): *siegreiche Mannschaft;* ~**miene,** die: *den Stolz, die Freude über einen Sieg ausdrückende Miene; triumphierende Miene:* mit S. verließ der Redner das Podest; ~**nation,** die: vgl. ~macht; ~**podest,** das: *Podest [mit einer besonderen Erhöhung für den ersten Sieger], auf dem die Sieger bei einer Siegerehrung stehen;* ~**pokal,** der: *Pokal, den der Sieger, die Siegerin eines sportlichen Wettbewerbs erhält;* ~**pose,** die: er ließ sich in S. fotografieren; ~**preis,** der: vgl. ~pokal; ~**runde,** die (Sport): *Ehrenrunde eines Siegers;* ~**seite,** die: auf der S. stehen *(zu den Siegern gehören, gesiegt haben);* ~**staat,** der: vgl. ~macht; ~**stolz,** der: *Stolz über einen errungenen Sieg;* ~**volk,** das (seltener): vgl. ~macht; ~**wette,** die: svw. ↑Siegwette.

Siegerin, die; -, -nen: w. Form zu ↑Sieger.

sieges-, Sieges- (vgl. auch: sieg-, Sieg-, Sieger-): **~banner,** das (geh.): vgl. ~fahne; **~bewußt** ⟨Adj.⟩: *von der Zuversicht erfüllt, daß man siegen, sich durchsetzen wird, bei einem schwierigen Vorhaben erfolgreich sein wird:* sie trafen auf einen sehr -en Gegner; s. auftreten, blicken; sich s. geben; die Mannschaft spielte sehr s. *(selbstsicher);* **~botschaft,** die: vgl. ~nachricht; **~chance,** die (bes. Sport): *Chance, den Sieg zu erringen;* **~fahne,** die: *zum Zeichen eines [militärischen] Sieges gehißte, aufgepflanzte o. ä. Fahne;* **~fanfare,** die: *zum Zeichen eines [militärischen] Sieges ertönende Fanfare* (2); **~feier,** die: *Feier anläßlich eines (bes. militärischen) Sieges;* **~freude,** die: *Freude über einen errungenen Sieg;* **~froh** ⟨Adj.; o. Steig.⟩: *von Siegesfreude erfüllt, Siegesfreude ausdrückend:* mit -en Gesichtern; **~gewiß** ⟨Adj.⟩ (geh.): svw. ↑~sicher, dazu: **~gewißheit,** die ⟨o. Pl.⟩; **~göttin,** die (Myth.): die griechische S. Nike; **~jubel,** der: vgl. ~freude; **~kranz,** der: *als Symbol des Sieges geltender Lorbeerkranz [mit dem ein Sieger gekrönt wird];* **~lauf,** der ⟨o. Pl.⟩ (geh.): svw. ↑~zug; **~lorbeer,** der (geh.): vgl. ~kranz; **~marsch,** der: vgl. ~zug; **~meldung,** die: vgl. ~nachricht; **~nachricht,** die: *Nachricht über einen errungenen Sieg (bes. im Krieg);* **~palme,** die: *Palmenzweig als Symbol des Sieges:* eine Nike mit einer S. in der Hand; Ü die S. (geh.; *den Sieg*) davontragen; um die S. (geh.; *den Sieg*) kämpfen, ringen; **~parade,** die: *Truppenparade anläßlich eines Sieges;* **~podest,** das: svw. ↑Siegerpodest; **~prämie,** die: vgl. ~preis; **~preis,** der: *für den Sieger eines Wettstreits o. ä. ausgesetzter Preis:* jmdm. den S. überreichen; **~rausch,** der (geh.): *[rauschhaft gesteigerte] Hochstimmung, in die jmd. aus Freude über einen errungenen Sieg geraten ist;* **~säule,** die: *zum Andenken an einen militärischen Sieg errichtetes Denkmal bes. in Form einer Säule;* **~sicher** ⟨Adj.⟩: *fest damit rechnend, daß man siegen, sich durchsetzen wird, bei einem schwierigen Vorhaben erfolgreich sein wird:* Ich machte mich auf den Weg zur Miliz, s. und frohen Mutes (Leonhard, Revolution 121); **~stimmung,** die: *gehobene Stimmung, in die jmd. durch einen eben errungenen od. kurz bevorstehenden Sieg gerät;* **~symbol,** das: Lorbeer als S.; **~taumel,** der (geh.): vgl. ~rausch; **~tor,** das: **1.** (Sport) vgl. ~treffer. **2.** *Triumphbogen;* vgl. ~säule; **~treffer,** der (Sport): *das Spiel, den Wettkampf entscheidender letzter Treffer, durch den der Sieg errungen wird;* **~trophäe,** die: vgl. ~preis; **~trunken** ⟨Adj.; o. Steig.⟩ (geh.): *von Siegesfreude überwältigt,* dazu: **~trunkenheit,** die ⟨o. Pl.⟩ (geh.): Teta hatte in ihrer S. das Klopfen überhört (Werfel, Himmel 202); **~zeichen,** das: vgl. ~symbol; **~zug,** der: *siegreicher Vormarsch (einer Armee o. ä.):* nichts konnte den S. der Truppen mehr aufhalten; Ü Das Taschenbuch hat seinen S. im Jahre 1935 angetreten *(der große Erfolg des Taschenbuches begann im Jahre 1935;* Enzensberger, Einzelheiten I, 139); **~zuversicht,** die: *Zuversicht, daß man siegen wird.*

sieghaft ['zi:khaft] ⟨Adj.; -er, -este⟩ [1: mhd. sigehaft, ahd. sigihaft]: **1.** (veraltet) *den Sieg errungen habend, siegreich:* das -e Heer. **2.** (geh.) *im Bewußtsein des kommenden Erfolges; des Erfolges sicher:* in heiterer -er Ruhe (Bredel, Väter 134); „... und wir sind unwiderstehlich!" rief Bert und tat ein paar -e Schritte (K. Mann, Wendepunkt 88); ⟨Abl.:⟩ **Sieghaftigkeit,** die; -.

Sieglung: ↑Siegelung.

sieh [zi:], **siehe** ['zi:ə], **siehst** [zi:st], **sieht** [zi:t]: ↑sehen.

Sieke ['zi:kə], die; -, -n (Jägerspr.): svw. ↑²Sicke.

Siel [zi:l], der od. das; -[e]s, -e [mniederd. sīl, aus dem Afries.] (nordd., Fachspr.) **1. a)** *Deichschleuse;* **b)** svw. ↑Sieltief. **2.** *unterirdischer Abwasserkanal.*

Siel-: ~haut, die (Fachspr.): *aus Schmutz, Fäkalien bestehender Belag an der Wand eines Siels* (2); **~tief,** das (Fachspr.): *Entwässerungskanal, in dem das Wasser aus dem eingedeichten Marschland durch ein Siel* (1 a) *abfließt;* **~tor,** das (Fachspr.): *Tor, Klappe zum Verschließen eines Siels* (1 a); **~zeug:** ↑Sielzeug.

Siele ['zi:lə], die; -, -n [mhd. sil, ahd. sīlo] (veraltend): **a)** svw. ↑Brustblatt: seine Füchse ... legten sich in die -n (Fallada, Herr 5); in den -n sterben *(bis zum Tode arbeiten, ohne sich vorher Ruhe gegönnt zu haben);* **b)** svw. ↑Sielengeschirr.

sielen ['zi:lən], sich ⟨sw. V.; hat⟩ [mhd. (md.) süln, landsch. Nebenf. von ↑suhlen] (landsch.): *sich mit Behagen (irgendwo) [herum]wälzen:* sich im Bette s.; ... sielt sie sich auf den Dielen und onaniert (Kinski, Erdbeermund 250); die Spatzen ... sielen sich in blauen Lachen (Tucholsky, Werke 423).

Sielengeschirr, das; -[e]s, -e [zu ↑Siele]: *Geschirr für ein Zugtier;* **Sielenzeug, Sielzeug,** das; -[e]s, -e: *Sielengeschirr.*

Siemens ['zi:məns], das; -, - [nach dem dt. Erfinder W. von Siemens (1816–1892)] (Physik. Elektrot.): *Einheit des elektrischen Leitwerts:* Zeichen: S

Siemens-Martin- [nach den dt. Industriellen F. v. Siemens (1826–1904) u. W. v. Siemens (↑Siemens) u. dem frz. Ingenieur u. Industriellen P. Martin (1824–1915)] (mit Bindestrichen; Technik): **~Ofen,** der: *Flammofen zum Erschmelzen von Stahl aus Roheisen [mit einem Zusatz von Schrott od. oxydischem Eisenerz];* **~Prozeß,** der: svw. ↑ ~Verfahren; **~Stahl,** der: *im Siemens-Martin-Verfahren hergestellter Stahl;* **~Verfahren,** das: *Verfahren der Stahlerzeugung mit Hilfe eines Siemens-Martin-Ofens.*

siena ['zi̯e:na] ⟨indekl. Adj.; o. Steig.; nicht adv.⟩: *rotbraun:* ein s. Kleid; **Siena** [-], das; -s, -, ugs.: -s [nach der ital. Stadt Siena]: **1.** *siena Farbe, Färbung.* **2.** svw. ↑Sienaerde; ⟨Zus.:⟩ **Sienaerde,** die: *als Farbstoff zur Herstellung sienafarbener Malerfarbe verwendete, gebrannte tonartige, feinkörnige Erde;* **sienafarben, sienafarbig** ⟨Adj.; o. Steig.; nicht adv.⟩: *in der Farbe Siena.*

Sierra ['zi̯ɛra, span.: 'si̯ɛrra], die; -, -s u. ...rren [span. sierra < lat. serra = Säge]: span. Bez. für *Gebirgskette.*

Siesta ['zi̯ɛsta, span.: 'si̯esta], die; -, ...sten u. -s [span. siesta < lat. (hōra) sexta = die sechste (Stunde des Tages), zu: sextus, ↑Sext]: *Ruhepause, bes. nach dem Mittagessen; Mittagsruhe, Mittagsschlaf:* eine kurze S.; [eine, seine] S. halten, machen.

Siet- ['zi:t-; zu mniederd. sīt = niedrig, flach] (nordd.): **~land,** das: *tief gelegenes [Weide-, Wiesen]land;* **~wende,** die, **~wendung,** die: *Binnendeich, der dazu dient, aus höher gelegenen angrenzenden Gebieten kommendes Wasser von einem Sietland fernzuhalten.*

siezen ['zi:tsn̩] ⟨sw. V.; hat⟩: *mit Sie* (2 b) *anreden:* jmdn., sich s.

Sifflöte ['zɪfflø:tə], die; -, -n [zu frz. sifflet = kleine Flöte]: *sehr hohe Labialstimme bei der Orgel.*

Sigel ['zi:gl̩], das; -s, -, Sigle, die; -, -n [lat. sigla (Pl.), synkopiert aus: sigilla, Pl. von: sigillum, ↑Siegel]: *feststehendes [beim Stenographieren verwendetes] Zeichen für ein Wort, eine Silbe od. eine Wortgruppe; Kürzel; Abkürzungszeichen* (z. B. § für „Paragraph", usw. für „und so weiter"); **sigeln** ['zi:gl̩n] ⟨sw. V.; hat⟩ (Fachspr.): *(bes. von Buchtiteln in Katalogen o. ä.) mit einem Abkürzungszeichen versehen.*

Sightseeing ['saɪt͵si:ɪŋ], das; - [engl. sightseeing, zu: sight = Sehenswürdigkeit u. to see = (an)sehen] (Jargon): *Besichtigung von Sehenswürdigkeiten:* Mischung von Information ... und S. (MM 23. 8. 76, 3) ⟨Zus.:⟩ **Sightseeing-Bus,** der: *Bus für Sightseeing-Touren, bes. Stadtrundfahrten;* **Sightseeing-Tour,** die: *Besichtigungsfahrt, Stadtrundfahrt.*

Sigill [zi'gɪl], das; -s, -e [lat. sigillum] (veraltet): svw. ↑Siegel (1); **Sigillarie** [zigɪ'la:ri̯ə], die; -, -n (Bot.): svw. ↑Siegelbaum; **sigillieren** [zigɪ'li:rən] ⟨sw. V.; hat⟩ (veraltet): *siegeln, versiegeln;* **Sigle** ['zi:gl̩; frz. sigle]: ↑Sigel.

Sigma ['zɪgma], das; -[s], -s [griech. sīgma]: **1.** *achtzehnter Buchstabe des griechischen Alphabets* (Σ, σ, am Wortende: ς). **2.** (Med.) svw. ↑Sigmoid; **Sigmatiker** [zɪg'ma:tikɐ], der; -s, - (Med.): *männliche Person, die lispelt;* **Sigmatikerin,** die; -, -nen (Med.): w. Form zu ↑Sigmatiker; **Sigmatismus** [zɪgma'tɪsmʊs], der; - (Med.): *Sprachfehler, der sich in Lispeln* (1) *äußert;* **Sigmoid** [zɪgmo'i:t], der; -[e]s, -e [zu griech. -oeidés = ähnlich] (Med.): *S-förmiger Abschnitt des Grimmdarms.*

Signa: Pl. von ↑Signum; **Signal** [zɪ'gna:l, ugs.: zɪŋ'na:l], das; -s, -e [frz. signal < spätlat. sīgnāle, subst. Neutr. von lat. sīgnālis = dazu bestimmt, ein Zeichen zu geben, zu: sīgnum, ↑Signum]: **1.** *optisches od. akustisches Zeichen mit einer bestimmten Bedeutung:* optische, akustische -e; das S. zum Angriff, Rückzug, Sammeln; das S. bedeutet Gefahr, freie Fahrt; Vom Rhein her tönten die -e der Nebelhörner (Menzel, Herren 87); ein S. beachten, übersehen, überhören; ein S. blasen, funken, geben, trommeln, blinken; Ü hoffnungsvolle -e *(Anzeichen);* ... wird die Tatsache der Selbstverstümmelung als Ungehorsam gewertet und nicht als ein alarmierendes S. *(als Warnung)* für den verantwortungslosen Jugendstrafvollzug (Ossowski, Bewährung 26); *** -e setzen** (bildungsspr.; *etw. tun, was rich-*

tungweisend ist; Anstöße geben): mit seiner Erfindung hat er -e gesetzt; seine Erfindung hat -e gesetzt. **2. a)** (Eisenb.) *für den Schienenverkehr an der Strecke aufgestelltes Schild o. ä. mit einer bestimmten Bedeutung; an der Strecke installierte [fernbediente] Vorrichtung mit einer beweglichen Scheibe, einem beweglichen Arm o. ä., deren Stellung, oft in Verbindung mit einem Lichtsignal, eine bestimmte Bedeutung hat; an der Strecke installierte Vorrichtung zum Geben von Lichtsignalen:* das Signal steht auf „Halt", auf „Freie Fahrt"; der Zugführer hatte ein S. überfahren *(nicht beachtet);* Ü für die Wirtschaft stehen alle -e auf Investition *(die wirtschaftliche Lage läßt Investitionen angezeigt erscheinen);* **b)** (bes. schweiz.) *Verkehrszeichen für den Straßenverkehr.*

signal-, Signal-: **~anlage,** die (Verkehrsw.): *technische Anlage, mit deren Hilfe [automatisch] Signale* (1) *gegeben werden* (z. B. Ampelanlage); **~ball,** der (Seew.): *kugelförmiger Körper, der, an einem Mast o. ä. aufgezogen, etw. signalisiert;* **~brücke,** die (Eisenb.): *quer über die Geleise gebaute brückenartige Konstruktion, auf der Signale* (2 a) *installiert sind;* **~buch,** das (Seew.): *Zusammenstellung der in der Seeschiffahrt verwendeten internationalen Signale (in Form eines Buches);* **~farbe,** die: *große Leuchtkraft besitzende u. daher stark auffallende Farbe,* dazu: **~farben, ~farbig** ⟨Adj.; o. Steig.; nicht adv.⟩; **~flagge,** die (Seew.): *Flagge mit einer bestimmten Bedeutung zur optischen Nachrichtenübermittlung [mit Hilfe des Flaggenalphabets];* **~gast,** der ⟨Pl.: -en, seltener auch: -gäste⟩ (Seew.): *zur Übermittlung optischer Signale (mit Hilfe von Signalflaggen) eingesetzter Matrose o. ä.;* **~gerät,** das: vgl. ~anlage; **~glocke,** die: vgl. ~anlage; **~horn,** das: **a)** svw. ↑Horn (3 c); **b)** (früher) *bes. beim Militär verwendetes Horn, mit dem Signale gegeben wurden;* **~instrument,** das: *einfaches Musikinstrument zum Geben von Signalen* (z. B. Trommel, Pfeife, Glocke); **~lampe,** die; **~laterne,** die; **~licht,** das: **a)** *als Signal dienendes Licht;* **b)** (schweiz.) *[Verkehrs]ampel;* **~mast,** der: **1.** (Seew.) *Mast, an dem Signalbälle u. ä. aufgezogen werden.* **2.** (Eisenb.) *Mast, an dem ein Signal* (2 a) *befestigt ist;* **~munition,** die: *Leuchtkugel, -munition, durch deren Abschuß man ein Signal gibt;* **~patrone,** die: vgl. ~munition; **~pfeife,** die: vgl. ~instrument; **~pfiff,** der; **~pistole,** die: vgl. ~munition; **~rakete,** die: vgl. ~munition; **~reiz,** der (Psych., Verhaltensf.): svw. ↑Schlüsselreiz; **~ring,** der (Fachspr.): *kreis- od. halbkreisförmiges, im Lenkrad mancher Autos angebrachtes Teil, mit dem die Hupe betätigt wird;* **~rot** ⟨Adj.; o. Steig.; nicht adv.⟩: vgl. ~farben; **~schreibung,** die (Sprachw.): *(im Deutschen übliche) Großschreibung, durch die angezeigt wird, daß es sich bei dem betreffenden Wort um ein Substantiv od. um das erste Wort einer wie ein Substantiv gebrauchten Fügung handelt* (z. B. der Hund, das Hot dog); **~schuß,** der: *als Signal abgegebener Schuß;* **~stab,** der (Eisenb.): *Kelle* (2) *des Stationsvorstehers;* **~stellung,** die (Eisenb.): *Stellung eines beweglichen Signals* (2 a); **~system,** das (Psych., Verhaltensf.): *Gesamtheit der für das Verhalten eines Lebewesens entscheidenden (durch Erfahrungen geprägten) Beziehungen zwischen Auslösern* (2) *aus der Umwelt u. den dadurch ausgelösten Reaktionsweisen;* **~trommel,** die (Völkerk.): vgl. ~instrument; **~tuch,** das (Flugw.): *großes Tuch, das, auf dem Boden ausgelegt, einem Flugzeugführer eine bestimmte Information signalisiert;* **~wirkung,** die: *von einer Sache, einem Vorgang ausgehende Wirkung, die darin besteht, daß etw., bes. ein bestimmtes Verhalten von Menschen, ausgelöst wird:* von der Entscheidung des Verfassungsgerichts ging S. aus.

Signalement [zɪgnalə'mã:, schweiz.: ...'mɛnt], das; -s, -s u. (schweiz.:) -e [frz. signalement, zu: signaler = kurz beschreiben < ital. segnalare, zu: segnale < spätlat. sīgnāle, ↑Signal]: **1.** (bes. schweiz.) *kurze Personenbeschreibung mit Hilfe von charakteristischen [äußeren] Merkmalen:* S.: Ein Meter vierundsiebzig groß, schlank, blaue Augen (Ziegler, Konsequenz 253). **2.** (Pferdezucht) *Gesamtheit der Merkmale, die ein bestimmtes Tier charakterisieren;* **signalisieren** [...li'zi:rən] ⟨sw. V.; hat⟩ [französierende Bildung zu ↑Signal]: **1. a)** *durch ein Signal übermitteln, anzeigen:* eine Nachricht [mit Hilfe von Blinkzeichen] s.; jmdm. eine Warnung, einen Befehl s.; Mit den Fingern signalisierte ich ihm, daß ich drei Männer ausgemacht hatte (Cotton, Silver Jet 155); **b)** *als Signal, wie ein Signal auf etw. hinweisen, etw. deutlich machen:* das Dröhnen schien Gefahr zu s.; grünes Licht signalisierte freie Fahrt; das Wahlergebnis signalisiert eine Tendenzwende; **c)** (bildungsspr.) *mit Worten mitteilen, andeuten:* ich möchte mich ... darauf beschränken, Ihnen mein Unbehagen zu s. (Schnurre, Ich 122); In einem Spiegel-Gespräch signalisierte er der DDR-Führung, Bonn wolle ... (Spiegel 6, 1977, 4). **2.** ⟨s. + sich⟩ (veraltet) *sich bemerkbar machen, auf sich aufmerksam machen, sich hervortun.* **3.** (veraltet) *ein Signalement (von jmdm.) geben, (jmdn.) kurz beschreiben:* Vielleicht war ich schon signalisiert, mein Name an den Mauern angeschlagen (Dessauer, Herkun 234); weil ein Arzt dieses Namens auf dem spanischen Konsulat signalisiert war (Seghers, Transit 127); ⟨Abl.:⟩ **Signalisierung,** die; -, -en; **Signatar** [...'ta:ɐ̯], der; -s, -e [frz. signataire, zu: signer < lat. sīgnāre, ↑signieren]: **a)** (selten) svw. ↑Signatarmacht; **b)** (veraltet) *Unterzeichner, Unterzeichneter;* ⟨Zus.:⟩ **Signatarmacht,** die (Politik): *Staat, der einen internationalen Vertrag unterzeichnet [hat];* **Signatarstaat,** der (Politik): svw. ↑Signatarmacht; **signatum** [zɪ'gna:tʊm; lat. sīgnātum, 2. Part. von: sīgnāre, ↑signieren]: *unterzeichnet am ...* (auf Dokumenten, Verträgen o. ä. vor dem vor der Unterschrift stehenden Datum); Abk.: sign.; **Signatur** [zɪgna'tu:ɐ̯], die; -, -en [1: mlat. signatura]: **1. a)** *Namenszeichen;* **b)** (bildungsspr.) *Unterschrift* (1). **2.** *Kombination aus Buchstaben u. Zahlen, unter der ein Buch in einer Bibliothek geführt wird u. an Hand deren man es findet.* **3. a)** *auf das Rezept od. die Verpackung geschriebener Hinweis zum Gebrauch einer Arznei;* **b)** *den Inhalt bezeichnende Aufschrift auf einer Verpackung, einem Behälter o. ä.* **4.** (Kartographie) svw. ↑Kartenzeichen. **5.** (Druckw.) *als Hilfe beim Setzen dienende Markierung (in Form einer Einkerbung) an einer Drucktype.* **6.** (Buchw.) *Ziffer od. Buchstabe auf dem unteren Rand der ersten Seite eines Druckbogens zur Bezeichnung der beim Binden zu beachtenden Reihenfolge der Bogen;* **Signet** [zɪn'je, auch: zɪ'gnɛt, (frz.:) si'ɲɛ], das; -s, -e, bei frz. Ausspr.: -s [sɪn'je:s; mlat. signetum, zu lat. sīgnum, ↑Signum]: **1. a)** (Buchw.) *Drucker-, Verlegerzeichen;* **b)** *Marken-, Firmenzeichen.* **2.** (veraltet) svw. ↑Petschaft; **signieren** [zɪ'gni:rən] ⟨sw. V.; hat⟩ [(kirchen)lat. sīgnāre = mit einem Zeichen versehen; das Kreuzzeichen machen, zu: sīgnum, ↑Signum]: **1. a)** *(als Schöpfer, Urheber, Autor von etw.) sein Werk mit der eigenen Signatur* (1 a, b) *versehen:* der Maler hat manche seiner Bilder nicht signiert; der Autor wird nach der Lesung seinen neuen Roman *(Exemplare davon)* s.; eine [von Hand] signierte Druckgraphik; **b)** (bildungsspr.) *unterschreiben, unterzeichnen:* Beide Dokumente wurden von Walter Ulbricht und Nikita Chruschtschow signiert (Neues D., 13. 6. 64, 1). **2.** (selten) *mit einer Signatur* (2, 3 b, 6) *versehen;* ⟨Abl.:⟩ **Signierung,** die; -, -en; **signifikant** [zɪgnifi'kant] ⟨Adj.⟩ [lat. sīgnificāns (Gen.: sīgnificantis) = bezeichnend; anschaulich, adj. 1. Part. von: sīgnificāre, ↑signifizieren]: **1.** (bildungsspr.) **a)** *in deutlicher Weise als wesentlich, wichtig, erheblich erkennbar:* eine -e Mehrheit sprach sich dafür aus; das neue Modell weist gegenüber dem alten keine -en Verbesserungen auf; das wohl -este politische Ereignis des Jahres; **b)** *in deutlicher Weise als kennzeichnend, bezeichnend, charakteristisch, typisch erkennbar:* -e Merkmale, Charakterzüge; diese Äußerung ist für seine Haltung s.; wenn ... dieses ... Buch s. wäre für die tragische Teilung unseres Landes (Deschner, Talente 191). **2.** (Sprachw. selten) svw. ↑signifikativ; **Signifikant** [-], der; -en, -en (Sprachw.): *Ausdrucksseite eines sprachlichen Zeichens* (Ggs.: Signifikat); **Signifikanz** [zɪgnifi'kants], die; - [lat. sīgnificantia = Deutlichkeit]: (bildungsspr.) *das Signifikantsein* (1); ⟨Zus.:⟩ **Signifikanztest,** der (Statistik): *Verfahren zur Ermittlung der Signifikanz von auf Stichproben beruhenden Ergebnissen;* **Signifikat** [...'ka:t], das; -s, -e (Sprachw.): *Inhaltsseite eines sprachlichen Zeichens* (Ggs.: Signifikant); **signifikativ** [...ka'ti:f] ⟨Adj.⟩: **1.** ⟨o. Steig.⟩ (Sprachw.) *zum Signifikat gehörend, es betreffend.* **2.** (bildungsspr. veraltet) svw. ↑signifikant (1); **signifizieren** [...'tsi:rən] ⟨sw. V.; hat⟩ [lat. sīgnificāre] (bildungsspr. selten): **a)** *anzeigen;* **b)** *bezeichnen.*

Signor [zɪn'jo:ɐ̯], der; -, -i [...'jo:ri; ital. signor < lat. senior, ↑Senior]: *(in Italien) Anrede eines Herrn* (mit folgendem Namen od. Titel); **Signora** [zɪn'jo:ra], die; -, ...re u. -s: **1.** w. Form zu ↑Signor. **2.** w. Form zu ↑Signore (1, 2); **Signore** [zɪn'jo:rə], der; -, ...ri [...ri] (in Italien): **1.** *Bezeichnung u. Anrede eines Herrn* (ohne folgenden Namen od. Titel). **2.** *Herr* (3), *Besitzer;* **Signoria** [zɪnjo'ri:a], **Signorie**

[zɪnjo'ri:], die; -, ...ien [...i:ən; ital. signoria] (hist.): *höchste [leitende] Behörde der ital. Stadtstaaten, bes. der Rat in Florenz;* **Signorina** [zɪnjo'ri:na], die; -, -s, seltener auch: ...ne [...nə; ital. signorina]: *(in Italien) Bezeichnung u. Anrede eines Mädchens, einer unverheirateten [jungen] Frau.*

Signum ['zɪgnʊm], das; -s, ...gna [lat. sīgnum = Zeichen] (bildungsspr.): **1.** svw. ↑Signatur (1). **2.** *Zeichen, Symbol:* das S. der Macht; Seidentücher ... tragen das S. Hermès (Dariaux, Eleganz 68); die Schnellebigkeit ist das S. unserer Zeit. **3.** (Med.) *Krankheitszeichen.*

Sigrist ['zi:grɪst, zi'grɪst], der; -en, -en [mhd. sigrist(e), ahd. sigiristo < mlat. sacrista, zu lat. sacrum = das Heilige; Gottesdienst] (schweiz.): *Kirchendiener, Meßdiener, Küster.*

Sigrune, Siegrune ['zi:k-], die; -, -n [H. u., erster Bestandteil viell. zu ahd. sigu = Sieg]: *für den s-Laut stehende Rune* (4): Früher schrieb sich das ϟϟ. „SS" wirkte irgendwie harmloser ... als die -n (Kempowski, Uns 74).

Sikahirsch ['zi:ka-], der; -[e]s, -e [jap. shika]: *(in Ostasien heimischer) kleiner Hirsch mit [rot]braunem, weißgeflecktem Fell.*

Sikh [zi:k], der; -[s], -s [Hindi sikh, eigtl. = Schüler, zu aind. śikṣati = Studien]: *jmd., der sich zur Sikhreligion bekennt;* ⟨Zus.:⟩ **Sikhreligion,** die ⟨o. Pl.⟩: *indische, islamisch-hinduistische Religion, deren Anhänger militärisch organisiert sind;* **Sikhtempel,** der.

Sikkativ [zɪka'ti:f], das; -s, -e [...i:və; zu spätlat. siccātīvus = trocknend, zu lat. siccāre = trocknen] (Chemie): *Substanz, die bes. Ölfarben zugesetzt wird, um den Vorgang des Trocknens zu beschleunigen.*

Silage [zi'la:ʒə], die; - (Landw.): *Ensilage* (b).

Silan [zi'la:n], das; -s, -e [Kunstwort aus ↑**Sil**ikon u. ↑Methan] (Chemie): svw. ↑Siliciumwasserstoff.

Silastik [zi'lastɪk], das; -s [Kunstwort, zu ↑elastisch] (DDR Textilind.): *weiches, sehr elastisches Gewebe aus gekräuselten Garnen.*

Silastik- (DDR Textilind.): **~hose,** die; **~pullover,** der; **~stoff,** der; **~strumpf,** der.

Silbe ['zɪlbə], die; -, -n [mhd. silbe, sillabe, ahd. sillaba < lat. syllaba < griech. syllabḗ, eigtl. = die zu einer Einheit zusammengefaßten Laute, zu: syllambánein = zusammennehmen, -fassen]: *abgegrenzte, einen od. mehrere Laute umfassende Einheit (des Redestroms), die einen Teil eines Wortes od. ein Wort bildet:* eine [un]betonte, kurze, lange S.; eine offene (Sprachw.; *mit einem Vokal endende*), eine geschlossene (Sprachw.; *mit einem Konsonanten endende*) S.; die -n zählen, messen, trennen; das Wort wird auf der vorletzten S. betont; Ü hättest du bloß eine S. *(einen Ton)* gesagt!; ich glaube dir keine S. *(kein Wort)*; etw. mit keiner S. *(überhaupt nicht)* erwähnen; er versteht keine S. *(kein Wort)* Deutsch.

Silben-: ~klauber, der (veraltend abwertend): *Wortklauber;* **~klauberei,** die (veraltend abwertend): *Wortklauberei;* **~länge,** die: svw. ↑Quantität (2b); **~maß,** das (Metrik): *(insbes. quantitierendes) Versmaß;* **~rätsel,** das: *Rätsel, bei dem aus vorgegebenen Silben Wörter zusammenzufügen sind;* **~schrift,** die: *Schrift, deren Zeichen jeweils Silben bezeichnen;* **~stecher,** der (veraltend abwertend): **1.** *Schriftsteller, Literat.* **2.** *Wortklauber;* **~träger,** der (Sprachw.): *Laut, der eine Silbe bildet od. in einer Silbe die größte Schallstärke auf sich vereinigt;* **~trennung,** die: *Trennung eines Wortes (nach bestimmten, die Silbengrenze berücksichtigenden Regeln) am Zeilenende;* **~zahl,** die: Wörter mit gleicher S.

Silber ['zɪlbɐ], das; -s [mhd. silber, ahd. sil(a)bar, H. u.]: **1.** *weißglänzendes, weiches Edelmetall (chemischer Grundstoff);* Zeichen: Ag (↑Argentum): reines, gediegenes, legiertes S.; etw. schimmert wie S., glänzt wie flüssiges S.; der Becher ist aus [massivem, getriebenem] S.; etw. mit S. überziehen. **2. a)** *silbernes Gerät, [Tafel]geschirr:* das S. putzen; von S. speisen; **b)** *Gegenstand (bes. Schmuck, Orden, Medaille[n] usw.) aus Silber:* es gab dreimal S. *(die Silbermedaille)* für Deutschland; ein alter Beamter mit einer Menge S. am Revers (Sobota, Minus-Mann 85); **c)** (veraltend) *Silbermünze[n], Geldstück[e] aus Silber:* mit, in S. bezahlen. **3.** *silberne Farbe, silberner Schimmer; Silberglanz:* Ballettschuhe in Rosa und S.; (dichter.:) das S. des Mondlichtes, ihres Haares.

silber-, Silber-: ~ader, die: *silberführende Gesteinsader;* **~akazie,** die [nach den grauweißen Zweigen]: svw. ↑Mimose (1); **~arbeit,** die: *in Silber ausgeführte Arbeit:* kostbare -en ausstellen; **~auflage,** die: *Auflage aus Silber;* **~ausbeute,** die; **~barren,** der: *Barren aus massivem Silber;* **~bart,** der (geh.): *silbriger, silbergrauer Bart;* **~becher,** der: *silberner Becher;* **~bergwerk,** das: *Bergwerk zum Abbau von Silbererz;* **~beschlag,** der: ein altes Buch mit kostbarem S.; **~beschlagen** ⟨Adj.; o. Steig.; nicht adv.⟩: ein -er Gürtel; **~besteck,** das: das S. auflegen; **~bestickt** ⟨Adj.; o. Steig.; nicht adv.⟩: *mit Silberfäden bestickt:* ein -es Kissen; **~betreßt** ⟨Adj.; o. Steig.; nicht adv.⟩: *mit Silbertressen [besetzt];* **~bisam,** der: *dichter, weicher, rötlichbraun u. silberweiß schimmernder Pelz einer russischen Maulwurfart;* **~blank** ⟨Adj.; o. Steig.; nicht adv.⟩: *blank wie Silber;* **~blech,** das: *Blech aus gewalztem Silber;* **~blick,** der [eigtl. = silbriger Schimmer, Silberglanz] (ugs. scherzh.): *leicht schielender Blick:* der Junge mit dem S.; die Ansagerin hat einen S.; **~blond** ⟨Adj.; o. Steig.; nicht adv.⟩; **~borte,** die: *silberfarbene od. silberdurchwirkte Borte;* **~braut,** die: *Ehefrau am Tag ihrer silbernen Hochzeit;* **~bräutigam,** der: *Ehemann am Tag seiner silbernen Hochzeit;* **~brokat,** der: *mit Silberfäden durchwirkter Brokat;* **~bromid,** das: svw. ↑Bromsilber; **~bronze,** die: **1.** *silberhaltige Kupferlegierung.* **2.** *silbrige Bronze[farbe], bes. Aluminiumfarbe;* **~distel,** die: *distelähnliche Pflanze mit silberweißen, pergamentartigen Hüllblättern;* **~draht,** der: *silberner Draht;* **~durchwirkt** ⟨Adj.; o. Steig.; nicht adv.⟩: *mit Silberfäden durchwirkt;* **~erz,** das: *silberhaltiges Erz;* **~faden,** der: *silberner, silberfarbener Faden:* das Gewebe ist mit feinen Silberfäden durchwirkt; Ü sein Haar, sein Bart zeigte schon Silberfäden *(war von grauen, weißen Haaren durchzogen);* **~farben, ~farbig** ⟨Adj.; o. Steig.; nicht adv.⟩: *von der Farbe des Silbers:* ein -es Tuch, Insekt; **~fisch,** der (landsch.): svw. ↑Ukelei; **~fischchen,** das: *kleines, flügelloses Insekt mit langgestrecktem Körper u. silberglänzenden Hautschuppen, das bes. in feuchtwarmen Räumen lebt;* **~folie,** die; **~fuchs,** der: **1.** *Fuchs der nördlichen Regionen [Amerikas], dessen schwarze Grannenhaare an den Spitzen silberweiß sind.* **2.** *Pelz vom Silberfuchs* (1): sie trägt einen echten S.; **~führend** ⟨Adj.; o. Steig.; nicht adv.⟩: eine -e Gesteinsader; **~fulminat,** das (Chemie): svw. ↑Knallsilber; **~fund,** der; **~gefaßt** ⟨Adj.; o. Steig.; nicht adv.⟩: ein -er Edelstein; **~gehalt,** der: *Gehalt, Anteil an Silber:* der S. einer Münze; **~geld,** das: *Hartgeld, das aus Silbermünzen besteht;* **~geschirr,** das: *silbernes [Tafel]geschirr;* **~gewinnung,** die; **~glanz,** der: **1.** (oft dichter.) *silberner Glanz.* **2.** svw. ↑Argentit; **~glänzend** ⟨Adj.; o. Steig.; nicht adv.⟩ (oft dichter.): *silbern glänzend;* **~grau** ⟨Adj.; o. Steig.; nicht adv.⟩: *von sehr hellem Grau, hellgrau mit silbrigem Schimmer:* ein -er Schal; das -e Band des Flusses; **~groschen,** der (hist.): *alte Silbermünze verschiedener Währungen;* **~haar,** das (geh.): *silbergraues od. weißes Haar:* eine alte Dame mit/im S.; **~haarig** ⟨Adj.; o. Steig.; nicht adv.⟩ (geh.): *weißhaarig;* **~haltig** ⟨Adj.; nicht adv.⟩: -es Erz; **~hell** ⟨Adj.; o. Steig.⟩: **1.** *hell, hoch u. wohltönend:* ein -es Lachen; das Glöckchen tönte s. **2.** (dichter.) *hell [schimmernd] wie Silber:* ein -er Quell; **~hochzeit,** die: *silberne Hochzeit;* **~hütte,** die: *Hütte[nwerk] zur Silbergewinnung;* **~jodid,** das (Chemie): *mit Silber gebildetes Jodid (gelbe kristalline Verbindung); Jodsilber;* **~kette,** die: sie trug eine schmale S. um den Hals; **~klang,** der (geh.): *wohltönender heller, hoher Klang:* der S. des Glöckchens, ihres Lachens; **~kordel,** die: *silberfarbene od. aus Silberfäden gedrehte Kordel;* **~lamé,** das; **~legierung,** die: *Legierung des Silbers mit anderen Metallen, bes. Kupfer, Platin, Zinn od. Zink;* **~leuchter,** der: *silberner Leuchter;* **~licht,** das (geh.): *silbern schimmerndes Licht:* das S. des Mondes; **~litze,** die: vgl. ~borte; **~locke,** die (meist geh.): *silbergraue od. weiße Locke;* **~löffel,** der; **~löwe,** der: svw. ↑Puma; **~medaille,** die: *silberne od. versilberte Medaille, die als [sportliche] Auszeichnung für den zweiten Platz verliehen wird,* dazu: **~medaillengewinner,** der, **~medaillengewinnerin,** die: w. Form zu ↑~medaillengewinner; **~mine,** die: *Mine* (1) *mit silberhaltigem Gestein;* **~möwe,** die: *weiße Möwe mit hellgrauer Oberseite, schwarzweißen Flügelspitzen u. gelbem Schnabel;* **~münze,** die: *Münze aus Silber bzw. einer Silberlegierung;* **~paar,** das (ugs.): *Ehepaar am Tage seiner silbernen Hochzeit;* **~papier,** das: *Aluminiumfolie, Stanniol [für Verpackungszwecke];* **~pappel,** die: *Pappel mit unterseits dicht behaarten, weißlichen Blättern;* **~platte,** die: *silberne Platte* (3a) *zum Servieren von Speisen;* **~plattierung,** die; **~pokal,** der; **~quell,** der (dichter.): *heller, klarer Quell;* **~reiher,** der: *großer, weißer*

Reiher mit schwarzen Beinen u. langen Schmuckfedern an Genick u. Schultern; **~ring,** der; **~sachen** ⟨Pl.⟩ (ugs.): *Silber* (2a); **~salz,** das (Chemie): *Salz des Silbers (Verbindung des Silbers mit einem Säurerest);* **~schein,** der (dichter.): vgl. ~schimmer; **~schicht,** die; **~schimmer,** der (dichter.): *silberner Schimmer;* **~schmied,** der: *Handwerker, der Schmuck od. künstlerisch gestaltete [Gebrauchs]gegenstände aus Silber, Kupfer od. Messing anfertigt* (Berufsbez.); **~schmuck,** der; **~schnur,** die: *silberfarbene od. aus Silberfäden gedrehte Schnur;* **~schüssel,** die; **~stahl,** der (Technik): *(silberblanker) gezogener u. geschliffener od. polierter Werkzeugstahl in Form von Stangen;* **~stickerei,** die: *Stickerei mit Silberfäden;* **~stift,** der (bild. Kunst): *(gleichmäßig zarte Striche erzeugender) Stift mit Silber- od. Blei-Zink-Spitze zum Zeichnen auf bes. präpariertem Papier;* **~stimme,** die (geh.): *helle, hohe u. wohlklingende Stimme;* **~strähne,** die: *silbergraue od. weiße Haarsträhne;* **~streif,** der: in der Fügung **S. am Horizont** (↑~streifen); **~streifen,** der: *silberner, silbern od. silbergrau schimmernder Streifen:* Am Horizont hob sich ein schmaler S. aus dem Wasser (Remarque, Triomphe 217); ***S. am Horizont** *(sich andeutungsweise abzeichnende positive Entwicklung; Anlaß zur Hoffnung; wohl nach einem Ausspruch des dt. Politikers G. Stresemann [1878–1929]):* Eigentlich soll Eva ... für ihre Ehrlichkeit schwer büßen, doch nun zeigt sich immerhin ein S. am Horizont (MM 20. 3. 74, 28); **~strich,** der: *Falter mit Silberstreifen auf der Flügelunterseite; Kaisermantel;* **~stück,** das (veraltet): *Silbermünze (als Zahlungsmittel);* **~tablett,** das: *silbernes Tablett;* **~tanne,** die: svw. ↑Edeltanne; **~ton,** der: **1.** *silberner Farbton.* **2.** (geh.) vgl. ~klang: der S. eines Glöckchens; **~tresse,** die: vgl. ~borte; **~vergoldet** ⟨Adj.; o. Steig.; nicht adv.⟩: *(von Gefäßen, Statuen o. ä. aus Silber) mit einer Goldauflage versehen;* vgl. Vermeil; **~vogel,** der (dichter.): *Flugzeug;* **~vorkommen,** das: ein Land mit reichen S.; **~weide,** die: *Weide mit beiderseits silbrig behaarten Blättern;* **~währung,** die: *[Metall]währung, bei der das maßgebliche Zahlungsmittel Silbermünzen sind, deren Wert ihrem Silbergehalt entspricht;* **~waren** ⟨Pl.⟩; **~weiß** ⟨Adj.; o. Steig.; nicht adv.⟩: *von silbrigem Weiß; hellschimmernd weiß:* -es Haar, Metall; etw. glänzt s.; **~wert,** der: *Wert des Silbergehalts:* der S. einer Münze; **~wurz,** die ⟨o. Pl.⟩ [nach der silberweißen Unterseite der Blätter]: svw. ↑Dryas; **~zwiebel,** die: svw. ↑Perlzwiebel.

-silber [-zɪlbɐ]: ↑-silbler.

silberig [ˈzɪlbərɪç]: ↑silbrig; **Silberling** [ˈzɪlbɐlɪŋ], der; -s, -e [mhd. nicht belegt; ahd. sil(a)barling] (früher): *Silbermünze:* Ü ich habe hier noch drei -e (ugs.; *Markstücke*); ***jmdn., etw. für dreißig -e verraten** *(jmdn., etw. für wenig Geld, nicht des Gewinns wegen verraten;* nach Mark. 14, 10f. waren 30 Silberlinge der Lohn des Judas Ischariot für den Verrat an Jesus Christus); **silbern** [ˈzɪlbɐn] ⟨Adj.⟩ [mhd. silberīn, ahd. silbarīn]: **1.** ⟨nur attr.; o. Steig.⟩ *aus Silber:* ein -er Becher, Löffel, Ring. **2.** ⟨Steig. selten; nicht adv.⟩ *hell, weiß schimmernd; silberfarben:* ein -er Farbton; ⟨oft dichter.:⟩ das -e Mondlicht; ihre Haare waren s. *(silbergrau, weiß)* geworden; etw. glänzt, schimmert s. **3.** ⟨Steig. selten⟩ (dichter.) *hell, hoch u. wohltönend:* ein -es Lachen; s. klingen.

-silbig [-zɪlbɪç] in Zusb., z. B. achtsilbig *(aus acht Silben bestehend);* **silbisch** [ˈzɪlbɪʃ] ⟨Adj.; o. Steig.⟩ (Sprachw.): *(als Silbenträger) eine Silbe bildend:* ein -es l, n, r; **-silbler** [-zɪlplɐ], -silber in Zusb., z. B. Zwölfsilb[l]er (Verslehre; *Vers mit zwölf Silben*).

silbrig [ˈzɪlbrɪç] ⟨Adj.; Steig. selten⟩: **1.** ⟨nicht adv.⟩ *silber[farbe]n schimmernd, glänzend:* ein -er Glanz, Schimmer; eine -e Wolke; s. schimmern. **2.** (geh.) *hell, hoch u. wohltönend; silbern:* der -e Klang eines Cembalos; s. tönen; ⟨Zus.:⟩ **silbriggrau** ⟨Adj.; o. Steig.; nicht adv.⟩: eine -e Färbung haben.

Sild [zɪlt], der; -[e]s, -[e] [norw. sild = Hering] (Gastr.): *in schmackhafte Tunke eingelegter junger Hering.*

Silen [ziˈleːn], der; -s, -e [lat. Silēnus < griech. Seilēnós] (antike Myth.): *trunkener dicker, glatzköpfiger (einem Satyr ähnlicher) Dämon aus dem Gefolge des Dionysos.*

Silentium [ziˈlɛnt͜si̯ʊm], das; -s, ...tien [...i̯ən; lat. silentium = Schweigen, zu: silēre = still sein]: **1.** ⟨Pl. ungebr.⟩ (veraltend; noch scherzh.): *[Still]schweigen, Stille:* Wir nahmen unsere Kopfbedeckungen ab ... und legten ein S. ein (Lynen, Kentaurenfährte 244); (oft als Aufforderung:) S.! **2.** (Schulw.) *Zeit, in der die Schüler eines Internats ihre Schularbeiten erledigen sollen:* Pädagoge für S., Freizeit und Internatsdienst ... gesucht (FAZ 108, 1958, 39).

Silhouette [ziˈlu̯ɛtə], die; -, -n [frz. silhouette, nach dem frz. Staatsmann E. de Silhouette (1709–1767), der aus Sparsamkeitsgründen sein Schloß statt mit kostbaren Gemälden mit selbstgemachten Scherenschnitten ausstattete]: **1. a)** *Umriß, der sich [dunkel] vom Hintergrund abhebt:* die S. eines Baumes, eines Berges, einer Stadt; **b)** (bild. Kunst) *Schattenriß:* eine S. zeichnen, einrahmen; eine S. schneiden *(einen Scherenschnitt anfertigen).* **2.** (Mode) *Umriß[linie]; Form der Konturen:* ein Mantel mit/in modischer S.; dieser Herrenslip gibt eine gute S.; ⟨Abl.:⟩ **silhouettieren** [zilu̯ɛˈtiːrən] ⟨sw. V.; hat⟩ [frz. silhouetter] (bild. Kunst veraltend): *im Schattenriß zeichnen od. schneiden.*

Silicagel [ˈziːlikageːl], das; -s: svw. ↑Kieselgel; **Silicat:** ↑Silikat; **Silicid,** Silizid [ziliˈt͜siːt], das; -[e]s, -e (Chemie): *Verbindung von Silicium mit einem Metall;* **Silicium,** Silizium [ziˈliːt͜si̯ʊm], das; -s [zu lat. silex (Gen.: silicis) = Kiesel (= urspr. Bez. des Elements)]: *(chemisch gebunden) in den meisten Gesteinen u. Mineralen enthaltenes, säurebeständiges, schwarzgraues, stark glänzendes Halbmetall (chemischer Grundstoff);* Zeichen: Si; ⟨Zus.:⟩ **siliciumhaltig** ⟨Adj.; nicht adv.⟩; **Siliciumwasserstoff,** der (Chemie): *Verbindung, die ausschließlich aus Silicium u. Wasserstoff besteht; Silan;* **Silicon:** ↑Silikon.

silieren [ziˈliːrən] ⟨sw. V.; hat⟩ [zu ↑Silo] (Landw.): *(Futterpflanzen) in einem Silo* (2) *einlagern, um sie einzusäuern;* ⟨Abl.:⟩ **Silierung,** die: -, -en.

Silifikation [zilifikaˈt͜si̯oːn], die; -, -en [zu ↑Silicium u. lat. facere = bewirken]: svw. ↑Verkieselung; **Silikastein** [ˈziːlika-], der; -[e]s, -e: *aus zerkleinertem Quarzit u. Zusatz von Kalkmilch gebrannter, feuerfester Stein (für die Auskleidung industrieller Öfen);* **Silikat,** (fachspr.:) Silicat [ziliˈkaːt], das; -[e]s, -e [zu ↑Silicium] (Chemie): *Salz einer Kieselsäure:* mineralische -e; ⟨Zus.:⟩ **Silikatgestein,** das (Geol.); **Silikon,** (fachspr.:) Silicon [ziliˈkoːn], das; -s, -e (Chemie): *aus Silizium, Sauerstoff u. organischen Resten bestehender flüssiger, fester od. elastischer Stoff von hoher Wasser- u. Wärmebeständigkeit, der bes. in der Technik u. Textilindustrie Verwendung findet;* **Silikose** [ziliˈkoːzə], die; -, -n (Med.): *durch dauerndes Einatmen von Quarzstaub hervorgerufene Staublunge;* **Silizid:** ↑Silicid; **Silizium** usw.: ↑Silicium usw.

Silkgras [ˈzɪlk-], das; -es [engl. silk-grass, eigtl. = Seidengras] *von verschiedenen Ananasgewächsen gewonnene haltbare, feine Blattfasern, die u. a. zu Netzen u. Hängematten verarbeitet werden.*

Sillen [ˈzɪlən] ⟨Pl.⟩ [griech. sílloi, Pl. von: síllos = Spott, Hohn] (antike Literaturw.): *parodistische altgriechische Spottgedichte auf Dichter u. Philosophen;* **Sillograph** [zɪloˈgraːf], der; -en, -en [griech. sillográphos]: *Verfasser von Sillen.*

Silo [ˈziːlo], der, auch: das; -s, -s [span. silo = Getreidegrube, H. u.]: **1.** (bes. Fachspr.) *großer [schacht- od. kastenförmiger] Speicher od. großer, hoher Behälter zur Lagerung von Schüttgut, bes. Getreide, Erz, Kohlen, Zement.* **2.** (Landw.) *Vorrichtung (Grube, hoher Behälter usw.) zur Einsäuerung von Futter;* **-silo** [-ziːlo], der, auch das; -s, -s (abwertend): suffixoides Grundwort von Zus. mit Subst. mit der Bed. *[hohes], nüchtern u. unpersönlich wirkendes Gebäude zur massenweisen Unterbringung von Menschen, Gegenständen,* z. B. Auto-, Beamten-, Hotel-, Wohnsilo.

Silo-: **~futter,** das (Landw.): svw. ↑Gärfutter; **~mais,** der (Landw.): *Mais, der für die Einsäuerung in Silos vorgesehen ist;* **~reife,** die (Landw.): *Reifsein für die Einsäuerung in Silos:* der Mais ist zur S. gelangt; **~wagen,** der (Kfz.-T., Verkehrsw.): *zum Transport von staubförmigem od. körnigem Schüttgut dienender Lastkraftwagen od. Anhänger mit einem Spezialaufbau, der aus einer od. mehreren zylindrischen, kesselförmigen o. ä. geschlossenen Behältern besteht.*

Silumin Ⓦ [ziluˈmiːn], das; -s [Kunstwort aus ↑Silicium u. ↑Aluminium]: *korrosionsbeständige, schweiß- u. gießbare Legierung aus Aluminium u. Silicium.*

Silur [ziˈluːɐ̯], das; -s [nach dem vorkeltischen Volksstamm der Silurer] (Geol.): **1.** *dritte Formation des Erdaltertums (zwischen Ordovizium u. Devon);* vgl. Gotlandium. **2.** (früher) *Ordovizium u. Gotlandium umfassende Formation;* ⟨Abl.:⟩ **silurisch** [ziˈluːrɪʃ] ⟨Adj.; o. Steig.; nicht adv.⟩: *das Silur betreffend; im Silur entstanden.*

Silvaner [zɪlˈvaːnɐ], der; -s, - [viell. zu Transsilvanien =

Siebenbürgen (Rumänien), dem angeblichen Herkunftsland]: **a)** ⟨o. Pl.⟩ *Rebsorte mit mittelgroßen, grünen Beeren in dichten Trauben, die einen milden, feinfruchtigen bis vollmundigen Weißwein liefert;* **b)** *Wein der Rebsorte Silvaner* (a).

Silvester [zɪl'vɛstɐ], der, auch: das; -s, - [nach Silvester I., Papst von 314 bis 335, dem Tagesheiligen des 31. Dezember]: *letzter Tag des Jahres, 31. Dezember:* letzten S. waren wir bei Freunden eingeladen; S. feiern; zu S. essen wir Karpfen.

Silvester-: **~abend,** der; **~ball,** der: [2]*Ball am Silvesterabend;* **~feier,** die; **~karpfen,** der: *Karpfen, der am Silvesterabend gegessen wird;* **~nacht,** die; **~party,** die; **~pfannkuchen,** der: *Pfannkuchen* (2), *der Silvester gegessen wird;* **~scherz,** der: *Scherz, wie er Silvester bzw. bei Silvesterfeiern gemacht wird:* diese Ankündigung kam uns wie ein S. vor.

[1]**Sima** ['zi:ma], das; -[s] [Kurzwort aus ↑**Si**licium u. ↑**Ma**gnesium] (Geol.): *unterer Teil der Erdkruste, dessen Gesteine vorwiegend aus Silicium- u. Magnesiumverbindungen bestehen; Simaschicht.*

[2]**Sima** [-], die; -, -s u. ...men [lat. sīma, zu: sīmus = platt(nasig) < griech. simós] (Archit.): *um den Dachrand des antiken Tempels geführte breite, verzierte Leiste aus Ton od. Stein, die das Regenwasser auffing u. durch Wasserspeier abgab.*

Simandl ['zi:mandl̩], der od. das; -s, - [eigtl. = Mann, der durch eine „Sie" beherrscht wird] (bayr. u. österr. ugs.): *Pantoffelheld.*

Simaschicht, die; - (Geol.): svw. ↑[1]Sima.

similär [zimi'lɛ:ɐ̯] ⟨Adj.; o. Steig.⟩ [frz. similaire, zu lat. similis, ↑simile] (veraltet; Fachspr. selten): *ähnlich;* ⟨Abl.:⟩ **Similarität** [...lari'tɛ:t], die; -, -en (veraltet; Fachspr. selten): *Ähnlichkeit (im Hinblick auf Art o. ä.);* **simile** ['zi:mile] ⟨Adv.⟩ [ital. simile < lat. similis = ähnlich] (Musik): *ähnlich, auf ähnliche Weise weiter; ebenso;* **Simile** [-], das; -s, -s [lat. simile, subst. Sg. Neutr. von: similis, ↑simile] (bildungsspr. veraltet): *Gleichnis, Vergleich;* **Simili** ['zi:mili], das od. der; -s, -s [ital. simili = die Ähnlichen] (Fachspr.): *Nachahmung, bes. von Edelsteinen;* **similia similibus** [zi'mi:li̯a zi'mi:libʊs; lat.] (bildungsspr.): *Gleiches [wird] durch Gleiches [geheilt]* (ein Grundgedanke des Volksglaubens, bes. der Volksmedizin); **Similistein,** der; -[e]s, -e (Fachspr.): *imitierter Edelstein (Diamant, Brillant o. ä.).*

simmen ['zɪmən] ⟨sw. V.; hat⟩ [lautm.] (landsch., bes. ostniederd.): *in heller, fein vibrierender Weise tönen; sirren:* ... weil die Mücken über ihrem Bette simmen (Kempowski, Zeit 211).

Simmerring (Wz) ['zɪmɐ-], der; -[e]s, -e [nach dem Erfinder, dem dt. Ingenieur W. Simmer, geb. 1888] (Technik): *ringförmige Wellendichtung in Form einer Manschette, die in einem Gehäuse gefaßt ist u. durch Federdruck an die Welle gepreßt wird.*

Simonie [zimo'ni:], die; -, -n [...i:ən; mhd. simoni(e) < kirchenlat. simonia, nach dem Magier Simon, der nach Apg. 8, 18 ff. glaubte, die Macht, die der Hl. Geist verleiht, kaufen zu können] (kath. Rel.): *Kauf u. Verkauf geistlicher Ämter o. ä.;* **simonisch** [zi'mo:nɪʃ], **simonistisch** [zimo'nɪstɪʃ] ⟨Adj.; o. Steig.⟩: *die Simonie betreffend, darauf beruhend.*

simpel ['zɪmpl̩] ⟨Adj.; ...pler, -ste⟩ [spätmhd., mniederd. simpel = einfältig < frz. simple = einfach < lat. simplex, ↑Simplex]: **1.** *so einfach, daß es keines besonderen geistigen Aufwands bedarf, nichts weiter erfordert, leicht zu bewältigen ist; unkompliziert:* eine simple Rechenaufgabe, Konstruktion, Methode; diese Lösung ist sehr s.; etw. ganz s. ausdrücken; es ist eine simple Tatsache *(es ist eben so, ist nun mal nicht anders),* daß ... **2.** (oft abwertend) *in seiner Beschaffenheit anspruchslos-einfach, ohne jede den Wert, das Ansehen hebende Besonderheit; nur eben das Übliche und Notwendigste aufweisend; schlicht:* ein simples Spielzeug; ein simples Kleid kostet schon an die 200 Mark; es fehlte an den -sten Dingen; sehr s. eingerichtet sein; das ist nichts für den simplen *(einfachen, durchschnittlichen)* Bürger, Soldaten; das fordert schon der simple *(einfache, selbstverständliche)* Anstand. **3.** (abwertend) *einfältig, beschränkt:* ein simples Gemüt haben; mit simplem Gesichtsausdruck; s. sein, daherreden; **Simpel** [-], der; -s, - (ugs.): *einfältiger, beschränkter Mensch; Einfaltspinsel;* ⟨Zus.:⟩ **Simpelfransen** ⟨Pl.⟩ (ugs. scherzh.): *Ponyfransen;* **Simplex** ['zɪmplɛks], das; -, -e u. ...plizia [zɪm'pli:tsi̯a; lat. simplex = einfach] (Sprachw.): *nicht zusammengesetztes [u. nicht abgeleitetes] Wort:* dem Verb „erkennen" liegt das S. „kennen" zugrunde; **simpliciter** [zɪm'pli:tsitɐ] ⟨Adv.⟩ (bildungsspr.): *schlechterdings, schlechthin; unbedingt, ohne Einschränkung;* **Simplifikation** [zɪmplifika'tsi̯o:n], die; -, -en (bildungsspr.): svw. ↑Simplifizierung; **simplifizieren** [...i'tsi:rən] ⟨sw. V.; hat⟩ [mlat. simplificare, zu lat. simplex (↑Simplex) u. facere = bewirken, machen] (bildungsspr.): *(bei der Darstellung) stark, übermäßig vereinfachen:* ein Problem, einen Sachverhalt s.; etw. simplifizierend, simplifiziert, in simplifizierter Form wiedergeben, darstellen; ⟨Abl.:⟩ **Simplifizierung,** die; -, -en: *simplifizierende Darstellung; starke Vereinfachung;* **Simplizia:** Pl. von ↑Simplex; **Simplizität** [zɪmplitsi'tɛ:t], die; - [lat. simplicitās] (bildungsspr.; selten abwertend): *Einfachheit, Schlichtheit:* die S. der Legendensprache (Welt, 9. 10. 65, 12); das neue Werk des Autors ist von erfrischender S.

Sims [zɪms], der od. das; -es, -e [mhd. sim(e)ʒ, ahd. in: simiʒstein = Säulenknauf, viell. verw. mit lat. sīma, ↑[2]Sima]: *waagerechter, langgestreckter [Wand]vorsprung; Gesims:* Häuser mit breiten -en; Auf dem S. über dem Kamin stand altes Zinngeschirr (Simmel, Affäre 16).

Simsalabim! ['zɪmzala'bɪm] ⟨o. Art.⟩ [H. u., viell. verstümmelt aus ↑similia similibus]: *Zauberwort* (im entscheidenden Moment der Ausführung eines Zauberkunststückes).

Simse ['zɪmzə], die; -, -n [H. u.]: **1.** *(in zahlreichen, zum Teil binsenähnlichen Arten vorkommendes) an feuchten, sumpfigen Stellen wachsendes Riedgras.* **2.** (landsch.) svw. ↑Binse.

Simshobel, der; -s, - [zu ↑Sims]: *schmaler Hobel zur Bearbeitung abgesetzter Flächen.*

Simulant [zimu'lant], der; -en, -en [lat. simulāns (Gen.: simulantis), 1. Part. von: simulāre, ↑simulieren]: *jmd., der etw., bes. eine Krankheit, simuliert;* **Simulation** [zimula'tsi̯o:n], die; -, -en [lat. simulātio = Vorspiegelung]: (Fachspr.): **1.** *das Simulieren* (1) *[einer Krankheit].* **2.** *das Simulieren* (2): die S. eines Raumfluges; **Simulator** [zimu'la:tɔr, auch ...to:ɐ̯], der; -s, -en [...'to:rən; lat. simulātor = Heuchler] (Fachspr.): *Gerät, Anlage, System usw. für die Simulation* (2); **simulieren** [zimu'li:rən] ⟨sw. V.; hat⟩ [lat. simulāre, eigtl. = nachahmen, zu: similis, ↑simile]: **1.** *vortäuschen:* eine Krankheit, Schmerzen, Gedächtnisschwund, eine Erkältung s.; er hat seine Ängste nur simuliert; ⟨auch o. Akk.-Obj.:⟩ ich glaube, er simuliert [nur] *(täuscht eine Krankheit vor, ist gar nicht krank; verstellt sich).* **2.** (Fachspr.; bildungsspr.) *Sachverhalte, Vorgänge [mit technischen, (natur)wissenschaftlichen Mitteln] modellhaft nachbilden, (bes. zu Übungs-, Erkenntniszwecken) in den Grundzügen wirklichkeitsgetreu nachahmen:* einen Raumflug, die Bedingungen eines Raumflugs s.; Der Phantomkopf ... simuliert genau einen lebenden Menschen (MM 14. 2. 67, 3); ökonomische Prozesse mit Hilfe eines Modells s. **3.** (veraltend, noch landsch.) *grübeln, nachsinnen:* er fing an zu s. [ob, wie es sich erreichen ließe]; **simultan** [zimʊl'ta:n] ⟨Adj.; o. Steig.⟩ [mlat. simultaneus, zu lat. simul = zugleich, zusammen, zu: similis, ↑simile] (Fachspr.; bildungsspr.): *gleichzeitig [u. gemeinsam]:* zwei -e Prozesse; -es Dolmetschen *(gleichzeitiges Dolmetschen [während der zu übersetzende Text gesprochen wird];* Ggs.: konsekutives Dolmetschen); etw. geschieht s., läuft s. ab; der Schachmeister spielte s. gegen 12 Vereinsmitglieder.

simultan-, Simultan-: **~bühne,** die (Theater): *Bühne mit simultan sichtbaren Schauplätzen;* **~darstellung,** die (bild. Kunst): *(im Kubismus) Darstellung ohne in die Tiefe gehende Perspektive, die eine Flächenhaftigkeit des Dargestellten bewirkt;* **~dolmetschen,** das; -s (Fachspr.): *simultanes Dolmetschen;* **~dolmetscher,** der (Fachspr.): *Dolmetscher, der simultan übersetzt;* **~kirche,** die (Rel.): *Kirche* (1), *die von mehreren Konfessionen gemeinsam benutzt wird;* **~partie,** die: vgl. ~spiel; **~schach,** das: vgl. ~spiel; **~schule,** die: svw. ↑Gemeinschaftsschule; **~spiel,** das (Schach): *Spiel, bei dem ein Schachspieler gegen mehrere, meist leistungsschwächere Gegner gleichzeitig spielt;* **~übersetzung,** die: vgl. ~dolmetschen.

Simultan[e]ität [zimʊltan(e)i'tɛ:t], die; -, -en [frz. simultanéité] (Fachspr.; bildungsspr.): *Gleichzeitigkeit; gleichzeitiges Auftreten, Eintreten;* **Simultaneum** [zimʊl'ta:neʊm], das; -s [nlat.] (Fachspr.): *gemeinsames Nutzungsrecht verschiedener Konfessionen an kirchlichen Einrichtungen;* **Simultanität:** ↑Simultaneität.

Sinanthropus [zi'nantropʊs], der; -, ...pi u. ...pen [zu griech.

Sínai = Chinesen; China u. ánthrōpos = Mensch] (Anthrop.): svw. ↑Pekingmensch.

sind [zɪnt]: ↑¹sein.

sine anno ['zi:nə 'ano; lat.] (Buchw.; veraltet): *ohne Angabe des Erscheinungsjahres; ohne Jahr;* Abk.: s. a.; **sine ira et studio** ['zi:nə 'i:ra ɛt 'stu:di̯o; lat.; nach Tacitus, Annales I, 1] (bildungsspr.): *ohne Haß u. (parteiischen) Eifer; sachlich, objektiv;* **Sinekure** [zine'ku:rə], die; -, -n [zu lat. sine cūra = ohne Sorge]: svw. ↑Pfründe (a); **sine loco [et anno]** ['zi:nə 'lo:ko (ɛt 'ano); lat.] (Buchw. veraltet): *ohne Ort [u. Jahr]; ohne Angabe des Erscheinungsortes [u. -jahres];* Abk.: s. l. [e. a.]; **sine tempore** ['zi:nə 'tɛmporə: lat. = ohne Zeit(zugabe)] (bildungsspr.): *pünktlich zum angegebenen Zeitpunkt; ohne akademisches Viertel;* Abk.: s. t. Vgl. cum tempore.

Sinfonie [zɪnfo'ni:], Symphonie [zymfo'ni:], die; -, -n [...i:ən; ital. sinfonia < lat. symphōnia = mehrstimmiger musikalischer Vortrag < griech. symphōnía, zu: sýmphōnos = zusammentönend]: **1.** *auf das Zusammenklingen des ganzen Orchesters hin angelegtes Instrumentalwerk [in Sonatenform] mit mehreren Sätzen* (4 b): eine S. von Bruckner; eine S. komponieren, schreiben, spielen, aufführen. **2.** (geh.) *Ganzes, reiche Gesamtheit, gewaltige Fülle, worin verschiedenartige Einzelheiten eindrucksvoll zusammenwirken:* eine S. von Farben, Düften; diese Bauten sind eine S. von, aus, in Stein; ⟨Zus.:⟩ **Sinfoniekonzert,** Symphoniekonzert, das: *Konzert, in dem ein Sinfonieorchester ernste Musik spielt;* **Sinfonieorchester,** Symphonieorchester, das: *großes Orchester zur Aufführung von Werken der ernsten Musik;* **Sinfonietta** [zɪnfo'ni̯ɛta], die; -, ...tten [ital. sinfonietta, Vkl. von: sinfonia, ↑Sinfonie] (Musik): *kleine Sinfonie;* **Sinfonik** [zɪn'fo:nɪk], Symphonik [zym'fo:nɪk], die; - (Musik): **1.** *Kunst der sinfonischen Gestaltung.* **2.** *sinfonisches Schaffen;* **Sinfoniker,** Symphoniker, der; -s, - (Musik): **1.** *Komponist von Sinfonien.* **2.** ⟨Pl.⟩ *Gesamtheit der Mitglieder eines Sinfonieorchesters; Sinfonieorchester* (in Namen): die Bamberger S.; die Wiener S.; **sinfonisch** [zɪn'fo:nɪʃ], symphonisch [zym'fo:nɪʃ] ⟨Adj.; o. Steig.⟩ (Musik): *der Sinfonie, ihrer Form bzw. der Art ihres Satzes u. ihrer Orchestrierung eigentümlich, ähnlich; der Sinfonie in Form, Satz, Klangbild entsprechend, ähnlich:* -e Werke; eine -e Kantate.

Sing-: ~**akademie,** die: *Vereinigung zur Pflege des Chorgesangs, die sich die Aufführung großer Chorwerke zur Aufgabe macht* (meist in Namen); ~**bruderschaft,** die: svw. ↑Kantorei (3); ~**drossel,** die: *in Wäldern u. Parkanlagen lebender großer Singvogel, dessen Gefieder auf der Oberseite braun, auf der Bauchseite braunweiß gesprenkelt ist;* ~**kreis,** der: *kleiner Chor;* ~**lust,** die (selten): *Lust, Freude am Singen;* ~**messe,** die (kath. Kirche; früher): *Messe, bei der die Gläubigen den paraphrasierten Text der Messe singen;* ~**sang,** der ⟨o. Pl.⟩: **a)** *[eintöniges] kunstloses, leises Vor-sich-hin-Singen:* man hörte den S. der Frauen bei der Arbeit; **b)** *einfache Melodie, die jmd. vor sich hin singt:* mit einem leisen S. versucht die Mutter das Kind in Schlaf zu singen; ~**schule,** die: **1.** (selten) vgl. Musikschule. **2.** *(im Meistersang des 15./16. Jh.s) feste Einrichtung, in der die Meistersinger ihre Kunst pflegten;* ~**schwan,** der: *Schwan mit teils gelbem, teils schwarzem Schnabel ohne Höcker, der wohltönende Rufe hören läßt;* ~**spiel,** das (Musik): *Bühnenstück (meist heiteren, volkstümlichen Inhalts) mit gesprochenem Dialog u. musikalischen Zwischenspielen u. Gesangseinlagen,* dazu: ~**spieldichter,** der; ~**stimme,** die: **a)** *Vokalpart eines Musikwerks mit Gesang:* ein Stück für Klavier, Flöte u. S.; **b)** *Gesang hervorbringende menschliche Stimme; Gesangsstimme* (Ggs.: Sprechstimme); ~**stunde,** die (landsch.): *Chorprobe eines Gesangvereins o. ä.;* ~**vogel,** der: *Vogel, der eine mehr od. weniger reiche, melodische Folge von Tönen, Rufen, Lauten hervorzubringen vermag;* ~**weise,** die.

singbar ['zɪŋba:ɐ̯] ⟨Adj.⟩: *(in bestimmter Weise) zu singen; sich singen lassend:* ein leicht, schwer -er Part; diese Tonfolge ist kaum s.

Singe- (DDR): ~**bewegung,** die ⟨o. Pl.⟩: *Bewegung, die das Singen bes. von politischen Liedern pflegt;* ~**gruppe,** die: *Gruppe (innerhalb einer gesellschaftlichen Organisation), die sich dem Singen bes. von politischen Liedern widmet;* ~**klub,** der: vgl. ~gruppe.

singen ['zɪŋən] ⟨st. V.; hat⟩ [mhd. singen, ahd. singan, eigtl. = mit feierlicher Stimme vortragen]: **1. a)** *mit der Singstimme* (b) *(ein Lied, eine Melodie o. ä.) hervorbringen, vortragen:* gut, rein, falsch, laut s.; mehrstimmig, gemeinsam s.; er singt solo *(als Solist);* er kann nicht s.; die Kinder singen auf der Straße; er singt in einem Chor *(gehört einem Chor an);* nach Noten, vom Blatt, zur Laute s.; sie zogen singend durch die Straßen; im Garten singen schon die Vögel *(bringen eine dem menschlichen Gesang ähnelnde melodische Tonfolge hervor);* er war s.; bist du s. gewesen? (ugs. scherzh.; Feststellung od. Frage, wenn jmd. viel kleines Geld in der Tasche hat); ⟨subst.:⟩ lautes Singen war zu hören; R da hilft kein Singen und kein Beten *(da ist nichts mehr zu machen);* das kann ich schon s. (ugs.; *das kenne ich schon bis zum Überdruß*); Ü schluchzend sangen (dichter.) die Geigen; das Feuer im Birkenholz sang (Wiechert, Jeromin-Kinder 510); der Teekessel singt auf dem Herd; das Blut singt ihm in den Ohren; die Reifen des Autos begannen zu s. (Fachspr.; *[auf einem bestimmten Straßenbelag] ein sirrendes Geräusch hervorzubringen*); er hat einen singenden Tonfall *(seine Stimme ist sehr modulationsfähig);* **b)** *etw. singend* (1 a) *vortragen, hören lassen:* ein Lied, eine Arie, einen Schlager s.; der Chor singt eine Motette; die Nachtigall singt ihr Lied; diese Melodie ist leicht, schwer zu s.; **c)** *als Stimmlage haben:* Sopran, Alt, Tenor, Baß s. **2. a)** *durch Singen* (1) *in einen bestimmten Zustand bringen:* sich heiser, müde s.; das Kind in den Schlaf, Schlummer s.; **b)** ⟨s. + sich; unpers.⟩ *sich in bestimmter Weise singen* (1) *lassen:* mit trockner Kehle singt es sich schlecht. **3.** (dichter. veraltend) *mit dichterischen Mitteln [im Gesang* 3 a*] darstellen, berichten o. ä.:* die Odyssee singt von den Fahrten der Griechen nach Troja; wo die Troubadoure von den Wundern sangen, welche den kaiserlichen Palast schmückten (Thieß, Reich 629); Ü jmds. Lob, Ruhm s. (geh.; *sich lobend, rühmend über jmdn. äußern*). **4.** (salopp) *(vor der Polizei, als Angeklagter) Aussagen machen, durch die andere [Komplizen] mit belastet werden:* im Verhör, vor Gericht s.; Krämer singt nicht, aus dem holst du nicht mal einen Gedankenstrich raus (Apitz, Wölfe 42); ⟨subst:⟩ jmdn. zum Singen bringen; **Singerei** [zɪŋə'rai̯]; die; -: **1.** (oft abwertend) *[dauerndes] Singen:* wenn sie nur endlich mit ihrer S. aufhören wollten. **2.** (ugs.) *berufsmäßiges od. als Hobby ausgeübtes Singen* (1): er hat mit der S. aufgehört, die S. an den Nagel gehängt.

¹Single ['zɪŋl, engl. sɪŋgl; engl. single, eigtl. = einzeln(e) < altfrz. sengle < lat. singulus, ↑singulär], das, -[s], -[s]: **1.** (Badminton, Tennis): *Einzelspiel (zwischen zwei Spielern).* **2.** (Golf) *Zweierspiel;* **²Single** [-], die; -, -[s]: *kleine Schallplatte mit nur je einem kurzen Titel auf Vorder- u. Rückseite;* **³Single** [-], der; -[s], -[s]: *jmd., der ohne jede Bindung an einen Partner lebt:* er, sie ist ein S., lebt als S.; ⟨Zus.:⟩ **Singledasein,** das: *Leben als ³Single:* er ist das S. leid; **Singleplatte,** die: svw. ↑²Single.

Sing-out ['sɪŋaut, '–'–, –'–], das; -[s], -s [amerik. sing-out, zu: to sing out = singen]: *(von protestierenden Gruppen veranstaltetes) öffentliches Singen von Protestliedern.*

Singrün ['zɪŋgry:n], das, -s: [mhd. singrüene, spätahd. singruonī, 1. Bestandteil ahd. sin = dauernd] svw. ↑Immergrün.

Singular ['zɪŋgula:ɐ̯], der; s, -e [lat. (numerus) singulāris, ↑singulär] (Sprachw.; Ggs.: Plural): **1.** ⟨o. Pl.⟩ *Numerus, der beim Nomen u. Pronomen anzeigt, daß dieses sich auf eine einzelne Person od. Sache bezieht, u. der beim Verb anzeigt, daß nur ein Subjekt zu dem Verb gehört; Einzahl:* das Wort gibt es nur im S. **2.** *Wort, das im Singular* (1) *steht; Singularform:* der Satz enthält zwei -e; **singulär** [...'lɛ:ɐ̯], ⟨Adj.⟩ [(frz. singulier <) lat. singulāris = zum einzelnen gehörig; vereinzelt, zu: singulus = jeder einzelne] (bildungsspr.): **1.** *nur vereinzelt auftretend o. ä.; selten; nicht häufig:* eine ganz -e Erscheinung; die Vorkommen sind sehr s. **2.** *einzigartig:* eine -e, vergleichslose Schöpfung (Deschner, Talente 169).

Singular- (Sprachw.): ~**bildung,** die; ~**endung,** die; ~**form,** die.

Singularetantum [zɪŋgula:rə'tantʊm], das; -s, -s u. Singulariatantum [zɪŋgula:ri̯a't...; zu lat. singulāris (↑singulär) u. tantum = nur] (Sprachw.): *Substantiv, das nur im Singular vorkommt:* „das All" ist ein S.; **Singularis** [zɪŋgu'la:rɪs], der; -, ...res [...re:s; lat. singulāris] (Sprachw. veraltet): svw. ↑Singular; **singularisch** [zɪŋgu'la:rɪʃ] ⟨Adj.; o. Steig.⟩ (Sprachw.): *im Singular stehend; zum Singular gehörend:* -e Formen, Endungen, Wörter; **Singularismus** [zɪŋgula'rɪsmʊs], der; - (Philos.): *philosophische Anschauung, Theorie, nach der die Welt als Einheit angesehen wird, deren Teile nur scheinbar selbständig sind;* **Singularität** [zɪŋgulari'tɛ:t], die; - [lat. singulāritās = das Einzelsein, Alleinsein]: **1.** (bildungsspr.) *das Singulärsein; Seltenheit von etw.:* die S. des Vorgangs. **2.** (Met.) *zu bestimmten Zeiten des Jahres stetig wiederkehrende Wettererscheinung.* **3.** (Math.) *bestimmte Stelle, an der sich eine Kurve od. Fläche anders verhält als bei ihrem normalen Verlauf.*

Singulett [zɪŋgu'lɛt], das; -s, -s [engl. singulet, zu lat. singulus, ↑singulär] (Physik): *jede von einem mikrophysikalischen System bei einem Quantensprung zwischen zwei Termen (2) emittierte Spektrallinie.*

Sinika ['zi:nika] ⟨Pl.⟩ [zu griech. Sínai, ↑Sinanthropus] (Buchw.): *Werke über die chinesische Geschichte, Kultur, Sprache.*

sinister [zi'nɪstɐ] ⟨Adj.; o. Steig.⟩ [lat. sinister, eigtl. = links] (bildungsspr.): *düster* (1 d), *zwielichtig; unheilvoll:* eine sinistre Angelegenheit; Premingers sinistrer Krimi ... aus Hollywoods „schwarzer Serie" (Spiegel 7, 1979, 207); etw. ist s.; **sinistra mano** [zi'nɪstra 'ma:no]: ↑mano sinistra.

sinken ['zɪŋkn̩] ⟨st. V.; ist⟩ [mhd. sinken, ahd. sinkan]: **1. a)** *sich (durch sein geringes Gewicht bzw. durch den Auftrieb abgebremst) langsam senkrecht nach unten bewegen; niedersinken:* etw. sinkt [langsam, schnell]; der Ballon, das Flugzeug sinkt allmählich, mit großer Geschwindigkeit; das Boot sank *(ging unter);* die Sonne sinkt (geh.; *verschwindet hinter dem Horizont, geht unter*); das sinkende *(untergehende)* Schiff verlassen; sie beobachteten die sinkende *(untergehende)* Sonne; Ü er ist moralisch tief gesunken *(in einen Zustand moralischer Zerrüttung geraten);* **b)** *sinkend* (1 a) *an einen bestimmten Ort gelangen; absinken:* auf den Grund des Meeres, auf den Boden, in die Tiefe s.; die Sonne sinkt hinter den Horizont *(verschwindet hinter dem Horizont);* langsam sinken die Blätter, die Schneeflocken zur Erde; **c)** *(durch sein Gewicht) [langsam] in den weichen Untergrund eindringen, einsinken:* in den tiefen Schnee s.; Allzuleicht sinkt der Fuß ins quellende Moor (Simmel, Stoff 59); er wäre vor Verlegenheit am liebsten in die Erde gesunken; Ü todmüde sank er ins Bett, in die Kissen, in einen Sessel; in Ohnmacht s. (geh.; *ohnmächtig werden*); in Schlaf s. (geh.; *fest einschlafen*); **d)** *aus einer aufrechten Haltung o. ä. [langsam] niederfallen, [erschlaffend] niedersinken:* nach vorn, nach hinten s.; jmdm. an die Brust s.; er ließ den Kopf auf die Schulter s.; der Kopf sank ihm auf die Brust; sie sank vor dem Kruzifix auf die Knie; in die Knie s. (geh.; *sich langsam auf die Knie niederlassen*); sich/(geh.:) einander in die Arme s. *(einander umarmen);* die Arme, die Zeitung, das Buch s. lassen; die Hände in den Schoß s. lassen. **2. a)** *niedriger werden; an Höhe verlieren, abnehmen:* das [Hoch]wasser, der Wasserpegel ist gesunken; die Quecksilbersäule sinkt; **b)** *weniger werden, sich vermindern:* der Blutdruck, das Fieber sinkt; das Thermometer, Barometer sinkt *(zeigt eine niedriger werdende Temperatur, niedrigeren Druck an);* auf Null, unter Null s.; sinkende Temperaturen sind zu erwarten; **c)** *(im Wert) fallen, geringer werden, an Wert verlieren:* die Kurse, Preise sinken; die Kaufkraft ist gesunken; der Wert des Geldes ist gesunken; um einige Mark, unter eine bestimmte Grenze s.; Ü er ist in der Gunst des Publikums gesunken *(hat an Sympathie verloren);* in jmds. Achtung s. *(jmds. Wertschätzung einbüßen);* **d)** *weniger werden, nachlassen, abnehmen:* der Verbrauch, die Produktion sinkt; Ü jmds. Mut, Vertrauen, Hoffnung sinkt; **Sịnkkasten,** der; -s, ...kästen: *Schacht, der Abwasser aufnimmt;* **Sịnkstoff,** der; -[e]s, -e ⟨meist Pl.⟩: *vom fließenden Wasser mitgeführte feste Bestandteile, die langsam zu Boden sinken.*

Sinn [zɪn], der; -[e]s, -e [mhd., ahd. sin, wohl eigtl. = der eine Fährte Suchende]: **1. a)** ⟨meist Pl.⟩ *Fähigkeit der Wahrnehmung u. Empfindung (die in den Sinnesorganen ihren Sitz hat):* geschärfte, verfeinerte, wache, stumpfe -e; die fünf -e: Hören, Sehen, Riechen, Schmecken, Tasten; Tiere haben oft schärfere -e als der Mensch; seiner -e nicht mehr mächtig sein (geh., veraltend; *sich nicht mehr in der Gewalt haben*); etw. schärft die -e, stumpft die -e ab; seine -e für etw. öffnen, vor etw. verschließen; etw. mit den -en wahrnehmen, aufnehmen; ***der sechste/ein sechster S.** *(ein besonderer Instinkt, mit dem man etw. richtig einzuschätzen, vorauszuahnen vermag);* einen sechsten S. haben; etw. mit dem sechsten S. wahrnehmen; **seine fünf -e zusammennehmen/zusammenhalten** (ugs.; *aufpassen, sich konzentrieren*); **seine fünf -e nicht beisammenhaben** (ugs.; *nicht recht bei Verstand sein*); **b)** ⟨Pl.⟩ (geh.) *Bewußtsein; Wahrnehmungs-, Reaktionsfähigkeit:* jmdm. schwinden, vergehen die -e *(er verliert das Bewußtsein);* seine -e hatten sich verwirrt (geh.; *er konnte nicht mehr klar denken*); der Alkohol umnebelte seine -e; Ü bist du noch bei -en? (Ausruf des Ärgers, der Entrüstung über jmds. Verhalten); er ist nicht mehr ganz bei -en *(was er tut, ist verrückt, unsinnig);* ich war nicht mehr bei -en vor Zorn (geh.; *war sehr zornig*); sie war [wie] von -en vor Angst (geh.; *hatte sehr große Angst*); sind Sie [denn ganz und gar] von -en? (Ausruf des Ärgers, der Entrüstung über jmds. Verhalten); **c)** ⟨Pl.⟩ (geh.) *geschlechtliches Empfinden, Verlangen:* jmds. -e erwachen; etw. bringt jmds. -e in Aufruhr, erregt jmds. -e. **2.** ⟨o. Pl.⟩ *Gefühl, Verständnis für etw.; innere Beziehung zu etw.:* S. für Stil lag dem byzantinischen Griechen im Blute (Thieß, Reich 400); Hast du keinen S. für die Schönheiten der Natur? (Remarque, Obelisk 70); sie hat viel S. für Blumen *(beschäftigt sich gerne damit);* er hatte wenig S. für Familienfeste *(mochte sie nicht).* **3.** ⟨o. Pl.⟩ **a)** (geh.) *jmds. Gedanken, Denken:* jmds. S. ist auf etw. gerichtet; er hat seinen S. *(seine Einstellung)* geändert; er ist in dieser Sache anderen -es *(hat eine andere Meinung darüber);* er war eines -es mit mir (geh.; *teilte meine Überzeugung*); bei der Besetzung der Stelle hatte man ihn im S. *(an ihn gedacht, wollte ihn berücksichtigen);* er hat ganz in meinem S. gehandelt *(ich stimme mit seiner Handlungsweise überein);* das ist [nicht ganz] nach meinem S. *(gefällt mir so [nicht ganz]);* ***jmdm. steht der S. [nicht] nach etw.** *(jmd. hat [keine] Lust zu etw., ist [nicht] auf etw. aus):* der S. stand ihr nicht nach vielem Reden; **jmdm. aus dem S. kommen** *(von jmdm. vergessen werden);* **jmdm. nicht aus dem S. gehen** (veraltend; *jmdn. über längere Zeit innerlich beschäftigen*); **sich** ⟨Dativ⟩ **etw. aus dem S. schlagen** (↑Kopf 3); **jmdm. durch den S. gehen/fahren** *(jmdm. [plötzlich] einfallen u. ihn beschäftigen);* **jmdm. im S. liegen** (veraltend; *von jmdm. bedacht, in Gedanken umkreist werden*); **etw. im S. haben** *(etw. Bestimmtes vorhaben);* **mit jmdm., etw. nichts im S. haben** *(mit jmdm., etw. nichts zu tun haben wollen);* **jmdm. in den S. kommen** *(jmdm. einfallen, ins Gedächtnis kommen);* **jmdm. nicht in den S. wollen** (veraltend; *jmdm. unbegreiflich sein; von jmdm. innerlich nicht akzeptiert werden*); **jmdm. zu S. sein/werden** (geh., selten; ↑zumute): Er trug ein großes Verlangen, ihr zu schreiben, wie es ihm zu S. war (Feuchtwanger, Erfolg 355); **b)** (geh., selten) *Sinnesart, Denkungsart:* ein hoher, edler S. war ihm eigen; seine Frau hat einen praktischen, realistischen, heiteren, geraden S. **4.** ⟨o. Pl.⟩ *Sinngehalt, gedanklicher Gehalt, Bedeutung, die einer Sache innewohnt:* der verborgene, geheime, tiefere, wahre S. einer Sache; Die Worte haben alle einen doppelten S. (Chr. Wolf, Nachdenken 231); der S. seiner Worte, dieser Äußerung blieb mir verborgen; der S. erschließt sich leicht; den S. von etw. erfassen, ahnen, begreifen; über den S. von etw. nachdenken; jmds. Äußerung dem -e nach wiedergeben; im herkömmlichen, klassischen, eigentlichen S.; im strengen, wörtlichen, weitesten S.; im engeren S.; im -e des Gesetzes *(so, wie es das entsprechende Gesetz vorsieht);* er hat sich in einem ähnlichen S. geäußert. **5.** *Ziel u. Zweck, Wert, der einer Sache [in einem metaphysischen Sinne] innewohnt:* was hat dieses Philosophieren für einen praktischen S.? (Langgässer, Siegel 553); nach dem S. des Lebens fragen; Gebrauchsanweisung, um dem Dasein einen S. abzugewinnen (Müthel, Baum 67); einen S. in etw. bringen; etw. hat seinen guten S.; den S. von etw. nicht erkennen; etw. hat seinen S. verloren; etw. ist ohne S. *(ist sinnlos);* hat es überhaupt [einen] S., das zu tun?; es hat keinen, wenig, nicht viel S. *(ist [ziemlich] sinnlos, zwecklos),* damit zu beginnen; ***S. machen** (bildungsspr.; *sinnvoll sein, Sinn haben;* wohl LÜ von engl. to make sense); **ohne S. und Verstand** *(ohne Überlegung);* er arbeitet ohne S. und Verstand.

sịnn-, Sịnn-: **~bereich,** der (Sprachw.): svw. ↑~bezirk; **~betäubend** ⟨Adj.⟩ (geh.): *von starker Wirkung, die Sinne gleichsam betäubend, berauschend:* ein -er Duft; **~betörend** ⟨Adj.⟩ (geh.): vgl. ~betäubend; **~bezirk,** der (Sprachw.): svw. ↑Wortfeld; **~bild,** das: *etw. (eine konkrete Vorstellung, ein Gegenstand, Vorgang o. ä.), was als Bild für einen abstrakten*

Sachverhalt steht; Symbol: das Kreuz ist S. des Leidens; der Anker als S. der Hoffnung, dazu: **~bildhaft** ⟨Adj.; -er, -este⟩ (geh.): *in der Weise eines Sinnbildes, wie ein Sinnbild:* etw. hat -en Charakter; die Vorgänge waren s., **~bildlich** ⟨Adj.; o. Steig.⟩: *als Sinnbild; durch ein Sinnbild; symbolisch:* etw. s. darstellen; **~deutung,** die: die S. eines Gedichts; **~entleert** ⟨Adj.; nicht adv.⟩ (geh.): *keinen Sinn* (4, 5) *mehr aufweisend, in sich tragend:* -e Reden; die Arbeit erscheint ihm s.; **~entsprechend** ⟨Adj.; o. Steig.⟩: svw. ↑~gemäß (1); **~entstellend** ⟨Adj.⟩: eine -e Übersetzung; der Druckfehler ist s.; **~ergänzung,** die (Sprachw.): *Satzglied, das vom Verb notwendig gefordert wird;* **~fällig** ⟨Adj.⟩: *einleuchtend, leicht verständlich:* ein -er Vergleich; etw. findet -en Ausdruck; etw. s. darstellen, dazu: **~fälligkeit,** die ⟨o. Pl.⟩; **~frage,** die ⟨o. Pl.⟩: *Frage nach dem Sinn* (5); **~gebung,** die; -, -en (geh.): *das Verleihen eines Sinnes* (5); *Deutung;* **~gedicht,** das (Literaturw.): *kurzes, oft zweizeiliges Gedicht mit witzigem od. satirischem Inhalt; Epigramm;* **~gehalt,** der: svw. ↑Sinn (4); **~gemäß** ⟨Adj.⟩: **1.** ⟨o. Steig.⟩ *(in bezug auf die Wiedergabe einer mündlichen od. schriftlichen Äußerung) nicht dem genauen Wortlaut, jedoch dem Inhalt nach:* eine -e Wiedergabe seiner Rede; etw. s. übersetzen. **2.** (selten) **a)** svw. ↑~voll: ein -es Verhalten; **b)** *folgerichtig:* So war es s., daß es (= das Proletariat) sich ... feindselig einstellte (Niekisch, Leben 148); **~getreu** ⟨Adj.⟩: svw. ↑~gemäß (1): eine -e Übersetzung; **~gleich** ⟨Adj.; o. Steig.; nicht adv.⟩: vgl. ~verwandt; **~haft**: ↑sinnhaft; **~haltig** ⟨Adj.; nicht adv.⟩ (geh.): vgl. ~voll: eine -e Lebensform, dazu: **~haltigkeit,** die; - (geh.); **~los** ⟨Adj.; -er, -este⟩: **1.** *ohne Vernunft, ohne erkennbaren Sinn* (5); *unsinnig:* ein -er Streit, Kampf, Krieg; eine völlig -e *(nutzlose, zwecklose)* Handlung; das ist alles ganz s.; als Napoleon die Große Armee s. ruiniert hatte (Hochhuth, Stellvertreter 119). **2.** (abwertend) *übermäßig, maßlos:* er hatte eine -e Wut; er war s. *(völlig)* betrunken; Dann rollte s. hupend ein Autobus vorüber (Dürrenmatt, Grieche 21), dazu: **~losigkeit,** die; -, -en: **1.** ⟨o. Pl.⟩ *das Sinnlossein:* die S. einer Tat. **2.** *sinnlose Handlung:* -en begehen; **~pflanze,** die [die Pflanze scheint Sinn (1 a), d. h. die Fähigkeit zur Empfindung zu besitzen]: svw. ↑Mimose (2); **~reich** ⟨Adj.⟩: **1.** *durchdacht u. zweckmäßig:* eine -e Einrichtung, Erfindung. **2.** (seltener) *einen bestimmten Sinn* (4) *enthaltend; tiefsinnig:* ein -er Spruch. **3.** svw. ↑sinnig: das ist ja alles sehr s.; **~spruch,** der: *Spruch od. Satz, der eine Lebensregel enthält; Gnome, Sentenz* (1); **~verloren** ⟨Adj.⟩ (geh., selten): vgl. gedankenverloren; **~verwandt** ⟨Adj.; o. Steig.; nicht adv.⟩ (Sprachw.): svw. ↑synonym; **~verwirrend** ⟨Adj.⟩ (geh.): vgl. ~betäubend; **~voll** ⟨Adj.⟩: **1.** *durchdacht u. zweckmäßig; vernünftig:* eine -e Verwendung, Einrichtung; -en Gebrauch von etw. machen; es ist [wenig] s., so zu handeln. **2.** *für jmdn. einen Sinn* (5) *habend, eine Befriedigung bedeutend:* eine -e Arbeit, Tätigkeit, Aufgabe; ein -es Leben; etw. ist für jmdn. nicht s. **3.** *einen Sinn* (4) *ergebend:* ein -er Satz; **~widrig** ⟨Adj.⟩ (geh.): *der Bedeutung, dem Sinn* (4) *von etw. zuwiderlaufend:* ein -es Verhalten, dazu: **~widrigkeit,** die; **~zusammenhang,** der: *Kontext, größerer Zusammenhang, aus dem etw., bes. ein Wort, ein Satz, eine Äußerung o. ä., erst richtig gedeutet werden kann:* eine Äußerung nur im größeren S. richtig deuten können; dieses Zitat entstellt den S. der Rede.

sinnen ['zɪnən] ⟨st. V.; hat⟩ /vgl. gesinnt, gesonnen/ [mhd. sinnen, ahd. sinnan, urspr. = gehen, reisen] (geh.): **1.** *in Gedanken versunken [über etw.] nachdenken, Betrachtungen [über etw.] anstellen:* was sinnst du? *(woran denkst du?);* lange, hin u. her s., wie ein Problem zu lösen sei; er hatte eine Weile darüber gesonnen *(nachgesonnen);* sie schaute sinnend *(in Gedanken versunken)* aus dem Fenster. **2.** *planend seine Gedanken auf etw. richten; sich in Gedanken intensiv mit etw., mit einem Vorhaben beschäftigen:* auf Mord, Rache, Flucht s.; er sann auf Abhilfe; wie sollte ich nicht darauf s., mich ... erkenntlich zu erweisen? (Th. Mann, Krull 280); ⟨veraltet auch mit Akk.-Obj.:⟩ Verrat s.; Jetzt sann er Blut (Th. Mann, Joseph 216); ⟨subst.:⟩ jmds. ganzes Sinnen [und Trachten] ist auf etw. Bestimmtes gerichtet.

sinnen-, Sinnen-: **~freude,** die (geh.): **a)** *durch die Sinne* (1 a), *mit den Sinnen erfahrene Lebensfreude:* die S. der Südländer; **b)** ⟨Pl.⟩ *leibliche, sinnliche Genüsse, bes. exotische Abenteuer:* -n genießen; gutes Essen und Trinken gehörte zu ihren Sinnesfreuden, dazu: **~freudig** ⟨Adj.⟩ (geh.): vgl. ~froh; **~froh** ⟨Adj.⟩ (geh.): *durch Sinnenfreude* (a) *gekennzeichnet:* ein -er Bewunderer alles Schönen; **~genuß,** der: vgl. ~freude; **~gier,** die (abwertend): *Gier nach Sinnengenuß;* **~kitzel,** der (selten): svw. ↑Kitzel (2); **~lust,** die: vgl. ~freude; **~mensch,** der: *Mensch, dessen Erleben ganz durch die Sinneserfahrung bestimmt ist, für den sinnliche Eindrücke, Erfahrungen, Sinnenfreude wichtig sind;* **~rausch,** der ⟨o. Pl.⟩ (geh.): *durch Erregung der Sinne* (1 a) *bewirkter ungezügelter, rauschhafter Zustand;* **~reiz,** der: *starker, auf die Sinne* (1 a) *wirkender Reiz;* **~taumel,** der (geh.): vgl. ~rausch; **~trug,** der (dichter.): *Täuschung der Sinne* (1 a); **~welt,** die ⟨o. Pl.⟩ (bes. Philos.): *die Welt, so wie sie mit den Sinnen* (1 a) *erfahren wird; die vom Menschen wahrgenommene Welt der Erscheinungen.*

sinnes-, Sinnes-: **~änderung,** die: svw. ↑~wandel; **~art,** die: *Wesens-, Denkart eines Menschen:* eine wilde, sanfte, ungebärdige S.; **~eindruck,** der: vgl. ~reiz: ein optischer S.; **~empfindung,** die: vgl. Wahrnehmung; **~erfahrung,** die ⟨o. Pl.⟩: *Erfahrung, die durch die Sinne* (1 a) *vermittelt wird;* **~leistung,** die (Fachspr.): *Leistung, Vermögen eines Sinnesorgans;* **~nerv,** der (Physiol.): *Nervenstrang, der eine Verbindung zwischen Sinnesorgan u. bestimmten nervösen Zentren (z. B. dem Gehirn) herstellt; Empfindungsnerv;* **~organ,** das ⟨meist Pl.⟩: *(beim Menschen u. bei höheren Tieren) Organ, das der Aufnahme u. Weiterleitung der Sinnesreize dient; Empfindungsorgan;* **~reiz,** der (Biol.): *Reiz, der auf ein Sinnesorgan einwirkt;* **~schärfe,** die: *Grad der Wahrnehmungsfähigkeit eines Sinnesorgans;* **~täuschung,** die: *optische od. akustische Wahrnehmung, die auf einer Täuschung der Sinne beruht u. die mit den wirklichen Gegebenheiten od. Vorgängen nicht übereinstimmt;* **~verwirrung,** die (geh.): *[vorübergehende] Geistesgestörtheit;* **~wahrnehmung,** die: *Wahrnehmung durch die Sinnesorgane;* **~wandel,** der: *Änderung der Einstellung zu jmdm., etw.:* ein plötzlicher, unbegreiflicher, positiver S.; **~werkzeug,** das ⟨meist Pl.⟩: svw. ↑~organ; **~zelle,** die ⟨meist Pl.⟩ (Anat., Zool.): *bes. bei den niederen Tieren vorkommendes Organ, das der Reizaufnahme dient.*

sinnhaft ⟨Adj.; -er, -este⟩ [mhd. sinnehaft] (geh., selten): *Sinn* (4) *in sich tragend:* ein -es Tun; **sinnieren** [zɪ'ni:rən] ⟨sw. V.; hat⟩: *ganz in sich versunken über etw. nachdenken; seinen Gedanken nachhängen; grübeln:* er saß in einer Ecke und sinnierte; So sind nun einmal die Gedanken, sinnierte er (Weber, Tote 227); über etw. s.; Beide sinnierten gern vor sich hin (Hausmann, Abel 10); ⟨Abl.:⟩ **Sinnierer,** der; -s, -: *jmd., der zum Sinnieren neigt; Grübler;* **sinnig** ['zɪnɪç] ⟨Adj.⟩ [mhd. sinnec = klug, ahd. sinnig = gedankenreich]: *sinnreich, sinnvoll:* ein sehr -es Vorgehen; (meist spött. od. iron.:) ein -es *(gutgemeintes, aber doch gerade nicht sehr sinnvolles)* Geschenk; ein -er *(nicht sehr sinnvoller, nicht passender)* Werbespruch; das war sehr s. *(nicht sehr sinnreich, völlig deplaziert)* [von dir]. **2.** (veraltet) *nachdenklich:* Wolf, der immer so still und so s. war (Löns, Hansbur 65). **3.** (landsch.) *bedächtig, langsam, vorsichtig:* Immer s. mit die Deerns (Hausmann, Abel 28); ⟨Zus.:⟩ **sinnigerweise** ⟨Adv.⟩ (meist spött. od. iron.): *so, wie es sinnvoll ist; in sinnvoller Weise;* ⟨Abl.:⟩ **Sinnigkeit,** die; -; **sinnlich** ['zɪnlɪç] ⟨Adj.⟩ [1: mhd. sin(ne)lich]: **1.** ⟨o. Steig.; selten präd.⟩ *zu den Sinnen* (1 a) *gehörend, durch sie vermittelt; mit den Sinnen* (1 a) *wahrnehmbar, aufnehmbar:* die -e Wahrnehmung, Erfahrung; ein -er Reiz, Eindruck; die s. *(mit den Sinnen)* wahrnehmbare Welt; eine -e *(unmittelbare)* Anschauung von etw. gewinnen; etw. s. wahrnehmen, erfassen. **2. a)** ⟨nur attr.⟩ *auf Sinnengenuß ausgerichtet; dem Sinnengenuß zugeneigt:* den -en *(leiblichen)* Genüssen, Freuden zugetan sein; **b)** *auf den geschlechtlichen Genuß ausgerichtet, sexuell:* -es Verlangen; -e Begierden, Leidenschaften; eine rein -e Liebe; er ist ein -er *(triebhaft veranlagter)* Mensch; ein -er Mund, -e Lippen *(ein Mund, Lippen, die eine starke sexuelle Veranlagung erkennen lassen, sehr begehrlich wirken);* Rocco mit seiner schönen und -en Stimme (Rocco [Übers.], Schweine 88); jmd. ist sehr s. [veranlagt]; jmdn. nur s. lieben; jmdn. s. erregen; ⟨Abl.:⟩ **Sinnlichkeit,** die; - [1: mhd. sin(ne)lichkeit]: **1.** *das den Sinnen* (1 a) *zugewandte Sein:* die S. der Kunst des Barock. **2.** *sinnliches Verlangen:* eine hingebungsvolle, zügellose S.; seine S. nicht beherrschen; Sie war von einer tollen, unersättlichen S., die er zuerst schamlos fand (Bredel, Väter 303).

Sinologe [zino'lo:gə], der; -n, -n [zu griech. Sínai, ↑Sinanthropus u. ↑-loge]: *Wissenschaftler auf dem Gebiet der Sinologie;* **Sinologie,** die; - [↑-logie]: *Wissenschaft von der chinesischen Sprache u. Kultur;* **sinologisch** ⟨Adj.; o. Steig.; nicht präd.⟩: *die Sinologie betreffend, zu ihr gehörend, auf ihr beruhend.*

Sinopie [zino'pi:], die; -, -n [...i:ən; nach der türk. Stadt Sinop, aus der urspr. die Erdfarbe stammte] (Kunstwiss.): *in roter Erdfarbe auf dem Rauhputz ausgeführte Vorzeichnung bei Mosaik u. Wandmalerei.*

sintemal[en] ['zɪntə'ma:l(ən)] ⟨Konj.⟩ [mhd. sintemāl, eigtl. = seit der Zeit] (veraltet, noch scherzh.): *weil; zumal:* so irren Sie doch in Ihrer ersten Voraussetzung, Mann, sintemal ich kein Volksschullehrer bin (H. Mann, Unrat 39); ***s. und alldieweil** (veraltet, noch scherzh.; *weil*).

Sinter ['zɪntɐ], der; -s, - [mhd. sinter, ahd. sintar = Metallschlacke]: *poröses Gestein (meist Kalkstein), das durch Ablagerung aus fließendem Wasser entstanden ist;* ⟨Zus.:⟩ **Sinterglas,** das ⟨o. Pl.⟩: *durch Sintern von Glaspulver hergestellter poröser Werkstoff, der bes. zur Herstellung von Filtern verwendet wird;* **sintern** ⟨sw. V.; hat⟩ (Technik): **a)** *(von pulverförmigen bis körnigen Stoffen, bes. Metall) durch Erhitzen [u. Einwirkenlassen von Druck] oberflächlich zum Schmelzen bringen, zusammenwachsen lassen u. verfestigen:* Erze, keramische Rohmasse s.; **b)** *durch Einwirkung von Hitze [u. Druck] oberflächlich schmelzen, zusammenwachsen u. sich verfestigen:* das Erz sintert und bildet einzelne Blöcke; ⟨Abl.:⟩ **Sinterung,** die; - (Technik): *das Sintern.*

Sintflut ['zɪnt-], die; - [mhd., ahd. sin(t)vluot, unter Einfluß von ↑Sünde zu mhd. sin(e), ahd. sin(a) = immerwährend; gewaltig u. ↑Flut]: *(in Mythos u. Sage) große, katastrophale [die ganze Erde überflutende] Überschwemmung als göttliche Bestrafung:* bei den Maya vernichteten die Götter ihre ersten Menschen durch eine S.; (emotional übertreibend:) bei dem Rohrbruch standen alle Räume unter Wasser, es war die reinste S.; R nach mir die S. (*was danach kommt, wie es hinterher aussieht, ist mir gleichgültig;* nach dem Ausspruch der Marquise von Pompadour nach der Schlacht bei Roßbach (1757): Après nous le déluge); ***eine S. von etw.** (emotional übertreibend; *eine [plötzlich auftretende] übermäßig große Menge von etw., ein Übermaß von etw.*): eine S. von Briefen, Angeboten; Eine S. von Licht schien über die Erde ausgegossen (Hauptmann, Thiel 29); ⟨Zus.:⟩ **sintflutartig** ⟨Adj.; o. Steig.⟩: *an eine Sintflut erinnernd, wie bei einer Sintflut:* -e Regenfälle; das Wasser schwoll s. an.

Sinuitis [zinu'i:tɪs], die; -, ...itiden [...ui'ti:dn̩] (Med.): svw. ↑Sinusitis; **Sinus** ['zi:nʊs], der; -s, - [...nu:s] u. -se [(m)lat. sinus = Krümmung, H. u.]: **1.** (Math.) *im rechtwinkligen Dreieck das Verhältnis von Gegenkathete zu Hypotenuse;* Zeichen: sin **2.** (Anat.) **a)** *Hohlraum in Geweben u. Organen;* **b)** *Einbuchtung, Vertiefung an Organen u. Körperteilen;* **c)** *Erweiterung von Gefäßen;* **Sinusitis** [zinu'zi:tɪs], die; -, ...itiden [...zi'ti:dn̩] (Med.): *Entzündung der Nasennebenhöhle.*

Sinus-: **~kurve,** die (Math.): *zeichnerische Darstellung des Sinus in einem Koordinatensystem in Form einer Kurve* (1 a); **~satz,** der ⟨o. Pl.⟩ (Math.): *Lehrsatz der Trigonometrie zur Bestimmung von Seiten u. Winkeln in beliebigen Dreiecken;* **~schwingung,** die (Math., Physik): *in ihrem räumlichen u. zeitlichen Verlauf als Sinuskurve darstellbare Schwingung.*

Sipho ['zi:fo], der; -s, -nen [zi'fo:nən; lat. sīpho, ↑Siphon] (Zool.): *(bei Schnecken, Muscheln u. a.) unterschiedlichen Funktionen, bes. der Atmung, dienende Röhre;* **Siphon** ['zi:fõ, 'zi:fɔn, zi'fõ:, zi'fɔn, südd., österr.: zi'fo:n], der; -s, -s [frz. siphon, eigtl. Saugheber < lat. sīpho < griech. síphōn = Röhre, Weinheber]: **1.** svw. ↑Geruchsverschluß: der S. ist verstopft. **2.** *dicht verschlossenes Gefäß, in dem kohlensäurehaltige Getränke dadurch hergestellt werden können, daß mit Hilfe spezieller Patronen die Kohlensäure hineingeleitet wird, so daß beim Öffnen eines entsprechenden Ventils die kohlensäurehaltige Flüssigkeit durch den im Gefäß herrschenden Druck herausgespritzt wird:* Adda gießt Orangensaft ins Glas, wirft ein paar Stücke Eis hinein und spritzt aus dem S. Sodawasser hinzu (Fr. Wolf, Menetekel 27); ⟨Zus.:⟩ **Siphonflasche,** die: svw. ↑Siphon (2).

Sippe ['zɪpə], die; -, -n [mhd. sippe, ahd. sipp(e)a, urspr. = eigene Art]: **1. a)** (Völkerk.) *durch bestimmte Vorschriften u. Bräuche (bes. im religiösen, rechtlichen u. wirtschaftlichen Bereich) verbundene Gruppe von Menschen, die blutsverwandt sind, eine gemeinsame Abstammung haben u. mehrere, oft eine Vielzahl von Familien umfaßt:* Von Kind auf lernte er (= der Römer) die Bedeutung der Familie, der S. kennen (Bild. Kunst I, 192); in -n leben; ... wird das Mädchen von der S. des Mannes aufgenommen (Ossowski, Flatter 126); **b)** (meist scherzh. od. abwertend) *Gesamtheit der Mitglieder der [weiteren] Familie, der Verwandtschaft:* sie kommt sicher wieder mit ihrer S.; sie will von ihm und seiner ganzen S. nichts mehr wissen. **2.** (Biol.) *Gruppe von Tieren od. Pflanzen gleicher Abstammung.*

sippen-, Sippen-: **~forschung,** die: *Genealogie;* **~haft,** die: [1]*Haft, Haftstrafe für jmdn., der der Sippenhaftung* (2) *unterworfen wird;* **~haftung,** die ⟨o. Pl.⟩: **1.** (Völkerk.) *die Verantwortlichkeit einer Sippe* (1 a) *für eine Tat, die von einem ihrer Mitglieder begangen wurde.* **2.** (bes. ns.) *das unrechtmäßige Zurrechenschaftziehen der Angehörigen von jmd., der für etw. bestraft worden ist;* **~haupt,** das (Völkerk.): *Oberhaupt einer Sippe* (1 a); **~kunde,** die ⟨o. Pl.⟩: *Genealogie,* dazu: **~kundlich** ⟨Adj.; o. Steig.; nicht präd.⟩: -e Forschungen; **~verband,** der (Völkerk.): svw. ↑Sippe (1 a).

Sippschaft, die; -, -en [mhd. sippeschaft = Verwandtschaft(sgrad)]: **1.** (meist abwertend) svw. ↑Sippe (1 b): sie bringt wieder ihre ganze S. mit; ich sei schon fertig, mit ihm nämlich und seiner ganzen albernen, selbstgefälligen S. (Habe, Namen 173). **2.** (abwertend) *üble Gesellschaft; Gesindel, Pack, Bande:* mit dieser gefährlichen, verlogenen S. wollte er nichts zu schaffen haben; (iron.:) das ist ja wirklich eine feine, nette S.

Sir [sə:, auch: zø:ɐ̯], der; -s, -s [engl. sir < frz. sire, ↑Sire]: **1.** ⟨o. Art.; o. Pl.⟩ *(in England) Anrede an einen Herrn* (nicht in Verbindung mit einem Namen): treten Sie bitte ein, S.! **2.** *(in England)* **a)** ⟨o. Pl.⟩ *Titel eines Mannes, der dem niederen Adel angehört;* **b)** *Träger des Titels Sir* (2 a) (bei Nennung des Namens nur in Verbindung mit dem Vornamen): S. Edward betrat den Raum; **Sire** [si:r, auch: zi:ɐ̯] ⟨o. Art.⟩ [frz. sire, über das Vlat. < lat. senior, ↑Senior]: *(in Frankreich) Anrede von Königen u. Kaisern; Majestät.*

Sirene [zi're:nə], die; -, -n [mhd. sirēn(e), syrēn(e) < spätlat. Sīrēn(a) < griech. Seirḗn (Pl. Seirē̃nes) = eines der weiblichen Fabelwesen der griech. Mythologie, die mit ihrem unwiderstehlichen, betörenden Gesang vorüberfahrende Seeleute anlockten, um sie zu töten; 2: frz. sirène; 3: nach der ungefähren Ähnlichkeit der weiblichen Tiere mit den Fabelwesen]: **1.** (bildungsspr.) *schöne, verführerische Frau:* in denen es von unerreichbaren -n ... Damen des Theaters ... nur so wimmelt (Remarque, Obelisk 92). **2.** *Gerät, das laute, meist langanhaltende, heulende Töne erzeugt, mit denen Signale, bes. zur Warnung bei Gefahr als Alarmzeichen o. ä., gegeben werden:* die S. der Feuerwehr, eines Unfallwagens, eines Schiffes, einer Fabrik; eine S. ertönt; es gab Fliegeralarm, und die -en heulten; die S. einschalten, ausschalten; der Wagen ist mit Blaulicht und S. ausgerüstet; als die Feuerwehr mit gellender S. *(mit den gellenden Tönen einer Sirene)* ... vorbeifuhr (Jaeger, Freudenhaus 314). **3.** svw. ↑Seekuh; ⟨Zus.:⟩ **Sirenengeheul,** das: *heulende Töne, Signale einer Sirene* (2); **Sirenengesang,** der [nach dem betörenden Gesang der Sirenen, ↑Sirene (1)] (geh.): *verlockende, verführerische Worte, Ausführungen:* die Sirenengesänge der Agitatoren; **sirenenhaft** ⟨Adj.; -er, -este⟩ (geh.): *verlockend, anreizend, verführerisch, betörend:* er widerstand den -en Worten, Lockungen.

Sirius ['zi:ri̯ʊs]: ↑Hundsstern.

sirren ['zɪrən] ⟨sw. V.⟩ [lautm.]: **1.** *einen feinen, hell klingenden, oft zitternden Ton von sich geben* ⟨hat⟩: die Mücken, Grillen sirren; ein sirrendes Geräusch; sirrende Pfeile, Geschosse; Sirrende, glühende Telephondrähte (Chr. Wolf, Himmel 231). **2.** *sich mit sirrendem* (1) *Ton, Geräusch irgendwohin bewegen* ⟨ist⟩: Die Mücken sirrten ihnen um die Ohren (Kuby, Sieg 244).

Sirtaki [zɪr'ta:ki], der; -, -s [ngriech. (mundartl.) syrtákē, zu: syrtós = Rundtanz]: *von Männern getanzter griechischer Volkstanz.*

Sirup ['zi:rʊp], der; -s, (Sorten:) -e ⟨Pl. selten⟩ [mhd. syrup < mlat. syrupus = süßer Heiltrank < arab. šarāb = Trank]: **a)** *zähflüssige, braune, viel Zucker enthaltende Masse, die bei der Herstellung von Zucker bes. aus Zuckerrüben entsteht:* S. auf dem Brot essen; den Teig mit S. süßen; **b)** *dickflüssiger, durch Einkochen von Obstsaft mit Zucker* *hergestellter Saft, der zum Gebrauch meist mit Wasser verdünnt wird.*

Sisal ['zi:zal], der; -s [nach der mex. Hafenstadt Sisal]: *aus den Blättern der Sisalagave gewonnene, gelblich glänzende Fasern, die bes. zur Herstellung von Schnüren, Seilen, Läufern u. Teppichen verwendet werden;* ⟨Zus.:⟩ **Sisalagave,** die: *Agave mit sehr großen, fleischigen Blättern, aus denen Sisal gewonnen wird;* **Sisalhanf,** der: svw. ↑Sisal.

sistieren [zɪs'ti:rən] ⟨sw. V.; hat⟩ [lat. sistere = stehen machen, anhalten]: **1.** (bildungsspr.) *[vorläufig] einstellen, unterbrechen; unterbinden, aufheben:* die Ausführung von etw., die Geschäfte s.; Doch hat Herr Hitler ... ja manche Maßnahmen sistiert (Hochhuth, Stellvertreter 18). **2.** (bes. jur.) *zur Feststellung der Personalien zur Wache bringen; festnehmen, arretieren:* Im Zuge der Auseinandersetzungen sistierte die Polizei auch noch einen 34 Jahre alten Mann (MM 21. 4. 78, 20); ⟨subst. 2. Part.:⟩ Doch nicht die Spur eines Beweises gelingt, um den Sistierten mit den Doppelmorden zu belasten (Noack, Prozesse 107); ⟨Abl.:⟩ **Sistierung,** die; -, -en: *das Sistieren.*

Sistrum ['zɪstrʊm], das; -s, Sistren [lat. sīstrum < griech. seīstron]: *alte ägyptische Rassel, bei der das klirrende Geräusch durch Metallstäbe hervorgerufen wird.*

Sisyphusarbeit ['zi:zyfʊs-], die; - [nach Sisyphus, einer Gestalt der griech. Mythologie, der dazu verurteilt war, einen Felsblock einen steilen Berg hinaufzuwälzen, der kurz vor Erreichen des Gipfels wieder ins Tal rollte]: *sinnlose, vergebliche Anstrengung; schwere, nie ans Ziel führende Arbeit.*

Sitar [zi'ta:ɐ̯], der; -[s], -[s] [Hindi sitār, aus dem Pers.]: *einer Laute od. Gitarre ähnliches indisches Zupfinstrument mit langem, flachem Hals u. dreieckigem bis birnenförmigem Körper.*

Sit-in [sɪt'|ɪn], das; -s, -s [amerik. sit-in, zu: to sit in = teilnehmen, anwesend sein]: *Aktion von Demonstranten, bei der sich die Beteiligten demonstrativ irgendwo, bes. in od. vor einem Gebäude, hinsetzen, um gegen etw. zu protestieren:* 3 000 Studenten inszenieren ... an der FU ein S. (Spiegel 24, 1967, 54).

Sitte ['zɪtə], die; -, -n [mhd. site, ahd. situ]: **1.** *für bestimmte Lebensbereiche einer Gemeinschaft geltende, dort übliche, als verbindlich betrachtete Gewohnheit, Gepflogenheit, die im Laufe der Zeit entwickelt, überliefert wurde:* schöne, althergebrachte, uralte, ererbte -n; die -n und Gebräuche eines Volkes; eine S. verletzen, achten; mit einer S. brechen; es ist besser, „meine Freunde" zu sagen ... nach guter, alter, heimatlicher S. (Roth, Beichte 17); Ü das sind ja ganz neue -n! (ugs. Ausdruck der Verärgerung, wenn etw. nicht so ist, wie man es gewohnt ist, wie man es erwartet); dort herrschen ziemlich rauhe, wilde -n *(dort geht es ziemlich rauh zu, ist man nicht zimperlich);* das ist bei ihnen [so] S. *(ist dort üblich).* **2.** *Gesamtheit von ethischen, moralischen Normen, Grundsätzen, Werten, die für das zwischenmenschliche Verhalten einer Gesellschaft grundlegend sind:* die gute S.; hier herrschen Zucht und S.; Anstand und S. bewahren, verletzen; gegen die [gute] S. verstoßen; er handelte damit gegen die, gegen alle S.; ⟨häufig im Pl. gleichbed. mit dem Sg.:⟩ die guten -n pflegen; Verfall und Verrohung der -n; das verstößt gegen die -n. **3.** ⟨Pl.⟩ *Benehmen, Manieren, Umgangsformen:* gute, feine, vornehme, schlechte, sonderbare -n haben; sie achten bei ihren Kindern auf gute -n; er war ein Mensch mit/von merkwürdigen -n. **4.** ⟨o. Pl.⟩ (Jargon) kurz für ↑Sittenpolizei: bei der S. sein, arbeiten; Die zwei von der S. kontrollieren auf gut Glück einige Personalausweise (Rechy [Übers.], Nacht 361).

sitten-, Sitten-: **~apostel,** der: svw. ↑Moralapostel; **~bild,** das: **1.** *Schilderung, Beschreibung der Sitten einer bestimmten Epoche, eines bestimmten Volkes, bestimmter Schichten:* dieser historische Roman ist zugleich ein S. jener Zeit. **2.** svw. ↑Genrebild; **~dezernat,** das: *Dezernat der Sittenpolizei:* er mußte sich im S. melden; **~gemälde,** das: vgl. ~bild; **~geschichte,** die: *historische Darstellung der Entwicklung von Sitten eines od. mehrerer Völker:* er hat eine S. Frankreichs, Europas verfaßt; **~gesetz,** das: svw. ↑Moralgesetz; **~kodex,** der: *Gesamtheit der Vorschriften für das Verhalten u. Handeln, die nach Sitte u. Moral eines Volkes, einer Gesellschaftsschicht, Gruppe o. ä. als verbindlich gelten:* bürgerlicher, gesellschaftlicher S.; er hat mit dieser Heirat gegen den S. seiner Sippe verstoßen; **~komödie,** die: vgl. ~stück; **~lehre,** die: *Ethik* (1 a), *Moralphilosophie;* **~lehrer,** der: *Ethiker* (1), *Moralphilosoph;* **~los** ⟨Adj.; -er, -este⟩: *Anstand u. Sitte* (2) *außer acht lassend; ohne sittliche, moralische Schranken:* eine -e Gesellschaft; ein -es Leben, Treiben; diese jungen Leute lebten ihr zu s., dazu: **~losigkeit,** die; -; **~malerei,** die ⟨o. Pl.⟩ (seltener): svw. ↑Genremalerei; **~polizei,** die: *Abteilung der Kriminalpolizei, die sich bes. mit Sexualdelikten, unerlaubtem Glücksspiel o. ä. befaßt;* **~prediger,** der (abwertend): svw. ↑Moralprediger; **~richter,** der (oft abwertend): *jmd., der sich [in überheblicher Weise] ein Urteil über die Tugend, Moral anderer anmaßt:* den S. spielen; sich zum S. aufwerfen, machen; **~roman,** der: vgl. ~stück; **~streng** ⟨Adj.⟩ (veraltend): *moralisch* (2), *sehr tugendhaft:* ein -er Vater; sie ist, handelt in allem sehr s., dazu: **~strenge,** die; **~strolch,** der (emotional): *Mann, über dessen sexuelles Fehlverhalten gegenüber Frauen u. Kindern sich jmd. empört;* **~stück,** das (Literaturw.): *Drama, das meist in moralisierender, kritischer Absicht die Sitten einer Epoche darstellt;* **~verderbnis,** die (geh.): vgl. ~verfall; **~verfall,** der: *Verfall der Sitten* (2); **~wächter,** der (oft abwertend): vgl. ~richter; **~widrig** ⟨Adj.; o. Steig.⟩ (bes. jur.): *gegen die in einer Gesellschaft geltenden Sitten* (2) *verstoßend, ihnen zuwiderlaufend:* -e Methoden; ein -es Geschäftsgebaren; -e Werbung; sind Zeitverträge in solchen Betrieben s.?; sich s. verhalten, dazu: **~widrigkeit,** die ⟨o. Pl.⟩ (bes. jur.): S. liegt besonders bei Wucher vor.

Sittich ['zɪtɪç], der; -s, -e [mhd. (p)sitich < lat. psittacus < griech. psíttakos = Papagei]: *(in Amerika, Afrika, Südasien u. Australien heimischer) kleiner, meist sehr bunt gefärbter Vogel mit langem, keilförmigem Schwanz.*

sittig ['zɪtɪç] ⟨Adj.⟩ [mhd. sitec, ahd. sitig, zu ↑Sitte] (veraltet): *sittsam, tugendhaft, keusch* (b): -es Benehmen; s. die Augen niederschlagen; **sittigen** ['zɪtɪgn̩] ⟨sw. V.; hat⟩ (geh., veraltend): *zur Gesittung, zu sittlichem, zivilisiertem Verhalten führen, dazu beitragen:* daß ich mich ... genötigt fand, auf ... den sittigenden, bewahrenden, völkerverbindenden Einfluß der römischen Hierarchie hinzuweisen (K. Mann, Wendepunkt 318); ⟨Abl.:⟩ **Sittigung,** die; - (geh., veraltend): *das Sittigen:* eine Lehre vom Lernen und der Entwicklung und der S. des Kindes (Universitas 8, 1970, 821); **sittlich** ['zɪtlɪç] ⟨Adj.⟩ [mhd. sitelich, ahd. situlih]: **1.** ⟨o. Steig.; nicht präd.⟩ *die Sitte* (2) *betreffend, darauf beruhend, dazu gehörend; der Sitte, Moral* (1) *entsprechend:* -e Forderungen, Bedenken, Einwände, Vorurteile; der -e Zerfall eines Volkes; ihm fehlt der -e Ernst, die -e Reife; es ist deine -e Pflicht, ihr zu helfen; etw. zum -en Maßstab erheben; die -e Kraft, der -e Wert *(die im Hinblick auf Sitte, Moral vorbildhaft, erzieherisch wirkende Fähigkeit)* eines Kunstwerks; ein s. hochstehender Mensch; weil ... der sich über Unrats Sohn s. entrüstet hatte (H. Mann, Unrat 30). **2.** *die Sitte* (2), *Moral genau beachtend; moralisch einwandfrei; sittenstreng:* ein -er Mensch; ein -es Leben führen; -es Handeln, Verhalten; sie handelte stets s. in allem, was sie tat; ⟨Abl.:⟩ **Sittlichkeit,** die; - [spätmhd. sitlicheit]: **1.** *Sitte* (2), *Moral* (1 a): die öffentliche S. gefährden; Relativierung der religiös gebundenen Begriffe von Recht und S. durch die Philosophie (Fraenkel, Staat 259); Weil sie doch erst sechzehn ist ... Das kann er nicht verantworten, ist gegen die S. (Nachbar, Mond 133). **2.** *sittliches* (2) *Empfinden, Verhalten eines einzelnen, einer Gruppe; Moral* (1 b), *Moralität* (1): das geht gegen seine S.; er war ein Mensch ohne, von hoher S.

Sittlichkeits-: **~delikt,** das: svw. ↑Sexualstraftat; **~verbrechen,** das: vgl. Sexualstraftat; **~verbrecher,** der: vgl. Sexualtäter.

sittsam ['zɪtza:m] ⟨Adj.⟩ [spätmhd. sitsam = ruhig, sacht, bedächtig, ahd. situsam = geschickt, passend] (veraltend): **a)** *Sitte* (2) *u. Anstand wahrend, gesittet* (a), *wohlerzogen u. bescheiden* (1): -e Kinder; ein -es Benehmen, Betragen; jeder Kniehosen-Matrosenknabe ... lüftet s. seine Matrosenmütze vor Lehrer, Pfarrer ... Vater und Mutter (Fischer, Wohnungen 20); **b)** *schamhaft zurückhaltend, keusch* (b), *züchtig:* ein -es junges Mädchen; s. erröten, die Augen niederschlagen; ⟨Abl.:⟩ **Sittsamkeit,** die; -.

Situation [zitu̯a'tsi̯o:n], die; -, -en [frz. situation, zu: situer = in die richtige Lage bringen < mlat. situare, zu lat. situs = Lage, Stellung]: **a)** *Verhältnisse, Umstände, in denen sich jmd. [augenblicklich] befindet; jmds. augenblickliche Lage:* es war für ihn eine fatale, heikle, peinliche, gefährliche, kritische, brenzlige S.; aus dem Gespräch ergab sich eine neue, ganz andere S.; seine S. erkennen, erfassen, überblicken; eine verfahrene S. klären, retten, meistern, beherrschen; sie fühlte sich, war der S. durchaus gewachsen; er blieb Herr der S.; einen Ausweg aus einer komplizierten S. suchen, finden; jmdn. in eine unwürdige S. bringen; er hat sich selbst in eine ausweglose S. begeben, manövriert; in dieser S. konnte er nicht anders handeln; man hat sie in einer verfänglichen S. überrascht, ertappt; sie wurde mit dieser neuen S. nicht auf Anhieb fertig; **b)** *Verhältnisse, Umstände, die einen allgemeinen Zustand kennzeichnen; allgemein herrschende Lage:* die gegenwärtige, geistige, politische, wirtschaftliche S. hat sich verändert; die allgemeine S. in diesem Lande hat sich verschärft, zugespitzt, geändert, entspannt, ist besser geworden; Die Kurse orientieren sich nur wenig an der S. des deutschen Geldmarktes (Welt 24. 9. 66, 18); so etwas wäre in der heutigen S. nicht denkbar; ⟨Abl.:⟩ **situationell** [...tsi̯o'nɛl] ⟨Adj.; o. Steig.⟩ (bes. Sprachw.): *situativ:* eine allerfrüheste Phase des Spracherwerbs ..., in der die Sprachproduktion noch ganz in die -e Dynamik Kind-Umwelt eingebettet ist (Sprache im technischen Zeitalter 23, 1967, 301).

situations-, Situations-: ~**angst,** die (Psych.): svw. ↑~phobie; ~**bedingt** ⟨Adj.; o. Steig.⟩: *durch eine bestimmte [gerade eingetretene] Situation bedingt:* ein -es Fehlverhalten; s. anders reagieren; ~**ethik,** die: *Richtung der Ethik* (1 a), *die nicht von sittlichen Normen ausgeht, sondern die sittliche Entscheidung an der jeweiligen konkreten Situation orientiert;* ~**gebunden** ⟨Adj.; o. Steig.; nicht adv.⟩: *aus einer bestimmten [gerade eingetretenen] Situation sich ergebend, ihr entsprechend, an sie gebunden:* eine -e Wortbedeutung; ~**gerecht** ⟨Adj.⟩: *einer bestimmten [gerade eingetretenen] Situation angepaßt, ihr entsprechend, auf sie eingehend:* Der gute Fahrer ist ... der aufmerksame, -e Fahrer (Gute Fahrt 4, 1974, 4); ~**komik,** die: *Komik, die durch eine lächerliche Situation entsteht;* ~**phobie,** die (Psych.): *krankhafte Angst in bestimmten Situationen* (z. B. Lampenfieber, Examensangst); ~**psychose,** die (Psych.): *durch bestimmte äußere Umstände (z. B. Haft) hervorgerufene Psychose.*

situativ [zitu̯a'ti:f] ⟨Adj.; o. Steig.⟩ (bildungsspr.): *eine bestimmte [jeweilige] Situation betreffend, durch sie bedingt, auf ihr beruhend:* das psychologisch und s. bedingte unterschiedliche Verhalten der Mundartsprecher; Wir gehen von konkreten Verkehrssituationen aus ... und kombinieren die situativen Komponenten mit dem psychischen Status des Fahrers (Mensch im Verkehr 22); **situiert** [zitu'i:ɐ̯t] ⟨Adj.; o. Steig.; nicht adv.⟩ [frz. situé, 2. Part. von: situer, ↑Situation]: *wirtschaftlich in bestimmter Weise gestellt* (meist als Grundwort zu den Best. „gut" u. „schlecht"): er ist ein wenig schlechter s. als sein Bruder; ... aus der am besten -en Diözese Deutschlands (DM 1, 1966, 63); **Situierung** [zitu'i:rʊŋ], die; -, -en (bildungsspr., bes. österr.): *räumliche Anordnung, Lage:* die falsche S. der beiden Anschlußstellen im Westen und Norden (Vorarlberger Nachr. 26. 11. 68, 5).

Situla ['zi:tula], die; -, Situlen [zi'tu:lən; lat. situla, ↑Seidel]: *vorgeschichtliches, meist aus Bronze getriebenes, eimerartiges Gefäß (das bes. für die Eisenzeit typisch ist).*

Situs ['zi:tʊs], der; -, - [...tu:s; lat. situs, ↑Situation]: **1.** (Anat.) *Lage der Organe im Körper, des Fetus in der Gebärmutter.* **2.** (Soziol.) *Funktionsbereich von Personen od. Gruppen mit gleichem Status in der sozialen Hierarchie.*

sit venia verbo ['zɪt 've:ni̯a 'vɛrbo; lat. = dem Worte sei Verzeihung (gewährt)] (bildungsspr.): *man möge mir diese Ausdrucksweise gestatten, nachsehen;* Abk.: s. v. v.

Sitz [zɪts], der; -es, -e [mhd., ahd. siz, zu ↑sitzen]: **1. a)** *Sitzgelegenheit in Form eines Möbels od. einer eingebauten Vorrichtung:* ein bequemer S.; gepolsterte, enge -e; sein S. ist leer [geblieben]; er hat sich einen Stein als S. ausgesucht; eine Arena mit ansteigenden -en; er fiel beinahe vom S.; ***jmdn. [nicht] vom S. reißen** (↑Stuhl 1); **b)** svw. ↑Sitzfläche (1): ein durchgesessener, leicht gewölbter S.; sie ließ die -e der Stühle neu beziehen. **2.** *Platz mit Stimmberechtigung:* er hatte S. und Stimme im Rat, in der Hauptversammlung; die Partei hatte, erhielt 40 -e im Parlament; sie verloren 5 -e an die Grünen. **3.** *Ort, an dem sich eine Institution, Regierung, Verwaltung o. ä. befindet:* diese Stadt ist S. eines Amtsgerichts, der Regierung, eines Bischofs; der S. des Unternehmens ist [in] Berlin; die Vereinten Nationen haben ihren S. in New York; Die Gewerkschaften ... formierten sich ... zu der Einheitsgewerkschaft ... mit dem S. in Düsseldorf (Fraenkel, Staat 271); Ü die Seele gilt als der S. des Gefühls, der Empfindungen. **4.** *sitzende Haltung:* ein steifer, aufrechter S.; der S. (Turnen; *das Sitzen*) auf einem Schenkel, hinter den Händen; der Reiter hat einen guten, schlechten S.; ***auf einen S.** (ugs.; *in einem Zug*): auf einen S. fünf Glas trinken, vier Teller Erbsensuppe essen; Gestern sind auf einen S. gleich hundert Mann entlassen worden (L. Frank, Wagen 4). **5.** *Art des Anliegens, Aufliegens von etw., bes. von Kleidungsstücken am Körper:* der S. eines Anzugs, einer Brille, einer Krawatte, einer Frisur; das Kostüm hat einen guten S. *(eine gute Paßform, sitzt gut);* Am singenden Ton erkennt man den guten S. (= des eingeschlagenen Hakens; Eidenschink, Fels 66). **6.** *das Gesäß bedeckender Teil einer Hose; Hosenboden:* der S. ist abgewetzt, durchgescheuert. **7.** (Technik) *Halterung.*

Sitz-: ~**backe,** die ⟨meist Pl.⟩ (ugs.): svw. ↑Gesäßbacke; ~**bad,** das: *Bad, das man im Sitzen nimmt, wobei nur der untere Teil des Rumpfes u. die Beine eingetaucht werden,* dazu: ~**badewanne,** die: *kurze Badewanne für Sitzbäder;* ~**bank,** die ⟨Pl. -bänke⟩: *Bank als Sitzmöbel;* ~**bein,** das (Anat.): *hinterer Teil des Hüftbeins als knöcherne Grundlage des Gesäßes;* ~**brett,** das: *Brett einer Sitzfläche:* Ein ... Überzug aus Wassertropfen bedeckte die -er der Bank (H. Gerlach, Demission 177); der Kutscher stand auf dem S. und fuchtelte mit der Peitsche; ~**buckel,** der (Med.): *bes. beim Sitzen auffallende Kyphose bei rachitischen Kindern, aber auch bei zu früh aufgesetzten Kindern;* ~**ecke,** die: *in einer Zimmerecke aufgestellte Eckbank [mit weiteren dazu passenden Sitzmöbeln u. Tisch];* ~**falte,** die: *durch Sitzen entstandene Knitterfalte;* ~**fläche,** die: **1.** *Teil einer Sitzgelegenheit, auf dem man sitzt:* gepolsterte -n; die -n absaugen, abbürsten. **2.** (ugs. scherzh.) *Gesäß:* mit Überblusen ..., die lang genug sind, um die S. zu bedecken (Dariaux [Übers.], Eleganz 93); ~**fleisch,** das: **1.** (ugs. scherzh.) *[mit geistiger Trägheit verbundene] Ausdauer bei einer sitzenden Tätigkeit:* Staatsdiener – S. oder Leistung? (Spiegel 8, 1976, 159); meist in den Wendungen ***kein S. haben** *(nicht lange stillsitzen können; nicht die nötige Ausdauer für eine sitzende Tätigkeit haben);* **S. haben** (1. *als Gast bei einem Besuch gar nicht wieder ans Aufbrechen denken.* 2. *lange im Wirtshaus sitzen*). **2.** (salopp scherzh.) *Gesäß:* die Flammen hätten sein S. leicht angeröstet (Grzimek, Tiere 34); ~**gelegenheit,** die: *etw., worauf man sich setzen kann:* die -en reichten für den Vortrag nicht aus; im Wartezimmer eine S. suchen, sich nach einer S. umsehen; ~**größe,** die: svw. ↑~riese; ~**gruppe,** die: *zusammen aufgestellte, zueinander passende Sitzmöbel* (bes. Sessel, Polstergarnitur): variable, frei stehende -n; ~**haltung,** die: *Haltung beim Sitzen:* eine gebückte, aufrechte, schiefe S.; ~**kassa,** ~**kasse,** die (österr.): *Kasse in einem Lokal o. ä.,* dazu: ~**kassierin,** die (österr.): *Kassiererin an einer Sitzkasse;* ~**kissen,** das: *Kissen als Auflage auf einer Sitzfläche;* ~**komfort,** der: *Komfort in bezug auf anatomisch richtig geformte u. unterschiedlichen Funktionen genügende Sitze;* ~**korb,** der: *Strandkorb mit nicht verstellbarer Rückenlehne, in dem man nur sitzen kann;* ~**leder,** das: **1.** vgl. Arschleder. **2.** (salopp scherzh. selten) svw. ↑~fleisch (1): Genie ist Fleiß, Genie ist S. Ohne S. wären die Russen nicht zum Mond gekommen (Dorpat Ellenbogenspiele 81); ~**möbel,** das ⟨meist Pl.⟩: *zum Sitzen dienendes Möbel;* ~**nachbar,** der: *jmd., der [bei einer Veranstaltung] neben jmdm. sitzt;* ~**ordnung,** die: *festgelegte Reihenfolge, in der man bei einer Sitzung, Veranstaltung o. ä. sitzt:* eine lockere S.; die S. festlegen, ändern; ~**platz,** der: *Platz in Form einer Sitzgelegenheit, bes. Stuhl, Sessel in einem Zuschauerraum, Verkehrsmittel:* jmdm. einen S. anbieten, reservieren; im Zug fand er keinen S. [am Fenster] mehr; ein Saal mit 400 Sitzplätzen; ~**polster,** das: Daß in Hamburgs S-Bahn ... 20 S. aufgeschlitzt ... wurden (Spiegel 42, 1975, 178); ~**position,** die; ~**reihe,** die: *Reihe von Sitzplätzen;* ~**riese,** der (ugs. scherzh.): *im Sitzen besonders groß erscheinende Person mit langem Rumpf;* ~**stange,** die: *(in einem Käfig, Stall) Stange als Sitzgelegenheit für Vögel, Geflügel;* ~**stellung,** die; ~**streik,** der: *am Arbeitsplatz, auf öffentlichen Plätzen im Sitzen durchgeführter Streik.*

sitzen ['zɪtsn̩] ⟨unr. V.; hat; südd., österr., schweiz.: ist⟩ [mhd. sitzen, ahd. sizzen]: **1. a)** *eine Haltung eingenommen haben, bei der man mit Gesäß u. Oberschenkeln bei aufgerichtetem Oberkörper auf einer Unterlage (bes. einem Stuhl o. ä.) ruht [u. die Füße auf den Boden gestellt sind]:* [auf einem Stuhl] weich, bequem, schlecht s.; vor Schmerzen nicht s. können; das Kind kann nicht still, ruhig s.; am Tisch, am Fenster, am Steuer [seines Wagens], im Reitsitz auf einem Stuhl, auf einer Bank, im Gras, im Schatten, in der Sonne, in der 4. Reihe, zu mehreren um den Tisch, unter einem Baum, mitten unter den Kindern, zu jmds. Füßen, hoch zu Pferd, zwischen lauter Fremden s.; er kam auf einen harten Stuhl, neben mich zu s.; eine sitzende Lebensweise *(bei der man viel sitzt);* (verblaßt:) am Schreibtisch s. *(dort arbeiten);* an der Nähmaschine s. *(mit der Nähmaschine nähen);* an, bei, über einer Arbeit s. *(mit einer Arbeit beschäftigt sein);* auf der Anklagebank s. *(angeklagt sein, vor Gericht stehen);* beim Kaffee s. *(Kaffee trinken);* bei Tisch, beim Essen s. *(beim Essen sein);* stundenlang beim Friseur, im Wartezimmer s. *(sich dort aufhalten müssen, um sich die Haare machen zu lassen, den Arzt zu konsultieren);* das Mädchen blieb oft beim Tanzen s. *(wurde oft nicht zum Tanz aufgefordert);* im Café, Wirtshaus s. *(seine Zeit verbringen);* nach seinem Unfall saß er schon bald wieder im Sattel *(ritt er ... wieder);* über den Büchern s. *(eifrig lesen u. studieren, lernen);* den ganzen Abend vor dem Fernseher s. *(fernsehen);* den ganzen Tag zu Hause s. *(sich sehr selten nach draußen, unter Menschen begeben);* ⟨mit Dativ-Obj.:⟩ sie hat dem Künstler, Maler, Graphiker [für ein Porträt] gesessen *(hat sich ihm [für eine gewisse Zeit irgendwo sitzend] für ein Porträt zur Verfügung gestellt);* * **auf etw. s.** (salopp; *sich nicht von etw. trennen wollen u. die betreffende Sache nicht hergeben, herausgeben*): auf einem Buch, seinem Geld s. **b)** (schweiz.) *sich setzen:* auf eine Bank s.; **c)** *(von Tieren) sich auf einer Unterlage niedergelassen haben:* Fliegen sitzen auf dem Aufschnitt; Auf einer der ... Eisschollen saßen ... zwei Möwen (H. Gerlach, Demission 27); In den Pappeln saßen ein paar Krähen (H. Gerlach, Demission 197); die Henne sitzt [auf den Eiern] *(brütet).* **2. a)** *an einem [entfernten] Ort leben u. tätig sein:* er sitzt zur Zeit in Afrika; er sitzt in einem kleinen Dorf; die Firma sitzt in Berlin; auf dem Gut sitzt ein Pächter *(das Gut ist verpachtet);* **b)** *Mitglied in einer Versammlung, einem Gremium o. ä. sein:* im Parlament, in einem Ausschuß, im Vorstand s.; **c)** (ugs.) *wegen einer Straftat längere Zeit im Gefängnis eingesperrt sein:* im Gefängnis, hinter schwedischen Gardinen s.; Mein Vater, der hat öfters schon gesessen ... wegen Betrug (Schmidt, Strichjungengespräche 71). **3.** *sich an einer bestimmten Stelle von etw. befinden; [in einer bestimmten Weise] an, auf, in etw. befestigt, angebracht sein:* der Knopf sitzt an der falschen Stelle; an dem Zweig sitzen mehrere Blüten; der Hut saß ihm schief auf dem Kopf; das Bild sitzt schief im Rahmen; Ü der Schreck, die Angst saß ihm noch in den Gliedern *(wirkte noch in ihm nach);* * **einen s. haben** (salopp; *[leicht] betrunken sein;* vgl. Affe 3). **4.** *(bes. von Kleidungsstücken beim Tragen) in bestimmter Weise,* (oft:) *korrekt anliegen, aufliegen:* der Anzug sitzt [gut, tadellos, nicht]; nach der Kopfwäsche sitzt ihr Haar besser; bei der Anprobe saß der Ärmel noch nicht; eine gut sitzende Brille, Krawatte. **5.** (ugs.) **a)** *so einstudiert, eingeübt sein, daß man das Gelernte perfekt beherrscht [u. richtig anwendet, ausführt]:* beim Meister sitzt jeder Handgriff; Mit der Bildplatte ... können Lektionen so oft wiederholt werden, bis sie sitzen (Hörzu 11, 1975, 18); selbst der kleinste Gag sitzt (Augsburger Allgemeine 13. 5. 78, 43); **b)** *richtig treffen u. die gewünschte [einschüchternde] Wirkung erreichen:* die Ohrfeige saß; der Hieb, der Schuß, das hat gesessen.

sitzen-, Sitzen-: **~bleiben** ⟨st. V.; ist⟩: **1.** (ugs.) *nicht in die nächsthöhere Schulklasse versetzt werden:* er ist [während seiner Schulzeit] zweimal sitzengeblieben; wenn er eine Fünf in Deutsch hat, bleibt er sitzen. **2.** (ugs. abwertend) *als Frau unverheiratet bleiben:* sie ist sitzengeblieben. **3.** (ugs.) *für etw. keinen Käufer finden:* die Marktfrauen blieben zu Pfingsten auf dem teuren Spargel sitzen; da niemand den Sarg bestellt haben wollte, blieb Wilke damit sitzen (Remarque, Obelisk 244). **4.** (landsch.) *(von Teig) beim Backen nicht aufgehen:* Während der Gugelhupf, für den man statt der vorgeschriebenen vier Eier nur zwei genommen hat, mit Sicherheit sitzenbleibt, ... (Presse 2. 8. 69, 21); zu 1: **~bleiber,** der; -s, - (ugs. abwertend): *jmd., der sitzengeblieben ist;* **~lassen** ⟨st. V.; hat⟩ (ugs.): **1. a)** *[trotz Eheversprechen] schließlich nicht heiraten:* ein Mädchen s.; **b)** *im Stich lassen:* er hat Frau und Kinder sitzenlassen/(seltener:) sitzengelassen; jmdn. mit einer Ware s. *(sie ihm nicht abnehmen);* **c)** *eine Verabredung nicht einhalten u. jmdn. vergeblich warten lassen:* wir wollten uns heute treffen, aber er hat mich sitzenlassen/(seltener:) sitzengelassen. **2.** *nicht in die nächsthöhere Schulklasse versetzen; sitzenbleiben lassen:* man hat ihn zwei Jahre vor dem Abitur sitzenlassen/(seltener:) sitzengelassen.

-sitzer [-zɪtsɐ] in Zusb., z. B. Viersitzer *(Kraftfahrzeug zur Personenbeförderung mit vier Sitzplätzen);* **-sitzig** [-zɪtsɪç] in Zus., z. B. viersitzig *(vier Sitzplätze enthaltend);* **Sitzung,** die; -, -en [spätmhd. sitzung = das Sichniedersetzen]: **1. a)** *jeweilige Versammlung, Zusammenkunft einer Vereinigung, eines Gremiums o. ä., bei der über etw. beraten wird u. Beschlüsse gefaßt werden:* eine öffentliche, geheime, außerordentliche S.; die -en des Bundestags, der Parlamentsausschüsse; die S. dauerte mehrere Stunden, endete um 18[00] Uhr, ist geschlossen; eine S. anberaumen, einberufen, abhalten, leiten; die S. eröffnen, unterbrechen, abbrechen, schließen; an einer S. teilnehmen; zu einer S. zusammentreten; Ü das war aber eine ganz schön lange S.! (ugs. scherzh.; *du hast dich aber lange auf der Toilette aufgehalten*); **b)** kurz für ↑Karnevalssitzung. **2. a)** *jeweiliges Sitzen für ein Porträt:* ... daß er (= Renoir) für jedes der ... Bilder von ihr mindestens einen Monat lang drei -en in einer Woche brauchte (Gehlen, Zeitalter 37); **b)** *jeweilige zahnärztliche, psychotherapeutische Behandlung o. ä., der man sich unterzieht:* die Zahnbehandlung erfordert mehrere -en.

Sitzungs-: **~beginn,** der; **~bericht,** der: vgl. ~protokoll; **~periode,** die: *(bes. im Parlament) Periode, in der Sitzungen abgehalten werden;* **~protokoll,** das: *Protokoll einer Sitzung* (1 a); **~saal,** der: *Saal, in dem Sitzungen stattfinden;* **~tag,** der: *einer von mehreren Tagen einer Sitzung;* **~zimmer,** das: vgl. ~saal.

Six Days [ˈsɪks ˈdeɪz] ⟨Pl.⟩ [engl. six days] (Sport): engl. Bez. für *Sechstagerennen.*

Sixt [zɪkst], die; -, -en [eigtl. = sechste Fechtbewegung, zu (v)lat. sixtus = der sechste] (Fechten): *Stellung mit gleicher Klingenlage wie bei der Terz, jedoch mit anderer Haltung der Faust.*

Sixty-Nine [zɪkstiˈnai̯n], das; - [engl. sixty-nine, eigtl. = neunundsechzig; nach der Stellung der Partner, die mit dem Bild der liegend geschriebenen Zahl 69 verglichen wird] (Jargon): *(von zwei Personen ausgeübter) gleichzeitiger gegenseitiger oraler Geschlechtsverkehr; Neunundsechzig:* ... da hab ich dann auch geblasen, und die haben das mit mir auch so gemacht, so auf S., nennt sich das (Schmidt, Strichjungengespräche 191).

Siziliane [zitsiˈli̯a:nə], die; -, -n [zu ital. siciliana = (die) aus Sizilien stammend(e)] (Literaturw.): *aus Sizilien stammende achtzeilige Form der Stanze mit nur zwei Reimen;* **Siziliano** [zitsiˈli̯a:no]: ↑Siciliano; **Sizilienne** [zitsiˈli̯ɛn], die; - [frz. sicilienne]: svw. ↑Eolienne.

Skabies [ˈska:bi̯ɛs], die; - [lat. scabiēs] (Med.): svw. ↑[2]Krätze; **skabiös** [skaˈbi̯ø:s] ⟨Adj.; o. Steig.⟩ (Med.): *die Symptome der Skabies aufweisend;* **Skabiose** [skaˈbi̯o:zə] die; -, -n [zu lat. scabiōsus = rauh(haarig)]: *meist behaarte krautige Pflanze mit kleinen Blüten; Krätzenkraut.*

SkaiⓌ [skai̯], das; -[s] [Kunstwort]: *Kunstleder.*

skål! [sko:l] ⟨Interj.⟩ [schwed., dän. skål!; eigtl. = Trinkschale]: skand. für *prost!, zum Wohl!*

Skala [ˈska:la], die; -, ...len u. -s [ital. scala = Treppe, Leiter < lat. scālae (Pl.), zu: scandere, ↑skandieren]: **1.** *(aus Strichen u. Zahlen bestehende) Maßeinteilung an Meßinstrumenten:* die S. des Thermometers reicht von −40° bis +40° C; einen Meßwert von, auf einer S. ablesen. **2.** *vollständige Reihe zusammengehöriger, sich abstufender Erscheinungen; Stufenleiter:* eine S. von Brauntönen; die S. der Verstöße verzeichnet Raub, ... Brandstiftung ... und Totschlag (Welt 23. 1. 1965, 3). **3.** (Musik) *Tonleiter:* eine S. von Tönen. **4.** (Druckw.) *Zusammenstellung der für einen Mehrfarbendruck notwendigen Farben;* **skalar** [skaˈla:ɐ̯] ⟨Adj.; o. Steig.⟩ [lat. scalāris = zur Leiter, Treppe gehörend] (Math., Physik): *durch reelle Zahlen bestimmt:* -e Größe (svw. ↑[1]Skalar); **[1]Skalar** [-], der; -s, -e (Math., Physik): *durch einen reellen Zahlenwert bestimmte Größe* (Ggs.: Vektor); **[2]Skalar** [-], der; -s, -e: svw. ↑Segelflosser.

Skalde [ˈskaldə], der; -n, -n [aisl. skāld]: *(im MA.) [Hof]dichter u. Sänger in Norwegen u. Island;* ⟨Zus.:⟩ **Skaldendichtung,** die (Literaturw.): *durch kunstvolle metrische Formen u. Verwendung eines eigenen dichterischen Vokabulars* *gekennzeichnete, im MA. bes. an den norwegischen Höfen vorgetragene altnordische Dichtung, die u. a. Preislieder auf historische Personen od. Ereignisse umfaßt;* **skaldisch** ['skaldɪʃ] 〈Adj.; o. Steig.〉 (Literaturw.): *die Skalden betreffend, von ihnen stammend.*

Skale ['ska:lə], die; -, -n (Fachspr.): svw. ↑Skala (1).

Skalen-: ~**antrieb,** der (Technik): *Vorrichtung zum Bewegen des Skalenzeigers an einem Meßgerät;* ~**knopf,** der: *drehbarer Knopf zum Einstellen des Senders an einem Rundfunkgerät;* ~**zeiger,** der: *Nadel* (5), *die auf einer Skala* (1) *den Meßwert anzeigt.*

skalieren [ska'li:rən] 〈sw. V.; hat〉 [zu ↑Skala] (Psych., Soziol.): *(Verhaltensweisen, Leistungen o. ä.) in einer statistisch verwendbaren Skala von Werten einstufen.*

Skalp [skalp], der; -s, -e [engl. scalp = Hirnschale, Schädel, wohl aus dem Skand.] (früher): *bei den Indianern Nordamerikas die dem [getöteten] Gegner als Siegestrophäe abgezogene Kopfhaut [mit Haaren]:* Ich stellte mir eben vor, wie du ... mir am Marterpfahl mit dem Dolch den S. heruntergesäbelt hättest (Wolf, Menetekel 33).

Skalpell [skal'pɛl], das; -s, -e [lat. scalpellum, Vkl. von: scalprum = Messer, zu: scalpere = ritzen, schneiden]: *kleines chirurgisches Messer mit feststehender Klinge:* und kam sich vor wie ein Chirurg, der zum erstenmal das S. ansetzt (Kirst, 08/15, 451); wo sich ein Arzt fand, der mich ohne S. kurierte (Fühmann, Judenauto 124).

skalpieren [skal'pi:rən] 〈sw. V.; hat〉 [zu ↑Skalp]: *den Skalp, die Kopfhaut abziehen:* wenn man mit den Haaren in diese Maschine gerät, kann man regelrecht skalpiert werden; 〈Abl.:〉 **Skalpierung,** die; -, -en (selten): *das Skalpieren, Skalpiertwerden.*

Skandal [skan'da:l], der; -s, -e [frz. scandale < spätlat. scandalum = Ärgernis < griech. skándalon, eigtl. = Fallstrick]: **1.** 〈Vkl. ↑Skandälchen〉 *Geschehnis, das Anstoß u. Aufsehen erregt:* ein großer, aufsehenerregender, öffentlicher S.; einen S. provozieren, verursachen, vermeiden, vertuschen, fürchten, aufdecken; dieser Filmstar lebt nur von -en; diese Zustände wachsen sich allmählich zu einem S. aus; ***etw. ist ein S.** *(etw. ist unerhört):* das ist ja ein S., wie man ihn behandelt! **2.** (landsch.) *Lärm, Radau:* im Hausflur erhob sich ein großer S.

skandal-, Skandal-: ~**affäre,** die: *bes. Aufsehen u. Ärgernis erregende Affäre* (a); ~**blatt,** das (abwertend): vgl. ~presse; ~**geschichte,** die: vgl. ~affäre; ~**nudel,** die (ugs.): *jmd., der immer wieder Skandalaffären hat;* ~**presse,** die (abwertend): *niveauloser Teil der Presse, der seine Leser mit reißerischen Berichten über Skandale* (1) *zu interessieren sucht;* ~**süchtig** 〈Adj.〉 (abwertend): *sehr interessiert an Skandalen* (1); ~**trächtig** 〈Adj.〉: *so beschaffen, daß es leicht zu Skandalen* (1) *Anlaß geben kann:* eine -e Situation; ~**umwittert** 〈Adj.〉: *häufig zu Skandalen* (1) *Anlaß gegeben habend u. daher ständig im Verdacht, neue heraufzubeschwören.*

Skandälchen [skan'dɛ:lçən], das; -s, -: ↑Skandal (1); **skandalieren** [skanda'li:rən] 〈sw. V.; hat〉 [zu ↑Skandal (2)] (veraltet): *Lärm machen;* **skandalisieren** [skandali'zi:rən] 〈sw. V.; hat〉 [wohl nach frz. scandaliser] (bildungsspr. veraltend): **a)** *zu einem Ärgernis Anlaß geben u. dadurch empören, in Unruhe versetzen:* die Neuinszenierung skandalisierte das Publikum; **b)** *zu einem Skandal* (1) *machen:* einen Vorfall s.; **c)** 〈s. + sich〉 *Anstoß nehmen, empören:* sich über etw. s.; **Skandalon** ['skandalɔn], das; -[s] [griech. skándalon, ↑Skandal] (bildungsspr. veraltend): svw. ↑Skandal; **skandalös** [skanda'lø:s] 〈Adj.; -er, -este〉 [frz. scandaleux, zu: scandale, ↑Skandal]: *Aufsehen u. Empörung erregend, unerhört:* ein -er Vorfall, Zustand: sein Benehmen ist einfach s.

skandieren [skan'di:rən] 〈sw. V.; hat〉 [lat. scandere, eigtl. = (stufenweise) emporsteigen] (bildungsspr.): **a)** *Verse mit starker Betonung der Hebungen [ohne Rücksicht auf den Sinnzusammenhang] sprechen:* ein Gedicht von Horaz s.; **b)** *rhythmisch u. abgehackt, in einzelnen Silben sprechen.*

Skandium: ↑Scandium.

Skapulier [skapu'li:ɐ], das; -s, -e [mlat. scapularium, zu lat. scapulae = Schultern, Rücken; spätmhd. schapular] (kath. Kirche): *von manchen Mönchsorden getragener, über Brust u. Rücken bis zu den Füßen reichender Überwurf in Form eines breiten Tuchstreifens od. zweier Stücke aus Tuch, die durch über die Schultern führende Bänder zusammengehalten werden.*

Skarabäengemme [skara'bɛ:ən-], die; -, -n: svw. ↑Skarabäus (2); **Skarabäus** [skara'bɛ:ʊs], der; - [lat. scarabaeus = Holzkäfer, zu griech. kárabos]: **1.** svw. ↑Pillendreher (1). **2.** *als Amulett od. Siegel benutzte [altägyptische] Nachbildung des Pillendrehers* (1), *der im alten Ägypten als Sinnbild des Sonnengottes verehrt wurde, in Stein, Glas od. Metall.*

Skaramuz [skara'mʊts], der; -es, -e [ital. Scaramuccio, frz. Scaramouche]: *Figur des prahlerischen Soldaten aus der Commedia dell'arte u. dem französischen Lustspiel.*

Skarifikation [skarifika'tsio:n], die; -, -en [spätlat. scarīficātio, zu: scarīficāre, ↑skarifizieren] (Med.): *kleiner Einschnitt od. Stich in die Haut zur Blut- od. Flüssigkeitsentnahme od. zu therapeutischen Zwecken;* **skarifizieren** [skarifi'tsi:rən] 〈sw. V.; hat〉 [spätlat. scarīficāre, zu: scarīfus < griech. skáriphos = Riß] (Med.): *eine Skarifikation vornehmen.*

Skarn [skarn], der; -s, -e [schwed. skarn, eigtl. = Schmutz] (Geol.): *durch Kontaktmetamorphose aus Kalkstein, Dolomit od. Mergel entstandenes erzhaltiges Gestein.*

skartieren [skar'ti:rən] 〈sw. V.; hat〉 [ital. scartare, ↑Skat] (österr. Amtsspr.): *alte Akten o. ä. ausscheiden* (3); **Skat** [ska:t], der; -[e]s, -e u. -s [ital. scarto = das Wegwerfen (der Karten); die abgelegten Karten, zu: scartare = Karten wegwerfen, ablegen, zu: carta = Papier; (Spiel)karte < lat. charta, ↑Karte]: **1.** 〈Pl. ungebr.〉 *Kartenspiel für drei Spieler, das mit 32 Karten gespielt wird u. bei dem durch Reizen festgestellt wird, welcher Spieler gegen die beiden anderen spielt:* S. spielen; [einen zünftigen] S. dreschen, klopfen (salopp; *Skat spielen*); wollen wir eine Runde S. spielen? **2.** *die zwei bei diesem Kartenspiel verdeckt liegenden Karten:* den S. aufnehmen, liegen lassen; was lag im S.?

Skat-: ~**abend,** der: mittwochs hat er seinen S.; ~**blatt,** das: *Blatt* (4) *für das Skatspiel;* ~**bruder,** der: **1.** (ugs.) *jmd., der gern u. viel Skat spielt.* **2.** *einer aus einer Runde von Skatspielern, die sich regelmäßig treffen;* ~**karte,** die: **1.** *eine der 32 Spielkarten für das Skatspiel.* **2.** 〈o. Pl.〉 *vollständiges Spiel von Spielkarten für das Skatspiel;* ~**partie,** die; ~**runde,** die: **1.** *Runde von Personen, die zusammen Skat spielen:* eine fröhliche S. **2.** *Runde* (3 b) *beim Skatspiel;* ~**spiel,** das: **1.** svw. ↑Skat (1): die Regeln des -s. **2.** 〈o. Pl.〉 *das Skatspielen:* regelmäßiges S. **3.** *Partie beim Skat:* ein S. machen. **4.** svw. ↑Skatkarte (2); ~**spieler,** der; ~**turnier,** das.

Skateboard ['skeɪtbɔ:d], das; -s, -s [amerik. skateboard, aus engl. to skate = gleiten u. board = Brett]: svw. ↑Rollerbrett.

skaten ['ska:tn̩] 〈sw. V.; hat〉 [zu ↑Skat] (ugs.): *Skat spielen;* **Skater** ['ska:tɐ], der; -s, - (ugs.): *Skatspieler.*

Skating-Effekt ['skeɪtɪŋ-], der; -s, -e [zu engl. skating = das Gleiten] (Technik): *infolge der Skating-Kraft ungleicher Druck, mit dem der Tonabnehmer auf der inneren u. äußeren Seite der Rille einer Schallplatte aufliegt;* **Skating-Kraft** [-], die; -, -Kräfte (Technik): *vom Tonabnehmer auf die innere Seite der Rille einer Schallplatte ausgeübte Kraft.*

Skatol [ska'to:l], das; -s [zu griech. skátos]: *übelriechende, bei der Fäulnis von Eiweißstoffen entstehende chem. Verbindung* (z. B. im Kot); **Skatologie** [skatolo'gi:], die; - [↑-logie]: **1. a)** (Med.) *wissenschaftliche Untersuchung des Kots;* **b)** (Paläont.) *Untersuchung von fossilem Kot.* **2.** (Psych.) *Vorliebe für das Benutzen von Ausdrücken aus dem Analbereich;* **skatologisch** [...'lo:gɪʃ] 〈Adj.; o. Steig.〉: **1.** (Med., Paläont.) *die Skatologie* (1 a, b) *betreffend, auf ihr beruhend.* **2.** (Psych.) *eine auf den Analbereich bezogene Ausdrucksweise bevorzugend;* **Skatophage** [...'fa:gə], der u. die; -n, -n [zu griech. phageĩn = essen, fressen] (Med., Psych.): svw. ↑Koprophage (2); **Skatophilie** [...fi'li:], die; - [zu griech. philía = Liebe, (Zu)neigung] (Med., Psych.): svw. ↑Koprophilie.

Skazon ['ska:tsɔn], der; -s, -ten [ska'tsɔntn̩; lat. scazōn < griech. skázōn, eigtl. = hinkend] (Verslehre): *Choliambus.*

Skeetschießen ['ski:t-], das; -s, - [engl. skeet shooting, 1. Bestandteil H. u., 2. Bestandteil zu: to shoot = schießen] (Sport): **1.** 〈o. Pl.〉 *Wurftauben- od. Tontaubenschießen, bei dem die Schützen im Halbkreis um die Wurfmaschinen stehen u. auf jede Taube nur einen Schuß abgeben dürfen.* **2.** *Veranstaltung, Wettkampf des Skeetschießens* (1).

Skelet: ↑¹Skelett (1 b); **Skeleton** ['skɛlətn̩, ...letɔn], der; -s, -s [engl. skeleton, eigtl. = Gerippe, Gestell < griech. skeletón, ↑¹Skelett] (Sport): *niedriger Rennschlitten, den der Fahrer auf dem Bauch liegend lenkt;* **skeletotopisch** [skeleto-] 〈Adj.; o. Steig.〉 (Med., Biol.): *die Lage eines Organs im*

Verhältnis zum Skelett bezeichnend; [1]**Skelett,** (med. fachspr. auch:) Skelet [ske'lɛt], das; -[e]s, -e [griech. skeletón (sõma) = ausgetrocknet(er Körper), Mumie, zu: skeletós = ausgetrocknet]: **1. a)** *Gerippe eines Toten:* unter den Trümmern wurde ein S. gefunden; er ist fast zum S. abgemagert; **b)** *inneres od. äußeres, die Weichteile stützendes [bewegliches] Gerüst aus Knochen, Chitin od. Kalk bei Tieren u. beim Menschen; Knochengerüst:* ein menschliches, tierisches, männliches S.; das S. eines Affen, eines Hundes; ein schlecht ausgebildetes S. haben; ein S. konservieren. **2.** (Bauw.) *aus einzelnen Stützen u. Trägern bestehende tragende Konstruktion, Gerüst:* das S. der Bahnhofshalle steht bereits.

[2]**Skelett** [-], die; - (Druckw.): *aus relativ dünnen Strichen bestehende Schrift.*

Skelẹtt-: ~**bau,** der ⟨Pl. -ten⟩ (Bauw.; Ggs.: Massivbau): **1.** ⟨o. Pl.⟩ *das Bauen in Skelettbauweise.* **2.** *Bauwerk in Skelettbauweise;* ~**bauweise,** die (Bauw.): *Bauweise, bei der Stützen in der Art eines Gerippes den Bau tragen u. die Zwischenräume mit nichttragenden Wänden ausgefüllt werden;* ~**boden,** der (Geol.): *Boden mit hohem Anteil an Gestein (bes. in Gebirgen);* ~**konstruktion,** die (Bauw.): svw. ↑[1]Skelett (2); ~**montage,** die (Bauw.); ~**muskel,** der (Anat.): *an Teilen des Skeletts ansetzender Muskel;* ~**teil** (nicht getrennt: Skeletteil), das.

skelettieren [skelɛ'ti:rən] ⟨sw. V.; hat⟩ [zu ↑Skelett]: **1.** *das* [1]*Skelett* (1 b) *bloßlegen:* eine skelettierte Leiche; Ü Er skelettierte den Text, entkleidete ihn aller sinnlich wahrnehmbaren Attribute (MM 1. 2. 1965, 18). **2.** (Biol.) *(von Pflanzenschädlingen) ein Blatt bis auf die Rippen abfressen.*

Skene [ske'ne:], die; -, ...nai [griech. skēnḗ, ↑Szene]: **a)** *im antiken Theater ein Ankleideräume enthaltender Holzbau, der das Proszenium* (2) *nach hinten abschloß;* **b)** *zum Proszenium* (2) *hin gelegene Wand der Skene* (a), *vor der die Schauspieler auftraten;* **Skenographie** [skeno-], die; - [griech. skenographía]: *(in der Antike) Bemalung der Skene* (b) *als Bühnendekoration.*

Skepsis ['skɛpsɪs], die; - [griech. sképsis = Betrachtung; Bedenken, zu: sképtesthai = schauen, spähen]: *[durch] kritische Zweifel, Bedenken, Mißtrauen [bestimmtes Verhalten]; Zurückhaltung:* voller S. einer Sache gegenüber sein; meine S. erwies sich als unbegründet; er betrachtet die Entwicklung mit großer, einiger, gesunder, berechtigter S.; **Skeptiker** ['skɛptikɐ], der; -s, - [griech. Skeptikós = Philosoph einer Schule, deren Anhänger ihre Meinung nur mit Bedenken, Zweifeln äußerten, subst. Adj. skeptikós, ↑skeptisch]: **1.** *zu einem durch Skepsis bestimmten Denken, Verhalten neigender Mensch:* ... wenn ich ein vielfach „gebranntes Kind" und darüber ein alter S. geworden bin (Thielicke, Ich glaube 51). **2.** (Philos.) *Anhänger des Skeptizismus* (2): **skeptisch** ['skɛptɪʃ] ⟨Adj.⟩ [griech. skeptikós = zum Betrachten, Bedenken geneigt]: *zu Skepsis neigend, auf ihr beruhend:* ein -er Mensch; eine -e Haltung; seine Antwort war, klang sehr s.; ich bin wirklich s. *(habe Zweifel, Bedenken),* ob dieser Plan sich verwirklichen läßt; seine Miene war s.; ich beurteile die Lage sehr s.; **Skeptizismus** [skɛpti'tsɪsmʊs], der; -: **1.** *skeptische Haltung:* mit einleuchtenden Argumenten trat er ihrem S. entgegen. **2.** (Philos.) *den Zweifel zum Prinzip des Denkens erhebende, die Möglichkeit einer Erkenntnis der Wirklichkeit u. der Wahrheit in Frage stellende Richtung der Philosophie.*

Sketch [skɛtʃ], der; -[es] -e[s] u. -s [engl. sketch = Skizze, Stegreifstudie < niederl. schets = Entwurf < ital. scizzo, ↑Skizze]: *(bes. im Kabarett od. Varieté aufgeführte) kurze, effektvolle Szene mit scharf zugespitzter Pointe:* einen S. aufführen; Münchner Nachmittag ... -e, Dialoge, Szenen (Hörzu 31, 1973, 28); **Skẹtsch,** der; -[e]s, -e: eindeutschend für ↑Sketch.

Ski, Schi [ʃi:], der: -s, -er, auch: - [norw. ski, eigtl. = Scheit < anord. skíð = Scheit, Schneeschuh]: *schmales, langes, biegsames, vorn in eine nach oben gebogene Spitze auslaufendes Brett aus Holz, Kunststoff od. Metall, das man am Schuh befestigt, um sich [gleitend] über den Schnee fortbewegen zu können:* S. laufen, fahren; bei dem Sturz war sein rechter S. gebrochen; S. und Rodel gut (Rundf. Jargon; *es liegt genügend Schnee zum Skilaufen u. Rodeln*); die -er an-, abschnallen, spannen, wachsen, schultern; auf -ern die Piste hinabrasen.

ski-, Ski- ['ʃi:-]: ~**akrobatik,** die: *Trickski;* ~**anzug,** der; ~**ausrüstung,** die; ~**bekleidung,** die; ~**bindung,** die: *in der Mitte des Skis angebrachte Vorrichtung zum Befestigen des Schuhs;* ~**bremse,** die: *an der Skibindung angebrachte Vorrichtung in Form von zwei Dornen, die sich nach einem [Sturz mit] Lösen des Skis selbsttätig nach unten ausklappt, in den Schnee greift u. so das Weitergleiten des Skis verhindert;* ~**bob,** der: **1.** *Wintersportgerät, das aus einer Art Fahrradrahmen aus Holz od. Metall mit zwei darunter angebrachten, kurzen Skiern besteht u. das mit einem Lenker gesteuert wird.* **2.** *Sportart, bei der der Fahrer mit kurzen Skiern an den Füßen auf einem Skibob* (1) *sitzend einen Hang hinabfährt;* ~**fahrer,** der; ~**fliegen,** das; -s, ~**flug,** der: *Skispringen von einer Flugschanze;* ~**funi** [-fʊni], der; -s, -s [über das Roman. zu lat. fūnis = Seil] (schweiz.): *großer Schlitten, der von einer seilbahnähnlichen Konstruktion gezogen wird u. der Skiläufer bergaufwärts befördert;* ~**gebiet,** das: *für den Skilauf geeignetes Gebiet;* ~**gymnastik,** die: *spezielle Gymnastik, die den Körper für das Skilaufen kräftigt;* ~**haserl,** das (südd., österr. scherzh.): *junge Skiläuferin;* ~**hose,** die; ~**kjöring** [-jø:rɪŋ], das; -s, -s [norw. kjøring = das Fahren, zu: kjøre = fahren]: *Sportart, bei der ein Skiläufer von einem Pferd od. Motorrad gezogen wird;* ~**kurs[us],** der: *Kurs[us]* (3 a) *im Skilaufen;* ~**langlauf,** der: svw. ↑Langlauf; ~**lauf,** der, **laufen,** das; -s: *das Sichfortbewegen auf Skiern (als sportliche Disziplin):* nordischer, alpiner S.; ~**läufer,** der: *jmd., der Ski läuft;* ~**läuferin,** die: w. Form zu ↑~läufer; ~**lehrer,** der: *jmd., der Unterricht im Skilaufen gibt;* ~**lift,** der: *Seilbahn o.ä., die Skiläufer bergaufwärts befördert;* ~**marathon,** das: *Langlauf[wettbewerb] über eine Strecke von mehr als 50 km;* ~**mütze,** die; ~**paradies,** das: *ideales Skigebiet;* ~**paß,** der: *Ausweiskarte, die zum Benutzen mehrerer Skilifts in einem bestimmten Zeitraum berechtigt;* ~**piste,** die: svw. ↑Piste (1); ~**schuh,** der; ~**schule,** die: vgl. Reitschule; ~**sport,** der: *die auf Skiern betriebenen sportlichen Disziplinen;* ~**springen,** das: *Sportart, bei der man auf Skiern eine Sprungschanze hinuntergleitet u. nach dem Sprung mit den Skiern auf dem Boden aufsetzt;* ~**springer,** der: *jmd., der das Skispringen als sportliche Disziplin betreibt;* ~**sprung,** der: svw. ↑~springen; ~**stall,** der: *kleiner Raum od. Schuppen mit Gestellen, in denen man die Skier abstellt;* ~**stiefel,** der; ~**stock,** der: *einer von zwei Stöcken, die oben mit einer Schlaufe zum Durchstecken der Hand u. einem Griff versehen sind, unten in eine dornenförmige Spitze auslaufen u. die der Skiläufer in den Schnee stößt, um Schwung zu holen u. die Balance zu halten;* ~**träger,** der: *Gestell, das auf dem Dach eines Autos befestigt wird u. zum Transport von Skiern dient;* ~**urlaub,** der; ~**wachs,** das: *Wachs, mit dem die Lauffläche eines Skis eingerieben wird, damit er besser gleitet;* ~**wandern,** das; -s: *Wandern auf Skiern;* ~**zirkus,** der (Jargon): *über ein ganzes Skigebiet verteiltes, in sich geschlossenes System von Skiliften.*

Skiagraphie [skiagra'fi:], die; -, -n [...i:ən; griech. skiagraphía, zu: skía = Schatten u. ↑-graphie] (Archäol.): *in der antiken Malerei das Zeichnen der Schatten von Gegenständen u. Figuren zum Erzielen einer plastischen Wirkung;* **Skiaskopie** [...sko'pi:], die; -, -n [...i:ən; zu griech. skía = Schatten u. skopeĩn = betrachten] (Med.): *Verfahren zur Feststellung von Brechungsfehlern des Auges durch Beobachten eines Schattens, der mit Hilfe eines speziellen Spiegels im Auge erzeugt wird.*

Skier: Pl. von ↑Ski.

Skiff [skɪf], das; -[e]s, -e [engl. skiff < frz. esquif < ital. schifo < ahd. scif = Schiff] (Sport): svw. ↑Einer (2).

Skiffle ['skɪfl̩], der, auch: das; -s [engl.-amerik. skiffle, H. u., viell. lautm.]: *Art des Jazz, der auf primitiven Instrumenten, z. B. Waschbrett, Kamm u. Jug, gespielt wird;* **Skiffle-Group** [-gru:p], die; -, -s [engl.-amerik. skiffle group]: *kleine Gruppe von Musikern, die Skiffle spielt.*

Skineffekt ['skɪn-], der; -[e]s, -e [engl. skin effect, eigtl. = Hautwirkung] (Elektrot.): *Erscheinung, daß ein Wechselstrom hoher Frequenz nur an der Oberfläche des elektrischen Leiters fließt.*

Skink [skɪŋk], der; -[e]s, -e [lat. scincus < griech. skígkos = ägypt. Eidechse]: *in den Tropen u. Subtropen lebende gelbliche bis graubraune Echse mit gestrecktem Rumpf, glatten, glänzenden Schuppen u. langem Schwanz.*

Skinner-Box ['skɪnɐ-], die; -, -en [nach dem amerik. Verhaltensforscher B. F. Skinner (geb. 1904)] (Soziol.): *Käfig zur Erforschung von Lernvorgängen bei Tieren.*

Skinoid Ⓦᶻ [skino'i:t], das; -[e]s [zu engl. skin = Haut]:

lederähnlicher Kunststoff, der u. a. für Bucheinbände verwendet wird.

Skip [skɪp], der; -[s], -s [engl. skip, Nebenf. von: skep < anord. skeppa = Korb] (Bergbau): svw. ↑Fördergefäß; 〈Zus.:〉 **Skipförderung,** die (Bergbau).

Skipper ['skɪpɐ], der; -s, - [engl. skipper = Kapitän < mniederl. schipper = Schiffer] (Jargon): *Kapitän einer [Segel]jacht.*

Skis [ski:s]: ↑Skus.

Skizze ['skɪtsə], die; -, -n [ital. schizzo, eigtl. = Spritzer (mit der Feder)]: **1.** *mit groben Strichen hingeworfene, sich auf das Wesentliche beschränkende Zeichnung [die als Entwurf dient]:* eine flüchtige S.; die S. einer Landschaft, eines Tieres; eine S. machen, anfertigen, hinwerfen; er machte eine S. von dem Gebäude, vom Unfallort. **2. a)** *kurzer, stichwortartiger Entwurf; Konzept* (1): die S. einer Rede, eines Romans; **b)** *kurze, sich auf das Wesentliche beschränkende [literarische] Darstellung, Aufzeichnung:* er hielt seine Reise in einer S. fest.

Skizzen-: **~block,** der 〈Pl. ...blöcke u. -s〉: *Block* (5), *auf dem man Skizzen zeichnet;* **~buch,** das: vgl. ~block; **~heft,** das: vgl. ~block; **~mappe,** die: *Mappe zum Aufbewahren von Skizzen* (1).

skizzenhaft 〈Adj.; o. Steig.〉: *in der Art einer Skizze* (1, 2): -e Entwürfe, Darstellungen, Zeichnungen; Man sah ..., s. angedeutet, den Untergang seiner Armee (Leonhard, Revolution 95); 〈Abl.:〉 **Skizzenhaftigkeit,** die; -; **skizzieren** [skɪ'tsi:rən] 〈sw. V.; hat〉 [ital. schizzare]: **1.** *in der Art einer Skizze* (1) *zeichnen, darstellen:* der Architekt skizziert das Gebäude; er skizzierte den Weg, den sie fahren mußte. **2. a)** *etw. in großen Zügen, sich auf das Wesentliche beschränkend darstellen, aufzeichnen:* er skizzierte das Thema des Vortrags; ein Schreiben, worin der Generalstabschef ... die Friedensbedingungen skizzierte (Goldschmit, Genius 14); **b)** *sich für etw. Notizen, ein Konzept* (1) *machen; entwerfen:* er skizzierte den Text für seine Rede; 〈Abl.:〉 **Skizzierung,** die; -, -en 〈Pl. selten〉: *das Skizzieren.*

Sklave ['skla:və, auch: ...a:fə], der; -n, -n [(spät)mhd. s(c)lave < mlat. s(c)lavus = Unfreier, Leibeigener < mgriech. sklábos = Sklave, eigtl. = Slawe (die ma. Sklaven im Orient waren meist Slawen)]: **1.** (hist.) *jmd., der in völliger wirtschaftlicher u. rechtlicher Abhängigkeit von einem anderen Menschen als dessen Eigentum lebte; Leibeigener:* ein afrikanischer, griechischer S.; -n halten, kaufen, verkaufen; einen -n bestrafen, mißhandeln, freilassen; einem -n die Freiheit geben; mit -n handeln; von -n bedient werden; jmdn. wie einen -n behandeln; sie haben die Kriegsgefangenen zu -n gemacht. **2.** (oft abwertend) *jmd., der (innerlich unfrei) von etw. od. jmdm. sehr abhängig ist:* er ist der S. seiner Gewohnheiten, seiner Leidenschaften, des Alkohols; zum -n der Ereignisse werden *(ihnen hilflos ausgeliefert sein).* **3.** (Jargon) *Masochist:* Leute..., die sich dir als -n andienen und von dir geschlagen werden wollen (Eppendorfer, Ledermann 110).

Sklaven-: **~arbeit,** die: **1.** (früher) *von einem Sklaven* (1) *verrichtete Arbeit.* **2.** (abwertend) *besonders schwere, anstrengende Arbeit;* **~aufstand,** der (früher): *Rebellion von Sklaven* (1) *gegen ihre Herren;* **~dasein,** das: **1.** (früher) *Dasein eines Sklaven* (1). **2.** *nicht selbstbestimmtes, von etw. od. jmdm. abhängiges Dasein;* **~halter,** der (früher): *jmd., der Sklaven* (1) *als Eigentum besaß,* dazu: **~haltergesellschaft,** die (bes. marx.): *Gesellschaft, in der die Herrschenden sowohl die Produktionsmittel wie auch die Produzenten (die Sklaven) als Eigentum besitzen,* **~halterstaat,** der: *Staat der Sklavenhaltergesellschaft;* **~handel,** der (früher): *Handel mit Sklaven* (1); **~händler,** der (früher): *jmd., der mit Sklaven handelte;* **~jäger,** der (früher): *jmd., der Jagd auf Menschen machte, um sie gefangenzunehmen u. als Sklaven* (1) *zu verkaufen;* **~markt,** der (früher): *Markt, auf dem Sklaven* (1) *verkauft wurden;* **~moral,** die [nach dem dt. Philosophen F. Nietzsche (1844–1900)] (Philos.): *aus Ressentiments gegen die „Herren" (die Starken, Mächtigen) von den Schwachen, Unterdrückten ausgebildete Moral, die das Schwache, bes. in Form christlicher Werte wie Demut u. Nächstenliebe, zur ethischen Norm erhebt* (Ggs.: Herrenmoral).

Sklaventum, das; -s (geh.): svw. ↑Sklaverei (1, 2); **Sklaverei** [skla:və'rai, auch: ...a:fə...], die; -: **1.** (früher) *völlige wirtschaftliche u. rechtliche Abhängigkeit eines Sklaven von einem Sklavenhalter; Leibeigenschaft:* durch den Bürgerkrieg wurde in den USA die S. abgeschafft; jmdn. aus der S. befreien; in S. geraten; jmdn. in die S. führen. **2.** (oft abwertend) **a)** *starke Abhängigkeit von jmdm. od. etw.:* ich wünschte, die Töchter der Arbeiter wären frei ... von Kirche und wirtschaftlicher S. (Tucholsky, Werke II, 165); **b)** *harte, ermüdende Arbeit:* diese Arbeit ist die reinste S.; **Sklavin,** die: w. Form zu ↑Sklave; **sklavisch** ['skla:vɪʃ, auch: ...a:fɪʃ] 〈Adj.〉 (bildungsspr. abwertend): **1.** *blind u. unbedingt gehorsam, unterwürfig, willenlos:* -e Ergebenheit, Anhänglichkeit; -er Gehorsam; jmdm. s. gehorchen, ergeben sein; er führt alle Befehle s. aus. **2. a)** *unselbständig u. ohne eigene Ideen ein Vorbild nachahmend:* die Übersetzung lehnt sich s. an die Vorlage an; **b)** (Wirtsch.) *einem anderen Produkt bewußt so genau nachgebildet, daß die Gefahr der Verwechslung besteht:* der Verkauf -er Nachahmungen ist unlauterer Wettbewerb.

Sklera ['skle:ra], die; -, ...ren [zu griech. sklērós = spröde, hart] (Anat.): *Lederhaut des Auges, äußere Hülle des Augapfels aus derbem Bindegewebe;* **Sklerenchym** [skleren'çy:m], das; -s, -e [zu griech. egchyma = (eingegossene) Flüssigkeit] (Bot.): *festigendes Gewebe in nicht mehr wachsenden Pflanzenteilen;* **Skleritis** [skle'ri:tɪs], die; -, ...ritiden [...ri'ti:dn̩] (Med.): *Entzündung der Sklera; Lederhautentzündung;* **Sklerometer** [sklero'me:tɐ], das; -s, - [↑-meter]: *Gerät zur Bestimmung der Härte von Mineralien;* **Sklerose** [skle'ro:zə], die; -, -n (Med.): *krankhafte Verhärtung von Geweben u. Organen:* multiple S. (Med.; *Erkrankung des Gehirns u. Rückenmarks mit Bildung zahlreicher Verhärtungen von Gewebe, Organen od. Organteilen*); S. der Leber (Med.; *Leberzirrhose*); **Skleroskop** [sklero'sko:p], das; -s, -e [zu griech. skopeīn = betrachten] (Technik): *Gerät zur Prüfung der Härte von Werkstoffen;* **sklerotisch** [skle'ro:tɪʃ] 〈Adj.; o. Steig.〉 (Med.): **1.** *die Sklerose betreffend, von ihr herrührend:* -e Vorgänge, Prozesse. **2.** *an Sklerose erkrankt, leidend;* **Sklerotium** [skle'ro:tsi̯ʊm], das; -s, ...ien [...i̯ən; zu griech. sklērótēs = Härte] (Biol.): *hartes Geflecht aus Pilzfäden als Dauerform mancher Pilze* (z. B. des Mutterkorns).

Skolex ['sko:lɛks], der; -, ...lizes [...litse:s; griech. skṓlēx = Wurm, zu: skoliós, ↑Skolion] (Biol., Med.): *der meist mit Haken u. Saugnäpfen ausgestattete Kopf des Bandwurmes;* **Skolion** ['sko:li̯ɔn], das; -s, ...ien [...i̯ən; griech. skólion, zu: skoliós = krumm, verdreht; viell. nach der unregelmäßigen Reihenfolge beim Vortrag]: *im antiken Griechenland beim Symposion von den einzelnen Gästen zur Unterhaltung vorgetragenes Lied gnomischen od. politischen Inhalts, oft in satirischer Form;* **Skoliose** [sko'li̯o:zə], die; -, -n (Med.): *seitliche Verkrümmung der Wirbelsäule;* **Skolizes**: Pl. von ↑Skolex; **Skolopender** [skolo'pɛndɐ], der; -s, - [griech. skolópendra = Tausendfüßler]: *in den Tropen u. Subtropen in vielen Arten verbreiteter, gelblichbrauner bis grüner Gliederfüßer mit länglichem Rumpf, vielen Beinpaaren u. giftigen, zangenförmigen Klauen.*

skontieren [skɔn'ti:rən] 〈sw. V.; hat〉 [ital. scontare = abziehen, zu ↑Skonto] (Kaufmannsspr.): *Skonto gewähren, von etw. abziehen:* eine Rechnung s.; **Skonto** ['skɔnto], der od. das; -s, -s, selten auch: ...ti [ital. sconto < lat. absconditum = Verborgenes, Beiseitegeschafftes, 2. Part. von: abscondere = verbergen, wegtun] (Kaufmannsspr.): *Preisnachlaß bei Barzahlung:* bei Barzahlung binnen 10 Tagen gewähren wir 3% S. auf den Rechnungsbetrag; S. verlangen, bekommen; 2% S. abziehen; **Skontration** [skɔntra'tsi̯o:n], die; -, -en [zu ↑skontrieren] (Buchf.): *das Skontrieren;* **skontrieren** [skɔn'tri:rən] 〈sw. V.; hat〉 [ital. scontrare = gegeneinander aufrechnen, eigtl. aufeinandertreffen, zu lat. contra = gegen] (Buchf.): *Zu- und Abgänge zur ständigen Ermittlung des Bestandes (bes. eines Lagers) fortschreiben;* **Skontro** ['skɔntro], das; -s, -s [ital. (libro) scontro, eigtl. = (Buch der) Aufrechnung, ↑skontrieren] (Buchf.): *in der Buchhaltung verwendetes Buch, in das die Ergebnisse der Skontration eingetragen werden;* 〈Zus.:〉 **Skontrobuch,** das: svw. ↑Skontro.

Skooter ['sku:tɐ], der; -s, - [engl. scooter, zu: to scoot = rasen, flitzen]: *elektrisch angetriebenes, einem Auto nachgebildetes kleines Fahrzeug, mit dem man (auf Jahrmärkten o. ä.) auf einer großen, rechteckigen Bahn herumfährt, wobei man selbst lenken muß.*

Skop [scɔp], der; -s, -s [aengl. scop]: *Dichter u. Sänger in der Gefolgschaft eines westgermanischen Fürsten.*

Skopus ['sko:pʊs], der; -, ...pen [lat. scopus < griech. skopós

= (in der Ferne zu sehendes) Ziel, zu: skopeīn = sehen, schauen]: **1.** (Theol.) *zentrale Aussage eines Predigttextes, auf die der Prediger in seiner Auslegung hinführen soll.* **2.** (Sprachw.) *Wirkungsbereich einer näheren Bestimmung (eines Satzes), z. B. einer adverbialen Bestimmung.*

Skopze ['skɔptsə], der; -n, -n [russ. skopez = Kastrat]: *Anhänger einer zu Anfang des 19. Jh.s gegründeten schwärmerischen russischen Sekte, die von ihren Mitgliedern strenge Enthaltsamkeit verlangte.*

Skorbut [skɔr'bu:t], der; -[e]s [nlat. (16. Jh.) scorbūtus, H. u.] (Med.): *auf einem Mangel an Vitamin C beruhende Krankheit, bei der es bes. zu Blutungen vor allem des Zahnfleisches u. der Haut kommt;* ⟨Abl.:⟩ **skorbutisch** ⟨Adj.; o. Steig.; nicht adv.⟩ (Med.): **1.** *auf Skorbut beruhend, für Skorbut charakteristisch, mit Skorbut einhergehend, in der Art des Skorbuts:* -e Symptome; eine -e Erkrankung. **2.** *an Skorbut erkrankt:* -e Patienten.

Skordatur [skɔrda'tu:ɐ̯], die; -, -en [ital. scordatura = Verstimmung, zu: scordare = verstimmen, nicht stimmen] (Musik): *Umstimmen einzelner Saiten eines Saiteninstruments zur Erzeugung besonderer Klangeffekte.*

skoren (österr. Sport): ↑scoren.

Skorpion [skɔr'pi̯o:n], der; -s, -e [mhd. sc(h)orpiōn, ahd. scorpiōn (Akk.) < lat. scorpio (Gen.: scorpiōnis) < griech. skorpíōn]: **1.** *(in vielen Arten in den Tropen u. Subtropen verbreitetes) Spinnentier mit zwei kräftigen Scheren am Vorderkörper u. einem Giftstachel am Ende des langen, vielgliedrigen Hinterleibs.* **2.** (Astrol.) **a)** *Tierkreiszeichen für die Zeit vom 24. 10.–22. 11.;* **b)** *jmd., der im Zeichen Skorpion* (2a) *geboren ist:* sie ist ein S.; ⟨Zus.:⟩ **Skorpionsfliege,** die: *Fliege, bei der das Männchen mit einer am Ende des hinten verdickten, nach oben gekrümmten Hinterleibs sitzenden, an den Stachel eines Skorpions erinnernden Zange ausgestattet ist.*

Skotom [sko'to:m], das; -s, -e [zu griech. skótos = Dunkelheit] (Med.): *auf einen begrenzten Teil des Gesichtsfeldes beschränkter Ausfall der Funktion des Auges;* **Skotomisation** [skotomiza'tsi̯o:n], die; -, -en (Psychoanalyse): *das Skotomisieren;* **skotomisieren** [...'zi:rən] ⟨sw. V.; hat⟩ (Psychoanalyse): *(eine offensichtliche Tatsache, die man psychisch nicht bewältigen kann) auf Grund eines bestimmten Abwehrmechanismus negieren, für nicht gegeben, für nicht vorhanden halten:* Er prahlt, panzert sich mit Überheblichkeit ..., bei der die äußere Realität nicht nur skotomisiert, sondern auch die unsichere seelische Wirklichkeit gefälscht ... wird (Graber, Psychologie 72); ⟨Abl.:⟩ **Skotomisierung,** die; -, -en (Psychoanalyse); **Skotophobie,** die; -, -n (Psych.): *krankhafte Furcht, Angst vor der Dunkelheit.*

Skribent [skri'bɛnt], der; -en, -en [lat. scrībēns (Gen.: scrībentis), 1. Part. von: scrībere = schreiben] (bildungsspr. abwertend): *Vielschreiber, Schreiberling:* ein drittklassiger S.; er ist kein armer S., der sich die Misere seines Alltags von der Seele schreibt (Greiner, Trivialroman 62); **Skribifax** ['skri:bifaks], der; -[es], -e [scherzh. latinis. Neubildung] (bildungsspr. scherzh. veraltet): svw. ↑Skribent; **Skript** [skrɪpt], das; -[e]s, -en u. -s [engl. script < afrz. escript < lat. scrīptum = Geschriebenes, 2. Part. von: scrībere, ↑Skribent]: **1. a)** svw. ↑Manuskript (1 b); **b)** svw. ↑Manuskript (1 a). **2.** *(bes. bei den Juristen) Nachschrift einer Vorlesung.* **3.** ⟨Pl. meist -s⟩ **a)** (Film) *Drehbuch;* (Rundf., Ferns.) *einer Sendung zugrundeliegende schriftliche Aufzeichnungen;* **Skripta**: Pl. von ↑Skriptum; **Skripten**: Pl. von ↑Skript, Skriptum; ⟨Zus.:⟩ **Skriptgirl,** das [engl. scriptgirl] (Film): *Mitarbeiterin, Sekretärin eines Filmregisseurs, die während der Dreharbeiten u. a. Notizen darüber macht, in welcher Reihenfolge die Einstellungen des Drehbuchs abgedreht wurden u. welche Aufnahmen für die Produktion verwendet werden sollen;* **Skriptor** ['skrɪptɔr, auch: ...to:ɐ̯], der; -s, -en [...'to:rən; lat. scrīptor]: **a)** (veraltet) *Schriftsteller, Verfasser von Büchern o. ä.;* **b)** *(in der Antike u. im MA.) Schreiber* (2); **Skriptum** ['skrɪptʊm], das; -s, ...ten, auch: ...ta [lat. scrīptum, ↑Skript] (österr., sonst veraltend): svw. ↑Skript (1, 2); **Skriptur** [skrɪp'tu:ɐ̯], die; -, -en [lat. scrīptūra] ⟨meist Pl.⟩ (veraltet): *[Hand]schrift, Schriftstück;* **skriptural** [skrɪptu'ra:l] ⟨Adj.; o. Steig.⟩ [1: spätlat. scripturalis]: **1.** (bildungsspr.) *die Schrift betreffend.* **2.** (bild. Kunst) *durch Formen gekennzeichnet, die an [ostasiatische] Schriftzeichen erinnern:* -e Malerei.

Skrofel ['skro:fl̩], die; -, -n [lat. scrōfulae (Pl.), zu: scrōfa = (Zucht)sau; Schweine waren oft mit Drüsenkrankheiten behaftet]: **1.** *Geschwulst an einem Lymphknoten, an der Haut.* **2.** ⟨Pl.⟩ svw. ↑Skrofulose: er hat -n; **skrofulös** [skrofu'lø:s] ⟨Adj.; o. Steig.; nicht adv.⟩ (Med.): *an Skrofulose leidend:* -e Kinder; **Skrofulose** [skrofu'lo:zə], die; -, -n (Med.): *bei Kindern auftretende tuberkulöse Erkrankung, bei der sich an der Haut u. an den Lymphknoten Geschwülste bilden.*

Skrota: Pl. von ↑Skrotum; **skrotal** [skro'ta:l] ⟨Adj.; o. Steig.⟩ (Med.): *zum Skrotum gehörend, es betreffend;* ⟨Zus.:⟩ **Skrotalbruch,** der, **Skrotalhernie,** die (Med.): svw. ↑Hodenbruch; **Skrotum** ['skro:tʊm], das; -s, ...ta [lat. scrōtum] (Med.): svw. ↑Hodensack.

Skrubber ['skrabɐ], der; -s, - [engl. scrubber, zu: to scrub = schrubben, reinigen] (Technik): *Anlage zur Reinigung von Gasen, bei der eine fein zerstäubte Flüssigkeit im Gas enthaltenen Staub o. ä. aufnimmt; Sprühwäscher.*

Skrubs [skrʌbz] ⟨Pl.⟩ [engl. scrub, eigtl. = Gestrüpp] (Fachspr.): *minderwertige Tabakblätter.*

[1]Skrupel ['skru:pl̩], der; -s, - ⟨meist Pl.⟩ [lat. scrūpulus, Vkl. von: scrūpus = spitzer Stein]: *auf moralischen Bedenken beruhende Hemmung (etw. Bestimmtes zu tun), Zweifel, ob man ein bestimmtes Handeln mit seinem Gewissen vereinbaren könnte:* moralische, religiöse S.; ihn quälten [keine] S.; seine S. waren rasch verflogen; er hatte, kannte keine S.; da hätte ich überhaupt keine S. *(das würde ich ohne weiteres tun);* er plagt sich mit [ganz unbegründeten] -n; er hat das gefundene Portemonnaie ohne jeden, ohne den geringsten S. unterschlagen; **[2]Skrupel** [-], das; -s, - [spätmhd. scropel < lat. scrūpulum = kleinster Teil eines Gewichtes, ↑[1]Skrupel] *früheres Apothekergewicht* (etwa 1,25 g); **skrupellos** ⟨Adj.; -er, -este⟩ (abwertend): *ohne [1]Skrupel; gewissenlos:* -e Geschäftemacher, Verbrecher, Killer; -e Ausbeutung; -er Machtmißbrauch; s. handeln; jmdn. s. betrügen, aus dem Wege räumen; ⟨Abl.:⟩ **Skrupellosigkeit,** die; -: *skrupellose Art, skrupelloses Wesen;* **skrupulös** [skrupu'lø:s] ⟨Adj.; -er, -este⟩ [lat. scrūpulōsus] (bildungsspr. veraltend): *[übertrieben] gewissenhaft, [ängstlich] darauf bedacht, sich keinen Fehler, keine Unkorrektheit zuschulden kommen zu lassen:* wenn man als Politiker etwas erreichen will, darf man nicht allzu s. sein; ⟨Abl.:⟩ **Skrupulosität** [skrupulozi'tɛ:t], die; - [lat. scrūpulōsitās] (bildungsspr. veraltend): *skrupulöses Wesen, skrupulöse Art:* ... daß sich gerade in den Brennpunktfeldern isolierter, diskriminierter Außenseitergruppen vor allem solche für eine soziale Tätigkeit meldeten, denen auffallende Merkmale von Moralismus und S. anhafteten (Richter, Flüchten 158).

Skrutinium [skru'ti:ni̯ʊm], das; -s, ...ien [...i̯ən; mlat. scrutinium < spätlat. scrūtinium = Durchsuchung]: **1. a)** (bes. kath. Kirche) *Sammlung u. Prüfung der abgegebenen Stimmen;* **b)** (kath. Kirche) *Abstimmung od. kanonische Wahl durch geheime Stimmabgabe.* **2. a)** (kath. Kirche) *von einem Bischof vorgenommene Prüfung der Eignung eines Kandidaten für die Priesterweihe;* **b)** (christl. Rel.) *(in frühchristlicher Zeit) Prüfung der Täuflinge vor der Taufe.*

Skubanken [sku'baŋkn̩], Skubanki ['ʃkʊbaŋki] ⟨Pl.⟩ [tschech. škubánky] (österr.): *aus Kartoffeln, Mehl u. Butter hergestellte Nockerln, die mit zerlassener Butter übergossen u. mit Mohn bestreut gegessen werden.*

Skull [skʊl], das; -s, -s [engl. scull, H. u.] (Seemannsspr., Rudersport): *mit einer Hand zu führendes (paarweise vorhandenes) Ruder* (1): ein Paar -s; ⟨Zus.:⟩ **Skullboot,** das (Seemannsspr., Rudersport): *Ruderboot, das mit Hilfe von Skulls vorwärts bewegt wird;* **skullen** ['skʊlən] ⟨sw. V.; hat/ist⟩ [engl. to scull] (Seemannsspr., Rudersport): *mit Skulls rudern;* **Skuller,** der; -s, - [engl. sculler]: **1.** (Seemannsspr., Rudersport) svw. ↑Skullboot. **2.** (Rudersport) *jmd., der das Skullen als Sport betreibt.*

Skulpteur [skʊlp'tø:ɐ̯], der; -s, -e [frz. sculpteur, zu: sculpture < lat. sculptūra, ↑Skulptur] (bildungsspr.): *Künstler, der Skulpturen herstellt;* **skulptieren** [skʊlp'ti:rən] ⟨sw. V.; hat⟩ [zu ↑Skulptur] (bildungsspr.): *bildhauerisch gestalten, schaffen:* Fein skulptierte Stele in Quiriguá (MM 28. 6. 73, 3); **Skulptur** [skʊlp'tu:ɐ̯], die; -, -en [lat. sculptūra, zu: sculpere = bildhauerisch gestalten]: **a)** *Werk eines Bildhauers, Plastik:* reich mit -en geschmückte Trichterportale (Bild. Kunst 3, 22); **b)** ⟨o. Pl.⟩ svw. ↑Bildhauerkunst: Die Stilentwicklung ist von Malerei und S. abhängig (Bild. Kunst 3, 78); ⟨Abl.:⟩ **skulptural** [skʊlptu'ra:l] ⟨Adj.; o. Steig.⟩ (bildungsspr.): *in der Art, der Form einer Skulptur:* Man entdeckt ... nicht die Spur einer architektonischen oder -en Form (MM 14. 11. 59, 35); **Skulpturensammlung,** die; -, -en: *Sammlung von Skulpturen* (a); **skulpturieren** [skʊlptuˈriːrən] ⟨sw. V.; hat⟩ (bildungsspr.): svw. ↑skulptieren.

Skunk [skʊŋk], der; -s, -s u. -e [engl. skunk < Algonkin (Indianerspr. des nordöstl. Nordamerika) skunk]: **1.** ⟨Pl. meist: -e⟩ svw. ↑Stinktier. **2.** ⟨Pl. meist: -s⟩ **a)** *Fell eines Skunks* (1); **b)** *aus Skunkfell hergestellter Pelz;* ⟨Zus.:⟩ **Skunkfell,** das; **Skunks,** der; -es, -e ⟨Pl. selten⟩ (Fachspr.): svw. ↑Skunk (2b): S. wird meist zu Besätzen verarbeitet.

skurril [skʊˈriːl] ⟨Adj.⟩ [lat. scurrīlis, zu: scurra = Witzbold, Spaßmacher, wohl aus dem Etrusk.] (bildungsspr.): *(in Aussehen od. Wesen) sonderbar, absonderlich anmutend, auf lächerliche od. befremdende Weise eigenwillig; seltsam:* eine -e Idee, Phantasie, Geschichte; ein -er Einfall, Plan, Vorschlag; durch einen -en Zufall traf ich ihn zehn Jahre später wieder; er ist ein etwas -er Mensch; s. aussehen, anmuten; ⟨Abl.:⟩ **Skurrilität** [skʊriliˈtɛːt], die; -, -en [lat. scurrīlitās] (bildungsspr.): **1.** ⟨o. Pl.⟩ *das Skurrilsein, skurrile Art, skurriles Wesen.* **2.** *etw. Skurriles, skurrile Äußerung, Handlung, Idee o. ä.*

S-Kurve [ˈɛs-], die; -, -n: *S-förmig verlaufender Abschnitt einer Linie, bes. eines Verkehrsweges; Doppelkurve:* die Straße, der Fluß beschreibt hier eine scharfe S.

Skus [skuːs], **Sküs** [skyːs], der; -, - [zu ital. scusa, frz. excuse = Entschuldigung] (Kartenspiel): *(beim Tarock) einem Joker vergleichbare Karte, die weder sticht noch gestochen werden kann.*

Skye [skai̯], der; -s, -s: svw. ↑Skyeterrier; **Skyeterrier,** der; -s, - [nach der Hebrideninsel Skye]: *kleiner, kurzbeiniger Hund mit langem, dichtem, bläulichgrauem, an den Spitzen schwarzem Haar, einem langen Schwanz u. Hänge- od. Stehohren.*

Skyjacker [ˈskai̯dʒɛkɐ], der; -s, - [engl.-amerik. skyjacker, eigtl. = Himmelsräuber] (selten): svw. ↑Hijacker.

Skylight [ˈskai̯lai̯t], das; -s, -s [engl. skylight, aus: sky = Himmel u. light = Licht] (Seemannsspr.): *Oberlicht (auf Schiffen);* **Skylightfilter,** der, fachspr. meist: das; -s, - (Fot.): *schwach rötlich getöntes Filter* (2), *das man (bei Verwendung eines Umkehrfarbfilms zur Verhinderung von Blaustichigkeit) vor das Objektiv setzt;* **Skyline** [ˈskai̯lai̯n], die; -, -s [engl. skyline, aus: sky = Himmel u. line = Linie]: *[charakteristische] Silhouette einer aus der Ferne gesehenen Stadt:* eine S. taucht auf, Wolkenkratzer, Türme von vorher nie gesehener Art (Koeppen, Rußland 88).

Skylla [ˈskʏla]: griech. Form von ↑Szylla.

Skyphos [ˈskyːfɔs], der; -, ...phoi [...fɔy̆; griech. skýphos] (Archäol.): *altgriechisches becherartiges Trinkgefäß mit zwei waagerechten Henkeln am oberen Rand.*

Slacks [slɛks, engl.: slæks] ⟨Pl.⟩ [engl.-amerik. slacks, zu: slack = locker, lose]: *legere lange [Damen]hose.*

Slalom [ˈslaːlɔm], der; -s, -s [norw. slalåm, eigtl. = leicht abfallende Skispur] (Ski-, Kanusport): *Rennen, bei dem vom Start bis zum Ziel eine Anzahl von Toren in Kurvenlinien durchfahren werden muß:* einen S. fahren, gewinnen.

Slalom-: **~hang,** der; **~kurs,** der; **~lauf,** der: svw. ↑Slalom, dazu: **~läufer,** der, **~läuferin,** die: w. Form zu ~läufer; **~sieg,** der; **~tauchen,** das; -s (Tauchsport): *Übung, bei der unter Stangen u. durch Ringe getaucht wird.*

Slang [slæŋ], der; -s [engl. slang, H. u.]: **a)** (oft abwertend) *nachlässige, saloppe Umgangssprache:* der amerikanische, deutsche S.; S. sprechen; **b)** *umgangssprachliche Ausdrucksweise bestimmter sozialer, beruflicher o. ä. Gruppen; [Fach]jargon:* der technische S.; Er besuchte die Volksschule, die sie alle besuchten hier ... und sprach ihren S. perfekt (Lynen, Kentaurenfährte 12); ⟨Zus.:⟩ **Slangwort,** das ⟨Pl. -wörter⟩.

Slapstick [ˈslɛp-stɪk, engl.: ˈslæpstɪk], der; -s, -s [engl. slapstick, eigtl. = Pritsche (3), zu: slap = Schlag u. stick = Stock]: **a)** *(bes. in bezug auf Stummfilme) Burleske* (1); **b)** *burleske Einlage, grotesk-komischer Gag, wobei meist die Tücke des Objekts als Mittel eingesetzt wird;* ⟨Zus.:⟩ **Slapstickkomödie,** die: svw. ↑Slapstick (a).

slargando [slarˈgando] ⟨Adv.⟩ [ital. slargando, zu: slargare = breiter werden] (Musik): *getragen u. dabei langsamer werdend.*

slawisieren [slaviˈziːrən] ⟨sw. V.; hat⟩ [zum Völkernamen Slawen (Pl.)]: *slawisch machen;* ⟨Abl.:⟩ **Slawisierung,** die; -; **Slawismus** [slaˈvɪsmʊs], der; -, ...men (Sprachw.): **1.** *eine für eine slawische Sprache charakteristische Erscheinung, die in einer nichtslawischen im lexikalischen u. syntaktischen Bereich, sowohl fälschlicherweise als auch bewußt, gebraucht wird.* **2.** *Element der slawischen orthodoxen Kirchensprache in bestimmten modernen slawischen Schriftsprachen;* **Slawist** [slaˈvɪst], der; -en, -en: *Wissenschaftler auf dem Gebiet der Slawistik;* **Slawistik,** die; -: *Wissenschaft von den slawischen Sprachen, Literaturen [u. Kulturen];* **Slawistin,** die; -, -nen: w. Form zu ↑Slawist; **slawistisch** ⟨Adj.; o. Steig.; nur attr.⟩: *die Slawistik betreffend, zu ihr gehörend;* **slawophil** [slavoˈfiːl] ⟨Adj.; Steig. ungebr.⟩ [zu griech. phileĩn = lieben] (bildungsspr.): *den Slawen, ihrer Kultur besonders aufgeschlossen gegenüberstehend;* **Slawophile** [...ˈfiːlə], der u. die; -n, -n ⟨Dekl. ↑Abgeordnete⟩: **1.** (bildungsspr.) *Freund u. Gönner der Slawen u. ihrer Kultur.* **2.** *Vertreter, Anhänger einer russischen philosophisch-politischen Ideologie im 19. Jh., die die Eigenständigkeit u. die besondere geschichtliche Aufgabe Rußlands gegenüber Westeuropa betonte.*

slentando [slɛnˈtando] ⟨Adv.⟩ [↑lentando] (Musik): svw. ↑lentando.

Slibowitz [ˈsliːbovɪts], Sliwowitz [...vovɪts], der; -[es], -e [serbokroat. šljivovica, zu: šljiva = Pflaume]: *Pflaumenschnaps.*

Slice [slai̯s], der; -, -s [...sɪz; engl. slice, eigtl. = Schnitte, Scheibe]: **1.** (Golf) **a)** ⟨o. Pl.⟩ *Schlag, bei dem der Ball im Flug nach rechts abbiegt;* **b)** *mit einem Slice* (1 a) *gespielter Ball:* sein S. verfehlte das Loch. **2.** (Tennis) **a)** ⟨o. Pl.⟩ *Schlag, der mit nach hinten gekippter Schlägerfläche ausgeführt wird, wodurch der Ball einen Rückwärtsdrall erhält:* einen S. schlagen, spielen; **b)** *mit einem Slice* (2a) *gespielter Ball;* ⟨Abl.:⟩ **slicen** [ˈslai̯sn̩] ⟨sw. V.; slicte [ˈslai̯stə], hat geslict [gəˈslai̯st]⟩ [engl. to slice] (Golf, Tennis): *einen Slice spielen, schlagen.*

Slick [slɪk], der; -s, -s [engl.-amerik. slick, zu: slick = schlüpfrig] (Motorsport): *breiter Rennreifen ohne Profil, bei dem die Haftung auf der Straße durch Schlüpfrigwerden der erwärmten Lauffläche entsteht:* Tatsächlich sind es die gleichen Stoßdämpfer, ... die -s auf der Rennstrecke ... halten (rallye racing 10, 1979, 23).

Sliding-tackling [ˈslaɪdɪŋˈtæklɪŋ], das; -s, -s [engl. sliding tackling, eigtl. = rutschendes Angreifen] (Fußball): *Abwehraktion bei einem gegnerischen Angriff, wobei der Abwehrspieler in die Beine des Angreifers hineingrätscht, um den Ball wegzutreten.*

Slimhemd [ˈslɪm-], das; -[e]s, -en [engl. slim = schlank]: *Oberhemd, das durch seinen schmalen [taillierten] Schnitt den Träger bes. schlank erscheinen lassen soll;* **Slimpullover,** der; -s, -: vgl. Slimhemd.

Sling [slɪŋ], der; -s, -s [engl. sling = Schlinge, Riemen]: Kurzf. von ↑Slingpumps; **Slingpumps,** der; -, -: *Pumps mit ausgesparter Hinterkappe, der über der Ferse mit einem Riemchen festgehalten wird:* Nur an abendlichen Sandaletten und S. sind die Formen graziler (MM 11. 2. 72, 12).

Slink [slɪŋk], das; -[s], -s [engl. slink = (Fell einer) Frühgeburt]: *ein gekräuseltes, [gelblich]weißes Fell von Lämmern einer bestimmten Schafrasse.*

Slip [slɪp], der; -s, -s [engl. slip, zu: to slip, ↑slippen]: **1.** ⟨seltener auch im Pl. mit singularischer Bed.⟩ *kleinerer Schlüpfer für Damen, Herren u. Kinder, der eng anliegt u. dessen Beinteil in der Schenkelbeuge endet:* einen S. tragen; ein junger Mann in -s saß ... auf dem Bett (Rechy [Übers.], Nacht 110). **2.** (Technik) *Unterschied zwischen dem tatsächlich zurückgelegten Weg eines durch Propeller angetriebenen Flugzeugs, Schiffes u. dem aus der Umdrehungszahl des Propellers theoretisch sich ergebenden Weg.* **3.** (Seemannsspr.) svw. ↑Aufschleppe. **4.** (Flugw.) *gezielt seitwärts gesteuerter Gleitflug mit starkem Höhenverlust.* **5.** *[Abrechnungs]beleg bes. bei Bank- u. Börsengeschäften;* **Slipon** [ˈslɪpɔn], der; -s, -s [engl. slip-on = (Kleidungsstück) zum Überstreifen]: *lose fallender, einreihiger Sportmantel für Herren mit verdeckter Knopfleiste u. Raglanärmeln;* **slippen** [ˈslɪpn̩] ⟨sw. V.; hat⟩ [engl. to slip, eigtl. = gleiten, schlüpfen]: **1.** (Seemannsspr.) *(ein Schiff) auf einem Slip* (3) *an Land ziehen od. zu Wasser bringen.* **2.** (Seemannsspr.) *(ein Tau, eine Ankerkette o. ä.) lösen, loslassen.* **3.** (Flugw.) *einen Slip* (4) *ausführen;* **Slipper** [ˈslɪpɐ], der; -s, - [engl. slipper = Pantoffel]: **1.** ⟨Pl. auch: -s⟩ *bequemer, nicht zu schnürender Halbschuh mit flachem Absatz.* **2.** (österr.) svw. ↑Slipon.

Sliwowitz: ↑Slibowitz.

Slogan ['slo:gn̩, engl.: 'sloʊgən], der; -s, -s [engl. slogan, aus gäl. sluaghhairm = Kriegsgeschrei]: *bes. in Werbung u. Politik verwendete Redensart, einprägsame, wirkungsvoll formulierte Redewendung:* ein treffender S.; „Dumm ist, wer noch einmacht" ... Dieser S. war das Ergebnis einer langen Konferenz mit der Fabrikleitung gewesen (Böll, Haus 71).

Sloop [slu:p], die; -, -s [engl. sloop < niederl. sloep = Schaluppe]: svw. ↑Slup.

Slop [slɔp], der; -s, -s [engl.-amerik. slop, zu: to slop = (sich) lose, locker bewegen]: *zu langsam gespielter Musik des Twists mit ruckartigen Bewegungen aus den Knien getanzter Modetanz der sechziger Jahre.*

Slot-racing ['slɔtreɪsɪŋ], das; - [engl.-amerik. slot racing, eigtl. = Schlitzrennen (die Wagen werden auf der Bahn in einer Nut geführt)]: *Spielen mit elektrisch betriebenen Modellwagen.*

Slowfox ['slo:-, 'sloʊ-], der; -[es], -e [aus engl. slow = langsam u. fox, ↑Fox]: *langsamer Foxtrott.*

Slum [slam, engl.: slʌm], der; -s, -s ⟨meist Pl.⟩ [engl. slum, eigtl. = kleine, schmutzige Gasse, H. u.]: *Elendsviertel [von Großstädten]:* Dort geht es ... um die Beseitigung von -s und den Bau neuer Wohnungen (Welt 14. 8. 65, 8); Ich komme doch nicht ... aus einem S. von Chikago (Kant, Impressum 68).

Slump [slamp, engl.: slʌmp], der; -[s], -s [engl. slump, eigtl. = das Zusammenfallen] (Börsenw.): svw. ↑Baisse.

Slup [slu:p], die; -, -s [eindeutschend für ↑Sloop] (Seemannsspr.): **1.** *einmastige Jacht mit Sluptakelung.* **2.** svw. ↑Sluptakelung; ⟨Zus.:⟩ **Sluptakelung,** die: *Takelungsart mit Groß- u. Vorsegel.*

SM [ɛs'|ɛm], der; -[s] (Jargon): Abk. für ↑**S**ado**m**asochismus: Der Porno-Star, in der für SM ... zuständigen Lederszene zu Hause (Spiegel 18, 1979, 147).

Small Band ['smɔ:l 'bænd], die; - -, - -s [engl.-amerik. small band, aus: small = klein u. band, ↑[3]Band]: svw. ↑Combo; **Small talk** ['smɔ:ltɔ:k], der, auch: das; -s, -s [engl. small talk] (bildungsspr.): *leichte, beiläufige Konversation.*

Smalte ['smaltə]: ↑Schmalte; **Smaltin** [smal'ti:n], der; -s [frz. smaltine, zu: smalt = Schmalte]: svw. ↑Speiskobalt.

Smaragd [sma'rakt], der; -[e]s, -e [mhd. smaragt, ahd. smaragdus < lat. smaragdus < griech. smáragdos]: *wertvoller durchsichtiger Edelstein von leuchtend grüner Farbe; grüner Beryll;* ⟨Zus.:⟩ **Smaragdeidechse,** die: *in den wärmeren Gebieten Europas u. in Kleinasien heimische Eidechse mit leuchtend grüner, dunkel gepunkteter Oberseite;* **smaragden** [sma'rakdn̩] ⟨Adj.; o. Steig.⟩ [mhd. smaragdīn]: **1.** ⟨nur attr.⟩ *aus einem Smaragd, aus Smaragden gearbeitet, mit Smaragden besetzt:* ein -er Ring. **2.** ⟨nicht adv.⟩ *wie ein Smaragd, smaragdgrün:* eine -e Färbung; **smaragdgrün** ⟨Adj.; o. Steig.; nicht adv.⟩: *von klarem, leuchtendem hellerem Grün;* **Smaragdring,** der; -[e]s, -e.

smart [sma:ɐ̯t, auch: smart; engl.: smɑ:t⟩ ⟨Adj.; -er, -este⟩ [engl. smart, eigtl. = so hart o. ä., daß Schmerzen hervorgerufen werden können, mengl. smerte = schmerzvoll, verw. mit ↑Schmerz]: **1.** *einen praktischen Verstand u. schnelle Auffassungsgabe besitzend, erkennen lassend; clever, gewitzt:* ein -er Kurdirektor; der Bursche ist s., der fällt auf solche Tricks nicht rein. **2.** *von modischer u. auffallend erlesener Eleganz; fein:* ein -es Schneiderkostüm; sie sah in ihrem grünen Seidenkleid sehr s. aus.

Smash [smæʃ], der; -[s], -s [engl. smash, zu: to smash = (zer)schmettern] (bes. Tennis, Badminton): **a)** svw. ↑Schmetterschlag; **b)** svw. ↑Schmetterball.

Smegma ['smɛgma], das; -[s] [griech. smē̃gma = das Schmieren, Reiben] (Med.): *Sekret der Talgdrüsen unter der Vorhaut bzw. zwischen Klitoris u. den kleinen Schamlippen.*

Smog [smɔk, engl.: smɔg], der; -[s], -s [engl. smog, zusgez. aus **sm**oke = Rauch u. f**og** = Nebel]: *mit Abgasen, Rauch u. a. gemischter Dunst od. Nebel über Großstädten, Industriegebieten;* ⟨Zus.:⟩ **Smogalarm,** der.

Smokarbeit ['smo:k-], die; -, -en [zu ↑smoken]: **a)** *[Hand]arbeit, die in der Technik des Smokens ausgeführt wird;* **b)** *etw. Gesmoktes, gesmokte Verzierung:* ein Nachthemd mit S.; **smoken** ['smo:kn̩] ⟨sw. V.; hat⟩ [engl. to smock, zu: smock = Bauern-, Arbeitskittel]: *in kleine, regelmäßige Fältchen raffen u. diese mit Stickstichen festhalten, wobei ein geometrisches Muster entsteht:* eine gesmokte Passe.

Smoke-in [smoʊk'|ɪn], das; -s, -s [geb. nach ↑Go-in u. a. zu engl. to smoke, ↑Smoking]: *Zusammentreffen [junger Leute] zum Haschischrauchen;* **Smoking** ['smo:kɪŋ], der; -s, -s, österr. auch: -e [kurz für engl. smoking jacket = Rauchjackett (urspr. nach dem Essen statt des Fracks zum Rauchen getragen), zu: to smoke = rauchen]: *meist schwarzer Abendanzug mit seidenen Revers für kleinere gesellschaftliche Veranstaltungen;* ⟨Zus.:⟩ **Smokingjackett,** das; **Smokingschleife,** die: *breite, zum Smoking getragene Schleife* (1 b).

Smörgåsbord ['smø:rgosbuɐ̯d], der; -s, -s [schwed. smörgåsbord, eigtl. = Tisch mit Butterbroten]: *aus vielen verschiedenen, meist kalten Speisen bestehende Vorspeisentafel;* **Smörrebröd** ['smørəbrø:d], das; -s, -s [dän. smörrebröd, eigtl. = Butterbrot]: *reich belegtes Brot.*

smorzando [smɔr'tsando] ⟨Adv.⟩ [ital. smorzando, zu: smorzare = dämpfen] (Musik): *verlöschend, ersterbend;* Abk.: smorz.

Smurde ['smʊrdə], der; -n, -n [mlat. smurdus, aus dem Slaw., eigtl. = Stinkender]: *(im MA.) Höriger im Gebiet zwischen Elbe u. Saale sowie in Schlesien.*

Smutje ['smʊtjə], der; -s, -s [niederd. smutje, eigtl. = Schmutzfink, urspr. abwertende Bez.] (Seemannsspr.): *Schiffskoch.*

Smyrna ['smʏrna], der; -[s], -s [nach dem griech. Namen der türkischen Stadt Izmir]: *langfloriger türkischer Teppich mit großflächiger Musterung.*

[1]Snack [snak] (nordd.): ↑Schnack.

[2]Snack [snɛk, engl.: snæk], der; -s, -s [engl. snack, zu mundartl. to snack = schnappen]: *Imbiß* (1); ⟨Zus.:⟩ **Snackbar,** die [engl. snack bar]: *[Schnell]imbißstube.*

sniefen ['sni:fn̩] ⟨sw. V.; hat⟩ [unter Einfluß von ↑schniefen zu engl.-amerik. to sniff, ↑sniffen] (Jargon): svw. ↑ schnüffeln (2); **Sniff** [snɪf], der; -s, -s [engl.-amerik. sniff, eigtl. = kurzer Atemzug, zu: to sniff, ↑sniffen] (Jargon): *das Sniffen;* **sniffen** ['snɪfn̩] ⟨sw. V.; hat⟩ [engl.-amerik. to sniff, eigtl. = durch die Nase einziehen] (Jargon): svw. ↑ schnüffeln (2); **Sniffing** ['snɪfɪŋ], das; -s [engl.-amerik. sniffing] (Jargon): svw. ↑Sniff.

Snob [snɔp, engl.: snɔb], der; -s, -s [engl. snob, H. u.] (abwertend): *jmd., der sich durch zur Schau getragene Extravaganz den Schein geistiger, kultureller Überlegenheit zu geben sucht u. nach gesellschaftlicher Exklusivität strebt:* S., der er war, hatte er die französische Übersetzung gelesen. Ainsi parlait Zarathustra (M. Walser, Pferd 11); **Snobiety**: ↑High-Snobiety: Wir sitzen, wo S. sich wohl fühlt: in einem Hinterhof-Restaurant (Hörzu 8, 1977, 18); **Snobismus** [sno'bɪsmʊs], der; -, ...men [...mən; engl. snobbism] (abwertend): **1.** ⟨o. Pl.⟩ *Haltung, Einstellung eines Snobs; Blasiertheit, Vornehmtuerei.* **2.** *einzelne, für einen Snob typische Eigenschaft, Handlung, Äußerung:* literarische Snobismen; **snobistisch** ⟨Adj.⟩ (abwertend): *in der Art eines Snobs; von Snobismus* (1) *geprägt:* -e Allüren.

Snow [snoʊ], der; -s [engl.-amerik. snow = Schnee (3)] (Jargon): *Droge, die als weißes Pulver gehandelt wird, bes. Kokain;* vgl. Schnee (3); **Snowmobil** ['snoʊ-], das; -s, -e engl. snowmobile, aus: snow = Schnee u. mobile = Fahrzeug]: svw. ↑Schneemobil.

[1]so [zo:]: ↑sol.

[2]so [-; mhd., ahd. sō]: **I.** ⟨Adv.⟩ **1.** (meist betont) bezeichnet eine durch Kontext od. Situation näher bestimmte Art, Weise eines Vorgangs, Zustands o. ä.; *auf diese, solche Art, Weise; in, von dieser, solcher Art, Weise:* so kannst du das nicht machen; so ist es nicht gewesen; so betrachtet/gesehen, scheinen seine Einwände nicht unberechtigt zu sein; das ist, wenn ich so sagen darf, eine Unverfrorenheit; recht so!; gut so!; sie spricht einmal so, ein andermal so/bald so, bald so/erst so, dann so – wie soll man sich da noch auskennen?; das kann man so oder so, so und so *(in dieser u./od. jener, anderer Weise)* deuten; die Sache verhält sich so *(folgendermaßen):* ...; wir können sie so *(in diesem Zustand)* unmöglich allein lassen; mir ist so *(es scheint mir, ich habe den Eindruck),* als hätte ich ihn schon mal irgendwo gesehen; so ist es! (als Entgegnung; *das stimmt, trifft völlig zu*); So und nicht anders schaukelt man sich durch die achtzehn Monate hindurch (Spiegel 9, 1977, 46); ⟨als Korrelat zu „daß":⟩ er spricht so, daß man ihn gut versteht; ***so oder so** *(in jedem Fall):* Für die einen bin ich verblödet und für die anderen von Gott veräppelt, so oder so bin ich blamiert (Dürrenmatt, Meteor 60). **2. a)** (meist betont) bezeichnet ein durch Kontext od. Situation näher bestimmtes [verstärktes] Maß o. ä., in dem eine Eigenschaft, ein Zustand o.ä. vorhanden, gegeben ist; *in solchem Maße, Grade; dermaßen:* noch nie hatte ich eine so riesige Bühne, eine so kostbare Ausstattung gesehen (Koeppen, Rußland 105); so einfach ist das gar nicht; sprich bitte nicht so laut; warum kommst du so spät?; er ist nicht so töricht, das zu tun; (mit entsprechender begleitender Geste:) er ist so groß; er versteht nicht so viel *(nicht das geringste)* davon; er schlug die Tür zu, daß es nur so knallte; ⟨oft als Korrelat zu „daß":⟩ sie war so erschrocken, daß sie kein Wort hervorbringen konnte; sein Spiel war so hinreißend, daß das Publikum in stürmischen Applaus ausbrach; **b)** (betont) im Ausrufesatz od. in einer Art Ausrufesatz; oft in Verbindung mit der Partikel „ja"; *überaus, maßlos:* ich bin so glücklich darüber!; das tut uns ja so leid!; ich bin so müde; **c)** (unbetont) als Partikel; dient der emotionalen Nachdrücklichkeit, Bekräftigung einer Aussage; *wirklich:* das war so ganz nach meinem Geschmack; das will mir so gar nicht einleuchten; das war ihnen so völlig einerlei; **d)** (meist betont) kennzeichnet als Korrelat zu der Vergleichspartikel „wie" od. „als" eine Entsprechung; *ebenso, genauso:* es kam alles so, wie er es vorausgesehen hatte; Das Landesmuseum hatte angerufen, sie sollten alles so lassen, wie es wäre (Küpper, Simplicius 40); er ist so groß wie du; er ist so reich wie geizig; so weiß wie Schnee *(schneeweiß);* so früh, bald, rasch, oft, gut wie/als möglich *(möglichst früh, bald usw.).* **3. a)** (ugs.) in der Funktion eines Demonstrativpronomens; weist auf die besondere Beschaffenheit, Art einer Person od. Sache hin; *solch, solche* (meist betont): so ein schönes Lied!; „Und so eine Position wollen Sie aufgeben, Sie Riesenroß?" (Remarque, Obelisk 242); das ist auch so eine, einer (abwertend; in bezug auf jmdn., den man in eine bestimmte negative Kategorie einordnet); Sich auf offener Straße mit so einer (verhüll.; *Flittchen*) abzuknutschen (Fallada, Mann 66); (intensivierend:) so ein Pech, Zufall! *(das ist wirklich ein großes Pech, ein großer Zufall);* „Sie Kamel! ... Wer so jemand hat, soll hinter Ihrer Frau herlaufen?" (Remarque, Obelisk 317); und so was (abwertend; *solch einen Menschen/solche Menschen*) nennt man nun seinen Freund/seine Freunde; [na/nein/also] so was! (als Ausruf des Erstaunens, der Verwunderung); so Goldbuchstaben halten ja nu mal nicht ewig (Schnurre, Ich 95); vgl. son; **b)** (veraltet, bibl.) in der Funktion eines Relativpronomens; *welcher, welche, welches* (unbetont): auf daß ich die, so unter dem Gesetz sind, gewinne (1. Korinther 9, 20). **4.** (ugs.) *ohne den vorher genannten od. aus der Situation sich ergebenden Umstand, Gegenstand* (betont): nimm dem Mann die Handfessel ab. Der kommt auch so mit (Fallada, Jeder 98); ich hatte meine Mitgliedskarte vergessen, da hat man mich so reingelassen; ich habe so *(ohne zusätzliche Arbeit, ohnehin)* schon genug zu tun. **5.** (ugs.) **a)** relativiert die Genauigkeit der folgenden Zeit-, Maß- od. Mengenangabe; *etwa, schätzungsweise* (unbetont): so in zwanzig Minuten bin ich fertig; (oft [intensivierend] in Verbindung mit einem bedeutungsgleichen Adv.:) so etwa, so gegen 9 Uhr; so an, so um die hundert Personen; er hat es so ziemlich *(in etwa)* verstanden; **b)** nachgestellt in Verbindung mit „und" od. „oder"; als vage Ergänzung od. nachträgliche Relativierung einer genau[er]en Angabe; *(u./od.) ähnliches* (unbetont): hier kommen viele Fremde her, Matrosen und so (Schmidt, Strichjungengespräche 230); wenn wir Ärger kriegen oder so; eine Stunde oder so mußt du für die Fahrt schon rechnen; **c)** als Partikel; dient der Unbestimmtheit einer Aussage od. Ergänzungsfrage u. verleiht dem Gesagten oft den Charakter der Beiläufigkeit (unbetont): ich mache mir so meine Gedanken; er machte so seine Pläne; Mein Mann ... war ... impressioniert, auch von allem, was ich ihm so erzählte (Katia Mann, Memoiren 78). **6.** (betont) alleinstehend od. in isolierter Stellung am Satzanfang **a)** signalisiert, daß eine Handlung, Rede o.ä. abgeschlossen ist od. als abgeschlossen erachtet wird, bildet den Auftakt zu einer resümierenden Feststellung od. zu einer Ankündigung: Er schlug den letzten Nagel ein. So, das hält für die ersten fünf Jahre (Kuby, Sieg 20); so, das wäre geschafft, erledigt; so, und jetzt will ich dir mal was sagen; so, und nun?; **b)** drückt als Antwort auf eine Ankündigung, Erklärung Erstaunen, Zweifel aus: „Er will morgen abreisen." – „So?" *(wirklich?);* So? Das wäre doch sonderbar. **7.** (geh.) als Partikel; dient in einleitender Stellung in Aufforderungssätzen meist in Verbindung mit bestimmten Modaladverbien od. -partikeln der Nachdrücklichkeit; *nun, also* (unbetont): so komm schon/endlich!; so glaub mir doch, ich wollte dich nicht kränken; so sei uns gegrüßt. **II.** ⟨Konj.⟩ **1.** (konsekutiv) **a)** als Teil der konjunktionalen Einheit „so daß"; *und das ist/war der Grund, weshalb:* er war krank, so daß er die Reise verschieben mußte; **b)** (geh.) *also, deshalb, infolgedessen:* du hast es gewollt, so trage [auch] die Folgen; du warst nicht da, so bin ich allein spazierengegangen; **c)** *in diesem Falle ... [auch]; dann:* Hast du einen Wunsch, so will ich ihn dir erfüllen (Reinig, Schiffe 101); R hilf dir selbst, so hilft dir Gott. **2.** (geh.) konditional; *falls:* sag's noch einmal, so du dich traust (Broch, Versucher 76); so Gott will, sehen wir uns bald wieder. **3.** ⟨so + Adj., Adv.⟩ konzessiv, oft in Korrelation mit „auch [immer]"; *wenn (auch)/obwohl wirklich, sehr:* so leid es mir tut *(wenn es mir auch/obwohl es mir wirklich leid tut),* ich muß absagen; so angestrengt er auch nachdachte, er kam zu keiner befriedigenden Lösung. **4.** ⟨so + Adj., Adv. ... so + Adj., Adv.⟩ vergleichend: So menschlich sauber Scheffer war, so anrüchig war Döpner (Niekisch, Leben 316). **5.** temporal; drückt meist unmittelbare zeitliche Folge aus; *und schon; da:* kaum war er heraus, so stellte sich Kurlbaum hinter einen Stuhl und begann ... (Tucholsky, Werke I, 162); es dauerte gar nicht lange, so kam er; **sobald** [zo'balt] ⟨Konj.⟩: *in dem Augenblick, da ...; gleich wenn:* er wird uns Bescheid sagen, s. er genauere Informationen hat; ich rufe an, s. ich zu Hause bin; Sobald die Schwester sich bückte ..., verließ er das Zimmer (Bieler, Mädchenkrieg 309).

Sobranje [zo'branjə], die; -, -n, auch: das; -s, -n [bulg. (narodno) sabranie] (früher): *das bulgarische Parlament.*

Sobrietät [zobrie'tɛ:t], die; - [lat. sōbrietās, zu: sōbrius = nüchtern, enthaltsam] (bildungsspr. veraltet): *Mäßigkeit.*

Soccer ['zɔkə], das, auch: der; -s [engl. soccer, zu einer Kurzform soc. aus: association football = Verbandsfußball]: amerik. Bez. für *Fußball.*

Soccus ['zɔkʊs], der; -, Socci ['zɔktsi; lat. soccus, ↑Socke]: *(im antiken Lustspiel) Bühnenschuh der Schauspieler mit flacher Sohle.*

Social engineering ['soʊʃəl ɛndʒɪ'nɪərɪŋ], das; - - [engl.-amerik. social-engineering]: svw. ↑Human engineering.

Societas Jesu [zo'tsi:etas 'je:zu], die; - - [nlat. = Gesellschaft Jesu] (kath. Kirche): *der Jesuitenorden;* Abk.: SJ; **Societas Verbi Divini** [– 'vɛrbi di'vi:ni], die; - - - [nlat. = Gesellschaft des Göttlichen Wortes] (kath. Kirche): *Kongregation von Priestern u. Ordensbrüdern für Mission u. Seelsorge;* Abk.: SVD; **Société anonyme** [sɔsjeteanɔ'nim], die; - -, -s -s [sɔsjeteanɔ'nim]: frz. Bez. für *Aktiengesellschaft;* Abk.: SA; **Society**: ↑High-Society: Als ihm die Hamburger S. trotzdem die Anerkennung versagte (Spiegel 44, 1976, 127).

Söckchen ['zœkçən], das; -s, -: **1.** ↑Socke. **2.** ⟨meist Pl.⟩ *(von Kindern u. [jungen] Frauen bes. im Sommer getragener) kurzer Strumpf, der nur bis an od. knapp über den Knöchel reicht;* **Socke** ['zɔkə], die; -, -n ⟨meist Pl.; Vkl. ↑Söckchen⟩ [mhd., ahd. soc < lat. soccus = leichter Schuh (bes. des Schauspielers in der Komödie), zu griech. sýkchos, sykchís]: *kurzer, bis an die Wade od. in die Mitte der Wade reichender Strumpf:* wollene, dicke, [hand]gestrickte -n; ein Paar -n kaufen; -n stricken, waschen, stopfen; Ü mir qualmen die -n (ugs.; *ich habe mich sehr beeilt*); *** sich auf die -n machen** (ugs.; *aufbrechen [um irgendwohin zu gehen]*); **jmdm. auf den -n sein** (↑Ferse 1); **von den -n sein** (ugs.; ↑baff); **Sockel** ['zɔkl̩], der; -s, - [frz. socle < ital. zoccolo < lat. socculus, Vkl. von: soccus, ↑Socke]: **1.** *Block aus Stein o.ä., auf dem etw., bes. eine Säule od. Statue o.ä., steht:* ein S. aus Granit. **2.** *unterer [abgesetzter] Teil eines Gebäudes, einer Mauer, eines Möbelstücks o.ä., der bis zu einer bestimmten Höhe reicht:* der S. des Hauses ist aus Sandstein; der Wandschrank hat einen S. mit einer Auflage aus schwarzem Leder. **3.** (Elektrot.) *Teil der Halterung, der meist gleichzeitig elektrischen Kontakt mit einem anderen Bauteil herstellt:* der S. der Glühbirne ist zu groß für diese Fassung. **4.** (Wirtsch. Jargon) kurz für ↑Sockelbetrag; ⟨Zus.:⟩ **Sockelbetrag,** der (Wirtsch.): *fester Betrag als Teil einer Lohnerhöhung (der noch um eine prozentuale Erhöhung aufgestockt wird);* **Sockelgeschoß,** das (selten): svw. ↑Souterrain; **socken** ['zɔkn̩] ⟨sw. V.; ist⟩ [eigtl. = sich auf die Socken machen, urspr. = Socken anziehen] (landsch. veraltend): *eilig, schnell ge-*

hen, laufen: er ist durch die Gegend gesockt; **Socken** [-], der; -s, - (südd., österr., schweiz.): svw. ↑Socke; **Sockenhalter,** der; -s, - ⟨meist Pl.⟩ (früher): *um die Wade geführtes breiteres Gummiband zum Halten der Socke (bei Männern).*

Sod [zo:t], der; -[e]s, -e [mhd. sōt(e), zu ↑sieden]: **1.** (veraltet) *Sodbrennen.* **2.** (veraltet) *das Siedende, Aufwallende.* **3.** (bes. schweiz.) *[Zieh]brunnen.*

Soda ['zo:da], die; - (österr. nur so), auch: das; -s [span., ital. soda, H. u.]: **1.** *graues bis gelbliches, wasserlösliches Natriumsalz der Kohlensäure, das bes. zur Wasserenthärtung u. zur Herstellung von Seife u. Reinigungsmitteln verwendet wird; Natriumkarbonat.* **2.** ⟨das; -⟩ kurz für ↑Sodawasser: bitte bringen Sie mir einen Whisky mit S.

Sodale [zo'da:lə], der; -n, -n [lat. sodālis = Gefährte, Freund; kameradschaftlich] (kath. Kirche): *Mitglied einer Sodalität;* **Sodalität** [zodali'tɛ:t], die; -, -en [lat. sodālitās = Freundschaft, Verbindung] (kath. Kirche): *Bruderschaft od. Kongregation* (1).

Sodalith [zoda'li:t, auch: ...lɪt], der; -s, -e [aus ↑Soda u. ↑-lith] (Mineral.): *weißes, graues od. blaues, in Ergußgestein vorkommendes Mineral mit Glasglanz, das zur Herstellung kunstgewerblicher Gegenstände verwendet wird.*

sodann [zo'dan] ⟨Adv.⟩ [mhd. sō danne] (altertümelnd): **1.** *dann* (1); *darauf, danach:* In den Büros ... werden s. die besagten Waren gewogen (Jacob, Kaffee 123). **2.** *ferner, außerdem:* Untersucht wird zunächst die Aufmachung ..., s. die Nachrichtenpolitik des Blattes im ganzen (Enzensberger, Einzelheiten I, 25).

sodaß [zo'das] ⟨Konj.⟩ (österr.): *so daß.*

Sodawasser, das; -s ⟨Pl. -wässer⟩: *mit Kohlensäure versetztes Mineralwasser:* Whisky, einen Aperitif mit S. mischen.

Sodbrennen, das: -s [zu ↑Sod (1)]: *sich vom Magen bis in den Rachenraum ausbreitende brennende Empfindung, die von zu viel, seltener auch von zu wenig Magensäure herrührt;* **Sodbrunnen,** der; -s, - (bes. schweiz.): svw. ↑Sod (3).

Sode ['zo:də], die; -, -n [1: mniederd. sode, afries. sāda, viell. eigtl. = zum Sieden (= Kochen) ausgestochener Torf; 2: spätmhd. sōde, mniederd. sōt, zu ↑sieden] (landsch., bes. nordd.): **1. a)** *[abgestochenes] Rasenstück;* **b)** *abgestochenes, getrocknetes Stück Torf.* **2.** (veraltet) *Salzsiederei;* **Söde**: Pl. von ↑Sood.

Sodium ['zo:di̯ʊm], das; -s [engl., frz. sodium]: engl. u. frz. Bez. für *Natrium.*

Sodom ['zo:dɔm], das; - [nach der gleichnamigen bibl. Stadt] (bildungsspr.): *Ort, Stätte der Lasterhaftigkeit u. Verworfenheit:* Frankfurt, in den Augen des Autors eine infernalische Stadt, ein S. (MM 3. 1. 74, 29); ***S. und Gomorrha** (*Zustand der Lasterhaftigkeit u. Verworfenheit;* nach 1. Mos. 18 u. 19): wenn ... sich jeder Unhold an pubertierende Kinder heranmachen könnte, ... hätten wir in kurzer Zeit S. und Gomorrha (Ziegler, Recht 292); **Sodomie** [zodo'mi:], die; - [spätlat. sodomīa, urspr. = Päderastie, zu ↑Sodom]: *Geschlechtsverkehr mit Tieren;* **sodomisieren** [...i'zi:rən] ⟨sw. V.; hat⟩ [frz. sodomiser, zu: sodomie = Analverkehr; Sodomie] (bildungsspr. selten): *anal koitieren;* **Sodomit** [zodo'mi:t], der; -en, -en [spätlat. Sodomīta, urspr. = Einwohner von Sodom]: *jmd., der seinen Geschlechtstrieb durch Sodomie, an einem Tier befriedigt;* **sodomitisch** ⟨Adj.; o. Steig.; nicht adv.⟩: *Sodomie treibend;* **Sodomsapfel,** der; -s, ...äpfel [nach der Übers. des nlat. bot. Namens, eigtl. = Apfel aus Sodom]: svw. ↑Gallapfel.

soeben [zo'|e:bn̩] ⟨Adv.⟩: **a)** *unmittelbar zum gegenwärtigen Zeitpunkt:* ich bin s. dabei, den Fehler zu korrigieren; Die Flasche, aus der Sie sich s. freigebig einschenken (Remarque, Obelisk 216); **b)** *unmittelbar vor dem gegenwärtigen Zeitpunkt:* die Nachricht kam s.; das Buch ist s. erschienen; s. hat dein Freund angerufen.

Sofa ['zo:fa], das; -s, -s [frz. sofa < arab. ṣuffa = Ruhebank]: *meist weichgepolstertes, bequemes Sitzmöbel mit Rücken- u. gewöhnlich mit Armlehnen, dessen Sitzfläche für mehrere Personen Platz bietet:* auf dem S. sitzen, sich aufs S. setzen; auf dem S. liegen; sich aufs S. legen.

Sofa-: **~ecke,** die: *Ecke zwischen Rücken- u. Armlehne eines Sofas;* **~garnitur,** die: vgl. Couchgarnitur; **~kissen,** das; **~lehne,** die; **~platz,** der: jmdm. einen S. anbieten.

sofern [zo'fɛrn] ⟨Konj.⟩ [vgl. mhd. sō verre = wenn]: *vorausgesetzt, daß:* wir kommen am Wochenende, s. es euch paßt.

soff [zɔf]: ↑saufen; **Soff,** der; -[e]s (landsch.): **1.** svw. ↑Suff: Diese Heiligkeit (= der Pastor) war schlimmer als S. (Strittmatter, Wundertäter 18). **2.** svw. ↑Gesöff; **söffe** ['zœfə]: ↑saufen; **Söffel** ['zœfl̩], **Söffer** ['zœfɐ], der; -s, - (landsch.): *Trinker.*

Soffitte [zɔ'fɪtə], die; -, -n [(frz. soffite <) ital. soffitta, soffitto, über das Vlat. zu lat. suffixum, 2. Part. von: suffigere = oben an etw. befestigen]: **1.** ⟨meist Pl.⟩ (Theater) *vom Schnürboden herabhängende Dekoration, die die Bühne nach oben abschließt.* **2.** kurz für ↑Soffittenlampe; ⟨Zus.:⟩ **Soffittenlampe,** die: *röhrenförmige Glühlampe mit einem Anschluß an jedem Ende.*

sofort [zo'fɔrt] ⟨Adv.⟩ [aus dem Niederd., zusger. aus mniederd. (al)so vōrt, zu: vōrt = alsbald, eigtl. = vorwärts (↑fort)]: **1. a)** *unmittelbar nach einem vorher bekannten Zeitpunkt:* er hat [die Bedeutung der Nachricht] s. begriffen; der Verunglückte mußte s. operiert werden, war s. tot; ich ... ärgere mich s. darüber, es gesagt zu haben (Remarque, Obelisk 302); **b)** *ohne zeitliche Verzögerung; unverzüglich:* das muß s. erledigt werden; er läßt dir sagen, du möchtest bitte s. anrufen; komm s. her!; wenn du nicht s. still bist, knallt's; diese Regelung gilt ab s. *(von diesem Zeitpunkt an);* der Auftrag muß per s. (Kaufmannsspr.; *unverzüglich*) ausgeliefert werden. **2.** *innerhalb kürzester Frist:* ich bin s. fertig; der Arzt muß s. kommen; bitte, haben Sie etwas Geduld, das Essen wird s. gebracht.

Sofort-: **~aktion,** die: vgl. ~hilfe; **~bild,** das (Fot.): *mit einer Sofortbildkamera hergestelltes Foto,* dazu: **~bildkamera,** die (Fot.): *Kamera, die einzelne, unmittelbar nach der Aufnahme fertig entwickelte Fotos auswirft;* **~einsatz,** der: vgl. ~hilfe; **~hilfe,** die: *unverzüglich durchgeführte, wirksam werdende Hilfe* (z. B. für unverschuldet in Not geratene Menschen); **~maßnahme,** die: vgl. ~hilfe; **~programm,** das: vgl. ~hilfe; **~verbrauch,** der: Fruchtsäfte für den S.

sofortig [zo'fɔrtɪç] ⟨Adj.; o. Steig.; nur attr.⟩: *unmittelbar, ohne zeitlichen Verzug eintretend:* mit -er Wirkung in Kraft treten; das bedeutet den -en Abbruch der Beziehungen, Verhandlungen; Jedenfalls kam eine -e Reise ... nicht in Frage (Fallada, Jeder 198).

soft [zɔft] ⟨Adj.⟩ [engl. soft, verw. mit ↑sanft]: **1.** (Musik, bes. Jazz) *weich:* plötzlicher Wechsel zum neuen, -eren Sweet-Sound (Freizeitmagazin 12, 1978, 19); Für die Jugend ... spielte ... das Take-Five-Quintett hot und s. auf (MM 3. 5. 68, 6). **2.** (Jargon) *(von Männern) gefühlvoll weich [u. sinnlich] u. doch männlich; lasziv-männlich:* einen neuen, zeitgemäßen Helden ...: den -en proletigen Kerl (Spiegel 15, 1978, 206); **Soft-**: in Zus. mit Subst. auftretendes Best. mit der Bed. zärtlich, gefühlvoll, sanft, süß, z. B. Softlove, Softporno, Softromantik.

Soft-: **~ball** [-bɔ:l], der; -s [amerik. softball]: *Form des Baseballs mit weicherem Ball u. kleinerem Feld;* **~Eis,** das (mit Bindestrich) [nach amerik. soft ice]: *sahniges, weiches Speiseeis;* **~rock,** der [amerik. soft rock]: *gemilderte, leisere Form der Rockmusik;* **~ware** [-wɛə], die; -, -s [engl.-amerik. software, eigtl. = weiche Ware]: *alle nicht technisch-physikalischen Funktionsbestandteile einer Datenverarbeitungsanlage* (z. B. Einsatzanweisungen, Programme; Ggs.: Hardware).

Soft Drink, der; - -s, - -s [engl.-amerik. soft drink, eigtl. = weiches Getränk]: *nicht besonders hochprozentiges alkoholisches Getränk* (z. B. Aperitif); **Soft drug** [- 'drʌg], die; - -, - -s [engl.-amerik. soft drug, eigtl. = weiche Droge] (Jargon): *Rauschgift, das nicht süchtig macht* (z. B. Haschisch, Marihuana); **soften** ['zɔftn̩] ⟨sw. V.; hat⟩ [engl. to soften] (Fot.): *(die Vergrößerung eines Fotos) mit optischen Hilfsmitteln weich zeichnen;* **Softener,** der; -s, - [engl. softener] (Textilind.): *Maschine zum Weichmachen der Jutefasern;* **Softie** ['zɔfti], der; -s, -s, **Softy,** der; ...ties, ...ties [amerik. softie, softy] (Jargon): *[jüngerer] Mann von sanftem, zärtlichem, empfindungsfähigem Wesen:* zwischen der Idolfigur des Westernhelden ... und dem „Softie" (Hörzu 37, 1978, 84); Gefragt ist der „Softy", der weiche, emotionale Mann (MM 6. 5. 79, 49).

sog [zo:k], **söge** ['zø:gə]: ↑saugen; **Sog** [-], der; -[e]s, -e [aus dem Niederd. < mniederd. soch, eigtl. = das Saugen, zu ↑saugen]: **1.** *(in der nächsten Umgebung eines Strudels od. Wirbels od. hinter einem sich in Bewegung befindlichen Fahrzeug auftretende) saugende Strömung in Luft od. Wasser:* in den S. der Schraube, des Propellers geraten; Ü im S. (geh.; *im starken, unwiderstehlichen Einflußbereich*) der Städte. **2.** (Meeresk.) *Meeresstrom, der unter landwärts gerichteten Wellen seewärts zieht.*

sogar [zoˈgaːɐ̯] 〈Adv.〉 [älter so gar = so vollständig, so sehr (↑gar)]: **1.** unterstreicht eine Aussage [u. drückt dadurch eine Überraschung über eine Tatsache aus]; *was man gar nicht angenommen, vermutet hatte; obendrein; überdies; auch:* wir wurden s. mit dem Auto abgeholt; sie ging s. selbst hin; s. er hat sich gewundert; dort hast du s. samstags Parkmöglichkeiten. **2.** zur steigernden Anreihung von Sätzen od. Satzteilen; *mehr noch; um nicht zu sagen:* ich schätze sie, verehre sie s.; er sah das Mädchen ungeniert, s. herausfordernd an; Der Mensch hat die Pflicht, zu suchen und s. leidenschaftlich zu suchen (Nigg, Wiederkehr 99).

sogenannt [ˈzoːgənant] 〈Adj.; o. Steig.; nur attr.〉 (oft spött.): *wie es genannt wird, wie man sich auszudrücken pflegt; was man so nennt, als ... bezeichnet:* wo sind denn deine -en Freunde?; die -e Humanität, Freiheit; Diese armen Narren ... der -en westlichen Welt (Neues D. 13. 6. 64, 4); Seit einer Woche ... wird der -e Leihwagen-Prozeß verhandelt (Dönhoff, Ära 38); Abk.: sog.

soggen [ˈzɔgn̩] 〈sw. V.; hat〉 [H. u., viell. mundartl. Nebenf. von ↑sacken]: *(von Salz) sich aus der Sole in Kristallen niederschlagen.*

sogleich [zoˈglaiç] 〈Adv.〉: **1.** (leicht geh.) *sofort* (1): die Gäste wurden nach der Ankunft s. in ihre Zimmer geführt; er schien s. zu verstehen, worauf es ankommt. **2.** (selten) *sofort* (2): wir werden s. die Plätze einnehmen; der Kuchen kommt s.

sohin [zoˈhɪn] 〈Konj.〉 (österr., sonst selten): *somit, also.*

Sohlbank [ˈzoːl-], die; -, ...bänke (Bauw.): *unterer waagerechter Abschluß der Fensteröffnung in der Mauer;* **Sohle** [ˈzoːlə], die; -, -n [mhd. sole, ahd. sola, über das Vlat. zu lat. solum = Grund(fläche), (Fuß)sohle; 6: vgl. sohlen (2)]: **1.** *untere Fläche des Schuhs, auch des Strumpfes, auf der man steht od. läuft:* -n aus Leder, aus Gummi; dünne, dicke -n; die -n sind durchgelaufen, haben ein Loch; die S. stopfen, flicken; neue -n auf die Schuhe nageln, kleben; die S. des Bügeleisens *(die Fläche, mit der man bügelt)* ist total verkleistert; ***eine kesse, heiße S. aufs Parkett legen** (ugs.; *auffallend flott tanzen*); **sich etw. [längst] an den -n abgelaufen haben** (↑Schuh 1); **auf leisen -n** *(ganz unbemerkt, still u. heimlich).* **2.** kurz für ↑Fußsohle: die -n voller Blasen haben; sie lief auf/mit nackten -n durchs Gras; ***sich** 〈Dativ〉 **die -n nach etw. ablaufen, wund laufen** (↑Fuß 1 a); **sich an jmds. -n/sich jmdm. an die -n heften, hängen** (↑Ferse 1); **jmdm. unter den -n brennen** (↑Nagel 2). **3.** *Boden eines Tals, Flusses, Kanals o. ä.:* die S. eines Grabens, eines Schächts; die S. des Tals ist mehrere Kilometer breit. **4.** (Bergmannsspr.) **a)** *Boden, untere Begrenzungsfläche einer Strecke, einer Grube:* die S. des Stollens; **b)** *alle auf einer Ebene liegenden Strecken:* der Brand ist auf der vierten S. ausgebrochen. **5.** (Bergbau) *unmittelbar unter einem Flöz liegende Gesteinsschicht* (Ggs.: Dach 2). **6.** (landsch.) *Lüge;* **sohlen** [ˈzoːlən] 〈sw. V.; hat〉 [1: niederrhein. (13. Jh.) solen; 2: wohl im Sinne von ↑aufbinden (4)]: **1.** svw. ↑besohlen: ich muß die Stiefel s. lassen. **2.** (landsch.) *lügen:* Ich ... hätte es dem Chef gesagt, daß der Schulz ... gesohlt hat (Fallada, Mann 59).

Sohlen-: **~gänger,** der (Zool.): *Säugetier, das beim Gehen mit der ganzen Fußsohle auftritt;* **~leder,** das: *Leder, das sich bes. zur Verarbeitung zu Schuhsohlen eignet;* **~stand,** der (Turnen): *(als Ausgangspunkt für den Sohlenumschwung ausgeführte) Übung am Reck od. hohen Holm des Barrens, bei der man gebückt u. mit den Fußsohlen auf der Stange steht u. die Hände links u. rechts der Füße fest greifen;* **~umschwung,** der, **~welle,** die (Turnen): *Umschwung aus dem Sohlenstand.*

söhlig [ˈzøːlɪç] 〈Adj.; o. Steig.; nicht adv.〉 [zu ↑Sohle (4 b)] (Bergmannsspr.): *waagerecht;* **Sohlleder** [ˈzoːl-], das; -s, -: svw. ↑Sohlenleder.

Sohn [zoːn], der; -[e]s, Söhne [mhd. sun, son; ahd. sun(u), eigtl. = der Geborene]: **1.** 〈Vkl. ↑Söhnchen〉 *männliche Person im Hinblick auf ihre leibliche Abstammung von den Eltern; unmittelbarer männlicher Nachkomme:* ein legitimer, natürlicher (veraltet; *unehelicher*) S.; der älteste, jüngste, einzige, erstgeborene S.; Vater u. S. sehen sich sehr ähnlich; er ist der echte S. seines Vaters, ganz der S. seines Vaters *(ist dem Vater im Wesen o. ä. sehr ähnlich);* sie wurde vom S. des Hauses *(vom erwachsenen Sohn der Familie)* zu Tisch geführt; sie haben einen S. bekommen; grüßen Sie bitte Ihren Herrn S.; Ü er ist ein echter S. der Berge *(im Gebirge geboren u. aufgewachsen u. von diesem Leben geprägt);* ein S. des Volkes *(ein einfacher Mensch)* und von lustiger Einfalt (Th. Mann, Tod 102); dieser große S. *(berühmte Einwohner)* unserer Stadt; ***der verlorene S.** (1. geh.; *jmd., der nicht nach den Wünschen der Eltern geworden, sondern auf die schiefe Bahn geraten ist u. dem es deshalb schlecht geht.* 2. *jmd., von dem man lange keine Nachricht hatte, den man lange nicht gesehen hat:* da kommt ja der verlorene S.!; nach Luk. 15, 11 ff.). **2.** 〈o. Pl.〉 (fam.) *Anrede an eine [jüngere] männliche Person:* Den Hauptsturmführer gewöhne dir ab, mein S. (Apitz, Wölfe 335); **Söhnchen** [ˈzøːnçən], das; -s, -: ↑Sohn (1); **Sohnemann** [ˈzoːnə-], -[e]s (fam.): *[kleiner] Sohn* (1): Sie kennt die Schwächen von ihrem S. (Kinski, Erdbeermund 98); **Sohnematz,** der; -es (fam.): *kleiner Sohn* (1); **Söhnerin** [ˈzøːnərɪn], die; -, -nen (veraltet): *Schwiegertochter.*

Sohnes-: **~frau,** die (veraltet): *Schwiegertochter;* **~liebe,** die: vgl. Kindesliebe; **~pflicht,** die: vgl. Kindespflicht.

Sohnsfrau, die; -, -en (veraltet): *Schwiegertochter.*

sohr [zoːɐ̯] 〈Adj.〉 [mniederd. sōr] (nordd.): *ausgedörrt, trokken; welk;* **Sohr** [-], der; -s (nordd.): *Sodbrennen;* **Söhre** [ˈzøːrə], die; - (nordd.): *Trockenheit, Dürre;* **sohren** [ˈzoːrən], **söhren** [ˈzøːrən] 〈sw. V.; ist〉 (nordd.): *austrocknen; welken.*

soignieren [zoanˈjiːrən] 〈sw. V.; hat〉 [frz. soigner, aus dem Afränk.] (geh. selten): *besorgen, pflegen:* Mit Hilfe eines gemieteten Barbiers soignierte er Haar und Bart (Fussenegger, Haus 17); **soigniert** [zoanˈjiːɐ̯t] 〈Adj.〉 [frz. soigné] (geh.): *sorgsam, sorgfältig gepflegt; gediegen; seriös (in bezug auf die äußere Erscheinung):* ein -er Herr; die Liebenswürdigkeit des Hausherrn, die -e Küche (K. Mann, Mephisto 355); er wirkt sehr s.

Soiree [zoaˈreː, frz.: swa...], die; -, -n [frz. soirée, zu: soir = Abend] (geh.): **a)** *exklusive Abendgesellschaft; festlicher Abendempfang:* er wurde zur S. im Hause des Botschafters gebeten; **b)** *[aus besonderem Anlaß stattfindende] abendliche Veranstaltung, Festvorstellung:* eine kleine musikalische S.; ich bin gestern in einer S. gewesen; die Akademie veranstaltet eine literarische S.

Soixante-Neuf [swasãtˈnœf], das; - [frz. soixante-neuf, eigtl. = neunundsechzig]: svw. ↑Sixty-Nine.

Soja [ˈzoːja], die; -, ...jen [jap. shōyu = Sojasoße; aus dem Chin.]: *Sojabohne* (a).

Soja-: **~bohne,** die: **a)** *im Wuchs der Buschbohne ähnliche Pflanze, meist mit behaarten Stengeln u. Blättern u. kleinen, weißen od. violetten Blüten, deren kleine runde od. nierenförmige, verschiedenfarbige Samen in langen Hülsen stecken;* **b)** *Same der Sojabohne* (a); **~brot,** das: *aus Sojamehl gebakkenes Brot;* **~mehl,** das: *aus Sojabohnen* (b) *gemahlenes Mehl;* **~öl,** das: *aus Sojabohnen* (b) *gepreßtes Öl;* **~soße,** die: *würzige, salzige od. süße Soße aus vergorenen Sojabohnen* (b).

Sokratik [zoˈkraːtɪk], die; - [nach dem griech. Philosophen Sokrates (469–399 v. Chr.)]: *Art des Philosophierens, bei der das vernünftige Begreifen menschlichen Lebens die wesentliche Aufgabe ist;* **Sokratiker,** der; -s, - 〈meist Pl.〉 [lat. Sōcraticus < griech. Sōkratikós]: *Vertreter der Sokratik u. der an sie anknüpfenden Richtungen;* **sokratisch** 〈Adj.〉: **1.** 〈o. Steig.; nicht adv.〉 *den griechischen Philosophen Sokrates u. seine Lehre betreffend, auf ihr beruhend:* -e Methode (↑Methode 1). **2.** (bildungsspr.) *in philosophischer Weise abgeklärt, ausgewogen; weise:* eine sehr -e Entscheidung.

sol [zoːl; ital. sol, ↑Solmisation]: *Silbe, auf die beim Solmisieren der Ton g gesungen wird.*

[1]**Sol** [-], das; -s, -e [Kunstwort aus lat. solūtio = Lösung] (Chemie): *kolloide Lösung.*

[2]**Sol** [-], der; -[s], -[s] [span. sol < lat. sōl = Sonne, nach dem Hoheitszeichen Perus]: *Währungseinheit in Peru* (1 Sol = 100 Centavos); Zeichen: S/.

Sol- (gelegentl. mit Sole- wechselnd): **~bad,** das: **1.** *Kurort mit heilkräftiger Solequelle.* **2.** *medizinisches Bad in Sole zu therapeutischen Zwecken;* **~ei,** das: *hartgekochtes Ei, das mit aufgeklopfter Schale in Salzwasser liegt;* **~quelle,** die: *Quelle, in deren Wasser eine bestimmte Menge Salz gelöst ist;* **~salz,** das: *aus Sole gewonnenes Salz;* **~wasser,** das 〈Pl. ...wässer〉: **a)** *Wasser einer Solquelle;* **b)** *Wasser, dem Salz zugesetzt wurde.*

sola fide [ˈzoːla ˈfiːdə; lat. = allein durch den Glauben]: Grundsatz der Theologie Luthers, der besagt, daß die Rechtfertigung des Sünders ausschließlich durch seinen Glauben erfolgt (nach Röm. 3, 28).

solang, solange [zo'laŋ(ə)] ⟨Konj.⟩: **a)** *für die Dauer der Zeit, während deren ...:* solange du Fieber hast, mußt du im Bett liegen; Solange die Kinder klein sind, stehen die Geschenke im Vordergrund (Chotjewitz, Friede 130); Das Leben hat die Tendenz zum Weitergehen, solang es eben geht (K. Mann, Wendepunkt 347); **b)** ⟨verneint mit konditionaler Nebenbedeutung⟩ drückt eine näher bestimmte Dauer aus: ihren ... Führer, den sie nicht abwählen können, solange sie sich nicht auf einen Nachfolger einigen (Spiegel 41, 1966, 26); Solange das Gerichtsurteil nicht rechtskräftig ist, kann ... das Unterhausmandat nicht aberkannt werden (Prodöhl, Tod 287).

Solanin [zola'ni:n], das; -s, - [zu lat. sōlānum, ↑Solanum] (Bot., Chemie): *Alkaloid verschiedener Nachtschattengewächse;* **Solanismus** [zola'nɪsmʊs], der; -, ...men (Med.): *Vergiftung durch Solanin;* **Solanum** [zo'la:nʊm], das; -s, ...nen [lat. sōlānum] (Bot.): *Nachtschattengewächs.*

solar [zo'la:ɐ̯] ⟨Adj.; o. Steig.; nicht adv.⟩ [lat. sōlāris, sōlārius, zu: sōl, ↑²Sol] (Astron., Met., Physik): *die Sonne betreffend; zur Sonne gehörend:* -e Phänomene beobachten; Diese -e korpuskulare Strahlung wird jetzt allgemein als -er Wind bezeichnet (Universitas 8, 1970, 794).

Solar-: **~batterie,** die (Physik, Elektrot.): svw. ↑Sonnenbatterie; **~energie,** die (Physik): svw. ↑Sonnenenergie; **~farm,** die (Technik): svw. ↑Sonnenfarm: Der ... Energiebedarf könnte ... mit einer „Solarfarm" von 380 mal 380 Kilometer in sonnenreicher Lage ... gestillt werden (Saarbr. Zeitung 4. 10. 79, I); **~generator,** der (Physik, Elektrot.): svw. ↑~batterie; **~jahr,** das (Astron.): svw. ↑Sonnenjahr; **~kollektor,** der (Energietechnik): svw. ↑Sonnenkollektor; **~konstante,** die (Met.): *die Menge der Sonnenstrahlung, die an der Grenze der Atmosphäre* (1 a) *in einer Minute auf einen Quadratzentimeter gestrahlt wird;* **~kraftmaschine,** die (Energietechnik): svw. ↑Sonnenkraftanlage; **~kraftwerk,** das: svw. ↑Sonnenkraftwerk; **~maschine,** die: kurz für ↑~kraftmaschine; **~öl,** das (früher): *Öl, das durch Aufbereitung von Braunkohlenteer gewonnen wird;* **~plexus** [auch: ––'––], der [nlat. plexus sōlāris, 1. Bestandteil zu lat. plectere, ↑Plexus] (Physiol.): svw. ↑Sonnengeflecht; **~technik,** die (Energietechnik): *Technik, die sich mit der Nutzbarmachung u. den Anwendungsmöglichkeiten der Sonnenenergie befaßt;* **~terrestrisch** ⟨Adj.; o. Steig.⟩ (Astron., Met., Physik): *die Auswirkungen der Sonnenaktivität auf die Vorgänge in der Erdatmosphäre u. an der Erdoberfläche betreffend:* -e Physik; **~thermisch** ⟨Adj.; o. Steig.⟩ (Met., Physik): *die Sonnenenergie, -wärme betreffend, davon ausgehend, dadurch bewirkt:* -e Kraftwerke; **~turm,** der (Energietechnik): *turmartige Konzeption eines Sonnenkraftwerks;* **~wind,** der (Astron.): svw. ↑Sonnenwind; **~zelle,** die (Physik, Elektrot.): svw. ↑Sonnenzelle, dazu: **~zellengenerator,** der (Physik, Elektrot.): svw. ↑~batterie.

Solarimeter [zolari-], das; -s, - [↑-meter] (Astron., Met., Physik): *Gerät zur Messung der Sonnen- u. Himmelsstrahlung;* **Solarisation** [...za'tsi̯o:n], die; -, -en (Fot.): *(bei starker Überbelichtung eines Films auftretende) Erscheinung der Umkehrung der Lichteinwirkung* (z. B. ein Positiv stellt sich dar wie ein Negativ); **solarisch** ⟨Adj.; o. Steig.; nicht adv.⟩: älter für ↑solar; **Solarium** [zo'la:ri̯ʊm], das; -s, ...ien [...i̯ən; lat. sōlārium = der Sonne ausgesetzter Ort, zu: sōlārius, ↑solar]: *Einrichtung mit künstlichen Lichtquellen, die bes. ultraviolette u. den Sonnenstrahlen ähnliche Strahlung erzeugen (für „Sonnenbäder").*

Solawechsel ['zo:la-], der; -s, - [nach ital. sola di cambio, eigtl. = einziger Wechsel] (Geldw.): svw. ↑Eigenwechsel.

solch [zɔlç]: ↑solcher, solche, solches (solch); **solche**: ↑solcher; **solcher** ['zɔlçɐ], solche ['zɔlçə], solches ['zɔlçəs] (solch [zɔlç]) ⟨Demonstrativpron.⟩ [mhd. solch, ahd. solīh]: **1.** ⟨attr.⟩ **a)** weist auf eine auf bestimmte Weise charakterisierte Art od. Beschaffenheit von jmdm., etw. hin; *so geartet, so beschaffen:* [ein] solcher Glaube; [eine] solche Handlungsweise; [ein] solches Vertrauen; solche Taten; Solchen Lauf steht er nicht durch (Lenz, Brot 143); solches Schöne; mit solchem Schönen; mit solchen Leuten kann ich nicht auskommen; die Taten eines solchen Helden/(selten:) solches Helden; die Wirkung solchen/(seltener:) solches Sachverhalts; alle solche Anweisungen; all solcher Spuk; solcher feine/(selten:) feiner Stoff; ein solcher feiner Stoff; solches herrliche Wetter; bei solchem herrlichen/(selten:) herrlichem Wetter; bei einem solchen herrlichen Wetter; bei solcher intensiven/(auch:) intensiver Strahlung; solche prachtvollen/(auch:) prachtvolle Bauten; solche Armen/(auch:) Arme; die Hütten solcher Armen; **b)** weist auf den Grad, die Intensität hin; *so sehr, so viel, so groß, so stark:* ich habe solchen Hunger, solche Kopfschmerzen; ich ging mit solchem Herzklopfen hin; du sollst nicht solchen Unsinn daherreden!; das macht doch solchen Spaß! **2.** ⟨selbständig⟩ nimmt Bezug auf etw. in einem vorangegangenen od. folgenden Substantiv od. Satz Genanntes: solche wie die fallen doch immer auf die Füße; Ich will solches melden, mein Herr (Hacks, Stücke 27); Das Dejeuner, das ein Abschiedsessen hatte sein sollen, aber als solches schon nicht mehr galt (Th. Mann, Krull 397); sie ist keine solche *(leichtlebige, etwas minderwertige Person);* die Sache als solche *(an sich)* wäre schon akzeptabel; R es gibt immer solche/(salopp:) sone und solche (ugs.; *es ist nun einmal so, daß nicht alle gleich [angenehm o. ä.] sind*). **3.** ⟨ungebeugt⟩ (geh.) *so [ein]:* solch ein Tag; solch feiner Stoff; solch Schönes; Ich bin solch ein Liebhaber nicht (Th. Mann, Krull 208); Solch Hochwasser hatte es aber nur ... 1968 gegeben (Prodöhl, Tod 246); bei solch herrlichem Wetter/einem solch herrlichen Wetter/solch einem herrlichen Wetter; mit solch Schönem ausstatten.

solcher-: **~art:** **I.** ⟨indekl. Demonstrativpron.⟩ *so geartet:* er kann mit s. Leuten nicht umgehen; Kaufinteressenten für s. Kapitalanlagen (Prodöhl, Tod 176). **II.** ⟨Adv.⟩ *auf solche Art, Weise:* Das neue Gebild, das s. entsteht (K. Mann, Wendepunkt 184); **~gestalt** ⟨Adv.⟩ (selten): svw. ↑~art (II); **~maßen** ⟨Adv.⟩ [↑-maßen]: svw. ↑~art (II); **~weise** ⟨Adv.⟩: svw. ↑~art (II).

solcherlei ⟨unbest. Gattungsz.; indekl.⟩ [↑-lei]: *solche Art von, solch* ⟨attr.⟩: s. [kostbarer] Hausrat; s. Ideen, Klagen; Solcherlei Erfrischungsgetränke gab es damals in großer Anzahl (Jacob, Kaffee 126); ⟨alleinstehend:⟩ ich habe s. schon gehört; (geh.:) ich las s. des öfteren; **solches**: ↑solcher.

Sold [zɔlt], der; -[e]s, -e ⟨Pl. selten⟩ [mhd. solt < afrz. solt = Goldmünze < spätlat. solidus (aureus) = gediegene Goldmünze zu lat. solidus, ↑solide]: *Lohn, Entgelt des Soldaten (für Mannschaften u. Unteroffiziere):* S. auszahlen, zahlen, empfangen; heute gibt es S.; der S. war nicht hoch; *** im S. jmds.** (geh.; *in jmds. Dienst*): Dreiundzwanzig Dienstjahre im -e ihrer Majestät (Prodöhl, Tod 250); **in jmds. S. stehen** (abwertend; *zum Schaden eines bestimmten Personenkreises o. ä. für jmdn. arbeiten*): er stand im S. mehrerer Abwehrorganisationen; **Soldanella** [zɔlda'nɛla], die; -, ...en, Soldanelle [...'nɛlə], die; -, -n [ital. soldanella, zu: soldo (↑Soldat); nach den einer kleinen Münze ähnlichen, runden Blättern]: svw. ↑Troddelblume; **Soldat** [zɔl'da:t], der; -en, -en [ital. soldato, eigtl. = der in Sold Genommene, zu: soldare = in Sold nehmen, zu: soldo < spätlat. solidus, ↑Sold; 1 b: nach russ. soldat; 3: nach der an (ältere) Uniformen erinnernden Färbung]: **1. a)** *Angehöriger der Streitkräfte eines Landes:* ein aktiver, einfacher S.; S. sein, werden; viele -en sind gefallen, wurden verwundet; Ein weiblicher S., der ... abkommandiert war (Spiegel 3, 1977, 75); -en einberufen, einziehen, ausbilden; bei den -en (ugs.; *beim Militär*) sein; er wird S., kommt zu den -en (ugs.; *rückt ein*); Warum wollen Mädchen unter die -en? (Hörzu 44, 1979, 12); S. auf Zeit *(Zeitsoldat);* R der wird S., kommt zu den -en (Skat Jargon; wird von den Karten gesagt, die vor Beginn des Spiels gedrückt werden); Ü das Beispiel eines standhaften ... -en der proletarischen Revolution (Horizont 12, 1977, 14); **b)** (DDR) *unterster militärischer Dienstgrad, unterste Ranggruppe der Land- u. Luftstreitkräfte.* **2.** *(bei Insekten, bes. bei Ameisen u. Termiten) [unfruchtbares] Exemplar mit bes. großem Kopf u. Mandibeln, das in der Regel die Funktion hat, die anderen zum Staat gehörenden Insekten zu verteidigen.* **3.** svw. ↑Feuerwanze.

Soldaten-: **~friedhof,** der: *[große, einheitlich angelegte] Begräbnisstätte gefallener Soldaten;* **~grab,** das: svw. ↑Kriegsgrab; **~heim,** das: *zentraler Ort der Begegnung für Soldaten;* **~lied,** das; **~presse,** die ⟨o. Pl.⟩: *Zeitschriften u. Zeitungen zur fachlichen [u. ideologischen] Unterrichtung der Soldaten;* **~rat,** der: ↑Arbeiter-und-Soldaten-Rat; **~rock,** der (selten): svw. ↑Uniformrock; **~sprache,** die: *Jargon, den die Soldaten untereinander sprechen;* **~tod,** der: svw. ↑Heldentod; **~verband,** der: svw. ↑Kriegerverein; **~zeit,** die: svw. ↑Militärzeit.

Soldatentum, das; -s: *soldatisches Wesen; das Soldatische;* **Soldateska** [zɔlda'tɛska], die; -, ...ken [ital. soldatesca] (abwertend): *gewalttätig u. rücksichtslos vorgehende Soldaten:* eine entfesselte, wüste, meuternde S.; **Soldatin** [zɔl'da:tɪn], die; -, -nen: w. Form zu ↑Soldat (1); **soldatisch** ⟨Adj.⟩: svw. ↑militärisch (2): eine -e Haltung, Art; -e Pflicht, Zucht; **Soldbuch,** das; -[e]s, -bücher: *(bis 1945) Buch, das der Ausweis des Soldaten ist [u. Eintragungen über die Auszahlung des Solds enthält];* **Söldling** ['zœltlɪŋ], der; -s, -e (abwertend): *jmd., der das, was er tut, in finanzieller Abhängigkeit von jmdm. u. in dessen Auftrag od. Sinn tut:* Franco, der S. Hitlers und Mussolinis (K. Mann, Wendepunkt 343); **Söldner** ['zœldnɐ], der; -s, - [mhd. soldenære]: *Angehöriger eines Söldnerheeres.*

Söldner-: ~**armee,** die: svw. ↑~heer; ~**heer,** das: svw. ↑Legion (2); ~**führer,** der: *oberster Befehlshaber eines Söldnerheeres.*

Soldo ['zɔldo], der; -s, Soldi [ital. soldo, ↑Soldat]: **1.** *(in Italien) frühere Münze aus Gold od. Kupfer.* **2.** (volkstüml.) *(in Italien) Münze im Wert von fünf Centesimi.*

Sole ['zo:lə], die; -, -n [aus dem Niederd. < mniederd. sole (spätmhd. sul, sol) = Salzbrühe zum Einlegen, H. u., verw. mit ↑Salz]: *[in stärkerem Maße] Kochsalz enthaltendes Wasser:* die S. ins Gradierwerk leiten.

Sole- (gelegentl. mit Sol- wechselnd): ~**bad,** das: svw. ↑Solbad; ~**quelle,** die: svw. ↑Solquelle; ~**salz,** das: svw. ↑Solsalz; ~**wasser,** das: svw. ↑Solwasser.

Soleil [zo'lɛ:j, frz.: sɔ'lɛj], der; -[s] [zu frz. soleil, über das Vlat. zu lat. sōl = Sonne] (Textilind.): *feingerippter, stark glänzender Stoff aus Seide, Kunstseide od. Kammgarn.*

solenn [zo'lɛn] ⟨Adj.⟩ [frz. solennel < lat. sol(l)emnis (sol[l]ennis) = (alljährlich) gefeiert, festlich, aus: sollus = ganz, all- u. annus = Jahr] (bildungsspr.): *feierlich, festlich:* ein -es Mahl; eine -e Festlichkeit; aus -em Anlaß; In der üblichen -en Weise (Kolb, Daphne 165); **solennisieren** [zolɛni'zi:rən] ⟨sw. V.; hat⟩ [spätmhd. solempnizieren < spätlat. sollem(p)nizāre] (veraltet): *festlich, feierlich begehen; feierlich bestätigen;* **Solennität,** die; -, -en [spätmhd. sol(l)empnitet < lat. sol(l)emnitās] (veraltet): *Feierlichkeit, Festlichkeit.*

Solenoid [zoleno'i:t], das; -[e]s, -e [zu griech. sōlḗn = Furche, Röhre u. -oeidḗs = ähnlich] (Physik): *zylindrische Metallspule, die wie ein Stabmagnet wirkt, wenn Strom durch sie fließt.*

Solfatara [zɔlfa'ta:ra], die; -, ...ren, **Solfatare** [...rə], die; -, -n [ital. solfatara (nach dem Namen eines Kraters bei Neapel), zu: solfatare = (aus)schwefeln] (Geol.): *das Ausströmen schwefelhaltiger heißer Dämpfe in Vulkangebieten.*

solfeggieren [zɔlfɛ'dʒi:rən] ⟨sw. V.; hat⟩ [ital. solfeggiare, zu: solfa = Tonübung, aus ↑sol u. ↑fa] (Musik): *Solfeggien singen;* **Solfeggio** [zɔl'fɛdʒo], das; -s, ...ggien [...'fɛdʒi̯ən; ital. solfeggio] (Musik): *auf die Silben der Solmisation gesungene Übung.*

Soli ['zo:li]: Pl. von ↑Solo.

solid: ↑solide.

Solidar-: ~**haftung,** die (Wirtsch., jur.): *Haftung mehrerer Personen als Gesamtschuldner;* ~**pathologie,** die: *bes. in der Antike ausgebildete Lehre, die (im Ggs. zur Humoralpathologie) die festen Bestandteile des Körpers als Träger des Lebens ansieht u. in ihrer Beschaffenheit die Ursachen für Gesundheit od. Krankheit sieht;* ~**schuldner,** der (schweiz. jur.): svw. ↑Gesamtschuldner.

solidarisch [zoli'da:rɪʃ] ⟨Adj.⟩ [zu frz. solidaire, zu lat. solidus, ↑solide]: **1.** *miteinander übereinstimmend u. füreinander einstehend, eintretend:* in -er Übereinstimmung handeln; s. handeln; sich mit jmdm. s. fühlen, erklären *(den gleichen Standpunkt wie jmd. andrer vertreten)* **2.** (jur.) *gemeinsam verantwortlich; gegenseitig verpflichtet;* **solidarisieren** [zolidari'zi:rən] ⟨sw. V.; hat⟩ [frz. se solidariser]: **a)** ⟨s. + sich⟩ *für jmdn., etw. eintreten; sich mit jmdm. verbünden, um gemeinsame Interessen u. Ziele zu verfolgen:* die Partei solidarisiert sich mit dem Beschluß des Vorstandes; Die ... Priester ... hätten keine andere Wahl als sich zu s. (Welt 22. 1. 69, 1); **b)** *mehrere Personen zum solidarischen Verhalten bewegen:* man muß versuchen, auch die restliche Belegschaft zu s.; ⟨Abl.:⟩ **Solidarisierung,** die; -, -en; **Solidarismus,** der; - (Philos.): *Lehre von der wechselseitig verpflichtenden Verbundenheit des einzelnen mit der Gemeinschaft (gerichtet auf das Gemeinwohl);* **Solidarität,** die; - [frz. solidarité]: **a)** *völlige Übereinstimmung, Einigung mit jmdm.; unbedingtes Zusammenhalten auf Grund gleicher Anschauungen u. Ziele:* die S. mit anderen Völkern; die S. zwischen, unter der Belegschaft ist leider nicht allzugroß; S. anstreben; **b)** *(bes. in der Arbeiterbewegung) auf dem Zusammengehörigkeitsgefühl u. dem Eintreten füreinander sich gründende Unterstützung:* Seit Beginn dieses Schuljahres haben sie bereits 1 750 Mark für die internationale S. gespendet (BNN 28, 1978, 1).

Solidaritäts-: ~**aktion,** die (bes. DDR); ~**gefühl,** das; ~**kundgebung,** die; ~**streik,** der: *Streik, den Arbeitnehmer durchführen, um bereits streikenden anderen Arbeitnehmern ihre Solidarität zu bekunden.*

solide [zo'li:də], solid [zo'li:t] ⟨Adj.⟩ [frz. solide < lat. solidus = gediegen, fest, echt]: **1.** *in bezug auf das Material so beschaffen, daß es fest, massiv, haltbar, gediegen ist [aber ohne auffällige Extravaganzen o. ä.]:* -e Mauern; sie stießen bei den Bohrungen auf soliden Fels; ein solides Blockhaus; diese Schuhe sind sehr s.; unsere Stoffe sind s. und doch modisch; die Möbel sind recht s. gearbeitet. **2.** *gut fundiert:* ein solides Geschäft, eine solide Firma; sie haben sich einen soliden Wohlstand erarbeitet; eine solide Bildung; ein solides Wissen; solide Kenntnisse vorweisen. **3.** *ohne Ausschweifungen, Extravaganzen u. daher nicht zu Kritik, Skepsis Anlaß gebend; anständig* (1 a): ein solider Mensch; einen soliden Lebenswandel führen; er ist, lebt sehr s.

soli Deo gloria! ['zo:li 'de:o -; lat.]: *Gott [sei] allein die Ehre!* (Inschrift an Kirchen u. a.); Abk.: S. D. G.

Solidi ['zo:lidi]: Pl. von ↑Solidus; **solidieren** [zoli'di:rən] ⟨sw. V.; hat⟩ [(spät)lat. solidāre, zu: solidus, ↑solid] (veraltet): *bekräftigen, befestigen; versichern;* **Solidität,** die; - [1: frz. solidité < lat. soliditās]: **1.** *solide* (1, 2) *Beschaffenheit.* **2.** *solide* (3) *Lebensweise;* **Solidus** ['zo:lidʊs], der; -, ...di [spätlat. solidus (aureus), ↑Sold]: *Goldmünze (im Römischen Reich).*

solifluidal [zoli-] ⟨Adj.; o. Steig.; nicht adv.⟩ (Geol.): *die Solifluktion betreffend;* **Solifluktion** [...flʊk'tsi̯o:n], die; -, -en [zu lat. solum (↑Sohle) u. lat. fluctuāre, ↑fluktuieren] (Geol.): *(in polaren u. subpolaren Regionen u. im Hochgebirge auftretende) Umlagerung der Teilchen des Bodens am Ort od. durch Fließen, wodurch sich andere Arten von Böden bilden.*

Soliloquent [zolilo'kvɛnt], der; -en, -en [vgl. Soliloquium] (Musik): *allein singende Person in der Passion* (2 b); **Soliloquist** [...'kvɪst], der; -en, -en (Literaturw.): *Verfasser eines Soliloquiums;* **Soliloquium** [...'lo:kvi̯ʊm], das; -s, ...ien [...'kvi̯ən; spätlat. sōliloquium, zu lat. sōlus (↑solo) u. loqui = reden] (Literaturw.): *Selbstgespräch, Monolog (der antiken Bekenntnisschriften).*

Soling ['zo:lɪŋ], die, auch: der u. das [H. u.] (Segeln): *internationalen Wettkampfbestimmungen entsprechendes, mit drei Personen zu segelndes Kielboot für den Rennsegelsport* (Kennzeichen: Ω).

Solipsismus [zoli'psɪsmʊs], der; - [zu lat. sōlus (↑solo) u. ipse = selbst] (Philos.): *erkenntnistheoretische Lehre, die alle Gegenstände der Außenwelt u. auch sogenannte fremde Ichs nur als Bewußtseinsinhalte des als allein existent angesehenen eigenen Ichs sieht;* **Solipsist,** der; -en, -en: *Vertreter des Solipsismus;* **solipsistisch** ⟨Adj.; o. Steig.⟩: *auf den Solipsismus bezüglich, ihn betreffend.*

Solist [zo'lɪst], der; -en, -en [frz. soliste, ital. solista, zu ital. solo, ↑solo]: **1.** *jmd., der ein Solo* (1) *singt, spielt od. tanzt:* -en sind ..., als -en traten auf ...; ein Konzert mit beliebten -en und bekannten Orchestern. **2.** (bes. Fußball) *(im Mannschaftsspiel) Spieler, der einen Alleingang* (b) *unternimmt;* ⟨Zus. zu 1:⟩ **Solistenkonzert,** das; **Solistin** [zo'lɪstɪn], die; -, -en: w. Form zu Solist (1); **solistisch** ⟨Adj.; o. Steig.⟩: **a)** *den Solisten betreffend;* **b)** *sich als Solist betätigend:* Daß die beiden Künstler sich auch s. vorstellen, lag nahe (Augsburger Allgemeine 23. 4. 78, 37); **c)** *für Solo* (1) *komponiert:* ein Konzert mit -en Werken.

solitär [zoli'tɛ:ɐ̯] ⟨Adj.; o. Steig.; nicht adv.⟩ [frz. solitaire = einsam, einzeln < lat. sōlitārius, zu: sōlus, ↑solo] (Zool.): *(von Tieren) einzeln lebend; nicht staatenbildend* (Ggs.: sozial 2); **Solitär** [-], der; -s, -e [frz. solitaire]: **1.** *bes. schöner u. großer, einzeln gefaßter Brillant.* **2.** (veraltet) *[außerhalb des Waldes] einzeln stehender Baum.* **3.** ⟨o. Pl.⟩ *Brettspiel für eine Person, bei dem 35 Stifte in 36 Löchern stecken u. bei dem man versuchen muß, durch Überspringen eines Stiftes mit einem anderen alle bis auf den letzten vom Brett zu entfernen;* **Solitüde** [zoli'ty:də], die; -, -n [frz. solitude < lat. sōlitūdo = Einsamkeit]: Name von Schlössern.

[1]**Soll** [zɔl], das; -s, Sölle [aus dem Niederd., eigtl. = (sumpfiges) Wasserloch] (Geol.): *kleine, oft kreisrunde [mit Wasser*

gefüllte] Bodensenke (im Bereich von Grund- u. Endmoränen).

[2]**Soll** [-], das; -[s], -[s] [subst. aus ↑sollen in der veralteten (kaufmannsspr.) Bed. „schulden"]: **1.** (Kaufmannsspr., Bankw.) *dasjenige, was auf der Ausgabenseite [einer Firma] steht; Schulden* (Ggs.: Haben 1): S. und Haben *(Ausgaben u. Einnahmen)* einander gegenüberstellen. **2.** (Kaufmannsspr.) *linke Seite eines Kontos im System der doppelten Buchführung:* einen Betrag ins S. eintragen, im S. verbuchen. **3.** (Wirtsch.) **a)** *geforderte Arbeitsleistung:* das tägliche S. ist sehr hoch; sein S. erfüllen, erreichen; hinter dem S. zurückbleiben; **b)** *(in der Produktion) festgelegte, geplante Menge; Plansoll, Norm* (3 b): ein S. von 500 Autos pro Tag; ein bestimmtes S. festlegen; Ü ich habe heute mein S. nicht erfüllt *(nicht geschafft, was ich mir vorgenommen hatte).*

[1]**Soll-**: ~**erfüllung,** die (DDR): *Erfüllung des Solls* (3); ~**seite,** die (Kaufmannsspr.; Bankw.): *Seite des Kontos, auf der Ausgaben verbucht werden;* ~**zinsen** ⟨Pl.⟩: *Zinsen, die von einer Bank od. Sparkasse für geliehenes Geld od. für den Betrag, um den ein Konto überzogen wird, gefordert werden.*

[2]**Soll-** (mit Bindestrich): ~**Bestand,** der (Wirtsch.): *erwünschter, geplanter Bestand (von Waren, Vorräten u. a.);* ~**Bruchstelle,** die (Technik): *Stelle in einem Bauteil o. ä., die so ausgelegt* (1 d) *ist, daß in einem Schadensfall nur hier ein Bruch erfolgt;* ~**Budget,** das (Steuerw.): *Zusammenstellung der geplanten öffentlichen Einnahmen u. Ausgaben in systematischer Gliederung;* ~**Ist-Vergleich,** der (Wirtsch.): *Gegenüberstellung von erwarteten u. tatsächlich entstandenen Kosten u. a. (zum Zweck einer Feststellung der Abweichungen);* ~**Stärke,** die (Milit.): *festgelegte Zahl von Soldaten einer militärischen Einheit;* ~**Wert,** der: *Wert, den eine [physikalische] Größe haben soll.*

sollen ['zɔlən] ⟨unr. V.; mit Inf. als Modalverb: sollte, hat ... sollen, ohne Inf. als Vollverb: sollte, hat gesollt⟩ [mhd. soln, suln, ahd. sculan = schuldig sein; sollen, müssen]: **1. a)** *die Aufforderung, Anweisung, den Auftrag haben, etw. Bestimmtes zu tun:* er soll sofort kommen; ich soll ihm das Buch bringen; du sollst Vater und Mutter ehren (bibl.); hattest du nicht bei ihm anrufen s.?; der soll mir nur mal kommen! (ugs.; drückt Ärger aus u. eine Art Herausforderung); das soll er erst mal versuchen!; ⟨mit Ellipse des Verbs als Vollverb:⟩ nein, ich habe das nicht gesollt *(ich habe das nicht tun sollen);* **b)** drückt einen Wunsch, eine Absicht, ein Vorhaben des Sprechers aus; *mögen, wünschen, gerne haben wollen:* es soll ihm nützen; du sollst dich hier wie zu Hause fühlen; das soll uns nicht stören; sollen *(wollen)* wir heute ein wenig früher gehen?; du sollst alles haben, was du brauchst *(es sei dir zugestanden);* sie sollen wissen, daß ...; der Schal soll zum Mantel passen; an dieser Stelle soll die neue Schule gebaut werden; ⟨auf Ellipse des Verbs:⟩ er hat alles für sich behalten; soll er doch! (ugs. abwertend; *meinetwegen!*); ⟨iron. od. verärgert:⟩ das sollte ein Witz sein; was soll denn das Großartiges sein?; was soll denn das heißen?; wozu soll denn das gut sein?; was soll [mir] das?; was soll's? (Ausdruck der Gleichgültigkeit gegenüber einer Sache, die sich doch nicht ändern läßt); **c)** ⟨fragend od. verneint⟩ drückt ein Ratlossein aus: was soll das nur geben?; was soll ich nur machen?; was soll man denn da antworten?; er wußte nicht, wie er aus der Situation herauskommen sollte; **d)** drückt eine Notwendigkeit aus: man soll die Angelegenheit sofort erledigen; du sollst lieber gleich gehen; ⟨mit Ellipse des Verbs als Vollverb:⟩ warum soll ich das?; warum hat er das gesollt? (ugs.; *hat er das tun sollen, mußte er das tun?*); ich hätte eigentlich zur/in die Schule gesollt (ugs.; *hätte eigentlich zur Schule gehen müssen [habe aber etwas anderes getan]*). **2.** ⟨häufig im 2. Konj.⟩ **a)** drückt aus, daß etw. Bestimmtes eigentlich zu erwarten wäre: er sollte das doch eigentlich wissen; du solltest dich schämen; **b)** drückt aus, daß etw. Bestimmtes wünschenswert, richtig, vorteilhaft o. ä. wäre: man sollte das nächstens anders machen; dieses Buch sollte man gelesen haben; darüber soll/sollte man Bescheid wissen. **3.** drückt etw. in der Zukunft Liegendes durch eine Form der Vergangenheit aus; *jmdm. beschieden sein:* er sollte seine Heimat nicht wiedersehen; es sollte ganz anders kommen, als man erwartet hatte; es hat nicht sein s./hat nicht s. sein (Ausdruck des Bedauerns, der Resignation). **4.** ⟨im 2. Konj.⟩ *für den Fall daß:* sollte es regnen, [dann] bleiben wir zu Hause; wenn du ihn sehen solltest, sage ihm bitte ...; ich versuche es, und sollte ich auch verlieren (geh.; *auch auf die Gefahr hin, dabei zu verlieren*). **5.** ⟨im Präs.⟩ drückt aus, daß der Sprecher sich für die Wahrheit dessen, was er als Nachricht, Information o. ä. weitergibt, nicht verbürgt: man sagt, daß das Fest sehr schön gewesen sein soll; er soll gekündigt haben, soll eine Gehaltserhöhung bekommen haben. **6.** ⟨im 2. Konj.⟩ dient in Fragen dem Ausdruck des Zweifels, den der Sprecher an etw. Bestimmtem hegt: sollte das wirklich wahr sein? *(ist das wirklich wahr?);* sollte das sein Ernst sein? *(meint er es wirklich so?);* sollten sie keine Chance mehr haben?

Söller ['zœlɐ], der; -s, - [mhd. sölre, soller, ahd. solari < lat. sōlārium, ↑Solarium]: **1.** (Archit.) svw. ↑Altan. **2.** (schweiz.) *Fußboden.* **3.** (landsch.) *Dachboden.*

Solmisation [zɔlmiza'tsi̯o:n], die; - [ital. solmisazione, zu den Tonsilben sol u. mi des von Guido v. Arezzo im 11. Jh. erstmals beschriebenen Tonsystems, dessen Silben aus einem ma. lat. Hymnus an Johannes den Täufer stammen] (Musik): *unter Verwendung der Silben do, re, mi, fa, sol, la, si entwickeltes System von Tönen (dem das System mit den Bezeichnungen c, d, e, f, g, a, h entspricht);* **solmisieren** [zɔlmi'zi:rən] ⟨sw. V.; hat⟩ (Musik): *die Solmisation, die Silben der Solmisation anwenden, damit arbeiten, danach singen.*

solo ['zo:lo] ⟨indekl. Adj.; nicht attr.⟩ [ital. solo < lat. sōlus = allein]: **1.** (bes. Musik) *als Solist (bei einer künstlerischen, bes. musikalischen Darbietung):* s. spielen; er will nur noch s. singen; sie tanzte bei diesem Ballett zum ersten Mal s. **2.** (ugs., oft scherzh.) *allein, ohne Partner, ohne Begleitung:* ich bin, komme heute s.; seit wann gehst du s. zum Antreteplatz (Kolb, Wilzenbach 150); ⟨subst.:⟩ **Solo** [-], das; -s, -s u. Soli: **1.** (bes. Musik) *musikalische od. tänzerische Darbietung eines einzelnen Künstlers, meist zusammen mit einem [als Begleitung auftretenden] Ensemble:* ein langes, schwieriges, virtuoses S.; sie sang, tanzte ihr S. im ersten Akt mit Bravour; Sammy legte ein S. aufs Parkett, und die Stimmung war da (Ossowski, Bewährung 42); ein Oratorium für Soli, Chor und Orchester; Ü Essens bester Spieler ... markierte nach einem sehenswerten S. (Sport Jargon; *Alleingang* b) ... den Essener Ausgleich (Augsburger Allgemeine 10. 6. 78, 27). **2.** (Kartenspiel) *Spiel eines einzelnen gegen die übrigen Mitspieler.*

Solo-: ~**gesang,** der: *Gesang eines Solisten; solistisch vorgetragener Gesang;* ~**instrument,** das: *für Solospiel eingesetztes, bes. geeignetes Musikinstrument;* ~**kantate,** die: *Kantate, bei der Arien u. Rezitative von nur einem Solisten gesungen werden;* ~**karriere,** die: *künstlerische Karriere als Solist:* mancher Chorsänger träumt von einer S.; ~**part,** der: *Part für einen solistisch auftretenden Künstler:* den S. übernehmen, singen, spielen, tanzen; ~**platte,** die: *Schallplatte, auf der ein Sänger od. Musiker solistisch zu hören ist [u. nicht nur als Mitglied eines Ensembles, einer Gruppe];* ~**sänger,** der: *als Solist auftretender Sänger;* ~**sängerin,** die: w. Form zu ↑~sänger; ~**spiel,** das ⟨o. Pl.⟩: *solistisches Spielen auf einem Musikinstrument;* ~**stimme,** die: *solistisch eingesetzte, für Sologesang geeignete Stimme;* ~**tänzer,** der: vgl. ~sänger; ~**tänzerin,** die: w. Form zu ↑~tänzer.

solonisch [zo'lo:nɪʃ] ⟨Adj.; meist attr.⟩ [nach dem athenischen Staatsmann u. Dichter Solon (um 640–560 v. Chr.)] (bildungsspr.): *klug, weise [wie Solon]:* -e *(höchste)* Weisheit.

Solözismus [zolø'tsɪsmʊs], der; -, ...men [lat. soloecismus < griech. soloikismós, nach dem offenbar fehlerhaften Griechisch der Einwohner von Soloi in Kilikien] (bildungsspr. veraltend): *grober sprachlicher Fehler, bes. fehlerhafte syntaktische Verbindung von Wörtern.*

Solper ['zɔlpɐ], der; -s, - [spätmhd. solper, H. u., wohl verw. mit ↑Sole, Salz] (landsch.): **1.** *Salzbrühe für Pökelfleisch.* **2.** *Pökelfleisch;* ⟨Zus.:⟩ **Solperfleisch,** das (landsch.): *Pökelfleisch.*

Solspitze ['zo:l-], die; -, -n [zu lat. sōl, ↑[2]Sol]: svw. ↑Sonnenspitze; **Solstitialpunkt** [zɔlsti'tsi̯a:l-], der; -[e]s, -e (Astron.): *nördlicher bzw. südlicher Wendepunkt, den die Sonne während ihres scheinbaren jährlichen Laufs je einmal erreicht u. an dem sie ihren höchsten od. tiefsten Stand hat;* **Solstitium** [zɔl'sti:tsi̯ʊm], das; -s, ...ien [...i̯ən]; lat. sōlstitium, zu: sōl (↑[2]Sol) u. sistere (Stamm stit-) = (still)stehen] (Astron.): svw. ↑Sonnenwende.

solubel [zo'lu:bl̩] ⟨Adj.; o. Steig.; nicht adv.⟩ [lat. solūbilis, zu: solvere, ↑solvent] (Chemie): *löslich, auflösbar* (Ggs.:

insolubel): soluble Stoffe, Mittel; **Solubilisation** [zolubiliza'tsi̯o:n], die; -, -en (Chemie): *Auflösung eines Stoffes in einem Lösungsmittel, in dem er unter normalen Bedingungen nicht lösbar ist, durch Zusatz bestimmter Substanzen;* **Solutio** [zo'lu:tsi̯o], die; -, -nes [zolu'tsi̯o:ne:s], **Solution** [zolu'tsi̯o:n], die; -, -en [lat. solūtio = (Auf)lösung] (Chemie, Pharm.): *Lösung (z. B. eines Arzneimittels).*

Solutréen [zolytre'ẽ:], das; -[s] [nach dem frz. Fundort unterhalb des Felsens Solutré (Saône-et-Loire)] (Prähistorie): *westeuropäische Kulturstufe der jüngeren Altsteinzeit (nach dem Gravettien u. vor dem Magdalénien).*

solvabel [zɔl'va:bl̩] ⟨Adj.; nicht adv.⟩ [1: zu lat. solvere, ↑solvent; 2: frz. solvable, zu lat. solvere, ↑solvent]: **1.** (selten) *auflösbar.* **2.** (veraltet) *zahlungsunfähig;* **Solvat** [zɔl'va:t], das; -[e]s, -e (Chemie): *aus einer Solvatation hervorgegangene lockere Verbindung;* **Solvatation** [zɔlvata'tsi̯o:n], die; - [zu lat. solvere, ↑solvent] (Chemie): *Anlagerung, Bindung von Molekülen aus Lösungsmitteln an Moleküle, Atome od. Ionen der darin gelösten Substanzen;* **Solvens** ['zɔlvɛns], das; -, ...venzien [zɔl'vɛntsi̯ən] (Med.): *schleimlösendes Mittel;* **solvent** [zɔl'vɛnt] ⟨Adj.; -er, -este; nicht adv.⟩ [ital. solvente < lat. solvēns, 1. Part. von: solvere (2. Part.: solūtum) = (auf)lösen; eine Schuld abtragen] (bes. Wirtsch.): *zahlungsfähig* (Ggs.: insolvent): ein -er Geschäftspartner, Interessent; die Firma ist nicht s.; **Solvenz** [zɔl'vɛnts], die; -, -en (bes. Wirtsch.): *Zahlungsfähigkeit* (Ggs.: Insolvenz): die S. einer Firma, eines Käufers überprüfen lassen; **Solvenzien**: Pl. von ↑Solvens; **solvieren** [zɔl'vi:rən] ⟨sw. V.; hat⟩ [zu lat. solvere, ↑solvent]: **1.** (Chemie) *lösen, auflösen:* eine Substanz s. **2.** (bes. Wirtsch.): *abzahlen, zurückzahlen:* eine Schuld s.

Soma ['zo:ma], das; -, ...ta [griech. sō̃ma (Gen.: sṓmatos) = Körper]: **1.** (Med., Psych.) *Körper (im Gegensatz zu Geist, Seele, Gemüt).* **2.** (Med., Biol.) *Gesamtheit der Körperzellen eines Organismus (im Gegensatz zu den Keimzellen, Geschlechtszellen);* **Somatiker** [zo'ma:tikɐ], der; -s, - (oft leicht abwertend): *Arzt, der sich nur mit den körperlichen Erscheinungsformen der Krankheiten befaßt (u. psychische od. psychosomatische Vorgänge außer acht läßt);* **somatisch** ⟨Adj.; o. Steig.; selten präd.⟩: **1.** (Med., Psych.) *den Körper (im Unterschied zu Geist, Seele, Gemüt) betreffend, zu ihm gehörend, von ihm ausgehend; körperlich:* die -en Ursachen einer Krankheit; die ganze Skala unseres emotionellen und -en Erlebens (K. Mann, Wendepunkt 22); eine rein s. bedingte Krankheit. **2.** (Med., Biol.) *die Körperzellen (im Gegensatz zu den Keim-, Geschlechtszellen) betreffend, zu ihnen gehörend:* -e Zellen, Proteine; **somatogen** [zomato'ge:n] ⟨Adj.; o. Steig.; nicht adv.⟩ [↑-gen]: **1.** (Med., Psych.) *körperlich bedingt, verursacht:* -e Krankheitssymptome. **2.** (Med., Biol.) *von Körperzellen (nicht aus der Erbmasse) gebildet:* -e Veränderungen bei bestimmten Individuen; **Somatogramm**, das; -[e]s, -e [↑-gramm] (Med.): *graphische Darstellung, Schaubild der körperlichen Entwicklung bes. eines Säuglings od. Kleinkindes;* **Somatologie**, die; - [↑-logie]: *(als Teilgebiet der Anthropologie) Wissenschaft, Lehre von den allgemeinen Eigenschaften des menschlichen Körpers;* **Somatometrie**, die; - [↑-metrie]: *Teilgebiet der Somatologie, das sich mit dem Messen, den Maßen des menschlichen Körpers befaßt;* **Somatopsychologie**, die; -: *Teilgebiet der Psychologie, das sich mit den Beziehungen zwischen Körper u. Seele, mit dem Seelenleben in seinen körperlichen Begleiterscheinungen befaßt.* Vgl. Psychosomatik.

Sombrero [zɔm'bre:ro], der; -s, -s [span. sombrero = Hut, zu: sombra < lat. umbra = Schatten]: *in Mittel- u. Südamerika getragener hoher, kegelförmiger Strohhut mit sehr breitem Rand.*

somit [zo'mɪt, auch: 'zo:mɪt] ⟨Adv.⟩: *wie daraus zu schließen, zu folgern ist; folglich, also, mithin:* er ist der älteste, er hat s./s. hat er alle Rechte; Eine gruppen- und s. interessenunabhängige ... Willensbildung (Fraenkel, Staat 255): und s. *(hiermit)* kommen wir zum Ende der Führung.

Sommer ['zɔmɐ], der; -s, - [mhd. sumer, ahd. sumar]: *Jahreszeit zwischen Frühling u. Herbst als wärmste Zeit des Jahres, in der die Früchte reifen:* ein langer, kurzer, schöner, heißer, trockener, nasser, verregneter, kühler S.; es ist S.; der S. kommt, beginnt; in diesem Jahr will es überhaupt nicht S. werden; der S. neigt sich dem Ende zu; den S. an der See verbringen; den S. über, den ganzen S. lang war er unterwegs; es war im S. 1959; im S. macht er Urlaub; er geht im S. und im Winter/S. wie Winter *(das ganze Jahr über)* schwimmen; Gebiete mit trockenen -n; vor S. nächsten Jahres, vor dem nächsten Sommer wird nichts mehr aus der Reise; Ü im S. (dichter.; *auf dem Höhepunkt*) des Lebens.

sommer-, Sommer- (vgl. auch sommers-, Sommers-): **~abend,** der: *Abend eines Sommertages; Abend im Sommer;* **~anfang,** der: am 22. Juni ist S.; **~anzug,** der: *leichter, für den Sommer geeigneter Anzug [in meist hellerer Farbe];* **~blume,** die: *im Sommer blühende Blume;* **~deich,** der: *niedrigerer Deich auf dem Deichvorland bes. zum Schutz gegen die niedrigeren Sturmtiden in den Sommermonaten;* **~fahrplan,** der: *während des Sommerhalbjahres geltender Fahrplan* (1); **~ferien** ⟨Pl.⟩: *(lange) Schulferien im Sommer;* **~fell,** das: vgl. ~kleid (2a); **~fest,** das: *im Sommer [im Freien] abgehaltenes Fest;* **~frische,** die (veraltend): **a)** ⟨Pl. selten⟩ *Erholungsaufenthalt im Sommer auf dem Land, an der See, im Gebirge:* S. machen; sie haben sich während der S. gut erholt; sie ist hier zur S.; **b)** *Ort für eine Sommerfrische* (a): eine schöne, beliebte S. im Gebirge, auf dem Lande; wie man an einer S. hängt, die man regelmäßig besucht (Baum, Paris 46), dazu: **~frischler** [-frɪʃlɐ], der; -s, -: *jmd., der sich zur Erholung in einer Sommerfrische* (b) *aufhält;* **~frucht,** die: *im Sommer reifende Frucht;* **~getreide,** das (Landw.): *Getreide, das im Frühjahr gesät u. im Sommer des gleichen Jahres geerntet wird;* **~haar,** das: vgl. ~kleid (2a); **~halbjahr,** das: *die Sommermonate einschließende Hälfte des Jahres;* **~haus,** das: *meist leichter gebautes Haus auf dem Land, an der See, im Gebirge, das dem Aufenthalt bes. während der Sommermonate dient;* **~himmel,** der: Dies ist der S.: in seinem Blau schwimmen weiße, flockige Wolken (K. Mann, Wendepunkt 41); **~hitze,** die; **~hut,** der: vgl. ~anzug; **~kleid,** das: **1.** vgl. ~anzug. **2. a)** *kürzere, weniger dichte u. oft auch andersfarbige Behaarung vieler Säugetiere im Sommer;* **b)** *Gefieder mancher Vogelarten im Sommer im Unterschied zum andersfarbigen Gefieder im Winter* (z. B. beim Schneehuhn); **~kleidung,** die: vgl. ~anzug; **~kollektion,** die: der Modeschöpfer bereitet, stellt seine S. vor; **~koog,** der: *nur durch einen Sommerdeich geschützter Koog (der bei Sturmtiden überflutet wird);* **~luft,** die: die warme, milde S.; **~mantel,** der: vgl. ~anzug; **~mode,** die: in der S. dieses Jahres sind wieder die hellen, leuchtenden Farben Trumpf; **~monat,** der: **a)** ⟨o. Pl.⟩ (veraltet) *Juni;* **b)** *einer der ins Sommerhalbjahr fallenden Monate, bes. Juni, Juli, August;* **~mond,** der ⟨o. Pl.⟩ (dichter. veraltet): svw. ↑~monat (a); **~morgen,** der: vgl. ~abend; **~nacht,** die: vgl. ~abend: eine milde, laue, helle S.; **~olympiade,** die: *im Sommer stattfindende Olympiade;* **~pause,** die: *(bei verschiedenen öffentlichen Einrichtungen eintretende) längere Unterbrechung der Tätigkeit, des Arbeitens in den Sommermonaten:* das Theater hat S.; der Wiederbeginn der parlamentarischen Arbeit nach der S.; **~quartier,** das: *Ort, an dem sich bestimmte Tiere während der Sommermonate aufhalten;* **~regen,** der: *meist leichterer Regen, wie er im Sommer fällt;* **~reifen,** der: *den Straßenverhältnissen u. Witterungsbedingungen in den Sommermonaten angepaßter Autoreifen mit feinerem, scharfkantigerem Profil;* **~reise,** die: *Urlaubsreise in den Sommermonaten;* **~residenz,** die: *Residenz eines Fürsten, in der er während des Sommers residiert;* **~saat,** die (Landw.): *Nutzpflanzen, die im Frühjahr gesät u. im Sommer geerntet werden;* **~sachen** ⟨Pl.⟩: vgl. ~anzug; **~saison,** die: *Saison* (a) *während der Sommermonate;* **~schlaf,** der (Zool.): *schlafähnlicher Zustand, in dem sich manche Tiere während der Hitzeperiode im Sommer in den Tropen u. Subtropen befinden;* **~schlußverkauf,** der: *im Sommer stattfindender Saisonschlußverkauf;* **~schuh,** der: vgl. ~anzug; **~semester,** das: *im Sommerhalbjahr liegendes Semester;* **~sitz,** der: vgl. ~residenz; **~sonne,** die: die heiße, helle, grelle S.; **~sonnenwende,** die: *Zeitpunkt, an dem die Sonne während ihres jährlichen Laufs ihren höchsten Stand erreicht;* **~spiele** ⟨Pl.⟩: **1.** *während der Sommerpause an bestimmten Orten stattfindende Reihe von Theateraufführungen.* **2.** *im Sommer abgehaltene Wettkämpfe der Olympischen Spiele;* **~sprosse,** die ⟨meist Pl.⟩ [2. Bestandteil frühnhd. sprusse, eigtl. = Hervorsprießendes]: *(im Sommer stärker hervortretender) kleiner, bräunlicher Fleck auf der Haut:* er hat rote Haare und -n; ihr Gesicht und ihre Arme waren mit -n übersät, dazu: **~sprossig** ⟨Adj.; nicht adv.⟩: *Sommersprossen aufweisend; mit Sommersprossen bedeckt:* ein -es Gesicht; -e Hände, Arme;

ein -er Junge *(ein Junge mit Sommersprossen im Gesicht);* **~stoff,** der: vgl. ~anzug: ein heller, bunter, leichter S.; **~tag,** der: **1. a)** *Tag im Sommer:* ein freundlicher, warmer, verregneter S.; helle -e; **b)** (Met.) *Tag, an dem eine Temperatur von 25 °C erreicht od. überschritten wird.* **2.** *in manchen Gegenden am Sonntag Lätare begangener Festtag, an dem mit Umzügen, Spielen, Liedern der Sieg des Sommers über den Winter gefeiert wird;* **~tags** ⟨Adv.⟩: *an Sommertagen* (1 a): weil er gern ... in seinem Garten pusselt s. und Bilder malt (Nachbar, Mond 70); **~theater,** das: vgl. ~spiele (1); **~urlaub,** der: vgl. ~reise: seinen S. nehmen; in S. fahren; **~vogel,** der (landsch., bes. schweiz.): *Schmetterling;* **~weg,** der (veraltend): *unbefestigter u. daher nur bei trockenem Wetter benutzbarer, meist am Rande einer Straße verlaufender Weg;* **~weide,** die: *Weide, auf der das Vieh den Sommer über bleiben kann;* **~weizen,** der (Landw.): vgl. ~getreide; **~wetter,** das: *warmes, heißes, trockenes Wetter, wie es im Sommer herrscht:* schönes, angenehmes S.; **~wind,** der: *leichter, warmer, lauer Wind, wie er im Sommer weht;* **~wohnung,** die: vgl. ~haus; **~wurz,** die [nach dem Auftreten im Sommer]: *an den Wurzeln vieler Kulturpflanzen als Parasit lebende Pflanze ohne Blattgrün;* **~zeit,** die: **1.** ⟨o. Pl.⟩ *Zeit, in der es Sommer ist:* die schöne S. ist da. **2.** *gegenüber der sonst allgemein geltenden Zählung um meist eine Stunde vorverlegte Zeit während der Sommermonate:* die S. einführen, wieder abschaffen.

sömmerig ['zœmərıç] ⟨Adj.; o. Steig.; nicht adv.⟩ (landsch.): svw. ↑einsommerig; **sommerlich** ⟨Adj.⟩ [mhd. sumerlich, ahd. sumarlīh]: **a)** *zur Zeit des Sommers üblich, herrschend:* -e Temperaturen; eine -e Wärme, Hitze; ein warmer, -er Tag, Abend; draußen ist es schon ganz s.; es war s. warm; **b)** *dem Sommer gemäß, für ihn angebracht, passend:* -e Kleidung; fröhliche, -e Farben; man kann sich jetzt schon s. kleiden; [1]**sommern** ['zɔmɐn] ⟨sw. V.; hat; unpers.⟩ [mhd. sumeren] (geh., selten): *Sommer werden:* es sommert schon.

[2]**sommern** [-] ⟨sw. V.; hat⟩ [nach dem Erfinder P. Sommer] (selten): *(abgefahrene Reifen von Kraftfahrzeugen) wieder mit Rillen versehen; die Rillen von Reifen nachschneiden:* die Reifen s. lassen; gesommerte Reifen.

sömmern ['zœmɐn] ⟨sw. V.; hat⟩ [zu ↑Sommer]: **1.** (landsch.) svw. ↑sonnen (1). **2.** (landsch.) *(das Vieh) auf die Sommerweide treiben, im Sommer auf der Weide halten.* **3.** (Fischereiw.) *(von bestimmten Teichen) zur Verbesserung des Bodens trockenlegen:* den Karpfenteich s.; **sommers** ⟨Adv.⟩ [mhd. (des) sumers]: *im Sommer, zur Zeit des Sommers, während des Sommers; jeden Sommer:* Drydens Lehnsessel, der im Winter unverrückbar am Feuer stand, wanderte s. auf den Balkon (Jacob, Kaffee 99); die Wege ..., die mein Freund ... Tag für Tag, s. und winters, gegangen war (Jens, Mann 104); er geht immer zu Fuß, s. wie winters.

sommers-, Sommers- (vgl. auch sommer-, Sommer-): **~anfang,** der: svw. ↑Sommeranfang; **~über** ⟨Adv.⟩: *im Sommer, sommers:* s. fahren sie immer aufs Land; **~zeit,** die ⟨o. Pl.⟩: svw. ↑Sommerzeit (1).

Sommerung, die; -, -en (Landw.): svw. ↑Sommergetreide.

Sömmerung, die; -, -en [zu ↑sömmern]: **1.** (landsch.) *das Sonnen.* **2.** (landsch.) *Auftrieb, Haltung von Vieh auf der Sommerweide.* **3.** (Fischereiw.) *das Trockenlegen von Teichen.*

Sommität [zɔmi'tɛ:t], die; -, -en [frz. sommité < lat. summitās = Spitze, zu: summus, ↑Summe] (bildungsspr. veraltet): *hochstehende Person.*

somnambul [zɔmnam'bu:l] ⟨Adj.; o. Steig.; nicht adv.⟩ [frz. somnambule, zu lat. somnus = Schlaf u. ambuläre = umhergehen]: **a)** *schlafwandelnd; mondsüchtig:* ein -es Kind; **b)** *schlafwandlerisch:* in ihrer Maske -er Traumverlorenheit (Kantorowicz, Tagebuch I, 333); ⟨subst.:⟩ sein Ausdruck habe etwas Seherisches und Somnambules (Th. Mann, Zauberberg 772); ⟨subst. zu a:⟩ **Somnambule,** der u. die; -n, -n ⟨Dekl. ↑Abgeordnete⟩: *jmd., der schlafwandelt;* **somnambulieren** [...bu'li:rən] ⟨sw. V.; hat/(auch:) ist⟩ (bildungsspr.): *schlafwandeln;* **Somnambulismus** [...'lısmʊs], der; - [frz. somnambulisme] (Med.): *das Schlafwandeln; Noktambulismus;* **somnolent** [...no'lɛnt] ⟨Adj.; o. Steig.; nicht adv.⟩ [spätlat. somnolentus = schlaftrunken] (Med.): *benommen, krankhaft schläfrig;* **Somnolenz** [...lɛnts], die; - [spätlat. somnolentia] (Med.): *Benommenheit, krankhafte Schläfrigkeit.*

son, sone ['zo:n(ə)] ⟨Demonstrativpron.⟩ [zusgez. aus: so ein(e)] (salopp): *solch:* son Kerl; sone nette Person; son altes Haus; sone [lauten] Gäste lade ich mir nicht mehr ein; mit sonen Leuten werden wir noch fertig; es gibt immer sone und solche (↑solch).

sonach [zo'na:x] ⟨Adv.⟩ (selten): *demnach:* die Anfrage geht s. von der Gewißheit aus, daß ... (Deutsche Medizinische Wochenschrift 47, 1968, 2288).

Sonagramm [zona-], das; -s, -e [zu lat. sonäre (↑Sonant) u. ↑-gramm] (Fachspr.): *graphische Darstellung einer akustischen Struktur* (z. B. der menschlichen Stimme); **Sonagraph,** der; -en, -en [↑-graph] (Fachspr.): *Gerät zur Aufzeichnung von Klängen u. Geräuschen;* **sonagraphisch** ⟨Adj.; o. Steig.; nicht präd.⟩ (Fachspr.): *mit einem Sonagraphen aufgezeichnet u. dargestellt;* **Sonant** [zo'nant], der; -en, -en [lat. sonāns (Gen.: sonantis) = tönend; Vokal, ajd. 1. Part. von: sonäre = tönen] (Sprachw.): *silbenbildender Laut (Vokal od. sonantischer Konsonant wie z. B. [l] in Dirndl);* **sonantisch** ⟨Adj.; o. Steig.; nicht adv.⟩ (Sprachw.): **a)** *den Sonanten betreffend;* **b)** *silbenbildend;* **sonar** [zo'na:ɐ̯], das; -s, -e [engl. sonar, Kurzwort für: **so**und **na**vigation **r**anging] (Technik): **1.** ⟨o. Pl.⟩ *Verfahren zur Ortung von Gegenständen im Raum, unter Wasser (z. B. Minen) mit Hilfe ausgesandter Schallimpulse.* **2.** svw. ↑Sonargerät; ⟨Zus.:⟩ **Sonargerät,** das (Technik): *Gerät, das mit Hilfe von Sonar* (1) *Gegenstände ortet;* **Sonata** [zo'na:ta], die; -, ...te: ital. Bez. für *Sonate* (Musik): S. a tre [a'tre:] *(Triosonate);* S. da camera [da 'ka:mera] *(Sonate mit meist drei Sätzen gleicher Tonart in der Folge schnell-langsam-schnell);* S. da chiesa [da'kie:za] *(Sonate mit vier in der Tonart verwandten, abwechselnd langsamen u. schnellen Sätzen; Kirchensonate);* **Sonate** [zo'na:tə], die; -, -n [ital. sonata, zu: sonare < lat. sonäre, ↑Sonant] (Musik): *zyklisch angelegte Instrumentalkomposition mit meist mehreren Sätzen* (4 b) *in kleiner od. solistischer Besetzung;* **Sonatenform,** die; - (Musik): svw. ↑Sonatensatz; **Sonatensatz,** der; -es (Musik): *formaler Verlauf bes. des ersten Satzes einer Sonate, Sinfonie, eines Kammermusikwerks o. ä., der sich meist in Exposition, Durchführung, Reprise [u. Koda] gliedert;* **Sonatensatzform,** die; - (Musik): svw. ↑Sonatensatz; **Sonatine** [zona'ti:nə], die; -, -n [ital. sonatina, Vkl. von: sonata, ↑Sonate] (Musik): *kleinere, leicht spielbare Sonate mit verkürzter Durchführung.*

Sonde ['zɔndə], die; -, -n [frz. sonde, H. u.]: **1.** (Med.) *stab-, röhren -od. schlauchförmiges Instrument, das zur Untersuchung od. Behandlung in Körperhöhlen od. Gewebe eingeführt wird:* eine S. in den Magen einführen; einen Patienten mit der S. ernähren; Ü zunächst einmal die kritische S. der Echtheitsprüfung (= in bezug auf Haydns Werke) anzulegen (Welt 28. 6. 65, 7). **2.** kurz für ↑Raumsonde. **3.** kurz für ↑Radiosonde. **4.** (Technik) *Vorrichtung zur Förderung von Erdöl od. Erdgas aus Bohrlöchern.*

sonder ['zɔndɐ] ⟨Präp. mit Akk.; meist in Verbindung mit Abstrakta⟩ [mhd. sunder, ahd. suntar = abseits, für sich] (geh. veraltend): *ohne:* s. allen Zweifel; Er ... treibt ihn (= den Preis) ein s. Nachsicht (Th. Mann, Joseph 639).

sonder-, Sonder-: **abdruck,** der ⟨Pl. -e⟩: svw. ↑~druck; **~abkommen,** das: *zusätzliches besonderes Abkommen;* **~abschreibung,** die (Wirtsch., Steuerw.): *auf besondere steuerliche Vorschriften zurückzuführende Abschreibung;* **~abteil,** das: *besonderes Abteil* (1 a), *bes. für bestimmte Fahrgäste:* ein S. für Frau und Kind; **~aktion,** die; **~anfertigung,** die: *besondere Anfertigung außerhalb der Serienproduktion;* **~angebot,** das: *auf eine kurze Zeitspanne beschränktes preisgünstiges Angebot einer Ware;* **~auftrag,** der: *besonderer Auftrag;* **~ausgabe,** die: **1.** *aus bestimmtem Anlaß herausgegebene, zusätzliche, [einmalige] Ausgabe bes. eines Druckwerks.* **2. a)** ⟨meist Pl.⟩ (Steuerw.) *private Aufwendungen, die bei der Ermittlung des [steuerpflichtigen] Einkommens abzuziehen sind;* **b)** svw. ↑Extraausgabe (2); **~ausstellung,** die: *zusätzlich [zu den ständig ausgestellten Werken in einem Museum] für einen kürzeren Zeitraum [zu einem bestimmten Thema] zusammengestellte Ausstellung* (2); **~ausweis,** der: *zusätzlicher, besonderer Ausweis;* **~beauftragte,** der u. die: vgl. ~botschafter; **~bedeutung,** die: *zusätzliche, besondere Bedeutung;* **~behandeln** ⟨sw. V.; hat⟩ (ns. verhüll.): *liquidieren* (3 b); **~behandlung,** die: **1.** *besondere, die betreffende Person bevorzugende Behandlung.* **2.** (ns. verhüll.) *Liquidierung* (3 b); **~berichterstatter,** der: *Berichterstatter, der über besondere Ereignisse an einem bestimmten Ort berichtet;* **~botschafter,** der: *Botschafter mit besonderer*

Mission; **~briefmarke,** die: *aus einem bestimmten Anlaß herausgebrachte Briefmarke [mit darauf Bezug nehmendem Motiv];* **~bus,** der: *für eine Sonderfahrt eingesetzter Bus;* **~dezernat,** das: *Dezernat für besondere Aufgaben;* **~druck,** der ⟨Pl. -e⟩: *als selbständiges Druckwerk veröffentlichter Abdruck eines einzelnen Beitrags aus einem Sammelwerk od. eines Kapitels o. ä. aus einer Monographie.* **2.** (selten) *Sonderausgabe* (1); **~entwicklung,** die; **~erlaubnis,** die: vgl. ~ausweis; **~fahrkarte,** die: *besondere [verbilligte] [Eisenbahn]fahrkarte (für einen bestimmten Personenkreis, für bestimmte nähere Reiseziele);* **~fahrt,** die: *Fahrt außerhalb des Fahrplans od. eines Programms;* **~fall,** der: *eine Ausnahme darstellender, einzelner Fall* (2 b): dort ist unsere Jugendform ein S. (Medizin II, 42); Überdies ist er ein S., kein Typus (Niekisch, Leben 103); **~flugzeug,** das: vgl. ~zug; **~form,** die: *besondere Form:* die Gotik entwickelt daneben die S. der ... Filigraninitiale (Bild. Kunst III, 64); **~friede[n],** der: *zwischen einzelnen von mehreren Staaten geschlossener Frieden;* **~genehmigung,** die: vgl. ~ausweis; **~gericht,** das: **1.** (ns.) *bei einem Oberlandesgericht gebildetes Gericht zur raschen Aburteilung politischer Straftaten.* **2.** *Gericht, das auf einem bestimmten Sachgebiet an Stelle eines sonst zuständigen Gerichts entscheidet (z. B. Ehrengericht);* **~gleichen:** ↑sondergleichen; **~heft,** das: *Heft einer Zeitschrift als Sonderausgabe;* **~interessen** ⟨Pl.⟩: *von einer bestimmten Gruppe, von einem einzelnen verfolgte spezielle Interessen:* S. haben; **~kindergarten,** der: *Kindergarten für lernbehinderte Kinder;* **~klasse,** die ⟨o. Pl.⟩: **1.** (ugs.) *hervorragende Qualität [in bezug auf jmds. Leistungen]:* Der Infanterieoberst ... hatte nicht zuviel gesagt: dieses Schloß war S. (*großartig, einzigartig;* Kuby, Sieg 389). **2.** *besondere Klasse in der Klassenlotterie;* **~kommando,** das: *Kommando* (3 a) *für besondere Einsätze;* **~kommission,** die: *für einen besonderen Zweck eigens zusammengestellte Kommission:* eine S. der Kriminalpolizei; **~konto,** das: *für bestimmte [wohltätige] Zwecke eingerichtetes Konto;* **~korrespondent,** der: vgl. ~berichterstatter; **~kultur,** die (Landw.): *auf Teilflächen eines landwirtschaftlichen Betriebes dauernd angebaute aufwendige Kultur* (3 b; z. B. Weinreben, Gewürzpflanzen); **~marke,** die: kurz für ↑~briefmarke; **~maschine,** die: svw. ↑~flugzeug; **~meldung,** die: **1.** (ns.) *im 2. Weltkrieg das Rundfunkprogramm unterbrechende Meldung über einen Sieg der deutschen Streitkräfte.* **2.** (seltener) vgl. ~sendung: der NDR bringt laufend -en über das Ausmaß der Sturmflut; **~messing,** das: *mit Zusätzen von Aluminium, Eisen, Mangan, Nickel u. a. legiertes, festes u. korrosionsbeständiges Messing;* **~mission,** die: *besondere Mission* (1); **~müll,** der: *[giftige] Abfallstoffe, die wegen ihrer Gefährlichkeit nur in besonderen Anlagen beseitigt od. in entsprechenden Deponien gelagert werden;* **~nummer,** die: **1.** *Sonderausgabe einer Zeitung, Zeitschrift.* **2.** *zusätzliche, besondere Nummer* (2 a); **~pädagoge,** der usw.: svw. ↑Heilpädagoge usw.; **~postwertzeichen,** das (Postw.): svw. ↑~briefmarke; **~prägung,** die: vgl. ~briefmarke; **~preis,** der: *reduzierter Preis;* **~programm,** das: *zusätzliches, besonderes Programm* (1 a, 3, 5); **~ration,** die: *zusätzliche Ration;* **~recht,** das: svw. ↑Privileg; **~schau,** die: vgl. ~ausstellung; **~schicht,** die: *zusätzliche Arbeitsschicht;* **~schule,** die: *allgemeinbildende Pflichtschule für körperlich od. geistig behinderte od. für schwer erziehbare Kinder u. Jugendliche,* dazu: **~schüler,** der, **~schülerin,** die: w. Form zu ↑~schüler, **~schullehrer,** der, **~schullehrerin,** die: w. Form zu ↑~schullehrer; **~sendung,** die: *in das eigentliche Programm eingeschobene Rundfunk-, Fernsehsendung;* **~sitzung,** die: *aus einem besonderen Anlaß außer der Reihe stattfindende Sitzung;* **~sprache,** die (Sprachw.): *sich bes. im Wortschatz von der Gemeinsprache unterscheidende, oft der Abgrenzung, Absonderung dienende Sprache einer sozialen Gruppe;* **~status,** der: *besonderer rechtlicher, politischer, sozialer Status:* der S. von Berlin; einen S. garantieren, verletzen; **~stellung,** die ⟨Pl. selten⟩: *besondere, privilegierte Stellung einer Person, seltener einer Sache innerhalb eines Ganzen:* die S. der Menschen in der Natur; die Landwirtschaft nimmt gegenüber den anderen Wirtschaftszweigen eine [gewisse] S. ein; **~stempel,** der: *Poststempel, der auf eine besondere Veranstaltung hinweist, auf einen bestimmten Anlaß Bezug nimmt;* **~tarif,** der: *besonderer [reduzierter] Tarif* (z. B. Nachttarif); **~urlaub,** der (Milit.): *aus besonderem Anlaß gewährter zusätzlicher Urlaub;* **~vermögen,** das (jur.): *Vermögen, dem das Gesetz eine rechtliche Sonderstellung einräumt, ohne daß eine juristische Person mit eigener Rechtspersönlichkeit besteht* (z. B. Vermögen einer Gesellschaft des bürgerlichen Rechts, einer offenen Handelsgesellschaft; die Bundesbahn, Bundespost); **~vollmacht,** die: *zusätzliche, besondere Vollmacht;* **~vorstellung,** die: *zusätzliche Vorstellung [für einen bestimmten Zweck];* **~wunsch,** der ⟨meist Pl.⟩: *zusätzlicher, besonderer Wunsch:* nicht alle Sonderwünsche erfüllen können; ... die (= Ausgleichsfeder) auf S. in die ... Personenwagen ... eingebaut werden kann (Auto 8, 1965, 42); **~zug,** der: *außerhalb des Fahrplans aus besonderem Anlaß verkehrender Zug:* Sonderzüge für Gastarbeiter (MM 22. 3. 66, 11); ... fuhren die Generale ... in einem S. an die Front (Leonhard, Revolution 246); **~zuteilung,** die: vgl. ~ration.

sonderbar ['zɔndɐba:ɐ̯] ⟨Adj.⟩ [mhd. sunderbære, -bar = besonder ..., ausgezeichnet, spätahd. sundirbær, -bāre = abgesondert]: *vom Üblichen, Gewohnten, Erwarteten abweichend u. deshalb Verwunderung od. Befremden hervorrufend; merkwürdig, eigenartig:* ein -er Mensch, Gast; ein -es Erlebnis, Gefühl; sein Benehmen war s.; er ist heute, manchmal so s.; ich finde es s., daß ...; s. aussehen; jmdn. s. ansehen; sich s. benehmen; Zu Hause war dann alles so s. still (R. Walser, Gehülfe 173); **sonderbarerweise** ⟨Adv.⟩: *obwohl es sonderbar ist, anmutet;* **Sonderbarkeit,** die; -, -en: **a)** ⟨o. Pl.⟩ *das Sonderbarsein; sonderbare Beschaffenheit, [Wesens]art;* **b)** *sonderbare Äußerung, Handlung o. ä.;* **sondergleichen** ⟨Adv., nur nachgestellt bei Subst.⟩ [aus ↑sonder u. ↑-gleichen] (emotional verstärkend): *in seiner Art, seinem Ausmaß unvergleichlich, ohne Beispiel; ohnegleichen:* eine Frechheit, Kaltblütigkeit, Rücksichtslosigkeit s.; sie bestand darauf mit einer Hartnäckigkeit s.; **Sonderheit,** die; -, -en [mhd. sunderheit] (selten): *Besonderheit;* **sonderlich** ['zɔndɐlɪç; mhd. sunderlich, ahd. suntarlīh = abgesondert; ungewöhnlich]: **I.** ⟨Adj.⟩ **1.** ⟨o. Steig.⟩ (nur in Verbindung mit einer Verneinung o. ä.) **a)** ⟨nur attr.⟩ *besonders, außergewöhnlich groß, stark usw.:* er hat keine -e Freude daran; etw. ohne -e Mühe schaffen; ⟨subst.:⟩ das hat nichts Sonderliches *(Besonderes)* zu bedeuten; **b)** ⟨verstärkend bei Adj. u. V.⟩ *besonders, sehr:* ein nicht s. überraschendes Ergebnis; sie hat sich nicht s. gefreut; nicht ortskundig genug ..., um beim Suchen s. helfen zu können (Jahnn, Nacht 91); es geht ihm nicht s. *(nicht besonders gut).* **2.** *sonderbar, seltsam:* ein -er Mensch; -e Angewohnheiten; jmdm. wird s. zumute. **II.** ⟨Adv.⟩ (österr., schweiz., sonst veraltet) *insbesondere, besonders, vor allem:* s. im Herbst; s. der eine; ⟨Abl. zu I, 2:⟩ **Sonderlichkeit,** die; -, -en: svw. ↑Sonderbarkeit; **Sonderling** ['zɔndɐlɪŋ], der; -s, -e [zu mhd. sunder = abgesondert]: *jmd., der sich von der Gesellschaft absondert u. durch sein sonderbares, seltsames, von der Norm stark abweichendes Wesen auffällt:* ein weltfremder, menschenscheuer S.; [1]**sondern** ['zɔndɐn] ⟨sw. V.; hat⟩ /vgl. gesondert/ [mhd. sundern, ahd. suntarōn = trennen, unterscheiden] (geh.): *von jmdm., etw. trennen, scheiden, entfernen; zwischen bestimmten Personen od. Dingen eine Trennung bewirken:* die kranken Tiere von den gesunden s.; es war Hanok dermaßen klug und fromm ..., daß er sich von den Menschen sonderte *(fernhielt, absonderte;* Th. Mann, Joseph 115); [2]**sondern** [-] ⟨Konj.⟩ [spätmhd. (md.) sundern = ohne; außer; aber]: dient nach einer verneinten Aussage dem Ausdrücken, Hervorheben einer Verbesserung, Berichtigung, einer anderen, gegensätzlichen Aussage; *vielmehr; richtiger gesagt, im Gegenteil:* er zahlte nicht sofort, s. überwies den Betrag durch die Bank; nicht er hat es getan, s. sie; das ist nicht grün, s. blau; dieser Humor ist eben kein Ausdruck überschäumender Lebensfreude, s. eher eine Haltung (Spiegel 8, 1968, 90); Es ist der Augenblick, in das Thermenmuseum hinüberzugehen, nicht weil es ein Museum ist, s. um den alten Göttern ... die Referenz zu erweisen (Koeppen, Rußland 179); ⟨in der mehrteiligen Konj.:⟩ nicht nur ..., s. [auch]; **sonders** ['zɔndɐs]: ↑samt (II); **Sonderung,** die; -, -en [mhd. sunderunge] (geh.): *das Sondern; Trennung, Scheidung* (2).

sondieren [zɔn'di:rən] ⟨sw. V.; hat⟩ [frz. sonder, zu: sonde, ↑Sonde]: **1.** (bildungsspr.) *etw. [vorsichtig] erkunden, erforschen, um sein eigenes Verhalten, Vorgehen der Situation anpassen zu können, die Möglichkeiten zur Durchführung eines bestimmten Vorhabens abschätzen zu können:* die öffentliche Meinung s.; Als sie ans Fenster eilten, um die Lage zu s. (MM 6. 6. 70, 6); ein Terrain s.; wollen wir einmal vorsichtig s. lassen, wer zum Kauf in Frage käme (Edschmid, Liebesengel 137); sondierende Gespräche *(Sondierungsgespräche)* in Moskau (Dönhoff, Ära 122). **2. a)** (Med.) *[mit einer Sonde* (1)*] medizinisch untersuchen:* eine Wunde, den Magen s.; ⟨auch o. Akk.-Obj.:⟩ Der Doktor kam ..., sondierte mit Stethoskop und Spatel, war erstaunt (Lentz, Muckefuck 126); **b)** *mit Hilfe technischer Geräte, Sonden o. ä. untersuchen:* den Boden s.; Elektrisch sondiert er die Hohlräume, dann bohrt er das Grab an (Ceram, Götter 443). **3.** (Seew.) *loten* (1), *die Wassertiefe messen:* da wir uns in unbekannten Gewässern befanden, mußten wir ständig s.; wir sondierten *(maßen)* 50 Faden Wassertiefe; ⟨Abl.:⟩ **Sondierung,** die; -, -en: **1.** *das Sondieren.* **2.** ⟨meist Pl.⟩ svw. ↑Sondierungsgespräch: die ... -en in Stockholm über einen Waffenstillstand zwischen Hitler-Deutschland und der Sowjetunion (Leonhard, Revolution 243); ⟨Zus. zu 2:⟩ **Sondierungsgespräch,** das: *Gespräch, bei dem die Haltung des Gesprächspartners zu einer bestimmten Frage sondiert werden soll:* Darüber führte der Minister ... mit dänischen Regierungsstellen -e (Spiegel 48, 1965, 47).

sone: ↑son.

Sonett [zo'nɛt], das; -[e]s, -e [ital. sonetto, eigtl. = „Klinggedicht", zu: s(u)ono < lat. sonus = Klang, Ton, zu: sonāre, ↑Sonant] (Dichtk.): *gereimtes Gedicht, das gewöhnlich aus zwei (auf Grund des Reimschemas eine Einheit bildenden) vierzeiligen u. zwei sich daran anschließenden (ebenfalls eine Einheit bildenden) dreizeiligen Strophen besteht:* ein S. von Petrarca, Shakespeare, Rilke; ⟨Zus.:⟩ **Sonettenzyklus,** der.

Song [sɔŋ], der; -s, -s [engl. song = Lied]: **1.** (ugs.) *Lied (der populären Unterhaltungsmusik o. ä.):* ein S. von den Beatles, von Woody Guthrie. **2.** *(musikalisch u. textlich meist einfaches) einprägsames, oft als Sprechgesang vorgetragenes Lied mit zeitkritischem, sozialkritischem, satirischem, lehrhaftem o. ä. Inhalt:* ein S. von Brecht, aus der Dreigroschenoper; ⟨Zus.:⟩ **Songdichter,** der: *jmd., der Texte zu Songs* (2) *schreibt.*

sonn-, Sonn- (vgl. sonnen-, Sonnen-): **~abend** usw.: ↑Sonnabend usw.; **~durchflutet, ~durchglüht, ~gebräunt** (österr., schweiz.): svw. ↑sonnendurchflutet, -durchglüht, -gebräunt; **~seite,** die (österr., schweiz.): svw. ↑Sonnenseite (Ggs.: Schattseite), dazu: **~seitig** ⟨Adj.; o. Steig.⟩ (österr., schweiz.): svw. ↑sonnenseitig (Ggs.: schattseitig); **~tag** usw.: ↑Sonntag usw.; **~verbrannt** (österr., schweiz.): svw. ↑sonnenverbrannt; **~wende,** die: svw. ↑Sonnenwende, dazu: **~wendfeier,** die: *am Tag der Sommersonnenwende geübter Brauch bes. des Anzündens von Sonnwendfeuern auf den Bergen;* **~wendfeuer,** das [mhd. sunnewentviur]: *Feuer, das am Tag der Sonnwende im Freien bes. auf den Bergen angezündet wird.*

Sonnabend ['zɔn|a:bn̩t], der; -s, -e [mhd. sun[nen]abent, ahd. sunūnāband, LÜ von aengl. sunnanǣfen, eigtl. = Vorabend vor Sonntag] (regional, bes. nordd.): svw. ↑Samstag; **Sonnabend-:** vgl. Dienstag-; **sonnabendlich, sonnabends:** vgl. dienstäglich usw.

Sonne ['zɔnə], die; -, -n [mhd. sunne, ahd. sunna]: **1.** ⟨o. Pl.⟩ **a)** *als gelb bis rötlich leuchtende Scheibe am Himmel erscheinender, der Erde Licht u. Wärme spendender Himmelskörper:* die aufgehende, untergehende, leuchtende S.; die goldene, liebe S. (dichter.); die herbstliche, winterliche, abendliche S. *(die Sonne im Herbst, Winter, am Abend);* In New York schien eine kraftlose *(winterliche)* S. (Simmel, Stoff 606); die S. geht auf, geht unter; die S. scheint, steht hoch am Himmel, steht im Mittag (geh.), sinkt hinter den Horizont; heute kommt die S. nicht heraus *(sie bleibt verborgen hinter Wolken od. Nebel);* die S. brennt vom Himmel herab, bricht durch die Wolken; die S. lacht *(scheint von einem wolkenlosen Himmel)*, meint es gut heute *(scheint sehr warm)*, hat sich hinter den Wolken versteckt *(ist von Wolken verdeckt)*, sticht *(scheint grell u. heiß);* die S. im Rücken haben *(von der Sonne abgewandt gehen, sitzen o. ä.);* gegen die S. fotografieren, spielen; in die S. gucken, blinzeln; er ist der glücklichste Mensch unter der S. (geh.; *ist sehr glücklich*); R es gibt [doch] nichts Neues unter der S. (*auf der Welt*; nach Pred. 1, 9); sie lebten unter südlicher S. (geh.: *im Süden, in südlichen Breiten*); Spr die S. bringt es an den Tag; es ist nichts so fein gesponnen, es kommt doch an das Licht der -n *(auch was man ganz verborgen halten möchte, kommt eines Tages heraus, wird bekannt);* Ü (dichter.:) die S. des Glücks, der Liebe, des Friedens, der Freiheit; **b)** *Licht [u. Wärme] der Sonne; Sonnenstrahlen; Sonnenschein:* eine gleißende, sengende S.; die S. hat ihn gebräunt, hat sein Haar gebleicht; S. lag über dem Land (geh.; *es lag im Sonnenschein*); die S. sengt, brennt; hier gibt es nicht viel S.; das Kind hat die S. im Gesicht *(Sonnenschein fällt auf sein Gesicht);* die S. meiden, nicht vertragen können; das Zimmer hat den ganzen Tag über S.; er ließ sich die S. auf den Pelz brennen (ugs.; *saß, lag in der prallen Sonne*); geh mir aus der S.! (1. *geh' mir aus dem Licht.* 2. *mach', daß du wegkommst*); in der prallen S. sitzen; er legt sich stundenlang in die S.; sein Gesicht, die Landschaft ist von der abendlichen S. beschienen; die Pflanzen vor zu starker S. schützen; die ganze Natur war von der unbarmherzigen S. verbrannt; sich von der/in der S. braten lassen (ugs.; *bräunen lassen*); ***S. im Herzen haben** (veraltend; *ein fröhlicher Mensch sein*). **2.** (Astron.) *zentraler Stern eines Sonnensystems.* **3.** (seltener) **a)** kurz für ↑Heizsonne; **b)** kurz für ↑Höhensonne; **sonnen** ⟨sw. V.; hat⟩ [mhd. sunnen]: **1. a)** ⟨s. + sich⟩ *sich von der Sonne bescheinen lassen, ein Sonnenbad nehmen:* sich [auf dem Balkon] s.; **b)** (landsch.) *etw. der Sonnenbestrahlung aussetzen, an, in die Sonne legen:* die Betten s. **2.** ⟨s. + sich⟩ *etw. selbstgefällig, mit Behagen genießen:* sich in seinem Ruhm, Glück, Erfolg s.; auf dem Felsen sonnt sich ein Löwe.

sonnen-, Sonnen-: **~aktivität,** die ⟨o. Pl.⟩ (Astron., Met., Physik): *Gesamtheit der kurzzeitigen physikalischen Vorgänge auf der Sonne;* **~anbeter,** der (scherzh.): *jmd., der sich gern u. häufig in der Sonne aufhält, der Sonne aussetzt (um braun zu werden);* **~anbeterin,** die (scherzh.): w. Form zu ↑~anbeter; **~anbetung,** die ⟨o. Pl.⟩: vgl. ~kult (1); **~arm** ⟨Adj.; nicht adv.⟩ (Met.): *mit wenig Sonnenschein:* -e Jahre; **~aufgang,** der: *das Aufgehen* (1) *der Sonne am Morgen:* S. ist heute um 7.23 Uhr; einen S. beobachten; bei, nach, vor S.; **~auge,** das: *der Sonnenblume ähnliche, größere Pflanze mit blaßgelben Blüten;* **~bad,** das: vgl. Luftbad; **~baden** ⟨sw. V.; hat; bes. im Inf. u. im 2. Part. gebr.⟩: *ein Sonnenbad, Sonnenbäder nehmen;* **~bahn,** die (Astron.): *Bahn, in der sich die Sonne scheinbar um die Erde bewegt;* **~balkon,** der: vgl. ~terasse; **~ball,** der (dichter.): *die Sonne;* **~bank,** die ⟨Pl. ...bänke⟩: *die Bräunung des ganzen Körpers bewirkendes, einer [1]Bank* (1) *ähnliches Gerät mit UV-Strahlung;* **~barsch,** der: *seitlich abgeflachter, farbenprächtiger Barsch mit hohem Rücken u. ungeteilter Rückenflosse;* **~batterie,** die (Physik, Elektrot.): *flächenhaft angeordnete Vielzahl von Sonnenzellen, die Sonnenenergie in Elektroenergie umwandeln; Solarbatterie; Solarzellengenerator;* **~beglänzt** ⟨Adj.; o. Steig.; nicht adv.⟩ (dichter.): vgl. ~beschienen; **~beheizt** ⟨Adj.; o. Steig.; nicht adv.⟩ (Technik): *mit Hilfe von Sonnenenergie beheizt:* ein -es Schwimmbad; **~beobachtung,** die: *das Beobachten der Sonne [mit bestimmten astronomischen Geräten];* **~beschienen** ⟨Adj.; o. Steig.; nicht adv.⟩ (geh.): *von der Sonne beschienen;* **~bestrahlung,** die: etw., sich [nicht] der S. aussetzen; **~blatt,** das (Bot.): *Blatt eines Laubbaums, das auf der der Sonne zugekehrten Seite der Baumkrone wächst;* **~blende,** die: **1.** *Blende, die Sonnenlicht abhält.* **2.** (Fot.) *Aufsatz auf dem Objektiv einer Kamera zum Abschirmen des einfallenden Sonnenlichts bei Gegenlichtaufnahmen; Gegenlichtblende;* **~blume,** die: *sehr hoch wachsende Pflanze mit rauhen Blättern an einem dicken Stengel und einer großen, scheibenförmigen Blüte, bei der der Samenstand von einem Kranz relativ kleiner, leuchtend gelber Blütenblätter gesäumt ist,* dazu: **~blumenkern,** der ⟨meist Pl.⟩: *ölhaltiger Same der Sonnenblume,* **~blumenöl,** das: *aus Sonnenblumenkernen gepreßtes Speiseöl;* **~brand,** der: **1.** *durch zu starke Einwirkung der Sonne hervorgerufene starke Rötung od. Entzündung der Haut:* einen S. haben, bekommen, kriegen; sich einen S. holen. **2.** *Zerstörung von Gewebe an Pflanzen durch übermäßig starke Sonneneinstrahlung.* **3.** (geh.) vgl. ~glut; **~bräune,** die: *durch Sonneneinwirkung bewirkte braune Färbung der Haut:* ihre S. ist echt; **~braut,** die: *Zierpflanze mit in Dolden wachsenden gelben bis dunkelbraunen Blüten mit wulstigem braunem bis schwarzem Körbchen* (3); **~brett,** das (selten): *(in Schwimmbädern) Lattenrost zum Darauflagern;* **~brille,** die: *Brille mit dunkelgetönten Gläsern, die die Augen vor zu starker Helligkeit des Sonnenlichts schützen soll;* **~creme,** die: vgl. ~schutzmittel; **~dach,** das: vgl. ~schirm; **~deck,** das: *oberstes, nicht überdachtes Deck auf*

Passagierschiffen; **~durchflutet** ⟨Adj.; nicht adv.⟩ (geh.): *von Sonne durchflutet:* ein -er Raum; **~durchglüht** ⟨Adj.; nicht adv.⟩ (geh.): vgl. ~durchflutet; **~einstrahlung,** die (Met.): svw. ↑Insolation (1): eine hohe, intensive, geringe S.; **~energie,** die (Physik): *im Innern der Sonne erzeugte Energie, die an die Oberfläche der Sonne gelangt u. von dort abgestrahlt wird; Solarenergie:* die Nutzung von S.; Umwandlung von S. in Elektroenergie; **~fackel,** die (Astron.): *Protuberanz* (1), *die sich anscheinend im Raum über der Chromosphäre bildet;* **~farm,** die (Technik): *Sonnenkraftanlage [in sonnenreichen Gebieten] mit sehr vielen, auf großer Fläche angeordneten Sonnenkollektoren, in dem Sonnenenergie in größerem Maße gewonnen wird; Solarfarm;* **~ferne,** die (Astron.): svw. ↑Aphel; **~fernrohr,** das: *Fernrohr für eine Betrachtung der Sonne;* **~finsternis,** die (Astron.): *Finsternis* (2), *die eintritt, wenn die Sonne ganz od. teilweise durch den Mond verdeckt ist:* eine totale, partielle S.; **~fisch,** der: **1.** svw. ↑~barsch. **2.** svw. ↑Mondfisch; **~fleck,** der ⟨meist Pl.⟩ (Astron.): **1.** *Gebiet auf der Oberfläche der Sonne, das sich durch seine dunklere Färbung von der Umgebung abhebt.* **2.** (seltener) svw. ↑Sommersprossen: ihre ... Nase ganz von winzigen -en gesprenkelt (Fussenegger, Zeit 19). **3.** (geh.) *von der Sonne beschienene Stelle auf einer im übrigen im Schatten liegenden Fläche:* Es ist hell im Zimmer, ein paar -en liegen auf dem ... Boden (Fallada, Mann 168); **~gebräunt** ⟨Adj.; Steig. selten; nicht adv.⟩: -e Urlauber; **~geflecht,** das (Physiol.): *der Schlagader des Bauches aufliegendes, die Bauchorgane versorgendes Nervengeflecht des sympathischen Nervensystems; Solarplexus;* **~gelb** ⟨Adj.; o. Steig.; nicht adv.⟩: *von einem leuchtenden, satten Gelb;* **~gereift** ⟨Adj.; o. Steig.; nicht adv.⟩: *in der Sonne zur Reife gelangt:* -e Früchte; **~gestirn,** das (dichter.): svw. ↑Sonne; **~glanz,** der (dichter.): *helles Sonnenlicht;* **~glast,** der (dichter.): vgl. ~glanz; **~glut,** die: *große Sonnenhitze;* **~gott,** der (Rel.): *männliche Gottheit, in der die Sonne verkörpert ist;* **~göttin,** die: vgl. ~gott; **~haus,** das: *Gebäude, das mit Sonnenenergie versorgt, bes. beheizt wird;* **~heizung,** die: *Heizungsanlage, die mit Sonnenenergie betrieben wird;* **~hell** ⟨Adj.; nicht adv.⟩ (dichter.): *hell von Sonnenlicht:* der Himmel wolkig und s. (Kaschnitz, Wohin 211); **~hitze,** die ⟨o. Pl.⟩: *Hitze, die durch Sonnenstrahlung entsteht;* **~hunger,** der: *großes Verlangen nach Sonnenschein, nach sonnigem Wetter,* dazu: **~hungrig** ⟨Adj.; nicht adv.⟩: -e Urlauber; **~hut,** der [2: nach den großen, breitblättrigen Blüten]: **1.** *Hut mit breitem Rand, der gegen die Sonne schützen soll.* **2.** *hochwachsende Pflanze mit verschieden großen Blüten, deren Blütenblätter zwischen gelb u. weinrot variieren; Rudbeckie;* **~jahr,** das (Astron.): *Zeitraum, innerhalb dessen die Erde alle Jahreszeiten durchläuft; Solarjahr;* **~klar** ⟨Adj.; nicht adv.⟩: **1.** ['---] (geh.) *klar u. hell; voll Sonne:* Es war ein -er Frühlingstag (Zwerenz, Quadriga 7). **2.** ['--'-] (ugs.) *ganz eindeutig, offensichtlich; keinen Zweifel lassend:* ein -er Fall, Beweis; die Sache ist s., er ist der Täter; **~kleid,** das (selten): *Kleid, dessen Oberteil nur schmale Träger u. keine Ärmel hat; Strandkleid;* **~kollektor,** der ⟨meist Pl.⟩ (Energietechnik): *Vorrichtung, mit deren Hilfe Sonnenenergie absorbiert wird; Solarkollektor;* **~korona,** die (Astron.): svw. ↑Korona (1); **~kraftanlage,** die (Energietechnik): *Anlage, die mit Hilfe von Sonnenkollektoren Sonnenenergie in Wärmeenergie umwandelt; Solarkraftmaschine* (z. B. Sonnenofen, -wärmekraftwerk); **~kraftwerk,** das: kurz für ↑~wärmekraftwerk; **~kringel,** der ⟨meist Pl.⟩: *Kringel* (1), *den das (durch etw. Löchriges fallende) Sonnenlicht auf einer Fläche bildet;* **~kugel,** die (selten): vgl. ~ball; **~kult,** der (Rel.): *Verehrung der Sonne als göttliches Wesen;* **~licht,** das ⟨o. Pl.⟩: *das von der Sonne ausgehende Licht:* grelles S.; **~liege,** die: svw. ↑~bank; **~los** ⟨Adj.; nicht adv.⟩: vgl. ~arm; **~nah** ⟨Adj.⟩ (Astron.): *der Sonne nah;* **~nähe,** die (Astron.): svw. ↑Perihel; **~oberfläche,** die; **~ofen,** der (Energietechnik): *großes Gebäude, dessen Vorderseite von einem Parabolspiegel eingenommen wird, der die Sonnenstrahlen absorbiert, die dann in Wärmeenergie umgewandelt werden;* **~öl,** das: svw. ↑~schutzöl; **~paddel,** das [die ausgeklappte Fläche wird mit einem Paddel verglichen] (Raumf.): *ausklappbare Fläche an einer Sonnensonde, auf der die für die Energieversorgung der Sonde notwendigen Sonnenbatterien angeordnet sind;* **~parallaxe,** die (Astron.): *Parallaxe* (2) *der Sonne;* **~pflanze,** die (Bot.): *Pflanze, die zu ihrem Wachstum eine hohe Lichtintensität braucht* (Ggs.: Schattenpflanze); **~plissee,** das [nach dem Vergleich mit (stilisierten) Sonnenstrahlen, die zur Erde fallen]: *Plissee, dessen Falten von oben nach unten breiter werden u. entsprechend aufspringen;* **~protuberanz,** die ⟨meist Pl.⟩ (Astron.): svw. ↑Protuberanz (1); **~rad,** das (oft geh.): *als Rad gedachte od. dargestellte Sonne;* **~ralle,** die: *mit den Rallen verwandter, in Mittel- u. Südamerika heimischer, auf Bäumen nistender, relativ hochbeiniger Vogel mit langem Hals u. spitzem Schnabel;* **~reich** ⟨Adj.; nicht adv.⟩ (Met.): vgl. ~arm; **~reiher,** der: svw. ↑~ralle; **~röschen,** das [die Blüten öffnen sich nur bei Sonnenschein]: *niedriger Strauch mit kleinen, eiförmigen Blättern u. verschiedenfarbigen, in der Form der Heckenrose ähnlichen, kleineren Blüten;* **~rose,** die (landsch.): svw. ↑~blume; **~scheibe,** die: vgl. ~rad; **~schein,** der ⟨o. Pl.⟩: *das Scheinen der Sonne:* draußen ist schönster S.; sie hatten bei S. das Haus verlassen; sie saßen im strahlenden S.; Ü nach der frohen Kunde herrscht in der Familie eitel S. (veraltend; noch scherzh.; *war beste Stimmung*); R des kleinen Mannes S. *(liebste Beschäftigung)* ist bumsen und besoffen sein. **2.** (fam.) *geliebtes Kind:* mein kleiner S.!; unser S. ist gestorben; Sie ist ein richtiger kleiner S. (*sie [ein Kind] macht ihrer Umgebung große Freude;* Bieler, Mädchenkrieg, 411), zu 1: **~scheindauer,** die (Met.): *Dauer der direkten Sonnenstrahlung;* **~schirm,** der: **1.** vgl. Regenschirm: die Damen halten -e über sich. **2.** *großer, im Freien, auf dem Balkon o. ä. aufzustellender Schirm* (1 a) *als Schutz gegen die Sonne;* **~schutz,** der: vgl. ↑Regenschutz; **~schutzcreme,** die: vgl. ~schutzmittel; **~schutzmittel,** das: *kosmetisches od. medizinisches Mittel, das die Haut vor zu intensiver Sonnenbestrahlung schützt;* **~schutzöl,** das: vgl. ~schutzmittel; **~segel,** das: **1.** *aufspannbares Schutzdach aus Segeltuch zum Schutz gegen die Sonne.* **2.** *(bei Raumflugkörpern) Vorrichtung zur möglichen Nutzung von Sonnenenergie während des Raumflugs;* **~seite,** die: vgl. Schattenseite (Ggs.: Schattenseite), dazu: **~seitig** ⟨Adj.; o. Steig.⟩: *auf der Sonnenseite:* ein -er Standort; **~sicher** ⟨Adj.; nicht adv.⟩: *Gewähr für Sonnenschein bietend:* der -e Süden; **~sonde,** die (Astron.): *Sonde* (2), *die der Erforschung der physikalischen Vorgänge im sonnennahen Raum u. der Sonne selbst dient;* **~spiegel,** der: svw. ↑[1]Heliotrop (3); **~spitze,** die [nach den runden Motiven] (Handarb.): *aus relativ kleinen, einzeln gearbeiteten, meist runden Motiven bestehende Spitze, die aus gespannten, mit Stopfstichen durchwirkten Fäden besteht; Solspitze, Teneriffaspitze;* **~stand,** der: *Stand der Sonne am Himmel;* **~stäubchen,** das ⟨meist Pl.⟩: *in der Luft schwebende Staubpartikel (die in einem in einen schattigen Bereich fallenden Sonnen- od. Lichtstrahl sichtbar werden);* **~stern,** der [nach der Ähnlichkeit mit einer stilisierten Sonne]: *Seestern mit relativ großem Körper u. kurzen Armen;* **~stich,** der (Med.): *durch starke Sonnenbestrahlung auf den Kopf verursachte Reizung der Hirnhaut mit starken Kopfschmerzen, Schwindel u. Übelkeit u. a.; Heliosis;* vgl. Insolation (2): einen S. haben, bekommen; *** einen S. haben** (ugs.; *verrückt sein; etw. Unsinniges tun*); **~store,** der: *Store, der gegen einfallende Sonne schützen soll;* **~strahl,** der ⟨meist Pl.⟩: *von der Sonne ausgehender [wärmender] Lichtstrahl:* ein S. dringt durch den Türspalt; **~strahlung,** die ⟨o. Pl.⟩: *von der Sonne ausgehende Strahlung;* **~strand,** der (Werbespr.): *Sonne u. Wärme garantierender Strand:* die Sonnenstrände Spaniens; **~sturm,** der (Astron.): *heftiger Ausbruch von Sonnenenergie;* **~system,** das (Astron.): *von einer Sonne u. den sie umkreisenden Himmelskörpern gebildetes System samt dem von ihnen durchmessenen Raum;* **~tag,** der: **1.** *Tag mit sonnigem Wetter:* während seines ganzen Urlaubs hatte er nur drei -e. **2.** (Astron.) *Zeitdauer einer Umdrehung der Erde um sich selbst (Zeit von 24 Stunden);* **~tau,** der [das in der Sonne funkelnde Sekret ähnelt Tautropfen]: *fleischfressende Pflanze, deren in Form einer Rosette angeordnete Blätter ein Sekret ausscheiden, an dem Insekten haftenbleiben u. dann verdaut werden;* **~terrasse,** die: *Terrasse an einem Haus o. ä., die zum Sonnenbaden geeignet ist;* **~tierchen,** das: *Urtierchen von kugeliger Gestalt mit vielen, nach allen Seiten ausstrahlenden Füßen, die dem Beutefang dienen; Heliozoon;* **~top,** das: *den Oberkörper nur teilweise (oft nur über der Brust) bedeckendes Kleidungsstück für Frauen, das geeignet ist, sich darin zu sonnen;* **~überflutet** ⟨Adj.⟩ (dichter.): eine -e Landschaft; **~uhr,** die: *auf einer waagrechten od. senkrechten Fläche angeordnete Skala, auf der der Schatten eines zu ihr gehörenden Stabes die Stunden anzeigt;* **~untergang,** der: *der Untergang* (1) *der Sonne am Abend:* S. ist heute um 19.52 Uhr; den S. beobachten; ~**verbrannt** ⟨Adj.; nicht adv.⟩: vgl. ~gebräunt; ~**vogel,** der: *Singvogel mit farbenprächtigem Gefieder, der im Käfig gehalten wird;* ~**wagen,** der (Myth.): *der Wagen des Sonnengotts, mit dem er über den Himmel fährt;* ~**wärme,** die: *Wärme, die von der Sonne ausgeht,* dazu: ~**wärmekraftwerk,** das (Energietechnik): *Sonnenkraftanlage, in der mit Hilfe eines durch Sonnenenergie aufgeheizten Mediums* (3) *u. angeschlossener Generatoren* (1) *elektrischer Strom erzeugt wird;* ~**warte,** die: *der Beobachtung der Sonne dienendes Observatorium;* ~**wende,** die: **1.** *Zeitpunkt, zu dem die Sonne während ihres jährlichen Laufs ihren höchsten bzw. tiefsten Stand erreicht; Solstitium.* **2.** svw. ↑[1]Heliotrop (1); ~**wendfeier,** die: svw. ↑Sonnwendfeier; ~**wendfeuer,** das: svw. ↑Sonnwendfeuer; ~**wendigkeit,** die (Bot.): *Fähigkeit von Pflanzen, sich zur Sonne hin zu drehen;* ~**wind,** der (Astron.): *ständig von der Sonne ausgehender Strom von Ionen u. Elektronen; Solarwind;* ~**zelle,** die (Physik, Elektrot.): *Element* (6) *aus bestimmten Halbleitern, das die Energie der Sonnenstrahlen in elektrische Energie umwandelt; Solarzelle.*

sonnig ['zɔnɪç] ⟨Adj.⟩ [nhd.; mhd. dafür sunneclich]: **1.** ⟨nicht adv.⟩ **a)** *von der Sonne beschienen:* eine -e Bank; ein -es Plätzchen; die Pflanze braucht einen -en Standort; hier ist es mir zu s. *(ist zuviel Sonne);* **b)** *mit viel Sonnenschein:* ein -er Tag; -es Wetter; ein -es Zimmer; sie überwintern im -en Süden *(in einem warmen südlichen Gebiet);* Ü sie hatten eine -e Jugend. **2.** ⟨nicht adv.⟩ **a)** *von einer offenen, freundlichen Wesensart; heiter:* ein -es Kind; ein -er Mensch; ⟨subst.:⟩ sie hat etwas Sonniges in ihrem Wesen; **b)** (iron.) *in ärgerlicher Weise naiv:* du hast ja ein -es Gemüt, einen -en Optimismus; **Sonntag** ['zɔnta:k], der; -s, -e [mhd. sun[nen]tac, ahd. sunnūn tag, LÜ von lat. diēs Sōlis, LÜ von griech. hēméra Hēlíon = Tag der Sonne]: *siebter Tag der mit Montag beginnenden Woche:* an Sonn- und Feiertagen geschlossen; vgl. Dienstag; **Sonntag-, sonntägig, sonntäglich**: vgl. Dienstag- usw.; **sonntags**: sonn- und feiertags; vgl. dienstags; [1]**Sonntags-**: Best. in Zus. mit Subst. zum Ausdruck, daß es sich bei dem im Grundwort Genannten um eine Tätigkeit o. ä. handelt, die jmd. nicht als Beruf, sondern nur nebenbei od. nur als Steckenpferd betreibt u./od. (in abwertender Bedeutung) nicht richtig beherrscht, z. B. Sonntagsmalerei, Sonntagsforscherei, Sonntagsetymologie.

[2]**Sonntags-**: ~**anzug,** der: *nur an Sonn- od. Feiertagen getragener Anzug* (Ggs.: Alltagsanzug); ~**arbeit,** die ⟨o. Pl.⟩: *an Sonntagen verrichtete Arbeit;* ~**ausflug,** der; ~**ausflügler,** der; ~**ausgabe,** die: *sonntags erscheinende Ausgabe einer Zeitung;* ~**beilage,** die: *der samstags erscheinenden Tageszeitung beiliegender unterhaltender Teil;* ~**braten,** der: *Braten, der am Sonntag auf den Tisch kommt;* ~**dienst,** der: **1.** *an Sonntagen zu leistender Dienst (in bestimmten Berufen):* S. haben. **2.** *den Sonntagsdienst* (1) *leistende Person od. Personen:* er mußte mit seinem Zahnweh den S. aufsuchen; ~**fahrer,** der (abwertend): *Autofahrer, der sein Auto nicht häufig benutzt u. darum wenig Fahrpraxis hat;* ~**fahrverbot,** das: *staatlich angeordnetes Verbot, an Sonntagen private Kraftfahrzeuge zu benutzen* (z. B. bei Treibstoffknappheit); ~**gesicht,** das: *freundliches Gesicht, das jmd. [bewußt] zeigt:* sein S. aufsetzen; Abends im Kurhotel die heile Welt ...: -er (Spiegel 38, 1974, 84); ~**gottesdienst,** der; ~**junge,** der: vgl. ~kind (1); ~**kind,** das: **1.** *an einem Sonntag geborener Mensch, der als besonders vom Glück begünstigt gilt.* **2.** svw. ↑Glückskind; ~**kleid,** das: vgl. ~anzug; ~**maler,** der: *jmd., der die Malerei in seiner Freizeit, als Steckenpferd betreibt, ohne eine entsprechende Ausbildung zu besitzen;* ~**nummer,** die: vgl. ~ausgabe; ~**predigt,** die: vgl. ~gottesdienst; ~**rede,** die (abwertend): *Rede* (1), *deren Bedeutsamkeit nicht besonders hoch einzustufen ist;* ~**rückfahrkarte,** die (früher): *ermäßigte Rückfahrkarte, die in der Zeit von Samstagmittag bis Sonntagabend Gültigkeit hat;* ~**ruhe,** die: **1.** *durch die Arbeitsruhe am Sonntag bedingte Stille auf den Straßen:* es herrscht S. **2.** *Ruhe, die jmd. am Sonntag genießt (an dem Arbeitsruhe herrscht):* jmds. S. stören; die S. *(vom Gesetz vorgeschriebene Arbeitsruhe am Sonntag)* einhalten; ~**sachen** ⟨Pl.⟩ (ugs.): *Sonntagskleider;* ~**schule,** die: **1.** (früher) svw. ↑Kindergottesdienst. **2.** *sonntägliche religiöse Unterweisung für Kinder (bei der Heilsarmee):* S. halten; in die S. gehen; ~**spaziergang,** der: *sonntäglicher Spaziergang;* ~**staat,** der ⟨o. Pl.⟩ (scherzh.): *Sonntagskleider;* ~**vergnügen,** das (auch iron.): *sonntägliche Unternehmung o. ä.;* ~**verkehr,** der: *Straßenverkehr, wie er an Sonntagen zu herrschen pflegt;* ~**zeitung,** die: *an Sonntagen erscheinende Zeitung.*

Sonnyboy ['sʌnɪ-, auch: 'zɔni-], der; -s, -s [engl. sonny boy = (mein) Söhnchen, (mein) Junge (sonny = Kosef. von: son = Sohn)]: *[junger] Mann, der eine unbeschwerte Fröhlichkeit ausstrahlt, Charme hat u. dem die Sympathien zufliegen.*

Sonogramm [zono-], das; -[e]s, -e [zu lat. sonus = Ton u. ↑-gramm] (Med.): *kurvenmäßige Aufzeichnung der Ergebnisse bei der Sonographie;* **Sonograph,** der; -en, -en [↑-graph] (Med.): *Gerät zur Durchführung von Sonographien;* **Sonographie,** die; -, -n [...i:ən; ↑-graphie] (Med.): svw. ↑Echographie; **sonographisch** ⟨Adj.; o. Steig.⟩ (Med.): *auf der Sonographie beruhend, die Sonographie anwendend, ihr entsprechend, eigentümlich;* **sonor** [zo'no:ɐ̯] ⟨Adj.⟩ [frz. sonore < lat. sonōrus = schallend, klangvoll, zu: sonor (Gen.: sonōris) = Klang, Ton, zu: sonāre, ↑Sonant]: **1.** *voll- u. wohltönend, klangvoll:* eine -e Stimme; ein -es Lachen. **2.** ⟨o. Steig.; meist attr.⟩ (Sprachw.) *die Eigenschaften eines Sonors besitzend:* -e Konsonanten; **Sonor** [-], der; -s, -e (Sprachw.): *Konsonant [ohne Geräuschanteil], der [fast] nur mit der Stimme gesprochen wird* (z.B. m, n, l, r); **Sonorität** [zonori'tɛ:t], die; - (bildungsspr. selten): *sonore Beschaffenheit;* **Sonorlaut,** der; -[e]s, -e (Sprachw.): svw. ↑Sonor.

sonst [zɔnst] ⟨Adv.⟩ [mhd. su(n)st, sus(t), ahd. sus = so]: **1. a)** *bei anderen Gelegenheiten, in anderen Fällen, zu anderer Zeit, für gewöhnlich:* Sie sind doch s. nicht so empfindlich; die s. so klugen Experten müssen sich da geirrt haben; er hat es wie s., besser als s. gemacht; vielleicht kommen wir s. *(bei anderer Gelegenheit, später)* einmal vorbei; **b)** *früher, damals:* s. stand hier doch ein Haus; wenn er s. kam, war er immer fröhlich. **2.** *darüber hinaus, im übrigen, außerdem:* s. ist dort alles unverändert; haben Sie s. noch Fragen?; kommt s. noch jemand, wer?; (ugs.:) s. [noch] was?; s. *(weiter)* nichts/nichts s.; R s. noch was?/[aber] s. geht's dir gut?/[aber] s. tut dir nichts weh? (salopp; drückt leicht empörte Ablehnung aus). **3.** *im andern Fall, andernfalls:* tu es jetzt, s. ist es zu spät; ich brauche Hilfe, s. werde ich nicht fertig; wer, was, wie, wo [denn] s. *(anders)?;* wer käme s. in Frage?

sonst- (ugs.): ~**einer** ⟨Indefinitpron.⟩: vgl. ~jemand; ~**jemand** ⟨Indefinitpron.⟩: **1.** *sonst irgend jemand, irgend jemand anders; jeder beliebige sonst:* du oder s.; da könnte ja s. kommen! **2. a)** *jemand Besonderer:* man könnte denken, er ist s.; **b)** *jemand Schlimmer, irgendein übler Mensch:* da hätte ja s. ins Haus kommen können!; ~**was** ⟨Indefinitpron.⟩: **1.** *sonst, irgend etwas, irgend etwas anderes; jedes beliebige sonst:* nimm einen Hammer oder s.! **2. a)** *etw. Besonderes:* der denkt wohl, er ist s.!; **b)** *etw. Schlimmes, Übles:* ich hätte fast s. gesagt!; ~**wer** ⟨Indefinitpron.⟩: vgl. ~jemand; ~**wie** ⟨Adv.⟩: **1.** *sonst irgendwie; anderswie.* **2.** *auf eine besondere Weise:* er nimmt LSD und denkt, er fühlt sich dann s.; ~**wo** ⟨Adv.⟩: **1.** *sonst irgendwo, irgendwo anders.* **2. a)** *ganz woanders, ganz weit [weg]:* wenn wir früher losmarschiert wären, könnten wir jetzt schon s. sein; **b)** *an einem besonders guten bzw. schlimmen Ort:* man könnte denken, man wäre s.; ~**woher** ⟨Adv.⟩: vgl. ~wo; ~**wohin** ⟨Adv.⟩: vgl. ~wo.

sonstig ['zɔnstɪç] ⟨Adj.; o. Steig.; nur attr.⟩: *sonst, im übrigen noch vorhanden, anderweitig* (1): sein -es Verhalten war gut; -es überflüssiges Gepäck; -er *(anderer, andersartiger)* angenehmer Zeitvertreib; mit -em unveröffentlichtem/(auch:) unveröffentlichten Material, bei Ausnutzung -er arbeitsfreier/(auch:) arbeitsfreien Tage; ⟨subst.:⟩ Unter „Sonstiges" standen immer die interessantesten Nachrichten (Kempowski, Tadellöser 308).

Sood [zo:t], der; -[e]s, Söde ['zø:də; mniederd. sōt, vgl. Sod] (nordd.): *Brunnen.*

sooft [zo'|ɔft] ⟨Konj.⟩: *jedesmal wenn, immer wenn, wie oft auch immer:* s. er kam, brachte er Blumen mit; ich komme, s. du es wünschst; s. ich auch komme, er ist nie zu Hause.

Soor [zo:ɐ̯], der; -[e]s, -e [H. u.; viell. zu mniederd. sōr, ↑sohr] (Med.): *Pilzinfektion (vor allem bei Säuglingen), die sich in einem grauweißen Belag bes. der Mundschleimhaut äußert;* ⟨Zus.:⟩ **Soormykose,** die (Med.): svw. ↑Soor; **Soorpilz,** der.

Sophisma [zo'fɪsma], das; -s, ...men [lat. sophisma < griech. sóphisma, zu: sophízesthai = ausklügeln, aussinnen, zu:

sophós = geschickt, klug] (bildungsspr., seltener): svw. ↑Sophismus; **Sophismus** [zo'fɪsmʊs], der; -, ...men (bildungsspr.): *sophistischer, spitzfindiger Gedanke; Täuschung bezweckender Trugschluß, Scheinbeweis;* **Sophist** [zo'fɪst], der; -en, -en [(m)lat. sophista, sophistēs < griech. sophistḗs, zu: sophós = geschickt, klug]: **1.** (bildungsspr. abwertend) *jmd., der seine Gedanken- u. Beweisführung auf Sophistik* (1) *aufbaut; jmd., der gern sophistisch, spitzfindig argumentiert.* **2.** (Philos.) *Vertreter einer Gruppe griechischer Philosophen u. Rhetoren des 5. bis 4. Jahrhunderts v. Chr., die als erste den Menschen in den Mittelpunkt philosophischer Betrachtungen stellten u. als berufsmäßige Wanderlehrer Kenntnisse bes. in der Redekunst, der Kunst des Streitgesprächs u. der Kunst des Beweises verbreiteten;* **Sophisterei** [zofɪstə'raj], die; -, -en [spätmhd. sophistrey < mlat. sophistria (ars) = Kunst betrügerischer, blendender Rede] (bildungsspr. abwertend): *sophistisches Spiel mit Worten u. Begriffen, sophistische Argumentation; Spiegelfechterei; Haarspalterei;* **Sophistik** [zo'fɪstɪk], die; - [(m)lat. sophistica (ars) < griech. sophistikḗ (téchnē) = Kunst der Sophisterei, zu: sophistikós, ↑sophistisch]: **1.** (bildungsspr. abwertend) *sophistische, spitzfindige Denkart, Argumentationsweise:* politische S. **2.** (Philos.) **a)** *geistesgeschichtliche Strömung, deren Vertreter die Sophisten* (2) *waren;* **b)** *Lehre der Sophisten* (2); **Sophistikation** [zofɪstika'tsi̯o:n], die; -, -en [mlat. sophisticatio = Täuschung] (Philos.): *Argumentation mit Hilfe von Scheinschlüssen, bes. nach Kant eine Argumentation, durch die eine in Wirklichkeit grundsätzlich unbeweisbare objektive Realität erschlossen werden soll;* **sophistisch** [zo'fɪstɪʃ] ⟨Adj.⟩ [lat. sophisticus < griech. sophistikós]: **1.** (bildungsspr. abwertend) *spitzfindig, haarspalterisch [argumentierend], Sophismen benutzend, enthaltend:* ein -er Trick; s. argumentieren. **2.** ⟨o. Steig.⟩ (Philos.) *zur Sophistik* (2) *gehörend, der Sophistik* (2) *eigentümlich.*

Sophrosyne [zofro'zy:nə, ...ne], die; - [griech. sōphrosýnē, zu: sṓphrōn = verständig; mäßig]: *(altgriechische) Tugend der Besonnenheit.*

Sopor ['zo:pɔr, auch: ...po:ɐ̯], der, -s [lat. sopor = Betäubung, Schlaf] (Med.): *sehr starke Benommenheit, leichte Ohnmacht (Vorstufe des Komas);* **soporös** [zopo'rø:s] ⟨Adj.; o. Steig.; nicht adv.⟩ (Med.): *sehr stark benommen; im Zustand des Sopors.*

sopra ['zo:pra] ⟨Adv.⟩ [ital. sopra < lat. suprā = oben] (Musik): **1.** *oben* (z. B. in bezug auf die Hand, die beim [Klavier]spiel übergreifen soll). **2.** *(um ein angegebenes Intervall) höher;* **Sopran** [zo'pra:n], der; -s, -e [ital. soprano (subst. Adj.), eigtl. = darüber befindlich; oberer < mlat. superanus = darüber befindlich; überlegen, zu lat. super = oben auf, über] (Musik): **1. a)** *hohe Frauen- od. Kindersingstimme; höchste menschliche Stimmlage:* da erklang ihr reiner S.; sie hat einen weichen, klaren S.; S. singen; **b)** ⟨o. Pl.⟩ *Gesamtheit der hohen Frauen- od. Kindersingstimmen in einem Chor:* sie singt jetzt im S. mit. **2.** ⟨o. Pl.⟩ **a)** *[solistische] Sopranpartie in einem Musikstück:* den S. übernehmen; **b)** *Sopranstimme in einem Chorsatz:* den S. einüben, studieren. **3.** *Sängerin mit Sopranstimme, Sopransängerin, Sopranistin:* ein lyrischer, dramatischer S.; der S. war indisponiert.

Sopran- (Musik): **~blockflöte,** die: vgl. ~flöte; **~flöte,** die: *in Sopranlage gestimmte Flöte;* **~instrument,** das: *in Sopranlage (meist eine Quint höher als das betr. Altinstrument) gestimmtes Musikinstrument;* **~lage,** die: *Tonlage (Tonumfang) u. Färbung des Soprans* (1 a); **~partie,** die: *für die Sopranstimme geschriebener Teil eines Musikstücks;* **~sänger,** der: svw. ↑Sopranist; **~sängerin,** die: svw. ↑Sopranistin; **~schlüssel,** der: *[Noten]schlüssel, durch den die Lage des c' auf die unterste der fünf Notenlinien festgelegt wird; Diskantschlüssel;* **~solo,** das; **~stimme,** die: **1.** svw. ↑Sopran (1 a). **2. a)** *[Chor]stimme, die vom Sopran* (1 b) *ausgeführt wird;* **b)** *Noten für die Sopransänger[innen]:* der Chorleiter teilt die -n aus.

Sopranist [zopra'nɪst], der; -en, -en: *Sänger (meist Knabe) mit Sopranstimme;* **Sopranistin,** die; -, -nen: *Sängerin mit Sopranstimme; Sopran* (3); **Sopraporte** [zopra'pɔrtə], Supraporte [zu...], die; -, -n [ital. sopraporta, eigtl. = (Ornament) über der Tür] (Archit.): *gerahmtes, malerisch od. bildnerisch gestaltetes Feld über der Tür (bes. in Renaissance u. Barock).*

Sorabist [zora'bɪst], der; -en, -en [zu nlat. sorabicus = sorbisch]: **a)** *Wissenschaftler auf dem Gebiet der Sorabistik;* **b)** *jmd., der Sorabistik studiert [hat];* **Sorabistik,** die; -: *Wissenschaft, die die sorbische Sprache u. Literatur zum Gegenstand hat.*

Sorbet ['zɔrbɛt, auch: zɔr'be:], der od. das; -s, -s, **Sorbett** [zɔr'bɛt], Scherbett [ʃɛr'bɛt], der od. das; -[e]s, -e [(frz. sorbet <) ital. sorbetto < türk. ṣerbet, aus dem Arab.] (Gastr.): **1.** *eisgekühltes Getränk aus gesüßtem Fruchtsaft od. Wein mit Eischnee od. Schlagsahne.* **2.** *Halbgefrorenes, zu dessen Zutaten Süßwein od. Spirituosen sowie gesüßter Eischnee od. Schlagsahne gehören.*

Sorbi: Pl. von ↑Sorbus; **Sorbinsäure** [zɔr'bi:n-], die; -, -n [zu lat. sorbum = Frucht der Eberesche] (Chemie): *bes. als Konservierungsstoff für Lebensmittel dienende organische Säure, die vor allem in Vogelbeeren natürlich vorkommt;* **Sorbit** [zɔr'bi:t, zɔr'bɪt], der; -s (Chemie): *süß schmeckender Alkohol einer in Vogelbeeren, Kirschen u. anderen Früchten vorkommenden Form;* **Sorbose** [zɔr'bo:zə], die; - (Chemie): *aus Sorbit entstehendes Monosaccharid;* **Sorbus** ['zɔrbʊs], die; -, ...bi [lat. sorbus = Eberesche]: *in mehreren Arten in den nördlicheren gemäßigten Zonen vorkommende, als Baum od. Strauch wachsende Pflanze mit ungeteilten od. gefiederten Blättern u. kleinen, weißen, in Dolden stehenden Blüten* (z. B. Eberesche).

Sordine [zɔr'di:nə], die; -, -n (Musik): svw. ↑Sordino; **sordiniert** [zɔrdi'ni:ɐ̯t] ⟨Adj.; o. Steig.⟩ (Musik): *mit Sordino [versehen, spielend]:* das Flötensolo wird von den -en Streichern begleitet; **Sordino** [zɔr'di:no], der; -s, -s u. ...ni [vgl. con sordino] (Musik): svw. ↑Dämpfer (1); **Sordun** [zɔr'du:n], der od. das; -s, -e [ital. sordone, zu: sordo < lat. surdus = kaum hörbar, eigtl. = taub]: *(im 16. u. 17. Jh. gebräuchliches) mit Fagott u. Oboe verwandtes, gedämpft klingendes Blasinstrument mit doppeltem Rohrblatt.*

Sore ['zo:rə], die; -, -n [zu jidd. sechore < hebr. sᵉḥôrạh = Ware] (Gaunerspr.): *Diebesgut:* An manchen Tagen erbeutete das Ehepaar S. von mehr als 10000 Mark (BM 28. 1. 77, 10).

Sorge ['zɔrgə], die; -, -n [mhd. sorge, ahd. sorga]: **1. a)** ⟨o. Pl.⟩ *bedrückendes Gefühl der Unruhe u. Angst:* meine S. ist groß, daß ...; keine S. *(nur ruhig)*, wir schaffen das schon!; ich habe [große] S., ob du das durchhältst *(ich fürchte, du hältst es nicht durch);* ich habe keine S., daß du das nicht durchhältst *(du hältst es bestimmt durch);* ihre Gesundheit macht, bereitet ihm S.; ich bin sehr in S. um dich, um deine Gesundheit; etw. erfüllt jmdn. mit S.; **b)** *sorgenvoller, banger, zweifelnder Gedanke (in bezug auf etw./jmdn.):* bedrückende, ernste, quälende -n; wirtschaftliche, häusliche, gesundheitliche -n; das ist eine große, ernste S.; -n peinigen mich; auf ihm lastet die bange S. vor einer drohenden Kündigung; die DDR ist für die Sowjetunion eben nicht nur ein Vorteil, sondern auch eine S. (Dönhoff, Ära 111); [finanzielle, berufliche] -n haben; jmds. geheime -n und Nöte kennen; ich mache mir -n um dich, um deine Gesundheit; ich teile deine -n nicht; er ertränkte seine -n in Alkohol; mach dir darum, darüber, deswegen keine -n; die -n vertreiben; hier kann man für kurze Zeit seine -n vergessen; diese S. bin ich endlich los; dieser S. bin ich endlich enthoben, ledig; R der hat -n! (ugs.; iron.; *er regt sich über belanglose, unwichtige Dinge auf*); deine -n möchte ich haben! (ugs.; iron.); wer -n hat, hat auch Likör (scherzh. nach Wilh. Busch, Fromme Helene); kleine Kinder, kleine -n – große Kinder, große -n (vgl. Kind 2). **2.** ⟨o. Pl.⟩ *Mühe, Fürsorge für jmdn., Bemühen um jmds. Wohlergehen, um etw.:* die S. für die große Familie fordert all ihre Kräfte; die gegenseitige S., S. füreinander; die S. um das tägliche Brot; die S. des Staates für seine Bürger, für das Bildungswesen, für die Wirtschaft; die Zukunft seiner Kinder war seine größte S.; das ist seine S. *(darum muß er sich kümmern);* das laß nur meine S. sein *(dafür werde ich sorgen, dafür übernehme ich die Verantwortung);* sie wacht mit mütterlicher S. bei dem kranken Kind; erfüllt von liebender S.; * **für jmdn., etw./**(schweiz. auch:) **jmdm., einer Sache S. tragen** (geh.; *für jmdn., etw. sorgen, sich um etw. kümmern*): ich werde dafür S. tragen, daß das nicht wieder vorkommt; für seine große Familie S. tragen (Niekisch, Leben 145); Du, trag ihm S.! (Frisch, Nun singen 127);

sorgen ['zɔrgn̩] ⟨sw. V.; hat⟩ [mhd. sorgen, ahd. sorgēn]: **1.** ⟨s. + sich⟩ *sich Sorgen machen, besorgt, in Sorge sein:* sich um jmdn., etw. s.; die Eltern sorgten sich sehr; du brauchst dich nicht zu sorgen, daß mir etwas passiert; sie sorgt sich gleich wegen jeder Kleinigkeit; sie wagen nicht nach dem Preise zu fragen und sorgen sich eher furchtbar darüber (Remarque, Westen 140). **2.** *für jmdn., etw. Sorge tragen, sich anstrengen; (jmdn. od. etw.) betreuen:* gut, vorbildlich, schlecht für jmdn. s.; sie sorgt liebevoll für ihre Schützlinge; für Kinder und Alte muß besonders gesorgt werden; wer sorgt während unserer Abwesenheit für den Garten?; mit sorgenden Händen; **b)** *sich um jmdn., etw. kümmern; sich bemühen, daß etw. vorhanden ist, erreicht wird:* für das Essen, für eine gute Ausbildung, für Ruhe und Ordnung s.; hier ist für alles gesorgt; für die Zukunft der Kinder ist gesorgt *(Vorsorge getroffen worden);* ein Conférencier soll für gute Laune s.; **c)** (verblaßt) *bewirken, zur Folge haben, [ohne besondere Absicht] hervorrufen:* sein Auftritt sorgte für eine Sensation; Der erste Urlauberansturm sorgte für Chaos auf den Autobahnen (MM 16. 6. 75, 12).

sorgen-, Sorgen-: **~brecher,** der (ugs. scherzh.): *Alkohol, bes. Wein, als etw., was die Sorgen vertreibt u. die Stimmung hebt;* **~falte,** die ⟨meist Pl.⟩: *Falte auf der Stirn als Symbol für einen sorgenvollen, grüblerischen Gesichtsausdruck;* **~frei** ⟨Adj.; nicht adv.⟩: *ohne Sorgen, frei von Sorgen:* eine -e Zukunft; s. leben, dazu: **~freiheit,** die ⟨o. Pl.⟩; **~kind,** das: *Kind, das (in bezug auf etw., z. B. körperliche od. geistige Gesundheit) den Eltern besondere Sorge bereitet:* er war von Anfang an ihr S.; **~last,** die; **~los** ⟨Adj.⟩: *ohne Sorgen, frei von Kummer u. Sorge,* dazu: **~losigkeit,** die; -; **~schwer** ⟨Adj.⟩ (geh.): *schwer, erfüllt von Sorgen:* er wiegte s. den Kopf; **~stuhl,** der (veraltend): *bequemer Lehnstuhl; Großvaterstuhl;* **~voll** ⟨Adj.⟩: *voller Sorgen, mit Sorge:* er betrachtet die Entwicklung s.

Sorgepflicht, die; -, -en ⟨Pl. ungebr.⟩: *Verpflichtung, für jmdn., bes. für die eigenen Kinder [wirtschaftlich] zu sorgen;* **Sorgerecht,** das; -[e]s, -e (jur.): *jmds. Recht (z. B. der Eltern), ein Kind nach seinen Vorstellungen zu erziehen, zu beaufsichtigen, seinen Aufenthalt zu bestimmen u. ä.:* bei einer Scheidung muß das S. geregelt werden; das S. für die beiden Kinder wurde der Mutter zugesprochen; das S. ist nach dem Tod des Vaters auf die Mutter übergangen; **Sorgfalt** ['zɔrkfalt], die; - [rückgeb. aus ↑sorgfältig]: *Genauigkeit, Gewissenhaftigkeit, große Behutsamkeit [beim Arbeiten, Hantieren]:* große S. auf etw. verwenden; hier fehlt es an der nötigen S.; ihr solltet eure Schulaufgaben mit mehr S. erledigen; **sorgfältig** ['zɔrkfɛltɪç] ⟨Adj.⟩ [spätmhd. sorcveltic = sorgenvoll, eigtl. wohl = mit Sorgenfalten auf der Stirn]: *voller Sorgfalt; gründlich; mit großer Behutsamkeit u. Genauigkeit:* eine -e Arbeit; er ist ein sehr -er Mensch; -e Behandlung wird zugesichert; man ermahnte ihn in seinen Abrechnungen künftig -er zu sein; das muß s. vorbereitet werden; ⟨Abl.:⟩ **Sorgfältigkeit,** die; -: svw. ↑Sorgfalt; ⟨Zus.:⟩ **Sorgfaltspflicht,** die: *Verpflichtung zu besonderer Sorgfalt.*

Sorgho ['zɔrgo], der; -s, -s, **Sorghum** ['zɔrgʊm], das; -s, -s [ital. sorgo (Pl.: sorghi), über mundartl. Formen < spätlat. Sȳricum (granum) = (Getreide) aus Syrien]: *in vielen Arten in tropischen u. subtropischen Gebieten bes. Afrikas angebaute Getreide- u. Nutzpflanze mit Ähren in Rispen, deren Früchte ähnlich wie Reis gegessen werden, zur Herstellung von Brei, Fladen u. auch Bier dienen, während aus den Stengeln Sirup u. Melasse gewonnen wird; Durra, Kaffernkorn.*

sorglich ⟨Adj.; nicht präd.⟩ [mhd. sorclich, ahd. sorglīh, urspr. = Sorge erregend] (veraltend): *sorgsam, behutsam sorgend, fürsorglich:* ein -er Hausvater; mit den Büchern s. umgehen; ⟨Abl.:⟩ **Sorglichkeit,** die; -: Der Gedanke an diese Auszeichnung beflügelte seine emsige S. (Werfel, Himmel 165); **sorglos** ⟨Adj.⟩: **a)** *ohne Sorgfalt, leichtfertig, unachtsam:* es ist unverantwortlich, wie s. man mit den kostbaren Gegenständen umgeht; **b)** *unbekümmert, ohne sich Sorgen zu machen:* ein fröhliches, -es Leben; wir gaben uns zuversichtlich und s. (Simmel, Stoff 653); er lebte s. in den Tag hinein; ⟨Abl.:⟩ **Sorglosigkeit,** die; -, -en ⟨Pl. selten⟩; **sorgsam** ['zɔrkza:m] ⟨Adj.⟩ [mhd. sorcsam, ahd. sorgsam, urspr. = Sorge erregend]: *sorgfältig u. behutsam, mit Sorgfalt u. liebevoller Vorsicht:* -es Vorgehen; bei -ster Pflege ist eine Besserung möglich; Das Ergebnis dieser psychologisch s. analysierten Krankengeschichte war die Psychoanalyse (Natur 90); ⟨Abl.:⟩ **Sorgsamkeit,** die; -: *sorgsames Vorgehen, Behutsamkeit.*

Sororat [zoro'ra:t], das; -[e]s [zu lat. soror = Schwester] (Völkerk.): *Sitte, daß ein Mann nach dem Tode seiner Frau (bei einigen Völkern auch [gleichzeitig] zu ihren Lebzeiten) deren Schwester[n] heiratet.*

Sorption [zɔrp'tsi̯o:n], die; -, -en [gek. aus ↑Absorption] (Chemie): *selektive Aufnahme eines Gases od. gelösten Stoffes durch einen porösen festen od. einen flüssigen Stoff; Ab-, Adsorption.*

Sorte ['zɔrtə], die; -, -n [ital. sorta (wohl < frz. sorte) = Art, Qualität < (spät)lat. sors (Gen.: sortis) = Los(stäbchen); Stand, Rang; Art u. Weise; schon mniederd. sorte < mniederl. sorte < frz. sorte]: **1.** *Art, Qualität (einer Ware, einer Züchtung, Rasse o. ä.), die sich durch bestimmte Merkmale od. Eigenschaften von anderen Gruppen der gleichen Gattung unterscheidet:* eine edle, gute, schmackhafte, strapazierfähige, milde, wohlschmeckende, einfache, billige, minderwertige S.; die einzelnen -n sind am Geschmack zu unterscheiden; diese S. [von] Rosen braucht viel Sonne; sie wählt immer die besten -n; er kann jede S. Panne selbst beheben (Kirst, 08/15, 315); Stoffe aller -n/in allen -n; Was an dieser S. Schriftstellerei so außerordentlich erheiternd wirkt, ist ihre den Fabrikanten unbewußte Komik (Tucholsky, Werke II, 50); bei dieser S. Kaffee will ich bleiben; bitte ein Pfund von der besten S.!; Ü er ist eine seltsame S. [Mensch] (ugs.); ein Mädchen von der netten S. (Koeppen, Rußland 83). **2.** ⟨Pl.⟩ svw. ↑Devisen (b).

sorten-, Sorten-: **~auswahl,** die: *Auswahl an verschiedenen Sorten einer Warenart;* **~fertigung,** die: svw. ↑~produktion; **~geschäft,** das, **~handel,** der (Bankw.): *Geschäft, Handel mit Sorten* (2); **~kalkulation,** die (Wirtsch.): *Kostenberechnung bei der Sortenproduktion;* **~kreuzung,** die (Biol.): vgl. Kreuzung (2); **~kurs,** der (Bankw.): *Börsenkurs für Sorten* (2); **~liste,** die: vgl. ~schutz; **~markt,** der: vgl. ~handel; **~produktion,** die (Wirtsch.): *Art der Fertigung, bei der verschiedene Sorten eines Erzeugnisses od. verschiedene Waren auf gleicher Grundlage mit den Vorteilen einer Massenproduktion hergestellt u. erst gegen Ende des Prozesses zu einem reichhaltigeren Angebot differenziert werden;* **~rein** ⟨Adj.; o. Steig.; nicht adv.⟩ (Biol., Landw.): *nur in einer Sorte gezüchtet, nicht vermischt:* -e Schattenmorellen; **~schutz,** der (Landw., Gartenbau): *einem Patent vergleichbarer Schutz, den ein Züchter od. Entdecker für eine von ihm herausgebrachte [u. benannte] bestimmte Sorte einer Nutz- od. Zierpflanze durch Eintragung in eine für die ganze Bundesrepublik einheitlich geführte Sortenliste erhalten kann;* **~verzeichnis,** das: svw. ↑~zettel; **~zettel,** der (Kaufmannsspr.): *Liste, auf der die lieferbaren Waren [mit Preisen] verzeichnet sind.*

Sorter ['sɔ:tə], der; -s, - [engl. sorter, zu: to sort = sortieren]: *Sortiermaschine;* **Sortes** ['zɔrte:s] ⟨Pl.⟩ [lat. sortēs, Pl. von: sors, ↑Sorte]: *Stäbchen od. Plättchen aus Holz od. Bronze, die in der Antike bei der Befragung des Orakels verwendet wurden;* **sortieren** [zɔr'ti:rən] ⟨sw. V.; hat⟩ [ital. sortire < lat. sortīri = (er)losen, auswählen]: *nach Art, Farbe, Größe, Qualität o. ä. ordnen; auslesen, verlesen:* Waren, Bilder, Briefe s.; die Wäsche in den Schrank, Besteck in die Fächer s.; die Stücke werden nach der Größe sortiert; Ü ich muß erst meine Gedanken s.; ⟨Abl.:⟩ **Sortierer,** der; -s, -: **a)** *Arbeiter, dessen Aufgabe das Sortieren (von Waren, Werkstücken, Materialien u. ä.) ist;* **b)** *Arbeiter an einer Sortiermaschine;* **c)** svw. ↑Sortiermaschine; **Sortiererin,** die; -, -nen: w. Form zu ↑Sortierer; ⟨Zus.:⟩ **Sortiermaschine,** die (Datenverarb.): *Maschine, die Lochkarten nach Ziffern od. Buchstaben in auf- od. absteigender Reihenfolge ordnet;* **sortiert** ⟨Adj.; o. Steig.; nicht adv.⟩: **1.** *ein entsprechendes [Waren]angebot aufweisend:* ein gut, reich, schlecht -es Lager; dieses Geschäft ist sehr gut in französischen Rotweinen s. **2.** *erlesen, ausgewählt, hochwertig:* -e Ware; reine Brasilzigarren, s.; **Sortierung,** die; -, -en: **1.** ⟨o. Pl.⟩ *das Sortieren:* er ist mit der S. seiner Briefmarken beschäftigt. **2.** *Reichtum an Sorten, Sortiment* (1); **Sortilegium** [zɔrti'le:gi̯ʊm], das; -s, ...ien [...i̯ən]; mlat. sortilegium, zu lat. sortilegus = weissagerisch, zu: sors (↑Sorte) u. legere = lesen]: *(in der Antike) Weissagung durch Sortes;* **Sortiment** [zɔrti'mɛnt], das; -[e]s, -e [ital. sortimento, zu: sortire, ↑sortieren]: **1.** *Gesamtheit von Waren, die [in einem Geschäft] zur Verfügung stehen; Warenangebot, Warenauswahl:* ein reiches, vielseitiges S.; wir wollen unser S. an Lebensmitteln noch vergrößern, erweitern; Ü Sekretärinnen haben da ein prächtiges S. von Ausflüchten oder auch glaubhaften Angaben parat (Welt 31. 10. 64, 9). **2. a)** kurz für ↑Sortimentsbuchhandel; **b)** (seltener) kurz für ↑Sortimentsbuchhandlung; **Sortimenter,** der; -s, - (Jargon): *in einem Sortiment (2) tätiger Buchhändler.*

sortiments-, Sortiments-: **~buchhandel,** der: *Zweig des Buchhandels, der in Läden für den Käufer ein Sortiment von Büchern aus den verschiedensten Verlagen bereithält,* dazu: **~buchhändler,** der, **~buchhandlung,** die: *Ladengeschäft, Buchhandlung, wo der Kunde Bücher aus beliebigen Verlagen einzeln aussuchen, kaufen od. bestellen kann;* **~fremd** ⟨Adj.; o. Steig.; nicht adv.⟩: *nicht zum eigentlichen Sortiment (1) eines Geschäftes gehörend:* Kaffeegeschäfte, die mit -en Sonderangeboten locken; **~gerecht** ⟨Adj.; o. Steig.; nicht adv.⟩ (bes. DDR): *dem jeweiligen [vorgeschriebenen] Sortiment (1) entsprechend:* -e Planerfüllung.

Sortita [zɔr'ti:ta], die; -, ...ten [ital. sortita, zu: sortire = hinausgehen (wohl, weil die Sängerin mit dieser Arie aus den Kulissen hinaus auf die Bühne tritt)] (Musik): *erste [Auftritts]arie der Primadonna, auch des Helden, in der ital. Oper des 18. Jahrhunderts.*

SOS [ɛs|o:'|ɛs], das; - [gedeutet als Abk. für engl. save our ship (od. souls) = rette(t) unser Schiff (od. unsere Seelen)]: *internationales [See]notsignal:* SOS funken.

sosehr [zo'ze:ɐ̯] ⟨Konj.⟩: *wie sehr ... auch; wenn ... auch noch so:* er mußte handeln, s. er auch am liebsten zurückgewichen wäre; s. ich mich auch mühte – meine schweren Füße kamen nicht einen Schritt näher (Hagelstange, Spielball 132); **soso** [zo'zo:]: **I.** ⟨Interj.⟩ **a)** drückt Ironie od. Zweifel aus; *sieh mal einer an:* s., du warst also gestern krank; **b)** drückt aus, daß man dem Gesagten relativ gleichgültig gegenübersteht: „Wir haben schön gespielt." „S., das ist recht." **II.** ⟨Adv.⟩ (ugs.) *nicht besonders [gut], leidlich, mittelmäßig, einigermaßen:* „Wie geht es dir, wie war es?" „S."; vgl. lala.

sospirando [zɔspi'rando], **sospirante** [zɔspi'rantə] ⟨Adv.⟩ [ital. sospirando, zu: sospirare < lat. suspīrāre = seufzen] (Musik): *(bes. in Madrigalen) seufzend.*

SOS-Ruf [ɛs|o:'|ɛs-], der; -[e]s, -e: *Funkspruch, der SOS sendet:* der S. wurde nicht gehört.

Soße, (auch:) Sauce ['zo:sə], die; -, -n [frz. sauce = Tunke, Brühe < vlat. salsa = gesalzen(e Brühe), zu lat. sallere = salzen, zu: sāl = Salz; schon mhd. salse < vlat. salsa]: **1.** *etw. mehr od. weniger Dickflüssiges, das als Zutat, Beigabe od. zur Zubereitung von verschiedenen [2]Gerichten, Salaten, Nachspeisen o. ä. angerührt, zubereitet wird.* **2.** (Tabakind.) svw. ↑Beize (1 f). **3.** (salopp abwertend) svw. ↑Brühe (3): Da hat er noch gelebt. In einer fürchterlichen S. hat er gelegen (Spiegel 32, 1978, 76); **soßen** ['zo:sn̩] ⟨sw. V.; hat⟩ (Tabakind.): svw. ↑saucieren.

Soßen-: **~koch,** der: svw. ↑Saucier; **~löffel,** der: *kleinerer Schöpflöffel mit einem Schnabel* (3); **~rezept,** das; **~schüssel,** die: svw. ↑Sauciere.

soßieren [zo'si:rən] ⟨sw. V.; hat⟩ (Tabakind.): *saucieren.*

sostenuto [zɔste'nu:to] ⟨Adv.⟩ [ital. sostenuto, zu: sostenere = tragen, stützen < lat. sustinēre] (Musik; Abk.: sost.): **a)** *(im Hinblick auf das Fortklingenlassen eines Tons) gleichmäßig;* **b)** *(im Hinblick auf das Tempo) etwas langsamer, getragener* (2); ⟨subst.:⟩ **Sostenuto** [-], das; -s, -s u. ...ti (Musik): *sostenuto* (b) *gespieltes Musikstück.*

Sotadeus [zota'de:ʊs], der; -, ...ei [...'de:i; lat. Sōtadēus = nach Art des altgriech. Dichters Sotades (griech. Sōtádēs; 3. Jh. v. Chr.)] (Verslehre): *(in der antiken Metrik) katalektischer Tetrameter, der auf dem Ionicus a maiore aufbaut.*

sotan [zo'ta:n] ⟨Adj.; o. Steig.; nicht adv.⟩ [spätmhd. sōtān, zusgez. aus mhd. sōgetān] (veraltet): *solch; so beschaffen.*

Soter [zo'te:ɐ̯], der; -, -e [lat. sōtēr < griech. sōtḗr = (Er)retter, Heiland, zu: sṓzein = (er)retten]: **a)** (christl. Rel.) *Ehrentitel für Jesus Christus;* **b)** *Titel für Herrscher u. Beiname von Göttern der [hellenistischen u. römischen] Antike;* **Soteriologie** [zoteriolo'gi:], die; - [↑-logie] (christl. Theol.): *Lehre vom Erlösungswerk Jesu Christi als Teil der Christologie;* ⟨Abl.:⟩ **soteriologisch** ⟨Adj.; o. Steig.⟩: *die Soteriologie betreffend.*

Sotie [zo'ti:]: frz. Schreibung von ↑Sottie.

sott: ↑sieden.

Sott [zɔt], der od. das; -[e]s [mniederd. sōt, wohl eigtl. = (Ab-, An)gesetztes] (nordd.): *Ruß.*

sötte ['zœtə]: ↑sieden.

Sottie [zɔ'ti:], die; -, -s [frz. sotie, zu: sot = Narr; dumm < mlat. sottus] (Literaturw.): *meist gegen den Papst gerichtetes satirisch-politisches Bühnenstück in Versen, dessen Hauptfigur ein Narr ist.*

sottig ['zɔtɪç] ⟨Adj.; nicht adv.⟩ [zu ↑Sott] (nordd.): *rußig.*

Sottise [zɔ'ti:zə], die; -, -n ⟨meist Pl.⟩ [frz. sottise, zu: sot, ↑Sottie] (bildungsspr. veraltend abwertend): *dümmlich-freche Äußerung, Rede:* Der Titel ist mir vorhin eingefallen, als Laurent seine -n abgeschossen hat (Kuby, Sieg 341).

sotto ['zɔto] ⟨Adv.⟩ [ital. sotto < lat. subtus = unten] (Musik): *(beim Klavierspiel mit gekreuzten Händen) unter der anderen Hand zu spielen;* **sotto voce** ['zɔto 'vo:tʃə] ⟨Adv.⟩ [ital.] (Musik): *mit gedämpftem Ton u. äußerster Zurückhaltung in Dynamik u. Ausdruck [zu singen, zu spielen];* Abk.: s. v.

Sou [su], der; -, -s [frz. sou < spätlat. solidus, ↑Sold]: **a)** (früher) *französische Münze im Wert von 5 Centimes;* **b)** (ugs.) *Münze, Geldstück von geringem Wert:* noch ein paar -s haben; dafür gebe ich keinen S. aus (↑Pfennig).

Soubrette [zu'brɛtə], die; -, -n [frz. soubrette, eigtl. = verschmitzte Zofe (als Vertraute ihrer Herrin), zu provenz. soubret = geziert, zu lat. superāre = übersteigen, zuviel sein] (Musik, Theater): **a)** *naiv-heiteres, komisches Rollenfach für Sopran in einer Operette, Oper, einem Singspiel, Kabarett:* die S. übernehmen; **b)** *Sopranistin, die auf das Soubrettenfach spezialisiert ist;* ⟨Zus.:⟩ **Soubrettenfach,** das: svw. ↑Soubrette (a): sie ist vom S.

Souchong ['zu:ʃɔŋ], der; -[s], -s [engl. souchong < chines. hsiao-chung]: *chinesischer Tee mit größeren, breiten Blättern;* ⟨Zus.:⟩ **Souchongtee,** der: svw. ↑Souchong.

Soufflé [zu'fle:], das; -s, -s [frz. soufflé, eigtl. = der Aufgeblasene, zu: souffler, ↑soufflieren] (Gastr.): *Auflauf;* **Souffleur** [zu'flø:ɐ̯], der; -s, -e [frz. souffleur] (Theater): *Mitarbeiter eines Theaters, der während einer Vorstellung im Souffleurkasten sitzt, um Schauspielern beim Steckenbleiben durch leises Vorsprechen der Rolle weiterzuhelfen* (Berufsbez.); ⟨Zus.:⟩ **Souffleurkasten,** der (Theater): *zwischen Bühne u. Publikum verdeckt eingelassene, halboffene Kabine, in der der Souffleur, die Souffleuse während einer Vorstellung sitzt;* **Souffleuse** [zu'flø:zə], die; -, -n (Theater): w. Form zu ↑Souffleur; **soufflieren** [zu'fli:rən] ⟨sw. V.; hat⟩ [frz. souffler, eigtl. = blasen, flüsternd zuhauchen < lat. sufflāre = (an-, hinein)blasen]: **a)** *als Souffleur, Souffleuse tätig sein;* **b)** (auch abwertend) *jmdm. vorsagen, was er sagen soll, ihn insgeheim so beeinflussen, daß er an Stelle seiner eigenen Meinung die des anderen als seine Meinung ausgibt.*

Souk: ↑Suk.

Soul [soʊl], der; -s [engl.-amerik. soul, eigtl. = Inbrunst, Seele]: **a)** *expressive afroamerikanische Jazzmusik als bestimmte Variante des Rhythm and Blues:* er begeistert das Publikum mit sanftem S.; zum S. überleiten; **b)** *Paartanz auf Soulmusik:* sie tanzten Beat und S.

Soulagement [zulaʒə'mã:], das; -s, -s [frz. soulagement] (veraltet): *Erleichterung, Unterstützung;* **soulagieren** [zula'ʒi:rən] ⟨sw. V.; hat⟩ [frz. soulager < afrz. suzlager, über das Vlat. < lat. sublevāre] (veraltet): *unterstützen, erleichtern, beruhigen.*

Soulmusik, die; -: svw. ↑Soul (a); **Soulmusiker,** der; -s, -.

Sound [saʊnd], der; -s, -s [engl.(-amerik.) sound, eigtl. = Schall < mengl. soun < (a)frz. son < lat. sonus = Schall]: *(im Jazz u. in der Rockmusik) für einen Instrumentalisten, eine Gruppe od. einen Stil charakteristischer Klang, charakteristische Klangfarbe:* ein weicher, harter S.; Der S. fetzt, klingt hart und brutal nach aufreibendem Heavyrock (Freizeitmagazin 26, 1978, 34); Ü Eine Herkules (= ein Motorrad) mit vertrautem S. *(Motorgeräusch)* rast die Straße entlang (Degener, Heimsuchung 47); ⟨Zus.:⟩ **Soundcheck,** der [engl.-amerik. sound check]: *das Ausprobieren des Klangs, der Akustik (vor dem Konzert einer Jazz- od. Rockgruppe o. ä.);* **Soundtrack** ['-træk], der; -s, -s [engl.-amerik. sound track] (Film): **a)** *Tonspur eines Tonfilms;* **b)** *Musik zu einem Film.*

soundso ['zo:|ʊnt'zo:] (ugs.): **I.** ⟨Adv.; vorangestellt⟩ *von einer Art u. Weise, deren Beschreibung im gegebenen Zusammenhang nicht wichtig erscheint od. die mit Absicht nicht mitgeteilt wird* (meist in mündlicher Rede): wenn etwas s. groß, lang, breit ist, s. viel kostet, dann ...; ich habe ihm s. oft (abwertend; *schon sehr häufig*) gesagt, er soll ... **II.** ⟨Adj.; nachgestellt⟩ steht an Stelle einer genaueren Bezeichnung, eines Namens, eines Zahlworts o. ä., deren Nennung im gegebenen Zusammenhang nicht wichtig erscheinen od. die mit Absicht nicht mitgeteilt werden: Paragraph s.; ⟨subst.:⟩ Ein Name wurde genannt, eine Fanny Soundso (Kaschnitz, Wohin 35); **soundsovielt...** ⟨Ordinalz.⟩ (ugs.): steht an Stelle einer genauen Zahl, die im gegebenen Zusammenhang nicht wichtig erscheint od. die mit Absicht nicht mitgeteilt wird: er hat am -en Januar einen Termin.

Soupçon [zʊ'psõ:], der; -s, -s [frz. soupçon < afrz. sospeçon < spätlat. suspectio, zu lat. suspicere, ↑suspekt] (bildungsspr. veraltet): *Argwohn, Verdacht:* weil Erich Mende ... einen solchen S. gegen alles Sozihafte ... hat (Spiegel 30, 1966, 16).

Souper [zu'pe:], das; -s, -s [frz. souper (subst. Inf.), ↑soupieren] (geh.): *festliches Abendessen [mit Gästen]:* ein S. geben; jmdn. zum S. einladen; **soupieren** [zu'pi:rən] ⟨sw. V.; hat⟩ [frz. souper, eigtl. = eine Suppe zu sich nehmen, zu: soupe = Suppe] (geh.): *ein Souper einnehmen:* bei, mit jmdm. s.; sahst die feine Gesellschaft ... an kleinen Tischen s. (Th. Mann, Krull 99).

Sour ['zaʊɐ, engl.: 'saʊə], der; -[s], -s [engl.(-amerik.) sour, eigtl. = sauer]: *stark alkoholisches Mixgetränk mit Zitrone.*

Sousaphon [zuza'fo:n], das; -s, -e [nach dem amerik. Komponisten J. Ph. Sousa (1854–1932)]: *(in der Jazzmusik verwendetes) Blechblasinstrument mit kreisförmig gewundenem Rohr, das der Spieler um den Oberkörper trägt.*

Souschef ['zu:-, auch: 'su-], der; -s, -s [frz. sous-chef]: **1.** (Gastr.) *Stellvertreter des Küchenchefs.* **2.** (schweiz.) *Stellvertreter des Bahnhofsvorstandes.*

Soutache [zu'taʃə], die; -, -n [frz. soutache, aus dem Ung.] (Textilind.): *schmale, geflochtene Litze (als Besatz an Kleidungsstücken);* **soutachieren** [zuta'ʃi:rən] ⟨sw. V.; hat⟩ [frz. soutacher] (Textilind.): *mit einer Soutache verzieren.*

Soutane [zu'ta:nə], die; -, -n [frz. soutane < ital. sottana, eigtl. = Untergewand, zu: sotto, ↑sotto] (früher): *knöchellanges Obergewand des katholischen Geistlichen;* **Soutanelle** [zuta'nɛlə], die; -, -n [frz. soutanelle] (früher): *bis zum Knie reichender Gehrock des kath. Geistlichen.*

Souterrain ['zu:tɛrɛ̃], das, landsch.: der; -s, -s [frz. souterrain, eigtl. = unterirdisch < lat. subterrāneus]: *teilweise od. ganz unter der Erde liegendes Geschoß eines Hauses; Kellergeschoß:* eine Wohnung im S.; zuerst zog Kampraths Käthe in den S. (Chotjewitz, Friede 127); ⟨Zus.:⟩ **Souterrainwohnung,** die: *Wohnung im Souterrain eines Hauses.*

Souvenir [zuvə'ni:ɐ̯], das; -s, -s [frz. souvenir, zu: se souvenir = sich erinnern < lat. subvenīre = einfallen (1 b)]: *kleiner Gegenstand, den jmd. zur Erinnerung an eine Reise erwirbt, der jmdm. als Andenken (2) geschenkt wird:* sich ein S. mitbringen; Den Gummi (= das Präservativ) wirf da rein ... kannst ihn aber auch als S. (iron.; *als Erinnerungsstück*) behalten (Zenker, Froschfest 222); Ü die Narbe an der Stirn ist ein S. aus dem 2. Weltkrieg *(stammt von einer Verwundung im 2. Weltkrieg);* ⟨Zus.:⟩ **Souvenirladen,** der: *Geschäft, in dem man Souvenirs, Reiseandenken kaufen kann.*

souverän [zuvə'rɛ:n] ⟨Adj.⟩ [frz. souverain < mlat. superanus = darüber befindlich, überlegen, zu lat. super = oben, darüber]: **1.** ⟨o. Steig.; nicht adv.⟩ *(auf einen Staat od. dessen Regierung bezogen) die staatlichen Hoheitsrechte ausübend; Souveränität besitzend:* ein -er Staat; die Länder sind s. **2.** (veraltend) **a)** *unumschränkt:* ein -er Herrscher, Monarch; **b)** *uneingeschränkt:* die -en Rechte eines Staates. **3.** (geh.) *(auf Grund seiner Fähigkeiten) sicher u. überlegen (im Auftreten u. Handeln):* eine -e Geste; Er ist ein -er Geist, der aus dem vollen schöpft (Niekisch, Leben 216); s. sein; die Lage s. meistern, beherrschen; **Souverän** [-], der; -s, -e [frz. souverain]: **1.** (veraltend) *unumschränkter Herrscher, Fürst eines Landes:* der S. eines kleinen Landes, Fürstentums. **2.** (schweiz.) *Gesamtheit der [eidgenössischen, kantonalen od. kommunalen] Stimmbürger:* der bernische S.; etw. wird vom S. mit großer Mehrheit angenommen; **Souveränität** [zuvərɛni'tɛ:t], die; - [frz. souveraineté]: **1.** *höchste Gewalt; Oberhoheit des Staates:* die staatliche S.; die Beendigung der S. Italiens über Triest (Dönhoff, Ära 80). **2.** *Unabhängigkeit eines Staates (vom Einfluß anderer Staaten):* die S. eines Landes respektieren, verletzen; das Land hat seine S. erlangt. **3.** (geh.) *das Souveränsein* (3); *Überlegenheit, Sicherheit:* er besitzt große S. als Leiter der Mission; ⟨Zus.:⟩ **Souveränitätsanspruch,** der: *Anspruch eines Landes auf Souveränität* (2); **Souveränitätsrecht,** das ⟨meist Pl.⟩: *Recht auf Souveränität* (2) *in bestimmter Hinsicht.*

soviel [zo'fi:l]: **I.** ⟨Konj.⟩ **1.** *nach dem, was:* s. ich weiß, kommt er heute; s. mir bekannt ist, ...; es geht gut voran, s. ich sehe. **2.** *in wie großem Maß auch immer:* s. er sich auch abmüht, er kommt auf keinen grünen Zweig. **II.** ⟨Indefinitpron.⟩ *in demselben großen Maße; nicht weniger; ebensoviel:* er hat s. bekommen wie/(seltener:) als sein Bruder; das ist s. wie gar nichts; er nimmt s. wie/als möglich mit; die Antwort war s. wie eine Zusage *(bedeutete, entsprach einer Zusage);* du darfst nehmen, s. [wie] du willst; **sovielmal** ⟨Konj.⟩: *so viele Male; sooft:* s. er es auch versuchte, es war vergebens.

Sowchos ['zɔfçɔs; –'–], der od. das; -, -e [...'ço:zə; russ. sowchos, gek. aus: sowetskoje chosjaistwo = Sowjetwirtschaft]: ↑Sowchose; **Sowchose** [zɔf'ço:zə], die; -, -n: *staatlicher landwirtschaftlicher Großbetrieb in der Sowjetunion.*

soweit [zo'vai̯t]: **I.** ⟨Konj.⟩ **1.** *nach dem, was; soviel* (I, 1): s. ich weiß, ist er verreist; er ist wieder gesund, s. mir bekannt ist. **2.** *in dem Maße, wie:* s. ich es beurteilen kann, geht es ihm gut; s. ich dazu in der Lage bin, will ich gerne helfen; alle Beteiligten, s. ich sie kenne, waren Fachleute. **II.** ⟨Adv.⟩ drückt eine Einschränkung aus; *im großen u. ganzen; im allgemeinen:* wir sind s. zufrieden; alles ging s. gut; s. wie/als möglich *(im Rahmen des Möglichen)* werden wir ihm helfen; ***s. sein** (ugs.: 1. *fertig, bereit sein:* wenn alle s. sind, brechen wir auf. 2. ⟨unpers.⟩ *[von einem erwarteten Zeitpunkt o. ä.] gekommen sein:* es ist [noch nicht, bald, endlich] s.); **sowenig** [zo've:nɪç]: **I.** ⟨Konj.⟩ *in wie geringem Maß auch immer:* s. er auch davon weiß, er will immer mitreden; s. man mich auch belästigte, so bekam mir doch der Aufenthalt ... nicht gut (Niekisch, Leben 346). **II.** ⟨Indefinitpron.⟩ *in demselben geringen Maße; ebensowenig:* er war s. dazu bereit wie die anderen; ich kann es s. wie du; ich habe s. Geld wie du *(wir haben beide keines),* also müssen wir den Plan aufgeben; rauchen Sie s. wie/als möglich *(möglichst wenig);* **sowie** [zo'vi:] ⟨Konj.⟩: **1.** dient der Verknüpfung von Gliedern einer Aufzählung; *und [außerdem], und auch, wie auch:* die beste Form der Seilschaft im leichten s. schweren Fels (Eidenschink, Fels 50); Die ... Estérel-Kollektion umfaßt zwei- und dreiteilige Anzüge, Sportsakkos und Blazer s. einige Mantelmodelle (Herrenjournal 3, 1966, 16). **2.** drückt aus, daß sich ein Geschehen unmittelbar nach od. fast gleichzeitig mit einem anderen vollzieht; *gleich, wenn; in dem Augenblick, da ...; sobald:* er wird es dir geben, s. er damit fertig ist; s. sie uns sahen, liefen sie davon; Sowie die Vögel aber fest gepaart sind, ist das so gut wie unmöglich (Lorenz, Verhalten I, 65); **sowieso** [zovi'zo:] ⟨Adv.⟩: *auch ohne den vorher genannten Umstand, ohnehin:* das brauchst du ihm nicht zu sagen, das weiß er s. schon; du kannst es mir mitgeben, ich gehe s. dahin; es war zwecklos, daß sie liefen, denn sie würden s. *(so oder so, in jedem Fall, doch)* zu spät kommen (Böll, Haus 138); Was noch draußen liegt, ist s. *(doch schon)* naß (Grzimek, Serengeti 332); das s.! (ugs.; *das versteht sich von selbst*); **Sowieso** ['zo:vizo:] (ugs.) in Fügungen wie **Herr/Frau/Direktor/Graf** o. ä. **S.** (↑soundso II): fünf Uhr dreißig ... Boß S. abholen (Kant, Impressum 360).

Sowjet [zɔ'vjɛt, auch: 'zɔvjɛt], der; -s, -s [russ. sowet = Rat]; **1.** (hist.) svw. ↑Rat (3 c). **2.** *(in der Sowjetunion) Behörde od. Organ der Selbstverwaltung:* der örtliche S. hat beschlossen ...; ein städtischer, ländlicher S.; der Oberste S. *(oberste Volksvertretung der Sowjetunion).*

Sowjet-: **~armee,** die ⟨o. Pl.⟩; **~bürger,** der: Millionen von -n brandmarkten ... die verbrecherischen Umtriebe (Dönhoff, Ära 210); **~literatur,** die ⟨o. Pl.⟩: *Literatur der Sowjetunion seit etwa 1925;* **~mensch,** der: Deutsche und -en ... kämpfen .. gemeinsam für die Erhaltung ... des Friedens (Neues D. 2. 6. 64, 3); **~regierung,** die; **~regime,** das; **~republik,** die: *Gliedstaat der Sowjetunion;* **~stern,** der: *roter Stern mit fünf Zacken als Symbol der Sowjetunion;* **~zone,** die: **a)** *sowjetische Besatzungszone (in Deutschland nach dem zweiten Weltkrieg);* **b)** (Bundesrepublik Deutschland veraltend, oft abwertend): *DDR.*

sowjetisch ⟨Adj.; o. Steig.; selten adv.⟩: *den Sowjet, die Sowjetunion betreffend;* **sowjetisieren** [zɔvjɛti'zi:rən, auch: ...jeti...] ⟨sw. V.; hat⟩ (oft abwertend): *nach dem Muster der Sowjetunion organisieren, umstrukturieren:* die Landwirtschaft, ein besetztes Gebiet s.; ⟨Abl.:⟩ **Sowjetisierung,** die; -, -en: *das Sowjetisieren.*

sowohl [zo'vo:l] ⟨Konj.⟩ nur in der Verbindung **s. ... als/wie**

[auch] *(und, nicht nur ... sondern auch, beide gleichermaßen, das eine wie das andere;* betont nachdrücklich die Gleichberechtigung, Geltung zweier vorhandener Möglichkeiten, das gleichzeitige Vorhandensein, Tun o. ä.): er spricht s. Englisch als [auch] Französisch; s. er wie [auch] sie waren/ (seltener:) war erschienen; Dann fängt er selber zu frühstücken an, es ist s. Brot wie Wurst wie Schnaps da (Fallada, Jeder 21).

Sozi ['zo:tsi], der; -s, -s (ugs. veraltend, meist abwertend): kurz für ↑Sozialdemokrat; **Sozia** ['zo:tsia], die; -, -s (meist scherzh.): w. Form zu ↑Sozius (2b); **soziabel** [zo'tsia:bl] ⟨Adj.; ...abler, -ste⟩ [frz. sociable < lat. sociābilis = gesellig, verträglich, zu: socius, ↑Sozius] (Soziol.): *fähig, willig, sich in die Gesellschaft einzupassen; umgänglich, gesellig:* Da sie (= die Kinder) ... gewöhnt sind, auf andere Rücksicht zu nehmen, werden sie soziabler und weniger egoistisch als „Familienkinder" (Wohngruppe 16); ⟨Abl.:⟩ **Soziabilität** [...iabili'tɛ:t], die; - (Soziol.); **Soziabilisierung**, die; -, -en (Soziol.): *erste Phase der Sozialisation:* welche Instanzen die frühe Enkulturation und S. zu übernehmen haben (Schmidt, Strichjungengespräche 36); **sozial** [zo'tsia:l] ⟨Adj.⟩ [frz. social < lat. sociālis = gesellschaftlich (1); gesellig, zu: socius, ↑Sozius]: **1. a)** ⟨o. Steig.⟩ *das (geregelte) Zusammenleben der Menschen in Staat u. Gesellschaft betreffend; auf die menschliche Gemeinschaft bezogen, zu ihr gehörend:* die -e Entwicklung; -e Lasten; die -en Verhältnisse der Bevölkerung; -es Recht; die -e Idee, Freiheit; In Österreich hat gutes Essen keinen so hohen -en Stellenwert (Presse 16. 2. 79, 20); **b)** ⟨o. Steig.; meist attr.⟩ *die Gesellschaft u. bes. ihre ökonomische u. politische Struktur betreffend:* -e Ordnung, Politik, Bewegung; -er Fortschritt; mit -en Mißständen aufräumen; eine Gesellschaftsordnung ..., in der -e Gerechtigkeit und wirtschaftlicher Fortschritt Diener der Menschenwürde sind (Welt 30. 6. 62, 4); die -e Frage *(Gesamtheit aller sozialpolitischen Probleme, die sich mit Beginn der Industrialisierung aus dem Vorhandensein der Besitzlosen u. den daraus entstehenden gesellschaftlichen Spannungen ergaben);* die -e *(speziell auf die Lösung der Arbeiterfrage zielende)* Revolution; **c)** ⟨o. Steig.; nicht präd.⟩ *die Zugehörigkeit des Menschen zu einer der verschiedenen Gruppen innerhalb der Gesellschaft betreffend:* -es Ansehen erlangen; alle -en Gruppen und Schichten waren vertreten; -e Unterschiede, Gegensätze, Schranken, Konflikte; es besteht ein -es Gefälle; s. aufsteigen, sinken; **d)** *dem Gemeinwohl, der Allgemeinheit dienend; die menschlichen Beziehungen in der Gemeinschaft regelnd u. fördernd u. den [wirtschaftlich] Schwächeren schützend:* das Netz -er Sicherungen weiter ausbauen; einen -en Beruf *(Sozialberuf)* ergreifen; Ich geb heute einen aus, ich hab heute meinen -en (ugs.; *großzügigen*) Tag (v. d. Grün, Glatteis 209); -e Leistungen *(Sozialleistungen);* -e *(gemeinnützige)* Einrichtungen; dieses Verhalten ist nicht sehr s.; ein s. fortschrittlicher Tarifabschluß. **2.** ⟨o. Steig.⟩ *(von Tieren) gesellig, nicht einzeln lebend; staatenbildend* (Ggs.: solitär): -e Insekten.

sozial-, Sozial-: **~abgaben** ⟨Pl.⟩: *(in der Höhe vom Bruttoentgelt des Arbeitnehmers abhängende) Beiträge für die Sozialversicherung;* **~amt,** das: *Behörde, die für die Durchführung aller gesetzlich vorgeschriebenen Maßnahmen der Sozialhilfe zuständig ist;* **~anthropologie,** die: *Teilgebiet der Anthropologie, das sich mit dem Problem der Beziehungen zwischen verschiedenen Klassen u. den Fragen der Vererbung von Eigenschaften innerhalb sozialer Gruppen befaßt;* **~arbeit,** die ⟨o. Pl.⟩: *Betreuung bestimmter Personen od. Gruppen, die auf Grund ihres Alters, ihrer sozialen Stellung, ihres körperlichen od. seelischen Befindens der Fürsorge bedürfen, u. Maßnahmen, Hilfesuchende zu befähigen, ohne öffentliche Hilfe zu leben,* dazu: **~arbeiter,** der: *jmd., der in der Sozialarbeit tätig ist* (Berufsbez.), **~arbeiterin,** die: w. Form zu ↑~arbeiter (Berufsbez.); **~beiträge** ⟨Pl.⟩: svw. ↑~abgaben; **~beruf,** der: *Beruf, bei dem die Arbeit hilfsbedürftigen Mitmenschen gewidmet ist;* **~bevollmächtigte,** der u. die (DDR): *gewählter Funktionär der Gewerkschaftsgruppe, der als Bevollmächtigter für Sozialversicherung auf dem Gebiet der Gesundheitsfürsorge u. der Krankenbetreuung tätig ist;* **~bindung** in der Fügung **S. des Eigentums** *(Bindung des Eigentums unter dem Gesichtspunkt des Gemeinwohls);* **~brache,** die: *landwirtschaftlich nutzbare Fläche, deren Bearbeitung aus wirtschaftlichen Gründen eingestellt wurde;* **~demokrat,** der: **1.** *Vertreter, Anhänger der Sozialdemokratie.* **2.** *Mitglied einer sozialdemokratischen Partei;* **~demokratie,** die: *(im 19. Jh. innerhalb der Arbeiterbewegung entstandene) politische Parteirichtung, die die Grundsätze des Sozialismus u. der Demokratie gleichermaßen zu verwirklichen sucht,* dazu: **~demokratisch** ⟨Adj.; o. Steig.⟩: *die Sozialdemokratie betreffend, auf ihr beruhend;* **~demokratismus,** der (DDR abwertend): *Richtung der Sozialdemokratie mit antikommunistischen Tendenzen; sozialdemokratische Ideologie, die den Klassenkampf ignoriert u. den Kapitalismus unterstützt;* **~einkommen,** das: *alle vom Staat o. ä. Institutionen gezahlten Unterstützungen an jmdn., der nicht in der Lage ist, [genügend] Geld zu verdienen* (z. B. Arbeitslosengeld, Wohngeld, Subventionen); **~etat,** der (DDR): *Etat für Sozialleistungen eines Betriebs od. des Staates;* **~ethik,** die: *Lehre von den sittlichen Pflichten des Menschen gegenüber der Gesellschaft, gegenüber dem Gemeinschaftsleben;* **~fonds,** der (DDR): svw. ↑~etat; **~fürsorge,** die (DDR): svw. ↑~arbeit; **~geographie,** die: *Teilgebiet der Geographie, auf dem Beziehungen menschlicher Gruppen zu den von ihnen bewohnten Gebieten untersucht werden;* **~gericht,** das: *Gericht, das in Streitigkeiten der Sozial- u. Arbeitslosenversicherung, der Kriegsopferversorgung o. ä. entscheidet,* dazu: **~gerichtsbarkeit,** die ⟨o. Pl.⟩: *Ausübung der rechtsprechenden Gewalt durch Sozialgerichte;* **~geschichte,** die: *besonderer Teil der Geschichtswissenschaft, der sich vor allem mit der Geschichte sozialer Klassen u. Gruppen, Institutionen u. Strukturen befaßt;* **~gesetzgebung,** die: *Bereich der Gesetzgebung, in dem u. a. der Schutz des Arbeitnehmers bei seiner Tätigkeit u. seine wirtschaftliche Sicherung bei Krankheit o. ä. erfaßt sind;* **~hilfe,** die: *Gesamtheit aller Hilfen, die einem Menschen in einer Notlage die materielle Grundlage für eine menschenwürdige Lebensführung geben soll;* **~hygiene,** die: *Teilgebiet der Hygiene (1) als Lehre von der Wechselbeziehung zwischen dem Gesundheitszustand des Menschen u. seiner sozialen Umwelt;* **~imperialismus,** der: **1.** *(nach Lenin) im 1. Weltkrieg von Teilen der Sozialdemokratie praktizierte Unterstützung der imperialistischen Politik der jeweiligen nationalen Regierung.* **2.** *(von Gegnern gebrauchte) Bez. für die [außen]politische Praxis der sich als sozialistisch verstehenden Sowjetunion;* **~kritik,** die: svw. ↑Gesellschaftskritik, dazu: **~kritisch** ⟨Adj.⟩; **~kunde,** die ⟨o. Pl.⟩: (Bundesrepublik Deutschland) *der politischen Erziehung u. Bildung dienendes Unterrichtsfach, das gesellschaftliche Fragen zusammenhängend darstellt;* **~lasten** ⟨Pl.⟩: *Sozialabgaben u. Sozialleistungen;* **~leistungen** ⟨Pl.⟩: *Gesamtheit aller von staatlichen u. gesellschaftlichen Institutionen od. vom Arbeitgeber entrichteten Leistungen zur Verbesserung der Arbeits- u. Lebensbedingungen u. zur wirtschaftlichen Absicherung des Arbeitnehmers;* **~liberal** ⟨Adj.; o. Steig.⟩: (Bundesrepublik Deutschland) **a)** *soziale u. liberale Ziele verfolgend;* **b)** *die Koalition zwischen der SPD u. F.D.P. betreffend;* **~lohn,** der: *Lohn, der sich nicht nach Leistung, sondern nach sozialen Kriterien bemißt;* **~medizin,** die: *Teilgebiet der Medizin, das sich mit den durch die Umwelt bedingten Ursachen von Krankheiten befaßt;* **~morphologie,** die (Soziol.): *Lehre von den sozialen Gliederungsformen;* **~ökologie,** die: *Teilgebiet der Ökologie, das sich mit dem Verhältnis zwischen dem sozialen Verhalten des Menschen u. seiner Umwelt befaßt;* **~ökonomie, ~ökonomik,** die: *Wissenschaft, die sich mit der gesamten Wirtschaft einer Gesellschaft befaßt; Volkswirtschaftslehre,* dazu: **~ökonomisch** ⟨Adj.; o. Steig.⟩; **~pädagoge,** der: *jmd., der in der Sozialpädagogik tätig ist* (Berufsbez.); **~pädagogik,** die: *Teilgebiet der Pädagogik, auf dem man sich mit der Erziehung des einzelnen zur Gemeinschaft u. zu sozialer Verantwortung außerhalb der Familie u. der Schule befaßt,* dazu: **~pädagogisch** ⟨Adj.; o. Steig.⟩; **~partner,** der: *(bes. bei Tarifverhandlungen) Arbeitgeber od. -nehmer u. ihre Verbände od. Vertreter,* dazu: **~partnerschaft,** die ⟨o. Pl.⟩; **~politik,** die: *Planung u. Durchführung staatlicher Maßnahmen zur Verbesserung der sozialen Verhältnisse wirtschaftlich schwacher Bevölkerungsschichten; Gesellschaftspolitik,* dazu: **~politisch** ⟨Adj.; o. Steig.; nicht präd.⟩; **~prestige,** das: *Ansehen, das jmd. auf Grund seiner gesellschaftlichen Stellung genießt;* **~produkt,** das (Wirtsch.): *(in Geldwert ausgedrückte) Gesamtheit aller Güter, die eine Volkswirtschaft in einem bestimmten Zeitraum gewerbsmäßig herstellt (nach Abzug sämtlicher Vorleistungen);* **~psychologie,** die: *Teilgebiet sowohl der Soziologie als auch der Psychologie, auf dem man sich mit den Erlebnis- u. Verhaltensweisen* *unter dem Einfluß gesellschaftlicher Faktoren befaßt;* vgl. Individualpsychologie; **~recht,** das ⟨o. Pl.⟩: *Recht, das der Sozialgerichtsbarkeit unterliegt;* **~reform,** die; **~reformismus,** der (DDR abwertend): svw. ↑~demokratismus; **~rente,** die: *von der Sozialversicherung gezahlte Rente,* dazu: **~rentner,** der: *jmd., der Sozialrente empfängt;* **~staat,** der: *demokratischer Staat, der bestrebt ist, die wirtschaftliche Sicherheit seiner Bürger zu gewährleisten u. soziale Gegensätze innerhalb der Gesellschaft auszugleichen;* **~struktur,** die: svw. ↑Gesellschaftsform; **~tarif,** der: *verbilligte Preise für Rentner, Schüler o. ä. zur Nutzung öffentlicher Einrichtungen* (z. B. Verkehrsmittel); **~technologie,** die: svw. ↑Human engineering; **~therapie,** die: *Behandlung psychischer od. geistiger Krankheiten bes. bei sozial benachteiligten od. sozial bes. gefährdeten Rand- u. Risikogruppen mit dem Ziel, den Patienten in das Familien- od. Berufsleben einzugliedern;* **~tourismus,** der, **~touristik,** die: *Bemühungen, vor allem einkommensschwachen Schichten der Bevölkerung die Möglichkeit einer Ferienreise zu bieten;* **~versicherung,** die: *Versicherung des Arbeitnehmers u. seiner Angehörigen, die seine wirtschaftliche Sicherheit während einer Arbeitslosigkeit u. im Alter sowie die Versorgung im Falle einer Krankheit od. Invalidität o. ä. gewährleistet,* dazu: **~versicherungsbeitrag,** der, **~versicherungspflicht,** die ⟨o. Pl.⟩; **~waise,** die: *Kind, um das sich weder Eltern noch Verwandte kümmern;* **~wesen,** das ⟨o. Pl.⟩: *Gesamtheit aller Maßnahmen der Sozialarbeit u. der Sozialpädagogik;* **~wissenschaften** ⟨Pl.⟩: svw. ↑Gesellschaftswissenschaft (2); **~wohnung,** die: *mit öffentlichen Mitteln gebaute Wohnung mit relativ geringen Mietkosten für Mieter mit geringem Einkommen;* **~zulage,** die: *Zulage zum tariflich geregelten Lohn od. Gehalt, die auf Grund sozialer Kriterien (Familienstand, Kinder, Alter o. ä.) gezahlt wird.*

Sozialisation [zotsializa'tsio:n], die; - [vgl. frz. socialisation] (Soziol., Psych.): *[Prozeß der] Einordnung des (heranwachsenden) Individuums in die Gesellschaft u. die damit verbundene Übernahme gesellschaftlich bedingter Verhaltensweisen durch das Individuum:* frühkindliche S.; S., die Vergesellschaftung der inneren Natur (Habermas, Legitimationsprobleme 26); ⟨Zus.:⟩ **Sozialisationsprozeß,** der (Soziol., Psych.); **sozialisieren** [zotsiali'zi:rən] ⟨sw. V.; hat⟩ [frz. socialiser, zu: social, ↑sozial]: **1.** (Wirtsch.) *von privatem in gesellschaftlichen, staatlichen Besitz überführen; verstaatlichen, vergesellschaften:* Industrien, Wirtschaftszweige s.; ein sozialisierter Betrieb. **2.** (Soziol., Psych.) *jmdn. in die Gemeinschaft einordnen, zum Leben in ihr befähigen:* die sozialisierende Funktion der Kunst; ⟨Abl.:⟩ **Sozialisierung,** die; -, -en: *das Sozialisieren* (1, 2); **Sozialismus** [zotsia'lɪsmʊs], der; -, ...men [engl. socialism, frz. socialisme]: **1.** ⟨o. Pl.⟩ *(nach Karl Marx die dem Kommunismus vorausgehende) Entwicklungsstufe, die auf gesellschaftlichen od. staatlichen Besitz der Produktionsmittel u. eine gerechte Verteilung der Güter an alle Mitglieder der Gemeinschaft hinzielt:* der Kommunismus wird als die höchste Stufe und Erscheinungsform des S. angesehen. **2.** ⟨Pl. selten⟩ *politische Richtung, Bewegung, die den gesellschaftlichen Besitz der Produktionsmittel u. die Kontrolle der Warenproduktion u. -verteilung verficht:* der demokratische, bürokratische S.; unter dem S. leben; Wobei der S. *(das sozialistische Lager)* für sich in Anspruch nahm, die Interessen des „arbeitenden Menschen" zu vertreten (Gruhl, Planet 68); Von den ... Eliten anderer Sozialismen (*sozialistischer Systeme;* Welt 10. 9. 76, 1); das Leben im S. *(im sozialistisch regierten Staat)* ist schön (Trommel 29, 1976, 7); **Sozialist** [...'lɪst], der; -en, -en [a: engl. socialist, frz. socialiste]: **a)** *Anhänger, Verfechter des Sozialismus:* Diese Haltung der jungen -en kam ... zum Ausdruck (Neues D. 20. 5. 76, 15); **b)** *Mitglied einer sozialistischen Partei:* ein eingeschriebener S.; die -en rufen zu einer Kundgebung auf; die -en *(das sozialistische Lager, die sozialistisch regierten Länder)* haben ihre Propaganda verstärkt; **sozialistisch** ⟨Adj.; o. Steig.⟩: **1.** *den Sozialismus betreffend, zum Sozialismus gehörend; in der Art des Sozialismus:* -e Ideale; die -e Revolution; die -en Staaten; Diese Entscheidungen, die also typisch s. sind (Profil 17, 1979, 18); ein Land, das durch den Umsturz s. geworden ist; s. regierte Länder. **2.** (österr.) *sozialdemokratisch;* **Sozialität** [...'tɛ:t], die; - [lat. sociālitās = Geselligkeit] (bildungsspr.): *die menschliche Gemeinschaft, Gesellschaft;* **Soziativ** [zotsia'ti:f, auch: 'zo(:)...], der; -s, -e [...i:və; zu lat. sociāre, ↑soziieren] (Sprachw.): svw. ↑Komitativ; **Sozietät** [zotsie'tɛ:t], die; -, -en [frz. société < lat. societās = Gesellschaft, Gemeinschaft]: **1. a)** (Soziol.) *menschliche Gemeinschaft; soziale, durch gleiche Interessen u. Ziele (im kulturellen, religiösen, politischen Bereich o. ä.) verbundene Gruppe, Gesellschaft:* eine Reihe christlicher Wohngemeinschaften und -en (Ruthe, Partnerwahl 187); Der ... Geisteskranke ... schließt sich ... autistisch von der S. ab (Universitas 5, 1966, 488); **b)** (Verhaltensf.) *Verband, Gemeinschaft bei Tieren* (z. B. Vögeln). **2.** *[als Gesellschaft des bürgerlichen Rechts eingetragener] Zusammenschluß bes. von Angehörigen freier Berufe wie Ärzten, Rechtsanwälten u. ä. zu gemeinsamer Arbeit in einer gemeinsamen Praxis:* er trat einer S. von Wirtschaftsprüfern und Steuerberatern bei; **soziieren** [zotsi'i:rən], sich ⟨sw. V.; hat⟩ [lat. sociāre = vergesellschaften, vereinigen]: *sich wirtschaftlich vereinigen, assoziieren* (2): die beiden Anwälte haben sich soziiert; **sozio-, Sozio-** [zotsio-; zu lat. socius, ↑Sozius] ⟨Best. in Zus. mit der Bed.⟩: *gesellschaftlich, Gesellschafts-; eine soziale Gruppe od. Gemeinschaft betreffend;* **Soziogenese,** die; - (Biol., Med.): *Entstehung von Krankheiten u. psychischen Störungen durch gesellschaftliche Faktoren;* **Soziogramm,** das; -s, -e [↑-gramm] (Soziol.): *graphische Darstellung sozialer Verhältnisse od. Beziehungen innerhalb einer Gruppe;* **Soziographie,** die; - [↑-graphie]: *sozialwissenschaftliche Forschungsrichtung, die die soziale Struktur einer bestimmten Einheit (z. B. eines Dorfes od. einer geographischen Region) empirisch zu untersuchen u. zu beschreiben versucht:* S. einer Schlafstadt (Buchtitel); **Soziolekt** [...'lɛkt], der; -[e]s, -e [geb. nach ↑Dialekt, Idiolekt] (Sprachw.): *Sprachgebrauch einer sozialen Gruppe* (z. B. Berufssprache, Teenagersprache); vgl. Idiolekt; **Soziolinguistik,** die; -: *Teilgebiet der Sprachwissenschaft, bei dem das Sprachverhalten sozialer Gruppen untersucht wird; soziologisch orientierte Linguistik;* ⟨Abl.:⟩ **soziolinguistisch** ⟨Adj.; o. Steig.; nicht präd.⟩: *die Soziolinguistik betreffend;* **Soziologe,** der; -n, -n [↑-loge]: *Wissenschaftler auf dem Gebiet der Soziologie;* **Soziologie,** die; - [frz. sociologie, ↑-logie]: *Wissenschaft, Lehre vom Zusammenleben der Menschen (auch Tiere u. Pflanzen) in einer Gemeinschaft od. Gesellschaft, von den Erscheinungsformen, Entwicklungen u. Gesetzmäßigkeiten gesellschaftlichen Lebens:* die S. des Films; Es gibt eine S. des Mülls: Akademiker lesen mehr Zeitungen; Haushalte mit höherem Einkommen verbrauchen mehr Tiefkühlkost (Weinberg, Deutsch 122); ⟨Abl.:⟩ **soziologisch** ⟨Adj.; o. Steig.⟩: **1.** ⟨nicht präd.⟩ *die Soziologie betreffend, zu ihr gehörend, auf ihr beruhend:* eine -e Betrachtungsweise; -e Phänomene. **2.** (seltener) *die Gesellschaft betreffend, sozial* (1 c), *Gesellschafts-:* daß ... die Menschen sich mit der Differenzierung der -en Schichtung verändern (Dönhoff, Ära 141); **Soziologismus** [...lo'gɪsmʊs], der; -: *Überbewertung der Soziologie im Hinblick auf die Betrachtung geistiger, kultureller u. politischer Erscheinungen;* **Soziometrie,** die; - [↑-metrie] (Sozialpsych.): *Testverfahren, durch das die gegenseitigen Kontakte innerhalb einer Gruppe u. die bestehenden Abneigungen u. Zuneigungen ermittelt [u. in einem Soziogramm dargestellt] werden können;* ⟨Abl.:⟩ **soziometrisch** ⟨Adj.; o. Steig.⟩: *die Soziometrie betreffend:* -e Erhebungen; **sozioökonomisch** ⟨Adj.; o. Steig.; meist attr.⟩ (Soziol.): *die Gesellschaft wie die Wirtschaft, die [Volks]wirtschaft in ihrer gesellschaftlichen Struktur betreffend:* -e Veränderungen; der derzeitige -e Zustand des Kapitalismus (Stamokap 24); **Soziopath,** der; -en, -en [↑-path (1)] (Psych.): *an Soziopathie Leidender;* **Soziopathie,** die; -, -n [...i:ən; ↑-pathie (1)] (Psych.): *Form der Psychopathie, die sich bes. durch abartiges soziales Verhalten u. Handeln äußert;* **Soziotherapie,** die; - (Psych., Med.): svw.. ↑Sozialtherapie; **Sozius** ['zo:tsiʊs], der; -, -se [lat. socius = Gesellschafter, Teilnehmer, wohl zu: sequi = (nach)folgen]: **1.** ⟨Pl. auch: ...ii⟩ (Wirtsch.) *Teilhaber, [Mit]gesellschafter, bes. in einer Sozietät:* er wurde als S. in die Praxis aufgenommen. **2. a)** *Beifahrersitz auf einem Motorrad, -roller o. ä.:* Er befahl O'Daven, sich auf den S. zu setzen (Weber, Tote 174); **b)** *der auf dem Sozius* (2 a) *Sitzende; Beifahrer.* **3.** (ugs. scherzh.) *Genosse, Kumpan;* ⟨Zus. zu 2:⟩ **Soziusfahrer,** der; **Soziussitz,** der.

sozusagen [zo:tsu'za:gn̩, '– – – –] ⟨Adv.⟩: *man könnte es so nennen; nicht genau ausgedrückt, aber in der Hauptsache; gewissermaßen, nahezu:* es geschah s. offiziell; kurz und erschöpfend, mit soldatischer Knappheit s. (Kirst, 08/15, 456).